第1卷

- 第1篇 一般设计资料
- 第2篇 机械制图和几何公差
- 第3篇 常用机械工程材料
- 第4篇 机构

第2卷

- 第5篇 连接与紧固
- 第6篇 轴及其连接
- 第7篇 轴承
- 第8篇 起重运输机械零部件
- 第9篇 操作件、小五金及管件

第3卷

- 第10篇 润滑与密封
- 第11篇 弹簧
- 第12篇 齿轮传动

第4卷

- 第13篇 带、链传动
- 第14篇 螺旋传动、摩擦轮传动
- 第15篇 多点啮合柔性传动
- 第16篇 减（增）速器、变速器
- 第17篇 常用电机及电气传动系统
- 第18篇 机械振动
- 第19篇 机架

第5卷

- 第20篇 液压传动与控制

第6卷

- 第21篇 气动
- 第22篇 机器人构型与结构设计
- 第23篇 智能制造系统与装备

机械设计手册

HANDBOOK OF MECHANICAL DESIGN

第七版

第2卷

主　编
成大先

副主编
王德夫
刘忠明
唐颖达
蔡桂喜
王仪明
郭爱贵
成　杰

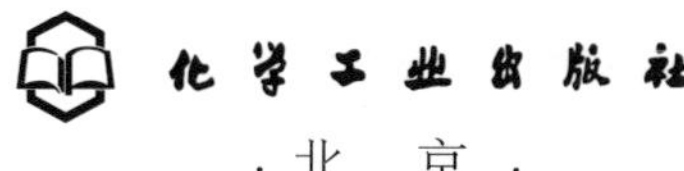

·北　京·

内容简介

《机械设计手册》第七版共6卷，涵盖了机械常规设计的所有内容。其中第2卷包括连接与紧固，轴及其连接，轴承，起重运输机械零部件，操作件、小五金及管件。本手册具有权威实用、内容齐全、简明便查的特点。突出实用性，从机械设计人员的角度考虑，合理安排内容取舍和编排体系；强调准确性，数据、资料主要来自标准、规范和其他权威资料，设计方法、公式、参数选用经过长期实践检验，设计举例来自工程实践；反映先进性，增加了许多适合我国国情、具有广阔应用前景的新材料、新方法、新技术、新工艺和新产品。本手册可作为机械设计人员和有关工程技术人员的工具书，也可供高等院校有关专业师生参考使用。

图书在版编目（CIP）数据

机械设计手册. 第2卷 / 成大先主编. -- 7版. 北京 : 化学工业出版社, 2025. 3. -- ISBN 978-7-122-47044-7

Ⅰ. TH122-62

中国国家版本馆 CIP 数据核字第 20252K8247 号

责任编辑：贾 娜 张燕文　　　　装帧设计：尹琳琳

责任校对：宋 玮

出版发行：化学工业出版社

（北京市东城区青年湖南街13号　邮政编码 100011）

印　　装：三河市航远印刷有限公司

787mm×1092mm　1/16　印张 $120\frac{3}{4}$　字数 4382 千字

2025年3月北京第7版第1次印刷

购书咨询：010-64518888　　　　售后服务：010-64518899

网　　址：http://www.cip.com.cn

凡购买本书，如有缺损质量问题，本社销售中心负责调换。

定　　价：298.00元

撰稿人员
（按姓氏笔画排序）

马　侃　燕山大学
马小梅　洛阳轴承研究所有限公司
王　刚　北方重工集团有限公司
王　迪　北京邮电大学
王　新　3M 中国有限公司
王　薇　北京普道智成科技有限公司
王仪明　北京印刷学院
王延忠　北京航空航天大学
王志霞　太原科技大学
王丽斌　浙江大学
王建伟　燕山大学
王彦彩　同方威视技术股份有限公司
王晓凌　太原重工股份有限公司
王健健　清华大学
王逸琨　北京戴乐克工业锁具有限公司
王新峰　中航西安飞机工业集团股份有限公司
王德夫　中国有色工程有限公司
方　斌　西安交通大学
方　强　浙江大学
石照耀　北京工业大学
叶　龙　北方重工集团有限公司
冯　凯　湖南大学
冯增铭　吉林大学
成　杰　中国科学技术信息研究所
成大先　中国有色工程有限公司
曲艳双　哈尔滨玻璃钢研究院有限公司
任东升　同方威视技术股份有限公司
刘　尧　燕山大学
刘伟民　3M 中国有限公司
刘忠明　郑机所（郑州）传动科技有限公司
刘焕江　太原重型机械集团有限公司
齐臣坤　上海交通大学
闫　柯　西安交通大学
闫　辉　哈尔滨工业大学
孙小波　洛阳轴承研究所有限公司
孙鹏飞　厦门理工学院
杨　松　哈尔滨玻璃钢研究院有限公司
杨　虎　洛阳轴承研究所有限公司
杨　锋　中航西安飞机工业集团股份有限公司
李　斌　北京科技大学
李文超　洛阳轴承研究所有限公司
李优华　中原工学院
李炜炜　北方重工集团有限公司
李俊阳　重庆大学
李胜波　厦门理工学院
李爱峰　太原科技大学
李朝阳　重庆大学
何　鹏　哈尔滨工业大学
汪　军　郑机所（郑州）传动科技有限公司
迟　萌　浙江大学
张　东　北京戴乐克工业锁具有限公司
张　浩　燕山大学
张进利　咸阳超越离合器有限公司
张志宏　郑机所（郑州）传动科技有限公司
张宏生　哈尔滨工业大学
张建富　清华大学
陈　涛　大连华锐重工集团股份有限公司
陈永洪　重庆大学
陈志敏　北京戴乐克工业锁具有限公司
陈志雄　福建龙溪轴承（集团）股份有限公司
陈兵奎　重庆大学
陈建勋　太原科技大学
陈清阳　太原重工股份有限公司
武淑琴　北京印刷学院
苗圩巍　郑机所（郑州）传动科技有限公司
林剑春　厦门理工学院
岳海峰　太原重型机械集团有限公司
周　瑾　南京航空航天大学
周鸣宇　北方重工集团有限公司
周亮亮　太原重型机械集团有限公司

周琬婷　北京邮电大学
郑　浩　上海交通大学
郑中鹏　清华大学
郑晨瑞　北京邮电大学
郎作坤　大连科朵液力传动技术有限公司
孟文俊　太原科技大学
赵玉凯　郑机所（郑州）传动科技有限公司
赵亚磊　中国计量大学
赵建平　陕西法士特齿轮有限责任公司
赵海波　北方重工集团有限公司
赵绪平　北方重工集团有限公司
胡明祎　国机集团工程振动控制技术研究中心
信瑞山　鞍钢北京研究院
侯晓军　中车永济电机有限公司
须　雷　河南省矿山起重机有限公司
姜天一　哈尔滨工业大学
姜洪源　哈尔滨工业大学
秦建平　太原科技大学
敖宏瑞　哈尔滨工业大学
聂幸福　陕西法士特齿轮有限责任公司
贾志勇　深圳市土木建筑学会建筑运营专业委员会
柴博森　吉林大学
徐　建　中国机械工业集团有限公司
殷玲香　南京工艺装备制造股份有限公司
高　峰　上海交通大学
高　鹏　北京工业大学
郭　锐　燕山大学
郭爱贵　重庆大学
唐颖达　苏州美福瑞新材料科技有限公司
凌　丹　电子科技大学
黄　伟　国机集团工程振动控制技术研究中心
黄　海　武汉理工大学
黄一展　北京航空航天大学
康　举　北京石油化工学院
阎绍泽　清华大学
梁百勤　太原重型机械集团有限公司
梁晋宁　同方威视技术股份有限公司
程文明　西南交通大学
曾　钢　中国矿业大学（北京）
曾燕屏　北京科技大学
温朝杰　洛阳轴承研究所有限公司
谢京耀　英特尔公司
谢徐洲　江西华伍制动器股份有限公司
靳国栋　洛阳轴承研究所有限公司
窦建清　北京普道智成科技有限公司
蔡　伟　燕山大学
蔡学熙　中蓝连海设计研究院有限公司
蔡桂喜　中国科学院金属研究所
裴世源　西安交通大学
熊陈生　燕山大学
樊世耀　山西平遥减速机有限公司
颜世铛　郑机所（郑州）传动科技有限公司
霍　光　北方重工集团有限公司
冀寒松　清华大学
魏　静　重庆大学
魏冰阳　河南科技大学

审稿人员
（按姓氏笔画排序）

马文星　王文波　王仪明　文　豪　尹方龙　左开红　吉孟兰　吕　君　朱　胜　刘　实　刘世军　刘忠明
李文超　吴爱萍　何恩光　汪宝明　张晓辉　张海涛　陈清阳　陈照波　赵静一　姜继海　夏清华　徐　华
郭卫东　郭爱贵　唐颖达　韩清凯　蔡桂喜　裴　帮　谭　俊

编辑人员

张兴辉　王　烨　贾　娜　金林茹　张海丽　陈　喆　张燕文　温潇潇　张　琳　刘　哲

HANDBOOK OF
MECHANICAL DESIGN
SEVENTH EDITION

第七版前言
PREFACE

《机械设计手册》第一版于1969年出版发行，结束了我国机械设计领域此前没有大型工具书的历史，起到了推动新中国工业技术发展和为祖国经济建设服务的重要作用。经过50多年的发展，《机械设计手册》已修订六版，累计销售135万套。作为国家级重点科技图书，《机械设计手册》多次获得国家和省部级奖励。其中，1978年获全国科技大会科技成果奖，1983年获化工部优秀科技图书奖，1995年获全国优秀科技图书二等奖，1999年获全国化工科技进步二等奖，2003年获中国石油和化学工业科技进步二等奖，2010年获中国机械工业科技进步二等奖；多次荣获全国优秀畅销书奖。

《机械设计手册》（以下简称《手册》）始终秉持权威实用、内容齐全、简明便查的编写特色。突出实用性，从机械设计人员的角度考虑，合理安排内容取舍和编排体系；强调准确性，数据、资料主要来自标准、规范和其他权威资料，设计方法、公式、参数选用经过长期实践检验，设计举例来自工程实践；反映先进性，增加了许多适合我国国情、具有广阔应用前景的新技术、新材料和新工艺，采用了最新的标准、规范，广泛收集了具有先进水平并实现标准化的新产品。

《手册》第六版出版发行至今已有9年的时间，在这期间，机械设计与制造技术不断发展，新技术、新材料、新工艺和新产品不断涌现，标准、规范和资料不断更新，以信息技术为代表的现代科学技术与制造技术相融合也赋予机械工程全新内涵，给机械设计带来深远影响。在此背景之下，经过广泛调研、精心策划、精细编校，《手册》第七版将以崭新的面貌与全国广大读者见面。

《手册》第七版主要修订如下。

一、在适应行业新技术发展、提高产品创新设计能力方面

1. 新增第22篇“机器人构型与结构设计”，帮助设计人员了解机器人领域的关键技术和设计方法，进一步扩展机械设计理论的应用范围。

2. 新增第23篇“智能制造系统与装备”，推动机械设计人员适应我国智能制造标准体系下新的设计理念、设计场景和设计需求。

3. 第3篇新增了“机械设计中的材料选用”一章，为机械设计人员提供先进的选材理念、思路及材料代用等方面的指导性方法和资料。

4. 第12篇新增了摆线行星齿轮传动，谐波传动，面齿轮传动，对构齿轮传动，锥齿轮轮体、支承与装配质量检验，锥齿轮数字化设计与仿真等内容，以适应齿轮传动新技术发展。

5. 第16篇新增了减速器传动比优化分配数学建模，减速器的系列化、模块化，双圆弧人字齿减速器，机器人用谐波传动减速器，新能源汽车变速器，风电、核电、轨道交通、工程机械的齿轮箱传动系统设计等内容。

6. 第18篇新增了“工程振动控制技术应用实例”，通过23个实例介绍不同场景下振动控制的方法和效果。

7. 第 19 篇新增了“机架现代设计方法”一章，以突出现代设计方法在机架有限元分析和机架结构优化设计中的应用。

8. 将“液压传动”篇与“液压控制”篇合并成为新的第 20 篇“液压传动与控制”，完善了液压技术知识体系，新增了液压回路图的绘制规则，液压元件再制造，液压元件、系统及管路污染控制，液压元件和配管、软管总成、液压缸、液压管接头的试验方法等内容。

9. 第 21 篇完善了气动技术知识体系，新增了配管、气动元件和配管试验、典型气动系统及应用等内容。

二、在新产品开发、新型零部件和新材料推广方面

1. 各篇介绍了诸多适应技术发展和产业亟需的新型零部件，如永磁联轴器、风电联轴器、钢球限矩联轴器、液压安全联轴器等；活塞缸固定液压离合器、液压离合器-制动器、活塞缸气压离合器等；石墨滑动轴承、液体动压轴承、UCF 型带座外球面球轴承、长弧面滚子轴承、滚柱交叉导轨副等；不锈弹簧钢丝、高应力液压件圆柱螺旋压缩弹簧等。

2. 在采用新材料方面，充实了钛合金相关内容，新增了 3D 打印 PLA 生物降解材料、机动车玻璃安全技术规范、碳纳米管材料及特性等内容。

三、在贯彻新标准方面

各篇均全面更新了相关国家标准、行业标准等技术标准和资料。

为适应数字化阅读需求，方便读者学习和查阅《手册》内容，本版修订同步推出了《机械设计手册》网络版，欢迎购买使用。

值此《机械设计手册》第七版出版之际，向参加各版编撰和审稿的单位和个人致以崇高的敬意！向一直以来陪伴《手册》成长的读者朋友表示衷心的感谢！ 由于编者水平和时间有限，加之《手册》内容体系庞大，修订中难免存在疏漏和不足，恳请广大读者继续给以批评指正。

编　者

HANDBOOK OF MECHANICAL DESIGN SEVENTH EDITION

目录

CONTENTS

第5篇 连接与紧固

第 2 章 铆钉连接 …… 5-256

第 6 篇　轴及其连接

第7篇 轴承

第8篇 起重运输机械零部件

第9篇 操作件、小五金及管件

HANDBOOK

OF

第5篇
连接与紧固

篇主编	撰稿	审稿
窦建清	窦建清	吕 君
	梁晋宁	蔡桂喜
	任东升	
	王 新	
	刘伟民	

MECHANICAL

DESIGN

修订说明

与第六版相比，本篇主要修订和新增内容如下：

(1) 全面更新了相关国家标准和资料。

(2) 螺纹及螺纹连接部分，在螺纹中新增了 80°Pg 电器螺纹、玻璃螺纹和螺纹灯头螺纹的定义和参数；在螺纹紧固件中增加了紧固件术语；在螺纹连接的标准件中新增了自挤螺钉和自钻自攻螺钉，在新型螺纹连接型式和防松装置部分新增了偏心螺母相关内容；新增钢丝螺套和喉箍。

(3) 铆钉连接部分，丰富了铆钉内容，把第六版中以企业代号表示的铆钉改为国标型号；增加了抽芯铆钉和环槽铆钉的工作原理；扩充了环槽铆钉的相关内容；新增了汽车行业标准铆螺母和 YJT 系列铆螺母；新增了没有列入国标但实际应用非常广泛的压铆螺母和压铆螺母柱系列产品。

(4) 胀紧连接和面型连接部分，介绍了国标 GB/T 28701—2012 中规定的 19 个序号、22 个型号的 ZJ 系列胀紧连接套的名称和结构形式；详细介绍了 ZJ1-ZJ5 型号的规格型号和性能参数。

(5) 锚固连接部分，新增了 GB/T 22795—2008 规定的 8 种国标膨胀锚栓。

(6) 粘接部分，对粘接技术做了概述，将六版第 3 篇胶黏剂的内容融合到本部分第 2 节中。

参加本篇编写的有：北京普道智成科技有限公司窦建清，同方威视技术股份有限公司梁晋宁、任东升，3M 中国有限公司王新、刘伟民。宜兴市寅磊陶瓷设备有限公司提供了电阻焊磁环资料，北京古德高机电公司为胀紧套部分提供了参考资料。本篇由同方威视技术股份有限公司吕君、中国科学院金属研究所蔡桂喜审稿。

CHAPTER 1

第1章 螺纹及螺纹连接

1 螺　　纹

1.1 螺纹术语及其定义（摘自 GB/T 14791—2013）

表 5-1-1　　螺纹术语及其定义

序号	术　语	定　义
1	螺旋线 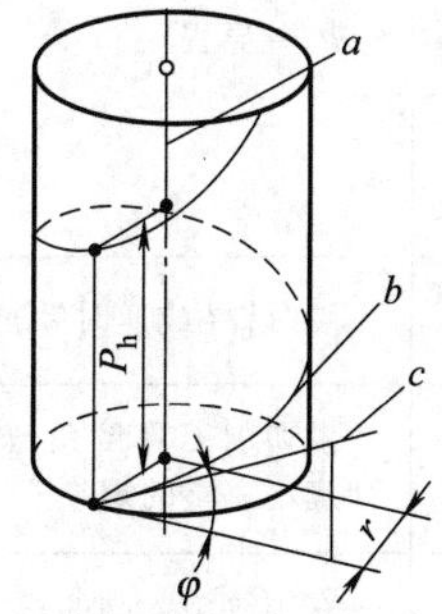 (a) 在圆柱表面上的螺旋线 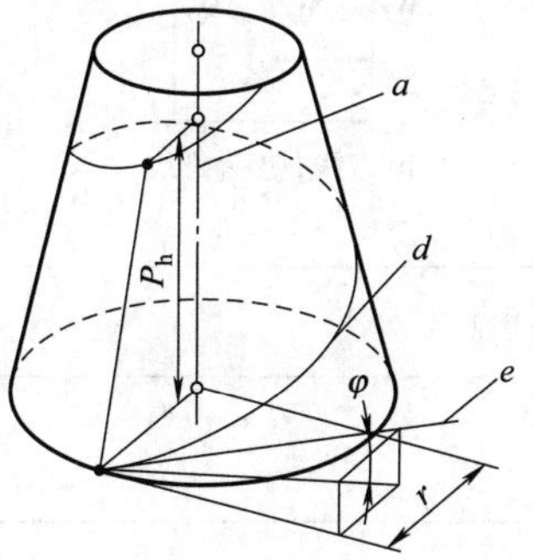　(b) 在圆锥表面上的螺旋线	沿着圆柱或圆锥表面运动点的轨迹，该点的轴向位移与相应角位移成定比 a—螺旋线的轴线 b—圆柱形螺旋线 c—圆柱形螺旋线的切线 d—圆锥形螺旋线 e—圆锥形螺旋线的切线 P_h—螺旋线导程 φ—螺旋线导程角
2	螺纹	在圆柱或圆锥表面上具有相同牙型、沿螺旋线连续凸起的牙体
3	圆柱螺纹 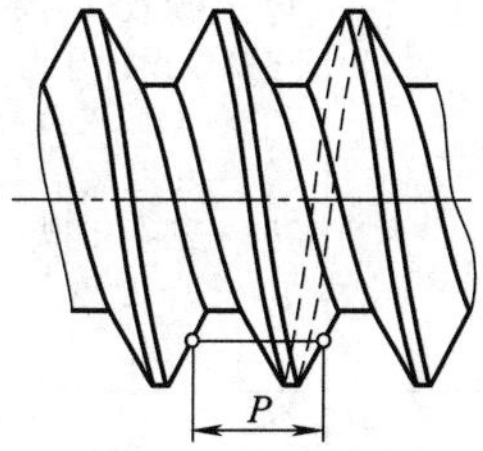 (a) 单线右旋外螺纹 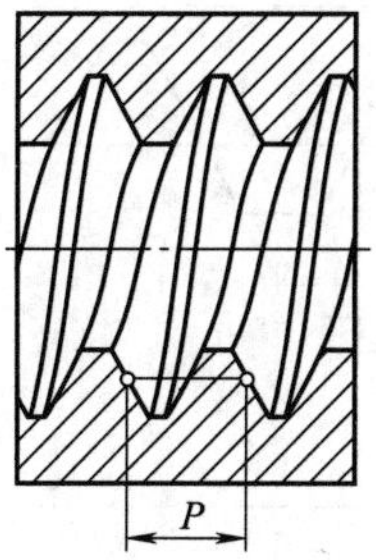　(b) 单线右旋内螺纹	在圆柱表面上所形成的螺纹 P—螺距
4	圆锥螺纹（见序号 58 图）	在圆锥表面上所形成的螺纹

续表

序号	术　语	定　义
5	对称螺纹与非对称螺纹 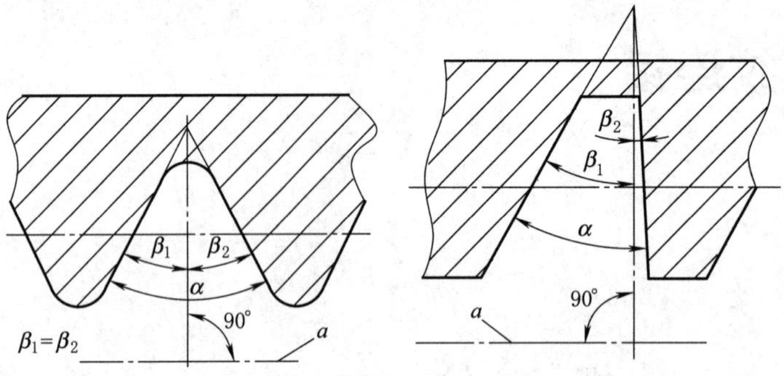 $\beta_1=\beta_2$ (a) 对称螺纹　(b) 非对称螺纹	对称螺纹：相邻牙侧角相等 非对称螺纹：相邻牙侧角不相等 a—螺方轴线
6	单线螺纹与多线螺纹 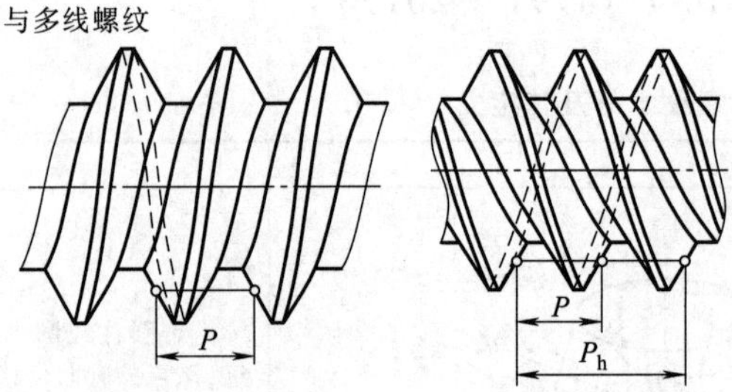 (a) 单线左旋外螺纹　(b) 双线右旋外螺纹	单线螺纹：只有一个起始点的螺纹，其螺距等于导程 多线螺纹：具有两个或两个以上起始点的螺纹，其螺距等于导程除以线数 P—螺距 P_h—导程
7	右旋 RH(或左旋 LH)螺纹(见序号 3,6 图)	顺时针(或逆时针)旋入的螺纹
8	螺纹收尾(见序号 58 图)	由切削刀具倒角或退出所形成的牙底不完整的螺纹
9	引导螺纹	在螺纹旋入端的螺纹，其牙顶完整而牙顶不完整
10	原始三角形和基本牙型 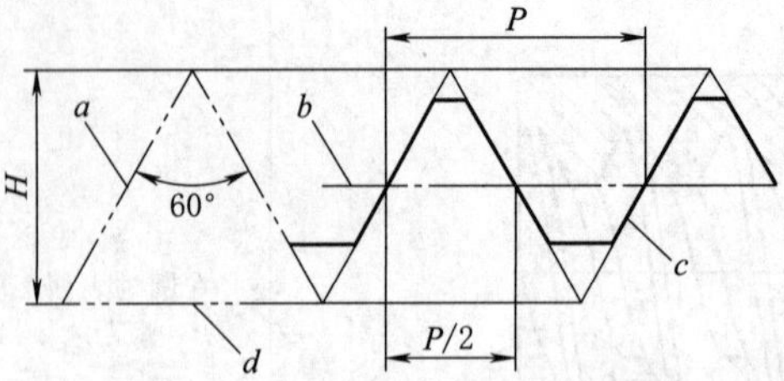	原始三角形：由延长基本牙型的牙侧获得的三个连续交点所形成的三角形 基本牙型：在螺纹轴线平面内，由理论尺寸、角度和削平高度所形成的内、外螺纹共有的理论牙型。它是确定螺纹设计牙型的基础 a—原始三角形 b—中径线 c—基本牙型 d—底边
11	原始三角形高度 H(见序号 10 图)	由原始三角形底边到与此底边相对的原始三角形顶点间的径向距离

续表

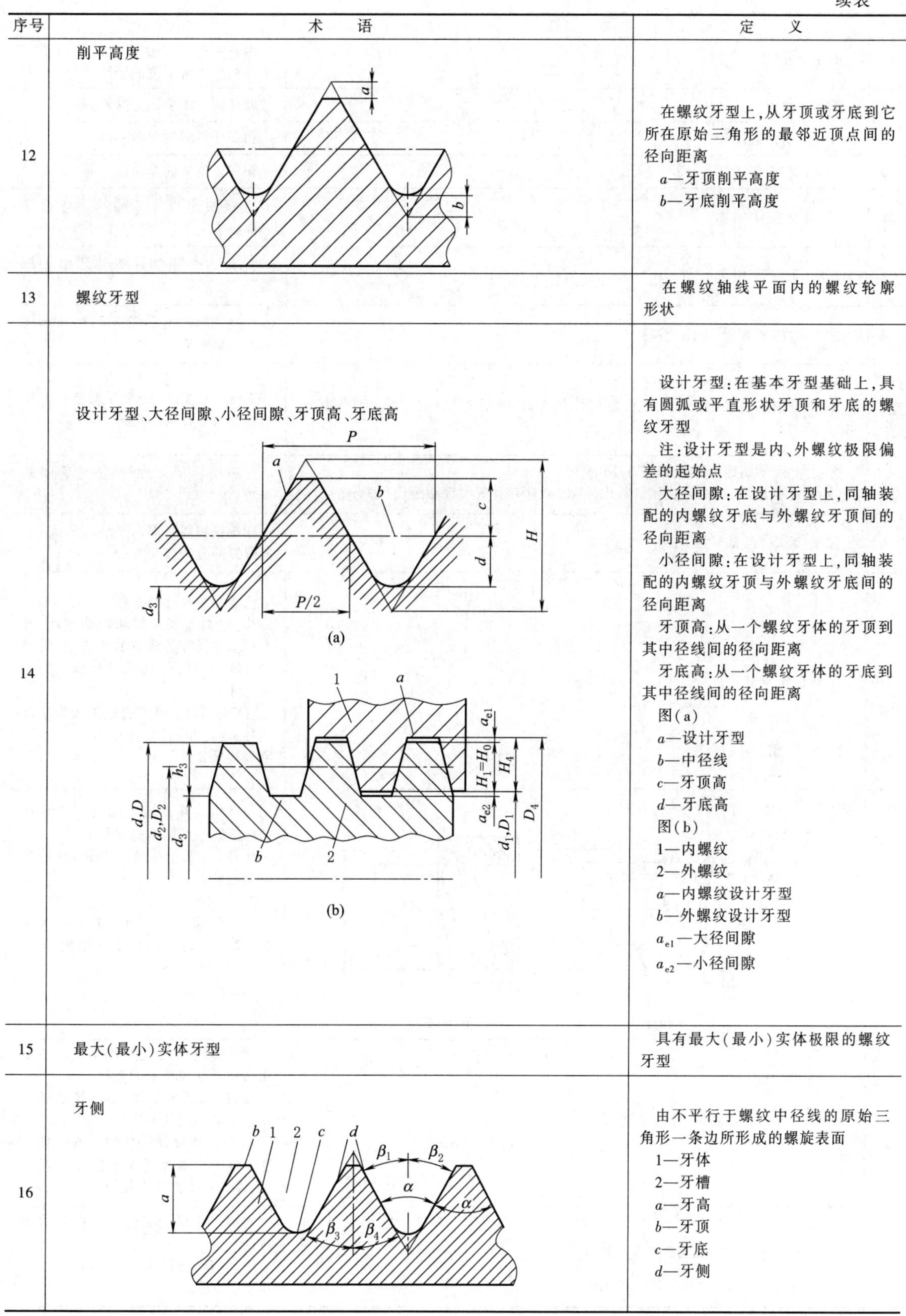

序号	术语	定义
12	削平高度	在螺纹牙型上，从牙顶或牙底到它所在原始三角形的最邻近顶点间的径向距离 a—牙顶削平高度 b—牙底削平高度
13	螺纹牙型	在螺纹轴线平面内的螺纹轮廓形状
14	设计牙型、大径间隙、小径间隙、牙顶高、牙底高 (a) (b)	设计牙型：在基本牙型基础上，具有圆弧或平直形状牙顶和牙底的螺纹牙型 注：设计牙型是内、外螺纹极限偏差的起始点 大径间隙：在设计牙型上，同轴装配的内螺纹牙底与外螺纹牙顶间的径向距离 小径间隙：在设计牙型上，同轴装配的内螺纹牙顶与外螺纹牙底间的径向距离 牙顶高：从一个螺纹牙体的牙顶到其中径线间的径向距离 牙底高：从一个螺纹牙体的牙底到其中径线间的径向距离 图(a) a—设计牙型 b—中径线 c—牙顶高 d—牙底高 图(b) 1—内螺纹 2—外螺纹 a—内螺纹设计牙型 b—外螺纹设计牙型 a_{e1}—大径间隙 a_{e2}—小径间隙
15	最大(最小)实体牙型	具有最大(最小)实体极限的螺纹牙型
16	牙侧	由不平行于螺纹中径线的原始三角形一条边所形成的螺旋表面 1—牙体 2—牙槽 a—牙高 b—牙顶 c—牙底 d—牙侧

续表

序号	术　语	定　义
17	相邻牙侧	由不平行于螺纹中径线的原始三角形两条边所形成的牙侧
18	同名牙侧	处在同一螺旋面上的牙侧
19	牙体(见序号16图)	相邻牙侧间的材料实体
20	牙槽(见序号16图)	相邻牙侧间的非实体空间
21	牙顶(见序号16图)	连接两个相邻牙侧的牙体顶部表面
22	牙底(见序号16图)	连接两个相邻牙侧的牙槽底部表面
23	牙型高度(见序号16图牙高)	从一个螺纹牙体的牙顶到其牙底间的径向距离
24	牙侧角β(米制螺纹)(见序号5,16图) 注:对寸制螺纹,对称螺纹的牙侧角代号为α,非对称螺纹牙侧角代号为α_1和α_2	在螺纹牙型上,一个牙侧与垂直于螺纹轴线平面间的夹角
25	牙型角α(米制螺纹)(见序号5,16图) 注:对寸制螺纹,对称螺纹牙型角代号为2α,非对称螺纹牙型角代号为$\alpha_1+\alpha_2$	在螺纹牙型上,两相邻牙侧间的夹角
26	牙顶(牙底)圆弧半径R,r	在螺纹轴线平面内,牙顶(牙底)上呈圆弧部分的曲率半径
27	公称直径D,d	代表螺纹尺寸的直径 注:1. 对紧固螺纹和传动螺纹,其大径基本尺寸是螺纹的代表尺寸;对管螺纹,其管子公称尺寸是螺纹的代表尺寸 2. 对内螺纹,使用直径的大写字母代号D;对外螺纹,使用直径的小写字母代号d
28	大径D,d,D_4(米制螺纹) 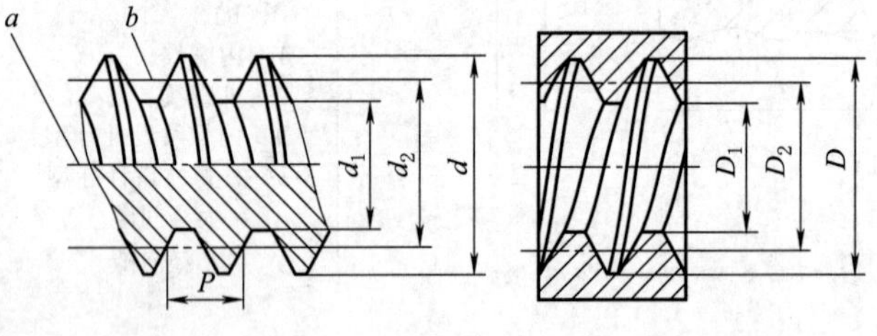 a　b　d_1　d_2　d　P (a) 外螺纹 D_1　D_2　D (b) 内螺纹	与外螺纹牙顶或内螺纹牙底相切的假想圆柱或圆锥的直径 注:1. 对圆锥螺纹,不同螺纹轴线位置处的大径是不同的 2. 当内螺纹设计牙型上的大径尺寸不同于其基本牙型上的大径尺寸时,设计牙型上的大径使用代号D_4(见序号图14) a—螺纹轴线 b—中径线
29	小径D_1,d_1,d_3(见序号14,28图)	与外螺纹牙底或内螺纹牙顶相切的假想圆柱或圆锥的直径 注:1. 对圆锥螺纹,不同螺纹轴线位置处的小径是不同的 2. 当外螺纹设计牙型上的小径尺寸不同于其基本牙型上的小径尺寸时,设计牙型上的小径使用代号d_3
30	顶径D_1,d(见序号14,28图)	与螺纹牙顶相切的假想圆柱或圆锥的直径 注:它是外螺纹的大径或内螺纹的小径

续表

序号	术　语	定　义
31	底径 D, d_1, d_3, D_4(米制螺纹)(见序号 14,28 图)	与螺纹牙底相切的假想圆柱或圆锥的直径 注:1. 它是外螺纹的小径或内螺纹的大径 2. 当内螺纹的设计牙型上的大径尺寸不同于其基本牙型上的大径尺寸时,设计牙型上的大径使用代号 D_4 3. 当外螺纹设计牙型上的小径尺寸不同于其基本牙型上的小径尺寸时,设计牙型上的小径使用代号 d_3
32	中径 D_2, d_2(见序号 28 图)	中径圆柱或中径圆锥的直径 注:对圆锥螺纹,不同螺纹轴线位置处的中径是不同的
33	单一中径 D_{2s}, d_{2s} 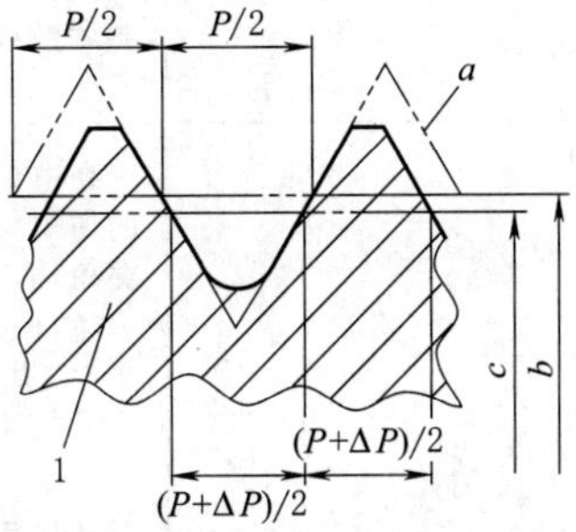	一个假想圆柱或圆锥的直径,该圆柱或圆锥的母线通过实际螺纹上牙槽宽度等于半个基本螺距的地方。通常采用最佳量针或量球进行测量 注:1. 对圆锥螺纹,不同螺纹轴线位置处的单一中径是不同的 2. 对理想螺纹,其中径等于单一中径 1—带有螺距偏差的实际螺纹 a—理想螺纹 b—单一中径 c—中径
34	作用中径 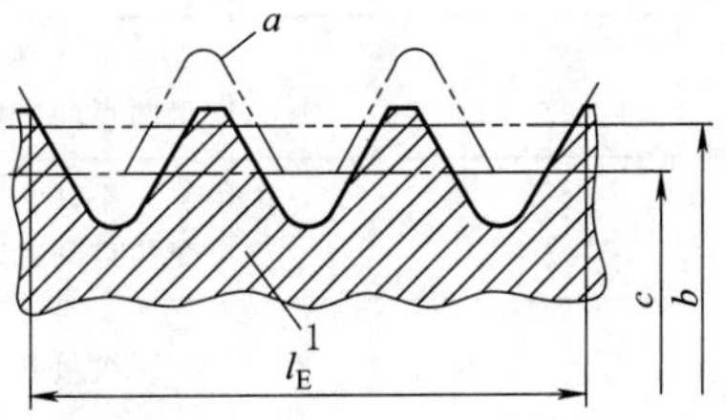	在规定的旋合长度内,恰好包容(没有过盈或间隙)实际螺纹牙侧的一个假想理想螺纹的中径。该理想螺纹具有基本牙型,并且包容时与实际螺纹在牙顶和牙底处不发生干涉 注:对圆锥螺纹,不同螺纹轴线位置处的作用中径是不同的 1—实际螺纹 l_E—螺纹旋合长度 a—理想内螺纹 b—作用中径 c—中径
35	中径轴线,螺纹轴线(见序号 28 图)	中径圆柱或中径圆锥的轴线 注:如果没有误解风险,大多数场合允许用"螺纹轴线"替代"中径轴线"。但不允许用"大径轴线"或"小径轴线"替代"中径轴线"
36	螺距 P,牙槽螺距 P_2,累积螺距 P_Σ 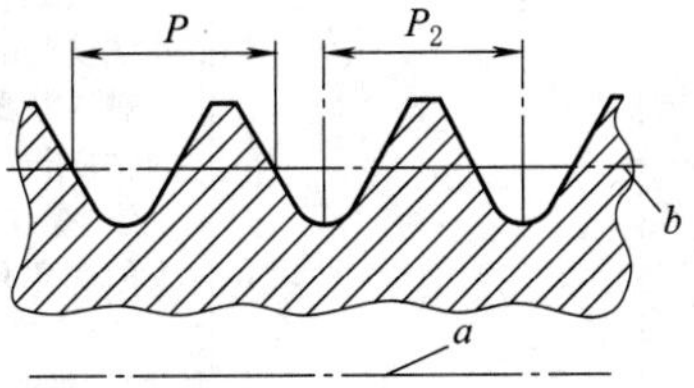	螺距:相邻两牙体上的对应牙侧与中径线相交两点间的轴向距离 牙槽螺距:相邻两牙槽的对称线在中径线上对应两点间的轴向距离。通常采用最佳量针或量球进行测量 注:牙槽螺距仅适用于对称螺纹,其牙槽对称线垂直于螺纹轴线 累计螺距:相距两个或两个以上螺距的两个牙体间的各个螺距之和 a—螺纹轴线 b—中径线

续表

序号	术语	定义
37	牙数 n	每英寸(25.4mm)轴向长度内所包含的螺纹螺距个数 注:此术语主要用于寸制螺纹
38	导程 P_h(米制螺纹)和 L(寸制螺纹),牙槽导程 P_{h2} P_h P P_{h2} 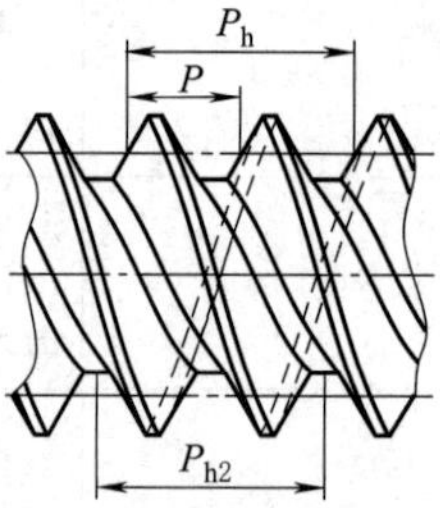	导程:最邻近的两同名牙侧与中径线相交两点间的轴向距离 注:导程是一个点沿着在中径圆柱或中径圆锥上的螺旋线旋转一周所对应的轴向位移 牙槽导程 P_{h2}:处于同一牙槽内的两最邻近牙槽的对称线在中径线上对应两点间的轴向距离。通常采用最佳量针或量球进行测量 注:牙槽导程仅适用于对称螺纹,其牙槽对称线垂直于螺纹轴线
39	升角/导程角 φ(米制螺纹)和 λ(寸制螺纹)	在中径圆柱或中径圆锥上螺旋线的切线与垂直于螺纹轴线平面间的夹角 注:1. 对米制螺纹,其计算公式为 $\tan\varphi=\dfrac{P_h}{\pi d_2}$;对寸制螺纹,其计算公式为 $\tan\lambda=\dfrac{L}{\pi d_2}$ 2. 对圆锥螺纹,其不同螺纹轴线位置处的升角/导程角是不同的
40	牙厚	一个牙体的相邻牙侧与中径线相交两点间的轴向距离
41	牙槽宽	一个牙槽的相邻牙侧与中径线相交两点间的轴向距离
42	螺纹接触高度 H_0,牙侧接触高度 H_1 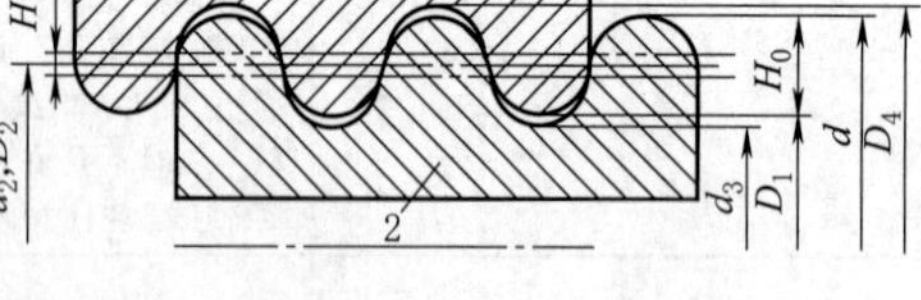 1 H_1 H_0 d_2,D_2 d_3 D_1 d D_4 2	螺纹接触高度:在两个同轴配合螺纹的牙型上,外螺纹牙顶至内螺纹牙顶间的径向距离,即内、外螺纹的牙型重叠径向高度 牙侧接触高度:在两个同轴配合螺纹的牙型上,其牙侧重合部分的径向高度 1—内螺纹 2—外螺纹
43	螺纹旋合长度 l_E,螺纹装配长度 l_A 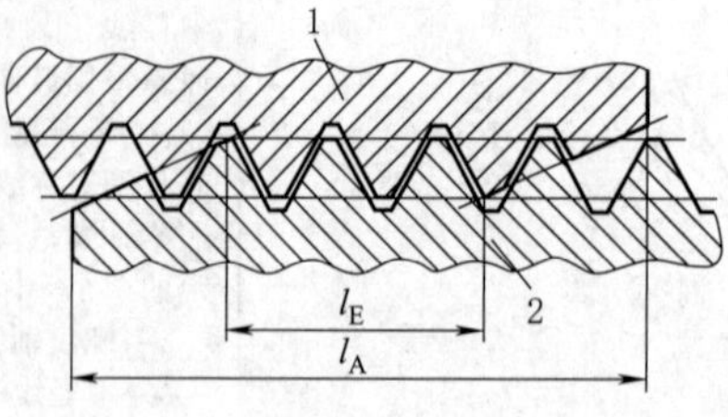 1 2 l_E l_A	螺纹旋合长度:两个配合螺纹的有效螺纹相互接触的轴向长度 螺纹装配长度:两个配合螺纹旋合的轴向长度 注:螺纹装配长度允许包含引导螺纹的倒角和(或)螺纹收尾 1—内螺纹 2—外螺纹

续表

<table>
<tr><th>序号</th><th colspan="2">术　语</th><th>定　义</th></tr>
<tr><td>44</td><td colspan="2">行程 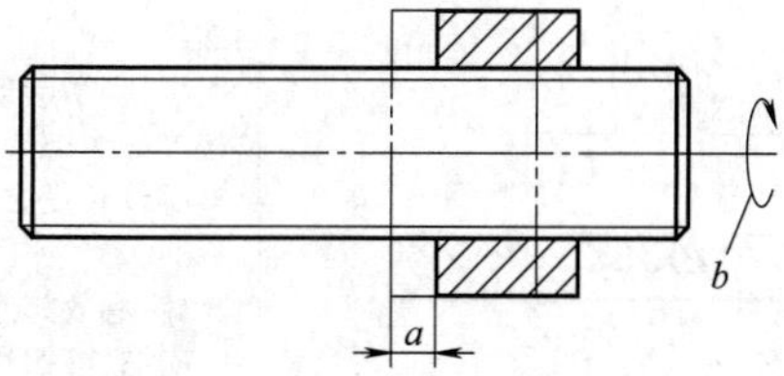</td><td>两个配合螺纹相对转动某一角度所产生的相对轴向位移量
注：此术语通常用于传动螺纹
a—行程
b—转动角度</td></tr>
<tr><td>45</td><td colspan="2">螺距偏差 ΔP</td><td>螺距的实际值与其基本值之差</td></tr>
<tr><td>46</td><td colspan="2">牙槽螺距偏差 ΔP_2</td><td>牙槽螺距的实际值与其基本值之差</td></tr>
<tr><td>47</td><td colspan="2">累积螺距偏差 ΔP_Σ 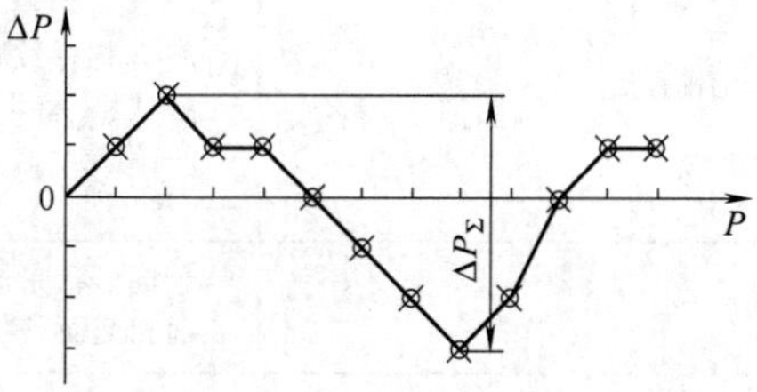</td><td>在规定的螺纹长度内，任意两牙体间的实际累积螺距值与其基本累积螺距值差中绝对值最大的那个偏差
注：在一些场合，规定的螺纹长度可能是螺纹旋合长度。对管螺纹，规定的螺纹长度可能是 25.4mm</td></tr>
<tr><td>48</td><td colspan="2">导程偏差 ΔP_h（米制螺纹）和 ΔL（寸制螺纹）</td><td>导程的实际值与其基本值之差</td></tr>
<tr><td>49</td><td colspan="2">牙槽导程偏差 ΔP_{h2}</td><td>牙槽导程的实际值与其基本值之差</td></tr>
<tr><td>50</td><td colspan="2">行程偏差</td><td>行程的实际值与其基本值之差</td></tr>
<tr><td>51</td><td colspan="2">累积导程偏差 $\Delta P_{h\Sigma}$ 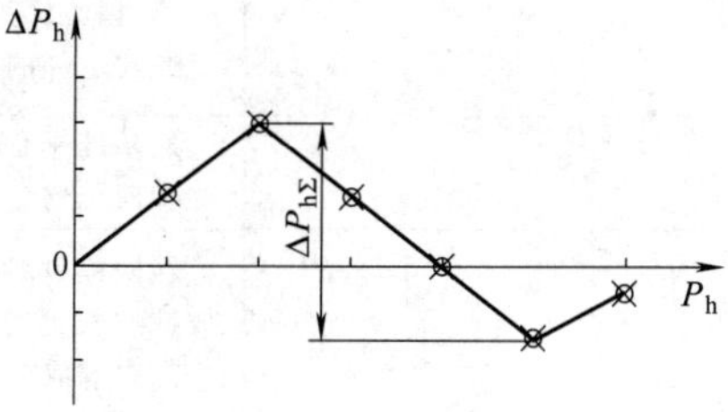</td><td>在规定的螺纹长度内，同一螺旋面上任意两牙侧与中径线相交两点间的实际轴向距离与其基本值之差中绝对值最大的那个偏差
注：在一些场合，规定的螺纹长度可能是螺纹旋合长度。对管螺纹，规定的螺纹长度可能是 25.4mm</td></tr>
<tr><td>52</td><td colspan="2">牙侧角偏差 $\Delta\beta$（米制螺纹）</td><td>牙侧角的实际值与其基本值之差</td></tr>
<tr><td>53</td><td colspan="2">中径当量</td><td>由螺距偏差或导程偏差和（或）牙侧角偏差所引起作用中径的变化量。通常利用螺纹指示规的差示检验法进行测量
注：1. 对外螺纹，其中径当量是正值；对内螺纹，其中径当量是负值
2. 中径当量也可细分为螺距偏差的中径当量和牙侧角偏差的中径当量</td></tr>
<tr><td>54</td><td rowspan="4">与非对称螺纹相关的术语</td><td>承载牙侧</td><td>螺纹副中承受外部轴向载荷的牙侧</td></tr>
<tr><td>55</td><td>非承载牙侧</td><td>螺纹副中不承受外部轴向载荷的牙侧</td></tr>
<tr><td>56</td><td>引导牙侧</td><td>在螺纹即将装配时，面对与其配合螺纹工件的牙侧</td></tr>
<tr><td>57</td><td>跟随牙侧</td><td>在螺纹即将装配时，背对与其配合螺纹工件的牙侧</td></tr>
</table>

续表

序号	术语		定义
58	与密封管螺纹相关的术语	完整螺纹 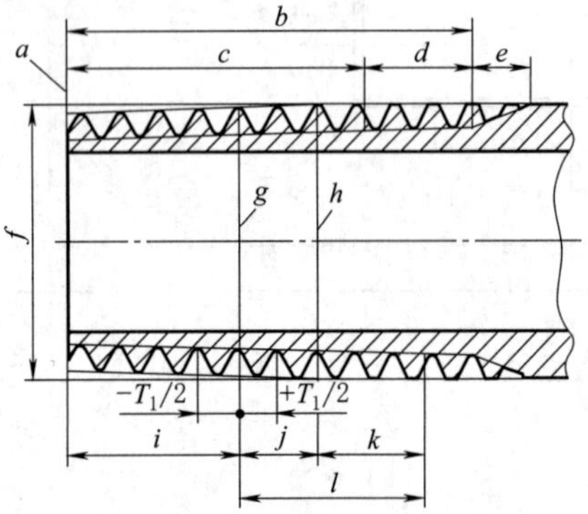 圆锥螺纹	牙顶和牙底均具有完整形状的螺纹 注：当引导螺纹的倒角轴向长度不超过一个螺距，此引导螺纹包含在完整螺纹长度之内 a—参照平面 b—有效螺纹 c—完整螺纹 d—不完整螺纹 e—螺纹收尾（螺尾） f—基准直径 g—基准平面 h—手旋合时最小实体内螺纹工件端面能够到达的轴向位置 i—基准距离 j—与内螺纹正公差相等的余量 k—旋紧余量 l—装配余量
59		不完整螺纹（见序号58图）	牙底形状完整，牙顶因与工件圆柱表面相交而形状不完整的螺纹
60		有效螺纹（见序号58图）	由完整螺纹和不完整螺纹组成的螺纹，不包含螺尾
61		基准直径（见序号58图）	为规定密封管螺纹尺寸而设立的基准基本大径
62		基准平面（见序号58图）	垂直于密封管螺纹轴线、具有基准直径的平面 注：螺纹环规和塞规利用此平面进行螺纹工件的检验
63		基准距离（见序号58图）	从基准平面到圆锥外螺纹小端面的轴向距离
64		装配余量（见序号58图）	在圆锥外螺纹基准平面之后的有效螺纹长度。它提供了与最小实体状态内螺纹的装配量
65		旋紧余量（见序号58图）	手旋合后用于扳紧所需的有效螺纹长度。扳紧时，它容纳两配合螺纹工件间的相对运动
66		参照平面（见序号58图）	检验螺纹时，读取量规检验数值（基准平面的位置偏差）所参照的螺纹工件可见端面 注：它是内螺纹工件的大端面或外螺纹工件的小端面
67		容纳长度	从内螺纹大端面到妨碍外螺纹扳紧旋入所遇到的第一个障碍物间的轴向距离
68		中径圆锥锥度	在中径圆锥上，两个位置的直径差与这两个位置间的轴向距离之比
69		紧密距	在规定的安装力矩或者其他条件下，圆锥螺纹工作或量规上规定参照点间的轴向距离

1.2 螺纹标准

表 5-1-2　　我国常用螺纹标准汇总

序号	标准名称	标准号	对应的国际标准
1	螺纹术语	GB/T 14791—2013	ISO 5408
2	普通螺纹　基本牙型	GB/T 192—2003	
3	普通螺纹　直径与螺距系列	GB/T 193—2003	ISO 261
4	普通螺纹　基本尺寸	GB/T 196—2003	ISO 724
5	普通螺纹　公差	GB/T 197—2018	ISO 965-1
6	普通螺纹　极限偏差	GB/T 2516—2023	ISO 965-3
7	普通螺纹　优选系列	GB/T 9144—2003	ISO 262
8	普通螺纹　中等精度、优选系列的极限尺寸	GB/T 9145—2003	ISO 965-2
9	普通螺纹　粗糙精度、优选系列的极限尺寸	GB/T 9146—2003	
10	普通螺纹　极限尺寸	GB/T 15756—2008	
11	普通螺纹量规　技术条件	GB/T 3934—2003	ISO 1502
12	光学仪器用短牙螺纹	JB/T 5450—2007	
13	MJ 螺纹　第 1 部分:通用要求	GJB 3.1A—2015	ISO 5855-1
14	MJ 螺纹　第 2 部分:螺栓和螺母螺纹的极限尺寸	GJB 3.2A—2015	ISO 5855-2
15	MJ 螺纹　第 3 部分:管路件螺纹的极限尺寸	GJB 3.3A—2015	ISO 5855-3
16	过渡配合螺纹	GB/T 1167—1996	
17	过盈配合螺纹	GB/T 1181—1998	
18	小螺纹　第 1 部分:牙型、系列和基本尺寸	GB/T 15054.1—2018	
19	小螺纹　第 2 部分:公差和极限尺寸	GB/T 15054.2—2018	
20	梯形螺纹　第 1 部分:牙型	GB/T 5796.1—2022	ISO 2901
21	梯形螺纹　第 2 部分:直径与螺距系列	GB/T 5796.2—2022	ISO 2902
22	梯形螺纹　第 3 部分:基本尺寸	GB/T 5796.3—2022	ISO 2904
23	梯形螺纹　第 4 部分:公差	GB/T 5796.4—2022	ISO 2903
24	梯形螺纹　极限尺寸	GB/T 12359—2008	
25	机床梯形螺纹丝杠、螺母　技术条件	JB/T 2886—2008	
26	锯齿形(3°、30°)螺纹　第 1 部分:牙型	GB/T 13576.1—2008	
27	锯齿形(3°、30°)螺纹　第 2 部分:直径与螺距系列	GB/T 13576.2—2008	
28	锯齿形(3°、30°)螺纹　第 3 部分:基本尺寸	GB/T 13576.3—2008	
29	锯齿形(3°、30°)螺纹　第 4 部分:公差	GB/T 13576.4—2008	
30	55°密封管螺纹　第 1 部分:圆柱内螺纹与圆锥外螺纹	GB/T 7306.1—2000	ISO 7-1
31	55°密封管螺纹　第 2 部分:圆锥内螺纹与圆锥外螺纹	GB/T 7306.2—2000	ISO 7-1
32	55°非密封管螺纹	GB/T 7307—2001	ISO 228-1
33	60°密封管螺纹	GB/T 12716—2011	
34	55°密封管螺纹量规	JB/T 10031—2019	
35	55°非密封管螺纹量规	GB/T 10922—2006	ISO 228-2
36	普通螺纹　管路系列	GB/T 1414—2013	
37	米制密封螺纹	GB/T 1415—2008	
38	气瓶专用螺纹	GB/T 8335—2011	ISO 11363-1
39	气瓶专用螺纹量规	GB/T 8336—2011	ISO 11363-2
40	轮胎气门嘴螺纹	GB 9765—2009	ISO 4570
41	气动连接　气口和螺柱端	GB/T 14038—2008	
42	包装　玻璃容器　螺纹瓶口尺寸	GB/T 17449—1998	
43	螺纹样板	JB/T 7981—2010	
44	普通螺纹收尾、肩距、退刀槽和倒角	GB/T 3—1997	ISO 3508
45	普通螺纹搓制和滚制前的毛坯直径	GB/T 18685—2017	
46	自攻螺钉用螺纹	GB/T 5280—2002	ISO 1478
47	木螺钉技术条件	GB/T 922—1986	
48	灯头的型式和尺寸　第 1 部分:螺口式灯头	GB/T 1406.1—2008	

表 5-1-3　　国外常用英制螺纹的代号名称和标准号

标记代号	名　称	国别及标准号	备　注
B. S. W.	标准惠氏粗牙系列,一般用途圆柱螺纹	英国标准 BS 84	牙型角为 55°的英制螺纹
B. S. F.	标准惠氏细牙系列,一般用途圆柱螺纹		
Whit. S	附加的惠氏可选择系列,一般用途圆柱螺纹		
Whit	惠氏牙型非标准螺纹		
UN	恒定螺距系列统一螺纹	美国标准 ANSI B1. 1	牙型角为 60°的英制螺纹,具有标准牙型(牙底是平的或随意倒圆的)的内、外螺纹
UNC	粗牙系列统一螺纹		
UNF	细牙系列统一螺纹		
UNEF	超细牙系列统一螺纹		
UNS①	特殊系列统一螺纹		牙型角为 60°的英制螺纹,具有圆弧牙底的 UNR、UNRC、UNRF、UNREF、UNRS 只用于外螺纹而没有内螺纹
UNR	圆弧牙底恒定螺距系列统一螺纹		
UNRC	圆弧牙底粗牙系列统一螺纹		
UNRF	圆弧牙底细牙系列统一螺纹		
UNREF	圆弧牙底超细牙系列统一螺纹		
UNRS	圆弧牙底特殊系列统一螺纹		
NPT②	一般用途锥管螺纹	美国标准 ANSI B1. 20. 1	牙型角为 60°的英制管螺纹
NPSC②	管接头用直管螺纹		
NPTR	导杆连接用锥管螺纹		
NPSM	机械连接用直管螺纹		
NPSL	锁紧螺母用直管螺纹		
NPSH	软管连接用直管螺纹		
NPTF	干密封标准型锥管螺纹	美国标准 ANSI B1. 20. 3	Ⅰ型
PTF-SAE SHORT	干密封短型锥管螺纹		Ⅱ型
NPSF	干密封标准型燃油用直管内螺纹		Ⅲ型
NPSI	干密封标准型一般用直管内螺纹		Ⅳ型
ACME③	一般用途梯形螺纹	美国标准 ANSI B1. 5	牙型角为 29°的英制传动螺纹

① 公差使用与标准系列相同的公式计算的标准系列之外的所有直径与螺距组合。

② 我国的 60°圆锥管螺纹（GB/T 12716—2011）包括 NPT 和 NPSC。

③ ACME 螺纹包括一般用途的和定心的两种配合的梯形螺纹，其中一般用途的与 GB/T 5796—2022 规定的梯形螺纹的性能类似。

1.3　螺纹的分类、特点和应用

表 5-1-4　　螺纹分类方法

分类依据	种类
牙型	三角形螺纹、梯形螺纹、矩形螺纹、锯齿形螺纹等
螺纹在实体上的位置	内螺纹、外螺纹
线数(头数)	单线(头)螺纹、多线(头)螺纹
方向	左旋螺纹、右旋螺纹
单位制	米制螺纹、寸制螺纹
用途	紧固螺纹、传动螺纹、专用螺纹、管螺纹等
螺纹母线和轴线的角度	圆柱螺纹、圆锥螺纹

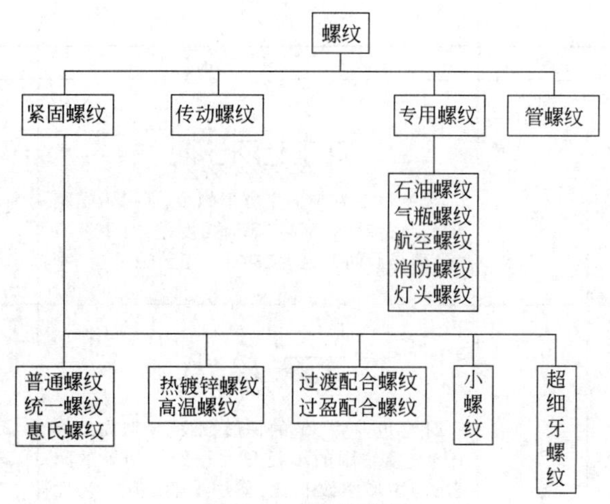

图 5-1-1　螺纹分类

表 5-1-5　　螺纹的分类、特点和应用

螺纹种类	代号	主要特点	主要应用
普通螺纹 (GB/T 192—2003 GB/T 193—2003 GB/T 196—2003 GB/T 197—2018)	M	牙型角 α 为 60°的三角形螺纹，自锁性能好，按螺距分为粗牙和细牙两种，细牙螺纹螺距小、升角小、小径大、螺纹的杆身面积大、强度高、自锁性能较好，但不耐磨、易脱扣，粗牙螺纹的直径和螺距的比例适中、强度好，应用最为广泛	主要用于紧固连接，一般连接多用粗牙螺纹，细牙螺纹用于薄壁零件，也常用于受变载、振动及冲击载荷的连接中，还可用于微调机构的调整 普通螺纹也称一般用途的螺纹，是螺纹件数量最多的一种 普通螺纹是米制螺纹
特种细牙螺纹		牙型与普通螺纹相同，而螺距比普通螺纹的细牙螺距更小	主要用于光学仪器上大直径小螺距的薄壁零件
过渡配合螺纹 (GB/T 1167—1996)		牙型与普通螺纹相同，选取普通螺纹的部分尺寸，利用内、外螺纹旋合后在中径上形成过渡配合进行锁紧，易产生过松或过紧而影响装配效率和质量	主要用于双头螺柱固定于机体的一端，以防止当拧开螺柱的另一端螺母时，螺柱从机体中脱出，应在中径尺寸之外采用辅助的锁紧措施，防止螺柱松动
过盈配合螺纹 (GB/T 1181—1998)		牙型与普通螺纹相同，利用中径尺寸过盈锁紧螺柱，不允许采用辅助的锁紧措施	主要用于大功率、高转速、工作环境恶劣的动力机械 推荐采用分组装配以提高效益
自攻锁紧螺钉的螺杆 (GB/T 6559—1986)		自攻锁紧螺钉的螺杆具有弧形三角截面的螺纹。可拧入黑色或有色金属的预制孔内，挤压形成内螺纹	低拧入力矩，高锁紧性能
短牙螺纹 (JB/T 5450—2007)	MD	牙型角 α 为 60°的三角形螺纹，将牙型高度由普通螺纹的 $0.625H$ 改为 $0.5H$，其螺距完全采用普通螺纹的全部细牙螺距，公称直径范围为 8～160mm	用于细牙螺纹不能很好满足要求的薄壁零件处，多用于光学仪器的调焦
MJ 螺纹 (GJB 3.1A～3A—2015)	MJ	牙型角 α 为 60°的三角形螺纹，与普通螺纹相比，加大了外螺纹的牙底圆弧半径和小径的削平量，以此来减小应力集中并可提高螺纹强度	主要用于航空器和航天器中 MJ 螺纹也称加强螺纹
小螺纹 (GB/T 15054.1～2—2018)	S	牙型角 α 为 60°的三角形螺纹，为提高小螺纹的强度，基本牙型上小径处的削平高度从普通小螺纹的 $0.25H$ 加大为 $0.321H$，由于小螺纹的牙槽浅，工艺性会好一些	用于钟表、仪器和电子产品中公称直径小于 1mm 的紧固连接螺纹

续表

螺纹种类	代号	主要特点	主要应用
方形螺纹（矩形螺纹）	Tr	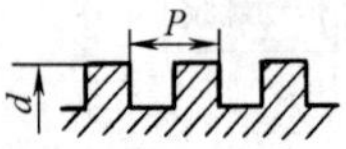 牙型角 α 为0°的正方形螺纹，牙厚为螺距的一半，传动效率高，牙根强度差，对中性不好，磨损后间隙也无法补偿，工艺性差	曾用于力的传递或传导螺旋，如千斤顶、小型压力机等；目前仅用于对传动效率有较高要求的机件 方形螺纹也称矩形螺纹，没有制定国家标准
梯形螺纹（GB/T 5796.1～4—2022）	Tr	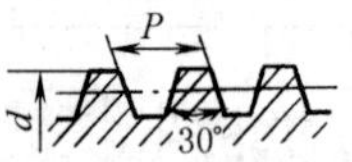 牙型角 α 为30°的梯形螺纹，牙型高度为0.5P，螺纹副的小径和大径处有相等的间隙，与矩形螺纹相比，效率略低，但工艺性好，牙根强度高，螺纹副对中性好，可以调整间隙（用剖分螺母时）	广泛用于各种传动和大尺寸机件的紧固连接，常用于传导螺旋、丝杠等
短牙梯形螺纹		牙型角 α 为30°，牙型高度为0.3P，结构紧凑，强度好，工艺性也好	用于要求径向尺寸小的梯形螺纹传动，如阀门等，也用于紧固和定位
锯齿形（3°、30°）螺纹（GB/T 13576.1～4—2008）		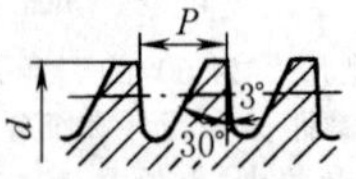 一般情况下，螺纹牙工作面的牙侧角为3°，非工作面的牙侧角为30°，也可根据传动效率来选择承载面的牙侧角，锯齿形螺纹兼有矩形螺纹效率高和梯形螺纹牙强度高、工艺性好的优点，是一种非对称牙型的螺纹，外螺纹的牙底有相当大的圆角，可以减小应力集中，螺纹副的大径处无间隙，便于对中，同时还可任选大径或中径两种不同的定心方式	用于单向受力的传动和定位，如轧钢机的压下螺旋、螺旋压力机、水压机、起重机的吊钩等 目前使用的有3°/30°、3°/45°、7°/45°、0°/45°等数种不同牙侧角的锯齿形螺纹
自攻螺钉用螺纹（GB/T 5280—2002）	ST	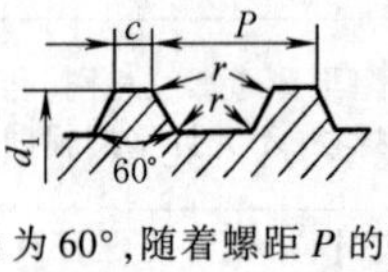 牙型角 α 为60°，随着螺距 P 的减小，滚压螺纹时所消耗的能量降低，且制造精度有所提高	主要用于金属薄板
圆弧螺纹（DIN 405 德国标准）		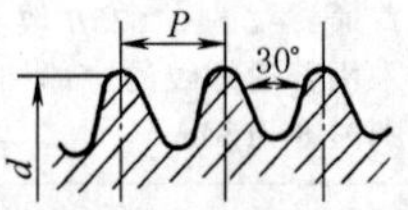 牙型为圆弧形，常用的牙型角 α 为30°或45°，牙粗、圆角大、螺纹不易碰损并易于消除污垢，内、外螺纹配合时有间隙，用于需要经常拆卸的地方，有较长的寿命，处于动载荷时强度较高	用于经常与污物接触和易生锈的场合，如水管闸门的螺旋导轴，也可用于玻璃器皿的瓶口、吊钩或需消除污物的场合，还可用于薄壁空心零件
管连接用细牙普通螺纹	M	与普通细牙螺纹相同，不需专用量刃具，制造经济，靠零件端面和密封圈密封	用于液压系统、气动系统、润滑附件和仪表等处

续表

螺纹种类	代号	主要特点	主要应用
55°非密封管螺纹 (GB/T 7307—2001)	G	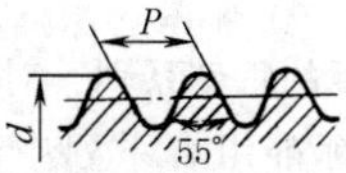 牙型角 α 为 55°,其牙顶和牙底均为圆弧形,公称直径近似为管子内径,内、外螺纹均为圆柱形的管螺纹,内、外螺纹配合后不具有密封性,在管路系统中仅起机械连接的作用	用于电线保护等场合 由于可借助于密封圈在螺纹副之外的端面进行密封,也用于静载荷下的低压管路系统
55°密封管螺纹 (GB/T 7306.1～2—2000)	R	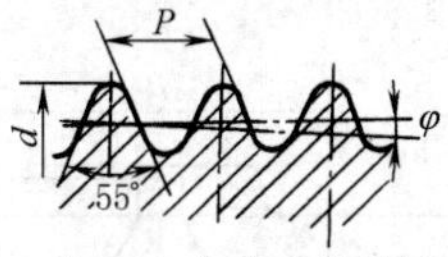 牙型角 α 为 55°,公称直径近似为管子内径,内、外螺纹旋紧后不用填料而依靠螺纹牙本身的变形即可保证连接的紧密性。它有两种配合方式:①圆柱内螺纹/圆锥外螺纹,密封性好一些;②圆锥内螺纹/圆锥外螺纹,密封性稍差些,但不易被破坏。圆锥螺纹的锥度为 1∶16,牙顶和牙底均为圆弧形	①圆柱内螺纹/圆锥外螺纹的配合,可用于低压、静载,水、煤气管多采用此种配合方式 ②圆锥内螺纹/圆锥外螺纹的配合,可用于高温、高压、承受冲击载荷的系统
60°密封管螺纹 (GB/T 12716—2011)	NPT NPSC	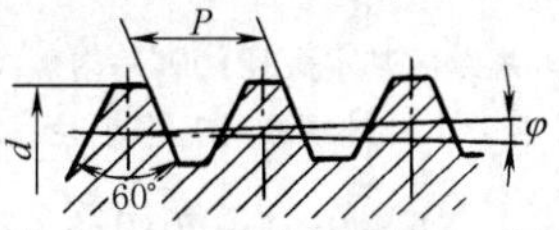 牙型角 α 为 60°的密封管螺纹,其锥度为 1∶16,与 55°密封管螺纹的配合方式及性能类似。该螺纹牙型规定牙顶和牙底均是平的,实际加工中多呈圆弧形,该螺纹牙型来源于美国标准	主要用于汽车、拖拉机、航空机械、机床等燃料、油、水、气输送系统的管连接
米制密封螺纹 (GB/T 1415—2008)	Mc Mp	基本牙型及尺寸系列均符合普通螺纹规定的管螺纹,性能与其他密封管螺纹类似,其优点是能与普通螺纹组成配合,加工和测量都比较方便,锥度为 1∶16	用于气体、液体管路系统依靠螺纹密封的连接处
气瓶专用螺纹 (GB/T 8335—2011)	PZ	牙型角 α 为 55°,牙顶与牙底均为圆弧形	用于气瓶的瓶口与瓶阀连接及其他密封连接的锥螺纹,以及瓶帽与颈圈连接的非螺纹密封的圆柱管螺纹
电气元件螺纹 (DIN 4043)	Pg	牙型角 α 为 80°的三角形螺纹	德国标准,主要用在钢管和电气接线盒上

1.4 普通螺纹

我国的普通螺纹标准采用了国际标准中的米制螺纹系列，其内容包括牙型、尺寸、公差和标记等。

普通螺纹基本牙型的原始三角形为 60°的等边三角形。在其顶部和底部分别削去 $H/8$ 和 $H/4$ 便构成了普通螺纹的基本牙型。普通螺纹的基本牙型是内、外螺纹共有的牙型并具有基本尺寸。

普通螺纹的尺寸是由直径和螺距两个尺寸共同决定的。标准规定了它们的搭配关系，并称之为直径与螺距的组合。设计者应按标准的规定选用。

GB/T 193—2003《普通螺纹　直径与螺距系列》对普通螺纹（一般用途米制螺纹）的直径与螺距组合系列进行了如下规定。

① 该标准适用于一般用途的机械紧固螺纹连接，其螺纹本身不具有密封功能。

② 直径与螺距的标准组合系列以及螺纹的中径和小径等数据见表 5-1-6 的规定，在表内应选择与直径处于同一行内的螺距，并尽可能避免选用括号内的螺距；对于直径，则应优先选用第一系列，其次是第二系列，最后再选择第三系列。

③ 除了标准系列，还规定有直径与螺距的特殊系列，对特殊系列的使用有一些限制。

④ 对于标准系列的直径，如需使用比标准组合系列中规定还要小的特殊螺距，则应从下列螺距中选取：3mm，2mm，1.5mm，1mm，0.75mm，0.5mm，0.35mm，0.25mm，0.2mm。选择非标准组合的特殊螺距会增加螺纹的制造难度。

1.4.1 普通螺纹基本尺寸（摘自 GB/T 193—2003、GB/T 196—2003）

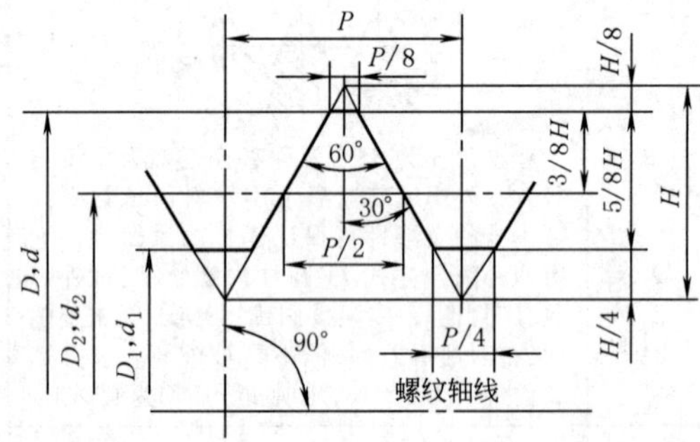

D—内螺纹的基本大径；d—外螺纹的基本大径；D_2—内螺纹的基本中径；d_2—外螺纹的基本中径；D_1—内螺纹的基本小径；d_1—外螺纹的基本小径；P—螺距；H—原始三角形高度

$$D_2=D-2\times\frac{3}{8}H=D-0.6495P$$

$$d_2=d-2\times\frac{3}{8}H=d-0.6495P$$

$$D_1=D-2\times\frac{5}{8}H=D-1.0825P$$

$$d_1=d-2\times\frac{5}{8}H=d-1.0825P$$

$$H=\frac{\sqrt{3}}{2}P=0.866025404P$$

表 5-1-6　　普通螺纹基本尺寸　　mm

公称直径 D、d			螺距	中径	小径	公称直径 D、d			螺距	中径	小径
第一系列	第二系列	第三系列	P	D_2 或 d_2	D_1 或 d_1	第一系列	第二系列	第三系列	P	D_2 或 d_2	D_1 或 d_1
1			0.25①	0.838	0.729	2.5			0.45①	2.208	2.013
			0.2	0.87	0.783				0.35	2.273	2.121
	1.1		0.25①	0.938	0.829	3			0.5①	2.675	2.459
			0.2	0.97	0.883				0.35	2.773	2.621
1.2			0.25①	1.038	0.929		3.5		(0.6)①	3.11	2.85
			0.2	1.07	0.983				0.35	3.273	3.121
	1.4		0.3①	1.205	1.075	4			0.7①	3.545	3.242
			0.2	1.27	1.183				0.5	3.675	3.459
1.6			0.35①	1.373	1.221		4.5		(0.75)①	4.013	3.688
			0.2	1.47	1.383				0.5	4.175	3.959
	1.8		0.35①	1.573	1.421	5			0.8①	4.48	4.134
			0.2	1.67	1.583				0.5	4.675	4.459
2			0.4①	1.74	1.567			5.5	0.5	5.175	4.959
			0.25	1.838	1.729	6			1①	5.35	4.917
	2.2		0.45①	1.908	1.713						
			0.25	2.038	1.929				0.75	5.513	5.188

续表

公称直径 D、d			螺距	中径	小径
第一系列	第二系列	第三系列	P	D_2 或 d_2	D_1 或 d_1
	7		1①	6.35	5.917
			0.75	6.513	6.188
8			1.25①	7.188	6.647
			1	7.35	6.917
			0.75	7.513	7.188
		9	(1.25)①	8.188	7.647
			1	8.35	7.917
			0.75	8.513	8.188
10			1.5①	9.026	8.376
			1.25	9.188	8.647
			1	9.35	8.917
			0.75	9.513	9.188
		11	(1.5)①	10.026	9.376
			1	10.35	9.917
			0.75	10.513	10.188
12			1.75①	10.863	10.106
			1.5	11.026	10.376
			1.25	11.188	10.647
			1	11.35	10.917
	14		2①	12.701	11.835
			1.5	13.026	12.376
			1.25	13.188	12.647
			1	13.35	12.917
		15	1.5	14.026	13.376
			1	14.35	13.917
16			2①	14.701	13.835
			1.5	15.026	14.376
			1	15.35	14.917
		17	1.5	16.026	15.376
			1	16.35	15.917
	18		2.5①	16.376	15.294
			2	16.701	15.835
			1.5	17.026	16.376
			1	17.35	16.917
20			2.5①	18.376	17.294
			2	18.701	17.835
			1.5	19.026	18.376
			1	19.35	18.917
	22		2.5①	20.376	19.294
			2	20.701	19.835
			1.5	21.026	20.376
			1	21.35	20.917
24			3①	22.051	20.752
			2	22.701	21.835
			1.5	23.026	22.376
			1	23.35	22.917
		25	2	23.701	22.835
			1.5	24.026	23.376
			1	24.35	23.917
		26	1.5	25.026	24.376
	27		3①	25.051	23.752
			2	25.701	24.835
			1.5	26.026	25.376
			1	26.35	25.917
		28	2	26.701	25.835
			1.5	27.026	26.376
			1	27.35	26.917
30			3.5①	27.727	26.211
			3	28.051	26.752
			2	28.701	27.835
			1.5	29.026	28.376
			1	29.35	28.917
		32	2	30.701	29.835
			1.5	31.026	30.376
	33		3.5①	30.727	29.211
			3	31.051	29.752
			2	31.701	30.835
			1.5	32.026	31.376
		35	1.5	34.026	33.376
36			4①	33.402	31.67
			3	34.051	32.752
			2	34.701	33.835
			1.5	35.026	34.376
		38	1.5	37.026	36.376
	39		4①	36.402	34.67
			3	37.051	35.752
			2	37.701	36.835
			1.5	38.026	37.376
		40	3	38.051	36.752
			2	38.701	37.835
			1.5	39.026	38.376
42			4.5①	39.077	37.129
			4	39.402	37.67
			3	40.051	38.752
			2	40.701	39.835
			1.5	41.026	40.376
	45		4.5①	42.077	40.129
			4	42.402	40.67
			3	43.051	41.752
			2	43.701	42.835
			1.5	44.026	43.376
48			5①	44.752	42.587
			4	45.402	43.67
			3	46.051	44.752
			2	46.701	45.835
			1.5	47.026	46.376
		50	3	48.051	46.752
			2	48.701	47.835
			1.5	49.026	48.376

续表

公称直径 D、d			螺距	中径	小径
第一系列	第二系列	第三系列	P	D_2 或 d_2	D_1 或 d_1
	52		5①	48.752	46.587
			4	49.402	47.67
			3	50.051	48.752
			2	50.701	49.835
			1.5	51.026	50.376
		55	4	52.402	50.67
			3	53.051	51.752
			2	53.701	52.835
			1.5	54.026	53.376
56			5.5①	52.428	50.046
			4	53.402	51.67
			3	54.051	52.752
			2	54.701	53.835
			1.5	55.026	54.376
		58	4	55.402	53.67
			3	56.051	54.752
			2	56.701	55.835
			1.5	57.026	56.376
	60		(5.5)①	56.428	54.046
			4	57.402	55.67
			3	58.051	56.752
			2	58.701	57.835
			1.5	59.026	58.376
		62	4	59.402	57.67
			3	60.051	58.752
			2	60.701	59.835
			1.5	61.026	60.376
64			6①	60.103	57.505
			4	61.402	59.67
			3	62.051	60.752
			2	62.701	61.835
			1.5	63.026	62.376
		65	4	62.402	60.67
			3	63.051	61.752
			2	63.701	62.835
			1.5	64.026	63.376
	68		6①	64.103	61.505
			4	65.402	63.67
			3	66.051	64.752
			2	66.701	65.835
			1.5	67.026	66.376
		70	6	66.103	63.505
			4	67.402	65.67
			3	68.051	66.752
			2	68.701	67.835
			1.5	69.026	68.376
72			6	68.103	65.505
			4	69.402	67.67
			3	70.051	68.752
			2	70.701	69.835
			1.5	71.026	70.376
		75	4	72.402	70.67
			3	73.051	71.752
			2	73.701	72.835
			1.5	74.026	73.376
	76		6	72.103	69.505
			4	73.402	71.67
			3	74.051	72.752
			2	74.701	73.835
			1.5	75.026	74.376
		78	2	76.7	75.835
80			6	76.103	73.505
			4	77.402	75.67
			3	78.051	76.752
			2	78.701	77.835
			1.5	79.026	78.376
		82	2	80.701	79.835
	85		6	81.103	78.505
			4	82.402	80.67
			3	83.051	81.752
			2	83.701	82.835
90			6	86.103	83.505
			4	87.402	85.67
			3	88.051	86.752
			2	88.701	87.835
	95		6	91.103	88.505
			4	92.402	90.67
			3	93.051	91.752
			2	93.701	92.835
100			6	96.103	93.505
			4	97.402	95.67
			3	98.051	96.752
			2	98.701	97.835
	105		6	101.103	98.505
			4	102.402	100.67
			3	103.051	101.752
			2	103.701	102.835
110			6	106.103	103.505
			4	107.402	105.67
			3	108.051	106.752
			2	108.701	107.835
	115		6	111.103	108.505
			4	112.402	110.67
			3	113.051	111.752
			2	113.701	112.835
	120		6	116.103	113.505
			4	117.402	115.67
			3	118.051	116.752
			2	118.701	117.835
125			6	121.103	118.505
			4	122.402	120.67
			3	123.051	121.752
			2	123.701	122.835

续表

公称直径 D、d			螺距	中径	小径
第一系列	第二系列	第三系列	P	D_2 或 d_2	D_1 或 d_1
	130		6	126.103	123.505
			4	127.402	125.67
			3	128.051	126.752
			2	128.701	127.835
		135	6	131.103	128.505
			4	132.402	130.67
			3	133.051	131.752
			2	133.701	132.835
140			6	136.103	133.505
			4	137.402	135.67
			3	138.051	136.752
			2	138.701	137.835
		145	6	141.103	138.505
			4	142.402	140.67
			3	143.051	141.752
			2	143.701	142.835
	150		8	144.804	141.34
			6	146.103	143.505
			4	147.402	145.67
			3	148.051	146.752
			2	148.701	147.835
		155	6	151.103	148.505
			4	152.402	150.67
			3	153.051	151.752
160			8	154.804	151.34
			6	156.103	153.505
			4	157.402	155.67
			3	158.051	156.752
		165	6	161.103	158.505
			4	162.402	160.67
			3	163.051	161.752
	170		8	164.804	161.34
			6	166.103	163.505
			4	167.402	165.67
			3	168.051	166.752
		175	6	171.103	168.505
			4	172.402	170.67
			3	173.051	171.752
180			8	174.804	171.34
			6	176.103	173.505
			4	177.402	175.67
			3	178.051	176.752
		185	6	181.103	178.505
			4	182.402	180.67
			3	183.051	181.752
	190		8	184.804	181.34
			6	186.103	183.505
			4	187.402	185.67
			3	188.051	186.752
		195	6	191.103	188.505
			4	192.402	190.67
			3	193.051	191.752
200			8	194.804	191.34
			6	196.103	193.505
			4	197.402	195.67
			3	198.051	196.752
		205	6	201.103	198.505
			4	202.402	200.67
			3	203.051	201.752
	210		8	204.804	201.34
			6	206.103	203.505
			4	207.402	205.67
			3	208.051	206.752
		215	6	211.103	208.505
			4	212.402	210.67
			3	213.051	211.752
220			8	214.804	211.34
			6	216.103	213.505
			4	217.402	215.67
			3	218.051	216.752
		225	6	221.103	218.505
			4	222.402	220.67
			3	223.051	221.752
		230	8	224.804	221.34
			6	226.103	223.505
			4	227.402	225.67
			3	228.051	226.752
		235	6	231.103	228.505
			4	232.402	230.67
			3	233.051	231.752
	240		8	234.804	231.34
			6	236.103	233.505
			4	237.402	235.67
			3	238.051	236.752
		245	6	241.103	238.505
			4	242.402	240.67
			3	243.051	241.752
250			8	244.804	241.34
			6	246.103	243.505
			4	247.402	245.67
			3	248.051	246.752
		255	6	251.103	248.505
			4	252.402	250.67
	260		8	254.804	251.34
			6	256.103	253.505
			4	257.402	255.67
		265	6	261.103	258.505
			4	262.402	260.67

续表

公称直径 D、d			螺距	中径	小径
第一系列	第二系列	第三系列	P	D_2 或 d_2	D_1 或 d_1
		270	8	264.804	261.34
			6	266.103	263.505
			4	267.402	265.67
		275	6	271.103	268.505
			4	272.402	270.67
280			8	274.804	271.34
			6	276.103	273.505
			4	277.402	275.67
		285	6	281.103	278.505
			4	282.402	280.67
		290	8	284.804	281.34
			6	286.103	283.505
			4	287.402	285.67
		295	6	291.103	288.505
			4	292.402	290.67
	300		8	294.804	291.34
			6	296.103	293.505
			4	297.402	295.67

① 为粗牙螺距，其余为细牙螺距。

注：1. 直径优先选用第一系列，其次第二系列，第三系列尽可能不用。

2. 括号内的螺距尽可能不用。

3. M14×1.25 仅用于火花塞，M35×1.5 仅用于滚动轴承锁紧螺母。

4. 对于标准系列直径，如果要使用比本表规定还要小的特殊螺距，则应从下列螺距中选择：3mm、2mm、1.5mm、1mm、0.75mm、0.5mm、0.35mm、0.25mm 和 0.2mm。

5. 各螺距可以达到的最大公称直径如下（按"螺距—最大公称直径"的形式表述）：0.5mm—22mm、0.75mm—33mm、1.0mm—80mm、1.5mm—150mm、2.0mm—200mm、3.0mm—300mm。

1.4.2 普通螺纹公差与配合（摘自 GB/T 197—2018）

内、外螺纹的旋合长度分为三组，分别为短组（S）、中等组（N）和长组（L），各组的长度应符合表 5-1-7 的规定。

表 5-1-7　　内、外螺纹旋合长度　　mm

基本大径		螺距	旋合长度			
		P	S	N		L
>	≤		≤	>	≤	>
0.99	1.4	0.2	0.5	0.5	1.4	1.4
		0.25	0.6	0.6	1.7	1.7
		0.3	0.7	0.7	2	2
1.4	2.8	0.2	0.5	0.5	1.5	1.5
		0.25	0.6	0.6	1.9	1.9
		0.35	0.8	0.8	2.6	2.6
		0.4	1	1	3	3
		0.45	1.3	1.3	3.8	3.8
2.8	5.6	0.35	1	1	3	3
		0.5	1.5	1.5	4.5	4.5
		0.6	1.7	1.7	5	5
		0.7	2	2	6	6
		0.75	2.2	2.2	6.7	6.7
		0.8	2.5	2.5	7.5	7.5
5.6	11.2	0.75	2.4	2.4	7.1	7.1
		1	3	3	9	9
		1.25	4	4	12	12
		1.5	5	5	15	15
11.2	22.4	1	3.8	3.8	11	11
		1.25	4.5	4.5	13	13
		1.5	5.6	5.6	16	16
		1.75	6	6	18	18
		2	8	8	24	24
		2.5	10	10	30	30
22.4	45	1	4	4	12	12
		1.5	6.3	6.3	19	19
		2	8.5	8.5	25	25
		3	12	12	36	36
		3.5	15	15	45	45
		4	18	18	53	53
		4.5	21	21	63	63
45	90	1.5	7.5	7.5	22	22
		2	9.5	9.5	28	28
		3	15	15	45	45
		4	19	19	56	56
		5	24	24	71	71
		5.5	28	28	85	85
		6	32	32	95	95
90	180	2	12	12	36	36
		3	18	18	53	53
		4	24	24	71	71
		6	36	36	106	106
		8	45	45	132	132
180	355	3	20	20	60	60
		4	26	26	80	80
		6	40	40	118	118
		8	50	50	150	150

旋合长度中等组的计算公式

$L_{\mathrm{Nmin}} \approx 2.24Pd^{0.2}$

$L_{\mathrm{Nmax}} \approx 6.7Pd^{0.2}$

d 各段内满足 GB/T 193 规定的最小标准公称直径

表 5-1-8 **普通螺纹公差与配合**

	公差精度	公差带位置 e			公差带位置 f			公差带位置 g			公差带位置 h		
		S	N	L	S	N	L	S	N	L	S	N	L
外螺纹	精密	—	—	—	—	—	—	—	(4g)	(5g4g)	(3h4h)	4h①	(5h4h)
	中等	—	6e①	(7e6e)		6f①	—	(5g6g)	[6g①]	(7g6g)	(5h6h)	6h①	(7h6h)
	粗糙	—	(8e)	(9e8e)	—	—	—		8g	(9g8g)	—	—	—
内螺纹	公差精度	公差带位置 G			公差带位置 H			内、外螺纹公差带位置见表 5-1-9					
		S	N	L	S	N	L						
	精密	—	—	—	4H	5H	6H						
	中等	(5G)	6G①	(7G)	5H①	[6H①]	7H①						
	粗糙	—	(7G)	(8G)	—	7H	8H						
普通螺纹的配合选择	一般连接螺纹	为保证内、外螺纹有足够的接触高度,应优先采用 H/g、H/h 或 G/h;小于或等于 M1.4 的螺纹,应选用 5H/6h、4H/6h 或更精密的配合											
	经常装拆的螺纹	推荐采用 H/g											
	高温下工作的螺纹	工作温度在 450℃以下,选用 H/g;高于 450℃时应选用 H/e、G/h 或 G/g											
	需要涂层的螺纹	薄镀层螺纹件选用 H/g;中等腐蚀条件、中等镀层厚度的螺纹件选用 H/f;严重腐蚀条件、较厚镀层的螺纹件选用 H/e 或 G/e											
标记示例	粗牙螺纹	公差带代号由中径公差带代号和顶径公差带代号两部分组成。中径公差带代号在前,顶径公差带代号在后。若两者相同,则只标注一组代号。写在尺寸代号的后面,用“-”分开 直径 10mm,螺距 1.5mm,中径、顶径公差带均为 6H 的内螺纹:M10-6H											顶径指外螺纹大径和内螺纹小径	
	细牙螺纹	直径 10mm,螺距 1mm,中径、顶径公差带均为 6g 的外螺纹:M10×1-6g												
	内、外螺纹的配合	表示内、外螺纹配合时,内螺纹公差带代号在前,外螺纹公差带代号在后,中间用斜线分开 对短旋合长度或长旋合长度,宜在公差带代号之后加注旋合长度代号“S”或“L”,用“-”与公差带代号分开,中等旋合长度的螺纹不标注 对左旋螺纹,应在旋合长度代号之后加注“LH”,之间用“-”分开,右旋螺纹不标注 直径 24mm,螺距 2mm,内螺纹公差带 7H 与外螺纹公差带 8g 组成配合,短旋合长度,左旋螺纹:M24×2-7H/8g-S-LH												

① 为优先选用的公差带。

注:1. 括号内的公差带尽可能不用。

2. 大量生产的精制紧固件螺纹,推荐采用带方框的公差带。

3. 精密精度用于精密螺纹,当要求配合性质变动较小时采用;中等精度用于一般用途的螺纹;粗糙精度用于对精度要求不高的螺纹或制造比较困难时采用。

表 5-1-9 **内、外螺纹的公差带位置和外螺纹的牙底形状**

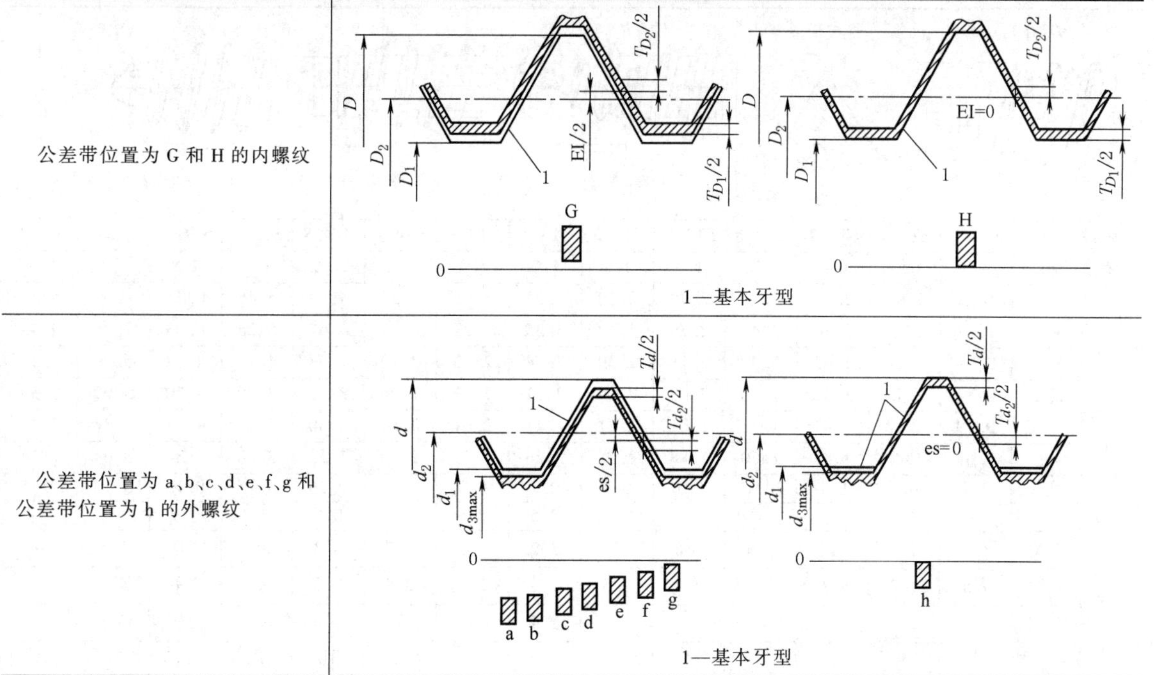

续表

公差带位置为 h 和公差带位置为 a、b、c、d、e、f、g 的外螺纹牙底形状	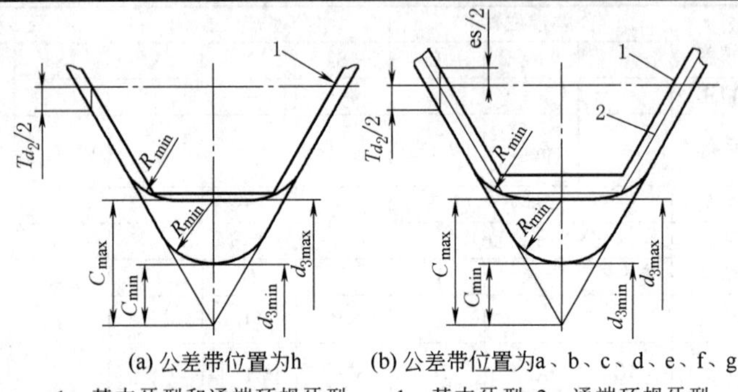(a) 公差带位置为h 1—基本牙型和通端环规牙型 (b) 公差带位置为a、b、c、d、e、f、g 1—基本牙型；2—通端环规牙型

表 5-1-10 外螺纹牙底的最小圆弧半径

螺距 P/mm	R_{min}/μm	螺距 P/mm	R_{min}/μm	螺距 P/mm	R_{min}/μm
0.2	25	0.75	94	3.5	438
0.25	31	0.8	100	4	500
0.3	38	1	125	4.5	563
0.35	44	1.25	156	5	625
0.4	50	1.5	188	5.5	688
0.45	55	1.75	219	6	750
0.5	63	2	250	8	1000
0.6	75	2.5	313		
0.7	88	3	375		

1.4.3 自攻螺钉用螺纹（摘自 GB/T 5280—2002）

自攻螺钉用螺纹是牙型角为 60°的对称性螺纹，它的代号是 ST，螺距其实是由每英寸（25.4mm）牙数计算出来的近似值。相对于普通螺纹其牙顶削平高度更小，螺纹端部有 C 型（锥端）、F 型（平端）和 R 型（倒圆端）三种类型。

表 5-1-11 自攻螺钉用螺纹结构及尺寸 mm

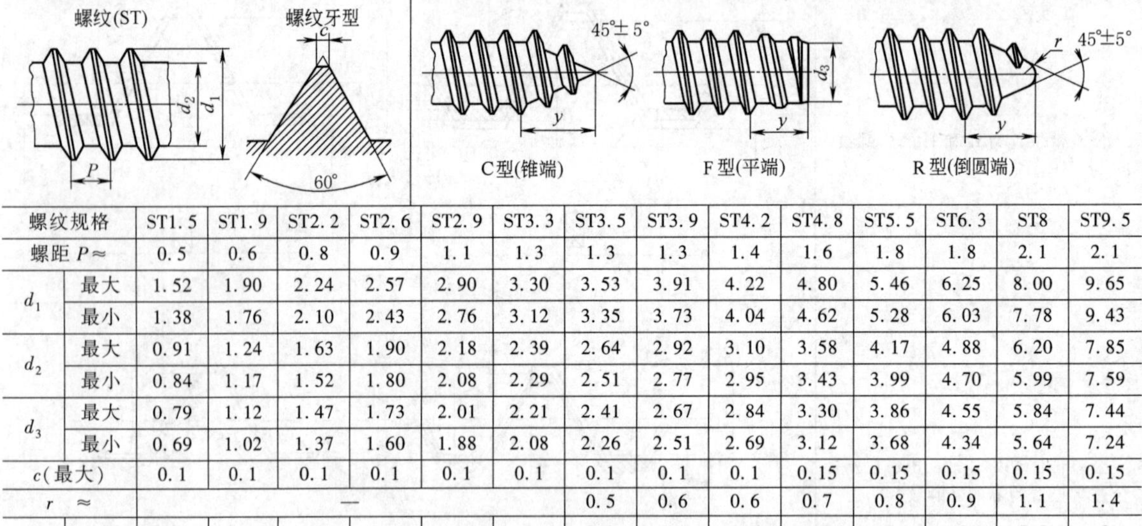

螺纹规格		ST1.5	ST1.9	ST2.2	ST2.6	ST2.9	ST3.3	ST3.5	ST3.9	ST4.2	ST4.8	ST5.5	ST6.3	ST8	ST9.5
螺距 $P\approx$		0.5	0.6	0.8	0.9	1.1	1.3	1.3	1.3	1.4	1.6	1.8	1.8	2.1	2.1
d_1	最大	1.52	1.90	2.24	2.57	2.90	3.30	3.53	3.91	4.22	4.80	5.46	6.25	8.00	9.65
	最小	1.38	1.76	2.10	2.43	2.76	3.12	3.35	3.73	4.04	4.62	5.28	6.03	7.78	9.43
d_2	最大	0.91	1.24	1.63	1.90	2.18	2.39	2.64	2.92	3.10	3.58	4.17	4.88	6.20	7.85
	最小	0.84	1.17	1.52	1.80	2.08	2.29	2.51	2.77	2.95	3.43	3.99	4.70	5.99	7.59
d_3	最大	0.79	1.12	1.47	1.73	2.01	2.21	2.41	2.67	2.84	3.30	3.86	4.55	5.84	7.44
	最小	0.69	1.02	1.37	1.60	1.88	2.08	2.26	2.51	2.69	3.12	3.68	4.34	5.64	7.24
c(最大)		0.1	0.1	0.1	0.1	0.1	0.1	0.1	0.1	0.1	0.15	0.15	0.15	0.15	0.15
$r\approx$		—						0.5	0.6	0.6	0.7	0.8	0.9	1.1	1.4
y（参考）	C 型	1.4	1.6	2	2.3	2.6	3	3.2	3.5	3.7	4.3	5	6	7.5	8
	F 型	1.1	1.2	1.6	1.8	2.1	2.5	2.5	2.7	2.8	3.2	3.6	3.6	4.2	4.2
	R 型	—						2.7	3	3.2	3.6	4.3	5	6.3	—
号码 No.		0	1	2	3	4	5	6	7	8	10	12	14	16	20

1.4.4 普通木螺钉螺纹牙型及技术要求（摘自 GB/T 922—1986）

木螺钉螺纹是牙型角为 60°~90°的三角形牙型，其牙顶削平高度比普通螺纹小，根据加工方法不同，其末端有三种型式。

表 5-1-12　　木螺钉螺纹牙型、末端型式及规格型号　　mm

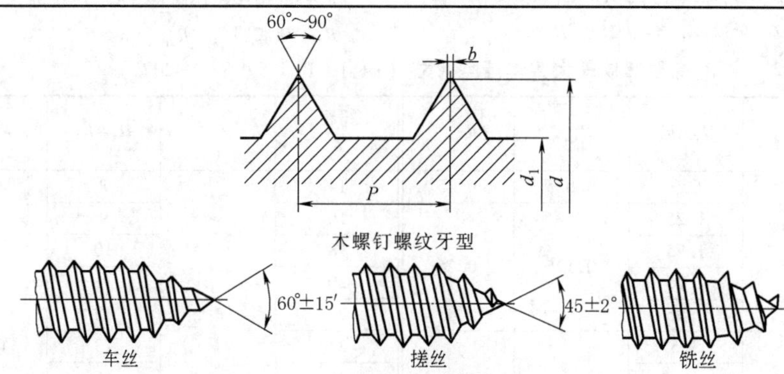

木螺钉螺纹末端型式

d	螺纹小径 d_1		螺距 P	$b \leqslant$
	基本尺寸	极限偏差		
1.6	1.2	0 -0.25	0.8	0.25
2	1.4		0.9	
2.5	1.8		1	
3	2.1		1.2	
3.5	2.5	0 -0.40	1.4	0.3
4	2.8		1.6	
4.5	3.2	0 -0.48	1.8	
5	3.5		2	
5.5	3.8		2.2	
6	4.2		2.5	
7	4.9		2.8	0.35
8	5.6		3	
10	7.2	0 -0.58	3.5	
12	8.7		4	0.4
16	12	0 -0.70	5	
20	15		6	

1.5 梯形螺纹

1.5.1 梯形螺纹牙型尺寸与基本尺寸（摘自 GB/T 5796.1—2022、GB/T 5796.3—2022）

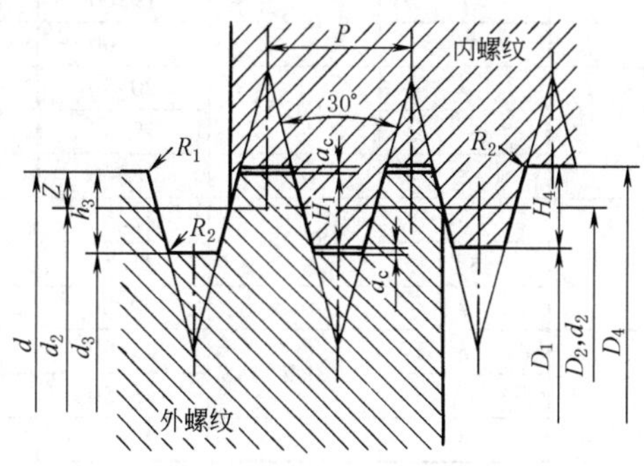

d—外螺纹大径（公称直径）；
P—螺距；
a_c—牙顶间隙；
H_1—基本牙型高度，$H_1=0.5P$；
h_3—外螺纹牙高，$h_3=H_1+a_c=0.5P+a_c$；
H_4—内螺纹牙高，$H_4=H_1+a_c=0.5P+a_c$；
Z—牙顶高，$Z=0.25P=H_1/2$；
d_2—外螺纹中径，$d_2=d-2Z=d-0.5P$；
D_2—内螺纹中径，$D_2=d-2Z=d-0.5P$；
d_3—外螺纹小径，$d_3=d-2h_3$；
D_1—内螺纹小径，$D_1=d-2H_1=d-P$；
D_4—内螺纹大径，$D_4=d+2a_c$；
R_1—外螺纹牙顶圆角，$R_{1\max}=0.5a_c$；
R_2—牙底圆角，$R_{2\max}=a_c$

表 5-1-13　梯形螺纹最大实体牙型尺寸（摘自 GB/T 5796.1—2022） mm

螺距 P	a_c	$H_4=h_3$	$R_{1\max}$	$R_{2\max}$	螺距 P	a_c	$H_4=h_3$	$R_{1\max}$	$R_{2\max}$
1.5	0.15	0.9	0.075	0.15	14	1	8	0.5	1
2	0.25	1.25	0.125	0.25	16		9		
3		1.75			18		10		
4		2.25			20		11		
5		2.75			22		12		
6	0.5	3.5	0.25	0.5	24		13		
7		4			28		15		
8		4.5			32		17		
9		5			36		19		
10		5.5			40		21		
12		6.5			44		23		

表 5-1-14　梯形螺纹基本尺寸（摘自 GB/T 5796.3—2022） mm

公称直径 d			螺　距	牙顶间隙	中　径	大　径	小　径	
第一系列	第二系列	第三系列	P	a_c	$d_2=D_2$	D_4	d_3	D_1
8			1.5①	0.15	7.25	8.30	6.20	6.50
	9		1.5	0.15	8.25	9.30	7.20	7.50
			2①	0.25	8.00	9.50	6.50	7.00
10			1.5	0.15	9.25	10.30	8.20	8.50
			2①	0.25	9.00	10.50	7.50	8.00
	11		2①	0.25	10.00	11.50	8.50	9.00
			3		9.50	11.50	7.50	8.00
12			2	0.25	11.00	12.50	9.50	10.00
			3①		10.50	12.50	8.50	9.00
	14		2	0.25	13.00	14.50	11.50	12.00
			3①		12.50	14.50	10.50	11.00
16			2	0.25	15.00	16.50	13.50	14.00
			4①		14.00	16.50	11.50	12.00
	18		2	0.25	17.00	18.50	15.50	16.00
			4①		16.00	18.50	13.50	14.00
20			2	0.25	19.00	20.50	17.50	18.00
			4①		18.00	20.50	15.50	16.00
	22		3	0.25	20.50	22.50	18.50	19.00
			5①		19.50	22.50	16.50	17.00
			8	0.5	18.00	23.00	13.00	14.00
24			3	0.25	22.50	24.50	20.50	21.00
			5①		21.50	24.50	18.50	19.00
			8	0.5	20.00	25.00	15.00	16.00
	26		3	0.25	24.50	26.50	22.50	23.00
			5①		23.50	26.50	20.50	21.00
			8	0.5	22.00	27.00	17.00	18.00

续表

公称直径 d			螺距	牙顶间隙	中径	大径	小径	
第一系列	第二系列	第三系列	P	a_c	$d_2=D_2$	D_4	d_3	D_1
28			3	0.25	26.50	28.50	24.50	25.00
			5①		25.50	28.50	22.50	23.00
			8	0.5	24.00	29.00	19.00	20.00
	30		3	0.25	28.50	30.50	26.50	27.00
			6①	0.5	27.00	31.00	23.00	24.00
			10		25.00	31.00	19.00	20.00
32			3	0.25	30.50	32.50	28.50	29.00
			6①	0.5	29.00	33.00	25.00	26.00
			10		27.00	33.00	21.00	22.00
	34		3	0.25	32.50	34.50	30.50	31.00
			6①	0.5	31.00	35.00	27.00	28.00
			10		29.00	35.00	23.00	24.00
36			3	0.25	34.50	36.50	32.50	33.00
			6①	0.5	33.00	37.00	29.00	30.00
			10		31.00	37.00	25.00	26.00
	38		3	0.25	36.50	38.50	34.50	35.00
			7①	0.5	34.50	39.00	30.00	31.00
			10		33.00	39.00	27.00	28.00
40			3	0.25	38.50	40.50	36.50	37.00
			7①	0.5	36.50	41.00	32.00	33.00
			10		35.00	41.00	29.00	30.00
	42		3	0.25	40.50	42.50	38.50	39.00
			7①	0.5	38.50	43.00	34.00	35.00
			10		37.00	43.00	31.00	32.00
44			3	0.25	42.50	44.50	40.50	41.00
			7①	0.5	40.50	45.00	36.00	37.00
			12		38.00	45.00	31.00	32.00
	46		3	0.25	44.50	46.50	42.50	43.00
			8①	0.5	42.00	47.00	37.00	38.00
			12		40.00	47.00	33.00	34.00
48			3	0.25	46.50	48.50	44.50	45.00
			8①	0.5	44.00	49.00	39.00	40.00
			12		42.00	49.00	35.00	36.00
	50		3	0.25	48.50	50.50	46.50	47.00
			8①	0.5	46.00	51.00	41.00	42.00
			12		44.00	51.00	37.00	38.00
52			3	0.25	50.50	52.50	48.50	49.00
			8①	0.5	48.00	53.00	43.00	44.00
			12		46.00	53.00	39.00	40.00
	55		3	0.25	53.50	55.50	51.50	52.00
			9①	0.5	50.50	56.00	45.00	46.00
			14	1	48.00	57.00	39.00	41.00
60			3	0.25	58.50	60.50	56.50	57.00
			9①	0.5	55.50	61.00	50.00	51.00
			14	1	53.00	62.00	44.00	46.00
	65		4	0.25	63.00	65.50	60.50	61.00
			10①	0.5	60.00	66.00	54.00	55.00
			16	1	57.00	67.00	47.00	49.00

续表

公称直径 d			螺距	牙顶间隙	中径	大径	小径	
第一系列	第二系列	第三系列	P	a_c	$d_2=D_2$	D_4	d_3	D_1
70			4	0.25	68.00	70.50	65.50	66.00
			10①	0.5	65.00	71.00	59.00	60.00
			16	1	62.00	72.00	52.00	54.00
	75		4	0.25	73.00	75.50	70.50	71.00
			10①	0.5	70.00	76.00	64.00	65.00
			16	1	67.00	77.00	57.00	59.00
80			4	0.25	78.00	80.50	75.50	76.00
			10①	0.5	75.00	81.00	69.00	70.00
			16	1	72.00	82.00	62.00	64.00
	85		4	0.25	83.00	85.50	80.50	81.00
			12①	0.5	79.00	86.00	72.00	73.00
			18	1	76.00	87.00	65.00	67.00
90			4	0.25	88.00	90.50	85.50	86.00
			12①	0.5	84.00	91.00	77.00	78.00
			18	1	81.00	92.00	70.00	72.00
	95		4	0.25	93.00	95.50	90.50	91.00
			12①	0.5	89.00	96.00	82.00	83.00
			18	1	86.00	97.00	75.00	77.00
100			4	0.25	98.00	100.50	95.50	96.00
			12①	0.5	94.00	101.00	87.00	88.00
			20	1	90.00	102.00	78.00	80.00
		105	4	0.25	103.00	105.50	100.50	101.00
			12①	0.5	99.00	106.00	92.00	93.00
			20	1	95.00	107.00	83.00	85.00
	110		4	0.25	108.00	110.50	105.50	106.00
			12①	0.5	104.00	111.00	97.00	98.00
			20	1	100.00	112.00	88.00	90.00
		115	6	0.5	112.00	116.00	108.00	109.00
			14①	1	108.00	117.00	99.00	101.00
			22		104.00	117.00	91.00	93.00
120			6	0.5	117.00	121.00	113.00	114.00
			14①	1	113.00	122.00	104.00	106.00
			22		109.00	122.00	96.00	98.00
		125	6	0.5	122.00	126.00	118.00	119.00
			14①	1	118.00	127.00	109.00	111.00
			22		114.00	127.00	101.00	103.00
	130		6	0.5	127.00	131.00	123.00	124.00
			14①	1	123.00	132.00	114.00	116.00
			22		119.00	132.00	106.00	108.00
		135	6	0.5	132.00	136.00	128.00	129.00
			14①	1	128.00	137.00	119.00	121.00
			24		123.00	137.00	109.00	111.00
140			6	0.5	137.00	141.00	133.00	134.00
			14①	1	133.00	142.00	124.00	126.00
			24		128.00	142.00	114.00	116.00
		145	6	0.5	142.00	146.00	138.00	139.00
			14①	1	138.00	147.00	129.00	131.00
			24		133.00	147.00	119.00	121.00

续表

公称直径 d			螺距	牙顶间隙	中径	大径	小径	
第一系列	第二系列	第三系列	P	a_c	$d_2=D_2$	D_4	d_3	D_1
	150		6	0.5	147.00	151.00	143.00	144.00
			16[①]	1	142.00	152.00	132.00	134.00
			24		138.00	152.00	124.00	126.00
		155	6	0.5	152.00	156.00	148.00	149.00
			16[①]	1	147.00	157.00	137.00	141.00
			24		143.00	157.00	129.00	131.00
160			6	0.5	157.00	161.00	153.00	154.00
			16[①]	1	152.00	162.00	142.00	144.00
			28		146.00	162.00	130.00	132.00
		165	6	0.5	162.00	166.00	158.00	159.00
			16[①]	1	157.00	167.00	147.00	149.00
			28		151.00	167.00	135.00	137.00
	170		6	0.5	167.00	171.00	163.00	164.00
			16[①]	1	162.00	172.00	152.00	154.00
			28		156.00	172.00	140.00	142.00
		175	8	0.5	171.00	176.00	166.00	167.00
			16[①]	1	167.00	177.00	157.00	159.00
			28		161.00	177.00	145.00	147.00
180			8	0.5	176.00	181.00	171.00	172.00
			18[①]	1	171.00	182.00	160.00	162.00
			28		166.00	182.00	150.00	152.00
		185	8	0.5	181.00	186.00	176.00	177.00
			18[①]	1	176.00	187.00	165.00	167.00
			32		169.00	187.00	151.00	153.00
	190		8	0.5	186.00	191.00	181.00	182.00
			18[①]	1	181.00	192.00	170.00	172.00
			32		174.00	192.00	156.00	158.00
		195	8	0.5	191.00	196.00	186.00	187.00
			18[①]	1	186.00	197.00	175.00	177.00
			32		179.00	197.00	161.00	163.00
200			8	0.5	196.00	201.00	191.00	192.00
			18[①]	1	191.00	202.00	180.00	182.00
			32		184.00	202.00	166.00	168.00
	210		8	0.5	206.00	211.00	201.00	202.00
			20[①]	1	200.00	212.00	188.00	190.00
			36		192.00	212.00	172.00	174.00
220			8[①]	0.5	216.00	221.00	211.00	212.00
			20	1	210.00	222.00	198.00	200.00
			36		202.00	222.00	182.00	184.00
	230		8	0.5	226.00	231.00	221.00	222.00
			20[①]	1	220.00	232.00	208.00	210.00
			36		212.00	232.00	192.00	194.00
240			8	0.5	236.00	241.00	231.00	232.00
			22[①]	1	229.00	242.00	216.00	218.00
			36		222.00	242.00	202.00	204.00
	250		12	0.5	244.00	251.00	237.00	238.00
			22[①]	1	239.00	252.00	226.00	228.00
			40		230.00	252.00	208.00	210.00

续表

公称直径 d			螺距	牙顶间隙	中径	大径	小径	
第一系列	第二系列	第三系列	P	a_c	$d_2=D_2$	D_4	d_3	D_1
260			12	0.5	254.00	261.00	247.00	248.00
			22①	1	249.00	262.00	236.00	238.00
			40		240.00	262.00	218.00	220.00
	270		12	0.5	264.00	271.00	257.00	258.00
			24①	1	258.00	272.00	244.00	246.00
			40		250.00	272.00	228.00	230.00
280			12	0.5	274.00	281.00	267.00	268.00
			24①	1	268.00	282.00	254.00	256.00
			40		260.00	282.00	238.00	240.00
	290		12	0.5	284.00	291.00	277.00	278.00
			24①	1	278.00	292.00	264.00	266.00
			44		268.00	292.00	244.00	246.00
300			12	0.5	294.00	301.00	287.00	288.00
			24①	1	288.00	302.00	274.00	276.00
			44		278.00	302.00	254.00	256.00

① 为优选螺距，其余为备选螺距。

注：公称直径优先选用第一系列，其次是第二系列，第三系列尽量不用。在新设计产品中，不应选用第三系列直径。如果需要使用表中被选直径同一行以外的特殊螺距，宜选用表中为临近直径所指定的螺距。

1.5.2 梯形螺纹公差（摘自 GB/T 5796.4—2022）

外螺纹公差带

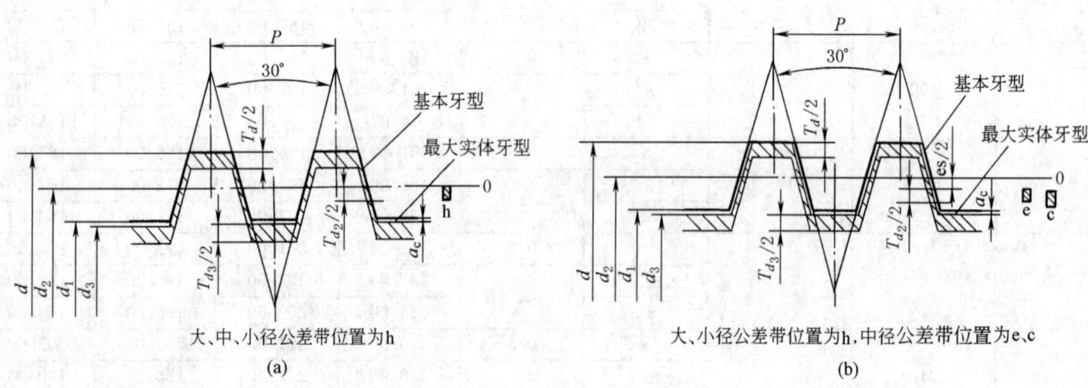

大、中、小径公差带位置为h

(a)

大、小径公差带位置为h，中径公差带位置为e、c

(b)

内螺纹公差带

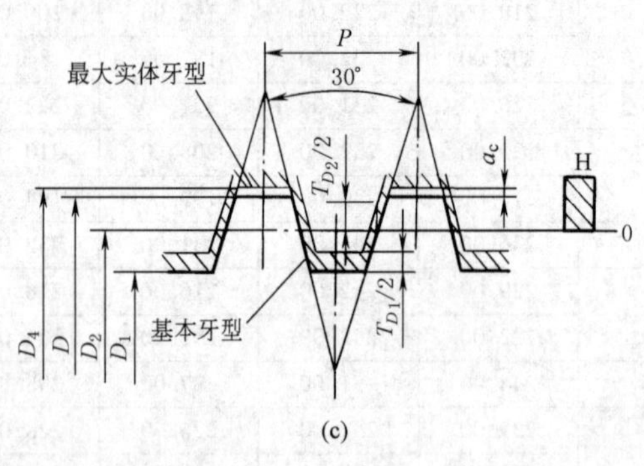

(c)

D_4—内螺纹基本大径；
D—内螺纹公称直径；
T_{D_1}—内螺纹小径公差；
D_2—内螺纹基本中径；
D_1—内螺纹基本小径；
T_{D_2}—内螺纹中径公差；
P—螺距；
d—外螺纹基本大径（公称直径）；
d_2—外螺纹中径；
d_3—外螺纹小径；
es—中径基本偏差；
T_d—外螺纹大径公差；
T_{d_2}—外螺纹中径公差；
T_{d_3}—外螺纹小径公差；
a_c—牙顶间隙

表 5-1-15　　内、外螺纹中径基本偏差　　μm

螺距 P /mm	内螺纹 D_2	外螺纹 d_2			螺距 P /mm	内螺纹 D_2	外螺纹 d_2		
	H	c	e	h		H	c	e	h
	EI	es	es	es		EI	es	es	es
1.5	0	-140	-67	0	14	0	-355	-180	0
2	0	-150	-71	0	16	0	-375	-190	0
3	0	-170	-85	0	18	0	-400	-200	0
4	0	-190	-95	0	20	0	-425	-212	0
5	0	-212	-106	0	22	0	-450	-224	0
6	0	-236	-118	0	24	0	-475	-236	0
7	0	-250	-125	0	28	0	-500	-250	0
8	0	-265	-132	0	32	0	-530	-265	0
9	0	-280	-140	0	36	0	-560	-280	0
10	0	-300	-150	0	40	0	-600	-300	0
12	0	-335	-160	0	44	0	-630	-315	0

注：1. 公差带的位置由基本偏差确定，本标准规定外螺纹的上偏差 es 及内螺纹的下偏差 EI 为基本偏差。

2. 对外螺纹的中径 d_2 规定了三种公差带位置 h（图 a）、e 和 c（图 b）；对大径 d 和小径 d_3，只规定了一种公差带位置 h，h 的基本偏差为零，e 和 c 的基本偏差为负值。对内螺纹的大径 D_4、中径 D_2 及小径 D_1 规定了一种公差带位置 H（图 c），其基本偏差为零。

表 5-1-16　　梯形螺纹公差　　μm

公称直径 d /mm		螺距 P /mm	公差项目及公差等级															
			内螺纹中径公差 T_{D_2}			外螺纹中径公差 T_{d_2}				外螺纹小径公差 T_{d_3}								
										中径公差带位置为 c			中径公差带位置为 e			中径公差带位置为 h		
>	≤		7	8	9	6	7	8	9	7	8	9	7	8	9	7	8	9
5.6	11.2	1.5	224	280	355	132	170	212	265	352	405	471	279	332	398	212	265	331
		2	250	315	400	150	190	236	300	388	445	525	309	366	446	238	295	375
		3	280	355	450	170	212	265	335	435	501	589	350	416	504	265	331	419
11.2	22.4	2	265	335	425	160	200	250	315	400	462	544	321	383	465	250	312	394
		3	300	375	475	180	224	280	355	450	520	614	365	435	529	280	350	444
		4	355	450	560	212	265	335	425	521	609	690	426	514	595	331	419	531
		5	375	475	600	224	280	355	450	562	656	775	456	550	669	350	444	562
		8	475	600	750	280	355	450	560	709	828	965	576	695	832	444	562	700
22.4	45	3	335	425	530	200	250	315	400	482	564	670	397	479	585	312	394	500
		5	400	500	630	236	300	375	475	587	681	806	481	575	700	375	469	594
		6	450	560	710	265	335	425	530	655	767	899	537	649	781	419	531	662
		7	475	600	750	280	355	450	560	694	813	950	569	688	825	444	562	700
		8	500	630	800	300	375	475	600	734	859	1015	601	726	882	469	594	750
		10	530	670	850	315	400	500	630	800	925	1087	650	775	937	500	625	788
		12	560	710	900	335	425	530	670	866	998	1223	691	823	1048	531	662	838
45	90	3	355	450	560	212	265	335	425	501	589	701	416	504	616	331	419	531
		4	400	500	630	236	300	375	475	565	659	784	470	564	689	375	469	594
		8	530	670	850	315	400	500	630	765	890	1052	632	757	919	500	625	788
		9	560	710	900	335	425	530	670	811	943	1118	671	803	978	531	662	838
		10	560	710	900	335	425	530	670	831	963	1138	681	813	988	531	662	838
		12	630	800	1000	375	475	600	750	929	1085	1273	754	910	1098	594	750	938
		14	670	850	1060	400	500	630	800	970	1142	1355	805	967	1180	625	788	1000
		16	710	900	1120	425	530	670	850	1038	1213	1438	853	1028	1253	662	838	1062
		18	750	950	1180	450	560	710	900	1100	1288	1525	900	1088	1320	700	888	1125
90	180	4	425	530	670	250	315	400	500	584	690	815	489	595	720	394	500	625
		6	500	630	800	300	375	475	600	705	830	986	587	712	868	469	594	750
		8	560	710	900	335	425	530	670	796	928	1103	663	795	970	531	662	838
		12	670	850	1060	400	500	630	800	960	1122	1335	785	947	1160	625	788	1000
		14	710	900	1120	425	530	670	850	1018	1193	1418	843	1018	1243	662	838	1062
		16	750	950	1180	450	560	710	900	1075	1263	1500	890	1078	1315	700	888	1125

续表

公称直径 d /mm		螺距 P /mm	公差项目及公差等级															
			内螺纹中径公差 T_{D_2}			外螺纹中径公差 T_{d_2}				外螺纹小径公差 T_{d_3}								
										中径公差带位置为 c			中径公差带位置为 e			中径公差带位置为 h		
>	≤		7	8	9	6	7	8	9	7	8	9	7	8	9	7	8	9
90	180	18	800	1000	1250	475	600	750	950	1150	1338	1588	950	1138	1388	750	938	1188
		20	800	1000	1250	475	600	750	950	1175	1363	1613	962	1150	1400	750	938	1188
		22	850	1060	1320	500	630	800	1000	1232	1450	1700	1011	1224	1474	788	1000	1250
		24	900	1120	1400	530	670	850	1060	1313	1538	1800	1074	1299	1561	838	1062	1325
		28	950	1180	1500	560	710	900	1120	1388	1625	1900	1138	1375	1650	888	1125	1400
180	355	8	600	750	950	355	450	560	710	828	965	1153	695	832	1020	562	700	888
		12	710	900	1120	425	530	670	850	998	1173	1398	823	998	1223	662	838	1062
		18	850	1060	1320	500	630	800	1000	1187	1400	1650	987	1200	1450	788	1000	1250
		20	900	1120	1400	530	670	850	1060	1263	1488	1750	1050	1275	1537	838	1062	1325
		22	900	1120	1400	530	670	850	1060	1288	1513	1775	1062	1287	1549	838	1062	1325
		24	950	1180	1500	560	710	900	1120	1363	1600	1875	1124	1361	1636	888	1125	1400
		32	1060	1320	1700	630	800	1000	1250	1530	1780	2092	1265	1515	1827	1000	1250	1562
		36	1120	1400	1800	670	850	1060	1320	1623	1885	2210	1343	1605	1930	1062	1325	1650
		40	1120	1400	1800	670	850	1060	1320	1663	1925	2250	1363	1625	1950	1062	1325	1650
		44	1250	1500	1900	710	900	1120	1400	1755	2030	2380	1440	1715	2065	1125	1400	1750

螺距 P/mm	1.5	2	3	4	5	6	7	8	9	10	12	14	16	18	20	22	24	28	32	36	40	44
内螺纹小径公差 T_{D_1}(4级)	190	236	315	375	450	500	560	630	670	710	800	900	1000	1120	1180	1250	1320	1500	1600	1800	1900	2000
外螺纹大径公差 T_d(4级)	150	180	236	300	335	375	425	450	500	530	600	670	710	800	850	900	950	1060	1120	1250	1320	1400

注：1. 梯形螺纹公差带仅选择并标记中径公差带。

2. 6级公差值仅是为了计算7、8、9级公差值而列出的。

表 5-1-17　　梯形螺纹旋合长度　　mm

公称直径 d		螺距 P	旋合长度组		
			N		L
>	≤		>	≤	>
5.6	11.2	1.5	5	15	15
		2	6	19	19
		3	10	28	28
11.2	22.4	2	8	24	24
		3	11	32	32
		4	15	43	43
		5	18	53	53
		8	30	85	85
22.4	45	3	12	36	36
		5	21	63	63
		6	25	75	75
		7	30	85	85
		8	34	100	100
		10	42	125	125
		12	50	150	150
45	90	3	15	45	45
		4	19	56	56
		8	38	118	118
		9	43	132	132
		10	50	140	140
		12	60	170	170
		14	67	200	200
		16	75	236	236
		18	85	265	265
90	180	4	24	71	71
		6	36	106	106
		8	45	132	132
		12	67	200	200
		14	75	236	236
		16	90	265	265
		18	100	300	800
		20	112	335	335
		22	118	355	355
		24	132	400	400
		28	150	450	450
180	355	8	50	150	150
		12	75	224	224
		18	112	335	335
		20	125	375	375
		22	140	425	425
		24	150	450	450
		32	200	600	600
		36	224	670	670
		40	250	750	750
		44	280	850	850

表 5-1-18　　梯形螺纹公差带的选用及标注

精度	不同旋合长度内螺纹		不同旋合长度外螺纹		应用
	N	L	N	L	
中等	7H	8H	7e	8e	一般用途
粗糙	8H	9H	8c	9c	对精度要求不高时采用

标注

标记规则

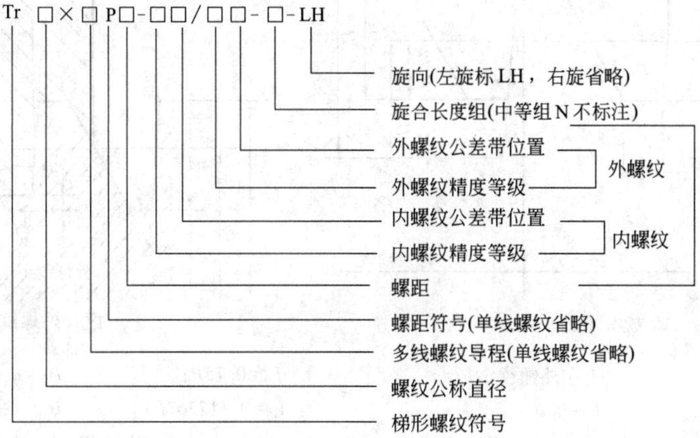

Tr □×□P□-□□/□□-□-LH

- LH：旋向(左旋标 LH，右旋省略)
- □：旋合长度组(中等组 N 不标注)
- □：外螺纹公差带位置 ┐外螺纹
- □：外螺纹精度等级 ┘
- □：内螺纹公差带位置 ┐内螺纹
- □：内螺纹精度等级 ┘
- □：螺距
- P：螺距符号(单线螺纹省略)
- □：多线螺纹导程(单线螺纹省略)
- □：螺纹公称直径
- Tr：梯形螺纹符号

（内螺纹、外螺纹、旋合长度组：螺纹副）

标记示例

Tr40×7-7e

公称直径 40mm、螺距 7mm、公差带位置为 e、公差等级 7 级的梯形螺纹

Tr40×7-7e-140

公称直径 40mm、螺距 7mm、公差带位置为 e、公差等级 7 级、旋合长度 140mm 的梯形螺纹

Tr40×14P7-7H/7e-L

公称直径 40mm、导程 14mm、螺距 7mm，内螺纹公差带位置为 H、公差等级 7 级，外螺纹公差带位置为 e、公差等级 7 级，旋合长度为长组的双线梯形螺纹副

Tr40×14P7-7H/7e-L-LH

公称直径 40mm、导程 14mm、螺距 7mm，内螺纹公差带位置为 H、公差等级 7 级，外螺纹公差带位置为 e、公差等级 7 级，旋合长度为长组的双线左旋梯形螺纹副

注：梯形螺纹的公差带代号只标注中径公差带（由表示公差等级的数字及公差位置的字母组成）。

表 5-1-19　　多线梯形螺纹中径公差系数

线数	2	3	4	≥5
系数	1.12	1.25	1.4	1.6

注：1. 螺距相同时，多线螺纹和单线螺纹除中径公差外，其他公差相同。
2. 多线螺纹的中径公差是在单线螺纹中径公差的基础上按线数不同分别乘以本表系数而得。

1.6 锯齿形（3°、30°）螺纹

1.6.1 锯齿形（3°、30°）螺纹牙型与基本尺寸（摘自 GB/T 13576.1—2008、GB/T 13576.3—2008）

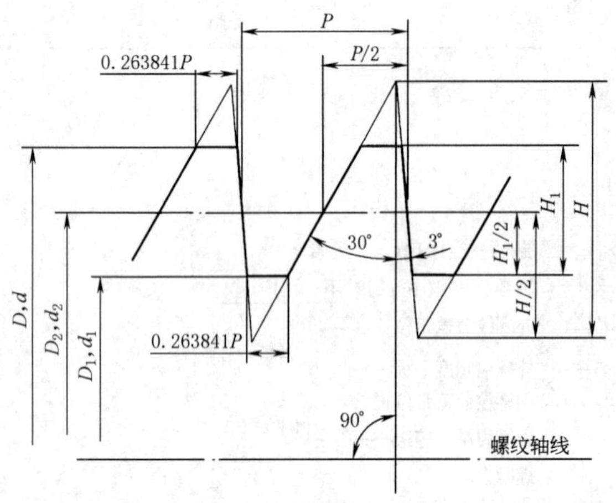

基本牙型

内、外螺纹的设计牙型

D—内螺纹大径；
d—外螺纹大径；
D_2—内螺纹中径；
d_2—外螺纹中径；
D_1—内螺纹小径；
d_1—外螺纹小径；
P—螺距；
H—原始三角形高度；
H_1—基本牙型高度

$H_1=0.75P$；
$a_c=0.117767P$；
$h_3=H_1+a_c=0.867767P$；
$D=d$；
$H=1.587911P$；
$D_2=d_2=d-H_1=d-0.75P$；
$D_1=d-2H_1=d-1.5P$；
$d_3=d-2h_3=d-1.735534P$；
$R=0.124271P$；
牙顶宽=牙底宽=0.263841P

表 5-1-20　基本牙型和设计牙型尺寸（摘自 GB/T 13576.1—2008）　mm

螺距	基本牙型			设计牙型			螺距	基本牙型			设计牙型		
P	H	H_1	牙底宽 牙顶宽	a_c	h_3	R	P	H	H_1	牙底宽 牙顶宽	a_c	h_3	R
2	3.176	1.50	0.528	0.236	1.736	0.249	16	25.407	12.00	4.221	1.988	13.884	1.988
3	4.764	2.25	0.792	0.353	2.603	0.373	18	28.582	13.50	4.749	2.120	15.620	2.237
4	6.352	3.00	1.055	0.471	3.471	0.497	20	31.758	15.00	5.277	2.355	17.355	2.485
5	7.940	3.75	1.319	0.589	4.339	0.621	22	34.934	16.50	5.804	2.591	19.091	2.734
6	9.527	4.50	1.583	0.707	5.207	0.746	24	38.110	18.00	6.332	2.826	20.826	2.982
7	11.115	5.25	1.847	0.824	6.074	0.870	28	44.462	21.00	7.388	3.297	24.297	3.480
8	12.703	6.00	2.111	0.942	6.942	0.994	32	50.813	24.00	8.443	3.769	27.769	3.977
9	14.291	6.75	2.375	1.060	7.810	1.118	36	57.165	27.00	9.498	4.240	31.240	4.474
10	15.879	7.50	2.638	1.178	8.678	1.243	40	63.516	30.00	10.554	4.711	34.711	4.971
12	19.055	9.00	3.166	1.413	10.413	1.491	44	69.868	33.00	11.609	5.182	38.182	5.468
14	22.231	10.50	3.694	1.649	12.149	1.740							

表 5-1-21　锯齿形（3°、30°）螺纹基本尺寸（摘自 GB/T 13576.3—2008）　mm

公称直径 d			螺　距	中径	小径	
第一系列	第二系列	第三系列	P	$d_2=D_2$	d_3	D_1
10			2	8.500	6.529	7.000
12			2	10.500	8.529	9.000
			3	9.750	6.793	7.500

续表

公称直径 d			螺　距	中径	小径	
第一系列	第二系列	第三系列	P	$d_2=D_2$	d_3	D_1
	14		2	12.500	10.529	11.000
			3	11.750	8.793	9.500
16			2	14.500	12.529	13.000
			4	13.000	9.058	10.000
	18		2	16.500	14.529	15.000
			4	15.000	11.058	12.000
20			2	18.500	16.529	17.000
			4	17.000	13.058	14.000
	22		3	19.750	16.793	17.500
			5	18.250	13.322	14.500
			8	16.000	8.116	10.000
24			3	21.750	18.793	19.500
			5	20.250	15.322	16.500
			8	18.000	10.116	12.000
	26		3	23.750	20.793	21.500
			5	22.250	17.322	18.500
			8	20.000	12.116	14.000
28			3	25.750	22.793	23.500
			5	24.250	19.322	20.500
			8	22.000	14.116	16.000
	30		3	27.750	24.793	25.500
			6	25.500	19.587	21.000
			10	22.500	12.645	15.000
32			3	29.750	26.793	27.500
			6	27.500	21.587	23.000
			10	24.500	14.645	17.000
	34		3	31.750	28.793	29.500
			6	29.500	23.587	25.000
			10	26.500	16.645	19.000
36			3	33.750	30.793	31.500
			6	31.500	25.587	27.000
			10	28.500	18.645	21.000
	38		3	35.750	32.793	33.500
			7	32.750	25.851	27.500
			10	30.500	20.645	23.000
40			3	37.750	34.793	35.500
			7	34.750	27.851	29.500
			10	32.500	22.645	25.000
	42		3	39.750	36.793	37.500
			7	36.750	29.851	31.500
			10	34.500	24.645	27.000
44			3	41.750	38.793	39.500
			7	38.750	31.851	33.500
			12	35.000	23.174	26.000
	46		3	43.750	40.793	41.500
			8	40.000	32.116	34.000
			12	37.000	25.174	28.000
48			3	45.750	42.793	43.500
			8	42.000	34.116	36.000
			12	39.000	27.174	30.000

续表

公称直径 d			螺距	中径	小径	
第一系列	第二系列	第三系列	P	$d_2=D_2$	d_3	D_1
	50		3	47.750	44.793	45.500
			8	44.000	36.116	38.000
			12	41.000	29.174	32.000
52			3	49.750	46.793	47.500
			8	46.000	38.116	40.000
			12	43.000	31.174	34.000
	55		3	52.750	49.793	50.500
			9	48.250	39.380	41.500
			14	44.500	30.703	34.000
60			3	57.750	54.793	55.500
			9	53.250	44.380	46.500
			14	49.500	35.703	39.000
	65		4	62.000	58.058	59.000
			10	57.500	47.645	50.000
			16	53.000	37.231	41.000
70			4	67.000	63.058	64.000
			10	62.500	52.645	55.000
			16	58.000	42.231	46.000
	75		4	72.000	68.058	69.000
			10	67.500	57.645	60.000
			16	63.000	47.231	51.000
80			4	77.000	73.058	74.000
			10	72.500	62.645	65.000
			16	68.000	52.231	56.000
	85		4	82.000	78.058	79.000
			12	76.000	64.174	67.000
			18	71.500	53.760	58.000
90			4	87.000	83.058	84.000
			12	81.000	69.174	72.000
			18	76.500	58.760	63.000
	95		4	92.000	88.058	89.000
			12	86.000	74.174	77.000
			18	81.500	63.760	68.000
100			4	97.000	93.058	94.000
			12	91.000	79.174	82.000
			20	85.000	65.289	70.000
		105	4	102.000	98.058	99.000
			12	96.000	84.174	87.000
			20	90.000	70.298	75.000
	110		4	107.000	103.058	104.000
			12	101.000	89.174	92.000
			20	95.000	75.289	80.000
		115	6	110.500	104.587	106.000
			14	104.500	90.703	94.000
			22	98.500	76.818	82.000
120			6	115.500	109.587	111.000
			14	109.500	95.703	99.000
			22	103.500	81.818	87.000

续表

公称直径 d			螺距	中径	小径	
第一系列	第二系列	第三系列	P	$d_2=D_2$	d_3	D_1
		125	6	120.500	114.587	116.000
			14	114.500	100.703	104.000
			22	108.500	85.818	92.000
	130		6	125.500	119.587	121.000
			14	119.500	105.703	109.000
			22	113.500	91.818	97.000
		135	6	130.500	124.587	212.000
			14	124.500	110.703	114.000
			22	117.000	93.347	99.000
140			6	135.500	129.587	131.000
			14	129.500	115.703	119.000
			24	122.000	98.347	104.000
		145	6	140.500	134.587	136.000
			14	134.500	120.703	124.000
			24	127.000	103.347	109.000
	150		6	145.500	139.587	141.000
			16	138.000	122.231	126.000
			24	132.000	108.347	114.000
		155	6	150.500	144.587	146.000
			16	143.000	127.231	131.000
			24	137.000	113.347	119.000
160			6	155.500	149.587	151.000
			16	148.000	132.231	136.000
			28	139.000	111.405	118.000
		165	6	160.500	154.587	156.000
			16	153.000	137.231	141.000
			28	144.000	116.405	123.000
	170		6	165.500	159.587	161.000
			16	158.000	142.231	146.000
			28	149.000	121.405	128.000
		175	8	169.000	161.116	163.000
			16	163.000	147.231	151.000
			28	154.000	126.405	133.000
180			8	174.000	166.116	168.000
			18	166.500	148.760	153.000
			28	159.000	131.405	138.000
		185	8	179.000	171.116	173.000
			18	171.500	153.760	158.000
			32	161.000	129.463	137.000
	190		8	184.000	176.116	178.000
			18	176.500	158.760	163.000
			32	166.000	134.463	142.000
		195	8	189.000	181.116	183.000
			18	181.500	163.760	168.000
			32	171.000	139.463	147.000
200			8	194.000	186.116	188.000
			18	186.500	168.760	173.000
			32	176.000	144.463	152.000

续表

公称直径 d			螺距	中径	小径	
第一系列	第二系列	第三系列	P	$d_2=D_2$	d_3	D_1
	210		8	204.000	196.116	198.000
			20	195.000	175.289	180.000
			36	183.000	147.521	156.000
220			8	214.000	206.116	208.000
			20	205.000	185.289	190.000
			36	193.000	157.521	166.000
	230		8	224.000	216.116	218.000
			20	215.000	195.289	200.000
			36	203.000	167.521	176.000
240			8	234.000	226.116	228.000
			22	223.500	201.818	207.000
			36	213.000	177.521	186.000
	250		12	241.000	229.174	232.000
			22	233.500	211.818	217.000
			40	220.000	180.579	190.000
260			12	251.000	239.174	242.000
			22	243.500	221.818	227.000
			40	230.000	190.579	200.000
	270		12	261.000	249.174	252.000
			24	252.000	228.347	234.000
			40	240.000	200.578	210.000
280			12	271.000	259.174	262.000
			24	262.000	238.347	244.000
			40	250.000	210.579	220.000
	290		12	281.000	269.174	272.000
			24	272.000	248.347	254.000
			44	257.000	213.637	224.000
300			12	291.000	279.174	282.000
			24	282.000	258.347	264.000
			44	267.000	223.637	234.000
	320		12	311.000	299.174	302.000
			44	287.000	243.637	254.000
340			12	331.000	319.174	322.000
			44	307.000	263.637	274.000
	360		12	351.000	339.174	342.000
380			12	371.000	359.174	362.000
	400		12	391.000	379.174	382.000
420			18	406.500	388.760	393.000
	440		18	426.500	408.760	413.000
460			18	446.500	428.760	433.000
	480		18	466.500	448.760	453.000
500			18	486.500	468.760	473.000
	520		24	502.000	478.347	484.000
540			24	522.000	498.347	504.000
	560		24	542.000	518.347	524.000
580			24	562.000	538.347	544.000
	600		24	582.000	558.347	564.000
620			24	602.000	578.347	584.000
	640		24	622.000	598.347	604.000

1.6.2 锯齿形（3°、30°）螺纹公差（摘自 GB/T 13576.4—2008）

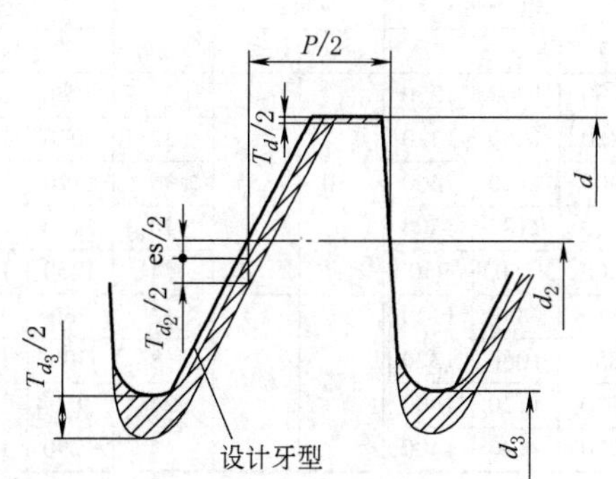

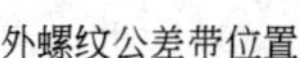
外螺纹公差带位置

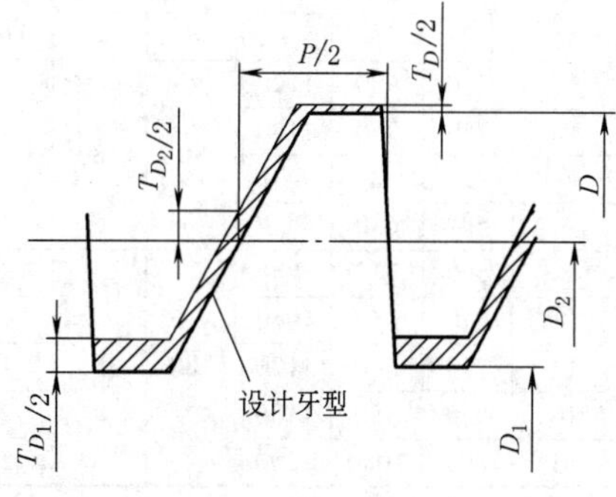

内螺纹公差带位置

D—设计牙型上的内螺纹基本大径；
D_2—设计牙型上的内螺纹基本中径；
D_1—设计牙型上的内螺纹基本小径；
d—设计牙型上的外螺纹基本大径（公称直径）；
d_2—设计牙型上的外螺纹基本中径；
d_3—设计牙型上的外螺纹小径；
P—螺距；
N—中等旋合长度组；
L—长旋合长度组；
l_N—中等旋合长度；
T—公差；
T_D—内螺纹大径公差；
T_{D_2}—内螺纹中径公差；
T_{D_1}—内螺纹小径公差；
T_d—外螺纹大径公差；
T_{d_2}—外螺纹中径公差；
T_{d_3}—外螺纹小径公差；
EI，ei—下偏差；
ES，es—上偏差

表 5-1-22　锯齿形螺纹中径的基本偏差　μm

螺距 P /mm			2	3	4	5	6	7	8	9	10	12	14	16	18	20	22	24	28	32	36	40	44
外螺纹 d_2	c	es	-150	-170	-190	-212	-236	-250	-265	-280	-300	-335	-355	-375	-400	-425	-450	-475	-500	-530	-560	-600	-630
	e	es	-71	-85	-95	-106	-118	-125	-132	-140	-150	-160	-180	-190	-200	-212	-224	-236	-250	-265	-280	-300	-315
内螺纹 D_2	H	EI	0																				
计算公式			$es_c=-(125+11P)$ $(P\leqslant 2mm)$；$es_c=-(5+94.12\sqrt{P})$ $(3mm\leqslant P\leqslant 44mm)$																				
			$es_e=-(50+11P)$ $(P\leqslant 3mm)$；$es_e=-47.49\sqrt{P}$ $(4mm\leqslant P\leqslant 44mm)$																				

表 5-1-23　内螺纹小径公差 T_{D_1}（4 级）　μm

螺距 P/mm	2	3	4	5	6	7	8	9	10	12	14	16	18	20	22	24	28	32	36	40	44
T_{D_1}	236	315	375	450	500	560	630	670	710	800	900	1000	1120	1180	1250	1320	1500	1600	1800	1900	2000

表 5-1-24　内螺纹中径公差 T_{D_2}　μm

基本大径 d /mm		螺距 P /mm	T_{D_2} 公差等级			基本大径 d /mm		螺距 P /mm	T_{D_2} 公差等级			基本大径 d /mm		螺距 P /mm	T_{D_2} 公差等级		
>	≤		7	8	9	>	≤		7	8	9	>	≤		7	8	9
5.6	11.2	2	250	315	400	22.4	45	3	335	425	530	45	90	3	355	450	560
		3	280	355	450			5	400	500	630			4	400	500	630
11.2	22.4	2	265	335	425			6	450	560	710			8	530	670	850
		3	300	375	475			7	475	600	750			9	560	710	900
		4	355	450	560			8	500	630	800			10	560	710	900
		5	375	475	600			10	530	670	850			12	630	800	1000
		8	475	600	750			12	560	710	900			14	670	850	1060

续表

基本大径 d /mm		螺距 P	T_{D_2}			基本大径 d /mm		螺距 P	T_{D_2}			基本大径 d /mm		螺距 P	T_{D_2}		
			公差等级						公差等级						公差等级		
>	≤	/mm	7	8	9	>	≤	/mm	7	8	9	>	≤	/mm	7	8	9
45	90	16	710	900	1120	90	180	20	800	1000	1250	180	355	24	950	1180	1500
		18	750	950	1180			22	850	1060	1320			32	1060	1320	1700
90	180	4	425	530	670			24	900	1120	1400			36	1120	1400	1800
		6	500	630	800			28	950	1180	1500			40	1120	1400	1800
		8	560	710	900	180	355	8	600	750	950			44	1250	1500	1900
		12	670	850	1060			12	710	900	1120	355	640	12	760	950	1200
		14	710	900	1120			18	850	1060	1320			18	900	1120	1400
		16	750	950	1180			20	900	1120	1400			24	950	1180	1480
		18	800	1000	1250			22	900	1120	1400			44	1290	1610	2000

注：T_{D_2}(7 级)$\approx 153P^{0.4}d^{0.1}$，$T_{D_2}$(8 级)$\approx 190.8P^{0.4}d^{0.1}$，$T_{D_2}$(9 级)$\approx 238.5P^{0.4}d^{0.1}$。

表 5-1-25　　外螺纹中径公差 T_{d_2}　　μm

基本大径 d /mm		螺距 P	T_{d_2}			基本大径 d /mm		螺距 P	T_{d_2}			基本大径 d /mm		螺距 P	T_{d_2}		
			公差等级						公差等级						公差等级		
>	≤	/mm	7	8	9	>	≤	/mm	7	8	9	>	≤	/mm	7	8	9
5.6	11.2	2	190	236	300	45	90	8	400	500	630	90	180	24	670	850	1060
		3	212	265	335			9	425	530	670			28	710	900	1120
11.2	22.4	2	200	250	315			10	425	530	670	180	355	8	450	560	710
		3	224	280	355			12	475	600	750			12	530	670	850
		4	265	335	425			14	500	630	800			18	630	800	1000
		5	280	355	450			16	530	670	850			20	670	850	1060
		8	355	450	560			18	560	710	900			22	670	850	1060
22.4	45	3	250	315	400	90	180	4	315	400	500			24	710	900	1120
		5	300	375	475			6	375	475	600			32	800	1000	1250
		6	335	425	530			8	425	530	670			36	850	1060	1320
		7	355	450	560			12	500	630	800			40	850	1060	1320
		8	375	475	600			14	530	670	850			44	900	1120	1400
		10	400	500	630			16	560	710	900	355	640	12	560	710	900
		12	425	530	670			18	600	750	950			18	670	850	1060
45	90	3	265	335	425			20	600	750	950			24	710	900	1120
		4	300	375	475			22	630	800	1000			44	950	1220	1520

注：T_{d_2}(7 级)$\approx 112.5P^{0.4}d^{0.1}$，$T_{d_2}$(8 级)$\approx 144P^{0.4}d^{0.1}$，$T_{d_2}$(9 级)$\approx 180P^{0.4}d^{0.1}$。

表 5-1-26　　外螺纹小径公差 T_{d_3}　　μm

基本大径 d/mm		螺距 P/mm	中径公差带位置为 c			中径公差带位置为 e		
			公差等级			公差等级		
>	≤		7	8	9	7	8	9
5.6	11.2	2	388	445	525	309	366	446
		3	435	501	589	350	416	504
11.2	22.4	2	400	462	544	321	383	465
		3	450	520	614	365	435	529
		4	521	609	690	426	514	594
		5	562	656	775	456	550	669
		8	709	828	965	576	695	832
22.4	45	3	482	564	670	397	479	585
		5	587	681	806	481	575	700
		6	655	767	899	537	649	781
		7	694	813	950	569	688	825
		8	734	859	1015	601	726	882
		10	800	925	1087	650	775	937
		12	866	998	1223	691	823	1048

续表

基本大径 d/mm		螺距 P/mm	中径公差带位置为 c			中径公差带位置为 e		
			公差等级			公差等级		
>	≤		7	8	9	7	8	9
45	90	3	501	589	701	416	504	616
		4	565	659	784	470	564	689
		8	765	890	1052	632	757	919
		9	811	943	1118	671	803	978
		10	831	963	1138	681	813	988
		12	929	1085	1273	754	910	1098
		14	970	1142	1355	805	967	1180
		16	1038	1213	1438	853	1028	1253
		18	1100	1288	1525	900	1088	1320
90	180	4	584	690	815	489	595	720
		6	705	830	986	587	712	868
		8	796	928	1103	663	795	970
		12	960	1122	1335	785	947	1160
		14	1018	1193	1418	843	1018	1243
		16	1075	1263	1500	890	1078	1315
		18	1150	1338	1588	950	1138	1388
		20	1175	1363	1613	962	1150	1400
		22	1232	1450	1700	1011	1224	1474
		24	1313	1538	1800	1074	1299	1561
		28	1388	1625	1900	1138	1375	1650
180	355	8	828	965	1153	695	832	1020
		12	998	1173	1398	823	998	1223
		18	1187	1400	1650	987	1200	1450
		20	1263	1488	1750	1050	1275	1537
		22	1288	1513	1775	1062	1287	1549
		24	1363	1600	1875	1124	1361	1636
		32	1530	1780	2092	1265	1515	1827
		36	1623	1885	2210	1343	1605	1930
		40	1663	1925	2250	1363	1625	1950
		44	1755	2030	2380	1440	1715	2065
355	640	12	1035	1223	1460	870	1058	1295
		18	1238	1462	1725	1038	1263	1525
		24	1363	1600	1875	1124	1361	1636
		44	1818	2155	2530	1503	1840	2215

表 5-1-27　　内、外螺纹大径公差　　μm

公称直径 d/mm	>6 ≤10	>10 ≤18	>18 ≤30	>30 ≤50	>50 ≤80	>80 ≤120	>120 ≤180	>180 ≤250	>250 ≤315	>315 ≤400	>400 ≤500	>500 ≤630	>630 ≤800
内螺纹公差 T_D(H10)	58	70	84	100	120	140	160	185	210	230	250	280	320
外螺纹公差 T_d(h9)	36	43	52	62	74	87	100	115	130	140	155	175	200

表 5-1-28　　内、外螺纹直径公差等级

内螺纹			外螺纹		
大径 D	中径 D_2	小径 D_1	大径 d	中径 d_2	小径 d_3
10	7,8,9	4	9	7,8,9	7,8,9

注：外螺纹小径 d_3 所选取的公差等级必须与其中径 d_2 的公差等级相同。

表 5-1-29　　锯齿形螺纹中径公差带的选用及标注

精度		内螺纹		外螺纹		应用
		N	L	N	L	
中等		7H	8H	7e	8e	一般用途
粗糙		8H	9H	8c	9c	对精度要求不高时采用
标记示例	内、外螺纹	B40×7-7H 7H—中径公差带 7—螺距 40—公称直径 B—螺纹种类代号		B40×7-7e B40×7LH-7e LH—左旋(右旋不注) B40×14(P7)-8e-L(旋合长度为L组的多线螺纹) P7—螺距 14—导程 B40×7-7e-140(旋合长度为特殊需要时,可标数值)		
	螺纹副	B40×7-7H/7e				

表 5-1-30　　多线锯齿形螺纹中径公差系数

线数	2	3	4	≥5
系数	1.12	1.25	1.4	1.6

注：1. 多线锯齿形螺纹的顶径和底径的公差与单线锯齿形螺纹相同。

2. 多线锯齿形螺纹的中径公差是在单线锯齿形螺纹的基础上按线数不同分别乘以本表系数而得。

表 5-1-31　　螺纹旋合长度　　mm

基本大径 d		螺距 P	旋合长度组			基本大径 d		螺距 P	旋合长度组			基本大径 d		螺距 P	旋合长度组		
			N		L				N		L				N		L
>	≤		>	≤	>	>	≤		>	≤	>	>	≤		>	≤	>
5.6	11.2	2	6	19	19	45	90	8	38	118	118	90	180	24	132	400	400
		3	10	28	28			9	43	132	132			28	150	450	450
11.2	22.4	2	8	24	24			10	50	140	140	180	355	8	50	150	150
		3	11	32	32			12	60	170	170			12	75	224	224
		4	15	43	43			14	67	200	200			18	112	335	335
		5	18	53	53			16	75	236	236			20	125	375	375
		8	30	85	85			18	85	265	265			22	140	425	425
22.4	45	3	12	36	36	90	180	4	24	71	71			24	150	450	450
		5	21	63	63			6	36	106	106			32	200	600	600
		6	25	75	75			8	45	132	132			36	224	670	670
		7	30	85	85			12	67	200	200			40	250	750	750
		8	34	100	100			14	75	236	236			44	280	850	850
		10	42	125	125			16	90	265	265	355	640	12	87	260	260
		12	50	150	150			18	100	300	300			18	132	390	390
45	90	3	15	45	45			20	112	335	335			24	174	520	520
		4	19	56	56			22	118	355	355			44	319	950	950

注：$l_{\text{Nmin}} \approx 2.24Pd^{0.2}$，$l_{\text{Nmax}} \approx 6.76Pd^{0.2}$，即 $l_{\text{Nmax}} \approx 3l_{\text{Nmin}}$。

1.6.3　水系统 45°锯齿形螺纹牙型与基本尺寸（摘自 JB/T 2001.73—1999）

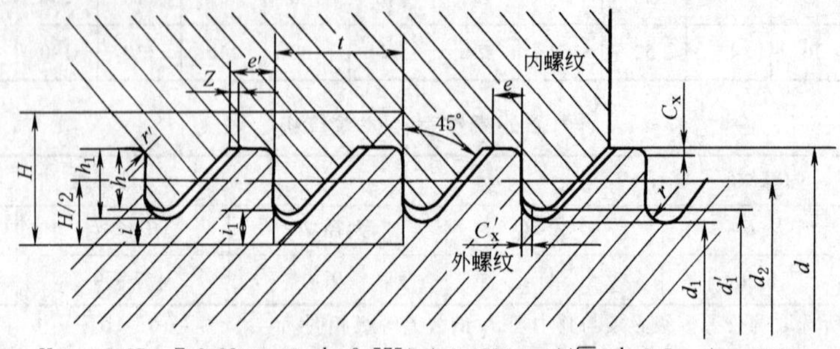

$H=t$；$e=0.25t$；$Z=0.02t+0.16$；$h_1=0.575t$；$i=0.175t$；$r=i/\sqrt{2}$；$h=0.5t$；$i_1=e=0.25t$

本螺纹适用于压力机立柱用45°锯齿形螺纹。

液压机用45°锯齿形螺纹用“YS 直径×螺距/线数　螺旋方向”表示，单线螺纹不必注明线数，右旋螺纹不必注明旋向。左旋螺纹用“左”表示。

标记示例

螺纹外径 250mm，螺距 8mm，左旋单线锯齿形螺纹，标记为：YS 250×8 左　JB/T 2001.73—1999

螺纹外径 300mm，螺距 10mm，右旋单线锯齿形螺纹，标记为：YS 300×10　JB/T 2001.73—1999

表 5-1-32　　**牙型尺寸**　　mm

螺距 P	外螺纹				间隙 Z	内螺纹			
	螺纹高度 h_1	牙顶宽度 e	圆角半径 r	倒角 C_x		螺纹高度 h	牙底宽度 e'	圆角半径 r'	倒角 C'_x
6	3.45	1.5	0.74	0.5	0.28	3.0	1.78	0.4	0.5
8	4.60	2.0	0.99	0.5	0.32	4.0	2.32	0.4	0.5
10	5.75	2.5	1.24	1.0	0.36	5.0	2.86	0.8	1.0
12	6.90	3.0	1.49	1.0	0.40	6.0	3.40	0.8	1.0
16	9.20	4.0	1.98	1.0	0.48	8.0	4.48	0.8	1.0
20	11.50	5.0	2.48	1.5	0.56	10.0	5.56	1.2	1.5
24	13.80	6.0	2.97	1.5	0.64	12.0	6.64	1.2	1.5
32	18.40	8.0	3.96	1.5	0.80	16.0	8.80	1.2	1.8
40	23.00	10.0	4.95	1.5	0.96	20.0	10.96	1.2	2.0

表 5-1-33　　**基本尺寸**　　mm

螺距 P	内、外螺纹 外径 d	内、外螺纹 中径 d_2	外螺纹 内径 d_1	内螺纹 内径 d'_1	外螺纹 截面积 F/cm^2	螺距 P	内、外螺纹 外径 d	内、外螺纹 中径 d_2	外螺纹 内径 d_1	内螺纹 内径 d'_1	外螺纹 截面积 F/cm^2
6	150	147	143.1	144	160.8	20	600	590	577	580	2614.8
	160	157	153.1	154	184.1		620	610	597	600	2797.8
	170	167	163.1	164	208.9	24	650	638	622.4	626	3040.9
	180	177	173.1	174	236.3		680	668	652.4	656	3341.2
	190	187	183.1	184	263.3		700	688	672.4	676	3549.2
8	200	196	190.8	192	285.9		720	708	692.4	696	3763.3
	210	206	200.8	202	316.5		750	738	722.4	726	4098.7
	220	216	210.8	212	348		780	768	752.4	756	4443.9
	250	246	240.8	242	455.4	32	800	784	763.2	768	4572.6
10	280	275	268.5	270	566.2		820	804	783.2	788	4815.2
	300	295	288.5	290	653.7		850	834	813.2	818	5193.8
	320	315	308.5	310	747.1		880	864	843.2	848	5580.6
12	350	344	336.2	338	887.3		900	884	863.2	868	5852.1
	380	374	366.2	368	1052.7		920	904	883.2	888	6123
16	400	392	381.6	384	1143.7		950	934	913.2	918	6549.7
	420	412	401.6	404	1266.1		980	964	943.2	948	6981.8
	450	442	431.6	434	1463		1000	984	963.2	968	7286.6
	480	472	461.6	464	1672.6	40	1060	1040	1014	1020	8075.4
	500	492	481.6	484	1821.6		1120	1100	1074	1080	9059.4
20	520	510	497	500	1939		1180	1160	1134	1140	10099.9
	550	540	527	530	2180.2		1250	1230	1204	1210	11385.3
	580	570	557	560	2436.7						

1.7 管螺纹

表 5-1-34　　管螺纹分类

螺纹种类	代号	国标号	牙型及螺纹	螺距	螺纹外径	适用范围	标注实例
普通螺纹 管路系列	M	GB/T 1414—2013	60°三角形，圆柱螺纹	单位为 mm	管子外径（mm）		M10×1
米制密封螺纹	Mc 圆锥 Mp 圆柱	GB/T 1415—2008	60°三角形 圆柱内螺纹 锥度 1∶16 圆锥内螺纹 锥度 1∶16 圆锥外螺纹	单位为 mm	公称直径（mm）	用于管子、阀门、管接头、旋塞等产品上的一般密封螺纹连接，装配时在螺纹副内添加密封胶带或密封胶等密封介质	Mc12×1 Mc20×1.5-S Mp42×2-S
55°非密封管螺纹	G	GB/T 7307—2001	55°三角形，牙顶、牙底均为圆弧形 内、外螺纹均为圆柱形	25.4mm/牙数	公称直径（分数英寸制）	用于管子、阀门、管接头、旋塞及其他管路附件的一般螺纹连接。若要具有密封性，需要在螺纹外设计密封面，一般采用端面用密封垫密封	G3/8 G1¼ G2
55°密封管螺纹	Rp 圆柱内 Rc 圆锥内 Rp 圆柱内/R_1 圆锥外 Rc 圆锥内/R_2 圆锥外	GB/T 7306.1—2000 GB/T 7306.2—2000	55°三角形，牙顶、牙底均为圆弧形 圆柱内螺纹 圆柱外螺纹 锥度 1∶16 圆锥内螺纹 锥度 1∶16 圆锥外螺纹	25.4mm/牙数	公称直径（分数英寸制）	用于管子、阀门、管接头、旋塞及其他管路附件的螺纹连接，内、外螺纹密封面上允许加密封胶带或密封胶等密封介质。有两种配合方式：①圆柱内螺纹/圆锥外螺纹；②圆锥内螺纹/圆锥外螺纹	Rp3/4 $R_1$2-LH Rc/$R_2$3
60°密封管螺纹	NPT 圆锥 NPSC 圆柱	GB/T 12716—2011	60°三角形，牙顶、牙底均为平面 圆柱内螺纹 锥度 1∶16 内螺纹 锥度 1∶16 外螺纹	25.4mm/牙数	公称直径（分数英寸制）	用于管子、阀门、管接头、旋塞及其他管路附件的螺纹密封连接	可以标出牙数 NTP 3/4-14 NPSC 3/4

1.7.1 55°非密封管螺纹（摘自 GB/T 7307—2001）

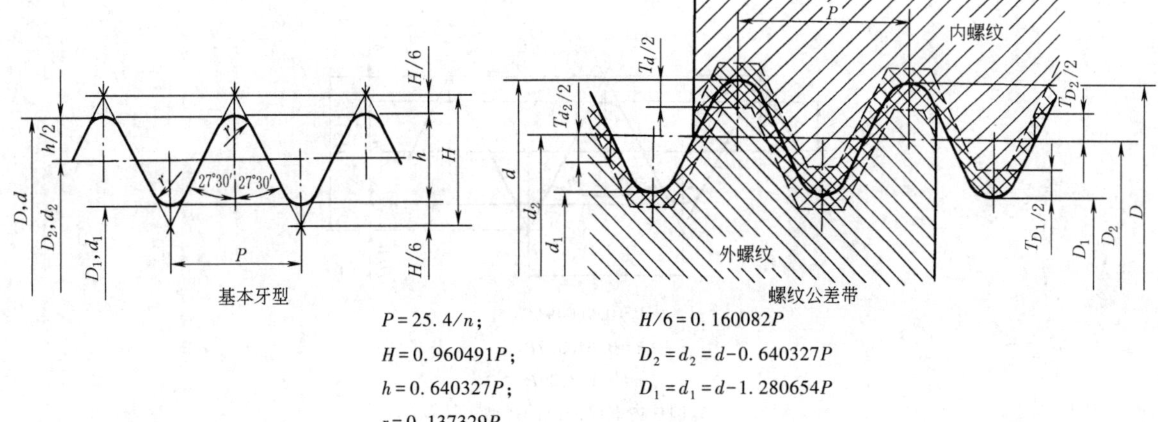

$P=25.4/n$；　　$H/6=0.160082P$

$H=0.960491P$；　　$D_2=d_2=d-0.640327P$

$h=0.640327P$；　　$D_1=d_1=d-1.280654P$

$r=0.137329P$

标记示例

尺寸代号为1½的左旋圆柱内螺纹，标记为：G1½-LH（右旋不标）

尺寸代号为1½的A级圆柱外螺纹，标记为：G1½A（A、B表示外螺纹公差等级代号，内螺纹不标）

尺寸代号为1½的B级圆柱外螺纹，标记为：G1½B

尺寸代号为1½的内、外螺纹配合，标记为：G1½/G1½A（仅需标注外螺纹的等级代号）

表 5-1-35　基本尺寸和公差　　mm

尺寸代号	每25.4mm内的牙数 n	螺距 P	牙高 h	圆弧半径 r ≈	基本直径 大径 $d=D$	中径 $d_2=D_2$	小径 $d_1=D_1$	外螺纹 大径公差 T_d 下偏差	上偏差	中径公差 T_{d_2}①下偏差 A级	B级	上偏差	内螺纹 中径公差 T_{D_2}① 下偏差	上偏差	小径公差 T_{D_1} 下偏差	上偏差
1/16	28	0.907	0.581	0.125	7.723	7.142	6.561	−0.214	0	−0.107	−0.214	0	0	+0.107	0	+0.282
1/8	28	0.907	0.581	0.125	9.728	9.147	8.566	−0.214	0	−0.107	−0.214	0	0	+0.107	0	+0.282
1/4	19	1.337	0.856	0.184	13.157	12.301	11.445	−0.250	0	−0.125	−0.250	0	0	+0.125	0	+0.445
3/8	19	1.337	0.856	0.184	16.662	15.806	14.950	−0.250	0	−0.125	−0.250	0	0	+0.125	0	+0.445
1/2	14	1.814	1.162	0.249	20.955	19.793	18.631	−0.284	0	−0.142	−0.284	0	0	+0.142	0	+0.541
5/8	14	1.814	1.162	0.249	22.911	21.749	20.587	−0.284	0	−0.142	−0.284	0	0	+0.142	0	+0.541
3/4	14	1.814	1.162	0.249	26.441	25.279	24.117	−0.284	0	−0.142	−0.284	0	0	+0.142	0	+0.541
7/8	14	1.814	1.162	0.249	30.201	29.039	27.877	−0.284	0	−0.142	−0.284	0	0	+0.142	0	+0.541
1	11	2.309	1.479	0.317	33.249	31.770	30.291	−0.360	0	−0.180	−0.360	0	0	+0.180	0	+0.640
1⅛	11	2.309	1.479	0.317	37.897	36.418	34.939	−0.360	0	−0.180	−0.360	0	0	+0.180	0	+0.640
1¼	11	2.309	1.479	0.317	41.910	40.431	38.952	−0.360	0	−0.180	−0.360	0	0	+0.180	0	+0.640
1½	11	2.309	1.479	0.317	47.803	46.324	44.845	−0.360	0	−0.180	−0.360	0	0	+0.180	0	+0.640
1¾	11	2.309	1.479	0.317	53.746	52.267	50.788	−0.360	0	−0.180	−0.360	0	0	+0.180	0	+0.640
2	11	2.309	1.479	0.317	59.614	58.135	56.656	−0.360	0	−0.180	−0.360	0	0	+0.180	0	+0.640
2¼	11	2.309	1.479	0.317	65.710	64.231	62.752	−0.434	0	−0.217	−0.434	0	0	+0.217	0	+0.640
2½	11	2.309	1.479	0.317	75.184	73.705	72.226	−0.434	0	−0.217	−0.434	0	0	+0.217	0	+0.640
2¾	11	2.309	1.479	0.317	81.534	80.055	78.576	−0.434	0	−0.217	−0.434	0	0	+0.217	0	+0.640
3	11	2.309	1.479	0.317	87.884	86.405	84.926	−0.434	0	−0.217	−0.434	0	0	+0.217	0	+0.640
3½	11	2.309	1.479	0.317	100.330	98.851	97.372	−0.434	0	−0.217	−0.434	0	0	+0.217	0	+0.640
4	11	2.309	1.479	0.317	113.030	111.551	110.072	−0.434	0	−0.217	−0.434	0	0	+0.217	0	+0.640
4½	11	2.309	1.479	0.317	125.730	124.251	122.772	−0.434	0	−0.217	−0.434	0	0	+0.217	0	+0.640
5	11	2.309	1.479	0.317	138.430	136.951	135.472	−0.434	0	−0.217	−0.434	0	0	+0.217	0	+0.640
5½	11	2.309	1.479	0.317	151.130	149.651	148.172	−0.434	0	−0.217	−0.434	0	0	+0.217	0	+0.640
6	11	2.309	1.479	0.317	163.830	162.351	160.872	−0.434	0	−0.217	−0.434	0	0	+0.217	0	+0.640

① 对薄壁管件，此公差适用于平均中径，该中径是测量两个互相垂直直径的算术平均值。

注：本标准适用于管接头、旋塞、阀门及其附件。

1.7.2 55°密封管螺纹（摘自 GB/T 7306.1—2000、GB/T 7306.2—2000）

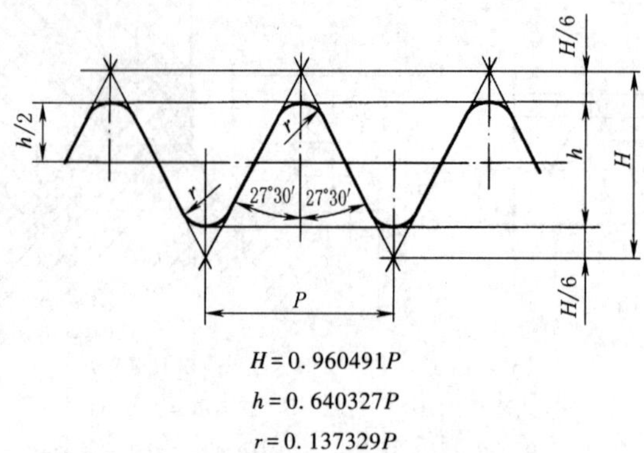

$H=0.960491P$

$h=0.640327P$

$r=0.137329P$

圆柱内螺纹的设计牙型

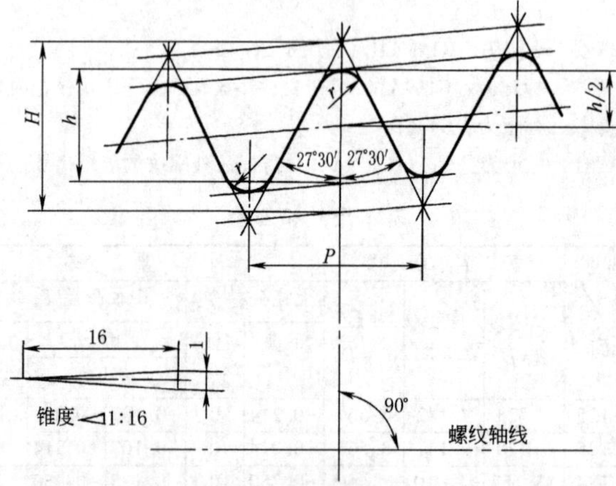

$H=0.960237P$

$h=0.640327P$

$r=0.137278P$

圆锥螺纹的设计牙型

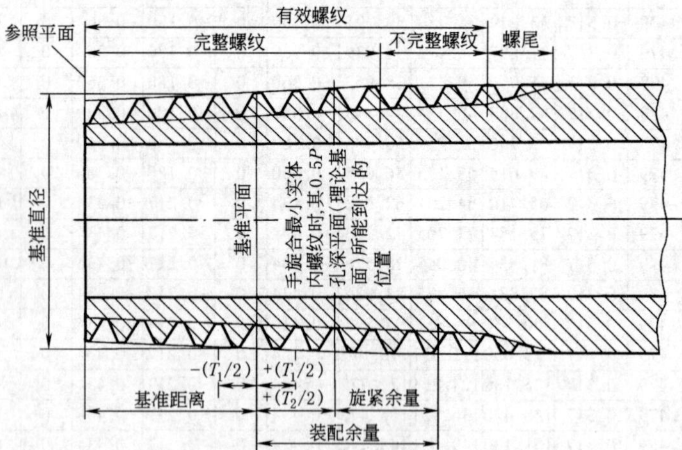

圆锥外螺纹上各主要尺寸的分布位置

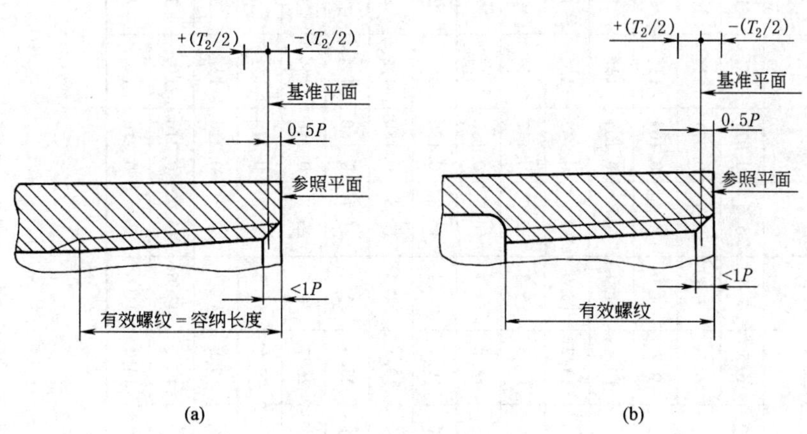

(a) (b)

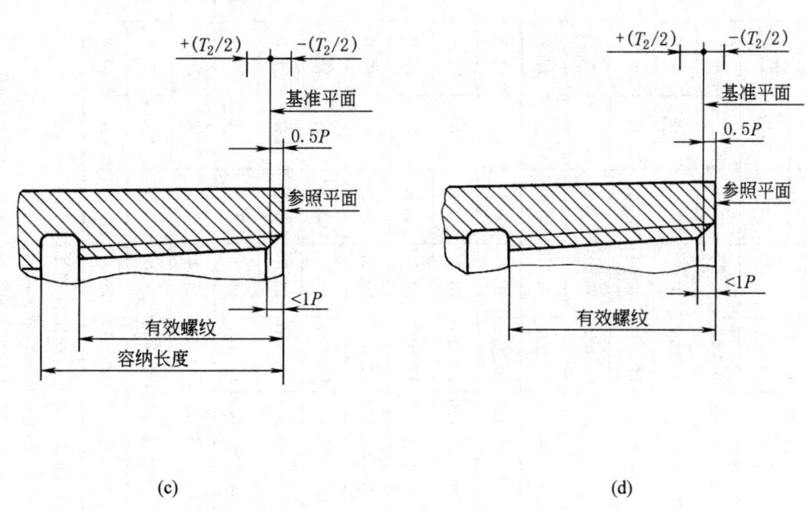

(c) (d)

圆锥内螺纹上各主要尺寸的分布位置

（圆柱内螺纹可参考）

管螺纹的标记由特征代号与尺寸代号组成。

特征代号：Rp—圆柱内螺纹；Rc—圆锥内螺纹；R_1—与圆柱内螺纹相配合的圆锥外螺纹；R_2—与圆锥内螺纹相配合的圆锥外螺纹。

尺寸代号见表 5-1-35。

标记示例

右旋圆柱内螺纹：Rp3/4

右旋圆锥内螺纹：Rc3/4

右旋圆锥外螺纹：$R_1$3 或 $R_2$3

螺纹左旋时，尺寸代号后加注“LH”：Rp3/4-LH 或 Rc3/4-LH

螺纹副特征代号为“Rp/R_1”或“Rc/R_2”：Rp/$R_1$3 或 Rc/$R_2$3

表 5-1-36 **基本尺寸及公差** mm

尺寸代号	每25.4mm内的牙数 n	螺距 P	牙高 h	圆弧半径 r ≈	基准平面上的基本直径			基准距离					装配余量		外螺纹的有效螺纹长度 ≥			圆柱内螺纹直径极限偏差 $\pm T_2/2$		圆锥内螺纹基准平面轴向位移极限偏差 $\pm T_2/2$	
					大径（基准直径）$d=D$	中径 $d_2=D_2$	小径 $d_1=D_1$	基本	极限偏差 $\pm T_1/2$		最大	最小	长度 ≈	圈数	基准距离			径向	轴向圈数	≈	圈数
									≈	圈数					基本	最大	最小				
1/16	28	0.907	0.581	0.125	7.723	7.142	6.561	4.0	0.9	1	4.9	3.1	2.5	2¾	6.5	7.4	5.6	0.071	1¼	1.1	1¼
1/8	28	0.907	0.581	0.125	9.728	9.147	8.566	4.0	0.9	1	4.9	3.1	2.5	2¾	6.5	7.4	5.6	0.071	1¼	1.1	1¼
1/4	19	1.337	0.856	0.184	13.157	12.301	11.445	6.0	1.3	1	7.3	4.7	3.7	2¾	9.7	11.0	8.4	0.104	1¼	1.7	1¼
3/8	19	1.337	0.856	0.184	16.662	15.806	14.950	6.4	1.3	1	7.7	5.1	3.7	2¾	10.1	11.4	8.8	0.104	1¼	1.7	1¼
1/2	14	1.814	1.162	0.249	20.955	19.793	18.631	8.2	1.8	1	10.0	6.4	5.0	2¾	13.2	15.0	11.4	0.142	1¼	2.3	1¼
3/4	14	1.814	1.162	0.249	26.441	25.279	24.117	9.5	1.8	1	11.3	7.7	5.0	2¾	14.5	16.3	12.7	0.142	1¼	2.3	1¼
1	11	2.309	1.479	0.317	33.249	31.770	30.291	10.4	2.3	1	12.7	8.1	6.4	2¾	16.8	19.1	14.5	0.180	1¼	2.9	1¼
1¼	11	2.309	1.479	0.317	41.910	40.431	38.952	12.7	2.3	1	15.0	10.4	6.4	2¾	19.1	21.4	16.8	0.180	1¼	2.9	1¼
1½	11	2.309	1.479	0.317	47.803	46.324	44.845	12.7	2.3	1	15.0	10.4	6.4	2¾	19.1	21.4	16.8	0.180	1¼	2.9	1¼
2	11	2.309	1.479	0.317	59.614	58.135	56.656	15.9	2.3	1	18.2	13.6	7.5	3¼	23.4	25.7	21.1	0.180	1¼	2.9	1¼
2½	11	2.309	1.479	0.317	75.184	73.705	72.226	17.5	3.5	1½	21.0	14.0	9.2	4	26.7	30.2	23.2	0.216	1½	3.5	1½
3	11	2.309	1.479	0.317	87.884	86.405	84.926	20.6	3.5	1½	24.1	17.1	9.2	4	29.8	33.3	26.3	0.216	1½	3.5	1½
4	11	2.309	1.479	0.317	113.030	111.551	110.072	25.4	3.5	1½	28.9	21.9	10.4	4½	35.8	39.3	32.3	0.216	1½	3.5	1½
5	11	2.309	1.479	0.317	138.430	136.951	135.472	28.6	3.5	1½	32.1	25.1	11.5	5	40.1	43.6	36.6	0.216	1½	3.5	1½
6	11	2.309	1.479	0.317	163.830	162.351	160.872	28.6	3.5	1½	32.1	25.1	11.5	5	40.1	43.6	36.6	0.216	1½	3.5	1½

注：1. 本标准适用于管子、阀门、管接头、旋塞及其他管路附件的螺纹连接。

2. 允许在螺纹副内添加合适的密封介质，如在螺纹表面缠胶带、涂密封胶等。

3. 圆锥外螺纹小端面和圆柱内螺纹外端面及圆锥内螺纹大端面的倒角轴向长度应小于 $1P$。

4. 圆锥外螺纹的有效长度不应小于其基准距离的实际值与装配余量之和。对应基准距离为基本、最大和最小尺寸的三种条件，表中分别给出了相应情况所需的最小有效螺纹长度。

5. 当圆柱（锥）内螺纹的尾部未采用退刀结构时，其最小有效螺纹长度应能容纳表中所规定长度的圆锥外螺纹；当圆柱（锥）内螺纹的尾部采用退刀结构时，其容纳长度应能容纳表中所规定长度的圆锥外螺纹，其最小有效长度应不小于表中所规定长度的 80%。

1.7.3 60°密封管螺纹（摘自 GB/T 12716—2011）

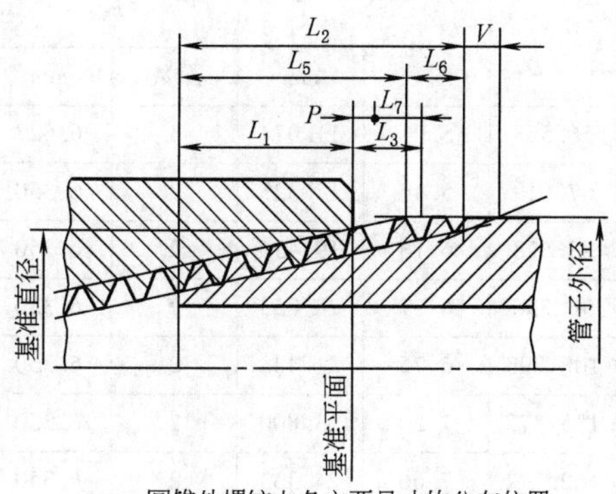

圆锥外螺纹上各主要尺寸的分布位置

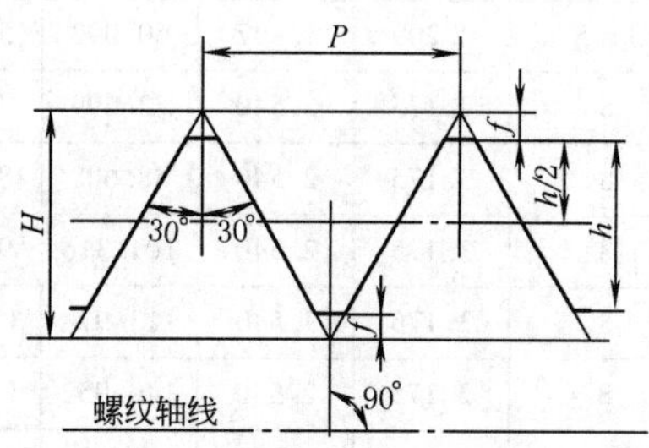

圆柱内螺纹(NPSC)的牙型

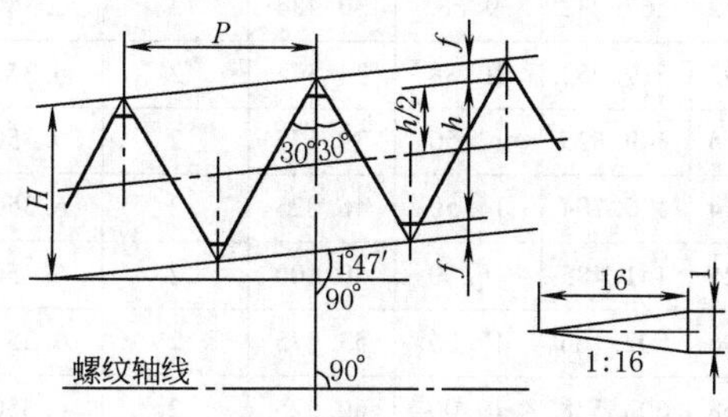

圆锥管螺纹(NPT)的牙型

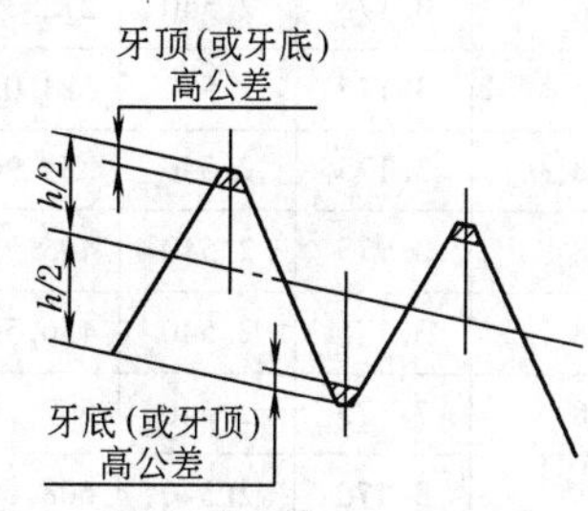

牙顶高和牙底高的公差带位置分布

f—削平高度；
L_1—基准距离；
L_5—完整螺纹长度；
h—螺纹牙型高度；
L_2—有效螺纹长度；
L_6—不完整螺纹长度；
V—螺尾长度；
L_3—装配余量；
L_7—旋紧余量；

$P=25.4/n$；$H=0.866025P$；$h=0.8P$；$f=0.033P$

标记示例

尺寸代号为 3/4 的右旋圆柱内螺纹，标记为：NPSC3/4

尺寸代号为 6 的右旋圆锥内螺纹或外螺纹，标记为：NPT6

尺寸代号为 14 的左旋圆锥内螺纹或外螺纹，标记为：NPT14-LH

表 5-1-37　　圆锥管螺纹的基本尺寸　　mm

尺寸代号	每 25.4mm 内的牙数 n	螺距 P	牙高 h	基准平面内的基本直径			基准距离 L_1		装配余量 L_3		外螺纹小端面内的基本小径
				大径 $d=D$	中径 $d_2=D_2$	小径 $d_1=D_1$	圈数	mm	圈数	mm	
1/16	27	0.941	0.753	7.895	7.142	6.389	4.32	4.064	3	2.822	6.137
1/8	27	0.941	0.753	10.242	9.489	8.736	4.36	4.102	3	2.822	8.481
1/4	18	1.411	1.129	13.616	12.487	11.358	4.10	5.785	3	4.234	10.996
3/8	18	1.411	1.129	17.055	15.926	14.797	4.32	6.096	3	4.234	14.417
1/2	14	1.814	1.451	21.223	19.772	18.321	4.48	8.128	3	5.443	17.813
3/4	14	1.814	1.451	26.568	25.117	23.666	4.75	8.618	3	5.443	23.127
1	11.5	2.209	1.767	33.228	31.461	29.694	4.60	10.160	3	6.627	29.060
1¼	11.5	2.209	1.767	41.985	40.218	38.451	4.83	10.668	3	6.627	37.785
1½	11.5	2.209	1.767	48.054	46.278	44.520	4.83	10.668	3	6.627	43.853

续表

尺寸代号	每25.4mm内的牙数 n	螺距 P	牙高 h	基准平面内的基本直径			基准距离 L_1		装配余量 L_3		外螺纹小端面内的基本小径
				大径 $d=D$	中径 $d_2=D_2$	小径 $d_1=D_1$	圈数	mm	圈数	mm	
2	11.5	2.209	1.767	60.092	58.325	56.558	5.01	11.074	3	6.627	55.867
2½	8	3.175	2.540	72.699	70.159	67.619	5.46	17.323	2	6.350	66.535
3	8	3.175	2.540	88.608	86.068	83.528	6.13	19.456	2	6.350	82.311
3½	8	3.175	2.540	101.316	98.776	96.236	6.57	20.853	2	6.350	94.933
4	8	3.175	2.540	113.973	111.433	108.893	6.75	21.438	2	6.350	107.554
5	8	3.175	2.540	140.952	138.412	135.872	7.50	23.800	2	6.350	134.384
6	8	3.175	2.540	167.792	165.252	162.772	7.66	24.333	2	6.350	161.191
8	8	3.175	2.540	218.441	215.901	213.361	8.50	27.000	2	6.350	211.673
10	8	3.175	2.540	272.312	269.772	267.232	9.68	30.734	2	6.350	265.311
12	8	3.175	2.540	323.032	320.492	317.952	10.88	34.544	2	6.350	315.793
14	8	3.175	2.540	354.905	352.365	349.825	12.50	39.675	2	6.350	347.345
16	8	3.175	2.540	405.784	403.244	400.704	14.50	46.025	2	6.350	397.828
18	8	3.175	2.540	456.565	454.025	451.485	16.00	50.800	2	6.350	448.310
20	8	3.175	2.540	507.246	504.706	502.166	17.00	53.975	2	6.350	498.793
24	8	3.175	2.540	608.608	606.068	603.528	19.00	60.325	2	6.350	599.758

注：1. D—内螺纹在基准平面内的大径；D_1—内螺纹在基准平面内的小径；D_2—内螺纹在基准平面内的中径；d—外螺纹在基准平面内的大径；d_1—外螺纹在基准平面内的小径；d_2—外螺纹在基准平面内的中径。

2. 对有效螺纹长度大于25.4mm的螺纹，其导程累积偏差的最大测量跨度为25.4mm。

3. 螺纹的收尾长度（螺尾长度 V）为3.47P。

4. 内、外螺纹可组成两种密封配合：圆锥内螺纹与圆锥外螺纹组成“锥/锥”配合；圆柱内螺纹与圆锥外螺纹组成“柱/锥”配合。

5. 本标准适用于管子、阀门、管接头、旋塞及其他管路附件的密封螺纹连接。

6. 为确保螺纹连接密封的可靠性，应在螺纹副内添加合适的密封介质，如缠胶带等。

表 5-1-38　　圆锥管螺纹的单项要素极限偏差

在25.4mm轴向长度内所包含的牙数 n	中径线锥度(1/16)的极限偏差	有效螺纹的导程累积偏差 /mm	牙侧角极限偏差 /(°)
27	+1/96 −1/192	±0.076	±1.25
18,14			±1
11.5,8			±0.75

表 5-1-39　　圆柱内螺纹的极限尺寸　　mm

尺寸代号	每25.4mm内的牙数 n	中径		小径
		最大	最小	最小
1/8	27	9.578	9.401	8.636
1/4	18	12.619	12.358	11.227
3/8	18	16.058	15.794	14.656
1/2	14	19.942	19.601	18.161

续表

尺寸代号	每25.4mm内的牙数 n	中径		小径
		最大	最小	最小
3/4	14	25.288	24.948	23.495
1	11.5	31.669	31.255	29.489
1¼	11.5	40.424	40.010	38.252
1½	11.5	46.495	46.081	44.323
2	11.5	58.532	58.118	56.363
2½	8	70.457	69.860	67.310
3	8	86.365	85.771	83.236
3½	8	99.073	98.478	95.936
4	8	111.730	111.135	108.585

注：可参照最小小径数据选择攻螺纹前的麻花钻直径。

1.7.4 普通螺纹的管路系列（摘自 GB/T 1414—2013）

表 5-1-40 普通螺纹的管路系列 mm

公称直径 D、d		螺距 P	公称直径 D、d		螺距 P	公称直径 D、d		螺距 P
第一系列	第二系列		第一系列	第二系列		第一系列	第二系列	
8		1		33	2	80		2
10		1		39	2		85	2
	14	1.5	42		2	90		3,2
16		1.5	48		2	100		3,2
	18	1.5		56	2		115	3,2
20		1.5		60	2	125		2
	22	2,1.5	64		2	140		3,2
24		2		68	2		150	2
	27	2	72		3	160		2
30		2		76	2		170	3

注：1. 本标准适用于一般的管路系统，其螺纹本身不具有密封功能。
2. 标记方法见 GB/T 197。

1.7.5 米制密封螺纹（摘自 GB/T 1415—2008）

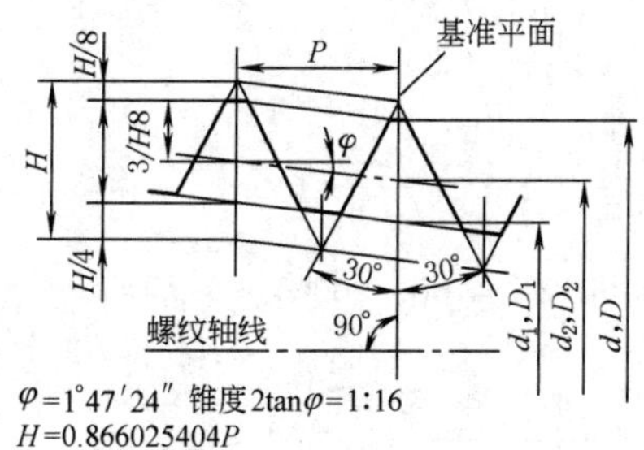

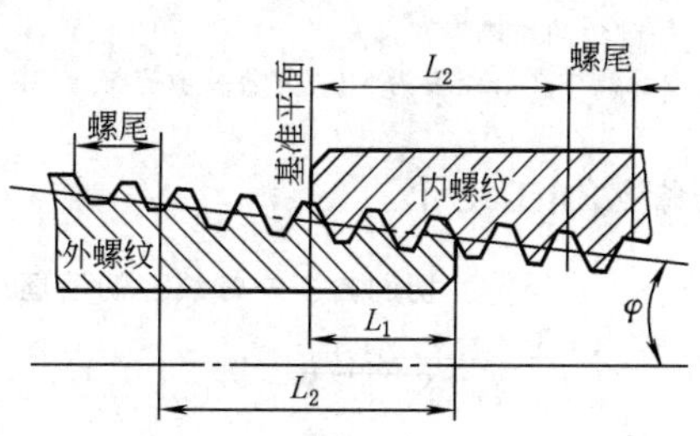

标记示例

公称直径 12mm，螺距 1mm，标准型基准距离，右旋圆锥螺纹，标记为：Mc12×1（左旋标为 Mc12×1-LH）

公称直径 20mm，螺距 1.5mm，短型基准距离，右旋圆锥外螺纹，标记为：Mc20×1.5-S

公称直径 42mm，螺距 2mm，短型基准距离，右旋圆柱内螺纹，标记为：Mp42×2-S

表 5-1-41　　米制密封螺纹的基本尺寸及偏差　　mm

公称直径 D、d	螺距 P	基准平面内的直径① 大径 D、d	 中径 D_2、d_2	 小径 D_1、d_1	基准距离 $L_1$② 标准型	 短型	最小有效螺纹长度 $L_2$② 标准型	 短型
8	1	8.000	7.350	6.917	5.500	2.500	8.000	5.500
10	1	10.000	9.350	8.917	5.500	2.500	8.000	5.500
12	1	12.000	11.350	10.917	5.500	2.500	8.000	5.500
14	1.5	14.000	13.026	12.376	7.500	3.500	11.000	8.500
16	1	16.000	15.350	14.917	5.500	2.500	8.000	5.500
	1.5	16.000	15.025	14.376	7.500	3.500	11.000	8.500
20	1.5	20.000	19.026	18.376	7.500	3.500	11.000	8.500
27	2	27.000	25.701	24.835	11.000	5.000	16.000	12.000
33	2	33.000	31.701	30.835	11.000	5.000	16.000	12.000
42	2	42.000	40.701	39.835	11.000	5.000	16.000	12.000
48	2	48.000	46.701	45.835	11.000	5.000	16.000	12.000
60	2	60.000	58.701	57.835	11.000	5.000	16.000	12.000
72	3	72.000	70.051	68.752	16.500	7.500	24.000	18.000
76	2	76.000	74.701	73.835	11.000	5.000	16.000	12.000
90	2	90.000	88.701	87.835	11.000	5.000	16.000	12.000
	3	90.000	88.051	86.752	16.500	7.500	24.000	18.000
115	2	115.000	113.701	112.835	11.000	5.000	16.000	12.000
	3	115.000	113.051	111.752	16.500	7.500	24.000	18.000
140	2	140.000	138.701	137.835	11.000	5.000	16.000	12.000
	3	140.000	138.051	136.752	16.500	7.500	24.000	18.000
170	3	170.000	168.051	166.752	16.500	7.500	24.000	18.000

螺距 P	基准平面位置的极限偏差 外螺纹 ($\pm T_1/2$)	 内螺纹 ($\pm T_2/2$)	牙顶高、牙底高的极限偏差 外螺纹 牙顶	 外螺纹 牙底	 内螺纹 牙顶	 内螺纹 牙底	其他单项要素的极限偏差 牙侧角 /(′)	 螺距累积 L_1 范围内	 螺距累积 L_2 范围内	 中径锥角③/(′) 外螺纹	 中径锥角③/(′) 内螺纹
1	0.7	1.2	0 -0.032	-0.015 -0.020	±0.030	±0.030	±45	±0.04	±0.07	+24 -12	+12 -24
1.5	1	1.5	0 -0.048	-0.020 -0.065	±0.040	±0.040					
2	1.4	1.8	0 -0.050	-0.025 -0.075	±0.045	±0.045					
3	2	3	0 -0.055	-0.030 -0.085	±0.050	±0.050					

① 对圆锥螺纹，不同轴向位置平面内的螺纹直径数值是不同的。要注意各直径的轴向位置。

② 基准距离有两种型式：标准型和短型。两种基准距离分别对应两种型式的最小有效螺纹长度，标准型基准距离 L_1 和标准型最小有效螺纹长度 L_2 适用于由圆锥内螺纹与圆锥外螺纹组成的“锥/锥”配合螺纹，短型基准距离 L_1 和短型最小有效螺纹长度 L_2 适用于由圆柱内螺纹与圆锥外螺纹组成的“柱/锥”配合螺纹，选择时要注意两种配合型式对应两组不同的基准距离和最小有效螺纹长度，避免选择错误。

③ 测量中径锥角的测量跨度为 L_1。

注：圆柱内螺纹中径公差带为 5H，其公差值应符合 GB/T 197 的规定。

1.7.6　管螺纹加工尺寸

切制内、外螺纹前的毛坯尺寸（摘自 JB/ZQ 4168—2006）

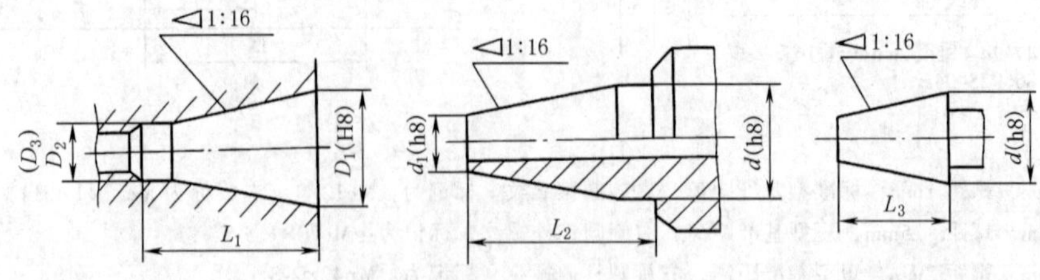

(a)用于GB/T 7306.1～2及GB/T 12716毛坯尺寸

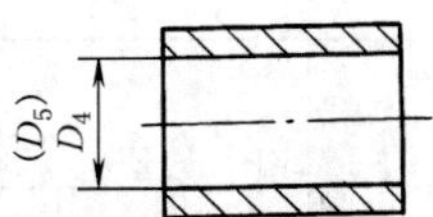

(b)用于GB/T 7306.1～2及GB/T 7307毛坯尺寸

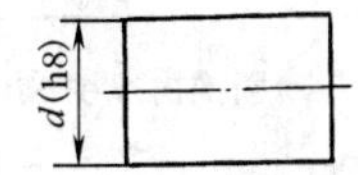

(c)用于GB/T 7307毛坯尺寸

表 5-1-42　　切制管螺纹前的毛坯尺寸　　mm

尺寸代号(GB/T 7306.1~2)	圆柱内螺纹 Rp		圆锥内螺纹 Rc				圆锥外螺纹 R			
	钻(扩)孔底径 D_4	车(镗)孔底径 D_5	柱孔坯底径 D_2	锥孔坯 底径 D_3	锥孔坯 大径 D_1	底孔深 L_1(最大)	圆锥大端(圆柱)直径 d	圆锥小端直径 d_1	端肩距 L_2(最大)	螺塞长 L_3
1/16	6.60	6.55	6.40	6.20	6.56	15	7.8	7.45	12.5	9
1/8	8.60	8.55	8.40	8.20	8.57	15	9.8	9.45	12.5	9
1/4	11.50	11.45	11.20	11.00	11.45	22	13.5	13.00	18.5	11
3/8	15.00	14.95	14.75	14.50	14.95	22	16.8	16.25	19.0	12
1/2	18.75	18.65	18.25	18.00	18.63	30	21.1	20.40	25.0	15
3/4	24.25	24.15	23.75	23.50	24.12	31	26.5	25.80	26.5	17
1	30.50	30.35	29.75	29.50	30.29	38	33.4	32.55	31.8	19
1¼	39.00	39.00	38.30	38.00	38.95	40	42.1	41.10	34.2	22
1½	45.00	44.90	44.20	44.00	44.85	40	48.0	47.00	34.2	23
2	57.00	56.70	55.80	55.50	56.66	45	59.8	58.60	38.5	26
2½	73.00	72.30	71.20	70.90	72.23	50	75.4	74.05	43.0	30
3	85.00	85.00	83.70	83.50	84.93	53	88.1	86.55	46.0	32
3½		97.45	96.10	95.80	97.37	55	100.6	98.90	47.8	35
4		110.15	108.60	108.30	110.10	59	113.3	111.40	52.0	38
5		135.50	133.80	133.50	135.50	63	138.8	136.60	56.5	42
6		160.90	159.20	158.80	160.90	63	164.2	162.00	56.5	42

尺寸代号(GB/T 7307)	内螺纹 G		外螺纹 G	尺寸代号(GB/T 7307)	内螺纹 G		外螺纹 G
	钻(扩)孔底径 D_4	车(镗)孔底径 D_5	坯　径 d		钻(扩)孔底径 D_4	车(镗)孔底径 D_5	坯　径 d
1/16	6.80	6.75	7.7	1¾	51.00	51.30	53.7
1/8	8.80	8.75	9.7	2	57.00	57.15	59.6
1/4	11.80	11.80	13.1	2¼	63.00	63.25	65.7
3/8	15.25	15.30	16.6	2½	73.00	72.70	75.1
1/2	19.00	19.00	20.9	2¾	79.00	79.00	81.5
5/8	21.00	21.00	22.9	3	85.00	85.40	87.8
3/4	24.50	24.55	26.4	3½	98.00	97.85	100.3
7/8	28.25	28.30	30.2	4		110.50	113.0
1	30.75	30.80	33.2	4½		123.20	125.7
1⅛	35.50	35.45	37.8	5		135.90	138.4
1¼	39.50	39.45	41.9	5½		148.60	151.1
1½	45.00	45.35	47.8	6		161.30	163.8

续表

尺寸代号① (GB/T 12716)	圆柱内螺纹 NPSC	圆锥内螺纹 NPT				圆锥外螺纹 NPT			
	螺孔坯底径 D_4	柱孔坯底径 D_2	锥孔坯		底孔深 L_1（最大）	圆锥大端（圆柱）直径 d	圆锥小端直径 d_1	端肩距 L_2（最大）	螺塞长 L_3
			底径 D_3	大径 D_1					
1/16	—	6.25	6.00	6.39	15	8.00	7.62	13	9
1/8	8.6	8.50	8.40	8.74	15	10.30	9.95	13	9
1/4	11.2	11.10	10.80	11.36	23	13.80	13.25	19	12
3/8	14.5	14.70	14.25	14.80	23	17.20	16.65	20	12
1/2	18.0	18.00	17.60	18.32	30	21.40	20.70	25	15
3/4	23.5	23.25	23.00	23.67	30	26.70	26.00	26	15
1	29.5	29.25	28.75	29.69	37	33.40	32.50	32	19
1¼	38.0	38.00	37.50	38.45	38	42.20	41.30	32	19
1½	44.0	44.25	43.50	44.52	38	48.30	47.30	33	20
2	56.0	56.25	55.50	56.56	39	60.40	59.40	34	20
2½	67.0	67.00	66.10	67.62	57	73.10	71.60	50	30
3	83.0	83.00	81.90	83.53	59	89.00	87.30	51	34
3½	96.0	95.50	94.50	96.24	60	101.70	100.00	52	34
4	109	108.00	107.10	108.90	61	114.40	112.50	54	37
5	—	135	133.90	135.90	64	141.40	139.40	56	38
6	—	162	160.50	162.70	67	168.40	166.20	59	42
8	—	213	210.90	213.40	72	219.20	216.70	64	46
10	—	267	264.40	267.20	77	273.10	270.30	70	51
12	—	317	314.80	318.00	82	324.00	320.80	75	58

① 尺寸代号为 14 O.D. ~24 O.D. 的内容省略。

注：1. 本标准适用于切制圆柱管螺纹或圆锥管螺纹前的毛坯尺寸。

2. 引用标准：GB/T 7306.1~2《55°密封管螺纹》；GB/T 7307《55°非密封管螺纹》；GB/T 12716《60°密封管螺纹》。

3. 当内螺纹底径由车（镗）削制出时，其公差代号规定为 H10。

4. 本标准中各项尺寸均不包括螺纹倒角。

1.8 矩形螺纹

表 5-1-43 牙型及尺寸计算 mm

矩形螺纹牙型	尺寸计算		
	名称	代号	公式
	大径（公称）	d	$d=\frac{5}{4}d_1$（取整）
	螺距	P	$P=\frac{1}{4}d_1$（取整）
	实际牙型高度	h_1	$h_1=0.5P+(0.1\sim0.2)$
	小径	d_1	$d_1=d-2h_1$
	牙底宽	W	$W=0.5P+(0.03\sim0.05)$
	牙顶宽	f	$f=P-W$

注：矩形螺纹没有标准，对公制矩形螺纹的直径与螺距可按梯形螺纹的直径与螺距选择。

1.9 30°圆弧螺纹

表 5-1-44 牙型及尺寸计算 mm

实体牙型	尺寸计算		
	名称及代号		计算公式
	牙型角 α		$\alpha=30°$
	螺距 P		$P=\frac{25.4}{n}$
	牙型高度	原始三角形高度 H	$H=1.866P$
		实际高度 h_1	$h_1=0.5P$
		接触高度 h	$h=0.0835P$
	间隙 a_c		$a_c=0.05P$
	大径	外螺纹 d	d(公称直径)
		内螺纹 D	$D=d+2a_c$
	中径 d_2		$d_2=d-0.45P$
	小径	外螺纹 d_1	$d_1=d-2h_1$
		内螺纹 D_1	$D_1=d-2(h_1-a_c)$
	圆弧半径	外螺纹 r	$r=0.2385P$
		内螺纹 R	$R=0.256P$
		内螺纹 R_1	$R_1=0.211P$

注：30°圆弧螺纹以外径和螺距表示大小，牙型角 $\alpha=30°$，内、外螺纹配合时有间隙。通常用于经常和污物接触或容易生锈的场合。

表 5-1-45 30°圆弧螺纹的直径和每 25.4mm 牙数

螺纹直径 d /mm	8	9	10	12	14	16	18	20	22	24	26	28	30	32	36	40	44	48	52	55	60	65	68	70	75	80	85	90	95	100
每 25.4mm 牙数 n	10	10	10	10	10	8	8	8	8	8	8	8	8	8	8	6	6	6	6	6	6	6	6	6	6	6	6	6	6	6

注：直径 105~200mm 的螺纹，每 25.4mm 的牙数 $n=4$。

1.10 80°Pg 螺纹

Pg 螺纹属于钢管用螺纹，其牙型角 $\alpha=80°$，目前我国没有国家标准，详细标准可查 DIN 40430。主要应用于电缆接头，这种接头和配电箱连接时可以用接头自带的锁紧螺母从内部锁紧，也可以在配电箱（厚度大于 3mm）壁上直接攻螺纹，依靠接头上的螺纹固定。其螺距也是根据每英寸牙数计算出来的。

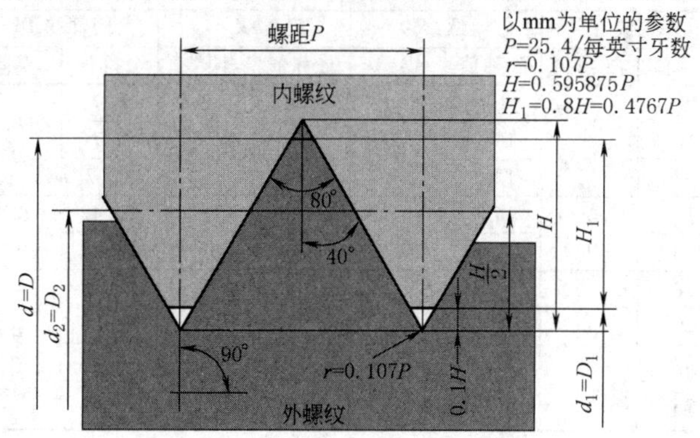

表 5-1-46　　**80°Pg 螺纹**　　mm

编号	大径 $d=D$	螺距 P	每英寸牙数	中径 $d_2=D_2$	小径 $d_1=D_1$	牙型高度 H_1	适应电缆直径
Pg7	12.50	1.270	20	11.89	11.28	0.61	3~6
Pg9	15.20	1.411	18	14.53	13.86	0.67	4~8
Pg11	18.60	1.411	18	17.93	17.26	0.67	5~10
Pg13.5	20.40	1.411	18	19.73	19.06	0.67	6~12
Pg16	22.50	1.411	18	21.83	21.16	0.67	10~14
Pg21	28.30	1.588	16	27.54	26.78	0.76	13~18
Pg29	37.00	1.588	16	36.24	35.48	0.76	18~25
Pg36	47.00	1.588	16	46.24	45.48	0.76	25~33
Pg42	54.00	1.588	16	53.24	52.48	0.76	32~38
Pg48	59.30	1.588	16	58.54	57.78	0.76	37~43

1.11　玻璃瓶口螺纹

(1) 玻璃瓶口螺纹牙型及尺寸

DIN 168-1：1998 规定了玻璃瓶口螺纹的牙型和尺寸，其外螺纹（玻璃容器口）牙型角为 60°，牙型齿顶为半圆形，内螺纹（配套瓶盖）牙型角为 30°，牙型齿顶也为半圆形。

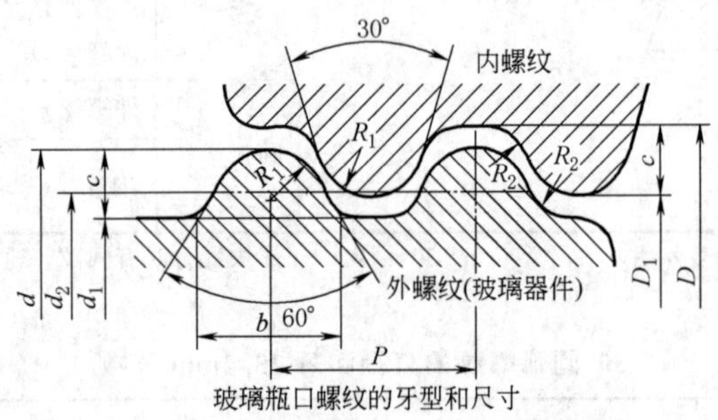

玻璃瓶口螺纹的牙型和尺寸

表 5-1-47　　**有关参数的说明和相互关系**

参数	含义	相互关系	备注
b	牙型宽度	$b=Pk$	
c	牙型高度	$c=b/2$	
d_2	螺纹中径	$d_2=d-P\left[\frac{\sqrt{3}}{2}+k(1-\sqrt{3})\right]$	
P	螺距		常数,查表
k	设计螺纹牙型的系数		常数,查表
R_1	牙型齿顶圆半径	$R_1=0.366b$	

表 5-1-48　　**玻璃瓶口螺纹的型号及参数**　　mm

螺纹型号	螺距 P	头数 n	螺纹大径 外螺纹 d 公称值	外螺纹 d 误差	内螺纹 D 公称值	内螺纹 D 误差	螺纹小径 外螺纹 d_1 公称值	外螺纹 d_1 误差	内螺纹 D_1 公称值	内螺纹 D_1 误差	圆角 R_1 ≈	圆角 R_2 (最大)	k
GL8	2	1	8	0 −0.35	8.1	+0.2 0	6.6	0 −0.35	6.7	+0.2 0	0.51	0.3	0.7
GL10			10		10.1		8.6		8.7				
GL12			12		12.1		10.6		10.7				
GL14	2.5		14	0 −0.4	14.1	+0.25 0	12.32	0 −0.4	12.42	+0.25 0	0.62	0.4	0.675
GL16			16		16.1		14.32		14.42				
GL18	3		18	0 −0.5	18.1	+0.3 0	15.98	0 −0.5	16.08	+0.3 0	0.74	0.5	
GL20			20		20.1		17.98		18.08				
GL22			22		22.1		19.98		20.08				
GL25			25		25.1		22.98		23.08				

续表

螺纹型号	螺距 P	头数 n	螺纹大径 外螺纹 d 公称值	外螺纹 d 误差	内螺纹 D 公称值	内螺纹 D 误差	螺纹小径 外螺纹 d_1 公称值	外螺纹 d_1 误差	内螺纹 D_1 公称值	内螺纹 D_1 误差	圆角 R_1 ≈	圆角 R_2（最大）	k
GL25	3.5	1	25	0 -0.5	25.1	+0.3 0	22.64	0 -0.5	22.74	+0.3 0	0.86	0.5	0.675
GL28	3		28		28.1		25.98		26.08		0.74		
GL32	4		32	0 -0.7	32.15	+0.4 0	29.30	0 -0.7	29.45	+0.4 0	0.99	0.6	
GL36			36		36.15		33.30		33.45				
GL40			40		40.15		37.30		37.45				
GL45			45		45.15		42.30		42.45				
GL50			50	0 -0.8	50.3	+0.5 0	47.30	0 -0.8	47.60	+0.5 0			
GL56			56		56.3		53.30		53.60				
GL63	5		63	0 -1.0	63.4	+0.6 0	60	0 -1.0	60.4	+0.6 0	1.1	0.8	0.6
GL70			70		70.4		67		67.4				
GL80			80		80.4		77		77.4				
GL90			90		90.4		87		87.4				
GL100			100	0 -1.2	100.4		97	0 -1.2	97.4				
GL112			112		112.4		109		109.4				
GL125			125		125.4		122		122.4				

（2）螺纹玻璃瓶口形状、分类及尺寸规格

GB/T 17449—1998 规定了螺纹玻璃瓶口的定义、分类、尺寸，该标准适用于盛装非充气物的螺纹瓶口玻璃容器。

按使用要求螺纹玻璃瓶口分为防盗螺纹玻璃瓶口、单头螺纹玻璃瓶口和多头螺纹玻璃瓶口三个系列。根据用途防盗螺纹玻璃瓶口分为 A（标准类）、B（深口类）、C（超深口类）三类，各类瓶口又有三种型式（表 5-1-49），对于公称直径为 30mm 的超深口类瓶口有两种凹入方式。

防盗螺纹玻璃瓶口尺寸应符合表 5-1-50 的规定，单头和多头螺纹玻璃瓶口尺寸应符合表 5-1-51 的规定。

螺纹升角（滚刀引入角）按下式计算。

$$\tan\beta = \frac{P}{\dfrac{d_1 + d_2}{2}}$$

式中 β——螺纹升角（滚刀引入角）；

P——螺距，mm；

d_1——螺纹外径，mm；

d_2——瓶口外径，mm。

表 5-1-49　　防盗螺纹玻璃瓶口型式

型式	图示
1 型瓶口	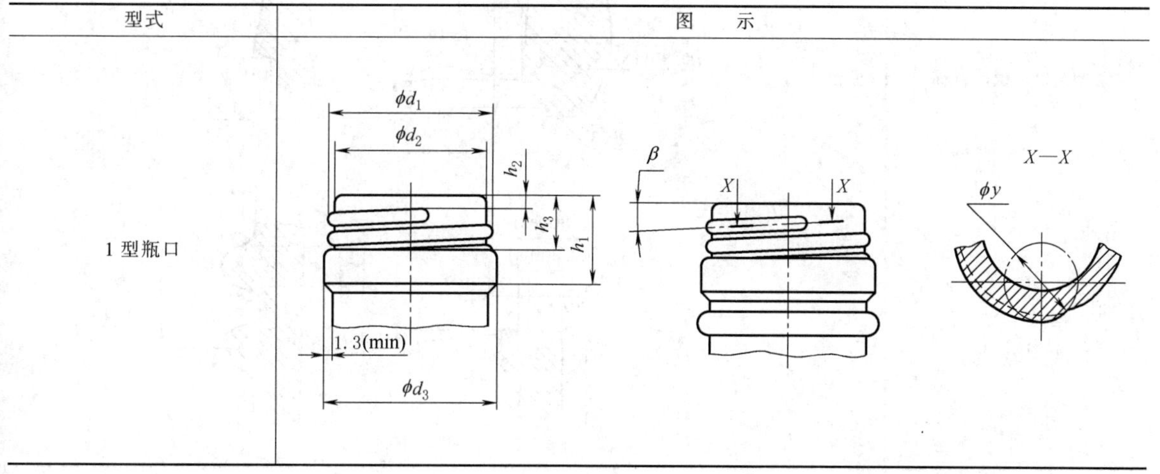

续表

型式	图示
2 型瓶口	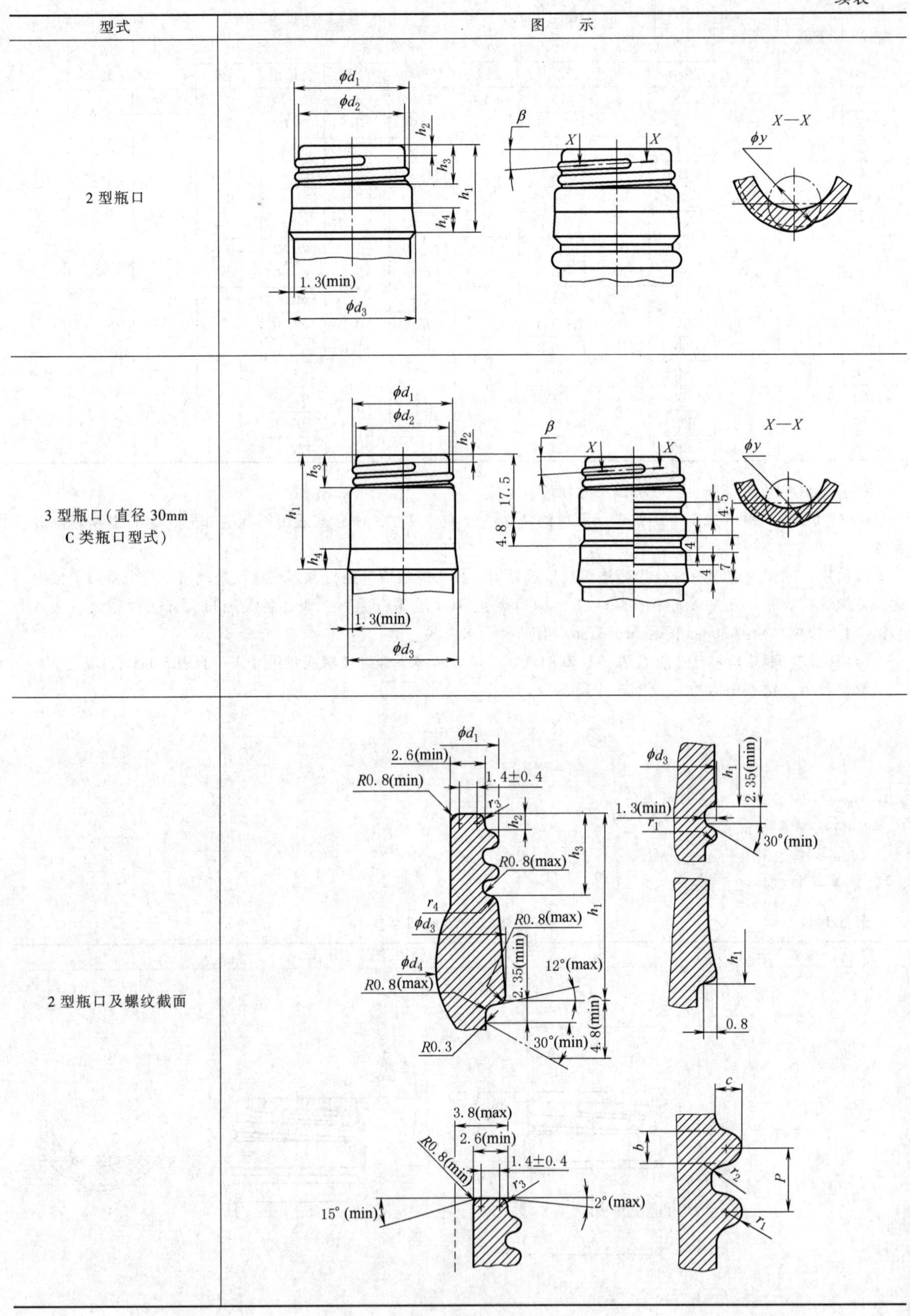
3 型瓶口(直径 30mm C 类瓶口型式)	
2 型瓶口及螺纹截面	

表 5-1-50　　防盗螺纹玻璃瓶口尺寸（摘自 GB/T 17449—1998）　　mm

公称直径		18	22	25	28	28	29	30	31	31
瓶口型式		2	2	1	1	2	2	3	1	2
种类		A	A	A	A	B	B	C	A	B
螺纹外径 d_1	公称尺寸	17.6	21.45	24.4	27.1	27.1	28.3	28.3	30.15	30.15
	公差	±0.25			$^{+0.30}_{-0.35}$				±0.35	
瓶口外径 d_2	公称尺寸	15.9	19.75	22.3	24.9	24.9	26.2	26.2	27.95	27.95
	公差	±0.25			$^{+0.30}_{-0.35}$				±0.35	
环箍直径 d_3	公称尺寸	18.1	21.95	24.9	27.7	27.7	28.9	28.9	30.8	30.8
	公差	±0.25			$^{+0.30}_{-0.35}$				±0.35	
瓶口使用高度 h_1	公称尺寸	10.2	12.75	14.05	15.4	19.4	17.2	31.95	15.4	21.4
	公差	±0.20			±0.25					
始端至封合面 h_2	公称尺寸	1.3/1.5		1.6/1.8						
	公差	±0.30		±0.40						
h_3	公称尺寸	6.15	6.8	8.3	9.35	9.35	8.5	8.5	9.35	9.35
	公差	±0.20			±0.25			±0.20	±0.25	
h_4		2.6	2.6	—	—	5.3	5.3	5.3	—	5.3
螺距 P/牙数		2.54/10	2.54/10	3.18/8	3.63/7	3.63/7	3.63/7	3.18/8	3.63/7	3.63/7
c		0.85	0.85	1.05	1.1	1.1	1.1	1.05	1.1	1.1
b		1.7	1.7	2.1	2.2	2.2	2.2	2.1	2.2	2.2
r_1		0.85	0.85	1.05	1.1	1.1	1.1	1.05	1.1	1.1
r_2(最大)		0.4	0.4	0.5	0.6	0.6	0.6	0.5	0.6	0.6
r_3		0.75±0.25		0.95±0.25						
r_4		0.3~0.8								
β		2°46′	2°15′	2°29′	2°33′	2°33′	2°33′	2°7′	2°17′	2°17′
γ		9.5			12.5					
通口最细处 d_4		8	11	13	16	16	16	16	18	18

注：为了保证封口质量，最大、最小直径应尽可能接近公称直径。

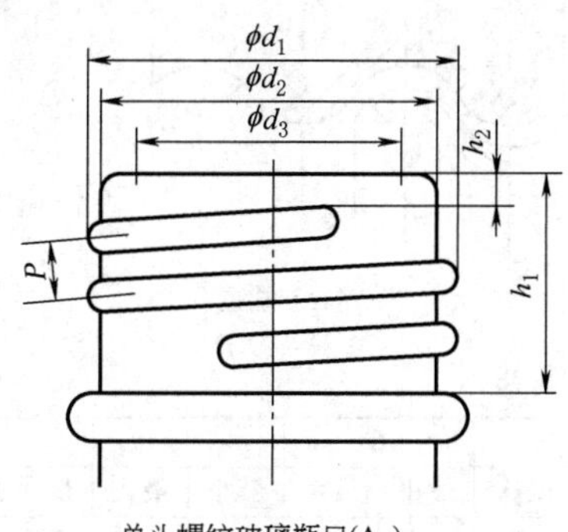

单头螺纹玻璃瓶口(A_2)

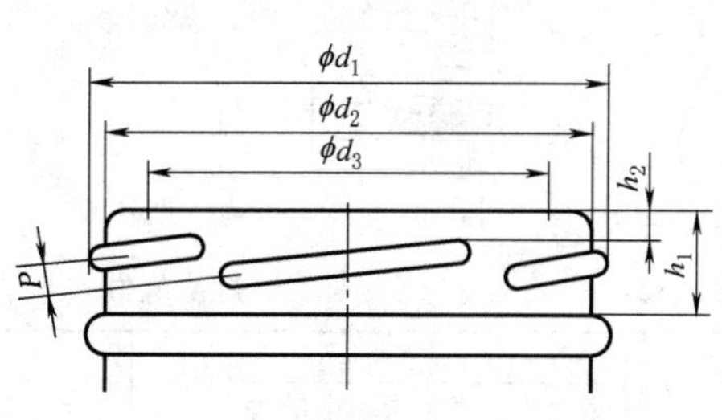

多头螺纹玻璃瓶口(B_2)

表 5-1-51　　单头和多头螺纹玻璃瓶口尺寸（摘自 GB/T 17449—1998）　　mm

公称直径	系列	螺纹外径 d_1			瓶口外径 d_2			瓶口内径 d_3			螺距 P (A_2)	始端至封合面 h_2(A_2)	瓶口使用高度 h_1		
		公称尺寸	公差		公称尺寸	公差		公称尺寸	公差				公称尺寸	公差	
			A_2	B_2		A_2	B_2		A_2	B_2				A_2	B_2
13	A_2 B_2	13	±0.2	任选	11	±0.2	任选	7	±0.2	±0.5	2.5	1.5	10	±0.2	$^{+0.5}_{0}$
15		15			13			9					10		
18		18	$^{0}_{-0.7}$		15	$^{0}_{-0.7}$		11	$^{0}_{-1}$				15	$^{+0.5}_{0}$	
20		20			19.5			13					18		

续表

公称直径	系列	螺纹外径 d_1 公称尺寸	螺纹外径 d_1 公差 A_2	螺纹外径 d_1 公差 B_2	瓶口外径 d_2 公称尺寸	瓶口外径 d_2 公差 A_2	瓶口外径 d_2 公差 B_2	瓶口内径 d_3 公称尺寸	瓶口内径 d_3 公差 A_2	瓶口内径 d_3 公差 B_2	螺距 P (A_2)	始端至封合面 $h_2(A_2)$	瓶口使用高度 h_1 公称尺寸	瓶口使用高度 h_1 公差 A_2	瓶口使用高度 h_1 公差 B_2
22	A_2 B_2	22	0 −0.7	任选	19	0 −0.7	任选	15	0 −1	±0.5	3	2.5	20	+0.5 0	+0.5 0
24		24			21.5			18					22		
28		28			25.0			18					24		
30		30			27.5			24					28		
33		33			30.5			24					30		
35		35			32.5			28					33		
38		38	0 −0.9	±0.45	35.5	0 −0.9	±0.50	30		任选	3.5	3.5	35		
40		40			37.5			32					38		
43		43			40			34					40		
45		45			42			37					43		
48		48			45			39				4	45		
51		51			48			42			4		48		
53		53			50			45					⋮	不对应	
58		58			55			47							
60		60			57			52							
63		63			60	0 −1		54							
66		66	0 −1		63			56							
70		70			67			59			4.5				
75		75			72			62							
77		77			74			67							
83		83			80			69							

1.12 灯头螺纹

目前灯头螺纹都是右旋螺纹，其截面形状为连续圆弧形。

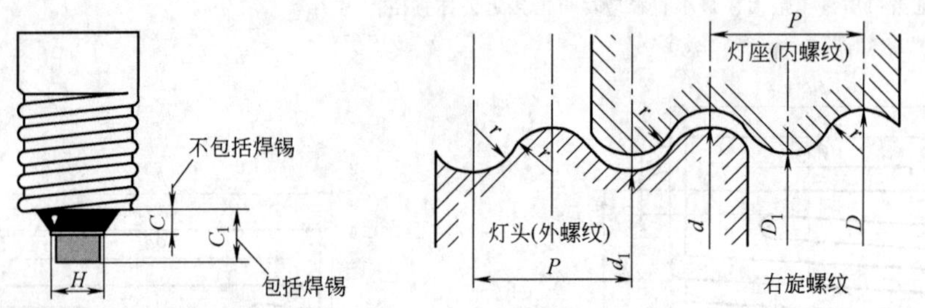

表 5-1-52　　**灯头螺纹**（摘自 GB/T 1406.1—2008）　　mm

规格	d 最小	d 最大	d_1 最小	d_1 最大	P	r	D 最小	D 最大	D_1 最小	D_1 最大	C 最小	C 最大	C_1 最小	C_1 最大	H 最小	H 最大
E5	5.23	5.33	—	4.77	1.000	0.293	5.39	5.49	4.83	4.93	0.8	1.2	—	2.0	2.1	3.05
E10	9.27	9.53	—	8.51	1.814	0.531	9.59	9.78	8.57	8.76	2.5	3.5	—	—	3.5	4.0
EP10	9.36	9.53	—	8.51	1.814	0.531	9.61	—	8.59	8.76	2.5	—	—	—	3.5	4.0
EY10	9.27	9.53	—	8.51	1.814	0.531	9.59	9.78	8.57	8.76	—	—	—	—	3.5	4.0
EZ10	9.27	9.53	—	8.51	1.814	0.531	9.59	—	8.57	8.71	2.5	—	—	—	3.5	4.0
EZ11	10.54	10.80	—	9.78	1.814	0.531	10.86	11.01	9.84	9.99	—	—	—	—	—	3.56
E12	11.56	11.89	—	10.54	2.540	0.792	11.94	12.09	10.67	10.82	—	—	—	—	3.58	4.37
E14	13.36	13.89	—	12.29	2.822	0.822	13.97	—	12.37	12.56	3.0	—	—	—	4.8	6.2
E17	16.28	16.64	—	15.27	2.822	0.897	16.69	16.87	—	—	2.36	—	—	—	4.0	5.2
E26	26.05	26.41	—	24.72	3.629	1.191	26.48	—	24.8	25.07	3.25	—	—	—	9.14	11.56

续表

规格	d		d_1		P	r	D		D_1		C		C_1		H	
	最小	最大	最小	最大			最小	最大	最小	最大	最小	最大	最小	最大	最小	最大
E26d	26.05	26.41	—	24.72	3.629	1.191	—	—	—	—	0.23	2.67	—	—	4.37	5.16
E26/50×39	26.05	26.41	—	24.72	3.629	1.191	—	—	—	—	3.25	—	—	—	9.14	11.56
E26/51×39	26.05	26.41	—	24.72	3.629	1.191	—	—	—	—	3.25	—	—	—	9.14	11.56
E27	26.05	26.45	—	24.72	3.629	1.025	26.55	—	24.36	24.66	—	—	—	—	4.86	11.5
E27/51×39	26.05	26.45	—	24.26	3.629	1.025	—	—	—	—	3.5	—	—	—	9.5	11.5
E39	39.04	39.56	—	37.02	6.350	2.301	39.66	40.06	37.12	37.52	4.75	—	—	—	13.46	15.11
E40	39.05	39.50	35.45	35.90	6.350	1.85	39.60	40.05	36.0	36.45	4.75	—	—	—	14.0	18.0

2 螺纹零件结构要素

2.1 紧固件分类及术语

紧固件是使两个或两个以上零件（或构件）紧固连接成为一个整体时所采用的一类机械零件的总称。紧固件是作紧固连接用，且应用极为广泛的一类机械零件。在车辆、船舶、铁路、桥梁、建筑以及工具、仪器、仪表和日用品等上面，都可以看到各式各样的紧固件。它的特点是品种规格繁多，性能用途各异，而且标准化、系列化、通用化程度也极高。把已有国家标准的一类紧固件称为标准紧固件（可简称为标准件），其他则称为非标紧固件。

紧固件通常包括螺栓、螺柱、螺钉、螺母、自攻螺钉、木螺钉、垫圈、挡圈、销、铆钉、组件和连接副、焊钉十二类零件。

2.1.1 紧固件分类

表 5-1-53　　紧固件分类

名称	结　构	说　明
螺栓	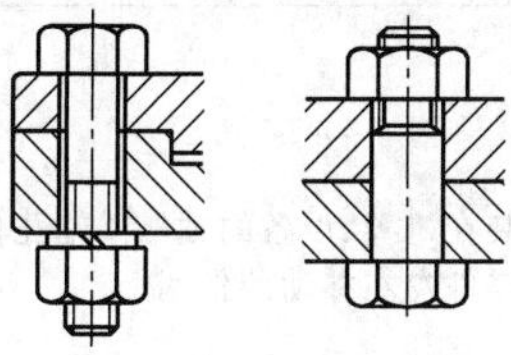	由头部和螺杆(带有外螺纹的圆柱体)两部分组成的一类紧固件,需与螺母(或螺孔)配合,用于紧固连接两个带有通孔的零件(或一个有通孔,另一个带螺孔)。采用这种连接方式的称为螺栓连接。如把螺母从螺栓上旋下,又可以使这两个零件分开,故螺栓连接属于可拆卸连接
螺柱	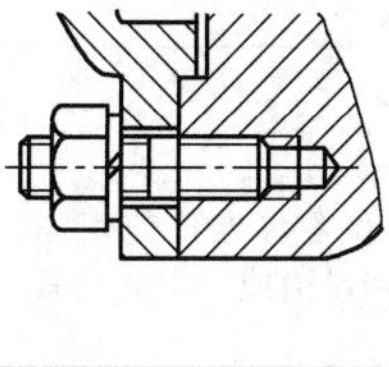	没有头部的,仅有两端均外带螺纹的一类紧固件。连接时,它的一端必须旋入带有螺孔的零件中,另一端穿过带有通孔的零件,然后旋上螺母,即使这两个零件紧固连接成一个整体。这种连接方式称为螺柱连接,也是属于可拆卸连接。主要用于被连接件之一厚度较大、要求结构紧凑,或因拆卸频繁,不宜采用螺栓连接的场合
螺钉	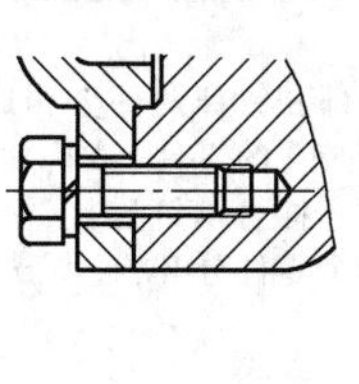	由头部和螺杆两部分构成的一类紧固件,按用途可以分为三类:机器螺钉、紧定螺钉和特殊用途螺钉。机器螺钉主要用于一个带螺孔的零件,与一个带有通孔的零件之间的紧固连接,不需要螺母配合。这种连接方式称为螺钉连接,也属于可拆卸连接。也可以与螺母配合,用于两个带有通孔的零件之间的紧固连接。紧定螺钉主要用于固定两个零件之间的相对位置。特殊用途螺钉如吊环螺钉供吊装零件用

续表

名称	结构	说明
螺母	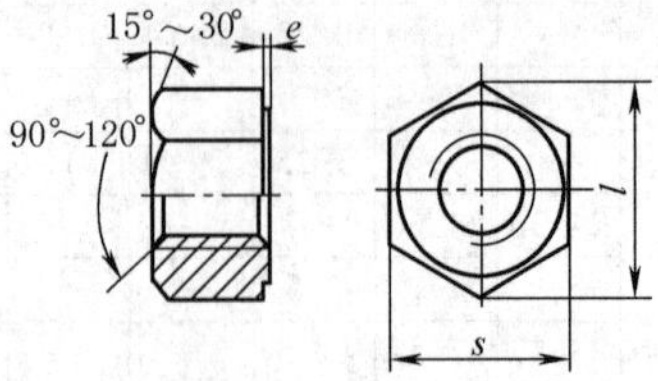 15°～30° e 90°～120° l s	带有螺孔,形状一般呈扁六角柱形,也有呈扁方柱形或扁圆柱形的,配合螺栓、螺柱或机器螺钉,用于紧固连接两个零件,使之成为一个整体
自攻螺钉	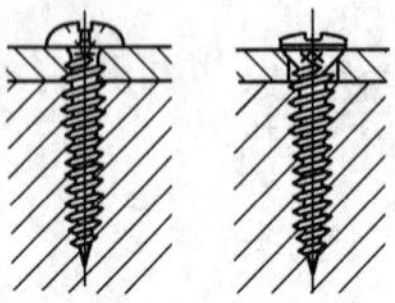	与机器螺钉相似,但螺杆上的螺纹为专用的螺纹。构件上需要事先制出小孔,由于这种螺钉具有较高的硬度,可以直接旋入钢制构件的孔中,形成相应的内螺纹
木螺钉	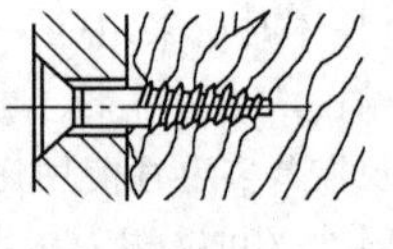	与机器螺钉相似,但螺杆上的螺纹为专用的螺纹,可以直接旋入木质构件中,用于把一个带通孔的金属(或非金属)零件与一个木质构件紧固连接在一起
垫圈	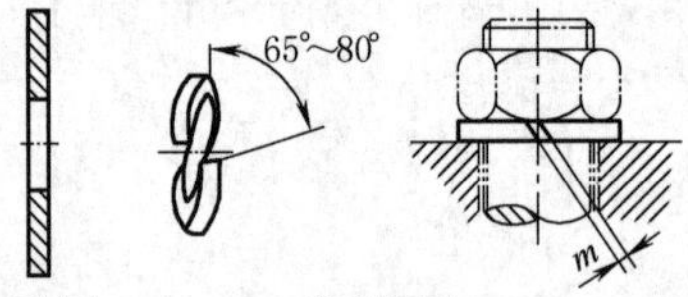 65°～80° m 平垫圈 弹簧垫圈	形状呈扁圆环形的一类紧固件。置于螺栓、螺钉或螺母的支承面与被连接件表面之间,起着增大被连接件接触面积,降低单位面积压力和保护被连接件表面不被损坏的作用,弹性垫圈还具有防止螺母回松的作用
挡圈		装在机器、设备的轴槽或轴孔槽中,起防止轴上或孔内的零件左右移动的作用
销	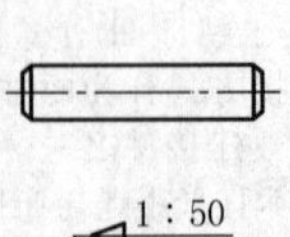 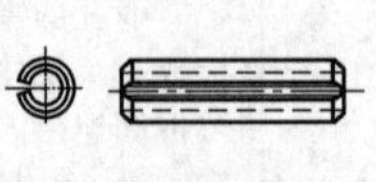 1∶50	主要供零件定位使用,有的也可供零件连接、固定零件、传递动力或锁定其他紧固件之用
铆钉	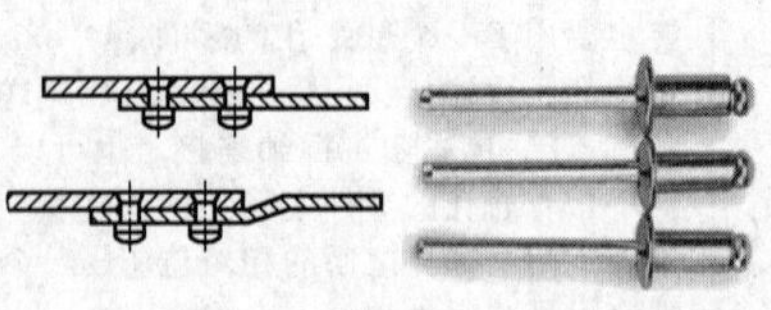	由头部和钉杆两部分构成的一类紧固件,用于紧固连接两个带孔的零件(或构件),使之成为一个整体。这种连接方式称为铆钉连接,简称铆接。因为要使连接在一起的两个零件分开,必须破坏零件上的铆钉,属于不可拆卸连接

续表

名称	结构	说明
组件和连接副		组件(组合件)是组合供应的一类紧固件,如将某种机器螺钉(或螺栓、自攻螺钉)与平垫圈(或弹簧垫圈、锁紧垫圈)组合供应;连接副是将某种专用螺栓、螺母和垫圈组合供应的一类紧固件,如钢结构用高强度大六角头螺栓连接副
焊钉		由钉杆和钉头(或无钉头)构成的异类紧固件,采用焊接方法把其固定连接在一个零件(或构件)上,以便再与其他零件进行连接

2.1.2 紧固件术语和简图

表 5-1-54 与头部形状相关的术语和图形

名称	图形	名称	图形	名称	图形
六角头	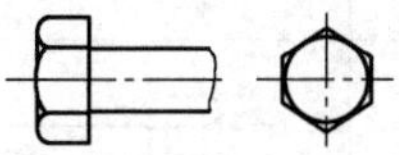	六角头垫圈面	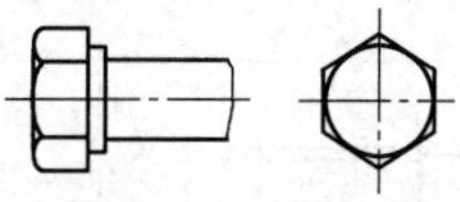	六角头凸缘	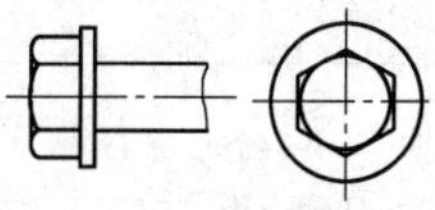
六角头法兰面	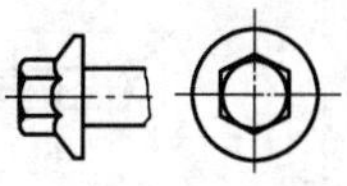	方头	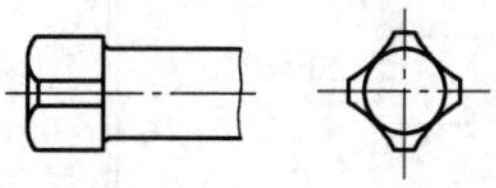	方头凸缘	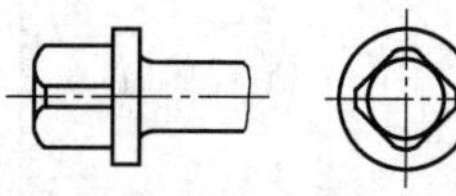
三角头凸缘	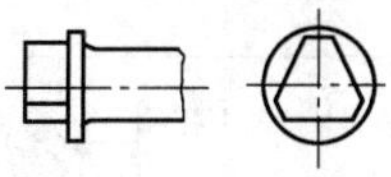	八角头	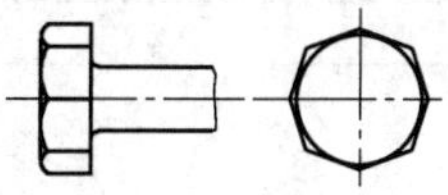	十二角头法兰面	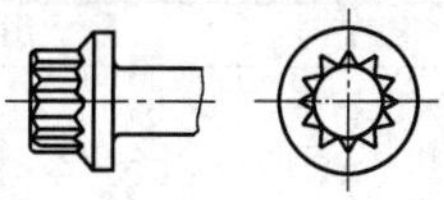
T形头	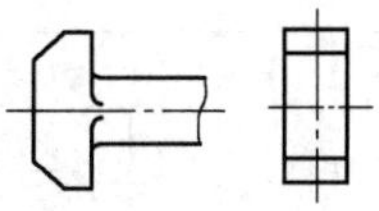	圆头	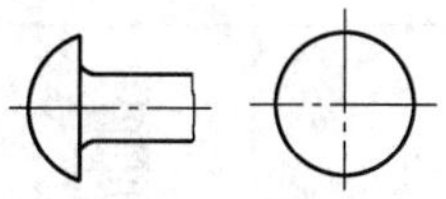	扁圆头	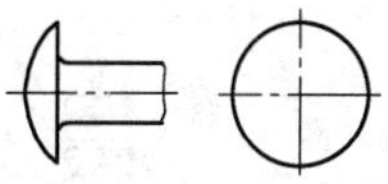
圆柱头	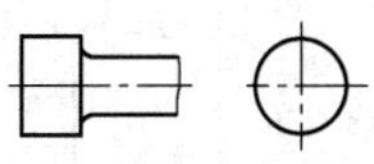	球面圆柱头	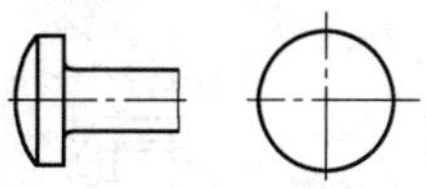	盘头	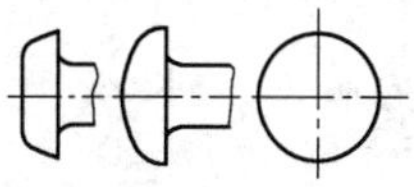
沉头	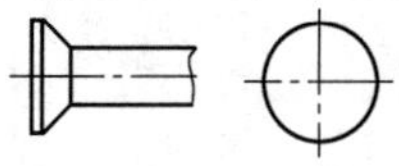	半沉头	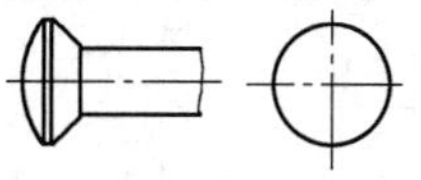	球面扁圆柱头	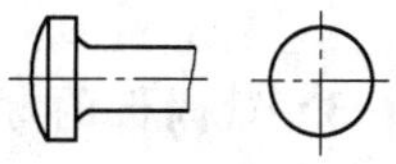

续表

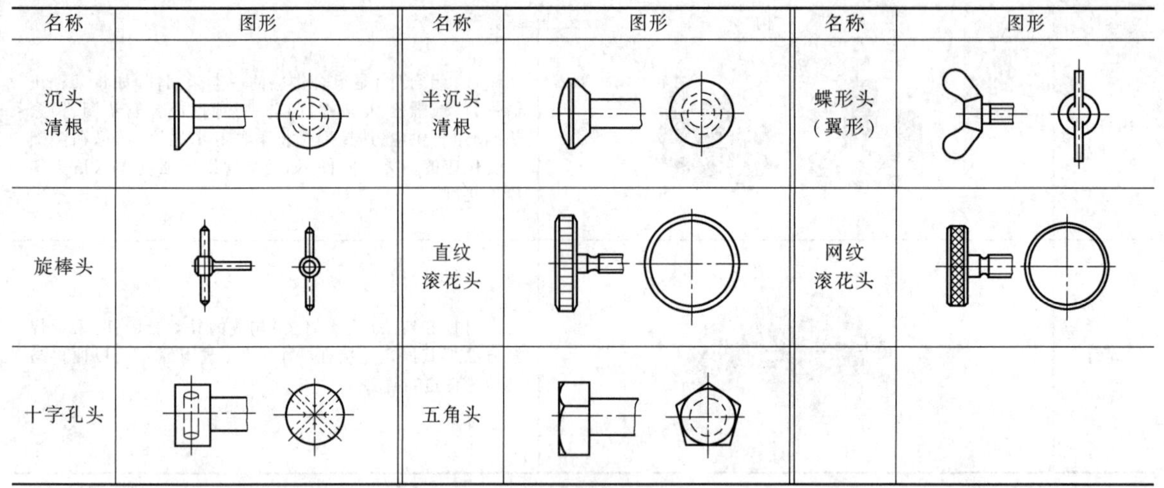

名称	图形	名称	图形	名称	图形
沉头 清根		半沉头 清根		蝶形头 (翼形)	
旋棒头		直纹 滚花头		网纹 滚花头	
十字孔头		五角头			

表 5-1-55　　与杆部型式相关的术语和图形

名称	图形	名称	图形
标准杆 杆径=螺纹公称直径		腰状杆 杆径<螺纹小径	
细杆 杆径≈螺纹中径		加强杆 杆径>螺纹公称直径	
轴肩		方颈	

表 5-1-56　　与头部开槽相关的术语和图形

名称	图形	名称	图形	名称	图形
内六角		内三角		内四角	
内六角 花键		内十二角		开槽	
H 型 十字槽 (菲利普)		Z 型 十字槽		内六角 花形	

2.1.3　紧固件的标记方法

① GB/T 1237—2000 规定了紧固件的完整标记内容及顺序：

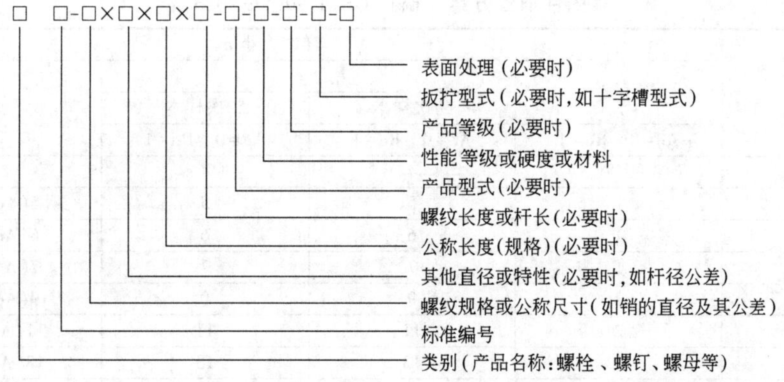

标记示例

螺纹规格 d=M12、公称长度 l=80mm、性能等级为 10.9 级、表面氧化、产品等级为 A 级的六角头螺栓，标记为：

螺栓 GB/T 5783—2016-M12×80-10.9-A-O

② 紧固件名称、标准编号、型式与尺寸的标记方法按相应紧固件产品国家标准的规定执行。

③ 紧固件性能等级或材料、热处理（硬度）、产品等级、扳拧型式的标记方法按有关紧固件基础标准的规定。

④ 紧固件表面处理的标记方法，按 GB/T 13911 的规定。

⑤ 标记的简化原则：类别（名称）、标准年号及其前面的“—”，允许全部或部分省略，省略年号的标准应以现行标准为准；标记中的“-”，允许全部或部分省略，标记中的“其他直径或特性”前面的“×”，允许省略，省略后不应造成对标记的误解，一般以空格代替为宜；当产品标准中规定一种产品型式、性能等级或硬度或材料、产品等级、扳拧型式及表面处理时，允许全部或部分省略；当产品标准中规定两种及以上的产品型式、性能等级或硬度或材料、产品等级、扳拧型式及表面处理时，应规定可以省略其中一种，并在产品标准的标记示例下给出省略后的简化标记。

⑥ 在后面各标准件中的标记示例，其标记方法均属省略后的简化标记，它代表了标准件的全部特征。

2.1.4 紧固件验收检查、标志与包装

(1) 有关术语

下面这些术语摘自 GB/T 90.1、GB/T 90.2 和 GB/T 90.3，GB/T 90 系列是“紧固件质量管理体系”的三个国家标准。

① 生产批：同一标记（包括产品等级、性能等级和规格）的，用同一炉的棒材、线材、丝材或板材制造的，在整个连续周期内采用相同或类似工艺并经过相同的热处理和（或）镀覆工艺（如果需要）的紧固件的数量。

② 生产批号：由制造者给出唯一编号，通过该编号可完全追溯该产品的所有生产过程，以及原材料的炉号。

③ 检查批（简称“批”）：同一时间从同一供方接收的相同标记、具有同一生产批号、一定数量的紧固件。

④ 不合格紧固件：存在一项或几项不合格的紧固件。

⑤ 极限质量（LQ）：检查批中对应于 LQ 指数中规定的接收概率的不合格紧固件百分比。

⑥ 接收质量限（AQL），检查批中对应于 AQL 指数中规定的接收概率的不合格紧固件的可接收百分比。

(2) 紧固件验收检查程序（GB/T 90.1—2023）

紧固件检查是指需方没有事先协议的情况下使用的检查程序，该检查程序适用于螺栓、螺钉、螺柱、螺母、销、垫圈、铆钉和其他相关紧固件的验收检查。

紧固件检查的一般要求是：仅限于供方交付状态的紧固件，即未改变紧固件交付状态。如果需方改变了紧固件的交付状态或对其进行再加工处理，需方应承担由此类处理所引起的特性一致性变化的责任。

样本大小应基于表 5-1-57 紧固件抽查方案规定的检查批次数量（批量）。如果样本大小大于检查批次数量，则非破坏性试验要求进行 100% 检查。应分别确定每个选定特性的样本大小 n、合格判定数 Ac 和不合格判定数 Re。紧固件的检查类别见表 5-1-58。

表 5-1-57　　紧固件抽查方案（摘自 GB/T 90.1—2023）

批量 N	样本大小 n			
	第 1 类①	第 2 类②		第 3 类③
		初次样本	二次样本	
	Ac=0　Re=1	Ac=0　Re=1	Ac=0　Re=1	
2~50	1	4	4	不适用
51~90	1	5	5	5(Ac=1　Re=2)
91~150	1	6	6	6(Ac=1　Re=2)
151~280	1	7	7	7(Ac=1　Re=2)
281~500	2	9	9	9(Ac=1　Re=2)
501~1200	2	11	11	11(Ac=1　Re=2)
1201~3200	2	13	13	13(Ac=1　Re=2)
3201~35000	3	15	15	15(Ac=2　Re=3)
35001~500000	5	20	20	20(Ac=2　Re=3)
>500000	8	20	20	20(Ac=2　Re=3)

① 第 1 类——合格判定数 Ac=0 的特性。第 1 类特性包括所有的力学性能和功能特性。这些特性通常通过破坏性试验进行检验。如果在样本中发现不合格品，则拒收该批产品，应按 GB/T 90.1 中 6.2 和/或 6.3 对该批产品进行处理。

② 第 2 类——合格判定数 Ac=0 的特性。在有不合格品的情况下，可以进行二次抽样。第 2 类特性是可能影响到紧固件装配或功能的主要尺寸特性。如果在初次样本中发现一项不合格，应对该特性进行同样样本大小的二次检查；如果在二次样本中未发现该特性不合格，则接收该批次产品。如果拒收该批产品，应按 GB/T 90.1 中 6.2 和/或 6.3 对该批产品进行处理。

③ 第 3 类——合格判定数 Ac 为一个或多个的特性。第 3 类特性是次要的尺寸特性或某些功能特性，在一定程度上不合格品是可以接收的。如果样本中发现的不合格品数超过规定的合格判定数，则拒收该批产品，应按 GB/T 90.1 中 6.2 和/或 6.3 对该批产品进行处理。

表 5-1-58　　紧固件检查类别（摘自 GB/T 90.1—2023）

特性		外螺纹零件	内螺纹零件	垫圈	销	铆钉
力学和物理性能	硬度	1	1	1	1	1
	抗拉强度	1	—	—	—	—
	保证载荷	—	1	—	—	—
	破坏扭矩	1				
	剪切强度	—	—	—	1	1
	其他(包括材料和表面缺陷)	1	1	1	1	1
尺寸特性	扳拧、凹槽和开槽	2	2	—	—	—
	高度	2	2	2	2	2
	杆部直径	2	—	—	2	2
	长度、螺纹长度	2	—	—	2	2
	螺纹直径 d(外螺纹零件的大径)、D(内螺纹零件的小径)	2	2	—	—	—
	内径	—	—	2	—	—
	外径	—	—	2	—	—
	厚度	—	—	2	—	—
	螺纹通/止	3	3	—	—	—
	其他	3	3	3	3	3
功能特性	有效扭矩	3	3	—	—	—
	扭矩-夹紧力关系	3	3	—	—	—
	其他(破坏性试验)	1	1	1	1	1
	其他(非破坏性试验)	3	3	3	3	3

（3）紧固件的标志和包装（GB/T 90.2—2002）

① 紧固件产品的标志应符合紧固件国家标准、行业标准的规定，其中“紧固件制造者标志”有别于商标，属于标准化与产品质量范畴，应经全国标准化机构统一协调、确认并公告。

② 紧固件产品应清除污垢及金属屑。无金属镀层的产品应涂防锈剂，以防在运输和储存过程中受腐蚀。在正常的运输和保管条件下，应保证自产品出厂之日起半年内不生锈。

③ 紧固件产品的运输包装是以运输和储存为目的的包装，必须具有保障货物安全、便于装卸储运、加速交接点验等功能。

④ 产品运输包装应符合科学、牢固、经济、美观的要求。

⑤ 产品运输包装材料、辅助材料和容器，均应符合有关国家标准的规定，无标准的材料和容器必须经过试验验证，其性能应满足流通环境条件的要求。

⑥ 产品包装箱、盒、袋等外表面应有标志。标志应正确、清晰、齐全、牢固。内货与标志一致。标志一般应印刷或标打，也允许拴挂或粘贴，标志不得有褪色、脱落。

⑦ 标志的内容有：

- 紧固件制造者（或经销商）名称；
- 紧固件产品名称（全称或简称）；
- 紧固件产品规定的标记；
- 紧固件产品数量或净重；
- 制造或出厂日期；
- 产品质量标记；
- 其他（有关标准或运输部门规定的，或制造、销售和使用者要求的标志）。

2.2 紧固件的末端

表 5-1-59 **外螺纹零件的末端**（摘自 GB/T 2—2016） mm

螺纹末端型式	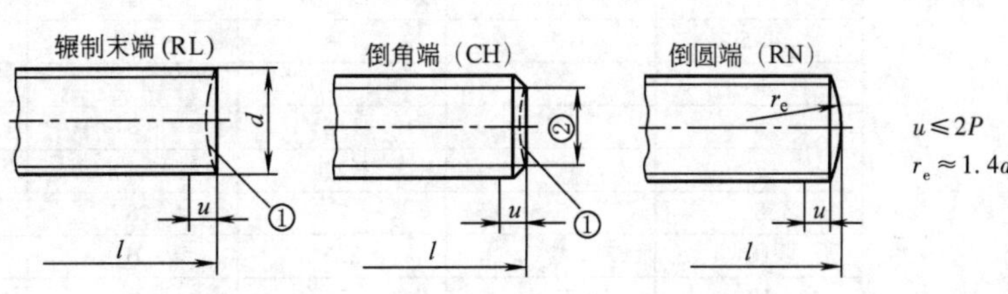 $u\leqslant 2P$ $r_e\approx 1.4d$
	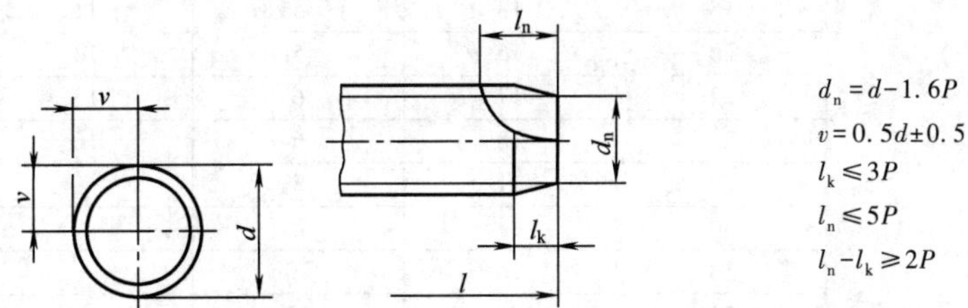 $d_n=d-1.6P$ $v=0.5d\pm 0.5$ $l_k\leqslant 3P$ $l_n\leqslant 5P$ $l_n-l_k\geqslant 2P$
	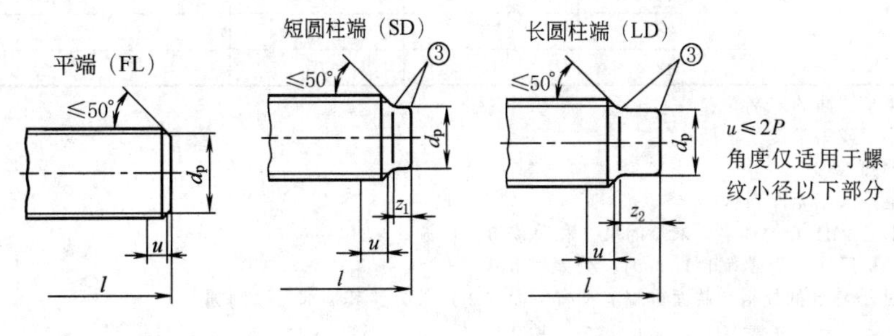 $u\leqslant 2P$ 角度仅适用于螺纹小径以下部分

续表

螺纹末端型式	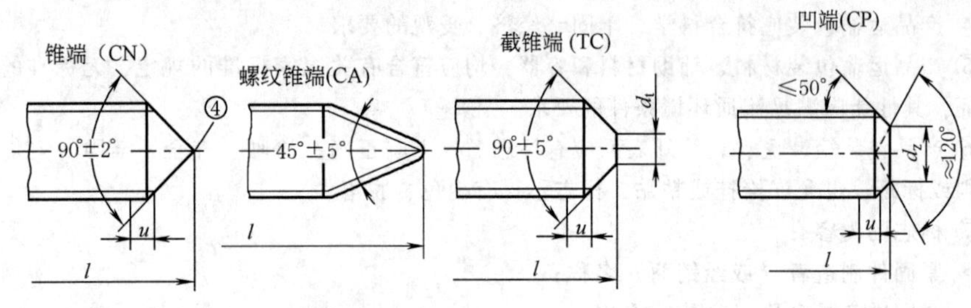 $u \leqslant 2P$ CN 和 TC 的角度:对短螺钉为 120°±2°,或按产品标准规定;CP 的角度:仅适用于螺纹小径以下部分					
尺寸	螺纹直径 d[5]	d_p (h14[6])	d_t[7] (h16)	d_z (h14)	z_1 +IT14[8] 0	z_2 +IT14[8] 0
	1.6	0.8	—	0.8	0.4	0.8
	1.8	0.9	—	0.9	0.45	0.9
	2	1	—	1	0.5	1
	2.2	1.2	—	1.1	0.55	1.1
	2.5	1.5	—	1.2	0.63	1.25
	3	2	—	1.4	0.75	1.5
	3.5	2.2	—	1.7	0.88	1.75
	4	2.5	—	2	1	2
	4.5	3	—	2.2	1.12	2.25
	5	3.5	—	2.5	1.25	2.5
	6	4	1.5	3	1.5	3
	7	5	2	4	1.75	3.5
	8	5.5	2	5	2	4
	10	7	2.5	6	2.5	5
	12	8.5	3	8	3	6
	14	10	4	8.5	3.5	7
	16	12	4	10	4	8
	18	13	5	11	4.5	9
	20	15	5	14	5	10
	22	17	6	15	5.5	11
	24	18	6	16	6	12
	27	21	8	—	6.7	13.5
	30	23	8	—	7.5	15
	33	26	10	—	8.2	16.5
	36	28	10	—	9	18
	39	30	12	—	9.7	19.5
	42	32	12	—	10.5	21
	45	35	14	—	11.2	22.5
	48	38	14	—	12	24
	52	42	16	—	13	26

① 可带凹面的末端。

② 小于或等于螺纹小径。

③ 倒圆。

④ 触摸末端无锋利感。

⑤ 对 $d \leqslant$ M1.6 的规格，末端的尺寸和公差应经协议。

⑥ 公称尺寸小于或等于 1mm 时，公差按 h13。

⑦ 对 $d \leqslant$ M5 的规格，截面锥端上没有平面（d_t）部分，其端部可以倒圆。

⑧ 公称尺寸小于或等于 1mm 时，公差按 $^{+IT13}_{0}$。

2.3 紧固件六角产品的对边宽度（摘自 GB/T 3104—1982）

GB/T 3104—1982 规定了六角形紧固件的对边尺寸，适用于标准的和非标准的紧固件，注意标准中 M10 的带法兰面六角螺母的对边尺寸 s 具有特殊性，其他产品 $s=16$mm，M10 的带法兰面六角螺母 $s=15$mm。

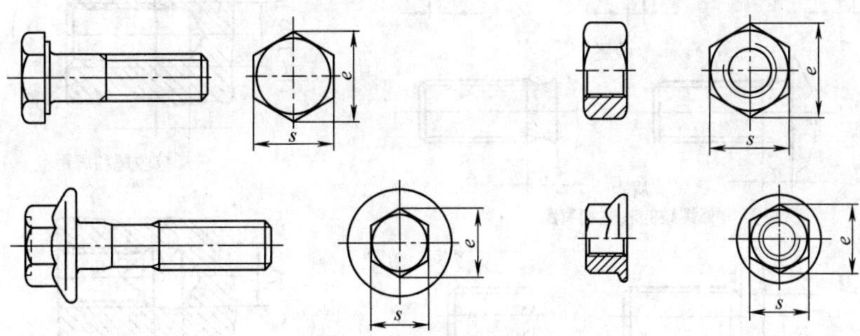

表 5-1-60　　紧固件六角头对边尺寸　　mm

螺纹直径	对边尺寸 s				螺纹直径	对边尺寸 s
	标准系列	加大系列	带法兰面的产品			标准系列
			螺栓	螺母		
1.6	3.2				42	65
2	4				45	70
2.5	5				48	75
3	5.5				52	80
4	7				56	85
5	8		7	8	60	90
6	10		8	10	64	95
7	11				68	100
8	13		10	13	72	105
10	16		13	15	76	110
12	18	21	15	18	80	115
14	21	24	18	21	85	120
16	24	27	21	24	90	130
18	27	30			95	135
20	30	34	27	30	100	145
22	34	36			105	150
24	36	41			110	155
27	41	46			115	165
30	46	50			120	170
33	50	55			125	180
36	55	60			130	185
39	60	65			140	200
					150	210

2.4 普通螺纹收尾、肩距、退刀槽、倒角（摘自 GB/T 3—1997）

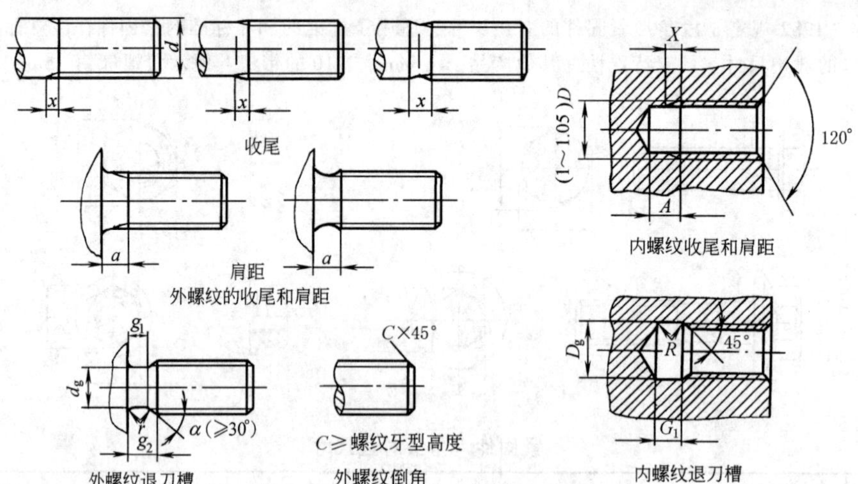

收尾

肩距

外螺纹的收尾和肩距

内螺纹收尾和肩距

外螺纹退刀槽

外螺纹倒角

内螺纹退刀槽

表 5-1-61　　外螺纹的收尾、肩距和退刀槽　　mm

螺距 P	收尾 x（最大）		肩距 a（最大）			退刀槽			
	一般	短	一般	长	短	g_1（最小）	g_2（最大）	d_g	r ≈
0.2	0.5	0.25	0.6	0.8	0.4	—	—	—	—
0.25	0.6	0.3	0.75	1	0.5	0.4	0.75	d-0.4	0.12
0.3	0.75	0.4	0.9	1.2	0.6	0.5	0.9	d-0.5	0.16
0.35	0.9	0.45	1.05	1.4	0.7	0.6	1.05	d-0.6	0.16
0.4	1	0.5	1.2	1.6	0.8	0.6	1.2	d-0.7	0.2
0.45	1.1	0.6	1.35	1.8	0.9	0.7	1.35	d-0.7	0.2
0.5	1.25	0.7	1.5	2	1	0.8	1.5	d-0.8	0.2
0.6	1.5	0.75	1.8	2.4	1.2	0.9	1.8	d-1	0.4
0.7	1.75	0.9	2.1	2.8	1.4	1.1	2.1	d-1.1	0.4
0.75	1.9	1	2.25	3	1.5	1.2	2.25	d-1.2	0.4
0.8	2	1	2.4	3.2	1.6	1.3	2.4	d-1.3	0.4
1	2.5	1.25	3	4	2	1.6	3	d-1.6	0.6
1.25	3.2	1.6	4	5	2.5	2	3.75	d-2	0.6
1.5	3.8	1.9	4.5	6	3	2.5	4.5	d-2.3	0.8
1.75	4.3	2.2	5.3	7	3.5	3	5.25	d-2.6	1
2	5	2.5	6	8	4	3.4	6	d-3	1
2.5	6.3	3.2	7.5	10	5	4.4	7.5	d-3.6	1.2
3	7.5	3.8	9	12	6	5.2	9	d-4.4	1.6
3.5	9	4.5	10.5	14	7	6.2	10.5	d-5	1.6
4	10	5	12	16	8	7	12	d-5.7	2
4.5	11	5.5	13.5	18	9	8	13.5	d-6.4	2.5
5	12.5	6.3	15	20	10	9	15	d-7	2.5
5.5	14	7	16.5	22	11	11	17.5	d-7.7	3.2
6	15	7.5	18	24	12	11	18	d-8.3	3.2
参考值	≈2.5P	≈1.25P	≈3P	=4P	=2P	—	≈3P	—	—

注：1. 应优先选用“一般”长度的收尾和肩距；“短”收尾和“短”肩距仅用于结构受限制的螺纹件上；产品等级为 B 级或 C 级的螺纹紧固件可采用“长”肩距。

2. d 为螺纹公称直径。

3. d_g 公差为 h13（d>3mm）和 h12（d≤3mm）。

表 5-1-62　　内螺纹的收尾、肩距和退刀槽　　mm

螺距 P	收尾 X（最大）		肩距 A		退刀槽			
					G_1		D_g	R ≈
	一般	短	一般	长	一般	短		
0.25	1	0.5	1.5	2	—	—	D+0.3	—
0.3	1.2	0.6	1.8	2.4				
0.35	1.4	0.7	2.2	2.8				
0.4	1.6	0.8	2.5	3.2				
0.45	1.8	0.9	2.8	3.6				
0.5	2	1	3	4	2	1		0.2
0.6	2.4	1.2	3.2	4.8	2.4	1.2		0.3
0.7	2.8	1.4	3.5	5.6	2.8	1.4		0.4
0.75	3	1.5	3.8	6	3	1.5		0.4
0.8	3.2	1.6	4	6.4	3.2	1.6		0.4
1	4	2	5	8	4	2	D+0.5	0.5
1.25	5	2.5	6	10	5	2.5		0.6
1.5	6	3	7	12	6	3		0.8
1.75	7	3.5	9	14	7	3.5		0.9
2	8	4	10	16	8	4		1
2.5	10	5	12	18	10	5		1.2
3	12	6	14	22	12	6		1.5
3.5	14	7	16	24	14	7		1.8
4	16	8	18	26	16	8		2
4.5	18	9	21	29	18	9		2.2
5	20	10	23	32	20	10		2.5
5.5	22	11	25	35	22	11		2.8
6	24	12	28	38	24	12		3
参考值	$=4P$	$=2P$	$\approx(5\sim6)P$	$\approx(6.5\sim8)P$	$=4P$	$=2P$	—	$\approx0.5P$

注：1. 应优先选用“一般”长度的收尾和肩距；容屑需要较大空间时可选用“长”肩距，结构受限制时可选用“短”收尾。

2. “短”退刀槽仅在结构受限制时采用。

3. D_g 公差为 H13。

4. D 为螺纹公称直径。

2.5 圆柱管螺纹收尾、退刀槽、倒角

表 5-1-63 mm

外螺纹		内螺纹		倒角
收尾	退刀槽	收尾	退刀槽	
l；α	$b=2$；$b>3$；d_2；R；r；45°	l_1	$b_1=2$；$b_1>3$；d_3；R_1；r_1；45°	C；45°；120°；最大1.05d

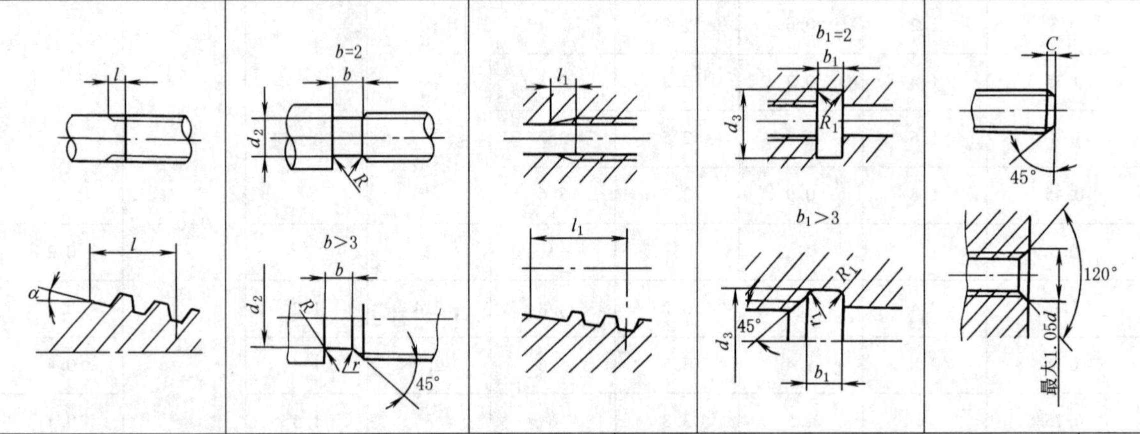

尺寸代号	每英寸牙数 n	外螺纹					内螺纹					C
		$l\leqslant$ ($\alpha=25°$时)	b	d_2	R	r	$l_1\leqslant$	b_1	d_3	R_1	r_1	
1/8	28	1.5	2	8	0.5	—	2	2	10	0.5	—	0.6
1/4	19	2	3	11	1	0.5	3	3	13.5	1	0.5	1
3/8				14					17			
1/2	14	2.5	4	18			4	4	21.5			1.5
5/8				20					23.5			
3/4				23.5					27			
1				29.5	1.5	0.5	5	6	34	1.5	1	
1¼	11	3.5	5	38					42.5			
1½				44					48.5			
1¾				50					54.5			
2				56					60.5			
2¼				62			6	8	66.5	2		
2½				71					76			
2¾				78					82.5			
3				84			8	10	88.5	3		
3½				96					101			
4				109					114			
5				134.5					139.5			
6				160					165			

注：1. 外螺纹的螺尾角 $\alpha=25°$ 的螺尾数值系列为基本的。内螺纹的螺尾角不予规定，依螺尾长度 l_1 与螺纹牙型高度来确定。

2. 对辗制和铣制的螺尾角不予规定，而螺尾长度 l 不超过表中对 $\alpha=25°$ 时所规定的数值。

3. 螺纹倒角的宽度是指在切制螺纹前的数值。

4. 在必要的情况下，退刀槽宽度 b（或 b_1）可以采用本表规定以外的数值，但不得小于 1.2 倍螺距和不大于 3 倍螺距。

5. 在结构有特殊要求时，允许不按本表规定的退刀槽直径 d_2 与 d_3。

2.6 螺塞与连接螺孔尺寸

表 5-1-64　　mm

螺纹规格 d		l	L	螺纹规格 d		l	L
普通螺纹	管螺纹			普通螺纹	管螺纹		
M10×1	G1/8	10	16	M33×1.5	G1	20	30
M12×1.25	G1/4	12	18	M36×1.5	G1⅛	20	30
M14×1.5	G1/4	12	18	M39×1.5	G1⅛	20	30
M16×1.5	G3/8	12	18	M42×1.5	G1¼	25	35
M18×1.5	G3/8	12	18	M45×1.5	(G1⅜)	25	35
M20×1.5	G1/2	15	23	M48×1.5	G1½	25	35
M22×1.5	G5/8	15	23	M52×2	G1¾	30	40
M24×1.5	G5/8	15	23	M56×2	G1¾	30	40
M27×1.5	G3/4	18	26	M60×2	G2	30	40
M30×1.5	(G7/8)	18	26	M64×2	(G2¼)	30	40

2.7 地脚螺栓孔和凸缘

表 5-1-65　　mm

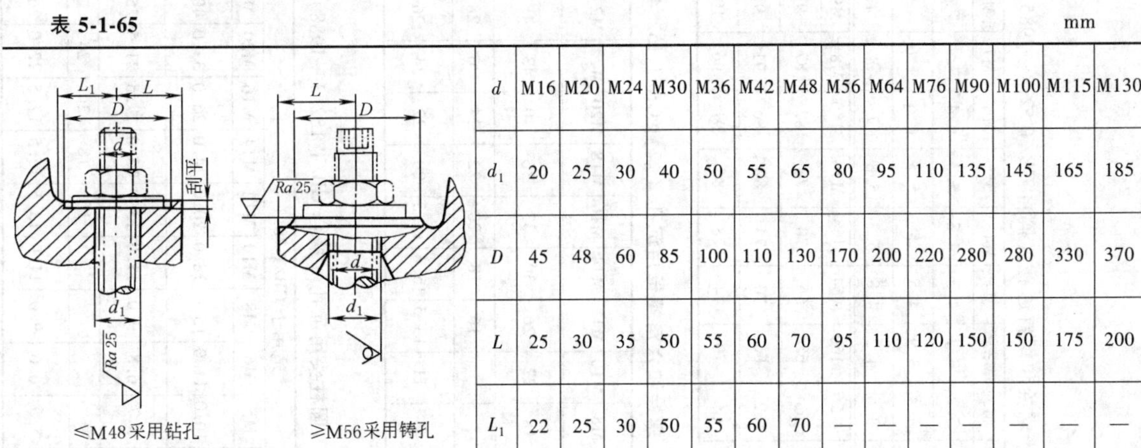

d	M16	M20	M24	M30	M36	M42	M48	M56	M64	M76	M90	M100	M115	M130
d_1	20	25	30	40	50	55	65	80	95	110	135	145	165	185
D	45	48	60	85	100	110	130	170	200	220	280	280	330	370
L	25	30	35	50	55	60	70	95	110	120	150	150	175	200
L_1	22	25	30	50	55	60	70	—	—	—	—	—	—	—

注：根据结构和工艺要求，必要时尺寸 L 及 L_1 可以变动。

2.8 螺孔沿圆周的配置

表 5-1-66　　mm

D	D_1	d	n	P_{max}/kN	D	D_1	d	n	P_{max}/kN	D	D_1	d	n	P_{max}/kN
420					560					800				
430	480	M20	8	93	580	640	M24	10	167	810	880	M30	12	319
440					590					820				
485					600					915				
500	570	M20	8	93	620	700	M30	12	319	930	1020	M36	12	471
530					640					945				
535					650	740	M30	12	319	1030	1140	M36	12	471
540	600	M24	10	167	680					1070				
545					730	800	M30	12	319	1130	1200	M36	12	471
550					740									

注：螺栓上允许最大载荷（P_{max}）是以螺栓承受拉应力 54MPa 计算得出的。

2.9 通孔与沉孔的尺寸

表 5-1-67 螺栓和螺钉通孔（摘自 GB/T 5277—1985） mm

螺纹规格 d		M1	M1.2	M1.4	M1.6	M1.8	M2	M2.5	M3	M3.5	M4	M4.5	M5	M6	M7	M8	M10	M12	M14	M16	M18	M20	M22	M24	M27	M30
螺孔直径（GB/T 5277—1985）	精装配	1.1	1.3	1.5	1.7	2	2.2	2.7	3.2	3.7	4.3	4.8	5.3	6.4	7.4	8.4	10.5	13	15	17	19	21	23	25	28	31
	中等装配	1.2	1.4	1.6	1.8	2.1	2.4	2.9	3.4	3.9	4.5	5	5.5	6.6	7.6	9	11	13.5	15.5	17.5	20	22	24	26	30	33
	粗装配	1.3	1.5	1.8	2	2.2	2.6	3.1	3.6	4.2	4.8	5.3	5.8	7	8	10	12	14.5	16.5	18.5	21	24	26	28	32	35
螺纹规格 d		M33	M36	M39	M42	M45	M48	M52	M56	M60	M64	M68	M76	M80	M85	M90	M95	M100	M105	M110	M115	M120	M125	M130	M140	M150
螺孔直径（GB/T 5277—1985）	精装配	34	37	40	43	46	50	54	58	62	66	70	78	82	87	93	98	104	109	114	119	124	129	134	144	155
	中等装配	36	39	42	45	48	52	56	62	66	70	74	82	86	91	96	101	107	112	117	122	127	132	137	147	158
	粗装配	38	42	45	48	52	56	62	66	70	74	78	86	91	96	101	107	112	117	122	127	132	137	144	155	165

表 5-1-68 六角头螺栓和六角螺母用沉孔（摘自 GB/T 152.4—1988） mm

螺纹规格 d	M1.6	M2	M2.5	M3	M4	M5	M6	M8	M10	M12	M14	M16	M18	M20	M22	M24	M27	M30	M33	M36	M39	M42	M45	M48	M52	M56	M60	M64
d_2（H15）	5	6	8	9	10	11	13	18	22	26	30	33	36	40	43	48	53	61	66	71	76	82	89	98	107	112	118	125
d_3										16	18	20	22	24	26	28	33	36	39	42	45	48	51	56	60	68	72	76
d_1（H13）	1.8	2.4	2.9	3.4	4.5	5.5	6.6	9	11	13.5	15.5	17.5	20	22	24	26	30	33	36	39	42	45	48	52	56	62	66	70

注：尺寸 t 只要保证能制出与通孔轴线垂直的圆平面即可。

表 5-1-69 圆柱头用沉孔（摘自 GB/T 152.3—1988） mm

螺纹规格 d	适用于 GB/T 70.1																适用于 GB/T 2671.1、GB/T 2671.2、GB/T 65								
	M1.6	M2	M2.5	M3	M4	M5	M6	M8	M10	M12	M14	M16	M20	M24	M30	M36	M4	M5	M6	M8	M10	M12	M14	M16	M20
d_2（H13）	3.3	4.3	5.0	6.0	8.0	10.0	11.0	15.0	18.0	20.0	24.0	26.0	33.0	40.0	48.0	57.0	8	10	11	15	18	20	24	26	33
t（H13）	1.8	2.3	2.9	3.4	4.6	5.7	6.8	9.0	11.0	13.0	15.0	17.5	21.5	25.5	32.0	38.0	3.2	4.0	4.7	6.0	7.0	8.0	9.0	10.5	12.5
d_3										16	18	20	24	28	36	42						16	18	20	24
d_1（H13）	1.8	2.4	2.9	3.4	4.5	5.5	6.6	9.0	11.0	13.5	15.5	17.5	22.0	26.0	33.0	39.0	4.5	5.5	6.6	9.0	11.0	13.5	15.5	17.5	22.0

表 5-1-70 沉头螺钉用沉孔（摘自 GB/T 152.2—2014） mm

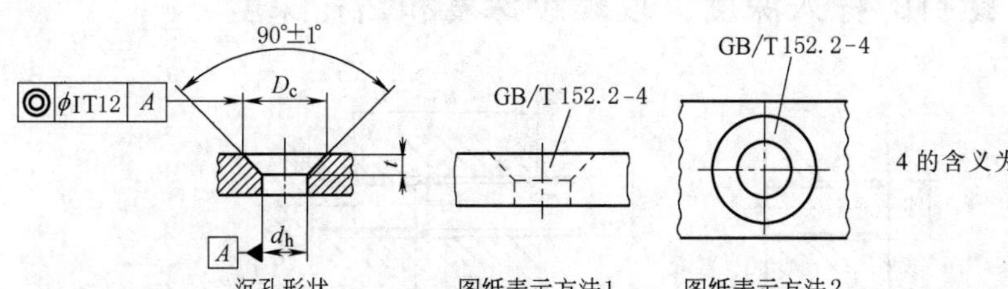

沉孔形状　图纸表示方法1　图纸表示方法2

螺纹规格 d		M1.6	M2	M2.5	M3	M3.5	M4	M5	M5.5	M6	M8	M10
		—	ST2.2	—	ST2.9	ST3.5	ST4.2	ST4.8	ST5.5	ST6.3	ST8	ST9.5
D_c(H13)	最小(公称)	3.6	4.4	5.5	6.3	8.2	9.4	10.4	11.5	12.6	17.3	20.0
	最大	3.7	4.5	5.6	6.5	8.4	9.6	10.65	11.75	12.85	17.55	20.3
d_h(H13)	最小(公称)	1.8	2.4	2.9	3.4	3.9	4.5	5.5	6.0	6.6	9	11
	最大	1.94	2.54	3.04	3.58	4.08	4.68	5.68	6.18	6.82	9.22	11.27
t≈		0.95	1.05	1.35	1.55	2.25	2.55	2.58	2.88	3.13	4.28	4.65

2.10 普通螺纹的内、外螺纹余留长度、钻孔余留深度、螺栓突出螺母的末端长度（摘自 JB/ZQ 4247—2006）

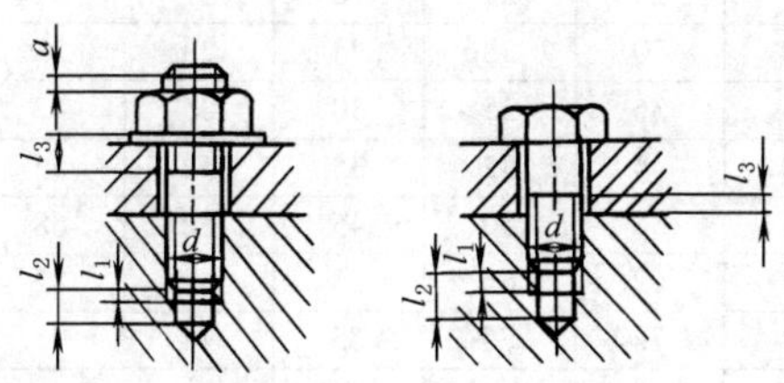

表 5-1-71 mm

螺距 P	螺纹直径 d 粗牙	螺纹直径 d 细牙	余留长(深)度 内螺纹 l_1	余留长(深)度 钻孔 l_2	余留长(深)度 外螺纹 l_3	末端长度 a
0.5	3	5	1	4	2	1~2
0.7	4		1.5	5	2.5	2~3
0.75		6		6		
0.8	5					
1	6	8,10,14,16,18	2	7	3.5	2.5~4
1.25	8	12	2.5	9	4	
1.5	10	14,16,18,20,22,24,27,30,33	3	10	4.5	3.5~5
1.75	12		3.5	13	5.5	
2	14,16	24,27,30,33,36,39,45,48,52	4	14	6	4.5~6.5
2.5	18,20,22		5	17	7	
3	24,27	36,39,42,45,48,56,60,64,72,76	6	20	8	5.5~8
3.5	30		7	23	9	
4	36	56,60,64,68,72,76	8	26	10	7~11
4.5	42		9	30	11	
5	48		10	33	13	10~15
5.5	56		11	36	16	
6	64,72,76		12	40	18	

2.11 粗牙螺栓、螺钉的拧入深度、攻螺纹深度和钻孔深度

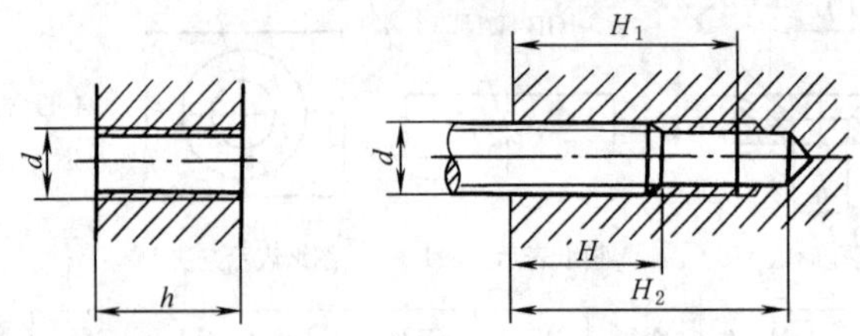

表 5-1-72 mm

螺纹直径 d	钢和青铜				铸铁				铝			
	通孔	盲孔			通孔	盲孔			通孔	盲孔		
	拧入深度 h	拧入深度 H	攻螺纹深度 H_1	钻孔深度 H_2	拧入深度 h	拧入深度 H	攻螺纹深度 H_1	钻孔深度 H_2	拧入深度 h	拧入深度 H	攻螺纹深度 H_1	钻孔深度 H_2
3	4	3	4	7	6	5	6	9	8	6	7	10
4	5.5	4	5.5	9	8	6	7.5	11	10	8	10	14
5	7	5	7	11	10	8	10	14	12	10	12	16
6	8	6	8	13	12	10	12	17	15	12	15	20
8	10	8	10	16	15	12	14	20	20	16	18	24
10	12	10	13	20	18	15	18	25	24	20	23	30
12	15	12	15	24	22	18	21	30	28	24	27	36
16	20	16	20	30	28	24	28	33	36	32	36	46
20	25	20	24	36	35	30	35	47	45	40	45	57
24	30	24	30	44	42	35	42	55	55	48	54	68
30	36	30	36	52	50	45	52	68	70	60	67	84
36	45	36	44	62	65	55	64	82	80	72	80	98
42	50	42	50	72	75	65	74	95	95	85	94	115
48	60	48	58	82	85	75	85	108	105	95	105	128

2.12 扳手空间（摘自 JB/ZQ 4005—2006）

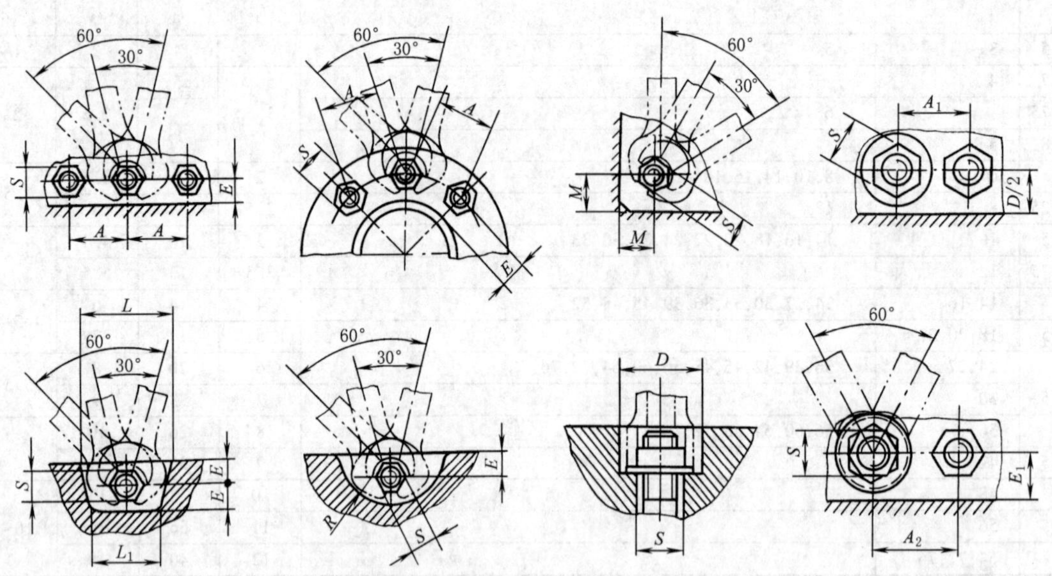

表 5-1-73

mm

螺纹直径 d	S	A	A_1	A_2	E	E_1	M	L	L_1	R	D
3	5.5	18	12	12	5	7	11	30	24	15	14
4	7	20	16	14	6	7	12	34	28	16	16
5	8	22	16	15	7	10	13	36	30	18	20
6	10	26	18	18	8	12	15	46	38	20	24
8	13	32	24	22	11	14	18	55	44	25	28
10	16	38	28	26	13	16	22	62	50	30	30
12	18	42	—	30	14	18	24	70	55	32	—
14	21	48	36	34	15	20	26	80	65	36	40
16	24	55	38	38	16	24	30	85	70	42	45
18	27	62	45	42	19	25	32	95	75	46	52
20	30	68	48	46	20	28	35	105	85	50	56
22	34	76	55	52	24	32	40	120	95	58	60
24	36	80	58	55	24	34	42	125	100	60	70
27	41	90	65	62	26	36	46	135	110	65	76
30	46	100	72	70	30	40	50	155	125	75	82
33	50	108	76	75	32	44	55	165	130	80	88
36	55	118	85	82	36	48	60	180	145	88	95
39	60	125	90	88	38	52	65	190	155	92	100
42	65	135	96	96	42	55	70	205	165	100	106
45	70	145	105	102	45	60	75	220	175	105	112
48	75	160	115	112	48	65	80	235	185	115	126
52	80	170	120	120	48	70	84	245	195	125	132
56	85	180	126	—	52	—	90	260	205	130	138
60	90	185	134	—	58	—	95	275	215	135	145
64	95	195	140	—	58	—	100	285	225	140	152
68	100	205	145	—	65	—	105	300	235	150	158
72	105	215	155	—	68	—	110	320	250	160	168
76	110	225	—	—	70	—	115	335	265	165	—
80	115	235	165	—	72	—	120	345	275	170	178
85	120	245	175	—	75	—	125	360	285	180	188
90	130	260	190	—	80	—	135	390	310	190	208
95	135	270	—	—	85	—	140	405	320	200	—
100	145	290	215	—	95	—	150	435	340	215	238
105	150	300	—	—	98	—	155	450	350	220	—
110	155	310	—	—	100	—	160	460	360	225	—
115	165	330	—	—	108	—	170	495	385	245	—
120	170	340	—	—	108	—	175	505	400	250	—
125	180	360	—	—	115	—	185	535	420	270	—
130	185	370	—	—	115	—	190	545	430	275	—
140	200	385	—	—	120	—	205	585	465	295	—
150	210	420	310	—	130	—	215	625	495	310	350

2.13 对边和对角宽度尺寸（摘自 JB/ZQ 4263—2006）

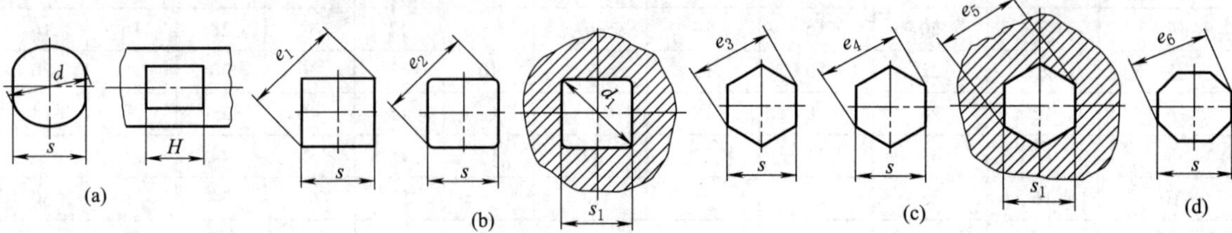

表 5-1-74

mm

对边基本宽度			d	H	四边形			六边形			八边形
s、s_1	偏差				e_1	e_2	d_1	e_3	e_4	e_5	e_6
	Δs	Δs_1				（h11）	（最小）	（最小）		（最小）	（最小）
5			6	7	7.1	6.5	6.6	5.45		5.75	
5.5			7	8	7.8	7	7.2	6.01		6.32	
6			7	8	8.5	8	8.1	6.58		6.90	
7			8	8	9.9	9	9.1	7.71		8.10	
8			9	8	11.3	10	10.1	8.84		9.21	
9		E12	10	8	12.7	12	12.1	9.92		10.32	
10			12	10	14.1	13	13.1	11.05		11.51	
11	h14		13	10	15.6	14	14.1	12.12		12.63	
12			14	10	17.0	16	16.1	13.25		13.75	—
13			15	10	18.4	17	17.1	14.38		14.96	
14			16	12	19.8	18	18.1	15.51		16.10	
15			17	12	21.2	20	20.2	16.64		17.22	
16			18	12	22.6	21	21.2	17.77		18.32	
17			19	12	24	22	22.2	18.90		19.53	
18			21	12	25.4	23.5	23.7	20.03		21.10	
19			22	14	26.9	25	25.2	21.10		21.85	
20			23	14	28.3	26	26.2	22.23		23.05	
21			24	14	29.7	27	27.2	23.36		24.20	22.7
22			25	14	31.1	28	28.2	24.49	—	25.35	23.8
23			26	14	32.5	30.5	30.7	25.62		26.32	24.9
24			28	14	33.9	32	32.2	26.75		27.65	26
25			29	16	35.5	33.5	33.7	27.88		28.82	27
26			31	16	36.8	34.5	34.7	29.01		29.96	28.1
27			32	16	38.2	36	36.2	30.14		31.12	29.1
28	h15	D12	33	18	39.6	37.5	37.7	31.27		32.44	30.2
30			35	18	42.4	40	40.2	33.53		34.52	32.5
32			38	20	45.3	42	42.2	35.72		36.81	34.6
34			40	20	48	46	46.2	37.72		39.10	36.7
36			42	22	50.9	48	48.2	39.98		41.61	39
41			48	22	58	54	54.2	45.63		46.95	44.4
46			52	25	65.1	60	60.2	51.28		52.80	49.8
50			58	25	70.7	65	65.2	55.80		57.20	54.1
55			65	28	77.8	72	72.2	61.31		62.98	59.5
60			70	30	84.8	80	80.2	66.96		68.80	64.9
65			75	32	91.9	85	85.2	72.61		74.42	70.3
70			82	35	99	92	92.2	78.26		80.01	75.7
75	h16		88	35	106	98	98.2	83.91		85.70	81.2
80			92	38	113	105	105.2	89.56		91.45	86.6

续表

对边基本宽度			d	H	四边形			六边形			八边形
s、s_1	偏差				e_1	e_2	d_1	e_3	e_4	e_5	e_6
	Δs	Δs_1				(h11)	(最小)	(最小)		(最小)	(最小)
85	h16	D12	98	40	120	112	112.2	95.07	—	97.10	92.0
90			105	42	127	118	118.2	100.72		102.80	97.4
95			110	45	134	125	125.2	106.37		108.50	103
100			115	45	141	132	132.2	112.02		114.20	108
105			122	48	148	138	138.2	117.67		119.90	114
110			128	50	156	145	145.2	123.32		125.60	119
115			132	52	163	152	152.2	128.97		131.40	124
120			140	55	170	160	160.2	134.62		137.00	130
130			150	58	184	170	170.2	145.77		148.50	141
135			158	62	191	178	178.2	151.42		154.15	146
145			168	66	205	190	190.2	162.72		165.50	157
150			—	—	—	—	—	168.37	165	171.22	162
155								174.02	170	176.90	168
165								185.32	180	188.32	179
170								190.97	185	194.00	184
175								196.62	192	199.80	189
180								202.27	198	205.50	195
185	h17							207.75	205	211.12	200
190								213.40	210	216.85	206
200								224.70	220	228.21	216
210								236.00	232	239.62	227
220								247.30	242	251.10	238
230								258.60	255	262.42	249
235								264.25	260	268.15	254
245								275.55	270	279.52	265
255								286.68	280	291.10	276
265								297.98	290	302.40	287
270								303.63	298	308.20	292
280								314.93	308	319.50	303
290								326.23	320	330.90	314
300								337.53	330	342.42	325
310								348.83	340	353.80	335
320								360.02	352	365.10	346
330								371.32	362	376.50	357
340								382.62	375	388.00	368
350								393.92	385	399.40	379
365								410.87	400	416.50	395
380								427.82	420	433.50	411
395								444.77	435	450.60	427
410								461.55	452	467.80	444
425								478.50	470	484.80	460
440								495.45	485	502.00	476
455								512.40	500	519.00	492
470								529.35	518	536.20	509
480								540.65	528	547.52	519
495								557.60	545	564.60	536
510								—	560	—	552
525								—	580	—	568

3 螺纹连接

螺纹连接是利用螺纹紧固件和被连接件构成的可拆连接。

3.1 螺纹连接的基本类型

表 5-1-75　　螺纹连接的基本类型

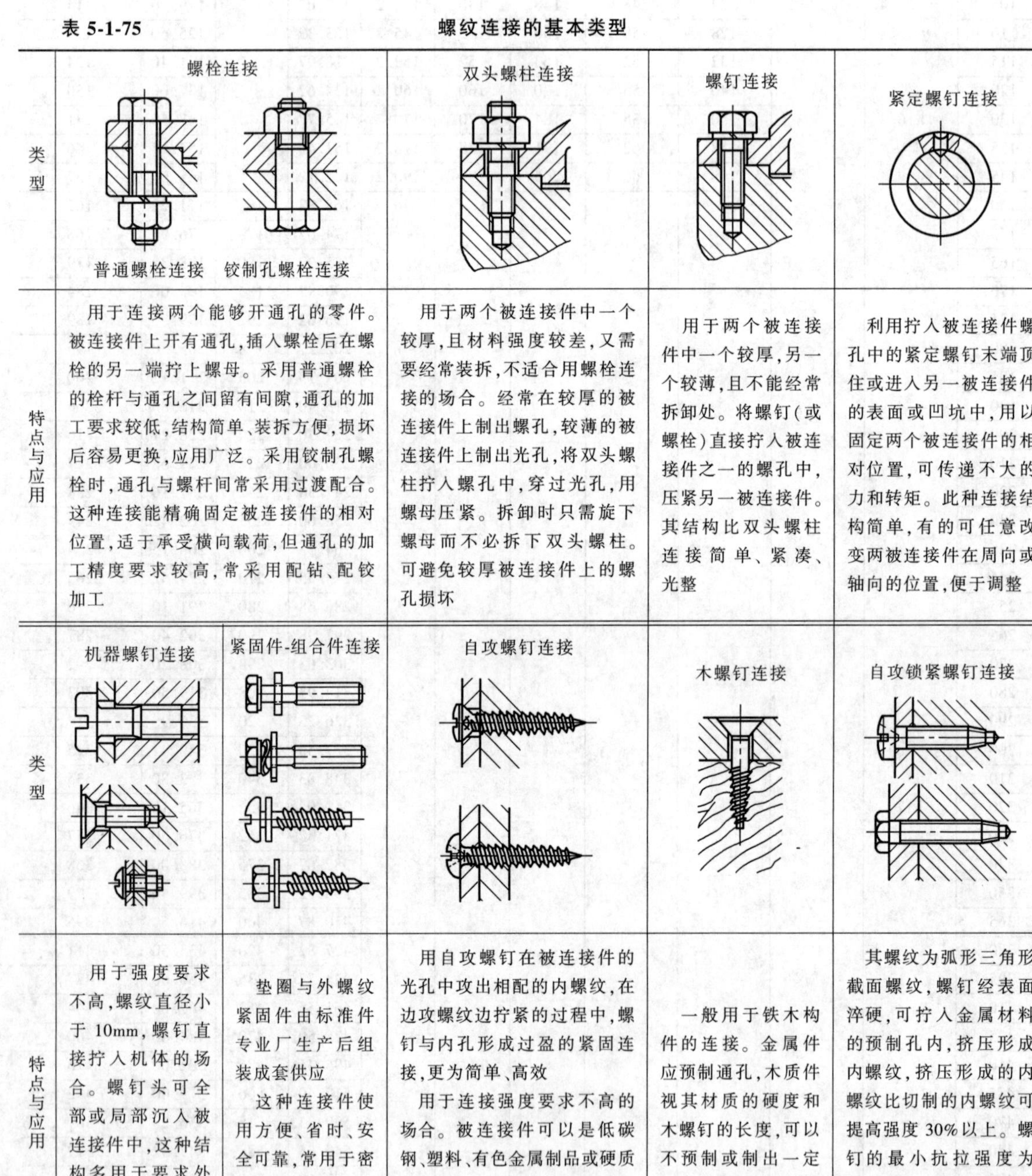

类型	螺栓连接 普通螺栓连接　铰制孔螺栓连接	双头螺柱连接	螺钉连接	紧定螺钉连接
特点与应用	用于连接两个能够开通孔的零件。被连接件上开有通孔，插入螺栓后在螺栓的另一端拧上螺母。采用普通螺栓的栓杆与通孔之间留有间隙，通孔的加工要求较低，结构简单、装拆方便，损坏后容易更换，应用广泛。采用铰制孔螺栓时，通孔与螺杆间常采用过渡配合。这种连接能精确固定被连接件的相对位置，适于承受横向载荷，但通孔的加工精度要求较高，常采用配钻、配铰加工	用于两个被连接件中一个较厚，且材料强度较差，又需要经常装拆，不适合用螺栓连接的场合。经常在较厚的被连接件上制出螺孔，较薄的被连接件上制出光孔，将双头螺柱拧入螺孔中，穿过光孔，用螺母压紧。拆卸时只需旋下螺母而不必拆下双头螺柱。可避免较厚被连接件上的螺孔损坏	用于两个被连接件中一个较厚，另一个较薄，且不能经常拆卸处。将螺钉（或螺栓）直接拧入被连接件之一的螺孔中，压紧另一被连接件。其结构比双头螺柱连接简单、紧凑、光整	利用拧入被连接件螺孔中的紧定螺钉末端顶住或进入另一被连接件的表面或凹坑中，用以固定两个被连接件的相对位置，可传递不大的力和转矩。此种连接结构简单，有的可任意改变两被连接件在周向或轴向的位置，便于调整

类型	机器螺钉连接	紧固件-组合件连接	自攻螺钉连接	木螺钉连接	自攻锁紧螺钉连接
特点与应用	用于强度要求不高，螺纹直径小于10mm，螺钉直接拧入机体的场合。螺钉头可全部或局部沉入被连接件中，这种结构多用于要求外表面平整、光洁的场合	垫圈与外螺纹紧固件由标准件专业厂生产后组装成套供应 这种连接件使用方便、省时、安全可靠，常用于密集采用紧固件连接的场合	用自攻螺钉在被连接件的光孔中攻出相配的内螺纹，在边攻螺纹边拧紧的过程中，螺钉与内孔形成过盈的紧固连接，更为简单、高效 用于连接强度要求不高的场合。被连接件可以是低碳钢、塑料、有色金属制品或硬质木材等。一般应预先制出底孔。若采用带钻头部分的自钻自攻螺钉，则不需预制底孔	一般用于铁木构件的连接。金属件应预制通孔，木质件视其材质的硬度和木螺钉的长度，可以不预制或制出一定大小、深度的预制孔	其螺纹为弧形三角形截面螺纹，螺钉经表面淬硬，可拧入金属材料的预制孔内，挤压形成内螺纹，挤压形成的内螺纹比切制的内螺纹可提高强度30%以上。螺钉的最小抗拉强度为800MPa。自攻锁紧螺纹，所需拧紧力矩小，但锁紧性能好

3.2 螺纹连接的常用防松方法

螺纹连接防松的基本原理是防止螺纹副的相对转动。

按照螺纹连接防松的基本原理，常用的防松方法大致可分为：增大摩擦力防松；用机械固定件锁紧防松；破坏螺纹运动副关系防松。

表 5-1-76　　螺纹连接的常用防松方法

增大摩擦力防松	类型	弹簧垫圈 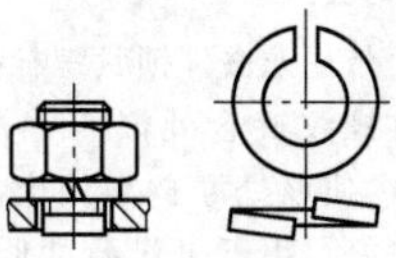 GB/T 93—1987	尖钩端弹簧垫圈 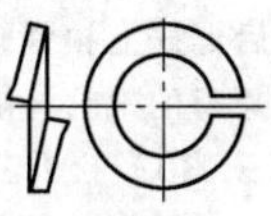 GB/T 859—1987	双圈弹簧垫圈 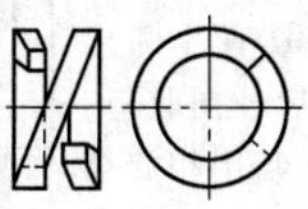	鞍形弹簧垫圈 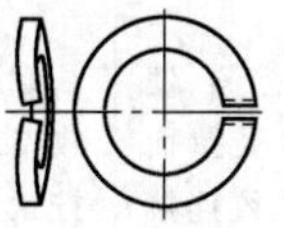 GB/T 7245—1987	波形弹簧垫圈 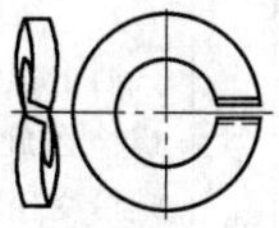 GB/T 7246—1987
	特点和应用	依靠拧紧螺母,把弹簧垫圈压平之后所产生的纵向弹力及弹簧垫圈与被连接件的支承面间的摩擦力来起防松作用。该防松方法结构简单、成本低廉、使用方便 GB/T 93—1987、GB/T 859—1987 等传统的弹簧垫圈,由于弹力不匀,可靠性差一些,多用于不太重要的连接。对于不允许划伤的被连接件处和经常装拆的连接处不允许使用 GB/T 7245—1987、GB/T 7246—1987 鞍形或波形弹簧垫圈可明显改善一般弹簧垫圈的不足之处				
	类型	波形弹性垫圈 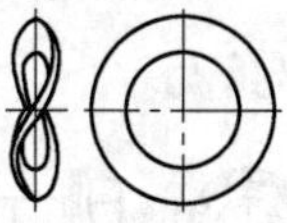 GB/T 955—1987	鞍形弹性垫圈 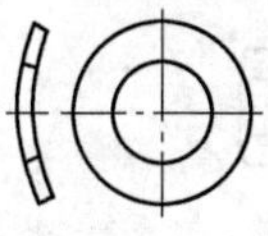 GB/T 860—1987	锥形弹性垫圈 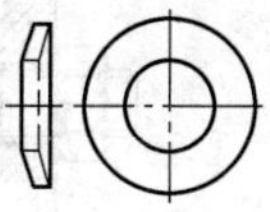 GB/T 859—1987	外齿锁紧垫圈 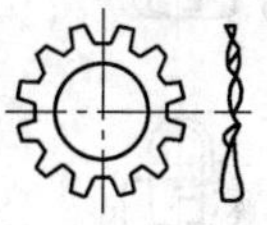 GB/T 862. 1—1987	内齿锁紧垫圈 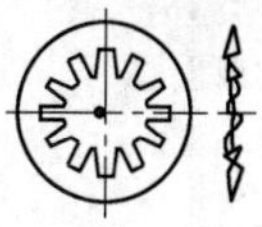 GB/T 861. 1—1987
	特点和应用	弹性垫圈依靠将垫圈压平后产生的回弹力来防松。弹力均匀,效果良好。波形弹性垫圈、鞍形弹性垫圈在一定的载荷条件下,弹性好,各种硬度的被连接件均可使用。工作中不会划伤被连接件表面,可用于经常拆卸的场合。常用于连接并调整被连接件间的间隙处,以及低性能等级的连接 GB/T 861. 1—1987、GB/T 862. 1—1987 等齿形锁紧垫圈,依靠齿被压平产生的弹力,以及齿与连接件和支承面产生的摩擦力来起锁紧作用。由于齿的强度较低,弹力也有限,一般适用于小规格、低性能等级的连接。外齿应用较多,内齿用于尺寸较小的钉头下。锥形弹性垫圈用于沉孔中,经常拆卸或被连接件材料过硬或过软的场合不宜使用				
	类型	锥形锁紧垫圈 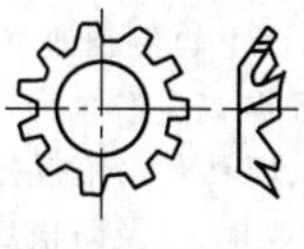 GB/T 956. 1—1987	外锯齿锁紧垫圈 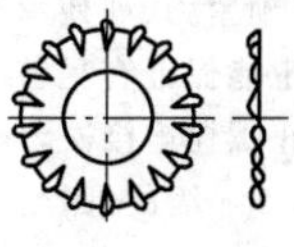 GB/T 862. 2—1987	内锯齿锁紧垫圈 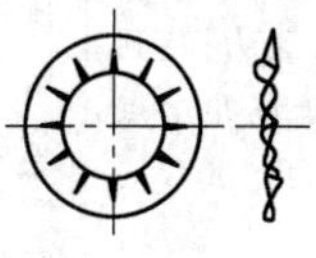 GB/T 861. 2—1987	锥形锯齿锁紧垫圈 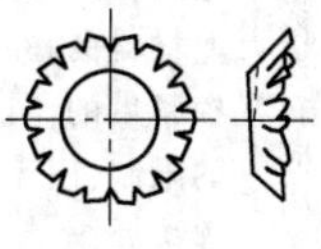 GB/T 956. 2—1987	
	特点和应用	锯齿(又称错齿型)锁紧垫圈也是依靠齿被压平产生的回弹力,以及齿与连接件和支承面产生的摩擦力来起锁紧作用。锯齿强度高,可适用于性能等级较高及较大的规格,能获得较好的防松效果,如 GB/T 862. 2—1987、GB/T 861. 2—1987 的锯齿锁紧垫圈 GB/T 956. 1—1987、GB/T 956. 2—1987 的锁紧垫圈特点与上述情况类似,仅适用于沉头或半沉头螺钉锥形锁紧垫圈和锯齿锁紧垫圈,均不适宜被连接件材料过硬或过软的场合,否则效果不佳				

续表

增大摩擦力防松	类型	双螺母 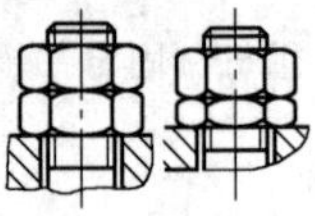	金属锁紧垫圈 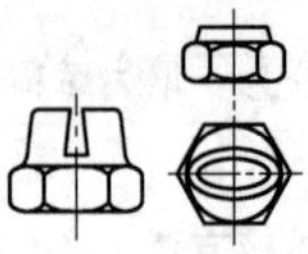	扣紧螺母 	带尼龙嵌件锁紧螺栓或螺钉 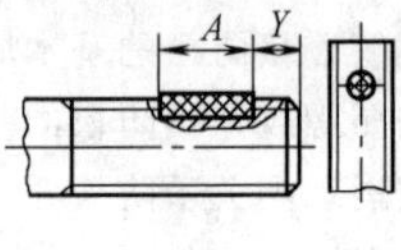 $Y=(3\sim4)P \quad A=5P$ （P为螺距）
	特点和应用	两个螺母对顶拧紧，使螺栓在旋合段内受拉而螺母受压，构成螺纹连接副的纵向压紧。该方法结构简单、成本低廉、重量大，多用于低速重载或载荷平稳的场合	螺母一端具有非圆形收口或开缝后径向收口，拧紧后张开，利用相旋合螺纹副段的径向回弹力来锁紧。该方法简单、可靠，且可多次装拆，可用于较重要的连接	先用六角螺母拧紧连接件，然后再拧上扣紧螺母（扣紧螺母的螺纹有缺口，用以锁紧）。松开扣紧螺母时，必须先拧紧六角螺母，使其与扣紧螺母之间产生间隙，然后才能拧下扣紧螺母。该方法防松性能良好，但不宜用于频繁装拆的场合	带尼龙嵌件锁紧螺栓或螺钉是在螺纹旋合处嵌入一尼龙环或块，使该处摩擦力增大。其效果良好。用于工作温度低于100℃的连接处 锁紧部分的尼龙件，其尺寸与安装位置都影响锁紧性能。一般标准规定的安装位置如上图所示
	类型	尼龙圈锁紧螺母 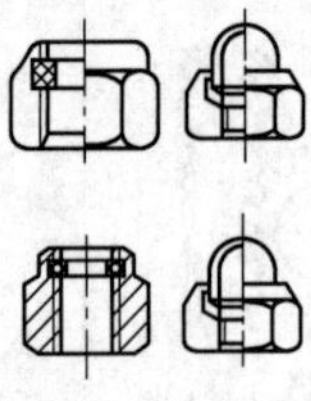	标准六角头螺栓与螺母采用或省略防松元件的参考条件 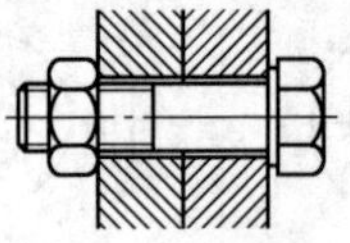		六角法兰面型式——无锁紧元件 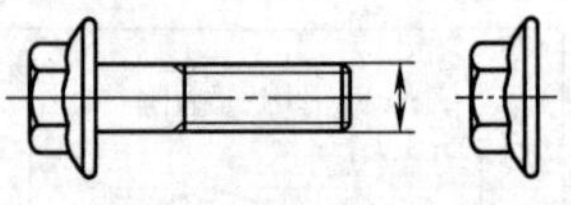 GB/T 16674.1　　GB/T 6177.1 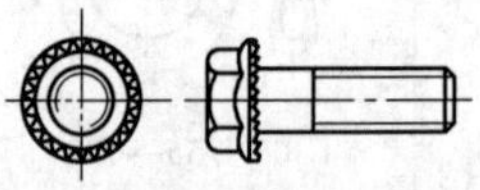
	特点和应用	尼龙圈锁紧螺母是将尼龙圈或块嵌装在螺母体上。没有内螺纹的尼龙圈，当外螺纹杆件拧入后，由于尼龙材料良好的弹性产生锁紧力，达到锁紧目的。该类螺母由于尼龙熔点的限制，用于工作温度低于100℃的连接处 尼龙怕酸性物质的腐蚀，在装尼龙圈之前可电镀，之后不可电镀	防松装置的使用可能会使预紧力出现较大的损失，而预紧力的损失又增加松动的可能，所以在一定条件下可以省去防松装置 在螺栓承受轴向载荷的条件下，对8.8级及以上的螺栓，其夹紧长度大于螺纹直径的3倍时，可以不采用防松装置。因为，在这种情况下，如能比较准确地控制预紧力，即使承受冲击载荷时，一般也能保证有足够的残余预紧力，以防止螺栓连接松动 对4.8、5.6和5.8级的螺栓，其夹紧长度大于螺纹直径的5倍时，同样也可以不采用防松装置。在引进技术中，有的重要的螺栓，省去了以往曾用的开槽螺母及开口销锁紧装置 在螺栓承受横向载荷的条件下，或由于被连接件的弹性变形，使轴向作用力引起横向位移的情况下，则必须要采用防松元件		GB/T 16674.1六角法兰面螺栓、GB/T 6177.1六角法兰面螺母，具有加大支承面直径（近似或大于2倍的螺纹直径）的作用，在一定的预紧力作用下，可获得足够的防松能力。如在其支承面上再制出齿纹，则防松能力可成倍提高，又称为“三合一螺栓（母）”，即具有六角扳拧部分、加大支承面的功能，以及防松功能，三者合为一体。这是当代一种新型的六角扳拧紧固件的结构，适用于高强度（8级及以上）紧固件，在重要的连接场合使用，但比其他连接方式的成本要高

续表

用机械固定件锁紧防松	类型	螺杆带孔和开槽螺母配开口销 	开口销 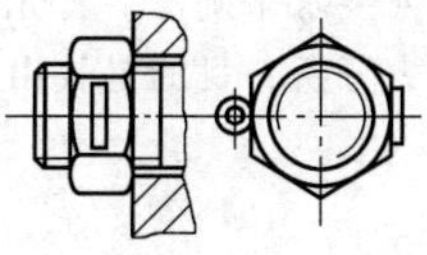	止动垫圈 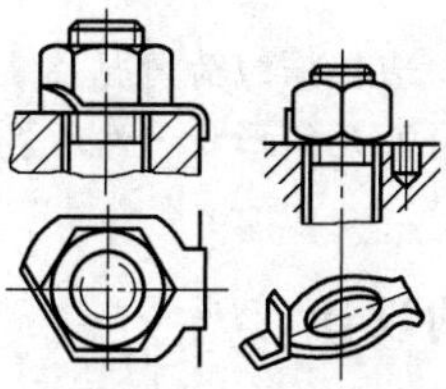	钢丝串接 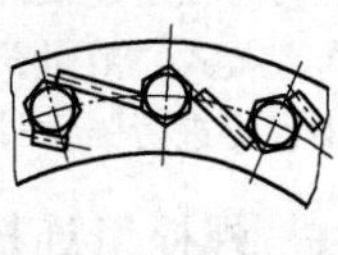
	特点和应用	防松可靠。螺杆上的销孔位置不易与螺母最佳锁紧位置的槽口吻合，装配较难。用于变载、有振动场合的重要连接处的防松	普通螺母配以开口销，为便于装配，销孔待螺母拧紧后配钻。适用于单件或零星生产的重要连接，但不适用于高强度紧固件及双头螺柱的防松	利用单耳或双耳止动垫圈把螺母或钉头锁紧。防松可靠。只能用于连接部分有容纳弯耳的场合	用低碳钢丝穿入一组螺栓头部的专用孔后使其相互制约。防松可靠。钢丝的缠绕方向必须正确（图中为右旋螺纹螺栓的缠绕方向）
	类型	楔压紧 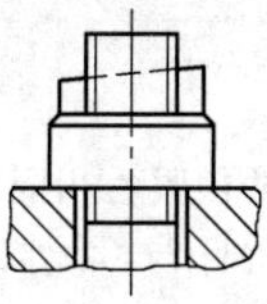	双联止动垫圈 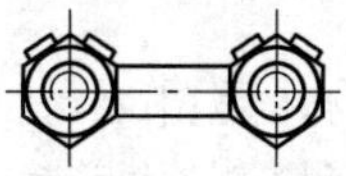	凹锥面锁紧垫圈 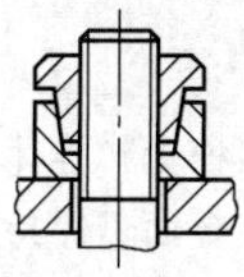	翅形垫圈 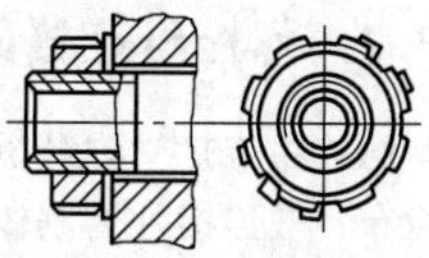
	特点和应用	利用能自锁的横楔楔入螺杆横孔压紧螺母。防松良好。一般用于大直径的螺栓连接	利用双联止动垫圈把成对螺母或螺栓锁住，使之彼此制约，不得转动。防松效果良好	螺母一端为外圆锥体，拧紧螺母时，楔入垫圈相应的凹锥内，借助楔紧的作用可以增大摩擦力。防松效果良好。用于重载或有振动的场合	带翅垫圈的内翅卡在螺杆的纵向槽内，圆螺母拧紧后，将对应的外翅锁在螺母的槽口内。防松可靠。多用于较大直径的连接和滚动轴承的紧固
破坏螺纹运动副关系防松	类型	铆接 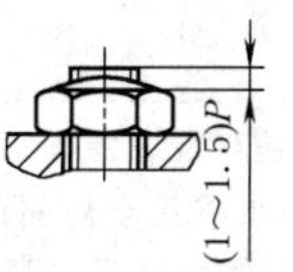 (1～1.5)P	端面冲点 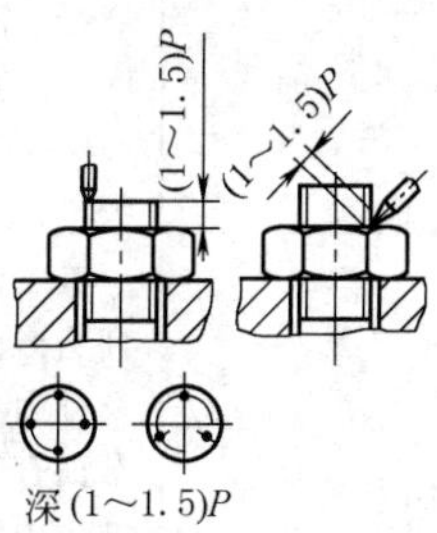 (1～1.5)P (1～1.5)P 深(1～1.5)P	侧面冲点 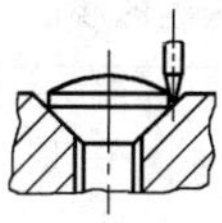	粘接 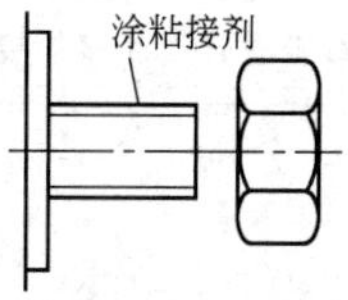 涂粘接剂
	特点和应用	螺杆末端外露部分为(1～1.5)P长度，拧紧螺母后铆死，用于低强度螺栓，不拆卸的场合	冲点中心在螺栓螺纹的小径处或在钉头直径的圆周上：d>8mm时冲4点，d≤8mm时冲3点	d>8mm时冲3点，d≤8mm时冲2点	粘接螺纹方法简单、经济并有效。其防松性能与粘接剂直接相关。大体分为低强度、中等强度和高温（承受100℃以上）条件，及可以拆卸或不可拆卸等要求，应分别选用适当的粘接剂

注：防松装置和防松方法有很多种，各有各的特点，同一连接常可用不同的方法防松，至于具体用什么防松方法可根据具体的工作情况和使用要求来确定。

3.3 螺栓组连接的设计

进行螺栓组连接的设计时，应根据载荷情况及结构尺寸要求来确定。首先进行螺栓组的结构设计，即确定螺栓的布置方式、数量及连接接合面几何形状；然后进行受力分析，目的是找出一组螺栓中受力最大的螺栓及其受力大小，再进行强度计算。

3.3.1 螺栓组连接的结构设计

① 从加工角度看，螺栓组连接接合面的几何形状应尽量简单、易于加工。尽量设计成轴对称的几何形状，最好是圆形、矩形、方形等。

② 螺栓组的形心应与螺栓组连接接合面的形心相重合，最好有两个相互垂直的对称轴，这样可使加工方便，计算也比较容易。通常采用环状或条状接合面，以便减少加工量、减小接合面不平的影响，同时可以增加连接刚度。

③ 螺栓的位置应使螺栓组受力合理，受力矩作用的螺栓组，布置螺栓应尽量远离对称轴，以减小螺栓的受力，增加连接的可靠性；同一圆周上螺栓的数目应采用 4、6、8、12 等偶数，便于划线和分度。

④ 如螺栓同时承受较大轴向及横向载荷时，可采用销、套筒或键等零件来承受横向载荷。

⑤ 同一组螺栓的直径和长度应尽量相同，并应避免螺栓受附加弯曲载荷的作用。

⑥ 各螺栓中心间的最小距离应不小于扳手空间的最小尺寸，最大距离应按连接用途及结构尺寸大小来确定。

3.3.2 螺栓组连接的受力分析

螺栓组连接受力分析时，假设螺栓为弹性体，其变形在弹性范围内；且每个螺栓的预紧力相同；接合面的压强均布；被连接件为刚体；受载后接合面仍保持平面接触。预紧螺栓组连接的受力分析见表 5-1-77。

表 5-1-77　　预紧螺栓组连接的受力分析

螺栓组连接的载荷和螺栓的布置	工作要求	螺栓所受载荷
承受轴向力 Q 的螺栓组 载荷垂直于连接的接合面，并通过螺栓组的形心	连接应预紧，受载后应保证其紧密性	当各螺栓截面直径一样时，各螺栓所受拉力 F 均相等，为 $F=\dfrac{Q}{Z}$ 式中　Q——螺栓组所受轴向外力； Z——螺栓组的螺栓个数
承受横向力 R 的普通螺栓组 螺栓受拉	连接应预紧，受横向载荷后，被连接件间不得有相对滑动	其工作原理是靠拧紧螺栓后，在其接合面间会产生摩擦力，靠接合面间的摩擦力来平衡外力 R。这时螺栓只受预紧力，当各螺栓截面直径一样时，各螺栓所受预紧力 F' 相等并集中作用在螺栓中心处，根据平衡条件得 $\mu F'mZ=k_fR$　或　$F'=\dfrac{k_fR}{\mu mZ}$ 式中　R——螺栓组所受横向外力； Z——螺栓组的螺栓个数； m——摩擦面数量，等于被连接件数量减 1； μ——连接摩擦副的摩擦因数，见表 5-1-78； k_f——考虑摩擦因数的不稳定性而引入的可靠性系数，可取 1.2～1.5

续表

螺栓组连接的载荷和螺栓的布置	工作要求	螺栓所受载荷
承受横向力 R 的铰制孔螺栓组 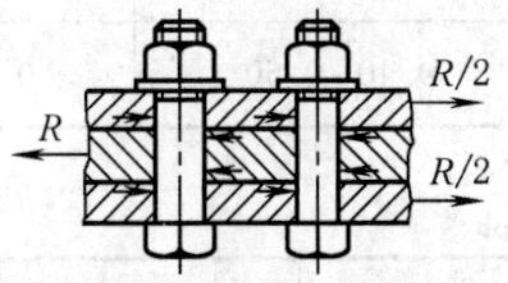 R　$R/2$　$R/2$ 由于需要拧紧各螺栓，连接中就有预紧力和摩擦力，但一般忽略不计。由于板是弹性体，对于受横向力的铰制孔螺栓组，沿受力方向布置的螺栓不宜超过6~8个，以免各螺栓严重受力不均	连接应预紧，受横向载荷后，被连接件间不得有相对滑动	其工作原理是靠螺栓受剪和螺栓与被连接件相互挤压时的变形来平衡横向载荷 R。这时螺栓受剪力，各螺栓所受剪力 F_s 大小相等，为 $$F_s=\frac{R}{Z}$$ 式中　R——螺栓组所受横向外力； Z——螺栓组的螺栓个数
承受旋转力矩 T 的螺栓组 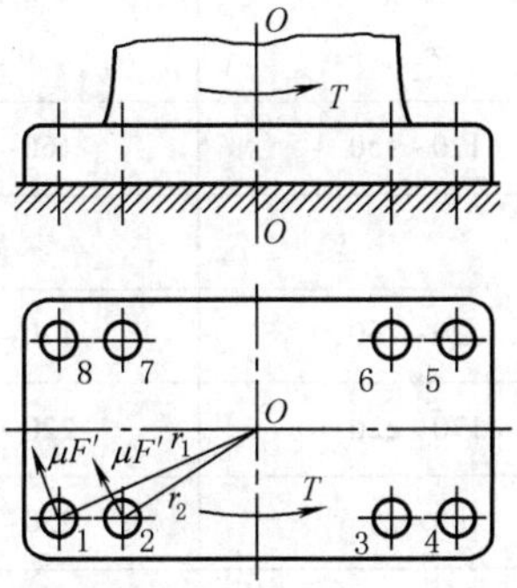 O　T　O 8　7　6　5　O　$\mu F'$　$\mu F'$　r_1　r_2　T　1　2　3　4 作用在连接接合面的旋转力矩 T	连接应预紧，受旋转力矩后，被连接件不得有相对滑动	普通螺栓组连接承受旋转力矩 T，其工作原理是拧紧螺栓后，靠接合面间的摩擦力矩来平衡旋转力矩 T。在此假设各螺栓所受的预紧力相等，即在接合面产生的摩擦力相等，并集中在螺栓中心处，其方向与螺栓中心至底板旋转中心的连线垂直，每个螺栓预紧后在接合面间产生的摩擦力矩之和必与旋转力矩 T 相平衡。各螺栓所受预紧力相等，为 $$F'=\frac{k_f T}{\mu(r_1+r_2+\cdots+r_n)}$$ 式中　T——螺栓组所受旋转力矩； r——螺栓中心至底板旋转中心的距离； μ——连接摩擦副的摩擦因数，见表5-1-78； k_f——考虑摩擦因数的不稳定而引入的可靠性系数，可取1.2~1.5 铰制孔螺栓组连接承受旋转力矩 T，其工作原理是靠螺栓与被连接件间相互剪切挤压来平衡旋转力矩 T。各螺栓所受到的剪力集中作用在螺栓中心处，其方向与螺栓中心至底板旋转中心的连线垂直，各螺栓受力与其到中心的距离成正比，所以距离螺栓组形心最远处的螺栓受横向剪力最大，为 $$F_{smax}=\frac{Tr_{max}}{r_1^2+r_2^2+\cdots+r_n^2}$$
承受翻转力矩 M 的普通螺栓组 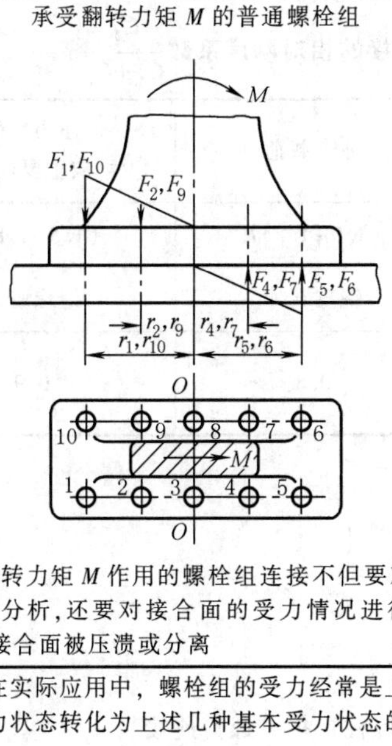 M　F_1,F_{10}　F_2,F_9　F_4,F_7　F_5,F_6　r_2,r_9　r_4,r_7　r_1,r_{10}　r_5,r_6　O 10　9　8　7　6　M　1　2　3　4　5　O 对受翻转力矩 M 作用的螺栓组连接不但要对螺栓组进行受力分析，还要对接合面的受力情况进行受力分析，防止接合面被压溃或分离	连接应预紧，受载后，接合面不允许压溃和分离	受翻转力矩 M 作用后，对称轴线左侧的螺栓被进一步拉紧，其螺栓的轴向拉力进一步增大，对称轴线右侧的螺栓被放松，螺栓的预紧力也被减小。因各螺栓的受力与其到对称轴线的距离是成正比的，故距离螺栓组对称轴线最远的螺栓所受拉力最大，为 $$F_{max}=\frac{Mr_{max}}{r_1^2+r_2^2+\cdots+r_n^2}$$ 式中　M——螺栓组所受翻转力矩； r——螺栓中心至底板对称轴线的距离 保证接合面最大受压处不压溃的条件是 $$\sigma_{pmax}=\frac{ZF'}{A}+\frac{M}{W}\leqslant\sigma_{pp}$$ 保证接合面最小受压处不分离的条件是 $$\sigma_{pmin}=\frac{ZF'}{A}-\frac{M}{W}>0$$ 式中　A——螺栓组底板接合面受压面积； W——螺栓组底板接合面的抗弯截面系数； σ_{pp}——接合面许用挤压应力，见表5-1-79

注：在实际应用中，螺栓组的受力经常是上述几种情况的不同组合。无论螺栓组受力情况如何，均可利用受力分析方法，将各种受力状态转化为上述几种基本受力状态的组合。

表 5-1-78　　预紧连接接合面的摩擦因数 μ

被连接件	钢或铸铁零件		钢结构件		
表面状态	干燥的加工表面	有油的加工表面	喷砂处理	涂敷锌漆	轧制、钢刷清理表面
μ	0.10~0.16	0.06~0.10	0.45~0.55	0.40~0.50	0.30~0.35

表 5-1-79　　底板螺栓连接接合面的许用挤压应力 σ_{pp}　　MPa

接合面材料	σ_{pp}	接合面材料	σ_{pp}
钢	$\frac{\sigma_s}{1.25}$	混凝土	2~3
		水泥浆砖砌面	1.2~2
铸铁	$\frac{\sigma_b}{2\sim2.5}$	木材	2~4

表 5-1-80　　螺纹连接件常用材料及力学性能　　MPa

钢号	抗拉强度 σ_b	屈服点 σ_s	疲劳极限	
			拉压 σ_{-1t}	弯曲 σ_{-1}
10	340~420	210	120~150	160~220
Q215A	340~420	220		
Q235A	410~470	240	120~160	170~220
35	540	320	170~220	220~300
45	610	360	190~250	250~340
15MnVB	1000~1200	800		
40Cr	750~1000	650~900	240~340	320~440
30CrMnSi	1080~1200	900		

表 5-1-81　　受轴向载荷时预紧螺栓连接所需剩余预紧力 F'' 及螺栓连接的相对刚度系数 $\frac{C_L}{C_L+C_F}$

工作情况	一般连接	变载荷	冲击载荷	压力容器或重要连接
F''	$(0.2\sim0.6)F$	$(0.6\sim1.0)F$	$(1.0\sim1.5)F$	$(1.5\sim1.8)F$
垫片材料	金属(或无垫片)	皮革	铜皮石棉	橡胶
$\frac{C_L}{C_L+C_F}$	0.2~0.3	0.7	0.8	0.9

注：C_L 为连接件刚度；C_F 为被连接件刚度。

3.4 单个螺栓连接的强度计算

3.4.1 不预紧螺栓连接、预紧螺栓连接

本节以单个螺栓连接为例介绍螺栓连接的强度计算，也适用于双头螺柱连接和螺钉连接。

表 5-1-82　　单个螺栓连接的受力分析和强度计算

受力分析	计算内容	计算公式	许用应力
受轴向载荷 F 的松螺栓连接 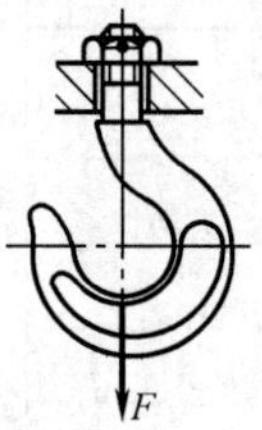 松螺栓连接的特点是：螺栓连接不需要预紧，加上轴向载荷 F 后，螺栓才受力	计算松螺栓的拉应力	校核公式：$\sigma_1=\dfrac{F}{\dfrac{\pi d_1^2}{4}}\leqslant\sigma_{1p}$ 设计公式：$d_1\geqslant\sqrt{\dfrac{4F}{\pi\sigma_{1p}}}$ 式中　F——轴向载荷，N； σ_{1p}——螺栓的许用拉应力，MPa	许用拉应力： $\sigma_{1p}=\dfrac{\sigma_s}{1.2\sim1.7}$ 式中　σ_s——螺栓材料屈服点，见表 5-1-80
只受预紧力 F' 的紧螺栓连接 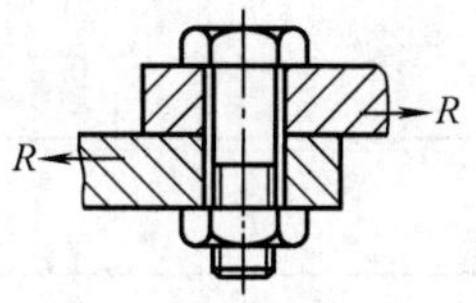 承受横向载荷 R 的普通螺栓连接，其工作原理是拧紧螺栓后，靠接合面间产生的摩擦力来平衡外载荷。这时螺栓只受预紧力 F'。此时的螺栓受到拉应力与拧紧螺栓时的扭转切应力的共同作用，相当于受到复合应力的作用	计算紧螺栓的拉应力	由于复合应力约为拉应力的 1.3 倍，为了简化计算，其计算仍按拉应力计算，但需把拉应力扩大 30%，以此来计入扭转切应力的影响 校核公式：$\sigma_1=\dfrac{1.3F'}{\dfrac{\pi d_1^2}{4}}\leqslant\sigma_{1p}$ 设计公式：$d_1\geqslant\sqrt{\dfrac{4\times1.3F'}{\pi\sigma_{1p}}}$ 式中　F'——螺栓所受预紧力，N； σ_{1p}——螺栓的许用拉应力，MPa	许用拉应力： $\sigma_{1p}=\dfrac{\sigma_s}{S_s}$ 式中　σ_s——螺栓材料屈服点，见表 5-1-80； S_s——安全系数，见表 5-1-83
既受预紧力 F' 又受轴向载荷 F 的紧螺栓连接 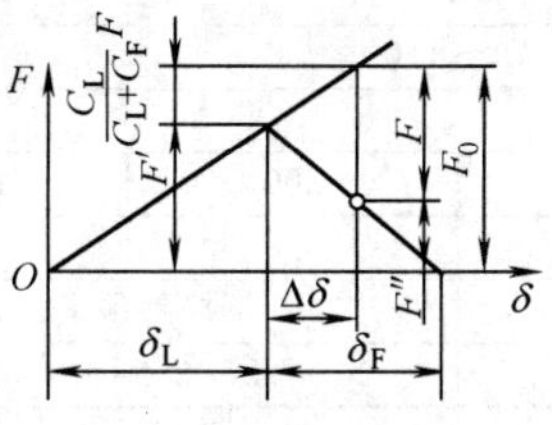 其工作情况是拧紧螺栓后，再加上轴向载荷 F，相当于螺栓连接既受预紧力 F'，又受轴向载荷 F 的作用，螺栓的最大拉伸力为 F_0，根据此时螺栓和被连接件的受力变形图可知： $F_0=F''+F$ 或 $F_0=F'+\dfrac{C_L}{C_L+C_F}F$ 式中　F''——螺栓的剩余预紧力，见表 5-1-81； $\dfrac{C_L}{C_L+C_F}$——相对刚度系数，见表 5-1-81	计算紧螺栓的拉应力	如果所加轴向载荷 F 为静载荷时，按紧螺栓所受最大拉应力计算 校核公式：$\sigma_1=\dfrac{1.3F_0}{\dfrac{\pi d_1^2}{4}}\leqslant\sigma_{1p}$ 式中　F_0——螺栓所受最大拉伸力，N； σ_{1p}——螺栓的许用拉应力，MPa， 如果所加轴向载荷 F 为变载荷时，除了按紧螺栓所受最大拉应力计算外，还要计算螺栓的应力幅 应力幅：$\sigma_a=\dfrac{2F}{\pi d_1^2}\times\dfrac{C_L}{C_L+C_F}\leqslant\sigma_{ap}$ 式中　σ_{ap}——许用应力幅，见表 5-1-84； C_L——连接件刚度； C_F——被连接件刚度，见表 5-1-85	许用拉应力： $\sigma_{1p}=\dfrac{\sigma_s}{S_s}$ 许用应力幅： $\sigma_{ap}=\dfrac{\varepsilon K_t K_u \sigma_{-1t}}{K_\sigma S_a}$ 式中　ε——尺寸系数； K_t——螺纹制造工艺系数； K_u——受力不均匀系数； K_σ——缺口应力集中系数； S_a——安全系数； σ_{-1t}——试件的疲劳极限，见表 5-1-80

续表

受力分析	计算内容	计算公式	许用应力
受横向载荷 F_s 作用的铰制孔螺栓连接 铰制孔螺栓连接受横向载荷 F_s 作用时，铰制孔螺栓受到剪切作用；铰制孔螺栓、被连接件 1 和 2 三者均受到挤压作用，当三者材料相同时，取挤压高度最小者为计算对象，当三者材料不相同时，取三者材料中挤压强度最弱者为计算对象	计算铰制孔螺栓的切应力，计算铰制孔螺栓、被连接件 1 和 2 三者的挤压应力	切应力计算： $\tau=\dfrac{F_s}{m\dfrac{\pi d_0^2}{4}}\leqslant\tau_p$ 式中　τ_p——螺栓的许用切应力，MPa； d_0——铰制孔螺栓受剪处直径，mm； m——铰制孔螺栓受剪面数 挤压应力计算： $\sigma_p=\dfrac{F_s}{d_0\delta}\leqslant\sigma_{pp}$ 式中　δ——受挤压的高度，mm； σ_{pp}——最弱者的许用挤压应力，MPa	静载荷时许用切应力：$\tau_p=\dfrac{\sigma_s}{2.5}$ 变载荷时许用切应力：$\tau_p=\dfrac{\sigma_s}{3.5\sim5}$ 静载荷时许用挤压应力： 钢 $\sigma_{pp}=\dfrac{\sigma_s}{1.25}$ 铸铁 $\sigma_{pp}=\dfrac{\sigma_s}{2\sim2.5}$ 如是变载荷，将静载荷许用挤压应力值乘以 0.7～0.8

表 5-1-83　　预紧连接的螺栓安全系数 S_s

材料种类	静载荷			变载荷		
	M6～M16	M16～M30	M30～M60	M6～M16	M16～M30	M30～M60
碳钢	4～3	3～2	2～1.3	10～6.5	6.5	10～6.5
合金钢	5～4	4～2.5	2.5	7.5～5	5	7.5～6

表 5-1-84　　螺栓许用应力幅 σ_{ap} 计算式

$$\sigma_{ap}=\frac{\varepsilon K_t K_u \sigma_{-1t}}{K_\sigma S_a}$$

螺栓直径 d/mm	<M12	M16	M20	M24	M30	M36	M42	M48	M56	M64
ε	1	0.87	0.80	0.74	0.65	0.64	0.60	0.57	0.54	0.53
螺纹制造工艺系数 K_t	切制螺纹 $K_t=1$，搓制螺纹 $K_t=1.25$									
受力不均匀系数 K_u	受压螺母 $K_u=1$，受拉螺母 $K_u=1.5\sim1.6$									
试件的疲劳极限 σ_{-1t}	见表 5-1-80									

缺口应力集中系数 K_σ	螺栓材料 σ_b/MPa	400	600	800	1000
	K_σ	3	3.9	4.8	5.2

安全系数 S_a	安装螺栓情况	控制预紧力	不控制预紧力
	S_a	1.5～2.5	2.5～5

3.4.2　受偏心载荷的预紧螺栓连接

图 5-1-2 所示钩头螺栓连接，螺栓除受轴向拉力 F_Σ 外，还受到偏心弯矩 $F_\Sigma e$ 的作用，螺纹部分危险截面上的最大拉应力为

$$\sigma_{max}=\frac{F_\Sigma}{A_s}+\frac{F_\Sigma e}{W}=\frac{F_\Sigma}{A_s}\left(1+\frac{8e}{d_s}\right)\leqslant\sigma_{1p}$$

式中　A_s——螺纹危险截面积，mm^2；

W——螺纹危险截面系数，mm^3；

e——偏心距，mm；

F_Σ——轴向拉力，N；

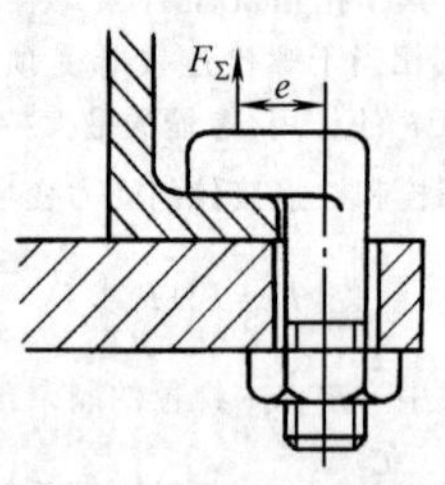

图 5-1-2　受偏心载荷的预紧螺栓连接

d_s——螺纹危险截面的计算直径，mm，$d_s=d_1$；

σ_{1p}——螺栓的许用拉应力，MPa。

3.4.3 高温螺栓连接

在高温下工作的螺栓连接，要考虑下列问题：温差载荷；螺栓和被连接件性能的变化；应力松弛。

当螺栓和被连接件的线胀系数不同，或工作温度不同，或两者都不同时，由于热变形不一致而使螺栓受到的温差载荷为

$$F_t=\frac{C_L C_F}{C_L+C_F}(\alpha_F\Delta t_F l_F-\alpha_L\Delta t_L l_L)$$

式中 C_L——连接件刚度，N/mm；

C_F——被连接件刚度，N/mm；

α——材料的线胀系数，℃$^{-1}$；

Δt——温升，℃；

l——常温时的装配长度，mm。

下脚标 L 代表螺栓，F 代表被连接件。

表 5-1-85　被连接件刚度 C_F 计算式

连接方式	结构及说明		
螺栓连接	薄圆筒 $D=d_w$ 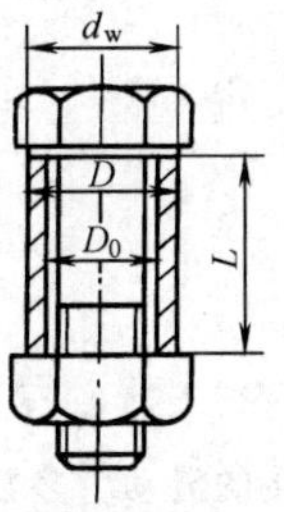 $C_F=\frac{E_F}{L}\times\frac{\pi}{4}(D^2-D_0^2)$	厚圆筒 $D=(1\sim3)d_w$ 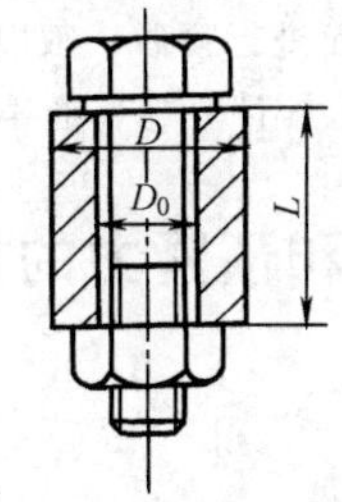 $C_F=\frac{E_F}{L}\times\frac{\pi}{4}[(D+kL)^2-D_0^2]$ $k=\frac{1}{10}\left[1-\frac{1}{4}\left(3-\frac{D}{d_w}\right)^2\right]$	平板 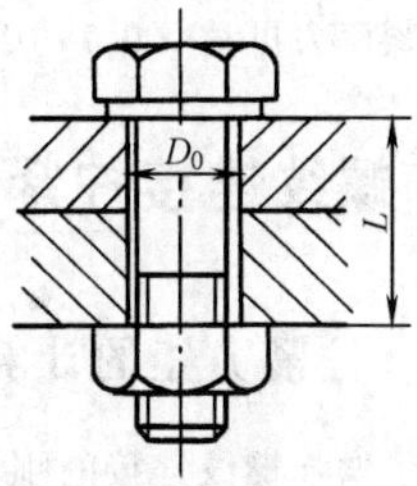 $C_F=\frac{E_F}{L}\times\frac{\pi}{4}\left[\left(d_w+\frac{L}{10}\right)^2-D_0^2\right]$
螺柱及螺钉连接	薄圆筒 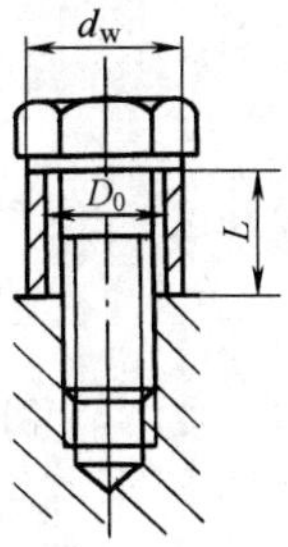 $C_F=\frac{E_F}{L}\times\frac{\pi}{4}(D^2-D_0^2)$	厚圆筒 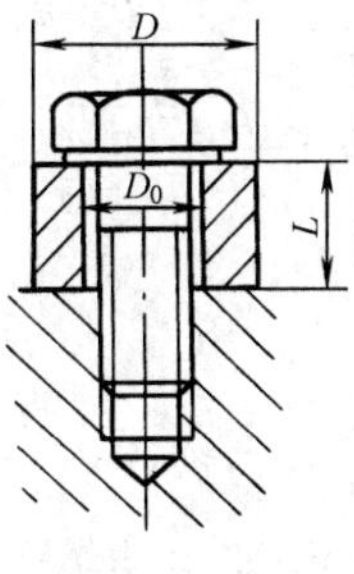 $C_F=\frac{E_F}{L}\times\frac{\pi}{4}[(D+2kL)^2-D_0^2]$ $k=\frac{1}{10}\left[1-\frac{1}{4}\left(3-\frac{D}{d_w}\right)^2\right]$	平板 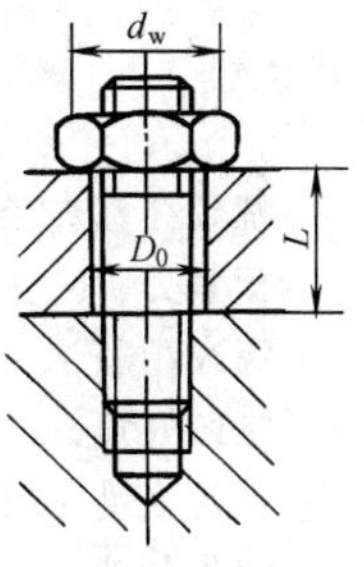 $C_F=\frac{E_F}{L}\times\frac{\pi}{4}\left[\left(d_w+\frac{L}{5}\right)^2-D_0^2\right]$

注：E_F 为被连接件材料的弹性模量。

考虑温差载荷后，螺栓的总拉力载荷为

$$F_0=F'+\frac{C_L}{C_L+C_F}F+F_t$$

求出螺栓的总拉力载荷后，按受轴向载荷的预紧连接和高温时材料的性能数据进行强度计算。

为了防止旋合螺纹在高温下咬死，除了合理选择螺栓和螺母材料外，宜采用粗牙螺纹，并适当加大中径间隙。热强钢和合金钢在高温时对缺口敏感性增强，必须注意减少螺栓应力集中。

钢螺栓长期在300~500℃高温下工作，经过一段工作时间后，会产生应力松弛，使连接的紧固作用减小。设计时，必须使剩余预紧力始终大于所要求的值，以保证连接的坚固与紧密。

3.4.4 低温螺栓连接

常用的螺栓钢材在低温下的静强度虽然有所提高，但其塑性却急剧降低，所以，在低温下工作的螺栓可能发生脆性破坏。

辗压螺纹能提高螺纹的常温强度，但其冷硬层会降低螺栓的低温塑性。

设计低温螺栓连接时，应注意以下两点。

① 材料应有较好的低温塑性，即在给定工作温度下，有一定的冲击韧度（一般使冲击值 a_k>0.3J/mm^2）。

② 材料在低温时对应力集中敏感性增强，必须减少应力集中。

3.4.5 钢结构用高强度螺栓连接

钢结构用高强度螺栓连接靠摩擦力来传递载荷。具有应力集中小、刚性好、应力分布比较均匀、承载能力大等优点。目前，在钢结构中被广泛应用。

为保证传递的载荷，可对被连接件接合面进行喷砂、敷以涂料等特殊处理，以增大摩擦力，要严格控制预紧力，预紧应力可达（0.7~0.8）σ_s。高强度螺栓计算与普通螺栓相同。

3.5 螺纹连接拧紧力矩的计算和预紧力的控制

3.5.1 拧紧力矩的计算

为了增强螺纹连接的刚性、紧密性、防松能力以及防止受横向载荷螺栓连接的滑动，多数螺纹连接在装配时都要预紧。对于螺栓连接，其拧紧力矩 T 用于克服螺纹副的螺纹阻力矩 T_1 及螺母与被连接件（或垫圈）支承面间的端面摩擦力矩 T_2。施加拧紧力矩时，可用力矩扳手法、螺母转角法、指示垫圈法、测定螺栓伸长法和螺栓预伸长法等控制预紧力，其中后两种方法较准确但使用不便。计算拧紧力矩的计算公式为

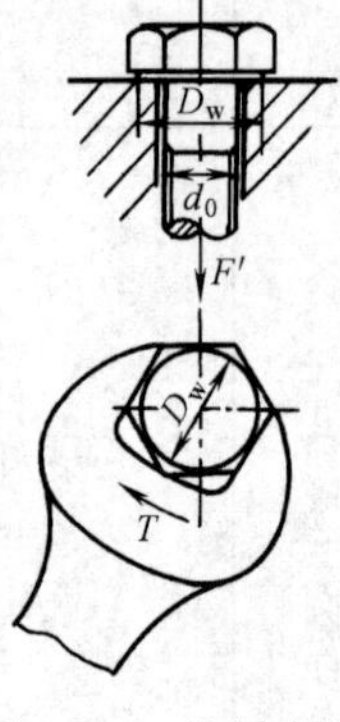

图 5-1-3 拧紧力矩

$$T=T_1+T_2=F'\frac{d_2}{2}\tan(\phi+\rho_v)+\frac{F'\mu}{3}\times\frac{D_w^3-d_0^3}{D_w^2-d_0^2}=KF'd$$

$$K=\frac{d_2}{2d}\tan(\phi+\rho_v)+\frac{\mu}{3d}\times\frac{D_w^3-d_0^3}{D_w^2-d_0^2}$$

式中 d——螺纹公称直径，mm；

F'——预紧力，N；

d_2——螺纹中径，mm；

ϕ——螺纹升角，(°)；

ρ_v——螺纹当量摩擦角，(°)，$\rho_v=\arctan\mu_v$，μ_v 为螺纹当量摩擦因数；

μ——螺母与被连接件支承面间的摩擦因数，见表 5-1-78；

K——拧紧力矩系数。

D_w、d_0 见图 5-1-3。

表 5-1-78 推荐的 μ 值供参考使用，较精确的数值应通过试验取得。

对于普通粗牙 M12~M64 螺纹，当量摩擦因数 $\mu_v=0.10\sim0.20$，取 $\mu=0.15$，则拧紧力矩系数 K 在 0.1~0.3

范围内变动，表 5-1-86 推荐的 K 值可供设计计算时参考。

表 5-1-86　　拧紧力矩系数 K

摩擦表面状态	精加工表面		一般加工表面		表面氧化		表面镀锌		干燥粗加工表面	
	有润滑	无润滑	有润滑	无润滑	有润滑	无润滑	有润滑	无润滑	有润滑	无润滑
K	0.10	0.12	0.13~0.15	0.18~0.21	0.20	0.24	0.18	0.22	—	0.26~0.30

一般来讲，K 值主要取决于两个摩擦副的摩擦因数 μ_v 和 μ，对标准螺栓来说，尺寸大小对 K 值的影响是很小的。为了进一步简化，一般机械中常假设 $\mu_v=\mu=\mu'$（此条件常近似符合工程实际），这样拧紧力矩的公式可简化为如下形式：

一般标准六角螺栓　　$K=1.25\mu'$，$T=1.25\mu' F' d$

小六角螺栓或圆柱头内六角螺钉　　$K=1.2\mu'$，$T=1.2\mu' F' d$

式中，$\mu_v \neq \mu$ 时，取 $\mu'=\dfrac{1}{2}(\mu_v+\mu)$。

3.5.2　预紧力的控制

预紧力的大小需根据螺栓组受力的大小和连接的工作要求决定。设计时首先保证所需的预紧力，又不应使连接结构的尺寸过大。一般规定拧紧后螺纹连接件预紧应力不得大于其材料的屈服点 σ_s 的 80%。对于一般连接用钢制螺栓，推荐的预紧力 F' 计算如下：

碳素钢螺栓　　$F'=(0.6\sim0.7)\sigma_s A_s$

合金钢螺栓　　$F'=(0.5\sim0.6)\sigma_s A_s$

式中　σ_s——螺栓材料的屈服点，MPa；

A_s——螺栓公称应力（螺纹危险）截面积，mm^2。

$$A_s=\frac{\pi}{4}\left(\frac{d_2+d_3}{2}\right)^2$$

$$d_3=d_1-\frac{H}{6}$$

式中　d_1——外螺纹小径，mm；

d_2——外螺纹中径，mm；

d_3——螺纹的计算直径，mm；

H——螺纹的原始三角形高度，mm。

对于重要的螺纹连接，必须有一套控制和测量预紧力的方法，常用的控制方法见表 5-1-87。

表 5-1-87　　控制螺栓预紧力的方法

<table>
<tr><th>控制预紧力的方法</th><th colspan="3">特 点 和 应 用</th></tr>
<tr><td rowspan="8">感觉法</td><td colspan="3">靠操作者在拧紧时的感觉和经验。拧紧 4.6 级螺栓施加在扳手上的拧紧力 F 如下：</td></tr>
<tr><td>M6</td><td>45N</td><td>只加腕力</td></tr>
<tr><td>M8</td><td>70N</td><td>加腕力和肘力</td></tr>
<tr><td>M10</td><td>130N</td><td>加全手臂力</td></tr>
<tr><td>M12</td><td>180N</td><td>加上半身力</td></tr>
<tr><td>M16</td><td>320N</td><td>加全身力</td></tr>
<tr><td>M20</td><td>500N</td><td>加上全身重量</td></tr>
<tr><td colspan="3">最经济简单，一般认为对有经验的操作者，误差可达±40%，用于普通的螺纹连接</td></tr>
<tr><td>力矩扳手法</td><td colspan="3">用测力矩扳手或定力矩扳手控制预紧力，是国内外长期以来应用广泛的控制预紧力的方法。费用较低，一般认为误差有±25%。若表面有涂层、支承面，螺纹表面质量较好，力矩扳手示值准确，则误差可显著减小。有润滑的控制效果较好</td></tr>
</table>

续表

控制预紧力的方法	特点和应用
测量螺栓伸长法	用于螺栓在弹性范围内时的预紧力控制。误差在±(3%~5%),使用麻烦,费用高。用于特殊需要的场合
螺母转角法	螺栓预紧达到预紧力 F' 时,所需的螺母转角 θ 由下式求得: $$\theta=\frac{360°}{P}\times\frac{F'}{C_L}$$ 式中 P——螺距,mm; C_L——螺栓的刚度,N/mm $$\frac{1}{C_L}=\frac{1}{E_L}\left(\frac{L_1}{A}+\frac{L_2+L_3}{A_s}\right)$$ 式中 E_L——螺栓材料的弹性模量,MPa; A——螺栓光杆部分截面积,mm^2; A_s——螺栓的公称应力截面积,mm^2 L_1、L_2、L_3 见右图,钢螺栓与钢螺孔 $L_3=0.5d$;钢螺栓与铸铁螺孔 $L_3=0.6d$ 采用此法,需先把螺栓副拧紧到"紧贴"位置,再转过角度 θ。误差为±15% (图中标注:L、d、L_1、L_2、L_3)
应变计法	在螺栓的无螺纹部分贴电阻应变片,以控制螺杆部分所受拉力,误差可控制在±1%以内,但费用昂贵
螺栓预胀法	对于较大的螺栓,如汽轮机螺栓,用电阻丝加热到一定温度后拧上螺母(不预紧),冷却后即产生预紧力。通过控制加热温度即可控制预紧力
液压拉伸法	用专门的液压拉伸装置拉伸螺栓,使其受一定轴向力,拧上螺母后,除去外力即可得到预期的预紧力

3.6 紧固件(螺纹连接)力学性能和材料

紧固件力学性能有关的标准共有 24 个,详细内容见表 5-1-88,其中有几个标准的名称在不同版本中有多次变更,使用时以本手册或最新版本为准。

表 5-1-88　　紧固件力学性能有关标准

序号	标准号	标准名称
01	GB/T 3098.1—2010	紧固件机械性能　螺栓、螺钉和螺柱
02	GB/T 3098.2—2015	紧固件机械性能　螺母
03	GB/T 3098.3—2016	紧固件机械性能　紧定螺钉
04	GB/T 3098.5—2016	紧固件机械性能　自攻螺钉
05	GB/T 3098.6—2023	紧固件机械性能　不锈钢螺栓、螺钉和螺柱
06	GB/T 3098.7—2000	紧固件机械性能　自挤螺钉
07	GB/T 3098.8—2010	紧固件机械性能　-220℃~+700℃使用的螺栓连接零件
08	GB/T 3098.9—2020	紧固件机械性能　有效力矩型钢锁紧螺母
09	GB/T 3098.10—1993	紧固件机械性能　有色金属制造的螺栓、螺钉、螺柱和螺母
10	GB/T 3098.11—2002	紧固件机械性能　自钻自攻螺钉
11	GB/T 3098.12—1996	紧固件机械性能　螺母锥形保证载荷试验
12	GB/T 3098.13—1996	紧固件机械性能　螺栓与螺钉的扭矩试验和破坏扭矩 公称直径 1~10mm
13	GB/T 3098.14—2000	紧固件机械性能　螺母扩孔试验
14	GB/T 3098.15—2023	紧固件机械性能　不锈钢螺母
15	GB/T 3098.16—2014	紧固件机械性能　不锈钢紧定螺钉
16	GB/T 3098.17—2000	紧固件机械性能　检查氢脆用预载荷试验　平行支承面法
17	GB/T 3098.18—2004	紧固件机械性能　盲铆钉试验方法
18	GB/T 3098.19—2004	紧固件机械性能　抽芯铆钉
19	GB/T 3098.20—2004	紧固件机械性能　蝶形螺母　保证扭矩
20	GB/T 3098.21—2014	紧固件机械性能　不锈钢自攻螺钉
21	GB/T 3098.22—2009	紧固件机械性能　细晶非调质钢螺栓、螺钉和螺柱
22	GB/T 3098.23—2020	紧固件机械性能　M42~M72 螺栓、螺钉和螺柱
23	GB/T 3098.24—2020	紧固件机械性能　高温用不锈钢和镍合金螺栓、螺钉、螺柱和螺母
24	GB/T 3098.25—2020	紧固件机械性能　不锈钢和镍合金钢紧固件选用指南

3.6.1 螺栓、螺钉和螺柱的材料、力学和物理性能（摘自 GB/T 3098.1—2010）

表 5-1-89　　螺栓、螺钉和螺柱的材料及其性能

性能等级	材料和热处理	化学成分(熔炼分析①)/%					回火温度/℃
		C		P	S	B②	
		最小	最大	最大	最大	最大	最小
4.6③④	碳钢或添加元素的碳钢	—	0.55	0.050	0.060	未规定	—
4.8④							
5.6③		0.13	0.55	0.050	0.060		
5.8④		—	0.55	0.050	0.060		
6.8④		0.15	0.55	0.050	0.060		
8.8⑥	添加元素(如硼或锰或铬)的碳钢淬火并回火	0.15⑤	0.40	0.025	0.025	0.003	425
	碳钢淬火并回火	0.25	0.55	0.025	0.025		
	合金钢淬火并回火⑦	0.20	0.55	0.025	0.025		
9.8⑥	添加元素(如硼或锰或铬)的碳钢淬火并回火	0.15⑤	0.40	0.025	0.025	0.003	425
	碳钢淬火并回火	0.25	0.55	0.025	0.025		
	合金钢淬火并回火⑦	0.20	0.55	0.025	0.025		
10.9⑥	添加元素(如硼或锰或铬)的碳钢淬火并回火	0.20⑤	0.55	0.025	0.025	0.003	425
	碳钢淬火并回火	0.25	0.55	0.025	0.025		
	合金钢淬火并回火⑦	0.20	0.55	0.025	0.025		
12.9⑥⑧⑨	合金钢淬火并回火⑦	0.30	0.50	0.025	0.025	0.003	425
$\underline{12.9}$⑥⑧⑨	添加元素(如硼或锰或铬或钼)的碳钢淬火并回火	0.28	0.50	0.025	0.025	0.003	380

① 有争议时，实施成品分析。

② 硼含量可达 0.005%，非有效硼由添加钛和/或铝控制。

③ 对 4.6 级和 5.6 级冷镦紧固件，为保证达到要求的塑性和韧性，可能需要对其冷镦用线材或冷镦紧固件产品进行热处理。

④ 这些性能等级允许采用易切钢制造，其硫、磷和铅的最大含量为：硫 0.34%；磷 0.11%，铅 0.35%。

⑤ 对碳含量低于 0.25%的添加硼的碳钢，其锰的最低含量分别为：8.8 级为 0.6%；9.8 级和 10.9 级为 0.7%。

⑥ 对这些性能等级用的材料，应有足够的淬透性，以确保紧固件螺纹截面的芯部在“淬硬”状态、回火前获得约 90%的马氏体组织。

⑦ 这些合金钢至少应含有下列的一种元素，其最小含量分别为：铬 0.30%；镍 0.30%；钼 0.20%；钒 0.10%。当含有两种、三种或四种复合的合金成分时，合金元素的含量不能少于单个合金元素含量总和的 70%。

⑧ 对 12.9/$\underline{12.9}$ 级表面不允许有金相能测出的白色磷化物聚集层。去除磷化物聚集层应在热处理前进行。

⑨ 当考虑使用 12.9/$\underline{12.9}$ 级，应谨慎从事。紧固件制造者的能力、服役条件和扳拧方法都应仔细考虑。除表面处理外，使用环境也可能造成紧固件的应力腐蚀开裂。

表 5-1-90　　螺栓、螺钉、螺柱的力学和物理性能

序号	力学和物理性能		性能等级									
			4.6	4.8	5.6	5.8	6.8	8.8		9.8 ($d\leqslant$16mm)	10.9	12.9/$\underline{12.9}$
								$d\leqslant$16mm①	$d>$16mm②			
1	抗拉强度 R_m/MPa	公称③	400		500		600	800		900	1000	1200
		最小	400	420	500	520	600	800	830	900	1040	1220
2	下屈服强度 R_{eL}④/MPa	公称③	240	—	300	—	—	—	—	—	—	—
		最小	240	—	300	—	—	—	—	—	—	—
3	规定非比例延伸 0.2%的应力 $R_{P0.2}$/MPa	公称③	—	—	—	—	—	640	640	720	900	1080
		最小	—	—	—	—	—	640	660	720	940	1100

续表

序号	力学和物理性能		4.6	4.8	5.6	5.8	6.8	8.8 $d\leqslant$ 16mm①	8.8 $d>$ 16mm②	9.8 ($d\leqslant$ 16mm)	10.9	12.9/12.9
			性能等级									
4	紧固件实物规定非比例延伸 0.0048d 的应力 R_{Pf}/MPa	公称③	—	320	—	400	480	—	—	—	—	—
		最小	—	340⑤	—	420⑤	480⑤	—	—	—	—	—
5	保证应力 S_P⑥/MPa	公称	225	310	280	380	440	580	600	650	830	970
	保证应力比	$S_{P,公称}/R_{eL,min}$ 或 $S_{P,公称}/R_{P0.2,min}$ 或 $S_{P,公称}/R_{Pf,min}$	0.94	0.91	0.93	0.90	0.92	0.91	0.91	0.90	0.88	0.88
6	机械加工试件的断后伸长率 A/%	最小	22	—	20	—	—	12	12	10	9	8
7	机械加工试件的断面收缩率 Z/%	最小	—					52		48	48	44
8	紧固件实物的断后伸长率 A_f(见 GB/T 3098.1—2010 附录 C)	最小	—	0.24	—	0.22	0.20	—	—	—	—	—
9	头部坚固性		不得断裂或出现裂缝									
10	维氏硬度 HV($F\geqslant$98N)	最小	120	130	155	160	190	250	255	290	320	385
		最大	220⑦				250	320	335	360	380	435
11	布氏硬度 HBW($F=30D^2$)	最小	114	124	147	152	181	245	250	286	316	380
		最大	209⑦				238	316	331	355	375	429
12	洛氏硬度 HRB	最小	67	71	79	82	89	—				
		最大	95.0⑦				99.5	—				
	洛氏硬度 HRC	最小	—					22	23	28	32	39
		最大	—					32	34	37	39	44
13	表面硬度 HV0.3	最大	—					⑧			⑧,⑨	⑧,⑩
14	螺纹未脱碳层的高度 E/mm	最小	—					1/2H_1			2/3H_1	3/4H_1
	螺纹全脱碳层的深度 G/mm	最大	—					0.015				
15	再回火后硬度 HV 的降低值	最大	—					20				
16	破坏扭矩 M_B/N·m	最小	—					按 GB/T 3098.13 的规定				
17	吸收能量 K_V⑪⑫/J	最小	—		27	—		27	27	27	27	⑬
18	表面缺陷		GB/T 5779.1⑭									GB/T 5779.3

① 数值不适用于栓接结构。

② 对栓接结构 $d\geqslant$M12。

③ 规定公称值，仅为性能等级标记制度的需要。

④ 在不能测定下屈服强度 R_{eL} 的情况下，允许测量规定非比例延伸 0.2%的应力 $R_{P0.2}$。

⑤ 对性能等级 4.8、5.8 和 6.8 的 $R_{Pf,min}$ 数值尚在调查研究中。表中数值是按保证载荷比计算给出的，而不是实测值。

⑥ 表 5-1-91 规定了保证载荷值。

⑦ 在紧固件的末端测定硬度时，应分别为 250HV、238HB 或 99.5HRB_{max}。

⑧ 当采用 HV0.3 测定表面硬度及芯部硬度时，紧固件的表面硬度不应比芯部硬度高出 30HV 单位。

⑨ 表面硬度不应超出 390HV。

⑩ 表面硬度不应超出 435HV。

⑪ 试验温度在−20℃下测定。

⑫适用于 $d\geqslant$16mm。

⑬ K_V 数值尚在调查研究中。

⑭ 由供需双方协议，可用 GB/T 5779.3 代替 GB/T 5779.1。

表 5-1-91　　**螺栓的保证载荷**（$A_s \times S_P$）

粗牙或细牙	螺纹规格 (d) 或 $(d \times P)$	螺纹公称应力截面积 $A_{s,公称}^{①}$/mm²	性能等级								
			4.6	4.8	5.6	5.8	6.8	8.8	9.8	10.9	12.9/12.9
			保证载荷 $F_P(A_{s,公称} \times S_{P,公称})$/N								
粗牙	M3	5.03	1130	1560	1410	1910	2210	2920	3270	4180	4880
	M3.5	6.78	1530	2100	1900	2580	2980	3940	4410	5630	6580
	M4	8.78	1980	2720	2460	3340	3860	5100	5710	7290	8520
	M5	14.2	3200	4400	3980	5400	6250	8230	9230	11800	13800
	M6	20.1	4520	6230	5630	7640	8840	11600	13100	16700	19500
	M7	28.9	6500	8960	8090	11000	12700	16800	18800	24000	28000
	M8	36.6	8240②	11400	10200②	13900	16100	21200②	23800	30400②	35500
	M10	58	13000②	18000	16200②	22000	25500	33700②	37700	48100②	56300
	M12	84.3	19000	26100	23600	32000	37100	48900③	54800	70000	81800
	M14	115	25900	35600	32200	43700	50600	66700③	74800	95500	112000
	M16	157	35300	48700	44000	59700	69100	91000③	102000	130000	152000
	M18	192	43200	59500	53800	73000	84500	115000	—	159000	186000
	M20	245	55100	76000	68600	93100	108000	147000	—	203000	238000
	M22	303	68200	93900	84800	115000	133000	182000	—	252000	294000
	M24	353	79400	109000	98800	134000	155000	212000	—	293000	342000
	M27	459	103000	142000	128000	174000	202000	275000	—	381000	445000
	M30	561	126000	174000	157000	213000	247000	337000	—	466000	544000
	M33	694	156000	215000	194000	264000	305000	416000	—	576000	673000
	M36	817	184000	253000	229000	310000	359000	490000	—	678000	792000
	M39	976	220000	303000	273000	371000	429000	586000	—	810000	947000
细牙	M8×1	39.2	8820	12200	11000	14900	17200	22700	25500	32500	38000
	M10×1.25	61.2	13800	19000	17100	23300	26900	355000	39800	50800	59400
	M10×1	64.5	14500	20000	18100	24500	28400	37400	41900	53500	62700
	M12×1.5	88.1	19800	27300	24700	33500	38800	51100	57300	73100	85500
	M12×1.25	92.1	20700	28600	25800	35000	40500	53400	59900	76400	89300
	M14×1.5	125	28100	38800	35000	47500	55000	72500	81200	104000	121000
	M16×1.5	167	37600	51800	46800	63500	73500	96900	109000	139000	162000
	M18×1.5	216	48600	67000	60500	82100	95000	130000	—	179000	210000
	M20×1.5	272	61200	84300	76200	103000	120000	163000	—	226000	264000
	M22×1.5	333	74900	103000	932000	126000	146000	200000	—	276000	323000
	M24×2	384	86400	119000	108000	146000	169000	230000	—	319000	372000
	M27×2	496	112000	154000	139000	188000	218000	298000	—	412000	481000
	M30×2	621	140000	192000	174000	236000	273000	373000	—	515000	602000
	M33×2	761	171000	236000	213000	289000	335000	457000	—	632000	738000
	M36×3	865	195000	268000	242000	329000	381000	519000	—	718000	839000
	M39×3	1030	232000	319000	288000	391000	453000	618000	—	855000	999000

① $A_{s,公称}$ 的计算见 GB/T 3098.1—2010 的 9.1.6.1。

② 6az 螺纹（GB/T 22029）的热浸镀锌紧固件，应按 GB/T 5267.3 中附录 A 的规定。

③ 对栓接结构为 50700N（M12）、68800N（M14）和 94500N（M16）。

GB/T 3098.1—2010 规定了由碳钢或合金钢制造的，在环境温度为 10~35℃ 条件下进行试验时，螺栓、螺钉和螺柱的力学和物理性能。GB/T 3098.1—2010适用的螺栓、螺钉和螺柱：粗牙螺纹M1.6～M39；细牙螺纹M8×1～M39×3；符合GB/T 192、GB/T 193、GB/T 197、GB/T 9145和GB/T 22029的规定。GB/T 3098.1—2010不适合于紧定螺钉及类似的不受拉力的螺纹紧固件。

GB/T 3098.1—2010未规定以下性能要求：可焊接性，耐腐蚀性，工作温度高于300℃（对10.9级为250℃）或低于-50℃的性能要求，耐剪切和耐疲劳性能。

3.6.2 螺母的力学性能和材料（摘自GB/T 3098.2—2015）

螺母按高度分为1型-标准螺母（最小高度 $m_{\min} \geqslant 0.8D$）、2型-高螺母（最小高度 $m_{\min} \approx 0.9D$ 或 $>0.9D$）和0型-薄螺母（最小高度 $0.45D \leqslant m_{\min} < 0.8D$），1型和2型螺母性能等级的代号由数字组成，它相当于可与其搭配使用的螺栓、螺钉或螺柱的最高性能等级中左边的数字。0型螺母的性能等级由两位数字组成，第一位为0，第二位是以MPa为单位的公称保证应力的百分之一。

表5-1-92　螺母型式和性能等级对应的公称直径范围

性能等级	公称直径范围 D/mm			搭配使用的螺栓、螺钉或螺柱的最高性能等级
	标准螺母(1型)	高螺母(2型)	薄螺母(0型)	
04	—	—	M5≤D≤M39 M8×1≤D≤M39×3	
05	—	—	M5≤D≤M39 M8×1≤D≤M39×3	
5	M5≤D≤M39 M8×1≤D≤M39×3	—	—	5.8
6	M5≤D≤M39 M8×1≤D≤M39×3	—	—	6.8
8	M5≤D≤M39 M8×1≤D≤M39×3	M16≤D≤M39 M8×1≤D≤M16×1.5	—	8.8
10	M5≤D≤M39 M8×1≤D≤M16×1.5	M5≤D≤M39 M8×1≤D≤M39×3	—	10.9
12	M5≤D≤M16	M5≤D≤M39 M8×1≤D≤M16×1.5	—	12.9/$\underline{12.9}$

表5-1-93　螺母硬度

性能等级	螺纹规格	粗牙螺纹 维氏硬度HV 最低	维氏硬度HV 最高	布氏硬度HB 最低	布氏硬度HB 最高	洛氏硬度HRC 最低	洛氏硬度HRC 最高	螺纹规格	细牙螺纹 维氏硬度HV 最低	维氏硬度HV 最高	布氏硬度HB 最低	布氏硬度HB 最高	洛氏硬度HRC 最低	洛氏硬度HRC 最高
04	M5≤D≤M16	188	302	179	287	—	30	M8×1≤D≤M16×1.5	188	302	179	287	—	30
	M16<D≤M39							M16×1.5<D≤M39×3						
05	M5≤D≤M16	272	353	259	336	26	36	M8×1≤D≤M16×1.5	272	353	259	336	26	36
	M16<D≤M39							M16×1.5<D≤M39×3						
5	M5≤D≤M16	130	302	124	287	—	30	M8×1≤D≤M16×1.5	175	302	166	287	—	30
	M16<D≤M39	146		139				M16×1.5<D≤M39×3	190		181		—	
6	M5≤D≤M16	150	302	143	287	—	30	M8×1≤D≤M16×1.5	188	302	179	287	—	30
	M16<D≤M39	170		162				M16×1.5<D≤M39×3	233		221		—	
8	M5≤D≤M16	200	302	190	287	—	30	M8×1≤D≤M16×1.5	250[④]	353[⑤]	238[④]	336[⑤]	22.2[④]	36[⑤]
	M16<D≤M39	233[①]	353[②]	221[①]	336[②]	—	36[②]	M16×1.5<D≤M39×3	295	353	280	336	29.2	36
10	M5≤D≤M16	272	353	259	336	26	36	M8×1≤D≤M16×1.5	295[⑥]	353	280[④]	336	29[⑥]	36
	M16<D≤M39							M16×1.5<D≤M39×3	260		247		24	

续表

性能等级	螺纹规格	粗牙螺纹 维氏硬度 HV 最低	最高	布氏硬度 HB 最低	最高	洛氏硬度 HRC 最低	最高	螺纹规格	细牙螺纹 维氏硬度 HV 最低	最高	布氏硬度 HB 最低	最高	洛氏硬度 HRC 最低	最高
12	M5≤D≤M16	295[③]	353	280[③]	336	29[③]	36	M8×1≤D≤M16×1.5	295	353	280	336	29	36
	M16<D≤M39	272		295		26		M16×1.5<D≤M39×3	—	—	—	—	—	—

M5以下1型螺母维氏硬度HV

螺纹规格	M3					M3.5					M4				
性能等级	5	6	8	10	12	5	6	8	10	12	5	6	8	10	12
维氏硬度HV	151	178	233	284	347	157	184	240	294	357	147	174	228	277	337

① 对高螺母（2型）的最低硬度值：180HV（171HB）。
② 对高螺母（2型）的最高硬度值：302HV（287HB；30HRC）。
③ 对高螺母（2型）的最低硬度值：272HV（259HB；26HRC）。
④ 对高螺母（2型）的最低硬度值：195HV（185HB）。
⑤ 对高螺母（2型）的最高硬度值：302HV（287HB；30HRC）。
⑥ 对高螺母（2型）的最低硬度值：250HV（238HB；22.2HRC）。

GB/T 3098.2规定了在环境温度为10~35℃条件下进行试验时，由碳钢或合金钢制造的粗牙螺纹和细牙螺纹螺母的力学和物理性能。在该环境温度条件下符合该标准的螺母，在较高或较低温度下，有可能达不到规定的力学和物理性能。该标准适合的螺母：粗牙螺纹的规格为M16≤D≤M39，细牙螺纹的规格为M8×1≤D≤M39×3；符合GB/T 192、GB/T 193、GB/T 9144的规定；对边宽度符合GB/T 3104或相当的规定；公称高度不小于0.45D。

该标准不适用于有特殊性能要求的螺母，如要求有锁紧性能（GB/T 3098.9）、可焊接性、耐腐蚀性（GB/T 3098.15）的螺母及工作温度高于300℃或低于-50℃的螺母。

最低温度仅对经热处理的螺母或规格太大而不能进行保证载荷试验时，才是强制的；对其他螺母是指导性的。对不淬火回火，而又能满足保证载荷试验的螺母，最低硬度应不作为拒收理由。

对易切钢制造的螺母不能用于250℃以上；对特殊产品，如用于高强度螺栓和热浸镀锌的螺母，有关数据见产品标准。

配合件的螺纹公差大于6H/6g时，将增加脱扣危险。

在其他公差或大于6H的情况下，应考虑降低脱扣强度。

薄螺母作为锁紧螺母使用时，应与一个标准螺母或高螺母一同使用，安装时，应先将薄螺母拧到装配零件上，然后再将标准螺母或高螺母拧到薄螺母上。

螺母螺纹公差为6H的基本偏差大于零的螺母（如热浸镀锌螺母：6AZ、6AX），则可能降低其螺纹的脱扣强度。薄螺母（0型）较标准螺母或高螺母降低了承载能力，故不应设计适用于抗脱扣的场合。

一般来讲，性能等级较高的螺母，可以替换性能等级较低的螺母，螺栓-螺母组合件的应力高于螺栓的屈服点或保证应力是可行的。

对于性能等级为10、12的螺母，为改善其力学性能，必要时，可增添合金元素。

性能等级为05、8（D>M16、1型螺母）、10和12的粗牙螺母应进行淬火并回火处理。

性能等级为05、6（D>M16、1型螺母）、10和12的细牙螺母应进行淬火并回火处理。

表5-1-94　　螺母的材料和热处理

螺母性能等级			材料与热处理	化学成分(熔炼分析[①])/% C 最大	Mn 最小	P 最大	S 最大
粗牙螺纹	04[③]		碳钢[④]	0.58	0.25	0.60	0.150
	05[③]		碳钢 淬火并回火[⑤]	0.58	0.30	0.048	0.058
	5[②]		碳钢[④]	0.58	—	0.60	0.150
	6[②]		碳钢[④]	0.58	—	0.60	0.150
	8	高螺母(2型)	碳钢[④]	0.58	0.25	0.60	0.150

续表

螺母性能等级			材料与热处理	化学成分(熔炼分析①)/%			
				C	Mn	P	S
				最大	最小	最大	最大
粗牙螺纹	8	标准螺母(1型)$D \leqslant M16$	碳钢④	0.58	0.25	0.60	0.150
	8③	标准螺母(1型)$D>M16$	碳钢 淬火并回火⑤	0.58	0.30	0.048	0.058
	10		碳钢 淬火并回火⑤	0.58	0.30	0.048	0.058
	12③		碳钢 淬火并回火⑤	0.58	0.45	0.048	0.058
细牙螺纹	04②		碳钢④	0.58	0.25	0.060	0.150
	05③		碳钢 淬火并回火⑤	0.58	0.30	0.048	0.058
	5②		碳钢④	0.58	—	0.060	0.150
	6②	$D \leqslant M16$	碳钢④	0.58	—	0.060	0.150
	6②	$D>M16$	碳钢 淬火并回火⑤	0.58	0.30	0.048	0.058
	8	高螺母(2型)	碳钢④	0.58	0.25	0.060	0.150
	8③	标准螺母(1型)	碳钢 淬火并回火⑤	0.58	0.30	0.048	0.058
	10③		碳钢 淬火并回火⑤	0.58	0.30	0.048	0.058
	12③		碳钢 淬火并回火⑤	0.58	0.45	0.048	0.058

① 有争议时，实施成品分析。

② 根据供需协议，这些性能等级的螺母可以用易切钢制造。其硫、磷和铅的最大含量为：S0.34%；P0.11%；Pb0.35%。

③ 为满足力学性能的要求，可能需要添加合金元素。

④ 由制造者选择，可以淬火并回火。

⑤ 对这些性能等级的材料，应有足够的淬透性，以确保紧固件基体金属在“淬硬”状态，回火前，在螺母螺纹截面中获得约90%的马氏体组织。

注：“—”未规定极限。

表 5-1-95　　六角螺母的最小高度　　mm

螺纹规格 D	对边宽度 S	螺母高度			
		标准螺母(1型)		高螺母(2型)	
		m_{min}	m_{min}/D	m_{min}	m_{min}/D
M5	8	4.40	0.88	4.80	0.96
M6	10	4.90	0.82	5.40	0.90
M7	11	6.14	0.88	6.84	0.98
M8	13	6.44	0.81	7.14	0.90
M10	16	8.04	0.80	8.94	0.89
M12	18	10.37	0.86	11.57	0.96
M14	21	12.10	0.86	13.40	0.96
M16	24	14.10	0.88	15.70	0.98
M18	27	15.10	0.84	16.90	0.94
M20	30	16.90	0.85	19.00	0.95
M22	34	18.10	0.82	20.50	0.93
M24	36	20.20	0.84	22.60	0.94
M27	41	22.50	0.83	25.40	0.94
M30	46	24.30	0.81	27.30	0.91
M33	50	27.40	0.83	30.90	0.94
M36	55	29.40	0.82	33.10	0.92
M39	60	31.80	0.82	35.90	0.92

表 5-1-96　　粗牙螺纹螺母的保证载荷

螺纹规格 D	螺距 P /mm	保证载荷/N						
		性能等级						
		04	05	5	6	8	10	12
M5	0.8	5400	7100	8250	9500	12140	14800	16300
M6	1	7640	10000	11700	13500	17200	20900	23100
M7	1	11000	14500	16800	19400	24700	30100	33200
M8	1.25	13900	18300	21600	24900	31800	38100	42500
M10	1.5	22000	29000	34200	39400	50500	60300	67300
M12	1.75	32000	42200	51400	59000	74200	88500	100300
M14	2	43700	57500	70200	80500	101200	120800	136900
M16	2	59700	78500	95800	109900	138200	164900	186800
M18	2.5	73000	96000	121000	138200	176600	203500	230400
M20	2.5	93100	122500	154400	176400	225400	259700	294000
M22	2.5	115100	151500	190900	218200	278800	321200	363600
M24	3	134100	176500	222400	254200	324800	374200	423600
M27	3	174400	229500	289200	330500	422300	486500	550800
M30	3.5	213200	280500	353400	403900	516100	594700	673200
M33	3.5	263700	347000	437200	499700	638500	735600	832800
M36	4	310500	408500	514700	588200	751600	866000	980400
M39	4	370900	488000	614900	702700	897900	1035000	1171000

表 5-1-97　　细牙螺纹螺母的保证载荷

螺纹规格 D×P /mm	保证载荷/N						
	性能等级						
	04	05	5	6	8	10	12
M8×1	14900	19600	27000	30200	37400	43100	47000
M10×1	24500	32200	44500	49700	61600	71000	77400
M10×1.25	23300	30600	44200	47100	58400	67300	73400
M12×1.25	35000	46000	63500	71800	88000	102200	110500
M12×1.5	33500	44000	60800	68700	84100	97800	105700
M14×1.5	47500	62500	86300	97500	119400	138800	150000
M16×1.5	63500	83500	115200	130300	159500	185400	200400
M18×1.5	81700	107500	154800	187000	221500	232200	—
M18×2	77500	102000	146900	177500	210100	220300	—
M20×1.5	103400	136000	195800	236600	280200	293800	—
M20×2	98000	129000	185800	224500	265700	278600	—
M22×1.5	126500	166500	239800	289700	343000	359600	—
M22×2	120800	159000	229000	276700	327500	343400	—
M24×2	145900	192000	276500	334100	395500	414700	—
M27×2	188500	248000	351100	431500	510900	536700	—
M30×2	236000	310500	447100	540300	639600	670700	—
M33×2	289200	380500	547900	662100	783800	821900	—
M36×3	328700	432500	622800	804400	942800	934200	—
M39×3	391400	515000	741600	957900	1123000	1112000	—

3.6.3 紧定螺钉的力学性能（摘自 GB/T 3098.3—2016）

表 5-1-98 紧定螺钉的力学性能

硬度等级	力学性能												材料					
	维氏硬度 HV10		布氏硬度 HBW（$F=30D^2$）		洛氏硬度				螺纹未脱碳层的高度 E_{min} /mm	全脱碳层的深度 G_{max}/mm	表面硬度 HV0.3	无增碳 HV0.3	钢的类别	热处理	化学成分/%			
					HRB		HRC								C		P	S
	最小	最大	最小	最大	最小	最大	最小	最大			最大	最大			最大	最小	最大	最大
14H	140	290	133	276	75	105	—	—	—	—	—	—	碳钢	—	0.50	—	0.11	0.15
22H	220	300	209	285	95	①	①	30	$\frac{1}{2}H_1$	0.015	320	③	碳钢	淬火并回火	0.50	0.19	0.05	0.05
33H	330	440	314	418	—	—	33	44	$\frac{2}{3}H_1$	0.015	450	③	碳钢	淬火并回火	0.50	0.19	0.05	0.05
45H	450	560	428	532	—	—	45	53	$\frac{3}{4}H_1$	②	580	③	碳钢	淬火并回火	0.50	0.45	0.05	0.05
													添加元素的碳钢	淬火并回火	0.50	0.28	0.05	0.05
													合金钢	淬火并回火	0.50	0.30	0.05	0.05

① 对 22H 级如进行洛氏硬度试验时，需要采用 HRB 试验最小值和 HRC 试验最大值。

② 对 45H 级不允许有全脱碳层。

③ 当采用 HV0.3 测定表面硬度及芯部硬度时，紧固件的表面硬度不应比芯部硬度高出 30HV 单位。

注：1. 该标准规定了由碳钢或合金钢制造的、在环境温度为 10~35℃ 条件下进行测试时，粗牙螺纹 M1.6~M30、细牙螺纹 M8×1~M30×2 的紧定螺钉及类似的规定硬度等级的仅适用于压应力的螺纹紧固件的力学和物理性能；不适用于特殊性能要求的紧定螺钉，如规定拉应力、可焊接性、耐腐蚀性、工作温度高于 300℃ 或低于-50℃ 的要求。

2. 硬度等级的标记代号由数字和字母组成。数字表示最低的维氏硬度的 1/10；字母 H 表示硬度。

3. 内六角紧定螺钉没有 14H、22H 级。

4. H_1 为最大实体条件下外螺纹的牙型高度。

3.6.4 自攻螺钉的力学性能（摘自 GB/T 3098.5—2016）

表 5-1-99　　　　自攻螺钉的力学性能

<table>
<tr><td rowspan="4">力学性能</td><td colspan="6">渗碳层深度</td><td>表面硬度</td><td>芯部硬度</td><td colspan="13">最小破坏扭矩/N・m</td></tr>
<tr><td colspan="2">螺纹规格</td><td>ST2.2
ST2.6</td><td>ST2.9
ST3.3
ST3.5</td><td>ST3.9
ST4.2
ST4.8
ST5.5</td><td>ST6.3
ST8
ST9.5</td><td rowspan="3">大于或等于
450HV0.3</td><td rowspan="3">≤ST3.9
270HV5~
370HV5；
≥ST4.2
270HV10~
370HV10</td><td>螺纹规格</td><td>ST2.2</td><td>ST2.6</td><td>ST2.9</td><td>ST3.3</td><td>ST3.5</td><td>ST3.9</td><td>ST4.2</td><td>ST4.8</td><td>ST5.5</td><td>ST6.3</td><td>ST8</td><td>ST9.5</td></tr>
<tr><td rowspan="2">渗碳层深度/mm</td><td>最小</td><td>0.04</td><td>0.05</td><td>0.10</td><td>0.15</td><td>螺纹大径/mm（最大）</td><td>2.24</td><td>2.57</td><td>2.90</td><td>3.30</td><td>3.53</td><td>3.91</td><td>4.22</td><td>4.80</td><td>5.46</td><td>6.25</td><td>8.00</td><td>9.5</td></tr>
<tr><td>最大</td><td>0.10</td><td>0.18</td><td>0.23</td><td>0.28</td><td>破坏扭矩/N・m（最小）</td><td>0.45</td><td>0.90</td><td>1.5</td><td>2.0</td><td>2.7</td><td>3.4</td><td>4.4</td><td>6.3</td><td>10.0</td><td>13.6</td><td>30.5</td><td>68.0</td></tr>
</table>

注：1. 该标准规定了渗碳钢自攻螺钉的性能及相应的试验方法。其螺纹应符合 GB/T 5280，螺纹规格为 ST2.2~ST9.5。

2. 在渗碳层与芯部之间的显微组织不应呈现带状亚共析铁素体。

3. 当自攻螺钉拧入试验板时，能攻出与其匹配的内螺纹，而自攻螺钉的螺纹不应损坏。

3.6.5 自挤螺钉的力学性能（摘自 GB/T 3098.7—2000）

表 5-1-100　　　　自挤螺钉的力学性能

<table>
<tr><td colspan="14">力学性能</td><td colspan="14">材　料</td></tr>
<tr><td colspan="12">表面渗碳层深度</td><td>表面硬度</td><td>芯部硬度</td><td rowspan="3">扭矩分类</td><td colspan="10">最小破坏扭矩(A),最大拧入扭矩(B)/N・m</td><td colspan="3">化学成分/%</td></tr>
<tr><td colspan="2" rowspan="2">螺纹公称直径/mm</td><td rowspan="2">2</td><td rowspan="2">2.5</td><td rowspan="2">3</td><td rowspan="2">3.5</td><td rowspan="2">4</td><td rowspan="2">5</td><td rowspan="2">6</td><td rowspan="2">8</td><td rowspan="2">10</td><td rowspan="2">12</td><td rowspan="4">最低
450HV0.3</td><td rowspan="4">290~
370HV10</td><td colspan="10">螺纹公称直径/mm</td><td rowspan="2">分析</td><td rowspan="2">碳</td><td rowspan="2">锰</td></tr>
<tr><td>2</td><td>2.5</td><td>3</td><td>3.5</td><td>4</td><td>5</td><td>6</td><td>8</td><td>10</td><td>12</td></tr>
<tr><td rowspan="2">表面渗碳层深度/mm</td><td>最小</td><td colspan="2">0.04</td><td colspan="2">0.05</td><td colspan="2">0.10</td><td colspan="2">0.15</td><td colspan="2">0.15</td><td>A</td><td>0.5</td><td>1.2</td><td>2.1</td><td>3.4</td><td>4.9</td><td>10</td><td>17</td><td>42</td><td>85</td><td>150</td><td>桶样</td><td>0.15~0.25</td><td>0.70~1.65</td></tr>
<tr><td>最大</td><td colspan="2">0.12</td><td colspan="2">0.18</td><td colspan="2">0.25</td><td colspan="2">0.28</td><td colspan="2">0.32</td><td>B</td><td>0.3</td><td>0.6</td><td>1.1</td><td>1.7</td><td>2.5</td><td>5</td><td>8.5</td><td>21</td><td>43</td><td>75</td><td>检验</td><td>0.13~0.27</td><td>0.64~1.71</td></tr>
</table>

注：1. 该标准规定了表面淬火并回火的自挤螺钉的技术条件。符合该标准的自挤螺钉能挤出多种普通（内）螺纹，其公称直径范围为 2~12mm，用于机电产品。自挤螺钉应由渗碳钢冷镦制造。GB/T 3098.1 不适用于按该标准制造的螺钉。

2. 通过添加钛和（或）铝使硼受到控制，硼含量可达 0.005%。

3.6.6 不锈钢螺栓、螺钉和螺柱的力学性能（摘自 GB/T 3098.6—2023）

GB/T 3098.6—2023 规定了由耐腐蚀不锈钢制造的粗牙和细牙螺纹螺栓、螺钉和螺柱（以下简称紧固件），在环境温度为 10~35℃条件下测试时的力学和物理性能。规定了与奥氏体、马氏体、铁素体和双相（奥氏体-铁素体）不锈钢紧固件组别对应的性能等级。该标准适用的范围为：粗牙螺纹 M1.6~M39，细牙螺纹 M8×1~M39×3。

紧固件的不锈钢组别和性能等级的标记制度由短横线隔开的两部分组成：第一部分标记不锈钢组别；第二部分标记紧固件性能等级。不锈钢组别（第一部分）由字母和一位数字组成；字母规定了不锈钢类别，A 为奥氏体不锈钢，C 为马氏体不锈钢，F 为铁素体不锈钢，D 为双相不锈钢；一位数字表示化学成分范围。性能等级（第二部分）标记由 2~3 位数字组成，该数字对应于紧固件最小抗拉强度的 1/10。图 5-1-4 是不锈钢组别和性能等级标记制度。

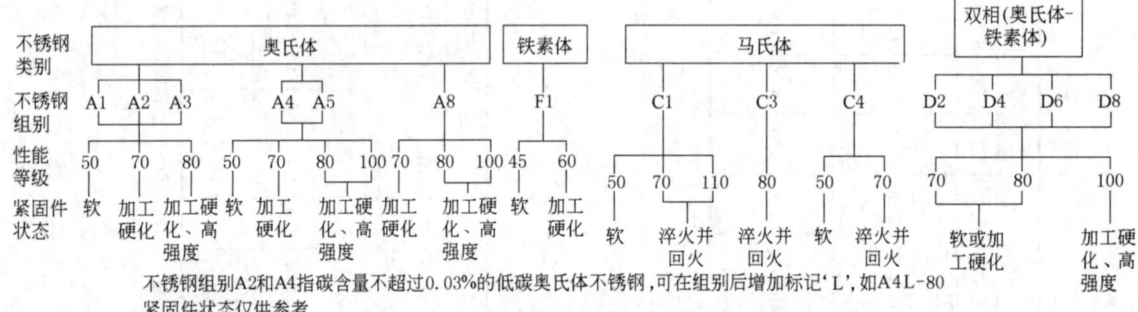

图 5-1-4 不锈钢组别和性能等级标记制度

不锈钢螺栓、螺钉、螺柱分为全承载能力和降低承载能力两大类。

全承载能力不锈钢螺栓和螺钉是指头部强度大于螺纹部分和无螺纹杆部或全螺纹螺栓和螺钉，且满足最小拉力载荷的不锈钢螺栓和螺钉；头部强度小于螺纹部分和无螺纹杆部或无螺纹杆径 $d_s<d_2$ 的不锈钢螺栓和螺钉称为降低强度（承载能力）不锈钢螺栓和螺钉。

全承载能力不锈钢螺柱：无螺纹杆径 $d_s \approx d_2$ 或 $d_s>d_2$，且满足最小拉力载荷的不锈钢螺柱。无螺纹杆径 $d_s<d_2$ 的不锈钢螺柱称为降低强度（承载能力）不锈钢螺柱。

表 5-1-101　用来制造螺栓、螺钉和螺柱的不锈钢化学成分

类别	组别	化学成分①（熔炼分析②）/%										
		C	Si	Mn	P	S	Cr	Mo	Ni	Cu	N	其他元素
奥氏体不锈钢	A1	0.12	1.00	6.5	0.020	0.150~0.350	16.0~19.0	0.70	5.0~10.0	1.75~2.25	—	③④⑤
	A2	0.10	1.00	2.00	0.050	0.030	15.0~20.0	⑥	8.0~19.0	4.00	—	⑦⑧
	A3	0.08	1.00	2.00	0.045	0.030	17.0~19.0	⑥	9.0~12.0	1.00	—	5C≤Ti≤0.80 和/或 10C≤Nb≤1.00
	A4	0.08	1.00	2.00	0.045	0.030	16.0~18.5	2.00~3.00	10.0~15.0	4.00	—	⑧⑨
	A5	0.08	1.00	2.00	0.045	0.030	16.0~18.5	2.00~3.00	10.5~14.0	1.00	—	5C≤Ti≤0.80 和/或 10C≤Nb≤1.00⑨
	A8	0.03	1.00	2.00	0.045	0.030	19.0~22.0	6.00~7.00	17.5~26.0	1.50	—	—
马氏体不锈钢	C1	0.09~0.15	1.00	1.00	0.050	0.03	11.5~14.0	—	1	—	—	⑨
	C3	0.17~0.25	1.00	1.00	0.040	0.03	16.0~18.0	—	1.5~2.5	—	—	—
	C4	0.08~0.15	1.00	1.50	0.060	0.150~0.350	12.0~14.0	0.6	1.00	—	—	③⑨

续表

类别	组别	化学成分①(熔炼分析②)/%										
		C	Si	Mn	P	S	Cr	Mo	Ni	Cu	N	其他元素
铁素体不锈钢	F1	0.08	1.00	1.00	0.040	0.030	15.0~18.0	⑥	1.00	—	—	⑩
双相不锈钢	D2	0.04	1.00	6.00	0.040	0.030	19.0~24.0	0.10~1.00	1.50~5.5	3.00	0.05~0.20	Cr+3.3Mo+16N≤24.0⑪
	D4	0.04	1.00	6.00	0.040	0.030	21.0~25.0	0.10~2.00	1.00~5.5	3.00	0.05~0.30	24.0<Cr+3.3Mo+16N⑪
	D6	0.03	1.00	2.00	0.040	0.015	21.0~23.0	2.50~3.50	4.5~6.5	—	0.08~0.35	—
	D8	0.03	1.00	2.00	0.035	0.015	24.0~26.0	3.00~4.50	6.0~8.0	2.50	0.20~0.35	W≤1.00

① 根据材料标准，除非另有说明，否则数值均为最大值，所显示的位数应符合一般规则，参见 EN 10088（所有部分）。
② 如有争议，实施成品分析。
③ 可以用硒代替硫，但其使用可能受到限制。
④ 如果镍含量小于 8.0%，则锰的最小含量应为 5.0%。
⑤ 如果镍含量大于 8.0%，对铜的最小含量不予限制。
⑥ 钼含量由制造者确定，但对某些使用场合，如有必要限定钼的极限含量，则应在订单中由用户注明。
⑦ 如果铬含量低于 17.0%，则镍的最小含量宜为 12.0%。
⑧ 对最大碳含量为 0.030% 的奥氏体不锈钢，氮含量最高不应超过 0.22%。
⑨ 对较大直径的产品，为达到规定的力学性能，可由制造者确定采用较高的碳含量，但对奥氏体不锈钢碳含量不应超过 0.12%。
⑩ 可含钛和/或铌以提高耐腐蚀性。
⑪ 此公式仅用于根据该标准对双相不锈钢进行分组（不用于耐腐蚀性的选择标准）。

表 5-1-102　不锈钢螺栓、螺钉和螺柱的力学性能

类别	组别	性能等级	抗拉强度 R_m① /MPa（最小）	规定塑性延伸率为 20% 的应力 R_{pf}② /MPa（最小）	断后伸长量 A/MPa（最小）	硬度		
						HV	HRC	HBW
奥氏体不锈钢	A1、A2、A3	50	500	210	0.6d	—	—	—
		70	700	450	0.4d	—	—	—
		80	800	600	0.3d	—	—	—
	A4、A5	50	500	210	0.6d	—	—	—
		70	700	450	0.4d	—	—	—
		80	800	600	0.3d	—	—	—
		100	1000	800	0.2d	—	—	—
	A8	70	700	450	0.4d	—	—	—
		80	800	600	0.3d	—	—	—
		100	1000	800	0.2d	—	—	—
双相不锈钢	D2、D4、D6、D8	70	700	450	0.4d	—	—	—
		80	800	600	0.3d	—	—	—
		100	1000	800	0.2d	—	—	—
马氏体不锈钢	C1	50	500	250	0.2d	155~220	—	147~209
		70	700	410	0.2d	220~330	20~34	209~314
		110③	1100	820	0.2d	350~440	36~45	—
	C3	80	800	640	0.2d	240~340	21~35	228~323
	C4	50	500	250	0.2d	155~220	—	147~209
		70	700	410	0.2d	220~330	20~34	209~314
铁素体不锈钢	F1④	45	450	250	0.2d	135~220	—	128~209
		60	600	410	0.2d	180~285	—	171~271

① 最小拉力载荷（F_{mf}）按表 5-1-103 选取。
② 在 R_{pf} 的最小载荷（F_{pf}），按表 5-1-104 选取。
③ 淬火并回火，最低回火温度 275℃。
④ 仅适用于螺纹公称直径 d≤24mm。

表 5-1-103　　　　　　　　　　标准件的最小拉力载荷-粗牙和细牙

螺纹规格 $D\times P$	公称应力截面积 $A_{s公称}$ /mm^2	最小拉力载荷 F_{mf}/N(100000N 以内圆整到上一个 10N,100000N 以上圆整到上一个 100N)									
		奥氏体和双相不锈钢				马氏体不锈钢				铁素体不锈钢	
		50①	70	80	100	50	70	80	110	45	60
M3	5.03	2520	3530	4030	5040	2520	3530	4030	55440	2270	3020
M3.5	6.78	3390	4750	5430	6780	3390	4750	5430	7460	3050	4070
M4	8.78	4390	6150	7030	8780	4390	6150	7030	9960	3960	5270
M5	14.2	7100	9930	11350	14190	7100	9930	11350	15610	6390	8510
M6	20.1	10700	14090	16100	20130	10070	14090	16100	22140	9060	12080
M7	28.9	14430	20210	23090	28860	14430	20210	23090	31750	12990	17320
M8	36.6	18310	25630	29290	36610	18310	25630	29290	40270	16480	21970
M8×1	39.2	19590	27420	31340	39170	19590	27420	31340	43090	17630	23510
M10	58.0	29000	40600	46400	57990	29000	40600	46400	63790	26100	34800
M10×1.25	61.2	30600	42840	48960	61200	30600	42840	48960	67320	27540	36720
M10×1	64.5	32250	45150	51600	64500	32250	45150	51600	70950	29030	38700
M12	84.3	42140	58990	67420	84270	42140	58990	67420	92700	37920	50560
M12×1.5	88.1	44070	61690	70510	88130	44070	61690	70510	96940	39660	52880
M12×1.25	92.1	46040	64460	73660	92080	46040	64460	73660	101300	41440	55250
M14	115	57720	80810	92360	115500	57720	80810	92360	127000	51950	69270
M14×1.5	125	62280	87190	99640	124600	62280	87190	99640	137100	56050	74730
M16	157	78340	109700	125400	156700	78340	109700	125400	172400	70510	94010
M16×1.5	167	83630	117100	133800	167300	83630	117100	133800	184000	75270	100400
M18	192	96240	134800	154000	192500	96240	134800	154000	211800	86620	115500
M18×1.5	216	108200	151400	173000	216300	108200	151400	173000	237900	97310	129800
M20	245	122400	171400	195900	244800	122400	171400	195900	269300	110200	146900
M20×2	258	129000	180600	206400	258000	129000	180600	206400	283800	116100	154800
M20×1.5	272	135800	190100	217300	271600	135800	190100	217300	298700	122200	163000
M22	303	151700	212400	242800	303400	151700	2124000	242800	3338000	136600	182100
M22×1.5	333	166600	233200	266500	333100	166600	233200	266500	366400	149900	199900
M24	353	176300	246800	282100	352600	176300	246800	282100	387800	158700	211600
M24×2	384	1923000	269100	307600	384500	192300	269100	307600	422900	173000	230700
M27	459	229800	321600	367600	459500	229800	321600	367600	505400	—	—
M27×2	496	247900	347100	396600	495800	247900	347100	396600	545400	—	—
M30	561	280300	392500	448500	560600	280300	392500	448500	616700	—	—
M30×2	621	310700	434900	497000	621300	310700	434900	497000	683400	—	—
M33	694	346800	485500	554900	693600	346800	485500	554900	763000	—	—
M33×2	761	380400	532600	608700	760800	380400	532600	608700	836900	—	—
M36	817	408400	571800	653400	816800	408400	571800	653400	898400	—	—
M36×3	865	432500	605500	692000	865000	432500	605500	692000	951500	—	—
M39	976	487900	683100	780700	975800	487900	683100	780700	1073400	—	—
M39×3	1030	514200	719900	822800	1028400	514200	719900	822800	1131300	—	—

① 性能等级 50 仅指奥氏体不锈钢 A1～A5 组别。

表 5-1-104　　　　　规定塑性延伸率为 0.2% 时标准件的最小拉力载荷-粗牙和细牙

螺纹规格 $D\times P$	公称应力截面积 $A_{s公称}$ /mm^2	最小拉力载荷 F_{pf}/N(100000N 以内圆整到上一个 10N,100000N 以上圆整到上一个 100N)									
		奥氏体和双相不锈钢				马氏体不锈钢				铁素体不锈钢	
		50①	70	80	100	50	70	80	110	45	60
M3	5.03	1060	2270	3020	4030	1260	2070	3220	4130	1260	2070
M3.5	6.78	1430	3050	4070	5430	1700	2780	4340	5560	1700	2780
M4	8.78	1850	3960	5270	7030	2200	3600	5630	7200	2200	3600
M5	14.2	2980	6390	8510	11350	3550	5820	9080	11630	3550	5820

续表

螺纹规格 $D \times P$	公称应力截面积 $A_{s公称}$ /mm²	最小拉力载荷 F_{pf}/N(100000N 以内圆整到上一个 10N,100000N 以上圆整到上一个 100N)									
		奥氏体和双相不锈钢				马氏体不锈钢				铁素体不锈钢	
		50①	70	80	100	50	70	80	110	45	60
M6	20.1	4230	9060	12080	16100	5040	8260	12880	16510	5040	8260
M7	28.9	6070	12990	17320	23090	7220	11840	18480	23670	7220	11840
M8	36.6	7690	16480	21970	29290	9160	15010	23430	30020	9160	15010
M8×1	39.2	8230	17630	23510	31340	9800	16060	25070	32120	9800	16060
M10	58.0	12180	26100	34800	46400	14500	23780	37120	47560	14500	23780
M10×1.25	61.2	12860	27540	36720	48960	15300	25100	39170	50190	15300	25100
M10×1	64.5	13550	29030	38700	51600	16130	26450	41280	52890	16130	26450
M12	84.3	17700	37920	50560	67420	21070	34500	53940	69100	21070	34550
M12×1.5	88.1	18510	39660	52880	70510	22040	36140	56410	72270	22040	36140
M12×1.25	92.1	19340	41440	55250	73660	23020	37750	58930	75500	23020	37750
M14	115	24250	51950	69270	92360	28860	47340	73890	94670	28860	47340
M14×1.5	125	26160	56050	74730	99640	31140	51070	79710	102200	31140	51070
M16	157	32910	70510	94010	125400	39170	64240	100300	128500	39170	64240
M16×1.5	167	35130	75270	100400	133800	41820	68580	107100	137200	41820	68580
M18	192	40420	86620	115500	154000	48120	78920	123200	157900	48120	78920
M18×1.5	216	45410	97310	129800	173000	54060	88660	138400	177400	50460	88660
M20	245	51410	110200	146900	195900	61200	100400	156700	200800	61200	100400
M20×2	258	54180	116100	154800	206400	54180	116100	154800	211600	54180	116100
M20×1.5	272	57020	122200	163000	217300	67880	111400	173800	222700	67880	111400
M22	303	63720	136600	182100	242800	75850	124400	194200	248800	75850	124400
M22×1.5	333	69950	149900	199900	266500	83270	136600	213200	273200	83270	136600
M24	353	74030	158700	211600	282100	88130	144600	225700	289100	88130	144600
M24×2	384	80730	173000	230700	307600	96110	157700	246100	315300	96110	157700
M27	459	96480	206800	275700	367600	114900	188400	294100	376800	—	—
M27×2	496	104200	223100	297500	396600	124000	203300	317300	406600	—	—
M30	561	117800	252300	336400	448500	140200	229900	358800	459700	—	—
M30×2	621	130500	279600	372800	497000	155400	254700	397600	509400	—	—
M33	694	145700	312100	416200	554900	173400	284400	443900	568800	—	—
M33×2	761	159800	342400	456500	608700	190200	312000	487000	623900	—	—
M36	817	171600	367600	490100	653400	204200	334900	552800	669800	—	—
M36×3	865	181700	383300	519000	692000	216300	354700	553600	709300	—	—
M39	976	205000	439100	585500	780700	244000	400100	624500	800200	—	—
M39×3	1030	216000	462800	617100	822800	257100	421700	658200	843300	—	—

① 性能等级 50 仅指奥氏体不锈钢 A1~A5 组别。

紧固件标志

螺纹公称直径 $d \geqslant 5$mm 的六角头螺栓和螺钉，以及内六角或内六角花形圆柱头螺栓和螺钉应标志不锈钢组别和性能等级代号，在头部顶面用凹字或凸字标志，或在头部侧面用凹字标志。

螺纹公称直径 $d \geqslant 5$mm 的螺柱宜标志不锈钢组别和性能等级代号，应在螺柱无螺纹杆部进行标志。

图 5-1-5 是不锈钢紧固件标志示例。

3.6.7 不锈钢螺母的力学性能（摘自 GB/T 3098.15—2023）

GB/T 3098.15—2023 规定了由耐腐蚀不锈钢制造的粗牙和细牙螺纹螺母，在环境温度为 10~35℃条件下测试时的力学和物理性能。规定了与奥氏体、马氏体、铁素体和双相（奥氏体-铁素体）不锈钢螺母组别对应的性能等级。

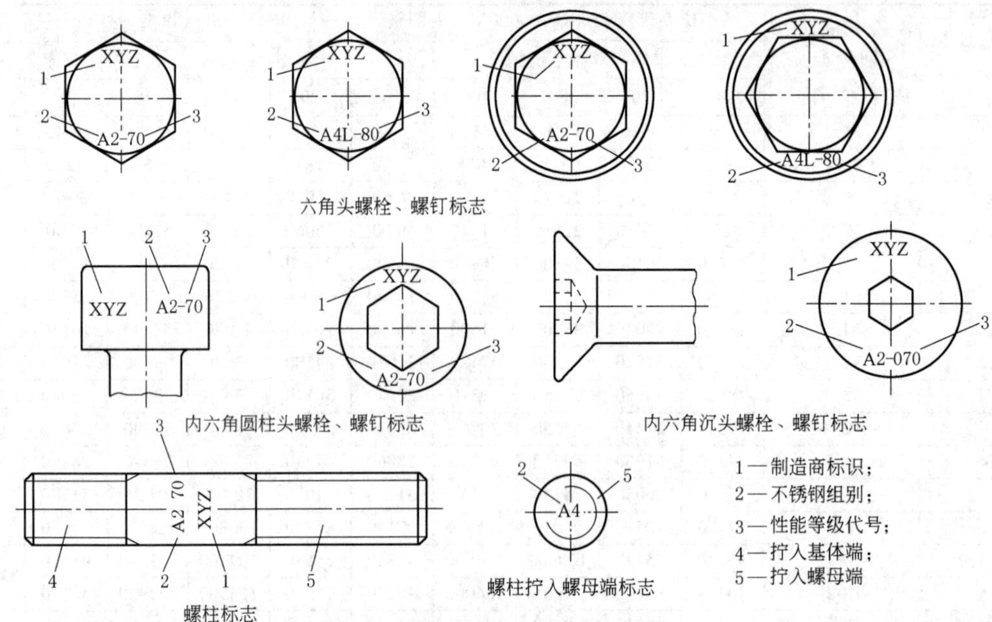

图 5-1-5　不锈钢紧固件标志示例

螺母的不锈钢组别和性能等级的标记制度由短横线隔开的两部分组成：第一部分标记不锈钢的组别；第二部分标记螺母性能等级。不锈钢的组别标记（第一部分）由字母和一位数字组成：字母规定了不锈钢类别，A 为奥氏体不锈钢，C 为马氏体不锈钢，F 为铁素体不锈钢，D 为双相不锈钢；一位数字表示化学成分范围。性能等级（第二部分）标记由 2~3 位数字组成：对 $m \geqslant 0.8D$（1 型或 2 型或六角法兰）螺母，由两位数字组成，并表示保证应力的 1/10；对 $0.5D \leqslant m < 0.8D$ 的薄型螺母，由 3 位数字组成，第一位表示降低承载能力的螺母，后两位表示保证应力的 1/10。

不锈钢螺母按高度分为全承载能力螺母和降低承载能力螺母两类。

全承载能力螺母分为：标准型（1 型）螺母，最小高度满足 $0.80D \leqslant m_{min} < 0.89D$；高螺母（2 型），最小高度 $m_{min} \geqslant 0.89D$。降低承载能力螺母即薄螺母（0 型），最小高度满足 $0.45D \leqslant m_{min} < 0.80D$。

表 5-1-105　不锈钢螺母的力学性能和化学成分

类别	组别	性能等级代号		保证应力 S_p[①]/MPa		硬度		
		1 型和 2 型螺母 ($m \geqslant 0.8D$)	0 型螺母 ($0.5D \leqslant m < 0.8D$)	1 型和 2 型螺母 ($m \geqslant 0.8D$)	0 型螺母 ($0.5D \leqslant m < 0.8D$)	HV	HRC	HBW
奥氏体不锈钢	A1、A2、A3	50	025	500	250	—	—	—
		70	035	700	350	—	—	—
		80	040	800	400	—	—	—
	A4、A5	50	025	500	250	—	—	—
		70	035	700	350	—	—	—
		80	040	800	400	—	—	—
		100	050	1000	500	—	—	—
	A8	70	035	700	350	—	—	—
		80	040	800	400	—	—	—
		100	050	1000	500	—	—	—
双相不锈钢	D2、D4、D6、D8	70	035	700	350	—	—	—
		80	040	800	400	—	—	—
		100	050	1000	500	—	—	—

续表

类别	组别	性能等级代号		保证应力 S_p①/MPa		硬度		
		1型和2型螺母($m \geqslant 0.8D$)	0型螺母($0.5D \leqslant m < 0.8D$)	1型和2型螺母($m \geqslant 0.8D$)	0型螺母($0.5D \leqslant m < 0.8D$)	HV	HRC	HBW
马氏体不锈钢	C1	50	025	500	250	155~220	—	147~209
		70	035	700	350	220~330	20~34	209~314
		110②	055②	1100	550	350~440	36~45	—
	C3	80	040	800	400	240~340	21~35	228~323
	C4	50	025	500	250	155~220	—	147~209
		70	035	700	350	220~330	20~34	209~314
铁素体不锈钢	F1③	45	022	450	225	135~220	—	128~209
		60	030	600	300	180~285	—	171~271

① 标准螺母和薄螺母的保证载荷值，它们各自的粗牙螺纹和细牙螺纹取值不同。

② 淬火并回火，最低回火温度275℃。

③ 仅适用于螺纹公称直径$D \leqslant 24$mm。

表 5-1-106　　标准螺母和高螺母保证载荷-粗牙和细牙螺母

螺纹规格 $D \times P$	公称应力截面积 $A_{s公称}$ /mm²	保证载荷 F_p/N(100000N以内圆整到上一个10N,100000N以上圆整到上一个100N)									
		奥氏体和双相不锈钢				马氏体不锈钢				铁素体不锈钢	
		50①	70	80	100	50	70	80	110	45	60
M5	14.2	7100	9930	11350	14190	7100	9930	11350	15610	6390	8510
M6	20.1	10700	14090	16100	20130	10070	14090	16100	22140	9060	12080
M7	28.9	14430	20210	23090	28860	14430	20210	23090	31750	12990	17320
M8	36.6	18310	25630	29290	36610	18310	25630	29290	40270	16480	21970
M8×1	39.2	19590	27420	31340	39170	19590	27420	31340	43090	17630	23510
M10	58.0	29000	40600	46400	57990	29000	40600	46400	63790	26100	34800
M10×1.25	61.2	30600	42840	48960	61200	30600	42840	48960	67320	27540	36720
M10×1	64.5	32250	45150	51600	64500	32250	45150	51600	70950	29030	38700
M12	84.3	42140	58990	67420	84270	42140	58990	67420	92700	37920	50560
M12×1.5	88.1	44070	61690	70510	88130	44070	61690	70510	96940	39660	52880
M12×1.25	92.1	46040	64460	73660	92080	46040	64460	73660	101300	41440	55250
M14	115	57720	80810	92360	115500	57720	80810	92360	127000	51950	69270
M14×1.5	125	62280	87190	99640	124600	62280	87190	99640	137100	56050	74730
M16	157	78340	109700	125400	156700	78340	109700	125400	172400	70510	94010
M16×1.5	167	83630	117100	133800	167300	83630	117100	133800	184000	75270	100400
M18	192	96240	134800	154000	192500	96240	134800	154000	211800	86620	115500
M18×1.5	216	108200	151400	173000	216300	108200	151400	173000	237900	97310	129800
M20	245	122400	171400	195900	244800	122400	171400	195900	269300	110200	146900
M20×2	258	129000	180600	206400	258000	129000	180600	206400	283800	116100	154800
M20×1.5	272	135800	190100	217300	271600	135800	190100	217300	298700	122200	163000
M22	303	151700	212400	242800	303400	151700	2124000	242800	3338000	136600	182100
M22×1.5	333	166600	233200	266500	333100	166600	233200	266500	366400	149900	199900
M24	353	176300	246800	282100	352600	176300	246800	282100	387800	158700	212600
M24×2	384	1923000	269100	307600	384500	192300	269100	307600	422900	173000	230700
M27	459	229800	321600	367600	459500	229800	321600	367600	505400	—	—
M27×2	496	247900	347100	396600	495800	247900	347100	396600	545400	—	—
M30	561	280300	392500	448500	560600	280300	392500	448500	616700	—	—
M30×2	621	310700	434900	497000	621300	310700	434900	497000	683400	—	—
M33	694	346800	485500	554900	693600	346800	485500	554900	763000	—	—
M33×2	761	380400	532600	608700	760800	380400	532600	608700	836900	—	—
M36	817	408400	571800	653400	816800	408400	571800	653400	898400	—	—
M36×3	865	432500	605500	692000	865000	432500	605500	692000	951500	—	—
M39	976	487900	683100	780700	975800	487900	683100	780700	1073400	—	—
M39×3	1030	514200	719900	822800	1028400	514200	719900	822800	1131300	—	—

① 性能等级50仅指奥氏体不锈钢A1~A5组别。

3.6.8 不锈钢紧定螺钉的力学性能（摘自 GB/T 3098.16—2014）

表 5-1-107 不锈钢紧定螺钉的力学性能

螺纹公称直径 d/mm	紧定螺钉试件的最小长度①/mm				保证扭矩/N·m	
					硬度等级	
	平端	锥端	圆柱端	凹端	12H	21H
1.6	2.5	3	3	2.5	0.03	0.05
2	4	4	4	3	0.06	0.1
2.5	4	4	5	4	0.18	0.3
3	4	5	6	5	0.25	0.42
4	5	6	8	6	0.8	1.4
5	6	8	8	6	1.7	2.8
6	8	8	10	8	3	5
8	10	10	12	10	7	12
10	12	12	16	12	14	24
12	16	16	20	16	25	42
16	20	20	25	20	63	105
20	25	25	30	25	126	210
24	30	30	35	30	200	332

类别	组别	化学成分/%								
		C	Si	Mn	P	S	Cr	Mo	Ni	Cu
奥氏体不锈钢	A1	0.12	1	6.5	0.2	0.15~0.35	16~19	0.7	5~10	1.75~2.25
	A2	0.1	1	2	0.05	0.03	15~20	—	8~19	4
	A3	0.08	1	2	0.045	0.03	17~19	—	9~12	1
	A4	0.08	1	2	0.045	0.03	16~18.5	2~3	10~15	4
	A5	0.08	1	2	0.045	0.03	16~18.5	2~3	10.5~14	1

硬度	性能等级	
	12H	21H
维氏硬度 HV	125~209	≥210
布氏硬度 HB	123~213	≥214
洛氏硬度 HRB	70~95	≥96

① 试件的最小长度是产品标准中阶梯虚线下方的长度。

注：1. GB/T 3098.16—2014 规定了由奥氏体耐腐蚀不锈钢制造的，在环境温度为10~35℃条件下进行试验时，紧定螺钉及类似的不受拉应力的紧固件的力学性能。在较高或较低温度下，性能可能不同。该标准适合的紧定螺钉及类似的不受拉应力的紧固件：螺纹公称直径为 1.6mm≤*d*≤24mm；直径和螺距等符合 GB/T 192、GB/T 193 和 GB/T 9144 规定的普通螺纹；任何形状的。GB/T 3098.16—2014 不适合于有特殊要求（如焊接性）的紧固件。GB/T 3098.16—2014 未规定特殊环境下的耐腐蚀性和耐氧化性。

2. 紧定螺钉和类似的紧固件不锈钢组别和硬度等级的标记由短横线隔开的两部分组成：第一部分标记钢的组别；第二部分标记硬度等级。钢的组别（第一部分）由字母和一位数字组成；A 为奥氏体不锈钢；数字表示化学成分范围。硬度等级（第二部分）由表示最小维氏硬度 1/10 的两个数字和表示硬度的字母 H 组成。碳含量低于 0.03%的低碳不锈钢，可增加标记“L”，如 A4L-21H。

3. A1 为机械加工专门设计的，该组钢具有高的硫含量，比标准硫含量钢的耐腐蚀性能低；A2 为最广泛使用的不锈钢，用于厨房用具和化工装置，该组钢不适用于非氧化酸类和带氯化物成分的介质（如游泳池水和海水）；A3 为稳定型的不锈钢，性能与 A2 同；A4 为耐酸钢，含钼元素；A5 为稳定型的耐酸钢，性能与 A4 同。

4. 化学成分的详细说明请见 GB/T 3098.16—2014 附录 A。

3.7 螺纹连接的标准元件

3.7.1 螺栓

表 5-1-108　常见螺栓汇总

类别	名称	标准号	规格范围/mm		主要用途
			d	l	
六角头	六角头螺栓　C 级	GB/T 5780—2016	M5～M64	10～500	六角头螺栓应用普遍，产品等级分为 A、B 和 C 级，A 级最精确，C 级最不精确。A 级用于重要的、装配精度高的以及受较大冲击、振动或变载荷的地方。A 级为 d=1.6～24mm 和 $l\leqslant 10d$ 或 $l\leqslant 150$mm 的螺栓，B 级为 $d>24$mm 或 $l>10d$ 或 $l\geqslant 150$mm 的螺栓，C 级为 M5～M64，细杆 B 级为 M3～M20 六角法兰面螺栓，防松性能好 钢结构用高强度大六角头螺栓用于高强度连接；主要用于公路与铁路桥梁、工业与民用建筑、塔架、起重机
	六角头螺栓　全螺纹　C 级	GB/T 5781—2016	M5～M64	10～500	
	六角头螺栓	GB/T 5782—2016	M1.6～M64	2～500	
	六角头螺栓　全螺纹	GB/T 5783—2016	M1.6～M64	2～500	
	六角头螺栓　细杆　B 级	GB/T 5784—1986	M3～M20	20～150	
	六角头螺栓　细牙	GB/T 5785—2016	M8×1～M64×4	40～500	
	六角头螺栓　细牙　全螺纹	GB/T 5786—2016	M8×1～M64×4	16～500	
	六角法兰面螺栓　小系列	GB/T 16674.1—2016	M5～M16	12～160	
	六角法兰面螺栓　细牙　小系列	GB/T 16674.2—2016	M8×1～M16×1.5	16～160	
	六角法兰面螺栓　加大系列　B 级	GB/T 5789—1986	M5～M20	10～200	
	六角法兰面螺栓　加大系列　细杆　B 级	GB/T 5790—1986	M5～M20	30～200	
	六角头带槽螺栓	GB/T 29.1—2013	M3～M12	6～120	
	六角头螺杆带孔螺栓	GB/T 31.1—2013	M6～M48	30～300	
	六角头螺杆带孔螺栓　细杆　B 级	GB/T 31.2—1988	M6～M20	25～150	
	六角头螺杆带孔螺栓　细牙　A 和 B 级	GB/T 31.3—1988	M8×1～M48×3	35～300	
	六角头头部带孔螺栓	GB/T 32.1—2020	M6～M48		
	六角头头部带孔螺栓　细杆　B 级（其他尺寸参考 GB/T 5784—1986）	GB/T 32.2—1988	M6～M20		
	六角头头部带孔螺栓　细牙	GB/T 32.3—2020	M8×1～M48×3		
	钢结构用高强度大六角头螺栓	GB/T 1228—2006	M12～M30	35～260	
	钢结构用扭剪型高强度螺栓连接副	GB/T 3632—2008	M16～M30	40～220	
	六角头加强杆螺栓	GB/T 27—2013	M6～M48	25～300	能精确地固定被连接件的相互位置，并能承受由横向力产生的剪切和挤压
	六角头螺杆带孔加强杆螺栓	GB/T 28—2013	M6～M48	25～300	

续表

类别	名称	标准号	规格范围/mm		主要用途
			d	l	
方头	方头螺栓　C级	GB/T 8—2021	M10～M48	20～300	方头有较大的尺寸，便于扳手口卡住或靠住其他零件，起止转作用，有时也用于T形槽中，便于螺栓在槽中松动调整位置。常用在一些比较粗糙的结构上
	小方头螺栓	GB/T 35—2013	M5～M48	20～300	
沉头	沉头方颈螺栓 沉头带榫螺栓	GB/T 10—2013 GB/T 11—2013	M6～M20 M6～M24	25～200 25～200	多用于零件表面要求平坦或光滑不阻挂东西的地方（方颈或榫起止转作用）
圆头	圆头方颈螺栓 加强半圆头方颈螺栓 扁圆头方颈螺栓 扁圆头带榫螺栓 圆头带榫螺栓 小半圆头低方颈螺栓　B级	GB/T 12—2013 GB/T 794—2021 GB/T 14—2013 GB/T 15—2013 CB/T 13—2013 GB/T 801—2021	M6～M20 M6～M20 M6～M24 M6～M24 M6～M24 M6～M20	16～200 20～200 20～200 20～200 20～200 12～160	多用于结构受限制（不能用其他螺栓头）或零件表面要求较光滑的地方。圆头方颈多用于金属零件，扁圆头用于木制零件，加强半圆头则用于受冲击、振动及变载荷的地方
T形	T形槽用螺栓	GB/T 37—1988	M5～M48	25～300	多用于螺栓只能从被连接件一边进行连接的地方，此时螺栓从被连接件的T形孔中插入将螺栓转动90°，也用于结构要求紧凑的地方
铰链用	活节螺栓	GB/T 798—2021	M5～M39	20～300	多用于需经常拆开连接处
地脚	地脚螺栓	GB/T 799—2020	M8～M72	80～3500	用于水泥基础中固定机架
	T形头地脚螺栓	JB/ZQ 4362—2006	M24～M160	按设计要求	
U形	U形螺栓	JB/ZQ 4321—2006	M6～M16	98～680	用于固定管子

(1) 六角头螺栓

六角头螺栓 C 级（GB/T 5780—2016）

六角头螺栓（GB/T 5782—2016）

六角头螺栓 全螺纹 C 级（GB/T 5781—2016）

六角头螺栓 全螺纹（GB/T 5783—2016）

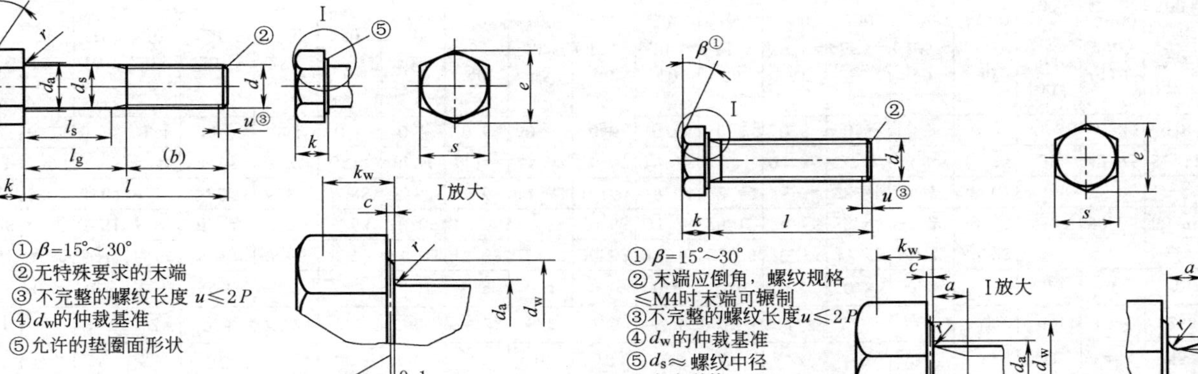

表 5-1-109　六角头螺栓 C 级（GB/T 5780—2016）和六角头螺栓 全螺纹 C 级（摘自 GB/T 5781—2016）优选系列　mm

螺纹规格 d		M5	M6	M8	M10	M12	M16	M20	M24	M30	M36	M42	M48	M56	M64
s(公称)		8	10	13	16	18	24	30	36	46	55	65	75	85	95
k(公称)		3.5	4	5.3	6.4	7.5	10	12.5	15	18.7	22.5	26	30	35	40
r(最小)		0.2	0.25	0.4	0.4	0.6	0.6	0.8	0.8	1	1	1.2	1.6	2	2
e(最小)		8.63	10.89	14.2	17.59	19.85	26.17	32.95	39.55	50.85	60.79	71.3	82.6	93.56	104.86
a[①](最大)		2.4	3	4	4.5	5.3	6	7.5	7.5	10.5	12	13.5	15	16.5	18
d_w(最小)		6.74	8.74	11.47	14.47	16.47	22	27.7	33.25	42.75	51.11	59.95	69.45	78.66	88.16
c(最大)		0.5	0.5	0.6	0.6	0.6	0.8	0.8	0.8	0.8	0.8	1	1	1	1
b	$l \leqslant 125$	16	18	22	26	30	38	46	54	66	—	—	—	—	—
	$125<l \leqslant 200$	22	24	28	32	36	44	52	60	72	84	96	108	—	—
	$l>200$	35	37	41	45	49	57	65	73	85	97	109	121	137	153
l[②](公称)		25～50	30～60	40～80	45～100	55～120	65～160	80～200	100～240	120～300	140～360	180～420	200～480	340～500	260～500
l[①](公称)		10～50	12～60	16～80	20～100	25～120	35～160	40～200	50～240	60～300	70～360	80～420	100～480	110～500	120～500
l 系列		10,12,16,20,25,30,35,40,45,50,55,60,65,70,80,90,100,110,120,130,140,150,160,180,200,220,240,260,300,320,340,360,380,400,420,440,460,480,500													
技术条件		螺纹公差:8g		材料:钢		性能等级:$d \leqslant$M39,4.6、4.8;$d>$M39,按协议				表面处理:不经处理、电镀、非电解锌粉覆盖				产品等级:C	

① 依据 GB/T 5781—2016。

② 依据 GB/T 5780—2016。

表 5-1-110　六角头螺栓　C 级（摘自 GB/T 5780—2016）和六角头螺栓　全螺纹　C 级（摘自 GB/T 5781—2016）　非优选系列　mm

螺纹规格 d	M14	M18	M22	M27	M33	M39	M45	M52	M60
s(公称)	21	27	34	41	50	55	70	80	90
k(公称)	8.8	11.5	14	17	21	25	28	33	3
r(最小)	0.6	0.6	0.8	1	1	1	1.2	1.6	2
e(最小)	22.78	29.56	37.29	45.2	55.37	66.44	76.95	88.25	99.21
a(最大)	6	7.5	7.5	9	10.5	12	13.5	15	16.5
d_w(最小)	19.15	24.85	31.35	38	46.55	55.86	64.7	74.2	83.41
c(最大)	0.6	0.8	0.8	0.8	0.8	1	1	1	1
l(公称)	30~140	35~180	45~220	55~280	65~360	80~4000	90~440	100~460	120~500

注：1. 在选用时要优先选用优选系列螺栓，只有在优选系列不能满足使用条件时再选用非优选的螺纹规格。

2. 标记示例“螺栓 GB/T 5780 M12×80”为简化标记，它代表了标记示例的各项内容，此标准件为常用及大量供应的，与标记示例内容不同的不能用简化标记。

表 5-1-111　六角头螺栓（摘自 GB/T 5782—2016）和六角头螺栓　全螺纹（摘自 GB/T 5783—2016）　mm

螺纹规格 d			M1.6	M2	M2.5	M3	(M3.5)	M4	M5	M6	M8	M10	M12	(M14)	M16	(M18)	M20	(M22)	M24	(M27)	M30	M36	M42	M48	M56	M64
P			0.35	0.4	0.45	0.5	0.6	0.7	0.8	1	1.25	1.5	1.75	2	2	2.5	2.5	2.5	3	3	3.5	4	4.5	5	5.5	6
b	l≤125		9	10	11	12	13	14	16	18	22	26	30	34	38	42	46	50	54	60	66	—	—	—	—	—
	125<l≤200		15	16	17	18	19	20	22	24	28	32	36	40	44	48	52	56	60	66	72	84	96	108	—	—
	l>200		28	29	30	31	22	33	35	37	41	45	49	53	57	61	65	69	73	79	85	97	109	121	137	153
s(公称)			3.2	4	5	5.5	6	7	8	10	13	16	18	21	24	27	30	34	36	41	46	55	65	75	85	95
k(公称)			1.1	1.4	1.7	2	2.4	2.8	3.5	4	5.3	6.4	7.5	8.8	10	11.5	12.5	14	15	17	18.7	22.5	26	30	35	40
r(最小)			0.1	0.1	0.1	0.1	0.1	0.2	0.2	0.25	0.4	0.4	0.6	0.6	0.6	0.6	0.8	0.8	0.8	1	1	1	1.2	1.6	2	2
e	A 级	最小	3.41	4.32	5.45	6.01	6.58	7.66	8.79	11.05	14.38	17.77	20.03	23.36	26.75	30.14	33.53	37.72	39.98	—	—	—	—	—	—	—
	B 级		3.28	4.18	5.31	5.88	6.44	7.50	8.63	10.89	14.20	17.59	19.85	22.78	26.17	29.56	32.95	37.29	39.55	45.2	50.85	60.79	71.3	82.6	93.56	104.86
d_w	A 级	最小	2.27	3.07	4.07	4.57	5.07	5.88	6.88	8.88	11.63	14.63	16.63	19.64	22.49	25.34	28.19	31.71	33.61	—	—	—	—	—	—	—
	B 级		2.3	2.95	3.95	4.45	4.95	5.74	6.74	8.74	11.47	14.47	16.47	19.15	22	24.85	27.7	31.35	33.25	38	42.75	51.11	59.95	69.45	78.86	88.16
c(最大)			0.25	0.25	0.25	0.4	0.4	0.4	0.5	0.5	0.6	0.6	0.6	0.6	0.8	0.8	0.8	0.8	0.8	0.8	0.8	0.8	1.0	1.0	1.0	1.0
l			12~16	16~20	16~25	20~30	20~30	25~40	25~50	30~60	40(35)~80	45(40)~100	50(45)~120	60(50)~140	65(55)~160	70(60)~180	80(65)~200	90(70)~220	90(80)~240	100~260(90~300)	110(90)~300	140~360(110~300)	160~440(130~300)	180~480(140~300)	220~500	260~500
全螺纹长度 l			2~16	4~20	5~25	6~30	6~30	8~40	10~50	12~60	16~80	20~100	25~120	30~140	30~150	35~150	40~150	45~150	50~150	55~200	60~200	70~200	80~200	100~200	110~200	120~200
l 系列			2,3,4,5,6,8,10,12,16,20,25,30,35,40,45,50,55,60,65,70,80,90,100,110,120,130,140,150,160,180,200,220,240,260,280,300,320,340,360,380,400,420,440,460,480,500																							

续表

技术条件	材料		钢	不锈钢	有色金属		
	性能等级	GB/T 5782	M3≤d≤M39:5.6、8.8、10.9 M3≤d≤M16:9.8 d<m3 和 d>39:按协议	d≤M24:A2-70、A4-70 M24<d≤M39:A2-50、A4-50 d>M39:按协议	CU2、CU3、AL4	螺纹公差:6g	产品等级:A、B
		GB/T 5783					
	表面处理		氧化	简单处理	简单处理		

注：括号内的规格尽量不用。

（2）六角头带孔和带槽螺栓

表 5-1-112　　六角头带孔和带槽螺栓汇总

	名称	标准号	规格范围/mm d	规格范围/mm l	螺纹公差	产品等级	性能等级	材料
类别	六角头带槽螺栓	GB/T 29.1—2013	M3~M12	6~120	6g	A 级	5.6、8.8、10.9、A2-70、A4-70、CU2、CU3、AL4	钢、不锈钢、铜、铝
	六角头螺杆带孔螺栓	GB/T 31.1—2013	M6~M48	30~300	6g	A 级、B 级	5.6、8.8、10.9、A2-70、A2-50、A4-70、A4-50	钢、不锈钢
	六角头螺杆带孔螺栓　细杆　B 级	GB/T 31.2—1988	M6~M20	25~150	6g	B 级	5.8、6.8、10.9、A2-70	钢、不锈钢
	六角头螺杆带孔螺栓　细牙　A 和 B 级	GB/T 31.3—1988	M8×1~M48×3	35~300	6g	A 级、B 级	5.6、8.8、10.9、A2-70、A4-70、A2-50、A4-50、CU2、CU3、AL4	钢、不锈钢、铜、铝
	六角头头部带孔螺栓	GB/T 32.1—2020	M6~M48	40~300	6g	A 级、B 级	5.6、8.8、10.9、A2-70、A4-70、CU2、CU3、AL4	钢、不锈钢、铜、铝
	六角头头部带孔螺栓　细杆　B 级	GB/T 32.2—1988	M6~M20	20~150	6g	A 级、B 级	5.6、6.8、8.8、A2-70	钢、不锈钢
	六角头头部带孔螺栓　细牙	GB/T 32.3—2020	M8×1~M48×3	35~300	6g	A 级、B 级	5.6、8.8、10.9、A2-70、A4-70、A2-50、A4-50、CU2、CU3、AL4	钢、不锈钢、铜、铝
	六角头螺杆带孔加强杆螺栓	GB/T 28—2013	M6~M48	25~300	6g	A 级、B 级	8.8	钢

六角头带槽螺栓 GB/T 29.1—2013

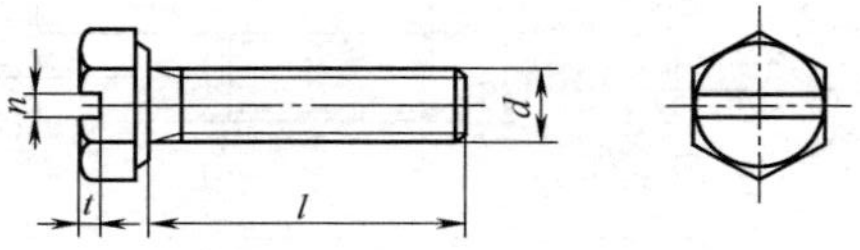

螺杆带孔螺栓 GB/T 31.1—2013、GB/T 31.3—1988

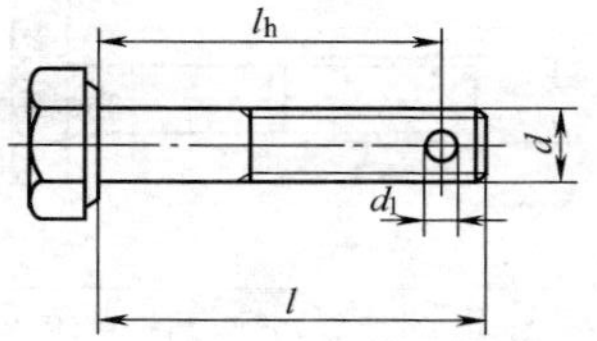

六角头螺杆带孔螺栓　细杆　B 级　GB/T 31.2—1988

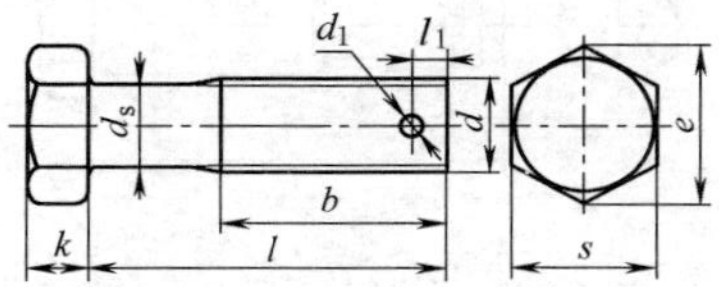

续表

头部带孔螺栓 GB/T 32.1—2020、GB/T 32.3—2020	六角头头部带孔螺栓　细杆　B 级　GB/T 32.2—1988	六角头螺杆带孔加强杆螺栓　GB/T 28—2013
h　l　d　$2\times d_1$	h　d　$2\times d_1$	l　n　d_s　d_1

表 5-1-113　六角头螺杆带孔螺栓（摘自 GB/T 31.1—2013、GB/T 31.3—1988）、**六角头头部带孔螺栓**（摘自 GB/T 32.1—2020、GB/T 32.3—2020）

mm

螺纹规格	GB/T 31.1、GB/T 32.1	d	M6	M8	M10	M12	(M14)	M16	(M18)	M20	(M22)	M24	(M27)	M30	M36	M42	M48
		P	1	1.25	1.5	1.75	2	2	2.5	2.5	2.5	3	3	3.5	4	4.5	5
	$d\times P$(GB/T 31.3、32.3)		—	M8×1	M10×1.25	M12×1.5	(M14×1.5)	M16×1.5	(M18×2)	M20×2	(M22×2)	M24×2	(M27×2)	M30×2	M36×3	M42×3	M48×3
s(公称)			13	13	16	18	21	24	27	30	34	36	41	46	55	65	75
k(公称)			5.3	5.3	6.4	7.5	8.8	10	11.5	12.5	14	15	17	18.7	22.5	26	30
r(最小)			0.4	0.4	0.4	0.6	0.6	0.6	0.6	0.8	0.8	0.8	1	1	1	1.2	1.6
e	A 级	最小	14.38	14.38	17.77	20.03	23.36	26.75	30.14	33.53	37.72	39.98	—	—	—	—	—
	B 级		14.20	14.20	17.59	19.85	22.78	26.17	29.56	32.95	37.29	39.55	45.2	50.85	60.79	71.3	82.6
d_w	A 级	最小	11.63	11.63	14.63	16.63	19.64	22.49	25.34	28.19	31.71	33.61	—	—	—	—	—
	B 级		11.47	11.47	14.47	16.47	19.15	22	24.85	27.7	31.35	33.25	38	42.75	51.11	59.95	69.45
d_1	GB/T 31.1 GB/T 31.3	最大	1.85	2.25	2.75	3.5	3.5	4.3	4.3	4.3	5.3	5.3	5.3	6.66	6.66	8.36	8.36
		最小	1.6	2	2.5	3.2	3.2	4	4	4	5	5	5	6.3	6.3	8	8
$h\approx$	GB/T 32.1、GB/T 32.3		2.6	2.6	3.2	3.7	4.4	5	5.7	6.2	7	7.5	8.5	9.3	11.2	13	15
l_1	GB/T 31.1 GB/T 31.3		3.3	4	5	6	6.5	7	8	8	9	10	10	12	13	15	16
l_h			26.7~56.7	31~76	35~95	39~114	43.5~133.5	48~153	52~172	57~182	61~211	70~230	80~290	78~288	97~287	115~285	124~284
l			30~60	35~80	40~100	45~120	50~140	55~160	60~180	65~200	70~220	80~240	90~300	90~300	110~300	130~300	140~300
l 系列			30,35,40,45,50,55,60,65,70,80,90,100,110,120,130,140,150,160,180,200,220,240,260,280,300														

注：1. 括号内的规格尽量不用。

2. 产品等级 A 级用于 $d\leqslant$M24 和 $l\leqslant10d$ 或 $l\leqslant$150mm 的螺栓，B 级用于 $d>$M24 和 $l>10d$ 或>150mm 的螺栓（按较小值，A 级比 B 级精确）。

3. 螺纹末端按 GB/T 2 的规定。

表 5-1-114　六角头带槽螺栓（摘自 GB/T 29.1—2013）、六角头螺杆带孔螺栓　细杆　B 级（摘自 GB/T 31.2—1988）、六角头头部带孔螺栓　细杆　B 级（摘自 GB/T 32.2—1988）

mm

六角头带槽螺栓（GB/T 29.1—2013）

螺纹规格	d	M3	M4	M5	M6	M8	M10	M12
	P	0.5	0.7	0.8	1	1.25	1.5	1.75
s（公称）		5.5	7	8	10	13	16	18
k（公称）		2	2.8	3.5	4	5.3	6.4	7.5
r（最小）		0.1	0.2	0.2	0.25	0.4	0.4	0.6
e	（最小）	6.01	7.66	8.79	11.05	14.38	17.77	20.03
d_w	（最小）	4.57	5.88	6.88	8.88	11.63	14.63	16.63
n	（公称）	0.8	1.2	1.2	1.6	2	2.5	3
t（最小）		0.7	1	1.2	1.4	1.9	2.4	3
l		20~30	25~40	25~50	30~60	35~80	40~100	45~120

六角头螺杆带孔螺栓　细杆　B 级（GB/T 31.2—1988）
六角头头部带孔螺栓　细杆　B 级（GB/T 32.2—1988）

螺纹规格	d	M6	M8	M10	M12	（M14）	M16	M20
	P	1	1.25	1.5	1.75	2	2	2.5
s（公称）		10	13	16	18	21	24	30
k（公称）		4	5.3	6.4	7.5	8.8	10	12.5
r（最小）		0.25	0.4	0.4	0.6	0.6	0.6	0.8
e（最小）		10.89	14.20	17.59	19.85	22.78	26.17	32.95
d_w	（最小）	8.74	11.47	14.47	16.47	19.15	22	27.7
d_1（公称）	GB/T 32.2	1.6	2.0	2.5	3.2	3.2	4.2	4.0
	GB/T 31.2	1.5	2.0	2.5	3.0	3.0	4.0	4.0
h≈	GB/T 32.2	2.0	2.6	3.2	3.7	4.4	5	6.2
l_1	GB/T 31.2	3.3	4	5	6	6.5	7	8
l_h		26.7~56.7	31~76	35~95	39~114	43.5~133.5	48~153	57~182
l		30~60	35~80	40~100	45~120	50~140	55~160	65~200

l 系列：20,25,30,35,40,45,50,55,60,65,70,80,90,100,110,120,130,140,150,160,180,200

注：括号内的规格尽量不用。

（3）六角头螺栓

六角头螺栓　细牙（摘自 GB/T 5785—2016）、六角头螺栓　细牙　全螺纹（摘自 GB/T 5786—2016）

标记示例

螺纹规格 d=M12×1.5、公称长度 l=80mm、性能等级 8.8 级、表面氧化、A 级六角头螺栓，标记为：螺栓　GB/T 5785　M12×1.5×80

表 5-1-115　六角头螺栓　细牙（摘自 GB/T 5785—2016）、六角头螺栓　细牙　全螺纹（摘自 GB/T 5786—2016）

mm

螺纹规格 $d\times P$		M8×1	M10×1	(M10×1.25)	(M12×1.25)	M12×1.5	(M14×1.5)	M16×1.5	(M18×1.5)	M20×1.5	(M20×2)	(M22×1.5)	M24×2	(M27×2)	M30×2	(M33×2)	M36×3	(M39×3)	M42×3	(M45×3)	M48×3	(M52×4)	M56×4	(M60×4)	M64×4
s		13	16		18		21	24	27	30		34	36	41	46	50	55	60	65	70	75	80	85	90	95
k		5.3	6.4		7.5		8.8	10	11.5	12.5		14	15	17	18.7	21	22.5	25	26	28	30	33	35	38	40
r		0.4	0.4		0.6		0.6	0.6	0.6	0.8		0.8	0.8	1	1	1	1	1	1.2	1.2	1.6	1.6	2	2	2
e	A	14.38	17.77		20.03		23.36	26.75	30.14	33.53		37.72	39.88	—											
	B	14.2	17.59		19.85		22.78	26.17	29.56	32.95		37.29	39.55	45.2	50.85	55.37	60.79	66.44	71.3	76.95	82.6	88.25	93.56	99.21	104.86
d_w	A	11.63	14.63		16.63		19.64	22.49	25.34	28.19		31.71	33.61	—											
	B	11.47	14.47		16.47		19.15	22	24.85	27.7		31.35	33.25	38	42.75	46.55	51.11	55.86	59.95	64.7	69.45	74.2	78.66	83.41	88.16
b（参考）	①	22	26		30		34	38	42	46		50	54	60	66	—									
	②	28	32		36		40	44	48	52		56	60	66	72	78	84	90	96	102	108	116	124	—	—
	③	41	45		49		57	57	61	65		69	73	79	85	91	97	103	109	115	121	129	137	145	153
a	最大	33			4.5						6							9				12			
	最小	1			1.5						2							3				4			
l④		40~80	45~100		50~120		60~140	65~160	70~180	80~200		90~220	100~240	110~260	120~300	130~320	140~360	150~380	160~440	180~440	200~480	200~480	220~500	240~500	260~500
全螺纹长度 l⑤		16~80	20~100		25~120		30~140	35~160	35~150	40~200	40~200	45~220	40~200	55~260	40~200	65~360	40~200	80~380	90~420	90~440	100~480	100~500	120~500	120~500	130~500
l 系列		16,20,25,30,35,40,45,50,55,60,65,70,80,90,100,110,120,130,140,150,160,180,200,220,240,260,280,300,320,340,360,380,400,420,440,460,480,500																							

技术条件	材料	钢	不锈钢	有色金属	螺纹公差	产品等级
	性能等级	$d\leqslant$M39:5.6、8.8、10.9 $d>$M39:按协议	$d\leqslant$M24:A2-70、A4-70 M24<$d\leqslant$M39:A2-50、A4-50 $d>$M39:按协议	CU2 CU3 AL4	6g	$d\leqslant$M24 或 $l\leqslant10d$ 或 $l\leqslant$150mm(按较小值):A 级 $d>$M24 或 $l>10d$ 或 $l>$150mm(按较小值):B 级
	表面处理	氧化	简单处理			

① $l\leqslant$125mm。

② 125mm<$l\leqslant$200mm。

③ $l>$200mm。

④ 只对 GB/T 5785—2016。

⑤ 只对 GB/T 5786—2016。

注：1. 括号内的规格尽量不用。

2. 末端按 GB/T 2 规定。

（4）六角法兰面螺栓

目前为止我国发布的六角法兰面螺栓共有四种，分别是：六角法兰面螺栓　小系列（GB/T 16674. 1—2016）、六角法兰面螺栓　细牙　小系列（GB/T 16674. 2—2016）、六角法兰面螺栓　加大系列　B级（GB/T 5789—1986）、六角法兰面螺栓　加大系列　细杆　B级（GB/T 5790—1986）。

其中 GB/T 16674. 1—2016 和 GB/T 16674. 2—2016 中的图形相同；GB/T 5789—1986 和 GB/T 5790—1986 中的图形相同，为节约篇幅在本手册中只选用一种。

M10 规格螺栓的对边尺寸与其他标准中同型号螺栓对边尺寸不同，其他螺栓 $s=16$mm，而该螺栓 $s=15$mm。

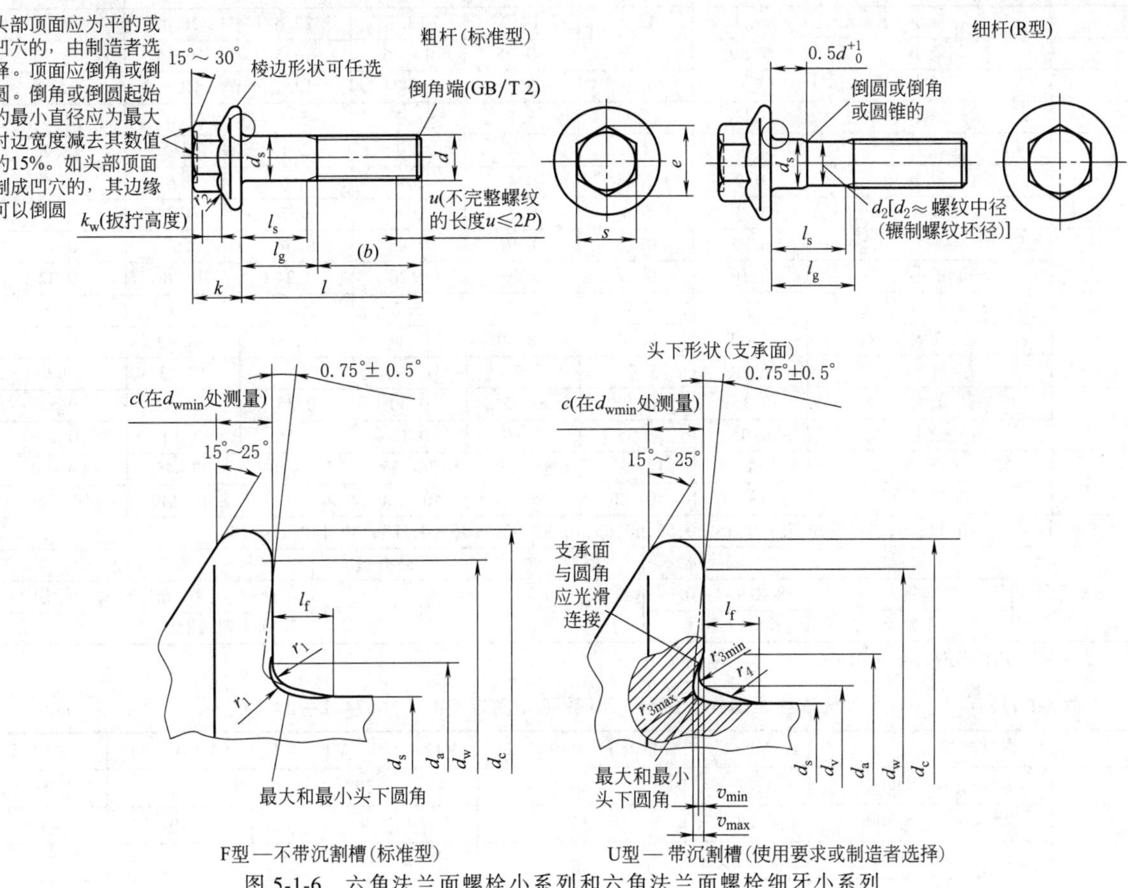

图 5-1-6　六角法兰面螺栓小系列和六角法兰面螺栓细牙小系列

标记示例

螺纹规格 d=M12、公称长度 $l=80$mm、由制造者任选 F 型或 U 型、性能等级为 8. 8 级、表面氧化、产品等级为 A 级的小系列六角法兰面螺栓，标记为：

螺栓　GB/T 16674. 1　M12×80

螺纹规格 d=M12、公称长度 $l=80$mm、F 型、性能等级为 8. 8 级、表面氧化、产品等级为 A 级的小系列六角法兰面螺栓，标记为：

螺栓　GB/T 16674. 1　M12×80　F

如在特殊情况下，要求细杆型式时，则应在标记中增加“R”：

螺栓　GB/T 16674. 1　M12×80　R

表 5-1-116　　**六角法兰面螺栓　小系列**（摘自 GB/T 16674. 1—2016）　　mm

螺纹规格 d		M5	M6	M8	M10	M12	(M14)	M16
P		0. 8	1	1. 25	1. 5	1. 75	2	2
$b_{参考}$	$l_{公称}\leqslant 125$mm	16	18	22	26	30	34	38
	125mm<$l_{公称}\leqslant 200$mm	—	—	28	32	36	40	44
	$l_{公称}>200$mm	—	—	—	—	—	—	57

续表

c	最小	1	1.1	1.2	1.5	1.8	2.1	2.4
d_a	F型 最大	5.7	6.8	9.2	11.2	13.7	15.7	17.7
	U型 最大	6.2	7.5	10	12.5	15.2	17.7	20.5
d_c	最大	11.4	13.6	17	20.8	24.7	28.6	32.8
d_s	最大	5.00	6.00	8.00	10.00	12.00	14.00	16.00
	最小	4.82	5.82	7.78	9.78	11.73	13.73	15.73
d_v	最大	5.5	6.6	8.8	10.8	12.8	14.8	17.2
d_w	最小	9.4	11.6	14.9	18.7	22.5	26.4	30.6
e	最小	7.59	8.71	10.95	14.26	16.5	19.86	23.15
k	最大	5.6	6.9	8.5	9.7	12.1	12.9	15.2
k_w	最小	2.3	2.9	3.8	4.3	5.4	5.6	6.8
l_f	最大	1.4	1.6	2.1	2.1	2.1	2.1	3.2
r_1	最小	0.2	0.25	0.4	0.4	0.6	0.6	0.6
r_2	最大	0.3	0.4	0.5	0.6	0.7	0.9	1
r_3	最大	0.25	0.26	0.36	0.45	0.54	0.63	0.72
	最小	0.10	0.11	0.16	0.20	0.24	0.28	0.32
r_4	参考	4	4.4	5.7	5.7	5.7	5.7	8.8
s	最大	7.00	8.00	10.00	13.00	15.00	18.00	21.00
	最小	6.78	7.78	9.78	12.73	14.73	17.73	20.67
v	最大	0.15	0.20	0.25	0.30	0.35	0.45	0.50
	最小	0.05	0.05	0.10	0.15	0.15	0.20	0.25
$l_{公称}$	全螺纹	10~20	12~25	16~30	20~35	25~40	30~45	35~50
	部分螺纹	25~50	30~60	35~80	40~100	45~120	50~140	60~160
l 系列	10,12,16,20,25,30,35,40,45,50,55,60,65,70,80,90,100,110,120,130,140,150,160							

技术条件	材料	性能等级	螺纹公差	产品等级	表面处理
	钢	8.8、9.8、10.9	6g	A	不处理、电镀、非电解锌片涂层
	不锈钢	A2-70			简单处理、钝化

注：括号内的规格尽量不用。

表 5-1-117　　六角法兰面螺栓　细牙　小系列（摘自 GB/T 16674.2—2016）　mm

螺纹规格 d		M8×1	M10×1　M10×1.25	M12×1.25　M12×1.5	(M14×1.5)	M16×1.5
$b_{参考}$	$l_{公称}$≤125mm	22	26	30	34	38
	125mm<$l_{公称}$≤200mm	28	32	36	40	44
	$l_{公称}$>200mm	—	—	—	—	57
c	最小	1.2	1.5	1.8	2.1	2.4
d_a	F型 最大	9.2	11.2	13.7	15.7	17.7
	U型 最大	10.0	12.5	15.2	17.7	20.5
d_c	最大	17.0	20.8	24.7	28.6	32.8
d_s	最大	8.00	10.00	12.00	14.00	16.00
	最小	7.78	9.78	11.73	13.73	15.73
d_v	最大	8.8	10.8	12.8	14.8	17.2
d_w	最小	14.9	18.7	22.5	26.4	30.6
e	最小	10.95	14.26	16.5	19.86	23.15
k	最大	8.5	9.7	12.1	12.9	15.2
k_w	最小	3.8	4.3	5.4	5.6	6.8
l_f	最大	2.1	2.1	2.1	2.1	3.2
r_1	最小	0.4	0.4	0.6	0.6	0.6
r_2	最大	0.5	0.6	0.7	0.9	1
r_3	最大	0.36	0.45	0.54	0.63	0.72
	最小	0.16	0.20	0.24	0.28	0.32
r_4	参考	5.7	5.7	5.7	5.7	8.8

续表

s	最大	10.00	13.00	15.00	18.00	21.00
	最小	9.78	12.73	14.73	17.73	20.67
v	最大	0.25	0.30	0.35	0.45	0.50
	最小	0.10	0.15	0.15	0.20	0.25
$l_{公称}$	全螺纹	16~30	20~35	25~40	30~45	35~50
	部分螺纹	35~80	40~100	45~120	50~140	60~160
l 系列	16,20,25,30,35,40,45,50,55,60,65,70,80,90,100,110,120,130,140,150,160					
技术条件	材料	性能等级	螺纹公差	产品等级	表面处理	
	钢	8.8、9.8、10.9、12.9/12.9	6g	A	不处理、电镀、非电解锌片涂层	
	不锈钢	A2-70			简单处理、钝化	

注：括号内的规格尽量不用。

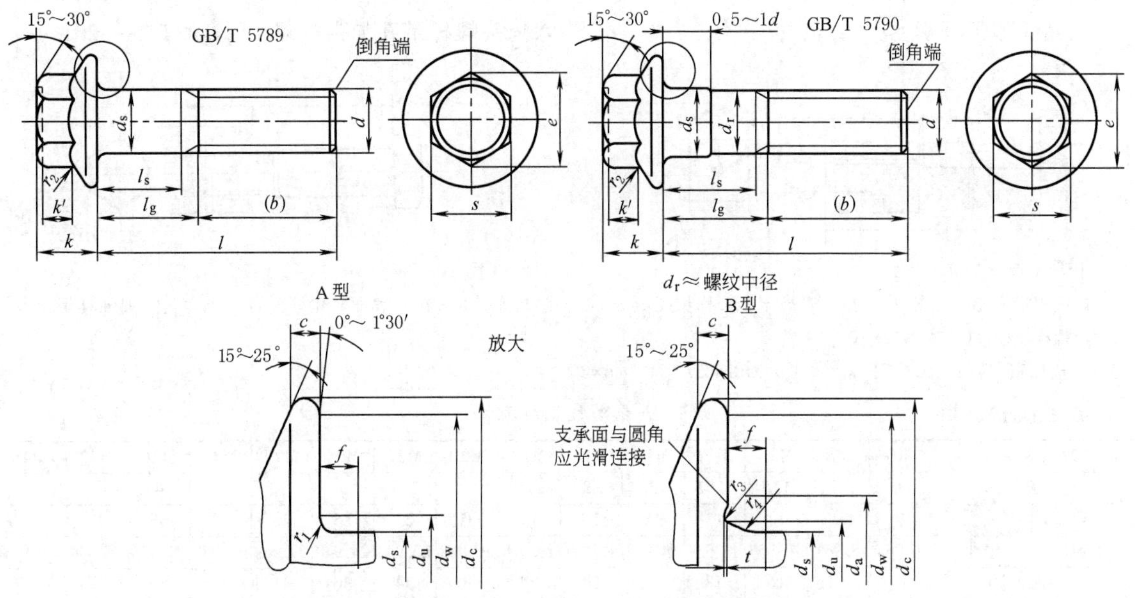

图 5-1-7　GB/ 5789—1986 和 GB/T　5790—1986 螺栓

标记示例

螺纹规格 d=M12、公称长度 l=80mm、性能等级 8.8 级、表面氧化、A 或 B 型六角法兰面螺栓，标记为：

螺栓　GB/T 5789　M12×80

表 5-1-118　　六角法兰面螺栓　加大系列　B 级（摘自 GB/T 5789—1986）和加大系列　细杆　B 级（摘自 GB/T 5790—1986）　　mm

螺纹规格 d(6g)			M5	M6	M8	M10	M12	(M14)	M16	M20
b	l≤125		16	18	22	26	30	34	38	46
	125<l≤200		—	—	28	32	36	40	44	52
	l>200		—	—	—	—	—	—	57	65
d_a	A 型	最大	5.7	6.8	9.2	11.2	13.7	15.7	17.7	22.4
	B 型		6.2	7.4	10	12.6	15.2	17.7	20.7	25.7
c(最小)			1	1.1	1.2	1.5	1.8	2.1	2.4	3
d_c(最大)			11.8	14.2	18	22.3	26.6	30.5	35	43
d_u(最大)			5.5	6.6	9	11	13.5	15.5	17.5	22
d_s	最大		5	6	8	10	12	14	16	20
	最小		4.82	5.82	7.78	9.78	11.73	13.73	15.73	19.67
f(最大)			1.4	2	2	2	3	3	3	4

续表

e(最小)		8.56	10.8	14.08	16.32	19.68	22.58	25.94	32.66
k(最大)		5.4	6.6	8.1	9.2	10.4	12.4	14.1	17.7
s(最大)		8	10	13	15	18	21	24	30
l[①]	GB 5789	10~50	12~60	16~80	20~100	25~120	30~140	35~160	40~200
	GB 5790	30~50	35~60	40~80	45~100	50~120	55~140	60~160	70~200
技术条件	材料	性能等级			螺纹公差	产品等级	表面处理		
	钢	8.8、9.8、10.9、12.9/$\underline{12.9}$			6g	B	氧化、镀锌钝化		
	不锈钢	A2-70					不处理		

注：括号内的规格尽量不用。

(5) 六角头加强杆螺栓

六角头加强杆螺栓有六角头加强杆螺栓（GB/T 27—2013）和六角头螺杆带孔加强杆螺栓（GB/T 28—2013）两种。

六角头加强杆螺栓（GB/T 27—2013）

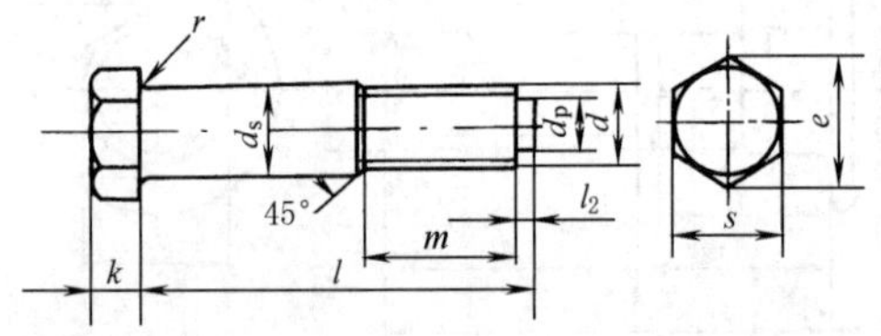

六角头螺杆带孔加强杆螺栓（GB/T 28—2013）

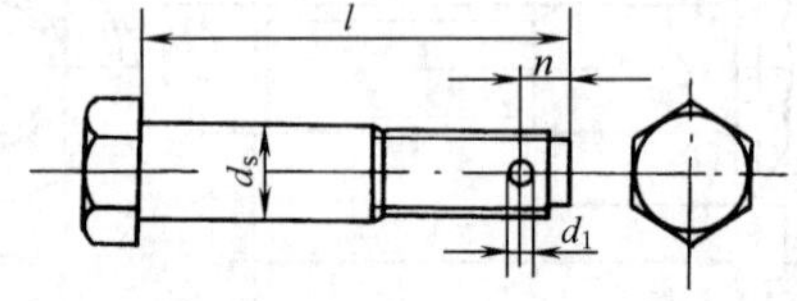

标记示例

螺纹规格 d=M12、d_s 尺寸按本表规定、公称长度 l=80mm、性能等级 8.8 级、表面氧化处理的 A 级六角头加强杆螺栓，标记为：螺栓 GB/T 27 M12×80

d_s 按 m6 制造时应加标记 m6：螺栓 GB/T 27 M12m6×80

表 5-1-119 六角头加强杆螺栓 mm

螺纹规格 d		M6	M8	M10	M12	(M14)	M16	(M18)	M20	(M22)	M24	(M27)	M30	M36	M42	M48
P		1	1.25	1.5	1.75	2	2	2.5	2.5	2.5	3	3	3.5	4	4.5	5
d_s (h9)	最大	7	9	11	13	15	17	19	21	23	25	28	32	38	44	50
	最小	6.964	8.964	10.957	12.957	14.957	16.957	18.948	20.948	22.948	24.948	27.948	31.938	37.938	43.938	49.938
s(最大)		10	13	16	18	21	24	27	30	34	36	41	46	55	65	75
k(公称)		4	5	6	7	8	9	10	11	12	13	15	17	20	23	26
r(最小)		0.25	0.4	0.4	0.6	0.6	0.6	0.6	0.8	0.8	0.8	1	1	1	1.2	1.6
e	A 级	11.05	14.38	17.77	20.03	23.35	26.75	30.14	33.53	37.72	39.98	—	—	—	—	—
	B 级	10.89	14.20	17.59	19.85	22.78	26.17	29.56	32.95	37.29	39.55	45.2	50.85	60.79	72.07	82.60
d_p		4	5.5	7	8.5	10	12	13	15	17	18	21	23	28	33	38
l_2		1.5	1.5	2	2	3	3	3	4	4	4	5	5	6	7	8
d_1	最大	1.85	2.25	2.75	3.5	3.5	4.3	4.3	4.3	5.3	5.3	5.3	6.66	6.66	8.36	8.36
	最小	1.6	2	2.5	3.2	3.2	4	4	4	5	5	5	6.3	6.3	8	8
l		25~65	25~80	30~120	35~180	40~180	45~200	50~200	55~200	60~200	65~200	75~200	80~230	90~300	110~300	120~300
m		12	15	18	22	25	28	30	32	35	38	42	50	55	65	70
n		4.5	5.5	6	7	8	9	9	10	11	11	13	14	16	19	20
l 系列		25,(28),30,(32),35,(38),40,45,50,(55),60,(65),70,(75),80,(85),90,(95),100,110,120,130,140,150,160,170,180,190,200,210,220,230,240,250,260,280,300														
技术条件		材料	螺纹公差		性能等级				表面处理		产品等级					
		钢	6g		d≤M39 时为 8.8；d>M39 时按协议				氧化		A 级用于 d≤24mm 和 l≤10d 或 l≤150mm					
											B 级用于 d>24mm 和 l>10d 或 l>150mm					

注：1. 括号内的规格尽量不用。

2. 根据使用要求，螺杆上无螺纹部分杆径（d_s）允许按 m6、u8 制造。按 m6 制造的螺栓，螺杆上无螺纹部分的表面粗糙度为 $Ra1.6$；螺杆上无螺纹部分（d_s）末端倒角 45°，根据制造工艺，允许制成大于 45°、小于 1.5P（螺距）的颈部。

(6) 钢结构用高强度大六角头螺栓及螺纹连接副

钢结构用高强度大六角头螺栓（摘自 GB/T 1228—2006）

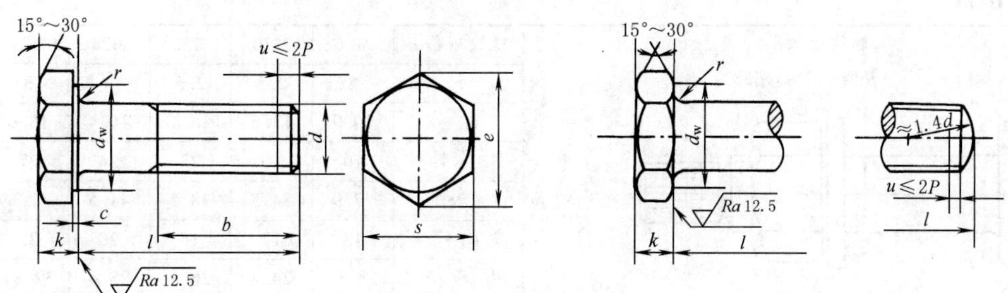

标记示例

螺纹规格 d=M20、公称长度 l=100mm、性能等级 10.9S 级的钢结构用高强度大六角头螺栓，标记为：

螺栓　GB/T 1228　M20×100

螺纹规格 d=M20、公称长度 l=100mm、性能等级 8.8S 级的钢结构用高强度大六角头螺栓，标记为：

螺栓　GB/T 1228　M20×100-8.8S

表 5-1-120　　**钢结构用高强度大六角头螺栓**（摘自 GB/T 1228—2006）　　mm

螺纹规格 d		M12	M16	M20	(M22)	M24	(M27)	M30
P		1.75	2	2.5	2.5	3	3	3.5
(d_w 最小)		19.2	24.9	31.4	33.3	38	42.8	46.5
e	(最小)	22.78	29.56	37.29	39.55	45.2	50.85	55.37
k	(公称)	7.5	10	12.5	14	15	17	18.7
r	(最小)	1.0	1.0	1.5	1.5	1.5	2	2
s	(最大)	21	27	34	36	41	46	50
c	(最大)	0.8						
$\frac{b}{l}$		$\frac{25}{35\sim40}$ $\frac{30}{45\sim75}$	$\frac{30}{45\sim50}$ $\frac{35}{55\sim130}$	$\frac{35}{50\sim60}$ $\frac{40}{65\sim160}$	$\frac{40}{55\sim65}$ $\frac{45}{70\sim220}$	$\frac{45}{60\sim70}$ $\frac{50}{75\sim240}$	$\frac{50}{65\sim75}$ $\frac{55}{80\sim260}$	$\frac{55}{70\sim80}$ $\frac{60}{85\sim260}$
l 系列(公称)		35~100(按 5 进级),110~200(按 10 进级),220,240,260						
公称应力截面积 A_s/mm²		84.3	157	245	303	353	459	561
拉力载荷/N	10.9S 级	87700~104500	163000~195000	255000~304000	315000~376000	367000~438000	477000~569000	583000~596000
	8.8S 级	70000~86800	130000~162000	203000~252000	251000~312000	293000~364000	381000~473000	456000~578000

力学性能(GB/T 1231—2006)

性能等级	抗拉强度 R_m/MPa	规定非比例延伸强度 $R_{p0.2}$/MPa	推荐材料	适用规格	洛氏硬度 HRC	维氏硬度 HV30	螺纹公差	产品等级
10.9S	1040~1240	940	20MnTiB	≤M24	33~39	312~367	6g	C
			ML20MnTiB					
			35VB	≤M30				
8.8S	830~1030	660	45、35	≤M20	24~31	249~296	6g	C
			20MnTiB、40Cr	≤M24				
			ML20MnTiB					
			35CrMo	≤M30				
			35VB					

钢结构用扭剪型高强度螺栓连接副螺栓（摘自 GB/T 3632—2008）

表 5-1-121 mm

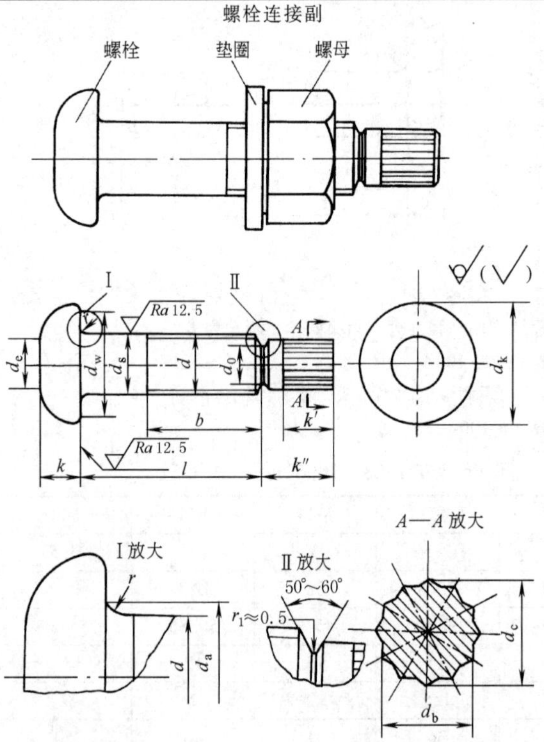

螺纹规格 d	M16	M20	(M22)	M24	(M27)	M30
P	2	2.5	2.5	3	3	3.5
d_0≈	10.9	13.6	15.1	16.4	18.6	20.6
d_s(公称)	16	20	22	24	27	30
d_w(最小)	27.9	34.5	38.5	41.5	42.8	46.5
d_e≈	13	17	18	20	22	24
d_a(最大)	18.83	24.4	26.4	28.4	32.84	35.84
d_b(公称)	11.1	13.4	15.4	16.7	19.0	21.1
d_c≈	12.8	16.1	17.8	19.3	21.9	24.4
d_k(最大)	30	37	41	44	50	55
k(公称)	10	13	14	15	17	19
k'(最小)	12	14	15	16	17	18
k''(最大)	17	19	21	23	24	25
r(最小)	1.2	1.2	1.2	1.6	2.0	2.0
l	40~130	45~160	50~180	55~200	65~220	70~220
$\frac{b}{l}$	$\frac{30}{40\sim50}$	$\frac{35}{45\sim60}$	$\frac{40}{50\sim65}$	$\frac{45}{55\sim70}$	$\frac{50}{65\sim75}$	$\frac{55}{70\sim80}$
	$\frac{35}{55\sim130}$	$\frac{40}{65\sim160}$	$\frac{45}{70\sim180}$	$\frac{50}{75\sim200}$	$\frac{55}{80\sim220}$	$\frac{60}{85\sim220}$
l系列（公称）	40,45,50,55,60,65,70,75,80,85,90,95,100,110,120,130,140,150,160,170,180,190,200,220					
技术条件	性能等级	10.9S				
	推荐材料	≤M24	20MnTiB,ML20MnTi8			
		M27,M30	35VB,35CrMn			

标记示例

粗牙普通螺纹，d=M20、l=100mm、性能等级 10.9S、表面防锈处理钢结构用扭剪型高强度螺栓连接副，标记为：

螺栓连接副 GB/T 3632 M20×100

注：1. 括号内的规格尽量不用。

2. 本标准适用于工业及民用建筑、公路与铁路桥梁、塔架、管路支架、起重机械及其他钢结构用摩擦型连接的扭剪型高强度螺栓连接副（包括一个螺栓、一个螺母和一个垫圈），如表图所示。该表仅为螺栓尺寸。

（7）方头螺栓 C 级

方头螺栓 C 级（摘自 GB/T 8—2021）

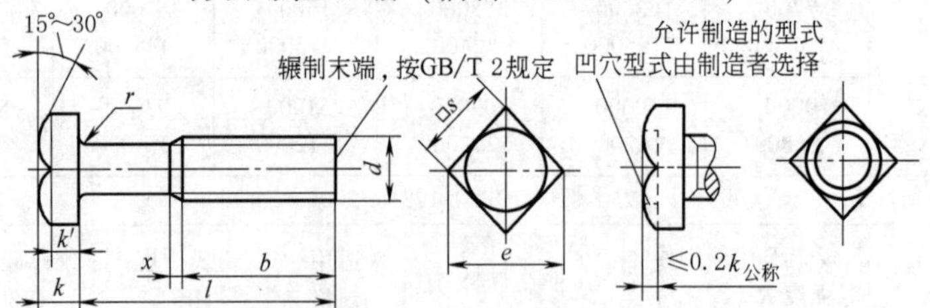

标记示例

螺纹规格 d=M12、公称长度 l=80mm、性能等级 4.8 级、不经表面处理的等级为 C 级的方头螺栓，标记为

螺栓 GB/T 8 M12×80

表 5-1-122 方头螺栓 C 级（摘自 GB/T 8—2021） mm

螺纹规格 d		M10	M12	(M14)	M16	(M18)	M20	(M22)	M24	(M27)	M30	M36	M42	M48
b	l≤125	26	30	34	38	42	46	50	54	60	66	78	—	—
	125<l≤200	32	36	40	44	48	52	56	60	66	72	84	96	108
	l>200	—	—	53	57	61	65	69	73	79	85	97	109	121
e(最小)		20.24	22.84	26.21	30.11	34.01	37.91	42.9	45.5	52	58.5	69.94	82.03	95.03
k(公称)		7	8	9	10	12	13	14	15	17	19	23	26	30

续表

r(最小)	0.4	0.6	0.6	0.6	0.8	0.8	0.8	0.8	1	1	1	1.2	1.6
s(最大)	16	18	21	24	27	30	34	36	41	46	55	65	75
x(最大)	3.8	4.3	5	5	6.3	6.3	6.3	7.5	7.5	8.8	10	11.3	12.5
通用规格长度 l	20~100	25~120	25~140	30~160	35~180	35~200	50~220	55~240	60~260	60~300	80~300	80~300	110~300
l 系列	20,25,30,35,40,45,50,(55),60,(65),70,80,90,100,110,120,130,140,150,160,180,200,220,240,260,280,300												

技术条件	材料	螺纹公差	性能等级	产品等级	表面处理
	钢	8g	d≤M39:4.8 级;d>M39:按协议	C	不经处理;氧化;镀锌钝化

注：括号内的规格尽量不用。

（8）小方头螺栓

小方头螺栓（摘自 GB/T 35—2013）

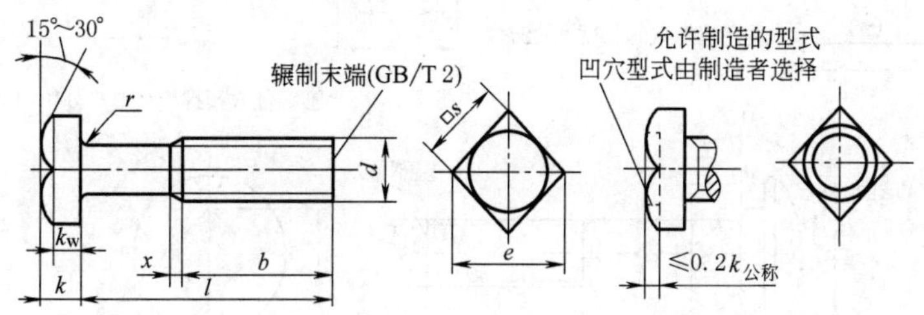

标记示例

螺纹规格 d=M12、公称长度 l=80mm、性能等级 5.8 级、不经表面处理、等级为 B 级的小方头螺栓，标记为：

螺栓　GB/T 35　M12×80

表 5-1-123　　**小方头螺栓**（摘自 GB/T 35—2013）　　mm

螺纹规格 d		M5	M6	M8	M10	M12	(M14)	M16	(M18)	M20	(M22)	M24	(M27)	M30	M36	M42	M48
P		0.8	1	1.25	1.5	1.75	2	2	2.5	2.5	2.5	3	3	3.5	4	4.5	5
b	l≤125	16	18	22	26	30	34	38	42	46	50	54	60	66	78	—	—
	125<l≤200	—	—	28	32	36	40	44	48	52	56	60	66	72	84	96	108
	l>200	—	—	—	—	—	—	57	61	65	69	73	79	85	97	109	121
e(最小)		9.93	12.53	16.34	20.24	22.84	26.21	30.11	34.01	37.91	42.9	45.5	52	58.5	69.94	82.03	95.05
k(公称)		3.5	4	5	6	7	8	9	10	11	12	13	15	17	20	23	26
r(最小)		0.2	0.25	0.4	0.4	0.6	0.6	0.6	0.8	0.8	0.8	0.8	1	1	1	1.2	1.6
s(最大)		8	10	13	16	18	21	24	27	30	34	36	41	46	55	65	75
x(最大)		2	2.5	3.2	3.8	4.3	5	5	6.3	6.3	6.3	7.5	7.5	8.8	10	11.3	12.5
通用规格长度 l		20~50	30~60	35~80	40~100	45~120	55~140	55~160	60~180	65~200	70~220	80~240	90~260	90~300	110~300	130~300	140~300
l 系列		20,25,30,35,40,45,50,(55),60,(65),70,80,90,100,110,120,130,140,150,160,180,200,220,240,260,280,300															

技术条件	材料	螺纹公差	性能等级	产品等级	表面处理
	钢	6g	d≤M39:5.8,8.8;d>M39:按协议	B	不经处理;镀锌钝化

注：括号内的规格尽量不用。

（9）方颈螺栓

目前为止国家标准规定的方颈螺栓有沉头方颈螺栓（GB/T 10—2013）、圆头方颈螺栓（GB/T 12—2013）、扁圆头方颈螺栓（GB/T 14—2013）、加强半圆头方颈螺栓（GB/T 794—2021）、小半圆头低方颈螺栓 B 级（GB/T 801—2021）五种。

圆头方颈螺栓、扁圆头方颈螺栓、加强半圆头方颈螺栓、小半圆头低方颈螺栓

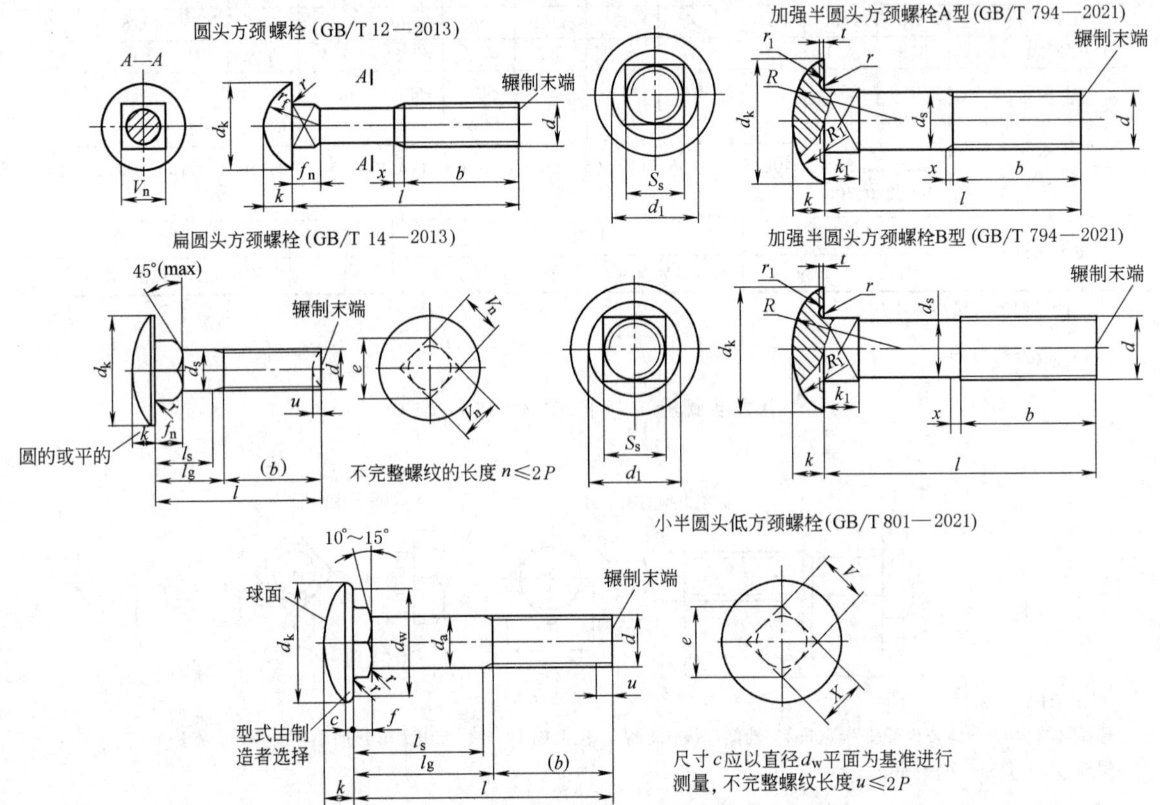

表 1-5-124　圆头方颈螺栓、扁圆头方颈螺栓、加强半圆头方颈螺栓、小半圆头低方颈螺栓　　mm

螺纹规格 d			M5①	M6	M8	M10	M12	(M14)	M16	M20
P			0.8	1	1.25	1.5	1.75	2	2	2.5
b	l≤125		16	18	22	26	30	34	38	46
	125<l<200		—	—	28	32	36	40	44	52
	125<l<200(GB/T 801)		—	—	—	—	—	—	44	52
d_k	GB/T 12	最大	—	13.1	17.1	21.3	25.3	29.3	33.6	41.6
	GB/T 794		—	15.1	19.1	24.3	29.3	33.6	36.6	45.6
	GB/T 14		13	16	20	24	30	—	38	46
	GB/T 801		—	14.2	18	22.3	26.6	—	35	43
	GB/T 12	最小	—	11.3	15.3	19.16	23.16	27.16	31	39
	GB/T 794		—	13.3	17.3	22.16	27.16	31.16	34	43
	GB/T 14		11.9	14.9	18.7	22.7	28.7	—	36.4	44.4
	GB/T 801		—	—	—	—	—	—	—	—
k_1 f②	GB/T 794、GB/T 12	最大	—	4.4	5.4	6.4	8.45	9.45	10.45	12.55
	GB/T 14		4.1	4.6	5.6	6.6	8.8	—	12.9	15.9
	GB/T 801		—	3	3	4	4	—	5	5
	GB/T 794、GB/T 12	最小	—	3.6	4.6	5.6	7.55	8.55	9.55	11.45
	GB/T 14		2.9	3.4	4.4	5.4	7.2	—	11.1	14.1
	GB/T 801		—	2.4	2.4	3.2	3.2	—	4.2	4.2
k	GB/T 12	最大	—	4.08	5.28	6.48	8.9	9.9	10.9	13.1
	GB/T 794		—	3.98	4.98	6.28	7.48	8.9	9.9	11.9
	GB/T 14		3.1	3.6	4.6	5.8	6.8	—	8.9	10.9
	GB/T 801		—	3.6	4.8	5.8	6.8	—	8.9	10.9

续表

k	GB/T 12	最小	—	3.2	4.4	5.6	7.55	8.55	9.55	11.45
	GB/T 794		—	3.2	4.1	5.4	6.6	7.55	8.55	10.55
	GB/T 14		2.5	3	4	5	6	—	8	10
	GB/T 801		—	3	4	5	6	—	8	10
S_s③	GB/T 12	最大	—	6.3	8.36	10.36	12.43	14.43	16.43	20.82
	GB/T 794		—	6.3	8.36	10.36	12.43	14.43	16.43	20.52
	GB/T 14		5.48	6.48	8.58	10.58	12.7	—	16.7	20.84
	GB/T 801		—	6.48	8.58	10.58	12.7	—	16.7	20.84
	GB/T 12	最小	—	5.84	7.8	9.8	11.76	13.76	15.76	19.22
	GB/T 794		—	5.84	7.8	9.8	11.76	13.76	15.76	19.72
	GB/T 14		4.52	5.52	7.42	9.42	11.3	—	15.3	19.16
	GB/T 801		—	5.88	7.85	9.85	11.82	—	15.82	19.79
r	GB/T 12	最大	—	0.5	0.5	0.5	0.8	0.8	1	1
	GB/T 14	最大	0.4	0.5	0.8	0.8	1.2	—	1.2	1.6
	GB/T 801	最大	—	0.5	0.8	0.8	1.2	—	1.2	1.6
	GB/T 794	最小	—	0.25	0.4	0.4	0.6	0.6	0.6	0.8
r_f	GB/T 12	≈	—	7	9	11	13	15	18	22
R	GB/T 794	—	—	14	18	24	26	30	34	40
R_1	GB/T 794	—	—	4.5	5	7	9	10	10.5	14
d_s	GB/T 14	最大	5.48	6.48	8.58	10.58	12.7	—	16.7	20.84
	GB/T 794-A		—	6	8	10	12	14	16	20
	GB/T 801		—					—		
	GB/T 794-A	最小	—	5.7	7.64	9.64	11.57	13.57	15.57	19.48
	GB/T 14		≈螺纹中径	≈螺纹中径						
	GB/T 801		—							
	GB/T 794-B		—	≈螺纹中径						
x	GB/T 12、GB/T 794	最大	—	2.5	3.2	3.8	4.4	5	5	6.3
公称长度范围		GB/T 801	—	12~60	14~80	20~100	20~120	—	65~160	80~160
		GB/T 12	—	16~60	16~80	25~100	30~120	40~140	45~160	60~200
		GB/T 794	—	20~60	25~80	40~100	45~120	50~140	55~160	65~200
		GB/T 14	20~50	30~60	40~80	45~100	55~120	—	65~200	80~200
l系列		GB/T 801	12,(14),16,20,25,30,35,40,45,50,55,60,65,70,80,90,100,110,120,130,140,150,160							
		GB/T 794	20,25,30,35,40,45,50,(55),60,(65),70,(75),80,(85),90,(95),100,110,120,130,140,150,160,(170),180,200							
		GB/T 14	20,25,30,35,40,45,50,(55),60,(65),70,80,90,100,110,120,130,140,150,160,180,200							
		GB/T 12	16,20,25,30,35,40,45,50,(55),60,(65),70,80,90,100,110,120,130,140,150,160,180,200							

	标准	材料	螺纹公差	性能等级	产品等级	表面处理
技术条件	GB/T 794	钢	A 型:6g B 型:8g	A 型:8.8 B 型:4.6、4.8	A 型:B 级 B 型:C 级	不经处理;电镀、非电解锌片涂层、热浸镀锌涂层
		不锈钢		A2-50、A2-70、A4-50、A4-70		简单处理(清洁和抛光);钝化
	GB/T 12	钢	A2-70:6g 其余:8g	4.6、4.8	C 级	不经处理;氧化;镀锌钝化
		不锈钢		A2-50、A2-70		简单处理
	GB/T 14	钢	8.8 级、A2-70:6g 其余:8g	4.6、4.8、8.8	C 级	不经处理;电镀、热浸镀锌涂层
		不锈钢		A2-50、A2-70		简单处理

续表

技术条件	GB/T 801	钢	6g	4.8、8.8、10.8	C级	不经处理;电镀、非电解锌片涂层、热浸镀锌涂层
		不锈钢		A2-50、A2-70、A4-50、A4-70		简单处理(清洁和抛光);钝化

① 只有 GB/T 14—2013 有 M5 规格的方颈螺栓。
② 方颈部分的长度，在不同标准中用不同符号表示：GB/T 794：k_1；GB/T 12：f_n；GB/T 14 f_n；GB/T 801：f。
③ 方颈部分的边长，在不同标准中用不同符号表示：GB/T 794：S_s；GB/T 12：V_n；GB/T 14 V_n；GB/T 801：V。
注：括号内的规格尽量不用。

标记示例

螺纹规格 d=M10、公称长度 l=70mm、性能等级为 4.8 级、不经表面处理的圆头方颈螺栓，标记为：

螺栓　GB/T 12　M10×70

螺纹规格 d=M10、公称长度 l=70mm、性能等级为 8.8 级、不经表面处理的 B 型加强半圆头方颈螺栓，标记为：

螺栓　GB/T 794　M10×70-B

沉头方颈螺栓（GB/T 10—2013）

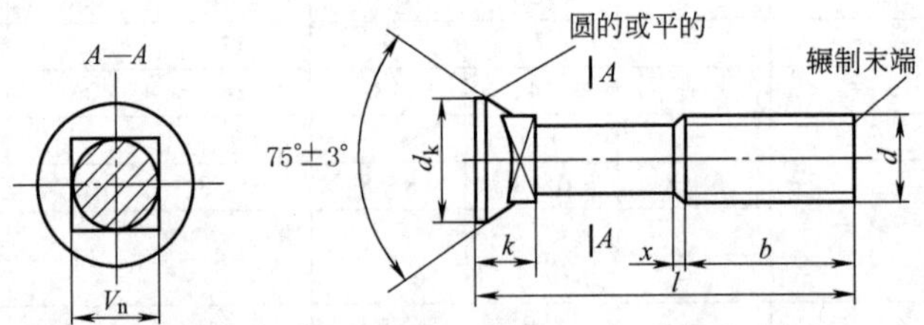

表 5-1-125　沉头方颈螺栓　mm

螺纹规格 d		M6	M8	M10	M12	M16	M20
P		1	1.25	1.5	1.75	2	2.5
b	$l \leqslant 125$	18	22	26	30	38	46
	$125 < l \leqslant 200$	—	28	32	36	44	52
d_k	最大	11.05	14.55	17.55	21.65	28.65	36.8
	最小	9.95	13.45	16.45	20.35	27.35	35.2
V_n	最大	6.36	8.36	10.36	12.43	16.43	20.52
	最小	5.84	7.8	9.8	11.76	15.76	19.72
k	最大	6.1	7.25	8.45	11.05	13.05	15.05
	最小	5.3	6.35	7.55	9.95	11.95	13.95
x	最大	2.5	3.2	3.8	4.3	5	6.3
公称长度 l		25~60	25~80	30~100	30~120	45~160	55~200
l 系列		25,30,35,40,45,50,(55),60,(65),70,80,90,100,110,120,130,140,150,160,180,200					
技术条件		材料	螺纹公差	性能等级	表面处理	产品等级	
		钢	8g	4.6,4.8	不经处理;氧化	C	

(10) 沉头带榫螺栓、圆头带榫螺栓

沉头带榫螺栓（GB/T 11—2013）　　**圆头带榫螺栓**（GB/T 13—2013）

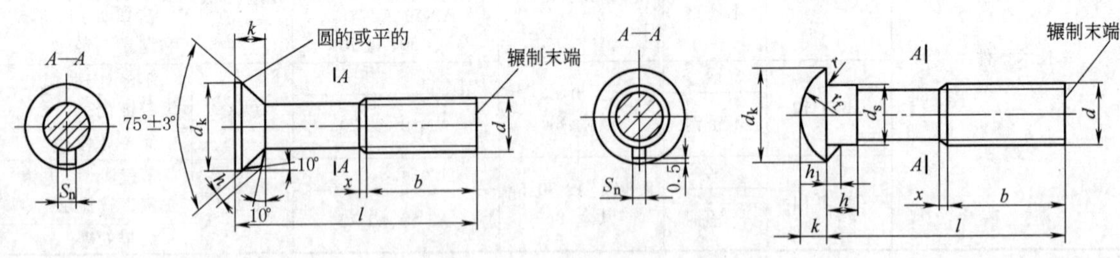

表 5-1-126 **带榫螺栓** mm

螺纹规格 d			M6	M8	M10	M12	(M14)	M16	M20	(M22)	M24
P			1	1.25	1.5	1.75	2	2	2.5	2.5	3
b	$l\leqslant 125$		18	22	26	30	34	38	46	50	54
	$125<l\leqslant 200$		—	28	32	36	40	44	52	56	60
d_k	GB/T 11	最大	11.05	14.55	17.55	21.65	24.65	28.65	36.8	40.8	45.8
		最小	9.95	13.45	16.45	20.35	23.35	27.35	35.2	39.2	44.2
	GB/T 13	最大	12.1	15.1	18.1	22.3	25.3	29.3	35.6	—	43.6
		最小	10.3	13.3	16.3	20.16	23.16	27.16	33	—	41
S_n	GB/T 11	最大	2.7	2.7	3.8	3.8	4.3	4.8	4.8	6.3	6.3
		最小	2.3	2.3	3.2	3.2	3.7	4.2	4.2	5.7	5.7
	GB/T 13	最大	2.7	2.7	3.8	3.8	4.8	4.8	4.8	—	6.3
		最小	2.3	2.3	3.2	3.2	4.2	4.2	4.2	—	5.7
h	GB/T 11	最大	1.2	1.6	2.1	2.4	2.9	3.3	4.2	4.5	5
		最小	0.8	1.1	1.4	1.6	1.9	2.2	2.8	3	3.3
	GB/T 13	最小	4	5	6	7	8	9	11	—	13
h_1	GB/T 13	最大	2.7	3.2	3.8	4.3	5.3	5.3	6.3	—	7.4
		最小	2.3	2.8	3.2	3.7	4.7	4.7	5.7	—	6.7
k	GB/T 11	≈	4.1	5.3	6.2	8.5	8.9	10.2	13	14.3	16.5
	GB/T 13	最大	4.08	5.28	6.48	8.9	9.9	10.9	13.1	—	17.1
		最小	3.2	4.4	5.6	7.55	8.55	9.55	11.45	—	15.45
x	GB/T 11	最大	2.5	3.2	3.8	4.3	5	5	6.3	6.3	7.5
	GB/T 13	最大	2.5	3.2	3.8	4.3	5	5	6.3	—	7.5
公称长度 l	GB/T 11		25~60	30~80	35~100	40~120	45~140	45~160	60~200	65~200	80~200
	GB/T 13		20~60	20~80	30~100	35~120	35~140	50~160	60~200	—	80~200
l 系列			20,25,30,35,40,45,50,(55),60,(65),70,80,90,100,110,120,130,140,150,160,180,200								
技术条件			材料	螺纹公差	性能等级	表面处理				产品等级	
			钢	8g	4.6,4.8	不经处理、电镀				C	

注：括号内的规格尽量不用。

(11) T 形槽用螺栓

T 形槽用螺栓（摘自 GB/T 37—1988）

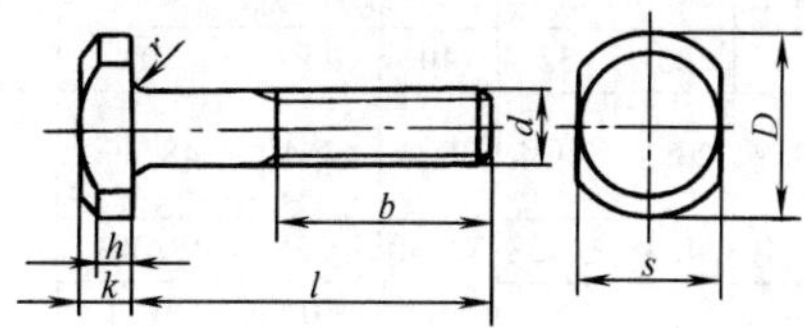

标记示例

螺纹规格 d=M10、公称长度 l=100mm、性能等级 8.8 级、表面氧化的 T 形槽用螺栓，标记为：

螺栓 GB/T 37 M10×100

表 5-1-127 **T 形槽用螺栓**（摘自 GB/T 37—1988） mm

螺纹规格 d		M5	M6	M8	M10	M12	M16	M20	M24	M30	M36	M42	M48
b	$l\leqslant 125$	16	18	22	26	30	38	46	54	66	78	—	—
	$125<l\leqslant 200$	—	—	28	32	36	44	52	60	72	84	96	108
	$l>200$	—	—	—	—	—	57	65	73	85	97	109	121
D		12	16	20	25	30	38	46	58	75	85	95	105
k(最大)		4.24	5.24	6.24	7.29	8.89	11.95	14.35	16.35	20.42	24.42	28.42	32.50
r(最小)		0.20	0.25	0.4	0.4	0.6	0.6	0.8	0.8	1	1	1.2	1.6
h		2.8	3.4	4.1	4.8	6.5	9	10.4	11.8	14.5	18.5	22	26
s(公称)		9	12	14	18	22	28	34	44	56	67	76	86
通用规格长度 l		25~50	30~60	35~80	40~100	45~120	55~160	65~200	80~240	90~300	110~300	130~300	140~300

续表

l系列	25,30,35,40,45,50,(55),60,(65),70,80,90,100,110,120,130,140,150,160,180,200,220,240,260,280,300				
技术条件	材料	螺纹公差	性能等级	产品等级	表面处理
	钢	6g	$d \leqslant$M39:8.8;$d>$M39:按协议	B	氧化;镀锌钝化

注:1. 括号内的规格尽量不用。
2. 末端按 GB/T 2 的规定。

(12) 活节螺栓

活节螺栓(摘自 GB/T 798—2021)

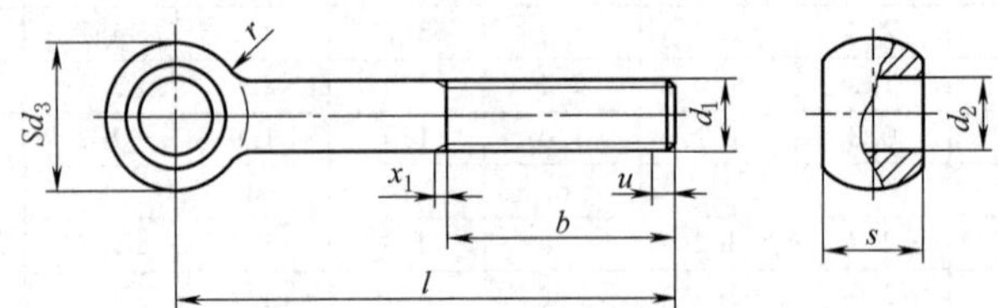

表 5-1-128　　活节螺栓(摘自 GB/T 798—2021)　　mm

螺纹规格 d_1			M5	M6	M8	M10	M12	M16	M20	M24	(M27)		M30		(M33)	M36		(M39)	
P			0.8	1	1.25	1.5	1.75	2	2.5	3	3		3.5		3.5	4		4	
b	$l \leqslant 125$		16	18	22	26	30	38	46	54	60		66		—	—		—	
	$125<l \leqslant 200$		—	—	28	32	36	44	52	60	66		72		78	84		90	
	$l>200$		—	—	—	—	49	57	65	73	79		85		91	97		103	
d_2	公称		5	6	8	10	12	16	18	22	24①	25	27①	28	30	32	33①	35	36①
	A级和B级	最小	5.070	6.070	8.080	10.080	12.095	16.095	18.095	22.110	24.11	25.11	27.11	28.11	30.11	32.12	33.12	35.12	36.12
		最大	5.145	6.145	8.170	10.170	12.205	16.205	18.205	22.240	24.24	25.24	27.24	28.24	30.24	32.28	33.28	35.28	36.28
	C级	最小	5.070	6.070	8.080	10.080	12.095	16.095	18.095	22.110	24.11	25.11	27.11	28.11	30.11	32.12	33.12	35.12	36.12
		最大	5.190	6.190	8.230	10.230	12.275	16.275	18.275	22.320	24.32	25.32	27.32	28.32	30.32	32.37	33.37	35.37	36.37
s	A、B级	最大	6	7	9	12	14	17	22	25	27		30		34	38		41	
		最小	5.52	6.42	8.42	11.3	13.3	16.3	21.16	24.16	26.16		29		33	37		40	
	C级	最大	8	9	11	14	17	19	24	28	30		34		38	41		46	
		最小	7.42	8.42	10.3	13.3	16.3	18.16	23.16	27.16	29.16		33		37	40		45	
$Sd_3$②	最大		12	14	18	20	25	32	40	45	50		55		60	65		70	
	A级和B级(最小)		10.9	12.9	16.9	18.7	23.7	30.4	38.4	43.4	48.4		53.1		58.1	63.1		68.1	
	C级(最小)		11.57	13.57	17.57	19.48	24.48	31.38	39.38	44.38	49.38		54.26		59.26	64.26		69.26	
r(公称)			2.5	4	4	4	6	6	6	10	10		10		16	16		16	
商品规格长度 l			20~80	35~90	40~140	45~150	50~260	65~260	75~300	90~300	100~300		110~300		120~300	130~300		140~300	
l系列			20,25,30,35,40,45,50,55,60,65,70,75,80,90,100,110,120,130,140,150,160,180,200,240,260,280,300																

技术条件	螺纹公差	性能等级	产品等级	表面处理
	A级、B级:6g C级:8g	钢:4.6,5.6 不锈钢:A2-50、A2-70	A级、B级、C级	钢:不经处理;电镀、非电解锌片涂层、热浸镀锌涂层 不锈钢:简单处理(清洁和抛光)、钝化

① 根据销轴标准 GB/T 880 和 GB/T 882,增加了销孔直径 24mm、27mm、33mm、36mm。如果活节螺栓按照这些直径供货,应标识销孔直径。

② 如果采用锻造方法制造的,模锻后毛刺和飞边应按 GB/T 12362 普通级,加工后的应按表中规定。

注:括号内的规格尽量不用。

标记示例

螺纹规格 d=M10、公称长度 l=100mm、性能等级 4.6 级、不经表面处理的 C 级活节螺栓,标记为:

螺栓　GB/T 798　M10×100

螺纹规格 d=M10、公称长度 l=100mm、性能等级 4.6 级、不经表面处理的 C 级全螺纹活节螺栓，标记为：

螺栓　GB/T 798　M10×100　L

螺纹规格 d=M30、公称长度 l=200mm、性能等级 4.6 级、销孔直径为 27mm、不经表面处理的 B 级活节螺栓，标记为：

螺栓　GB/T 798　M30×200×27　B

（13）地脚螺栓

地脚螺栓（摘自 GB/T 799—2020）

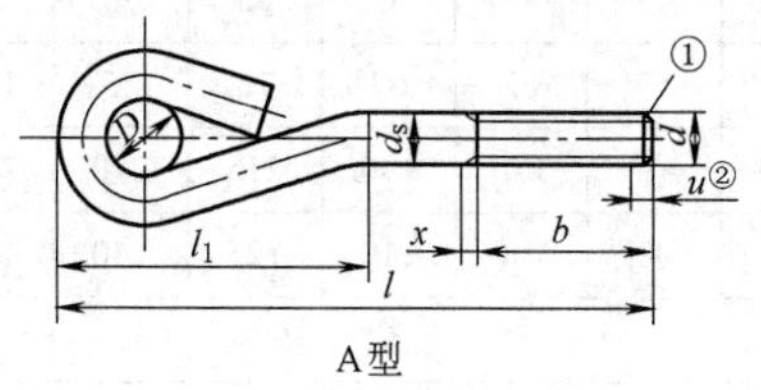

A型

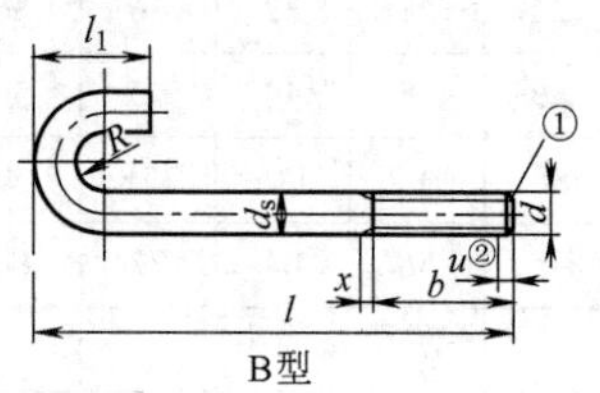

B型

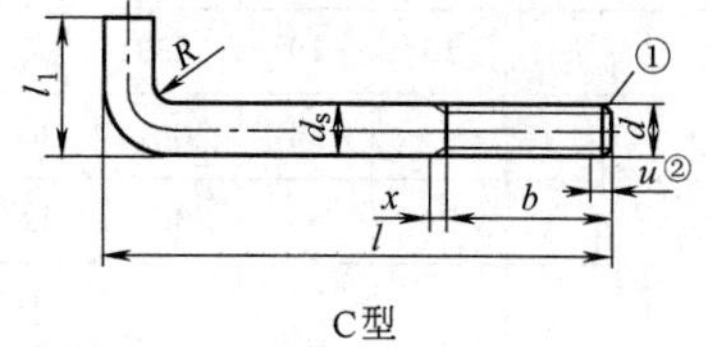

C型

① 末端按 GB/T 2 应倒圆角或倒圆，由制造者决定

② 不完整螺纹的长度 $u \leqslant 2P$

表 5-1-129　**地脚螺栓**（摘自 GB/T 799—2020）　mm

螺纹规格 d		M8	M10	M12	M16	M20	M24	M30	M36	M42	M48	M56	M64	M72
螺距 P		1.25	1.5	1.75	2	2.5	3	3.5	4	4.5	5	5.5	6	6
b^{+2P}_{0}		31	36	40	50	58	68	80	94	106	120	140	160	180
x		3.2	3.8	4.3	5	6.3	7.5	9	10	11	12.5	14	15	15
D(A 型)		10	15	20	20	30	30	45	60	60	70	80	90	100
R(B 型、C 型)		16	20	24	32	40	48	60	72	84	96	112	128	144
l_1	A 型	46	65	82	93	127	139	192	244	261	302	343	385	430
	B 型	48	60	72	96	120	144	180	216	252	288	336	384	432
	C 型	32	40	48	64	80	96	120	144	168	192	224	256	288
l(公称)		80~220	100~250	120~300	160~500	200~800	250~1200	300~2000	400~2500	500~2500	600~3000	800~3500	1000~3000	1600 3000
l 系列		80,100,120,160,200,250,300,400,500,600,800,1000,1200,1600,2000,2500,3000,3500												
技术条件		材料	等级	螺纹公差	产品等级	表面处理								
		钢	4.6、5.6	8g	C	不处理、电镀、热浸镀锌								

标记示例

螺纹规格 d=M20、公称长度 l=400mm、性能等级 4.6 级、型式为 A 型，表面不处理、产品等级为 C 级的地脚螺栓，标记为：

地脚螺栓　GB/T 799　M20×400-A

（14）T 形头地脚螺栓

T 形头地脚螺栓（摘自 JB/ZQ 4362—2006）

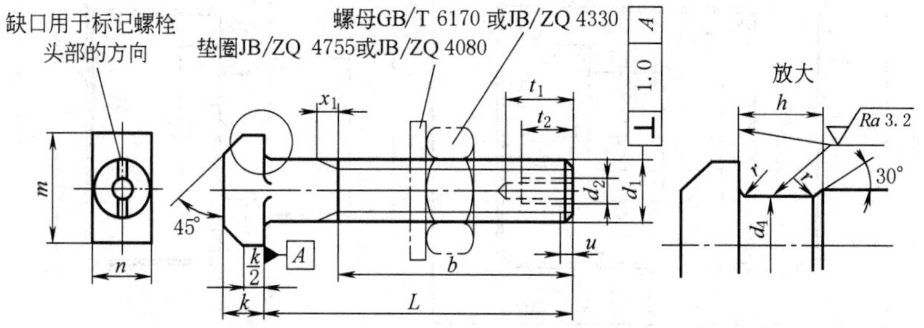

标记示例

螺纹规格 d=M48、长度 l=2000mm、产品等级 C 级的 T 形头地脚螺栓，标记为：

螺栓　M48×2000　JB/ZQ 4362—2006

表 5-1-130 **T 形头地脚螺栓**（摘自 JB/ZQ 4362—2006） mm

d_1	M24	M30	M36	M42	M48	M56	M64	M72×6	M80×6	M90×6	M100×6	M110×6	M125×6	M140×6	M160×6
b	100	120	160	180	210	250	280	300	320	360	400	440	500	560	640
d_2	—		M12			M16			M20						
d_4	20	26	31	37	42	49	57	65	73	83	93	103	118	133	153
$h_{(最大)}$	12	15	18	21	24	28	32	36	36	45	45	55	55	70	70
k	15	19	23	26	30	35	40	45	50	55	62	67	78	85	100
m	43	54	66	80	88	102	115	128	140	155	170	190	215	240	275
n	24	30	36	42	48	56	64	72	80	90	100	110	125	140	160
r	2		3			4			5						
t_1(最大)	—		40			48			53						
t_2(最大)	—		23			30			33						
L	每件质量/kg														
1000	3.66	5.77	8.36	11.48	15.09	20.71	27.31	34.87	43.36	55.33	69.07	84.52	111.2	141.2	189.1
每增加 100mm 的质量	0.36	0.55	0.80	1.09	1.42	1.93	2.53	3.20	3.95	4.99	6.17	7.46	9.63	12.08	15.78
基础的锚固力 F_A/kN	37	60	88	123	162	222	284	364	454	587	736	903	1176	1479	1959
强度级为 5.6 级的螺栓预紧力 F_V/kN	66	111	159	226	291	396	536	697	879	1140	1430	1750	2300	2920	3860
强度级为 8.8 级的螺栓预紧力 F_V/kN	74	117	171	235	309	426	562	727	912	1174	1470	1798	2352	2982	3927

（15）T 形头地脚螺栓用单孔锚板

T 形头地脚螺栓用单孔锚板（摘自 JB/ZQ 4172—2006）

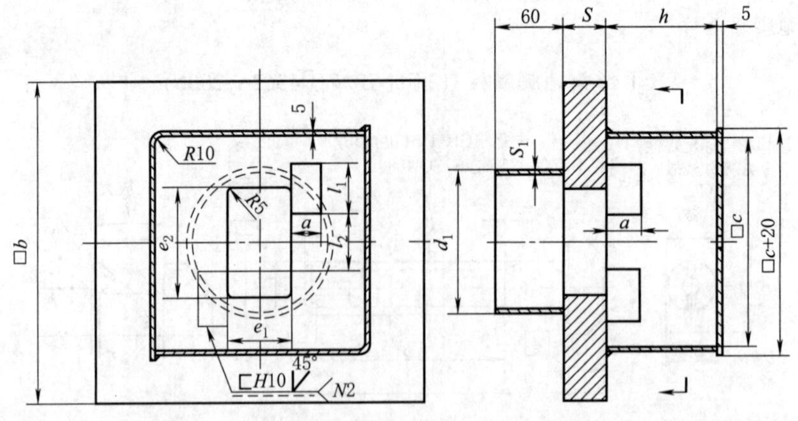

标记示例

T 形头地脚螺栓 M48 用单孔锚板的标记为：单孔锚板 48 JB/ZQ 4172—2006

表 5-1-131　　T 形头地脚螺栓用单孔锚板（摘自 JB/ZQ 4172—2006）　　mm

型号	S	b	$e_1{}^{+2}_{0}$	$e_2{}^{+2}_{0}$	a	l_1	l_2	c	h	W	T 形头地脚螺栓	锚板围管 $d_1\times S_1$	每件质量 /kg ≈	基础孔护管外径×管厚
24	20	180	27	54	20	40	28	130	50	500	M24	ϕ83×3.5	7.0	ϕ114×4
30	25	210	34	68			34	140	60	600	M30	ϕ95×3.5	11.0	
36	30	240	40	82			40	160	75	700	M36	ϕ121×4	17.0	ϕ140×4.5
42		270	47	94	30	50	46	180	85	800	M42		22	
48	35	300	53	102			52	200	100	1000	M48	ϕ140×4.5	30	ϕ180×5
56		330	62	116			60	220	110	1100	M56		36	
64	40	370	70	128			68	240	130	1300	M64	ϕ168×4	50	ϕ194×5
72		410	78	142	40	80	76	280	145	1400	M72×6	ϕ194×5	63	ϕ219×6
80		450	87	154			84	300	160	1600	M80×6		75	
90	50	500	97	170			94	320	180	1800	M90×6	ϕ219×6	109	ϕ245×6.5
100		550	107	185			104	350	200	2000	M100×6	ϕ245×6.5	129	ϕ273×6.5
110	60	600	118	205	50	100	114	380	220	2200	M110×6	ϕ273×6.5	182	ϕ299×7.5
125		660	133	230			129	400	250	2500	M125×6	ϕ299×7.5	220	ϕ325×7.5
140	80	750	148	255	60	120	144	460	270	2800	M140×6	ϕ325×7.5	366	ϕ351×8
160		850	168	290			164	500	280	3200	M160×6	ϕ377×9	466	ϕ402×9

注：1. 锚板材质一般采用 Q235A。

2. 除图上已注明的焊缝处，其余焊缝为连续角焊缝，焊角高 K 为 4mm。

3. T 形头地脚螺栓按 JB/ZQ 4362 选用。

4. 锚板围管及基础孔护管按 GB/T 8162《结构用无缝钢管》选用，材质一般采用 10 钢或 20 钢，也可用钢板弯制。

5. 表中 W 为图 5-1-8 中护管的高度。

（16）T 形头地脚螺栓用双联锚板

摘自 JB/ZQ 4172 的附录，通常在设备底座的四周备有一圈地脚螺栓孔，当设计采用内、外双圈地脚螺栓孔时，在基础孔中的 T 形头地脚螺栓可利用双联锚板进行固定。

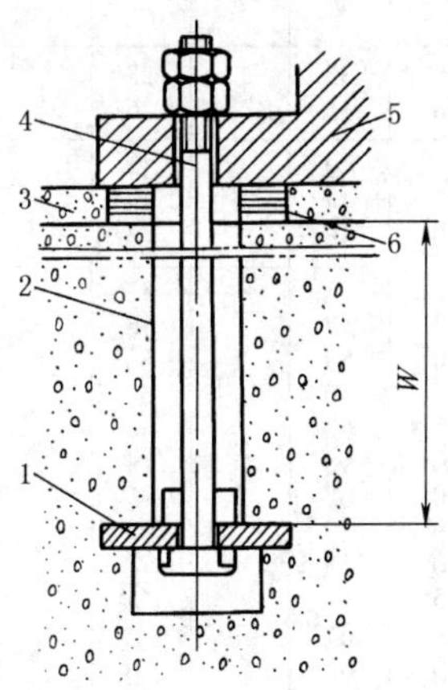

图 5-1-8　T 形头地脚螺栓用锚板在基础内的预埋形式

1—锚板；2—护管；3—二次灌浆层；4—T 形头地脚螺栓；5—底座；6—调整垫板

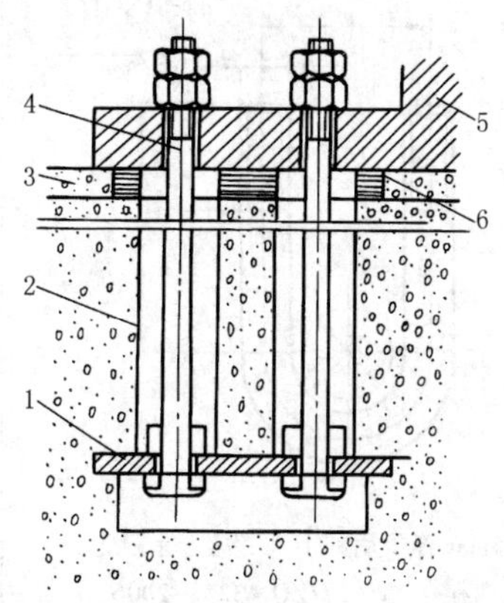

图 5-1-9　T 形头地脚螺栓用双联锚板在基础内的预埋形式

1—双联锚板；2—护管；3—二次灌浆层；4—T 形头地脚螺栓；5—底座；6—调整垫板

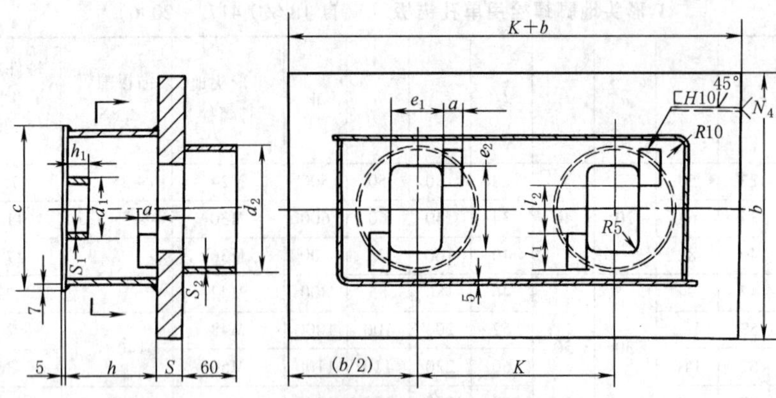

表 5-1-132　　**T 形头地脚螺栓用双联锚板**　　mm

T形头地脚螺栓	K	每件质量/kg≈	T形头地脚螺栓	K	每件质量/kg≈	T形头地脚螺栓	K	每件质量/kg≈	T形头地脚螺栓	K	每件质量/kg≈
M24	100	11.7	M30	130	18.3	M36	150	27.9	M42	160	34.7
	125	12.5		160	19.6		170	29.4		210	38.2
	160	13.6		200	21.5		220	32.5		240	40.3
M48	170	47.0	M72×6	220	96.9	M100×6	320	209.1	M140×6	460	595.7
	210	50.6		270	103.9		390	225.2		560	644.8
	250	54.2		320	110.9		460	241.4		670	698.9
	290	57.8		400	122.1		540	259.9		780	753.0
M56	180	55.8	M80×6	250	116.9	M110×6	360	295.0	M160×6	500	741.6
	220	59.8		300	124.6		430	315.9		600	797.3
	260	63.7		360	133.8		520	342.9		720	864.0
	300	67.7		450	147.6		600	366.8		840	930.7
M64	200	77.2	M90×6	290	172.5	M125×6	400	355.2			
	250	83.5		340	183.0		470	378.2			
	300	89.8		410	197.7		570	411.1			
	350	96.1		480	212.4		660	440.8			

注：仅供参考。

(17) U 形螺栓

表 5-1-133　　**U 形螺栓**（摘自 JB/ZQ 4321—2006）　　mm

管子外径 D_0	R	d	毛坯长 l	a	b	m	C	千件质量/kg
14	8	M6	98	33	22	22	1	22
18	10		108	35		26		24
22	12	M10	135	42	28	34	1.5	83
25	14		143	44		38		88
33	18		160	48		46		99
38	20	M12	192	55	32	52	2	171
42	22		202	57		56		180
45	24		210	59		60		188
48	25		220	60		62		196
51	27		225	62		66		200
57	31		240	66		74		214
60	32		250	67		76		223
76	40		289	75		92		256
83	43		310	78		98		276
89	46		325	81		104		290
102	53	M16	365	93	38	122		575
108	56		390	96		128		616
114	59		405	99		134		640
133	69		450	109		154		712
140	72		470	112		160		752
159	82		520	122		180		822
165	85		538	125		186		850
219	112		680	152		240		1075

标记示例

外径 D_0 = 25mm 管子用的 U 形螺栓，标记为：

U 形螺栓　25　JB/ZQ 4321—2006

外径 D_0 = 25mm 管子用的表面镀锌 U 形螺栓，标记为：

U 形螺栓　25-Zn JB/ZQ 4321—2006

注：1. 螺纹公差 6g。

2. 材料为 Q235A。

3. 表面处理：不经处理；镀锌钝化按 GB/T 5267.1 规定。

3.7.2 螺柱

(1) 双头螺柱（普通型）

双头螺柱有两端螺纹等长和非等长两大类，不等长螺柱的拧入端根据与螺纹直径的关系又分四种，双头等长螺柱的长度是总长度，不等长螺柱的长度是拧螺母端的长度。

表 5-1-134 **螺柱汇总**

类别	名称		标准号	规格范围 d/mm	长度范围 l/mm	力学性能		螺纹公差	产品等级	表面处理	
						钢	不锈钢			钢	不锈钢
等长	等长双头螺柱 C 级		GB/T 953—1988	M8～M48	100～2500	4.8、6.8、8.8	—	8g	C	不处理 镀锌钝化	—
等长	等长双头螺柱 B 级		GB/T 901—1988	M2～M56	10～500	4.8、5.8、6.8、8.8、10.9、12.9	A2-50、A2-70	6g	B	不处理 镀锌钝化	不处理
不等长	双头螺柱 B 级	$b_m=1d$	GB/T 897—1988	M5～M48	12～300	4.8、5.8、6.8、8.8、10.9、12.9	A2-50、A2-70	普通 6g 过渡 GM、G2M	B	不处理 氧化 镀锌钝化	不处理
不等长	双头螺柱 B 级	$b_m=1.25d$	GB/T 898—1988	M5～M48	12～300	4.8、5.8、6.8、8.8、10.9、12.9	A2-50、A2-70	普通 6g 过渡 GM、G2M	B	不处理 氧化 镀锌钝化	不处理
不等长	双头螺柱 B 级	$b_m=1.5d$	GB/T 899—1988	M2～M48	16～300	4.8、5.8、6.8、8.8、10.9、12.9	A2-50、A2-70	普通 6g 过渡 GM、G2M	B	不处理 氧化 镀锌钝化	不处理
不等长	双头螺柱 B 级	$b_m=2d$	GB/T 900—1988	M2～M48	16～300	4.8、5.8、6.8、8.8、10.9、12.9	A2-50、A2-70	普通 6g 过渡 GM、G2M、YM	B	不处理 氧化 镀锌钝化	不处理
腰状杆螺柱连接副螺柱			GB/T 13807.2—2008	M12～M180 M12～M120	—			GB/T 3103.4	TA、TB	氧化	—
腰状杆螺柱连接副螺母、受力套管螺柱			GB/T 13807.3—2008	M12～M180 M12～M120	G 型、P 型、CG 型、CP 型			GB/T 3103.4	TA、TB	氧化	—

注：腰状杆螺柱型式分类可见 GB/T 13807.1—2008。

表 5-1-135 **螺柱型式及标记示例**

图示	两端型式	d/mm	l/mm	性能等级	表面处理	型号	b_m/mm	标记
A型 B型 $X \approx 1.5P$(粗牙螺距) 适用于：GB/T 897—1988、GB/T 898—1988、GB/T 899—1988、GB/T 900—1988	两端均为粗牙普通螺纹	10	50	4.8	不处理	B	1d	螺柱 GB/T 897 M10×50
	旋入机体一端为粗牙普通螺纹，旋螺母一端为螺距 $P=1$mm 的细牙普通螺纹	10	50	4.8	不处理	A	1d	螺柱 GB/T 897 A M10-M10×1×50
	旋入机体一端为过渡配合螺纹的第一种配合，旋螺母一端为粗牙普通螺纹	10	50	8.8	镀锌钝化	B	1d	螺柱 GB/T 897 G M10-M10×50-8.8-Zn·D
	旋入机体一端为过盈配合螺纹，旋螺母一端为粗牙普通螺纹	10	50	8.8	镀锌钝化	A	2d	螺柱 GB/T 900 A Y M10-M10×50-8.8-Zn·D

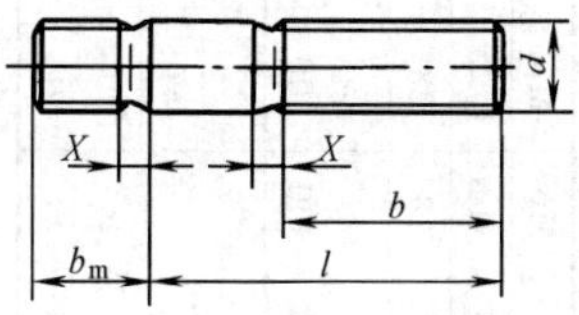

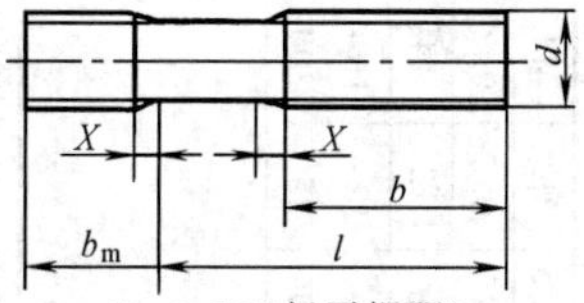

图示	两端型式	d/mm	l/mm	性能等级	表面处理	产品等级	标记
适用于：GB/T 901—1988、GB/T 953—1988	两端均为粗牙普通螺纹	12	100	4.8	不处理	B	螺柱 GB/T 901 M12×100
	两端均为粗牙普通螺纹	10	100	4.8	不处理	C	螺柱 GB/T 953 M10×100
	两端均为粗牙普通螺纹，螺纹加长	10	100	4.8	不处理	C	螺柱 GB/T 953 M10×100-Q

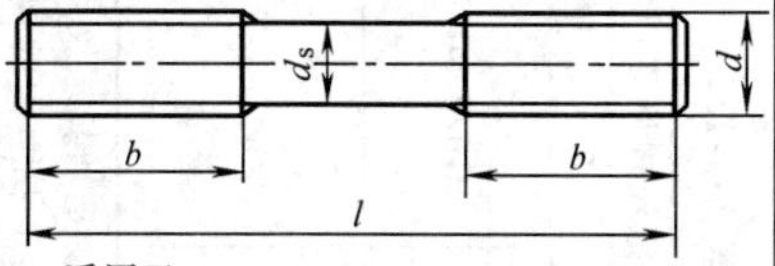

表 5-1-136 不等长双头螺柱 mm

螺纹规格 d		M2	M2.5	M3	M4	M5	M6	M8	M10	M12	(M14)	M16	(M18)	M20	(M22)	M24	(M27)	M30	(M33)	M36	(M39)	M42	M48
P		0.4	0.45	0.5	0.7	0.8	1	1.25	1.5	1.75	2	2	2.5	2.5	2.5	3	3	3.5	3.5	4	4	4.5	5
b_m	GB/T 897	—				5	6	8	10	12	14	16	18	20	22	24	27	30	33	36	39	42	48
	GB/T 898	—				6	8	10	12	15	—	20	—	25	—	30	—	38	—	45	—	52	60
	GB/T 899	3	3.5	4.5	6	8	10	12	15	18	21	24	27	30	33	36	40	45	49	54	58	63	72
	GB/T 900	4	5	6	8	10	12	16	20	24	28	32	36	40	44	48	54	60	66	72	78	84	96
拧螺母端螺纹长度及总长度	b	6	8	6	8	10	10	12	14	16	18	20	22	25	30	30	35	40	45	45	50	50	60
	l	12~16	14~18	16~20	16~22	16~22	20~22	20~22	22~28	22~30	30~35	30~38	35~40	35~40	40~45	45~50	50~60	60~65	65~70	65~75	65~80	65~80	80~95
	b	10	11	12	14	16	14	16	16	20	25	30	35	35	40	45	50	50	60	60	65	70	80
	l	18~25	20~30	22~40	25~40	25~50	25~30	25~30	30~38	32~40	38~45	40~55	45~55	45~60	50~70	55~75	65~85	70~90	75~95	80~100	90~100	90~100	100
	b	—					18	22	26	30	34	38	42	46	50	54	60	66	72	78	84	90	102
	l	—					32~75	32~90	40~120	45~120	50~120	60~120	60~120	65~120	75~120	80~120	90~120	95~120	100~120	110~120	110~120	110~120	110~120
	b	—							32	36	40	44	48	52	56	60	66	72	78	84	90	96	108
	l	—							130	130~180	130~180	130~200	130~200	130~200	130~200	130~200	130~200	130~200	130~200	130~200	130~200	130~200	130~200
	b		—															85	91	97	103	109	121
	l		—															210~250	210~300	210~300	210~300	210~300	210~300
l 系列			12,(14),16,(18),20,(22),25,(28),30,(32),35,(38),40,45,50,(55),60,(65),70,(75),80,(85),90,(95),100,110,120,130,140,150,160,170,180,190,200,210,220,230,240,250,260,270,280,290,300																				

注：括号内的规格尽量不用。

表 5-1-137 等长双头螺柱 mm

螺纹规格 d		M2	M2.5	M3	M4	M5	M6	M8	M10	M12	(M14)	M16	(M18)	M20	(M22)	M24	(M27)	M30	(M33)	M36	(M39)	M42	M48	M56
P		0.4	0.45	0.5	0.7	0.8	1	1.25	1.5	1.75	2	2	2.5	2.5	2.5	3	3	3.5	3.5	4	4	4.5	5	
b	GB/T 901	10	11	12	14	16	18	28	32	36	40	44	48	52	56	60	66	72	78	84	89	96	108	124
l		10~60	10~80	12~250	16~300	20~300	25~300	32~300	40~300	50~300	60~300	60~300	60~300	70~300	80~300	90~300	100~300	120~400	140~400	140~500	140~500	140~500	150~500	190~500
b	GB/T 953	—						22	26	30	34	38	42	46	50	54	60	66	72	78	84	90	102	—
b[①]								41	45	49	53	57	61	65	69	73	79	85	91	97	103	109	121	
l								100~600	100~800	150~1200		200~1500		260~1500	260~1800	300~1800	300~2000	350~2500				500~2500		

① 是加长螺纹后的长度，当螺纹加长时要在标记的最后加上 Q 标识。

注：括号内的规格尽量不用。

(2) 腰状杆螺柱连接副

腰状杆螺柱也分为两端等长和不等长两类，共七种，L 型和 S 型是基本类型，其他类型是在 L 型和 S 型基础上演变而来。

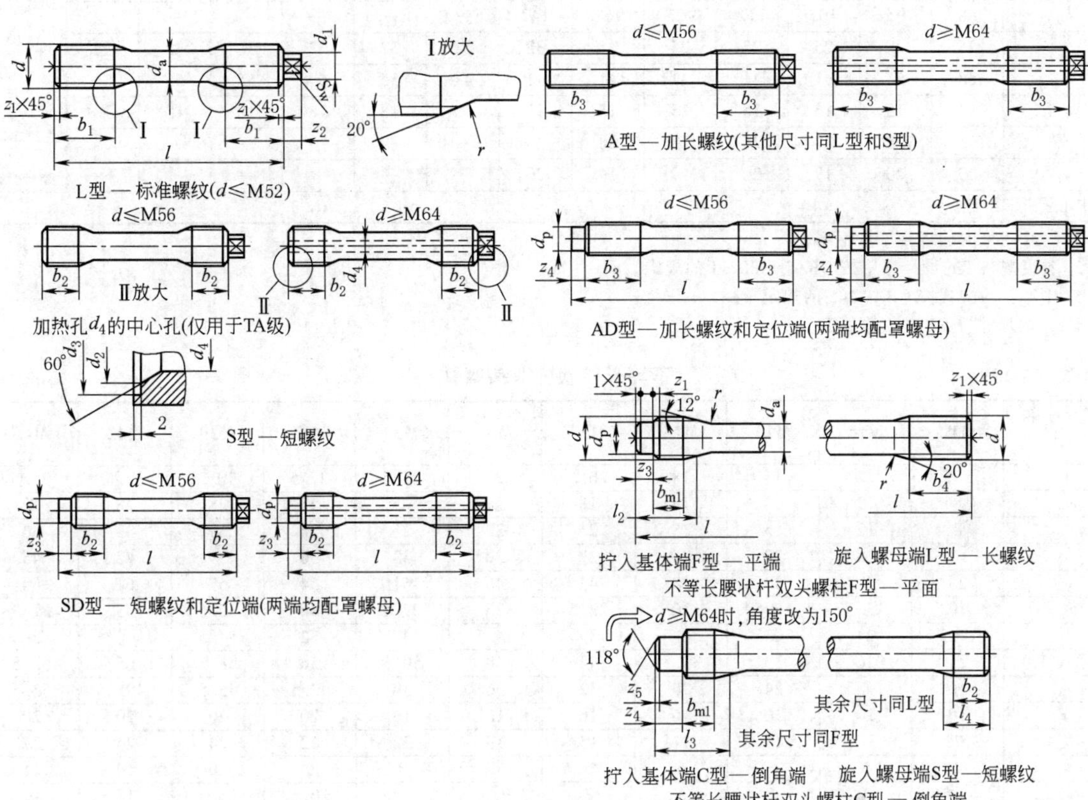

表 5-1-138　　等长腰状杆双头螺柱　　mm

螺纹规格 d	M12	M16	M20	M24	(M27)	M30	(M33)	M36	(M39)	M42	(M45)	M48	(M52)	M56
d_a	8.5	12	15	18	20.5	23	25.5	27.5	30.5	32.5	35.5	37.5	41	44
d_1	8	12	14	14	18	18	25	25	28	28	32	32	36	40
d_p	8	12	13	16	18	21	24	26	30	32	34	37	40	45
b_1	20	23	28	32	35	39	42	45	48	52	55	58	62	—
b_2	13	16	20	24	27	30	33	36	39	42	45	48	52	56
b_3	27	31	36	42	47	50	53	57	60	64	66	70	74	79
r	10	10	10	16	16	16	16	20	20	20	20	20	20	25
S_w	7	10	11	11	13	13	22	22	24	24	27	27	30	32
z_2	4	5	6	6	6	6	9	9	10	10	11	11	12	13
z_3	11	14	16	17	19	19	21	23	23	24	25	26	26	28
z_4	7	8	9	8	10	12	14	14	14	15	15	19	18	19
中心孔	A1.6						A2.5							

螺纹规格 d	M64	M72×6	M80×6	M90×6	M100×6	M110×6	(M120×6)	M125×6	M140×6	(M150×6)	M160×6	(M170×6)	M180×6
d_a	51	58.5	66	75	84	92.5	102	106	118	127	136	145	154
d_1	42	50	50	50	50	50	50	50	65	65	65	65	65
d_4	18	25	25	25	25	25	25	25	36	36	36	36	36
d_2	25	32	32	32	32	32	32	32	43	43	43	43	43
d_3	30	37	37	37	37	37	37	37	48	48	48	48	48
d_p	52	56	63	74	86	97	105	—	—	—	—	—	—
b_1	—	—	—	—	—	—	—	—	—	—	—	—	—
b_2	64	72	80	90	100	110	120	125	140	150	160	170	180

续表

螺纹规格 d	M64	M72×6	M80×6	M90×6	M100×6	M110×6	(M120×6)	M125×6	M140×6	(M150×6)	M160×6	(M170×6)	M180×6
b_3	88	95	103	112	122	132	142	—	—	—	—	—	—
r	25	25	25	25	25	25	32	32	32	32	32	32	32
S_w	36	41	41	41	41	41	41	41	55	55	55	55	55
z_2	14	15	15	15	15	15	15	15	18	18	18	18	18
z_3	28	28	28	28	28	28	30	—	—	—	—	—	—
z_4	20	20	19	20	19	19	20	—	—	—	—	—	—
中心孔	A4					A6.3							

注：1. 括号内的规格尽量不用。

2. 长度规格 l 的设计选用按 GB/T 13807.1 的规定。

3. 中心孔的型式按 GB/T 145 的规定。

4. z_1 的尺寸按 GB/T 3 的规定。

表 5-1-139　　不等长腰状杆双头螺柱　　mm

螺纹规格 d	M12	M16	M20	M24	(M27)	M30	(M33)	M36	(M39)	M42	(M45)
d_a	8.5	12	15	18	20.5	23	25.5	27.5	30.5	32.5	35.5
d_1	8	12	14	14	18	18	25	25	28	28	32
d_p	8	12	15	18	21	23	26	28	31	33	36
b_2	13	16	20	24	27	30	33	36	39	42	45
b_4	23	27	33	38	43	46	51	54	57	61	64
b_{m1}	10	13.5	16.5	20	22.5	25	27.5	30	32.5	35	37.5
l_2	19.5	24	30.5	36.5	39	44.5	47	52	54.5	60	62.5
l_3	21	26	33	39.5	42	48	50.5	56	58.5	65	67.5
l_4	16	19.5	24	29	32	36	39	42.5	45.5	49.5	52.5
r	10	10	10	16	16	16	16	20	20	20	20
S_w	7	10	11	11	13	13	22	22	24	24	27
z_2	4	5	6	6	6	6	9	9	10	10	11
z_3	4.5	5	7	8	8	9.5	9.5	10.5	10.5	12	12
z_4	6	7	9.5	11	11	13	13	14.5	14.5	17	17
z_5	1	1.5	1.5	2	2	2.5	2.5	3	3	3.5	3.5
中心孔	A1.6					A2.5					

螺纹规格 d	M48	(M52)	M56	M64	M72×6	M80×6	M90×6	M100×6	M110×6	(M120×6)
d_a	37.5	41	44	51	58.5	66	75	84	92.5	102
d_1	32	36	40	42	50	50	50	50	50	50
d_4	—	—	—	18	25	25	25	25	25	25
d_2	—	—	—	25	32	32	32	32	32	32
d_3	—	—	—	30	37	37	37	37	37	37
d_p	38	42	45	52	60	68	78	88	98	108
b_2	48	52	56	64	72	80	90	100	110	120
b_4	67	72	77	88	96	104	115	125	136	147
b_{m1}	39.5	43.5	46.5	53.5	60.5	67.5	76.5	85.5	94.5	103.5
l_2	67	71	77	86.5	93.5	100.5	109.5	118.5	127.5	136.5
l_3	73	76.5	83	90	97	104.5	114	123.5	132.5	142
l_4	56.5	60.5	65	74	82	90	100	110	120	130
r	20	20	25	25	25	25	25	25	25	32
S_w	27	30	32	36	41	41	41	41	41	41
z_2	11	12	13	14	15	15	15	15	15	15
z_3	13	13	14.5	15.5	15.5	15.5	15.5	15.5	15.5	15.5
z_4	4	4	4.5	2.5	2.5	3	3.5	4	4	4.5
中心孔	A2.5			A4					A6.3	

注：1. 括号内的规格尽量不用。

2. 长度规格 l 的设计选用按 GB/T 13807.1 的规定。

3. 中心孔的型式按 GB/T 145 的规定。

4. z_1 的尺寸按 GB/T 3 的规定。

5. 图中未标注的尺寸可参考等长腰状杆双头螺柱的图。

标记示例

螺纹规格 d=M30、公称长度 l=200mm、L 型、材料为 35CrMoA、TB 级、表面氧化的等长腰状杆双头螺柱，标记为：

螺柱 GB/T 13807.2 L M30×200-TB-35CrMoA-氧化

螺纹规格 d=M30、公称长度 l=150mm、拧入基体端为 F 型、选入螺母端为 L 型、材料为 35CrMoA、TB 级、表面氧化的腰状杆双头螺柱，标记为：

螺柱 GB/T 13807.2 FL M30×150-TB-35CrMoA-氧化

在上述标记中仅允许省略“TB”“35CrMoA”“氧化”的标记。

（3）焊接螺柱及焊钉

焊接螺柱和螺钉目前共有四种标准产品，焊钉也有四种标准产品，焊接螺柱带螺纹，焊钉没有螺纹。

表 5-1-140　　焊接螺柱和焊钉汇总

类别	名称	标准号	规格范围 d/mm	长度范围 l/mm	力学性能		螺纹公差	产品等级	表面处理	
					钢	不锈钢、有色金属			钢	不锈钢
焊接螺柱	手工焊用焊接螺柱	GB/T 902.1—2008	M3～M20	10～300	4.8	—	6g	—	不处理 镀锌钝化	—
	电弧螺柱焊用焊接螺柱	GB/T 902.2—2010	M6～M24	15～160 PD 型	4.8	A2-50、A2-70 A4-50、A4-70 A5-50、A5-70	6g	A	不处理	不处理
			M6～M24	15～100 RD 型						
			M5～M12	15～30 ID 型						
	储能焊用焊接螺柱	GB/T 902.3—2008	M3～M8	6～30 PT 型	4.8	A2-50、CU2	6g	—	电镀铜	简单处理
			M3～M5	10～25 IT 型						
	短周期电弧螺柱焊用焊接螺柱	GB/T 902.4—2010	M3～M10	6～40 PS 型	4.8	A2-50	6g	A	电镀铜	简单处理
			M3～M6	10～25 IS 型						
焊钉	电弧螺柱焊用无头焊钉	GB/T 10432.1—2010	d6～d16	≥20	4.8	A2-50、A2-70 A4-50、A4-70 A5-50、A5-70	—	A	不处理	简单处理
	短周期电弧螺柱焊用无头焊钉	GB/T 10432.2—2016	d3～d8	8～25	4.8	A2-50	—	A	电镀铜	简单处理
	储能焊用无头焊钉	GB/T 10432.3—2010	d3～d6	8～25	4.8	A2-50、CU2	—	—	电镀铜	简单处理
	电弧螺柱焊用圆柱头焊钉	GB/T 10433—2002	d10～d25	40～300	$\sigma_b \geq 400$MPa		—	—	—	—

手工焊用焊接螺柱（摘自 GB/T 902.1—2008）

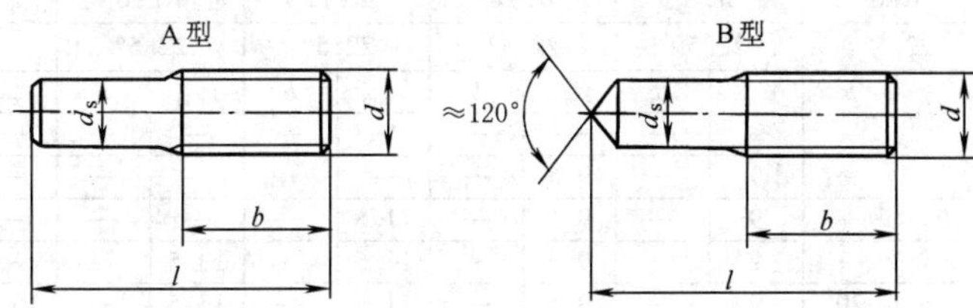

标记示例

螺纹规格 d=M10、公称长度 l=50mm、性能等级 4.8 级、不经表面处理、按 A 型制造的手工焊用焊接螺柱，标记为：

焊接螺柱 GB/T 902.1　M10×50

需要加长螺纹时，应加标记“Q”：　焊接螺柱 GB/T 902.1　M10×50-Q

按 B 型制造时，应加标记“B”：　焊接螺柱 GB/T 902.1　M10×50-B

表 5-1-141　　手工焊用焊接螺柱（摘自 GB/T 902.1—2008）　　mm

螺纹规格 d		M3	M4	M5	M6	M8	M10	M12	(M14)	M16	(M18)	M20
b^{+2P}_{0}	标准	12	14	16	18	22	26	30	34	38	42	46
	加长	15	20	22	24	28	45	49	53	57	61	65
商品规格长度 l		10～80	10～80	12～90	16～100	20～200	25～240	30～240	35～280	45～280	50～300	60～300

续表

l系列	10,12,16,20,25,30,35,40,45,50,(55),60,(65),70,80,90,100,110,120,130,140,150,160,180,200,220,240,260,280,300			
技术条件	材料:普碳钢	公差等级:6g	性能等级:4.8	表面处理:不经处理;镀锌钝化

注：1. 括号内的规格尽量不用。

2. d_s 约等于螺纹中径；末端按 GB/T 2 的规定制成倒角端，如需方同意也可制成辗制末端。

3. P 为螺距。

电弧螺柱焊用焊接螺柱（GB/T 902.2—2010）

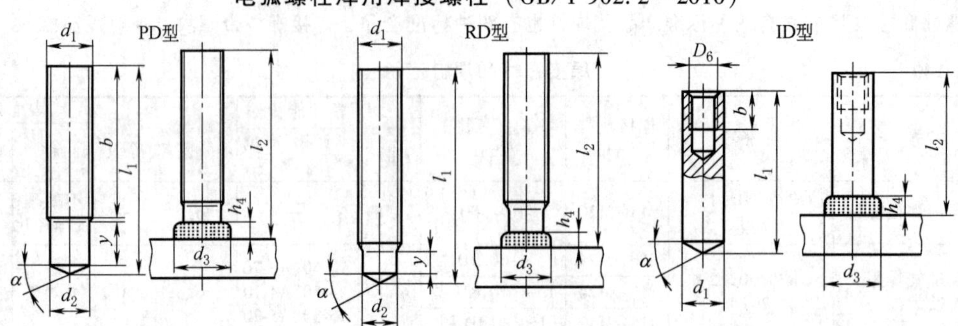

表 5-1-142　电弧螺柱焊用焊接螺柱（摘自 GB/T 902.2—2010）　mm

项目		螺纹规格 d_1													
		M6		M8		M10		M12		M16		M20		M24	
PD 型	d_2	5.35		7.19		9.03		10.86		14.6		18.38		22.05	
	d_3	8.5		10		12.5		15.5		19.5		24.5		30	
	h_4	3.5		3.5		4		4.5		6		7		10	
	$l_1 \pm 1$	$l_2+2.2$		$l_2+2.4$		$l_2+2.6$		$l_2+3.1$		$l_2+3.9$		$l_2+4.3$		$l_2+5.1$	
	y_{min}	9		9		9.5		11.5		13.5		15.5		20	
	瓷环型式	PF6		PF8		PF10		PF12		PF16		PF20		PF24	
RD 型（15mm≤l_2≤100mm）	d_2	4.7		6.2		7.9		9.5		13.2		16.5		20	
	d_3	7		9		11.5		13.5		18		23		28	
	h_4	2.5		2.5		3		4		5		6		7	
	$l_1 \pm 1$	$l_2+2.0$		$l_2+2.2$		$l_2+2.4$		$l_2+2.8$		$l_2+3.6$		$l_2+3.9$		$l_2+4.7$	
	y_{min}	4		4		5		6		7.5/11①		9/13①		12/15①	
	瓷环型式	RF6		RF8		RF10		RF12		RF16		RF20		RF24	
倒角	$\alpha \pm 2.5°$	22.5°		22.5°		22.5°		22.5°		22.5°		22.5°		22.5°	
PD型长度规格	l_2	y_{min}	b	y_{min}	b	y_{min}	b	y_{min}	b	y_{min}	b	y_{min}	b	y_{min}	b
	15	9	—	—	—	—	—	—	—	—	—	—	—	—	—
	20	9	—	9	—	9.5	—	—	—	—	—	—	—	—	—
	25	9	—	9	—	9.5	—	11.5	—	—	—	—	—	—	—
	30	9	—	9	—	9.5	—	11.5	—	13.5	—	—	—	—	—
	35	—	20	9	—	9.5	—	11.5	—	13.5	—	15.5	—	—	—
	40	—	20	9	—	9.5	—	11.5	—	13.5	—	15.5	—	—	—
	45	—	—	9	—	9.5	—	11.5	—	13.5	—	15.5	—	—	—
	50	—	—	—	40	—	40	—	40	13.5	—	—	35	20	—
	55	—	—	—	—	—	—	—	—	—	40	—	40	—	—
	60	—	—	—	—	—	—	—	—	—	40	—	40	—	—
	65	—	—	—	—	—	—	—	—	—	40	—	40	—	—
	70	—	—	—	—	—	—	—	—	—	—	—	40	—	50
	80	—	—	—	—	—	—	—	—	—	—	—	50	—	50
	100	—	—	—	—	—	40	—	40	—	80	—	70	—	70
	140	—	—	—	—	—	80	—	80	—	80	—	—	—	—
	150	—	—	—	—	—	80	—	80	—	80	—	—	—	—
	160	—	—	—	—	—	80	—	80	—	80	—	—	—	—

① RD 型螺柱中斜杠后的尺寸适用于表 5-1-144 中斜杠后的尺寸。

表 5-1-143　　**ID 型焊接螺柱**　　mm

d_1	10		12	14.6		16	18
D_6	M5	M6	M8	M8	M10	M10	M12
d_3	13	13	16	18.5	18.5	21	23
b	7	9	9.5	15	15	15	18
h_4	4	4	5	6	6	7	7
l_2	15	15	20	25	25	25	30
$\alpha\pm2.5°$	22.5°	22.5°	22.5°	22.5°	22.5°	22.5°	22.5°
$l_1\pm1$	$l_2+2.8$	$l_2+2.8$	$l_2+3.4$	$l_2+3.9$	$l_2+3.9$	$l_2+3.9$	$l_2+4.2$
瓷环型式	UF10		UF12			UF16	UF19

焊接螺柱配套瓷环

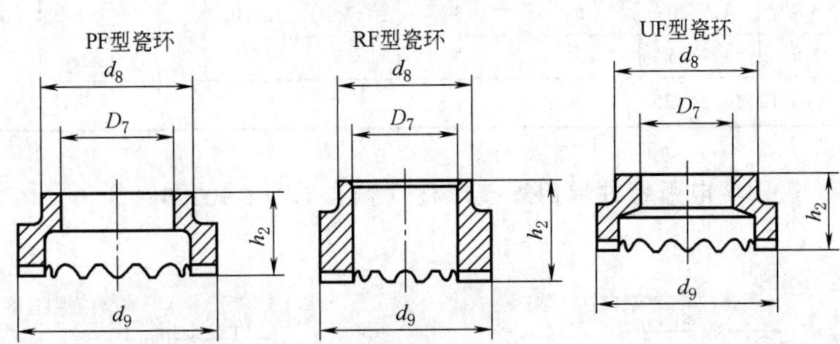

表 5-1-144　　**与焊接螺柱配套瓷环**　　mm

型式	$D_7{}^{+0.5}_{0}$	$d_8\pm1$	$d_9\pm1$	$h_2\approx$	型式	$D_7{}^{+0.5}_{0}$	$d_8\pm1$	$d_9\pm1$	$h_2\approx$	型式	$D_7{}^{+0.5}_{0}$	$d_8\pm1$	$d_9\pm1$	$h_2\approx$
PF6	5.6	9.5	11.5	6.5	RF6	6.2	9.5	12.2	10	UF6	6.2	9.5	11.5	8.7
PF8	7.4	11.5	15	6.5	RF8	8.2	12	15.3	9	UF8	8.2	11	15	8.7
PF10	9.2	15	17.8	6.5	RF10	10.2	15	18.5	11.5	UF10	10.2	15	17.8	10
PF12	11.1	16.5	20	9	RF12	12.2	17	20	13	UF12	12.2	16.5	20	10.7
PF16	15.0	20	26	11	RF16	16.3/14①	20.5/26.2①	26.5/32.5①	15.3/8.8①	UF16	16.3	26	30	13
PF20	18.6	27	33.8	10	RF20	20.3/17.5①	26.2/28.5①	32	22/9①	UF19	19.4	26	30.8	18.7
PF24	22.4	30.7	38.5	18.5	RF24	24.3/21①	26.2/30.4②	33/36②	25/13①	UF22	22.8	30.7	41	21

① 斜杠后的尺寸和表 5-1-142 中 RD 型螺柱斜杠后的尺寸匹配。

② 由制造者确定。

注：1. GB/T 902.2—2010　中称之为 PF 型磁环、RF 型磁环、UF 型磁环。通过查找对比 ISO 13918：2008，其英文名称是 ceramic ferrules。该环的作用是利用陶瓷的耐高温性，保护焊熔体不泄漏，使其冷却定型，提高螺柱焊接质量；同时减少夹持螺柱的导电嘴与金属板接触的可能，减少飞溅，提高焊接质量。因此，其中文名称应该是“瓷环”，所以在本手册中改为“瓷环”。

2. 以上瓷环的图纸尺寸是不完善的，具体产品以生产单位供货为准，本手册推荐使用宜兴市寅磊陶瓷设备有限公司图纸。

3. RF 型瓷环的部分产品也可以使用 PF 型瓷环图纸生产，但尺寸要采用 RF 系列的数值。

储能焊用焊接螺柱（摘自 GB/T 902.3—2008）

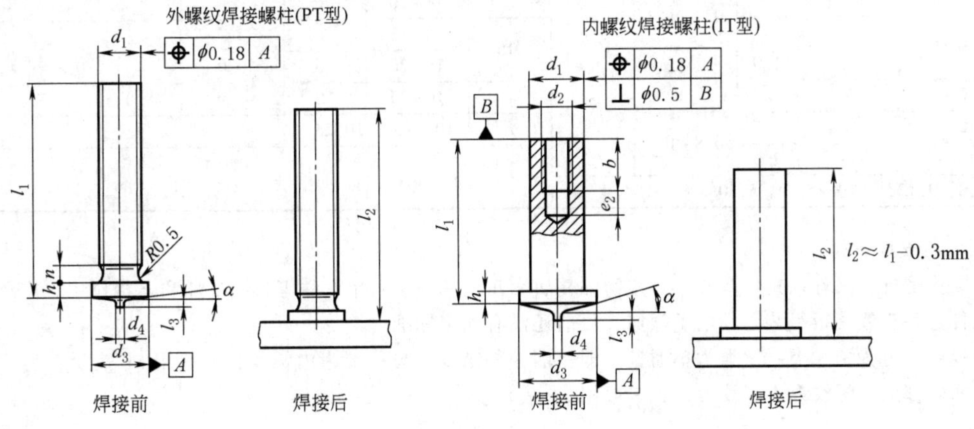

表 5-1-145　　储能焊用焊接螺柱（摘自 GB/T 902.3—2008）　　mm

	d_1	$l_1{}^{+0.6}_{0}$	d_3 ±0.2	d_4±0.08	l_3±0.05	h	n(最大)	α±1°
外螺纹焊接螺柱	M3	6~20	4.5	0.6	0.55	0.7~1.4	1.5	3°
	M4	8~25	5.5	0.65				
	M5	10~30	6.5	0.75	0.8	0.8~1.4	2	
	M6	10~30	7.5					
	M8	12~30	9		0.85	0.8~1.4	3	
	l_1系列	6,8,10,12,16,20,25,30						

	d_1±0.1	d_2	$l_1{}^{+0.6}_{0}$	b±0.2	e_2(最小)	d_3 ±0.2	d_4 ±0.08	l_3±0.05	h	α±1°
内螺纹焊接螺柱	5	M3	10~25	5	2.5	6.5	0.75	0.80	0.7~1.4	3°
	6	M4	12~20	6	3	7.5				
	7.1	M5	12~25	7.5	3	9		0.85		
	l_1系列	10,12,16,20,25								

短周期电弧螺柱焊用焊接螺柱（摘自 GB/T 902.4—2010）

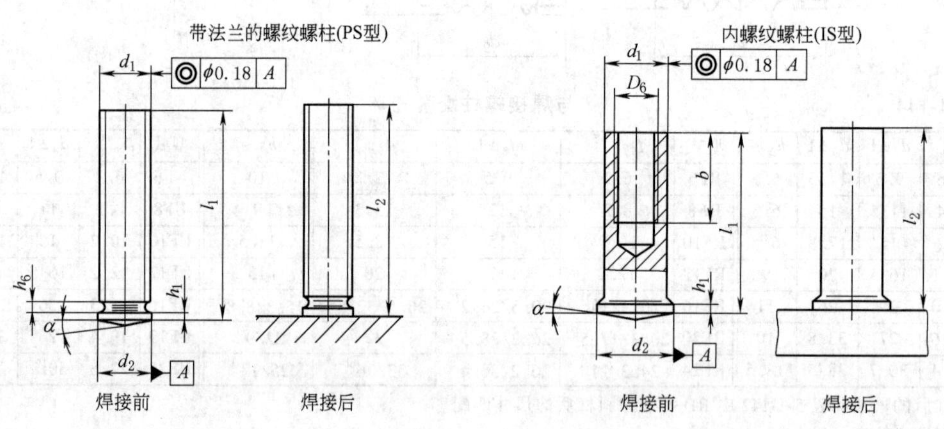

表 5-1-146　　短周期电弧螺柱焊用焊接螺柱（摘自 GB/T 902.4—2010）　　mm

带法兰的螺纹螺柱（PS 型）尺寸

d_1	$l_1{}^{+0.6}_{0}$	d_2±0.2	h_6	h_1	α±1°
M3	6~20	4	0.6	0.7~1.4	7°
M4	8~25	5			
M5	10~16	6	1.0		
M6	20~30	7			
M8	12~40	9	1.5	0.8~1.4	
M10	16~40	11	2.0		
l_1系列	6,8,10,12,16,20,25,30,35,40				

内螺纹螺柱（IS 型）尺寸

D_6	$l_1{}^{+0.6}_{0}$	b(最小)	d_2 ±0.1	d_1	h_1	α±1°
M3	10~16	5	6.0	5.0	0.7~1.4	7°
M4	10~12	5	7.0	6.0		
	16~20	6				
M5	10~12	6	9.0	7.1	0.8~1.4	
	16~20	10				
M6	16~25	10		8.0		
l_1系列	10,12,16,20,25					

（4）六角支撑螺柱

六角支撑螺柱，又称六角隔离柱、六角间隔柱、六角支撑柱、六角立柱等，起支撑和连接作用，广泛应用于电脑接插件、各类线路板组装以及电子领域，目前还没有国家标准。

从型式可以分为两大类：一类为单通型，即一端为外螺纹，另一端为内螺纹，一般用 SB 表示；另一类为双通型，即两端都为内螺纹或内螺纹贯通，一般用 SN 表示。

六角支撑螺栓

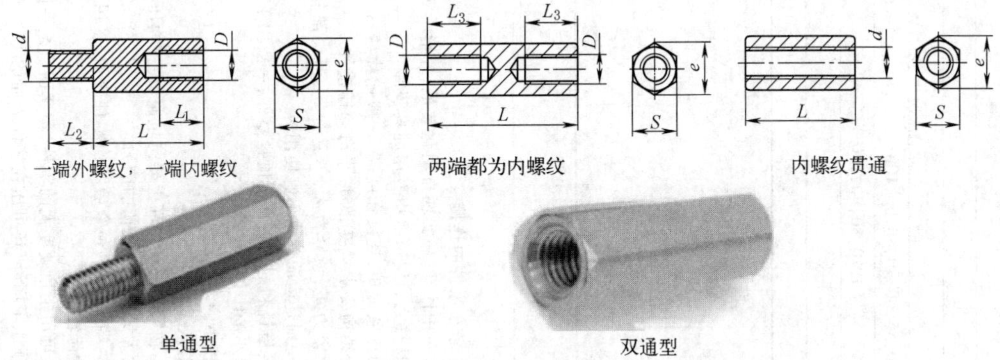

一端外螺纹，一端内螺纹　　两端都为内螺纹　　内螺纹贯通

单通型　　双通型

一般有几种常用材料：B（黄铜）、S（不锈钢）、C（碳钢）、A（铝）、P（塑料）。

结合以上两种型式与五种材料，将六角支撑螺柱分为十种类型，分别是 SBB、SBS、SBC、SBA、SBP 以及 SNB、SNS、SNC、SNA、SNP。

表 5-1-147　　单通型六角支撑螺柱　　mm

规格	外螺纹 d	内螺纹 D	$S\pm0.1$ 小系列	$S\pm0.1$ 大系列	L	$L_2\pm0.1$	L_1（最小）
$M2\times L+L_2$	M2	M2	3	4.75	3,4,5,6,7,8,9,10,11,12,13,14,15,16,17,18,30,22,25,30	3	4
$M2.5\times L+L_2$	M2.5	M2.5	4.75	4.75	4,5,6	3	4
					4,5,6	4	5
					4,5,6	5	6
					5,6,7,8,9,10,11,12,13,14,15,16,18,20,22,25,30	6	7
$M3\times L+L_2$	M3	M3	4.75	5	3,4,5,6,7,8,9,10,11,12,15	3	3
					3,4,5,6,7,8,10,11,12,14,15,16	4	4
					4,5,6,7,8,10,11,12,15	5	5
					4,5,6,7,8,9,10,11,12,13,14,15,16,17,18,19,20,21,22,23,24,25,26,27,28,29,30,31,32,33,34,35,36,38,39,40,43,44,45,50,55,60,65,70,75,80,85,90,95,100	6	6
$M4\times L+6$	M4	M4	6	6	5,6,7,8,9,10,11,12,13,14,15,16,17,18,19,20,22,25,26,28,30,32,35,40,45,50,55,60,65,70,75,80,85,90,95,100	6	6
$M5\times L+7$	M5	M5	7	8	8,10,12,15,18,20,25,30,35,40,45,50,60,70,80,	7	7
$M6\times L+8$	M6	M6	8	10	10,12,15,20,25,30,35,40,45,50,60,70,80,100	8	8

注：1. 市场流通量最大的是 M3 和 M4 的螺柱。

2. 由于没有国标限制，各家的 S 值可能会有差别，选用时要注意。

3. L_2 还可以根据需要和厂家协商确定。

4. 为避免外螺纹断裂风险，M2、M2.5、M3 的螺柱不加退刀槽。

标记示例

材质为黄铜、外螺纹为 M3、长度 $L_2=6$mm、支柱长度 $L=15$mm 的标准单通型六角支撑螺柱（内、外螺纹规格相同），标记为：六角支撑螺柱 SBB M3×15+6

材质为不锈钢、外螺纹为 M3、螺纹长度 $L_2=6$mm、支柱 $S=5.5$mm、支柱长度 $L=11$mm、内螺纹为 M2.5、深度 $L_1=8.0$mm 的非标准单通型六角支撑螺柱，标记为：六角支撑螺柱 SBS M3×6+S5.5×11-M2.5×8

表 5-1-148　　双通型六角支撑螺柱　　mm

规格	内螺纹 D	S±0.1		L
		小系列	大系列	
M2×L	M2	3	4.75	3,4,5,6,7,8,9,10,11,12,13,14,15,16,17,18,19,20,22,24,25,26,28,30
M2.5×L	M2.5	4.75	4.75	3,4,5,6,7,8,9,10,11,12,13,14,15,16,17,18,19,20,22,24,25,30
M3×L	M3	4.75	5	4,5,6,7,8,9,10,11,12,13,14,15,16,18,20,22,25,30,35,40,45,50,55,60,70,80,90,100
M4×L	M4	6	6	5,6,7,8,9,10,11,12,13,14,15,16,17,18,20,22,25,30,35,40,45,50,55,60,70,80,90,100
M5×L	M5	7	8	8,10,12,15,20,25,30,35,40,45,50,60,70,80
M6×L	M6	8	10	8,10,12,15,20,25,30,35,40,45,50,60,70,80

标记示例

材质为黄铜、两端螺纹为 M3、全通内螺纹、支柱长度 L=11mm 的标准双通型六角支撑螺柱，标记为：六角支撑螺柱 SNB M3×11-F

3.7.3　螺钉

表 5-1-149　　螺钉汇总

类别		名称	标准号	规格/mm		特性和用途
				d	L 或 l	
机螺钉	盘头	十字槽盘头螺钉	GB/T 818—2016	M1.6~M10	3~60	开槽(一字槽):多用于较小零件的连接 十字槽：　螺钉旋拧时对中性好,易实现自动化装配,外形美观,生产效率高,槽的强度高,不易拧秃、打滑,需用专用旋具装卸 内六角:可施加较大的拧紧力矩,连接强度高,一般能代替六角螺栓,头部能埋入零件内,用于结构要求紧凑、外形平滑的连接处 方头:可施加更大的拧紧力矩,顶紧力大,不易拧秃,但头部较大,不便埋入零件内,不安全,特别是运动部位不宜使用 紧定螺钉锥端(有尖):借锐利的端头直接顶紧零件,一般用于安装后不常拆卸处,或顶紧硬度小的零件 尖端——适用于硬度较小的零件 凹端——适用于硬度较大的零件 紧定螺钉锥端(无尖):在零件的顶紧面上要打坑眼,使锥面压在坑眼边上,锥端压在坑中能大大增加传递载荷的能力 紧定螺钉平端、圆尖端:端头平滑,顶紧后不伤零件表面,多用于常调节位置的连接处,传递载荷较小 平端——接触面积大,可用于顶硬度大的零件,顶紧面应是平面 圆尖端——圆弧头除顶压平面外,还可压在零件表面的 U 形沟、V 形槽或圆窝中
		十字槽小盘头螺钉	GB/T 823—2016	M2~M8	3~60	
		开槽盘头螺钉	GB/T 67—2016	M1.6~M10	2~80	
		内六角花形盘头螺钉	GB/T 2672—2017	M5~M20	3~60	
	平圆头	内六角平圆头螺钉	GB/T 70.2—2015	M3~M16	6~90	
	圆柱头	十字槽圆柱头螺钉	GB/T 822—2016	M2.5~M8	2~80	
		开槽圆柱头螺钉	GB/T 65—2016	M1.6~M10	2~80	
		内六角圆柱头螺钉	GB/T 70.1—2008	M1.6~M64	2.5~300	
		内六角圆柱头螺钉　细牙螺纹	GB/T 70.6—2020	M8~M36	12~200	
		内六角圆柱头轴肩螺钉	GB/T 5281—1985	M5~M20	10~120	
		内六角花形圆柱头螺钉	GB/T 2671.2—2017	M2~M20	3~80	
		内六角花形低圆柱头螺钉	GB/T 2671.1—2017	M2~M10	3~80	
	沉头	开槽沉头螺钉	GB/T 68—2016	M1.6~M10	2.5~80	
		十字槽沉头螺钉	GB/T 819.1—2016	M1.6~M10	3~60	
		十字槽沉头螺钉	GB/T 819.2—2016	M2~M10	3~60	
		降低承载能力内六角沉头螺钉	GB/T 70.3—2023	M3~M20	6~100	
		内六角花形沉头螺钉	GB/T 2673.1—2018	M2~M10	3~60	
		内六角花形高沉头螺钉	GB/T 2673.2—2020	M3~M10	8~100	

续表

类别		名称	标准号	规格/mm		特性和用途
				d	L或l	
机螺钉	半沉头	开槽半沉头螺钉	GB/T 69—2016	M1.6~M10	2.5~80	紧定螺钉圆柱端:用于经常调节位置或固定装在管轴(薄壁件)上的零件,圆柱端头进入在管轴上打的孔眼中,端头靠剪切作用可传递较大的载荷,使用这种螺钉应有防止松脱的装置 紧定螺钉硬度应比被紧定零件高,一般紧定螺钉热处理硬度为28~38HRC 不脱出螺钉:多用于振动较大需不脱出的场合,可在细的螺钉杆处装上防脱零件 自攻螺钉:多用于连接较薄的钢板和有色金属板。螺钉较硬,一般热处理硬度为50~58HRC,在被连接件上可不预先制出螺纹,在连接时利用螺钉直接攻出螺纹 自挤螺钉:属于自攻螺钉的一种,比普通自攻螺钉拧入力矩小很多,防松性能优异,底孔不需要攻螺纹 自钻自攻螺钉:是比自攻螺钉功能更强大的螺钉,其尾部带有钻头,可以在没有底孔的薄钢板上完成钻孔、攻螺纹、拧紧等操作 吊环螺钉:安装和运输时起重用 定位螺钉的功能和紧定螺钉有相同之处又有明显区别,定位螺钉前段有一个定位柱,它要插入被定位零件的孔中,定位作用比紧定螺钉更强,但安装使用比紧定螺钉麻烦,需要严格定位才能确保定位头和定位孔重合
		十字槽半沉头螺钉	GB/T 820—2015	M1.6~M10	3~60	
		内六角花形半沉头螺钉	GB/T 2674—2017	M2~M10	3~60	
	凸缘	内六角平圆头凸缘螺钉	GB/T 70.4—2015	M3~M16	6~90	
紧定螺钉	开槽	开槽锥端紧定螺钉	GB/T 71—2018	M1.2~M12	2~60	
		开槽平端紧定螺钉	GB/T 73—2017	M1.6~M12	2~60	
		开槽凹端紧定螺钉	GB/T 74—2018	M1.6~M12	2~60	
		开槽长圆柱端紧定螺钉	GB/T 75—2018	M1.6~M12	2~60	
	内六角	内六角平端紧定螺钉	GB/T 77—2007	M1.6~M24	2~60	
		内六角锥端紧定螺钉	GB/T 78—2007	M1.6~M24	2~60	
		内六角凹端紧定螺钉	GB/T 80—2007	M1.6~M24	2~60	
		内六角圆柱端紧定螺钉	GB/T 79—2007	M1.6~M24	2~60	
	方头	方头长圆柱球面端紧定螺钉	GB/T 83—2018	M8~M20	16~100	
		方头凹端紧定螺钉	GB/T 84—2018	M5~M20	10~100	
		方头长圆柱端紧定螺钉	GB/T 85—2018	M5~M20	12~100	
		方头平端紧定螺钉	GB/T 821—2018	M5~M20	8~100	
		方头短圆柱锥端紧定螺钉	GB/T 86—2018	M5~M20	12~100	
定位螺钉		开槽锥端定位螺钉	GB/T 72—1988	M3~M12	4~50	
		开槽盘头定位螺钉	GB/T 828—1988	M1.6~M10	1.5~20	
		开槽圆柱端定位螺钉	GB/T 829—1988	M1.6~M10	1.5~20	
不脱出螺钉		开槽盘头不脱出螺钉	GB/T 837—1988	M3~M10	10~60	
		六角头不脱出螺钉	GB/T 838—1988	M5~M16	14~100	
		滚花头不脱出螺钉	GB/T 839—1988	M3~M10	10~60	
		开槽沉头不脱出螺钉	GB/T 948—1988	M3~M10	10~60	
		开槽半沉头不脱出螺钉	GB/T 949—1988	M3~M10	10~60	
自攻螺钉	盘头	十字槽盘头自攻螺钉	GB/T 845—2017	ST2.2~9.5	4.5~50	
		开槽盘头自攻螺钉	GB/T 5282—2017	ST2.2~9.5	4.5~50	
		内六角花形盘头自攻螺钉	GB/T 2670.1—2017	ST2.9~6.3	4.5~50	
	沉头	十字槽沉头自攻螺钉	GB/T 846—2017	ST2.2~9.5	4.5~50	
		开槽沉头自攻螺钉	GB/T 5283—2017	ST2.2~9.5	4.5~50	
		内六角花形沉头自攻螺钉	GB/T 2670.2—2017	ST2.9~6.3	4.5~50	
	半沉头	十字槽半沉头自攻螺钉	GB/T 847—2017	ST2.2~9.5	4.5~50	
		开槽半沉头自攻螺钉	GB/T 5284—2017	ST2.2~9.5	4.5~50	
		内六角花形半沉头自攻螺钉	GB/T 2670.3—2017	ST2.9~6.3	4.5~50	

续表

类别		名称	标准号	规格/mm		特性和用途
				d	L 或 l	
自攻螺钉	十字槽	精密机械用紧固件 十字槽自攻螺钉 刮削端	GB/T 13806.2—1992	ST1.5~4.2	4~25	开槽(一字槽):多用于较小零件的连接 十字槽: 螺钉旋拧时对中性好,易实现自动化装配,外形美观,生产效率高,槽的强度高,不易拧秃、打滑,需用专用旋具装卸 内六角:可施加较大的拧紧力矩,连接强度高,一般能代替六角螺栓,头部能埋入零件内,用于结构要求紧凑、外形平滑的连接处 方头:可施加更大的拧紧力矩,顶紧力大,不易拧秃,但头部较大,不便埋入零件内,不安全,特别是运动部位不宜使用 紧定螺钉锥端(有尖):借锐利的端头直接顶紧零件,一般用于安装后不常拆卸处,或顶紧硬度小的零件 尖端——适用于硬度较小的零件 凹端——适用于硬度较大的零件 紧定螺钉锥端(无尖):在零件的顶紧面上要打坑眼,使锥面压在坑眼边上,锥端压在坑中能大大增加传递载荷的能力 紧定螺钉平端、圆尖端:端头平滑,顶紧后不伤零件表面,多用于常调节位置的连接处,传递载荷较小 平端——接触面积大,可用于顶硬度大的零件,顶紧面应是平面 圆尖端——圆弧头除顶压平面外,还可压在零件表面的U形沟、V形槽或圆窝中 紧定螺钉圆柱端:用于经常调节位置或固定装在管轴(薄壁件)上的零件,圆柱端头进入在管轴上打的孔眼中,端头靠剪切作用可传递较大的载荷,使用这种螺钉应有防止松脱的装置 紧定螺钉硬度应比被紧定零件高,一般紧定螺钉热处理硬度为28~38HRC 不脱出螺钉:多用于振动较大需不脱出的场合,可在细的螺钉杆处装上防脱零件 自攻螺钉:多用于连接较薄的钢板和有色金属板。螺钉较硬,一般热处理硬度为50~58HRC,在被连接件上可不预先制出螺纹,在连接时利用螺钉直接攻出螺纹 自挤螺钉:属于自攻螺钉的一种,比普通自攻螺钉拧入力矩小很多,防松性能优异,底孔不需要攻螺纹 自钻自攻螺钉:是比自攻螺钉功能更强大的螺钉,其尾部带有钻头,可以在没有底孔的薄钢板上完成钻孔、攻螺纹、拧紧等操作 吊环螺钉:安装和运输时起重用 定位螺钉的功能和紧定螺钉有相同之处又有明显区别,定位螺钉前段有一个定位柱,它要插入被定位零件的孔中,定位作用比紧定螺钉更强,但安装使用比紧定螺钉麻烦,需要严格定位才能确保定位头和定位孔重合
		十字槽凹穴六角头自攻螺钉	GB/T 9456—1988	ST2.9~8	6.5~50	
		十字槽凹穴六角头自攻螺钉和平垫圈组合件	GB/T 9074.20—2004	ST2.9~8	6.5~50	
	六角头	六角头自攻螺钉	GB/T 5285—2017	ST2.2~9.5	4.5~50	
		六角凸缘自攻螺钉	GB/T 16824.1—2023	ST2.2~8	4.5~50	
		六角法兰面自攻螺钉	GB/T 16824.2—2016	ST2.2~9.5	4.5~50	
		自攻螺钉和平垫圈组合件	GB/T 9074.18—2017	ST2.2~9.5	4.5~50	
		墙板自攻螺钉	GB/T 14210—1993	ST3.5~4.2	19~70	
自挤螺钉		十字槽盘头自挤螺钉	GB/T 6560—2014	M2~M10	4~80	
		十字槽沉头自挤螺钉	GB/T 6561—2014	M2~M10	4~80	
		十字槽半沉头自挤螺钉	GB/T 6562—2014	M2~M10	4~80	
		六角头自挤螺钉	GB/T 6563—2014	M2~M12	3~80	
		内六角花形圆柱头自挤螺钉	GB/T 6564.1—2014	M2~M12	3~80	
木螺钉		十字槽圆头木螺钉	GB/T 950—1986	2~10	6~120	
		十字槽沉头木螺钉	GB/T 951—1986	2~10	6~120	
		十字槽半沉头木螺钉	GB/T 952—1986	2~10	6~120	
		开槽圆头木螺钉	GB/T 99—1986	1.6~10	6~120	
		开槽沉头木螺钉	GB/T 100—1986	1.6~10	6~120	
		开槽半沉头木螺钉	GB/T 101—1986	1.6~10	6~120	
		六角头木螺钉	GB/T 102—1986	6~20	35~250	
吊环螺钉		吊环螺钉	GB/T 825—1988	M8~M100	16~140	
自钻自攻螺钉		紧固件机械性能 自钻自攻螺钉	GB/T 3098.11—2002			
		十字槽盘头自钻自攻螺钉	GB/T 15856.1—2002	ST2.9~ST6.3	9.5~50	
		十字槽沉头自钻自攻螺钉	GB/T 15856.2—2002	ST2.9~ST6.3	13~50	
		十字槽半沉头自钻自攻螺钉	GB/T 15856.3—2002	ST2.9~ST6.3	13~50	
		六角法兰面自钻自攻螺钉	GB/T 15856.4—2002	ST2.9~ST6.3	9.5~50	
		六角凸缘自钻自攻螺钉	GB/T 15856.5—2023	ST2.9~ST6.3	9.5~50	

(1) 十字槽盘头及小盘头螺钉

十字槽盘头螺钉（GB/T 818—2016）和十字槽小盘头螺钉（GB/T 823—2016），两者外形相似。

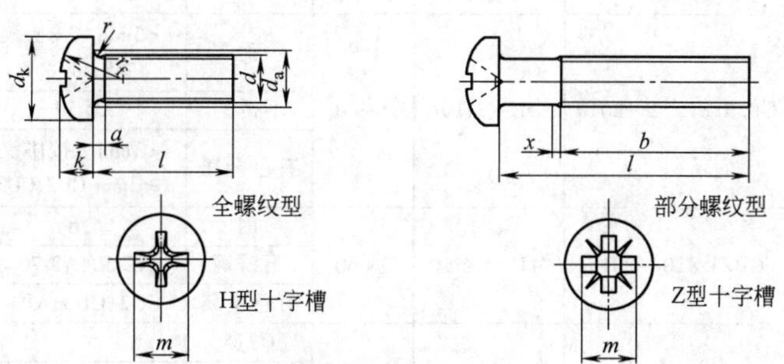

表 5-1-150　　十字槽盘头和小盘头螺钉　　mm

螺纹规格 d		M1.6	M2	M2.5	M3	(M3.5)	M4	M5	M6	M8	M10
P		0.35	0.4	0.45	0.5	0.6	0.7	0.8	1	1.25	1.5
a(最大)	GB/T 818	0.7	0.8	0.9	1	1.2	1.4	1.6	2	2.5	3
	GB/T 823	—									—
b(最小)	GB/T 818	25	25	25	25	38	38	38	38	38	38
	GB/T 823	—									—
x(最大)	GB/T 818	0.9	1	1.1	1.25	1.5	1.75	2	2.5	3.2	3.8
	GB/T 823	—									—
r(最小)	GB/T 818	0.1	0.1	0.1	0.1	0.1	0.2	0.2	0.25	0.4	0.4
	GB/T 823	—									—
r_f≈	GB/T 818	2.5	3.2	4	5	6	6.5	8	10	13	16
	GB/T 823	—	4.5	6	7	8	9	12	14	18	—
d_k(最大)	GB/T 818	3.2	4	5	5.6	7	8	9.5	12	16	20
	GB/T 823	—	3.5	4.5	5.5	6	7	9	10.5	14	—
k(最大)	GB/T 818	1.3	1.6	2.1	2.4	2.6	3.1	3.7	4.6	6	7.5
	GB/T 823	—	1.4	1.8	2.15	2.45	2.75	3.45	4.1	5.4	—
l(公称)	GB/T 818	3~16	3~20	3~25	4~30	5~30	5~40	6~45	8~60	10~60	12~60
	GB/T 823	—	3~20	3~25	4~30	5~35	5~40	6~50	8~50	10~50	—
全螺纹长度	GB/T 818	3~16	3~20	3~25	4~30	5~30	5~40	6~40	8~40	10~40	12~40
	GB/T 823	—	3~20	3~25	4~30	5~35	5~40	6~50	8~50	10~50	—
l 系列		3,4,5,6,8,10,12,(14),16,20,25,30,35,40,45,50,(55),60									

技术条件			材料		
			钢	不锈钢	有色金属
	力学性能	GB/T 818	d<3mm,按协议;d≥3mm,4.8	A2-50,A2-70	d<3mm,按协议;d≥3mm,CU2、CU3、AL4
		GB/T 823	d<3mm,按协议;d≥3mm,4.8	A1-50、C4-50	
	表面处理		不处理、电镀、非电解锌片涂层	简单处理、钝化	
	螺纹公差		6g		
	产品等级		A		

注：括号内的规格尽量不用。

(2) 十字槽沉头螺钉

十字槽沉头螺钉包括 4.8 级沉头螺钉（GB/T 819.1—2016）、8.8 级沉头螺钉（GB/T 819.2—2016）、十字槽半沉头螺钉（GB/T 820—2015）及精密机器用紧固件 十字槽螺钉（GB/T 13806.1—1992）。

表 5-1-151　　十字槽沉头螺钉汇总

名称	标准号	规格/mm		材料	性能等级	螺纹公差	产品等级
		d	l 或 L				
十字槽沉头螺钉 第1部分:4.8级	GB/T 819.1—2016	M1.6~M10	3~60	钢	d<3mm 按协议 d≥3mm 4.8	6g	A 级

续表

<table>
<tr><th rowspan="2">名称</th><th rowspan="2">标准号</th><th colspan="2">规格/mm</th><th rowspan="2">材料</th><th rowspan="2">性能等级</th><th rowspan="2">螺纹公差</th><th rowspan="2">产品等级</th></tr>
<tr><th>d</th><th>l 或 L</th></tr>
<tr><td rowspan="3">十字槽沉头螺钉　第2部分：8.8级、不锈钢及有色金属螺钉</td><td rowspan="3">GB/T 819.2—2016</td><td rowspan="3">M2～M10</td><td rowspan="3">3～60</td><td>钢</td><td>d<3mm　按协议
d≥3mm 8.8</td><td rowspan="3">6g</td><td rowspan="3">A级</td></tr>
<tr><td>不锈钢</td><td>A2-70</td></tr>
<tr><td>有色金属</td><td>d<3mm　按协议
d≥3mm CU2、CU3</td></tr>
<tr><td rowspan="3">十字槽半沉头螺钉</td><td rowspan="3">GB/T 820—2015</td><td rowspan="3">M1.6～M10</td><td rowspan="3">3～60</td><td>钢</td><td>4.8</td><td rowspan="3">6g</td><td rowspan="3">A级</td></tr>
<tr><td>不锈钢</td><td>A2-50、A2-70</td></tr>
<tr><td>有色金属</td><td>CU2、CU3、AL4</td></tr>
<tr><td rowspan="2">精密机器用紧固件　十字槽螺钉(A型:十字槽圆柱头;B型:十字槽沉头;C型:十字槽半沉头)</td><td rowspan="2">GB/T 13806.1—1992</td><td rowspan="2">M1.6～M3</td><td rowspan="2">1.6～10</td><td>Q215</td><td></td><td rowspan="2">4h(M1.2～M1.4)
6g(M1.6～M3)</td><td rowspan="2">A级
F级</td></tr>
<tr><td>H68、
HPb59-1</td><td></td></tr>
</table>

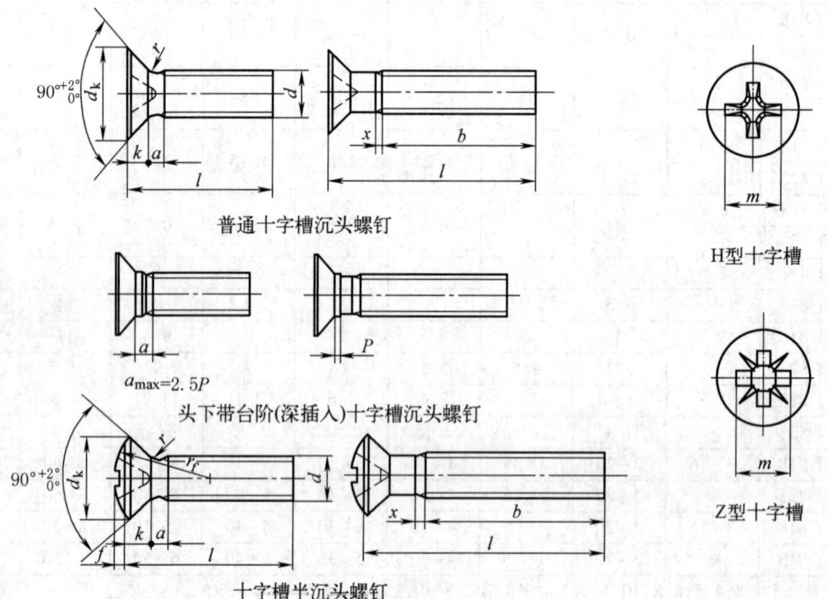

普通十字槽沉头螺钉

头下带台阶(深插入)十字槽沉头螺钉

十字槽半沉头螺钉

表 5-1-152　　十字槽沉头和半沉头螺钉　　mm

<table>
<tr><th colspan="2">螺纹规格 d</th><th>M1.6</th><th>M2</th><th>M2.5</th><th>M3</th><th>(M3.5)</th><th>M4</th><th>M5</th><th>M6</th><th>M8</th><th>M10</th></tr>
<tr><td colspan="2">P</td><td>0.35</td><td>0.4</td><td>0.45</td><td>0.5</td><td>0.6</td><td>0.7</td><td>0.8</td><td>1</td><td>1.25</td><td>1.5</td></tr>
<tr><td rowspan="3">a(最大)</td><td>GB/T 819.1</td><td>0.7</td><td>0.8</td><td>0.9</td><td>1</td><td>1.2</td><td>1.4</td><td>1.6</td><td>2</td><td>2.5</td><td>3</td></tr>
<tr><td>GB/T 819.2①</td><td>—</td><td>1</td><td>1.13</td><td>1.25</td><td>1.5</td><td>1.75</td><td>2</td><td>2.5</td><td>3.13</td><td>3.75</td></tr>
<tr><td>GB/T 820</td><td>0.7</td><td>0.8</td><td>0.9</td><td>1</td><td>1.2</td><td>1.4</td><td>1.6</td><td>2</td><td>2.5</td><td>3</td></tr>
<tr><td rowspan="3">b(最小)</td><td>GB/T 819.1</td><td>25</td><td rowspan="3">25</td><td rowspan="3">25</td><td rowspan="3">25</td><td rowspan="3">38</td><td rowspan="3">38</td><td rowspan="3">38</td><td rowspan="3">38</td><td rowspan="3">38</td><td rowspan="3">38</td></tr>
<tr><td>GB/T 819.2</td><td>—</td></tr>
<tr><td>GB/T 820</td><td>25</td></tr>
<tr><td rowspan="3">x(最大)</td><td>GB/T 819.1</td><td>0.9</td><td rowspan="3">1</td><td rowspan="3">1.1</td><td rowspan="3">1.25</td><td rowspan="3">1.5</td><td rowspan="3">1.75</td><td rowspan="3">2</td><td rowspan="3">2.5</td><td rowspan="3">3.2</td><td rowspan="3">3.8</td></tr>
<tr><td>GB/T 819.2</td><td>—</td></tr>
<tr><td>GB/T 820</td><td>0.9</td></tr>
<tr><td rowspan="3">r(最大)</td><td>GB/T 819.1</td><td>0.4</td><td rowspan="3">0.5</td><td rowspan="3">0.6</td><td rowspan="3">0.8</td><td rowspan="3">0.9</td><td rowspan="3">1</td><td rowspan="3">1.3</td><td rowspan="3">1.5</td><td rowspan="3">2</td><td rowspan="3">2.5</td></tr>
<tr><td>GB/T 819.2</td><td>—</td></tr>
<tr><td>GB/T 820</td><td>0.4</td></tr>
<tr><td>r_f≈</td><td>GB/T 820</td><td>3</td><td>4</td><td>5</td><td>6</td><td>8.5</td><td>9.5</td><td>9.5</td><td>12</td><td>16.5</td><td>19.5</td></tr>
<tr><td>f</td><td>GB/T 820</td><td>0.4</td><td>0.5</td><td>0.6</td><td>0.7</td><td>0.8</td><td>1</td><td>1.2</td><td>1.4</td><td>2</td><td>2.3</td></tr>
</table>

续表

d_k(最大)	GB/T 819.1	3.6	4.4	5.5	6.3	8.2	9.4	10.4	12.6	17.3	20
	GB/T 819.2	—									
	GB/T 820	3.6									
k(最大)	GB/T 819.1	1	1.2	1.5	1.65	2.35	2.7	2.7	3.3	4.65	5
	GB/T 819.2	—									
	GB/T 820	1									
l(公称)	GB/T 819.1	3~16	3~20	3~25	4~30	5~35	5~40	6~50	8~60	10~60	12~60
	GB/T 819.2	—									
	GB/T 820	3~16									
全螺纹长度	GB/T 819.1	3~16	3~20	3~25	4~30	5~35	5~40	6~45	8~45	10~45	12~45
	GB/T 819.2	—									
	GB/T 820	3~16									
l系列		3,4,5,6,8,10,12,(14),16,20,25,30,35,40,45,50,(55),60									

① GB/T 819.2—2016 没有 M1.6 的规格。

注：括号内的规格尽量不用。

表 5-1-153　　精密机器用紧固件 十字槽螺钉（B 型：沉头；C 型：半沉头）　　mm

螺纹规格 d		M1.2	M1.4	M1.6	M2	M2.5	M3
P		0.25	0.3	0.35	0.4	0.45	0.5
a(最大)		0.5	0.6	0.7	0.8	0.9	1
r(最小)		0.1	0.1	0.1	0.15	0.15	0.2
r_f≈	半沉头	2.5	2.8	3.2	4.3	4.9	5.2
f	半沉头	0.25	0.3	0.3	0.4	0.4	0.45
d_k(最大)	沉头	2.2	2.64	3.08	3.53	4.4	6.3
	半沉头	2.2	2.5	2.8	3.5	4.3	5.5
k(最大)		0.7	0.7	0.8	0.9	1.1	1.4
l(公称)		1.6~4	1.8~5	2~6	2.5~8	3~10	4~10
l系列		1.6,(1.8),2,(2.2),2.5,(2.8),3,(3.5),4,(4.5),5,(5.5),6,(7),8,(9),10					

注：括号内的规格尽量不用。

（3）十字槽圆柱头螺钉

十字槽圆柱头螺钉（摘自 GB/T 822—2016）

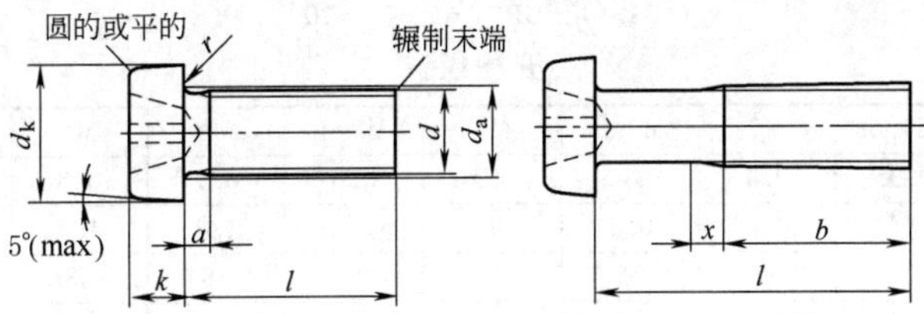

标记示例

螺纹规格 d=M5、公称长度 l=20mm、性能等级 4.8 级、不经表面处理的 H 型十字槽圆柱头螺钉，标记为：

螺钉　GB/T 822　M5×20

表 5-1-154　　十字槽圆柱头螺钉　　mm

螺纹规格 d	M2.5	M3	(M3.5)	M4	M5	M6	M8
P	0.45	0.5	0.6	0.7	0.8	1	1.25
a(最大)	0.9	1	1.2	1.4	1.6	2	2.5
b(最小)	25	25	38	38	38	38	38
d_a(最大)	3.1	3.6	4.1	4.7	5.7	6.8	9.2
d_k(最大)	4.5	5.5	6	7	8.5	10	13
k(最大)	1.8	2	2.4	2.6	3.3	3.9	5
x(最大)	1.1	1.25	1.5	1.75	2	2.5	3.2
r	0.1	0.1	0.1	0.2	0.2	0.25	0.4
通用规格长度 l	3~25	4~30	5~35	5~40	6~50	8~60	10~80
全螺纹长度 l	3~25	4~30	5~35	5~40	6~40	8~40	10~40
l系列	2,3,4,5,6,8,10,12,16,20,25,30,35,40,45,50,60,70,80						

续表

技术条件	材料	钢	不锈钢	有色金属	螺纹公差	产品等级
	性能等级	$d<3$mm 按协议 $d\geqslant 3$mm 4.8、5.8	A2-70	$d<3$mm 按协议 $d\geqslant 3$mm CU2,CU3,AL4	6g	A
	表面处理	不经处理、电镀、 非电解锌涂层	简单处理 钝化处理	简单处理 电镀		

注：括号内的规格尽量不用。

（4）开槽螺钉

开槽螺钉指的是一字槽螺钉，主要有开槽圆柱头螺钉（GB/T 65—2016）、开槽盘头螺钉（GB/T 67—2016）、开槽沉头螺钉（GB/T 68—2016）和开槽半沉头螺钉（GB/T 69—2016）四种。还有一款开槽无头螺钉（GB/T 878—2007），其功能主要是定位作用，此处不讨论。

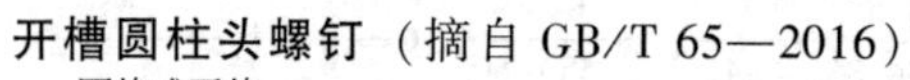

开槽圆柱头螺钉（摘自 GB/T 65—2016）

开槽盘头螺钉（摘自 GB/T 67—2016）

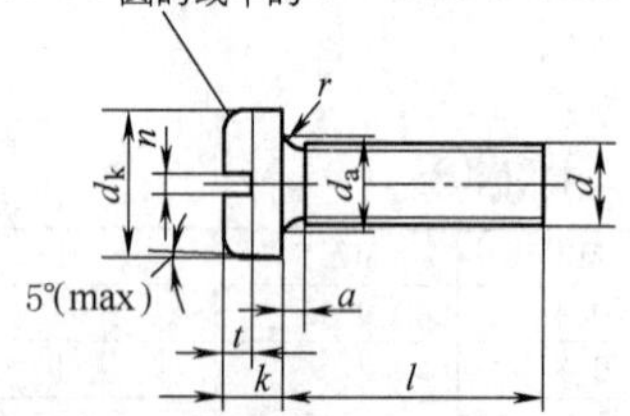

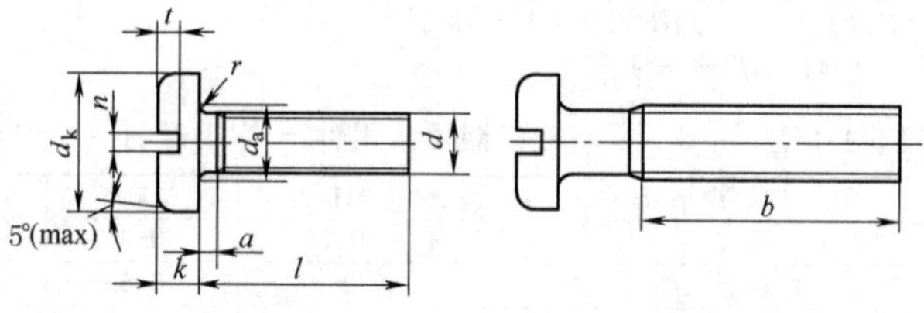

开槽沉头螺钉（摘自 GB/T 68—2016）

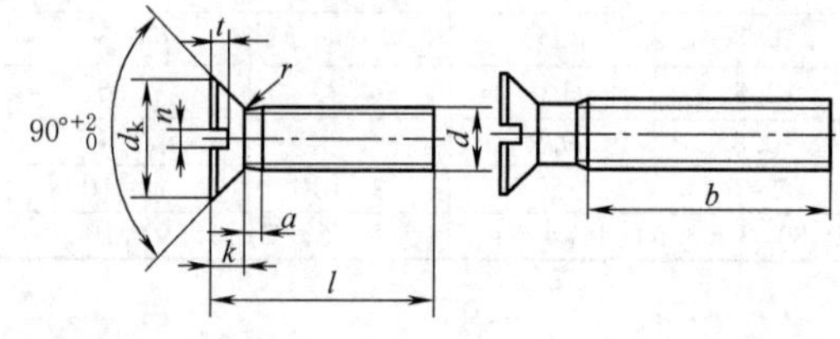

开槽半沉头螺钉（摘自 GB/T 69—2016）

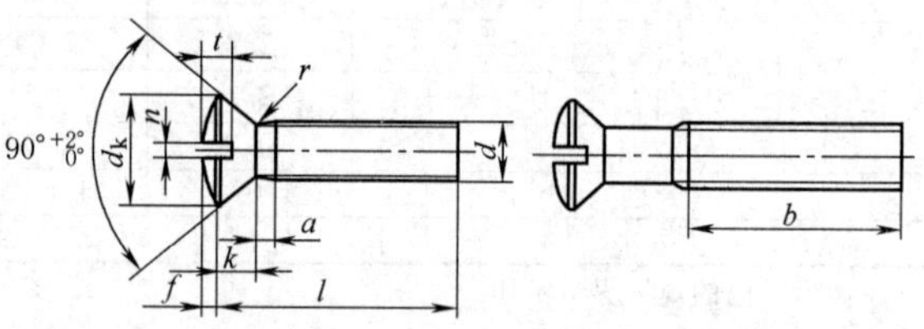

标记示例

螺纹规格 d=M5、公称长度 l=20mm、性能等级 4.8 级、不经表面处理的开槽圆柱头螺钉，标记为：

螺钉 GB/T 65 M5×20

表 5-1-155 **开槽螺钉** mm

螺纹规格 d		M1.6	M2	M2.5	M3	(M3.5)	M4	M5	M6	M8	M10
P		0.35	0.4	0.45	0.5	0.6	0.7	0.8	1	1.25	1.5
a(最大)		0.7	0.8	0.9	1	1.2	1.4	1.6	2	2.5	3
b(最小)		25	25	25	25	38	38	38	38	38	38
n(公称)		0.4	0.5	0.6	0.8	1	1.2	1.2	1.6	2	2.5
d_k(最大)	GB/T 65	3	3.8	4.5	5.5	6	7	8.5	10	13	16
	GB/T 67	3.2	4	5	5.6	7	8	9.5	12	16	20
	GB/T 68/69	3	3.8	4.7	5.5	7.3	8.4	9.3	11.3	15.8	18.3
d_a(最大)	GB/T 65/67	2	2.6	3.1	3.6	4.1	4.7	5.7	6.8	9.2	11.2
k(最大)	GB/T 65	1.1	1.4	1.8	2	2.4	2.6	3.3	3.9	5	6
	GB/T 67	1	1.3	1.5	1.8	2.1	2.4	3	3.6	4.8	6
	GB/T 68/69	1	1.2	1.5	1.65	2.35	2.7	2.7	3.3	4.65	5
t(最小)	GB/T 65	0.45	0.6	0.7	0.85	1	1.1	1.3	1.6	2	2.4
	GB/T 67	0.35	0.5	0.6	0.7	0.8	1	1.2	1.4	1.9	2.4
	GB/T 68	0.32	0.4	0.5	0.6	0.9	1	1.1	1.2	1.8	2
	GB/T 69	0.64	0.8	1	1.2	1.45	1.6	2	2.4	3.2	3.8
r(最小)	GB/T 65/67	0.1	0.1	0.1	0.1	0.1	0.2	0.2	0.25	0.4	0.4
r(最大)	GB/T 68/69	0.4	0.5	0.6	0.8	0.9	1	1.3	1.5	2	2.5
f ≈	GB/T 69	0.4	0.5	0.6	0.7	0.8	1	1.2	1.4	2	2.3

续表

商品规格长度 l	GB/T 65	2~16	3~20	3~25	4~30	5~35	5~40	6~50	8~60	10~80	12~80
	GB/T 67	2~16	2.5~20	3~25	4~30	5~35	5~40	6~50	8~60	10~80	12~80
	GB/T 68/69	2.5~16	3~20	4~25	5~30	6~35	6~40	8~50	8~60	10~80	12~80
全螺纹长度 l	GB/T 65	2~30	3~30	3~30	4~30	5~40	5~40	6~40	8~40	10~40	12~40
	GB/T 67	2~16	2.5~20	3~25	4~30	5~35	5~40	6~40	8~40	10~40	12~40
	GB/T 68/69	2.5~16	3~20	4~25	5~30	6~35	6~40	8~45	8~45	10~45	12~45
l 系列	GB/T 65/67	2,3,4,5,6,8,10,12,(14),16,20,25,30,35,40,45,50,(55),60,(65),70,(75),80									
	GB/T 68/69	2.5,3,4,5,6,8,10,12,(14),16,20,25,30,35,40,45,50,(55),60,(65),70,(75),80									

技术条件	材料	钢	不锈钢	有色金属	螺纹公差	产品等级
	性能等级	d<3mm 按协议 d≥3mm 4.8、5.8	A2-50、A2-70	d<3mm 按协议 d≥3mm CU2、CU3、AL4	6g	A
	表面处理	不经处理、电镀、非电解锌涂层	简单处理 钝化处理	简单处理 电镀		

注：括号内的规格尽量不用。

(5) 内六角和内六角花形圆柱头系列螺钉

表 5-1-156　　内六角和内六角花形圆柱头系列螺钉汇总

螺钉名称	标准号	规格范围	技术条件					
内六角圆柱头螺钉	GB/T 70.1—2008	M1.6~M64	材料	钢	不锈钢	有色金属	螺纹公差	产品等级
			力学性能	d<3mm 按协议 3<d≤39mm 8.8、10.9、12.9 d>39mm 按协议	d≤24mm A2-70、A3-70、A4-70、A5-70 24<d≤39mm A2-50、A3-50、A4-50、A5-50 d>39mm 按协议	CU2、CU3	12.9 级 5g6g 其他等级 6g	A
			表面处理	氧化、电镀、 非电解锌涂层	简单处理	简单处理 电镀		
内六角圆柱头螺钉细牙螺纹	GB/T 70.6—2020	M8~M36	材料	钢	不锈钢	有色金属	螺纹公差	产品等级
			力学性能	8.8、10.9、12.9/$\underline{12.9}$	d≤24mm A2-70、A3-70、A4-70、A5-70 24<d≤36mm A2-50、A3-50、A4-50、A5-50	CU2、CU3	12.9/$\underline{12.9}$ 级 5g6g 其他等级 6g	A
			表面处理	不经处理、电镀、 非电解锌涂层	简单处理 钝化	简单处理 电镀		
内六角圆柱头轴肩螺钉	GB/T 5281—1985	M5~M20	材料	钢	不锈钢	有色金属	螺纹公差	产品等级
			力学性能	12.9	—	—	5g6g	A
			表面处理	氧化 镀锌钝化				
内六角花形圆柱头螺钉	GB/T 2671.2—2017	M2~M20	材料	钢	不锈钢	有色金属	螺纹公差	产品等级
			力学性能	d<3mm 按协议 d≥3mm 8.8、9.8、10.9、12.9/$\underline{12.9}$	A2-50、A2-70、A3-50、A3-70	d<3mm 按协议 d≥3mm CU2、CU3	12.9/$\underline{12.9}$ 级 5g6g 其他等级 6g	A
			表面处理	不经处理、电镀、 非电解锌涂层	简单处理 钝化	简单处理 电镀		
内六角花形低圆柱头螺钉	GB/T 2671.1—2017	M2~M10	材料	钢	不锈钢	有色金属	螺纹公差	产品等级
			力学性能	d<3mm 按协议 d≥3mm 4.8、5.8	A2-50、A2-70、A3-50、A3-70	d<3mm 按协议 d≥3mm CU2、CU3	6g	A
			表面处理	不经处理、电镀、 非电解锌涂层	简单处理 钝化	简单处理 电镀		

内六角圆柱头标准螺钉（摘自 GB/T 70.1—2008）和细牙螺纹（摘自 GB/T 70.6—2020）螺钉

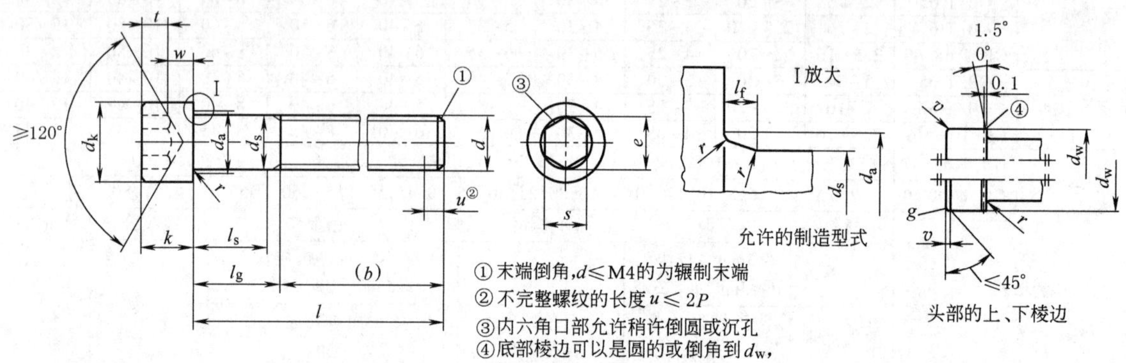

I放大
允许的制造型式
头部的上、下棱边
①末端倒角，d≤M4的为辗制末端
②不完整螺纹的长度u≤2P
③内六角口部允许稍许倒圆或沉孔
④底部棱边可以是圆的或倒角到d_w，但均不得有毛刺

表 5-1-157　　内六角圆柱头螺钉　　mm

螺纹规格 d		M1.6	M2	M2.5	M3	M4	M5	M6	M8	M10	M12
P		0.35	0.4	0.45	0.5	0.7	0.8	1	1.25	1.5	1.75
b(参考)		15	16	17	18	20	22	24	28	32	36
d_k(最大)	光滑头	3	3.8	4.5	5.5	7	8.5	10	13	16	18
	滚花头	3.14	3.98	4.68	5.68	7.22	8.72	10.22	13.27	16.27	18.27
d_a(最大)		2	2.6	3.1	3.6	4.7	5.7	6.8	9.2	11.2	13.7
d_s(最大)		1.6	2.0	2.5	3.0	4.0	5.0	6.0	8.0	10.0	12.0
e(最小)		1.733	1.733	2.303	2.873	3.443	4.583	5.723	6.683	9.149	11.429
l_f(最大)		0.34	0.51	0.51	0.51	0.6	0.6	0.68	1.02	1.02	1.45
k(最大)		1.6	2.0	2.5	3	4	5	6	8	10	12
r(最小)		0.1	0.1	0.1	0.1	0.2	0.2	0.25	0.4	0.4	0.6
s(公称)		1.5	1.5	2	2.5	3	4	5	6	8	10
t(最小)		0.7	1	1.1	1.3	2	2.5	3	4	5	6
v(最大)		0.16	0.2	0.25	0.3	0.4	0.5	0.6	0.8	1	1.2
w(最小)		0.55	0.55	0.85	1.15	1.4	1.9	2.3	3.3	4	4.8
商品规格长度 l		2.5~16	3~20	4~25	5~30	6~40	8~50	10~60	12~80	16~100	20~120
全螺纹长度 l		2.5~16	3~16	4~20	5~20	6~25	8~25	10~30	12~35	16~40	20~50
螺纹规格 d		(M14)	M16	M20	M24	M30	M36	M42	M48	M56	M64
P		2	2	2.5	3	3.5	4	4.5	5	5.5	6
b(参考)		40	44	52	60	72	84	96	108	124	140
d_k(最大)	光滑头	21	24	30	36	45	54	63	72	84	96
	滚花头	21.33	24.33	30.33	36.39	45.39	54.46	63.46	72.46	84.54	96.54
d_a(最大)		15.7	17.7	22.4	26.4	33.4	39.4	45.6	52.6	63	71
d_s(最大)		14	16	20	24	30	36	42	48	56	64
e(最小)		13.716	15.996	19.437	21.734	25.154	30.854	36.574	41.131	46.831	52.531
l_f(最大)		1.45	1.45	2.04	2.04	2.89	2.89	3.06	3.91	5.95	5.95
k(最大)		14	16	20	24	30	36	42	48	56	64
r(最小)		0.6	0.6	0.8	0.8	1	1	1.2	1.6	2	2
s(公称)		12	14	17	19	22	27	32	36	41	46
t(最小)		7	8	10	12	15.5	19	24	28	34	38
v(最大)		1.4	1.6	2	2.4	3	3.6	4.2	4.8	5.6	6.4
w(最小)		5.8	6.8	8.6	10.4	13.1	15.3	16.3	17.5	19	22
商品规格长度 l		25~140	25~160	30~200	35~200	40~200	55~200	60~300	70~300	80~300	90~300
全螺纹长度 l		25~55	25~60	30~70	35~80	40~100	55~110	60~130	70~150	80~160	90~180
l 系列		2.5,3,4,5,6,8,10,12,16,20,25,30,35,40,45,50,55,60,65,70,80,90,100,110,120,130,140,150,160,180,200,220,240,260,280,300									

注：未给出尺寸可参见标准 GB/T 70.1。

表 5-1-158　　内六角圆柱头细牙螺纹螺钉　　mm

螺纹规格 $d \times P$		M8×1	M10×1	M12×1.5	—	M16×1.5	M20×1.5	M24×2	M30×2	M36×3
		—	M10×1.25	M12×1.25	M14×1.5	—	M20×2	—	—	—
b(参考)		28	32	36	40	44	52	60	72	84
d_k(最大)	光滑头	13	16	18	21	24	30	36	45	54
	滚花头	13.27	16.27	18.27	21.33	24.33	30.33	36.39	45.39	54.46
d_a(最大)		9.2	11.2	13.7	15.7	17.7	22.4	26.4	33.4	39.4
d_s(最大)		8.0	10.0	12.0	14	16	20	24	30	36
e(最小)		6.683	9.149	11.429	13.716	15.996	19.437	21.734	25.154	30.854
l_f(最大)		1.02	1.02	1.45	1.45	1.45	2.04	2.04	2.89	2.89
k(最大)		8	10	12	14	16	20	24	30	36
r(最小)		0.4	0.4	0.6	0.6	0.6	0.8	0.8	1	1
s(公称)		6	8	10	12	14	17	19	22	27
t(最小)		4	5	6	7	8	10	12	15.5	19
v(最大)		0.8	1	1.2	1.4	1.6	2	2.4	3	3.6
w(最小)		3.3	4	4.8	5.8	6.8	8.6	10.4	13.1	15.3
商品规格长度 l		12~80	20~100	20~120	25~140	25~160	30~200	35~200	45~200	55~200
全螺纹长度 l		12~35	20~40	20~50	25~50	25~55	30~70	35~80	45~100	55~110
l 系列		12,16,20,25,30,35,40,45,50,55,60,65,70,80,90,100,110,120,130,140,150,160,180,200								

注：未给出尺寸可参见标准 GB/T 70.6。

内六角圆柱头轴肩螺钉（摘自 GB/T 5281—1985）

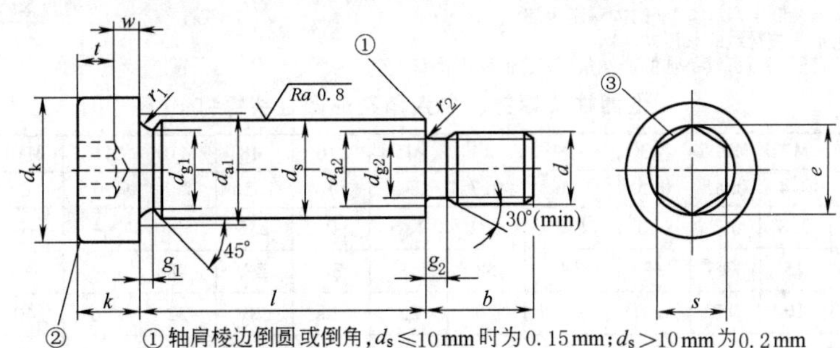

① 轴肩棱边倒圆或倒角，$d_s \leq 10$mm 时为 0.15mm；$d_s > 10$mm 为 0.2mm
② 圆的或平的
③ 内六角口部允许稍许倒圆或沉孔

表 5-1-159　　内六角圆柱头轴肩螺钉　　mm

螺纹规格		6.5	8	10	13	16	20	25
螺纹规格	d_s(公称)	6.5	8	10	13	16	20	25
	d(公称)	M5	M6	M8	M10	M12	M16	M20
	P	0.8	1	1.25	1.5	1.75	2	2.5
b(最大)		9.75	11.25	13.25	16.4	18.4	22.4	27.4
d_k(最大)	光滑头	10	13	16	18	24	30	36
	滚花头	10.22	13.27	16.27	18.27	24.33	30.33	36.39
d_{a1}(最大)		7.5	9.2	11.2	15.2	18.2	22.4	27.4
d_{a2}(最大)		5	6	8	10	12	16	20
d_{g1}(最小)		5.92	7.42	9.42	12.42	15.42	19.42	24.42
d_{g2}(最大)		3.86	4.58	6.25	7.91	9.57	13.33	16.57
e(最大)		3.44	4.58	5.72	6.86	9.15	11.43	13.72
k(最大)		4.5	5.5	7	9	11	14	16
g_1(最大)		2.5	2.5	2.5	2.5	2.5	2.5	3
g_2(最大)		2	2.5	3.1	3.7	4.4	5	6.3
r_1(最小)		0.25	0.4	0.6	0.6	0.6	0.8	0.8
r_2(最小)		0.5	0.53	0.64	0.77	0.87	1.14	1.38
s(公称)		3	4	5	6	8	10	12
t(最小)		2.4	3.3	4.2	4.9	6.6	8.8	10
w(最小)		1	1.15	1.6	1.8	2	3.2	3.25
商品规格长度 l		10~40	12~50	16~120	16~120	30~120	40~120	50~120
l 系列		10,12,16,20,25,30,40,50,60,70,80,90,100,120						

内六角花形低圆柱头螺钉（摘自 GB/T 2671.1—2017）

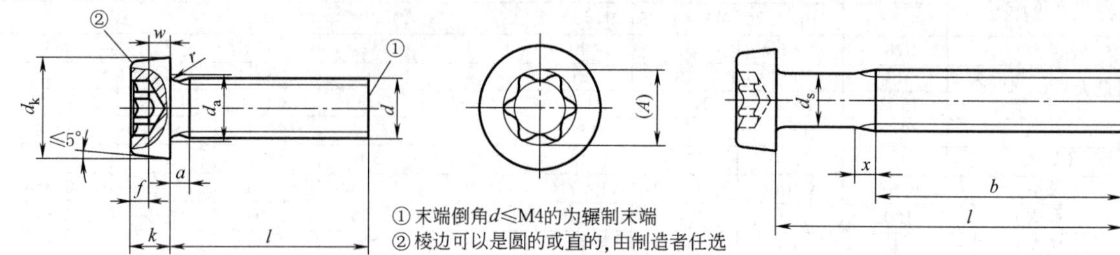

① 末端倒角 d≤M4的为辗制末端
② 棱边可以是圆的或直的，由制造者任选

内六角花形圆柱头螺钉（摘自 GB/T 2671.2—2017）

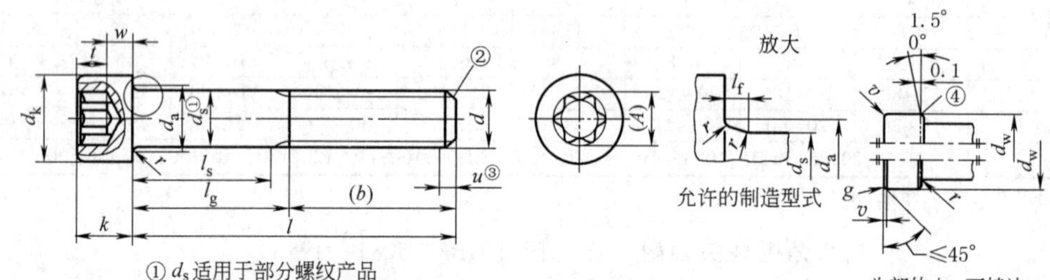

① d_s 适用于部分螺纹产品
② 末端倒角，或 d≤M4的为辗制末端
③ 不完整螺纹的长度 u≤2P
④ 底部棱边可以是圆的或倒角到 d_w，但均不得有毛刺

表 5-1-160　低圆柱头螺钉、内六角花形圆柱头螺钉　mm

螺纹规格 $d×P$		M2	M2.5	M3	(M3.5)①	M4	M5	M6	M8	M10	M12	(M14)	M16	(M18)	M20
		0.4	0.45	0.5	0.6	0.7	0.8	1	1.25	1.5	1.75	2	2	2.5	2.5
a(最大)	GB/T 2671.1	0.8	0.9	1.0	1.2	1.4	1.6	2	2.5	3	—	—	—	—	—
b(最小)	GB/T 2671.1	25	25	25	38	38	38	38	38	38	—	—	—	—	—
b(参考)	GB/T 2671.2	16	17	18	—	20	22	24	28	32	36	40	44	48	52
d_k(最大)	GB/T 2671.1	3.8	4.5	5.5	6	7	8.5	10	13	16	—	—	—	—	—
d_k(最大) GB/T 2671.2	光滑头	3.8	4.5	5.5	—	7	8.5	10	13	16	18	21	24	27	30
	滚花头	3.98	4.68	5.68	—	7.22	8.72	10.22	13.27	16.27	18.27	21.33	24.33	27.33	30.33
d_a(最大)		2.6	3.1	3.6	4.1	4.7	5.7	6.8	9.2	11.2	13.7	15.7	17.7	20.2	22.4
d_s(最大)	GB/T 2671.2	2.0	2.5	3.0	—	4.0	5.0	6.0	8.0	10.0	12.0	14	16	18	20
l_f(最大)	GB/T 2671.2	0.51	0.51	0.51	—	0.60	0.60	0.68	1.02	1.02	1.45	1.45	1.45	1.87	2.04
k(最大)	GB/T 2671.1	1.55	1.85	2.4	2.6	3.1	3.65	4.4	5.8	6.9	—	—	—	—	—
	GB/T 2671.2	2	2.5	3	—	4	5	6	8	10	12	14	16	18	20
r(最小)		0.1	0.1	0.1	0.1	0.2	0.2	0.25	0.4	0.4	0.6	0.6	0.6	0.6	0.8
f(最大)	GB/T 2671.1	0.84	0.91	1.27	1.33	1.66	1.91	2.29	3.05	3.43	—	—	—	—	—
t(最大)	GB/T 2671.2	0.84	1.04	1.27	—	1.80	2.03	2.42	3.31	4.02	5.21	5.99	7.01	8.00	9.20
v(最大)	GB/T 2671.2	0.20	0.25	0.30	—	0.40	0.50	0.60	0.80	1.0	1.2	1.4	1.6	1.8	2.0
w(最小)	GB/T 2671.1	0.50	0.70	0.75	1.00	1.10	1.30	1.60	2.00	2.40	—	—	—	—	—
	GB/T 2671.2	0.55	0.85	1.15	—	1.40	1.90	2.30	3.30	4.0	4.8	5.8	6.8	7.8	8.6
x(最大)	GB/T 2671.1	1.00	1.10	1.25	1.50	1.75	2.00	2.50	3.20	3.80	—	—	—	—	—
内六角花形	槽号 No.	6	8	10	15	20	25	30	45	50	55	60	70	80	90
	A(参考)	1.75	2.40	2.80	3.35	3.95	4.50	5.60	7.95	8.95	11.35	13.45	15.70	17.75	20.20
商品规格长度 l	GB/T 2671.1	3~20	3~25	4~30	5~35	5~40	6~50	8~60	10~80	12~80	—	—	—	—	—
全螺纹长度 l		3~20	3~25	4~30	5~35	5~35	6~35	8~35	10~35	12~35	—	—	—	—	—

续表

商品规格长度 l	GB/T 2671.2	3~20	4~25	5~30	—	6~40	8~50	10~60	12~80	16~100	20~120	25~140	25~160	30~180	30~200
全螺纹长度 l②		3~16	4~20	5~20	—	6~25	8~25	10~30	12~35	16~40	20~50	25~55	25~60	30~65	30~70
l 系列③		3,4,5,6,8,10,12,16,20,25,30,35,40,45,50,55,60,65,70,80,90,100,110,120,130,140,150,160,180,200													

① 只有 GB/T 2671.1 低圆柱头螺钉有 M3.5 这个规格。
② GB/T 2671.2 的全螺纹根部有 3P 距离的螺纹不能用，使用时要注意。
③ GB/T 2671.1 的长度最大只有 80mm。
注：括号内的规格尽量不用。

（6）内六角平圆头及内六角沉头螺钉

内六角平圆头螺钉(摘自GB/T 70.2—2015)

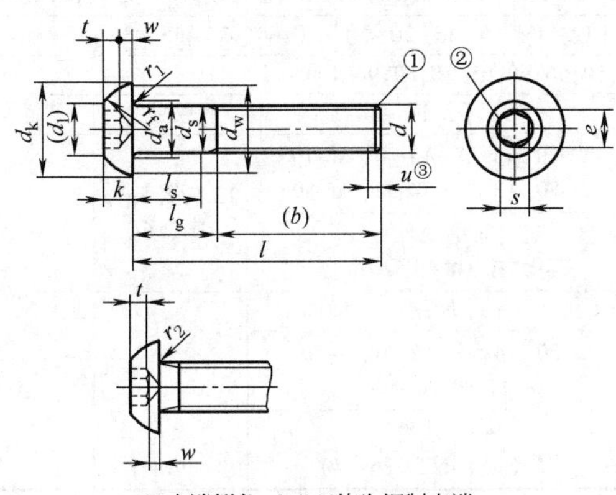

① 末端倒角，d≤M4的为辗制末端
② 内六角口部允许倒圆或沉孔
③ 不完整螺纹的长度 u≤2P

降低承载能力内六角沉头螺钉(摘自GB/T 70.3—2023)

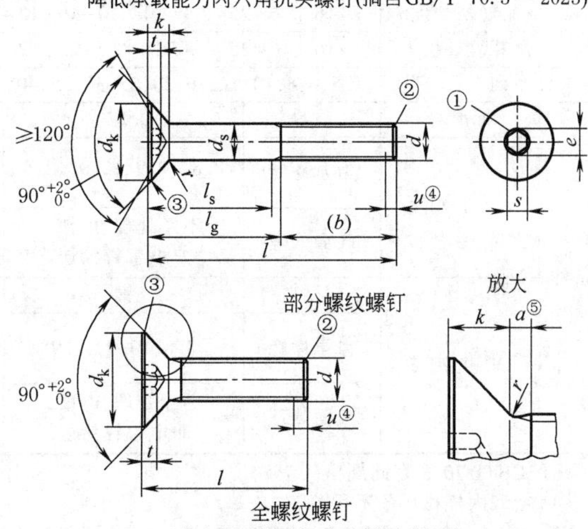

≥120°
90°$^{+2°}_{0}$
部分螺纹螺钉
放大
全螺纹螺钉
① 内六角口部允许少许倒圆或沉孔
② 末端倒角，d≤4mm的为辗制末端
③ 头部棱边可以是平的或圆的
④ 不完整螺纹的长度 u≤2P
⑤ a≤2P

标记示例

螺纹规格 d=M12、公称长度 l=40mm、性能等级 8.8 级、表面不经处理的 A 级内六角平圆头螺钉，标记为：

螺钉 GB/T 70. 2 M12×40

螺纹规格 d=M12、公称长度 l=40mm、性能等级 8.8 级、表面不经处理的 A 级内六角沉头螺钉，标记为：

螺钉 GB/T 70. 3 M12×40

表 5-1-161 **内六角平圆头螺钉及内六角沉头螺钉** mm

螺纹规格 d		M2①	M2.5①	M3	M4	M5	M6	M8	M10	M12	(M14)①	M16	M20①
螺距 P		0.4	0.45	0.5	0.7	0.8	1	1.25	1.5	1.75	2	2	2.5
b≈	GB/T 70.2	—	—	18	20	22	24	28	32	36	—	44	—
	GB/T 70.3(沉孔)	—	—	18	20	22	24	28	32	36	42	48	60
d_s(最大)		2.00	2.50	3	4	5	6	8	10	12	14	16	20
d_a(最大)	GB/T 70.2	—	—	3.6	4.7	5.7	6.8	9.2	11.2	13.7	—	17.7	—
d_k(最大)	GB/T 70.2	—	—	5.70	7.60	9.50	10.50	14.00	17.50	21.00	—	28.00	—
	GB/T 70.3	4.70	5.88	6.72	8.96	11.2	13.44	17.92	22.4	26.88	30.8	33.6	40.32
e(最小)		1.500	1.733	2.303	2.873	3.443	4.583	5.723	6.863	9.149	11.429	11.429	13.716
k(最大)	GB/T 70.2	—	—	1.65	2.20	2.75	3.30	4.40	5.50	6.60	—	8.80	—
	GB/T 70.3	1.35	1.69	1.86	2.48	3.1	3.72	4.96	6.2	7.44	8.4	8.8	10.16
s(公称)		1.3	1.5	2	2.5	3	4	5	6	8	10	10	12
t(最小)	GB/T 70.2	—	—	1.04	1.3	1.56	2.08	2.60	3.12	4.16	—	5.20	—
	GB/T 70.3	0.75	1.0	1.1	1.40	1.75	2.20	2.9	3.5	4.3	4.5	4.8	5.6
w(最小)	GB/T 70.2	—	—	0.20	0.30	0.38	0.74	1.05	1.45	1.63	—	2.25	—

续表

d_w(最小)	GB/T 70.2	—	—	5.00	6.84	8.74	9.57	13.07	16.57	19.68	—	26.68	—
r_f(最大)	GB/T 70.2	—	—	3.70	4.60	5.75	6.15	7.95	9.80	11.20	—	15.30	—
r_1(最小)	GB/T 70.2	—	—	0.10	0.20	0.20	0.25	0.40	0.40	0.60	—	0.60	—
r_2(最小)	GB/T 70.2	—	—	0.30	0.40	0.45	0.50	0.70	0.70	1.10	—	1.10	—
r	GB/T 70.3	0.1	0.1	0.1	0.2	0.2	0.25	0.4	0.4	0.6	0.6	0.6	0.8
GB/T 70.2	商品规格长度 l	—	—	6~30	6~40	8~50	10~60	12~80	16~90	20~90	—	25~90	—
	全螺纹长度 l	—	—	6~20	6~25	8~25	10~30	12~35	16~40	20~50	—	25~60	—
GB/T 70.3	商品规格长度 l	5~16	6~25	8~30	10~40	12~50	12~60	16~80	20~100	25~100	30~100	35~100	40~100
	全螺纹长度 l	5~16	6~25	8~25	10~25	12~30	12~35	16~45	20~50	25~60	30~65	35~70	40~90
l 系列		5,6,8,10,12,16,20,25,30,35,40,45,50,55,60,65,70,80,90,100											

	标准号	材料	钢	不锈钢	螺纹公差	产品等级
技术条件	GB/T 70.2	力学性能	8.8、10.9、12.9/12.9	A2-70、A3-70 、A4-70、A5-70 A2-80、A3-80 、A4-80、A5-80	12.9 级 5g6g 其他 6g	A
		表面处理	不经处理、电镀、 非电解锌涂层	简单处理 钝化(按 GB/T 5267.4)		
	GB/T 70.3	材料	钢	不锈钢	6g	A
		力学性能	8.8、10.9、12.9	A2-50、A4-50 、A2-70、A4-70 A2-80、A4-80		
		表面处理	不经处理、电镀、 非电解锌涂层	简单处理 钝化(按 GB/T 5267.4)		

① 只有 GB/T 70.3 有此规格。

注：1. 括号内规格尽量不用。

2. l 系列中 6~90mm 用于 GB/T 70.2，5~100mm 用于 GB/T 70.3。

（7）内六角平圆头凸缘螺钉

内六角平圆头凸缘螺钉（摘自 GB/T 70.4—2015）

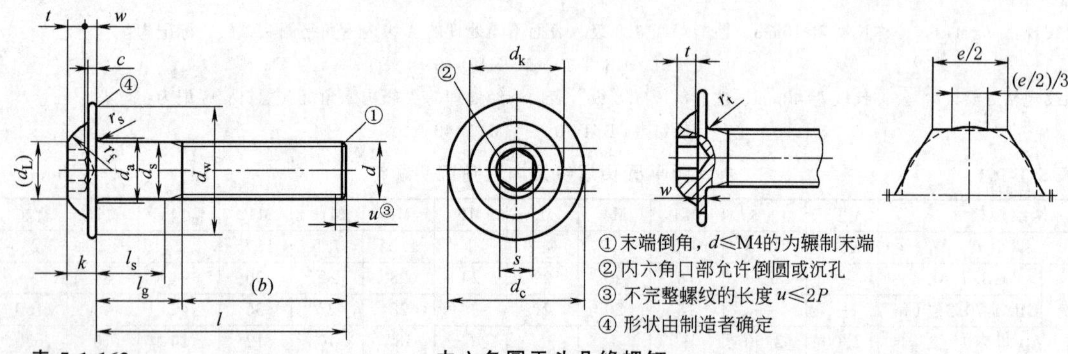

表 5-1-162 **内六角圆平头凸缘螺钉** mm

螺纹规格 d	M3	M4	M5	M6	M8	M10	M12	M16
螺距 P	0.5	0.7	0.8	1	1.25	1.5	1.75	2
b≈	18	20	22	24	28	32	36	44
c(最大)	0.7	0.8	1.0	1.2	1.5	2.0	2.4	2.8
d_s(最大)	3	4	5	6	8	10	12	16
d_a(最大)	3.6	4.7	5.7	6.8	9.2	11.2	17.7	17.7
d_k(最大)	5.2	7.2	8.8	10.0	13.2	16.50	19.4	26.00
d_w(最小)	5.74	8.24	10.40	12.20	16.40	20.22	24.32	32.00
e(最小)	2.303	2.873	3.443	4.583	5.723	6.863	9.149	11.429

续表

k(最大)	1.65	2.20	2.75	3.30	4.40	5.50	6.60	8.80
s(公称)	2	2.5	3	4	5	6	8	10
t(最小)	1.04	1.3	1.56	2.08	2.6	3.12	5.2	5.2
w(最小)	0.20	0.30	0.38	0.74	1.05	1.45	2.25	2.25
r_f(最大)	3.70	4.60	5.75	6.15	7.95	9.80	15.30	15.30
r_s(最小)	0.10	0.20	0.20	0.25	0.40	0.40	0.60	0.60
r_t(最小)	0.30	0.40	0.45	0.50	0.70	0.70	1.10	1.10
商品规格长度 l	6~30	6~40	8~50	10~60	12~80	16~90	20~90	25~90
全螺纹长度 l	6~20	6~25	8~25	10~30	12~35	16~40	20~50	25~60
l 系列	6,8,10,12,16,20,25,30,35,40,45,50,55,60,65,70,80,90							
技术条件	材料	钢			螺纹公差		产品等级	
	力学性能	8.8、10.9			6g		A	
	表面处理	不经处理、电镀、非电解锌涂层						

(8) 开槽紧定螺钉

表 5-1-163　　四种不同端面的开槽紧定螺钉结构

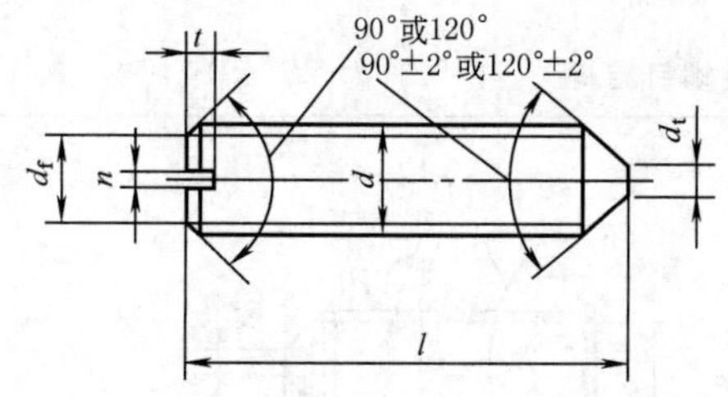

开槽锥端紧定螺钉(摘自 GB/T 71—2018)

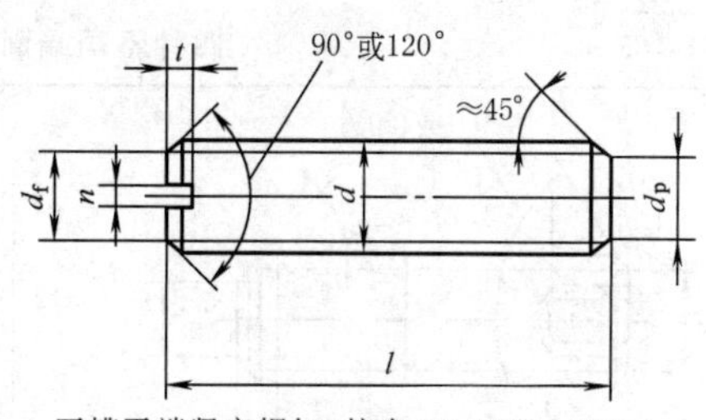

开槽平端紧定螺钉(摘自 GB/T 73—2017)

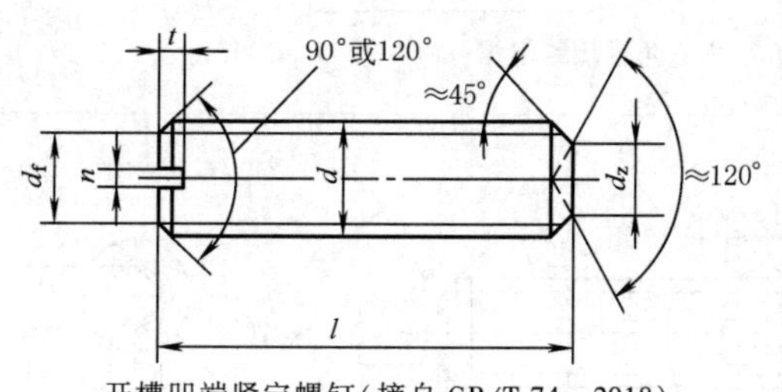

开槽凹端紧定螺钉(摘自 GB/T 74—2018)

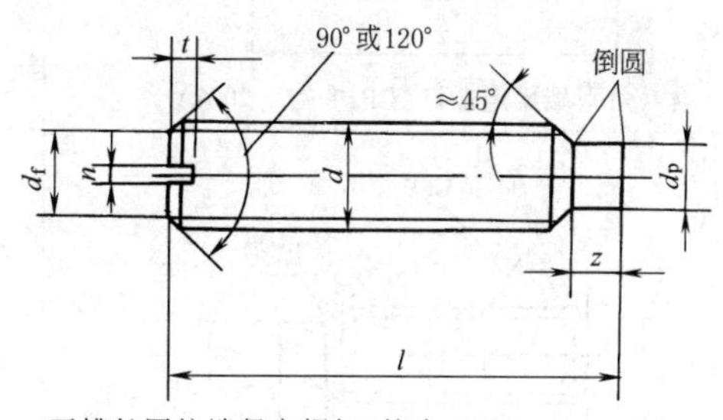

开槽长圆柱端紧定螺钉(摘自 GB/T 75—2018)

标记示例

螺纹规格 d=M5、公称长度 l=12mm、性能等级 14H 级、表面氧化的开槽锥端紧定螺钉，标记为：

螺钉　GB/T 71　M5×12

表 5-1-164　　四种开槽紧定螺钉尺寸　　mm

螺纹规格 d		M1.2	M1.6	M2	M2.5	M3	(M3.5)	M4	M5	M6	M8	M10	M12
螺距 P		0.25	0.35	0.4	0.45	0.5	0.6	0.7	0.8	1	1.25	1.5	1.75
d_f			≈螺纹小径										
n(公称)		0.2	0.25	0.25	0.4	0.4	0.5	0.6	0.8	1	1.2	1.6	2
t(最大)		0.52	0.74	0.84	0.95	1.05	1.21	1.42	1.63	2	2.5	3	3.6
d_z(最大)	GB/T 74	—	0.8	1.0	1.2	1.4	1.7	2.0	2.5	3.0	5.0	6.0	8.0
d_t(最大)	GB/T 71	0.12	0.16	0.20	0.25	0.30	0.35	0.40	0.50	1.50	2.00	2.50	3.00
d_p(最大)	GB/T 73(75)	0.6	0.8	1.0	1.5	2.0	2.2	2.5	3.5	4.0	5.5	7.0	8.5

续表

z	GB/T 75	—	1.05	1.25	1.5	1.75	2.00	2.25	2.75	3.25	4.30	5.30	6.30
商品规格长度 l	GB/T 71	2~6	2~8	3~10	3~12	4~16	5~20	6~20	8~25	8~30	10~40	12~50	14~60
	GB/T 73	2~6	2~8	2~10	2.5~12	3~16	4~20	4~20	5~25	6~30	8~40	10~50	12~60
	GB/T 74	—	2~8	2.5~10	3~12	3~16	4~20	4~20	5~25	6~30	8~40	10~50	12~60
	GB/T 75	—	2.5~8	3~10	4~12	5~16	5~20	6~20	8~25	8~30	10~40	12~50	14~60
l 系列		2,2.5,3,4,5,6,8,10,12,(14),16,20,25,30,35,40,45,50,(55),60											

技术条件							
技术条件	材料		钢	不锈钢	有色金属	螺纹公差	产品等级
	性能等级	GB/T 71	d<1.6mm 按协议 $d \geqslant$1.6mm 14H、22H	d<1.6mm 按协议 $d \geqslant$1.6mm A1-12H、A2-12H、A4-12H	CU2、CU3	6g	A
		GB/T 73	d<1.6mm 按协议 $d \geqslant$1.6mm 14H、22H	d<1.6mm 按协议 $d \geqslant$1.6mm A1-12H	CU2、CU3		
		GB/T 74(75)	14H、22H	A1-12H、A2-12H、A4-12H	CU2、CU3		
	表面处理		不经处理;电镀、非电解锌片涂层	简单处理、钝化	简单处理、电镀		

注:1. 括号内的规格尽量不用。
2. GB/T 74 和 GB/T 75 没有 M1.2 的规格。

(9) 内六角紧定螺钉

表 5-1-165　　四种不同端面的内六角紧定螺钉结构

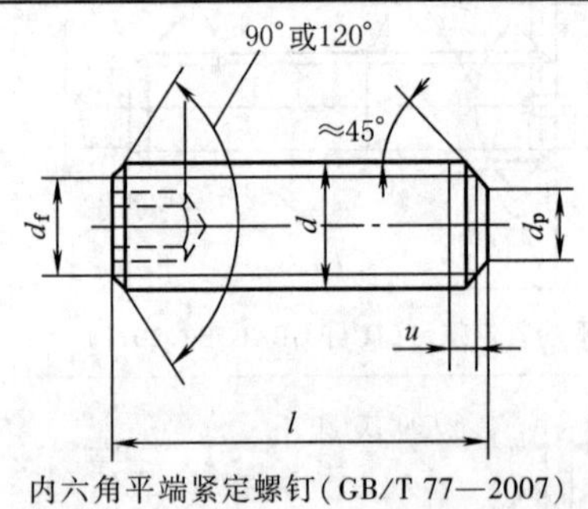

内六角平端紧定螺钉(GB/T 77—2007)

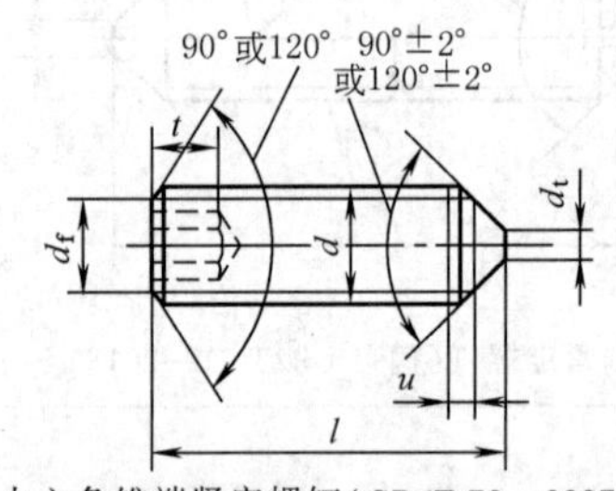

内六角锥端紧定螺钉(GB/T 78—2007)

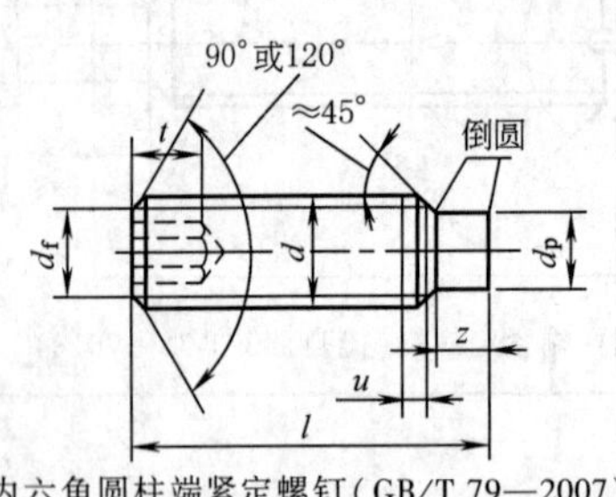

内六角圆柱端紧定螺钉(GB/T 79—2007)

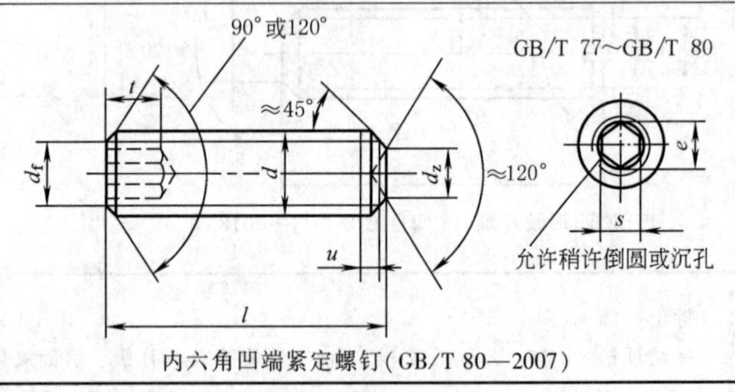

内六角凹端紧定螺钉(GB/T 80—2007)

标记示例

螺纹规格 d=M6、公称长度 l=12mm、性能等级 45H、表面氧化的内六角平端紧定螺钉,标记为:

螺钉　GB/T 77　M6×12

表 5-1-166　　四种内六角紧定螺钉尺寸　　mm

螺纹规格 d		M1.6	M2	M2.5	M3	M4	M5	M6	M8	M10	M12	M16	M20	M24
螺距 P		0.35	0.4	0.45	0.5	0.7	0.8	1.0	1.25	1.5	1.75	2.0	2.5	3.0
不完整螺纹长度 u		$\leqslant 2P$												
	d_f	≈螺纹小径												
d_p(最大)	GB/T 77(79)	0.8	1.0	1.5	2.0	2.5	3.5	4.0	5.5	7.0	8.5	12.0	15.0	18.0
d_t(最大)	GB/T 78	0.40	0.50	0.65	0.75	1.00	1.25	1.50	2.00	2.50	3.00	4.00	5.00	6.00

续表

d_z(最大)	GB/T 80	0.8	1.0	1.2	1.4	2.0	2.5	3.0	5.0	6.0	8.0	10.0	14.0	16.0
e(最小)		0.809	1.011	1.454	1.733	2.303	2.873	3.443	4.583	5.724	6.863	9.149	11.429	13.716
s(公称)		0.7	0.9	1.3	1.5	2.0	2.5	3.0	4.0	5.0	6.0	8.0	10.0	12.0
z(最大) GB/T 79	短圆柱端	0.65	0.75	0.88	1	1.25	1.5	1.75	2.25	2.75	3.25	4.3	5.3	6.3
	长圆柱端	1.05	1.25	1.5	1.75	2.25	2.75	3.25	4.3	5.3	6.3	8.36	10.36	12.43
规格长度 l	GB/T 77	2~8	2~10	2~12	2~16	2.5~20	3~25	4~30	5~40	6~50	8~60	10~60	12~60	16~60
	GB/T 78	2~8	2~10	2.5~12	2.5~16	3~20	4~25	5~30	6~40	8~50	10~60	12~60	14~60	20~60
	GB/T 79	2~8	2.5~10	3~12	4~16	5~20	6~25	8~30	8~40	10~50	12~60	14~60	20~60	25~60
	GB/T 80	2~8	2~10	2~12	2.5~16	3~20	4~25	5~30	6~40	8~50	10~60	12~60	14~60	20~60
l 系列		2,2.5,3,4,5,6,8,10,12,16,20,25,30,35,40,45,50,(55),60												

技术条件	材料	钢	不锈钢	有色金属	螺纹公差	产品等级
	性能等级	45H	A1-12H,A2-21H,A3-21H,A4-21H,A5-21H	CU2,CU3,AL4	6g	A
	表面处理	不处理、氧化、电镀、非电解锌涂层	简单处理	简单处理 电镀		

注：括号内的规格尽量不用。

(10) 方头紧定螺钉

表 5-1-167　　五种方头紧定螺钉结构

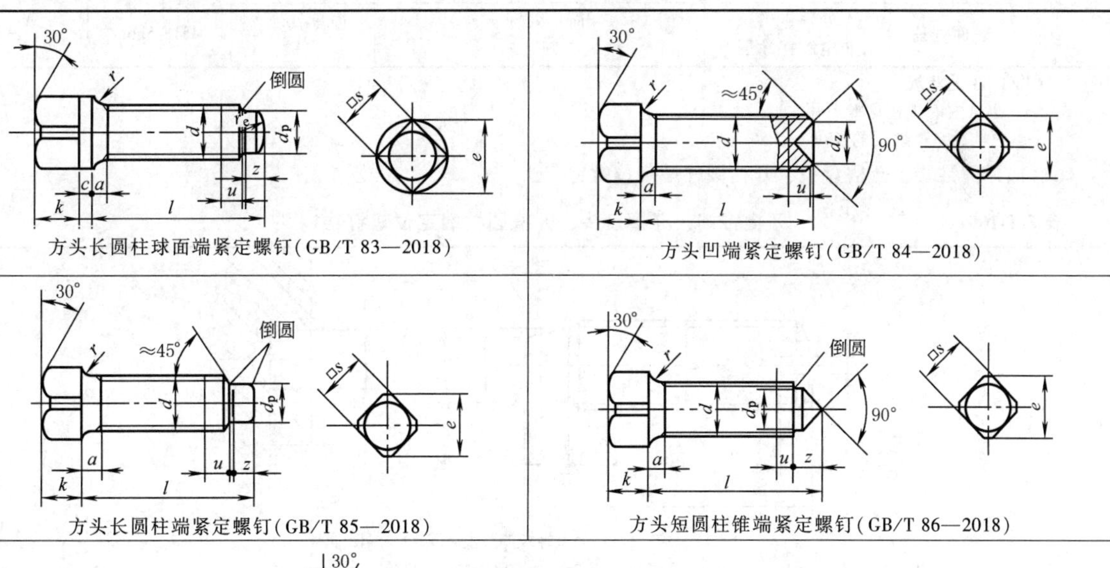

方头长圆柱球面端紧定螺钉(GB/T 83—2018)

方头凹端紧定螺钉(GB/T 84—2018)

方头长圆柱端紧定螺钉(GB/T 85—2018)

方头短圆柱锥端紧定螺钉(GB/T 86—2018)

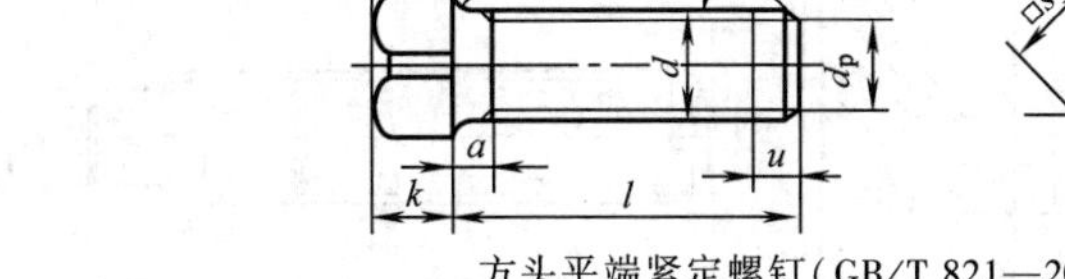

方头平端紧定螺钉(GB/T 821—2018)

标记示例

螺纹规格 d=M10、公称长度 l=30mm、性能等级 33H、表面氧化的方头长圆柱球面端紧定螺钉，标记为：

螺钉　GB/T 83　M10×30

表 5-1-168　　五种方头紧定螺钉尺寸　　mm

螺纹规格 d		M5①	M6①	M8	M10	M12	M16	M20
d_p(最大)	GB/T 83	—	—	5.2	6.64	8.14	11.57	14.57
	GB/T 84(85)(86)(821)	3.5	4.0	5.5	7.0	8.5	12.0	15.0
d_z(最大)	GB/T 84	2.5	3.0	5.0	6.0	7.0	10.0	13.0
e(最小)		6	7.3	9.7	12.2	14.7	20.9	27.1
s(公称)		5	6	8	10	12	17	22
k(公称)	GB/T 83	—	—	9	11	13	18	23
	GB/T 84(85)(86)(821)	5	6	7	8	10	14	18
z(最小)	GB/T 86	3.5	4	5	6	7	9	11
	GB/T 83(85)	2.5	3	4	5	6	8	10
r	GB/T 83	—	—	0.4	0.5	0.6	0.6	0.8
	GB/T 84(85)(86)(821)	0.2	0.25	0.4	0.4	0.6	0.6	0.8
c≈	GB/T 83	—	—	2	3	3	4	5
r_e≈	GB/T 83	—	—	7.7	9.8	11.9	16.8	21.0
通用规格长度 l	GB/T 83	—	—	16~40	20~50	25~60	30~80	35~100
	GB/T 84	10~30	12~30	14~40	20~50	25~60	30~80	40~100
	GB/T 85	12~30	12~30	14~40	20~50	25~60	25~80	40~100
	GB/T 86	12~30	12~30	14~40	20~50	25~60	25~80	40~100
	GB/T 821	8~30	8~30	10~40	12~50	14~60	20~80	40~100
l 系列		8,10,12,(14),16,20,25,30,35,40,45,50,(55),60,70,80,90,100						

技术条件	材料	钢	不锈钢	有色金属	螺纹公差	产品等级
	力学性能	33H、45H	A1-12H、A2-12H、A2-21H、A4-21H	CU2、CU3	33H：6g 45H：5g6g	A
	表面处理	不处理、电镀、非电解锌涂层	简单处理、钝化	简单处理、电镀		

① GB/T 83 无此规格。

注：1. 括号内的规格尽量不用。

2. $a \leqslant 4P$；不完整螺纹的长度 $u \leqslant 2P$。

（11） 开槽锥端、开槽盘头、开槽圆柱端定位螺钉

表 5-1-169　　开槽锥端、开槽盘头、开槽圆柱端定位螺钉结构

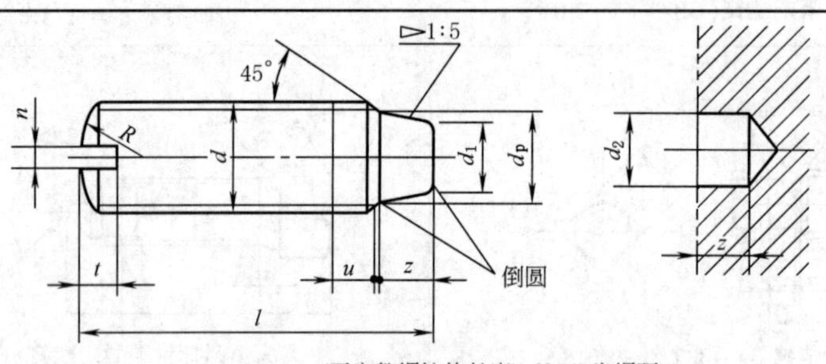

u(不完整螺纹的长度)≤$2P$(P为螺距)

开槽锥端定位螺钉(GB/T 72—1988)

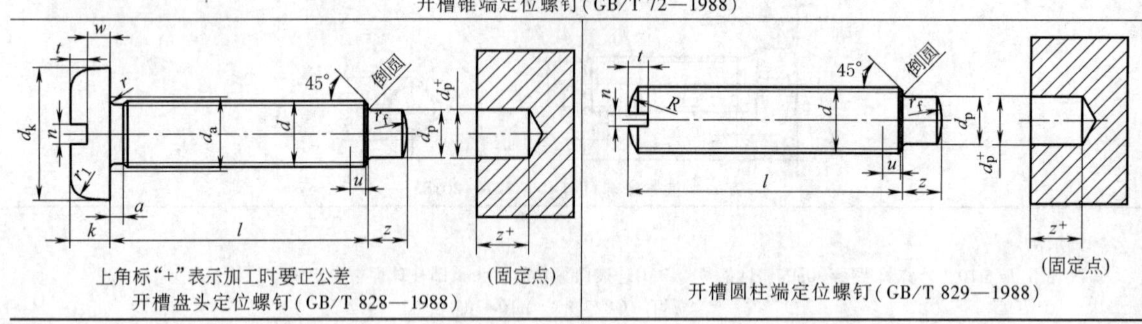

上角标“+”表示加工时要正公差

开槽盘头定位螺钉(GB/T 828—1988)

开槽圆柱端定位螺钉(GB/T 829—1988)

表 5-1-170　　开槽锥端、开槽盘头、开槽圆柱端定位螺钉尺寸　　mm

螺纹规格 d		M1.6	M2	M2.5	M3	M4	M5	M6	M8	M10	M12
螺距 P		0.35	0.4	0.45	0.5	0.7	0.8	1.0	1.25	1.5	1.75
不完整螺纹长度 u		≤2P									
d_p(最大)	GB/T 72	—	—	—	2.0	2.5	3.5	4.0	5.5	7.0	8.5
	GB/T 828(829)	0.8	1.0	1.5	2.0	2.5	3.5	4.0	5.5	7.0	—
n(最大)	GB/T 72	—	—	—	0.4	0.6	0.8	1.0	1.2	1.6	2
	GB/T 829	0.25	0.25	0.4	0.4	0.6	0.8	1.0	1.2	1.6	—
	GB/T 828	0.4	0.5	0.6	0.8	1.2	1.2	1.6	2.0	2.5	—
t(最大)	GB/T 72	—	—	—	1.05	1.42	1.63	2	2.5	3	3.6
	GB/T 829	0.74	0.84	0.95	1.05	1.42	1.63	2	2.5	3	—
t(最小)	GB/T 828	0.35	0.5	0.6	0.7	1.0	1.2	1.4	1.9	2.4	—
z(最大)	GB/T 72	—	—	—	1.5	2.0	2.5	3.0	4.0	5.0	6.0
	GB/T 828(829)	1.5	2.0	2.5	3.0	4.0	5.0	6.0	8.0	10.0	—
z(最小)	GB/T 828(829)	1	1	1.2	1.5	2.0	2.5	3.0	4.0	5.0	—
r_f≈	GB/T 828(829)	1.12	1.40	2.10	2.80	3.50	4.90	5.60	7.70	9.80	—
R≈	GB/T 72	—	—	—	3.0	4.0	5.0	6.0	8.0	10.0	12.0
	GB/T 829	1.6	2.0	2.5	3.0	4.0	5.0	6.0	8.0	10.0	—
d_1≈	GB/T 72	—	—	—	1.7	2.1	2.5	3.4	4.7	6	7.3
d_2(推荐)	GB/T 72	—	—	—	1.8	2.2	2.6	3.5	5.0	6.5	8
a(最大)	GB/T 828	0.7	0.8	0.9	1.0	1.4	1.6	2.0	2.5	3.0	—
k(最大)		1.0	1.3	1.5	1.8	2.4	3.0	3.6	4.2	6.0	—
d_k(最大)		3.2	4.0	5.0	5.6	8.0	9.5	12.0	16.0	20.0	—
d_a(最大)		2.1	2.6	3.1	3.6	4.7	5.7	6.8	9.2	11.2	—
w(最小)		0.3	0.4	0.5	0.7	1.0	1.2	1.4	1.9	2.4	—
r(最小)		0.1	0.1	0.1	0.1	0.2	0.2	0.25	0.4	0.4	—
r_1(参考)		0.5	0.6	0.8	0.9	1.2	1.5	1.8	2.4	3.0	—
规格长度 l	GB/T 72	—	—	—	4~16	4~20	5~20	6~25	8~35	10~45	12~50
	GB/T 828(829)	1.5~3	1.5~4	2~5	2.5~6	3~8	4~10	5~12	6~16	8~20	—
l 系列		1.5,2,2.5,3,4,5,6,8,10,12,(14),16,20,25,30,35,40,45,50,(55),60									
技术条件	材料	钢			不锈钢		有色金属		螺纹公差		
	性能等级	14H、45H			A1-50、C4-50		—		6g		
	表面处理	不处理、氧化、电镀锌钝化			不处理		—				

注：1. 括号内的规格尽量不用。

2. GB/T 828 和 GB/T 829 的长度只到 10mm，且没有 M12 的规格。

3. GB/T 72 最小长度是 3mm，且没有 M1.6、M2、M2.5 的规格。

(12) 不脱出螺钉

目前国标规定的不脱出螺钉有五种，分别是开槽盘头不脱出螺钉、六角头不脱出螺钉、滚花头不脱出螺钉、开槽沉头不脱出螺钉和开槽半沉头不脱出螺钉。

表 5-1-171　　不脱出螺钉结构及技术条件

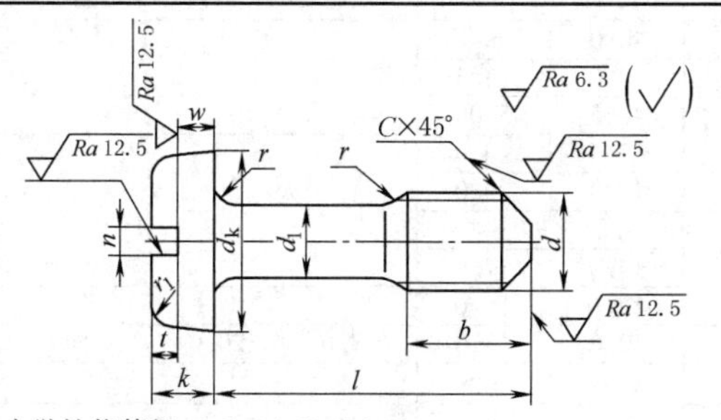

力学性能等级：4.8、A1-50、C4-50
规格范围：M3~M10
长度范围：10~60mm
材料：钢、不锈钢
螺纹公差：6g

开槽盘头不脱出螺钉(GB/T 837—1988)

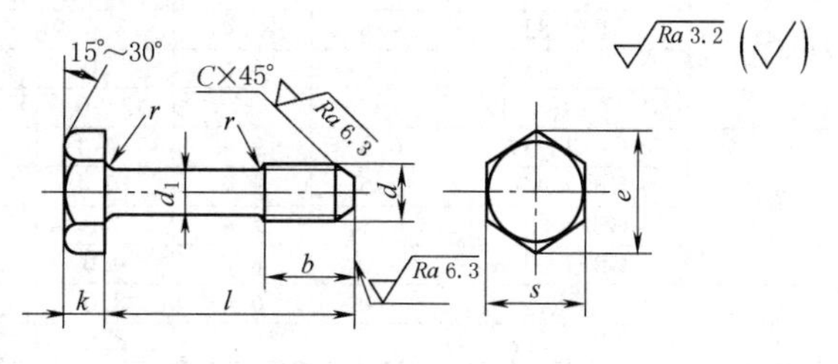

力学性能等级：4.8、A1-50、C4-50
规格范围：M5~M60
长度范围：10~60mm
材料：钢、不锈钢
螺纹公差：6g

六角头不脱出螺钉(GB/T 838—1988)

续表

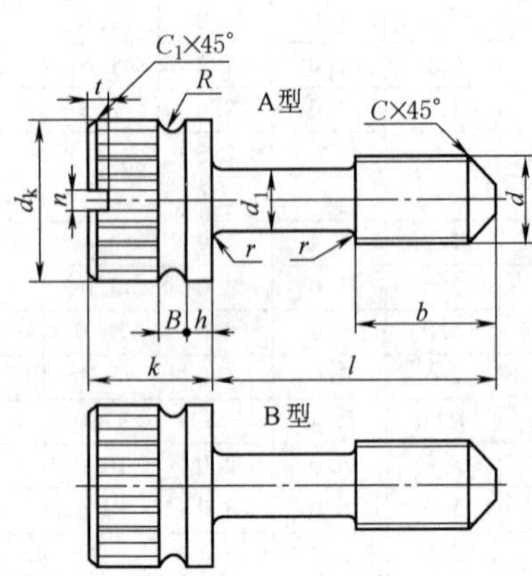

力学性能等级：4.8、A1-50、C4-50
规格范围：M3～M10
长度范围：10～60mm
材料：钢、不锈钢
螺纹公差：6g

滚花头不脱出螺钉（GB/T 839—1988）

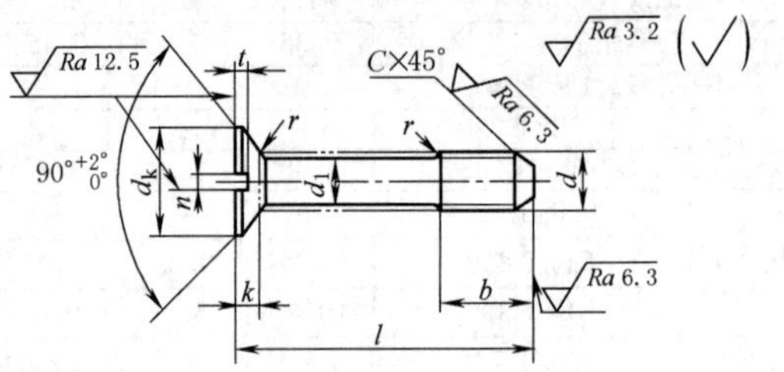

力学性能等级：4.8、A1-50、C4-50
规格范围：M3～M10
长度范围：10～60mm
材料：钢、不锈钢
螺纹公差：6g

开槽沉头不脱出螺钉（GB/T 948—1988）

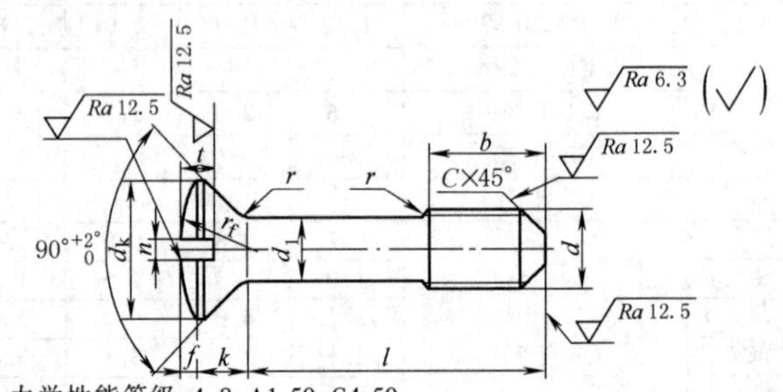

力学性能等级：4.8、A1-50、C4-50
规格范围：M3～M10
长度范围：10～60mm
材料：钢、不锈钢
螺纹公差：6g

开槽半沉头不脱出螺钉（GB/T 949—1988）

标记示例

螺纹规格 d=M6、公称长度 l=20mm、性能等级 4.8 级、不经表面处理的六角头不脱出螺钉，标记为：

螺钉　GB/T 838　M6×20

表 5-1-172　　**不脱出螺钉尺寸**　　mm

螺纹规格 d		M3	M4	M5	M6	M8	M10	M12	(M14)	M16
螺距 P		0.5	0.7	0.8	1.0	1.25	1.5	1.75	2	2
d_1(最大)	GB/T 838	—		3.5	4.5	5.5	7.0	9.0	11.0	12.0
	其他	2.0	2.8	3.5	4.5	5.5	7.0	—		
s(最大)		—		8	10	13	16	18	21	24
k(最大)	GB/T 838	—		3.5	4	5.3	6.4	7.5	8.8	10
	GB/T 837	1.8	2.4	3.0	3.6	4.8	6.0	—		
	GB/T 839	4.5	6.5	7.0	10.0	12.0	13.5			
	GB/T 948(949)	1.65	2.70	2.70	3.30	4.65	5.00			
d_k(最大)	GB/T 949	6.3	9.4	10.4	12.6	17.3	20.0	—		
	GB/T 948	6.5	9.4	10.4	12.6	17.3	20.0			
	GB/T 837	1.8	2.4	3.0	3.6	4.8	6.0			
	GB/T 839	5.0	8.0	9.0	11.0	14.0	17.0			
b	其他	4.0	6.0	8.0	10.0	12.0	15.0	—		
	GB/T 838	—		8.0	10.0	12.0	15.0	18.0	20.0	24.0
n(公称)	GB/T 838 除外	0.8	1.2	1.2	1.6	2.0	2.5	—		
t(最小)	GB/T 837(839)	0.7	1.0	1.2	1.4	1.9	2.4	—		
	GB/T 948	0.6	1.0	1.1	1.2	1.8	2.0			
	GB/T 949	1.2	1.6	2.0	2.4	3.2	3.8			
r(最大)	GB/T 949(948)	0.8	1.0	1.3	1.5	2.0	2.5	—		
r(最小)	GB/T 837(839)	0.1	0.2	0.2	0.25	0.4	0.4	—		
	GB/T 838	—		0.2	0.25	0.4	0.4	0.6	0.6	0.6

续表

$C\approx$	其他	1.0	1.2	1.6	2.0	2.5	3.0	—		
	GB/T 838	—		1.6	2.0	2.5	3.0	4.0	5.0	6.0
C_1	GB/T 839	0.3	0.3	0.5	0.5	0.8	0.8	—		
$B\approx$		1	1.5	1.5	2	2.5	3			
$R\approx$		0.5	0.75	0.75	1	1.25	1.5			
e(最小)	GB/T 838	—		8.79	11.05	14.38	17.77	20.03	23.35	26.75
s(公称)				8	10	13	16	18	20	24
通用规格	GB/T 838	—		14~40	20~50	25~65	30~80	30~100	35~100	40~100
长度 l	其他	10~25	12~30	14~40	20~50	25~60	30~60	—		
l 系列		10,12,(14),16,20,25,30,35,40,45,50,(55),60,(65),70,75,80,90,100								
表面处理		钢:不经处理;镀锌钝化				不锈钢:不经处理				

注：括号内的规格尽量不用。

(13) 自攻螺钉

① 自攻螺钉底孔和板厚关系（表 5-1-173）。

表 5-1-173 自攻螺钉直径和板厚、底孔关系 mm

自攻螺钉规格	板厚 大于	板厚 至	底孔直径	允许偏差	自攻螺钉规格	板厚 大于	板厚 至	底孔直径	允许偏差
ST2.9	1.2	1.3	2.3	$^{+0.10}_{-0.10}$	ST5.5	—	1.1	4.2	$^{+0.15}_{0}$
ST3.5	1.9	2.1	2.9	$^{+0.12}_{-0.12}$		1.1	1.5	4.3	$^{+0.12}_{-0.10}$
ST3.9	0.8	1.4	3	$^{+0.15}_{-0.05}$		1.5	1.8	4.5	$^{+0.12}_{-0.12}$
	1.4	2.0	3.2	$^{+0.12}_{-0.15}$		1.8	2.2	4.6	$^{+0.10}_{-0.15}$
	2.0	2.5	3.4	$^{+0.08}_{-0.20}$		2.2	2.5	4.7	$^{+0.08}_{-0.20}$
ST4.2	0.8	1.1	3.2	$^{+0.15}_{-0.05}$	ST6.3	—	1.4	4.9	$^{+0.20}_{0}$
	1.1	1.4	3.3	$^{+0.12}_{-0.12}$		1.4	1.8	5.1	$^{+0.18}_{-0.10}$
	1.4	2.5	3.5	$^{+0.08}_{-0.15}$		1.8	2	5.4	$^{+0.15}_{-0.20}$
ST4.8	0.8	1.1	3.7	$^{+0.15}_{-0.10}$		2	2.3	5.6	$^{+0.08}_{-0.30}$
	1.1	1.8	3.9	$^{+0.12}_{-0.15}$					
	1.8	2.5	4	$^{+0.10}_{-0.20}$					
	2.5	3	4.1	$^{+0.08}_{-0.25}$					

② 自攻螺钉的端头结构型式。自攻螺钉的螺纹和尾部在本篇的 1.4.3 有提及，为了节约读者时间和篇幅，这里单独讲述自攻螺钉尾部，在以后的章节中就不再赘述。

每种自攻螺钉一般都有锥端 C 型（尖尾）、平端 F 型（平尾）和倒圆端 R 型这三种端头结构型式，如图 5-1-10 所示。

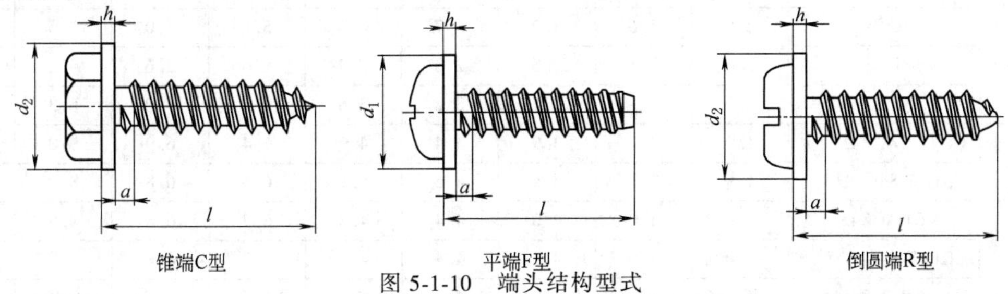

图 5-1-10 端头结构型式

锥端 C 型（尖尾）自攻螺钉，一般用于金属制品和金属制品之间、木制品与木制品之间的紧固，或者是塑料制品紧固在金属制品上的情况。由于尖尾自攻螺钉的尾部是尖锐的，为了消除尖端会刮擦其他物品，或者误伤人员的隐患，尾部一般是埋在被紧固的制品里面的，不露出。

平端 F 型（平尾），也是用于金属制品或者塑料制品之间的紧固，但是平尾的自攻螺钉比较适合用于比较软的塑料上，且对人员伤害性较小。

倒圆端 R 型是介于 C 型和 F 型之间的结构。

③ 十字槽自攻螺钉：包括十字槽盘头自攻螺钉（GB/T 845—2017）、十字槽沉头自攻螺钉（GB/T 846—2017）、十字槽半沉头自攻螺钉（GB/T 847—2017）三种。

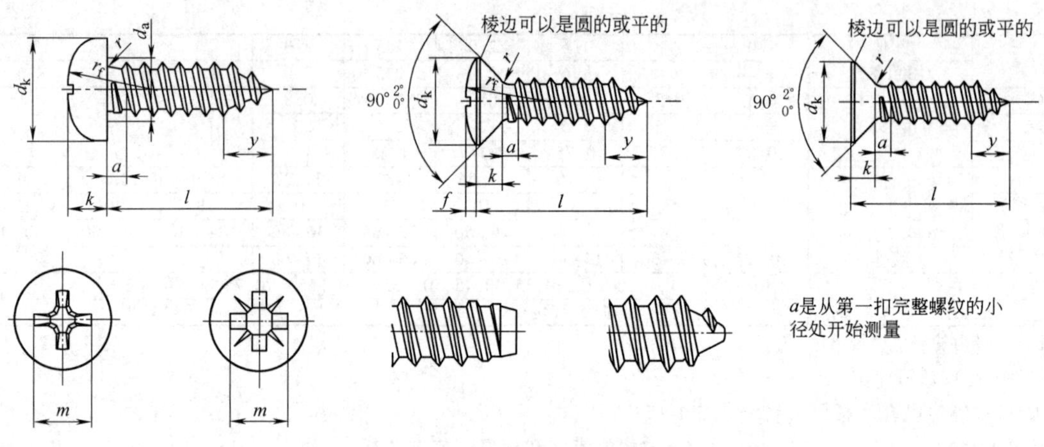

棱边可以是圆的或平的
棱边可以是圆的或平的
a是从第一扣完整螺纹的小径处开始测量

标记示例

螺纹规格 ST3.5、公称长度 l=16mm、H 型槽镀锌钝化的 C 型十字槽盘头自攻螺钉，标记为：

自攻螺钉　GB/T 845　ST3.5×16

表 5-1-174　十字槽自攻螺钉　mm

螺纹规格		ST2.2	ST2.9	ST3.5	ST4.2	ST4.8	ST5.5	ST6.3	ST8	ST9.5
螺距 P		0.8	1.1	1.3	1.4	1.6	1.8	1.8	2.1	2.1
a(最大)	GB/T 845	0.8	1.1	1.3	1.4	1.6	1.8	1.8	2.1	2.1
	GB/T 846(847)	1.6	2.2	2.6	2.8	3.2	3.6	3.6	4.2	4.2
d_k(最大)	GB/T 845	4.0	5.6	7.0	8.0	9.5	11.0	12.0	16.0	20.0
	GB/T 846(847)	4.4	6.3	8.2	9.4	10.4	11.5	12.6	17.3	20.0
k(最大)	GB/T 845	1.6	2.4	2.6	3.1	3.7	4.0	4.6	6.0	7.5
	GB/T 846(847)	1.10	1.70	2.35	2.60	2.80	3.00	3.15	4.65	5.25
d_a(最大)	GB/T 845	2.8	3.5	4.1	4.9	5.6	6.3	7.3	9.2	10.7
r(最小)	GB/T 845	0.1	0.1	0.1	0.2	0.2	0.25	0.25	0.4	0.4
r(最大)	GB/T 846(847)	0.8	1.2	1.4	1.6	2.0	2.2	2.4	3.2	4.0
r_f≈	GB/T 845	3.2	5.0	6.0	6.5	8.0	9.0	10.0	13.0	16.0
	GB/T 847	4.0	6.0	8.5	9.5	9.5	11.0	12.0	16.5	19.5
f≈	GB/T 847	0.5	0.7	0.8	1.0	1.2	1.3	1.4	2.0	2.3
y(参考)	C 型	2.0	2.6	3.2	3.7	4.3	5.0	6.0	7.5	8.0
	F 型	1.6	2.1	2.5	2.8	3.2	3.6	3.6	4.2	4.2
	R 型	—	—	2.7	3.2	3.6	4.3	5.0	6.3	—
m(H 型)	GB/T 845	1.9	3.0	3.9	4.4	4.9	6.4	6.9	9.0	10.1
	GB/T 846(847)	1.9	3.2	4.4	4.6	5.2	6.6	6.8	8.9	10.0
m(Z 型)	GB/T 845	2.0	3.0	4.0	4.4	4.8	6.2	6.8	8.9	10.1
	GB/T 846(847)	2.0	3.0	4.1	4.4	4.9	6.3	6.6	8.8	9.8
商品规格长度 l	GB/T 845	4.5~16	6.5~19	9.5~25	9.5~32	9.5~38	13~38	13~38	16~50	16~50
	GB/T 846(847)	4.5~16	6.5~19	9.5~25	9.5~32	9.5~32	13~38	13~38	16~50	16~50
l 系列		4.5,6.5,9.5,13,16,19,22,25,32,38,45,50								
技术条件	材料	钢			不锈钢			螺纹公差		产品等级
	力学性能	—			A2-20H、A4-20H、A5-20H			—		A
	表面处理	不经处理、电镀、非电解锌涂层			简单处理、钝化处理					

注：1. 自攻螺钉安装前需预制孔，在实际使用时，应根据具体条件，经过适当的工艺验证，确定最佳预制孔尺寸。

2. 自攻螺钉应由渗碳钢制造。其表面硬度不低于 45HRC。

④ 内六角花形自攻螺钉：包括内六角花形盘头自攻螺钉（GB/T 2670.1—2017）、内六角花形沉头自攻螺钉（GB/T 2670.2—2017）、内六角花形半沉头自攻螺钉（GB/T 2670.3—2017）三种。

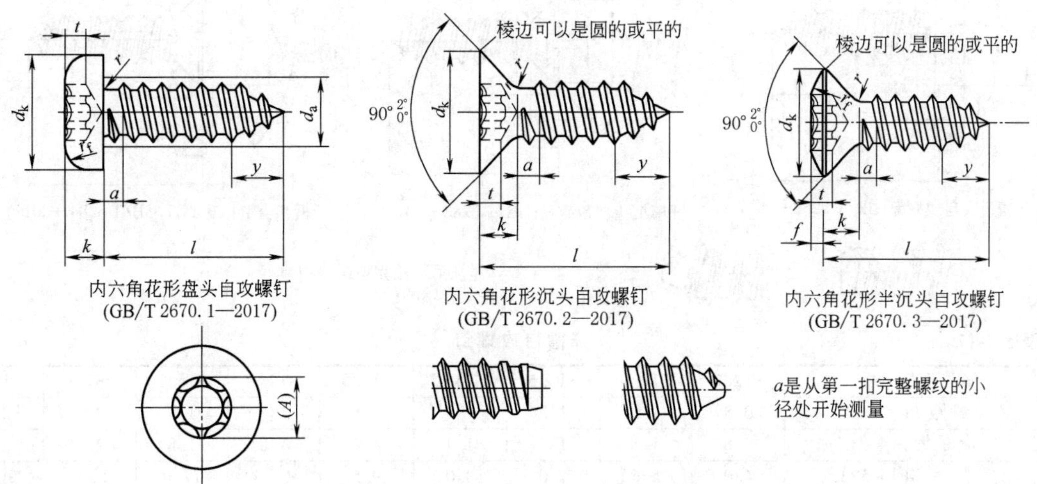
棱边可以是圆的或平的
棱边可以是圆的或平的
a是从第一扣完整螺纹的小径处开始测量

内六角花形盘头自攻螺钉 (GB/T 2670.1—2017)　内六角花形沉头自攻螺钉 (GB/T 2670.2—2017)　内六角花形半沉头自攻螺钉 (GB/T 2670.3—2017)

表 5-1-175　　内六角花形自攻螺钉　　mm

螺纹规格			ST2.9	ST3.5	ST4.2	ST4.8	ST5.5	ST6.3
螺距 P			1.1	1.3	1.4	1.6	1.8	1.8
a(最大)			1.1	1.3	1.4	1.6	1.8	1.8
d_k(最大)	GB/T 2670.1		5.6	7.0	8.0	9.5	11.0	12.0
	GB/T 2670.2(2670.3)		6.3	8.2	9.4	10.4	11.5	12.6
k(最大)	GB/T 2670.1		2.4	2.6	3.1	3.7	4.0	4.6
	GB/T 2670.2(2670.3)		1.70	2.35	2.60	2.80	3.00	3.15
d_a(最大)	GB/T 2670.1		3.5	4.1	4.9	5.6	6.3	7.3
r(最小)	GB/T 2670.1		0.1	0.1	0.2	0.2	0.25	0.25
r(最大)	GB/T 2670.2(2670.3)		1.2	1.4	1.6	2.0	2.2	2.4
r_f≈	GB/T 2670.1		5.0	6.0	6.5	8.0	9.0	10.0
	GB/T 2670.3		6.0	8.5	9.5	9.5	11.0	12.0
f≈	GB/T 2670.3		0.7	0.8	1.0	1.2	1.3	1.4
y(参考)	C		2.6	3.2	3.7	4.3	5.0	6.0
	F		2.1	2.5	2.8	3.2	3.6	3.6
	R		—	2.7	3.2	3.6	4.3	5.0
内六角花形	槽号 No.		10	15	20	25	25	30
	A(参考)		2.80	3.35	3.95	4.50	4.50	5.60
	t(最大)	GB/T 2670.1	1.27	1.40	1.80	2.03	2.03	2.42
		GB/T 2670.2	0.91	1.30	1.58	1.78	2.03	2.42
		GB/T 2670.3	1.27	1.40	1.80	2.03	2.03	2.42
商品规格长度 l	GB/T 2670.1		6.5~19	9.5~25	9.5~32	9.5~38	13~38	13~38
	GB/T 2670.2(2670.3)		6.5~19	9.5~25	9.5~32	9.5~32	13~38	13~38
l系列			6.5,9.5,13,16,19,22,25,32,38,45,50					
技术条件	材料		钢			产品等级		
	表面处理		不经处理、电镀、非电解锌涂层			A		

⑤ 开槽自攻螺钉：包括开槽盘头自攻螺钉（GB/T 5282—2017）、开槽沉头自攻螺钉（GB/T 5283—2017）、开槽半沉头自攻螺钉（GB/T 5284—2017）三种。

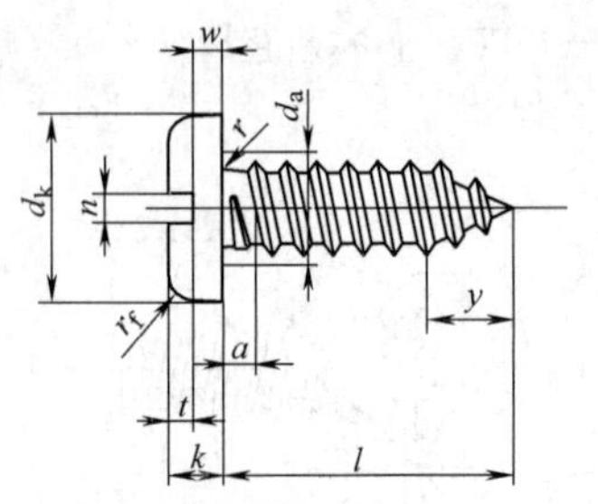

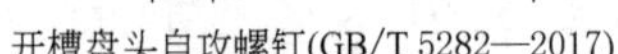
开槽盘头自攻螺钉(GB/T 5282—2017)

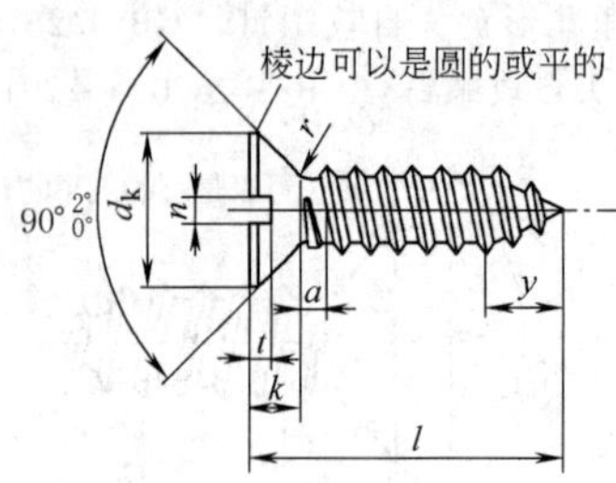

开槽沉头自攻螺钉(GB/T 5283—2017)

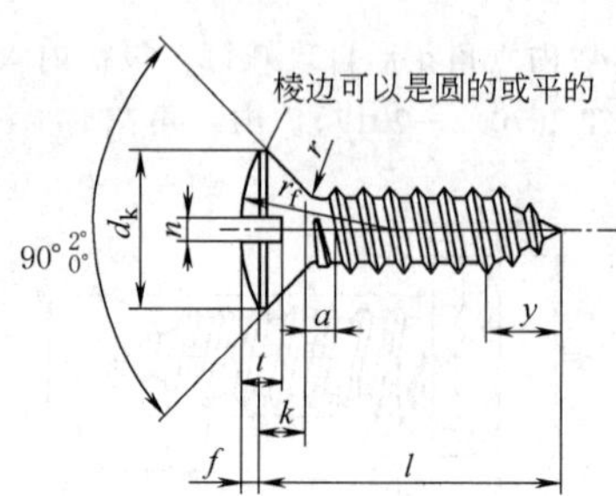

开槽半沉头自攻螺钉(GB/T 5284—2017)

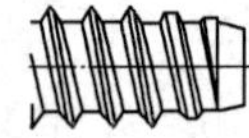

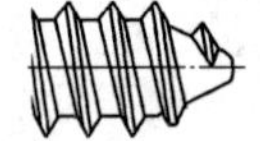

a是从第一扣完整螺纹的小径处开始测量

表 5-1-176　　开槽自攻螺钉　　mm

螺纹规格		ST2.2	ST2.9	ST3.5	ST4.2	ST4.8	ST5.5	ST6.3	ST8	ST9.5
螺距 P		0.8	1.1	1.3	1.4	1.6	1.8	1.8	2.1	2.1
a(最大)		0.8	1.1	1.3	1.4	1.6	1.8	1.8	2.1	2.1
d_k(最大)	GB/T 5282	4.0	5.6	7.0	8.0	9.5	11.0	12.0	16.0	20.0
	GB/T 5283(5284)	4.4	6.3	8.2	9.4	10.4	11.5	12.6	17.3	20.0
k(最大)	GB/T 5282	1.3	1.8	2.1	2.4	3.0	3.2	3.6	4.8	6.0
	GB/T 5283(5284)	1.10	1.70	2.35	2.60	2.80	3.00	3.15	4.65	5.25
d_a(最大)	GB/T 5282	2.8	3.5	4.1	4.9	5.6	6.3	7.3	9.2	10.7
r(最小)	GB/T 5282	0.1	0.1	0.1	0.2	0.2	0.25	0.25	0.4	0.4
r(最大)	GB/T 5283(5284)	0.8	1.2	1.4	1.6	2.0	2.2	2.4	3.2	4.0
r_f≈	GB/T 5282	0.6	0.8	1.0	1.2	1.5	1.6	1.8	2.4	3.0
	GB/T 5284	4.0	6.0	8.5	9.5	9.5	11.0	12.0	16.5	19.5
f≈	GB/T 5284	0.5	0.7	0.8	1.0	1.2	1.3	1.4	2.0	2.3
y(参考)	C 型	2.0	2.6	3.2	3.7	4.3	5.0	6.0	7.5	8.0
	F 型	1.6	2.1	2.5	2.8	3.2	3.6	3.6	4.2	4.2
	R 型	—	—	2.7	3.2	3.6	4.3	5.0	6.3	—
n(公称)	GB/T 5282	0.5	0.8	1.0	1.2	1.2	1.6	1.6	2.0	2.5
t(最小)	GB/T 5282	0.5	0.7	0.8	1.0	1.2	1.3	1.4	1.9	2.4
	GB/T 5283	0.4	0.6	0.9	1.0	1.1	1.1	1.2	1.8	2.0
	GB/T 5284	0.8	1.2	1.4	1.6	2.0	2.2	2.4	3.2	3.8
w(最小)	GB/T 5282	0.5	0.7	0.8	0.9	1.2	1.3	1.4	1.9	2.4
商品规格长度 l	GB/T 5282	4.5~16	6.5~19	6.5~22	9.5~25	9.5~32	13~32	13~38	16~50	16~50
	GB/T 5283(5284)	4.5~16	6.5~19	9.5~22	9.5~25	9.5~32	13~32	13~38	16~50	19~50
	l 系列	4.5,6.5,9.5,13,16,19,22,25,32,38,45,50								

技术条件					
技术条件	材料	钢	不锈钢	螺纹公差	产品等级
	力学性能	—	A2-20H、A4-20H、A5-20H	—	A
	表面处理	不经处理、电镀、非电解锌涂层	简单处理、钝化处理		

⑥ 六角头自攻螺钉（GB/T 5285—2017）。

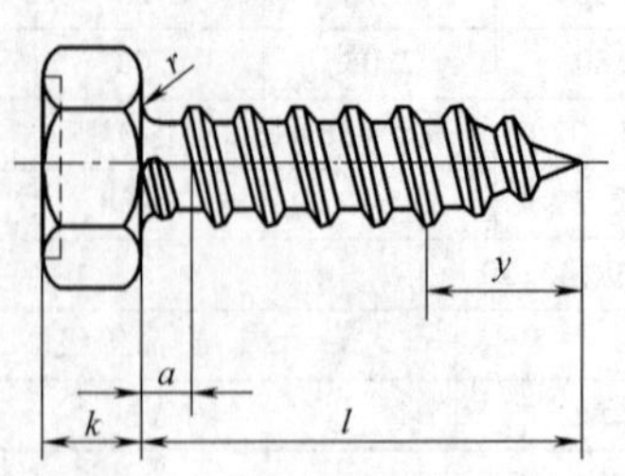

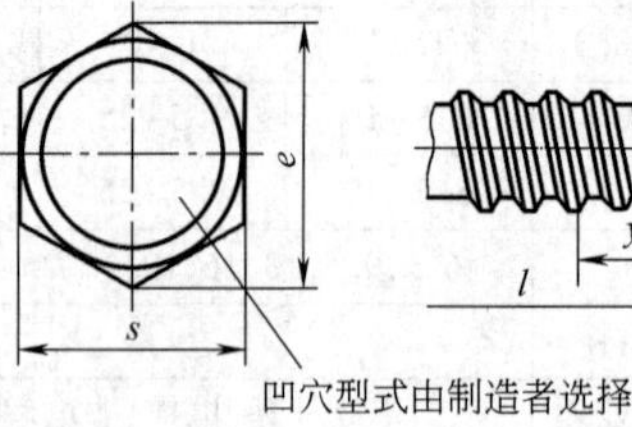

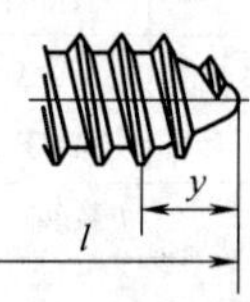

标记示例

螺纹规格 ST 3.5、公称长度 l=16mm、表面镀锌钝化的 C 型六角头自攻螺钉，

标记为：自攻螺钉　GB/T 5285　ST3.5×16-C

表 5-1-177　　六角头自攻螺钉　　mm

螺纹规格		ST2.2	ST2.9	ST3.5	ST4.2	ST4.8	ST5.5	ST6.3	ST8	ST9.5
螺距 P		0.8	1.1	1.3	1.4	1.6	1.8	1.8	2.1	2.1
a(最大)		0.8	1.1	1.3	1.4	1.6	1.8	1.8	2.1	2.1
s(最大)		3.2	5.0	5.5	7.0	8.0	8.0	10.0	13.0	16.0
e(最小)		3.38	5.40	5.96	7.59	8.71	8.71	10.95	14.26	17.62
k(最大)		1.6	2.3	2.6	3	3.8	4.1	4.7	6	7.5
r(最小)		0.1	0.1	0.1	0.2	0.2	0.25	0.25	0.4	0.4
y(参考)	C 型	2.0	2.6	3.2	3.7	4.3	5.0	6.0	7.5	8.0
	F 型	1.6	2.1	2.5	2.8	3.2	3.6	3.6	4.2	4.2
	R 型	—	—	2.7	3.2	3.6	4.3	5.0	6.3	—
通用规格长度 l		4.5~16	6.5~19	6.5~22	9.5~25	9.5~32	13~32	13~38	13~50	16~50
l 系列		4.5,6.5,9.5,13,16,19,22,25,32,38,45,50								
技术条件	材料	钢			不锈钢			螺纹公差	产品等级	
	力学性能	—			A2-20H、A4-20H、A5-20H			—	A	
	表面处理	不经处理、电镀、非电解锌涂层			简单处理、钝化处理					

⑦ 精密机械用紧固件 十字槽自攻螺钉 刮削端（GB/T 13806.2—1992）。

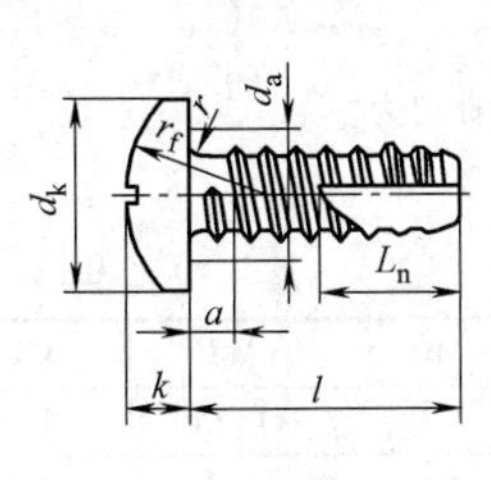

A型

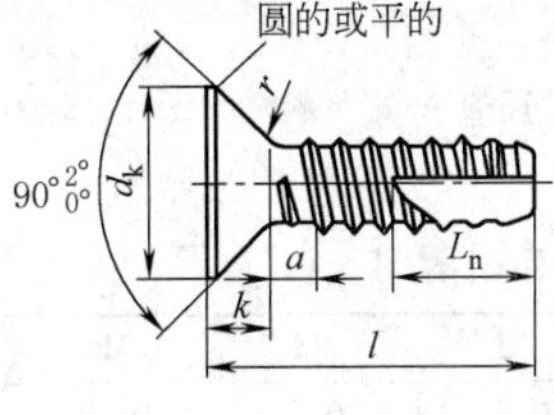

B型

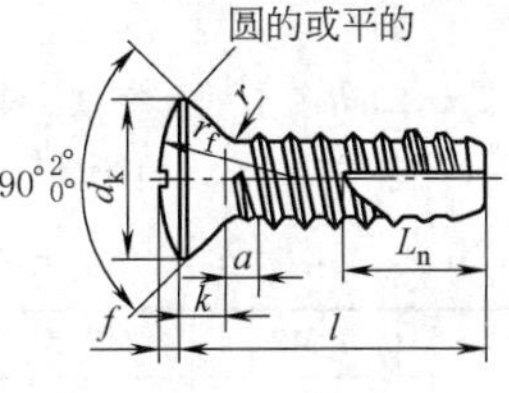

C型

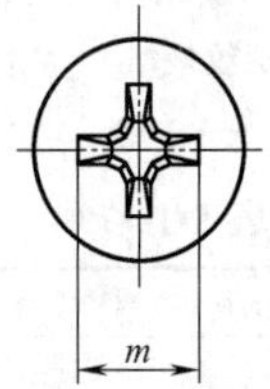

表 5-1-178　　十字槽自攻螺钉 刮削端 B 型　　mm

螺纹规格		ST1.5	(ST1.9)	ST2.2	(ST2.6)	ST2.9	ST3.5	ST4.2①
螺距 P		0.5	0.6	0.8	0.9	1.1	1.3	1.4
a(最大)		0.5	0.6	0.8	0.9	1.1	1.3	1.4
d_k(最大)	A 型	2.8	3.5	4.0	4.3	5.6	7.0	8.0
	B 型	2.8	3.5	3.8	4.5	5.5	7.3	8.4
	C 型	2.8	3.5	3.8	4.8	5.5	7.3	—
k(最大)	A 型	0.9	1.1	1.6	2.0	2.4	2.6	3.1
	B 型、C 型	0.8	0.9	1.10	1.4	1.70	2.35	2.60
r(最小)	A 型	0.05	0.05	0.1	0.1	0.1	0.1	0.2
	B 型	0.5	0.5	0.8	1.0	1.2	1.4	1.6
	C 型	0.5	0.6	0.8	1.0	1.2	1.4	—
r_f≈	A 型	2.0	2.6	3.2	4.0	5.0	6.0	6.5
	C 型	3.2	4.0	4.0	4.8	6.0	8.5	—
f≈	C 型	0.3	0.4	0.5	0.6	0.7	0.8	—
L_n(最大)		0.7	0.9	1.6	1.6	2.1	2.5	2.8
m(参考)	A 型	1.5	1.7	1.9	2.7	3.0	3.9	4.4
	B 型	1.6	1.7	1.9	2.8	3.2	4.4	4.6
	C 型	1.8	1.9	2.2	3.0	3.4	4.8	—
商品规格长度 l		4~8	4~8	4.5~10	4.5~16	4.5~20	7~25	7~25
l 系列		4,4.5,5,5.5,6,7,8,9.5,10,13,16,20,22,25						
技术条件		表面处理:镀锌钝化				产品等级 :A		

① C 型没有 ST4.2 规格。

注：括号内的规格尽量不用。

(14) 自挤螺钉

在 2014 年前这种螺钉的国标名称是自攻锁紧螺钉，现行国标的名称为自挤螺钉。自挤螺钉属于自攻螺钉的一种，它比普通自攻螺钉拧入力矩小，防松性能优异，底孔不需要攻螺纹，是未来螺纹连接的发展方向。

① 十字槽自挤螺钉：包括盘头型（GB/T 6560—2014）、沉头型（GB/T 6561—2014）和半沉头型（GB/T 6562—2014）三种。

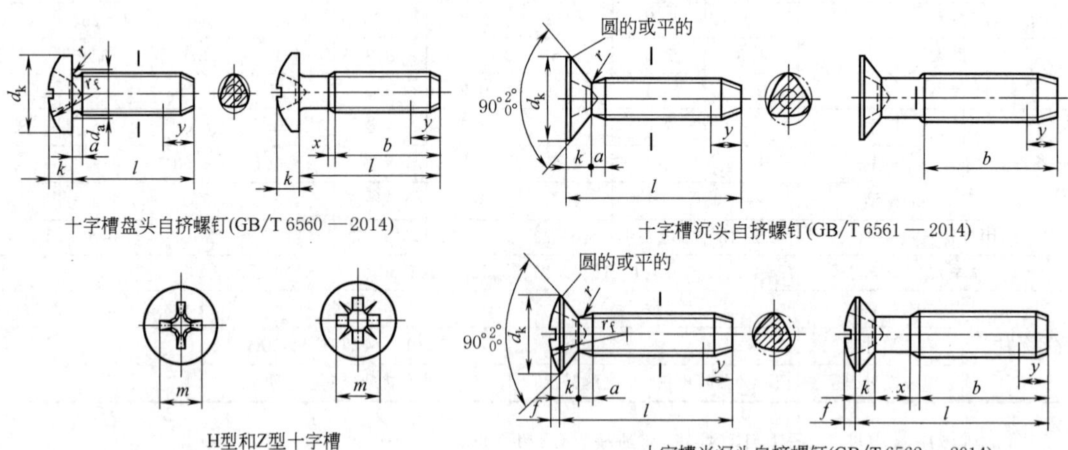

十字槽盘头自挤螺钉(GB/T 6560—2014)

十字槽沉头自挤螺钉(GB/T 6561—2014)

H型和Z型十字槽

十字槽半沉头自挤螺钉(GB/T 6562—2014)

标记示例

螺纹规格 d=M5、公称长度 l=20mm、H 型十字槽、表面镀锌的 A 级十字槽沉头自挤螺钉，标记为：

自挤螺钉 GB/T 6561 M5×20

表 5-1-179　十字槽自挤螺钉　mm

螺纹规格			M2	M2.5	M3	M4	M5	M6	M8	M10
螺距 P			0.4	0.45	0.5	0.7	0.8	1.0	1.25	1.5
螺纹末端长度 y			1.6	1.8	2.0	2.8	3.2	4.0	5.0	6.0
a(最大)			0.8	0.9	1.0	1.4	1.6	2.0	2.5	3
b(最小)			25	25	25	38	38	38	38	38
d_k(最大)	GB/T 6560		4.0	5.0	5.6	8.0	9.5	12.0	16.0	20.0
	GB/T 6561(6562)		4.4	5.5	6.3	9.4	10.4	12.6	17.3	20.0
k(最大)	GB/T 6560		1.6	2.1	2.4	3.1	3.7	4.6	6.0	7.5
	GB/T 6561(6562)		1.20	1.50	1.65	2.70	2.70	3.30	4.65	5.00
d_a(最大)	GB/T 6560		2.6	3.1	3.6	4.7	5.7	6.8	9.2	11.2
r(最小)	GB/T 6560		0.10	0.10	0.10	0.20	0.20	0.25	0.40	0.40
r(最大)	GB/T 6561(6562)		0.5	0.6	0.8	1.0	1.3	1.5	2.0	2.5
r_f≈	GB/T 6560		3.2	4.0	5.0	6.5	8.0	10.0	13.0	16.0
	GB/T 6562		4.0	5.0	6.0	9.5	9.5	12.0	16.5	19.5
f≈	GB/T 6562		0.5	0.6	0.7	1.0	1.2	1.4	2.0	2.3
x≈	GB/T 6560(6562)		1.0	1.1	1.25	1.75	2.0	2.5	3.2	3.8
m(参考)	H 型	GB/T 6560	1.9	2.7	3.0	4.4	4.9	6.9	9.0	10.1
		GB/T 6561	1.9	2.7	2.9	4.6	4.8	6.6	8.7	9.6
		GB/T 6562	2.0	3.0	3.4	5.2	5.4	7.3	9.5	10.4
	Z 型	GB/T 6560	2.1	2.6	2.8	4.3	4.7	6.7	8.8	9.9
		GB/T 6561	1.9	2.5	2.8	4.4	4.6	6.3	8.5	9.4
		GB/T 6562	2.2	2.8	3.1	5.0	5.3	7.1	9.5	10.3
商品规格长度 l	GB/T 6560		3~16	4~20	4~25	6~30	8~40	8~50	10~60	16~80
	GB/T 6561(6562)		4~16	5~20	6~25	8~30	10~40	10~50	12~60	20~80
l 系列			3,4,5,6,8,10,12,(14),16,20,25,30,35,40,45,50,(55),60,70,80							
技术条件			表面处理:电镀、非电解锌涂层				产品等级:A			

注：括号内的规格尽量不用。

② 六角头自挤螺钉（GB/T 6563—2014）。

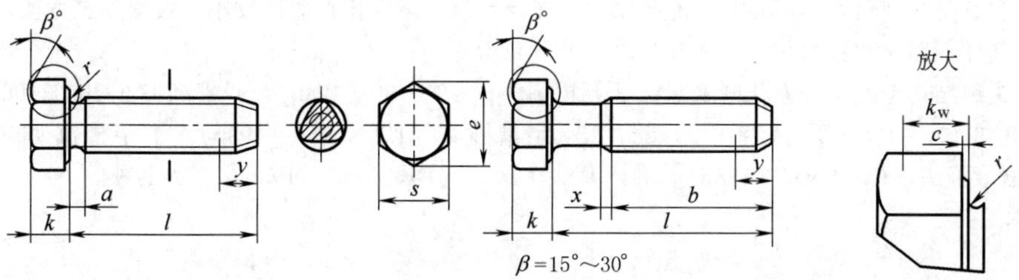

表 5-1-180 六角头自挤螺钉 mm

螺纹规格	M2	M2.5	M3	M4	M5	M6	M8	M10	M12
螺距 P	0.4	0.45	0.5	0.7	0.8	1.0	1.25	1.5	1.75
螺纹末端长度 y	1.6	1.8	2.0	2.8	3.2	4.0	5.0	6.0	7.0
a(最大)	1.2	1.35	1.5	2.1	2.4	3.0	4.0	4.5	5.3
b(最小)	25	25	25	38	38	38	38	38	38
k(公称)	1.4	1.7	2.0	2.8	3.5	4.0	5.3	6.4	7.5
r(最小)	0.10	0.10	0.10	0.20	0.20	0.25	0.40	0.40	0.60
k_w(最小)	0.89	1.10	1.31	1.87	2.35	2.70	3.61	4.35	5.12
c(最大)	0.25	0.25	0.40	0.40	0.50	0.50	0.60	0.60	0.60
x(最大)	1.0	1.1	1.25	1.75	2.0	2.5	3.2	3.8	4.4
s(最大)	4.0	5.0	5.5	7.0	8.0	10.0	13.0	16.0	18.0
e(最小)	4.32	5.45	6.01	7.66	8.79	11.05	14.38	17.77	20.03
商品规格长度 l	3～16	4～20	4～25	6～30	8～40	8～50	10～60	12～80	14～80
l 系列	3,4,5,6,8,10,12,(14),16,20,25,30,35,40,45,50,(55),60,70,80								
技术条件	表面处理:电镀、非电解锌涂层					产品等级:A			

注：1. 括号内的规格尽量不用。

2. 螺钉头部尺寸和六角头螺栓　全螺纹（GB/T 5783—2016）相同，本表中未列数据，请查 GB/T 5783—2016。

③ 内六角花形圆柱头自挤螺钉（GB/T 6564.1—2014）。

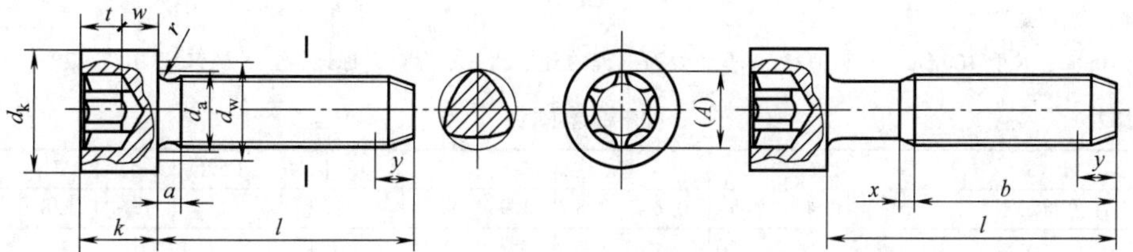

表 5-1-181 内六角花形圆柱头自挤螺钉 mm

螺纹规格		M2	M2.5	M3	M4	M5	M6	M8	M10	M12
螺距 P		0.4	0.45	0.5	0.7	0.8	1.0	1.25	1.5	1.75
螺纹末端长度 y		1.6	1.8	2.0	2.8	3.2	4.0	5.0	6.0	7.0
a(最大)		0.8	0.9	1.0	1.4	1.6	2.0	2.5	3	3.5
b(最小)		25	25	25	38	38	38	38	38	38
d_k(最大)		3.8	4.5	5.5	7.0	8.5	10.0	13.0	16.0	18.0
k(最大)		2.0	2.5	3.0	4.0	5.0	6.0	8.0	10.0	12.0
d_a(最大)		2.6	3.1	3.6	4.7	5.7	6.8	9.2	11.2	13.7
r(最小)		0.10	0.10	0.10	0.20	0.20	0.25	0.40	0.40	0.60
d_w(最小)		3.48	4.18	5.07	6.53	8.03	9.38	12.33	15.33	17.23
x(最大)		1.0	1.1	1.25	1.75	2.0	2.5	3.2	3.8	4.4
w(最小)		0.55	0.85	1.15	1.40	1.90	2.30	3.30	4.00	4.80
内六角花型	槽号 No.	6	8	10	20	25	30	45	50	55
	A(参考)	1.75	2.40	2.80	3.95	4.50	5.60	7.95	8.95	11.35
	t(最大)	0.84	1.04	1.27	1.80	2.03	2.42	3.31	4.02	5.21
商品规格长度 l		3～16	4～20	4～25	6～30	8～40	8～50	10～60	12～80	16～80
l 系列		3,4,5,6,8,10,12,(14),16,20,25,30,35,40,45,50,(55),60,70,80								
技术条件		表面处理:电镀、非电解锌涂层					产品等级:A			

注：括号内的规格尽量不用。

(15) 木螺钉

木螺钉用螺纹是牙型角60°~90°的三角形牙型，其牙顶削平高度比普通螺纹小，根据加工方法不同，其末端有三种型式。其牙型和尺寸数据在本章表5-1-12中有详细介绍。

按木螺钉头部结构型式可分为开槽木螺钉［开槽圆头（GB/T 99—1986）、开槽沉头（GB/T 100—1986）、开槽半沉头（GB/T 101—1986）］、十字槽木螺钉［十字槽圆头（GB/T 950—1986）、十字槽沉头（GB/T 951—1986）、十字槽半沉头（GB/T 952—1986）］和六角头木螺钉（GB/T 102—1986）三类七种。

① 开槽木螺钉。

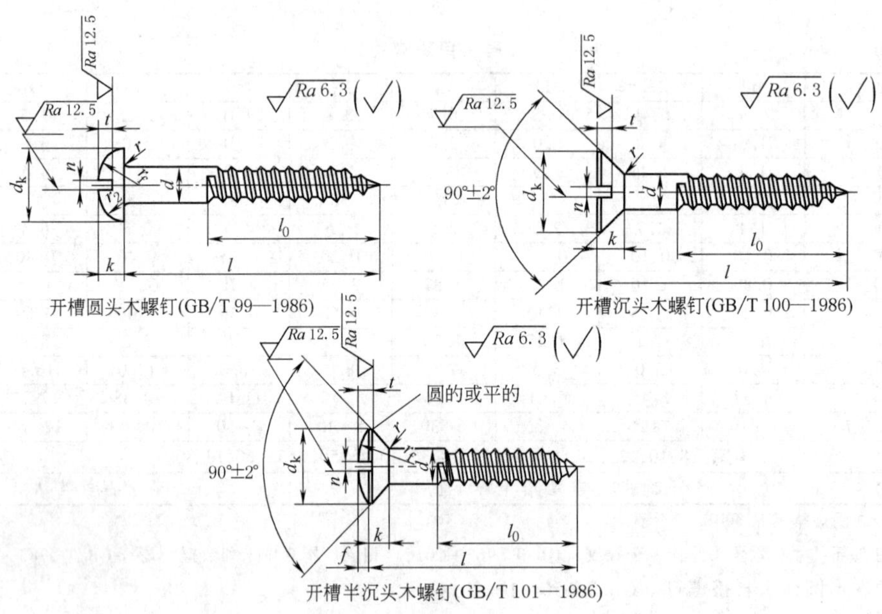

开槽圆头木螺钉(GB/T 99—1986)　开槽沉头木螺钉(GB/T 100—1986)　开槽半沉头木螺钉(GB/T 101—1986)

标记示例

公称直径10mm、长度100mm、材料Q235、不经表面处理的开槽圆头木螺钉，标记为：木螺钉　GB/T 99　10×100

表 5-1-182　　开槽木螺钉　　mm

d		1.6	2	2.5	3	3.5	4	(4.5)	5	(5.5)	6	7	8	10
n(公称)		0.4	0.5	0.6	0.8	0.9	1.0	1.2		1.4	1.6	1.8	2.0	2.5
r≈		0.2				0.4						0.5		
d_k(最大)	GB/T 99	3.2	3.9	4.6	5.8	6.8	7.7	8.6	9.5	10.5	11.1	13.4	15.2	18.9
	GB/T 100(101)	3.2	4	5	6	7	8	9	10	11	12	14	16	20
k(最大)	GB/T 99	1.4	1.6	2	2.4	2.7	3	3.3	3.5	4	4.3	4.9	5.5	6.8
	GB/T 100(101)	1	1.2	1.4	1.7	2	2.2	2.7	3	3.2	3.5	4	4.5	5.8
t(最大)	GB/T 99	1	1.1	1.3	1.5	1.7	2	2.2	2.5	2.7	2.8	3.1	3.7	4.3
	GB/T 100	0.72	0.82	0.96	1.11	1.35	1.45	1.70	1.94	2.04	2.19	2.55	2.80	3.50
	GB/T 101	0.96	1.06	1.3	1.5	1.84	1.94	2.4	2.6	2.8	2.9	3.4	3.7	4.76
r_2≈	GB/T 99	0.64	1.40	1.50	1.90	2.10	2.40	2.60	2.90	3.20	3.50	3.80	4.40	5.50
r_f≈	GB/T 99	1.6	2.3	2.6	3.4	4.0	4.8	5.2	6.0	6.5	6.8	8.2	9.7	12.7
	GB/T 101	2.8	3.6	4.3	5.5	6.1	7.3	7.9	9.1	9.7	10.9	12.5	14.5	18.2
f≈	GB/T 101	0.5	0.6	0.8	0.9	1.1	1.2	1.4	1.5	1.7	1.8	2.1	2.4	3.0
商品规格长度l	GB/T 99	6~12	6~14	6~20	8~25	8~38	12~65	14~80	16~90	20~90	20~120	38~120	38~120	65~120
	GB/T 100	6~12	6~16	6~25	8~30	8~40	12~70	16~85	18~100	25~100	25~120	40~120	40~120	70~120
	GB/T 101	6~12	6~16	6~25	8~30	8~40	12~70	16~85	18~100	30~100	30~120	40~120	40~120	70~120

续表

螺纹长度 l_0	GB/T 99	4~8	4~9	4~14	5~17	5~25	8~43	9~52	10~60	13~60	13~80	25~80	25~80	43~80
	GB/T 100	4~8	4~9	4~17	5~20	5~26	8~46	10~56	12~66	15~66	15~80	26~80	26~80	46~80
	GB/T 101	4~8	4~9	4~17	5~20	5~26	8~46	10~56	12~66	20~66	20~80	26~80	26~80	46~70
l_0 系列	4,5,6,8,9,10,12,13,14,17,20,21,23,25,26,30,33,36,40,43,46,50,52,56,60,66,80													
l 系列	6,8,10,12,14,16,18,20,(22),25,30,(32),35,(38),40,45,50,(55),60,(65),70,(75),80,(85),90,100,120													

注：括号内的规格尽量不用。

② 十字槽木螺钉。

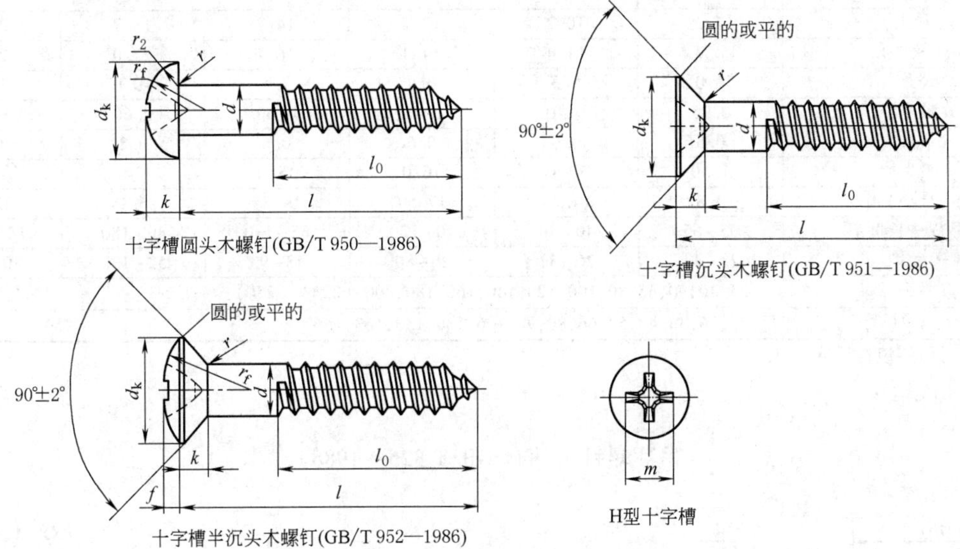

十字槽圆头木螺钉(GB/T 950—1986)

十字槽沉头木螺钉(GB/T 951—1986)

十字槽半沉头木螺钉(GB/T 952—1986)

H型十字槽

标记示例

公称直径 10mm、长度 100mm、材料 A3、不经表面处理的十字槽圆头木螺钉，标记为：木螺钉 GB/T 950 10×100

表 5-1-183 十字槽木螺钉 mm

d			2	2.5	3	3.5	4	(4.5)	5	(5.5)	6	(7)	8	10
r≈			0.2		0.4							0.5		
d_k(最大)		GB/T 950	3.9	4.6	5.8	6.8	7.7	8.6	9.5	10.5	11.1	13.4	15.2	18.9
		GB/T 951(952)	4	5	6	7	8	9	10	11	12	14	16	20
k(最大)		GB/T 950	1.6	2	2.4	2.7	3	3.3	3.5	4	4.3	4.9	5.5	6.8
		GB/T 951(952)	1.2	1.4	1.7	2	2.2	2.7	3	3.2	3.5	4	4.5	5.8
r_2≈		GB/T 950	1.40	1.50	1.90	2.10	2.40	2.60	2.90	3.20	3.50	3.80	4.40	5.50
r_f≈		GB/T 950	2.3	2.6	3.4	4.0	4.8	5.2	6.0	6.5	6.8	8.2	9.7	12.1
		GB/T 952	3.6	4.3	5.5	6.1	7.3	7.9	9.1	9.7	10.9	12.5	14.5	16.2
f≈		GB/T 952	0.6	0.8	0.9	1.1	1.2	1.4	1.5	1.7	1.8	2.1	2.4	3.0
十字槽	m(参考)	GB/T 950	2.5	2.7	3.7	3.9	4.3	4.5	4.7	6.1	6.6	6.9	8.7	9.7
		GB/T 951	2.5	2.7	3.8	4.2	4.8	5.2	5.4	6.7	7.3	7.8	9.3	10.3
		GB/T 952	2.7	2.9	3.9	4	4.9	5.3	5.5	6.8	7.4	7.9	9.5	10.5
商品规格长度 l			6~16	6~25	8~30	8~40	12~70	16~85	18~100	25~100	25~120	40~120	40~120	70~120
螺纹长度 l_0			4~10	4~17	5~20	5~26	8~46	10~56	12~60	17~60	17~80	26~80	26~80	46~80
l_0 系列			4,5,6,8,9,10,12,13,14,17,20,21,23,25,26,30,33,36,40,43,46,50,52,56,60,66,80											
l 系列			6,8,10,12,14,16,18,20,(22),25,30,(32),35,(38),40,45,50,(55),60,(65),70,(75),80,(85),90,100,120											

注：括号内的规格尽量不用。

③ 六角头木螺钉。

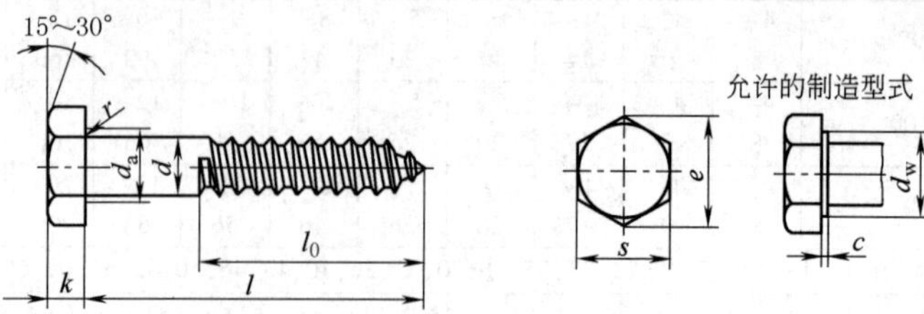

标记示例

公称直径 10mm、长度 100mm、材料 A3、不经表面处理的六角头木螺钉，标记为：木螺钉　GB/T 102　10×100

表 5-1-184　　　　六角头木螺钉　　　　mm

螺钉规格 d	6	8	10	12	16	20
d_a(最大)	7.2	10.2	12.2	14.7	18.7	24.4
d_w(最小)	8.7	11.4	14.4	16.4	22.0	27.7
k(公称)	4.0	5.3	6.4	7.5	10.0	12.5
r(最小)	0.25	0.40	0.40	0.60	0.60	0.80
c(最大)	0.5	0.6	0.6	0.6	0.8	0.8
s(最大)	10.0	13.0	16.0	18.0	24	30
e(最小)	10.89	14.20	17.59	19.85	26.17	32.95
商品规格长度 l	35~65	40~80	40~120	65~140	80~180	120~250
螺纹长度 l_0	23~43	26~52	26~80	43~93	52~130	80~166
l 系列	35,40,50,65,80,100,120,140,160,180,200,(225),(250)					
l_0 系列	23,26,33,43,52,66,80,93,106,130,133,163,166					

注：括号内的规格尽量不用。

（16）吊环螺钉

吊环螺钉（摘自 GB/T 825—1988）

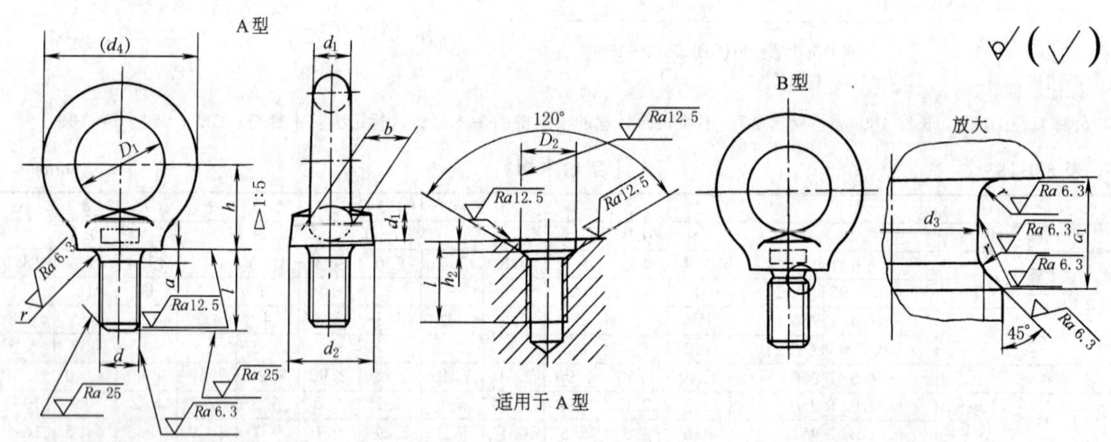

标记示例

规格 20mm、材料 20 钢、经正火处理、不经表面处理的 A 型吊环螺钉，标记为：螺钉　GB/T 825　M20

表 5-1-185　　　　吊环螺钉　　　　mm

规格 d	M8	M10	M12	M16	M20	M24	M30	M36	M42	M48	M56	M64	M72×6	M80×6	M100×6
d_1(最大)	9.1	11.1	13.1	15.2	17.4	21.4	25.7	30	34.4	40.7	44.7	51.4	63.8	71.8	79.2
D_1(公称)	20	24	28	34	40	48	56	67	80	95	112	125	140	160	200
d_2(最大)	21.1	25.1	29.1	35.2	41.4	49.4	57.7	69	82.4	97.7	114.7	128.4	143.8	163.8	204.2
l(公称)	16	20	22	28	35	40	45	55	65	70	80	90	100	115	140
d_4(参考)	36	44	52	62	72	88	104	123	144	171	196	221	260	296	350
h	18	22	26	31	36	44	53	63	74	87	100	115	130	150	175

续表

r(最小)	1	1	1	1	1	2	2	3	3	3	4	4	4	4	5
a_1(最大)	3.75	4.5	5.25	6	7.5	9	10.5	12	13.5	15	16.5	18	18	18	18
d_3(公称)	6	7.7	9.4	13	16.4	19.6	25	30.8	35.6	41	48.3	55.7	63.7	71.7	91.7
a(最大)	2.5	3	3.5	4	5	6	7	8	9	10	11	12	12	12	12
b	10	12	14	16	19	24	28	32	38	46	50	58	72	80	88
D_2(公称)	13	15	17	22	28	32	38	45	52	60	68	75	85	95	115
h_2(公称)	2.5	3	3.5	4.5	5	7	8	9.5	10.5	11.5	12.5	13.5	14	14	14
千件质量/kg≈	40.5	77.9	131.7	233.7	385.2	705.3	1205	1998	3070	4947	7155	10382	17758	25892	40273
轴向保证载荷/kN	3.2	5	8	12.5	20	32	50	80	125	160	200	320	400	500	800
最大起重量(平稳起吊)/t 单螺钉起吊(最大)	0.16	0.25	0.4	0.63	1	1.6	2.5	4	6.3	8	10	16	20	25	40
最大起重量(平稳起吊)/t 双螺钉起吊(最小) 45°(max)	0.08	0.125	0.2	0.32	0.5	0.8	1.25	2	3.2	4	5	8	10	12.5	20
技术条件	材料:20钢或25钢				螺纹公差:8g		热处理:整体铸造,正火处理				表面处理:不处理;镀锌钝化;镀铬,按GB/T 5267.1规定				

注：M8~M36为商品规格，吊环螺钉应进行硬度试验，其硬度值为67~95HRB。

(17) 自钻自攻螺钉

① 十字槽自钻自攻螺钉：包括盘头型（GB/T 15856.1—2002）、沉头型（GB/T 15856.2—2002）和半沉头型（GB/T 15856.3—2002）三种。

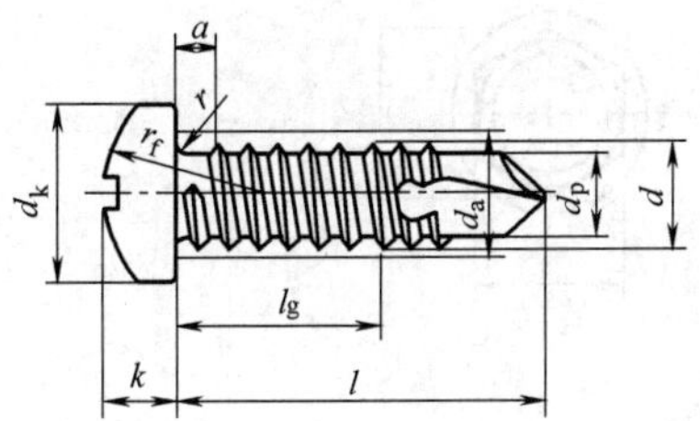

十字槽盘头自钻自攻螺钉(GB/T 15856.1—2002)

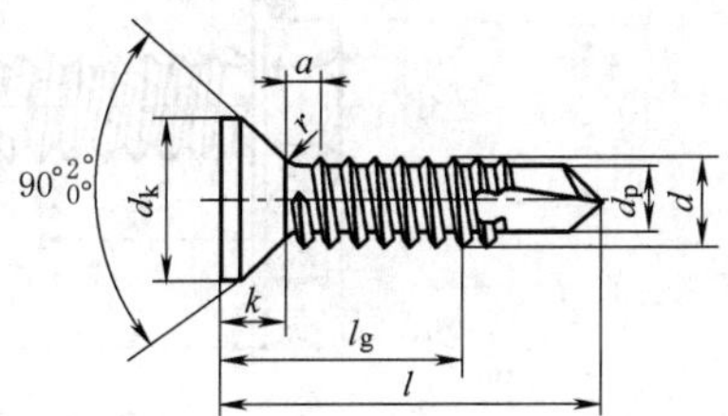

十字槽沉头自钻自攻螺钉(GB/T 15856.2—2002)

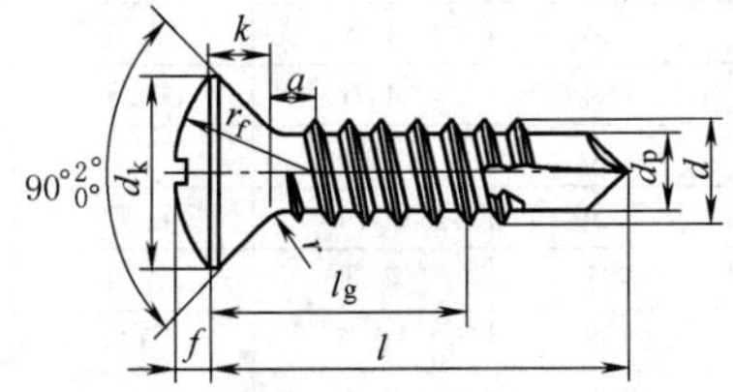

十字槽半沉头自钻自攻螺钉(GB/T 15856.3—2002)

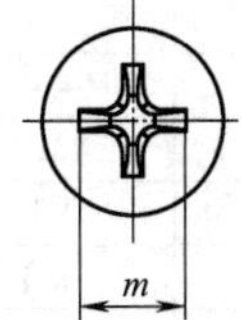

H型十字槽

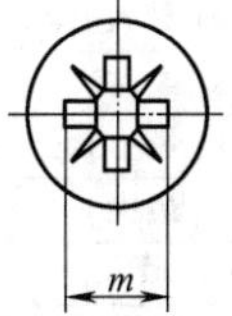

Z型十字槽

表 5-1-186　十字槽（圆头、沉头、半沉头）自钻自攻螺钉　mm

螺纹规格		ST2.9	ST3.5	ST4.2	ST4.8	ST5.5	ST6.3
螺距 P		1.1	1.3	1.4	1.6	1.8	1.8
a(最大)		1.1	1.3	1.4	1.6	1.8	1.8
d_k(最大)	GB/T 15856.1	5.6	7.0	8.0	9.5	11.0	12.0
	GB/T 15856.2(15856.3)	6.3	8.2	9.4	10.4	11.5	12.6

续表

k(最大)	GB/T 15856.1	2.4	2.6	3.1	3.7	4.0	4.6
	GB/T 15856.2(15856.3)	1.70	2.35	2.60	2.80	3.00	3.15
d_a(最大)	GB/T 15856.1	3.5	4.1	4.9	5.6	6.3	7.3
r(最小)	GB/T 15856.1	0.1	0.1	0.2	0.2	0.25	0.25
r(最大)	GB/T 15856.2(15856.3)	1.2	1.4	1.6	2.0	2.2	2.4
r_f≈	GB/T 15856.1	5.0	6.0	6.5	8.0	9.0	10.0
	GB/T 15856.3	6.0	8.5	9.5	9.5	11.0	12.0
f≈	GB/T 15856.3	0.7	0.8	1.0	1.2	1.3	1.4
m(H型)	GB/T 15856.1	3.0	3.9	4.4	4.9	6.4	6.9
	GB/T 15856.2	3.2	4.4	4.6	5.2	6.6	6.8
	GB/T 15856.3	3.4	4.8	5.2	5.4	6.7	7.3
m(Z型)	GB/T 15856.1	3.0	4.0	4.4	4.8	6.2	6.8
	GB/T 15856.2	3.2	4.3	4.6	5.1	6.5	6.8
	GB/T 15856.3	3.3	4.8	5.2	5.6	6.6	7.2
适用板厚		0.7~1.9	0.7~2.25	1.75~3.0	1.75~4.4	1.75~5.25	2~6
商品规格长度 l	GB/T 15856.1	9.5~19	9.5~25	13~38	13~50	16~50	19~50
	GB/T 15856.2(15856.3)	13~19	13~25	13~38	13~50	16~50	19~38
l系列		9.5,13,16,19,22,25,32,38,45,50					
技术条件		材料:钢	表面处理:不经处理、电镀			产品等级:A	

② 六角法兰面自钻自攻螺钉。

六角法兰面自钻自攻螺钉（摘自 GB/T 15856.4—2002）

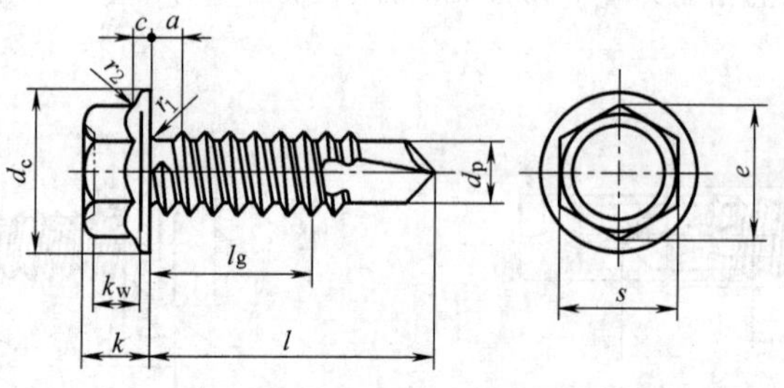

表 5-1-187 六角法兰面自钻自攻螺钉 mm

螺纹规格	ST2.9	ST3.5	ST4.2	ST4.8	ST5.5	ST6.3
螺距 P	1.1	1.3	1.4	1.6	1.8	1.8
a(最大)	1.1	1.3	1.4	1.6	1.8	1.8
s(最大)	4.0	5.5	7.0	8.0	8.0	10.0
e(最小)	4.28	5.96	7.59	8.71	8.71	10.95
k(最大)	2.8	3.4	4.1	4.3	5.4	5.9
d_c(最大)	6.3	8.3	8.8	10.5	11	13.5
c(最小)	0.4	0.6	0.8	0.9	1.0	1.0
k_w(最小)	1.3	1.5	1.8	2.2	2.7	3.1
r_1(最大)	0.4	0.5	0.6	0.7	0.8	0.9
r_2(最大)	0.2	0.25	0.3	0.3	0.4	0.5
适用板厚	0.7~1.9	0.7~2.25	1.75~3.0	1.75~4.4	1.75~5.25	2~6
通用规格长度 l	9.5~19	9.5~25	13~38	13~50	16~50	19~50
l系列	4.5,6.5,9.5,13,16,19,22,25,32,38,45,50					
技术条件	材料:钢	表面处理:不经处理、电镀			产品等级:A	

③ 六角凸缘自钻自攻螺钉

六角凸缘自钻自攻螺钉（摘自 GB/T 15856.5—2023）

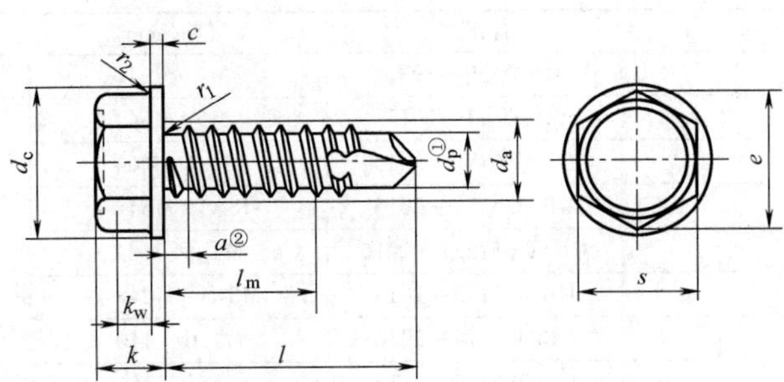

① 钻头部分（直径 d_p）的工作性能按 GB/T 3098.11 规定

② 尺寸 a 应从第一扣完整螺纹的小径处测量

标记示例

螺纹规格为 ST3.5、公称长度 l=16mm、钢制、力学性能按 GB/T 3098.11、表面不处理、产品等级 A 级的六角凸缘螺钉，标记为：自钻自攻螺钉 GB/T 15856.5 ST3.5×16

表 5-1-188 **六角凸缘自钻自攻螺钉** mm

螺纹规格			ST2.9	ST3.5	ST4.2	ST4.8	ST5.5	ST6.3
螺距 P			1.1	1.3	1.4	1.6	1.8	1.8
a(最大)			1.1	1.3	1.4	1.6	1.8	1.8
c(最小)			0.4	0.6	0.8	0.9	1.0	1.0
d_a(最大)			3.5	4.1	4.9	5.6	6.3	7.3
d_c	最大		6.3	8.3	8.8	10.5	11	13.5
	最小		5.8	7.6	8.1	9.8	10.0	12.2
e(最小)			4.28	5.96	7.59	8.71	8.71	10.95
k	最大(公称)		2.8	3.4	4.1	4.3	5.4	5.9
	最小		2.5	3.0	3.6	3.8	4.8	5.3
k_w(最小)			1.3	1.5	1.8	2.2	2.7	3.1
r_1(最小)			0.1	0.1	0.2	0.2	0.25	0.25
r_2(最大)			0.2	0.25	0.3	0.3	0.4	0.5
s	最大(公称)		4.00①	5.50	7.00	8.00	8.00	10.00
	最小		3.82	5.32	6.78	7.78	7.78	9.78
适用板厚②			0.7~1.9	0.7~2.25	1.75~3.0	1.75~4.4	1.75~5.25	2.0~6.0
l			l_m③					
公称	最小	最大	最小					
9.5	8.75	10.25	3.25	2.85				
13	12.1	13.9	6.6	6.2	4.3	3.7		
16	15.1	16.9	9.6	9.2	7.3	5.8	5.0	
19	18.0	20.0	12.5	12.1	10.3	8.7	8.0	7.0
22	21.0	23.0		15.1	13.3	11.7	11.0	10.0
25	24.0	26.0		18.1	16.3	14.7	14.0	13.0
32	30.75	33.25			23.0	21.5	21.0	20.0
38	36.75	39.25			29.0	27.5	27.0	26.0
45	43.75	46.25				34.5	34.0	33.0
50	48.75	51.25				39.5	39.0	38.0
技术条件	材料:钢		表面处理:不经处理、电镀、其他要求供需协商				产品等级:A	

① 该尺寸与 GB/T 5285 对六角头自攻螺钉规定的 s=5mm 不一致。GB/T 16824.1 对六角凸缘自攻螺钉规定的 s=4mm 已在国际范围内采用，因此也适用于本文件。

② 为确定公称长度 l，有必要考虑板厚和板材之间的间隙。

③ l_m 第一扣完整螺纹至支承面的距离。

3.7.4 螺母

表 5-1-189 螺母汇总

类别	名称	标准号	规格/mm	特性和用途
方形及六角形	方螺母 C 级	GB/T 39—1988	M3～M24	方螺母　扳手卡住不易打滑,用于粗糙、简单的结构 六角螺母　应用普遍 扁螺母　一般用于螺栓承受剪力为主,或结构、位置要求紧凑的地方 薄螺母　在防松装置中作副螺母用,起锁紧作用 厚螺母　用于常拆卸的连接 开槽螺母　用于振动、变载荷等易产生松动的地方,配以开口销防松 六角法兰面螺母　防松性能好,不需再用弹簧垫圈 带嵌件六角锁紧螺母　嵌件在拧紧时攻出螺纹,防松性能好,弹性也好 锁紧螺母　与六角螺母配合使用,防止其回松,防松效果良好 圆螺母　多为细牙螺纹,常用于直径较大的连接,这种螺母便于使用钩头扳手装拆,一般配用圆螺母止动垫圈。常与滚动轴承配套使用。小圆螺母由于外径和厚度较小,结构紧凑,适用于两件成组使用,可进行轴向微量调整 盖形螺母　用在端部螺纹需要罩盖的地方 蝶形、环形螺母　一般不用工具即可装拆,通常用于需经常拆开和受力不大的场合 滚花螺母、带槽圆螺母　多用于工装上 钢结构用高强度大六角螺母　与相应的钢结构用高强度大六角头螺栓、垫圈配套使用,用于钢结构件 六角开槽螺母　配以开口销机械防松,工作可靠,用于振动、变载荷等处
	1 型六角螺母 C 级	GB/T 41—2016	M5～M64	
	1 型六角螺母	GB/T 6170—2015	M1.6～M64	
	1 型六角螺母　细牙	GB/T 6171—2016	M8×1～M64×4	
	六角薄螺母	GB/T 6172.1—2016	M1.6～M64	
	六角薄螺母　细牙	GB/T 6173—2015	M8×1～M64×4	
	六角薄螺母　无倒角	GB/T 6174—2016	M1.6～M10	
	2 型六角螺母	GB/T 6175—2016	M5～M36	
	2 型六角螺母　细牙	GB/T 6176—2016	M8×1～M36×3	
	六角厚螺母	GB/T 56—1988	M16～M48	
	小六角特扁细牙螺母	GB/T 808—1988	M4×0.5～M24×1	
	2 型六角法兰面螺母	GB/T 6177.1—2016	M5～M20	
	2 型六角法兰面螺母　细牙	GB/T 6177.2—2016	M8×1～M20×1.5	
	1 型六角开槽螺母 A 和 B 级	GB/T 6178—1986	M4～M36	
	1 型六角开槽螺母 C 级	GB/T 6179—1986	M5～M36	
	2 型六角开槽螺母 A 和 B 级	GB/T 6180—1986	M5～M36	
	六角开槽薄螺母 A 和 B 级	GB/T 6181—1986	M5～M36	
	1 型非金属嵌件六角锁紧螺母	GB/T 889.1—2015	M3～M36	
	1 型非金属嵌件六角锁紧螺母　细牙	GB/T 889.2—2016	M8×1～M36×3	
	非金属嵌件六角锁紧薄螺母	GB/T 6172.2—2016	M3～M36	
	2 型非金属嵌件六角锁紧螺母	GB/T 6182—2016	M5～M36	
	2 型非金属嵌件六角法兰面锁紧螺母	GB/T 6183.1—2016	M5～M20	
	2 型非金属嵌件六角法兰面锁紧螺母　细牙	GB/T 6183.2—2016	M8×1～M20×1.5	
	1 型全金属六角锁紧螺母	GB/T 6184—2000	M5～M36	
	2 型全金属六角锁紧螺母	GB/T 6185.1—2016	M5～M36	
	2 型全金属六角锁紧螺母　细牙	GB/T 6185.2—2016	M8×1～M36×3	
	2 型全金属六角法兰面锁紧螺母	GB/T 6187.1—2016	M5～M20	
	2 型全金属六角法兰面锁紧螺母　细牙	GB/T 6187.2—2016	M8×1～M20×1.5	
	扣紧螺母	GB/T 805—1988	M6×1～M48×5	
	钢结构用高强度大六角螺母	GB/T 1229—2006	M12～M30	
	钢结构用扭剪型高强度螺栓连接副螺母	GB/T 3632—2008	M16～M24	
	1 型六角开槽螺母　细牙　A 和 B 级	GB/T 9457—1988	M8×1～M36×3	
	2 型六角开槽螺母　细牙　A 和 B 级	GB/T 9458—1988	M8×1～M36×3	
	六角开槽薄螺母　细牙　A 和 B 级	GB/T 9459—1988	M8×1～M36×3	
	焊接方螺母	GB/T 13680—1992	M4～M16	
	焊接六角螺母	GB/T 13681—1992	M4～M16	
	焊接六角法兰面螺母	GB/T 13681.2—2017	M5～M16	

续表

类别	名称	标准号	规格/mm	特性和用途
异形	滚花高螺母	GB/T 806—1988	M1.4～M10	六角螺母产品等级 A、B、C 分别与相对应精度的螺栓、螺钉及垫圈相配 2 型六角螺母较 1 型六角螺母约高 10%，性能等级稍高
	滚花薄螺母	GB/T 807—1988	M1.4～M10	
	小圆螺母	GB/T 810—1988	M10×1～M200×3	
	圆螺母	GB/T 812—1988	M10×1～M200×3	
	带锁紧槽圆螺母	HB 315—1987	M16～M64	
	组合式盖形螺母	GB/T 802.1—2008	M5～M24	
	六角法兰面盖形螺母 焊接型	GB/T 802.3—2009		
	六角低球面盖形螺母 焊接型	GB/T 802.4—2009		
	非金属嵌件六角锁紧盖形螺母 焊接型	GB/T 802.5—2009		
	六角盖形螺母	GB/T 923—2009	M3～M24	
	环形螺母	GB 63—1988	M12～M24	
	蝶形螺母 圆翼	GB/T 62.1—2004	M2～M24	
	蝶形螺母 方翼	GB/T 62.2—2004	M3～M20	
	蝶形螺母 冲压	GB/T 62.3—2004	M3～M10	
	蝶形螺母 压铸	GB/T 62.4—2004	M3～M10	

(1) 方螺母 C 级

方螺母 C 级（摘自 GB/T 39—1988）

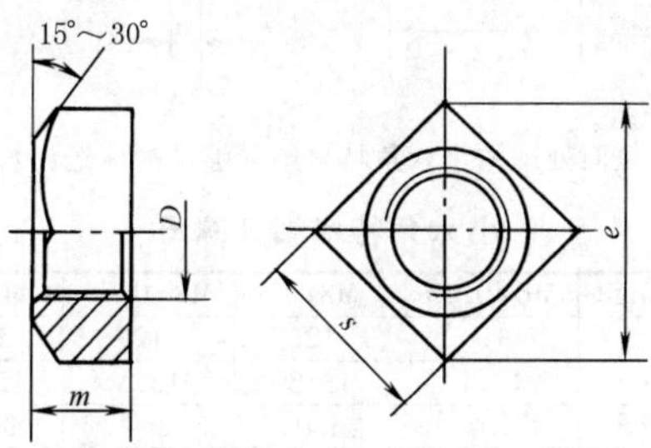

标记示例

螺纹规格 M16、性能等级 5 级、不经表面处理、C 级方螺母，标记为：螺母 GB/T 39 M16

表 5-1-190　方形螺母 C 级　mm

螺纹规格 D	M3	M4	M5	M6	M8	M10	M12	(M14)	M16	(M18)	M20	(M22)	M24
s(最大)	5.5	7	8	10	13	16	18	21	24	27	30	34	36
m(最小)	2.4	3.2	4	5	6.5	8	10	11	13	15	16	18	19
e(最小)	6.76	8.63	9.93	12.53	16.34	20.24	22.84	26.21	30.11	34.01	37.91	42.9	45.5
每 1000 个的质量/kg≈	0.22	0.49	0.85	1.92	4.2	8.31	12.97	18.12	29.29	44.26	59.38	89.57	101.9
技术条件	材料:钢		螺纹公差:7H		性能等级:4,5				产品等级:C		表面处理:不经处理；镀锌钝化		

注：括号内的规格尽量不用。

(2) 六角厚螺母

六角厚螺母（摘自 GB/T 56—1988）

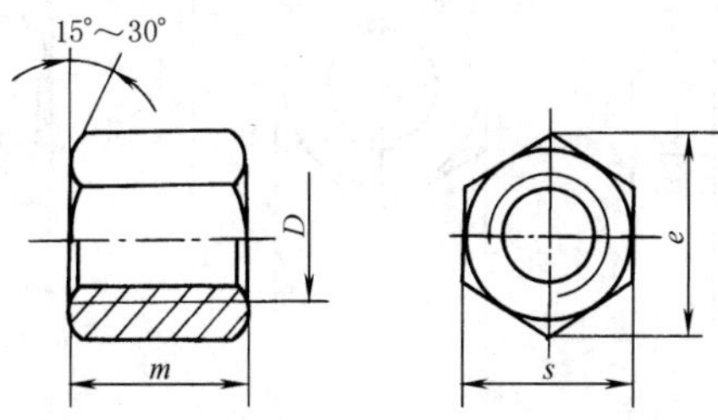

标记示例

螺纹规格 M20、性能等级 5 级、不经表面处理的六角厚螺母，标记为：螺母 GB/T 56 M20

表 5-1-191　　六角厚螺母　　mm

螺纹规格 D	M16	(M18)	M20	(M22)	M24	(M27)	M30	M36	M42	M48
s(最大)	24	27	30	34	36	41	46	55	65	75
e(最小)	26.17	29.56	32.95	37.29	39.55	45.2	50.85	60.79	72.09	82.6
m(最大)	25	28	32	35	38	42	48	55	65	75
每1000个的质量/kg≈	45.94	66.33	92.72	136.3	160	237.7	352	572.6	979.5	1495
技术条件	材料:钢	螺纹公差:6H		性能等级:5,8,10			产品等级:B	表面处理:不经处理;氧化		

注：括号内的规格尽量不用。

（3）小六角特扁细牙螺母

小六角特扁细牙螺母（摘自 GB/T 808—1988）

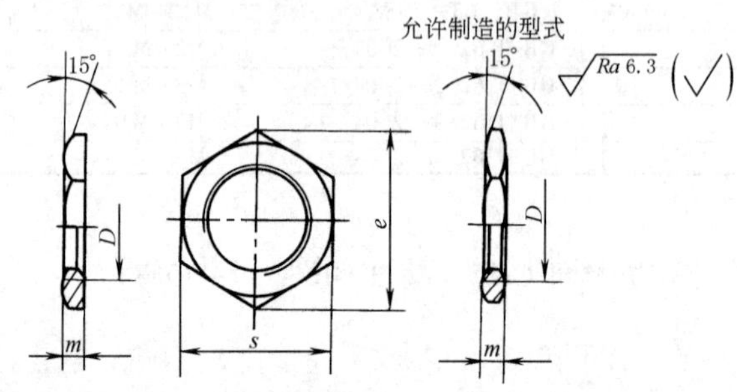

标记示例

螺纹规格 M10×1、材料为 Q235、不经表面处理的小六角特扁细牙螺母，标记为：螺母 GB/T 808 M10×1

表 5-1-192　　小六角特扁细牙螺母　　mm

螺纹规格 $D×P$	M4×0.5	M5×0.5	M6×0.75	M8×1	M8×0.75	M10×1	M10×0.75	M12×1.25	M12×1
s(最大)	7	8	10	12	12	14	14	17	17
e(最小)	7.7	8.8	11.1	13.3	13.3	15.5	15.5	18.9	18.9
m(最大)	1.7	1.7	2.4	3.0	2.4	3.0	2.4	3.7	3.0
每1000个的质量/kg≈	0.28	0.33	0.86	1.45	1.09	1.78	1.33	3.4	2.65
螺纹规格 $D×P$	M14×1	M16×1.5	M16×1	M18×1.5	M18×1	M20×1	M22×1	M24×1.5	M24×1
s(最大)	19	22	22	24	24	27	30	32	32
e(最小)	21.1	24.5	24.5	26.8	26.8	30.1	33.5	35.7	35.7
m(最大)	3.2	4.2	3.2	4.2	3.4	3.7	3.7	4.2	3.7
每1000个的质量/kg≈	3.26	6.22	4.47	6.95	5.27	7.53	9.47	12.07	10.18
技术条件	材料		螺纹公差	产品等级		表面处理			
	Q215、Q235	HPb59-1	6H	A级用于 D≤M16；B级用于 D>M16		不经处理;镀锌钝化(GB/T 5267.1)			

（4）钢结构用高强度大六角螺母

钢结构用高强度大六角螺母（摘自 GB/T 1229—2006）

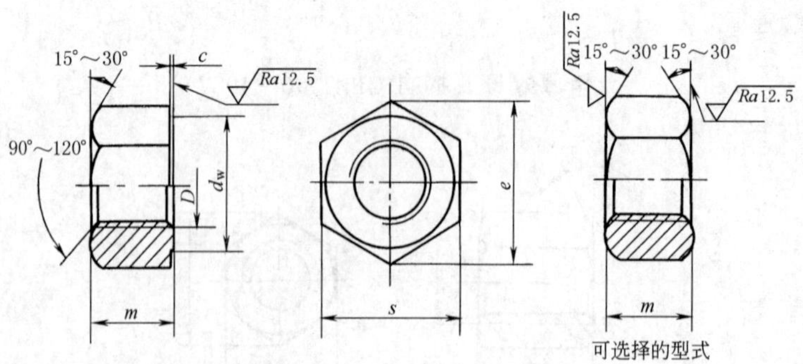

标记示例

螺纹规格 M20、性能等级 10H 级的钢结构用高强度大六角螺母，标记为：螺母 GB/T 1229 M20

螺纹规格 M20、性能等级 8H 级的钢结构用高强度大六角螺母，标记为：螺母 GB/T 1229 M20-8H

表 5-1-193 mm

螺纹规格 D		M12	M16	M20	(M22)	M24	(M27)	M30
d_w(最小)		19.2	24.9	31.4	33.3	38.0	42.8	46.6
e(最小)		22.78	29.56	37.29	39.55	45.20	50.85	55.37
m(最大)		12.3	17.1	20.7	23.6	24.2	27.6	30.7
c(最大)		0.8	0.8	0.8	0.8	0.8	0.8	0.8
s(最大)		21	27	34	36	41	46	50
每1000个的质量/kg≈		27.68	61.51	118.77	146.59	202.67	288.51	374.01
保证载荷/N	10H	87700	163000	255000	315000	367000	477000	583000
	8H	70000	130000	203000	251000	293000	381000	466000
技术条件 (GB/T 1231—2006)		性能等级	10H		8H	螺纹公差:6H	产品等级:C	
		推荐材料	45、35、15MnVB		35			

注：括号内的规格尽量不用。

(5) 钢结构用扭剪型高强度螺栓连接副螺母

钢结构用扭剪型高强度螺栓连接副螺母（摘自 GB/T 3632—2008）

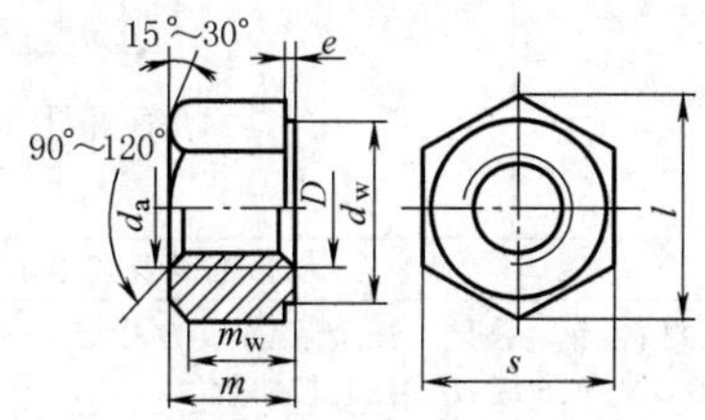

表 5-1-194 **钢结构用扭剪型高强度螺栓连接副螺母** mm

螺纹规格 D		M16	M20	(M22)	M24	(M27)	M30
P		2	2.5	2.5	3	3	3.5
d_a	最大	17.3	21.6	23.8	25.9	29.1	32.4
	最小	16	20	22	24	27	30
d_w	(最小)	24.9	31.4	33.3	38.0	42.8	46.5
l	(最小)	29.56	37.29	39.55	45.20	50.85	55.37
m	最大	17.1	20.7	23.6	24.2	27.6	30.7
	最小	16.4	19.4	22.3	22.9	25.3	29.1
m_w(最小)		11.5	13.6	15.6	16.0	18.4	20.4
e	最大	0.8	0.8	0.8	0.8	0.8	0.8
	最小	0.4	0.4	0.4	0.4	0.4	0.4
s	最大	27	34	36	41	46	50
	最小	26.16	33	35	40	45	49
支承面对螺纹轴线的全跳动公差		0.38	0.47	0.50	0.57	0.64	0.70
每1000个的质量/kg		61.51	118.77	146.59	202.67	288.51	374.01
技术条件		性能等级:10H		推荐材料:45,35,ML35			

注：括号内的规格尽量不用。

（6）常用六角螺母（不含细牙）

表 5-1-195　　常用六角螺母结构及技术条件

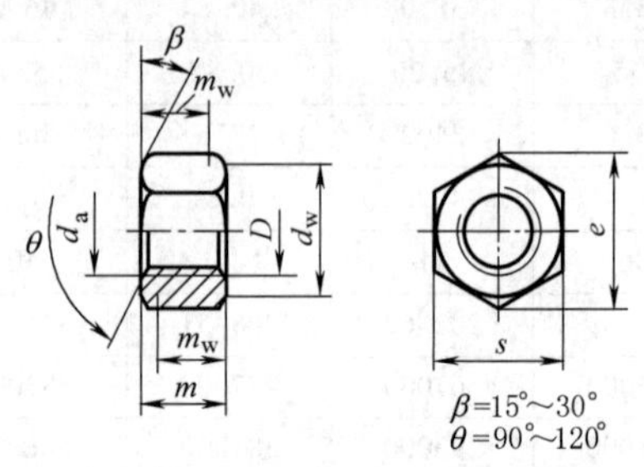

1型六角螺母C级(GB/T 41—2016)

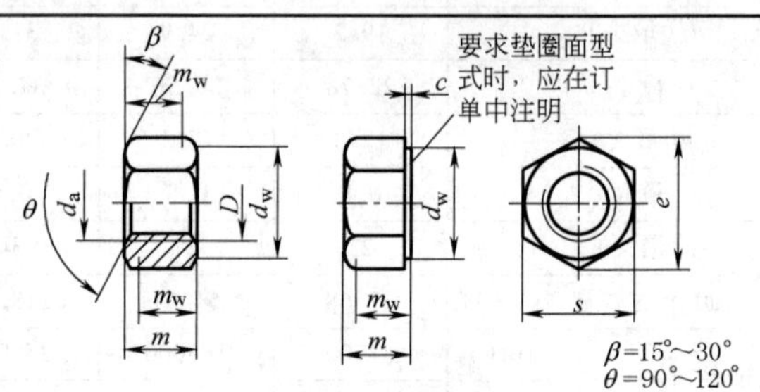

1型、2型六角螺母
(GB/T 6170—2015、GB/T 6175—2016)

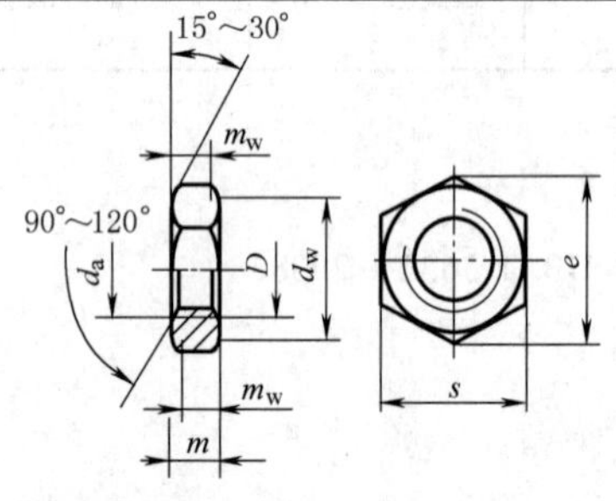

六角薄螺母(GB/T 6172.1—2016)

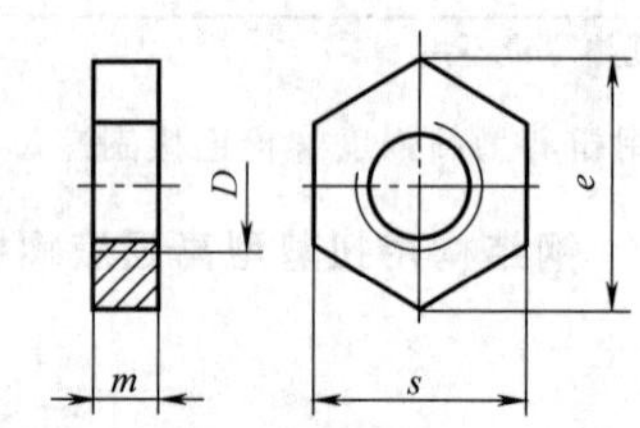

六角薄螺母　无倒角(GB/T 6174—2016)

名称及标准号	规格范围及技术条件			
1型六角螺母C级 (GB/T 41—2016)	范围:M5~M64;材料:钢 ;公差:7H;产品等级为C级 性能等级:M5<D≤M39,5级;D>M39,按协议 表面处理:不处理、电镀、非电解锌涂层、热浸镀锌			
1型六角螺母 (GB/T 6170—2015)	范围:M1.6~M64;螺纹公差:6H;产品等级:A级 D≤M16,B级 D>M16			
	材料	钢	不锈钢	有色金属
	性能等级	D≤M5,按协议 M5<D≤M39,6、8、10 D>M39,按协议	D≤M24, A2-70、A4-70 M24<D≤M39,A2-50、A4-50 D>M39,按协议	CU2、CU3和AL4
	表面处理	不处理、电镀、非电解锌涂层、热浸镀锌	简单处理、钝化	简单处理、电镀
2型六角螺母 (GB/T 6175—2016)	范围:M5~M36;螺纹公差:6H;产品等级:A级 D≤16mm,B级 D>16mm 材料:钢;性能等级:10(QT)、12(QT)			
	表面处理	不处理、电镀、非电解锌涂层、热浸镀锌		
六角薄螺母 (GB/T 6172.1—2016)	范围:M1.6~M64;螺纹公差:6H;产品等级:A级 D≤16mm,B级 D>16mm			
	材料	钢	不锈钢	有色金属
	性能等级	D≤M5,按协议 M5<D≤M39,04、05(QT) D>M39,按协议	D≤M24,A2-035、A4-035 M24<D≤M39,A2-025,A4-025 D>M39,按协议	CU2、CU3和AL4
	表面处理	不处理、电镀、非电解锌涂层、热浸镀锌	简单处理、钝化	简单处理、电镀
六角薄螺母　无倒角 (GB/T 6174—2016)	范围:M1.6~M10;螺纹公差:6H;产品等级:B级			
	材料	钢	有色金属	
	力学性能	钢螺母硬度大于或等于110HV30		
	表面处理	不处理、电镀、非电解锌涂层	简单处理、电镀	

表 5-1-196　　常用六角螺母（不含细牙螺母）尺寸　　mm

螺纹规格 D		M1.6	M2	M2.5	M3	(M3.5)	M4	M5	M6	M8	M10	M12	(M14)	M16	(M18)	M20	(M22)	M24	(M27)	M30	(M33)	M36	(M39)	M42	(M45)	M48	(M52)	M56	(M60)	M64
P		0.35	0.40	0.45	0.50	0.60	0.70	0.80	1.00	1.25	1.50	1.75	2.00	2.00	2.50	2.50	3.00	3.00	3.00	3.50	3.50	4.00	4.00	4.50	4.50	5.00	5.00	5.50	5.50	6.00
s(公称)		3.20	4.00	5.00	5.50	6.00	7.00	8.00	10.00	13.00	16.00	18.00	21.00	24.00	27.00	30.00	34.00	36.00	41.00	46.00	50.00	55.00	60.00	65.00	70.00	75.00	80.00	85.00	90.00	95.00
e（最小）	GB/T 6172.1	3.30	4.20	5.30	5.90	6.58	7.50	8.60	10.90	14.20	17.60	19.90	23.36	26.20																
	GB/T 41	—						8.63	10.89	14.20	17.59	19.85	22.78	26.17	29.56	32.95	37.29	39.55	45.20	50.85	55.37	60.79	66.44	71.30	76.95	82.60	88.25	93.56	99.21	104.86
	GB/T 6170	3.41	4.32	5.45	6.01	6.60	7.66	8.79	11.05	14.38	17.77	20.03	23.40	26.75																
	GB/T 6174	3.28	4.18	5.31	5.88	6.44	7.50	8.63	10.89	14.20	17.59	—																		
	GB/T 6175	—						8.79	11.05	14.38	17.77	20.03	23.36	26.75	—	32.95	—	39.55	—	50.85	—	60.79	—							
c（最大）	GB/T 6170	0.20	0.20	0.30	0.40	0.40	0.40	0.50	0.50	0.60	0.60	0.60	0.60	0.80	0.80	0.80	0.80	0.80	0.80	0.80	0.80	0.80	1.00	1.00	1.00	1.00	1.00	1.00	1.00	1.00
	GB/T 6175	—						0.50	0.50	0.60	0.60	0.60	0.60	0.80	—	0.80	—	0.80	—	0.80	—	0.80	—							
d_a（最大）	GB/T 6170 GB/T 6172.1	1.84	2.30	2.90	3.45	4.00	4.60	5.75	6.75	8.75	10.80	13.00	15.10	17.30	19.50	21.60	23.70	25.90	29.10	32.40	35.60	38.90	42.10	45.40	48.60	51.80	56.20	60.50	64.80	69.10
	GB/T 6175	—						5.75	6.75	8.75	10.80	13.00	15.10	17.30	—	21.60	—	25.90	—	32.40	—	38.90	—							

续表

d_w（最小）	GB/T 6170	2.40	3.10	4.10	4.60	5.10	5.90	6.90	8.90	11.60	14.60	16.60	19.60	22.50	24.90	27.70	31.40	33.30	38.00	42.80	46.60	51.10	55.90	60.00	64.70	69.50	74.20	78.70	83.40	88.20
	GB/T 6172.1																31.40	33.30	38.00	42.80	46.60	51.10	55.90	60.00	64.70	69.50	74.20	78.70	83.40	88.20
	GB/T 41	—										16.50	19.20	22.00			31.40	33.30	38.00	42.80	46.60	51.10	55.90	60.00	64.70	69.50	74.20	78.70	83.40	88.20
	GB/T 6175	—										16.60	19.60	22.50	—		—	33.30	—	42.80	—	51.10	—							
m（最大）	GB/T 6170	1.30	1.60	2.00	2.40	2.80	3.20	4.70	5.20	6.80	8.40	10.80	12.80	14.80	15.80	18.00	19.40	21.50	23.80	25.60	28.70	31.00	33.40	34.00	36.00	38.00	42.00	45.00	48.00	51.00
	GB/T 6172.1	1.00	1.20	1.60	1.80	2.00	2.20	2.70	3.20	4.00	5.00	6.00	7.00	8.00	9.00	10.00	11.00	12.00	13.50	15.00	16.50	18.00	19.50	21.00	22.50	24.00	26.00	28.00	30.00	32.00
	GB/T 6174											—																		
	GB/T 41	—						5.60	6.40	7.90	9.50	12.20	13.90	15.90	16.90	19.00	20.20	22.30	24.70	26.40	29.50	31.90	34.30	34.90	36.90	38.90	42.90	45.90	48.90	52.40
	GB/T 6175	—						5.10	5.70	7.50	9.30	12.00	14.10	16.40	—	20.30	—	23.90	—	28.60	—	34.70	—							
m_w（最小）	GB/T 41	—						3.50	3.70	5.10	6.40	8.30	9.70	11.30	12.10	13.50	14.50	16.20	18.10	19.40	21.90	23.30	25.40	25.90	27.50	29.10	32.30	34.70	37.10	39.50
	GB/T 6170	0.80	1.10	1.40	1.70	2.00	2.30		3.90	5.20																				
	GB/T 6172.1	0.60	0.80	1.10	1.20	1.40	1.60	2.00	2.30	3.00	3.80	4.60	5.10	5.90	6.70	7.30	7.90	8.70	9.90	11.10	12.30	13.50	14.60	15.80	17.00	18.20	19.80	21.40	23.00	24.30
	GB/T 6175	—						3.84	4.32	5.71	7.15	9.26	10.70	12.60	—	15.20	—	18.10	—	21.80	—	26.50	—							

注：括号内的规格尽量不用。

（7）非金属嵌件螺母

国家标准规定的非金属嵌件螺母有六种，非金属嵌件是在螺母的内螺纹周围镶嵌一层非金属材料（一般材料为尼龙66），当被拧紧后起到锁紧作用。一般用于不可拆卸的场合。锁紧原理：螺母的内螺纹被一层非金属材料包覆，当旋入外螺纹时，非金属材料被破坏并将螺纹配合的缝隙填满，增大了回旋时的阻力，起到防松锁紧的作用。这种螺母相当于在普通螺母上加上有效力矩部分。它和镶嵌螺母的作用和概念都不相同，选用时要注意。

表 5-1-197　　非金属嵌件螺母结构及技术条件

名称及标准号	规格范围及技术条件	结构
1型非金属嵌件六角锁紧螺母 （GB/T 889.1—2015）	范围：M3～M36 性能等级为5级、8级和10级 产品等级为A级和B级 A级 $D\leqslant16$mm、B级 $D>16$mm	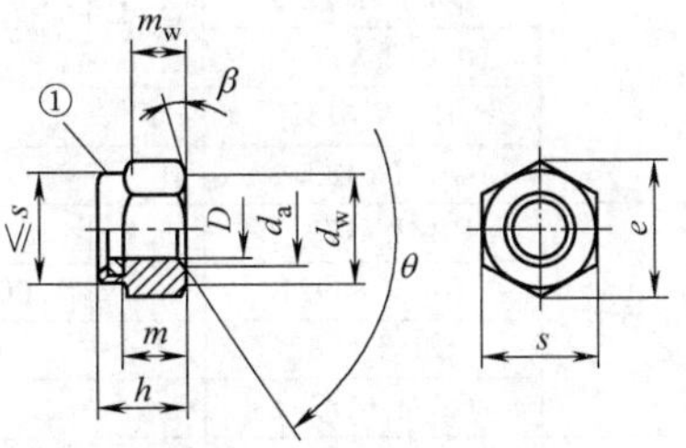 ① 有效力矩部分形状由制造者自选 $\beta=15°\sim30°$ $\theta=90°\sim120°$
1型非金属嵌件六角锁紧螺母　细牙 （GB/T 889.2—2016）	范围：M8～M36，细牙螺纹 性能等级为6级、8级和10级 产品等级为A级和B级 A级 $D\leqslant16$mm、B级 $D>16$mm	
2型非金属嵌件六角锁紧螺母 （GB/T 6182—2016）	范围：M5～M36 性能等级为10级、12级 产品等级为A级和B级 A级 $D\leqslant16$mm、B级 $D>16$mm	
非金属嵌件六角锁紧薄螺母 （GB/T 6172.2—2016）	范围：M3～M36 性能等级为04级、05级 产品等级为A级和B级 A级 $D\leqslant16$mm、B级 $D>16$mm	有效力矩部分，形状任选 螺纹长度 m 15°～30° 90°～120°
2型非金属嵌件六角法兰面锁紧螺母 （GB/T 6183.1—2016）	范围：M5～M20 性能等级为8级、10级 产品等级为A级和B级 A级 $D\leqslant16$mm、B级 $D>16$mm	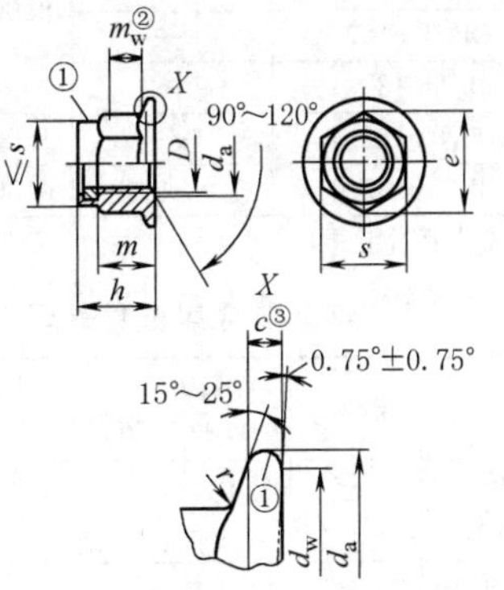 ① 由制造者自选 ② m_w 为扳拧高度 ③ 在 d_{wmin} 处测量 90°～120° 15°～25° 0.75°±0.75°
2型非金属嵌件六角法兰面锁紧螺母　细牙 （GB/T 6183.2—2016）	范围：M8～M20，细牙螺纹 性能等级为6级、8级、10级 产品等级为A级和B级 A级 $D\leqslant16$mm、B级 $D>16$mm	

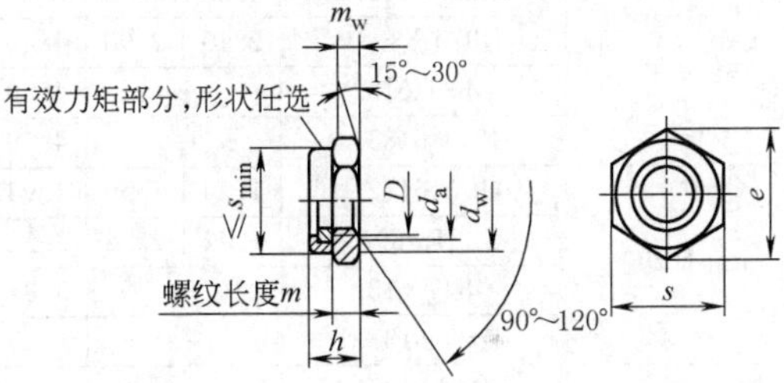

表 5-1-198　　粗牙非金属嵌件螺母（摘自 GB/T 6172.2、GB/T 889.1、GB/T 6182、GB/T 6183.1）

mm

<table>
<tr><td colspan="2">螺纹规格 D</td><td>M3</td><td>M4</td><td>M5</td><td>M6</td><td>M8</td><td>M10</td><td>M12</td><td>(M14)</td><td>M16</td><td>M20</td><td>M24</td><td>M30</td><td>M36</td></tr>
<tr><td colspan="2">螺距 P（最小）</td><td>0.5</td><td>0.7</td><td>0.8</td><td>1</td><td>1.25</td><td>1.5</td><td>1.75</td><td>2</td><td>2</td><td>2.5</td><td>3</td><td>3.5</td><td>4</td></tr>
<tr><td rowspan="4">d_a（最大）</td><td>GB/T 6172.2</td><td rowspan="2">3.45</td><td rowspan="2">4.60</td><td rowspan="3">5.75</td><td rowspan="3">6.75</td><td rowspan="3">8.75</td><td rowspan="3">10.8</td><td rowspan="3">13.00</td><td rowspan="3">15.10</td><td rowspan="3">17.30</td><td rowspan="3">21.60</td><td rowspan="3">25.90</td><td rowspan="3">32.40</td><td rowspan="3">38.90</td></tr>
<tr><td>GB/T 889.1</td></tr>
<tr><td>GB/T 6182</td><td colspan="2">—</td></tr>
<tr><td>GB/T 6183.1</td><td colspan="2">—</td><td></td><td></td><td></td><td></td><td></td><td></td><td></td><td></td><td colspan="3">—</td></tr>
</table>

续表

d_a（最小）		GB/T 6172.2	3.00	4.00	5.00	6.00	8.00	10.00	12.00	14.00	16.00	20.00	24.00	30.00	36.00
		GB/T 889.1	3.00	4.00											
		GB/T 6182	—												
		GB/T 6183.1	—										—		
d_w（最小）		GB/T 6172.2	4.57	5.88	6.88	8.88	11.63	14.63	16.63	19.64	22.49	27.70	33.25	42.75	51.11
		GB/T 889.1													
		GB/T 6182	—												
		GB/T 6183.1	—		9.8	12.2	15.8	19.6	23.8	27.6	31.9	39.9	—		
e（最小）		GB/T 6172.2	6.01	7.66	8.79	11.05	14.38	17.77	20.03	23.36	26.75	32.95	39.55	50.85	60.79
		GB/T 889.1													
		GB/T 6182	—												
		GB/T 6183.1	—					16.64					—		
h	（最大）	GB/T 6172.2	3.9	5	5	6	6.76	8.56	10.23	11.32	12.42	14.9	17.8	22.2	25.5
		GB/T 889.1	4.50	6.00	6.80	8.00	9.50	11.90	14.90	17.00	19.10	22.80	27.10	32.60	38.90
		GB/T 6182	—		7.20	8.50	10.20	12.80	16.10	18.30	20.70	25.10	29.50	35.60	42.60
		GB/T 6183.1	—		7.10	9.10	11.10	13.50	16.10	18.20	20.30	24.80	—		
	（最小）	GB/T 6172.2	3.42	4.52	4.52	5.52	6.18	7.98	9.53	10.22	11.32	13.1	16	20.1	23.4
		GB/T 889.1	4.02	5.52	6.22	7.42	8.92	11.2	14.2	15.90	17.80	20.70	25.00	30.10	36.40
		GB/T 6182	—		6.62	7.92	9.50	12.10	15.40	17.00	19.40	23.00	27.40	33.10	40.10
		GB/T 6183.1	—		6.52	8.52	10.40	12.80	15.40	16.90	19.00	22.70	—		
m（最小）		GB/T 6172.2	1.55	1.95	2.45	2.9	3.7	4.7	5.7	6.42	7.42	9.1	10.9	13.9	16.9
		GB/T 889.1	2.15	2.90	4.40	4.90	6.44	8.04	10.37	12.10	14.10	16.90	20.20	24.30	29.40
		GB/T 6182	—		4.80	5.40	7.14	8.94	11.57	13.40	15.70	19.00	22.60	27.30	33.10
		GB/T 6183.1	—		4.70	5.70	7.64	9.64	11.57	13.30	15.30	18.70	—		
m_w（最小）		GB/T 6172.2	1.24	1.56	1.94	2.32	2.96	3.76	4.56	5.14	5.94	7.28	8.72	11.12	13.52
		GB/T 889.1	1.72	2.32	3.52	3.92	5.15	6.43	8.30	9.68	11.28	13.52	16.16	19.44	23.52
		GB/T 6182	—		3.84	4.32	5.71	7.15	9.26	10.70	12.60	15.20	18.10	21.80	26.50
		GB/T 6183.1	—		2.5	3.1	4.6	5.6	6.8	7.7	8.9	10.7	—		
s（最大）		GB/T 6172.2	5.50	7.00	8.00	10.00	13.00	16.00	18.00	21.00	24.00	30.00	36.00	48.00	55.00
		GB/T 889.1													
		GB/T 6182	—												
		GB/T 6183.1	—					15.00					—		
c（最小）		GB/T 6183.1	—		1.00	1.10	1.20	1.50	1.80	2.10	2.40	3.00	—		
r（最大）		GB/T 6183.1	—		0.30	0.40	0.50	0.60	0.70	0.90	1.00	1.20	—		

注：括号内的规格尽量不用。

表 5-1-199　　细牙非金属嵌件螺母（摘自 GB/T 889.2、GB/T 6183.2）　　mm

螺纹规格 $D \times P$			M8×1	M10×1 （M10×1.25）	M12×1.5 （M12×1.25）	（M14×1.5）	M16×1.5	M20×1.5	M24×2	M30×2	M36×2
d_a	最大	GB/T 889.2	8.75	10.8	13.00	15.10	17.30	21.60	25.90	32.40	38.90
		GB/T 6183.2							—		
	最小	GB/T 889.2	8.00	10.00	12.00	14.00	16.00	20.00	24.00	30.00	36.00
		GB/T 6183.2							—		
d_w（最小）		GB/T 889.2	11.63	14.63	16.63	19.64	22.49	27.70	33.25	42.75	51.11
		GB/T 6183.2	15.8	19.6	23.8	27.6	31.9	39.9	—		
e（最小）		GB/T 889.2	14.38	17.77	20.03	23.36	26.75	32.95	39.55	50.85	60.79
		GB/T 6183.2		16.64					—		
h	最大	GB/T 889.2	9.50	11.90	14.90	17.00	19.10	22.80	27.10	32.60	38.90
		GB/T 6183.2	11.10	13.50	16.10	18.20	20.30	24.80	—		
	最小	GB/T 889.2	8.92	11.2	14.2	15.90	17.80	20.70	25.00	30.10	36.40
		GB/T 6183.2	8.74	10.30	12.57	14.80	17.20	20.30	—		

续表

<table>
<tr><td colspan="2" rowspan="2">m(最小)</td><td>GB/T 889.2</td><td>6.44</td><td>8.04</td><td>10.37</td><td>12.10</td><td>14.10</td><td>16.90</td><td>20.20</td><td>24.30</td><td>29.40</td></tr>
<tr><td>GB/T 6183.2</td><td>7.64</td><td>9.64</td><td>11.57</td><td>13.30</td><td>15.30</td><td>18.70</td><td colspan="3">—</td></tr>
<tr><td colspan="2" rowspan="2">m_w(最小)</td><td>GB/T 889.2</td><td>5.15</td><td>6.43</td><td>8.30</td><td>9.68</td><td>11.28</td><td>13.52</td><td>16.16</td><td>19.44</td><td>23.52</td></tr>
<tr><td>GB/T 6183.2</td><td>4.6</td><td>5.6</td><td>6.8</td><td>7.7</td><td>8.9</td><td>10.7</td><td colspan="3">—</td></tr>
<tr><td rowspan="4">s</td><td rowspan="2">最大</td><td>GB/T 889.1</td><td rowspan="2">13.00</td><td>16.00</td><td rowspan="2">18.00</td><td rowspan="2">21.00</td><td rowspan="2">24.00</td><td rowspan="2">30.00</td><td>36.00</td><td>48.00</td><td>55.00</td></tr>
<tr><td>GB/T 6183.2</td><td>15.00</td><td colspan="3">—</td></tr>
<tr><td rowspan="2">最小</td><td>GB/T 889.2</td><td>12.73</td><td>15.73</td><td>17.73</td><td>20.67</td><td>23.67</td><td>29.16</td><td>35.00</td><td>45.00</td><td>53.80</td></tr>
<tr><td>GB/T 6183.2</td><td>12.73</td><td>14.73</td><td>17.73</td><td>20.67</td><td>23.67</td><td>29.16</td><td colspan="3">—</td></tr>
<tr><td colspan="2">c(最小)</td><td>GB/T 6183.2</td><td>1.20</td><td>1.50</td><td>1.80</td><td>2.10</td><td>2.40</td><td>3.00</td><td colspan="3">—</td></tr>
<tr><td colspan="2">r(最大)</td><td>GB/T 6183.2</td><td>0.50</td><td>0.60</td><td>0.70</td><td>0.90</td><td>1.00</td><td>1.20</td><td colspan="3">—</td></tr>
</table>

注：括号内的规格尽量不用。

(8) 普通六角细牙螺母

表 5-1-200　　普通六角细牙螺母结构及技术条件

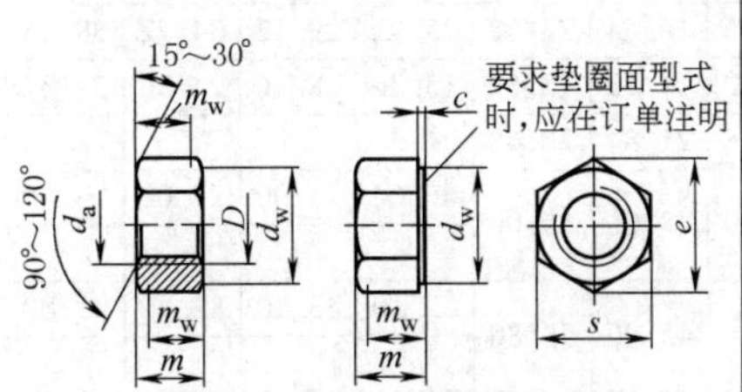

1 型、2 型六角螺母　细牙
(GB/T 6171—2016、GB/T 6176—2016)

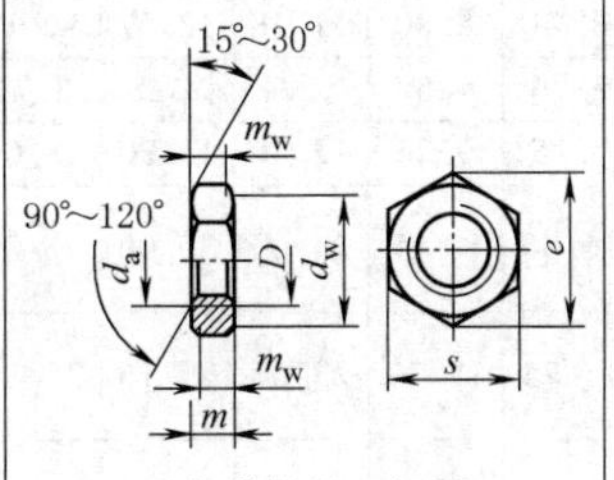

六角薄螺母　细牙
(GB/T 6173—2015)

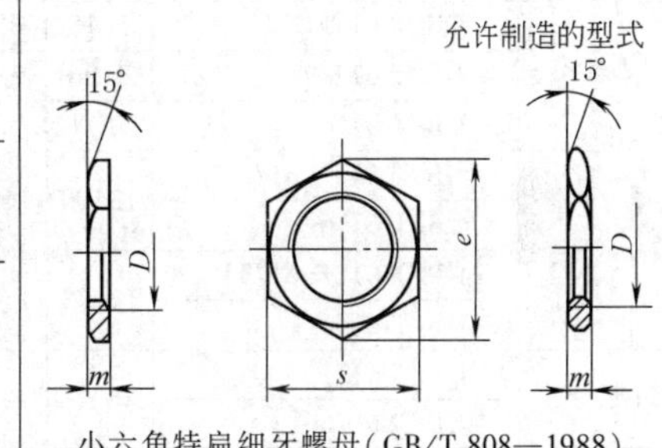

小六角特扁细牙螺母(GB/T 808—1988)

<table>
<tr><th>序号</th><th>名称及标准号</th><th colspan="4">规格范围及技术条件</th></tr>
<tr><td rowspan="4">1</td><td rowspan="4">1 型六角螺母　细牙
(GB/T 6171—2016)</td><td colspan="4">范围:M8×1~M64×4;螺纹公差:6H;产品等级:A 级 $D \leq 16$mm,B 级 $D>16$mm</td></tr>
<tr><td>材料</td><td>钢</td><td>不锈钢</td><td>有色金属</td></tr>
<tr><td>性能等级</td><td>8mm < $D \leq$ 16mm,6、8(QT)、10(QT)
16mm<$D \leq$39mm,6(QT)、8(QT)
D>39mm,按协议</td><td>$D \leq$24mm,A2-70、A4-70
24mm < $D \leq$ 39mm, A2-50、A4-50
D>39mm,按协议</td><td>CU2、CU3 和 AL4</td></tr>
<tr><td>表面处理</td><td>不处理、电镀、非电解锌涂层</td><td>简单处理、钝化</td><td>简单处理、电镀</td></tr>
<tr><td rowspan="3">2</td><td rowspan="3">2 型六角螺母　细牙
(GB/T 6176—2016)</td><td colspan="4">范围:M8×1~M36×3;螺纹公差:6H;产品等级:A 级 $D \leq 16$mm,B 级 $D>16$mm</td></tr>
<tr><td colspan="4">材料:钢
性能等级:8mm<$D \leq$16mm,8、10(QT)、12(QT);16mm<$D \leq$36mm,10(QT)</td></tr>
<tr><td>表面处理</td><td colspan="3">不处理、电镀、非电解锌涂层</td></tr>
<tr><td rowspan="4">3</td><td rowspan="4">六角薄螺母　细牙
(GB/T 6173—2015)</td><td colspan="4">范围:M8×1~M64×4;螺纹公差:6H;产品等级:A 级 $D \leq 16$mm,B 级 $D>16$mm</td></tr>
<tr><td>材料</td><td>钢</td><td>不锈钢</td><td>有色金属</td></tr>
<tr><td>性能等级</td><td>M5<$D \leq$39mm,04、05(QT)
D>39mm,按协议</td><td>$D \leq$M24,A2-035、A4-035
M24 < $D \leq$ M39, A2-025、A4-025
D>M39,按协议</td><td>CU2、CU3 和 AL4</td></tr>
<tr><td>表面处理</td><td>不处理、电镀、非电解锌涂层、热浸镀锌</td><td>简单处理、钝化</td><td>简单处理、电镀</td></tr>
<tr><td rowspan="3">4</td><td rowspan="3">小六角特扁细牙螺母
(GB/T 808—1988)</td><td colspan="4">范围:M4×0.5~M24×1;螺纹公差:6H;产品等级:B 级</td></tr>
<tr><td>材料</td><td colspan="2">钢(A3、A2)</td><td>有色金属 HPb-59-1</td></tr>
<tr><td>表面处理</td><td colspan="2">不处理、镀锌氧化</td><td>简单处理、电镀</td></tr>
</table>

表 5-1-201　　1 型、2 型及薄螺母（细牙）优选（摘自 GB/T 6171—2016、GB/T 6176—2016、GB/T 6173—2016）

mm

螺纹规格 $D \times P$			M8×1	M10×1	M12×1.5	M16×1.5	M20×1.5	M24×2	M30×2	M36×2	M42×3	M48×3	M56×4	M64×4
d_a	最大	GB/T 6171(6173)	8.75	10.8	13.00	17.3	21.6	25.9	32.4	38.90	45.4	51.8	60.5	69.1
		GB/T 6176												
	最小	GB/T 6171(6173)	8.00	10.00	12.00	16.00	20.00	24.00	30.00	36.00	42.0	48.0	56.0	64.0
		GB/T 6176												
d_w(最小)		GB/T 6171(6173)	11.63	14.63	16.63	22.49	27.70	33.25	42.75	51.11	59.95	69.45	78.66	88.16
		GB/T 6176												
e(最小)		GB/T 6171(6173)	14.38	17.77	20.03	26.75	32.95	39.55	50.85	60.79	71.30	82.60	93.56	104.86
		GB/T 6176												
m(最小)		GB/T 6171	6.44	8.04	10.37	14.10	16.90	20.20	24.30	29.40	32.40	36.40	43.40	49.10
		GB/T 6173	3.70	4.70	5.70	7.42	9.10	10.90	13.90	16.90	19.70	22.70	26.70	30.40
		GB/T 6176	7.14	8.94	11.57	15.70	19.00	22.60	27.30	33.10				
m_w(最小)		GB/T 6171	5.15	6.43	8.30	11.28	13.52	16.16	19.44	23.52	25.92	29.12	34.72	39.28
		GB/T 6173	2.96	3.76	4.56	5.94	7.28	8.72	11.12	13.52	15.76	18.16	21.36	24.32
		GB/T 6176	5.71	7.15	9.26	12.56	15.20	18.08	21.84	26.48				
s	公称	GB/T 6171(6173)	13.00	16.00	18.00	24.00	30.00	36.00	48.00	55.00	65.00	75.00	85.00	95.00
		GB/T 6176												
	最小	GB/T 6171(6173)	12.73	15.73	17.73	23.67	29.16	35.00	45.00	53.80	63.10	73.10	82.80	92.80
		GB/T 6176												
c(最小)		GB/T 6171	0.15	0.15	0.15	0.20	0.20	0.20	0.20	0.20	0.30	0.30	0.30	0.30
		GB/T 6176												

表 5-1-202　　1 型、2 型及薄螺母（细牙）非优选（摘自 GB/T 6171—2016、GB/T 6176—2016、GB/T 6173—2016）

mm

螺纹规格 $D \times P$			M10×1.25	M12×1.25	M14×1.5	M18×1.5	M20×2	M22×1.5	M27×2	M33×2	M39×3	M45×3	M52×3	M60×4
d_a	最大	GB/T 6171(6173)	10.8	13.00	15.10	19.50	21.6	23.70	29.10	35.60	42.10	48.60	56.20	64.80
		GB/T 6176												
	最小	GB/T 6171(6173)	10.00	12.00	14.00	18.00	20.00	22.00	27.00	33.00	39.00	45.00	52.00	60.00
		GB/T 6176												
d_w(最小)		GB/T 6171(6173)	14.63	16.63	19.64	24.85	27.70	31.35	38.00	46.55	55.86	64.70	74.20	83.41
		GB/T 6176												
e(最小)		GB/T 6171(6173)	17.77	20.03	23.36	29.56	32.95	37.29	45.20	55.37	66.44	76.95	88.25	99.21
		GB/T 6176												
m(最小)		GB/T 6171	8.04	10.37	12.10	15.10	16.90	18.10	22.50	27.40	31.80	34.40	40.40	46.40
		GB/T 6173	4.70	5.70	6.42	8.42	9.10	9.90	12.40	15.40	18.20	21.20	24.70	28.70
		GB/T 6176	8.94	11.57	13.4	16.90	19.00	20.50	25.40	30.90				
m_w(最小)		GB/T 6171	6.43	8.30	9.68	12.08	13.52	14.48	18.00	21.92	25.44	27.52	32.32	37.12
		GB/T 6173	3.76	4.56	5.14	6.74	7.28	7.92	9.92	12.32	14.56	16.96	19.76	22.96
		GB/T 6176	7.15	9.26	10.72	13.52	15.20	16.40	20.32	24.72				
s	公称	GB/T 6171(6173)	16.00	18.00	21.00	27.00	30.00	34.00	41.00	50.00	60.00	70.00	80.00	90.00
		GB/T 6176												
	最小	GB/T 6171(6173)	15.73	17.73	20.67	26.16	29.16	33.00	40.00	49.00	58.80	68.10	78.10	87.80
		GB/T 6176												
c(最小)		GB/T 6171	0.15	0.15	0.15	0.20	0.20	0.20	0.20	0.20	0.30	0.30	0.30	0.30
		GB/T 6176												

表 5-1-203　　小六角特扁细牙螺母（摘自 GB/T 808—1988）　　mm

螺纹规格 $D\times P$		M4×0.5	M5×0.5	M6×0.75	M8×1	M8×0.75	M10×1	M10×0.75	M12×1.5	M12×1	M14×1	M16×1.5	M16×1	M18×1.5	M18×1	M20×1	M22×1	M24×1.5	M24×1
e(最小)		7.66	8.79	11.05	13.25	13.25	15.51	15.51	18.90	18.90	21.10	24.49	24.49	26.75	26.75	30.14	33.53	35.72	35.72
m(最小)		1.3	1.3	2.0	2.6	2.0	2.6	2.0	3.26	2.6	2.8	3.76	2.8	3.76	2.96	3.26	3.26	3.76	3.26
s	公称	7	8	10	12	12	14	14	17	17	19	22	22	24	24	27	30	32	32
	最小	6.78	7.78	9.78	11.73	11.73	13.73	13.73	16.73	16.73	18.67	21.67	21.67	23.16	23.16	26.16	29.16	31	31

（9）开槽螺母

表 5-1-204　　开槽螺母结构及技术条件

名称及标准号	规格范围及技术条件	结构
1 型六角开槽螺母 A 和 B 级（GB/T 6178—1986）	范围：M4～M36；螺纹公差：6H 产品等级：A 级（$D\leqslant16$mm）、B 级（$D>16$mm） 性能等级：6、8、10 表面处理：不处理、镀锌钝化	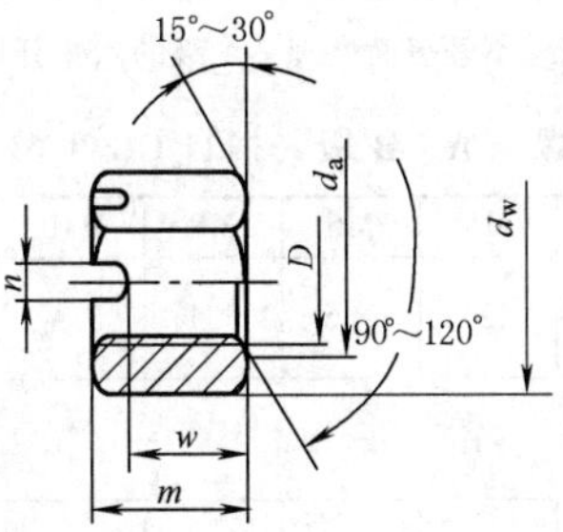 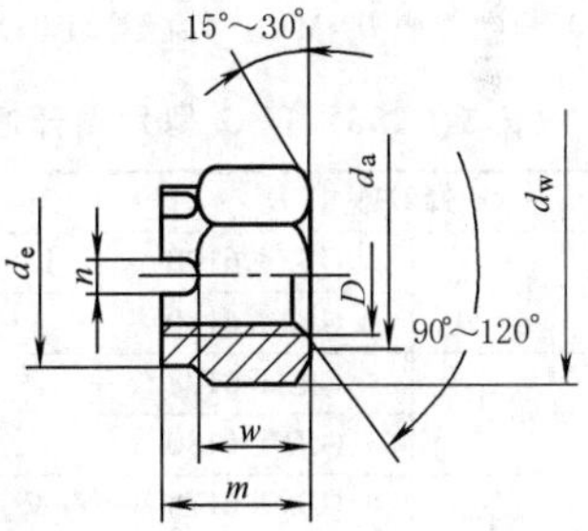 15°～30°　d_a　d_w　n　D　90°～120°　w　m　d_e 允许制造的型式 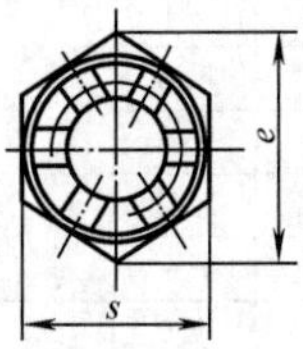 e　s
2 型六角开槽螺母 A 和 B 级（GB/T 6180—1986）	范围：M5～M36；螺纹公差：6H 产品等级：A 级（$D\leqslant16$mm）、B 级（$D>16$mm） 性能等级：9、12 表面处理：不处理、镀锌钝化	
1 型六角开槽螺母细牙 A 和 B 级（GB/T 9457—1988）	范围：M8×1～M36×3；螺纹公差：6H； 产品等级：A 级（$D\leqslant16$mm）、B 级（$D>16$mm） 性能等级：6、8、10 表面处理：不处理、镀锌钝化	
2 型六角开槽螺母细牙 A 和 B 级（GB/T 9458—1988）	范围：M8×1～M36×3；螺纹公差：6H； 产品等级：A 级（$D\leqslant16$mm）、B 级（$D>16$mm） 性能等级：8、10 表面处理：不处理、镀锌钝化	
1 型六角开槽螺母 C 级（GB/T 6179—1986）	范围：M5～M36；螺纹公差：7H 产品等级：C 级 性能等级：4、5 表面处理：不处理、镀锌钝化	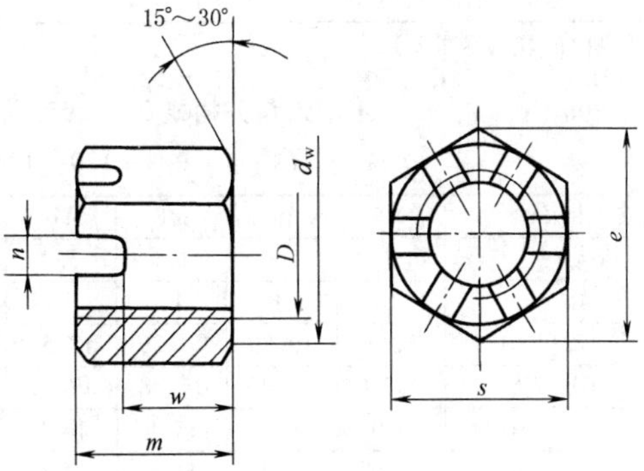 15°～30°　d_w　n　D　w　m　e　s

续表

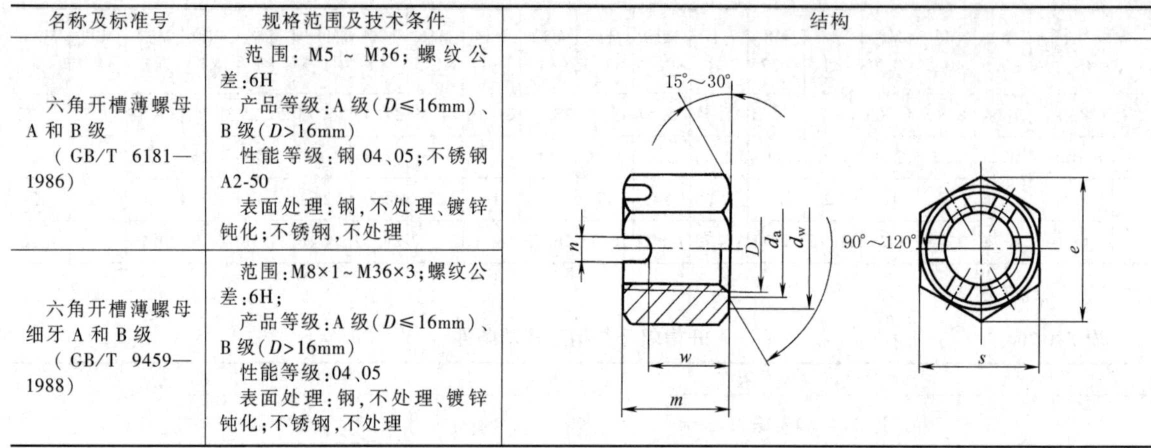

名称及标准号	规格范围及技术条件	结构
六角开槽薄螺母A和B级（GB/T 6181—1986）	范围：M5～M36；螺纹公差:6H 产品等级:A级(D≤16mm)、B级(D>16mm) 性能等级:钢04、05;不锈钢A2-50 表面处理:钢,不处理、镀锌钝化;不锈钢,不处理	
六角开槽薄螺母细牙A和B级（GB/T 9459—1988）	范围:M8×1～M36×3;螺纹公差:6H; 产品等级:A级(D≤16mm)、B级(D>16mm) 性能等级:04、05 表面处理:钢,不处理、镀锌钝化;不锈钢,不处理	

标记示例

螺纹规格 D=M5、性能等级8级、不经表面处理、A级的1型六角开槽螺母，标记为：螺母 GB/T 6178 M5

螺纹规格 D=M5、性能等级5级、不经表面处理、C级的1型六角开槽螺母，标记为：螺母 GB/T 6179 M5

螺纹规格 D=M12、性能等级04级、不经表面处理、A级的六角开槽薄螺母，标记为：螺母 GB/T 6181 M12

表 5-1-205　1、2型六角开槽螺母A、B级（摘自GB/T 6178—1986、GB/T 6180—1986）　mm

螺纹规格 D		M4	M5	M6	M8	M10	M12	(M14)	M16	M20	M24	M30	M36
n(最大)	GB/T 6178	1.8	2	2.6	3.1	3.4	4.3	4.3	5.7	5.7	6.7	8.5	8.5
	GB/T 6180	—											
d_e(最大)	GB/T 6178	—								28	34	42	50
	GB/T 6180												
s(最大)	GB/T 6178	7	8	10	13	16	18	21	24	30	36	46	55
	GB/T 6180	—											
d_a(最大)	GB/T 6178	4.6	5.75	6.75	8.75	10.8	13.0	15.1	17.3	21.6	25.9	32.4	38.9
	GB/T 6180	—											
e(最小)	GB/T 6178	7.66	8.79	11.05	14.38	17.77	20.03	23.35	26.75	32.95	39.55	50.85	60.79
	GB/T 6180	—											
d_w(最小)	GB/T 6178	5.9	6.9	8.9	11.6	14.6	16.6	19.6	22.5	27.7	33.2	42.7	51.1
	GB/T 6180	—											
m(最大)	GB/T 6178	5	6.7	7.7	9.8	12.4	15.8	17.8	20.8	24.0	29.5	34.6	40.0
	GB/T 6180	—	6.9	8.3	10	12.3	16	19.1	21.1	26.3	31.9	37.6	43.7
w(最大)	GB/T 6178	3.2	4.7	5.2	6.8	8.4	10.8	12.8	14.8	18.0	21.5	25.6	31.0
	GB/T 6180	—	5.1	5.7	7.5	9.3	12.0	14.1	16.4	20.3	23.9	28.6	34.7
开口销	GB/T 6178	1×10	1.2×12	1.6×14	2×16	2.5×20	3.2×22	3.2×25	4×28	4×36	5×40	6.3×50	6.3×63
	GB/T 6180	—											

注：括号内的规格尽量不用。

表 5-1-206　1型六角开槽螺母C级和普通六角开槽薄螺母A、B级

（摘自GB/T 6179—1986、GB/T 6181—1986）　mm

螺纹规格 D		M5	M6	M8	M10	M12	(M14)	M16	M20	M24	M30	M36
n(最大)		2	2.6	3.1	3.4	4.25	4.25	5.7	5.7	6.7	8.5	8.5
s(最大)		8	10	13	16	18	21	24	30	36	46	55
e(最小)	GB/T 6179	8.63	10.89	14.20	17.59	19.85	22.78	26.17	32.95	39.55	50.85	60.79
	GB/T 6181	8.79	11.05	14.38	17.77	20.03	23.35	26.75	32.95	39.55	50.85	60.79
d_w(最小)	GB/T 6179	6.9	8.7	11.5	14.5	16.5	19.2	22	27.7	33.2	42.7	51.1
	GB/T 6181	6.9	8.9	11.6	14.6	16.6	19.4	22.5	27.7	33.2	42.7	51.1
d_a(最大)	GB/T 6181	5.75	6.75	8.75	10.8	13.0	15.1	17.3	21.6	25.9	32.4	38.9

续表

m(最大)	GB/T 6179	6.7	7.7	9.8	12.4	15.8	17.8	20.8	24.0	29.5	34.6	40.0
	GB/T 6181	5.1	7.1	7.5	9.3	12	14.1	16.4	20.3	23.9	28.6	34.7
w(最大)	GB/T 6179	4.7	5.2	6.8	8.4	10.8	12.8	14.8	18.0	21.5	25.6	31.0
	GB/T 6181	3.1	3.5	4.5	5.3	7	9.1	10.4	14.3	15.9	19.6	23.7
开口销	GB/T 6179	1.2×12	1.6×14	2×16	2.5×20	3.2×22	3.2×25	4×28	4×36	5×40	6.3×50	6.3×63

注：括号内的规格尽量不用。

表 5-1-207　　1、2 型和六角开槽薄螺母（细牙）A、B 级（摘自 GB/T 9457—1988、GB/T 9458—1988、GB/T 9459—1988）　mm

螺纹规格 D×P		M8×1	M10×1 (M10 ×1.25)	M12×1.5 (M12 ×1.25)	(M14 ×1.5)	M16 ×1.5	(M18 ×1.5)	M20×2 (M20 ×1.5)	(M22 ×1.5)	M24×2	(M27 ×2)	M30 ×2	(M33 ×2)	M36 ×3
n(最大)	全部	3.1	3.4	4.25	4.25	5.7	5.7	5.7	6.7	6.7	6.7	8.5	8.5	8.5
d_e(最大)	GB/T 9457 (9458)	—	—	—	—	—	25	28	30	34	38	42	46	50
s(最大)	全部	13	16	18	21	24	27	30	34	36	41	46	50	55
d_a(最大)	全部	8.75	10.8	13.0	15.1	17.3	19.5	21.6	23.7	25.9	29.1	32.4	35.6	38.9
e(最小)	全部	14.38	17.77	20.03	23.35	26.75	29.56	32.95	37.29	39.55	45.2	50.85	55.37	60.79
d_w(最小)	全部	11.6	14.6	16.6	19.6	22.5	24.8	27.7	31.4	33.2	38	42.7	46.6	51.1
m(最大)	GB/T 9457	9.8	12.4	15.8	17.8	20.8	21.8	24.0	27.4	29.5	31.8	34.6	37.7	40.0
	GB/T 9458	10.5	13.3	17	19.1	22.4	23.6	26.3	29.8	31.9	34.7	37.6	41.5	43.7
	GB/T 9459	7.5	9.3	12	14.1	16.4	17.6	20.3	21.8	23.9	26.7	28.6	32.5	34.7
w(最大)	GB/T 9457	6.8	8.4	10.8	12.8	14.8	15.8	18.0	19.4	21.5	23.8	25.6	28.7	31.0
	GB/T 9458	7.5	9.3	12.0	14.1	16.4	17.6	20.3	21.8	23.9	26.7	28.6	32.5	34.7
	GB/T 9459	4.5	5.3	7.0	9.1	10.4	11.6	14.3	13.8	15.9	18.7	19.6	23.5	25.7
开口销	全部	2×16	2.5×20	3.2×22	3.2×26	4×28	4×32	4×36	5×40	5×40	5×45	6.3×50	6.3×60	6.3×65

注：1. 括号内的规格尽量不用。

2. 表中 GB/T 9459 中 M20 的 w 值疑似有误，原标准数据即 14.3，请读者注意。

标记示例

螺纹规格 D=M8×1、性能等级 8 级、不经表面处理、A 级的 1 型六角开槽薄螺母，标记为：

螺母 GB/T 9457 M8×1

螺纹规格 D=M10×1、性能等级 04 级、不经表面处理、A 级的六角开槽薄螺母，标记为：

螺母 GB/T 9459 M10×1

(10) 2 型六角法兰面螺母

表 5-1-208　　2 型六角法兰面螺母结构及技术条件

名称及标准号	规格范围及技术条件	结构
2 型六角法兰面螺母 (GB/T 6177.1—2016)	范围：M5～M20；螺纹公差：6H； 产品等级：A 级（D≤16mm）、B 级（D>16mm） 性能等级：钢 8、10(QT)、12(QT)；不锈钢 A2-70 表面处理：钢不处理、电镀、非电解锌片涂层、热浸镀锌；不锈钢简单处理、钝化处理	m_w① d_a D d_a e θ② θ② β③ m s 放大 c⑤ 0.75°±0.75° δ④ r ⑥ d_w d_c ① m_w为扳拧高度 ② θ=90°～120° ③ β=15°～30° ④ δ=15°～25° ⑤ c在d_{wmin}处测量 ⑥ 棱边形状任选
2 型六角法兰面螺母细牙 (GB/T 6177.2—2016)	范围：M8×1～M20×1.5；　螺纹公差：6H 产品等级：A 级（D≤16mm）、B 级（D>16mm） 性能等级：钢 8、10(QT)、12(QT)；不锈钢 A2-70 表面处理：钢不处理、电镀、非电解锌片涂层；不锈钢简单处理、钝化处理	

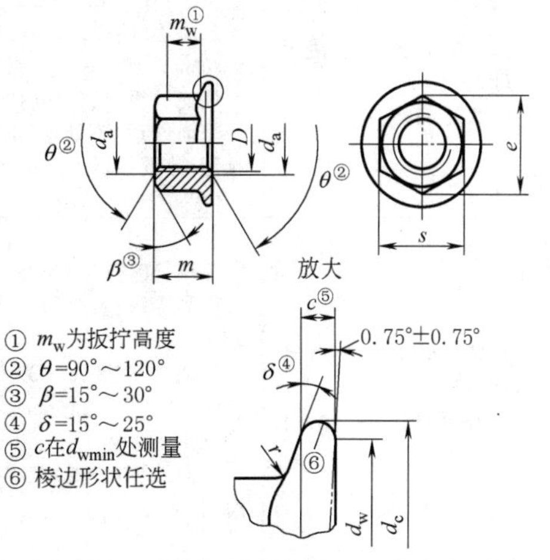

标记示例

螺纹规格 D=M12、性能等级 10 级、表面氧化、A 级的 2 型六角法兰面螺母，标记为：

螺母 GB/T 6177.1 M12

表 5-1-209　2 型六角法兰面螺母（粗牙 GB/T 6177.1—2016、细牙 GB/T 6177.2—2016）尺寸　mm

螺纹规格 (6H)	D	M5	M6	M8	M10	M12	(M14)	M16	M20
	$D \times P$	—	—	M8×1	M10×1.25	M12×1.25	(M14×1.5)	M16×1.5	M20×1.5
		—	—	—	(M10×1)	(M12×1.5)	—	—	—
d_c（最小）		11.8	14.2	17.9	21.8	26	29.9	34.5	42.8
d_w（最小）		9.8	12.2	15.8	19.6	23.8	27.6	31.9	39.9
e(最小)		8.79	11.05	14.38	16.64	20.03	23.36	26.75	32.95
c(最小)		1.0	1.1	1.2	1.5	1.8	2.1	2.4	3.0
d_a(最大)		5.75	6.75	8.75	10.80	13.00	15.10	17.30	21.60
s	最大	8	10	13	15	18	21	24	30
	最小	7.78	9.78	12.73	14.73	17.73	20.67	23.67	29.16
m	最大	5.00	6.00	8.00	10.00	12.00	14.00	16.00	20.00
	最小	4.7	5.7	7.64	9.64	11.57	13.3	15.3	18.7
m_w(最小)		2.5	3.1	4.6	5.6	6.8	7.7	8.9	10.7
r(最大)		0.3	0.4	0.5	0.6	0.7	0.9	1.0	1.2

注：1. 括号内的规格尽量不用。

2. 表中 M5、M6 的数值均为 GB/T 6177.1 的数值，GB/T 6177.2 没有这两个规格。

（11）全金属六角法兰面锁紧螺母

表 5-1-210　全金属六角法兰面锁紧螺母结构及技术条件

名称及标准号	规格范围及技术条件	结构
1 型全金属六角锁紧螺母（GB/T 6184—2000）	范围：M5～M36；螺纹公差：6H 产品等级：A 级（$D \leqslant$16mm）、B 级（D>16mm） 性能等级：钢 5、8、10 表面处理：钢氧化、电镀	
2 型全金属六角锁紧螺母（GB/T 6185.1—2016）	范围：M5～M36；螺纹公差：6H 产品等级：A 级（$D \leqslant$16mm）、B 级（D>16mm） 性能等级：5、8、10（QT）、12（QT） 表面处理：不处理、电镀、非电解锌片涂层、热浸镀锌	
2 型全金属六角锁紧螺母细牙（GB/T 6185.2—2016）	范围：M8×1～M36×3；螺纹公差：6H 产品等级：A 级（$D \leqslant$16mm）、B 级（D>16mm） 性能等级：8mm$\leqslant D \leqslant$16mm 时 8、10（QT）、12（QT）；16mm<$D \leqslant$36mm 时 8、10（QT） 表面处理：不处理、电镀、非电解锌片涂层	

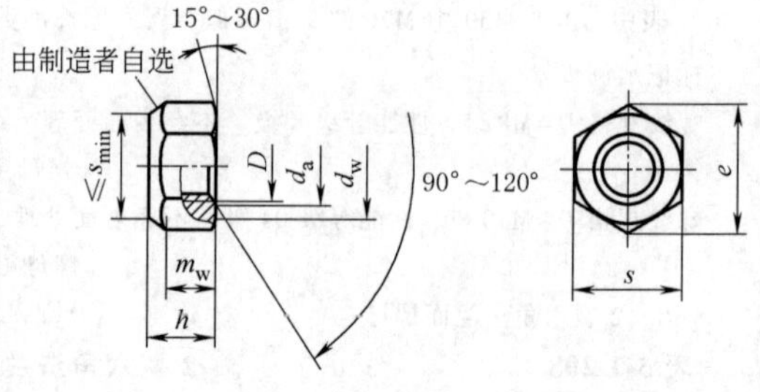

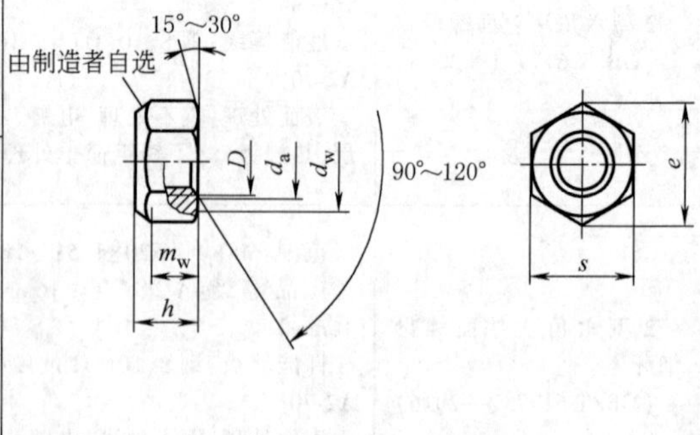

续表

名称及标准号	规格范围及技术条件	结构
2型全金属六角法兰面锁紧螺母（GB/T 6187.1—2016）	范围：M5～M20；螺纹公差：6H 产品等级：A级（$D\leqslant$16mm）、B级（D>16mm） 性能等级：钢8、10（QT）、12（QT） 表面处理：钢不处理、电镀、非电解锌片涂层	① m_w为扳拧高度 ② θ=90°～120° ③ 由制造者自选 ④ δ=15°～25° ⑤ c在d_{wmin}处测量 ⑥ 棱边形状任选 放大
2型全金属六角法兰面锁紧螺母细牙（GB/T 6187.2—2016）	范围：M8×1～M20×1.5；螺纹公差：6H 产品等级：A级（$D\leqslant$16mm）、B级（D>16mm） 性能等级：8mm$\leqslant D\leqslant$16mm时6、8、10（QT）；16mm<$D\leqslant$20mm时6（QT）、8（QT）、10（QT） 表面处理：钢不处理、电镀、非电解锌片涂层	

表 5-1-211　　1型全金属六角锁紧螺母（摘自GB/T 6184—2000）　　mm

螺纹规格 D	M5	M6	M8	M10	M12	(M14)	M16	(M18)	M20	(M22)	M24	M30	M36
螺距 P	0.8	1.0	1.25	1.5	1.75	2.0	2.0	2.5	2.5	2.5	3.0	3.5	4
e(最小)	8.79	11.05	14.38	17.77	20.03	23.36	26.75	29.56	32.95	37.29	39.55	50.85	60.79
d_a(最大)	5.75	6.75	8.75	10.8	13.0	15.1	17.3	19.5	21.6	23.7	25.9	32.4	38.9
d_w(最小)	6.88	8.88	11.63	14.63	16.63	19.64	22.49	24.9	27.7	31.4	33.25	42.75	51.11
s(最大)	8	10	13	16	18	21	24	27	30	34	36	46	55
s(最小)	7.78	9.78	12.73	15.73	17.73	20.67	23.67	26.16	29.16	33	35	45	53.8
h(最大)	5.3	5.9	7.1	9.0	11.6	13.2	15.2	17.0	19.0	21.0	23.0	26.9	32.5
h(最小)	4.8	5.4	6.44	8.04	10.37	12.1	14.1	15.01	16.9	18.1	20.2	24.3	29.4
m_w(最小)	3.52	3.92	5.15	6.43	8.3	9.68	11.28	12.08	13.52	14.5	16.16	19.44	23.52

注：括号内的规格尽量不用。

标记示例

螺纹规格 D=M12、性能等级8级、表面氧化、A级1型全金属六角锁紧螺母，标记为：

螺母 GB/T 6184 M12

表 5-1-212　　2型全金属六角法兰面锁紧螺母细牙（摘自GB/T 6187.2—2016）　　mm

螺纹规格	$D\times P$	M8×1	M10×1	M12×1.5	(M14×1.5)	M16×1.5	M20×1.5
		—	(M10×1.25)	(M12×1.25)	—	—	—
c（最小）		1.2	1.5	1.8	2.1	2.4	3.0
d_a	最大	8.75	10.80	13.00	15.10	17.30	21.60
	最小	8.00	10.00	12.00	14.00	16.00	20.00
d_c(最大)		17.9	21.8	26	29.9	34.5	42.8
d_w(最小)		15.8	19.6	23.8	27.6	31.9	39.9
e(最小)		14.38	16.64	20.03	23.36	26.00	32.95
h	最大	9.4	11.4	13.8	15.9	18.3	22.4
	最小	8.74	10.34	12.57	14.80	17.20	20.30
m(最小)		7.64	9.64	11.57	13.30	15.30	18.70
m_w(最小)		4.6	5.6	6.8	7.7	8.9	10.7
s	最大	13	15	18	21	24	30
	最小	12.73	14.73	17.73	20.67	23.67	29.16
r(最大)		0.5	0.6	0.7	0.9	1.0	1.2

注：1. 括号内的规格尽量不用。

2. m是最小螺纹高度。

表 5-1-213　　2 型全金属六角法兰面锁紧螺母（摘自 GB/T 6187.1—2016）　　mm

螺纹规格 D		M5	M6	M8	M10	M12	(M14)	M16	M20
螺距 P		0.8	1.0	1.25	1.5	1.75	2	2	2.5
c（最小）		1.0	1.1	1.2	1.5	1.8	2.1	2.4	3.0
d_a	最大	5.75	6.75	8.75	10.80	13.00	15.10	17.30	21.60
	最小	5.00	6.00	8.00	10.00	12.00	14.00	16.00	20.00
d_c(最大)		11.8	14.2	17.9	21.8	26.0	29.9	34.5	42.8
d_w(最大)		9.8	12.2	15.8	19.6	23.8	27.6	31.9	39.9
e（最小）		8.79	11.05	14.38	16.64	20.03	23.36	26.75	32.95
s	最大	8.00	10.00	13.00	15.00	18.00	21.00	24.00	30.00
	最小	7.78	9.78	12.73	14.73	17.73	20.67	23.67	29.16
h	最大	6.20	7.30	9.40	11.40	13.80	15.90	18.30	22.40
	最小	5.70	6.80	8.74	10.34	12.57	14.80	17.20	20.30
m(最小)		4.70	5.70	7.64	9.64	11.57	13.30	15.30	18.70
m_w(最小)		2.5	3.1	4.6	5.6	6.8	7.7	8.9	18.7
r(最大)		0.3	0.4	0.5	0.6	0.7	0.9	1.0	1.2

注：括号内的规格尽量不用。

表 5-1-214　　2 型全金属六角锁紧螺母　细牙（摘自 GB/T 6185.2—2016）　　mm

螺纹规格	$D×P$	M8×1	M10×1.25	M12×1.25	(M14×1.5)	M16×1.5	M20×1.5	M24×2	M30×2	M36×3
		—	M10×1	M12×1.5	—	—	—	—	—	—
d_a	最大	8.75	10.80	13.00	15.10	17.30	21.60	25.90	32.40	38.90
	最小	8.00	10.00	12.00	14.00	16.00	20.00	24.00	30.00	36.00
d_w(最大)		11.63	14.63	16.63	19.64	22.49	27.70	33.25	42.75	51.11
e(最小)		14.38	17.77	20.03	23.35	26.75	32.95	39.55	50.85	60.79
s	最大	13.00	16.00	18.00	21.00	24.00	30.00	36.00	46.00	55.00
	最小	12.73	15.73	17.73	20.67	23.67	29.16	35.00	45.00	53.80
h	最大	8.00	10.00	12.00	14.10	16.40	20.30	23.90	30.00	36.00
	最小	7.14	8.94	11.57	13.40	15.70	19.00	22.60	27.30	33.10
m_w(最小)		5.15	6.43	8.30	9.68	11.28	13.52	16.16	19.44	23.52

注：括号内的规格尽量不用。

标记示例

螺纹规格为 M12×1.5、细牙螺纹、性能等级 8 级、表面不经处理、A 级 2 型全金属六角锁紧螺母，标记为：

螺母 GB/T 6185.2 M12×1.5

表 5-1-215　　2 型全金属六角锁紧螺母（摘自 GB/T 6185.1—2016）　　mm

螺纹规格 D		M5	M6	M8	M10	M12	(M14)	M16	M20	M24	M30	M36
螺距 P		0.8	1.0	1.25	1.5	1.75	2	2	2.5	3	3.5	4
d_a	最大	5.75	6.75	8.75	10.80	13.00	15.10	17.30	21.60	25.90	32.40	38.90
	最小	5.00	6.00	8.00	10.00	12.00	14.00	16.00	20.00	24.00	30.00	36.00
d_w(最大)		6.88	8.88	11.63	14.63	16.63	19.64	22.49	27.70	33.25	42.75	51.11
e(最小)		8.79	11.05	14.38	17.77	20.03	23.36	26.75	32.95	39.55	50.85	60.79
s	最大	8.00	10.00	13.00	16.00	18.00	21.00	24.00	30.00	36.00	46.00	55.00
	最小	7.78	9.78	12.73	15.73	17.73	20.67	23.67	29.16	35.00	45.00	53.80
h	最大	5.10	6.00	8.00	10.00	13.30	14.10	16.40	20.30	23.90	30.00	36.00
	最小	4.8	5.4	7.14	8.94	11.57	13.4	15.7	19.00	22.60	27.30	33.10
m_w(最小)		3.52	3.92	5.15	6.43	8.30	9.68	11.28	13.52	16.16	19.44	23.52

注：括号内的规格尽量不用。

（12）盖形螺母

表 5-1-216　　盖形螺母结构及技术条件

名称及标准号	规格范围及技术条件	结构
组合式盖形螺母（GB/T 802.1—2008）	范围：M4～M24（含细牙）；螺纹公差：6H 产品等级：A 级（$D\leqslant16$mm）、B级（$D>16$mm） 性能等级：钢 6、8；不锈钢 A2-50、A2-70、A4-50、A4-70；有色金属 CU2、CU3、AL4 表面处理：钢氧化、电镀、非电解锌片涂层；不锈钢简单处理；有色金属简单处理	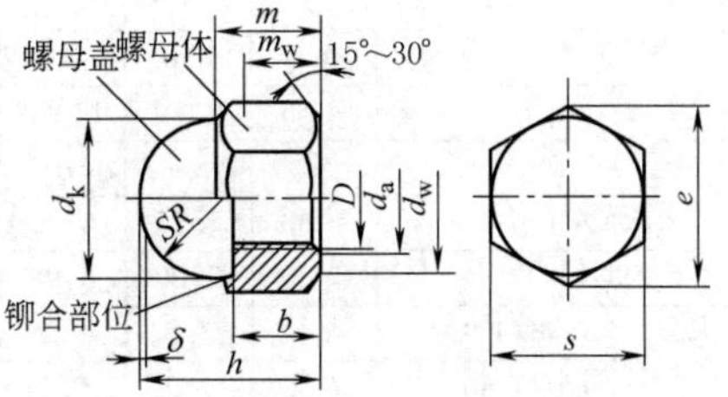 螺母盖 螺母体 m m_w 15°～30° d_k SR D d_a d_w e 铆合部位 δ b h s
六角法兰面盖形螺母焊接型（GB/T 802.3—2009）	范围：M4～M24（含细牙）；螺纹公差：6H 产品等级：A 级（$D\leqslant16$mm）、B级（$D>16$mm） 性能等级：钢 6、8；不锈钢 A2-50、A2-70、A4-50、A4-70 表面处理：钢氧化、电镀、非电解锌片涂层、热浸镀锌；不锈钢简单处理	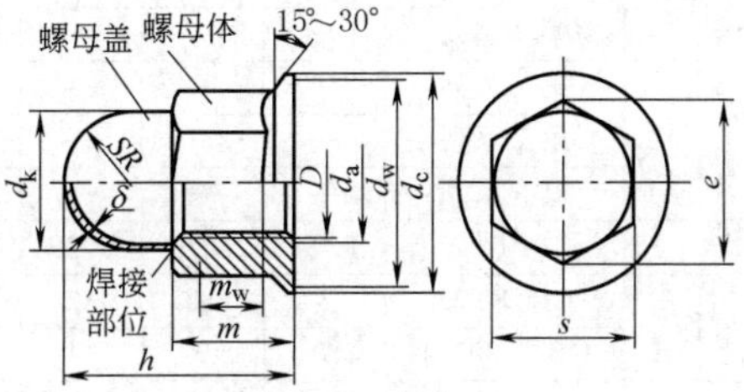 螺母盖 螺母体 15°～30° d_k SR δ D d_a d_w d_c e 焊接部位 m_w m h s
六角低球面盖形螺母焊接型（GB/T 802.4—2009）	范围：M4～M64（含细牙）；螺纹公差：6H 产品等级：A 级（$D\leqslant16$mm）、B级（$D>16$mm） 性能等级：钢 5、6；不锈钢 A2-50 有色金属 CU3 或 CU3 表面处理：钢氧化、电镀、非电解锌片涂层、热浸镀锌；不锈钢简单处理；有色金属简单处理	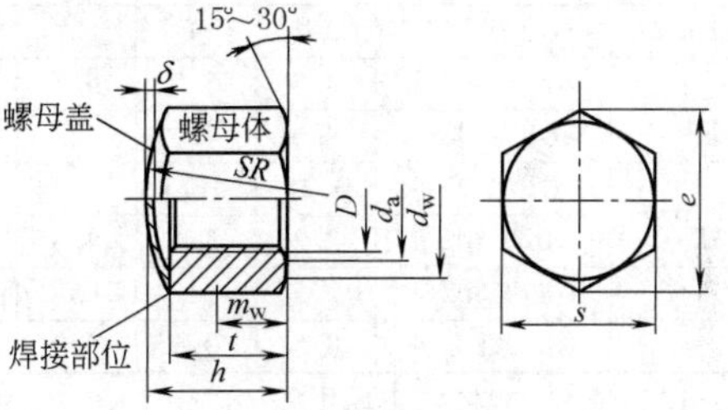 15°～30° δ 螺母盖 螺母体 SR D d_a d_w e m_w t 焊接部位 h s
非金属嵌件六角锁紧盖形螺母　焊接型（GB/T 802.5—2009）	范围：M4～M20（含细牙）；螺纹公差：6H 产品等级：A 级（$D\leqslant16$mm）、B级（$D>16$mm） 性能等级：钢 5、6、8、10 表面处理：钢氧化、电镀、非电解锌片涂层	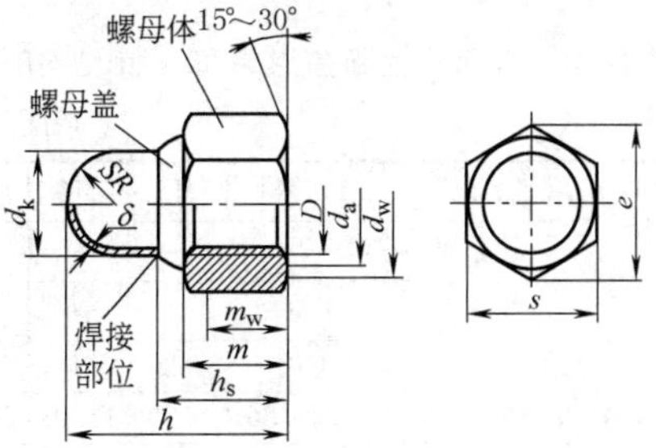 螺母体 15°～30° 螺母盖 d_k SR δ D d_a d_w e 焊接部位 m_w m h_s h s
六角盖形螺母（GB/T 923—2009）	范围：M4～M24（含细牙）；螺纹公差：6H 产品等级：A 级（$D\leqslant16$mm）、B级（$D>16$mm） 性能等级：钢 6；不锈钢 A1-50；有色金属 CU3 或 CU3 表面处理：钢氧化、电镀、非电解锌片涂层、热浸镀锌；不锈钢简单处理；　有色金属简单处理、电镀	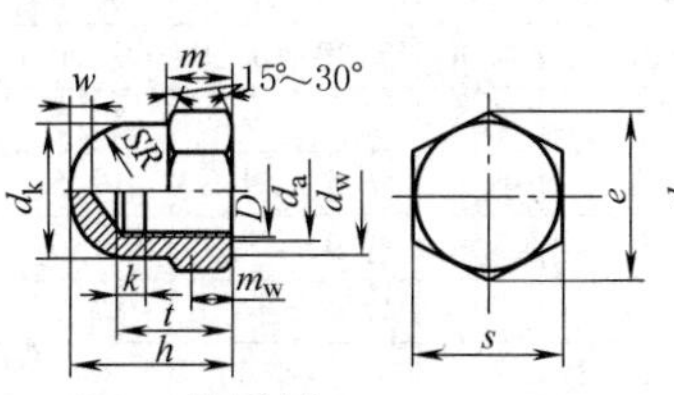 w m 15°～30° d_k SR D d_a d_w k t m_w h e s $D\leqslant10$mm螺母结构 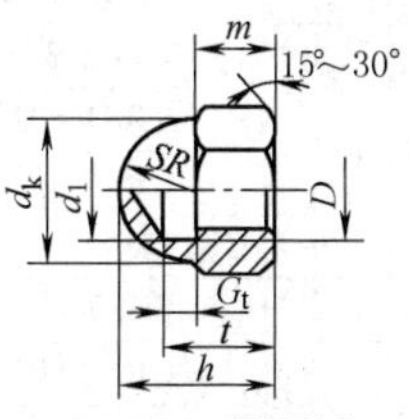 m 15°～30° d_k d_1 SR D G_1 t h $D>10$mm螺母结构

表 5-1-217　六角盖形螺母（摘自 GB/T 923—2009）、组合式盖形螺母（摘自 GB/T 802.1—2008） mm

螺纹规格 D		M4	M5	M6	M8	M10	M12	(M14)	M16	(M18)	M20	(M22)	M24
螺纹规格 D	第1系列	M4	M5	M6	M8	M10	M12	(M14)	M16	(M18)	M20	(M22)	M24
	第2系列	—	—	—	M8×1	M10×1	M12×1.5	M12×1.5	M16×1.5	M18×2	M20×2	M22×2	M24×2
	第3系列	—	—	—	—	M10×1.25	M12×1.25	—	—	M18×1.5	M20×1.5	M22×1.5	—
螺距 P		0.7	0.8	1	1.25	1.5	1.75	2	2	2.5	2.5	2.5	3
e(最小)		7.66	8.79	11.05	14.38	17.77	20.03	23.35	26.75	29.56	32.95	37.29	39.55
s		7	8	10	13	16	18	21	24	27	30	34	36
d_a(最大)		4.60	5.75	6.75	8.75	10.80	13.00	15.10	17.30	19.50	21.60	23.70	25.90
d_a(最小)		4.00	5.00	6.00	8.00	10.00	12.00	14.00	16.00	18.00	20.00	22.00	24.00
d_k(最大)	GB/T 923	6.5	7.5	9.5	12.5	15	17	20	23	26	28	33	34
d_k ≈	GB/T 802.1	6.2	7.2	9.2	13	16	18	20	22	25	28	30	34
d_w (最小)		5.9	6.9	8.9	11.6	14.6	16.6	19.6	22.5	24.9	27.7	31.4	33.3
x GB/T 923	第1系列	1.4	1.6	2.0	2.5	3	—	—	—	—	—	—	—
	第2系列	—	—	—	2	2	—	—	—	—	—	—	—
	第3系列	—	—	—	—	2.5	—	—	—	—	—	—	—
G_1 GB/T 923	第1系列	—	—	—	—	—	6.4	7.3	7.3	9.3	9.3	9.3	10.7
	第2系列	—	—	—	—	—	5.6	5.6	5.6	5.6	7.3	5.6	7.3
	第3系列	—	—	—	—	—	4.9	—	—	7.3	5.6	7.3	—
t(最大)	GB/T 923	5.74	7.79	8.29	11.35	13.35	16.35	18.35	21.42	25.42	26.42	29.42	31.5
h 公称	GB/T 923	8	10	12	15	18	22	25	28	32	34	39	42
	GB/T 802.1	7	9	11	15	18	22	24	26	30	35	38	40
m_w(最小)	GB/T 923	2.32	2.96	3.76	4.91	6.11	7.71	8.24	9.84	11.44	11.92	13.52	14.16
	GB/T 802.1	3.6	4.4	5.2	6.4	8	9.6	10.4	12	13.6	15.2	16.8	17.6
m(最大)	GB/T 923	3.2	4	5	6.5	8	10	11	13	15	16	18	19
m ≈	GB/T 802.1	4.5	5.5	6.5	8	10	12	13	15	17	19	21	22
w (最小)	GB/T 923	2	2	2	2	2	3	4	4	5	5	5	6
SR ≈	GB/T 923	3.25	3.75	4.75	6.25	7.5	8.5	10	11.5	13	14	16.5	17
	GB/T 802.1	3.2	3.6	4.6	6.5	8	9	10	11.5	12.5	14	15	17
b ≈	GB/T 802.1	2.5	4	5	6	8	10	11	13	14	16	18	19
δ ≈	GB/T 802.1	0.5	0.5	0.8	0.8	0.8	1	1	1	1.2	1.2	1.2	1.2

注：1. 括号内的规格尽量不用。

2. G_1 为退刀槽尺寸；x 为螺纹收尾尺寸。

表 5-1-218　六角法兰面盖形螺母（摘自 GB/T 802.3—2009）、非金属嵌件六角锁紧盖形螺母（摘自 GB/T 802.5—2009） mm

螺纹规格 D		M4	M5	M6	M8	M10	M12	(M14)	M16	M20	M24
螺纹规格 D	第1系列	M4	M5	M6	M8	M10	M12	(M14)	M16	M20	M24
	第2系列	—	—	—	M8×1	M10×1	M12×1.5	M12×1.5	M16×1.5	M20×2	M24×2
	第3系列	—	—	—	—	M10×1.25	M12×1.25	—	—	M20×1.5	—
螺距 P		0.7	0.8	1	1.25	1.5	1.75	2	2	2.5	3
e(最小)		7.66	8.79	11.05	14.38	17.77	20.03	23.35	26.75	32.95	39.55
s		7	8	10	13	16	18	21	24	30	36
d_a(最大)	GB/T 802.3(802.5)	4.60	5.75	6.75	8.75	10.80	13.00	15.10	17.30	21.60	25.90
d_a(最小)	GB/T 802.3(802.5)	4.00	5.00	6.00	8.00	10.00	12.00	14.00	16.00	20.00	24.00
d_k(最大)	GB/T 802.3	6.5	7.5	9.5	12.5	15	17	20	23	28	34
	GB/T 802.5	6.5	7.5	9.5	12.5	16	18	21	23	28	
d_w(最小)	GB/T 802.3(802.5)	5.9	6.9	8.9	11.6	14.6	16.6	19.6	22.5	27.7	33.3
d_c(最大)	GB/T 802.3	9	11.8	14.2	17.9	21.8	26	29.8	34.5	42.8	46
h(公称)	GB/T 802.5	7.5	9	11	14	18	22	26	30	32	36
	GB/T 802.5	9.6	10.5	12	14	18.1	22.5	26.4	27.5	35	
h_1(公称)	GB/T 802.5	5.6	6	7.5	8.9	10.5	13.5	15.5	16.5	21	

续表

m_w(最小)	GB/T 802.3	2.32	2.96	3.76	4.91	6.11	7.71	8.24	9.84	11.92	14.16
	GB/T 802.5	2.32	3.52	3.92	5.15	6.43	8.3	9.68	11.28	13.52	
m(最大)	GB/T 802.3	4.5	5	6	8	10	12	14	16	20	24
m(最小)	GB/T 802.5	2.9	4.4	4.9	6.44	8.04	10.37	12.1	14.1	16.9	
SR ≈	GB/T 802.3	3.25	3.75	4.75	6.25	7.5	8.5	10	11.5	14	17
	GB/T 802.5	2.5	3.0	3.5	4.6	5.8	6.8	7.8	8.8	10.8	
δ ≈	GB/T 802.3(802.5)	0.5	0.5	0.8	0.8	0.8	1	1	1	1.2	1.2

注：括号内的规格尽量不用。

表 5-1-219　　六角低球面盖形螺母（摘自 GB/T 802.4—2009）　　mm

螺纹规格 D	第1系列	M4	M5	M6	M8	M10	M12	(M14)	M16	(M18)	M20	(M22)	M24	(M27)	M30	M36	M42	M48	M64
	第2系列	—	—	—	M8×1	M10×1	M12×1.5	M12×1.5	M16×1.5	M18×2	M20×2	M22×2	M24×2	(M27×2)	M30×2	M36×3	M42×3	M48×3	M64×3
	第3系列	—	—	—	—	M10×1.25	M12×1.25	—	—	M18×1.5	M20×1.5	M22×1.5	—	—	—	—	—	—	—
螺距 P		0.7	0.8	1	1.25	1.5	1.75	2	2	2.5	2.5	2.5	3	3	3.5	4	4.5	5	6
e(最小)		7.66	8.79	11.05	14.38	17.77	20.03	23.35	26.75	29.56	32.95	37.29	39.55	45.2	50.85	60.79	72.02	83.60	104.85
s		7	8	10	13	16	18	21	24	27	30	34	36	41	46	55	65	75	95
d_a(最大)		4.60	5.75	6.75	8.75	10.80	13.00	15.10	17.30	19.50	21.60	23.70	25.90	29.1	32.4	38.9	45.4	51.8	69.1
d_w(最小)		5.9	6.9	8.9	11.6	14.6	16.6	19.6	22.5	24.9	27.7	31.4	33.3	38	42.8	51.1	60	69,5	88.2
t(最大)		4.64	5.44	7.29	9.79	11.35	13.85	15.35	17.35	19.42	21.42	22.42	24.42	26.42	28.42	36.5	42.5	48.5	62.6
h 公称		5.5	7.5	9	12	14	16	18	20	22	25	28	30	32	34	44	52	58	75
m_w(最小)		2.75	3.5	4.5	6	7	8	8	10	11	12.5	14	15	16	17	22	26	29	37.5
SR ≈		7	8	10	13	16	18	28	30	32	35	35	40	50	60	70	80	90	130
δ ≈		0.5	0.5	0.8	0.8	0.8	1	1	1	1.2	1.2	1.2	1.2	1.5	1.5	1.5	2	2	2

注：括号内的规格尽量不用

（13）环形螺母

环形螺母（摘自 GB/T 63—1988）

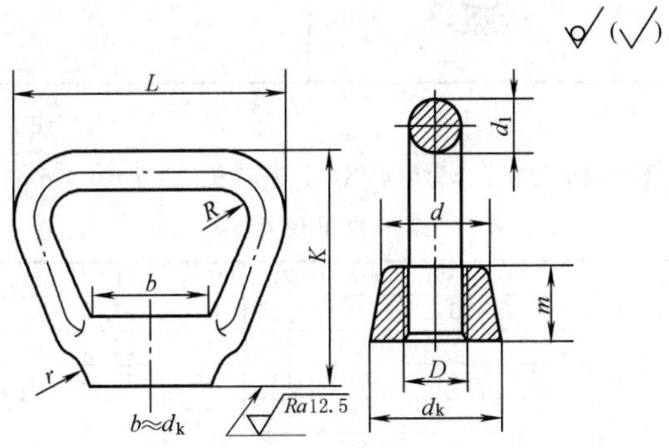

标记示例

螺纹规格 D=M16、材料 ZCuZn40Mn2、不经表面处理的环形螺母，标记为：螺母 GB/T 63 M16

表 5-1-220　　环形螺母　　mm

螺纹规格 D	d_k	d	m	K	L	d_1	R	r	每1000个的质量/kg≈
M12	24	20	15	52	66	10	6	6	153.9
(M14)									149.3
M16	30	26	18	60	76	12	6	8	262.9
(M18)									256.3
M20	36	30	22	72	86	13	8	11	370
(M22)									358.1
M24	46	38	26	84	98	14	10	14	568.9
技术条件	材料:ZCuZn40Mn2			螺纹公差:6H					

(14) 蝶形螺母

表 5-1-221　　蝶形螺母结构及技术条件

蝶形螺母　圆翼 GB/T 62.1—2004

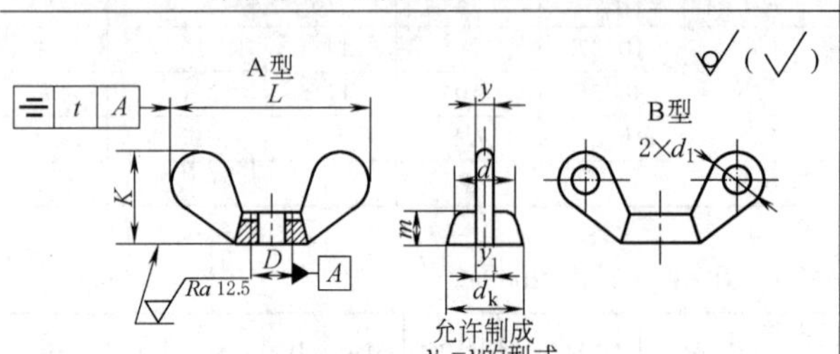

规格范围：M2～M24；螺纹公差：7H

材料：Q215、Q235、KT30-6，Ⅰ级扭矩；1Cr8Ni9，Ⅰ级扭矩；H62，Ⅱ级扭矩

表面处理：钢氧化、电镀；不锈钢、有色金属简单处理

蝶形螺母　方翼 GB/T 62.2—2004

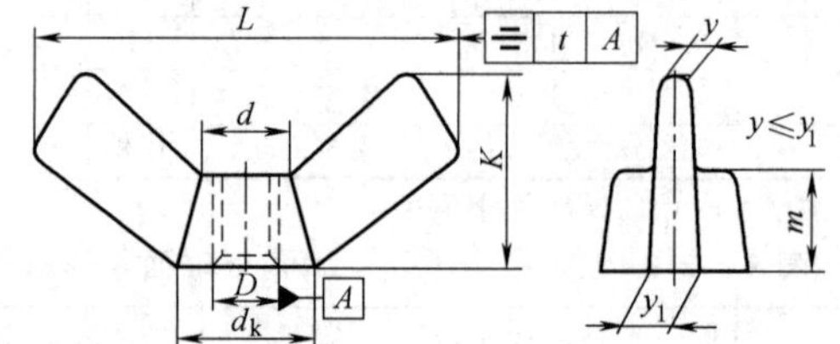

规格范围：M3～M20；螺纹公差：7H

材料：Q215、Q235、KT30-6，Ⅰ级扭矩；1Cr8Ni9，Ⅰ级扭矩；H62，Ⅱ级扭矩

表面处理：钢氧化、电镀；不锈钢、有色金属简单处理

蝶形螺母 冲压 GB/T 62.3—2004

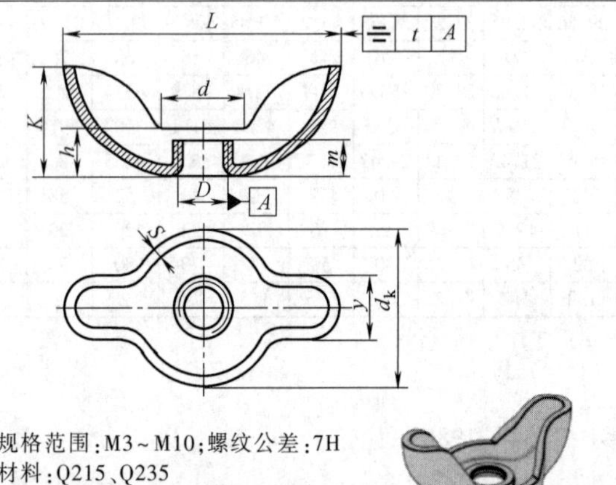

规格范围：M3～M10；螺纹公差：7H

材料：Q215、Q235

A 型：Ⅰ级扭矩；B 型：Ⅱ级扭矩

表面处理：氧化、电镀

蝶形螺母 压铸 GB/T 62.4—2004

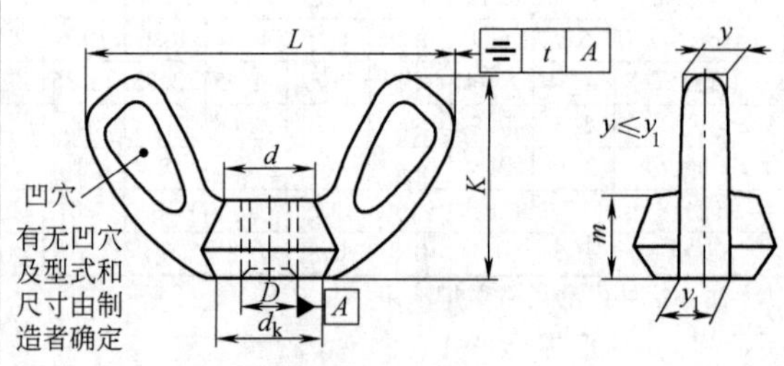

规格范围：M3～M10；螺纹公差：7H

材料：ZnAl4Cu3，Ⅱ级扭矩

标记示例

螺纹规格 D=M10、材料 Q215、不经表面处理、A 型蝶形螺母，标记为：螺母 GB/T 62.1 M10

表 5-1-222　　蝶形螺母尺寸　　mm

螺纹规格		M2	M2.5	M3	M4	M5	M6	M8	M10	M12	(M14)	M16	(M18)	M20	(M22)	(M24)
P		0.4	0.45	0.5	0.7	0.8	1	1.25	1.5	1.75	2	2	2.5	2.8	2.5	3
d_k(最小)	GB/T 62.1	4	5	5	7	8.5	10.5	14	18	22	26	26	30	34	38	43
	GB/T 62.2	—	—	6.5	6.5	8	10	13	16	20	20	27	27	27	—	—
	GB/T 62.3	—	—	10	12	13	15	17	20				—			
	GB/T 62.4	—	—	5	7	8.5	10.5	13	16							
d ≈	GB/T 62.1	3	4	4	6	7	9	12	15	18	22	22	25	28	32	36
	GB/T 62.2	—	—	4	4	6	7	10	12	16	16	22	22	22	—	—
	GB/T 62.3	—	—	5	6	7	9	10	12				—			
	GB/T 62.4	—	—	4	6	7	9	10	12							
L	GB/T 62.1	12	16	16	20	25	32	40	50	60	70	70	80	90	100	112
	GB/T 62.2	—	—	17	17	21	27	31	36	48	48	68	68	68	—	—
	GB/T 62.3	—	—	16	19	22	25	28	35				—			
	GB/T 62.4	—	—	16	21	21	23	30	37							
K	GB/T 62.1	6	8	8	10	12	16	20	25	30	35	35	40	45	50	56
	GB/T 62.2	—	—	9	9	11	13	16	18	23	23	35	35	35	—	—
	GB/T 62.3	—	—	6.5	8.5	9	9.5	11	12				—			
	GB/T 62.4	—	—	8.5	11	11	14	16	19							
m(最小)	GB/T 62.1	2	3	3	4	5	6	8	10	12	14	14	16	18	20	22
	GB/T 62.2	—	—	3	3	4	4.5	6	7.5	9	9	12	12	12	—	—

续表

m(最小)	GB/T 62.3-A	—	—	3.5	4	4.5	5	6	7	—						
	GB/T 62.3-B	—	—	1.4	1.6	1.8	2.4	3.1	3.8							
	GB/T 62.4	—	—	2.4	3.2	4	5	6.5	8							
d_1(最大)	GB/T 62.1	2	2.5	3	4	4	5	6	7	8	9	10	10	11	11	12
y(最大)	GB/T 62.1	2.5	2.5	2.5	3	3.5	4	4.5	5.5	7	8	8	8	9	10	11
	GB/T 62.2	—	—	3	3	3.5	4	4.5	5.5	7	7	8	8	8	—	—
	GB/T 62.3	—	—	4	5	5.5	6	7	8	—						
	GB/T 62.4	—	—	2.5	3	3.5	4	4.5	5.5							
y_1(最大)	GB/T 62.1	3	3	3	4	4.5	5	5.5	6.5	8	9	9	10	11	12	13
	GB/T 62.2	—	—	4	4	4.5	5	5.5	6.5	8	8	9	9	9	—	—
	GB/T 62.4	—	—	3	4	4.5	5	5.5	6.5	—						
t(最大)	GB/T 62.1	0.3	0.3	0.4	0.4	0.5	0.5	0.6	0.7	1	1.1	1.2	1.4	1.5	1.6	1.6
	GB/T 62.2	—	—	0.4	0.4	0.5	0.5	0.6	0.7	1	1.1	1.2	1.4	1.5	—	—
	GB/T 62.3	—	—	0.4	0.4	0.5	0.5	0.6	0.7	—						
	GB/T 62.4	—	—	0.4	0.4	0.5	0.5	0.6	0.7							
S	GB/T 62.3-A	—	—	1	1	1	1	1.2	1.2	—						
	GB/T 62.3-B	—	—	0.8	0.8	0.8	1	1.2	1.2							

注：括号内的规格尽量不用。

（15）扣紧螺母

扣紧螺母（摘自 GB/T 805—1988）

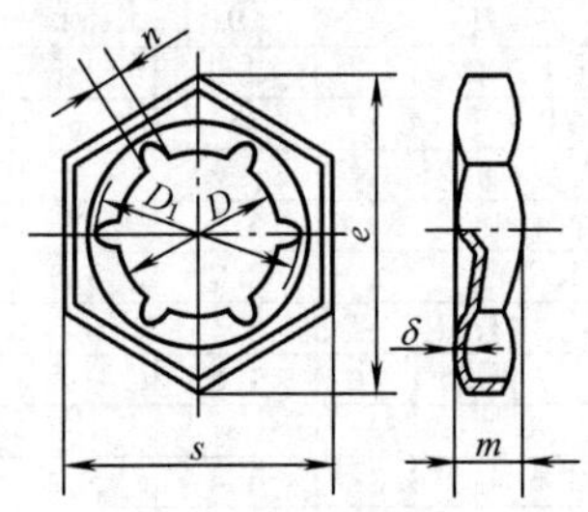

标记示例

螺纹规格 D=M12、材料 65Mn、热处理硬度 30~40HRC、表面氧化的扣紧螺母，标记为：螺母 GB/T 805 M12

表 5-1-223　　扣紧螺母　　mm

螺纹规格 $D\times P$	M6 ×1	M8 ×1.25	M10 ×1.5	M12 ×1.75	(M14 ×2)	M16 ×2	(M18 ×2.5)	M20 ×2.5	(M22 ×2.5)	M24 ×3	(M27 ×3)	M30 ×3.5	M36 ×4	M42 ×4.5	M48 ×5
D(最小)	5	6.8	8.5	10.3	12	14	15.5	17.5	19.5	21	24	26.5	32	37.5	43
s(最大)	10	13	16	18	21	24	27	30	34	36	41	46	55	65	75
D_1	7.5	9.5	12	14	16	18	20.5	22.5	25	27	30	34	40	47	54
n	1			1.5			2			2.5			3		
e	11.5	16.2	19.6	21.9	25.4	27.7	31.2	34.6	36.9	41.6	47.3	53.1	63.5	75	86.5
m	3	4	5		6		7			9			12		14
δ	0.4	0.5	0.6	0.7	0.8		1			1.2		1.4		1.8	
每100个的质量/kg≈	0.52	1.26	2.24	2.99	4.68	5.16	8.4	9.66	10.4	17.46	20.94	29.06	43.99	72.37	97.16
技术条件	材料:65Mn		热处理:淬火并回火 30~40HRC							表面处理:氧化,镀锌钝化					

注：1. 括号内的规格尽量不用。

2. 使用方法为先用普通六角螺母将被连接件紧固，然后旋上扣紧螺母并用手拧紧，使其与普通螺母的支承面接触，再用扳手旋紧 60°~90°即可；松开扣紧螺母时，必须再拧紧普通六角螺母，使其与扣紧螺母之间产生间隙，才能松开扣紧螺母，以免划伤螺栓的螺纹。

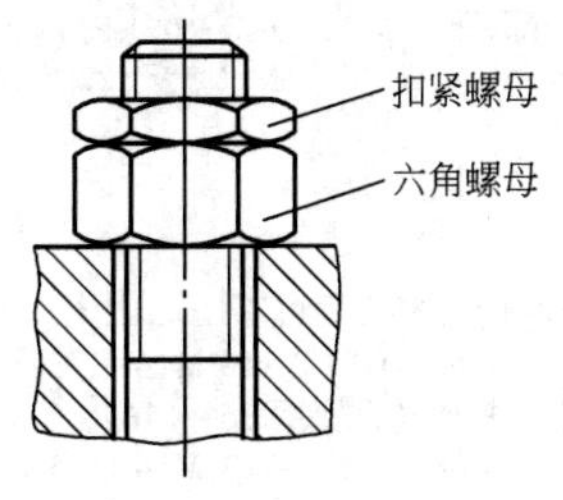

（16）滚花螺母

滚花螺母分为滚花高螺母（GB/T 806—1988）和滚花薄螺母（GB/T 807—1988）两种类型，它们的滚花头直径尺寸相同、技术条件相同，主要区别是滚花头的高度不同。

滚花高螺母（摘自 GB/T 806—1988）　**滚花薄螺母**（摘自 GB/T 807—1988）

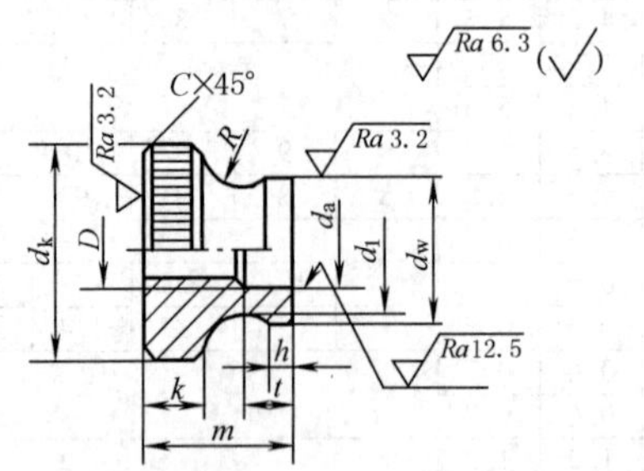

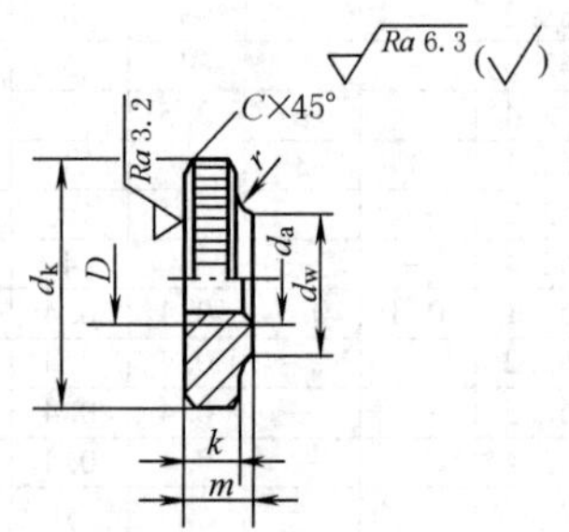

标记示例

螺纹规格 D=M5、性能等级 5 级、不经表面处理的滚花高螺母，标记为：螺母　GB/T 806　M5

螺纹规格 D=M5、性能等级 5 级、不经表面处理的滚花薄螺母，标记为：螺母　GB/T 807　M5

表 5-1-224　　**滚花螺母**　　mm

螺纹规格 D		M1.4	M1.6	M2	M2.5	M3	M4	M5	M6	M8	M10
d_k(滚花前)(最大)		6	7	8	9	11	12	16	20	24	30
k		1.5	2		2.2	2.8	3	4	5	6	8
d_w(最大)		3.5	4	4.5	5	6	8	10	12	16	20
C		0.2				0.3		0.5		0.8	
GB/T 806—1988	m(最大)	—	4.7	5	5.5	7	8	10	12	16	20
	d_a(最小)	—	1.8	2.2	2.7	3.2	4.2	5.2	6.2	8.5	10.5
	t(最大)	—	1.5		2		2.5	3	4	5	6.5
	R(最小)	—	1.25		1.5	2		2.5	3	4	5
	h	—	0.8	1		1.2	1.5	2	2.5	3	3.8
	d_1	—	3.6	3.8	4.4	5.2	6.4	9	11	13	17.5
GB/T 807—1988	m(最大)	2	2.5	2.5	2.5	3	3	4	5	6	8
	d_a(最小)	1.4	1.6	2	2.5	3	4	5	6	8	10
	r	0.5							1		2
每 1000 个的质量/kg≈	GB/T 806	—	0.77	0.99	1.34	2.51	3.54	8.25	15.68	24.91	54.89
	GB/T 807	0.32	0.59	0.77	0.96	1.76	2.10	5.15	9.63	16.97	32.69
技术条件		材料		钢	螺纹公差：6H		产品等级：A		滚花：直纹	表面处理：不经处理	
		性能等级		5							

（17）小圆螺母和圆螺母

小圆螺母（摘自 GB/T 810—1988）　**圆螺母**（摘自 GB/T 812—1988）

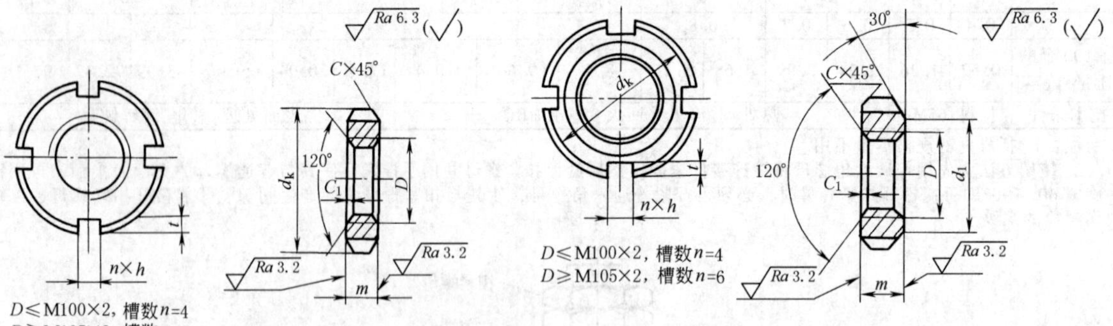

标记示例

螺纹规格 D=M16×1.5、材料 45 钢、槽或全部热处理后硬度 35~45HRC、表面氧化的小圆螺母，标记为：

螺母　GB/T 810 M16×1.5

螺纹规格 D=M16×1.5、材料 45 钢、槽或全部热处理后硬度 35~45HRC、表面氧化的圆螺母，标记为：

螺母　GB/T 812 M16×1.5

表 5-1-225　　小圆螺母　　mm

<table>
<tr><th>螺纹规格 $D\times P$</th><th>d_k</th><th>m</th><th>h(最小)</th><th>t(最小)</th><th>C_1</th><th>C</th><th>每 1000 个的质量/kg≈</th></tr>
<tr><td>M10×1</td><td>20</td><td rowspan="6">6</td><td rowspan="4">4</td><td rowspan="4">2</td><td rowspan="17">0.5</td><td rowspan="8">0.5</td><td>9.53</td></tr>
<tr><td>M12×1.25</td><td>22</td><td>11</td></tr>
<tr><td>M14×1.5</td><td>25</td><td>14.27</td></tr>
<tr><td>M16×1.5</td><td>28</td><td>17.91</td></tr>
<tr><td>M18×1.5</td><td>30</td><td rowspan="7">5</td><td rowspan="7">2.5</td><td>18.83</td></tr>
<tr><td>M20×1.5</td><td>32</td><td>20.6</td></tr>
<tr><td>M22×1.5</td><td>35</td><td rowspan="9">8</td><td>33.2</td></tr>
<tr><td>M24×1.5</td><td>38</td><td>39.42</td></tr>
<tr><td>M27×1.5</td><td>42</td><td rowspan="15">1</td><td>47.6</td></tr>
<tr><td>M30×1.5</td><td>45</td><td>52.01</td></tr>
<tr><td>M33×1.5</td><td>48</td><td>56.43</td></tr>
<tr><td>M36×1.5</td><td>52</td><td rowspan="5">6</td><td rowspan="5">3</td><td>64.51</td></tr>
<tr><td>M39×1.5</td><td>55</td><td>69.22</td></tr>
<tr><td>M42×1.5</td><td>58</td><td>73.92</td></tr>
<tr><td>M45×1.5</td><td>62</td><td>84.65</td></tr>
<tr><td>M48×1.5</td><td>68</td><td rowspan="6">10</td><td>136.5</td></tr>
<tr><td>M52×1.5</td><td>72</td><td rowspan="6">8</td><td rowspan="6">3.5</td><td>143.2</td></tr>
<tr><td>M56×2</td><td>78</td><td rowspan="19">1</td><td>171.9</td></tr>
<tr><td>M60×2</td><td>80</td><td>162.8</td></tr>
<tr><td>M64×2</td><td>85</td><td>183</td></tr>
<tr><td>M68×2</td><td>90</td><td>204.2</td></tr>
<tr><td>M72×2</td><td>95</td><td rowspan="7">12</td><td>271.9</td></tr>
<tr><td>M76×2</td><td>100</td><td rowspan="5">10</td><td rowspan="5">4</td><td>295.5</td></tr>
<tr><td>M80×2</td><td>105</td><td rowspan="13">1.5</td><td>325</td></tr>
<tr><td>M85×2</td><td>110</td><td>343.4</td></tr>
<tr><td>M90×2</td><td>115</td><td>361.8</td></tr>
<tr><td>M95×2</td><td>120</td><td>380.2</td></tr>
<tr><td>M100×2</td><td>125</td><td rowspan="4">12</td><td rowspan="4">5</td><td>391.1</td></tr>
<tr><td>M105×2</td><td>130</td><td rowspan="6">15</td><td>497.7</td></tr>
<tr><td>M110×2</td><td>135</td><td>520.7</td></tr>
<tr><td>M115×2</td><td>140</td><td>543.7</td></tr>
<tr><td>M120×2</td><td>145</td><td rowspan="6">14</td><td rowspan="6">6</td><td>549.8</td></tr>
<tr><td>M125×2</td><td>150</td><td>572.8</td></tr>
<tr><td>M130×2</td><td>160</td><td>740.5</td></tr>
<tr><td>M140×2</td><td>170</td><td rowspan="4">18</td><td>954.8</td></tr>
<tr><td>M150×2</td><td>180</td><td>1021</td></tr>
<tr><td>M160×3</td><td>195</td><td rowspan="5">1.5</td><td rowspan="5">2</td><td>1299</td></tr>
<tr><td>M170×3</td><td>205</td><td rowspan="4">16</td><td rowspan="4">7</td><td>1353</td></tr>
<tr><td>M180×3</td><td>220</td><td rowspan="3">22</td><td>2041</td></tr>
<tr><td>M190×3</td><td>230</td><td>2149</td></tr>
<tr><td>M200×3</td><td>240</td><td>2257</td></tr>
<tr><td rowspan="2">技术条件</td><td>材料</td><td colspan="2">螺纹公差</td><td colspan="4">热处理及表面处理</td></tr>
<tr><td>45 钢</td><td colspan="2">6H</td><td colspan="4">槽或全部热处理后 35~45HRC；调质 24~30HRC；氧化</td></tr>
</table>

表 5-1-226　　圆螺母　　mm

螺纹规格 $D \times P$	d_k	d_1	m	h(最小)	t(最小)	C	C_1	每1000个的质量/kg≈
M10×1	22	16	8	4	2	0.5	0.5	16.82
M12×1.25	25	19						21.58
M14×1.5	28	20						26.82
M16×1.5	30	22		5	2.5			28.44
M18×1.5	32	24						31.19
M20×1.5	35	27						37.31
M22×1.5	38	30	10					54.91
M24×1.5	42	34				1		68.88
M25×1.5[①]								65.88
M27×1.5	45	37						75.49
M30×1.5	48	40						82.11
M33×1.5	52	43		6	3			92.32
M35×1.5[①]								84.99
M36×1.5	55	46				1.5		100.3
M39×1.5	58	49						107.3
M40×1.5[①]								102.5
M42×1.5	62	53						121.8
M45×1.5	68	59						153.6
M48×1.5	72	61	12	8	3.5			201.2
M50×1.5[①]								186.8
M52×1.5	78	67						238
M55×2[①]								214.4
M56×2	85	74					1	290.1
M60×2	90	79						320.3
M64×2	95	84						351.9
M65×2[①]								342.4
M68×2	100	88		10	4			380.2
M72×2	105	93	15					518
M75×2[①]								477.5
M76×2	110	98						562.4
M80×2	115	103						608.4
M85×2	120	108						640.6
M90×2	125	112	18	12	5			796.1
M95×2	130	117						834.7
M100×2	135	122						873.3
M105×2	140	127						895
M110×2	150	135	22	14	6			1076
M115×2	155	140						1369
M120×2	160	145						1423
M125×2	165	150						1477
M130×2	170	155						1531
M140×2	180	165	26					1937
M150×2	200	180		16	7			2651
M160×3	210	190				2	1.5	2810
M170×3	220	200						2970
M180×3	230	210	30					3610
M190×3	240	220						3794
M200×3	250	230						3978
技术条件	材料	螺纹公差		热处理及表面处理				
	45 钢	6H		槽或全部热处理后 35~45HRC；调质 24~30HRC；氧化				

① 仅圆螺母（GB/T 812—1988）有此规格，且仅用于滚动轴承锁紧装置。

（18）带锁紧槽圆螺母

带锁紧槽圆螺母（摘自 HB 315—1987）

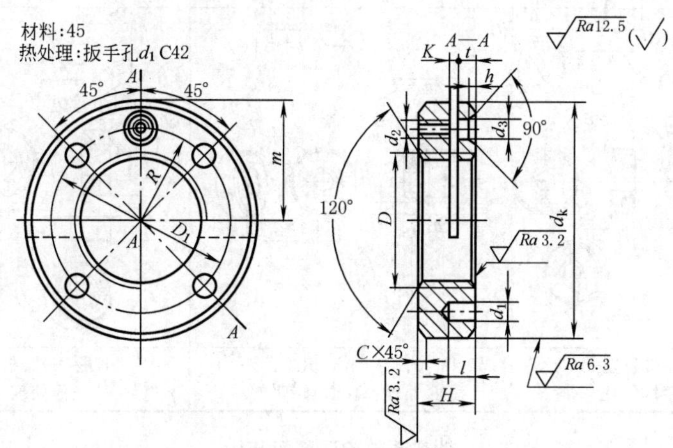

标记示例

细牙普通螺纹、直径 24mm、螺距 1.5mm 的带锁紧槽圆螺母，标记为：圆螺母　HB 315—1987　M24×1.5

表 5-1-227　　　　**带锁紧槽圆螺母**　　　　mm

<table>
<tr><th rowspan="2">D×P</th><th rowspan="2">d_k</th><th colspan="2">D_1</th><th colspan="2">H</th><th colspan="2">d_1</th><th rowspan="2">d_2</th><th rowspan="2">d_3</th><th rowspan="2">R</th><th rowspan="2">l</th><th colspan="2">h</th><th rowspan="2">t</th><th rowspan="2">K</th><th rowspan="2">m</th><th rowspan="2">C</th><th rowspan="2">螺钉 GB/T 68—2016</th></tr>
<tr><th>公称尺寸</th><th>允差</th><th>公称尺寸</th><th>允差</th><th>公称尺寸</th><th>允差</th><th>公称尺寸</th><th>允差</th></tr>
<tr><td>M10×1</td><td>22</td><td>16</td><td rowspan="2">+0.12</td><td rowspan="2">6</td><td rowspan="2">-0.3</td><td rowspan="2">3</td><td rowspan="2">+0.25</td><td rowspan="2">M2</td><td rowspan="2">2.5</td><td>8</td><td rowspan="2">3</td><td rowspan="2">1.2</td><td rowspan="2">-0.3</td><td rowspan="2">1.2</td><td rowspan="2">1.5</td><td rowspan="2">15</td><td rowspan="2">0.2</td><td rowspan="2">M2×4</td></tr>
<tr><td>M12×1.25</td><td>25</td><td>18</td><td>9</td></tr>
<tr><td>M16×1.5</td><td>30</td><td>22</td><td rowspan="4">+0.14</td><td rowspan="3">8</td><td rowspan="12">-0.36</td><td rowspan="2">3.5</td><td>+0.25</td><td rowspan="3">M3</td><td rowspan="3">3.6</td><td>11.5</td><td rowspan="3">4</td><td rowspan="3">1.5</td><td rowspan="3">-0.3</td><td rowspan="3">1.5</td><td rowspan="3">1.5</td><td rowspan="3">20</td><td rowspan="4">0.5</td><td rowspan="3">M3×6</td></tr>
<tr><td>M18×1.5</td><td>32</td><td>24</td><td rowspan="13">+0.3</td><td>12.5</td></tr>
<tr><td>M20×1.5</td><td>35</td><td>27</td><td rowspan="3">4</td><td>13.5</td></tr>
<tr><td>(M22×1.5)</td><td>38</td><td>30</td><td rowspan="9">10</td><td rowspan="4">M4</td><td rowspan="4">4.8</td><td>15</td><td rowspan="3">5</td><td rowspan="4">2</td><td rowspan="16">-0.4</td><td rowspan="4">2</td><td rowspan="9">2</td><td rowspan="2">25</td><td rowspan="4">M4×8</td></tr>
<tr><td>M24×1.5</td><td>42</td><td rowspan="2">34</td><td rowspan="6">+0.17</td><td>16.5</td><td rowspan="14">1</td></tr>
<tr><td>(M27×1.5)</td><td>45</td><td rowspan="4">4.5</td><td>18</td><td rowspan="2">30</td></tr>
<tr><td>M30×1.5</td><td>48</td><td>38</td><td>19.5</td><td rowspan="4">6</td></tr>
<tr><td>(M33×1.5)</td><td>52</td><td>42</td><td rowspan="5">M5</td><td rowspan="5">6</td><td>20.5</td><td rowspan="5">2.5</td><td rowspan="5">3</td><td rowspan="2">35</td><td rowspan="5">M5×8</td></tr>
<tr><td>M36×1.5</td><td>55</td><td rowspan="2">46</td><td>23</td></tr>
<tr><td>(M39×1.5)</td><td>58</td><td rowspan="4">5.5</td><td>24.5</td><td rowspan="2">40</td></tr>
<tr><td>M42×1.5</td><td>62</td><td rowspan="2">54</td><td rowspan="8">+0.2</td><td>26</td><td rowspan="6">7</td></tr>
<tr><td>(M45×1.5)</td><td>68</td><td>28.5</td><td rowspan="2">45</td></tr>
<tr><td>M48×1.5</td><td>72</td><td rowspan="2">62</td><td rowspan="6">12</td><td rowspan="13">-0.43</td><td rowspan="7">M6</td><td rowspan="7">7</td><td>30</td><td rowspan="7">3</td><td rowspan="5">4</td><td rowspan="13">3</td><td rowspan="5">M6×10</td></tr>
<tr><td>(M52×1.5)</td><td>78</td><td rowspan="2">6.5</td><td>32.5</td><td rowspan="2">50</td></tr>
<tr><td>M56×2</td><td>85</td><td rowspan="2">72</td><td rowspan="11">+0.36</td><td>35.5</td></tr>
<tr><td>(M60×2)</td><td>90</td><td rowspan="2">7.5</td><td>38</td><td rowspan="2">55</td></tr>
<tr><td>M64×2</td><td>95</td><td rowspan="2">80</td><td>40</td><td rowspan="2">8</td></tr>
<tr><td>(M68×2)</td><td>100</td><td rowspan="8">9</td><td>42</td><td rowspan="5">5</td><td rowspan="2">60</td><td rowspan="2">M6×12</td></tr>
<tr><td>M72×2</td><td>105</td><td rowspan="2">90</td><td rowspan="7">+0.23</td><td rowspan="4">15</td><td>44</td><td rowspan="7">10</td><td rowspan="7">1.5</td></tr>
<tr><td>(M76×2)</td><td>110</td><td rowspan="6">M8</td><td rowspan="6">9</td><td>46.5</td><td rowspan="6">4</td><td rowspan="6">-0.5</td><td rowspan="2"></td><td rowspan="3">M8×12</td></tr>
<tr><td>M80×2</td><td>115</td><td rowspan="2">100</td><td>49</td></tr>
<tr><td>(M85×2)</td><td>120</td><td>51</td><td rowspan="3">65</td></tr>
<tr><td>M90×2</td><td>125</td><td rowspan="2">110</td><td rowspan="3">18</td><td>54</td><td rowspan="3">6</td><td rowspan="3">M8×15</td></tr>
<tr><td>(M95×2)</td><td>130</td><td>56.5</td></tr>
<tr><td>M100×2</td><td>135</td><td>120</td><td>59</td><td>70</td></tr>
</table>

注：1. 括号内的规格尽量不用。

2. 表面发蓝处理。

（19）带孔和带槽圆螺母

表 5-1-228　　带孔和带槽圆螺母结构及技术条件

GB/T 815—1988 端面带孔圆螺母	GB/T 816—1988 侧面带孔圆螺母	GB/T 817—1988 带槽圆螺母
M2~M10,材料 A3,螺纹公差 6H 表面处理:氧化、镀锌钝化	M2~M10,材料 A3,螺纹公差 6H 表面处理:氧化、镀锌钝化	M1.4~M12,材料 A3,螺纹公差 6H 表面处理:氧化、镀锌钝化

表 5-1-229　　带孔和带槽圆螺母尺寸　　mm

螺纹规格 D		M1.4	M1.6	M2	M2.5	M3	M4	M5	M6	M8	M10	M12
螺距 P		0.3	0.35	0.4	0.45	0.5	0.7	0.8	1	1.25	1.5	1.75
d_k(最大)	GB/T 815(816)	—	—	5.5	7	8	10	12	14	18	22	—
	GB/T 817	3	4	4.5	5.5	6	8	10	11	14	18	22
m(最大)	GB/T 815(816)	—	—	2	2.2	2.5	3.5	4.2	5	6.5	8	—
	GB/T 817	1.6	2	2.2	2.5	3	3.5	4.2	5	6.5	8	10
d_1	GB/T 815(816)	—	—	1	1.2	1.5	1.5	2	2.5	3	3.5	—
t	GB/T 815(816)	—	—	1.2	1.2	1.5	2	2.5	3	3.5	4	—
B	GB/T 815	—	—	4	5	5.5	7	8	10	13	15	—
	GB/T 817	1.1	1.2	1.4	1.6	2	2.5	2.8	3	4	5	6
k	GB/T 815	—	—	1	1.1	1.3	1.8	2.1	2.5	3.3	4	—
	GB/T 817	—	—	—	1.1	1.3	1.8	2.1	2.5	3.3	4	5
d_2	GB/T 815	—	—	M1.2	M1.4	M1.4	M2	M2	M2.5	M3	M3	—
	GB/T 817	—	—	—	M1.4	M1.4	M1.4	M2	M2	M2	M3	M4
C	GB/T 815(816)	—	—	0.2	0.2	0.3	0.4	0.4	0.5	0.5	0.8	—
	GB/T 817	0.1	0.1	0.2	0.2	0.2	0.3	0.4	0.4	0.5	0.5	0.8
n	GB/T 817	0.46	0.46	0.56	0.66	0.86	0.96	1.26	1.66	2.06	2.56	3.06

（20）焊接螺母

焊接方螺母（摘自 GB/T 13680—1992）

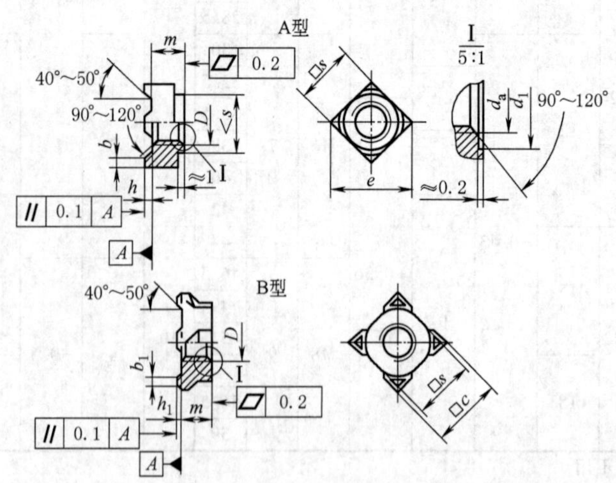

焊接六角螺母（摘自 GB/T 13681—1992）

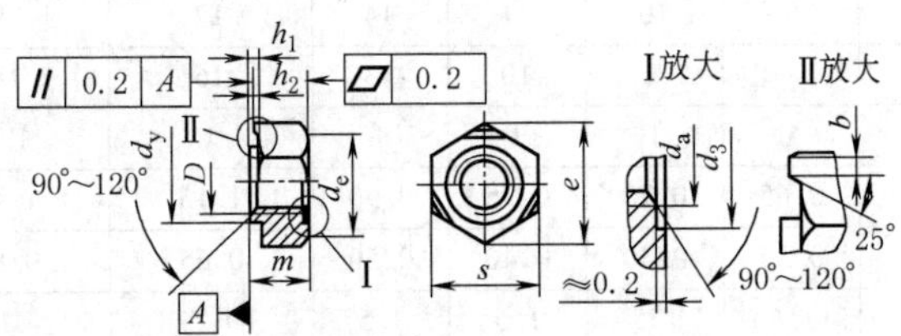

焊接六角法兰面螺母（摘自 GB/T 13681.2—2017）

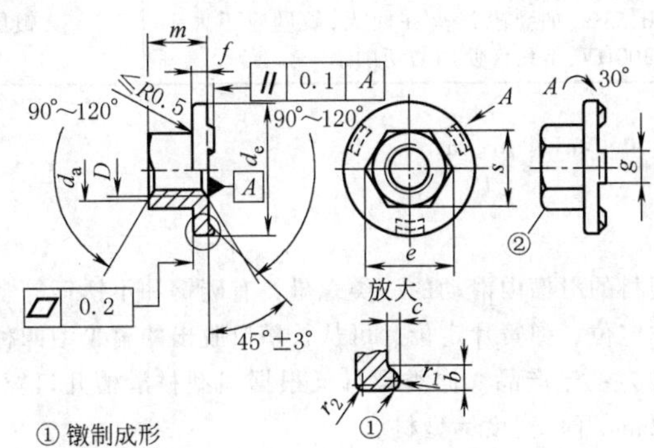

表 5-1-230 焊接螺母 mm

螺纹规格 $D(D\times P)$		M4	M5	M6	M8	M10	M12	(M14)	M16
	第 1 系列	M4	M5	M6	M8	M10	M12	(M14)	M16
	第 2 系列	—	—	—	M8×1	M10×1	M12×1.5	(M14×1.5)	M16×1.5
	第 3 系列	—	—	—	—	M10×1.25	M10×1.25	—	—
螺距 P		0.7	0.8	1	1.25	1.5	1.75	2	2
b(最大)	GB/T 13680	0.8	1.0	1.2	1.5	1.8	2.0	2.5	2.5
	GB/T 13681	1	1	1.12	1.25	1.55	1.55	1.9	1.9
	GB/T 13681.2	—	2.20	2.70	2.70	2.95	3.20	3.45	3.70
m(最大)	GB/T 13680	3.5	4.2	5.0	6.5	8.0	9.5	11.0	13.0
	GB/T 13681	3.5	4	5	6.5	8	10	11	13
	GB/T 13681.2	—	5.0	7.0	10.0	13.0	15.0	17.0	19.5
d_3(最大)	GB/T 13680	5.18	6.18	7.22	10.22	12.77	13.77	17.07	19.13
	GB/T 13681	6.18	7.22	8.22	10.77	12.77	15.07	17.07	19.13
d_a(最大)	GB/T 13680(13681)	4.6	5.75	6.75	8.75	10.8	13	15.1	17.3
	GB/T 13681.2	—	6.0	7.0	9.5	11.5	14.0	16.0	18.0
d_y(最大)	GB/T 13681	5.97	6.96	7.97	10.45	12.45	14.75	16.75	18.74
d_w(最小)	GB/T 13681	7.88	8.88	9.63	12.63	15.63	17.37	19.57	21.57
d_e	GB/T 13681.2	—	15.5	18.5	22.5	26.5	30.5	33.5	36.5
e(最小)	GB/T 13680	8.63	9.93	12.53	16.34	20.24	22.84	26.21	30.11
	GB/T 13681	9.83	10.95	12.02	15.38	18.74	20.91	24.27	26.51
	GB/T 13681.2	—	8.2	10.6	13.6	16.9	19.4	22.4	25.0
f	GB/T 13681.2	—	1.7	2.0	2.5	3.0	3.0	4.0	4.0
g	GB/T 13681.2	—	4.0	5.0	6.0	7.0	8.0	8.0	8.0
c	GB/T 13681.2	—	0.8	0.8	1.0	1.2	1.2	1.2	1.2
r_1	GB/T 13681.2	—	0.6	0.6	0.8	1.0	1.0	1.0	1.0
r_2	GB/T 13681.2	—	0.3	0.5	0.8	1.0	1.2	1.2	1.2
h(最大)	GB/T 13680	0.7	0.9	0.9	1.1	1.3	1.5	1.5	1.7

续表

s(最大)	GB/T 13680	7	8	10	13	16	18	21	24
	GB/T 13681	9	10	11	14	17	19	22	24
	GB/T 13681.2	—	8	10	13	16	18	21	24
h_1(最大)	GB/T 13680	1	1	1	1	1	1.2	—	—
	GB/T 13681	0.65	0.70	0.75	0.90	1.15	1.40	1.80	1.80
h_2(最大)	GB/T 13681	0.35	0.40	0.40	0.50	0.65	0.80	1.0	1.0
b_1(最大)	GB/T 13680	1.5	1.5	1.5	1.5	1.5	2	—	—

技术条件		材料	表面处理	螺纹公差	产品等级
	GB/T 13680(13681)	碳含量不大于0.25%,且具有可焊性的钢	不处理、镀锌钝化	6G	A
	GB/T 13681.2	碳含量不大于0.25%,且碳当量不超过0.53%;如要求淬火并回火,硬度应不大于300HV,不允许使用易切削钢	无镀层	6G	A

注：1. 括号内的规格尽量不用。

2. 碳当量计算公式为 $CEV=C+\frac{Mn}{6}+\frac{Cr+Mo+V}{5}+\frac{Ni+Cu}{15}$。

（21）铝型材滑槽螺母

铝型材滑槽螺母是可以在铝型材的滑槽内滑动的一类螺母，有碳钢和不锈钢等多种材质，根据在滑槽中的定位方式不同分为带倒角T型、弹珠定位、弹簧片定位、可从长槽口脱出的扁T型四种型式。铝型材分国标铝型材和欧标铝型材，目前以欧标铝型材为主流产品。同类螺母又根据铝型材滑槽开口宽度分类为SD6、SD8、SD10，分别适用于6.2mm、8.2mm、10.2mm开口宽度铝型材。

表 5-1-231　　铝型材滑槽螺母结构

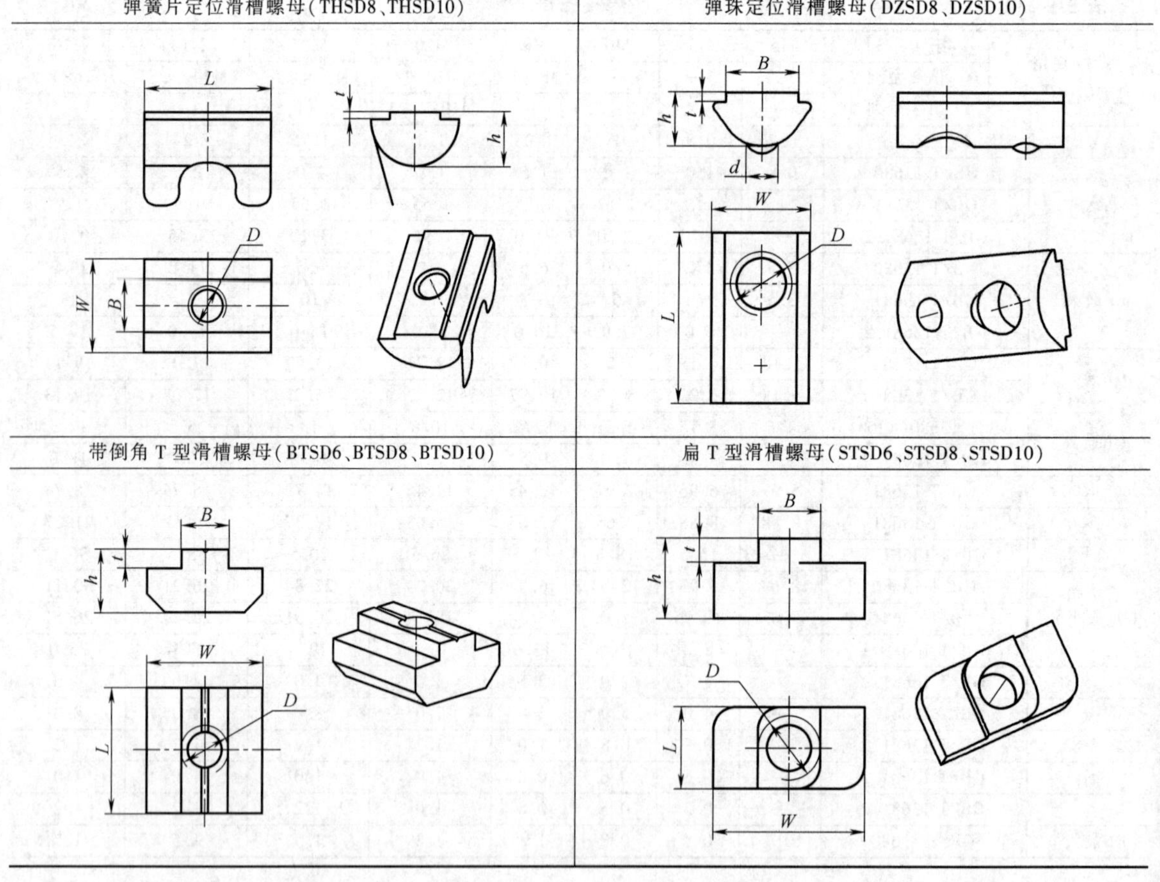

表 5-1-232　　铝型材滑槽螺母尺寸　　mm

铝型材开口尺寸	滑槽螺母型号	L（最大）	W（最大）	B（最大）	h（最大）	t（最大）	D
6.2mm 20系列铝型材	BTSD6-M4	18	10	6	7	2	M4
	BTSD6-M5						M5
	BTSD6-M6						M5
	STSD6-M4	6	10	6	7	2	M4
	STSD6-M5						M5
	STSD6-M6						M6
	DZSD6-M4-20	12.3	8	6	4	1	M4
	DZSD6-M5-20						M5
8.2mm开槽 30和40系列铝型材	BTSD8-M5	20	20	8	10	3	M5
	BTSD8-M6						M6
	BTSD8-M8						M8
	STSD8-M5	8	20	8	10	3	M5
	STSD8-M6						M6
	STSD8-M8						M8
	DZSD8-M4-30	20	13	8	6.8	1	M4
	DZSD8-M5-30						M5
	DZSD8-M6-30						M6
	THSD8-M4-30	20	13	8	6.8	1	M4
	THSD8-M5-30						M5
	THSD8-M6-30						M6
	DZSD8-M4-40	23	13.8	8	7.4	1	M4
	DZSD8-M5-40						M5
	DZSD8-M6-40						M6
	DZSD8-M8-40						M8
	THSD8-M4-40	23	13.8	8	7.4	1	M4
	THSD8-M5-40						M5
	THSD8-M6-40						M6
	THSD8-M8-40						M8
10.2mm 45、50、60系列铝型材	BTSD8-M6	20	20	10	10	3	M6
	BTSD8-M8						M8
	STSD8-M6	10	20	10	10	3	M6
	STSD8-M8						M8
	DZSD8-M6	23	15	10	7.6	1	M6
	DZSD8-M8						M8
	THSD8-M6	23	15	10	7.6	1	M6
	THSD8-M8						M8

（22）嵌装圆螺母

嵌装圆螺母又称镶嵌螺母，主要是镶嵌在塑料件中，为螺纹连接提供螺孔，有通孔式和盲孔式两种。

嵌装圆螺母（摘自 GB/T 809—1988）

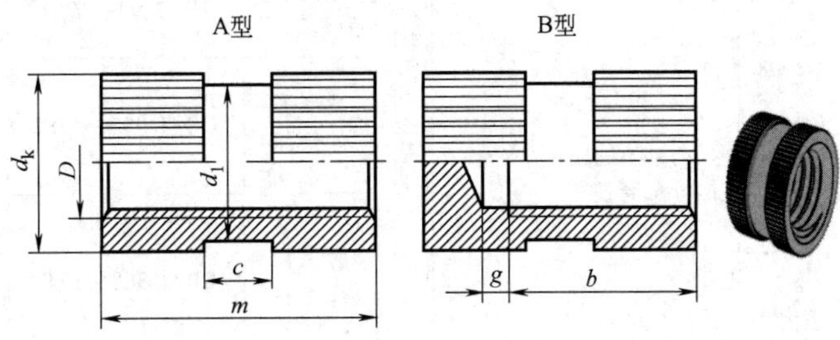

表 5-1-233　　嵌装圆螺母　　mm

D							M2	M2.5	M3	M4	M5	M6	M8	M10	M12
d_k 滚花前			最大				4	4.5	5	6	8	10	12	15	18
			最小				3.82	4.32	4.82	5.82	7.78	9.78	11.73	14.73	17.73
d_1			最大				3	3.5	4	5	7	9	10	13	16
m			b		c	g	螺母长度系列，两条实线间是A型规格，虚线和下实线间既可以是A型，也可以是B型								
公称	最小	最大	最大	最小											
2	1.75	2	—	—	0.6	—									
3	2.75	3	—	—	0.8	—									
4	3.70	4	—	—	1.2	—									
5	4.75	5	—	—	1.2	—									
6	5.70	6	3.24	2.76	2	1.5									
8	7.64	8	4.74	4.26	2	1.5									
10	9.64	10	6.29	5.72	3	1.5									
12	11.57	12	8.29	7.71	3	1.5									
14	13.57	14	10.29	9.71	4	1.5									
16	15.57	16	11.35	10.65	4	1.5									
18	17.57	18	12.35	11.675	4	2.5									
20	19.48	20	14.35	13.65	6	2.5									
25	24.48	25	19.42	18.58	6	2.5									
30	29.48	30	20.42	19.58	8	2.5									

3.7.5　垫圈及挡圈

表 5-1-234　　垫圈及挡圈汇总

类别	名称	标准号	特性和用途
圆形垫圈	平垫圈 C级	GB/T 95—2002	一般用于金属零件，以增加支承面，遮盖较大的孔眼，以及防止损伤零件表面。大垫圈多用于木制零件
	大垫圈 A级(C级)	GB/T 96.1(96.2)—2002	
	平垫圈 A级	GB/T 97.1—2002	
	平垫圈倒角型A级	GB/T 97.2—2000	
	销轴用平垫圈	GB/T 97.3—2000	
	小垫圈 A级	GB/T 848—2002	
	特大垫圈 C级	GB/T 5287—2002	
	钢结构用扭剪型高强度螺栓连接副垫圈	GB/T 3632—2008	与本类高强度螺栓、螺母配套使用
	钢结构用高强度垫圈	GB/T 1230—2006	
	高强度螺栓专用垫圈	JB/ZQ 4080—2006	

类别	名称	标准号	特性和用途
异形垫圈	工字钢用方斜垫圈	GB/T 852—1988	用来将槽钢、工字钢翼缘之类倾斜面垫平，使螺母支承面垂直于螺杆，使螺杆免受弯曲
	槽钢用方斜垫圈	GB/T 853—1988	
	球面垫圈	GB/T 849—1988	球面垫圈和锥面垫圈配合使用，具有自动调位的作用，使螺母支承面与螺杆垂直，消除螺杆受的弯曲作用，多用于工装
	锥面垫圈	GB/T 850—1988	
弹簧垫圈及弹性垫圈	重型弹簧垫圈	GB/T 7244—1987	广泛用于经常拆开的连接处，靠弹性及斜口摩擦防止紧固件的松动
	轻型弹簧垫圈	GB/T 859—1987	
	标准型弹簧垫圈	Gb/T 93—1987	
	波形弹性垫圈	GB/T 955—1987	靠本身的弹性变形压紧紧固件不松动 波形——弹力大，变形小，着力均匀 鞍形——变形大，支承面积小
	鞍形弹性垫圈	GB/T 860—1987	

续表

类别	名称	标准号	特性和用途
锁紧垫圈	锥形(锯齿)锁紧垫圈	GB/T 956.1(956.2)—1987	圆周上具有许多翘齿、刺压在支承面上，能极可靠地阻止紧固件松动，弹力均匀，防松效果良好，不宜用于材料较软或常拆卸处 内齿用于头部尺寸较小的螺钉头下，外齿应用较多，多用于螺栓头和螺母下，锥形用于沉孔中
	内(锯)齿锁紧垫圈	GB/T 861.1(861.2)—1987	
	外(锯)齿锁紧垫圈	GB/T 862.1(862.2)—1987	
止动垫圈	单耳止动垫圈	GB/T 854—1988	允许螺母拧紧在任意位置加以锁定
	双耳止动垫圈	GB/T 855—1988	
	外舌止动垫圈	GB/T 856—1988	
	圆螺母用止动垫圈	GB/T 858—1988	与圆螺母配合使用，主要用于滚动轴承的固定
挡圈和锁圈	锥销锁紧挡圈	GB/T 883—1986	配合销钉、螺钉固定在轴上，防止轴肩零件轴向位移
	螺钉锁紧挡圈	GB/T 884—1986	
	带锁圈的螺钉锁紧挡圈	GB/T 885—1986	
挡圈和锁圈	螺钉紧固轴端挡圈	GB/T 891—1986	用来锁紧固定在轴端的零件
	螺栓紧固轴端挡圈	GB/T 892—1986	
	钢丝锁圈	GB/T 921—1986	
	轴肩挡圈	GB/T 886—1986	套在轴上用以加大原有轴肩的支承面，多用于滚动轴承的安装
	孔用弹性挡圈	GB/T 893—2017	卡在轴槽或孔槽中供滚动轴承装入后止退用，钢丝挡圈也可定位其他零件，挡圈依靠自身弹性装卸
	轴用弹性挡圈	GB/T 894—2017	
	孔用钢丝挡圈	GB/T 895.1—1986	
	轴用钢丝挡圈	GB/T 895.2—1986	
	夹紧挡圈	GB/T 960—1986	卡在轴槽中起轴肩作用，装入后收口装死不拆
	开口挡圈	GB/T 896—2020	

(1) 平垫圈

标记示例

标准系列、规格 8mm、由钢制造的硬度等级 200HV、不经表面处理、产品等级 A 级的平垫圈，标记为：

垫圈　GB/T 97.1 8

表 5-1-235　　**平垫圈**　　mm

标准号		GB/T 95—2002			GB/T 97.1—2002			GB/T 97.2—2002		
图示		d_1, d_2, h			d_1, d_2, h $\sqrt{}$= Ra 1.6 用于 $h\leqslant$3mm；Ra 3.2 用于 3mm<$h\leqslant$6mm；Ra 6.3 用于 h>6mm			30°~45°, (0.25~0.5)h, d_1, d_2, h $\sqrt{}$= Ra 1.6 用于 $h\leqslant$3mm；Ra 3.2 用于 3mm<$h\leqslant$6mm；Ra 6.3 用于 h>6mm		
规格(螺纹大径)		内径 d_1	外径 d_2	厚度 h	内径 d_1	外径 d_2	厚度 h	内径 d_1	外径 d_2	厚度 h
优选尺寸	1.6	1.8	4	0.3	1.7	4	0.3	—	—	—
	2	2.4	5	0.3	2.2	5	0.3	—	—	—
	2.5	2.9	6	0.5	2.7	6	0.5	—	—	—

续表

规格(螺纹大径)		内径 d_1	外径 d_2	厚度 h	内径 d_1	外径 d_2	厚度 h	内径 d_1	外径 d_2	厚度 h
优选尺寸	3	3.4	7	0.5	3.2	7	0.5	—	—	—
	4	4.5	9	0.8	4.3	9	0.8	—	—	—
	5	5.5	10	1	5.3	10	1	5.3	10	1
	6	6.6	12	1.6	6.4	12	1.6	6.4	12	1.6
	8	9	16	1.6	8.4	16	1.6	8.4	16	1.6
	10	11	20	2	10.5	20	2	10.5	20	2
	12	13.5	24	2.5	13	24	2.5	13	24	2.5
	16	17.5	30	3	17	30	3	17	30	3
	20	22	37	3	21	37	3	21	37	3
	24	26	44	4	25	44	4	25	44	4
	30	33	56	4	31	56	4	31	56	4
	36	39	66	5	37	66	5	37	66	5
	42	45	78	8	45	78	8	45	78	8
	48	52	92	8	52	92	8	52	92	8
	56	62	105	10	62	105	10	62	105	10
	64	70	115	10	70	115	10	70	115	10
非优选尺寸	3.5	3.9	8	0.5	—	—	—	—	—	—
	14	15.5	28	2.5	15	28	2.5	15	28	2.5
	18	20	34	3	19	34	3	19	34	3
	22	24	39	3	23	39	3	23	39	3
	27	30	50	4	28	50	4	28	50	4
	33	36	60	5	34	60	5	34	60	5
	39	42	72	6	42	72	6	42	72	6
	45	48	85	8	48	85	8	48	85	8
	52	56	98	8	56	98	8	56	98	8
	60	66	110	10	66	110	10	66	110	10

技术条件和引用标准

材料		钢	材料	硬度等级	硬度范围
力学性能	硬度等级	100HV	钢	200HV 300HV	200~300HV 300~370HV
	硬度范围	100~200HV			
精度等级		C(GB/T 95)、A(GB/T 97.1~2)	不锈钢	200HV	200~300HV

表面处理:不经表面处理,即垫圈应是本色的并涂有防锈油或按协议的涂层;电镀技术要求按 GB/T 5267.1;非电解锌片涂层技术要求按 GB/T 5267.2;对淬火回火的垫圈应采用适当的涂或镀工艺以免氢脆,当磷化或电镀处理垫圈时,应在涂或镀后立即进行适当处理,以避免氢脆,所有公差适用于涂或镀前尺寸

(2) 大垫圈 A 级和 C 级、小垫圈 A 级、特大垫圈 C 级

目前大垫圈、小垫圈和特大垫圈共有四个国家标准，分别是大垫圈 A 级（GB/T 96.1—2002）、大垫圈 C 级（GB/T 96.2—2002）、小垫圈 A 级（GB/T 848—2002）及特大垫圈 C 级（GB/T 5287—2002）。A 级垫圈有表面粗糙度要求，C 级垫圈无表面粗糙度要求；A 级垫圈硬度有 200HV 和 300HV 两个规格，C 级垫圈只有 100HV 一个硬度规格；A 级垫圈材料有碳钢和不锈钢，C 级垫圈材料只有碳钢，不锈钢组别为 A2、F1、C1、A4、C4。

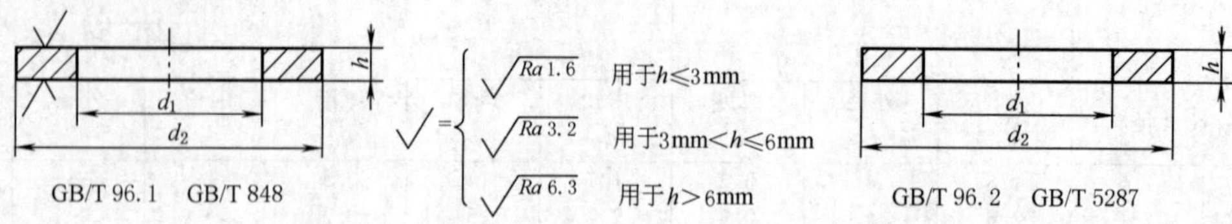

标记示例

大系列、公称规格 8mm、由钢制造的硬度等级 200HV 级、不经表面处理、产品等级 A 级的平垫圈，标记为：

垫圈　GB/T 96.1 8

大系列、公称规格 8mm、由 A2 组不锈钢制造的硬度等级 200HV 级、不经表面处理、产品等级 A 级的平垫圈，标记为：

垫圈　GB/T 96.1 8 A2

大系列、公称规格 8mm、由钢制造的硬度等级 100HV 级、不经表面处理、产品等级 C 级的平垫圈，标记为：

垫圈 GB/T 96.2 8

表 5-1-236　　大垫圈 A 和 C 级、小垫圈 A 级、特大垫圈 C 级　　mm

规格（螺纹大径）		GB/T 96.1			GB/T 96.2			GB/T 848			GB/T 5287		
		内径 d_1	外径 d_2	厚度 h	内径 d_1	外径 d_2	厚度 h	内径 d_1	外径 d_2	厚度 h	内径 d_1	外径 d_2	厚度 h
优选尺寸	1.6	—	—	—	—	—	—	1.7	3.5	0.3	—	—	—
	2	—	—	—	—	—	—	2.2	4.5	0.3	—	—	—
	2.5	—	—	—	—	—	—	2.7	5	0.5	—	—	—
	3	3.2	9	0.8	3.4	9	0.8	3.2	6	0.5	—	—	—
	4	4.3	12	1	4.5	12	1	4.3	8	0.5	—	—	—
	5	5.3	15	1	5.5	15	1	5.3	9	1	5.5	18	2
	6	6.4	18	1.6	6.6	18	1.6	6.4	11	1.6	6.6	22	2
	8	8.4	24	2	9	24	2	8.4	15	1.6	9	28	3
	10	10.5	30	2.5	11	30	2.5	10.5	18	1.6	11	34	3
	12	13	37	3	13.5	37	3	13	20	2	13.5	44	4
	16	17	50	3	17.5	50	3	17	28	2.5	17.5	56	5
	20	21	60	4	22	60	4	21	34	3	22	72	6
	24	25	72	5	26	72	5	25	39	4	26	85	6
	30	33	92	6	33	92	6	31	50	4	33	105	6
	36	39	110	8	39	110	8	37	60	5	39	125	8
非优选尺寸	3.5	3.7	11	0.8	3.9	11	0.8	3.7	7	0.5	—	—	—
	14	15	44	3	15.5	44	3	15	24	2.5	15.5	50	4
	18	19	56	4	20	56	4	19	30	3	20	60	5
	22	23	66	5	24	66	5	23	37	3	24	80	6
	27	30	85	6	30	85	6	28	44	4	30	98	6
	33	36	105	6	36	105	6	34	56	5	36	115	8

技术条件和引用标准

材料		钢	材料	硬度等级	硬度范围
力学性能	硬度等级	100HV	钢	200HV	200~300HV
	硬度范围	100~200HV		300HV	300~370HV
精度等级		C	不锈钢	200HV	200~300HV

表面处理：不经表面处理，即垫圈应是本色的并涂有防锈油或按协议的涂层；电镀技术要求按 GB/T 5267.1；非电解锌片涂层技术要求按 GB/T 5267.2；对淬火回火的垫圈应采用适当的涂或镀工艺以免氢脆，当磷化或电镀处理垫圈时，应在涂或镀后立即进行适当处理，以避免氢脆，所有公差适用于涂或镀前尺寸

（3）高强度螺栓专用垫圈

高强度螺栓专用垫圈（摘自 JB/ZQ 4080—2006）

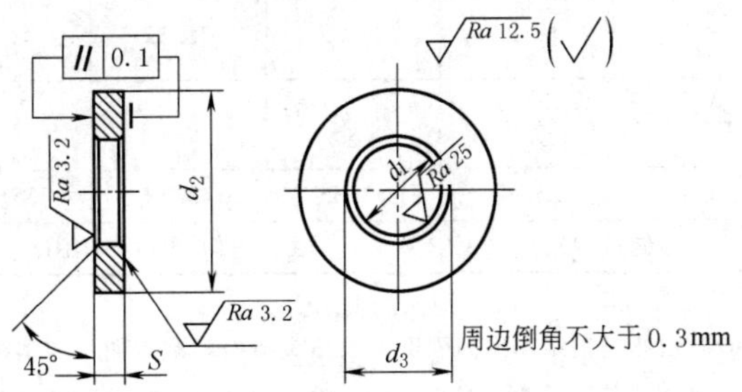

标记示例

用于螺纹规格为 M20 的高强度螺栓专用垫圈，标记为：垫圈　20 JB/ZQ 4080—2006

表 5-1-237　　高强度螺栓专用垫圈（摘自 JB/ZQ 4080—2006） mm

d_1	d_2		d_3	S	每个质量/kg	适用于螺纹规格	d_1	d_2		d_3	S	每个质量/kg	适用于螺纹规格
6.4	11	±1	7	2	0.001	M6	58	100	±2	64	11	0.52	M56
8.4	16		9.5	2.5	0.003	M8	66	110		72		0.60	M64
10.5	20		11.5		0.005	M10	74	120		80	12	0.75	M72
13	24	±1	14	3	0.007	M12	82	140	±5	88	14	1.11	M80
(15)	28		16	3.5	0.01	(M14)	93	160		98	11	1.67	M90
17	30		18	4	0.02	M16	104	175		108		1.95	M100
21	35	±1	23	4.5	0.03	M20	114	185	±5	118		2.09	M110
25	45		27	5	0.04	M24	(124)	210		128		2.83	(M120)
31	55		34	6	0.08	M30	129	220		133	22	4.30	M125
37	65	±2	40	7	0.13	M36	144	240	±5	148		5.00	M140
43	75		46	8	0.21	M42	164	270		168		6.24	M160
50	90		53	10	0.37	M48							

注：1. 括号内的规格尽量不用。

2. 材料为钢。

3. 用于螺纹规格小于或等于 M90 的垫圈，其材料的抗拉强度不小于 900MPa；用于螺纹规格 M100~M160 的垫圈，其材料的抗拉强度不低于 700MPa。

（4）钢结构用高强度垫圈及扭剪型高强度螺栓连接副垫圈

钢结构用高强度垫圈（摘自 GB/T 1230—2006）、扭剪型高强度螺栓连接副垫圈（摘自 GB/T 3632—2008）

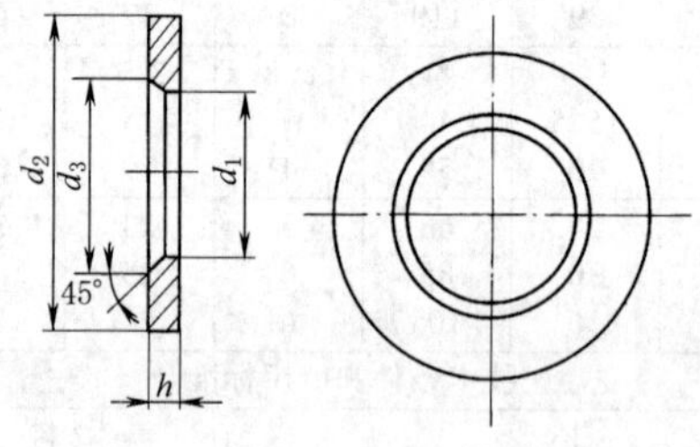

标记示例

规格 20mm、热处理硬度 35~45HRC 的钢结构用高强度垫圈，标记为：垫圈　GB/T 1230 20

表 5-1-238　　钢结构用高强度垫圈及扭剪型高强度螺栓连接副垫圈 mm

规格（螺纹大径）		12	16	20	(22)	24	(27)	30
d_1（最小）	GB/T 1230	13	17	21	23	25	28	31
	GB/T 3632	—						
d_2（最大）	GB/T 1230	25	33	40	42	47	52	56
	GB/T 3632	—						
d_3（最小）	GB/T 1230	16.03	19.23	24.32	26.32	28.32	32.84	35.84
	GB/T 3632	—						
h（公称）	GB/T 1230	3.0	4.0	4.0	5.0	5.0	5.0	5.0
	GB/T 3632	—						
每 1000 个的质量/kg≈		10.47	23.40	33.55	43.34	55.76	66.52	75.42
技术条件		推荐材料：45、35		性能等级：35~45HRC			产品等级：C	

注：1. 括号内的规格尽量不用。

2. GB/T 1230 垫圈适用于与 GB/T 1228《钢结构用高强度大六角头螺栓》配套使用的钢结构摩擦型高强度螺栓连接副。

3. GB/T 3632 垫圈适用于工业与民用建筑、桥梁、塔桅结构、锅炉钢结构、起重机械及其他钢结构用扭剪型高强度螺栓连接副。

（5）球面垫圈及锥面垫圈

球面垫圈（摘自 GB/T 849—1988）、锥面垫圈（摘自 GB/T 850—1988）

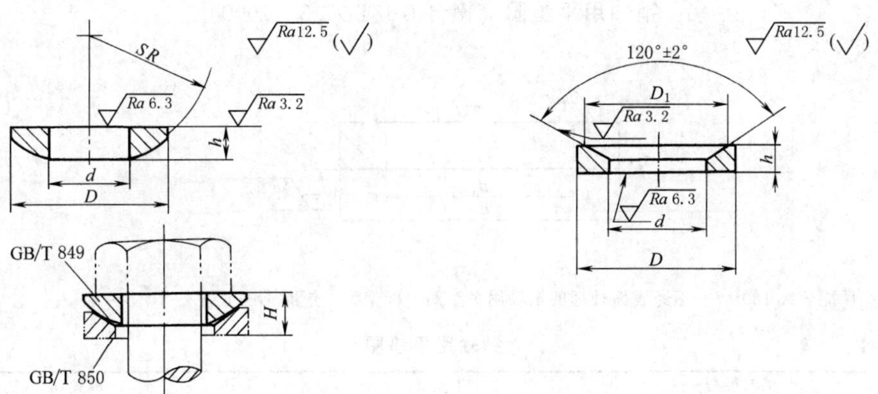

标记示例

规格 16mm、材料 45 钢、热处理硬度 40~48HRC、表面氧化的球面垫圈，标记为：垫圈 GB/T 849 16

表 5-1-239　　球面垫圈及锥面垫圈　　mm

规格(螺纹大径)		6	8	10	12	16	20	24	30	36	42	48
H≈		4	5	6	7	8	10	13	16	19	24	30
D(最大)		12.5	17	21	24	30	37	44	56	66	78	92
GB/T 849	d(最小)	6.4	8.4	10.5	13	17	21	25	31	37	43	50
	h(最大)	3	4	4	5	6	6.6	9.6	9.8	12	16	20
	SR	10	12	16	20	25	32	36	40	50	63	70
每 1000 个的质量/kg≈		0.97	2.52	3.71	5.93	10.88	17.86	38.79	63.95	108.7	211.9	376.5
GB/T 850	d(最小)	8	10	12.5	16	20	25	30	36	43	50	60
	h(最大)	2.6	3.2	4	4.7	5.1	6.6	6.8	9.9	14.3	14.4	17.4
	D_1	12	16	18	23.5	29	34	38.5	45.2	64	69	78.6
每 1000 个的质量/kg≈		0.91	2.34	5.2	6.12	10.5	22.69	34.54	96.88	165.8	260.9	448.6
技术条件		材料:45		性能等级:40~48HRC				表面处理:氧化				

注：GB/T 849 球面、GB/T 850 锥面（120°）如需抛光应在订单中注明。

（6）工字钢用方斜垫圈及槽钢用方斜垫圈

工字钢用方斜垫圈（摘自 GB/T 852—1988）、槽钢用方斜垫圈（摘自 GB/T 853—1988）

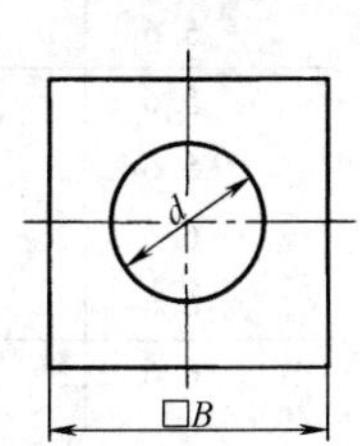

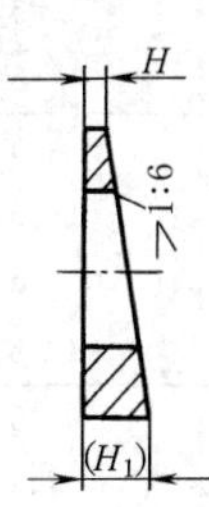

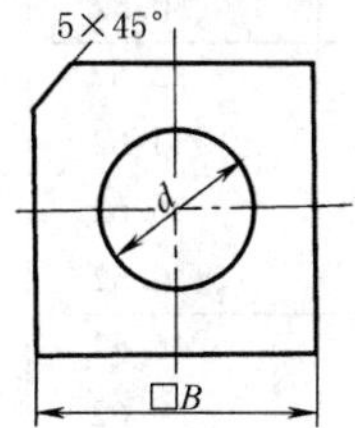

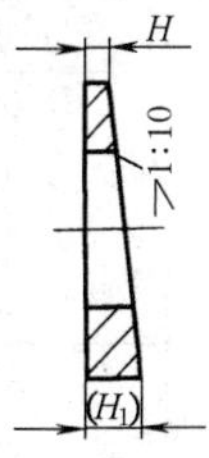

标记示例

规格 16mm、材料 Q235、不经表面处理的工字钢用方斜垫圈，标记为：垫圈 GB/T 852 16

表 5-1-240　　工字钢用方斜垫圈及槽钢用方斜垫圈　　mm

规格(螺纹大径)		6	8	10	12	16	(18)	20	(22)	24	(27)	30	36
d(最小)		6.6	9	11	13.5	17.5	20	22	24	26	30	33	39
B		16	18	22	28	35	40	40	40	50	50	60	70
H		2					3						
H_1	GB/T 852	4.7	5	5.7	6.7	7.8	9.7	9.7	9.7	11.3	11.3	13	14.7
	GB/T 853	3.6	3.8	4.2	4.8	5.4	7	7	7	8	8	9	10
每 1000 个的质量/kg≈	GB/T 852	5.8	7.11	11.69	21.76	37.6	56.9	60.47	63.73	99.91	109.8	171.3	255.9
	GB/T 853	4.75	5.79	9.31	16.9	28.22	44.61	47.43	50	76.78	84.33	128.3	187.7

注：1. 括号内的规格尽量不用。

2. 材料为 Q235。

3. 全部为商品规格。

(7) 销轴用平垫圈

本垫圈主要用于 GB/T 880 无头销轴和 GB/T 882 销轴。

销轴用平垫圈（摘自 GB/T 97.3—2000）

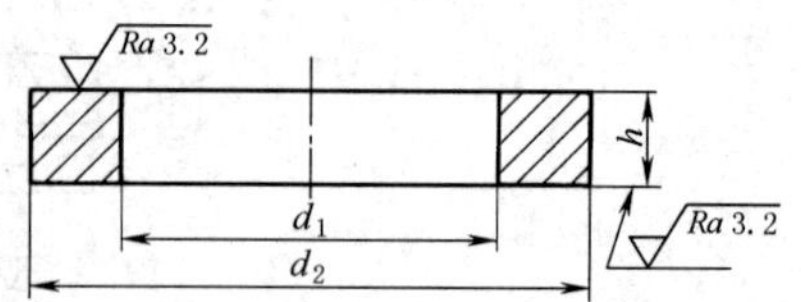

标记示例

规格 8mm、性能等级 160HV、不经表面处理的销轴用平垫圈，标记为：垫圈 GB/T 97.3 8

表 5-1-241　销轴用平垫圈　　mm

规格（螺纹大径）	内径 d_1		外径 d_2		厚度 h		
	公称(最小)	最大	公称(最大)	最小	公称	最大	最小
3	3	3.14	6	5.70	0.8	0.9	0.7
4	4	4.18	8	7.64	0.8	0.9	0.7
5	5	5.18	10	9.64	1	1.1	0.9
6	6	6.18	12	11.57	1.6	1.8	1.4
8	8	8.22	15	14.57	2	2.2	1.8
10	10	10.22	18	17.57	2.5	2.7	2.3
12	12	12.27	20	19.48	3	3.3	2.7
14	14	14.27	22	21.48	3	3.3	2.7
16	16	16.27	24	23.48	3	3.3	2.7
18	18	18.27	28	27.48	4	4.3	3.7
20	20	20.33	30	29.48	4	4.3	3.7
22	22	22.33	34	33.38	4	4.3	3.7
24	24	24.33	37	36.38	4	4.3	3.7
25	25	25.33	38	37.38	4	4.3	3.7
27	27	27.52	39	38	5	5.6	4.4
28	28	28.52	40	39	5	5.6	4.4
30	30	30.52	44	43	5	5.6	4.4
32	32	32.62	46	45	5	5.6	4.4
33	33	33.62	47	46	5	5.6	4.4
36	36	36.62	50	49	6	6.6	5.4
40	40	40.62	56	54.8	6	6.6	5.4
45	45	45.62	60	58.8	6	6.6	5.4
50	50	50.62	66	64.8	8	9	7
55	55	55.74	72	70.8	8	9	7
60	60	60.74	78	76.8	10	11	9
70	70	70.74	92	90.6	10	11	9
80	80	80.74	98	96.6	12	13.2	10.8
90	90	90.87	110	108.6	12	13.2	10.8
100	100	100.87	120	118.6	12	13.2	10.8

技术条件	材　料	钢
	性能等级	160HV
	公差等级	A
	表面处理	不经处理;镀锌钝化按 GB/T 5267.1;磷化按 GB/T 5267.2;其他表面镀层或表面处理,应按供需双方协议

(8) 弹簧垫圈

弹簧垫圈有标准型(GB/T 93—1987)、轻型(GB/T 859—1987)、重型(GB/T 7244—1987)三种规格。

弹簧垫圈(摘自 GB/T 93—1987、GB/T 859—1987、GB/T 7244—1987)

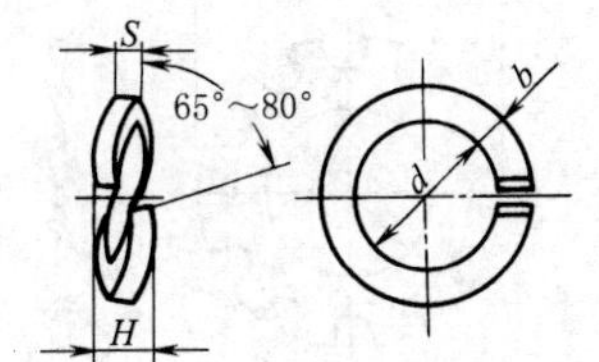

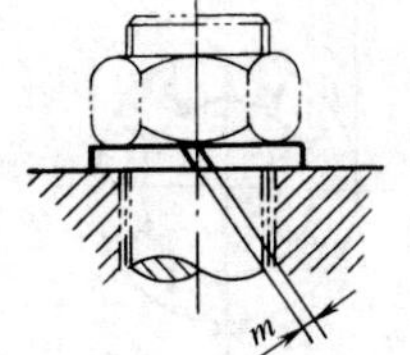

标记示例

规格 16mm、材料 65Mn、表面氧化的标准型弹簧垫圈,标记为:垫圈 GB/T 93 16

表 5-1-242 **弹簧垫圈** mm

规格(螺纹大径)	d(最小)	GB/T 93			GB/T 859				GB/T 7244			
		S(b)(公称)	H(最大)	m≤	S(公称)	b(公称)	H(最大)	m≤	S(公称)	b(公称)	H(最大)	m≤
2	2.1	0.5	1.25	0.25	—	—	—	—	—	—	—	—
2.5	2.6	0.65	1.63	0.33	—	—	—	—	—	—	—	—
3	3.1	0.8	2	0.4	0.6	1	1.5	0.3	—	—	—	—
4	4.1	1.1	2.75	0.55	0.8	1.2	2	0.4	—	—	—	—
5	5.1	1.3	3.25	0.65	1.1	1.5	2.75	0.55	—	—	—	—
6	6.1	1.6	4	0.8	1.3	2	3.25	0.65	1.8	2.6	4.5	0.9
8	8.1	2.1	5.25	1.05	1.6	2.5	4	0.8	2.4	3.2	6	1.2
10	10.2	2.6	6.5	1.3	2	3	5	1	3	3.8	7.5	1.5
12	12.2	3.1	7.75	1.55	2.5	3.5	6.25	1.25	3.5	4.3	8.75	1.75
(14)	14.2	3.6	9	1.8	3	4	7.5	1.5	4.1	4.8	10.25	2.05
16	16.2	4.1	10.25	2.05	3.2	4.5	8	1.6	4.8	5.3	12	2.4
(18)	18.2	4.5	11.25	2.25	3.6	5	9	1.8	5.3	5.8	13.25	2.65
20	20.2	5	12.5	2.5	4	5.5	10	2	6	6.4	15	3
(22)	22.5	5.5	13.75	2.75	4.5	6	11.25	2.25	6.6	7.2	16.5	3.3
24	24.5	6	15	3	5	7	12.5	2.5	7.1	7.5	17.75	3.55
(27)	27.5	6.8	17	3.4	5.5	8	13.75	2.75	8	8.5	20	4
30	30.5	7.5	18.75	3.75	6	9	15	3	9	9.3	22.5	4.5
(33)	33.5	8.5	21.25	4.25	—	—	—	—	9.9	10.2	24.75	4.95
36	36.5	9	22.5	4.5	—	—	—	—	10.8	11	27	5.4
(39)	39.5	10	25	5	—	—	—	—	—	—	—	—
42	42.5	10.5	26.25	5.25	—	—	—	—	—	—	—	—
(45)	45.5	11	27.5	5.5	—	—	—	—	—	—	—	—
48	48.5	12	30	6	—	—	—	—	—	—	—	—

注:1. 括号内的规格尽量不用。

2. 标记示例中的材料为最常用的主要材料,其他技术条件按 GB/T 94.1 规定。

3. 本表为商品紧固件品种,应优先选用。

4. m 应大于零。

（9）带齿锁紧垫圈

内齿锁紧垫圈（摘自 GB/T 861.1—1987）　**内锯齿锁紧垫圈**（摘自 GB/T 861.2—1987）　**外齿锁紧垫圈**（摘自 GB/T 862.1—1987）　**外锯齿锁紧垫圈**（摘自 GB/T 862.2—1987）

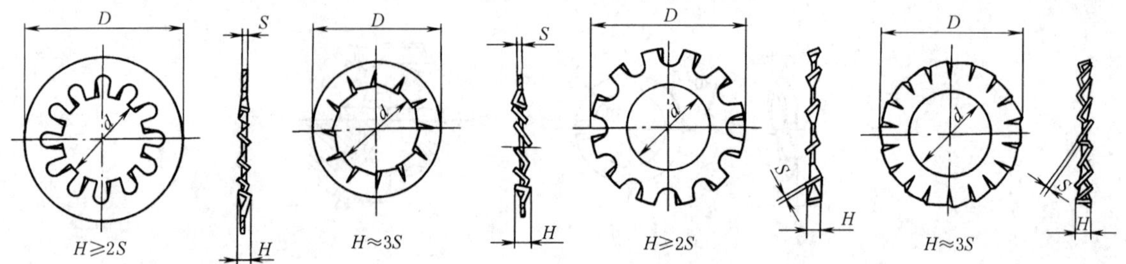

标记示例

规格 6mm、材料 65Mn、表面氧化的内齿锁紧垫圈，标记为：垫圈 GB/T 861.1 6

表 5-1-243　　带齿锁紧垫圈　　mm

规格(螺纹大径)		2	2.5	3	4	5	6	8	10	12	(14)	16	(18)	20
d(最小)		2.2	2.7	3.2	4.3	5.3	6.4	8.4	10.5	12.5	14.5	16.5	19	21
D(最大)		4.5	5.5	6	8	10	11	15	18	20.5	24	26	30	33
S		0.3		0.4	0.5	0.6		0.8	1.0		1.2		1.5	
齿数	GB/T 861.1 GB/T 862.1	6			8				9	10		12		
	GB/T 861.2	7			8		9	10	12		14			16
	GB/T 862.2	9			11		12	14	16		18			20
每 1000 个的质量 /kg≈	GB/T 861.2	0.02	0.04	0.05	0.12	0.24	0.26	0.69	1.22	1.49	2.51	2.77	4.67	5.58
	GB/T 862.2	0.02	0.03	0.05	0.08	0.24	0.24	0.79	1.4	1.44	2.88	2.73	5.44	6.37
	GB/T 861.1	0.02	0.02	0.04	0.09	0.18	0.19	0.54	0.92	1.08	1.94	2.07	3.66	4.34
	GB/T 862.1	0.02	0.03	0.04	0.1	0.18	0.21	0.47	0.8	1.12	1.69	2.1	3.14	3.8

注：1. 括号内的规格尽量不用。

2. 标记示例中的材料为最常用的主要材料，其他技术条件按 GB/T 94.2 规定。

3. 本表为商品紧固件品种，应优先选用。

（10）波形弹性垫圈

波形弹性垫圈（摘自 GB/T 955—1987）

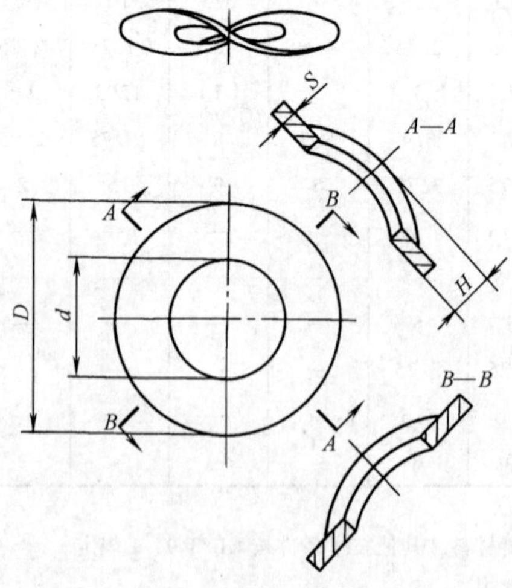

标记示例

规格 6mm、材料 65Mn、表面氧化的波形弹性垫圈，标记为：垫圈　GB/T 955　6

表 5-1-244　　　　　　　　　　　　　　　波形弹性垫圈　　　　　　　　　　　　　　　　mm

规格(螺纹大径)	3	4	5	6	8	10	12	(14)	16	(18)	20	(22)	24	(27)	30
d(最小)	3.2	4.3	5.3	6.4	8.4	10.5	13	15	17	19	21	23	25	28	31
D(最大)	8	9	11	12	15	21	24	28	30	34	36	40	44	50	56
H(最大)	1.6	2	2.2	2.6	3	4.2	5	5.9	6.3	6.5	7.4	7.8	8.2	9.4	10
S	0.5				0.8	1.0	1.2	1.5			1.6	1.8		2	
每1000个的质量/kg≈	0.14	0.16	0.24	0.27	0.66	1.81	2.7	4.71	5.07	6.69	7.68	10.94	13.5	19.81	25.02

注：1. 括号内的规格尽量不用。

2. 标记示例中的材料为最常用的主要材料，其他技术条件按 GB/T 94.3 规定。

(11) 鞍形弹性垫圈

鞍形弹性垫圈（摘自 GB/T 860—1987）

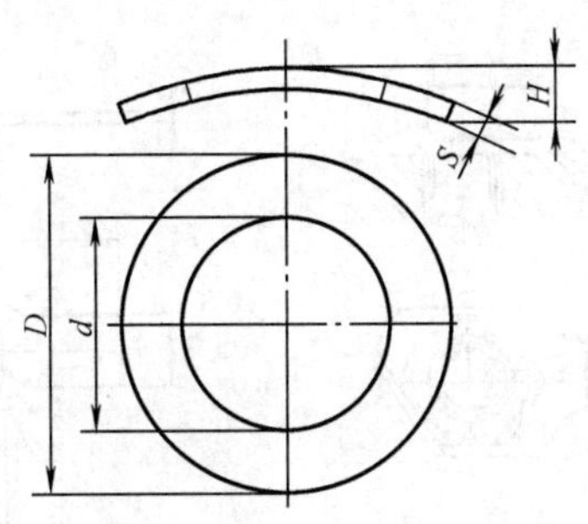

标记示例

规格 6mm、材料 65Mn、表面氧化的鞍形弹性垫圈，标记为：垫圈　GB/T 860　6

表 5-1-245　　　　　　　　　　　　　　　鞍形弹性垫圈　　　　　　　　　　　　　　　　mm

规格（螺纹大径）	*d* 最小	*d* 最大	*D* 最小	*D* 最大	*H* 最小	*H* 最大	*S*
2	2.2	2.45	4.2	4.5	0.5	1	0.3
2.5	2.7	2.95	5.2	5.5	0.55	1.1	0.3
3	3.2	3.5	5.7	6	0.65	1.3	0.4
4	4.3	4.6	7.64	8	0.8	1.6	0.5
5	5.3	5.6	9.64	10	0.9	1.8	0.5
6	6.4	6.76	10.57	11	1.1	2.2	0.5
8	8.4	8.76	14.57	15	1.7	3.4	0.5
10	10.5	10.93	17.57	18	2	4	0.8

(12) 锥形锁紧垫圈及锥形锯齿锁紧垫圈

锥形锁紧垫圈（摘自 GB/T 956.1—1987）　　**锥形锯齿锁紧垫圈**（摘自 GB/T 956.2—1987）

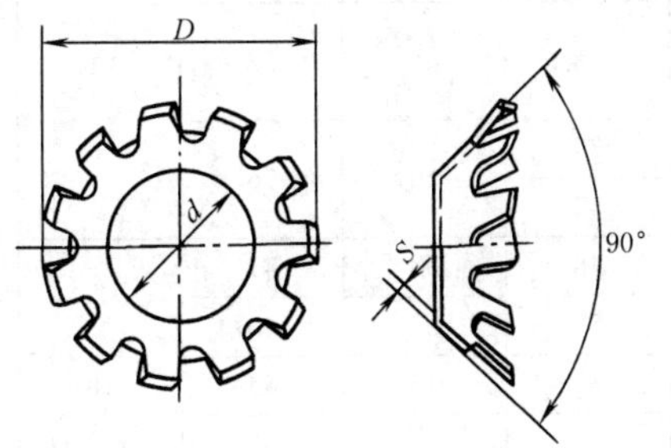

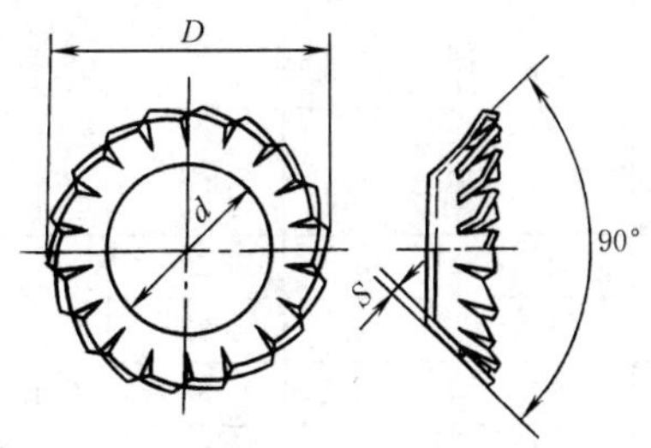

标记示例

规格 6mm、材料 65Mn、表面氧化的锥形锁紧垫圈，标记为：垫圈　GB/T 956.1　6

表 5-1-246　　**锥形锁紧垫圈、锥形锯齿锁紧垫圈**　　mm

规格(螺纹大径)		3	4	5	6	8	10	12
d(最小)		3.2	4.3	5.3	6.4	8.4	10.5	12.5
$D\approx$		6	8	9.8	11.8	15.3	19	23
S		0.4	0.5	0.6	0.6	0.8	1.0	1.0
齿数	GB/T 956.1	6	8	8	10	10	10	10
	GB/T 956.2	12	14	14	16	18	20	26

注：标记示例中的材料为最常用的主要材料，其他技术条件按 GB/T 94.1 规定。

(13) 带耳止动垫圈

单耳止动垫圈（摘自 GB/T 854—1988）　　**双耳止动垫圈**（摘自 GB/T 855—1988）

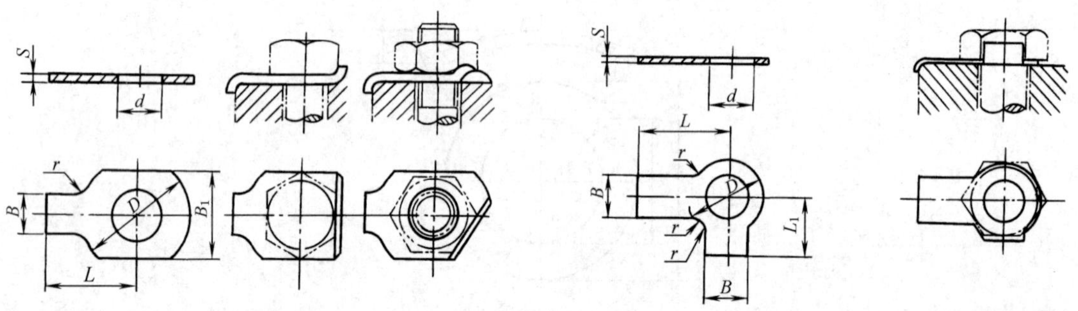

标记示例

规格 10mm、材料 Q215、经退火、不经表面处理的单耳止动垫圈，标记为：垫圈　GB/T 854　10

表 5-1-247　　**单耳止动垫圈、双耳止动垫圈**　　mm

规格（螺纹大径）	d（最小）	L（公称）	L_1（公称）	S	B	B_1	D（最大）		r	
							单耳	双耳	单耳	双耳
2.5	2.7	10	4	0.4	3	6	8	5	2.5	1
3	3.2	12	5		4	7	10	5		
4	4.2	14	7		5	0	14	8		
5	5.3	16	8	0.5	6	11	17	9	4	
6	6.4	18	9		7	12	19	11		
8	8.4	20	11		8	16	22	14		2
10	10.5	22	13	1	11	19	26	17	6	
12	13	28	16		12	21	32	22	10	
(14)	15					25				
16	17	32	20		15	32	40	27		
(18)	19	36	22		18	38	45	32		3
20	21									
(22)	23	42	25		20	39	50	36		
24	25					42				
(27)	28	48	20	1.5	24	48	58	41		
30	31	52	32		26	55	63	46	18	
36	37	62	38		30	65	75	55		
42	43	70	44		35	78	88	65		4
48	50	80	50		40	90	100	75		

注：全部为商品规格，尽量不采用括号内的规格。

（14）外舌止动垫圈

外舌止动垫圈（摘自 GB/T 856—1988）

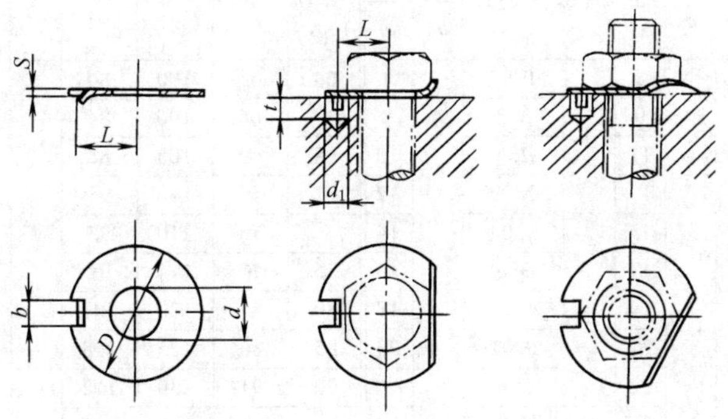

标记示例

规格 10mm、材料 Q235、经退火、不经表面处理的外舌止动垫圈，标记为：垫圈 GB/T 856 10

表 5-1-248　　外舌止动垫圈　　mm

规格（螺纹大径）	d（最小）	D（最大）	b（最大）	L（公称）	S	d_1	t	每1000个的质量/kg≈
2.5	2.7	10	2	3.5	0.4	2.5	3	0.21
3	3.2	12	2.5	4.5		3		0.3
4	4.2	14	2.5	5.5				0.41
5	5.3	17	3.5	7	0.5	4	4	0.75
6	6.4	19	3.5	7.5				0.92
8	8.4	22	3.5	8.5				1.2
10	10.5	26	4.5	10		5	5	1.65
12	13	32	4.5	12	1		6	4.65
（14）	15	32	4.5	12				5
16	17	40	5.5	15		6		7.73
（18）	19	45	6	18		7	7	9.36
20	21	45	6	18				9.85
（22）	23	50	7	20		8		11.11
24	25	50	7	20				11.7
（27）	28	58	8	23	1.5	9	10	22.92
30	31	63	8	25				26.79
36	37	75	11	31		12		38.09
42	43	88	11	36			12	52.77
48	50	100	13	40		14	13	67.33

注：括号内的规格尽量不用。

（15）圆螺母用止动垫圈

圆螺母用止动垫圈（摘自 GB/T 858—1988）

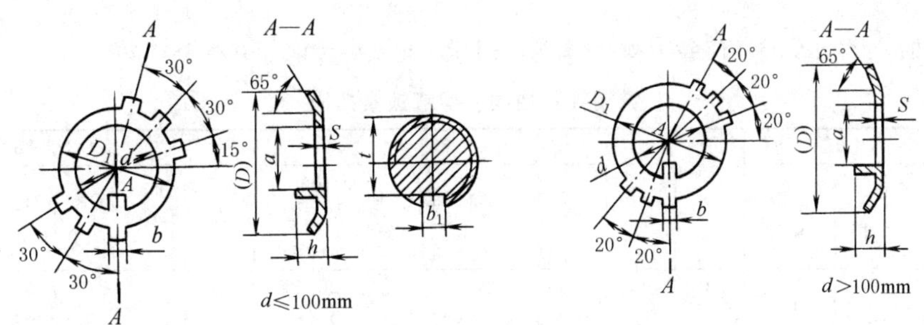

标记示例

规格 16mm、材料 Q215、经退火、表面氧化的圆螺母用止动垫圈，标记为：垫圈 GB/T 858 16

表 5-1-249　　圆螺母用止动垫圈（摘自 GB/T 858—1988）　　mm

规格（螺纹大径）	d	D（参考）	D_1	S	b	a	h	每1000个的质量 /kg≈	轴端 b_1	轴端 t	规格（螺纹大径）	d	D（参考）	D_1	S	b	a	h	每1000个的质量 /kg≈	轴端 b_1	轴端 t
10	10.5	25	16	1	3.8	8	3	1.91	4	7	64	65	100	84	1.5	7.7	61	6	30.35	8	60
12	12.5	28	19			9		2.3		8	65①	66	100	84			62		31.55		—
14	14.5	32	20			11		2.5		10	68	69	105	88		9.6	65		33.9	10	64
16	16.5	34	22		4.8	13		2.99	5	12	72	73	110	93			69	7	34.69		68
18	18.5	35	24			15	4	3.04		14	75①	76	110	93			71		37.9		—
20	20.5	38	27			17		3.5		16	76	77	115	98			72		41.27		70
22	22.5	42	30			19		4.14		18	80	81	120	103			76		44.7		74
24	24.5	45	34			21		5.01		20	85	86	125	108			81		46.72		79
25①	25.5	45	34			22		5.4		—	90	91	130	112	2	11.6	86		64.82	12	84
27	27.5	48	37			24	5	5.7		23	95	96	135	117			91		67.4		89
30	30.5	52	40			27		5.87		26	100	101	140	122			96		69.97		94
33	33.5	56	43	1.5	5.7	30		8.75	6	29	105	106	145	127			101		72.54		99
35①	35.5	56	43			32		10.01		—	110	111	156	135		13.5	106		89.08	14	104
36	36.5	60	46			33		10.33		32	115	116	160	140			111		91.33		109
39	39.5	62	49			36		10.76		35	120	121	166	145			116		94.96		114
40①	40.5	62	49			37		11.06		—	125	126	170	150			121		97.21		119
42	42.5	66	53			39		12.55		38	130	131	176	155			126		100.8		122
45	45.5	72	59			42		16.3		41	140	141	186	165			136		106.7		132
48	48.5	76	61		7.7	45	6	15.86	8	44	150	151	206	180	2.5	15.5	146		175.9	16	142
50①	50.5	76	61			47		17.67		—	160	161	216	190			156	8	185.1		149
52	52.5	82	67			49		17.68		48	170	171	226	200			166		194		159
55①	56	82	67			52		21.12		—	180	181	236	210			176		202.9		169
56	57	90	74			53		26		52	190	191	246	220			186		211.7		179
60	61	94	79			57		28.4		56	200	201	256	230			196		220.6		189

① 仅用于滚动轴承锁紧装置。

（16）锥销锁紧及螺钉锁紧挡圈

锥销锁紧挡圈（摘自 GB/T 883—1986）　　　**螺钉锁紧挡圈**（摘自 GB/T 884—1986）

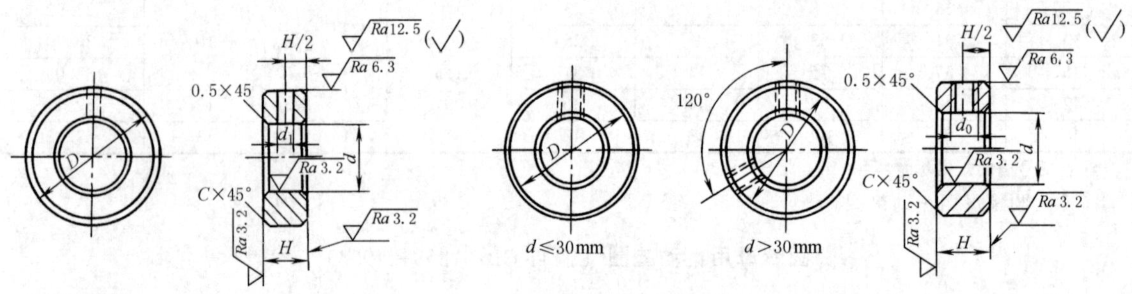

标记示例

公称直径 d=20mm、材料 Q215、不经表面处理的锥销锁紧挡圈，标记为：挡圈　GB/T 883　20

表 5-1-250　　锥销锁紧挡圈、螺钉锁紧挡圈　　mm

公称直径 d 基本尺寸	公称直径 d 极限偏差	H 基本尺寸	H 极限偏差	D	GB/T 883 d_1	GB/T 883 C	GB/T 883 GB/T 117 圆锥销（推荐）	GB/T 883 每 1000 个的质量 /kg≈	GB/T 884 d_0	GB/T 884 C	GB/T 884 GB/T 71 螺钉（推荐）	GB/T 884 每 1000 个的质量 /kg≈
8	+0.036 0	10	0 −0.36	20	3	0.5	3×22	20.25	M5	0.5	M5×8	19.85
(9)		10		22				23.19				22.79
10		10						24.33				23.89

续表

公称直径 d		H		D	GB/T 883				GB/T 884			
基本尺寸	极限偏差	基本尺寸	极限偏差		d_1	C	GB/T 117 圆锥销（推荐）	每1000个的质量/kg≈	d_0	C	GB/T 71 螺钉（推荐）	每1000个的质量/kg≈
12	+0.043 0	10	0 −0.36	25	3	0.5	3×25	27.6	M5	0.5	M5×8	27.2
(13)		10						29.11				28.67
14	+0.043 0	12	0 −0.43	28	4	0.5	4×28	42.54	M6	1	M6×10	42
(15)		12		30	4	0.5	4×32	46.66				46.12
16		12						48.89				48.31
(17)		12		32				50.77				50.23
18		12						53.3				52.72
(19)	+0.052 0	12	0 −0.43	35	4	0.5	4×35	59.91				59.33
20		12						62.73				62.11
22		12		38	5	1	5×40	69.35				69.17
25		14		42		1	5×45	96.39	M8	1	M8×12	95
28		14		45				105.1				103.7
30		14		48	6	1	6×50	118.4				117.6
32	+0.062 0	14	0 −0.43	52			6×55	141.9				137.8
35		16		56				185	M10	1	M10×16	176.8
40		16		62			6×60	217.5				209
45		18		70			6×70	314.3				304.6
50	+0.062 0	18	0 −0.43	80	8	1	8×80	424.2	M10	1	M10×20	415.1
55	+0.074 0	18	0 −0.43	85	8	1	8×90	457.3	M10	1	M10×20	448.2
60		20		90				545.5				536.4
65		20	0 −0.52	95	8	1	10×100	578.9	M10	1	M10×20	573.1
70		20		100				615.7				609.9
75		22		110	10	1		861.9	M12	1	M12×25	847.4
80		22		115			10×120	909.1	M12	1	M12×25	894.7
85	+0.087 0	22	0 −0.52	120	10	1	10×120	956.3	M12	1	M12×25	941.7
90		22		125				1004				988.9
95		25		130		1.5	10×130	1195	M12	1.5	M12×25	1181
100		25		135				1249				1234
105		25		140		1.5	10×140	1303				1288
110	+0.087 0	30	0 −0.52	150	12	1.5	12×150	1894	M12	1.5	M12×2.5	1882
115		30		155				1967				1956
120		30		160			12×160	2041				2030
(125)	+0.100 0	30	0 −0.52	165	12	1.5	12×160	2114	M12	1.5	M12×25	2103
130		30		170			12×180	2188				2177
(135)	+0.100 0	30	0 −0.52	175	—	—	—	—	M12	1.5	M12×25	2250
140		30		180								2324
(145)		30		190							M12×30	2738
150		30		200								3180
160		30		210								3364
170		30		220								3548
180		30		230								3731
190	+0.115 0	30	0 −0.52	240					M12	1.5	M12×30	3915
200		30		250								4099

注：1. 括号内的规格尽量不用。

2. 锥销锁紧挡圈的 d_1 孔在加工时只钻一面，如图示，在装配时钻透并铰孔。

3. 标记示例中的材料为最常用的主要材料，其他技术条件按 GB/T 959.3 规定。

(17) 带锁圈的螺钉锁紧挡圈和钢丝锁圈

带锁圈的螺钉锁紧挡圈（摘自 GB/T 885—1986）　　　　**钢丝锁圈**（摘自 GB/T 921—1986）

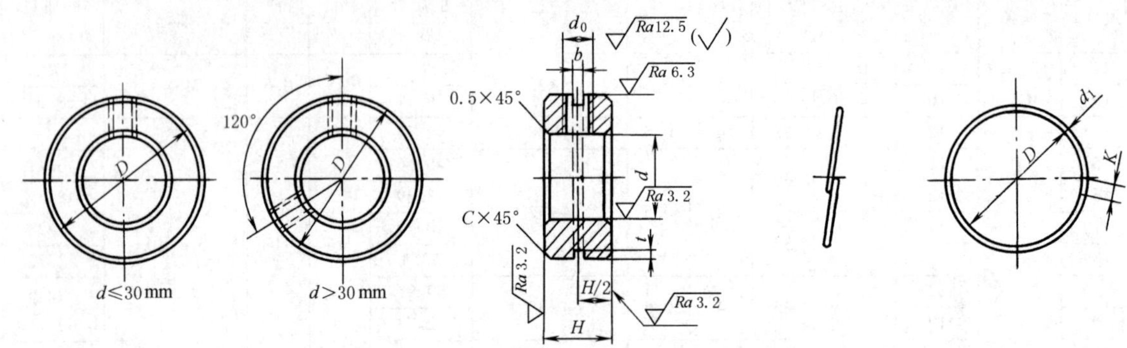

标记示例

公称直径 d=20mm、材料 Q215、不经表面处理的带锁圈的螺钉锁紧挡圈，标记为：挡圈　GB/T 885　20

公称直径 D=30mm、材料碳素弹簧钢丝、经低温回火及表面氧化处理的锁圈，标记为：锁圈　GB/T 921　30

表 5-1-251　　　　带锁圈的螺钉锁紧挡圈、钢丝锁圈　　　　mm

GB/T 885												GB/T 921		
公称直径 d		H		b		t		D	d_0	C	GB/T 71 螺钉（推荐）	公称直径 D	d_1	K
基本尺寸	极限偏差	基本尺寸	极限偏差	基本尺寸	极限偏差	基本尺寸	极限偏差							
8	+0.036 0	10	0 -0.36	1	+0.20 +0.06	1.8	±0.18	20	M5	0.5	M5×8	15	0.7	2
(9)		10		1		1.8		22				17		
10		10		1		1.8								
12	+0.043 0	10	0 -0.36	1		1.8		25				20		
(13)		10		1		1.8								
14	+0.043 0	12	0 -0.43	1	+0.20 +0.06	2	±0.20	28	M6	1	M6×10	23	0.8	3
15		12		1		2		30				25		
16		12		1		2								
17		12		1		2		32				27		
18		12		1		2								
(19)	+0.052 0	12	0 -0.43	1	+0.20 +0.06	2	±0.20	35				30		
20		12		1		2								
22		12		1		2		38				32		
25	+0.052 0	14	0 -0.43	1.2	+0.31 +0.06	2.5	±0.25	42	M8	1	M8×12	35	1	6
28		14		1.2		2.5		45				38		
30		14		1.2		2.5		48				41		
32		14		1.2	+0.31 +0.06	2.5	±0.25	52				44		
35	+0.062 0	16	0 -0.43	1.6	+0.31 +0.06	3	±0.30	56	M10	1	M10×16	47	1.4	6
40		16		1.6		3		62				54		
45		18		1.6		3		70				62		
50		18		1.6		3		80			M10×20	71		9

续表

GB/T 885												GB/T 921		
公称直径 d		H		b		t		D	d_0	C	GB/T 71 螺钉（推荐）	公称直径 D	d_1	K
基本尺寸	极限偏差	基本尺寸	极限偏差	基本尺寸	极限偏差	基本尺寸	极限偏差							
55	+0.074 0	18	0 -0.43	1.6	+0.31 +0.06	3	±0.30	85	M10	1	M10×20	76	1.4	9
60	+0.074 0	20	0 -0.52	1.6	+0.31 +0.06	3	±0.30	90	M10	1	M10×20	81	1.4	9
65		20		1.6		3		95				86		
70		20		1.6		3		100				91		
75	+0.074 0	22	0 -0.52	2	+0.31 +0.06	3.6	±0.36	110	M12	1	M12×25	100	1.8	9
80		22		2		3.6		115				105		
85	+0.087 0	22	0 -0.52	2	+0.31 +0.06	3.6	±0.36	120	M12	1	M12×25	110	1.8	9
90		22		2		3.6		125		1		115		
95		25		2		3.6		130		1.5		120		
100	+0.087 0	25	0 -0.52	2	+0.31 +0.06	3.6	±0.36	135	M12	1.5	M12×25	124	1.8	12
105		25		2		3.6		140				129		
110	+0.087 0	30	0 -0.52	2	+0.31 +0.06	4.5	±0.45	150	M12	1.5	M12×25	136	1.8	12
115		30		2		4.5		155				142		
120		30		2		4.5		160				147		
(125)	+0.100 0	30	0 -0.52	2	+0.31 +0.06	4.5	±0.45	165	M12	1.5	M12×25	152	1.8	12
130		30		2		4.5		170				156		
(135)		30		2		4.5		175				162		
140		30		2		4.5		180				166		
(145)	+0.100 0	30	0 -0.52	2	+0.31 +0.06	4.5	±0.45	190	M12	1.5	M12×30	176	1.8	12
150		30		2		4.5		200				186		
160		30		2		4.5		210				196		
170		30		2		4.5		220				206		
180		30		2		4.5		230				216		
190	+0.115 0	30	0 -0.52	2	+0.31 +0.06	4.5	±0.45	240	M12	1.5	M12×30	226	1.8	12
200		30		2		4.5		250				236		

注：1. 括号内的规格尽量采用。

2. 标记示例中的材料为最常用的主要材料，其他技术条件按 GB/T 959.3 规定。

3. 钢丝锁圈（GB/T 921—1986）与带锁圈的螺钉锁紧挡圈（GB/T 885—1986）配套使用。

（18）轴肩挡圈

轴肩挡圈（摘自 GB/T 886—1986）

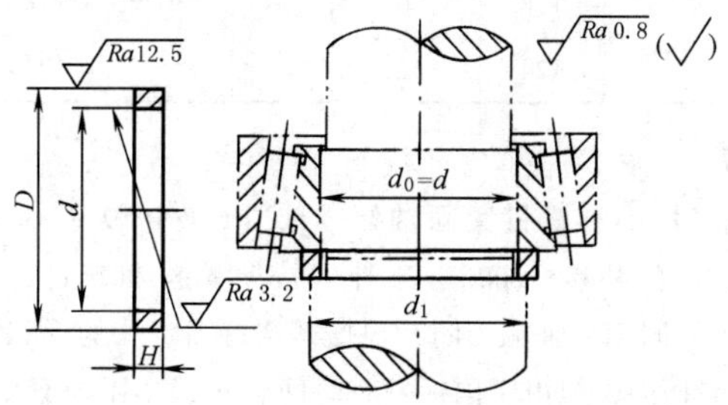

标记示例

公称直径 d=30mm、外径 D=36mm、材料 35 钢、不经热处理及表面处理的轴肩挡圈，标记为：挡圈 GB/T 886 30×36

表 5-1-252　　轴肩挡圈　　mm

公称直径 d		轻系列径向轴承用				中系列径向轴承和轻系列径向推力轴承用				重系列径向轴承和中系列径向推力轴承用			
基本尺寸	极限偏差	D	H 基本尺寸	H 极限偏差	$d_1 \geqslant$	D	H 基本尺寸	H 极限偏差	$d_1 \geqslant$	D	H 基本尺寸	H 极限偏差	$d_1 \geqslant$
20	+0.13 0	—	—	—	—	27	4	0 -0.30	22	30	5	0 -0.30	22
25		—	—	—	—	32	4		27	35	5		27
30		36	4	0 -0.30	32	38	4		32	40	5		32
35	+0.13 0	—	—	—	—	45	4		37	—	—	—	—
35	+0.16 0	42	4	0 -0.30	37	—	—	—	—	—	—	—	—
40		47	4		42	50	4	0 -0.30	42	—	—	—	—
45		52	4		47	55	4		47	—	—	—	—
50		58	4		52	60	4		52	—	—	—	—
35	+0.17 0	—	—	—	—	—	—	—	—	47	5	0 -0.30	37
40		—	—	—	—	—	—	—	—	52	5		42
45		—	—	—	—	—	—	—	—	58	5		47
50		—	—	—	—	—	—	—	—	65	5		52
55	+0.19 0	65	5	0 -0.30	58	68	5	0 -0.30	58	70	6		58
60		70	5		63	72	5		63	75	6		63
65		75	5		68	78	5		68	80	6		68
70		80	5		73	82	5		73	85	6		73
75		85	5		78	88	5		78	90	6		78
80		90	6		83	95	6		83	100	8	0 -0.36	83
85	+0.22 0	95	6		88	100	6		88	105	8		88
90		100	6		93	105	6		93	110	8		93
95		110	6		98	110	6		98	115	8		98
100		115	8	0 -0.36	103	115	8	0 -0.36	103	120	10		103
105		120	8		109	120	8		109	130	10		109
110		125	8		114	130	8		114	135	10		114
120		135	8		124	140	8		124	140	10		124

(19) 轴端挡圈及轴端止动垫片

目前我国发布的轴端挡圈国家标准有螺钉紧固轴端挡圈（GB/T 891—1986）、螺栓紧固轴端挡圈（GB/T 892—1986）和双孔轴端挡圈（JB/ZQ 4349—2006）三种（按照螺栓和螺钉的说明，GB/T 891—1986 和 GB/T 892—1986 这两种挡圈都应称为螺钉固定型轴端挡圈，根据其螺钉固定孔的形状不同应分别称为沉头螺钉固定型轴端挡圈和非沉头螺钉固定型轴端挡圈，但由于国标发布时间较早，本手册继续沿用国标定义的名称）。轴端止动垫片（JB/ZQ 4347—2006）和双孔轴端挡圈（JB/ZQ 4349—2006）配合使用。

螺钉紧固轴端挡圈（摘自 GB/T 891—1986）　　　　螺栓紧固轴端挡圈（摘自 GB/T 892—1986）

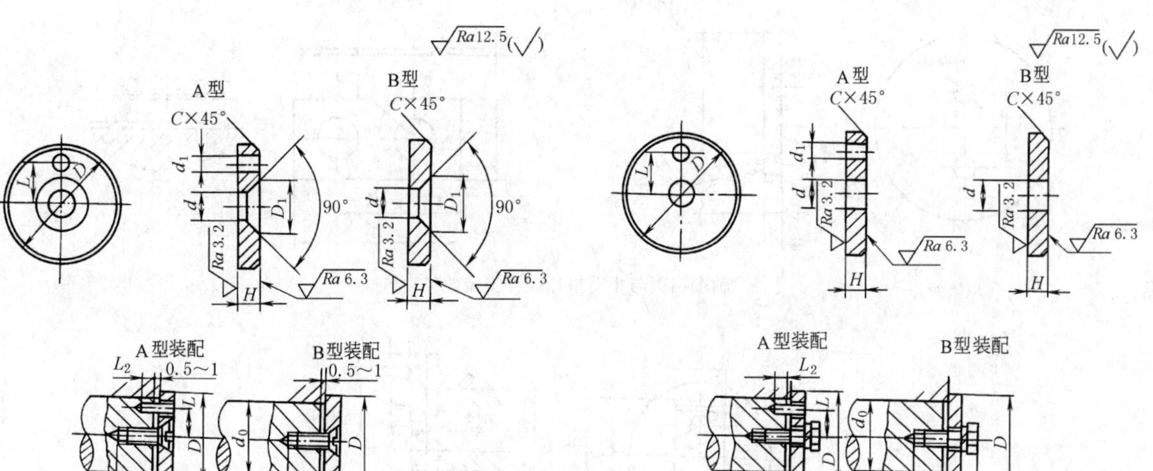

标记示例

公称直径 D=45mm 、材料 A3、不经表面处理的 A 型螺钉紧固轴端挡圈的标记为：挡圈 GB/T 891—1986 45

如果是 B 型挡圈，应加注标记 B，其标注为：挡圈 GB/T 891—1986 B45

公称直径 D=45mm 、材料 A3、不经表面处理的 A 型螺栓紧固轴端挡圈的标记为：挡圈 GB/T 892—1986 45

如果是 B 型挡圈，应加注标记 B，其标注为：挡圈 GB/T 892—1986 B45

表 5-1-253　　螺钉紧固和螺栓紧固轴端挡圈　　mm

<table>
<tr><th rowspan="2">轴径 d_0≤</th><th rowspan="2">公称直径 D</th><th colspan="2">H</th><th colspan="2">L</th><th rowspan="2">d</th><th rowspan="2">d_1</th><th rowspan="2">C</th><th colspan="8">与安装有关尺寸</th></tr>
<tr><th>基本尺寸</th><th>极限偏差</th><th>基本尺寸</th><th>极限偏差</th><th>D_1</th><th>螺孔</th><th>圆柱销</th><th>垫圈（GB/T 93）</th><th>L_1</th><th>L_2</th><th>L_3</th><th>h（参考）</th></tr>
<tr><td>14</td><td>20</td><td>4</td><td rowspan="5">0
-0.30</td><td rowspan="3">—</td><td rowspan="5">±0.110</td><td rowspan="5">5.5</td><td rowspan="3">—</td><td rowspan="5">0.5</td><td rowspan="5">11</td><td rowspan="5">M5</td><td rowspan="3">—</td><td rowspan="5">5</td><td rowspan="5">14</td><td rowspan="5">6</td><td rowspan="5">16</td><td rowspan="5">5.1</td></tr>
<tr><td>16</td><td>22</td><td>4</td></tr>
<tr><td>18</td><td>25</td><td>4</td></tr>
<tr><td>20</td><td>25</td><td>4</td><td>7.5</td><td rowspan="2">2.1</td><td rowspan="2">A2×10</td></tr>
<tr><td>22</td><td>30</td><td>4</td><td>7.5</td></tr>
<tr><td>25</td><td>32</td><td>5</td><td rowspan="6">0
-0.30</td><td>10</td><td rowspan="3">±0.110</td><td rowspan="6">6.6</td><td rowspan="6">3.2</td><td rowspan="6">1</td><td rowspan="6">13</td><td rowspan="6">M6</td><td rowspan="6">A3×12</td><td rowspan="6">6</td><td rowspan="6">18</td><td rowspan="6">7</td><td rowspan="6">20</td><td rowspan="6">6</td></tr>
<tr><td>28</td><td>35</td><td>5</td><td>10</td></tr>
<tr><td>30</td><td>38</td><td>5</td><td>10</td></tr>
<tr><td>32</td><td>40</td><td>5</td><td>12</td><td rowspan="3">±0.135</td></tr>
<tr><td>35</td><td>45</td><td>5</td><td>12</td></tr>
<tr><td>40</td><td>50</td><td>5</td><td>12</td></tr>
<tr><td>45</td><td>55</td><td>6</td><td rowspan="6">0
-0.30</td><td>16</td><td rowspan="3">±0.135</td><td rowspan="6">9</td><td rowspan="6">4.2</td><td rowspan="6">1.5</td><td rowspan="6">17</td><td rowspan="6">M8</td><td rowspan="6">A4×14</td><td rowspan="6">8</td><td rowspan="6">22</td><td rowspan="6">8</td><td rowspan="6">24</td><td rowspan="6">8</td></tr>
<tr><td>50</td><td>60</td><td>6</td><td>16</td></tr>
<tr><td>55</td><td>65</td><td>6</td><td>16</td></tr>
<tr><td>60</td><td>70</td><td>6</td><td>20</td><td rowspan="3">±0.165</td></tr>
<tr><td>65</td><td>75</td><td>6</td><td>20</td></tr>
<tr><td>70</td><td>80</td><td>6</td><td>20</td></tr>
<tr><td>75</td><td>90</td><td>8</td><td rowspan="2">0
-0.36</td><td>25</td><td rowspan="2">±0.165</td><td rowspan="2">13</td><td rowspan="2">5.2</td><td rowspan="2">2</td><td rowspan="2">25</td><td rowspan="2">M12</td><td rowspan="2">A5×16</td><td rowspan="2">12</td><td rowspan="2">26</td><td rowspan="2">10</td><td rowspan="2">28</td><td rowspan="2">11.5</td></tr>
<tr><td>85</td><td>100</td><td>8</td><td>25</td></tr>
</table>

注：1. 当挡圈安装在带中心孔的轴端时，紧固用螺孔的长度允许加长。

2. 标记示例中的材料为最常用的主要材料，其他技术条件按 GB/T 959.3 规定。

双孔轴端挡圈（摘自 JB/ZQ 4349—2006）　　轴端止动垫片（摘自 JB/ZQ 4347—2006）

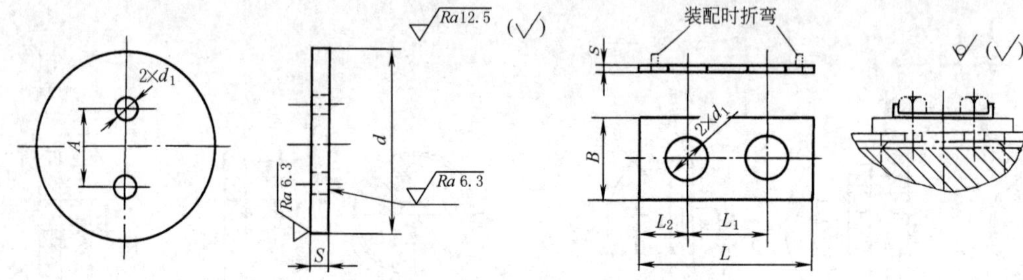

轴端挡圈与止动垫片配合安装效果

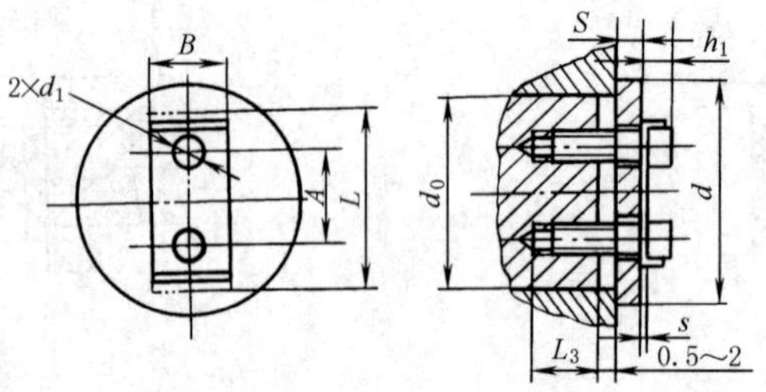

标记示例

d=50mm 的双孔轴端挡圈，标记为：轴端挡圈 50 JB/ZQ 4349—2006

B=20mm、L=45mm 的轴端止动垫片，标记为：止动垫片 20×45 JB/ZQ 4347—2006

表 5-1-254　　双孔轴端挡圈与轴端止动垫片　　mm

d	A	d_1	S 基本尺寸	S 极限偏差	轴径尺寸 d_0 球轴承	轴径尺寸 d_0 柱轴承	轴径尺寸 d_0 联轴器	JB/ZQ 4347—2006 B	L	s	L_1	L_2	与安装有关尺寸 螺钉尺寸	L_3	h_1
40	20	7	5	+0.5 -1.0	—	—	35	15	40	1	20	10	M6×16	18	5
45	20	7	5		—	—	40	15	40	1	20	10	M6×16	18	5
50	20	7	5		35	35	45	15	40	1	20	10	M6×16	18	5
60	25	7	6		40,45,50	40	>45~50	20	45	1	25	10	M6×16	18	5
70	25	12	6		55,60	45,50	>50~60	25	55	1	25	15	M10×20	24	8
80	30	14	6		67,70	55,60	>60~70	30	70	1	30	20	M12×25	28	9
90	40	14	6		75,80	65,70	>70~80	30	80	1	40	20	M12×25	28	9
100	40	14	8		85,90	75,80	>80~90	30	80	1	40	20	M12×25	28	9
125	50	14	8		100,110	85,90	>90~110	30	90	1	50	20	M12×25	28	9
150	60	14	8		120,130	100,110	>110~130	30	100	1	60	20	M12×25	28	9
180	80	18	12	+0.5 -1.5	140,150,160	120,140	>130~160	35	130	2	80	20	M16×35	32	12
220	110	18	12		180,200	160	>160~200	35	160	2	110	25	M16×35	32	12
260	140	18	12		—	180,200	>200~240	35	190	2	140	25	M16×35	32	12

注：1. 挡圈适用于不受轴向载荷的部位，当用于受轴向载荷的部位时，应验算螺栓的强度。

2. 挡圈锐角倒钝。

3. 材料为 Q235A，轴端止动垫片退火处理，表面氧化处理。

（20）轴端挡板

轴端挡板（摘自 JB/ZQ4348—2006）

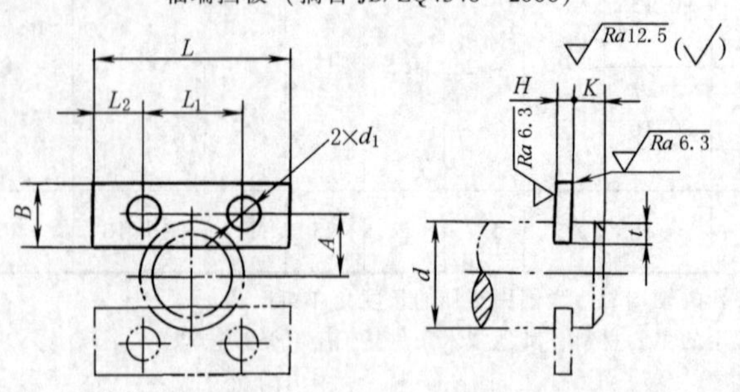

标记示例

轴径 d=50mm 的轴端挡板，标记为：挡板 50 JB/ZQ 4348

表 5-1-255 **轴端挡板** **mm**

d	L	B	L_1	L_2	H	d_1	一端板数	螺栓直径	t	K（最小）	A	每个质量 /kg≈
40	100	30	60	20	6	14	1	M12	5	10	30	0.13
45									6	10	31.5	
50									7	12	33	
55									8	12	34.5	
60	130	40	90	20	8	18	1	M16	9	14	41	0.3
65									9	14	43.5	
70									10	14	45	
75									11	14	46.5	
80									12	15	48	
90	170	50	120	25	10	22	1	M20	13	15	57	0.52
100									14	15	61	
110									16	20	64	
120	200	60	150	25	12	22	2	M20	17	20	73	1.07
130									19	20	76	
140									20	20	80	

d	L	B	L_1	L_2	H	d_1	一端板数	螺栓直径	t	K（最小）	A	每个质量 /kg≈
150	240	70	180	30	12	22	2	M20	22	20	88	1.5
160									23	25	92	
170									25	25	95	
180	280	80	210	35	14	22	2	M20	26	25	104	2.4
190									28		107	
200									30		110	
210									30		115	
220									30		120	
250	280	80	210	35	19	26	2	M24	30	25	135	2.4
280	320	80	240	40	22	26	2	M24	30	25	150	4.24
300											160	
320											170	
350	370	90	280	45	25	33	2	M30	35	25	185	6.2
400											210	

注：1. 挡板适用于不受轴向载荷的部位。

2. 锐角倒钝。

3. 材料为 Q235A。

（21）孔用弹性挡圈

孔用弹性挡圈（摘自 GB/T 893—2017）

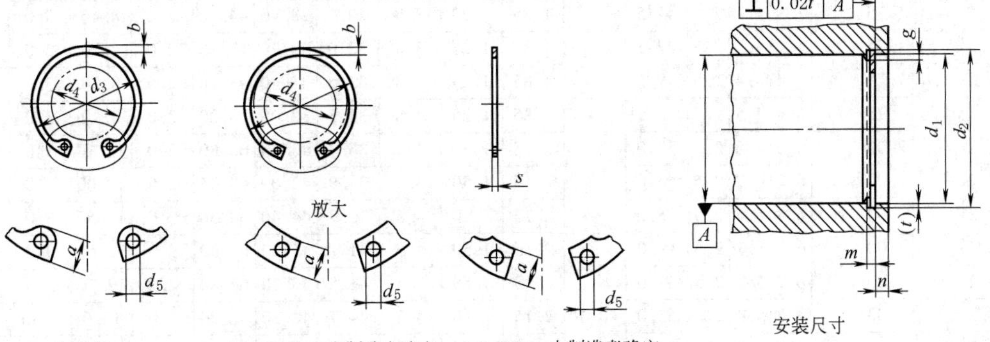

d_1≤300mm　　d_1≥170mm，由制造者确定　　d_1≥25mm，由制造者确定

标记示例

孔径 d_1=40mm、厚度 s=1.75mm、材料 C67S、表面磷化处理的 A 型孔用弹性挡圈，标记为：

挡圈 GB/T 893　40

孔径 d_1=40mm、厚度 s=2.00mm、材料 C67S、表面磷化处理的 B 型孔用弹性挡圈，标记为：

挡圈 GB/T 893　40B

A 型是采用板材-冲切工艺制成；B 型是采用线材-冲制工艺制成。A、B 型互相通用，B 型性能优于 A 型

表 5-1-256　　孔用弹性挡圈标准型（A型）尺寸及力学性能　　mm

公称规格 d_1	挡圈							沟槽(推荐)					其他						每1000个的质量 /kg≈
	d_3		s		a (最大)	b ≈	d_5 (最小)	d_2		m (H13)	t	n (最小)	d_4	F_N /kN	F_R /kN	g	F_{Rg} /kN	安装工具规格	
	基本尺寸	极限偏差	基本尺寸	极限偏差				基本尺寸	极限偏差										
8	8.7	+0.36 −0.10	0.8	0 −0.05	2.4	1.1	1.0	8.4	+0.09 0	0.9	0.2	0.6	3.0	0.86	2.00	0.5	1.50	1.0	0.14
9	9.8		0.8		2.4	1.3	1.0	9.4		0.9	0.2	0.6	3.3	0.96	2.00	0.5	1.50	1.0	0.15
10	10.8		1.0		3.2	1.4	1.2	10.4	+0.11 0	1.1	0.2	0.6	3.7	1.08	4.00	0.5	2.20	1.5	0.18
11	11.8		1.0		3.3	1.5	1.2	11.4		1.1	0.2	0.6	4.1	1.17	4.00	0.5	2.30	1.5	0.31
12	13		1.0		3.4	1.7	1.5	12.5		1.1	0.25	0.8	4.9	1.60	4.00	0.5	2.30	1.5	0.37
13	14.1		1.0		3.6	1.8	1.5	13.6		1.1	0.30	0.9	5.4	2.10	4.20	0.5	2.30	1.5	0.42
14	15.1		1.0		3.7	1.9	1.7	14.6		1.1	0.30	0.9	6.2	2.25	4.50	0.5	2.30	2.0	0.52
15	16.2		1.0		3.7	2.0	1.7	15.7		1.1	0.35	1.1	7.2	2.80	5.00	0.5	2.30	2.0	0.56
16	17.3		1.0		3.8	2.0	1.7	16.8		1.1	0.40	1.2	8.0	3.40	5.50	1.0	2.60	2.0	0.60
17	18.3	+0.42 −0.13	1.0		3.9	2.1	1.7	17.8	+0.13 0	1.1	0.40	1.2	8.8	3.60	6.00	1.0	2.50	2.0	0.65
18	19.5		1.0		4.1	2.2	2.0	19		1.1	0.50	1.5	9.4	4.80	6.50	1.0	2.60	2.0	0.74
19	20.5		1.0		4.1	2.2	2.0	20		1.1	0.50	1.5	10.4	5.10	6.80	1.0	2.50	2.0	0.83
20	21.5		1.0		4.2	2.3	2.0	21		1.1	0.50	1.5	11.2	5.40	7.20	1.0	2.50	2.0	0.90
21	22.5		1.0		4.2	2.4	2.0	22		1.1	0.50	1.5	12.2	5.70	7.60	1.0	2.60	2.0	1.00
22	23.5		1.0		4.2	2.5	2.0	23		1.1	0.50	1.5	13.2	5.90	8.00	1.0	2.70	2.0	1.10
24	25.9	+0.42 −0.21	1.2	0 −0.06	4.4	2.6	2.0	25.2	+0.21 0	1.3	0.60	1.8	14.8	7.70	13.90	1.0	4.60	2.0	1.42
25	26.9		1.2		4.5	2.7	2.0	26.2		1.3	0.60	1.8	15.5	8.00	14.60	1.0	4.70	2.0	1.50
26	27.9		1.2		4.7	2.8	2.0	27.2		1.3	0.60	1.8	16.1	8.40	13.85	1.0	4.60	2.0	1.60
28	30.1	+0.50 −0.25	1.2		4.8	2.9	2.0	29.4		1.3	0.70	2.1	17.9	10.50	13.30	1.0	4.50	2.0	1.80
30	32.1		1.2		4.8	3.0	2.0	31.4	+0.25 0	1.3	0.70	2.1	19.9	11.30	13.70	1.0	4.60	2.0	2.06
31	33.4		1.2		5.2	3.2	2.5	32.7		1.3	0.85	2.6	20.0	14.10	13.80	1.0	4.70	2.5	2.10
32	34.4		1.2		5.4	3.2	2.5	33.7		1.3	0.85	2.6	20.6	14.60	13.80	1.0	4.70	2.5	2.21
34	36.5		1.5		5.4	3.3	2.5	35.7		1.6	0.85	2.6	22.6	15.40	26.20	1.5	6.30	2.5	3.20
35	37.8		1.5		5.4	3.4	2.5	37.0		1.6	1.0	3.0	23.6	18.80	26.90	1.5	6.40	2.5	3.54
36	38.8		1.5		5.4	3.5	2.5	38.0		1.6	1.0	3.0	24.6	19.40	26.40	1.5	6.40	2.5	3.70
37	39.8		1.5		5.5	3.6	2.5	39.0		1.6	1.0	3.0	25.4	19.80	27.10	1.5	6.50	2.5	3.74
38	40.8		1.5		5.5	3.7	2.5	40.0		1.6	1.0	3.0	26.4	22.50	28.20	1.5	6.70	2.5	3.90
40	43.5	+0.90 −0.39	1.75		5.8	3.9	2.5	42.5		1.85	1.25	3.8	27.8	27.00	44.60	2.0	8.30	2.5	4.70
42	45.5		1.75		5.9	4.1	2.5	44.5		1.85	1.25	3.8	29.6	28.40	44.70	2.0	8.40	3.0	5.40
45	48.5		1.75		6.2	4.3	2.5	47.5		1.85	1.25	3.8	32.0	30.20	43.10	2.0	8.20	3.0	6.00
47	50.5		1.75		6.4	4.4	2.5	49.5		1.85	1.25	3.8	33.5	31.40	43.50	2.0	8.30	3.0	6.10
48	51.5		1.75		6.4	4.5	2.5	50.5		1.85	1.25	3.8	34.5	32.00	43.20	2.0	8.40	3.0	6.70
50	54.2	+1.10 −0.46	2.00	0 −0.07	6.5	4.6	2.5	53.0	+0.30 0	2.15	1.50	4.5	36.3	40.50	60.80	2.0	12.10	3.0	7.30
52	56.2		2.00		6.7	4.7	2.5	55.0		2.15	1.50	4.5	37.9	42.00	60.25	2.0	12.00	3.0	8.20
55	59.2		2.00		6.8	5.0	2.5	58.0		2.15	1.50	4.5	40.7	44.40	60.30	2.0	12.50	3.0	8.30
56	60.2		2.00		6.8	5.1	2.5	59.0		2.15	1.50	4.5	41.7	45.20	60.30	2.0	12.60	3.0	8.70
58	62.2		2.00		6.9	5.2	2.5	31.0		2.15	1.50	4.5	43.5	46.70	60.80	2.0	12.70	3.0	10.50
60	64.2		2.00		7.3	5.4	2.5	63.0		2.15	1.50	4.5	44.7	48.30	61.00	2.0	13.0	3.0	11.10
62	66.2		2.00		7.3	5.5	2.5	65.0		2.15	1.50	4.5	46.7	49.80	60.90	2.0	13.0	3.0	12.20
63	67.2		2.00		7.3	5.6	2.5	66.0		2.15	1.50	4.5	47.7	50.60	60.80	2.0	13.00	3.0	12.40
65	69.2		2.00		7.6	5.8	3.0	68.0		2.65	1.50	4.5	49.0	51.80	121.00	2.5	20.80	3.0	14.30
68	72.5		2.50		7.8	6.1	3.0	71.0		2.65	1.50	4.5	51.6	51.50	121.50	2.5	21.20	3.0	16.00
70	74.5		2.50		7.8	6.2	3.0	73.0		2.65	1.50	4.5	53.6	56.20	119.00	2.5	21.00	3.0	16.50
72	76.5		2.50		7.8	6.4	3.0	75.0		2.65	1.50	4.5	55.6	58.00	119.20	2.5	21.00	3.0	18.10
75	79.5		2.50		7.8	6.6	3.0	78.0		2.65	1.50	4.5	58.6	60.00	118.00	2.5	21.00	3.0	18.80

续表

公称规格 d_1	挡圈							沟槽(推荐)					其他						每1000个的质量/kg≈
	d_3		s		a(最大)	b≈	d_5(最小)	d_2		m(H13)	t	n(最小)	d_4	F_N/kN	F_R/kN	g	F_{Rg}/kN	安装工具规格	
	基本尺寸	极限偏差	基本尺寸	极限偏差				基本尺寸	极限偏差										
78	82.5	+1.30 −0.54	2.50	0 −0.07	8.5	6.6	3.0	81.0	+0.35 0	2.65	1.50	4.5	60.1	62.30	122.50	2.5	21.80	3.0	20.4
80	85.5		2.50		8.5	6.8	3.0	83.5		2.65	1.75	5.3	62.1	74.60	120.90	2.5	21.80	3.0	22.0
82	87.5		2.50		8.5	7.0	3.0	85.5		2.65	1.75	5.3	64.1	76.60	119.00	2.5	21.40	3.0	24.0
85	90.5		3.00		8.6	7.0	3.5	88.5		3.15	1.75	5.3	66.9	79.50	201.40	3.0	31.20	3.0	25.3
88	93.5		3.00		8.6	7.2	3.5	91.5		3.15	1.75	5.3	69.9	82.10	209.40	3.0	32.70	3.0	28.0
90	95.5		3.00	0 −0.08	8.6	7.6	3.5	93.5		3.15	1.75	5.3	71.9	84.00	199.00	3.0	31.40	3.0	31.0
92	97.5		3.00		8.7	7.8	3.5	95.5		3.15	1.75	5.3	73.7	85.80	201.00	3.0	32.00	3.0	32.0
95	100.5		3.00		8.8	8.1	3.5	98.5		3.15	1.75	5.3	76.5	88.60	195.00	3.0	31.40	3.0	35.0
98	103.5		3.00		9.0	8.3	3.5	101.5		3.15	1.75	5.3	79.0	91.30	191.00	3.0	31.00	3.0	37.0
100	105.5		3.00		9.2	8.4	3.5	103.5		3.15	1.75	5.3	80.6	93.10	188.00	3.0	30.80	3.0	38.0
102	108		4.00		9.5	8.5	3.5	106.0	+0.54 0	4.15	2.00	6.0	82.0	108.80	439.00	3.0	72.60	4.0	55.0
105	112		4.00		9.5	8.7	3.5	109.0		4.15	2.00	6.0	85.0	112.00	436.00	3.0	73.00	4.0	56.0
108	115		4.00	0 −0.10	9.5	8.9	3.5	112.0		4.15	2.00	6.0	88.0	115.00	419.00	3.0	71.00	4.0	60.0
110	117		4.00		10.4	9.0	3.5	114.0		4.15	2.00	6.0	88.2	117.00	415.00	3.0	71.00	4.0	64.5
112	119		4.00		10.5	9.1	3.5	116.0		4.15	2.00	6.0	90.0	119.00	418.00	3.0	72.00	4.0	72.0
115	122	+1.50 −0.63	4.00		10.5	9.3	3.5	119.0		4.15	2.00	6.0	93.0	122.00	409.00	3.0	71.20	4.0	74.5
120	127		4.00		11.0	9.7	3.5	124.0	+0.63 0	4.15	2.00	6.0	96.9	127.00	396.00	3.0	70.00	4.0	77.0
125	132		4.00		11.0	10.0	4.0	129.0		4.15	2.00	6.0	101.9	132.00	385.00	3.0	70.00	4.0	79.0
130	137		4.00		11.0	10.2	4.0	134.0		4.15	2.00	6.0	106.9	138.00	374.00	3.0	69.00	4.0	82.0
135	142		4.00		11.2	10.5	4.0	139.0		4.15	2.00	6.0	111.5	143.00	358.00	3.0	67.00	4.0	84.0
140	147		4.00		11.2	10.7	4.0	144.0		4.15	2.00	6.0	116.5	148.00	350.00	3.0	66.50	4.0	87.5
145	152		4.00		11.4	10.9	4.0	149.0		4.15	2.00	6.0	121.0	153.00	336.00	3.0	65.00	4.0	93.0
150	158		4.00		12.0	11.2	4.0	155.0		4.15	2.50	7.5	124.8	191.00	326.00	3.0	64.00	4.0	105.0
155	164		4.00		12.0	11.4	4.0	160.0		4.15	2.50	7.5	129.8	206.00	324.00	3.5	55.00	4.0	107.0
160	169		4.00		13.0	11.6	4.0	165.0		4.15	2.50	7.5	132.7	212.00	321.00	3.5	54.40	4.0	110.0
165	174.5		4.00		13.0	11.8	4.0	170.0		4.15	2.50	7.5	137.7	219.00	319.00	3.5	54.00	4.0	125.0
170	179.5		4.00		13.5	12.2	4.0	175.0		4.15	2.50	7.5	141.6	225.00	349.00	3.5	59.00	4.0	140.0
175	184.5	+1.70 −0.72	4.00		13.5	12.7	4.0	180.0		4.15	2.50	7.5	146.6	232.00	351.00	3.5	59.00	4.0	150.0
180	189.5		4.00		14.2	13.2	4.0	185.0	+0.72 0	4.15	2.50	7.5	150.2	238.00	347.00	3.5	58.50	4.0	165.0
185	194.5		4.00		14.2	13.7	4.0	190.0		4.15	2.50	7.5	155.2	245.00	349.00	3.5	57.50	4.0	170.0
190	199.5		4.00		14.2	13.8	4.0	195.0		4.15	2.50	7.5	160.2	251.00	340.00	3.5	57.50	4.0	175.0
195	204.5		4.00		14.2	14.0	4.0	200.0		4.15	2.50	7.5	165.2	258.00	330.00	3.5	55.50	4.0	183.0
200	209.5		5.00		14.2	14.0	4.0	205.0		4.15	2.50	7.5	170.2	265.00	325.00	3.5	55.50	4.0	195.0
210	222.0		5.00		14.2	14.0	4.0	216.0		5.15	3.00	9.0	180.2	333.00	601.00	4.0	89.50	可以单独设计工具	270.0
220	232.0		5.00	0 −0.12	14.2	14.0	4.0	226.0		5.15	3.00	9.0	190.2	349.00	574.00	4.0	85.00		315.0
230	242.0		5.00		14.2	14.0	4.0	236.0		5.15	3.00	9.0	200.2	365.00	549.00	4.0	81.00		330.0
240	252.0	+2.00 −0.81	5.00		14.2	14.0	4.0	246.0		5.15	3.00	9.0	210.2	380.00	525.00	4.0	77.50		345.0
250	262.0		5.00		16.2	16.0	5.0	256.0	+0.81 0	5.15	3.00	9.0	220.2	396.00	504.00	4.0	75.00		360.0
260	275.0		5.00		16.2	16.0	5.0	268.0		5.15	4.00	12.0	226.0	553.00	538.00	4.0	80.00		375.0
270	285.0		5.00		16.2	16.0	5.0	278.0		5.15	4.00	12.0	236.0	573.00	518.00	4.0	77.00		388.0
280	295.0		5.00		16.2	16.0	5.0	288.0		5.15	4.00	12.0	246.0	593.00	499.00	4.0	74.00		400.0
290	305.0		5.00		16.2	16.0	5.0	298.0		5.15	4.00	12.0	256.0	615.00	482.00	4.0	71.50		415.0
300	315.0		5.00		16.2	16.0	5.0	308.0		5.15	4.00	12.0	266.0	636.00	466.00	4.0	69.00		435.0

注：1. d_4 为允许套入的最大轴径。

2. 标记示例中的材料为最常用的主要材料，其他技术条件按 GB/T 959.1 规定。

表 5-1-257　　孔用弹性挡圈（重型 B 型）尺寸及力学性能　　mm

公称规格 d_1	挡圈							沟槽(推荐)					其他						每1000个的质量/kg≈
	d_3		s		a(最大)	b≈	d_5(最小)	d_2		m(H13)	t	n(最小)	d_4	F_N/kN	F_R/kN	g	F_{Rg}/kN	安装工具规格	
	基本尺寸	极限偏差	基本尺寸	极限偏差				基本尺寸	极限偏差										
20	21.5	+0.42 −0.21	1.50	0 −0.06	4.5	2.4	2.0	21.0	+0.13 0	1.60	0.50	1.5	10.5	5.40	16.0	1.0	5.60	2.0	1.41
22	23.5		1.50		4.7	2.8	2.0	23.0		1.60	0.50	1.5	12.1	5.90	18.0	1.0	6.10	2.0	1.85
24	25.9		1.50		4.9	3.0	2.0	25.2		1.60	0.60	1.8	13.7	7.70	21.7	1.0	7.20	2.0	1.98
25	26.9		1.50		5.0	3.1	2.0	26.2	+0.21 0	1.60	0.60	1.8	14.5	8.00	22.8	1.0	7.30	2.0	2.16
26	27.9		1.50		5.1	3.1	2.0	27.2		1.60	0.60	1.8	15.3	8.40	21.6	1.0	7.20	2.0	2.25
28	30.1	+0.50 −0.25	1.50		5.3	3.2	2.0	29.4		1.60	0.70	2.1	16.9	10.50	20.8	1.0	7.00	2.0	2.48
30	32.1		1.50		5.5	3.3	2.0	31.4	+0.25 0	1.60	0.70	2.1	18.4	11.30	21.4	1.0	7.20	2.0	2.84
32	34.4		1.50		5.7	3.4	2.0	33.7		1.60	0.85	2.6	20.0	14.60	21.4	1.0	7.30	2.5	2.94
34	36.5		1.75		5.9	3.7	2.5	35.7		1.85	0.85	2.6	21.6	15.40	35.6	1.5	8.60	2.5	4.20
35	37.8		1.75		6.9	3.8	2.5	37.0		1.85	1.00	3.0	22.4	18.80	36.6	1.5	8.70	2.5	4.62
37	39.8		1.75		6.2	3.9	2.5	39.0		1.85	1.00	3.0	24.0	19.80	36.8	1.5	8.80	2.5	4.73
38	40.8		2.00		6.3	3.9	2.5	40.0		1.85	1.00	3.0	24.7	22.50	38.3	1.5	9.10	2.5	4.80
40	43.5	+0.90 −0.39	2.00	0 −0.07	6.5	3.9	2.5	42.5		2.15	1.25	3.8	26.3	27.00	58.4	2.0	10.90	2.5	5.38
42	45.5		2.00		6.7	4.0	2.5	44.5		2.15	1.25	3.8	27.9	28.40	58.5	2.0	11.00	3.0	6.18
45	48.5		2.00		7.0	4.3	2.5	47.5		2.15	1.25	3.8	30.3	30.20	56.5	2.0	10.70	3.0	6.86
47	50.5	+1.10 −0.46	2.00		7.2	4.4	2.5	49.5		2.15	1.25	3.8	31.9	31.40	57.0	2.0	10.80	3.0	7.00
50	54.2		2.50		7.5	4.6	2.5	53.0	+0.30 0	2.65	1.50	4.5	34.2	40.50	95.5	2.0	19.00	3.0	9.15
52	56.2		2.50		7.7	4.7	2.5	55.0		2.65	1.50	4.5	35.8	42.00	94.6	2.0	18.80	3.0	10.20
55	59.2		2.50		8.0	5.0	2.5	58.0		2.65	1.50	4.5	38.2	44.40	94.7	2.0	19.60	3.0	10.40
60	64.2		3.00	0 −0.08	8.5	5.4	2.5	63.0		3.15	1.50	4.5	42.1	48.30	137.0	2.0	29.20	3.0	16.60
62	66.2		3.00		8.6	5.5	2.5	65.0		3.15	1.50	4.5	43.9	49.80	137.0	2.0	29.20	3.0	16.80
65	69.2		3.00		8.7	5.8	3.0	68.0		3.15	1.50	4.5	46.7	51.80	174.0	2.5	30.00	3.0	17.20
68	72.5		3.00		8.8	6.1	3.0	71.0		3.15	1.50	4.5	49.5	54.50	175.5	2.5	30.60	3.0	19.20
70	74.5		3.00		9.0	6.2	3.0	73.0		3.15	1.50	4.5	51.1	56.20	171.0	2.5	30.30	3.0	19.80
72	76.5		3.00		9.2	6.4	3.0	75.0		3.15	1.50	4.5	52.7	58.00	172.0	2.5	30.30	3.0	21.70
75	79.5		3.00		9.3	6.6	3.0	78.0		3.15	1.50	4.5	55.5	60.00	170.0	2.5	30.30	3.0	22.60
80	85.5	+1.30 −0.54	4.00	0 −0.10	9.5	7.0	3.0	83.5	+0.35 0	4.15	1.75	5.3	60.0	74.60	308.0	2.5	56.00	3.0	35.20
85	90.5		4.00		9.7	7.2	3.5	88.5		4.15	1.75	5.3	64.6	79.50	358.0	3.0	55.00	3.0	38.80
90	95.5		4.00		10.0	7.6	3.5	93.5		4.15	1.75	5.3	69.0	84.00	354.0	3.0	56.00	3.0	41.50
95	100.5		4.00		10.3	8.1	3.5	98.5		4.15	1.75	5.3	73.4	88.60	347.0	3.0	56.00	3.0	46.70
100	105.5		4.00		10.5	8.4	3.5	103.5		4.15	1.75	5.3	78.0	93.10	335.0	3.0	55.00	3.0	50.70

注：表中 F_{Rg} 值适用于零件倒角尺寸为 g 的倒角接触装配；表中 F_R 值适用于通过大于最大直径 $1.01d_1$ 的孔的挡圈与零件直角接触的装配。

（22）轴用弹性挡圈

轴用弹性挡圈（摘自 GB/T 894—2017）

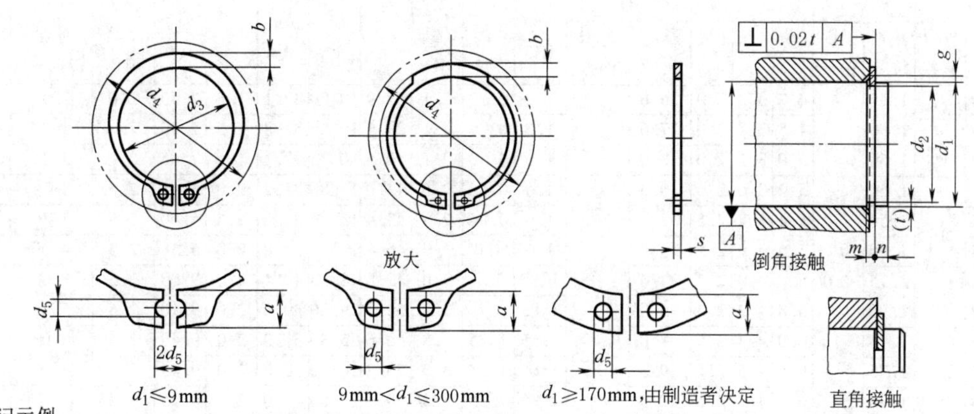

标记示例

轴径 $d_1=40$mm、厚度 $s=1.75$mm、材料 C67S、表面磷化处理的 A 型轴用弹性挡圈，标记为：

挡圈　GB/T 894 40

轴径 $d_1=40$mm、厚度 $s=2.00$mm、材料 C67S、表面磷化处理的 B 型轴用弹性挡圈，标记为：

挡圈　GB/T 894 40B

表 5-1-258　轴用弹性挡圈标准型（A 型）尺寸及力学性能　mm

公称规格 d_1	挡圈 d_3 基本尺寸	挡圈 d_3 极限偏差	挡圈 s 基本尺寸	挡圈 s 极限偏差	挡圈 a（最大）	挡圈 b ≈	挡圈 d_5（最小）	沟槽(推荐) d_2 基本尺寸	沟槽(推荐) d_2 极限偏差	沟槽(推荐) m (H13)	沟槽(推荐) t	沟槽(推荐) n（最小）	其他 d_4	其他 F_N /kN	其他 F_R /kN	其他 g	其他 F_{Rg} /kN	其他 安装工具规格	每 1000 个的质量 /kg≈	n_{abl} /r·min^{-1}
3	2.7	+0.04 −0.15	0.40	0 −0.05	1.9	0.8	1.0	2.8	0 −0.04	0.5	0.10	0.3	7.0	0.15	0.47	0.5	0.27	1.0	0.017	360000
4	3.7		0.40		2.2	0.9	1.0	3.8	0 −0.05	0.5	0.10	0.3	8.6	0.20	0.50	0.5	0.30	1.0	0.022	211000
5	4.7		0.60		2.5	1.1	1.0	4.8		0.7	0.10	0.3	10.3	0.26	1.00	0.5	0.80	1.0	0.066	154000
6	5.6		0.70		2.7	1.3	1.2	5.7		0.8	0.15	0.5	11.7	0.46	1.45	0.5	0.90	1.0	0.084	114000
7	6.5	+0.06 −0.18	0.80		3.1	1.4	1.2	6.7	0 −0.06	0.9	0.15	0.5	13.5	0.54	2.60	0.5	1.40	1.0	0.121	121000
8	7.4		0.80		3.2	1.5	1.2	7.6		0.9	0.2	0.6	14.7	0.81	3.00	0.5	2.00	1.0	0.158	96000
9	8.4	+0.10 −0.36	1.00	0 −0.06	3.3	1.7	1.2	8.6	0 −0.11	1.1	0.2	0.6	16.0	0.92	3.50	0.5	2.40	1.0	0.300	85000
10	9.3		1.00		3.3	1.8	1.5	9.6		1.1	0.2	0.6	17.0	1.01	4.00	1.0	2.40	1.5	0.340	84000
11	10.2		1.00		3.3	1.8	1.5	10.5		1.1	0.25	0.8	18.0	1.40	4.50	1.0	2.40	1.5	0.410	70000
12	11.0		1.00		3.3	1.8	1.7	11.5		1.1	0.25	0.8	19.0	1.53	5.00	1.0	2.40	1.5	0.500	75000
13	11.9		1.00		3.4	2.0	1.7	12.4		1.1	0.30	0.9	20.2	2.00	5.80	1.0	2.40	1.5	0.530	66000
14	12.9		1.00		3.5	2.1	1.7	13.4		1.1	0.30	0.9	21.4	2.15	6.35	1.0	2.40	1.5	0.640	58000
15	13.8		1.00		3.6	2.2	1.7	14.3		1.1	0.35	1.1	22.6	2.66	6.90	1.0	2.40	1.5	0.670	50000
16	14.7		1.00		3.7	2.2	1.7	15.2		1.1	0.40	1.2	23.8	3.26	7.40	1.0	2.40	1.5	0.700	45000
17	15.7		1.00		3.8	2.3	1.7	16.2		1.1	0.40	1.2	25.0	3.46	8.00	1.0	2.40	1.5	0.820	41000
18	16.5		1.20		3.9	2.4	2.0	17.0		1.3	0.50	1.5	26.2	4.58	17.0	1.5	3.75	2.0	1.11	39000
19	17.5		1.20		3.9	2.5	2.2	18.0		1.3	0.50	1.5	27.2	4.48	17.0	1.5	3.80	2.0	1.22	35000
20	18.5	+0.13 −0.42	1.20		4.0	2.6	2.0	19.0	0 −0.13	1.3	0.50	1.5	28.4	5.06	17.1	1.5	3.85	2.0	1.30	32000
21	19.5		1.20		4.1	2.7	2.0	20.0		1.3	0.50	1.5	29.6	5.36	16.8	1.5	3.75	2.0	1.42	29000
22	20.5		1.20		4.2	2.8	2.0	21.0		1.3	0.50	1.5	30.8	5.65	16.9	1.5	3.80	2.0	1.50	27000
24	22.2	+0.21 −0.42	1.20		4.4	3.0	2.0	22.9	0 −0.21	1.3	0.55	1.7	33.2	6.75	16.1	1.5	3.65	2.0	1.77	27000
25	23.2		1.20		4.4	3.0	2.0	23.9		1.3	0.55	1.7	34.2	7.05	16.2	1.5	3.70	2.0	1.90	25000
26	24.2		1.20		4.5	3.1	2.0	24.9		1.3	0.55	1.7	35.5	7.34	16.1	1.5	3.70	2.0	1.96	24000

续表

公称规格 d_1	挡圈 d_3 基本尺寸	挡圈 d_3 极限偏差	挡圈 s 基本尺寸	挡圈 s 极限偏差	挡圈 a（最大）	挡圈 b ≈	挡圈 d_5（最小）	沟槽（推荐）d_2 基本尺寸	沟槽（推荐）d_2 极限偏差	沟槽（推荐）m（H13）	沟槽（推荐）t	沟槽（推荐）n（最小）	其他 d_4	其他 F_N /kN	其他 F_R /kN	其他 g	其他 F_{Rg} /kN	其他 安装工具规格	每1000个的质量 /kg≈	n_{abl} /r·min^{-1}
28	25.9	+0.21 −0.42	1.50	0 −0.06	4.7	3.2	2.0	26.6	0 −0.21	1.6	0.70	2.1	37.9	10.00	32.1	1.5	7.50	2.0	2.92	21000
29	26.9		1.50		4.8	3.4	2.0	27.6		1.6	0.70	2.1	39.1	10.37	31.8	1.5	7.45	2.0	3.20	20000
30	27.9		1.50		5.0	3.5	2.0	28.6		1.6	0.70	2.1	40.5	10.73	32.1	1.5	7.65	2.0	3.31	18900
32	29.6	+0.25 −0.50	1.50		5.2	3.6	2.5	30.3	0 −0.25	1.6	0.85	2.6	43.0	13.85	31.2	2.0	5.55	2.5	3.54	16900
34	31.5		1.50		5.4	3.8	2.5	32.3		1.6	0.85	2.6	45.4	14.72	31.3	2.0	5.60	2.5	3.80	16100
35	32.2		1.50		5.6	3.9	2.5	33.0		1.6	1.0	3.0	46.8	17.80	30.8	2.0	5.55	2.5	4.00	15500
36	33.2		1.75		5.6	4.0	2.5	34.0		1.85	1.0	3.0	47.8	18.33	49.4	2.0	9.00	2.5	5.00	14500
38	35.2		1.75		5.8	4.2	2.5	36.0		1.85	1.0	3.0	50.2	19.30	49.5	2.0	9.10	2.5	5.62	13600
40	36.5	+0.39 −0.90	1.75		6.0	4.4	2.5	37.0		1.85	1.25	3.8	52.6	25.30	51.0	2.0	9.50	2.5	6.03	14300
42	38.5		1.75		6.5	4.5	2.5	39.5		1.85	1.25	3.8	55.7	26.70	50.0	2.0	9.45	3.0	6.5	13000
45	41.5		1.75		6.7	4.7	2.5	42.5		1.85	1.25	3.8	59.1	28.60	49.0	2.0	9.35	3.0	7.5	11400
48	44.5		1.75		6.9	5.0	2.5	45.5		1.85	1.25	3.8	62.5	30.70	49.4	2.0	9.55	3.0	7.9	10300
50	45.8		2.00	0 −0.07	6.9	5.1	2.5	47.0		2.15	1.50	4.5	64.5	38.00	73.3	2.0	14.40	3.0	10.2	10500
52	47.8		2.00		7.0	5.2	2.5	49.0		2.15	1.50	4.5	66.7	39.70	73.1	2.5	11.50	3.0	11.1	9850
55	50.8	+0.46 −1.10	2.00		7.2	5.4	2.5	562.0	0 −0.33	2.15	1.50	4.5	70.2	42.00	71.4	2.5	11.40	3.0	11.4	8960
56	51.8		2.00		7.3	5.5	2.5	53.0		2.15	1.50	4.5	71.6	42.80	70.8	2.5	11.35	3.0	11.8	8670
58	53.8		2.00		7.3	5.6	2.5	55.0		2.15	1.50	4.5	73.6	44.30	71.1	2.5	11.50	3.0	12.6	8200
60	55.8		2.00		7.4	5.8	2.5	57.0		2.15	1.50	4.5	75.6	46.00	69.2	2.5	11.30	3.0	12.9	7620
62	57.8		2.00		7.5	6.0	2.5	59.0		2.15	1.50	4.5	77.8	47.50	69.3	2.5	11.45	3.0	14.3	7240
63	58.8		2.00		7.6	6.2	2.5	60.0		2.15	1.50	4.5	79.0	48.30	70.2	2.5	11.60	3.0	15.9	7050
65	60.8		2.50		7.8	6.3	3.0	62.0		2.65	1.50	4.5	81.4	49.80	135.6	2.5	22.70	3.0	18.2	6640
68	63.5		2.50		8.0	6.5	3.0	65.0		2.65	1.50	4.5	84.8	52.20	135.9	2.5	23.10	3.0	21.8	6910
70	65.5		2.50		8.1	6.6	3.0	67.0		2.65	1.50	4.5	87.0	53.80	134.2	2.5	23.00	3.0	22.0	6530
72	67.5		2.50		8.2	6.8	3.0	69.0		2.65	1.50	4.5	89.2	55.30	131.8	2.5	22.80	3.0	22.5	6190
75	70.5		2.50		8.4	7.0	3.0	72.0		2.65	1.50	4.5	92.7	57.60	130.0	2.5	22.80	3.0	24.6	5740
78	73.5		2.50		8.6	7.3	3.0	75.0		2.65	1.50	4.5	96.1	60.00	131.3	3.0	19.75	3.0	26.2	5450
80	74.5		2.50		8.6	7.4	3.0	76.5		2.65	1.75	5.3	98.1	71.60	128.4	3.0	19.50	3.0	27.3	6100
82	76.5		2.50		8.7	7.6	3.0	78.5		2.65	1.75	5.3	100.3	73.50	128.0	3.0	19.60	3.0	31.2	5860
85	79.5		3.00	0 −0.08	8.7	7.8	3.5	81.5	0 −0.35	3.15	1.75	5.3	103.3	76.20	215.4	3.0	33.40	3.0	36.4	5710
88	82.5	+0.54 −1.30	3.00		8.8	8.0	3.5	84.5		3.15	1.75	5.3	106.5	79.00	221.8	3.0	34.85	3.0	41.2	5200
90	84.5		3.00		8.8	8.2	3.5	86.5		1.15	1.75	5.3	108.5	80.80	217.2	3.0	34.40	3.0	44.5	4980
95	89.5		3.00		9.4	8.6	3.5	91.5		3.15	1.75	5.3	114.8	85.50	212.2	3.5	29.25	3.0	49.0	4550
100	94.5		3.00		9.6	9.0	3.5	96.5		3.15	1.75	5.3	120.2	90.00	206.4	3.5	29.00	3.0	53.7	4180
105	98.5		4.00	0 −0.10	9.9	9.3	3.5	101.1	0 −0.54	4.15	2.00	6.0	125.8	107.60	471.8	3.5	67.70	3.0	80.0	4740
110	103.0		4.00		10.1	9.6	3.5	106.0		4.15	2.00	6.0	131.2	113.00	457.0	3.5	66.90	4.0	82.0	4340
115	108.0		4.00		10.6	9.8	3.5	111.0		4.15	2.00	6.0	137.3	118.20	438.6	3.5	65.50	4.0	84.0	4970
120	113.0		4.00		11.0	10.2	3.5	116.0		4.15	2.00	6.0	143.1	123.50	424.6	3.5	64.50	4.0	86.0	3685
125	118.0		4.00		11.4	10.4	4.0	121.0	0 −0.63	4.15	2.00	6.0	149.0	128.70	411.5	4.0	56.50	4.0	90.0	3420
130	123.0	+0.63 −1.50	4.00		11.6	10.7	4.0	126.0		4.15	2.00	6.0	154.4	134.00	393.5	4.0	55.20	4.0	100.0	3180
135	128.0		4.00		11.8	11.0	4.0	131.0		4.15	2.00	6.0	159.8	139.20	389.5	4.0	55.40	4.0	104.0	2950
140	133.0		4.00		12.0	11.2	4.0	136.0		4.15	2.00	6.0	165.2	144.5	376.5	4.0	54.4	4.0	110.0	2760
145	138.0		4.00		12.2	11.5	4.0	141.0		4.15	2.00	6.0	170.6	149.6	367.0	4.0	43.8	4.0	115.0	2600
150	142.0		4.00		13.0	11.8	4.0	145.0		4.15	2.50	7.5	177.3	193.0	357.5	4.0	53.4	4.0	120.0	2480
155	146.0		4.00		13.0	12.0	4.0	150.0		4.15	2.50	7.5	182.3	199.6	352.9	4.0	52.6	4.0	135.0	2710
160	151.0		4.00		13.3	12.2	4.0	155.0		4.15	2.50	7.5	188.0	205.1	349.2	4.0	52.2	4.0	150.0	2540
165	155.5		4.00		13.5	12.5	4.0	160.0		4.15	2.50	7.5	193.4	212.5	345.3	5.0	41.4	4.0	160.0	2520
170	160.5		4.00		13.5	12.9	4.0	165.0		4.15	2.50	7.5	198.4	219.1	349.2	5.0	41.9	4.0	170.0	2440
175	165.5		4.00		13.5	13.5	4.0	170.0		4.15	2.50	7.5	203.4	225.5	340.1	5.0	40.7	4.0	180.0	2300
180	170.5		4.00		14.2	13.5	4.0	175.0		4.15	2.50	7.5	210.0	232.2	345.3	5.0	41.4	4.0	190.0	2180
185	175.5		4.00		14.2	14.0	4.0	180.0		4.15	2.50	7.5	215.0	238.6	336.7	5.0	40.4	4.0	200.0	2070

续表

公称规格 d_1	挡圈							沟槽(推荐)					其他						每1000个的质量/kg≈	n_{abl} /r·min^{-1}
	d_3		s		a (最大)	b ≈	d_5 (最小)	d_2		m (H13)	t	n (最小)	d_4	F_N /kN	F_R /kN	g	F_{Rg} /kN	安装工具规格		
	基本尺寸	极限偏差	基本尺寸	极限偏差				基本尺寸	极限偏差											
190	180.5		4.00		14.2	14.0	4.0	185.0		4.15	2.50	7.5	220.0	245.1	333.8	5.0	40.0	4.0	210.0	1970
195	185.5		4.00	0 −0.10	14.2	14.0	4.0	190.0		4.15	2.50	7.5	225.0	251.8	325.4	5.0	39.0	4.0	220.0	1835
200	190.5		4.00		14.2	14.0	4.0	195.0		4.15	2.50	7.5	230.0	258.3	319.2	5.0	38.3	4.0	230.0	1770
210	198.0		5.00		14.2	14.0	4.0	204.0	0 −0.72	5.15	3.00	9.0	240.0	325.1	598.2	6.0	59.9		248.0	1835
220	208.0	+0.72 −1.70	5.00		14.2	14.0	4.0	214.0		5.15	3.00	9.0	250.0	340.8	572.4	6.0	57.3		265.0	1620
230	218.0		5.00		14.2	14.0	4.0	224.0		5.15	3.00	9.0	260.0	356.6	548.9	6.0	55.0		290.0	1445
240	228.0		5.00		14.2	14.0	4.0	234.0		5.15	3.00	9.0	270.0	372.6	530.3	6.0	53.0		310.0	1305
250	238.0		5.00	0 −0.12	14.2	14.0	5.0	244.0		5.15	3.00	9.0	280.0	388.3	504.3	6.0	50.5	可以单独设计工具	335.0	1180
260	245.0		5.00		16.2	16.0	5.0	252.0		5.15	4.00	12.0	294.0	535.8	540.6	6.0	54.6		355.0	1320
270	255.0		5.00		16.2	16.0	5.0	262.0		5.15	4.00	12.0	304.0	556.6	525.3	6.0	52.5		375.0	1215
280	265.0	+0.81 −2.00	5.00		16.2	16.0	5.0	272.0	0 −0.81	5.15	4.00	12.0	314.0	576.6	508.2	6.0	50.9		398.0	1100
290	275.0		5.00		16.2	16.0	5.0	282.0		5.15	4.00	12.0	324.0	599.1	490.8	6.0	49.2		418.0	1005
300	285.0		5.00		16.2	16.0	5.0	292.0		5.15	4.00	12.0	334.0	619.1	475.0	6.0	47.5		440.0	930

注：n_{abl} 为挡圈极限转速（单位为 r/min），F_N、F_R 分别为沟槽和挡圈的承载能力（单位 kN），均为2017版国标新增技术指标。

表 5-1-259　轴用弹性挡圈重型（B型）尺寸及力学性能　mm

公称规格 d_1	挡圈							沟槽(推荐)					其他						每1000个的质量/kg≈	n_{abl} /r·min^{-1}
	d_3		s		a (最大)	b ≈	d_5 (最小)	d_2		m (H13)	t	n (最小)	d_4	F_N /kN	F_R /kN	g	F_{Rg} /kN	安装工具规格		
	基本尺寸	极限偏差	基本尺寸	极限偏差				基本尺寸	极限偏差											
15	13.8		1.50		4.8	2.4	2.0	14.3		1.60	0.35	1.1	25.1	2.66	15.5	1.0	6.40	2.0	1.10	57000
16	14.7	+0.10 −0.36	1.50		5.0	2.5	2.0	15.2	0 −0.11	1.60	0.40	1.2	26.5	3.26	16.6	1.0	6.35	2.0	1.19	44000
17	15.7		1.50		5.0	2.6	2.0	16.2		1.60	0.40	1.2	27.5	3.46	18.0	1.0	6.70	2.0	1.39	46000
18	16.5		1.50	0 −0.06	5.1	2.7	2.0	17.0		1.60	0.50	1.5	28.7	4.58	26.6	1.5	5.85	2.0	1.56	42750
20	18.5	+0.13 −0.42	1.75		5.5	3.0	2.0	19.0	0 −0.13	1.85	0.50	1.5	31.6	5.06	36.3	1.5	8.20	2.0	2.19	36000
22	20.5		1.75		6.0	3.1	2.0	21.0		1.85	0.50	1.5	34.6	5.65	36.0	1.5	8.10	2.0	2.42	29000
24	22.2		1.75		6.3	3.2	2.0	22.9		1.85	0.55	1.7	37.3	6.75	34.2	1.5	7.60	2.0	2.76	29000
25	23.2	+0.21 −0.42	2.00		6.4	3.4	2.0	23.9	0 −0.21	2.15	0.55	1.7	38.5	7.05	45.0	1.5	10.30	2.0	3.59	25000
28	25.9		2.00		6.5	3.5	2.0	26.6		2.15	0.70	2.1	41.7	10.00	57.0	1.5	13.40	2.0	4.25	22200
30	27.9		2.00		6.5	4.1	2.0	28.6		2.15	0.70	2.1	43.7	10.70	57.0	1.5	13.60	2.0	5.35	21100
32	29.6		2.00		6.5	4.1	2.5	30.3		2.15	0.85	2.6	45.7	13.80	55.5	2.0	10.00	2.5	5.85	18400
34	31.5	+0.25 −0.50	2.50		6.6	4.2	2.5	32.3		2.65	0.85	2.6	47.9	14.70	87.0	2.0	15.60	2.5	7.05	17800
35	32.2		2.50	0 −0.07	6.7	4.2	2.5	33.0		2.65	1.00	3.0	49.1	17.80	86.0	2.0	15.40	2.5	7.20	16500
38	35.2		2.50		6.8	4.2	2.5	36.0		2.65	1.00	3.0	52.3	19.30	101.0	2.0	18.60	2.5	8.30	14500
40	36.5		2.50		7.0	4.4	2.5	37.5	0 −0.25	2.65	1.25	3.8	54.7	25.30	104.0	2.0	19.30	2.5	8.60	14300
42	38.5		2.50		7.2	4.5	2.5	39.5		2.65	1.25	3.8	57.2	26.70	102.0	2.0	19.20	2.5	9.30	13000
45	41.5	+0.39 −0.90	2.50		7.5	4.7	2.5	42.5		2.65	1.25	3.8	60.8	28.6	100.0	2.0	19.1	2.5	10.7	11400
48	44.5		2.50		7.8	5.0	2.5	45.5		2.65	1.25	3.8	64.4	30.7	101.0	2.0	19.5	2.5	11.3	10300
50	45.8		3.00	0 −0.08	8.0	5.1	2.5	47.0		3.15	1.50	4.5	66.8	38.0	165.0	2.0	32.4	2.5	15.3	10500
52	47.8		3.00		8.2	5.2	2.5	49.0		3.15	1.50	4.5	69.3	39.7	165.0	2.5	26.0	2.5	16.6	9850

续表

公称规格 d_1	挡圈 d_3 基本尺寸	d_3 极限偏差	s 基本尺寸	s 极限偏差	a（最大）	b ≈	d_5（最小）	沟槽（推荐）d_2 基本尺寸	d_2 极限偏差	m (H13)	t	n（最小）	其他 d_4	F_N /kN	F_R /kN	g	F_{Rg} /kN	安装工具规格	每1000个的质量 /kg≈	n_{abl} /r·min^{-1}
55	50.8	+0.46 −1.10	3.00	0 −0.08	8.5	5.4	2.5	52.0	0 −0.30	3.15	1.50	4.5	72.9	42.0	161.0	2.5	25.6	2.5	17.1	8960
58	53.8		3.00		8.8	5.6	2.5	55.0		3.15	1.50	4.5	76.5	44.3	160.0	2.5	26.0	2.5	18.9	8200
60	55.8		3.00		9.0	5.8	2.5	57.0		3.15	1.50	4.5	78.9	46.0	156.0	2.5	25.4	2.5	19.4	7620
65	60.8		4.00	0 −0.10	9.3	6.3	3.0	62.0		4.15	1.50	4.5	84.6	49.8	346.0	2.5	58.0	3.0	29.1	6640
70	65.5		4.00		9.5	6.6	3.0	67.0		4.15	1.50	4.5	90.0	53.8	343.0	2.5	59.0	3.0	35.3	6530
75	70.5		4.00		9.7	7.0	3.0	72.0		4.15	1.50	4.5	95.4	57.6	333.0	2.5	58.0	3.0	39.3	5740
80	74.5		4.00		9.8	7.4	3.0	76.5		4.15	1.75	5.3	100.6	71.6	328.0	3.0	50.0	3.0	43.7	6100
85	79.5		4.00		10.0	7.8	3.5	81.5	0 −0.35	4.15	1.75	5.3	106.0	76.2	383.0	3.0	59.4	3.5	48.5	5710
90	84.5	+0.54 −1.30	4.00		10.2	8.2	3.5	86.5		4.15	1.75	5.3	111.5	80.8	386.0	3.0	61.0	3.5	59.4	4980
100	94.5		4.00		10.5	9.0	3.5	96.5		4.15	1.75	5.3	122.1	90.0	368.0	3.0	51.6	3.5	71.6	4180

注：1. n_{abl} 为挡圈极限转速（单位为r/min），F_N、F_R 分别为沟槽和挡圈的承载能力，（单位为kN），均为2017版国标新增技术指标。

2. F_{Rg} 值适用于零件倒角尺寸为 g 的倒角接触装配；F_R 值适用于穿过大于最大直径 $1.01d_1$ 的轴，并符合 n_{abl} 的挡圈与零件直角接触的装配。

（23）孔用和轴用钢丝挡圈

孔用钢丝挡圈（GB/T 895.1—1986）适用于在孔内固定零部件，孔内开有合适的沟槽，通过把钢丝挡圈放到沟槽内来固定零部件，适用的孔径为 d_0 = 7～125mm；轴用钢丝挡圈（GB/T 895.2—1986）适用于在轴上固定零部件，轴上开有合适的沟槽，通过把钢丝挡圈放到沟槽内来固定零部件，适用的轴径为 d_0 = 4～125mm。

孔用钢丝挡圈（摘自GB/T 895.1—1986）　　　轴用钢丝挡圈（摘自GB/T 895.2—1986）

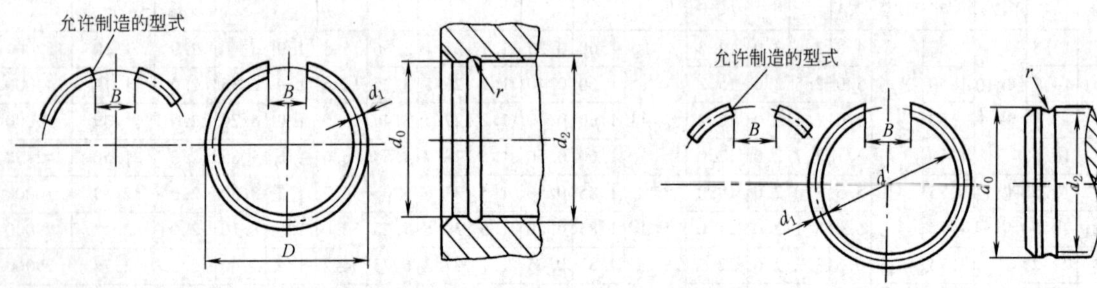

标记示例

孔径 d_0 = 40mm、材料碳素弹簧钢丝、经低温回火及表面氧化处理的孔用钢丝挡圈，标记为：挡圈 GB/T 895.1 40

轴径 d_0 = 40mm、材料碳素弹簧钢丝、经低温回火及表面氧化处理的轴用钢丝挡圈，标记为：挡圈 GB/T 895.2 40

表 5-1-260　　mm

孔径/轴径 d_0	d_1	r	挡圈 GB/T 895.1 D 基本尺寸	D 极限偏差	B≈	挡圈 GB/T 895.2 d 基本尺寸	d 极限偏差	B≈	沟槽（推荐）GB/T 895.1 d_2 基本尺寸	d_2 极限偏差	沟槽（推荐）GB/T 895.2 d_2 基本尺寸	d_2 极限偏差
4	0.6	0.4	—	—	—	3	0 −0.18	1	—	—	3.4	±0.037
5			—			4			—		4.4	
6			—			5			—		5.4	

续表

孔径/轴径 d_0	d_1	r	挡圈 GB/T 895.1 D 基本尺寸	挡圈 GB/T 895.1 D 极限偏差	挡圈 GB/T 895.1 $B\approx$	挡圈 GB/T 895.2 d 基本尺寸	挡圈 GB/T 895.2 d 极限偏差	挡圈 GB/T 895.2 $B\approx$	沟槽(推荐) GB/T 895.1 d_2 基本尺寸	沟槽(推荐) GB/T 895.1 d_2 极限偏差	沟槽(推荐) GB/T 895.2 d_2 基本尺寸	沟槽(推荐) GB/T 895.2 d_2 极限偏差
7	0.8	0.5	8	+0.22 0	4	6	0 −0.22	2	7.8	±0.045	6.2	±0.045
8			9			7			8.8		7.2	
10			11	+0.43 0		9			10.8	±0.055	9.2	
12	1.0	0.6	13.5		6	10.5	0 −0.47	3	13.0		11.0	±0.055
14			15.5			12.5			15.0		13.0	
16	1.6	0.9	18		8	14.0			17.6		14.4	
18			20	+0.52 0		16.0			19.6	±0.065	16.4	
20	2.0	1.1	22.5		10	17.5			22.0	±0.105	18.0	±0.090
22			24.5			19.5	0 −0.52		24.0		20.0	±0.105
24			26.5			21.5			26.0		22.0	
25			27.5			22.5			27.0		23.0	
26			28.5			23.5			28.0		24.0	
28			30.5	+0.62 0		25.5			30.0		26.0	
30			32.5			27.5			32.0	±0.125	28.0	
32	2.5	1.4	35		12	29.0		4	34.5		29.5	
35			38	+1.00 0		32.0	0 −1.00		37.6		32.5	±0.125
38			41			35.0			40.6		35.5	
40			43			37.0			42.6		37.5	
42			45		16	39.0			44.5		39.5	
45			48			42.0			47.5		42.5	
48			51	+1.20 0		45.0			50.5	±0.150	45.5	
50			53			47.0			52.5		47.5	
55	3.2	1.8	59		20	51.0	0 −1.20		58.2		51.8	±0.150
60			64			56.0			63.2		56.8	
65			69			61.0			68.2		61.8	
70			74		25	66.0		5	73.2		66.8	
75			79			71.0			78.2		71.8	
80			84	+1.40 0		76.0			83.2	±0.175	76.8	
85			89			81.0	0 −1.40		88.2		81.8	
90			94			86.0			93.2		86.8	
95			99			91.0			98.2		91.8	
100			104		32	96.0			103.2		96.8	
105			109			101.0			108.2		101.8	
110			114			106.0			113.2		106.8	
115			119			111.0			118.2		111.8	
120			124	+1.60 0		116.0			123.2	±0.200	116.8	
125			129			121.0	0 −1.60		128.2		121.8	±0.200

(24) 夹紧挡圈

夹紧挡圈是适用于在轴上固定零部件的挡圈，轴上开有合适的沟槽，通过把夹紧挡圈放到沟槽内来固定零部件，适用的轴径为 $d_0=1.5\sim10$mm。材料 A3、B3、H62。

夹紧挡圈（摘自 GB/T 960—1986）

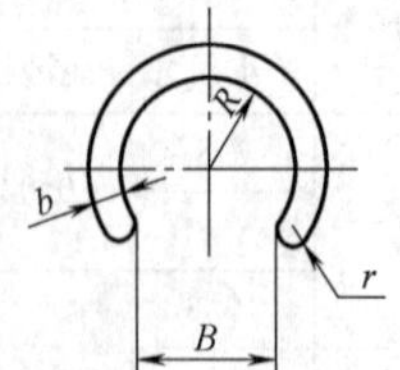

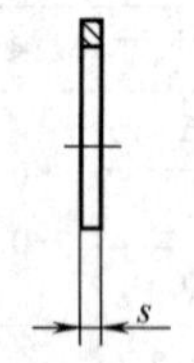

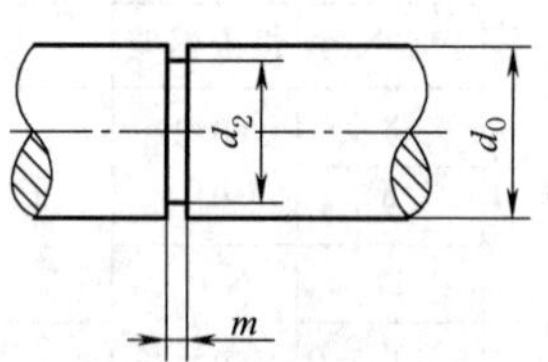

标记示例

轴径 $d_0=6$mm、材料 A3、不经表面氧化处理的夹紧挡圈，标记为：挡圈 GB/T 960 6

表 5-1-261　　夹紧挡圈　　mm

轴径 d_0	挡圈						沟槽(推荐)	
	B		R	b	s	r	d_2	m
	基本尺寸	极限偏差					基本尺寸	基本尺寸
1.5	1.2	+0.14 0	0.65	0.6	0.35	0.3	1	0.40
2	1.7		0.95	0.6	0.4	0.3	1.5	0.45
3	2.5		1.4	0.8	0.6	0.4	2.2	0.65
4	3.2	+0.18 0	1.9	1.0	0.6	0.5	3	0.65
5	4.3		2.5	1.2	0.8	0.6	3.8	0.85
6	5.6		3.2	1.2	0.8	0.6	4.8	1.05
8	7.7	+0.22 0	4.5	1.6	1.0	0.8	6.6	1.05
10	9.6		5.8	1.6	1.0	0.8	8.4	1.05

(25) 开口挡圈

开口挡圈（摘自 GB/T 896—2020）

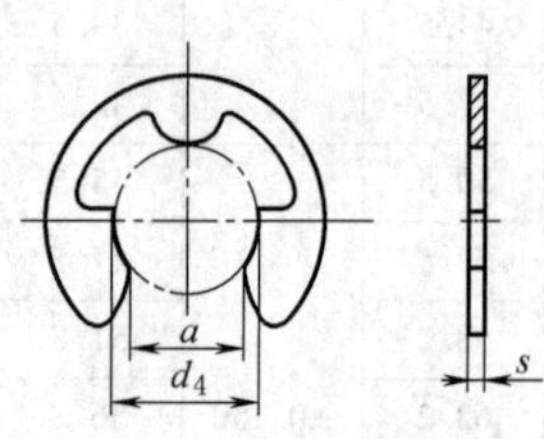

自由状态

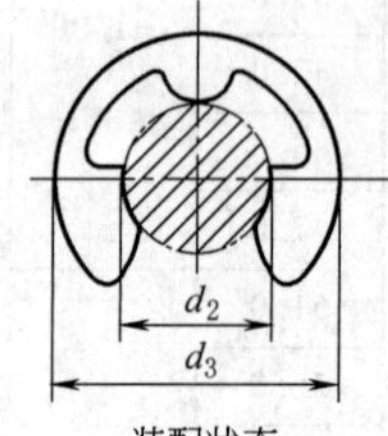

装配状态

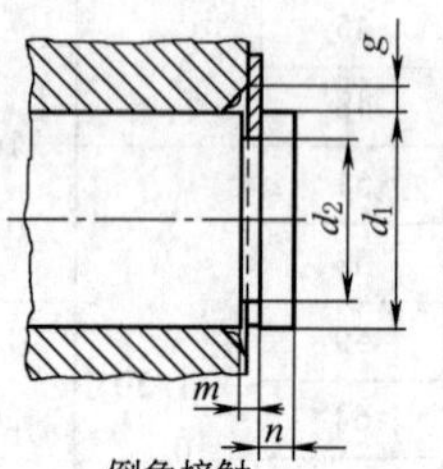

倒角接触

直角接触

表中各代号的含义是

a—自由状态下挡圈开口径向宽度

d_1—轴径

d_2—公称直径=槽径

d_3—挡圈安装在沟槽内的外径尺寸

d_4—挡圈内径

F_N—材料下屈服强度 $R_{eL}=200$MPa 的沟槽承载能力

F_s—直角接触挡圈的承载能力

F_{sg}—倒角接触挡圈的承载能力

g—零件（轴孔）的倒角尺寸

m—槽宽

n—边距

n_{abl}—挡圈极限转速

s—挡圈厚度

标记示例

公称直径 $d_2=4$mm、材料 65Mn、热处理硬度 47~54HRC、经表面氧化处理的开口挡圈，标记为：挡圈 GB/T 896 4

表 5-1-262　开口挡圈尺寸及力学性能　　mm

公称直径 d_2	d_1	挡圈 s 基本尺寸	挡圈 s 极限偏差	挡圈 a 基本尺寸	挡圈 a 极限偏差	挡圈 d_4 基本尺寸	挡圈 d_4 极限偏差	沟槽 d_2 基本尺寸	沟槽 d_2 极限偏差	沟槽 m 基本尺寸	沟槽 m 极限偏差	沟槽 n (最小)	补充数据 d_3 (最大)	补充数据 F_N /kN	补充数据 d_1	补充数据 F_s /kN	补充数据 g	补充数据 F_{sg} /kN	补充数据 n_{abl} /r·min^{-1}	每1000个的质量 kg≈
0.8	$1 \leqslant d_1 \leqslant 1.4$	0.20	±0.02	0.58	±0.040	0.74	0 -0.040	0.8	0 -0.04	0.24	+0.04 0	0.4	2.25	0.03	1.2	0.08	0.30	0.04	50000	0.003
1.2	$1.4 \leqslant d_1 \leqslant 2$	0.30		1.01		1.12	0 -0.060	1.2	0 -0.06	0.34		0.6	3.25	0.04	1.5	0.12	0.40	0.06	47000	0.009
1.5	$2 \leqslant d_1 \leqslant 2.5$	0.40		1.28		1.41		1.5		0.44		0.8	4.25	0.07	2.0	0.22	0.60	0.11	43000	0.021
1.9	$2.5 \leqslant d_1 \leqslant 3$	0.50		1.61		1.80		1.9		0.54	+0.05 0	1.0	4.80	0.10	2.5	0.35	0.70	0.17	40000	0.040
2.3	$3 \leqslant d_1 \leqslant 4$	0.60		1.94		2.20		2.3		0.64		1.0	6.30	0.15	3.0	0.50	0.90	0.24	38000	0.069
3.2	$4 \leqslant d_1 \leqslant 5$	0.60		2.70		3.06	0 -0.075	3.2	0 -0.075	0.64		1.0	7.30	0.22	4.0	0.65	0.90	0.32	35000	0.088
4	$5 \leqslant d_1 \leqslant 7$	0.70		3.34	±0.048	3.85		4.0		0.74		1.2	9.30	0.25	5.0	0.95	1.00	0.47	32000	0.158
5	$6 \leqslant d_1 \leqslant 8$	0.70		4.11		4.83		5.0		0.74		1.2	11.30	0.90	7.0	1.15	1.00	0.60	28000	0.236
6	$7 \leqslant d_1 \leqslant 9$	0.70		5.26		5.81		6.0		0.74		1.2	12.30	1.10	8.0	1.35	1.10	0.70	25000	0.255
7	$8 \leqslant d_1 \leqslant 11$	0.90		5.84		6.79		7.0	0 -0.09	0.94		1.5	14.30	1.25	9.0	1.80	1.30	1.00	22000	0.474
8	$9 \leqslant d_1 \leqslant 12$	1.00	±0.03	6.52	±0.058	7.75	0 -0.090	8.0		1.05	+0.05 0	1.8	16.30	1.42	10.0	2.50	1.50	1.25	20000	0.660
9	$10 \leqslant d_1 \leqslant 14$	1.10		7.63		8.73		9.0		1.15		2.0	18.80	1.60	11.0	3.00	1.61	1.50	17000	1.090
10	$11 \leqslant d_1 \leqslant 15$	1.20		8.32		9.71		10.0		1.25		2.0	20.40	1.70	12.0	3.50	1.80	1.75	15000	1.250
12	$13 \leqslant d_1 \leqslant 18$	1.30		10.45	±0.070	11.65	0 -0.110	12.0	0 -0.11	1.35		2.5	23.40	3.10	15.0	4.70	1.90	2.30	13000	1.630
15	$16 \leqslant d_1 \leqslant 24$	1.50		12.61		14.59		15.0		1.55		3.0	29.40	7.00	20.0	7.80	2.20	3.30	11000	3.370
19	$20 \leqslant d_1 \leqslant 31$	1.75		15.92		18.49	0 -0.130	19.0	0 -0.13	1.80		3.5	37.60	10.00	25.0	11.00	2.50	3.60	7600	6.420
24	$25 \leqslant d_1 \leqslant 38$	2.00		21.88	±0.084	23.39		24.0		2.05		4.0	44.60	13.00	30.0	15.00	3.00	4.00	5500	8.550
30	$32 \leqslant d_1 \leqslant 42$	2.50		25.80		29.25	0 -0.150	30.0		2.55		4.5	52.60	16.50	36.0	23.00	3.50	5.30	4200	13.500

注：表中 F_s 值适用于挡圈与零件直角接触装配；表中 F_{sg} 值适用于挡圈与零件倒角尺寸为 g 的倒角接触装配。

3.7.6 组合件

组合件是螺栓或螺钉和垫圈（一种垫圈或平垫圈和弹簧垫圈的组合）组合成一个整体的标准件，根据螺栓（螺钉）的不同，以及与之配合的垫圈的种类和性能的不同，有数十种不同的组合件，为节约篇幅，本手册仅展开介绍 GB/T 9074.1—2018 螺栓或螺钉和平垫圈组合件，其他组合件以列表的形式进行笼统介绍，使用时可以查阅各自的国家标准。

2000 年以前的国标在标注时统称为螺栓组合件或螺钉组合件，2000 年以后改版的国标在标注时的名称更接近实际情况。

组合件作为标准件使用时比用普通标准件（螺栓或螺钉）加垫圈要方便一些，组合件和垫圈之间在使用前不能脱落。

表 5-1-263　组合件汇总

标准号	组合件标准名称	规格范围与标记示例
GB/T 9074.1—2018	螺栓或螺钉和平垫圈组合件	M2~M12,共十种螺栓(钉)、三种垫圈的组合 螺栓和垫圈组合件 GB/T 9074.1 M6×30 8.8 S1 N 200HV
GB/T 9074.2—1988	十字槽盘头螺钉和外锯齿锁紧垫圈组合件	M3~M6;螺钉组合件 GB/T 9074.2 M6×20
GB/T 9074.3—1988	十字槽盘头螺钉和弹簧垫圈组合件	M3~M6;螺钉组合件 GB/T 9074.3 M6×20
GB/T 9074.4—1988	十字槽盘头螺钉和弹簧垫圈及平垫圈组合件	M3~M6;螺钉组合件 GB/T 9074.4 M6×20
GB/T 9074.5—2004	十字槽小盘头螺钉和平垫圈组合件	M2~M8,和三种平垫圈的组合共三种类型 螺钉和垫圈组合件 GB/T 9074.5 M5×20 S1 N
GB/T 9074.7—1988	十字槽小盘头螺钉和弹簧垫圈组合件	M2.5~M6;螺钉组合件 GB/T 9074.7 M5×20
GB/T 9074.8—1988	十字槽小盘头螺钉和弹簧垫圈及平垫圈组合件	M2.5~M6;螺钉组合件 GB/T 9074.8 M5×20
GB/T 9074.9—1988	十字槽沉头螺钉和锥形锁紧垫圈组合件	M3~M8;螺钉组合件 GB/T 9074.9 M5×20
GB/T 9074.10—1988	十字槽半沉头螺钉和锥形锁紧垫圈组合件	M3~M8;螺钉组合件 GB/T 9074.10 M5×20
GB/T 9074.11—1988	十字槽凹穴六角头螺栓和平垫圈组合件	M4~M8;螺栓组合件 GB/T 9074.11 M5×20
GB/T 9074.12—1988	十字槽凹穴六角头螺栓和弹簧垫圈组合件	M4~M8;螺栓组合件 GB/T 9074.12 M5×20
GB/T 9074.13—1988	十字槽凹穴六角头螺栓和弹簧垫圈及平垫圈组合件	M4~M8;螺栓组合件 GB/T 9074.13 M5×20
GB/T 9074.15—1988	六角头螺栓和弹簧垫圈组合件	M3~M12;螺栓组合件 GB/T 9074.15 M5×20
GB/T 9074.16—1988	六角头螺栓和外锯齿锁紧垫圈组合件	M3~M10;螺栓组合件 GB/T 9074.16 M5×20
GB/T 9074.17—1988	六角头螺栓和弹簧垫圈及平垫圈组合件	M3~M12;螺栓组合件 GB/T 9074.17 M5×20
GB/T 9074.18—2017	自攻螺钉和平垫圈组合件	ST2.2~ST9.5;三种自攻螺钉、两种垫圈 自攻螺钉和垫圈组合件 GB/T 9074.18 ST4.2×16 C Z S2 N
GB/T 9074.20—2004	十字槽凹穴六角头自攻螺钉和平垫圈组合件	ST2.9~ST8;两种垫圈 自攻螺钉和垫圈组合件 GB/T 9074.20 ST4.2×16 S1 L
GB/T 9074.26—1988	组合件用弹簧垫圈	2.5~12mm;垫圈 GB/T 9074.26 4
GB/T 9074.27—1988	组合件用外锯齿锁紧垫圈	3~12mm;垫圈 GB/T 9074.27 4
GB/T 9074.28—1988	组合件用锥形锁紧垫圈	3~8mm;垫圈 GB/T 9074.28 4
GB/T 9074.31—2017	组合件用锥形锁紧垫圈	2.5~12mm(与 8.8 级和 10.9 级螺栓或螺钉配合) 垫圈 GB/T 9074.31 4
GB/T 9074.32—2017	螺栓或螺钉和锥形弹性垫圈组合件	M2.5~M12,与 8.8 级和 10.9 级螺栓或螺钉配合 垫圈硬度 420~490HV 组合件 GB/T 9074.32 M6×30

螺栓或螺钉和平垫圈组合件（摘自 GB/T 9074.1—2018）

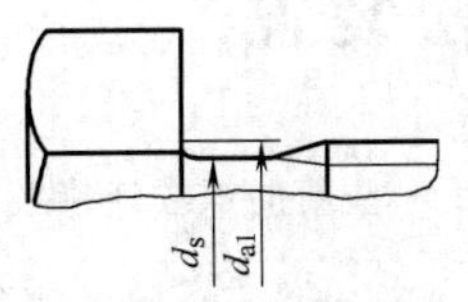

过渡圆直径 d_{a1} 和光杆直径 d_s

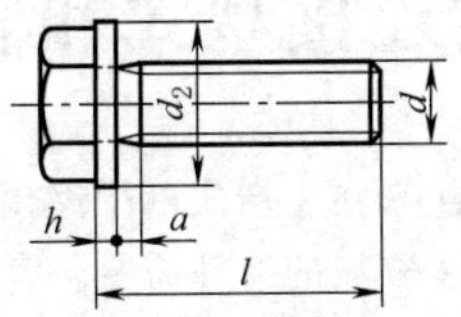

螺纹到垫圈处的螺栓(钉)

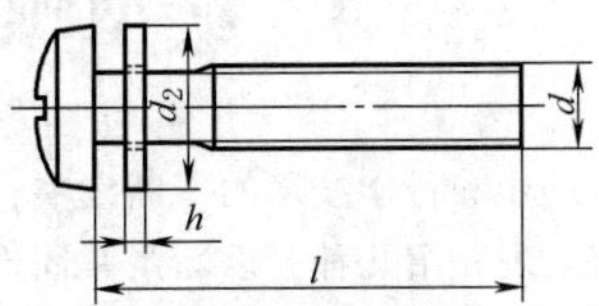

带细杆的螺钉

适用于 M2～M12，平面支承的，螺栓或螺钉性能为 8.8 级、9.8 级和 10.9 级，平垫圈硬度等级为 200HV 或 300HV 级的螺栓或螺钉和平垫圈组合件。螺栓或螺钉应有直径为 d_s（d_s≈螺纹中径）的细杆，垫圈的直径应符合 GB/T 97.4，以便自由转动。过渡圆直径 d_{a1} 应小于产品标准规定的过渡圆直径，其减小量为公称直径与辗压螺纹毛坯直径的差值

表 5-1-264　螺栓或螺钉和平垫圈组合件尺寸与力学性能　mm

螺纹规格	a（最大）	d_{a1}（最大）	平垫圈尺寸					
			小系列 S 型		标准系列 N 型		大系列 L 型	
			h(公称)	d_2(最大)	h(公称)	d_2(最大)	h(公称)	d_2(最大)
M2	2P	2.4	0.6	4.5	0.6	5.0	0.6	6.0
M2.5		2.8	0.6	5.0	0.6	6.0	0.6	8.0
M3		3.3	0.6	6.0	0.6	7.0	0.8	9.0
(M3.5)		3.7	0.8	7.0	0.8	8.0	0.8	11.0
M4		4.3	0.8	8.0	0.8	9.0	1.0	12.0
M5		5.2	1.0	9.0	1.0	10.0	1.0	15.0
M6		6.2	1.6	11.0	1.6	12.0	1.6	18.0
M8		8.4	1.6	12.0	1.6	16.0	2.0	24.0
M10		10.2	2.0	15.0	2.0	20.0	2.5	30.0
M12		12.6	2.0	18.0	2.5	24.0	3.0	37.0

项目		螺钉或螺栓	平垫圈
力学性能	等级	≤8.8	200HV 或 300HV
		9.8、10.9	300HV
	执行标准	GB/T 3098.1	GB/T 97.4
表面处理		1. 不经处理；2. 电镀；3. 非电解锌片涂层；4. 磷化处理；5. 其他，由供需协议确定	

注：尽可能不用括号内的规格。

表 5-1-265　螺栓或螺钉和垫圈的组合代号

螺栓或螺钉			平垫圈类型		
			小系列 S 型	标准系列 N 型	大系列 L 型
标准号	螺钉或螺栓名称	代号	代号 S	代号 N	代号 L
GB/T 5783	六角头螺栓 全螺纹	S1	×	√	√
GB/T 5782	六角头螺栓 A 级和 B 级	S2	×	√	√
GB/T 818	十字槽盘头螺钉	S3	×	√	√
GB/T 70.1	内六角圆柱头螺钉	S4	√	√	√
GB/T 67	开槽盘头螺钉	S5	×	√	√
GB/T 65	开槽圆柱头螺钉	S6	√	√	√
GB/T 2671.2	内六角花形圆柱头螺钉	S10	√	√	√
GB/T 2672	内六角花形盘头螺钉	S11	×	√	√
GB/T 16674.1	六角法兰螺栓　小系列	S12	×	√	√
GB/T 16674.2	六角法兰面螺栓　细牙　小系列	S13	×	√	√

注：× 代表不存在该组合型式；√代表存在该组合型式。

标记示例

符合 GB/T 5783 六角头螺栓 M6×30、8.8 级（代号 S1）和符合 GB/T 97.4 硬度等级 200HV、标准系列垫圈（代号 N）组合件的标记为：

螺栓和垫圈组合件 GB/T 9074.1　M6×30 8.8 S1 N 200HV

符合 GB/T 5783 六角头螺栓 M6×30、8.8 级、头下带 U 型沉割槽（代号 S1）和符合 GB/T 97.4 硬度等级 300HV、标准系列垫圈（代号 N）组合件的标记为：

螺栓和垫圈组合件 GB/T 9074.1　M6×30 8.8　U S1 N 300HV

4 新型螺纹连接型式和防松装置

随着时代的进步和科学技术的不断发展，近年来在生产实际中又出现了一些新的螺纹连接型式和防松装置，并已有企业标准。现介绍几种，以满足紧固件技术领域的特殊需要。

4.1 唐氏螺纹连接副

4.1.1 唐氏螺纹连接副的防松原理及安装要求

唐氏螺纹的螺栓的同一螺纹段具有左右两种旋向的螺纹，它既可与左旋螺纹配合，又可与右旋螺纹配合。与普通螺纹不同：普通螺纹是单旋向、等截面、全连续的螺纹，而唐氏螺纹是双旋向、变截面、非连续的螺纹。图5-1-11所示为普通螺纹与唐氏螺纹对比。

螺纹松动是普通螺纹自身结构所造成的。螺栓副在预紧时，螺栓受拉，螺母受压，其变形方向不一致，在受到交变载荷作用时，螺栓副就会逐渐松退。唐氏螺纹紧固件以螺纹自身结构解决松退问题，是一种防松结构。图5-1-12所示为唐氏螺纹紧固件。

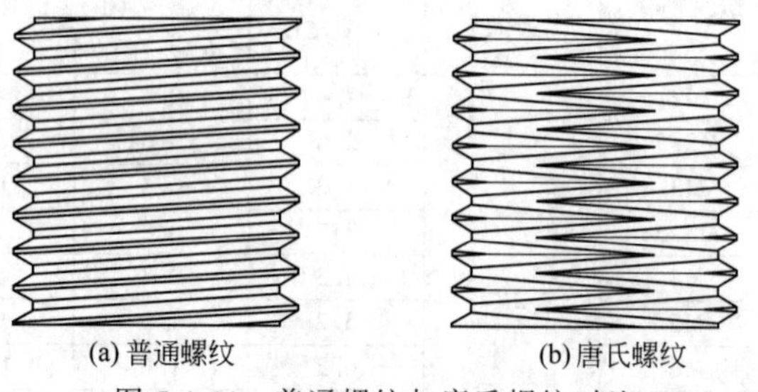

(a) 普通螺纹　　(b) 唐氏螺纹

图 5-1-11　普通螺纹与唐氏螺纹对比

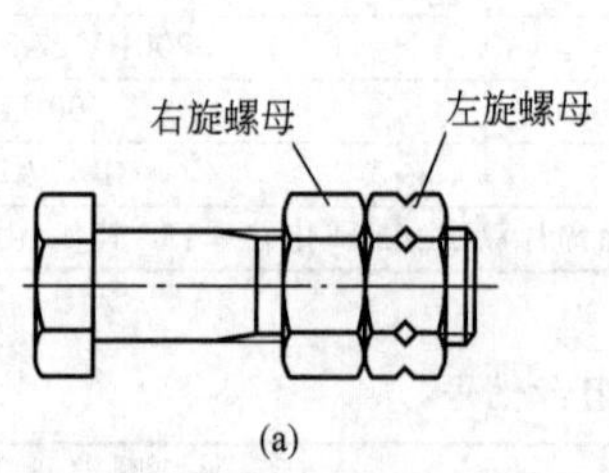

(a)

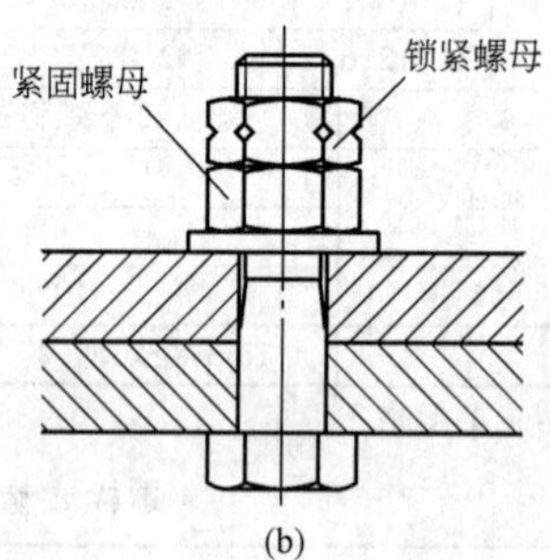

(b)

图 5-1-12　唐氏螺纹紧固件

在连接时，使用左、右两种不同旋向的螺母。被连接件支承面上的螺母称为紧固螺母，非支承面上的螺母称为锁紧螺母。使用时先将紧固螺母拧紧，然后再将锁紧螺母拧紧。

在有振动、冲击的情况下，紧固螺母和锁紧螺母可能都有松退的趋势，但由于紧固螺母的松退方向是锁紧螺母的拧紧方向，锁紧螺母的拧紧正好阻止了紧固螺母的松退。

唐氏螺纹紧固件的安装要求：在使用唐氏螺纹紧固件时，其紧固螺母和锁紧螺母的预紧力是不一样的，锁紧螺母的预紧力一定要大于紧固螺母的预紧力，否则会影响其防松效果。一般要求紧固螺母的预紧力应是锁紧螺母预紧力的80%左右。

4.1.2 唐氏螺纹连接副的防松性能

唐氏螺纹紧固件经过120s振动仍保持82%的预紧力，而普通螺纹加弹簧垫圈的防松方式经过1~2s的振动其预紧力已下降为80%左右，经过15s的振动，预紧力基本损失殆尽（图5-1-13）。

唐氏螺纹紧固件的振松曲线大体可分为三个阶段：第一阶段为初始阶段，拧紧的螺栓在振动时回松，预紧力约减小12%；第二阶段为调整阶段，其松退的主要原因是压陷及螺纹副间的调整，预紧力约减小6%；第三阶段为运行阶段，预紧力不再下降。

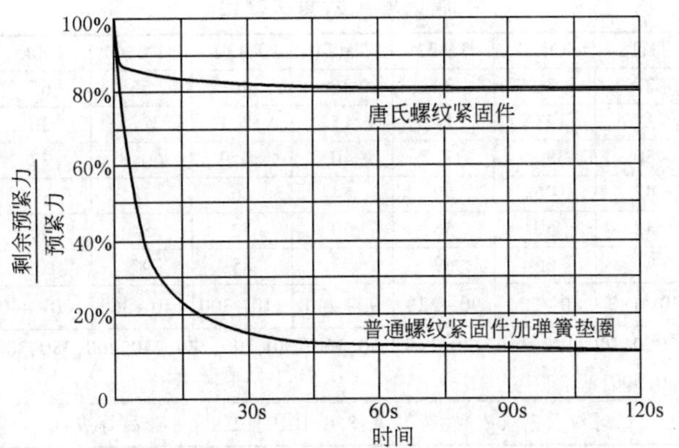

图 5-1-13　唐氏螺纹紧固件与普通螺纹紧固件振松性能对比试验

4.1.3　唐氏螺纹连接副的保证载荷及企业标准件

表 5-1-266　　唐氏螺纹连接副的保证载荷　　N

螺纹规格 d	3.6 级	4.8 级	6.8 级	8.8 级	10.9 级	12.9 级
TM16	22600	38900	55300	72800	104000	122000
TM18	27600	47600	67600	92200	127000	149000
TM20	35300	60800	86200	118000	163000	190000
TM22	43600	75100	107000	145000	201000	235000
TM24	50800	87500	124000	169000	234000	274000
TM30	80800	139000	197000	269000	373000	435000
TM36	118000	203000	288000	392000	542000	634000
TM42	161000	278000	394000	538000	744000	869000
TM48	212000	365000	517000	706000	976000	1140000
TM56	292000	503000	715000	974000	1350000	1580000
TM64	385000	664000	942000	1280000	1780000	2080000

表 5-1-267　　唐氏螺纹六角头螺栓连接副（摘自 Q/TANGS 5782）

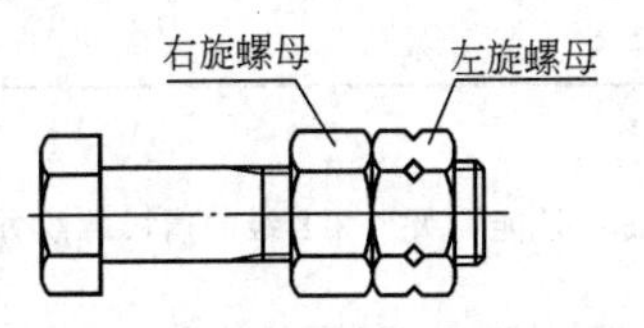

标记示例

螺纹规格 d=TM20，公称长度 l=100mm，性能等级为 8.8 级的唐氏螺纹六角头螺栓连接副，标记为：

唐氏螺栓连接副　Q/TANGS　5782-TM20×100

唐氏螺纹六角头螺栓

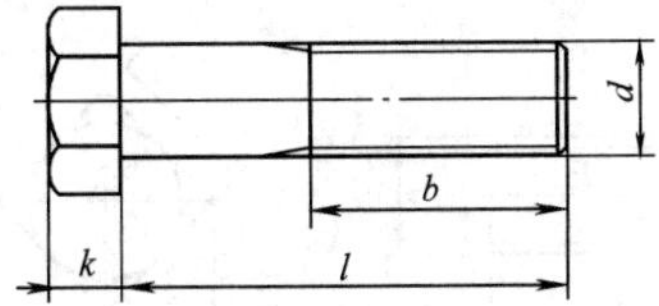

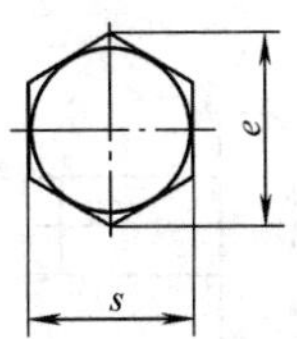

表 5-1-268 唐氏螺纹六角头螺栓 mm

螺纹规格 *d*		TM16	TM18	TM20	TM22	TM24	TM30	TM36	TM42	TM48	TM56	TM64
s		24	27	30	34	36	46	55	65	75	85	95
k		10	11.5	12.5	14	15	18.7	22.5	26	30	35	40
e		26.8	30	33.5	37.7	40	50.9	60.8	72	82.6	93.6	104.9
b	*l*≤125	38	42	46	50	54	66	78	—	—	—	—
	125<*l*≤200	44	48	52	56	60	72	84	96	108	124	140
	l>200	57	61	65	69	73	85	97	109	121	137	153
l		65~160	70~180	80~200	90~220	90~240	110~300	140~360	160~440	180~480	220~500	260~500
l 系列		65,70,80,90,100,110,120,130,140,150,160,180,200,220,240,260,280,300,320,340,360,380,400,420,440,460,480,500										
技术条件		材料:钢	螺纹公差:6g		性能等级:8.8,10.9,12.9			产品等级:B		表面处理:调质、发蓝、发黑		

注:1. 唐氏螺纹六角头螺栓连接副一套包括唐氏六角头螺栓一个、左旋及右旋螺母各一个。

2. 表格之外的螺栓连接副按图纸加工。

3. 其余尺寸参见 GB/T 5782。

唐氏螺纹六角螺母

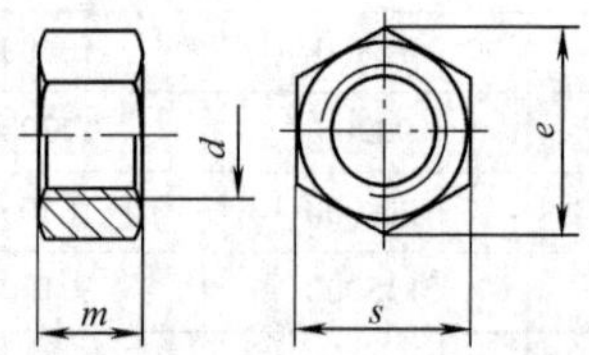

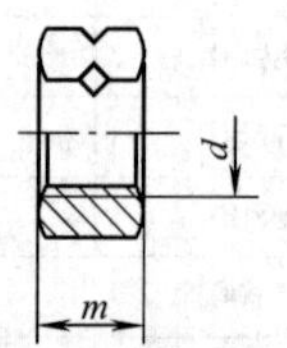

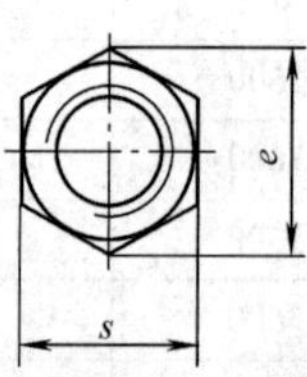

表 5-1-269 唐氏螺纹六角螺母 mm

螺纹规格 *d*	TM16	TM18	TM20	TM22	TM24	TM30	TM36	TM42	TM48	TM56	TM64
e	26.8	29.6	33	37.3	39.6	50.9	60.8	72	82.6	93.6	104.9
m	14.8	15.8	18	19.4	21.5	25.6	31	34	38	45	51
s	24	27	30	34	36	46	55	65	75	85	95
技术条件	材料:钢		螺纹公差:6H		性能等级:8,10,12		产品等级:B			表面处理:发黑	

注:1. 唐氏螺纹六角头螺栓连接副一套包括唐氏六角头螺栓一个、左旋及右旋螺母各一个。

2. 表格之外的螺栓连接副按图纸加工。

3. 其余尺寸参见 GB/T 617。

表 5-1-270 唐氏螺纹方头螺栓连接副(摘自 Q/TANGS 8)

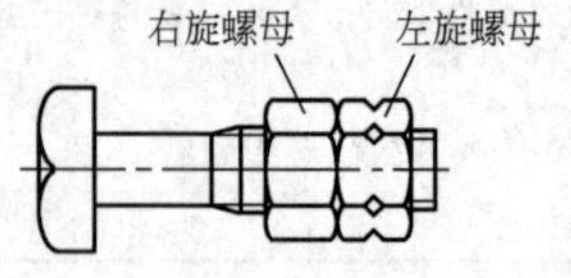

标记示例

螺纹规格 *d*=TM24,公称长度 *l*=100mm,性能等级为 8.8 级的唐氏螺纹方头螺栓连接副,标记为:

唐氏方头螺栓连接副 Q/TANGS 8-TM24×100

唐氏螺纹方头螺栓

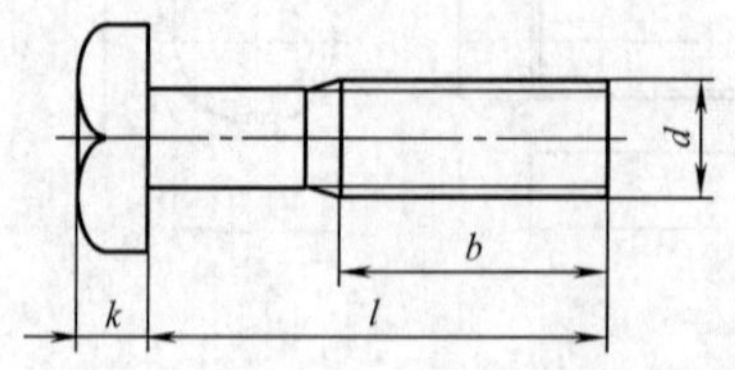

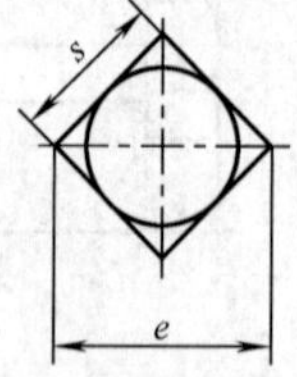

表 5-1-271　　**唐氏螺纹方头螺栓**　　mm

螺纹规格 d		TM16	TM18	TM20	TM22	TM24	TM30	TM36	TM42	TM48
b	$l\leqslant125$	38	42	46	50	54	66	78	—	—
	$125<l\leqslant200$	44	48	52	56	60	72	84	96	108
	$l>200$	57	61	65	69	73	85	97	109	121
e		30.11	34.01	37.91	42.9	45.5	58.5	69.94	82.03	95.03
k		10	12	13	14	15	19	23	26	30
s		24	27	30	34	36	46	55	65	75
l		55~160	60~180	65~200	70~220	80~240	90~300	110~300	130~300	140~300
l 系列		55,60,65,70,80,90,100,110,120,130,140,150,160,180,200,220,240,260,280,300								
技术条件		材料:钢		螺纹公差:6g		性能等级:8.8		产品等级:C	表面处理:调质、发蓝、发黑	

注：1. 唐氏螺纹方头螺栓连接副一套包括唐氏方头螺栓一个、左旋及右旋螺母各一个。
2. 表格之外的螺栓连接副按图纸加工。
3. 其余尺寸参见 GB/T 8。

表 5-1-272　　**唐氏螺纹等长双头螺柱连接副**（摘自 Q/TANGS 901）

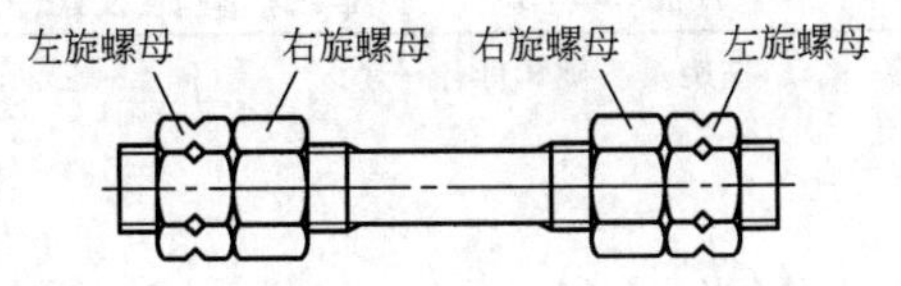

标记示例

螺纹规格 d=TM18,公称长度 l=100mm,性能等级为 8.8 级的唐氏螺纹等长双头螺柱连接副,标记为:

唐氏螺柱连接副　Q/TANGS 901-TM18×100

唐氏螺纹等长双头螺柱

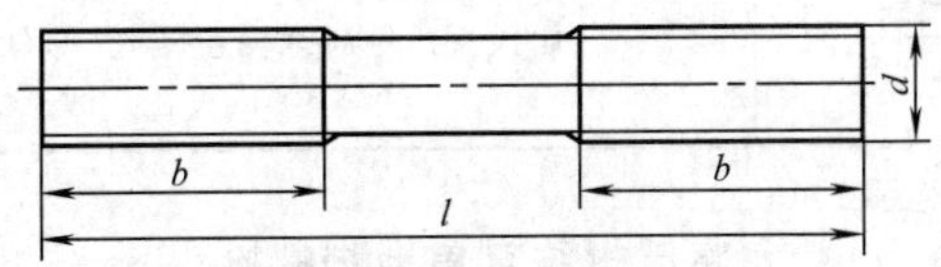

表 5-1-273　　**唐氏螺纹等长双头螺柱**　　mm

螺纹规格 d	TM16	TM18	TM20	TM22	TM24	TM30	TM36	TM42	TM48	TM56
b	44	48	52	56	60	72	84	96	108	124
l	40~300	40~300	60~300	80~300	90~300	120~300	120~300	120~400	130~500	150~500
l 系列	40,45,50,55,60,65,70,80,90,100,110,120,130,140,150,160,180,200,220,240,260,280,300,320,350,380,400,420,450,480,500									
技术条件	材料:钢		螺纹公差:6g		性能等级:8.8		产品等级:C		表面处理:发黑	

注：1. 唐氏螺纹等长双头螺柱连接副一套包括唐氏螺纹等长双头螺柱一个、左旋及右旋螺母各两个。
2. 表格之外的螺柱连接副按图纸加工。
3. 其余尺寸参见 GB/T 901。

表 5-1-274　　**唐氏螺纹 T 形槽用螺栓连接副**（摘自 Q/TANGS 37）

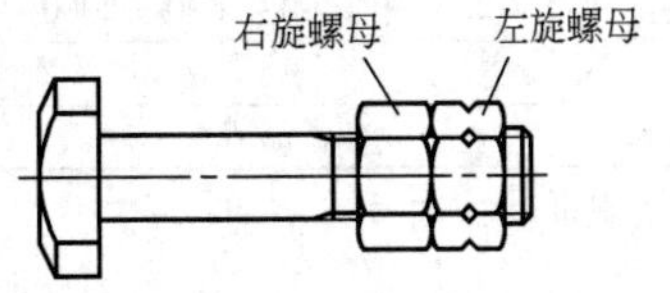

标记示例

螺纹规格 d=TM36,公称长度 l=200mm,性能等级为 8.8 级的唐氏螺纹 T 形槽用螺栓连接副,标记为:

唐氏 T 形槽用螺栓连接副　Q/TANGS 37-TM36×200

唐氏螺纹 T 形槽用螺栓

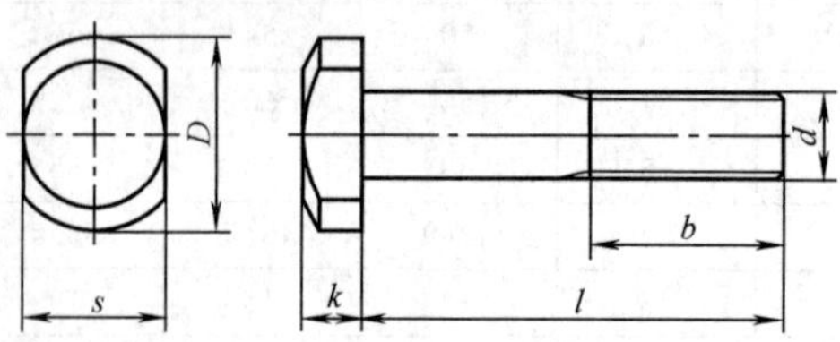

表 5-1-275　　唐氏螺纹 T 形槽用螺栓　　mm

螺纹规格 d		TM16	TM20	TM24	TM30	TM36	TM42	TM48
b	$l \leqslant 125$	38	46	54	66	78	—	—
	$125<l \leqslant 200$	44	52	60	72	84	96	108
	$l>200$	57	65	73	85	97	109	121
D		38	46	58	75	85	95	105
k		11.6	14	16	20	24	28	32
s		28	34	44	56	67	76	86
l		55~160	65~200	80~240	90~300	110~300	130~300	140~300
l 系列		55,60,65,70,80,90,100,110,120,130,140,150,160,180,200,220,240,260,280,300						
技术条件		材料:钢	螺纹公差:6g	性能等级:8.8	产品等级:B	表面处理:调质、发蓝、发黑		

注：1. 唐氏螺纹 T 形槽用螺栓连接副一套包括唐氏螺纹 T 形槽用螺栓一个、左旋及右旋螺母各一个。

2. 表格之外的螺栓连接副按图纸加工。

3. 其余尺寸参见 GB/T 37。

表 5-1-276　　唐氏螺纹直角地脚螺栓连接副（摘自 Q/TANGS 4364）

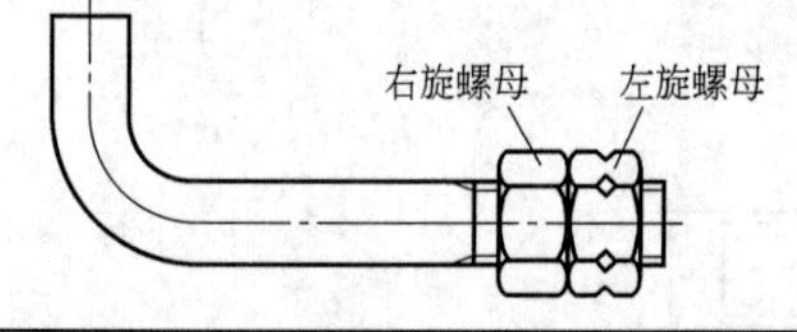

标记示例

螺纹规格 d=TM42，公称长度 l=1400mm，性能等级为 4.8 级的唐氏螺纹直角地脚螺栓连接副，标记为：

唐氏直角地脚螺栓连接副　Q/TANGS 4364-TM42×1400-4.8

唐氏螺纹直角地脚螺栓

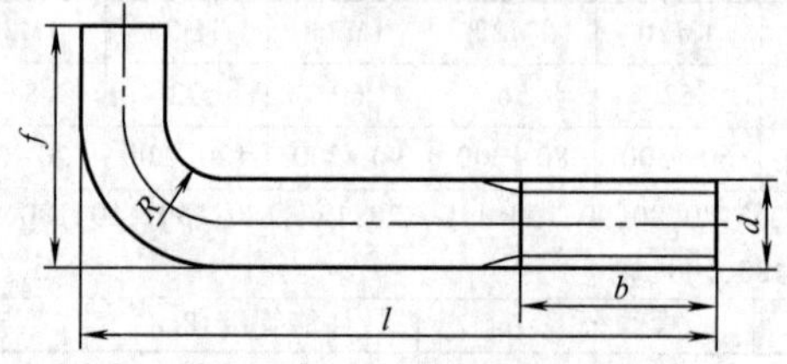

表 5-1-277　　唐氏螺纹直角地脚螺栓　　mm

螺纹规格 d	TM16	TM20	TM24	TM30	TM36	TM42	TM48	TM56
b(最小)	45	60	75	90	110	120	140	160
f	65	80	100	120	150	170	190	220
R≈	12	15	20	25	30	35	40	45
l	300~400	400~1000	600~1400	1000~1600	1000~2000	1400~2300	1400~2600	2000~2600
l 系列	300,400,600,800,1000,1200,1400,1600,1800,2000,2300,2600							
技术条件	材料:钢	螺纹公差:8g	性能等级:3.6,4.8,6.8,8.8			产品等级:C		

注：1. 唐氏螺纹直角地脚螺栓连接副一套包括唐氏直角地脚螺栓一个，左旋及右旋螺母各一个。

2. 表格之外的螺栓连接副按图纸加工。

3. 其余尺寸参见 JB/ZQ 4364。

表 5-1-278　　　　唐氏螺纹地脚螺栓连接副（摘自 Q/TANGS 799）

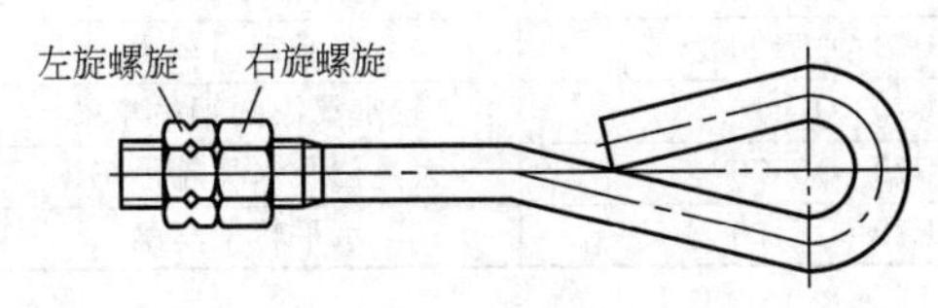

标记示例

螺纹规格 d=TM20,公称长度 l=400mm,性能等级为 3.6 级的唐氏螺纹地脚螺栓连接副,标记为：

唐氏地脚螺栓连接副　Q/TANGS 799-TM20×400-3.6

唐氏螺纹地脚螺栓

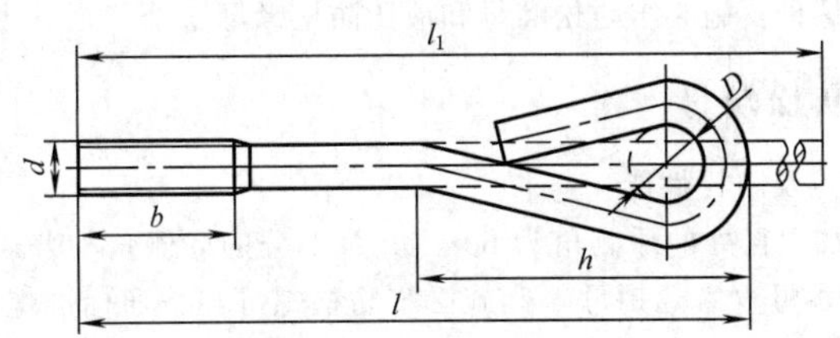

表 5-1-279　　　　唐氏螺纹地脚螺栓　　　　mm

螺纹规格 d	TM16	TM20	TM24	TM30	TM36	TM42	TM48
b	44	52	60	72	84	96	108
D	20	30	30	45	60	60	70
h	93	127	139	192	244	261	302
l_1	l+72	l+110	l+110	l+165	l+217	l+217	l+255
l	220~500	300~630	300~800	400~1000	500~1000	630~1250	630~1500
l 系列	220,300,400,500,630,800,1000,1250,1500						
技术条件	材料：钢	螺纹公差：8g	性能等级：3.6,4.8,6.8,8.8		产品等级：C	表面处理：发黑	

注：1. 唐氏螺纹地脚螺栓连接副一套包括唐氏螺纹地脚螺栓一个、左旋及右旋螺母各一个。

2. 表格之外的螺栓连接副按图纸加工。

3. 表中唐氏紧固件的生产厂为马鞍山市唐氏螺纹紧固件有限公司。

4. 其余尺寸参见 GB/T 799。

4.1.4　唐氏螺纹连接副在吊车梁压轨器上的应用

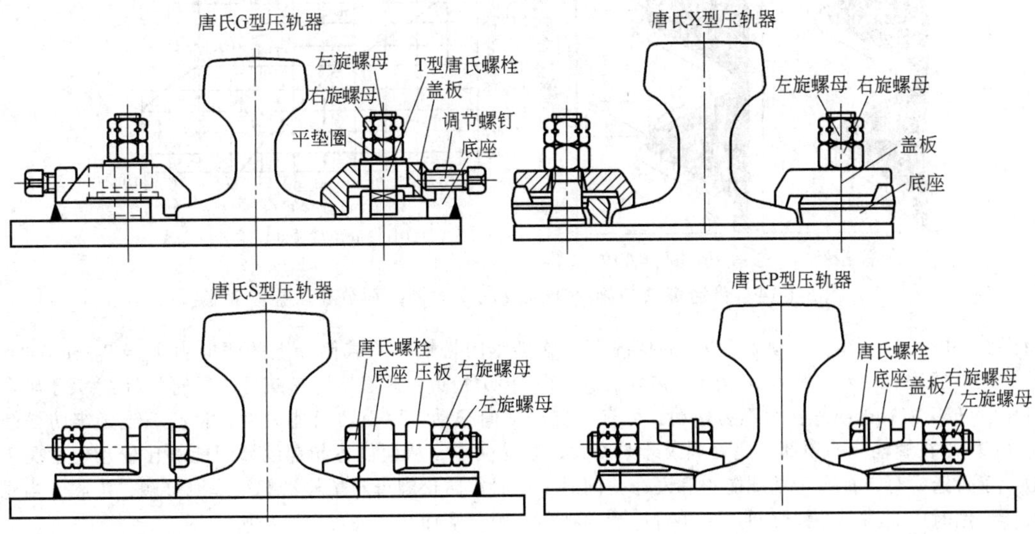

表 5-1-280　　唐氏压轨器

型　式	型　号	适用轨道型号	适用吊车梁类型
G	唐氏 G38～G120	TG38～TG60；QU70～QU120	普通钢吊车梁
X	唐氏 X24～X120	TG24～TG60；QU70～QU120	较窄翼缘的钢吊车梁
S	唐氏 S38～S120	TG38～TG60；QU70～QU120	大吨位及水平轮吊车梁
P	唐氏 P38～P120	TG38～TG60；QU70～QU120	水平轮吊车梁

注：详细资料咨询安徽唐氏螺纹紧固件有限公司。

4.2　高性能防松螺母

本节介绍两种高性能防松螺母：施必牢防松螺母和液压防松螺母。

4.2.1　施必牢（DTF）防松螺母

（1）施必牢防松螺母的特点及防松性能

施必牢防松螺母承载侧螺纹大径处的牙侧角为 60°，其余部分的牙侧角与普通螺纹相同，均为 30°。图 5-1-14（a）、（b）分别为普通标准螺母（普通螺母）和施必牢防松螺母与普通标准螺栓拧紧后的受力情况，图 5-1-14（c）为两种螺纹连接的牙间载荷分布百分比；图 5-1-14（d）为横向负载振动试验时三种螺纹连接预紧力的变化情况。

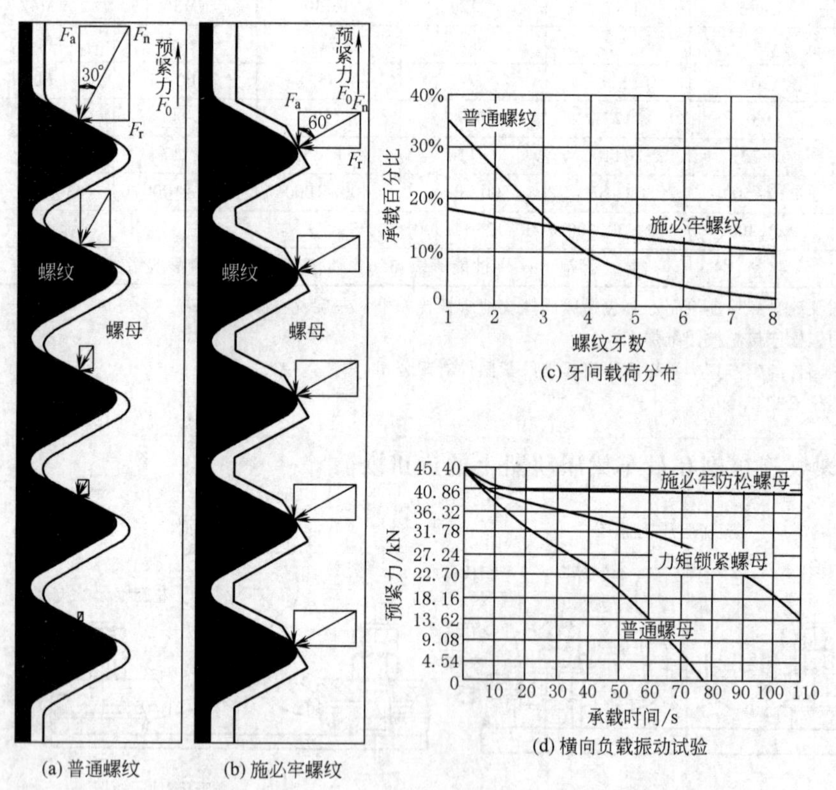

图 5-1-14　普通螺纹与施必牢螺纹的受力、载荷分布及振动试验

由图 5-1-14 可知：在相同预紧力 F_0 的情况下，施必牢防松螺母承载侧牙上的法向力 $F_n = F_0/\cos60° = 2F_0$，大于普通螺母的法向力 $F_n = F_0/\cos30° = 1.154F_0$，因而摩擦力矩大；施必牢防松螺母的径向载荷 F_r 大于轴向载荷 F_a 且对称分布，使螺母与螺栓间不易松动，可有效抗击横向振动，因而防松能力大为提高。施必牢防松螺母的法向力 F_n 作用在螺栓牙的顶部，此处螺纹牙柔度大，容易变形，从而使各扣螺纹牙间能够比较均匀地受力，承载牙数大于普通螺母，提高了承载能力和寿命。同时，施必牢防松螺母与螺栓沿螺纹呈线接触，消除了当受到横向动载荷作用时引起内、外螺纹间产生相对运动的径向间隙，从而阻止螺母自行松脱。

施必牢防松螺母有以下优点：可靠的抗振防松性能，高的承载能力和使用寿命，并可重复使用；只需与标准螺栓匹配使用，无需任何辅助锁紧件；适用于温差大的环境；用施必牢丝锥可以制出具有同样防松性能的螺孔，可广泛用于要求具有自锁性能的零部件上；装拆方便。

施必牢防松螺母已用于汽车、火车、舰船、铁道、港口机械、工程机械、发动机、飞机、电力、石油、军工及医疗器械等领域。

（2）施必牢防松螺母企业标准件

施必牢防松螺母的标记方法如下：

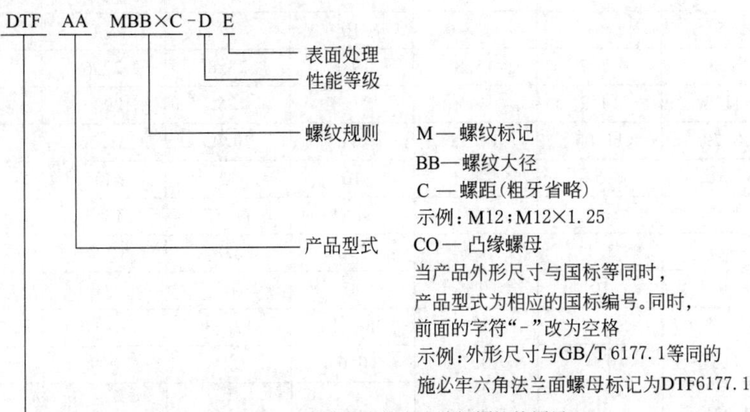

目前施必牢防松螺母的产品型式及表面处理见表 5-1-281。

表 5-1-281　施必牢防松螺母的产品型式及表面处理

施必牢防松螺母产品型式	标记	产品型式代号	对应标准号①
六角法兰面防松螺母	DTF 6177.1	6177.1	GB/T 6177.1—2000
六角法兰面防松螺母 细牙	DTF 6177.2	6177.2	GB/T 6177.2—2000
六角凸缘防松螺母	DTF-CO	CO	无
盖形防松螺母	DTF 923	923	GB/T 923—1998
2型六角自锁防脱螺母	DTF 6175PT(PT是有效力矩的缩写)	6175PT	GB/T 6175—2000

表面处理代号	表面处理	技术要求
F3A	镀锌	彩虹色，六价，耐中性盐雾 72h 不出现白锈
F35A	镀锌	白色（微量彩虹），三价，耐中性盐雾 72h 不出现白锈
F39A	镀锌	白色（微量彩虹），三价，耐中性盐雾 120h 不出现白锈
F63	达克罗	灰色，非环保，耐中性盐雾 480h 不出现红锈
F61	无铬达克罗	灰色，环保，耐中性盐雾 480h 不出现红锈

① 虽然 GB/T 6177.1、GB/T 6177.2、GB/T 923、GB/T 6175 都已升级，但由于施必牢防松螺母只和这些国标规定的外形尺寸有关，因此施必牢防松螺母的标准不随国标升级而升级。

施必牢六角法兰面防松螺母（摘自 DTF 6177.1—2010、DTF 6177.2—2010）

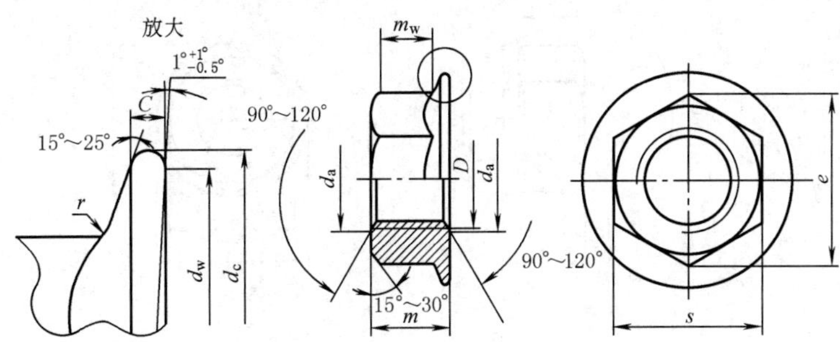

标记示例

螺纹规格 D=M12×1.75、性能等级 8 级、表面镀锌钝化（彩虹色）、等级为 A 级的六角法兰面螺母，标记为：

螺母 DTF 6177.1 M12-8F3A

螺纹规格 D=M14×1.5、性能等级 10 级、表面镀锌、等级为 A 级、防松面具有防松齿的六角法兰面螺母，标记为：

螺母 DTF 6177.2 M14×1.5-10HCF35A

六角防松面分普通防松面和带防松齿的防松面，为表示区别，带防松齿的防松面用 HC 表示。

表 5-1-282　　**施必牢六角法兰面防松螺母**　　mm

螺纹规格 D		M5	M6	M8	M10	M12	M14	M16	M20
螺距 P	粗牙	0.8	1	1.25	1.5	1.75	2	2	2.5
	细牙	—	—	1	1.25 (1)	1.25 (1.5)	(1.5)	1.5	1.5
C(最小)		1	1.1	1.2	1.5	1.8	2.1	2.4	3
d_a	最大	5.75	6.75	8.75	10.8	13	15.1	17.3	21.6
	最小	5	6	8	10	12	14	16	20
d_w(最小)		9.8	12.2	15.8	19.6	23.8	27.6	31.9	39.9
d_c(最大)		11.8	14.2	17.9	21.8	26	29.9	34.5	42.8
e(最小)		8.79	11.05	14.38	16.64	20.03	23.36	26.75	32.95
m	最大	5	6	8	10	12	14	16	20
	最小	4.7	5.7	7.64	9.64	11.57	13.3	15.3	18.7
m_w(最小)		2.5	3.1	4.6	5.6	6.8	7.7	8.9	10.7
s	最大(公称)	8	10	13	15	18	21	24	30
	最小	7.78	9.78	12.73	14.73	17.73	20.67	23.67	29.16
r(最大)		0.3	0.4	0.5	0.6	0.7	0.9	1	1.2
每1000个的质量/kg		0.0018	0.0036	0.0068	0.0112	0.019	0.029	0.046	0.08

<table>
<tr><td rowspan="6">技术条件</td><td rowspan="4">材料及性能等级</td><td colspan="7">钢</td><td rowspan="2">不锈钢</td></tr>
<tr><td colspan="5">8</td><td>10</td><td>12</td></tr>
<tr><td>粗牙</td><td rowspan="2">D≤16</td><td>1型</td><td rowspan="2">D>16</td><td>2型</td><td>1型</td><td>2型</td><td rowspan="2">A2-70</td></tr>
<tr><td>细牙</td><td>2型</td><td>1型</td><td>2型</td><td>D≤16:2型</td></tr>
<tr><td colspan="2">螺纹标准</td><td colspan="3">产品等级</td><td colspan="4">表面处理</td></tr>
<tr><td colspan="2">美国施必牢螺纹标准</td><td colspan="3">D≤16:A
D>16:B</td><td colspan="4">钢:氧化、电镀,或由供需双方协议
不锈钢:简单处理</td></tr>
</table>

注：1. 括号内的螺距尽量不要采用。如需其他规格与生产厂联系。

2. r 适用于棱角和六角面。

施必牢六角凸缘防松螺母（摘自 DTF-CO—2010）

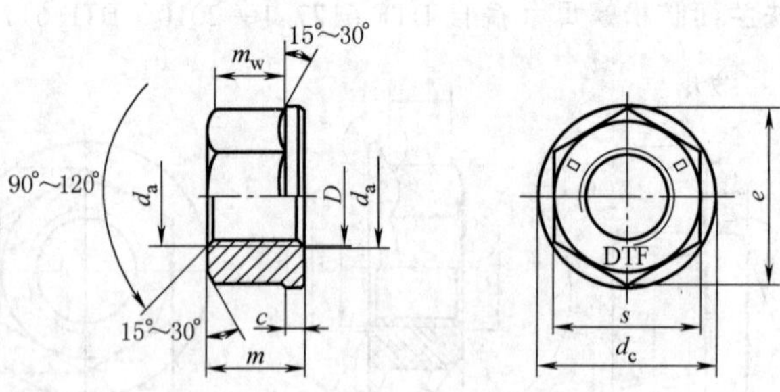

标记示例

螺纹规格 D=M12×1.75、性能等级为10级、表面镀锌、产品等级为A级的施必牢六角凸缘防松螺母，标记为：

螺母 DTF-CO M12-8F35A

螺纹规格 D=M24×2、性能等级为10级、表面镀锌处理（彩虹色）、产品等级为B级的施必牢六角凸缘防松螺母，标记为：

螺母 DTF-CO M24×2-10F3A

表 5-1-283　　施必牢六角凸缘防松螺母　　mm

螺纹规格 D		M12	M14	M16	M18	M20	M22	M24
P	粗牙	1.75	2	2	2.5	2.5	2.5	3
	细牙	1.25、1.5	1.5	1.5	1.5	1.5	1.5	1.5、2
c	最大	2.4	3.0	3.4	4.2	4.2	4.2	5.3
	最小	1.8	2.4	3.0	3.8	3.8	3.8	4.7
d_a	最大	13.3	15.5	17.5	19.5	21.5	23.5	25.9
	最小	12	14	16	18	20	22	24
d_c	最大	23	25.5	29	33	36	41	43
	最小	大于或等于实际对角						
e(最小)		20.03	23.36	26.75	29.56	32.95	37.29	39.55
m	最大	12.0	14.0	16	18	20	22	24
	最小	11.57	13.3	15.3	16.9	18.7	20.7	22.7
s	最大	18	21	24	27	30	34	36
	最小	17.73	20.67	23.67	26.16	29.16	33	35

螺纹规格 D		M27	M30	M33	M36	M39	M42	M48
P	粗牙	3	3.5	3.5	4	4	4.5	5
	细牙	2	2	2	3	3	3	3
c	最大	5.3	6.4	7.0	7.5	8.0	8.5	10
	最小	4.7	5.6	6	6.5	6.8	7.3	8.5
d_a	最大	29	32	35.5	38.5	42	45	51.5
	最小	27	30	33	36	39	42	48
d_c	最大	49	55.5	59.5	65.5	72	77	88
	最小	大于或等于实际对角						
e(最小)		45.2	50.85	55.37	60.79	66.44	71.3	82.6
m	最大	27	30	33	36	39	42	48
	最小	25.7	28.7	31.4	34.4	37.4	40.4	46.4
m_w(最小)		17.5	19.5	21.4	23.4	25.3	26.6	31.2
s	最大	41	46	50	55	60	65	75
	最小	40	45	49	53.8	58.8	63.1	73.1

技术条件					
材料		钢			
通用技术条件		GB/T 16938			
螺纹		施必牢螺纹标准			
力学性能	等级	8		10	12
		D≤M16 粗牙:1 型 细牙:2 型	D>M16 粗牙:2 型 细牙:1 型	粗牙:1 型 细牙:2 型	2 型
		D>M39 按协议			
	标准	GB/T 3098.2			
公差	产品等级	D≤M16:A 级;D>M16:B 级			
	标准	GB/T 3103.1			
表面缺陷		GB/T 5779.2			
表面处理		磷化 电镀技术要求按 GB/T 5267.1 如需其他表面镀层或表面处理,由供需双方协议			
验收及包装		GB/T 90.1,GB/T 90.2			

注：本标准的螺母高度（m_{min}）属于 2 型螺母，但 GB/T 3098.2 对所有的性能等级和规格并非只规定了 2 型螺母（如本表所示），在某些情况下，还需按 1 型螺母进行试验。

施必牢盖形防松螺母（摘自 DTF 923—2004）

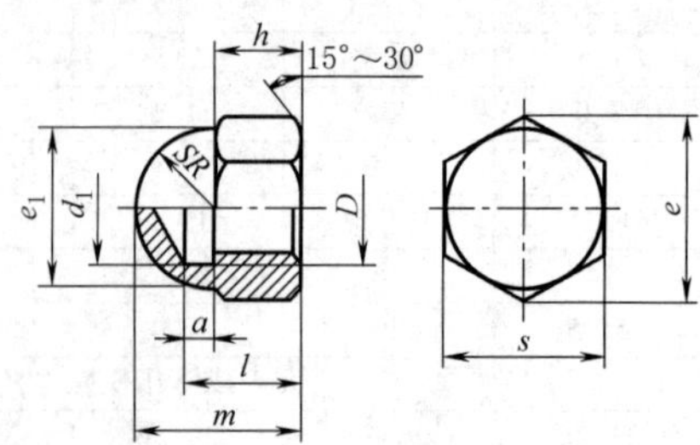

标记示例

螺纹规格 D=M10、性能等级 6 级、表面普通达克罗处理的盖形防松螺母，标记为：螺母 DTF 923 M10-6F63

表 5-1-284 施必牢盖形防松螺母 mm

螺纹规格 D		M10	M12	M14	M16	M18	M20	M22	M24
h		8	10	11	13	14	16	18	19
e(最小)		17.77	20.03	23.35	26.75	29.56	32.95	37.29	39.55
e_1(最大)		16	18	20	22	25	28	30	34
a(最小)		4	4.5	5	5	6	6	6	7
m		18	22	24	26	29	32	35	38
d_1		10.5	13	15	17	19	21	23	25
l		13	16	17	19	22	25	26	28
s	最大	16	18	21	24	27	30	34	36
	最小	15.73	17.73	20.67	23.67	26.16	29.16	33	35
SR≈		8	9	10	11.5	12.5	14	15	17
每1000个的质量/kg		12.88	17.46	24.66	39.84	48.78	71.96	102	127.8

技术条件	材料	螺纹标准	性能等级	产品等级	表面处理
	钢	美国施必牢螺纹标准	5、6	D≤16:A D>16:B	氧化、电镀,或由供需双方协议

施必牢 2 型六角自锁防脱螺母（摘自 DTF 6175PT—2010）

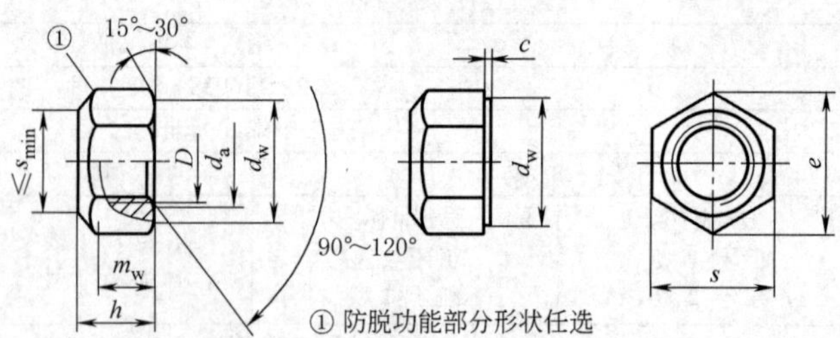

① 防脱功能部分形状任选

标记示例

螺纹规格 D=M12×1.75、性能等级 8 级、表面镀锌（白色）、产品等级为 A 级的施必牢 2 型六角自锁防脱螺母，标记为：

螺母 DTF 6175PT M12-8F39A

螺纹规格 D=M24×3、性能等级 10 级、表面镀锌（白色）、产品等级为 B 级的施必牢 2 型六角自锁防脱螺母，标记为：

螺母 DTF 6175PT M24-10F35A

表 5-1-285 施必牢 2 型六角自锁防脱螺母 mm

螺纹规格 D		M10	M12	M14	M16	M18	M20	M22	M24	M27	M30
螺距 P		1.5	1.75	2	2	2.5	2.5	2.5	3	3	3.5
c	最大			0.60	0.8	0.8	0.8	0.8	0.8	0.8	0.8
	最小			0.15	0.2	0.2	0.2	0.2	0.2	0.2	0.2

续表

d_a	最大	10.8	13	15.1	17.3	19.5	21.6	23.7	25.9	29.1	32.4
	最小	10	12	14.0	16.0	18.0	20.0	22.0	24.0	27.0	30.0
d_w(最小)		14.63	16.63	19.64	22.49	24.9	27.7	31.4	33.25	38	42.8
e(最小)		17.77	20.03	23.36	26.75	29.56	32.95	37.29	39.55	45.2	50.85
h	最大	9.3	12.00	14.1	16.4	17.6	20.3	21.8	23.9	26.7	28.6
	最小	8.94	11.57	13.4	15.7	16.9	19.0	20.5	22.6	25.4	27.3
m_w(最小)		6.43	8.3	9.68	11.28	12.08	13.52	14.5	16.16	18	19.44
s	最大	16	18.00	21.00	24.00	27.00	30.00	34	36	41	46
	最小	15.73	17.73	20.67	23.67	26.16	29.16	33	35	40	45

技术条件

材料		钢			
通用技术条件		GB/T 16938			
螺纹		施必牢螺纹标准			
力学性能	等级	8		10	12
		$D\leqslant$M16　1型	$D>$M16　2型	1型	2型
		$D>$M39 按协议			
	标准	GB/T 3098.2			
		防脱力矩:DTF-JS-17			
公差	产品等级	$D\leqslant$M16:A级;$D>$M16:B级			
	标准	GB/T 3103.1			
表面缺陷		GB/T 5779.2			
表面处理		磷化、达克罗 电镀技术要求按GB/T 5267.1 如需其他表面镀层或表面处理,由供需双方协议			
验收及包装		GB/T 90.1、GB/T 90.2			

注：本标准的螺母高度（h_{min}）属于2型螺母，但GB/T 3098.2对所有的性能等级和规格并非只规定了2型螺母（如本表所示），在某些情况下，还需按1型螺母进行试验。

4.2.2　液压防松螺母及拉紧器

液压防松螺母及拉紧器借助于高压（p_{max}=250MPa）油泵产生的高压油，使螺杆轴向伸长，利用螺杆的弹性变形将螺纹连接锁紧。可以精确地达到设计要求的预紧力，其预紧力比旋转力矩预紧者提高30%以上。采用附件后可实现多个螺栓同步预紧，使被紧固件均匀受力。

液压防松螺母与液压螺栓拉紧器分别是用于高预紧力、大规格螺纹连接的紧固件和装拆工具，适用于振动工况下大、重型机械设备和狭窄空间设备的紧固连接。具有优良的防松效果，以及连接可靠、装拆方便、节时省力等特点，兼有野外防盗功能。已较广泛地用于矿山、电力、石化、铁路、交通、建筑等行业，该产品尚无国家及行业标准。液压防松螺母及拉紧器的加压系统主要由高压手动泵、快换接头、高压软管、油管接头、液压防松螺母组成，如图5-1-15所示。

(1) 液压防松螺母的结构、装拆及产品规格性能

液压防松螺母由缸体与具有内、外螺纹和密封圈的活塞及锁紧螺母组成。其操作程序为：将液压防松螺母整体拧到连接螺栓上，直至消除各连接件之间的间隙［图5-1-16（a）］；卸去堵头，将排净空气后的高压手动泵、软管接头接到缸体的油管接头上，往复振动高压手动泵的手柄，对油缸加压，使活塞上升，连接螺栓伸长，锁紧螺母、活塞与缸体之间产生间隙，活塞内螺纹与螺栓间形成了强大的预紧力［图5-1-16（b）］；将锁紧螺母拧至与缸体上端面接

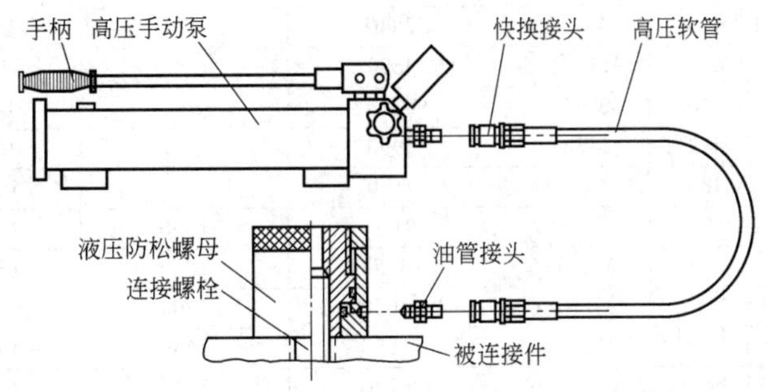

图5-1-15　液压防松螺母加压系统示意

触并拧紧，卸压，拆除加压系统，拧上堵头，连接被紧锁［图 5-1-16（c）］。拆卸液压防松螺母的过程与安装过程相仿，接装加压系统，加压，活塞带着锁紧螺母上升，当螺母底面与缸体上端面分离后，将锁紧螺母上端面拧至与活塞上端面平齐［图 5-1-16（b）］，卸压，拆除加压系统，轻微敲击并旋转活塞及螺栓，即可卸下液压防松螺母。

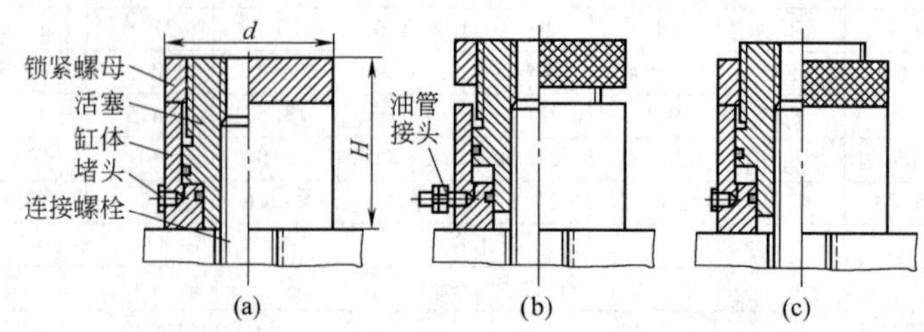

图 5-1-16　FYM 型液压防松螺母结构示意

（2）液压螺栓拉紧器的结构、装拆及产品规格性能

液压螺栓拉紧器是一种先进的螺纹连接预紧和拆卸工具。其原理及拆装方法与液压防松螺母相同，结构相仿。一个型号的拉紧器在更换其螺套和内六角套的情况下，可实现数个相近规格螺栓的预紧和拆卸，易于实现多个螺栓的同步紧固。液压螺栓拉紧器的结构如图 5-1-17 所示。

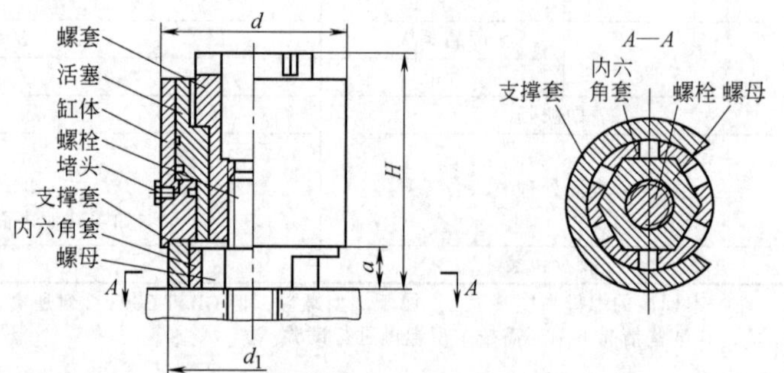

图 5-1-17　FYL 型液压螺栓拉紧器结构示意

其预紧及拆卸过程如下：先将螺母拧紧到螺栓上，再将内六角套套在螺母外面，放好支撑套，将拉紧器组件置于支撑套上，将螺套拧在螺栓上；装好加压系统，加压，推动活塞带着螺套上升，螺栓伸长带着螺母上升与被连接件脱离接触，当达到所需的预紧力或最大拉伸长度时，停止加压；通过内六角套的径向孔将螺母拧紧，卸压，拆除拉紧器，螺母便将螺纹连接锁紧。拆卸螺母时，步骤同上，当螺母与被连接件脱离接触后，停止加压，通过内六角套上的径向孔将螺母拧松，卸压，拆除拉紧器，即可卸下螺母。

表 5-1-286　　**FYM 型液压防松螺母**（摘自 Q/XF 001—2006）

型号	螺纹规格	油压作用面积 S/mm²	预紧力 F/kN（p=150MPa 时）	H/mm	d/mm	最大拉伸长度 h/mm	质量/kg
FYM24	M24×3	1080	162	52	58	5	0.7
FYM30	M30×3.5	1330	200	53	68	5	1
FYM36	M36×4	1760	264	58	80	5	1.6
FYM42	M42×4.5	2490	374	65	92	6	2.4
FYM48	M48×5	2840	426	70	100	6	2.9
FYM56	M56×5.5	3690	554	78	114	8	4.2
FYM64	M64×6	4210	631	84	124	10	5.2
FYM72	M72×6	5990	898	95	145	12	8.3
FYM80	M80×6	7190	1079	105	160	12	11
FYM90	M90×6	9110	1366	114	178	12	15
FYM100	M100×6	13750	2062	130	208	15	24
FYM110	M110×6	14660	2200	140	219	15	27
FYM125	M125×6	16530	2480	150	240	18	35
FYM140	M140×6	20770	3116	170	265	18	47
FYM160	M160×6	22480	3372	180	285	20	55
技术条件	材料:钢	性能等级:10、12	螺纹公差:6H	产品等级:A		表面处理:发黑	

表 5-1-287　　FYL 型液压螺栓拉紧器（摘自 Q/XF 002—2006）

型号	螺纹规格	油压作用面积 S/mm²	预紧力 F/kN（p=150MPa 时）	H/mm	d/mm	d_1/mm	a/mm	最大拉伸长度 h/mm	质量/kg
FYL1	M24～M33	4260	639	109	110	90	30	12	5
FYL2	M36～M45	5900	885	124	140	115	37	14	10
FYL3	M48～M60	10500	1575	160	175	160	63	16	19
FYL4	M64～M80	17000	2550	187	220	200	77	18	42
FYL5	M90～M100	24300	3645	216	250	230	93	18	69
FYL6	M110～M125	36600	5490	248	305	290	112	20	102
FYL7	M140～M160	43200	6480	290	325	305	145	22	130
技术条件	材料:钢	性能等级:10、12	螺纹公差:6H	产品等级:A	表面处理:发黑				

注：1. 如需其他规格或有特殊要求，与生产厂联系。

2. 生产厂为西安帆力机电技术有限公司。

4.2.3　六角防松螺母

六角防松螺母（偏心螺母）的工作原理利用了木榫结构，将螺母分为两个部分：一部分为凹螺母（使用中作为下螺母），另一部分为凸螺母（使用中作为上螺母）。凹螺母采用精准加工的设计，不偏心，凸螺母则有一点“偏心”。当两部分螺母拧到一个螺栓后，作为上螺母的凸螺母偏离中心的部分就会和凹螺母内侧一边紧紧卡住，用极大的摩擦力来防止螺纹松动。其中最大的难点在于凸螺母的“偏心”到底要偏多少。偏多了会造成螺母安装困难，偏少了则达不到防松效果。目前我国还没有国家标准，只有机械行业标准 JB/ZQ 4351—2006，该标准也没有规定各型号螺母的偏心量 k 及凹槽和凸台的直径与锥度，只给出了预紧扭矩要求和在试验台上进行防松试验时 40000 次不得有松脱现象。

六角防松螺母（摘自 JB/ZQ 4351—2006）

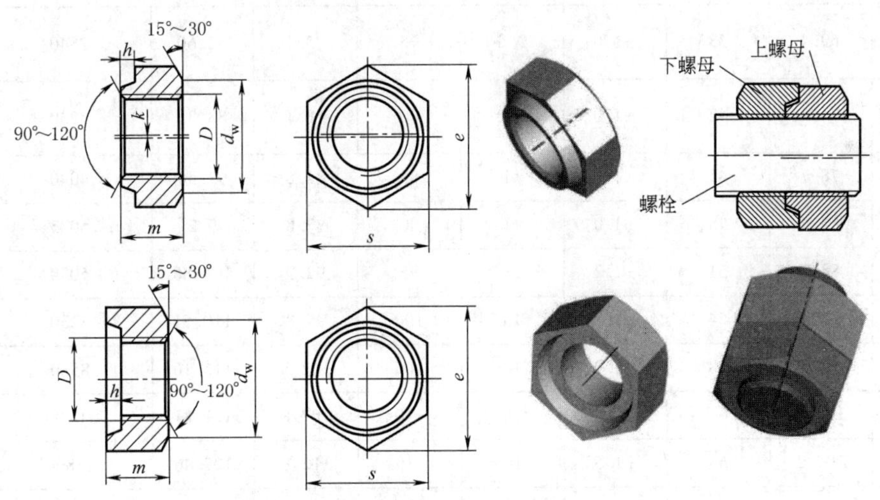

表 5-1-288　　六角防松螺母（偏心螺母）　　mm

螺纹规格 $D×P$	d_w 最小	m 基本尺寸	m 极限偏差	h	s 最大	s 最小	e 最小	预紧扭矩/N·m（参考）	每 1000 个的质量/kg
M8 M8×1	11.6	6.5	±0.3	2.0	13	12.73	14.38	11.5	5.2
M10 M10×1 （M10×1.25）	14.6	8	±0.4	2.5	16	15.73	17.77	22.8	15.2
M12 M12×1.25 （M12×1.5）	16.6	10	±0.4	3.0	18	17.73	20.03	36.5	22.3
（M14） （M14×1.5）	19.6	11	±0.5	3.5	21	20.67	23.35	65	27.9
M16 M16×1.5	22.5	13	±0.5	3.5	24	23.67	26.75	97.2	52.6

续表

螺纹规格	d_w	m		h	s		e	预紧扭矩/N·m	每1000个的
D×P	最小	基本尺寸	极限偏差		最大	最小	最小	（参考）	质量/kg
（M18） （M18×1.5）	24.8	15	±0.5	4.5	27	26.16	29.56	150	66
M20 （M20×1.5） （M20×2）	27.7	16	±0.6	4.5	30	29.16	32.95	189.4	100
（M22） （M22×1.5） （M22×2）	31.4	18	±0.6	4.5	34	33	35.03	240	153
M24 M24×2	33.2	19	±0.6	5.0	36	35	39.55	296.5	173
（M27） （M27×7）	38	22	±0.6	6.0	41	40	45.20	470	255
M30 M30×2	42.7	24	±0.6	6.0	46	45	50.85	621	346
（M33） （M33×2）	46.6	26	±0.6	6.0	50	49	55.37	1400	842
M36 M36×3	51.1	29	±0.8	8.0	55	53.8	60.79	1070	650
（M39） （M39×3）	55.9	31	±0.8	8.0	60	58.8	66.44	1400	842
M42 M42×3	60.6	34	±0.8	9.0	65	63.8	72.09	1700	1050
M45 （M45×3）	64.7	36	±0.8	9.0	70	68.1	76.95	2140	1310
M48 M48×3 M48×4	69.4	38	±1.0	9.0	75	73.1	82.60	2540	1590
（M52） （M52×3） （M52×4）	74.2	42	±1.0	9.0	80	78.1	88.25	3230	1890
M56 M56×4	78.7	45	±1.0	11	85	82.8	93.56	4040	1970
（M60） （M60×4）	83.4	48	±1.0	11	90	87.8	99.21	5035	2020
M64 M64×4	88.2	51	±1.2	13	95	92.9	104.86	6030	2310
（M68） （M68×4）	92.9	54	±1.2	13	100	97.8	110.51	7230	2820
M72×6 （M72×4）	97.7	58	±1.2	14	105	102.8	116.16	8580	3040
M76×6 （M76×4）	102.4	61	±1.5	16	110	107.8	121.81	10000	3540
M80×6 M80×4	107.2	64	±1.5	16	115	112.8	127.46	11800	4220
（M85×6） （M85×4）	111.9	68	±1.5	18	120	117.8	133.11	14300	4850
M90×6 （M90×4）	121.1	72	±1.5	18	130	127.5	144.08	16800	6570
M100×6 （M100×4）	135.4	80	±1.5	20	145	142.5	161.02	23000	8880
M110×6 （M110×4）	144.9	88	±1.8	23	155	152.5	172.32	30600	9940
M125×6 （M125×4）	168.6	100	±1.8	24	180	177.5	200.58	44900	17120
M140×6 （M140×4）	185.6	112	±1.8	27	200	195.4	220.80	—	23370
M160×6 （M160×4）	214.1	127	±1.8	31	230	225.4	254.70	—	36160
技术条件	材料	螺纹公差	性能等级		产品等级	表面处理			
	钢	6H	5、6、8、10、12		B	1. 不经处理；2. 镀锌钝化			

注：括号内的规格尽量不用。

标记示例

螺纹规格 D=M16、性能等级5级、不经表面处理的防松螺母标记为：

螺母 M16 JB/ZQ 4351—2006

螺纹规格 D=M16×1.5、性能等级5级、不经表面处理的防松螺母标记为：

螺母 M16×1.5 JB/ZQ 4351—2006

4.3 钢丝螺套

4.3.1 钢丝螺套简介

钢丝螺套（简称丝套）是一种新型内螺纹紧固件，把它旋入并紧固在被连接件之一的螺孔（底孔）中，形成标准内螺纹，再将螺钉（或螺栓）拧入其中形成螺纹连接。它用冷轧不锈钢丝制成螺旋状内、外同心的螺纹线圈，不锈钢丝横切面呈菱形，形状类似于螺旋弹簧，具有较高的硬度及较好的表面粗糙度。安装钢丝螺套的底孔使用专用的丝锥加工，钢丝螺套安装到底孔后，能形成一个标准的高精度内螺纹，其各项性能均优于直接用丝锥攻螺纹形成的内螺纹，符合螺纹通、止规要求。钢丝螺套适用于提高低强度材料基体（如铝合金、镁合金、铜合金、铸铁及非金属）螺孔的强度，可以提高螺钉的疲劳强度、修复损坏的螺孔；有减轻螺纹牙受力不均和抗冲击振动的作用，同时减少螺纹磨损且耐腐蚀，可延长螺孔寿命。

（1）钢丝螺套的技术条件

① 钢丝螺套是由表5-1-289所示的不锈钢丝制成的，图中型面的内、外顶角是轧制自然形成的弧形，因此图中没有规定圆弧的半径和相切位置。

表 5-1-289　　钢丝螺套型面形状尺寸（GB/T 24425.6—2009）　　mm

螺距 P	B(上偏差为0)		K(上偏差为0)		A_t	截面形状
	基本尺寸	下偏差 /μm	基本尺寸	下偏差 /μm	最小	
0.4	0.260	-18	0.432	-37	0.30	
0.45	0.292	-18	0.488	-43	0.34	
0.5	0.325	-18	0.541	-51	0.38	
0.7	0.455	-21	0.757	-66	0.53	
0.8	0.520	-21	0.866	-81	0.60	
1.0	0.650	-25	1.082	-96	0.75	
1.25	0.812	-25	1.354	-112	0.94	
1.5	0.974	-25	1.623	-122	1.13	
1.75	1.137	-31	1.859	-135	1.31	
2.0	1.299	-31	2.164	-162	1.50	
2.5	1.624	-33	2.705	-208	1.88	
3.0	1.949	-33	3.249	-221	2.25	
3.5	2.273	-35	3.790	-262	2.63	
4	2.598	-35	4.331	-275	3.00	

② 自由状态下钢丝螺套相邻两圈的间隙应不大于0.25倍螺距。

③ 钢丝螺套的材料为18%铬及8%镍的奥氏体不锈钢。

④ 菱形钢丝的抗拉强度要满足GB/T 24425.6—2009中表3的要求。

⑤ 钢丝螺套应进行消除应力处理热，在消除应力的同时获得较高弹性。

⑥ 钢丝螺套表面应进行光亮处理，不允许有毛刺、压痕、划伤和裂纹等表面缺陷。

（2）钢丝螺套的特点

① 自由状态下的钢丝螺套直径比其装入的螺孔直径稍大，装配时使钢丝螺套受专用扳手扭力从而使其直径变小，进入已经用专用丝锥攻好螺纹的螺孔中，装好以后，钢丝螺套产生类似弹簧膨胀的作用，使其牢固地固定在螺孔内，而不会随螺钉的拧出而脱出。

② 增加螺纹连接的承载能力和疲劳强度：钢丝螺套使螺钉与安装钢丝螺套的螺孔之间形成弹性连接，因而消除了内、外螺纹之间的螺矩和牙型半角误差，可在规定的长度上使每圈螺纹上负荷均匀分布，从而加强了内螺纹，并能减振，因此可以提高螺纹连接的疲劳强度。

③ 耐磨：钢丝螺套由极硬的冷轧不锈钢丝精确绕制而成，螺旋面硬度可达 43~50HRC，似镜的表面减少了摩擦和磨损，可使螺钉上由摩擦而产生的扭力减少 90%，从而用最小的螺钉拧紧力矩得到最大预紧力和螺钉拉力，防止螺钉松脱，使各种材质的螺钉处于最佳使用状态。

④ 耐腐蚀：由于不锈钢钢丝螺套优良的耐腐蚀性能，使之能够在多种材料和通常环境条件下确保其性能，使用钢丝螺套的组合件不会卡滞和锈结。

⑤ 耐热：钢丝螺套在高温下可以阻止螺纹连接卡死或擦伤。

⑥ 节省材料：与普通标准内螺纹相比，在同样的强度条件下，使用钢丝螺套后，为了尽可能好地利用屈服极限，可选用尺寸较小、强度较高的螺钉，这样就可以大量地节约材料，减轻重量和缩小体积。

⑦ 锁紧型钢丝螺套能把螺钉锁紧在螺孔中，在受振和冲击时，可使螺钉不致松扣脱落，比通常锁紧装置工艺性能好。锁紧型钢丝螺套可多次拆装而不降低螺纹的扭矩，而且还具有较高的再使用性。

（3）钢丝螺套常用术语

① 钢丝螺套型面：是通过其轴线截取的菱形截面。

② 钢丝螺套用螺孔牙型和公差带：钢丝螺套用内螺纹的基本牙型符合 GB/T 192 的规定，其牙型角为 60°。普通型钢丝螺套公差带为 6H，锁紧型钢丝螺套公差带为 5H。

③ 钢丝螺套螺纹公称直径和规格：是指钢丝螺套旋入 GB/T 24425.5 规定的内螺纹后，所形成的内螺纹的螺纹公称直径和螺纹规格。

4.3.2 钢丝螺套标准件及标注

目前我国国家标准规定的钢丝螺套有普通型钢丝螺套和锁紧型钢丝螺套两类，各自又细分为通孔型和盲孔型，因此共有四种，参见表 5-1-290。目前我国国家标准没有明确规定螺纹的旋向，也只定义了 60°普通牙型。市面上已经有美国标准的钢丝螺套（统一螺纹：UNC、UNF、UNEF 系列）和非螺纹密封的管螺纹系列钢丝螺套。

表 5-1-290　　钢丝螺套产品国家标准

序号	标准号	标准名称	规格范围
1	GB/T 24425.1—2009	普通型钢丝螺套	M2~M39，螺距 0.4~4mm，粗牙；M8×1~M39×2，细牙
2	GB/T 24425.2—2009	普通型盲孔用钢丝螺套	M3~M39，螺距 0.5~4mm，粗牙
3	GB/T 24425.3—2009	锁紧型钢丝螺套	M3~M39，螺距 0.5~4mm，粗牙；M8×1~M39×2，细牙
4	GB/T 24425.4—2009	锁紧型盲孔用钢丝螺套	M3~M12，螺距 0.5~1.75mm，粗牙
5	GB/T 24425.5—2009	钢丝螺套用内螺纹	
6	GB/T 24425.6—2009	钢丝螺套技术条件	

钢丝螺套标记的一般格式：

钢丝螺套　标准号　钢丝螺套规格-自由状态圈数（无折断槽的钢丝螺套在自由状态圈数后加字母 W）

（1）通孔用普通型和锁紧型钢丝螺套

通孔用普通型钢丝螺套（摘自 GB/T 24425.1—2009）

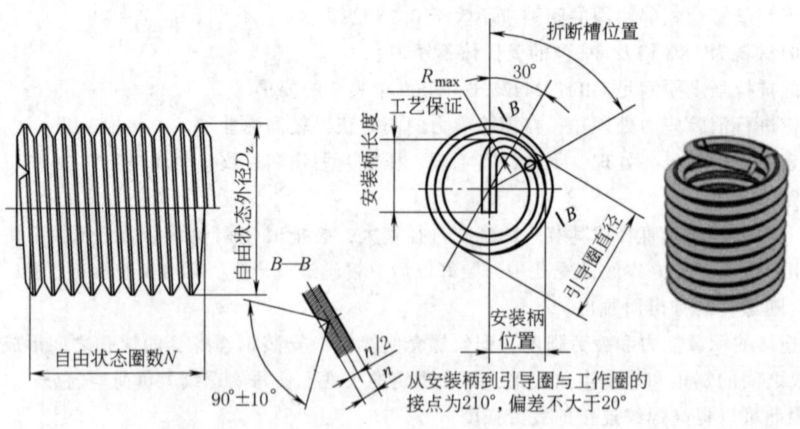

通孔用锁紧型钢丝螺套（摘自 GB/T 24425.3—2009）

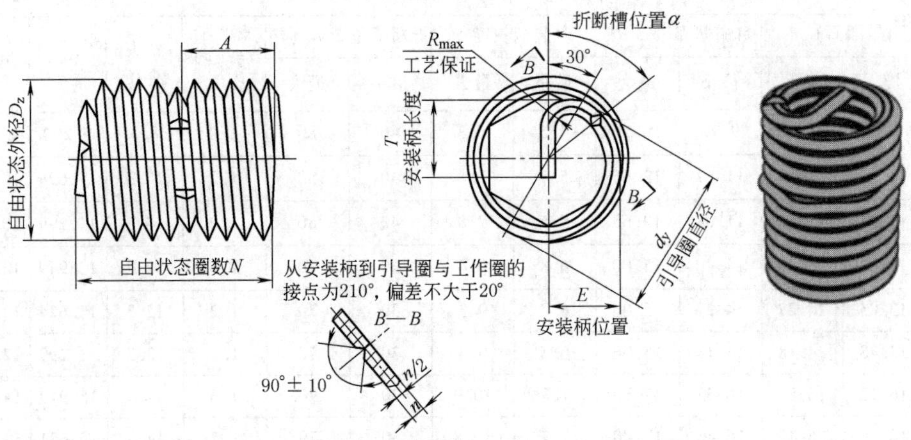

锁紧型钢丝螺套的锁紧圈是由位于钢丝螺套中部的多边形组成的，其两侧的非锁紧圈数应不少于 2 圈。对于自由状态圈数大于 8 圈的钢丝螺套，应保持 A 段内的非锁紧圈数为 $N_A=(N/3)\sim(N/3+1)$

表 5-1-291　通孔用普通型和锁紧型钢丝螺套（粗牙）　mm

钢丝螺套规格	钢丝螺套(GB/T 24425.1—2009、GB/T 24425.3—2009)									底孔(GB/T 24425.5—2009)			
	引导圈直径 d_y		自由状态外径 D_z		安装柄长度 T		折断槽位置 α/(°)		安装柄转接圆弧 R_{max}	钻头直径	大径	中径	小径
	最小	最大	最小	最大	最小	最大	最小	最大					
M2	—	—	2.53	2.70	1.2	1.6	40	90	0.3	2.1	2.520	2.260	2.087
M2.5	—	—	3.20	3.70	1.5	2.0	40	90	0.3	2.6	3.085	2.792	2.597
M3	—	—	3.80	4.35	1.8	2.4	40	90	0.4	3.1	3.650	3.325	3.108
M4	—	—	5.05	5.60	2.4	3.2	40	90	0.5	4.2	4.909	4.455	4.152
M5	—	—	6.25	6.80	2.9	4.0	40	90	0.6	5.2	6.039	5.520	5.173
M6	7.28	7.58	7.58	7.95	3.5	4.8	40	90	0.7	6.3	7.299	6.650	6.216
M7	8.28	8.58	8.58	9.20	4.0	5.5	40	80	0.8	7.3	8.299	7.650	7.216
M8	9.55	9.85	9.85	10.35	4.7	6.3	40	80	1.0	8.3	9.624	8.812	8.271
M10	11.82	12.10	12.10	12.80	5.8	7.9	40	80	1.2	10.4	11.94	10.971	10.325
M10①	11.82	12.10	12.80	12.50	5.8	7.9	40	80	1.2	10.4	11.94	10.971	10.325
M12	14.20	14.50	14.50	15.00	6.9	9.5	30	70	1.6	12.4	14.273	13.137	12.379
M14	16.47	16.87	16.87	17.87	8.1	11.0	30	70	2.0	14.5	16.598	15.299	14.433
M16	18.47	18.87	18.87	19.90	9.1	12.5	30	70	2.0	16.5	18.598	17.299	16.433
M18	21.00	21.40	21.40	22.00	10.4	14.2	30	70	3.0	18.6	21.248	19.624	18.541
M20	23.01	23.46	23.46	24.40	11.4	15.7	30	60	3.0	20.6	23.248	21.624	20.541
M22	25.01	25.61	25.61	26.90	12.4	17.2	30	60	3.0	22.6	25.248	23.624	22.541
M24	27.55	28.15	28.15	29.10	13.6	18.8	30	60	3.0	25.7	27.897	25.949	24.650
M27	30.55	31.15	31.15	32.40	15.1	21.1	30	60	3.0	27.7	30.897	28.949	27.650
M30	34.10	34.70	34.70	35.81	16.9	23.4	30	60	3.0	30.8	34.547	32.273	30.758
M33	37.09	37.70	37.70	39.01	18.4	25.7	30	60	3.0	33.8	37.547	35.273	33.758
M36	40.63	41.33	41.33	42.67	20.2	28.1	30	60	3.0	36.9	41.196	38.598	36.866
M39	43.63	44.33	44.33	45.75	21.7	30.3	30	60	3.0	40.0	44.196	41.598	39.88

① GB/T 24425.3 数据，疑似有误，读者使用时请注意。

注：锁紧型钢丝螺套（GB/T 24425.3—2009）没有 M2 和 M2.5 规格。

表 5-1-292　　通孔用普通型和锁紧型钢丝螺套（细牙）　　mm

钢丝螺套规格	钢丝螺套(GB/T 24425.1—2009、GB/T 24425.3—2009)									底孔(GB/T 24425.5—2009)			
	引导圈直径 d_y		自由状态外径 D_z		安装柄长度 T		折断槽位置 α/(°)		安装柄转接圆弧 R_{max}	钻头直径	大径	中径	小径
	最小	最大	最小	最大	最小	最大	最小	最大					
M8×1	9.38	9.70	9.70	10.25	4.5	6.3	40	80	1.0	8.3	9.299	8.650	8.216
M10×1.25	11.57	11.87	11.87	12.65	5.7	7.8	40	80	1.2	10.3	11.624	10.812	10.271
M10×1	11.38	11.68	11.68	12.65	5.5	7.8	40	80	1.0	10.3	11.299	10.650	10.216
M12×1.5	14.02	14.40	14.40	15.00	6.8	9.4	30	70	1.6	12.4	13.949	12.974	12.325
M12×1.25	13.85	14.27	14.27	15.00	6.7	9.3	30	70	1.2	12.3	13.624	12.812	12.271
M12×1	13.78	14.18	14.18	15.00	6.5	9.3	30	70	1.2	12.3	13.299	12.650	12.216
M14×1.5	16.12	16.52	16.52	17.70	7.8	10.9	30	70	1.6	14.4	15.949	14.974	14.325
M14×1.25	16.06	16.45	16.45	17.70	7.7	10.8	30	70	1.2	14.3	15.621	14.812	14.271
M16×1.5	18.12	18.52	18.52	19.90	8.8	12.4	30	70	2.0	16.4	17.949	16.974	16.325
M18×2	20.67	21.07	21.07	22.00	10.1	14.0	30	70	3.0	18.5	20.598	19.299	18.433
M18×1.5	20.14	20.54	20.54	22.00	9.8	13.9	30	60	3.0	18.4	19.949	18.974	18.325
M20×2	22.67	23.12	23.12	24.20	11.1	15.5	30	60	3.0	20.5	22.598	21.299	20.433
M20×1.5	22.32	22.77	22.77	24.20	10.8	15.4	30	60	3.0	20.4	21.949	20.974	20.325
M22×2	24.67	25.27	25.27	26.80	12.1	17.0	30	60	3.0	22.5	24.598	23.299	22.433
M22×1.5	24.32	24.92	24.92	26.80	11.8	16.9	30	60	3.0	22.4	23.949	22.975	22.325
M24×2	26.67	27.27	27.27	29.10	13.1	18.5	30	60	3.0	24.5	26.598	25.299	24.433
M24×1.5	26.32	27.92	27.92	29.10	12.8	18.4	30	60	3.0	24.4	25.949	24.974	24.325
M27×2	29.67	30.27	30.27	32.40	14.6	20.8	30	60	3.0	27.5	29.598	28.299	27.433
M27×1.5	29.32	29.92	29.92	32.40	14.3	20.7	30	60	3.0	27.4	28.949	27.974	27.325
M30×2	32.67	33.27	33.27	35.81	16.1	23.0	30	60	3.0	30.5	32.598	31.299	30.433
M30×1.5	32.32	32.92	32.92	35.81	15.8	22.9	30	60	3.0	30.4	31.949	30.974	30.325
M33×2	35.67	36.27	36.27	39.01	17.6	25.3	30	60	3.0	33.5	35.598	34.299	33.433
M33×1.5	35.32	35.92	35.92	39.01	17.3	25.2	30	60	3.0	33.4	34.949	33.974	33.325
M36×3	39.75	40.45	40.45	42.67	19.6	27.8	30	60	3.0	36.7	39.897	37.949	36.650
M36×2	38.87	39.57	39.57	42.67	19.1	27.5	30	60	3.0	36.5	38.598	37.299	36.433
M39×3	42.75	43.45	43.45	45.75	21.1	30.1	30	60	3.0	39.7	42.897	40.949	39.650
M39×2	41.87	42.57	42.57	45.75	20.6	29.8	30	60	3.0	39.5	41.598	40.299	39.433

标记示例

规格为 M10、自由状态圈数为 8 圈、带折断槽的普通型钢丝螺套，标记为：

钢丝螺套　GB/T 24425.1　M10-8

规格为 M10×1、自由状态圈数为 12 圈、无折断槽的普通型钢丝螺套，标记为：

钢丝螺套　GB/T 24425.1　M10×1-12W

规格为 M12、自由状态圈数为 10 圈的有折断槽的锁紧型钢丝螺套，标记为：

钢丝螺套　GB/T 24425.3　M12-10

规格为 M12×1.25、自由状态圈数为 12 圈的无折断槽的锁紧型钢丝螺套，标记为：

钢丝螺套　GB/T 24425.3　M12×1.25-12W

（2）盲孔用普通型和锁紧型钢丝螺套

盲孔用普通型钢丝螺套（摘自 GB/T 24425.2—2009）

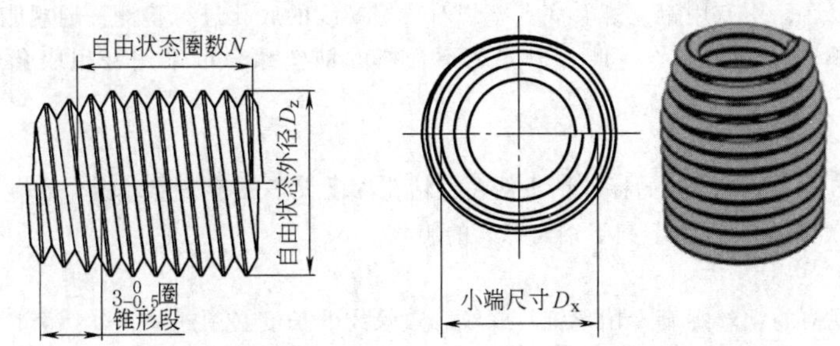

盲孔用锁紧型钢丝螺套（摘自 GB/T 24425.4—2009）

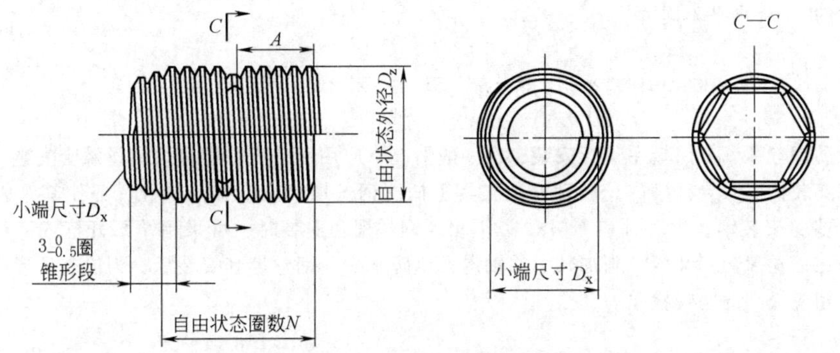

表 5-1-293　　盲孔用普通型和锁紧型钢丝螺套（粗牙）　　mm

钢丝螺套规格	钢丝螺套(GB/T 24425.2、GB/T 24425.4)				底孔(GB/T 24425.5—2009)			
	自由状态外径 D_z		小端尺寸 D_x		钻头直径	大径	中径	小径
	最小	最大	最小	最大				
M3	3.80	4.35	3.11	3.22	3.1	3.650	3.325	3.108
M4	5.05	5.60	4.15	4.29	4.2	4.909	4.455	4.152
M5	6.25	6.80	5.17	5.33	5.2	6.039	5.520	5.173
M6	7.58	7.95	6.22	6.41	6.3	7.299	6.650	6.216
M7	8.58	9.20	7.22	7.41	7.3	8.299	7.650	7.216
M8	9.85	10.35	8.27	8.48	8.3	9.624	8.812	8.271
M10	12.10	12.80	10.32	10.56	10.4	11.94	10.971	10.325
M12	14.50	15.00	12.38	12.65	12.4	14.273	13.137	12.379
M14	16.87	17.87	14.43	14.73	14.5	16.598	15.299	14.433
M16	18.87	19.90	16.43	16.73	16.5	18.598	17.299	16.433
M18	21.40	22.00	18.54	18.90	18.6	21.248	19.624	18.541
M20	23.46	24.40	20.54	20.90	20.6	23.248	21.624	20.541
M22	25.61	26.90	22.54	22.90	22.6	25.248	23.624	22.541
M24	28.15	29.10	24.65	25.05	25.7	27.897	25.949	24.650
M27	31.15	32.40	27.65	28.05	27.7	30.897	28.949	27.650
M30	34.70	35.81	30.76	31.21	30.8	34.547	32.273	30.758
M33	37.70	39.01	33.76	34.21	33.8	37.547	35.273	33.758
M36	41.33	42.67	36.87	37.35	36.9	41.196	38.598	36.866
M39	44.33	45.75	39.87	40.35	40.0	44.196	41.598	39.88

注：1. M5 及以下的钢丝螺套，允许锥体端保留长度小于$\frac{2}{3}D_z$的直柄。

2. 盲孔用锁紧型钢丝螺套（GB/T 24425.4）只有 M3~M12 共八种规格。

标记示例

规格为 M10、自由状态圈数为 8 圈的盲孔用普通型钢丝螺套，标记为：

钢丝螺套　GB/T 24425.2　M10-8

4.3.3 钢丝螺套安装

钢丝螺套安装使用方法主要包括以下四个环节：钻孔、攻螺纹、安装、去尾柄。要求严格的钢丝螺套安装步骤还需在第二步攻螺纹以后，用专用钢丝螺套底孔塞规对攻好螺纹的底孔进行检测，通规能通、止规能止的状态下才能进行下一步钢丝螺套的安装操作。此外对安装不合格的钢丝螺套可采用专用取套工具——卸套器将其取出。

（1）钻孔

使用表 5-1-291～表 5-1-293 中所列的标准钻头钻孔，钻孔深度大于或等于钢丝螺套安装深度，钻孔后锪孔不应超过 0.4P（P 为螺距）深度，否则不利于钢丝螺套的旋入。

（2）攻螺纹

使用标有规定螺纹规格的钢丝螺套专用丝锥攻螺纹，攻螺纹的长度必须超过钢丝螺套长度，对于通孔，要全部攻螺纹；攻螺纹的精度决定最终标准内螺纹的公差带，使用者要适当地选择攻螺纹的方法和润滑方式，盲孔攻螺纹要适当用力，以防折断丝锥。钢丝螺套专用丝锥的标记方法：STd×P。这里的 ST 为钢丝螺套专用内螺纹代号，和自攻螺纹的 ST 代号是不同的。

标记示例

用于在轻合金上加工安装规格为 M8×1.25 钢丝螺套底孔螺纹的专用丝锥，标记为：ST8×1.25

（3）安装

钢丝螺套借助钢丝螺套专用扳手进行安装，在一般情况下应用手工安装器进行钢丝螺套安装。钢丝螺套放入安装工具内，使安装柄嵌入导杆槽内。转动安装工具手柄使钢丝螺套全部旋入螺孔，并使其距表面留有 0.25～0.75 圈空螺纹。少量安装钢丝螺套时和 M14×2 以上粗牙钢丝螺套安装时，可采用 T 形开槽或螺纹头简易工具安装，并注意不要在钢丝螺套安装柄上施加较大的轴向力以防乱扣。钢丝螺套安装后，为检查所形成的标准内螺纹精度等级，可用相应级别的塞规检验。

（4）去尾柄

对有折断槽的钢丝螺套，旋入螺孔后需用去柄工具将安装柄去除。对于通孔，要将钢丝螺套安装柄折断，一般用冲断器对准安装柄，用 200g 左右的手锤猛打一下即可去除，对于 M18×2.5 以上的粗牙钢丝螺套和 M14×1.25 以上的细牙钢丝螺套，用尖嘴钳上下弯曲安装柄就能折断，然后将断下来的安装柄从螺孔中取出即可。

4.4 喉箍

喉箍常用于胶管和金属管的连接，起到固定密封的作用，并且能够 360°无死角紧固密封。喉箍分为美式喉箍、德式喉箍、英式喉箍、强力喉箍、弹性喉箍、双钢丝喉箍、老虎夹喉箍、胶条喉箍等系列产品。

目前我国还没有喉箍的国家标准，执行的标准是 1999 年制定的机械行业标准 JB/T 8870—1990《喉箍》。该标准规定的喉箍适用于压力低于 12MPa 的各种软、硬管之间的连接。

喉箍（JB/T 8870—1999）

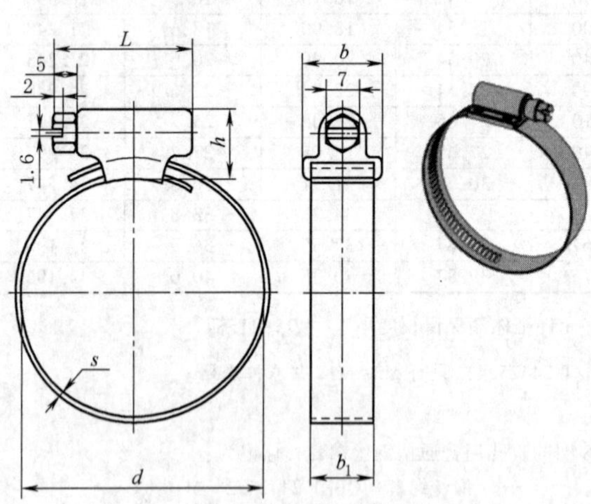

表 5-1-294 **喉箍**（摘自 JB/T 8870—1999） mm

d 公称直径	夹紧范围		L 最大	s	b_1 最大	b 最大	h 最大
	大于	至					
12	8	12	20	0.45～0.8	10	12	12
16	10	16					
20	12	20					
25	16	25	25	0.5～1.0	12.8	16	14
32	20	32	25				
40	25	40	29				
50	32	50	29				
60	40	60	29				
70	50	70	33				
80	60	80	33				
90	70	90	33				
100	80	100	33				
110	90	110	33				
120	100	120	33				
130	110	130	33				
140	120	140	33				
150	130	150	33				
160	140	160	33				

CHAPTER 2

第2章 铆钉连接

1 铆钉连接的类型、特点和应用

铆钉连接是利用铆钉将两个或两个以上的元件（一般为板材或型材）连接在一起的一种不可拆卸的静连接，简称铆接。铆钉有空心铆钉和实心铆钉两大类。最常用的铆接是实心铆钉连接。实心铆钉连接多用于受力大的金属零件的连接，空心铆钉连接用于受力较小的薄板或非金属零件的连接。

铆接又分冷铆和热铆两种。热铆紧密性较好，但铆杆与钉孔间有间隙，不能参与传力。冷铆时钉杆镦粗，胀满钉孔，钉杆与钉孔间无间隙。直径大于10mm的钢铆钉加热到1000~1100℃进行热铆，钉杆上的单位面积锤击力为650~800MPa。直径小于10mm的钢铆钉和塑性较好的有色金属及其合金制造的铆钉，常用于冷铆。

铆接在建筑、锅炉制造、铁路桥梁以及金属结构等方面均有应用。

铆接的主要特点是工艺简单、连接可靠、抗振、耐冲击。与焊接相比，其缺点是结构笨重，铆孔削弱被连接件截面强度15%~20%，操作劳动强度大，噪声大，生产效率低。因此，铆接经济性和紧密性不如焊接。

相对于螺栓连接而言，铆接更为经济，重量更轻，适于自动化安装。但铆接不适于太厚的材料，材料越厚，铆接越困难，一般的铆接不适于承受拉力，因为其抗拉强度比抗剪强度低得多。

2 铆 缝

2.1 铆缝的型式

表 5-2-1 铆缝的型式

类型	单剪搭接	单剪垫板对接	双剪垫板对接	型材连接
结构简图				
特点和应用	通常用于没有严格要求的一般机械结构连接	通常用于要求表面平整的外部结构连接，被连接板可以等厚或不等厚，垫板厚度通常大于被连接板厚度	用于受力很大的结构连接，两块垫板应等厚，且其总厚度应不小于被连接板中的较厚者，被连接板厚度不等时应先垫平	用于各种桁架结构连接

2.2 铆缝的设计

设计铆缝时，通常是根据工作要求、载荷情况选择铆缝型式，确定结构参数、铆钉直径和数量，然后进行强度计算。

3 铆钉孔间距

表 5-2-2 铆钉孔间距

项目	位置与方向		最大允许距离（取两者的小值）	最小允许距离	
间距 t	外排		$8d_0$ 或 12δ	钉并列	$3d_0$
	中间排	构件受压	$12d_0$ 或 18δ	钉错列	$3.5d_0$
		构件受拉	$16d_0$ 或 24δ		
边距	平行于载荷的方向 e_1		$4d_0$ 或 8δ	$2d_0$	
	垂直于载荷的方向 e_2	切割边		$1.5d_0$	
		轧制边		$1.2d_0$	

注：1. d_0 为铆钉孔直径；δ 为较薄板的厚度。

2. 钢板边缘与刚性构件（如角钢、槽钢等）相连的铆钉的最大间距，可按中间排确定。

3. 有色金属或异种材料（如石棉制动带与铸铁制动瓦）铆接时，铆缝的结构参数推荐：铆钉直径 $d=1.5\delta+2\text{mm}$；间距 $t=(2.5\sim3)d$；边距 $e_1\geqslant d$，$e_2\geqslant(1.8\sim2)d$。

4 铆钉公称杆径和铆钉长度计算

表 5-2-3 铆钉公称杆径 d（摘自 GB/T 18194—2000）和铆钉长度计算 mm

基本系列	1	1.2	1.6	2	2.5	3	4	5	6	8	10	12	16	20	24	30	36
第二系列		1.4				3.5			7			14	18	22	27	33	

名称	简图	计算公式
半圆头铆钉		$l=1.12\sum\delta+1.4d$（钢） $l=\sum\delta+1.4d$（有色金属） 式中 $\sum\delta$——被连接件的总厚度，一般取 $\sum\delta\leqslant5d$； d——铆钉直径
沉头铆钉		$A=\dfrac{d_0^2}{d^2}$ $l=A\sum\delta+B+C$ $B=\dfrac{h(D^2+Dd_0-2d_0^2)}{3d_0^2}$

铆钉直径	12~14	16	18~20	22	24	27	30
C	4~7	5~9	5~10	6~11		7~12	

5 铆钉用通孔直径

为使铆合时铆钉容易穿过钉孔，应使铆钉孔直径 d_0 大于铆钉直径 d。

表 5-2-4 　　铆钉用通孔直径（摘自 GB/T 152.1—1988）　　mm

d		0.6	0.7	0.8	1	1.2	1.4	1.6	2	2.5	3	3.5	4	5
d_0(精装配)		0.7	0.8	0.9	1.1	1.3	1.5	1.7	2.1	2.6	3.1	3.6	4.1	5.2
d		6	8	10	12	14	16	18	20	22	24	27	30	36
d_0	精装配	6.2	8.2	10.3	12.4	14.5	16.5	—	—	—	—	—	—	—
	粗装配	—	—	11	13	15	17	19	21.5	23.5	25.5	28.5	32	38

注：1. 铆钉孔尽量采用钻孔，尤其是受变载荷的铆缝。也可以先冲（留 3~5mm 余量）后钻，既经济又能保证孔的质量。冲孔的孔壁有冲剪的痕迹及硬化裂纹，故只用于不重要的铆接中。

2. 铆钉直径 d 小于 8mm 时，一般只选用精装配通孔尺寸。

6 铆钉连接的强度计算

进行铆钉连接的强度计算时，假设：连接的横向力通过铆钉组形心，铆钉组中各个铆钉受力均等，受旋转力矩或偏心力作用时，根据变形协调条件求出受力最大的铆钉所受的最大载荷；铆钉不受弯矩作用；被铆件结合面上摩擦力忽略不计；被铆件危险截面上的拉（压）应力、铆钉的切应力、工作结合面上的挤压应力都是均匀分布的。

表 5-2-5 　　受拉（压）构件的铆接尺寸计算

计算内容	公式	说明
被铆件的横截面积 A/mm²	受拉构件 $A=\dfrac{F}{\psi\ \sigma_{tp}}$ 受压构件 $A=\dfrac{F}{\zeta\sigma_{cp}}$	F——作用在构件上的拉(压)外载荷,N; ψ——铆缝的强度系数,$\psi=(t-d)/t$,初算时可取 $\psi=0.6\sim0.8$; t——铆钉间距,mm; ζ——压杆纵弯曲系数,见表 5-2-6; δ——被铆件中较薄板的厚度,对于双盖板为两盖板厚度之和,mm; d_0——铆钉孔直径,mm; m——每个铆钉的抗剪面数; $\sigma_{tp},\sigma_{cp},\sigma_{pp}$——被铆件的许用拉应力、许用压应力和许用挤压应力; τ_p——铆钉许用切应力,MPa,见表 5-2-9
铆钉直径 d/mm	当 $\delta\leqslant5$mm 时,$d\approx(1.1\sim1.6)\delta$ 当被连接件的厚度较大时,取系数的较小值	
铆钉数量 Z	按铆钉剪切强度 $Z=\dfrac{4F}{m\pi d_0^{\ 2}\tau_p}$ 按被铆件挤压强度 $Z=\dfrac{F}{d_0\delta\sigma_{pp}}$ 取较大值且不少于 2 个	

表 5-2-6 　　压杆纵弯曲系数 ζ

λ	10	20	30	40	50	60	70	80	90	100	110	120	140	160	180	200
ζ	0.99	0.96	0.94	0.92	0.89	0.86	0.81	0.75	0.69	0.60	0.52	0.45	0.36	0.29	0.23	0.19
说　明	λ——柔度,$\lambda=\dfrac{\mu l}{i_{min}}$;$\mu$——柱端系数;$l$——构件计算长度,m;$i_{min}$——构件截面最小惯性半径,m															

表 5-2-7　　受力矩铆缝的铆钉最大载荷计算

受力简图	计算公式	说明
受旋转力矩 M 作用的剪力铆钉	铆钉的最大载荷 $F_{max}=\dfrac{Ml_{max}}{l_1^2+l_2^2+\cdots+l_i^2}$	M——旋转力矩，N·mm； l——铆钉中心到铆钉组形心的距离，mm； 铆钉序列号 $i=1,2,3\cdots$
受偏心力 F 作用的剪力铆钉	铆钉的最大载荷 $\boldsymbol{F}_{max}=\boldsymbol{R}_{max}+\dfrac{\boldsymbol{F}}{Z}$ $R_{max}=\dfrac{Ml_{max}}{l_1^2+l_2^2+\cdots+l_i^2}$ $M=FL$	F——偏心力，N； M——旋转力矩，N·mm； l——铆钉中心到铆钉组形心的距离，mm； Z——铆钉总数； 铆钉序列号 $i=1,2,3\cdots$

7　铆接的材料和许用应力

被铆接的材料通常是低碳钢或铝合金型材或板材，在机器的部件连接上，被铆件则是各种不同材料的成形零件。

铆钉材料必须具有高的塑性和不可淬性。铆钉常用材料及热处理工艺见表 5-2-8，钢铆钉连接的许用应力见表 5-2-9。

表 5-2-8　　铆钉常用材料及热处理（摘自 GB/T 116—1986）

材料					
牌号	Q215、Q235 ML3、ML2	10、15 ML10、ML15	0Cr18Ni9 1Cr18Ni9Ti	T2 T3
热处理	退火（冷镦产品）	退火（冷镦产品）	不处理；淬火	不处理；退火
表面处理	不处理；镀锌钝化	不处理；镀锌钝化	不处理	不处理；钝化

材料						
牌号	H62 HPb59-1	1050A（L3 1035L4）	2A01 （LY1）	2A10 （LY10）	5B05 （LF10）	3A21 （LF21）
热处理	不处理；退火	不处理	淬火并时效	淬火并时效	退火	不处理
表面处理	不处理；钝化	不处理	不处理；阳极氧化	不处理；阳极氧化	不处理；阳极氧化	不处理

注：括号中的牌号为旧牌号。

表 5-2-9　　钢铆钉连接的许用应力　　MPa

<table>
<tr><td colspan="5">被铆件</td><td colspan="4">铆钉</td></tr>
<tr><td colspan="2">材料</td><td>Q215</td><td>Q235</td><td>16Mn</td><td colspan="2">材料</td><td>10、15、ML10、ML15</td><td>1Cr18Ni9Ti</td></tr>
<tr><td colspan="2">许用拉应力
σ_{tp}</td><td rowspan="2">140~155</td><td rowspan="2">155~170</td><td rowspan="2">215~240</td><td colspan="2" rowspan="2">许用挤压应力
σ_{pp}</td><td rowspan="2">240~320</td><td rowspan="2"></td></tr>
<tr><td colspan="2">许用压应力
σ_{cp}</td></tr>
<tr><td rowspan="2">许用挤压应力
σ_{pp}</td><td>钻孔</td><td>280~310</td><td>310~340</td><td>430~480</td><td rowspan="2">许用切应力
τ_p</td><td>钻孔</td><td>145</td><td rowspan="2">230</td></tr>
<tr><td>冲孔</td><td>240~265</td><td>265~290</td><td>365~410</td><td>冲孔</td><td>115</td></tr>
<tr><td>说明</td><td colspan="8">①受变载荷时，表中应力值应降低 10%~20%，或按下式计算：
$$\tau'_p=\tau_p\nu,\sigma'_{cp}=\sigma_{cp}\nu$$
系数 $$\nu=\frac{1}{a-bF_{min}/F_{max}}\leqslant 1$$
式中　F_{min}，F_{max}——绝对值为最小和最大的力，选取时带本身的符号；
a，b——连接低碳钢零件时，$a=1$，$b=0.3$；连接中碳钢零件时，$a=1.2$，$b=0.8$
②被铆件之一厚度大于 16mm 时，表中数值取小值</td></tr>
</table>

8　铆接结构设计中应注意的问题

① 铆接结构应具有良好的开敞性，以方便操作。进行结构设计时，应尽量为机械化铆接创造条件。

② 强度高的零件不应夹在强度低的零件之间，厚的、刚性大的零件布置在外侧，铆钉镦头尽可能安排在材料强度大或厚度大的零件一侧，为减少铆件变形，铆钉镦头可以交替安排在被铆接件的两面。

③ 铆接厚度一般规定不大于 $5d$（d 为铆钉直径）；被铆接件的零件不应多于 4 层。在同一结构上铆钉种类不宜太多，一般不要超过两种。在传力铆接中，排在力作用方向的铆钉数不宜超过 6 个，且不应少于 2 个。

④ 冲孔铆接的承载能力比钻孔铆接的承载能力约小 20%，因此，冲孔的方法只可用于不受力或受力较小的构件。

⑤ 铆钉材料强度高或被铆件材料较软或镦头可能损伤构件时，在铆钉镦头处应加适当材料的薄垫圈。

⑥ 铆钉材料一般应与被铆件相同，以避免因线胀系数不同而影响铆接强度，或与腐蚀介质接触而产生电化学腐蚀。

9 铆钉类型及标准件

表 5-2-10　　铆钉、铆螺母汇总　　mm

铆钉种类						
	名称	半圆头铆钉(粗制)	小半圆头铆钉(粗制)	半圆头铆钉	沉头铆钉(粗制)	沉头铆钉
	图形		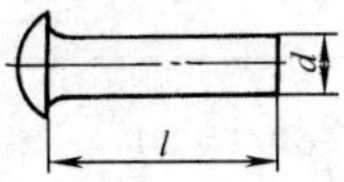			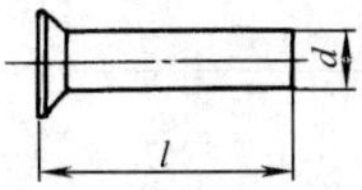
	标准	GB/T 863.1—1986	GB/T 863.2—1986	GB/T 867—1986	GB/T 865—1986	GB/T 869—1986
	规格/mm	$d=12\sim36$ $l=20\sim200$	$d=10\sim36$ $l=12\sim200$	$d=0.6\sim16$ $l=1\sim110$	$d=12\sim36$ $l=20\sim200$	$d=1\sim16$ $l=2\sim100$
	名称	平锥头铆钉	平锥头铆钉(粗制)	半沉头铆钉(粗制)	半沉头铆钉	扁平头铆钉
	图形	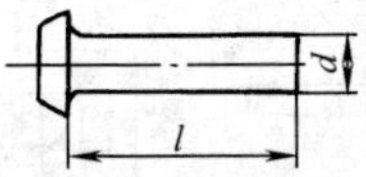		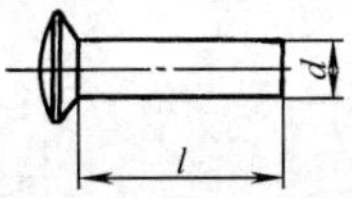		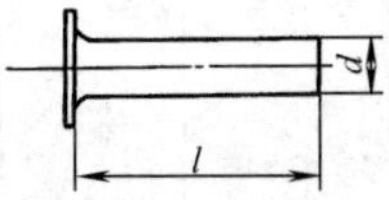
	标准	GB/T 868—1986	GB/T 864—1986	GB/T 866—1986	GB/T 870—1986	GB/T 872—1986
	规格/mm	$d=2\sim16$ $l=3\sim110$	$d=12\sim36$ $l=20\sim200$	$d=12\sim36$ $l=20\sim200$	$d=1\sim16$ $l=2\sim100$	$d=1.2\sim10$ $l=1.5\sim50$
	名称	扁圆头铆钉	120°沉头铆钉	扁平头半空心铆钉	扁圆头半空心铆钉	120°沉头半空心铆钉
	图形	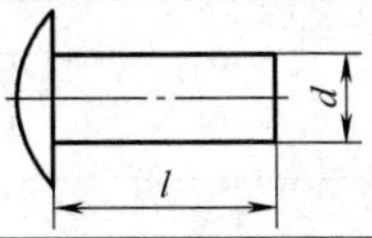	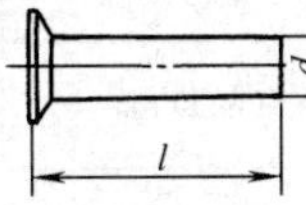	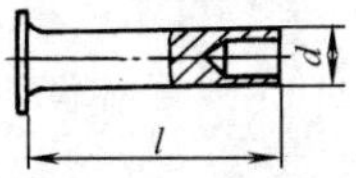	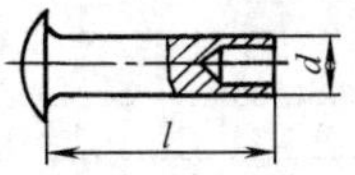	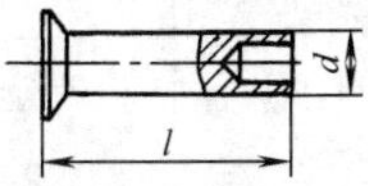
	标准	GB/T 871—1986	GB/T 954—1986	GB/T 875—1986	GB/T 873—1986	GB/T 874—1986
	规格/mm	$d=1.2\sim10$ $l=1.5\sim50$	$d=1.2\sim8$ $l=1.5\sim50$	$d=1.2\sim10$ $l=1.5\sim50$	$d=1.2\sim10$ $l=1.5\sim50$	$d=1.2\sim8$ $l=1.5\sim50$
	名称	空心铆钉	管状铆钉	标牌铆钉	大扁圆头铆钉	120°半沉头铆钉
	图形	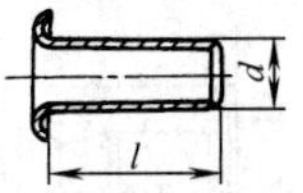	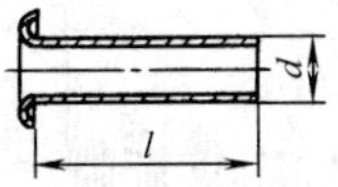	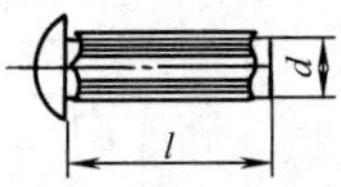	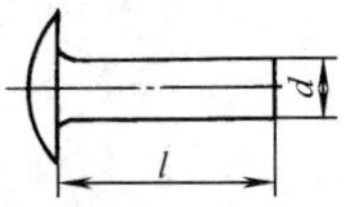	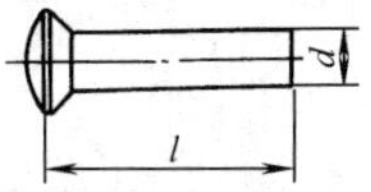
	标准	GB/T 876—1986	JB/T 10582—2006	GB/T 827—1986	GB/T 1011—1986	GB/T 1012—1986
	规格/mm	$d=1.4\sim6$ $l=1.5\sim15$	$d=0.7\sim20$ $l=1\sim40$	$d=1.6\sim5$ $l=3\sim20$	$d=2\sim8$ $l=3.5\sim50$	$d=3\sim6$ $l=5\sim40$
	名称	平锥头半空心铆钉	大扁圆头半空心铆钉	沉头半空心铆钉	无头铆钉	平头铆钉
	图形	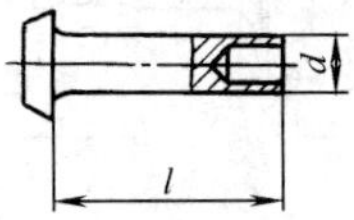	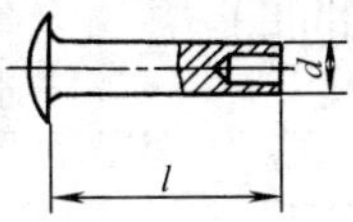	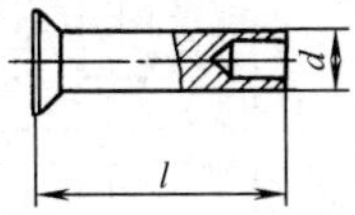	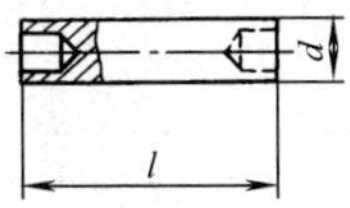	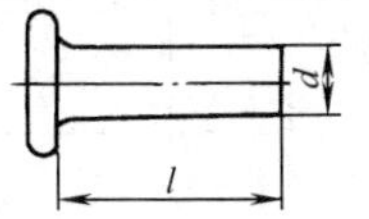
	标准	GB/T 1013—1986	GB/T 1014—1986	GB/T 1015—1986	GB/T 1016—1986	GB/T 109—1986
	规格/mm	$d=1.4\sim10$ $l=3\sim50$	$d=2\sim8$ $l=4\sim40$	$d=1.4\sim10$ $l=3\sim50$	$d=1.4\sim10$ $l=6\sim60$	$d=2\sim10$ $l=4\sim30$

续表

铆钉种类	名称	封闭型平圆头抽芯系列铆钉	封闭型沉头抽芯铆钉 11 级	开口型沉头抽芯系列铆钉	开口型平圆头抽芯系列铆钉
	图形	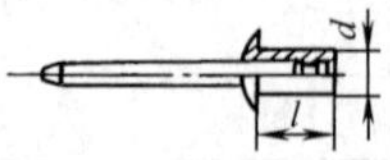	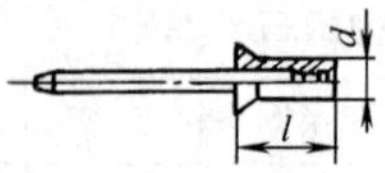	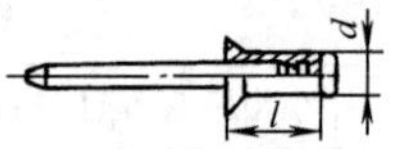	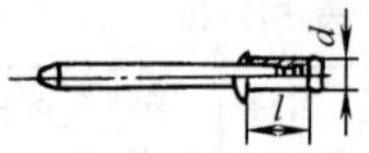
	标准	GB/T 12615.1～4—2004	GB/T 12616.1—2004	GB/T 12617.1～5—2006	GB/T 12618.1～6—2006
	规格/mm	$d=3\sim6$ $l=6\sim18$	$d=3\sim6$ $l=6\sim18$	$d=3\sim6$ $l=7\sim40$	$d=3\sim6$ $l=7\sim40$

铆钉种类	名称	击芯铆钉（扁圆头、沉头）	沟槽型抽芯铆钉	双鼓型抽芯铆钉
	图形	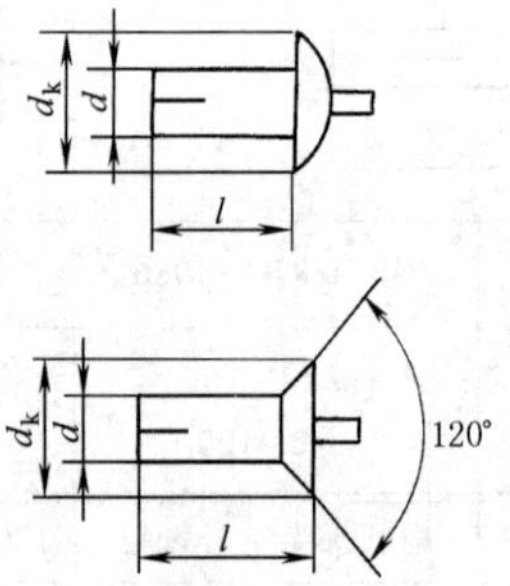	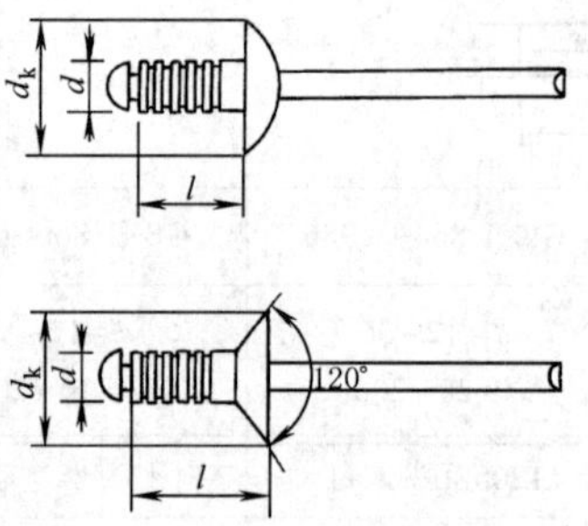	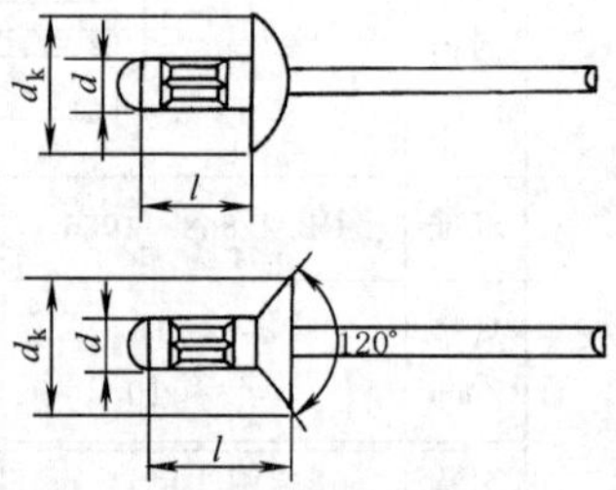
	标准	GB/T 15855.1～2—1995	上海安字实业有限公司	上海安字实业有限公司
	规格/mm	$d=3\sim6.4$ $l=6\sim45$	$d=3.2\sim4.8$ $l=10\sim26$	$d=3.2\sim4.8$ $l=8\sim26$

铆钉种类	名称	双鼓型大帽檐抽芯铆钉	平圆头环槽铆钉	沉头环槽铆钉
	图形	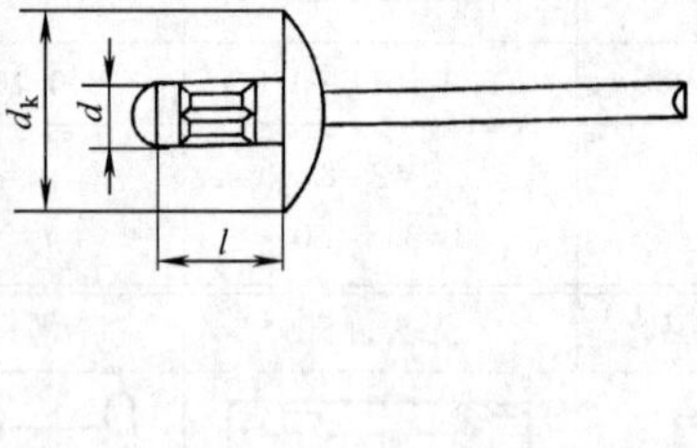	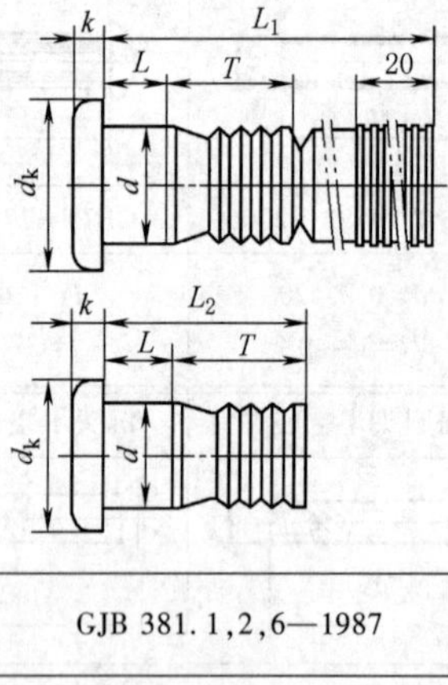	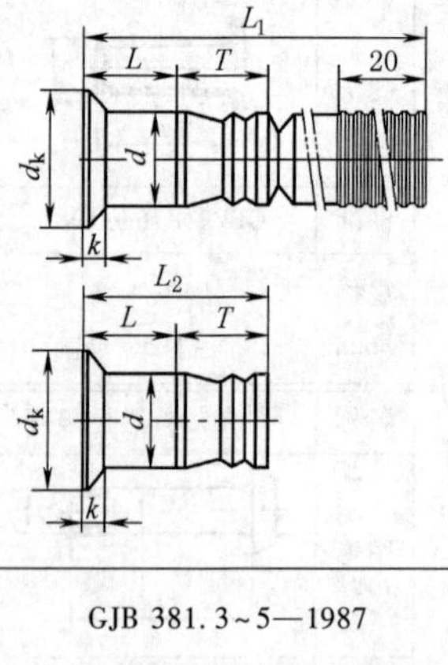
	标准	上海安字实业有限公司	GJB 381.1,2,6—1987	GJB 381.3～5—1987
	规格/mm	$d=3.2\sim4.8$ $l=8\sim26$	$d=4\sim6$ $l=2\sim30$	$d=4\sim6$ $l=3\sim31$

续表

<table>
<tr><td rowspan="3">铆螺母种类</td><td>名称</td><td>国标铆螺母-拉铆系列</td><td>压铆螺母</td></tr>
<tr><td>图形</td><td colspan="2">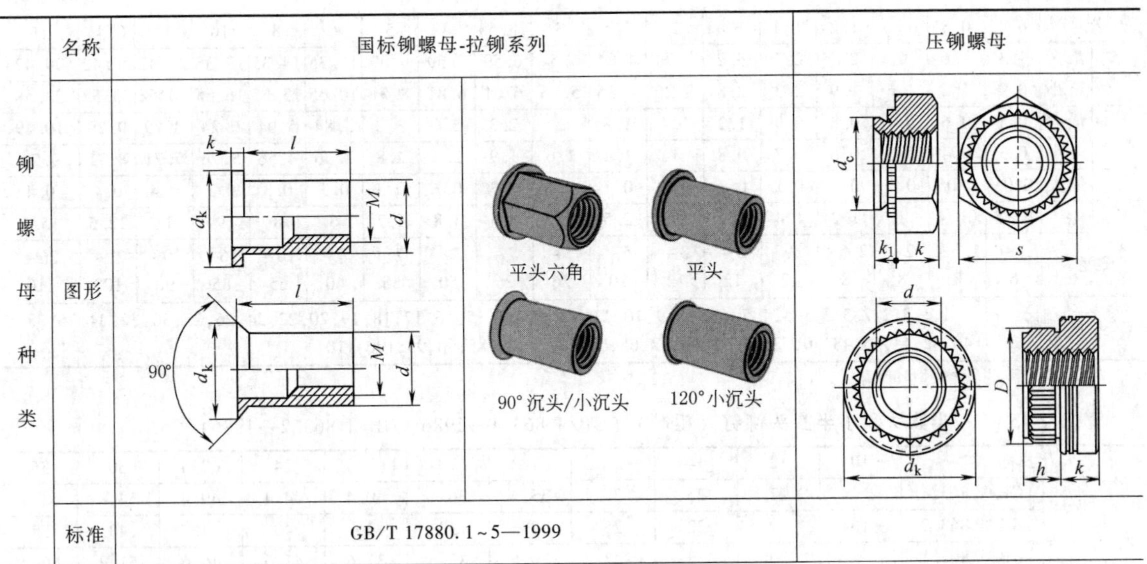</td></tr>
<tr><td>标准</td><td>GB/T 17880.1~5—1999</td><td></td></tr>
<tr><td>说明</td><td colspan="3">铆钉用于少数受严重冲击或振动载荷的金属结构、某些异性金属的连接以及铝合金等焊接性能不良的金属连接
实心铆钉——多用于受剪力大的金属连接处
空心铆钉——用于受剪力不大处,常用于连接塑料、皮革、木料、帆布等
半空心铆钉——多用于金属薄板与其他非金属材料零的连接,可承受和实心铆钉一样的剪力
半圆头铆钉——应用最普遍,多用于强固接缝和强密接缝
沉头铆钉——用在零件表面需平滑的地方
半沉头铆钉——用在零件表面需平滑、受载荷不大的地方
平头铆钉——用于强固接缝
扁圆头半空心铆钉,扁平头铆钉——用于金属薄板或皮革、帆布、木料、塑料等的连接
抽芯铆钉——应用很广,适用于车辆、船舶、锅炉、印染、机械、电信器材及建筑等行业,使用方便、高效、牢固、抗振,能铆接复杂件及管件,并具有水密、气密性
沟槽型抽芯铆钉——盲面铆接紧固件。铆钉表面带沟槽,在盲孔内膨胀后,沟槽嵌入被铆件的孔壁内,适用于硬质纤维、胶合板、玻璃纤维、塑料、石棉板、木块等非金属构件的连接
双鼓型抽芯铆钉——铆接后钉体呈两个鼓形。具有可对各种薄如纸的构件进行铆接且不松动、不变形的特点
击芯铆钉——广泛用于各种客车、航空、船舶、机械制造、电信器材、铁木家具等领域
环槽铆钉——机械强度高,铆接牢固,最大特点是抗振性好
铆螺母——具有双重功能:一是工件被铆接后,能将相应规格的螺钉旋入铆螺母螺孔内,起到连接其他构件的作用;二是单独在钣金类薄板上提供一个螺母,用来连接其他零部件</td></tr>
</table>

9.1 半圆头系列铆钉（实心）

半圆头系列铆钉（实心）包括半圆头铆钉（GB/T 867—1986）、半圆头铆钉（粗制）（GB/T 863.1—1986）、小半圆头铆钉（粗制）（GB/T 863.2—1986）。

表 5-2-11 半圆头铆钉图形及标记示例

<table>
<tr><td rowspan="3">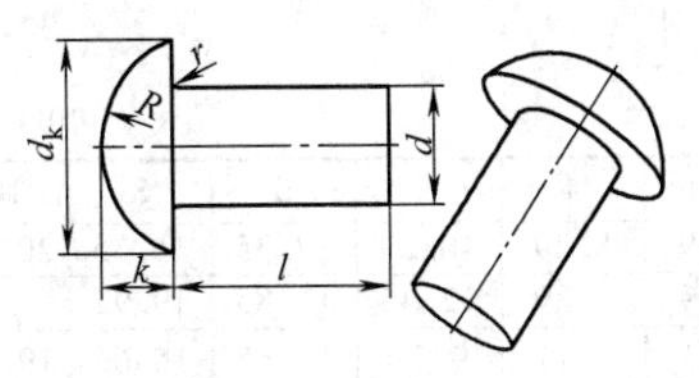</td><td>公称直径 $d=8$mm、公称长度 $l=50$mm、材料 ML2、不经表面处理的半圆头铆钉的标记为:铆钉 GB/T 867 8×50</td></tr>
<tr><td>公称直径 $d=12$mm、公称长度 $l=50$mm、材料 ML2、不经表面处理的粗制半圆头铆钉的标记为:铆钉 GB/T 863.1 12×50</td></tr>
<tr><td>公称直径 $d=12$mm、公称长度 $l=50$mm、材料 ML2、不经表面处理的小半圆头铆钉的标记为:铆钉 GB/T 863.2 12×50</td></tr>
</table>

表 5-2-12　　半圆头铆钉（GB/T 867—1986）　　mm

d(公称)		0.6	0.8	1	(1.2)	1.4	(1.6)	2	2.5	3	(3.5)	4	5	6	8	10	12	(14)	16
d_k	最大	1.3	1.6	2	2.3	2.7	3.2	3.74	4.84	5.54	6.59	7.39	9.09	11.35	14.35	17.35	21.42	24.42	29.42
	最小	0.9	1.2	1.6	1.9	2.3	2.8	3.26	4.36	5.06	6.01	6.81	8.51	10.65	13.65	16.65	20.58	23.58	28.58
k	最大	0.5	0.6	0.7	0.8	0.9	1.2	1.4	1.8	2	2.3	2.6	3.2	3.84	5.04	6.24	8.29	9.29	10.29
	最小	0.3	0.4	0.5	0.6	0.7	0.8	1	1.4	1.6	1.9	2.2	2.8	3.36	4.56	5.76	7.71	8.71	9.71
r	最大	0.05	0.05	0.1	0.1	0.1	0.1	0.1	0.1	0.1	0.3	0.3	0.3	0.3	0.3	0.3	0.4	0.4	0.4
R	≈	0.58	0.74	1	1.2	1.4	1.6	1.9	2.5	2.9	3.4	3.8	4.7	6	8	9	11	12.5	15.5
长度 l		1~6	1.5~8	2~8	2.5~8	3~12	3~12	3~12	5~20	5~26	7~26	7~50	7~55	8~60	16~65	16~85	20~90	22~100	26~110
长度系列		1,1.5,2,2.5,3,3.5,4,5,6,7,8,9,10,11,12,13,14,15,16,17,18,19,20,22,24,26,28,30,32,34,36,38,40,42,44,46,48,50,52,55,58,60,62,65,68,70,75,80,85,90,95,100,110																	

注：括号内的规格尽量不用。

表 5-2-13　　半圆头和小半圆头铆钉（粗制）（GB/T 863.1—1986、GB/T 863.2—1986）　　mm

d(公称)			10	12	(14)	16	(18)	20	(22)	24	(27)	30	36
d_k	最大	GB/T 863.1		22	25	30	33.4	36.4	40.4	44.4	49.4	54.8	63.8
		GB/T 863.2	16	19	22	25	28	32	36	40	43	48	58
	最小	GB/T 863.1		20	23	28	30.6	33.6	37.6	41.6	46.6	51.2	60.2
		GB/T 863.2	14.9	17.7	20.7	23.7	26.7	30.4	34.4	38.4	41.4	46.4	56.1
k	最大	GB/T 863.1		8.5	9.5	10.5	13.3	14.8	16.3	17.8	20.2	22.2	26.2
		GB/T 863.2	7.4	8.4	9.9	10.9	12.6	14.1	15.1	17.1	18.1	20.3	24.3
	最小	GB/T 863.1		7.5	8.5	9.5	11.7	13.2	14.7	16.2	17.8	19.8	23.8
		GB/T 863.2	6.5	7.5	9	10	11.5	13	14	16	17	19	23
r	最大	GB/T 863.1		0.5	0.5	0.5	0.5	0.8	0.8	0.8	0.8	0.8	0.8
		GB/T 863.2	0.5	0.6	0.6	0.8	0.8	1.0	1.0	1.2	1.2	1.6	2
R	≈	GB/T 863.1		11	12.5	15.5	16.5	18	20	22	26	27	32
		GB/T 863.2	8	9.5	11	13	14.5	16.5	18.5	20.5	22	24.5	30
长度 l		GB/T 863.1		20~90	22~100	26~110	32~150	32~150	38~180	52~180	55~180	55~180	58~200
		GB/T 863.2	12~50	16~60	20~70	25~80	28~90	30~200	35~200	38~200	40~200	42~200	48~200
长度系列			12,14,16,18,20,22,25,28,30,32,35,38,40,42,45,48,50,52,55,58,60,62,65,68,70,75,80,85,90,95,100,110,120,130,140,150,160,170,180,190,200										

注：括号内的规格尽量不用。

9.2 扁圆头系列铆钉（实心、半空心）

扁圆头系列铆钉（实心、半空心）包括扁圆头铆钉（GB/T 871—1986）、大扁圆头铆钉（GB/T 1011—1986）、扁圆头半空心铆钉（GB/T 873—1986）、大扁圆头半空心铆钉（GB/T 1014—1986）。

扁圆头铆钉（摘自 GB/T 871）　　**扁圆头半空心铆钉**（摘自 GB/T 873）

大扁圆头铆钉（摘自 GB/T 1011）　　**大扁圆头半空心铆钉**（摘自 GB/T 1014）

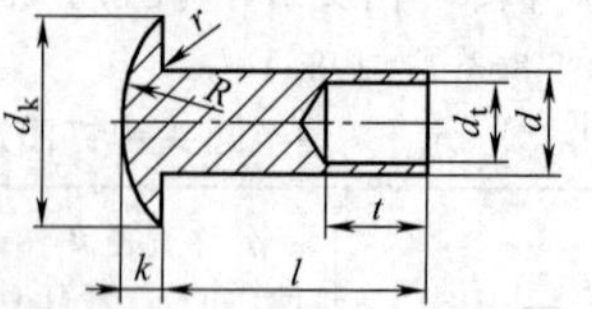

表 5-2-14　　扁圆头系列铆钉　　mm

d(公称)			(1.2)	1.4	(1.6)	2	2.5	3	(3.5)	4	5	6	8	10
d_k	最大	GB/T 871/873	2.6	3	3.44	4.24	5.24	6.24	7.29	8.29	10.29	12.35	16.35	20.42
		GB/T 1011/1014	—	—	—	5.04	6.49	7.49	8.79	9.89	12.45	14.85	19.92	—
	最小	GB/T 871/873	2.2	2.6	2.96	3.76	4.76	5.76	6.71	7.71	9.71	11.65	15.65	19.56
		GB/T 1011/1014	—	—	—	4.56	5.91	6.91	8.21	9.31	11.75	14.15	19.08	—

续表

d(公称)			(1.2)	1.4	(1.6)	2	2.5	3	(3.5)	4	5	6	8	10
k	最大	GB/T 871/873	0.6	0.7	0.8	0.9	0.9	1.2	1.4	1.5	1.9	2.4	3.2	4.24
		GB/T 1011/1014	—	—	—	1	1.4	1.6	1.9	2.1	2.6	3	4.14	—
	最小	GB/T 871/873	0.4	0.5	0.6	0.7	0.7	0.8	1	1.1	1.5	2	2.8	3.76
		GB/T 1011/1014	—	—	—	0.8	1	1.2	1.5	1.7	2.2	2.6	3.66	—
r	最大	GB/T 871/873	0.1	0.1	0.1	0.1	0.1	0.1	0.3	0.3	0.3	0.3	0.3	0.3
		GB/T 1011/1014	—	—	—									—
R	≈	GB/T 871/873	1.7	1.9	2.2	2.9	4.3	5	5.7	6.8	8.7	9.3	12.2	14.5
		GB/T 1011/1014	—	—	—	3.6	4.7	5.4	6.3	7.3	9.1	10.9	14.5	—
d_t（黑色）	最大	GB/T 873	0.66	0.77	0.87	1.12	1.62	2.12	2.32	2.62	3.66	4.66	6.16	7.7
		GB/T 1014	—	—	—									—
d_t（有色）	最大	GB/T 873	0.66	0.77	0.87	1.12	1.62	2.12	2.32	2.52	3.46	4.16	4.66	7.7
		GB/T 1014	—	—	—									—
t	最大	GB/T 873	1.44	1.64	1.84	2.24	2.74	3.24	3.79	4.29	5.29	6.29	8.35	10.35
		GB/T 1014	—	—	—									—
长度 l		GB/T 871/873	1.5~6	2~8	2~8	2~13	3~16	3.5~30	5~36	5~40	6~50	7~50	9~50	10~50
		GB/T 1011/1014	—	—	—	3.5~16	3.5~20	3.5~24	6~28	6~32	8~40	10~40	14~50	—
长度系列			1.5,2,2.5,3,3.5,4,5,6,7,8,9,10,11,12,13,14,15,16,17,18,19,20,22,24,26,28,30,32,34,36,38,40,42,44,46,48,50											

注：括号内的规格尽量不用。

9.3 沉头、半沉头系列铆钉（实心）

沉头、半沉头系列铆钉（实心）包括沉头铆钉（GB/T 869—1986）、沉头铆钉（粗制）（GB/T 865—1986）、半沉头铆钉（GB/T 870—1986）、半沉头铆钉（粗制）（GB/T 866—1986）、120°沉头铆钉（GB/T 954—1986）、120°半沉头铆钉（GB/T 1012—1986）。

沉头铆钉［摘自 GB/T 869（865）］

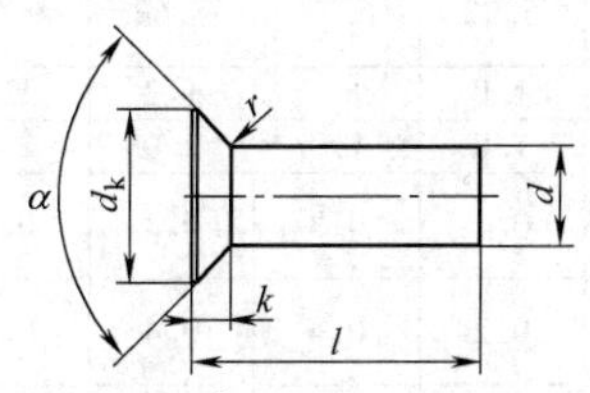

半沉头铆钉［摘自 GB/T 870（866）］

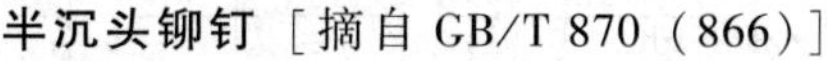

表 5-2-15　沉头（GB/T 869—1986）、半沉头（GB/T 870—1986）铆钉　mm

d(公称)			1	(1.2)	1.4	(1.6)	2	2.5	3	(3.5)	4	5	6	8	10	12	(14)	16
d_k	最大	GB/T 869 (870)	2.03	2.23	2.83	3.03	4.05	4.75	5.35	6.28	7.18	8.98	10.62	14.22	17.82	18.86	21.76	24.96
	最小	GB/T 869 (870)	1.77	1.97	2.57	2.77	3.75	4.45	5.05	5.92	6.82	8.62	10.18	13.78	17.38	18.34	21.24	24.44
k	≈	GB/T 869	0.5	0.5	0.7	0.7	1	1.1	1.2	1.4	1.6	2	2.4	3.2	4	6	7	8
		GB/T 870	0.8	0.85	1.1	1.15	1.55	1.8	2.05	2.4	2.7	3.4	4	5.2	6.6	8.8	10.4	11.4
r	最大	GB/T 869 (870)	0.1	0.1	0.1	0.1	0.1	0.1	0.1	0.3	0.3	0.3	0.3	0.3	0.3	0.4	0.4	0.4
b	最大	GB/T 869 (870)	0.2	0.2	0.2	0.2	0.2	0.2	0.2	0.4	0.4	0.4	0.4	0.4	0.4	0.5	0.5	0.5
α	≈	GB/T 869 (870)	90°													60°		
R	≈	GB/T 870	1.8	1.8	2.5	2.6	3.8	4.2	4.5	5.3	6.3	7.6	9.5	13.6	17	17.5	19.5	21.7
H	≈	GB/T 870	0.5	0.5	0.7	0.7	1	1.1	1.2	1.4	1.6	2	2.4	3.2	4	6	7	8
长度 l		GB/T 869 (870)	2~8	2.5~8	3~12	3~12	3.5~16	5~18	5~22	6~24	6~30	6~50	6~50	12~60	16~75	18~75	20~100	24~100
长度系列			2,2.5,3,3.5,4,5,6,7,8,9,10,11,12,13,14,15,16,17,18,19,20,22,24,26,28,30,32,34,36,38,40,42,44,46,48,50,52,55,58,60,62,65,68,70,75,80,85,90,95,100															

表 5-2-16　（粗制）沉头（GB/T 865—1986）、半沉头（GB/T 866—1986）铆钉　mm

d(公称)			12	(14)	16	(18)	20	(22)	24	(27)	30	36
d_k	最大	GB/T 865(866)	19.6	22.5	25.7	29	33.4	37.4	40.4	44.4	51.4	59.8
	最小	GB/T 865(866)	17.6	20.5	23.7	27	30.6	34.6	37.6	41.6	48.6	56.2
k	≈	GB/T 865	6	7	8	9	11	12	13	14	17	19
		GB/T 866	8.8	10.4	11.4	12.8	15.3	16.8	18.3	19.5	23	26
r	最大	GB/T 865(866)	0.5	0.5	0.5	0.5	0.8	0.8	0.8	0.8	0.8	0.8
b	最大	GB/T 865(866)	0.6	0.6	0.8	0.8	0.8	0.8	0.8	0.8	0.8	0.8
α	≈	GB/T 865(866)	60°									
R	≈	GB/T 866	17.5	19.5	24.7	27.7	32	36	38.5	44.5	55	63.6
H	≈		6	7	8	9	11	12	13	14	17	19
长度 l		GB/T 855(866)	20~75	20~100	24~100	28~150	30~150	38~180	50~180	55~180	60~200	65~200
长度系列		20,22,24,26,28,30,32,35,38,40,42,45,48,50,52,55,58,60,65,70,75,80,85,90,95,100,110,120,130,140,150,160,170,180,190,200										

注：括号内的规格尽量不用。

120°沉头铆钉（摘自 GB/T 954）

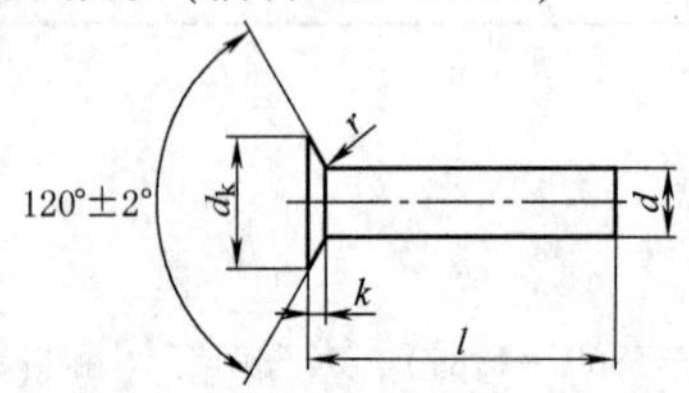

120°半沉头铆钉（摘自 GB/T 1012）

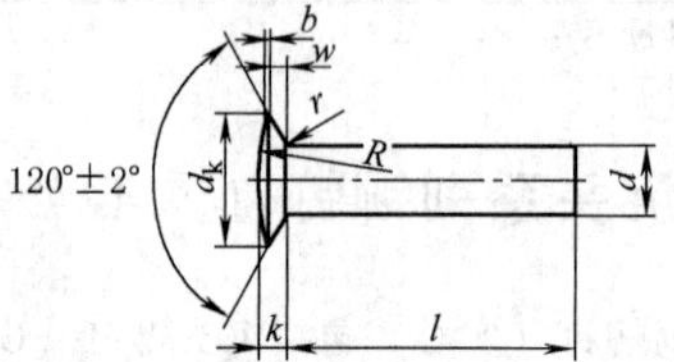

表 5-2-17　120°沉头（GB/T 954—1986），半沉头（GB/T 1012—1986）铆钉　mm

d(公称)			(1.2)	1.4	(1.6)	2	2.5	3	(3.5)	4	5	6	8
d_k	最大	GB/T 954	2.83	3.45	3.95	4.75	5.35	6.28	7.08	7.98	9.68	11.72	15.82
		GB/T 1012	—	—	—	—	—						—
	最小	GB/T 954	2.57	3.15	3.65	4.45	5.05	5.92	6.72	7.62	9.32	11.28	15.38
		GB/T 1012	—	—	—	—	—						—
k	≈	GB/T 954	0.5	0.6	0.7	0.8	0.9	1.0	1.1	1.2	1.4	1.7	2.3
		GB/T 1012	—	—	—	—	—	1.8	1.9	2.0	2.2	2.5	—
r	最大	GB/T 954	0.1	0.1	0.1	0.1	0.1	0.1	0.3	0.3	0.3	0.3	0.3
		GB/T 1012	—	—	—	—	—						—
b	最大	GB/T 954	0.2	0.2	0.2	0.2	0.2	0.2	0.4	0.4	0.4	0.4	0.4
		GB/T 1012	—	—	—	—	—						—
R	≈	GB/T 1012	—	—	—	—	—	6.5	7.5	11	15.7	19	—
w	≈		—	—	—	—	—	1.0	1.1	1.2	1.4	1.7	—
长度 l		GB/T 954	1.5~6	2.5~8	2.5~10	3~10	4~15	5~20	6~36	6~42	7~50	8~50	10~50
		GB/T 1012	—	—	—	—	—	5~24	6~28	6~32	8~40	10~40	—
长度系列			1.5,2,2.5,3,3.5,4,5,6,7,8,9,10,11,12,13,14,15,16,17,18,19,20,22,24,26,28,30,32,34,36,38,40,42,44,46,48,50										

注：括号内的规格尽量不用。

9.4　平头系列铆钉

平头系列铆钉（实心）包括平头铆钉（GB/T 109—1986）、扁平头铆钉（GB/T 872—1986）、平锥头铆钉（GB/T 868—1986）、平锥头铆钉（粗制）（GB/T 864—1986）。

平头铆钉［摘自 GB/T 109（872）］**平锥头铆钉**（摘自 GB/T 868）**平锥头铆钉**（粗制）（摘自 GB/T 864）

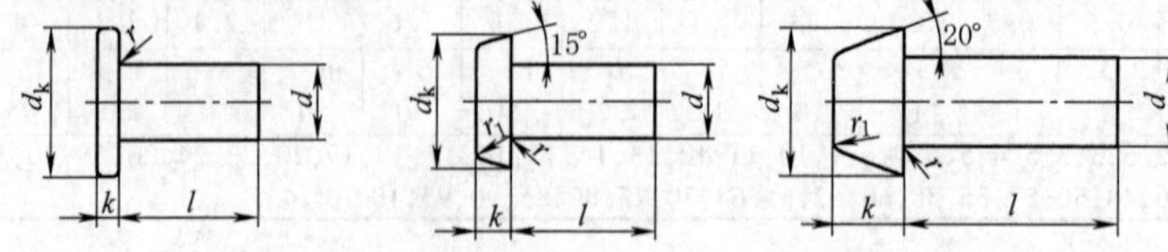

表 5-2-18 平头（GB/T 109—1986、GB/T 872—1986）、平锥头（GB/T 868—1986）铆钉 mm

d(公称)			(1.2)	1.4	(1.6)	2	2.5	3	(3.5)	4	5	6	8	10	12	(14)	16
d_k	最大	GB/T 109	—	—	—	4.24	5.24	6.24	7.29	8.29	10.29	12.35	16.35	20.42	—	—	—
		GB/T 872	2.4	2.7	3.2	3.74	4.74	5.74	6.79	7.79	9.79	11.85	15.85	19.42	—	—	—
		GB/T 868	—	—	—	3.84	4.74	5.64	6.59	7.49	9.29	11.15	14.75	18.35	20.42	24.42	28.42
	最小	GB/T 109	—	—	—	3.76	4.76	5.76	6.71	7.71	9.71	11.65	15.65	19.58	—	—	—
		GB/T 872	2	2.3	2.8	3.26	4.26	5.26	6.21	7.21	9.21	11.15	15.15	18.58	—	—	—
		GB/T 868	—	—	—	3.36	4.26	5.16	6.01	6.91	8.71	10.45	14.05	17.65	19.58	23.58	27.58
k	最大	GB/T 109	—	—	—	1.2	1.4	1.6	1.8	2	2.2	2.6	3	3.44	—	—	—
		GB/T 872	0.58	0.58	0.58	0.68	0.68	0.88	0.88	1.13	1.13	1.33	1.33	1.63	—	—	—
		GB/T 868	—	—	—	1.2	1.5	1.7	2	2.2	2.7	3.2	4.24	5.24	6.24	7.29	8.29
	最小	GB/T 109	—	—	—	0.8	1.0	1.2	1.4	1.6	1.8	2.2	2.6	2.96	—	—	—
		GB/T 872	0.42	0.42	0.42	0.52	0.52	0.72	0.72	0.87	0.87	1.07	1.07	1.37	—	—	—
		GB/T 868	—	—	—	0.8	1.1	1.3	1.6	1.8	2.3	2.8	3.76	4.76	5.76	6.71	7.71
r	最大	GB/T 109	—	—	—	0.1	0.1	0.1	0.3	0.3	0.3	0.3	0.5	0.5	—	—	—
		GB/T 872	0.1	0.1	0.1	0.1	0.1	0.1	0.3	0.3	0.3	0.3	0.3	0.3	—	—	—
		GB/T 868	—	—	—	0.1	0.1	0.1	0.3	0.3	0.3	0.3	0.3	0.3	0.4	0.4	0.4
r_1	最大	GB/T 868	—	—	—	0.7	0.7	0.7	1	1	1	1	1	1	1.5	1.5	1.5
长度 l		GB/T 109	—	—	—	4~8	5~10	6~14	6~18	8~22	10~26	12~30	16~30	20~30	—	—	—
		GB/T 872	1.5~6	2~7	2~8	2~13	3~15	3.5~30	5~36	5~40	6~50	7~50	9~50	10~50	—	—	—
		GB/T 868	—	—	—	3~16	4~20	6~24	6~28	8~32	10~40	12~40	16~60	16~90	18~110	18~110	24~110
长度系列			1.5,2,2.5,3,3.5,4,5,6,7,8,9,10,11,12,13,14,15,16,17,18,19,20,22,24,26,28,30,32,34,36,38,40,42,44,46,48,50,52,55,58,60,62,65,68,70,75,80,85,90,95,100,110														

注：括号内的规格尽量不用。

表 5-2-19 （粗制）平锥头铆钉（GB/T 864—1986） mm

d(公称)		12	(14)	16	(18)	20	(22)	24	(27)	30	36
d_k	最大	12.3	14.3	16.3	18.3	20.35	22.35	24.35	27.35	30.35	36.4
	最小	11.7	13.7	15.7	17.7	19.65	21.65	23.65	26.65	29.65	35.6
k	最大	10.5	12.8	14.8	16.8	17.8	20.2	22.7	24.7	28.2	34.6
	最小	9.5	11.2	13.2	15.2	16.2	17.8	20.3	22.3	25.8	31.4
r	最大	0.5	0.5	0.5	0.5	0.8	0.8	0.8	0.8	0.8	0.8
r_1	最大	2	2	2	2	3	3	3	3	3	3
长度 l		20~100	20~100	24~110	30~150	30~150	38~180	50~180	58~180	65~180	70~200
长度系列		20,22,24,26,28,30,32,35,38,40,42,45,48,50,52,55,58,60,65,70,75,80,85,90,95,100,110,120,130,140,150,160,170,180,190,200									

注：括号内的规格尽量不用。

9.5 其他半空心系列铆钉

其他半空心系列铆钉包括扁平头半空心铆钉（GB/T 875—1986）、120°沉头半空心铆钉（GB/T 874—1986）、平锥头半空心铆钉（GB/T 1013—1986）、沉头半空心铆钉（GB/T 1015—1986）。

120°沉头半空心铆钉（摘自 GB/T 874）

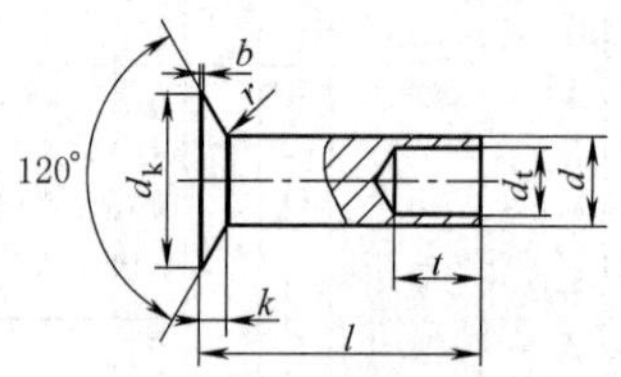

沉头半空心铆钉（摘自 GB/T 1015

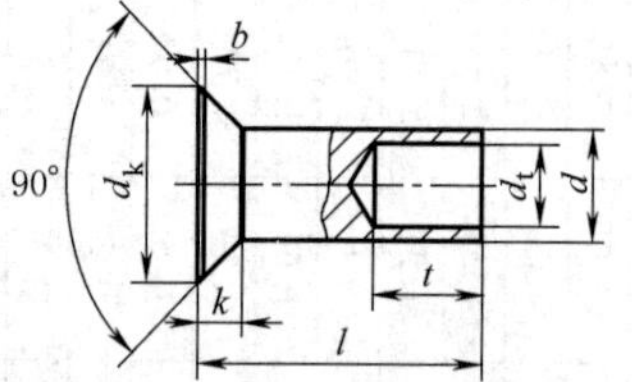

扁平头半空心铆钉（摘自 GB/T 875）

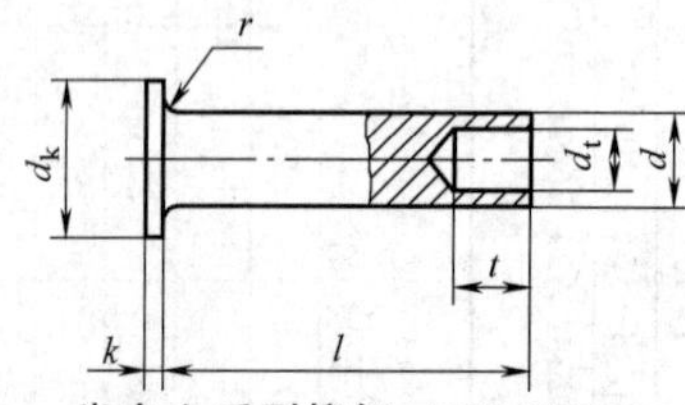

平锥头半空心铆钉（摘自 GB/T 1013

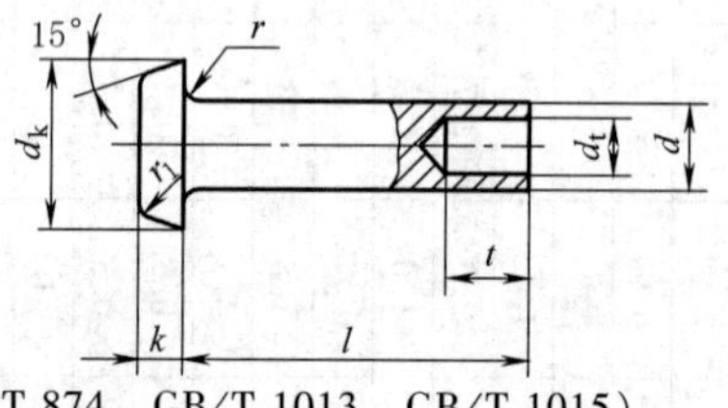

表 5-2-20　　半空心系列铆钉（GB/T 875、GB/T 874、GB/T 1013、GB/T 1015） mm

d(公称)			(1.2)	1.4	(1.6)	2	2.5	3	(3.5)	4	5	6	8	10
d_k	最大	GB/T 875	2.4	2.7	3.2	3.74	4.74	5.74	6.79	7.79	9.79	11.85	15.85	19.42
		GB/T 874	2.83	3.45	3.95	4.75	5.35	6.28	7.08	7.98	9.66	11.72	15.82	—
		GB/T 1013	—	2.7	3.2	3.84	4.74	5.64	6.59	7.49	9.29	11.15	14.75	18.35
		GB/T 1015	—	2.83	3.03	4.05	4.75	5.35	6.28	7.18	9.96	10.62	14.22	17.82
	最小	GB/T 875	2	2.3	2.8	3.26	4.26	5.26	6.21	7.21	9.21	11.15	15.15	18.58
		GB/T 874	2.57	3.15	3.65	4.45	5.05	5.92	6.72	7.62	9.32	11.28	15.38	—
		GB/T 1013	—	2.3	2.8	3.36	4.26	5.16	6.01	6.91	8.71	10.45	14.05	17.65
		GB/T 1015	—	2.57	2.77	3.75	4.45	5.05	5.92	6.82	8.62	10.18	13.78	17.38
k	最大	GB/T 875	0.58	0.58	0.58	0.68	0.68	0.88	0.88	1.13	1.13	1.33	1.33	1.63
		GB/T 1013	—	0.9	0.9	1.2	1.5	1.7	2	2.2	2.7	3.2	4.24	5.24
	最小	GB/T 875	0.42	0.42	0.42	0.52	0.52	0.72	0.72	0.87	0.87	1.07	1.07	1.37
		GB/T 1013	—	0.7	0.7	0.8	1.1	1.3	1.6	1.8	2.3	2.8	3.76	4.76
	≈	GB/T 874	0.5	0.6	0.7	0.8	0.9	1.0	1.1	1.2	1.4	1.7	2.3	—
		GB/T 1015	—	0.7	0.7	1	1.1	1.2	1.4	1.6	2	2.4	3.2	4
r	最大	全部	0.1	0.1	0.1	0.1	0.1	0.1	0.3	0.3	0.3	0.3	0.3	0.3
r_1	最大	GB/T 1013	—	0.7	0.7	0.7	0.7	0.7	1.0	1.0	1.0	1.0	1.0	1.0
b	最大	GB/T 1015	—	0.2	0.2	0.2	0.2	0.2	0.4	0.4	0.4	0.4	0.4	0.4
		GB/T 874	0.2	0.2	0.2	0.2	0.2	0.2	0.4	0.4	0.4	0.4	0.4	—
d_t黑色	最大	全部	0.66	0.77	0.87	1.12	1.62	2.12	2.32	2.62	3.66	4.66	6.16	7.7
d_t有色	最大	全部	0.66	0.77	0.87	1.12	1.62	2.12	2.32	2.52	3.46	4.16	4.66	7.7
t	最大	全部	1.44	1.64	1.84	2.24	2.74	3.24	3.79	4.29	5.29	6.29	8.35	10.35
长度 l		GB/T 875	1.5~6	2~7	2~8	2~13	3~15	3.5~30	5~36	5~40	6~50	7~50	9~50	10~50
		GB/T 874	1.5~6	2.5~8	2.5~10	3~10	4~15	5~20	6~36	6~42	7~50	8~50	10~50	—
		GB/T 1013	—	3~8	3~10	4~14	5~16	6~18	8~20	8~24	10~40	12~40	14~50	18~50
		GB/T 1015	—	3~8	3~10	4~14	5~16	6~18	8~20	8~24	10~40	12~40	14~40	18~40
长度系列		GB/T 875、874	1.5,2,2.5,3,3.5,4,5,6,7,8,9,10,11,12,13,14,15,16,17,18,19,20,22,24,26,28,30,32,34,36,38,40,42,44,46,48,50											
		GB/T 1013、1015	3,4,5,6,7,8,10,11,12,14,16,18,20,22,24,26,28,30,32,34,36,38,40,42,44,46,48,50											

注：括号内的规格尽量不用。

9.6 击芯铆钉（扁圆头、沉头）

击芯铆钉属于单面铆接的铆钉，也称为盲铆钉，铆接时，用手锤敲击铆钉头部露出的钉芯，使之与钉头端面平齐，即完成铆接操作，甚为方便，特别适用于操作空间狭小，不便采用普通铆钉（必须从两面进行铆接）或抽芯铆钉（缺少拉铆枪操作空间）的铆接场合。击芯铆钉有比其他铆钉更好的抗拉和抗剪能力，高档产品通常都采用扁圆头型式。

扁圆头击芯铆钉（摘自 GB/T 15855.1—1995）　　**沉头击芯铆钉**（GB/T 15855.2—1995）

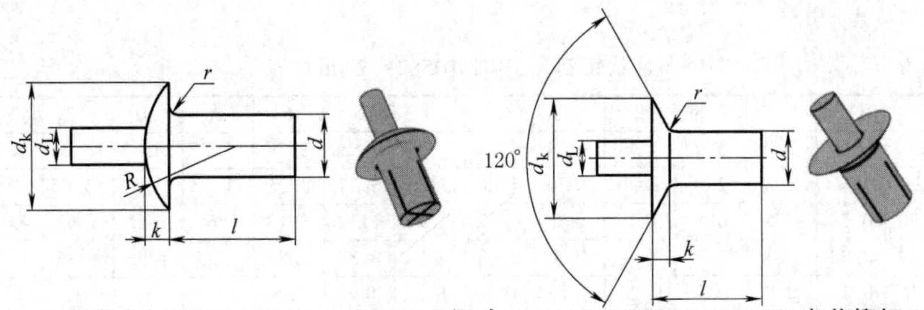

表 5-2-21　扁圆头（GB/T 15855.1—1995）、**沉头**（GB/T 15855.2—1995）**击芯铆钉**

		d(公称)	3	4	5	(6)	6.4
d_k	最大	GB/T 15855.1~2	6.24	8.29	9.89	12.35	13.29
	最小	GB/T 15855.1~2	5.76	7.71	9.31	11.65	12.71
k	≈	GB/T 15855.1~2	1.4	1.7	2.0	2.4	3.0
r	最大	GB/T 15855.1~2	0.5	0.5	0.7	0.7	0.7
d_L	参考	GB/T 15855.1~2	1.8	2.18	2.8	3.6	3.8
R	≈	GB/T 15855.1	5	6.8	8.7	9.3	9.3
长度 l		GB/T 15855.1~2	6~(15)	6~20	7~32	7~(45)	7~(45)
长度系列		6,7,8,9,10,(11),12,(13),14,(15),16,(17),18,(19),20,(21),22,(23),24,(25),26,(27),28,(29),30,(31),32,(33),34,(35),36,(37),38,(39),40,(41),42,(43),44,(45)					

注：括号内的规格尽量不用。

9.7 空心铆钉和管状铆钉

空心铆钉通常用于服饰、鞋类等行业。空心铆钉在半空心铆钉的基础上将沉孔一直加工到头部，由于重量轻、钉头弱，用于载荷不大的非金属材料的铆接场合。管状铆钉工作原理和空心铆钉相同，它既不宜承受剪力，也不能承受较大拉力。这两种铆钉铆接后其中空的孔成为被铆接材料的通孔，可用来穿过细绳、电线等。管状铆钉的国家标准已经废止，现在采用的是机械行业标准。

空心铆钉（摘自 GB/T 876—1986）　　**管状铆钉**（摘自 JB/T 10582—2006）

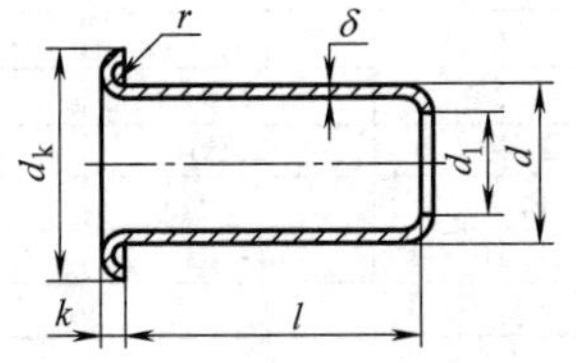

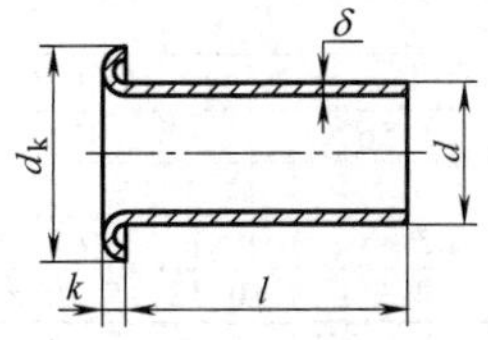

表 5-2-22　　空心铆钉（GB/T 876—1986）　　mm

d(公称)		1.4	(1.6)	2	2.5	3	(3.5)	4	5	6
d_k	最大	2.6	2.8	3.5	4	5	5.5	6	8	10
	最小	2.35	2.55	3.2	3.7	4.7	5.2	5.7	7.64	9.64
k	最大	0.5	0.5	0.6	0.6	0.7	0.7	0.82	1.12	1.12
	最小	0.3	0.3	0.4	0.4	0.5	0.5	0.58	0.88	0.88
d_1	最大	0.8	0.9	1.2	1.7	2	2.5	2.9	4	5
δ	最大	0.2	0.22	0.25	0.25	0.3	0.3	0.35	0.35	0.35
r	最大	0.15	0.2	0.25	0.25	0.25	0.3	0.3	0.5	0.7
长度 l		1.5~5	2~5	2~6	2~8	2~10	2.5~10	3~12	3~15	4~15
长度系列		1.5,2,2.5,3,3.5,4,5,6,7,8,9,10,11,12,13,14,15								

注：括号内的规格尽量不用。

表 5-2-23　　管状铆钉（JB/T 10582—2006）　　mm

d(公称)		0.7	1	(1.2)	1.5	1.8	2	2.5	3	4	5	6	8	10	12	(14)	16	20
d_k	最大	2	2.4	2.6	2.9	3.2	3.44	4.24	4.74	5.74	7.29	8.79	11.85	14.35	16.35	18.35	20.42	26.42
	最小	1.6	2	2.2	2.5	2.8	2.96	3.76	4.26	5.26	6.71	8.21	11.15	13.65	15.65	17.65	19.58	25.58
k	最大	0.28	0.38	0.38	0.5	0.5	0.6	0.6	0.92	0.92	1.12	1.12	1.65	1.65	1.65	2.15	2.15	2.65
	最小	0.12	0.22	0.22	0.3	0.3	0.4	0.4	0.68	0.68	0.88	0.88	1.35	1.35	1.35	1.85	1.85	2.35
δ	最大	0.15	0.15	0.15	0.2	0.2	0.25	0.25	0.5	0.5	0.5	0.5	1	1	1	1.5	1.5	1.5
留铆余量（推荐）		0.4	0.5	0.5	0.6	0.6	0.8	0.8	1.5	1.5	2.5	2.5	3.5	3.5	4	4	4.5	5
长度 l		1~7	1~10	1.5~12	1.5~15	2~16	3~16	4~20	5~24	6~28	8~34	10~40	14~40	18~40	20~40	22~40	24~40	26~40
长度系列		1,1.5,2,2.5,3,3.5,4,5,6,7,8,9,10,11,12,13,14,15,16,17,18,19,20,21,22,23,24,25,26,27,28,29,30,31,32,33,34,35,36,37,38,39,40																

注：括号内的规格尽量不用。

标记示例

公称直径 d=3mm、公称长度 l=10mm、材料 H62、不经表面处理的空心铆钉，标记为：铆钉　GB/T 876　3×10

9.8　标牌铆钉

标牌铆钉（摘自 GB/T 827—1986）

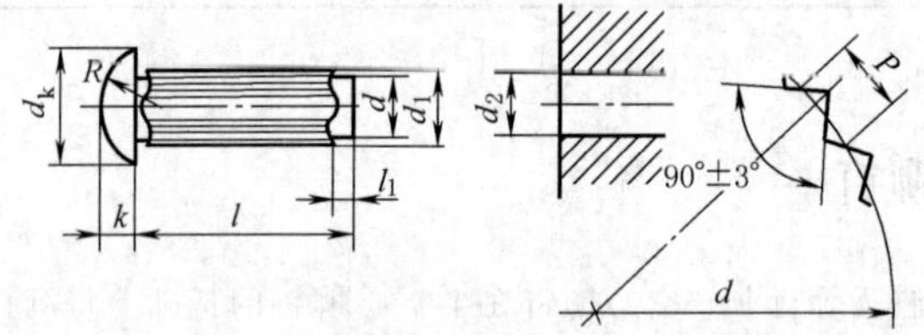

标记示例

公称直径 d=3mm、公称长度 l=10mm、材料 BL2、不经表面处理的标牌铆钉，标记为：铆钉　GB/T 827　3×10

表 5-2-24　　标牌铆钉　　mm

d(公称)		(1.6)	2	2.5	3	4	5
d_k(最大)		3.2	3.74	4.84	5.54	7.39	9.09
k(最大)		1.2	1.4	1.8	2	2.6	3.2
d_1(最小)		1.75	2.15	2.65	3.15	4.15	5.15
P≈		0.72				0.84	0.92
l_1		1				1.5	
R≈		1.6	1.9	2.5	2.9	3.8	4.7
d_2(推荐)	最大	1.56	1.96	2.46	2.96	3.96	4.96
	最小	1.5	1.9	2.4	2.9	3.9	4.9
长度 l		3~6	3~8	3~10	4~12	6~18	8~20
长度系列		3,4,5,6,8,10,12,15,18,20					

注：括号内的规格尽量不用。

9.9 无头铆钉

以圆杆作为铆钉，铆接后能同时在被铆接构件两个外侧形成铆钉钉头的一种铆钉。

无头铆钉（摘自 GB/T 1016—1986）

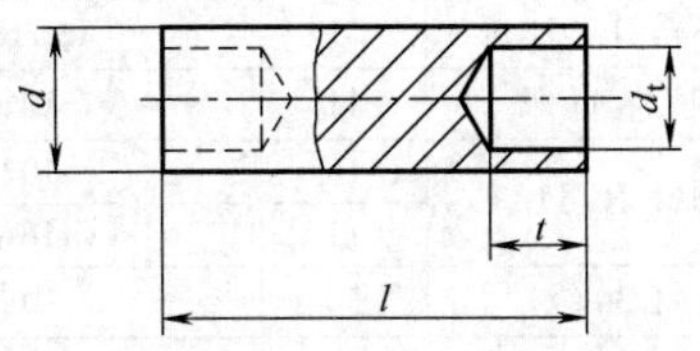

表 5-2-25　　无头铆钉　　mm

公称		1.4	2	2.5	3	4	5	6	8	10
d	最大	1.4	2	2.5	3	4	5	6	8	10
	最小	1.34	1.94	2.44	2.94	3.92	4.92	5.92	7.9	9.9
d_t	最大	0.77	1.32	1.72	1.92	2.92	3.76	4.66	6.16	7.2
	最小	0.65	1.14	1.54	1.74	2.74	3.52	4.42	5.92	6.9
t	最大	1.74	1.74	2.24	2.74	3.24	4.29	5.29	6.29	7.35
	最小	1.26	1.26	1.76	2.26	2.76	3.71	4.71	5.71	6.65
长度 l		6~14	6~20	8~30	8~38	10~50	14~60	16~60	18~60	22~60
长度系列		6,8,10,12,13,14,16,18,20,22,24,26,28,30,32,35,38,40,42,45,48,50,52,55,58,60								

9.10 抽芯铆钉

抽芯铆钉属于盲铆钉，是单面铆接的紧固件，结构型式如图 5-2-1 所示。铆接时和击芯铆钉动作相反，抽芯铆钉插入被连接件上的通孔后，钉芯在拉铆枪的轴向拉力作用下，其头部使钉体端变形而形成盲铆头，钉芯杆从断裂槽位置断裂被拉出钉体，而把被连接件固定住。

抽芯铆钉有开口型和封闭型之分。开口型和封闭型抽芯铆钉的区别是钉体端部一个是开口的，另一个是封闭的；钉芯头一个是外漏的，另一个是封闭在腔体内的。在拉铆完成，钉芯杆部分被抽出钉体形成铆接结构后，开口型的铆钉不具有密封性能，而封闭型的铆钉由于钉芯头被封闭在腔体内，具有防水等密封性能。

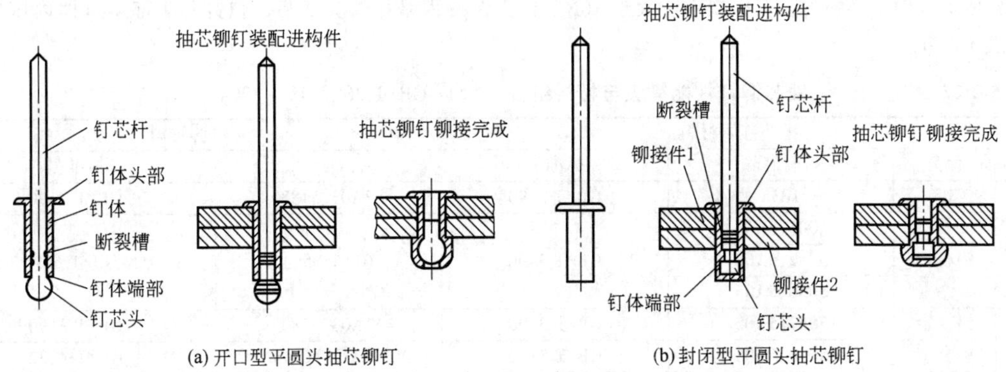

图 5-2-1　抽芯铆钉及铆接效果

开口型抽芯铆钉应用广泛，其中以开口型平圆头抽芯铆钉应用较多，沉头抽芯铆钉适用于表面需要平滑的铆接场合。开口型和封闭型抽芯铆钉不同的性能等级有不同的国家标准，列于表 5-2-26 中。

表 5-2-26　　抽芯铆钉国标汇总

标准号	标准名称	性能等级	材料组合		规格范围
			钉芯材料	钉体材料	d/mm
GB/T 12615. 1—2004	封闭型平圆头抽芯铆钉　11 级	11	10、15、35、45	铝合金	3. 2~6. 4
GB/T 12615. 2—2004	封闭型平圆头抽芯铆钉　30 级	30	10、15、35、45	碳素钢	3. 2~6. 4
GB/T 12615. 3—2004	封闭型平圆头抽芯铆钉　06 级	06	7A03、5183	铝	3. 2~6. 4
GB/T 12615. 4—2004	封闭型平圆头抽芯铆钉　51 级	51	0Cr18Ni9、2Cr13	不锈钢	3. 2~6. 4
GB/T 12616. 1—2004	封闭型沉头抽芯铆钉　11 级	11	10、15、35、45	铝合金	3. 2~6. 4
GB/T 12617. 1—2006	开口型沉头抽芯铆钉 10、11 级	10	10、15、35、45	铝合金	2. 4~5
		11	0Cr18Ni9、1Cr18Ni9		
GB/T 12617. 2—2006	开口型沉头抽芯铆钉 30 级	30	10、15、35、45	碳素钢	2. 4~6. 4
GB/T 12617. 3—2006	开口型沉头抽芯铆钉 12 级	12	7A03、5183	铝合金	2. 4~6. 4
GB/T 12617. 4—2006	开口型沉头抽芯铆钉 51 级	51	0Cr18Ni9、2Cr13	不锈钢	2. 4~6. 4
GB/T 12617. 5—2006	开口型沉头抽芯铆钉 20、21、22 级	20	10、15、35、45	铜 T1	3~4. 8
		21	青铜	铜 T2	
		22	0Cr18Ni9、1Cr18Ni9	铜 T3	
GB/T 12618. 1—2006	开口型平圆头抽芯铆钉 10、11 级	10、11	10、15、35、45	铝合金	2. 4~6. 4
GB/T 12618. 2—2006	开口型平圆头抽芯铆钉 30 级	30	10、15、35、45	碳素钢	2. 4~6. 4
GB/T 12618. 3—2006	开口型平圆头抽芯铆钉 12 级	12	7A03、5183	铝合金	2. 4~6. 4
GB/T 12618. 4—2006	开口型平圆头抽芯铆钉 51 级	51	0Cr18Ni9、2Cr13	不锈钢	3~5
GB/T 12618. 5—2006	开口型平圆头抽芯铆钉 20、21、22 级	20	10、15、35、45	铜 T1	3~4. 8
		21	青铜	铜 T2	
		22	0Cr18Ni9、1Cr18Ni9	铜 T3	
GB/T 12618. 6—2006	开口型平圆头抽芯铆钉 40、41 级	40	10、15、35、45	镍铜合金	3. 2~6. 4
		41	0Cr18Ni9、2Cr13		

抽芯铆钉的钉体和钉芯可以用不同的材料制造，因此抽芯铆钉有不同的组合，为了进行区别，GB/T 3098. 19—2004 专门定义了抽芯铆钉的性能等级，并给出了钉体与钉芯的材料组合（表 5-2-27）。同一性能等级、不同的抽芯铆钉型式，其力学性能不同（见表 5-2-28~表 5-2-30）。

抽芯铆钉的其他力学性能还有专门适用于开口型铆钉的钉芯拆卸力和钉头保持力。钉芯拆卸力是没拉铆前把钉芯从钉体中拆卸下来的力，国标规定应大于 10N。钉头保持力是拉铆完成后，把钉芯头部从钉体内压出来的力，见表 5-2-31。

表 5-2-27　　抽芯铆钉性能等级与材料组合（摘自 GB/T 3098. 19—2004）

性能等级	钉体材料			钉芯材料	
	种类	材料牌号	标准号	材料牌号	标准号
06	铝	1035	GB/T 3190	7A03、5183	GB/T 3190
08	铝合金	5005、5A05	GB/T 3190	10、15、35、45	GB/T 699
10		5052、5A02			
11		5056、5A05			
12	铝合金	5052、5A02	GB/T 3190	7A03、5183	GB/T 3190
15	铝合金	5056、5A05	GB/T 3190	0Cr18Ni9、1Cr18Ni9	GB/T 4232
20	铜	T1	GB/T 21652	10、15、35、45	GB/T 699
21		T2		青铜	①
22		T3		0Cr18Ni9、1Cr18Ni9	GB/T 4232
23	黄铜	①	①	①	①
30	碳素钢	08F、10	GB/T 699	10、15、35、45	GB/T 699

续表

性能等级	钉体材料			钉芯材料	
	种类	材料牌号	标准号	材料牌号	标准号
40	镍铜合金	28-2.5-1.5 (NiCu28-2.5-1.5)	GB/T 5235	10、15、35、45	GB/T 699
41				0Cr18Ni9、2Cr13	GB/T 4232
50	不锈钢	0Cr18Ni9、1Cr18Ni9	GB/T 1220	10、15、35、45	GB/T 699
51				0Cr18Ni9、2Cr13	GB/T 4232

① 数据待生产验证（含选用材料牌号）。

注：由于该标准没有升级，而 GB/T 1220 升级到 GB/T 1220—2017，GB/T 4232 升级到 GB/T 4232—2019，新标准中的不锈钢牌号和原标准中存在不同，使用时要注意。

表 5-2-28　抽芯铆钉（开口、封闭型）最小拉力载荷

钉体直径	铆钉结构型式	性能等级							
		06	08	10、12	11、15	20、21	30	40、41	50、51
		最小拉力载荷/N							
2.4	开口型	—	258	350	550	—	700	—	—
	封闭型	—	—	—	—	—	—	—	—
3.0	开口型	310	380	550	850	950	1100	—	2200①
	封闭型	—	—	—	1080	—	—	—	—
3.2	开口型	370	450	700	1100	1000	1200	1900	2500①
	封闭型	540	—	—	1450	1300	1300	—	2200
4.0	开口型	590	750	1200	1800	1800	2200	3000	3500
	封闭型	760	—	—	2200	2000	1550	—	3500
4.8	开口型	860	1050	1700	2600	2500	3100	3700	5000
	封闭型	1400①	—	—	3100	2800	2800	—	4400
5.0	开口型	920	1150	2000	3100	—	4000	—	5800
	封闭型	—	—	—	3500	—	—	—	—
6.0	开口型	1250	1560	3000	4600	—	4800	—	—
	封闭型	—	—	—	4285	—	—	—	—
6.4	开口型	1430	2050	3150	4850	—	5700	6800	—
	封闭型	1580	—	—	4900①	—	4000	—	8000

① 数据待生产验证（含选用材料牌号）。

表 5-2-29　抽芯铆钉（开口、封闭型）最小剪切载荷

钉体直径	铆钉结构型式	性能等级							
		06	08	10、12	11、15	20、21	30	40、41	50、51
		最小剪切载荷/N							
2.4	开口型	—	172	250	350	—	650	—	—
	封闭型	—	—	—	—	—	—	—	—
3.0	开口型	240	300	400	550	760	950	—	1800①
	封闭型	—	—	—	930	—	—	—	—
3.2	开口型	285	360	500	750	800	1100①	1400	1900①
	封闭型	460	—	—	1100	850	1150	—	2000
4.0	开口型	450	540	850	1250	1500①	1700	2200	2700
	封闭型	720	—	—-	1600	1350	1700	—	3000
4.8	开口型	660	935	1200	1850	2000	2900①	3300	4000
	封闭型	1000①	—	—	2200	1950	2400	—	4000
5.0	开口型	710	990	1400	2150	—	3100	—	4700
	封闭型	—	—	—	2420	—	—	—	—
6.0	开口型	940	1170	2100	3200	—	4300	—	—
	封闭型	—	—	—	3350	—	—	—	—
6.4	开口型	1070	1460	2200	3400	—	4900	5500	—
	封闭型	1220	—	—	3600①	—	3600	—	6000

① 数据待生产验证（含选用材料牌号）。

表 5-2-30 钉芯断裂载荷

钉体材料		铝	铝	铜	钢	镍铜合金	不锈钢
钉芯材料		铝	钢、不锈钢	钢、不锈钢	钢	钢、不锈钢	钢、不锈钢
对应性能等级		06	08、10、11、15	20、22	30	40、41	50、51
钉体直径	结构型式	钉芯断裂载荷(最大)/N					
2.4	开口型	1100	2000	—	2000	—	—
	封闭型	—	—	—	—	—	—
3.0	开口型	—	3000	3000	3200	—	4100
	封闭型	—	—	—	—	—	—
3.2	开口型	1800	3500	3000	4000	4500	4500
	封闭型	1780	3500	—	4000	—	4500
4.0	开口型	2700	5000	4500	5800	6500	6500
	封闭型	2670	5000	—	5700	—	6500
4.8	开口型	3700	6500	5000	7500	8500	8500
	封闭型	3560	7000	—	7500	—	8500
5.0	开口型	—	6500	—	8000	—	9000
	封闭型	4200	8000	—	8500	—	—
6.0	开口型	—	9000	—	12500	—	—
	封闭型	—	—	—	3350	—	—
6.4	开口型	6300	11000	—	13000	14700	—
	封闭型	8000	10230	—	10500	—	16000

表 5-2-31 铆钉（开口型）钉头保持能力 N

钉体材料	铝、铜、镍铜合金	钢、不锈钢
钉芯材料	铝、铝合金、铜、钢、不锈钢	钢、不锈钢
钉体直径 d /mm	性能等级	
	06、08、10、11、12、15、20、21、40、41	30、50、51
2.4	10	30
3.0	15	35
3.2	15	35
4.0	20	40
4.8	25	45
5.0	25	45
6.0	30	50
6.4	30	50

表 5-2-32 封闭型抽芯铆钉 mm

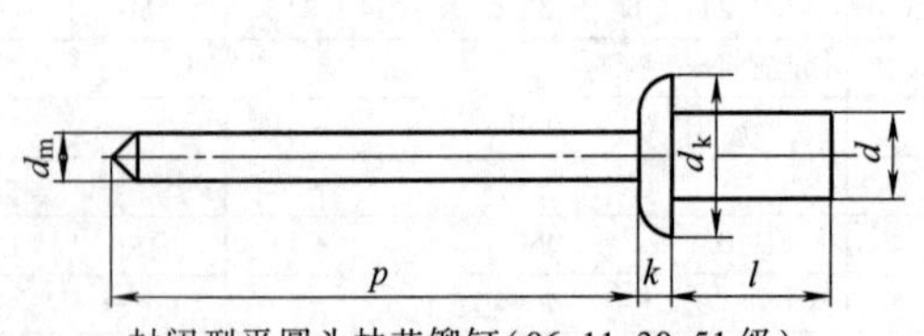

封闭型平圆头抽芯铆钉(06、11、30、51级)

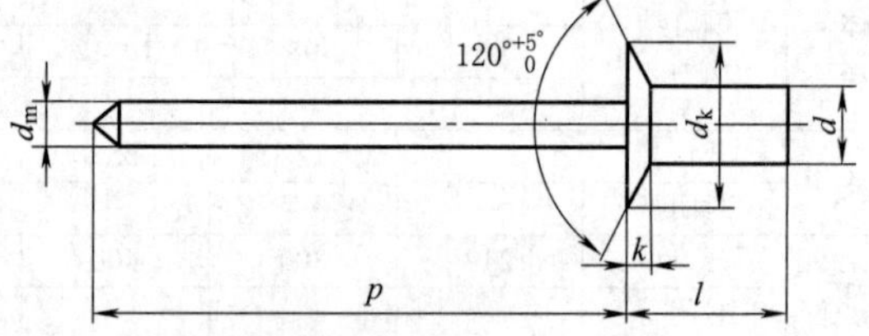

封闭型沉头抽芯铆钉(11级)

钉体	d	公称	3.2	4	4.8	5	6.4
	d	最大	3.28	4.08	4.88	5.08	6.48
		最小	3.05	3.85	4.65	4.85	6.25
	d_k	最大	6.7	8.4	10.1	10.5	13.4
		最小	5.8	6.9	8.3	8.7	11.6
	k(最大)		1.3	1.7	2	2.1	2.7
钉芯	d_m(最大)	11级	1.85	2.35	2.77	2.8	3.71
		30级	2	2.35	2.95	—	3.9
		06级	1.85	2.35	2.77	—	3.75
		51级	2.15	2.75	3.2	—	3.9
		沉头型11级	1.85	2.35	2.77	2.8	3.75
	p(最小)		25			27	

续表

铆钉孔直径(最大/最小)			3.4/3.3	4.2/4.1	5.0/4.9	5.2/5.1	6.6/6.5
铆钉长度 l			推荐的铆接范围				
标准号和等级	最小(公称)	最大					
GB/T 12615.1 11级	6.5	7.5	0.5~2.0	—	—		—
	8	9	2.0~3.5	0.5~3.5	—		—
	8.5	9.5	—	—	0.5~3.5		—
	9.5	10.5	3.5~5.0	3.5~5.0	3.5~5.0		—
	11	12	5.0~6.5	5.0~6.5	5.0~6.5		—
	12.5	13.5	6.5~8.0	6.5~8.0	—		1.5~6.5
	13	14	—	—	6.5~8.0		—
	14.5	15.5	—	8~10	8.0~9.5		—
	15.5	16.5	—	—	—		6.5~9.5
	16	17	—	—	9.5~11.0		—
	18	19	—	—	11~13		—
	21	22	—	—	13~16		—
GB/T 12615.2 30级	6	7	0.5~1.5	0.5~1.5	—	—	—
	8	9	1.5~3.0	1.5~3.0	0.5~3.0	—	—
	10	11	3.0~5.0	3.0~5.0	3.0~5.0	—	—
	12	13	5.0~6.5	5.0~6.5	5.0~6.5	—	—
	15	16	—	6.5~10.5	6.5~10.5	—	3.0~6.5
	16	17	—	—	—	—	6.5~8.0
	21	22	—	—	—	—	8.0~12.5
GB/T 12615.3 06级	8.0	9.0	0.5~3.5	—	1.0~3.5	—	—
	9.5	10.5	3.5~5.0	1.0~5.0	—	—	—
	11.0	12.0	5.0~6.5	—	3.5~6.5	—	—
	11.5	12.5	—	5.0~6.5	—	—	—
	12.5	13.5	—	6.5~8.0	—	—	1.5~7.0
	14.5	15.5	—	—	6.5~9.5	—	7.0~8.5
	18.0	19.0	—	—	9.5~13.5	—	8.5~10.0
GB/T 12615.4 51级	6	7	0.5~1.5	0.5~1.5	—	—	—
	8	9	1.5~3.0	1.5~3.0	0.5~3.0	—	—
	10	11	3.0~5.0	3.0~5.0	3.0~5.0	—	—
	12	13	5.0~6.5	5.0~6.5	5.0~6.5	—	1.5~6.5
	15	16	6.5~8.0	6.5~8.0	—	—	—
	16	17	—	8.0~11.0	6.5~9.0	—	6.5~8.0
	21	22	—	—	9.0~12.0	—	8.0~12.0
GB/T 12616.1 11级	8	9	2.0~3.5	2.0~3.5	—		—
	8.5	9.5	—	—	2.5~3.5		—
	9.5	10.5	3.5~5.0	3.5~5.0	3.5~5.0		—
	11	12	5.0~6.5	5.0~6.5	5.0~6.5		—
	12.5	13.5	6.5~8.0	6.5~8.0	—		1.5~6.5
	13	14	—	—	6.5~8.0		—
	14.5	15.5	—	8.0~10.0	8.0~9.5		—
	15.5	16.5	—	—	—		6.5~9.5
	16	17	—	—	9.5~11.0		—
	18	19	—	—	11.0~13.0		—
	21	22	—	—	13.0~16.0		—

表 5-2-33　　开口型（沉头、平圆头）抽芯铆钉

mm

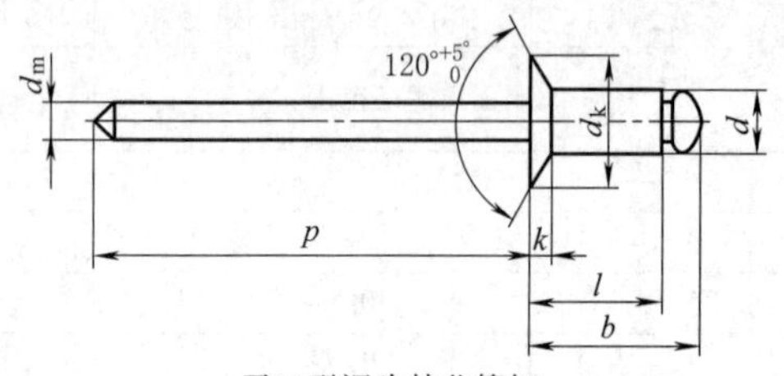

开口型沉头抽芯铆钉

（GB/T 12617.1~5—2006）

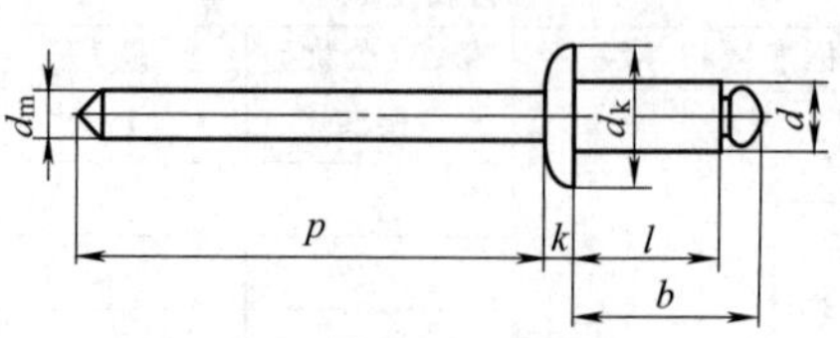

开口型平圆头抽芯铆钉

（GB/T 12618.1~6—2006）

钉体	d	公称	2.4	3	3.2	4	4.8	5	6	6.4
		最大	2.48	3.08	3.28	4.08	4.88	5.08	6.08	6.48
		最小	2.25	2.85	3.05	3.85	4.65	4.85	5.85	6.25
	d_k	最大	5.0	6.3	6.7	8.4	10.1	10.5	12.6	13.4
		最小	4.2	5.4	5.8	6.9	8.3	8.7	10.8	11.6
	k(最大)		1	1.3	1.3	1.7	2	2.1	2.5	2.7
钉芯	d_m（最大）	GB/T 12617.1	1.55	2	2	2.45	2.95	2.95	—	—
		GB/T 12618.1	1.55	2	2	2.45	2.95	2.95	3.4	3.9
		GB/T 12617.2 GB/T 12618.2	1.5	2.15	2.15	2.8	3.5	3.5	3.4	4
		GB/T 12617.3 GB/T 12618.3	1.6	—	2.1	2.55	3.05	—	—	4
		GB/T 12617.4 GB/T 12618.4	—	2.05	2.15	2.75	3.2	3.25	—	—
		GB/T 12617.5 GB/T 12618.5	—	2	2	2.45	2.96	—	—	—
		GB/T 12618.6	—	—	2.15	2.75	3.2	—	—	3.9
	p（最小）	GB/T 12617.1 GB/T 12617.2 GB/T 12618.1 GB/T 12618.2 GB/T 12618.6	25			27	27			
		其余	25			25	27			
盲区长度 b(最大)			$l_{max}+3.5$	$l_{max}+3.5$	$l_{max}+4$	$l_{max}+4$	$l_{max}+4.5$	$l_{max}+4.5$	$l_{max}+5$	$l_{max}+5.5$
铆钉孔直径(最大/最小)			2.6/2.5	3.2/3.1	3.4/3.3	4.2/4.1	5.0/4.9	5.2/5.1	6.2/6.1	6.6/6.5
标准号和等级	铆钉长度 l 最小(公称)	最大	推荐的铆接范围							
GB/T 12617.1 10 级 11 级	4	5	1.5~2.0	—	—	—	—	—	—	—
	6	7	2.0~4.0	2.0~3.5	2.0~3.5	—	—	—	—	—
	8	9	4.0~6.0	3.5~5.0	3.5~5.0	2.0~5.0	2.5~4.0	2.5~4.0	—	—
	10	11	6.0~8.0	5.0~7.0	5.0~7.0	5.0~6.5	4.0~6.0	4.0~6.0	—	—
	12	13	8.0~9.5	7.0~9.0	7.0~9.0	6.5~8.5	6.0~8.0	6.0~8.0	—	—
	16	17	—	9.0~13.0	9.0~13.0	8.5~12.5	8.0~12.0	8.0~12.0	—	—
	20	21	—	13.0~17.0	13.0~17.0	12.5~16.5	12.0~15.0	12.0~15.0	—	—
	25	26	—	17.0~22.0	17.0~22.0	16.5~21.5	15.0~20.0	15.0~20.0	—	—
	30	31	—	—	—	—	20.0~25.0	20.0~25.0	—	—
GB/T 12617.2 30 级	6	7	1.5~3.5	1.5~3.0	1.5~3.0	2.0~3.0	—	—	—	—
	8	9	3.5~5.5	3.0~5.0	3.0~5.0	3.0~5.0	2.5~4.0	2.5~4.0	—	—
	10	11	—	5.0~6.5	5.0~6.5	5.0~6.5	4.0~6.0	4.0~6.0	3.0~4.0	3.0~4.0
	12	13	5.5~9.5	6.5~8.0	6.5~8.0	6.5~8.0	6.0~8.0	6.0~8.0	4.0~6.0	4.0~6.0
	16	17	—	8.0~12.0	8.0~12.0	8.0~12.0	8.0~11.0	8.0~11.0	6.0~10.0	6.0~9.0
	20	21	—	12.0~16.0	12.0~16.0	12.0~16.0	11.0~15.0	11.0~15.0	10.0~14.0	9.0~13.0
	25	26	—	—	—	—	15.0~19.5	15.0~19.5	14.0~19.0	13.0~19.0

续表

GB/T 12617.3 12级	6	7	1.5~4.0	—	2.5~3.5	—	—	—	—	—
	8	9	—	—	3.5~5.0	2.0~5.0	2.5~4.0	—	—	—
	10	11	—	—	5.0~7.0	5.0~6.5	4.0~6.0	—	—	—
	12	13	—	—	7.0~9.0	6.5~8.5	6.0~8.0	—	—	3.0~6.0
	16	17	—	—	9.0~13.0	8.5~12.5	8.0~12.0	—	—	6.0~1.0
	20	21	—	—	13.0~17.0	12.5~16.5	12.0~15.0	—	—	10.0~14.0
GB/T 12617.4 51级	6	7	—	1.5~3.0	1.5~3.0	1.0~2.5	—	—	—	—
	8	9	—	3.0~5.0	3.0~5.0	2.5~4.5	2.5~4.0	2.5~4.0	—	—
	10	11	—	5.0~6.5	5.0~6.5	4.5~6.5	4.0~6.0	4.0~6.0	—	—
	12	13	—	6.5~8.5	6.5~8.5	6.5~8.5	6.0~8.0	6.0~8.0	—	—
	14	15	—	8.5~10.5	8.5~10.5	8.5~10.0	—	—	—	—
	16	17	—	10.5~12.5	10.5~12.5	10.0~12.0	8.0~11.0	8.0~11.0	—	—
	18	19	—	—	—	—	11.0~13.0	11.0~13.0	—	—
GB/T 12617.5 20级 21级 22级	5	6	—	1.5~2.0	1.5~2.0	2.0~2.5	—	—	—	—
	6	7	—	2.0~3.0	2.0~3.0	2.5~3.5	—	—	—	—
	8	9	—	2.0~3.0	2.0~3.0	3.5~5.0	2.5~4.0	—	—	—
	10	11	—	5.0~7.0	5.0~7.0	5.0~7.0	4.0~6.0	—	—	—
	12	13	—	7.0~9.0	7.0~9.0	7.0~8.5	6.0~8.0	—	—	—
	14	15	—	9.0~11.0	9.0~11.0	8.5~10.0	8.0~10.0	—	—	—
	16	17	—	—	—	10.0~12.5	10.0~12.0	—	—	—
	18	19	—	—	—	—	12.0~14.0	—	—	—
	20	21	—	—	—	—	14.0~16.0	—	—	—
GB/T 12618.1 10级 11级	4	5	0.5~2.0	0.5~1.5	0.5~1.5	—	—	—	—	—
	6	7	2.0~4.0	1.5~3.5	1.5~3.5	1.0~3.0	1.5~2.5	1.5~2.5	—	—
	8	9	4.0~6.0	3.5~5.0	3.5~5.0	3.0~5.0	2.5~4.0	2.5~4.0	2.0~3.0	—
	10	11	6.0~8.0	5.0~7.0	5.0~7.0	5.0~6.5	4.0~6.0	4.0~6.0	3.0~5.0	—
	12	13	8.0~9.5	7.0~9.0	7.0~9.0	6.5~8.5	6.0~8.0	6.0~8.0	5.0~7.0	3.0~6.0
	16	17	—	9.0~13.0	9.0~13.0	8.5~12.5	8.0~12.0	8.0~12.0	7.0~11.0	6.0~10.0
	20	21	—	13.0~17.0	13.0~17.0	12.5~16.5	12.0~15.0	12.0~15.0	11.0~15.0	10.0~14.0
	25	26	—	17.0~22.0	17.0~22.0	16.5~21.0	15.0~20.0	15.0~20.0	15.0~20.0	14.0~18.0
	30	31	—	—	—	—	20.0~25.0	20.0~25.0	20.0~25.0	18.0~23.0
GB/T 12618.2 30级	6	7	0.5~3.5	0.5~3.0	0.5~3.0	1.0~3.0	—	—	—	—
	8	9	3.5~5.5	3.0~5.0	3.0~5.0	3.0~5.0	2.5~4.0	2.5~4.0	—	—
	10	11	—	5.0~6.5	5.0~6.5	5.0~6.5	4.0~6.0	4.0~6.0	3.0~4.0	3.0~4.0
	12	13	5.5~9.5	6.5~8.0	6.5~8.0	6.5~9.0	6.0~8.0	6.0~8.0	4.0~6.0	4.0~6.0
	16	17	—	8.0~12.0	8.0~12.0	9.0~12.0	8.0~11.0	8.0~11.0	6.0~10.0	6.0~9.0
	20	21	—	12.0~16.0	12.0~16.0	12.0~16.0	11.0~15.0	11.0~15.0	10.0~14.0	9.0~13.0
	25	26	—	—	—	—	15.0~19.5	15.0~19.5	14.0~19.0	13.0~19.0
	30	31	—	—	—	16.0~25.0	19.5~25.0	19.5~25.0	19.0~24.0	19.0~24.0
GB/T 12618.3 12级	5	6	—	—	0.5~1.5	—	—	—	—	—
	6	7	0.5~3.0	—	1.5~3.5	1.0~3.0	1.5~2.5	—	—	—
	8	9	—	—	3.5~5.0	3.0~5.0	2.5~4.0	—	—	—
	9	10	3.0~6.0	—	—	—	—	—	—	—
	10	11	—	—	5.0~7.0	5.0~6.5	4.0~6.0	—	—	—
	12	13	6.0~9.0	—	7.0~9.0	6.5~8.5	6.0~8.0	—	—	3.0~6.0
	16	17	—	—	9.0~13.0	8.5~12.5	8.0~12.0	—	—	6.0~10.0
	20	21	—	—	13.0~17.0	12.5~16.5	12.0~15.0	—	—	10.0~14.0
	25	26	—	—	17.0~22.0	16.5~21.5	15.0~20.0	—	—	14.0~18.0
	30	31	—	—	—	—	20.0~25.0	—	—	18.0~23.0

续表

GB/T 12618.4 51 级	6	7	—	0.5~3.0	0.5~3.0	1.0~2.5	1.5~2.0	1.5~2.0	—	—
	8	9	—	3.0~5.0	3.0~5.0	2.5~4.5	2.0~4.0	2.0~4.0	—	—
	10	11	—	5.0~6.5	5.0~6.5	4.5~6.5	4.0~6.0	4.0~6.0	—	—
	12	13	—	6.5~8.5	6.5~8.5	6.5~8.5	6.0~8.0	6.0~8.0	—	—
	14	15	—	8.5~10.5	8.5~10.5	8.5~10.0	—	—	—	—
	16	17	—	10.5~12.5	10.5~12.5	10.0~12.0	8.0~11.0	8.0~11.0	—	—
	18	19	—	—	—	12.0~14.0	11.0~13.0	11.0~13.0	—	—
	20	21	—	—	—	14.0~16.0	13.0~16.0	13.0~16.0	—	—
	25	26	—	—	—	16.0~21.0	16.0~19.0	16.0~19.0	—	—
GB/T 12618.5 20 级 21 级 22 级	5	6	—	0.5~2.0	0.5~2.0	1.0~2.5	—	—	—	—
	6	7	—	2.0~3.0	2.0~3.0	2.5~3.5	—	—	—	—
	8	9	—	3.0~5.0	3.0~5.0	3.5~5.0	2.5~4.0	—	—	—
	10	11	—	5.0~7.0	5.0~7.0	5.0~7.0	4.0~6.0	—	—	—
	12	13	—	7.0~9.0	7.0~9.0	7.0~8.5	6.0~8.0	—	—	—
	14	15	—	9.0~11.0	9.0~11.0	8.5~10.0	8.0~10.0	—	—	—
	16	17	—	—	—	10.0~12.5	10.0~12.0	—	—	—
	18	19	—	—	—	—	12.0~14.0	—	—	—
	20	21	—	—	—	—	14.0~16.0	—	—	—
GB/T 12618.6 40 级 41 级	5	6	—	—	1.0~3.0	1.0~3.0	—	—	—	—
	6	7	—	—	—	—	2.0~4.0	—	—	—
	8	9	—	—	3.0~5.0	3.0~5.0	—	—	—	2.5~4.0
	10	11	—	—	5.0~7.0	5.0~7.0	4.0~6.0	—	—	4.0~6.0
	12	13	—	—	7.0~9.0	7.0~9.0	6.0~8.0	—	—	6.0~8.0
	14	15	—	—	—	9.0~10.5	8.0~10.0	—	—	8.0~10.0
	16	17	—	—	—	10.5~12.5	10.0~12.0	—	—	10.0~12.0
	18	19	—	—	—	12.5~14.5	12.0~14.0	—	—	12.0~14.0
	20	21	—	—	—	14.5~16.5	14.0~16.0	—	—	14.0~16.0

9.11 几种新型铆钉

除上一节介绍的国标抽芯铆钉外，还有几款新型的铆钉，它们分别是环槽铆钉、双鼓型抽芯铆钉和沟槽型抽芯铆钉。

(1) 环槽铆钉

环槽铆钉用优质碳素结构钢加工而成，抗拉强度高，其明显的特征是抗振性好，广泛应用在各种机动车生产、船舶制造、航天工程、建设工程和机械设备制造等领域。它是非盲铆钉，钉芯（铆钉）和钉体（钉套）是分离的，铆接时从一侧把钉芯穿过通孔，从另一侧装上钉体，使用专业的环槽铆钉枪，枪嘴抵着钉体，在枪嘴运动时，钉体和钉芯之间的间隙逐渐减小，当钉芯和钉体之间没有运动间隙后，在力的作用下，钉体渐渐地产生变形而缩短，最后钉芯被拉断，在钉芯和钉体间形成稳固的铆钉头，从而完成铆接工作。这种铆钉使用省时省力，效率高，噪声较低，铆接件经久耐用。该铆钉有平圆头和沉头两种型式。除了 GJB 381.1~11—1987 规定的环槽铆钉外，还有行业团体制定的 T/ZZB 1728—2020 汽车用环槽铆钉连接副，如图 5-2-2 所示，具体数据可查阅有关企业产品手册。

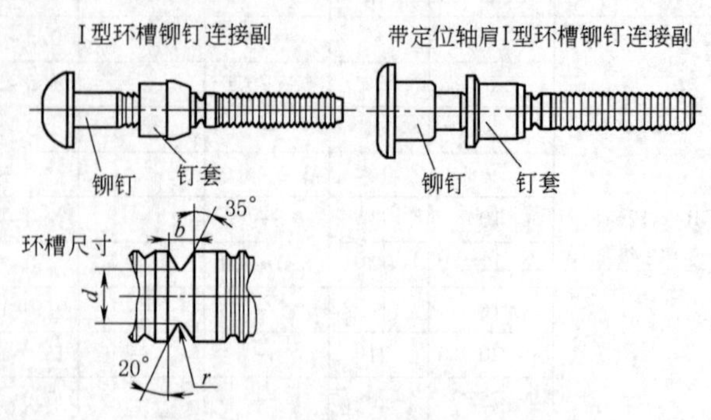

图 5-2-2 汽车用环槽铆钉连接副

表 5-2-34　　环槽铆钉标准及规格范围

序号	标准号	标准名称	材料及表面处理	规格范围/mm
1	GJB 381.1—1987	平头抗剪型环槽铆钉	ML30CrMnSiA[σ_s=(1175±100)MPa] 镀镉钝化(镀层5~8μm)	d=4,5,6 L=2~59
2	GJB 381.2—1987	平头抗剪型环槽铆钉	Cr17Ni2[σ_s=(1175±100)MPa] 钝化	d=4,5,6 L=2~59
3	GJB 381.3—1987	100°沉头抗剪型环槽铆钉	ML30CrMnSiA[σ_s=(1175±100)MPa] 镀镉钝化(镀层5~8μm)	d=4,5,6 L=3~60
4	GJB 381.4—1987	100°沉头抗剪型环槽铆钉	Cr17Ni2[σ_s=(1175±100)MPa] 钝化	d=4,5,6 L=3~60
5	GJB 381.5—1987	100°沉头抗拉型环槽铆钉	ML30CrMnSiA[σ_s=(1175±100)MPa] 镀镉钝化(镀层5~8μm)	d=4,5,6 L=3~60
6	GJB 381.6—1987	平圆头抗拉型环槽铆钉	ML30CrMnSiA[σ_s=(1175±100)MPa] 镀镉钝化(镀层5~8μm)	d=4,5,6 L=2~59
7	GJB 381.7—1987	抗剪型环槽铆钉钉套	LY9(淬火时效)	d=4,5,6
8	GJB 381.8—1987	抗剪型环槽铆钉钉套	ML10(退火)	d=4,5,6
9	GJB 381.9—1987	抗剪型环槽铆钉钉套	1Cr18Ni9Ti(淬火)	d=4,5,6
10	GJB 381.10—1987	抗拉型环槽铆钉钉套	LY9(淬火时效)	d=4,5,6
11	GJB 381.11—1987	抗拉型环槽铆钉钉套	ML10(退火)	d=4,5,6
12	T/ZBB 1728—2020	汽车用环槽铆钉连接副		

表 5-2-35　　环槽铆钉（平圆头、沉头）　　mm

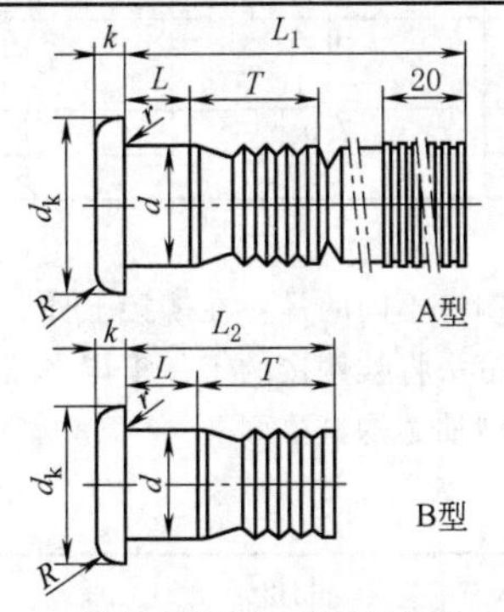

平头(平圆头)环槽铆钉
(GJB 381.1、GJB 381.2、GJB 381.6)

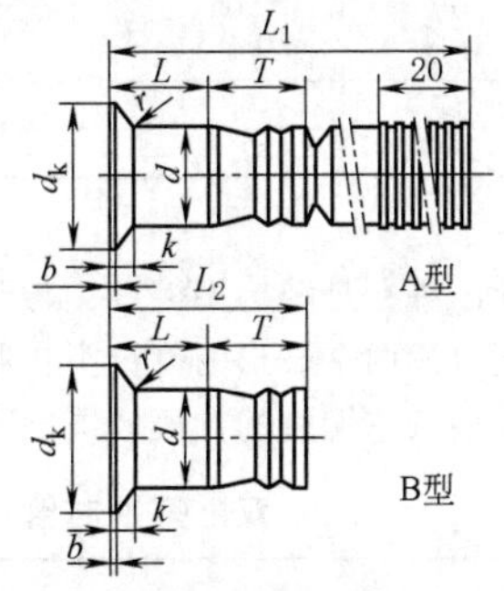

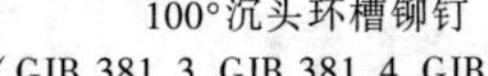

100°沉头环槽铆钉
(GJB 381.3、GJB 381.4、GJB 381.5)

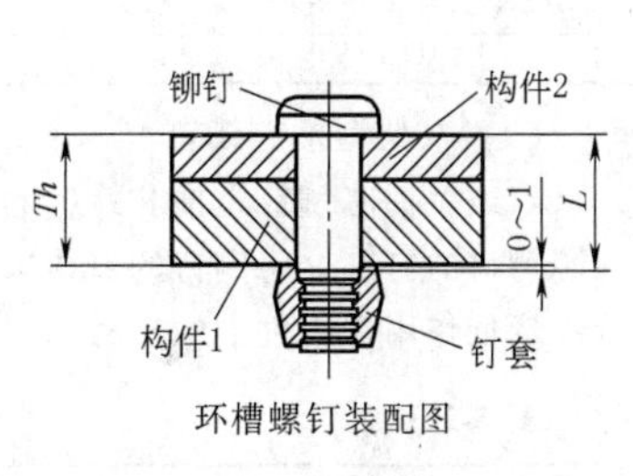

环槽螺钉装配图

铆钉直径 d		GJB 381.1、GJB 381.2			GJB 381.6			GJB 381.3、GJB 381.4			GJB 381.5		
		4	5	6	4	5	6	4	5	6	4	5	6
d	基本尺寸	4	5	6	4	5	6	4	5	6	4	5	6
	极限偏差	±0.015			±0.015			±0.015			±0.015		
d_k(h14)	基本尺寸	7.0	8.0	9.5	7.0	8.0	10	5.45	6.80	8.20	6.60	8.25	9.00
	极限偏差	0 -0.36			0 -0.36			+0.3 0			+0.3 0		
T	基本尺寸	4.5	5.0	6.0	5.4	6.6	8.2	4.5	5.0	6.0	5.4	6.6	8.2
	极限偏差	±0.1			±0.1			±0.1			±0.1		
k	基本尺寸				2.3	2.8	3.5	0.95	1.18	1.43	1.43	1.80	2.5
R	基本尺寸	0.8	0.8	0.8	1.5	1.5	2.0	—			—		
r	基本尺寸	0.3	0.3	0.3	0.4	0.5	0.5	$0.17\leqslant r\leqslant 0.33$			$0.17\leqslant r\leqslant 0.33$		
b	最小	—			—			0.08	0.10	0.10	0.08	0.10	0.10
L	$Th\leqslant L<Th+1$	2~59(间隔1mm)			2~59(间隔1mm)			3~60(间隔1mm)			3~60(间隔1mm)		
L_1		$L_1=L+T+30$ (A型)、$L_2=L+T$ (B型)											

标记示例

d=5mm、L=10mm、表面处理为镀铬钝化的100°沉头抗拉型A型环槽铆钉，标记为：

环槽铆钉　A型　GJB 381.5　5×10

d=6mm、L=20mm、表面处理为镀铬钝化、材料为Cr17Ni2的100°沉头抗剪型B型环槽铆钉，标记为：

环槽铆钉　B型　GJB 381.4　6×20

表 5-2-36　　　　环槽铆钉钉套　　　　mm

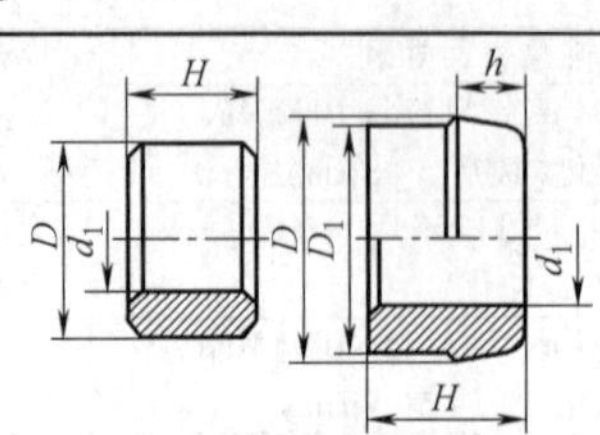

抗剪型环槽铆钉钉套

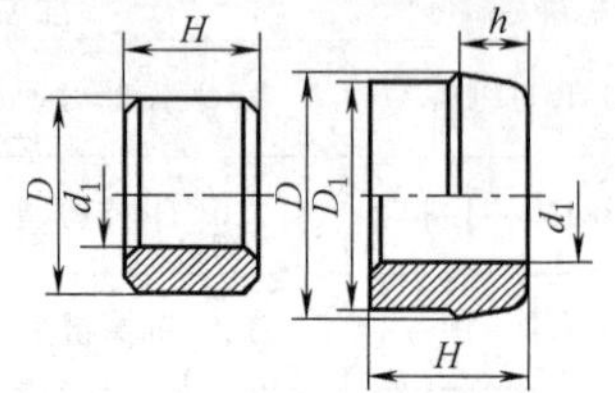

抗拉型环槽铆钉钉套

标准号	材料	热处理	表面处理	标准号	材料	热处理	表面处理
GJB 381.7—1987	LY9	淬火时效	蓝色阳极化	GJB 381.10—1987	LY9	淬火时效	蓝色阳极化
GJB 381.8—1987	ML10	退火	镀铬钝化（镀层 10~15μm）	GJB 381.11—1987	ML10	退火	镀铬钝化（镀层 10~15μm）
GJB 381.9—1987	1Cr18Ni9Ti	淬火	钝化				

铆钉直径 d		GJB 381.7~9			GJB 381.10~11		
		4	5	6	4	5	6
d_1	基本尺寸	3.9	4.9	5.9	3.9	4.9	5.9
	极限偏差	+0.1 0	+0.1 0	+0.1 0	+0.1 0	+0.1 0	+0.1 0
D	基本尺寸	6.2	8.3	10.1	6.6	8.5	10.5
	极限偏差	0 -0.05	0 -0.1	0 -0.1	0 -0.05	0 -0.1	0 -0.1
D_1	基本尺寸	—	8.0	9.6	—	8.1	10.0
	极限偏差	—	0 -0.1	0 -0.1	—	0 -0.1	0 -0.1
H	基本尺寸	4.9	5.4	6.4	5.8	7.0	8.6
h	基本尺寸	—	2.5	2.5	—	3.0	3.6

（2） 双鼓型抽芯铆钉

双鼓型抽芯铆钉是抽芯铆钉的新品种，是结构型铆钉，与开口型抽芯铆钉不同的是：在铆接工件后，双鼓型抽芯铆钉的钉芯会将铆钉的钉体末端拉成两个鼓形的铆钉头，通过形成的钉头将被铆接的工件牢牢夹紧，同时还可以降低作用在工件上的压力；双鼓型抽芯铆钉的抗振效果比普通的开口型抽芯铆钉要好。

表 5-2-37　　　　双鼓型抽芯铆钉　　　　mm

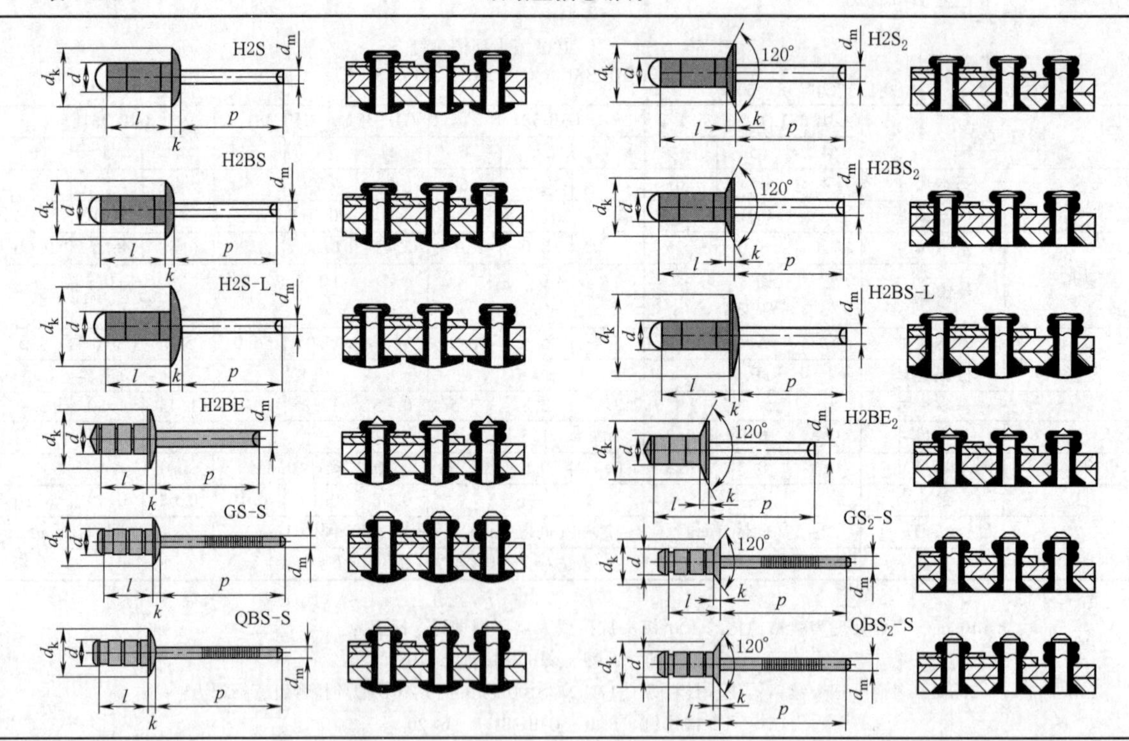

续表

铆钉型号		$H2S/H2S_2$	$H2BS/H2BS_2$	H2S-L/H2BS-L	$H2BE/H2BE_2$	$GS-S/GS_2-S$	$QBS-S/QBS_2-S$
材料	钉体	铝合金	铝合金	铝合金	铝合金	碳钢	不锈钢
	钉芯	碳钢	不锈钢	碳钢	不锈钢	碳钢	不锈钢
表面处理	钉体	磨光	磨光	磨光	磨光	镀锌	磨光
	钉芯	镀锌	镀锌	镀锌	镀锌	镀锌	磨光
d		3.2/4.0/4.8	3.2/4.0/4.8	3.2/4.0/4.8	3.2/4.0/4.8	3.2/4.0/4.8/6.4	3.2/4.0/4.8/6.4
d_m(最大)		1.8/2.2/2.8	1.8/2.2/2.8	1.8/2.2/2.8	1.8/2.2/2.8	1.8/2.2/2.8/4.0	1.8/2.2/2.8/4.0
p(最小)		26/27/27	26/27/27	26/27/27	26/27/27	26/27/27/31	26/27/27/31

铆钉参数

规格型号 d	l	铆接范围		d_k	k (最大)	d_m (最大)	p (最小)	钻孔直径	抗拉力/N	抗剪力/N	适用的产品
		最大	最小						最大	最小	
3.2	8	0.5	5.0	6.0	1.4	1.8	26	3.4	980	650	$H2S/H2S_2$ $H2BS/H2BS_2$ H2S-L/H2BS-L $H2BE/H2BE_2$
	10	2.5	7.0								
	12	4.5	9.0								
	14	6.5	11.0								
	16	8.5	13								
4.0	10	1.0	6.5	8.0	1.7	2.2	27	4.2	1600	1120	$H2S/H2S_2$ $H2BS/H2BS_2$ H2S-L/H2BS-L $H2BE/H2BE_2$
	12	3.0	8.5								
	14	5.0	10.5								
	16	7.0	12.5								
	18	9.0	14.5								
4.8	10	0.5	5.0	9.6	2.0	2.8	27	5.0	2000	1560	$H2S/H2S_2$ $H2BS/H2BS_2$ H2S-L/H2BS-L $H2BE/H2BE_2$
	12	2.0	7.0								
	14	4.0	9.0								
	16	6.0	11.0								
	18	8.0	13.0								
	20	10.0	15.0								
	22	12.0	17.0								
	24	14.0	19.0								
	26	16.0	21.0								
3.2	8	1.0	4.0	6.0	1.4/1.2①	1.8	26	3.4	1325/1800②	1375/1650②	$GS-S/GS_2-S$ $QBS-S/QBS_2-S$
	9	2.0	5.0								
	10	3.0	6.0								
	11	4.0	7.0								
	12	5.0	8.0								
4.0	10	1.5	5.0	8.0	1.7/1.4①	2.2	27	4.2	2040/3550②	1530/3240②	$GS-S/GS_2-S$ $QBS-S/QBS_2-S$
	11	2.5	6.0								
	12	3.5	7.0								
	13	4.5	8.0								
	14	5.5	9.0								
	15	6.0	9.5								
4.8	10	1.5	5.0	9.6	2.0/1.6①	2.8	27	5.0	3115/4300②	2940/4230②	$GS-S/GS_2-S$ $QBS-S/QBS_2-S$
	11	2.5	6.0								
	12	3.0	7.0								
	13	4.0	8.0								
	14	5.0	9.0								
	15	6.0	10								
6.4	12	2.0	6.0	13	2.7/2.2①	4.0	31	6.6	7500/6500②	13000/8550②	$GS-S/GS_2-S$ $QBS-S-QBS_2-S$
	13	3.0	7.0								
	14	4.0	8.0								
	15	5.0	9.0								
	16	6.0	10.0								
	17	7.0	11.0								

续表

规格型号 d	l	铆接范围		d_k	k（最大）	d_m（最大）	p（最小）	钻孔直径	抗拉力/N	抗剪力/N	适用的产品
		最大	最小						最大	最小	
6.4	18	8.0	12.0	13	2.2	4.0	31	6.6	7500/6500②	13000/8550②	GS_2-S QBS_2-S
	19	9.0	14.0								
	20	19.0	15.0								

① 斜杠后是下标2规格的指标。

② 斜缸后是QBS系列的应力参数。

（3）沟槽型抽芯铆钉

沟槽型抽芯铆钉是一类盲面铆合的创新型紧固件，应用于竹木胶合板、木板以及玻璃纤维、塑胶等材质工件的铆合。它与其他铆钉的不同点是在表层上带槽，在盲孔内膨胀后，沟槽嵌到被铆工件的孔壁内，最终发挥了铆合作用。

表 5-2-38　　沟槽型抽芯铆钉　　mm

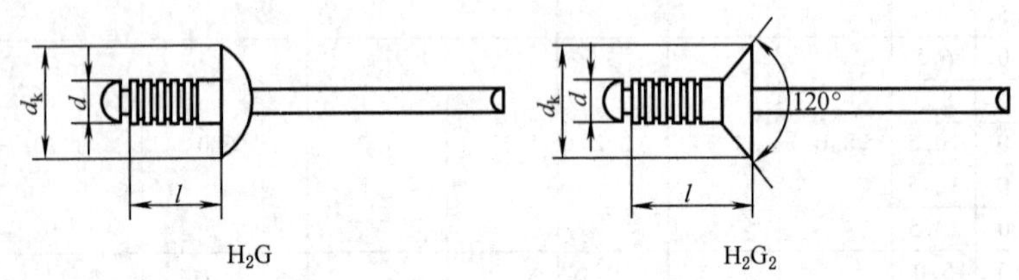

d	l	d_k	铆孔直径	铆接厚度(最大)	抗拉载荷/N	抗剪载荷/N	材料和标记方法
3.2	10 12 14 16 18	6	3.6	6 8 10 12 14	930	525	铝合金/钢铁　H_2G　$d\times l$、H_2G_2　$d\times l$
4	10 12 14 16 18	8	4.4	6 8 10 12 14	1410	885	
4.8	10 12 14 16 18 20 22 24 26	9.5	5.2	6 8 10 12 14 16 18 20 22	1575	1185	

10　铆　螺　母

铆螺母，又称拉铆螺母、拉帽，它既具有普通铆钉用来铆接两构件的功能，又能提供内螺纹结构的螺母功能，用于各类金属板材、管材等制造和装配上。为解决金属薄板、薄管焊接螺母易熔，基材易焊接变形，攻内螺纹易滑牙等缺点而开发，它不需要攻内螺纹，不需要焊接螺母，铆接牢固，效率高，使用方便。

铆螺母主要使用在非结构承力的螺栓连接中，如轨道客车、公路客车、船舶等内饰件的连接，改进的可防止自旋的铆螺母比飞机用托板螺母性能更加优异，其优点是重量更轻，不需提前用铆钉固定托板螺母，基材背部无操作空间仍可使用等。

按结构型式有平头和沉头、全六角和半六角、通孔的和盲孔的、有滚花的和无滚花的之分。按材料有铝合金、钢、不锈钢等。

表 5-2-39　　铆螺母标准及规格范围

序号	标准号	标准名称	图示	规格范围及材料
1	GB/17880. 1—1999	平头铆螺母	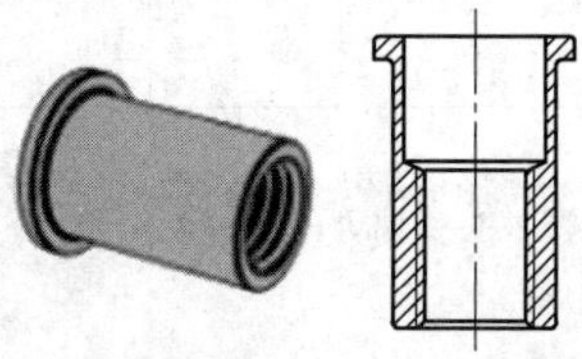	M3～M12 08F、ML10、5056、6061
2	GB/17880. 2—1999	沉头铆螺母	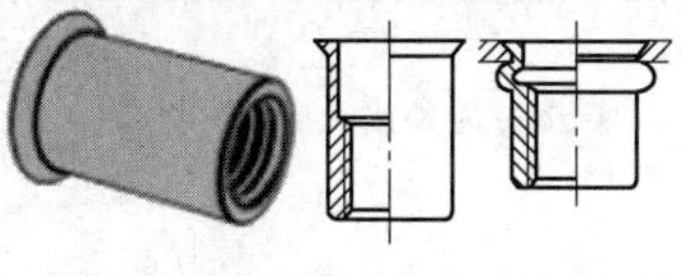	M3～M12 08F、ML10、5056、6061
3	GB/17880. 3—1999	小沉头铆螺母		
4	GB/17880. 4—1999	120°小沉头铆螺母		
5	GB/17880. 5—1999	平头六角铆螺母	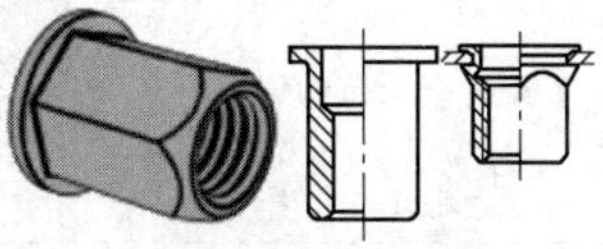	M6～M12 08F、ML10、5056、6061
6	GB/17880. 6—1999	铆螺母技术条件		
7	Q 372	平头铆螺母	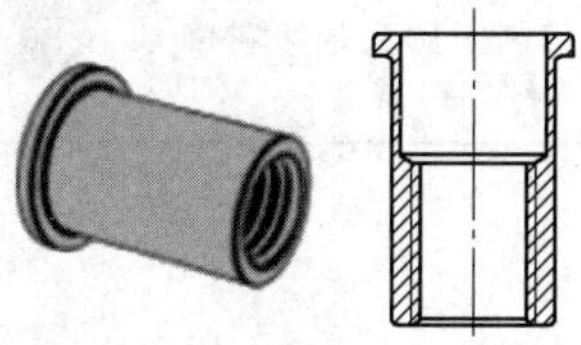	M3～M12 08F、ML10、5056、6061
8	Q 374	沉头铆螺母	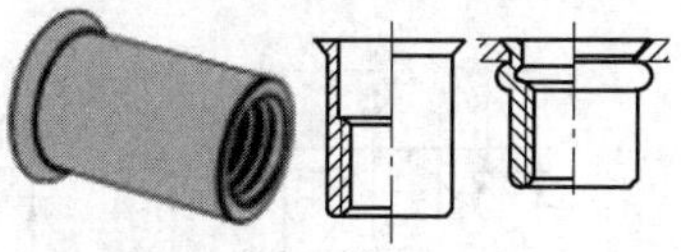	M3～M12 08F、ML10、5056、6061
9	Q 37A	平圆头全六角盲孔铆螺母	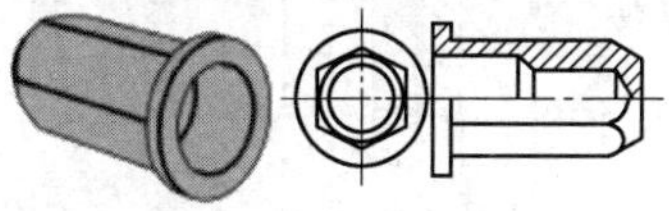	M4～M10 铝、碳钢、不锈钢
10	QC/T 861—2011	盲孔平头铆螺母		M4～M10 铝、碳钢、不锈钢
11	YJT 3003	120°小沉头内外六角铆螺母	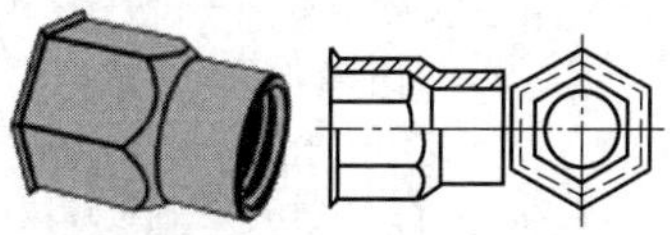	M4～M10 铝、碳钢、不锈钢
12	YJT 3004	滚花盲孔平圆头圆柱铆螺母	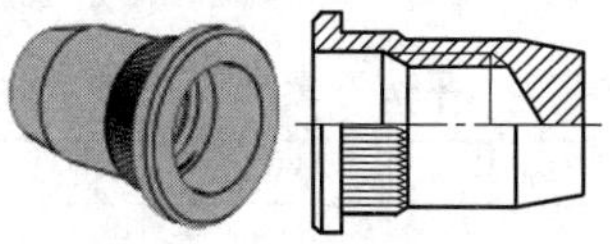	M3～M10 铝、碳钢、不锈钢
13	YJT 3005	滚花平圆头圆柱铆螺母	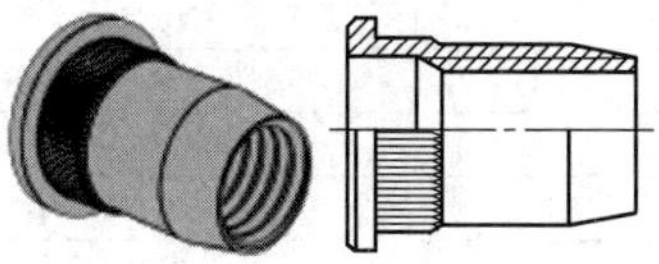	M3～M10 铝、碳钢、不锈钢

续表

序号	标准号	标准名称	图示	规格范围及材料
14	YJT 3006	盲孔平圆头圆柱铆螺母		M3~M16 铝、碳钢、不锈钢
15	YJT 3007	圆柱头铆螺母(厚头铆螺母)		M5~M8 铝、碳钢、不锈钢
16	YJT 8002	平圆头内外半六角铆螺母		M4~M10 铝、碳钢、不锈钢、铜
17	YJT 8003	平圆头全六角铆螺母		M4~M12 铝、碳钢、不锈钢
18	YJT 8019	钢制平圆头带滚花铆螺母(英制/美制)		6#~1/2 铝、碳钢、不锈钢、铜
19	YJT 8020	铝制平圆头带滚花铆螺母(英制/美制)		6#~3/8 铝、碳钢、不锈钢、铜

10.1 平头铆螺母

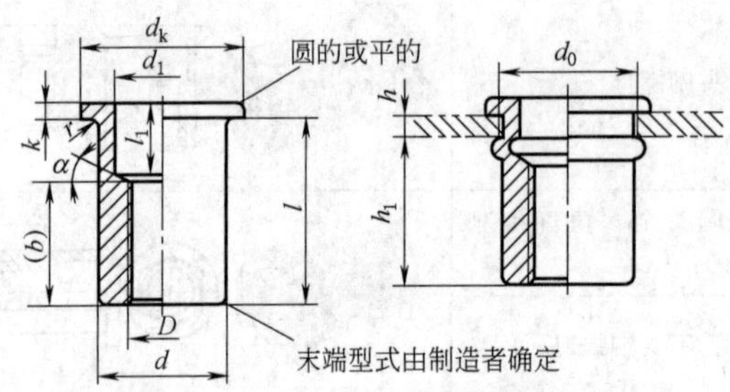

$b=(1.25\sim1.5)D$；α 由制造者确定

允许在支承面和（或）d 圆周表面制出花纹

标记示例

螺纹规格 D=M8、长度规格 l=15mm、材料 ML10、表面镀锌钝化的平头铆螺母，标记为：

铆螺母 GB/T 17880.1 M8×15

表 5-2-40 平头铆螺母（摘自 GB/T 17880.1—1999） mm

螺纹规格(6H)		M3	M4	M5	M6	M8	M10	M12
	D	M3	M4	M5	M6	M8	M10	M12
	$D\times P$	—	—	—	—	—	M10×1	M12×1.5
$d_{-0.10}^{-0.03}$		5	6	7	9	11	13	15
d_1(H12)		4	4.8	5.6	7.5	9.2	11	13
d_k(最大)		8	9	10	12	14	16	18
k		0.8		1	1.5		1.8	
r		0.2				0.3		

续表

$d_{0\ 0}^{+0.15}$		5	6	7	9	11	13	15
h_1(参考)		5.8	7.5	9.3	11	12.3	15	17.5
铆接厚度 h(推荐)		l(最大)						
0.25~1.0		7.5	9.0	11.0	—	—	—	—
1.0~2.0		8.5	10.0	12.0	—	—	—	—
2.0~3.0		9.5	11.0	13.0	—	—	—	—
3.0~4.0		10.5	12.0	14.0	—	—	—	—
0.5~1.5		—	—	—	13.5	15.0	18.0	21.0
1.5~3.0		—	—	—	15.0	16.5	19.5	22.5
3.0~4.5		—	—	—	16.5	18.0	21.0	24.0
4.5~6.0		—	—	—	18.0	19.5	22.5	25.5
保证载荷/N(最小)	钢	3900	6800	11500	16500	25000	32000	34000
	铝	1900	4000	6500	7800	12300	17500	—
头部结合力/N(最小)	钢	2236	3220	4648	6149	9034	11926	13914
	铝	1242	1789	2435	3416	5019	6626	—
剪切力/N(最小)	钢	1100	2100	2600	3800	5400	6900	7500
	铝	640	1200	1900	2700	3900	4200	—

注：1. 常用材料：钢—08F，ML10；铝合金—5056，6061。

2. 表面处理：钢—镀锌钝化；铝合金—不经处理。

10.2 沉头铆螺母

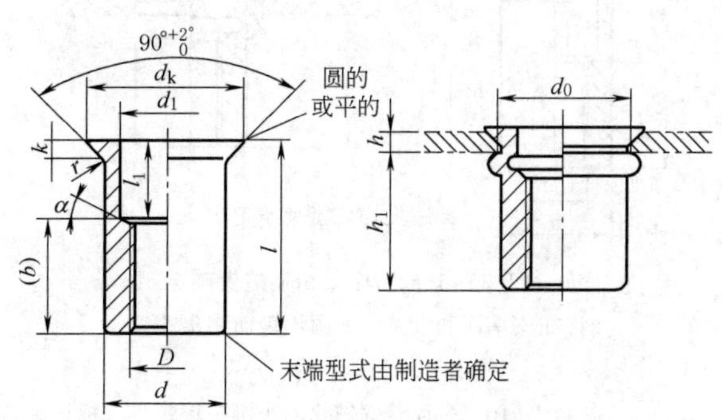

$b=(1.25\sim1.5)D$；α 由制造者确定

允许在支承面和（或）d 圆周表面制出花纹

标记示例

螺纹规格 D=M8、长度规格 l=16.5mm、材料 ML10、表面镀锌钝化的沉头铆螺母，标记为：

铆螺母 GB/T 17880.2　M8×16.5

表 5-2-41　　沉头铆螺母（摘自 GB/T 17880.2—1999）　　mm

螺纹规格(6H)	D	M3	M4	M5	M6	M8	M10	M12
	$D×P$	—	—	—	—	—	M10×1	M12×1.5
$d_{-0.10}^{-0.03}$		5	6	7	9	11	13	15
d_1(H12)		4.0	4.8	5.6	7.5	9.2	11	13
d_k(最大)		8	9	10	12	14	16	18
k		1.5						
r		0.2					0.3	
$d_{0\ 0}^{+0.15}$		5	6	7	9	11	13	15
h_1(参考)		5.8	7.5	9.3	11	12.3	15	17.5
铆接厚度 h(推荐)		l(最大)						

续表

1.7~2.5		9.0	10.5	12.5	—	—	—	—
2.5~3.5		10.0	11.5	13.5	—	—	—	—
3.5~4.5		11.0	12.5	14.5	—	—	—	—
1.7~3.0		—	—	—	15.0	16.5	19.5	22.5
3.0~4.5		—	—	—	16.5	18.0	19.0	24.0
4.5~6.0		—	—	—	18.0	19.5	22.5	25.5
6.0~7.5		—	—	—	—	—	24.0	27.0
保证载荷/N（最小）	钢	3900	6800	11500	16500	25000	32000	34000
	铝	1900	4000	6500	7800	12300	17500	—
头部结合力/N（最小）	钢	2236	3220	4648	6149	9034	11926	13914
	铝	1242	1789	2435	3416	5019	6626	—
剪切力/N（最小）	钢	1100	2100	2600	3800	5400	6900	7500
	铝	640	1200	1900	2700	3900	4200	—

注：1. 常用材料：钢—08F，ML10；铝合金—5056，6061。

2. 表面处理：钢—镀锌钝化；铝合金—不经处理。

10.3 小沉头铆螺母

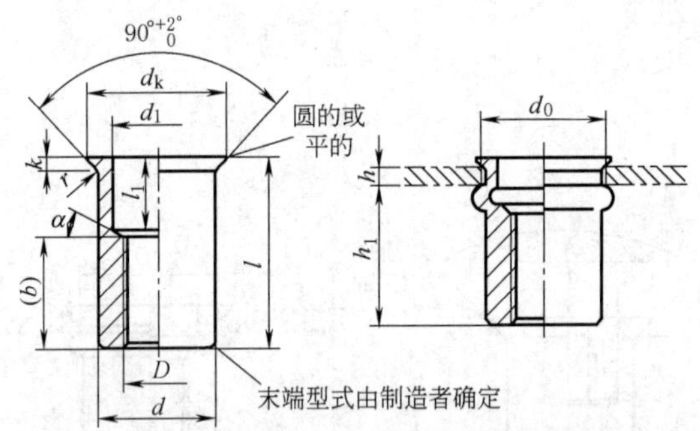

$b=(1.25\sim1.5)D$；α 由制造者确定

允许在支承面和（或）d 圆周表面制出花纹

标记示例

螺纹规格 D=M8、长度规格 l=15mm、材料 ML10、表面镀锌钝化的小沉头铆螺母，标记为：

铆螺母 GB/T 17880.3 M8×15

表 5-2-42 小沉头铆螺母（摘自 GB/T 17880.3—1999） mm

螺纹规格（6H）	D	M3	M4	M5	M6	M8	M10	M12
	$D\times P$	—	—	—	—	—	M10×1	M12×1.5
$d^{-0.03}_{-0.10}$		5	6	7	9	11	13	15
d_1(H12)		4.0	4.8	5.6	7.5	9.2	11	13
d_k(最大)		5.5	6.75	8	10	12	14.5	16.5
k		0.8		1.0	1.5		1.8	
r		0.2					0.3	
$d_0{}^{+0.15}_{0}$		5	6	7	9	11	13	15
h_1(参考)		5.8	7.5	9.3	11	12.3	15	17.5
铆接厚度 h(推荐)		l(最大)						
0.5~1.0		7.5	9.0	11.0	—	—	—	—
1.0~2.0		8.5	10.0	12.0	—	—	—	—
2.0~3.0		9.5	11.0	13.0	—	—	—	—
0.5~1.5		—	—	—	13.5	15.0	18.0	21.0

续表

1.5~3.0		—	—	—	15.0	16.5	19.5	22.5
3.0~4.5		—	—	—	16.5	18.0	21.0	24.0
保证载荷/N(最小)	钢	3900	6800	11500	16500	25000	32000	34000
剪切力/N(最小)	钢	1100	2100	2600	3800	5400	6900	7500

注：1. 常用材料：钢—08F，ML10；铝合金—5056，6061。

2. 表面处理：钢—镀锌钝化。

10.4 120°小沉头铆螺母

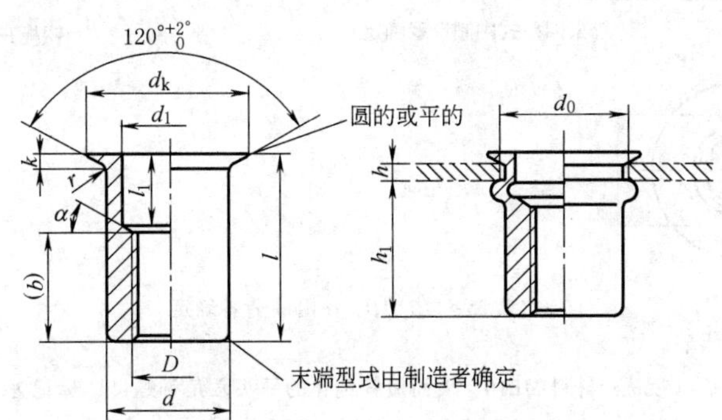

b=（1.25~1.5）D；α由制造者确定

允许在支承面和（或）d圆周表面制出花纹

标记示例

螺纹规格 D=M8、长度规格 l=15mm、材料 ML10、表面镀锌钝化的 120°小沉头铆螺母，标记为：

铆螺母 GB/T 17880.4　M8×15

表 5-2-43　**120°小沉头铆螺母**（摘自 GB/T 17880.4—1999）　mm

螺纹规格(6H)	D	M3	M4	M5	M6	M8	M10	M12
	D×P	—	—	—	—	—	M10×1	M12×1.5
$d_{-0.10}^{-0.03}$		5	6	7	9	11	13	15
d_1(H12)		4.0	4.8	5.6	7.5	9.2	11	13
d_k(最大)		6.5	8	9	11	13	16	18
k		0.35	0.5	0.6			0.85	
r		0.2				0.3		
$d_{0\ 0}^{\ +0.15}$		5	6	7	9	11	13	15
h_1(参考)		5.8	7.5	9.3	11	12.3	15	17.5
铆接厚度 h(推荐)		l(最大)						
0.5~1.0		7.5	9.0	11.0	—	—	—	—
1.0~2.0		8.5	10.0	12.0	—	—	—	—
2.0~3.0		9.5	11.0	13.0	—	—	—	—
0.5~1.5		—	—	—	13.5	15.0	18.0	21.0
1.5~3.0		—	—	—	15.0	16.5	19.5	22.5
3.0~4.5		—	—	—	16.5	18.0	21.0	24.0
保证载荷/N(最小)	钢	3900	6800	11500	16500	25000	32000	34000
剪切力/N(最小)	钢	1100	2100	2600	3800	5400	6900	7500

注：1. 常用材料：钢—08F，ML10。

2. 表面处理：钢—镀锌钝化。

10.5 平头六角铆螺母

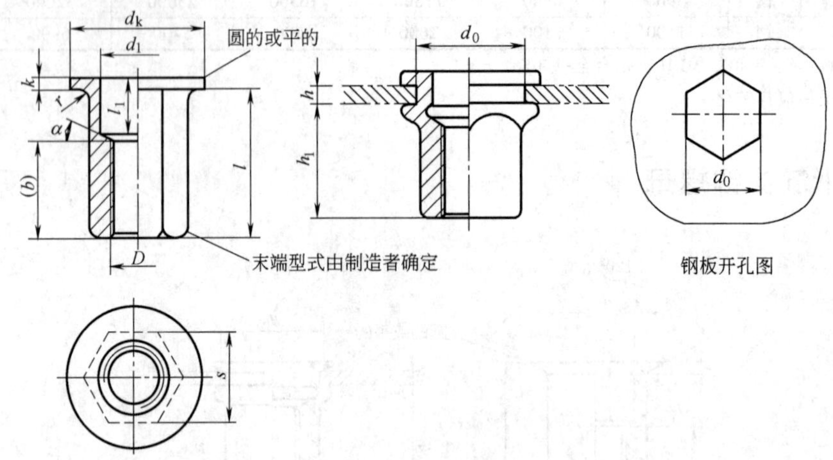

$b=(1.25\sim1.5)D$；α 由制造者确定

标记示例

螺纹规格 D=M8、长度规格 l=15mm、材料 ML10、表面镀锌钝化的平头六角铆螺母，标记为：

铆螺母 GB/T 17880.5　M8×15

表 5-2-44　　**平头六角铆螺母**（摘自 GB/T 17880.5—1999）　　mm

螺纹规格（6H）					
螺纹规格（6H）	D	M6	M8	M10	M12
	$D\times P$	—	—	M10×1	M12×1.5
$d_{-0.10}^{-0.03}$		9	11	13	15
d_1(H12)		8	10	11.5	13.5
d_k(最大)		12	14	16	18
k		1.5	1.5	1.8	1.8
r		0.2	0.3	0.3	0.3
$d_{0\ 0}^{+0.15}$		9	11	13	15
h_1(参考)		11	12.3	15	17.5
铆接厚度 h(推荐)		l(最大)			
0.5~1.5		13.5	15.0	18.0	21.0
1.5~3.0		15.0	16.5	19.5	22.5
3.0~4.5		16.5	18.0	21.0	24.0
4.5~6.0		18.0	19.5	22.5	25.5
保证载荷/N(最小)	钢	16500	25000	32000	34000
	铝	7800	12300	17500	—
头部结合力/N(最小)	钢	6149	9034	11926	13914
	铝	3416	5019	6626	—
剪切力/N(最小)	钢	3800	5400	6900	7500
	铝	2700	3900	4200	—

注：1. 常用材料：钢—08F，ML10；铝合金—5056，6061。

2. 表面处理：钢—镀锌钝化；铝合金—不经处理。

10.6 Q/YSVF 7 型铆螺母

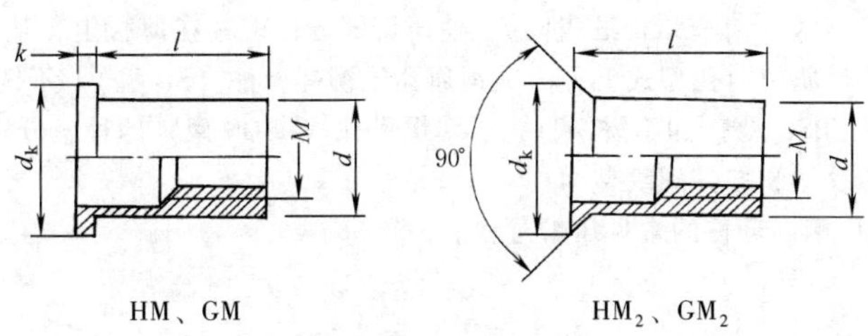

表 5-2-45 **Q/YSVF 7 型铆螺母** mm

螺纹规格 M	d	l	d_k	k	铆孔直径	铆接厚度	最小抗拉载荷/N		最小抗剪载荷/N		材料和标记方法
							铝合金	钢	铝合金	钢	
M3	5.0	7.5(9.0)	8.0	0.8	5.1	0.25(1.7)~1.0(2.5)	1330	1920	1030	1520	铝合金 HM $d\times l$ HM_2 $d\times l$ 钢 GM $d\times l$ GM_2 $d\times l$
		8.5(10.0)				1.0(2.5)~2.0(3.5)					
		9.5(11.0)				2.0(3.5)~3.0(4.5)					
		10.5				3.0~4.0					
M4	6.0	9.0(10.5)	9.0	0.8	6.1	0.25(1.7)~1.0(2.5)	2100	3200	1300	2000	
		10.0(11.5)				1.0(2.5)~2.0(3.5)					
		11.0(12.5)				2.0(3.5)~3.0(4.5)					
		12.0				3.0~4.0					
M5	7.0	11.0(12.5)	10.0	1.0	7.1	0.25(1.7)~1.0(2.5)	2700	4200	1750	2800	
		12.0(13.5)				1.0(2.5)~2.0(3.5)					
		13.0(14.5)				2.0(3.5)~3.0(4.5)					
		14.0				3.0~4.0					
M6	9.0	13.5(15.0)	12.0	1.5	9.1	0.5(1.7)~1.5(3.0)	4100	6300	2600	4750	
		15.0(16.5)				1.5(3.0)~3.0(4.5)					
		16.5(18.0)				3.0(4.5)~4.5(6.0)					
		18.0				4.5~6.0					
M8	11.0	15.0(16.5)	14.0	1.5	11.1	0.5(1.7)~1.5(3.0)	5600	8500	3600	6500	
		16.5(18.0)				1.5(3.0)~3.0(4.5)					
		18.0(19.5)				3.0(4.5)~4.5(6.0)					
		19.5				4.5~6.0					
M10	13.0	18.0(19.5)	16.0	1.8	13.1	0.5(1.7)~1.5(3.0)	6500	10000	4300	7800	
		19.5(21.0)				1.5(3.0)~3.0(4.5)					
		21.0(22.5)				3.0(4.5)~4.5(6.0)					
		22.5(24.0)				4.5(6.0)~6.0(7.5)					

注：1. 选自上海安宇实业有限公司产品样本。
2. 括号内的规格为 HM_2、GM_2 的。

11 压铆螺母和压铆螺母柱

压铆螺母又称自扣紧螺母，也可笼统地称为铆螺母，是用于薄板或钣金上的一种螺母，外形呈圆形（现在也有六角形），一端带有压花齿及导向槽。其原理是通过压花齿压入钣金的预置孔位，一般而言预置孔的孔径略小于压铆螺母的压花齿，通过压力使压铆螺母的压花齿挤入钣金内，使预置孔的周边产生塑性变形，变形部分被挤入导向槽，从而产生锁紧的效果。压铆螺母从材质上分为碳钢压铆螺母（S 型），不锈钢压铆螺母（CLS 型），不锈铁压铆螺母（SP 型）及铜、铝压铆螺母（CLA 型），分别用于不同的使用环境。规格通常是从 M2 至 M12。压铆螺母没有统一的国家标准，常用于机箱、机柜、钣金件。

压铆螺母柱又称压铆螺柱或螺母柱，是用于钣金、薄板、机箱、机柜的一种紧固件。压铆螺母柱一端呈六角形（也有齿型结构），另一端为圆柱形，六角头与圆柱中间有一道退刀槽，其内孔有内螺纹，通过压力机将六角头压入薄板的预置孔内（预置孔的孔径一般略大于压铆螺母柱的圆柱外径），使孔的周边产生塑性变形，变形部分被挤入压铆螺母柱的退刀槽内（齿型结构的齿间），使压铆螺母柱铆紧在薄板上，从而在薄板上形成了有效固定的内螺纹。压铆螺母柱从材质和内孔型式上分为碳钢通孔压铆螺母柱（SO型）、不锈钢通孔压铆螺母柱（SOS型）、碳钢盲孔压铆螺母柱（BSO型）和不锈钢盲孔压铆螺母柱（BSOS型）四种，分别应用于不同的使用环境。通孔压铆螺母柱又分为全螺纹型和部分螺纹型两种。

图5-2-3是压铆螺母和压铆螺母柱的常见压铆过程。

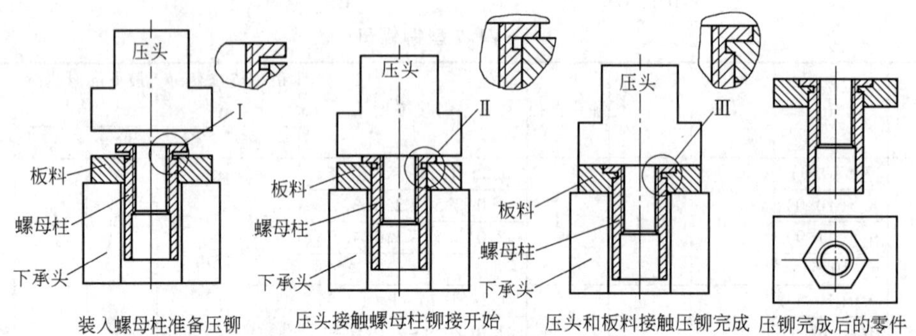

(a) 嵌入式(底板平齐-定位面和螺母柱主体异侧)螺母柱压铆过程

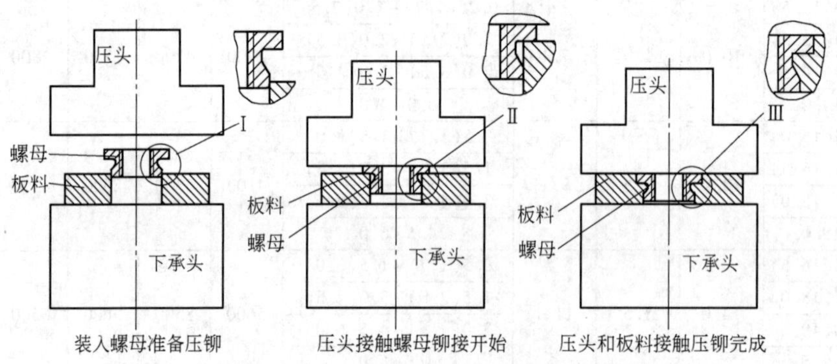

(b) 嵌入式(底板平齐-定位面和螺母异侧) 片式螺母压铆过程

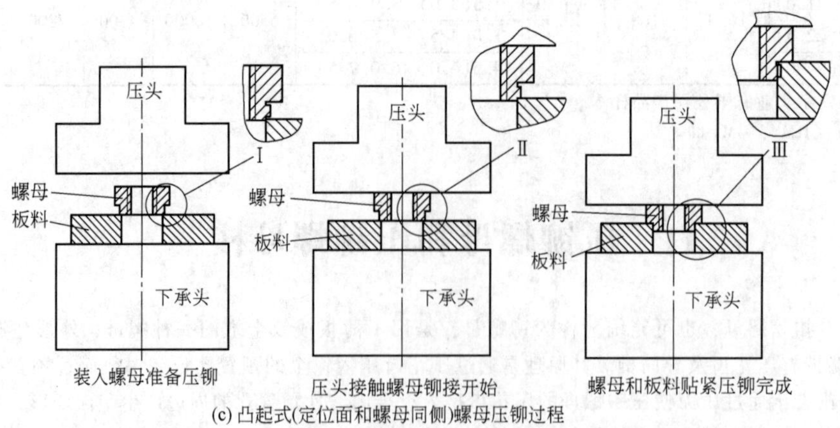

(c) 凸起式(定位面和螺母同侧)螺母压铆过程

图5-2-3 压铆螺母（螺母柱）压铆过程

11.1 带齿压铆圆螺母

表 5-2-46　　带齿压铆圆螺母　　mm

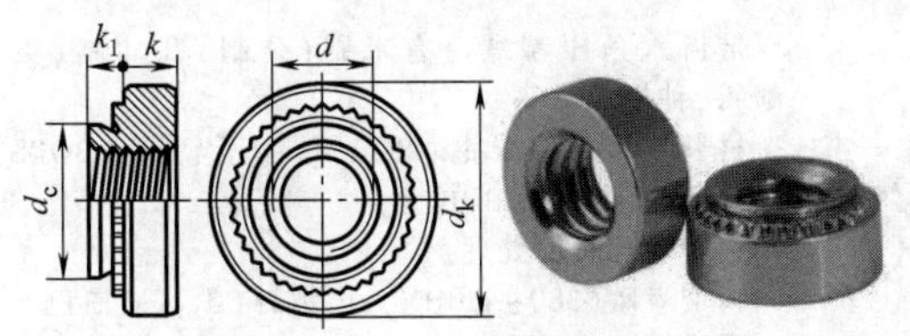

带齿压铆圆螺母有米制(公制)和寸制(英制)两种螺纹

材料:碳钢(S 型)、不锈钢(CLS 型)、不锈铁(SP 型)

热处理及表面处理:

碳钢调制淬火(32~38HRC)、电镀锌(默认蓝白色)

不锈钢不处理、洗光本色

不锈铁真空淬火(43~50HRC)、钝化处理

规格类型 $d\times P$	规格代号	k_1(最大)	d_c ($^{0}_{-0.13}$)	d_k (±0.25)	k (±0.1)	板厚(最小)	板孔径 ($^{+0.08}_{0}$)	边距(最小)
	00	0.57				0.6		
M2×0.4	0	0.77				0.8		
M2.5×0.45	1	0.97	4.2	6.35	1.5	1	4.22	4.8
M3×0.5	2	1.38				1.4		
	3	1.95				2		
	00	0.57				0.6		
	0	0.77				0.8		
M3.5×0.6	1	0.97	4.73	7.11	1.5	1	4.75	5.6
	2	1.38				1.4		
	3	1.95				2		
	00	0.57				0.6		
	0	0.77				0.8		
M4×0.7	1	0.97	5.38	7.87	2	1	5.41	6.9
	2	1.38				1.4		
	3	1.95				2		
	00	0.57				0.6		
	0	0.77				0.8		
M5×0.8	1	0.97	6.33	8.64	2	1	6.35	7.1
	2	1.38				1.4		
	3	1.95				2		
	000	0.77				0.8		
	00	0.89				0.92		
	0	1.15				1.2		
M6×1	1	1.38	8.73	11.18	4.08	1.4	8.75	8.6
	1.9	1.9				1.95		
	2	2.21				2.3		
	3	2.95				3		
	00	0.97				1		
	0	1.15				1.2		
M8×1.25	1	1.38	10.47	12.7	5.47	1.4	10.5	9.7
	2	2.21				2.3		
	3	2.95				3		
	00	1.36				1.4		
M10×1.5	0	1.6	13.97	17.35	7.48	1.7	14	13.5
	1	2.21				2.3		
	2	3.05				3.18		
	00	1.57				1.6		
M12×1.75	0	2.21	16.9	20.57	8.5	2.3	17	16
	1	3.05				3.18		
	2	5.65				5.8		

11.2 带齿六角压铆螺母

表 5-2-47 带齿六角压铆螺母

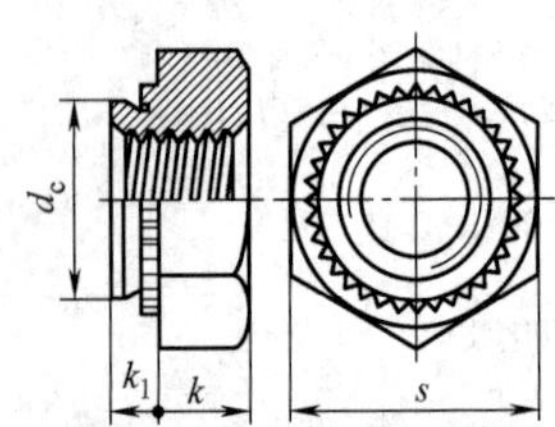

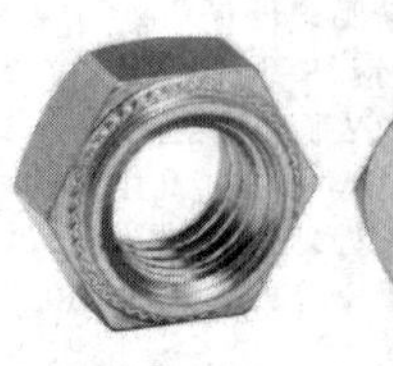

带齿六角压铆螺母有米制(公制)和寸制(英制)两种螺纹

材料和型号:碳钢(BOB 型)、不锈钢(BOBS 型)、硬化不锈钢(BOB 型)

热处理和表面处理:

碳钢渗碳(380~420HV),电镀锌(默认蓝白色)

不锈钢钝化处理

规格类型 $d\times P$	规格代号	k_1(最大)	d_c ($_{-0.13}^{0}$)	S (±0.25)	k (±0.1)	板厚(最小)	板孔径 ($_{0}^{+0.08}$)	边距(最小)
M3×0.5	0	0.8	4.22	5.5	2	0.8	4.25	4.8
	1	1.0				1.0		
	2	1.35				1.4		
M4×0.7	0	0.8	5.38	7.0	2.2	0.8	5.4	6.9
	1	1.0				1.0		
	2	1.35				1.4		
M5×0.8	0	0.8	6.38	8.0	3.0	0.8	6.4	7.1
	1	1.0				1.0		
	2	1.35				1.4		
M6×1	1	1.15	8.72	10.0	4.1	1.2	8.75	8.6
	2	1.4				1.5		
M8×1.25	1	0.97	10.47	12.7	5.0	1.2	10.5	9.7
	2	1.15				1.5		

11.3 铰制孔压铆圆螺母

这种压铆螺母和孔接触的圆柱上带有一圈直齿，当螺母在压力作用下压入安装孔内时，安装孔发生塑性变形，这些直齿嵌入安装孔的金属中，从而形成牢固的结合面，保证螺母和孔的紧密结合。由于这种螺母的直齿长度比其他圆螺母的齿长，因此同样螺纹规格的铰制孔压铆圆螺母结合力更强。

表 5-2-48 铰制孔压铆圆螺母

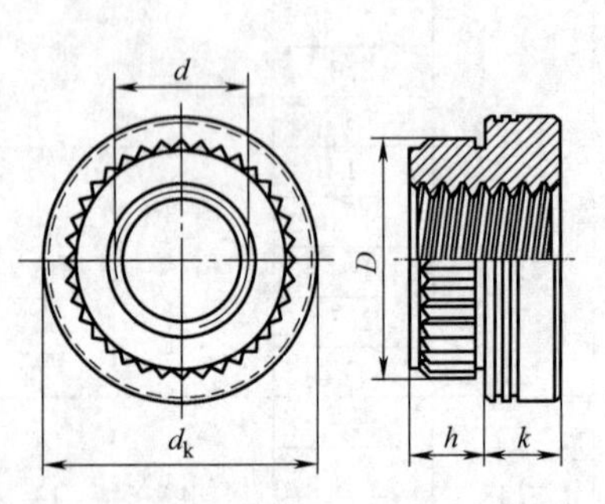

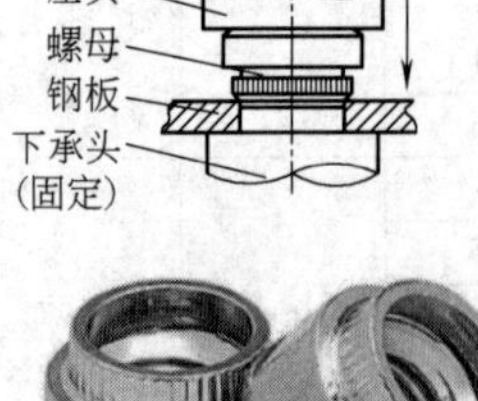

铰制孔压铆圆螺母有米制(公制)和寸制(英制)两种螺纹

材料和型号:碳钢(KF2 型)、不锈钢(KFS2 型)

热处理和表面处理:

碳钢调制淬火(32~38HRC),电镀锌(默认蓝白色)

不锈钢钝化处理

规格类型 d		M2×0.4	M2.5×0.45	M3×0.5	M4×0.7	M5×0.8
h	最大	1.53	1.53	1.53	1.53	1.53
D	公称	4.19	4.68	4.68	6.81	7.37
	最大	4.27	4.76	4.76	6.89	7.45
	最小	4.11	4.60	4.60	6.73	7.29

续表

d_k	公称	5.56	5.56	5.56	8.74	9.53
	最大	5.69	5.69	5.69	8.87	9.66
	最小	5.43	5.43	5.43	9.61	9.40
k	公称	1.5	1.5	1.5	2	3
	最大	1.63	1.63	1.63	2.13	3.13
	最小	1.37	1.37	1.37	1.87	2.87
板厚	最小	1.53	1.53	1.53	1.53	1.53
安装孔	最小(公称)	3.73	4.22	4.22	6.4	6.9
	最大	3.81	4.30	4.30	6.48	6.98
代号	碳钢	KF2				
	不锈钢	KFS2				

11.4 片式压铆螺母

片式压铆螺母简称片式螺母，也称镶入式平齐螺母或嵌入螺母，压入薄板后与板持平而形成内螺纹，结构简单，安装牢固。片式压铆螺母可置入钣金，六角头平行地压入钣金后和钣金面咬合，使之不能脱落，圆柱和钣金平齐。片式压铆螺母是为厚度在1.5mm以上的薄板设计的，用于承受一定力，表面需要保持光滑的薄板，还可以用于需要弯曲和定型的板材。常用材质为不锈钢，如用户需要其他材质，需要在订货时协商确定。

表 5-2-49　　片式压铆螺母　　mm

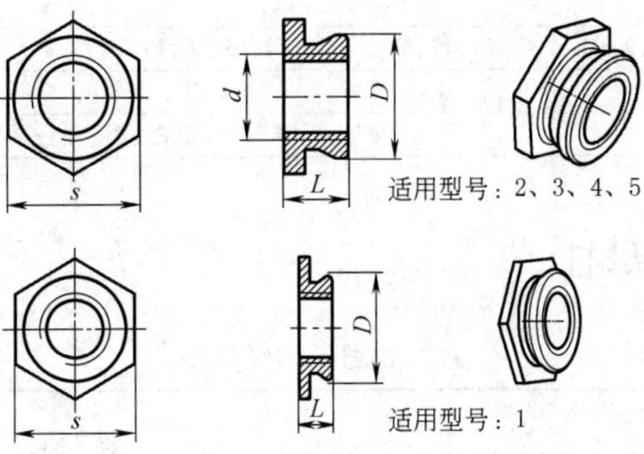

规格类型 $d \times P$	规格代号	L（最大）	s（±0.1）	D（最大）	板厚（最小）	板孔径 $\left(^{+0.08}_{0}\right)$	边距（最小）
M2×0.4	1	1.53	4.8	4.35	1.53	4.37	6
	2	2.3			2.32		
M2.5×0.45	1	1.53	4.8	4.35	1.53	4.37	6
	2	2.3			2.32		
M3×0.5	1	1.53	4.8	4.35	1.53	4.37	6
	2	2.3			2.32		
M4×0.7	1	1.53	7.9	7.35	1.53	7.37	7.2
	2	2.3			2.32		
M5×0.8	1	1.53	8.7	7.9	1.53	7.92	8
	2	2.3			2.32		
M6×1	3	3.05	9.5	8.72	3.2	8.74	8.8
	4	4			4		
	5	4.75			4.75		

11.5 六角压铆螺母柱

表 5-2-50 六角压铆螺母柱 mm

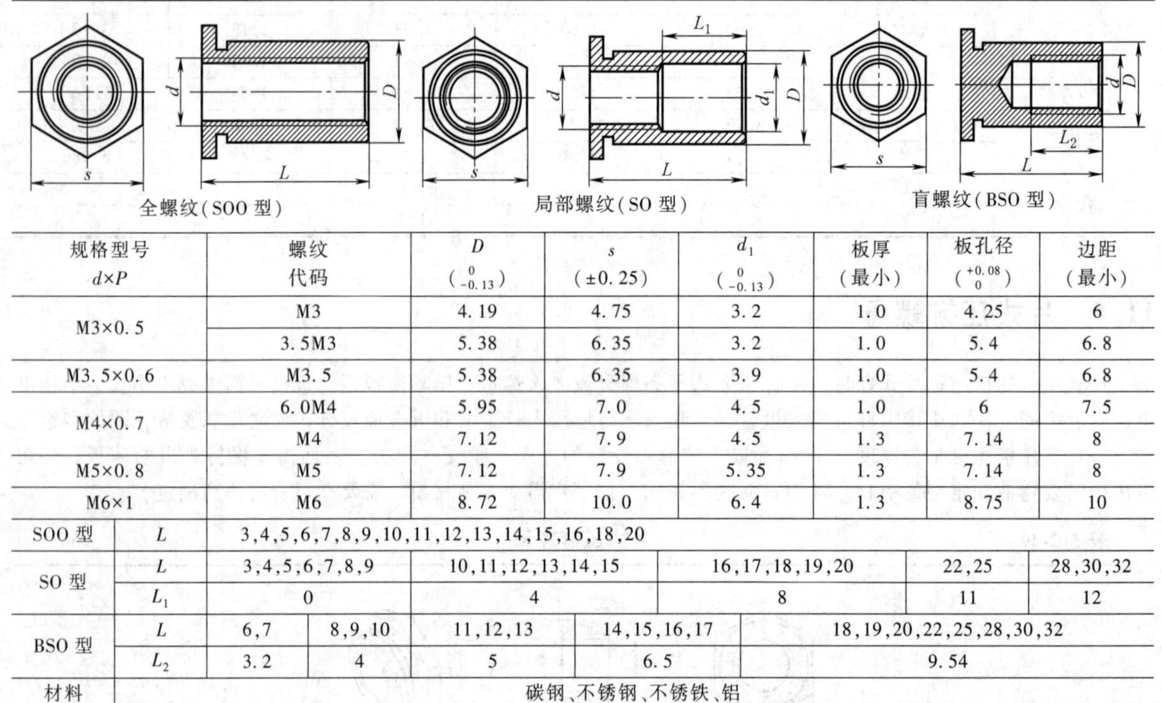

全螺纹(SOO 型) 局部螺纹(SO 型) 盲螺纹(BSO 型)

规格型号 $d\times P$	螺纹代码	D $(^{0}_{-0.13})$	s (±0.25)	d_1 $(^{0}_{-0.13})$	板厚(最小)	板孔径 $(^{+0.08}_{0})$	边距(最小)
M3×0.5	M3	4.19	4.75	3.2	1.0	4.25	6
	3.5M3	5.38	6.35	3.2	1.0	5.4	6.8
M3.5×0.6	M3.5	5.38	6.35	3.9	1.0	5.4	6.8
M4×0.7	6.0M4	5.95	7.0	4.5	1.0	6	7.5
	M4	7.12	7.9	4.5	1.3	7.14	8
M5×0.8	M5	7.12	7.9	5.35	1.3	7.14	8
M6×1	M6	8.72	10.0	6.4	1.3	8.75	10

型式						
SOO 型	L	3,4,5,6,7,8,9,10,11,12,13,14,15,16,18,20				
SO 型	L	3,4,5,6,7,8,9	10,11,12,13,14,15	16,17,18,19,20	22,25	28,30,32
	L_1	0	4	8	11	12
BSO 型	L	6,7	8,9,10	11,12,13	14,15,16,17	18,19,20,22,25,28,30,32
	L_2	3.2	4	5	6.5	9.54
材料	碳钢、不锈钢、不锈铁、铝					

11.6 片式齿型压铆螺母柱

表 5-2-51 片式齿型压铆螺母柱 mm

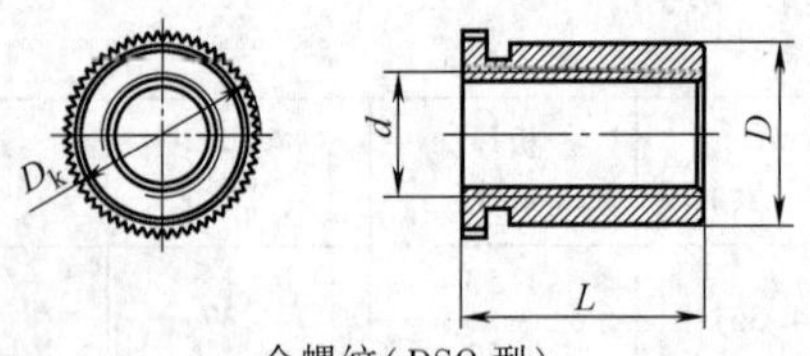

全螺纹(DSO 型)

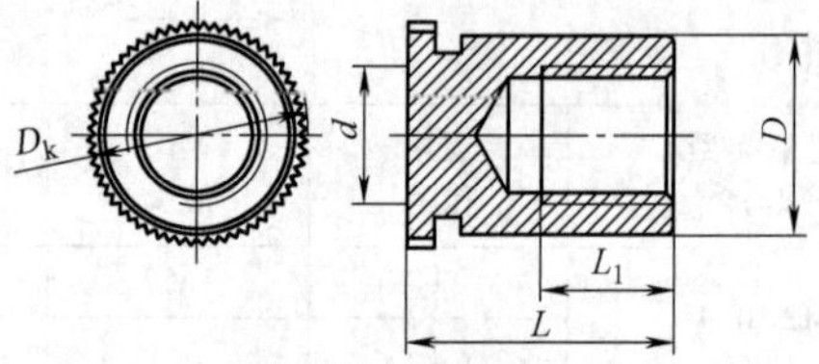

盲螺纹(BDSO 型)

规格型号 $d\times P$	螺纹代码	D $(^{0}_{-0.08})$	D_k (±0.2)	板厚(最小)	板孔径 $(^{+0.08}_{0})$	边距(最小)	长度 [全螺纹(DSO 型)]
M2×0.4	M2	4.18	5.2	1.0	4.2	6.0	3,4,5,6,7,8,9,10
M2.5×0.45	M2.5	4.18	5.2	1.0	4.2	6.0	3,4,5,6,7,8,9,10,12
M3×0.5	M3	4.18	5.2	1.0	4.2	6.0	3,4,5,6,7,8,9,10,11,12,13,14,15
	3.5 M3	6.18	7.2	1.0	6.2	7.0	3,4,5,6,7,8,9,10,11,12,13,14,15
M4×0.7	M4	7.18	8.2	1.0	7.2	8.2	3,4,5,6,7,8,9,10,11,12,13,14,15,16
M5×0.8	M5	7.18	8.2	1.0	7.2	8.2	3,4,5,6,7,8,9,10,11,12,13,14,15,16

型式											
盲螺纹(BDSO 型)	L	7	8,9,10	11,12	13	14	15	16	17	18	20
	L_1	3.0,3.5	4.0	5.0	6.0	6.5	7.0	8.0	9.0	9.5	10.0
材料	碳钢、不锈钢										

CHAPTER 3

第3章 销、键和花键连接

1 销 连 接

1.1 销的类型、特点和应用

销主要用于装配定位，也可用于连接，还可作为安全装置中的过载剪断元件。销的类型、特点和应用见表 5-3-1。

表 5-3-1　　销的类型、特点和应用

类型	简图	标准	规格/mm	特点和应用
圆柱销	圆柱销	GB/T 119.1~2—2000	d=0.6~50 l=1~200	主要用于定位，也可用于连接。直径公差有 m6、h8、h11、u8 四种，以满足不同的使用要求。常用的加工方法是配钻、配铰，以保证要求的装配精度
	内螺纹圆柱销	GB/T 120.1~2—2000	d=6~50 l=16~200	主要用于定位，也可用于连接。螺孔供拆卸用，有 A、B 两种规格，B 型用于盲孔。直径公差只有 m6 一种。常用的加工方法是配钻、配铰，以保证要求的装配精度
	开槽无头螺钉	GB/T 878—2007	M1~M10 l=2.5~3.5	主要用于定位，也可用于连接。常用的加工方法是配钻、配铰，以保证要求的装配精度。直径偏差较大，定位精度低。主要用于定位精度要求不高的场合
	无头销轴	GB/T 880—2008	d=3~100 l=6~200	用于铰接处，两端用开口销锁定，拆卸方便
	弹性圆柱销　直槽　重型 弹性圆柱销　直槽　轻型	GB/T 879.1~2—2018	d=1~50 l=4~200	具有弹性，装入销孔后与孔壁压紧，不易松脱。销孔精度要求较低，可不铰制，互换性好，可多次拆装。刚性较差，不适于高精度定位，载荷大时几个套在一起使用，相邻内外两销的缺口应错开 180°。用于有冲击、振动的场合，可代替部分圆柱销、圆锥销、开口销或销轴
	弹性圆柱销　卷制　重型 弹性圆柱销　卷制　标准型 弹性圆柱销　卷制　轻型	GB/T 879.3~5—2018	d=0.8~20 l=4~200	销钉由钢板卷制，加工方便，有弹性，装配后不易松脱。钻孔精度要求低，可多次拆装。刚性较差，不适用于高精度定位，可用于有冲击、振动的场合

续表

<table>
<tr><th rowspan="2">类型</th><th rowspan="2">简 图</th><th>标准</th><th colspan="2" rowspan="2">特点和应用</th></tr>
<tr><th>规格/mm</th></tr>
<tr><td rowspan="4">圆锥销</td><td>圆锥销 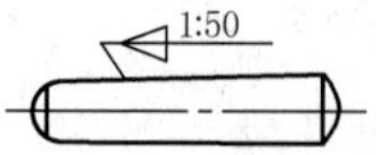</td><td>GB/T 117—2000
$d=0.6\sim50$
$l=2\sim200$</td><td colspan="2">有 1∶50 的锥度，与有锥度的铰制孔相配。便于安装。主要用于定位，也可用于固定零件，传递动力。多用于经常拆装的场合。定位精度比圆柱销高，在受横向力时能自锁</td></tr>
<tr><td>内螺纹圆锥销 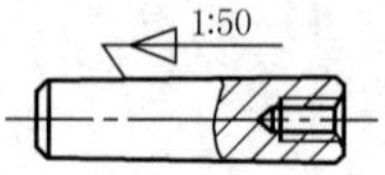</td><td>GB/T 118—2000
$d=6\sim50$
$l=16\sim200$</td><td colspan="2">螺孔用于拆卸。可用于盲孔。有 1∶50 的锥度，与有锥度的铰制孔相配。拆装方便，可多次拆装，定位精度比圆柱销高，能自锁。一般两端伸出被连接件，以便拆装</td></tr>
<tr><td>螺尾锥销 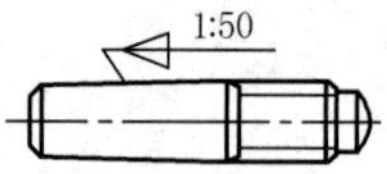</td><td>GB/T 881—2000
$d=5\sim50$
$l=40\sim400$</td><td colspan="2">螺纹用于拆卸。有 1∶50 的锥度，与有锥度的铰制孔相配。拆装方便，可多次拆装，定位精度比圆柱销高，能自锁。一般两端伸出被连接件，以便拆装</td></tr>
<tr><td>开尾圆锥销 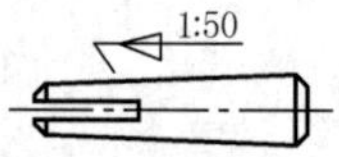</td><td>GB/T 877—1986
$d=3\sim16$
$l=30\sim200$</td><td colspan="2">有 1∶50 的锥度，与有锥度的铰制孔相配。打入销孔后，末端可以稍张开，避免松脱，用于有冲击、振动的场合</td></tr>
<tr><td rowspan="6">槽销</td><td>槽销　带导杆及全长平行沟槽 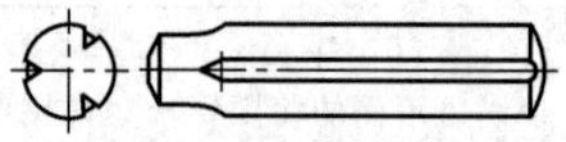</td><td>GB/T 13829.1—2004
$d=1.5\sim25$
$l=8\sim100$</td><td rowspan="6">沿销体母线辗压或模锻三条（相隔 120°）沟槽，打入销孔与孔壁压紧，不易松脱。能承受振动和变载荷。销孔不需铰光，可多次拆装</td><td rowspan="2">全长有平行槽，端部有导杆或倒角，销与孔壁间压力分布较均匀。适用于有严重振动、冲击的场合</td></tr>
<tr><td>槽销　带倒角及全长平行沟槽 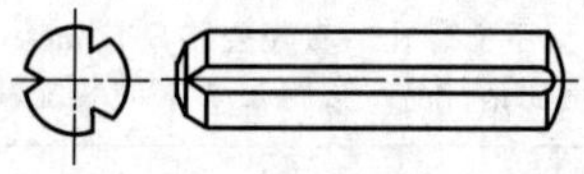</td><td>GB/T 13829.2—2004
$d=1.5\sim25$
$l=8\sim200$</td></tr>
<tr><td>槽销　中部槽长为 1/3 全长 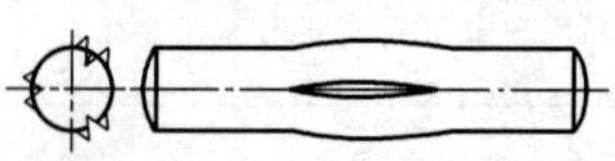</td><td>GB/T 13829.3—2004
$d=1.5\sim25$</td><td rowspan="2">槽中部的短槽等于全长的 1/3 或 1/2，常用作心轴，将带毂的零件固定在有槽处</td></tr>
<tr><td>槽销　中部槽长为 1/2 全长 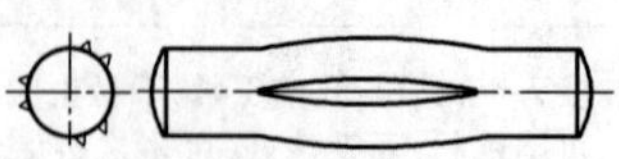</td><td>GB/T 13829.4—2004
$d=1.5\sim25$</td></tr>
<tr><td>槽销　全长锥销 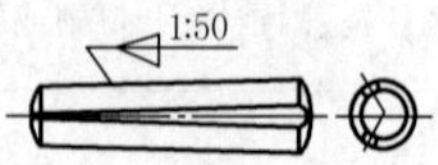</td><td>GB/T 13829.5—2004
$d=1.5\sim25$</td><td rowspan="2">槽为楔形，作用与圆锥销相似，销与孔壁间压力分布不均匀。比圆锥销拆装方便，但定位精度较低</td></tr>
<tr><td>槽销　半长锥销 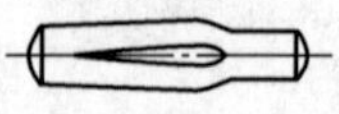</td><td>GB/T 13829.6—2004
$d=1.5\sim25$</td></tr>
</table>

续表

类型	简　图	标准	规格/mm	特点和应用	
槽销	槽销　半长倒锥销	GB/T 13829.7—2004	$d=1.5\sim25$	沿销体母线辗压或模锻三条(相隔120°)沟槽，打入销孔与孔壁压紧，不易松脱。能承受振动和变载荷。销孔不需铰光，可多次拆装	常用作轴杆
	圆头槽销	GB/T 13829.8—2004	$d=1.4\sim20$		可代替铆钉或螺钉，用于固定标牌、管夹等
	沉头槽销	GB/T 13829.9—2004	$d=1.4\sim20$		
销轴	销轴	GB/T 882—2008	$d=3\sim100$ $l=6\sim200$	销轴也称轴销，常作铰接轴用，用开口销锁紧，工作可靠	
开口销	开口销	GB/T 91—2000	$d_0=0.6\sim20$ $l=4\sim280$	用于锁定其他零件，如轴、槽形螺母等。锁定较可靠，应用广泛	
	开口销	JB/ZQ 4355—2006	$d_0=15\sim18$ $l=180\sim290$	尺寸较大的零件使用	
安全销	安全销			结构简单，型式多样。必要时在销上切出槽口。为防止断销时损坏孔壁，可在孔内加销套。用于传动装置和机器的过载保护，如安全联轴器等的过载剪断元件	

1.2　销的选择和销连接的强度计算

用于连接的销，其直径可根据连接的结构特点按经验确定，必要时再进行强度计算。

用于定位的销通常不受载荷或只受很小的载荷，其直径可按结构确定，数目不得少于两个，且分布在被连接件整体结构的对称方向上，两个定位销相距越远定位效果越好。销在每一被连接件内的长度，为销直径的1~2倍。

设计安全销时应考虑销剪断后不易飞出和易于更换。

销的常用材料为35钢和45钢，其他材料还有30CrMnSi、H62、HPb59-1、QSi3-1、1Cr13、2Cr13、Cr17Ni2、1Cr18Ni9Ti等，其热处理和表面处理见GB/T 121。

安全销的材料常用35钢、45钢及50钢，或者用T8A及T10A等，热处理后的硬度为30~36HRC。

销套的材料常用 45 钢、35SiMn 及 40Cr 等，热处理后的硬度为 40~50HRC。

销连接的强度计算公式见表 5-3-2。

表 5-3-2　　销连接的强度计算公式

类型	受力简图	计算内容	计算公式	说明
圆柱销		销的剪切应力	$\tau=\frac{4F}{\pi d^2 Z}\leqslant\tau_p$	F——横向力，N d——销的直径，mm Z——销的数量 τ_p——销的许用剪切应力，对于销的常用材料，取 $\tau_p=80$MPa
圆柱销	$d=(0.13\sim0.16)D$ $L=(1\sim1.5)D$	销或被连接件的挤压应力	$\sigma_p=\frac{4T}{DdL}\leqslant\sigma_{pp}$	T——转矩，N·mm D——轴的直径，mm d——销的直径，mm L——销的长度，mm σ_{pp}——销、轴、套三个零件中最弱者的许用挤压应力，MPa
		销的剪切应力	$\tau=\frac{2T}{DdL}\leqslant\tau_p$	
圆锥销	$d=(0.2\sim0.3)D$	销的剪切应力	$\tau=\frac{4T}{\pi d^2 D}\leqslant\tau_p$	d——圆锥销的平均直径，mm
轴销	$a=(1.5\sim1.7)d$ $b=(2.0\sim3.5)d$	销或拉杆工作面的挤压应力	$\sigma_p=\frac{F}{2ad}\leqslant\sigma_{pp}$ 或 $\sigma_p=\frac{F}{bd}\leqslant\sigma_{pp}$	当轴销和被连接件间是静连接时应按抗挤压强度计算，当轴销和被连接件间是动连接时应按抗磨损强度计算，将 σ_{pp} 换为许用压强 p_{pp}（表 5-3-17） σ_{bp}——许用弯曲应力，对于 35 钢、45 钢 $\sigma_{bp}=120\sim150$MPa d——轴销直径，mm a,b——拉杆头尺寸，mm
		销的剪切应力	$\tau=\frac{F}{2\times\frac{\pi d^2}{4}}\leqslant\tau_p$	
		销的弯曲应力	$\sigma_b\approx\frac{F(a+0.5b)}{4\times0.1d^3}\leqslant\sigma_{bp}$	
安全销		销的剪断直径	$d=1.6\sqrt{\frac{T}{D_0 Z\tau_b}}$	D_0——安全销中心圆的直径，mm τ_b——剪切强度，MPa，$\tau_b=(0.6\sim0.7)\sigma_b$

注：弹性圆柱销的剪切强度略高于同一尺寸的实心冷镦钢销，当两个弹性圆柱销在一起使用时，其剪切强度为两销之和。

1.3 销的标准件

圆锥销（摘自 GB/T 117—2000）

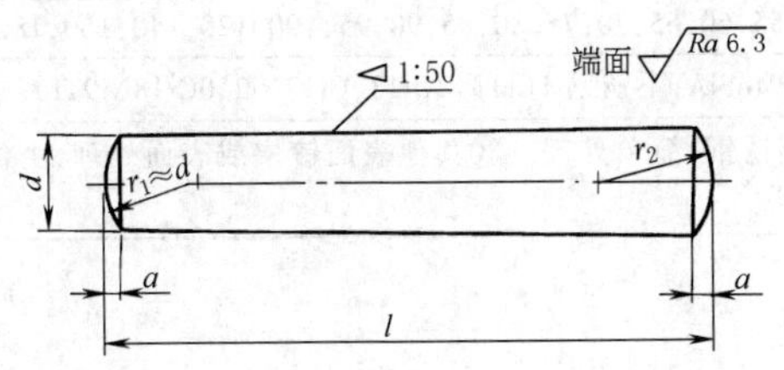

A 型（磨削）：锥面表面粗糙度 $Ra=0.8\mu m$

B 型（切削或冷镦）：锥面表面粗糙度 $Ra=3.2\mu m$

$$r_2=\frac{a}{2}+d+\frac{(0.02l)^2}{8a}$$

标记示例

公称直径 $d=6$mm、公称长度 $l=30$mm、材料 35 钢、热处理的硬度 28~38HRC、表面氧化处理的 A 型圆锥销，标记为：

销 GB/T 117 6×30

表 5-3-3 **圆锥销** mm

d(h10)		0.6	0.8	1	1.2	1.5	2	2.5	3	4	5	6	8	10	12	16	20	25	30	40	50
$a\approx$		0.08	0.1	0.12	0.16	0.2	0.25	0.3	0.4	0.5	0.63	0.8	1	1.2	1.6	2	2.5	3	4	5	6.3
商品规格 l		4~8	5~12	6~16	6~20	8~24	10~35	10~35	12~45	14~55	18~60	22~90	22~120	26~160	32~180	40~200	45~200	50~200	55~200	60~200	65~200
1m 长的质量/kg≈		0.003	0.005	0.007	—	0.015	0.027	0.04	0.062	0.11	0.16	0.3	0.5	0.74	1.03	1.77	2.66	4.09	5.85	10.1	15.7
l 系列		4,5,6,8,10,12,14,16,18,20,22,24,26,28,30,32,35,40,45,50,55,60,65,70,75,80,85,90,95,100,120,140,160,180,200																			
技术条件	材料	易切钢 Y12、Y15；碳素钢 35、45；合金钢 30CrMnSiA；不锈钢 1Cr13、2Cr13、Cr17Ni2、0Cr18Ni9Ti																			
	表面处理	①钢：不经处理；氧化；磷化；镀锌钝化。②不锈钢：简单处理。③其他表面镀层或表面处理，由供需双方协议。④所有公差仅适用于涂、镀前的公差																			

注：1. d 的其他公差，如 a11、c11、f8 由供需双方协议。

2. 公称长度大于 200mm，按 20mm 递增。

内螺纹圆锥销（摘自 GB/T 118—2000）

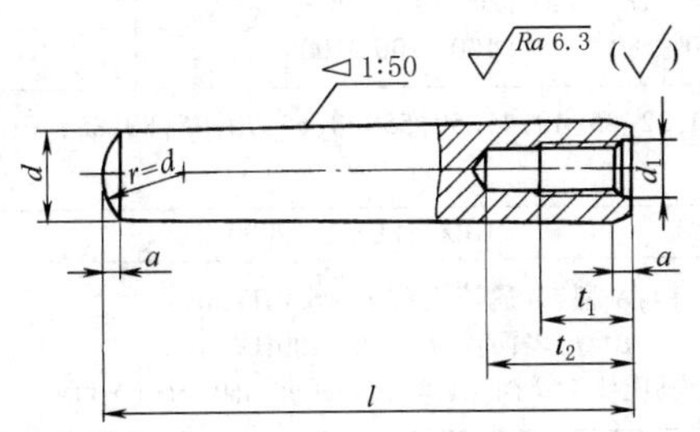

A 型（磨削）：锥表面粗糙度 $Ra=0.8\mu m$

B 型（切削或冷镦）：锥表面粗糙度 $Ra=3.2\mu m$

标记示例

公称直径 $d=6$mm、公称长度 $l=30$mm、材料 35 钢、热处理硬度 28~38HRC、表面氧化处理的 A 型内螺纹圆锥销，标记为：

销 GB/T 118 6×30

表 5-3-4 **内螺纹圆锥销** mm

d(h10)	6	8	10	12	16	20	25	30	40	50
$a\approx$	0.8	1	1.2	1.6	2	2.5	3	4	5	6.3
d_1	M4	M5	M6	M8	M10	M12	M16	M20	M20	M24
螺距 P	0.7	0.8	1	1.25	1.5	1.75	2	2.5	2.5	3
t_1	6	8	10	12	16	18	24	30	30	36

续表

t_2(最小)		10	12	16	20	25	28	35	40	40	50
商品规格 l		16~60	18~80	22~100	26~120	32~160	40~200	50~200	60~200	80~200	100~200
1m 长的质量/kg≈		—	—	—	0.98	1.66	2.48	3.67	5.01	9.25	14.12
l 系列		16,18,20,22,24,26,28,30,32,35,40,45,50,55,60,65,70,75,80,85,90,95,100,120,140,160,180,200									
技术条件	材料	易切钢 Y12、Y13;碳素钢 35、45;合金钢 30CrMnSiA;不锈钢 1Cr13、2Cr13、Cr17Ni2、0Cr18Ni9Ti									
	表面处理	①钢:不经处理;氧化;磷化;镀锌钝化。②不锈钢:简单处理。③其他表面镀层或表面处理,由供需双方协议。④所有公差仅适用于涂、镀前的公差									

注:1. d 的其他公差,如 a11、c11、f8 由供需双方协议。

2. 公称长度大于 200mm,按 20mm 递增。

圆柱销　不淬硬钢和奥氏体不锈钢

(摘自 GB/T 119.1—2000)

末端形状,由制造者确定

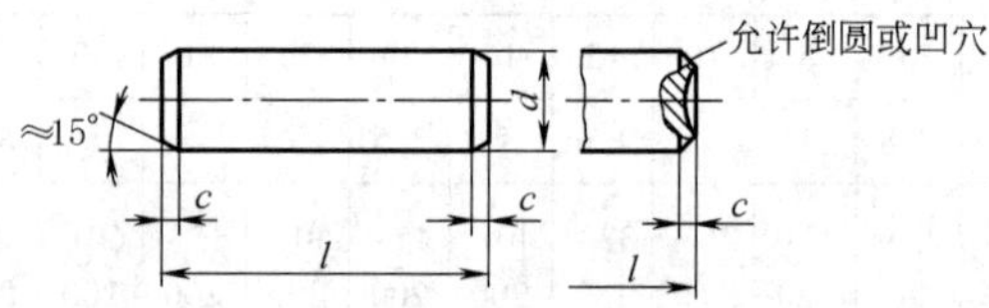

标记示例

公称直径 d=6mm、公差 m6、公称长度 l=30mm、材料为钢、不经淬火、不经表面处理的圆柱销,标记为:

销　GB/T 119.1　6m6×30

公称直径 d=6mm、公差 m6、公称长度 l=30mm、材料为 A1 组奥氏体不锈钢、表面简单处理的圆柱销,标记为:

销　GB/T 119.1　6m6×30-A1

圆柱销　淬硬钢和马氏体不锈钢

(摘自 GB/T 119.2—2000)

末端形状,由制造者确定

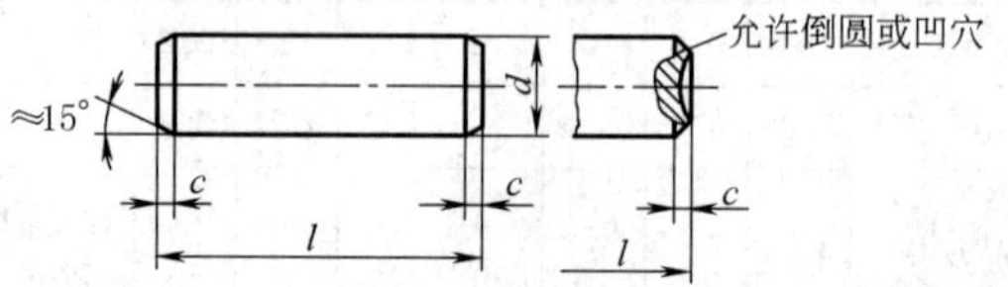

公称直径 d=6mm、公差 m6、公称长度 l=30mm、材料为钢、普通淬火(A 型)、表面氧化处理的圆柱销,标记为:

销　GB/T 119.2　6×30-A

公称直径 d=6mm、其公差为 m6、公称长度 l=30mm、材料为 C1 组马氏体不锈钢、表面简单处理的圆柱销,标记为:

销　GB/T 119.2　6×30-C1

表 5-3-5　　**圆柱销**　　mm

d(m6/h8)		0.6	0.8	1	1.2	1.5	2	2.5	3	4	5	6	8	10	12	16	20	25	30	40	50
c ≈		0.12	0.16	0.2	0.25	0.3	0.35	0.4	0.5	0.63	0.8	1.2	1.6	2	2.5	3	3.5	4	5	6.3	8
商品规格 l	GB/T 119.1	2~6	2~8	4~10	4~12	4~16	6~20	6~24	8~30	8~40	10~50	12~60	14~80	18~95	22~140	26~180	35~200	50~200	60~200	80~200	95~200
	GB/T 119.2	—	—	3~10	—	4~16	5~20	6~24	8~30	10~40	12~50	14~60	18~80	22~100	26~100	40~100	50~100	—	—	—	—
l 系列		2,3,4,5,6,8,10,12,14,16,18,20,22,24,26,28,30,32,35,40,45,50,55,60,65,70,75,80,85,90,95,100,120,140,160,180,200																			

技术条件	标准号	GB/T 119.1—2000	GB/T 119.2—2000
	材料	钢(125~245HV30)、不锈钢 A1(210~280HV30)	钢:A 型,普通淬火(550~650HV30) B 型,表面淬火(600~700HV1) 马氏体不锈钢:C1,淬火并回火(460~560HV30)
	表面粗糙度	公差 m6:Ra≤0.8μm(标记时要注明公差) 公差 h8:Ra≤1.6μm(标记时要注明公差)	Ra≤0.8μm
	表面处理	①钢:不经处理;氧化;磷化;镀锌钝化。②不锈钢:简单处理。③其他表面镀层或表面处理,由供需双方协议。④所有公差仅适用于涂、镀前的公差	

注:1. d 的其他公差由供需双方协议。

2. GB/T 119.2 中 d 的尺寸范围为 1~20mm。

3. 公称长度大于 200mm(GB/T 119.1)和大于 100mm(GB/T 119.2),按 20mm 递增。

内螺纹圆柱销 不淬硬钢和奥氏体不锈钢（摘自 GB/T 120.1—2000）

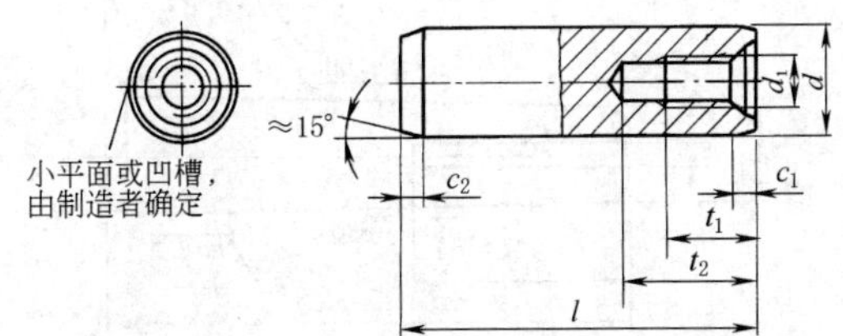

标记示例

公称直径 d=6mm、其公差为 m6、公称长度 l=30mm、材料为钢、不经淬火、不经表面处理的内螺纹圆柱销，标记为：

销 GB/T 120.1 6×30

公称直径 d=6mm、其公差为 m6、公称长度 l=30mm、材料为 A1 组奥氏体不锈钢、表面简单处理的内螺纹圆柱销，标记为：

销 GB/T 120.1 6×30-A1

内螺纹圆柱销 淬硬钢和马氏体不锈钢（摘自 GB/T 120.2—2000）

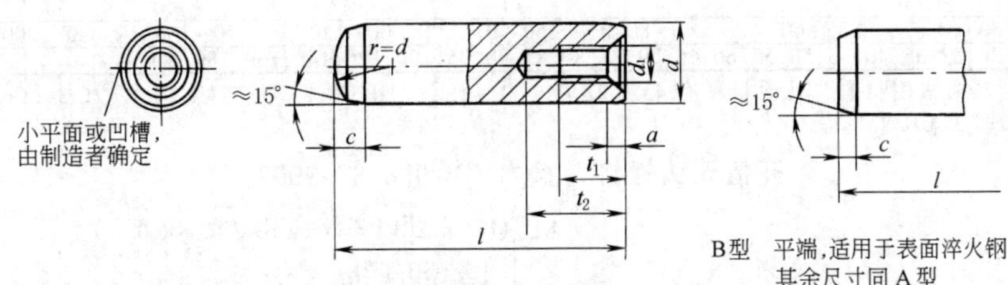

A型 球面圆柱端，适用于普通淬火钢和马氏体不锈钢

B型 平端，适用于表面淬火钢
其余尺寸同A型

标记示例

公称直径 d=6mm、公差 m6、公称长度 l=30mm、材料为钢、普通淬火（A 型）、表面氧化处理的内螺纹圆柱销，标记为：

销 GB/T 120.2 6×30-A

公称直径 d=6mm、公差 m6、公称长度 l=30mm、材料为 C1 组马氏体不锈钢、表面简单处理的内螺纹圆柱销，标记为：

销 GB/T 120.2 6×30-C1

表 5-3-6 内螺纹圆柱销 mm

d(m6)		6	8	10	12	16	20	25	30	40	50
a	GB/T 120.2	0.8	1	1.2	1.6	2	2.5	3	4	5	6.3
c_1≈	GB/T 120.1	0.8	1	1.2	1.6	2	2.5	3	4	5	6.3
c_2≈	GB/T 120.1	1.2	1.6	2	2.5	3	3.5	4	5	6.3	8
d_1×P		M4×0.7	M5×0.8	M6×1	M6×1	M8×1.25	M10×1.5	M16×2	M20×2.5	M20×2.5	M24×3
t_1		6	8	10	12	16	18	24	30	30	36
t_2(最小)		10	12	16	20	25	28	35	40	40	50
c≈	GB/T 120.2	2.1	2.6	3	3.8	4.6	6	6	7	8	10
商品规格 l		16~60	18~80	22~100	26~120	32~160	40~200	50~200	60~200	80~200	100~200
l 系列		16,18,20,22,24,26,28,30,32,35,40,45,50,55,60,65,70,75,80,85,90,95,100,120,140,160,180,200									
技术条件	材料	GB/T 120.1 钢(125~245HV30);奥氏体不锈钢 A1(210~280HV30) GB/T 120.2 钢:A 型,普通淬火(550~650HV30);B 型,表面淬火(660~700HV1) 马氏体不锈钢:C1,淬火并回火(460~560HV30)									
	表面粗糙度	Ra≤0.8μm									
	表面处理	①钢:不经处理;氧化;磷化;镀锌钝化。②不锈钢:简单处理。③其他表面镀层或表面处理,由供需双方协议。④所有公差仅适用于涂、镀前的公差									

注：1. d 的其他公差由供需双方协议。

2. 公称长度大于 200mm，按 20mm 递增。

开尾圆锥销（摘自 GB/T 877—1986）

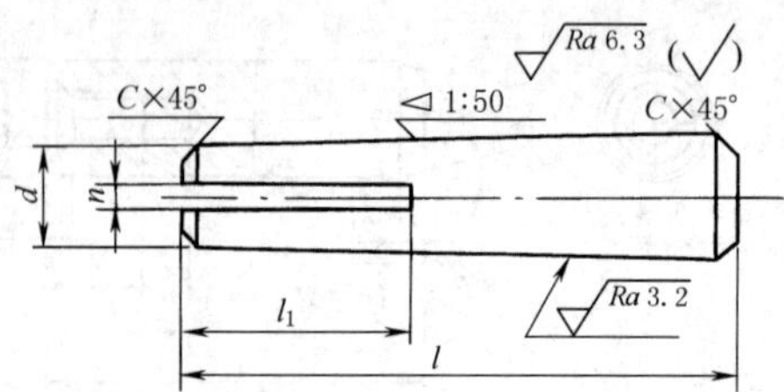

标记示例

公称直径 $d=10$mm、长度 $l=60$mm、材料 35 钢、不经热处理及表面处理的开尾圆锥销，标记为：

销　GB/T 877 10×60

表 5-3-7　　开尾圆锥销　　mm

d	公称	3	4	5	6	8	10	12	16
	最小	2.96	3.952	4.952	5.952	7.942	9.942	11.93	15.93
	最大	3	4	5	6	8	10	12	16
n	公称	0.8		1		1.6		2	
	最小	0.86		1.06		1.66		2.06	
	最大	1		1.2		1.91		2.31	
l_1		10		12	15	20	25	30	40
$C\approx$		0.5		1				1.5	
l		30~55	35~60	40~80	50~100	60~120	70~160	80~200	100~200
l 系列		30,32,35,40,45,50,55,60,65,70,75,80,85,90,95,100,120,140,160,180,200							

注：标记示例材料为常用材料，其他材料有 45、30CrMnSiA、H62、HPb59-1、QSi3-1、1Cr3、2Cr3、Cr17Ni2、1Cr18Ni9Ti 等，热处理及表面处理见 GB/T 121。

开槽无头螺钉（摘自 GB/T 878—2007）

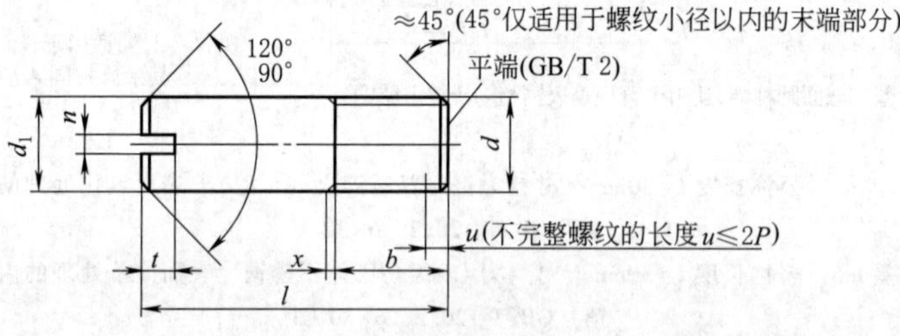

标记示例

螺纹规格为 M4、公称长度 $l=10$mm、性能等级为 14H、表面氧化处理的 A 级开槽无头螺钉，标记为：

螺钉　GB/T 878 M4×10

表 5-3-8　　开槽无头螺钉　　mm

螺纹规格 d		M1	M1.2	M1.6	M2	M2.5	M3	(M3.5)[a]	M4	M5	M6	M8	M10
螺距 P		0.25	0.25	0.35	0.4	0.45	0.5	0.6	0.7	0.8	1	1.25	1.5
b_{0}^{+2P}		1.2	1.4	1.9	2.4	3	3.6	4.2	4.8	6	7.2	9.6	12
d_1	最小	0.86	1.06	1.46	1.86	2.36	2.86	3.32	3.82	4.82	5.82	7.78	9.78
	最大	1.0	1.2	1.6	2.0	2.5	3.0	3.5	4.0	5.0	6.0	8.0	10.0
n	公称	0.2	0.25	0.3	0.3	0.4	0.5	0.5	0.6	0.8	1	1.2	1.6
	最小	0.26	0.31	0.36	0.36	0.46	0.56	0.56	0.66	0.86	1.06	1.26	1.66
	最大	0.40	0.45	0.50	0.50	0.60	0.70	0.70	0.80	1.0	1.2	1.51	1.91
t	最小	0.63	0.63	0.88	1.0	1.10	1.25	1.5	1.75	2.0	2.5	3.1	3.75
	最大	0.78	0.79	1.06	1.2	1.33	1.5	1.78	2.05	2.35	2.9	3.6	4.25
x(最大)		0.6	0.6	0.9	1	1.1	1.25	1.5	1.75	2	2.5	3.2	3.8
l		2.5~4	3~5	4~6	5~8	5~10	6~12	8~14	8~14	10~20	12~25	14~30	16~35

材料		钢	不锈钢	有色金属
力学性能	等级	14H、22H、45H	A1-12H	CU2、CU3、AL4
	标准	GB/T 3098.3	GB/T 3098.16	GB/T 3098.10
产品等级		A		
螺纹公差		6g		
表面处理		不经处理； 氧化； 电镀，技术要求按 GB/T 5267.1； 非电解锌片涂层，技术要求按 GB/T 5267.2	简单处理	简单处理； 电镀，技术要求按 GB/T 5267.1

弹性圆柱销　直槽　重型（摘自 GB/T 879.1—2018）、直槽　轻型（摘自 GB/T 879.2—2018）

公称直径$d_1 \geqslant 10$mm时，可由制造者选用单面倒角的型式

$d_3 < d_{1公称}$

说明：

1. a 值为参考
2. 公称长度 l 大于 200mm 时，按 20mm 递增
3. 销孔的公称直径应等于弹性销（弹性圆柱销）的公称直径，其公差为 H12
4. 直槽的形状和宽度由制造者任选
5. 为保证不出现环环相扣，非连锁弹性销槽的形状和宽度按特殊协议
6. 所有公差都是涂、镀前的公差

标记示例

公称直径 $d_1=6$mm、公称长度 $l=30$mm、材料为钢（St）、热处理硬度为 500~560HV、表面不经处理的直槽、重型弹性圆柱销，标记为：

销 GB/T 879.1 6×30

公称直径 $d_1=6$mm、公称长度 $l=30$mm、材料为马氏体不锈钢（C）、热处理硬度为 440~560HV、表面简单处理、非连锁弹性销槽（N 型槽）的重型弹性圆柱销，标记为：

销 GB/T 879.1 6×30-N-C

公称直径 $d_1=6$mm、公称长度 $l=30$mm、材料为钢（St）、热处理硬度为 500~560HV、表面不经处理的直槽、轻型弹性圆柱销，标记为：

销 GB/T 879.2 6×30

表 5-3-9　　直槽弹性圆柱销　　mm

			1	1.5	2	2.5	3	3.5	4	4.5	5	6	8	10	12	13	14	16	18	20	21	25	28	30	32	35	38	40	45	50
d_1	公称		1	1.5	2	2.5	3	3.5	4	4.5	5	6	8	10	12	13	14	16	18	20	21	25	28	30	32	35	38	40	45	50
	装配前	最大	1.3	1.8	2.4	2.9	3.5	4.0	4.6	5.1	5.6	6.7	8.8	10.8	12.8	13.8	14.8	16.8	18.9	20.9	21.9	25.9	28.9	30.9	32.9	35.9	38.9	40.9	45.9	50.9
		最小	1.2	1.7	2.3	2.8	3.3	3.8	4.4	4.9	5.4	6.4	8.5	10.5	12.5	13.5	14.5	16.5	18.5	20.5	21.5	25.5	28.5	30.5	32.5	35.5	38.5	40.5	45.5	50.5
GB/T 879.1	d_2（装配前）		0.8	1.1	1.5	1.8	2.1	2.3	2.8	2.9	3.4	4.0	5.5	6.5	7.5	8.5	8.5	10.5	11.5	12.5	13.5	15.5	17.5	18.5	20.5	21.5	23.5	25.5	28.5	31.5
	a	最大	0.35	0.45	0.55	0.6	0.7	0.8	0.85	1.0	1.1	1.4	2.0	2.4	2.4	2.4	2.4	2.4	2.4	3.4	3.4	3.4	3.4	3.4	3.6	3.6	4.6	4.6	4.6	4.6
	s		0.2	0.3	0.4	0.5	0.6	0.75	0.8	1.0	1.0	1.2	1.5	2.0	2.5	2.5	3.0	3.0	3.5	4.0	4.0	5.0	5.5	6.0	6.0	7.0	7.5	7.5	8.5	9.5
	G_{min}/kN		0.7	1.58	2.82	4.38	6.32	9.06	11.24	15.36	17.54	26.04	42.76	70.16	104.1	115.1	144.7	171	222.5	280.6	298.2	438.5	542.6	631.4	684	859	1003	1068	1360	1685
GB/T 879.2	d_2（装配前）		—	—	1.9	2.3	2.7	3.1	3.4	3.9	4.4	4.9	7.0	8.5	10.5	11	11.5	13.5	15.0	16.5	17.5	21.5	23.5	25.5	—	28.5	—	32.5	37.5	40.5
	a	最大	—	—	0.4	0.45	0.45	0.5	0.7	0.7	0.7	0.9	1.8	2.4	2.4	2.4	2.4	2.4	2.4	2.4	2.4	3.4	3.4	3.4	—	3.6	—	4.6	4.6	4.6
	s		—	—	0.2	0.25	0.3	0.35	0.5	0.5	0.5	0.75	0.75	1.0	1.0	1.2	1.5	1.5	1.7	2.0	2.0	2.0	2.5	2.5	—	3.5	—	4.0	4.0	5.0
	G_{min}/kN		—	—	1.5	2.4	3.5	4.6	8	8.8	10.4	18	24	40	48	66	84	98	126	158	168	202	280	302	—	490	—	634	720	1000
GB/T 879.1	商品规格 l		4~20	4~20	4~30	4~30	4~40	4~40	4~50	5~50	5~80	10~100	10~120	10~160	10~180	10~180	10~200	10~200	10~200	10~200	14~200	14~200	14~200	14~200	20~200	20~200	20~200	20~200	20~200	20~200
GB/T 879.2			—	—	4~30	4~30	4~40	4~40	4~50	6~50	6~80	10~100	10~120	10~160	10~180	10~180	10~200	10~200	10~200	10~200	14~200	14~200	14~200	14~200	20~200	20~200	20~200	20~200	20~200	20~200
公称长度系列 l			4,5,6,8,10,12,14,16,18,20,22,24,26,28,30,32,35,40,45,50,55,60,65,70,75,80,85,90,95,100,120,140,160,180,200																											
材料			由制造者任选：优质碳素钢或硅锰钢；奥氏体不锈钢 A；马氏体不锈钢 C																											
表面处理			①钢：不经处理；氧化；磷化；镀锌钝化。②奥氏体不锈钢：简单处理。③马氏体不锈钢：简单处理。④其他表面镀层或表面处理，由供需双方协议																											
表面缺陷			不允许有不规则的和有害的缺陷；销的任何部位都不得有毛刺																											

注：1. G_{min} 为最小双面剪切载荷，单位 kN，仅适用于钢和马氏体不锈钢；对奥氏体不锈钢弹性圆柱销，不规定双面剪切载荷。

2. 由于弹性圆柱销带开口，槽口位置不应装在销受压的一面，在组装图上应表示槽口方向。销装入允许的最小销孔时，槽口也不得完全闭合。

弹性圆柱销　卷制　重型（摘自 GB/T 879.3—2018）、标准型（摘自 GB/T 879.4—2018）、轻型（摘自 GB/T 879.5—2018）

说明：

1. a 值为参考
2. 公称长度 l 大于 200mm 时，按 20mm 递增（GB/T 879.3、GB/T 879.4）；公称长度 l 大于 120mm 时，按 20mm 递增（GB/T 879.5）
3. 销孔的公称直径应等于弹性销（弹性圆柱销）的公称直径，其公差为 H12。GB/T 879.5 $d_1 \leqslant 1.2$mm 时，公差为 H10
4. 所有公差都是涂、镀前的公差

标记示例

公称直径 $d_1=6$mm、公称长度 $l=30$mm、材料为钢（St）、热处理硬度为 420~545HV、表面氧化处理的卷制、重型弹性圆柱销，标记为：销 GB/T 879.3 6×30

公称直径 $d_1=6$mm、公称长度 $l=30$mm、材料为奥氏体不锈钢（A）、不经热处理、表面简单处理的卷制、标准型弹性圆柱销，标记为：销 GB/T 879.4 6×30-A

公称直径 $d_1=6$mm、公称长度 $l=30$mm、材料为钢（St）、热处理硬度为 420~545HV、表面不经处理的卷制、轻型弹性圆柱销，标记为：销 GB/T 879.5 6×30

表 5-3-10　卷制弹性圆柱销　mm

公称			0.8	1	1.2	1.5	2	2.5	3	3.5	4	5	6	8	10	12	14	16	20
GB/T 879.3	d_1（装配前）	最大	—	—	—	1.71	2.21	2.73	3.25	3.79	4.3	5.35	6.4	8.55	10.65	12.75	14.85	16.9	21
		最小	—	—	—	1.61	2.11	2.62	3.12	3.64	4.15	5.15	6.18	8.25	10.3	12.35	14.4	16.4	20.4
	s		—	—	—	0.5	0.7	0.7	0.9	1	1.1	1.3	1.5	2	2.5	3	3.5	4	4.5
	G_{min}/kN	①	—	—	—	1.9	3.5	5.5	7.6	10	13.5	20	30	53	84	120	165	210	340
		②	—	—	—	1.45	2.5	3.8	5.7	7.6	10	15.5	23	41	64	91	—	—	—
GB/T 879.4	d_1（装配前）	最大	0.91	1.15	1.35	1.73	2.25	2.78	3.30	3.84	4.4	5.50	6.50	8.63	10.80	12.85	14.95	17.00	21.10
		最小	0.85	1.05	1.25	1.62	2.13	2.65	3.15	3.67	4.2	5.25	6.25	8.30	10.35	12.40	14.45	16.45	20.40
	s		0.07	0.08	0.1	0.13	0.17	0.21	0.25	0.29	0.33	0.42	0.5	0.67	0.84	1	1.2	1.3	1.7
	G_{min}/kN	①	0.4	0.6	0.9	1.45	2.5	3.9	5.5	7.5	9.6	15	22	39	62	89	120	155	250
		②	0.3	0.45	0.65	1.05	1.9	2.9	4.2	5.7	7.6	11.5	16.8	30	48	67	—	—	—
GB/T 879.5	d_1（装配前）	最大	—	—	—	1.75	2.28	2.82	3.35	3.87	4.45	5.5	6.55	8.65	—	—	—	—	—
		最小	—	—	—	1.62	2.13	2.65	3.15	3.67	4.2	5.2	6.25	8.3	—	—	—	—	—
	s		—	—	—	0.08	0.11	0.14	0.17	0.19	0.22	0.28	0.33	0.45	—	—	—	—	—
	G_{min}/kN	①	—	—	—	0.8	1.5	2.3	3.3	4.5	5.7	9	13	23	—	—	—	—	—
		②	—	—	—	0.65	1.1	1.8	2.5	3.4	4.4	7	10	18	—	—	—	—	—
d_2（装配前）（最大）			0.75	0.95	1.15	1.4	1.9	2.4	2.9	3.4	3.9	4.85	5.85	7.8	9.75	11.7	13.6	15.6	19.6
$a\approx$			0.3	0.4	0.4	0.5	0.7	0.7	0.9	1	1.1	1.3	1.5	2	2.5	3	3.5	4	4.5
l			4~16	4~16	4~16	4~24	4~40	5~45	6~50	6~50	8~60	10~60	12~75	16~120	18~120	24~160	28~200	32~200	45~200
l系列			4,5,6,8,10,12,14,16,18,20,22,24,26,28,30,32,35,40,45,50,55,60,65,70,75,80,85,90,95,100,120,140,160,180,200																
材料			钢；奥氏体不锈钢 A；马氏体不锈钢 C																
表面处理			①钢：不经处理；氧化；磷化；镀锌钝化。②奥氏体不锈钢：简单处理。③马氏体不锈钢：简单处理。④其他表面镀层或表面处理，由供需双方协议																
表面缺陷			不允许有不规则的和有害的缺陷；销的任何部位都不得有毛刺																

① 对应数值为钢和马氏体不锈钢。

② 对应数值为奥氏体不锈钢。

注：G_{min}为最小双面剪切载荷，单位 kN。

销轴（摘自 GB/T 882—2008）

A 型(无开口销孔)

B 型(带开口销孔)

说明：

1. 公称直径 d（h11）的其他公差如 a11、c11、f6 由供需双方协议
2. 孔径 d_1 等于开口销的公称规格（见 GB/T 91）
3. 公称长度 l 大于 200mm 时，按 20mm 递增
4. 所有公差都是涂、镀前的公差

标记示例

公称直径 $d=20$mm、公称长度 $l=100$mm、由钢制造的硬度为 125~245HV、表面氧化处理的 B 型销轴，标记为：销 GB/T 882 20×100

开口销孔为 6.3mm，其余要求与上述示例相同的销轴，标记为：销 GB/T 882 20×100×6.3

孔距 $l_h=80$mm、开口销孔为 6.3mm，其余要求与上述示例相同的销轴，标记为：销 GB/T 882 20×100×6.3×80

表 5-3-11　　销轴　　mm

d(h11)	3	4	5	6	8	10	12	14	16	18	20	22	24	27	30	33	36	40	45	50	55	60	70	80	90	100
d_k(h14)	5	6	8	10	14	18	20	22	25	28	30	33	36	40	44	47	50	55	60	66	72	78	90	100	110	120
d_1(h13)	0.8	1	1.2	1.6	2	3.2	3.2	4	4	5	5	5	6.3	6.3	8	8	8	8	10	10	10	10	13	13	13	13
c(最大)	1	1	2	2	2	2	3	3	3	3	4	4	4	4	4	4	4	4	4	4	6	6	6	6	6	6
$e\approx$	0.5	0.5	1	1	1	1	1.6	1.6	1.6	1.6	2	2	2	2	2	2	2	2	2	2	3	3	3	3	3	3
k(js14)	1	1	1.6	2	3	4	4	4	4.5	5	5	5.5	6	6	8	8	8	8	9	9	11	12	13	13	13	13
l_e(最小)	1.6	2.2	2.9	3.2	3.5	4.5	5.5	6	6	7	8	8	9	9	10	10	10	10	12	12	14	14	16	16	16	16
r	0.6	0.6	0.6	0.6	0.6	0.6	0.6	0.6	0.6	1	1	1	1	1	1	1	1	1	1	1	1	1	1	1	1	1
商品规格 l	6~30	8~40	10~50	12~60	16~80	20~100	24~120	28~140	32~160	35~180	40~200	45~200	50~200	55~200	60~200	65~200	70~200	80~200	90~200	100~200	120~200	120~200	140~200	160~200	180~200	200~
l 系列	6,8,10,12,14,16,18,20,22,24,26,28,30,32,35,40,45,50,55,60,65,70,75,80,85,90,100,120,140,160,180,200																									

材料	钢：易切钢或冷镦钢；硬度 125~245HV
表面处理	氧化；磷化；镀锌钝化；其他表面镀层或表面处理，由供需双方协议
表面缺陷	零件质量应均匀一致；不允许有不规则的和有害的缺陷；销的任何部位都不得有毛刺

无头销轴（摘自 GB/T 880—2008）

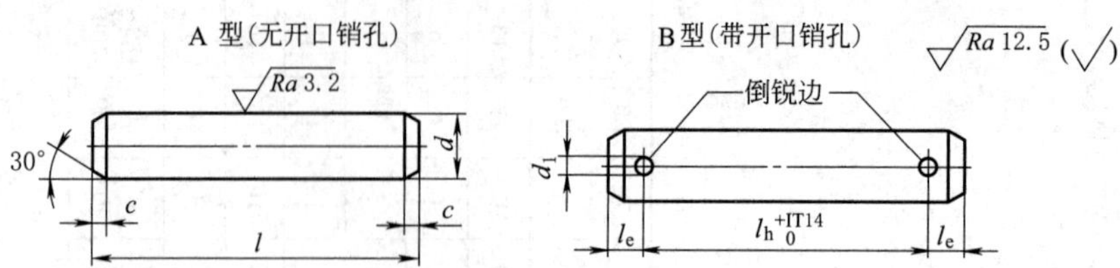

标记示例

公称直径 d=20mm、长度 l=100mm、由易切钢制造的硬度为 125~245HV、表面氧化处理的 B 型无头销轴，标记为：

销　GB/T 880　20×100

开口销孔为 6.3mm，其余要求与上述示例相同的无头销轴，标记为：

销　GB/T 880　20×100×6.3

孔距 l_h=80mm、开口销孔为 6.3mm，其余要求与上述示例相同的无头销轴，标记为：

销　GB/T 880　20×100×6.3×80

表 5-3-12　　**无头销轴**　　mm

d(h11)	3	4	5	6	8	10	12	14	16	18
d_1(H13)	0.8	1	1.2	1.6	2	3.2	3.2	4	4	5
c(最大)	1	1	2	2	2	2	3	3	3	3
l_e(最小)	1.6	2.2	2.9	3.2	3.5	4.5	5.5	6	6	7
l	6~30	8~40	10~50	12~60	16~80	20~100	24~120	28~140	32~160	35~180

d(h11)	20	22	24	27	30	33	36	40
d_1(H13)	5	5	6.3	6.3	8	8	8	8
c(最大)	4	4	4	4	4	4	4	4
l_e(最小)	8	8	9	9	10	10	10	10
l	40~200	45~200	50~200	55~200	60~200	65~200	70~200	80~200

d(h11)	45	50	55	60	70	80	90	100
d_1(H13)	10	10	10	10	13	13	13	13
c(最大)	4	4	6	6	6	6	6	6
l_e(最小)	12	12	14	14	16	16	16	16
l	90~200	100~200	120~200	120~200	140~200	160~200	180~200	200

l 系列	6,8,10,12,14,16,18,20,22,24,26,28,30,32,35,40,45,50,55,60,65,70,75,80,85,90,95,100,120,140,160,180,200
材料	钢;易切钢;硬度 125~245HV
表面处理	氧化;磷化(按 GB/T 11376);镀锌钝化(按 GB/T 5267.1)

螺尾锥销（摘自 GB/T 881—2000）

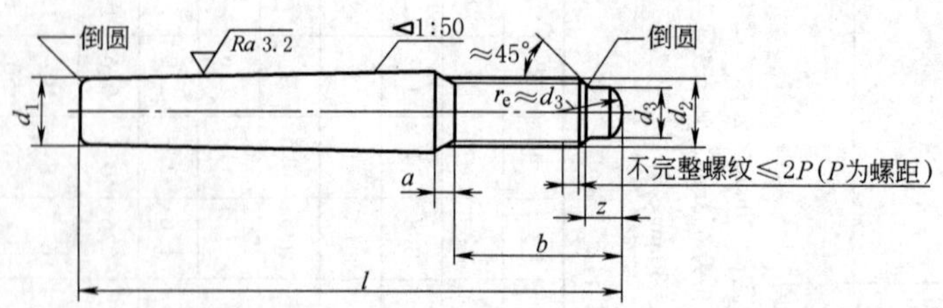

标记示例

公称直径 d_1 = 6mm、公称长度 l=60mm、材料 Y12 或 Y15、不经热处理、不经表面处理的螺尾锥销，标记为：

GB/T 881 6×60

表 5-3-13　**螺尾锥销**　mm

d_1(h10)		5	6	8	10	12	16	20	25	30	40	50
a(最大)		2.4	3	4	4.5	5.3	6	6	7.5	9	10.5	12
b	最大	15.6	20	24.5	27	30.5	39	39	45	52	65	78
	最小	14	18	22	24	27	35	35	40	46	58	70
d_2		M5	M6	M8	M10	M12	M16	M16	M20	M24	M30	M36
P		0.8	1	1.25	1.5	1.75	2	2	2.5	3	3.5	4
d_3	最大	3.5	4	5.5	7	8.5	12	12	15	18	23	28
	最小	3.25	3.7	5.2	6.6	8.1	11.5	11.5	14.5	17.5	22.5	27.5
z(最大)		1.5	1.75	2.25	2.75	3.25	4.3	4.3	5.3	6.3	7.5	9.4
商品规格 l		40~50	45~60	55~75	65~100	85~120	100~160	120~190	140~250	160~280	190~360	220~400
l 系列		40,45,50,55,60,65,75,85,100,120,140,160,180,190,220,250,280,320,360,400										
技术条件	材料	易切钢 Y12、Y13;碳素钢 35(28~38HRC)、45(38~41HRC);合金钢 30CrMnSiA;不锈钢 1Cr13、2Cr13、Cr17Ni2、0Cr18Ni9Ti										
	表面处理	①钢:不经处理;氧化;磷化;镀锌钝化。②不锈钢:简单处理。③其他表面镀层或表面处理,由供需双方协议。④所有公差仅适用于涂、镀前的公差										

注：1. 其他公差由供需双方协议。

2. 公称长度大于 400mm，按 40mm 递增。

开口销（摘自 GB/T 91—2000）

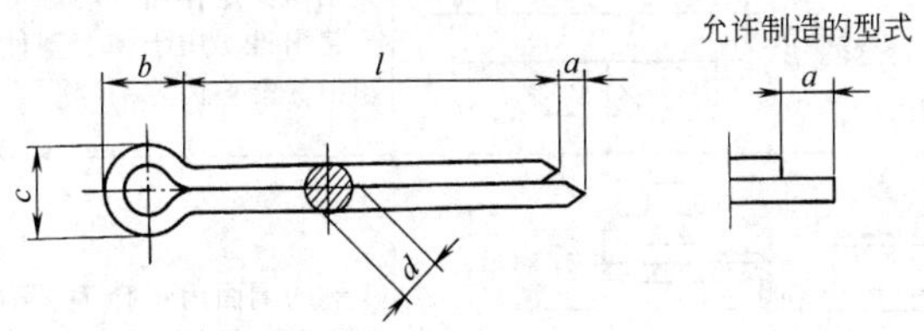

标记示例

公称规格为 5mm、公称长度 l=50mm、材料 Q215 或 Q235、不经表面处理的开口销，标记为：

销 GB/T 91 5×50

表 5-3-14　**开口销**　mm

公称规格			0.6	0.8	1	1.2	1.6	2	2.5	3.2	4	5	6.3	8	10	13	16	20
d	最大		0.5	0.7	0.9	1.0	1.4	1.8	2.3	2.9	3.7	4.6	5.9	7.5	9.5	12.4	15.4	19.3
	最小		0.4	0.6	0.8	0.9	1.3	1.7	2.1	2.7	3.5	4.4	5.7	7.3	9.3	12.1	15.1	19.0
a(最大)			1.6	1.6	1.6	2.5	2.5	2.5	2.5	3.2	4	4	4	4	6.3	6.3	6.3	6.3
$b\approx$			2	2.4	3	3	3.2	4	5	6.4	8	10	12.6	16	20	26	32	40
c(最大)			1	1.4	1.8	2	2.8	3.6	4.6	5.8	7.4	9.2	11.8	15	19	24.8	30.8	38.5
商品规格 l			4~12	5~16	6~20	8~25	8~32	10~40	12~50	14~63	18~80	22~100	32~125	40~160	45~200	71~250	112~280	160~280
适用的直径	螺栓	>	—	2.5	3.5	4.5	5.5	7	9	11	14	20	27	39	56	80	120	170
		≤	2.5	3.5	4.5	5.5	7	9	11	14	20	27	39	56	80	120	170	—
	U形销	>	—	2	3	4	5	6	8	9	12	17	23	29	44	69	110	160
		≤	2	3	4	5	6	8	9	12	17	23	29	44	69	110	160	—
l 系列			4,5,6,8,10,12,14,16,18,20,22,25,28,32,36,40,45,50,56,63,71,80,90,100,112,125,140,160,180,200,224,250,280															
材料			碳素钢 Q215、Q235;铜合金 H63;不锈钢 1Cr17Ni7、0Cr18Ni9Ti;其他材料由供需双方协议															
表面处理			①钢:不经处理;镀锌钝化;磷化。②铜、不锈钢:简单处理。③其他表面镀层或表面处理由供需双方协议															
工作质量			①眼圈应尽可能制成圆形。②开口销两脚的横截面应为圆形,但允许开口销两脚平面与圆周交接处有圆角 $r=(0.05\sim0.1)d_{最大}$。③开口销两脚的间隙和两脚的错移量,应不大于开口销公称规格与 $d_{最大}$ 的差值。④开口销允许制成开口的(两脚内平面的夹角):公称规格≤1.6mm 时 $\alpha\leqslant8°$;2~6.3mm 时 $\alpha\leqslant4°$;≥8mm 时 $\alpha\leqslant2°$															

注：1. 公称规格等于开口销孔直径。对销孔直径推荐的公差：公称规格≤1.2mm 为 H13；公称规格>1.2mm 为 H14。根据供需双方协议，允许采用公称规格为 3mm、6mm 和 12mm 的开口销。

2. 用于铁道和在 U 形销中开口销承受交变横向力的场合，推荐使用的开口销规格，应较本表规定的规格加大一挡。

2 键 连 接

2.1 键的类型、特点和应用

键连接是通过键来实现轴和轴上零件间的周向固定以传递运动和转矩。其中，有些类型的键还可实现轴向固定和传递轴向力，有些类型的键还能实现轴向动连接。键和键连接的类型、特点及应用见表 5-3-15。

表 5-3-15 键和键连接的类型、特点及应用

类型和标准		简图	特点和应用
平键	普通型 平键 GB/T 1096—2003 薄型 平键 GB/T 1567—2003	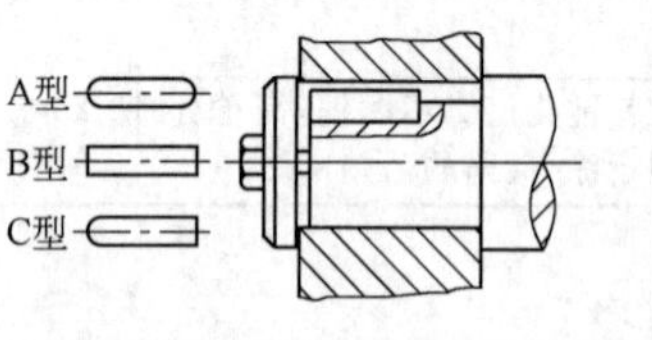 A型 B型 C型	键的侧面为工作面，靠侧面传力，对中性好，装拆方便。无法实现轴上零件的轴向固定。定位精度较高，用于高速或承受冲击、变载荷的轴。薄型平键用于薄壁结构和传递转矩较小的地方。A 型键用端铣刀加工轴上键槽，键在槽中固定好，但应力集中较大；B 型键用盘铣刀加工轴上键槽，应力集中较小；C 型用于轴端
	导向型 平键 GB/T 1097—2003	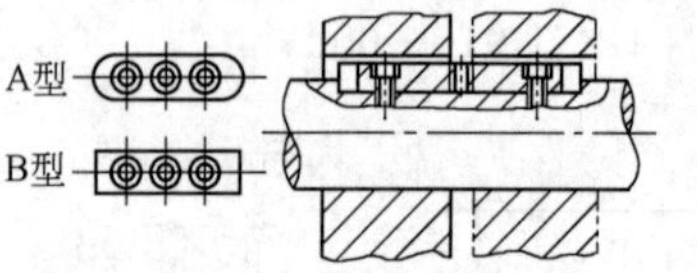 A型 B型	键的侧面为工作面，靠侧面传力，对中性好，拆装方便。无轴向固定作用。用螺钉把键固定在轴上，中间的螺孔用于起出键。用于轴上零件沿轴移动量不大的场合，如变速箱中的滑移齿轮
	滑键	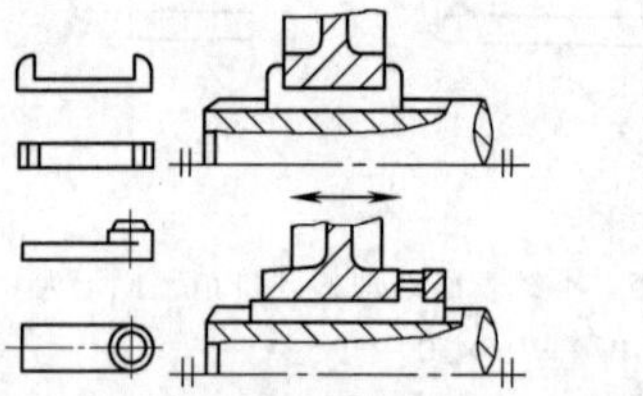	键的侧面为工作面，靠侧面传力，对中性好，拆装方便。键固定在轮毂上，轴上零件能带着键一起轴向移动，用于轴上零件移动量较大的地方
半圆键	半圆键 GB/T 1099.1—2003	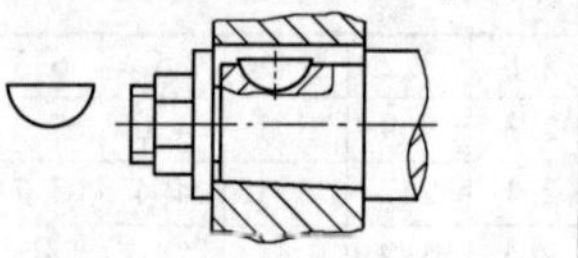	键的侧面为工作面，靠侧面传力，键可在轴槽中沿槽底圆弧滑动，装拆方便，但要加长键时，必定使键槽加深使轴强度削弱。一般用于轻载，常用于轴的锥形轴端处
楔键	普通型 楔键 GB/T 1564—2003 钩头型 楔键 GB/T 1565—2003 薄型 楔键 GB/T 16922—1997	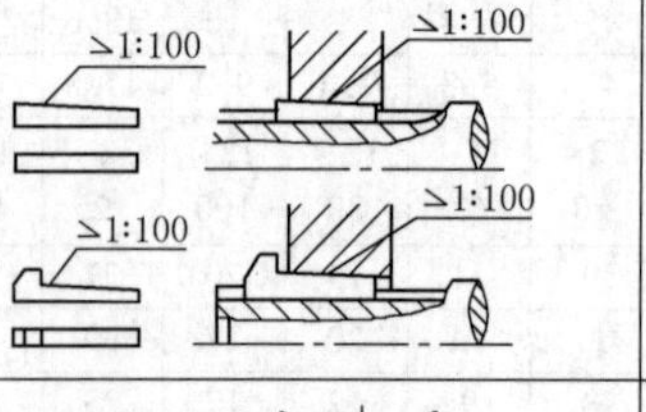 ≥1:100 ≥1:100 ≥1:100 ≥1:100	键的上下两面为工作面，键的上表面和毂槽都有 1∶100 的斜度，装配时需打入、楔紧，键的上下两面与轴和轮毂相接触，对轴上零件有轴向固定作用。由于楔紧力的作用使轴上零件偏心，导致对中精度不高，转速也受到限制。钩头供装拆用，但应加保护罩
切向键	切向键 GB/T 1974—2003	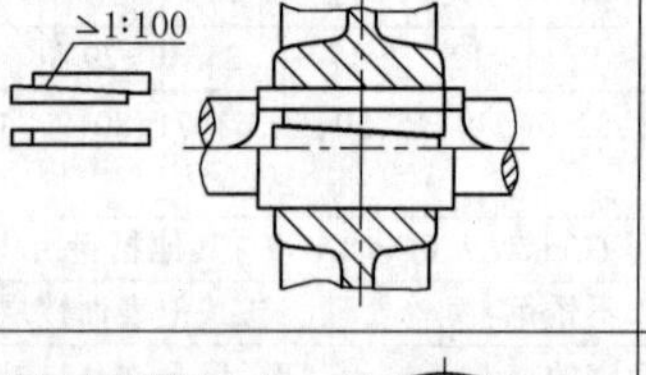 ≥1:100	由两个斜度为 1∶100 的楔键组成。能传递较大的转矩，一对切向键只能传递一个方向的转矩，传递双向转矩时，要用两对切向键，互成 120°~135°。用于载荷大、对中要求不高的场合。键槽对轴的削弱大，常用于直径大于 100mm 的轴
端面键	端面键	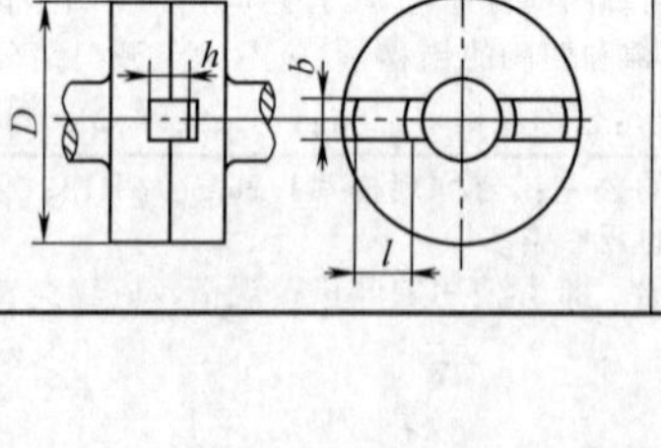 D h b l	在圆盘端面嵌入平键，可用于凸缘间传力，常用于铣床主轴

2.2 键的选择和连接的强度计算

键的类型可根据使用要求、工作条件和连接的结构特点按表 5-3-15 选定。

键的剖面尺寸通常根据轴的直径和具体工作情况选取。对于薄壁空心轴、阶梯轴、传递转矩较小以及用于定位等情况，允许选用剖面尺寸较小的键；有时，由于工艺需要也可选用较大的键。键的长度按轮毂长度从标准中选取，并按传递的转矩对键的剖面尺寸和长度进行验算。

键连接的强度计算公式见表 5-3-16。如单键强度不够采用双键时，应考虑键的合理布置。两个平键最好相隔 180°；两个半圆键则应沿轴心线布置在一条直线上；两个楔键夹角一般为 90°~120°；两个切向键间夹角一般为 120°~135°。双键连接的强度按 1.5 个键计算。如果轮毂允许适当加长，也可相应地增加键的长度，以提高单键连接的承载能力。但一般采用的键长不宜超过（1.6~1.8）d（d 为轴径），必要时加大轴径或改用其他连接方式。

当键连接的轴与毂为过盈配合时，如过盈量较小，则在校核强度时可不考虑过盈连接。

表 5-3-16　　键连接的强度计算

类型	受力简图	计算内容		计算公式	说明
平键	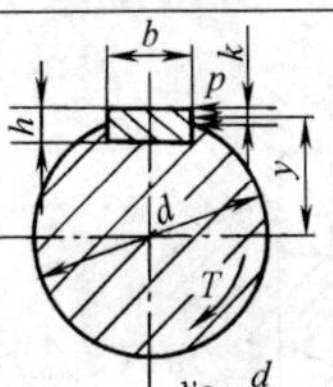 $y\approx\frac{d}{2}$	键或键槽工作面的挤压或磨损	静连接	$\sigma_p=\frac{2T}{dkl}\leqslant\sigma_{pp}$	T——转矩，N·mm d——轴的直径，mm l——键的工作长度，mm，A 型 $l=L-b$，B 型 $l=L$，C 型 $l=L-b/2$；半圆键 $l\approx L$ k——键与轮毂的接触高度，mm，平键 $k=0.4h$（毂 t_2），半圆键 k 见表 5-3-23 毂 t_2 b——键的宽度，mm t——切向键工作面宽度，mm C——切向键倒角的宽度，mm μ——摩擦因数，对钢和铸铁 $\mu=0.12\sim0.17$ σ_{pp}——键、轴、轮毂三者中最弱材料的许用挤压应力，MPa，见表 5-3-17 p_{pp}——键、轴、轮毂三者中最弱材料的许用压强 MPa，见表 5-3-17
			动连接	$p=\frac{2T}{dkl}\leqslant p_{pp}$	
半圆键	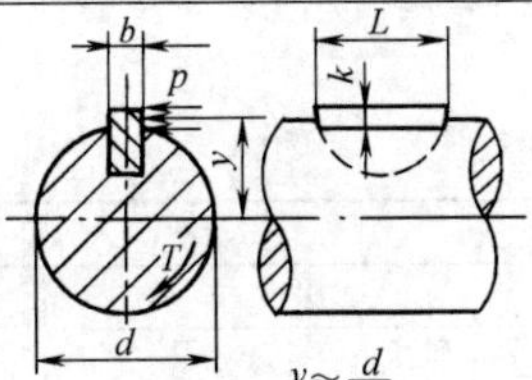 $y\approx\frac{d}{2}$	键或键槽工作面的挤压		$\sigma_p=\frac{2T}{dkl}\leqslant\sigma_{pp}$	
楔键	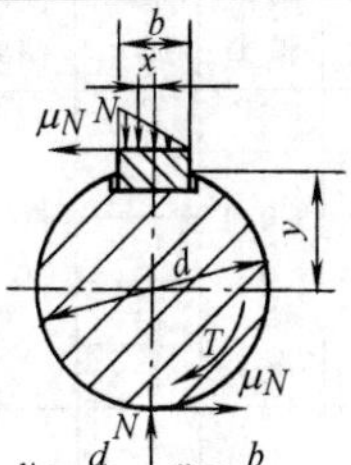 $y\approx\frac{d}{2}$，$x=\frac{b}{6}$	键或键槽工作面的挤压		$\sigma_p=\frac{12T}{bl(6\mu d+b)}\leqslant\sigma_{pp}$	
切向键	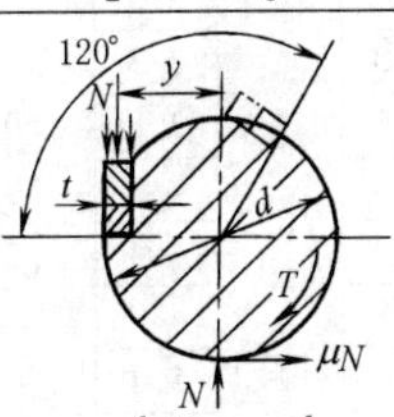 $y\approx\frac{d-t}{2}$，$t=\frac{d}{10}$	键或键槽工作面的挤压		$\sigma_p=\frac{T}{(0.5\mu+0.45)dl(t-C)}\leqslant\sigma_{pp}$	
端面键	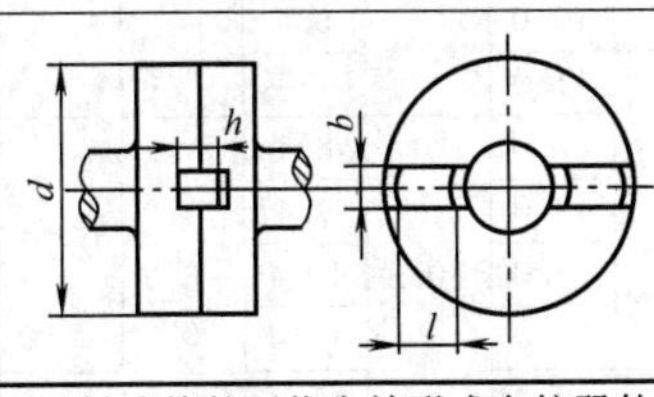	键或键槽工作面的挤压		$\sigma_p=\frac{4T}{dhl(1-l/d)^2}\leqslant\sigma_{pp}$	

注：平键连接的可能失效形式有较弱件（通常为轮毂）工作面被压溃（静连接）、磨损（动连接）和键的切断等。对于键实际采用的材料和标准尺寸来说，压溃和磨损常是主要失效形式，所以通常只进行键连接的挤压强度和耐磨性验算。

表 5-3-17　　　　**键连接的许用挤压应力、许用压强和许用切应力**　　　　MPa

项目	连接工作方式	被连接件材料	不同载荷性质的许用值 静载	轻微冲击	冲击
许用挤压应力 σ_{pp}	静连接	钢	125~150	100~120	60~90
		铸铁	70~80	50~60	30~45
许用压强 p_{pp}	动连接	钢	50	40	30
许用切应力 τ_p			120	90	60

注：1. σ_{pp} 及 p_{pp} 应按连接中键、轴、轮毂三者的材料力学性能最弱的零件选取。

2. 如与键有相对滑动的被连接件表面经过表面硬化，则动连接的 p_{pp} 可提高 2~3 倍。

2.3 键的标准件

平键键槽的剖面尺寸与公差（摘自 GB/T 1095—2003）

本标准规定了宽度 b=2~100mm 的普通型、导向型平键键槽的剖面尺寸

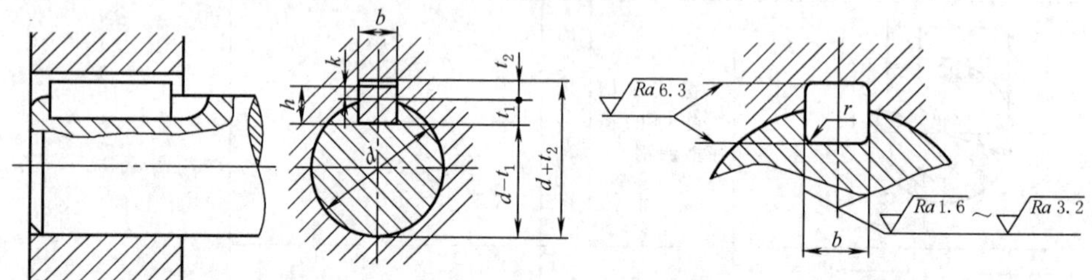

表 5-3-18　　　　**平键键槽的剖面尺寸与公差**　　　　mm

轴的公称直径 d	键尺寸 $b\times h$	键槽 宽度 b 基本尺寸	极限偏差 正常连接 轴(N9)	正常连接 毂(JS9)	紧密连接 轴和毂(P9)	松连接 轴(H9)	松连接 毂(D10)	深度 轴 t_1 基本尺寸	轴 t_1 极限偏差	毂 t_2 基本尺寸	毂 t_2 极限偏差	半径 r 最小	半径 r 最大
6~8	2×2	2	-0.004 -0.029	±0.0125	-0.006 -0.031	+0.025 0	+0.060 +0.020	1.2	+0.1 0	1.0	+0.1 0	0.08	0.16
>8~10	3×3	3						1.8		1.4			
>10~12	4×4	4	0 -0.030	±0.015	-0.012 -0.042	+0.030 0	+0.078 +0.030	2.5		1.8			
>12~17	5×5	5						3.0		2.3		0.16	0.25
>17~22	6×6	6						3.5		2.8			
>22~30	8×7	8	0 -0.036	±0.018	-0.015 -0.051	+0.036 0	+0.098 +0.040	4.0	+0.2 0	3.3	+0.2 0		
>30~38	10×8	10						5.0		3.3		0.25	0.40
>38~44	12×8	12	0 -0.043	±0.0215	-0.018 -0.061	+0.043 0	+0.120 +0.050	5.0		3.3			
>44~50	14×9	14						5.5		3.8			
>50~58	16×10	16						6.0		4.3			
>58~65	18×11	18						7.0		4.4			
>65~75	20×12	20	0 -0.052	±0.026	-0.022 -0.074	+0.052 0	+0.149 +0.065	7.5		4.9		0.40	0.60
>75~85	22×14	22						9.0		5.4			
>85~95	25×14	25						9.0		5.4			
>95~110	28×16	28						10.0		6.4			
>110~130	32×18	32	0 -0.062	±0.031	-0.026 -0.088	+0.062 0	+0.180 +0.080	11.0		7.4			
>130~150	36×20	36						12.0	+0.3 0	8.4	+0.3 0	0.70	1.00
>150~170	40×22	40						13.0		9.4			
>170~200	45×25	45						15.0		10.4			
>200~230	50×28	50						17.0		11.4			
>230~260	56×32	56	0 -0.074	±0.037	-0.032 -0.106	+0.074 0	+0.220 +0.100	20.0		12.4		1.20	1.60
>260~290	63×32	63						20.0		12.4			

续表

轴的公称直径 d	键尺寸 $b\times h$	键槽 宽度 b 基本尺寸	极限偏差 正常连接 轴(N9)	正常连接 毂(JS9)	紧密连接 轴和毂(P9)	松连接 轴(H9)	松连接 毂(D10)	深度 轴 t_1 基本尺寸	轴 t_1 极限偏差	毂 t_2 基本尺寸	毂 t_2 极限偏差	半径 r 最小	半径 r 最大
>290~330	70×36	70	0 -0.074	±0.037	-0.032 -0.106	+0.074 0	+0.220 +0.100	22.0	+0.3 0	14.4	+0.3 0	1.20	1.60
>330~380	80×40	80						25.0		15.4		2.00	2.50
>380~440	90×45	90	0 -0.087	±0.0435	-0.037 -0.124	+0.087 0	+0.260 +0.120	28.0		17.4			
>440~500	100×50	100						31.0		19.5			

注：1. 导向平键的轴槽与毂槽用较松键连接的公差。

2. 除轴伸外，在保证传递所需转矩条件下，允许采用较小截面的键，但 t_1 和 t_2 的数值必要时应重新计算，使键侧与毂槽接触高度各为 $h/2$。

3. 平键轴槽的长度公差为 H14。

4. 键槽的对称度公差：为便于装配，轴槽及毂槽对轴及轮毂轴心的对称度公差根据不同要求，一般可按 GB/T 1184—1996 中表 B4 对称度公差 7~9 级选取。键槽（轴槽及毂槽）的对称度公差的公称尺寸是指键宽 b。

5. 表中（$d-t_1$）和（$d+t_2$）两组组合尺寸的极限偏差按相应的 t_1 和 t_2 的极限偏差选取，但（$d-t_1$）的极限偏差值应取负号。

6. 表中"轴的公称直径 d"是沿用旧标准（1979 年版）的数据，仅供设计者初选时参考，然后根据工况验算确定键的规格。

普通型平键的尺寸与公差（摘自 GB/T 1096—2003）

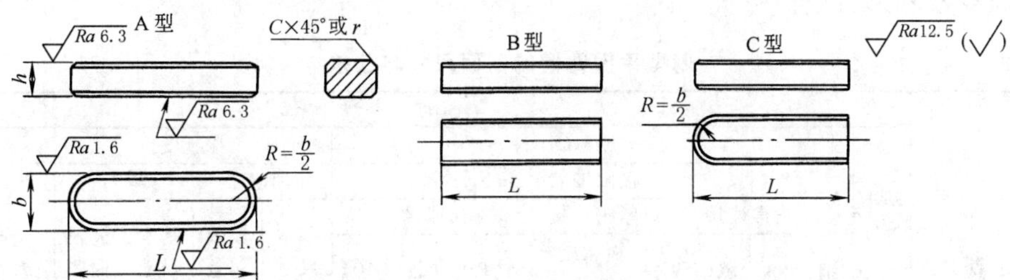

本标准规定了宽度 b=2~100mm 的普通 A 型、B 型、C 型的平键尺寸

标记示例

宽度 b=16mm、h=10mm、L=100mm、普通 A 型平键，标记为：GB/T 1096　键 16×10×100

宽度 b=16mm、h=10mm、L=100mm、普通 B 型平键，标记为：GB/T 1096　键 B16×10×100

宽度 b=16mm、h=10mm、L=100mm、普通 C 型平键，标记为：GB/T 1096　键 C16×10×100

表 5-3-19　　普通型平键的尺寸与公差　　mm

宽度 b	基本尺寸		2	3	4	5	6	8	10	12	14	16	18	20	22
	极限偏差(h8)		0 -0.014		0 -0.018			0 -0.022		0 -0.027				0 -0.033	
高度 h	基本尺寸		2	3	4	5	6	7	8	8	9	10	11	12	14
	极限偏差	矩形(h11)	—		—			0 -0.090					0 -0.110		
		方形(h8)	0 -0.014		0 -0.018			—					—		
C 或 r			0.16~0.25			0.25~0.40			0.40~0.60					0.60~0.80	
长度 L(h14)			6~20	6~36	8~45	10~56	14~70	18~90	22~110	28~140	36~160	45~180	50~200	56~220	63~250
宽度 b	基本尺寸		25	28	32	36	40	45	50	56	63	70	80	90	100
	极限偏差(h8)		0 -0.033		0 -0.039					0 -0.046				0 -0.054	

续表

基本尺寸			14	16	18	20	22	25	28	32	32	36	40	45	50
高度 h	极限偏差	矩形(h11)	0 -0.110			0 -0.130				0 -0.160					
		方形(h8)	—			—				—					
C 或 r			0.60~0.80			1.00~1.20				1.60~2.00			2.50~3.00		
长度 L(h14)			70~280	80~320	90~360	100~400	100~400	110~450	125~500	140~500	160~500	180~500	200~500	220~500	250~500
长度 L 系列			10,12,14,16,18,20,22,25,28,32,36,40,45,50,56,63,70,80,90,100,110,125,140,160,180,200,250,280,320,360,400												

注：当键长大于500mm时，其长度应按GB/T 321的R20系列选取，为减少由于直线度而引起的问题，键长应小于10倍的键宽。

薄型平键键槽的剖面尺寸与公差（摘自GB/T 1566—2003）

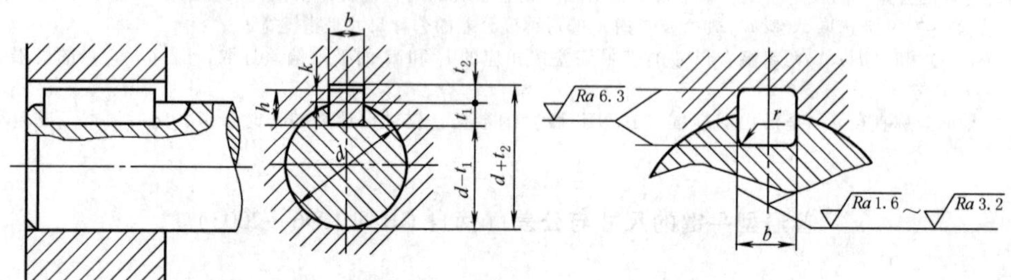

表 5-3-20　　薄型平键键槽的剖面尺寸与公差　　mm

轴的公称直径 d	键尺寸 $b×h$	键槽											
		宽度 b						深度				半径 r	
		基本尺寸	极限偏差					轴 t_1		毂 t_2			
			正常连接		紧密连接	松连接							
			轴(N9)	毂(JS9)	轴和毂(P9)	轴(H9)	毂(D10)	基本尺寸	极限偏差	基本尺寸	极限偏差	最小	最大
12~17	5×3	5	0	±0.015	-0.012	+0.030	+0.078	1.8		1.4			
>17~22	6×4	6	-0.030		-0.042	0	+0.030	2.5		1.8		0.16	0.25
>22~30	8×5	8	0	±0.018	-0.015	+0.036	+0.098	3.0	+0.1	2.3	+0.1		
>30~38	10×6	10	-0.036		-0.051	0	+0.040	3.5	0	2.8	0		
>38~44	12×6	12						3.5		2.8			
>44~50	14×6	14	0	±0.0215	-0.018	+0.043	+0.120	3.5		2.8		0.25	0.40
>50~58	16×7	16	-0.043		-0.061	0	+0.050	4.0		3.3			
>58~65	18×7	18						4.0		3.3			
>65~75	20×8	20						5.0		3.3			
>75~85	22×9	22	0	±0.026	-0.022	+0.052	+0.149	5.5	+0.2	3.8	+0.2		
>85~95	25×9	25	-0.052		-0.074	0	+0.065	5.5	0	3.8	0	0.40	0.60
>95~110	28×10	28						6.0		4.3			
>110~130	32×11	32	0	±0.031	-0.026	+0.062	+0.180	7.0		4.4			
>130~150	36×12	36	-0.062		-0.088	0	+0.080	7.5		4.9		0.70	1.00

注：1. 导向平键的轴槽与毂槽用较松键连接的公差。

2. 除轴伸外，在保证传递所需转矩条件下，允许采用较小截面的键，但 t_1 和 t_2 的数值必要时应重新计算，使键侧与毂槽接触高度各为 $h/2$。

3. 薄型平键的轴槽长度公差为H14。

4. 键槽的对称度公差：为便于装配，轴槽及毂槽对轴及轮毂轴心的对称度公差根据不同要求，一般可按GB/T 1184—1996中表B4对称度公差7~9级选取。键槽（轴槽及毂槽）的对称度公差的公称尺寸是指键宽 b。

5. 表中（$d-t_1$）和（$d+t_2$）两组组合尺寸的极限偏差按相应的 t_1 和 t_2 的极限偏差选取，但（$d-t_1$）的极限偏差值应取负号。

6. 表中"轴的公称直径 d"是沿用旧标准（1979年版）的数据，仅供设计者初选时参考，然后根据工况验算确定键的规格。

薄型平键的尺寸与公差（摘自 GB/T 1567—2003）

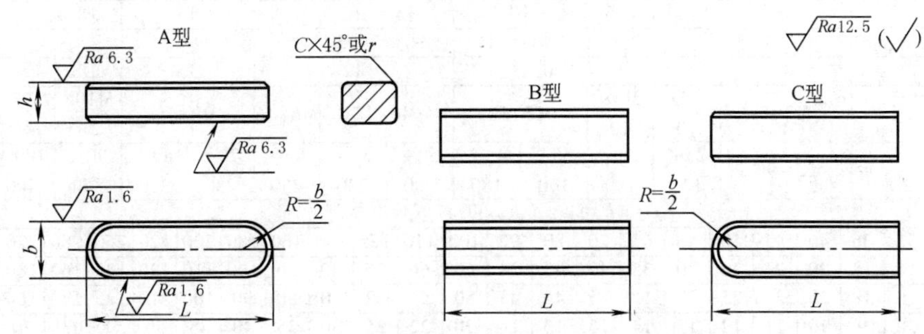

标记示例

宽度 $b=16$mm、高度 $h=7$mm、长度 $L=100$mm、薄 A 型平键，标记为：GB/T 1567　键 16×7×100

宽度 $b=16$mm、高度 $h=7$mm、长度 $L=100$mm、薄 B 型平键，标记为：GB/T 1567　键 B16×7×100

宽度 $b=16$mm、高度 $h=7$mm、长度 $L=100$mm、薄 C 型平键，标记为：GB/T 1567　键 C16×7×100

表 5-3-21　　薄型平键的尺寸与公差　　mm

宽度 b	基本尺寸	5	6	8	10	12	14	16	18	20	22	25	28	32	36
	极限偏差（h8）	0 -0.018		0 -0.022		0 -0.027				0 -0.033				0 -0.039	
高度 h	基本尺寸	3	4	5	6	6	6	7	7	8	9	9	10	11	12
	极限偏差（h11）	0 -0.060	0 -0.075					0 -0.090						0 -0.110	
C 或 r		0.25~0.40			0.40~0.60					0.60~0.80				1.0~1.2	
长度 L（极限偏差 h14）		10~56	14~70	18~90	22~110	28~140	36~160	45~180	50~200	56~220	63~250	70~280	80~320	90~360	100~400
L 系列		10,12,14,16,18,20,22,25,28,32,36,40,45,50,56,63,70,80,90,100,110,125,140,160,180,200,250,280,320,360,400													

导向型平键的尺寸与公差（摘自 GB/T 1097—2003）

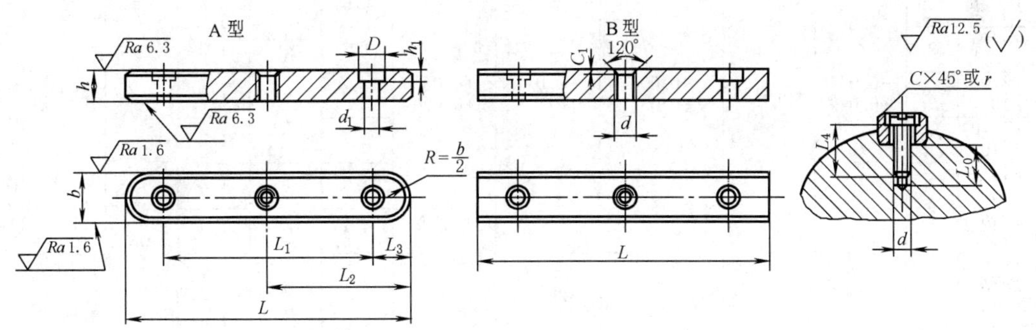

标记示例

宽度 $b=16$mm、高度 $h=10$mm、长度 $L=100$mm、导向 A 型平键，标记为：GB/T 1097　键 16×100

宽度 $b=16$mm、高度 $h=10$mm、长度 $L=100$mm、导向 B 型平键，标记为：GB/T 1097　键 B16×100

表 5-3-22　　导向型平键的尺寸与公差　　mm

b	基本尺寸	8	10	12	14	16	18	20	22	25	28	32	36	40	45
	极限偏差（h8）	0 -0.022		0 -0.027				0 -0.033				0 -0.039			
h	基本尺寸	7	8	8	9	10	11	12	14	14	16	18	20	22	25
	极限偏差（h11）	0 -0.090					0 -0.110						0 -0.130		
C 或 r		0.25~0.40	0.40~0.60						0.60~0.80				1.00~1.20		
h_1		2.4		3.0	3.5		4.5			6		7	8		
d		M3		M4	M5		M6			M8		M10	M12		

续表

d_1	3.4		4.5	5.5		6.6			9		11	14		
D	6		8.5	10		12			15		18	22		
C_1	0.3		0.5									1.0		
L_0	7	8	10			12			15		18	22		
螺钉（$d×L_4$）	M3×8	M3×10	M4×10	M5×10		M6×12		M6×16	M8×16		M10×20	M12×25		
长度 L	25～90	25～125	28～140	36～160	45～180	50～200	56～220	63～250	70～280	80～320	90～360	100～400	100～400	110～450

L 与 L_1、L_2、L_3 的对应长度系列

L	25	28	32	36	40	45	50	56	63	70	80	90	100	110	125	140	160	180	200	220	250	280	320	360	400	450
L_1	13	14	16	18	20	23	26	30	35	40	48	54	60	66	75	80	90	100	110	120	140	160	180	200	220	250
L_2	12.5	14	16	18	20	22.5	25	28	31.5	35	40	45	50	55	62	70	80	90	100	110	125	140	160	180	200	225
L_3	6	7	8	9	10	11	12	13	14	15	16	18	20	22	25	30	35	40	45	50	55	60	70	80	90	100

注：1. 当键长大于450mm时，为减小由于直线度而引起的问题，键长应小于10倍的键宽。

2. 固定用螺钉应符合GB/T 822或GB/T 65的规定。

半圆键键槽的剖面尺寸与公差（摘自GB/T 1098—2003）

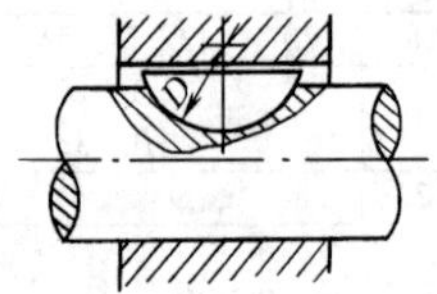

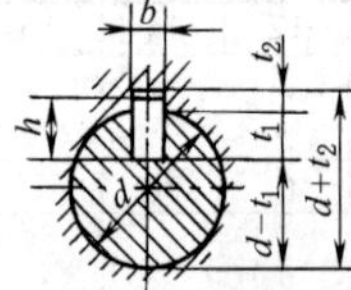

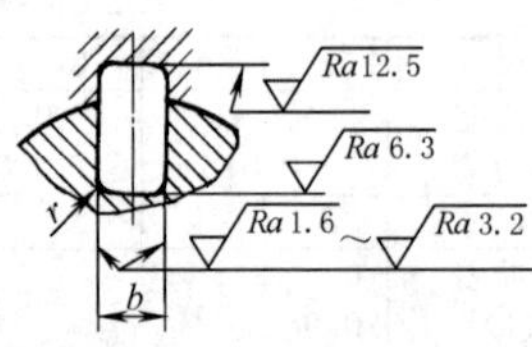

表5-3-23 **半圆键键槽的剖面尺寸与公差** mm

键尺寸 $b×h×D$	键槽											
	宽度 b						深度				半径 r	
	基本尺寸	极限偏差					轴 t_1		毂 t_2			
		正常连接		紧密连接	松连接		基本尺寸	极限偏差	基本尺寸	极限偏差		
		轴（N9）	毂（JS9）	轴和毂（P9）	轴（H9）	毂（D10）					最小	最大
1×1.4×4 1×1.1×4	1						1.0		0.6			
1.5×2.6×7 1.5×2.1×7	1.5						2.0		0.8			
2×2.6×7 2×2.1×7	2						1.8	+0.1 0	1.0			
2×3.7×10 2×3×10	2	-0.004 -0.029	±0.0125	-0.006 -0.031	+0.025 0	+0.060 +0.020	2.9		1.0		0.08	0.16
2.5×3.7×10 2.5×3×10	2.5						2.7		1.2			
3×5×13 3×4×13	3						3.8		1.4			
3×6.5×16 3×5.2×16	3						5.3		1.4	+0.1 0		
4×6.5×16 4×5.2×16	4						5.0	+0.2 0	1.8			
4×7.5×19 4×6×19	4						6.0		1.8			
5×6.5×16 5×5.2×19	5						4.5		2.3			
5×7.5×19 5×6×19	5	0 -0.030	±0.015	-0.012 -0.042	+0.030 0	+0.078 +0.030	5.5		2.3		0.16	0.25
5×9×22 5×7.2×22	5						7.0		2.3			
6×9×22 6×7.2×22	6						6.5		2.8			
6×10×25 6×8×25	6						7.5	+0.3 0	2.8			
8×11×28 8×8.8×28	8	0 -0.036	±0.018	-0.015 -0.051	+0.036 0	+0.098 +0.040	8.0		3.3	+0.2 0	0.25	0.40
10×13×32 10×10.4×32	10						10		3.3			

注：1. 键槽的对称度公差：为便于装配，轴槽及毂槽对轴及轮毂轴心的对称度公差根据不同要求，一般可按GB/T 1184—1996中表B4对称度公差7～9级选取。键槽（轴槽及毂槽）的对称度公差的公称尺寸是指键宽 b。

2. 表中（$d-t_1$）和（$d+t_2$）两组组合尺寸的极限偏差按相应的 t_1 和 t_2 的极限偏差选取，但（$d-t_1$）的极限偏差值应取负号。

普通型半圆键的尺寸与公差（摘自 GB/T 1099.1—2003）

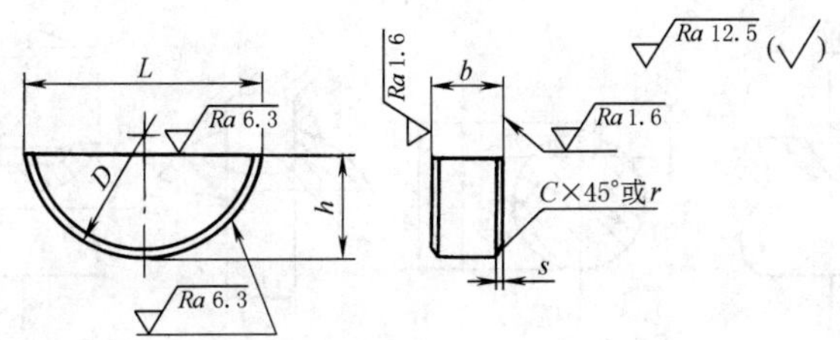

标记示例

宽度 b=6mm、高度 h=10mm、直径 D=25mm、普通型半圆键，标记为：GB/T 1099.1　键 6×10×25

表 5-3-24　　普通型半圆键的尺寸与公差　　mm

<table>
<tr><th rowspan="2">键尺寸
b×h×D</th><th colspan="2">宽度 b</th><th colspan="2">高度 h</th><th colspan="2">直径 D</th><th colspan="2">C 或 r</th></tr>
<tr><th>基本尺寸</th><th>极限偏差</th><th>基本尺寸
(h12)</th><th>极限偏差</th><th>基本尺寸</th><th>极限偏差
(h12)</th><th>最小</th><th>最大</th></tr>
<tr><td>1×1.4×4</td><td>1</td><td rowspan="16">0
-0.025</td><td>1.4</td><td rowspan="3">0
-0.10</td><td>4</td><td>0
-0.120</td><td rowspan="7">0.16</td><td rowspan="7">0.25</td></tr>
<tr><td>1.5×2.6×7</td><td>1.5</td><td>2.6</td><td>7</td><td rowspan="4">0
-0.150</td></tr>
<tr><td>2×2.6×7</td><td>2</td><td>2.6</td><td>7</td></tr>
<tr><td>2×3.7×10</td><td>2</td><td>3.7</td><td rowspan="3">0
-0.12</td><td>10</td></tr>
<tr><td>2.5×3.7×10</td><td>2.5</td><td>3.7</td><td>10</td></tr>
<tr><td>3×5×13</td><td>3</td><td>5</td><td>13</td><td rowspan="3">0
-0.180</td></tr>
<tr><td>3×6.5×16</td><td>3</td><td>6.5</td><td rowspan="8">0
-0.15</td><td>16</td></tr>
<tr><td>4×6.5×16</td><td>4</td><td>6.5</td><td>16</td><td rowspan="7">0.25</td><td rowspan="7">0.40</td></tr>
<tr><td>4×7.5×19</td><td>4</td><td>7.5</td><td>19</td><td>0
-0.210</td></tr>
<tr><td>5×6.5×16</td><td>5</td><td>6.5</td><td>16</td><td>0
-0.180</td></tr>
<tr><td>5×7.5×19</td><td>5</td><td>7.5</td><td>19</td><td rowspan="5">0
-0.210</td></tr>
<tr><td>5×9×22</td><td>5</td><td>9</td><td>22</td></tr>
<tr><td>6×9×22</td><td>6</td><td>9</td><td>22</td></tr>
<tr><td>6×10×25</td><td>6</td><td>10</td><td>25</td></tr>
<tr><td>8×11×28</td><td>8</td><td>11</td><td rowspan="2">0
-0.18</td><td>28</td><td rowspan="2">0.40</td><td rowspan="2">0.60</td></tr>
<tr><td>10×13×32</td><td>10</td><td>13</td><td>32</td><td>0
-0.250</td></tr>
</table>

楔键键槽的剖面尺寸与公差（摘自 GB/T 1563—2017）

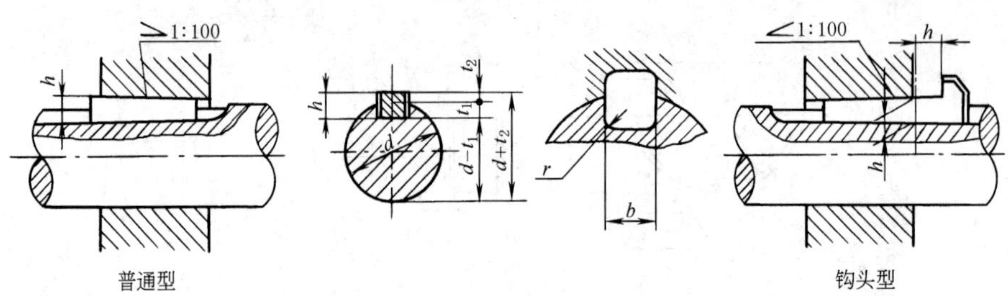

普通型　　钩头型

表 5-3-25　楔键键槽的剖面尺寸与公差　　mm

轴径 d	键尺寸 $b\times h$	键槽											
		宽度 b						深度				半径 r	
		基本尺寸	极限偏差					轴 t_1		毂 t_2			
			正常连接		紧密连接	松连接		基本尺寸	极限偏差	基本尺寸	极限偏差		
			轴(N9)	毂(JS9)	轴和毂(P9)	轴(H9)	毂(D10)					最小	最大
6~8	2×2	2	−0.004 −0.029	±0.012	−0.006 −0.031	+0.025 0	+0.060 +0.020	1.2	+0.1 0	1.0	+0.1 0	0.08	0.16
>8~10	3×3	3						1.8		1.4			
>10~12	4×4	4	0 −0.030	±0.015	−0.012 −0.042	+0.030 0	+0.078 +0.030	2.5		1.8			
>12~17	5×5	5						3.0		2.3		0.16	0.25
>17~22	6×6	6						3.5		2.8			
>22~30	8×7	8	0 −0.036	±0.018	−0.015 −0.051	+0.036 0	+0.098 +0.040	4.0	+0.2 0	3.3	+0.2 0		
>30~38	10×8	10						5.0		3.3		0.25	0.40
>38~44	12×8	12	0 −0.043	±0.021	−0.018 −0.061	+0.043 0	+0.120 +0.050	5.0		3.3			
>44~50	14×9	14						5.5		3.8			
>50~58	16×10	16						6.0		4.3			
>58~65	18×11	18						7.0		4.4			
>65~75	20×12	20	0 −0.052	±0.026	−0.022 −0.074	+0.052 0	+0.149 +0.065	7.5		4.9		0.40	0.60
>75~85	22×14	22						9.0		5.4			
>85~95	25×14	25						9.0		5.4			
>95~110	28×16	28						10.0		6.4			
>110~130	32×18	32	0 −0.062	±0.031	−0.026 −0.088	+0.062 0	+0.180 +0.080	11.0		7.4		0.70	1.00
>130~150	36×20	36						12.0	+0.3 0	8.4	+0.3 0		
>150~170	40×22	40						13.0		9.4			
>170~200	45×25	45						15.0		10.4			
>200~230	50×28	50						17.0		11.4			
>230~260	56×32	56	0 −0.074	±0.037	−0.032 −0.106	+0.074 0	+0.220 +0.100	20.0		12.4		1.20	1.60
>260~290	63×32	63						20.0		12.4			
>290~330	70×36	70						22.0		14.4			
>330~380	80×40	80						25.0		15.4		2.00	2.50
>380~440	90×45	90	0 −0.087	±0.043	−0.037 −0.124	+0.087 0	+0.260 +0.120	28.0		17.4			
>440~500	100×50	100						31.0		19.4			

注：1. （$d+t_2$）及 t_2 表示大端毂槽深度。

2. 安装时，键的斜面与轮毂的斜面必须紧密贴合。

3. 轴槽、毂槽的键槽宽度 b 两侧面粗糙度 Ra 值推荐为 6.3μm。

4. 轴槽、毂槽底面粗糙度 Ra 值为 1.6~3.2μm。

5. 表中（$d-t_1$）和（$d+t_2$）两组组合尺寸的极限偏差按相应的 t_1 和 t_2 的极限偏差选取，但（$d-t_1$）的极限偏差值应取负号。

6. 表中“轴的公称直径 d”是沿用旧标准（1979 年版）的数据，仅供设计者初选时参考，然后根据工况验算确定键的规格。

普通型楔键的尺寸与公差（摘自 GB/T 1564—2003）

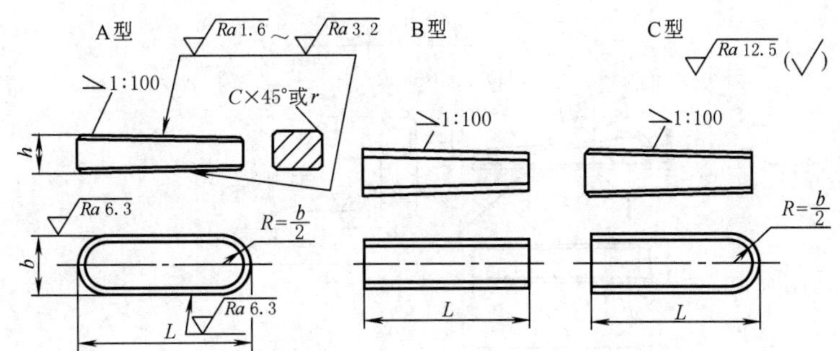

标记示例

宽度 b=16mm、高度 h=10mm、长度 L=100mm、普通 A 型楔键，标记为：GB/T 1564 键 16×100

宽度 b=16mm、高度 h=10mm、长度 L=100mm、普通 B 型楔键，标记为：GB/T 1564 键 B16×100

宽度 b=16mm、高度 h=10mm、长度 L=100mm、普通 C 型楔键，标记为：GB/T 1564 键 C16×100

表 5-3-26　　普通型楔键的尺寸与公差　　mm

宽度 b	基本尺寸	2	3	4	5	6	8	10	12	14	16	18	20	22
	极限偏差(h8)	0 -0.014		0 -0.018			0 -0.022		0 -0.027				0 -0.033	
高度 h	基本尺寸	2	3	4	5	6	7	8	8	9	10	11	12	14
	极限偏差(h11)	0 -0.060		0 -0.075			0 -0.090					0 -0.110		
C 或 r		0.16~0.25			0.25~0.40			0.40~0.60					0.60~0.80	
长度 L(h14)		6~20	6~36	8~45	10~56	14~70	18~90	22~110	28~140	36~160	45~180	50~200	56~220	63~250
宽度 b	基本尺寸	25	28	32	36	40	45	50	56	63	70	80	90	100
	极限偏差(h8)	0 -0.033		0 -0.039					0 -0.046				0 -0.054	
高度 h	基本尺寸	14	16	18	20	22	25	28	32	32	36	40	45	50
	极限偏差(h11)	0 -0.110			0 -0.130				0 -0.160					
C 或 r		0.60~0.80			1.00~1.20			1.60~2.00					2.50~3.00	
长度 L(h14)		70~320	80~360	90~400	100~450	100~450	110~500	125~500	140~500	160~500	180~500	200~500	220~500	250~500
长度 L 系列		6,8,10,12,14,16,18,20,22,25,28,32,36,40,45,50,56,63,70,80,90,100,125,140,160,180,200,220,250,280,320,360,400,450,500												

注：当键长大于 500mm 时，为减小由于直线度而引起的问题，键长应小于 10 倍的键宽。

钩头型楔键的尺寸与公差（摘自 GB/T 1565—2003）

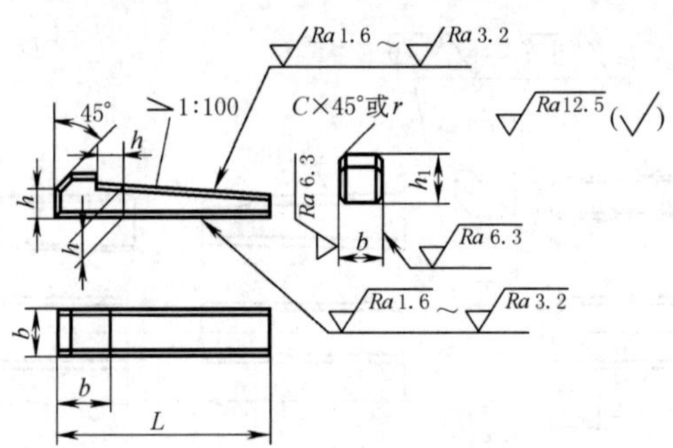

标记示例

宽度 $b=16$mm、高度 $h=10$mm、长度 $L=100$mm、钩头型楔键，标记为：GB/T 1565 键 16×100

表 5-3-27　　钩头型楔键的尺寸与公差　　mm

宽度 b	基本尺寸	4	5	6	8	10	12	14	16	18	20	22	25
	极限偏差（h8）	0 -0.018			0 -0.022		0 -0.027				0 -0.033		
高度 h	基本尺寸	4	5	6	7	8	8	9	10	11	12	14	14
	极限偏差（h11）	0 -0.075			0 -0.090					0 -0.110			
h_1		7	8	10	11	12	12	14	16	18	20	22	22
C 或 r		0.16~0.25	0.25~0.40			0.40~0.60					0.60~0.80		
长度 L(h14)		14~45	14~56	14~70	18~90	22~110	28~140	36~160	45~180	50~200	56~220	63~250	70~280
宽度 b	基本尺寸	28	32	36	40	45	50	56	63	70	80	90	100
	极限偏差（h8）	0 -0.033	0 -0.039					0 -0.046				0 -0.054	
高度 h	基本尺寸	16	18	20	22	25	28	32	32	36	40	45	50
	极限偏差（h11）	0 -0.110		0 -0.130						0 -0.160			
h_1		25	28	32	36	40	45	50	50	56	63	70	80
C 或 r		0.60~0.80		1.00~1.20				1.60~2.00				2.50~3.00	
长度 L 极限偏差(h14)		80~320	90~360	100~400	100~400	110~400	125~500	140~500	160~500	180~500	200~500	220~500	250~500
长度 L 系列		14,16,18,20,22,25,28,32,36,40,45,50,56,63,70,80,90,100,125,140,160,180,200,220,250,280,320,360,400,450,500											

薄型楔键键槽的剖面尺寸与公差（摘自 GB/T 16922—1997）

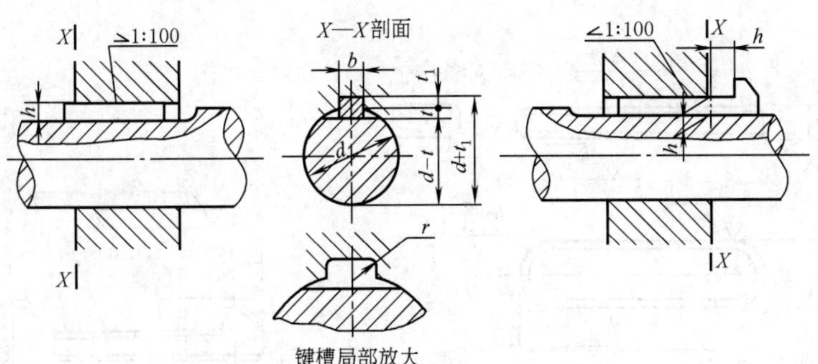

键槽局部放大

表 5-3-28　　薄型楔键键槽的剖面尺寸与公差　　mm

轴基本直径 d	键基本尺寸 $b \times h$	键槽(轮毂)						平台(轴)	
		宽度 b		深度 t_1		半径 r		深度 t	
		基本尺寸	极限偏差(D10)	基本尺寸	极限偏差	最小	最大	基本尺寸	极限偏差
22~30	8×5	8	+0.098 +0.040	1.7	+0.1 0	0.16	0.25	3	+0.1 0
>30~38	10×6	10		2.2		0.25	0.40	3.5	
>38~44	12×6	12	+0.120 +0.050	2.2	+0.2 0			3.5	
>44~50	14×6	14		2.2				3.5	
>50~58	16×7	16		2.4				4	+0.2 0
>58~65	18×7	18		2.4				4	
>65~75	20×8	20	+0.149 +0.065	2.4		0.40	0.60	5	
>75~85	22×9	22		2.9				5.5	
>85~95	25×9	25		2.9				5.5	
>95~110	28×10	28		3.4				6	
>110~130	32×11	32	+0.180 +0.080	3.4				7	
>130~150	36×12	36		3.9		0.70	1.00	7.5	
>150~170	40×14	40		4.4				9	
>170~200	45×16	45		5.4				10	
>200~230	50×18	50		6.4				11	

注：1. （$d+t_1$）及 t_1 表示大端毂槽深度。

2. 安装时，楔键的上工作面与毂槽的底面必须紧密贴合。

3. 楔键的上工作面粗糙度 Ra 值推荐为 3.2μm。

4. （$d-t$）和（$d+t_1$）两个组合尺寸的极限偏差按相应的 t 和 t_1 的极限偏差选取，但（$d-t$）的极限偏差值应取负号。

薄型楔键的尺寸与公差（摘自 GB/T 16922—1997）

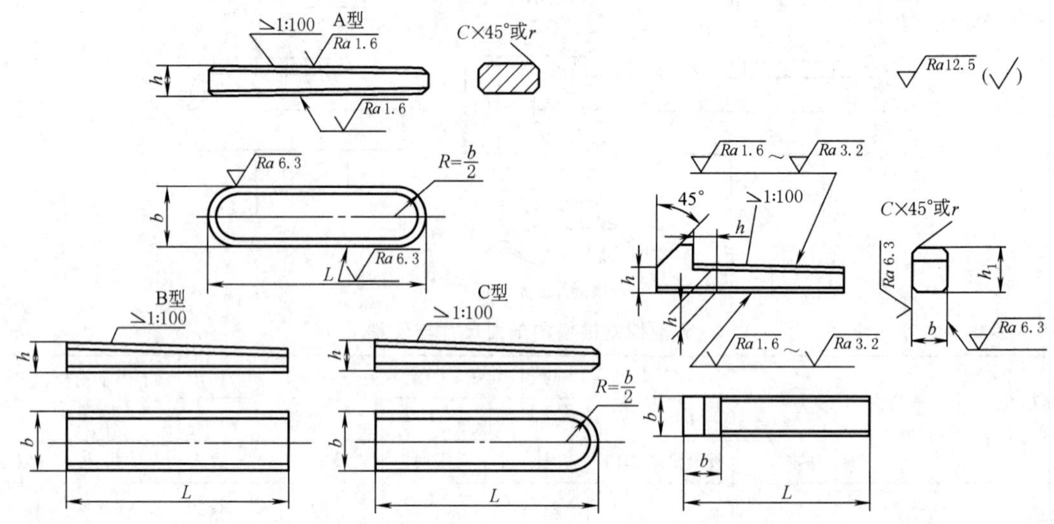

标记示例

宽度 b=16mm、高度 h=7mm、长度 L=100mm、A 型圆头薄型楔键，标记为：GB/T 16922　键 A16×7×100

宽度 b=16mm、高度 h=7mm、长度 L=100mm、B 型平头薄型楔键，标记为：GB/T 16922　键 B16×7×100

宽度 b=16mm、高度 h=7mm、长度 L=100mm、C 型单圆头薄型楔键，标记为：GB/T 16922　键 C16×7×100

宽度 b=16mm、高度 h=7mm、长度 L=100mm、钩头薄型楔键，标记为：GB/T 16922　键 16×7×100

表 5-3-29　　薄型楔键的尺寸与公差　　mm

b	基本尺寸	8	10	12	14	16	18	20	22	25	28	32	36	40	45	50
	极限偏差(h9)	0 -0.036		0 -0.043				0 -0.052				0 -0.062				
h	基本尺寸	5	6	6	6	7	7	8	9	9	10	11	12	14	16	18
	极限偏差(h11)	0 -0.075				0 -0.090						0 -0.110				
h_1		8	10			11		12	14		16	18	20	22	25	28
C 或 r①	最小	0.25	0.4				0.6						1.0			
	最大	0.4	0.6				0.8						1.2			
L(h14) 商品规格范围		20~70	25~90	32~125	36~140	45~180	50~200	56~220	63~250	70~280	80~320	90~360	100~400	125~400	140~400	160~400
L 系列		20,22,25,28,32,36,40,45,50,56,63,70,80,90,100,110,125,140,160,180,200,220,250,280,320,360,400														

① 对长边和圆头的边倒角，其他边仅去毛刺。

注：楔键的上、下工作面粗糙度 Ra 值可选用 3.2μm。

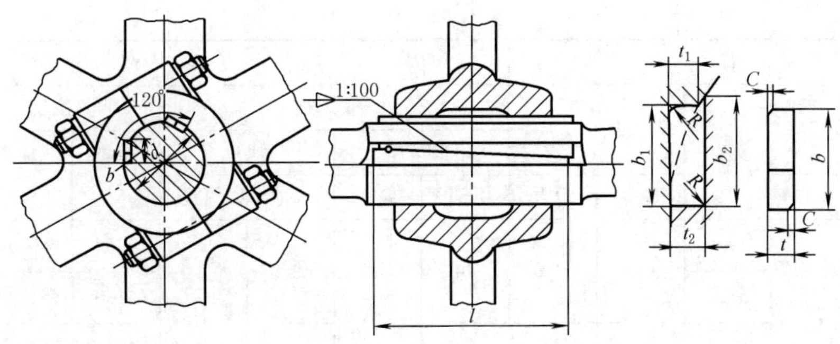

切向键（普通型、强力型）及其键槽的尺寸与公差（摘自 GB/T 1974—2003）

本标准规定了轴径 $d=60\sim630$mm 的普通型切向键及键槽和轴径 $d=100\sim630$mm 的强力型切向键及键槽尺寸

标记示例

计算宽度 $b=24$mm、厚度 $t=8$mm、长度 $L=100$mm、普通型切向键，标记为：GB/T 1974　切向键　24×8×100

计算宽度 $b=60$mm、厚度 $t=20$mm、长度 $L=250$mm、强力型切向键，标记为：GB/T 1974　强力切向键　60×20×250

表 5-3-30　　普通型切向键及其键槽的尺寸与公差　　mm

轴径 d	键					键槽							
	厚度 t		计算宽度 b	倒角 C		深度				计算宽度		半径 R	
						轮毂 t_1		轴 t_2		轮毂 b_1	轴 b_2		
	尺寸	偏差(h11)		最小	最大	尺寸	偏差	尺寸	偏差			最小	最大
60	7	0 −0.090	19.3	0.6	0.8	7	0 −0.2	7.3	+0.2 0	19.3	19.6	0.4	0.6
63			19.8							19.8	20.2		
65			20.1							20.1	20.5		
70			21.0							21.0	21.4		
71	8		22.5			8		8.3		22.5	22.8		
75			23.2							23.2	23.5		
80			24.0							24.0	24.4		
85			24.8							24.8	25.2		
90			25.6							25.6	26.0		
95	9		27.8			9		9.3		27.8	28.2		
100			28.6							28.6	29.0		
110			30.1							30.1	30.6		
120	10		33.2	1.0	1.2	10		10.3		33.2	33.6	0.7	1.0
125			33.9							33.9	34.4		
130			34.6							34.6	35.1		
140	11	0 −0.110	37.7			11		11.4		37.7	38.3		
150			39.1							39.1	39.7		
160	12		42.1			12	0 −0.3	12.4	+0.3 0	42.1	42.8		
170			43.5							43.5	44.2		
180			44.9							44.9	45.6		

续表

轴径 d	键					键槽							
	厚度 t		计算宽度 b	倒角 C		深度				计算宽度		半径 R	
						轮毂 t_1		轴 t_2		轮毂 b_1	轴 b_2		
	尺寸	偏差(h11)		最小	最大	尺寸	偏差	尺寸	偏差			最小	最大
190	14	0 −0.110	49.6	1.0	1.2	14	0 −0.3	14.4	+0.3 0	49.6	50.3	0.7	1.0
200			51.0							51.0	51.7		
220	16		57.1	1.6	2.0	16		16.4		57.1	57.8	1.2	1.6
240			59.9							59.9	60.6		
250	18		64.6			18		18.4		64.6	65.3		
260			66.0							66.0	66.7		
280	20	0 −0.130	72.1	2.5	3.0	20		20.4		72.1	72.8	2.0	2.5
300			74.8							74.8	75.5		
320	22		81.0			22		22.4		81.0	81.6		
340			83.6							83.6	84.3		
360	26		93.2			26		26.4		93.2	93.8		
380			95.9							95.9	96.6		
400			98.6							98.6	99.3		
420	30	0 −0.160	108.2	3.0	4.0	30		30.4		108.2	108.8	2.5	3.0
440			110.9							110.9	111.6		
450			112.3							112.3	112.9		
460			113.6							113.6	114.3		
480	34		123.1			34		34.4		123.1	123.8		
500			125.9							125.9	126.6		
530	38		136.7			38		38.4		136.7	137.4		
560			140.8							140.8	141.5		
600	42		153.1			42		42.4		153.1	153.8		
630			157.1							157.1	157.8		

注：1. 当轴径 d 值位于两相邻轴径值之间时，采用大轴径的 t 和 t_1、t_2。b 和 b_1、b_2 按下式计算：$b=b_1=\sqrt{t(d-t)}$；$b_2=\sqrt{t_2(d-t_2)}$。

2. 当轴径 d 超过 630mm 时，推荐：$t=t_1=0.07d$；$b=b_1=0.25d$。

3. 一对切向键在装配之后的相互位置应用销或其他适当的方法固定。

4. 长度 L 按实际结构确定，建议一般比轮毂厚度长 10%～15%。

5. 一对切向键在装配时，1∶100 的两斜面之间，以及键的两工作面与轴槽和毂槽的工作面之间都必须紧密结合。

6. 当出现交变冲击载荷时，轴径从 100mm 起，推荐选用强力型切向键。

7. 两对切向键如果以 120°安装有困难时，也可以 180°安装。

表 5-3-31　强力型切向键及其键槽的尺寸与公差　mm

轴径 d	键					键槽							
	厚度 t		计算宽度 b	倒角 C		深度				计算宽度		半径 R	
						轮毂 t_1		轴 t_2		轮毂 b_1	轴 b_2		
	尺寸	偏差(h11)		最小	最大	尺寸	偏差	尺寸	偏差			最小	最大
100	10	0 -0.090	30	1.0	1.2	10	0 -0.2	10.3	+0.2 0	30	30.4	0.7	1.0
110	11	0 -0.110	33			11		11.4		33	33.5		
120	12		36			12	0 -0.3	12.4	+0.3 0	36	36.5		
125	12.5		37.5			12.5		12.9		37.5	38.0		
130	13		39			13		13.4		39	39.5		
140	14		42			14		14.4		42	42.5		
150	15		45			15		15.4		45	45.5		
160	16		48			16		16.4		48	48.5		
170	17		51	1.6	2.0	17		17.4		51	51.5	1.2	1.6
180	18		54			18		18.4		54	54.5		
190	19	0 -0.130	57			19		19.4		57	57.5		
200	20		60			20		20.4		60	60.5		
220	22		66			22		22.4		66	66.5		
240	24		72	2.5	3.0	24		24.4		72	72.5	2.0	2.5
250	25		75			25		25.4		75	75.5		
260	26		78			26		26.4		78	78.5		
280	28		84			28		28.4		84	84.5		
300	30		90			30		30.4		90	90.5		
320	32	0 -0.160	96			32		32.4		96	96.5		
340	34		102	3.0	4.0	34		34.4		102	102.5	2.5	3.0
360	36		108			36		36.4		108	108.5		
380	38		114			38		38.4		114	114.5		
400	40		120			40		40.4		120	120.5		
420	42		126			42		42.4		126	126.5		
440	44		132			44		44.4		132	132.5		
450	45		135			45		45.4		135	135.5		
460	46		138			46		46.4		138	138.5		
480	48		144			48		48.4		144	144.5		
500	50		150			50		50.5		150	150.7		
530	53	0 -0.190	159			53		53.5		159	159.7		
560	56		168			56		56.5		168	168.7		
600	60		180			60		60.5		180	180.7		
630	63		189			63		63.5		189	189.7		

注：1. 当轴径 d 值位于两相邻轴径值之间时，键与键槽的尺寸按下式计算：$t=t_1=0.1d$；$b=b_1=0.3d$；$t_2=t+0.33\text{mm}$（$t\leqslant 10\text{mm}$）；$t_2=t+0.4\text{mm}$（$10\text{mm}<t\leqslant 45\text{mm}$）；$t_2=t+0.5\text{mm}$（$t>45\text{mm}$）；$b_2=\sqrt{t_2(d-t_2)}$。

2. 当轴径 d 超过 630mm 时，推荐：$t=t_1=0.1d$；$b=b_1=0.3d$。

3 花键连接

3.1 花键的类型、特点和应用

两零件上借助内、外圆柱（圆锥）表面上等距分布且齿数相同的键齿相互连接、传递转矩或运动的同轴偶件称为花键。在内圆柱表面上的花键为内花键，在外圆柱表面上的花键为外花键。目前我国常用的花键有矩形花键和渐开线花键，渐开线花键又有圆柱形和圆锥形两种结构，日本、德国等还有三角形花键（内花键齿形为三角形，外花键齿形为压力角等于 45°的渐开线，日本标准为 JIS B1602，德国标准为 DIN 5481）。本手册主要介绍矩形花键和圆柱形渐开线花键，其他类型花键读者可以查阅相关资料。

表 5-3-32　　花键的类型、特点和应用

类型	特点	应用
矩形花键(GB/T 1144—2001) 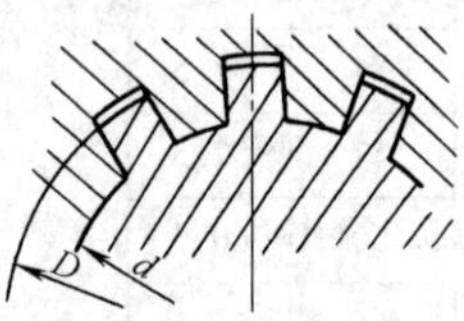	花键连接为多齿工作,承载能力高,对中性、导向性好,齿根较浅,应力集中较小,轴与毂强度削弱小 矩形花键加工方便,能用磨削方法获得较高的精度。标准中规定了两个系列:轻系列,用于载荷较轻的静连接;中系列,用于中等载荷	应用广泛,如飞机、汽车、拖拉机以及机床、农业机械和一般机械传动装置等
圆柱形渐开线花键(GB/T 3478.1—2008) 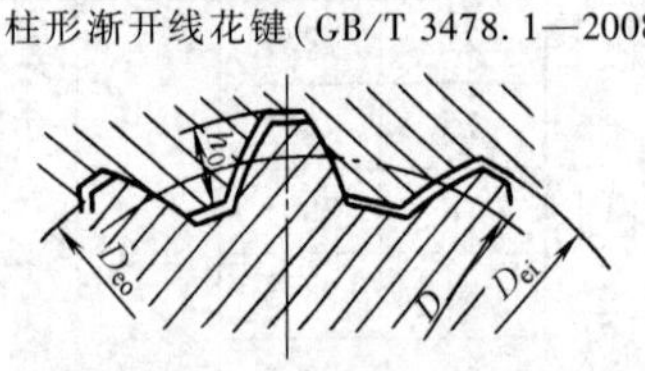	渐开线花键受载时齿上有径向力,能起自动定心作用,使各齿受力均匀,强度高、寿命长。加工工艺与齿轮相同,易获得较高的精度和互换性 渐开线花键标准压力角 α_D 有 30°、37.5°及 45°三种	用于载荷较大,定心精度要求较高,以及尺寸较大的连接

3.2 花键连接的强度计算

3.2.1 通用简单计算法

适用于矩形花键和渐开线花键。图 5-3-1 为其计算图。

花键连接的类型和尺寸通常需要根据被连接件的结构和特点、使用要求和工作条件来选择。为避免键齿工作表面压溃（静连接）或过度磨损（动连接），应进行必要的强度校核计算，计算公式如下：

静连接　　$$\sigma_p=\frac{2T}{\psi zhld_m}\leqslant\sigma_{pp}$$

动连接　　$$p=\frac{2T}{\psi zhld_m}\leqslant p_{pp}$$

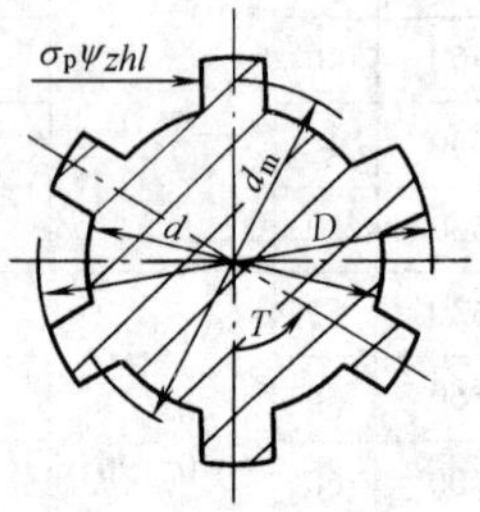

图 5-3-1　计算图

式中　T——传递转矩，N · mm；

z——花键的齿数；

l——齿的工作（配合）长度，mm；

d_m——矩形花键的平均圆直径，$d_m=\frac{D+d}{2}$（D 为大径，d 为小径），渐开线花键的分度圆直径，mm；

h——键齿工作高度，mm，矩形花键 $h=\frac{D-d}{2}-2C$（C 为倒角尺寸），渐开线花键 $h=m$（$\alpha=30°$）、$h=0.9m$

（$\alpha=37.5°$）、$h=0.8m$（$\alpha=45°$）（m 为模数）；

ψ——各齿间载荷不均匀系数，一般取 $\psi=0.7\sim0.8$，齿数多时取小值；

σ_{pp}——花键连接许用挤压应力，MPa，见表 5-3-33；

p_{pp}——许用压强，MPa，见表 5-3-33。

表 5-3-33　花键连接的许用挤压应力 σ_{pp}、许用压强 p_{pp}　MPa

连接工作方式	许用值	使用和制造情况	齿面未经热处理	齿面经热处理
静连接	许用挤压应力 σ_{pp}	不良 中等 良好	35~50 60~100 80~120	40~70 100~140 120~200
动连接（无载荷作用下移动）	许用压强 p_{pp}	不良 中等 良好	15~20 20~30 25~40	20~35 30~60 40~70
动连接（有载荷作用下移动）	许用压强 p_{pp}	不良 中等 良好	— — —	3~10 5~15 10~20

注：1. 使用和制造情况不良，是指受变载，有双向冲击，振动频率高，振幅大，润滑不好（对动连接），材料硬度不高，精度不高等。

2. 同一情况下，σ_{pp} 或 p_{pp} 的较小值用于工作时间长和较重要的场合。

3. 内、外花键材料的抗拉强度不低于 600MPa。

3.2.2 花键承载能力计算法

GB/T 17855—2017《花键承载能力计算方法》规定了矩形花键和直齿圆柱渐开线花键承载能力计算方法。适用于按 GB/T 1144 和 GB/T 3478.1 制造的花键。其他类型的花键也可参照使用。

（1）术语与代号

表 5-3-34　术语、代号及说明

序号	术语	代号	单位	说明
1	输入转矩	T	N·m	输入花键副的转矩
2	输入功率	P	kW	输入花键副的功率
3	转速	n	r/min	花键副的转速
4	名义切向力	F_t	N	花键副所受的名义切向力
5	分度圆直径	D	mm	渐开线花键分度圆直径
6	平均圆直径	d_m	mm	矩形花键大径与小径之和的一半
7	单位载荷	W	N/mm	单一键齿在单位长度上所受的法向载荷
8	齿数	z	—	花键的齿数
9	结合长度	l	mm	内花键与外花键相配合部分的长度(按名义值)
10	压轴力	F	N	花键副所受的与轴线垂直的径向作用力
11	标准压力角	α_D	(°)	渐开线花键齿形分度圆上的压力角
12	弯矩	M_b	N·m	作用在花键副上的弯矩
13	模数	m	mm	渐开线花键的模数
14	使用系数	K_1	—	主要考虑由于传动系统外部因素而产生的动力过载影响的系数
15	齿侧间隙系数	K_2	—	当花键副承受压轴力时,考虑花键副齿侧配合间隙(过盈)对各键齿上所受载荷影响的系数
16	分配系数	K_3	—	考虑由于花键的齿距累积误差(分度误差)影响各键齿载荷分配不均的系数
17	轴向偏载系数	K_4	—	考虑由于花键的齿向误差和安装后花键副的同轴度误差,以及受载后花键扭转变形,影响各键齿沿轴向受载不均匀的系数
18	齿面压应力	σ_H	MPa	键齿表面计算的平均接触压应力
19	工作齿高	h_w	mm	键齿工作高度

续表

序号	术语	代号	单位	说明
20	外花键大径	D_{ee}	mm	外花键大径的基本尺寸
21	内花键小径	D_{ii}	mm	内花键小径的基本尺寸
22	齿面接触强度的计算安全系数	S_H	—	一般可取1.25~1.50,较重要的及淬火的花键取较大值,一般的未经淬火的花键取较小值
23	齿面许用压应力	σ_{Hp}	MPa	
24	材料的屈服强度	$\sigma_{0.2}$	MPa	花键材料的屈服强度(按表层取值)
25	齿根弯曲应力	σ_F	MPa	花键齿根的计算弯曲应力
26	全齿高	h	mm	花键的全齿高
27	弦齿厚	S_{Fn}	mm	花键齿根危险截面(最大弯曲应力处)的弦齿厚
28	齿根许用弯曲应力	σ_{Fp}	MPa	
29	材料的抗拉强度	σ_b	MPa	花键材料的抗拉强度
30	弯曲强度的计算安全系数	S_F	—	一般情况下,对矩形花键取1.25~2.00,对渐开线花键取1.00~1.50
31	齿根最大剪切应力	τ_{Fmax}	MPa	
32	剪切应力	τ_{tn}	MPa	靠近花键收尾处的剪切应力
33	应力集中系数	α_{tn}	—	
34	外花键小径	D_{ie}	mm	外花键小径的基本尺寸
35	作用直径	d_h	mm	当量应力处的直径,相当于光滑扭棒的直径
36	齿根圆角半径	ρ	mm	一般指外花键齿根圆弧最小曲率半径
37	许用剪切应力	τ_{Fp}	MPa	
38	齿面磨损许用压应力	σ_{Hp1}	MPa	花键副在10^8循环数以下工作时的许用压应力
39	齿面磨损许用压应力	σ_{Hp2}	MPa	花键副长期工作无磨损的许用压应力
40	当量应力	σ_v	MPa	计算花键扭转与抗弯强度时,剪切应力与弯曲应力的合成应力
41	弯曲应力	σ_{Fn}	MPa	计算花键扭转与抗弯强度时的弯曲应力
42	转换系数	K	—	确定作用直径d_h的转换系数
43	许用应力	σ_{vp}	MPa	计算花键扭转与弯曲强度时的许用应力
44	作用侧隙	C_V	mm	花键副的全齿侧隙
45	位移量	e_0	mm	花键副的内、外花键两轴线的径向相对位移量

(2) 受力分析

① 无载荷。由于花键副是相互连接的同轴偶件，所以对于无误差的花键连接，在其无载荷状态时（不计自重，下同），内花键各齿槽的中心线（或对称面）与外花键各键齿的中心线（或对称面）是重合的。此时，键齿两侧的间隙（或过盈）相等，均为侧隙之半（图5-3-2）。

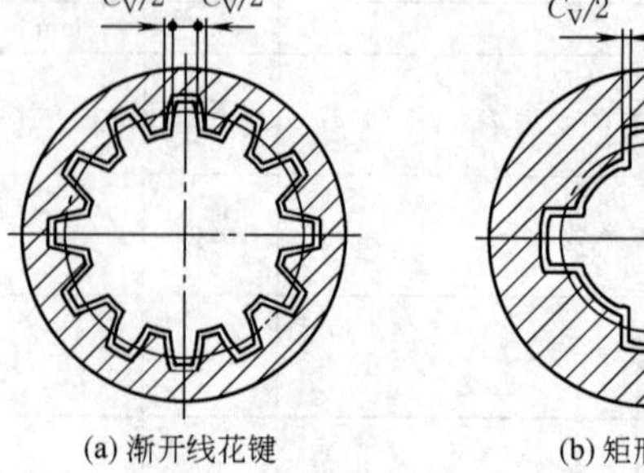

图5-3-2　无载荷、有间隙的渐开线花键连接和矩形花键连接的理论位置

② 受纯转矩载荷。对无误差的花键连接，在其只传递转矩 T 而无压轴力 F 时，一侧的各齿面在转矩 T 的作用下，彼此接触、侧隙相等，内花键与外花键的两轴线仍是同轴的（图5-3-3）。所有键齿传递转矩，承受同样大小的载荷（图5-3-4）。

③ 受纯压轴力载荷。对无误差的花键连接，在只承受压轴力 F、不受转矩 T 时，内花键与外花键的两轴线不同轴，出现一个相对位移量 e_0（图5-3-5）。这个相对位移量 e_0 是由花键副的部分侧隙消失和部分键齿弹性变形造成的。键齿的弹性变形主要与它们

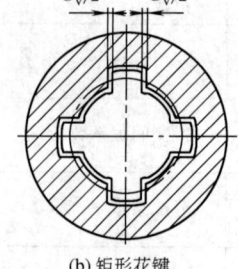

的受力大小和位置、侧隙（间隙或过盈）、弹性模量、花键齿数等因素有关。

当花键副回转时，各键齿两侧面所受载荷的大小按图 5-3-6 周期性变化。此时，花键副容易磨损。

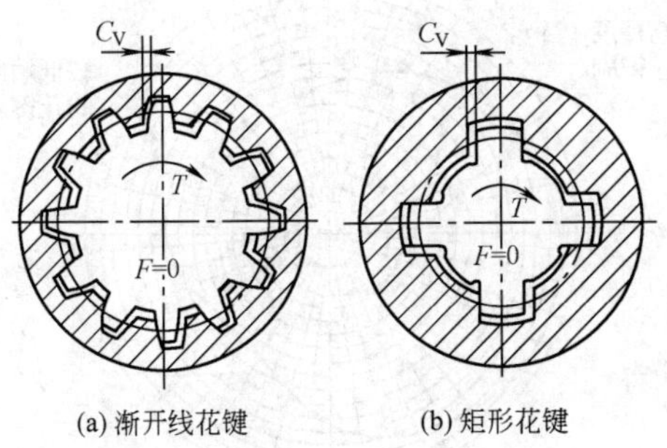

图 5-3-3　有载荷、有间隙的渐开线花键连接和矩形花键连接的理论位置

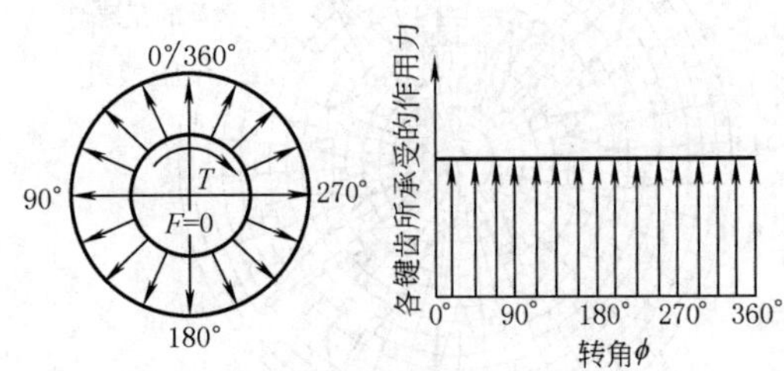

图 5-3-4　只传递转矩 T 而无压轴力 F 时的载荷分配

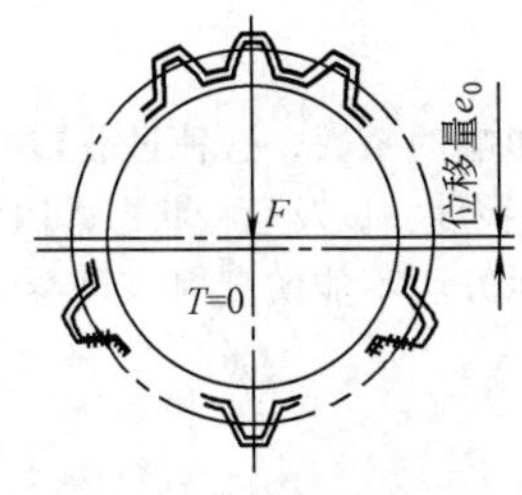

图 5-3-5　只承受压轴力 F 而无转矩 T 时内、外渐开线花键的相对位置

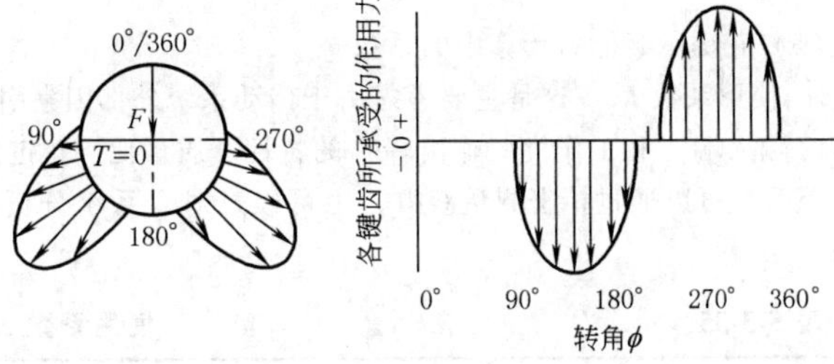

图 5-3-6　只承受压轴力 F 而无转矩 T 时的载荷分配

④ 受转矩和压轴力两种载荷。对无误差的花键连接，在其承受转矩 T 和压轴力 F 两种载荷时，内花键与外花键的相对位置和各键齿所受载荷的大小和方向，取决于所受转矩 T 和压轴力 F 的大小及两者的比例。

当花键副所受的载荷主要是转矩 T，压轴力 F 是次要的或很小时，该花键副回转后，各键齿的位置近似如图 5-3-3 所示，各键齿两侧面的受力状态发生周期性变化，如图 5-3-7 所示。

当花键副所受的载荷主要是压轴力 F，转矩 T 是次要的或很小时，该花键副回转后，各键齿的位置近似如图 5-3-5 所示，各键齿两侧面的受力状态发生周期性变化，如图 5-3-8 所示。在这种情况下，花键副也容易磨损。

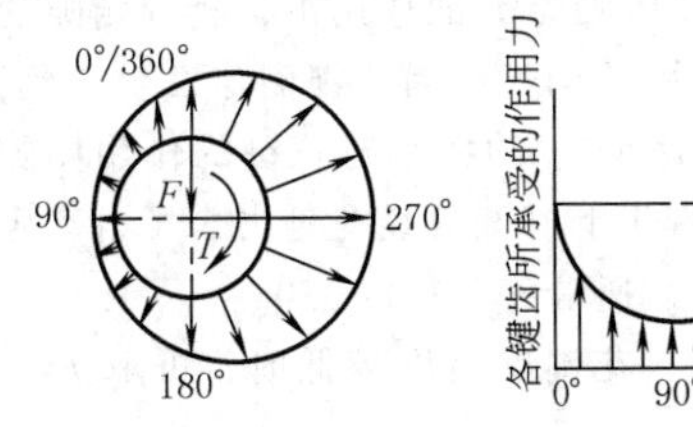

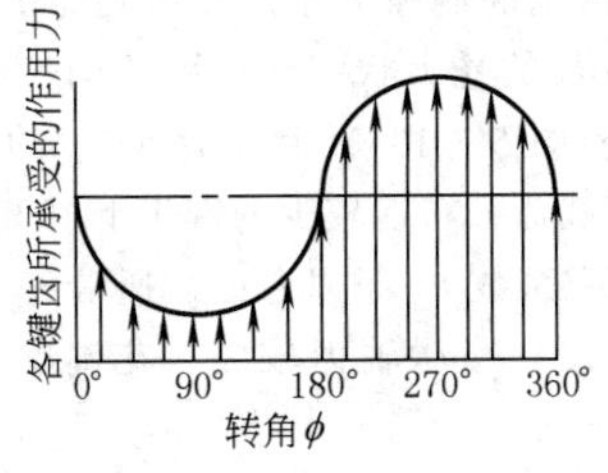

图 5-3-7　同时承受转矩 T 和压轴力 F 而转矩 T 占优势时的载荷分配

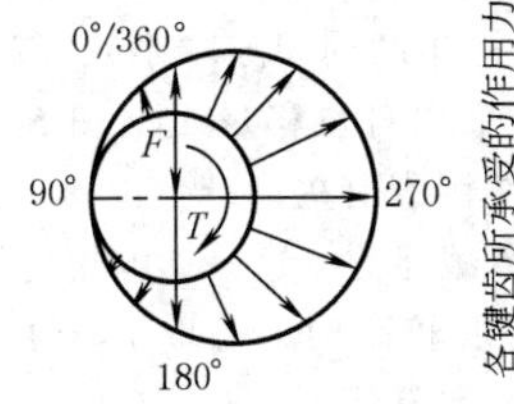

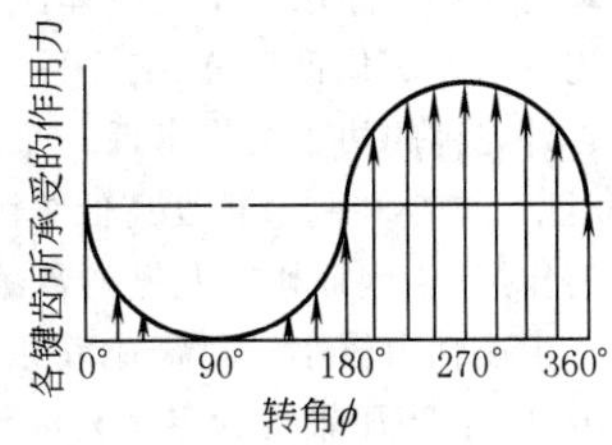

图 5-3-8　同时承受压轴力 F 和转矩 T 而压轴力 F 占优势时的载荷分配

对有误差的花键连接，在转矩 T 和压轴力 F 同时作用下，其载荷分配如图 5-3-9 所示，偏心状态如图 5-3-10 所示。

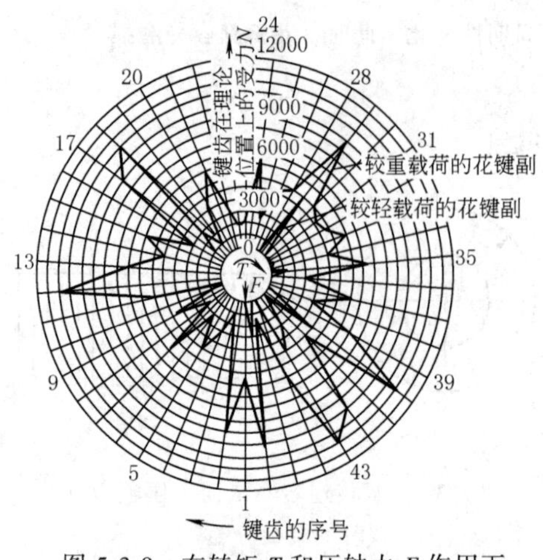

图 5-3-9 在转矩 T 和压轴力 F 作用下齿数为 46 的渐开线花键副的载荷分配

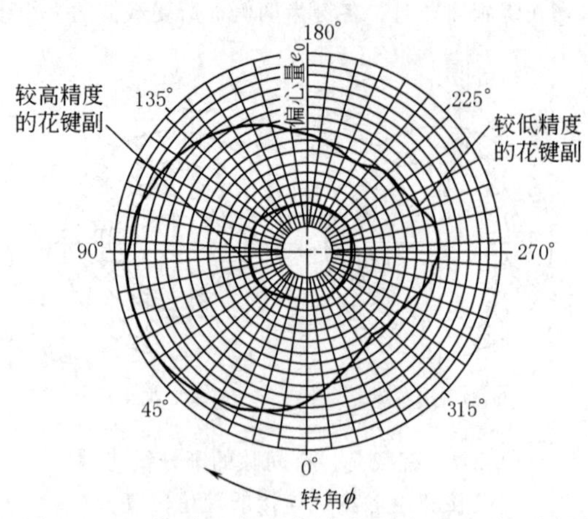

图 5-3-10 间隙配合、齿数为 46 的渐开线花键副在压轴力 F 和转矩 T 作用下的偏心状态

(3) 花键承载能力计算中的系数

① 使用系数 K_1。这是主要考虑由于传动系统外部因素引起的动力过载影响的系数。这种过载影响取决于原动机（输入端）和工作机（输出端）的特性、质量比、花键副的配合性质与精度，以及运行状态等因素。

该系数可以通过精密测量获得，也可经过对全系统分析后确定。在上述方法不能实现时，可参考表 5-3-35 取值。

表 5-3-35　　使用系数 K_1

原动机(输入端)	工作机(输出端)		
	均匀、平稳	中等冲击	严重冲击
均匀、平稳	1.00	1.25	1.75 或更大
轻微冲击	1.25	1.50	2.00 或更大
中等冲击	1.50	1.75	2.25 或更大

注：1. 均匀、平稳的原动机：电动机、蒸汽机、燃气轮机等。
2. 轻微冲击的原动机：多缸内燃机等。
3. 中等冲击的原动机：单缸内燃机等。
4. 均匀、平稳的工作机：电动机、带式输送机、通风机、透平压缩机、均匀密度材料搅拌机等。
5. 中等冲击的工作机：机床主传动、非均匀密度材料搅拌机、多缸柱塞泵、航空或舰船螺旋桨等。
6. 严重冲击的工作机：冲床、剪床、轧机、钻机等。

② 齿侧间隙系数 K_2。当花键副承受压轴力 F、不受转矩 T 作用时，渐开线花键或矩形花键的各键齿上所受的载荷大小，除取决于键齿弹性变形大小外，还取决于花键副的侧隙大小。在压轴力 F 的作用下，随着侧隙的变化（一半圆周间隙增大，另一半圆周间隙减小），其各键齿的受力状态将失去均匀性。因花键侧隙发生变化，内、外花键的两轴线将出现一个相对位移量 e_0（图 5-3-5 和图 5-3-10）。其位移量 e_0 的大小与花键的作用侧隙（间隙）大小和制造精度高低等因素有关。产生位移后，使载荷分布在较少的键齿上（渐开线花键失去了自动定心的作用），因而影响花键的承载能力。这一影响用齿侧间隙系数 K_2 予以考虑。通常 $K_2=1.1\sim3.0$。

当压轴力较小、花键副精度较高时，可取 $K_2=1.1\sim1.5$；当压轴力较大、花键副精度较低时，可取 $K_2=2.0\sim3.0$；当压轴力为零、只承受转矩时，$K_2=1.0$。

③ 分配系数 K_3。花键副的内花键和外花键的两轴线在同轴状态下，由于其齿距累积误差（分度误差）的影响，使花键副的理论侧隙（单齿侧隙）不同，使各键齿所受载荷也不同。

这种影响用分配系数 K_3 予以考虑。对于磨合前的花键副，当精度较高时（按符合 GB/T 1144 标准规定的精密级的矩形花键或精度等级按 GB/T 3478.1 标准为 5 级或高于 5 级时），$K_3=1.1\sim1.2$；当精度较低时（按 GB/T 1144 标准为一般用的矩形花键或精度等级按 GB/T 3478.1 标准低于 5 级时），$K_3=1.3\sim1.6$。对于磨合后的花键副，各键齿均参与工作，且受载荷基本相同时，取 $K_3=1.0$。

④ 轴向偏载系数 K_4。由于花键副在制造时产生的齿向误差和安装后的同轴度误差，以及受载后的扭转变形，各键齿沿轴向所受载荷不均匀。用轴向偏载系数 K_4 予以考虑。其值可从表 5-3-36 中选取。

对磨合后的花键副，各键齿沿轴向载荷分布基本相同时，可取 $K_4=1.0$。

当花键精度较高和分度圆直径 D（渐开线花键）或平均圆直径 d_m（矩形花键）较小时，表 5-3-36 中的轴向偏载系数 K_4 取较小值，反之取较大值。

表 5-3-36　轴向偏载系数 K_4

系列或模数 /mm	分度圆直径 D 或平均圆直径 d_m /mm	l/D 或 l/d_m		
		≤1.0	>1.0~1.5	>1.5~2.0
轻系列或 $m\leqslant 2$	≤30	1.1~1.3	1.2~1.6	1.3~1.7
	>30~50	1.2~1.5	1.4~2.0	1.5~2.3
	>50~80	1.3~1.7	1.6~2.4	1.7~2.9
	>80~120	1.4~1.9	1.8~2.8	1.9~3.5
	>120	1.5~2.1	2.0~3.2	2.1~4.1
中系列或 $2<m\leqslant 5$	≤30	1.2~1.6	1.3~2.1	1.4~2.4
	>30~50	1.3~1.8	1.5~2.5	1.6~3.0
	>50~80	1.4~2.0	1.7~2.9	1.8~3.6
	>80~120	1.5~2.2	1.9~3.3	2.0~4.2
	>120	1.6~2.4	2.1~3.6	2.2~4.8
$5<m\leqslant 10$	≤30	1.3~2.0	1.4~2.8	1.5~3.4
	>30~50	1.4~2.2	1.6~3.2	1.7~4.0
	>50~80	1.5~2.4	1.8~3.6	1.9~4.6
	>80~120	1.6~2.6	2.0~3.9	2.1~5.2
	>120	1.7~2.8	2.2~4.2	2.3~5.6

（4）花键承载能力计算公式

表 5-3-37　花键承载能力计算公式

计算内容	计算公式	
	矩形花键	渐开线花键
载荷计算	输入转矩　$T=9549P/n$ 名义切向力　$F_t=2000T/d_m$ 单位载荷　$W=F_t/(zl)$	输入转矩　$T=9549P/n$ 名义切向力　$F_t=2000T/D$ 单位载荷　$W=F_t/(zl\cos\alpha_D)$
齿面接触强度计算	齿面压应力　$\sigma_H=W/h_w$ 其中　$h_w=h_{min}$ 强度条件　$\sigma_H\leqslant\sigma_{Hp}$ 齿面许用压应力　$\sigma_{Hp}=\sigma_{0.2}/(S_H K_1 K_2 K_3 K_4)$	
齿根弯曲强度计算	齿根弯曲应力　$\sigma_F=6hW/S_{Fn}^2$ S_{Fn} 取键最小齿厚或齿根过渡曲线上的最小齿厚(两者的较小值) 强度条件　$\sigma_F\leqslant\sigma_{Fp}$ 齿根许用弯曲应力　$\sigma_{Fp}=\sigma_b/(S_F K_1 K_2 K_3 K_4)$	齿根弯曲应力　$\sigma_F=6hW\cos\alpha_D/S_{Fn}^2$ S_{Fn} 取渐开线起始圆上的弦齿厚，并按下式计算： $S_{Fn}=D_{Fe}\sin\dfrac{360°\times\left[\dfrac{S}{D}+\mathrm{inv}\alpha_D-\mathrm{inv}\left(\arccos\dfrac{D\cos\alpha_D}{D_{Fe}}\right)\right]}{2\pi}$ 式中　S——分度圆弧齿厚，mm； D_{Fe}——渐开线起始圆直径，mm 强度条件　$\sigma_F\leqslant\sigma_{Fp}$ 齿根许用弯曲应力　$\sigma_{Fp}=\sigma_b/(S_F K_1 K_2 K_3 K_4)$

续表

<table>
<tr><th rowspan="2">计算内容</th><th colspan="2">计 算 公 式</th></tr>
<tr><th>矩 形 花 键</th><th>渐 开 线 花 键</th></tr>
<tr><td rowspan="2">齿根剪切强度计算</td><td colspan="2">齿根最大剪切应力 $\tau_{Fmax}=\tau_{tn}\alpha_{tn}$
其中 $\tau_{tn}=\dfrac{16000T}{\pi d_h^3}$
$\alpha_{tn}=\dfrac{D_{ie}}{d_h}\left\{1+0.17\dfrac{h}{\rho}\left(1+\dfrac{3.94}{0.1+\dfrac{h}{\rho}}\right)+\dfrac{6.38\left(1+0.1\dfrac{h}{\rho}\right)}{\left[2.38+\dfrac{D_{ie}}{2h}\left(\dfrac{h}{\rho}+0.04\right)^{1/3}\right]^2}\right\}$
强度条件 $\tau_{Fmax}\leqslant\tau_{Fp}$
许用剪切应力 $\tau_{Fp}=\sigma_{Fp}/2$</td></tr>
<tr><td>$d_h=d+\dfrac{Kd(D-d)}{D}$
式中 K 值见表 5-3-39</td><td>$d_h=D_{ie}+\dfrac{KD_{ie}(D_{ee}-D_{ie})}{D_{ee}}$
式中 K 值见表 5-3-39</td></tr>
<tr><td>10^8 循环数下工作时耐磨损计算</td><td colspan="2">齿面压应力 $\sigma_H=W/h_w$
其中 $h_w=h_{min}$
强度条件 $\sigma_H\leqslant\sigma_{Hp1}$
齿面许用压应力 σ_{Hp1} 见表 5-3-38</td></tr>
<tr><td>长期工作无磨损时耐磨损计算</td><td colspan="2">齿面压应力 $\sigma_H=W/h_w$
其中 $h_w=h_{min}$
强度条件 $\sigma_H\leqslant\sigma_{Hp2}$
齿面许用压应力 σ_{Hp2} 见表 5-3-38</td></tr>
<tr><td rowspan="2">外花键扭转与弯曲强度计算</td><td colspan="2">外花键在扭转和弯曲及压轴力的作用下，将产生剪切应力 τ_{tn}（通常靠近花键收尾处最大）和弯曲应力 σ_{Fn}，这两种应力合成为当量应力，即
$\sigma_v=\sqrt{\sigma_{Fn}^2+3\tau_{tn}^2}$
其中 $\sigma_{Fn}=\dfrac{32000M_b}{\pi d_h^3}$，$\tau_{tn}=\dfrac{16000T}{\pi d_h^3}$
强度条件 $\sigma_v\leqslant\sigma_{vp}$
许用应力 $\sigma_{vp}=\sigma_{0.2}/(S_FK_1K_2K_3K_4)$</td></tr>
<tr><td>$d_h=d+\dfrac{Kd(D-d)}{D}$
式中 K 值见表 5-3-39</td><td>$d_h=D_{ie}+\dfrac{KD_{ie}(D_{ee}-D_{ie})}{D_{ee}}$
式中 K 值见表 5-3-39</td></tr>
</table>

表 5-3-38　　σ_{Hp1} 值、σ_{Hp2} 值

<table>
<tr><th colspan="6">σ_{Hp1} 值</th><th colspan="2">σ_{Hp2} 值</th></tr>
<tr><td rowspan="2">未经热处理（20HRC）</td><td rowspan="2">调质处理（28HRC）</td><td colspan="3">淬　火</td><td rowspan="2">渗碳、渗氮淬火（60HRC）</td><td>未经热处理</td><td>0.028×布氏硬度值</td></tr>
<tr><td>40HRC</td><td>45HRC</td><td>50HRC</td><td>调质处理</td><td>0.032×布氏硬度值</td></tr>
<tr><td rowspan="2">95</td><td rowspan="2">110</td><td rowspan="2">135</td><td rowspan="2">170</td><td rowspan="2">185</td><td rowspan="2">205</td><td>淬火</td><td>0.3×洛氏硬度值</td></tr>
<tr><td>渗碳、渗氮淬火</td><td>0.4×洛氏硬度值</td></tr>
</table>

表 5-3-39　　K 值

轻系列矩形花键	0.5	较少齿渐开线花键	0.3
中系列矩形花键	0.45	较多齿渐开线花键	0.15

（5）示例

渐开线花键副：INT/EXT $44z\times2m\times30R\times5H/5h$ GB/T 3478.1—2008。

输入功率 $P=1500\text{kW}$，转速 $n=1250\text{r/min}$，输入端为燃气轮机（平稳），输出端为螺旋桨（中等冲击），花键结合长度 $l=32\text{mm}$，工作齿高 $h_w=2\text{mm}$，全齿高 $h=2.8\text{mm}$，齿根圆角半径 $\rho=0.8\text{mm}$，大径 $D_{ee}=90\text{mm}$，小径 $D_{ie}=84.4\text{mm}$，渐开线起始圆直径 $D_{Fe}=85.7\text{mm}$，材料为优质合金钢，调质处理，硬度为 302～341HB，$\sigma_{0.2}\geqslant 835\text{MPa}$，$\sigma_b\geqslant980\text{MPa}$。

① 载荷计算

输入转矩

$$T=9549P/n=9549\times1500/1250=11458.8\text{N}\cdot\text{m}$$

名义切向力

$$F_t=2000T/D=2000\times11458.8/(2\times44)=260427\text{N}$$

单位载荷

$$W=F_t/(zl\cos\alpha_D)=260427/(44\times32\times\cos30°)=213.6\text{N/mm}$$

② 齿面接触强度计算

齿面压应力

$$\sigma_H=W/h_w=213.6/2=106.8\text{MPa}$$

取 $S_H=1.25$，$K_1=1.25$，$K_2=1.1$，$K_3=1.1$，$K_4=1.5$。

齿面许用压应力

$$\sigma_{Hp}=\sigma_{0.2}/(S_HK_1K_2K_3K_4)=835/(1.25\times1.25\times1.1\times1.1\times1.5)=294.4\text{MPa}$$

计算结果：满足 $\sigma_H\leqslant\sigma_{Hp}$ 的强度条件，安全。

③ 齿根弯曲强度计算

$$\begin{aligned}S_{Fn}&=D_{Fe}\sin\frac{360°\times\left[\dfrac{S}{D}+\text{inv}\alpha_D-\text{inv}\left(\arccos\dfrac{D\cos\alpha_D}{D_{Fe}}\right)\right]}{2\pi}\\&=85.7\times\sin\frac{360°\times\left[\dfrac{3.142}{2\times44}+\text{inv}30°-\text{inv}\left(\arccos\dfrac{2\times44\times\cos30°}{85.7}\right)\right]}{2\pi}\\&=4.2977\text{mm}\end{aligned}$$

齿根弯曲应力

$$\sigma_F=6hW\cos\alpha_D/S_{Fn}^2=6\times2.8\times213.6\times\cos30°/4.2977^2=168.3\text{MPa}$$

取 $S_F=1.0$。

齿根许用弯曲应力

$$\sigma_{Fp}=\sigma_b/(S_FK_1K_2K_3K_4)=980/(1.0\times1.25\times1.1\times1.1\times1.5)=432\text{MPa}$$

计算结果：满足 $\sigma_F\leqslant\sigma_{Fp}$ 的强度条件，安全。

④ 齿根剪切强度计算

$$\begin{aligned}\alpha_{tn}&=\frac{D_{ie}}{d_h}\left\{1+0.17\frac{h}{\rho}\left(1+\frac{3.94}{0.1+\dfrac{h}{\rho}}\right)+\frac{6.38\left(1+0.1\dfrac{h}{\rho}\right)}{\left[2.38+\dfrac{D_{ie}}{2h}\left(\dfrac{h}{\rho}+0.04\right)^{1/3}\right]^2}\right\}\\&=\frac{84.4}{85.2}\left\{1+0.17\times\frac{2.8}{0.8}\times\left(1+\frac{3.94}{0.1+\dfrac{2.8}{0.8}}\right)+\frac{6.38\times\left(1+0.1\times\dfrac{2.8}{0.8}\right)}{\left[2.38+\dfrac{84.4}{2\times2.8}\times\left(\dfrac{2.8}{0.8}+0.04\right)^{1/3}\right]^2}\right\}\\&=2.238\end{aligned}$$

$$d_h=D_{ie}+\frac{KD_{ie}\ (D_{ee}-D_{ie})}{D_{ee}}=84.4+\frac{0.15\times84.4\times\ (90-84.4)}{90}=85.2\text{mm}$$

$$\tau_{tn}=\frac{16000T}{\pi d_h^3}=\frac{16000\times11458.8}{\pi\times85.2^3}=94.4\text{MPa}$$

齿根最大剪切应力

$$\tau_{Fmax}=\tau_{tn}\alpha_{tn}=94.4\times2.238=211.3\text{MPa}$$

许用剪切应力

$$\tau_{Fp}=\sigma_{Fp}/2=432/2=216\text{MPa}$$

计算结果：满足 $\tau_{Fmax}\leqslant\tau_{Fp}$ 的强度条件，安全。

⑤ 齿面耐磨损能力计算

a. 花键副在 10^8 循环数以下工作时耐磨损能力计算

齿面压应力 $\sigma_H=106.8\text{MPa}$，齿面磨损许用压应力 $\sigma_{Hp1}=110\text{MPa}$（查表 5-3-38 得）。

计算结果：满足 $\sigma_H\leqslant\sigma_{Hp1}$ 的强度条件，安全。

b. 花键副长期工作无磨损时耐磨损能力计算

齿面压应力 $\sigma_H=106.8\text{MPa}$，齿面磨损许用压应力 $\sigma_{Hp2}=0.032\times302=9.7\text{MPa}$（查表 5-3-38 得）。

计算结果：未满足 $\sigma_H\leqslant\sigma_{Hp2}$ 的强度条件，不能长期无磨损（或很少磨损）工作。

⑥ 外花键扭转与弯曲强度计算

当量应力

$$\sigma_v=\sqrt{\sigma_{Fn}^2+3\tau_{tn}^2}=\sqrt{3\times94.4^2}=163.5\text{MPa}\text{（因 }M_b=0\text{，故 }\sigma_{Fn}=0\text{）}$$

许用压应力

$$\sigma_{vp}=\sigma_{0.2}/(S_FK_1K_2K_3K_4)=835/(1.0\times1.25\times1.1\times1.1\times1.5)=368\text{MPa}$$

计算结果：满足 $\sigma_v\leqslant\sigma_{vp}$ 的强度条件，安全。

3.3 矩形花键

矩形花键的优点是定心精度高，定心的稳定性好，能用磨削的方法消除热处理变形，定心直径尺寸公差和位置公差都能获得较高的精度。按 GB/T 1144—2001 规定，矩形花键的定心方式为小径定心。

矩形花键基本尺寸（摘自 GB/T 1144—2001）

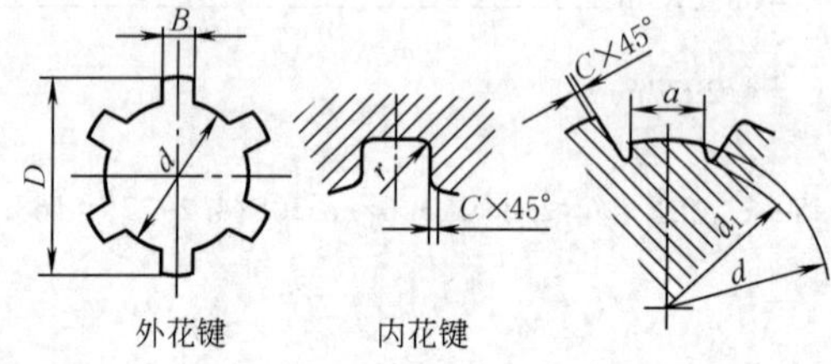

表 5-3-40　矩形花键（轻、中系列）**基本尺寸**（摘自 GB/T 1144—2001）　mm

小径 d	轻系列								中系列							
	矩形花键				键槽的截面尺寸				矩形花键				键槽的截面尺寸			
	规格 $N\times d\times D\times B$	键数 N	大径 D	键宽 B	C	r	参考 d_1（最小）	参考 a（最小）	规格 $N\times d\times D\times B$	键数 N	大径 D	键宽 B	C	r	参考 d_1（最小）	参考 a（最小）
11									6×11×14×3	6	14	3	0.2	0.1		
13									6×13×16×3.5	6	16	3.5				
16									6×16×20×4	6	20	4	0.3	0.2	14.4	1.0
18									6×18×22×5	6	22	5			16.6	1.0
21									6×21×25×5	6	25	6			19.5	2.0
23	6×23×26×6	6	26	6	0.2	0.1	22.0	3.5	6×23×28×6	6	28	6			21.2	1.2
26	6×26×30×6	6	30	6	0.3	0.2	24.5	3.8	6×26×32×6	6	32	6	0.4	0.3	23.6	1.2
28	6×28×32×7	6	32	7			26.6	4.0	6×28×34×7	6	34	7			25.8	1.4
32	8×32×36×6	8	36	6			30.3	2.7	8×32×38×6	8	38	6			29.4	1.0
36	8×32×40×7	8	40	7			34.4	3.5	8×36×42×7	8	42	7			33.4	1.0
42	8×42×46×8	8	50	9			40.5	5.0	8×42×48×8	8	48	8			39.4	2.5

续表

小径 d	轻系列 矩形花键 规格 N×d×D×B	键数 N	大径 D	键宽 B	键槽的截面尺寸 C	r	参考 d_1 min	参考 a min	中系列 矩形花键 规格 N×d×D×B	键数 N	大径 D	键宽 B	键槽的截面尺寸 C	r	参考 d_1 min	参考 a min
46	8×46×50×9	8	50	9	0.3	0.2	44.6	5.7	8×46×54×9	8	54	9			42.6	1.4
52	8×52×58×10	8	58	10			49.6	4.8	8×52×60×10	8	60	10	0.5	0.4	48.6	2.5
56	8×56×62×10	8	62	10			53.5	6.5	8×56×65×10	8	65	10			52.0	2.5
62	8×62×68×12	8	68	12			59.7	7.3	8×62×72×12	8	78	12			57.7	2.4
72	10×72×78×12	10	78	12	0.4	0.3	69.6	5.4	10×72×82×12	10	82	12			67.4	1.0
82	10×82×88×12	10	88	12			79.3	8.5	10×82×92×12	10	92	12	0.6	0.5	77.0	2.9
92	10×92×98×14	10	98	14			89.6	9.9	10×92×102×14	10	102	14			87.3	4.5
102	10×102×108×16	10	108	16			99.6	11.3	10×102×112×16	10	112	16			97.7	6.2
112	10×112×120×18	10	120	18	0.5	0.4	108.8	10.5	10×112×125×18	10	125	18			106.2	4.1

矩形内花键长度系列（摘自 GB/T 10081—2005）

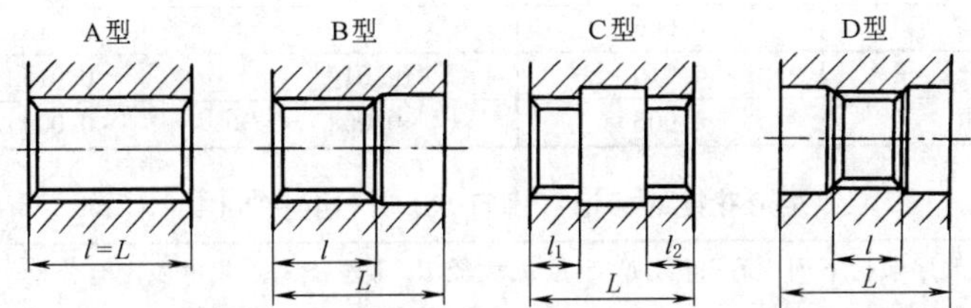

矩形内花键有A、B、C、D四种型式，L为孔总长，l或l_1+l_2是和外花键配合的长度

表 5-3-41　矩形花键的尺寸公差带和表面粗糙度 *Ra*（摘自 GB/T 1144—2001）

内花键 d 公差带	d Ra/μm	D 公差带	D Ra/μm	B 公差带 拉削后不热处理	B 公差带 拉削后热处理	B Ra/μm	外花键 d 公差带	d Ra/μm	D 公差带	D Ra/μm	B 公差带	B Ra/μm	装配型式
一般用													
H7	0.8~1.6	H10	3.2	H9	H11	3.2	f7	0.8~1.6	a11	3.2	d10	1.6	滑动
							g7				f9		紧滑动
							h7				h10		固定
精密传动用													
H5	0.4	H10	3.2	H7,H9		3.2	f5	0.4	a11	3.2	d8	0.8	滑动
							g5				f7		紧滑动
							h5				h8		固定
H6	0.8						f6	0.8			d8		滑动
							g6				f7		紧滑动
							h6				h8		固定

注：1. 精密传动用的内花键，当需要控制键侧配合间隙时，槽宽可选 H7，一般情况下可选 H9。

2. d 为 H6 和 H7 的内花键，允许与提高一级的外花键配合。

表 5-3-42　矩形内花键长度系列（摘自 GB/T 10081—2005）　mm

花键小径 d	11	13	16	18	21	23	26	28	32	36	42	46	52	56	62	72	82	92	102	112
花键长度 l 或 l_1+l_2	10~50	10~50	10~80	10~80	10~80	10~80	10~80	10~80	10~80	22~120	22~120	22~120	22~120	22~120	22~120	32~120	32~200	32~200	32~200	32~200
孔的最大长度 L	50	80	80	80	80	120	120	120	120	200	200	200	200	250	250	250	250	250	300	300

l 或 l_1+l_2 系列	10,12,15,18	22,25,28,30	32,36,38,42,45,48,50	56,60,63,71,75,80	85,90,95,100,110,120	130,140,160,180,200
拉刀切削长度	≤18	>18~30	>30~50	>50~80	>80~120	>120

矩形花键的位置度和对称度公差（摘自 GB/T 1144—2001）

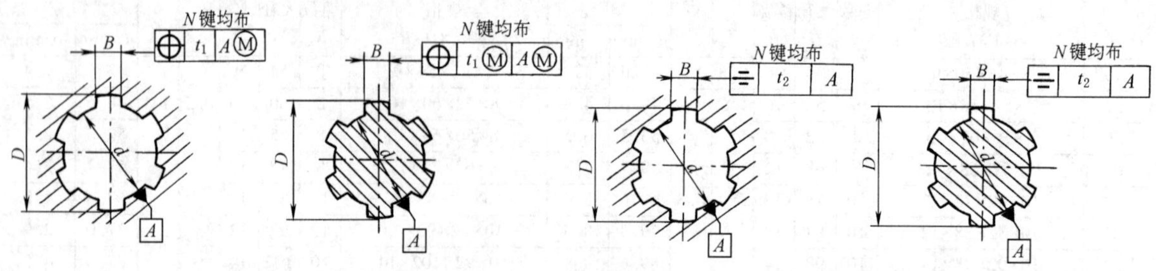

内、外花键的位置度　　　　内、外花键的对称度

表 5-3-43　　矩形花键的位置度和对称度公差（摘自 GB/T 1144—2001）　　mm

键槽宽和键宽 B			3	3.5~6	7~10	12~18
t_1	键槽宽		0.010	0.015	0.020	0.025
	键宽	滑动、固定	0.010	0.015	0.020	0.025
		紧滑动	0.006	0.010	0.013	0.016
t_2	一般用		0.010	0.012	0.015	0.018
	精密传动用		0.006	0.008	0.009	0.011

表 5-3-44　　矩形花键的标记（摘自 GB/T 1144—2001）

矩形花键的标记代号应按顺序包括下列内容：键数 N，小径 d，大径 D，键宽 B，基本尺寸及配合公差带代号和标准号

花键 $N=6$；$d=23\frac{H7}{f7}$；$D=26\frac{H10}{a11}$；$B=6\frac{H11}{d10}$

标记如下：

花键规格	$N\times d\times D\times B$　　6×23×26×6
花键副	$6\times23\frac{H7}{f7}\times26\frac{H10}{a11}\times6\frac{H11}{d10}$　GB/T 1144—2001
内花键	6×23H7×26H10×6H11　GB/T 1144—2001
外花键	6×23f7×26a11×6d10　GB/T 1144—2001

3.4 圆柱直齿渐开线花键

GB/T 3478.1—2008 规定了圆柱直齿渐开线花键的模数系列、基本齿廓、公差和齿侧配合类别等内容。该标准用于压力角为 30°和 37.5°（模数为 0.5~10mm）以及 45°（模数为 0.25~2.5mm）齿侧配合的圆柱直齿渐开线花键。

3.4.1 术语、代号及定义

该标准采用的术语、代号及定义见表 5-3-45 和图 5-3-11（30°压力角平齿根，以下简称 30°平齿根；30°压力角圆齿根，以下简称 30°圆齿根；37.5°压力角圆齿根，以下简称 37.5°圆齿根；45°压力角圆齿根，以下简称 45°圆齿根）。

表 5-3-45　　术语、代号及定义

序号	术　语	代号	定　　义
1	渐开线花键		具有渐开线齿形的花键
2	齿根圆弧最小曲率半径 内花键 外花键	 R_{imin} R_{emin}	连接渐开线齿形与齿根圆的过渡曲线

续表

序号	术　语	代号	定　义
3	平齿根花键		在花键同一齿槽上，两侧渐开线齿形各由一段过渡曲线与齿根圆相连接的花键
4	圆齿根花键		在花键同一齿槽上，两侧渐开线齿形由一段或近似一段过渡曲线与齿根圆相连接的花键
5	模数	m	表示渐开线花键键齿大小的参数，其数值为齿距除以圆周率 π 所得的商，单位 mm
6	齿数	z	
7	分度圆		计算花键尺寸用的基准圆，在此圆上的模数、压力角为标准值
8	分度圆直径	D	
9	齿距	p	分度圆上两相邻同侧齿形之间的弧长，其值为圆周率 π 乘以模数 m
10	压力角	α	齿形上任意点的压力角，为过该点花键的径向线与齿形在该点的切线所夹锐角
11	标准压力角	α_D	规定在分度圆上的压力角
12	基圆		展成渐开线齿形的假想圆
13	基圆直径	D_b	
14	大径 内花键 外花键	 D_{ei} D_{ee}	内花键的齿根圆（大圆）或外花键的齿顶圆（大圆）的直径
15	小径 内花键 外花键	 D_{ii} D_{ie}	内花键的齿顶圆（小圆）或外花键的齿根圆（小圆）的直径
16	渐开线终止圆		渐开线花键内花键齿形终止点的圆，此圆与小圆共同形成渐开线齿形的控制界限
17	渐开线终止圆直径	D_{Fi}	
18	渐开线起始圆		渐开线花键外花键齿形起始点的圆，此圆与大圆共同形成渐开线齿形的控制界限
19	渐开线起始圆直径	D_{Fe}	
20	基本齿槽宽	E	内花键分度圆上弧齿槽宽，其值为齿距之半
21	实际齿槽宽 最大值 最小值	 E_{max} E_{min}	在内花键分度圆上实际测得的单个齿槽的弧齿槽宽
22	作用齿槽宽 最大值 最小值	E_V E_{Vmax} E_{Vmin}	等于一与之在全齿长上配合（无间隙且无过盈）的理想全齿外花键分度圆上的弧齿厚
23	基本齿厚	S	外花键分度圆上弧齿厚，其值为齿距之半
24	实际齿厚 最大值 最小值	 S_{max} S_{min}	在外花键分度圆上实际测得的单个花键齿的弧齿厚
25	作用齿厚 最大值 最小值	S_V S_{Vmax} S_{Vmin}	等于一与之在全齿长上配合（无间隙且无过盈）的理想全齿内花键分度圆上的弧齿槽宽
26	作用侧隙 （全齿侧隙）	C_V	内花键作用齿槽宽减去与之相配合的外花键作用齿厚。正值为间隙，负值为过盈
27	理论侧隙 （单齿侧隙）	C	内花键实际齿槽宽减去与之相配合的外花键实际齿厚
28	齿形裕度	C_F	在花键连接中，渐开线齿形超过结合部分的径向距离
29	总公差	$T+\lambda$	加工公差与综合公差之和
30	加工公差	T	实际齿槽宽或实际齿厚的允许变动量

续表

序号	术 语	代号	定 义
31	综合公差	λ	花键齿(或齿槽)的形状和位置误差的允许范围
32	齿距累积公差	F_p	在分度圆上任意两个同侧齿面间的实际弧长与理论弧长之差的最大绝对值的允许范围
33	齿形公差	F_a	在齿形工作部分(包括齿形裕度部分、不包括齿顶倒棱)包容实际齿形的两条理论齿形之间的法向距离的允许范围
34	齿向公差	F_β	在花键长度范围内,包容实际齿线的两条理论齿线之间的分度圆弧长的允许范围,齿线是分度圆柱面与齿面的交线
35	棒间距	M_{Ri}	借助两量棒测量内花键实际齿槽宽时两量棒间的内侧距离,统称为 M 值
36	跨棒距	M_{Re}	借助两量棒测量外花键实际齿厚时两量棒间的外侧距离,统称为 M 值
37	公法线长度		相隔 K 个齿的两外侧齿面各与两平行平面中的一个平面相切,此两平行平面之间的垂直距离(必须指明两平行平面所跨的齿数)
	公法线平均长度	W	同一花键上实际测得的公法线长度的平均值
38	基本尺寸		设计给定的尺寸,该尺寸是规定公差的基础
39	辅助尺寸		仅在必要时供生产和控制用的尺寸

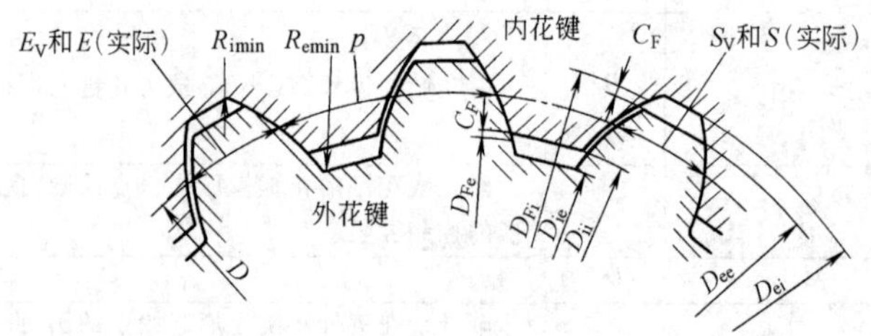

(a) 30°平齿根

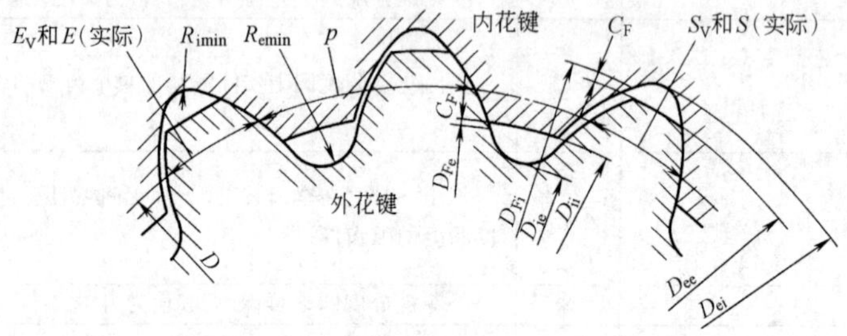

(b) 30°圆齿根

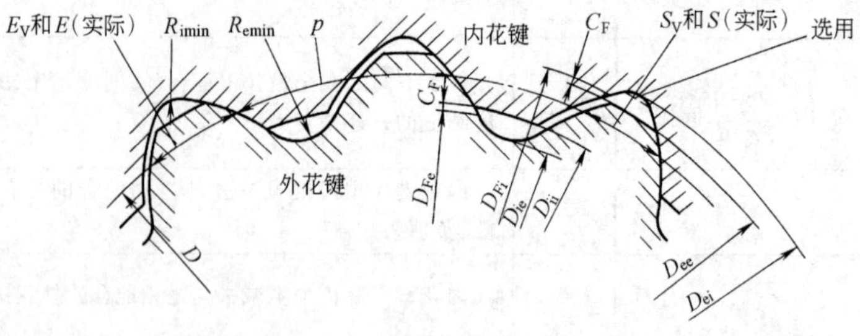

(c) 37.5°圆齿根

图 5-3-11

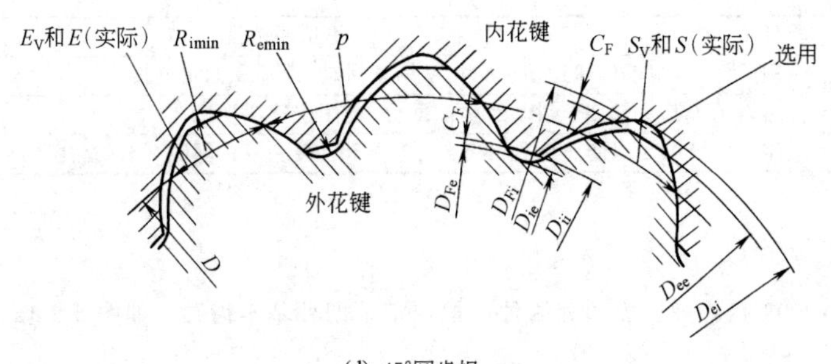

(d) 45°圆齿根

图 5-3-11　渐开线花键连接

3.4.2　基本参数

① 基本参数见表 5-3-46。

② 标准压力角 α_D 是基本齿廓的齿形角。压力角适用范围见表 5-3-47。

③ 模数 m 分为两个系列，共 15 种。优先采用第 1 系列。

花键的压力角大，则键齿强度大，在传递的圆周力相同时，大压力角花键的正压力也大，故摩擦力大。选择压力角时，主要应从构件的工作特点即有无滑动、浮动以及配合性质和工艺方法等方面考虑。

表 5-3-46　　基本参数　　mm

齿	模数 m		齿距 p	基本齿槽宽 E 和基本齿厚 S	
				α_D	
	第 1 系列	第 2 系列		30°,37.5°	45°
	0.25	—	0.785	—	0.393
	0.5	—	1.571	0.785	0.785
	—	0.75	2.356	1.178	1.178
	1	—	3.142	1.571	1.571
	—	1.25	3.927	1.963	1.963
	1.5	—	4.712	2.356	2.356
	—	1.75	5.498	2.749	2.749
	2	—	6.283	3.142	3.142
	2.5	—	7.851	3.927	3.927
	3	—	9.425	4.712	—
	—	4	12.566	6.283	—
	5	—	15.708	7.854	—
	—	6	18.850	9.425	—
	—	8	25.133	12.566	—
	10	—	31.416	15.708	—

表 5-3-47　　　压力角适用范围

压力角	适用范围
30°	应用广泛,适用于传递运动、动力,常用于滑动、浮动和固定连接
37.5°	传递运动、动力,常用于滑动及过渡配合,适用于冷成形工艺
45°	适用于壁较厚足以防止破裂的零件,常用于过渡和较小间隙配合,适用于冷成形工艺

3.4.3　基本齿廓

① GB/T 3478.1—2008 按三种压力角和两种齿根规定了四种基本齿廓，如图 5-3-12 所示。

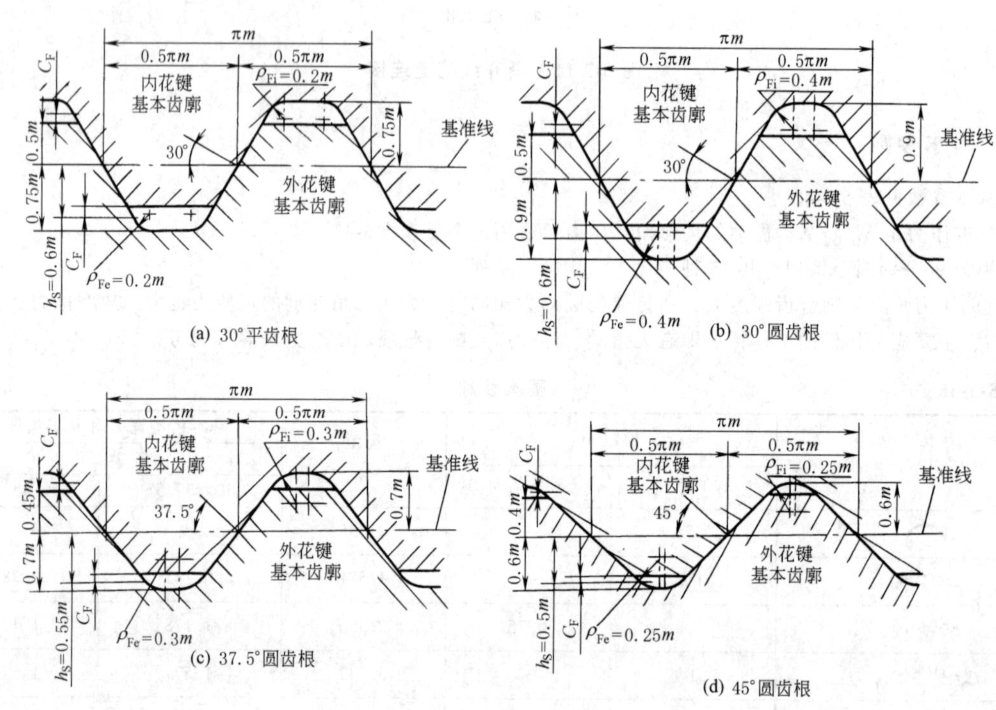

图 5-3-12　基本齿廓

② 渐开线花键的基本齿廓是指基本齿条的法向齿廓，基本齿条是指直径无穷大的无误差的理想花键。

③ 基本齿廓是决定渐开线花键尺寸的依据。

④ 基准线是贯穿基本齿廓的一条直线，以此线为基准，确定基本齿廓的尺寸。

⑤ 允许平齿根和圆齿根的基本齿廓在内、外花键上混合使用。

⑥ 基本齿廓的选择主要取决于花键的用途。

a. 30°平齿根：适用于零件的壁厚较薄，不能采用圆齿根的场合，或强度足够的花键。从刀具制造看，加工平齿根花键的刀具由于切削深度较小，因而拉刀全长较短，较经济，易制造。这种齿形应用广泛。

b. 30°圆齿根：比平齿根花键弯曲强度大（齿根应力集中较小），承载能力较强，通常用于大载荷的传动轴上。

c. 37.5°圆齿根：花键的压力角和齿形参数恰好是30°和45°压力角花键的折中，常用于联轴器。它的外花键用冷成形工艺，特别是45°压力角的花键不能满足功能需要，以及轴材料硬度超过30°压力角冷成形刀具所允许的硬度极限时。

d. 45°圆齿根：齿矮、压力角大，故弯曲强度好，适用于壁较厚足以防止破裂的零件。适用于冷成形工艺。

3.4.4　尺寸系列

花键尺寸计算公式见表 5-3-48。

表 5-3-48　花键尺寸计算公式

项　　目	代　号	公式或说明
分度圆直径	D	$D=mz$
基圆直径	D_b	$D_b=mz\cos\alpha_D$
齿距	p	$p=\pi m$
内花键大径基本尺寸[①]		
30°平齿根	D_{ei}	$D_{ei}=m(z+1.5)$
30°圆齿根	D_{ei}	$D_{ei}=m(z+1.8)$
37.5°圆齿根	D_{ei}	$D_{ei}=m(z+1.4)$
45°圆齿根	D_{ei}	$D_{ei}=m(z+1.2)$
内花键大径下偏差		0
内花键大径公差		从 IT12、IT13 或 IT14 中选取
内花键渐开线终止圆直径最小值		
30°平齿根和圆齿根	D_{Fimin}	$D_{Fimin}=m(z+1)+2C_F$
37.5°圆齿根	D_{Fimin}	$D_{Fimin}=m(z+0.9)+2C_F$
45°圆齿根	D_{Fimin}	$D_{Fimin}=m(z+0.8)+2C_F$
内花键小径基本尺寸	D_{ii}	$D_{ii}=D_{Femax}$[②]$+2C_F$
内花键小径极限偏差		见表 5-3-58
基本齿槽宽	E	$E=0.5\pi m$
作用齿槽宽	E_V	
作用齿槽宽最小值	E_{Vmin}	$E_{Vmin}=0.5\pi m$
实际齿槽宽最大值	E_{max}	$E_{max}=E_{Vmin}+(T+\lambda)$
实际齿槽宽最小值	E_{min}	$E_{min}=E_{Vmin}+\lambda$
作用齿槽宽最大值	E_{Vmax}	$E_{Vmax}=E_{max}-\lambda$
外花键作用齿厚上偏差	es_V	es_V 见表 5-3-59
外花键大径基本尺寸		
30°平齿根和圆齿根	D_{ee}	$D_{ee}=m(z+1)$
37.5°圆齿根	D_{ee}	$D_{ee}=m(z+0.9)$
45°圆齿根	D_{ee}	$D_{ee}=m(z+0.8)$
外花键大径上偏差		$es_V/\tan\alpha_D$
外花键大径公差		见表 5-3-58
外花键渐开线起始圆直径最大值[③]	D_{Femax}	$D_{Femax}=2\sqrt{(0.5D_b)^2+\left(0.5D\sin\alpha_D-\dfrac{h_S-0.5es_V/\tan\alpha_D}{\sin\alpha_D}\right)^2}$
外花键小径基本尺寸		
30°平齿根	D_{ie}	$D_{ie}=m(z-1.5)$
30°圆齿根	D_{ie}	$D_{ie}=m(z-1.8)$
37.5°圆齿根	D_{ie}	$D_{ie}=m(z-1.4)$
45°圆齿根	D_{ie}	$D_{ie}=m(z-1.2)$
外花键小径上偏差		$es_V/\tan\alpha_D$，见表 5-3-57
外花键小径公差		从 IT12、IT13 和 IT14 中选取
基本齿厚	S	$S=0.5\pi m$
作用齿厚最大值	S_{Vmax}	$S_{Vmax}=S+es_V$
实际齿厚最小值	S_{min}	$S_{min}=S_{Vmax}-(T+\lambda)$
实际齿厚最大值	S_{max}	$S_{max}=S_{Vmax}-\lambda$
作用齿厚最小值	S_{Vmin}	$S_{Vmin}=S_{min}+\lambda$
齿形裕度[④]	C_F	$C_F=0.1m$

① 37.5°和 45°圆齿根内花键允许选用平齿根，此时，内花键大径基本尺寸 D_{ei} 应大于内花键渐开线终止圆直径最小值 D_{Fimin}。

② 对所有花键齿侧配合类别，均按 H/h 配合类别取 D_{Femax} 值。

③ D_{Femax} 公式是按齿条形刀具加工原理推导的，式中 $h_S=0.6m$（30°平齿根、圆齿根）、$h_S=0.55m$（37.5°圆齿根）、$h_S=0.5m$（45°圆齿根）。

④ 除 H/h 配合类别 C_F 均等于 0.1m 外，其他各种配合类别的齿形裕度均有变化。

表 5-3-49　　30°外花键大径基本尺寸系列（摘自 GB/T 3478.1—2008）

$$D_{ee}=m(z+1)$$

mm

齿数	模数 m													
z	0.5	(0.75)	1	(1.25)	1.5	(1.75)	2	2.5	3	(4)	5	(6)	(8)	10
10	5.5	8.25	11	13.75	16.5	19.25	22	27.5	33	44	55	66	88	110
11	6.0	9.00	12	15.00	18.0	21.00	24	30.0	36	48	60	72	96	120
12	6.5	9.75	13	16.25	19.5	22.75	26	32.5	39	52	65	78	104	130
13	7.0	10.50	14	17.50	21.0	24.50	28	35.0	42	56	70	84	112	140
14	7.5	11.25	15	18.75	22.5	26.25	30	37.5	45	60	75	90	120	150
15	8.0	12.00	16	20.00	24.0	28.00	32	40.0	48	64	80	96	128	160
16	8.5	12.75	17	21.25	25.5	29.75	34	42.5	51	68	85	102	136	170
17	9.0	13.50	18	22.50	27.0	31.50	36	45.0	54	72	90	108	144	180
18	9.5	14.25	19	23.75	28.5	33.25	38	47.5	57	76	95	114	152	190
19	10.0	15.00	20	25.00	30.0	35.00	40	50.0	60	80	100	120	160	200
20	10.5	15.75	21	26.25	31.5	36.75	42	52.5	63	84	105	126	168	210
21	11.0	16.50	22	27.50	33.0	38.50	44	55.0	66	88	110	132	176	220
22	11.5	17.25	23	28.75	34.5	40.25	46	57.5	69	92	115	138	184	230
23	12.0	18.00	24	30.00	36.0	42.00	48	60.0	72	96	120	144	192	240
24	12.5	18.75	25	31.25	37.5	43.75	50	62.5	75	100	125	150	200	250
25	13.0	19.50	26	32.50	39.0	45.50	52	65.0	78	104	130	156	208	260
26	13.5	20.25	27	33.75	40.5	47.25	54	67.5	81	108	135	162	216	270
27	14.0	21.00	28	35.00	42.0	49.00	56	70.0	84	112	140	168	224	280
28	14.5	21.75	29	36.25	43.5	50.75	58	72.5	87	116	145	174	232	290
29	15.0	22.50	30	37.50	45.0	52.50	60	75.0	90	120	150	180	240	300
30	15.5	23.25	31	38.75	46.5	54.25	62	77.5	93	124	155	186	248	310
31	16.0	24.00	32	40.00	48.0	56.00	64	80.0	96	128	160	192	256	320
32	16.5	24.75	33	41.25	49.5	57.75	66	82.5	99	132	165	198	264	330
33	17.0	25.50	34	42.50	51.0	59.50	68	85.0	102	136	170	204	272	340
34	17.5	26.25	35	43.75	52.5	61.25	70	87.5	105	140	175	210	280	350
35	18.0	27.00	36	45.00	54.0	63.00	72	90.0	108	144	180	216	288	360
36	18.5	27.75	37	46.25	55.5	64.75	74	92.5	111	148	185	222	296	370
37	19.0	28.50	38	47.50	57.0	66.50	76	95.0	114	152	190	228	304	380
38	19.5	29.25	39	48.75	58.5	68.25	78	97.5	117	156	195	234	312	390
39	20.0	30.00	40	50.00	60.0	70.00	80	100.0	120	160	200	240	320	400
40	20.5	30.75	41	51.25	61.5	71.75	82	102.5	123	164	205	246	328	410
41	21.0	31.50	42	52.50	63.0	73.50	84	105.0	126	168	210	252	336	420
42	21.5	32.25	43	53.75	64.5	75.25	86	107.5	129	172	215	258	344	430
43	22.0	33.00	44	55.00	66.0	77.00	88	110.0	132	176	220	264	352	440
44	22.5	33.75	45	56.25	67.5	78.75	90	112.5	135	180	225	270	360	450
45	23.0	34.50	46	57.50	69.0	80.50	92	115.0	138	184	230	276	368	460
46	23.5	35.25	47	58.75	70.5	82.25	94	117.5	141	188	235	282	376	470
47	24.0	36.00	48	60.00	72.0	84.00	96	120.0	144	192	240	288	384	480
48	24.5	36.75	49	61.25	73.5	85.75	98	122.5	147	196	245	294	392	490
49	25.0	37.50	50	62.50	75.0	87.50	100	125.0	150	200	250	300	400	500
50	25.5	38.25	51	63.75	76.5	89.25	102	127.5	153	204	255	306	408	510
51	26.0	39.00	52	65.00	78.0	91.00	104	130.0	156	208	260	312	416	520
52	26.5	39.75	53	66.25	79.5	92.75	106	132.5	159	212	265	318	424	530
53	27.0	40.50	54	67.50	81.0	94.50	108	135.0	162	216	270	324	432	540
54	27.5	41.25	55	68.75	82.5	96.25	110	137.5	165	220	275	330	440	550
55	28.0	42.00	56	70.00	84.0	98.00	112	140.0	168	224	280	336	448	560
56	28.5	42.75	57	71.25	85.5	99.75	114	142.5	171	228	285	342	456	570
57	29.0	43.50	58	72.50	87.0	101.50	116	145.0	174	232	290	348	464	580

续表

齿数	模数 *m*													
z	0.5	(0.75)	1	(1.25)	1.5	(1.75)	2	2.5	3	(4)	5	(6)	(8)	10
58	29.5	44.25	59	73.75	88.5	103.25	118	147.5	177	236	295	354	472	590
59	30.0	45.00	60	75.00	90.0	105.00	120	150.0	180	240	300	360	480	600
60	30.5	45.75	61	76.25	91.5	106.75	122	152.5	183	244	305	366	488	610
61	31.0	46.50	62	77.50	93.0	108.50	124	155.0	186	248	310	372	496	620
62	31.5	47.25	63	78.75	94.5	110.25	126	157.5	189	252	315	378	504	630
63	32.0	48.00	64	80.00	96.0	112.00	128	160.0	192	256	320	384	512	640
64	32.5	48.75	65	81.25	97.5	113.75	130	162.5	195	260	325	390	520	650
65	33.0	49.50	66	82.50	99.0	115.50	132	165.0	198	264	330	396	528	660
66	33.5	50.25	67	83.75	100.5	117.25	134	167.5	201	268	335	402	536	670
67	34.0	51.00	68	85.00	102.0	119.00	136	170.0	204	272	340	408	544	680
68	34.5	51.75	69	86.25	103.5	120.75	138	172.5	207	276	345	414	552	690
69	35.0	52.50	70	87.50	105.0	122.50	140	175.0	210	280	350	420	560	700
70	35.5	53.25	71	88.75	106.5	124.25	142	177.5	213	284	355	426	568	710
71	36.0	54.00	72	90.00	108.0	126.00	144	180.0	216	288	360	432	576	720
72	36.5	54.75	73	91.25	109.5	127.75	146	182.5	219	292	365	438	584	730
73	37.0	55.50	74	92.50	111.0	129.50	148	185.0	222	296	370	444	592	740
74	37.5	56.25	75	93.75	112.5	131.25	150	187.5	225	300	375	450	600	750
75	38.0	57.00	76	95.00	114.0	133.00	152	190.0	228	304	380	456	608	760
76	38.5	57.75	77	96.25	115.5	134.75	154	192.5	231	308	385	462	616	770
77	39.0	58.50	78	97.50	117.0	136.50	156	195.0	234	312	390	468	624	780
78	39.5	59.25	79	98.75	118.5	138.25	158	197.5	237	316	395	474	632	790
79	40.0	60.00	80	100.00	120.0	140.00	160	200.0	240	320	400	480	640	800
80	40.5	60.75	81	101.25	121.5	141.75	162	202.5	243	324	405	486	648	810
81	41.0	61.50	82	102.50	123.0	143.50	164	205.0	246	328	410	492	656	820
82	41.5	62.25	83	103.75	124.5	145.25	166	207.5	249	332	415	498	664	830
83	42.0	63.00	84	105.00	126.0	147.00	168	210.0	252	336	420	504	672	840
84	42.5	63.75	85	106.25	127.5	148.75	170	212.5	255	340	425	510	680	850
85	43.0	64.50	86	107.50	129.0	150.50	172	215.0	258	344	430	516	688	860
86	43.5	65.25	87	108.75	130.5	152.25	174	217.5	261	348	435	522	696	870
87	44.0	66.00	88	110.00	132.0	154.00	176	220.0	264	352	440	528	704	880
88	44.5	66.75	89	111.25	133.5	155.75	178	222.5	267	356	445	534	712	890
89	45.0	67.50	90	112.50	135.0	157.50	180	225.0	270	360	450	540	720	900
90	45.5	68.25	91	113.75	136.5	159.25	182	227.5	273	364	455	546	728	910
91	46.0	69.00	92	115.00	138.0	161.00	184	230.0	276	368	460	552	736	920
92	46.5	69.75	93	116.25	139.5	162.75	186	232.5	279	372	465	558	744	930
93	47.0	70.50	94	117.50	141.0	164.50	188	235.0	282	376	470	564	752	940
94	47.5	71.25	95	118.75	142.5	166.25	190	237.5	285	380	475	570	760	950
95	48.0	72.00	96	120.00	144.0	168.00	192	240.0	288	384	480	576	768	960
96	48.5	72.75	97	121.25	145.5	169.75	194	242.5	291	388	485	582	776	970
97	49.0	73.50	98	122.50	147.0	171.50	196	245.0	294	392	490	588	784	980
98	49.5	74.25	99	123.75	148.5	173.25	198	247.5	297	396	495	594	792	990
99	50.0	75.00	100	125.00	150.0	175.00	200	250.0	300	400	500	600	800	1000
100	50.5	75.75	101	126.25	151.5	176.75	202	252.5	303	404	505	606	808	1010

表 5-3-50　　37.5°外花键大径基本尺寸系列（摘自 GB/T 3478.1—2008）

$D_{ee}=m\ (z+0.9)$

mm

齿数	模数 m													
z	0.5	(0.75)	1	(1.25)	1.5	(1.75)	2	2.5	3	(4)	5	(6)	(8)	10
10	5.45	8.18	10.9	13.62	16.35	19.07	21.8	27.25	32.7	43.6	54.5	65.4	87.2	109
11	5.95	8.93	11.9	14.87	17.85	20.82	23.8	29.75	35.7	47.6	59.5	71.4	95.2	119
12	6.45	9.68	12.9	16.12	19.35	22.57	25.8	32.25	38.7	51.6	64.5	77.4	103.2	129
13	6.95	10.43	13.9	17.37	20.85	24.32	27.8	34.75	41.7	55.6	69.5	83.4	111.2	139
14	7.45	11.18	14.9	18.62	22.35	26.07	29.8	37.25	44.7	59.6	74.5	89.4	119.2	149
15	7.95	11.93	15.9	19.87	23.85	27.82	31.8	39.75	47.7	63.6	79.5	95.4	127.2	159
16	8.45	12.67	16.9	21.12	25.35	29.57	33.8	42.25	50.7	67.6	84.5	101.4	135.2	169
17	8.95	13.42	17.9	22.37	26.85	31.32	35.8	44.75	53.7	71.6	89.5	107.4	143.2	179
18	9.45	14.17	18.9	23.62	28.35	33.07	37.8	47.25	56.7	75.6	94.5	113.4	151.2	189
19	9.95	14.92	19.9	24.87	29.85	34.82	39.8	49.75	59.7	79.6	99.5	119.4	159.2	199
20	10.45	15.67	20.9	26.12	31.35	36.57	41.8	52.25	62.7	83.6	104.5	125.4	167.2	209
21	10.95	16.43	21.9	27.37	32.85	38.32	43.8	54.75	65.7	87.6	109.5	131.4	175.2	219
22	11.45	17.18	22.9	28.62	34.35	40.07	45.8	57.25	68.7	91.6	114.5	137.4	183.2	229
23	11.95	17.93	23.9	29.87	35.85	41.82	47.8	59.75	71.7	95.6	119.5	143.4	191.2	239
24	12.45	18.68	24.9	31.12	37.35	43.57	49.8	62.25	74.7	99.6	124.5	149.4	199.2	249
25	12.95	19.43	25.9	32.37	38.85	45.32	51.8	64.75	77.7	103.6	129.5	155.4	207.2	259
26	13.45	20.18	26.9	33.62	40.35	47.07	53.8	67.25	80.7	107.6	134.5	161.4	215.2	269
27	13.95	20.93	27.9	34.87	41.85	48.82	55.8	69.75	83.7	111.6	139.5	167.4	223.2	279
28	14.45	21.68	28.9	36.12	43.35	50.57	57.8	72.25	86.7	115.6	144.5	173.4	231.2	289
29	14.95	22.43	29.9	37.37	44.85	52.32	59.8	74.75	89.7	119.6	149.5	179.4	239.2	299
30	15.45	23.18	30.9	38.62	46.35	54.07	61.8	77.25	92.7	123.6	154.5	185.4	247.2	309
31	15.95	23.93	31.9	39.87	47.85	55.82	63.8	79.75	95.7	127.6	159.5	191.4	255.2	319
32	16.45	24.68	32.9	41.12	49.35	57.57	65.8	82.25	98.7	131.6	164.5	197.4	263.2	329
33	16.95	25.43	33.9	42.37	50.85	59.32	67.8	84.75	101.7	135.6	169.5	203.4	271.2	339
34	17.45	26.18	34.9	43.62	52.35	61.07	69.8	87.25	104.7	139.6	174.5	209.4	279.2	349
35	17.95	26.93	35.9	44.87	53.85	62.82	71.8	89.75	107.7	143.6	179.5	215.4	287.2	359
36	18.45	27.68	36.9	46.12	55.35	64.58	73.8	92.25	110.7	147.6	184.5	221.4	295.2	369
37	18.95	28.43	37.9	47.37	56.85	66.33	75.8	94.75	113.7	151.6	189.5	227.4	303.2	379
38	19.45	29.18	38.9	48.62	58.35	68.08	77.8	97.25	116.7	155.6	194.5	233.4	311.2	389
39	19.95	29.93	39.9	49.87	59.85	69.83	79.8	99.75	119.7	159.6	199.5	239.4	319.2	399
40	20.45	30.68	40.9	51.12	61.35	71.58	81.8	102.25	122.7	163.6	204.5	245.4	327.2	409
41	20.95	31.43	41.9	52.37	62.85	73.33	83.8	104.75	125.7	167.6	209.5	251.4	335.2	419
42	21.45	32.17	42.9	53.62	64.35	75.08	85.8	107.25	128.7	171.6	214.5	257.4	343.2	429
43	21.95	32.92	43.9	54.87	65.85	76.83	87.8	109.75	131.7	175.6	219.5	263.4	351.2	439
44	22.45	33.67	44.9	56.12	67.35	78.58	89.8	112.25	134.7	179.6	224.5	269.4	359.2	449
45	22.95	34.42	45.9	57.37	68.85	80.33	91.8	114.75	137.7	183.6	229.5	275.4	367.2	459
46	23.45	35.17	46.9	58.62	70.35	82.08	93.8	117.25	140.7	187.6	234.5	281.4	375.2	469
47	23.95	35.92	47.9	59.87	71.85	83.83	95.8	119.75	143.7	191.6	239.5	287.4	383.2	479
48	24.45	36.67	48.9	61.12	73.35	85.58	97.8	122.25	146.7	195.6	244.5	293.4	391.2	489
49	24.95	37.42	49.9	62.37	74.85	87.33	99.8	124.75	149.7	199.6	249.5	299.4	399.2	499
50	25.45	38.17	50.9	63.62	76.35	89.08	101.8	127.25	152.7	203.6	254.5	305.4	407.2	509
51	25.95	38.92	51.9	64.87	77.85	90.83	103.8	129.75	155.7	207.6	259.5	311.4	415.2	519
52	26.45	39.67	52.9	66.12	79.35	92.58	105.8	132.25	158.7	211.6	264.5	317.4	423.2	529
53	26.95	40.42	53.9	67.37	80.85	94.33	107.8	134.75	161.7	215.6	269.5	323.4	431.2	539
54	27.45	41.17	54.9	68.62	82.35	96.08	109.8	137.25	164.7	219.6	274.5	329.4	439.2	549
55	27.95	41.92	55.9	69.87	83.85	97.83	111.8	139.75	167.7	223.6	279.5	335.4	447.2	559

续表

齿数	模数 m													
z	0.5	(0.75)	1	(1.25)	1.5	(1.75)	2	2.5	3	(4)	5	(6)	(8)	10
56	28.45	42.67	56.9	71.12	85.35	99.58	113.8	142.25	170.7	227.6	284.5	341.4	455.2	569
57	28.95	43.42	57.9	72.37	86.85	101.33	115.8	144.75	173.7	231.6	289.5	347.4	463.2	579
58	29.45	44.17	58.9	73.62	88.35	103.08	117.8	147.25	176.7	235.6	294.5	353.4	471.2	589
59	29.95	44.92	59.9	74.87	89.85	104.83	119.8	149.75	179.7	239.6	299.5	359.4	479.2	599
60	30.45	45.67	60.9	76.12	91.35	106.58	121.8	152.25	182.7	243.6	304.5	365.4	487.2	609
61	30.95	46.42	61.9	77.37	92.85	108.33	123.8	154.75	185.7	247.6	309.5	371.4	495.2	619
62	31.45	47.17	62.9	78.62	94.35	110.08	125.8	157.25	188.7	251.6	314.5	377.4	503.2	629
63	31.95	47.92	63.9	79.87	95.85	111.83	127.8	159.75	191.7	255.6	319.5	383.4	511.2	639
64	32.45	48.68	64.9	81.13	97.35	113.58	129.8	162.25	194.7	259.6	324.5	389.4	519.2	649
65	32.95	49.43	65.9	82.38	98.85	115.33	131.8	164.75	197.7	263.6	329.5	395.4	527.2	659
66	33.45	50.18	66.9	83.63	100.35	117.08	133.8	167.25	200.7	267.6	334.5	401.4	535.2	669
67	33.95	50.93	67.9	84.88	101.85	118.83	135.8	169.75	203.7	271.6	339.5	407.4	543.2	679
68	34.45	51.68	68.9	86.13	103.35	120.58	137.8	172.25	206.7	275.6	344.5	413.4	551.2	689
69	34.95	52.43	69.9	87.38	104.85	122.33	139.8	174.75	209.7	279.6	349.5	419.4	559.2	699
70	35.45	53.18	70.9	88.63	106.35	124.08	141.8	177.25	212.7	283.6	354.5	425.4	567.2	709
71	35.95	53.93	71.9	89.88	107.85	125.83	143.8	179.75	215.7	287.6	359.5	431.4	575.2	719
72	36.45	54.68	72.9	91.13	109.35	127.58	145.8	182.25	218.7	291.6	364.5	437.4	583.2	729
73	36.95	55.43	73.9	92.38	110.85	129.33	147.8	184.75	221.7	295.6	369.5	443.4	591.2	739
74	37.45	56.18	74.9	93.63	112.35	131.08	149.8	187.25	224.7	299.6	374.5	449.4	599.2	749
75	37.95	56.93	75.9	94.88	113.85	132.83	151.8	189.75	227.7	303.6	379.5	455.4	607.2	759
76	38.45	57.68	76.9	96.13	115.35	134.58	153.8	192.25	230.7	307.6	384.5	461.4	615.2	769
77	38.95	58.43	77.9	97.38	116.85	136.33	155.8	194.75	233.7	311.6	389.5	467.4	623.2	779
78	39.45	59.18	78.9	98.63	118.35	138.08	157.8	197.25	236.7	315.6	394.5	473.4	631.2	789
79	39.95	59.93	79.9	99.88	119.85	139.83	159.8	199.75	239.7	319.6	399.5	479.4	639.2	799
80	40.45	60.68	80.9	101.13	121.35	141.58	161.8	202.25	242.7	323.6	404.5	485.4	647.2	809
81	40.95	61.43	81.9	102.38	122.85	143.33	163.8	204.75	245.7	327.6	409.5	491.4	655.2	819
82	41.45	62.18	82.9	103.63	124.35	145.08	165.8	207.25	248.7	331.6	414.5	497.4	663.2	829
83	41.95	62.93	83.9	104.88	125.85	146.83	167.8	209.75	251.7	335.6	419.5	503.4	671.2	839
84	42.45	63.68	84.9	106.13	127.35	148.58	169.8	212.25	254.7	339.6	424.5	509.4	679.2	849
85	42.95	64.43	85.9	107.38	128.85	150.33	171.8	214.75	257.7	343.6	429.5	515.4	687.2	859
86	43.45	65.18	86.9	108.63	130.35	152.08	173.8	217.25	260.7	347.6	434.5	521.4	695.2	869
87	43.95	65.93	87.9	109.88	131.85	153.83	175.8	219.75	263.7	351.6	439.5	527.4	703.2	879
88	44.45	66.68	88.9	111.13	133.35	155.58	177.8	222.25	266.7	355.6	444.5	533.4	711.2	889
89	44.95	67.43	89.9	112.38	134.85	157.33	179.8	224.75	269.7	359.6	449.5	539.4	719.2	899
90	45.45	68.18	90.9	113.63	136.35	159.08	181.8	227.25	272.7	363.6	454.5	545.4	727.2	909
91	45.95	68.93	91.9	114.88	137.85	160.83	183.8	229.75	275.7	367.6	459.5	551.4	735.2	919
92	46.45	69.68	92.9	116.13	139.35	162.58	185.8	232.25	278.7	371.6	464.5	557.4	743.2	929
93	46.95	70.43	93.9	117.38	140.85	164.33	187.8	234.75	281.7	375.6	469.5	563.4	751.2	939
94	47.45	71.18	94.9	118.63	142.35	166.08	189.8	237.25	284.7	379.6	474.5	569.4	759.2	949
95	47.95	71.93	95.9	119.88	143.85	167.83	191.8	239.75	287.7	383.6	479.5	575.4	767.2	959
96	48.45	72.68	96.9	121.13	145.35	169.58	193.8	242.25	290.7	387.6	484.5	581.4	775.2	969
97	48.95	73.43	97.9	122.38	146.85	171.33	195.8	244.75	293.7	391.6	489.5	587.4	783.2	979
98	49.45	74.18	98.9	123.63	148.35	173.08	197.8	247.25	296.7	395.6	494.5	593.4	791.2	989
99	49.95	74.93	99.9	124.88	149.85	174.83	199.8	249.75	299.7	399.6	499.5	599.4	799.2	999
100	50.45	75.68	100.9	126.13	151.35	176.58	201.8	252.25	302.7	403.6	504.5	605.4	807.2	1009

表 5-3-51　　**45°外花键大径基本尺寸系列**（摘自 GB/T 3478.1—2008）

$D_{ee}=m\ (z+0.8)$　　mm

齿数	模数 m								
z	0.25	0.5	(0.75)	1	(1.25)	1.5	(1.75)	2	2.5
10	2.70	5.4	8.10	10.8	13.50	16.2	18.90	21.6	27.0
11	2.95	5.9	8.85	11.8	14.75	17.7	20.65	23.6	29.5
12	3.20	6.4	9.60	12.8	16.00	19.2	22.40	25.6	32.0
13	3.45	6.9	10.35	13.8	17.25	20.7	24.15	27.6	34.5
14	3.70	7.4	11.10	14.8	18.50	22.2	25.90	29.6	37.0
15	3.95	7.9	11.85	15.8	19.75	23.7	27.65	31.6	39.5
16	4.20	8.4	12.60	16.8	21.00	25.2	29.40	33.6	42.0
17	4.45	8.9	13.35	17.8	22.25	26.7	31.15	35.6	44.5
18	4.70	9.4	14.10	18.8	23.50	28.2	32.90	37.6	47.0
19	4.95	9.9	14.85	19.8	24.75	29.7	34.65	39.6	49.5
20	5.20	10.4	15.60	20.8	26.00	31.2	36.40	41.6	52.0
21	5.45	10.9	16.35	21.8	27.25	32.7	38.15	43.6	54.5
22	5.70	11.4	17.10	22.8	28.50	34.2	39.90	45.6	57.0
23	5.95	11.9	17.85	23.8	29.75	35.7	41.65	47.6	59.5
24	6.20	12.4	18.60	24.8	31.00	37.2	43.40	49.6	62.0
25	6.45	12.9	19.35	25.8	32.25	38.7	45.15	51.6	64.5
26	6.70	13.4	20.10	26.8	33.50	40.2	46.90	53.6	67.0
27	6.95	13.9	20.85	27.8	34.75	41.7	48.65	55.6	69.5
28	7.20	14.4	21.60	28.8	36.00	43.2	50.40	57.6	72.0
29	7.45	14.9	22.35	29.8	37.25	44.7	52.15	59.6	74.5
30	7.70	15.4	23.10	30.8	38.50	46.2	53.90	61.6	77.0
31	7.95	15.9	23.85	31.8	39.75	47.7	55.65	63.6	79.5
32	8.20	16.4	24.60	32.8	41.00	49.2	57.40	65.6	82.0
33	8.45	16.9	25.35	33.8	42.25	50.7	59.15	67.6	84.5
34	8.70	17.4	26.10	34.8	43.50	52.2	60.90	69.6	87.0
35	8.95	17.9	26.85	35.8	44.75	53.7	62.65	71.6	89.5
36	9.20	18.4	27.60	36.8	46.00	55.2	64.40	73.6	92.0
37	9.45	18.9	28.35	37.8	47.25	56.7	66.15	75.6	94.5
38	9.70	19.4	29.10	38.8	48.50	58.2	67.90	77.6	97.0
39	9.95	19.9	29.85	39.8	49.75	59.7	69.65	79.6	99.5
40	10.20	20.4	30.60	40.8	51.00	61.2	71.40	81.6	102.0
41	10.45	20.9	31.35	41.8	52.25	62.7	73.15	83.6	104.5
42	10.70	21.4	32.10	42.8	53.50	64.2	74.90	85.6	107.0
43	10.95	21.9	32.85	43.8	54.75	65.7	76.65	87.6	109.5
44	11.20	22.4	33.60	44.8	56.00	67.2	78.40	89.6	112.0
45	11.45	22.9	34.35	45.8	57.25	68.7	80.15	91.6	114.5
46	11.70	23.4	35.10	46.8	58.50	70.2	81.90	93.6	117.0
47	11.95	23.9	35.85	47.8	59.75	71.7	83.65	95.6	119.5
48	12.20	24.4	36.60	48.8	61.00	73.2	85.40	97.6	122.0
49	12.45	24.9	37.35	49.8	62.25	74.7	87.15	99.6	124.5
50	12.70	25.4	38.10	50.8	63.50	76.2	88.90	101.6	127.0
51	12.95	25.9	38.85	51.8	64.75	77.7	90.65	103.6	129.5
52	13.20	26.4	39.60	52.8	66.00	79.2	92.40	105.6	132.0
53	13.45	26.9	40.35	53.8	67.25	80.7	94.15	107.6	134.5
54	13.70	27.4	41.10	54.8	68.50	82.2	95.90	109.6	137.0
55	13.95	27.9	41.85	55.8	69.75	83.7	97.65	111.6	139.5

续表

齿数 z	模数 m								
	0.25	0.5	(0.75)	1	(1.25)	1.5	(1.75)	2	2.5
56	14.20	28.4	42.60	56.8	71.00	85.2	99.40	113.6	142.0
57	14.45	28.9	43.35	57.8	72.25	86.7	101.15	115.6	144.5
58	14.70	29.4	44.10	58.8	73.50	88.2	102.90	117.6	147.0
59	14.95	29.9	44.85	59.8	74.75	89.7	104.65	119.6	149.5
60	15.20	30.4	45.60	60.8	76.00	91.2	106.40	121.6	152.0
61	15.45	30.9	46.35	61.8	77.25	92.7	108.15	123.6	154.5
62	15.70	31.4	47.10	62.8	78.50	94.2	109.90	125.6	157.0
63	15.95	31.9	47.85	63.8	79.75	95.7	111.65	127.6	159.5
64	16.20	32.4	48.60	64.8	81.00	97.2	113.40	129.6	162.0
65	16.45	32.9	49.35	65.8	82.25	98.7	115.15	131.6	164.5
66	16.70	33.4	50.10	66.8	83.50	100.2	116.90	133.6	167.0
67	16.95	33.9	50.85	67.8	84.75	101.7	118.65	135.6	169.5
68	17.20	34.4	51.60	68.8	86.00	103.2	120.40	137.6	172.0
69	17.45	34.9	52.35	69.8	87.25	104.7	122.15	139.6	174.5
70	17.70	35.4	53.10	70.8	88.50	106.2	123.90	141.6	177.0
71	17.95	35.9	53.85	71.8	89.75	107.7	125.65	143.6	179.5
72	18.20	36.4	54.60	72.8	91.00	109.2	127.40	145.6	182.0
73	18.45	36.9	55.35	73.8	92.25	110.7	129.15	147.6	184.5
74	18.70	37.4	56.10	74.8	93.50	112.2	130.90	149.6	187.0
75	18.95	37.9	56.85	75.8	94.75	113.7	132.65	151.6	189.5
76	19.20	38.4	57.60	76.8	96.00	115.2	134.40	153.6	192.0
77	19.45	38.9	58.35	77.8	97.25	116.7	136.15	155.6	194.5
78	19.70	39.4	59.10	78.8	98.50	118.2	137.90	157.6	197.0
79	19.95	39.9	59.85	79.8	99.75	119.7	139.65	159.6	199.5
80	20.20	40.4	60.60	80.8	101.00	121.2	141.40	161.6	202.0
81	20.45	40.9	61.35	81.8	102.25	122.7	143.15	163.6	204.5
82	20.70	41.4	62.10	82.8	103.50	124.2	144.90	165.6	207.0
83	20.95	41.9	62.85	83.8	104.75	125.7	146.65	167.6	209.5
84	21.20	42.4	63.60	84.8	106.00	127.2	148.40	169.6	212.0
85	21.45	42.9	64.35	85.8	107.25	128.7	150.15	171.6	214.5
86	21.70	43.4	65.10	86.8	108.50	130.2	151.90	173.6	217.0
87	21.95	43.9	65.85	87.8	109.75	131.7	153.65	175.6	219.5
88	22.20	44.4	66.60	88.8	111.00	133.2	155.40	177.6	222.0
89	22.45	44.9	67.35	89.8	112.25	134.7	157.15	179.6	224.5
90	22.70	45.4	68.10	90.8	113.50	136.2	158.90	181.6	227.0
91	22.95	45.9	68.85	91.8	114.75	137.7	160.65	183.6	229.5
92	23.20	46.4	69.60	92.8	116.00	139.2	162.40	185.6	232.0
93	23.45	46.9	70.35	93.8	117.25	140.7	164.15	187.6	234.5
94	23.70	47.4	71.10	94.8	118.50	142.2	165.90	189.6	237.0
95	23.95	47.9	71.85	95.8	119.75	143.7	167.65	191.6	239.5
96	24.20	48.4	72.60	96.8	121.00	145.2	169.40	193.6	242.0
97	24.45	48.9	73.35	97.8	122.25	146.7	171.15	195.6	244.5
98	24.70	49.4	74.10	98.8	123.50	148.2	172.90	197.6	247.0
99	24.95	49.9	74.85	99.8	124.75	149.7	174.65	199.6	249.5
100	25.20	50.4	75.60	100.8	126.00	151.2	176.40	201.6	252.0

表 5-3-52　　齿根圆弧最小曲率半径 R_{imin} 和 R_{emin}　　mm

模数 m	标准压力角 α_D				模数 m	标准压力角 α_D			
	30°		37.5°	45°		30°		37.5°	45°
	平齿根 0.2m	圆齿根 0.4m	0.3m	0.25m		平齿根 0.2m	圆齿根 0.4m	0.3m	0.25m
0.25	—	—	—	0.06	2.5	0.50	1.00	0.75	0.62
0.5	0.10	0.20	0.15	0.12	3	0.60	1.20	0.90	—
0.75	0.15	0.30	0.22	0.19	4	0.80	1.60	1.20	—
1	0.20	0.40	0.30	0.25	5	1.00	2.00	1.50	—
1.25	0.25	0.50	0.38	0.31	6	1.20	2.40	1.80	—
1.5	0.30	0.60	0.45	0.38	8	1.60	3.20	2.40	—
1.75	0.35	0.70	0.52	0.44	10	2.00	4.00	3.00	—
2	0.40	0.80	0.60	0.50	—	—	—	—	—

注：在产品设计允许的情况下，对平齿根花键，齿根圆弧曲率半径可小于表中数值。

3.4.5　公差等级及公差

GB/T 3478.1—2008 规定了渐开线花键公差为 4、5、6、7 四个等级。

表 5-3-53　　渐开线花键公差计算式　　μm

公差等级	齿槽宽和齿厚的总公差 $(T+\lambda)$	综合公差 λ	齿距累积公差 F_p	齿形公差 F_α	齿向公差 F_β
4	$10i_d^{①}+40i_E^{②}$	$\lambda=0.6\sqrt{F_p^2+F_\alpha^2+F_\beta^2}$	$2.5\sqrt{L}+6.3$	$1.6\phi_f+10$	$0.8\sqrt{g}+4$
5	$16i_d^{①}+64i_E^{②}$		$3.55\sqrt{L}+9$	$2.5\phi_f+16$	$1.0\sqrt{g}+5$
6	$25i_d^{①}+100i_E^{②}$		$5\sqrt{L}+12.5$	$4\phi_f+25$	$1.25\sqrt{g}+6.3$
7	$40i_d^{①}+160i_E^{②}$		$7.1\sqrt{L}+18$	$6.3\phi_f+40$	$2.0\sqrt{g}+10$
说明	L——分度圆周长之半，即 $L=\pi mz/2$，mm；ϕ_f——公差因数，$\phi_f=m+0.0125D$，mm；g——花键配合长度，mm				

① 是以分度圆直径 D 为基础的公差，其公差单位 i_d 为：当 $D\leqslant 500$mm 时，$i_d=0.45\sqrt[3]{D}+0.001D$；当 $D>500$mm 时，$i_d=0.004D+2.1$（D 的单位为 mm）。

② 是以基本齿槽宽 E 或基本齿厚 S 为基础的公差，其公差单位 i_E 为：$i_E=0.45\sqrt[3]{E}+0.001E$ 或 $i_E=0.45\sqrt[3]{S}+0.001S$（$E$ 和 S 的单位为 mm）。

注：1. 加工公差 T 为总公差（$T+\lambda$）与综合公差 λ 之差，即（$T+\lambda$）$-\lambda$。

2. 综合公差是根据齿距累积公差、齿形公差和齿向公差对花键配合的综合影响给定的。考虑到各单项公差不大可能同时以最大值出现在同一花键上，而且三项单项公差不大可能相互无补偿地影响花键配合等情况，所以将三项公差按统计法相加并取其 60% 为综合公差。当花键配合长度 g 不同时，会影响 λ 值的变化，但总公差（$T+\lambda$）不变。

表 5-3-54　　齿向公差 F_β　　μm

花键配合长度 g/mm		≤5	>5~10	>10~15	>15~20	>20~25	>25~30	>30~35	>35~40	>40~45	>45~50	>50~55	>55~60	>60~70	>70~80	>80~90	>90~100
公差等级	4	6	7	7	8	8	8	9	9	9	10	10	10	11	11	12	12
	5	7	8	9	9	10	10	11	11	12	12	12	13	13	14	14	15
	6	9	10	11	12	13	13	14	14	15	15	16	16	17	17	18	19
	7	14	16	18	19	20	21	22	23	23	24	25	25	27	28	29	30

注：当花键配合长度不为表中数值时，可按表 5-3-53 中给出的计算式计算。

表 5-3-55　　**齿圈径向跳动公差 F_r**　　μm

公差等级	模数 m /mm	分度圆直径 D/mm															
		≤125				>125～400				>400～800				>800			
		A	B	C	D	A	B	C	D	A	B	C	D	A	B	C	D
4	≤3	10	16	25	36	15	22	36	50	18	28	45	63	20	32	50	71
	4～6	11	18	28	40	16	25	40	56	20	32	50	71	22	36	56	80
	8 和 10	13	20	32	45	18	28	45	63	22	36	56	80	25	40	63	90
5	≤3	16	25	36	45	22	36	50	63	28	45	63	80	32	50	71	90
	4～6	18	28	40	50	25	40	56	71	32	50	71	90	36	56	80	100
	8 和 10	20	32	45	56	28	45	63	86	36	56	80	100	40	63	90	112
6	≤3	25	36	45	71	36	50	63	80	45	63	80	100	50	71	90	112
	4～6	28	40	50	80	40	56	71	100	50	71	90	112	56	80	100	125
	8 和 10	32	45	56	90	45	63	86	112	56	80	100	125	63	90	112	140
7	≤3	36	45	71	100	50	63	80	112	63	80	100	125	71	90	112	140
	4～6	40	50	80	125	71	90	112	140	71	90	112	140	80	100	125	160
	8 和 10	45	56	90	140	80	100	125	160	80	100	125	160	90	112	140	180

表 5-3-56　　**总公差（$T+\lambda$）、综合公差 λ、齿距累积公差 F_p 和齿形公差 F_a**　　μm

z	公差等级															
	4				5				6				7			
	$T+\lambda$	λ	F_p	F_a	$T+\lambda$	λ	F_p	F_a	$T+\lambda$	λ	F_p	F_a	$T+\lambda$	λ	F_p	F_a
$m=1$mm																
11	31	13	17	12	50	19	24	19	78	27	33	30	124	41	48	47
12	31	13	17	12	50	19	24	19	79	28	34	30	126	42	49	47
13	32	13	18	12	51	19	25	19	79	28	35	30	127	42	50	47
14	32	13	18	12	51	20	26	19	80	29	36	30	128	43	51	47
15	32	14	18	12	52	20	26	19	81	29	37	30	129	43	52	47
16	32	14	19	12	52	20	27	19	81	29	38	30	130	44	54	48
17	33	14	19	12	52	20	27	19	82	30	38	30	131	45	55	48
18	33	14	20	12	53	21	28	19	82	30	39	30	132	45	56	48
19	33	14	20	12	53	21	28	19	83	31	40	30	133	46	57	48
20	33	15	20	12	53	21	29	19	84	31	41	30	134	46	58	48
21	34	15	21	12	54	21	29	19	84	31	41	30	134	47	59	48
22	34	15	21	12	54	22	30	19	85	32	42	30	135	47	60	48
23	34	15	21	12	54	22	30	19	85	32	43	30	136	48	61	48
24	34	15	22	12	55	22	31	19	86	32	43	30	137	48	62	48
25	34	16	22	12	55	22	31	19	86	33	44	30	138	48	62	48
26	35	16	22	12	55	23	32	19	86	33	44	30	138	49	63	48
27	35	16	23	12	56	23	32	19	87	33	45	30	139	49	64	48
28	35	16	23	12	56	23	33	19	87	34	46	30	140	50	65	49
29	35	16	23	12	56	23	33	19	88	34	46	30	140	50	66	49
30	35	16	23	12	56	24	33	19	88	34	47	31	141	51	67	49
31	35	17	24	12	57	24	34	19	89	34	47	31	142	51	68	49
32	36	17	24	12	57	24	34	20	89	35	48	31	142	52	68	49
33	36	17	24	12	57	24	35	20	89	35	48	31	143	52	69	49
34	36	17	25	12	57	24	35	20	90	35	49	31	144	52	70	49
35	36	17	25	12	58	25	35	20	90	36	50	31	144	53	71	49

续表

z	公差等级															
	4				5				6				7			
	$T+\lambda$	λ	F_p	F_a	$T+\lambda$	λ	F_p	F_a	$T+\lambda$	λ	F_p	F_a	$T+\lambda$	λ	F_p	F_a
$m=1$mm																
36	36	17	25	12	58	25	36	20	91	36	50	31	145	53	71	49
37	36	18	25	12	58	25	36	20	91	36	51	31	145	54	72	49
38	36	18	26	12	58	25	36	20	91	37	51	31	146	54	73	49
39	37	18	26	12	59	25	37	20	92	37	52	31	147	54	74	49
40	37	18	26	12	59	26	37	20	92	37	52	31	147	55	74	49
$m=2$mm																
11	39	16	21	14	63	23	30	22	98	33	42	34	157	49	60	54
12	40	16	22	14	64	23	31	22	99	34	43	34	159	50	62	54
13	40	16	22	14	64	23	32	22	100	34	44	34	160	51	63	55
14	40	17	23	14	65	24	33	22	101	35	46	34	162	52	65	55
15	41	17	23	14	65	24	33	22	102	36	47	35	163	53	67	55
16	41	17	24	14	66	25	34	22	103	36	48	35	164	54	68	55
17	41	17	25	14	66	25	35	22	104	37	49	35	166	55	70	55
18	42	18	25	14	67	26	36	22	104	37	50	35	167	55	71	55
19	42	18	26	14	67	26	36	22	105	38	51	35	168	56	73	56
20	42	18	26	14	68	26	37	22	106	38	52	35	169	57	74	56
21	43	19	27	14	68	27	38	22	106	39	53	35	170	58	76	56
22	43	19	27	14	69	27	39	22	107	39	54	35	171	58	77	56
23	43	19	28	14	69	28	39	22	108	40	55	35	172	59	78	56
24	43	19	28	14	69	28	40	23	108	40	56	35	173	60	80	56
25	44	20	28	14	70	28	40	23	109	41	57	36	174	60	81	57
26	44	20	29	14	70	29	41	23	110	41	58	36	175	61	82	57
27	44	20	29	14	70	29	42	23	110	42	59	36	176	62	83	57
28	44	20	30	14	71	29	42	23	111	42	59	36	177	62	85	57
29	44	21	30	14	71	30	43	23	111	43	60	36	178	63	86	57
30	45	21	31	14	72	30	43	23	112	43	61	36	179	64	87	57
31	45	21	31	14	72	30	44	23	112	44	62	36	180	64	88	57
32	45	21	31	14	72	31	45	23	113	44	63	36	181	65	89	58
33	45	22	32	15	73	31	45	23	113	45	63	36	181	66	90	58
34	46	22	32	15	73	31	46	23	114	45	64	36	182	66	91	58
35	46	22	33	15	73	31	46	23	114	45	65	37	183	67	92	58
36	46	22	33	15	73	32	47	23	115	46	66	37	184	67	94	58
37	46	22	33	15	74	32	47	23	115	46	66	37	184	68	95	58
38	46	23	34	15	74	32	48	23	116	47	67	37	185	69	96	59
39	46	23	34	15	74	33	48	23	116	47	69	37	186	69	97	59
40	47	23	34	15	75	33	49	24	117	48	69	37	187	70	98	59
$m=2.5$mm																
11	42	17	23	15	68	24	32	23	106	35	45	36	170	53	65	58
12	43	17	23	15	69	25	33	23	107	36	47	37	171	54	67	58
13	43	17	24	15	69	25	34	23	108	37	48	37	173	55	69	58
14	44	18	25	15	70	26	35	23	109	38	50	37	174	56	71	59
15	44	18	25	15	70	26	36	23	110	38	51	37	176	57	72	59
16	44	19	26	15	71	27	37	24	111	39	52	37	177	58	74	59
17	45	19	27	15	71	27	38	24	112	40	53	37	179	59	76	59
18	45	19	27	15	72	28	39	24	112	40	55	37	180	60	78	59

续表

z	公差等级															
	4				5				6				7			
	$T+\lambda$	λ	F_p	F_a	$T+\lambda$	λ	F_p	F_a	$T+\lambda$	λ	F_p	F_a	$T+\lambda$	λ	F_p	F_a
$m=2.5$mm																
19	45	20	28	15	72	28	40	24	113	41	56	37	181	61	79	59
20	46	20	28	15	73	29	40	24	114	42	57	38	182	62	81	60
21	46	20	29	15	73	29	41	24	115	42	58	38	184	62	82	60
22	46	21	30	15	74	29	42	24	115	43	59	38	185	63	84	60
23	46	21	30	15	74	30	43	24	116	43	60	38	186	64	85	60
24	47	21	31	15	75	30	43	24	117	44	61	38	187	65	87	60
25	47	21	31	15	75	31	44	24	118	44	62	38	188	66	88	61
26	47	22	32	15	76	31	45	24	118	45	63	38	189	66	90	61
27	48	22	32	15	76	31	46	24	119	45	64	38	190	67	91	61
28	48	22	33	15	76	32	46	24	119	46	65	39	191	68	92	61
29	48	22	33	15	77	32	47	25	120	47	66	39	192	69	94	61
30	48	23	33	16	77	33	48	25	121	47	67	39	193	69	95	62
31	49	23	34	16	78	33	48	25	121	48	68	39	194	70	96	62
32	49	23	34	16	78	33	49	25	122	48	69	39	195	71	98	62
33	49	24	35	16	78	34	49	25	122	49	69	39	196	71	99	62
34	49	24	35	16	79	34	50	25	123	49	70	39	197	72	100	62
35	49	24	36	16	79	34	51	25	123	50	71	39	198	73	101	63
36	50	24	36	16	79	35	51	25	124	50	72	40	198	73	102	63
37	50	25	36	16	80	35	52	25	125	51	73	40	199	74	104	63
38	50	25	37	16	80	35	52	25	125	51	74	40	200	75	105	63
39	50	25	37	16	80	36	53	25	126	51	74	40	201	75	106	63
40	50	25	38	16	81	36	53	25	126	52	75	40	202	76	107	64
$m=3$mm																
11	45	18	24	15	72	26	35	25	113	38	48	39	181	57	69	61
12	46	18	25	16	73	26	36	25	114	39	50	39	182	58	71	62
13	46	19	26	16	74	27	37	25	115	39	52	39	184	59	74	62
14	46	19	27	16	74	28	38	25	116	40	53	39	186	60	76	62
15	47	19	27	16	75	28	39	25	117	41	55	39	187	61	78	62
16	47	20	28	16	76	29	40	25	118	42	56	39	189	62	80	63
17	48	20	29	16	76	29	41	25	119	42	57	40	190	63	82	63
18	48	21	29	16	77	30	42	25	120	43	59	40	192	64	83	63
19	48	21	30	16	77	30	43	25	121	44	60	40	193	65	85	63
20	49	21	31	16	78	31	44	25	121	44	61	40	194	66	87	64
21	49	22	31	16	78	31	44	25	122	45	62	40	196	67	89	64
22	49	22	32	16	79	32	45	26	123	46	63	40	197	68	90	64
23	50	22	32	16	79	32	46	26	124	46	65	40	198	69	92	64
24	50	23	33	16	80	32	47	26	125	47	66	41	199	69	93	65
25	50	23	33	16	80	33	48	26	125	48	67	41	200	70	95	65
26	50	23	34	16	81	33	48	26	126	48	68	41	201	71	97	65
27	51	24	34	16	81	34	49	26	127	49	69	41	203	72	98	65
28	51	24	35	16	81	34	50	26	127	49	70	41	204	73	100	66
29	51	24	36	17	82	35	50	26	128	50	71	41	205	74	101	66
30	51	24	36	17	82	35	51	26	129	51	72	42	206	74	102	66

续表

z	公差等级															
	4				5				6				7			
	$T+\lambda$	λ	F_p	F_a	$T+\lambda$	λ	F_p	F_a	$T+\lambda$	λ	F_p	F_a	$T+\lambda$	λ	F_p	F_a
$m=3$mm																
31	52	25	37	17	83	35	52	26	129	51	73	42	207	75	104	66
32	52	25	37	17	83	36	53	27	130	52	74	42	208	76	105	66
33	52	25	37	17	83	36	53	27	130	52	75	42	209	77	107	67
34	52	26	38	17	84	37	54	27	131	53	76	42	210	78	108	67
35	53	26	38	17	84	37	55	27	132	53	77	42	210	78	109	67
36	53	26	39	17	85	37	55	27	132	54	78	42	211	79	110	67
37	53	26	39	17	85	38	56	27	133	54	79	43	212	80	112	68
38	53	27	40	17	85	38	57	27	133	55	79	43	213	81	113	68
39	54	27	40	17	86	38	57	27	134	55	80	43	214	81	114	68
40	54	27	41	17	86	39	58	27	134	56	81	43	215	82	115	68
$m=5$mm																
11	54	22	30	19	86	31	42	30	134	46	59	48	215	69	84	76
12	54	22	31	19	87	32	43	30	136	47	61	48	217	70	87	76
13	55	23	32	19	88	33	45	31	137	48	63	48	219	72	90	77
14	55	23	33	19	89	34	46	31	138	49	65	49	221	73	92	77
15	56	24	33	20	89	34	48	31	140	50	67	49	223	75	95	77
16	56	24	34	20	90	35	49	31	141	51	68	49	225	76	98	78
17	57	25	35	20	91	36	50	31	142	52	70	49	227	77	100	78
18	57	25	36	20	91	36	51	31	143	53	72	50	229	79	102	79
19	58	26	37	20	92	37	52	31	144	54	74	50	230	80	105	79
20	58	26	38	20	93	38	53	32	145	55	75	50	232	81	107	79
21	58	27	38	20	93	38	54	32	146	56	77	50	233	82	109	80
22	59	27	39	20	94	39	56	32	147	57	78	51	235	84	111	80
23	59	28	40	20	95	39	57	32	148	57	80	51	237	85	113	81
24	59	28	41	20	95	40	58	32	149	58	81	51	238	86	115	81
25	60	28	41	21	96	41	59	32	150	59	82	51	239	87	117	81
26	60	29	42	21	96	41	60	33	150	60	84	52	241	88	119	82
27	61	29	43	21	97	42	61	33	151	61	85	52	242	89	121	82
28	61	30	43	21	97	42	62	33	152	61	87	52	243	90	123	83
29	61	30	44	21	98	43	63	33	153	62	88	52	245	92	125	83
30	61	30	45	21	98	43	63	33	154	63	89	53	246	93	127	83
31	62	31	45	21	99	44	64	33	155	64	90	53	247	94	129	84
32	62	31	46	21	99	44	65	34	155	64	92	53	248	95	130	84
33	62	31	46	21	100	45	66	34	156	65	93	53	250	96	132	84
34	63	32	47	21	100	45	67	34	157	66	94	54	251	97	134	85
35	63	32	48	22	101	46	68	34	158	67	95	54	252	98	136	85
36	63	33	48	22	101	46	69	34	158	67	96	54	253	99	137	86
37	64	33	49	22	102	47	70	34	159	68	98	54	254	100	139	86
38	64	33	49	22	102	47	70	34	160	69	99	55	255	101	141	86
39	64	34	50	22	103	48	71	35	160	69	100	55	257	102	142	87
40	64	34	51	22	103	48	72	35	161	70	101	55	258	103	144	87

注：当模数 m 及齿数 z 超出表中数值时，上述公差可用表 5-3-53 中的公式计算。

表 5-3-57　外花键小径 D_{ie} 和大径 D_{ee} 的上偏差 $es_V/\tan\alpha_D$　μm

分度圆直径 D/mm	d			e			f			h	js	k
	标准压力角 α_D											
	30°	37.5°	45°	30°	37.5°	45°	30°	37.5°	45°	30°、37.5°、45°		
	$es_V/\tan\alpha_D$											
≤6	-52	-39	-30	-35	-26	-20	-17	-13	-10	0	$+(T+\lambda)/2\tan\alpha_D$ ①	$+(T+\lambda)/\tan\alpha_D$ ①
>6~10	-69	-52	-40	-43	-33	-25	-23	-17	-13			
>10~18	-87	-65	-50	-55	-42	-32	-28	-21	-16			
>18~30	-113	-85	-65	-69	-52	-40	-35	-26	-20			
>30~50	-139	-104	-80	-87	-65	-50	-43	-33	-25			
>50~80	-173	-130	-100	-104	-78	-60	-52	-39	-30			
>80~120	-208	-156	-120	-125	-94	-72	-62	-47	-36			
>120~180	-251	-189	-145	-147	-111	-85	-74	-56	-43			
>180~250	-294	-222	-170	-173	-130	-100	-87	-65	-50			
>250~315	-329	-248	-190	-191	-143	-110	-97	-73	-56			
>315~400	-364	-274	-210	-217	-163	-125	-107	-81	-62			
>400~500	-398	-300	-230	-234	-176	-135	-118	-89	-68			
>500~630	-450	-339	-260	-251	-189	-145	-132	-99	-76			
>630~800	-502	-378	-290	-277	-209	-160	-139	-104	-80			
>800~1000	-554	-417	-320	-294	-222	-170	-149	-112	-86			

① 对于大径，取值为零。

表 5-3-58　内花键小径 D_{ii} 极限偏差和外花键大径 D_{ee} 公差　μm

直径 D_{ii} 和 D_{ee}/mm	内花键小径 D_{ii} 极限偏差			外花键大径 D_{ee} 公差		
	模数 m/mm					
	0.25~0.75	1~1.75	2~10	0.25~0.75	1~1.75	2~10
	H10	H11	H12	IT10	IT11	IT12
<6	+48 0	—	—	48	—	—
>6~10	+58 0	+90 0	—	58	—	—
>10~18	+70 0	+110 0	+180 0	70	110	—
>18~30	+84 0	+130 0	+210 0	84	130	210
>30~50	+100 0	+160 0	+250 0	100	160	250
>50~80	+120 0	+190 0	+300 0	120	190	300
>80~120	—	+220 0	+350 0	—	220	350
>120~180	—	+250 0	+400 0	—	250	400
>180~250	—	—	+460 0	—	—	460
>250~315	—	—	+520 0	—	—	520
>315~400	—	—	+570 0	—	—	570
>400~500	—	—	+630 0	—	—	630
>500~630	—	—	+700 0	—	—	700
>630~800	—	—	+800 0	—	—	800
>800~1000	—	—	+900 0	—	—	900

注：若花键尺寸超出表中数值时，按 GB/T 1800.1 取值。

表 5-3-59　渐开线花键作用齿槽宽 E_V 下偏差和作用齿厚 S_V 上偏差　μm

分度圆直径 D/mm	作用齿槽宽 E_V 下偏差	作用齿厚 S_V 上偏差 es_V					
		基本偏差					
	H	d	e	f	h	js	k
≤6	0	-30	-20	-10	0	$+\frac{(T+\lambda)}{2}$	$+(T+\lambda)$
>6~10	0	-40	-25	-13	0		
>10~18	0	-50	-32	-16	0		
>18~30	0	-65	-40	-20	0		
>30~50	0	-80	-50	-25	0		
>50~80	0	-100	-60	-30	0		
>80~120	0	-120	-72	-36	0		
>120~180	0	-145	-85	-43	0		
>180~250	0	-170	-100	-50	0		
>250~315	0	-190	-110	-56	0		
>315~400	0	-210	-125	-62	0		
>400~500	0	-230	-135	-68	0		
>500~630	0	-260	-145	-76	0		
>630~800	0	-290	-160	-80	0		
>800~1000	0	-320	-170	-86	0		

注：1. 当表中的作用齿厚上偏差 es_V 值不能满足需要时，可从 GB/T 1800.1 中选择合适的基本偏差。

2. 总公差（$T+\lambda$）的数值按表 5-3-53 计算。

表 5-3-60　渐开线花键齿侧配合

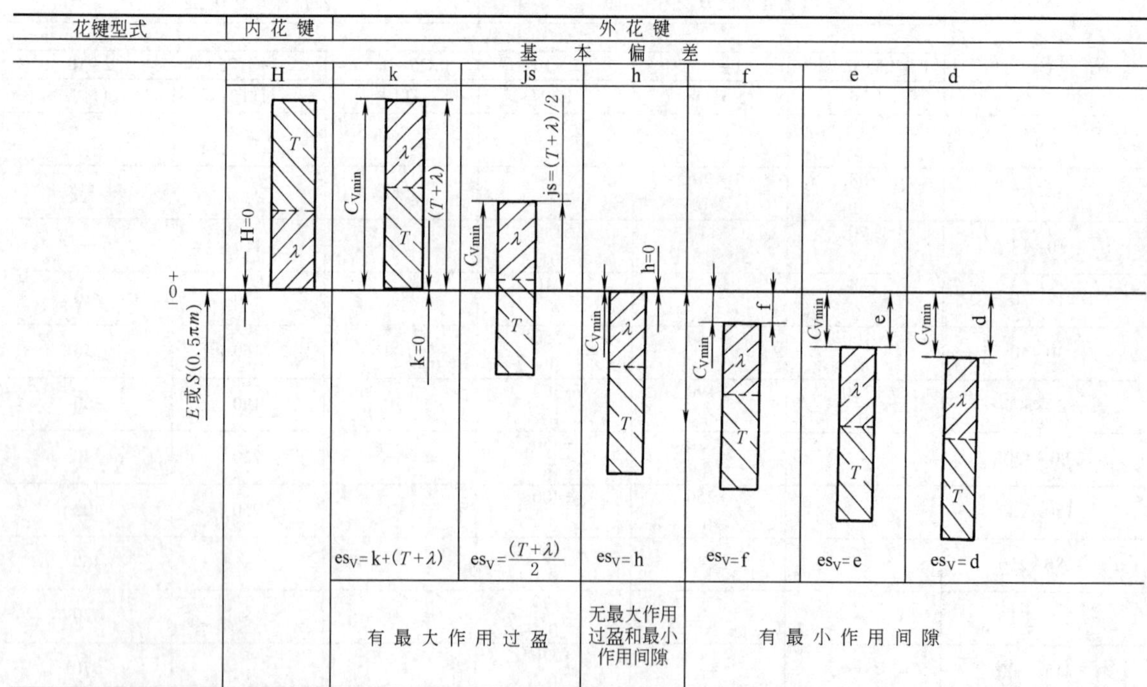

花键型式
内花键
外花键
基本偏差
H
k
js
h
f
e
d
H=0
k=0
h=0
js=(T+λ)/2
(T+λ)
E或S(0.5πm)
es_V=k+(T+λ)
es_V=(T+λ)/2
es_V=h
es_V=f
es_V=e
es_V=d
有最大作用过盈
无最大作用过盈和最小作用间隙
有最小作用间隙

注：1. 花键齿侧配合的性质取决于最小作用侧隙。GB/T 3478.1 规定花键连接有六种齿侧配合类别，即 H/k、H/js、H/h、H/f、H/e 和 H/d。对 45°标准压力角的花键连接，应优先选用 H/k、H/h 和 H/f。

2. 渐开线花键连接的齿侧配合采用基孔制，即仅用改变外花键作用齿厚上偏差的方法实现不同的配合。

3. 在渐开线花键连接中，键齿侧面既起驱动作用，又有自动定心作用，在结构设计时应考虑这一特点。

4. 当内、外花键对其安装基准有同轴度误差时，将影响花键齿侧的最小作用间隙或增大作用过盈，因此应适当调整齿侧配合类别予以补偿。

5. 允许不同公差等级的内、外花键相互配合。

6. 齿距累积公差、齿形公差和齿向公差都会减小作用间隙或增大作用过盈。

3.4.6　渐开线花键的参数标注

① 在零件图样上，应给出制造花键时所需的全部尺寸、公差和参数，列出参数表，表中应给出齿数、模数、压力角、公差等级和配合类别、渐开线终止圆直径最小值或渐开线起始圆直径最大值、齿根圆弧最小曲率半径及其偏差、*M* 值和 *W* 值等项目，必要时画出齿形放大图。

② 花键的检验方法见 GB/T 3478.5，其中对花键的齿槽宽和齿厚规定了三种综合检验法和一种单项检验法（详见 GB/T 3478.5），花键的参数标注与采取检验方法有关。

③ 在有关图样和技术文件中，需要标记时，应符合如下规定。

内花键：INT

外花键：EXT

花键副：INT/EXT

齿数：*z*（前面加齿数值）

模数：*m*（前面加模数值）

30°平齿根：30P

30°圆齿根：30R

37.5°圆齿根：37.5

45°圆齿根：45

45°直线齿形圆齿根：45ST

公差等级：4、5、6、7

配合类别：H（内花键）；k、js、h、f、e、d（外花键）

标准号：GB/T 3478.1—2008

标记示例

示例 1　花键副，齿数 24，模数 2.5mm，30°圆齿根，公差等级为 5 级，配合类别为 H/h，标记为：

花键副　INT/EXT 24*z*×2.5*m*×30R×5H/5h GB/T 3478.1—2008

内花键　INT 24*z*×2.5*m*×30R×5H GB/T 3478.1—2008

外花键　EXT 24*z*×2.5*m*×30R×5h GB/T 3478.1—2008

示例 2　花键副，齿数 24，模数 2.5mm，内花键为 30°平齿根，公差等级为 6 级，外花键为 30°圆齿根，公差等级为 5 级，配合类别为 H/h，标记为：

花键副　INT/EXT 24*z*×2.5*m*×30P/R×6H/5h GB/T 3478.1—2008

内花键　INT 24*z*×2.5*m*×30P×6H GB/T 3478.1—1995

外花键　EXT 24*z*×2.5*m*×30R×5h GB/T 3478.1—1995

示例 3　花键副，齿数 24，模数 2.5mm，37.5°圆齿根，公差等级 6 级，配合类别为 H/h，标记为：

花键副　INT/EXT 24*z*×2.5*m*×37.5×6H/6h GB/T 3478.1—2008

内花键　INT 24*z*×2.5*m*×37.5×6H GB/T 3478.1—2008

外花键　EXT 24*z*×2.5*m*×37.5×6h GB/T 3478.1—2008

示例 4　花键副，齿数 24，模数 2.5mm，45°圆齿根，内花键公差等级为 6 级，外花键公差等级为 7 级，配合类别为 H/h，标记为：

花键副　INT/EXT 24*z*×2.5*m*×45×6H/7h GB/T 3478.1—2008

内花键　INT 24*z*×2.5*m*×45×6H GB/T 3478.1—2008

外花键　EXT 24*z*×2.5*m*×45×7h GB/T 3478.1—2008

示例 5　花键副，齿数 24，模数 2.5mm，内花键为 45°直线齿形圆齿根，公差等级为 6 级，外花键为 45°渐开线齿形圆齿根，公差等级为 7 级，配合类别为 H/h，标记为：

花键副　INT/EXT 24*z*×2.5*m*×45ST×6H/7h GB/T 3478.1—2008

内花键　INT 24*z*×2.5*m*×45ST×6H GB/T 3478.1—2008

外花键　EXT 24*z*×2.5*m*×45×7h GB/T 3478.1—2008

④ 齿数 24，模数 2.5mm，公差等级 5 级，配合类别 H/h 的内、外花键，选用基本检验方法时的参数见表 5-3-61 和表 5-3-62。

表 5-3-61　　内花键参数　　mm

项　目	代号	数　值	项　目	代号	数　值
齿数	z	24	小径	D_{ii}	$\phi 57.74^{+0.30}_{0}$
模数	m	2.5	齿根圆弧最小曲率半径	R_{imin}	$R0.5$
压力角	α_D	30°	作用齿槽宽最小值	E_{Vmin}	3.927
公差等级和配合类别	5H	5H GB/T 3478.1—2008	实际齿槽宽最大值	E_{max}	4.002
大径	D_{ei}	$\phi 63.75^{+0.30}_{0}$	量棒直径	D_{Ri}	$\phi 4.75$
渐开线终止圆直径最小值	D_{Fimin}	$\phi 63$	棒间距最大值	M_{Rimax}	52.467

注：当用非全齿止端量规检验时，D_{Ri} 和 M_{Rimax} 可不列出。

表 5-3-62　　外花键参数　　mm

项　目	代号	数　值	项　目	代号	数　值
齿数	z	24	小径	D_{ie}	$\phi 56.25^{0}_{-0.30}$
模数	m	2.5	齿根圆弧最小曲率半径	R_{emin}	$R0.5$
压力角	α_D	30°	作用齿厚最大值	S_{Vmax}	3.927
公差等级和配合类别	5h	5h GB/T 3478.1—2008	实际齿厚最小值	S_{min}	3.852
大径	D_{ee}	$\phi 62.50^{0}_{-0.30}$	跨齿数	K	5
渐开线起始圆直径最大值	D_{Femax}	$\phi 57.24$	公法线平均长度最小值	W_{min}	33.336

注：1. 根据产品要求，可增加齿形公差、齿向公差和齿距累积公差的要求。

2. 也可选用跨棒距代替公法线平均长度测量。

3. 当用非全齿止端量规检验时，K 和 W_{min} 可不列出。

CHAPTER 4

第4章 过盈连接

1 过盈连接的方法、特点与应用

表 5-4-1　　过盈连接的方法、特点及应用

装配方法		原　　理	配合面型式	特点与应用
机械压入法		利用工具(如螺旋式、杠杆式、气动式)或压力机(压力范围通常为 10~10000kN)将被包容件装入包容件内	圆柱、圆锥	易擦伤结合表面,降低传递载荷的能力。适用于小或中等过盈量,传递载荷较小的场合,如齿轮、车轮、飞轮、滚动轴承与轴的配合
胀缩法	热胀法	利用火焰(如氧-乙炔、液化气可加热至 350℃)、加热介质(如沸水可加热到 100℃、蒸汽可加热至 120℃、油品可加热至 320℃)、电阻(如电阻炉可加热至 400℃)、感应(可加热至 400℃)等加热方式将包容件加热到一定温度,使包容件内孔直径加大,形成装配间隙,然后将被包容件装入包容件内。也可同时加热包容件和冷却被包容件		不易擦伤结合表面,传递载荷能力高 火焰加热操作简便,但有局部过热的危险,适用于局部受热和膨胀尺寸要求严格控制的中型和大型连接件,如汽轮机、鼓风机、离心压缩机的叶轮与轴配合 介质加热包容件热胀均匀,适用于过盈量小的场合,如滚动轴承、连杆衬套、齿轮等 电阻加热热胀均匀,加热温度易于自动控制,适用于中、小型连接件 感应加热的加热时间短,调节温度方便,热效率高,适用于过盈量大的大型连接件,如汽轮机叶轮、大型压榨机等
	冷缩法	利用干冰(可冷至-78℃)、低温箱(可冷至-140℃)、液氮(可冷至-195℃)等冷却方式将被包容件冷却到一定温度,使被包容件外径减小,形成装配间隙,然后装入包容件内		干冰冷却适用于过盈量小的小型零件 低温箱冷却适用于结合面精度较高的连接件,如发动机气门座圈等 液氮冷却适用于过盈量中等的场合,如发动机主、副衬套等
油压法		在包容件与被包容件之间的结合面上,压入高压油(油压达 200MPa),使包容件和被包容件在结合处发生弹性变形,形成间隙,压力油在结合面间形成油膜,并用液压装置或机械压推装置等给以轴向推力,当配合件达到所要求位置后,卸去高压油,即可形成过盈连接。对于圆锥形结合面,过盈量靠被连接件彼此相对轴向移动而获得;对于圆柱形结合面,过盈量大小取决于选出的配合	阶梯圆柱及圆锥 圆柱仅用于拆卸和调整位置	不易擦伤结合表面,便于安装和拆卸,方便维修,装拆时轴向力较小,但制造精度要求高,多用于圆锥轴的装拆。适用于过盈量大的大、中型或需要经常拆卸的连接件,如大型联轴器、船舶螺旋桨、化工机械、机车车轮和轧钢设备;特别适用于连接定位要求严格的场合,如大型凸轮与轴的连接。一般仅用于钢制零件 对于圆柱面连接,因装配困难,故一般用于拆卸或调整结合位置,如车轮与轴的连接,用胀缩法或机械压入法装配,用油压法拆卸,但阶梯圆柱可用油压法装拆
螺母压紧法		拧紧螺母,使结合面压紧形成过盈配合(见下图)。连接计算参照表 5-4-10 (图:p、T、P_y、d_m、d_{min}、d_{max}、l)	圆锥	结合面锥度一般取(1∶30)~(1∶8),锥度小时,所需轴向力小,但不易拆卸;锥度大时,则反之。多用于轴端连接,有时可作为轴端保护装置

2 过盈连接的设计与计算

以下介绍的过盈连接的计算，只适用于被连接件材料在弹性范围内的过盈连接计算。连接的承载能力主要取决于连接的摩擦力和连接件的强度。

当设计的已知条件为传递载荷、被连接件的材料、摩擦因数、尺寸和表面粗糙度等时，过盈连接设计的内容如下。

① 根据所需的传递载荷确定最小结合压强 p_{fmin} 及相应的最小过盈量 δ_{min}。

② 根据已知被连接件的材料和尺寸，确定不产生塑性变形的最大结合压强 p_{fmax}，及相应的最大有效过盈量 δ_{emax}。

③ 根据最小过盈量 δ_{min} 和最大有效过盈量 δ_{emax} 的计算结果，确定基本过盈量，选出配合的最大过盈量［δ_{max}］和最小过盈量［δ_{min}］。

④ 必要时再进行校核计算及被连接件直径变化量的计算。

⑤ 计算过盈连接的装拆参数。

⑥ 确定被连接件的合理结构和装配方法。

过盈连接计算假设如下。

① 零件的应变在弹性范围内，即被连接件的应力低于其材料的屈服极限。

② 被连接件是两个等长厚壁圆筒，其配合面间的压强均匀分布。

③ 包容件与被包容件处于平面应力状态，即轴向应力 $\sigma_z=0$，圆柱面过盈配合的应力分布见图 5-4-1，图中假设结合面压强为 p_f，包容件与被包容件切向应力为 σ_t，径向应力为 σ_r。

④ 材料弹性模量为常数。

⑤ 计算的强度理论按变形能理论。

圆锥面过盈连接的计算与圆柱面过盈连接相同，但还应注意下列各点。

① 结合直径 d_f 应以平均直径 d_m 代替。

② 通常装拆油压高于实际结合压强，因此，计算材料是否产生塑性变形时，应以装拆油压进行计算。装拆油压是实际结合压强 p_{fmin} 与油压增量 Up_{fmin} 之和，U 是油压增加系数（图 5-4-2），根据 d_a/d_m 在图中阴影部分确定，由于 U 与结合面的几何形状误差、表面粗糙度、表面质量、安装的正确性等因素有关，所以图中 U 是一个范围，一般装配时取较小值，拆卸时取较大值。

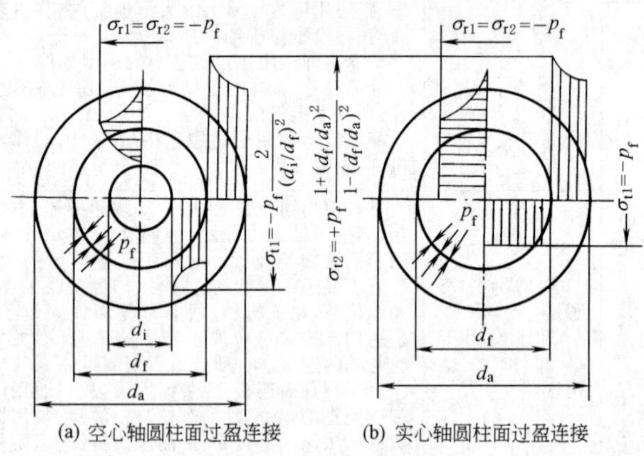

图 5-4-1 过盈连接配合面应力分布

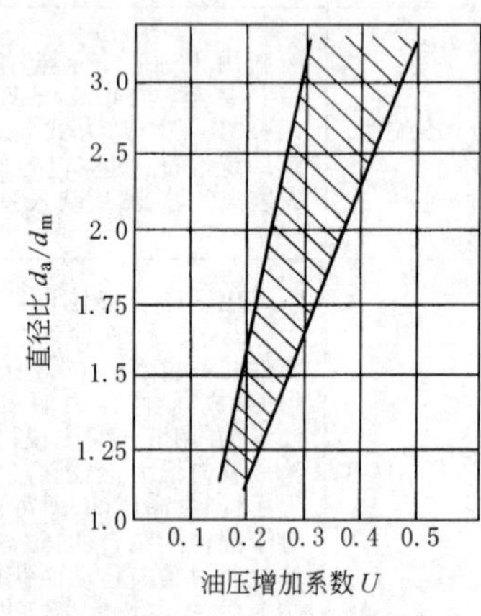

图 5-4-2 装拆时的油压增加系数

③ 油压拆装时，因结合面间存在油膜，因此装拆时的摩擦因数与连接工作时的摩擦因数不同，计算压入力和压出力时应按装拆时的摩擦因数进行计算。

圆锥面过盈连接有不带中间套（图 5-4-3）和带中间套（图 5-4-4）两种型式。不带中间套的连接用于中、小尺寸的连接，或不需多次装拆的连接；带中间套的连接多用于大型、重载和需要多次装拆，或配合件之一是铸件（可能有砂眼、气孔等）的连接。

中间套小端内径小于 100mm 者，其小端厚度一般为 2.5mm 左右；小端内径为 100~300mm 者，其小端厚度一般为 2.5~6mm。

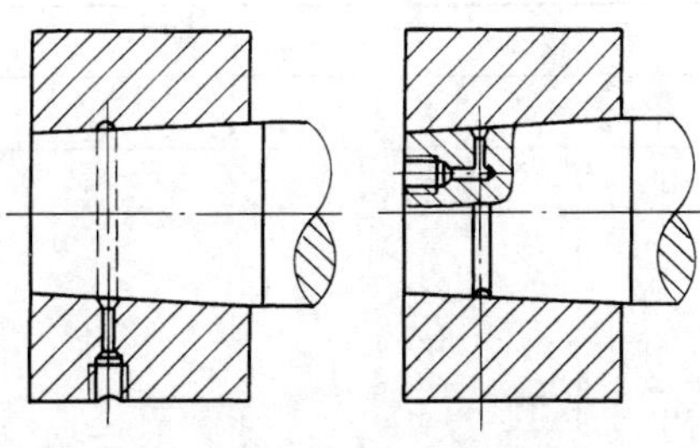

图 5-4-3 不带中间套的过盈连接

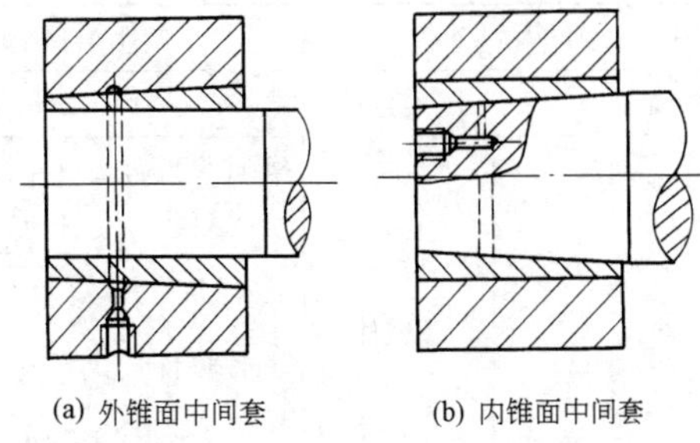

(a) 外锥面中间套 (b) 内锥面中间套

图 5-4-4 带中间套的过盈连接

2.1 圆柱面过盈连接的计算（摘自 GB/T 5371—2004）

表 5-4-2 圆柱面过盈连接的计算

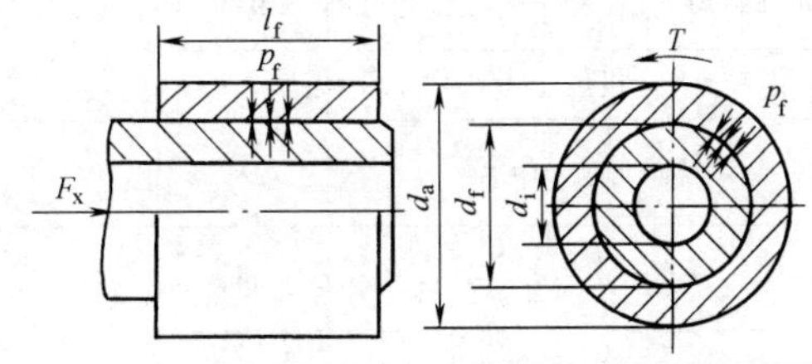

序号	计算项目		计算公式	单位	说明
			一、传递载荷所需的最小过盈量		
1	传递载荷所需的最小结合压强	传递转矩	$p_{fmin}=\dfrac{2T}{\pi d_f^2 l_f \mu}$	MPa	T——传递的转矩，N·mm d_f——接合直径，mm l_f——接合长度，mm，一般取 $l_f=(0.9\sim1.6)d_f$ μ——被连接件摩擦副的摩擦因数，见表 5-4-3、表 5-4-4 F_x——传递的轴向力，N F_t——传递力，N
		承受轴向力	$p_{fmin}=\dfrac{F_x}{\pi d_f l_f \mu}$	MPa	
		传递力	$p_{fmin}=\dfrac{F_t}{\pi d_f l_f \mu}$ $F_t=\sqrt{F_x^2+\left(\dfrac{2T}{d_f}\right)^2}$	MPa N	
2	直径比	包容件	$q_a=\dfrac{d_f}{d_a}$		d_a——包容件外径，mm d_i——被包容件内径，mm
3		被包容件	$q_i=\dfrac{d_i}{d_f}$，实心轴 $q_i=0$		
4	传递载荷所需的最小直径变化量	包容件	$e_{amin}=p_{fmin}d_f\dfrac{C_a}{E_a}$ $C_a=\dfrac{1+q_a^2}{1-q_a^2}+\nu_a$	mm	E——被连接件材料的弹性模量，MPa，见表 5-4-6 ν——被连接件材料的泊松比，见表 5-4-6 下标 a 表示包容件，下标 i 表示被包容件（下同） C——可查表 5-4-5
5		被包容件	$e_{imin}=p_{fmin}d_f\dfrac{C_i}{E_i}$ $C_i=\dfrac{1+q_i^2}{1-q_i^2}-\nu_i$	mm	
6	传递载荷所需的最小有效过盈量		$\delta_{emin}=e_{amin}+e_{imin}$	mm	有效过盈量是指过盈连接中起作用的过盈量
7	考虑压平量的所需最小过盈量		用胀缩法装配 $\delta_{min}=\delta_{emin}$ 用压入法装配 $\delta_{min}=\delta_{emin}+2(S_a+S_i)$ 取 $S_a=1.6Ra_a$，$S_i=1.6Ra_i$	mm mm	S——压平深度（结合面的表面粗糙度被压平部分的深度，见图 5-4-5），mm Ra——轮廓算术平均偏差，mm

续表

序号	计算项目		计算公式	单位	说明
	二、不产生塑性变形所允许的最大有效过盈量				
8	不产生塑性变形所允许的最大结合压力	包容件	塑性材料 $p_{\mathrm{famax}}=a\sigma_{\mathrm{sa}}$ $a=\frac{1-q_{\mathrm{a}}^{2}}{\sqrt{3+q_{\mathrm{a}}^{4}}}$ 脆性材料 $p_{\mathrm{famax}}=b\frac{\sigma_{\mathrm{ba}}}{2\sim3}$ $b=\frac{1-q_{\mathrm{a}}^{2}}{1+q_{\mathrm{a}}^{2}}$	MPa MPa	σ_{s}——包容件与被包容件材料的屈服点,MPa σ_{b}——包容件与被包容件材料的抗拉强度,MPa a,b,c——系数,可查图5-4-7
9	不产生塑性变形所允许的最大结合压力	被包容件	塑性材料 $p_{\mathrm{fimax}}=c\sigma_{\mathrm{si}}$ $c=\frac{1-q_{\mathrm{i}}^{2}}{2}$ 实心轴 $q_{\mathrm{i}}=0$,此时 $c=0.5$ 脆性材料 $p_{\mathrm{fimax}}=c\frac{\sigma_{\mathrm{bi}}}{2\sim3}$	MPa MPa	
10	不产生塑性变形所允许的最大结合压力	连接件	p_{fmax} 取 p_{famax} 和 p_{fimax} 中的较小者		
11	连接件不产生塑性变形所允许的传递力		$F_{\mathrm{t}}=p_{\mathrm{fmax}}\pi d_{\mathrm{f}}l_{\mathrm{f}}\mu$	N	
12	不产生塑性变形所允许的最大直径变化量	包容件	$e_{\mathrm{amax}}=p_{\mathrm{fmax}}d_{\mathrm{f}}\frac{C_{\mathrm{a}}}{E_{\mathrm{a}}}$	mm	
13	不产生塑性变形所允许的最大直径变化量	被包容件	$e_{\mathrm{imax}}=p_{\mathrm{fmax}}d_{\mathrm{f}}\frac{C_{\mathrm{i}}}{E_{\mathrm{i}}}$	mm	
14	被连接件不产生塑性变形所允许的最大有效过盈量		$\delta_{\mathrm{emax}}=e_{\mathrm{amax}}+e_{\mathrm{imax}}$	mm	
	三、配合选择				
15	初选基本过盈量 δ_{b}		一般情况下,取 $\delta_{\mathrm{b}}\approx\frac{\delta_{\min}+\delta_{\mathrm{emax}}}{2}$;要求有较多的连接强度储备时,取 $\delta_{\mathrm{emax}}>\delta_{\mathrm{b}}>\frac{\delta_{\min}+\delta_{\mathrm{emax}}}{2}$;要求有较多的被连接件材料强度储备时,取 $\delta_{\min}<\delta_{\mathrm{b}}<\frac{\delta_{\min}+\delta_{\mathrm{emax}}}{2}$		δ_{b}——基本过盈量(选择过盈配合的基准值。基孔制时,其值等于轴的基本偏差的绝对值;基轴制时,其值等于孔的基本偏差的绝对值),mm,见图5-4-6
16	确定基本偏差代号		按 d_{f} 及 δ_{b} 由图5-4-8查出		
17	选定配合		按基本偏差代号和 δ_{emax}、$\delta_{\min}$ 查GB/T 1800.1和GB/T 1800.2确定选用的配合和孔、轴公差带。要求选出配合的最大和最小过盈量能满足: $[\delta_{\max}]\leqslant\delta_{\mathrm{emax}}$(保证连接件不产生塑性变形) $[\delta_{\min}]>\delta_{\min}$(保证过盈连接传递给定载荷)		选择配合种类时,在过盈量的上、下限范围内常有几种配合可供选用,一般应选择其最小过盈量$[\delta_{\min}]$等于或稍大于所需过盈量 $\delta_{\min}$ 的配合;$[\delta_{\min}]$过大会增加装配困难。选择较高精度的配合,其实际过盈量变动范围较小,连接性能较稳定,但加工要求较高。配合精度较低时,虽可降低加工精度要求,但实际配合过盈量变动范围较大,如成批生产,则各连接的承载能力和装配性能相差较大,这时,宜分组选择装配,既可保证加工的经济性,又可使各连接的过盈量接近 当包容件和被包容件的工作温度不同时,应计入温差引起的过盈量的变化,见表注1 当工作角速度很高时,应考虑由于离心力使配合过盈量减小而引起连接可靠性降低的情况

续表

<table>
<tr><th>序号</th><th colspan="2">计 算 项 目</th><th>计 算 公 式</th><th>单 位</th><th>说 明</th></tr>
<tr><td colspan="6">四、校核计算(需要时进行)</td></tr>
<tr><td>18</td><td colspan="2">过盈连接的最小传递力</td><td>$F_{tmin}=[p_{fmin}]\pi d_f l_f \mu \geqslant F_t$
$[p_{fmin}]=\dfrac{[\delta_{min}]-2(S_a+S_i)}{d_f(C_a/E_a+C_i/E_i)}$</td><td>N
MPa</td><td></td></tr>
<tr><td>19</td><td rowspan="2">连接件的最大应力</td><td>包容件</td><td>塑性材料 $\sigma_{amax}=\dfrac{[p_{fmax}]}{a}\leqslant\sigma_{sa}$
脆性材料 $\sigma_{amax}=\dfrac{[p_{fmax}]}{b}\leqslant\sigma_{sa}$
$[p_{fmax}]=\dfrac{[\delta_{max}]}{d_f(C_a/E_a+C_i/E_i)}$</td><td>MPa
MPa
MPa</td><td rowspan="2"></td></tr>
<tr><td>20</td><td>被包容件</td><td>$\sigma_{imax}=\dfrac{[p_{fmax}]}{c}\leqslant\sigma_{si}$</td><td>MPa</td></tr>
<tr><td colspan="6">五、被连接件的直径变化量(需要时求)</td></tr>
<tr><td>21</td><td colspan="2">包容件的外径增大量</td><td>$\Delta d_a=\dfrac{2p_f d_a q_a^2}{E_a(1-q_a^2)}$</td><td>mm</td><td rowspan="2">p_f 取 $[p_{fmax}]$ 与 $[p_{fmin}]$ 分别计算,其结果为最大增大(减小)量和最小增大(减小)量</td></tr>
<tr><td>22</td><td colspan="2">被包容件的内径减小量</td><td>$\Delta d_i=\dfrac{2p_f d_i}{E_i(1-q_i^2)}$</td><td>mm</td></tr>
<tr><td colspan="6">六、过盈连接的装配参数</td></tr>
<tr><td>23</td><td rowspan="2">采用压入法时</td><td>需要的压入力</td><td>$P_{xi}=[p_{fmax}]\pi d_f l_f \mu$</td><td>N</td><td rowspan="4">Δ——装配的最小间隙,mm,见表 5-4-7
α——材料的线胀系数,见表 5-4-6
e_{it}——被包容件外径的冷缩量,为实际过盈量与冷装的最小间隙之和,mm
t——装配环境的温度,℃,见图 5-4-9</td></tr>
<tr><td>24</td><td>需要的压出力</td><td>$P_{xe}=(1.3\sim1.5)P_{xi}$</td><td>N</td></tr>
<tr><td>25</td><td rowspan="2">采用胀缩法时</td><td>包容件加热温度</td><td>$t_2=\dfrac{[\delta_{max}]+\Delta}{\alpha_a d_f}+t$</td><td>℃</td></tr>
<tr><td>26</td><td>被包容件冷却温度</td><td>$t_1=\dfrac{e_{it}}{\alpha_i d_f}+t$</td><td>℃</td></tr>
</table>

注：1. 包容件和被包容件的工作温度不同时，温差引起的过盈量变化为

$$\delta_t=[\alpha_a(t_a-t_g)-\alpha_i(t_i-t_g)]d_f(\text{mm})$$

式中 t_i，t_a——被包容件和包容件的工作温度,℃；

t_g——工作环境温度,℃。

2. 压装设备应有足够的压力吨位，该值约为压出力的 2.5 倍。

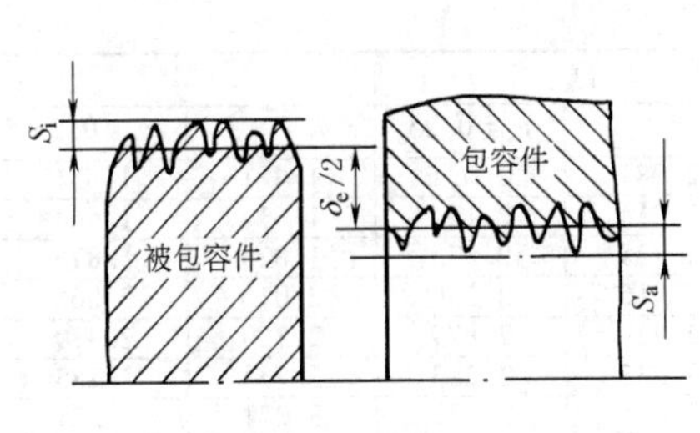

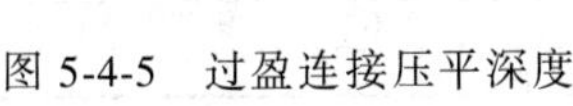

图 5-4-5 过盈连接压平深度

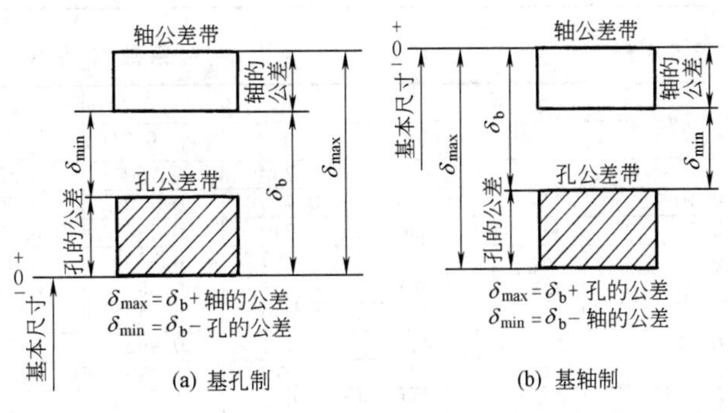

图 5-4-6 公差带

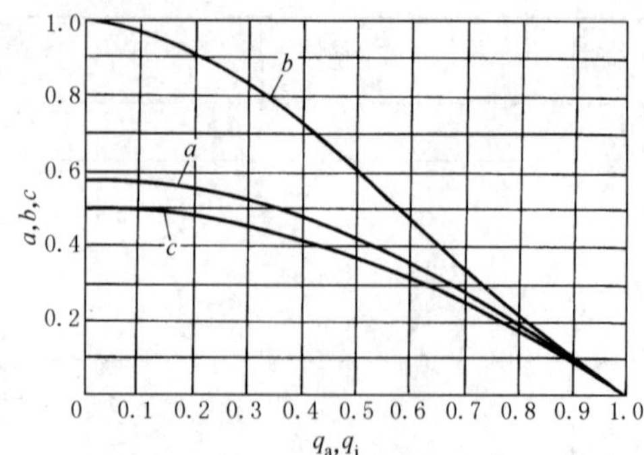

图 5-4-7 a、b、c 线图

a—用于塑性材料包容件；

b—用于脆性材料包容件；

c—用于塑性或脆性材料被包容件

表 5-4-3 纵向过盈连接的摩擦因数 μ

材料	摩擦因数 μ	
	无润滑	有润滑
钢-钢	0.07～0.16	0.05～0.13
钢-铸钢	0.11	0.08
钢-结构钢	0.10	0.07
钢-优质结构钢	0.11	0.08
钢-青铜	0.15～0.2	0.03～0.06
钢-铸铁	0.12～0.15	0.05～0.1
铸铁-铸铁	0.15～0.25	0.05～0.1

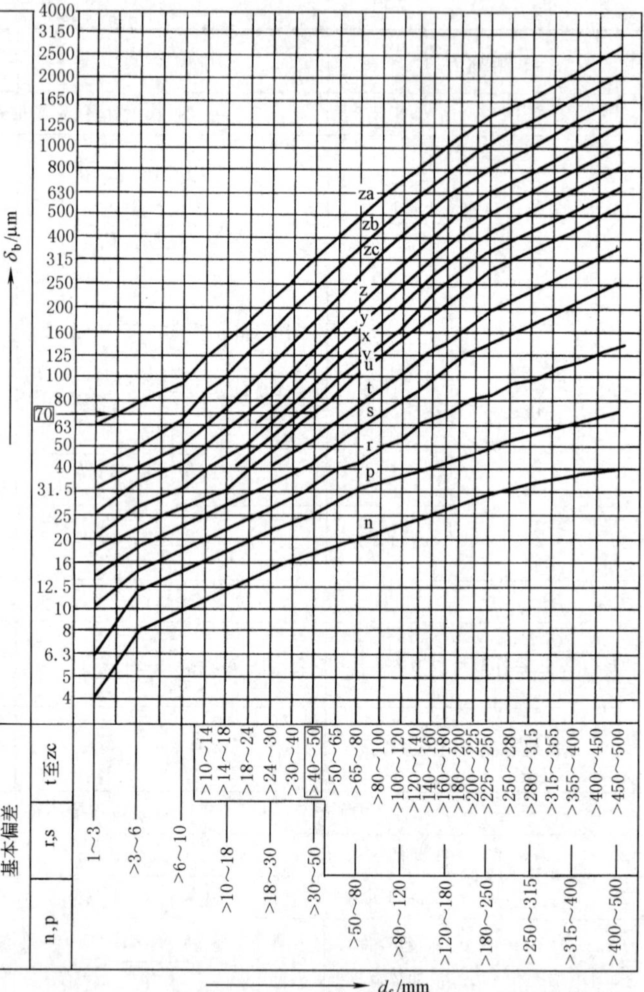

图 5-4-8 配合选择（根据 d_f 和 δ_b 的交叉点选择基本偏差代号）

表 5-4-4 横向过盈连接的摩擦因数 μ

材料	结合方式、润滑	摩擦因数 μ
钢-钢	油压扩径，压力油为矿物油	0.125
	油压扩径，压力油为甘油，结合面排油干净	0.18
	在电炉中加热包容件至300℃	0.14
	在电炉中加热包容件至300℃以后，结合面脱脂	0.2
钢-铸铁	油压扩径，压力油为矿物油	0.1
钢-铝镁合金	无润滑	0.10～0.15

表 5-4-5 系数 C_a 和 C_i

q_a 或 q_i	C_a		C_i		q_a 或 q_i	C_a		C_i	
	$\nu_a=0.30$	$\nu_a=0.25$	$\nu_i=0.3$	$\nu_i=0.25$		$\nu_a=0.30$	$\nu_a=0.25$	$\nu_i=0.3$	$\nu_i=0.25$
0	—	—	0.700	0.750	0.53	2.081	2.031	1.481	1.531
0.10	1.320	1.270	0.720	0.770	0.56	2.214	2.164	1.614	1.664
0.14	1.340	1.290	0.740	0.790	0.60	2.425	2.375	1.825	1.875
0.20	1.383	1.333	0.783	0.833	0.63	2.616	2.566	2.016	2.066
0.25	1.433	1.383	0.833	0.883	0.67	2.929	2.879	2.329	2.379
0.28	1.470	1.420	0.870	0.920	0.71	3.333	3.283	2.733	2.783
0.31	1.512	1.426	0.912	0.962	0.75	3.871	3.821	3.271	3.321
0.35	1.579	1.529	0.979	1.029	0.80	4.855	4.805	4.255	4.305
0.40	1.681	1.631	1.081	1.131	0.85	6.507	6.457	5.907	5.957
0.45	1.808	1.758	1.208	1.258	0.90	9.826	9.776	9.226	9.276
0.50	1.967	1.917	1.367	1.417					

表 5-4-6　　常用材料的弹性模量、泊松比和线胀系数

材　　料	弹性模量 E /MPa ≈	泊松比 ν ≈	线胀系数 $\alpha/10^{-6}$℃$^{-1}$	
			加　热 ≈	冷　却 ≈
碳钢、低合金钢、合金结构钢	200000~235000	0.3~0.31	11	-8.5
灰口铸铁 HT150、HT200	70000~80000	0.24~0.25	10	-8
灰口铸铁 HT250、HT300	105000~130000	0.24~0.26	10	-8
可锻铸铁	90000~100000	0.25	10	-8
非合金球墨铸铁	160000~180000	0.28~0.29	10	-8
青　铜	85000	0.35	17	-15
黄　铜	80000	0.36~0.37	18	-16
铝合金	69000	0.32~0.36	21	-20
镁合金	40000	0.25~0.3	25.5	-25

表 5-4-7　　装配的最小间隙　　mm

结合直径 d_f	≤3	>3~6	>6~10	>10~18	>18~30	>30~50	>50~80
最小间隙 Δ	0.003	0.006	0.010	0.018	0.030	0.050	0.059
结合直径 d_f	>80~120	>120~180	>180~250	>250~315	>315~400	>400~500	
最小间隙 Δ	0.069	0.079	0.090	0.101	0.111	0.123	

注：表中 d_f>30mm 的最小间隙按间隙配合 H7/g6 的最大间隙列出。

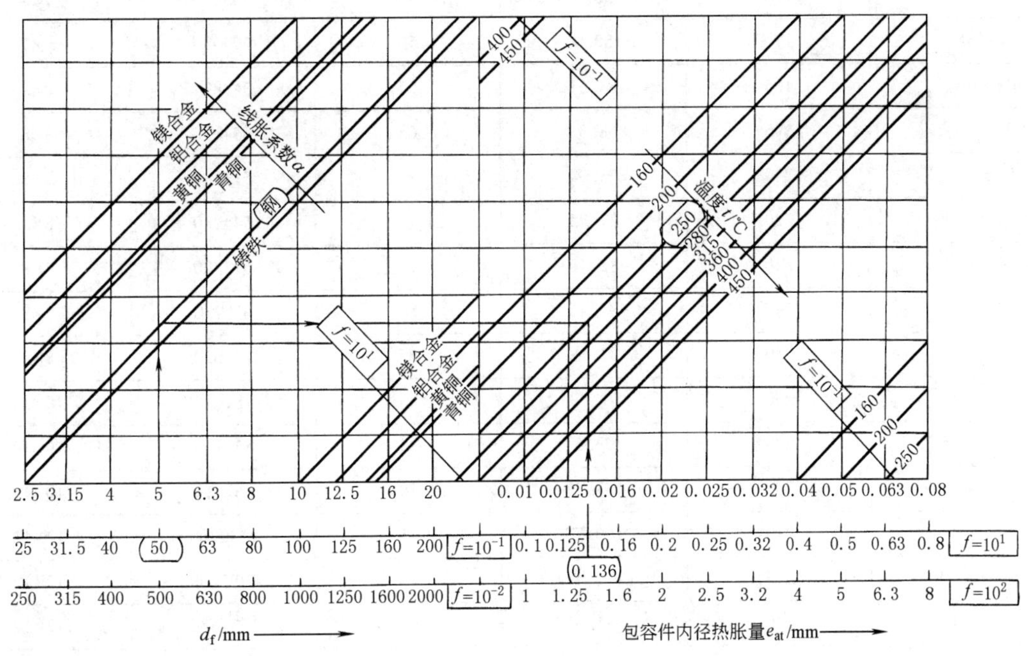

查图计算示例：包容件为钢，$d_f=50$mm，采用加热包容件的方式装配，热装的最小间隙为 0.136mm，则从图中可得出包容件的加热温度 $t=250\times10^{-1}\times10^{1}=250$℃

图 5-4-9　包容件加热温度计算

（计算结果应乘以图中与所用各参数数列相对应的以 10 为底的幂）

表 5-4-8　液压螺栓拉伸器的规格与参数

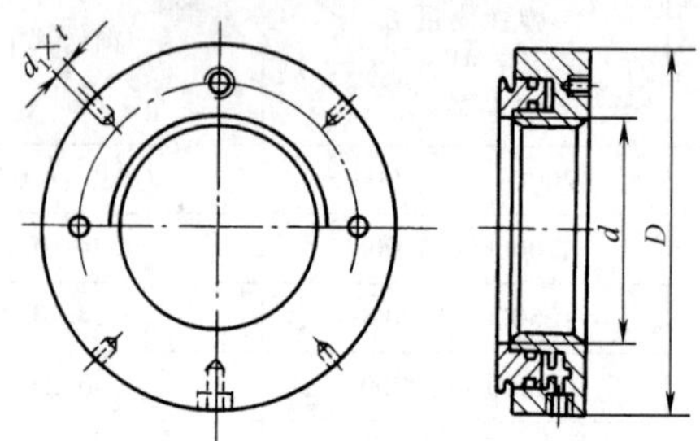

连接螺纹规格 d /mm	外径 D /mm	活塞面积 F /cm^2	最大工作压力 p /MPa	最大拉伸力 /N	扳手孔 $d_1 \times t$/mm
M36×4-6H	105	20.4	32	65340	6×6
M42×4.5-6H	115	23.56	37	87180	6×6
M48×5-6H	125	26.7	45	120170	6×6
M52×5-6H	130	28.27	50	141370	6×6
M56×5.5-6H	140	38.28	42	160800	6×6
M64×6-6H	150	49.48	42	207820	7×7
M68×6-6H	160	54.19	45	243860	7×7
M72×6-6H	170	58.9	45	265070	7×7
M76×6-6H	170	58.9	50	294530	7×7
M80×6-6H	185	63.61	55	349890	8×8
M90×6-6H	195	68.33	65	444150	8×8
M95×6-6H	210	73.04	70	511280	8×8
M100×6-6H	220	77.75	70	544280	8×8
M105×6-6H	240	82.46	75	618500	8×8
M110×6-6H	240	82.46	80	659730	8×8
M115×6-6H	250	87.18	85	741020	8×8
M120×6-6H	260	91.89	85	781080	10×10
M125×6-6H	270	96.6	85	821130	10×10
M130×6-6H	290	138.23	70	967610	10×10
M140×6-6H	310	150.79	75	1130980	12×12
M150×6-6H	315	171.41	75	1285600	12×12
M160×6-6H	330	235.62	65	1531530	12×12
M170×6-6H	380	287.26	60	1723560	15×15
M175×6-6H	400	292.17	60	1753010	15×15
M180×6-6H	400	292.17	65	1899100	15×15
M190×6-6H	400	292.17	70	2045180	15×15

续表

连接螺纹规格 d /mm	外径 D /mm	活塞面积 F /cm^2	最大工作压力 p /MPa	最大拉伸力 /N	扳手孔 $d_1 \times t$/mm
M200×6-6H	430	311	70	2177130	15×15
M220×6-6H	470	362.44	70	2537130	18×18
M250×6-6H	520	431.87	70	3021340	18×18

注：液压螺栓拉伸器的应用示例见图 5-4-10。

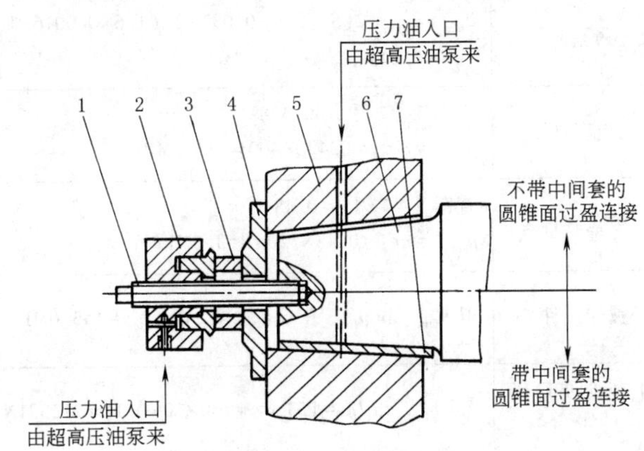

图 5-4-10　液压螺栓拉伸器的应用示例

1—螺杆；2—液压螺栓拉伸器；3—隔套；4—压板；5—包容件；6—被包容件；7—中间套

2.2　圆柱面过盈连接的计算举例

表 5-4-9　　**圆柱面过盈连接的计算举例**

已知条件：

装配方式为压入法或热装法

d_i　d_f　d_a　l_f

包容件材料为 45 钢

被包容件材料为 35 钢

包容件外径 $d_a = 100\text{mm}$

结合直径 $d_f = 50\text{mm}$

被包容件内径 $d_i = 10\text{mm}$

结合长度 $l_f = 80\text{mm}$

表面粗糙度 $Ra_a = Ra_i = 0.0016\text{mm}$

传递力 $F_t = 70000\text{N}$

被连接件摩擦副的摩擦因数(钢-钢，无润滑)$\mu = 0.11$

包容件和被包容件材料的弹性模量

$E_a = E_i = 210000\text{MPa}$

包容件和被包容件材料的泊松比

$\nu_a = \nu_i = 0.3$

包容件材料的屈服点 $\sigma_{sa} = 400\text{MPa}$

被包容件材料的屈服点 $\sigma_{si} = 320\text{MPa}$

序号	计算内容			计算公式和计算结果
1	传递载荷所需的最小过盈量	传递载荷所需的最小接合压强		$p_{fmin} = \dfrac{F_t}{\pi d_f l_f \mu} = \dfrac{70000}{\pi \times 50 \times 80 \times 0.11} = 50.6\text{MPa}$
2		直径比	包容件	$q_a = \dfrac{d_f}{d_a} = \dfrac{50}{100} = 0.5$
3			被包容件	$q_i = \dfrac{d_i}{d_f} = \dfrac{10}{50} = 0.2$
4		传递载荷所需的最小直径变化量	包容件	查表 5-4-5 得 $C_a = 1.967$ $e_{amin} = p_{fmin} \dfrac{d_f}{E_a} C_a = 50.6 \times \dfrac{50}{210000} \times 1.967 = 0.024\text{mm}$

续表

序号	计算内容			计算公式和计算结果
5	传递载荷所需的最小过盈量	传递载荷所需的最小直径变化量	被包容件	查表 5-4-5 得 $C_i=0.783$ $e_{\mathrm{imin}}=p_{\mathrm{fmin}}\dfrac{d_f}{E_i}C_i=50.6\times\dfrac{50}{210000}\times0.783=0.009\mathrm{mm}$
6		传递载荷所需的最小有效过盈量		$\delta_{\mathrm{emin}}=e_{\mathrm{amin}}+e_{\mathrm{imin}}=0.024+0.009=0.033\mathrm{mm}$
7		考虑压平后的最小过盈量		$\delta_{\min}=\delta_{\mathrm{emin}}+2(S_a+S_i)=0.033+2\times(1.6\times0.0016+1.6\times0.0016)$ $=0.043\mathrm{mm}$
8	不产生塑性变形的最大有效过盈量	不产生塑性变形所允许的最大接合压强	包容件	查图 5-4-7 得 $a=0.428$ $p_{\mathrm{famax}}=a\sigma_{\mathrm{sa}}=0.428\times400=171.2\mathrm{MPa}$
9			被包容件	查图 5-4-7 得 $c=0.48$ $p_{\mathrm{fimax}}=c\sigma_{\mathrm{si}}=0.48\times320=153.6\mathrm{MPa}$
10			被连接件	取 p_{famax} 和 p_{fimax} 中的较小者，则 $p_{\mathrm{fmax}}=153.6\mathrm{MPa}$
11		被连接件不产生塑性变形所允许的传递力		$F_t=p_{\mathrm{fmax}}\pi d_f l_f\mu=153.6\times\pi\times50\times80\times0.11=212321\mathrm{N}$
12		不产生塑性变形所允许的最大直径变化量	包容件	$e_{\mathrm{amax}}=\dfrac{p_{\mathrm{fmax}}d_f}{E_a}C_a=\dfrac{153.6\times50}{210000}\times1.967=0.072\mathrm{mm}$
13			被包容件	$e_{\mathrm{imax}}=\dfrac{p_{\mathrm{fmax}}d_f}{E_i}C_i=\dfrac{153.6\times50}{210000}\times0.783=0.029\mathrm{mm}$
14		被连接件不产生塑性变形所允许的最大有效过盈量		$\delta_{\mathrm{emax}}=e_{\mathrm{amax}}+e_{\mathrm{imax}}=0.072+0.029=0.101\mathrm{mm}$
15	选择配合	选择配合的要求		$[\delta_{\min}]>0.043\mathrm{mm}$，$[\delta_{\max}]\leqslant0.101\mathrm{mm}$ 胀缩法装配时 $\delta_{\min}=\delta_{\mathrm{emin}}=0.033\mathrm{mm}$，则 $[\delta_{\min}]>0.033\mathrm{mm}$
16		初选基本过盈量		$\delta_b\approx(\delta_{\min}+\delta_{\mathrm{emax}})/2=(0.043+0.101)/2=0.072\mathrm{mm}$ 若要求较多的连接强度储备时，可取 $(\delta_{\min}+\delta_{\mathrm{emax}})/2<\delta_b<\delta_{\mathrm{emax}}$，此时取 $\delta_b=0.081\mathrm{mm}$ 胀缩法装配时 $\delta_b\approx(0.033+0.101)/2=0.067\mathrm{mm}$
17		确定基本偏差代号		取 $\delta_b=0.07\mathrm{mm}$ 根据 δ_b 和 d_f，从图 5-4-8 中查出相应的基本偏差代号“u”
18		确定公差等级		采用的公差：孔为 IT7，轴为 IT6
19		选定配合		H7/u6
20		对选定配合进行复核计算		根据 GB/T 1800.1 查出：代号“u”的基本偏差为 0.07mm IT7 = 0.025mm，IT6 = 0.016mm $[\delta_{\max}]=0.07+0.016=0.086\mathrm{mm}<0.101\mathrm{mm}$ $[\delta_{\min}]=0.07-0.025=0.045\mathrm{mm}>0.043\mathrm{mm}$

续表

序号	计算内容			计算公式和计算结果
21	装拆力及装配温度	需要的压入力		取$[\delta_{max}]=0.086\text{mm}$ $[p_{fmax}]=\dfrac{[\delta_{max}]}{d_f(C_a/E_a+C_i/E_i)}=\dfrac{0.086}{50\times(1.967/210000+0.783/210000)}\approx131.3\text{MPa}$ $P_{xi}=[p_{fmax}]\pi d_f l_f \mu=131.3\times\pi\times50\times80\times0.11=181.5\text{kN}$
22		需要的压出力		$P_{xe}=(1.3\sim1.5)P_{xi}=(1.3\sim1.5)\times181.5=235.95\sim272.25\text{kN}$
23		采用热装法时,包容件的加热温度		$e_{at}=[\delta_{max}]+\Delta$,由表5-4-7查热装的最小间隙$\Delta=0.05\text{mm}$,由表5-4-6查线胀系数$\alpha_a=11\times10^{-6}℃^{-1}$ $t_r=\dfrac{e_{at}}{\alpha_a d_f}=\dfrac{0.086+0.05}{11\times10^{-6}\times50}=247.27℃$ 也可根据$d_f=50\text{mm}$,$e_{at}=0.136\text{mm}$,由图5-4-9查出 $t=250\times10^{-1}\times10=250℃$
24	校核计算(需要时进行)	最小传递力		取$[\delta_{min}]=0.045\text{mm}$ $[p_{fmin}]=\dfrac{[\delta_{min}]-2(S_a+S_i)}{d_f(C_a/E_a+C_i/E_i)}=\dfrac{0.045-2\times(1.6\times0.0016+1.6\times0.0016)}{50\times(1.967/210000+0.783/210000)}$ $\approx53.1\text{MPa}$ $F_{tmin}=[p_{fmin}]\pi d_f l_f \mu=53.1\times\pi\times50\times80\times0.11=73400\text{N}$ 故$F_{tmin}>F_t$满足设计要求
25		实际最大应力	包容件	$\sigma_{amax}=\dfrac{[p_{fmax}]}{a}=\dfrac{131.3}{0.428}=306.8\text{MPa}<\sigma_{sa}$
26			被包容件	$\sigma_{imax}=\dfrac{[p_{fmax}]}{c}=\dfrac{131.3}{0.48}=273.5\text{MPa}<\sigma_{si}$
27	被连接件的直径变化量	包容件的外径增大量		$\Delta d_{amax}=\dfrac{2[p_{fmax}]d_a q_a^2}{E_a(1-q_a^2)}$ $=\dfrac{2\times131.3\times100\times0.5^2}{210000\times(1-0.5^2)}=0.0417\text{mm}$ $\Delta d_{amin}=\dfrac{2[p_{fmin}]d_a q_a^2}{E_a(1-q_a^2)}$ $=\dfrac{2\times53.1\times100\times0.5^2}{210000\times(1-0.5^2)}=0.0169\text{mm}$
28		被包容件的内径减小量		$\Delta d_{imax}=\dfrac{2[p_{fmax}]d_i}{E_i(1-q_i^2)}$ $=\dfrac{2\times131.3\times10}{210000\times(1-0.2^2)}=0.013\text{mm}$ $\Delta d_{imin}=\dfrac{2[p_{fmin}]d_i}{E_i(1-q_i^2)}$ $=\dfrac{2\times53.1\times10}{210000\times(1-0.2^2)}=0.0053\text{mm}$

2.3 圆锥面过盈连接的计算（摘自 GB/T 15755—1995）

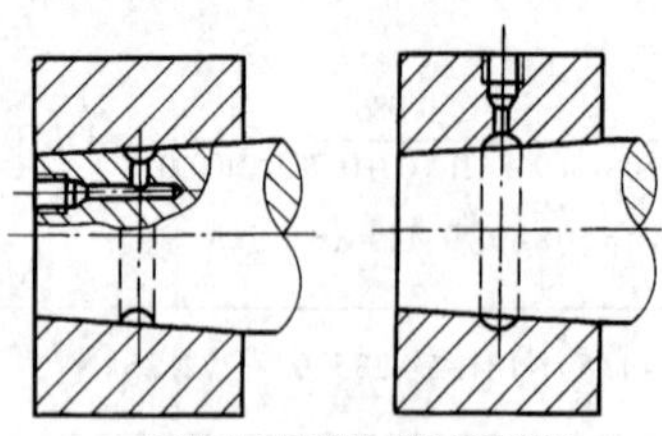

不带中间套的圆锥过盈连接

（用于中、小尺寸，或不需多次装拆的连接）

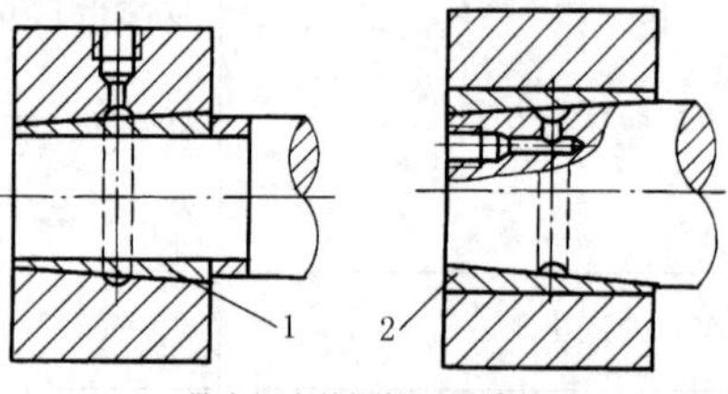

带中间套的圆锥过盈连接

（用于大型、重载和需多次装拆的连接）

1—带外锥面中间套；2—带内锥面中间套

表 5-4-10　　圆锥面过盈连接的计算

序号	计算内容			计算公式	单位	说明
	一、传递载荷所需的最小过盈量					T——传递的转矩,N·mm F_x——传递的轴向力,N d_m——圆锥结合面平均直径,mm $d_m=\frac{1}{2}(d_{f1}+d_{f2})$ d_{f1},d_{f2}——圆锥结合面小端和大端直径,mm l_f——结合长度,推荐 $l_f\leqslant 1.5d_m$ μ——被连接件摩擦副的摩擦因数,见表 5-4-3、表 5-4-4,推荐 $\mu=0.12$ K——安全系数,根据连接的重要程度决定,推荐 $K=1.2\sim3$ F_t——传递力,N $F_t=\sqrt{F_x^2+(2T/d_m)^2}$ d_a——包容件外径(最大外径),mm d_i——被包容件内径(最小直径),mm E_a——包容件材料的弹性模量,MPa,查表 5-4-6 E_i——被包容件材料的弹性模量,MPa,查表 5-4-6 $C_a=\frac{1+q_a^2}{1-q_a^2}+\nu_a$,见表 5-4-5 $C_i=\frac{1+q_i}{1-q_i}-\nu_i$,见表 5-4-5 $S_a=1.6Ra_a$(不带中间套) $S_a=1.6(Ra_a+Ra_{aa})$(带中间套) $S_i=1.6Ra_i$(不带中间套) $S_i=1.6(Ra_i+Ra_{ii})$(带中间套) ν_a,ν_i——被连接件材料的泊松比,查表 5-4-6 $a=\frac{1-q_a^2}{\sqrt{3+q_a^4}}$, $b=\frac{1-q_a^2}{1+q_a^2}$ a、b 值可查图 5-4-7 $c=\frac{1-q_i^2}{2}$,c 值可查图 5-4-7;当实心轴 $q_i=0$ 时,$c=0.5$ σ_{sa},σ_{si}——包容件和被包容件材料的屈服点,MPa σ_{ba},σ_{bi}——包容件和被包容件材料的抗拉强度,MPa $[\delta_{max}],[\delta_{min}]$——满足连接要求的最大过盈量和最小过盈量
1	传递载荷所需的最小结合压强		传递转矩 T 时	$p_{fmin}=\frac{2TK}{\pi d_m^2 l_f\mu}$	MPa	
			传递轴向力 F_x 时	$p_{fmin}=\frac{F_x K}{\pi d_m l_f\mu}$		
			同时传递 T 和 F_x 时	$p_{fmin}=\frac{F_t K}{\pi d_m l_f\mu}$		
2	直径比	包容件		$q_a=\frac{d_m}{d_a}$		
3		被包容件		$q_i=\frac{d_i}{d_m}$,实心轴 $q_i=0$		
4	传递载荷所需的最小直径变化量		包容件	$e_{amin}=p_{fmin}\frac{d_m}{E_a}C_a$	mm	
5			被包容件	$e_{imin}=p_{fmin}\frac{d_m}{E_i}C_i$		
6	传递载荷所需的最小有效过盈量			$\delta_{emin}=e_{amin}+e_{imin}$		
7	考虑压平量的所需最小过盈量			$\delta_{min}=\delta_{emin}+2(S_a+S_i)$		
	二、不产生塑性变形所允许的最大过盈量					
8	不产生塑性变形所允许的最大接合压强		包容件	塑性材料 $p_{famax}=a\sigma_{sa}$ 脆性材料 $p_{famax}=b\frac{\sigma_{ba}}{2\sim3}$	MPa	
9			被包容件	塑性材料 $p_{fimax}=c\sigma_{si}$ 脆性材料 $p_{fimax}=c\frac{\sigma_{bi}}{2\sim3}$		
10			被连接件	p_{fmax} 取 p_{famax} 和 p_{fimax} 中较小者		
11	被连接件不产生塑性变形所允许的传递力			$F_t=p_{fmax}\pi d_m l_f\mu$	N	
12	不产生塑性变形所允许的最大直径变化量		包容件	$e_{amax}=\frac{p_{fmax}d_m}{E_a}C_a$	mm	
13			被包容件	$e_{imax}=\frac{p_{fmax}d_m}{E_i}C_i$		
14	被连接件不产生塑性变形所允许的最大有效过盈量			$\delta_{emax}=e_{amax}+e_{imax}$		
	三、选择配合					
15	满足连接要求的过盈量		保证过盈连接传递给定的载荷	$[\delta_{min}]>\delta_{min}$	mm	
			保证被连接件不产生塑性变形	$[\delta_{max}]\leqslant\delta_{emax}$		

续表

<table>
<tr><th>序号</th><th colspan="3">计 算 内 容</th><th>计 算 公 式</th><th>单位</th><th>说 明</th></tr>
<tr><td rowspan="8">16</td><td rowspan="5">结构型圆锥过盈配合</td><td rowspan="3">确定基本过盈量</td><td>一般情况</td><td>$\delta_b \approx (\delta_{min}+\delta_{emax})/2$</td><td rowspan="3">mm</td><td rowspan="8">δ_b——基本过盈量（选择过盈配合的基准值。基孔制时，其值等于轴的基本偏差的绝对值；基轴制时，其值等于孔的基本偏差的绝对值），mm，见图 5-4-6
选择配合种类时，在过盈量的上、下限范围内常有几种配合可供选用，一般应选择其最小过盈量[δ_{min}]等于或稍大于所需过盈量 δ_{min} 的配合；[δ_{min}]过大会增加装配困难。选择较高精度的配合，其实际过盈量变动范围较小，连接性能较稳定，但加工要求较高。配合精度较低时，虽可降低加工精度要求，但实际配合过盈量变动范围较大，如成批生产，则各连接的承载能力和装配性能相差较大，这时，宜分组选择装配，既可保证加工的经济性，又可使各连接的过盈量接近
当包容件和被包容件的工作温度不同时，应计入温差引起的过盈量的变化，见表 5-4-2 注 1
当工作角速度很高时，应考虑由于离心力使配合过盈量减小而引起连接可靠性降低的情况</td></tr>
<tr><td>要求有较多的连接强度储备</td><td>$\delta_{emax}>\delta_b>(\delta_{min}+\delta_{emax})/2$</td></tr>
<tr><td>要求有较多的被连接件材料强度储备</td><td>$\delta_{min}<\delta_b<(\delta_{min}+\delta_{emax})/2$</td></tr>
<tr><td colspan="2">确定配合基本偏差代号</td><td>根据基本过盈量 δ_b 和以基本圆锥直径（一般取最大圆锥直径 d_{f2}）为基本尺寸由图 5-4-8 查出</td><td></td></tr>
<tr><td colspan="2">选取内、外圆锥直径的配合和公差</td><td>根据基本偏差代号、基本圆锥直径和 δ_{emax}、δ_{min} 由 GB/T 1800.1 确定</td><td></td></tr>
<tr><td rowspan="3">位移型圆锥过盈配合</td><td colspan="2">选取内、外圆锥直径的配合和公差</td><td>按 GB/T 1800.1 选取，推荐选用 IT7、IT6 公差等级的 H、h、JS、js 配合</td><td></td></tr>
<tr><td colspan="2">对基面距有要求的圆锥过盈配合</td><td>根据基面距的尺寸公差要求，按 GB/T 12360 计算选取内、外圆锥直径公差带</td><td></td></tr>
<tr><td colspan="2">所选配合的最大过盈量[δ_{max}]和最小过盈量[δ_{min}]</td><td>按 GB/T 1800.1 给出的极限偏差计算</td><td>mm</td></tr>
<tr><td colspan="7">四、油压装拆参数</td></tr>
<tr><td rowspan="2">17</td><td colspan="2" rowspan="2">中间套尺寸（不带中间套时不需计算）</td><td>外锥面中间套</td><td>$d_{fi1}=1.03d+3$
$d_{fi2}=d_{fi1}+Cl_f$</td><td rowspan="2">mm</td><td rowspan="3">D——中间套圆柱面直径，mm
d_{fi1}，d_{fi2}——被包容件结合面的小端、大端直径，mm
C——圆锥面过盈连接结合面锥度，推荐选用 1∶20、1∶30、1∶50</td></tr>
<tr><td>内锥面中间套</td><td>$d_{fi2}=0.97d-3$
$d_{fi1}=d_{fi2}-Cl_f$</td></tr>
<tr><td>18</td><td colspan="3">中间套与相关件圆柱面配合</td><td>外锥面中间套：
推荐 $d \leqslant 100$mm 时按 $\frac{G6}{h5}$
100mm $< d \leqslant 200$mm 时按 $\frac{G7}{h6}$
$d>200$mm 时按 $\frac{G7}{h7}$
内锥面中间套：
推荐 $d \leqslant 100$mm 时按 $\frac{H6}{n5}$
$d>100$mm 时按 $\frac{H7}{p6}$</td><td></td></tr>
</table>

续表

序号	计算内容		计算公式	单位	说明
19	中间套与相关件圆柱面配合极限间隙		按 GB/T 1800.1 的规定计算 X_{min}、X_{max}	mm	计算中间套变形所需压力时，按最大间隙
20	轴向位移的极限值(压入行程)	不带中间套	$E_{amin}=\frac{1}{C}[\delta_{min}]$ $E_{amax}=\frac{1}{C}[\delta_{max}]$	mm	轴向位移公差 $T_E=E_{amax}-E_{amin}$
		带中间套	$E_{amin}=\frac{1}{C}([\delta_{min}]+X_{max})$ $E_{amax}=\frac{1}{C}([\delta_{max}]+X_{max})$		
21	装配时中间套变形所需压强		$\Delta p_f=\frac{EX_{max}}{2d}\left[1-\left(\frac{d}{d_m}\right)^2\right]$	MPa	E——中间套材料的弹性模量，MPa
22	实际最大结合压强	不带中间套	$[p_{fmax}]=\frac{[\delta_{max}]}{d_m(C_a/E_a+C_i/E_i)}$	MPa	
		带中间套	$[p_{fmax}]=\frac{[\delta_{max}]}{d_m(C_a/E_a+C_i/E_i)}+\Delta p_f$		
23	需要的装拆油压		$p_x=1.1[p_{fmax}]$	MPa	应使 $p_x<p_{fmax}$，否则应重新选择材料
24	需要的压入力		$P_{xi}=p_x\pi d_m l_f\left(\mu_1+\frac{C}{2}\right)$	N	μ_1——油压装配时的摩擦因数，推荐 $\mu_1=0.02$
25	需要的压出力		$P_{xe}=p_x\pi d_m l_f\left(\mu_1-\frac{C}{2}\right)$	N	μ_1——油压拆卸时的摩擦因数，推荐 $\mu_1=0.02$，当$(\mu_1-C/2)$出现负值时，其压出力为负值。应注意采用安全措施，防止弹出
五、校核计算(需要时进行)					
26	实际最小结合压强		$[p_{fmin}]=\frac{[\delta_{min}]-2(S_a+S_i)}{d_m(C_a/E_a+C_i/E_i)}\geqslant p_{fmin}$	MPa	
27	最小传递载荷	传递转矩	$T_{min}=\frac{[p_{fmin}]\pi d_m^2 l_f\mu}{2000}\geqslant T$	N·m	μ——连接工作时的摩擦因数，查表5-4-3和表5-4-4，推荐 $\mu=0.12$
		传递力	$F_{tmin}=[p_{fmin}]\pi d_m l_f\mu\geqslant F_t$	N	
28	装拆时实际最大应力	包容件	塑性材料 $\sigma_{amax}=\frac{p_x}{a}$ 脆性材料 $\sigma_{amax}=\frac{p_x}{b}$	MPa	p_x——装拆油压，MPa a,b,c——见序号8、9的说明
29		被包容件	$\sigma_{imax}=\frac{p_x}{c}$		
六、被连接件直径变化量					
30	包容件的外径增大量		$\Delta d_a=\frac{2p_f d_a q_a^2}{E_a(1-q_a^2)}$	mm	p_f 取$[p_{fmax}]$与$[p_{fmin}]$分别计算，其结果为最大增大(减小)量和最小增大(减小)量
31	被包容件的内径减小量		$\Delta d_i=\frac{2p_f d_i}{E_i(1-q_i^2)}$		

注：同表5-4-2注。

2.4 圆锥面过盈连接的计算举例

表 5-4-11　　圆锥面过盈连接的计算举例

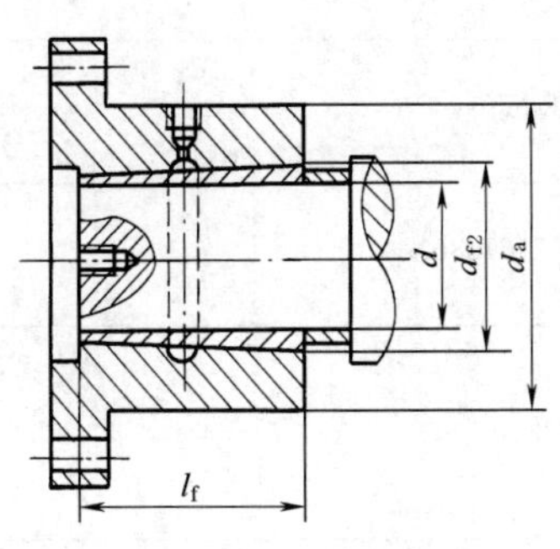

已知条件：

包容件材料为 35CrMo，调质硬度为 269～302HB

被包容件材料为 35CrMo，调质硬度为 269～302HB

中间套材料为 45 钢，调质硬度为 241～286HB

包容件外径 $d_a=460\text{mm}$

被包容件内径 $d_i=0$

结合面最大圆锥直径 $d_{f2}=320\text{mm}$

结合面长度 $l_f=400\text{mm}$

结合面锥度 $C=1:50$

外锥中间套圆柱面直径 $d=300\text{mm}$

包容件与被包容件材料的屈服点 $\sigma_{sa}=\sigma_{si}=540\text{MPa}$

包容件与被包容件材料的弹性模量 $E_a=E_i=210000\text{MPa}$

中间套材料的弹性模量 $E=210000\text{MPa}$

包容件与被包容件材料的波松比 $\nu_a=\nu_i=0.3$

传递转矩 $T=370\text{kN}\cdot\text{m}$

承受轴向力 $F_x=470\text{kN}$

圆锥结合面表面粗糙度 $Ra_a=Ra_i=0.0016\text{mm}$

圆柱结合面表面粗糙度 $Ra_{aa}=Ra_{ai}=0.0016\text{mm}$

序号	计算内容			计算公式和结果
1	传递载荷所需的最小过盈量	传递载荷所需的最小结合压强		$F_t=\sqrt{F_x^2+\left(\frac{2T}{d_m}\right)^2}=\sqrt{470000^2+\left(\frac{2\times370000000}{316}\right)^2}=2388472\text{N}$ $d_m=d_{f2}-\frac{Cl_f}{2}=320-\frac{\frac{1}{50}\times400}{2}=316\text{mm}$ $p_{fmin}=\frac{F_tK}{\pi d_m l_f\mu}=\frac{2388472\times1.5}{\pi\times316\times400\times0.12}=75.2\text{MPa}$ 根据连接特性，取 $K=1.5$；查表 5-4-3 得 $\mu=0.12$
2		直径比	包容件	$q_a=\frac{d_m}{d_a}=\frac{316}{460}=0.687$
3			被包容件	$q_i=\frac{d_i}{d_m}=\frac{0}{316}=0$（对实心轴 $q_i=0$）
4		传递载荷所需的最小直径变化量	包容件	查表 5-4-5 得 $C_a=3.0877$（内插法） 或 $C_a=\frac{1+q_a^2}{1-q_a^2}+\nu_a=\frac{1+0.687^2}{1-0.687^2}+0.3=3.0877$ $e_{amin}=p_{fmin}\frac{d_m}{E_a}C_a=75.2\times\frac{316}{210000}\times3.0877=0.3494\text{mm}$
5			被包容件	查表 5-4-5 得 $C_i=0.7$ 或 $C_i=\frac{1+q_i^2}{1-q_i^2}-\nu_i=1-0.3=0.7$ $e_{imin}=p_{fmin}\frac{d_m}{E_i}C_i=75.2\times\frac{316}{210000}\times0.7=0.0792\text{mm}$
6		传递载荷所需的最小有效过盈量		$\delta_{emin}=e_{amin}+e_{imin}=0.3494+0.0792=0.4286\text{mm}$
7		考虑压平量的所需最小过盈量		$S_a=1.6(Ra_a+Ra_{aa})$ $S_i=1.6(Ra_i+Ra_{ii})$ $\delta_{min}=\delta_{emin}+2(S_a+S_i)=0.4286+2\times[1.6\times(0.0016+0.0016)+1.6\times(0.0016+0.0016)]=0.4491\text{mm}$
8	不产生塑性变形所允许的最大过盈量	不产生塑性变形所允许的最大结合压强	包容件	$a=\frac{1-q_a^2}{\sqrt{3+q_a^4}}=\frac{1-0.687^2}{\sqrt{3+0.687^4}}=0.2941$ 或查图 5-4-7 $p_{famax}=a\sigma_{sa}=0.2941\times540=158.8\text{MPa}$

续表

<table>
<tr><th>序号</th><th colspan="3">计算内容</th><th>计算公式和结果</th></tr>
<tr><td>9</td><td rowspan="6">不产生塑性变形所允许的最大过盈量</td><td rowspan="2">不产生塑性变形所允许的最大结合压强</td><td>被包容件</td><td>$c=\frac{1-q_i^2}{2}=\frac{1-0}{2}=0.5$
$p_{fimax}=c\sigma_{si}=0.5\times540=270\text{MPa}$</td></tr>
<tr><td>10</td><td>被连接件</td><td>取 p_{famax} 和 p_{fimax} 中的较小者，则 $p_{fmax}=158.8\text{MPa}$</td></tr>
<tr><td>11</td><td colspan="2">被连接件不产生塑性变形所允许的传递力</td><td>$F_t=p_{fmax}\pi d_m l_f\mu=158.8\times\pi\times316\times400\times0.12=7567086\text{N}$</td></tr>
<tr><td>12</td><td rowspan="2">不产生塑性变形所允许的最大直径变化量</td><td>包容件</td><td>$e_{amax}=\frac{p_{fmax}d_m}{E_a}C_a=\frac{158.8\times316}{210000}\times3.0877=0.7378\text{mm}$</td></tr>
<tr><td>13</td><td>被包容件</td><td>$e_{imax}=\frac{p_{fmax}d_m}{E_i}C_i=\frac{158.8\times316}{210000}\times0.7=0.1673\text{mm}$</td></tr>
<tr><td>14</td><td colspan="2">被连接件不产生塑性变形所允许的最大有效过盈量</td><td>$\delta_{emax}=e_{amax}+e_{imax}=0.7378+0.1673=0.9051\text{mm}$</td></tr>
<tr><td>15</td><td rowspan="3">选择配合</td><td colspan="2">满足连接要求的最小和最大过盈量</td><td>$[\delta_{min}]>0.4491$ mm
$[\delta_{max}]\leqslant0.9051$ mm</td></tr>
<tr><td>16</td><td colspan="2">选取内、外圆锥直径公差及配合</td><td>选取内锥 H7、外锥 x6</td></tr>
<tr><td>17</td><td colspan="2">所选配合的实际最小和最大过盈量</td><td>根据配合$\frac{H7}{x6}$，在 $d_m=316\text{mm}$ 上的偏差分别为 $H7\begin{pmatrix}+0.057\\0\end{pmatrix}$、$x6\begin{pmatrix}+0.626\\+0.590\end{pmatrix}$
$[\delta_{min}]=0.590-0.057=0.533\text{mm}$
$[\delta_{max}]=0.626-0=0.626\text{mm}$
已考虑了安全系数，故使$[\delta_{min}]$接近 δ_{min}</td></tr>
<tr><td>18</td><td rowspan="5">油压装拆参数</td><td colspan="2">外锥中间套与相关件圆柱面配合间隙</td><td>选定配合 $d=300\ \frac{G7}{h7}$，偏差分别为 $G7\begin{pmatrix}+0.069\\+0.017\end{pmatrix}$、$h7\begin{pmatrix}0\\-0.052\end{pmatrix}$
最大间隙 $X_{max}=0.069-(-0.052)=0.121\text{mm}$
最小间隙 $X_{min}=0.017-0=0.017\text{mm}$</td></tr>
<tr><td>19</td><td colspan="2">轴向位移的极限值(压入行程)</td><td>$E_{amin}=\frac{[\delta_{min}]+X_{max}}{C}=\frac{0.533+0.121}{1/50}=32.7\text{mm}$
$E_{amax}=\frac{[\delta_{max}]+X_{max}}{C}=\frac{0.626+0.121}{1/50}=37.35\text{mm}$</td></tr>
<tr><td>20</td><td colspan="2">装配时中间套变形所需的压强</td><td>$\Delta p_f=\frac{EX_{max}}{2d}\left[1-\left(\frac{d}{d_m}\right)^2\right]=\frac{210000\times0.121}{2\times300}\times\left[1-\left(\frac{300}{316}\right)^2\right]=4.18\text{MPa}$</td></tr>
<tr><td>21</td><td colspan="2">实际最大结合压强</td><td>$[p_{fmax}]=\frac{[\delta_{max}]}{d_m(C_a/E_a+C_i/E_i)}+\Delta p_f$
$=\frac{0.626}{316\times(3.0877/210000+0.7/210000)}+4.18=114\text{MPa}$</td></tr>
<tr><td>22</td><td colspan="2">需要的装拆油压</td><td>$p_x=1.1[p_{fmax}]=1.1\times114=125.4\text{MPa}$</td></tr>
</table>

续表

序号	计算内容			计算公式和结果
23	油压装拆参数	需要的压入力		$P_{xi}=p_x\pi d_m l_f\left(\mu_1+\dfrac{C}{2}\right)=125.4\times\pi\times316\times400\times\left(0.02+\dfrac{1/50}{2}\right)=1493.88\text{kN}$
24		需要的压出力		$P_{xe}=p_x\pi d_m l_f\left(\mu_1-\dfrac{C}{2}\right)=125.4\times\pi\times316\times400\times\left(0.02-\dfrac{1/50}{2}\right)=497.96\text{kN}$
25	校核计算	实际最小结合压强		$S_a=1.6\times(0.0016+0.0016)=0.00512\text{mm}$ $S_i=1.6\times(0.0016+0.0016)=0.00512\text{mm}$ $[p_{f\min}]=\dfrac{[\delta_{\min}]-2(S_a+S_i)}{d_m(C_a/E_a+C_i/E_i)}=\dfrac{0.533-2\times(0.00512+0.00512)}{316\times(3.0877/210000+0.7/210000)}=89.92\text{MPa}$
26		最小传递载荷	传递转矩	取 $\mu=0.12$ $T_{\min}=\dfrac{[p_{f\min}]\pi d_m^2 l_f\mu}{2}=\dfrac{89.92\times\pi\times316^2\times400\times0.12}{2}=677\text{kN}\cdot\text{m}$
			传递力	$F_{t\min}=[p_{f\min}]\pi d_m l_f\mu=89.92\times\pi\times316\times400\times0.12=4284.84\text{kN}$
27		装拆时实际最大应力	包容件	$\sigma_{a\max}=\dfrac{p_x}{a}=\dfrac{125.4}{0.2941}=426.4\text{MPa}<\sigma_{sa}$ 故安全
28			被包容件	$\sigma_{i\max}=\dfrac{p_x}{c}=\dfrac{125.4}{0.5}=250.8\text{MPa}<\sigma_{si}$ 故安全
29	被连接件直径变化量	包容件外径增大量		$\Delta d_{a\max}=\dfrac{2[p_{f\max}]d_a q_a^2}{E_a(1-q_a^2)}=\dfrac{2\times114\times460\times0.687^2}{210000\times(1-0.687^2)}=0.4464\text{mm}$ $\Delta d_{a\min}=\dfrac{2[p_{f\min}]d_a q_a^2}{E_a(1-q_a^2)}=\dfrac{2\times89.92\times460\times0.687^2}{210000\times(1-0.687^2)}=0.3521\text{mm}$
30		被包容件内径减小量		因为是实心轴，$d_i=0$，故 $\Delta d_i=0$

3 过盈连接的结构设计

3.1 圆柱面过盈连接的合理结构

过盈连接的结合面沿轴向压力分布不均匀（图 5-4-11），为了改善压力不均，以减少应力集中，结构上可采取下列措施。

① 使非配合部分的直径小于配合直径［图 5-4-12（a）］，并以较大圆弧过渡，配合直径 d_f 与非配合直径 d' 之比通常取 $d_f/d'\geqslant1.05$，圆弧半径可取 $r\geqslant(0.1\sim0.2)d_f$。

② 在被包容件上加工出卸载槽［图 5-4-12（b）、（c）］，必要时卸载槽应经滚压处理，以提高疲劳强度。

③ 包容件的端面加工出卸载槽［图 5-4-12（d）］或减小包容件端部的厚度［图 5-4-12（e）］，前一种措施结构简单，应用较广。

为了便于装配，对结构的要求如下。

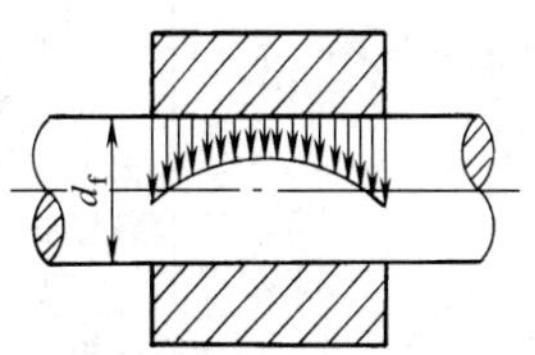

图 5-4-11　结合面沿轴向压力分布

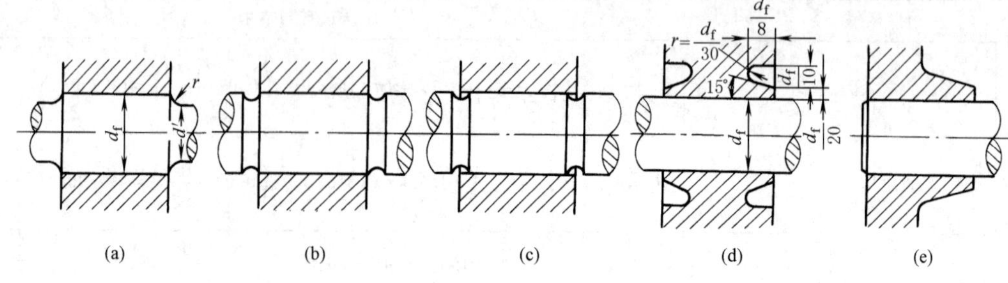

图 5-4-12　改善应力状态的结构

① 包容件的孔端和被包容件的进入端应有倒角，通常取倒角 α 为 5°或 10°，倒角尺寸可按表 5-4-12 选定。

② 当轴承受较大的变载荷时，包容件的孔端应倒圆，以提高轴的疲劳强度。

③ 结合长度一般不宜超过结合直径 d_f 的 1.6 倍，如结合长度过长，结合直径宜制成阶梯形，以改善装配工艺。

④ 轴与盲孔的过盈配合，应有排气孔。

⑤ 结合面的粗糙度一般不宜大于 $Ra6.3\mu m$。

⑥ 结合材料相同时，为避免压入时发生黏着现象，包容面与被包容面应有不同的硬度。

表 5-4-12　　**过盈连接零件孔端和进入端倒角尺寸**　　mm

	结合直径 d	倒角尺寸	配合种类			
			s7,s6,r6	x7	y7	z7
d_f, α, a, A, α' $\alpha'=30°\sim45°$ $\alpha\leqslant10°$(或5°)	≤50	a A	0.5 1	1 1.5	1.5 2	2 2.5
	>50~100	a A	1 1.5	2 2.5	2 2.5	3 3.5
	>100~250	a A	2 2.5	3 3.5	4 4.5	5 6
	>250~500	a A	3.5 4	4.5 5.5	7 8	8.5 10

3.2　圆锥面过盈连接的一般要求（摘自 GB/T 15755—1995）

表 5-4-13　　**圆锥面过盈连接的一般要求**

结构要求	①为降低圆锥面过盈连接两端的应力集中，在包容件或被包容件端部可采用卸载槽、过渡圆弧等结构（图 5-4-12） ②被连接件材料相同时，为避免黏着和装拆时表面擦伤，包容件和被包容件的结合面应具有不同的表面硬度 ③为便于装拆，在包容件结合面的两端加工成 15°的倒角或在被包容件两端加工成过渡圆槽 ④进油孔和进油环槽，可以设在包容件上，也可以设在被包容件上，以结构设计允许和装拆方便为准。进油环槽的位置，应放在大约位于包容件的质心处，但不能离两端太近，以免影响密封性 ⑤进油环槽的边缘必须倒圆，以免影响结合面压力油的挤出 ⑥为使油压分布均匀，并能迅速建立油压和释放油压，应在包容件或被包容件结合面上刻排油槽：在被包容件的结合面上，沿轴向刻 4~8 条均匀分布的细刻油槽［图(a)］；也可在包容件的结合面上，刻 1 条螺旋形的细刻油槽［图(b)］ ⑦需多次装拆或大尺寸圆锥面过盈连接，应采用中间套。中间套一般采用 45 钢，并经调质处理，其硬度为 241~286HB ⑧经多次装拆的圆锥面过盈连接，由于表面压平过盈量减小，设计压入行程应比计算值加大 0.5~1mm

续表

结构要求	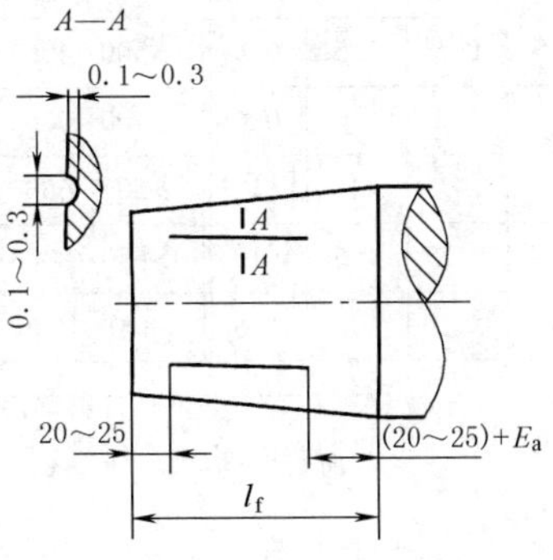 (a) 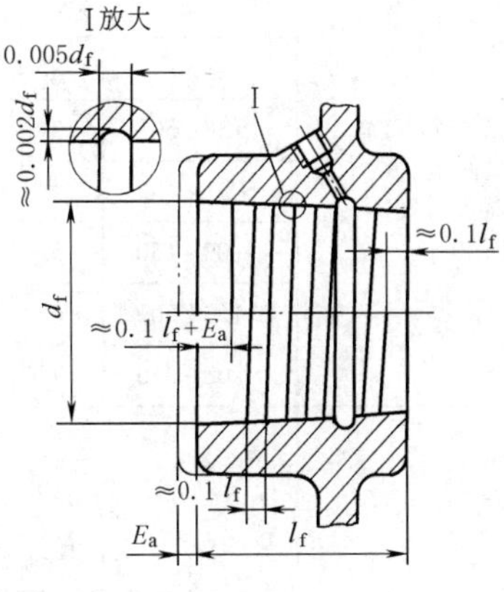　(b)
对结合面的要求	①尺寸精度:包容件最大圆锥直径公差按 GB/T 1800.1 规定的 IT6 或 IT7 选取;被包容件的最大圆锥直径公差按 GB/T 1800.1 规定的 IT5 或 IT6 选取 ②表面粗糙度:对圆锥面,当 $d_m \leqslant 180$mm 时 $Ra \leqslant 0.8\mu$m,$d_m > 180$mm 时 $Ra \leqslant 1.6\mu$m;对圆柱面,$Ra \leqslant 1.6\mu$m ③接触精度:圆锥面接触率应不低于 80%
压力油的选择	通常使用矿物油,推荐油在 50℃时的运动黏度为 30~45mm²/s。油应清洁,不得含有杂质和污物
装配和拆卸	①装配 a. 将被连接件的结合面擦净,并涂以润滑油 b. 将被连接件装在一起,用手推移包容件,直至推不动时为止,以此状态下的位置为压入行程的起点 c. 压装开始时,轴向压力不能过大。以后随着油压的加大而逐步提高,但不能超过最大轴向压力 d. 压装之后,轴向压力应继续保持 15~30min,以免包容件脱出 e. 压装后应放置 3h 才可承受载荷 f. 压装速度一般为 2~5mm/s ②拆卸 a. 拆卸时高压油应缓慢注入,需 5~10min 才可将套脱开 b. 拆卸时油的压力一般不超过规定值。当拆卸困难时,可适当提高油压,但最大不得超过规定值的 10% c. 锥度大的圆锥面过盈连接件,在油压下脱开时有自卸能力$\left(\mu-\frac{C}{2}<0\right)$,必须采取防护措施,防止包容件自动弹出

3.3 油压装卸结构设计规范(摘自 JB/T 6136—2007)

表 5-4-14　　**油压装卸结构设计规范**　　mm

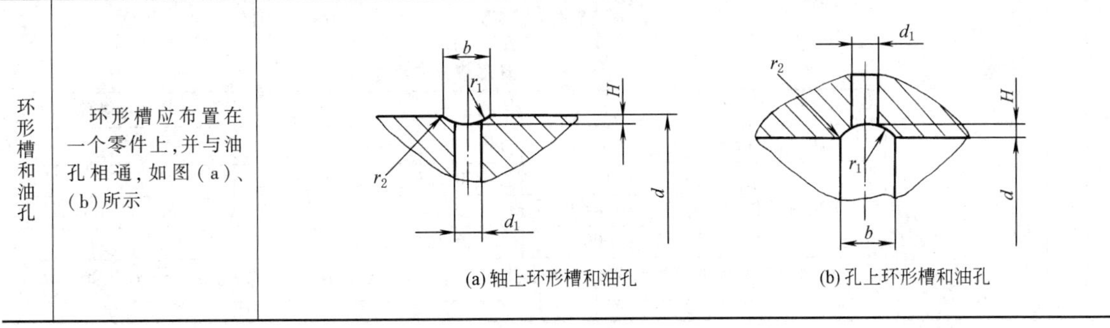

环形槽和油孔	环形槽应布置在一个零件上,并与油孔相通,如图(a)、(b)所示	(a) 轴上环形槽和油孔　(b) 孔上环形槽和油孔

续表

环形槽和油孔

环形槽应布置在一个零件上，并与油孔相通，如图(a)、(b)所示

d	b	d_1	H	r_1	r_2	d	b	d_1	H	r_1	r_2
≤30	2.5	2	0.5	2	0.4	>250~300	8	6	1.5	6	1.6
>30~50	3	2.5	0.5	2.5	0.4	>300~400	10	7	2	7	1.6
>50~100	4	3	0.8	3	0.6	>400~500	12	8	2.5	8	2.5
>100~150	5	4	1	4	1	>500~650	14	10	3	10	2.5
>150~200	6	5	1.25	4.5	1	>650~800	16	12	3	12	2.5
>200~250	7	5	1.5	5	1.6	>800~1000	18	12	4	12	2.5

油孔接口尺寸

进、排油口的连接方式为螺纹连接

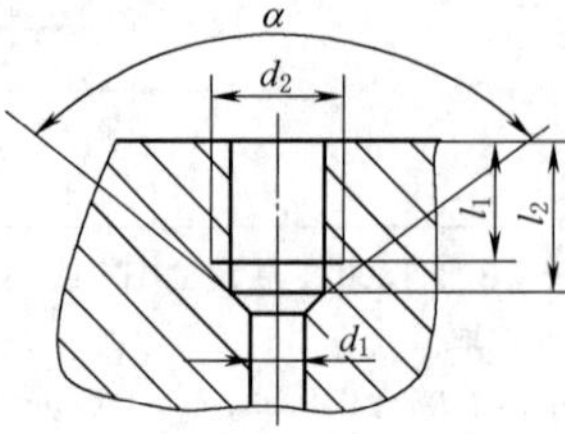

油孔接口螺纹 d_2	α /(°)	d_1 ≤	l_1	l_2	适用轴径范围 d
M10×1-6H	120	5	10	12	≤200
M14×1.5-6H	120	8	12	15	≤500
M18×1.5-6H	120	8	16	19	≤500
M27×2-6H	120	12	18	22	>250~1000

环形槽的数量及分布

一般圆柱面过盈连接

环形槽数量及分布取决于被连接件的结构形状和结合长度，环形槽的分布应保证在安装和拆卸过程中使整个结合面上有分布均匀的压力油膜

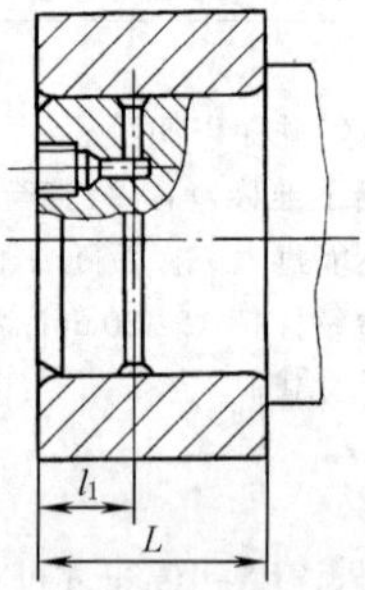

(a) 轴上有环形槽

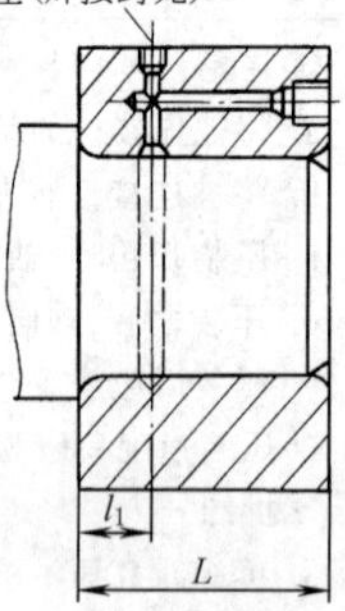

(b) 孔上有环形槽

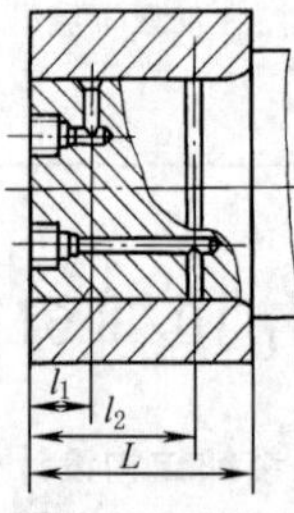

(c) 轴上有两个环形槽

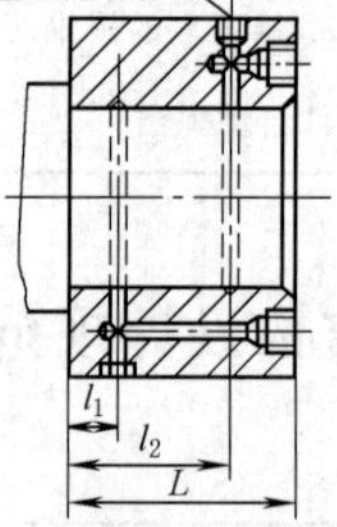

(d) 孔上有两个环形槽

环形槽分布尺寸

图　号	L	l_1	l_2	环形槽数量
图(a)、图(b)	≤100	(0.3~0.4)L	—	1
图(c)、图(d)	>100~300	0.25L	(0.5~0.6)L	2
	>300~600	0.20L		3
	>600	0.15L		4

当环形槽的数量为3个或4个时，其第3个和第4个环形槽应均匀布置在 l_1 至 l_2 区间

续表

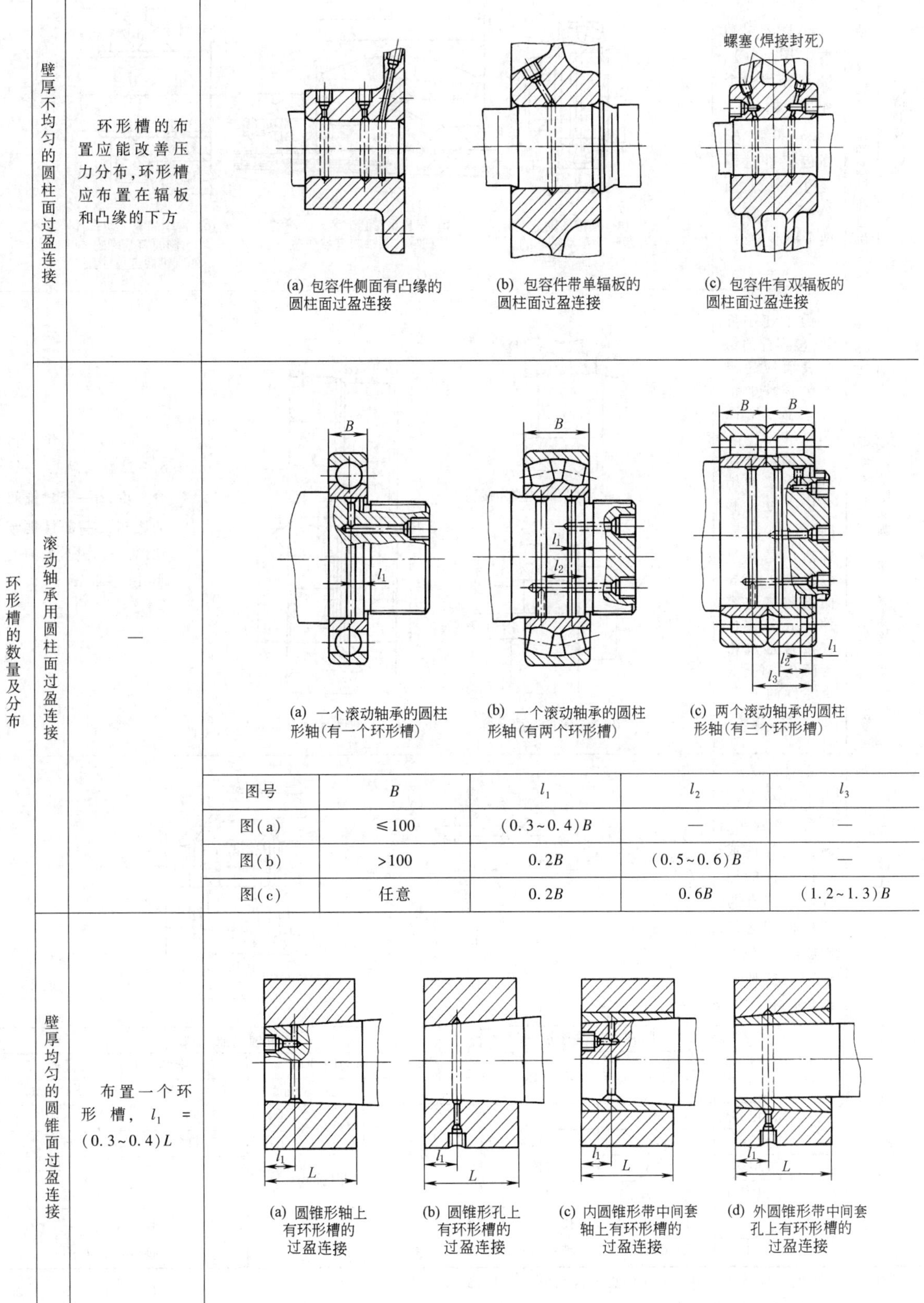

	壁厚不均匀的圆柱面过盈连接	环形槽的布置应能改善压力分布，环形槽应布置在辐板和凸缘的下方	(a) 包容件侧面有凸缘的圆柱面过盈连接；(b) 包容件带单辐板的圆柱面过盈连接；(c) 包容件有双辐板的圆柱面过盈连接
环形槽的数量及分布	滚动轴承用圆柱面过盈连接	—	(a) 一个滚动轴承的圆柱形轴(有一个环形槽)；(b) 一个滚动轴承的圆柱形轴(有两个环形槽)；(c) 两个滚动轴承的圆柱形轴(有三个环形槽)
	壁厚均匀的圆锥面过盈连接	布置一个环形槽，$l_1=(0.3\sim0.4)L$	(a) 圆锥形轴上有环形槽的过盈连接；(b) 圆锥形孔上有环形槽的过盈连接；(c) 内圆锥形带中间套轴上有环形槽的过盈连接；(d) 外圆锥形带中间套孔上有环形槽的过盈连接

图号	B	l_1	l_2	l_3
图(a)	≤100	$(0.3\sim0.4)B$	—	—
图(b)	>100	$0.2B$	$(0.5\sim0.6)B$	—
图(c)	任意	$0.2B$	$0.6B$	$(1.2\sim1.3)B$

续表

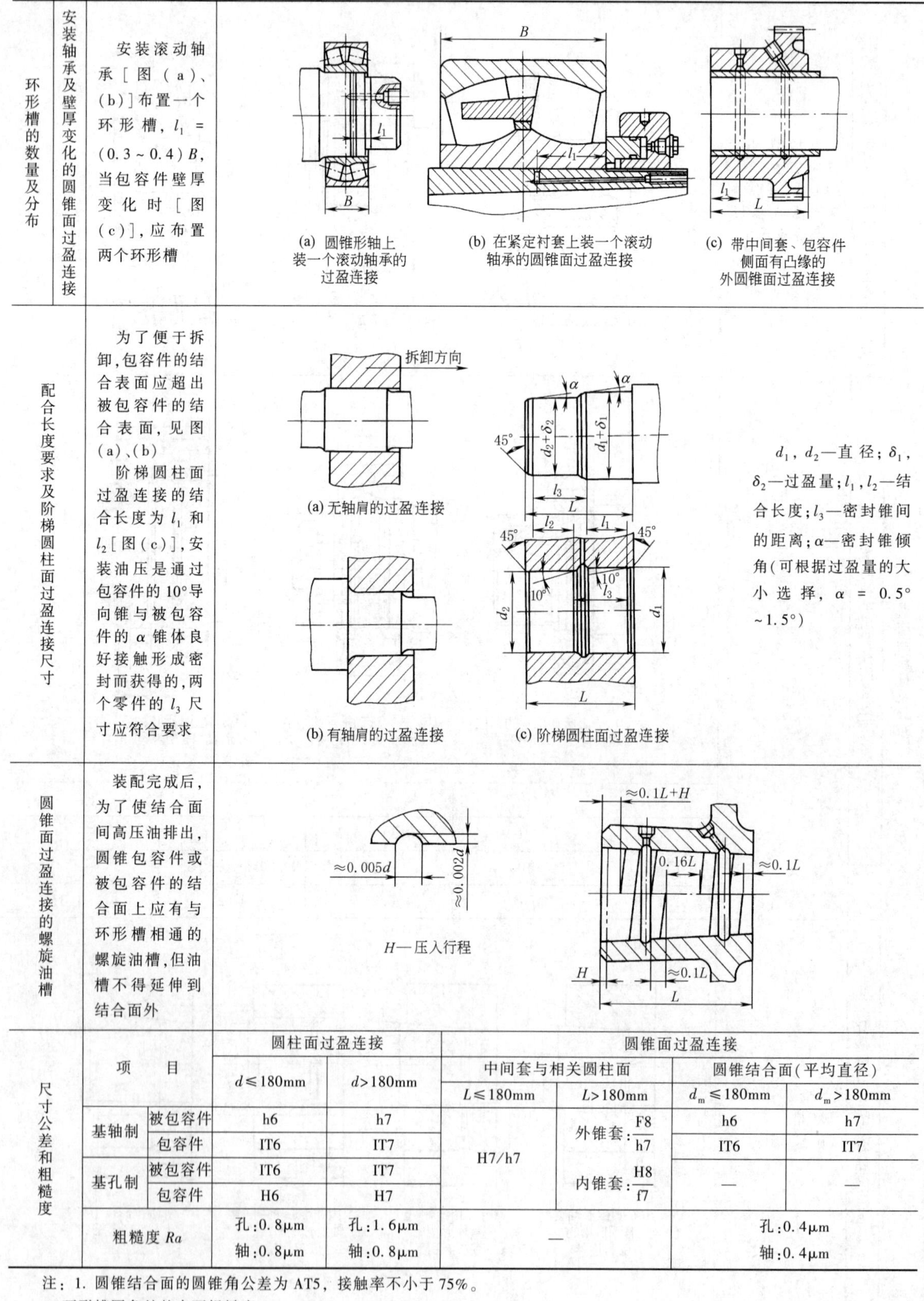

类别		说明	图例	
环形槽的数量及分布	安装轴承及壁厚变化的圆锥面过盈连接	安装滚动轴承[图(a)、(b)]布置一个环形槽，$l_1=(0.3\sim0.4)B$，当包容件壁厚变化时[图(c)]，应布置两个环形槽	(a) 圆锥形轴上装一个滚动轴承的过盈连接；(b) 在紧定衬套上装一个滚动轴承的圆锥面过盈连接；(c) 带中间套、包容件侧面有凸缘的外圆锥面过盈连接	
配合长度要求及阶梯圆柱面过盈连接尺寸		为了便于拆卸，包容件的结合表面应超出被包容件的结合表面，见图(a)、(b) 阶梯圆柱面过盈连接的结合长度为 l_1 和 l_2[图(c)]，安装油压是通过包容件的10°导向锥与被包容件的α锥体良好接触形成密封而获得的，两个零件的 l_3 尺寸应符合要求	(a) 无轴肩的过盈连接；(b) 有轴肩的过盈连接；(c) 阶梯圆柱面过盈连接	d_1，d_2—直径；δ_1，δ_2—过盈量；l_1，l_2—结合长度；l_3—密封锥间的距离；α—密封锥倾角（可根据过盈量的大小选择，α = 0.5°~1.5°）
圆锥面过盈连接的螺旋油槽		装配完成后，为了使结合面间高压油排出，圆锥包容件或被包容件的结合面上应有与环形槽相通的螺旋油槽，但油槽不得延伸到结合面外	H—压入行程	

尺寸公差和粗糙度

项目		圆柱面过盈连接		圆锥面过盈连接			
				中间套与相关圆柱面		圆锥结合面(平均直径)	
		$d\leqslant180$mm	$d>180$mm	$L\leqslant180$mm	$L>180$mm	$d_m\leqslant180$mm	$d_m>180$mm
基轴制	被包容件	h6	h7	H7/h7	外锥套：$\frac{F8}{h7}$	h6	h7
	包容件	IT6	IT7			IT6	IT7
基孔制	被包容件	IT6	IT7		内锥套：$\frac{H8}{f7}$		
	包容件	H6	H7			—	—
粗糙度 Ra		孔：0.8μm 轴：0.8μm	孔：1.6μm 轴：0.8μm	—		孔：0.4μm 轴：0.4μm	

注：1. 圆锥结合面的圆锥角公差为AT5，接触率不小于75%。

2. 环形槽圆角处的表面粗糙度 $Ra=3.2\mu m$。

3.4 油压装卸说明（摘自 JB/T 6136—2007）

（1）安装说明

过盈连接安装时，对于圆柱面配合，根据其尺寸，一般情况下加热孔或冷缩轴，或同时加热孔和冷缩轴后进行安装。对于圆锥面和阶梯圆柱面过盈连接，不必加热孔和冷缩轴，而采用油压法进行快速安装。在采用油压法安装时，应注意以下事项：安装表面不允许有破坏压力油膜形成的杂质、划痕和缺陷；应清除结合面上的油孔和环形油槽的毛刺；如果没有特殊要求，结合孔选用 H7 的公差带；对于未注公差的尺寸，按切削加工件有关技术要求的规定；对于结合面，应按照包容原则设计和制造。

通过加热或冷缩方法安装的过盈连接，在常温状态下，还没有达到预先要求的位置时，可利用油压重新调整到要求位置；安装好后，用螺塞将油槽连接孔的螺孔堵死。

图 5-4-13、图 5-4-14 所示为油压装配时的情况。

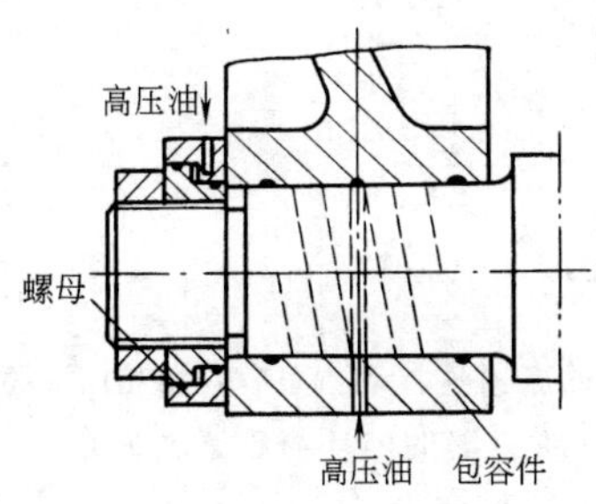

图 5-4-13　油压装配简图（一）

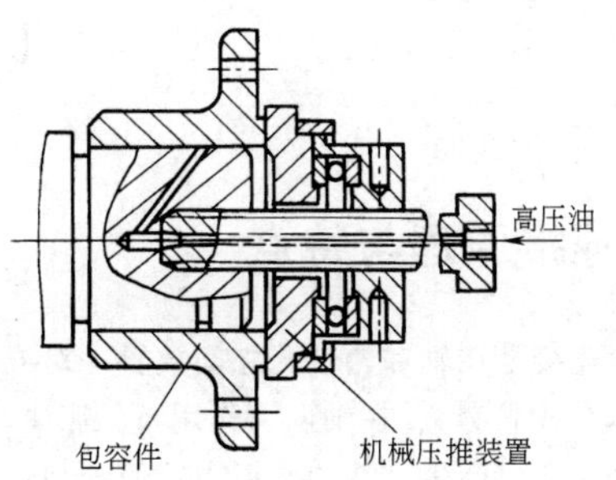

图 5-4-14　油压装配简图（二）

（2）拆卸说明

在拆卸之前，应先检查油路部分是否清洁，如不清洁应清理干净，通入高压油后，应保持高压油从过盈连接面溢出。这时用拆卸工具或压力机，将包容件不间断地拉出。在用拆卸工具或压力机拆卸过程中，应使高压油的压力保持不变。对于简单的圆柱面过盈连接，当离开最后一个环形槽之后，拆卸过程不能中断，如果中断会使油从结合面压出，并且轮毂（轴套）仍固定在轴上。

拆卸完成后应用螺塞将管路连接工艺用的螺孔堵死。

拆卸用的油液，推荐采用运动黏度为 $46\sim68\text{mm}^2/\text{s}$（40℃时）的矿物油（不是液压油）。

圆柱面过盈连接拆卸时，可同时向圆柱面和轴向加压，但轴向的油压 p_2 约为圆柱面油力 p_1 的 1/5（图 5-4-15），当圆柱面的油压达到计算的拆卸压力时，在压力 p_2 的作用下即可将包容件（或被包容件）不间断地拉出，在拉出过程中应特别注意安全，同时应保持油压特别是 p_2 的稳定。

阶梯圆柱面过盈连接拆卸时，当高压油使两个零件产生变形形成油膜后，在轴向力的作用下轴开始移动，这时应特别注意由于阶梯形圆柱直径 d_1、d_2 不同，在轴向产生的力将大于开始施加的轴向力，所以在拆卸时，事先应采取安全措施，防止拆卸结束后，轴（或轴套）被弹出。

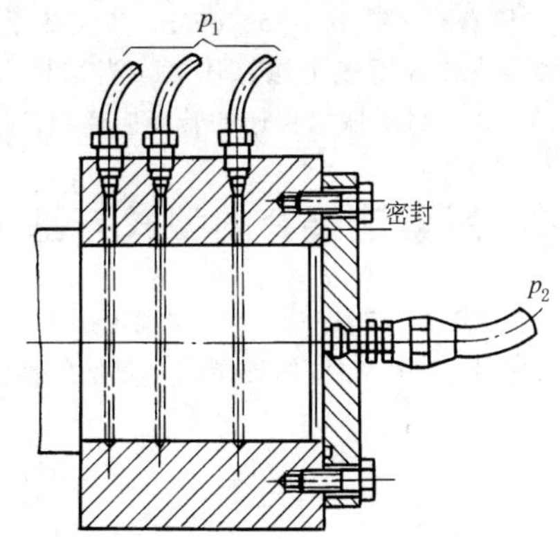

图 5-4-15　圆柱面过盈连接的拆卸

（3）安全注意事项

对油压拆卸（或安装）的操作，事先必须制定出安全操作规程和事故预防措施，并且由有经验的人员进行操作。对于圆锥面和阶梯圆柱面过盈连接，当大压力拆卸时应特别注意安全，防止过盈连接件在拆卸过程中自动脱出。在重新使用拆卸过的零件之前，应检查是否有影响使用的缺陷。

CHAPTER 5

第5章 胀紧连接和型面连接

1 胀紧连接

1.1 连接原理与特点

胀紧连接是在轴和轮毂孔之间放置一对或数对与内、外锥面贴合的胀紧连接套（GB/T 28701 称胀紧联结套，简称胀紧套或胀套），在轴向力作用下，胀紧套内环缩小，外环胀大，胀紧套的内环与轴紧密贴合，同时外环和轮毂紧密贴合，产生足够的摩擦力，使轴和轮毂结合起来，以传递转矩、轴向力或两者的复合载荷。

胀紧连接的定心性好，装拆或调整轴与轮毂的相对位置方便，没有应力集中，承载能力高；不需要像键连接或花键连接那样，在轴上和轮毂上加工各种槽口，避免了零件因键槽等原因而削弱强度，又有密封作用。

图5-5-1为胀紧连接示意图。弹性胀套的锥面半锥角α愈小，结合面的压强愈大，因而所能传递的载荷也愈大。但α太小时，拆卸不方便，通常取$\alpha=10°\sim14°$。胀套的材料多为65、65Mn、55Cr2或60Cr2等。胀套可用螺母压紧，也可在轴端或毂端用多个螺钉压紧。当采用多对胀套时，如采用同一轴向夹紧力（压紧力），各对胀套传递的转矩应递减。

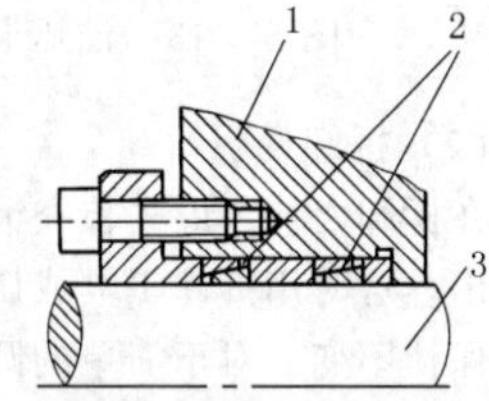

图5-5-1 胀紧连接
1—齿轮；2—胀套；3—轴

1.2 胀紧连接套的型式与基本尺寸（摘自GB/T 28701—2012）

在GB/T 28701—2012中共规定了19个序号、22个型号的ZJ系列胀紧连接套，序号9有A、B、C三种型式，序号17有A、B两种型式。它们的标注形式如下。

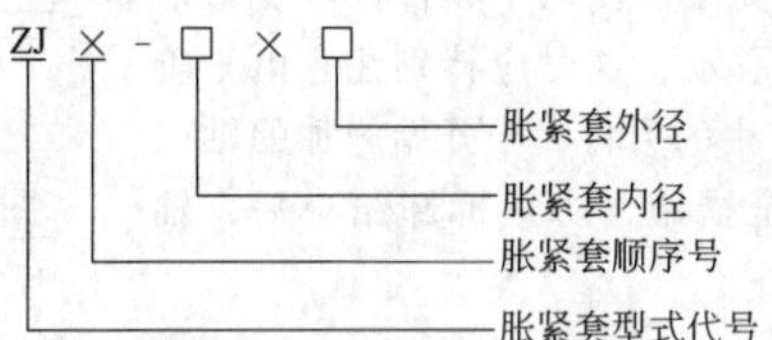

标记示例

内径$d=100$mm，外径$D=145$mm的ZJ2型胀紧连接套，标记为：

胀紧套 ZJ2-100×145 GB/T 28701—2012

内径$d=120$mm，外径$D=165$mm的ZJ9A型胀紧连接套，标记为：

胀紧套 ZJ9A-120×165 GB/T 28701—2012

表 5-5-1　ZJ 系列胀紧连接套代号与样式汇总

序号	型号代号与名称	胀紧连接套图示	序号	型号代号与名称	胀紧连接套图示
1	ZJ1 ZJ1 型胀紧连接套		7	ZJ7 ZJ7 型胀紧连接套	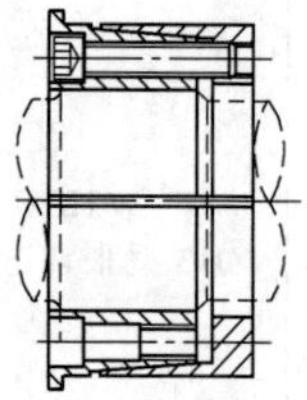
2	ZJ2 ZJ2 型胀紧连接套	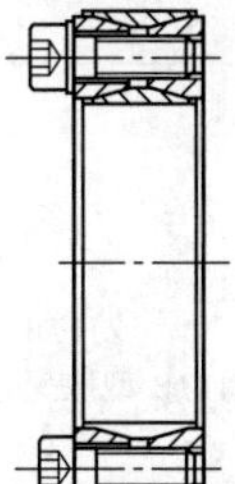	8	ZJ8 ZJ8 型胀紧连接套	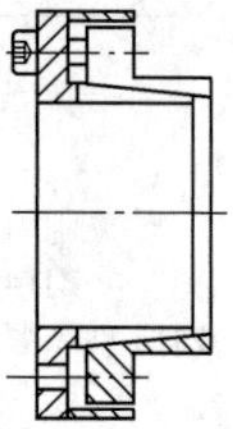
3	ZJ3 ZJ3 型胀紧连接套	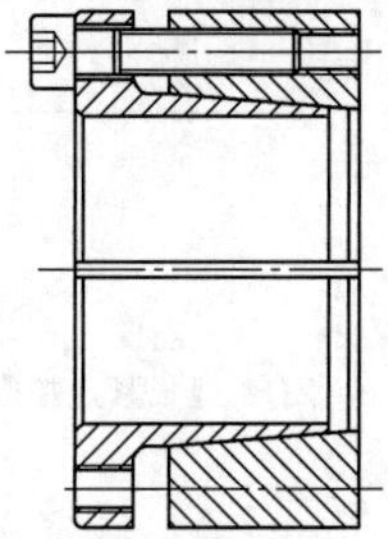	9	ZJ9A、ZJ9B、ZJ9C ZJ9A 型胀紧连接套 ZJ9B 型胀紧连接套 ZJ9C 型胀紧连接套	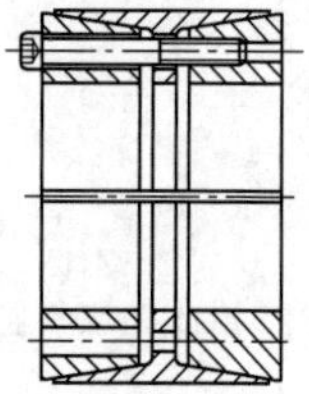
4	ZJ4 ZJ4 型胀紧连接套	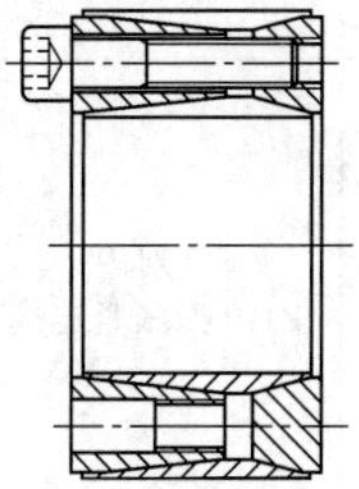	10	ZJ10 ZJ10 型胀紧连接套	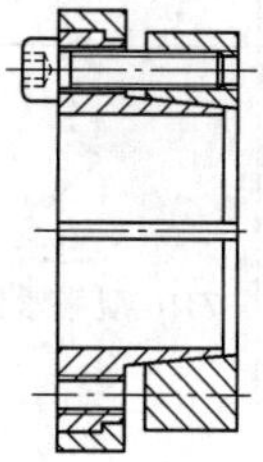
5	ZJ5 ZJ5 型胀紧连接套	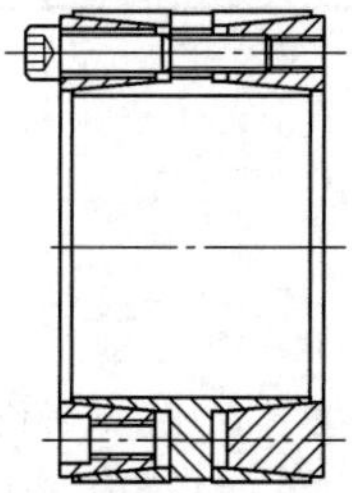	11	ZJ11 ZJ11 型胀紧连接套	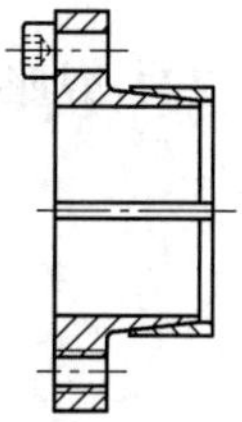
6	ZJ6 ZJ6 型胀紧连接套	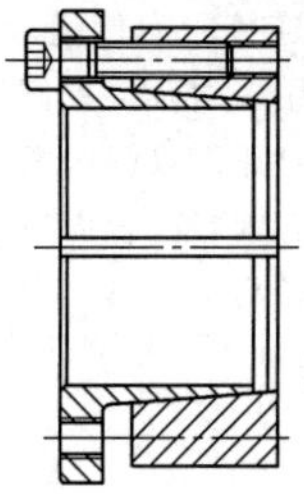	12	ZJ12 ZJ12 型胀紧连接套	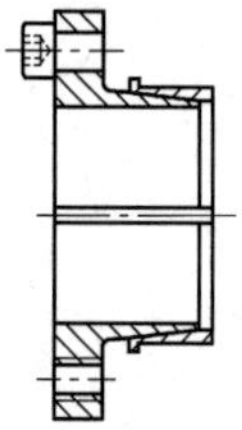

续表

序号	型号代号与名称	胀紧连接套图示	序号	型号代号与名称	胀紧连接套图示
13	ZJ13 ZJ13 型胀紧连接套	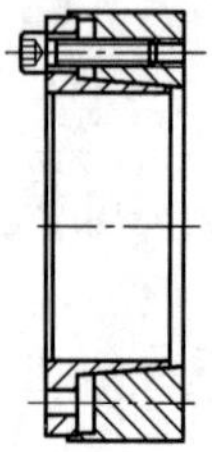	17	ZJ17A ZJ17A 型胀紧连接套	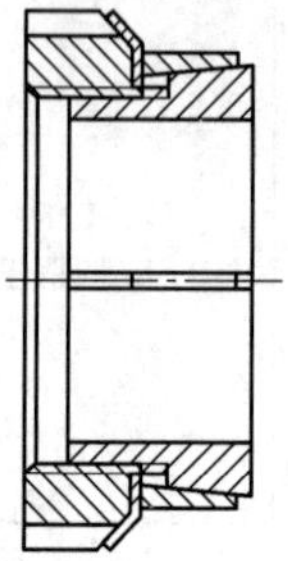
14	ZJ14 ZJ14 型胀紧连接套	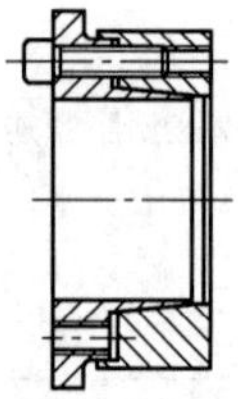	18	ZJ17B ZJ17B 型胀紧连接套	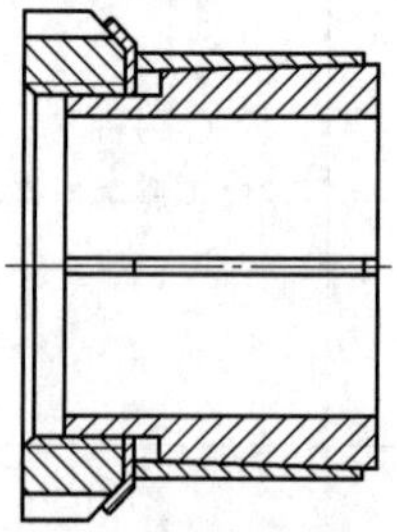
15	ZJ15 ZJ15 型胀紧连接套	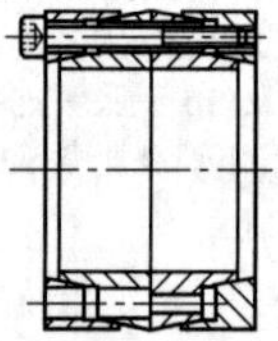	19	ZJ18 ZJ18 型胀紧连接套	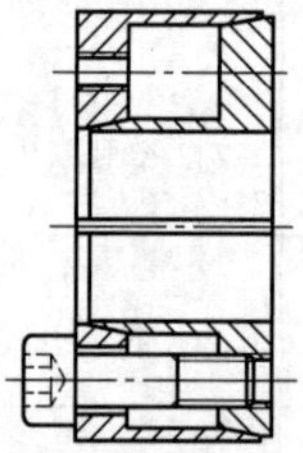
16	ZJ16 ZJ16 型胀紧连接套	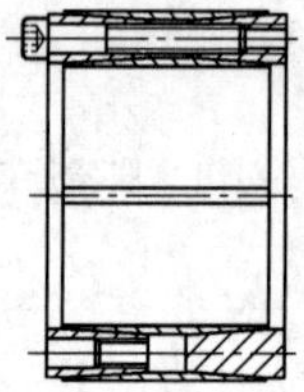	20	ZJ19 ZJ19 型胀紧连接套	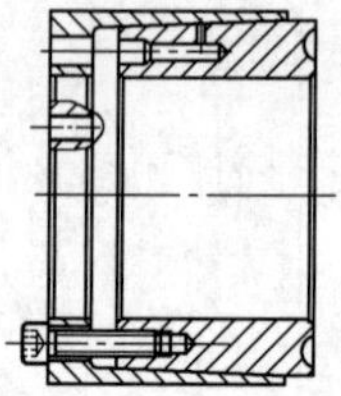

1.2.1 ZJ1 型胀紧连接套

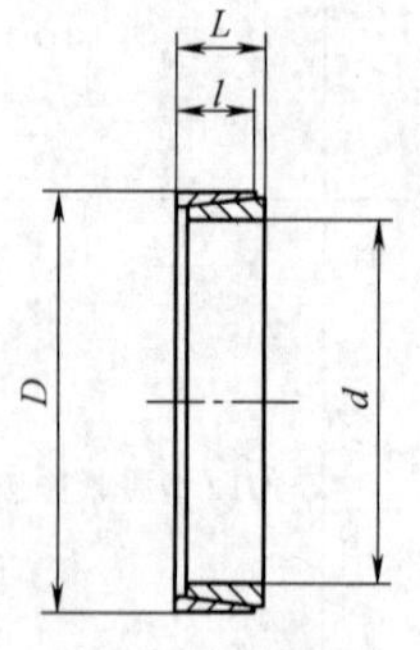

整体锥环，成对使用，拆卸方便，可代替各种键连接和过盈连接。为传递较大载荷，可采用多对环，单侧压紧不超过 4 对环，双侧压紧可达 8 对环。有轴毂配合面对中时对中精度较高

表 5-5-2　　**ZJ1 型胀紧连接套规格型号及性能**

基本尺寸/mm				当 p_f = 100MPa 时的额定负荷		质量/kg
d	D	L	l	轴向力 F_t/kN	转矩 M_t/kN·m	
8	11	4.5	3.7	1.2	0.005	0.001
9	12			1.3	0.006	0.001
10	13			1.6	0.008	0.002
12	15			2.0	0.012	0.002
13	16			2.4	0.016	0.002
14	18	6.3	5.3	2.8	0.020	0.004
15	19			3.0	0.022	0.004
16	20			3.2	0.025	0.005
17	21			3.3	0.028	0.005
18	22			3.6	0.032	0.005
19	24			3.8	0.036	0.007
20	25			4.0	0.040	0.007
22	26			4.5	0.050	0.007
24	28			4.8	0.055	0.007
25	30			5.0	0.060	0.009
28	32			5.6	0.080	0.009
30	35			6.0	0.09	0.01
32	36			6.4	0.10	0.01
35	40	7.0	6.0	8.5	0.15	0.02
36	42			9.0	0.16	0.02
38	44			9.4	0.18	0.02
40	45	8.0	6.6	10.0	0.20	0.02
42	48			10.5	0.22	0.03
45	52	10.0	8.6	14.6	0.33	0.04
48	55			15.4	0.37	0.05
50	57			16.2	0.40	0.05
55	62			17.8	0.49	0.05
56	64	12.0	10.4	21.7	0.61	0.06
60	68			23.5	0.70	0.07
65	73			25.6	0.83	0.08
70	79	14.0	12.2	32.0	1.12	0.11
75	84			34.4	1.29	0.12
80	91	17.0	15	45.0	1.81	0.19
85	96			48.0	2.04	0.20
90	101			51.0	2.29	0.22
95	106			54.0	2.55	0.23
100	114	21.0	18.7	70.0	3.50	0.38
105	119			73.2	3.82	0.40
110	124			77.0	4.25	0.41
120	134			84.0	5.05	0.45
125	139			92.0	5.75	0.62
130	148	28.0	25.3	124.0	8.05	0.85
140	158			134.0	9.35	0.91
150	168			143.0	10.70	0.97
160	178			152.5	12.20	1.02

续表

基本尺寸/mm				当 p_f=100MPa 时的额定负荷		质量/kg
d	D	L	l	轴向力 F_t/kN	转矩 M_t/kN·m	
170	191			192.0	16.30	1.50
180	201	33.0	30.0	204.0	18.30	1.58
190	211			214.0	20.40	1.68
200	224			262.0	26.20	2.32
210	234	38.0	34.8	275.0	28.90	2.45
220	244			288.0	37.70	2.49
240	267	42.0	39.5	358.0	43.00	3.52
250	280	53.0	49.0	415.0	52.00	4.68
260	290			435.0	56.50	4.82
280	313			520.0	72.50	6.27
300	333			555.0	83.00	6.47
320	360			710.0	114.00	10.90
340	380			755.0	128.50	11.50
360	400			800.0	144.00	12.20
380	420	65.0	59.0	845.0	160.50	12.80
400	440			890.0	178.00	13.50
420	460			935.0	196.00	14.10
450	490			998.0	224.50	15.20
480	520			1070.0	256.00	16.00
500	540			1110.0	278.00	16.50

注：p_f 为胀紧连接套与轴结合面上的压力。

1.2.2 ZJ2 型胀紧连接套

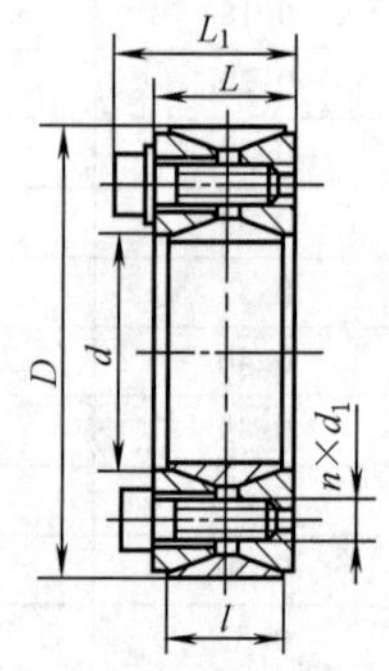

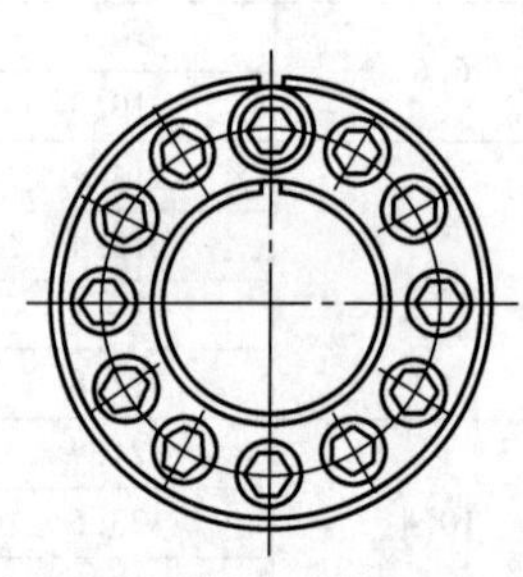

由一个开口的双锥内环、一个开口的双锥外环和两个双锥压紧环组成。用内六角螺钉压紧，压紧时因弹性环没有相对于轴、毂的轴向移动，同样压紧力能产生比 ZJ1 型更大的径向力，能传递更大的载荷。在一个压紧环上沿圆周有三处用于拆卸的螺纹。因内、外环均有开口，连接需轴毂配合面对中。应用较广泛

表 5-5-3　　**ZJ2 型胀紧连接套规格型号及性能**

基本尺寸/mm					螺钉			额定负荷	胀紧套与轴结合面上的压力	胀紧套与轮毂结合面上的压力	螺钉的拧紧力矩 M_a /N·m	质量/kg
d	D	l	L	L_1	d_1 /mm	n	轴向力 F_t/kN	转矩 M_t/kN·m	p_f/MPa	p_f'/MPa		
19								0.25	215	85		0.24
20	47						27	0.27	210	90		0.23
22						8		0.30				0.20
24	50						30	0.36	195			0.26
25						9		0.38	190			0.25
28		17	20	27.5	M6			0.47	185	95	14	0.30
30	55					10	33	0.50	175			0.29
35	60					12	40	0.70	180	105		0.32
38	63							0.88	190	115		0.33
38	65					14	46	0.88		110		0.34
40								0.92	180			0.34

续表

基本尺寸/mm					螺钉			额定负荷	胀紧套与轴结合面上的压力 p_f/MPa	胀紧套与轮毂结合面上的压力 p_f'/MPa	螺钉的拧紧力矩 M_a /N·m	质量/kg
d	D	l	L	L_1	d_1 /mm	n	轴向力 F_t/kN	转矩 M_t/kN·m				
42	72	20	24	33.5	M8	12	65	1.36	205	120	35	0.48
45	75						72	1.62	210	125		0.57
50	80						71	1.77	190	115		0.60
55	85					14	83	2.27	200	130		0.63
60	90							2.47	180	120		0.69
65	95					16	93	3.04	190	130		0.73
70	110	24	28	39	M10	14	132	4.60	210	130	70	1.26
75	115						131	4.90	195	125		1.33
80	120							5.20	180	120		1.40
85	125					16	148	6.30	195	130		1.49
90	130						147	6.60	180	125		1.53
95	135					18	167	7.90	195	135		1.62
100	145	29	33	47	M12	14	192	9.60			125	2.01
105	150						190	9.98	165	115		2.10
110	155						191	10.50	180	125		2.15
120	165					16	218	13.10	185	135		2.35
125	170					18	220	13.78	160	118		2.95
130	180					20	272	17.60	165	120		3.51
140	190	34	38	52		22	298	20.90		125		3.85
150	200					24	324	24.20	170			4.07
160	210					26	350	28.00		130		4.30
170	225	38	44	60	M14	22	386	32.80	160	120	190	5.78
180	235					24	420	37.80	165	125		6.05
190	250	46	52	68		28	490	46.50	150	115		8.25
200	260					30	525	52.50				8.65
210	275	50	56	74	M16	24	599	62.89			295	10.10
220	285					26	620	68.00				11.22
240	305					30	715	85.50	160	125		12.20
250	315					32	768	96.00	165	130		12.70
260	325					34	800	104.00				13.20
280	355	60	66	86.5	M18	32	915	128.00	145	115	405	19.20
300	375					36	1020	153.00	150	120		20.50
320	405	72	78	100.5	M20		1310	210.00			580	29.60
340	425							224.00	145	115		31.10
360	455	84	90	116	M22		1630	294.00			780	42.20
380	475						1620	308.00	135	110		44.00
400	495						1610	322.00	130	105		46.00
420	515					40	1780	374.00	135	110		50.00
450	555	96	102	130	M24	40	2050	461.25	125	100	1000	65.00
480	585					42	2160	518.40				71.00
500	605					44	2240	560.00				72.60
530	640					45	2330	617.00	120			83.60
560	670					48	2440	680.00				85.00
600	710					50	2580	775.00				91.00
630	740					52	2680	844.00		105		94.00
670	780					56	2820	944.00	115	100		101.00
710	820					60	2970	1054.00				106.00
750	860					62	3130	1173.00				112.00
800	910					66	3260	1300.00				118.00
850	960					70	3500	1487.00				125.00
900	1010					75	3680	1650.00				132.00
950	1060					80	3870	1838.00				139.00
1000	1110					82	4000	2000.00	110			146.00

1.2.3 ZJ3 型胀紧连接套

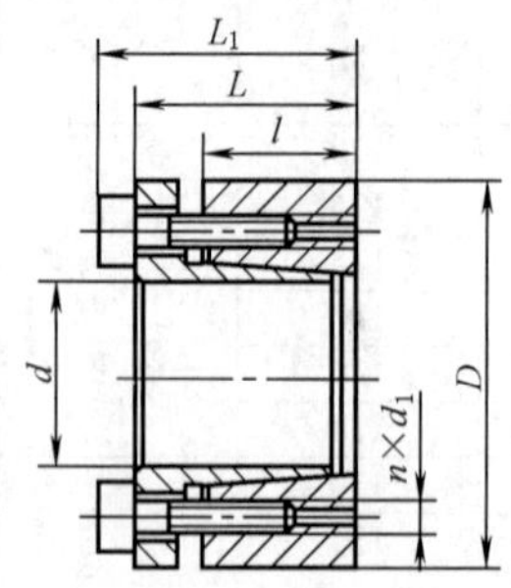

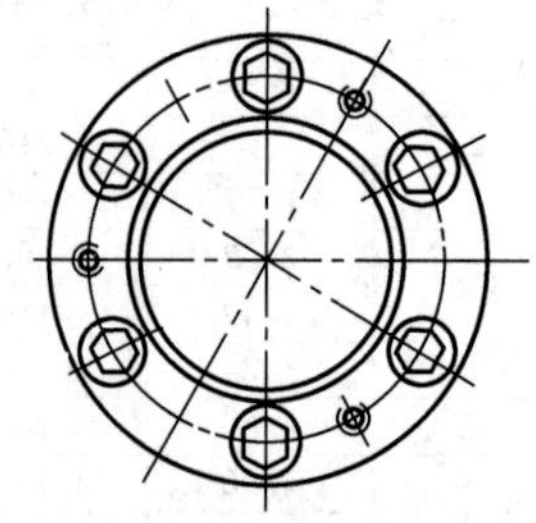

内、外锥环用六角螺钉压紧。结合面较长，能自动对中。用于旋转精度要求高和传递载荷大的场合

表 5-5-4　　**ZJ3 型胀紧连接套规格型号及性能**

基本尺寸/mm					螺钉			额定负荷	胀紧套与轴结合面上的压力 p_f/MPa	胀紧套与轮毂结合面上的压力 p_f'/MPa	螺钉的拧紧力矩 M_a /N·m	质量/kg
d	D	l	L	L_1	d_1 /mm	n	轴向力 F_t/kN	转矩 M_t/kN·m				
20	47	17	28	34	M6	5	37	0.377	286	124	14	0.25
22								0.416	260			0.25
24	50							0.481				0.27
25						6	47	0.585	279	143		0.27
28	55							0.650	260			0.32
30								0.702	247	130		0.35
32	60					8	62	1.001	279	150		0.37
35								1.092	247	143		0.34
38	65							1.183	254	150		0.40
40								1.248	247	137		0.38
45	75	20	33	41	M8	7	100	2.275	299	176	35	0.63
50	80							2.500	273	169		0.68
55	85					8	114	3.185	280	176		0.73
60	90							3.510	247	163		0.78
63	95					9	130	4.134	267	182		0.89
65								4.225	260	180		0.83
70	110	24	40	50	M10	8	183	6.500	286	182	70	1.33
75	115							6.825	260	169		1.40
80	120							7.280	247	163		1.48
85	125					9	207	8.775	260	176		1.55
90	130							9.230	247	169		1.63
95	135					10	229	10.855	260	182		1.70
100	145	26	44	56	M12	8	267	13.380	273	189	125	2.60
110	155							14.625	247	176		2.80
120	165					9	277	18.070	273	189		3.00
130	180	34	54	68		12	400	26.000	247	182		4.60
140	190				M14	9	412	28.925	234	169	190	4.90
150	200					10	458	34.19	247	182		5.20
160	210					11	504	40.30		189		5.50
170	225	44	64	78		12	549	46.67	195	149		7.75
180	235							49.40	189	143		8.15
190	250					15	686	65.13	221	169		9.50
200	260							68.64	208	163		9.90

续表

基本尺寸/mm					螺钉		额定负荷		胀紧套与轴结合面上的压力 p_f/MPa	胀紧套与轮毂结合面上的压力 p_f'/MPa	螺钉的拧紧力矩 M_a /N·m	质量/kg
d	D	l	L	L_1	d_1 /mm	n	轴向力 F_t/kN	转矩 M_t/kN·m				
220	285					12	763	83.85	189	143		13.40
240	305	50	72	88	M16	15	945	114.40	215	169	295	14.30
260	325					18	1144	148.72	234	189		15.50
280	355	60	84	102	M18	16	1232	171.60	195	156	405	22.90
300	375					18	1376	206.70	208	163		24.40
320	405	74	101	121	M20	18	1786	286.00	195	156	580	36.10
340	425					21	2084	354.25	228	176		38.40
360	455					18	2223	400.4	182	143		46.20
380	475	86	116	138	M22	21	2594	492.7	202	163	780	55.00
400	495							518.7	195	156		61.00

1.2.4 ZJ4 型胀紧连接套

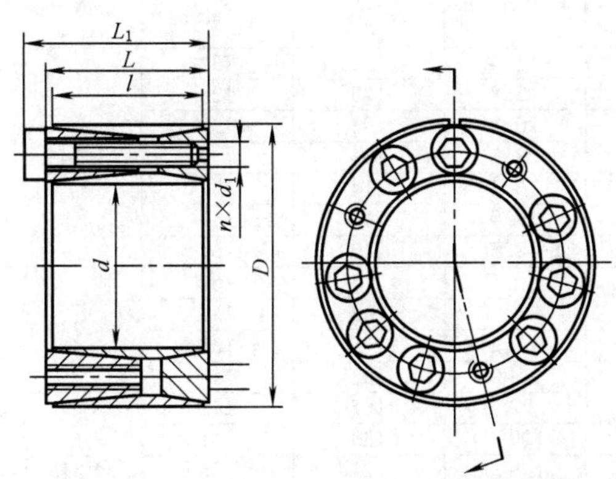

由锥度不同的开口双锥内环与开口双锥外环及两个双锥压紧环组成。用内六角螺钉压紧。其他特点与 ZJ2 型同，但结合面长，对中精度高。用于旋转精度要求较高和传递较大载荷的场合

表 5-5-5　　ZJ4 型胀紧连接套规格型号及性能

基本尺寸/mm					螺钉		额定负荷		胀紧套与轴结合面上的压力 p_f/MPa	胀紧套与轮毂结合面上的压力 p_f'/MPa	螺钉的拧紧力矩 M_a /N·m	质量/kg
d	D	l	L	L_1	d_1 /mm	n	轴向力 F_t/kN	转矩 M_t/kN·m				
70	120					8	197	6.85	201	117		3.3
80	130	56	62	74	M12	12	291	11.65	263	162	145	3.7
90	140						290	13.00	234	150		4.0
100	160						389	19.70	213	133		7.2
110	170						483	22.60	242	157		7.7
120	180					15	482	28.90	222	148		8.3
125	185	74	80	94	M14		480	30.00	212	143	230	8.5
130	190							31.20	205	140		8.8
140	200						574	40.20	227	159		9.3
150	210						572	42.90	212	152		10.0
160	230					18	800	64.00	227	158		14.9
170	240						795	67.80	214	152		15.7
180	250	88	94	110	M16	21	923	83.00	235	170	355	16.4
190	260						921	88.00	223	163		17.2
200	270					24	1050	105.00	242	179		18.8
210	290					20	1118	117.30	197	143		23.0
220	300					21	1120	123.00	189	138		27.7
240	320	110	116	134	M18	24	1280	153.00	198	148	485	29.8
250	330					27	1282	160.20	205	157		31.0
260	340						1430	186.00	205	157		32.0
280	370	130	136	156	M20	24	1650	230.00	192	145	690	46.0
300	390							245.00	179	138		49.0

1.2.5 ZJ5型胀紧连接套

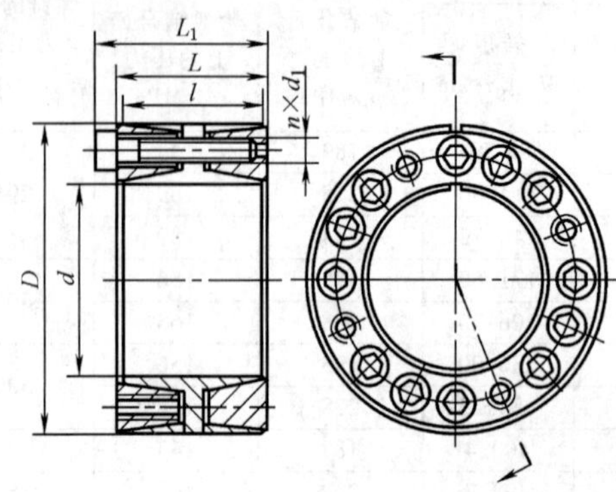

同ZJ4型，但各锥环锥度相同，且内环中间有凸缘，便于拆卸。锥度较小，可传递很大载荷。结合面较长，对中精度较高。用于传递很大载荷和对中精度要求较高的场合

表5-5-6　ZJ5型胀紧连接套规格型号及性能

基本尺寸/mm					螺钉		额定负荷		胀紧套与轴结合面上的压力 p_f/MPa	胀紧套与轮毂结合面上的压力 p_f'/MPa	螺钉的拧紧力矩 M_a /N·m	质量/kg
d	D	l	L	L_1	d_1 /mm	n	轴向力 F_t/kN	转矩 M_t/kN·m				
100	145	60	65	77	M12	10	288	14.4	192	132	145	4.1
110	155							15.8	175	123		4.4
120	165					12	346	20.8	192	139		4.8
130	180	68	74	86		15	433	28.1	193	139		6.5
140	190					18	519	36.3	214	157		7.0
150	200							39.0	200	150		7.4
160	210					21	606	48.5	219	167		7.8
170	225	75	81	95	M14	18	712	60.6	215	162	230	10.0
180	235							64.1	203	155		10.6
190	250	88	94	108		20	792	75.2	178	135		14.3
200	260					24	950	95.0	203	156		15.0
210	275	98	104	120	M16	18	970	102.0	187	142	355	17.5
220	285						990	109.0	183	141		19.8
240	305					24	1318	158.0	222	176		21.4
250	315						1340	167.5	215	170		22.0
260	325					25	1370	178.0		172		23.0
280	355	120	126	144	M18	24	1590	222.5	188	149	485	35.2
300	375					25	1650	248.0	183	146		37.4
320	405	135	142	162	M20		2140	344.0	192	152	690	51.3
340	425							365.0	181	144		54.1
360	455	158	165	187	M22	25	2670	480.0	176	139	930	75.4
380	475							508.0	166	133		79.0
400	495							535.0	158	128		82.8
420	515					30	3200	673.0	181	147		86.5
450	555	172	180	204	M24		3700	832.5	175	142	1200	112.0
480	585					32	3950	948.0		143		119.0
500	605							988.0	168	139		123.0
530	640	190	200	227	M27	30	4320	1145.0	157	130	1600	151.0
560	670							1210.0	148	124		160.0
600	710					32	4610	1380.0	147			170.0

注：1. 限于手册篇幅，本手册不再介绍ZJ6~ZJ19型的基本参数和主要尺寸，读者可查阅相关资料。

2. 国内外生产胀紧套的厂商较多，北京古德高机电技术有限公司的产品型号与GB/T 28701—2012对照如下。

古德高	Z1	Z2	Z3	Z4	Z5	Z6	Z7 A/B/C	Z8	Z9	Z10	Z11 A/B	Z12 A/B/C
国标	ZJ1	ZJ2	ZJ3	ZJ4	ZJ5	ZJ6	—	—	ZJ7	—	ZJ8	ZJ19 A/B/C
古德高	Z13 A/B	Z14 A/B	Z15	Z16	Z17 A/B	Z18	Z19 A/B	Z20	Z21	Z22	ZJ19	
国标	ZJ10	ZJ11、12	ZJ13	ZJ14	ZJ15	ZJ16	ZJ17 A/B	—	ZJ18	—	ZJ19	

1.3 胀紧连接套的选用（摘自 GB/T 28701—2012）

1.3.1 胀紧连接套常用材料

表 5-5-7　　胀紧连接套常用材料

胀紧套类型	选用材料		
	普通机械	重型机械	精密机械
ZJ1	45、40Cr	42CrMo、60Si2Mn	42CrMo、60Si2Mn
ZJ2、ZJ4、ZJ5	45、42CrMo、65Mn	40Cr、42CrMo、60Si2Mn	40Cr、42CrMo
ZJ3	45、42CrMo	42CrMo、65Mn	42CrMo
ZJ6、ZJ7	40Cr、42CrMo	42CrMo、65Mn	42CrMo
ZJ8	45、40Cr	40Cr、42CrMo	42CrMo
ZJ9A、ZJ9B、ZJ9C	45、40Cr、65Mn	40Cr、42CrMo、65Mn	40Cr、42CrMo
ZJ10、ZJ11、ZJ12	45、40Cr	40Cr、42CrMo、65Mn	40Cr、42CrMo
ZJ13、ZJ14、ZJ15	40Cr、65Mn	42CrMo、60Si2Mn	42CrMo
ZJ16	40Cr、42CrMo	40Cr、42CrMo、60Si2Mn	40Cr、42CrMo
ZJ17A、ZJ17B	45、40Cr	40Cr、42CrMo	42CrMo
ZJ18	45、40Cr、65Mn	40Cr、42CrMo、65Mn	42CrMo
ZJ19	40Cr	42CrMo	42CrMo

注：材料 45 应符合 GB/T 699 的规定。

1.3.2 胀紧连接套结合面公差带及表面粗糙度

表 5-5-8　　胀紧连接套结合面公差带及表面粗糙度

胀套内径 d/mm	结合面公差带				结合面表面粗糙度 Ra/μm				轴与轮毂 Ra/μm	
	胀套内径 d	胀套外径 D	轴	孔	内表面	外表面	圆锥面	其他面	轴	孔
≤120	E8	g6	h8	H8	1.6	0.8	0.8	6.3	ZJ1 型≤1.6 其他≤3.2	ZJ1 型≤1.6 其他≤3.2
>120~500	E8	g6	h8	H8	2.5	1.25	1.25			
>500	E8	g6	h8	H8	3.2	1.6	1.6			

注：1. 圆锥面的圆柱度及斜向圆跳动公差等级为 7 级。
2. 轴向圆跳动公差等级为 8 级。

1.3.3 按传递载荷选择胀套的计算

表 5-5-9　　按传递载荷选择胀套的计算

项　目	计 算 式	说　明
选择胀套应满足的条件	传递转矩：$M_t \geqslant M$ 承受轴向力：$F_t \geqslant F_x$ 传递力：$F_t \geqslant \sqrt{F_x^2+\left(M\dfrac{d}{2}\times10^{-3}\right)^2}$ 承受径向力：$p_f \geqslant \dfrac{F_r}{dl}\times10^3$	M——需传递的转矩，kN·m F_x——需承受的轴向力，kN M_t——胀套的额定转矩，kN·m F_t——胀套的额定轴向力，kN F_r——需承受的径向力，kN d,l——胀套内径和内环宽度，mm p_f——胀套与轴结合面上的压强，MPa
一个连接采用数个胀套时的额定负荷	一个胀套的额定负荷小于需传递的载荷时，可用两个以上的胀套串联使用，其总额定负荷为 $M_{tn}=mM_t$	M_{tn}——n 个胀套总额定负荷 m——载荷系数

	连接中胀套的数量 n	1	2	3	4
m	ZJ1	1.0	1.56	1.86	2.03
	ZJ2~ZJ5	1.0	1.8	2.7	—
	ZJ9、ZJ13、ZJ15、ZJ16	1.0	1.8	—	—

1.3.4 被连接件的尺寸计算

表 5-5-10　　　　空心轴内径

图示	与胀套连接的空心轴内径 d_i
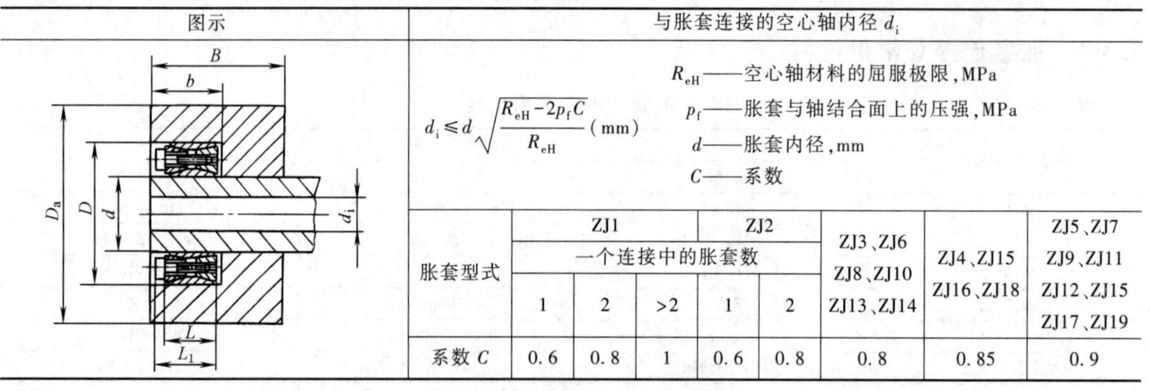	$d_i \leqslant d\sqrt{\dfrac{R_{eH}-2p_f C}{R_{eH}}}$ (mm) R_{eH}——空心轴材料的屈服极限,MPa p_f——胀套与轴结合面上的压强,MPa d——胀套内径,mm C——系数

胀套型式	ZJ1			ZJ2		ZJ3、ZJ6 ZJ8、ZJ10 ZJ13、ZJ14	ZJ4、ZJ15 ZJ16、ZJ18	ZJ5、ZJ7 ZJ9、ZJ11 ZJ12、ZJ15 ZJ17、ZJ19
	一个连接中的胀套数							
	1	2	>2	1	2			
系数 C	0.6	0.8	1	0.6	0.8	0.8	0.85	0.9

表 5-5-11　　　　轮毂与胀套连接型式及外径计算

毂孔与胀套连接型式

毂孔与胀套连接有 A、B、C 三种型式,如图(a)~图(h)所示。最好采用毂型 A、C,因其用料少,省工时,较为经济。毂型 B 用后会产生锈蚀,拆卸困难

毂型 A:$C_1=1$

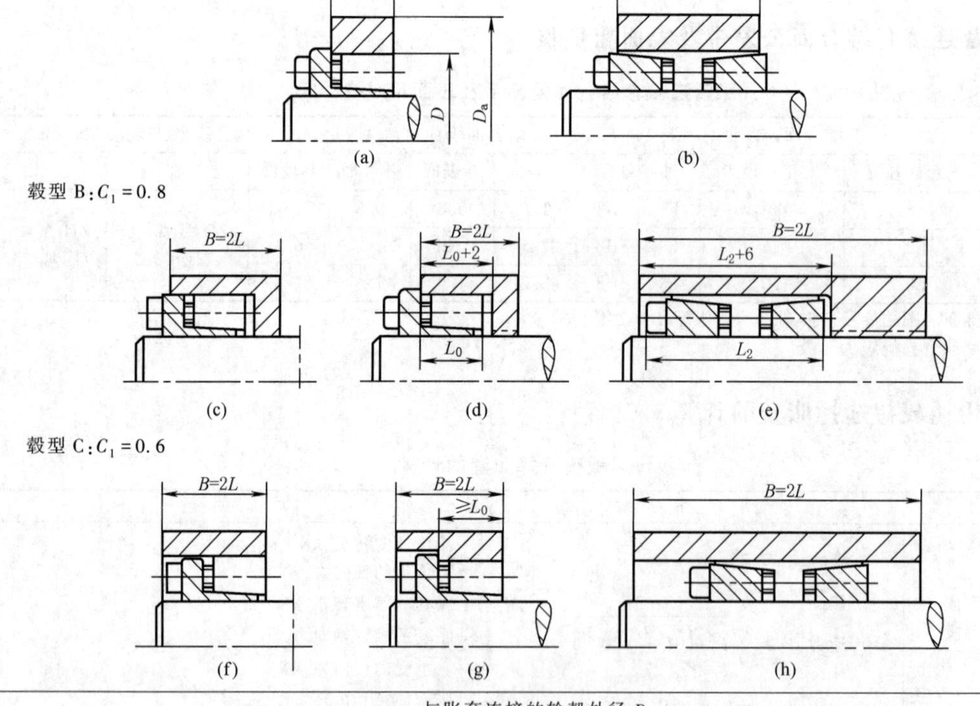

(a)　(b)　(c)　(d)　(e)　(f)　(g)　(h)

与胀套连接的轮毂外径 D_a

$$D_a \geqslant D\sqrt{\frac{R_{eH}+p_f' C_1}{R_{eH}-p_f' C_1}}$$

D——胀套外径,mm

R_{eH}——轮毂材料的屈服极限,MPa

p_f'——胀套与轮毂结合面上的压强,MPa

C_1——系数,轮毂与装在毂孔中的胀套宽度相同时 $C_1=1$

1.4 胀紧连接套安装和拆卸的一般要求（摘自 GB/T 28701—2012）

（1）连接前的准备工作

① 被连接件的尺寸应按 GB/T 3177 所规定的方法进行检验。

② 结合表面必须无污物、无腐蚀、无损伤。

③ 在清洗干净的胀套表面和被连接件的结合表面上，均匀涂一层薄润滑油（不应含二硫化钼添加剂）。

（2）胀套的安装

① 把被连接件推移到轴上，使其到达设计规定的位置。

② 将拧松螺钉的胀套平滑地装入连接孔处，要防止被连接件的倾斜，然后用手将螺钉拧紧。

（3）拧紧胀套螺钉的方法

① 胀套螺钉应使用力矩扳手按对角交叉均匀地拧紧。

② 按表 5-5-3~表 5-5-6 中规定的拧紧力矩 M_a 和以下步骤拧紧：第一次以$\frac{1}{3}M_a$ 拧紧；第二次以$\frac{1}{2}M_a$ 拧紧；第三次以 M_a 拧紧；最后以 M_a 进行检查，确保全部螺钉拧紧。

（4）胀套的拆卸

① 拆卸时先松开全部螺钉，但不要将螺钉全部拧出。

② 取下螺钉和垫圈后，将螺钉旋入前压环的辅助螺孔（拆卸螺孔）中，必要时可轻轻敲击螺钉的头部或被连接件，使胀套松动，然后拉动螺钉，即可将胀套拉出。

（5）防护

① 安装完毕后，在胀套外露端面及螺钉头部涂上一层防锈油脂。

② 对于露天作业或工作环境较差的机器，应定期在外露的胀套端面上涂防锈油脂。

③ 需在腐蚀介质中工作的胀套，应采取专门的防护措施（如加盖板）以防止胀套锈蚀。

1.5 ZJ1 型胀紧连接套的连接设计要点（摘自 GB/T 28701—2012）

（1）ZJ1 型胀套的连接型式

ZJ1 型胀套需以法兰和螺栓夹紧，有在轮毂上或在轴端面上夹紧两种型式（图 5-5-2），按需要选择。

（2）夹紧力

ZJ1 型胀套的总夹紧力 P_A 等于单个螺栓的夹紧力 P_V 乘以螺栓的数量 Z（即 $P_A=ZP_V$）。

单个螺栓的拧紧力矩 M_A 与单个螺栓的夹紧力 P_V 的关系见表 5-5-12。

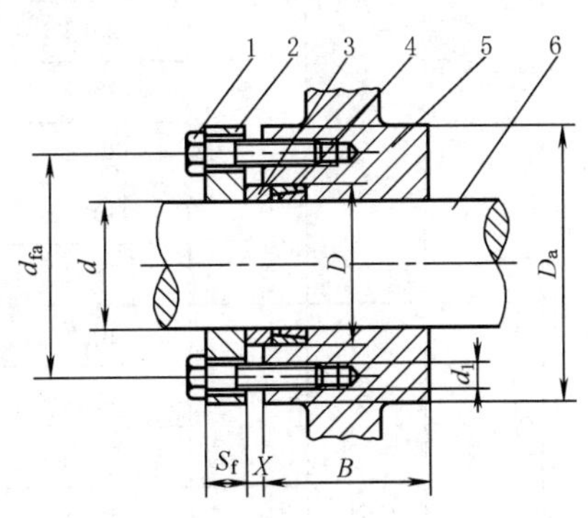

(a) 在轮毂上夹紧ZJ1型胀套

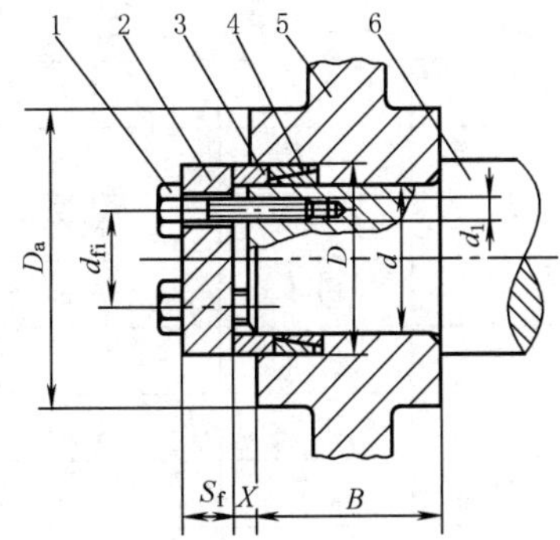

(b) 在轴端面上夹紧ZJ1型胀套

图 5-5-2 ZJ1 型胀套的连接型式

1—螺栓；2—法兰；3—隔套；4—ZJ1 型胀套；5—轮毂；6—轴

按表 5-5-8 选定公差带，在夹紧过程中（图 5-5-3）消除配合间隙所需夹紧力 P_0 及 ZJ1 型胀套与轴结合面上的压强 $p_f=100\text{MPa}$ 时所需的有效夹紧力 P_y 见表 5-5-13。

表 5-5-12　　螺栓的夹紧力 P_V

螺栓直径 /mm	性能等级 8.8 级		性能等级 10.9 级	
	M_A/N·m	P_V/kN	M_A/N·m	P_V/kN
M5	6	6.4	8	8.43
M6	10	9.0	14	12.6
M8	25	16.5	35	23.2
M10	49	26.2	69	36.9
M12	86	38.3	120	54.0
M16	210	73.0	295	102.0
M20	410	114.0	580	160.0
M24	710	164.0	1000	230.0

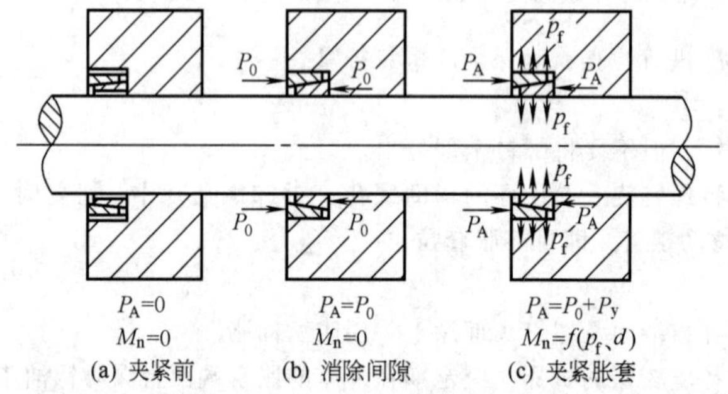

图 5-5-3　ZJ1 型胀套的夹紧过程

表 5-5-13　　夹紧过程中消除配合间隙所需夹紧力 P_0、隔套的基本尺寸及 $p_f=100\text{MPa}$ 时所需的有效夹紧力 P_y

<table>
<tr><th rowspan="3">d/mm</th><th rowspan="3">D/mm</th><th rowspan="3">PP_0/kN</th><th>p_f=100MPa</th><th colspan="4">X/mm</th><th colspan="2">隔套尺寸(图 5-5-4)</th></tr>
<tr><th rowspan="2">P_y/kN</th><th colspan="4">连接中的胀套数量</th><th rowspan="2">d_2/mm</th><th rowspan="2">D_2/mm</th></tr>
<tr><th>1</th><th>2</th><th>3</th><th>4</th></tr>
<tr><td>20</td><td>25</td><td>12.1</td><td>18</td><td rowspan="15">3</td><td rowspan="7">3</td><td rowspan="7">4</td><td rowspan="7">5</td><td>20.2</td><td>24.8</td></tr>
<tr><td>22</td><td>26</td><td>9.1</td><td>19.8</td><td>22.2</td><td>25.8</td></tr>
<tr><td>25</td><td>30</td><td>9.9</td><td>22.5</td><td>25.2</td><td>29.8</td></tr>
<tr><td>28</td><td>32</td><td>7.4</td><td>25.2</td><td>28.2</td><td>31.8</td></tr>
<tr><td>30</td><td>35</td><td>8.5</td><td>27</td><td>30.2</td><td>34.8</td></tr>
<tr><td>32</td><td>36</td><td>7.9</td><td>28.8</td><td>32.2</td><td>35.8</td></tr>
<tr><td>35</td><td>40</td><td>10.1</td><td>35.6</td><td>35.2</td><td>39.8</td></tr>
<tr><td>40</td><td>45</td><td>13.8</td><td>45</td><td rowspan="7">4</td><td rowspan="7">5</td><td rowspan="3">6</td><td>40.2</td><td>44.8</td></tr>
<tr><td>45</td><td>52</td><td>28.2</td><td>66</td><td>45.2</td><td>51.8</td></tr>
<tr><td>50</td><td>57</td><td>23.5</td><td>73</td><td>50.2</td><td>56.8</td></tr>
<tr><td>55</td><td>62</td><td>21.8</td><td>80</td><td rowspan="5">7</td><td>55.2</td><td>61.8</td></tr>
<tr><td>60</td><td>68</td><td>27.4</td><td>106</td><td>60.2</td><td>67.8</td></tr>
<tr><td>65</td><td>73</td><td>25.4</td><td>115</td><td>65.2</td><td>72.8</td></tr>
<tr><td>70</td><td>79</td><td>31</td><td>145</td><td>70.3</td><td>78.7</td></tr>
<tr><td>75</td><td>84</td><td>34.6</td><td>155</td><td>5</td><td>6</td><td>75.3</td><td>83.7</td></tr>
</table>

续表

<table>
<tr><th rowspan="3">d/mm</th><th rowspan="3">D/mm</th><th rowspan="3">P_0/kN</th><th>$p_f=100$MPa</th><th colspan="4">X/mm</th><th colspan="2">隔套尺寸(图 5-5-4)</th></tr>
<tr><th rowspan="2">P_y/kN</th><th colspan="4">连接中的胀套数量</th><th rowspan="2">d_2/mm</th><th rowspan="2">D_2/mm</th></tr>
<tr><th>1</th><th>2</th><th>3</th><th>4</th></tr>
<tr><td>80</td><td>91</td><td>48</td><td>203</td><td rowspan="8">4</td><td rowspan="4">5</td><td rowspan="4">6</td><td rowspan="4">8</td><td>80.3</td><td>90.7</td></tr>
<tr><td>85</td><td>96</td><td>45.6</td><td>216</td><td>85.3</td><td>95.7</td></tr>
<tr><td>90</td><td>101</td><td>43.4</td><td>229</td><td>90.3</td><td>100.7</td></tr>
<tr><td>95</td><td>106</td><td>41.2</td><td>242</td><td>95.3</td><td>105.7</td></tr>
<tr><td>100</td><td>114</td><td>60.7</td><td>347</td><td rowspan="4">6</td><td rowspan="4">7</td><td rowspan="4">9</td><td>100.3</td><td>113.7</td></tr>
<tr><td>105</td><td>119</td><td>63.2</td><td>332</td><td>105.3</td><td>119.7</td></tr>
<tr><td>110</td><td>124</td><td>66</td><td>349</td><td>110.3</td><td>123.7</td></tr>
<tr><td>120</td><td>134</td><td>60.2</td><td>380</td><td>120.4</td><td>133.6</td></tr>
<tr><td>125</td><td>139</td><td>70.1</td><td>420</td><td rowspan="5">5</td><td rowspan="5">7</td><td rowspan="5">9</td><td rowspan="5">11</td><td>125.4</td><td>138.6</td></tr>
<tr><td>130</td><td>148</td><td>96.2</td><td>558</td><td>130.4</td><td>147.6</td></tr>
<tr><td>140</td><td>158</td><td>89</td><td>600</td><td>140.4</td><td>157.6</td></tr>
<tr><td>150</td><td>168</td><td>84.5</td><td>643</td><td>150.4</td><td>167.6</td></tr>
<tr><td>160</td><td>178</td><td>78.5</td><td>686</td><td>160.4</td><td>177.6</td></tr>
<tr><td>170</td><td>191</td><td>117.5</td><td>865</td><td rowspan="7">6</td><td rowspan="6">8</td><td rowspan="6">11</td><td rowspan="6">13</td><td>170.5</td><td>190.5</td></tr>
<tr><td>180</td><td>201</td><td>111.2</td><td>916</td><td>180.5</td><td>200.5</td></tr>
<tr><td>190</td><td>211</td><td>105</td><td>966</td><td>190.5</td><td>211.5</td></tr>
<tr><td>200</td><td>224</td><td>134</td><td>1180</td><td>200.6</td><td>223.4</td></tr>
<tr><td>210</td><td>234</td><td>127</td><td>1239</td><td>210.6</td><td>233.4</td></tr>
<tr><td>220</td><td>244</td><td>122</td><td>1298</td><td>220.6</td><td>243.4</td></tr>
<tr><td>240</td><td>267</td><td>157.5</td><td>1610</td><td>9</td><td>12</td><td>14</td><td>240.6</td><td>266.4</td></tr>
<tr><td>250</td><td>280</td><td>190</td><td>1870</td><td rowspan="4">7</td><td rowspan="2">10</td><td rowspan="2">13</td><td rowspan="2">16</td><td>250.8</td><td>279.2</td></tr>
<tr><td>260</td><td>290</td><td>182</td><td>1950</td><td>260.8</td><td>289.2</td></tr>
<tr><td>280</td><td>313</td><td>206</td><td>2330</td><td rowspan="2">11</td><td rowspan="2">14</td><td rowspan="2">17</td><td>280.8</td><td>312.2</td></tr>
<tr><td>300</td><td>333</td><td>214</td><td>2490</td><td>300.8</td><td>332.2</td></tr>
<tr><td>320</td><td>360</td><td>292</td><td>3200</td><td rowspan="10">10</td><td rowspan="10">15</td><td rowspan="10">15</td><td rowspan="10">25</td><td>321</td><td>359</td></tr>
<tr><td>340</td><td>380</td><td>272</td><td>3400</td><td>341</td><td>379</td></tr>
<tr><td>360</td><td>400</td><td>258</td><td>3600</td><td>361</td><td>399</td></tr>
<tr><td>380</td><td>420</td><td>269</td><td>3800</td><td>381</td><td>419</td></tr>
<tr><td>400</td><td>440</td><td>256</td><td>4000</td><td>401</td><td>439</td></tr>
<tr><td>420</td><td>460</td><td>244</td><td>4200</td><td>421</td><td>459</td></tr>
<tr><td>450</td><td>490</td><td>238</td><td>4500</td><td>451</td><td>489</td></tr>
<tr><td>480</td><td>520</td><td>239</td><td>4800</td><td>481</td><td>519</td></tr>
<tr><td>500</td><td>540</td><td>229</td><td>5000</td><td>501</td><td>539</td></tr>
</table>

（3）夹紧附件的基本尺寸

隔套的基本尺寸见图 5-5-4 和表 5-5-13。

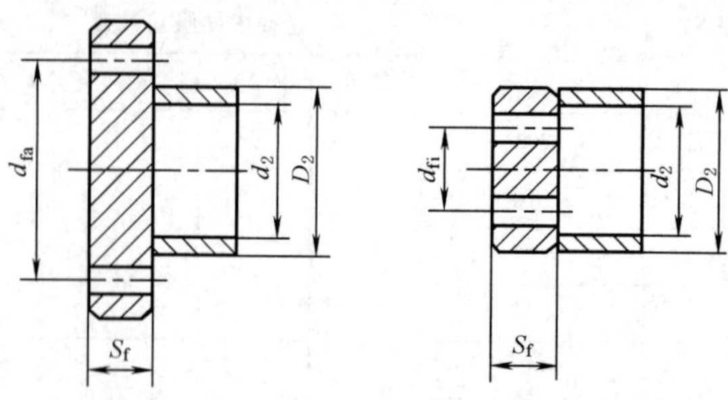

图 5-5-4　隔套的基本尺寸

法兰与轮毂端面的距离 X（图 5-5-2）见表 5-5-13。

法兰的基本尺寸（图 5-5-2）：

$$d_{fa}=D+10+d_1 \text{ (mm)}$$

$$d_{fi}=D-10-d_1 \text{ (mm)}$$

$$S_f \geqslant d_1\left(a_1+\frac{a}{Z}\right) \text{ (mm)}$$

式中　d_1——螺栓直径，mm；

Z——螺栓数；

a——螺栓布置系数，查表 5-5-14；

a_1——系数。

对于法兰的屈服极限 $R_{eH}\geqslant 295$MPa、螺栓的性能等级为 8.8 级时，$a_1=1$；对于法兰的屈服极限 $R_{eH}\geqslant 345$MPa、螺栓的性能等级为 10.9 级时，$a_1=1.5$。

表 5-5-14　　**螺栓布置系数 a**

a	六角头螺栓直径 d_1							
	M5	M6	M8	M10	M12	M16	M20	M24
	d_{fa} 或 d_{fi}/mm							
3	18	19	26	30	33	41	51	60
4	22	23	32	37	41	50	63	74
5	26	28	38	44	49	60	75	88
6	30	32	44	52	58	71	88	104
7	35	37	51	60	66	82	102	119
8	39	42	58	68	75	92	115	135
9	44	47	65	76	84	103	129	152
10	49	52	72	84	93	114	143	168
11	53	57	78	92	102	125	156	184
12	58	62	85	100	111	136	170	200
13	63	67	92	108	119	147	184	216
14	67	72	99	116	128	158	198	222
15	72	77	106	124	138	170	212	249
16	77	82	113	133	147	181	226	266
17	81	87	120	141	156	192	240	281

续表

a	六角头螺栓直径 d_1							
	M5	M6	M8	M10	M12	M16	M20	M24
	d_{fa} 或 d_{fi}/mm							
18	86	93	127	149	165	203	254	298
19	91	98	134	157	174	214	268	314
20	96	103	141	165	183	225	282	330
21	100	108	148	174	192	237	296	347
22	105	113	155	182	201	247	309	363
23	110	118	162	190	211	259	324	380
24	115	123	169	198	219	270	338	396
25	119	128	176	206	228	281	351	412
26	124	133	183	215	238	293	365	429
27	129	138	190	222	246	304	379	445
28	134	143	197	231	256	315	394	463
29	138	148	204	239	265	326	407	479
30	143	153	211	247	274	337	421	495

(4) 胀套数量和夹紧螺栓数量的计算

表 5-5-15

序号	计算内容	计算公式	说明
1	轮毂不产生塑性变形所允许的最大压强	在轮毂上夹紧[图 5-5-2(a)] $p'_{fmax}=\frac{R_{eH}}{C}\times\frac{(D_a-d_1)^2-D^2}{(D_a-d_1)^2+D^2}$ 在轴端面上夹紧[图 5-5-2(b)] $p'_{fmax}=\frac{R_{eH}}{C}\times\frac{D_a^2-D^2}{D_a^2+D^2}$	R_{eH}——轮毂的屈服极限,MPa d_1——螺栓直径,mm C——系数,见表 5-5-10
2	与 p'_{fmax} 相应的压强 p_{fmax}	$p_{fmax}=\frac{D}{d}p'_{fmax}$	
3	胀套可传递的载荷	当 $p_f=100$MPa 时,胀套可传递的转矩为 M_t;当压强为 p_{fmax} 时,胀套可传递的转矩为 $M_{tmax}=\frac{M_t p_{fmax}}{100}$	M_t 值查表 5-5-2
4	求载荷系数并求出传递给定载荷所需的胀套数 n	$m\geqslant\frac{M}{M_{tmax}}$ 由 m 值求出 n	m 值查表 5-5-9
5	传递给定载荷所需的有效夹紧力	$p_f=100$MPa 时,胀套有效夹紧力为 P_y;当压强为 p_{fmax} 时,胀套有效夹紧力为 $P'_y=\frac{P_y p_{fmax}}{100}$	P_y 值查表 5-5-13
6	总夹紧力	$P_A=P_0+P'_y$	P_0 值查表 5-5-13
7	螺栓数量	$Z=\frac{P_A}{P_V}$	P_V 值查表 5-5-12,Z 值应取整数

（5）计算示例

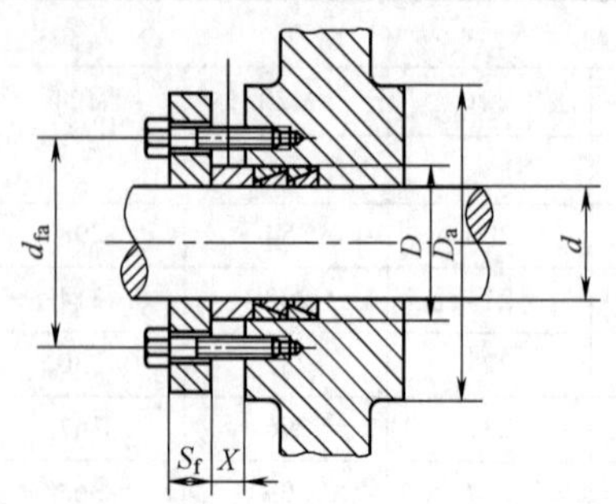

已知条件：$d=100$mm，$D_a=170$mm，轮毂材料 $R_{eH}=315$MPa，法兰材料 $R_{eH}=355$MPa，需传递转矩 $M=7.8$kN·m

确定胀套数量、螺栓数量及法兰尺寸，计算内容见表 5-5-16

表 5-5-16　　具体选型计算

序号	计算内容	计算公式	说明
1	选择胀套规格	根据 $d=100$mm，选定胀套 ZJ1-100×114 $d=100$mm，$D=114$mm $p_f=100$MPa 时 $M_t=3.5$kN·m	查表 5-5-2
2	查消除间隙所需夹紧力和有效夹紧力	$P_0=60.7$kN 当 $p_f=100$MPa 时 $P_y=347$kN	查表 5-5-13
3	初选螺栓尺寸	根据连接结构选定： 螺栓直径 M12，性能等级 8.8 拧紧力矩 $M_A=86$N·m 夹紧力 $P_V=38.3$kN	M_A 和 P_V 值查表 5-5-12
4	轮毂不产生塑性变形所允许的最大压强	$p'_{fmax}=\dfrac{R_{eH}}{C}\times\dfrac{(D_a-d_1)^2-D^2}{(D_a-d_1)^2+D^2}$ $=\dfrac{355}{0.8}\times\dfrac{(170-12)^2-114^2}{(170-12)^2+114^2}$ $=139.9$MPa	试设胀套数为 2，C 值查表 5-5-10
5	与 p'_{fmax} 相应的压强 p_{fmax}	$p_{fmax}=p'_{fmax}\dfrac{D}{d}$ $=139.9\times\dfrac{114}{100}$ $=159.5$MPa	
6	胀套可传递的载荷	$p_f=100$MPa 时 $M_t=3.5$kN·m，当压强为 $p_{fmax}=159.5$MPa 时 $M_{tmax}=\dfrac{M_t p_{fmax}}{100}$ $=\dfrac{3.50\times159.5}{100}$ $=5.58$kN·m	
7	传递载荷所需的胀套数量	载荷系数 $m=\dfrac{M}{M_{tmax}}=\dfrac{7.8}{5.58}=1.398$ 胀套数 $n=2$	查表 5-5-9，当 $m<1.56$ 时 $n=2$

续表

序号	计算内容	计算公式	说明
8	传递给定载荷所需的有效夹紧力	$p_f=100\text{MPa}$ 时 $P_y=347\text{kN}$，当压强为 $p_{\text{fmax}}=159.5\text{MPa}$ 时 $P'_y=\dfrac{P_y p_{\text{fmax}}}{100}$ $=\dfrac{347\times159.5}{100}$ $=553.5\text{kN}$	
9	总夹紧力	$P_A=P_0+P'_y$ $=60.7+553.5$ $=614.2\text{kN}$	
10	螺栓数量	$Z=\dfrac{P_A}{P_V}=\dfrac{614.2}{38.3}=16$	
11	确定法兰尺寸	$d_{fa}=D+10+d_1$ $=114+10+12$ $=136\text{mm}$ $S_f=d_1\left(a_1+\dfrac{a}{Z}\right)$ $=12\times\left(1+\dfrac{15}{16}\right)$ $=23.3\text{mm}$ 取 $S_f=24\text{mm}$	查表 5-5-14
12	法兰与轮毂端面的距离	$X=6$	查表 5-5-13

2 型面连接

型面连接是由轴与相应的轮毂沿光滑的非圆表面接触而成。表面可做成柱形或锥形。柱形只能传递转矩，锥形除传递转矩外，还能传递轴向力。型面连接的优点是装拆方便，能保持良好的对中；被连接件上没有像键连接那样的应力集中。其缺点是被连接件上挤压应力较高；加工较复杂。

图 5-5-5 所示为三边形连接，图 5-5-6 所示为方形连接。两者均采用 H7/g6~H7/k6 配合，其尺寸可参考表 5-5-17。图 5-5-7 所示为风机叶片三边形连接的实例。

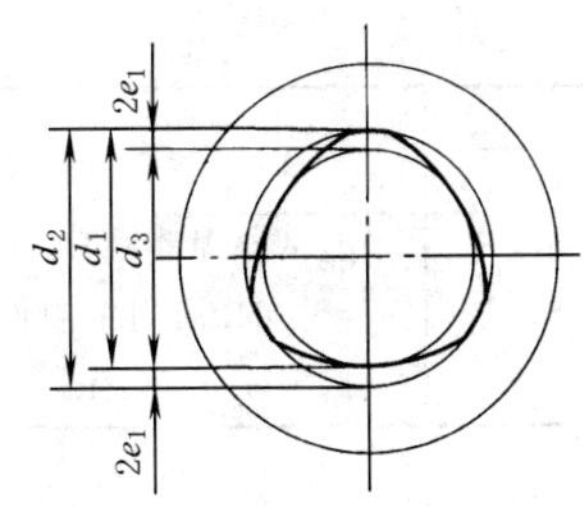

图 5-5-5 三边形连接

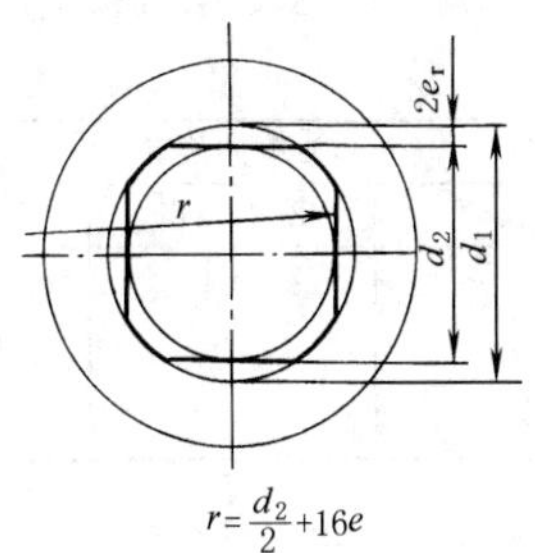

图 5-5-6 方形连接

表 5-5-17　　多边形连接尺寸　　mm

三边形连接								方形连接							
d_1	d_2	d_3	e_1	d_1	d_2	d_3	e_1	d_1	d_2	e	e_r	d_1	d_2	e	e_r
14	14.88	13.12	0.44	50	53.6	46.4	1.8	14	11	1.6	0.75	50	43	6	1.75
16	17	15	0.5	55	59	51	2	16	13	2	0.75	55	48	6	1.75
18	19.12	16.88	0.56	60	64.5	55.5	2.25	18	15	2	0.75	60	53	6	1.75
20	21.26	18.74	0.63	65	69.9	60.1	2.45	20	17	3	0.75	65	58	6	1.75
22	23.4	20.6	0.7	70	75.6	64.4	2.8	22	18	3	1	70	60	6	2.5
25	26.6	23.4	0.8	75	81.3	68.7	3.15	25	21	5	1	75	65	6	2.5
28	29.8	26.2	0.9	80	86.7	73.3	3.35	28	24	5	1	80	70	8	2.5
30	32	28	1	85	92.1	77.9	3.55	30	25	5	1.25	85	75	8	2.5
32	34.24	29.76	1.12	90	98	82	4	32	27	5	1.25	90	80	8	2.5
35	37.5	32.5	1.25	95	103.5	86.5	4.25	35	30	5	1.25	95	85	8	2.5
40	42.8	37.2	1.4	100	109	91	4.5	40	35	6	1.25	100	90	8	2.5
45	48.2	41.8	1.6					45	40	6	1.25				

注：三边形连接尺寸摘自 DIN 32711，方形连接尺寸摘自 DIN 32712。

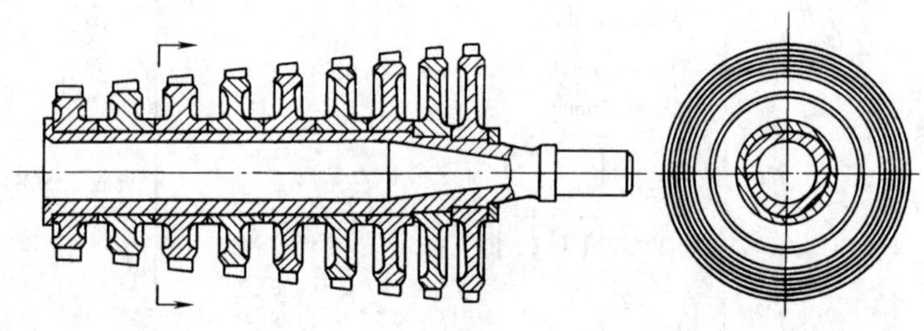

图 5-5-7　风机叶片三边形连接

多边形连接中轴和毂孔在转矩作用下，其结合面产生的最大压强应满足下式：

三边形连接时

$$p=\frac{T}{l_t(2.36d_1e_1+0.05d_1^2)}\leqslant p_p$$

方形连接时

$$p=\frac{T}{l_t(\pi d_r e_r+0.05d_r^2)}\leqslant p_p$$

式中　T——传递的转矩，N·mm；

l_t——结合长度，mm；

d_1——等距直径，mm；

d_r——计算直径，mm，$d_r=d_2+2e$；

e_1，e_r——剖面的偏心度，mm；

p_p——许用压强，见表 5-5-18。

表 5-5-18　　多边形轴许用压强 p_p

许用压强	轴单向旋转			轴双向旋转		说明
	静载荷	较小冲击	较大冲击	较小冲击	较大冲击	
p_p	$1.1p_0$	$1.0p_0$	$0.75p_0$	$0.6p_0$	$0.45p_0$	p_0 表示基本压强，对于钢和铸钢 $p_0=150$MPa，当钢制件的结合面淬火后则 $p_0=200$MPa

CHAPTER 6

第6章 锚固连接

锚固连接是通过特种锚固件（如锚栓等）将被安装的构架或机器固定连接到基础上的一种安装连接方式，它避免了预埋地脚螺栓安装施工复杂的缺点，具有快捷方便（可以立即承载）的优点，已普遍应用在建筑业和设备安装工程中。锚栓按材质分为塑料制和金属制两大类；按照锚固原理可分为膨胀型机械锚栓、扩底型（切底型）机械锚栓和粘接型机械锚栓。扩底型（切底型）可进一步细分为自扩底型和后扩底型机械锚栓；粘接型机械锚栓进一步细分为粘模扩底锚栓（胶粘后扩底锚栓）、胶粘自扩底锚栓。还有一类锚栓是依靠化学胶体和金属螺杆组成的，化学胶体和石英砂等固体颗粒装在封闭的玻璃管内，这种锚栓称为化学锚栓。

目前我国关于锚栓（膨胀螺栓）的国家标准和行业标准共有四个，它们对锚栓（膨胀螺栓）的定义和规定有不同的侧重面。建议以 GB/T 22795—2008 和 JG/T 160—2017 为主要参考资料。

表 5-6-1　锚栓（膨胀螺栓）国家和行业标准汇总

序号	标准号	标准名称	主要内容
1	GB/T 22795—2008	混凝土用膨胀型锚栓型式与尺寸	国家标准，共介绍八种膨胀锚栓的形状和尺寸，没有介绍其性能及混凝土知识
2	JB/ZQ 4763—2006	膨胀螺栓	机械行业标准，只介绍了一种膨胀螺栓（后扩底型），简单介绍了其性能和安装孔间距要求
3	JG/T 160—2017	混凝土用机械锚栓	建筑行业标准 ①介绍了锚栓的术语和常用代号及意义 ②把锚栓按锚固方式分为膨胀锚栓、扩底锚栓和自攻锚栓 ③把锚栓的适用条件分为 N、C、S 三类。N 类用于非开裂混凝土；C 类用于开裂和非开裂混凝土；S 类在 C 类基础上还能承受地震作用 ④ 介绍了锚栓的性能和要求（尤其是锚固要求） ⑤ 在附录中介绍了锚栓的类型和锚固破坏形式示例
4	GB/T 17116.3—2018	管道支吊架	以介绍各种支架为主，只提到一种膨胀螺栓，既没有命名也没有性能介绍

1　锚固连接的作用原理

锚固连接按作用原理可分为凸型结合、摩擦结合和材料结合，见表 5-6-2。

表 5-6-2

类型	作用原理	图示
凸型结合 （扩底型结合）	载荷通过锚栓外壁套管底部的扩张，切入锚固基础的混凝土中形成的机械啮合来传递。此类锚栓分为自扩底型和后扩底型。自扩底型锚栓由于底部套管钢材硬度非常高且有刃口，在锚栓杆拉紧扩张底部的同时套管可以自动切入混凝土中，后扩底型锚栓结合的钻孔需使用专门与锚栓匹配的钻头进行底部扩孔，锚栓套管外壁在底部扩孔部分与锚固基础形成凸型结合，通过啮合将载荷传给锚固基础。此类锚栓在混凝土结构中具有良好的抗振、抗冲击性能	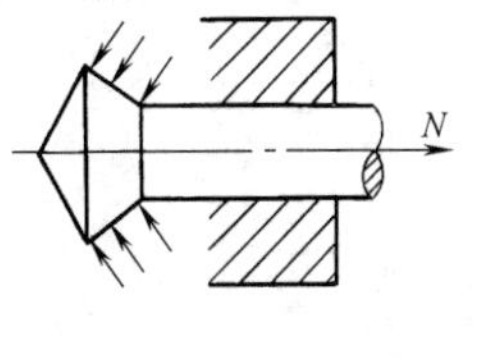 N

续表

类型	作用原理	图示
摩擦结合（膨胀型结合）	外力作用于锚栓上，使锚栓的膨胀片张开，在锚栓与孔壁间形成摩擦力。膨胀力可由扭矩控制（力控）或由位移控制。扭矩控制是用力矩扳手拧到规定的力矩使锥体压入膨胀套管内，把膨胀片挤向孔壁。位移控制是把扩充锥体敲入膨胀套管内，达到规定的打入行程后，膨胀片张开，挤向孔壁。螺杆锚栓、敲击式螺杆锚栓、重载锚栓等的作用原理均属于摩擦结合。后继膨胀锚栓是指当锚固区混凝土出现裂缝时，锚栓的锥体继续滑入膨胀套管内使膨胀套管继续张开，增大锚栓与基材（混凝土）的膨胀力，补偿因裂缝而损失的承载力	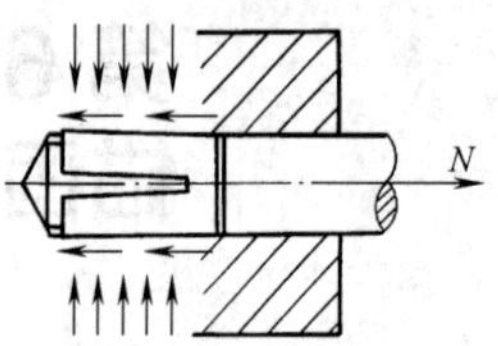 N
材料结合（胶粘型结合）	通过胶合体将载荷传递给锚固基础。例如各种高强化学锚栓，其结合材料由合成树脂及内部粗细骨料-石英颗粒及石英砂组成，锚固时，形成具有良好亲和力的胶体将锚杆与基材连为一体。	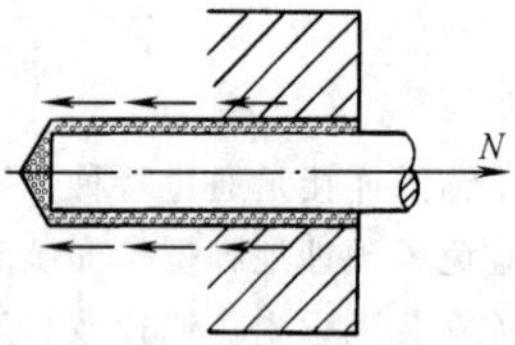 N

2 锚固连接失效的几种主要形式

表 5-6-3

失效类别		说明	图示
受拉失效	锚栓钢材失效/破坏	锚栓本身钢材拉断，主要发生在锚固深度过深或混凝土强度过高或锚固区钢筋密集或锚栓材质强度较低或截面积偏小的地方。这种失效一般具有明显的塑性变形，失效载荷离散性小	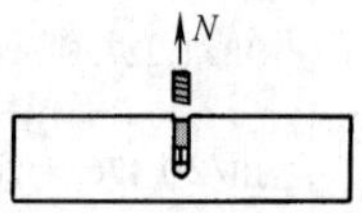 N
	混凝土锥体失效/破坏	通常表现为以锚栓膨胀区或柱锥区为顶点的混凝土锥体受拉失效，此种失效形式为锚固失效的基本形式	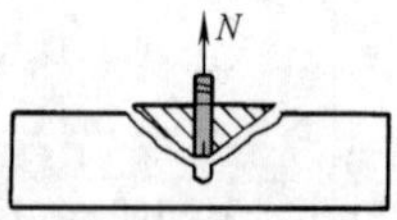 N
	锚栓拔出或穿出失效/破坏	表现为锚栓从锚孔中拔出或从套管中穿出。锚栓从锚孔拔出主要由于锚栓安装方法不当，如钻孔过大、清孔不净、锚栓预紧力不够或黏结剂强度过低或失效等。一般情况下，此种失效是一种不正常的失效现象，一般不允许发生，一旦发生应按锚固质量不合格处理。锚栓从套管中穿出是在受控条件下，如对锚固基材施加约束，限制混凝土锥体失效，则可能发生此种失效，但其承载力较高，数值较为稳定	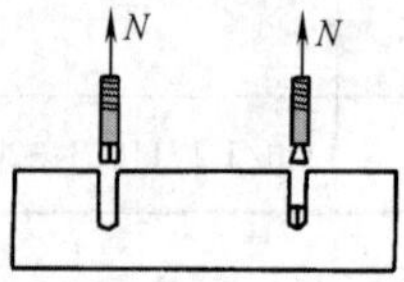 N N
	混凝土劈裂失效/破坏	此种失效是不常见的失效形式，多发生于膨胀锚栓群锚区域，主要是由锚栓布置及施工安装不当所造成，一般可通过控制边距、间距、构件厚度及裂缝宽度防止	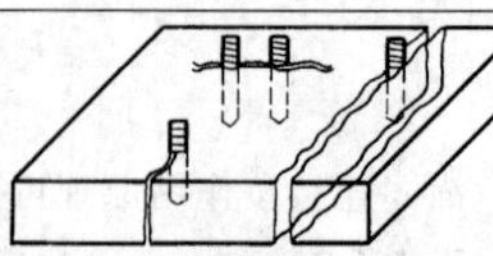
受剪失效	锚栓钢材失效/破坏	当锚栓距离混凝土构件边缘较远，且锚栓剪切强度不够时通常出现此种失效	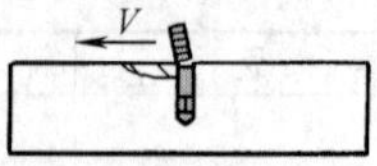 V
	混凝土楔形体失效/破坏	如果锚栓距离混凝土构件边缘较近，可能出现此种失效	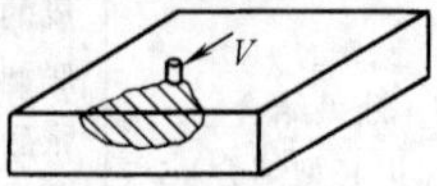 V
	沿剪力反向混凝土撬坏/破坏	当采用短而粗、刚性较大的锚栓或锚栓的间距较小时，可能出现此种失效	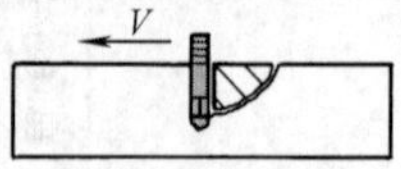 V

3 锚固连接的基础与安装

3.1 锚固基础

设备安装基础有普通混凝土、钢筋混凝土及其他砌体材料等多种类型，不同类型锚固基础的特性和强度直接影响锚固连接的承载性能。锚固连接的混凝土破坏载荷随着混凝土强度的提高而升高。锚栓固定适用的混凝土抗压强度为25~60MPa（标号为C25~C60）。GB 50010中规定混凝土强度等级有C15、C20、C25、C30、C35、C40、C45、C50、C55、C60、C65、C70、C75、C80等，在进行锚栓固定前要先了解基础的混凝土强度等级。

锚固基础混凝土又分为开裂和非开裂两类，当 $\sigma_L+\sigma_R\leqslant 0$ 时，可判定为非开裂混凝土，否则视为开裂混凝土。其中 σ_L 为外载荷及锚固载荷在混凝土中产生的标准应力，拉为正，压为负；σ_R 为由于混凝土收缩、温度变化及支座位移在混凝土中产生的标准应力，可近似取 $\sigma_R=3\text{MPa}$。在混凝土中通常使用钢制锚栓作锚固件，在承载力不大的情况下也可使用尼龙锚栓。在砌体材料中通常选用尼龙锚栓或高强度化学锚栓。

3.2 锚栓安装

表 5-6-4　　锚栓安装型式

锚栓安装型式	齐平式安装	预先钻孔，插入锚栓后再安装被固定件，拧紧螺母。锚固基础的孔径大于被固定件的孔径	
	穿透式安装	被固定件就位后，钻头通过被固定件的孔钻孔，锚栓从被固定设备的固定孔插入底孔中并保持套管低于设备表面，然后拧紧螺母。被固定件的孔径至少等于锚栓钻孔直径	
	悬挑式安装	被固定件和锚固基础表面相隔一定距离。锚栓先固定在基础上，在锚栓螺杆上通过其他固定件来安装被固定件	
安装尺寸说明	钻孔深度	由锚栓类型和规格决定钻孔深度，一般情况下和锚栓底部到套管顶部长度相同	
	锚固深度	根据基础混凝土强度及设备对振动的要求和锚栓结构综合考虑	
	锚固厚度	锚固厚度等于被固定件的厚度，这是计算锚栓螺杆长度的关键数据	
	锚栓间距、边距及基础厚度	相邻锚栓中心距称为锚栓间距 s，边距 c 是指锚栓中心轴到混凝土构件自由边缘的距离，基础厚度 h 是指锚固基础的厚度。最小基础厚度 h_{min} 是指确保不发生混凝土劈裂失效的锚固基础的厚度。最小边距 c_{min}（最小间距 s_{min}）是指在拉力作用下，确保每根锚栓的最低受拉承载力时的距离值。特征边距 $c_{cr,N}$（特征间距 $s_{cr,N}$）是指在拉力作用下，混凝土在理想化锥体失效的情况下，确保每根锚栓受拉承载力为标准值 $N^0_{Rd,c}$ 时的距离值	

表 5-6-5　　锚栓安装一般步骤

安装方式	步骤
后扩底锚栓安装	电锤钻孔　扩孔钻扩底孔　清理杂质　安装锚栓　拧紧固定 现在市场已有专用混凝土扩孔钻头，不再需要摇晃钻头。由于钻头和套管的尺寸公差，有时需要敲击套管才能把套管安装到孔底
自扩底锚栓安装	和后扩底锚栓安装方式相同，只是不需要用扩孔钻扩底孔。目前我国市场上大多数自扩底锚栓性能没有进口产品质量好，不是特殊情况，不推荐用自扩底锚栓
无扩底锚栓安装	和自扩底锚栓安装方式相同
穿透式安装	电锤钻孔　清理杂质　安装锚栓　力矩扳手拧紧　完成固定
化学锚栓安装	电锤钻孔　认真清理杂质　插入胶管　锚栓旋入就位　胶管破裂充满缝隙　完成固定　等待固化：40℃ 25min；30℃ 30min；20℃ 45min；5℃ 1.5h；0℃ 3h；−5℃ 6h
化学树脂植根	电锤钻孔　认真清理杂质　注入树脂胶　锚栓或螺杆旋入就位　完成固定　等待固化：40℃ 25min；30℃ 30min；20℃ 45min；5℃ 1.5h；0℃ 3h；−5℃ 6h

4　锚栓的表面处理

锚栓通常采用刷防锈涂料、电镀锌或热镀锌等较经济的方法进行表面处理，但防锈层厚度有限，而且防锈层不允许破坏才可以保证材料的长期防锈性能。锚栓最低电镀锌层厚度为5μm，并在镀锌层表面再钝化镀铬，可以满足产品在最不利气候条件下运输，在干燥环境下可起到长期保护作用。热镀锌层厚度至少为40μm。

比涂（镀）层防锈更为有效的措施是锚栓采用奥氏体不锈钢或特殊合金钢，不锈钢材料在通常环境条件下和工业环境中均具有很好的防锈性能。不同环境条件下的防锈措施见表5-6-6。

表5-6-6　　不同环境条件下的防锈措施

适用环境条件	产品防锈措施
非特别潮湿的室内；有足够的混凝土覆盖	电镀锌5~10μm，并钝化镀铬
室内潮湿，偶有凝结物；有少许大气污染	热镀锌，镀层厚大于40μm
极度潮湿，甚至水蒸气凝结成水滴；有明显腐蚀性大气污染	采用奥氏体不锈钢

5　锚固连接的承载力验算

影响锚固连接强度的因素很多，除了锚栓的强度外，混凝土强度、锚栓间距和边距、锚固深度及基础状态（开裂或未开裂）都是重要的影响因素。外载荷（拉力、剪力和拉剪合力）作用方向不同对锚固承载能力的影响也不一样，例如裂缝使远离边缘且受拉力作用的锚栓承载能力比受剪力作用的明显降低，基础自由边缘尺寸对指向边缘的剪力作用下的锚栓承载能力的影响比对受拉力时锚栓承载能力的影响大。

此外，以上影响因素是互相牵制的，即多个参数共同对锚栓的承载能力起影响作用。例如在拉力作用下，大间距锚栓在高强度混凝土中通常是钢材失效；若减小间距，承载力并不立即变化，即间距对承载力变化不起作用，只有当间距减小到混凝土破坏块交错干扰时，尽管混凝土强度很高，且其失效载荷小于钢材破坏值，但会导致承载力降低，使间距影响起作用。

下面介绍的锚固连接强度的验算方法，考虑到以上多种参数的影响。此方法适用于柱锥式、拉力膨胀式钢锚栓及化学黏结式锚栓。

5.1　锚栓承载力验算要求及计算公式

5.1.1　验算方法与要求

将锚栓组的锚固区域按锚栓个数平均划分，如图5-6-1所示定义锚栓边距c_1、c_2、c_3、c_4，取群锚中受力最大的单个锚栓进行验算，详见表5-6-7。

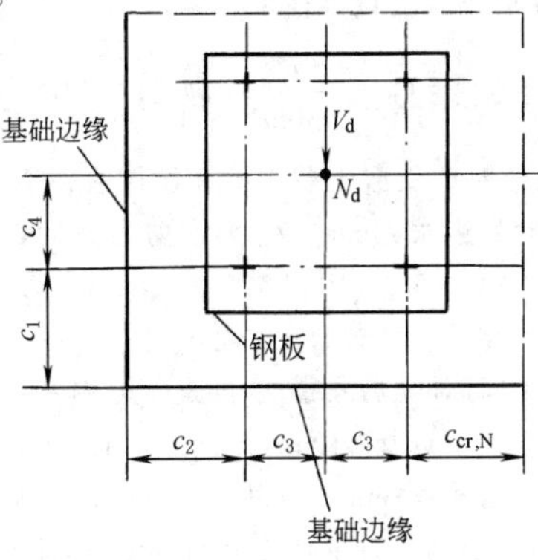

图5-6-1　锚栓分布

$c_{cr,N}$—特征边距；c_1—沿剪力方向的锚栓边距；c_4—沿剪力反方向的锚栓边距；c_2，c_3—垂直于剪力方向的锚栓边距；虚线—表示非实际锚固基础边缘；N_d—轴向拉力；V_d—横向剪力

表 5-6-7　　锚栓承载力验算要求

锚栓受力	失效类型	承载力要求	说　明
拉力	钢材失效	$N_{sd} \leqslant N_{Rd,s}$	N_{sd}——群锚中受拉程度最大的锚栓的拉力设计值,kN $N_{Rd,s}$——锚栓钢材失效时的受拉承载力设计值(已考虑材料的分项系数,或称安全系数,下同),kN $N_{Rd,c}$——锚栓在混凝土锥体失效时的受拉承载力设计值(已考虑材料的分项系数),kN V_{sd}——群锚中受剪程度最大的锚栓的剪力设计值,kN $V_{Rd,s}$——锚栓钢材失效时的受剪承载力设计值(已考虑材料的分项系数),kN $V_{Rd,c}$——锚栓在混凝土楔形体失效时的受剪承载力设计值(已考虑材料的分项系数),kN $V_{Rd,cp}$——锚栓在沿剪力反向混凝土撬坏时的受剪承载力设计值(已考虑材料的分项系数),kN
	混凝土锥体失效	$N_{sd} \leqslant N_{Rd,c}$	
	锚栓穿出失效	若锚栓从套管中穿出,其承载力由试验确定	
	混凝土劈裂失效	通过限制裂缝宽度($W_{max} \leqslant 0.3$mm)等条件避免此种失效发生	
剪力	钢材失效	$V_{sd} \leqslant V_{Rd,s}$	
	混凝土楔形体失效	$V_{sd} \leqslant V_{Rd,c}$	
	沿剪力反向混凝土撬坏	$V_{sd} \leqslant V_{Rd,cp}$	
拉剪合力		$\frac{N_{sd}}{N_{Rd}}+\frac{V_{sd}}{V_{Rd}} \leqslant 1.2$	$\frac{N_{sd}}{N_{Rd}}$，$\frac{V_{sd}}{V_{Rd}}$——取各种失效类型计算结果的最小值

5.1.2　受拉承载力计算

① 锚栓受拉承载力设计值 $N_{Rd,s}$ 在产品性能数据表中直接查得。

② 混凝土锥体失效时受拉承载力设计值 $N_{Rd,c}$ 应按式（5-6-1）计算：

$$N_{Rd,c}=N_{Rd,c}^{0}\psi_1\psi_2\psi_3\psi_4\varphi\psi_{ucr,N}\ (\text{kN}) \tag{5-6-1}$$

式中　$N_{Rd,c}^{0}$——混凝土锥体失效时受拉承载力特征设计值（标准值），kN；

ψ_1，ψ_2，ψ_3，ψ_4（ψ_i）——锚栓各边距 c_1、c_2、c_3、c_4（c_i）对混凝土锥体失效时的受拉承载力的影响系数，分别查表；

φ——构件边缘对中心对称应力的影响系数，取锚栓最小边距 c_{min} 所对应的值，查表；

$\psi_{ucr,N}$——混凝土基材状况影响系数，用于开裂混凝土时 $\psi_{ucr,N}=1.0$；用于非开裂混凝土时 $\psi_{ucr,N}\geqslant 1.4$。

5.1.3　受剪承载力计算

① 锚栓受剪承载力设计值 $V_{Rd,s}$ 在产品性能数据表中直接查得。

② 锚栓在混凝土楔形体失效时的受剪承载力设计值 $V_{Rd,c}$ 应按式（5-6-2）计算：

$$V_{Rd,c}=V_{Rd,c}^{0}\frac{c_2+c_3}{4500c_1^{0.5}}h\psi_{ucr,v}\ (\text{kN}) \tag{5-6-2}$$

式中　$V_{Rd,c}^{0}$——锚栓在混凝土楔形体失效时的受剪承载力特征设计值，N；

c_1，c_2，c_3——如图 5-6-1 所定义的锚栓的边距，mm，c_1 为沿剪力方向的锚栓边距，c_2、c_3 为垂直于剪力方向的锚栓边距，如 c_2（c_3）$\geqslant 1.5c_1$，则取 $1.5c_1$ 代入式中；

h——构件厚度，mm，如 $h\geqslant 1.5c_1$，则取 $1.5c_1$ 代入式中；

$\psi_{ucr,v}$——非开裂混凝土及锚固区配筋对受剪承载力的提高影响系数，开裂混凝土，无边缘配筋，$\psi_{ucr,v}=1.0$；开裂混凝土，边缘直钢筋 $\geqslant\phi$12mm，$\psi_{ucr,v}=1.2$；开裂混凝土，边缘直钢筋 $\geqslant\phi$12mm，且箍筋间隔 $\leqslant$10mm 或焊接筋网 $\geqslant$8mm，且间距 $\leqslant$100mm，$\psi_{ucr,v}=1.4$；非开裂混凝土，$\psi_{ucr,v}=1.4$。

③ 沿剪力反向混凝土撬坏时的受剪承载力设计值应按式（5-6-3）计算：

$$V_{Rd,cp}=kN_{Rd,c}\gamma_{Mc}(\text{拉})/\gamma_{Mc}(\text{剪})\ (\text{kN}) \tag{5-6-3}$$

式中　$N_{Rd,c}$——混凝土锥体失效时受拉承载力设计值，kN；

γ_{Mc}（拉）——锚栓在拉力作用下混凝土失效时的材料分项系数，查表；

γ_{Mc}（剪）——锚栓在剪力作用下混凝土失效时的材料分项系数，查表；

k——锚固深度 h_{ef} 对 $V_{Rd,cp}$ 的影响系数，查表。

5.1.4 拉剪承载力计算

在拉剪合力作用下，除应分别满足表 5-6-7 中拉力和剪力作用下的承载力要求外，还应满足表中规定的拉剪合力承载力要求。

5.2 实例

如图 5-6-2 所示，一轴承底架用锚栓紧固连接在正常配筋的 C30 混凝土基础上，基础厚 $h=100$mm。根据受力计算，锚栓 1 和 2 受力最大，其轴向拉力设计值 $N_{sd}=3$kN，横向剪力设计值 $V_{sd}=0.9$kN。初选四个 FZA10×40M6/10 后扩底螺杆锚栓，材质为电镀锌钢。取锚栓 1 按表 5-6-7 的要求进行验算。

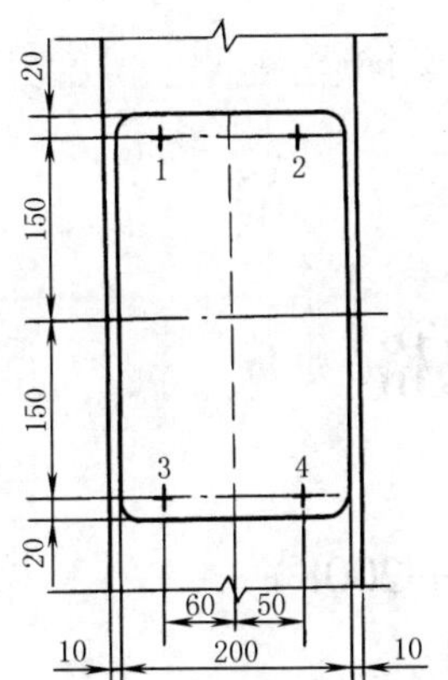

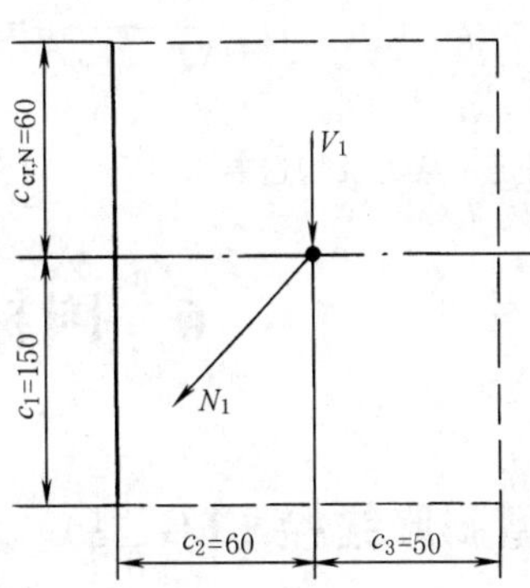

图 5-6-2　轴承底架锚栓布置及锚栓 1 的受力

（1）锚栓受拉承载力的验算

① 钢材失效时的承载力由表 5-6-17 直接查得 $N_{Rd,s}=10.8$kN。

② 混凝土锥体失效时的承载力为

$$N_{Rd,c}=N_{Rd,c}^{0}\psi_1\psi_2\psi_3\psi_4\varphi\psi_{ucr,N}$$

由表 5-6-17 先查得 C25 及 C35 的 $N_{Rd,c}^{0}$ 值，再用线性插值法求 C30 的 $N_{Rd,c}^{0}$，即

$$N_{Rd,c}^{0}=\frac{4.9-4.1}{2}+4.1=4.5\text{kN}$$

$c_1=150$mm 时，由表 5-6-17 查得 $\psi_1=1.0$；$c_2=60$mm 时，由表 5-6-17 查得 $\psi_2=1.0$；$c_3=50$mm 时，由表 5-6-17 查得 $\psi_3=0.92$；$c_4=c_{cr,N}=60$mm 时，由表 5-6-17 查得 $\psi_4=1.0$；最小边距 $c_{min}=50$mm，由表 5-6-17 查得 $\varphi=0.95$；由于为开裂混凝土，$\psi_{ucr,N}=1.0$。

故
$$N_{Rd,c}=4.5\times1.0\times1.0\times0.92\times1.0\times0.95\times1.0=3.9\text{kN}$$

③ 验算：$N_{sd}=3\text{kN}<3.9\text{kN}$（$N_{Rd,s}$ 和 $N_{Rd,c}$ 中的较小值），受拉时连接强度满足要求。

（2）锚栓受剪承载力的验算

① 钢材失效时的承载力由表 5-6-17 直接查得 $V_{Rd,s}=6.4$kN。

② 混凝土楔形体失效时的承载力为

$$V_{Rd,c}=V_{Rd,c}^{0}\frac{c_2+c_3}{4500c_1^{0.5}}h\psi_{ucr,v}$$

由表 5-6-17 先查得 C25 及 C35 的 $V_{Rd,c}^{0}$ 值，再用线性插值法求得 C30 的 $V_{Rd,c}^{0}$，即

$$V_{Rd,c}^{0}=\frac{6.2-5.2}{2}+5.2=5.7\text{kN}$$

立柱为正常配筋，$\psi_{ucr,v}=1.2$，则

$$V_{Rd,c}=5.7\times\frac{60+50}{4500\times150^{0.5}}\times100\times1.2=1.4\text{kN}$$

沿剪力方向混凝土反向撬坏的承载力为

$$V_{Rd,cp}=kN_{Rd,c}\gamma_{Mc}(\text{拉})/\gamma_{Mc}(\text{剪})$$

由表 5-6-17 查得 $k=1.3$，$\gamma_{Mc}(\text{拉})=2.15$，$\gamma_{Mc}(\text{剪})=1.8$。

故
$$V_{Rd,cp}=1.3\times3.9\times2.15/1.8=6.1\text{kN}$$

③ 验算：$V_{sd}=0.9\text{kN}<1.4\text{kN}$（$V_{Rd,s}$ 和 $V_{Rd,c}$ 中较小值），受剪时，连接强度满足要求。

(3) 拉剪复合受力验算

相对钢材破坏

$$\frac{N_{sd}}{N_{Rd,s}}+\frac{V_{sd}}{V_{Rd,s}}=\frac{3}{10.8}+\frac{0.9}{6.4}=0.42<1.2(\text{满足要求})$$

相对混凝土破坏

$$\frac{N_{sd}}{N_{Rd,c}}+\frac{V_{sd}}{V_{Rd,c}}=\frac{3}{3.9}+\frac{0.9}{6.1}=0.92<1.2(\text{满足要求})$$

(4) 结论

所选锚栓满足承载力及构造要求。

6 国标锚栓型号与规格

6.1 螺杆型膨胀锚栓（LG 型）（摘自 GB/T 22795—2008）

表 5-6-8 **螺杆型膨胀锚栓（LG 型）规格及尺寸** mm

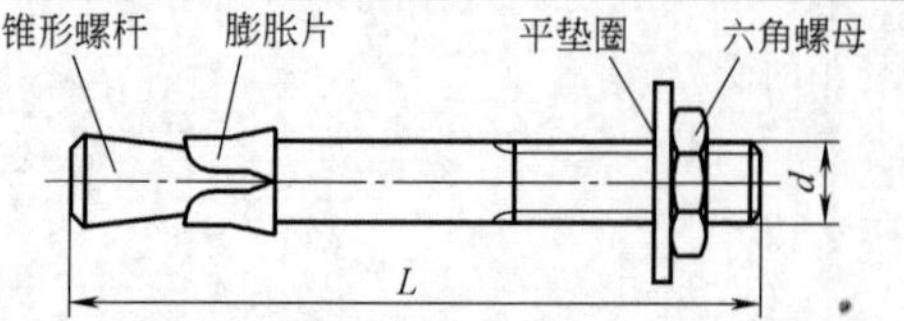

公称直径 $d=12$mm、长度 $L=100$mm、由碳钢制造的、表面镀锌处理的螺杆型膨胀锚栓，标记为：

锚栓 GB/T 22795 M12×100-LG

不需要扩底，依靠锥形螺杆轴向移动，膨胀片受扩膨胀，依靠膨胀力固定

适用于各种机器设备、电梯、管路、传送装置、支架等，特别适用于安装动载荷设备

平齐式安装，适用于开裂和非开裂混凝土、石材

螺纹规格		M6	M8	M10	M12	M14	M16	M20	M24	螺纹规格		M6	M8	M10	M12	M14	M16	M20	M24
公称直径 d		6	8	10	12	14	16	20	24	公称直径 d		6	8	10	12	14	16	20	24
L 公称	40	√								L 公称	130		√	√	√	√			
	45	√									135		√		√				
	50		√								140			√	√		√		
	55	√	√								145						√		
	60		√	√							150			√	√		√		
	65	√	√	√							160			√	√	√		√	
	70	√	√	√	√						170				√			√	
	75		√	√	√						175						√		
	80		√	√	√	√					180				√	√	√	√	
	85	√	√	√	√		√				190						√		√
	90		√	√	√		√				200				√		√	√	
	95		√	√	√	√					215						√	√	√
	100	√	√	√	√		√				220						√	√	
	105		√				√				240				√		√		
	110		√		√	√					250						√		√
	115		√	√	√						260							√	
	120		√	√	√		√	√			300				√				√
	125						√	√											

6.2 内迫型膨胀锚栓（NP 型）（摘自 GB/T 22795—2008）

表 5-6-9　　内迫型膨胀锚栓（NP 型）规格及尺寸　　mm

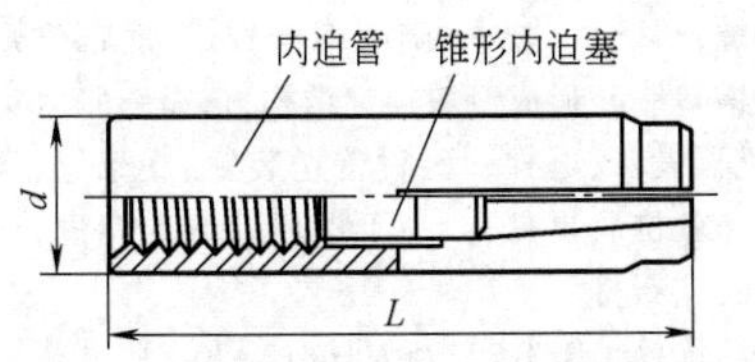

公称直径 d=12mm、长度 L=40mm、由碳钢制造的、表面镀锌处理的内迫型膨胀锚栓，标记为：

锚栓 GB/T 22795 M10×40-NP

不需要扩底，螺钉从上面拧入，随着螺钉拧入底部槽口扩张，依靠膨胀力固定

适用于各种机器设备、电梯、管路、传送装置、支架等，特别适用于安装动载荷设备

平齐式安装（也可穿透式安装），适用于开裂和非开裂混凝土、石材

实际标注应为：锚栓 GB/T 22795 M10/12×40-NP

螺纹规格		M6	M8	M10	M12	M12[①]	M16	M20
公称直径 d		8	10	12	15	16	20	25
L 公称	25	√	√					
	30	√	√	√				
	40			√				
	50				√	√		
	65						√	
	80							√

① 为加强型。

6.3 外迫型膨胀锚栓（WP 型）（摘自 GB/T 22795—2008）

表 5-6-10　　外迫型膨胀锚栓（WP 型）规格及尺寸　　mm

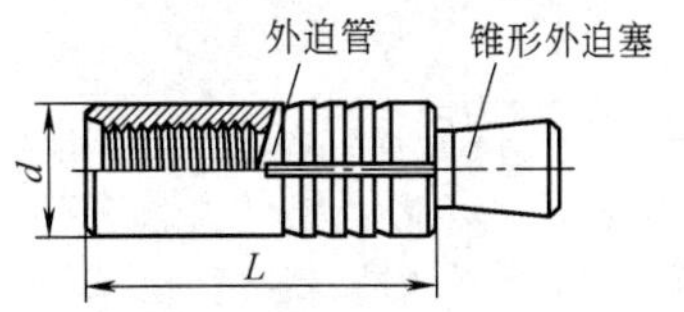

公称直径 d=14mm、长度 L=40mm、由碳钢制造的、表面镀锌处理的外迫型膨胀锚栓，标记为：

锚栓 GB/T 22795 M10×40-WP

不需要扩底，先把锚栓放到打好孔的基础中，用锤子和套管把锚栓敲到底，底部的锥形头迫使底部槽口扩张，依靠膨胀力固定，在混凝土基础中形成一个金属螺母

相当于在混凝土基础内预埋螺母柱，适用于小型机器设备、电梯、管路、传送装置、支架等，特别适用于后安装设备，或需要拆卸的设备

平齐式安装，适用于开裂和非开裂混凝土、石材

实际标注应为：锚栓 GB/T 22795 M10/14×40-WP

螺纹规格	公称直径	公称长度 L	螺纹长度	钻孔直径	钻孔深度	埋置深度
M6	10	30	10	11	33	30
M8	12	35	14	12.5	39	35
M10	14	40	14	14.5	45	40
M12	18	52	22	18	56	50
M16	22	60	24	22	68	60
M20[①]	26	80	30	26	90	80
M22[①]	28	90	35	29	100	90

① 是国标中没有的型号，是企业的扩展型号。

6.4 锥帽型膨胀锚栓（ZM 型）(摘自 GB/T 22795—2008)

表 5-6-11　　锥帽型膨胀锚栓（ZM 型）规格及尺寸　　mm

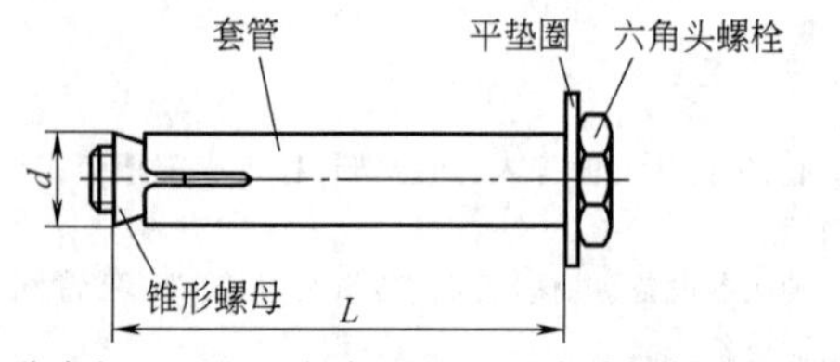

公称直径 d=12mm、长度 L=70mm、由碳钢制造的、表面镀锌处理的锥帽型膨胀锚栓，标记为：

锚栓 GB/T 22795 M10×70-ZM

不需要扩底，螺栓从上面拧入，随着螺栓拧进，底部锥形螺母逐渐上移，把套管槽口胀开形成金属锁键结构，依靠膨胀力实现固定

适用于各种机器设备、电梯、管路、传送装置、支架等，穿透式安装，可以先把设备就位后再打孔，易于保证孔位的精度，适用于开裂和非开裂混凝土、石材

实际标注应为：锚栓 GB/T 22795 M10/12×70-ZM

螺纹规格		M6	M8	M10	M12	M16
公称直径 d		8	10	12	16	20
L 公称	45	√				
	50	√	√			
	60		√	√		
	70		√	√	√	
	80		√	√	√	
	90				√	
	100			√	√	
	105				√	
	110				√	√
	130				√	

6.5 套管加强型膨胀锚栓（TGQ 型）(摘自 GB/T 22795—2008)

表 5-6-12　　套管加强型膨胀锚栓（TGQ 型）规格及尺寸　　mm

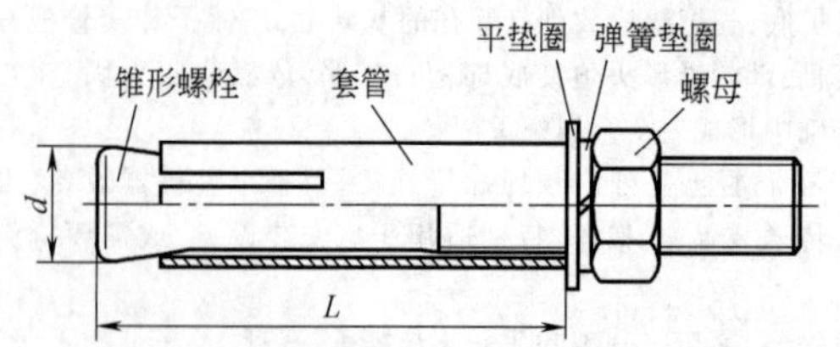

公称直径 d=16mm、长度 L=75mm、由碳钢制造的、表面镀锌处理的套管加强型膨胀锚栓，标记为：

锚栓 GB/T 22795 M12×75-TGQ

需要后扩底，属于后扩底型锚栓。随着螺母的拧紧，锥形螺栓上移，套管底部槽口扩张，依靠套管膨胀力和底部支撑力固定

适用于各种机器设备、电梯、管路、传送装置、支架等，特别适用于安装动载荷设备

平齐式安装，适用于开裂和非开裂混凝土、石材

实际标注应为： 锚栓 GB/T 22795 M10/16×75-TGQ

螺纹规格		M6	M8	M10	M12	M14	M16	M18	M20
公称直径 d		10	12	14	16	18	22	25	25
L 公称	40	√							
	50		√						
	60			√					
	75				√				
	85					√			
	100						√		
	115							√	√

6.6 套管型膨胀锚栓（TG 型）（摘自 GB/T 22795—2008）

表 5-6-13　　套管型膨胀锚栓（TG 型）规格及尺寸　　mm

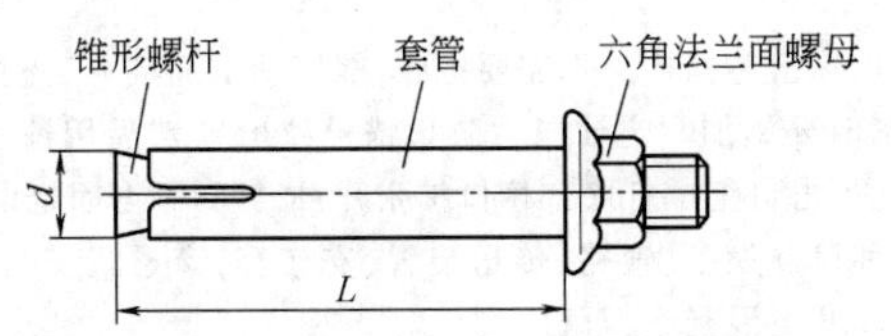

公称直径 d=12mm、长度 L=60mm、由碳钢制造的、表面镀锌处理的套管型膨胀锚栓，标记为：

锚栓 GB/T 22795 M10×60-TG

需要后扩底，属于后扩底型锚栓。随着螺母的拧紧，锥形螺杆上移，套管底部槽口扩张，依靠套管膨胀力和底部支撑力固定。这种锚栓的固定力比套管加强型的小（同样 M10 螺杆，套管外径分别为 12mm 和 14mm）

适用于各种机器设备、电梯、管路、传送装置、支架等，特别适用于安装动载荷设备

平齐式安装（也可以穿透式安装），适用于开裂和非开裂混凝土、石材

实际标注应为：锚栓 GB/T 22795 M10/12×60-TG

螺纹规格		M5	M6	M8	M10	M12	M16
公称直径 d		6.5	8	10	12	16	20
L 公称	18	√					
	25	√	√				
	40		√	√			
	50			√			
	60		√	√	√		
	65		√			√	
	75	√			√		√
	85		√			√	
	120			√			
	125			√			

6.7 双套管型膨胀锚栓（STG 型）（摘自 GB/T 22795—2008）

表 5-6-14　　双套管型膨胀锚栓（STG 型）规格及尺寸　　mm

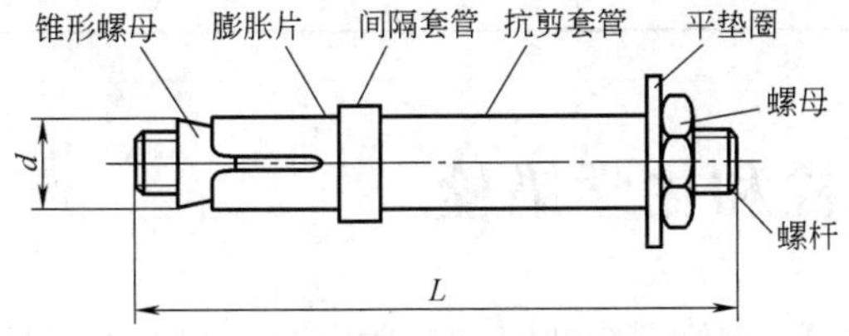

公称直径 d=15mm、长度 L=135mm、由碳钢制造的、表面镀锌处理的双套管型膨胀锚栓，标记为：

锚栓 GB/T 22795 M10×135-STG

需要后扩底，属于后扩底型锚栓。随着螺母的拧紧，螺杆上的锥形螺母上移，套管底部槽口扩张，依靠套管膨胀力和底部支撑力固定。这种锚栓的抗剪切能力强。由于间隔套管的存在，需要的基础孔径更大［同样 M10 螺杆，套管外径分别为 12mm（TG）、14mm（TGQ）、15mm（STG）］

适用于各种机器设备、电梯、管路、传送装置、支架等，特别适用于安装动载荷设备

平齐式安装，适用于开裂和非开裂混凝土、石材

实际标注应为：锚栓 GB/T 22795 M10/15×135-STG

螺纹规格		M6	M8	M10	M12	M16	M20	M24	螺纹规格		M6	M8	M10	M12	M16	M20	M24
公称直径 d		10	12	15	18	24	28	32	公称直径 d		10	12	15	18	24	28	32
L 公称	85	√							L 公称	150			√		√		
	90		√							160				√			
	100	√		√						165				√	√		
	105		√							170					√	√	
	110			√						190					√	√	
	115			√						200						√	
	120		√		√					220						√	
	125	√		√						230						√	
	130		√							250							√
	135			√	√					280							√
	140				√												

6.8 击钉型膨胀锚栓（JD 型）（摘自 GB/T 22795—2008）

表 5-6-15 **击钉型膨胀锚栓（JD 型）规格及尺寸** mm

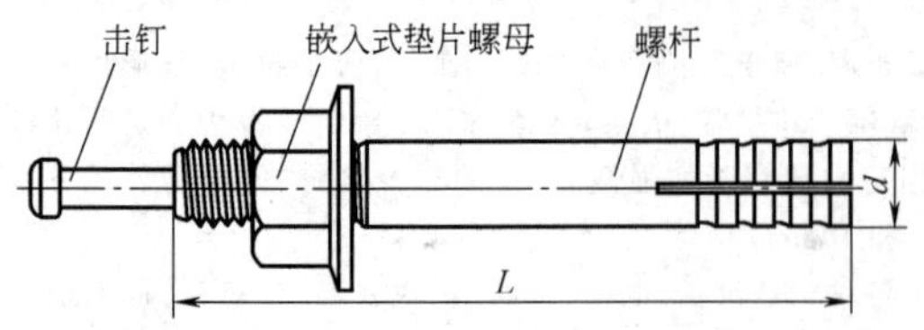

公称直径 d=12mm、长度 L=60mm、由碳钢制造的、表面镀锌处理的击钉型膨胀锚栓，标记为：

锚栓 GB/T 22795 M10×60-JD

这种锚栓也称击芯锚栓。不需要扩底，螺钉从上面插入，先把螺母拧紧（拧紧时要施加一定轴向力防止锚栓拉出），然后用锤子把击钉击钉进去，击钉把螺杆底部槽口扩张开，依靠膨胀力固定设备

适用于各种机器设备、管路、传送装置、支架等，穿透式安装，适用于开裂和非开裂混凝土、石材

实际标注应为：锚栓 GB/T 22795 M10/12×60-JD

螺纹规格		M6	M8	M10	M12	M16	M20
公称直径 d		6	8	10	12	16	20
L 公称	40		√				
	45	√					
	50	√	√	√			
	60	√		√	√		
	65	√	√		√		
	70		√				
	75		√	√	√		
	80		√	√		√	
	90			√	√		
	100			√	√	√	√
	120			√	√	√	
	130						√
	150			√		√	√
	154				√		
	190					√	√
	230						√

7 市场常见膨胀锚栓和化学锚栓

以下介绍的市场上某公司的产品，编号是按其公司内部规则制定的，采购时不同企业可能有不同编号，尽量采用和 GB/T 22795—2008 相同的命名和标记格式。

7.1 FZA 型后扩底柱锥式锚栓

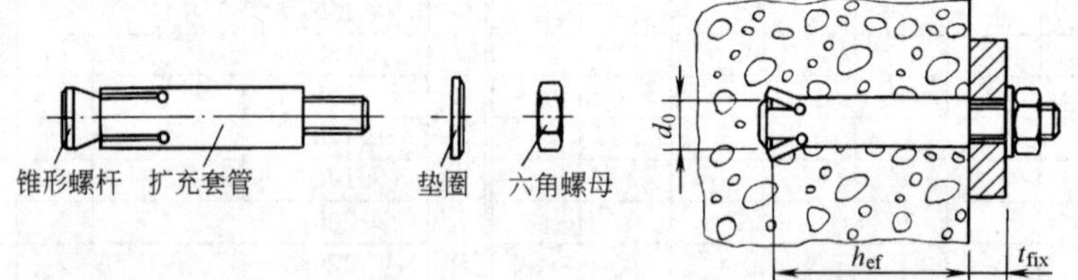

通过专用的具有底部扩孔功能的钻头进行钻孔，使锚栓与基材实现凸型结合，达到无膨胀力安装，可满足小边距和小间距的安装要求。适用于≥C15 的开裂和非开裂混凝土以及致密的天然石材，可用于安装设备机器等，特别适用于在振动区使用。此锚栓相当于国标中的套管型或套管加强型膨胀锚栓，以下简称 FZA 型锚栓

表 5-6-16　　FZA 型锚栓规格、材料及安装尺寸

型号	材质	钻头直径 d_0 /mm	锚固深度 h_{ef} /mm	安装扭矩 T_{inst} /N·m	固定件最大厚度 t_{fix} /mm	固定件中钻孔直径 /mm	基础要求				
							最小间距 s_{min} /mm	最小边距 c_{min} /mm	最小基础厚度 h_{min} /mm	特征间距 $s_{cr,N}$ /mm	特征边距 $c_{cr,N}$ /mm
FZA10×40M6/10	电镀锌钢	10	40	8.5	10	≤7	50	50	100	120	60
FZA12×40M8/15		12	40	20	15	≤9	50	50	100	120	60
FZA12×50M8/15		12	50	20	15	≤9	50	50	100	150	75
FZA14×40M10/25		14	40	40	25	≤12	50	50	100	120	60
FZA14×60M10/20		14	60	40	20	≤12	60	60	110	180	90
FZA18×80M12/25		18	80	60	25	≤14	80	80	150	240	120
FZA22×100M16/60		22	100	130	60	≤18	100	100	200	300	150
FZA22×125M16/60		22	125	130	60	≤18	125	125	250	380	190
FZA10×40M6/10A4	不锈钢	10	40	8.5	10	≤7	50	50	100	120	60
FZA10×40M6/35A4		10	40	8.5	35	≤7	50	50	100	120	60
FZA12×40M8/15A4		12	40	20	15	≤9	50	50	100	120	60
FZA12×50M8/15A4		12	50	20	15	≤9	50	50	100	150	75
FZA12×50M8/50A4		12	50	20	50	≤9	50	50	100	150	75
FZA14×40M10/25A4		14	40	40	25	≤12	50	50	100	120	60
FZA14×60M10/20A4		14	60	40	20	≤12	60	60	110	180	90
FZA14×60M10/50A4		14	60	40	50	≤12	60	60	110	180	90
FZA18×80M12/25A4		18	80	60	25	≤14	80	80	150	240	120
FZA18×80M12/55A4		18	80	60	55	≤14	80	80	150	240	120
FZA22×100M16/60A4		22	100	130	60	≤18	100	100	200	300	150
FZA22×125M16/60A4		22	125	130	60	≤18	125	125	250	380	190

表 5-6-17　　FZA 型锚栓的设计承载力及边距影响系数

受力状态				锚栓型号							
				10×40M6	12×40M8	14×40M10	12×50M8	14×60M10	18×80M12	22×100M16	22×125M16
钢材失效时承载力设计值	拉力	$N_{Rd,s}$ /kN	电镀锌钢	10.8	19.5	30.9	19.5	30.9	45	83.8	83.8
			不锈钢	7.5	13.8	21.8	13.8	21.8	31.6	58.9	58.9
	剪力	$V_{Rd,s}$ /kN	电镀锌钢	6.4	11.8	18.6	11.8	18.6	27	50.3	50.3
			不锈钢	4.5	8.3	13.1	8.3	13.1	19	35.3	35.3
混凝土失效时承载力特征设计值	拉力	$N^0_{Rd,c}$ /kN	C15	3.2	3.8	3.8	4.5	7	10.8	15.1	21.1
			C25	4.1	4.9	4.9	5.8	9.1	13.9	19.4	27.2
			C35	4.9	5.8	5.8	6.8	10.7	16.4	23	32.2
			C45	5.5	6.6	6.6	7.7	12.1	18.7	26.1	36.4
			C55	6.1	7.3	7.3	8.6	13.4	20.6	28.8	40.3
		γ_{Mc}（拉）		2.15	1.8	1.8	2.15	1.8	1.8	1.8	1.8
		$\psi_{ucr,N}$（拉）		1.54	1.54	1.54	1.54	1.54	1.54	1.54	1.54
	剪力	$V^0_{Rd,c}$ /kN	C15	4.1	4.3	4.4	4.4	4.8	5.6	6.2	6.4
			C25	5.2	5.5	5.8	5.8	6.3	7.2	7.9	8.3
			C35	6.2	6.5	6.8	6.8	7.4	8.4	9.4	9.8
			C45	7	7.4	7.7	7.7	8.4	9.6	10.7	11.1
			C55	7.7	8.2	8.6	8.6	9.3	10.6	11.8	12.3
		γ_{Mc}（剪）		1.8	1.8	1.8	1.8	1.8	1.8	1.8	1.8
		k		1.3	1.3	1.3	1.3	2	2	2	2

续表

边距 c /mm		10×40M6		12×40M8		14×40M10		12×50M8		14×60M10		18×80M12		22×100M16		22×125M16	
		ψ	φ	ψ	φ	ψ	φ	ψ	φ	ψ	φ	ψ	φ	ψ	φ	ψ	φ
锚栓受拉时的边距影响系数	25	0.71	0.83	0.71	0.83	0.71	0.83	0.67	0.80								
	30	0.75	0.85	0.75	0.85	0.75	0.85	0.70	0.82	0.67	0.80						
	40	0.83	0.90	0.83	0.90	0.83	0.90	0.77	0.86	0.72	0.83	0.67	0.80				
	50	0.92	0.95	0.92	0.95	0.92	0.95	0.83	0.90	0.78	0.87	0.71	0.83	0.67	0.80		
	60	1.00	1.00	1.00	1.00	1.00	1.00	0.90	0.94	0.83	0.90	0.75	0.85	0.70	0.82		
	62.5	1.00	1.00	1.00	1.00	1.00	1.00	0.92	0.95	0.85	0.91	0.76	0.86	0.71	0.83	0.66	0.80
	70	1.00	1.00	1.00	1.00	1.00	1.00	0.97	0.98	0.89	0.93	0.79	0.88	0.73	0.84	0.68	0.81
	75	1.00	1.00	1.00	1.00	1.00	1.00	1.00	1.00	0.92	0.95	0.81	0.89	0.75	0.85	0.70	0.82
	80	1.00	1.00	1.00	1.00	1.00	1.00	1.00	1.00	0.94	0.97	0.83	0.90	0.77	0.86	0.71	0.83
	90	1.00	1.00	1.00	1.00	1.00	1.00	1.00	1.00	1.00	1.00	0.88	0.93	0.80	0.88	0.74	0.84
	100	1.00	1.00	1.00	1.00	1.00	1.00	1.00	1.00	1.00	1.00	0.92	0.95	0.83	0.90	0.76	0.86
	110	1.00	1.00	1.00	1.00	1.00	1.00	1.00	1.00	1.00	1.00	0.96	0.98	0.87	0.92	0.79	0.87
	120	1.00	1.00	1.00	1.00	1.00	1.00	1.00	1.00	1.00	1.00	1.00	1.00	0.90	0.94	0.82	0.89
	130	1.00	1.00	1.00	1.00	1.00	1.00	1.00	1.00	1.00	1.00	1.00	1.00	0.93	0.96	0.84	0.91
	140	1.00	1.00	1.00	1.00	1.00	1.00	1.00	1.00	1.00	1.00	1.00	1.00	0.97	0.98	0.87	0.92
	150	1.00	1.00	1.00	1.00	1.00	1.00	1.00	1.00	1.00	1.00	1.00	1.00	1.00	1.00	0.90	0.94
	160	1.00	1.00	1.00	1.00	1.00	1.00	1.00	1.00	1.00	1.00	1.00	1.00	1.00	1.00	0.92	0.95
	170	1.00	1.00	1.00	1.00	1.00	1.00	1.00	1.00	1.00	1.00	1.00	1.00	1.00	1.00	0.95	0.97
	180	1.00	1.00	1.00	1.00	1.00	1.00	1.00	1.00	1.00	1.00	1.00	1.00	1.00	1.00	0.97	0.98
	190	1.00	1.00	1.00	1.00	1.00	1.00	1.00	1.00	1.00	1.00	1.00	1.00	1.00	1.00	1.00	1.00

注：$N_{Rd,s}$—锚栓钢材失效时的受拉承载力设计值，已考虑材料分项系数；

$V_{Rd,s}$—锚栓钢材失效时的受剪承载力设计值，已考虑材料分项系数；

$N_{Rd,c}^{0}$—混凝土锥体失效时受拉承载力特征设计值，已考虑材料分项系数；

γ_{Mc}(拉)—锚栓在拉力作用下混凝土失效时的材料分项系数；

$\psi_{ucr,N}$—混凝土基材状况影响系数；

$V_{Rd,c}^{0}$—锚栓在混凝土楔形体失效时的受剪承载力特征设计值，已考虑材料分项系数；

γ_{Mc}(剪)—锚栓在剪力作用下混凝土失效时的材料分项系数；

k—锚固深度 h_{ef} 对 $V_{Rd,cp}$ 的影响系数；

ψ—锚栓边距 c 对混凝土锥体失效时的受拉承载力的影响系数；

φ—构件边缘对中心对称应力的影响系数，取锚栓最小边距 c_{min} 所对应的值。

7.2 FZEA 型后扩底浅埋锚栓

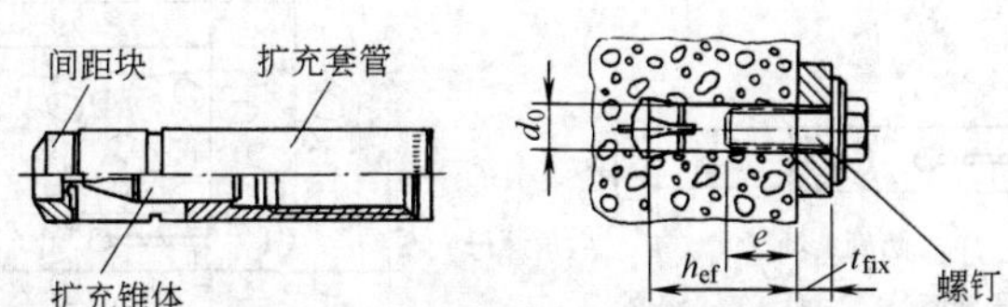

锚栓在没有膨胀应力作用下被安装在圆锥形钻孔中，并经凸型结合实现锚固，可达到最小的边距和间距，h_{ef} 值小。适用于≥C15 的开裂和非开裂混凝土以及致密的天然石材的薄构件，用于安装机器设备等，可用于振动区。此锚栓相当于国标中的内迫型膨胀锚栓，以下简称 FZEA 型锚栓

表 5-6-18　　FZEA 型锚栓规格、材料及安装尺寸

型号	材质	钻头直径 d_0 /mm	锚固深度 h_{ef} /mm	安装扭矩 T_{inst} /N·m	旋入深度/mm e_{min}	e_{max}	固定件中钻孔直径 /mm	基础要求 最小间距 s_{min} /mm	最小边距 c_{min} /mm	最小基础厚度 h_{min} /mm	特征间距 $s_{cr,N}$ /mm	特征边距 $c_{cr,N}$ /mm
FZEA10×40M8	电镀锌钢	10	40	8.5	11	17	≤9	50	50	100	120	60
FZEA12×40M10		12	40	15	13	19	≤12					
FZEA14×40M12		14	40	30	15	21	≤14					
FZEA10×40M8A4	不锈钢	10	40	8.5	11	17	≤9					
FZEA12×40M10A4		12	40	15	13	19	≤12					
FZEA14×40M12A4		14	40	30	15	21	≤14					

表 5-6-19　　FZEA 型锚栓的设计承载力及边距影响系数

受力状态				锚栓型号 10×40M8	12×40M10	14×40M12
钢材失效时承载力设计值	拉力	$N_{Rd,s}$ /kN	电镀锌钢	11.8	14.4	17.5
			不锈钢	9.5	12.4	15.2
	剪力	$V_{Rd,s}$ /kN	电镀锌钢	7.1	8.7	10.5
			不锈钢	5.8	7.5	9.1
混凝土失效时承载力特征设计值	拉力	$N^0_{Rd,c}$ /kN	C15	3.2	3.8	3.8
			C25	4.1	4.9	4.9
			C35	4.9	5.8	5.8
			C45	5.5	6.6	6.6
			C55	6.1	7.3	7.3
		γ_{Mc}(拉)		2.15		
		$\psi_{ucr,N}$		1.54		
	剪力	$V^0_{Rd,c}$ /kN	C15	4.1	4.3	4.4
			C25	5.2	5.5	5.8
			C35	6.2	6.5	6.8
			C45	7	7.4	7.7
			C55	7.7	8.2	8.6
		γ_{Mc}(剪)		1.8		
		k		1		

边距 c /mm		10×40M8 ψ	φ	12×40M10 ψ	φ	14×40M12 ψ	φ
锚栓受拉时的边距影响系数	25	0.71	0.83	0.71	0.83	0.71	0.83
	30	0.75	0.85	0.75	0.85	0.75	0.85
	40	0.83	0.90	0.83	0.90	0.83	0.90
	50	0.92	0.95	0.92	0.95	0.92	0.95
	60	1.00	1.00	1.00	1.00	1.00	1.00

注：同表 5-6-17 注。

7.3 FH 型扭矩控制后继膨胀套管锚栓

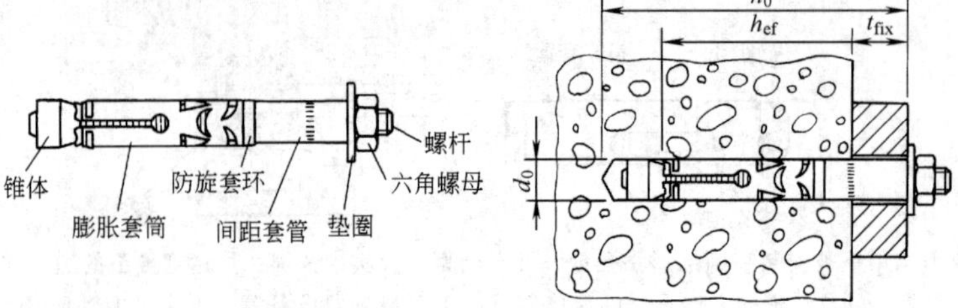

锚栓的双层膨胀片设计使载荷分布更均匀，有利于在小边距、小间距情况下安装。锚栓可拆卸，可实现锚栓的再利用。适用于≥C15 的开裂和非开裂混凝土以及致密的天然石材，可用于振动区，可用于安装设备等。此锚栓相当于国标中的双套管型膨胀锚栓，以下简称 FH 型锚栓

表 5-6-20　　FH 型锚栓规格、材料及安装尺寸

型　号	钻头直径 d_0 /mm	穿透式安装需要的最小钻孔深度（含固定件厚度）h_0 /mm	锚固深度 h_{ef} /mm	安装扭矩 T_{inst} /N·m	固定件最大厚度 t_{fix} /mm	固定件中钻孔直径 /mm	基础要求 最小间距 s_{min} /mm	最小边距 c_{min} /mm	最小基础厚度 h_{min} /mm	特征间距 $s_{cr,N}$ /mm	特征边距 $c_{cr,N}$ /mm
FH10/10B	10	80	50	10	10	≤12	50	50	100	150	75
FH10/25B	10	95	50		25	≤12					
FH10/50B	10	120	50		50	≤12					
FH10/100B	10	170	50		100	≤12					
FH12/10B	12	90	60	25	10	≤14	60	60	130	180	90
FH12/25B	12	105	60		25	≤14					
FH12/50B	12	130	60		50	≤14					
FH12/100B	12	180	60		100	≤14					
FH15/10B	15	100	70	40	10	≤18	70	70	140	210	105
FH15/25B	15	115	70		25	≤18					
FH15/50B	15	140	70		50	≤18					
FH15/100B	15	190	70		100	≤18					
FH18×80/10B	18	115	80	80	10	≤20	80	80	160	240	120
FH18×80/25B	18	130	80		25	≤20					
FH18×80/50B	18	155	80		50	≤20					
FH18×80/100B	18	205	80		100	≤20					
FH18×100/10B	18	135	100		10	≤20	80	80	200	300	150
FH18×100/25B	18	150	100		25	≤20					
FH18×100/50B	18	175	100		50	≤20					
FH18×100/100B	18	225	100		100	≤20					
FH24/10B	24	160	125	120	10	≤26	125	125	250	380	190
FH24/25B	24	175	125		25	≤26					
FH24/50B	24	200	125		50	≤26					
FH24/100B	24	250	125		100	≤26					

注：材质全为电镀锌钢。

表 5-6-21　　FH 型锚栓的设计承载力及边距影响系数

受力状态				FH10	FH12	FH15	FH18×80	FH18×100	FH24
				锚栓型号					
钢材失效时承载力设计值	拉力	$N_{Rd,s}$ /kN	电镀锌钢	10.7	19.3	30.7	44.7	44.7	83.3
			不锈钢	7.5	13.7	21.7	—	31.6	—
	剪力	$V_{Rd,s}$ /kN	电镀锌钢	9	15.7	25.3	37.3	37.3	78
			不锈钢	7.5	11.2	18.3	—	27.1	—
混凝土失效时承载力特征设计值	拉力	$N^0_{Rd,c}$ /kN	C15	5.3	7	8.8	10.8	15.7	21.1
			C25	6.9	9.1	11.4	13.9	19.4	27.2
			C35	8.1	10.7	13.5	16.4	23	32.2
			C45	9.2	12.1	15.3	18.7	26.1	36.4
			C55	10.2	13.4	16.9	20.7	28.8	40.3
		γ_{Mc}(拉)		1.8	1.8	1.8	1.8	1.8	1.8
		$\psi_{ucr,N}$		1.54	1.54	1.54	1.54	1.54	1.54
	剪力	$V^0_{Rd,c}$ /kN	C15	3.3	3.5	3.9	4.3	4.9	6.1
			C25	4.3	4.6	5.1	5.6	6.3	7.2
			C35	5.1	5.3	6	6.6	7.4	8.5
			C45	5.8	6.1	6.8	7.5	8.4	9.6
			C55	6.3	6.7	7.6	8.3	9.4	10.7
		γ_{Mc}(剪)		1.8	1.8	1.8	1.8	1.8	1.8
		k		1	2	2	2	2	2

边距 c /mm		FH10		FH12		FH15		FH18×80		FH18×100		FH24	
		ψ	φ	ψ	φ	ψ	φ	ψ	φ	ψ	φ	ψ	φ
锚栓受拉时的边距影响系数	25	0.67	0.80										
	30	0.70	0.82	0.67	0.80								
	35	0.74	0.84	0.70	0.82	0.67	0.80						
	40	0.77	0.86	0.72	0.83	0.69	0.81	0.67	0.80	0.63	0.71		
	50	0.83	0.90	0.78	0.87	0.74	0.86	0.71	0.83	0.67	0.80		
	60	0.90	0.94	0.83	0.90	0.79	0.87	0.75	0.85	0.70	0.82		
	62.5	0.92	0.95	0.85	0.91	0.80	0.88	0.76	0.86	0.71	0.83	0.66	0.8
	70	0.97	0.98	0.89	0.93	0.83	0.90	0.79	0.88	0.73	0.84	0.68	0.81
	75	1.00	1.00	0.92	0.95	0.86	0.92	0.81	0.89	0.75	0.85	0.70	0.82
	80	1.00	1.00	0.94	0.97	0.88	0.93	0.83	0.90	0.77	0.86	0.71	0.83
	90	1.00	1.00	1.00	1.00	0.93	0.96	0.88	0.93	0.80	0.88	0.74	0.84
	100	1.00	1.00	1.00	1.00	0.98	0.99	0.92	0.95	0.83	0.90	0.76	0.86
	105	1.00	1.00	1.00	1.00	1.00	1.00	0.94	0.97	0.85	0.91	0.78	0.865
	110	1.00	1.00	1.00	1.00	1.00	1.00	0.96	0.98	0.87	0.92	0.79	0.87
	120	1.00	1.00	1.00	1.00	1.00	1.00	1.00	1.00	0.90	0.94	0.82	0.89
	130	1.00	1.00	1.00	1.00	1.00	1.00	1.00	1.00	0.93	0.96	0.84	0.91
	140	1.00	1.00	1.00	1.00	1.00	1.00	1.00	1.00	0.97	0.98	0.87	0.92
	150	1.00	1.00	1.00	1.00	1.00	1.00	1.00	1.00	1.00	1.00	0.90	0.94
	160	1.00	1.00	1.00	1.00	1.00	1.00	1.00	1.00	1.00	1.00	0.92	0.95
	170	1.00	1.00	1.00	1.00	1.00	1.00	1.00	1.00	1.00	1.00	0.95	0.97
	180	1.00	1.00	1.00	1.00	1.00	1.00	1.00	1.00	1.00	1.00	0.97	0.98
	190	1.00	1.00	1.00	1.00	1.00	1.00	1.00	1.00	1.00	1.00	1.00	1.00

注：同表 5-6-17 注。

7.4 FAZ型扭矩控制后继膨胀螺杆锚栓

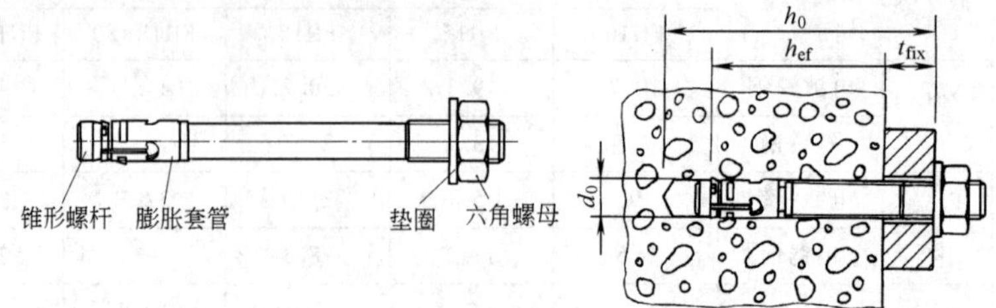

锚栓配置有优质不锈钢A4制的膨胀套管，它具有高强弹簧的后继膨胀功能，能保证最佳的可控后膨胀，双层的膨胀片设计使载荷分布更均匀，有利于小边距安装。可用于设备安装及管路支架等的固定，适用于≥C15的开裂和非开裂混凝土以及致密的天然石材，可用于振动区。以下简称FAZ型锚栓

表5-6-22　　FAZ型锚栓规格、材料及安装尺寸

型号	钻头直径 d_0 /mm	穿透式安装需要的最小钻孔深度（含固定件厚度） h_0 /mm	锚固深度 h_{ef} /mm	安装扭矩 T_{inst} /N·m	固定件最大厚度 t_{fix} /mm	固定件中钻孔直径 /mm	基础要求 最小间距 s_{min} /mm	最小边距 c_{min} /mm	最小基础厚度 h_{min} /mm	特征间距 $s_{cr,N}$ /mm	特征边距 $c_{cr,N}$ /mm
FAZ8/10	8	75	45	20	10	≤9	50	50	100	140	70
FAZ8/30	8	95	45		30	≤9					
FAZ8/50	8	115	45		50	≤9					
FAZ8/100	8	165	45		100	≤9					
FAZ8/150	8	215	45		150	≤9					
FAZ10/10	10	90	60	45	10	≤12	55	55	120	180	90
FAZ10/30	10	110	60		30	≤12					
FAZ10/50	10	130	60		50	≤12					
FAZ10/80	10	160	60		80	≤12					
FAZ10/100	10	180	60		100	≤12					
FAZ10/150	10	230	60		150	≤12					
FAZ12/10	12	105	70	60	10	≤14	65	65	140	210	105
FAZ12/30	12	125	70		30	≤14					
FAZ12/50	12	145	70		50	≤14					
FAZ12/80	12	170	70		80	≤14					
FAZ12/100	12	195	70		100	≤14					
FAZ12/150	12	245	70		150	≤14					
FAZ12/200	12	295	70		200	≤14					
FAZ16/25	16	140	85	110	25	≤18	75	75	170	260	130
FAZ16/50	16	165	85		50	≤18					
FAZ16/100	16	215	85		100	≤18					
FAZ16/150	16	265	85		150	≤18					
FAZ16/200	16	315	85		200	≤18					
FAZ16/250	16	365	85		250	≤18					
FAZ16/300	16	415	85		300	≤18					

续表

型号	钻头直径 d_0 /mm	穿透式安装需要的最小钻孔深度(含固定件厚度) h_0 /mm	锚固深度 h_{ef} /mm	安装扭矩 T_{inst} /N·m	固定件最大厚度 t_{fix} /mm	固定件中钻孔直径 /mm	基础要求 最小间距 s_{min} /mm	基础要求 最小边距 c_{min} /mm	基础要求 最小基础厚度 h_{min} /mm	基础要求 特征间距 $s_{cr,N}$ /mm	基础要求 特征边距 $c_{cr,N}$ /mm
FAZ20/30	20	160	100	200	30	≤22	95	100	200	300	150
FAZ20/60	20	190	100		60	≤22					
FAZ20/150	20	280	100		150	≤22					
FAZ24/30	24	185	125	270	30	≤26	120	120	250	380	190
FAZ24/60	24	215	125		60	≤26					

注：材质全为电镀锌钢。

表 5-6-23　　FAZ 型锚栓的设计承载力及边距影响系数

受力状态				FAZ8	FAZ10	FAZ12	FAZ16	FAZ20	FAZ24
钢材失效时承载力设计值	拉力	$N_{Rd,s}$ /kN	电镀锌钢	12.6	21	28.1	52.9	63.3	91.7
	剪力	$V_{Rd,s}$ /kN	电镀锌钢	8.7	13.3	20	26.7	41.6	57.3
混凝土失效时承载力特征设计值	拉力	$N^0_{Rd,c}$ /kN	C15	4.6	7	8.8	11.8	15.1	21.1
			C25	5.9	9.1	11.4	15.2	19.4	27.2
			C35	6.9	10.7	13.5	18.1	22.8	32.2
			C45	7.9	12.1	15.3	20.4	26.1	36.4
			C55	8.7	13.4	16.9	22.6	28.8	40.3
		γ_{Mc}(拉)		1.8	1.8	1.8	1.8	1.8	1.8
		$\psi_{ucr,N}$		1.54	1.54	1.54	1.54	1.54	1.54
	剪力	$V^0_{Rd,c}$ /kN	C15	3.9	4.4	4.8	5.4	6	6.6
			C25	5	5.7	6.2	7	7.7	8.5
			C35	5.9	6.7	7.3	8.3	9.1	10.1
			C45	6.7	7.6	8.3	9.4	10.3	11.4
			C55	7.9	8.4	9.2	10.3	11.4	12.6
		γ_{Mc}(剪)		1.8	1.8	1.8	1.8	1.8	1.8
		k		1	2	2	2	2	2

边距 c /mm		FAZ8		FAZ10		FAZ12		FAZ16		FAZ20		FAZ24	
		ψ	φ	ψ	φ	ψ	φ	ψ	φ	ψ	φ	ψ	φ
锚栓受拉时的边距影响系数	25	0.68	0.81										
	27.5	0.69	0.82	0.65	0.79								
	30	0.71	0.83	0.67	0.80								
	32.5	0.73	0.84	0.68	0.81	0.66	0.79						
	37.5	0.77	0.86	0.70	0.82	0.68	0.80	0.64	0.79				
	40	0.79	0.87	0.72	0.83	0.69	0.81	0.65	0.79				
	47.5	0.84	0.90	0.77	0.86	0.73	0.83	0.68	0.81	0.66	0.79		

续表

	边距 c /mm	FAZ8		FAZ10		FAZ12		FAZ16		FAZ20		FAZ24	
		ψ	φ	ψ	φ	ψ	φ	ψ	φ	ψ	φ	ψ	φ
锚栓受拉时的边距影响系数	50	0.86	0.91	0.78	0.87	0.74	0.84	0.69	0.82	0.67	0.80		
	60	0.93	0.96	0.83	0.90	0.79	0.87	0.73	0.84	0.70	0.82	0.66	0.80
	70	1.00	1.00	0.89	0.93	0.83	0.90	0.77	0.86	0.73	0.84	0.68	0.81
	80	1.00	1.00	0.94	0.97	0.88	0.93	0.81	0.89	0.77	0.86	0.71	0.83
	90	1.00	1.00	1.00	1.00	0.93	0.96	0.85	0.91	0.80	0.88	0.74	0.84
	100	1.00	1.00	1.00	1.00	0.98	0.99	0.89	0.93	0.83	0.90	0.76	0.86
	105	1.00	1.00	1.00	1.00	1.00	1.00	0.91	0.92	0.85	0.91	0.78	0.865
	110	1.00	1.00	1.00	1.00	1.00	1.00	0.92	0.95	0.87	0.92	0.79	0.87
	120	1.00	1.00	1.00	1.00	1.00	1.00	0.96	0.98	0.90	0.94	0.82	0.89
	130	1.00	1.00	1.00	1.00	1.00	1.00	1.00	1.00	0.93	0.96	0.84	0.91
	140	1.00	1.00	1.00	1.00	1.00	1.00	1.00	1.00	0.97	0.98	0.87	0.92
	150	1.00	1.00	1.00	1.00	1.00	1.00	1.00	1.00	1.00	1.00	0.90	0.94
	160	1.00	1.00	1.00	1.00	1.00	1.00	1.00	1.00	1.00	1.00	0.92	0.95
	170	1.00	1.00	1.00	1.00	1.00	1.00	1.00	1.00	1.00	1.00	0.95	0.97
	180	1.00	1.00	1.00	1.00	1.00	1.00	1.00	1.00	1.00	1.00	0.97	0.98
	190	1.00	1.00	1.00	1.00	1.00	1.00	1.00	1.00	1.00	1.00	1.00	1.00

注：同表 5-6-17 注。

7.5 FBN 型扭矩控制螺杆锚栓

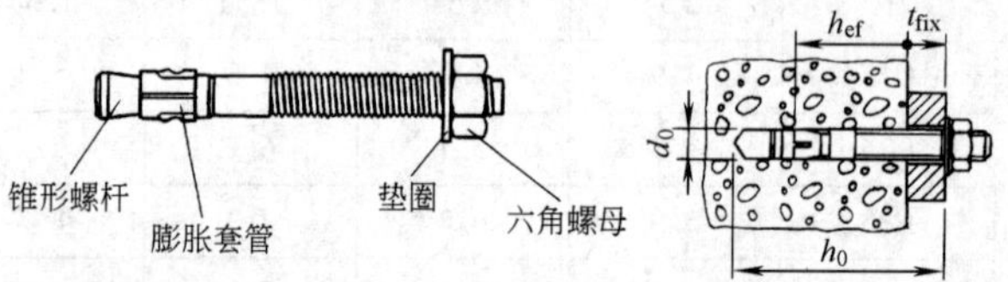

锚栓具有可靠的膨胀功能并有两种锚深选择，螺纹部分加长设计，易于调整结构误差。适用于≥C15 的开裂及非开裂混凝土，可用于安装机电设备等，不宜在振动区使用。此锚栓相当于国标中螺杆型膨胀锚栓，以下简称 FBN 型锚栓

表 5-6-24　　FBN 型锚栓规格、材料及安装尺寸

型　号	钻头直径 d_0 /mm	穿透式安装需要的最小钻孔深度（含固定件厚度）h_0 /mm	锚固深度 h_{ef} /mm	安装扭矩 T_{inst} /N·m	固定件最大厚度 t_{fix} /mm	固定件中钻孔直径 /mm	基础要求：最小间距 s_{min} /mm	最小边距 c_{min} /mm	最小基础厚度 h_{min} /mm	特征间距 $s_{cr,N}$ /mm	特征边距 $c_{cr,N}$ /mm
FBN8/10+23	8	73	48	15	10	≤9	50	50	100	144	72
FBN8/30+43	8	93	48		30	≤9					
FBN8/50+63	8	113	48		50	≤9					
FBN8/100+113	8	163	48		100	≤9					
FBN10/5	10	65	42	30	5	≤12	45	55	100	126	63
FBN10/15+23	10	83	50/42		15/23	≤12	55/45	65/55	100	150/126	75/63
FBN10/35+43	10	109	50/42		35/43	≤12					

续表

型号	钻头直径 d_0 /mm	穿透式安装需要的最小钻孔深度(含固定件厚度) h_0 /mm	锚固深度 h_{ef} /mm	安装扭矩 T_{inst} /N·m	固定件最大厚度 t_{fix} /mm	固定件中钻孔直径 /mm	基础要求 最小间距 s_{min} /mm	最小边距 c_{min} /mm	最小基础厚度 h_{min} /mm	特征间距 $s_{cr,N}$ /mm	特征边距 $c_{cr,N}$ /mm
FBN10/50+58	10	118	50/42	30	50/58	≤12	55/45	65/55	100	150/126	75/63
FBN10/100+108	10	168	50/42		100/108	≤12					
FBN10/140+148	10	208	50/42		140/148	≤12					
FBN10/160+168	10	228	50/42		160/168	≤12					
FBN12/5	12	75	50	50	5	≤14	100	100	100	150	75
FBN12/15+35	12	105	70/50		15/35	≤14	75/100	90/100	140/100	210/150	105/75
FBN12/30+50	12	120	70/50		30/50	≤14					
FBN12/45+65	12	135	70/50		45/65	≤14					
FBN12/100+120	12	190	70/50		100/120	≤14					
FBN16/10	16	98	64	100	10	≤18	140	100	130	192	96
FBN16/25+45	16	133	84/64		25/45	≤18	90/140	105/100	170/130	252/192	126/96
FBN16/50+70	16	158	84/64		50/70	≤18					
FBN16/100+120	16	208	84/64		100/120	≤18					
FBN20/20	20	151	100	200	20	≤22	170	150	200	300	150
FBN20/60	20	191	100		60	≤22					
FBN20/120	20	251	100		120	≤22					
FBN20/250	20	381	100		250	≤22					

注：材质全为电镀锌钢。

表 5-6-25　　FBN 型锚栓的设计承载力及边距影响系数

受力状态				锚栓型号 FBN8	FBN10		FBN12		FBN16		FBN20
			锚固深度 h_{ef}/mm	48	42	50	50	70	64	84	100
钢材失效时承载力设计值	拉力	$N_{Rd,s}$ /kN	电镀锌钢	9.5	15.5	15.5	23.6	23.6	35	35	64.3
	剪力	$V_{Rd,s}$ /kN	电镀锌钢	7.3	11.3	11.3	18	18	23.7	23.7	51.1
混凝土失效时承载力特征设计值	拉力	$N^0_{Rd,c}$ /kN	C15	4.2	3.4	4.4	5.3	8.8	7.7	11.6	15.1
			C25	5.4	4.4	5.7	6.9	11.4	9.9	15	19.4
			C35	6.4	5.2	6.8	8.1	13.5	11.8	17.7	23
			C45	7.2	5.9	7.7	9.2	15.3	13.3	20.1	26.1
			C55	8	6.5	8.5	10.2	16.9	14.8	22.2	28.8
		γ_{Mc}		2.16	2.16	2.16	1.8	1.8	1.8	1.8	1.8
		$\psi_{ucr,N}$		1.4	1.4	1.4	1.4	1.4	1.4	1.4	1.4

续表

受力状态				FBN8	FBN10		FBN12		FBN16		FBN20
				锚固深度 h_{ef}/mm							
				48	42	50	50	70	64	84	100
混凝土失效时承载力特征设计值	剪力	$V_{Rd,c}^{0}$ /kN	C15	3.9	4.1	4.2	4.4	4.8	5.1	5.4	6
			C25	5.1	5.3	5.4	5.8	6.2	6.6	6.9	7.7
			C35	6	6.2	6.4	6.8	7.3	7.8	8.2	9.1
			C45	6.8	7.1	7.3	7.7	8.3	8.8	9.3	10.3
			C55	7.5	7.8	8.1	8.6	9.2	9.8	10.3	11.4
		γ_{Mc}		1.8	1.8	1.8	1.8	1.8	1.8	1.8	1.8
		k		1	1	1	1	2	2	2	2

边距 c /mm		FBN8 (h_{ef}=48mm)		FBN10 (h_{ef}=42mm)		FBN10 (h_{ef}=50mm)		FBN12 (h_{ef}=50mm)		FBN12 (h_{ef}=70mm)		FBN16 (h_{ef}=64mm)		FBN16 (h_{ef}=84mm)		FBN20 (h_{ef}=100mm)	
		ψ	φ	ψ	φ	ψ	φ	ψ	φ	ψ	φ	ψ	φ	ψ	φ	ψ	φ
锚栓受拉时的边距影响系数	22.5			0.68	0.81												
	25	0.67	0.80	0.70	0.82												
	27.5	0.69	0.81	0.72	0.83	0.68	0.81										
	30	0.71	0.83	0.74	0.84	0.70	0.82										
	37.5	0.74	0.85	0.78	0.87	0.74	0.84			0.68	0.80						
	40	0.78	0.87	0.82	0.89	0.77	0.86			0.69	0.81						
	50	0.85	0.91	0.90	0.94	0.83	0.90	0.83	0.90	0.74	0.84			0.70	0.82		
	60	0.92	0.95	0.98	0.99	0.90	0.94	0.90	0.94	0.79	0.87			0.74	0.84		
	63	0.94	0.96	1.00	1.00	0.92	0.95	0.92	0.95	0.80	0.88			0.75	0.85		
	70	0.99	0.99	1.00	1.00	0.97	0.98	0.97	0.98	0.83	0.90	0.87	0.92	0.78	0.87		
	72	1.00	1.00	1.00	1.00	0.98	0.99	0.98	0.99	0.84	0.91	0.89	0.93	0.79	0.87		
	75	1.00	1.00	1.00	1.00	1.00	1.00	1.00	1.00	0.86	0.92	0.90	0.94	0.80	0.88		
	80	1.00	1.00	1.00	1.00	1.00	1.00	1.00	1.00	0.88	0.93	0.92	0.95	0.82	0.89		
	85	1.00	1.00	1.00	1.00	1.00	1.00	1.00	1.00	0.91	0.94	0.95	0.97	0.84	0.90	0.78	0.87
	90	1.00	1.00	1.00	1.00	1.00	1.00	1.00	1.00	0.93	0.96	0.97	0.98	0.86	0.91	0.80	0.88
	96	1.00	1.00	1.00	1.00	1.00	1.00	1.00	1.00	0.96	0.98	1.00	1.00	0.88	0.93	0.82	0.89
	100	1.00	1.00	1.00	1.00	1.00	1.00	1.00	1.00	0.98	0.99	1.00	1.00	0.90	0.94	0.83	0.90
	105	1.00	1.00	1.00	1.00	1.00	1.00	1.00	1.00	1.00	1.00	1.00	1.00	0.92	0.95	0.85	0.91
	110	1.00	1.00	1.00	1.00	1.00	1.00	1.00	1.00	1.00	1.00	1.00	1.00	0.94	0.96	0.87	0.92
	120	1.00	1.00	1.00	1.00	1.00	1.00	1.00	1.00	1.00	1.00	1.00	1.00	0.98	0.99	0.90	0.94
	126	1.00	1.00	1.00	1.00	1.00	1.00	1.00	1.00	1.00	1.00	1.00	1.00	1.00	1.00	0.92	0.95
	130	1.00	1.00	1.00	1.00	1.00	1.00	1.00	1.00	1.00	1.00	1.00	1.00	1.00	1.00	0.93	0.96
	140	1.00	1.00	1.00	1.00	1.00	1.00	1.00	1.00	1.00	1.00	1.00	1.00	1.00	1.00	0.97	0.98
	150	1.00	1.00	1.00	1.00	1.00	1.00	1.00	1.00	1.00	1.00	1.00	1.00	1.00	1.00	1.00	1.00

注：同表5-6-17注。

7.6 SLM-N 型扭矩控制重载锚栓

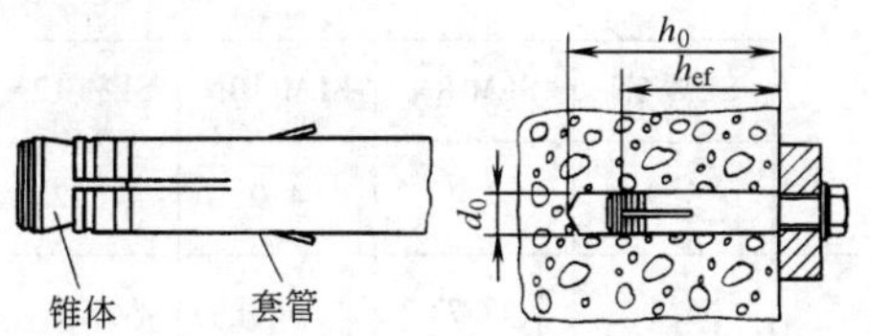

由一个锚栓套管和一个带内螺纹的锥体组成，可自行配用 M6~M24 的螺钉。适用于≥C15 的非开裂混凝土以及致密的天然石材，可用于安装各种机器设备等，此锚栓相当于国标中锥帽型膨胀锚栓，以下简称 SLM-N 型锚栓

表 5-6-26　　SLM-N 型锚栓规格、材料及安装尺寸

型号	材质	钻头直径 d_0 /mm	最小钻孔深度 h_0 /mm	锚固深度 h_{ef} /mm	连接螺纹	最大安装扭矩 T_{inst} /N·m	固定件中钻孔直径 /mm	基础要求 最小间距 s_{min} /mm	最小边距 c_{min} /mm	最小基材厚度 h_{min} /mm	特征间距 $s_{cr,N}$ /mm	特征边距 $c_{cr,N}$ /mm
SLM 6N	电镀锌钢	10	50	35	M6	10	≤7	50	70	100	105	52
SLM 8N		12	60	45	M8	25	≤9	50	90	100	135	68
SLM 10N		16	70	50	M10	50	≤12	50	100	100	150	75
SLM 12N		18	85	60	M12	80	≤14	60	120	120	180	90
SLM 16N		24	110	62	M16	100	≤18	60	120	130	180	90
SLM 20N		30	130	77	M20	150	≤22	80	160	150	230	115
SLM 24N		35	150	90	M24	200	≤26	90	180	200	270	135
SLM 8N A4	不锈钢	12	60	45	M8	24	≤9	50	90	100	135	68
SLM 10N A4		16	70	50	M10	45	≤12	50	100	100	150	75

表 5-6-27　　SLM-N 型锚栓的设计承载力及边距影响系数

受力状态				锚栓型号 SLM 6N	SLM 8N	SLM 10N	SLM 12N	SLM 16N	SLM 20N	SLM 24N
钢材失效时承载力设计值	拉力	$N_{Rd,s}$ /kN	电镀锌钢	10.8	19.5	30.9	45	83.8	130.7	188.3
			不锈钢	—	13.8	21.8	—	—	—	—
	剪力	$V_{Rd,s}$ /kN	电镀锌钢	6.4	11.8	18.6	27	50.3	78.4	113
			不锈钢	—	8.3	13.1	—	—	—	—
混凝土失效时承载力特征设计值	拉力	$N^0_{Rd,c}$ /kN	C15	2.6	3.8	4.5	5.9	6.1	8.5	10.7
			C25	3.4	4.9	5.8	7.6	8	11	13.9
			C35	4	5.8	6.8	8.9	9.4	13	16.4
			C45	4.5	6.6	7.7	10.1	10.7	14.7	18.7
			C55	5	7.3	8.6	11.2	11.8	16.3	20.6
		γ_{Mc}(拉)		2.15						
		$\psi_{ucr,N}$		1.4						

续表

受力状态				锚栓型号						
				SLM 6N	SLM 8N	SLM 10N	SLM 12N	SLM 16N	SLM 20N	SLM 24N
混凝土失效时承载力特征设计值	剪力	$V^0_{Rd,c}$ /kN	C15	3.9	4.4	4.9	5.2	5.7	6.4	6.9
			C25	5.1	5.7	6.3	6.7	7.4	8.3	8.9
			C35	6	6.7	7.3	8	8.8	9.8	10.6
			C45	6.8	7.6	8.4	9.1	9.9	11.1	12
			C55	7.6	8.4	9.3	10	11	12.3	13.2
		γ_{Mc}(剪)		1.8	1.8	1.8	1.8	1.8	1.8	1.8
		k		1	1	1	2	2	2	2

边距 c /mm		SLM 6N		SLM 8N		SLM 10N		SLM 12N		SLM 16N		SLM 20N		SLM 24N	
		ψ	φ	ψ	φ	ψ	φ	ψ	φ	ψ	φ	ψ	φ	ψ	φ
锚栓受拉时的边距影响系数	25	0.74	0.84	0.69	0.81	0.68	0.80								
	30	0.79	0.87	0.72	0.83	0.70	0.82	0.67	0.80	0.67	0.80				
	40	0.88	0.93	0.80	0.88	0.77	0.86	0.72	0.83	0.72	0.83	0.67	0.80	0.65	0.79
	50	0.98	0.99	0.87	0.92	0.83	0.90	0.78	0.87	0.78	0.87	0.72	0.83	0.69	0.81
	52.5	1.00	1.00	0.89	0.93	0.85	0.91	0.79	0.88	0.79	0.88	0.73	0.84	0.70	0.815
	60	1.00	1.00	0.94	0.96	0.90	0.94	0.83	0.90	0.83	0.90	0.76	0.86	0.72	0.83
	67.5	1.00	1.00	1.00	1.00	0.95	0.97	0.88	0.92	0.88	0.92	0.79	0.875	0.75	0.845
	70	1.00	1.00	1.00	1.00	0.97	0.98	0.89	0.93	0.89	0.93	0.80	0.88	0.76	0.85
	75	1.00	1.00	1.00	1.00	1.00	1.00	0.92	0.95	0.92	0.95	0.83	0.90	0.78	0.87
	80	1.00	1.00	1.00	1.00	1.00	1.00	0.94	0.96	0.94	0.96	0.85	0.91	0.80	0.88
	90	1.00	1.00	1.00	1.00	1.00	1.00	1.00	1.00	1.00	1.00	0.89	0.93	0.83	0.90
	100	1.00	1.00	1.00	1.00	1.00	1.00	1.00	1.00	1.00	1.00	0.93	0.96	0.87	0.92
	110	1.00	1.00	1.00	1.00	1.00	1.00	1.00	1.00	1.00	1.00	0.98	0.99	0.91	0.94
	115	1.00	1.00	1.00	1.00	1.00	1.00	1.00	1.00	1.00	1.00	1.00	1.00	0.93	0.95
	120	1.00	1.00	1.00	1.00	1.00	1.00	1.00	1.00	1.00	1.00	1.00	1.00	0.94	0.96
	130	1.00	1.00	1.00	1.00	1.00	1.00	1.00	1.00	1.00	1.00	1.00	1.00	0.98	0.99
	135	1.00	1.00	1.00	1.00	1.00	1.00	1.00	1.00	1.00	1.00	1.00	1.00	1.00	1.00

注：同表5-6-17注。

7.7 R型高强化学黏结普通螺杆锚栓

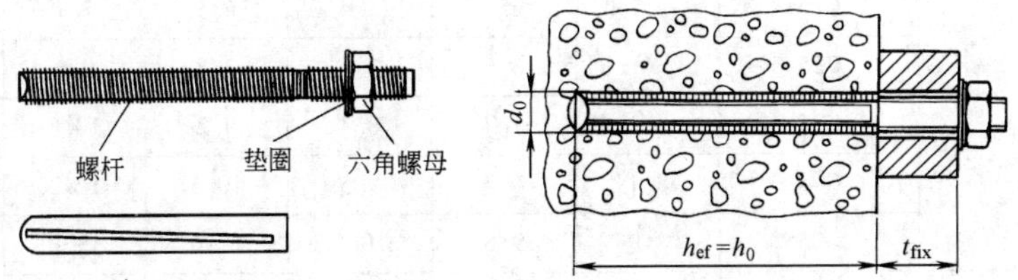

锚栓可实现对基材的无膨胀力安装，对间距和边距要求小。适用于≥C15的非开裂混凝土，可用于安装机器设备等。以下简称R型锚栓

表5-6-28　R型锚栓规格、材料及安装尺寸

型号	材质	配用化学胶管型号	钻头直径 d_0 /mm	锚固深度(最小钻孔深度) $h_{ef}(h_0)$ /mm	最大安装扭矩 T_{inst} /N·m	固定件最大厚度 t_{fix} /mm	固定件中钻孔直径 /mm	基础要求 最小间距 s_{min} /mm	最小边距 c_{min} /mm	最小基材厚度 h_{min} /mm	特征间距 $s_{cr,N}$ /mm	特征边距 $c_{cr,N}$ /mm
RGM8×110	电镀锌钢	RM8	10	80	10	20	≤9	80	40	130	160	80
RGM10×130		RM10	12	90	20	30	≤12	90	50	140	180	90
RGM12×160		RM12	14	110	40	35	≤14	110	60	160	220	110
RGM16×190		RM16	18	125	80	45	≤18	125	65	175	250	125
RGM20×260		RM20	25	170	150	65	≤22	170	85	220	340	170
RGM24×300		RM24	28	210	200	65	≤26	210	105	260	420	210
RGM30×380		RM30	35	280	400	65	≤33	280	140	330	560	280
RGM8×110 A4	不锈钢	RM8	10	80	10	20	≤9	80	40	130	160	80
RGM10×130 A4		RM10	12	90	20	30	≤12	90	50	140	180	90
RGM12×160 A4		RM12	14	110	40	35	≤14	110	60	160	220	110
RGM16×190 A4		RM16	18	125	80	45	≤18	125	65	175	250	125
RGM20×260 A4		RM20	25	170	150	65	≤22	170	85	220	340	170
RGM24×300 A4		RM24	28	210	200	65	≤26	210	105	260	420	210

表5-6-29　R型锚栓的设计承载力及边距影响系数

受力状态				锚栓型号 R8	R10	R12	R16	R20	R24	R30
钢材失效时承载力设计值	拉力	$N_{Rd,s}$ /kN	电镀锌钢	12.8	20.3	29.5	54.9	85.8	123.6	196.3
			不锈钢	13.8	23.4	31.6	58.9	91.9	73.6	—
	剪力	$V_{Rd,s}$ /kN	电镀锌钢	7.7	12.2	17.7	33	51.4	74.2	117.8
			不锈钢	8.3	13.1	19	35.3	55.2	44.2	—
混凝土失效时承载力特征设计值	拉力	$N^0_{Rd,c}$ /kN	C15	3.6	5.3	7.9	10.8	20	28.4	37.7
			C25	5.1	7.6	11.3	15.4	28.6	40.5	53.8
			C35	5.5	8.1	12.1	17.6	33.6	46	60.6
			≥C45	5.8	8.5	12.8	19.5	37.9	50.7	66.5
		γ_{Mc}		2.15						
		$\psi_{ucr,N}$		1.4						

续表

受力状态				锚栓型号						
				R8	R10	R12	R16	R20	R24	R30
混凝土失效时承载力特征设计值	剪力	$V_{Rd,c}^{0}$ /kN	C15	4.7	5	5.4	6.1	7.1	7.7	8.7
			C25	6	6.5	7.1	7.8	9.2	9.9	11.2
			C35	7.1	7.7	8.3	9.2	10.8	11.7	13.3
			C45	8.1	8.7	9.5	10.5	12.3	13.3	15.1
			≥C55	8.9	9.6	10.5	11.6	13.6	14.7	16.6
		γ_{Mc}		1.8						
		k		2						

边距 c /mm		R8		R10		R12		R16		R20		R24		R30	
		ψ	φ	ψ	φ	ψ	φ	ψ	φ	ψ	φ	ψ	φ	ψ	φ
锚栓受拉时的边距影响系数	40	0.75	0.85												
	50	0.81	0.89	0.78	0.87										
	60	0.88	0.93	0.83	0.90	0.77	0.86								
	65	0.91	0.95	0.86	0.92	0.80	0.88	0.76	0.86						
	70	0.94	0.96	0.89	0.93	0.82	0.89	0.78	0.87						
	80	1.00	1.00	0.94	0.97	0.86	0.92	0.82	0.89						
	85	1.00	1.00	0.97	0.99	0.89	0.94	0.84	0.91	0.75	0.85				
	90	1.00	1.00	1.00	1.00	0.91	0.95	0.86	0.92	0.76	0.86				
	100	1.00	1.00	1.00	1.00	0.96	0.97	0.90	0.94	0.79	0.88				
	105	1.00	1.00	1.00	1.00	0.98	0.99	0.92	0.95	0.81	0.89	0.75	0.85		
	110	1.00	1.00	1.00	1.00	1.00	1.00	0.94	0.96	0.82	0.89	0.76	0.86		
	120	1.00	1.00	1.00	1.00	1.00	1.00	0.98	0.99	0.85	0.91	0.79	0.87		
	130	1.00	1.00	1.00	1.00	1.00	1.00	1.00	1.00	0.88	0.93	0.81	0.89		
	140	1.00	1.00	1.00	1.00	1.00	1.00	1.00	1.00	0.91	0.95	0.83	0.90	0.75	0.85
	150	1.00	1.00	1.00	1.00	1.00	1.00	1.00	1.00	0.94	0.97	0.86	0.91	0.77	0.86
	160	1.00	1.00	1.00	1.00	1.00	1.00	1.00	1.00	0.97	0.98	0.88	0.93	0.79	0.87
	170	1.00	1.00	1.00	1.00	1.00	1.00	1.00	1.00	1.00	1.00	0.91	0.94	0.80	0.88
	180	1.00	1.00	1.00	1.00	1.00	1.00	1.00	1.00	1.00	1.00	0.93	0.96	0.82	0.89
	190	1.00	1.00	1.00	1.00	1.00	1.00	1.00	1.00	1.00	1.00	0.95	0.97	0.84	0.90
	200	1.00	1.00	1.00	1.00	1.00	1.00	1.00	1.00	1.00	1.00	0.98	0.99	0.86	0.91
	210	1.00	1.00	1.00	1.00	1.00	1.00	1.00	1.00	1.00	1.00	1.00	1.00	0.88	0.93
	220	1.00	1.00	1.00	1.00	1.00	1.00	1.00	1.00	1.00	1.00	1.00	1.00	0.89	0.94
	230	1.00	1.00	1.00	1.00	1.00	1.00	1.00	1.00	1.00	1.00	1.00	1.00	0.91	0.95
	240	1.00	1.00	1.00	1.00	1.00	1.00	1.00	1.00	1.00	1.00	1.00	1.00	0.93	0.96
	250	1.00	1.00	1.00	1.00	1.00	1.00	1.00	1.00	1.00	1.00	1.00	1.00	0.95	0.97
	260	1.00	1.00	1.00	1.00	1.00	1.00	1.00	1.00	1.00	1.00	1.00	1.00	0.96	0.98
	270	1.00	1.00	1.00	1.00	1.00	1.00	1.00	1.00	1.00	1.00	1.00	1.00	0.98	0.99
	280	1.00	1.00	1.00	1.00	1.00	1.00	1.00	1.00	1.00	1.00	1.00	1.00	1.00	1.00

注：同表5-6-17注。

7.8 FISV 360S (FIHB 345)型高强树脂砂浆锚栓

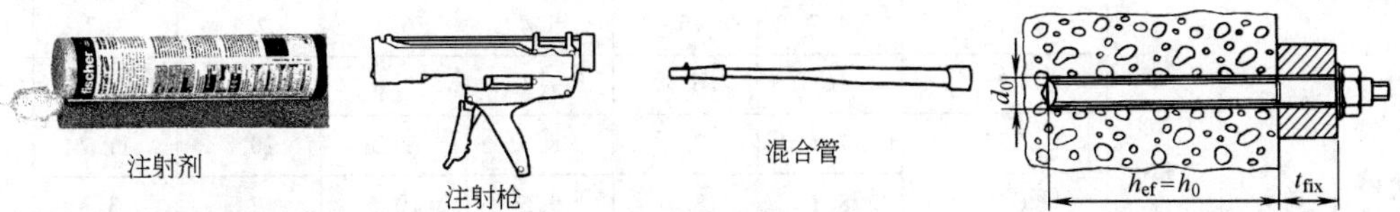

适用于≥C15的混凝土的螺杆和钢筋锚固，无膨胀力安装，对间距和边距要求小，配用安装附件。可用于空心基材上的锚固，用于安装各种机器设备等

表 5-6-30　FISV 360S (FIHB 345) 型高强树脂砂浆锚栓配用的螺杆规格、材料及安装尺寸

配用螺杆型号	材质	钻头直径 d_0 /mm	锚固深度(最小钻孔深度) $h_{ef}(h_0)$ /mm	最大安装扭矩 T_{inst} /N·m	固定件最大厚度 t_{fix} /mm	固定件中钻孔直径 /mm	基础要求 最小间距 s_{min} /mm	最小边距 c_{min} /mm	最小基材厚度 h_{min} /mm	特征间距 $s_{cr,N}$ /mm	特征边距 $c_{cr,N}$ /mm
RGM8×110	电镀锌钢	10	80	10	20	≤9	80	40	130	160	80
RGM10×130		12	90	20	30	≤12	90	50	140	180	90
RGM12×160		14	110	40	35	≤14	110	60	160	220	110
RGM16×190		18	125	80	45	≤18	125	65	175	250	125
RGM20×260		25	170	150	65	≤22	170	85	220	340	170
RGM24×300		28	210	200	65	≤26	210	105	260	420	210
RGM30×380		35	280	400	65	≤33	280	140	330	560	280
RGM8×110 A4	不锈钢	10	80	10	20	≤9	80	40	130	160	80
RGM10×130 A4		12	90	20	30	≤12	90	50	140	180	90
RGM12×160 A4		14	110	40	35	≤14	110	60	160	220	110
RGM16×190 A4		18	125	80	45	≤18	125	65	175	250	125
RGM20×260 A4		25	170	150	65	≤22	170	85	220	340	170
RGM24×300 A4		28	210	200	65	≤26	210	105	260	420	210
RGM30×380 A4		35	280	400	65	≤33	280	140	330	560	280

表 5-6-31　FISV 360S (FIHB 345) 型高强树脂砂浆锚栓的设计承载力及边距影响系数

受力状态				锚栓型号 RGM8	RGM10	RGM12	RGM16	RGM20	RGM24	RGM30
钢材失效时承载力设计值	拉力	$N_{Rd,s}$ /kN	电镀锌钢	12.8	20.3	29.5	54.9	85.8	123.6	196.3
			不锈钢	13.8	23.4	31.6	58.9	91.9	73.6	—
	剪力	$V_{Rd,s}$ /kN	电镀锌钢	7.7	12.2	17.7	33.0	51.4	74.2	117.8
			不锈钢	8.3	13.1	19.0	35.3	55.2	44.2	—
混凝土失效时承载力特征设计值	拉力	$N^0_{Rd,c}$ /kN	C15	3.6	5.3	7.9	10.8	20	28.4	37.7
			C25	5.1	7.6	11.3	15.4	28.6	40.5	53.8
			C35	5.5	8.1	12.1	17.6	33.6	46	60.6
			≥C45	5.8	8.5	12.8	19.5	37.9	50.7	66.5
		γ_{Mc}(拉)		2.15						
		$\psi_{ucr,N}$		1.4						

续表

受力状态				锚栓型号						
				RGM8	RGM10	RGM12	RGM16	RGM20	RGM24	RGM30
混凝土失效时承载力特征设计值	剪力	$V^{0}_{Rd,c}$ /kN	C15	4.7	5	5.4	6.1	7.1	7.7	8.7
			C25	6	6.5	7.1	7.8	9.2	9.9	11.2
			C35	7.1	7.7	8.3	9.2	10.8	11.7	13.3
			C45	8.1	8.7	9.5	10.5	12.3	13.3	15.1
			≥C55	8.9	9.6	10.5	11.6	13.6	14.7	16.6
		γ_{Mc}(剪)		1.8						
		k		2						

	边距 c /mm	RGM8		RGM10		RGM12		RGM16		RGM20		RGM24		RGM30	
		ψ	φ	ψ	φ	ψ	φ	ψ	φ	ψ	φ	ψ	φ	ψ	φ
锚栓受拉时的边距影响系数	40	0.75	0.85												
	50	0.81	0.89	0.78	0.87										
	60	0.88	0.93	0.83	0.90	0.77	0.86								
	65	0.91	0.95	0.86	0.92	0.80	0.88	0.76	0.86						
	70	0.94	0.96	0.89	0.93	0.82	0.89	0.78	0.87						
	80	1.00	1.00	0.94	0.97	0.86	0.92	0.82	0.89						
	85	1.00	1.00	0.97	0.99	0.89	0.94	0.84	0.91	0.75	0.85				
	90	1.00	1.00	1.00	1.00	0.91	0.95	0.86	0.92	0.76	0.86				
	100	1.00	1.00	1.00	1.00	0.96	0.97	0.90	0.94	0.79	0.88				
	105	1.00	1.00	1.00	1.00	0.98	0.99	0.92	0.95	0.81	0.89	0.75	0.85		
	110	1.00	1.00	1.00	1.00	1.00	1.00	0.94	0.96	0.82	0.89	0.76	0.86		
	120	1.00	1.00	1.00	1.00	1.00	1.00	0.98	0.99	0.85	0.91	0.79	0.87		
	130	1.00	1.00	1.00	1.00	1.00	1.00	1.00	1.00	0.88	0.93	0.81	0.89		
	140	1.00	1.00	1.00	1.00	1.00	1.00	1.00	1.00	0.91	0.95	0.83	0.90	0.75	0.85
	150	1.00	1.00	1.00	1.00	1.00	1.00	1.00	1.00	0.94	0.97	0.86	0.91	0.77	0.86
	160	1.00	1.00	1.00	1.00	1.00	1.00	1.00	1.00	0.97	0.98	0.88	0.93	0.79	0.87
	170	1.00	1.00	1.00	1.00	1.00	1.00	1.00	1.00	1.00	1.00	0.91	0.94	0.80	0.88
	180	1.00	1.00	1.00	1.00	1.00	1.00	1.00	1.00	1.00	1.00	0.93	0.96	0.82	0.89
	190	1.00	1.00	1.00	1.00	1.00	1.00	1.00	1.00	1.00	1.00	0.95	0.97	0.84	0.90
	200	1.00	1.00	1.00	1.00	1.00	1.00	1.00	1.00	1.00	1.00	0.98	0.99	0.86	0.91
	210	1.00	1.00	1.00	1.00	1.00	1.00	1.00	1.00	1.00	1.00	1.00	1.00	0.88	0.93
	220	1.00	1.00	1.00	1.00	1.00	1.00	1.00	1.00	1.00	1.00	1.00	1.00	0.89	0.94
	230	1.00	1.00	1.00	1.00	1.00	1.00	1.00	1.00	1.00	1.00	1.00	1.00	0.91	0.95
	240	1.00	1.00	1.00	1.00	1.00	1.00	1.00	1.00	1.00	1.00	1.00	1.00	0.93	0.96
	250	1.00	1.00	1.00	1.00	1.00	1.00	1.00	1.00	1.00	1.00	1.00	1.00	0.95	0.97
	260	1.00	1.00	1.00	1.00	1.00	1.00	1.00	1.00	1.00	1.00	1.00	1.00	0.96	0.98
	270	1.00	1.00	1.00	1.00	1.00	1.00	1.00	1.00	1.00	1.00	1.00	1.00	0.98	0.99
	280	1.00	1.00	1.00	1.00	1.00	1.00	1.00	1.00	1.00	1.00	1.00	1.00	1.00	1.00

第7章 粘接

粘接技术作为三大连接方法（机械连接、焊接、粘接）之一，近年来发展迅速，已广泛地应用于国民经济的各个领域，并成为不可或缺的连接技术。

1 粘接技术概述

粘接（也称胶接、接着等）是一种连接工艺方法，是指通过被粘材料的表面制备、接头的设计、选胶和施胶、固化和后处理等工艺，将同质或异质物体表面用胶黏剂连接成为一体的技术的总称。被粘接在一起的部位称为粘接接头。粘接接头具有应力分布均匀、工艺温度低等特点，特别适用于不同材质、不同厚度、超薄规格和复杂构件的连接。粘接技术与机械连接、焊接的对比如表5-7-1所示。

表 5-7-1　粘接技术与机械连接、焊接的对比

连接方法	机械连接	焊接	粘接
具体方式	螺接、榫接、套接（卡套、压套、螺套）、嵌接（镶嵌）、钉接（射钉、钢钉）、铆接（拉铆、压铆）、胀紧、翻边咬口、捆扎等	气焊、电焊、压焊、钎焊、摩擦焊、化学焊等	对接、搭接、斜接、套接、角接、T形接等
局限性或相对优势	局部受力，应力分布不均，耐疲劳性差；密封性差，需要密封垫等；对零件有损伤；超薄材料或低刚度材料不适用；外观可设计性差；复杂接头无法实现	不适用于无机非金属材料和有机高分子材料；工艺温度高（达到熔化温度）；接头易产生电化学腐蚀；不适用于复杂形状接头	面受力、重量轻、可密封；超薄规格、复杂构件均可适用；对被粘材料内部基本没有损伤 不同材质、不同厚度均适用；工艺温度低，界面应力低；可绝缘

1.1 粘接技术的优势

粘接的目的是传递应力，也就是说当一个被粘物受力时，其应力通过被粘材料内部分子相互作用传递到粘接界面，然后通过界面分子相互作用，传递到固化后的胶层，再通过胶层内部分子作用传递到另一界面，直至到另一个被粘物，如图5-7-1所示。

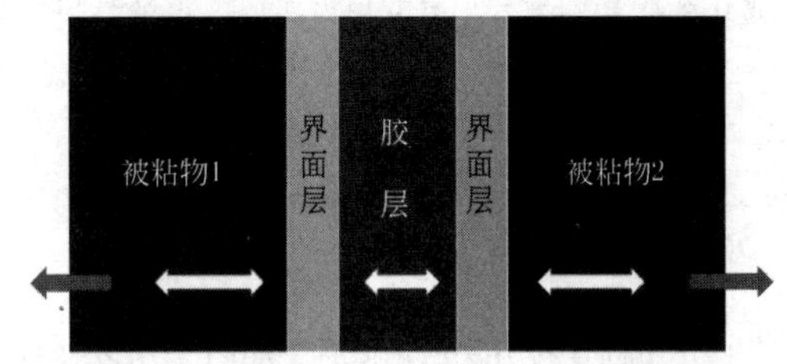

图 5-7-1　粘接接头结构和应力传递示意图

可以看出，粘接具有如下优势：

(1) 受力面积大，应力分布均匀

对于螺接（螺纹连接）、榫接、铆接、钉接等机械连接方法，都会对被连接件造成损伤。另外，两个被连接件是通过螺栓、榫头及铆钉等局部材料传递应力，所有应力都集中在该部位。而对于粘接，整个粘接面都可以传递应力，因此受力比较均匀。另外，对于螺接而言，还容易出现应力松弛和松动，影响使用的安全性。

(2) 能连接任何形状的薄或厚的材料，具有较高的比强度

粘接结构能有效地减轻重量，这是由于省去了螺钉或铆钉等，或者是由于粘接件应力分布均匀，可用于薄壁结构，如蜂窝夹层结构复合材料等，同金属相比具有较好的比强度等。

(3) 可连接相同或不同的材料，减少或阻止双金属腐蚀（电偶腐蚀）

焊接方法一般只能用于同种金属，不同种金属螺接或铆接相互接触时易形成腐蚀原电池，产生双金属腐蚀并形成脆性破坏。粘接接头形成过程温度较低（一般在室温状态下），不会降低金属零件的强度，同时减少了热应力集中和热损伤。

(4) 耐疲劳

粘接件（接头）的疲劳寿命比机械连接件（接头）长得多，其原因之一是粘接相对于机械连接而言应力分布更加均匀，疲劳裂纹在粘接件中的扩展速率较小。

(5) 粘接接头外形光滑

粘接接头具有平滑的外表面，这对于需要流线型的各种现代化工具来说是很宝贵的性能。

(6) 粘接接头对各种环境具有密封性

粘接接头对水、空气或其他环境介质具有优良的密封性，这是螺接或铆接做不到的，在航空航天飞行器中有重要的应用。

(7) 除具有连接作用外，还可具有其他功能性

选用功能型胶黏剂，可赋予粘接接头一些特殊的功能，如吸波、绝缘、隔热、导电、导热、导磁、降噪或减振等。

1.2 粘接技术的局限

尽管粘接技术具有很多优点，但也存在某些不足和局限性：

(1) 粘接强度同金属材料相比还不够大

因为绝大多数胶黏剂都是通过分子间力的作用将被粘物连接在一起的，而被粘材料金属是靠比分子间力大得多的金属键连接的。但粘接技术可以通过接头设计用于金属材料的结构粘接。

(2) 粘接接头耐高低温性能有限

目前的合成胶黏剂多数属于有机高分子材料，具有黏弹性，其性能对温度依赖性较强。如通常所说的耐高温胶黏剂，长期工作温度也基本在250℃以下，短期工作温度一般可达350~400℃。在受热条件下，粘接强度远远低于常温下的粘接强度，一般胶黏剂只能在-50~100℃的范围内正常工作。粘接件在承受高低温交变作用以后，其各项力学性能均有所下降。目前已经有许多学者进行拓宽胶黏剂使用温度范围的研究，有些产品已获得应用，如超低温（-269℃）和超高温（1227℃）下使用的胶黏剂。

(3) 合成胶黏剂易产生老化现象，影响使用寿命

在光、热、空气、射线、霉菌等环境下，胶黏剂会发生降解，对强度产生影响。目前人们已经积累了许多关于胶黏剂老化的经验，并在建筑、汽车、飞机、卫星等方面有许多成功应用的实例，但是关于其使用寿命的预测还比较困难。

(4) 在粘接过程中，影响粘接件性能的因素较多

粘接强度受粘接工艺影响较大，结构胶黏剂的使用往往需要表面处理、固定、加压、加热等特定条件。对于一些特殊情况，对工艺要求相当严格，也就是说，工艺容忍度还不够宽。

(5) 粘接部位难以进行目视检查（透明的被粘物除外）

粘接件的无损探伤迄今还没有可靠的方法。

1.3 混合连接技术

鉴于不同连接方法的局限性，也可采用多种方式相结合的连接方法。如胶接焊接（胶焊）就是粘接和焊接相结合的连接方法，可同时发挥粘接面应力分布均匀和焊接固定速度快的特性，具有强度高、可密封、耐疲劳性好、结构重量轻和生产率高等优点；胶接螺接（胶螺）是粘接和螺接相结合的连接方法，可同时发挥螺接强度高、连接速度快和粘接密封性好的优点，防止螺接易松动和应力松弛问题，广泛用于有振动的场合。

2 胶黏剂的分类

目前市售的胶黏剂产品种类繁多，牌号复杂，生产厂家多，应用领域涉及国民经济和生活的各个领域，产品性能各异，既有同性异类，也有同类异性。胶黏剂的性能由其结构决定，而其结构则由相应的技术配方和工艺所决定。根据胶黏剂的不同属性可以有多种分类方法，本节按照通用胶黏剂、热熔胶黏剂、厌氧胶黏剂、结构胶黏剂、特种胶黏剂和压敏胶黏剂的顺序进行介绍。根据具体的要求，特种胶黏剂又可以分为耐高温胶、耐低温胶、应变片用胶、胶接点焊用胶以及塑料用胶黏剂和其他用途胶黏剂。

2.1 通用胶黏剂

表 5-7-2

<table>
<tr><th>牌号或名称</th><th>组成和固化条件</th><th>性能</th><th>特点及用途</th></tr>
<tr><td>EF 型胶黏剂</td><td>由乙烯-醋酸乙烯酯共聚物及增黏树脂等配制。有 EF-1 型泡沫材料用胶黏剂、EF-2 型复合粘接用胶黏剂
接触压力、常温 5~10min 固化</td><td>剥离强度(粘接 24h 后测定)：>0.3kN/m</td><td>溶剂型，无毒害，透光性好，使用温度为-30~60℃
EF-1 型适合于聚乙烯和聚氨酯软泡沫、聚苯乙烯和聚氯乙烯硬泡沫、橡胶海绵等材料的粘接，也可用于金属、木材等的粘接；EF-2 型主要用于聚丙烯、聚酯、聚氨酯等薄膜与纸张复合</td></tr>
<tr><td>铁锚 801 强力胶</td><td>由氯丁橡胶、酚醛树脂、溶剂等组成
常温数小时基本固化，3~6d 达最高强度</td><td>①粘接不同材料的常温测试强度
<table>
<tr><td>材料</td><td>丁腈橡胶-铝</td><td>帆布-铝</td><td>丁腈橡胶-钢</td></tr>
<tr><td>剥离强度 /N·(2.5cm)$^{-1}$</td><td>≥118</td><td>≥80</td><td>≥103</td></tr>
</table>
②耐水性(浸渍 6d)
<table>
<tr><td>材料</td><td>丁腈橡胶-铝</td><td>帆布-铝</td></tr>
<tr><td>剥离强度 /N·(2.5cm)$^{-1}$</td><td>≥92</td><td>≥177</td></tr>
</table>
③耐油性(浸渍 6d)
<table>
<tr><td>材料</td><td>丁腈橡胶-铝</td><td>帆布-铝</td></tr>
<tr><td>剥离强度/N·(2.5cm)$^{-1}$</td><td>≥95</td><td>≥208</td></tr>
</table></td><td>初始粘接强度高，胶膜柔软，耐冲击、耐振、耐介质性优良，最高使用温度为 80℃
主要用于橡胶、皮革、塑料及各种金属材料的胶接</td></tr>
<tr><td>铁锚 901、902 胶</td><td>聚氯乙烯溶剂
50~100kPa、常温 3d 固化</td><td>①粘接聚氯乙烯的常温剪切强度：≥7MPa
②耐介质性：试件在下列介质中浸泡一周的测试强度
<table>
<tr><td>介质</td><td>水</td><td>10%NaOH</td><td>10%HCl</td><td>—</td></tr>
<tr><td>剪切强度 /MPa</td><td>7.8</td><td>8.8</td><td>8.6</td><td>7.5</td></tr>
</table></td><td>快速定位，强度高，常温使用
901 胶专用于硬聚氯乙烯和高抗冲聚氯乙烯的粘接；902 胶用于聚氯乙烯薄膜和薄片、吹塑玩具、人造革、泡沫塑料及硬聚氯乙烯的粘接</td></tr>
<tr><td>HY-901 常温固化韧性环氧胶</td><td>由(甲)缩水甘油酯型环氧树脂、低分子量聚硫橡胶和(乙)长链酚醛改性胺类固化剂组成
20℃、24h(2~3h 即变定)完全固化</td><td>①粘接铝合金材料在不同条件下的常温测试强度
<table>
<tr><td colspan="2">试验条件</td><td>常温 24h</td><td>浸水 30d</td><td>浸汽油 7d</td><td>-60~60℃ 5 次交变</td></tr>
<tr><td rowspan="2">甲：乙 =2：1</td><td>剪切强度 /MPa</td><td>8.0~12.0</td><td>8.7</td><td>12.0</td><td>12.9</td></tr>
<tr><td>"T"剥离强度 /kN·m^{-1}</td><td>3.5~4.2</td><td>3.5</td><td>4.0</td><td>3.5</td></tr>
</table></td><td>粘接强度较高，韧性好，接头密封性和抗振性好，使用方便，使用温度为常温至 60℃
主要用于铭牌与各种材料的胶接，也可用于电子元器件的粘接密封及应变片的防水等</td></tr>
</table>

续表

<table>
<tr><th>牌号或名称</th><th>组成和固化条件</th><th>性能</th><th>特点及用途</th></tr>
<tr><td>HY-901常温固化韧性环氧胶</td><td>由(甲)缩水甘油酯型环氧树脂、低分子量聚硫橡胶和(乙)长链酚醛改性胺类固化剂组成
20℃、24h(2～3h即固硬)固化</td><td>
<table>
<tr><td rowspan="2">甲：乙=2.5：1</td><td>剪切强度/MPa</td><td>10.0～18.0</td><td>13.0</td><td>18.5</td><td>16.5</td></tr>
<tr><td>"T"剥离强度/kN·m⁻¹</td><td>2.5～3.5</td><td>3.0</td><td>3.25</td><td>3.5</td></tr>
</table>
②粘接不同材料的常温测试强度
<table>
<tr><td>材料</td><td>铝合金-有机玻璃</td><td>铝合金-聚碳酸酯</td><td>铝合金-ABS塑料</td><td>铝合金-硬聚氯乙烯</td><td>黄铜-黄铜</td></tr>
<tr><td>剪切强度/MPa</td><td>5.5～7.0</td><td>10～12</td><td>6～7</td><td>6～7</td><td>13～20</td></tr>
</table></td><td>粘接强度较高,韧性好,接头密封性和抗振性好,使用方便,使用温度为常温至60℃
主要用于铭牌与各种材料的胶接,也可用于电子元器件的粘接密封及应变片的防水等</td></tr>
<tr><td>HY-919硬质塑料管材胶</td><td>由(甲)环氧树脂、液体羧基聚丁二烯和(乙)105缩胺固化剂组成
20℃、2d固化</td><td>①粘接不同材料的常温测试强度(甲：乙=2.5：1)
<table>
<tr><td>材料</td><td>硬PVC</td><td>MBS</td><td>ABS</td><td>ACS</td></tr>
<tr><td>剪切强度/MPa</td><td>5～7</td><td>5.9～6.4</td><td>7～8</td><td>5～6</td></tr>
</table>
<table>
<tr><td>材料</td><td>PMMA</td><td>PC</td><td>铜-PVC</td></tr>
<tr><td>剪切强度/MPa</td><td>材料断裂</td><td>材料断裂</td><td>9～13</td></tr>
</table>
②在不同介质中浸泡30d后的常温测试强度(甲：乙=2：1)
<table>
<tr><td colspan="2">介质</td><td>浸介质前</td><td>自来水</td><td>海水</td><td>22#机油</td></tr>
<tr><td rowspan="2">剪切强度/MPa</td><td>硬PVC</td><td>4</td><td>5</td><td>5</td><td>4</td></tr>
<tr><td>MBS</td><td>3.5</td><td>4</td><td>4</td><td>3.8</td></tr>
</table></td><td>毒性小,配比要求不严格,使用温度为常温至60℃
主要用于硬PVC(聚氯乙烯)、MBS(甲基丙烯酸甲酯-丁二烯-苯乙烯共聚物)、ABS(丙烯腈-丁二烯-苯乙烯共聚物)、ACS(丙烯腈-氯化聚乙烯-苯乙烯共聚物)、PMMA(聚甲基丙烯醇甲酯,俗称有机玻璃)、PC(聚碳酸酯)等型材的粘接</td></tr>
<tr><td>HH-703胶</td><td>由环氧树脂、稀释剂、填料和聚酰胺固化剂组成
接触压力、常温24～48h或60℃、5～6h固化</td><td>粘接不同材料的常温测试强度
<table>
<tr><td>材料</td><td>剪切强度/MPa</td></tr>
<tr><td>铝合金</td><td>≥20.0</td></tr>
<tr><td>低碳钢</td><td>≥20.0</td></tr>
<tr><td>铝-酚醛布板</td><td>布板破坏</td></tr>
<tr><td>铝-硬聚苯乙烯泡沫塑料</td><td>塑料破坏</td></tr>
</table></td><td>配制方便,毒性小,使用温度为-50～50℃
用于粘接模具、量具、硬质聚苯乙烯泡沫塑料和酚醛布板以及机床导轨和铸件修补等</td></tr>
<tr><td>KH-520胶</td><td>由环氧树脂、聚硫橡胶和低分子量聚酰胺、酚醛胺固化剂组成
接触压力、60℃ 2～3h或10℃、24h固化</td><td>①粘接铝合金材料的测试强度
<table>
<tr><td>测试温度/℃</td><td>常温</td><td>60</td></tr>
<tr><td>剪切强度/MPa</td><td>≥28</td><td>≥10</td></tr>
<tr><td>不均匀扯离强度/kN·m⁻¹</td><td>≥50</td><td>—</td></tr>
</table>
②耐介质性(在下列介质中浸渍30d)
<table>
<tr><td>介质</td><td>自来水</td><td>乙醇</td><td>机油</td><td>甲苯</td></tr>
<tr><td>剪切强度/MPa</td><td>27</td><td>26</td><td>29</td><td>29</td></tr>
</table></td><td>粘接强度较高,耐介质性良好,使用温度为常温至60℃
主要用于柴油机缸体、油管、油箱、水箱及各种农机具的修补,也可用于各种金属与非金属的粘接</td></tr>
<tr><td>J-39快干胶</td><td>由甲基丙烯酸甲酯或丙烯酸双酯、橡胶和引发剂组成。分2A、2B、2C及底胶四种型号
接触压力、8～25℃、10～20min变定,24h完全固化</td><td>①粘接铝合金材料在不同温度下的测试强度
<table>
<tr><td>测试温度/℃</td><td>-60</td><td>常温</td><td>100</td><td>120</td></tr>
<tr><td>剪切强度/MPa</td><td>7.7</td><td>23.6</td><td>13.2</td><td>9.1</td></tr>
</table>
②剥离性能
90°剥离强度(铝-铝,经化学处理并加FT-1表面处理剂,常温测试):≥9kN/m
180°剥离强度(氯丁橡胶-环氧玻璃钢,橡胶用FT-2表面处理剂处理):常温时>5kN/m;120℃时>1kN/m
③对不同金属材料的油面粘接性能
<table>
<tr><td>材料</td><td>铝合金</td><td>钛合金</td><td>碳钢</td><td>不锈钢</td></tr>
<tr><td>剪切强度保持率/%</td><td>89</td><td>82</td><td>83</td><td>99</td></tr>
</table></td><td>室温快速固化,粘接强度较高,柔韧性和耐热性好,并可进行油面粘接,工艺简便,使用温度为-40～100℃
主要用于机械修补、铭牌粘接、油管堵漏等非结构性粘接密封。2A型适于铭牌粘贴,2B型用于大面积和需具有韧性的场合,2C型用于油箱、油管的快堵</td></tr>
</table>

续表

<table>
<tr><th>牌号或名称</th><th>组成和固化条件</th><th>性能</th><th>特点及用途</th></tr>
<tr><td>AR-4、AR-5耐磨胶</td><td>由环氧树脂和聚酰胺、聚硫橡胶及多种无机填料组成
接触压力、常温24h或60℃、2h固化</td><td>
<table>
<tr><td colspan="3">不同型号胶对铝件的粘接性能</td></tr>
<tr><td>型号</td><td>AR-4</td><td>AR-5</td></tr>
<tr><td>剪切强度/MPa</td><td>15.0~16.0</td><td>18.0~20.0</td></tr>
<tr><td>布氏硬度</td><td>5.00~6.87</td><td>11.7~11.9</td></tr>
<tr><td>摩擦因数(油润滑,200r/min,负荷100~200N/cm^2)</td><td colspan="2">0.01~0.013</td></tr>
<tr><td>热导率/W·m^{-1}·K^{-1}</td><td colspan="2">3.05×10^{-2}</td></tr>
<tr><td>线胀系数/℃$^{-1}$</td><td colspan="2">4.5×10^{-5}</td></tr>
</table>
</td><td>粘接强度较高,耐磨性好,AR-5比AR-4硬度高,机械加工性和耐介质性良好,使用温度为-45~120℃
用于机械零件磨损的尺寸恢复及机床导轨、缸体等损伤件的修复,还可用于堵塞裂缝、气孔、砂眼等</td></tr>
<tr><td>尺寸恢复胶(R型)</td><td>由环氧树脂、聚酰胺、间苯二胺和填料(二硫化钼、石墨或金属料)组成
常温2~4d或150℃、2h固化</td><td>
<table>
<tr><td colspan="7">不同型号胶对铝件的粘接性能</td></tr>
<tr><td colspan="2">型号</td><td>R-0</td><td>R-1</td><td>R-2</td><td>R-3</td><td>R-4</td></tr>
<tr><td rowspan="2">剪切强度/MPa</td><td>常温</td><td>28.5</td><td>15.5</td><td>18.0</td><td>16.8</td><td>29.7</td></tr>
<tr><td>80℃</td><td>18.0</td><td>11.3</td><td>17.6</td><td>16.1</td><td>14.6</td></tr>
<tr><td colspan="2">压缩强度/MPa</td><td>70.7</td><td>77.3</td><td>63.3</td><td>78.0</td><td>73.0</td></tr>
<tr><td colspan="2">不均匀扯离强度/kN·m^{-1}</td><td>37</td><td>12.6</td><td>14</td><td>14</td><td>29</td></tr>
<tr><td colspan="2">摩擦因数</td><td>0.0355</td><td>0.0402</td><td>0.0371</td><td>0.0421</td><td>0.0399</td></tr>
<tr><td colspan="2">热导率/W·m^{-1}·K^{-1}</td><td>—</td><td>1.190</td><td>0.464</td><td>1.005</td><td>0.527</td></tr>
<tr><td colspan="2">线胀系数/℃$^{-1}$(常温至120℃)</td><td>(1.588~0.931)$\times10^{-3}$</td><td>(1.124~1.198)$\times10^{-3}$</td><td>(2.031~2.125)$\times10^{-3}$</td><td>(1.659~0.165)$\times10^{-3}$</td><td>(1.843~0.997)$\times10^{-3}$</td></tr>
</table>
</td><td>具有优良的粘接性和耐磨性,使用温度为常温至80℃
用于修补磨损的机械零件,恢复机械表面的几何形状和配合精度;也可用于一般零件的粘接、裂纹或崩块的修补、砂眼的填补等</td></tr>
</table>

2.2 热熔胶黏剂

表 5-7-3

<table>
<tr><th>牌号或名称</th><th>组成和固化条件</th><th>性能</th><th>特点及用途</th></tr>
<tr><td>CKD-1热熔胶</td><td>由乙烯-醋酸乙烯酯共聚树脂及添加剂等组成
将胶加热至150~170℃,熔融后涂胶,迅速合拢,加压0.7MPa,冷却1~4min即固化</td><td>
<table>
<tr><td colspan="4">①胶液技术指标</td></tr>
<tr><td colspan="2">软化点(环球法)/℃</td><td colspan="2">熔融黏度[(20±2)℃]/mPa·s</td></tr>
<tr><td colspan="2">>85</td><td colspan="2"><10000</td></tr>
<tr><td colspan="4">②粘接不同材料的常温测试强度</td></tr>
<tr><td>材料</td><td>聚丙烯</td><td>高密度聚乙烯</td><td>低密度聚乙烯</td></tr>
<tr><td>剪切强度/MPa</td><td>≥3.0</td><td>≥2.8</td><td>≥2.5</td></tr>
<tr><td colspan="4">③"T"剥离强度(聚丙烯编织袋):袋破坏</td></tr>
</table>
</td><td>无毒,使用温度为-30~50℃
主要用于聚乙烯、聚丙烯等难粘塑料的粘接,也可用于金属、陶瓷、木材、纸张等的粘接</td></tr>
<tr><td>HM-2热熔胶</td><td>由乙烯-醋酸乙烯酯共聚树脂、松香脂和防老剂等组成
将胶加热至170~180℃使之熔融,涂胶后露置5s,迅速合拢,冷却后即固化(如被粘接材料为金属,将其预热至100~120℃)</td><td>
<table>
<tr><td colspan="7">①软化点(环球法):≥72℃
②粘接强度</td></tr>
<tr><td colspan="3">剪切强度/MPa</td><td colspan="4">剥离强度/N·(2.5cm)$^{-1}$</td></tr>
<tr><td colspan="3">≥2(聚丙烯)
≥3(硬铝)</td><td colspan="4">≥20(铝箔)</td></tr>
<tr><td colspan="7">③粘接不同材料的常温测试强度</td></tr>
<tr><td>材料</td><td>紫铜</td><td>铁</td><td>铝</td><td>低密度聚乙烯</td><td>改性聚丙烯</td><td>尼龙1010</td></tr>
<tr><td>压剪强度/MPa</td><td>≥6</td><td>≥6</td><td>≥6</td><td>≥3</td><td>≥4</td><td>≥5</td></tr>
<tr><td>材料</td><td colspan="2">ABS</td><td colspan="2">聚乙烯-铝</td><td colspan="2">聚丙烯-铝</td></tr>
<tr><td>压剪强度/MPa</td><td colspan="2">≥5</td><td colspan="2">≥4</td><td colspan="2">≥5</td></tr>
</table>
</td><td>固化速度快,无毒,无溶剂,可用于流水线高效率操作,使用温度为-40~55℃
可粘接多种材料,尤其是未经表面处理的聚乙烯、聚丙烯、聚甲醛、尼龙等难粘材料。用于冷库保温材料的粘接密封以及无线电器件、塑料管材、泡沫塑料等的粘接</td></tr>
</table>

续表

<table>
<tr><th>牌号或名称</th><th>组成和固化条件</th><th colspan="5">性能</th><th>特点及用途</th></tr>
<tr><td rowspan="6">ME 热熔胶</td><td rowspan="6">由乙烯-醋酸乙烯酯共聚树脂及其他助剂等组成
将胶加热至熔融状态下涂胶，粘接后1～3min 即可固化。被粘材料无需表面处理</td><td colspan="2">熔点/℃</td><td colspan="3">≥90</td><td rowspan="6">具有良好的耐酸碱介质、耐老化、电气绝缘等性能，无毒，不用溶剂，工艺简便，使用温度为-20～50℃
主要用于聚乙烯、聚丙烯管材、板材的粘接，也可用于封口、书籍无线装订及铝箔与玻璃的粘接</td></tr>
<tr><td colspan="2">邵氏硬度</td><td colspan="3">75～85</td></tr>
<tr><td colspan="2">断裂伸长率/%</td><td colspan="3">130～150</td></tr>
<tr><td colspan="2">剪切强度/MPa</td><td colspan="3">≥4</td></tr>
<tr><td colspan="2">拉伸强度/MPa</td><td colspan="3">≥4</td></tr>
<tr><td colspan="2">"T"剥离强度/N·cm^{-1}</td><td colspan="3">13</td></tr>
<tr><td rowspan="6">PV-1 热熔胶</td><td rowspan="6">由乙烯-醋酸乙烯酯共聚树脂及其他助剂等组成
将胶加热至熔融后，涂布于清洁接合面，迅速合拢，冷却后即固化</td><td colspan="5">①粘接不同材料的常温测试强度</td><td rowspan="6">具有优良的耐水性，使用温度为-10～60℃
主要用于聚乙烯、聚丙烯管材、板材、薄膜的粘接，也可用于木材、陶瓷、金属等的粘接</td></tr>
<tr><td>材料</td><td colspan="2">聚乙烯</td><td colspan="2">聚丙烯</td></tr>
<tr><td>剪切强度/MPa</td><td colspan="2">1.2～1.4(材料断)</td><td colspan="2">1.8～2.0</td></tr>
<tr><td colspan="5">②剥离强度(聚乙烯薄膜)：7～9N/cm
③耐油压：≥1.8MPa
④耐介质性</td></tr>
<tr><td>介质</td><td>水</td><td>5%
盐溶液</td><td>5%
硫酸</td><td>5%
烧碱</td></tr>
<tr><td>剪切强度保持率/%</td><td>100</td><td>100</td><td>100</td><td>97</td></tr>
<tr><td rowspan="4">HM-3 热熔胶</td><td rowspan="4">由改性乙烯-醋酸乙烯酯共聚树脂、增黏剂、防老剂等组成
将胶加热至150～160℃使之熔融，并将接合面预热至50℃，涂胶后迅速合拢，冷却后即固化，30min 后达最高强度</td><td colspan="5">粘接强度</td><td rowspan="4">软化点大于80℃，分解温度大于170℃，无毒，使用温度为常温至60℃
专用于硬 PVC 制品的粘接。对皮革、织物等材料也有良好的粘接性能</td></tr>
<tr><td colspan="2">材料</td><td colspan="3">硬 PVC</td></tr>
<tr><td colspan="2">剪切强度/MPa</td><td colspan="3">≥15</td></tr>
<tr><td colspan="2">剥离强度/N·(2.5cm)$^{-1}$</td><td colspan="3">≥500</td></tr>
<tr><td rowspan="5">HM-1 热熔胶</td><td rowspan="5">由乙烯-醋酸乙烯酯共聚树脂和松香甘油酯等组成
将胶加热至120～160℃使之熔融，热涂于被粘物表面，迅速合拢，冷却后即固化</td><td colspan="5">性能指标</td><td rowspan="5">固化速度快，工艺简便，无毒，无溶剂，使用温度为-30～50℃
主要用于铝、钢等金属材料的粘接，也可用于难粘的聚乙烯、聚丙烯等材料的胶接，常用于电子线圈的固定和金属铭牌的粘接</td></tr>
<tr><td colspan="2">软化点(环球法)/℃</td><td colspan="3">≥70</td></tr>
<tr><td colspan="2" rowspan="2">拉伸强度/MPa</td><td colspan="3">3(铝合金)</td></tr>
<tr><td colspan="3">1.5(镀锌钢片)</td></tr>
<tr><td colspan="2">压剪强度/MPa</td><td colspan="3">>1.5(聚乙烯)</td></tr>
</table>

2.3 厌氧胶黏剂

表 5-7-4

<table>
<tr><th>牌号或名称</th><th>组成和固化条件</th><th colspan="2">性能</th><th>特点及用途</th></tr>
<tr><td rowspan="4">铁锚 302
厌氧胶</td><td rowspan="4">由丙烯酸酯、引发剂、稳定剂和促进剂等组成
常温下10～60min 变定，3～6h 达实用强度，24h 完全固化</td><td>黏度/mPa·s</td><td>10～20</td><td rowspan="4">常温固化，工艺简便，使用温度为-55～60℃
主要用于螺栓的紧固和铸件砂眼的修补</td></tr>
<tr><td>破坏扭矩/N·m</td><td>30</td></tr>
<tr><td>牵出扭矩/N·m</td><td>40</td></tr>
<tr><td>剪切强度/MPa</td><td>≥30</td></tr>
</table>

续表

<table>
<tr><th>牌号或名称</th><th>组成和固化条件</th><th>性能</th><th>特点及用途</th></tr>
<tr><td>铁锚 351
厌氧胶</td><td>由丙烯酸酯、引发剂、稳定剂和促进剂等组成
常温下 10~60min 变定,3~6h 达实用强度,24h 完全固化</td><td><table><tr><td>黏度/mPa · s</td><td>300~500</td></tr><tr><td>破坏扭矩/N · m</td><td>≥20</td></tr><tr><td>牵出扭矩/N · m</td><td>≥30</td></tr><tr><td>剪切强度/MPa</td><td>≥21</td></tr></table></td><td>常温固化,工艺简便,使用温度为-55~120℃
主要用于螺栓的紧固密封;机械零件的装配定位;轴承与轴套的粘接等</td></tr>
<tr><td>铁锚 372
厌氧胶</td><td>由丙烯酸酯、引发剂、稳定剂和促进剂等组成
常温下 10~60min 变定,3~6h 达实用强度,24h 完全固化</td><td><table><tr><td>黏度/Pa · s</td><td>1. 5~2. 0</td></tr><tr><td>破坏扭矩/N · m</td><td>≥10</td></tr><tr><td>牵出扭矩/N · m</td><td>≥20</td></tr></table></td><td>常温固化,工艺简便,具有优良的耐高温性能,使用温度为-55~200℃
主要用于在高温下的螺栓紧固和平面接合部件的粘接</td></tr>
<tr><td>XQ-1
厌氧胶</td><td>由聚酯树脂 309、过氧化羟基异丙苯、三乙胺和丙烯酸等组成,另附促进剂
隔绝空气,28~30℃下 24~72h 固化</td><td><table><tr><td colspan="8">粘接不同材料在不同固化时间后的常温测试强度</td></tr><tr><td colspan="3">固化时间/h</td><td>0. 15</td><td>0. 5</td><td>1</td><td>24</td><td>72</td></tr><tr><td rowspan="4">剪切强度/MPa</td><td rowspan="2">钢</td><td>无促进剂</td><td>—</td><td>—</td><td>—</td><td>8. 9</td><td>—</td></tr><tr><td>有促进剂</td><td>6. 5</td><td>8. 3</td><td>10. 3</td><td>14. 1</td><td>17. 6</td></tr><tr><td rowspan="2">铝合金</td><td>无促进剂</td><td>—</td><td>—</td><td>—</td><td>2. 8</td><td>—</td></tr><tr><td>有促进剂</td><td>1. 9</td><td>5. 6</td><td>6. 6</td><td>9. 5</td><td>—</td></tr></table></td><td>无溶剂,毒性小,常温固化,使用方便,在 100℃ 以下使用
用于在振动冲击条件下工作的不经常拆卸的螺纹连接件的紧固及密封,管道螺纹连接接头及平面法兰接合面的耐压密封和紧固,也可作为一般胶黏剂使用</td></tr>
<tr><td>GY-340
厌氧胶</td><td>由甲基丙烯酸环氧树脂、双甲基丙烯酸缩醇酯等组成
常温下 2~6h 固化</td><td><table><tr><td>密度/g · cm^{-3}</td><td>1. 12±0. 02</td></tr><tr><td>黏度/mPa · s</td><td>150~300</td></tr><tr><td>剪切强度/MPa</td><td>≥20</td></tr><tr><td>破坏扭矩/N · m</td><td>≥30</td></tr><tr><td>最大填充间隙/mm</td><td>0. 18</td></tr></table></td><td>常温固化速度快,粘接强度高,使用温度为-55~150℃
主要用于螺栓的紧固密封和阀件、液压元件、空气压缩机部件等的粘接</td></tr>
<tr><td>Y-82
厌氧胶</td><td>由双甲基丙烯酸缩醇酯、甲基丙烯酸苯甲酸缩醇酯和氧化还原催化剂等组成,或加促进剂组成双组分
配用促进剂时,隔绝空气,常温下 1h 固化</td><td><table><tr><td>密度/g · cm^{-3}</td><td>1. 07±0. 02</td></tr><tr><td>黏度/mPa · s</td><td>164</td></tr><tr><td>稳定性(80℃)/min</td><td>≥30</td></tr><tr><td>剪切强度(钢)/MPa</td><td>≥9</td></tr><tr><td>最大破坏扭矩/N · m</td><td>8~15</td></tr></table></td><td>常温快速固化,使用温度为-45~100℃
主要用于螺栓的紧固密封和可拆部位的粘接密封</td></tr>
<tr><td>Y-150
厌氧胶</td><td>由甲基丙烯酸环氧树脂等组成,加促进剂为双组分
单组分:隔绝空气,常温下 24h 达最大强度
双组分:常温下 10min 变定</td><td><table><tr><td>密度/g · cm^{-3}</td><td>1. 12±0. 02</td></tr><tr><td>黏度/mPa · s</td><td>150~300</td></tr><tr><td>稳定性(80℃)/min</td><td>≥30</td></tr><tr><td>剪切强度/MPa</td><td>≥9</td></tr><tr><td>最大破坏扭矩/N · m</td><td>≥25</td></tr></table></td><td>无溶剂,黏度低,使用温度为-45~150℃
主要用于不经常拆卸的螺栓、轴、轴承、转子、滑轮、键合件等的紧固、粘接和密封</td></tr>
<tr><td>ZY-801
厌氧胶</td><td>由甲基丙烯酸四氢糠醇酯等组成;加促进剂为双组分
单组分:常温下 24h 固化
双组分:常温下 5min 变定,3h 达实用强度</td><td><table><tr><td colspan="7">①性能指标</td></tr><tr><td>密度/g · cm^{-3}</td><td colspan="6">1. 11</td></tr><tr><td>黏度/mPa · s</td><td colspan="6">80</td></tr><tr><td>破坏扭矩/N · m</td><td colspan="6">34~36</td></tr><tr><td>牵出扭矩/N · m</td><td colspan="6">40~50</td></tr><tr><td>剪切强度/MPa</td><td colspan="6">25~30</td></tr><tr><td colspan="7">②耐介质性(87℃浸渍 168h)</td></tr><tr><td>介质</td><td>水</td><td>柴油</td><td>机油</td><td>10%烧碱</td><td>10%硫酸</td><td>3%盐水</td></tr><tr><td>剪切强度保持率/%</td><td>82</td><td>91</td><td>114</td><td>27. 5</td><td>55</td><td>76</td></tr></table></td><td>粘接强度较高,工艺简便,耐介质性优良,使用温度为-30~150℃
主要用于螺栓的紧固和各种金属接合件的粘接</td></tr>
</table>

2.4 结构胶黏剂

表 5-7-5

<table>
<tr><th>牌号或名称</th><th>组成和固化条件</th><th>性能</th><th>特点及用途</th></tr>
<tr><td>铁锚 201 胶
(FSC-1 胶)</td><td>由聚乙烯缩甲醛和酚醛树脂组成
在压力 0.1～0.2MPa、160℃条件下需 2h 固化</td><td>①常温下测试粘接强度
<table>
<tr><td>材料</td><td>铝合金</td><td>不锈钢</td><td>耐热钢</td><td>黄铜</td></tr>
<tr><td>剪切强度/MPa</td><td>22～23</td><td>23～25</td><td>23</td><td>22～24</td></tr>
<tr><td>拉伸强度/MPa</td><td>31～35</td><td>—</td><td>—</td><td>—</td></tr>
</table>
②不均匀扯离强度(铝合金):35～39kN/m
③不同温度下测试强度(铝合金)
<table>
<tr><td>测试温度/℃</td><td>-70</td><td>20</td><td>60</td><td>100</td><td>150</td><td>200</td></tr>
<tr><td>剪切强度/MPa</td><td>23</td><td>22.4</td><td>22</td><td>20.6</td><td>13.5</td><td>3.7</td></tr>
</table></td><td>粘接强度较高,耐老化、耐水、耐油,性能稳定,价格低廉,使用温度为-70～150℃
用于金属与金属、陶瓷、玻璃、电木等材料的粘接,还可用于浸渍玻璃布</td></tr>
<tr><td>J-15 胶</td><td>由热固性高邻位酚醛树脂、混炼丁腈橡胶和氯化物催化剂等组成
在 0.1～0.3MPa、180℃条件下需 3h 固化</td><td>粘接铝合金件在不同温度下的测试强度(表面经化学氧化处理)
<table>
<tr><td>测试温度/℃</td><td>剪切强度/MPa</td><td>不均匀扯离强度/kN·m⁻¹</td></tr>
<tr><td>-60</td><td>≥28.0</td><td>—</td></tr>
<tr><td>20</td><td>30.0～32.0</td><td>70～100</td></tr>
<tr><td>100</td><td>22.0～25.0</td><td>38～40</td></tr>
<tr><td>150</td><td>16.0～18.0</td><td>—</td></tr>
<tr><td>250</td><td>8.0～10.0</td><td>—</td></tr>
<tr><td>300</td><td>5.0～6.0</td><td>—</td></tr>
</table></td><td>具有较高的静强度,疲劳、持久性能和耐湿热、耐大气老化等综合性能优良,使用温度为-60～260℃
用于各种金属结构件的粘接,也可用于有孔蜂窝结构或耐高温密封结构</td></tr>
<tr><td>J-19 胶</td><td>由环氧树脂和聚砜树脂等组成。分 A、B、C 三种型号
接触压力、180℃条件下需 3h 固化</td><td>①粘接钢件在不同温度下的测试强度
<table>
<tr><td colspan="2">型号</td><td>A</td><td>B</td><td>C</td></tr>
<tr><td rowspan="2">剪切强度/MPa</td><td>常温</td><td colspan="2">60.0～65.0</td><td>50.0</td></tr>
<tr><td>120℃</td><td colspan="3">30.0～35.0</td></tr>
</table>
②不均匀扯离强度(常温):90～100kN/m</td><td>粘接强度高,使用温度为常温至 120℃
用于各种金属和非金属结构的粘接</td></tr>
<tr><td>J-22 胶</td><td>由环氧树脂、增韧剂和固化剂等组成
接触压力、80℃条件下需 2h 固化</td><td>①粘接铝合金件在不同温度下的测试强度(表面经化学氧化处理)
<table>
<tr><td>测试温度/℃</td><td>-60</td><td>20</td><td>100</td></tr>
<tr><td>剪切强度/MPa</td><td>≥25.0</td><td>≥30.0</td><td>≥8.0</td></tr>
</table>
②不均匀扯离强度(常温):≥60kN/m</td><td>韧性和综合性能好,工艺简便,使用温度为-60～80℃
用于航空仪表的粘合和密封及电子仪器的组装等</td></tr>
<tr><td>J-32 高强度胶</td><td>由环氧树脂、增韧剂和固化剂等组成
接触压力、80℃条件下需 2h 固化</td><td>①粘接件在不同温度下的测试强度
<table>
<tr><td>测试温度/℃</td><td>20</td><td>100</td><td>150</td></tr>
<tr><td>剪切强度/MPa</td><td>≥35.0</td><td>≥24.0</td><td>≥8.0</td></tr>
</table>
②不均匀扯离强度:≥60kN/m
③拉伸强度:≥50.0MPa</td><td>粘接强度较高,耐疲劳性能好,使用温度为-60～150℃
用于各种金属结构件的粘接,也可用于玻璃钢等非金属与金属的粘接</td></tr>
<tr><td>J-48 修补胶</td><td>由环氧树脂、橡胶、酸酐固化剂等组成
在 0.1～0.3MPa、100℃条件下需 3h 或 60℃条件下需 6h 固化</td><td>粘接铝合金件的测试强度(表面经化学氧化处理)
<table>
<tr><td rowspan="2">剪切强度/MPa</td><td>常温</td><td>18.0</td></tr>
<tr><td>175℃</td><td>6.0</td></tr>
<tr><td rowspan="2">剥离强度/kN·m⁻¹</td><td>板-板</td><td>3.0</td></tr>
<tr><td>板-芯</td><td>2.0</td></tr>
<tr><td colspan="2">蜂窝拉脱强度/MPa</td><td>2.0</td></tr>
</table></td><td>固化温度低,耐介质、耐湿热老化及耐热老化等性能良好,工艺简便,使用温度为-60～175℃
主要用于设备的修复</td></tr>
<tr><td>KH-225 胶</td><td>由环氧树脂、端羧基丁腈橡胶、咪唑类固化剂和白炭黑等组成
接触压力、120℃条件下需 1～3h 或 80℃条件下需 4～8h 固化</td><td>①粘接碳钢件的测试强度(120℃固化)
<table>
<tr><td>测试温度/℃</td><td>常温</td><td>100</td></tr>
<tr><td>剪切强度/MPa</td><td>40.0</td><td>15.0</td></tr>
</table>
②粘接铝合金件常温不均匀扯离强度:≥60kN/m</td><td>中温固化,粘接强度较高,使用温度约为 100℃
用于粘接钢、铝、不锈钢等金属材料,玻璃钢、硬塑料、陶瓷、玻璃、玉石等非金属材料。适用于热敏感、形状复杂的部件</td></tr>
</table>

续表

<table>
<tr><th>牌号或名称</th><th>组成和固化条件</th><th>性能</th><th>特点及用途</th></tr>
<tr><td>KH-506 胶</td><td>由丁腈橡胶、改性酚醛树脂和醋酸乙酯等组成
在 0.3MPa、180℃ 条件下需 2h 固化</td><td>①粘接铝合金件在不同条件下的测试强度(表面经化学氧化处理)
<table>
<tr><td rowspan="2">老化条件</td><td>温度/℃</td><td>常温</td><td colspan="2">200</td><td>250</td><td>55(98%相对湿度)</td></tr>
<tr><td>时间/h</td><td>0</td><td>200</td><td>500</td><td>200</td><td>200</td></tr>
<tr><td rowspan="3">剪切强度/MPa</td><td>常温</td><td>20.0~24.0</td><td>18.0</td><td>16.0</td><td>8.0~9.0</td><td>—</td></tr>
<tr><td>200℃</td><td>9.0~10.0</td><td>9.0~10.0</td><td>8.8</td><td>—</td><td>9.0~10.0</td></tr>
<tr><td>250℃</td><td>7.0~9.0</td><td>7.4</td><td>7.8</td><td>7.0</td><td>—</td></tr>
<tr><td colspan="2">不均匀扯离强度/kN · m^{-1}</td><td>40~50</td><td>24</td><td>21</td><td>10</td><td>35</td></tr>
</table>
②粘接碳钢件在不同条件下的测试强度
<table>
<tr><td rowspan="2">老化条件</td><td>温度/℃</td><td>常温</td><td>200</td><td>250</td></tr>
<tr><td>时间/h</td><td>0</td><td>200</td><td>200</td></tr>
<tr><td rowspan="4">剪切强度/MPa</td><td>-50℃</td><td>30.0</td><td>—</td><td>—</td></tr>
<tr><td>常温</td><td>24.0~28.0</td><td>30.5</td><td>11.2</td></tr>
<tr><td>200℃</td><td>10.0</td><td>16.0</td><td>—</td></tr>
<tr><td>250℃</td><td>9.0</td><td>13.1</td><td>12.5</td></tr>
</table></td><td>耐油、耐老化性好,且具韧性,使用温度为-60~200℃
用于粘接金属结构件;在印制电路板制造中,粘接铜箔与玻璃钢;粘接汽车、拖拉机用制动片;胶液中加入二硫化钼可用于轴瓦的修复和电机转子外层的防水涂层</td></tr>
</table>

2.5 特种胶黏剂

2.5.1 耐高温胶

表 5-7-6

<table>
<tr><th>牌号或名称</th><th>组成和固化条件</th><th>性能</th><th>特点及用途</th></tr>
<tr><td>H-02 胶</td><td>由 H-02 环氧树脂、4,4′-二氨基二苯基甲烷和气溶胶组成
接触压力、150℃ 下 4h 固化</td><td>①粘接铝合金件在不同温度下的测试强度
<table>
<tr><td>测试温度/℃</td><td>常温</td><td>150</td><td>200</td><td>300</td></tr>
<tr><td>剪切强度/MPa</td><td>26.5</td><td>25</td><td>10.3</td><td>3.3</td></tr>
</table>
②不均匀扯离强度:80N/cm</td><td>具有良好的耐高温性能,使用温度为 20~200℃
主要用于铝及铝合金、碳钢、不锈钢等金属材料的粘接</td></tr>
<tr><td>KH-505 高温胶</td><td>由甲基苯基硅树脂、无机填料和甲苯等组成
0.5MPa、270℃ 需 3h 固化,去除压力后 425℃ 固化 3h 可提高强度</td><td>①粘接钢件在不同温度下的测试强度
<table>
<tr><td colspan="2">测试温度/℃</td><td>常温</td><td>425</td></tr>
<tr><td>剪切强度/MPa</td><td>未后固化
经后固化</td><td>7.9~8.7
9.9~11</td><td>3~3.5
3.4~4</td></tr>
</table>
②粘接钢件在下述老化条件下于 425℃ 的测试强度
<table>
<tr><td rowspan="2">老化条件</td><td>温度/℃</td><td>400</td><td colspan="2">-60~425</td></tr>
<tr><td>时间或交变次数</td><td>200h</td><td>5 次</td><td>10 次</td></tr>
<tr><td>剪切强度/MPa</td><td>未后固化
经后固化</td><td>3.1~3.7
2.9~3.3</td><td>2.9~3.3
3.4~4.7</td><td>3.4~3.5
—</td></tr>
</table>
③ 持久强度(剪切应力 1.5MPa、425℃ 测):>30h</td><td>具有良好的耐水、耐大气老化性,对金属无腐蚀性,使用温度为-60~400℃
用于高温下金属、玻璃、陶瓷的粘接;适用于螺栓的紧固密封、以及钠硫电池耐高温密封;也可作为耐高温应变片用胶</td></tr>
</table>

续表

<table>
<tr><th>牌号或名称</th><th>组成和固化条件</th><th>性能</th><th>特点及用途</th></tr>
<tr><td>聚苯并咪唑胶（PBI胶）</td><td>15%聚苯并咪唑的二甲基乙酰胺溶液
0.1MPa、100~120℃下0.5h后，从120℃升至200℃为0.5h，再在200℃下0.5h，从200℃升至250℃为0.5h，最后在250℃下3h固化</td><td>①粘接不同金属材料的测试强度
<table>
<tr><th colspan="2">材料</th><th>铝合金</th><th>黄铜</th><th>紫铜</th><th>45钢</th><th>不锈钢</th></tr>
<tr><td rowspan="3">剪切强度/MPa</td><td>-78℃</td><td>—</td><td>29.0</td><td>—</td><td>46.0</td><td>39.0</td></tr>
<tr><td>常温</td><td>30.0</td><td>28.0</td><td>12.0</td><td>42.0</td><td>36.0</td></tr>
<tr><td>250℃</td><td>20.0</td><td>23.0</td><td>9.7</td><td>23.8</td><td>24.0</td></tr>
</table>②不均匀扯离强度：常温7kN/m；200℃ 50kN/m
③耐老化性（铝合金件经不同老化后的测试强度）
<table>
<tr><td colspan="2">老化温度/℃</td><td colspan="6">260</td><td colspan="4">317</td></tr>
<tr><td colspan="2">老化时间/h</td><td>0</td><td>100</td><td>200</td><td>300</td><td>400</td><td>500</td><td>50</td><td>100</td><td>150</td><td>200</td></tr>
<tr><td rowspan="2">剪切强度/MPa</td><td>常温</td><td>26.4</td><td>14.3</td><td>7.7</td><td>7.0</td><td>3.3</td><td>2.1</td><td>10.8</td><td>3.1</td><td>2.5</td><td>5</td></tr>
<tr><td>250℃</td><td>18.4</td><td>11.1</td><td>7.6</td><td>8.1</td><td>6.8</td><td>1.6</td><td>8.9</td><td>6.7</td><td>5.6</td><td>0</td></tr>
</table></td><td>瞬间耐高温性良好，低温时也有较好的性能，但高温时易氧化而破坏，使用温度为-253~538℃
用于胶接不锈钢、45钢、黄铜、紫铜、铝合金等，还可粘接聚酰亚胺、硅树脂等材料及硅片</td></tr>
<tr><td>30号胶</td><td>由芳香族二胺、芳香族二元酸酐和芳香族二酰胺聚合成聚酰亚胺的二甲基乙酰胺溶液
0.1~0.3MPa、200℃下1h，然后在280℃下2h固化</td><td>①粘接铝合金件在不同温度下的测试强度
<table>
<tr><td>测试温度/℃</td><td>-60</td><td>常温</td><td>250</td><td>300</td></tr>
<tr><td>剪切强度/MPa</td><td>≥20</td><td>≥20</td><td>≥15</td><td>≥10</td></tr>
</table>②粘接铝合金件的不均匀扯离强度
<table>
<tr><td>测试条件</td><td>常温</td><td>250℃、1000h</td></tr>
<tr><td>不均匀扯离强度/N·cm^{-1}</td><td>350~400</td><td>350</td></tr>
</table>③耐热老化性（铝合金件在下列介质中浸泡31d，常温测试）
<table>
<tr><td>介质</td><td>水</td><td>汽油</td><td>海水</td></tr>
<tr><td>剪切强度/MPa</td><td>18</td><td>19</td><td>17</td></tr>
</table></td><td>高温下具有优良的介电性、阻燃性、耐辐射性及较高的粘接强度，使用温度为-60~280℃
适用于铝合金、钛合金、不锈钢、陶瓷及应变片片基的粘接，可用于耐高温、耐辐射的场合</td></tr>
</table>

2.5.2 耐低温胶

表 5-7-7

<table>
<tr><th>牌号或名称</th><th>组成和固化条件</th><th>性能</th><th>特点及用途</th></tr>
<tr><td>DW-1耐超低温胶</td><td>由三羟基聚氧化丙烯醚异氰酸酯的预聚体和3,3′-二氯4,4′-二氨基二苯基甲烷组成
0.2MPa、60℃下2h或100℃下1h或常温数天固化</td><td>铝（打毛）粘接件在不同条件下的测试强度
<table>
<tr><td>测试条件</td><td>常温</td><td>-196℃</td><td>-196~40℃冷热交变5次</td></tr>
<tr><td>剪切强度/MPa</td><td>≥5.0</td><td>≥18.0</td><td>≥5.0</td></tr>
</table></td><td>具有优良的低温粘接性能，黏度低，使用方便，常温或加热固化，使用温度为-196℃至常温
主要用于制氧机的粘接、修补和密封，也可用于玻璃钢、陶瓷、铝合金等材料的低温粘接</td></tr>
<tr><td>DW-3耐超低温胶</td><td>由四氢呋喃共聚醚环氧树脂、双酚A环氧树脂、间苯二胺衍生物和有机硅化合物等组成
接触压力、100℃下2h或60℃下8h固化</td><td>①粘接铝合金件在不同温度下的测试强度
<table>
<tr><td>测试温度/℃</td><td>60</td><td>20</td><td>-196</td><td>-253</td><td>-269</td></tr>
<tr><td>剪切强度/MPa</td><td>7.8</td><td>≥18.0</td><td>≥20.0</td><td>≥20.0</td><td>≥20.0</td></tr>
</table>②粘接不同材料的测试强度
<table>
<tr><td colspan="2">材料</td><td>钢</td><td>不锈钢</td><td>紫铜</td><td>黄铜</td></tr>
<tr><td rowspan="2">剪切强度/MPa</td><td>-196℃</td><td>≥20.0</td><td>≥20.0</td><td>≥20.0</td><td>≥20.0</td></tr>
<tr><td>常温</td><td>≥18.0</td><td>≥18.0</td><td>≥18.0</td><td>≥18.0</td></tr>
</table></td><td>具有优良的低温粘接性能，黏度低，使用方便，粘接强度高，韧性好，使用温度为-269~60℃
主要用于超低温下工作的金属、非金属材料的粘接，也可用于两种线胀系数差别较大的材料粘接</td></tr>
<tr><td>H-01耐低温环氧胶</td><td>由环氧树脂、桐油酸酐、顺丁烯二酸酐及气相二氧化硅组成
接触压力、150℃下3h固化</td><td>①粘接铝合金件在不同温度下的测试强度
<table>
<tr><td>测试温度/℃</td><td>-196</td><td>常温</td><td>200</td></tr>
<tr><td>剪切强度/MPa</td><td>≥17.0</td><td>≥20.0</td><td>≥11.0</td></tr>
</table>②不均匀扯离强度：≥80N/cm</td><td>具有优良的低温和高温粘接性能，使用温度为-170~200℃
主要用于既在低温又在高温（200℃以下）下工作的各种金属、非金属材料的粘接</td></tr>
</table>

续表

<table>
<tr><th>牌号或名称</th><th>组成和固化条件</th><th>性能</th><th>特点及用途</th></tr>
<tr><td>H-006 耐低温环氧胶</td><td>由均苯三酸三缩水甘油酯、液体丁腈橡胶和 4,4′-二氨基二苯基甲烷组成
接触压力、80℃下 5h 固化</td><td>①粘接铝合金件在不同温度下的测试强度<table><tr><td>测试温度/℃</td><td>-196</td><td>常温</td><td>200</td></tr><tr><td>剪切强度/MPa</td><td>≥19.0</td><td>≥20.0</td><td>≥14.0</td></tr></table>②不均匀扯离强度:≥350N/cm
③耐老化性(150℃、500h)<table><tr><td>测试温度/℃</td><td>-196</td><td>常温</td><td>200</td></tr><tr><td>剪切强度/MPa</td><td>≥17.0</td><td>≥18.0</td><td>≥15.0</td></tr></table>④耐高低温交变性(-196~150℃、120 次)<table><tr><td>测试强度/℃</td><td>-196</td><td>常温</td><td>200</td></tr><tr><td>剪切强度保持率/%</td><td>≥92</td><td>≥96</td><td>≥82</td></tr></table></td><td>具有优良的耐辐射、耐高低温交变性和低温粘接性能,使用温度为-196~150℃
主要用于低温和高温下工作的铝合金、钛合金、不锈钢等金属材料的粘接</td></tr>
<tr><td>HY-912 耐超低温胶</td><td>由环氧树脂、聚氨酯树脂和铝粉等组成
接触压力、100℃下 4h 固化</td><td>①粘接铝合金件在不同条件下的测试强度<table><tr><td>测试条件</td><td>常温</td><td>50℃</td><td>-190℃</td><td>-190~100℃
冷热交变 3 次</td></tr><tr><td>剪切强度/MPa</td><td>21.7</td><td>4.7</td><td>15.4</td><td>20.3</td></tr></table>②粘接不同材料的测试强度<table><tr><td colspan="2">材料</td><td>铝合金-
环氧玻璃钢</td><td>紫铜-
环氧玻璃钢</td><td>不锈钢-
环氧玻璃钢</td></tr><tr><td rowspan="2">剪切
强度
/MPa</td><td>常温</td><td>10.5~14</td><td>10~13</td><td>9~15</td></tr><tr><td>-190~25℃
冷热交变 3 次</td><td>9~10.7</td><td>12~14</td><td>8~13</td></tr></table></td><td>胶液活性期长,使用方便,低温和室温下都有较高的粘接强度,使用温度为-190℃至常温
用于低温下工作的各种金属、非金属材料的粘接和修补</td></tr>
<tr><td>铁锚 104 胶
(超低温发泡型)</td><td>由(甲)环氧丙烷聚醚聚氨酯和(乙)环氧丙烷聚醚、交联剂及催化剂组成
接触压力、常温下 24h 固化</td><td>①胶液的技术指标<table><tr><td>甲组分</td><td>游离异氰酸根 3.5%~6.0%</td></tr><tr><td>乙组分</td><td>羟值(140±30)mgKOH/g</td></tr></table>②粘接铝合金件在不同温度下的测试强度<table><tr><td>测试温度/℃</td><td>25</td><td>-196</td></tr><tr><td>剪切强度/MPa</td><td>≥1.2(泡沫塑料断)</td><td>≥30</td></tr></table></td><td>无溶剂,具有优良的低温粘接性能,在粘接时有低发泡性,能很好地填充接合部位的缝隙,使用温度为-196℃至常温
广泛用于泡沫塑料与金属或非金属材料的粘接,保冷管道中泡沫材料与金属管的粘接</td></tr>
</table>

2.5.3 应变片用胶

表 5-7-8

<table>
<tr><th>牌号或名称</th><th>组成和固化条件</th><th>性能</th><th>特点及用途</th></tr>
<tr><td>J-06-2
应变胶</td><td>由钡酚醛树脂、E-06 环氧树脂、间苯二酚和石棉等组成
0.3MPa、150℃下 3h 固化</td><td>①粘接不锈钢件在不同温度下的测试强度<table><tr><td>测试温度/℃</td><td>20</td><td>250</td></tr><tr><td>剪切强度/MPa</td><td>7.1</td><td>4.2</td></tr></table>②应变性能<table><tr><td>应变极限</td><td>≤3500×10⁻⁶ε</td></tr><tr><td>灵敏度系数</td><td>2</td></tr><tr><td>体积电阻率/Ω·cm</td><td>6×10¹⁰</td></tr></table></td><td>具有优良的耐高低温性能,电绝缘性良好,工艺简便,使用温度为-269~250℃
适用于各种金属、非金属材料的高温应变测量及各类应变片的制造,也可用于粘贴各种应变片及半导体片</td></tr>
<tr><td>KY-4
应变胶</td><td>由 711 环氧树脂、低分子量聚硫橡胶和酚醛胺固化剂组成
室温下 1h 变定,然后 60~80℃下 1~2h 完全固化或室温下 5h 完全固化</td><td>①粘接 45 钢在不同温度下的测试强度<table><tr><td>测试温度/℃</td><td>-50</td><td>常温</td><td>60</td><td>80</td><td>100</td></tr><tr><td>剪切强度/MPa</td><td>12.4</td><td>20.6</td><td>14.9</td><td>11.3</td><td>6.9</td></tr><tr><td>拉伸强度/MPa</td><td>—</td><td>43.8</td><td>45.1</td><td>26.9</td><td>12.7</td></tr></table>②应变性能(4mm×10mm 箔式应变片、25℃固化 5h)<table><tr><td>灵敏度系数</td><td>2.17</td></tr><tr><td>机械滞后</td><td>18×10⁻⁶ε</td></tr></table></td><td>固化速度快,工艺简便,耐介质性、抗蠕变性及电绝缘性优良,使用温度为-50~60℃
适用于缩醛、聚酰亚胺或环氧树脂为底基的丝式、箔式和半导体应变片的粘贴</td></tr>
</table>

续表

<table>
<tr><th>牌号或名称</th><th>组成和固化条件</th><th colspan="2">性能</th><th>特点及用途</th></tr>
<tr><td rowspan="3">KY-4
应变胶</td><td rowspan="3">由 711 环氧树脂、低分子量聚硫橡胶和酚醛胺固化剂组成
室温下 1h 变定，然后 60～80℃下 1～2h 完全固化或室温下 5h 完全固化</td><td>蠕变/%</td><td>-0.12</td><td rowspan="3">固化速度快，工艺简便，耐介质性、抗蠕变性及电绝缘性优良，使用温度为-50～60℃
适用于缩醛、聚酰亚胺或环氧树脂为底基的丝式、箔式和半导体应变片的粘贴</td></tr>
<tr><td>体积电阻率/Ω·cm</td><td>5×10^{11}</td></tr>
<tr><td colspan="2">③耐介质性
在乙醇、水、汽油、10%NaOH、10%NaCl 中浸泡 24h，性能不下降</td></tr>
<tr><td rowspan="9">PE-2
应变胶</td><td rowspan="9">由酚醛树脂、环氧树脂和溶剂等组成
0.5～1MPa、160℃下 2～4h 固化</td><td>剪切强度（钢）/MPa</td><td>≥9</td><td rowspan="9">具有优良的抗蠕变性、电绝缘性和粘接性能，工艺简便，使用温度为-40～80℃
用于半导体应变片的粘贴，适用于各种高精度传感器的制造，精度小于 0.03%</td></tr>
<tr><td>弹性模量/MPa</td><td>$\geqslant3.6\times10^{3}$</td></tr>
<tr><td>蠕变/%</td><td>≤0.01</td></tr>
<tr><td>机械滞后/%</td><td>≤0.03</td></tr>
<tr><td>疲劳寿命（$\pm1500\times10^{-6}\varepsilon$）/次</td><td>$\geqslant10^{6}$</td></tr>
<tr><td>绝缘电阻/MΩ</td><td>10^{5}</td></tr>
<tr><td>折射率n_D^{25}</td><td>1.5890～1.5970</td></tr>
<tr><td>凝胶时间（160℃）/min</td><td>10</td></tr>
<tr><td></td><td></td></tr>
</table>

2.5.4 胶接点焊用胶

表 5-7-9

<table>
<tr><th>牌号或名称</th><th>组成和固化条件</th><th colspan="6">性能</th><th>特点及用途</th></tr>
<tr><td rowspan="4">203 胶</td><td rowspan="4">由 E-51 环氧树脂、JLY-121 聚硫橡胶和间苯二胺组成
接触压力、80℃下 3h 固化</td><td colspan="6">①粘接铝合金件在不同温度下的测试强度</td><td rowspan="4">具有优良的综合性能和耐阳极氧化性能，使用温度为-60～60℃
适用于铝合金的胶接点焊</td></tr>
<tr><td colspan="2">测试温度/℃</td><td>-60</td><td>室温</td><td>60</td><td>100</td></tr>
<tr><td colspan="2">剪切强度/MPa</td><td>>20.0</td><td>>18.0</td><td>>17.0</td><td>>11.5</td></tr>
<tr><td colspan="6">②不均匀扯离强度：≥170N/cm
③胶焊强度（焊点 3cm×3cm）：≥100MPa</td></tr>
<tr><td rowspan="8">KH-120 胶</td><td rowspan="8">由多种低黏度环氧树脂、端羧基液体丁腈橡胶、催化剂、固化剂等组成
30℃预固化 36h 或 20℃预固化 48h，然后（150±3）℃固化 4h，自然冷却</td><td colspan="6">①粘接铝合金件在不同温度下的测试强度</td><td rowspan="8">胶液黏度低，工艺性好，粘接强度高，柔韧性好，使用温度为-60～120℃
用于汽车、飞机、船舶等制造中的结构粘接，加入银粉可作为导电胶使用</td></tr>
<tr><td colspan="2">测试温度/℃</td><td>常温</td><td>100</td><td>120</td><td>135</td></tr>
<tr><td colspan="2">剪切强度/MPa</td><td>>25.0</td><td>>20.0</td><td>>20.0</td><td>>15.0</td></tr>
<tr><td colspan="6">②不均匀扯离强度：>350N/cm
③耐老化性能（55℃、95%相对湿度）</td></tr>
<tr><td colspan="2">老化时间/h</td><td>0</td><td>1000</td><td>2000</td><td>3000</td></tr>
<tr><td rowspan="3">剪切强度/MPa</td><td>常温</td><td>>25.0</td><td>>22.0</td><td>>20.0</td><td>>20.0</td></tr>
<tr><td>120℃</td><td>>20.0</td><td>>12.0</td><td>>12.0</td><td>>11.0</td></tr>
<tr><td>135℃</td><td>>15.0</td><td>—</td><td>—</td><td>>6.5</td></tr>
<tr><td rowspan="9">SY-201 胶</td><td rowspan="9">由 E-51 环氧树脂、液体聚硫橡胶、低分子量聚酰胺、双氰胺和填料组成
120℃下 4h 或 140℃下 2h 固化</td><td colspan="6">①粘接铝合金件在不同温度下的测试强度</td><td rowspan="9">具有优良的综合性能和耐阳极氧化性能，对铝合金无腐蚀，使用温度为-60～100℃
适用于铝合金胶焊，也可用于其他金属结构件的粘接</td></tr>
<tr><td colspan="2">测试温度/℃</td><td>-60</td><td>常温</td><td colspan="2">100</td></tr>
<tr><td colspan="2">剪切强度/MPa</td><td>12.0</td><td>23.4</td><td colspan="2">13.5</td></tr>
<tr><td colspan="6">②耐热老化性（100℃、200h 老化）</td></tr>
<tr><td colspan="2">测试温度/℃</td><td colspan="2">常温</td><td colspan="2">100</td></tr>
<tr><td colspan="2">剪切强度/MPa</td><td colspan="2">≥27</td><td colspan="2">≥14</td></tr>
<tr><td colspan="6">③耐介质性（在下列介质中浸泡 30d 后常温测试）</td></tr>
<tr><td colspan="3">介质</td><td>水</td><td>乙醇</td><td>煤油</td></tr>
<tr><td colspan="3">剪切强度/MPa</td><td>≥21</td><td>≥25</td><td>≥21</td></tr>
</table>

续表

牌号或名称	组成和固化条件	性能	特点及用途
TF-3 胶	由 E-51 环氧树脂、H-71 环氧树脂、JLY-121 聚硫橡胶、液体丁腈橡胶-40、4,4′-二氨基二苯基甲烷和偶联剂等组成 30℃预固化 48h 或 20℃预固化 72h,然后 90℃下 1h,150℃下 4h 固化	①粘接铝合金件在不同条件下的测试强度 测试温度/℃:-60;常温;60 剪切强度/MPa 老化前:17;20;18 剪切强度/MPa 老化 4000h:16;19;13 拉伸强度/MPa:—;≥51;— ②不均匀扯离强度:≥500N/cm ③耐介质性(在下列介质中浸渍 60d 后常温测试) 介质:人工海水;RH-791 汽油;RR-1 煤油;YH-1 机油 剪切强度/MPa:16;17;17;18	具有高的静强度、疲劳强度和良好的抗湿热老化性能,胶液渗透性好,工艺简便,使用温度为-60~60℃ 主要用于铝合金的胶焊,也可用于其他金属的粘接

2.5.5　塑料用胶黏剂和其他用途胶黏剂

表 5-7-10

牌号或名称	组成和固化条件	性能			特点及用途
ABS 塑料胶黏剂	由 ABS 树脂和混合溶剂组成,将胶刮涂于被粘物,合拢,常温自干	粘接 ABS 塑料的常温剪切强度:4.0MPa			低毒性,工艺简便,使用温度为-50~70℃ 用于 ABS 塑料的粘接
FS-203B 氟塑料胶黏剂	由有机聚硅氧烷等组成,150~165℃下 10min 固化	固含量/%		50~60	具有优良的电绝缘性、耐水性和耐高低温性能,工艺简便,使用温度为-100~250℃ 主要用于氟塑料的粘接,也可用于金属、非金属材料的粘接
		剥离强度(聚四氟乙烯)/N·(2.5cm)$^{-1}$		≥12	
		体积电阻率/Ω·cm		≥1×10^{15}	
TS-2 塑料胶黏剂	单组分 常温下 2~3d 固化,如黏度太大,可加入适量醋酸乙酯、丙酮、醋酸异戊酯稀释	黏度/Pa·s		2	溶于一般有机溶剂,固化快,柔韧性好,具有优良的耐沸水、耐寒、耐油及耐化学介质性,能在 20%盐酸、20%硫酸、20%烧碱溶液中使用 主要用于聚乙烯、聚丙烯等难粘塑料等的粘接,也可用于金属、橡胶、木材等与聚乙烯、聚丙烯等塑料的粘接
		固含量/%		30±5	
		拉伸强度/MPa	聚乙烯	≥1	
			聚丙烯	≥1	
无机胶黏剂	由(甲)氧化铜粉和(乙)磷酸溶液组成 接触压力、40℃下 1.5h 或 100℃下 2h 或室温下 24h 固化	密度/g·cm^{-3}	甲组分	≥3.4	耐油性好,具有优异的耐热性,但耐酸碱性较差;套接能达最高强度,不宜于平面搭接;在 600℃下长期使用,瞬时可耐 800~1000℃ 主要用于粘接钢、铸铁、铝、铜等金属及陶瓷、水泥制品,如刀具、量具、模具、钻头、砂轮的粘接,还可用于配制高温应变胶
			乙组分	1.90~1.92	
		固化后布氏硬度		45~65	
		套接压剪强度(钢)/MPa		≥85	
		槽接剪切强度(钢)/MPa		≥45	
		平面拉伸强度(钢)/MPa		≥10	
		套接扭剪强度(钢)/MPa		≥45	
SR-2 阻尼材料胶黏剂	由丁腈橡胶、酚醛树脂、古马隆树脂、硫化剂和填料组成或由丁腈橡胶、酚醛树脂、促进剂、溶剂和填料组成 接触压力、室温下 5d 或 30℃下 3d 固化	固含量/%		≥25	工艺简便,粘接强度高,耐介质性好 主要用于氯化丁基橡胶等黏弹性阻尼材料与铝、钢等金属材料的粘接。降低噪声和减振效果显著
		剥离强度/N·(2.5cm)$^{-1}$	氯化丁基橡胶-铝	≥37	
			氯化丁基橡胶-钢	≥28	
			丁腈橡胶-铝	≥58	
			氯丁橡胶-铝	≥49	
			氟橡胶-铝	≥78	
		在下列介质中浸渍 5d 的剥离强度/N·(2.5cm)$^{-1}$	海水	≥29	
			10#机油	≥29	
			20#机油	≥36	

续表

牌号或名称	组成和固化条件	性能				特点及用途
HS-20胶黏剂	由环氧树脂、聚乙烯醇缩丁醛、三乙胺和氧化铝粉组成 0.2MPa、30℃下3d固化	在不同温度下的测试强度				常温固化，使用温度约为90℃ 主要用于机床导轨的粘接
		测试温度/℃	25	60	122	
		剪切强度/MPa	18	20	9.2	

2.6 压敏胶黏剂

压敏胶黏剂（PSA）是一类无需借助于溶剂、热或其他手段，只需施加轻度压力，即可使被粘物粘接牢固的胶黏剂。PSA是长期处于黏弹状态的“半干性”特殊胶黏剂，具有永久黏性，俗称不干胶。PSA种类繁多，按照PSA主体材料的成分将其分为橡胶系列和树脂系列两大类，进一步可以分为橡胶型PSA、热塑性弹性体PSA、丙烯酸酯PSA、有机硅PSA及聚氨酯PSA等，其中，丙烯酸酯PSA是目前品种最多、应用最广的一类。压敏胶黏剂及其制品品种繁多、成分复杂，已发展成为胶黏剂中一个独立的分支。由于压敏胶黏剂及制品（各种胶带、标签等）具有粘接迅速、使用方便、可重复使用等优点，在现代工业和日常生活中用途十分广泛，它大量应用于包装、标签、标识、电气绝缘、医疗卫生、遮蔽、装饰、保护以及粘接固定等。

3 胶黏剂的选择

随着社会和科技的进步，胶黏剂在各行各业中起到了举足轻重的作用，胶黏剂的选用也成为粘接技术的关键和难点。如何选择一种合适的胶黏剂，建议结合被粘材料的性质、应用环境、施工工艺、成本和使用寿命等综合考虑。

表 5-7-11

选择依据	被粘材料名称或要求	常用胶黏剂及说明
根据被粘材料的化学性质	钢、铝	酚醛-丁腈胶、酚醛-缩醛胶、环氧胶、丙烯酸酯胶、无机胶等
	镍、铬、不锈钢	酚醛-丁腈胶、聚氨酯胶、聚苯并咪唑胶、聚硫醚胶、环氧胶等
	铜	酚醛-缩醛胶、环氧胶、丙烯酸酯胶等
	钛	酚醛-丁腈胶、酚醛-缩醛胶、环氧胶、聚酰亚胺胶、丙烯酸酯胶等
	镁	酚醛-丁腈胶、聚氨酯胶、丙烯酸酯胶等
	陶瓷、水泥、玻璃	环氧胶、不饱和聚酯胶、无机胶等
	木材	聚醋酸乙烯酯胶、脲醛树脂胶、酚醛树脂胶等
	纸张	聚醋酸乙烯酯胶、聚乙烯醇胶等
	织物	聚醋酸乙烯酯胶、氯丁-酚醛胶、聚氨酯胶等
	环氧、酚醛、氨基塑料	环氧胶、聚氨酯胶、丙烯酸酯胶等
	聚氨酯塑料	聚氨酯胶、环氧胶等
	有机玻璃	丙烯酸酯胶、聚氨酯胶、α-氰基丙烯酸酯胶
	聚碳酸酯、聚砜	不饱和聚酯胶、聚氨酯胶
	氯化聚醚	丙烯酸酯胶、聚氨酯胶
	聚氯乙烯	过氯乙烯胶、丙烯酸酯胶、α-氰基丙烯酸酯胶
	ABS	不饱和聚酯胶、聚氨酯胶、α-氰基丙烯酸酯胶
	天然橡胶、丁苯橡胶	氯丁胶、聚氨酯胶
	聚乙烯、聚丙烯	聚异丁烯胶、F-2胶、F-3胶、EVA热熔胶、丙烯酸酯胶
	聚苯乙烯	聚氨酯胶、α-氰基丙烯酸酯胶
	聚苯醚	丙烯酸酯胶、α-氰基丙烯酸酯胶
	聚四氟乙烯、氟橡胶	F-2胶、F-3胶
	硅树脂	有机硅胶、α-氰基丙烯酸酯胶、丙烯酸酯胶
	硅橡胶	有机硅胶

续表

<table>
<tr><th>选择依据</th><th>被粘材料名称或要求</th><th colspan="6">常用胶黏剂及说明</th></tr>
<tr><td rowspan="5">根据被粘材料的物理性质</td><td>陶瓷、玻璃、水泥、石料等脆性材料</td><td colspan="6">选用强度高、硬度大、不易变形的热固性树脂胶，如环氧树脂胶、酚醛树脂胶、不饱和聚酯胶</td></tr>
<tr><td>金属及其合金等刚性材料</td><td colspan="6">选用既有高粘接强度，又有较高冲击强度和剥离强度的热固性树脂和橡胶或线型树脂配制的复合胶，如酚醛-丁腈胶、酚醛-缩醛胶、环氧-丁腈胶、环氧-尼龙胶等。对于不受冲击力和剥离力作用的工件，可选用剪切强度高的热固性树脂胶，如环氧树脂胶、丙烯酸酯胶</td></tr>
<tr><td>橡胶制品等弹性变形大的材料</td><td colspan="6">选用弹性好、有一定韧性的胶，如氯丁胶、氯丁-酚醛胶、聚氨酯胶</td></tr>
<tr><td>皮革、人造革、塑料薄膜和纸张等韧性材料</td><td colspan="6">选用韧性好、能经受反复弯折的胶，如聚醋酸乙烯酯胶、氯丁胶、聚氨酯胶、聚乙烯醇胶及聚乙烯醇缩醛胶</td></tr>
<tr><td>泡沫塑料、海绵、织物等多孔材料</td><td colspan="6">选用黏度较大的胶黏剂，如环氧树脂胶、聚氨酯胶、聚醋酸乙烯酯胶等</td></tr>
<tr><td rowspan="12">根据被粘材料的用途和要求</td><td>受力构件</td><td colspan="6">选用强度高、韧性好的结构胶，一般工件可采用非结构胶，如粘塑料薄膜用压敏胶</td></tr>
<tr><td rowspan="3">耐高温构件</td><td colspan="6">耐热性由配制胶液的树脂、固化剂、填料和固化方法决定</td></tr>
<tr><td colspan="4">胶黏剂</td><td colspan="2">允许使用温度/℃</td></tr>
<tr><td colspan="4">普通环氧树脂胶、聚氨酯胶、α-氰基丙烯酸酯胶、氯丁胶
FSC-1 胶(201 胶)
H-02 胶(环氧胶)
E-4 胶(酚醛-缩醛-环氧胶)
JF-1 胶(酚醛-缩醛-有机硅胶)
30 号胶(聚酰亚胺胶)
KH-505 高温胶(硅树脂)
J-09 胶(酚醛-改性聚硼硅酮胶)
J-01 胶(酚醛-丁腈胶)
JX-9 胶(酚醛-丁腈胶)
聚苯并咪唑胶(PBI 胶)</td><td colspan="2">≤100
-70~150
20~200
200~250
200
-60~280
-60~400
400~450
150~200
200~300
-253~538</td></tr>
<tr><td rowspan="3">耐低温构件</td><td colspan="6">多数胶黏剂在-20~40℃下性能较好，被粘工件在-70℃以下使用时需采用耐低温胶</td></tr>
<tr><td colspan="4">胶黏剂</td><td colspan="2">允许使用温度/℃</td></tr>
<tr><td colspan="4">DW-1 耐超低温胶
DW-3 耐超低温胶
H-01 耐低温环氧胶
H-006 耐低温环氧胶</td><td colspan="2">-196~常温
-269~60
-170~200
-196~150</td></tr>
<tr><td>耐冷热交变构件</td><td colspan="6">冷热交变、线胀系数不同的材料构成的接头，会因产生较大的内应力而破坏。应选用既耐高温又耐低温且韧性较好的胶黏剂，如酚醛-丁腈胶、聚酰亚胺胶、环氧-尼龙胶、环氧-聚砜胶等</td></tr>
<tr><td>耐潮构件</td><td colspan="6">常用胶黏剂在湿度较大的环境中使用会降低接头的粘接强度，此时需用耐潮能力较强的胶黏剂，如酚醛胶、酚醛-环氧胶、硅胶、氯丁胶、丁苯胶、环氧-聚酯胶，一般分子交联密度越高，吸湿性越小</td></tr>
<tr><td rowspan="2">耐酸、碱构件</td><td>胶黏剂</td><td>耐酸</td><td>耐碱</td><td>胶黏剂</td><td>耐酸</td><td>耐碱</td></tr>
<tr><td>环氧树脂胶
聚氨酯胶
酚醛树脂胶
氨基树脂胶
有机硅树脂胶
不饱和聚酯胶</td><td>尚可
较差
好
较差
较差
尚可</td><td>好
较差
较差
尚可
较差
尚可</td><td>α-氰基丙烯酸酯胶
乙烯基树脂胶
丙烯酸酯胶
丁腈胶
氯丁胶
聚硫胶</td><td>较差
好
好
尚可
好
好</td><td>较差
好
较差
尚可
好
好</td></tr>
<tr><td>接头密封防漏
接头透明
接头导电、导热、耐辐射</td><td colspan="6">密封胶或厌氧胶
聚乙烯醇缩醛胶、丙烯酸酯胶、不饱和聚酯胶、聚氨酯胶
选用相应的胶黏剂</td></tr>
</table>

续表

选择依据	被粘材料名称或要求	常用胶黏剂及说明
根据被粘件使用的工艺条件	耐溶剂(石油、醇、酯、芳香烃)构件	聚乙烯醇胶、酚醛胶、聚酰胺胶、酚醛-聚酰胺胶、氯丁胶
	满足固化条件	胶黏剂固化条件有常压、加压及常温、高温之分。一般性能优异的胶黏剂都需要加热、加压固化,但由于被粘材料本身性质、接头部位和形状的限制,有的能加热而不能加压,有的既不能加热也不能加压。因此在选择胶黏剂时,就必须考虑被粘接工件所能允许的工艺条件,常用胶黏剂固化条件见本章第2节
	要求快速粘接	在自动化生产线中,往往需要粘接工序在几分钟甚至几秒内完成,可选用热熔胶、光敏胶、压敏胶、α-氰基丙烯酸酯胶
	防止胶中有机溶剂污染	热熔胶、水乳胶、水溶胶等不含或少含有机溶剂的胶黏剂
金属与非金属材料粘接	金属-木材	环氧胶、氯丁胶、聚醋酸乙烯酯胶、不饱和聚酯胶、丁腈胶、无机胶
	金属-织物	氯丁胶、聚酰胺胶、环氧胶、不饱和聚酯胶
	金属-玻璃	环氧胶、丙烯酸酯胶、酚醛-环氧胶
	金属-硬聚氯乙烯	丙烯酸酯胶、丁苯胶、氯丁胶、无机胶、环氧胶
	金属-聚丙烯	丁腈胶、环氧-聚硫胶、无机胶
	金属-软聚氯乙烯	丁腈胶
	金属-聚苯乙烯	丙烯酸酯胶、不饱和聚酯胶
	金属-聚乙烯	丁腈胶、环氧胶

注：胶黏剂的牌号及性能见本章第2节。

4　粘接接头的设计

为了提高粘接接头的强度和防止产生不利的破坏形式，在设计粘接接头时，必须遵循以下设计原则。

① 实际载荷（应力、应变和应变能）在任何情况下都要低于接头的承载能力。

② 合理增大粘接面积，以提高接头承载能力。通常，在一定搭接范围内，增加搭接宽度优于增加搭接长度。

③ 尽量使粘接接头承受剪切力或正拉力，尽力避免粘接接头承受剥离力、劈裂力，否则应采取局部加强的方法。为避免过大的应力集中，加盖板对接应采用三角形盖板。

④ 接头加工方便，夹具简单，粘接质量易于掌握。

⑤ 接头表面粗糙度：有机胶以 $Ra2.5\sim6.3\mu m$ 为宜；无机胶以 $Ra25\sim100\mu m$ 为宜。

表 5-7-12　　接头型式及说明

型式	简图	说明
对接	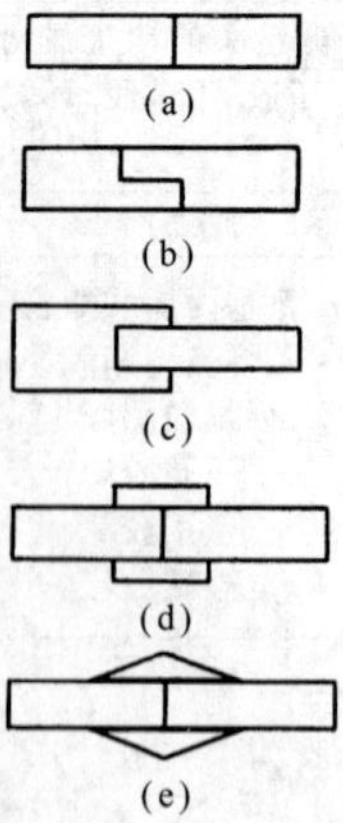 (a) (b) (c) (d) (e)	图(a)粘接面积小,除正拉力外,任何方向的力都容易形成劈裂力而造成应力集中,粘接强度低,一般不采用 图(b)为双对接,明显增加了粘接面积,对受压有利 图(c)为插接型式,对承受弯曲应力有利 图(d)为加盖板对接,受力性能较图(a)大有提高 图(e)为加三角盖板对接,可改善图(d)由于截面突变而产生的应力急剧变化

续表

型式	简图	说明
角接	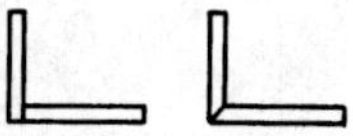 (a) (b)  (c) (d) (e)	图(a)、图(b)粘接面积小,所受的力是劈裂力,强度低,应避免使用 图(c)~图(e)是改进设计,合理增加粘接面积,提高承载能力。另外,防止材料厚度突变,使应力分布更加均匀
T形接	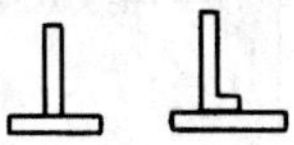 (a) (b) 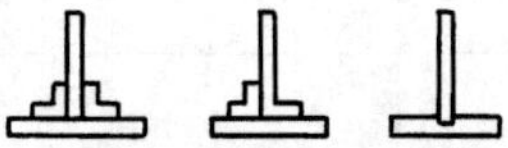 (c) (d) (e)	图(a)粘接强度低,一般不允许采用 图(b)~图(e)为改进设计,采用支撑接头或插入接头,效果较好
搭接	 (a) 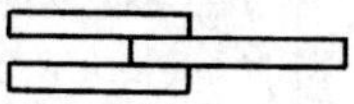 (b) 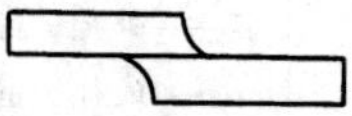 (c) 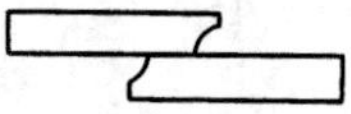 (d) 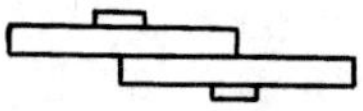 (e)	所受的作用力一般是剪切力,应力分布较均匀,有较高强度,接头加工容易,应用较多。图(a)为常用型式,工艺较方便,粘接面积可适当增减,但载荷偏心会造成附加弯矩,对接头受力不利。图(b)为双搭接,避免了载荷的偏心。外侧切角[图(c)]、内侧切角[图(d)]以及增加端部刚度[图(e)]均为减小粘接接头端部应力集中、提高承载能力的方法 较佳搭接长度为1~3cm,一般不超过5cm,用增加宽度的方法提高承载能力较有效
套接	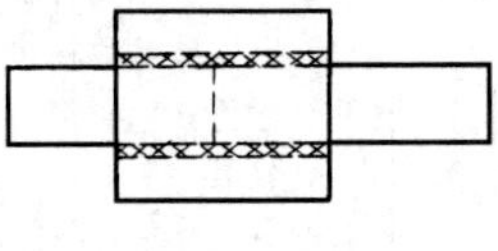	所受的作用力基本上是纯剪切力,粘接面积大,强度高,多用于棒材或管材的粘接
斜搭接	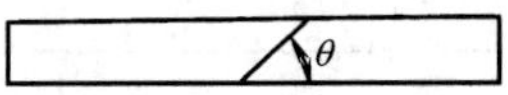 θ	是效能最好的接头之一。粘接面积大,无附加弯矩产生,故有应力集中小、占据空间小、不影响工件外形等优点,但由于接头斜面不易加工,实际应用较少

表 5-7-13 **接头应力计算**

项目		简图	计算公式	说明
拉伸、压缩	斜搭接	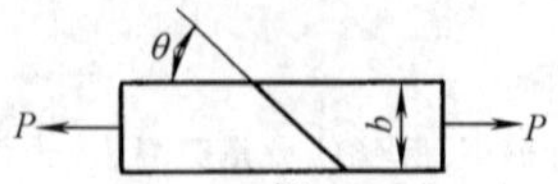 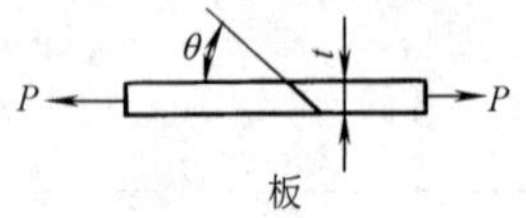 板	$\tau = \dfrac{P}{bt}\sin\theta\cos\theta$ $\sigma = \dfrac{P}{bt}\sin^2\theta$	τ——平行于胶面的剪切应力，MPa σ——垂直于胶面的法向应力，MPa P——接头承受的正拉力，N θ——斜面夹角，(°) b——被粘物的宽度，mm t——被粘物的厚度，mm M——接头承受的弯矩，N·mm
拉伸、压缩	斜搭接	板		
弯曲	斜搭接	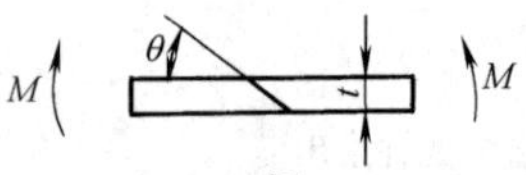 板	$\tau = \dfrac{6M}{t^2b}\sin\theta\cos\theta$ $\sigma = \dfrac{6M}{t^2b}\sin^2\theta$	
拉伸、压缩	斜搭接	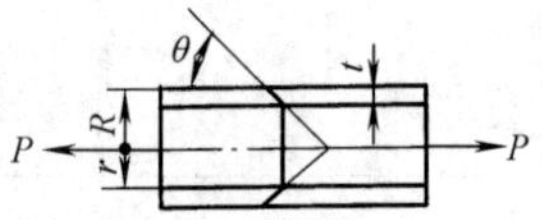 圆筒形	$\tau = \dfrac{P}{2\pi Rt}\sin\theta\cos\theta$ $\sigma = \dfrac{P}{2\pi Rt}\sin^2\theta$	τ——平行于胶面的剪切应力，MPa σ——垂直于胶面的法向应力，MPa P——接头承受的拉力，N θ——斜面夹角，(°) t——被粘物的厚度，mm M——接头承受的弯矩，N·mm T——接头承受的扭矩，N·mm R——外径，mm r——内径，mm
弯曲	斜搭接	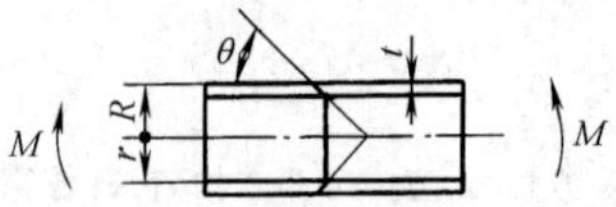 圆筒形	$\tau = \dfrac{2M(R+r)}{\pi(R^4-r^4)}\sin\theta\cos\theta$ $\sigma = \dfrac{2M(R+r)}{\pi(R^4-r^4)}\sin^2\theta$	
扭转	斜搭接	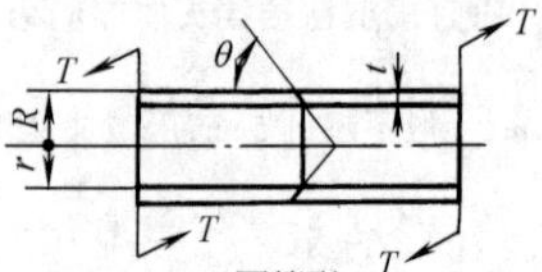 圆筒形	$\tau = \dfrac{2T\sin\theta}{\pi(R+r)^2(R-r)}$ $\sigma = 0$	
拉伸、压缩	双面搭接	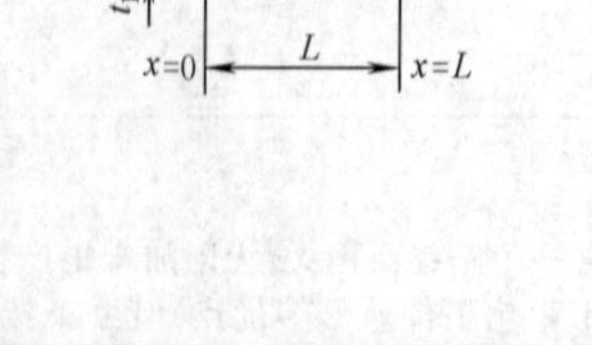	$x=0$ 时： $\tau_0 = \tau_p\left[1+\dfrac{CL^2}{3E}\left(\dfrac{1}{t_1}-\dfrac{1}{2t_2}\right)\right]$ $x=L$ 时： $\tau_L = \tau_p\left[1+\dfrac{CL^2}{3E}\left(\dfrac{1}{t_2}-\dfrac{1}{2t_1}\right)\right]$ $t_1=t_2=t$ 时： $\tau_0=\tau_L=\tau_{max}$ $=\tau_p\left(1+\dfrac{CL^2}{6Et}\right)$	τ_p——平均剪切应力，MPa，$\tau_p=\dfrac{载荷}{粘接面积}$ E——被粘物弹性模量，MPa t_1,t_2——被粘物厚度，mm L——粘接长度，mm C——系数，$C=\dfrac{G}{h}$ G——胶黏剂切变模量，MPa h——胶层厚度，mm

注：1. 胶层厚度一般为 0.08～0.15mm。

2. 承受静载荷粘接接头安全系数 $n \geqslant 3$；承受动载荷粘接接头安全系数 $n=10$。

5 粘接工艺与步骤

5.1 表面处理

粘接作为一个特殊工艺过程，在应用上需要更专业的支持，表面处理尤为重要。被粘材料经表面处理后，表面洁净、坚实，使胶黏剂能充分浸润，获得良好的接头强度。表面处理方法对接头的剪切强度有较大影响，表5-7-14为经不同表面处理方法处理后环氧胶粘接接头的剪切强度。表面处理步骤见表5-7-15。

表 5-7-14　经不同表面处理方法处理后环氧胶粘接接头的剪切强度　MPa

被粘物	处理方法			
	溶剂除油	蒸汽脱油	喷砂	化学浸蚀
铝	3	5.9	12.3	19.4
钢	20.3	20.4	29.6	31.6
铜	—	12.5	—	16.3

表 5-7-15　表面处理步骤

金属材料	非金属材料
1. 除油 (1)有机溶剂除油 如汽油、丙酮、甲苯、三氟三氯乙烷，溶解力强、沸点低，但去除油污能力较差，有时需反复多次，用丙酮需擦洗三次以上 (2)碱洗除油 无毒、不燃，较为经济 (3)电解除油 效率高，除油效果好 (4)超声波除油 常用于小型精密工件 2. 除锈 (1)机械除锈 手工除锈——简便易行，劳动强度大，效率低，用于粘接强度不高的工件 电动工具除锈——效率高，除锈效果好 喷砂除锈(干法、湿法)——干法喷砂粉尘大，对操作人员健康不利；湿法喷砂消除粉尘，表面质量好，但效率比干法喷砂低，冬季不宜露天操作 (2)化学除锈 化学浸蚀——黑色金属用酸浸蚀，铝及铝合金用氢氧化钠浸蚀 电化学浸蚀(阴极法、阳极法)——浸蚀速度快，酸液消耗少，但需耗电，表面不规整工件浸蚀效果差。阴极法金属基本不受浸蚀、不改变零件几何尺寸，但易引起氢脆。阳极法则相反 3. 化学活化处理 金属材料经除油、除锈后能满足一般粘接要求，但要进一步提高粘接强度，还需要进行化学活化处理，使工件表面呈现高表面能状态 4. 用水滴法检验表面处理质量 用蒸馏水滴在被处理金属表面，若呈连续水膜，说明表面洁净；若呈不连续珠状，说明表面仍有非极性物质，需继续处理。被粘材料若停放超过8h，需重新处理	1. 机械处理 除去油污，还要去除高分子材料表面残存的脱模剂、增塑剂和硫化剂。对于极性塑料，用砂纸打磨较好 2. 物理处理 效率高，效果好，耗材少，但处理设备造价高，适用于非极性高分子材料 火焰处理——表面发生氧化反应，得到含碳的极性表面，适用于粘接聚乙烯、聚丙烯 电晕放电处理——使表面产生极性，适用于粘接聚烯烃薄膜 接触放电处理——耗电少，处理均匀 等离子处理——适用范围广，可以处理几乎所有高分子材料，效果显著，如聚丙烯、尼龙、聚苯乙烯采用环氧树脂粘接，强度可达20MPa，但设备造价高 3. 化学处理 用酸、强氧化剂除去工件表面油污，并生成含碳等极性物质以利于粘接 4. 辐射接枝 用甲基丙烯酸甲酯、醋酸乙烯酯等极性单体处理聚乙烯、聚丙烯、聚四氟乙烯等非极性材料，改善表面性质，效果显著，但费用高 5. 溶剂处理 用甲苯、丙酮、三氯甲烷等对聚烯烃材料进行溶胀处理，提高粘接强度，方法简便，但效果不太理想

注：高分子材料介电常数一般在3.6以上的为极性材料，在2.8~3.6之间的为弱极性材料，在2.8以下的为非极性材料。

5.2 胶液配制和涂敷

(1) 配胶

用胶量少时，通常采用双层壁配胶罐配胶；用胶量多时，用带搅拌桨叶的调胶机进行配胶。

配胶时，需对树脂与固化剂等组分称量准确，比例适当，注意加料顺序；要充分搅拌。配胶量要适当，用多少，配多少。

（2）涂敷

涂敷是将胶黏剂用适当工具涂在被粘材料表面。涂敷工作需注意的是胶黏剂应充分浸润并吸附在被粘工件表面，胶液黏度一般为0.5~3Pa·s。每个被粘面应分别涂胶。为排除胶液中的水分和气体，涂胶速度以2~4cm/s为宜。涂胶要均匀，胶层厚度一般为0.08~0.15mm。涂敷方法有以下几种。

刮涂法——是最常用的方法，用玻璃棒、刮刀等工具将胶液刮在被粘材料表面。适用于黏度较大的胶液，效率低，胶层不易均匀。

刷涂法——也是最常用的方法，用漆刷将胶液涂在被粘材料表面。适用于黏度较小的胶液，效率比刮涂法高，且胶层均匀。

喷涂法——适用于大面积涂胶，效率高，但胶液浪费大，喷出的胶雾对人体有害。

辊涂法——适用于压敏胶带的制造，效率高，胶层均匀，易于自动化。

5.3 晾置与固化

表 5-7-16

项目	方法或参数		特点或说明
晾置	自然晾置		①环氧树脂胶等没有惰性溶剂的胶液，一般不需晾置 ②α-氰基丙烯酸酯胶等在微量潮气催化下迅速聚合的胶黏剂，晾置时间越短越好 ③酚醛树脂胶等含惰性溶剂的胶黏剂，应多次涂敷，每一层晾置20~30min，保证溶剂挥发，提高粘接强度 ④环境湿度越低越好，尤其是对聚氨酯胶、氯丁胶
固化	固化参数	固化温度	热固性胶黏剂必须在一定温度下固化。不同的胶种固化温度不同，适当选择固化温度，能有较好的力学和耐老化性能
		固化时间	在一定固化温度下，需保持一定时间。提高固化温度可以缩短时间
		固化压力	加压有助于粘接面紧密接触及胶液微孔渗透；有助于排除胶液中的水分和溶剂，保证胶层厚度均匀致密
	加热方法	电烘箱加热	简便易行，常用，尤其适合小批量，但周期长，耗电量大，不易实现自动化
		红外线烘房或隧道窑加热	缩短固化时间，耗电量小，易实现自动化
		热风加热	传热快，加热范围变化灵活，适用于压敏胶带加热
		工频和高频电流加热	效率高，加热速度快
	加压方法	触压	靠工件自重压紧，适用于环氧树脂胶
		锤压	用木榔头砸实粘接部位，适用于氯丁胶
		机械夹子加压	方便灵活，压力高，但效率低，压力不均匀，适用于形状复杂的零件
		液压机加压	压力大而均匀，用于胶合板、复合材料的制造
		滚压	适用于复合材料的制造

参考文献

[1] 机械设计手册编委会. 机械设计手册. 3版. 北京：机械工业出版社，2004.

[2] 辛一行. 现代机械设备设计手册. 第1卷. 设计基础. 北京：机械工业出版社，1996.

[3] 机械工程手册，电机工程手册编委会. 机械工程手册. 第5卷. 机械零部件设计. 2版. 北京：机械工业出版社，1996.

[4] 汪恺. 机械制造基础标准应用手册. 上册. 北京：机械工业出版社，1997.

[5] Decker，Karl-Heinz. Maschinenelemente：GestaHung and Berechnung. 1982.

[6] 祝燮权. 实用紧固件手册. 上海：上海科学技术出版社，1998.

[7] 李士学，蔡永源，周振丰，等. 胶粘剂制备及应用. 天津：天津科学技术出版社，1984.

[8] 贺曼罗. 胶粘剂与其应用. 北京：中国铁道出版社，1987.

[9] 余梦生，吴宗泽. 机械零件手册. 北京. 机械工业出版社，1996.

[10] 张军营，展喜兵，程珏. 化工产品手册·胶黏剂. 6版. 北京：化学工业出版社，2016.

[11] 翟海潮，张军营，曲军. 现代胶黏剂应用技术手册. 北京：化学工业出版社，2021.

HANDBOOK

OF

第6篇
轴及其连接

篇主编	撰稿		审稿	
郭爱贵	郭爱贵	柴博森	刘忠明	汪宝明
	王晓凌		文　豪	
	谢徐洲		尹方龙	
	张进利		马文星	
	郎作坤		夏清华	

MECHANICAL
DESIGN

修订说明

本篇内容包括轴、曲轴和软轴，联轴器（含液力偶合器），离合器，制动器，主要介绍各类轴及其连接部件的材料、分类、性能及其产品应用，介绍各产品的设计规范、结构、参数以及型号规格和标准。产品广泛应用于重型机械、航空航天、交通运输、工程机械和能源化工等领域。

与第六版相比，主要修订和新增内容如下：

（1）本篇主要以产品为主，组织了行业代表企业和知名高校专家教授主持编审，对各章的经验数据和产品内容进行了反复斟酌，确保数据的合理性，并考虑工程技术人员对产品的特点和需求，按现行最新标准更新了各类产品型号和应用内容。

（2）轴的计算增加了国内首次制定的新国标内容：GB/T 39545.1—2022《闭式齿轮传动装置的零部件设计和选择第 1 部分：通用零部件》。新国标参考 AGMA6101 和 DIN743 相关标准制定，包括了轴的设计和强度计算等内容。

（3）联轴器部分主要修改了联轴器的分类，调整了联轴器特点及应用，增加了联轴器主要技术参数、选用技术资料、类型选择要考虑的因素、金属弹性元件和非金属弹性元件的说明以及标准联轴器产品目录等，完善了机械式联轴器选用计算，更新了标准联轴器的性能、参数及尺寸，删除了不常用的标准联轴器，增补了永磁联轴器、风电联轴器、钢球限矩联轴器、液压安全联轴器等新型标准联轴器的性能、参数及尺寸等内容。

（4）液力偶合器部分主要修改了部分术语，对部分内容进行了更正，删除了不生产和落后及不常用的液力偶合器产品，增补了行业部分先进的液力偶合器产品。

（5）离合器部分依据国标 GB/T 10043—2017，增加了离合器类型及命名方法，更新了离合器型式、特点与应用示例；增加了活塞缸固定液压离合器、湿式多片式液压离合器、液压离合器-制动器、活塞缸气压离合器、CKF-B 型非接触式超越离合器、圈簧闸块式离心离合器、滑销式安全离合器等产品。

（6）制动器部分按照当前工业制动器应用的广度和性能指标优势调整了章节内容，在保持鼓式制动器、盘式制动器等基本产品形态的基础上，增加了风电机组制动器、惯性制动器、成组安全制动器、电磁楔形安全制动器以及具有工作状态监控系统和故障远程报警系统的智能型制动器等产品，增加了制动器用摩擦材料的种类，更新了摩擦材料许用比压和线速度值范围。

本篇由郭爱贵（重庆大学）主编，王晓凌（太原重工股份有限公司）、谢徐洲（江西华伍制动器股份有限公司）、张进利（咸阳超越离合器有限公司）、郎作坤（大连科朵液力传动技术有限公司）、柴博森（吉林大学）参编，刘忠明［郑机所（郑州）传动科技有限公司］、文豪（太原科技大学）、尹方龙（北京工业大学）、马文星（吉林大学）、夏清华（泰尔重工股份有限公司）、汪宝明（四川沃飞长空科技发展有限公司）审稿。

第1章 轴、曲轴和软轴

1 轴

轴是重要的机械零件之一。许多零件（如齿轮、带轮等）都需装在轴上并和轴一起在轴承的支承下绕轴心线回转，传递转矩和运动，它们共同组成一个轴系。这些装在轴上的零部件与轴的设计有关。所以，在轴的设计中，不能只考虑轴本身，还必须和装在轴上的零部件一起考虑。

1.1 轴的分类

按轴受载情况分为：

① 转轴 既支承传动零件又传递动力，即同时承受扭矩和弯矩。

② 心轴 只支承回转零件而不传递动力，即只承受弯矩。心轴又分为固定心轴（工作时轴不转动）和转动心轴（工作时轴转动）。

③ 传动轴 主要起传递动力作用，即主要承受扭矩。

按结构形状分为：光轴和阶梯轴；实心轴和空心轴。

按几何轴线形状分为：直轴、曲轴和钢丝软轴。

1.2 轴的设计

轴的设计包括轴的结构设计和轴的计算。轴的计算包括轴的强度计算、轴的刚度计算和轴的临界转速计算。

轴设计的原则是，在满足结构要求和强度、刚度要求的条件下，设计出尺寸小、重量轻、安全可靠，工艺上经济合理，又便于维护检修的轴。

轴的设计程序如下：

① 根据机械传动方案的整体布局，确定轴上零部件的布置和装配方案；

② 选择轴的材料；

③ 在力的作用点及支点间跨距尚不能精确确定的情况下，按纯扭工况初步估算轴的最小直径；

④ 进行轴的结构设计（确定各轴段的长度与轴径及轴肩、键槽、圆角等）；

⑤ 根据轴的受载情况及使用工况，进行轴的强度验算、刚度验算；

⑥ 必要时进行轴强度的精确校核计算；

⑦ 对于转速较高、跨度较大、外伸端较长的轴，要进行临界转速计算或动力学分析；

⑧ 如果计算结果不能满足强度、刚度等要求时，必须采取措施修改轴的设计；

⑨ 绘制轴的工作图。

一般是按照“结构设计→承载能力验算→结构改进→承载能力再验算……”的顺序进行。

1.3 轴的常用材料

(1) 合理选择轴的毛坯

对于光轴或轴段直径变化不大的轴、不太重要的轴，可选用轧材圆棒作为轴的毛坯，有条件的可直接用冷拔圆钢；直径大的轴可采用空心轴；对于重要的轴、受载较大的轴、直径变化较大的阶梯轴，一般采用锻坯；对于形状复杂、性能要求不高的轴，可用铸造毛坯。

(2) 根据使用条件选用轴的材质

多数轴既承受扭矩又承受弯矩，多处于变应力条件下工作，因此轴的材质应具有较好的强度和韧性，轴颈用于滑动轴承时，还要具有较好的耐磨性。

轴的常用材料及其主要力学性能见表 6-1-1。其中优质碳素结构钢使用广泛，45 钢最为常用，它调质后具有优良的综合力学性能。不太重要的轴也可用 Q235、Q345（Q355）等普通碳素结构钢。高速、重载的轴，受力较大而要求尺寸小的轴，以及有特殊要求的轴，要用合金结构钢，如铬钢、铬镍钼钢和硅锰钢等。合金钢对应力集中的敏感性高，所以采用合金钢的轴的结构形状应尽量减少应力集中源，并要求表面粗糙度值低。在一般工作温度下，若仅为了提高轴的刚度，不宜选用合金钢，因其弹性模量和碳素钢相近，选用合金钢可以提升强度，但对刚度的提升很小。

对于形状复杂的轴，如汽车、拖拉机的轴类零件，可用铸造方法，常用的铸材有球墨铸铁等，由于其强度较高、冲击韧性较好，具有减摩、吸振和对应力集中敏感性小、价廉等优点，在机械行业应用日趋增多。

在高温和腐蚀条件下工作的轴，应用耐热钢和不锈钢，常用的如 06Cr18Ni11Ti。

(3) 用热处理和表面处理工艺提高材料的力学性能

轴类零件的热处理工艺和表面处理工艺详见本手册相关篇章。表 6-1-2、表 6-1-3 的内容可供参考。

冷作硬化是一种机械表面处理工艺，也可以用来改善轴的表面质量，提高疲劳强度，其方法有喷丸和滚压等。喷丸表面产生薄层塑性变形和残余压缩应力，能消除微裂纹和其他加工方法造成的残余拉应力，多用于热处理或锻压后不需要精加工的表面。滚压使表面产生薄层塑性变形，并降低表面粗糙度值，硬化表层，也能消除微裂纹，使表面产生有利的残余压缩应力。

表 6-1-1　　轴的常用材料及其主要力学性能

材料牌号	热处理	毛坯直径 /mm	硬度 HBW	抗拉强度 $R_m(\sigma_b)$	屈服点 $R_{eL}(\sigma_s)$	弯曲疲劳极限 σ_{-1}	扭转疲劳极限 τ_{-1}	备注
				MPa(N/mm^2)不小于				
Q235,Q235F				440	235	180	105	用于不重要或载荷不大的轴
Q345				470	345	220	125	
20	正火	25	≤156	420	250	180	100	用于载荷不大、要求韧性较好的轴
	正火回火	≤100	≤156	400	220	165	95	
		>100~300		380	200	155	90	
		>300~500		370	190	150	85	
		>500~700		360	180	145	80	
35	正火	25	≤197	540	320	230	130	应用较广泛
	正火回火	≤100	156~197	520	270	210	120	
		>100~300	149~187	500	260	205	115	
		>300~500	143~187	480	240	190	110	
		>500~750	137~187	460	230	185	105	
		>750~1000	133~187	440	220	175	100	
	调质	≤100	156~207	560	300	230	130	
		>100~300		540	280	220	125	
45	正火	25	≤241	610	360	260	150	应用广泛
	正火回火	≤100	170~217	600	300	240	140	
		>100~300	162~217	580	290	235	135	
		>300~500		560	280	225	130	
		>500~750	156~217	540	270	215	125	
	调质	≤200	217~255	650	360	270	155	
40Cr	调质	25	269~302	980	785	480	275	用于载荷较大而无很大冲击的重要轴
		≤100	241~286	750	550	350	200	
		>100~300	229~269	700	500	320	185	
		>300~500		650	450	295	170	
		>500~800	217~255	600	350	255	145	

续表

材料牌号	热处理	毛坯直径/mm	硬度 HBW	抗拉强度 $R_m(\sigma_b)$	屈服点 $R_{eL}(\sigma_s)$	弯曲疲劳极限 σ_{-1}	扭转疲劳极限 τ_{-1}	备注
				MPa(N/mm²)不小于				
35SiMn(42SiMn)	调质	25	255~286	885	735	445	255	性能接近于40Cr,用于中小型轴
		≤100	229~286	800	520	355	205	
		>100~300	217~269	750	450	320	185	
		>300~400	217~255	700	400	295	170	
		>400~500	196~255	650	380	275	160	
42CrMo	调质	25	302~341	1080	930	540	310	用于高强度的重要轴
		≤100	269~321	900	650	415	240	
		>100~160	241~302	800	550	360	210	
		>160~250	225~269	750	500	335	195	
		>250~500	207~255	690	460	310	175	
		>500~750	176~241	590	390	260	145	
40CrNiMo	调质	25	269~321	980	835	490	280	
40CrNi2Mo	退火	25	≤241	690	450	305	175	
	调质	25	286~321	1050	980	545	315	
40MnB	调质	25	269~302	980	785	485	280	性能接近于40Cr
		≤200	241~286	750	500	335	195	
40CrNi	调质	25	269~302	980	785	480	275	用于很重要的轴
		≤100	229~286	835	590	385	220	
		>100~300	217~269	785	570	365	210	
		>300~500	217~255	735	550	345	200	
		>500~700	207~255	690	530	325	190	
30Cr2Ni2Mo	调质	≤100	325~369	1100	900	540	310	用于高强度的重要轴
		>100~160	302~341	1000	800	485	280	
		>160~250	269~321	900	700	430	250	
		>250~500	250~302	830	635	395	225	
		>500~1000	229~286	780	590	370	210	
34CrNi1Mo	调质	≤100	≤321	855	735	425	245	
		>100~300		765	640	375	215	
		>300~500		690	540	330	190	
		>500~800		640	490	305	175	
34CrNi3Mo	调质	≤100	269~321	900	785	455	260	
		>100~300	255~302	855	735	425	245	
		>300~500	241~286	805	685	400	230	
35CrMo	调质	25	269~302	980	835	490	285	性能接近于40CrNi,用于重载荷的轴
		≤100	207~269	750	550	350	200	
		>100~300		700	500	320	185	
		>300~500		650	450	295	170	
		>500~800		600	400	270	155	
38SiMnMo	调质	≤100	229~286	750	600	360	210	性能接近于35CrMo
		>100~300	217~269	700	550	335	195	
		>300~500	196~241	650	500	310	175	
		>500~800	187~241	600	400	270	155	
37SiMn2MoV	调质	25	269~302	980	835	490	285	用于高强度、大尺寸及重载荷的轴
		≤200	269~302	880	700	425	245	
		>200~400	241~286	830	650	395	230	
		>400~600	241~269	780	600	370	215	
38CrMoAl	调质氮化	30 80 160	269~302 255~286	980 980 765	835 835 590	500 490 365	285 280 210	用于要求高耐磨性、高强度且热处理变形很小的(氮化)轴

续表

材料牌号	热处理	毛坯直径/mm	硬度HBW	抗拉强度 $R_m(\sigma_b)$	屈服点 $R_{eL}(\sigma_s)$	弯曲疲劳极限 σ_{-1}	扭转疲劳极限 τ_{-1}	备注
				MPa(N/mm^2)不小于				
20Cr	渗碳 淬火 回火	15 30 ≤60	表面 56~62 HRC	835 650 650	540 400 400	375 280 280	215 160 160	用于要求强度和韧性均较高的轴(如某些齿轮轴、蜗杆等)
20CrMnTi	渗碳 淬火 回火	15	表面 56~62 HRC	1080	850	525	300	
20CrMnMo	渗碳 淬火 回火	15 ≤30 ≤100	≥350 ≥320 ≥250	1180 1080 835	885 785 490	555 500 355	320 290 205	用于渗碳淬火的齿轮轴
20CiNi2Mo	渗碳 淬火 回火	25	≥290	980	785	475	275	用于高性能的渗碳淬火的齿轮轴
17Cr2Ni2Mo	渗碳 淬火 回火	≤30 >30~63	320~390 290~375	1080 980	790 690	505 450	290 260	
18CrNiMo7-6	渗碳 淬火 回火	16 40 100	表面 58~62 HRC	1200 1100 800	850 745 570	550 495 370	320 285 210	
12Cr2Ni4W	渗碳 淬火 回火	16	表面 58~62 HRC	1080	835	515	295	
12Cr13	调质	≤60	187~217	600	420	275	155	用于在腐蚀条件下工作的轴
20Cr13	调质	≤100	197~248	660	450	295	170	
06Cr18Ni11Ti	淬火	≤60 >60~180 >100~200	≤192	550 540 500	220 200 200	205 195 185	120 115 105	用于在高低温及强腐蚀条件下工作的轴
QT400-15			156~197	400	300	145	125	用于结构形状复杂的轴
QT450-10			170~207	450	330	160	140	
QT500-7			187~255	500	380	180	155	
QT600-3			197~269	600	420	215	185	

注：1. 表中所列材料的疲劳极限值按 $\sigma_{-1}\approx0.27(R_m+R_{eL})$、$\tau_{-1}\approx0.156(R_m+R_{eL})$ 计算，更多材料参照本手册相关篇章选取，可根据材料的具体性能值按公式计算相应疲劳极限值。

2. 其他性能，一般可取 $\tau_s\approx(0.55\sim0.62)R_{eL}$，$\sigma_0\approx1.4R_{eL}$，$\tau_0\approx1.5\tau_{-1}$。

3. 球墨铸铁 $\sigma_{-1}\approx0.36R_m$，$\tau_{-1}\approx0.31R_m$。

4. 同一材料的性能值在截面、热处理状态及硬度不同时，需采用试验值或从材料标准中查取。

表 6-1-2　　轴表面淬火处理的淬硬层深度

性能要求	工作条件	淬硬层深度/mm	备　注	性能要求	工作条件	淬硬层深度/mm	备　注
耐　磨	载荷不大	0.5~1.5		抗疲劳	周期性弯曲或扭转	3.0~12	中小型轴淬硬层深度可按轴径的10%~20%计算(直径40mm以上轴取上限)
	载荷较大,或有冲击载荷作用	2.0~6.5					

表 6-1-3　　轴的化学热处理方法

渗入元素	工艺方法	常用钢材	渗层组织	渗层深度/mm	表面硬度	作用与特点
C	渗碳	低碳钢,低碳合金钢	淬火后为碳化物+马氏体+残余奥氏体	0.3~1.6(一般为0.8~1.2)	57~63HRC(一般为58~62HRC)	渗碳淬火能提高表面硬度、耐磨性、疲劳强度,能承受重载荷,但处理温度较高,工件变形较大

续表

渗入元素	工艺方法	常用钢材	渗层组织	渗层深度/mm	表面硬度	作用与特点
N	渗氮（氮化）	含铝低和中合金钢，中碳含铬合金钢，奥氏体不锈钢等	合金氮化物+含氮固溶体	0.1~0.6（一般为0.2~0.3）	700~900HV	提高表面硬度、耐磨性、抗胶合能力、疲劳强度、耐腐蚀性（不锈钢例外），以及抗回火软化能力。硬度和耐磨性比渗碳者高，费用也较高。渗氮温度低，工件变形小。渗氮时间长，渗层脆性较大
C,N	氮碳共渗	低、中碳钢，低、中碳合金钢	淬火后为碳氮化合物+含氮马氏体+残余奥氏体	0.25~0.6（一般为0.3~0.4）	58~63HRC	提高表面硬度、耐磨性和疲劳强度。共渗温度比渗碳低，工件变形小。要求渗层厚时较困难
	低温氮碳共渗（软氮化）	碳钢，合金钢，铸铁，不锈钢	碳氮化合物+含氮固溶体	0.007~0.02	50~68HRC	提高表面硬度、耐磨性、疲劳强度。温度低，工件变形小。硬度较一般渗氮低

1.4 轴的结构设计

在轴的具体结构未确定之前，轴上力的作用点难以确定，所以轴的设计计算必须先完成初步结构设计。

轴的结构设计主要是定出轴的合理外形和轴各段的直径、长度和局部结构。

轴的结构取决于轴所受载荷的性质、大小、方向以及传动布置方案，轴上零件的布置与固定方式，轴承的类型与尺寸，轴毛坯的型式，制造工艺与装配工艺，安装运输条件及制造经济性等。

设计轴的合理结构，要考虑的主要因素如下：

① 使轴受力合理，使扭矩合理分流，弯矩合理分配；

② 应尽量减轻重量，节约材料，尽量采用等强度外形尺寸；

③ 轴上零部件定位应可靠（如轮毂应长出相关轴段2~3mm等），见本章1.4.1节；

④ 尽量减少应力集中，提高疲劳强度，见本章1.4.3节；

⑤ 要考虑加工工艺所必需的结构要素（如中心孔、螺纹退刀槽、砂轮越程槽等），尽量减少加工刀具的种类，轴上的倒角、圆角、键槽等应尽可能取相同尺寸，键槽应尽量开在一条线上，直径相差不大的轴段上的键槽截面应一致，以减少加工装夹次数；

⑥ 要便于装拆和维修，要留有装拆或调整所需的空间和零件所需的滑动距离，轴端或轴的台阶处应有方便装拆的倒角，轴上所有零件均应按要求装配到位，可采用锥套等易装拆的结构；

⑦ 对于要求刚度大的轴，要考虑减小变形的措施；

⑧ 在满足使用要求的条件下，合理确定轴的加工精度和表面粗糙度，合理确定轴与轴上零件的配合性质；

⑨ 要符合标准零部件及标准尺寸的规定。

1.4.1 零件在轴上的定位与固定

零件在轴上的定位与固定方法，参见表6-1-4~表6-1-6。

表6-1-4 **轴向定位与固定方法**

方法	简图	特点与应用
轴肩、轴环	a c d r R b 轴肩　轴环	结构简单、定位可靠，可承受较大轴向力。常用于齿轮、带轮、链轮、联轴器、轴承等的轴向定位 为保证零件紧靠定位面，应使 $r<c$ 或 $r<R$ 轴肩与轴环高度 a 应大于 c 或 R，通常可取 $a=(0.07\sim0.1)d$ 轴环宽度 $b\approx1.4a$ 与滚动轴承相配合处的 a 与 r 值应根据滚动轴承的类型与尺寸确定（见本卷滚动轴承章），轴肩及轴环将增大轴的坯料直径，增加切削量

续表

方法	简图	特点与应用
套筒	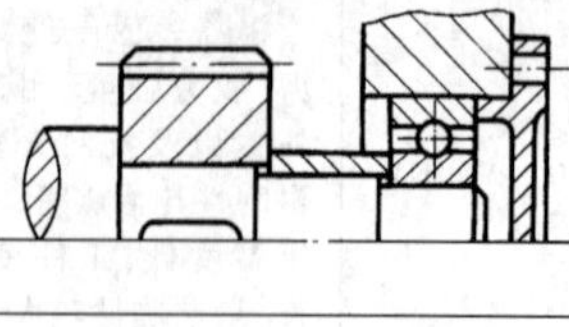	结构简单、定位可靠,轴上不需开槽、钻孔和切制螺纹,因而不影响轴的疲劳强度。一般用于零件间距离较小的场合,以免增加结构重量。轴的转速很高时不宜采用 套筒两端面的表面粗糙度要与配合面匹配,一般取粗糙度 *Ra* 值不大于 3.2μm
轴端挡板	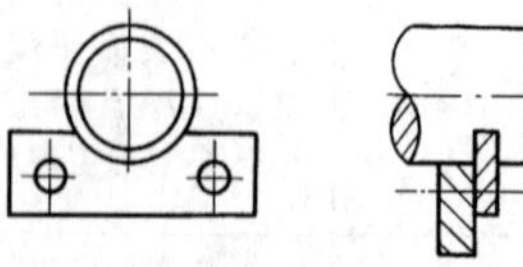	适用于心轴的轴端固定,见 JB/ZQ 4348—2020,既可轴向定位,又可周向定位,只能承受小的轴向力
弹性挡圈	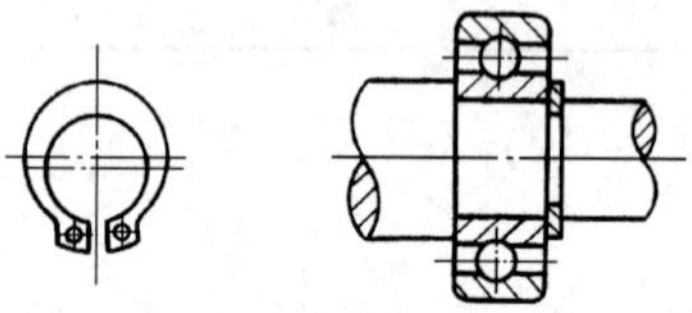	结构简单紧凑,只能承受很小的轴向力,常用于固定滚动轴承 轴用弹性挡圈的结构尺寸见 GB/T 894—2017,轴上需开槽,强度被削弱
紧定螺钉	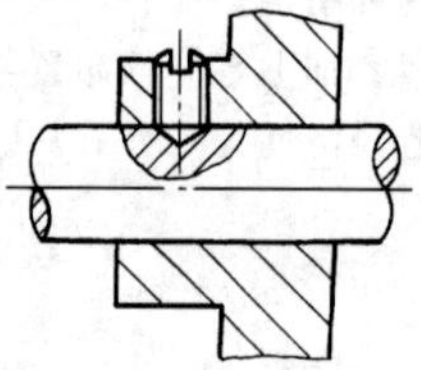	适用于轴向力很小、转速很低或仅为防止零件偶然沿轴向滑动的场合。为防止螺钉松动,可加锁圈 紧定螺钉也可起周向定位作用 紧定螺钉的结构尺寸见 GB/T 71—2018
螺钉锁紧挡圈	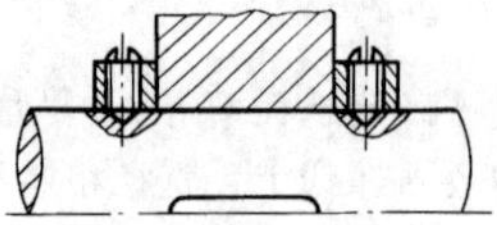	结构简单,但不能承受大的轴向力。常用于光轴上零件的固定,有冲击、振动时应有防松措施 螺钉锁紧挡圈的结构尺寸见 GB/T 884—1986
圆锥面	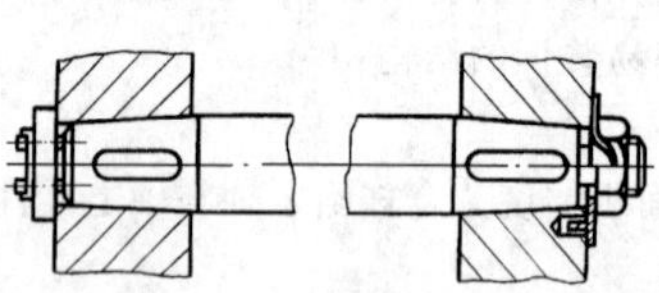	能消除轴与轮毂间的径向间隙,装拆较方便,可兼作周向定位,能承受冲击载荷。大多用于轴端零件固定,常与轴端压板或螺母联合使用,使零件获得双向轴向定位。轮毂要长出锥轴段 2mm 左右,以确保压紧。锥轴及锥孔加工较难,轴向定位不很准确。高速轻载时可不用键 圆锥形轴伸见 GB/T 1570—2005,与螺母配合使用的外舌止动垫圈见 GB/T 856—1988
圆螺母	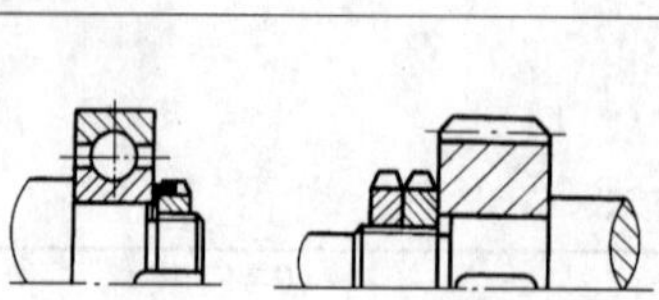	固定可靠,装拆方便,可承受较大的轴向力。由于轴上切制螺纹,使轴的疲劳强度有所降低。常用圆螺母与止动垫圈或双圆螺母固定轴端零件,当零件间距离较大时,也可采用圆螺母代替套筒,以减小结构重量,与轴肩配合达到双向定位。具体见 GB/T 810—1988、GB/T 812—1988 及 GB/T 858—1988
轴端挡圈	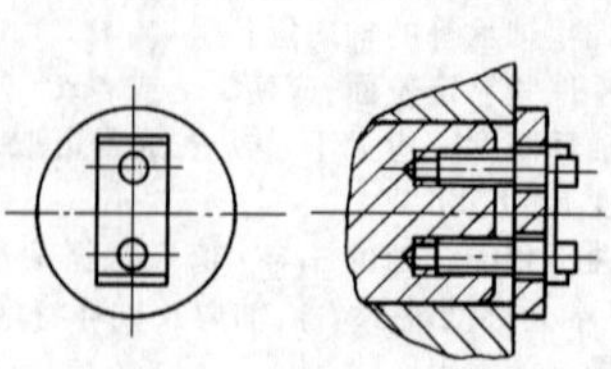	常用于固定轴端零件。可以承受剧烈的振动和冲击载荷 轴端挡圈的结构尺寸见 GB/T 892—1986(单孔)及 JB/ZQ 4349—2020(双孔)

续表

方法	简图	特点与应用
胀紧连接套	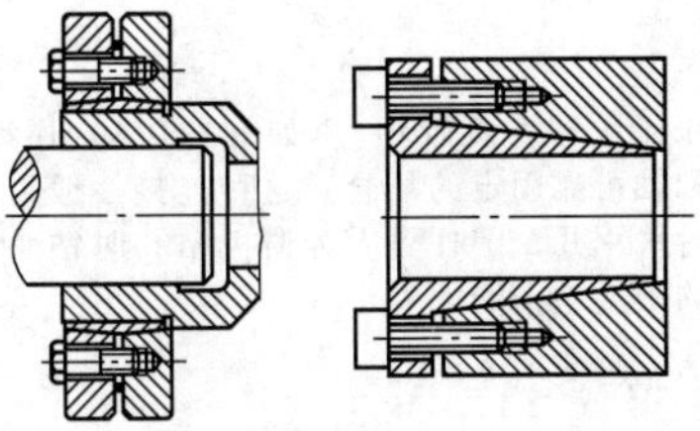	既用于轴向定位,也用于周向定位 轴不需加工键槽,提高了轴的强度。对中性好,压紧力可调整,多次拆卸能保持良好的配合性质。轴的加工精度要求不高。可方便地在轴向和周向调整安装位置,装拆方便 具体见 GB/T 28701—2012 和 JB/ZQ 4194—2020

表 6-1-5　周向定位与固定方法

方法	简图	特点与应用
平键	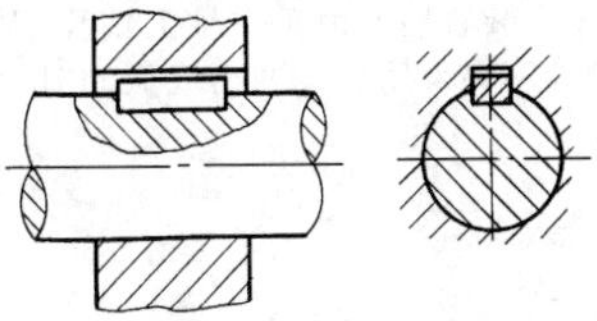	制造简单,装拆方便,对中性好。可用于较高精度、高转速及受冲击或变载荷作用下的固定连接中,还可用于一般要求的导向连接中 齿轮、蜗轮、带轮与轴的连接常用平键 平键键槽剖面尺寸见 GB/T 1095—2003,普通平键见 GB/T 1096—2003,导向平键见 GB/T 1097—2003
楔键	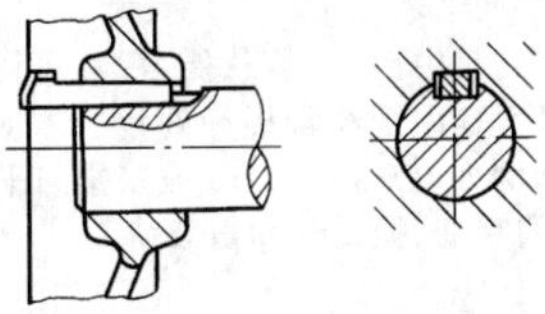	在传递转矩的同时,还能承受单向的轴向力。由于装配后造成轴上零件的偏心或偏斜,故不适用于要求严格对中、有冲击载荷及高速传动的连接。钩头楔键的钩头伸出轴外,供拆卸用,应加保护罩 楔键键槽剖面尺寸见 GB/T 1563—2017,普通楔键见 GB/T 1564—2003,钩头楔键见 GB/T 1565—2003
切向键	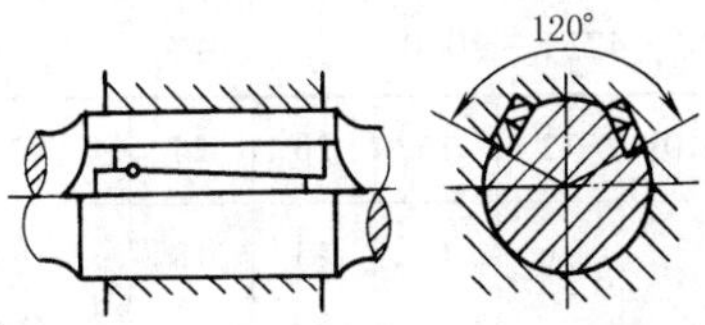 120°	可传递较大的转矩,但对中性较差,对轴的削弱较大,常用于重型机械中 一个切向键只能传递一个方向的转矩,传递双向转矩时,要用两个,互成 120°,见 GB/T 1974—2003
半圆键	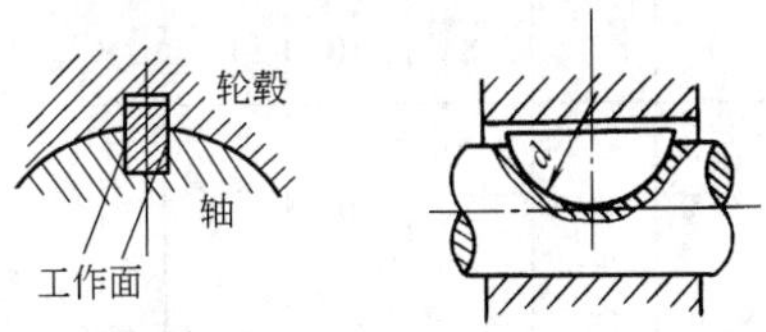 轮毂 轴 工作面	键在轴上键槽中能绕其几何中心摆动,故便于将轮毂往轴上装配,但轴上键槽很深,削弱了轴的强度 用于载荷较小的连接或作为辅助性连接,也用于锥形轴及轮毂连接,见 GB/T 1098—2003、GB/T 1099. 1—2003
滑键	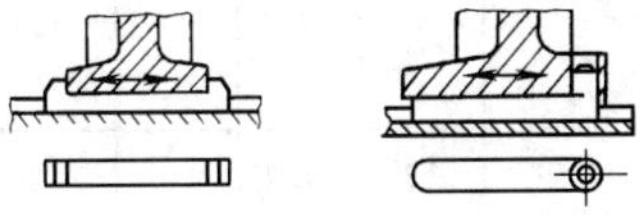	键固定在轮毂上,键随轮毂一同沿轴上键槽作轴向移动 常用于轴向移动距离较大的场合
花键	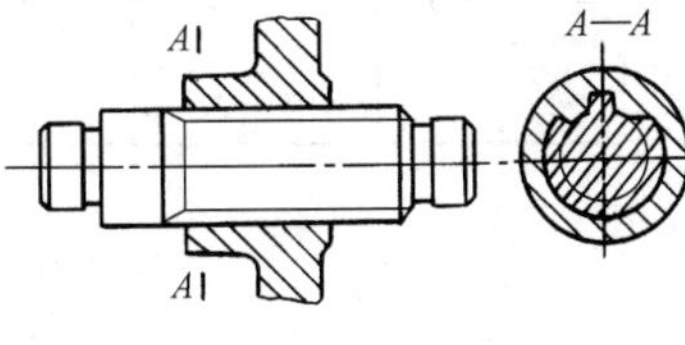 A A A—A	齿形有矩形、渐开线及三角形花键之分 渐开线花键相对于矩形花键承载能力高,定心性及导向性好,但制造成本较高,适用于载荷较大和对定心精度要求较高的滑动连接或固定连接。三角形花键齿细小,适用于轴径小、轻载或薄壁套筒的连接。具体见 GB/T 1144—2001、GB/T 3478. 1—2008 ~ GB/T 3478. 9—2008

续表

方法	简图	特点与应用
圆柱销	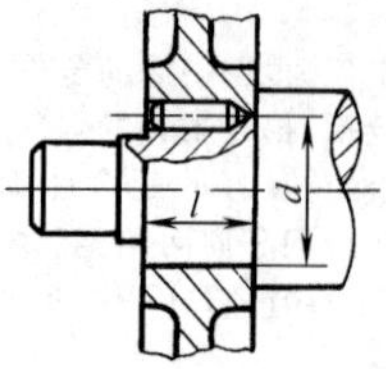	适用于轮毂宽度较小(例如 $l/d<0.6$),用键连接难以保证轮毂和轴可靠固定的场合。这种连接一般采用过盈配合,并可同时采用几个圆柱销。为避免钻孔时钻头偏斜,要求轴和轮毂的硬度差不能太大
圆锥销	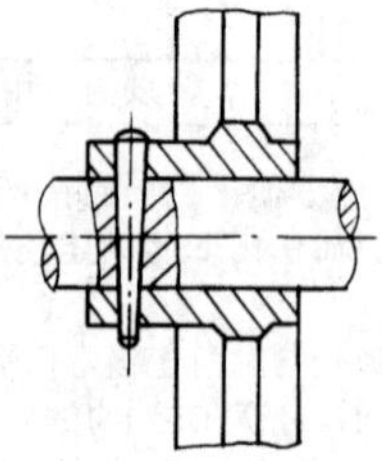	用于固定不太重要、受力不大,但同时需要轴向定位的零件,或作安全装置用。由于在轴上钻孔,对强度削弱较大,故对重载的轴不宜采用。有冲击或振动时,可采用开尾圆锥销以防松脱
过盈配合	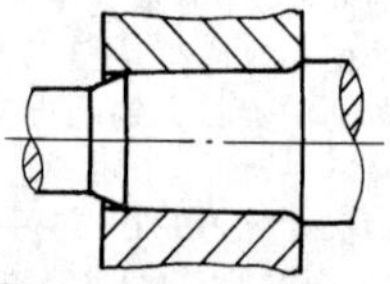	结构简单,对中性好,承载能力高,可同时起周向和轴向定位作用,但不宜用于经常拆卸的场合。对于过盈量在中等以下的配合(例如 H7/s6、H7/r6 等),常与平键连接同时采用,以承受较大的交变、振动和冲击载荷

表 6-1-6　　轴上固定螺钉用孔（摘自 JB/ZQ 4251—2020）　　mm

	d	3	4	6	8	10	12	16	20	24	说明
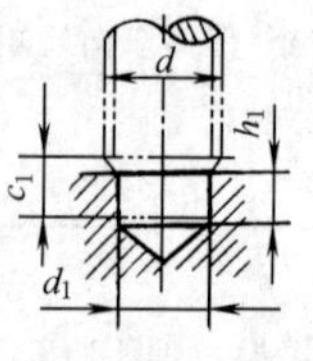	d_1			4.5	6	7	9	12	15	18	用于承受较大轴向力处
	$h_1\geqslant$			4	5	6	7	8	10	12	
	c_1			4	5	6	7	8	10	12	
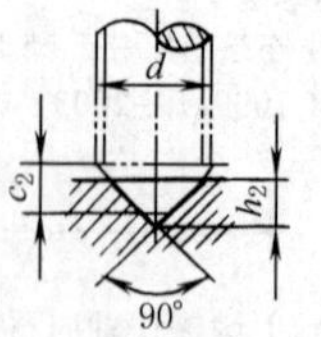	h_2	1.5	2	3	3	3.5	4	5	6		用于轴向力较小、轴径较小处
	c_2	1.5	2	3	3	3.5	4	5	6		
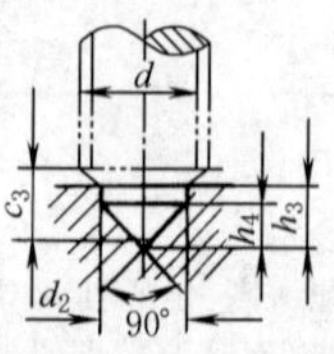	d_2					7	9	12	15		
	$h_3\leqslant$					6	7	8	10		
	h_4					3.5	4.5	6	7.5		
	c_3					6	7	8	10		

注：工作图上除 c_1、c_2 和 c_3 外，其他尺寸应全部注出。

1.4.2　提高轴疲劳强度的结构措施

在轴截面变化处（如台阶、横孔、键槽等），会产生应力集中，引起轴的疲劳破坏，所以设计轴的结构时，应考虑降低应力集中的措施。表 6-1-7 提供的主要措施可供参考。由于轴的表面工作应力最大，所以提高轴的表面质量也是提高轴疲劳强度的重要措施。提高轴的表面质量包括降低轴表面粗糙度值，对轴进行表面处理（如表面热处理、化学处理、机械处理等），以上措施均能提高轴的疲劳强度。

表 6-1-7　　降低轴应力集中的主要措施举例

结构名称	措施			
圆角	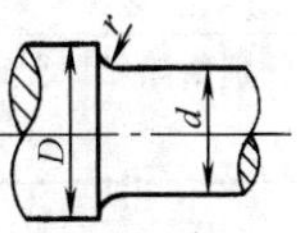 加大圆角半径 $r/d>0.1$ 减小直径差 $D/d<1.15\sim1.2$	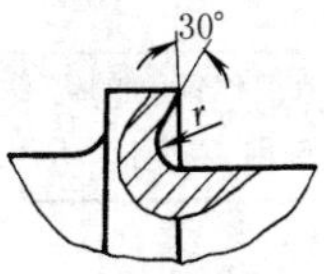 加内凹圆角	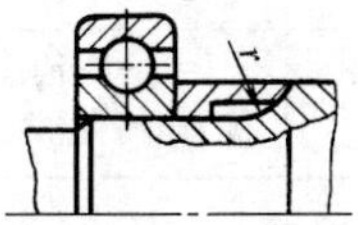 加大圆角半径，设中间环	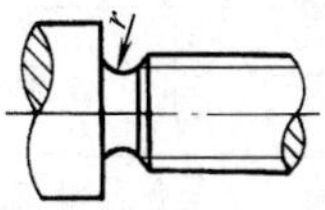 加退刀圆角
横孔	K_σ 减小约 30% 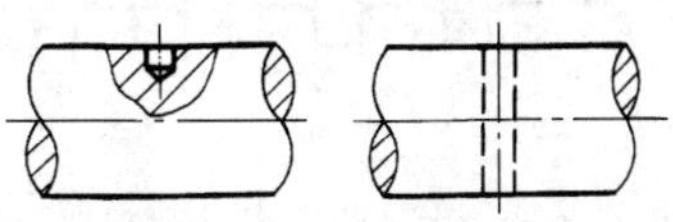 盲孔改成通孔		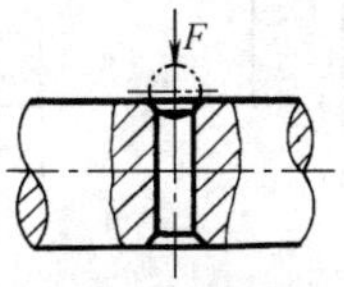 孔上倒角或滚珠碾压	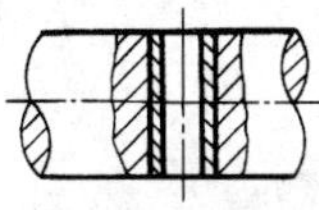 压入弹性小的衬套
键槽 花键	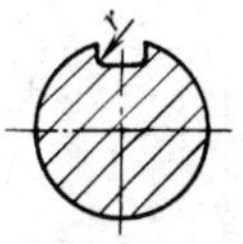 底部加圆角	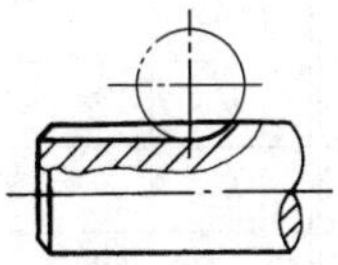 用圆盘铣刀	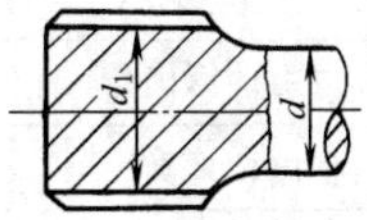 $d_1=(1.1\sim1.3)d$ 增大花键直径	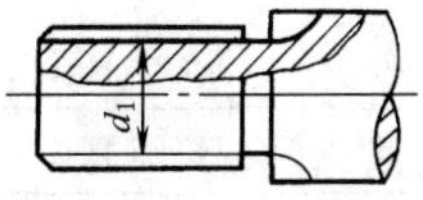 花键加退刀槽
过盈 配合	K_σ 减小 30%~40% 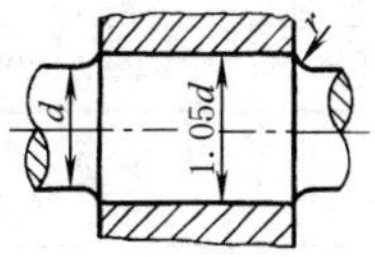 $r\geqslant(0.1\sim0.2)d$ 增大配合处直径	K_σ 减小约 40% 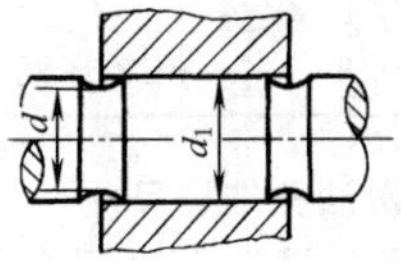 $d=(0.92\sim0.95)d_1$ 轴上开卸载槽并滚压	K_σ 减小 15%~25% 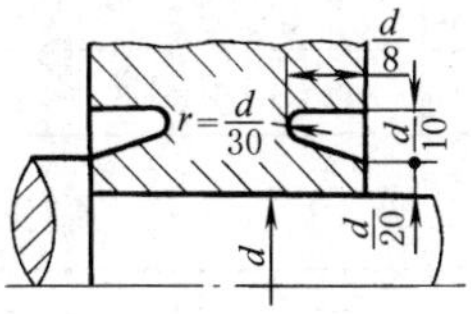 轮毂上开卸载槽	K_σ 减小 15%~25% 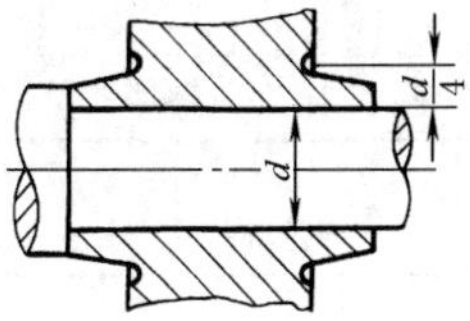 减小轮毂端部厚度

注：K_σ 为有效应力集中系数，其减小值为概略值，仅供参考。

1.4.3　轴颈及轴伸结构

（1）滑动轴承的轴颈及轴端润滑油孔（见表 6-1-8~表 6-1-10）

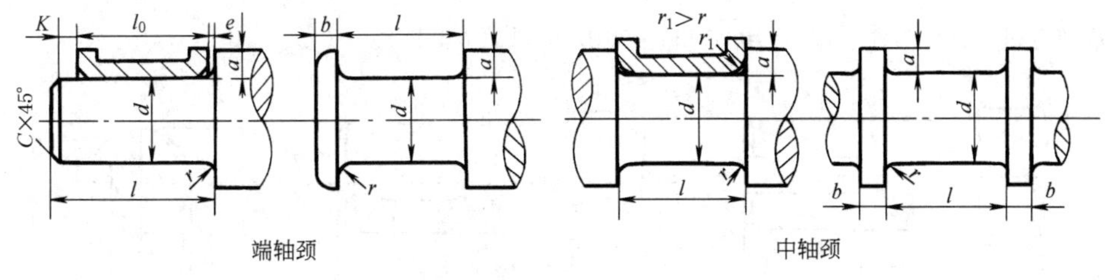

端轴颈　　中轴颈

向心轴颈

表 6-1-8　　向心轴颈的结构尺寸

代号	名称	说　明
d	轴颈直径	由计算确定,并按标准尺寸 GB/T 2822—2005 圆整为标准直径
a	轴肩(环)高度	$a \approx (0.07 \sim 0.1)d$,$d+2a$ 最好圆整为整数值
b	轴环宽度	$b \approx 1.4a$,圆整为整数
r,r_1	圆角半径	见 GB/T 6403.4—2008
l	轴颈长度	$l=l_0+K+e+C$,l_0 由轴承工作能力的需要确定,e 和 K 分别由热膨胀量和安装误差确定,C 按 GB/T 6403.4—2008 选取。对于固定轴的轴颈 $l=l_0$

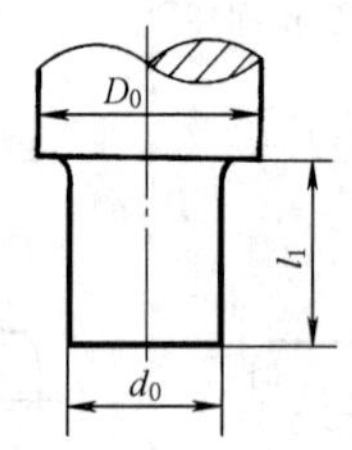

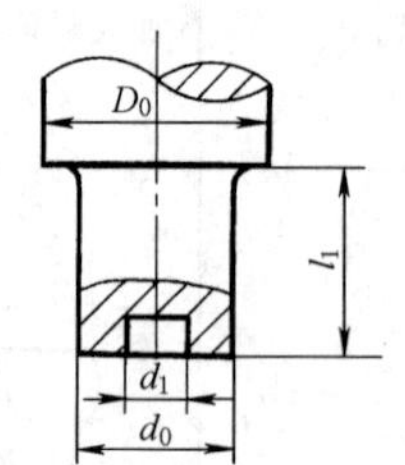

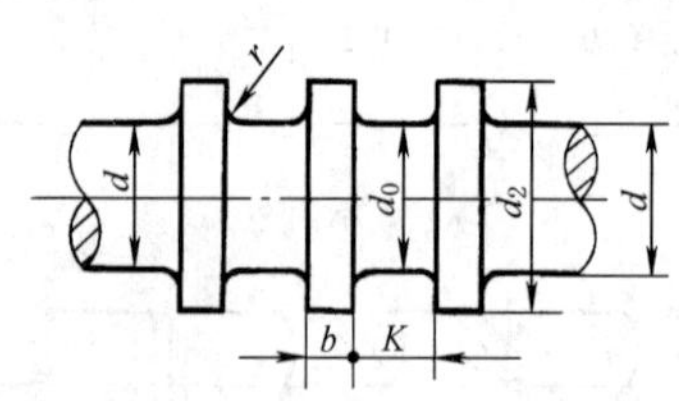

止推轴颈

表 6-1-9　　止推轴颈的结构尺寸

代号	名称	说　明	代号	名称	说　明
D_0	轴直径	由计算确定	b	轴环宽度	$b=(0.1 \sim 0.15)d$
d	轴直径	由计算确定	K	轴环距离	$K=(2 \sim 3)b$
d_0	止推轴颈直径	由计算确定,并按标准尺寸 GB/T 2822—2005 圆整为标准直径	l_1	止推轴颈长度	由计算和止推轴承结构确定
d_1	空心轴颈内径	$d_1=(0.4 \sim 0.6)d_0$	n	轴环数	$n \geq 1$,由计算和止推轴承结构确定
d_2	轴环外径	$d_2=(1.2 \sim 1.6)d$	r	轴环根部圆角半径	按 GB/T 6403.4—2008 选取

表 6-1-10　　轴端润滑油孔结构尺寸　　mm

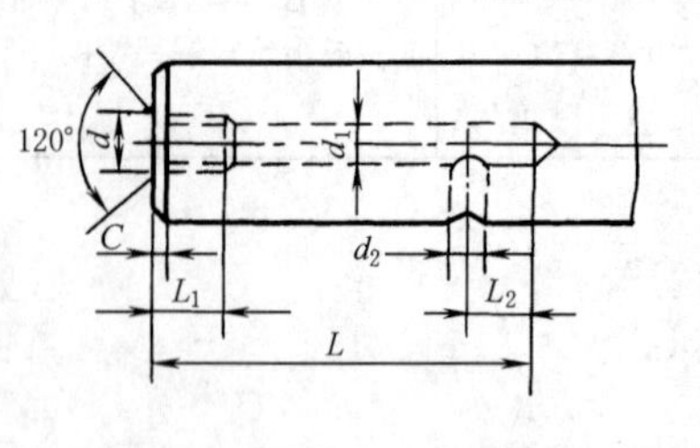

螺纹直径 d	d_1	d_2	L_{max}	L_{1min}	L_{2min}	C
M6-7H	5	5	100	10	15	0.5
M10×1-7H	9		150	12		
M14×1.5-7H	12.5	10	400	20	25	1
M20×1.5-7H	18.5	12	800	25	30	

(2) 旋转电机圆柱形轴伸（摘自 GB/T 756—2010）（见表 6-1-11）

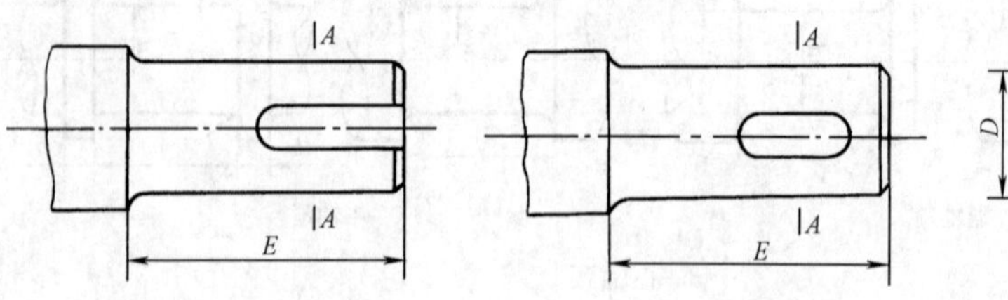

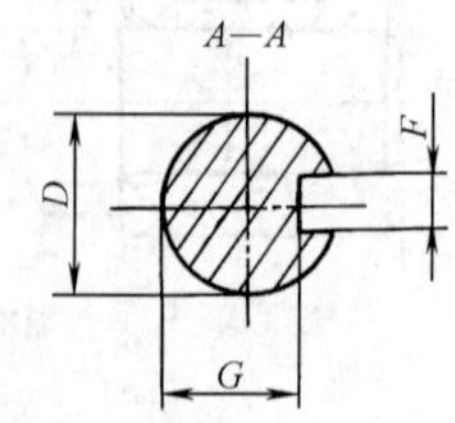

表 6-1-11　　轴伸基本尺寸和极限偏差　　mm

D 基本尺寸	D 极限偏差		E 基本尺寸 长系列	E 基本尺寸 短系列	F 基本尺寸	F 极限偏差 一般键连接 N9	F 极限偏差 较紧键连接 P9	G 基本尺寸	G 极限偏差
6	+0.006 -0.002	j6	16		2	-0.004 -0.029	-0.006 -0.031	4.8	0 -0.1
7	+0.007 -0.002							5.8	
8			20					6.8	
9					3			7.2	
(10)			23	20				8.2	
11	+0.008 -0.003				4	0 -0.030	-0.012 -0.042	8.5	
(12)			30	25				9.5	
14					5			11.0	
16			40	28				13.0	
18					6			14.5	
19	+0.009 -0.004							15.5	
(20)			50	36				16.5	
22					8	0 -0.036	-0.015 -0.051	18.5	0 -0.2
24								20.0	
(25)			60	42				21.0	
28								24.0	
(30)			80	58				26.0	
32	+0.018 +0.002	k6			10			27.0	
(35)								30.0	
38								33.0	
(40)			110	82	12	0 -0.043	-0.018 -0.061	35.0	
42								37.0	
(45)					14			39.5	
48								42.5	
(50)								44.5	
55	+0.030 +0.011	m6	140	105	16			49.0	
60					18			53.0	
65								58.0	

D 基本尺寸	D 极限偏差		E 基本尺寸 长系列	E 基本尺寸 短系列	F 基本尺寸	F 极限偏差 一般键连接 N9	F 极限偏差 较紧键连接 P9	G 基本尺寸	G 极限偏差
70	+0.030 +0.011	m6	140	105	20	0 -0.052	-0.022 -0.074	62.5	0 -0.2
75								67.5	
80			170	130	22			71.0	
85	+0.035 +0.013							76.0	
90					25			81.0	
95								86.0	
100			210	165	28			90.0	
110								100	
120					32	0 -0.062	-0.026 -0.088	109	
130	+0.040 +0.015		250	200				119	
140					36			128	0 -0.3
150								138	
160			300	240	40			147	
170								157	
180					45			165	
190	+0.046 +0.017		350	280				175	
200								185	
220					50			203	
240			410	330	56	0 -0.074	-0.032 -0.100	220	
250								230	
260	+0.052 +0.020							240	
280			470	380	63			260	
300					70			278	
320	+0.057 +0.021							298	
340			550	450	80			315	
360								335	
380								355	
400			650	540	90	0 -0.087	-0.037 -0.124	372	

注：1. 本表未摘录标准中轴伸直径（*D*）420~630mm 部分，带括号的直径应尽量不用。

2. 轴伸直径大于 500mm 者，键槽尺寸及其公差由用户与制造厂协商确定。

3. 轴伸键槽的对称度公差值应不超过下表规定：

mm

键槽宽 *F*	公差值	键槽宽 *F*	公差值	键槽宽 *F*	公差值	键槽宽 *F*	公差值
>1~3	0.020	>6~10	0.030	>18~30	0.050	>50~100	0.080
>3~6	0.025	>10~18	0.040	>30~50	0.060		

4. 轴伸长度 *E* 一般应采用长系列尺寸。当电机专与某种指定机械配套或有特殊使用要求时，允许采用短系列尺寸，但应在电机的标准中作出规定。

5. 轴伸键槽宽度 *F* 的极限偏差一般应采用一般键连接的数值。当对传动有特殊要求时，如频繁启动或经常承受冲击载荷，允许采用较紧键连接的数值，但应在电机的标准中作出规定。

（3）旋转电机圆锥形轴伸（摘自 GB/T 757—2010）（见表 6-1-12）

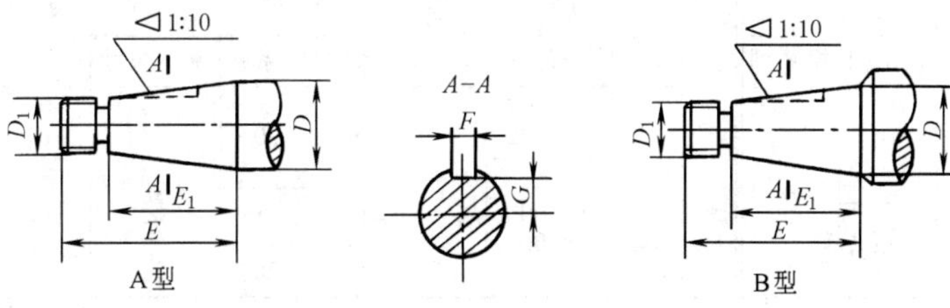

表 6-1-12 长、短系列圆锥形轴伸尺寸 mm

D	E (js14)	E_1	F	G 尺寸	G 偏差	D_1
16	40/28	28/16	$3^{-0.004}_{-0.029}$	5.5/5.8	0 -0.1	M10×1.25
18			$4^{\ 0}_{-0.030}$	5.8/6.1		
19				6.3/6.6		
20	50/36	36/22		6.6/6.9		M12×1.25
22				7.6/7.9		
24			$5^{\ 0}_{-0.030}$	8.1/8.4		
25	60/42	42/24		8.4/8.9		M16×1.5
28				9.9/10.4		
30	80/58	58/36		10.5/11.1		M20×1.5
32			$6^{\ 0}_{-0.030}$	11.0/11.6		
35				12.5/13.1		
38				14.0/14.6		
40	110/82	82/54	$10^{\ 0}_{-0.036}$	12.9/13.6	0 -0.2	M24×2
42				13.9/14.6		
45			$12^{\ 0}_{-0.043}$	15.4/16.1		
48				16.9/17.6		M30×2
50			$14^{\ 0}_{-0.043}$	17.9/18.6		M36×3
55				19.9/20.6		
60	140/105	105/70	$16^{\ 0}_{-0.043}$	21.4/22.2		M42×3
65				23.9/24.7		

D	E (js14)	E_1	F	G 尺寸	G 偏差	D_1
70	140/105	105/70	$18^{\ 0}_{-0.043}$	25.4/26.2	0 -0.2	M48×3
75				27.9/28.7		
80	170/130	130/90	$20^{\ 0}_{-0.052}$	29.2/30.2		M56×4
85				31.7/32.7		
90			$22^{\ 0}_{-0.052}$	32.7/33.7		M64×4
95				35.2/36.2		
100	210/165	165/120	$25^{\ 0}_{-0.052}$	36.9/38.0		M72×4
110				41.9/43.0		M80×4
120			$28^{\ 0}_{-0.052}$	45.9/47.0		M90×4
130				50.0/51.2		
140	250/200	200/150	$32^{\ 0}_{-0.062}$	54.0/55.2		M100×4
150				59.0/60.2		M110×4
160	300/240	240/180	$36^{\ 0}_{-0.062}$	62.0/63.5	0 -0.3	M125×4
170				67.0/68.5		
180			$40^{\ 0}_{-0.062}$	71.0/72.5		M140×6
190	350/280	280/210		75.0/76.7		
200			$45^{\ 0}_{-0.062}$	80.0/81.7		M160×6
220				88.0/89.7		

注：1. 当电机专与某种指定机械配套或有特殊使用要求用短系列时，轴伸长度的短系列尺寸见斜线下面的数据。
2. 尺寸 D 的公差选用 GB/T 1800.2—2020 中的 IT8，尺寸 E_1 的极限偏差应符合下表：

直径 D	E_1 的轴向极限偏差	直径 D	E_1 的轴向极限偏差
16~18	0 -0.27	85~120	0 -0.54
19~30	0 -0.33	130~180	0 -0.63
32~50	0 -0.39	190~220	0 -0.72
55~80	0 -0.46		

（4）圆柱形轴伸（摘自 GB/T 1569—2005）（见表 6-1-13）

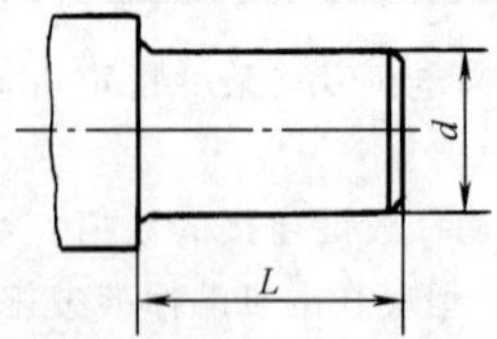

表 6-1-13 圆柱形轴伸基本尺寸和极限偏差 mm

d 基本尺寸	d 极限偏差		L 长系列	L 短系列	d 基本尺寸	d 极限偏差		L 长系列	L 短系列	d 基本尺寸	d 极限偏差		L 长系列	L 短系列
6	+0.006 -0.002	j6	16	—	10	+0.007 -0.002	j6	23	20	18	+0.008 -0.003	j6	40	28
7	+0.007 -0.002				11					19	+0.009 -0.004			
8			20		12	+0.008 -0.003		30	25	20			50	36
					14					22				
9					16			40	28	24				

续表

d 基本尺寸	d 极限偏差		L 长系列	L 短系列
25	+0.009 -0.004	j6	60	42
28				
30				
32	+0.018 +0.002	k6	80	58
35				
38				
40			110	82
42				
45				
48				
50				
55	+0.030 +0.011	m6		
56				
60			140	105
63				
65				
70				
71				
75				

d 基本尺寸	d 极限偏差		L 长系列	L 短系列
80	+0.030 +0.011	m6	170	130
85	+0.035 +0.013			
90				
95				
100			210	165
110				
120				
125	+0.040 +0.015			
130			250	200
140				
150				
160			300	240
170				
180				
190	+0.046 +0.017		350	280
200				
220				

d 基本尺寸	d 极限偏差		L 长系列	L 短系列
240	+0.046 +0.017	m6	410	330
250				
260				
280	+0.052 +0.020		470	380
300				
320				
340	+0.057 +0.021		550	450
360				
380				
400				
420	+0.063 +0.023		650	540
440				
450				
460				
480				
500				
530	+0.070 +0.026		800	680
560				
600				
630				

注：1. 直径大于 630mm 至 1250mm 的轴伸直径和长度系列可参见原标准附录 A，本表未摘录。
2. 本表适用于一般机器之间的连接并传递转矩的场合。
3. 轴伸长度在传递纯转矩时优先使用短系列。

（5）圆锥形轴伸（摘自 GB/T 1570—2005）（见表 6-1-14～表 6-1-17）

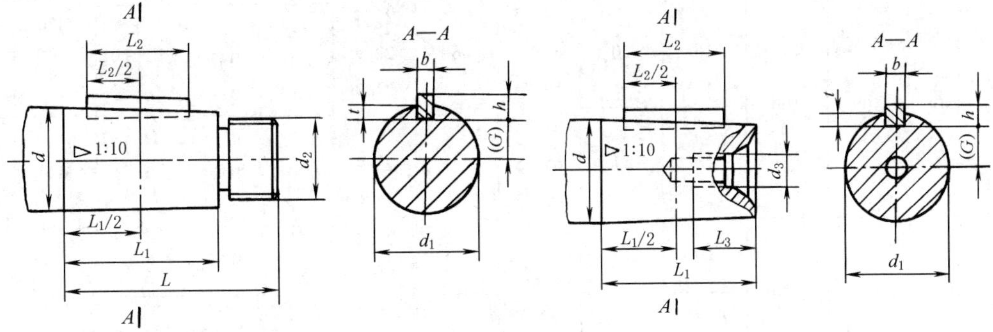

直径≤220mm 圆锥形轴伸

表 6-1-14　直径≤220mm 的圆锥形轴伸型式与尺寸　mm

d	L	L_1	L_2	b	h	d_1	t	(G)	d_2	d_3	L_3
长系列											
6	16	10	6	—	—	5.5	—	—	M4	—	—
7						6.5					
8	20	12	8			7.4			M6		
9						8.4					
10	23	15	12			9.25					
11				2	2	10.25	1.2	3.9			

续表

d	L	L_1	L_2	b	h	d_1	t	(G)	d_2	d_3	L_3
长系列											
12	30	18	16	2	2	11.1	1.2	4.3	M8×1	M4	10
14				3	3	13.1	1.8	4.7			
16	40	28	25			14.6		5.5	M10×1.25		
18				4	4	16.6	2.5	5.8		M5	13
19						17.6		6.3			
20	50	36	32			18.2		6.6	M12×1.25	M6	16
22						20.2		7.6			
24				5	5	22.2		8.1			
25	60	42	36			22.9	3	8.4	M16×1.5	M8	19
28						25.9		9.9			
30	80	58	50			27.1		10.5	M20×1.5	M10	22
32				6	6	29.1	3.5	11.0			
35						32.1		12.5			
38						35.1		14.0	M24×2	M12	28
40	110	82	70	10	8	35.9	5	12.9			
42						37.9		13.9			
45				12	8	40.9		15.4	M30×2	M16	36
48						43.9		16.9			
50						45.9		17.9	M36×3		
55				14	9	50.9	5.5	19.9		M20	42
56						51.9		20.4			
60	140	105	100	16	10	54.75	6	21.4	M42×3		
63						57.75		22.9			
65						59.75		23.9			
70				18	11	64.75	7	25.4	M48×3	M24	50
71						65.75		25.9			
75						69.75		27.9			
80	170	130	110	20	12	73.5	7.5	29.2	M56×4	—	—
85						78.5		31.7			
90				22	14	83.5	9	32.7	M64×4		
95						88.5		35.2			
100	210	165	140	25		91.75		36.9	M72×4		
110						101.75		41.9	M80×4		
120				28	16	111.75	10	45.9	M90×4	—	—
125						116.75		48.3			
130	250	200	180			120		50	M100×4		
140				32	18	130	11	54			
150						140		59	M110×4		
160	300	240	220	36	20	148	12	62	M125×4		
170						158		67			
180				40	22	168	13	71	M140×6		

续表

d	L	L_1	L_2	b	h	d_1	t	(G)	d_2	d_3	L_3
长系列											
190	350	280	250	40	22	176	13	75	M140×6	—	—
200						186		80	N160×6		
220				45	25	206	15	88			
短系列											
16	28	16	14	3	3	15. 2	1. 8	5. 8	M10×1. 25	M4	10
18				4	4	17. 2	2. 5	6. 1		M5	13
19						18. 2		6. 6			
20	36	22	20			18. 9		6. 9	M12×1. 25	M6	16
22						20. 9		7. 9			
24				5	5	22. 9	3	8. 4			
25	42	24	22			23. 8		8. 9	M16×1. 5	M8	19
28						26. 8		10. 4			
30	58	36	32			28. 2		11. 1	M20×1. 5	M10	22
32				6	6	30. 2	3. 5	11. 6			
35						33. 2		13. 1			
38						36. 2		14. 6	M24×2	M12	28
40	82	54	50	10	8	37. 3	5	13. 6			
42						39. 3		14. 6			
45				12	8	42. 3		16. 1	M30×2	M16	36
48						45. 3		17. 6			
50						47. 3		18. 6	M36×3		
55				14	9	52. 3	5. 5	20. 6		M20	42
56						53. 3		21. 1			
60	105	70	63	16	10	56. 5	6	22. 2	M42×3		
63						59. 5		23. 7			
65						61. 5		24. 7			
70				18	11	66. 5	7	26. 2	M48×3	M24	50
71						67. 5		26. 7			
75						71. 5		28. 7			
80	130	90	80	20	12	75. 5	7. 5	30. 2	M56×4	—	—
85						80. 5		32. 7			
90				22	14	85. 5	9	33. 7	M64×4		
95						90. 5		36. 2			
100	165	120	110	25	14	94		38	M72×4		
110						104		43	M80×4		
120				28	16	114	10	47	M90×4		
125						119		49. 5			
130	200	150	125			122. 5		51. 2	M100×4		
140				32	18	132. 5	11	55. 2			
150						142. 5		60. 2	M110×4		
160	240	180	160	36	20	151	12	63. 5	M125×4	—	—
170						161		68. 5			
180				40	22	171	13	72. 5	M140×6		

第6篇

续表

<table>
<tr><th>d</th><th>L</th><th>L_1</th><th>L_2</th><th>b</th><th>h</th><th>d_1</th><th>t</th><th>(G)</th><th>d_2</th><th>d_3</th><th>L_3</th></tr>
<tr><td colspan="12">短　系　列</td></tr>
<tr><td>190</td><td rowspan="3">280</td><td rowspan="3">210</td><td rowspan="3">180</td><td rowspan="2">40</td><td rowspan="2">22</td><td>179.5</td><td rowspan="2">13</td><td>76.7</td><td>M140×6</td><td rowspan="3">—</td><td rowspan="3">—</td></tr>
<tr><td>200</td><td>189.5</td><td>81.7</td><td rowspan="2">M160×6</td></tr>
<tr><td>220</td><td>45</td><td>25</td><td>209.5</td><td>15</td><td>89.7</td></tr>
</table>

注：1. 键槽深度 t，可用测量 G 来代替，或按表 6-1-16 的规定。

2. L_2 可根据需要选取小于表中的数值。

3. 本标准规定了锥度为 1∶10 圆锥形轴伸的型式和尺寸，适用于一般机器之间的连接并传递转矩的场合。

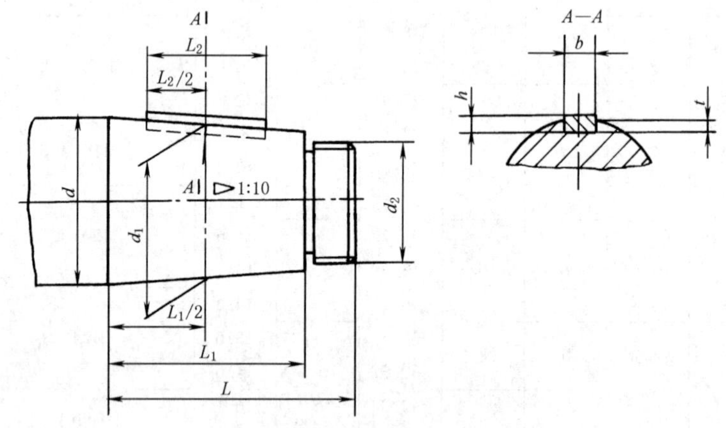

直径>220mm 圆锥形轴伸

表 6-1-15　　直径>220mm 的圆锥形轴伸型式与尺寸　　mm

<table>
<tr><th>d</th><th>L</th><th>L_1</th><th>L_2</th><th>b</th><th>h</th><th>d_1</th><th>t</th><th>d_2</th></tr>
<tr><td>240</td><td rowspan="3">410</td><td rowspan="3">330</td><td rowspan="3">280</td><td rowspan="3">50</td><td rowspan="3">28</td><td>223.5</td><td rowspan="3">17</td><td rowspan="2">M180×6</td></tr>
<tr><td>250</td><td>233.5</td></tr>
<tr><td>260</td><td>243.5</td><td>M200×6</td></tr>
<tr><td>280</td><td rowspan="3">470</td><td rowspan="3">380</td><td rowspan="3">320</td><td>56</td><td rowspan="3">32</td><td>261</td><td rowspan="3">20</td><td rowspan="2">M220×6</td></tr>
<tr><td>300</td><td rowspan="2">63</td><td>281</td></tr>
<tr><td>320</td><td>301</td><td>M250×6</td></tr>
<tr><td>340</td><td rowspan="3">550</td><td rowspan="3">450</td><td rowspan="3">400</td><td rowspan="3">70</td><td rowspan="3">36</td><td>317.5</td><td rowspan="3">22</td><td rowspan="2">M280×6</td></tr>
<tr><td>360</td><td>337.5</td></tr>
<tr><td>380</td><td>357.5</td><td>M300×6</td></tr>
<tr><td>400</td><td rowspan="7">650</td><td rowspan="7">540</td><td rowspan="7">450</td><td rowspan="3">80</td><td rowspan="3">40</td><td>373</td><td rowspan="3">25</td><td rowspan="2">M320×6</td></tr>
<tr><td>420</td><td>393</td></tr>
<tr><td>440</td><td>413</td><td rowspan="2">M350×6</td></tr>
<tr><td>450</td><td rowspan="4">90</td><td rowspan="4">45</td><td>423</td><td rowspan="4">28</td></tr>
<tr><td>460</td><td>433</td><td rowspan="2">M380×6</td></tr>
<tr><td>480</td><td>453</td></tr>
<tr><td>500</td><td>473</td><td rowspan="2">M420×6</td></tr>
<tr><td>530</td><td rowspan="4">800</td><td rowspan="4">680</td><td rowspan="4">500</td><td rowspan="4">100</td><td rowspan="4">50</td><td>496</td><td rowspan="4">31</td></tr>
<tr><td>560</td><td>526</td><td>M450×6</td></tr>
<tr><td>600</td><td>566</td><td>M500×6</td></tr>
<tr><td>630</td><td>596</td><td>M550×6</td></tr>
</table>

注：1. L_2 可根据需要选取小于表中的数值。

2. 本标准规定了锥度为 1∶10 圆锥形轴伸的型式和尺寸，适用于一般机器之间的连接并传递转矩的场合。

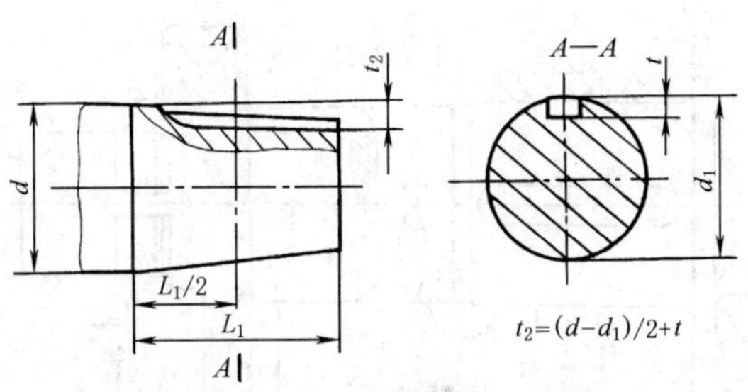

表 6-1-16　　圆锥形轴伸大端处键槽深度尺寸（参考）　　mm

d	t_2		d	t_2		d	t_2	
	长系列	短系列		长系列	短系列		长系列	短系列
11	1.6	—	40	7.1	6.4	90	12.3	11.3
12	1.7	—	42	7.1	6.4	95	12.3	11.3
14	2.3	—	45	7.1	6.4	100	13.1	12.0
16	2.5	2.2	48	7.1	6.4	110	13.1	12.0
18	3.2	2.9	50	7.1	6.4	120	14.1	13.0
19	3.2	2.9	55	7.6	6.9	125	14.1	13.0
20	3.4	3.1	56	7.6	6.9	130	15.0	13.8
22	3.4	3.1	60	8.6	7.8	140	16.0	14.8
24	3.9	3.6	63	8.6	7.8	150	16.0	14.8
25	4.1	3.6	65	8.6	7.8	160	18.0	16.5
28	4.1	3.6	70	9.6	8.8	170	18.0	16.5
30	4.5	3.9	71	9.6	8.8	180	19.0	17.5
32	5.0	4.4	75	9.6	8.8	190	20.0	18.3
35	5.0	4.4	80	10.8	9.8	200	20.0	18.3
38	5.0	4.4	85	10.8	9.8	220	22.0	20.3

注：t_2 的极限偏差与 t 的极限偏差相同，按大端直径检验键槽深度时，表 6-1-14 中的 t 作为参考尺寸。

表 6-1-17　　圆锥形轴伸 L_1 的偏差及圆锥角公差　　mm

直径 d	L_1 的轴向极限偏差	直径 d	L_1 的轴向极限偏差	直径 d	L_1 的轴向极限偏差
6~10	0 -0.22	55~80	0 -0.46	260~300	0 -0.81
11~18	0 -0.27	85~120	0 -0.54	320~400	0 -0.89
19~30	0 -0.33	125~180	0 -0.63	420~500	0 -0.97
32~50	0 -0.39	190~250	0 -0.72	530~630	0 -1.10

注：1. 基本直径 d 的公差选用 GB/T 1800.1—2020 及 GB/T 1800.2—2020 中的 IT8。
2. 1∶10 的圆锥角公差选用 GB/T 11334—2005 中的 AT6。

1.4.4　轴的结构示例

图 6-1-1 所示为滚动轴承支承的轴的典型结构，各部分结构尺寸及公差等可参阅本手册有关篇章。

1.5　轴的强度计算

轴的强度计算分三种情况：按扭转强度或刚度计算；按弯扭合成强度计算；精确强度校核计算。计算轴的强度时，应把轴的受力和工况分析清楚，确认轴的弯曲、扭转和剪切受力状态，许用应力值选定应区别静应力、脉动循环或者对称循环的不同应力状态。

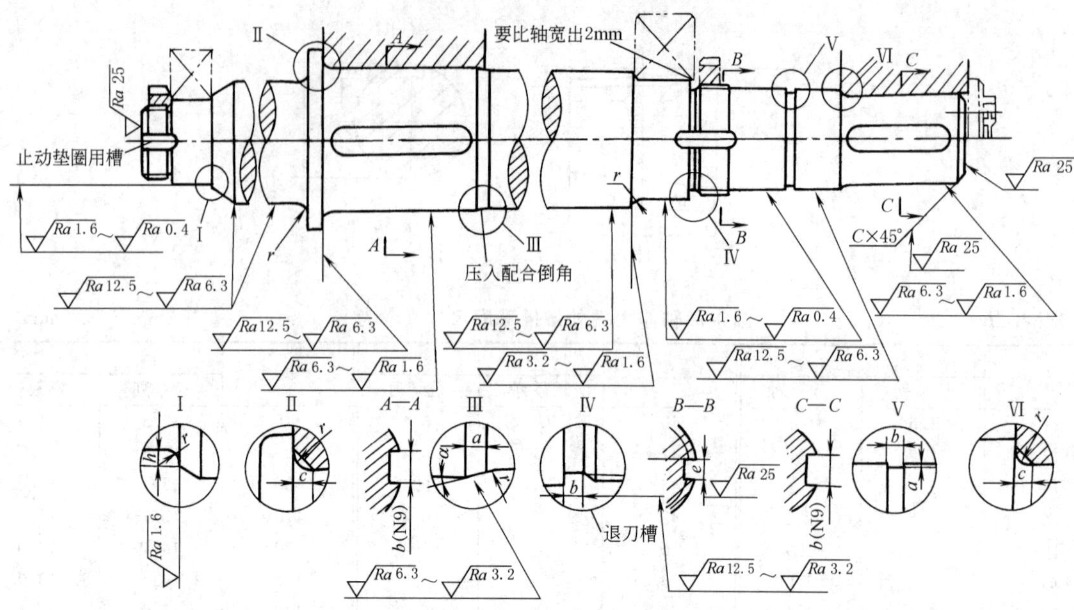

图 6-1-1　滚动轴承支承的轴的典型结构

1.5.1　按扭转强度或刚度计算

用于只承受扭矩不承受弯矩轴的计算（见表 6-1-18）。另外，当轴上还作用不大的弯矩，且轴的跨度及载荷的位置尚不能准确确定时，也可用降低许用应力的办法按扭转强度估算轴径。估算轴径后，再进行轴的结构设计。

表 6-1-18　　按扭转强度或刚度计算轴径的公式

轴的类型	按扭转强度计算	按扭转刚度计算
实心轴	$d \geqslant 17.2\sqrt[3]{\dfrac{T}{\tau_p}}=A\sqrt[3]{\dfrac{P}{n}}$	$d \geqslant 9.3\sqrt[4]{\dfrac{T}{\phi_p}}=B\sqrt[4]{\dfrac{P}{n}}$
空心轴	$d \geqslant 17.2\sqrt[3]{\dfrac{T}{\tau_p}}\times\dfrac{1}{\sqrt[3]{1-\alpha^4}}=A\sqrt[3]{\dfrac{P}{n}}\times\dfrac{1}{\sqrt[3]{1-\alpha^4}}$	$d \geqslant 9.3\sqrt[4]{\dfrac{T}{\phi_p}}\times\dfrac{1}{\sqrt[4]{1-\alpha^4}}=B\sqrt[4]{\dfrac{P}{n}}\times\dfrac{1}{\sqrt[4]{1-\alpha^4}}$
说　明	d——轴端直径，mm T——轴所传递的转矩，N·m，$T=9550\dfrac{P}{n}$ P——轴所传递的功率，kW n——轴的工作转速，r/min τ_p——许用扭转切应力，MPa，按表 6-1-19 选取 ϕ_p——许用扭转角，(°)/m，按表 6-1-20 选取	A——系数，$A=17.2\sqrt[3]{\dfrac{9550}{\tau_p}}$，按表 6-1-19 选取 B——系数，按表 6-1-20 选取 α——空心轴的内径 d_1 与外径 d 之比，$\alpha=\dfrac{d_1}{d}$，通常取 0.5～0.6

注：当截面上有键槽时，应将求得的轴径增大，其增大值见表 6-1-23。

表 6-1-19　　几种常用轴材料的 τ_p 及 A 值

轴的材料	Q235-A，20	35，06Cr18Ni11Ti	45	40Cr，35SiMn，42CrMo，30Cr13	34CrNiMo，18CrNiMo7-6，38CrMoAlA，20CrMnMo
τ_p/MPa	15～25	20～35	25～45	35～55	50～70
A	149～126	135～112	126～103	112～97	99～88

注：1. 表中给出的 τ_p 值是考虑了弯曲影响而降低的许用扭转切应力。

2. 在下列情况下，τ_p 取较大值及 A 取较小值：弯矩较小或只受扭矩作用、载荷较平稳、无轴向载荷或只有较小的轴向载荷、减速器的低速轴、轴单向旋转。反之，τ_p 取较小值、A 取较大值。普通性能的材料，τ_p 取较小值，A 取较大值；优质合金钢等高性能的材料，取值相反。

3. 在计算减速器中间轴的危险截面处（安装齿轮处）的直径时，A 值适当放大 15%～25%，如轴的材料为 45 钢，取 $A=130～160$，对于二级减速器的中间轴及三级减速器的高速中间轴取 $A=160$，三级减速器的低速中间轴取 $A=130$。

表 6-1-20　　切变模量 $G=79.4$GPa 时的 B 值

ϕ_p/[(°)/m]	0.25	0.5	1	1.5	2	2.5
B	129	109	91.5	82.7	77	72.8

注：1. 表中 ϕ_p 值为每米轴长允许的扭转角度，在用于齿轮轴时，应考虑扭转角对齿轮接触的影响。

2. 许用扭转角的选用，应按实际使用情况而定。推荐供参考的范围如下：对于要求精密、稳定的传动，可取 $\phi_p=(0.25°\sim0.5°)/m$；对于一般传动，可取 $\phi_p=(0.5°\sim1°)/m$；对于要求不高的传动，可取 ϕ_p 大于 1°/m；起重机传动轴，$\phi_p=(15'\sim20')/m$；重型机床走刀轴，$\phi_p=5'/m$。

1.5.2　按弯扭合成强度计算

当作用在轴上载荷的大小及位置已确定，轴的结构设计也已基本确定时，可按弯扭合成法进行计算，一般转轴用这种计算方法即可，是偏于安全的。计算步骤如下。

① 画出轴的受力简图。当轴的跨度相对较大时，作用在轴上的载荷（如齿轮传动或带传动作用在轴上的力）均按集中载荷考虑，力的作用点取轮缘宽度的中点；轴承受的扭矩则从轮毂宽度的中点算起。如果作用在轴上的载荷不在同一平面内时，则将其分解到相互垂直的两个平面内。对于有不平衡质量的高速回转轴应计入惯性力。

通常把轴视为置于铰链支座上。当采用滚动轴承或滑动轴承支承时，支点位置可参考图 6-1-2 确定，图（b）中 a 值见本手册滚动轴承部分。

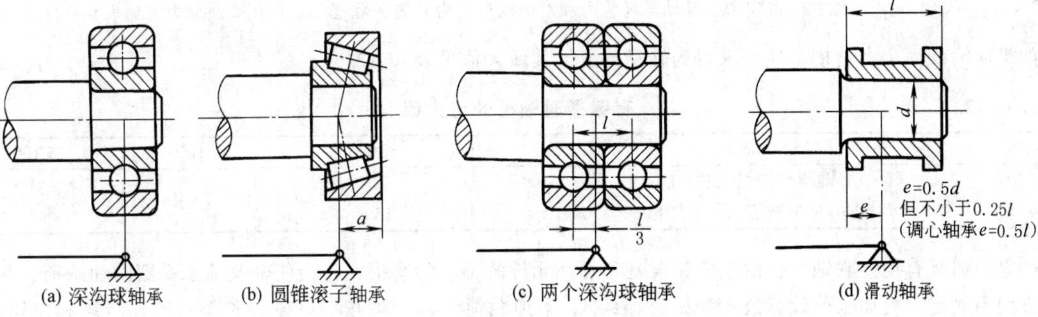

图 6-1-2　轴承支座支点位置的确定

② 作出垂直面和水平面内的受力图及相应的弯矩图（M_x，M_z），再按矢量法求得合成弯矩 $M=\sqrt{M_x^2+M_z^2}$。

③ 画出轴的扭矩图（T）。

④ 作出轴的当量弯矩图 $M_v=\sqrt{M^2+(\psi T)^2}$

⑤ 确定危险截面。危险截面应取当量弯矩大、截面尺寸较小、应力集中较严重的截面。

⑥ 按本章第 1.3 节选择轴的材料，并根据表 6-1-21 选取许用弯曲应力。

⑦ 按表 6-1-22 所列弯扭合成强度计算公式进行轴径计算。

⑧ 将计算出的轴径圆整成标准直径。

表 6-1-21　　轴的许用弯曲应力　　MPa

材质	$R_m(\sigma_b)$	σ_{+1p}	σ_{0p}	σ_{-1p}
碳素钢	400	130	70	40
	500	170	75	45
	600	200	95	55
	700	230	110	65
合金钢	800	270	130	75
	1000	330	150	90
	1200	400	180	110
铸钢	400	100	50	30
	500	120	70	40
灰铸铁	400	65	35	25

注：σ_{+1p}、σ_{0p}、σ_{-1p} 分别为材料在静应力、脉动循环应力和对称循环应力状态下的许用弯曲应力。

表 6-1-22　　按弯扭合成强度计算轴径的公式

<table>
<tr><td rowspan="3">计算公式</td><td colspan="2">心　轴</td><td colspan="2">转　轴</td></tr>
<tr><td>实心轴</td><td>$d \geqslant 21.68\sqrt[3]{\dfrac{M}{\sigma_p}}$</td><td>实心轴</td><td>$d \geqslant 21.68\sqrt[3]{\dfrac{\sqrt{M^2+(\psi T)^2}}{\sigma_{-1p}}}$</td></tr>
<tr><td>空心轴</td><td>$d \geqslant 21.68\sqrt[3]{\dfrac{M}{\sigma_p}} \times \dfrac{1}{\sqrt[3]{1-\alpha^4}}$</td><td>空心轴</td><td>$d \geqslant 21.68\sqrt[3]{\dfrac{\sqrt{M^2+(\psi T)^2}}{\sigma_{-1p}}} \times \dfrac{1}{\sqrt[3]{1-\alpha^4}}$</td></tr>
<tr><td rowspan="2">许用应力 σ_p</td><td>转动心轴</td><td>$\sigma_p=\sigma_{-1p}$</td><td rowspan="2">校正系数 ψ</td><td>单向旋转</td><td>$\psi=0.3$ 或 $\psi=0.6$(见表注 1)</td></tr>
<tr><td>固定心轴</td><td>载荷平稳:$\sigma_p=\sigma_{+1p}$
载荷变化:$\sigma_p=\sigma_{0p}$</td><td>双向旋转</td><td>$\psi=1$(见表注 2)</td></tr>
<tr><td>说明</td><td colspan="5">d——轴的直径,mm
M——轴在计算截面所受弯矩,N·m
T——轴在计算截面所受扭矩,N·m
α——空心轴内径 d_1 与外径 d 之比,$\alpha=\dfrac{d_1}{d}$
σ_{+1p},σ_{0p},σ_{-1p}——见表注 2</td></tr>
</table>

注：1. 校正系数 ψ 值是由扭转切应力的变化来决定的：扭转切应力不变时，$\psi=\dfrac{\sigma_{-1p}}{\sigma_{+1p}}\approx 0.3$；扭转切应力按脉动循环变化时，$\psi=\dfrac{\sigma_{-1p}}{\sigma_{0p}}\approx 0.6$；扭转切应力按对称循环变化时，$\psi=\dfrac{\sigma_{-1p}}{\sigma_{-1p}}=1$。

2. σ_{+1p}、σ_{0p}、σ_{-1p} 为轴在（静应力、脉动循环应力和对称循环应力）各种状态下的许用弯曲应力，见表 6-1-21。

如果同一截面上有键槽，应将求得的轴径增大，其增大值见表 6-1-23。

表 6-1-23　　有键槽时轴径的增大值

轴径/mm	<30	30~100	>100
有一个键槽时的增大值/%	7	5	3
有两个相隔 180°键槽时的增大值/%	15	10	7

如果轴端装有挠性联轴器，由于安装误差和弹性元件的不均匀磨损，将会使轴及轴承受到附加载荷，附加载荷的方向不确定，附加载荷计算公式参见表 6-1-24，附加载荷计算一般按照联轴器种类、传递转矩和使用工况，估算轴伸处附加弯矩和径向力，在联轴器选型、安装和使用工况条件较好时，附加载荷的计算系数可取小值。

表 6-1-24　　附加载荷计算公式

<table>
<tr><td rowspan="2">计算公式</td><td>齿式联轴器</td><td>挠性联轴器</td><td>弹性柱销联轴器</td></tr>
<tr><td>$M'=K'T$</td><td>$F'_r=(0.1\sim0.3)\dfrac{2000T}{D}$</td><td>$F'_r=(0.2\sim0.35)\dfrac{2000T}{D_0}$</td></tr>
<tr><td>说明</td><td colspan="3">M'——附加弯矩,N·m
T——传递转矩,N·m
K'——系数,按下述原则选取:
用稀油或清洁的干油润滑 $K'=0.07$
用干油润滑及不能保证及时润滑 $K'=0.13\sim0.3$
F'_r——附加径向力,N
D——联轴器外径,mm
D_0——柱销分布圆直径,mm</td></tr>
</table>

1.5.3　精确强度校核计算

精确强度校核计算有安全系数法和等效应力法。

1.5.3.1　安全系数法

重要的轴和批量生产的轴通常采用安全系数法进行精确强度校核计算，包括疲劳强度安全系数校核和静强度安全系数校核。

（1）疲劳强度安全系数校核

疲劳强度安全系数校核，是在轴经过初步计算和结构设计后，根据轴的实际尺寸，考虑零件的表面质量、应力集中、尺寸影响以及材料的疲劳极限等因素，验算轴的危险截面处的疲劳安全系数。校核公式见表 6-1-25。

如果安全系数计算值不能满足 $S\geqslant S_p$，应改进轴的结构，降低应力集中，提高轴的表面质量，采用热处理或表面强化处理等措施或改用强度较高的材质以及加大轴径等方法解决。

表 6-1-25　　危险截面疲劳强度安全系数 S 的校核公式

公式	$S=\dfrac{S_\sigma S_\tau}{\sqrt{S_\sigma^2+S_\tau^2}}\geqslant S_p$	
	$S_\sigma=\dfrac{\sigma_{-1}}{\dfrac{K_\sigma}{\beta\varepsilon_\sigma}\sigma_a+\psi_\sigma\sigma_m}$	$S_\tau=\dfrac{\tau_{-1}}{\dfrac{K_\tau}{\beta\varepsilon_\tau}\tau_a+\psi_\tau\tau_m}$
说明	S_σ——只考虑弯矩作用时的安全系数 S_τ——只考虑扭矩作用时的安全系数 σ_a,σ_m——弯曲应力的应力幅和平均应力,MPa,见表 6-1-26 τ_a,τ_m——扭转应力的应力幅和平均应力,MPa,见表 6-1-26 S_p——按疲劳强度计算的许用安全系数,见表 6-1-27 σ_{-1}——对称循环应力下的材料弯曲疲劳极限,MPa,见表 6-1-1	τ_{-1}——对称循环应力下的材料扭转疲劳极限,MPa,见表 6-1-1 K_σ,K_τ——弯曲和扭转时的有效应力集中系数,见表 6-1-31~表 6-1-33 ψ_σ,ψ_τ——材料拉伸和扭转时的平均应力折算系数,见表 6-1-34 $\varepsilon_\sigma,\varepsilon_\tau$——弯曲和扭转时的尺寸影响系数,见表 6-1-35 β——表面质量系数,一般用表 6-1-36,有腐蚀情况时用表 6-1-37 或表 6-1-38,轴表面强化处理后用表 6-1-39

一般情况下，轴的疲劳强度是根据长期作用在轴上的最大变载荷进行校核计算的，即按无限寿命进行设计，其材料的疲劳极限 σ_{-1} 和 τ_{-1} 是应力循环数为 10^7（即循环基数 N_0）时的数值，如果轴在全服务期内，其应力循环数 $N<N_0$，可按有限寿命设计轴的结构，详细内容可参考有关抗疲劳设计专著。

表 6-1-26　　应力幅及平均应力计算公式

循环特性	应力名称	弯曲应力	扭转应力
对称循环	应力幅	$\sigma_a=\sigma_{max}=\dfrac{M}{Z}$	$\tau_a=\tau_{max}=\dfrac{T}{Z_p}$
	平均应力	$\sigma_m=0$	$\tau_m=0$
脉动循环	应力幅	$\sigma_a=\dfrac{\sigma_{max}}{2}=\dfrac{M}{2Z}$	$\tau_a=\dfrac{\tau_{max}}{2}=\dfrac{T}{2Z_p}$
	平均应力	$\sigma_m=\sigma_a$	$\tau_m=\tau_a$
说明	M,T——轴危险截面上的弯矩和扭矩,N·m Z,Z_p——轴危险截面的抗弯和抗扭的截面系数,cm^3,见表 6-1-28~表 6-1-30		

表 6-1-27　　许用安全系数 S_p

条　件		S_p
材料的力学性能符合标准规定(或有试验数据),加工质量能满足设计要求	载荷确定精确,应力计算准确	1.3~1.5
	载荷确定不够精确,应力计算较近似	1.5~1.8
	载荷确定不精确,应力计算较粗略或轴径较大(d>200mm)	1.8~2.5
	脆性材料制造的轴	2.5~3

注：如轴的损坏会引起严重事故，许用安全系数 S_p 值应取较大值。

表 6-1-28　　截面系数计算公式　　cm^3

截面	Z	Z_p	截面	Z	Z_p
d	$Z=\dfrac{\pi d^3}{32}$	$Z_p=\dfrac{\pi d^3}{16}=2Z$	d, d_1	$Z=\dfrac{\pi d^3}{32}(1-\alpha^4)$ $\alpha=\dfrac{d_1}{d}$	$Z_p=\dfrac{\pi d^3}{16}(1-\alpha^4)=2Z$ $\alpha=\dfrac{d_1}{d}$

续表

截面	Z	Z_p	截面	Z	Z_p
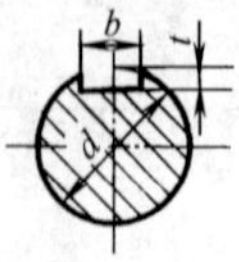	$Z=\frac{\pi d^3}{32}-\frac{bt(d-t)^2}{2d}$	$Z_p=\frac{\pi d^3}{16}-\frac{bt(d-t)^2}{2d}$	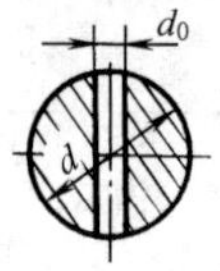	$Z=\frac{\pi d^3}{32}\left(1-1.54\frac{d_0}{d}\right)$	$Z_p=\frac{\pi d^3}{16}\left(1-\frac{d_0}{d}\right)$
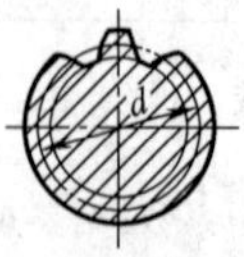	$Z=\frac{\pi d^3}{32}$	$Z_p=\frac{\pi d^3}{16}=2Z$	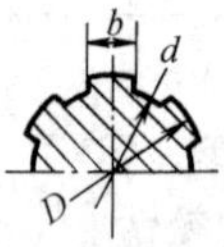	$Z=\frac{\pi d^4+bz(D-d)(D+d)^2}{32D}$ （z 为花键齿数）	$Z_p=\frac{\pi d^4+bz(D-d)(D+d)^2}{16D}=2Z$
	$Z=\frac{\pi d^3}{32}-\frac{bt(d-t)^2}{d}$	$Z_p=\frac{\pi d^3}{16}-\frac{bt(d-t)^2}{d}$			

注：公式中各几何尺寸均以 cm 计。

表 6-1-29　　带有平键槽轴的截面系数 Z、Z_p

d /mm	b×h /mm	Z (单键槽)	Z_p (单键槽)	Z (双键槽)	Z_p (双键槽)	d /mm	b×h /mm	Z (单键槽)	Z_p (单键槽)	Z (双键槽)	Z_p (双键槽)
		cm³						cm³			
20		0.642	1.43	0.499	1.28	60		18.3	39.5	15.3	36.5
21	6×6	0.756	1.66	0.603	1.51	62	18×11	20.3	43.7	17.3	40.6
22		0.882	1.92	0.718	1.76	65		23.7	50.7	20.4	47.4
23		0.943	2.14	0.692	1.87	68		26.8	57.7	22.8	53.6
24		1.09	2.45	0.824	2.18	70	20×12	29.5	63.2	25.3	59.0
25	8×7	1.25	2.78	0.970	2.50	72		32.3	69.0	28.0	64.6
26		1.43	3.15	1.13	2.85	75		36.9	78.3	32.3	73.7
28		1.83	3.98	1.50	3.65	78		40.5	87.1	34.5	81.1
30		2.29	4.94	1.93	4.58	80	22×14	44.0	94.3	37.8	88.1
32		2.65	5.86	2.08	5.29	82		47.7	102	41.3	95.4
34		3.24	7.10	2.62	6.48	85		53.6	114	46.8	107
35	10×8	3.57	7.78	2.92	7.13	88		58.9	126	50.9	118
36		3.91	8.49	3.25	7.83	90	25×14	63.4	135	55.2	127
38		5.39	11.5	4.67	10.8	92		68.0	144	59.6	136
40		5.36	11.6	4.45	10.7	95		75.4	160	66.7	151
42	12×8	6.30	13.6	5.32	12.6	98		81.3	174	70.3	163
44		8.36	17.8	7.33	16.7	100	28×16	86.8	185	75.5	174
45		7.61	16.6	6.28	15.2	105		102	215	89.6	203
46		8.18	17.7	6.81	16.4	110		118	249	105	236
47	14×9	8.78	19.0	7.37	17.6	115		133	282	116	266
48		9.41	20.3	7.96	18.8	120	32×18	152	322	135	304
50		12.3	26.1	10.7	24.5	125		173	365	155	347
52		11.9	25.7	9.90	23.7	130		197	412	177	393
55	16×10	14.2	30.6	12.1	28.5	135	36×20	217	459	193	435
58		19.2	40.5	16.9	38.3	140		244	514	219	488

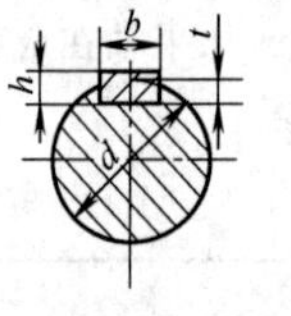

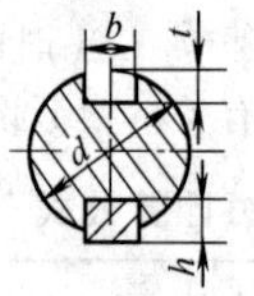

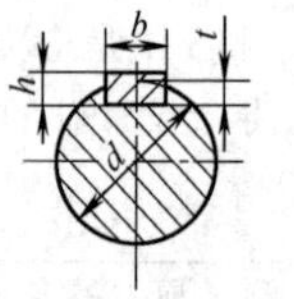

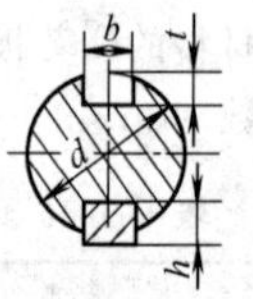

续表

d /mm	b×h /mm	Z	Z_p	Z	Z_p	d /mm	b×h /mm	Z	Z_p	Z	Z_p
		cm³						cm³			
145	36×20	273	572	247	546	175	45×25	477	1003	427	954
150		304	635	276	608	180		522	1094	470	1043
155	40×22	332	697	298	664	185		569	1190	516	1138
160		367	769	332	734	190		619	1292	565	1238
165		405	846	368	809	195		672	1340	616	1344
170		445	927	407	889	200		728	1513	670	1455

注：表中数据适用于 GB/T 1095—2003 规定的平键、导向平键的键槽。

表 6-1-30　　矩形花键轴的截面系数 Z、Z_p（$Z_p=2Z$）

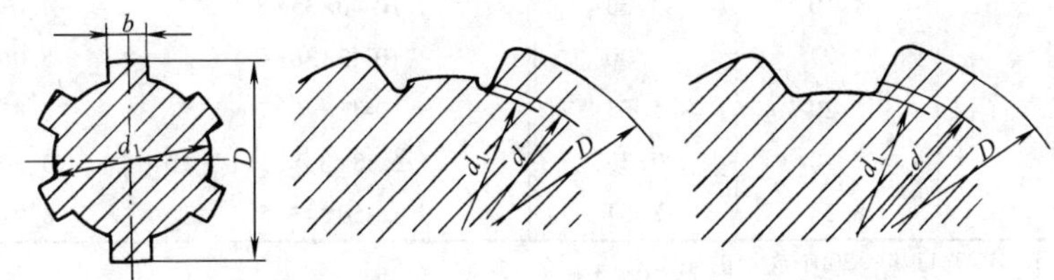

公称尺寸/mm z-D×d×b	Z/cm³ 按 D 定心	按 d 定心	公称尺寸/mm z-D×d×b	Z/cm³ 按 D 定心	按 d 定心
轻系列			中系列		
4-20×17×6	0.529	0.564	6-16×13×3.5	0.254	0.279
4-22×19×8	0.774	0.811	6-20×16×4	0.462	0.516
6-26×23×6	1.28	1.37	6-22×18×5	0.682	0.741
6-30×26×6	1.79	1.97	6-25×21×5	0.976	1.08
6-32×28×7	2.30	2.48	6-28×23×6	1.37	1.50
8-36×32×6	3.34	3.63	6-32×26×6	1.86	2.11
8-40×36×7	4.79	5.13	6-34×28×7	2.41	2.67
8-46×42×8	7.53	7.99	8-38×32×6	3.47	3.87
8-50×46×9	9.94	10.5	8-42×36×7	4.95	5.45
8-58×52×10	14.4	15.5	8-48×42×8	7.67	8.39
8-62×56×10	17.5	18.9	8-54×46×9	10.4	11.5
8-68×62×12	24.3	25.8	8-60×52×10	14.7	16.1
10-78×72×12	38.3	40.3	8-65×56×10	17.9	19.9
10-88×82×12	54.5	57.8	8-72×62×12	25.1	27.6
10-98×92×14	77.8	81.4	10-82×72×12	39.6	43.0
10-108×102×16	106	111	10-92×82×12	55.0	60.6
10-120×112×18	142	149	10-102×92×14	78.5	85.1
10-140×125×20	202	218	10-112×102×16	108	115
10-160×145×22	306	331	10-125×112×18	145	156
10-180×160×24	413	454	重系列		
10-200×180×30	608	651	10-26×21×3	0.968	1.13
10-220×200×30	800	864	10-29×23×4	1.48	1.65
10-240×220×35	1084	1151	10-32×26×4	1.92	2.19
10-260×240×35	1363	1463	10-35×28×4	2.32	2.72

续表

公称尺寸/mm $z\text{-}D\times d\times b$	Z/cm^3 按 D 定心	Z/cm^3 按 d 定心	公称尺寸/mm $z\text{-}D\times d\times b$	Z/cm^3 按 D 定心	Z/cm^3 按 d 定心
重 系 列			补充系列		
10-40×32×5	3.68	4.19	6-50×45×12	9.61	10.0
10-45×36×5	4.86	5.71	6-55×50×14	13.2	13.7
10-52×42×6	7.77	9.06	6-60×54×14	16.4	17.3
10-56×46×7	10.5	11.9	6-65×58×16	20.9	21.9
16-60×52×5	14.2	16.1	6-70×62×16	25.1	26.7
16-65×56×5	17.3	19.9	6-75×65×16	28.7	31.2
16-72×62×6	24.2	27.6	6-80×70×20	37.9	40.0
16-82×72×7	37.5	42.3	6-90×80×20	53.2	56.7
20-92×82×6	53.3	60.6	10-30×26×4	1.81	2.01
20-102×92×7	76.8	85.1	10-32×28×5	2.40	2.58
补充系列			10-35×30×5	2.92	3.21
6-35×30×10	3.27	3.40	10-38×33×6	4.00	4.30
6-38×33×10	4.10	4.30	10-40×35×6	4.63	5.00
6-40×35×10	4.77	5.00	10-42×36×6	5.06	5.55
6-42×36×10	5.20	5.55	10-45×40×7	6.85	7.34
6-45×40×12	7.10	7.39	16-38×33×3.5	3.80	4.22
6-48×42×12	8.28	8.64	16-50×43×5	8.91	9.74

注：表中数据适用于 GB/T 1144—2001 规定的矩形花键。

表 6-1-31　　螺纹、键槽、花键、横孔处及配合的边缘处的有效应力集中系数

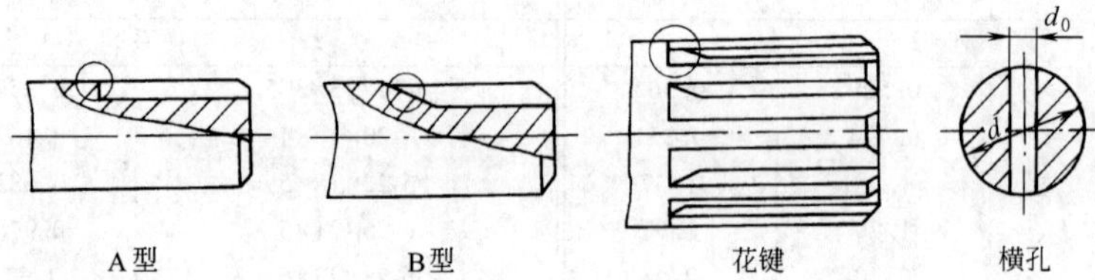

A型　　B型　　花键　　横孔

σ_b /MPa	螺纹 K_σ ($K_\tau=1$)	键槽 K_σ A型	键槽 K_σ B型	键槽 K_τ A、B型	花键 K_σ	花键 K_τ 矩形	花键 K_τ 渐开线	横孔 K_σ $\frac{d_0}{d}$=0.05~0.15	横孔 K_σ $\frac{d_0}{d}$=0.15~0.25	横孔 K_τ $\frac{d_0}{d}$=0.05~0.25	配合 H7/r6 K_σ	配合 H7/r6 K_τ	配合 H7/k6 K_σ	配合 H7/k6 K_τ	配合 H7/h6 K_σ	配合 H7/h6 K_τ
400	1.45	1.51	1.30	1.20	1.35	2.10	1.40	1.90	1.70	1.70	2.05	1.55	1.55	1.25	1.33	1.14
500	1.78	1.64	1.38	1.37	1.45	2.25	1.43	1.95	1.75	1.75	2.30	1.69	1.72	1.36	1.49	1.23
600	1.96	1.76	1.46	1.54	1.55	2.35	1.46	2.00	1.80	1.80	2.52	1.82	1.89	1.46	1.64	1.31
700	2.20	1.89	1.54	1.71	1.60	2.45	1.49	2.05	1.85	1.80	2.73	1.96	2.05	1.56	1.77	1.40
800	2.32	2.01	1.62	1.88	1.65	2.55	1.52	2.10	1.90	1.85	2.96	2.09	2.22	1.65	1.92	1.49
900	2.47	2.14	1.69	2.05	1.70	2.65	1.55	2.15	1.95	1.90	3.18	2.22	2.39	1.76	2.08	1.57
1000	2.61	2.26	1.77	2.22	1.72	2.70	1.58	2.20	2.00	1.90	3.41	2.36	2.56	1.86	2.22	1.66
1200	2.90	2.50	1.92	2.39	1.75	2.80	1.60	2.30	2.10	2.00	3.87	2.62	2.90	2.05	2.50	1.83

注：1. 滚动轴承与轴的配合按 H7/r6 配合选择系数。

2. 蜗杆螺旋根部有效应力集中系数可取 $K_\sigma=2.3\sim2.5$、$K_\tau=1.7\sim1.9$。

表 6-1-32 圆角处的有效应力集中系数

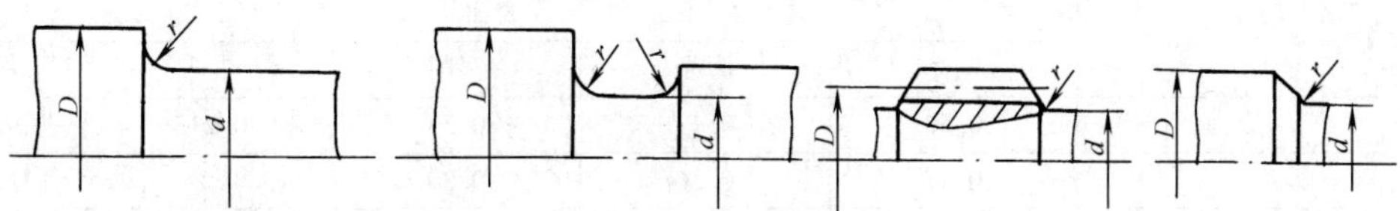

$\frac{D-d}{r}$	$\frac{r}{d}$	K_σ								K_τ							
		σ_b/MPa															
		400	500	600	700	800	900	1000	1200	400	500	600	700	800	900	1000	1200
2	0.01	1.34	1.36	1.38	1.40	1.41	1.43	1.45	1.49	1.26	1.28	1.29	1.29	1.30	1.30	1.31	1.32
	0.02	1.41	1.44	1.47	1.49	1.52	1.54	1.57	1.62	1.33	1.35	1.36	1.37	1.37	1.38	1.39	1.42
	0.03	1.59	1.63	1.67	1.71	1.76	1.80	1.84	1.92	1.39	1.40	1.42	1.44	1.45	1.47	1.48	1.52
	0.05	1.54	1.59	1.64	1.69	1.73	1.78	1.83	1.93	1.42	1.43	1.44	1.46	1.47	1.50	1.51	1.54
	0.10	1.38	1.44	1.50	1.55	1.61	1.66	1.72	1.83	1.37	1.38	1.39	1.42	1.43	1.45	1.46	1.50
4	0.01	1.51	1.54	1.57	1.59	1.62	1.64	1.67	1.72	1.37	1.39	1.40	1.42	1.43	1.44	1.46	1.47
	0.02	1.76	1.81	1.86	1.91	1.96	2.01	2.06	2.16	1.53	1.55	1.58	1.59	1.61	1.62	1.65	1.68
	0.03	1.76	1.82	1.88	1.94	1.99	2.05	2.11	2.23	1.52	1.54	1.57	1.59	1.61	1.64	1.66	1.71
	0.05	1.70	1.76	1.82	1.88	1.95	2.01	2.07	2.19	1.50	1.53	1.57	1.59	1.62	1.65	1.68	1.74
6	0.01	1.86	1.90	1.94	1.99	2.03	2.08	2.12	2.21	1.54	1.57	1.59	1.61	1.64	1.66	1.68	1.73
	0.02	1.90	1.96	2.02	2.08	2.13	2.19	2.25	2.37	1.59	1.62	1.66	1.69	1.72	1.75	1.79	1.86
	0.03	1.89	1.96	2.03	2.10	2.16	2.23	2.30	2.44	1.61	1.65	1.68	1.72	1.74	1.77	1.81	1.88
10	0.01	2.07	2.12	2.17	2.23	2.28	2.34	2.39	2.50	2.12	2.18	2.24	2.30	2.37	2.42	2.48	2.60
	0.02	2.09	2.16	2.23	2.30	2.38	2.45	2.52	2.66	2.03	2.08	2.12	2.17	2.22	2.26	2.31	2.40

表 6-1-33 环槽处的有效应力集中系数

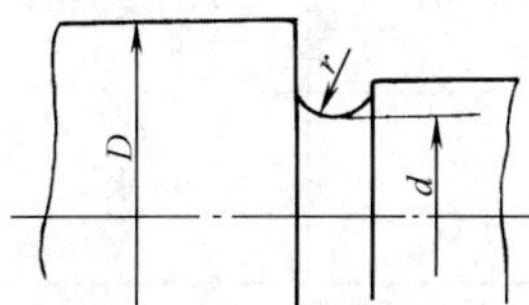

系数	$\frac{D-d}{r}$	$\frac{r}{d}$	σ_b/MPa							
			400	500	600	700	800	900	1000	1200
K_σ	1	0.01	1.88	1.93	1.98	2.04	2.09	2.15	2.20	2.31
		0.02	1.79	1.84	1.89	1.95	2.00	2.06	2.11	2.22
		0.03	1.72	1.77	1.82	1.87	1.92	1.97	2.02	2.12
		0.05	1.61	1.66	1.71	1.77	1.82	1.88	1.93	2.04
		0.10	1.44	1.48	1.52	1.55	1.59	1.62	1.66	1.73
	2	0.01	2.09	2.15	2.21	2.27	2.37	2.39	2.45	2.57
		0.02	1.99	2.05	2.11	2.17	2.23	2.28	2.35	2.49
		0.03	1.91	1.97	2.03	2.08	2.14	2.19	2.25	2.36
		0.05	1.79	1.85	1.91	1.97	2.03	2.09	2.15	2.27
	4	0.01	2.29	2.36	2.43	2.50	2.56	2.63	2.70	2.84
		0.02	2.18	2.25	2.32	2.38	2.45	2.51	2.58	2.71
		0.03	2.10	2.16	2.22	2.28	2.35	2.41	2.47	2.59
	6	0.01	2.38	2.47	2.56	2.64	2.73	2.81	2.90	3.07
		0.02	2.28	2.35	2.42	2.49	2.56	2.63	2.70	2.84
K_τ	任何比值	0.01	1.60	1.70	1.80	1.90	2.00	2.10	2.20	2.40
		0.02	1.51	1.60	1.69	1.77	1.86	1.94	2.03	2.20
		0.03	1.44	1.52	1.60	1.67	1.75	1.82	1.90	2.05
		0.05	1.34	1.40	1.46	1.52	1.57	1.63	1.69	1.81
		0.10	1.17	1.20	1.23	1.26	1.28	1.31	1.34	1.40

表 6-1-34　钢的平均应力折算系数 ψ_σ 及 ψ_τ 值

应力种类	系数	表面状态				
		抛光	磨光	车削	热轧	锻造
弯曲	ψ_σ	0.50	0.43	0.34	0.215	0.14
拉伸	ψ_σ	0.41	0.36	0.30	0.18	0.10
扭转	ψ_τ	0.33	0.29	0.21	0.11	—

表 6-1-35　绝对尺寸影响系数 ε_σ、ε_τ

直径 d/mm		>20~30	>30~40	>40~50	>50~60	>60~70	>70~80	>80~100	>100~120	>120~150	>150~500
ε_σ	碳钢	0.91	0.88	0.84	0.81	0.78	0.75	0.73	0.70	0.68	0.60
	合金钢	0.83	0.77	0.73	0.70	0.68	0.66	0.64	0.62	0.60	0.54
ε_τ	各种钢	0.89	0.81	0.78	0.76	0.74	0.73	0.72	0.70	0.68	0.60

表 6-1-36　不同表面粗糙度的表面质量系数 β

加工方法	轴表面粗糙度 Ra/μm	σ_b/MPa		
		400	800	1200
磨削	0.4~0.2	1	1	1
车削	3.2~0.8	0.95	0.90	0.80
粗车	25~6.3	0.85	0.80	0.65
未加工的表面	—	0.75	0.65	0.45

表 6-1-37　表面有防腐层轴的表面质量系数 β

材料	表面处理方法	表层厚度	腐蚀介质	试验应力循环数 N 及转速 n	β
碳钢 （含碳量 0.3%~0.5%）	电镀铬或镍	5~15μm 15~30μm	3%NaCl 溶液	$N=10^7$ $n=1500$r/min	0.25~0.45 0.8~0.95
	喷铝	50μm		$N=2\times10^7$, $n=2200$r/min	0.8
	滚子滚压	—	淡水	$N=10^7$, $n=1500$r/min	1
渗氮钢 （$\sigma_b=700$~1200MPa）	渗氮	—		$N=10^7$~10^8	1.2~1.4

注：1. 表中数据为小直径（$d=8$~10mm）试样的试验数据。

2. 电镀铬和镍的轴，在空气中的疲劳极限将降低，$\beta=0.65$~0.9。

表 6-1-38　各种腐蚀情况下的表面质量系数 β

工作条件		σ_b/MPa										
		400	500	600	700	800	900	1000	1100	1200	1300	1400
淡水中	有应力集中	0.70	0.63	0.56	0.52	0.46	0.43	0.40	0.38	0.36	0.35	0.33
	无应力集中	0.58	0.50	0.44	0.37	0.33	0.28	0.25	0.23	0.21	0.20	0.19
海水中	有应力集中											
	无应力集中	0.37	0.30	0.26	0.23	0.21	0.18	0.16	0.14	0.13	0.12	0.12

表 6-1-39　各种强化方法的表面质量系数 β

强化方法	心部强度 σ_b/MPa	β		
		光轴	低应力集中的轴 $K_\sigma\leqslant1.5$	高应力集中的轴 $K_\sigma\geqslant1.8$~2
高频淬火	600~800 800~1000	1.5~1.7 1.3~1.5	1.6~1.7	2.4~2.8
氮化	900~1200	1.1~1.25	1.5~1.7	1.7~2.1
渗碳	400~600 700~800 1000~1200	1.8~2.0 1.4~1.5 1.2~1.3	3 2.3 2	2.5 2.7 2.3

续表

强化方法	心部强度 σ_b/MPa	β		
		光轴	低应力集中的轴 $K_\sigma \leqslant 1.5$	高应力集中的轴 $K_\sigma \geqslant 1.8 \sim 2$
喷丸硬化	600~1500	1.1~1.25	1.5~1.6	1.7~2.1
滚子滚压	600~1500	1.1~1.3	1.3~1.5	1.6~2.0

注：1. 高频淬火是根据直径为10~20mm、淬硬层厚度为（0.05~0.20）d的试件试验求得的数据，对大尺寸的试件系数值会有所降低。

2. 选用普通氮化工艺时用小值，采用深层氮化工艺时用大值。

3. 喷丸硬化是根据直径为8~40mm的试件试验求得的数据。喷丸速度低时用小值，速度高时用大值。

4. 滚子滚压是根据直径为17~130mm的试件试验求得的数据。

（2）静强度安全系数校核

本方法可校验轴对塑性变形的抵抗能力，即校核危险截面的静强度安全系数。轴的静强度是根据轴上作用的最大瞬时载荷（包括动载荷和冲击载荷）来计算的。一般情况下，对于没有特殊安全保护装置的传动，最大瞬时载荷可按电机最大过载能力确定。危险截面应是受力较大、截面较小即静应力较大的若干截面。校核公式见表6-1-40。

表 6-1-40　危险截面静强度安全系数 S_s 的校核公式

公式	$S_s=\dfrac{S_{s\sigma}S_{s\tau}}{\sqrt{S_{s\sigma}^2+S_{s\tau}^2}} \geqslant S_{sp}$	
	弯曲时　$S_{s\sigma}=\dfrac{\sigma_s}{M_{max}/Z}$	扭转时　$S_{s\tau}=\dfrac{\tau_s}{T_{max}/Z_p}$
说明	$S_{s\sigma}$——只考虑弯曲时的安全系数 $S_{s\tau}$——只考虑扭转时的安全系数 Z,Z_p——轴危险截面的抗弯和抗扭的截面系数，cm^3，见表6-1-28~表6-1-30 S_{sp}——按静强度计算的许用安全系数，见表6-1-41	σ_s——材料的拉伸屈服点，见表6-1-1 τ_s——材料的扭转屈服点，一般取 $\tau_s \approx (0.55 \sim 0.62)\sigma_s$ M_{max},T_{max}——轴危险截面上的最大弯矩和最大扭矩，N·m

表 6-1-41　许用安全系数 S_{sp}

σ_s/σ_b	0.45~0.55	0.55~0.7	0.7~0.9	铸造轴
S_{sp}	1.2~1.5	1.4~1.8	1.7~2.2	1.6~2.5

注：如轴的损坏会引起严重事故，许用安全系数 S_{sp} 值应适当加大。

当最大载荷只能近似求得及应力无法准确计算时，上述 S_{sp} 值应增大20%~50%。如果校核计算结果表明安全系数太低，可通过增大轴径尺寸及改用性能更好的材料等措施，以提高轴的静强度安全系数。

1.5.3.2　等效应力法

GB/T 39545《闭式齿轮传动装置的零部件设计和选择》为国内首次制定，GB/T 39545.1—2022为标准第1部分（通用零部件），包括了轴的设计和强度计算。该标准参考 AGMA 6101 和 DIN 743 相关标准制定。

对于各种方法安全系数计算的差异，应依据选定的标准确定计算结果。

（1）静强度安全系数计算式

$$S_{sp}=\frac{S_{ya}R_p}{S_p\sigma_{total}}$$

式中　S_{sp}——静强度安全系数；

S_{ya}——许用应力系数，通常取0.66~0.8，若无约定，推荐取0.75；

S_p——峰值载荷系数，即峰值载荷与额定载荷之比，推荐齿轮传动取2.0，蜗杆传动取3.0；

σ_{total}——冯·米塞斯（Von Mises）总应力，MPa；

R_p——屈服强度，MPa。

$$\sigma_{total}=\sqrt{\frac{1}{2}[(\sigma_{tx}-\sigma_{ty})^2+(\sigma_{ty}-\sigma_{tz})^2+(\sigma_{tz}-\sigma_{tx})^2]+3(\tau_{txy}^2+\tau_{tyz}^2+\tau_{tzx}^2)}$$

式中　σ_{tx}，σ_{ty}，σ_{tz}——总的轴向正应力、总的径向正应力和总的切向正应力，MPa；

τ_{txy}，τ_{tyz}，τ_{tzx}——总的径向剪应力、总的轴向剪应力和总的切向剪应力，MPa。

（2）疲劳强度安全系数计算式

$$S_{sf}=\frac{1}{\sqrt{(\sigma_a/\sigma_f)^2+(\sigma_m/R_p)^2}}$$

式中　S_{sf}——疲劳强度安全系数；

σ_a——冯·米塞斯交变应力的应力幅，MPa；

σ_f——修正疲劳强度，MPa；

σ_m——冯·米塞斯交变应力的平均应力，MPa；

R_p——屈服强度，MPa。

$$\sigma_a=\sqrt{\frac{1}{2}[(\sigma_{ax}-\sigma_{ay})^2+(\sigma_{ay}-\sigma_{az})^2+(\sigma_{az}-\sigma_{ax})^2]+3(\tau_{axy}^2+\tau_{ayz}^2+\tau_{azx}^2)}$$

$$\sigma_m=\sqrt{\frac{1}{2}[(\sigma_{mx}-\sigma_{my})^2+(\sigma_{my}-\sigma_{mz})^2+(\sigma_{mz}-\sigma_{mx})^2]+3(\tau_{mxy}^2+\tau_{myz}^2+\tau_{mzx}^2)}$$

式中　σ_{ax}，σ_{ay}，σ_{az}——交变应力轴向、径向和切向正应力的应力幅，MPa；

τ_{axy}，τ_{ayz}，τ_{azx}——交变应力径向、轴向和切向剪应力的应力幅，MPa；

σ_{mx}，σ_{my}，σ_{mz}——交变应力轴向、径向和切向正应力的平均应力，MPa；

τ_{mxy}，τ_{myz}，τ_{mzx}——交变应力径向、轴向和切向剪应力的平均应力，MPa。

$$\sigma_f=k\sigma_{fe}$$

式中　σ_f——修正疲劳强度，MPa；

σ_{fe}——无缺口抛光试样基本疲劳强度，MPa；

k——疲劳强度修正系数。

在无明确的标准或试验数据时：当 $R_m\leqslant1400$MPa 时，$\sigma_{fe}=0.5R_m$；当 $R_m>1400$MPa 时，$\sigma_{fe}=700$MPa。

$$k=k_ak_bk_ck_dk_ek_fk_g$$

式中　k_a——表面状态系数，见图 6-1-3；

k_b——尺寸系数，见图 6-1-4；

k_c——可靠度系数，见图 6-1-5；

k_d——温度系数；

k_e——寿命系数；

k_f——应力集中修正系数；

k_g——其他影响系数。

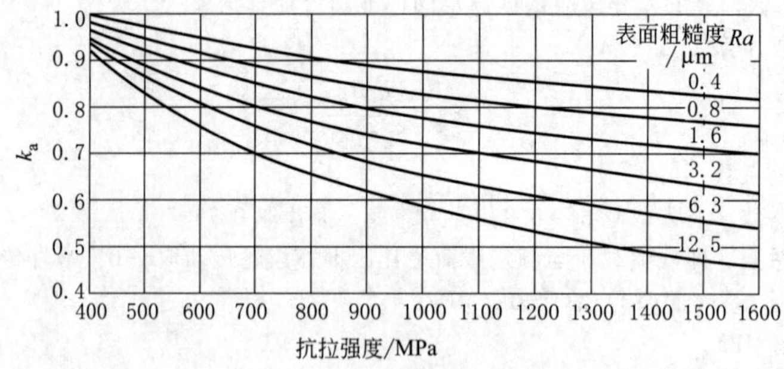

图 6-1-3　表面状态系数 k_a

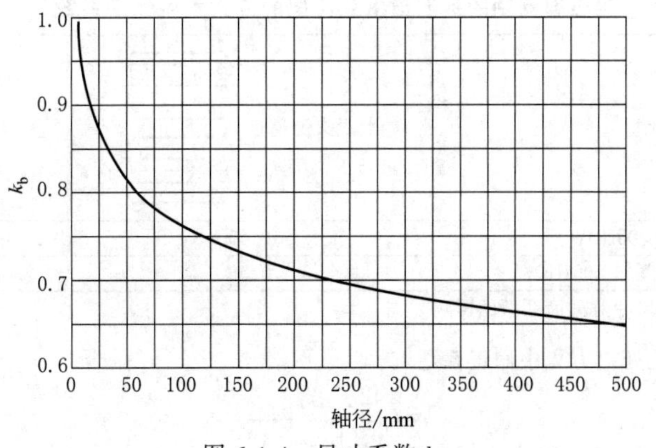

图 6-1-4　尺寸系数 k_b

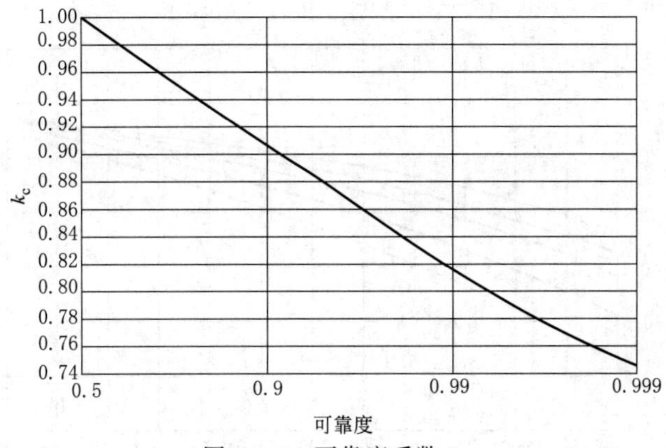

图 6-1-5　可靠度系数 k_c

温度系数 k_d：在-30~120℃正常工作温度范围内，大部分钢材的疲劳强度基本不会发生改变，此时取 1.0；工作温度超出该范围时，由试验确定。

寿命系数 k_e：

当 $N \geqslant 10^6$ 时 $$k_e = 1$$

当 $10^3 < N < 10^6$ 时 $$k_e = 10^c N^{-m} / \sigma_e$$

当 $N \leqslant 10^3$ 时 $$k_e = 10^c 1000^{-m} / \sigma_e$$

式中　m——指数，$m = \dfrac{1}{3}\lg \dfrac{fR_m}{\sigma_e}$；

c——指数，$c = \lg \dfrac{f^2 R_m^2}{\sigma_e}$；

f——10^3 次应力循环的疲劳强度比例系数，见图 6-1-6；

N——应力循环次数；

σ_e——10^6 次应力循环的修正疲劳强度，MPa。

轴毂连接应力集中修正系数 k_f：实心圆钢轴键连接，见表 6-1-42；无键过盈连接，通常取 $k_f = 0.5$；有键过盈连接，一般取 $k_f = 0.33 \sim 0.4$。

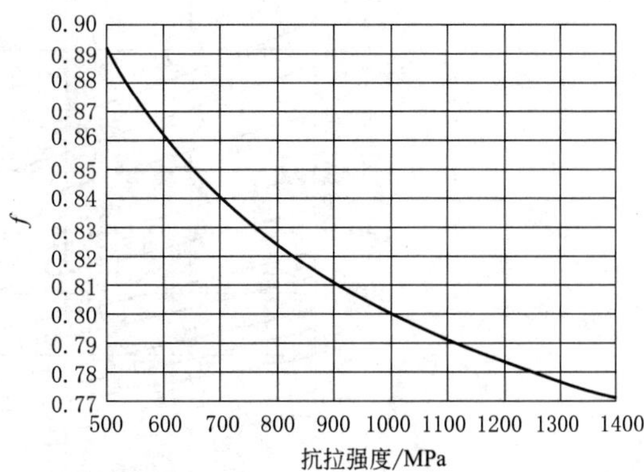

图 6-1-6　10^3 次应力循环的疲劳强度比例系数 f

（图中的数据基于以下假设：塑性材料，10^6 次应力循环对应的持久极限 $\sigma_{fe} = 0.5R_m$）

表 6-1-42　　　　　实心圆钢轴的标准键槽处典型的应力集中修正系数 k_f

轴材料状态	半圆头键槽	平头键槽
退火钢(硬度低于 200HBW)	0.63	0.77
淬火钢和拉拔钢(硬度超过 200HBW)	0.50	0.63

注：应力计算时忽略键槽尺寸对截面系数的影响。

轴肩、U 形槽和径向孔处应力集中修正系数 k_f：

$$k_f=\frac{1}{1+q(k_t-1)}$$

式中　q——缺口敏感度，表面硬化钢取 0.9，塑性整体淬火钢查图 6-1-7；

k_t——理论弯曲应力集中系数，见图 6-1-7~图 6-1-10。

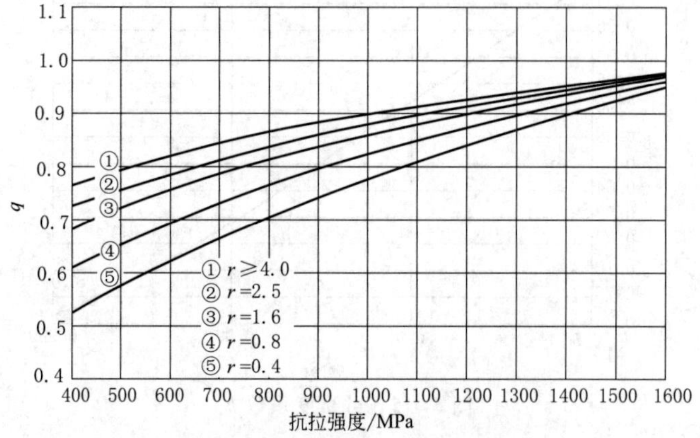

图 6-1-7　塑性整体淬火钢的缺口敏感度 q

注：r 为缺口半径，单位为 mm。

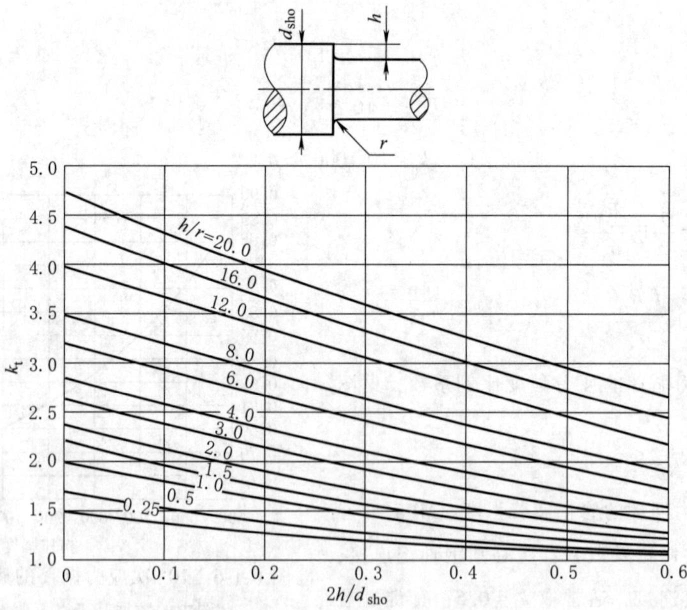

图 6-1-8　弯曲条件下圆轴的直角轴肩处理论弯曲应力集中系数 k_t

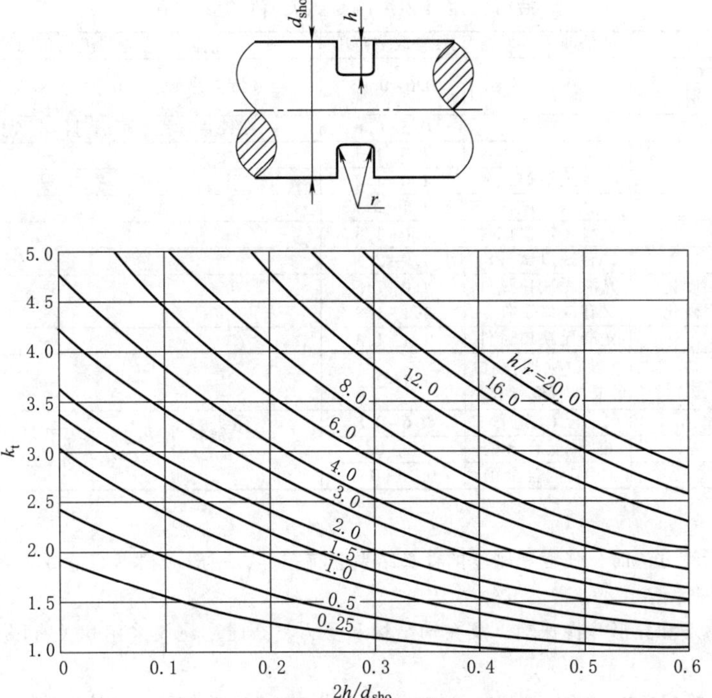

图 6-1-9　弯曲条件下圆轴的 U 形槽处理论弯曲应力集中系数 k_t

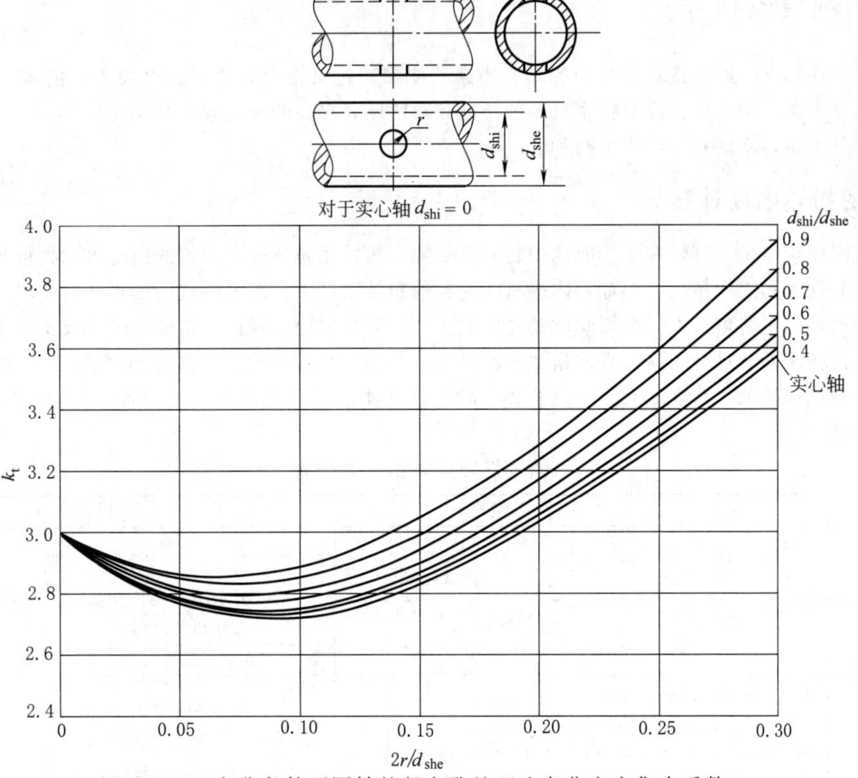

图 6-1-10　弯曲条件下圆轴的径向孔处理论弯曲应力集中系数 k_t

其他影响系数 k_g：常见的其他影响因素主要有残余应力、热处理（如表面硬化和脱碳）、腐蚀、电镀和表面涂层等，当不存在这些影响因素时取 $k_g=1$。其他影响系数见表 6-1-43。

表 6-1-43　　疲劳强度其他影响系数 k_g 值的参考值

工艺条件	试件或工件状况	参考取值范围	消除对疲劳强度的负面影响的工艺措施
电镀[指镀铬(Cr)、镍(Ni)、镉(Cd)等表层材料]	—	0.5~0.65	镀前渗氮、抛丸等可消除大部分疲劳强度损失
冷矫直	—	0.5~0.8	在校直过程中可通过锤击、抛丸等措施消除影响
滚压	—	1.0~1.4	—
渗氮表面硬化	光滑无缺口试件	1.0~1.2	—
渗氮表面硬化	有缺口试件	1.1~2.3	—
渗碳表面硬化	光滑无缺口试件	1.0~1.8	—
渗碳表面硬化	有缺口试件	1.0~2.1	—
感应或火焰淬火表面硬化	光滑无缺口试件	1.0~1.5	—
感应或火焰淬火表面硬化	有缺口试件	1.1~1.8	—
抛丸	光滑无缺口试件	1.1~1.3	—
抛丸	有缺口试件,缺口根部有效硬化	1.1~2.2	—
腐蚀(盐水中)	含 Cr 钢	0.6~0.8	镀锌、滚压、渗氮等工艺措施,可将碳钢的 k_g 值恢复为 0.6~0.9
腐蚀(淡水中)	C 钢、低合金钢	0.2~0.4	
腐蚀(盐水中)	C 钢、低合金钢	0.15~0.3	

说明:

① 在选用不同计算方法时，强度和刚度的计算结果会有差异，一般应根据行业或者客户要求选定的方法或标准作为计算结果判据;

② 对于短粗、薄壁和异形等特殊轴以及在轴结构和受力复杂时，建议采用相关有限元软件进行分析计算，结果更为准确;

③ 可采用 GB/T 39545.1、AGMA 6001、AGMA 6101 或 DIN 743 等相关专业软件计算。

1.6　轴的刚度校核

轴在载荷的作用下会产生扭转和弯曲变形，当这些变形超过某个允许值时，会使机器的零部件工作状况恶化，甚至使机器无法正常工作，故对精密机器的传动和对刚度要求高的轴，要进行刚度校核，以保证轴的正常工作。轴的刚度分为扭转刚度和弯曲刚度两种。

1.6.1　轴的扭转刚度计算

轴的扭转刚度校核是计算轴在工作时的扭转变形量，用扭转角 ϕ（每米轴长的扭转角度）度量。轴的扭转变形会影响机器的性能和工作精度。例如：内燃机凸轮轴的扭转角过大，会影响气门的正确启闭时间；龙门式起重机运行机构传动轴的扭转角过大，会影响驱动轮的同步性。对有发生扭转振动危险的轴以及操纵系统中的轴，都需具有较大的扭转刚度。对传动精度有严格要求的机床（如齿轮机床、螺纹机床、刻线机等），轴的过大的扭转变形会严重影响机床的工作精度。对于一般机器，轴的扭转刚度不是主要考虑的因素。圆轴扭转角 ϕ 的计算公式列于表 6-1-44。

表 6-1-44　　圆轴扭转角 ϕ 的计算公式　　(°)/m

项目	实心轴	空心轴	许用扭转角 ϕ_p	
等直径轴	$\phi=7350\dfrac{T}{d^4}$	$\phi=7350\dfrac{T}{d^4(1-\alpha^4)}$	一般轴	0.5°~1°
			精密传动轴	0.25°~0.5°
			精度要求不高的传动轴	≥1°
阶梯轴	$\phi=\dfrac{7350}{l}\sum\dfrac{T_il_i}{d_i^4}$	$\phi=\dfrac{7350}{l}\sum\dfrac{T_il_i}{d_i^4(1-\alpha^4)}$	起重机传动轴	15′~20′
			重型机床走刀轴	5′
说明	T——轴所受扭矩,N·m l——轴受扭矩作用部分的长度,mm α——空心轴的内径 d_1(或 d_{1i})与外径 d(或 d_i)之比, $\alpha=\dfrac{d_1}{d}\left(或\ \alpha=\dfrac{d_{1i}}{d_i}\right)$		d——轴的直径,mm d_1——空心轴内径,mm l_i,d_i,d_{1i}——第 i 段轴的长度、直径、空心轴内径,mm T_i——第 i 段轴所受扭矩,N·m	

注：1. 本表公式适用于切变模量 $G=79.4$GPa 的钢轴。

2. 表中扭转角计算值和许用值均按每米度量，实际计算时按轴长度换算。

1.6.2 轴的弯曲刚度计算

轴在受载的情况下会产生弯曲变形，过大的弯曲变形也会影响轴上零件的正常工作。对于工作要求高的精密机械如机床等，安装齿轮的轴会因弯曲变形影响齿轮的正确啮合，发生偏载，进而影响其工作平稳性；轴的弯曲变形会使滚动轴承的内、外圈相互倾斜，如偏转角超过滚动轴承的允许值，就会显著降低其使用寿命；轴的弯曲变形会使滑动轴承所受的压力集中在其一侧，使轴径和轴承发生边缘接触，加剧磨损，导致胶合；轴的弯曲变形还会使高速轴回转时产生振动和噪声，影响机器的正常工作；机床进给机构中的轴，过大的弯曲变形将使运动部件产生爬行，不能均匀进给，影响加工质量；在电机中，轴的过大挠度会改变电机转子和定子之间的间隙，使电机性能恶化。

因此，对于精密机器的轴要进行弯曲刚度的校核，它用弯曲变形时所产生的挠度 y 和偏转角 θ 来度量。轴的弯曲变形的精确计算较复杂，除受载荷的影响外，轴承以及各种轴上零件的刚度、轴的局部削弱等因素对轴的弯曲变形都有影响。

等直径轴的挠度和偏转角一般按双支点梁计算，计算公式列于表 6-1-45。对于阶梯轴，可近似按当量直径为 d_v 的等直径轴计算。d_v 值按表 6-1-46 所列公式计算。按当量直径法计算阶梯轴的挠度 y 与偏转角 θ 时，误差可能达到+20%，所以对于十分重要的轴应采用更准确的计算方法，可以按照材料力学或有限元相关专业软件分析计算。对于双支点的阶梯轴还可以用数值积分法计算弯曲刚度。

表 6-1-45　轴的挠度及偏转角计算公式

梁的类型及载荷简图	挠度 y/mm	偏转角 θ/rad
l　c　F　θ_A　θ_B　A　B　C　θ_C　x	$y_C=\theta_B c-\dfrac{Fc^3}{3\times10^4 d_{v2}^4}$ $y_x=\theta_A x\left[1-\left(\dfrac{x}{l}\right)^2\right]$　(在 A-B 段) $y_{max}=\dfrac{Fcl^2}{9\sqrt{3}\times10^4 d_{v2}^4}\approx0.384l\theta_A$ (在 $x=\dfrac{l}{\sqrt{3}}\approx0.577l$ 处)	$\theta_A=\dfrac{Fcl}{6\times10^4 d_{v2}^4}$ $\theta_B=-\dfrac{Fcl}{3\times10^4 d_{v2}^4}=-2\theta_A$ $\theta_C=\theta_B-\dfrac{Fc^2}{2\times10^4 d_{v2}^4}$ $\theta_x=\theta_A\left[1-3\left(\dfrac{x}{l}\right)^2\right]$　(在 A-B 段)
l　c　M　θ_A　A　θ_B　B　C　x　θ_C	$y_C=\theta_B c+\dfrac{Mc^2}{2\times10^4 d_{v2}^4}$ $y_x=\theta_A x\left[1-\left(\dfrac{x}{l}\right)^2\right]$　(在 A-B 段) $y_{max}=-\dfrac{Ml^2}{9\sqrt{3}\times10^4 d_{v2}^4}\approx0.384l\theta_A$ (在 $x=\dfrac{l}{\sqrt{3}}\approx0.577l$ 处)	$\theta_A=-\dfrac{Ml}{6\times10^4 d_{v2}^4}$ $\theta_B=\dfrac{Ml}{3\times10^4 d_{v2}^4}=-2\theta_A$ $\theta_C=\theta_B+\dfrac{Mc}{10^4 d_{v2}^4}$ $\theta_x=\theta_A\left[1-3\left(\dfrac{x}{l}\right)^2\right]$　(在 A-B 段)
l　c　F　θ_A　θ_B　θ_C　C　A　D　B　x　x_1　a　b　(a>b)	$y_C=\theta_B c$ $y_x=-\dfrac{Fblx}{6\times10^4 d_{v1}^4}\left[1-\left(\dfrac{b}{l}\right)^2-\left(\dfrac{x}{l}\right)^2\right]$ (在 A-D 段) $y_{x1}=-\dfrac{Falx_1}{6\times10^4 d_{v1}^4}\left[1-\left(\dfrac{a}{l}\right)^2-\left(\dfrac{x_1}{l}\right)^2\right]$ (在 B-D 段) $y_D=-\dfrac{Fa^2b^2}{3\times10^4 ld_{v1}^4}$ $y_{max}^{*}=-\dfrac{Fbl^2}{9\sqrt{3}\times10^4 d_{v1}^4}\left[1-\left(\dfrac{b}{l}\right)^2\right]^{3/2}$ $\approx0.384l\theta_A\sqrt{1-\left(\dfrac{b}{l}\right)^2}$ (在 $x=\sqrt{\dfrac{l^2-b^2}{3}}\approx0.577\sqrt{l^2-b^2}$ 处)	$\theta_A=-\dfrac{Fab}{6\times10^4 d_{v1}^4}\left(1+\dfrac{b}{l}\right)$ $\theta_B=\dfrac{Fab}{6\times10^4 d_{v1}^4}\left(1+\dfrac{a}{l}\right)$ $\theta_C=\theta_B$ $\theta_D=-\dfrac{Fab}{3\times10^4 d_{v1}^4}\left(1-2\dfrac{a}{l}\right)$ $\theta_x=-\dfrac{Fbl}{6\times10^4 d_{v1}^4}\left[1-\left(\dfrac{b}{l}\right)^2-3\left(\dfrac{x}{l}\right)^2\right]$(在 A-D 段) $\theta_{x1}=\dfrac{Fal}{6\times10^4 d_{v1}^4}\left[1-\left(\dfrac{a}{l}\right)^2-3\left(\dfrac{x_1}{l}\right)^2\right]$(在 B-D 段)

续表

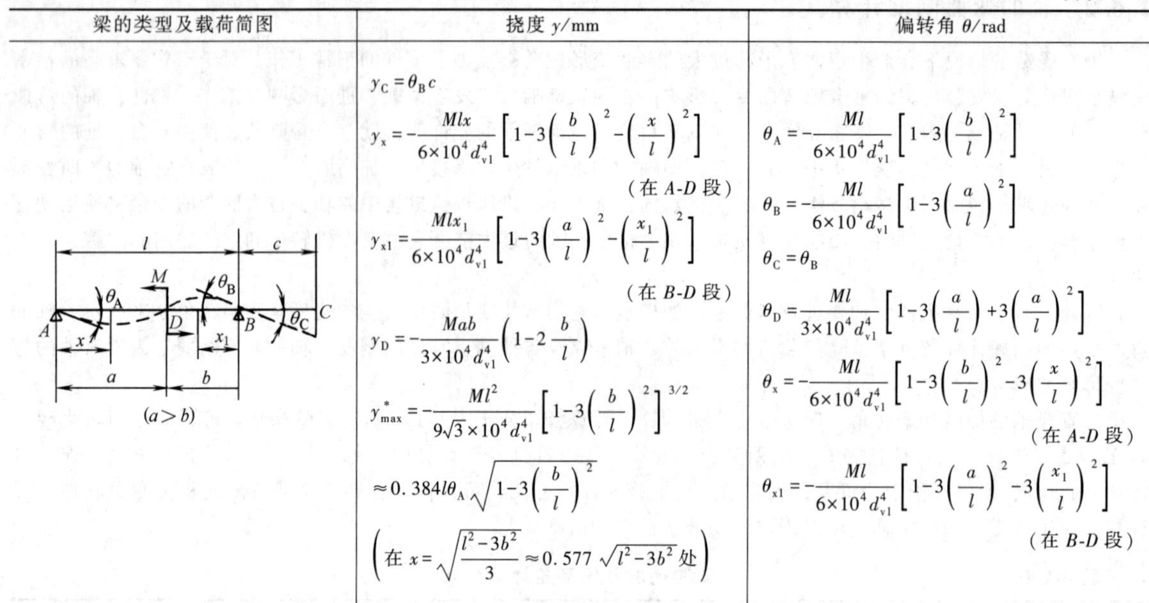

梁的类型及载荷简图	挠度 y/mm	偏转角 θ/rad
（简图：l，c，M，θ_A，θ_B，θ_C，A，B，C，D，x，x_1，a，b） $(a>b)$	$y_C=\theta_B c$ $y_x=-\dfrac{Mlx}{6\times10^4 d_{v1}^4}\left[1-3\left(\dfrac{b}{l}\right)^2-\left(\dfrac{x}{l}\right)^2\right]$ （在 A-D 段） $y_{x1}=\dfrac{Mlx_1}{6\times10^4 d_{v1}^4}\left[1-3\left(\dfrac{a}{l}\right)^2-\left(\dfrac{x_1}{l}\right)^2\right]$ （在 B-D 段） $y_D=-\dfrac{Mab}{3\times10^4 d_{v1}^4}\left(1-2\dfrac{b}{l}\right)$ $y_{max}^*=-\dfrac{Ml^2}{9\sqrt{3}\times10^4 d_{v1}^4}\left[1-3\left(\dfrac{b}{l}\right)^2\right]^{3/2}$ $\approx0.384l\theta_A\sqrt{1-3\left(\dfrac{b}{l}\right)^2}$ $\left(在\ x=\sqrt{\dfrac{l^2-3b^2}{3}}\approx0.577\sqrt{l^2-3b^2}\ 处\right)$	$\theta_A=-\dfrac{Ml}{6\times10^4 d_{v1}^4}\left[1-3\left(\dfrac{b}{l}\right)^2\right]$ $\theta_B=-\dfrac{Ml}{6\times10^4 d_{v1}^4}\left[1-3\left(\dfrac{a}{l}\right)^2\right]$ $\theta_C=\theta_B$ $\theta_D=\dfrac{Ml}{3\times10^4 d_{v1}^4}\left[1-3\left(\dfrac{a}{l}\right)+3\left(\dfrac{a}{l}\right)^2\right]$ $\theta_x=-\dfrac{Ml}{6\times10^4 d_{v1}^4}\left[1-3\left(\dfrac{b}{l}\right)^2-3\left(\dfrac{x}{l}\right)^2\right]$ （在 A-D 段） $\theta_{x1}=-\dfrac{Ml}{6\times10^4 d_{v1}^4}\left[1-3\left(\dfrac{a}{l}\right)^2-3\left(\dfrac{x_1}{l}\right)^2\right]$ （在 B-D 段）

说明

F——集中载荷，N

M——外力矩，N·mm

a,b——载荷至左及右支点的距离，mm

x,x_1——截面至左及右支点的距离，mm

l——支点间距，mm

c——外伸端长度，mm

d_{v1}——载荷作用于支点间时的当量直径，mm

d_{v2}——载荷作用于外伸端时的当量直径，mm

注：1. 如果实际作用载荷的方向与图示相反，则公式中的正、负号应相应改变。

2. 表中公式适用于弹性模量 $E=206\text{GPa}$ 的情况。

3. 标有“＊”的 y_{max} 计算公式适用于 $a>b$ 的场合，y_{max} 产生在 A-D 段。当 $a<b$ 时，y_{max} 产生在 B-D 段，计算时应将式中的 b 换成 a，x 换成 x_1，θ_A 换成 θ_B。

4. 表中所列的受载情况为较典型的几种，其他轴受载情况下的偏转角及挠度计算见有关材料力学书籍。

表 6-1-46　　阶梯轴的当量直径 d_v 计算公式　　mm

载荷位置(参见表 6-1-45 简图)	载荷作用于支点间时	载荷作用于外伸端时
d_v 计算公式	$d_{v1}^4=\dfrac{l}{\sum\limits_{i=1}^{n}\dfrac{l_i}{d_i^4}}$	$d_{v2}^4=\dfrac{c+l}{\sum\limits_{i=1}^{n}\dfrac{l_i}{d_i^4}}$
说明	l——支点间距离，mm c——外伸端长度，mm l_i,d_i——轴上第 i 段的长度和直径，mm	

注：为计算方便，当量直径以 d_v^4 形式保留不必开方（见表 6-1-45 中的公式）。

在计算有过盈配合轴段的挠度时，应将该轴段与轮毂作为一个整体来考虑，即取轴上零件轮毂的外径作为轴的直径。

如果轴上作用的载荷不在同一平面内，则应将载荷分解为两互相垂直平面上的分量，分别计算出两个平面内各截面的挠度（y_x、y_y）和偏转角（θ_x、θ_y），然后用几何法相加（即 $y=\sqrt{y_x^2+y_y^2}$，$\theta=\sqrt{\theta_x^2+\theta_y^2}$）。如果在同一平面内作用有几个载荷，其任一截面的挠度和偏转角等于各载荷分别作用时该截面的挠度和偏转角的代数和（即 $y=\sum y_i$，$\theta=\sum\theta_i$）。

一般机械中轴的许用挠度 y_p 及许用偏转角 θ_p 可按表 6-1-47 选取。

表 6-1-47　　轴的许用挠度 y_p 及许用偏转角 θ_p

条件	y_p/mm	条件	θ_p/rad
一般用途的轴	$(0.0003\sim0.0005)l$(最大)	滑动轴承处	0.001
金属切削机床主轴	$0.0002l$(最大)	向心球轴承处	0.005
	(l——支承间跨距,mm)	向心球面轴承处	0.05
安装齿轮处	$(0.01\sim0.03)m_n$	圆柱滚子轴承处	0.0012
安装蜗轮处	$(0.02\sim0.05)m_t$	圆锥滚子轴承处	0.001
	(m_n,m_t——齿轮法面模数及蜗轮端面模数)	安装齿轮处	0.001~0.002

1.6.3　双支点阶梯轴数值积分法弯曲刚度计算（GB/T 39545.1—2022）

轴的弯曲变形计算步骤：

① 计算支反力 R_l 和 R_r（见图 6-1-11），作出轴在水平面和铅垂面的受力简图；

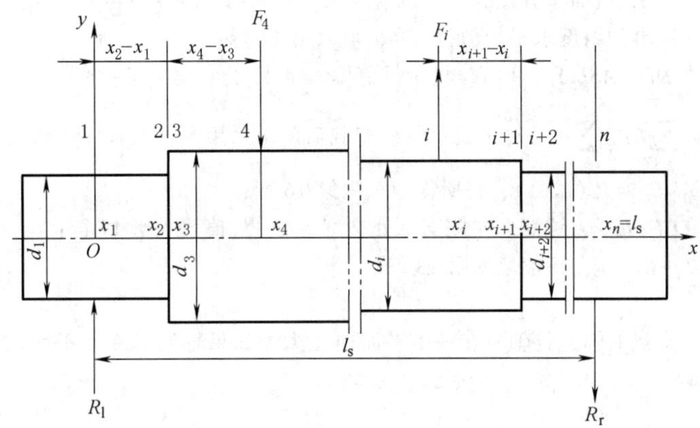

图 6-1-11　典型双支点阶梯轴径向变形计算示意图

② 将轴划分成若干轴段，用数字标记轴端节点；

③ 填写节点的项目计算表（见表 6-1-48）。

表 6-1-48　　轴挠度（y）和偏转角（θ）计算表

序号	名称	数值					
1	节点序号 i	1	2	…	i	…	n
2	外径(d_{she})/mm						
3	内径(d_{shi})/mm						
4	作用力或支反力(F)/N						
5	节点前的剪切力(V)/N						
6	节点间距(x)/mm						
7	弯矩(M)/N·mm						
8	弯曲惯性矩(I)/mm^4						
9	弯曲刚度(EI)/N·mm^2						
10	MEI_u/mm^{-1}						
11	MEI_i/mm^{-1}						
12	平均值($AMEI$)/mm^{-1}						
13	斜度(SL)/rad						
14	平均斜度(ASL)/rad						
15	变形增量(DI)/mm						
16	积分常数增量(ICS)/mm						
17	挠度(y)/mm						
18	偏转角(θ)/(°)						

填表计算步骤详细说明：

① 从每个力和每个截面起始点把轴分为若干长度段；

② 从左侧支承开始向右侧支承方向对各段轴两端标注位置编号，且左侧支承开始处 $i=1$，右侧支承结束处 $i=n$；

③ 在计算表格中的第一行中列出位置编号；

④ 当某位置编号处有作用力或支反力时，在表格第 4 行列出，应指明力的正、负号；

⑤ 通过对第 4 行数值求和计算各位置编号处的剪切力，列在第 5 行；

⑥ 在第 6 行写出对应位置至前一位置编号处的距离；

⑦ 计算每个位置的弯矩，列在第 7 行；

⑧ 计算每个轴段的弯曲惯性矩，列在第 8 行；

⑨ 计算弯曲刚度，列在第 9 行；

⑩ 用第 7 行的弯矩除以第 9 行对应的弯曲刚度，分别将这些值填到第 10 行和第 11 行；

⑪ 求第 10 行和第 11 行的平均值，填入第 12 行；

⑫ 位置 1 处，斜度 $SL=0$，后面位置点斜度为 $SL_{i+1}=SL_i+(AMEI_i)(x_i+1)$；

⑬ 将每个轴段始端和终端的斜度求平均值得 ASL，填入第 14 行；

⑭ 变形增量计算式为 $DI=(ASL_i)(x_i+1)$，将所得值填入第 15 行；

⑮ 求积分常数，$IC=\sum_{i=1}^{n-1}DI_i/\sum_{i=1}^{n}x_i$（对于支承点外有载荷的轴采用有限元软件计算）；

⑯ 计算积分常数增量 $ICS_i=IC(x_i+1)$，将所得值填入第 16 行；

⑰ 计算挠度 $y_{i+1}=y_i+DI_i+ICS_i$，注意在左侧支承处挠度为 0，将值填入第 17 行；

⑱ 偏转角 $\theta_i=180(SL_i+IC)/\pi$，将值填入第 18 行。

说明：

① 该方法仅适用于双支点的轴，且轴只在一个平面内受力，如果轴同时在水平面和垂直面内受力，则需要分别计算，然后求矢量和；

② 不考虑剪切变形；

③ 任意两个位置之间的长度对计算精度至关重要，故位置之间的长度规定为不长于该位置处直径的 1/2，不长于最短轴段的 3 倍，且小于 30mm；

④ 当对分段产生疑问时，若增加分段后计算结果无明显变化，则分段合理；

⑤ 如果对上述数值积分法仍存在疑问，请参考 GB/T 3480.1—2019（ISO 6336-1：2006）中附录 E；

⑥ 对于结构和受力复杂的轴可以采用有限元相关专业软件分析计算。

1.7 轴的临界转速校核

轴系（轴和轴上零件）是一个弹性体，当其回转时，一方面由于本身的质量（或转动惯量）和弹性产生自然振动，有其自振频率；另一方面由于轴系各零件的材料组织不均匀、制造误差及安装误差等原因造成轴系重心（质心）偏移，导致回转时产生离心力，从而产生以离心力为周期性干扰外力所引起的强迫振动，有其强迫振动频率。当强迫振动的频率与轴的自振频率接近或相同时，就会产生共振现象，轴的变形将迅速增大，严重时会造成轴系甚至整台机器损坏。产生共振现象时轴的转速称为轴的临界转速。临界转速的校核就是计算出轴的临界转速，以便使工作转速避开临界转速。

轴的振动的主要类型有横向振动（弯曲振动）、扭转振动和纵向振动。一般轴最常见的是横向振动，故本节仅介绍横向振动临界转速的校核。

临界转速在数值上与轴横向振动的固有频率相同。一个轴在理论上有无穷多个临界转速。按其数值由小到大分别称为一阶、二阶、三阶……临界转速。为避免轴在运转中产生共振现象，所设计的轴不得与任何临界转速相接近，也不能与一阶临界转速的简单倍数重合。

转速低于一阶临界转速的轴一般称为刚性轴，高于一阶临界转速的轴称为挠性轴，机械中多采用刚性轴；但转速很高的某些轴（如离心机、汽轮机的轴），如采用刚性轴，则所需直径可能过大，使结构过于笨重，故常用挠性轴。

对转速较高、跨度较大而刚度较小，或外伸端较长的轴，一般应进行临界转速的校核计算，使工作转速避开临界转速，并使其在各阶临界转速一定范围之外。对于刚性轴，应使 $n<0.75n_{cr1}$，对于挠性轴，应使 $1.4n_{cr1}<n<0.7n_{cr2}$（n 为轴的工作转速；n_{cr1} 为轴一阶临界转速；n_{cr2} 为轴二阶临界转速）。

轴临界转速大小与材料的弹性、轴的形状和尺寸、轴的支承情况和轴上零件的质量等有关，与轴的空间位置（垂直、水平或倾斜）无关。

阶梯轴临界转速的精确计算比较复杂，作为近似计算，可将阶梯轴视为当量直径为 d_v 的等直径轴进行计算，当量直径 d_v 的计算式为

$$d_v=\xi\frac{\sum d_i\Delta l_i}{\sum \Delta l_i}\ (\mathrm{mm}) \tag{6-1-1}$$

式中　d_i——第 i 段轴的直径，mm；

Δl_i——第 i 段轴的长度，mm；

ξ——经验修正系数。

若阶梯轴最粗一段或几段的轴段长度超过轴全长的 50%时，可取 $\xi=1$；轴段长度小于全长的 15%时，此段视为轴环，另按次粗轴段来考虑。在一般情况下，最好按照同系列机器的计算对象，选取有准确解的轴试算几例，从中找出 ξ 值。例如一般的压缩机、离心机、鼓风机转子可取 $\xi=1.094$。

1.7.1　不带圆盘和单个圆盘的均匀质量轴的临界转速

各种支座情况下，不带圆盘均匀质量等直径轴在横向振动时的第一、二、三阶临界转速和带单个圆盘但不计轴自重时轴的一阶临界转速计算公式见表 6-1-49。

表 6-1-49　　横向振动时轴的临界转速计算公式 n_{cr}　　r/min

<table>
<tr><th>不带圆盘均匀质量等直径轴的临界转速
$n_{crk}=946\lambda_k\sqrt{\frac{EI}{W_0L^3}}$（临界转速阶数 $k=1,2,3$）</th><th>带单个圆盘但不计轴自重时轴的一阶临界转速
$n_{cr1}=946\sqrt{\frac{K}{W_1}}$</th></tr>
<tr><td>L
$\lambda_1=3.52$
$\lambda_2=22.43$
$\lambda_3=61.83$</td><td>W_1 L
$K=\frac{3EI}{L^3}$</td></tr>
<tr><td>L
$\lambda_1=9.87$
$\lambda_2=39.48$
$\lambda_3=88.83$</td><td>W_1 μL L
$K=\frac{3EI}{\mu^2(1-\mu)^2L^3}$</td></tr>
<tr><td>L
$\lambda_1=15.42$
$\lambda_2=49.97$
$\lambda_3=104.2$</td><td>W_1 μL L
$K=\frac{12EI}{\mu^3(1-\mu)^2(4-\mu)L^3}$</td></tr>
<tr><td>L
$\lambda_1=22.37$
$\lambda_2=61.67$
$\lambda_3=120.9$</td><td>W_1 μL L
$K=\frac{3EI}{\mu^3(1-\mu)^3L^3}$</td></tr>
<tr><td>μL L
<table>
<tr><td>μ</td><td>0.5</td><td>0.55</td><td>0.6</td><td>0.65</td><td>0.7</td><td>0.75</td></tr>
<tr><td>λ_1</td><td>8.716</td><td>9.983</td><td>11.50</td><td>13.13</td><td>14.57</td><td>15.06</td></tr>
<tr><td>μ</td><td>0.8</td><td>0.85</td><td>0.9</td><td>0.95</td><td>1.0</td><td></td></tr>
<tr><td>λ_1</td><td>14.44</td><td>13.34</td><td>12.11</td><td>10.92</td><td>9.87</td><td></td></tr>
</table></td><td>W_1 μL L
$K=\frac{3EI}{(1-\mu)^2L^3}$</td></tr>
</table>

注：W_0—轴自重，N；W_1—圆盘所受的重力，N；L—轴的长度，mm；λ_k—支座形式系数；E—轴材料的弹性模量，对钢，$E=206\mathrm{GPa}$；I—轴截面的惯性矩，mm^4，$I=\frac{\pi d^4}{64}$；μ—支承间距离或圆盘处轴段长度 μL 与轴总长度 L 之比；K—轴的刚度系数，N/mm。

1.7.2 带多个圆盘的轴的临界转速

带多个圆盘并需计入轴自重时，可按邓柯莱（Dunkerley）公式计算 n_{cr1}，即

$$\frac{1}{n_{cr1}^2} \approx \frac{1}{n_0^2}+\frac{1}{n_{01}^2}+\frac{1}{n_{02}^2}+\cdots+\frac{1}{n_{0i}^2}+\cdots \tag{6-1-2}$$

式中 n_0——只考虑轴自重时轴的一阶临界转速；

n_{01}，n_{02}，…，n_{0i}——轴上只装一个圆盘（盘 1，2，…，i）且不计轴自重时的一阶临界转速，均可按表 6-1-49 所列公式分别计算。

对双铰支多圆盘钢轴（见图 6-1-12），按表 6-1-49 中所列公式可将邓柯莱公式简化为

$$\frac{1}{n_{cr1}^2} \approx \frac{W_0 L^3}{9.04\times10^9 \lambda_1^2 d_v^4}+\frac{\sum W_i a_i^2 b_i^2}{27.14\times10^9 l d_v^4}+\frac{\sum G_j c_j^2 (l+c_j)}{27.14\times10^9 d_v^4} \tag{6-1-3}$$

式中 λ_1——一阶临界转速时的支座形式系数，见表 6-1-49；

W_0——轴所受的重力，N；

W_i——支承间的圆盘所受的重力，N；

G_j——外伸端的圆盘所受的重力，N；

d_v——轴的当量直径，mm；

c_j——外伸端第 j 个圆盘至支承间的距离，mm。

带多个圆盘的轴（包括阶梯轴），如果在各个圆盘重力的作用下，轴的挠度曲线或轴上各圆盘处的挠度值已知时，也可用雷利（Rayleigh）公式近似求其一阶临界转速，即

$$n_{cr1} = 946\sqrt{\frac{\sum_{i=1}^{n} W_i y_i}{\sum_{i=1}^{n} W_i y_i^2}}$$

式中 W_i——轴上所装各个零件或阶梯轴各个轴段的重力，N；

y_i——在 W_i 作用的截面内，由全部载荷引起的轴的挠度，mm。

1.7.3 轴的临界转速计算举例

图 6-1-13 所示为由两个轴承支承的鼓风机转子，其各段的直径与长度尺寸，以及四个圆盘所受的重力 W_1 ~ W_4 均列于表 6-1-50。试计算转子的一阶临界转速 n_{cr1}。

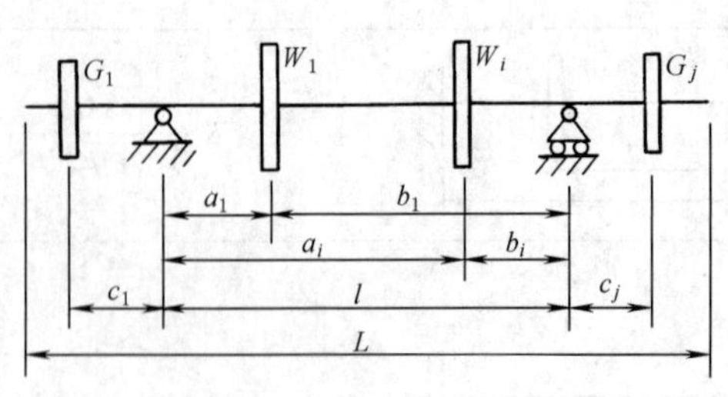

图 6-1-12 双铰支多圆盘钢轴

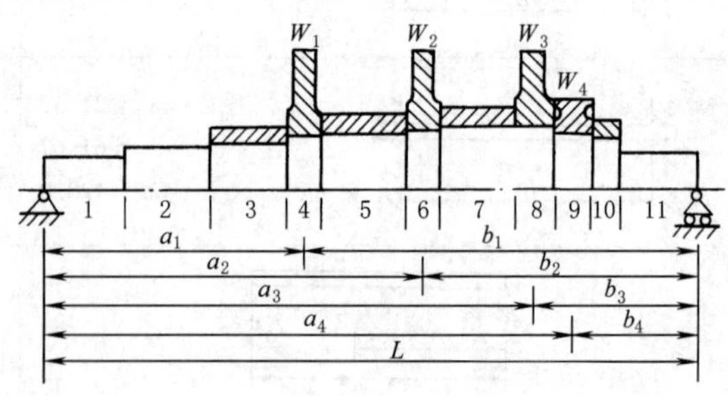

图 6-1-13 鼓风机转子

解：由于 W_1 ~ W_4 四个圆盘所受的重力远大于轴上其他零件所受的重力，故其他零件都不作为盘来考虑，而只将其重力加在相应的轴段上。

本例可利用表 6-1-49 所列公式分别算出只考虑轴自重及每个圆盘时的临界转速，然后用式（6-1-2）或式（6-1-3）计算转子的临界转速。阶梯轴的当量直径 d_v 用式（6-1-1）计算。

计算过程及结果：

计算内容	轴段号及结果											Σ
	1	2	3	4	5	6	7	8	9	10	11	
d_i/mm	65	85	90	105	110	115	120	120	110	100	70	
l_i/mm	160	168	155	60	180	60	150	77	80	50	160	$L=1300$
d_il_i/mm^2	10400	14280	13950	6300	19800	6900	18000	9240	8800	5000	11200	123870
W_{0i}/N	41.6	74.8	77.4 +13.7 =91.1	40.7	134.2 +48.9 =183.1	48.9	133.2 +54.3 =187.5	68.4	59.7	30.8 +10.7 =41.5	48.3	$W_0=885.6$
W_i/N				500.4		490.3		499.5	147.3			
a_i/mm				513		753		971.5	1050			
b_i/mm				787		547		328.5	250			
$W_ia_i^2b_i^2$/N·mm^4				81.56×10^{12}		83.18×10^{12}		50.87×10^{12}	10.15×10^{12}			225.76×10^{12}
d_v/mm	最粗轴段长 $l_c=150+77=227$（7、8 两段） $\frac{l_c}{L}=\frac{227}{1300}=0.1746<0.5$ 取 $\xi=1.094$ 由式(6-1-1)得 $d_v=\xi\frac{\sum d_il_i}{\sum l_i}=1.094\times\frac{123870}{1300}=104.2$											
n_{cr1}/r·min^{-1}	由表 6-1-49，$\lambda_1=9.87$ 由式(6-1-3)得［图 6-1-13 中的 L 即式(6-1-3)中的 l］ $\frac{1}{n_{cr1}^2}\approx\frac{W_0L^3}{9.04\times10^9\lambda_1^2d_v^4}+\frac{\sum W_ia_i^2b_i^2}{27.14\times10^9ld_v^4}=\frac{885.6\times1300^3}{9.04\times10^9\times9.87^2\times104.2^4}+\frac{225.76\times10^{12}}{27.14\times10^9\times1300\times104.2^4}$ $\approx1.874\times10^{-8}+5.428\times10^{-8}=7.302\times10^{-8}$ $n_{cr1}\approx3701$ 此值和该转子的精确解 $n_{cr1}=3584$ 比较，误差为 3.3%											

1.7.4 等直径轴的一阶临界转速计算公式

机器中有各种型式的轴，在计算时视其具体型式按上述公式进行计算。为简化计算，现将几种等直径轴典型的简化型式及一阶临界转速的简化计算公式列在表 6-1-50 中，供设计者参考。

表 6-1-50　　等直径轴的一阶临界转速计算公式

简图	临界转速 n_{cr1}/r·min^{-1}
c_1, G_1, W_0, G_j, c_j, l	$n_{cr1}\approx\frac{3.35\times10^5d^2}{\sqrt{W_0l^3+4.12\sum c_1^3G_j}}$
a_1, b_1, W_1, W_0, W_i, a_i, b_i, l	$n_{cr1}\approx\frac{9.36\times10^5d^2}{\sqrt{W_0l^3+\frac{32.47}{l}\sum a_i^2b_i^2W_i}}$
a_1, b_1, W_1, W_0, W_i, a_i, b_i, l	$n_{cr1}\approx\frac{14.65\times10^5d^2}{\sqrt{W_0l^3+\frac{19.82}{l^3}\sum a_1^3b_1^2(3a_i+4b_i)W_i}}$

续表

简图	临界转速 n_{cr1}/r·min^{-1}
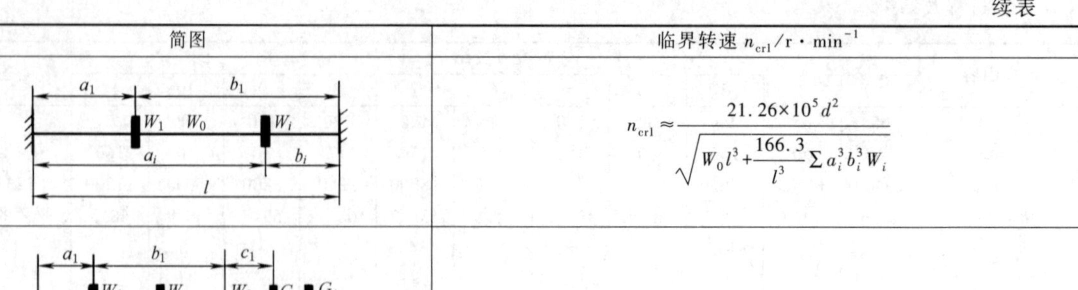	$n_{cr1} \approx \dfrac{21.26\times10^5 d^2}{\sqrt{W_0 l^3+\dfrac{166.3}{l^3}\sum a_i^3 b_i^3 W_i}}$
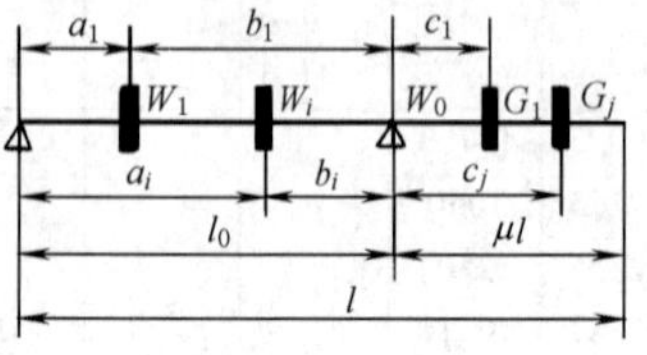 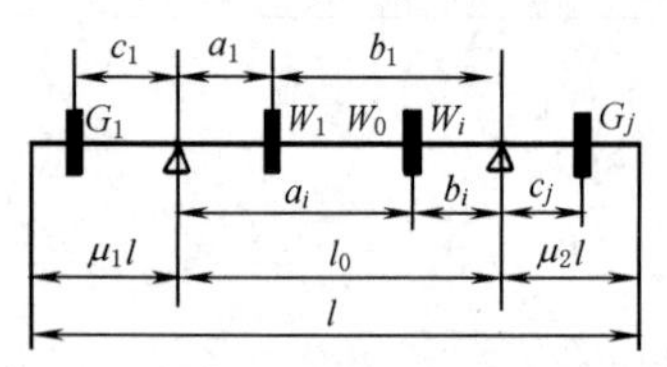	$n_{cr1} \approx \dfrac{9.52\times10^4 \lambda_1 d^2}{\sqrt{W_0 l^3+\dfrac{\lambda_1^2}{3}\left[\dfrac{1}{l_0}\sum W_i a_1^2 b_1^2+\sum G_j c_1^2(l_0+c_j)\right]}}$ 一端外伸轴的系数 λ_1 值见表 6-1-51 两端外伸轴的系数 λ_2 值见表 6-1-52

说明

W_i——支承间第 i 个圆盘重力,N

G_j——外伸端第 j 个圆盘重力,N

W_0——轴的重力,N,对实心钢轴 $W_0=60.5\times10^{-6}d^2l$,对空心钢轴应乘以 $1-\alpha^2$

α——空心轴的内径 d_0 与外径 d 之比

d——轴的直径,mm

l——轴的全长,mm

l_0——支承间距离,mm

μ,μ_1,μ_2——外伸端长度与轴长 l 之比

a_i,b_i——支承间第 i 个圆盘至左侧及右侧支承的距离,mm

c_j——外伸端第 j 个圆盘至支承间的距离,mm

注:1. 表列公式适用于弹性模量 $E=206$GPa 的钢轴。

2. 当计算空心轴的临界转速时,应将表列公式乘以 $\sqrt{1-\alpha^2}$。

表 6-1-51　　一端外伸轴的系数 λ_1

μ	0	0.05	0.10	0.15	0.20	0.25	0.30	0.35	0.40	0.45	0.50	0.55	0.60	0.65	0.70	0.75	0.80	0.85	0.90	0.95	1
λ_1	9.87	10.9	12.1	13.3	14.4	15.1	14.6	13.1	11.5	10	8.7	7.7	6.9	6.2	5.6	5.2	4.8	4.4	4.0	3.7	3.5

表 6-1-52　　两端外伸轴的系数 λ_2

μ_2	μ_1									
	0.05	0.10	0.15	0.20	0.25	0.30	0.35	0.40	0.45	0.50
0.05	12.15	13.58	15.06	16.41	17.06	16.32	14.52	12.52	10.80	9.37
0.10	13.58	15.22	16.94	18.41	18.82	17.55	15.26	13.05	11.17	9.70
0.15	15.06	16.94	18.90	20.41	20.54	18.66	15.96	13.54	11.58	10.02
0.20	16.41	18.41	20.41	21.89	21.76	19.56	16.65	14.07	12.03	10.39
0.25	17.06	18.82	20.54	21.76	21.70	20.05	17.18	14.61	12.48	10.80
0.30	16.32	17.55	18.66	19.56	20.05	19.56	17.55	15.10	12.97	11.29
0.35	14.52	15.26	15.96	16.65	17.18	17.55	17.18	15.51	13.54	11.78
0.40	12.52	13.05	13.54	14.07	14.61	15.10	15.51	15.46	14.11	12.41
0.45	10.80	11.17	11.58	12.03	12.48	12.97	13.54	14.11	14.43	13.15
0.50	9.37	9.70	10.02	10.39	10.80	11.29	11.78	12.41	13.15	14.06

1.8　轴的工作图及设计计算举例

当轴经过必要的强度、刚度或临界转速校核之后，即可修改和细化轴系部件的结构和尺寸，在完成装配图的

基础上绘制轴的工作图。绘制轴工作图的主要要求如下。

① 图面清晰，表达完整，符合机械制图标准规定。

② 轴向尺寸的标注应便于加工工序的安排和测量。

a. 设计基准（标注尺寸的基准）应与测量基准相一致，避免加工时进行不必要的换算。

b. 不允许形成封闭尺寸链，一般选择最次要轴段（对长度公差没有要求的轴段）为尺寸链的缺口。

③ 根据轴的用途，标注必要的形位公差。具体标注要求见国家标准 GB/T 1182—2018、GB/T 1184—1996 中的有关规定。

④ 对于重要的轴，为了保证其加工精度和在检修时获得与制造时相同的基准，必须在轴两端制出中心孔，并予以保留，在图中应画出中心孔的形状和尺寸（或标注标准号）；当成品不允许保留中心孔时，应在“技术要求”中加以说明；对中心孔无特殊要求时，图中可不标注。

⑤ 热处理方式、热处理后的硬度要求及图面未表达清楚的其他要求，可列入“技术要求”中。

⑥ 对于重要的轴，应根据有关要求进行无损检测，具体方法可参阅有关标准和资料。

轴的设计计算举例如下。

设计链式输送机传动装置中装有大齿轮的低速轴，其简图见图 6-1-14。

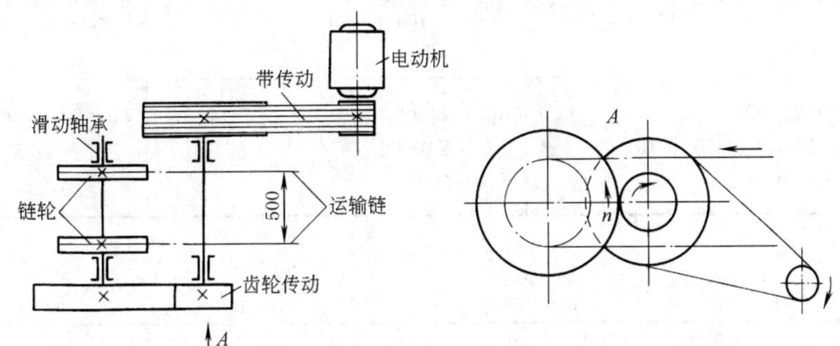

图 6-1-14　链式输送机传动装置简图

已知：①大齿轮的输入功率 $P=4.25\text{kW}$；②链轮轴的转速 $n=33\text{r/min}$；③每根运输链的张力 $S=4650\text{N}$；④齿轮的圆周力 $F_t=4790\text{N}$；⑤齿轮的径向力 $F_r=1740\text{N}$；⑥短时过载为正常工作负载的两倍。

解：

(1) 选择轴的材料

选择轴的材料为 45 钢，调质处理，取 $\sigma_b=590\text{MPa}$，$\sigma_s=295\text{MPa}$，$\sigma_{-1}=255\text{MPa}$，$\tau_{-1}=140\text{MPa}$。

(2) 初步确定轴端直径

取 $A=103$（按表 6-1-19 选取，因转速低且单向旋转故取小值）。

轴的输入端直径

$$d=A\sqrt[3]{\frac{P}{n}}=103\sqrt[3]{\frac{4.25}{33}}=52\text{mm}$$

考虑轴端有键槽，轴径应增大 4%～5%，取 $d=55\text{mm}$。

(3) 轴的结构设计

取轴颈处的直径为 60mm，与标准轴承 H2060（JB/T 2561—2007）的孔径相同；其余各直径均按 5mm 放大。

各轴段配合及表面粗糙度选择如下：轴颈处为 H9/f9，Ra 值为 0.8μm；链轮配合处为 H8/t7，Ra 值为 3.2μm；齿轮配合处为 H9/h8，Ra 值为 3.2μm。

齿轮的轴向固定采用轴肩和双孔轴端挡圈（JB/ZQ 4349—2020）。

轴的结构草图见图 6-1-15（a）。

(4) 键连接的强度校核

选用 A 型平键（GB/T 1096—2003），与齿轮连接处键的尺寸 $b\times h\times L=16\text{mm}\times10\text{mm}\times90\text{mm}$，与链轮连接处键的尺寸 $b\times h\times L=18\text{mm}\times11\text{mm}\times90\text{mm}$。

因与齿轮连接处键的尺寸及轴径均较小且受载大，故只需校验此键。

键连接传递转矩 T 为

$$T=9550\frac{P}{n}=9550\times\frac{4.25}{33}\approx1230\text{N}\cdot\text{m}$$

键工作面的压强 p 为

$$p=\frac{2000T}{dkl}=\frac{2000\times1230}{55\times5\times74}=120.9\text{MPa}\approx\sigma_{pp}=120\text{MPa}$$

键连接强度满足要求，其中 d 为轴径，k 为键的工作高度，l 为键的工作长度，σ_{pp} 为许用挤压应力。

(5) 计算支承反力、弯矩及扭矩

轴的受力简图、水平面及垂直面受力简图分别见图 6-1-15 (b)、(c) 及 (e)。

① 支承反力

N

作用点	水平面	垂直面	合成
A	$R_{Ax}=\frac{Sc+S(d+c)+F_r a}{l}$ $=\frac{4650\times100+4650\times600+1740\times90}{700}$ $=4870$	$R_{Ay}=\frac{F_t a}{l}$ $=\frac{4790\times90}{700}$ $=620$	$R_A=\sqrt{R_{Ax}^2+R_{Ay}^2}$ $=\sqrt{4870^2+620^2}$ $=4900$
B	$R_{Bx}=2S-R_{Ax}-F_r$ $=2\times4650-4870-1740$ $=2690$	$R_{By}=R_{Ay}+F_t$ $=620+4790$ $=5410$	$R_B=\sqrt{R_{Bx}^2+R_{By}^2}$ $=\sqrt{2690^2+5410^2}$ $=6040$

② 弯矩

N·m

作用点	水平面	垂直面	合成
B	$M_{Bx}=\frac{F_r a}{1000}=\frac{1740\times90}{1000}=157$	$M_{By}=\frac{F_t a}{1000}=\frac{4790\times90}{1000}=430$	$M_B=\sqrt{M_{Bx}^2+M_{By}^2}=\sqrt{157^2+430^2}$ $=458$
D	$M_{Dx}=\frac{R_{Ax}b}{1000}=\frac{4870\times100}{1000}=487$	$M_{Dy}=\frac{R_{Ay}b}{1000}=\frac{620\times100}{1000}=62$	$M_D=\sqrt{M_{Dx}^2+M_{Dy}^2}=\sqrt{487^2+62^2}$ $=490$
E	$M_{Ex}=\frac{F_r(a+c)+R_{Bx}c}{1000}$ $=\frac{1740\times190+2690\times100}{1000}=600$	$M_{Ey}=\frac{R_{Ay}(b+d)}{1000}$ $=\frac{620\times600}{1000}=372$	$M_E=\sqrt{M_{Ex}^2+M_{Ey}^2}=\sqrt{600^2+372^2}$ $=706$

水平面、垂直面及合成弯矩图分别见图 6-1-15 (d)、(f) 及 (g)。

③ 扭矩　大齿轮所受扭矩 $T=1230\text{N}\cdot\text{m}$，每个链轮按 $T/2$ 计算，扭矩图见图 6-1-15 (h)。

(6) 轴的疲劳强度校核

安全系数法

① 确定危险截面　根据载荷分布及应力集中部位，选取轴上八个截面（Ⅰ~Ⅷ）进行分析［见图 6-1-15 (a)］。

截面Ⅰ、Ⅱ、Ⅲ分别与截面Ⅵ、Ⅴ、Ⅳ相比，二者具有相同的截面尺寸和应力集中状态，但前者载荷较小，故截面Ⅰ、Ⅱ、Ⅲ不予考虑。截面Ⅴ与Ⅳ相比，二者截面尺寸相同，弯矩相差不大，虽然截面Ⅴ的扭矩较大，但应力集中不如截面Ⅳ严重，故截面Ⅴ不予考虑。截面Ⅶ与Ⅵ相比，二者截面尺寸相同而截面Ⅶ载荷较小，故截面Ⅶ不予考虑。

最后确定截面Ⅳ、Ⅵ、Ⅷ为危险截面。

② 校核危险截面的安全系数　由表计算说明（见下页计算表），参考表 6-1-27 取许用安全系数 $S_p=1.8$，计算安全系数均大于许用值，故轴的疲劳强度足够。

计算内容及公式	计算值或数据			说明
	截面Ⅳ	截面Ⅵ	截面Ⅷ	
T/N·m	615	1230	1230	
M/N·m	$M_{Ⅳ}\approx M_D+(M_E-M_D)\dfrac{500-50}{500}$ $=490+(706-490)\times\dfrac{450}{500}$ $=684$	$M_{Ⅵ}\approx M_B+(M_E-M_B)\dfrac{50}{100}$ $=458+(706-458)\times\dfrac{50}{100}$ $=582$	$M_{Ⅷ}\approx M_B\dfrac{50}{90}$ $=458\times\dfrac{50}{90}$ $=254$	
Z/cm^3	23.7	21.2	14.2	表 6-1-28
Z_p/cm^3	50.7	42.4	30.6	表 6-1-29
σ_{-1},τ_{-1}/MPa	$\sigma_{-1}=255,\tau_{-1}=140$	$\sigma_{-1}=255,\tau_{-1}=140$	$\sigma_{-1}=255,\tau_{-1}=140$	表 6-1-1
ψ_σ,ψ_τ	$\psi_\sigma=0.34,\psi_\tau=0.21$	$\psi_\sigma=0.34,\psi_\tau=0.21$	$\psi_\sigma=0.34,\psi_\tau=0.21$	表 6-1-34
K_σ,K_τ	圆角$\dfrac{r}{d}=\dfrac{1}{65}\approx0.02,\dfrac{D-d}{r}=\dfrac{5}{1}=5$ $K_\sigma=1.94,K_\tau=1.62$	圆角$\dfrac{r}{d}=\dfrac{2}{60}\approx0.03,\dfrac{D-d}{r}=\dfrac{5}{2}\approx3$ $K_\sigma\approx1.8,K_\tau\approx1.5$	圆角$\dfrac{r}{d}=\dfrac{1}{55}\approx0.02,\dfrac{D-d}{1}=\dfrac{5}{1}=5$ $K_\sigma\approx1.94,K_\tau\approx1.62$	表 6-1-32
	配合 $K_\sigma=2.52,K_\tau=1.82$	配合 $K_\sigma\approx1.64,K_\tau\approx1.31$	配合 $K_\sigma=1.89,K_\tau=1.46$	表 6-1-31
	键槽 $K_\sigma=1.76,K_\tau=1.54$		键槽 $K_\sigma=1.76,K_\tau=1.54$	表 6-1-31
β	$\beta=0.93$	$\beta=0.93$	$\beta=0.93$	表 6-1-36
$\varepsilon_\sigma,\varepsilon_\tau$	$\varepsilon_\sigma=0.78,\varepsilon_\tau=0.74$	$\varepsilon_\sigma=0.81,\varepsilon_\tau=0.76$	$\varepsilon_\sigma=0.81,\varepsilon_\tau=0.76$	表 6-1-35
σ_a,σ_m/MPa	$\sigma_a=\dfrac{M}{Z}=\dfrac{684}{23.7}=28.9,\sigma_m=0$(对称)	$\sigma_a=\dfrac{M}{Z}=\dfrac{582}{21.2}=27.5,\sigma_m=0$(对称)	$\sigma_a=\dfrac{M}{Z}=\dfrac{254}{14.2}=17.9,\sigma_m=0$(对称)	表 6-1-26
$S_\sigma=\dfrac{\sigma_{-1}}{\dfrac{K_\sigma}{\beta\,\varepsilon_\sigma}\sigma_a+\psi_\sigma\sigma_m}$	$S_\sigma=\dfrac{255}{\dfrac{2.52}{0.93\times0.78}\times28.9+0}=2.54$	$S_\sigma=\dfrac{255}{\dfrac{1.8}{0.93\times0.81}\times27.5+0}=3.88$	$S_\sigma=\dfrac{255}{\dfrac{1.94}{0.93\times0.81}\times17.9+0}=5.53$	表 6-1-25
τ_a,τ_m/MPa	$\tau_a=\tau_m=\dfrac{T}{2Z_p}=\dfrac{615}{2\times50.7}=6.1$(脉动)	$\tau_a=\tau_m=\dfrac{T}{2Z_p}=\dfrac{1230}{2\times42.4}=14.5$	$\tau_a=\tau_m=\dfrac{T}{2Z_p}=\dfrac{1230}{2\times30.6}=20.1$	表 6-1-26
$S_\tau=\dfrac{\tau_{-1}}{\dfrac{K_\tau}{\beta\,\varepsilon_\tau}\tau_a+\psi_\tau\tau_m}$	$S_\tau=\dfrac{140}{\dfrac{1.82}{0.93\times0.74}\times6.1+0.21\times6.1}$ $=8.04$	$S_\tau=\dfrac{140}{\dfrac{1.5}{0.93\times0.76}\times14.5+0.21\times14.5}$ $=4.14$	$S_\tau=\dfrac{140}{\dfrac{1.62}{0.93\times0.76}\times20.1+0.21\times20.1}$ $=2.78$	表 6-1-25
$S=\dfrac{S_\sigma S_\tau}{\sqrt{S_\sigma^2+S_\tau^2}}$	$S_{Ⅳ}=\dfrac{2.54\times8.1}{\sqrt{2.54^2+8.1^2}}=2.42$	$S_{Ⅵ}=\dfrac{3.88\times4.14}{\sqrt{3.88^2+4.14^2}}=2.83$	$S_{Ⅷ}=\dfrac{5.53\times2.78}{\sqrt{5.53^2+2.78^2}}=2.48$	表 6-1-25

注：当系数无法从各表中直接查出时，可采用插入法求出。

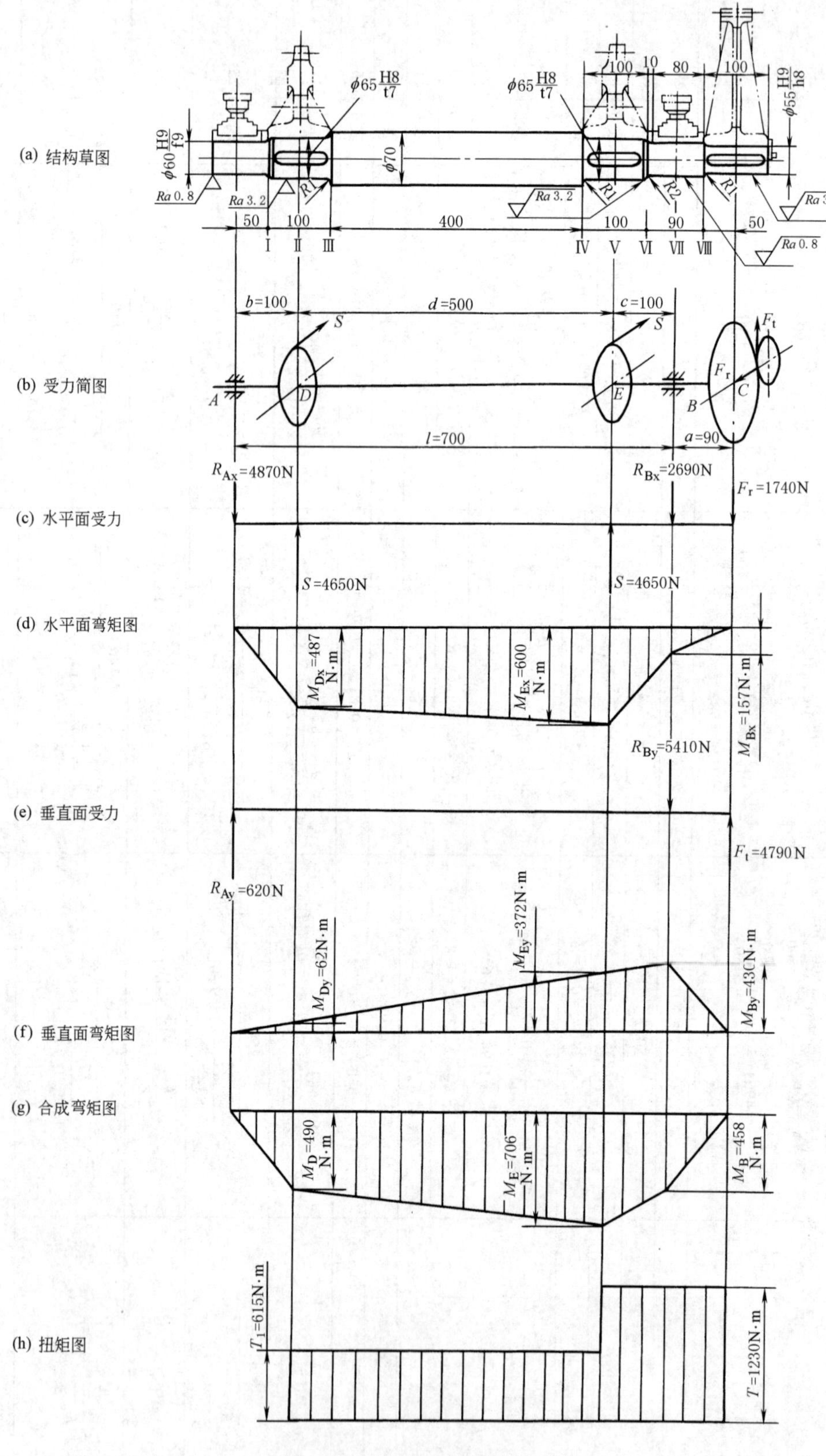

图 6-1-15 轴的结构和载荷图

等效应力法（按 GB/T 39545.1—2022）

确定截面Ⅳ、Ⅵ、Ⅷ为危险截面。假定在这三个截面上弯曲产生的正应力是对称循环的交变应力。扭转产生的切应力是脉动循环的。设轴线方向为 x 方向，水平方向为 y 方向，建立坐标系。

危险截面的应力分量：

应力	截面Ⅳ		截面Ⅵ		截面Ⅷ	
	应力幅	平均应力	应力幅	平均应力	应力幅	平均应力
σ_x	28.9	0	27.5	0	17.9	0
σ_y	0	0	0	0	0	0
σ_z	0	0	0	0	0	0
τ_{xy}	6.1	6.1	14.5	14.5	20.1	20.1
τ_{yz}	0	0	0	0	0	0
τ_{zx}	0	0	0	0	0	0

上述应力值按表 6-1-26 计算，与安全系数法计算值相同。

代入公式：

$$\sigma_a=\sqrt{\frac{1}{2}[(\sigma_{ax}-\sigma_{ay})^2+(\sigma_{ay}-\sigma_{az})^2+(\sigma_{az}-\sigma_{ax})^2]+3(\tau_{axy}^2+\tau_{ayz}^2+\tau_{azx}^2)}=\sqrt{\sigma_{ax}^2+3\tau_{axy}^2}$$

$$\sigma_m=\sqrt{\frac{1}{2}[(\sigma_{mx}-\sigma_{my})^2+(\sigma_{my}-\sigma_{mz})^2+(\sigma_{mz}-\sigma_{mx})^2]+3(\tau_{mxy}^2+\tau_{myz}^2+\tau_{mzx}^2)}=\sqrt{3}\tau_{mxy}$$

得等效应力的应力幅和平均应力：

等效应力	应力幅	平均应力
截面Ⅳ	30.8	10.6
截面Ⅵ	37.2	25.1
截面Ⅷ	39.1	34.8

轴材料疲劳强度修正：

项目	数值			说明
	截面Ⅳ	截面Ⅵ	截面Ⅷ	
无缺口抛光试样基本疲劳强度 σ_{fe}	295MPa	295MPa	295MPa	$\sigma_{fe}=0.5\sigma_b$
表面状态系数 k_a	0.928	0.847	0.847	查图 6-1-3
尺寸系数 k_b	0.794	0.800	0.807	查图 6-1-4
可靠度系数 k_c	0.817	0.817	0.817	查图 6-1-5(可靠度 0.99)
温度系数 k_d	1	1	1	正常温度范围内
寿命系数 k_e	1	1	1	$N\geqslant10^6$,取 1
应力集中修正系数 k_t	0.515	0.585	0.521	查图 6-1-9 和图 6-1-10
其他影响系数 k_g	1	1	1	无其他影响因素
疲劳强度修正系数 k	0.283	0.355	0.291	
修正疲劳强度 σ_f	83.475	104.674	85.830	

根据 1.5.3.2 小节中的计算式得疲劳强度安全系数：

截面	应力幅 σ_a	平均应力 σ_m	修正疲劳强度 σ_f	屈服强度 R_p	疲劳强度安全系数 S_{sf}
Ⅳ	30.8	10.6	83.475	295	2.70
Ⅵ	37.2	25.1	104.674	295	2.74
Ⅷ	39.1	34.8	85.830	295	2.13

计算静强度安全系数：选取截面Ⅴ、Ⅵ、Ⅷ为危险截面，许用应力系数取 0.75，峰值载荷系数取 2.0。

截面	σ_x	σ_y	σ_z	τ_{xy}	τ_{yz}	τ_{zx}	总应力	安全系数 S_{sp}
Ⅴ	29.8	0	0	24.3	0	0	51.6	2.15
Ⅵ	27.5	0	0	29.0	0	0	57.3	1.93
Ⅷ	17.9	0	0	40.2	0	0	71.9	1.54

（7）轴的静强度校核（安全系数法）

① 确定危险截面　根据载荷较大及截面较小的原则选取截面Ⅴ、Ⅵ、Ⅷ为危险截面。

② 校核危险截面的安全系数

计算内容及公式		$T_{\max}(=2T)$/N·m	$M_{\max}(=2M)$/N·m	Z/cm^3	Z_p/cm^3
计算值或数据	截面Ⅴ	$T_{Ⅴ\max}=2\times1230=2460$	$M_{Ⅴ\max}=2\times706=1412$	23.7	50.7
	截面Ⅵ	$T_{Ⅵ\max}=2\times1230=2460$	$M_{Ⅵ\max}=2\times582=1164$	21.2	42.4
	截面Ⅷ	$T_{Ⅷ\max}=2\times1230=2460$	$M_{Ⅷ\max}=2\times254=508$	14.2	30.6

计算内容及公式		σ_s	τ_s	$S_{s\sigma}=\dfrac{\sigma_s}{M_{\max}/Z}$	$S_{s\tau}=\dfrac{\tau_s}{T_{\max}/Z_p}$	$S_s=\dfrac{S_{s\sigma}S_{s\tau}}{\sqrt{S_{s\sigma}^2+S_{s\tau}^2}}$
计算值或数据	截面Ⅴ	295	171	4.95	3.52	2.87
	截面Ⅵ	295	171	5.37	2.94	2.58
	截面Ⅷ	295	171	8.24	2.12	2.05

参考表 6-1-41 取许用安全系数 $S_{sp}=1.5$，计算安全系数均大于许用值，故轴的静强度足够。在上述计算中取 $\tau_s=0.58\sigma_s=0.58\times295=171\mathrm{MPa}$（见表 6-1-40）。轴的工作图见图 6-1-16。本例中截面 *A—A* 处的键槽尺寸可以和截面 *B—B* 处的键槽尺寸一致，以便统一加工刀具。

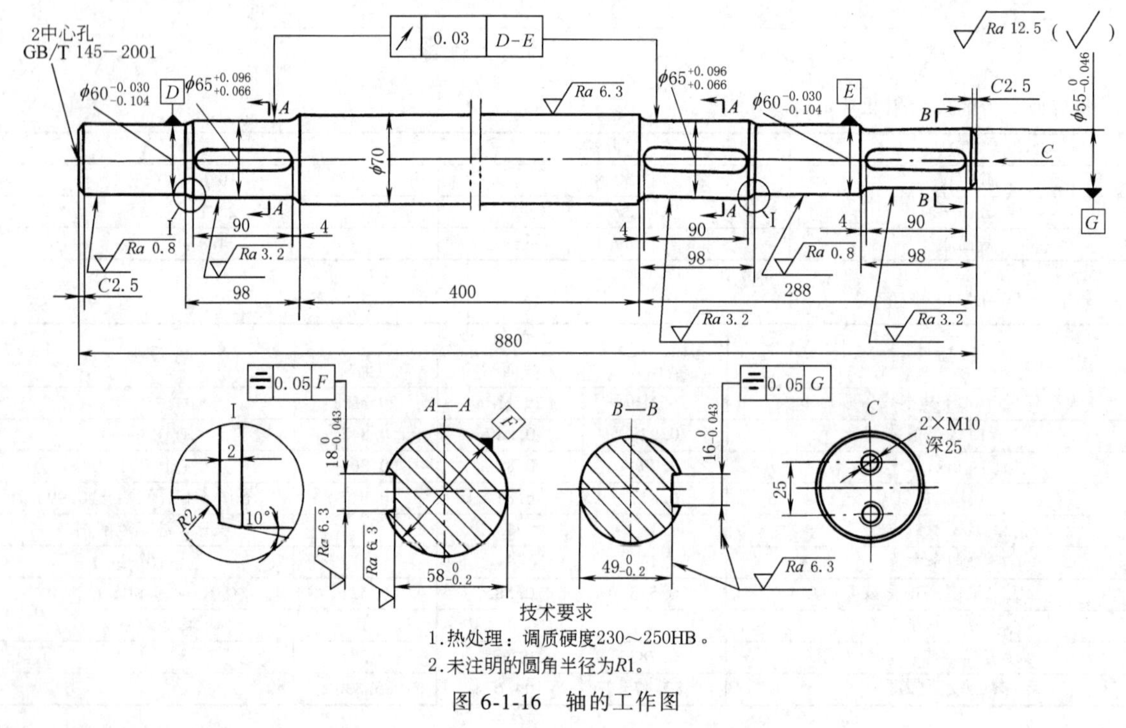

图 6-1-16　轴的工作图

2　曲　　轴

曲轴是内燃机、压缩机、往复泵和冲剪机床上的关键零件，它实现了旋转运动与往复运动间的转换。

2.1　曲轴结构设计

曲轴有整体曲轴（整体锻造曲轴和整体铸造曲轴）和组合曲轴。整体锻造曲轴应用较多，因其尺寸紧凑、重量轻、强度高。整体铸造曲轴可节省材料，减少切削加工量，得到较合理的形状，应力分布均匀。组合曲轴用于在制造、安装和维修方面有特殊要求的情况。

曲轴一般由轴端、轴颈、曲柄臂和平衡块等组成，如图 6-1-17 所示。

曲柄臂与连杆轴颈和主轴颈的组合体称为曲柄，主轴颈中心线到连杆轴颈中心线间的距离称为曲柄半径。曲柄是曲轴的基本组成部分，它的基本结构和尺寸除保证往复运动机构的运动规律外，在很大程度上决定了曲轴的强度和工作的可靠性。单位曲柄的结构设计主要是正确决定其各部分的尺寸和形状，如连杆轴颈、主轴颈、曲柄臂以及过渡圆角和油孔等的尺寸和形状，以保证曲轴有足够的疲劳强度和刚度，保证主轴承和连杆轴承工作可靠。

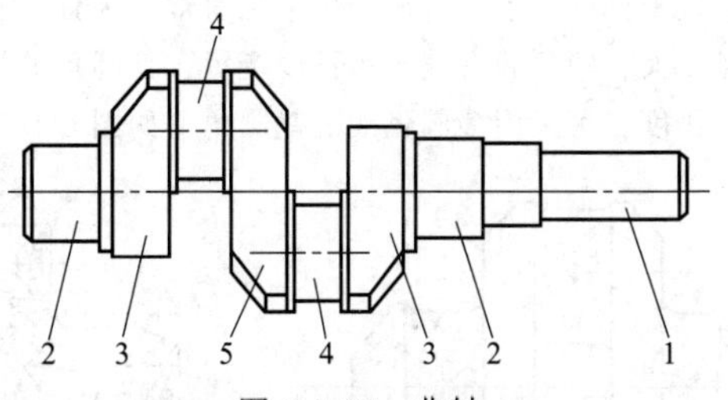

图 6-1-17　曲轴

1—轴端；2—主轴颈；3—短臂曲柄臂；4—连杆轴颈；5—长臂曲柄臂

轴端一般是曲轴的输入端或输出端，与带轮、联轴器等连接。

轴颈有主轴颈、中部支承轴颈和连杆轴颈，轴颈有锻造和铸造结构。锻造曲轴的轴颈一般制成实心结构。铸造曲轴的轴颈采用空心结构较多，其内径与外径之比为 0.4~0.5，空心结构可提高曲轴的疲劳强度，减轻曲轴的重量，也易保证铸造质量。常将空心连杆轴颈空腔中心线设计成相对于连杆轴颈中心向外侧偏离一个小距离 e，e 约等于连杆轴颈直径的 1/20（见图 6-1-18）。这种结构可减小连杆轴颈的旋转质量，使圆角处的弯曲应力降低，应力分布平坦。采用较大的圆角半径，设计卸载槽（见图 6-1-18），能使应力分布均匀，从而提高轴颈的弯曲强度。

连接主轴颈与连杆轴颈或连接两相邻连杆轴颈的部位称为曲柄臂，前者称短臂曲柄臂，后者称长臂曲柄臂。曲柄臂的截面有椭圆形、圆形、矩形等。较合理的是椭圆形（见图 6-1-18），其材料利用合理，应力分布均匀，疲劳强度高。圆形截面（见图 6-1-19）简单，有利于曲轴平衡，材料利用情况次于椭圆形。方形截面（见图 6-1-20）的材料利用情况最差，自重与旋转质量均较大。

平衡块用来平衡曲轴的不平衡惯性力和力矩，减轻主轴承载荷，以及减小曲轴和曲轴箱所受的内力矩。在保证各部件正常运转、互不干涉的条件下，尽量增大平衡块外缘半径和厚度。调整平衡块的包角，使平衡块质心的回转半径与平衡块质量的乘积满足动力计算的要求。平衡块与曲柄臂的连接，对于锻造曲轴多采用螺栓紧固。这种连接采用燕尾槽结构，以防止螺栓受剪，提高可靠性，也可设计成其他可靠的结构，如图 6-1-21 所示。铸造曲轴的平衡块一般与曲柄臂铸成一体。

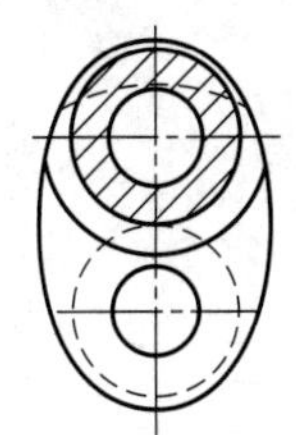

图 6-1-18　椭圆形截面

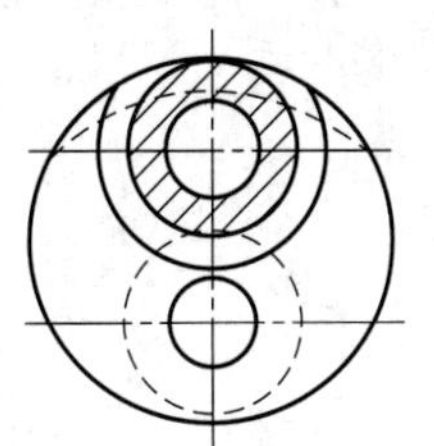

图 6-1-19　圆形截面

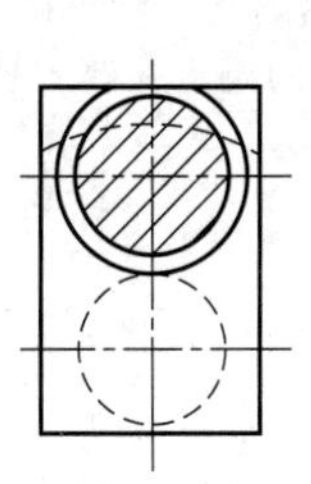

图 6-1-20　方形截面

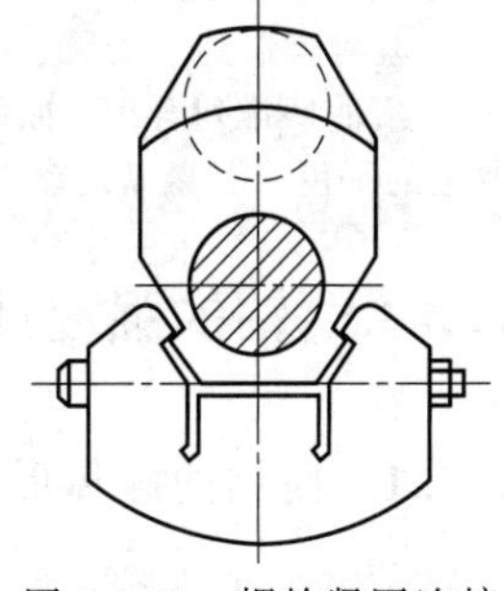

图 6-1-21　螺栓紧固连接平衡块与曲柄臂

油孔和油道的设计，无论对轴承润滑还是对曲轴强度都很重要。曲轴的主轴颈和连杆轴颈一般采用压力供油润滑，压力油经主油道送到各主轴承，再经曲轴内润滑油道进入连杆轴承。在决定主轴颈和连杆轴颈上油孔的位置时，既要保证供油压力和必要的冷却油量，又要使油孔对轴颈强度影响最小。一般把主轴颈上的油孔开在最大轴颈压力作用线的垂直方向。连杆轴颈上的油孔多开在垂直于曲柄平面的方向，当曲柄在平面内弯曲时，油孔位置接近连杆轴颈的中性平面，轴颈表面的弯曲正应力和扭转切应力均较小。此外，还应同时考虑曲轴的结构和钻孔的工艺性来确定油孔位置。油孔直径为轴颈直径的 5%~10%，且不小于 3~5mm。油孔孔口必须倒圆并抛光。曲轴润滑油道的布置如图 6-1-22 所示。

轴颈的过渡圆角 r 处是曲轴应力集中最严重的区域，合理设计过渡圆角的尺寸和形状十分重要。

过渡圆角设计时应注意以下几点。

① 圆角半径越小，应力集中越大，曲轴疲劳强度越低，当圆角半径与轴颈直径的比值 $r/d \leqslant 0.05$ 时，应力集

中就十分严重了，一般圆角半径通常取为轴颈直径的5%～8%。对于合金钢曲轴最好采用较大的 r 值。但圆角半径变大，轴颈的有效工作长度变短，且圆角的加工质量也难以保证。为了增大过渡圆角半径且不缩短轴颈有效工作长度，可采用多圆弧或沉割圆角，如图 6-1-23 所示。

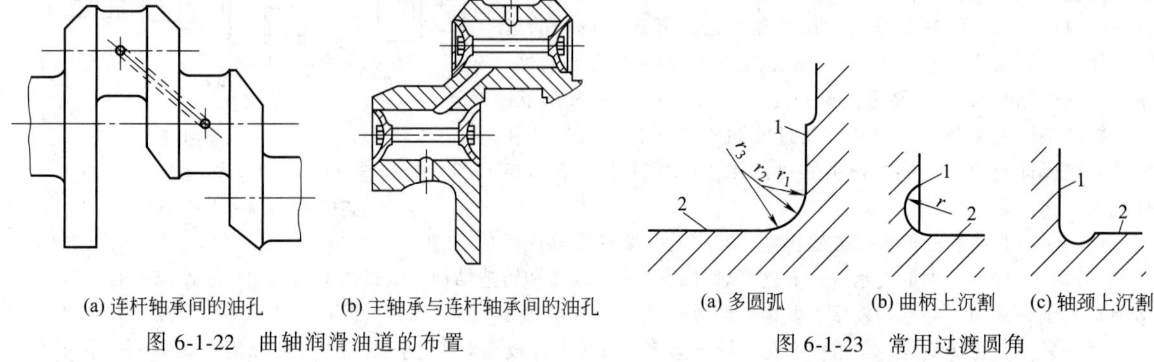

(a) 连杆轴承间的油孔　(b) 主轴承与连杆轴承间的油孔

图 6-1-22　曲轴润滑油道的布置

(a) 多圆弧　(b) 曲柄上沉割　(c) 轴颈上沉割

图 6-1-23　常用过渡圆角

1—曲柄；2—轴颈

② 轴颈表面和圆角表面应一次磨成，保证衔接处有较小的表面粗糙度值。对重要曲轴，圆角表面应施以强化措施，以提高疲劳强度。

③ 同一曲轴上的圆角，包括轴颈突变处的圆角，应尽量取同一圆角半径，以便于加工。

2.2　曲轴的设计要点

① 曲轴尺寸和形状的确定，必须满足强度和刚度的要求，减少应力集中，减少曲轴的挠曲变形，提高曲轴的自振频率，尽量避免在工作转速范围内发生共振，争取较大的轴颈重叠度并减小跨度，应尽量减小平衡块的质量，消除曲柄臂的肩部。

② 应保证主轴承和连杆轴承有足够的承压面积、耐磨性及可靠的润滑，油孔布置合理，力求润滑到位，对曲轴的强度影响小，加工工艺易于实现。

③ 考虑制造、安装、维修方便。

④ 曲柄排列合理，曲柄臂间错角均等，平衡块配置合理，力求曲轴几何中心线对称，以利于惯性力与惯性力矩的平衡，尽量满足动、静平衡的要求，改善轴系的扭振，使其运转平稳。

2.3　曲轴的强度计算

2.3.1　曲轴的破坏形式

曲轴的破坏形式主要是弯曲疲劳破坏和扭转疲劳破坏。弯曲疲劳破坏时，裂纹首先发生在连杆轴颈和主轴颈圆角处，然后向曲柄臂发展。扭转疲劳破坏时，裂纹发生在油孔或圆角处，然后与轴线呈45°方向发展。曲轴所受的弯曲载荷大于扭转载荷，所以大多是弯曲疲劳破坏。另外，随着油孔加工的日益完善和扭转减振器的应用，扭转疲劳破坏的可能性进一步降低。

曲轴破坏的主要形式见表 6-1-53。

表 6-1-53　　曲轴主要破坏形式

破坏形式	特征	主要原因
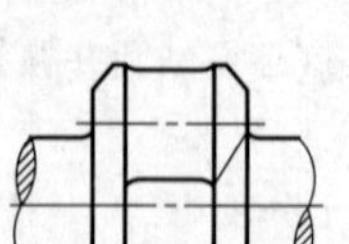	裂纹由圆角处产生，向曲柄臂发展，造成曲柄臂断裂。这是最常见的曲轴破坏形式	①圆角半径过小 ②圆角加工不良 ③曲柄臂太薄 ④曲轴箱及支承刚度太小，主轴颈变形大，引起主轴及主轴承不均匀磨损，产生过大的附加弯曲应力 ⑤材质不良

续表

破坏形式	特征	主要原因
	裂纹起源于油孔，沿与轴线呈 45°方向发展	①过大的扭转振动 ②油孔口倒圆圆角太小，应力集中较大 ③油孔边缘加工不良
	裂纹起源于圆角或油孔，且只沿一个方向发展，与轴线呈 45°	①由于不对称交变扭矩引起破坏 ②圆角加工不良及热加工工艺不完善，造成材料组织不均匀 ③油孔边缘加工不良 ④连杆轴颈太细
	裂纹沿圆角周向发生，断口呈径向锯齿形	①圆角半径过小，引起过大的应力集中 ②材料有缺陷
腐蚀疲劳破坏	裂纹由圆角点蚀处产生	由于使用中保养不善，润滑油恶化造成腐蚀，或停机时润滑油中含有水分，造成圆角处点蚀

2.3.2 曲轴的受力分析

作用在曲轴上的力比较复杂，现对作用于单位曲柄上的力进行分析（见图 6-1-24）。

(1) 作用在连杆轴颈上的力

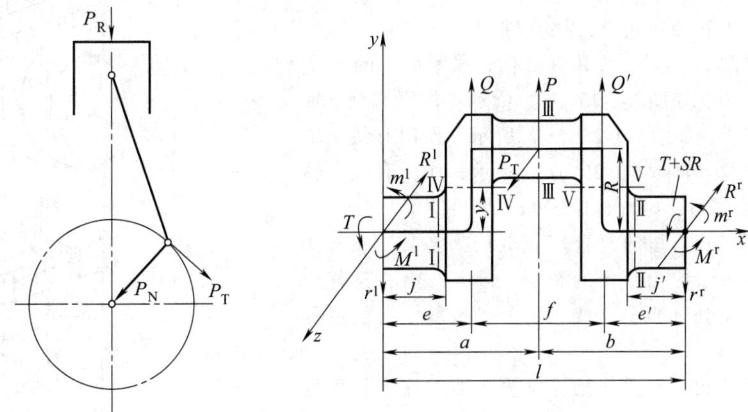

图 6-1-24　作用于单位曲柄上的力

对于压缩机和内燃机上的曲轴，其连杆轴颈上作用有气体压力和活塞连杆组往复运动惯性力所产生的径向力 P_N 和切向力 P_T，统称为连杆力，它是周期性交变的。还有连杆轴颈回转质量的离心惯性力，所有径向力作用于曲柄平面内的连杆中心处，用 P 代替。

(2) 作用在曲柄臂上的力

① 左曲柄臂自重的回转惯性力和平衡块的回转惯性力，二者之和用 Q 表示。

② 右曲柄臂自重的回转惯性力和平衡块的回转惯性力，二者之和用 Q' 表示。

(3) 作用在主轴颈上的力

① 输入扭矩 T 及阻力矩（$T+RS$）。

② 对于多曲柄曲轴，作用有相邻曲柄传来的弯矩，在曲柄平面内的分量用 m^r、m^l 表示，垂直于曲柄平面内的分量用 M^r、M^l 表示。

③ 作用于轴颈上的支反力，在曲柄平面内的支反力为 r^r、r^l，垂直于曲柄平面内的支反力为 R^r、R^l。

主轴颈上支反力为

$$r^r=[Pa+Qe+Q'(e+f)+m^l+m^r]/l,\ r^l=[Pb+Q(e'+f)+Q'e'-m^l-m^r]/l$$

$$R^r=(P_Ta-M^l-M^r)/l,\ R^l=(P_Tb+M^l+M^r)/l$$

2.3.3 曲轴的静强度校核

曲轴的破坏多数由应力集中区疲劳裂纹发生、发展引起，因此应对疲劳裂纹处（如连杆轴颈圆角、油孔等处）进行强度校核。在低速曲轴的设计中，为了简化计算，仍采用静强度校核的方式，将曲轴所受载荷视为应力幅等于最大应力的对称循环应力，并略去应力集中系数和尺寸系数的影响，代之以较大的安全系数，避开复杂的疲劳强度校核，这对于低速曲轴计算是可行的。

曲轴的静强度校核主要在主轴颈Ⅰ和Ⅱ截面、连杆轴颈Ⅲ截面和曲柄臂Ⅳ和Ⅴ截面处进行（见图 6-1-24）。曲轴各截面的弯矩、扭矩及轴向力的计算公式见表 6-1-54（使杆件向下弯时的力或弯矩取为正，向上弯时取为负）。

表 6-1-54　曲轴各截面的弯矩、扭矩及轴向力的计算公式

截面编号	绕 x 轴扭矩 T_x	绕 y 轴扭矩 T_y	绕 x 轴（yz 平面内）弯矩 M_x	绕 y 轴（zx 平面内）弯矩 M_y	绕 z 轴（xy 平面内）弯矩 M_z	轴向力 F_a
Ⅰ	T	0	0	M^1-R^1j	m^1+r^1j	0
Ⅱ	$T+SR$	0	0	$-M^r-R^rj'$	$-m^r+r^rj'$	0
Ⅲ	$T+R^1R$	0	0	M^1-R^1a	$ar^1-(a-e)Q+m^1$	0
Ⅳ	0	M^1-R^1e	$T+R^1y$		r^1e+m^1	r^1
Ⅴ	0	$-M^r-R^re'$	$T+SR-R^ry$		$r^re'-m^r$	r^r

从表 6-1-55 可以看出，连杆轴颈截面Ⅲ受到弯扭联合作用，主轴颈截面Ⅰ、Ⅱ也受到弯扭联合作用，曲柄臂受力较复杂，截面Ⅳ、Ⅴ除受到弯扭联合作用外，还有轴向力的作用。以曲柄臂截面Ⅳ为例（见图 6-1-24），作用在曲柄臂横断面上的 r^1 所产生的拉（或压）应力，如图 6-1-25（a）所示；作用有绕 z 轴的 r^1e 和 m^1 的弯曲应力，如图 6-1-25（b）所示；作用有绕 x 轴的 T 和 R^1y 的弯曲应力，如图 6-1-25（c）所示；作用有绕 y 轴的 M^1 和 R^1e 的扭转切应力，如图 6-1-25（d）所示。

曲柄臂受拉、压、弯、扭的复合交变载荷，名义上顶点 B 点应力最大，实际上由于应力集中的影响，最大应力在连杆轴颈与曲柄臂的过渡圆角处 A 点，这些点可分别校核，一般主要校核 A 点。

对于活塞式压缩机和往复泵曲轴，应按下面工况进行静强度校核：

① 最大输入转矩的曲柄；

② 活塞力绝对值最大的曲柄。

对于低速柴油机曲轴，应按下面工况进行静强度校核：

① 启动工况，这时惯性力不计，只考虑最大气体压力；

② 标定工况，即活塞处于上死点；曲柄的切向力最大时的位置；各曲柄的总切向力为最大值时的位置。

被校核的曲柄应取扭矩为最大的一个。

轴颈和曲柄臂的静强度校核公式见表 6-1-55。

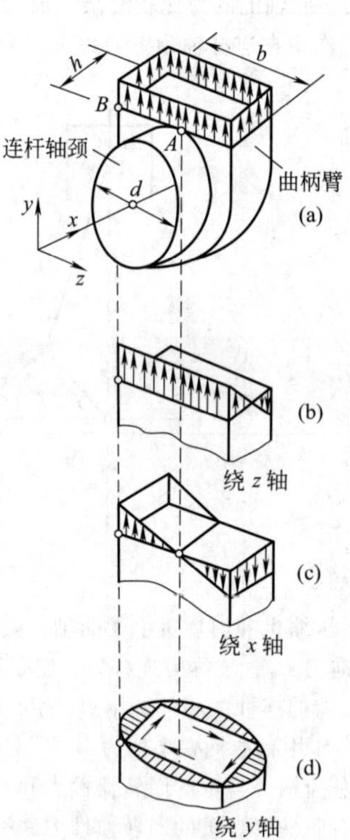

图 6-1-25　曲柄臂应力示意图

表 6-1-55　轴颈和曲柄臂的静强度校核公式

	公式	说明
安全系数	$S=\dfrac{\sigma_{-1}}{\sqrt{\sigma^2+4\tau^2}}\geqslant S_p$	σ_{-1}——曲轴材料弯曲疲劳极限，MPa σ——危险点的正应力，MPa τ——危险点的切应力，MPa S_p——许用安全系数，推荐 $S_p=3.5\sim5$，S_p 的取值视材料组织的均匀程度、过渡圆角的大小以及表面粗糙度而定

续表

<table>
<tr><th colspan="3">公式</th><th>说明</th></tr>
<tr><td>轴颈危险点的应力</td><td colspan="2">$$\sigma=\frac{\sqrt{M_y^2+M_z^2}}{W_z}$$ $$\tau=\frac{T_x}{W_x}$$</td><td>W_x——轴颈抗扭截面系数, cm^3
W_z——轴颈抗弯截面系数, cm^3
M_y, M_z——绕 y 轴和绕 z 轴的弯矩, N · m
T_x——绕 x 轴的扭矩, N · m</td></tr>
<tr><td rowspan="2">曲柄臂危险点的应力</td><td>矩形截面和椭圆形截面的长、短轴端点应力</td><td>截面短轴端点应力 $$\sigma=\frac{|M_z|}{W_z}+\frac{|F_a|}{A}$$ $$\tau=\gamma\frac{T_y}{W_y}$$ 截面长轴端点应力 $$\sigma=\frac{|M_x|}{W_x}+\frac{|F_a|}{A}$$ $$\tau=\frac{T_y}{W_y}$$</td><td rowspan="2">W_y——曲柄臂抗扭截面系数, cm^3
W_z, W_x——曲柄臂抗弯截面系数, cm^3
F_a——轴向力, N
A——曲柄臂截面面积, mm^2
γ——取决于截面形状的扭转应力比值系数
T_y——绕 y 轴的扭矩, N · m
椭圆形截面在纯扭转时的 γ 值由下式决定：
$$\gamma=h/b$$ 矩形截面在纯扭转时，由下表决定：<table><tr><td>b/h</td><td>1.0</td><td>1.5</td><td>2.0</td><td>3.0</td><td>4.0</td><td>6.0</td><td>8.0</td><td>10.0</td></tr><tr><td>γ</td><td>1.000</td><td>0.858</td><td>0.796</td><td>0.753</td><td>0.745</td><td>0.743</td><td>0.743</td><td>0.743</td></tr></table>b——椭圆或矩形截面的长边长度, mm
h——椭圆或矩形截面的短边长度, mm</td></tr>
<tr><td>矩形截面角点的应力</td><td>$$\sigma=\frac{|M_z|}{W_z}+\frac{|M_x|}{W_x}+\frac{|F_a|}{A}$$ $$\tau=0$$</td></tr>
</table>

2.3.4 曲轴的疲劳强度校核

连杆轴颈与曲柄臂间的过渡圆角处及油孔处，应力集中大，是曲轴易发生疲劳破坏的部位，因此需考虑应力集中系数和尺寸系数，进行疲劳强度校核（见表 6-1-56）。一般采用分段法，取受载荷最严重的曲柄作为简支梁进行疲劳强度计算。内燃机是对累积扭矩变化幅度最大的曲柄进行疲劳校核，压缩机是对邻近功率输入端的曲柄进行疲劳校核。

表 6-1-56　　曲轴的疲劳强度校核公式

<table>
<tr><td rowspan="2">公式</td><td colspan="2">$$S=\frac{S_\sigma S_\tau}{\sqrt{S_\sigma^2+S_\tau^2}}\geqslant S_p$$</td></tr>
<tr><td>只考虑弯矩作用时的安全系数 $$S_\sigma=\frac{\sigma_{-1}}{\frac{K_\sigma}{\beta\varepsilon_\sigma}\sigma_a+\psi_\sigma\sigma_m}$$</td><td>只考虑扭矩作用时安全系数 $$S_\tau=\frac{\tau_{-1}}{\frac{K_\tau}{\beta\varepsilon_\tau}\tau_a+\psi_\tau\tau_m}$$</td></tr>
<tr><td>说明</td><td colspan="2">S_p——按疲劳强度计算的许用安全系数，推荐 $S_p=1.5\sim3.0$
σ_{-1}——对称循环应力下，锻件材料弯曲疲劳极限，MPa，见表 6-1-1，铸铁见表 6-1-57
τ_{-1}——对称循环应力下，锻件材料扭转疲劳极限，MPa，见表 6-1-1，铸铁见表 6-1-57
K_σ, K_τ——弯曲和扭转时的有效应力集中系数，见 2.3.5 节
β——表面质量系数，一般用表 6-1-36，轴表面强化处理后用表 6-1-39，有腐蚀情况时用表 6-1-37 或表 6-1-38
$\varepsilon_\sigma, \varepsilon_\tau$——弯曲和扭转时的尺寸影响系数，见表 6-1-35，球墨铸铁的尺寸影响系数可取表中相应尺寸的 90%
ψ_σ, ψ_τ——材料拉伸和扭转时的平均应力折算系数，见表 6-1-34
$\sigma_a, \sigma_m, \tau_a, \tau_m$——弯曲和扭转时的名义应力幅和名义平均应力，MPa，见 2.3.5 节</td></tr>
</table>

表 6-1-57　　曲轴常用铸铁的静强度与疲劳强度

材料	抗拉强度 σ_b/MPa	屈服强度 $\sigma_{0.2}$/MPa	硬度 HBW	弯曲疲劳极限 σ_{-1}/MPa	扭转疲劳极限 τ_{-1}/MPa
未热处理（球光体-铁素体基体）	680~700	—	269~285	230	—
退火后（铁素体基体）	480~520	300~330	170~187	150~200	—
正火后（珠光体基体）	700~800	500~640	241~300	220~265	175~195
等温淬火后（托氏体-铁素体基体）	780~810	—	241~255	335	246

2.3.5 有效应力集中系数 K_σ、K_τ 及应力 σ_a、σ_m、τ_a、τ_m

有效应力集中系数 K_σ、K_τ 分别按图 6-1-26 和图 6-1-27 查取 $(K_\sigma)_D$、$(K_\tau)_D$ 后，按下式计算：

$$K_\sigma=(K_\sigma)_D\varepsilon_\sigma, K_\tau=(K_\tau)_D\varepsilon_\tau$$

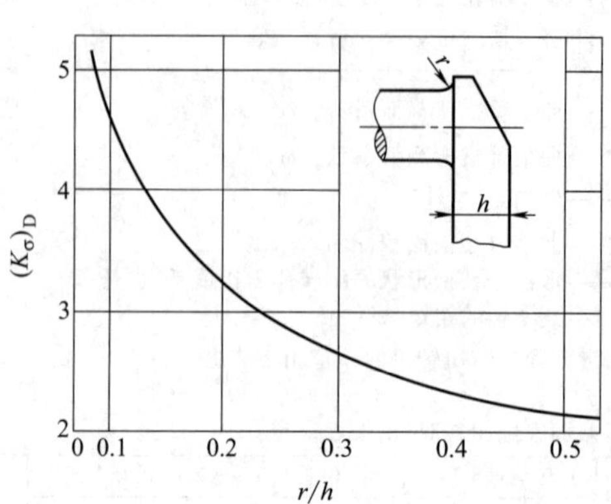

图 6-1-26 曲柄臂弯曲有效应力集中系数

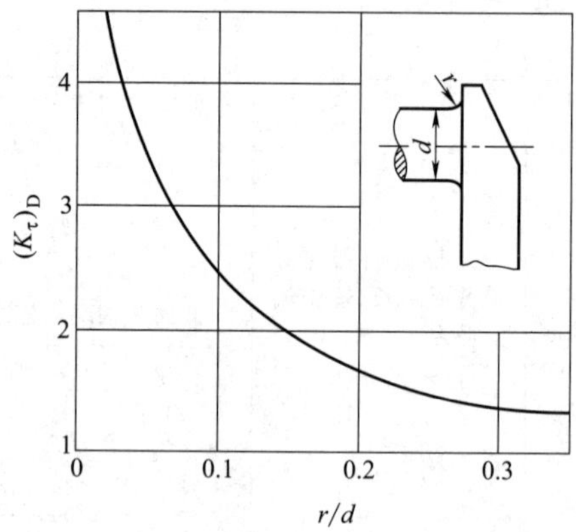

图 6-1-27 轴颈扭转有效应力集中系数

弯曲和扭转名义应力幅的计算，应根据具体截面具体点考虑，如对于曲柄臂截面Ⅳ A 点（见图 6-1-24 及图 6-1-25)，可按下式计算：

$$\sigma_a=\frac{M_{zmax}-M_{zmin}}{2W_z}$$

$$\tau_a=\frac{T_{xmax}-T_{xmin}}{2W_x}$$

式中 M_{zmax}，M_{zmin}——曲轴旋转一周，作用在曲柄臂过渡圆角所在截面处的最大和最小的绕 z 轴的弯矩，N · m（见表 6-1-54 中的截面Ⅳ)；

T_{xmax}，T_{xmin}——曲轴旋转一周，作用在轴颈过渡圆角所在截面处的最大和最小的绕 x 轴的扭矩，N · m（见表 6-1-54 中的截面Ⅲ)；

W_z——曲柄臂的抗弯截面系数，cm^3；

W_x——连杆轴颈抗扭截面系数，cm^3。

弯曲和扭转的名义平均应力按下式计算：

$$\sigma_m=\frac{M_{zmax}+M_{zmin}}{2W_z}$$

$$\tau_m=\frac{T_{xmax}+T_{xmin}}{2W_x}$$

为了简化计算，在被校核曲柄上的法向力（图 6-1-24 中 P 主要是 P_N）为最大和最小时近似地计算 M_{zmax} 和 M_{zmin}，在输入转矩 T 为最大和最小时计算 T_{xmax} 和 T_{xmin}。

2.3.6 提高曲轴强度的措施

(1) 结构措施

① 加大轴颈重叠度 如图 6-1-28 所示，增大轴颈重叠度 $A[A=(D_1+D_2)/2-r=0.5(D_1+D_2-S)$，r 为曲柄半径，S 为活塞行程]，可显著提高曲轴的疲劳强度，曲柄臂越薄越窄时，效果越明显。采用短行程是增加重叠度的有效办法，它比通过加大主轴颈来增加重叠度的作用大。

② 加大过渡圆角 过渡圆角的尺寸、形状以及材料组织和表面粗糙度对曲轴应力集中的影响十分明显。加大过渡圆角虽可减小圆角处的应力集中效应，但会使轴颈的有效工作长度缩短，一般可采用图 6-1-23 所示的过渡圆角形式。

③ 采用空心轴颈 若以提高曲轴弯曲强度（降低连杆轴颈圆角最大弯曲应力）为主要目标，可采用主轴颈

为空心的半空心结构。若同时要减轻曲轴的重量和减小连杆轴颈的离心力，以降低主轴承载荷，则宜采用全空心结构，并将连杆轴颈内孔向外侧偏移 e（见图 6-1-28），一般 $d/D=0.4$ 左右效果最好。此外，轴颈空心孔的缩口厚度 T（即图中 T_1、T_2）对圆角弯曲应力有一定影响，当 $T/h=0.2\sim0.4$ 时，弯曲应力下降较多。

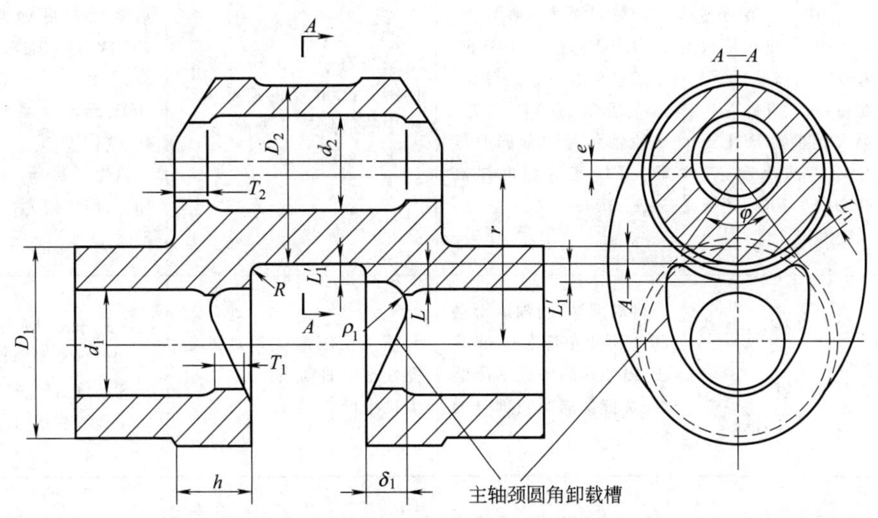

图 6-1-28　空心卸载的曲柄结构

④ 卸载槽　有连杆轴颈圆角卸载槽和主轴颈圆角卸载槽，卸载槽一般与空心结构结合使用。图 6-1-28 所示为主轴颈圆角卸载槽，其主要参数有槽边距 L_1'、槽深 δ_1、槽根圆角半径 ρ_1 及张角 φ。卸载作用随着卸载槽边距 L_1'和槽根圆角半径 ρ_1 的减小，以及槽深 δ_1 的增大而增加，但当 $L_1'<R$，$\rho_1<R$ 时，卸载槽根部应力可能会超过过渡圆角应力，因此应使 $L_1'>R$，$\rho_1>R$。对于空心卸载的曲柄，基本影响因素是空心边距 L，L 与 L_1'的影响基本一致。可通过查找最佳空心边距 L^* 而得到最佳 L_1'。由图 6-1-29 查得 L^*/R，图中 R 为过渡圆角半径，A 为重叠度，D 为轴颈直径。

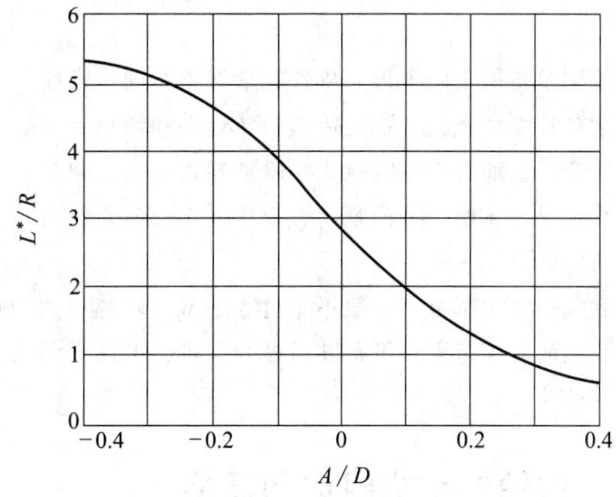

图 6-1-29　最佳空心边距 L^* 的确定

注意，连杆轴颈圆角卸载槽使该圆角应力降低的同时，却使相邻的主轴颈圆角应力增加，主轴颈圆角卸载槽使主轴颈圆角应力减小的同时也使相邻连杆轴颈圆角应力增加。一般取 $L_1'=(1\sim1.5)R$；$\delta_1=(0.3\sim0.5)h$；$\rho_1\geqslant R$；$\varphi=50°\sim70°$。

（2）工艺措施

采用局部强化的方法，使材料充分发挥其强度的潜力，使曲轴趋向等强度，在结构不变的条件下，提高曲轴疲劳强度。曲轴的典型强化方法见表 6-1-58。

表 6-1-58　　曲轴的典型强化方法

方法	圆角滚压加工	轴颈和圆角同时淬火	喷丸	软氮化
强化机理	在滚压力作用下，应力超过材料屈服极限，材料产生塑性变形，发生冷作硬化，硬度提高，曲轴表层到某一深度出现残余压应力，此压应力抵消了部分工作拉应力，从而提高了其疲劳强度	用高频淬火使材料的金属组织发生相变，产生马氏体、贝氏体，发生体积膨胀，产生残余压应力，使硬度提高	属于冷作变形，使曲轴表面留有压应力，提高表层硬度	现一般采用气体软氮化工艺，使碳、氮原子固溶而产生固溶强化，在曲轴表面形成氮化铁、碳化铁组成的化合物层，使金属体积增大而产生残余压应力

第 6 篇

续表

方法	圆角滚压加工	轴颈和圆角同时淬火	喷丸	软氮化
效果	珠光体球铁曲轴圆角经滚压后,其弯曲疲劳强度提高 50%~90%,可改善圆角表面粗糙度,消除微裂纹和针孔、气孔等铸造缺陷。钢曲轴圆角经滚压后,其弯曲疲劳强度可提高 20%~70%,还可减缓裂纹发展速度	淬硬层深度一般为 3~7mm,硬度为 55~63HRC,一般经粗磨后感应淬火,淬火后精磨消除变形。一般轴颈及圆角同时淬硬,可使疲劳强度提高 30%~100%	采用直径为 0.5mm 左右的钢丸,以很高的速度从喷枪中喷射到零件表面,从而产生残余压应力	氮化层深 0.2~0.3mm,氮化后表面硬度钢曲轴达 700~900HV,球铁曲轴达 500HV,可提高疲劳强度(碳钢 60%~80%,低合金钢 50%~90%,球铁 50%~70%) 氮化层极薄,氮化后不应再加工,但可抛光,以改善表面粗糙度
优缺点	①冷加工,因不需加热而节能 ②处理时间短 ③不能提高耐磨性	可局部淬火,轴承滑动部分和圆角部分一起淬硬,既能提高轴颈的耐磨性,又能提高圆角部分的疲劳强度	喷丸比滚压优越之处是能使整个曲轴表面强化,可大批生产	①轴承滑动部分也可强化 ②可提高耐磨性 ③处理时间长 ④稍有变形

3 软　　轴

软轴主要用于两个传动机件的轴线不在同一直线上，或工作时彼此要求有相对运动的空间传动。它可以弯曲地绕过各种障碍物，远距离传递回转运动和转矩。适合于受连续振动的场合以缓和冲击，也适用于高转速、小转矩的场合。软轴有钢丝绕线式、联轴器式和钢丝弹簧式三种。本节仅涉及钢丝绕线式软轴。

软轴安装简便、结构紧凑、工作适应性强。但当转速低、转矩大时，从动轴的转速往往不均匀，且扭转刚度也不易保证。

软轴传递功率范围一般不超过 5.5kW，转速可达 20000r/min。

软轴的应用范围：可移动机械和工具，主轴可调位的机床，混凝土振动器，砂轮机，医疗器械，以及里程表和遥控仪等。

3.1　软轴的结构组成和规格

软轴通常由钢丝软轴、软管、软轴接头和软管接头四个主要部分组成。

3.1.1　钢丝软轴

钢丝软轴由几层紧密缠绕的弹簧钢丝层构成（见图 6-1-30），相邻钢丝层的缠绕方向相反。由软轴传递转矩时，相邻两层钢丝中一层趋于拧紧，另一层趋于拧松，以使各层钢丝间趋于压紧。轴的旋转方向应使表层钢丝趋于拧紧为合理。

软轴按表层钢丝缠绕方向分为左旋和右旋；按用途分为动力传动用软轴（G 型，功率型）和控制传动用软轴（K 型，控制型）。G 型软轴多数无芯丝，钢丝直径较大，层数较少，挠性和耐磨性好。K 型软轴有芯丝，每层钢丝根数较多，钢丝直径较小，层数也多，因而扭转刚度大。

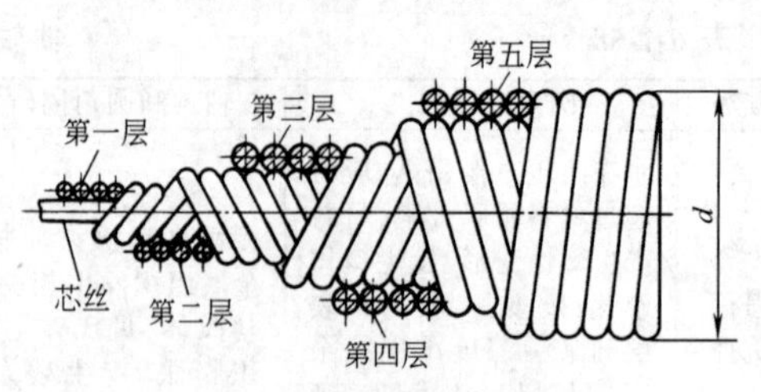

图 6-1-30　钢丝软轴

常用钢丝软轴的尺寸规格见表 6-1-59。

表 6-1-59　常用钢丝软轴的尺寸规格　mm

型号	公称直径	允许偏差	端头允许偏差	芯丝直径	每层钢丝根数×钢丝直径							
					1层	2层	3层	4层	5层	6层	7层	8层
G型（动力传动用）	10	±0.10	+0.4	1.2	4×0.8	4×1.0	4×1.2	5×1.4				
	12	±0.15	+0.6	1.2	4×0.8	4×0.8	4×1.0	5×1.3	5×1.5			
	13	±0.15	+0.6	1.2	4×0.8	4×1.0	4×1.2	5×1.3	5×1.6			
	16	±0.15	+0.7	1.6	4×1.0	4×1.2	4×1.4	5×1.6	5×2.0			
	20	±0.20	+1.0	1.6	4×1.0	4×1.2	4×1.4	5×1.6	6×1.8	6×2.2		
	25	±0.50	+1.5	1.6	4×1.0	4×1.2	4×1.4	5×1.6	6×1.8	6×2.2	6×2.5	
	30	±1.0	+2.5	1.8	4×1.0	4×1.4	5×1.8	5×2.0	6×2.4	6×2.5	6×3.0	
	40	±1.5	+3.0	2.0	4×1.2	5×1.5	5×2.0	6×2.4	6×2.6	6×2.8	6×3.0	6×3.5
K型（控制传动用）	4	±0.20	+0.4	0.6	4×0.3	6×0.3	6×0.3	8×0.4	10×0.4			
	5	±0.20	+0.4	0.6	4×0.3	6×0.3	6×0.4	8×0.4	10×0.4	10×0.4		
	6	±0.25	+0.5	0.6	4×0.4	6×0.4	6×0.4	8×0.5	8×0.5	10×0.5		
	6.5	±0.25	+0.5	0.7	4×0.4	6×0.4	6×0.4	8×0.5	8×0.6	10×0.6		
	8	±0.30	+0.6	0.8	4×0.4	6×0.4	6×0.4	8×0.5	8×0.6	10×0.6	10×0.7	

注：1. 长度可按需订购，具体钢丝根数和直径由厂家选定。

2. 外层钢丝为左旋，右旋时应注明。

3.1.2　软管

软管用来支承软轴在其中工作，不与外界零件直接接触；保存软轴表面的润滑油，并防止污物侵入轴内；使操作安全，防止软轴损坏。

软管尺寸的选择取决于软轴直径，其选配尺寸见表 6-1-60。常用软管的类型与规格见表 6-1-61。

表 6-1-60　几种软轴和软管选配尺寸　mm

软轴直径	3.3①	4	5	6	8	10	12,13②	16	20	25	30
软管直径	5.5	6	8	9	11	15	18,20	22	28	32	38

①用于里程表。②用于振动器。

表 6-1-61　常用软管的类型与规格

类型	结构简图	软管主要尺寸/mm				特点
		钢丝软轴公称直径 d	软管内径 d_0	软管外径 D	最小弯曲半径 R_{min}	
金属软管		13 16 19	20±0.5 25±0.5 32±0.5	25±0.5 32±0.5 38±0.5	270 300 375	由镀锌的低碳钢带卷成，钢带镶口内填以石棉或棉纱绳。结构较简单、重量轻、外径小，但强度和耐磨性较差
橡胶金属软管	橡胶管　金属软管　衬簧	13	19±0.5 21±0.5	36^{+1}_{0} 40^{+1}_{0}	300 325	在金属软管内衬以衬簧，外面包上橡胶保护层。耐磨性及密封性均较金属软管好

续表

类型	结构简图	软管主要尺寸/mm				特点
		钢丝软轴公称直径 d	软管内径 d_0	软管外径 D	最小弯曲半径 R_{min}	
衬簧橡胶软管	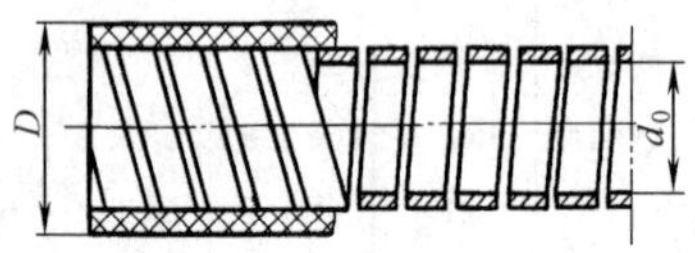 D d_0	8 10 13 16	$14^{+0.5}_{0}$ $16^{+0.5}_{0}$ $20^{+0.5}_{0}$ $24^{+0.5}_{0}$	22^{+1}_{0} 30^{+1}_{0} 36^{+1}_{0} 40^{+1}_{0}	225 320 360 400	在橡胶管内衬以衬簧，比橡胶金属软管结构简单。混凝土振动器多用此种软管
衬簧编织软管	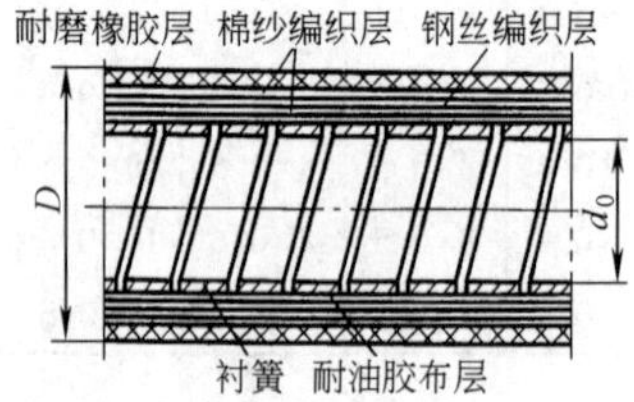 耐磨橡胶层 棉纱编织层 钢丝编织层 D d_0 衬簧 耐油胶布层	13	$20^{+0.5}_{0}$	36^{+1}_{0}	360	衬簧由弹簧钢带卷成，外面依次是耐油胶布层、棉纱编织层、钢丝编织层、棉纱编织层和耐磨橡胶层。强度、挠度、耐磨性、密封性均较好
小金属软管	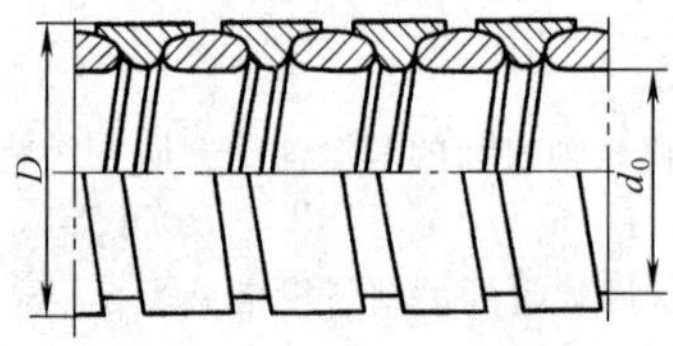 D d_0	3.3 5	5.5±0.1 8±0.2	8±0.1 10.5±0.2	150 175	由两层成形钢带卷成，挠性较好，密封性较差。用于控制型软轴

注：设计选用时应以专业公司产品样本为准。

3.1.3 软轴接头

软轴接头用于连接软轴与动力输出轴及被传动部件。连接的方式有固定式和滑动式两种。固定式连接比较可靠，但当软轴工作过程中弯曲半径较小时容易磨损。滑动式连接允许软轴在软管内有较大的窜动，但当弯曲半径太小时接头有可能滑脱。为便于软轴的拆卸检查和润滑，软轴接头的外径尺寸要保证有一头小于软管和软管接头的内径。

常用钢丝软轴接头的结构型式见表 6-1-62，钢丝软轴接头与轴端连接方式见表 6-1-63。

表 6-1-62　　常用钢丝软轴接头的结构型式

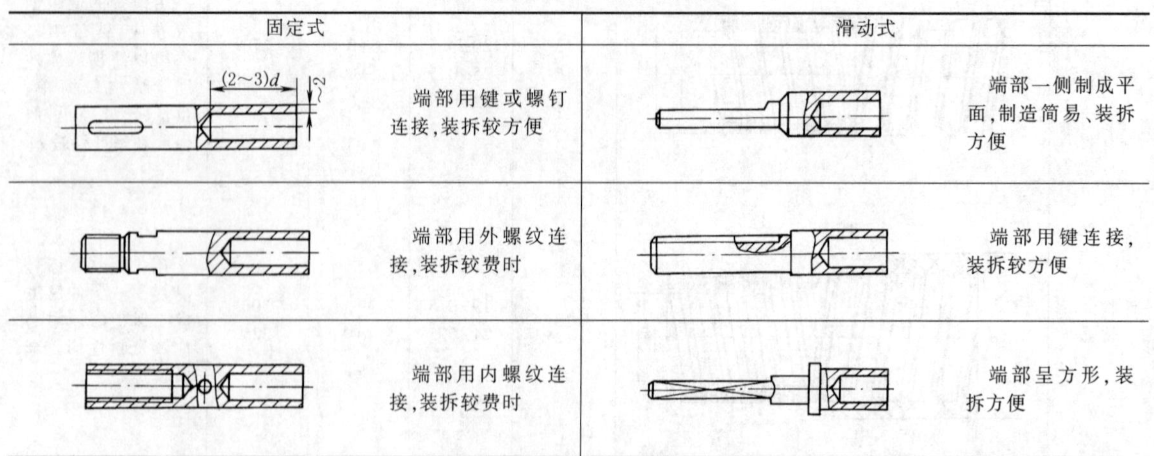

固定式		滑动式	
$(2\sim3)d$ ~2	端部用键或螺钉连接，装拆较方便		端部一侧制成平面，制造简易、装拆方便
	端部用外螺纹连接，装拆较费时		端部用键连接，装拆较方便
	端部用内螺纹连接，装拆较费时		端部呈方形，装拆方便

表 6-1-63　　　　常用钢丝软轴接头与轴端连接方式

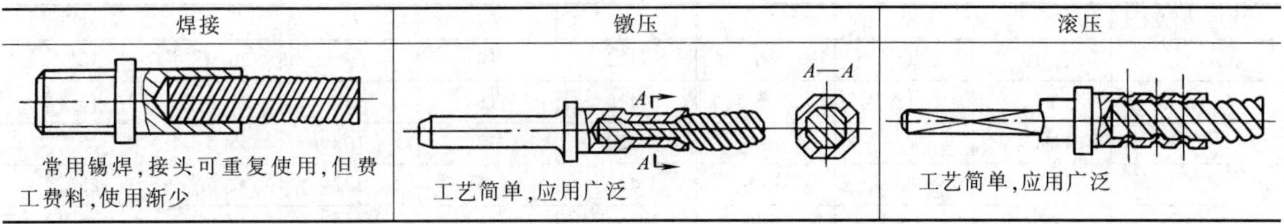

焊接	镦压	滚压
常用锡焊，接头可重复使用，但费工费料，使用渐少	工艺简单，应用广泛	工艺简单，应用广泛

3.1.4　软管接头

软管接头用于连接软管和传动装置及工作部件。软管接头有带滑动轴承及带滚动轴承两种。带滑动轴承的软管接头外形尺寸较小，但维护调整不如后者方便。软管及软管接头有焊接、镦压、滚压及锥套连接，以焊接应用最多，见表 6-1-64。带滑动轴承的软管、软轴接头结构尺寸见表 6-1-65。

表 6-1-64　　　　常用软管接头型式及连接方式

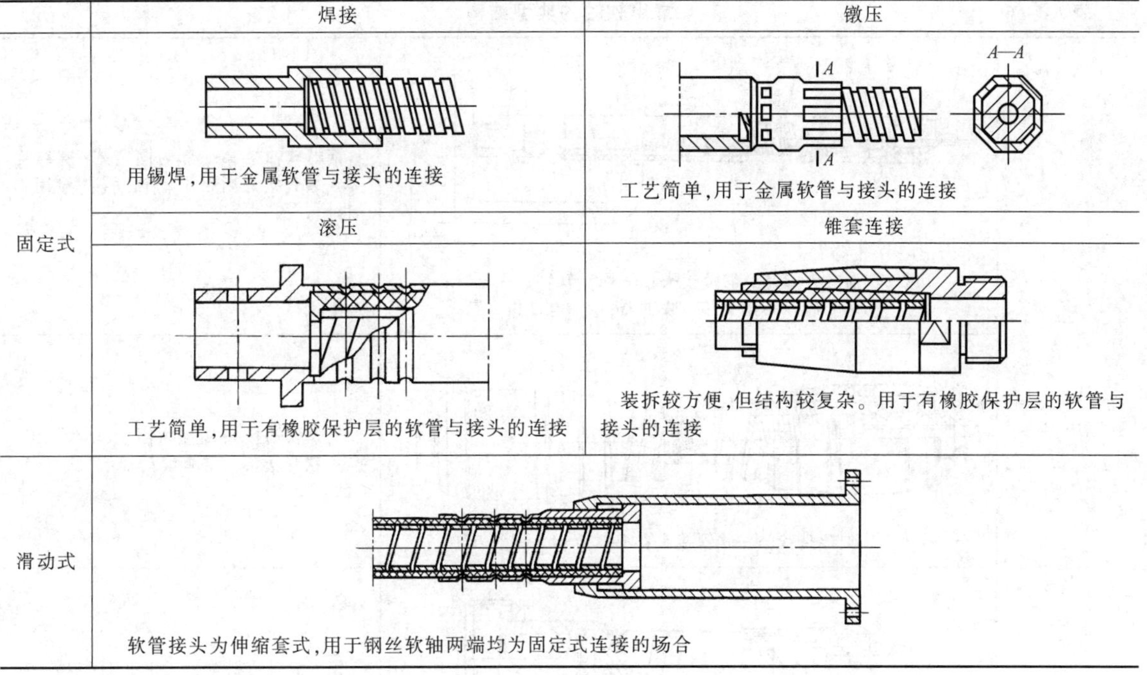

	焊接	镦压
固定式	用锡焊，用于金属软管与接头的连接	工艺简单，用于金属软管与接头的连接
	滚压	锥套连接
	工艺简单，用于有橡胶保护层的软管与接头的连接	装拆较方便，但结构较复杂。用于有橡胶保护层的软管与接头的连接
滑动式	软管接头为伸缩套式，用于钢丝软轴两端均为固定式连接的场合	

表 6-1-65　　　　带滑动轴承的软管、软轴接头结构尺寸　　　　mm

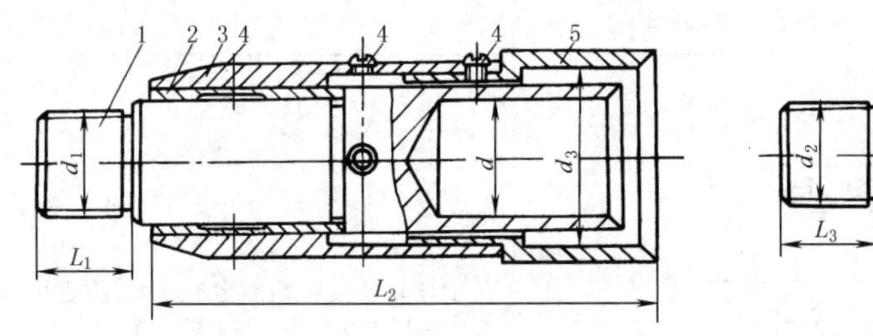

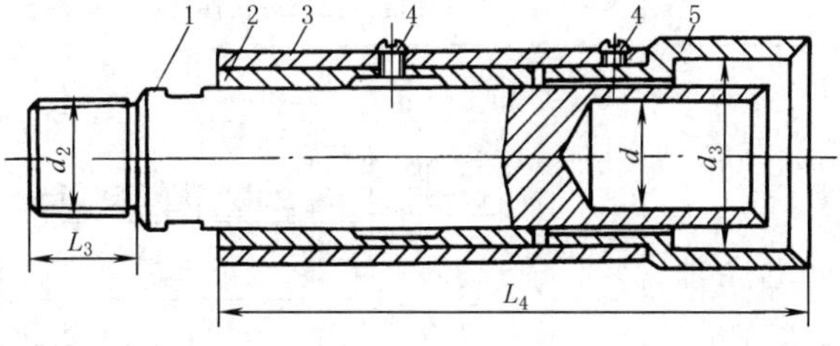

1—轴接头；2—青铜衬套；3—外壳；4—螺钉；5—软管接头

软轴公称直径	d_1	L_1	L_2	d_2	L_3	L_4	d_3	d
8	M8	10	80	M8	10	80	$19.5^{+0.5}_{0}$	$8^{+0.4}_{+0.3}$
10	M10	13	83	M10	15	80	$21.5^{+0.5}_{0}$	$10^{+0.4}_{+0.3}$

续表

软轴公称直径	d_1	L_1	L_2	d_2	L_3	L_4	d_3	d
12	M10	15	86	M12	18	84	$26.0^{+0.5}_{0}$	$12^{+0.5}_{+0.4}$
16	M12	18	96	M16	18	96	$31.5^{+0.5}_{0}$	$16^{+0.5}_{+0.4}$
20	M16	23	108	M20	22	108	$35.5^{+0.5}_{0}$	$20^{+0.5}_{+0.4}$
25	M20	23	130	M25	25	132	$42.5^{+0.5}_{0}$	$25^{+0.5}_{+0.4}$
30	M25	25	146	M28	25	150	$49.0^{+0.5}_{0}$	$30^{+0.3}_{+0.6}$

注：1. 青铜衬套材料牌号为 ZCuSn5Pb5Zn5 或 ZCuAl10Fe3Mn2。

2. 设计选用时应以专业公司产品样本为准。

3.2 常用软轴的典型结构

常用软轴的典型结构见表 6-1-66。

表 6-1-66 **常用软轴的典型结构**

功率型(动力传动用)软轴	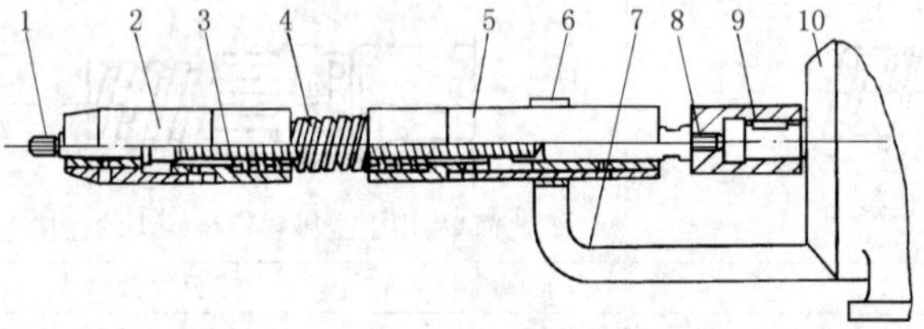 1,8—软轴接头;2,5—软管接头;3—钢丝软轴;4—软管;6—卡箍;7—托架;9—联轴器;10—电动机	钢丝软轴接头端部为固定式(螺纹连接),软管接头内带滑动轴承(一般用青铜衬套)
	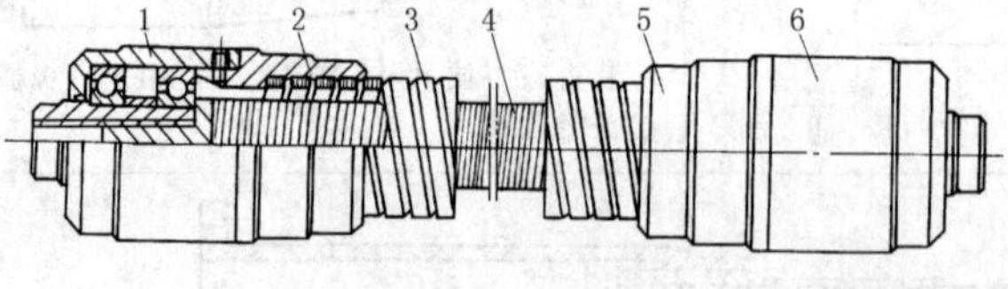 1,6—软轴接头;2,5—软管接头;3—软管;4—钢丝软轴	钢丝软轴接头端部为固定式(螺纹连接),软管接头内带有滚动轴承
	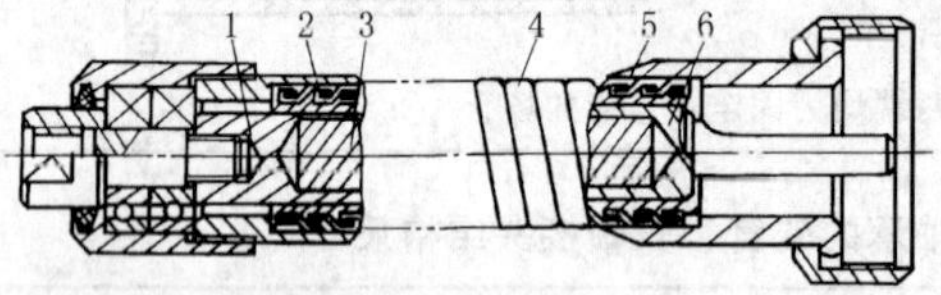 1,6—软轴接头;2,5—软管接头;3—钢丝软轴;4—软管	钢丝软轴接头端部,一端为固定式,一端为滑动式,软管接头内带有滚动轴承
控制型(控制传动用)软轴	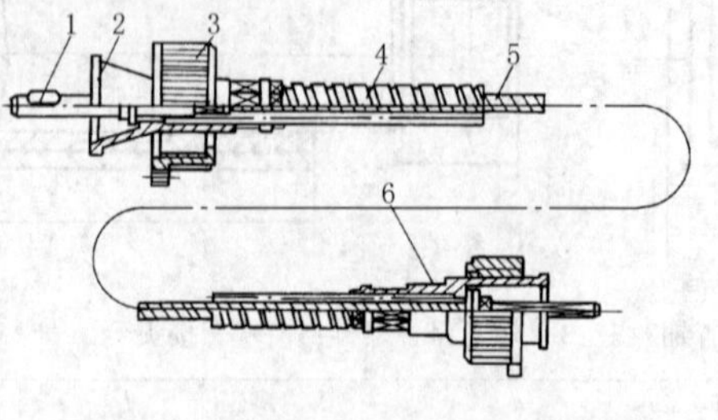 1—软轴接头;2,6—软管接头;3—连接螺母;4—软管;5—钢丝软轴	钢丝软轴接头端部为滑动式,软管接头为镦压连接(用于汽车里程表)

3.3 防逆转装置

对于传递动力的软轴，一般装有防逆转装置，以保证软轴单向转动。防逆转装置可采用各种超越离合器，图6-1-31所示为一种多速软轴砂轮机所采用的防逆转装置。

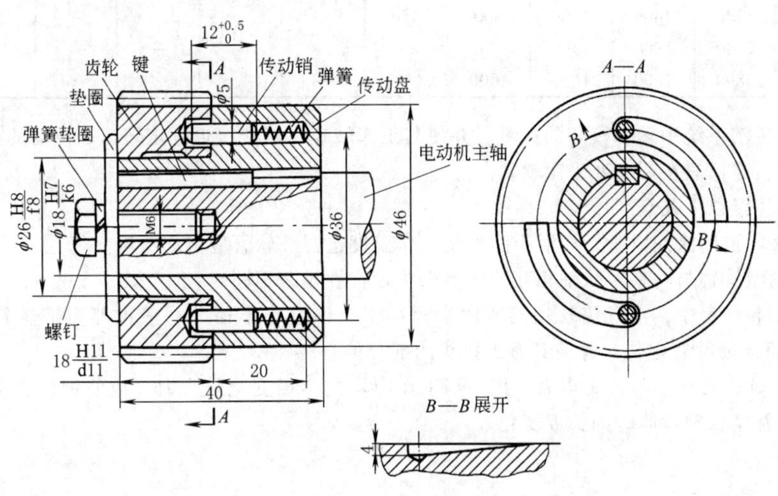

图 6-1-31 防逆转装置示例

3.4 软轴的选择

软轴直径可按计算转矩 T_c 及软轴工作时的弯曲半径确定，T_c 应不超过表6-1-67所规定的 T_0。计算转矩 T_c 为

$$T_c=\frac{K_1K_2K_3}{\eta}\times\frac{n}{n_0}T\leqslant T_0$$

式中 T_c——计算转矩，N · cm；

T_0——软轴在额定转速时能传递的最大转矩，N · cm，见表6-1-67；

T——软轴从动端所需传递的转矩，N · cm；

n——软轴工作转速，r/min，当 $n<n_0$ 时，用 n_0 代入；

n_0——软轴额定转速，r/min；

K_1——过载系数，当瞬时最大载荷不超过软轴无弯曲时允许的最大转矩时，取 $K_1=1$；当大于允许的最大转矩时，取 K_1 为二者之比；

K_2——转向系数，软轴旋转时外层钢丝趋于拧紧时，取 $K_2=1$；当软轴必须正反转时，取 $K_2=1.5$；

K_3——跨距系数，当软轴在软管内的支承跨距与软轴直径之比小于50时，取 $K_3=1$；大于150时，取 $K_3=1.25$；在50与150之间时可采用插值法取值；

η——软轴的传动效率，通常 $\eta=1\sim0.7$，当软轴无弯曲工作时取 $\eta=1$，弯曲半径愈小、弯曲段愈多，η 取值愈小。

表 6-1-67　几种软轴在额定转速时能传递的最大转矩 T_0

公称直径/mm	无弯曲时	工作中弯曲半径为下列值时/mm									额定转速 n_0	最高转速 n_{max}
		1000	750	600	450	350	250	200	150	120		
	T_0/N · cm										/r · min^{-1}	/r · min^{-1}
6	150	140	130	120	100	80	60	50	40	30	3200	13000
8	240	220	200	180	160	140	120	90	60	—	2500	10000
10	400	360	330	300	260	230	190	150	—	—	2100	8000

续表

公称直径 /mm	无弯曲时	工作中弯曲半径为下列值时/mm									额定转速 n_0 /r·min^{-1}	最高转速 n_{max} /r·min^{-1}
		1000	750	600	450	350	250	200	150	120		
	T_0/N·cm											
13	700	600	520	460	400	340	280	—	—	—	1750	6000
16	1300	1200	1000	800	600	450	—	—	—	—	1350	4000
19	2000	1700	1400	1100	800	550	—	—	—	—	1150	3000
25	3300	2600	1900	1300	900	—	—	—	—	—	950	2000
30	5000	3800	2500	1650	1000	—	—	—	—	—	800	1600

软轴通常用在传动系统中转速较高的一级，并使其工作转速尽可能接近额定转速。传动的长度一般是几米到十几米，如更长时，建议只在弯曲处采用软轴。

使用软轴时应注意以下几点。

① 钢丝软轴必须定期涂润滑脂。润滑脂品种按工作温度选择。软管应定期清洗。

② 切勿将控制型软轴与功率型软轴相互替代，因两者特性显著不同。

③ 在运输和安装过程中，不得使软轴的弯曲半径小于允许最小半径（一般推荐为钢丝软轴直径的 15~20 倍）。运转时应尽可能使软管定位，并使其靠近接头的部分伸直。

④ 钢丝软轴和软管要分别与接头牢固连接。当工作中弯曲半径变化较大时，应使钢丝软轴或软管的接头有一端可以滑动，以补偿软轴弯曲时的长度变化。

第2章 联轴器

联轴器是连接两轴或轴与回转件，以传递转矩和运动为基本功能的一种装置，在正常工作中与连接轴或回转件一同旋转而不脱开。联轴器除具有基本功能之外，多数具有径向位移补偿、轴向位移补偿和角向位移补偿功能，弹性联轴器还具有减振和缓冲功能，有的挠性联轴器还具有限矩和过载保护等功能。在传动轴系中轴线偏移、机械振动、载荷冲击和过载等不利因素很多是通过联轴器得到补偿、改善和保护的，这充分体现出联轴器在传动轴系中的特殊作用和重要性。联轴器品种和型式很多，每一种联轴器都有其特点和适用范围，其广泛用于各行业各专业各种特性的传动轴系，因此联轴器是量大面广的通用传动部件。其一般使用在动力机和工作机之间传动系统的各个传动部件的连接位置，典型应用如图 6-2-1 所示。

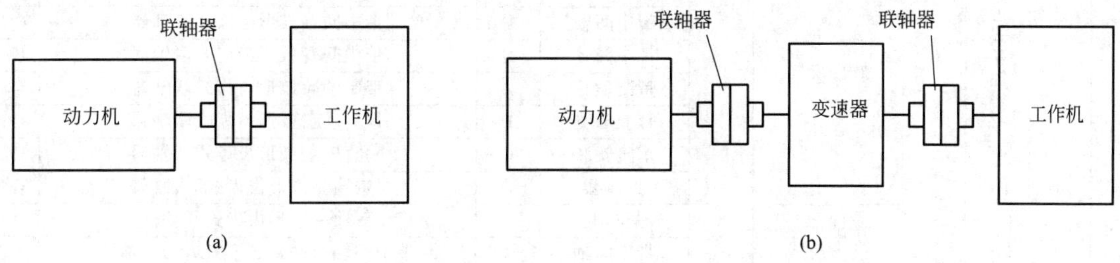

图 6-2-1　联轴器应用示意图

1　联轴器的分类、特点及应用

1.1　联轴器分类

按照 GB/T 12458—2017《联轴器 分类》的规定，联轴器类别与组别结构框图如图 6-2-2 所示，类别、组别、品种和型式等详细分类见表 6-2-1。

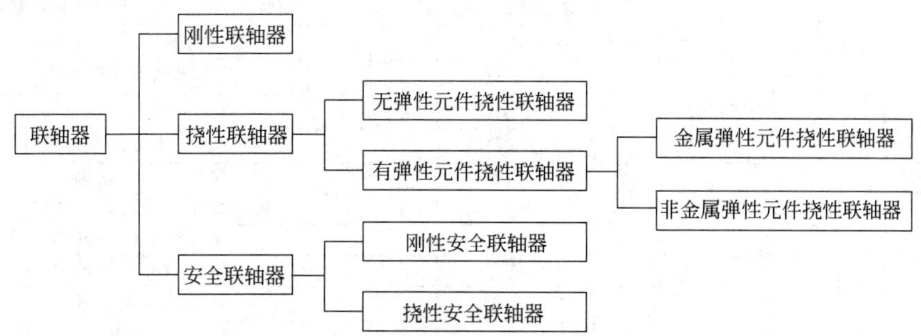

图 6-2-2　联轴器类别与组别结构框图

表 6-2-1　　联轴器分类

类别	分类别	组别名称	组别代号	品种名称	品种代号	型式名称	型式代号	联轴器名称	联轴器型号
刚性联轴器	—	刚性联轴器	G	凸缘式	Y	基本型		凸缘联轴器	GY
						有对中榫	S	有对中榫凸缘联轴器	GYS
						有对中环	H	有对中环凸缘联轴器	GYH
						带防护缘	Y	带防护缘凸缘联轴器	GYY
				径向键式	J	基本型		径向键刚性联轴器	GJ
						可移式	Y	可移式径向键刚性联轴器	GJY
				平行轴式	P	滚动轴承型	G	滚动轴承型平行轴联轴器	GPG
						滑动轴承型	H	滑动轴承型平行轴联轴器	GPH
				夹壳式	K	螺栓夹紧	L	螺栓夹紧夹壳联轴器	GKL
						卡箍夹紧	K	卡箍夹紧夹壳联轴器	GKK
				套筒式	T			套筒联轴器	GT
挠性联轴器	无弹性元件挠性联轴器	滑块联轴器	H	滑块式	H	基本型		滑块联轴器	HH
						金属盘式	J	金属盘滑块联轴器	HHJ
		齿式联轴器	C	直齿式	Z	基本型		直齿式联轴器	CZ
						接中间轴	J	接中间轴直齿齿式联轴器	CZJ
						带制动轮	Z	带制动轮直齿齿式联轴器	CZZ
				鼓形齿式	G	基本型		鼓形齿齿式联轴器	CG
						接中间轴	J	接中间轴鼓形齿齿式联轴器	CGJ
						带中间轴	H	带中间轴鼓形齿齿式联轴器	CGH
						带中间管	U	带中间管鼓形齿齿式联轴器	CGU
						带制动轮	Z	带制动轮鼓形齿齿式联轴器	CGZ
						带制动盘	P	带制动盘鼓形齿齿式联轴器	CGP
						垂直安装	C	垂直安装鼓形齿齿式联轴器	CGC
						贯通型	G	贯通型鼓形齿齿式联轴器	CGG
				双曲率鼓形齿式	S	基本型		双曲率鼓形齿齿式联轴器	CS
						带中间轴	J	带中间轴双曲率鼓形齿齿式联轴器	CSJ
		链条联轴器	T	滚子链式	G	单排	C	单排滚子链联轴器	TGC
						双排	S	双排滚子链联轴器	TGS
				套筒链式	T	单排	C	单排套筒链联轴器	TTC
						双排	S	双排套筒链联轴器	TTS
				齿形链式	C	基本型		齿形链联轴器	TC
		滚子联轴器	U	球面滚子式	Q	基本型		球面滚子联轴器	UQ
						卷筒用	J	卷筒用球面滚子联轴器	UQJ
		滚珠联轴器	Z	滚珠式	Z			滚珠联轴器	ZZ
		万向联轴器	W	十字轴式	S	半叉	B	半叉十字轴式万向联轴器	WSB
						整体叉头	C	整体叉头十字轴式万向联轴器	WSC
						剖分轴承座	P	剖分轴承座十字轴式万向联轴器	WSP
						整体轴承座	Z	整体轴承座十字轴式万向联轴器	WSZ
						贯通型	G	贯通型十字轴式万向联轴器	WSG
				十字销式	X	基本型		单十字销万向联轴器	WX
						双十字销	S	双十字销万向联轴器	WXS
						矫直机用	J	矫直机用万向联轴器	WXJ
				滑块式	H	基本型		滑块式万向联轴器	WH
						矫直机用	J	矫直机用滑块式万向联轴器	WHJ
				球铰式	L	基本型		单球铰万向联轴器	WL
						双球铰	S	双球铰万向联轴器	WLS
				球笼式	Q	基本型		球笼式万向联轴器	WQ
						可移动	Y	可移动球笼式万向联轴器	WQY
						重载	Z	重载球笼式万向联轴器	WQZ

续表

类别	分类别	组别名称	组别代号	品种名称	品种代号	型式名称	型式代号	联轴器名称	联轴器型号
挠性联轴器	无弹性元件挠性联轴器	万向联轴器	W	球铰柱塞式	J			球铰柱塞式万向联轴器	WJ
				三叉杆式	G			三叉杆式万向联轴器	WG
				球叉式	C			球叉式万向联轴器	WC
				凸块式	K			凸块式万向联轴器	WK
				三球销式	A			三球销式万向联轴器	WA
				三销式	N			三销式万向联轴器	WN
				球销式	U			球销式万向联轴器	WU
	有弹性元件挠性联轴器	金属弹性元件挠性联轴器	J	膜片式	M	基本型		膜片联轴器	JM
						接中间轴	J	接中间轴膜片联轴器	JMJ
				膜盘式	P			膜盘联轴器	JP
				簧片式	H	不可逆转	B	不可逆转簧片联轴器	JHB
						可逆转	K	可逆转簧片联轴器	JHK
				蛇形弹簧式	S	恒刚度	H	恒刚度蛇形弹簧联轴器	JSH
						变刚度	L	变刚度蛇形弹簧联轴器	JSL
				弹性杆式	T	普通型	P	普通型弹性杆联轴器	JTP
						高速型	G	高速型弹性杆联轴器	JTG
				螺旋弹簧式	L			螺旋弹簧联轴器	JL
				浮动盘簧片式	F			浮动盘簧片联轴器	JF
				卷簧式	J			卷簧联轴器	JJ
				叠片弹簧式	D	基本型		叠片弹簧联轴器	JD
						装配齿	Z	装配齿叠片弹簧联轴器	JDZ
				直杆弹簧式	Z	恒刚度	H	恒刚度直杆弹簧联轴器	JZH
						变刚度	L	变刚度直杆弹簧联轴器	JZL
				波纹管式	W			波纹管联轴器	JW
				弹性管式	A			弹性管联轴器	JA
				薄膜式	B			薄膜联轴器	JB
		非金属弹性元件挠性联轴器	L	梅花形式	M	基本型		梅花形弹性联轴器	LM
						法兰	S	法兰梅花形弹性联轴器	LMS
						带制动轮	L	带制动轮梅花形弹性联轴器	LML
						带制动盘	P	带制动盘梅花形弹性联轴器	LMP
				弹性套柱销式	T	基本型		弹性套柱销联轴器	LT
						带制动轮	Z	带制动轮弹性套柱销联轴器	LTZ
				弹性柱销式	X	基本型		弹性柱销联轴器	LX
						带制动轮	Z	带制动轮弹性柱销联轴器	LXZ
				径向弹性柱销式	J	基本型		径向弹性柱销联轴器	LJ
						单法兰	D	单法兰径向弹性柱销联轴器	LJD
						带制动轮	Z	带制动轮径向弹性柱销联轴器	LJZ
						接中间轴	J	接中间轴径向弹性柱销联轴器	LJJ
				弹性柱销齿式	Z	基本型		弹性柱销齿式联轴器	LZ
						圆锥轴孔型	D	圆锥轴孔弹性柱销齿式联轴器	LZD
						带制动轮	Z	带制动轮弹性柱销齿式联轴器	LZZ
				轮胎式	U	基本型		轮胎联轴器	LU
						有骨架	G	有骨架轮胎联轴器	LUG
				橡胶金属环式	L			橡胶金属环联轴器	LL
				芯型式	N	基本型		芯型弹性联轴器	LN
						双法兰	S	双法兰芯型弹性联轴器	LNS
				多角形式	D			多角形弹性联轴器	LD
				弹性块式	K	基本型		弹性块联轴器	LK
						带制动轮	Z	带制动轮弹性块联轴器	LKZ

续表

类别	分类别	组别		品种		型式		联轴器	
		名称	代号	名称	代号	名称	代号	名称	型号
挠性联轴器	有弹性元件挠性联轴器	非金属弹性元件挠性联轴器	L	H形弹性块式	H	基本型		H形弹性块联轴器	LH
						带制动轮	Z	带制动轮H形弹性块联轴器	LHZ
						带中间轴	J	带中间轴H形弹性块联轴器	LHJ
				扇形块式	S	基本型		扇形块弹性联轴器	LS
						带制动轮	Z	带制动轮扇形块弹性联轴器	LSZ
						带中间轴	J	带中间轴扇形块弹性联轴器	LSJ
				鞍形块式	A			鞍形块弹性联轴器	LA
				弹性活销式	G			弹性活销联轴器	LG
				凹形环式	O			凹形环式联轴器	LO
				橡胶套筒式	T			橡胶套筒联轴器	LT
				弹性板式	B			弹性板联轴器	LB
				膜片橡胶式	P			膜片橡胶弹性联轴器	LP
安全联轴器	—	刚性安全联轴器	A	棒销剪切式	B	低速型	D	低速型棒销剪切式安全联轴器	ABD
						高速型	P	高速型棒销剪切式安全联轴器	ABP
				内涨摩擦式	Z			内涨摩擦式安全联轴器	AZ
				液压式	Y	低速型	D	低速型液压安全联轴器	AYD
						高速型	P	高速型液压安全联轴器	AYP
				钢球式	Q			钢球式安全联轴器	AQ
				摩擦式	M			摩擦式安全联轴器	AM
		挠性安全联轴器	N	钢砂式	H	基本型		钢砂式安全联轴器	NH
						带皮带轮	P	带皮带轮钢砂式安全联轴器	NHP
				钢球式	Q	基本型		钢球式安全联轴器	NQ
						带皮带轮	P	带皮带轮钢球式安全联轴器	NQP
						带制动轮	Z	带制动轮钢球式安全联轴器	NQZ
				蛇形弹簧式	S	恒刚度	H	恒刚度蛇形弹簧安全联轴器	NSH
						变刚度	L	变刚度蛇形弹簧安全联轴器	NSL
				摩擦片式	M			摩擦片式安全联轴器	NM
				棒销弹性块式	K			棒销弹性块安全联轴器	NK

1.2 联轴器特点及应用

各类别和型式的联轴器，各有其特点和适用范围。常用联轴器的特点及应用见表6-2-2。由于特殊原因和各标准相对独立，有些联轴器型号没有执行GB/T 12458—2017（表6-2-1）的规定。此外，有些是新型联轴器，并不在表6-2-1所列范围内。

表6-2-2　　常用联轴器的特点及应用

类别	组别	名称	型式及简图、特点及应用
刚性联轴器	刚性联轴器	凸缘联轴器（GB/T 5843—2003）	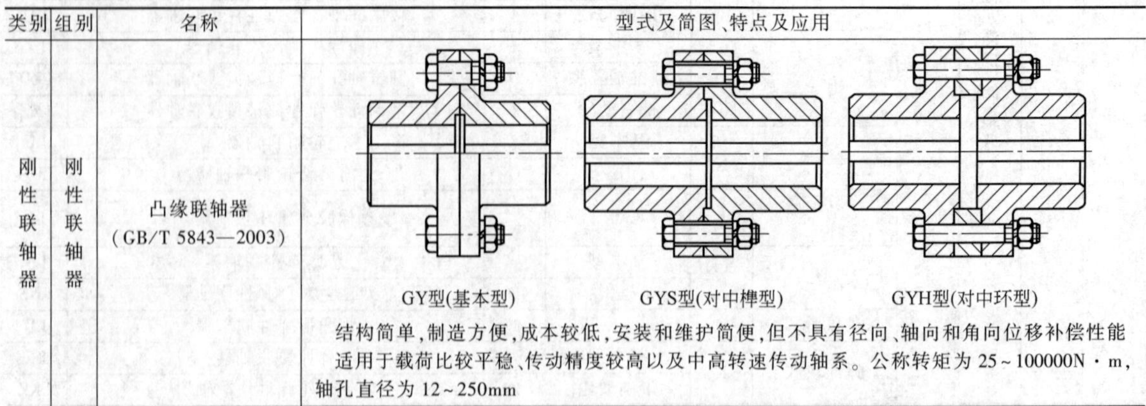 GY型(基本型)　GYS型(对中榫型)　GYH型(对中环型) 结构简单，制造方便，成本较低，安装和维护简便，但不具有径向、轴向和角向位移补偿性能 适用于载荷比较平稳、传动精度较高以及中高转速传动轴系。公称转矩为25~100000N·m，轴孔直径为12~250mm

续表

类别	组别	名称	型式及简图、特点及应用
刚性联轴器	刚性联轴器	平行轴联轴器 (JB/T 7006—2006)	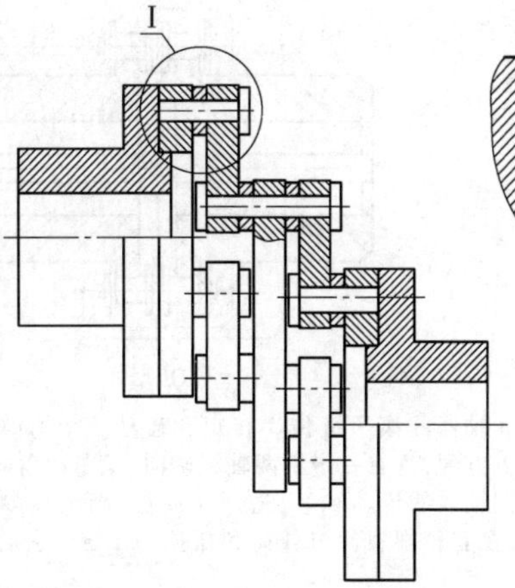 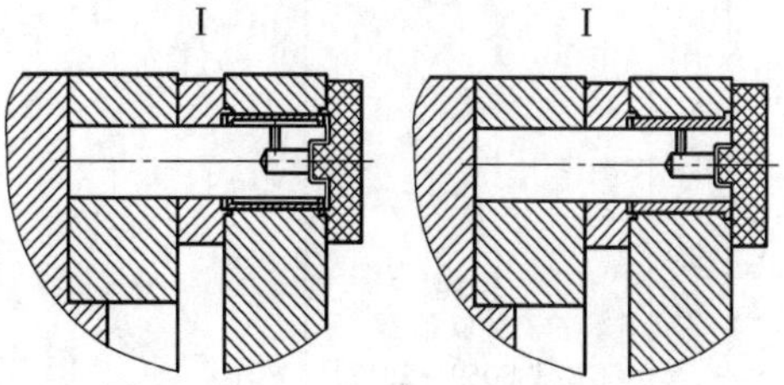 I　I　I PLG型(滚动轴承)结构　PLH型(滑动轴承)结构 轴向尺寸小,结构简单,加工方便,便于安装,但轴向和角向位移补偿性能极低 适用于连接两水平平行轴线的传动轴系,其两平行轴线具有较大径向中心距,实际使用的径向中心距宜在最大径向中心距的25%~95%范围内调节。仅用于中低转速传动。公称转矩为250~50000N·m,工作温度为-20~80℃,轴孔直径为18~200mm
挠性联轴器	齿式联轴器	鼓形齿式联轴器 (GB/T 26103.1—2010, GB/T 26103.5—2010)	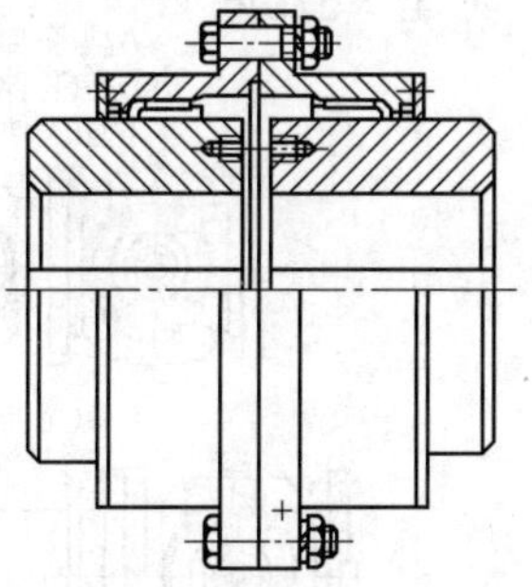 GⅡCL型 (GB/T 26103.1) 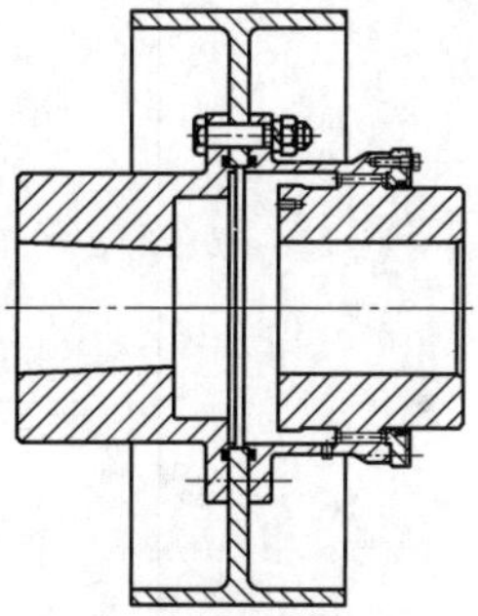　NGCLZ型 (GB/T 26103.5) 工作可靠,承载能力大,可承受重载冲击载荷,具有一定的轴向、径向和角向位移补偿性能,与其他类型联轴器(除万向联轴器外)相比,能够传递更大的工作转矩,但结构较复杂,制造成本高,缓冲、减振性能极低。广泛应用于轧制机械、起重运输机械、矿山机械、石油机械以及其他机械 适用于连接两同轴线的传动轴系,尤其是低速重载工况;经动平衡可用于高速传动。公称转矩为0.63~5600 kN·m,工作温度为-20~80℃,轴孔直径为16~1040mm
		KWD公司动车组用鼓形齿式联轴器	工作可靠,高比功率特性,使用寿命长,具有较大的轴向、径向和角向位移补偿性能,且有较好的扭转刚度;通过金属波纹管实现完全密封润滑介质(油或脂);在工作时,联轴器总长可以实现较大距离的伸缩变化,广泛应用于动车组车辆、地铁车辆、低地板车辆转向架牵引电动机和传动齿轮箱之间轴的连接,也可用于各行业机械传动系统。国内已有企业开始生产制造 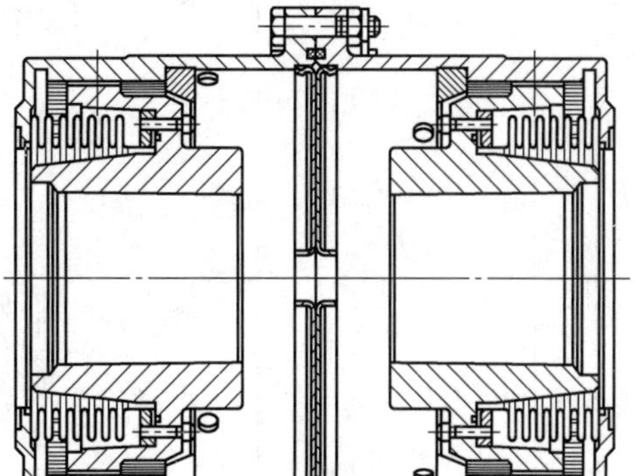

续表

类别	组别	名称	型式及简图、特点及应用
挠性联轴器	链条联轴器	滚子链联轴器（GB/T 6069—2017）	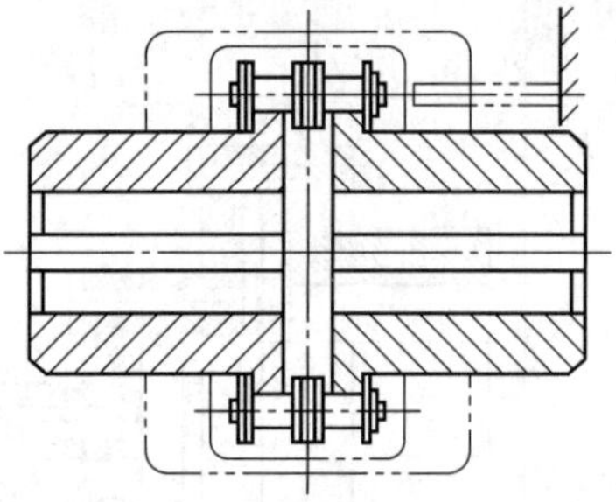 GL型 利用连接两半联轴器的滚子链传递转矩和运动。结构简单，尺寸紧凑，重量轻，使用寿命长，成本较低，装拆方便，且有一定的两轴线轴向、径向和角向位移补偿性能 适用于连接两同轴线的传动轴系，适用于高温、潮湿和多尘工作环境，但不适用于启动频繁、经常正反转以及有较剧烈冲击载荷和扭振的工况。公称转矩为 40～25000N · m，轴孔直径为 16～190mm
	万向联轴器	SWP型剖分轴承座十字轴式万向联轴器（JB/T 3241—2005）	A型、B型、F型的型式一样，只是尺寸不同 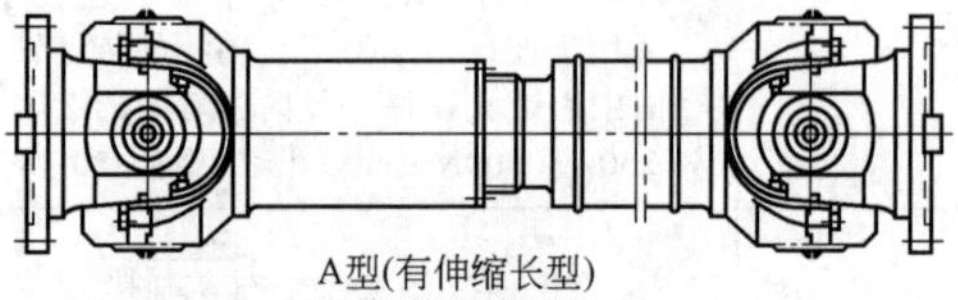 A型(有伸缩长型) B型(有伸缩短型) F型(大伸缩长型) 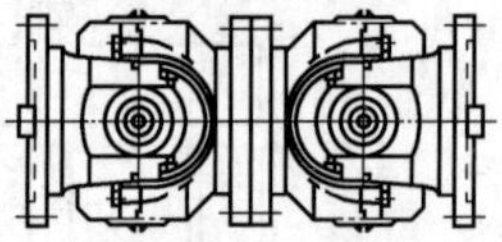 C型(无伸缩短型) 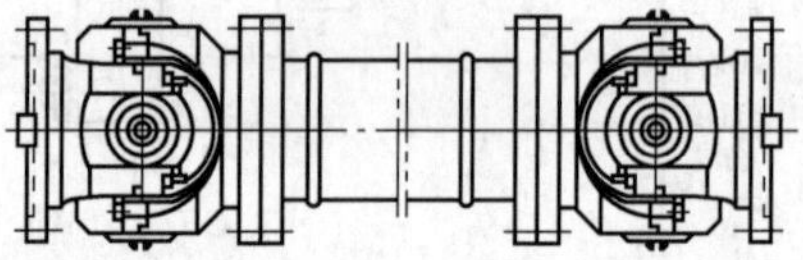 D型(无伸缩长型) 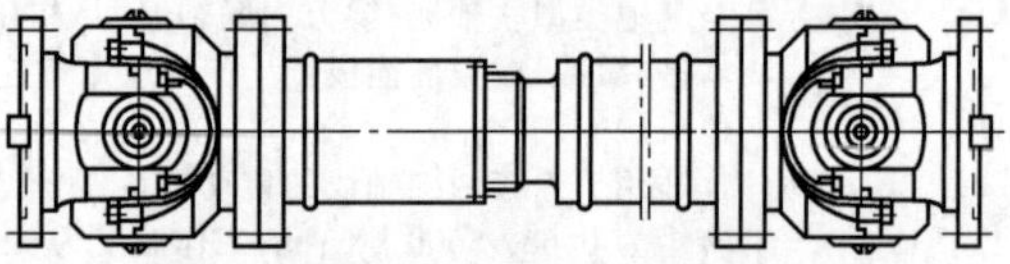 E型(有伸缩双法兰长型) 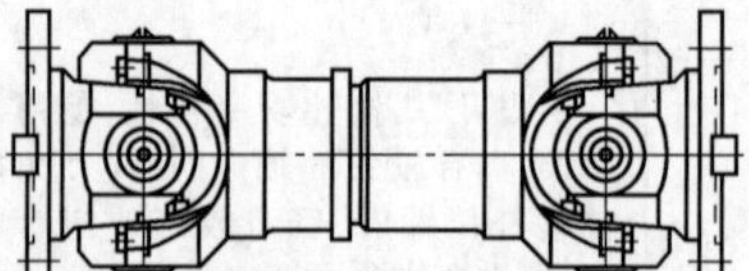 G型(有伸缩超短型) 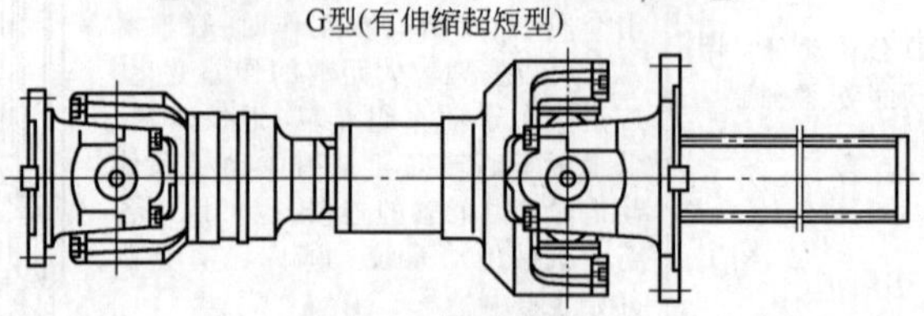 ZG型(正装贯通型)

续表

类别	组别	名称	型式及简图、特点及应用
挠性联轴器	万向联轴器	SWP 型剖分轴承座十字轴式万向联轴器(JB/T 3241—2005)	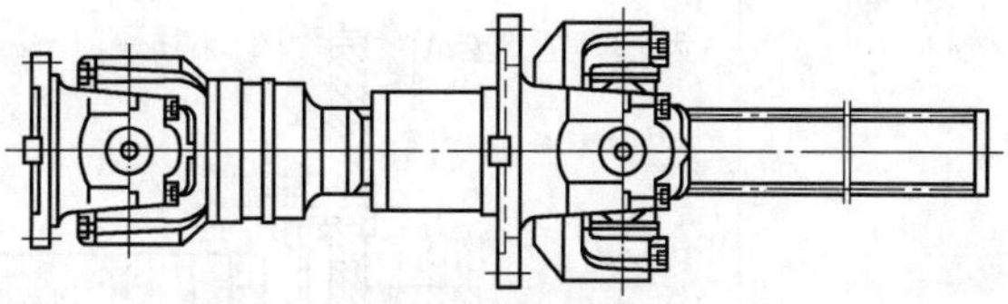 FG型(反装贯通型) 传递转矩大,有较大的角向位移补偿性能,能可靠地传递转矩和运动,可以正反转使用。叉头为剖分式,用螺栓固定轴承压盖,便于更换轴承 适用于连接两不同轴线的传动轴系。广泛应用于轧制机械、起重运输机械、矿山机械、石油机械以及其他机械 回转直径为 160~1200mm,公称转矩为 20~11200kN·m,轴线折角为 5°~15°
		SWC 型整体叉头十字轴式万向联轴器(JB/T 5513—2006)	BH 型、DH 型、CH 型的型式一样,只是尺寸不同 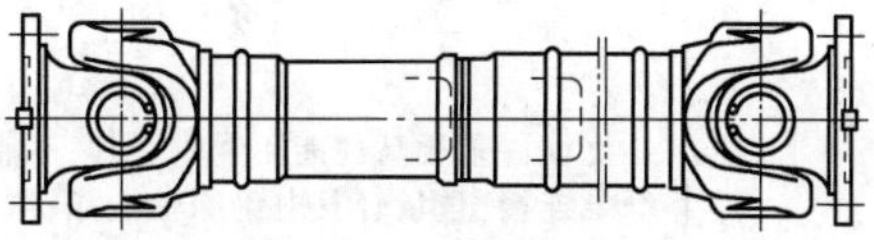 BH型(标准伸缩焊接式) DH型(短伸缩焊接式) CH型(长伸缩焊接式) 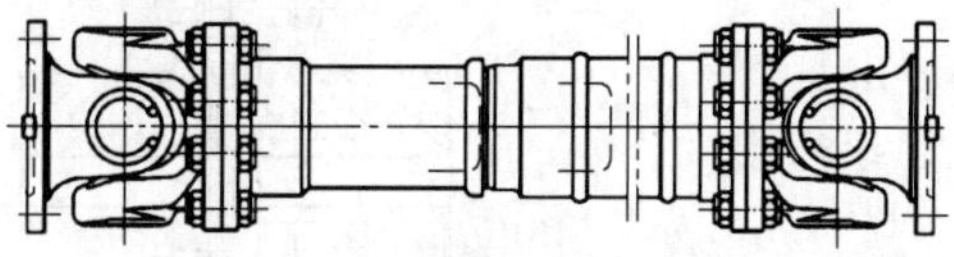 BF型(标准伸缩法兰式) 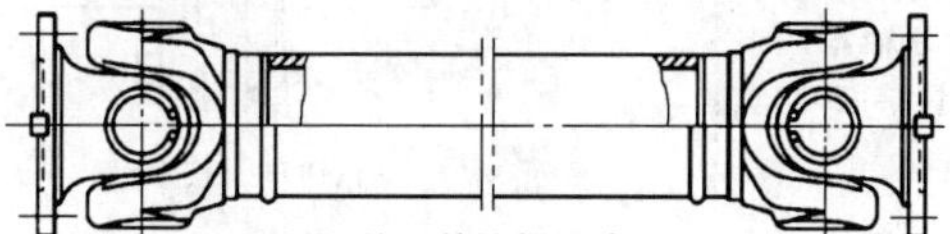 WH型(无伸缩焊接式) 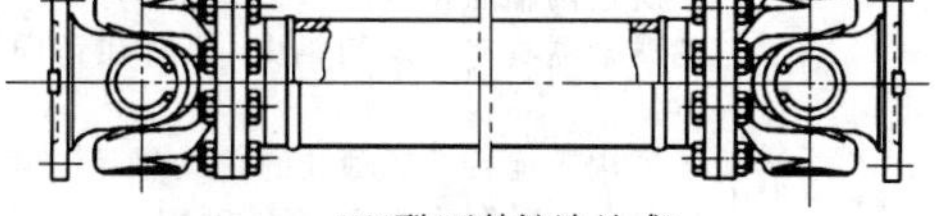 WF型(无伸缩法兰式) 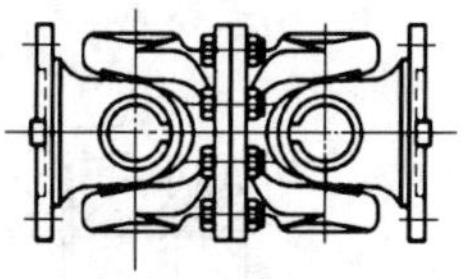 WD型(无伸缩短式) 传递转矩大,有较大的角向位移补偿性能,能可靠地传递转矩和运动,可以正反转使用,叉头为整体式,提高了可靠性,但不便于更换轴承 适用于连接两不同轴线的传动轴系。广泛应用于轧制机械、起重运输机械、矿山机械、石油机械以及其他机械 回转直径为 100~1320mm,公称转矩为 2.5~16000kN·m,轴线折角为 15°~25°

续表

类别	组别	名称	型式及简图、特点及应用
挠性联轴器	金属弹性元件弹性联轴器	双馈风力发电机组用联轴器	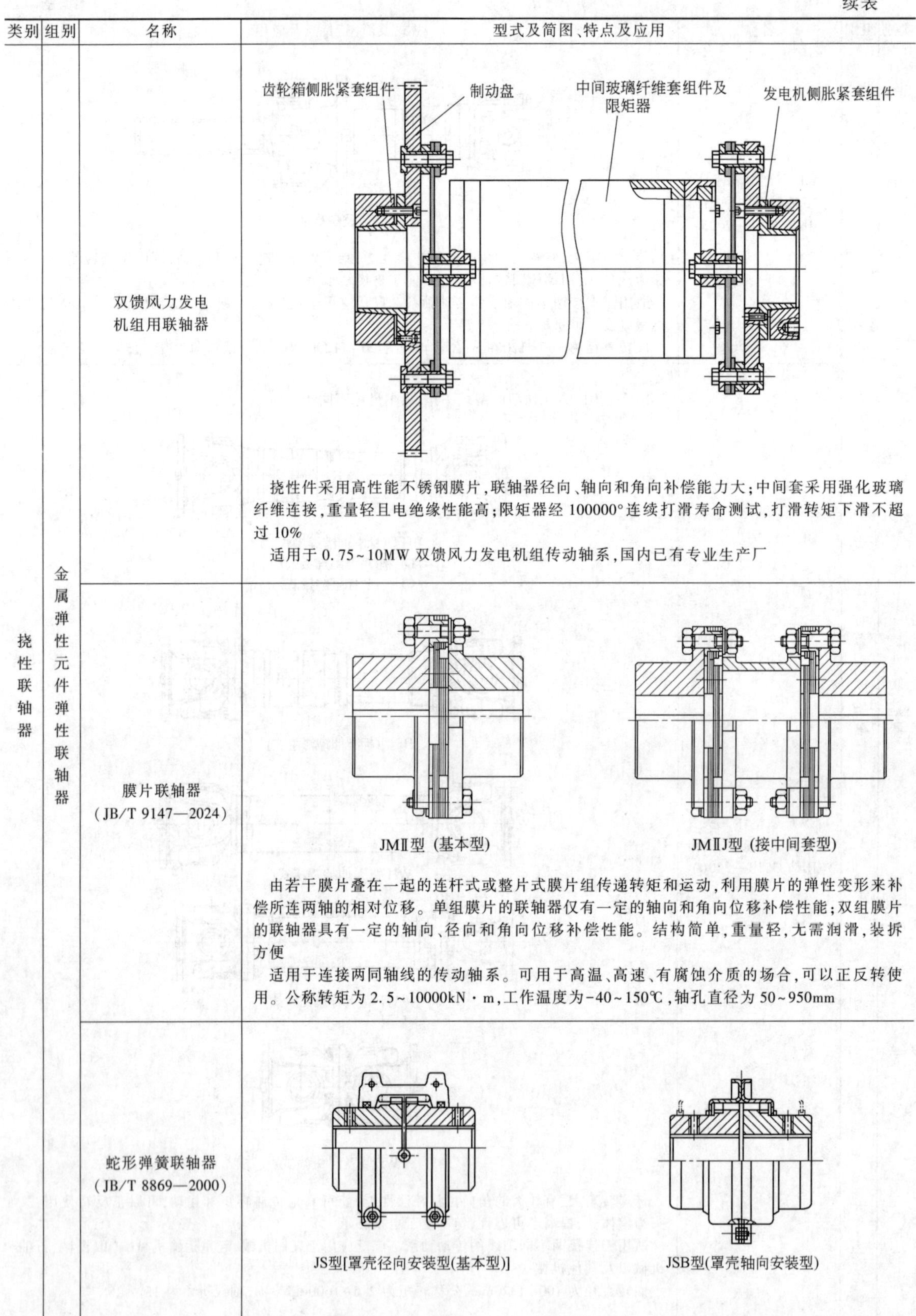 挠性件采用高性能不锈钢膜片，联轴器径向、轴向和角向补偿能力大；中间套采用强化玻璃纤维连接，重量轻且电绝缘性能高；限矩器经100000°连续打滑寿命测试，打滑转矩下滑不超过10% 适用于0.75~10MW双馈风力发电机组传动轴系，国内已有专业生产厂
		膜片联轴器（JB/T 9147—2024）	JMⅡ型（基本型）　JMⅡJ型（接中间套型） 由若干膜片叠在一起的连杆式或整片式膜片组传递转矩和运动，利用膜片的弹性变形来补偿所连两轴的相对位移。单组膜片的联轴器仅有一定的轴向和角向位移补偿性能；双组膜片的联轴器具有一定的轴向、径向和角向位移补偿性能。结构简单，重量轻，无需润滑，装拆方便 适用于连接两同轴线的传动轴系。可用于高温、高速、有腐蚀介质的场合，可以正反转使用。公称转矩为2.5~10000kN·m，工作温度为-40~150℃，轴孔直径为50~950mm
		蛇形弹簧联轴器（JB/T 8869—2000）	JS型[罩壳径向安装型(基本型)]　JSB型(罩壳轴向安装型)

续表

<table>
<tr><th>类别</th><th>组别</th><th>名称</th><th>型式及简图、特点及应用</th></tr>
<tr><td rowspan="2">挠性联轴器</td><td>金属弹性元件弹性联轴器</td><td>蛇形弹簧联轴器
(JB/T 8869—2000)</td><td> 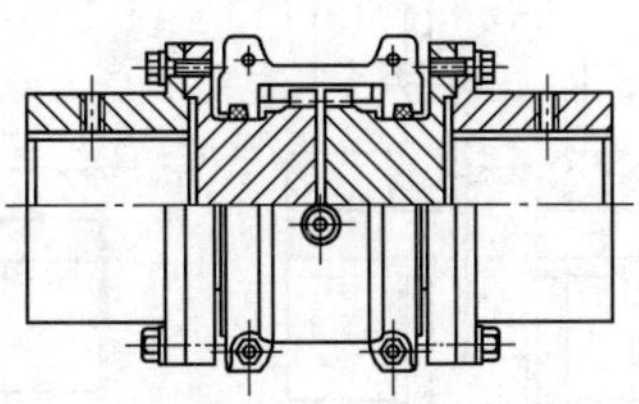JSS型(双法兰连接型) 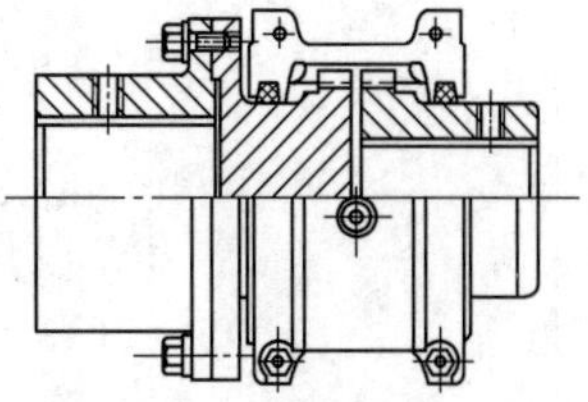　JSD型(单法兰连接型) 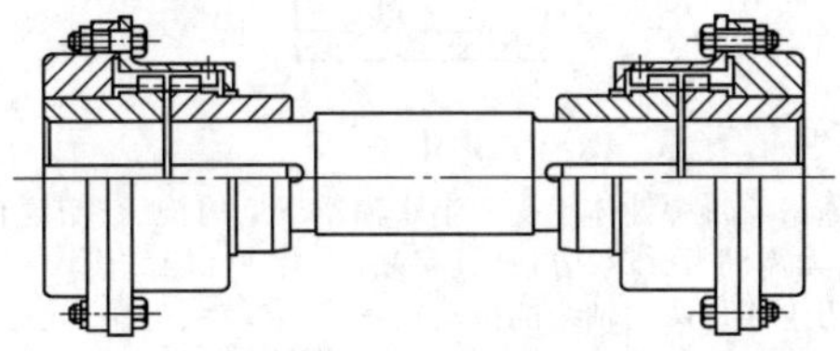
JSJ型(接中间轴型) 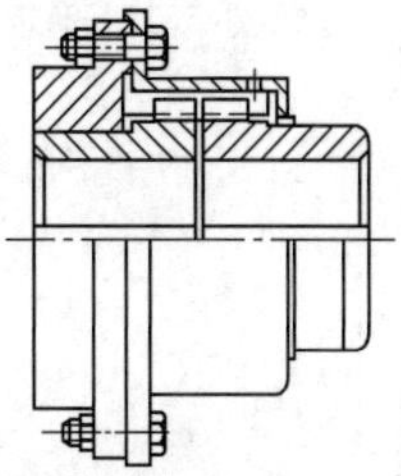　JSG型(高速型) 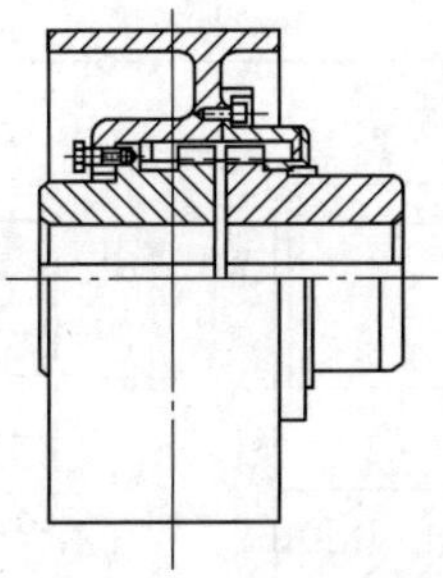
JSZ型(带制动轮型) 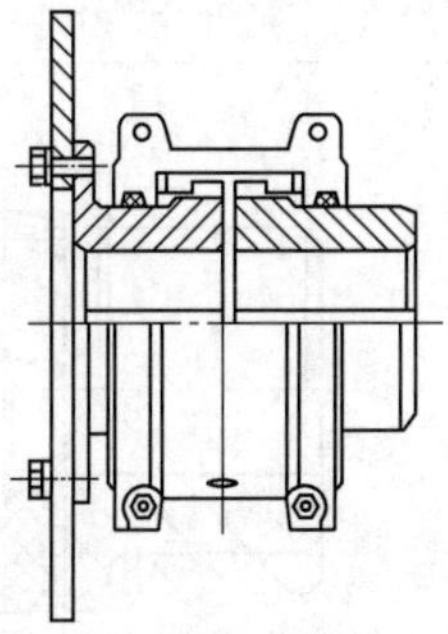　JSP型(带制动盘型) 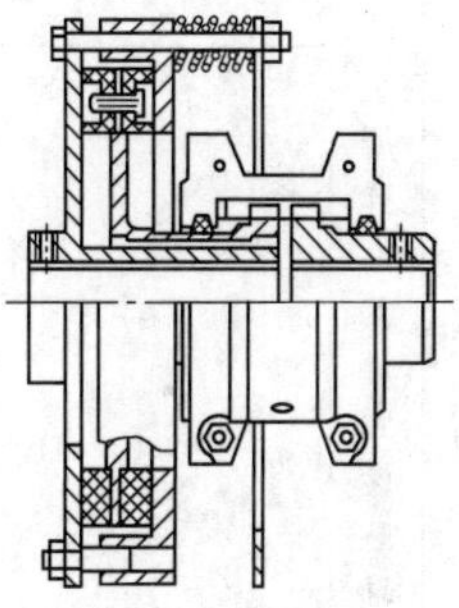　JSA型(安全型)
依靠嵌入两半联轴器齿槽内的蛇形弹簧来传递转矩和运动,其齿形分为直线形(恒刚度)和曲线形(变刚度)。承受变动载荷范围大,减振、缓冲性能好,使用寿命长,运行可靠,结构简单,装拆方便,具有较大的轴向、径向和角向位移补偿性能
适用于连接两同轴线的中大功率的传动轴系。适用于高温、需减振和缓冲的场合,可以正反转使用。公称转矩为45~800000N·m,工作温度为-30~150℃,轴孔直径为18~500mm</td></tr>
<tr><td>非金属弹性元件弹性联轴器</td><td>梅花形弹性联轴器
(GB/T 5272—2017)</td><td> 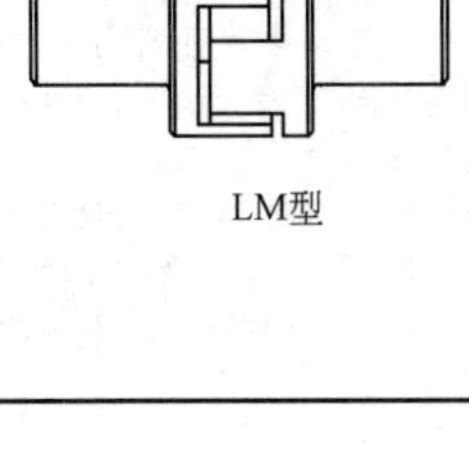LM型 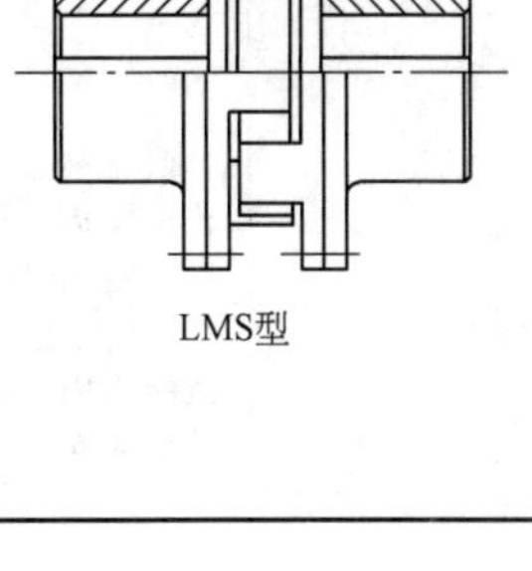　LMS型</td></tr>
</table>

续表

<table>
<tr><th>类别</th><th>组别</th><th>名称</th><th>型式及简图、特点及应用</th></tr>
<tr><td rowspan="2">挠性联轴器</td><td rowspan="2">非金属弹性元件弹性联轴器</td><td>梅花形弹性联轴器
(GB/T 5272—2017)</td><td> 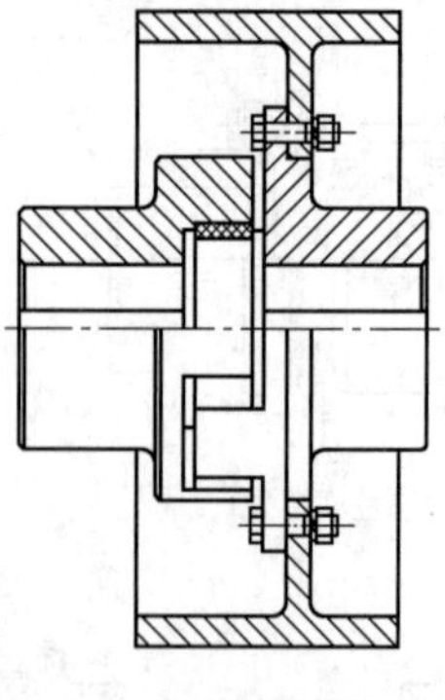LML型 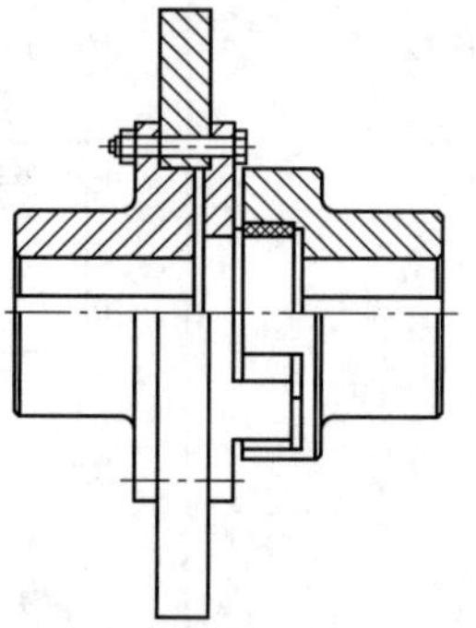　LMP型
依靠梅花形弹性体承受两半联轴器凸爪的挤压,实现传递转矩和运动。结构简单,径向尺寸小,无需润滑,维护方便,具有减振、缓冲性能
适用于连接两同轴线的传动轴系,具有较大的轴向、径向、角向位移补偿性能和减振、缓冲性能。用于启动频繁,经常正反转的中低速、中小功率以及工作可靠性要求高的工况。公称转矩为28~14000N·m,工作温度为-35~80℃,轴孔直径为10~160mm
LML型(带制动轮)和LMP型(带制动盘)因有聚氨酯弹性体,不宜用于制动轮(盘)因频繁制动而产生较高温度的工况</td></tr>
<tr><td>星形弹性联轴器
(JB/T 10466—2021)</td><td> 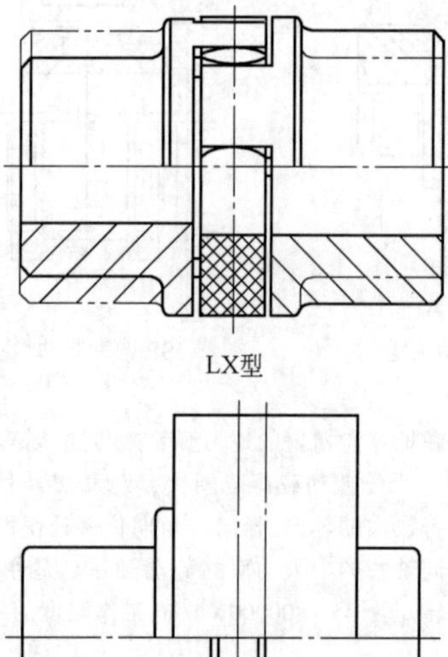LX型 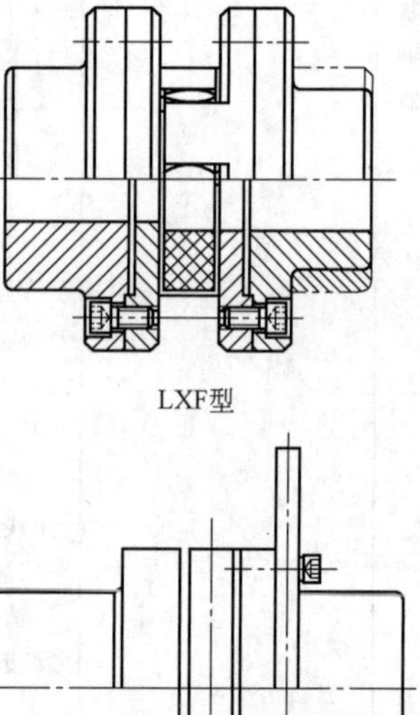　LXF型 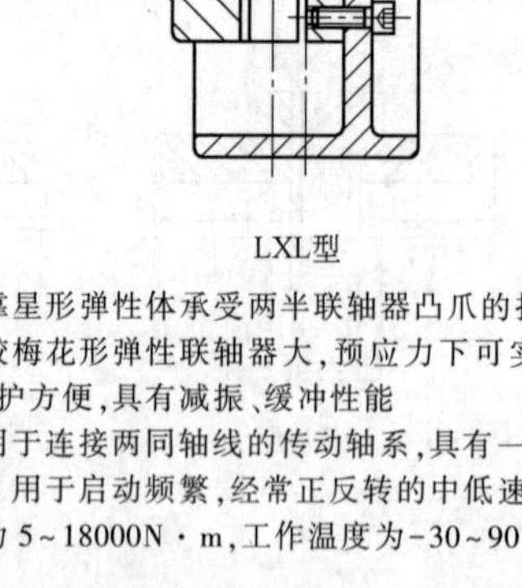
LXL型 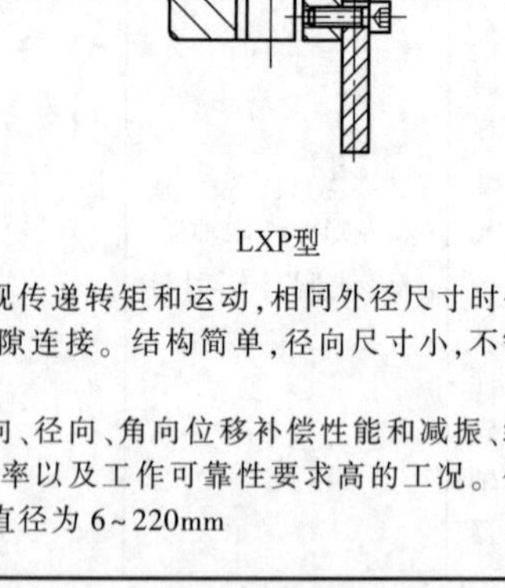　LXP型
依靠星形弹性体承受两半联轴器凸爪的挤压,实现传递转矩和运动,相同外径尺寸时传递转矩较梅花形弹性联轴器大,预应力下可实现无齿隙连接。结构简单,径向尺寸小,不需润滑,维护方便,具有减振、缓冲性能
适用于连接两同轴线的传动轴系,具有一定的轴向、径向、角向位移补偿性能和减振、缓冲性能。用于启动频繁,经常正反转的中低速、中小功率以及工作可靠性要求高的工况。公称转矩为5~18000N·m,工作温度为-30~90℃,轴孔直径为6~220mm</td></tr>
</table>

续表

<table>
<tr><th>类别</th><th>组别</th><th>名称</th><th>型式及简图、特点及应用</th></tr>
<tr><td rowspan="3">挠性联轴器</td><td rowspan="3">非金属弹性元件弹性联轴器</td><td>弹性套柱销联轴器
(GB/T 4323—2017)</td><td> 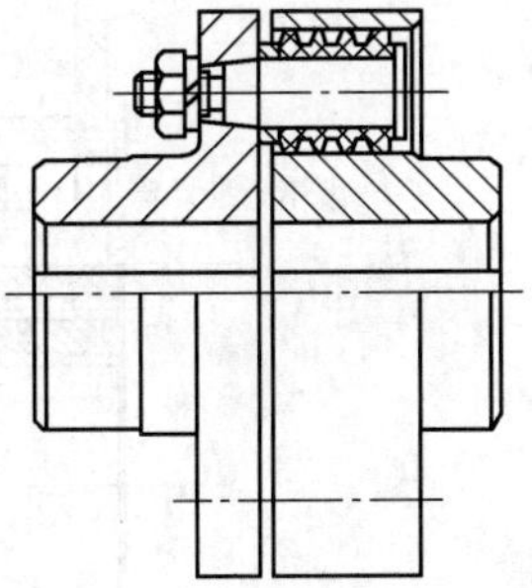LT型 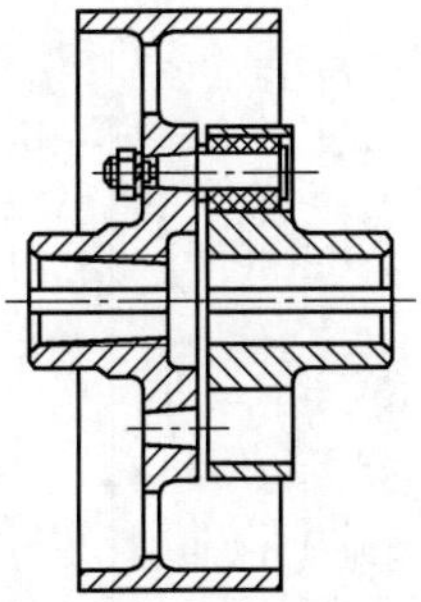 LTZ型
依靠弹性套承受销轴和半联轴器销套孔的挤压，实现传递转矩和运动。结构简单，制造容易，无需润滑，具有一定的轴向、径向、角向位移补偿性能和减振、缓冲性能
适用于连接两同轴线的传动轴系，用于对中精度不高、冲击载荷小、减振要求不高的中小功率工况，可以正反转使用。公称转矩为16~22400N·m，工作温度为-30~100℃，轴孔直径为10~170mm</td></tr>
<tr><td>弹性柱销联轴器
(GB/T 5014—2017)</td><td> 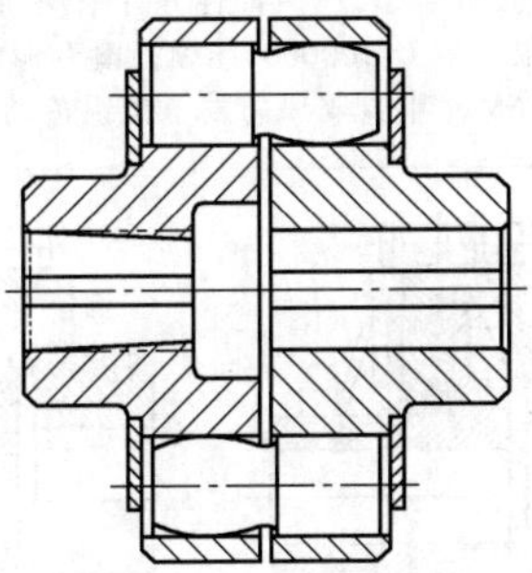LX型 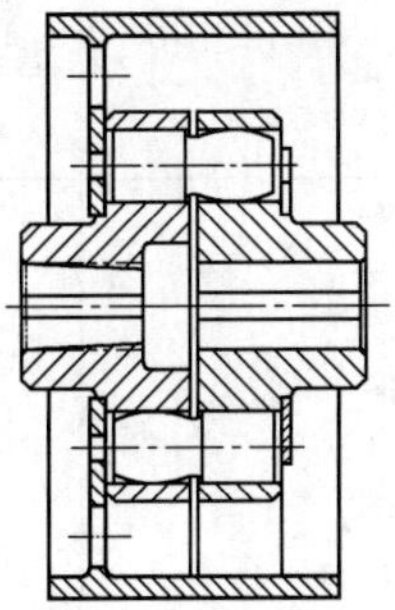 LXZ型
结构简单，制造容易，柱销更换方便，维修方便，具有较小的轴向、径向、角向位移补偿性能和减振、缓冲性能
适用于连接两同轴线的传动轴系，主要用于对中精度不高、载荷较平稳、减振要求不高的中小功率工况，可以正反转使用。公称转矩为250~180000N·m，工作温度为-20~70℃，轴孔直径为12~340mm</td></tr>
<tr><td>冶金设备用
轮胎式联轴器
(JB/T 10541—2005)</td><td> 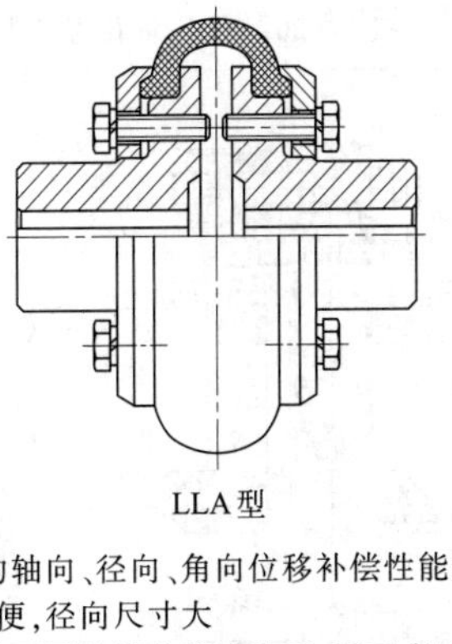LLA型 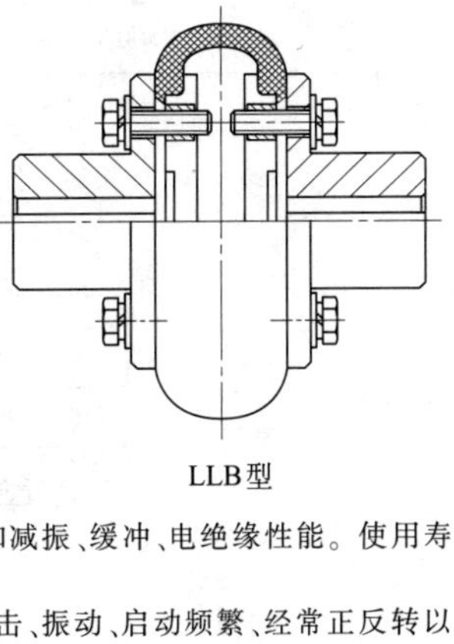 LLB型
具有较高的轴向、径向、角向位移补偿性能和减振、缓冲、电绝缘性能。使用寿命较长，不需润滑，装拆方便，径向尺寸大
适用于连接两同轴线的传动轴系，用于有冲击、振动、启动频繁、经常正反转以及潮湿、多尘的场合。公称转矩为10~20000N·m，工作温度为-20~80℃，轴孔直径为6~200mm</td></tr>
</table>

续表

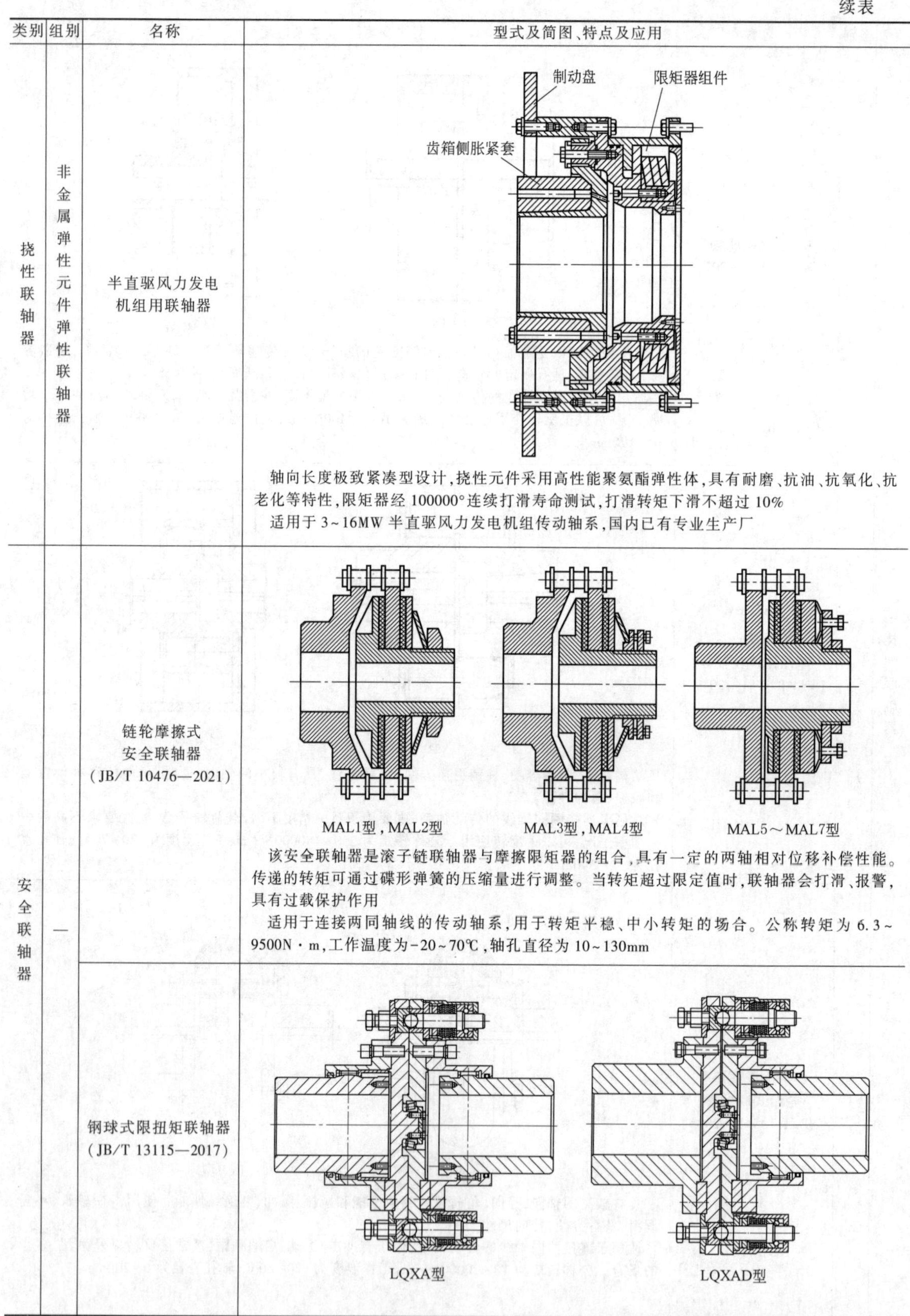

类别	组别	名称	型式及简图、特点及应用
挠性联轴器	非金属弹性元件弹性联轴器	半直驱风力发电机组用联轴器	轴向长度极致紧凑型设计，挠性元件采用高性能聚氨酯弹性体，具有耐磨、抗油、抗氧化、抗老化等特性，限矩器经100000°连续打滑寿命测试，打滑转矩下滑不超过10% 适用于3~16MW半直驱风力发电机组传动轴系，国内已有专业生产厂
安全联轴器	—	链轮摩擦式安全联轴器（JB/T 10476—2021）	MAL1型，MAL2型　MAL3型，MAL4型　MAL5～MAL7型 该安全联轴器是滚子链联轴器与摩擦限矩器的组合，具有一定的两轴相对位移补偿性能。传递的转矩可通过碟形弹簧的压缩量进行调整。当转矩超过限定值时，联轴器会打滑、报警，具有过载保护作用 适用于连接两同轴线的传动轴系，用于转矩平稳、中小转矩的场合。公称转矩为6.3~9500N·m，工作温度为-20~70℃，轴孔直径为10~130mm
		钢球式限扭矩联轴器（JB/T 13115—2017）	LQXA型　LQXAD型

续表

类别	组别	名称	型式及简图、特点及应用
安全联轴器	—	钢球式限扭矩联轴器（JB/T 13115—2017）	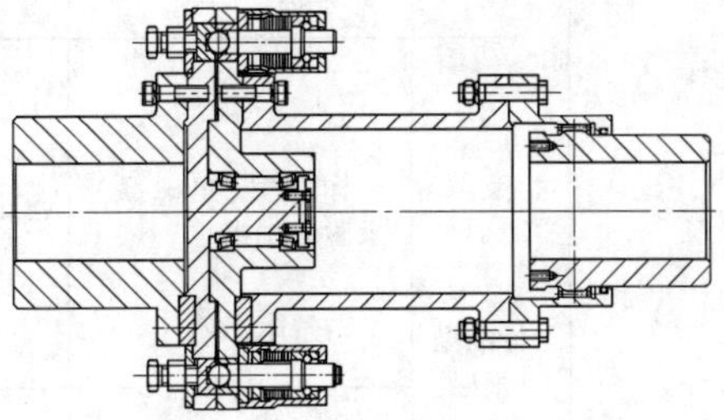 LQXAT型 该安全联轴器是齿式联轴器与钢球限矩单元的组合。通过调整钢球限矩单元数量和内部碟形弹簧压缩量，标定限矩值。限矩准确，复位时间短，可多次脱开，运行可靠。超过限矩值，钢球限矩单元的钢球回退，联轴器主、从动连接法兰完全脱开，并空转、报警，从而达到安全过载保护作用。多用于中小转矩的传递 适用于连接两同轴线的传动轴系，用于多次脱开和要求复位快的各类机械设备。公称转矩为 2000～200000N·m，轴孔直径为 30～260mm
		AYL 液压安全联轴器（JB/T 7355—2007）	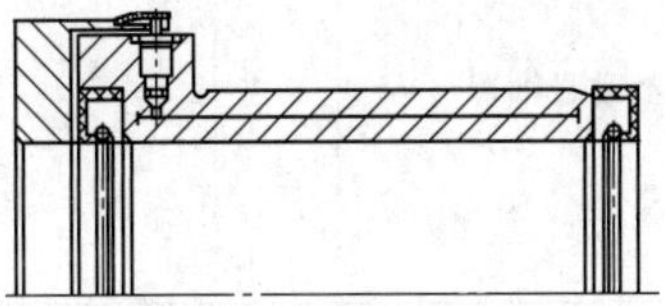 DZ型（低速式轴连接型） 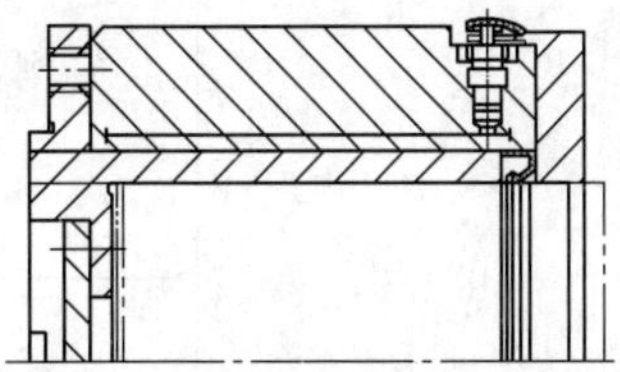 DF型（低速式法兰连接型） 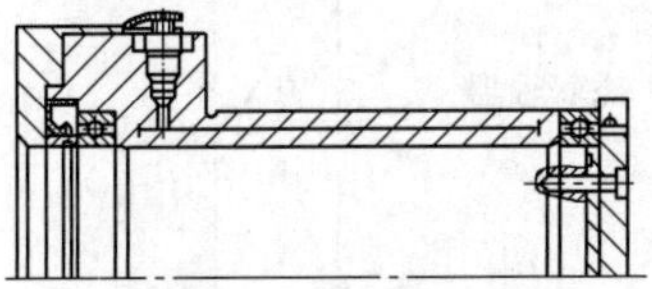 GZ型（高速式轴连接型） 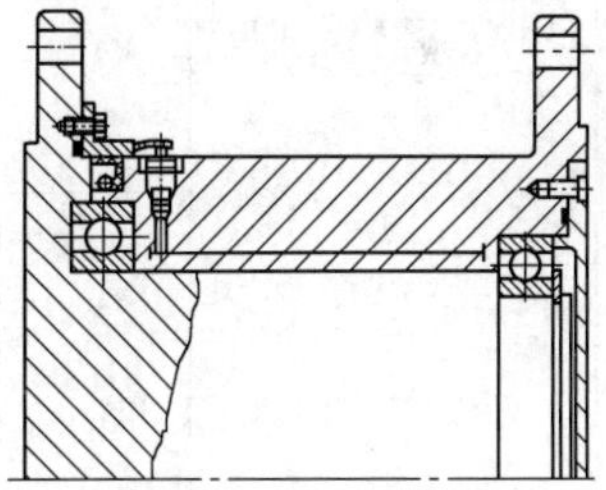 GF型（高速式法兰连接型） 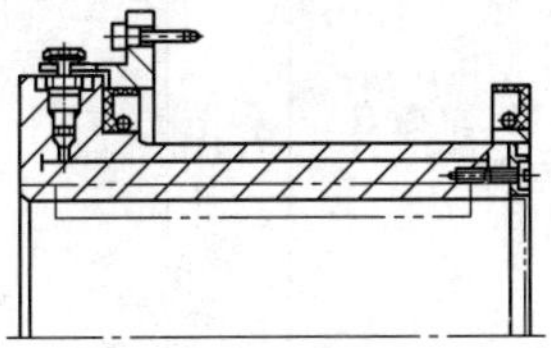 DJ型（低速式键连接型） 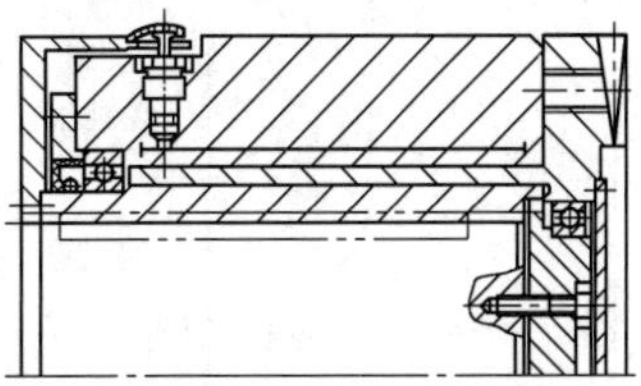 GC型（高速式端面齿连接型） 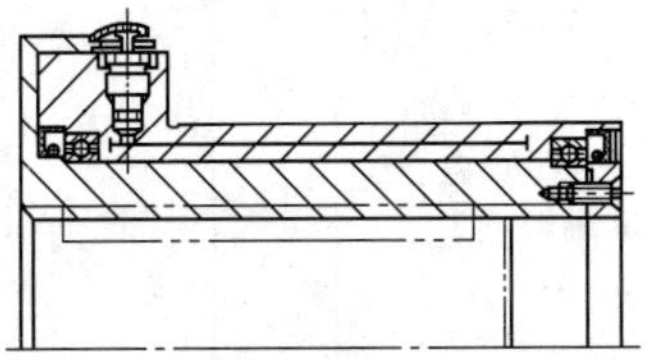 GJ型（高速式键连接型） 在双层套筒中间油腔注入高压油后，外层扩张与轮毂挤紧，内层则将轴抱紧，可传递与油压成正比的转矩。当转矩超过预定值时，即在轴上打滑，剪切管被剪切环剪断，油压在千分之几秒内卸去，联轴器与轴发生相对滑动（空转），以保证设备安全。剪切管换新后在极短的时间内就可继续运转恢复工作。限定转矩通过油压变化可调整且能持续，传递转矩高效可靠，安装和拆卸快速方便，结构紧凑，与硬连接相比不易发生金属疲劳 适用于连接两同轴线的传动轴系。可起到限矩及过载保护作用，其公称转矩为 0.315～8000kN·m，工作温度为-20～70℃，轴孔直径为 30～750mm。它不但可以单独起连接使用，且可以与齿轮、链轮及各种联轴器组合使用，广泛应用于冶金、矿山、建材、风电、船舶等领域

续表

类别	组别	名称	型式及简图、特点及应用			
			名称		型号	图示
安全联轴器	—	永磁联轴器（GB/T 38763—2020）	标准型永磁联轴器	标准型（单磁盘）永磁联轴器	YLBD	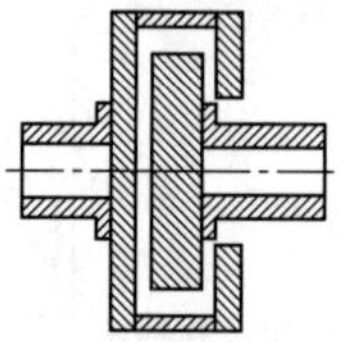
				标准型（双磁盘）永磁联轴器	YLBS	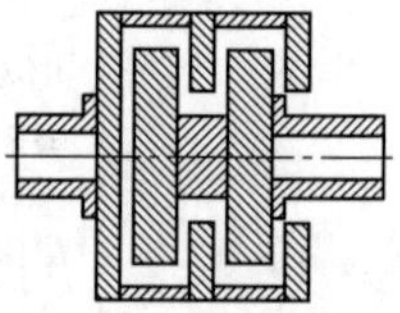
			延迟型永磁联轴器		YLY	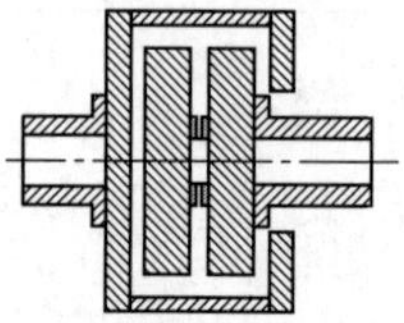
			限矩型永磁联轴器		YLX	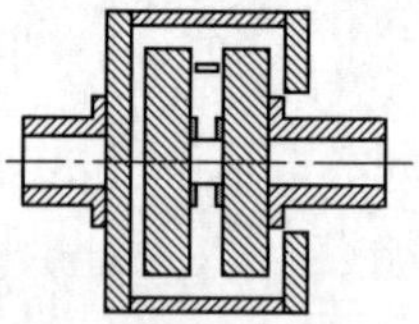
			离合型永磁联轴器	离合型（单磁盘）永磁联轴器	YLLD	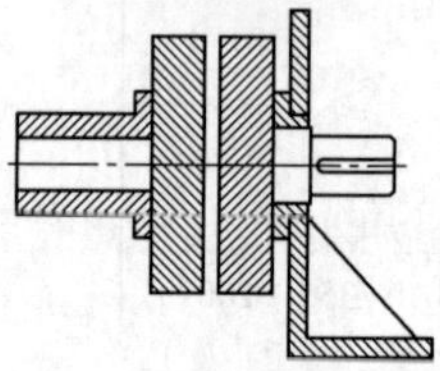
				离合型（双磁盘）永磁联轴器	YLLS	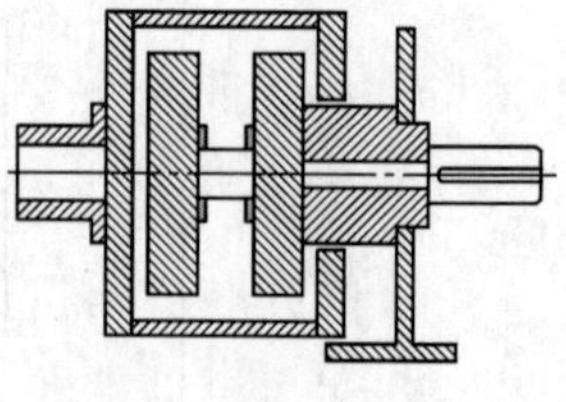
			带轮型永磁联轴器		YLD	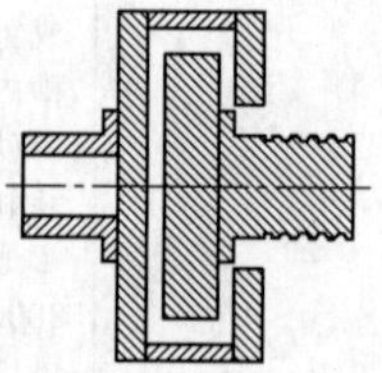

第6篇

续表

<table>
<tr><th>类别</th><th>组别</th><th>名称</th><th colspan="4">型式及简图、特点及应用</th></tr>
<tr><td rowspan="4">安全联轴器</td><td rowspan="4">—</td><td rowspan="4">永磁联轴器
(GB/T 38763—2020)</td><td colspan="2">名称</td><td>型号</td><td>图示</td></tr>
<tr><td rowspan="2">同步型
永磁
联轴器</td><td>同步型(筒式)
永磁
联轴器</td><td>YLTT</td><td> 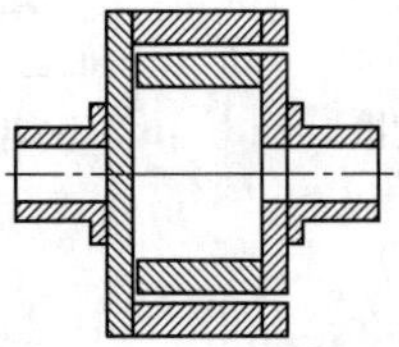</td></tr>
<tr><td>同步型(盘式)
永磁
联轴器</td><td>YLTP</td><td> 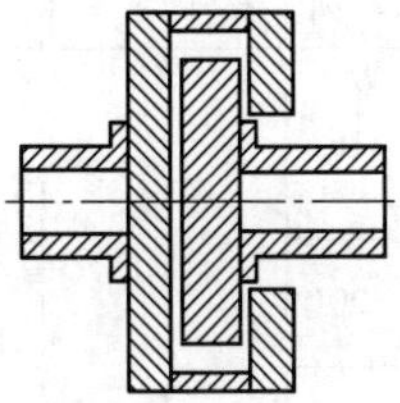</td></tr>
<tr><td colspan="4">应用永磁材料所产生的磁力作用,实现能量的空中传递。它利用磁性物质同性相斥、异性相吸的原理,把磁能转变为机械能,以气隙传递能量,通过调整气隙大小来满足负载工艺要求,让传动更安全、简便、高效、环保。主要特点和优势:无噪声,独特的过载保护功能;结构简单,可靠性高。除此之外,各种型式的联轴器还有其独特的功能
适用于具有隔离振动、缓冲启动、过载保护等功能的两同轴线的传动轴系。公称转矩为 13~55000N·m,工作温度为-45~65℃,轴孔直径为 19~135mm</td></tr>
</table>

2 联轴器通用基础技术

2.1 联轴器轴孔和键槽及其他连接型式

2.1.1 圆柱形轴孔和键槽型式及尺寸(摘自 GB/T 3852—2017)

具体见表 6-2-3 和表 6-2-4。

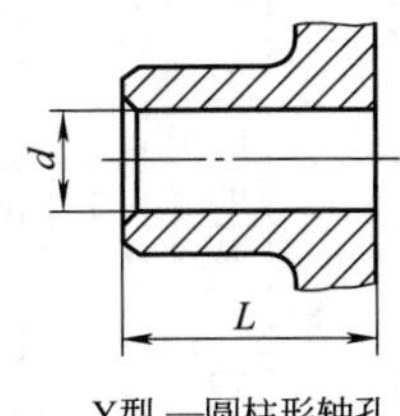

Y型—圆柱形轴孔
(适用于长、短系列,推荐选用短系列)

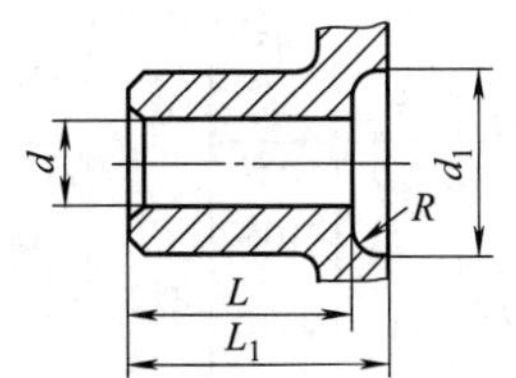

J型—有沉孔的短圆柱形轴孔
(推荐选用)

轴孔型式

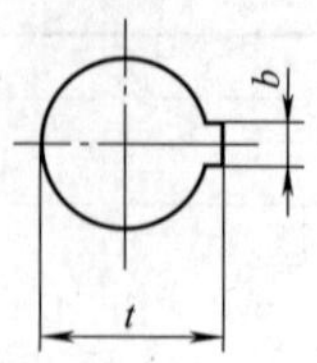

A型—平键单键槽

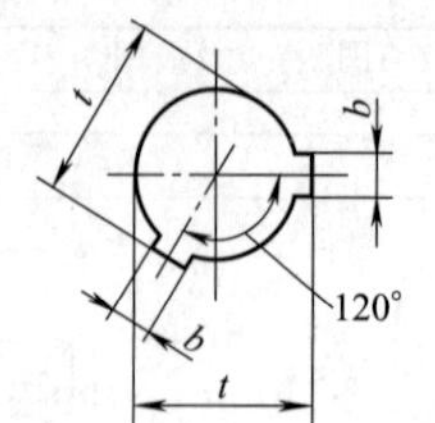

B型—120°布置平键双键槽

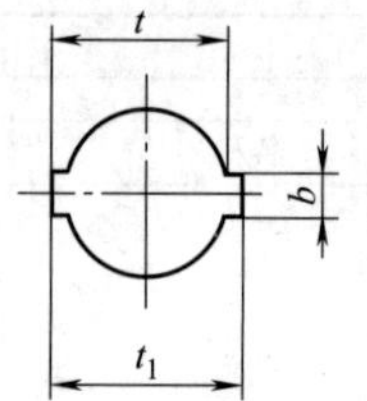

B_1型—180°布置平键双键槽

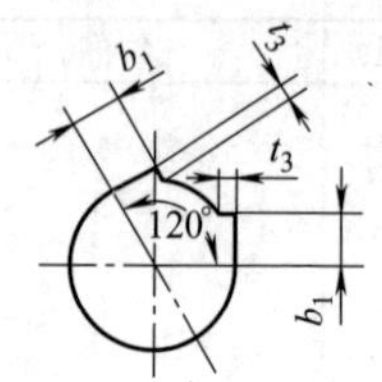

D型—圆柱形轴孔普通切向键键槽

键槽型式

表 6-2-3　Y 型、J 型圆柱形轴孔的直径与长度及键槽尺寸　mm

直径 d 公称尺寸	直径 d 极限偏差 H7	长度 L 长系列	长度 L 短系列	长度 L_1	沉孔尺寸 d_1	沉孔尺寸 R	A型、B型、B_1型键槽 b 公称尺寸	b 极限偏差 P9	t 公称尺寸	t 极限偏差	t_1 公称尺寸	t_1 极限偏差	B型键槽 位置度公差	D型键槽 t_3 公称尺寸	t_3 极限偏差	b_1
6	+0.012 0	16	—	—	—	—	2	−0.006 −0.031	7.0	+0.1 0	8.0	+0.2 0	—	—	—	—
7	+0.015 0								8.0		9.0					
8		20							9.0		10.0					
9							3		10.4		11.8					
10		25	22						11.4		12.8					
11	+0.018 0						4	−0.012 −0.042	12.8		14.6		0.03			
12		32	27						13.8		15.6					
14							5		16.3		18.6					
16		42	30	42	38	1.5			18.3		20.6					
18							6		20.8		23.6					
19	+0.021 0								21.8		24.6					
20		52	38	52					22.8		25.6					
22									24.8		27.6					
24							8	−0.015 −0.051	27.3	+0.2 0	30.6	+0.4 0	0.04			
25		62	44	62	48				28.3		31.6					
28									31.3		34.6					
30		82	60	82	55				33.3		36.6					
32	+0.025 0					2	10		35.3		38.6					
35									38.3		41.6					
38					65				41.3		44.6					
40		112	84	112			12	−0.018 −0.061	43.3		46.6		0.05			
42									45.3		48.6					
45					80		14		48.8		52.6					
48									51.8		55.6					
50					95				53.8		57.6					
55	+0.030 0					2.5	16		59.3		63.6					
56									60.3		64.6					
60		142	107	142	105		18		64.4		68.8			7	0 −0.2	19.3
63									67.4		71.8					19.8
65									69.4		73.8					20.1
70					120		20	−0.022 −0.074	74.9		79.8		0.06			21.0
71									75.9		80.8			8		22.5
75									79.9		84.8					23.2
80		172	132	172	140		22		85.4		90.8					24.0

续表

直径 *d*		长度			沉孔尺寸		A 型、B 型、B_1 型键槽						B 型键槽	D 型键槽		
		L					*b*		*t*		t_1			t_3		
公称尺寸	极限偏差 H7	长系列	短系列	L_1	d_1	*R*	公称尺寸	极限偏差 P9	公称尺寸	极限偏差	公称尺寸	极限偏差	位置度公差	公称尺寸	极限偏差	b_1
85	+0.035 0	172	132	172	140	3.0	22	-0.022 -0.074	90.4	+0.2 0	95.8	+0.4 0	0.06	8	0 -0.2	24.8
90					160		25		95.4		100.8					25.6
95									100.4		105.8			9		27.8
100		212	167	212	180		28		106.4		112.8					28.6
110									116.4		122.8					30.1
120					210		32	-0.026 -0.088	127.4		134.8		0.08	10		33.2
125	+0.040 0					4.0			132.4		139.8					33.9
130		252	202	252	235				137.4		144.8					34.6
140							36		148.4	+0.3 0	156.8	+0.6 0		11		37.7
150					265				158.4		166.8					39.1
160		302	242	302			40		169.4		178.8			12	0 -0.3	42.1
170					330				179.4		188.8					43.5
180							45		190.4		200.8					44.9
190	+0.046 0	352	282	352		5.0			200.4		210.8			14		49.6
200									210.4		220.8					51.0
220							50		231.4		242.8			16		57.1
240		410	330	—	—	—	56	-0.032 -0.106	252.4		264.8		0.10			59.9
250									262.4		274.8			18		64.6
260	+0.052 0								272.4		284.8					66.0
280		470	380				63		292.4		304.8			20		72.1
300							70		314.4		328.8					74.8
320	+0.057 0								334.4		348.8			22		81.0
340		550	450				80		355.4		370.8					83.6
360									375.4		390.8			26		93.2
380									395.4		410.8					95.9
400		650	540				90	-0.037 -0.124	417.4		434.8		0.12			98.6
420	+0.063 0								437.4		454.8			30		108.2
440									457.4		474.8					110.9
450							100		469.5		489.0					112.3
460									479.5		499.0			34		113.6
480									499.5		519.0					123.1
500									519.5		539.0					125.9
530	+0.070 0	800	680				110		552.2		574.4			38		136.7
560									582.2		604.4					140.8
600							120		624.5		649.0			42		153.1
630									654.5		679.0					157.1
670	+0.080 0	900	780				—	—	—	—	—	—	—	67	0 -0.4	201.0
710														71		213.0
750														75		225.0
800		1000	880											80		240.0
850	+0.090 0													85		255.0
900		—	980											90		270.0
950														95		285.0
1000			1100											100		300.0
1060	+0.150 0													—		—

第6篇

续表

直径 d		长度			沉孔尺寸		A 型、B 型、B_1 型键槽						B 型键槽	D 型键槽		
		L					b		t		t_1			t_3		
公称尺寸	极限偏差 H7	长系列	短系列	L_1	d_1	R	公称尺寸	极限偏差 P9	公称尺寸	极限偏差	公称尺寸	极限偏差	位置度公差	公称尺寸	极限偏差	b_1
1120	+0.150 0	—	1200	—	—	—	—	—	—	—	—	—	—	—	—	—
1180																
1250			1300													

注：b 的极限偏差，也可采用 GB/T 1095—2003《平键　键槽的剖面尺寸》中规定的轴 N9、毂 JS9。

表 6-2-4　　圆柱形轴孔与轴的配合　　mm

直径 d	$6 \leqslant d \leqslant 30$	$30 < d \leqslant 50$	$d > 50$
配合代号	H7/j6	H7/k6	H7/m6

注：根据使用要求，也可采用 H7/n6、H7/p6 和 H7/r6。

2.1.2　圆锥形轴孔和键槽型式及尺寸（摘自 GB/T 3852—2017）

见表 6-2-5 和表 6-2-6。

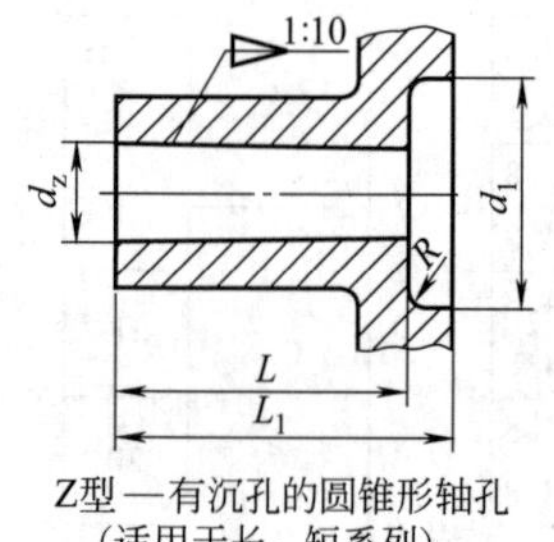

Z型—有沉孔的圆锥形轴孔
（适用于长、短系列）

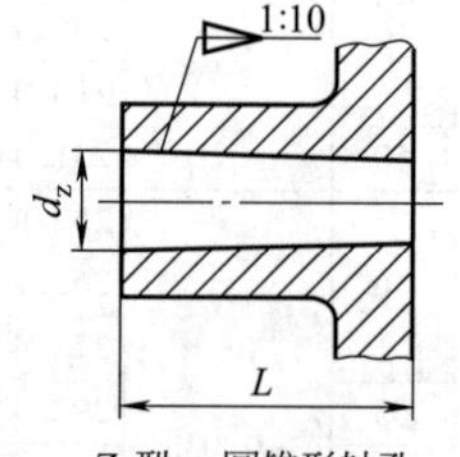

Z_1型—圆锥形轴孔
（适用于长、短系列）

轴孔型式

b

t_2

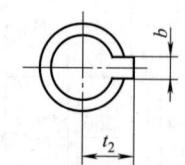

C型—圆锥形轴孔平键单键槽

键槽型式

表 6-2-5　　Z 型、Z_1 型圆锥形轴孔的直径与长度及键槽尺寸　　mm

直径 d_z		长度				沉孔尺寸		C 型键槽				
		长系列		短系列				b		t_2		
公称尺寸	极限偏差 H8	L	L_1	L	L_1	d_1	R	公称尺寸	极限偏差 P9	长系列	短系列	极限偏差
6	+0.022 0	12	18	—	—	16	1.5	—	—	—	—	—
7												
8		14	22			24						
9												
10		17	25									
11	+0.027 0							2	-0.006 -0.031	6.1		+0.1 0
12		20	32			28				6.5		
14								3		7.9		
16		30	42	18	30	38				8.7	9.0	
18								4	-0.012 -0.042	10.1	10.4	
19	+0.033 0									10.6	10.9	
20		38	52	24	38					10.9	11.2	
22										11.9	12.2	
24								5		13.4	13.7	
25		44	62	26	44	48				13.7	14.2	
28										15.2	15.7	
30		60	82	38	60	55				15.8	16.4	

续表

直径 d_z		长度				沉孔尺寸		C 型键槽				
公称尺寸	极限偏差 H8	长系列		短系列		d_1	R	b		t_2		
		L	L_1	L	L_1			公称尺寸	极限偏差 P9	长系列	短系列	极限偏差
32	+0.039 0	60	82	38	60	55	2.0	6	-0.012 -0.042	17.3	17.9	+0.1 0
35										18.8	19.4	
38						65				20.3	20.9	
40		84	112	56	84			10	-0.015 -0.051	21.2	21.9	+0.2 0
42										22.2	22.9	
45						80		12	-0.018 -0.061	23.7	24.4	
48										25.2	25.9	
50						95				26.2	26.9	
55	+0.046 0						2.5	14		29.2	29.9	
56										29.7	30.4	
60		107	142	72	107	105		16		31.7	32.5	
63										33.2	34.0	
65										34.2	35.0	
70						120		18		36.8	37.6	
71										37.3	38.1	
75										39.3	40.1	
80		132	172	92	132	140		20	-0.022 -0.074	41.6	42.6	
85	+0.054 0						3.0			44.1	45.1	
90						160		22		47.1	48.1	
95										49.6	50.6	
100		167	212	122	167	180		25		51.3	52.4	
110										56.3	57.4	
120						210		28		62.3	63.4	
125	+0.063 0									64.7	65.9	
130		202	252	152	202	235	4.0			66.4	67.6	
140								32	-0.026 -0.088	72.4	73.6	
150						265				77.4	78.6	
160		242	302	182	242			36		82.4	83.9	+0.3 0
170										87.4	88.9	
180								40		93.4	94.9	
190	+0.072 0	282	352	212	282	330	5.0			97.4	99.9	
200										102.4	104.1	
220								45		113.4	115.1	

注：b 的极限偏差，也可采用 GB/T 1095—2003《平键　键槽的剖面尺寸》中规定的 JS9。

表 6-2-6　　圆锥形轴孔直径及轴孔长度的极限偏差　　mm

圆锥孔直径 d_z	轴、孔配合代号	L 轴向极限偏差	圆锥孔直径 d_z	轴、孔配合代号	L 轴向极限偏差
$6 \leqslant d_z \leqslant 10$	H8/k8	0 -0.220	$50 \leqslant d_z \leqslant 80$	H8/k8	0 -0.460
$10 \leqslant d_z \leqslant 18$		0 -0.270	$80 \leqslant d_z \leqslant 120$		0 -0.540
$18 \leqslant d_z \leqslant 30$		0 -0.330	$120 \leqslant d_z \leqslant 180$		0 -0.630
$30 \leqslant d_z \leqslant 50$		0 -0.390	$180 \leqslant d_z \leqslant 220$		0 -0.720

注：配合代号是对 GB/T 1570—2005 规定的标准圆锥形轴伸的配合。

2.1.3 其他连接型式

（1）矩形花键轴孔和渐开线花键轴孔（见图 6-2-3）

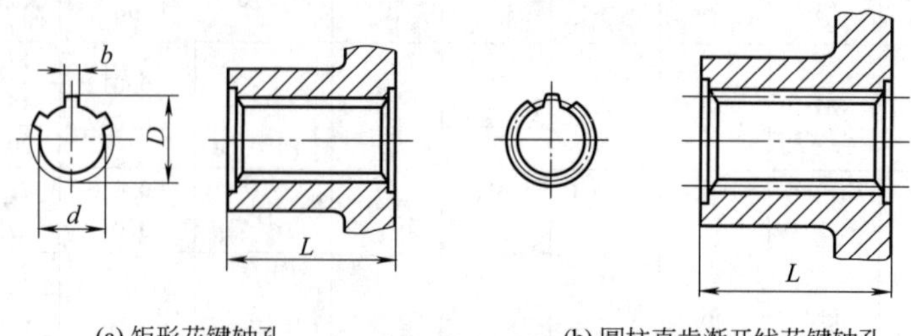

(a) 矩形花键轴孔　　(b) 圆柱直齿渐开线花键轴孔

图 6-2-3　矩形花键轴孔和渐开线花键轴孔

矩形花键尺寸应符合 GB/T 1144—2001 中的有关规定；圆柱直齿渐开线花键尺寸应符合 GB/T 3478—2008（所有部分）的有关规定。花键连接轴孔长度 L 推荐按表 6-2-3 中轴孔长度短系列。

（2）法兰连接型式（见图 6-2-4）

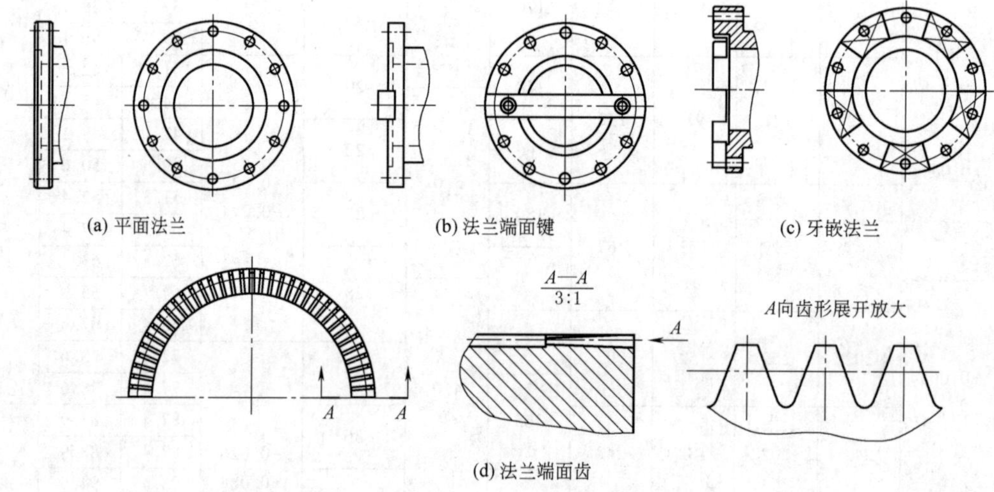

(a) 平面法兰　　(b) 法兰端面键　　(c) 牙嵌法兰

(d) 法兰端面齿

图 6-2-4　法兰连接型式

平面法兰和法兰端面键可参考 SWP 型或 SWC 型十字轴式万向联轴器的端部法兰；牙嵌法兰参数与尺寸可参照 JB/T 12046—2014《冶金设备联轴器　法兰牙嵌式联接　基本参数与尺寸》；法兰端面齿参数与尺寸可参照 JB/T 12045—2014《冶金设备联轴器　法兰端面齿联接　基本参数与尺寸》。

（3）过盈配合轴孔（见图 6-2-5）

联轴器轴孔根据具体使用要求可以采用过盈配合油压装卸，以实现无键连接。其结构设计规范、装卸要求和计算及选用等按照 JB/T 6136—2007《过盈配合的油压装卸》、GB/T 15755—1995《圆锥过盈配合的计算和选用》。

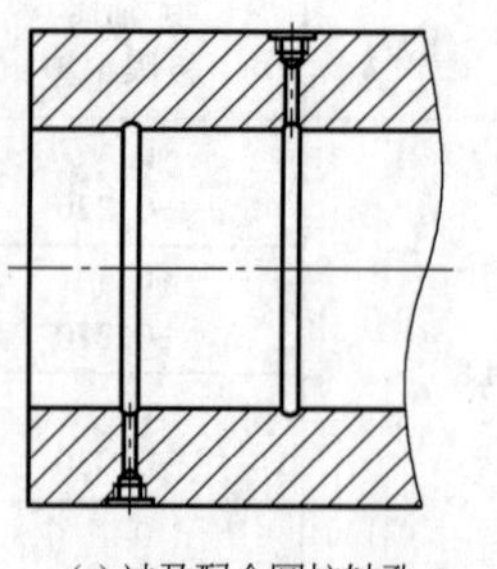
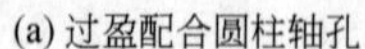

(a) 过盈配合圆柱轴孔

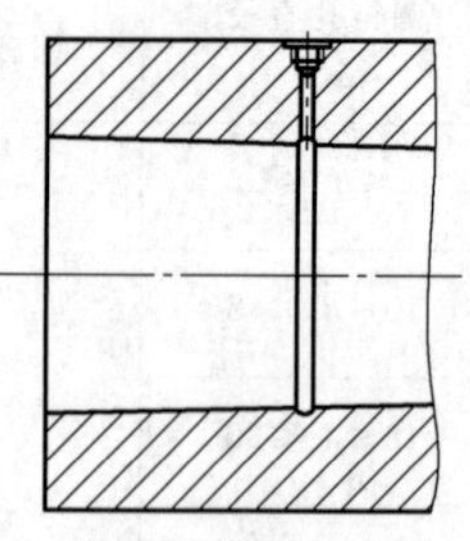

(b) 过盈配合圆锥轴孔

图 6-2-5　过盈配合轴孔

（4）带胀紧连接套的轴孔（见图 6-2-6）

联轴器根据具体使用要求可以采用带胀紧连接套的轴孔，以实现无键连接。胀紧连接套可采用 GB/T 28701—2012《胀紧联结套》的各种型式；联轴器轴套的壁厚根据传递转矩而计算的胀紧连接套的胀紧力确定。

(5) 扁孔轴套（见图 6-2-7）

联轴器的扁孔轴套与工作轴的扁形轴头直接连接，例如轧辊的扁形轴头与扁孔轴套的连接。

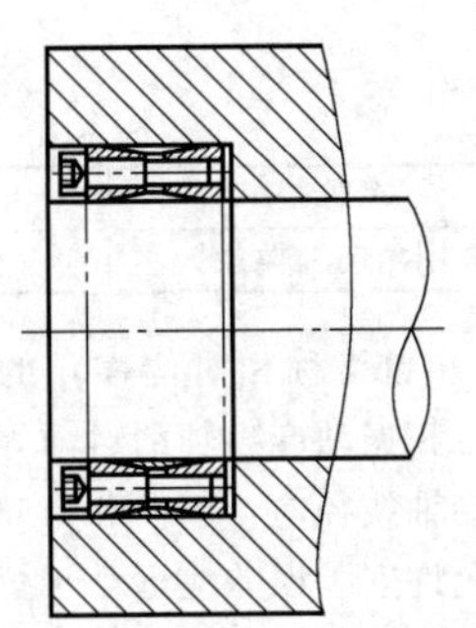
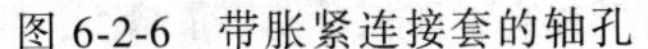

图 6-2-6　带胀紧连接套的轴孔

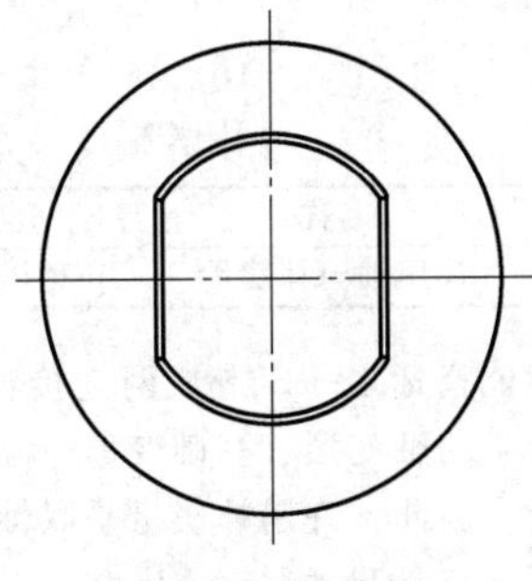
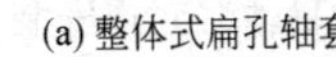

(a) 整体式扁孔轴套

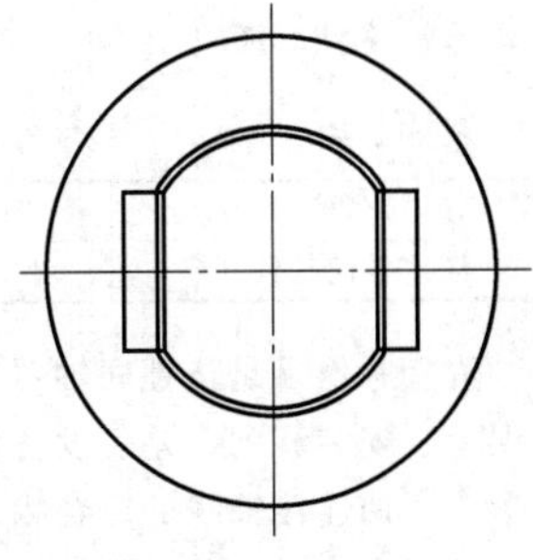

(b) 带侧板扁孔轴套

图 6-2-7　扁孔轴套

2.2　联轴器主要技术参数

主要技术参数见表 6-2-7~表 6-2-12，见 GB/T 3931—2010、GB/T 38601—2020。

2.2.1　转矩

表 6-2-7　　转矩

名称	符号	名称	符号	名称	符号	名称	符号	名称	符号
理论转矩	T	计算转矩	T_c	最大转矩	T_{max}	交变疲劳转矩	T_f	冲击转矩	T_s
公称转矩	T_n	许用转矩	$[T]$	许用最大转矩	$[T_{max}]$	脉动疲劳转矩	T_p	激振转矩	T_a

设计和选用联轴器时，各转矩间应符合式（6-2-1）的关系。

$$T<T_c\leqslant T_n\leqslant[T]<T_{max}<[T_{max}] \tag{6-2-1}$$

我国现行通用联轴器标准中大多未列出各种联轴器的［T］、T_{max} 和［T_{max}］值，只列出了公称转矩 T_n 值。对标准联轴器，因 T_n 是［T］就近靠入公称转矩 T_n 系列的转矩，可取［T］≈T_n，一般情况下 $T_{max}=(2\sim3)T_n$。［T_{max}］可以认为是联轴器中薄弱环节所能承受的极限转矩，只供联轴器设计使用，针对联轴器的选用不考虑使用。

2.2.2　转速

表 6-2-8　　转速

名称	符号	名称	符号
工作转速	n	许用转速	$[n]$

选用联轴器时，工作转速和许用转速应符合式（6-2-2）的关系。

$$n<[n] \tag{6-2-2}$$

2.2.3　系数

表 6-2-9　　系数

名称	符号	名称	符号	名称	符号	名称	符号
工况系数	K	温度系数	K_t	动力机冲击系数	K_{s1}	从动机质量系数	K_{m2}
动力机系数	K_d	频率系数	K_f	从动机冲击系数	K_{s2}		
起(启)动系数	K_z	放大系数	K_a	动力机质量系数	K_{m1}		

注：GB/T 3931—2010、JB/T 7511—1994 等标准中均有“起动系数”这一术语。

上述所列的各种系数在确定时，根据设备要求、使用条件和使用工况等情况选择使用，并非所有系数都需要，否则，联轴器选择后安全裕度过大。一般的原则和要求是：所选用的联轴器安全系数不应超过动力机和齿轮箱安全系数，以保证传动系统运转的安全性和经济性。

2.2.4 补偿量

表 6-2-10　　补偿量

名称	符号	名称	符号	名称	符号
许用径向补偿量	$[\Delta Y]$	许用轴向补偿量	$[\Delta X]$	许用角向补偿量	$[\Delta\alpha]$

许用补偿量是挠性联轴器的重要性能指标之一。造成两连接轴线相对偏移（也可称相对位移）的因素有制造误差、安装装配误差、设备受载而产生的轴变形、基础变形、温度变化、冲击和振动产生轴的运动等，多种因素形成了两连接轴线的综合相对偏移量。因此，许用补偿量是联轴器针对两连接轴线径向、轴向和角向在实际工作中的综合相对偏移量的补偿量，而不仅仅是联轴器允许安装误差的补偿量，允许安装误差应远小于标准中所规定的许用补偿量。从另一方面讲，在联轴器实际使用中，两连接轴线对中精度越高，即相对偏移量越小，联轴器的使用寿命越长。

由于上述原因，造成两连接轴线相对偏移是难以避免的，其径向、轴向和角向相对位移如图 6-2-8 所示。

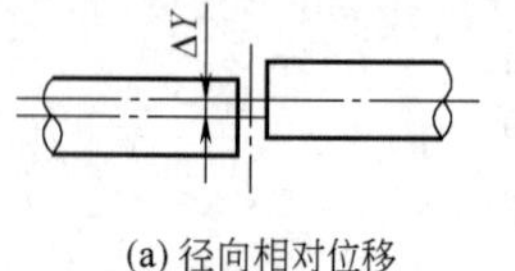

(a) 径向相对位移

ΔX

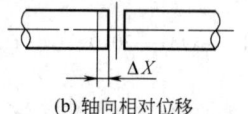

(b) 轴向相对位移

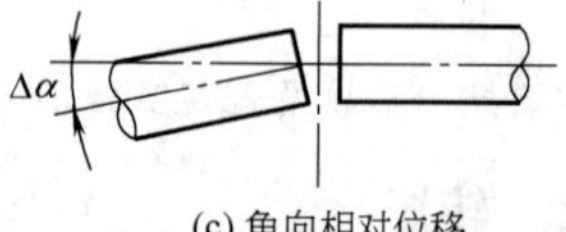

(c) 角向相对位移

图 6-2-8　联轴器两连接轴线的相对位移

2.2.5 刚度

表 6-2-11　　刚度

名称	符号	名称	符号	名称	符号
静刚度	C_s	径向刚度	C_y	扭转刚度	C
动刚度	C_d	轴向刚度	C_x		

静刚度一般是在频率较稳定和远小于联轴器固有频率的转矩作用下以两半联轴器相对扭转变形来衡量；动刚度则是在不稳定振动频率转矩作用下以两半联轴器相对扭转变形来衡量。转矩振动频率不同，其刚度也不同。

径向刚度和轴向刚度主要指动态径向刚度和动态轴向刚度，该类刚度是弹性联轴器动态性能的重要参数之一，是进行振动分析不可缺少的重要参数。

扭转刚度分静态扭转刚度和动态扭转刚度，是联轴器主要使用的刚度，尤其是弹性联轴器。动态扭转刚度是指在一个振动周期内弹性转矩与对应扭转角振幅之比，获取弹性联轴器的该特性参数便成为研究扭转振动控制性能和在此基础上进行联轴器设计和选用的关键。

2.2.6 扭转角

表 6-2-12　　扭转角

名称	符号	名称	符号
许用扭转角	$[\phi]$	最大扭转角	ϕ_{max}

许用扭转角或最大扭转角一般代表联轴器在受到许用转矩或最大转矩时，两半联轴器因弹性元件的变形而产生的相应扭转角。扭转角越小，联轴器刚度越大。

2.3 选用联轴器的技术资料

选用联轴器时，根据使用机械设备要求和使用条件较精确考虑有关技术要求时，确定需要的技术资料，选用合理品种、型式和规格的联轴器。

2.3.1 动力机（原动机）

动力机技术资料：

- 电动机
- 液压马达
- 内燃机
- 燃气轮机
- 额定功率
- 最大功率
- 额定转矩
- 最大转矩
- 额定转速

2.3.2 从动机

从动机技术资料：

- 从动机类型
- 理论制动转矩
- 联轴器从动端最大转矩
- 联轴器制动端从动机的转动惯量
- 每天工作时间
- 每小时起（启）动次数
- 是否正反转
- 载荷变化性质

2.3.3 主、从动轴的安装

主、从动轴的安装技术资料：

- 径向位移误差
- 轴向位移误差
- 角向位移误差
- 轴的安装方向：水平、垂直
- 载荷方向：转矩、轴向力、径向力
- 联轴器在轴线方向脱开是否移动相关设备

2.3.4 联轴器

联轴器性能参数：

- 公称转矩
- 最大转矩（或限制转矩）
- 交变疲劳转矩
- 许用转速
- 工作温度
- 润滑方式
- 径向、轴向和角向补偿量
- 转动惯量

联轴器轴孔及连接型式：

- 圆柱或圆锥轴孔（带键槽）
- 渐开线花键或矩形花键
- 平面法兰
- 法兰端面键
- 法兰端面齿
- 牙嵌法兰式
- 过盈配合轴孔（圆柱孔或圆锥孔）
- 带胀紧连接套的轴孔
- 扁孔轴套

2.3.5 工作环境

工作环境技术资料：

- 工作环境温度：最高、最低
- 空气：潮湿、含油、含化学介质、含尘

2.4 联轴器的平衡

平衡的目的是使不平衡引起的机器振动、轴挠度和作用于轴承的动压力低于允许值。

传动系统需要平衡的联轴器视情况可进行整体不平衡校正，也可以进行分体不平衡校正。绝大部分按照刚性转子进行不平衡校正。挠性联轴器一般采用剩余不平衡度等级评定，有的联轴器也可以采用平衡品质级别评定。

许用剩余不平衡量通常用转子的质量 m（kg）和许用剩余不平衡度 e_{per}（校正后惯性主轴与回转轴线的距离）的乘积来表达，即 $U_{per}=me_{per}$。采用剩余不平衡度等级评定时，则表达为 $e_{per}=U_{per}/m$ 。剩余不平衡度等级见表 6-2-13。

表 6-2-13　联轴器剩余不平衡度等级（摘自 JB/T 8557—1997）

剩余不平衡等级	最大剩余不平衡度/μm	剩余不平衡等级	最大剩余不平衡度/μm
4	>800	9	50
5	800	10	25
6	400	11	12
7	200	12	6
8	100		

平衡品质级别值 G(mm/s) 为许用剩余不平衡度 e_{per}(μm) 与转子最高工作角速度 ω (rad/s) 之积除以1000，即 $G=e_{per}\omega/1000$ 。平衡品质级别见表 6-2-14。

表 6-2-14 联轴器平衡品质级别

平衡品质级别	G0.4	G1	G2.5	G6.3	G16	G40	G100
平衡品质级别值/$mm\cdot s^{-1}$	≤0.4	≤1	≤2.5	≤6.3	≤16	≤40	≤100

有关联轴器静平衡和动平衡的设计选择更详细的内容可参阅 JB/T 8557—1997《挠性联轴器平衡分类》和 GB/T 9239.1—2006《机械振动 恒态（刚性）转子平衡品质要求 第 1 部分：规范与平衡允差的检验》及 GB/T 9239.14—2017《机械振动 转子平衡 第 14 部分：平衡误差的评估规程》，也可参阅其他相关标准和规范。

2.5 挠性联轴器的弹性元件

有弹性元件挠性联轴器除具有两轴相对位移补偿能力外还具有缓冲和减振作用。其中的弹性元件是指用以传递转矩的弹性零件，它在受载时能产生显著的弹性变形，一方面起着补偿两连接轴线相对位移误差的作用，同时通过弹性变形储存能量起到缓冲作用，并可以通过改变联轴器的刚度，调节轴系的固有频率，以减轻振动，避开共振，因而成为弹性联轴器中的关键零件。要得到适用于传动的性能优良的弹性联轴器，关键在于有其高性能的弹性元件。弹性元件按材质可分为金属弹性元件和非金属弹性元件。

2.5.1 金属弹性元件

金属弹性元件一般用薄板、带材或金属丝制成，金属材料主要是淬火硬化型的弹性钢材，其具有较高的强度和抗磨能力。选择材料时应根据元件所受载荷的大小、性质及其他工作条件而定。其特点主要有：

① 屈服强度和疲劳强度高，承载能力大，有利于减小联轴器的尺寸和重量；

② 耐久性好，使用寿命长，力学性能稳定，耐高温和严寒，能适应恶劣的环境；

③ 弹性模量大而稳定，不受工艺条件和结构因素的影响，因而动力性能容易控制；

④ 制造要求严格，成本较高。

2.5.2 非金属弹性元件

非金属弹性元件一般由橡胶、聚氨酯和尼龙等非金属材料制成，弹性模量范围大，容易做成不同刚度的弹性元件，但易受工作环境影响，耐高、低温性能差，易老化变质，强度低于金属元件，使用和储存时间短。其特点主要有：

① 弹性模量小，弹性变形量较大，可通过改变成分得到不同的弹性模量，以满足所需要的元件刚度和非线性弹性特性；

② 可获得各向异性的弹性特性和复杂的几何形状，且能用硫化的方法使其与金属件牢固地粘接在一起，充分发挥橡胶受剪切时具有高弹性的特点；

③ 单位体积储存的变形能比金属弹性元件大很多，内摩擦大，阻尼性能好，可消耗 30%~50%的变形能，对缓冲和衰减高频振动有良好效果；

④ 与金属的接触面通常无相对滑动，无需润滑，具有绝缘性，价格低廉。

2.6 联轴器的选型

2.6.1 联轴器在动力传动系统中的作用

由于动力机的驱动转矩或工作机的负载转矩不稳定，以及由传动零部件制造误差引起的冲击和零部件不平衡离心惯性力引起的动载荷，使传动系统在变载荷（非周期性冲击载荷及周期性变载荷）下运行产生机械振动，这将影响机械设备的使用寿命和性能，破坏仪器、仪表的正常工作条件，并对传动轴系零件造成附加动应力，当总应力或交变应力分别超过允许限度时，会使零件产生失效或疲劳破坏。在选用传递转矩和运动的联轴器时，应进行扭振分析和计算，必要时通过试验测试，其目的在于求出轴系的固有频率，以及动力机的各级临界转速，从而计算出扭振使传动轴系及传动装置产生的附加载荷和应力。必要时采用减振和缓冲措施，其基本原理是合理地匹配系统的质量、刚度、阻尼及干扰力的大小和频率，使传动系统不在共振区的范围内运转，或在运转速度范围内不出现强烈的共振现象。其中一个行之有效的方法是在轴系中采用匹配合理的弹性联轴器。

如果将联轴器看成是一个多自由度轴系的元件，在该轴系中精确配置，则需要从转子动力学的角度进行分析或利用相关计算软件进行分析。

2.6.2 联轴器的选择依据

选择联轴器时需要考虑以下八个因素。

（1）联轴器两连接轴线的相对偏移

联轴器所连接的两轴，由于制造和安装误差、受载和温度引起的变形、运行磨损引起的间隙以及其他因素导致两轴线的径向、轴向和角向相对偏移是难以避免的。因此，联轴器对两轴线相对偏移的补偿能力，是其选型时需要首先考虑的因素。刚性联轴器基本上无相对偏移补偿能力。当两连接轴线的相对偏移较大时应选用挠性联轴器，且应针对两连接轴线相对偏移的性质（径向、轴向或角向）和大小，选用具有充分补偿能力的联轴器。

（2）联轴器的载荷特性

动力机到工作机之间，通过数个不同型式或规格的联轴器将主、从动端连接起来，形成轴系传动系统，动力机和工作机的机械特性对整个轴系传动系统有重大的影响。动力机和工作机由于工作原理和结构的不同，均将使传动系统所承受的载荷有很大的差异，有的运转平稳，转矩波动小，有的却产生很大的转矩波动，甚至产生严重的冲击。严重的冲击载荷会使联轴器因瞬时过载而失效，长期波动的载荷可能激发传动系统的振动，甚至发生共振。因此，有严重冲击和长期波动的载荷时，应优先选择具有缓冲、减振功能的联轴器，以达到消减尖峰载荷和扭转振动以及调整系统固有频率、防止共振的目的。金属弹性元件挠性联轴器的承载能力大于非金属弹性元件挠性联轴器，但缓冲、减振能力则较低。刚性联轴器和无弹性元件挠性联轴器一般均无缓冲、减振功能，载荷较平稳和传递较大转矩时，可以选择；无弹性元件挠性联轴器有中间弹性过渡零件（如中间套和中间轴，具有一定的扭转刚度）或公称转矩大于最大工作转矩时，可承载相应的冲击和波动载荷。

（3）联轴器的工作转速

联轴器工作转速的大小直接关系到联轴器各零件的离心力和弹性元件变形的大小，过高的转速将会导致磨损增加、润滑恶化、连接件松动。联轴器的许用转速范围是根据联轴器零件不同材料强度所允许的最大外圆线速度计算确定的。每种型式和规格的联轴器都限制了许用最高转速，选用时均不得超过，高速旋转时应根据机械设备传动系统及联轴器工作条件和要求确定是否需要进行动平衡，对于非金属弹性元件应考虑高速旋转时产生较大的非工作变形。

（4）联轴器的传动精度

对于传动精度很高的系统，如精密传动、伺服传动和测速机构等，要求联轴器所连接的两轴在任何情况下主、从动端均应同步转动，应选用刚性联轴器或金属膜片联轴器；对于传动精度较高的传动系统，如金属板材矫正机、升降机和回转机构等，允许联轴器所连接的两轴具有主、从动端轻微的转速和转矩波动，应选择性能相适应的无弹性元件挠性联轴器和金属弹性元件挠性联轴器，如鼓形齿式联轴器、十字轴式万向联轴器或叠片弹簧式联轴器等。多数情况下，挠性联轴器的传动精度均低于刚性联轴器，非金属弹性元件挠性联轴器的传动精度低于金属弹性元件挠性联轴器。

（5）机械设备的启动情况

对于带重载启动的机器，如大型风机、球磨机、刮板运输机、油田采油机等，可选用能将动力机重载启动转变为近似空载启动的安全联轴器，如钢球式安全联轴器等。这样既可以降低启动电流，又可以减小所配电动机的容量，避免启动完成后动力机出现欠载运转现象，提高动力机的运转效率，实现工作机的软启动和过载保护。

（6）联轴器的使用、安装和维护

联轴器的外形尺寸应确保其能够容纳在机械设备允许的安装和拆卸空间内；在满足使用要求的前提下，应选择制造工艺性好、装拆方便、调整容易、维护简单、更换易损件不需要移动所连接的两轴的联轴器；当所连接的两轴能精确对中时，也可选用刚性联轴器；大型机组因难于调整所连接两轴的对中精度，应选用寿命长、更换少或方便更换易损件的挠性联轴器；在高空、井下等不方便维护作业的场所或长期运转、不宜停机的场合，应选用不需润滑或维护周期长、维护简便的联轴器，以减少非工作时间，提高生产效率。

(7) 联轴器的工作环境

选择联轴器及其保护措施时必须考虑其工作环境，如温度、湿度以及水、油、粉尘、酸、碱、盐及其他腐蚀介质和辐射等。在高低温和腐蚀介质的环境中，应选用金属或以尼龙、聚氨酯为弹性元件材料的弹性联轴器，而不宜选用以普通橡胶为弹性元件材料的弹性联轴器，根据情况也可以使用无弹性元件的挠性联轴器；为了限制噪声污染，应选用无（小）间隙的挠性联轴器；当设备频繁制动使制动轮温度较高时，不宜使用弹性元件材料为橡胶的带制动轮的弹性联轴器。

(8) 联轴器的经济性

联轴器的型式、规格、材料、制造工艺、精度和平衡等级各不相同，其价格往往相差甚远。结构简单、制造工艺性好、非金属弹性元件、普通材料和一般精度的联轴器价格低于结构复杂、工艺要求高、金属弹性元件、特殊材料和高精度的联轴器。因此，在充分满足工作要求的前提下，应选用价格适当、质量可靠的标准联轴器，尽量避免非标设计制造联轴器。只有在不能满足工作要求或具有特定专业要求时才进行联轴器非标设计制造。此外，还应考虑安装、维护和运行的经济性，避免选用规格过大、性能低下的联轴器。

2.6.3 联轴器产品标准

本手册仅介绍最常用的标准联轴器，若不能满足或需更详细了解更多标准联轴器的尺寸和参数，可以按照表 6-2-15 查阅联轴器产品标准，或其他专业标准。

表 6-2-15 标准联轴器产品目录

序号	标准号	标准名称
		一、刚性联轴器
1	GB/T 5843—2003	凸缘联轴器
2	JB/T 7006—2006	平行轴联轴器
		二、挠性联轴器
3	GB/T 2496—2008	弹性环联轴器
4	GB/T4323—2017	弹性套柱销联轴器
5	GB/T 5014—2017	弹性柱销联轴器
6	GB/T 5015—2017	弹性柱销齿式联轴器
7	GB/T 5272—2017	梅花形弹性联轴器
8	GB/T 5844—2002	轮胎式联轴器
9	GB/T 6069—2017	滚子链联轴器
10	GB/T 7549—2008	球笼式同步万向联轴器
11	GB/T 10614—2008	芯型弹性联轴器
12	GB/T 12922—2008	弹性阻尼簧片联轴器
13	GB/T 14653—2008	挠性杆联轴器
14	GB/T 26103.1—2010	GⅡCL 型鼓形齿式联轴器
15	GB/T 26103.3—2010	GCLD 型鼓形齿式联轴器
16	GB/T 26103.4—2010	NGCL 型带制动轮型鼓形齿式联轴器
17	GB/T 26103.5—2010	NGCLZ 型带制动轮型鼓形齿式联轴器
18	GB/T 26104—2010	WGJ 型接中间轴鼓形齿式联轴器
19	GB/T 26660—2011	SWC 大型整体叉头十字轴式万向联轴器
20	GB/T 26661—2011	SWP 大型十字轴式万向联轴器
21	GB/T 26664—2011	金属线簧联轴器
22	GB/T 28700—2012	SWZ 型整体轴承座十字轴式万向联轴器
23	GB/T 29027—2012	大型鼓形齿式联轴器
24	GB/T 29028—2012	SWZ 型大型整体轴承座十字轴式万向联轴器
25	GB/T 33506—2017	冷轧机组主传动鼓形齿式联轴器
26	GB/T 33507—2017	冷轧机组主传动十字轴式万向联轴器
27	GB/T 33516—2017	LZG 型鼓形齿式联轴器
28	GB/T 34027—2017	热连轧主传动十字轴式万向联轴器

续表

序号	标准号	标准名称
29	GB/T 38763—2020	永磁联轴器　通用技术规范(除其中的 YLX 型外)
30	JB/T 3241—2005	SWP 型剖分轴承座十字轴式万向联轴器
31	JB/T 3242—1993	SWZ 型整体轴承座十字轴式万向联轴器
32	JB/T 5511—2006	H 形弹性块联轴器
33	JB/T 5512—1991	多角形橡胶联轴器
34	JB/T 5513—2006	SWC 型整体叉头十字轴式万向联轴器
35	JB/T 5514—2007	TGL 鼓形齿式联轴器
36	JB/T 5901—2017	十字销万向联轴器
37	JB/T 6139—2007	球铰式万向联轴器
38	JB/T 6140—1992	重型机械用球笼式同步万向联轴器
39	JB/T 7001—2007	WGP 型带制动盘鼓形齿式联轴器
40	JB/T 7002—2007	WGC 型垂直安装鼓形齿式联轴器
41	JB/T 7003—2007	WGZ 型带制动轮鼓形齿式联轴器
42	JB/T 7004—2007	WGT 型接中间套鼓形齿式联轴器
43	JB/T 7006—2006	平行轴联轴器
44	JB/T 7009—2007	卷筒用球面滚子联轴器
45	JB/T 7684—2007	LAK 鞍形块弹性联轴器
46	JB/T 7846. 1—2007	矫正机用滑块型万向联轴器
47	JB/T 7846. 2—2007	矫正机用十字轴型万向联轴器
48	JB/T 7849—2007	径向弹性柱销联轴器
49	JB/T 8821—1998	WGJ 型接中间轴鼓形齿式联轴器型式、参数与尺寸
50	JB/T 8854. 1— 2001	GCLD 型鼓形齿式联轴器
51	JB/T 8854. 2— 2001	GⅡCL、GⅡCLZ 型鼓形齿式联轴器
52	JB/T 8854. 3—2001	GⅠCL、GⅠCLZ 型鼓形齿式联轴器
53	JB/T 8869—2024	蛇形弹簧联轴器(除其中的 JSA 型外)
54	JB/T 9147—2024	膜片联轴器
55	JB/T 9148—2017	弹性块联轴器
56	JB/T 10466—2021	星形弹性联轴器
57	JB/T 10540—2005	GSL 伸缩型鼓形齿式联轴器
58	JB/T 10541—2005	冶金设备用轮胎式联轴器
59	JB/T 11058—2010	冶金设备用 FQT 型套筒联轴器
60	JB/T 11061—2010	冶金设备用 ZT 型轴向弹性联轴器
61	JB/T 11586—2013	ZJG 板带轧机主传动鼓形齿式联轴器
62	JB/T 12050—2014	热连轧精轧机组鼓形齿式联轴器
63	JB/T 12473—2015	连轧管机用鼓形齿式万向联轴器
64	JB/T 12506—2015	矫正机用十字轴式万向联轴器
65	JB/T 12507—2015	卷取机用十字轴式万向联轴器
66	JB/T 12508—2015	冷轧主传动用鼓形齿式联轴器
67	JB/T 12509—2015	立辊轧机主传动十字万向联轴器
68	JB/T 12945—2016	热连轧机组粗轧机用焊接式中间轴大型十字万向联轴器
69	JB/T 13117—2017	贯穿型整体叉头十字轴式万向联轴器
70	JB/T 13124—2017	斜轧穿孔机、斜轧管轧机主传动十字万向联轴器
71	JB/T 13498—2018	立辊轧机主传动鼓形齿主联轴器
72	JB/T 13499—2018	热连轧精轧机组重载鼓形齿式接轴
73	JB/T 14246—2022	冶金重载膜片联轴器
三、安全联轴器		
74	GB/T 26663—2011	大型液压安全联轴器
75	GB/T 38763—2020	永磁联轴器　通用技术规范(其中的 YLX 型)

续表

序号	标准号	标准名称
76	JB/T 5986—2017	钢砂式安全联轴器
77	JB/T 5987—2017	钢球式节能安全联轴器
78	JB/T 6138—2007	AMN 内张摩擦式安全联轴器
79	JB/T 7355—2007	AYL 液压安全联轴器
80	JB/T 7682—2024	蛇形弹簧安全联轴器
81	JB/T 8869—2024	蛇形弹簧联轴器(其中的 JSA 型)
82	JB/T 10476—2021	MAL 型摩擦安全联轴器
83	JB/T 13115—2017	钢球式限扭矩联轴器
84	JB/T 13762—2020	宽厚板轧机主传动液压安全联轴器
85	JB/T 13763—2020	热连轧粗轧机主传动液压安全联轴器
86	JB/T 13764—2020	热连轧精轧机主传动液压安全联轴器

3 联轴器选用计算

联轴器的理论转矩由功率和工作转速计算而得，其计算公式为

$$T=9550P_w/n \tag{6-2-3}$$

式中 T——理论转矩，N·m；

P_w——动力机功率，kW；

n——联轴器工作转速，r/min。

各类各品种联轴器在实际使用时，因工作机要求、使用工况和载荷性质等不同，有承受长期平稳载荷时的计算转矩 T_c、承受冲击载荷时的最大转矩 T_{max}、瞬时尖峰计算转矩 T_{maxc} 及周期性交变计算总转矩 T_{fc} 之分，对于特定动力特性轴系的转矩确定，也可根据特殊专业方法计算，现分述如下。

(1) 承受长期平稳载荷时的计算转矩 T_c

对于联轴器承受长期较平稳转矩的情况，根据轴系径向、轴向和角向相对偏移量补偿要求，可选择刚性联轴器和挠性联轴器。计算转矩的计算公式为

$$T_c=K_wKK_zK_tT \leqslant T_n(\text{或}[T]) \tag{6-2-4}$$

式中 K_w，K，K_z，K_t——动力机系数、工况系数、起（启）动系数和温度系数，取值分别见表 6-2-16~表 6-2-19。

表 6-2-16　　动力机系数 K_w（摘自 JB/T 7511—1994）

动力机类型及名称	(Ⅰ)电动机 汽轮机	内燃机		
		(Ⅱ)四缸及四缸以上	(Ⅲ)双缸	(Ⅳ)单缸
K_w	1.0	1.2	1.4	1.6

表 6-2-17　　工况系数 K（摘自 JB/T 7511—1994）

载荷类别及代号	(Ⅰ)均匀载荷	(Ⅱ)中等冲击载荷	(Ⅲ)重冲击载荷	(Ⅳ)特重冲击载荷
K	1.0~1.5	1.5~2.5	2.5~2.75	>2.75

注：1. 所列 K 值为传动系统在不同载荷类别下工作机的系数范围，取值大小根据具体情况确定。

2. 所列 K 值是动力机为电动机、汽轮机时的系数，若为其他动力机时应按照表 6-2-16 考虑动力机系数 K_w。

表 6-2-18　　起（启）动系数 K_z（摘自 JB/T 7511—1994）

起(启)动频率/h^{-1}	≤120	120~240	>240
K_z	1.0	1.3	由制造厂提供

注：JB/T 7511—1994 中有“起动系数”“起动频率”这两个术语。

表 6-2-19　　温度系数 K_t（摘自 JB/T 7511—1994）

工作温度/℃	复合材料		
	天然橡胶	聚氨酯橡胶	丁腈橡胶
-20~30	1.0	1.0	1.0
>30~40	1.1	1.2	1.0
>40~60	1.4	1.4	1.0
>60~80	1.8	1.8	1.2

注：1. 表中温度系数主要指非金属弹性元件材料的承载能力受温度影响的系数。

2. 聚氨酯温度系数是按照 GB/T 5272—2017《梅花形弹性联轴器》修正后的值。

由式（6-2-4）可知，计算转矩 T_c 是理论转矩 T 和四种系数的乘积，JB/T 7511—1994《机械式联轴器选用计算》中列出了四大类载荷类别的多种工作机的工况系数 K，其间隔为 0.25 的倍数，且所给数值是概略数。工况系数 K 与其他三种系数的乘积有时可能很大，甚至超过电动机和齿轮箱的安全系数，这种情况一般是不允许的。对于重要的传动轴系，上述四种系数最好通过实测长期平稳运行时的最大转矩或由轴系的动力学特性精确计算来确定。

联轴器标准中已给出各种具体系数时，上述四种系数以标准为准。

（2）承受冲击载荷时的最大转矩 T_{max}

当联轴器承受频繁的冲击转矩，需要减振、缓冲并减少对主机的影响时，可选择挠性联轴器。根据冲击转矩的性质、工作温度和起（启）动频率等情况，优先选择金属弹性元件弹性联轴器和非金属弹性元件弹性联轴器。最大转矩的计算公式为

$$T_{max}=(T+T_{S1}K_{S1}K_{AJ}+T_{S2}K_{S2}K_{LJ})K_zK_t<[T_{max}] \tag{6-2-5}$$

式中　T_{S1}，T_{S2}——主、从动端超出理论转矩的冲击转矩，N·m；

K_{S1}，K_{S2}——主、从动端的冲击系数，一般视轴系固有频率和有无阻尼情况而定，最大取 1.8；

K_{AJ}，K_{LJ}——冲击（或激振）来自主、从动侧时的质量系数，$K_{AJ}=J_A/(J_A+J_L)$，$K_{LJ}=J_L/(J_A+J_L)$，式中 J_A、J_L 分别为主、从动端所连接部件的等效转动惯量。

（3）承受长期循环变化载荷时，经过共振点的瞬时尖峰计算转矩 T_{maxc} 和周期性交变计算总转矩 T_{fc}

联轴器在受到主、从动侧循环变化转矩的作用时，可能因此激发轴系的扭转振动，一般循环变化的转矩可以分解为一个稳定的平均转矩 T_m 和一个交变转矩 $T_i=T_a\sin(\pi ft)$，式中 f 是转矩循环变化的频率（Hz），t 是时间（s）。转矩的计算公式为

$$T_{maxc}(T_{fc})=(T_m+T_aK_JK_V)K_zK_tK_f \tag{6-2-6}$$

式中　T_m——平均转矩，N·m；

T_a——激振转矩最大幅值，N·m；

K_J——传动轴质量系数，见式（6-2-5）中的 K_{AJ}、K_{LJ}；

K_V——振动系数，在共振点附近时 $K_V=2\pi/\psi$，载荷周期性交变时 $K_V=\{[1+(\psi/2/\pi)^2]/[1-(n/n_R)^2]+(\psi/2/\pi)^2\}^{1/2}$，式中 ψ 为联轴器的相对阻尼，n 为工作转速，n_R 为共振转速；

K_f——激振转矩频率变化系数，当频率 $f\leqslant 10$Hz 时 $K_f=1$，当频率 $f>10$Hz 时 $K_f=(f/10)^{1/2}$。

T_{maxc} 应小于以联轴器最薄弱零件材料的屈服强度计算的许用最大转矩 $[T_{max}]$，T_{fc} 应小于以联轴器最薄弱零件材料的疲劳强度极限计算的许用疲劳转矩 $[T_f]$，若标准和制造厂不能提供，一般可根据使用情况适当降低的公称转矩 T_n 或许用转矩 $[T]$ 来替代，但仅是一个粗略值。

4　联轴器的性能、参数及尺寸

4.1　刚性联轴器

凸缘联轴器（摘自 GB/T 5843—2003）适用于连接两同轴线的传动轴系，不具备径向、轴向和角向位移补偿性能。其结构简单，制造容易，成本低，安装维护简便。适用于两轴对中精度高、载荷比较平稳、无冲击、传动精度较高以及中高转速的传动轴系。

凸缘联轴器型式有 GY 型、GYS 型和 GYH 型。

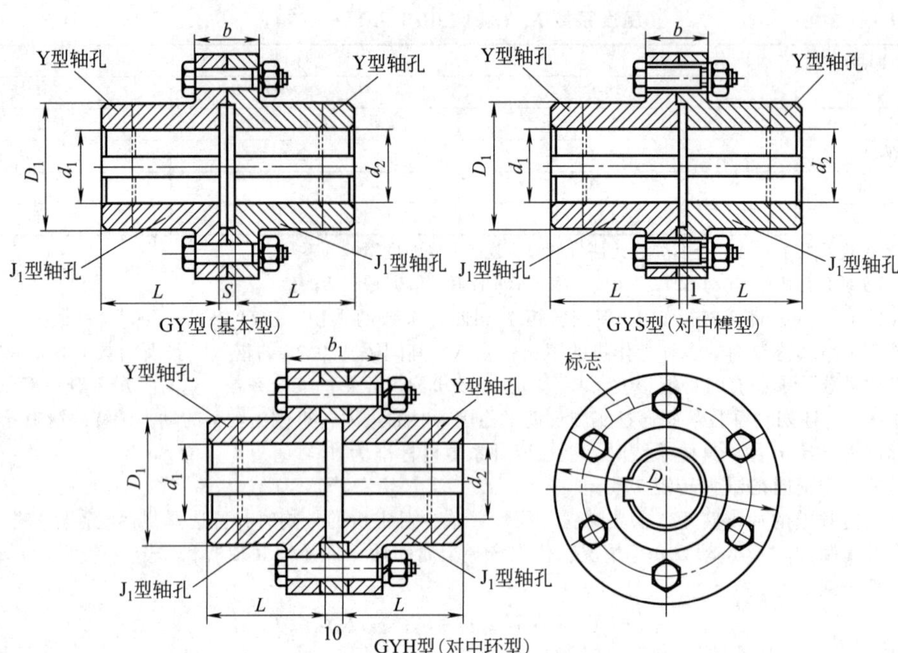

GY型(基本型)　GYS型(对中榫型)　GYH型(对中环型)

标记示例

例 1　GY5 型凸缘联轴器

主动端：Y 型轴孔，A 型键槽，$d_1=30$mm，$L=82$mm

从动端：J_1 型轴孔，A 型键槽，$d_2=30$mm，$L=60$mm

标记为：GY5 联轴器 30×82/$J_1$30×60　GB/T 5843—2003

例 2　GYS6 型凸缘联轴器

主动端：J_1 型轴孔，A 型键槽，$d_1=45$mm，$L=84$mm

从动端：J_1 型轴孔，A 型键槽，$d_2=45$mm，$L=84$mm

标记为：GYS6 联轴器 $J_1$45×84　GB/T 5843—2003

表 6-2-20　**凸缘联轴器的基本参数和主要尺寸**

型号	公称转矩 T_n /N·m	许用转速 $[n]$ /r·min^{-1}	轴孔直径 d_1,d_2	轴孔长度 L Y	轴孔长度 L J_1	D	D_1	b	b_1	S	转动惯量 /kg·m^2	质量 /kg
			mm									
GY1 GYS1 GYH1	25	12000	12,14	32	27	80	30	26	42	6	0.0008	1.16
			16,18,19	42	30							
GY2 GYS2 GYH2	63	10000	16,18,19	42	30	90	40	28	44	6	0.0015	1.72
			20,22,24	52	38							
			25	62	44							
GY3 GYS3 GYH3	112	9500	20,22,24	52	38	100	45	30	46	6	0.0025	2.38
			25,28	62	44							
GY4 GYS4 GYH4	224	9000	25,28	62	44	105	55	32	48	6	0.003	3.15
			30,32,35	82	60							
GY5 GYS5 GYH5	400	8000	30,32,35,38	82	60	120	68	36	52	8	0.007	5.43
			40,42	112	84							
GY6 GYS6 GYH6	900	6800	38	82	60	140	80	40	56	8	0.015	7.59
			40,42,45,48,50	112	84							
GY7 GYS7 GYH7	1600	6000	48,50,55,56	112	84	160	100	40	56	8	0.031	13.1
			60,63	142	107							

续表

型号	公称转矩 T_n /N·m	许用转速 [n] /r·min^{-1}	轴孔直径 d_1,d_2	轴孔长度 L Y	轴孔长度 L J_1	D	D_1	b	b_1	S	转动惯量 /kg·m^2	质量 /kg
			mm									
GY8 GYS8 GYH8	3150	4800	60,63,65,70,71,75	142	107	200	130	50	68	10	0.103	27.5
			80	172	132							
GY9 GYS9 GYH9	6300	3600	75,80,85,90,95	142	107	260	160	66	84	10	0.319	47.8
				172	132							
			100	212	167							
GY10 GYS10 GYH10	10000	3200	90,95	172	132	300	200	72	90	10	0.720	82.0
			100,110,120,125	212	167							
GY11 GYS11 GYH11	25000	2500	120,125	212	167	380	260	80	98	10	2.278	162.2
			130,140,150	252	202							
			160	302	242							
GY12 GYS12 GYH12	50000	2000	150	252	202	460	320	92	112	12	5.923	285.6
			160,170,180	302	242							
			190,200	352	282							
GY13 GYS13 GYH13	100000	1600	190,200,220	352	282	590	400	110	130	12	19.978	611.9
			240,250	410	330							

注：1. 联轴器的轴孔和键槽型式及尺寸见表 6-2-3。
2. 质量、转动惯量是按 GY 型联轴器 Y/J_1 轴孔组合型式和最小轴孔直径计算的。
3. J_1 为旧代号，在 GB/T 3852—2017 中已被 Y 型短系列代替，但在相关现行标准中仍有出现，具体使用情况按各标准原文。

4.2 无弹性元件挠性联轴器

4.2.1 鼓形齿式联轴器

4.2.1.1 GⅡCL 型鼓形齿式联轴器（摘自 GB/T 26103.1—2010）

GⅡCL 型鼓形齿式联轴器适用于连接两水平同轴线的传动轴系，并具有一定的两轴相对位移补偿性能，工作温度为-20~80℃。内齿宽为窄型，结构紧凑，转动惯量较小，适用于低速重载、频繁启停的场合。经动平衡校正后可用于高速传动。

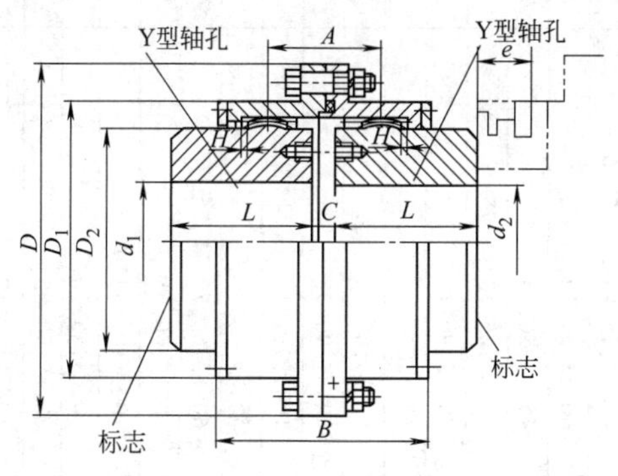

GⅡCL1 型~GⅡCL13 型

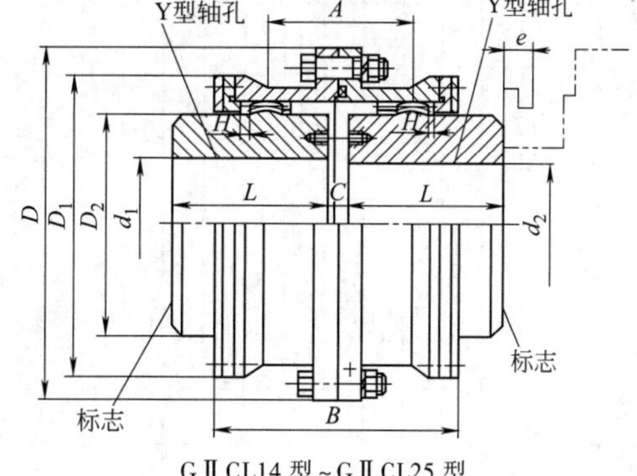

GⅡCL14 型~GⅡCL25 型

标记示例

例 1 GⅡCL4 型联轴器

主动端：Y 型轴孔（短系列），A 型键槽，d_1=55mm，L=84mm

从动端：Y 型轴孔（短系列），A 型键槽，d_2=60mm，L=107mm

标记为：GⅡCL4 联轴器 55×84/60×107 GB/T 26103.1—2010

例 2 GⅡCL4 型联轴器

主动端：Y 型轴孔（长系列），A 型键槽，d_1=50mm，L=112mm

从动端：Y 型轴孔（长系列），A 型键槽，d_2=50mm，L=112mm

标记为：GⅡCL4 联轴器 50×112 GB/T 26103.1—2010

表 6-2-21　　G Ⅱ CL 型鼓形齿式联轴器的基本参数和主要尺寸

型号	公称转矩 T_n /kN·m	许用转速 $[n]$ /r·min^{-1}	轴孔直径 d_1,d_2	轴孔长度 L Y（长系列）	轴孔长度 L Y（短系列）	D	D_1	D_2	C	H	A	B	e	转动惯量 /kg·m^2	润滑脂用量 /mL	质量 /kg
			mm													
G Ⅱ CL1	0.63	6500	16,18,19	42	—	103	71	50	8	2	36	76	38	0.0016	51	3.4
			22,22,24	52	38									0.0030		3.2
			25,28	62	44									0.0031		3.3
			30,32,35	82	60									0.0032		3.5
G Ⅱ CL2	1.00	6000	20,22,24	52	—	115	83	60	8	2	42	88	42	0.0024	70	4.6
			25,28	62	44									0.0023		4.1
			30,32,35,38	82	60									0.0024		4.5
			40,42,45	112	84									0.0025		4.6
G Ⅱ CL3	1.60	5600	22,24	52	—	127	95	75	8	2	44	90	42	0.0044	68	6.1
			25,28	62	44									0.0042		5.5
			30,32,35,38	82	60									0.0045		6.3
			40,42,45,48,50,55,56	112	84									0.0101		6.9
G Ⅱ CL4	2.80	5100	38	82	60	149	116	90	8	2	49	98	42	0.0205	87	9.5
			40,42,45,48,50,55,56	112	84									0.0228		11.3
			60,63,65	142	107									0.0234		10.5
G Ⅱ CL5	4.50	4600	40,42,45,48,50,55,56	112	84	167	134	105	10	2.5	55	108	42	0.0418	125	15.9
			60,63,65,70,71,75	142	107									0.0444		16.0
G Ⅱ CL6	6.30	4300	45,48,50,55,56	112	84	187	153	125	10	2.5	56	110	42	0.0706	148	21.2
			60,63,65,70,71,75	142	107									0.0777		23.0
			80,85,90	172	132									0.0809		22.1
G Ⅱ CL7	8.00	4000	50,55,56	112	84	204	170	140	10	2.5	60	118	42	0.103	175	27.6
			60,63,65,70,71,75	142	107									0.115		33.1
			80,85,90,95	172	132									0.1298		39.2
			100,(105)	212	167									0.151		47.5
G Ⅱ CL8	11.20	3700	55,56	112	84	230	186	155	12	3	67	142	47	0.167	268	35.5
			60,63,65,70,71,75	142	107									0.188		42.3
			80,85,90,95	172	132									0.210		49.7
			100,110,(115)	212	167									0.241		60.2
G Ⅱ CL9	18.00	3350	60,63,65,70,71,75	142	107	256	212	180	12	3	69	146	47	0.316	310	55.6
			80,85,90,95	172	132									0.356		65.6
			100,110,120,125	212	167									0.413		79.6
			130,(135)	252	202									0.470		95.8

续表

型号	公称转矩 T_n /kN·m	许用转速 [n] /r·min^{-1}	轴孔直径 d_1,d_2	轴孔长度 L Y（长系列）	轴孔长度 L Y（短系列）	D	D_1	D_2	C	H	A	B	e	转动惯量 /kg·m^2	润滑脂用量 /mL	质量 /kg
			mm													
GⅡCL10	25.00	3000	65,70,71,75	142	107	287	239	200	14	3.5	78	164	47	0.511	472	72
			80,85,90,95	172	132									0.573		84.4
			100,110,120,125	212	167									0.659		101
			130,140,150	252	202									0.745		119
GⅡCL11	35.50	2700	70,71,75	142	107	325	276	235	14	3.5	81	170	47	1.454	550	97
			80,85,90,95	172	132									1.096		114
			100,110,120,125	212	167									1.235		138
			130,140,150	252	202									1.340		161
			160,170,(175)	302	242									1.588		189
GⅡCL12	56	2450	75	142	107	362	313	270	16	4	89	190	49	1.623	695	128
			80,85,90,95	172	132									1.828		150
			100,110,120,125	212	167									2.113		205
			130,140,150	252	202									2.400		213
			160,170,180	302	242									2.728		248
			190,200	352	282									3.055		285
GⅡCL13	80	2200	150	252	202	412	350	300	18	4.5	98	208	49	3.951	1019	222
			160,170,180,(185)	302	242									4.363		246
			190,200,220,(225)	352	282									4.541		242
GⅡCL14	125	2000	170,180,(185)	302	242	462	420	335	22	5.5	172	296	63	8.025	2900	421
			190,200,220	352	282									8.800		476
			240,250	410	330									9.725		544
GⅡCL15	180	1800	190,200,220	352	282	512	470	380	22	5.5	182	316	63	14.300	3700	608
			240,250,260	410	330									15.850		696
			280,(285)	470	380									17.450		786
GⅡCL16	250	1600	220	352	282	580	522	430	28	7	209	354	67	23.925	4500	799
			240,250,260	410	330									26.450		913
			280,300,320	470	380									29.100		1027
GⅡCL17	355	1400	250,260	410	330	644	582	490	28	7	198	364	67	43.095	4900	1176
			280,(295),300,320	470	380									47.525		1322
			340,360,(365)	550	450									53.725		1352
GⅡCL18	500	1210	280,(295),300,320	470	380	726	658	540	28	8	222	430	75	78.525	7000	1698
			340,360,380	550	450									87.750		1948

续表

型号	公称转矩 T_n /kN·m	许用转速 [n] /r·min^{-1}	轴孔直径 d_1,d_2	轴孔长度 L Y（长系列）	轴孔长度 L Y（短系列）	D	D_1	D_2	C	H	A	B	e	转动惯量 /kg·m^2	润滑脂用量 /mL	质量 /kg
			mm													
GⅡCL18	500	1210	400	650	540	726	658	540	28	8	222	430	75	99.500	7000	2278
GⅡCL19	710	1050	300,320	470	380	818	748	630	32	8	232	440	75	136.750	8900	2249
			340,(350),360,380,(390)	550	450									153.750		2591
			400,420,440,450,460,(470)	650	540									175.500		3026
GⅡCL20	1000	910	360,380,(390)	550	450	928	838	720	32	10.5	247	470	75	261.750	11000	3384
			400,420,440,450,460 480,500	650	540									299.000		3984
			530,(540)	800	680									360.750		4430
GⅡCL21	1400	800	400,420,440,450,460 480,500	650	540	1022	928	810	40	11.5	255	490	75	461.600	13000	3912
			530,560,600	800	680									449.400		3754
GⅡCL22	1800	700	450,460,480,500	650	540	1134	1036	915	40	13	262	510	75	734.300	16000	4970
			530,560,600,630	800	680									837.000		5408
			670,(680)	—	780									785.400		4478
GⅡCL23	2500	610	530,560,600,630	800	680	1282	1178	1030	50	14.5	299	580	80	1517.00	28000	10013
			670,(700),710,750,(770)	—	780									1725.00		11553
GⅡCL24	3550	500	560,600,630	800	680	1428	1322	1175	50	16.5	317	610	80	2486.00	33000	12915
			670,(700),710,750	—	780									2838.50		15015
			800,850	—	880									3131.75		16615
GⅡCL25	5600	420	670,(700),710,750	—	780	1644	1538	1390	50	19	325	620	80	5082.00	43000	15760
			800,850	—	880									5344.10		15515
			900,950	—	980									5484.00		15054
			1000,(1040)	—	1100									5615.20		14513

注：1. 转动惯量与质量是按 Y 型短系列轴孔的最小直径计算的。

2. 轴孔长度推荐用 Y 型短系列。

3. 带括号的轴孔直径新设计时，建议不选用。

4. e 为更换密封所需要的尺寸。

4.2.1.2 GⅡCLZ 型鼓形齿式联轴器（摘自 JB/T 8854.2—2001）

GⅡCLZ 型鼓形齿式联轴器是 GⅡCL 型鼓形齿式联轴器的派生型，主要用于接中间轴，适用于长距离传动，具有一定的轴向和角向两轴相对位移补偿性能。其他主要性能与 GⅡCL 型类同。

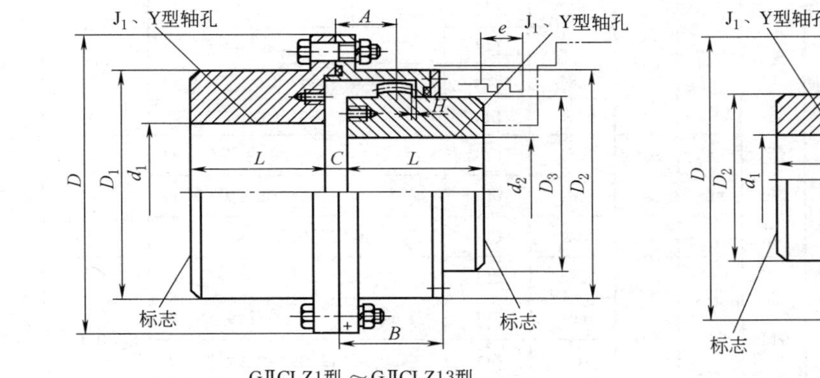

GⅡCLZ1型～GⅡCLZ13型

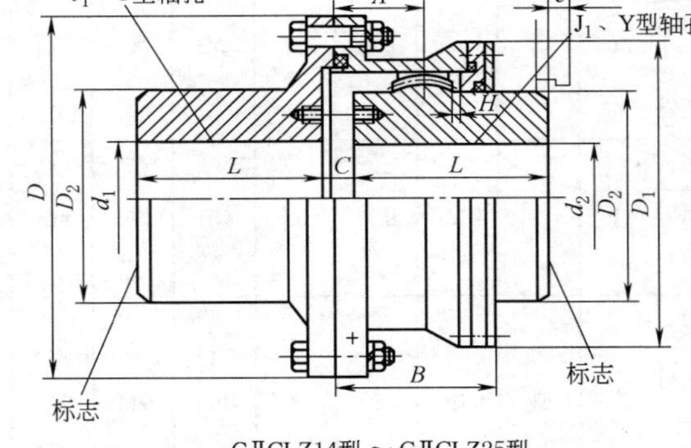

GⅡCLZ14型～GⅡCLZ25型

标记示例

例 1 GⅡCLZ15 型联轴器

主动端：Y 型轴孔，A 型键槽，$d_1=200$mm，$L=352$mm

从动端：Y 型轴孔，B 型键槽，$d_2=240$mm，$L=410$mm

标记为：GⅡCLZ15 联轴器 200×352/B240×410 JB/T 8854.2—2001

例 2 GⅡCLZ8 型联轴器

主动端：J_1 型轴孔，A 型键槽，$d_1=55$mm，$L=84$mm

从动端：J_1 型轴孔，A 型键槽，$d_2=55$mm，$L=84$mm

标记为：GⅡCLZ8 联轴器 $J_1$55×84 JB/T 8854.2—2001

表 6-2-22 **GⅡCLZ 型鼓形齿式联轴器的基本参数和主要尺寸**

型号	公称转矩 T_n	许用转速 [n]	轴孔直径 d_1,d_2	轴孔长度 L Y	轴孔长度 L J_1	D	D_1	D_2	D_3	C	H	A	B	e	转动惯量	润滑脂用量	质量
	kN·m	r/min	mm												kg·m²	mL	kg
GⅡCLZ1	0.4	4000	16,18,19	42	—	103	71	71	50	8	2	18	38	38	0.004	31	3.5
			20,22,24	52	38										0.0038		3.3
			25,28	62	44										0.004		3.5
			30,32,35,38*	82	60										0.005		4.1
			40*,42*,45*,48*50*	112	84										0.007		5.7

续表

型号	公称转矩 T_n	许用转速 $[n]$	轴孔直径 d_1,d_2	轴孔长度 L Y	轴孔长度 L J_1	D	D_1	D_2	D_3	C	H	A	B	e	转动惯量	润滑脂用量	质量
	kN·m	r/min	mm												kg·m^2	mL	kg
GⅡCLZ2	0.71	4000	20,22,24	52	—	115	83	83	60	8	2	21	44	42	0.00675	42	5.3
			25,28	62	44										0.00625		4.8
			30,32,35,38	82	60										0.007		5.7
			40,42,45,48*,50*,55*,56*	112	84										0.008		7.2
			60*	142	107										0.01		9.2
GⅡCLZ3	1.12	4000	22,24	52	—	127	95	95	75	8	2	22	45	42	0.009	42	3.8
			25,28	62	44										0.011		7.8
			30,32,35,38	82	60										0.011		7.6
			40,42,45,48,50,55,56	112	84										0.01325		9.8
			60*,63*,65*,70*	142	107										0.01675		12.5
GⅡCLZ4	1.8	4000	38	82	60	149	116	116	90	8	2	24.5	49	42	0.02125	53	10.5
			40,42,45,48,50,55,56	112	84										0.0255		13.5
			60,63,65,70*,71*,75*	142	107										0.039		16.5
			80*	172	132										0.04875		19.4
GⅡCLZ5	3.15	4000	40,42,45,48,50,55,56	112	84	167	134	134	105	10	2.5	27.5	54	42	0.044	77	18.1
			60,63,65,70,71,75	142	107										0.05175		23.1
			80*,85*,90*	172	132										0.0625		28.5
GⅡCLZ6	5.0	4000	45,48,50,55,56	112	84	187	153	153	125	10	2.5	28	55	42	0.075	91	23.9
			60,63,65,70,71,75	142	107										0.089		29.3
			80,85,90,95*	172	132										0.10425		35.4
			100*,(105)*	212	167										0.1065		36.2
GⅡCLZ7	7.1	3750	50,55,56	112	84	204	170	170	140	10	2.5	30	59	42	0.1145	108	29.6
			60,63,65,70,71,75	142	107										0.1335		36.3
			80,85,90,95	172	132										0.157		43.8
			100,(105),110*,(105)*	212	167										0.1898		54.3

续表

型号	公称转矩 T_n	许用转速 $[n]$	轴孔直径 d_1,d_2	轴孔长度 L Y	轴孔长度 L J_1	D	D_1	D_2	D_3	C	H	A	B	e	转动惯量	润滑脂用量	质量
	kN·m	r/min	mm												kg·m^2	mL	kg
GⅡCLZ8	10	3300	55,56	112	84	230	186	186	155	12	3	33.5	71	47	0.184	161	37.8
			60,63,65,70,71,75	142	107										0.215		46.1
			80,85,90,95	172	132										0.249		54.9
			100,110,(115),120*,125*	212	167										0.297		67.4
GⅡCLZ9	16	3000	60,63,65,70,71,75	142	107	256	212	212	180	12	3	34.5	73	47	0.358	184	60
			80,85,90,95	172	132										0.415		71.8
			100,110,120,125	212	167										0.499		88
			130,(135),140*,150*	252	202										0.575		104.4
GⅡCLZ10	22.4	2650	65,70,71,75	142	107	287	239	239	200	14	3.5	39	82	47	0.58	276	76.1
			80,85,90,95	172	132										0.6725		91.1
			100,110,120,125	212	167										0.8025		111.5
			130,140,150	252	202										0.935		133.5
GⅡCLZ11	35.5	2350	110,120,125	212	167	325	250	276	235	14	3.5	40.5	85	47	1.223	322	137
			130,140,150	252	202										1.41		162.4
			160,170,(175)	302	242										1.625		193
GⅡCLZ12	50	2100	130,140,150	252	202	362	286	313	270	16	4	44.5	95	49	2.39	404	212.8
			160,170,180	302	242										2.763		268
			190,200	352	282										3.093		290
GⅡCLZ13	71	1850	150	252	202	412	322	350	300	18	4.5	49	104	49	3.93	585	272.3
			160,170,180,(185)	302	242										4.535		320
			190,200,220,(225)	352	282										6.34		370
GⅡCLZ14	112	1650	170,180,(185)	302	242	462	420	335	—	22	5.5	86	148	63	6.9	1600	389
			190,200,220	352	282										7.675		438
			240,250	410	330										8.6		509
GⅡCLZ15	180	1500	190,200,220	352	282	512	465	380	—	22	5.5	91	158	63	12.425	2100	566
			240,250,260	410	330										13.975		650
			280,(285)	470	380										15.575		740
GⅡCLZ16	250	1300	220	352	282	580	522	430	—	28	7	104.5	177	67	21.2	2500	751
			240,250,260	410	330										23.125		857
			280,300,320	470	380										26.35		974

续表

型号	公称转矩 T_n	许用转速 $[n]$	轴孔直径 d_1,d_2	轴孔长度 L Y	轴孔长度 L J_1	D	D_1	D_2	D_3	C	H	A	B	e	转动惯量	润滑脂用量	质量
	kN · m	r/min	mm												kg · m^2	mL	kg
GⅡCLZ17	355	1200	250,260	410	330	644	582	490	—	28	7	99	182	67	38.825	2700	1110
			280,(290),300,320	470	380										43.25		1255
			340,360,(365)	550	450										49.5		1465
GⅡCLZ18	500	1050	280,(295),300,320	470	380	726	658	540	—	28	8	111	215	75	69.5	3900	1580
			340,360,380	550	450										78.75		1830
			400	650	540										90.5		2160
GⅡCLZ19	710	950	300,320	470	380	818	748	630	—	32	9	116	220	75	122.5	5000	2115
			340,(350),360,380,(390)	550	450										139.5		2457
			400,420,440,450,460,(470)	650	540										161.25		2892
GⅡCLZ20	1000	800	360,380,(390)	550	450	928	838	720	—	32	10.5	123.5	235	75	240	6200	3223
			400,420,440,450,460,480,500	650	540										277.25		3793
			530,(540)	800	680										335		4680
GⅡCLZ21	1400	750	400,420,440,450,460,480,500	650	540	1022	928	810	—	40	11.5	127.5	245	75	435	7000	4780
			530,560,600	800	680										527.75		5905
GⅡCLZ22	1800	650	450,460,480,500	650	540	1134	1036	915	—	40	13	131	255	75	701.25	8700	6069
			530,560,600,630	800	680										852.25		7504
			670,(680)	900	780												
GⅡCLZ23	2500	600	530,560,600,630	800	680	1282	1178	1030	—	50	14.5	149.5	290	80	1415.75	15000	9633
			670,(700),710,750,(770)	900	780										1638.75		11133
GⅡCLZ24	3550	550	560,600,630	800	680	1428	1322	1175	—	50	16.5	158.5	305	80	2330.5	18000	12460
			670,710,750	900	780										2682.75		14465
			800,850	1000	880										2976.25		16110
GⅡCLZ25	4500	460	670,(700),710,750	900	780	1644	1538	1390	—	50	19	162.5	310	80	5174.25	23000	19837
			800,850	1000	880										5836.5		22381
			900,950	—	980										6413		24765
			1000,(1040)	—	1100										7198.25		27797

注：1. 转动惯量与质量按 J_1 型轴孔计算，并包括轴伸在内。J_1 型轴孔在 GB/T 3852—2017《联轴器轴孔和联结型式与尺寸》中已取消。

2. 轴孔直径栏中标注 * 的轴孔尺寸，只允许 d_1 选用。

3. 带括号的轴孔直径新设计时不选用。

4. 推荐选用 J_1 型轴孔系列。

5. e 为更换密封所需要的尺寸。

4.2.1.3 GCLD 型鼓形齿式联轴器（摘自 GB/T 26103.3—2010）

GCLD 型鼓形齿式联轴器适用于连接电动机与机械水平同轴线的传动轴系。其他主要性能与 GⅡCL 型鼓形齿式联轴器类同。

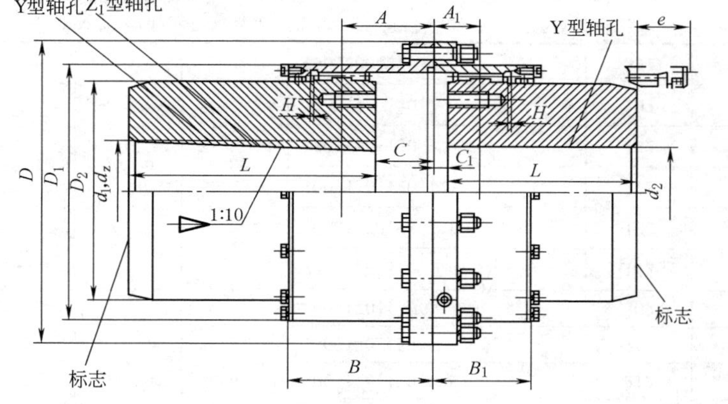

标记示例

例 1 GCLD5 型联轴器

主动端：Y 型轴孔（长系列），A 型键槽，$d_1=55$mm，$L=112$mm

从动端：Y 型轴孔（短系列），B_1 型键槽，$d_2=60$mm，$L=107$mm

标记为：GCLD5 联轴器 55×112/$B_1$60×107　GB/T 26103.3—2010

例 2 GCLD9 型联轴器

主动端：Z_1 型轴孔，C 型键槽，$d_z=100$mm，$L=167$mm

从动端：Y 型轴孔（短系列），A 型键槽，$d_2=120$mm，$L=167$mm

标记为：GCLD9 联轴器 Z_1C100×167/120×167　GB/T 26103.3—2010

表 6-2-23　GCLD 型鼓形齿式联轴器的基本参数和主要尺寸

型号	公称转矩 T_n	许用转速 [n]	轴孔直径 d_1,d_2,d_z	轴孔长度 L Y（长系列）	轴孔长度 L Z_1,Y（短系列）	D	D_1	D_2	C	C_1	H	A	A_1	B	B_1	e	转动惯量	润滑脂用量	质量
	kN·m	r/min	mm														kg·m²	mL	kg
GCLD1	1.60	5600	22,24	52	38	127	95	75	27	4	2	43	22	66	45	42	0.00875	107	6.2
			25,28	62	44												0.01025		7.2
			30,32,35,38	82	60												0.011		7.8
			40,42,45,48,50,55,56	112	84												0.01175		9.6
GCLD2	2.8	5100	38	82	60	149	116	90	26.5	4	2	49.5	24.5	70	49	42	0.02125	137	11.2
			40,42,45,48,50,55,56	112	84												0.02425		14.0
			60,63,65	142	107				33								0.0215		16.4
GCLD3	4.50	4600	40,42,45,48,50,55,56	112	84	167	134	105	33	5	2.5	53.5	27.5	80	54	42	0.0400	201	17.2
			60,63,65,70,71,75	142	107												0.0475		22.4
GCLD4	6.30	4300	45,48,50,55,56	112	84	187	153	125	33.5	5	2.5	54	28	81	55	42	0.0725	238	25.2
			60,63,65,70,71,75	142	107												0.0825		26.4
			80,85,90	172	132				38								0.095		35.6
GCLD5	8.00	4000	50,55,56	112	84	204	170	140	37.5	5	2.5	60	30	89	59	42	0.1125	298	31.6
			60,63,65,70,71,75	142	107												0.1175		38.0
			80,85,90,95	172	132												0.145		44.6
			100,(105)	212	167				43.5								0.1674		53.9

续表

型号	公称转矩 T_n	许用转速 [n]	轴孔直径 d_1,d_2,d_z	轴孔长度 L Y（长系列）	轴孔长度 L Z_1,Y（短系列）	D	D_1	D_2	C	C_1	H	A	A_1	B	B_1	e	转动惯量	润滑脂用量	质量
	kN·m	r/min	mm														$kg \cdot m^2$	mL	kg
GCLD6	11.20	3700	55,56	112	84	230	186	155	43.5	6	3	68.5	33.5	106	71	47	0.1875	465	40.5
			60,63,65,70,71,75	142	107												0.21		49.8
			80,85,90,95	172	132												0.235		56.3
			100,110,(115)	212	167												0.2675		67.5
GCLD7	18.00	3350	60,63,65,70,71,75	142	107	256	212	180	48	6	3	73.5	34.5	112	73	47	0.13575	561	63.9
			80,85,90,95	172	132												0.40		74.7
			100,110,120,125	212	167												0.4625		88.0
			130,(135)	252	202												0.5275		106.7
GCLD8	25.00	3000	65,70,71,75	142	107	287	239	200	40.5	7	3.5	75	39	118	82	47	0.560	734	81.7
			80,85,90,95	172	132												0.6275		95.5
			100,110,120,125	212	167				48								0.72		114
			130,140,150	252	202												0.8125		123
GCLD9	35.50	2700	70,71,75	142	107	325	276	235	49.5	7	3.5	87.5	40.5	132	85	47	1.0775	956	112
			80,85,90,95	172	132												1.2075		130
			100,110,120,125	212	167												1.3825		156
			130,140,150	252	202												1.56		181
			160,170,(175)	302	242				58								1.77		212
GCLD10	56.00	2450	75	142	107	362	313	270	65	8	4.0	98.5	44.5	149	95	49	1.97	1320	161
			80,85,90,95	172	132												2.0725		172
			100,110,120,125	212	167												2.38		206
			130,140,150	252	202												2.5625		239
			160,170,180	302	242												3.055		280
			190,200,220	352	282				68								3.4225		319

注：1. 转动惯量与质量是按 Y 型短系列轴孔的最小直径计算的。
2. e 为更换密封所需要的尺寸。
3. 带括号的轴孔直径新设计时，不建议选用。

4.2.1.4 NGCL 型带制动轮鼓形齿式联轴器（摘自 GB/T 26103.4—2010）

NGCL 型带制动轮鼓形齿式联轴器适用于连接两水平同轴线的传动轴系，并具有一定的两轴相对位移补偿性能，工作温度为-20~80℃。

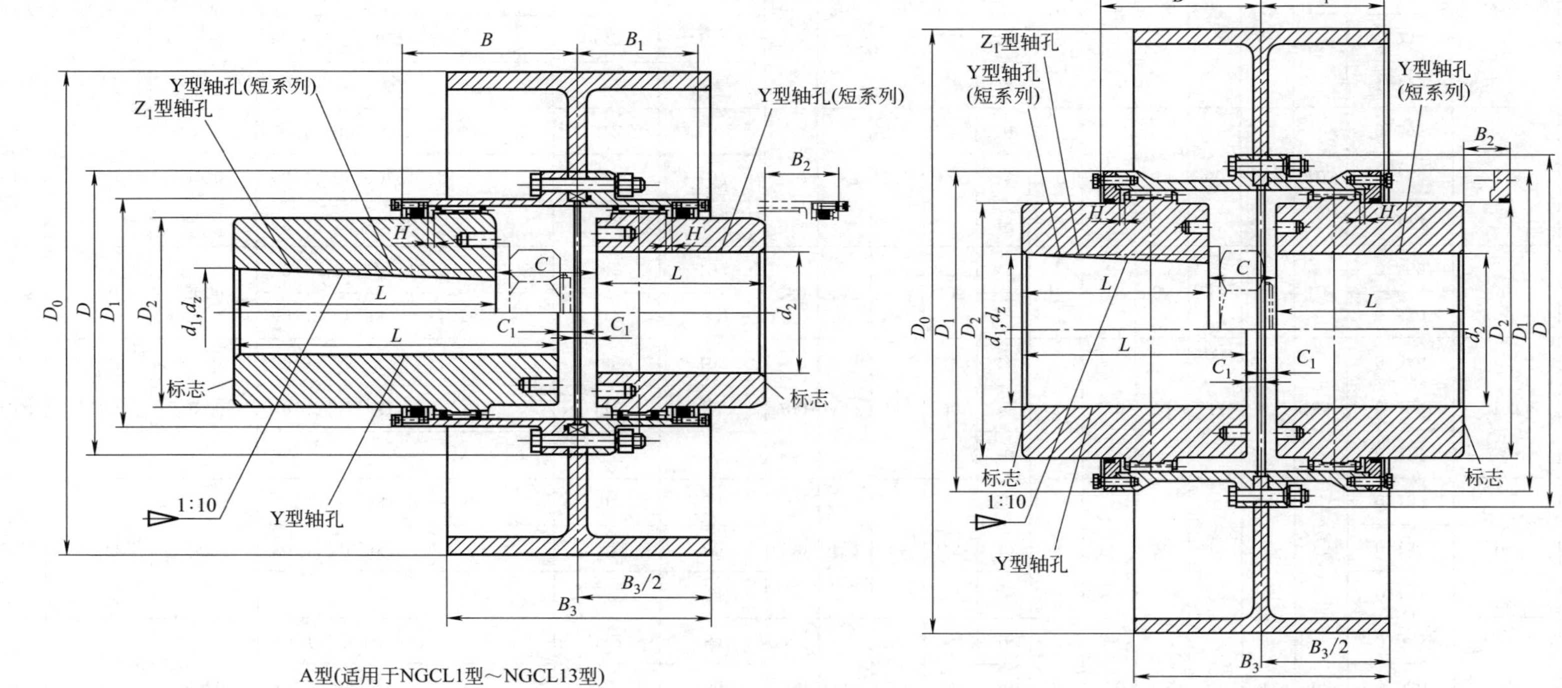

联轴器轴孔和连接型式与尺寸应符合 GB/T 3852—2017 的规定。

其键槽型式有 A、B、B_1、C、D 型。轴孔组合型式有$\frac{Y}{Y}$、$\frac{Z_1}{Y}$、$\frac{Y}{Z_1}$。

标记示例

例 1 NGCL6 型联轴器

主动端：Z_1 型轴孔、C 型键槽，$d_z=60$mm，$L=107$mm

从动端：Y 型轴孔（短系列），A 型键槽，$d_2=60$mm，$L=107$mm

标记为：NGCL6 联轴器 Z_1C60×107/60×107 GB/T 26103.4—2010

例 2 NGCL14 型联轴器

主动端：Y 型轴孔（长系列），B 型键槽，$d_1=190$mm，$L=352$mm

从动端：Y 型轴孔（短系列），B_1 型键槽，$d_2=190$mm，$L=282$mm

标记为：NGCL14 联轴器 B190×352/B_1 190×282 GB/T 26103.4—2010

例 3 NGCL12 型联轴器

主动端：Z_1 型轴孔，B 型键槽，$d_z=100$mm，$L=167$mm

从动端：Y 型轴孔（短系列），B_1 型键槽，$d_2=130$mm，$L=202$mm

制动轮：$D_0=700$mm

标记为：NGCL12 联轴器 Z_1B100×167/$B_1$130×202×ϕ700 GB/T 26103.4—2010

表 6-2-24　**NGCL 型带制动轮鼓形齿式联轴器的基本参数和主要尺寸**

型号	公称转矩 T_n	许用转速 $[n]$	轴孔直径 d_1, d_2, d_z	轴孔长度 L Y（长系列）	轴孔长度 L Z_1，Y（短系列）	D_0	D	D_1	D_2	C	C_1	H	B	B_1	B_2	B_3	转动惯量	润滑脂用量	质量
	kN·m	r/min				mm											$kg \cdot m^2$	mL	kg
NGCL1	0.63	4000	20,22,24	52	38	160	103	71	50	22	8	2.0	56	42	38	68	0.070	51	7.0
			25,28	62	44					26							0.070		7.3
			30,32,35	82	60					30							0.071		8.0
NGCL2	1.00	4000	25,28	62	44	160	115	83	60	26	8	2.0	68	48	42	68	0.079	70	9.0
			30,32,35,38	82	60					30							0.080		9.7
			40,42,45	112	84					36							0.083		11.0
NGCL3	1.60	3800	28	62	44	200	127	95	75	26	8	2.0	70	49	42	85	0.181	107	14.6
			30,32,35,38	82	60					30							0.184		15.2
			40,42,45,48,50,55,56	112	84					36							0.187		17.0
NGCL4	2.80	3800	38	82	60	200	149	116	90	30	8	2.0	74	53	42	85	0.225	137	18.6
			40,42,45,48,50,55,56	112	84					36							0.237		21.4
			60,63,65	142	107					43							0.246		23.8
NGCL5	4.50	3000	40,42,45,48,50,55,56	112	84	250	167	134	105	38	10	2.5	84	59	42	105	0.580	201	31.8
			60,63,65,70,71,75	142	107					45							0.609		34.4
NGCL6	6.30	3000	45,48,50,55,56	112	84	250	187	153	125	38	10	2.5	85	60	42	105	0.174	238	37.2
			60,63,65,70,71,75	142	107					45							0.754		38.5
			80,85,90	172	132					50							0.795		47.6
NGCL7	8.00	2400	50,55,56	112	84	315 (300)	204	170	140	38	10	2.5	93	64	42	132	1.170	298	48.8
			60,63,65,70,71,75	142	107					45							1.234		55.2
			80,85,90,95	172	132					50							1.299		61.8
			100	212	167					55							1.388		71.1

续表

型号	公称转矩 T_n	许用转速 $[n]$	轴孔直径 d_1, d_2, d_z	轴孔长度 L Y（长系列）	Z_1, Y（短系列）	D_0	D	D_1	D_2	C	C_1	H	B	B_1	B_2	B_3	转动惯量	润滑脂用量	质量
	kN·m	r/min	mm														kg·m²	mL	kg
NGCL8	11.20	1900	55,56	112	84	400	230	186	155	40	12	3.0	112	77	47	168	3.747	465	80.7
			60,63,65,70,71,75	142	107					47							3.841		90.0
			80,85,90,95	172	132					52							3.939		96.5
			100,110	212	167					57							4.072		108
NGCL9	18.00	1500	60,63,65,70,71,75	142	107	500	256	212	180	48	13	3.0	119	80	47	210	9.427	561	128
			80,85,90,95	172	132					53							9.605		138
			100,110,120,125	212	167					58							9.847		151
			130	252	202					63							10.109		167
NGCL10	25.00	1200	65,70,71,75	142	107	630 (600)	287	239	200	50	15	3.5	120	90	47	265	28.238	734	176
			80,85,90,95	172	132					55							28.509		190
			100,110,120,125	212	167					60							28.879		209
			130,140,150	252	202					65							29.248		237
NGCL11	35.50	1050	70,71,75	142	107	710 (700)	325	276	235	51	16	3.5	134	94	47	298	44.309	956	257
			80,85,90,95	172	132					56							44.825		275
			100,110,120,125	212	167					61							45.530		300
			130,140,150	252	202					66							46.235		326
			160,170	302	242					76							47.080		357
NGCL12	56.00	1050	75	142	107	710 (700)	362	313	270	52	17	4.0	164	104	49	298	47.880	1320	306
			80,85,90,95	172	132					57							48.290		317
			100,110,120,125	212	167					62							49.520		351
			130,140,150	252	202					67							50.250		384
			160,170,180	302	242					77							52.220		425
			190,200	352	282					87							53.690		464
NGCL13	80.00	950	150	252	202	800	412	350	300	68	18	4.5	165	113	49	335	82.700	1600	490
			160,170,180	302	242					78							84.700		544
			190,200,220	352	282					88							86.670		596
NGCL14	125.00	950	170,180	302	242	800	462	420	335	80	20	5.5	209	157	63	335	99.100	3500	670
			190,200,220	352	282					90							102.200		736
			240,250	410	330					100							105.900		850

注：1. 表中转动惯量与质量是按 Y 型短系列轴孔的最小直径计算的。
2. 当选用 NGCL7、NGCL10、NGCL11、NGCL12 四种型号的带制动轮鼓形齿式联轴器时，需标记制动轮直径。
3. B_2 为更换密封所需要的尺寸。
4. 圆锥轴孔的最大直径至 220mm。
5. 带括号的制动轮规格不推荐选用。

4.2.1.5 NGCLZ 型带制动轮鼓形齿式联轴器（摘自 GB/T 26103.5—2010）

NGCLZ 型带制动轮鼓形齿式联轴器适用于连接两水平同轴线的传动轴系，并具有一定轴向和角向补偿两轴相对位移的性能，工作温度为-20～80℃。

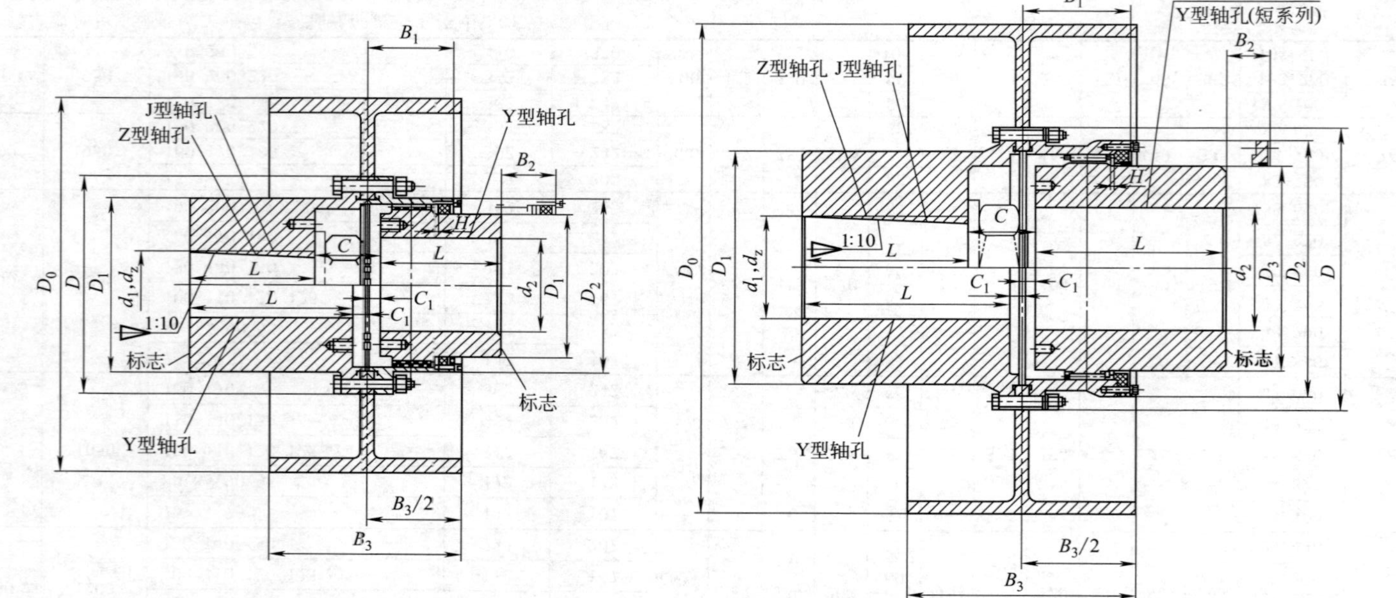

A型(适用于NGCLZ1型～NGCLZ13型)　　B型(适用于NGCLZ14型)

联轴器轴孔和连接型式与尺寸应符合 GB/T 3852—2017 的规定。其键槽型式有 A、B、B_1、C、D 型。轴孔型式组合有$\frac{Y}{Y}$、$\frac{Z}{Y}$、$\frac{J}{Y}$。

标记示例

例 1　NGCLZ5 型联轴器

主动端：Z 型轴孔，C 型键槽，$d_z=50$mm，$L=84$mm

从动端：Y 型轴孔（短系列），A 型键槽，$d_2=55$mm，$L=84$mm

标记为：NGCLZ5 联轴器　ZC50×84/55×84　GB/T 26103.5—2010

例 2　NGCLZ10 型联轴器

主动端：Y 型轴孔（长系列），B 型键槽，$d_1=80$mm，$L=172$mm

从动端：Y 型轴孔（短系列），A 型键槽，$d_2=90$mm，$L=132$mm

制动轮：$D_0=600$mm

标记为：NGCLZ10 联轴器 B80×172/90×132×ϕ600　GB/T 26103.5—2010

表 6-2-25 NGCLZ 型带制动轮鼓形齿式联轴器的基本参数和主要尺寸

型号	公称转矩 T_n	许用转速 $[n]$	轴孔直径 d_1,d_2,d_z	轴孔长度 L Y（长系列）	轴孔长度 L J,Z,Y（短系列）	D_0	D	D_1	D_2	D_3	C	C_1	H	B_1	B_2	B_3	转动惯量	润滑脂用量	质量
	kN·m	r/min	mm														kg·m^2	mL	kg
NGCLZ1	0.63	4000	20,22,24	52	38	160	103	71	71	50	22	8	2.0	42	38	68	0.071	31	7.3
			25,28	62	44						26						0.072		7.4
			30,32,35	82	60						30						0.076		8.4
NGCLZ2	1.00	4000	25,28	62	44	160	115	83	83	60	26	8	2.0	48	42	68	0.081	42	9.2
			30,32,35,38	82	60						30						0.084		10.3
			40,42,45	112	84						36						0.088		10.5
NGCLZ3	1.60	3800	28	62	44	200	127	95	95	75	26	8	2.0	49	42	85	0.181	65	15.1
			30,32,35,38	82	60						30						0.184		16.3
			40,42,45,48,50,56,56	112	84						36						0.193		18.8
NGCLZ4	2.80	3800	38	82	60	200	149	116	116	90	30	8	2.0	53	42	85	0.225	82	19.8
			40,42,45,48,50,55,56	112	84						36						0.242		23.3
			60,63,65	142	107						43						0.296		26.8
NGCLZ5	4.50	3000	40,42,45,48,50,55,56	112	84	250	167	134	134	105	38	10	2.5	59	42	105	0.596	120	33.3
			60,63,65,70,71,75	142	107						45						0.627		39.0
NGCLZ6	6.30	3000	45,48,50,55,56	112	84	250	187	153	153	125	38	10	2.5	60	42	105	0.720	143	40.0
			60,63,65,70,71,75	142	107						45						0.776		46.4
			80,85,90	172	132						50						0.837		53.2
NGCLZ7	8.00	2400	50,55,56	112	84	315 (300)	204	170	170	140	38	10	2.5	64	42	132	1.178	179	51.8
			60,63,65,70,71,75	142	107						45						1.254		59.8
			80,85,90,95	172	132						50						1.348		68.2
			100	212	167						55						1.479		79.6
NGCLZ8	11.20	1900	55,56	112	84	400	230	186	186	155	40	12	3.0	77	47	168	3.734	274	84.0
			60,63,65,70,71,75	142	107						47						3.860		93.1
			80,85,90,95	172	132						52						3.996		104
			100,110	212	167						57						4.187		117

续表

型号	公称转矩 T_n	许用转速 $[n]$	轴孔直径 d_1,d_2,d_z	轴孔长度 L Y（长系列）	轴孔长度 L J,Z,Y（短系列）	D_0	D	D_1	D_2	D_3	C	C_1	H	B_1	B_2	B_3	转动惯量	润滑脂用量	质量
	kN·m	r/min	mm														kg·m^2	mL	kg
NGCLZ9	18.00	1500	60,63,65,70,71,75	142	107	500	256	212	212	180	48	13	3.0	80	47	210	9.427	337	128
			80,85,90,95	172	132						53						9.605		138
			100,110,120,125	212	167						58						9.847		151
			130	252	202						63						10.109		167
NGCLZ10	25.00	1200	65,70,71,75	142	107	630 (600)	287	239	239	200	50	15	3.5	90	47	265	29.32	440	184
			80,85,90,95	172	132						55						29.69		200
			100,110,120,125	212	167						60						30.21		222
			130,140,150	252	202						65						30.74		246
NGCLZ11	35.50	1050	70,71,75	142	107	710 (700)	325	250	276	235	51	16	3.5	94	47	298	44	574	240
			80,85,90,95	172	132						56						45		262
			100,110,120,125	212	167						61						45.5		299
			130,140,150	252	202						66						46		326
			160,170	302	242						76						47		361
NGCLZ12	56.00	1050	75	142	107	710 (700)	362	286	313	270	52	17	4.0	104	49	298	48	792	290
			80,85,90,95	172	132						57						49		317
			100,110,120,125	212	167						62						50		355
			130,140,150	252	202						67						51		382
			160,170,180	302	242						77						52		443
			190,200	352	282						87						53		470
NGCLZ13	80.00	950	150	252	202	800	412	322	350	300	68	18	4.5	113	49	335	82	960	488
			160,170,180	302	242						78						85		542
			190,200,220	352	282						88						92		598
NGCLZ14	125.00	950	170,180	302	242	800	462	335	420	335	80	20	5.5	157	63	335	95	2100	638
			190,200,220	352	282						90						98		698
			240,250	410	330						100						102		780

注：1. 表中转动惯量与质量是按 Y 型轴孔（短系列）的最小直径计算的。

2. 当选用 NGCLZ7、NGCLZ10、NGCLZ11、NGCLZ12 四种型号的带制动轮鼓形齿式联轴器时，需要标记制动轮直径。

3. B_2 为更换密封所需要的尺寸。

4. 圆锥轴孔的最大直径为 220mm。

5. 带括号的制动轮规格不推荐选用。

4.2.1.6 WGP 型带制动盘鼓形齿式联轴器（摘自 JB/T 7001—2007）

WGP 型带制动盘鼓形齿式联轴器适用于连接两同轴线的传动轴系，具有两轴相对位移补偿性能，工作温度为-20～100℃。

联轴器结构型式有Ⅰ型、Ⅱ型、Ⅲ型和Ⅳ型，键槽型式有 A、B、B_1、C、D 型，Ⅰ型、Ⅱ型联轴器轴孔型式组合为 Y/Y、J_1/J_1、J_1/Z_1、Y/J_1、Y/Z_1，Ⅲ型、Ⅳ型轴孔型式组合为 Y/Y、Y/J_1、Y/Z_1。过盈配合油压装卸的无键连接联轴器有关尺寸按 JB/T 6136—2007 的规定，其标记方法，在轴孔直径前加“U”表示。

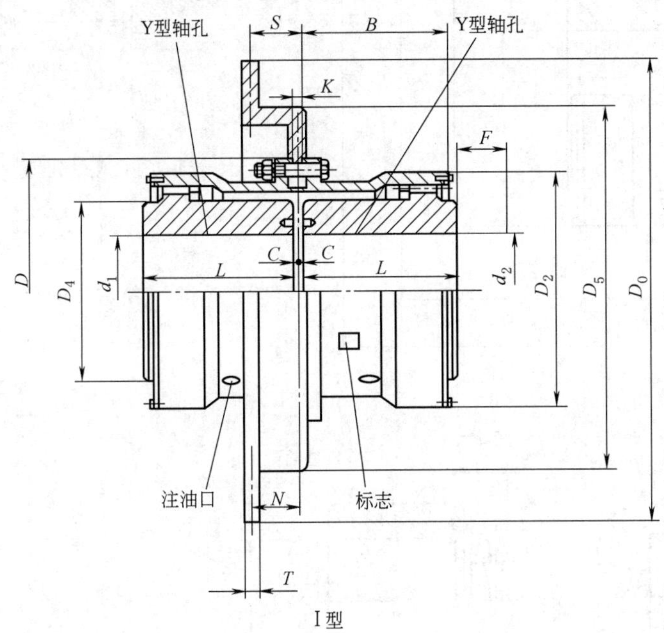

Ⅰ型

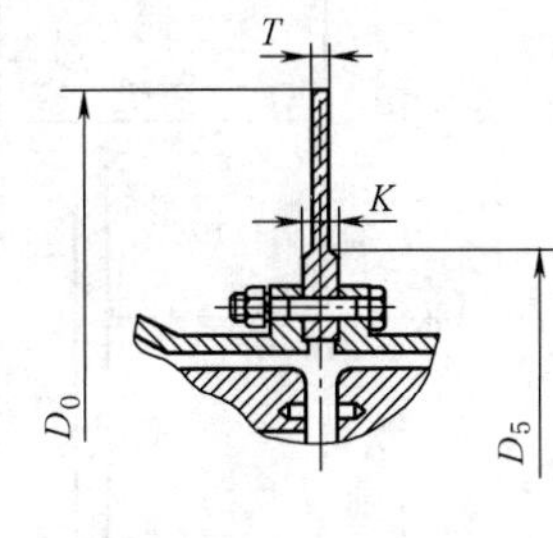

Ⅱ型

注：Ⅱ型的轴孔型式同Ⅰ型

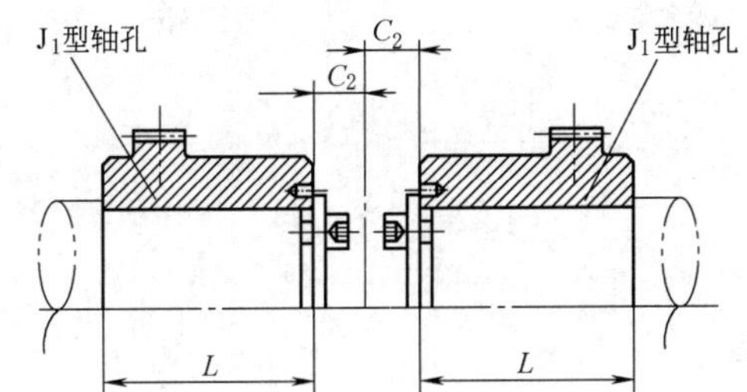

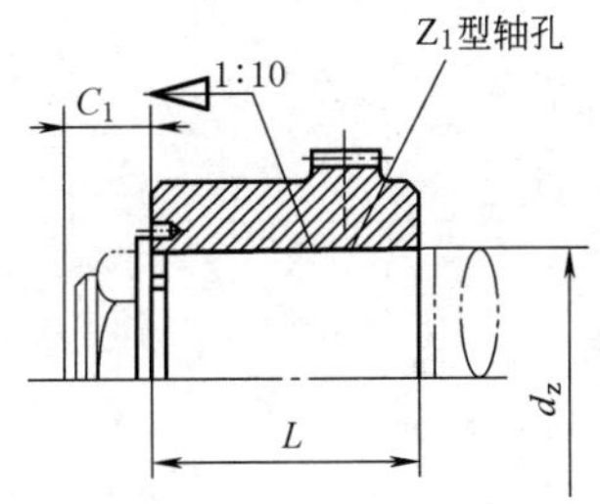

Ⅰ型和Ⅱ型联轴器

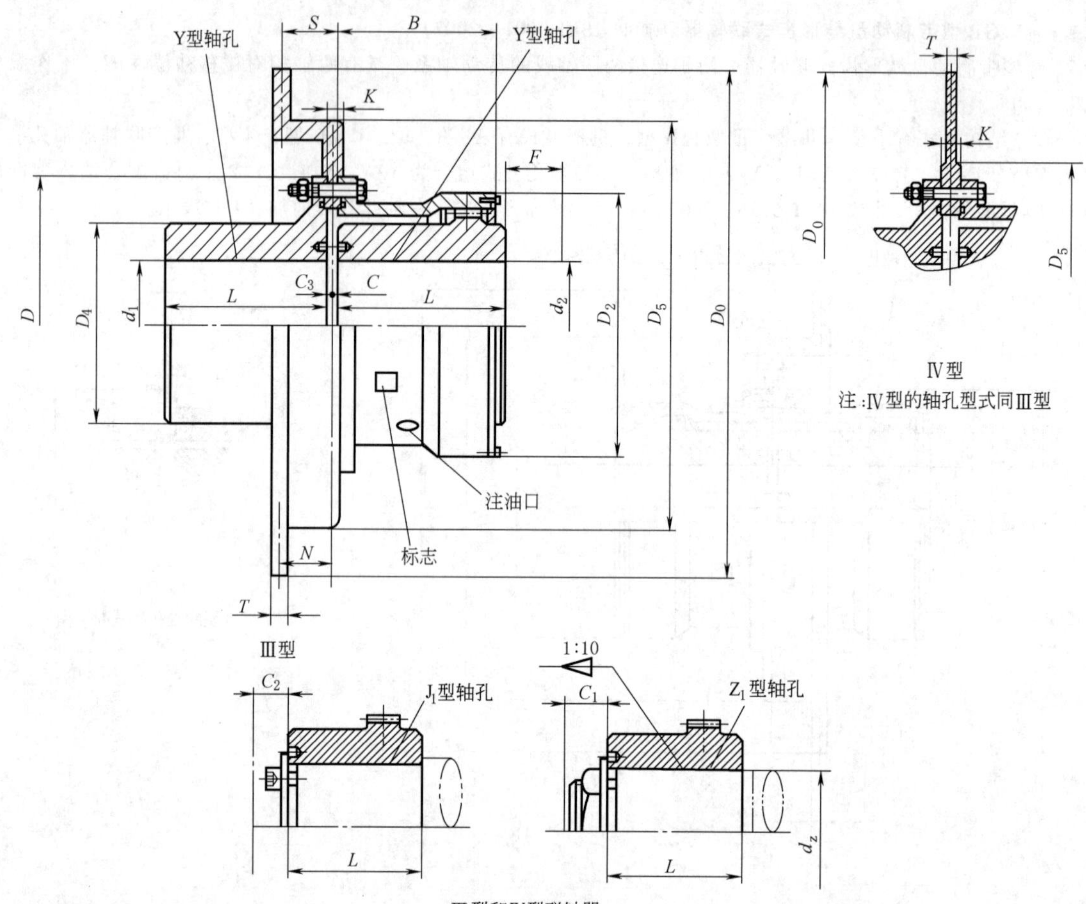

Ⅲ型

Ⅳ型

注:Ⅳ型的轴孔型式同Ⅲ型

Ⅲ型和Ⅳ型联轴器

标记示例

例 1　WGP6 型联轴器（Ⅰ型）

主动端：Y 型轴孔，A 型键槽，$d_1=50\text{mm}$，$L=112\text{mm}$

从动端：Y 型轴孔，A 型键槽，$d_2=50\text{mm}$，长度 $L=112\text{mm}$

制动盘：$D_0=500\text{mm}$

标记为：WGP6 联轴器 50×112-500　　JB/T 7001—2007

例 2　WGP10 型联轴器（Ⅱ型）

主动端：Y 型轴孔，A 型键槽，$d_1=100\text{mm}$，$L=212\text{mm}$

从动端：J_1 型轴孔，B 型键槽，$d_2=130\text{mm}$，$L=202\text{mm}$

制动盘：$D_0=710\text{mm}$

标记为：WGP10 联轴器 100×212/ J_1B130×202Ⅱ-710　　JB/T 7001—2007

例 3　WGP6 型联轴器（Ⅲ型）

主动端：Y 型轴孔，过盈配合油压装卸，$d_1=90\text{mm}$，$L=172\text{mm}$

从动端：J_1 型轴孔，过盈配合油压装卸，$d_2=100\text{mm}$，$L=167\text{mm}$

制动盘：$D_0=450\text{mm}$

标记为：WGP6 联轴器 U90×172/ J_1U100×167Ⅲ-450　　JB/T 7001—2007

例 4　WGP10 型联轴器（Ⅱ型）

主动端：J_1 型轴孔，过盈配合油压装卸，$d_1=100\text{mm}$，$L=167\text{mm}$

从动端：J_1 型轴孔，过盈配合油压装卸，$d_2=100\text{mm}$，$L=167\text{mm}$

制动盘：$D_0=800\text{mm}$

标记为：WGP10 联轴器 J_1U100×167-Ⅱ-800　　JB/T 7001—2007

表 6-2-26　　**WGP 型带制动盘鼓形齿式联轴器的基本参数和主要尺寸**

型号	公称转矩 T_n	许用转速 $[n]$	轴孔直径 d_1,d_2,d_z	轴孔长度 L Y	轴孔长度 L J_1,Z_1	D_0	D	D_2	D_1	B	F	N	C	C_1	C_2	C_3	转动惯量	润滑脂用量	质量
	N·m	r/min	mm														kg·m²	kg	kg
WGP1	800	4000	12,14	32	—	315	122	98	60	58	30	38	30	—	—	2	0.00078	0.11	5.62
			16,18.19	42	—								20	—	—				
			20,22,24	52	—								10	—	—				
			25,28	62	44								3	19	18				
			30,32,35,38	82	60									23	12				
			40,42	112	84									29					
WGP2	1400	4000	22,24	52	—	315	150	118	77	68	30	38	20	—	—	2	0.022	0.12	9.65
			25,28	62	—								10	—	—				
			30,32,35,38	82	60								3	23	16				
			40,42,45,48,50,55,56	112	84									29					
WGP3	2800	4000	22,24	52	—	355	170	140	90	80	30	49	33	—	—	2	0.047	0.20	16.6
			25,28	62	—								23	—	—				
			30,32,35,38	82	60								3	23	25				
			40,42,45,48,50,55,56	112	84									29	16				
			60,63	142	107									36					
WGP4	5000	3000	30,32,35,38	82	—	400 450 500	200	160	112	90	30	45	13	—	—	3	0.098	0.28	25.3
			40,42,45,48,50,55,56	112	84								3	29	17				
			60,63,65,70,71,75	142	107									36					
			80	172	132									41					
WGP5	8000	2500	30,32,35,38	82	—	400 450 500	225	180	128	100	30	45	23	—	—	3	0.174	0.45	34.7
			40,42,45,48,50,55,56	112	84								3	29	19				
			60,63,65,70,71,75	142	107									36					
			80,85,90	172	132									41					
WGP6	11200	2000	32,35,38	82	—	450 500 560 630	245	200	145	112	30	44	35	—	—	3	0.293	0.65	51.3
			40,42,45,48,50,55,56	112	—								5	—	—				
			60,63,65,70,71,75	142	107									38	20				
			80,85,90,95	172	132									43					
			100	212	167									48					
WGP7	16000	1700	32,35,38	82	—	450	272	230	160	122	30	44	45	—	—	3	0.53	0.80	68
			40,42,45,48,50,55,56	112	—	500							15	—	—				
			60,63,65,70,71,75	142	107	560							5	38	20				
			80,85,90,95	172	132	630								43					
			100,110	212	167	710								48					

续表

型号	公称转矩 T_n	许用转速 $[n]$	轴孔直径 d_1,d_2,d_z	轴孔长度 L		D_0	D	D_2	D_1	B	F	N	C	C_1	C_2	C_3	转动惯量	润滑脂用量	质量
				Y	J_1,Z_1														
	N·m	r/min	mm														kg·m²	kg	kg
WGP8	22400	1700	55,56	112	—	500 560 630 710	290	245	176	136	30	44	29	—	—	3	0.71	0.95	79
			60,63,65,70,71,75	142	107								5	38	34				
			80,85,90,95	172	132									43	20				
			100,110	212	167									48					
WGP9	28000	1600	65,70,71,75	142	107	560 630 710 800	315	265	190	140	30	58	5	38	38	3	1.05	1.30	106.5
			80,85,90,95	172	132									43	28				
			100,110,120,125	212	167									48					
			130,140	252	202									53					
WGP10	45000	1600	75	142	—	630 710 800	355	300	225	165	30	58	28	—	—	3	1.74	1.60	159
			80,85,90,95	172	132								5	43	38				
			100,110,120,125	212	167									48	28				
			130,140,150	252	202									53					
			160	302	242									63					
WGP11	63000	1400	85,90,95	172	—	710 800 900	412	345	256	180	40	58	15	—	—	4	3.67	2.00	215
			100,110,120,125	212	167								8	51	32				
			130,140,150	252	202									56					
			160,170,180	302	242									66					
WGP12	90000	1400	120,125	212	167	710 800 900	440	375	288	207	40	58	8	51	45	4	6.40	3.40	303
			130,140,150	252	202									56	32				
			160,170,180	302	242									66					
			190,200	352	282									76					
WGP13	125000	1400	140,150	252	202	800 900	490	425	320	235	50	58	8	56	38	4	10.45	4.40	391
			160,170,180	302	242									66	32				
			190,200,220	352	282									76					
WGP14	180000	1200	160,170,180	302	242	900 1000	545	462	362	265	50	65	10	68	32	4	17.48	6.60	523
			190,200,220	352	282									78					
			240,250,260	410	330									—	10				

注：1. 质量、转动惯量是按最大轴孔直径的 Y 型轴孔计算的近似值，未计算制动盘，制动轮质量及转动惯量见表 6-2-27。

2. 锥孔最大直径至 220mm。

3. 不同制动盘直径的 C、C_1、C_2 值为表中数值再加 $K/2$，K 值见表 6-2-27。

4. $N=S-K/2$，S、K 值见表 6-2-27，表中数值 N 为当制动盘直径最大时的计算值。

表 6-2-27　　制动盘的主要尺寸、质量和转动惯量

制动轮直径 D_0/mm	T /mm	K /mm	S /mm	$D_{5\max}$/mm		质量/kg		转动惯量/kg·m^2	
				Ⅰ，Ⅲ	Ⅱ，Ⅳ	Ⅰ，Ⅲ	Ⅱ，Ⅳ	Ⅰ，Ⅲ	Ⅱ，Ⅳ
315	15	10	42	180	155	8.5	6.7	0.116	0.110
355	15	10	54	200	175	11.4	9.9	0.192	0.178
400	15	14	54	255	230	15.2	12.4	0.320	0.287
450	15	16	54	305	280	19.7	15.6	0.550	0.462
500	15	18	54	325	295	25.0	20.0	0.830	0.712
560	15	18	54	350	320	30.7	25.6	1.280	1.127
630	15	20	54	400	360	38.8	33.0	2.060	1.826
710	15	20	54	480	450	46.5	39.4	3.320	2.912
800	15	24	70	540	500	67.8	52.7	5.870	4.810
900	15	24	70	600	560	86.6	70.3	9.300	7.852
1000	20	30	80	620	560	128.8	115.1	17.400	15.650

鼓形齿式联轴器的选用及许用补偿量

(1) 联轴器选用注意事项

① 联轴器应根据使用要求和工作条件选用。

② GⅡCL 型联轴器的两外齿轴套的任一端均可作主、从动端。

③ 联轴器允许正反转。

④ GⅡCLZ 联轴器的外齿轴套与中间轴连接，半联轴器与电动机轴或工作机轴连接。

⑤ 带制动轮（NGCLZ 型）和带制动盘（WGP 型的Ⅲ型和Ⅳ型）联轴器设计使用时，应将带制动轮和带制动盘端设置在转动惯量大的一端。一般宜设置在从动端。

⑥ 高转速的中间轴需要验算临界转速。必要时整套联轴器应进行动平衡校正。

(2) 联轴器两轴线相对位移

① 当两轴线无径向位移时，外齿轴套轴线与内齿圈轴线的许用角向补偿量和两轴线的最大角向补偿量见表 6-2-28。

② 当两轴无角向位移时，联轴器的许用径向补偿量见表 6-2-29。

表 6-2-28　　角向补偿量

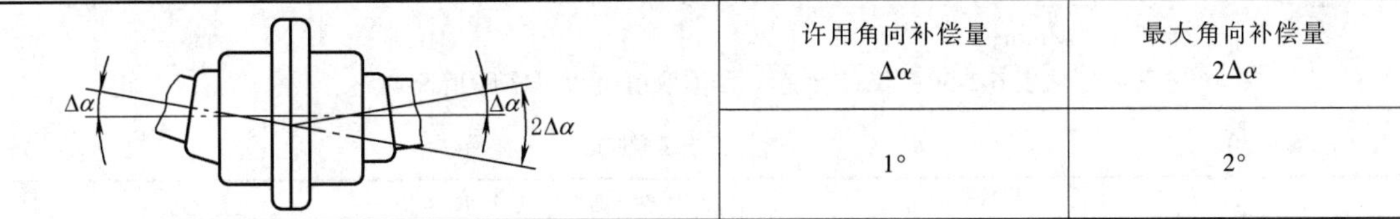

许用角向补偿量 Δα	最大角向补偿量 2Δα
1°	2°

表 6-2-29　　径向补偿量　　mm

型号	GⅡCL1	GⅡCL2	GⅡCL3 GCLD1	GⅡCL4 GCLD2	GⅡCL5 GCLD3	GⅡCL6 GCLD4	GⅡCL7 GCLD5	GⅡCL8 GCLD6	GⅡCL9 GCLD7
许用径向补偿量 ΔY	0.63	0.72	0.76	0.86	0.96	0.98	1.05	1.16	1.20
型号	GⅡCL10 GCLD8	GⅡCL11 GCLD9	GⅡCL12 GCLD10	GⅡCL13	GⅡCL14	GⅡCL15	GⅡCL16	GⅡCL17	GⅡCL18
许用径向补偿量 ΔY	1.30	1.40	1.60	1.70	3.00	3.20	3.60	3.70	3.90
型号	GⅡCL19	GⅡCL20	GⅡCL21	GⅡCL22	GⅡCL23	GⅡCL24	GⅡCL25	—	—
许用径向补偿量 ΔY	4.00	4.30	4.50	4.70	5.20	5.50	5.70	—	—

型号	WGP1		WGP2		WGP3		WGP4		WGP5	
	Ⅰ	Ⅱ	Ⅰ	Ⅱ	Ⅰ	Ⅱ	Ⅰ	Ⅱ	Ⅰ	Ⅱ
许用径向补偿量 ΔY	2	1.3	2.4	1.4	3.0	1.5	3.4	1.6	3.9	1.7

续表

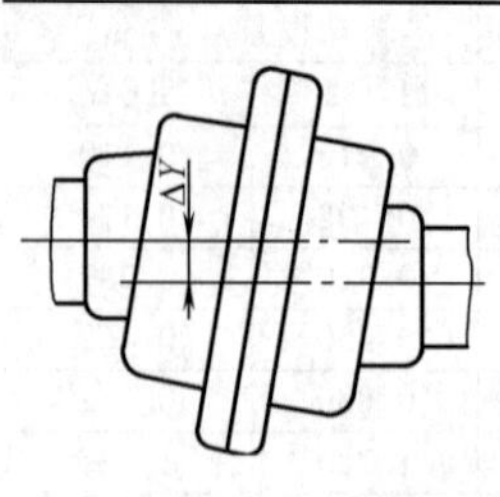

型号	WGP6		WGP7		WGP8		WGP9		WGP10	
	Ⅰ	Ⅰ	Ⅰ	Ⅱ	Ⅰ	Ⅱ	Ⅰ	Ⅱ	Ⅰ	Ⅱ
许用径向补偿量 ΔY	4.5	1.8	4.8	2.1	5.3	2.5	5.7	2.7	6.6	2.9
型号	WGP11		WGP12		WGP13		WGP14		—	—
	Ⅰ	Ⅱ	Ⅰ	Ⅱ	Ⅰ	Ⅱ	Ⅰ	Ⅱ	—	—
许用径向补偿量 ΔY	7.2	3.4	8.3	3.8	9.6	4.2	10.8	4.8	—	—

第6篇

③ GⅡCLZ 型联轴器接中间轴的许用径向补偿量 ΔY 见图 6-2-9，并按式（6-2-7）计算。

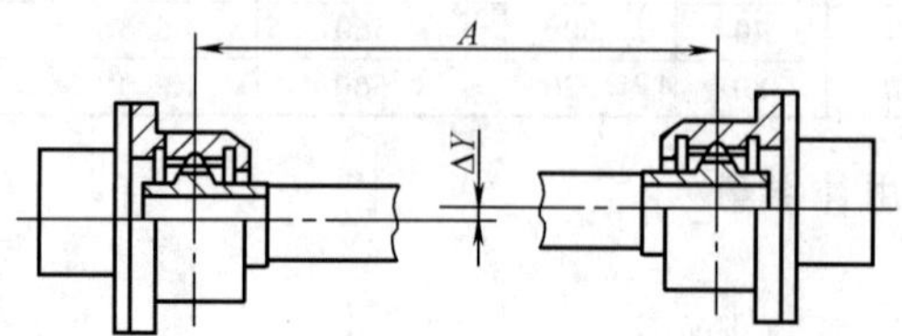

图 6-2-9　联轴器接中间轴的许用径向补偿量

$$\Delta Y = A\tan\Delta\alpha = A\tan1^\circ = 0.017455064A\ (\text{mm}) \tag{6-2-7}$$

（3）联轴器的转矩计算

① 根据联轴器工况条件、驱动功率、工作转速、轴伸直径等因素综合考虑。

② 转矩计算见式（6-2-8）。

$$T_c = KT = K \times 9.55 \times \frac{P_w}{n} \leqslant T_n \tag{6-2-8}$$

式中　T_c——计算转矩，kN · m；

T——理论转矩，kN · m；

T_n——公称转矩，kN · m，见各型式联轴器参数；

P_w——驱动功率，kW；

n——工作转速，r/min；

K——工况系数，见表 6-2-30，仅供参考，具体取值可根据实际情况调整。

表 6-2-30　工况系数 K

工作机械	工况系数 K	工作机械	工况系数 K	工作机械	工况系数 K
挖掘设备		搅拌机(黏液体)	1.6	螺旋活塞式鼓风机	1.4
斗轮式挖掘机	2.0	离心机(轻载)	1.4	鼓风机(轴向和径向)	1.5
履带式移动链	1.8	离心机(重载)	1.8	冷却塔风扇	1.4
轨道式移动链	1.6	输送设备		引风机	1.4
空吸泵	1.6	输送机	1.8	涡轮鼓风机	1.25
铲斗轮	1.8	平板输送机	1.6	发电机及转换器	
刀盘	2.0	带式输送机(散装材料)	1.4	变频器	2.25
回转齿轮机构	1.4	小型带式输送机	1.25	发电机	2.0
绞盘	1.6	斗链式输送机	1.4	焊接发电机	2.25
采矿、碎石设备		旋转输送机	1.4	橡胶及塑料加工设备	
破碎机	2.75	螺旋输送机	1.4	挤压机	1.6
回转窑	2.0	钢带输送机	1.4	压光机	1.6
矿井通风机	2.0	升降机	1.4	搓合机	1.8
振动器	1.6	铲斗式升降机(粉状物)	1.25	混合机	1.8
化工设备		提升机	1.8	滚压机	1.8
搅拌机(稀液体)	1.25	鼓风、通用设备		木材加工设备	

续表

工作机械	工况系数 K	工作机械	工况系数 K	工作机械	工况系数 K
剥皮机	1.8	甘蔗切断机	1.6	碾光机	1.6
刨床	1.4	甘蔗粉碎机	1.8	切断机	1.6
锯床	1.4	甜菜切割机	1.6	织布机	1.6
炼钢设备		甜菜清洗机	1.6	压缩机	
高炉鼓风机	1.4	造纸机械		往复式压缩机	2.0
转炉	2.5	多层纸板机	2.0	涡轮式压缩机	1.6
倾斜式高炉升降机	2.0	上光滚筒	1.8	轧制设备	
炉渣破碎机	2.0	卷筒	1.8	板材剪断机	2.0
起重设备		搅浆机	1.6	翻板机	1.6
吊杆起落机构	1.5	压光机	1.6	板坯机	2.0
行走机构	1.75	湿纸滚压机	1.8	坯料输送机	1.8
提升机构	1.75	纸浆切碎机	1.8	板坯推料机	2.0
回转机构	1.75	搅拌机	1.8	带材及线材卷取机	1.4
卷扬机	2.0	吸水滚压机	1.6	除鳞机	1.6
金属加工设备		吸水辊	1.8	薄板轧机	1.8
动力轴	1.6	干燥滚筒	2.0	中厚板轧机	2.5
板材矫直机	2.0	压力机械		冷轧机	2.0
锻锤	2.0	折叠压力机	1.8	履带式牵引机	1.6
剪切机	2.0	压块机	2.5	钢坯剪断机	2.5
锻造机	1.8	曲柄压力机	2.0	冷床	1.4
冲压机	2.0	锻造压力机	2.25	输送导辊	1.4
研磨、粉碎设备		压砖机	2.5	辊道(轻载)	1.5
锤式粉碎机	2.0	泵类		辊道(重载)	2.0
球磨机	2.0	离心泵(稀液体)	1.25	辊式矫直机	2.0
悬挂式滚压机	2.0	离心泵(黏液体)	1.4	切边机	1.5
冲击式粉碎机	2.0	往复式活塞泵	1.8	切头机	2.0
棒磨机	2.0	柱塞泵	2.0	活套升降机	1.5
挤压粉碎机	2.0	泥浆泵	1.4	轧辊调整装置	1.5
食品加工机械		真空泵	1.5	机架辊	3.0
装罐机	1.25	纺织机械		初轧机	3.0
搅拌机	1.4	绕线机	1.6	中厚板轧机(可逆式)	3.0
包装机	1.25	印花及烘干机	1.6		
甘蔗压榨机	1.6	精制桶	1.6		

③ 转速与角向补偿量的变化对传递转矩的影响，按式（6-2-9）计算。

$$T_c \leqslant K_1 T_n \tag{6-2-9}$$

式中　K_1——转矩修正系数，见图 6-2-10。

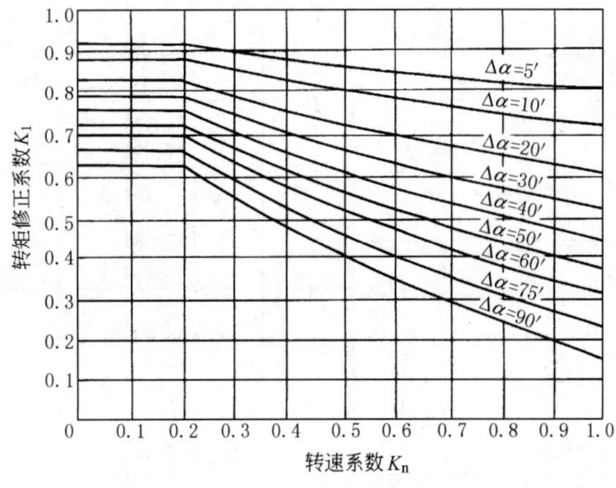

图 6-2-10　转矩修正系数曲线

图 6-2-10 中转速系数 K_n 按式（6-2-10）计算。

$$K_n=\frac{n}{[n]} \tag{6-2-10}$$

式中 K_n——转速系数；

n——工作转速，r/min；

$[n]$——许用转速，r/min，见各型式联轴器参数。

④ 计算鼓形齿式联轴器的连接轴时，应当考虑到在啮合中由于摩擦所产生的在轴上引起的附加弯曲力矩。附加弯曲力矩约等于 $0.1T_{max}$，并作用于通过轴线的平面。T_{max} 为长期作用在联轴器上的最大转矩。

4.2.2 滚子链联轴器（摘自 GB/T 6069—2017）

滚子链联轴器适用于连接两同轴线的传动轴系，并有一定的两轴相对位移补偿性能。该联轴器结构简单、紧凑，重量轻，链条更换方便（不用移动被连接的两轴），寿命长。适用于高温、潮湿和多尘的工作环境。由于链条与链轮齿间有间隙，不宜用于正反转以及有较剧烈冲击和扭振的工况。

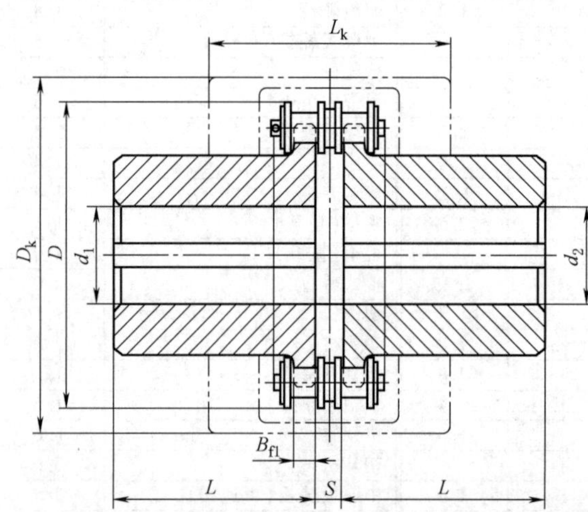

标记示例

例 1 GL7 型滚子链联轴器

主动端：圆柱形轴孔，B 型键槽，$d_1=45$mm，$L=112$mm

从动端：圆柱形轴孔，B_1 型键槽，$d_2=45$mm，$L=112$mm

标记为：GL7 联轴器 B45 × 112/$B_1$45 × 112 GB/T 6069—2017

例 2 GL3 型滚子链联轴器，有罩壳

主动端：圆柱形轴孔，A 型键槽，$d_1=25$mm，$L=62$mm

从动端：圆柱形轴孔，A 型键槽，$d_2=25$mm，$L=62$mm

标记为：GL3F 联轴器 25×62 GB/T 6069—2017

表 6-2-31 滚子链联轴器的基本参数和主要尺寸

型号	公称转矩 T_n	许用转速 $[n]$ 不装罩壳	许用转速 $[n]$ 安装罩壳	轴孔直径 d_1,d_2	轴孔长度 L	链条节距 p	齿数 z	D	B_{f1}	S	D_{kmax}	L_{kmax}	质量	转动惯量
	N·m	r/min		mm				mm					kg	kg·m^2
GL1	40	1400	4500	16,18,19	42	9.525	14	51.06	5.3	4.9	70		0.40	0.00010
				20	52									
GL2	63	1250		19	42		16	57.08			75		0.70	0.00020
				20,22,24	52									
GL3	100	1000	4000	25	62	12.7	14	68.88	7.2	6.7	85	80	1.1	0.00038
GL4	160			24	52		16	76.91			95	88	1.8	0.00086
				25,28	62									
				30,32	82									

续表

型号	公称转矩 T_n	许用转速 $[n]$ 不装罩壳	许用转速 $[n]$ 安装罩壳	轴孔直径 d_1,d_2	轴孔长度 L	链条节距 p	齿数 z	D	B_{f1}	S	D_{kmax}	L_{kmax}	质量	转动惯量
	N·m	r/min		mm				mm					kg	kg·m²
GL5	250	800	3150	28	62	15.875	16	94.46	8.9	9.2	112	100	3.2	0.0025
				30,32,35,38	82									
				40	112									
GL6	400	630	2500	32,35,38	82		20	116.57			140	105	5.0	0.0058
				40,42,45,48,50	112									
GL7	630			40,42,45,48,50,55	112	19.05	18	127.78	11.9	10.9	150	122	7.4	0.012
				60	142									
GL8	1000	500	2240	45,48,50,55	112	25.40	16	154.33	15.0	14.3	180	135	11.1	0.025
				60,65,70	142									
GL9	1600	400	2000	50,55	112		20	186.50			215	145	20.0	0.061
				60,65,70,75	142									
				80	172									
GL10	2500	315	1600	60,65,70,75	142	31.75	18	213.02	18.0	17.8	245	165	26.1	0.079
				80,85,90	172									
GL11	4000	250	1500	75	142	38.1	16	231.49	24.0	21.5	270	195	39.2	0.188
				80,85,90,95	172									
				100	212									
GL12	6300		1250	85,90,95	172	44.45	16	270.08	24.0	24.9	310	205	59.4	0.380
				100,110,120	212									
GL13	10000	200	1120	100,110,120,125	212	50.8	18	340.80	30.0	28.6	380	230	86.5	0.869
				130,140	252									
GL14	16000		1000	120,125	212		22	405.22			450	250	150.8	2.06
				130,140,150	252									
				160	302									
GL15	25000		900	140,150	252	63.5	20	466.25	36.0	36.6	510	285	234.4	4.37
				160,170,180	302									
				190	352									

注：1. 联轴器选用计算见本章第 3 节。但是，所选用的工况系数仅适用于每日 8h 工作制。每日超过 8h 至 16h 工作时，工况系数增加 50%；超过 16h 工作时，工况系数增加 100%。转速在 50r/min 以下时，可不考虑工作时间的影响。

2. 有罩壳时型号中加“F”。

3. 联轴器的许用补偿量见下表：

许用补偿量

项目		GL1 GL2	GL3 GL4	GL5	GL6	GL7	GL8	GL9	GL10	GL11	GL12	GL13	GL14	GL15
轴向 ΔX	mm	1.40	1.90	2.30	2.30	2.80	3.80	3.80	4.70	5.70	6.60	7.60	7.60	9.50
径向 ΔY	mm	0.19	0.25	0.25	0.32	0.32	0.38	0.50	0.50	0.63	0.76	0.88	1.00	1.27
角向 Δα		1°												
说明		①径向补偿量的测量部位在半联轴器轮毂外圆宽度的 1/2 处 ②在联轴器使用过程中,被连接两轴的相对偏移量,不得大于表中规定的许用补偿量												

4.2.3 十字轴式万向联轴器

4.2.3.1 SWP 型剖分轴承座十字轴式万向联轴器（摘自 JB/T 3241—2005）

SWP 型剖分轴承座十字轴式万向联轴器适用于轧制机械、起重运输机械以及其他重型机械，连接两不同轴线的传动轴系。传递转矩可靠，结构紧凑，传动效率高，维护方便。轴线折角为 5°～15°。

联轴器结构型式有 A 型（有伸缩长型）、B 型（有伸缩短型）、C 型（无伸缩短型）、D 型（无伸缩长型）、E 型（有伸缩双法兰长型）、F 型（大伸缩长型）、G 型（有伸缩超短型）、ZG 型（正装贯通型）和 FG 型（反装贯通型），其基本参数和主要尺寸见表 6-2-32～表 6-2-34。

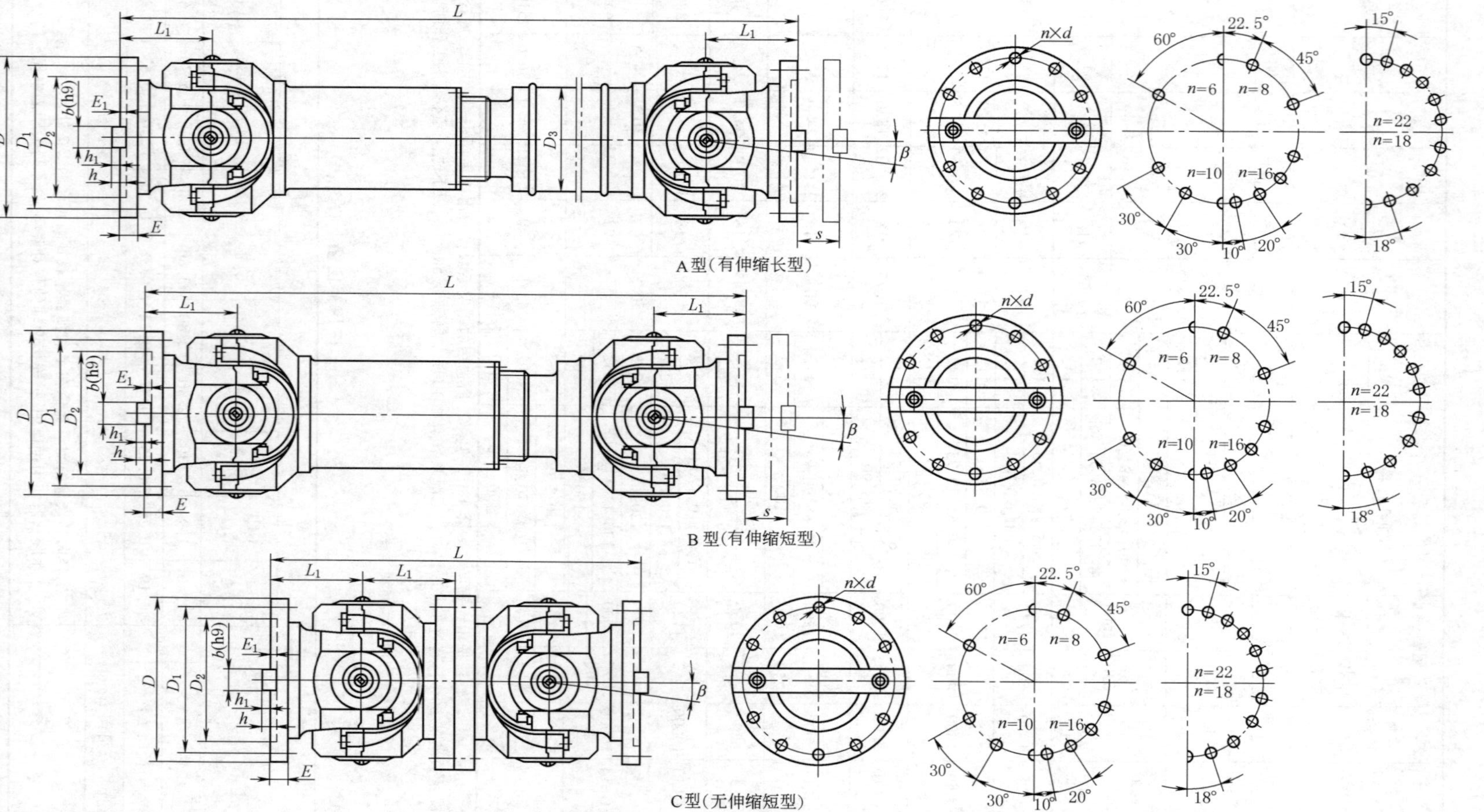

A型(有伸缩长型)

B型(有伸缩短型)

C型(无伸缩短型)

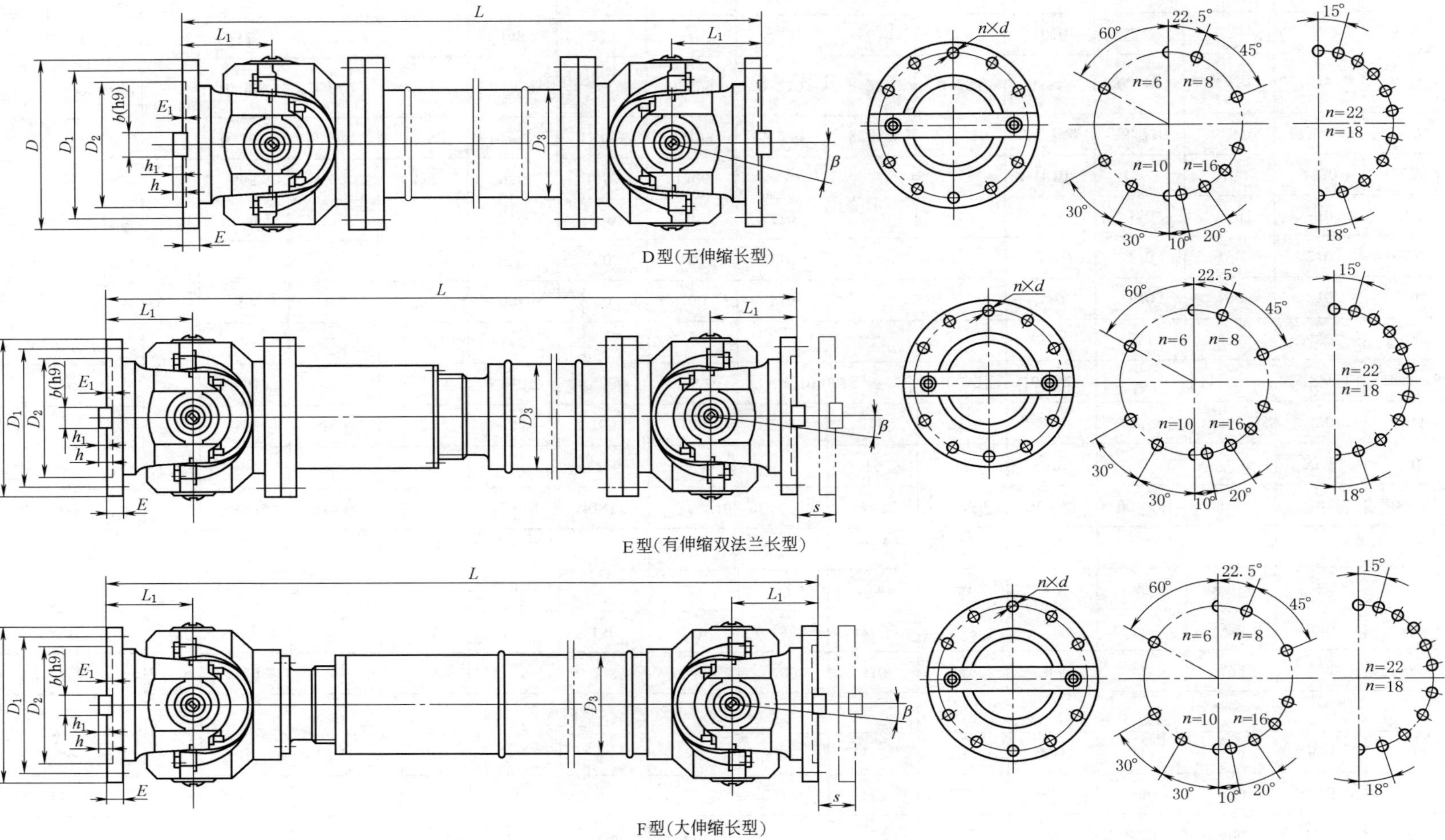

D型(无伸缩长型)

E型(有伸缩双法兰长型)

F型(大伸缩长型)

标记示例

例 1　$D=285$mm，$L=720$mm，无伸缩短型万向联轴器，标记为：SWP285C×720 联轴器　JB/T 3241—2005

例 2　$D=315$mm，$L=1800$mm，有伸缩双法兰长型万向联轴器，标记为：SWP315E×1800 联轴器　JB/T 3241—2005

表 6-2-32 **A 型~F 型联轴器的基本参数和主要尺寸**

型号			SWP160□	SWP180□	SWF200□	SWP225□	SWP250□	SWP285□	SWP315□	SWP350□	SWP390□	SWP435□	SWP480□	SWP550□	SWP600□	SWP650□
A B C D E F	回转直径 D	mm	160	180	200	225	250	285	315	350	390	435	480	550	600	650
	公称转矩 T_n	kN·m	20	28	40	56	80	112	160	224	315	450	630	900	1250	1600
	脉动疲劳转矩 T_p		14	20	28	40	56	78	112	157	220	315	440	630	875	1120
	交变疲劳转矩 T_f		10	14	20	28	40	56	80	112	157	225	315	450	625	800
	轴线折角 β	(°)	≤15								≤10					
	D_1	mm	140	155	175	196	218	245	280	310	345	385	425	492	544	585
	D_2(H7)		95	105	125	135	150	170	185	210	235	255	275	320	380	390
	E		15		17	20	25	27	32	35	40	42	47	50	55	60
	E_1		4		5			7		8		10	12		15	
	$b \times h$		20×12	24×14	28×16	32×18	40×25	40×30		50×32	70×36	80×40	90×45	100×45	90×55	100×60
	h_1		6	7	8	9	12.5	15		16	18	20	22.5		27.5	30
	L_1		90	105	120	145	165	180	205	225	215	245	275	305	370	405
	$n \times d$		6×ϕ13	6×ϕ15	8×ϕ15	8×ϕ17	8×ϕ19	8×ϕ21	10×ϕ23		10×ϕ25	16×ϕ28	16×ϕ31		22×ϕ34	18×ϕ38
D_3(A、D、E、F)			121	127	140	168	219		273			325	351	426	480	500
伸缩量 s	A		50	60	70	80	90	100	110	120		150	170	190	210	230
	B、E		50	60	70	76	80	100	110	120		150	170	190	210	230
	F		150	170	190	210	220	240	270	290	315	335	350	360	370	380
A(*号表示含 D、E、F)	L_{min}		655	760	825	950	1055	1200	1330	1480		1670	1860	2100	2520	2630
	转动惯量 L_{min}	kg·m²	0.167	0.304	0.490	0.916	1.763	3.193	5.270	8.645	12.920	24.240	38.736	76.570	134.100	192.720
	转动惯量 增长100* mm		0.008	0.012	0.016	0.039	0.079	0.099	0.219	0.226	0.303	0.545	0.755	1.435	2.493	3.210
	质量 L_{min}	kg	52	75	98	143	226	313	425	565	680	1010	1345	2015	2980	3650
	质量 增长100* mm		2.5	3.4	3.8	6.2	7.2	9.4	12.8	13.9	21.1	25.7	30.7	38.1	53.2	65.1

续表

型号				SWP160□	SWP180□	SWP200□	SWP225□	SWP250□	SWP285□	SWP315□	SWP350□	SWP390□	SWP435□	SWP480□	SWP550□	SWP600□	SWP650□
B	L_{min}		mm	575	650	735	850	920	1070	1200	1330	1290	1520	1690	1850	2480	2580
	转动惯量	L_{min}	kg·m^2	0.148	0.268	0.430	0.826	1.553	2.856	4.774	7.788	11.628	22.032	35.482	67.868	137.115	194.991
		增长100mm		0.004	0.006	0.009	0.013	0.026	0.043	0.078	0.097	0.122	0.176	0.238	0.341	0.467	0.623
	质量	L_{min}	kg	46	66	86	129	199	280	385	509	612	918	1232	1786	3047	3693
		增长100mm		3.92	4.75	6.46	8.05	12.54	15.18	19.25	22.75	25.62	29.12	35.86	40.33	47.65	54.48
C	L		mm	360	420	480	580	660	720	820	900	860	980	1100	1220	1480	1620
	转动惯量		kg·m^2	0.103	0.195	0.325	0.628	1.163	2.163	3.671	6.197	9.728	17.112	27.072	56.050	95.760	144.408
	质量		kg	32	48	65	98	149	212	296	405	512	713	940	1475	2128	2735
D	L_{min}		mm	450	515	585	700	810	880	1000	1100	1100	1220	1400	1520	1880	2040
	L_{min} 时转动惯量		kg·m^2	0.116	0.211	0.345	0.692	1.373	2.367	3.993	6.426	9.690	17.712	29.088	55.252	100.575	152.064
	L_{min} 时质量		kg	36	52	69	108	176	232	322	420	510	738	1010	1454	2235	2880
E	L_{min}		mm	710	810	885	1020	1135	1280	1430	1580	1600	1825	2080	2300	2865	3140
	L_{min} 时转动惯量		kg·m^2	0.192	0.345	0.540	1.024	1.997	3.560	5.952	9.639	14.687	27.576	45.274	87.172	160.155	241.930
	L_{min} 时质量		kg	60	85	108	160	256	349	480	630	773	1149	1572	2294	3559	4582
F	L_{min}		mm	715	785	955	1025	1120	1270	1415	1555	1522.5	1712.5	1905	2050	2655	2750
	L_{min} 时转动惯量		kg·m^2	0.179	0.312	0.520	0.979	1.872	3.366	5.555	9.027	13.623	25.200	40.320	76.152	141.300	205.498
	L_{min} 时质量		kg	56	77	104	153	240	330	448	590	717	1050	1400	2004	3140	3892

注：1. □表示 A、B、C、D、E、F 中任意一种型式。

2. L（$\geqslant L_{min}$）为缩短后的最小长度，不包括伸缩量 s。

3. 安装长度（L+所需伸缩量）按需确定。

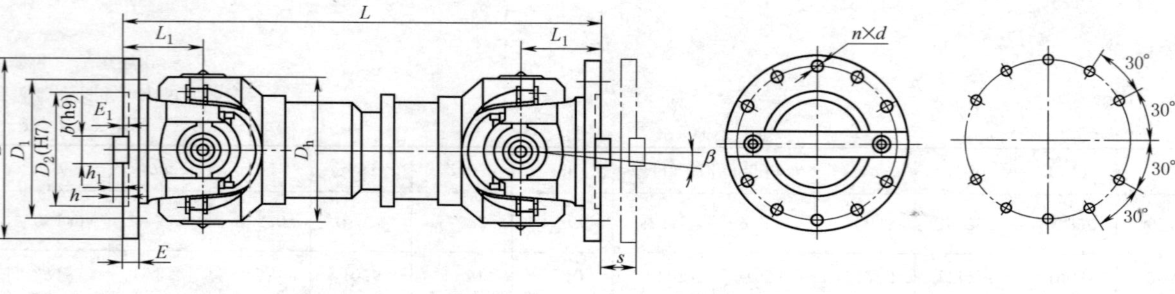

G 型（有伸缩超短型）

标记示例

D=225mm，L=470mm，有伸缩超短型联轴器，标记为：SWP225G×470 联轴器　JB/T 3241—2005

表 6-2-33　G 型联轴器的基本参数和主要尺寸

型号	回转直径 D	公称转矩 T_n	脉动疲劳转矩 T_p	交变疲劳转矩 T_f	轴线折角 β	伸缩量 s	L	D	D_1	D_2	E	E_1	$b\times h$	h_1	L_1	$n\times d$	转动惯量	质量
	mm	kN·m			(°)	mm											kg·m²	kg
SWP225G	225	56	40	28	≤5	40	470	275	248	135	15	5	32×18	9	80	10×ϕ15	0.512	78
SWP250G	250	80	56	40	≤5	40	600	305	275	150	15	5	40×18	9	100	10×ϕ17	1.128	142
SWP285G	285	112	78	56	≤5	40	665	348	314	170	18	7	40×24	12	120	10×ϕ19	1.956	190
SWP315G	315	160	112	80	≤5	40	740	360	328	185	18	7	40×24	12	135	10×ϕ19	3.264	260
SWP350G	350	224	157	112	≤5	55	850	405	370	210	22	8	50×32	16	150	10×ϕ21	5.461	355

注：安装长度（L+所需伸缩量）按需确定。

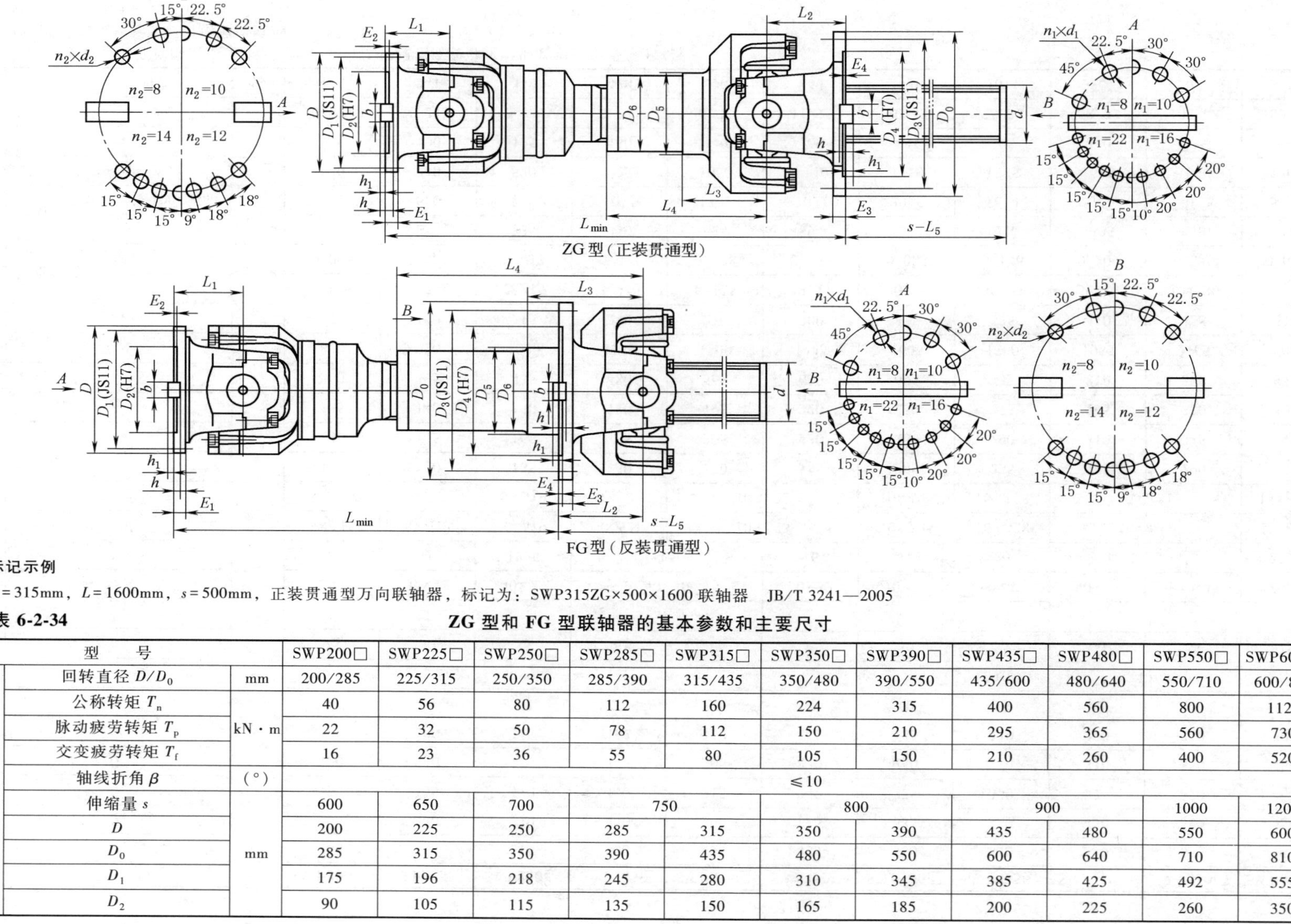

ZG型（正装贯通型）

FG型（反装贯通型）

标记示例

$D=315$mm，$L=1600$mm，$s=500$mm，正装贯通型万向联轴器，标记为：SWP315ZG×500×1600 联轴器　JB/T 3241—2005

表 6-2-34　ZG 型和 FG 型联轴器的基本参数和主要尺寸

型　　号			SWP200□	SWP225□	SWP250□	SWP285□	SWP315□	SWP350□	SWP390□	SWP435□	SWP480□	SWP550□	SWP600□
ZG、FG	回转直径 D/D_0	mm	200/285	225/315	250/350	285/390	315/435	350/480	390/550	435/600	480/640	550/710	600/810
	公称转矩 T_n	kN·m	40	56	80	112	160	224	315	400	560	800	1120
	脉动疲劳转矩 T_p		22	32	50	78	112	150	210	295	365	560	730
	交变疲劳转矩 T_f		16	23	36	55	80	105	150	210	260	400	520
	轴线折角 β	（°）	≤10										
	伸缩量 s	mm	600	650	700	750		800		900		1000	1200
	D		200	225	250	285	315	350	390	435	480	550	600
	D_0		285	315	350	390	435	480	550	600	640	710	810
	D_1		175	196	218	245	280	310	345	385	425	492	555
	D_2		90	105	115	135	150	165	185	200	225	260	350

续表

	型　号			SWP200□	SWP225□	SWP250□	SWP285□	SWP315□	SWP350□	SWP390□	SWP435□	SWP480□	SWP550□	SWP600□
ZG FG	D_3		mm	260	285	315	355	390	435	500	550	580	650	745
	D_4			195	220	240	270	300	335	385	420	450	510	550
	D_5			135	155	170	190	215	240	275	300	325	370	460
	D_6			120	130	155	175	205	230	250	280	310	350	430
	d			90	100	115	132	150	165	185	210	230	260	300
	E_1			17	20	25	27	32	35	40	42	47	50	55
	E_2			5			7		8		10	12		15
	E_3			25	30	35	40	42	47	50	55	60	65	75
	E_4			7			8		10		12	15		
	$b \times h$			28×16	32×18	40×25	40×30		50×32	70×36	80×40	90×45	100×45	90×55
	h_1			8	9	12.5	15		16	18	20	22.5		27.5
	$n_1 \times d_1$			8×ϕ15	8×ϕ17	8×ϕ19	8×ϕ21	10×ϕ23		10×ϕ25	16×ϕ28	16×ϕ31		22×ϕ34
	$n_2 \times d_2$			8×ϕ15	8×ϕ17	8×ϕ19	8×ϕ21	10×ϕ23		10×ϕ25	16×ϕ28	12×ϕ31		14×ϕ37
	L_1			110	120	135	150	170	185	205	235	265	290	330
	L_2			130	145	165	185	205	230	260	290	310	345	390
	L_3			125	140	160	180	195	220	250	275	295	330	400
	L_4			360	395	435	480	565	630	695	735	810	880	950
ZG（带*者表示含FG）	L_{min}			820	920	1020	1140	1300	1445	1605	1760	1955	2165	2300
	L_5			170	190	215	240	270	300	335	375	410	455	510
	转动惯量	L_{min}	kg·m²	0.821	1.260	2.215	3.316	6.115	12.17	20.76	35.93	59.10	104.30	172.8
		增长100*mm		0.005	0.008	0.013	0.021	0.038	0.056	0.088	0.146	0.209	0.340	0.624
	质量	L_{min}	kg	182	252	335	450	624	894	1213	1710	2335	3246	3840
		增长100*mm		4.9	6.0	7.9	10.1	13.5	16.4	20.5	26.4	31.6	40.2	55.5
FG	L_{min}		mm	630	740	820	925	1050	1140	1250	1385	1535	1690	1760
	L_5			90	100	115	130	140	160	185	205	210	235	265
	转动惯量	L_{min}	kg·m²	0.811	1.246	2.189	3.271	6.02	11.95	20.43	35.38	58.22	102.68	169.43
	质量	L_{min}	kg	173	241	319	428	590	844	1140	1611	2202	3055	3540

注：1. 长度 L_{min} 为允许的最小尺寸，其实际尺寸 L 可根据需要确定，但必须大于或等于 L_{min}。
2. 伸缩量 s 根据实际需要可增加或减小。
3. 联轴器总长为 $L+(s-L_5)$。

SWP 型剖分轴承座十字轴式万向联轴器的连接方法与尺寸（不适用于 G 型、ZG 型和 FG 型）

本万向联轴器通过高强度螺栓及螺母把两端的法兰连接在其他机械构件上，联轴器的法兰与相配件的连接尺寸及螺栓预紧力矩按图 6-2-11 和表 6-2-35 的规定。

螺栓只能从与联轴器相配的法兰侧装入，螺母由联轴器的法兰侧拧紧。螺栓的性能等级应符合 GB/T 3098.1—2010 中 10.9 级，螺母的性能等级应符合 GB/T 3098.2—2015 中 10 级的规定。

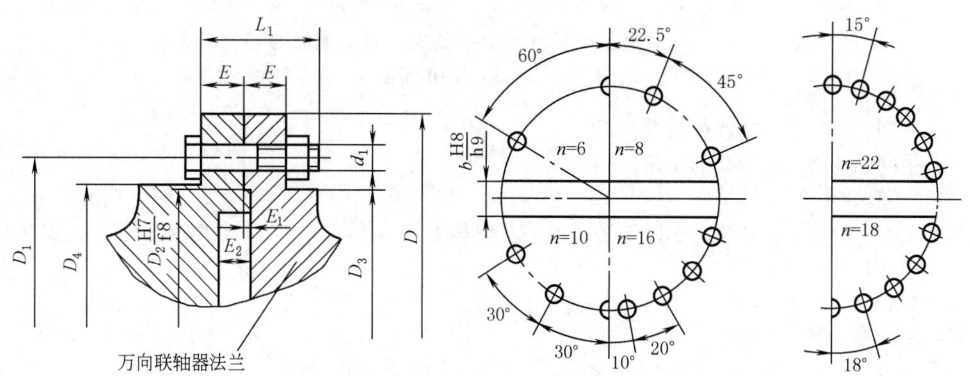

图 6-2-11 联轴器法兰与相配件的连接尺寸

表 6-2-35 联轴器法兰与相配件的连接尺寸及螺栓预紧力矩

法兰直径 D /mm	螺栓数 n	螺栓规格 $d_1 \times L_1$ /mm	预紧力矩 M_a /N·m	尺寸/mm							
				D_1	D_2	D_3	D_4	E	E_1	E_2	b
160	6	M12×1.5×50	120	140	95	118	121	15	3.5	12	20
180	6	M14×1.5×50	190	155	105	128	133	15	3.5	13	24
200	8	M14×1.5×55	190	175	125	146	153	17	4.5	15	28
225	8	M16×1.5×65	295	196	135	162	171	20	4.5	16	32
250	8	M18×1.5×75	405	218	150	180	190	25	4.5	20	40
285	8	M20×1.5×85	580	245	170	205	214	27	6.0	23	40
315	10	M22×1.5×95	780	280	185	235	245	32	6.0	23	40
350	10	M22×1.5×100	780	310	210	260	280	35	7.0	25	50
390	10	M24×2×110	1000	345	235	290	308	40	7.0	28	70
435	16	M27×2×120	1500	385	255	325	342	42	9.0	32	80
480	16	M30×2×130	2000	425	275	370	377	47	11	36	90
550	16	M30×2×140	2000	492	320	435	444	50	11	36	100
600	22	M33×2×150	2650	544	380	480	492	55	13	43	100
650	18	M36×3×165	3170	585	390	515	528	60	13	45	100

注：本表适用于 A、B、C、D、E、F 型式的联轴器。

SWP 型剖分轴承座十字轴式万向联轴器的布置和选用计算

（1）布置

SWP 型剖分轴承座十字轴式万向联轴器由两个万向节和一根中间轴组成，如图 6-2-12 所示。要使主动轴和从动轴的角速度相等，即 $\omega_1=\omega_2$，必须满足下列三个条件：

① 中间轴与主、从动轴间的轴线折角相等，即 $\beta_1=\beta_2$；

② 中间轴两端的叉头位于同一平面；

③ 主、从动轴与中间轴三轴的中心线在同一平面内。

其安装型式按轴线相互位置，一般分为 Z 型和 W 型，分别见图 6-2-12（a）和（b）。

平面系统不等角速度传动的主动轴与从动轴的角位移差为

$$\varphi=\arctan\left[\frac{\beta_1^2}{4}\sin(2\varphi_1)-\frac{\beta_2^2}{4}\sin(2\varphi_1)\right] \tag{6-2-11}$$

式中 φ_1——主动轴的角位移量，(°)；

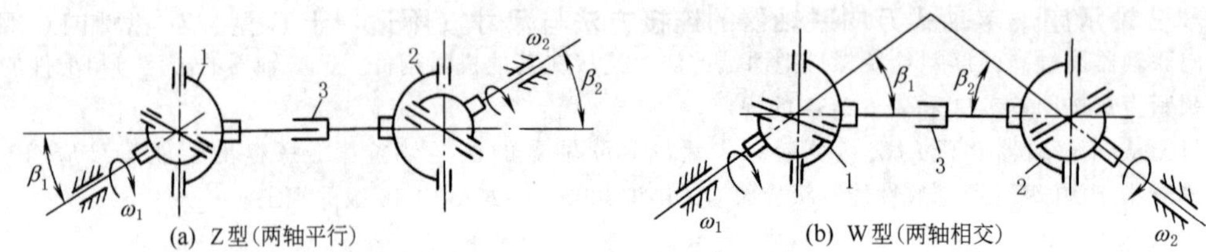

图 6-2-12　SWP 型剖分轴承座十字轴式万向联轴器的安装型式

1,2—万向节；3—中间轴

β_1——中间轴线与主动轴线的折角，rad；

β_2——中间轴线与从动轴线的折角，rad。

$\varphi_1=45°$时 φ 值最大。

中间轴与主、从动轴的三轴线不在同一平面内的系统称为空间系统。空间系统均为不等角速度传动，详见 JB/T 3241—2005 附录 B。

(2) 选用计算

按传递转矩计算，即

$$T_c=TK_a\leqslant T_n \quad 或 \quad T_c\leqslant T_p \quad 或 \quad T_c\leqslant T_f \tag{6-2-12}$$

式中 T_c——万向联轴器的计算转矩，N·m；

T——万向联轴器的理论转矩，N·m，$T=9550\,P_w/n$；

P_w——驱动功率，kW；

n——万向联轴器的转速，r/min；

T_n——万向联轴器的公称转矩，N·m，见表 6-2-32～表 6-2-34；

T_p——万向联轴器的脉动疲劳转矩，N·m，见表 6-2-32～表 6-2-34，当脉动载荷作用时，按 T_p 选用万向联轴器；

T_f——万向联轴器的交变疲劳转矩，N·m，见表 6-2-32～表 6-2-34，当正反交变载荷作用时，按 T_f 选用万向联轴器；

K_a——载荷性质系数（即工况系数），见表 6-2-36。

表 6-2-36　　载荷性质系数

工作机构载荷性质	设备名称	K_a	工作机构载荷性质	设备名称	K_a
轻冲击载荷	发电机、离心泵、通风机、木工机械、带式输送机、造纸机	1.1～1.65	重冲击载荷	压缩机(单缸)、活塞泵(单柱塞)、搅拌机、压力机、矫直机、起重机主传动、球磨机	2.5～3.5
中等冲击载荷	压缩机(多缸)、活塞泵(多柱塞)、小型型钢轧机、连续线材轧机、运输机械主传动	1.65～2.5	特重冲击载荷	起重机辅助传动、破碎机、可逆工作辊道、卷取机、破鳞机、初轧机	3.5～7
重冲击载荷	船舶驱动、运输辊道、连续管轧机、中型型钢轧机	2.5～3.5	极重冲击载荷	机架辊道、厚板剪切机、可逆板坯轧机	7～15

按轴承使用寿命计算，即

$$L_h=\frac{K_L}{K_D n\beta T_c^{10/3}}\times 10^{10} \tag{6-2-13}$$

式中　L_h——使用寿命，h；

K_L——轴承寿命系数，见表 6-2-37；

K_D——原动机系数，电动机 $K_D=1$，汽油机 $K_D=1.15$，柴油机 $K_D=1.2$；

n——万向联轴器的转速，r/min；

β——万向联轴器的轴线折角，(°)；

T_c——万向联轴器的计算转矩，kN·m。

表 6-2-37　　联轴器轴承寿命系数

型号	SWP160	SWP180	SWP200	SWP225	SWP250	SWP285	SWP315	SWP350	SWP390	SWP435	SWP480	SWP550	SWP600	SWP650
K_L	0.51	1.54	4.80	7.60	25.20	82.6	261	684	1.67×10^3	4.58×10^3	10.7×10^3	44.1×10^3	131.5×10^3	256.7×10^3

注：本表适用于 A、B、C、D、E、F、G 型式的联轴器。

对于转速高、折角大或其长度超出 10 倍回转直径的万向联轴器，除按上述方法进行计算外，还必须验算其转动灵活性以及临界转速。

转动灵活性用 $n\beta$（转速与折角的乘积）表示：回转直径小于或等于 225mm 时，$n\beta<16000$；回转直径大于 250mm 至 350mm 时，$n\beta<14000$。

4.2.3.2 SWC 型整体叉头十字轴式万向联轴器（摘自 JB/T 5513—2006）

SWC 型整体叉头十字轴式万向联轴器适用于轧制机械、起重运输机械以及其他重型机械，连接两不同轴线的传动轴系。传递转矩可靠，结构紧凑，传动效率高。轴线折角为 15°~25°。

联轴器结构型式有 BH 型（标准伸缩焊接式）、BF 型（标准伸缩法兰式）、DH 型（短伸缩焊接式）、CH 型（长伸缩焊接式）、WH 型（无伸缩焊接式）、WF 型（无伸缩法兰型）、WD 型（无伸缩短式），其基本参数和主要尺寸见表 6-2-38~表 6-2-41。

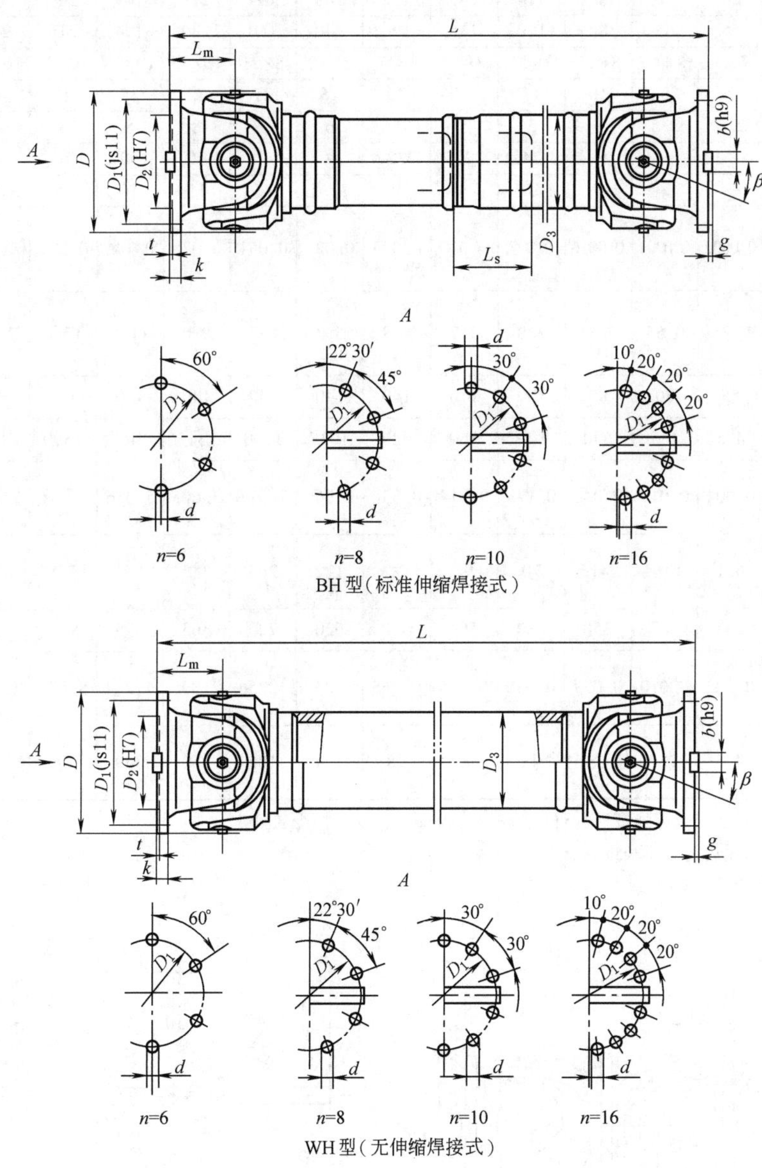

标记示例

标准伸缩焊接式万向联轴器，$D=315$mm，$L=2500$mm，标记为：SWC315BH×2500 联轴器　　JB/T 5513—2006

表 6-2-38　　BH型、WH型联轴器的基本参数和主要尺寸

	型号		SWC 100□	SWC 120□	SWC 150□	SWC 180□	SWC 200□	SWC 225□	SWC 250□	SWC 285□	SWC 315□	SWC 350□	SWC 390□	SWC 440□	SWC 490□	SWC 550□
BH WH	回转直径 D	mm	100	120	150	180	200	225	250	285	315	350	390	440	490	550
	公称转矩 T_n	kN·m	2.5	5	10	22.4	36	56	80	120	160	225	320	500	700	1000
	疲劳转矩 T_f	kN·m	1.25	2.5	5	11.2	18	28	40	58	80	110	160	250	350	500
	轴承寿命系数 K_L		5.795×10^{-4}	4.641×10^{-3}	0.51×10^{-1}	0.245	1.115	7.812	2.82×10^{1}	8.28×10^{1}	2.79×10^{2}	7.44×10^{2}	1.86×10^{3}	8.25×10^{3}	2.154×10^{4}	6.335×10^{4}
	轴线折角 β	(°)	≤25	≤25	≤25	≤15	≤15	≤15	≤15	≤15	≤15	≤15	≤15	≤15	≤15	≤15
	D_1	mm	84	102	130	155	170	196	218	245	280	310	345	390	435	492
	D_2	mm	57	75	90	105	120	135	150	170	185	210	235	255	275	320
	D_3	mm	60	70	89	114	133	152	168	194	219	245	267	325	351	426
	L_m	mm	55	65	80	110	115	120	140	160	180	194	215	260	270	305
	$n\times d$	mm	6×9	8×11	8×13	8×17	8×17	8×17	8×19	8×21	10×23	10×23	10×25	16×28	16×31	16×31
	k	mm	7	8	10	17	17	20	25	27	32	35	40	42	47	50
	t	mm	2.5	2.5	3	5	5	5	6	7	8	8	8	10	12	12
	b	mm	—	—	—	24	28	32	40	40	40	50	70	80	90	100
	g	mm	—	—	—	7	8	9	12.5	15	15	16	18	20	22.5	22.5
	转动惯量（增长100mm）	kg·m²	0.0002	0.0004	0.0016	0.007	0.013	0.023	0.028	0.051	0.078	0.146	0.222	0.4744	0.690	1.357
	质量（增长100mm）	kg	0.35	0.55	0.85	2.8	3.7	4.9	5.3	6.3	8.0	11.5	15.0	21.7	27.3	34.0
BH	伸缩量 L_s	mm	55	80	80	100	110	140	140	140	140	150	170	190	190	240
	L_{min}	mm	405	485	590	840	860	920	1035	1190	1315	1440	1590	1875	1985	2300
	L_{min} 的转动惯量	kg·m²	0.004	0.011	0.042	0.175	0.314	0.538	0.966	2.011	3.605	5.316	12.16	21.42	34.10	68.92
	L_{min} 的质量	kg	6.1	10.8	24.5	70	98	122	172	263	382	582	738	1190	1542	2380
WH	L_{min}	mm	243	307	350	480	500	520	620	720	805	875	955	1155	1205	1355
	L_{min} 的转动惯量	kg·m²	0.004	0.010	0.037	0.150	0.246	0.365	0.847	1.756	2.893	4.814	8.406	15.79	27.78	48.32
	L_{min} 的质量	kg	4.5	7.7	18	48	72	78	124	185	262	349	506	790	1104	1526

注：1. T_f 为交变载荷下按疲劳强度所允许的转矩；L 为安装长度，按需要确定。

2. BH 型的 L_{min} 为缩短后的最小长度。

3. □表示 BH、WH 任意一种类型。

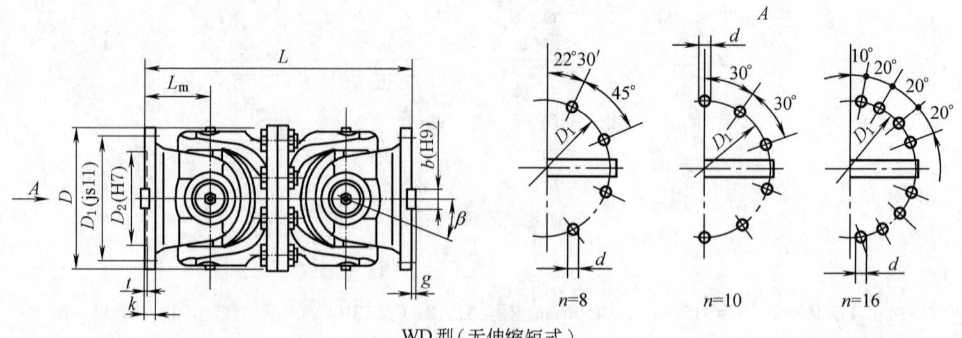

WD型（无伸缩短式）

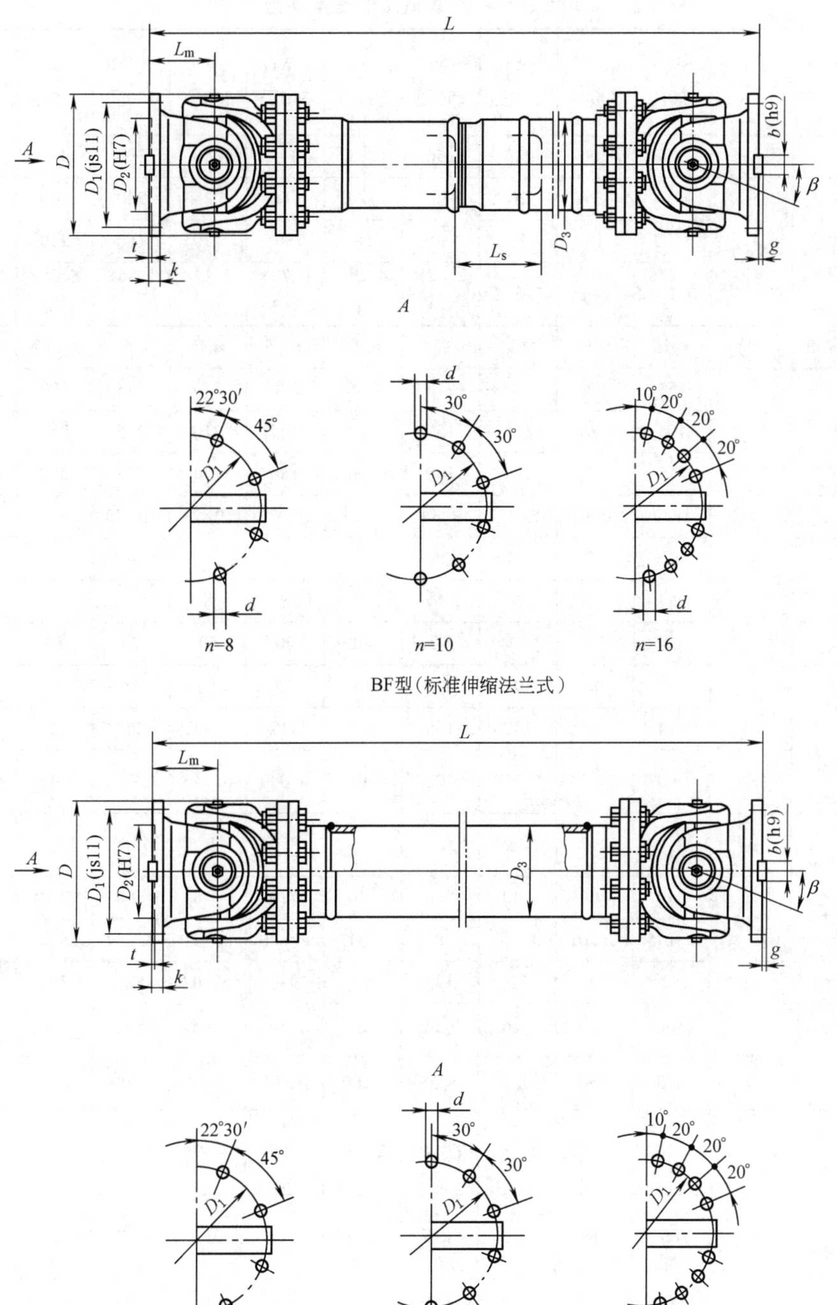

BF型（标准伸缩法兰式）

WF型（无伸缩法兰式）

标记示例

例 1 无伸缩短式万向联轴器，$D=350\text{mm}$，标记为：SWC350WD 联轴器 JB/T 5513—2006

例 2 无伸缩法兰式万向联轴器，$D=440\text{mm}$，$L=3200\text{mm}$，标记为：SWC440WF×3200 联轴器 JB/T 5513—2006

表 6-2-39　　　　WD 型、BF 型、WF 型联轴器的基本参数和主要尺寸

型号			SWC 180□	SWC 200□	SWC 225□	SWC 250□	SWC 285□	SWC 315□	SWC 350□	SWC 390□	SWC 440□	SWC 490□	SWC 550□
WD BF WF	回转直径 D	mm	180	200	225	250	285	315	350	390	440	490	550
	公称转矩 T_n	kN·m	22.4	36	56	80	120	160	225	320	500	700	1000
	疲劳转矩 T_f		11.2	18	28	40	58	80	110	160	250	350	500
	轴承寿命系数 K_L		0.245	1.115	7.812	2.82×10^1	8.28×10^1	2.79×10^2	7.44×10^2	1.86×10^3	8.25×10^3	2.154×10^4	6.335×10^4
	轴线折角 β	(°)	≤15	≤15	≤15	≤15	≤15	≤15	≤15	≤15	≤15	≤15	≤15
	D_1	mm	155	170	196	218	245	280	310	345	390	435	492
	D_2		105	120	135	150	170	185	210	235	255	275	320
	L_m		110	115	120	140	160	180	194	215	260	270	305
	$n\times d$		8×17	8×17	8×17	8×19	8×21	10×23	10×23	10×25	16×28	16×31	16×31
	k		17	17	20	25	27	32	35	40	42	47	50
	t		5	5	5	6	7	8	8	8	10	12	12
	b		24	28	32	40	40	40	50	70	80	90	100
	g		7	8	9	12.5	15	15	16	18	20	22.5	22.5
BF WF	D_3		114	133	152	168	194	219	245	267	325	351	426
	转动惯量（增长100mm）	kg·m²	0.007	0.013	0.023	0.028	0.051	0.080	0.146	0.222	0.474	0.690	1.357
	质量（增长100mm）	kg	2.8	3.7	4.9	5.3	6.3	8.0	11.5	15.0	21.7	27.3	34.0
WD	L	mm	440	460	480	560	640	720	776	860	1040	1080	1220
	转动惯量	kg·m²	0.145	0.261	0.355	0.831	1.715	2.820	4.791	8.229	15.32	25.74	46.78
	质量	kg	52	76	82	127	189	270	370	524	798	1055	1524
BF	伸缩量 L_s	mm	100	110	140	140	140	140	150	170	190	190	240
	L_{min}		840	860	920	1035	1190	1315	1440	1590	1875	1985	2300
	L_{min} 的转动惯量	kg·m²	0.267	0.505	0.788	1.445	2.873	5.094	7.476	16.62	28.24	48.43	86.98
	L_{min} 的质量	kg	80	109	138	196	295	428	582	817	1290	1721	2567
WF	L_{min}	mm	560	585	610	715	810	915	980	1100	1290	1360	1510
	L_{min} 的转动惯量	kg·m²	0.248	0.316	0.636	1.352	2.664	4.469	7.189	13.184	23.25	41.89	68.48
	L_{min} 的质量	kg	58	82	93	143	220	300	387	588	880	1263	1663

注：1. T_f 为交变载荷下按疲劳强度所允许的转矩。

2. □表示 WD、BF、WF 任意一种类型。

3. BF 型的 L_{min} 为缩短后的最小长度。

4. BF 型、WF 型的安装长度 L，按需要确定。

5. 标准附录中尚有大规格的万向联轴器，可见原标准。

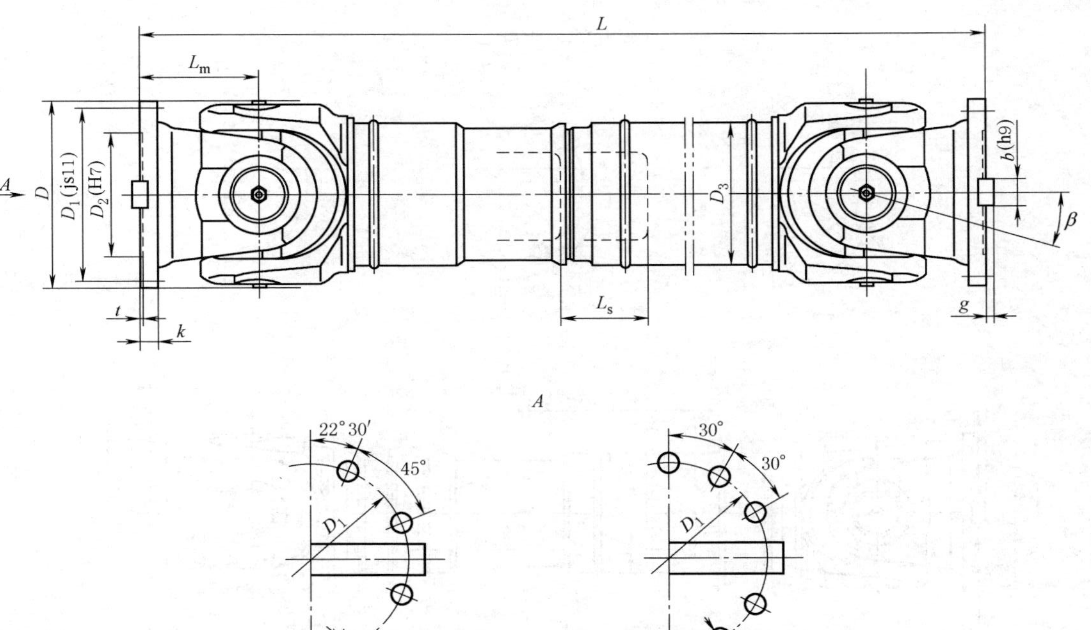

DH 型（短伸缩焊接式）

表 6-2-40 **DH 型联轴器的基本参数和主要尺寸**

型号	回转直径 D	公称转矩 T_n	疲劳转矩 T_f	轴承寿命系数 K_L	轴线折角 β	伸缩量 L_s	L_{min}	D_1	D_2	D_3	L_m	$n\times d$	k	t	b	g	转动惯量 L_{min}	转动惯量 增长100mm	质量 L_{min}	质量 增长100mm
	mm	kN·m			(°)	mm											kg·m²		kg	
SWC 180 DH 1	180	22.4	11.2	0.245	≤15	55	600	155	105	114	110	8×17	17	5	24	7	0.162	0.007	56	2.8
SWC 180 DH 2						105	650										0.165		58	
SWC 200 DH 1	200	36	18	1.115	≤15	60	620	170	120	133	115	8×17	17	5	28	8	0.261	0.013	74	3.7
SWC 200 DH 2						120	680										0.276		76	
SWC 225 DH 1	225	56	28	7.812	≤15	70	640	196	135	152	120	8×17	20	5	32	9	0.397	0.023	92	4.9
SWC 225 DH 2						140	710										0.415		95	
SWC 250 DH 1	250	80	40	2.82×10^1	≤15	70	735	218	150	168	140	8×19	25	6	40	12.5	0.885	0.028	136	5.3
SWC 250 DH 2						130	795										0.9		148	

续表

型号	回转直径 D	公称转矩 T_n	疲劳转矩 T_f	轴承寿命系数 K_L	轴线折角 β	伸缩量 L_s	L_{min}	D_1	D_2	D_3	L_m	$n\times d$	k	t	b	g	转动惯量 L_{min}	转动惯量 增长100mm	质量 L_{min}	质量 增长100mm
	mm	kN·m	kN·m		(°)	mm	mm	mm	mm	mm	mm	mm	mm	mm	mm	mm	kg·m²	kg·m²	kg	kg
SWC 285 DH 1	285	120	58	8.28×10^1	≤15	80	880	245	170	194	160	8×23	27	7	40	15	1.801	0.051	221	6.3
SWC 285 DH 2						150	950										1.876		229	
SWC 315 DH 1	315	160	80	2.79×10^2	≤15	90	980	280	185	219	180	10×23	32	8	40	15	3.163	0.080	334	8.0
SWC 315 DH 2						180	1070										3.331		346	
SWC 350 DH 1	350	225	110	7.44×10^2	≤15	90	1070	310	210	245	194	10×23	35	8	50	16	5.330	0.146	452	11.5
SWC 350 DH 2						190	1170										5.721		475	
SWC 390 DH 1	390	320	160	1.86×10^3	≤15	90	1200	345	235	267	215	10×25	40	8	70	18	10.76	0.222	600	15.0
SWC 390 DH 2						190	1300										11.13		655	

注：1. T_f 为在交变载荷下按疲劳强度所允许的转矩；L 为安装长度，按需要确定。

2. L_{min} 为缩短后的最小长度。

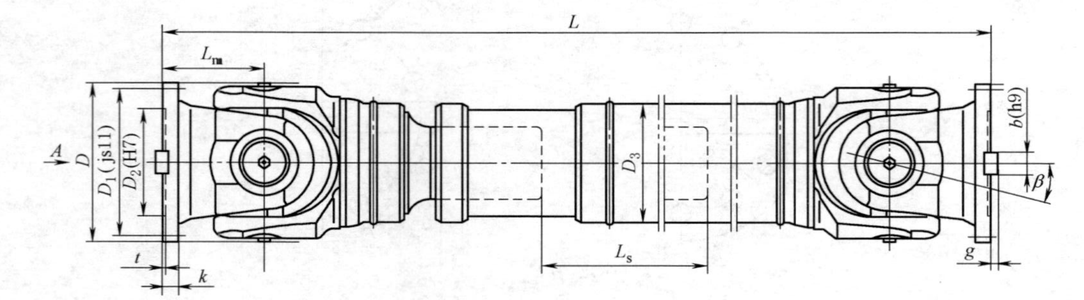

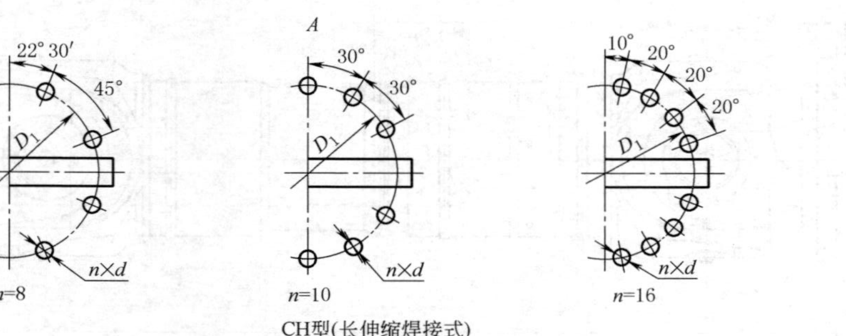

CH型(长伸缩焊接式)

表 6-2-41 **CH 型联轴器的基本参数和主要尺寸**

型号	回转直径 D	公称转矩 T_n	疲劳转矩 T_f	轴承寿命系数 K_L	轴线折角 β	伸缩量 L_s	L_{min}	D_1	D_2	D_3	L_m	$n \times d$	k	t	b	g	转动惯量 L_{min}	转动惯量 增长100mm	质量 L_{min}	质量 增长100mm
	mm	kN·m	kN·m		(°)	mm	mm	mm	mm	mm	mm	mm	mm	mm	mm	mm	kg·m²	kg·m²	kg	kg
SWC 180 CH 1	180	22.4	11.2	0.245	≤15	200	925	155	105	114	110	8×17	17	5	24	7	0.181	0.007	74	2.8
SWC 180 CH 2						700	1425										0.216		104	
SWC 200 CH 1	200	36	18	1.115	≤15	200	975	170	120	133	115	8×17	17	5	28	8	0.328	0.013	99	3.7
SWC 200 CH 2						700	1465										0.402		139	
SWC 225 CH 1	225	56	28	7.812	≤15	220	1020	196	135	152	120	8×17	20	5	32	9	0.561	0.023	132	4.9
SWC 225 CH 2						700	1500										0.674		182	
SWC 250 CH 1	250	80	40	2.82×10^1	≤15	300	1215	218	150	168	140	8×19	25	6	40	12.5	1.016	0.028	190	5.3
SWC 250 CH 2						700	1615										1.127		235	
SWC 285 CH 1	285	120	58	8.28×10^1	≤15	400	1475	245	170	194	160	8×21	27	7	40	15	2.156	0.051	300	6.3
SWC 285 CH 2						800	1875										2.360		358	
SWC 315 CH 1	315	160	80	2.79×10^2	≤15	400	1600	280	185	219	180	10×23	32	8	40	15	3.812	0.080	434	8.0
SWC 315 CH 2						800	2000										4.150		514	
SWC 350 CH 1	350	225	110	7.44×10^2	≤15	400	1715	310	210	245	194	10×23	35	8	50	16	5.926	0.146	622	11.5
SWC 350 CH 2						800	2115										6.814		773	
SWC 390 CH 1	390	320	160	1.86×10^3	≤15	400	1845	345	235	267	215	10×25	40	8	70	18	12.73	0.222	817	15.0
SWC 390 CH 2						800	2245										13.62		964	
SWC 440 CH 1	440	500	250	8.25×10^3	≤15	400	2110	390	255	325	260	16×28	42	10	80	20	22.54	0.474	1312	21.7
SWC 440 CH 2						800	2510										24.43		1537	
SWC 490 CH 1	490	700	350	2.154×10^4	≤15	400	2220	435	275	351	270	16×31	47	12	90	22.5	35.21	0.690	1554	27.3
SWC 490 CH 2						800	2620										37.11		1779	
SWC 550 CH 1	550	1000	500	6.335×10^4	≤15	400	2585	492	320	426	305	16×31	50	12	100	22.5	72.79	1.357	2585	34.0
SWC 550 CH 2						1000	3085										79.57		3045	

注：1. T_f 为在交变载荷下按疲劳强度所允许的转矩；L 为安装长度，按需要确定。
2. L_{min} 为缩短后的最小长度。

SWC 型整体叉头十字轴式万向联轴器与相配件的连接尺寸及螺栓预紧力矩

SWC 型整体叉头十字轴式万向联轴器通过高强度螺栓及螺母把两端的法兰连接在其他相配件上，其与相配件的连接尺寸及螺栓预紧力矩按图 6-2-13 和表 6-2-42 的规定。

连接螺栓从相配件的法兰侧装入，螺母由另一侧预紧。螺栓的性能等级为 10.9 级，螺母的性能等级为 10 级。

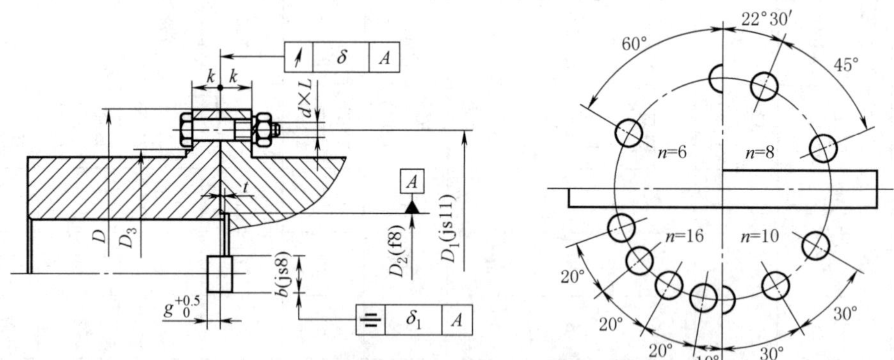

图 6-2-13　SWC 型整体叉头十字轴式万向联轴器法兰与相配件的连接尺寸

表 6-2-42　SWC 型整体叉头十字轴式万向联轴器法兰与相配件的连接尺寸及螺栓预紧力矩

型号	回转直径 D	螺栓数 n	螺栓规格 $d\times L$	预紧力矩 T_a	D_1	D_2	D_3	k	b	g	t	δ	δ_1
	mm		mm	N·m	mm								
SWC 100	100	6	M8×25	35	84	57	70.5	7	—	—	$2.3_{-0.2}^{0}$	0.04	—
SWC 120	120	8	M10×30	69	102	75	84.0	8	—	—	$2.3_{-0.2}^{0}$	0.04	—
SWC 150	150	8	M12×40	120	130	90	110.3	10	—	—	$2.5_{-0.2}^{0}$	0.05	—
SWC 180	180	8	M16×60	295	155	105	130.5	17	24	7.5	$4_{-0.2}^{0}$	0.05	0.025
SWC 200	200	8	M16×65	295	170	120	145	17	28	8.5	$4_{-0.2}^{0}$	0.05	0.025
SWC 225	225	8	M16×65	295	196	135	171	20	32	9.5	$4_{-0.2}^{0}$	0.05	0.03
SWC 250	250	8	M18×75	405	218	150	190	25	40	13.0	$5_{-0.2}^{0}$	0.05	0.03
SWC 285	285	8	M20×80	580	245	170	214	27	40	15.5	$6_{-0.5}^{0}$	0.06	0.03
SWC 315	315	10	M22×95	780	280	185	247	32	40	15.5	$7_{-0.5}^{0}$	0.06	0.03
SWC 350	350	10	M22×100	780	310	210	277	35	50	16.5	$7_{-0.5}^{0}$	0.06	0.03
SWC 390	390	10	M24×120	1000	345	235	308	40	70	18.5	$7_{-0.5}^{0}$	0.06	0.04
SWC 440	440	16	M27×120	1500	390	255	347	42	80	20.5	$9_{-0.5}^{0}$	0.06	0.04
SWC 490	490	16	M30×140	2000	435	275	387	47	90	23.0	$11_{-0.5}^{0}$	0.06	0.04
SWC 550	550	16	M30×140	2000	492	320	444	50	100	23.0	$11_{-0.5}^{0}$	0.08	0.04

SWC 型整体叉头十字轴式万向联轴器的布置与选用计算

（1）布置

SWC 型整体叉头十字轴式万向联轴器由两个万向节和一根中间轴构成，为使主、从动轴的角速度相等，即 $\omega_1=\omega_2$，需满足下列三个条件：

① 中间轴与主、从动轴间的轴线折角相等，即 $\beta_1=\beta_2$；

② 中间轴两端的叉头位于同一平面；

③ 主、从动轴与中间轴三轴的中心线在同一平面内。

其安装型式按轴线相互位置，一般分为 Z 型和 W 型（见图 6-2-12）。

(2) 选用计算

计算转矩由下式求出：

$$T_c = KT \tag{6-2-14}$$

$$T = 9.55P_w/n$$

式中 T——理论转矩，kN·m；

T_c——计算转矩，kN·m；

P_w——驱动功率，kW；

n——工作转速，r/min；

K——工况系数，见表 6-2-43。

表 6-2-43　　工况系数 K

载荷性质	设备名称	K
轻冲击载荷	发电机、离心机、通风机、木工机械、带式输送机、造纸机	1.1~1.5
中冲击载荷	压缩机(多缸)、活塞泵(多柱塞)、小型型钢轧机、连续线材轧机、运输机械主传动	1.5~2.0
重冲击载荷	船舶驱动、运输辊道、连续管轧机、连续工作辊道、中型型钢轧机、压缩机(单缸)、活塞泵(单柱塞)、搅拌机、压力机、矫直机、起重机主传动、球磨机	2~3
特重冲击载荷	起重机辅助传动、破碎机、可逆工作辊道、卷取机、破鳞机、初轧机	3~5
极重冲击载荷	机架辊道、厚板剪切机	6~10

一般情况下按传递转矩和轴承寿命选择万向联轴器，也可根据机械设备的具体使用要求，只校核强度或轴承寿命。

强度校核按下式进行：

$$T_c \leqslant T_n \quad 或 \quad T_c \leqslant T_f \quad 或 \quad T_c \leqslant T_p \tag{6-2-15}$$

式中 T_c——计算转矩，kN·m；

T_n——公称转矩，kN·m，见表 6-2-38~表 6-2-41；

T_f——在交变载荷下按疲劳强度所允许的转矩，kN·m，见表 6-2-38~表 6-2-41；

T_p——在脉动载荷下按疲劳强度所允许的转矩，kN·m，$T_p = 1.45T_f$。

轴承寿命校核按下式进行：

$$L_N = \frac{K_L}{K_D n\beta T^{10/3}} \times 10^{10} \tag{6-2-16}$$

式中 L_N——使用寿命，h；

n——工作转速，r/min；

β——工作时的轴线折角，(°)；

T——理论转矩，kN·m；

K_D——原动机系数，电动机 $K_D = 1$，柴油机 $K_D = 1.2$；

K_L——轴承寿命系数，见表 6-2-38~表 6-2-41。

当水平、垂直面间同时有轴线折角时，其合成轴线折角按下式计算：

$$\tan\beta = \sqrt{\tan^2\beta_1 + \tan^2\beta_2} \tag{6-2-17}$$

式中 β——合成轴线折角，(°)；

β_1——水平面轴线折角，(°)；

β_2——垂直面轴线折角，(°)。

为使万向联轴器平稳地运转，各轴线折角下的限制转速不得超过图 6-2-14 的规定。

当选用长的万向联轴器时，其工作转速必须低于临界转速。临界转速按下式进行计算：

$$n_c = \frac{1.195 \times 10^8 \sqrt{D_3{}^2 + D_0{}^2}}{L^2} \tag{6-2-18}$$

式中 n_c——临界转速，r/min；

D_3——中间轴的钢管外径，mm；

D_0——中间轴的钢管内径，mm；

L——两十字万向节的距离，mm。

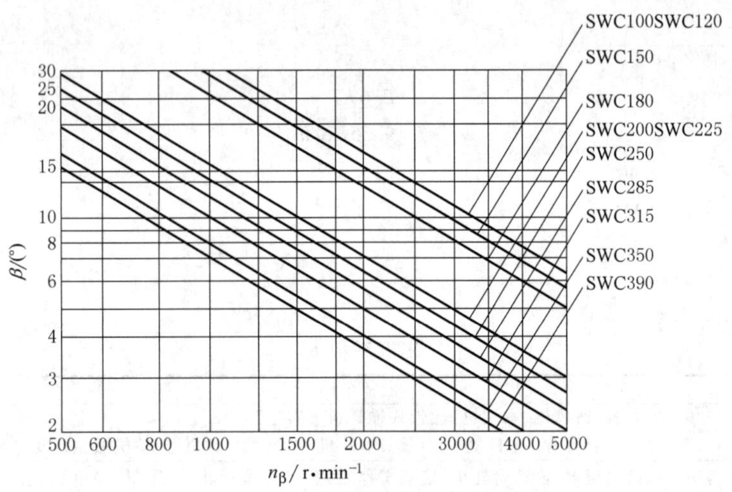

图 6-2-14　各轴线折角下的限制转速

在低速、小轴线折角的使用条件下，工作转速 $n \leqslant 0.85n_c$；在高速、大轴线折角的使用条件下，工作转速 $n \leqslant 0.65n_c$。

4.3　有弹性元件挠性联轴器

4.3.1　膜片联轴器（摘自 JB/T 9147—2024）

本联轴器适用于连接两同轴线的传动轴系。膜片联轴器的结构型式有 JMⅠ型、JMⅠJ 型、JMⅡ型和 JMⅡJ 型。JMⅡ型联轴器仅有一定的轴向和角向位移补偿性能；JMⅡJ 型联轴器具有一定的轴向、径向和角向位移补偿性能，联轴器允许正反转。该联轴器结构简单，重量轻，无需润滑，装拆方便。工作温度为-40~150℃，可用于高速、有腐蚀介质的工作环境。

本手册只汇编常用的 JMⅡ型和 JMⅡJ 型联轴器的数据，JMⅠ型和 JMⅠJ 型联轴器的数据可查阅原标准。

JMⅡ型联轴器的基本参数和主要尺寸应符合表 6-2-44 的规定。

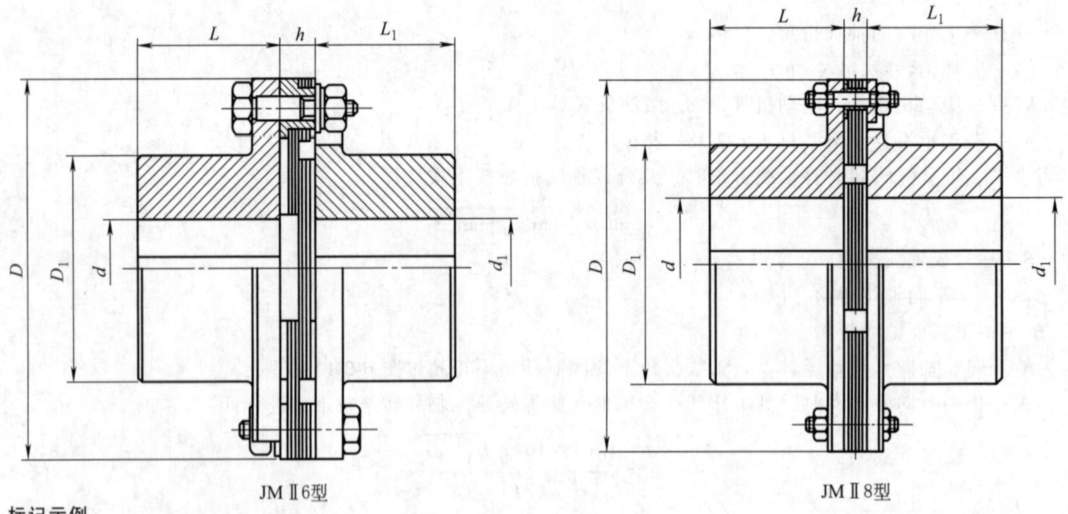

标记示例

JMⅡ6-320 型膜片联轴器

主动端：Y 型长系列轴孔，A 型键槽，$d=110$mm，$L=212$mm

从动端：Y 型短系列轴孔，B 型键槽，$d_1=100$mm，$L_1=167$mm

标记为：JMⅡ6-320 联轴器 YA110×212/YB100×167　JB/T 9147—2024

表 6-2-44　　JMⅡ型联轴器的基本参数和主要尺寸

型号	公称转矩 T_n	峰值转矩 T	许用转速 [n]	轴孔直径 d,d_1	轴孔长度 L,L_1 Y型 长系列	轴孔长度 L,L_1 Y型 短系列	D	D_1	h	扭转刚度 C	质量 m	转动惯量 I	轴向补偿量 ±ΔX	角向补偿量 ±Δα
	kN·m		r/min	mm						MN·m/rad	kg	kg·m²	mm	(°)
JMⅡ6-205	2.5	4	4200	50,55,56	112	84	205	120	20	2.7	19.4	0.071	2.5	1
				60,63,65,70,71,75	142	107								
				80,85	172	132								
JMⅡ6-215	3.15	5	4000	55,56	112	84	215	128	20	3.02	21.3	0.087	2.5	1
				60,63,65,70,71,75	142	107								
				80,85,90	172	132								
JMⅡ6-235	4	6.3	3650	60,63,65,70,71,75	142	107	235	132	23	3.46	30.6	0.154	2.5	1
				80,85,90,95	172	132								
JMⅡ6-250	5	8	3400	60,63,65,70,71,75	142	107	250	145	23	3.67	35.8	0.2	2.5	1
				80,85,90,95	172	132								
				100	212	167								
JMⅡ6-270	6.3	10	3200	63,65,70,71,75	142	107	270	155	23	5.2	41.7	0.27	2.5	1
				80,85,90,95	172	132								
				100,110	212	167								
JMⅡ6-300	8	12.5	2850	65,70,71,75	142	107	300	162	27	7.8	51.5	0.423	2.5	1
				80,85,90,95	172	132								
				100,110	212	167								
JMⅡ6-320	10	16	2700	70,71,75	142	107	320	176	27	8.43	59.5	0.556	2.5	1
				80,85,90,95	172	132								
				100,110,120,125	212	167								
JMⅡ6-350	12.5	20	2450	75	142	107	350	186	32	10.23	76.9	0.91	2.5	1
				80,85,90,95	172	132								
				100,110,120,125	212	167								
				130	252	202								
JMⅡ6-370	16	25	2300	80,85,90,95	172	132	370	203	32	10.97	98.0	1.22	2.5	1
				100,110,120,125	212	167								
				130,140	252	202								
JMⅡ6-400	20	31.5	2150	90,95	172	132	400	230	32	13.07	120.5	1.75	4	1
				100,110,120,125	212	167								
				130,140,150	252	202								
				160	302	242								
JMⅡ6-440	25	40	1950	100,110,120,125	212	167	440	245	38	14.26	171.2	3.0	4	1
				130,140,150	252	202								
				160,170	302	242								
JMⅡ6-460	31.5	50	1850	110,120,125	212	167	460	260	38	22.13	189.2	3.65	4	1
				130,140,150	252	202								
				160,170,180	302	242								
JMⅡ6-480	35.5	56	1800	120,125	212	167	480	280	38	23.7	212.7	4.47	4	1
				130,140,150	252	202								
				160,170,180	302	242								
				190,200	352	282								

续表

型号	公称转矩 T_n	峰值转矩 T	许用转速 $[n]$	轴孔直径 d,d_1	轴孔长度 L,L_1 Y型 长系列	短系列	D	D_1	h	扭转刚度 C	质量 m	转动惯量 I	轴向补偿量 $\pm\Delta X$	角向补偿量 $\pm\Delta\alpha$
	kN·m		r/min	mm						MN·m/rad	kg	kg·m²	mm	(°)
JMⅡ6-500	40	63	1700	130,140,150	252	202	500	295	38	24.6	260	5.71	4	1
				160,170,180	302	242								
				190,200	352	282								
JMⅡ6-540	50	80	1600	140,150	252	202	540	310	44	29.71	313	8.39	4	1
				160,170,180	302	242								
				190,200,220	352	282								
JMⅡ6-600	63	100	1450	140,150	252	202	600	335	50	32.64	407	13.68	4	1
				160,170,180	302	242								
				190,200,220	352	282								
				240	410	330								
JMⅡ6-620	80	125	1400	160,170,180	302	242	620	350	50	37.69	472	15.54	4	1
				190,200,220	352	282								
				240,250	410	330								
JMⅡ6-660	90	140	1300	180	302	242	660	385	50	50.43	553	22.04	4	1
				190,200,220	352	282								
				240,250,260	410	330								
JMⅡ6-720	112	180	1200	220	352	282	720	410	60	71.51	702	34.47	6	1
				240,250,260	410	330								
				280	470	380								
JMⅡ6-740	140	200	1150	220	352	282	740	420	60	93.37	748	38.44	6	1
				240,250,260	410	330								
				280,300	470	380								
JMⅡ6-770	160	224	1100	240,250,260	410	330	770	450	60	114.53	903	49.12	6	1
				280,300,320	470	380								
JMⅡ6-820	180	280	1050	250,260	410	330	820	490	60	130.76	1077	65.6	6	1
				280,300,320	470	380								
				340	550	450								
JMⅡ8-875	280	450	1000	280,300,320	470	380	875	480	50	261.12	1073	72.0	2.5	0.25
				340,360	550	450		550			1362	96.2		
JMⅡ8-935	400	630	930	300,320	470	380	935	520	60	297.56	1323	104.3	2.5	0.25
				340,360,380	550	450		560			1535	122.8		
				400	650	540		600			1755	148.6		
JMⅡ8-1030	450	740	880	320	470	380	1030	480	60	360.51	1248	126.8	2.5	0.25
				340,360,380	550	450		600			1907	176.2		
				400,420	650	540		640			2186	211.1		
JMⅡ8-1080	560	900	820	360,380	550	450	1080	580	66	399.88	1858	196.7	2.5	0.25
				400,420,440,450,460	650	540		700			2777	296.9		
JMⅡ8-1160	1000	1600	740	400,420,440,450	650	540	1160	620	70	458.43	2364	289.1	3.5	0.25
				460,480,500	650	540		750			3078	398.4		
JMⅡ8-1290	1400	2240	680	440,450,460,480,500	650	540	1290	790	82	568.1	3952	596.3	3.5	0.25
				530,560	800	680		840			4587	731.8		
JMⅡ8-1410	2000	3150	620	480,500	650	540	1410	760	92	678.95	3920	733.0	3.5	0.25
				530,560,600	800	680		920			6055	1122.8		

续表

型号	公称转矩 T_n	峰值转矩 T	许用转速 [n]	轴孔直径 d,d_1	轴孔长度 L,L_1 Y型 长系列	短系列	D	D_1	h	扭转刚度 C	质量 m	转动惯量 I	轴向补偿量 $\pm\Delta X$	角向补偿量 $\pm\Delta\alpha$
	kN·m		r/min	mm						MN·m/rad	kg	kg·m²	mm	(°)
JMⅡ8-1530	2800	4000	570	450,460,480,500	640	540	1530	810	105	1066.2	5211	1124.6	3.5	0.25
				530,560,600,630	800	680		980			7496	1617.1		
JMⅡ8-1670	4000	6000	520	560,600,630	800	680	1670	950	115	2533.6	7565	1939.7	3.5	0.25
				670,710	900	780		1070			9071	2458.0		
JMⅡ8-1830	5000	8000	480	600,630	800	680	1830	970	125	3034.3	8640	2753.8	4	0.25
				670,710,750	900	780		1170			11994	3815.5		
JMⅡ8-2000	6300	10000	430	670,710,750	900	780	2000	1140	130	3643.6	12590	4652.6	4	0.25
				800,850	1000	880		1290			15066	5896.8		
JMⅡ8-2200	8000	12500	400	750	900	780	2200	1260	140	5494.5	15716	7118.7	4	0.25
				800,850	1000	880		1420			20092	9161.5		
JMⅡ8-2400	10000	16000	350	800,850	1000	880	2400	1370	140	6582.4	20282	10538	4	0.25
				900,950	—	980		1550			25366	13673		

注：质量、转动惯量是按Y型最小孔径短系列尺寸计算的近似值。

JMⅡJ型联轴器的基本参数和主要尺寸应符合表6-2-45的规定。

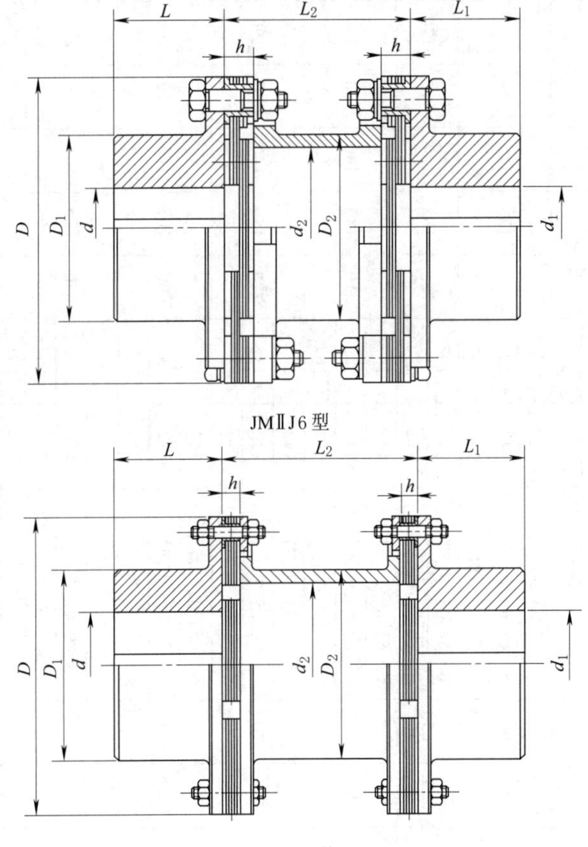

JMⅡJ6型

JMⅡJ8型

标记示例

JMⅡJ6-480型膜片联轴器

主动端：Y型长系列轴孔，B型键槽，$d=160$mm，$L=302$mm

从动端：Y型短系列轴孔，A型键槽，$d_1=180$mm，$L_1=242$mm，$L_2=400$mm

标记为：JMⅡJ6-480 联轴器 YB160×302/YA180×242-400　JB/T 9147—2024

表 6-2-45 **JMⅡJ 型联轴器的基本参数和主要尺寸**

型号	公称转矩 T_n	峰值转矩 T	许用转速 $[n]$	轴孔直径 d,d_1	轴孔长度 L,L_1 Y型 长系列	轴孔长度 L,L_1 Y型 短系列	D	D_1	D_2	d_2	L_{2min}	h	L_{2min} 时 质量 m	L_{2min} 时 转动惯量 I	L_{2min} 时 扭转刚度 C_1	ΔL_2 每增加 1m 时 质量 Δm	ΔL_2 每增加 1m 时 转动惯量 ΔI	ΔL_2 每增加 1m 时 扭转刚度 ΔC	轴向补偿量 $\pm\Delta X$	角向补偿量 $\pm\Delta\alpha$
	kN·m	kN·m	r/min	mm	mm	mm	mm	mm	mm	mm	mm	mm	kg	kg·m²	MN·m/rad	kg	kg·m²	MN·m/rad	mm	(°)
JMⅡJ 6-205	2.5	4	4200	55,56	112	84	205	120	114	106	140	20	25.0	0.11	0.962	10.85	0.03	0.335	5	1
				60,63,65,70,71,75	142	107														
				80,85	172	132														
JMⅡJ 6-215	3.15	5	4000	55,56	112	84	215	128	127	118	160	20	28.4	0.14	1.120	13.59	0.05	0.520	5	1
				60,63,65,70,71,75	142	107														
				80,85,90	172	132														
JMⅡJ 6-235	4	6.3	3650	60,63,65,70,71,75	142	107	235	132	127	118	170	23	40.2	0.23	1.225	13.59	0.05	0.520	5	1
				80,85,90,95	172	132														
JMⅡJ 6-250	5	8	3400	60,63,65,70,71,75	142	107	250	145	140	130	170	23	47.4	0.31	1.418	16.65	0.08	0.774	5	1
				80,85,90,95	172	132														
				100	212	167														
JMⅡJ 6-270	6.3	10	3200	60,63,65,70,71,75	142	107	270	155	140	130	190	23	56.2	0.41	1.752	16.65	0.08	0.774	5	1
				80,85,90,95	172	132														
				100,110	212	167														
JMⅡJ 6-300	8	12.5	2850	65,70,71,75	142	107	300	162	165	150	200	27	71.9	0.68	2.980	29.13	0.18	1.844	5	1
				80,85,90,95	172	132														
				100,110	212	167														
JMⅡJ 6-320	10	16	2700	70,71,75	142	107	320	176	165	150	220	27	83.9	0.90	3.056	29.13	0.18	1.844	5	1
				80,85,90,95	172	132														
				100,110,120,125	212	167														
JMⅡJ 6-350	12.5	20	2450	75	142	107	350	186	165	150	240	32	110	1.48	3.437	29.13	0.18	1.844	5	1
				80,85,90,95	172	132														
				100,110,120,125	212	167														
				130	252	202														
JMⅡJ 6-370	16	25	2300	80,85,90,95	172	132	370	203	219	203	250	32	132	1.93	4.511	41.63	0.46	4.726	5	1
				100,110,120,125	212	167														
				130,140	252	202														
JMⅡJ 6-400	20	31.5	2150	90,95	172	132	400	230	219	203	290	32	163	2.72	4.979	41.63	0.46	4.726	8	1
				100,110,120,125	212	167														
				130,140,150	252	202														
				160	302	242														

续表

型号	公称转矩 T_n	峰值转矩 T	许用转速 $[n]$	轴孔直径 d,d_1	轴孔长度 L,L_1 Y型 长系列	轴孔长度 L,L_1 Y型 短系列	D	D_1	D_2	d_2	L_{2min}	h	L_{2min}时 质量 m	L_{2min}时 转动惯量 I	L_{2min}时 扭转刚度 C_1	ΔL_2每增加1m时 质量 Δm	ΔL_2每增加1m时 转动惯量 ΔI	ΔL_2每增加1m时 扭转刚度 ΔC	轴向补偿量 $\pm\Delta X$	角向补偿量 $\pm\Delta\alpha$
	kN·m	kN·m	r/min	mm	mm	mm	mm	mm	mm	mm	mm	mm	kg	kg·m²	MN·m/rad	kg	kg·m²	MN·m/rad	mm	(°)
JM Ⅱ J 6-440	25	40	1950	100,110,120,125	212	167	440	245	219	203	300	38	234	4.68	5.329	41.63	0.46	4.726	8	1
				130,140,150	252	202														
				160,170	302	242														
JM Ⅱ J 6-460	31.5	50	1850	100,110,120,125	212	167	460	260	267	250	320	38	256	5.64	8.561	54.19	0.91	9.231	8	1
				130,140,150	252	202														
				160,170,180	302	242														
JM Ⅱ J 6-480	35.5	56	1800	120,125	212	167	480	280	267	250	350	38	282	6.84	8.766	54.19	0.91	9.231	8	1
				130,140,150	252	202														
				160,170,180	302	242														
				190,200	352	282														
JM Ⅱ J 6-500	40	63	1700	120,125	212	167	500	295	267	250	370	38	314	8.15	8.838	54.19	0.91	9.231	8	1
				130,140,150	252	202														
				160,170,180	302	242														
				190,200	352	282														
JM Ⅱ J 6-540	50	80	1600	140,150	252	202	540	310	299	282	380	44	397	12	11.159	60.90	1.29	13.098	8	1
				160,170,180	302	242														
				190,200,220	352	282														
JM Ⅱ J 6-600	63	100	1450	140,150	252	202	600	335	356	336	410	50	536	21	13.665	85.33	2.56	26.035	8	1
				160,170,180	302	242														
				190,200,220	352	282														
				240	410	330														
JM Ⅱ J 6-620	80	125	1400	160,170,180	302	242	620	350	356	336	440	50	619	25.1	15.123	85.33	2.56	26.035	8	1
				190,200,220	352	282														
				240,250	410	330														
JM Ⅱ J 6-660	90	140	1300	180	302	242	660	385	356	336	480	50	724	33.1	18.432	85.33	2.56	26.035	8	1
				190,200,220	352	282														
				240,250,260	410	330														
				280	470	380														
JM Ⅱ J 6-720	112	180	1200	180	302	242	720	410	406	386	510	60	918	51.6	26.342	97.66	3.83	39.023	12	1
				190,200,220	352	282														
				240,250,260	410	330														
				280,300	470	380														

续表

型号	公称转矩 T_n	峰值转矩 T	许用转速 $[n]$	轴孔直径 d,d_1	轴孔长度 L,L_1 Y型 长系列	轴孔长度 L,L_1 Y型 短系列	D	D_1	D_2	d_2	L_{2min}	h	L_{2min}时 质量 m	L_{2min}时 转动惯量 I	L_{2min}时 扭转刚度 C_1	ΔL_2每增加1m时 质量 Δm	ΔL_2每增加1m时 转动惯量 ΔI	ΔL_2每增加1m时 扭转刚度 ΔC	轴向补偿量 $\pm\Delta X$	角向补偿量 $\pm\Delta\alpha$
	kN·m	kN·m	r/min	mm	mm	mm	mm	mm	mm	mm	mm	mm	kg	kg·m²	MN·m/rad	kg	kg·m²	MN·m/rad	mm	(°)
JMⅡJ 6-740	140	200	1150	220	352	282	740	420	406	386	520	60	992	58.9	31.575	97.66	3.83	39.023	12	1
				240,250,260	410	330														
				280,300	470	380														
JMⅡJ 6-770	160	224	1100	240,250,260	410	330	770	450	457	436	560	60	1163	73.1	40.073	115.6	5.77	58.729	12	1
				280,300	470	380														
JMⅡJ 6-820	180	280	1050	250,260	410	330	820	490	457	436	600	60	1383	96.7	42.611	115.6	5.77	58.729	12	1
				280,300,320	470	380														
				340	550	450														
JMⅡJ 8-875	280	450	1000	280,300,320	470	380	875	480	559	537	620	50	1357	106	81.755	148.7	11.17	113.73	5	0.25
				340,360	550	450		550					1852	135						
JMⅡJ 8-935	400	630	930	300,320	470	380	935	520	610	584	630	60	1685	156	103.56	191.4	17.06	173.79	5	0.25
				340,360,380	550	450		560					1914	175						
				400	650	540		600					2121	201						
JMⅡJ 8-1030	450	740	880	320	470	380	1030	480	622	594	690	60	1720	205	118.61	209.9	19.41	197.71	5	0.25
				340,360,380	550	450		600					2403	255						
				400,420	650	540		640					2681	290						
JMⅡJ 8-1080	560	900	820	360,380	550	450	1080	580	660	628	726	66	2778	321	138.63	254.1	26.36	268.54	5	0.25
				400,420,440,450,460	650	540		700					4053	457						
JMⅡJ 8-1160	1000	1600	740	400,420,440,450	650	540	1160	620	750	706	836	70	3385	464	176.45	395.0	52.38	533.55	7	0.25
				460,480,500	650	540		750					4794	647						
JMⅡJ 8-1290	1400	2240	680	440,450,460,480,500	650	540	1290	790	820	770	946	82	5123	883	221.69	490.2	77.52	789.64	7	0.25
				530,560	800	680		840					5758	1019						
JMⅡJ 8-1410	2000	3150	620	480,500	650	540	1410	760	900	840	1040	92	5483	1197	275.11	643.7	121.94	1242.1	7	0.25
				530,560,600	800	680		920					7697	1593						
JMⅡJ 8-1530	2800	4000	570	450,460,480,500	650	540	1530	810	1000	930	1100	105	7231	1846	429.97	832.9	194.17	1977.8	7	0.25
				530,560,600,630	800	680		980					9627	2349						
JMⅡJ 8-1670	4000	6000	520	560,600,630	800	680	1670	950	1100	1020	1210	115	10376	2670	895.67	1045	294.14	2996.1	7	0.25
				670,710	900	780		1070					11893	3027						
JMⅡJ 8-1830	5000	8000	480	600,630	800	680	1830	970	1200	1110	1320	125	12267	4581	1105.6	1281	428.13	4360.9	8	0.25
				670,710,750	900	780		1170					15770	5663						
JMⅡJ 8-2000	6300	10000	430	670,710,750	900	780	2000	1140	1300	1205	1450	130	17278	7393	1330.4	1467	576.25	5869.6	8	0.25
				800,850	1000	880		1290					19782	8648						
JMⅡJ 8-2200	8000	12500	400	750	900	780	2200	1260	1400	1300	1600	140	21638	11374	1870.5	1665	759.50	7736.2	8	0.25
				800,850	1000	880		1420					26185	13445						
JMⅡJ 8-2400	10000	16000	350	800,850	1000	880	2400	1370	1500	1390	1760	140	27875	16746	2243.9	1960	1024.6	10436	8	0.25
				900,950	—	980		1550					35103	20270						

注：1. 质量、转动惯量是按Y型最小孔径短系列尺寸计算的近似值。
2. 法兰间距 $L_2>L_{2min}$ 时，联轴器扭转刚度的计算按式（6-2-19）。

表 6-2-44 和表 6-2-45 中列出的轴向补偿量和角向补偿量是指联轴器在工作状态时，允许的由于制造误差、安装误差、工作负载引起的振动、冲击、变形以及温度变化等综合因素形成的两轴相对最大偏移量。表 6-2-44 中所列角向补偿量均为基本型（单膜片组）的角向补偿量，采用接中间套型（双膜片组）时，由图 6-2-15 可见，角向补偿量可为 $2\Delta\alpha$。

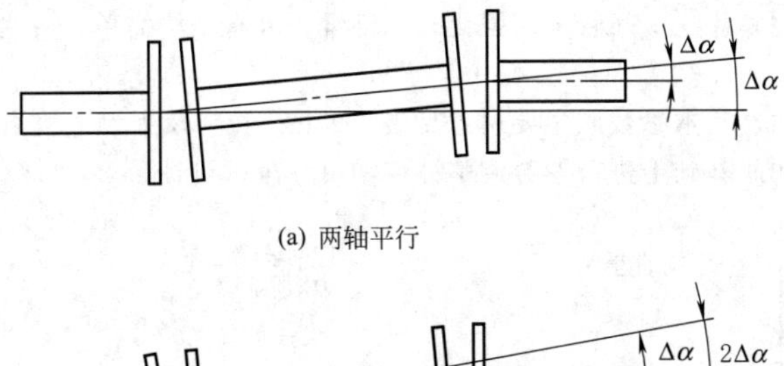

(a) 两轴平行

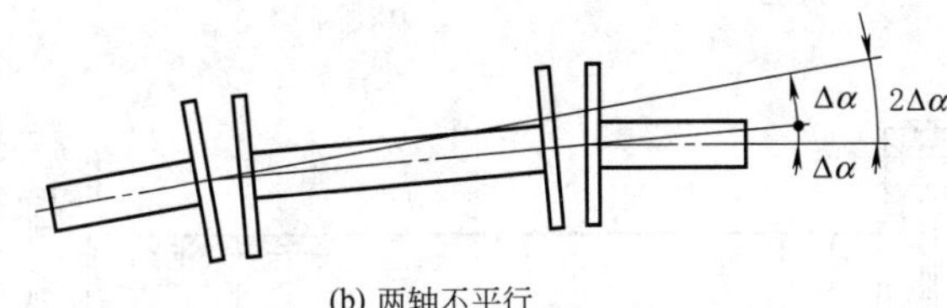

(b) 两轴不平行

图 6-2-15　两轴布置

JMⅡJ 型联轴器法兰间距 $L_2>L_{2\min}$ 时的扭转刚度 C 按式（6-2-19）计算。

$$C=\frac{1}{1/C_1+\Delta L_2/\Delta C} \tag{6-2-19}$$

式中　C——不同法兰间距 L_2 时联轴器的扭转刚度，MN · m/rad；

C_1——法兰间距 L_2 最短时联轴器的扭转刚度，MN · m/rad；

ΔL_2——法兰间距 L_2 相对于最短值的增加量，m；

ΔC——ΔL_2 每增加 1m 时扭转刚度，MN · m/rad。

联轴器选用说明

① 联轴器宜根据工况条件、计算转矩、工作转速和轴孔直径等综合因素进行选用。

② 联轴器计算转矩 T_c 由式（6-2-20）计算。

$$T_c=KK_1T=KK_1\frac{9550P_w}{n}\leqslant T_n \tag{6-2-20}$$

式中　T_c——计算转矩，N · m；

T——理论转矩，N · m；

T_n——公称转矩，N · m；

n——工作转速，r/min；

P_w——驱动功率，kW；

K——工况系数（见 JB/T 7511）；

K_1——轴线偏转对传递转矩的影响而考虑的偏差系数（见图 6-2-16）。

③ 接中间套型联轴器（JMⅠJ 、JMⅡJ）当 L_2 大于 10 倍轴孔直径 d 或 d_1 时，验算临界转速。临界转速宜按式（6-2-21）计算。

$$n_c=1.195\times10^8\frac{\sqrt{D_2{}^2+D_3{}^2}}{L_2^2} \tag{6-2-21}$$

式中　n_c——临界转速，r/min；

D_2——中间套外径，mm；

D_3——中间套内径，mm；

L_2——中间套长度，mm。

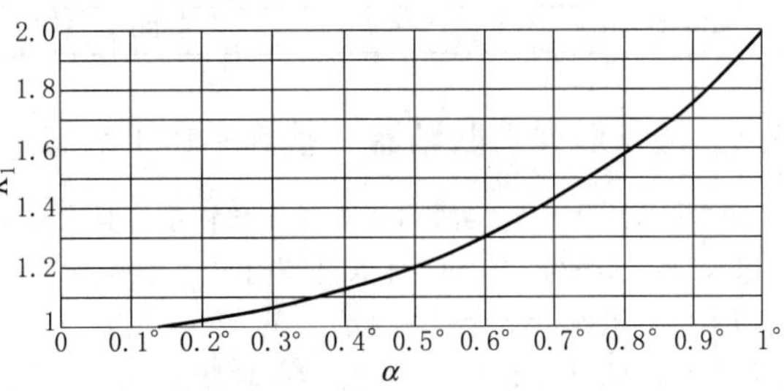

图 6-2-16　轴线偏角 α 与 K_1 关系曲线

4.3.2 双馈风力发电机组用联轴器

本联轴器适用于0.75~10MW双馈风力发电机组传动轴系。其具有较大的轴向、径向和角向位移补偿性能；适于高速且允许正反转；力矩限制器经累计角度100000°的连续打滑寿命测试，打滑转矩下滑不超过10%。该联轴器挠性件采用高性能不锈钢膜片，中间管采用强化玻璃纤维，具有结构简单、重量轻、不需润滑、电绝缘性能高、装拆方便等特点。

双馈风力发电机组用联轴器基本参数和主要尺寸见表6-2-46。在为风力发电机组配套时，由于每个机组要求和环境要求不同，往往需要在此基础上进行参数调整计算和尺寸改进设计。

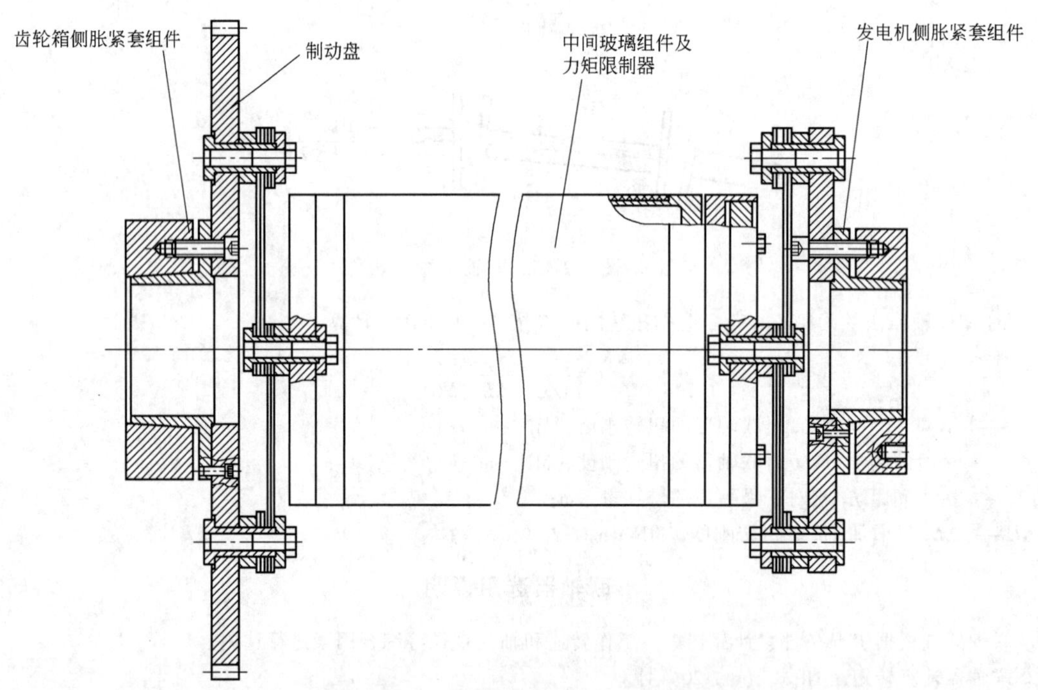

表 6-2-46　双馈风力发电机组用联轴器基本参数和主要尺寸

型号	公称转矩 /N·m	许用转速 /r·min^{-1}	许用轴径 /mm	最大外径（不含制动盘） /mm	轴向补偿量 /mm	角向补偿量 /(°)
WD4GF-1300	15000	3000	130	418	8	1.5
WD4GF-2700	25000	2500	160	500	8	1.5
WD4GF-3300	31500	2500	160	515	8	1.5
WD4GF-6600	63000	2500	190	600	8	1.5
WD6GF-9011	100000	2000	220	680	8	1.5
WD6GF-9013	125000	2000	250	760	8	1.5
WD6GF-9015	140000	1500	280	800	8	1.5
WD6GF-9017	160000	1500	300	930	8	1.5

4.3.3 梅花形弹性联轴器（摘自GB/T 5272—2017）

本联轴器适用于连接两同轴线的传动轴系，具有较大的轴向、径向、角向位移补偿性能和减振、缓冲性能，工作温度为-35~80℃。结构简单，径向尺寸小，不需润滑，维护方便，用于启动频繁，经常正反转的中低速、中小功率以及工作可靠性要求高的工况。

梅花形联轴器有LM型（基本型联轴器）、LMS型（法兰型联轴器）、LML型（带制动轮型联轴器）和LMP型（带制动盘型联轴器）四种。LM型联轴器结构简单，但更换弹性元件时，需轴向移动半联轴器。LMS型联轴器带法兰，更换弹性元件方便，不必移动半联轴器。

梅花形弹性联轴器的基本参数和主要尺寸见表 6-2-47~表 6-2-50。

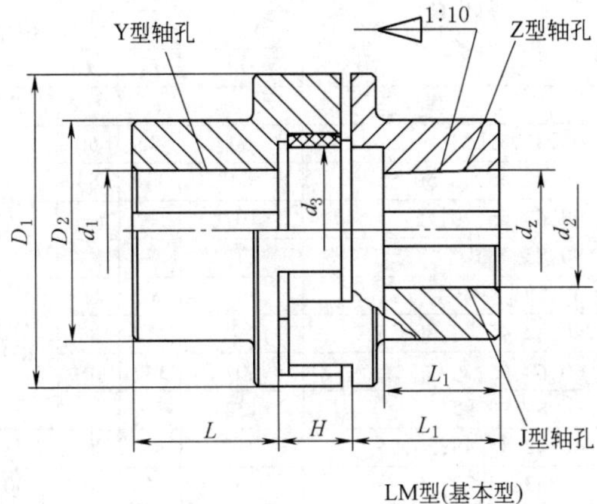

LM型(基本型)

标记示例

LM145 型联轴器

主动端：Y 型轴孔，A 型键槽，$d_1=45$mm，$L=84$mm

从动端：Y 型轴孔，B 型键槽，$d_2=42$mm，$L=84$mm

标记为：LM145 联轴器 45×84/B42×84　　GB/T 5272—2017

表 6-2-47　　LM 型联轴器的基本参数和主要尺寸

型号	公称转矩 T_n	最大转矩 T_{max}	许用转速 [n]	轴孔直径 d_1,d_2,d_z	轴孔长度 Y型 L	轴孔长度 J、Z型 L_1	轴孔长度 J、Z型 L	D_1	D_2	H	转动惯量	质量
	N·m	N·m	r/min	mm	mm	mm	mm	mm	mm	mm	kg·m²	kg
LM50	28	50	15000	10,11	22	—	—	50	42	16	0.0002	1.00
				12,14	27	—	—					
				16,18,19	30	—	—					
				20,22,24	38	—	—					
LM70	112	200	11000	12,14	27	—	—	70	55	23	0.0011	2.50
				16,18,19	30	—	—					
				20,22,24	38	—	—					
				25,28	44	—	—					
				30,32,35,38	60	—	—					
LM85	160	288	9000	16,18,19	30	—	—	85	60	24	0.0022	3.42
				20,22,24	38	—	—					
				25,28	44	—	—					
				30,32,35,38	60	—	—					
LM105	355	640	7250	18,19	30	—	—	105	65	27	0.0051	5.15
				20,22,24	38	—	—					
				25,28	44	—	—					
				30,32,35,38	60	—	—					
				40,42	84	—	—					
LM125	450	810	6000	20,22,24	38	52	38	125	85	33	0.014	10.1
				25,28	44	62	44					
				30,32,35,38*	60	82	60					
				40,42,45,48,50,55	84	—	—					
LM145	710	1280	5250	25,28	44	62	44	145	95	39	0.025	13.1
				30,32,35,38	60	82	60					
				40,42,45*,48*,50*,55*	84	112	84					
				60,63,65	107	—	—					

续表

型号	公称转矩 T_n	最大转矩 T_{max}	许用转速 $[n]$	轴孔直径 d_1,d_2,d_z	轴孔长度 Y型 L	轴孔长度 J、Z型 L_1	轴孔长度 J、Z型 L	D_1	D_2	H	转动惯量	质量
	N·m	N·m	r/min	mm	mm	mm	mm	mm	mm	mm	kg·m²	kg
LM170	1250	2250	4500	30,32,35,38	60	82	60	170	120	41	0.055	21.2
				40,42,45,48,50,55	84	112	84					
				60,63,65,70,75	107	—	—					
				80,85	132	—	—					
LM200	2000	3600	3750	35,38	60	82	60	200	135	48	0.119	33.0
				40,42,45,48,50,55	84	112	84					
				60,63,65,70*,75*	107	142	107					
				80,85,90,95	132	—	—					
LM230	3150	5670	3250	40,42,45,48,50,55	84	112	84	230	150	50	0.217	45.5
				60,63,65,70,75	107	142	107					
				80,85,90,95	132	—	—					
LM260	5000	9000	3000	45,48,50,55	84	112	84	260	180	60	0.458	75.2
				60,63,65,70,75	107	142	107					
				80,85,90*,95*	132	172	132					
				100,110,120,125	167	—	—					
LM300	7100	12780	2500	60,63,65,70,75	107	142	107	300	200	67	0.804	99.2
				80,85,90,95	132	172	132					
				100,110,120,125	167	—	—					
				130,140	202	—	—					
LM360	12500	22500	2150	60,63,65,70,75	107	142	107	360	225	73	1.73	148.1
				80,85,90,95	132	172	132					
				100,110,120*,125*	167	212	167					
				130,140,150	202	—	—					
LM400	14000	25200	1900	80,85,90,95	132	172	132	400	250	73	2.84	197
				100,110,120,125	167	212	167					
				130,140,150	202	—	—					
				160	242	—	—					

注：1. ＊无 J、Z 型轴孔型式。

2. 转动惯量和质量是按 Y 型最大轴孔长度、最小轴孔直径计算的。

3. 尺寸 d_3 为梅花形弹性体内径，见原标准附录 A。

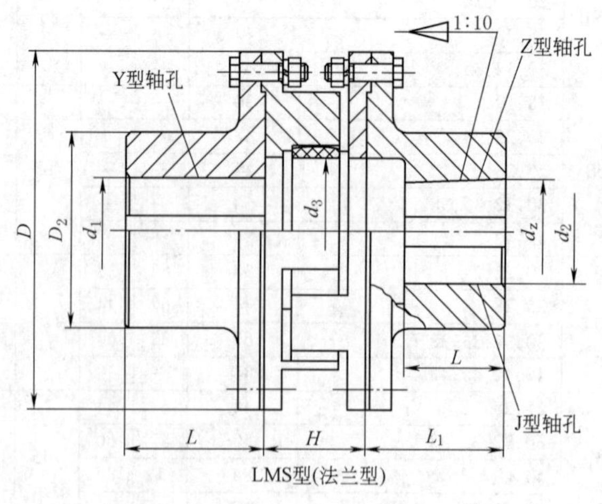

LMS型(法兰型)

标记示例

LMS125 型联轴器

主动端：Y 型轴孔，A 型键槽，$d_1=25\text{mm}$，$L=44\text{mm}$

从动端：Z 型轴孔，C 型键槽，$d_z=30\text{mm}$，$L=60\text{mm}$

标记为：LMS125 联轴器 25×44/ZC30×60　GB/T 5272—2017

表 6-2-48　　LMS 型联轴器的基本参数和主要尺寸

型号	公称转矩 T_n	最大转矩 T_{max}	许用转速 [n]	轴孔直径 d_1,d_2,d_z	轴孔长度 Y 型 L	轴孔长度 J、Z 型 L_1	轴孔长度 J、Z 型 L	D_1	D_2	H	转动惯量	质量
	N·m		r/min	mm							kg·m²	kg
LMS 105	355	640	5260	18,19	30	—	—	145	65	44	0.018	8.72
				20,22,24	38	—	—					
				25,28	44	—	—					
				30,32,35,38	60	—	—					
				40,42	84	—	—					
LMS 125	450	810	4490	20,22,24	38	52	38	170	85	51	0.043	14.9
				25,28	44	62	44					
				30,32,35,38*	60	82	60					
				40,42,45,48,50,55	84	—	—					
LMS 145	710	1280	3910	25,28	44	62	44	195	95	59	0.078	20.4
				30,32,35,38	60	82	60					
				40,42,45*,48*,50*,55*	84	112	84					
				60,63,65	107	—	—					
LMS 170	1250	2250	3470	30,32,35,38	60	82	60	220	120	63	0.151	31.1
				40,42,45,48,50,55	84	112	84					
				60,63,65,70,75	107	—	—					
				80,85	132	—	—					
LMS 200	2000	3600	2930	35,38	60	82	60	260	135	74	0.319	47.2
				40,42,45,48,50,55	84	112	84					
				60,63,65,70*,75*	107	142	107					
				80,85,90,95	132	—	—					
LMS 230	3150	5670	2630	40,42,45,48,50,55	84	112	84	290	150	82	0.540	64.0
				60,63,65,70,75	107	142	107					
				80,85,90,95	132	—	—					
LMS 260	5000	9000	2280	45,48,50,55	84	112	84	335	180	100	1.18	105.4
				60,63,65,70,75	107	142	107					
				80,85,90*,95*	132	172	132					
				100,110,120,125	167	—	—					
LMS 300	7100	12780	1980	60,63,65,70,75	107	142	107	385	200	117	2.24	151.0
				80,85,90 95	132	172	132					
				100,110,120,125	167	—	—					
				130,140	202	—	—					
LMS 360	12500	22500	1660	60,63,65,70,75	107	142	107	460	225	129	4.94	233.5
				80,85,90,95	132	172	132					
				100,110,120*,125*	167	212	167					
				130,140,150	202	—	—					
LMS 400	14000	25200	1250	80,85,90,95	132	172	132	500	250	129	7.33	293.3
				100,110,120,125	167	212	167					
				130,140,150	202	—	—					
				160	242	—	—					

注：1. ＊无 J、Z 型轴孔型式。

2. 转动惯量和质量是按 Y 型最大轴孔长度、最小轴孔直径计算的。

3. 尺寸 d_3 为梅花形弹性体内径，见原标准附录 A。

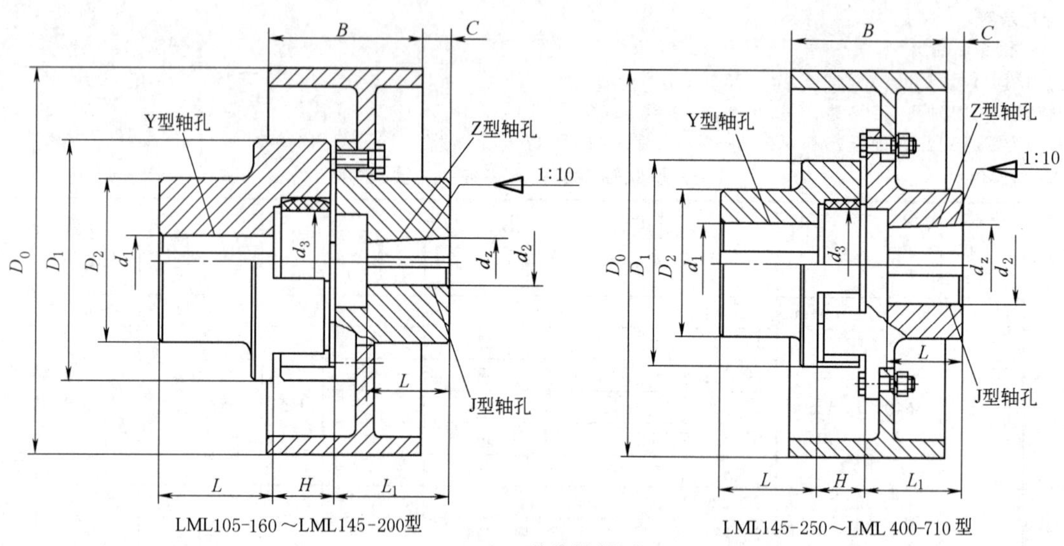

LML型(带制动轮型)

标记示例

LML125-200 型联轴器

半联轴器端：Y 型轴孔，A 型键槽，$d_1=38$mm，$L=60$mm

带制动轮端：J 型轴孔，A 型键槽，$d_2=35$mm，$L=60$mm

标记为：LML125-200 联轴器 38×60/J35×60　GB/T 5272—2017

表 6-2-49　　LML 型联轴器的基本参数和主要尺寸

型号	公称转矩 T_n	最大转矩 T_{max}	许用转速 $[n]$	轴孔直径 d_1,d_2,d_z	轴孔长度 Y型 L	轴孔长度 J、Z型 L_1	轴孔长度 J、Z型 L	D_0	B	C	D_2	H	转动惯量	质量
	N·m	N·m	r/min	mm	mm	mm	mm	mm	mm	mm	mm	mm	kg·m²	kg
LML105-160	355	640	4750	20,22,24	—	—	—	160	70	7.5	65	20	0.025	8.7
				25,28	—	—	—			17.5				
				30,32,35,38	60	—	—			37.5				
				40,42	84	—	—			67.5				
LML105-200	355	640	3800	20,22,24	—	—	—	200	85	4.5	65	20	0.048	10.8
				25,28						14.5				
				30,32,35,38	60	—	—			34.5				
				40,42	84	—	—			64.5				
LML125-200	450	810	3800	25,28	—	62	44	200	85	14	85	25	0.070	15.6
				30,32,35,38*	60	82	60			34				
				40,42,45,48,50,55	84	—	—			64				
LML145-200	710	1280	3800	30,32,35,38	60	82	60	200	85	33	95	30	0.084	18.6
				40,42,45*,48*,50*,55*	84	112	84			63				
				60,63,65	107	—	—			93				
LML145-250	710	1280	3000	30,32,35,38	60	82	60	250	105	24	95	30	0.172	24.5
				40,42,45*,48*,50*,55*	84	112	84			54				
				60,63,65	107	—	—			84				

续表

型号	公称转矩 T_n	最大转矩 T_{max}	许用转速 [n]	轴孔直径 d_1,d_2,d_z	轴孔长度 Y型 L	J、Z型 L_1	J、Z型 L	D_0	B	C	D_2	H	转动惯量	质量
	N·m		r/min	mm									kg·m²	kg
LML 170-250	1250	2250	3000	40,42,45,48,50,55	84	112	84	250	105	53	120	30	0.227	32.3
				60,63,65,70,75	107	—	—			83				
				80,85	132	—	—			113				
LML 170-315	1250	2250	2400	40,42,45,48,50,55	84	112	84	315	135	41	120	30	0.444	39.7
				60,63,65,70,75	107	—	—			71				
				80,85	132	—	—			101				
LML 200-315	2000	3600	2400	40,42,45,48,50,55	84	112	84	315	135	40	135	35	0.578	51.8
				60,63,65,70*,75*	107	142	107			70				
				80,85,90,95	132	—	—			100				
LML 200-400	2000	3600	1900	40,42,45,48,50,55	84	112	84	400	170	28	135	35	1.244	69.2
				60,63,65,70*,75*	107	142	107			58				
				80,85,90,95	132	—	—			88				
LML 230-400	3150	5670	1900	40,42,45,48,50,55	—	112	84	400	170	26.5	150	35	1.460	81.1
				60,63,65,70,75	107	142	107			56.5				
				80,85,90,95	132	—	—			86.5				
LML 230-500	3150	5670	1500	40,42,45,48,50,55	—	112	84	500	210	5	150	35	3.072	109.2
				60,63,65,70,75	107	142	107			35				
				80,85,90,95	132	—	—			65				
LML 260-500	5000	9000	1500	60,63,65,70,75	107	142	107	500	210	35	180	45	3.898	138.6
				80,85,90*,95*	132	172	132			65				
				100,110,120,125	167	—	—			105				
LML 300-630	7100	11160	1200	80,85,90,95	132	172	132	630	265	43	200	50	9.719	217.4
				100,110,120,125	167	—	—			83				
				130,140	202	—	—			123				
LML 360-630	12500	20200	1200	80,85,90,95	132	172	132	630	265	41	225	55	11.95	267.7
				100,110,120*,125*	167	212	167			81				
				130,140,150	202	—	—			121				
LML 360-710	12500	20200	1100	80,85,90,95	—	172	132	710	300	26	225	55	18.03	318.0
				100,110,120*,125*	167	212	167			66				
				130,140,150	202	—	—			106				
LML 400-710	14000	22580	1100	80,85,90,95	—	172	132	710	300	26	250	55	20.65	364.1
				100,110,120,125	167	212	167			66				
				130,140,150	202	—	—			106				
				160	242	—	—			156				

注：1. * 无 J、Z 型轴孔型式。
2. 转动惯量和质量是按 Y 型最大轴孔长度、最小轴孔直径计算的。
3. 尺寸 D_1 参见表 6-2-47；尺寸 d_3 为梅花形弹性体内径，见原标准附录 A。

第6篇

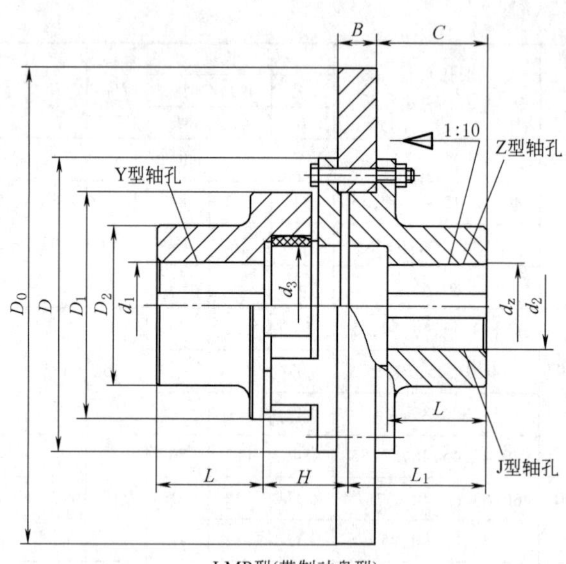

LMP型(带制动盘型)

标记示例

LM145 型联轴器

半联轴器：Y 型轴孔，A 型键槽，$d_1=45$mm，$L=84$mm

带制动盘：J 型轴孔，A 型键槽，$d_2=40$mm，$L=84$mm

制动盘直径：$D_0=355$mm

标记为：LM145-355 联轴器 45×84/J40×84 GB/T 5272—2017

表 6-2-50　　LMP 型联轴器的基本参数和主要尺寸

型号	公称转矩 T_n	最大转矩 T_{max}	许用转速 [n]	轴孔直径 d_1,d_2,d_z	轴孔长度 Y型 L	轴孔长度 J、Z型 L_1	轴孔长度 J、Z型 L	D_0	D	C	D_2	H	转动惯量	质量
	N·m	N·m	r/min	mm	mm	mm	mm	mm	mm	mm	mm	mm	kg·m²	kg
LMP 145	710	1230	2100	30,32,35,38	60	82	60	355	195	24	95	30	0.17	24.5
			1900	40,42,45*,48*,50*,55*	84	112	84	400		54				
			1700	60,63,65	107	—	—	450		84				
LMP 170	1250	2040	1900	40,42,45,48,50,55	84	112	84	400	220	53	120	30	0.22	32.3
			1700	60,63,65,70,75	107	—	—	450		83				
			1500	80,85	132	—	—	500		113				
LMP 200	2000	3180	1700	40,42,45,48,50,55	84	112	84	450	260	28	135	35	1.24	69.2
			1500	60,63,65,70*,75*	107	142	107	500		58				
			1360	80,85,90,95	132	—	—	560		88				
LMP 230	3150	5160	1500	40,42,45,48,50,55	84	112	84	500	290	26.5	150	35	1.46	81.1
			1360	60,63,65,70,75	107	142	107	560		56.5				
			1200	80,85,90,95	132	—	—	630		86.5				
LMP 260	5000	8400	1200	60,63,65,70,75	107	142	107	630	335	35	180	45	3.89	138
			1100	80,85,90*,95*	132	172	132	710		65				
				100,110,120,125	167	—	—			105				
LMP 300	7100	11160	1100	80,85,90,95	132	172	132	710	385	43	200	50	9.71	217
			950	100,110,120,125	167	—	—	800		83				
				130,140	202	—	—			123				
LMP 360	12500	20200	950	80,85,90,95	132	172	132	800	460	41	225	55	11.9	267
			850	100,110,120*,125*	167	212	167	900		81				
			760	130,140,150	202	—	—	1000		121				

续表

<table>
<tr><th rowspan="3">型号</th><th rowspan="3">公称
转矩
T_n</th><th rowspan="3">最大
转矩
T_{max}</th><th rowspan="3">许用
转速
[n]</th><th rowspan="3">轴孔直径
d_1,d_2,d_z</th><th colspan="3">轴孔长度</th><th rowspan="3">D_0</th><th rowspan="3">D</th><th rowspan="3">C</th><th rowspan="3">D_2</th><th rowspan="3">H</th><th rowspan="3">转动
惯量</th><th rowspan="3">质量</th></tr>
<tr><th>Y 型</th><th colspan="2">J、Z 型</th></tr>
<tr><th>L</th><th>L_1</th><th>L</th></tr>
<tr><th></th><th colspan="2">N · m</th><th>r/min</th><th colspan="9">mm</th><th>kg · m²</th><th>kg</th></tr>
<tr><td rowspan="4">LMP
400</td><td rowspan="4">14000</td><td rowspan="4">22580</td><td rowspan="4">950
850
760</td><td>80,85,90,95</td><td>132</td><td>172</td><td>132</td><td rowspan="4">800
900
1000</td><td rowspan="4">500</td><td>26</td><td rowspan="4">250</td><td rowspan="4">55</td><td rowspan="4">20.6</td><td rowspan="4">364</td></tr>
<tr><td>100,110,120,125</td><td>167</td><td>212</td><td>167</td><td>66</td></tr>
<tr><td>130,140,150</td><td>202</td><td>—</td><td>—</td><td>106</td></tr>
<tr><td>160</td><td>242</td><td>—</td><td>—</td><td>156</td></tr>
</table>

注：1 * 无 J、Z 型轴孔型式。

2. 转动惯量和质量是按 Y 型最大轴孔长度、最小轴孔直径计算的，未包括制动盘。制动盘相关数据见表 6-2-51。

3. 尺寸 D_1 参见表 6-2-47；尺寸 d_3 为梅花形弹性体内径，见原标准附录 A。

4. D_0 仅与许用转速一一对应，与其他尺寸无对应关系。

表 6-2-51　　制动盘的基本参数和主要尺寸

<table>
<tr><th>型号</th><th>制动盘直径
D_0/mm</th><th>制动盘厚度
B/mm</th><th>转动惯量
/kg · m²</th><th>质量
/kg</th></tr>
<tr><td rowspan="3">LMP145</td><td>355</td><td>30</td><td>0.36</td><td>19.4</td></tr>
<tr><td>400</td><td>30</td><td>0.58</td><td>25.7</td></tr>
<tr><td>450</td><td>30</td><td>0.94</td><td>33.6</td></tr>
<tr><td rowspan="3">LMP170</td><td>400</td><td>30</td><td>0.57</td><td>24.3</td></tr>
<tr><td>450</td><td>30</td><td>0.93</td><td>32.1</td></tr>
<tr><td>500</td><td>30</td><td>1.43</td><td>40.9</td></tr>
<tr><td rowspan="3">LMP200</td><td>450</td><td>30</td><td>0.91</td><td>30.0</td></tr>
<tr><td>500</td><td>30</td><td>1.41</td><td>38.8</td></tr>
<tr><td>560</td><td>30</td><td>2.24</td><td>50.6</td></tr>
<tr><td rowspan="3">LMP230</td><td>500</td><td>30</td><td>1.38</td><td>36.5</td></tr>
<tr><td>560</td><td>30</td><td>2.21</td><td>48.2</td></tr>
<tr><td>630</td><td>30</td><td>3.58</td><td>63.6</td></tr>
</table>

<table>
<tr><th>型号</th><th>制动盘直径
D_0/mm</th><th>制动盘厚度
B/mm</th><th>转动惯量
/kg · m²</th><th>质量
/kg</th></tr>
<tr><td rowspan="2">LMP260</td><td>630</td><td>30</td><td>3.54</td><td>60.9</td></tr>
<tr><td>710</td><td>30</td><td>5.77</td><td>80.7</td></tr>
<tr><td rowspan="2">LMP300</td><td>710</td><td>30</td><td>5.69</td><td>76.6</td></tr>
<tr><td>800</td><td>30</td><td>9.28</td><td>101.7</td></tr>
<tr><td rowspan="3">LMP360</td><td>800</td><td>30</td><td>9.08</td><td>94.4</td></tr>
<tr><td>900</td><td>30</td><td>14.8</td><td>125.8</td></tr>
<tr><td>1000</td><td>30</td><td>22.7</td><td>161</td></tr>
<tr><td rowspan="3">LMP400</td><td>800</td><td>30</td><td>8.88</td><td>88.8</td></tr>
<tr><td>900</td><td>30</td><td>14.6</td><td>120.2</td></tr>
<tr><td>1000</td><td>30</td><td>22.5</td><td>155.4</td></tr>
</table>

联轴器许用补偿量

联轴器的许用角向补偿量 $\Delta\alpha$、许用径向补偿量 ΔY 和许用轴向补偿量 ΔX 应符合表 6-2-52 的规定。

表 6-2-52　　联轴器许用补偿量

<table>
<tr><th colspan="4">联轴器型号</th><th>$\Delta\alpha$/(°)</th><th>ΔY/mm</th><th>ΔX/mm</th></tr>
<tr><td>LM50</td><td>—</td><td>—</td><td>—</td><td rowspan="4">2</td><td>0.5</td><td>1.2</td></tr>
<tr><td>LM70</td><td>—</td><td>—</td><td>—</td><td rowspan="3">0.8</td><td>1.5</td></tr>
<tr><td>LM85</td><td>—</td><td>—</td><td>—</td><td>2.0</td></tr>
<tr><td>LM105</td><td>LMS105</td><td>LML105</td><td>—</td><td>2.5</td></tr>
<tr><td>LM125</td><td>LMS125</td><td>LML125</td><td>—</td><td rowspan="4">1.5</td><td rowspan="3">1.0</td><td rowspan="2">3.0</td></tr>
<tr><td>LM145</td><td>LMS145</td><td>LML145</td><td>LMP145</td></tr>
<tr><td>LM170</td><td>LMS170</td><td>LML170</td><td>LMP170</td><td>3.5</td></tr>
<tr><td>LM200</td><td>LMS200</td><td>LML200</td><td>LMP200</td><td rowspan="3">1.5</td><td>4.0</td></tr>
<tr><td>LM230</td><td>LMS230</td><td>LML230</td><td>LMP230</td><td rowspan="5">1.0</td><td>4.5</td></tr>
<tr><td>LM260</td><td>LMS260</td><td>LML260</td><td>LMP260</td><td rowspan="4">5.0</td></tr>
<tr><td>LM300</td><td>LMS300</td><td>LML300</td><td>LMP300</td><td rowspan="3">1.8</td></tr>
<tr><td>LM360</td><td>LMS360</td><td>LML360</td><td>LMP360</td></tr>
<tr><td>LM400</td><td>LMS400</td><td>LML400</td><td>LMP400</td></tr>
</table>

第6篇

联轴器选用说明

① 联轴器应根据工况条件、计算转矩、工作转速和轴孔直径等综合因素进行选用。

② 联轴器计算转矩 T_c 一般由式（6-2-22）求出。

$$T_c = TK_t = \frac{9550P_w}{n}K_t \leqslant T_n \quad (6\text{-}2\text{-}22)$$

式中 T_c——计算转矩，N·m；

T——理论转矩，N·m；

K_t——温度系数，见表 6-2-53；

P_w——驱动功率，kW；

n——工作转速，r/min；

T_n——公称转矩，N·m。

③ 联轴器因瞬时过载所承受的最大转矩不得大于联轴器的最大转矩 T_{max}。

主动端冲击转矩见式（6-2-23），从动端冲击转矩见式（6-2-24）。

$$T_{Amax} = T_{AS}K_{AJ}K_tK_sK_z \leqslant T_{max} \quad (6\text{-}2\text{-}23)$$

$$T_{Lmax} = T_{LS}K_{LJ}K_tK_sK_z \leqslant T_{max} \quad (6\text{-}2\text{-}24)$$

式中 T_{AS}——主动端冲击转矩，N·m；

T_{LS}——从动端冲击转矩，N·m；

K_{AJ}——主动端质量系数，$K_{AJ} = J_A/(J_A+J_L)$；

K_{LJ}——从动端质量系数，$K_{LJ} = J_L/(J_A+J_L)$；

J_A——主动端转动惯量总和；

J_L——从动端转动惯量总和；

K_t——温度系数，见表 6-2-53；

K_s——冲击系数，见表 6-2-54；

K_z——起（启）动系数，见表 6-2-55。

表 6-2-53　　温度系数 K_t

温度范围/℃	$-30 \leqslant t \leqslant 30$	$30<t\leqslant 40$	$40<t\leqslant 60$	$60<t\leqslant 80$
K_t	1.0	1.2	1.4	1.8

表 6-2-54　　冲击系数 K_s

冲击类别	轻	中	重
K_s	1.5	1.8	2.0

表 6-2-55　　起（启）动系数 K_z

起(启)动频率/h^{-1}	<120	≥120~240	>240
K_z	1.0	1.3	按要求

4.3.4 弹性套柱销联轴器（摘自 GB/T 4323—2017）

本联轴器适用于连接两同轴线的传动轴系，具有一定的轴向、径向、角向位移补偿性能和减振、缓冲性能，工作温度为-30~100℃。结构简单、尺寸小，重量轻，不需润滑，安装容易，更换弹性元件不需轴向移动两半联轴器，弹性元件厚度较薄，弹性变形有限，用于对中精度不高、冲击载荷小、减振要求不高的中小功率工况。

弹性套柱销联轴器有 LT 型（基本型）和 LTZ 型（带制动轮型）两种，其基本参数和主要尺寸见表 6-2-56 和表 6-2-57。

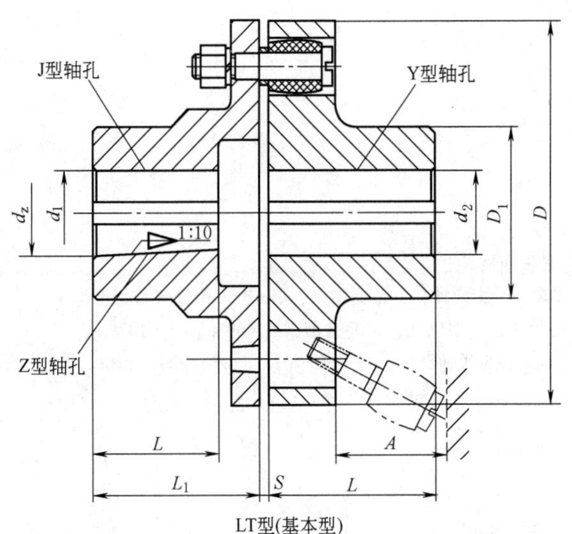

LT型(基本型)

标记示例

例 1 LT6 型联轴器

主动端：Y 型轴孔，A 型键槽，$d_1=38$mm，$L=60$mm

从动端：Y 型轴孔，A 型键槽，$d_2=38$mm，$L=60$mm

标记为：LT6 联轴器 38×60 GB/T 4323—2017

例 2 LT8 型联轴器

主动端：Z 型轴孔，C 型键槽，$d_z=50$mm，$L=84$mm

从动端：Y 型轴孔，A 型键槽，$d_2=60$mm，$L=107$mm

标记为：LT8 联轴器 ZC50×84/60×107 GB/T 4323—2017

表 6-2-56　　LT 型联轴器的基本参数和主要尺寸

型号	公称转矩 T_n	许用转速 $[n]$	轴孔直径 d_1,d_2,d_z	轴孔长度 Y型 L	轴孔长度 J、Z型 L_1	轴孔长度 J、Z型 L	D	D_1	S	A	转动惯量	质量
	N·m	r/min	mm								kg·m^2	kg
LT1	16	8800	10,11	22	25	22	71	22	3	18	0.0004	0.7
			12,14	27	32	27						
LT2	25	7600	12,14	27	32	27	80	30	3	18	0.001	1.0
			16,18,19	30	42	30						
LT3	63	6300	16,18,19	30	42	30	95	35	4	35	0.002	2.2
			20,22	38	52	38						
LT4	100	5700	20,22,24	38	52	38	106	42	4	35	0.004	3.2
			25,28	44	62	44						
LT5	224	4600	25,28	44	62	44	130	56	5	45	0.011	5.5
			30,32,35	60	82	60						
LT6	355	3800	32,35,38	60	82	60	160	71	5	45	0.026	9.6
			40,42	84	112	84						
LT7	560	3600	40,42,45,48	84	112	84	190	80	5	45	0.06	15.7
LT8	1120	3000	40,42,45,48,50,55	84	112	84	224	95	6	65	0.13	24.0
			60,63,65	107	142	107						
LT9	1600	2850	50,55	84	112	84	250	110	6	65	0.20	31.0
			60,63,65,70	107	142	107						
LT10	3150	2300	63,65,70,75	107	142	107	315	150	8	80	0.64	60.2
			80,85,90,95	132	172	132						
LT11	6300	1800	80,85,90 95	132	172	132	400	190	10	100	2.06	114
			100,110	167	212	167						
LT12	12500	1450	100,110,120,125	167	212	167	475	220	12	130	5.00	212
			130	202	252	202						
LT13	22400	1150	120,125	167	212	167	600	280	14	180	16.0	416
			130,140,150	202	252	202						
			160,170	242	302	242						

注：1. 转动惯量和质量是按 Y 型最大轴孔长度、最小轴孔直径计算的。

2. 轴孔型式组合为 Y/Y、J/Y、Z/Y。

3. 联轴器瞬时过载所传递的最大转矩为公称转矩的 2 倍。

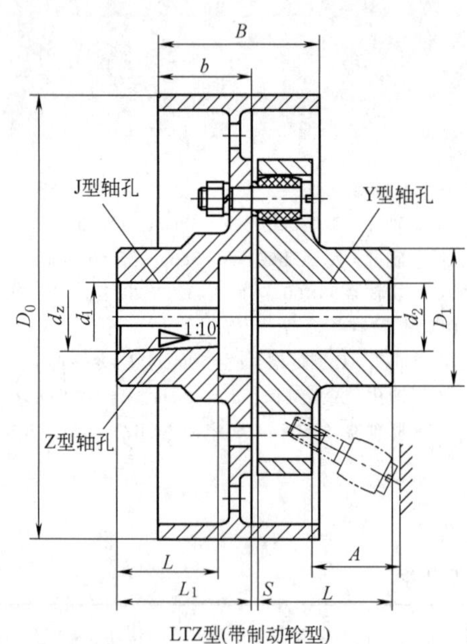

LTZ型(带制动轮型)

标记示例

LTZ5 型联轴器

半联轴器端：J 型轴孔，A 型键槽，$d_1=55$mm，$L=84$mm

带制动轮端：Y 型轴孔，A 型键槽，$d_2=60$mm，$L=107$mm

标记为：LTZ5 联轴器 J55×84/60×107　GB/T 4323—2017

表 6-2-57　　LTZ 型联轴器的基本参数和主要尺寸

型号	公称转矩 T_n	许用转速 $[n]$	轴孔直径 d_1,d_2,d_z	轴孔长度 Y型 L	轴孔长度 J、Z型 L_1	轴孔长度 J、Z型 L	D_0	D_1	B	b	S	A	转动惯量	质量
	N·m	r/min	mm										kg·m²	kg
LTZ1	224	3800	25,28	44	62	44	200	56	85	40	5	45	0.05	8.3
			30,32,35	60	82	60								
LTZ2	355	3000	32,35,38	60	82	60	250	71	105	50	5	45	0.15	15.3
			40,42	84	112	84								
LTZ3	560	2400	40,42,45,48	84	112	84	315	80	135	65	5	45	0.45	30.3
LTZ4	1120	2400	45,48,50,55	84	112	84	315	95	135	65	6	65	0.50	40.0
			60,63	107	142	107								
LTZ5	1600	2400	50,55	84	112	84	315	110	135	65	6	65	1.26	47.3
			60,63,65,70	107	142	107								
LTZ6	3150	1900	63,65,70,75	107	142	107	400	150	170	81	8	80	1.63	93.0
			80,85,90,95	132	172	132								
LTZ7	6300	1500	80,85,90,95	132	172	132	500	190	210	100	10	100	4.04	172
			100,110	167	212	167								
LTZ8	12500	1200	100,110,120,125	167	212	167	630	220	265	127	12	130	15.0	304
			130	202	252	202								
LTZ9	22400	1000	120,125	167	212	167	710	280	300	143	14	180	33.0	577
			130,140,150	202	252	202								
			160,170	242	302	242								

注：1. 转动惯量和质量是按 Y 型最大轴孔长度、最小轴孔直径计算的。

2. 轴孔型式组合为 Y/Y、J/Y、Z/Y。

3. 联轴器瞬时过载所传递的最大转矩为公称转矩的 2 倍。

联轴器许用补偿量

联轴器的许用径向补偿量 ΔY 和许用角向补偿量 $\Delta\alpha$ 应符合表 6-2-58 的规定，表中所规定的许用补偿量为由于安装误差、冲击、振动、机座变形、温度变化等因素所形成的两轴线相对偏移量。

表 6-2-58　　联轴器许用补偿量

许用补偿量	联轴器型号												
	LT1	LT2	LT3	LT4	LT5 LTZ1	LT6 LTZ2	LT7 LTZ3	LT8 LTZ4	LT9 LTZ5	LT10 LTZ6	LT11 LTZ7	LT12 LTZ8	LT13 LTZ9
ΔY/mm	0.2				0.3			0.4			0.5		0.6
$\Delta\alpha$/(°)	1.5					1					0.5		

联轴器选用说明

同梅花形弹性联轴器。

4.3.5 弹性柱销联轴器（摘自 GB/T 5014—2017）

弹性柱销联轴器适用于连接两同轴线的传动轴系，并具有补偿两轴相对偏移和一般减振、缓冲性能，工作温度为-20~70℃。结构简单，重量较轻，更换柱销不需移动两半联轴器。用于载荷变化不大，无频繁启动或正反转的传动。

弹性柱销联轴器有 LX 型（基本型）和 LXZ 型（带制动轮型）两种，其基本参数和主要尺寸见表 6-2-59 和表 6-2-60。

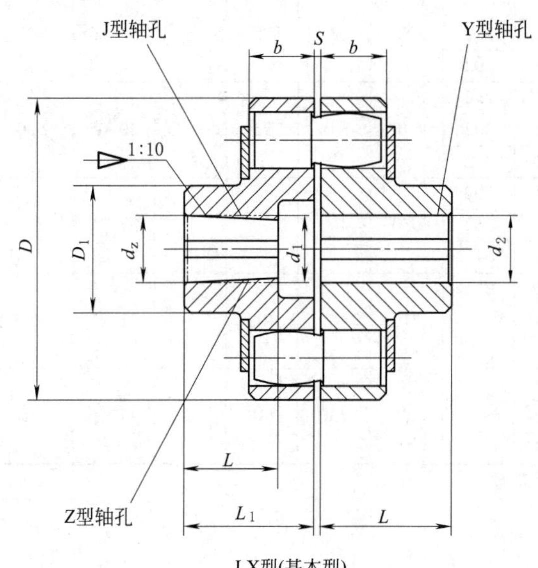

LX型(基本型)

标记示例

例 1　LX6 型联轴器

主动端：Y 型轴孔，A 型键槽，d_1=65mm，L=142mm

从动端：Y 型轴孔，A 型键槽，d_2=65mm，L=142mm

标记为：LX6 联轴器 65×142　GB/T 5014—2017

例 2　LX7 型联轴器

主动端：Z 型轴孔，C 型键槽，d_z=75mm，L=107mm

从动端：J 型轴孔，B 型键槽，d_2=70mm，L=107mm

标记为：LX7 联轴器 ZC75×107/JB70×107　GB/T 5014—2017

表 6-2-59　　LX 型联轴器的基本参数和主要尺寸

型号	公称转矩 T_n	许用转速 [n]	轴孔直径 d_1,d_2,d_z	轴孔长度 Y型 L	J、Z型 L	J、Z型 L_1	D	D_1	b	S	转动惯量	质量
	N·m	r/min	mm								kg·m²	kg
LX1	250	8500	12,14	32	27	—	90	40	20	2.5	0.002	2
			16,18,19	42	30	42						
			20,22,24	52	38	52						
LX2	560	6300	20,22,24	52	38	52	120	55	28	2.5	0.009	5
			25,28	62	44	62						
			30,32,35	82	60	82						
LX3	1250	4750	30,32,35,38	82	60	82	160	75	36	2.5	0.026	8
			40,42,45,48	112	84	112						
LX4	2500	3850	40,42,45,48,50,55,56	112	84	112	195	100	45	3	0.109	22
			60,63	142	107	142						

续表

型号	公称转矩 T_n	许用转速 [n]	轴孔直径 d_1,d_2,d_z	轴孔长度 Y型 L	轴孔长度 J、Z型 L	轴孔长度 J、Z型 L_1	D	D_1	b	S	转动惯量	质量
	N·m	r/min	mm								kg·m²	kg
LX5	3150	3450	50,55,56,	112	84	112	220	120	45	3	0.191	30
			60,63,65,70,71,75	142	107	142						
LX6	6300	2720	60,63,65,70,71,75	142	107	142	280	140	56	4	0.543	53
			80,85	172	132	172						
LX7	11200	2360	70,71,75	142	107	142	320	170	56	4	1.314	98
			80,85,90,95	172	132	172						
			100,110	212	167	212						
LX8	16000	2120	80,85,90,95	172	132	172	360	200	56	5	2.023	119
			100,110,120,125	212	167	212						
LX9	22400	1850	100,110,120,125	212	167	212	410	230	63	5	4.386	197
			130,140	252	202	252						
LX10	35500	1600	110,120,125	212	167	212	480	280	75	6	9.760	322
			130,140,150	252	202	252						
			160,170,180	302	242	302						
LX11	50000	1400	130,140,150	252	202	252	540	340	75	6	20.05	520
			160,170,180	302	242	302						
			190,200,220	352	282	352						
LX12	80000	1220	160,170,180	302	242	302	630	400	90	7	37.71	714
			190,200,220	352	282	352						
			240,250,260	410	330	—						
LX13	125000	1060	190,200,220	352	282	352	710	465	100	8	71.37	1057
			240,250,260	410	330	—						
			280,300	470	380	—						
LX14	180000	950	240,250,260	410	330	—	800	530	110	8	170.6	1956
			280,300,320	470	380	—						
			340	550	450	—						

注：质量、转动惯量是按 J/Y 轴孔组合型式和最小轴孔直径计算的。

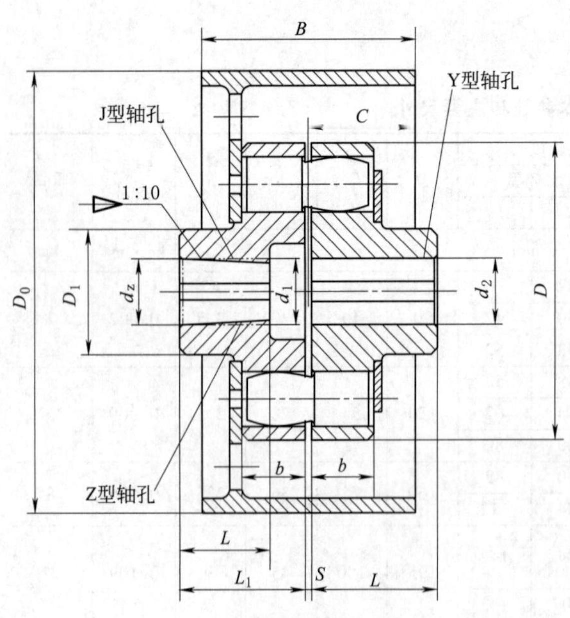

LXZ型(带制动轮型)

标记示例

LXZ5 型联轴器

半联轴器端：J 型轴孔，B 型键槽，$d_2=60$mm，$L=107$mm

带制动轮端：J 型轴孔，B 型键槽，$d_1=55$mm，$L=84$mm

标记为：LXZ5 联轴器 JB60×107/JB55×84 GB/T 5014—2017

表 6-2-60　　LXZ 型联轴器的基本参数和主要尺寸

型号	公称转矩 T_n	许用转速 $[n]$	轴孔直径 d_1,d_2,d_z	轴孔长度 Y 型 L	轴孔长度 J、Z 型 L	轴孔长度 J、Z 型 L_1	D_0	D	D_1	B	b	S	C	转动惯量	质量
	N·m	r/min	mm											kg·m²	kg
LXZ1	560	5600	20,22,24	52	38	52	200	120	55	85	28	2.5	42	0.055	11
			25,28	62	44	62									
			30,32,35	82	60	82									
LXZ2	1250	3750	30,32,35,38	82	60	82	200	160	75	85	36	2.5	40	0.072	14
			40,42,45,48	112	84	112									
LXZ3	1250	2430	30,32,35,38	82	60	82	315	160	75	132	36	2.5	66	0.313	25
			40,42,45,48	112	84	112									
LXZ4	2500	2430	40,42,45,48,50,55,56	112	84	112	315	195	100	132	45	3	66	0.504	40
			60,63	142	107	142									
LXZ5	2500	1900	40,42,45,48,50,55,56	112	84	112	400	195	100	168	45	3	84	1.192	59
			60,63	142	107	142									
LXZ6	3150	1900	50,55,56	112	84	112	400	220	120	168	45	3	84	1.402	69
			60,63,65,70,71,75	142	107	142									
LXZ7	3150	1500	50,55,56	112	84	112	500	220	120	210	45	3	105	2.872	91
			60,63,65,70,71,75	142	107	142									
LXZ8	6300	1900	60,63,65,70,71,75	142	107	142	400	280	140	168	56	4	84	1.800	88
			80,85	172	132	172									
LXZ9	6300	1500	60,63,65,70,71,75	142	107	142	500	280	140	210	56	4	105	3.582	113
			80,85	172	132	172									
LXZ10	11200	1500	70,71,75	142	107	142	500	320	170	210	56	4	105	4.970	156
			80,85,90,95	172	132	172									
			100,110	212	167	212									
LXZ11	11200	1220	70,71,75	142	107	142	630	320	170	265	56	4	132	9.392	187
			80,85,90,95	172	132	172									
			100,110	212	167	212									
LXZ12	16000	1220	80,85,90,95	172	132	172	630	360	200	265	56	5	132	16.43	326
			100,110,120,125	212	167	212									
LXZ13	22400	1080	100,110,120,125	212	167	212	710	410	230	298	63	5	149	21.66	337
			130,140	252	202	252									
LXZ14	35500	1060	110,120,125	212	167	212	710	480	280	298	75	6	149	29.55	458
			130,140,150	252	202	252									
			160,170,180	302	242	302									
LXZ15	35500	950	110,120,125	212	167	212	800	480	280	335	75	6	168	41.08	504
			130,140,150	252	202	252									
			160,170,180	302	242	302									

注：质量、转动惯量是按 J/Y 轴孔组合型式和最小轴孔直径计算的。

联轴器许用补偿量

联轴器使用时，被连接两轴的相对偏移量不得大于表 6-2-61 的规定。

表 6-2-61　　联轴器许用补偿量

项目	LX1	LX2	LX3	LX4	LX5	LX6	LX7	LX8	LX9	LX10	LX11	LX12	LX13	LX14
	—	LXZ1	LXZ2 LXZ3	LXZ4 LXZ5	LXZ6 LXZ7	LXZ8 LXZ9	LXZ10 LXZ11	LXZ12	LXZ13	LXZ14 LXZ15	—	—	—	—
轴向/mm	±0.5	±1	±1	±1.5	±1.5	±2	±2	±2	±2	±2.5	±2.5	±2.5	±3	±3
径向/mm	0.15	0.15	0.15	0.15	0.15	0.20	0.20	0.20	0.20	0.25	0.25	0.25	0.25	0.25
角向	≤0°30′													

注：1. 径向补偿量的测量部位在半联轴器最大外圆宽度的 1/2 处。

2. 安装误差必须小于表中数值。

联轴器选用说明

① 联轴器应根据工况条件、计算转矩、工作转速和轴孔直径等综合因素进行选用。

② 联轴器计算转矩 T_c 一般由式（6-2-25）求出。

$$T_c = KT = K\frac{9550P_w}{n} \leqslant T_n \tag{6-2-25}$$

式中 T_c——计算转矩，N·m；

T——理论转矩，N·m；

K——工况系数，由工作机械分类确定；

P_w——驱动功率，kW；

n——工作转速，r/min；

T_n——公称转矩，N·m。

③ 工作机械分类：Ⅰ类，转矩变化很小的机械，$K=1.3$；Ⅱ类，转矩变化小的机械，$K=1.5$；Ⅲ类，转矩变化中等的机械，$K=1.7$；Ⅳ类，转矩变化和冲击载荷中等的机械，$K=1.9$；Ⅴ类，转矩变化和冲击载荷大的机械，$K=2.3$。

4.3.6 冶金设备用轮胎式联轴器（摘自 JB/T 10541—2005）

冶金设备用轮胎式联轴器适用于连接两同轴线的传动轴系，具有较高的减振和补偿各种位移的性能，其轴向和径向位移不大于轮胎体最大外径的2%，角向位移不大于6°，工作温度为-20～80℃。不需润滑，装拆方便，使用寿命较长，电绝缘。用于有冲击、振动、启动频繁、经常正反转以及潮湿、多尘的场合。

轮胎式联轴器有 LLA 型和 LLB 型两种。LLA 型联轴器轴孔型式组合为 Y/J、J_1/J、Y/Z、J_1/Z；LLB 型联轴器轴孔型式组合为 Y/J_1、J_1/J_1、Y/Z_1、J_1/Z_1。键槽型式为 A 型。其基本参数和主要尺寸见表 6-2-62 和表 6-2-63。

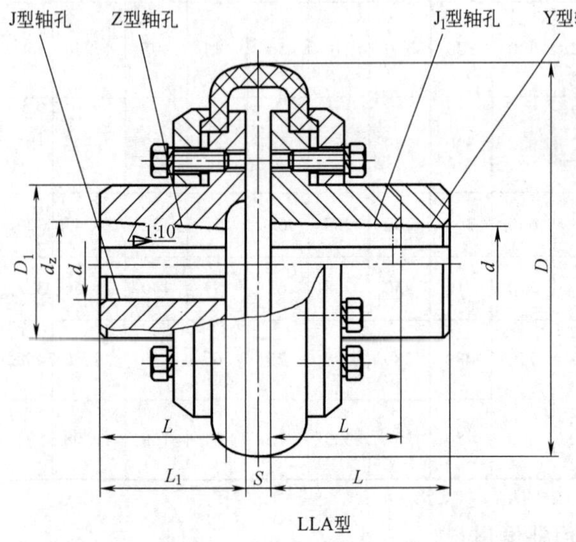

LLA型

标记示例

LLA6 型轮胎联轴器

主动端：Y 型孔，A 型键槽，$d=45$mm，$L=112$mm

从动端：J 型孔，A 型键槽，$d=42$mm，$L=84$mmL

标记为：LLA6 联轴器 45×112/J42×84 JB/T 10541—2005

表 6-2-62 **LLA 型联轴器的基本参数和主要尺寸**

型号	公称转矩 T_n	许用转速 [n]	轴孔直径 d,d_z	轴孔长度 Y型 L	轴孔长度 J、J_1、Z型 L	轴孔长度 J、J_1、Z型 L_1	D	D_1	S	转动惯量	质量
	N·m	r/min	mm							kg·m²	kg
LLA1	10	5000	6,7	16	—	—	63	20	4	0.0004	0.35
			8,9	20	—	—					
			10,11	25	22	—					

续表

型号	公称转矩 T_n	许用转速 $[n]$	轴孔直径 d,d_z	轴孔长度 Y型 L	轴孔长度 J、J_1、Z型 L	轴孔长度 J、J_1、Z型 L_1	D	D_1	S	转动惯量	质量
	N·m	r/min	mm							kg·m²	kg
LLA2	20	5000	8,9	20	—	—	100	36	8	0.005	1.33
			10,11	25	22	—					
			12,14	32	27	—					
			16,18,19	42	30	35					
LLA3	80	4000	18,19	42	30	—	135	48	12	0.022	3.4
			20,22,24	52	38	42					
			25,28	62	44	50					
LLA4	160	3150	25,28	62	44	50	180	64	18	0.071	7.4
			30,32,35,38	82	60	65					
LLA5	315	2800	30,32,35,38	82	60	65	210	80	18	0.154	13.5
			40,42,45,48,50	112	84	90					
LLA6	630	2500	40,42,45,48,50,55,56	112	84	90	265	100	24	0.46	22.6
LLA7	1250	2000	45,48,50,55,56	112	84	90	310	120	28	0.89	84.8
			60,63,65,70,71,75	142	107	120					
LLA8	2500	1600	60,63,65,70,71,75	142	107	120	400	150	38	3.57	74.3
			80,85,90,95	172	132	120					
LLA9	5000	1250	80,85,90,95	172	132	145	450	190	42	6.74	111.5
			100,110,120,125	212	167	145					
LLA10	10000	1000	100,110,120,125	212	167	180	560	230	51	17.55	191.3
			130,140,150	252	202	180					
LLA11	20000	800	130,140,150	252	202	220	700	280	70	54.1	373
			160,170,180	302	242	270					

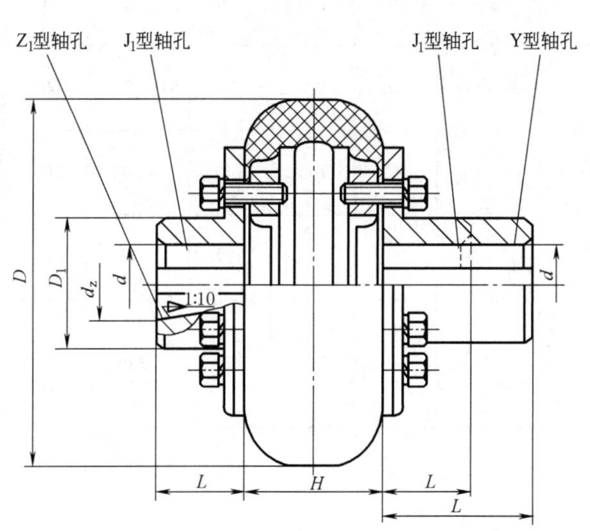

LLB型

标记示例

LLB6 型轮胎式联轴器

主动端：Y 型轴孔，A 型键槽，$d=45$mm，$L=112$mm

从动端：J_1 型轴孔，A 型键槽，$d=42$mm，$L=84$mm

标记为：LLB6 联轴器 45×112/$J_1$42×84 JB/T 10541—2005

表 6-2-63 LLB 型联轴器的基本参数和主要尺寸

型号	公称转矩 T_n	许用转速 $[n]$	轴孔直径 d,d_z	轴孔长度 L Y型	轴孔长度 L J_1、Z_1型	D	D_1	H	转动惯量	质量
	N·m	r/min	mm						kg·m²	kg
LLB1	10	5000	6,7	16	—	63	20	26	0.0003	0.4
			8,9	20	—					
			10,11	25	—					

续表

<table>
<tr><th rowspan="3">型号</th><th rowspan="2">公称转矩 T_n</th><th rowspan="2">许用转速[n]</th><th rowspan="2">轴孔直径 d,d_z</th><th colspan="2">轴孔长度 L</th><th rowspan="2">D</th><th rowspan="2">D_1</th><th rowspan="2">H</th><th rowspan="2">转动惯量</th><th rowspan="2">质量</th></tr>
<tr><th>Y 型</th><th>J_1、Z_1 型</th></tr>
<tr><th>N·m</th><th>r/min</th><th colspan="6">mm</th><th>kg·m²</th><th>kg</th></tr>
<tr><td rowspan="3">LLB2</td><td rowspan="3">50</td><td rowspan="3">5000</td><td>10,11</td><td>25</td><td>—</td><td rowspan="3">100</td><td rowspan="3">36</td><td rowspan="3">32</td><td rowspan="3">0.0035</td><td rowspan="3">1.5</td></tr>
<tr><td>12,14</td><td>32</td><td>27</td></tr>
<tr><td>16,18,19</td><td rowspan="2">42</td><td rowspan="2">30</td></tr>
<tr><td rowspan="2">LLB3</td><td rowspan="2">100</td><td rowspan="2">4500</td><td>16,18,19</td><td rowspan="2">120</td><td rowspan="2">44</td><td rowspan="2">39</td><td rowspan="2">0.01</td><td rowspan="2">2.2</td></tr>
<tr><td>20,22,24</td><td rowspan="2">52</td><td rowspan="2">38</td></tr>
<tr><td rowspan="3">LLB4</td><td rowspan="3">160</td><td rowspan="3">4200</td><td>22,24</td><td rowspan="3">140</td><td rowspan="3">50</td><td rowspan="3">45</td><td rowspan="3">0.021</td><td rowspan="3">3.1</td></tr>
<tr><td>25,28</td><td>62</td><td>44</td></tr>
<tr><td>30,32,35</td><td>82</td><td>60</td></tr>
<tr><td rowspan="2">LLB5</td><td rowspan="2">224</td><td rowspan="2">4000</td><td>25,28</td><td>62</td><td>44</td><td rowspan="2">160</td><td rowspan="2">60</td><td rowspan="2">51</td><td rowspan="2">0.028</td><td rowspan="2">5</td></tr>
<tr><td>30,32,35,38</td><td rowspan="2">82</td><td rowspan="2">60</td></tr>
<tr><td rowspan="2">LLB6</td><td rowspan="2">315</td><td rowspan="2">3600</td><td>30,32,35,38</td><td rowspan="2">185</td><td rowspan="2">70</td><td rowspan="2">58</td><td rowspan="2">0.07</td><td rowspan="2">8.1</td></tr>
<tr><td>40,42,45</td><td>112</td><td>84</td></tr>
<tr><td rowspan="2">LLB7</td><td rowspan="2">500</td><td rowspan="2">3200</td><td>35,38</td><td>82</td><td>60</td><td rowspan="2">220</td><td rowspan="2">85</td><td rowspan="2">68</td><td rowspan="2">0.15</td><td rowspan="2">13</td></tr>
<tr><td>40,42,45,48,50,55,56</td><td rowspan="2">112</td><td rowspan="2">84</td></tr>
<tr><td rowspan="2">LLB8</td><td rowspan="2">800</td><td rowspan="2">2600</td><td>40,42,45,48,50,55,56</td><td rowspan="2">265</td><td rowspan="2">100</td><td rowspan="2">82</td><td rowspan="2">0.3</td><td rowspan="2">22</td></tr>
<tr><td>60,63,65</td><td>142</td><td>107</td></tr>
<tr><td rowspan="2">LLB9</td><td rowspan="2">1250</td><td rowspan="2">2200</td><td>45,48,50,55,56</td><td>112</td><td>84</td><td rowspan="2">310</td><td rowspan="2">120</td><td rowspan="2">106</td><td rowspan="2">0.75</td><td rowspan="2">35</td></tr>
<tr><td>60,63,65,70,71,75</td><td rowspan="2">142</td><td rowspan="2">107</td></tr>
<tr><td rowspan="2">LLB10</td><td rowspan="2">2500</td><td rowspan="2">1800</td><td>60,63,65,70,71,75</td><td rowspan="2">400</td><td rowspan="2">150</td><td rowspan="2">124</td><td rowspan="2">2.2</td><td rowspan="2">69</td></tr>
<tr><td>80,85,90,95</td><td rowspan="2">172</td><td rowspan="2">132</td></tr>
<tr><td rowspan="2">LLB11</td><td rowspan="2">5000</td><td rowspan="2">1600</td><td>80,85,90,95</td><td rowspan="2">450</td><td rowspan="2">190</td><td rowspan="2">140</td><td rowspan="2">4.4</td><td rowspan="2">110</td></tr>
<tr><td>100,110,120,125</td><td rowspan="2">212</td><td rowspan="2">167</td></tr>
<tr><td rowspan="2">LLB12</td><td rowspan="2">10000</td><td rowspan="2">1200</td><td>100,110,120,125</td><td rowspan="2">560</td><td rowspan="2">239</td><td rowspan="2">172</td><td rowspan="2">14</td><td rowspan="2">190</td></tr>
<tr><td>130,140,150</td><td rowspan="2">252</td><td rowspan="2">202</td></tr>
<tr><td rowspan="3">LLB13</td><td rowspan="3">20000</td><td rowspan="3">1000</td><td>130,140,150</td><td rowspan="3">700</td><td rowspan="3">318</td><td rowspan="3">220</td><td rowspan="3">38</td><td rowspan="3">340</td></tr>
<tr><td>160,170,180</td><td>302</td><td>242</td></tr>
<tr><td>190,200</td><td>352</td><td>282</td></tr>
</table>

4.3.7 半直驱风力发电机组用联轴器

本联轴器适用于 3~16MW 半直驱风力发电机组传动轴系，属于轴向长度极致紧凑型设计。其可以进行少量的径向和角向位移补偿；适于高速且允许正反转；力矩限制器经累计角度 100000°的连续打滑寿命测试，打滑转矩下滑不超过 10%。该联轴器挠性元件采用高性能聚氨酯弹性体，具有耐磨、抗油、抗氧化、抗老化等特性。该联轴器具有结构简单、无需润滑、电绝缘性高、装拆方便等特点。

半直驱风力发电机组用联轴器的基本参数和主要尺寸见表 6-2-64。在为用户风力发电机组配套时，由于每个机组要求和环境要求不同，往往需要在此基础上进行参数调整计算和尺寸改进设计。

第6篇

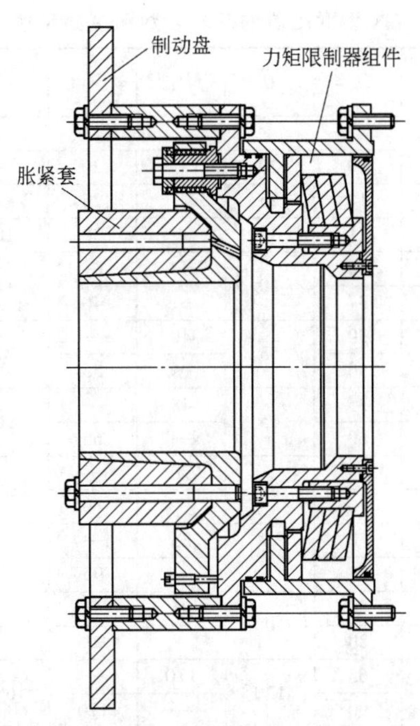

表 6-2-64 半直驱风力发电机组用联轴器的基本参数和主要尺寸

型号	公称转矩 /N·m	最大许用转速 /r·min⁻¹	最大许用轴径 /mm	最大外径（不含制动盘）/mm	轴向补偿量 /mm	角向补偿量 /(°)
WDRB-9010	100000	1000	230	760	1	0.2
WDRB-9017	170000	1000	260	800	1	0.2
WDRB-9026	260000	750	300	858	1	0.2
WDRB-9029	290000	750	350	993	1	0.2
WDRB-9047	470000	500	400	1060	1	0.2
WDRB-9100	1000000	500	450	1260	1	0.2

4.3.8 星形弹性联轴器（摘自 JB/T 10466—2021）

本联轴器适用于连接两同轴线的传动轴系，具有一定的两轴相对位移补偿能力，预应力下可实现无齿隙的连接，工作温度为-30~90℃。该联轴器结构简单，径向尺寸小，不需润滑，维护方便，具有减振、缓冲性能，用于启动频繁，经常正反转的中低速、中小功率以及工作可靠性要求高的工况。

星形弹性联轴器有 LX 型（基本型）、LXF 型（法兰型）、LXL 型（带制动轮型）和 LXP 型（带制动盘型）四种，其基本参数和主要尺寸见表 6-2-65~表 6-2-71。

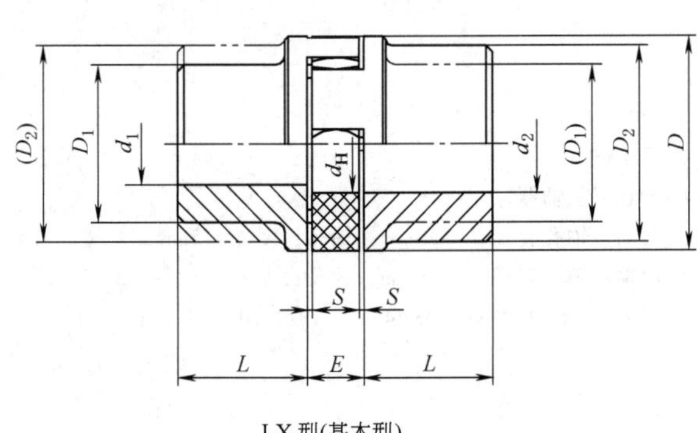

LX 型(基本型)

标记示例

LX80 型联轴器

主动端：轴孔直径 $d_1=35$mm，轴孔长度 $L=45$mm，A 型键槽

从动端：轴孔直径 $d_2=38$mm，轴孔长度 $L=45$mm，A 型键槽

标记为：LX80-35×45/38×45　　JB/T 10466—2021

表 6-2-65　　**LX 型联轴器的基本参数和主要尺寸**

型号	公称转矩 T_n	许用转速 $[n]$	轴孔直径 d_1,d_2	L	D	D_1	D_2	d_H	E	S	转动惯量	质量
	N·m	r/min	mm								kg·m²	kg
LX20	5	28800	6~10	10	20	—	20	—	8	1	0.00001	0.09
LX25	9	27000	6~12	11	25	—	25	—	10	1	0.00002	0.10
LX30	12.5	25400	6~16	11	30	—	30	10	13	1.5	0.00003	0.13
LX40	20	19000	6~19	25	40	32	—	18	16	2	0.00008	0.33
			>19~24	37		—	40					
LX55	60	13800	8~24	30	55	40	—	27	18	2	0.0003	0.66
			>24~28	50		—	55					
LX65	100	11500	10~28	35	65	48	—	30	20	2.5	0.0007	1.16
			>28~38	60		—	65					
LX80	200	9500	12~38	45	80	70	—	38	24	3	0.002	2.27
			>38~48	70		—	80					
LX95	260	8000	14~42	50	95	85	—	46	26	3	0.005	3.57
			>42~55	75		—	95					
LX105	310	7250	15~48	56	105	95	—	51	28	3.5	0.008	4.80
			>48~60	80		—	105					
LX120	410	6350	20~55	65	120	110	—	60	30	4	0.016	7.37
			>55~70	90		—	120					
LX135	630	5650	22~65	75	135	115	—	68	35	4.5	0.031	10.89
			>65~75	100		—	135					
LX160	1300	4750	30~75	85	160	135	—	80	40	5	0.068	17.73
			>75~95	110		—	160					
LX200	2400	3800	40~90	100	200	160	—	100	45	5.5	0.159	29.6
			>90~100	125		—	200					
LX225	3500	3350	50~100	110	225	180	—	113	50	6	0.277	41.0
			>100~110			—	225					
LX255	5000	2950	60~110	120	255	200	—	127	55	6.5	0.51	58.6
			>110~125			—	255					
LX290	6500	2600	60~125	140	290	230	—	147	60	7	1.0	88.4
			>125~145			—	290					
LX320	8500	2350	60~140	155	320	255	—	165	65	7.5	1.7	120.6
			>140~165			—	320					
LX370	13000	2050	80~160	175	370	290	—	190	75	9	3.35	179.1
			> 160 190			—	370					
LX420	18000	1800	85~180	195	420	325	—	220	85	10.5	6.37	261.0
			>180~220			—	420					

注：转动惯量和质量是最大轴孔直径和长度下的近似值。

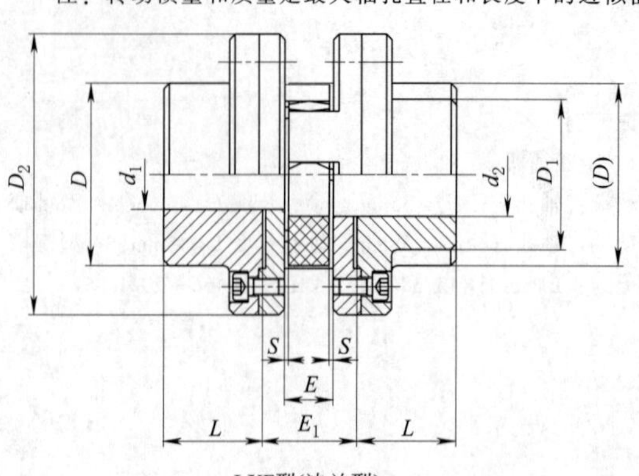

LXF型(法兰型)

标记示例

LXF80 型联轴器

主动端：轴孔直径 $d_1=35$mm，轴孔长度 $L=45$mm，A 型键槽

从动端：轴孔直径 $d_2=38$mm，轴孔长度 $L=45$mm，A 型键槽

标记为：LXF80-35×45/38×45　　JB/T 10466—2021

表 6-2-66　　LXF 型联轴器的基本参数和主要尺寸

型号	公称转矩 T_n	许用转速 $[n]$	轴孔直径 d_1,d_2	L	D	D_1	D_2	E	E_1	S	转动惯量	质量
	N·m	r/min	mm								kg·m²	kg
LXF55	60	13800	8~24	30	—	40	80	18	35	2	0.0004	0.91
			>24~28		55	—						
LXF65	100	11500	10~28	35	—	48	100	20	40	2.5	0.001	1.44
			>28~38		65	—						
LXF80	200	9500	12~38	45	—	66	115	24	44	3	0.003	2.79
			>38~48		80	—						
LXF95	260	8000	14~42	50	—	75	140	26	50	3	0.006	4.32
			>42~55		95	—						
LXF105	310	7250	15~48	55	—	85	150	28	52	3.5	0.016	7.14
			>48~60		105	—						
LXF120	410	6350	20~55	65	—	98	175	30	62	4	0.023	9.03
			>55~70		120	—						
LXF135	630	5650	22~65	75	—	115	190	35	67	4.5	0.052	14.86
			>65~75		135	—						
LXF160	1300	4750	30~75	85	—	135	215	40	78	5	0.081	19.41
			>75~95		160	—						
LXF200	2400	3800	40~90	100	—	160	260	45	85	5.5	0.156	29.49
			>90~100		200	—						
LXF225	3500	3350	50~100	110	—	180	285	50	100	6	0.35	46.90
			>100~110		225	—						
LXF255	5000	2950	60~110	120	—	200	330	55	107	6.5	0.58	64.10
			>110~125		255	—						
LXF290	6500	2600	60~125	140	—	230	370	60	120	7	1.15	94.10
			>125~145		290	—						
LXF320	8500	2350	60~140	155	—	255	410	65	133	7.5	3.46	184.9
			>140~165		320	—						
LXF370	13000	2050	80~160	175	—	290	460	75	151	9	5.70	263.9
			>160~190		370	—						
LXF420	18000	1800	85~180	190	—	325	520	85	165	10.5	10.89	364.5
			>180~220		420	—						

注：转动惯量和质量是最大轴孔直径和长度下的近似值。

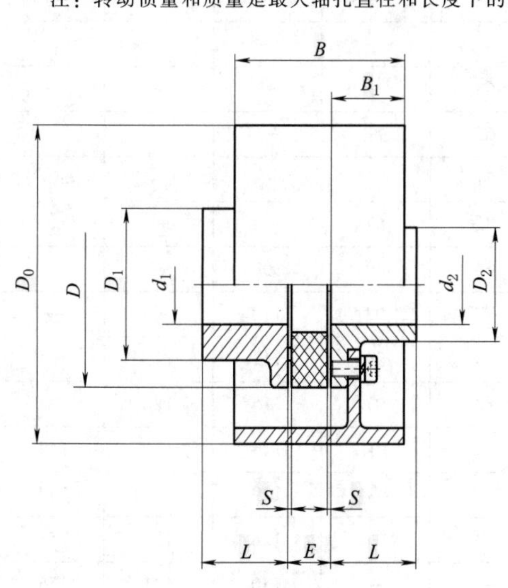

LXL型(带制动轮型)

标记示例

LXL80 型联轴器

主动端：轴孔直径 d_1=35mm，轴孔长度 L=45mm，A 型键槽

从动端：轴孔直径 d_2=32mm，轴孔长度 L=45mm，A 型键槽

制动轮直径 200mm

标记为：LXL80-35×45/32×45-200　　JB/T 10466—2021

表 6-2-67　　　　LXL 型联轴器的基本参数和主要尺寸

型号	公称转矩 T_n	轴孔直径 d_1	轴孔直径 d_2	D	L	D_1	D_2	E	S	转动惯量	质量
	N·m	mm								kg·m^2	kg
LXL65	100	10~28	10~24	65	35 22	62	38	20	2.5	0.0004	0.90
LXL80	200	12~38	12~32	80	45 27	66	50	24	3	0.0016	1.84
LXL95	260	14~42	14~35	95	50 27	75	55	26	3	0.0033	2.84
LXL105	310	15~48	15~42	105	56	85	65	28	3.5	0.0052	3.95
LXL120	410	20~55	20~50	120	65	98	78	30	4	0.0103	6.02
LXL135	630	22~65	22~55	135	75	115	85	35	4.5	0.021	8.81
LXL160	1300	30~75	30~66	160	85	135	104	40	5	0.045	14.13
LXL200	2400	40~90	40~88	200	100	160	135	45	5.5	0.122	25.4
LXL225	3500	50~100	50~96	225	110	180	148	50	6	0.213	35.3
LXL255	5000	60~110	60~110	255	120	200	170	55	6.5	0.387	49.9
LXL290	6500	60~125	60~125	290	140	230	195	60	7	0.75	74.8
LXL320	8500	60~140	60~140	320	155	255	215	65	7.5	1.232	100.7
LXL370	13000	80~160	80~160	370	175	290	252	75	9	2.44	150.9
LXL420	18000	100~180	100~180	420	195	325	290	85	10.5	4.54	218.4

注：表中转动惯量和质量不包括制动轮的转动惯量和质量，制动轮的基本参数和主要尺寸见表 6-2-68。

表 6-2-68　　　　制动轮的基本参数和主要尺寸

D_0/mm	160	200	250	315	400	500	630	710	800
许用转速［n］/r·min^{-1}	3550	2800	2240	1800	1400	1120	900	800	710
B/mm	60	75	95	118	150	190	236	265	300
转动惯量 /kg·m^2	0.01	0.03	0.08	0.28	0.89	2.7	8.01	14.9	27.2
质量/kg	2.12	3.45	6.87	14.95	31.2	60	112	161	202
规格	B_1/mm								
LXL65	30	35	43	—	—	—	—	—	—
LXL80	31	36	44	—	—	—	—	—	—
LXL95	—	38	46	55	68	—	—	—	—
LXL105	—	39	47	56	69	—	—	—	—
LXL120	—	41	49	58	71	—	—	—	—
LXL135	—	—	50	59	72	87	—	—	—
LXL160	—	—	52	64	74	89	107	—	—
LXL200	—	—	—	55	77	92	110	—	—
LXL225	—	—	—	—	79	94	112	113	—
LXL255	—	—	—	—	82	97	115	126	—
LXL290	—	—	—	—	—	101	119	130	144
LXL320	—	—	—	—	—	104	129	133	147
LXL370	—	—	—	—	—	—	126	137	151
LXL420	—	—	—	—	—	—	130	141	155

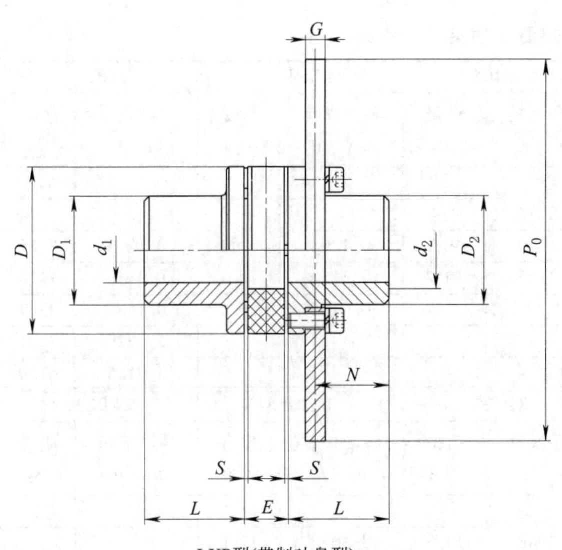

LXP型(带制动盘型)

标记示例

LXP80 型联轴器

主动端：轴孔直径 $d_1=35$mm，轴孔长度 $L=45$mm，A 型键槽

从动端：轴孔直径 $d_2=32$mm，轴孔长度 $L=45$mm，A 型键槽

制动盘直径 200mm

标记为：LXP80-35×45/32×45-200　　JB/T 10466—2021

表 6-2-69　　LXP 型联轴器的基本参数和主要尺寸

型号	公称转矩 T_n	轴孔直径 d_1	轴孔直径 d_2	D	L	D_1	D_2	E	S	转动惯量	质量
	N · m	mm								kg · m^2	kg
LXP80	200	12～38	12～32	80	45 27	70	50	24	3	0.002	2.27
LXP95	260	14～42	14～35	95	50 27	85	60	26	3	0.005	3.57
LXP105	310	15～48	15～42	105	56	95	68	28	3.5	0.009	7.5
LXP120	410	20～55	20～50	120	65	110	78	30	4	0.023	9.3
LXP135	630	22～65	22～55	135	75	115	92	35	4.5	0.042	15.0
LXP160	1300	30～75	30～66	160	85	135	105	40	5	0.07	21.8
LXP200	2400	40～90	40～88	200	100	160	140	45	5.5	0.199	40.0
LXP225	3500	50～100	50～96	225	110	180	155	50	6	0.31	61.8
LXP255	5000	60～110	60～110	255	120	200	175	55	6.5	0.36	77.8
LXP290	6500	60～125	60～125	290	140	230	205	60	7	1.0	102.6

注：表中转动惯量和质量不包括制动盘的转动惯量和质量，制动盘基本参数和主要尺寸见表 6-2-70 和表 6-2-71。

表 6-2-70　　制动盘的基本参数和主要尺寸

P_0 /mm	G /mm	许用转速 [n] /r · min^{-1}	N/mm LXP80	LXP95	LXP105	LXP120	LXP135	LXP160	LXP200	LXP225	LXP255	LXP290
200	12.5	2800	31.25	—	—	—	—	—	—	—	—	—
250	12.5	2240	31.25	34.25	39.25	—	—	—	—	—	—	—
315	16	1800	—	32.5	37.5	44.5	53.5	61.5	—	—	—	—
400	16	1400	—	—	37.5	44.5	53.5	61.5	73.5	81.5	88.5	—
500	16	1120	—	—	—	44.5	53.5	61.5	73.5	81.5	88.5	104.5
630	20	900	—	—	—	—	51.5	59.5	71.5	79.5	86.5	102.5
710	20	800	—	—	—	—	51.5	59.5	71.5	79.5	86.5	102.5
800	25	710	—	—	—	—	—	—	69	77	84	100
900	25	630	—	—	—	—	—	—	—	—	84	100

表 6-2-71　　　　制动盘的转动惯量和质量

P_0 /mm	G /mm	LXP80		LXP95		LXP105		LXP120		LXP135	
		转动惯量 /kg · m²	质量 /kg	转动惯量 /kg · m²	质量 /kg	转动惯量 /kg · m²	质量 /kg	转动惯量 /kg · m²	质量 /kg	转动惯量 /kg · m²	质量 /kg
200	12.5	0.0153	2.85								
250	12.5	0.0375	4.58	0.1037	4.49	0.0374	4.4				
315	16			0.1212	9.37	0.1210	9.2	0.1208	9.11	0.1203	8.86
400	16					0.3162	15.3	0.3150	15.1	0.3134	14.8
500	16							0.7705	24.0	0.7685	23.7
630	20									2.4226	47.7
710	20									3.9155	61.0
P_0 /mm	G /mm	LXP160		LXP200		LXP225		LXP255		LXP290	
		转动惯量 /kg · m²	质量 /kg	转动惯量 /kg · m²	质量 /kg	转动惯量 /kg · m²	质量 /kg	转动惯量 /kg · m²	质量 /kg	转动惯量 /kg · m²	质量 /kg
315	16	0.1195	8.59								
400	16	0.3141	14.6	0.3100	13.7	0.3086	13.3	0.3030	12.6		
500	16	0.7666	23.4	0.7656	22.6	0.7614	22.1	0.7554	21.4	0.7463	20.3
630	20	2.4233	47.4	2.4187	46.3	2.4135	45.7	2.4094	44.9	2.3979	43.5
710	20	3.9100	60.6	3.9055	59.5	3.9041	59.0	3.8963	58.1	3.8853	56.7
800	25			7.8828	95.4	7.8791	94.7	7.8671	93.6	7.8501	91.8
900	25							12.5308	119	12.5292	118

螺栓预紧力矩

联轴器法兰与制动轮、制动盘连接用 10.9 级高强度螺钉，其螺栓预紧力矩应不小于表 6-2-72 的规定。

表 6-2-72　　　　螺栓预紧力矩（10.9 级）

螺栓规格	M4	M6	M8	M10	M12	M16	M20	M24
预紧力矩/N · m	4.1	14	35	69	120	295	580	1000

联轴器允许最大偏差

当两轴线无径向偏差、转速为 1500r/min 时，联轴器的角向偏差值不超过表 6-2-73 的规定。

当两轴线无角向偏差时，联轴器的径向、轴向和角向偏差不超过表 6-2-73 的规定。

表 6-2-73　　　　径向、轴向、角向许用偏差

型号规格				径向偏差 (n=1500r/min 时) /mm	轴向偏差 /mm	角向偏差 /(°)
LX 型	LXF 型	LXL 型	LXP 型			
20	—	—	—	0.10	+1.0 −0.5	1
25	—	—	—	0.15	+1.0 −0.5	
30	—	—	—	0.17	+1.0 −0.5	
40	40	—	—	0.20	+1.5 −0.5	
55	55	—	—	0.22	+1.5 −0.5	
65	65	65	—	0.25	+1.5 −0.7	
80	80	80	80	0.28	+2.0 −0.7	

续表

型号规格				径向偏差 (n=1500r/min 时) /mm	轴向偏差 /mm	角向偏差 /(°)
LX 型	LXF 型	LXL 型	LXP 型			
95	95	95	95	0.32	+2.0 -1.0	1
105	105	105	105	0.36	+2.0 -1.0	
120	120	120	120	0.38	+2.0 -1.0	
135	135	135	135	0.42	+2.5 -1.0	
160	160	160	160	0.48	+3.0 -1.5	
200	200	200	200	0.50	+3.5 -1.5	
225	225	225	225	0.52	+4.0 -1.5	
255	255	255	255	0.55	+4.5 -2.0	
290	290	290	290	0.60	+4.5 -2.0	
320	320	320	—	0.62	+5.0 -2.0	
370	370	370	—	0.64	+5.5 -2.5	
420	420	420	—	0.68	+6.5 -3.0	

4.4 安全联轴器

4.4.1 永磁联轴器（摘自 GB/T 38763—2020)

本联轴器适用于连接两同轴线的传动轴系，具有较大的两轴径向和角向相对位移补偿能力，工作温度为-45~65℃。通过永磁磁场和感应磁场在主动端和从动端之间相互作用实现柔性传递转矩和运动。具有隔离系统振动、缓冲启动、过载保护等功能。适用于具有较高的启动转矩的负载、脉冲负载、周期性振动负载和需要限定负载最大转矩而保护电机和负载设备的场合，广泛应用于电力、钢铁、矿山、煤炭、化工、起重、造纸、纺织、造船、水泥、航空航天等行业。

永磁联轴器的型式见表 6-2-74。

表 6-2-74　　永磁联轴器的型式

名称		型号	图示
标准型永磁联轴器	标准型(单磁盘)永磁联轴器	YLBD	
	标准型(双磁盘)永磁联轴器	YLBS	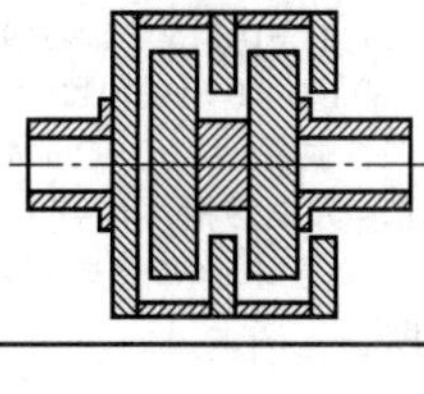

续表

名称		型号	图示
延迟型永磁联轴器		YLY	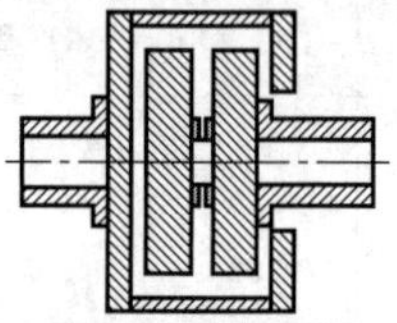
限矩型永磁联轴器		YLX	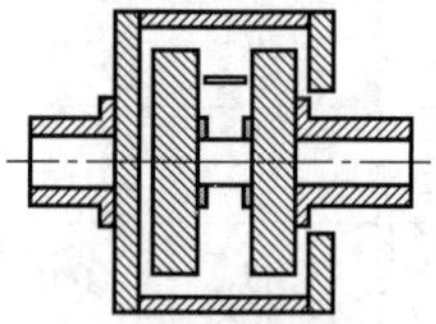
离合型永磁联轴器	离合型(单磁盘)永磁联轴器	YLLD	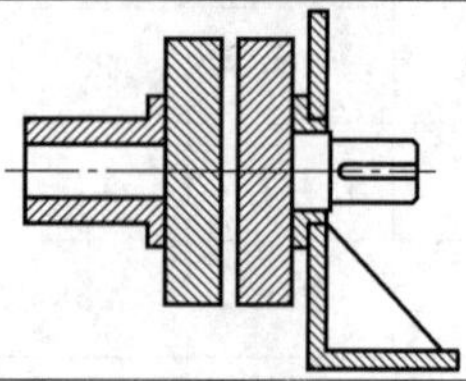
	离合型(双磁盘)永磁联轴器	YLLS	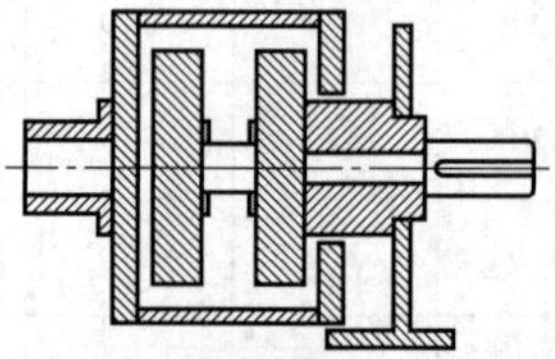
带轮型永磁联轴器		YLD	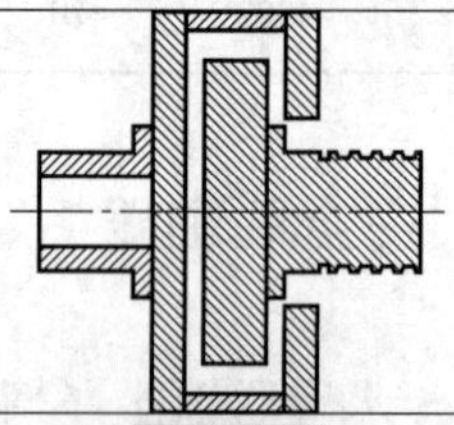
同步型永磁联轴器	同步型(筒式)永磁联轴器	YLTT	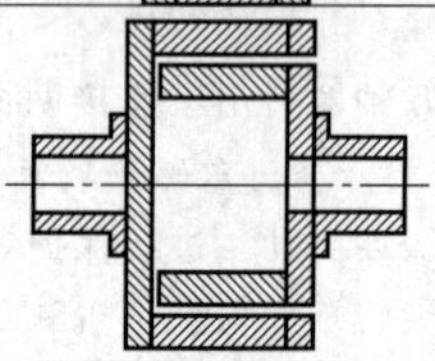
	同步型(盘式)永磁联轴器	YLTP	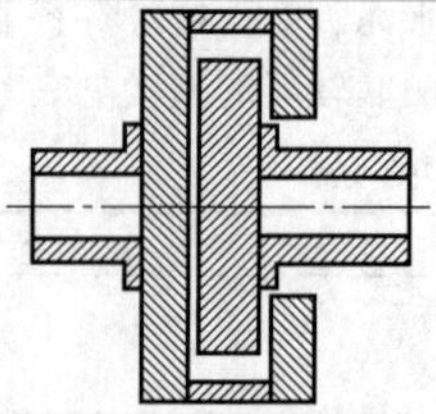

标记示例

例 1 YLBD-215 型联轴器

主动端：锁紧盘，$d_1=19\text{mm}$，$H_1=18\text{mm}$

从动端：锁紧盘，$d_2=19\text{mm}$，$H_2=18\text{mm}$

标记为：YLBD-215 联轴器19×18 GB/T 38763—2020

例 2 YLLS-640 型联轴器

主动端：锁紧盘，$d_1=65\text{mm}$，$H_1=38\text{mm}$

从动端：A 型键槽，$d_2=85\text{mm}$，$H_2=132\text{mm}$

标记为：YLLS-640 联轴器 65×38/85×132 GB/T 38763—2020

例 3 YLD-415 型联轴器

主动端：锁紧盘，$d_1=40\text{mm}$，$H_1=26\text{mm}$

从动端：带轮，$B=98\text{mm}$，$d_d=330\text{mm}$

标记为：YLD-415 联轴器 40×26/98×330 GB/T 38763—2020

永磁联轴器基本参数和主要尺寸见表 6-2-75～表 6-2-83

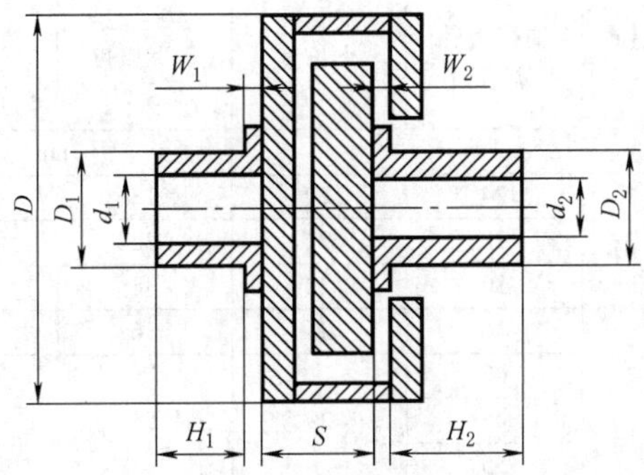

YLBD 型［标准型（单磁盘）］

表 6-2-75　　　　YLBD 型联轴器的基本参数和主要尺寸

<table>
<tr><th rowspan="2">型号</th><th>公称转矩
T_n</th><th>许用转速
[n]</th><th>轴孔直径
d_1,d_2</th><th>轴孔最小长度
H_1,H_2</th><th>法兰盘最大厚度
W_1,W_2</th><th>轴套外径
D_1,D_2</th><th>联轴器外径
D</th><th>轴端距离
S</th></tr>
<tr><th>N·m</th><th>r/min</th><th colspan="6">mm</th></tr>
<tr><td>YLBD-115</td><td>14</td><td rowspan="10">3000</td><td rowspan="4">19</td><td rowspan="5">18</td><td rowspan="4">12</td><td rowspan="5">24</td><td>155</td><td rowspan="5">30</td></tr>
<tr><td>YLBD-165</td><td>31.5</td><td>205</td></tr>
<tr><td>YLBD-215</td><td>80</td><td>280</td></tr>
<tr><td>YLBD-265</td><td>160</td><td>330</td></tr>
<tr><td>YLBD-315</td><td>250</td><td>21</td><td>20</td><td>380</td></tr>
<tr><td>YLBD-365</td><td>400</td><td>26</td><td>20</td><td>24</td><td>30</td><td>435</td><td rowspan="2">40</td></tr>
<tr><td>YLBD-415</td><td>560</td><td>30</td><td>22</td><td>38</td><td>36</td><td>485</td></tr>
<tr><td>YLBD-440</td><td>900</td><td>36</td><td>24</td><td>36</td><td>44</td><td>535</td><td>50</td></tr>
<tr><td>YLBD-490</td><td>1250</td><td>42</td><td>26</td><td>58</td><td>50</td><td>635</td><td>100</td></tr>
<tr><td>YLBD-540</td><td>1400</td><td>45</td><td rowspan="2">29</td><td rowspan="2">55</td><td>55</td><td>740</td><td>90</td></tr>
<tr><td>YLBD-640</td><td>2500</td><td rowspan="4">1500</td><td>55</td><td>68</td><td>580</td><td>120</td></tr>
<tr><td>YLBD-740</td><td>3550</td><td>60</td><td rowspan="2">31</td><td rowspan="2">76</td><td>75</td><td>835</td><td rowspan="2">70</td></tr>
<tr><td>YLBD-840</td><td>4500</td><td>70</td><td>80</td><td>935</td></tr>
<tr><td>YLBD-940</td><td>7100</td><td>75</td><td>38</td><td>69</td><td>90</td><td>1035</td><td>90</td></tr>
</table>

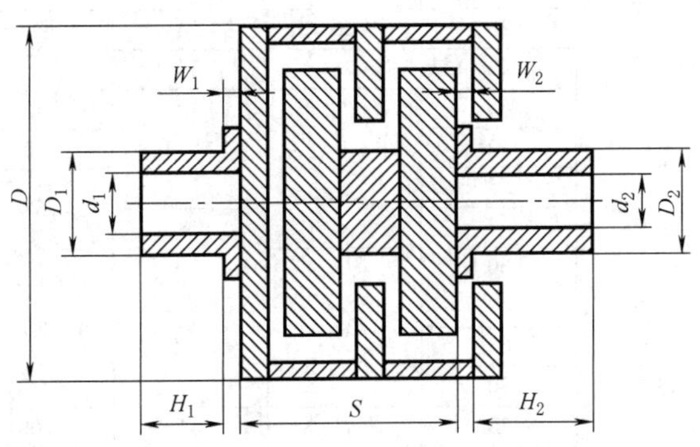

YLBS 型［标准型（双磁盘）］

表 6-2-76　　YLBS 型联轴器的基本参数和主要尺寸

型号	公称转矩 T_n	许用转速 [n]	轴孔直径 d_1, d_2	轴孔最小长度 H_1, H_2	法兰盘最大厚度 W_1, W_2	轴套外径 D_1, D_2	联轴器外径 D	轴端距离 S
	N·m	r/min	mm					
YLBS-265	280	3000	24	20	18	30	330	95
YLBS-315	450		28	22	22	36	385	
YLBS-365	560		30	22	38		435	80
YLBS-415	900		36	24	36	44	485	
YLBS-465	1120		42	29	55	55	535	
YLBS-515	1400		45				585	90
YLBS-540	2500		55			68	635	280
YLBS-640	4500	1500	70	31	76	80	790	240
YLBS-740	6300		70	38	69	90	835	230
YLBS-840	9000		80	43	89	100	935	225
YLBS-940	11200		85	53	79	125	1035	215

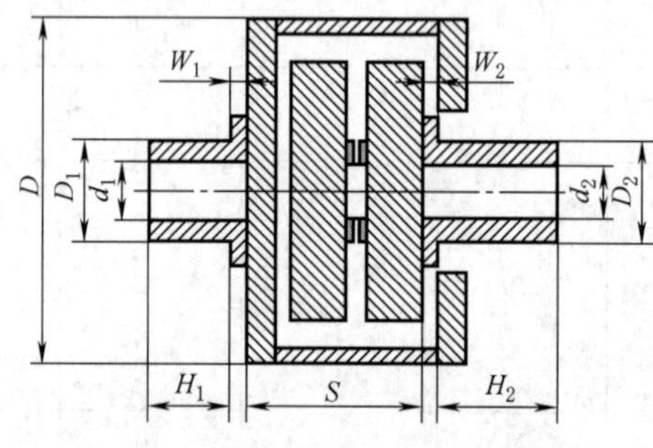

YLY 型（延迟型）

表 6-2-77　　YLY 型联轴器的基本参数和主要尺寸

型号	公称转矩 T_n	许用转速 [n]	轴孔直径 d_1, d_2	轴孔最小长度 H_1, H_2	法兰盘最大厚度 W_1, W_2	轴套外径 D_1, D_2	联轴器外径 D	轴端距离 S
	N·m	r/min	mm					
YLY-310/15	180	3000	20	18	20	24	370	120
YLY-360/22	250		21					
YLY-360/30	355		25	20	24	30		
YLY-360/37	400		26					
YLY-410/45	500		30	22	38	36	420	
YLY-410/55	630		31					
YLY-410/75	710		35	24	36	44		160
YLY-410/90	1000		38	26	34	50		
YLY-410/110	1250		42	26	58			
YLY-410/160	1400		45	29	55	55		
YLY-460/200	2000		52			62	470	140
YLY-460/220	2500		55			68		
YLY-510/280	2800		60		78		565	130
YLY-510/315	3150			31	76	80		
YLY-560/355	3550	1500					615	
YLY-560/400	4000		65					
YLY-560/450	4500		70					
YLY-610/560	7100		75	43	64	100	710	170
YLY-610/800	10000		85	132	83	110		

第6篇

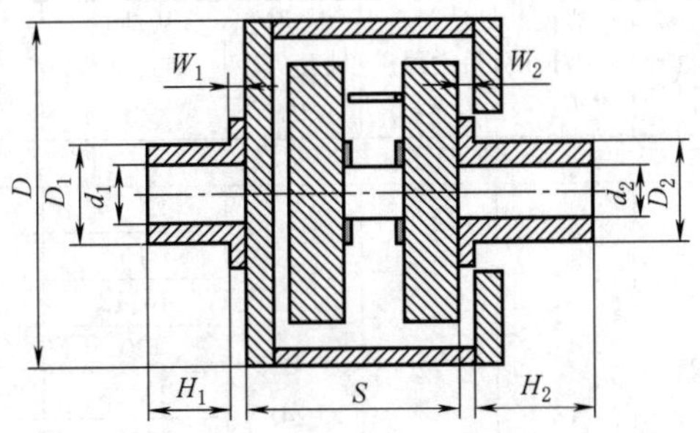

YLX 型（限矩型）

表 6-2-78　　YLX 型联轴器的基本参数和主要尺寸

<table>
<tr><th rowspan="2">型号</th><th>公称转矩
T_n</th><th>许用转速
[n]</th><th>轴孔直径
d_1,d_2</th><th>轴孔最小长度
H_1,H_2</th><th>法兰盘最大厚度
W_1,W_2</th><th>轴套外径
D_1,D_2</th><th>联轴器外径
D</th><th>轴端距离
S</th></tr>
<tr><th>N·m</th><th>r/min</th><th colspan="6">mm</th></tr>
<tr><td>YLX-310/15</td><td>180</td><td rowspan="14">3000</td><td>20</td><td rowspan="2">18</td><td rowspan="2">20</td><td rowspan="2">24</td><td rowspan="4">370</td><td>145</td></tr>
<tr><td>YLX-360/22</td><td>250</td><td>21</td><td rowspan="5">160</td></tr>
<tr><td>YLX-360/30</td><td>355</td><td>25</td><td rowspan="2">20</td><td rowspan="2">24</td><td rowspan="2">30</td></tr>
<tr><td>YLX-360/37</td><td>400</td><td>26</td></tr>
<tr><td>YLX-410/45</td><td>500</td><td>30</td><td rowspan="2">22</td><td rowspan="2">38</td><td rowspan="2">36</td><td rowspan="6">420</td></tr>
<tr><td>YLX-410/55</td><td>630</td><td>31</td></tr>
<tr><td>YLX-410/75</td><td>710</td><td>35</td><td>24</td><td>36</td><td>44</td><td rowspan="4">215</td></tr>
<tr><td>YLX-410/90</td><td>1000</td><td>40</td><td rowspan="2">26</td><td rowspan="2">58</td><td rowspan="2">50</td></tr>
<tr><td>YLX-410/110</td><td>1250</td><td>42</td></tr>
<tr><td>YLX-410/160</td><td>1600</td><td>45</td><td rowspan="5">29</td><td rowspan="4">55</td><td>55</td></tr>
<tr><td>YLX-460/200</td><td>2000</td><td>50</td><td rowspan="2">62</td><td rowspan="2">470</td><td rowspan="2">195</td></tr>
<tr><td>YLX-460/220</td><td>2500</td><td>52</td></tr>
<tr><td>YLX-510/280</td><td>2800</td><td>55</td><td rowspan="2">68</td><td rowspan="2">565</td><td rowspan="5">185</td></tr>
<tr><td>YLX-510/315</td><td>3150</td><td>60</td><td>78</td></tr>
<tr><td>YLX-560/355</td><td>3550</td><td rowspan="5">1500</td><td>60</td><td rowspan="3">31</td><td rowspan="3">76</td><td rowspan="3">80</td><td rowspan="3">615</td></tr>
<tr><td>YLX-560/400</td><td>4000</td><td>65</td></tr>
<tr><td>YLX-560/450</td><td>4500</td><td>70</td></tr>
<tr><td>YLX-610/560</td><td>8000</td><td>75</td><td>43</td><td>64</td><td>100</td><td rowspan="2">710</td><td rowspan="2">235</td></tr>
<tr><td>YLX-610/800</td><td>10000</td><td>85</td><td>49</td><td>83</td><td>110</td></tr>
</table>

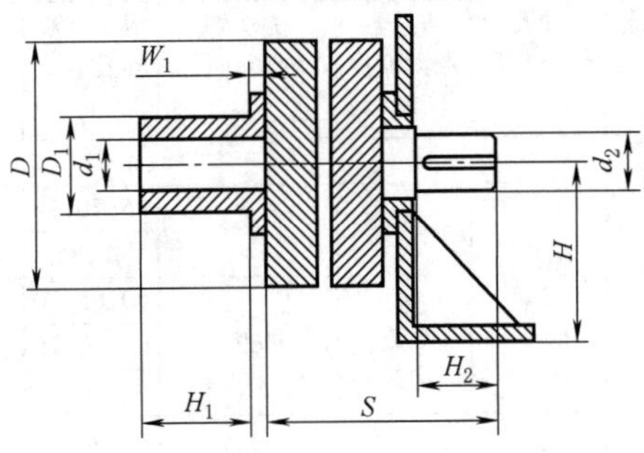

YLLD 型［离合型（单磁盘）］

表 6-2-79　　**YLLD 型联轴器的基本参数和主要尺寸**

型号	公称转矩 T_n	许用转速 $[n]$	主动端轴孔直径 d_1	轴孔最小长度 H_1	法兰盘最大厚度 W_1	主动端轴套外径 D_1	从动端轴孔直径 d_2	轴孔长度 H_2	联轴器外径 D	轴端距离 S	中心高 H
	N·m	r/min	mm								
YLLD-115	12.5	3000	19	18	12	24	12,14	27	155	300	200
							16	30			
YLLD-165	28						16,18		205		
							20	38			
YLLD-215	80						22,24		280		250
							25,28	44			
YLLD-265	160						25,28		330		
							30,35	60			
YLLD-315	224		21		20		30,35		380	475	300
							40,42	84			
YLLD-365	355		26	20	24	30	35,38	60	435		
							40,45,48	84			
YLLD-415	500		30	24	36	44	38	60	485		350
							40,45,50	84			
YLLD-440	710		34				45,50,55		535		
YLLD-465	800		35				45,50,55		585		400
							60	107			
YLLD-490	800		36				45,50,55	84	635		
							60	107			
YLLD-515	1120		42	26	58	50	50,55	84	690		450
							60,65	107			

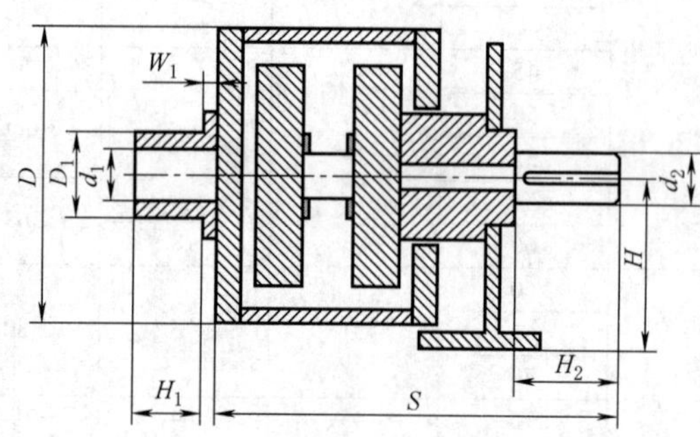

YLLS 型［离合型（双磁盘）］

表 6-2-80　　**YLLS 型联轴器的基本参数和主要尺寸**

型号	公称转矩 T_n	许用转速 $[n]$	主动端轴孔直径 d_1	轴孔最小长度 H_1	法兰盘最大厚度 W_1	主动端轴套外径 D_1	从动端轴孔直径 d_2	轴孔长度 H_2	联轴器外径 D	轴端距离 S	中心高 H
	N·m	r/min	mm								
YLLS-540	2800	3000	55	29	55	68	65,70,75	107	635	975	472
							80,85	132			
YLLS-565	2000	1500	50			62	60,65,70	107	690		
YLLS-615	2500		52				65,70,75		740		
							80	132			
YLLS-640	5000		65	38	69	90	80,85,90		790		
							100,110	167			
YLLS-665	2500		55	29	55	68	65,70,75	107	630	1086	
							80,85	132			

续表

型号	公称转矩 T_n	许用转速 $[n]$	主动端轴孔直径 d_1	轴孔最小长度 H_1	法兰盘最大厚度 W_1	主动端轴套外径 D_1	从动端轴孔直径 d_2	轴孔长度 H_2	联轴器外径 D	轴端距离 S	中心高 H
	N·m	r/min	mm								
YLLS-715	3150	1500	60	29	78	68	70,75	107	730	1086	472
							80,85,90	132			
YLLS-740	6300		70	43	64	100	90,95		835		515
							100,110,120	167			
YLLS-840	10000		80	49	83	110	100,110,120		935	1458	700
							130,140	202			
YLLS-940	12500		90	53	79	125	110,120,125	167	1035		
							130,140,150	202			
YLLS-1060	16000		95	58	74	140	180	242	1458		

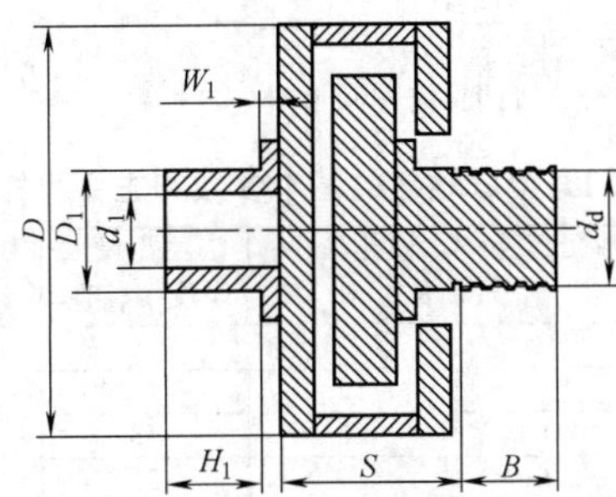

YLD 型（带轮型）

表 6-2-81　　YLD 型联轴器的基本参数和主要尺寸

型号	公称转矩 T_n	许用转速 $[n]$	轴孔直径 d_1	轴孔最小长度 H_1	法兰盘最大厚度 W_1	轴套外径 D_1	联轴器外径 D	轴端距离 S	带轮宽度 B	带轮基准直径 d_d
	N·m	r/min	mm							
YLD-315	450	3000	28	22	22	36	380	230	98	200
YLD-365	710		34	24	36	44	430			315
YLD-415	1000		40	26	58	50	485			330
YLD-465	1400		42				535		165	355
YLD-515	1600		45	29	55	55	585			400

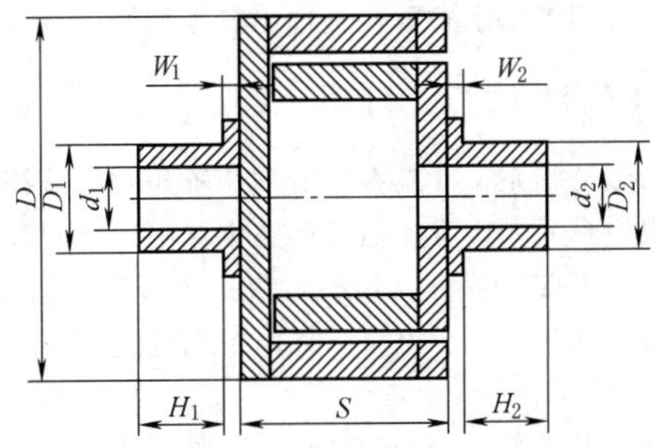

YLTT 型［同步型（筒式）］

表 6-2-82　　　　**YLTT 型联轴器的基本参数和主要尺寸**

型号	公称转矩 T_n	许用转速 [n]	轴孔直径 d_1,d_2	轴孔最小长度 H_1,H_2	法兰盘最大厚度 W_1,W_2	轴套外径 D_1,D_2	联轴器外径 D	轴端距离 S
	N·m	r/min	mm					
YLTT-400	4500	2500	70	31	76	80	576	219
YLTT-445	6300	2000	75	38	69	90	570	189
YLTT-670	40000	1000	125	68	99	165	810	376
YLTT-850	56000		135	85	117	185	990	350

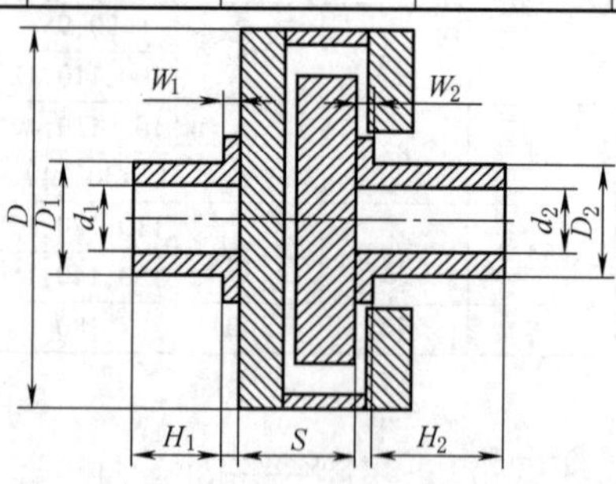

YLTP 型［同步型（盘式）］

表 6-2-83　　　　**YLTP 型联轴器的基本参数和主要尺寸**

型号	公称转矩 T_n	许用转速 [n]	轴孔直径 d_1,d_2	轴孔最小长度 H_1,H_2	法兰盘最大厚度 W_1,W_2	轴套外径 D_1,D_2	联轴器外径 D	轴端距离 S
	N·m	r/min	mm					
YLTP-200	160	3000	19	18	12	24	230	94
YLTP-300	1000		40	26	58	50	314	96
YLTP-400	2000		50	29	55	62	400	94

选型指南

联轴器可实现的功能见表 6-2-84。

表 6-2-84　　　　**联轴器可实现的功能**

项目	隔绝振动	堵转保护	缓慢启动	承受瞬间负载冲击	过载保护	传动离合	带轮传动	重载启动	同步运行
YLB 标准型永磁联轴器	●	●			●				
YLY 延迟型永磁联轴器	●	●	●	●	●				
YLX 限矩型永磁联轴器	●	●			●				
YLL 离合型永磁联轴器	●	●	●		●	●		●	
YLD 带轮型永磁联轴器	●				●		●		
YLTT/YLTP 同步型联轴器	●	●			●				●

注：●为可实现。

选型原则

根据电机的功率和转速计算出转矩，参考电机所带的负载类型，根据 JB/T 7511 选择工况系数，计算出永磁联轴器的最大输出转矩，参照永磁联轴器的基本参数表，选出具体型号。

4.4.2　钢球式限扭矩联轴器（摘自 JB/T 13115—2017）

本联轴器适用于连接两同轴线的传动轴系，并具有一定的两轴相对位移补偿（其中角向补偿量为 1°）能力。本联轴器是鼓形齿式联轴器与钢球限矩单元的组合，通过调整钢球限矩单元数量和内部碟形弹簧压缩量，调整限制的转矩。其限矩准确，复位时间短，可多次脱开，运行可靠。当转矩超过设定值时，钢球转矩限制器钢球回退，联轴器主、从动连接法兰完全脱开，并空转、报警，从而实现过载保护，用于多次脱开和要求复位迅速的各类机械设备。

钢球式限扭矩联轴器有 LQXA 型（基本型）、LQXAD 型（单法兰型）和 LQXAT 型（带中间套型）三种，其基本参数和主要尺寸见表 6-2-85~表 6-2-87。

LQXA 型(基本型)

标记示例

例 1　LQXA5 型联轴器

主动端：A 型键槽，$d_1=90$mm，$L_1=172$mm

从动端：A 型键槽，$d_2=90$mm，$L_2=172$mm

标记为：LQXA5 联轴器 90×172　JB/T 13115—2017

例 2　LQXA6 型联轴器

主动端：A 型键槽，$d_1=100$mm，$L_1=212$mm

从动端：B 型键槽，$d_2=95$mm，$L_2=132$mm

标记为：LQXA6 联轴器 100×212/B95×132　JB/T 13115—2017

表 6-2-85　**LQXA 型联轴器的基本参数和主要尺寸**

型号	公称转矩	打滑转矩	许用转速	轴孔直径 d_1,d_2	轴孔长度 L_1,L_2 长系列	轴孔长度 L_1,L_2 短系列	D	D_1	D_2	D_3	D_4	C	L_3	H	转动惯量	质量
	N·m	N·m	r/min	mm											kg·m^2	kg
LQXA1	2000	1000~4000	3600	30,32,35,38	82	60	290	234	145	108	77	62	52	52	0.285	42
				40,42,45,48,50,55,56	112	84										
LQXA2	4000	1000~7300	3100	30,32,35,38	82	60	310	255	165	125	90	68	54	52	0.340	49
				40,42,45,48,50,55,56	112	84										
				60,63,65,70,71,75	142	107										
LQXA3	7100	1400~10000	3020	40,42,45,48,50,55,56	112	84	340	285	195	145	112	72	58	52	0.451	62
				60,63,65,70,71,75	142	107										
LQXA4	12500	2500~16000	2950	40,42,45,48,50,55,56	112	84	355	297	215	168	128	76	63	60	0.762	78
				60,63,65,70,71,75	142	107										
				80,85,90	172	132										

续表

型号	公称转矩	打滑转矩	许用转速	轴孔直径 d_1,d_2	轴孔长度 L_1,L_2 长系列	轴孔长度 L_1,L_2 短系列	D	D_1	D_2	D_3	D_4	C	L_3	H	转动惯量	质量
	N·m	N·m	r/min	mm											kg·m²	kg
LQXA5	18000	2500~20000	2950	60,63,65,70,71,75	142	107	380	320	230	185	145	85	67	60	0.993	105
				80,85,90,95	172	132										
				100	212	167										
LQXA6	22400	6400~45000	2150	65,70,71,75	142	107	460	380	265	210	160	110	74	92	2.89	180
				80,85,90,95	172	132										
				100,110,120	212	167										
LQXA7	35500	8000~65000	2000	70,71,75	142	107	485	400	305	245	190	114	88	92	4.95	233
				80,85,90,95	172	132										
				100,110,120,125	212	167										
				130,140	252	202										
LQXA8	50000	10000~75000	2000	80,85,90,95	172	132	550	450	340	285	225	118	98	92	6.78	315
				100,110,120,125	212	167										
				130,140,150	252	202										
LQXA9	71000	16000~83000	1600	100,110,120,125	212	167	600	495	385	325	256	124	112	92	10.4	405
				130,140,150	252	202										
				160,170,180	302	242										
LQXA10	125000	31500~250000	1400	140,150	252	202	700	575	435	360	288	140	125	125	33.1	648
				160,170,180	302	242										
				190,200	352	282										
LQXA11	200000	40000~350000	1250	140,150	252	202	890	760	540	440	362	160	158	160	60.2	1240
				160,170,180	302	242										
				190,200,220	352	282										
				240,250,260	410	330										

LQXAD型(单法兰型)

标记示例

LQXAD8 型联轴器

半联轴器端：A 型键槽，$d_1=120\text{mm}$，$L_1=212\text{mm}$

外齿轴套端：A 型键槽，$d_2=90\text{mm}$，$L_2=132\text{mm}$

标记为：LQXAD8 联轴器 120×212/90×132　JB/T 13115—2017

表 6-2-86　LQXAD 型联轴器的基本参数和主要尺寸

型号	公称转矩	打滑转矩	许用转速	轴孔直径 d_1,d_2	轴孔长度 L_1,L_2		D	D_1	D_2	D_3	D_4	C	L_3	H	转动惯量	质量
					长系列	短系列										
	N·m	N·m	r/min	mm											kg·m^2	kg
LQXAD1	2000	1000~4000	3600	30,32,35,38	82	60	290	234	145	108	77	62	52	52	0.285	44
				40,42,45,48,50,55,56	112	84										
				60*,65*,70*	142	107										
LQXAD2	4000	1000~7300	3100	30,32,35,38	82	60	310	255	165	125	90	68	54	52	0.346	54
				40,42,45,48,50,55,56	112	84										
				60,63,65,70,71,75*	142	107										
				80*,85*	172	132										
LQXAD3	7100	1400~10000	3020	40,42,45,48,50,55,56	112	84	340	285	195	145	112	72	58	52	0.462	67
				60,63,65,70,71,75	142	107										
				80,85,90*,95*	172	132										

续表

型号	公称转矩	打滑转矩	许用转速	轴孔直径 d_1,d_2	轴孔长度 L_1,L_2		D	D_1	D_2	D_3	D_4	C	L_3	H	转动惯量	质量
					长系列	短系列										
	N·m	N·m	r/min	mm											$kg\cdot m^2$	kg
LQXAD4	12500	2500~16000	2950	40,42,45,48,50,55,56	112	84	355	297	215	168	128	76	63	60	0.778	83
				60,63,65,70,71,75	142	107										
				80,85,90,95*	172	132										
				100,110*	212	167										
LQXAD5	18000	2500~20000	2950	60,63,65,70,71,75	142	107	380	320	230	185	145	85	67	60	1.106	109
				80,85,90,95	172	132										
				100,110*,120*,125*	212	167										
LQXAD6	22400	6400~45000	2150	65,70,71,75	142	107	460	380	265	210	160	110	74	92	3.25	186
				80,85,90,95	172	132										
				100,110,120,125*	212	167										
				130,140	252	202										
LQXAD7	35500	8000~65000	2000	70,71,75	142	107	485	400	305	245	190	114	88	92	5.28	241
				80,85,90,95	172	132										
				100,110,120,125	212	167										
				130,140,150,160*	252	202										
LQXAD8	50000	10000~75000	2000	80,85,90,95	172	132	550	450	340	285	225	118	98	92	7.87	337
				100,110,120,125	212	167										
				130,140,150	252	202										
				160,170	302	242										
				190*	352	282										
LQXAD9	71000	16000~83000	1600	100,110,120,125	212	167	600	495	385	325	256	124	112	92	12.8	420
				130,140,150	252	202										
				160,170,180	302	242										
				190,200,220*	352	282										
LQXAD10	125000	31500~250000	1400	140,150	252	202	700	575	435	360	288	140	125	125	39.1	670
				160,170,180	302	242										
				190,200,220*	352	282										
				240*	410	330										
LQXAD11	200000	40000~350000	1250	140,150	252	202	890	760	540	440	362	160	158	160	69.8	1280
				160,170,180	302	242										
				190,200,220	352	282										
				240,250,260	410	330										

注：带*的轴孔直径数值适用于 d_1，不适用于 d_2。

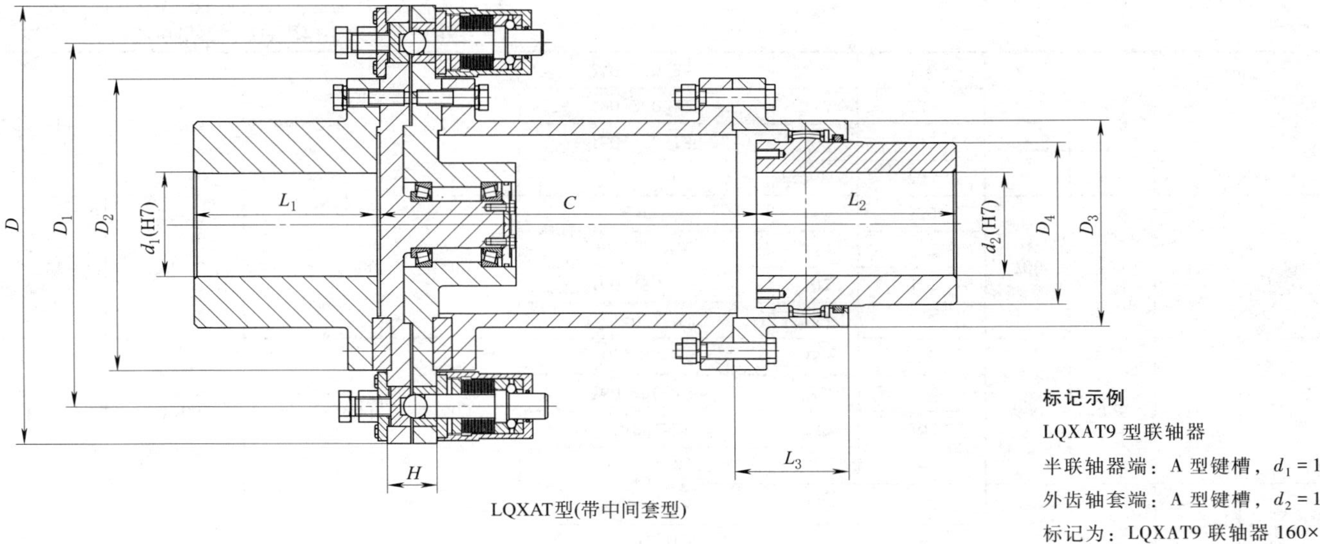

LQXAT型(带中间套型)

标记示例

LQXAT9 型联轴器

半联轴器端：A 型键槽，$d_1=160\text{mm}$，$L_1=302\text{mm}$

外齿轴套端：A 型键槽，$d_2=120\text{mm}$，$L_2=167\text{mm}$

标记为：LQXAT9 联轴器 160×302/120×167　JB/T 13115—2017

表 6-2-87　　LQXAT 型联轴器的基本参数和主要尺寸

型号	公称转矩	打滑转矩	许用转速	轴孔直径 d_1,d_2	轴孔长度 L_1,L_2 长系列	短系列	D	D_1	D_2	D_3	D_4	C_{min}	L_3	H
	N·m	N·m	r/min	mm										
LQXAT1	2000	1000~4000	3600	30,32,35,38	82	60	290	234	145	108	77	142	52	52
				40,42,45,48,50,55,56	112	84								
				60*,65*,70*	142	107								
LQXAT2	4000	1000~7300	3100	30,32,35,38	82	60	310	255	165	125	90	142	54	52
				40,42,45,48,50,55,56	112	84								
				60,63,65,70,71,75*	142	107								
				80*,85*	172	132								
LQXAT3	7100	1400~10000	3020	40,42,45,48,50,55,56	112	84	340	285	195	145	112	172	58	52
				60,63,65,70,71,75	142	107								
				80,85,90*,95*	172	132								
LQXAT4	12500	2500~16000	2950	40,42,45,48,50,55,56	112	84	355	297	215	168	128	176	63	60
				60,63,65,70,71,75	142	107								
				80,85,90,95*	172	132								
				100,110*	212	167								

续表

型号	公称转矩	打滑转矩	许用转速	轴孔直径 d_1,d_2	轴孔长度 L_1,L_2 长系列	短系列	D	D_1	D_2	D_3	D_4	C_{min}	L_3	H
	N·m	N·m	r/min	mm										
LQXAT5	18000	2500~20000	2950	60,63,65,70,71,75	142	107	380	320	230	185	145	185	67	60
				80,85,90,95	172	132								
				100,110*,120*,125*	212	167								
LQXAT6	22400	6400~45000	2150	65,70,71,75	142	107	460	380	265	210	160	230	74	92
				80,85,90,95	172	132								
				100,110,120,125*	212	167								
				130,140	252	202								
LQXAT7	35500	8000~65000	2000	70,71,75	142	107	485	400	305	245	190	270	88	92
				80,85,90,95	172	132								
				100,110,120,125	212	167								
				130,140,150,160*	252	202								
LQXAT8	50000	10000~75000	2000	80,85,90,95	172	132	550	450	340	285	225	275	98	92
				100,110,120,125	212	167								
				130,140,150	252	202								
				160,170	302	242								
				190*	352	282								
LQXAT9	71000	16000~83000	1600	100,110,120,125	212	167	600	495	385	325	256	300	112	92
				140,150	252	202								
				160,170,180	302	242								
				190,200,220*	352	282								
LQXAT10	125000	31500~250000	1400	140,150	252	202	700	575	435	360	288	345	125	125
				160,170,180	302	242								
				190,200,220*	352	282								
				240*	410	330								
LQXAT11	200000	40000~350000	1250	140,150	252	202	890	760	540	440	362	400	158	160
				160,170,180	302	242								
				190,200,220	352	282								
				240,250,260	410	330								

注：1. 带 * 的轴孔直径数值适用于 d_1，不适用于 d_2。

2. 中间套每增加 100mm 的质量和转动惯量见表 6-2-88。

表 6-2-88　　中间套每增加 100mm 的质量和转动惯量

规格	LQXAT1	LQXAT2	LQXAT3	LQXAT4	LQXAT5	LQXAT6
质量(C_{min} 时)/kg	46.5	57.1	72	89	115	195
转动惯量(C_{min} 时)/kg · m^2	0.293	0.359	0.493	0.082	1.159	3.355
质量(每增加 100mm)/kg	1.3	1.7	2.3	2.6	3.2	4.2
转动惯量(每增加 100mm)/kg · m^2	0.003	0.004	0.007	0.014	0.029	0.045
规格	LQXAT7	LQXAT8	LQXAT9	LQXAT10	LQXAT11	
质量(C_{min} 时)/kg	255	353	444	704	1340	
转动惯量(C_{min} 时)/kg · m^2	5.489	8.164	13.38	40.02	72.68	
质量(每增加 100mm)/kg	4.5	5.2	6.5	7.2	10	
转动惯量(每增加 100mm)/kg · m^2	0.062	0.102	0.091	0.16	0.38	

4.4.3 MAL 型摩擦安全联轴器（摘自 JB/T 10476—2021）

本联轴器适用于连接两同轴线的传动轴系，具有一定的两轴相对位移补偿能力，能限制转矩，起到过载保护的作用，工作温度为-20～70℃。

这种联轴器是滚子链联轴器与摩擦转矩限制器（即摩擦安全离合器）的组合，转矩由碟形弹簧压缩量确定。其减小了轴向尺寸，安装方便。当传动转矩未超过限定值时，起联轴器作用；当过载时，会自动打滑并断电报警，起过载保护作用。一般用于启动频繁且需要安全保护的传动机械。

链轮摩擦式安全联轴器型式分为 MALQ（轻型）和 MALZ（重型），基本参数和主要尺寸见表 6-2-89。

键连接键槽型式有 A、B、B_1 几种，轴孔型式组合为 Y/J_1。

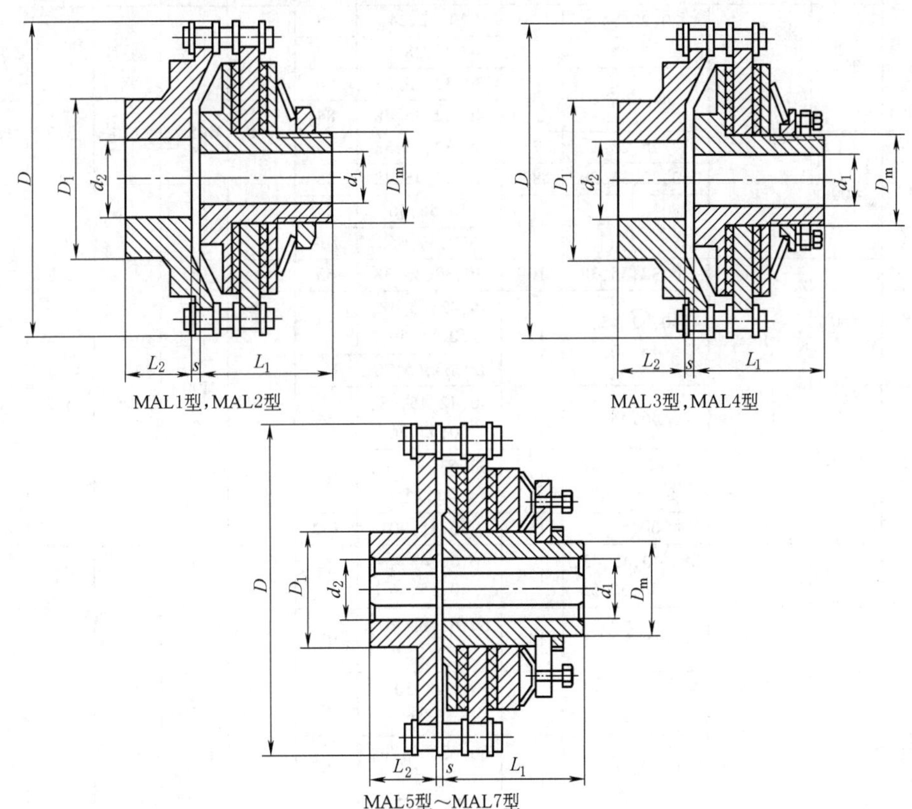

标记示例

MAL5Q 型联轴器

主动端：Y 型轴孔，A 型键槽，d_1=38mm，L_1=120mm

从动端：J_1 型轴孔，B 型键槽，d_2=42mm，L_2=84mm

标记为：MAL5Q 联轴器 38×120/J_1B42×84　　JB/T 10476—2021

表 6-2-89　　链轮摩擦式安全联轴器的基本参数和主要尺寸

型号	公称转矩 T_n /N·m 最小	公称转矩 T_n /N·m 最大	许用转速 [n] /r·min^{-1}	主动端 轴孔直径 d_1/mm	主动端 长度(Y型) L_1/mm	从动端 轴孔直径 d_2/mm	从动端 长度(J_1型) L_2/mm	D /mm	D_m /mm	D_1 /mm	s /mm	质量 /kg	转动惯量 /kg·m^2
MAL1Q	6.3	28	1000	10,11,12,14,16,18,19	52	14	27	101	M33×1.5	60	3.7	3.0	0.003
						16,18,19	30						
						20,22,24	38						
						25,28	44						
MAL1Z	14	56		16,18,19,20,22,24	52	18,19	30						
						20,22,24	38						
						25,28	44						
						30,32,35,38	60						
MAL2Q	20	80	800	16,18,19,20,22,24,25	62	18,19	30	137	M42×1.5	80	4.2	8.0	0.014
						20,22,24	38						
						25,28	44						
						30,32,35,38	60						
MAL2Z	40	140		19,20,22,24,25,28	62	20,22,24	38						
						25,28	44						
						30,32,35,38	60						
						40,42,45	84						
MAL3Q	63	224	500	20,22,24,25,28	75	20,22,24	38	188	M65×2	110	3.7	18.9	0.061
						25,28	44						
				30,32,35	82	30,32,35,38	60						
						40,42,45,48	84						
MAL3Z	90	400		25,28	75	30,32,35,38	60						
				30,32,35,38	82	40,42,45,48	84						
				40,42,45	112	50,55,56	84						
						60,63,65	107						
MAL4Q	125	560	400	30,32,35,38	100	30,32,35,38	60	250	M90×2	150	5.2	46.5	0.658
				40,42,45,48,50	112	40,42,45,48,50,55,56	84						
						60,63,65,70	107						
MAL4Z	224	1120		35,38	100	40,42,45,48,50,55,56	84						
				40,42,45,48,50,55,56	112	60,63,65,70,71,75	107						
				60,63	142	80,85,90	132						
MAL5Q	400	1400	300	38, 40,42,45,48,50,55,56	120	40,42,45,48,50,55,56	84	354	M100×2	130	5.8	76.5	0.921
				60,63,65	142	60,63,65,70,71,75	107						
MAL5Z	630	2000		42,45,48,50,55,56	120	45,48,50,55,56	84						
				60,63,65,70,71	142	60,63,65,70,71,75	107						
						80,85	132						
MAL6Q	900	2800	200	45,48,50,55,56, 60,63,65,70,71,75	150	45,48,50,55,56	84	470	M150×2	145	5.4	155	3.726
						60,63,65,70,71,75	107						
						80,85	132						

续表

型号	公称转矩 T_n /N·m		许用转速 $[n]$ /r·min^{-1}	主动端		从动端		D /mm	D_m /mm	D_1 /mm	s /mm	质量 /kg	转动惯量 /kg·m^2
				轴孔直径	长度（Y 型）	轴孔直径	长度（J_1 型）						
	最小	最大		d_1/mm	L_1 /mm	d_2/mm	L_2 /mm						
MAL6Z	2000	4000	200	65,70,71,75	150	65,70,71,75	107	470	M150×2	145	5.4	155	3.726
				80,85,90,95	172	80,85,90,95	132						
				100	212	100	167						
MAL7Q	2500	5000	140	70,71,75,80,85,90,95	190	80,85,90,95	132	631	M190×3	250	10	335	8.249
						100,110,120,125	167						
				100,110	212	130,140	202						
MAL7Z	4700	9500		95	190	110,120,125	167						
				100,110,120,125	212	130,140,150	202						
				130	252	160,170	242						

注：1. 表中所列质量和转动惯量均是按最小轴孔、最大长度计算的。

2. 当选用较大转矩时可使用双键结构。

4.4.4 AYL 液压安全联轴器（摘自 JB/T 7355—2007）

本联轴器适用于连接两同轴线的传动轴系，可起到限制转矩及安全过载保护作用。其工作温度为-20～70℃，其公称转矩为 0.315～8000kN·m。

AYL 液压安全联轴器有 DZ 型、GZ 型、DJ 型、GJ 型、DF 型、GF 型和 GC 型七种（见表 6-2-90），其基本参数和主要尺寸见表 6-2-91～表 6-2-97。

表 6-2-90　　AYL 液压安全联轴器型式

型式代号	名称和图示	型式代号	名称和图示
DZ	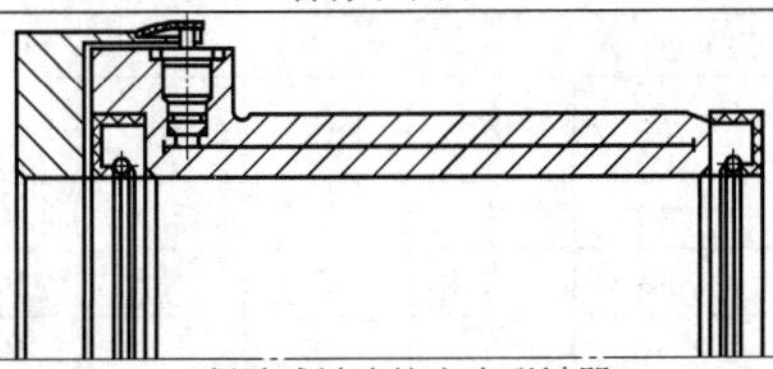 低速式轴连接安全联轴器	DF	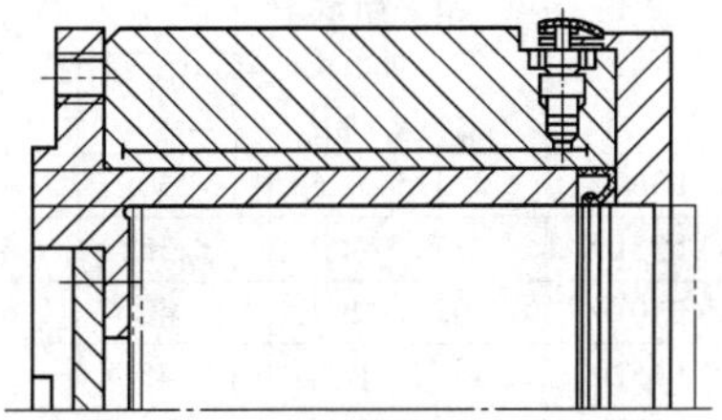 低速式法兰连接安全联轴器
GZ	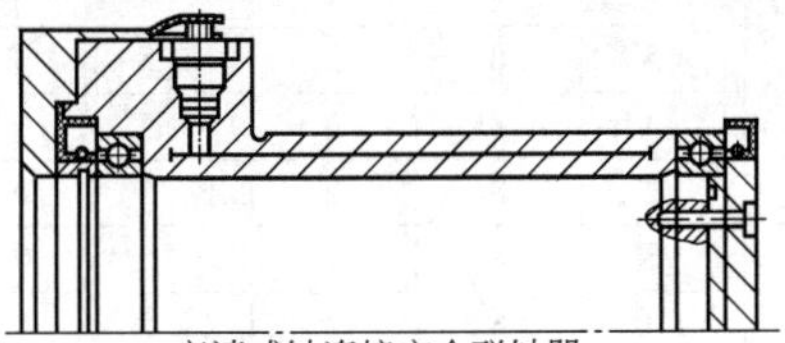 高速式轴连接安全联轴器	GF	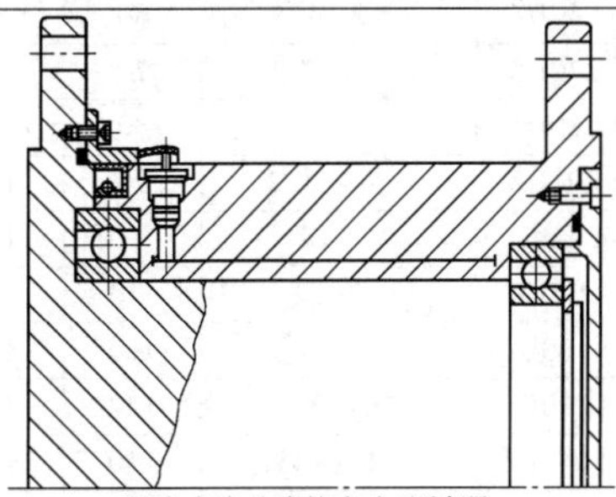 高速式法兰连接安全联轴器
DJ	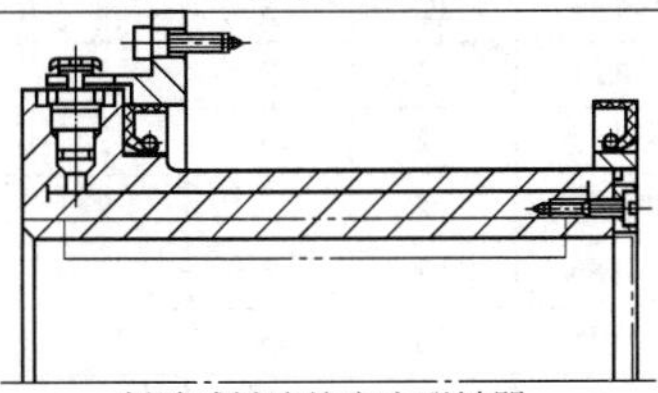 低速式键连接安全联轴器	GC	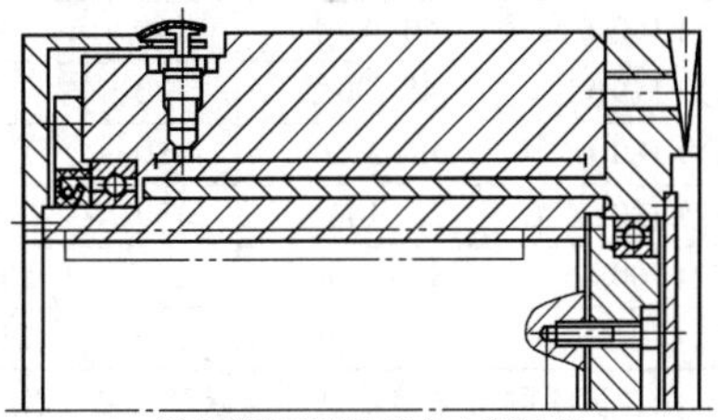 高速式端面齿连接安全联轴器
GJ	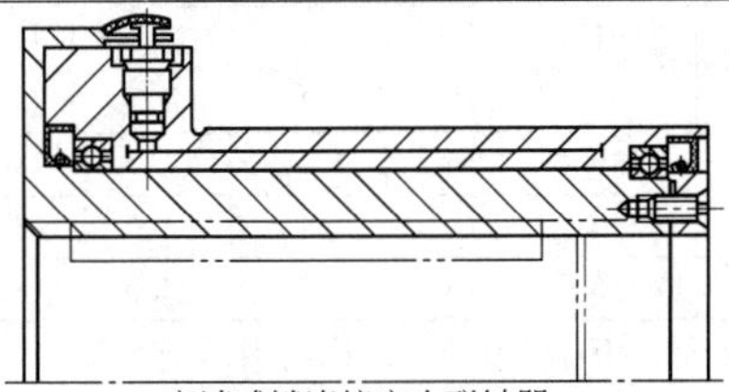 高速式键连接安全联轴器		

第 6 篇

标记示例

例 1 AYL50DZ 型低速式轴连接安全联轴器

标记为：AYL50DZ 联轴器　　JB/T 7355—2007

例 2 轴径 $d=71$mm、AYL80DJ 型低速式键连接安全联轴器

标记为：AYL80DJ-71 联轴器　　JB/T 7355—2007

例 3 适用于 GⅠCL 型鼓形齿式联轴器的 AYL120GF 型高速式法兰连接安全联轴器

标记为：AYL120GFⅠ联轴器　　JB/T 7355—2007

例 4 轴径 $d=280$mm、AYL300GC 型高速式端面齿连接安全联轴器

标记为：AYL300GC-280 联轴器　　JB/T 7355—2007

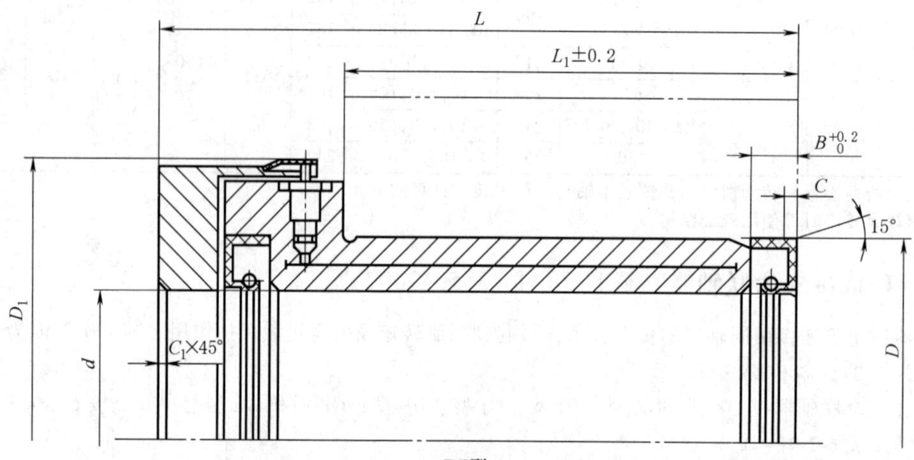

DZ型

表 6-2-91　　DZ 型低速式轴连接安全联轴器的基本参数和主要尺寸

型号	滑动转矩 T_s /kN·m	尺寸/mm								转动惯量 I /kg·m²	质量 G /kg
		d	D	D_1	L	L_1	B	C	C_1		
AYL30DZ	0.315~0.63	30	40	107	82	40	4	2	1.5	0.002	2.2
AYL35DZ	0.5~1	35	45	112	87	45	4	2	1.5	0.003	2.4
AYL40DZ	0.71~1.4	40	52	118	94	52	5	2	1.5	0.004	2.8
AYL45DZ	0.9~1.8	45	58	124	102	60	7	2	1.5	0.005	3.1
AYL50DZ	1.25~2.5	50	65	130	109	65	8	2	1.5	0.007	3.6
AYL60DZ	2~4	60	75	140	117	73	8	2	1.5	0.009	4.2
AYL70DZ	3.55~7.1	70	90	152	130	82	8	2	1.5	0.016	5.8
AYL80DZ	4.5~9	80	100	162	146	98	8	2	1.5	0.021	6.6
AYL90DZ	5.6~11.2	90	110	173	158	110	8	2	1.5	0.029	7.7
AYL100DZ	9~18	100	125	186	180	120	12	3	2	0.050	11.1
AYL110DZ	11.2~22.4	110	140	200	179	121	12	3	2	0.071	13.3
AYL120DZ	14~28	120	150	209	205	145	12	3	2	0.093	15.6
AYL130DZ	18~35.5	130	160	219	214	156	12	3	2	0.112	16.8
AYL140DZ	22.4~45	140	170	229	225	165	13	3	2	0.140	18.7
AYL150DZ	25~50	150	180	239	235	175	13	3	2.5	0.169	20.4
AYL160DZ	40~80	160	200	252	260	195	15	4	2.5	0.263	28.1
AYL170DZ	45~90	170	210	262	256	191	15	4	2.5	0.302	29.1
AYL180DZ	56~112	180	225	275	256	191	15	4	2.5	0.386	33.5
AYL190DZ	71~140	190	240	288	302	236	15	4	2.5	0.563	44.4
AYL200DZ	80~160	200	250	298	302	236	15	4	2.5	0.641	46.4
AYL220DZ	100~200	220	270	318	302	236	15	4	2.5	0.818	50.4

注：表中的滑动转矩是环境温度在 0℃ 以上时的值。若环境温度低于 0℃，滑动转矩应适当降低，见后面的 AYL 液压安全联轴器的选用说明。

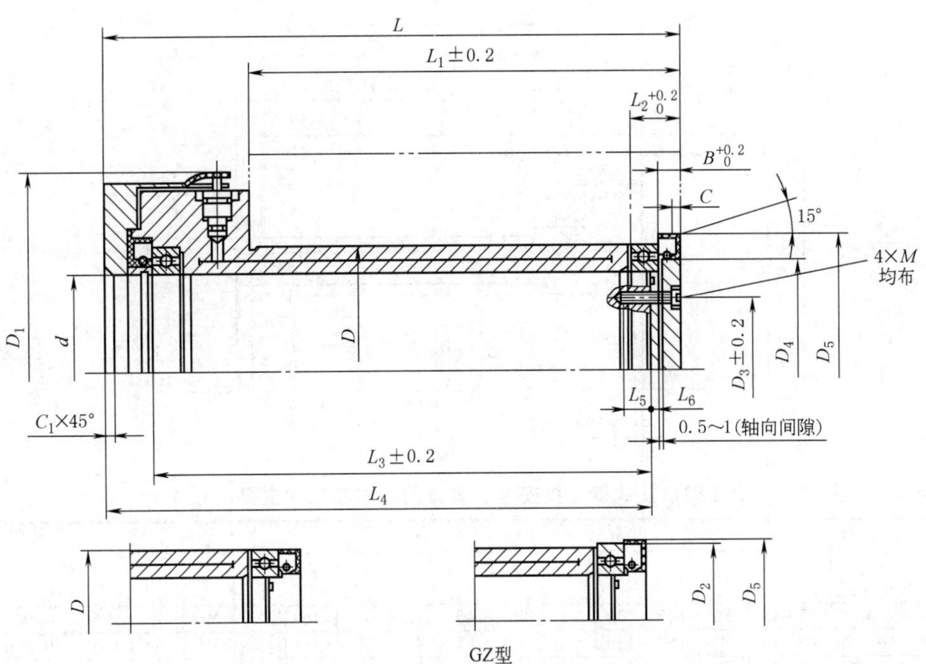

GZ型

表 6-2-92　　GZ 型高速式轴连接安全联轴器的基本参数和主要尺寸

型号	滑动转矩 T_s /kN·m	尺寸/mm																		转动惯量 I /kg·m²	质量 G /kg
		d	D	D_1	D_2	D_3	D_4	D_5	L	L_1	L_2	L_3	L_4	L_5	L_6	B	M	C	C_1		
AYL60GZ	2~4	60	75	140	78	40	70	90	137	83	18	106	128	13	1	8	M6	2	1.5	0.014	5.4
AYL70GZ	3.55~7.1	70	90	152	90	50	80	100	150	92	18	115.5	140.5	13	1.5	8	M6	2	1.5	0.022	6.9
AYL80GZ	4.5~9	80	100	162	100	50	90	110	166	108	18	131.5	156.6	13	1.5	8	M6	2	1.5	0.031	8.3
AYL90GZ	5.6~11.2	90	110	173	115	65	100	125	184	123	25	145	170	18	2	12	M8	3	1.5	0.042	9.9
AYL100GZ	9~18	100	125	186	125	70	110	140	206	133	25	156	191	18	3	12	M8	3	1.5	0.065	12.9
AYL110GZ	11.2~22.4	110	140	200	140	80	120	150	208	137	28	167	193	18	3	12	M8	3	2	0.093	15.7
AYL120GZ	14~28	120	150	209	150	90	130	160	237	161	28	189	221	18	3	12	M8	3	2	0.121	18.3
AYL130GZ	18~35.5	130	160	219	165	100	140	170	250	174	31	201	234	18	3	13	M8	3	2	0.149	20.3
AYL140GZ	22.4~45	140	170	229	175	105	150	180	261	183	31	212	245	23	3	13	M10	3	2	0.185	22.7
AYL150GZ	25~50	150	180	239	190	115	160	190	275	195	35	222	257	23	3	15	M10	3	2	0.230	25.6
AYL160GZ	40~80	160	200	252	200	120	170	200	300	215	35	247	282	23	3	15	M10	3	2.5	0.341	32.7
AYL170GZ	45~90	170	210	262	215	130	180	215	300	213	37	247	282	23	3	15	M10	4	2.5	0.395	34.6
AYL180GZ	56~112	180	225	275	225	135	190	225	300	213	37	247	282	23	3	15	M10	4	2.5	0.500	38.7
AYL190GZ	71~140	190	240	288	240	145	200	250	350	260	39	297	332	23	3	15	M10	4	2.5	0.723	50.3
AYL200GZ	80~160	200	250	298	250	150	220	250	350	260	39	297	332	23	3	15	M10	4	2.5	0.833	53.6
AYL220GZ	100~200	220	270	320	270	175	240	270	350	260	39	297	332	23	3	15	M10	4	2.5	1.070	59.4

注：表中的滑动转矩是环境温度在0℃以上时的值。若环境温度低于0℃，滑动转矩应适当降低，见后面的 AYL 液压安全联轴器的选用说明。

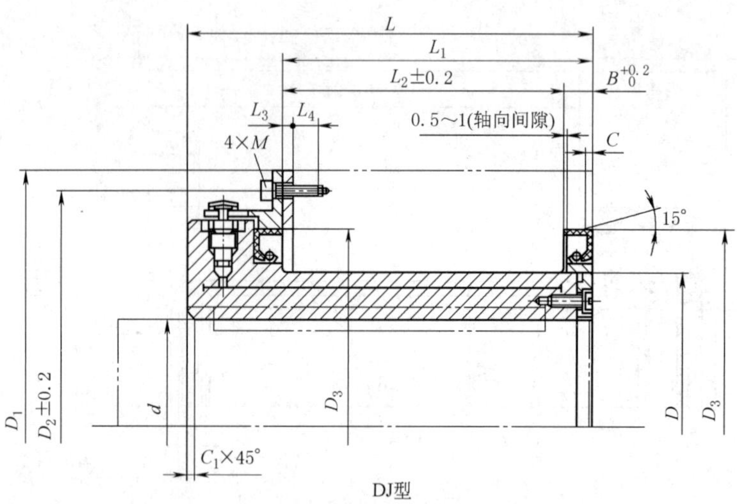

DJ型

表 6-2-93　DJ 型低速式键连接安全联轴器的基本参数和主要尺寸

型号	滑动转矩 T_s /kN·m	尺寸/mm														转动惯量 I /kg·m²	质量 G /kg
		d	D	D_1	D_2	D_3	L	L_1	L_2	L_3	L_4	B	M	C	C_1		
AYL35DJ	0.63～1.25	25～35	52	145	130	72	80	40	32	4	15	8	M6	2	1.5	0.008	5.4
AYL40DJ	1.12～2.24	30～40	60	150	136	90	95	55	47	4	15	8	M6	2	1.5	0.010	6.7
AYL48DJ	1.6～3.15	38～48	70	160	146	100	100	60	52	4	15	8	M6	2	1.5	0.013	7.9
AYL55DJ	2.24～4.5	45～55	80	170	155	110	105	65	57	4	15	8	M6	2	1.5	0.017	8.9
AYL60DJ	3.15～6.3	50～60	90	180	165	125	115	71	59	4	15	12	M6	3	1.5	0.024	11
AYL70DJ	4.5～9	60～70	100	186	172	140	125	81	69	4	15	12	M6	3	1.5	0.034	14
AYL80DJ	5.6～11.2	65～80	110	196	182	150	130	86	74	4	15	12	M6	3	1.5	0.046	16
AYL85DJ	8～16	70～85	120	206	192	160	140	96	84	4	15	12	M6	3	1.5	0.059	18
AYL95DJ	10～20	80～95	130	220	205	170	150	106	93	4	20	13	M8	3	1.5	0.080	20
AYL100DJ	11.2～22.4	85～100	140	230	215	180	160	116	103	4	20	13	M8	3	2	0.100	23
AYL110DJ	14～28	95～110	150	235	220	185	170	128	113	4	20	15	M8	3	2	0.103	25
AYL120DJ	18～35.5	100～120	160	245	230	190	180	139	124	4	20	15	M8	4	2	0.160	29
AYL130DJ	25～50	115～130	180	265	250	220	190	146	131	4	20	15	M8	4	2.5	0.220	35
AYL150DJ	35.5～71	130～150	200	285	270	240	200	153	138	4	20	15	M8	4	2.5	0.360	44
AYL170DJ	50～100	140～170	220	300	285	260	230	183	168	4	20	15	M8	4	2.5	0.550	58
AYL190DJ	71～140	160～190	250	330	315	290	250	202	185	4	20	17	M8	4	2.5	0.880	74
AYL200DJ	100～200	180～200	280	360	345	320	270	222	205	4	20	17	M8	4	2.5	1.530	101

注：1. 表中的滑动转矩是环境温度在 0℃ 以上时的值。若环境温度低于 0℃，滑动转矩应适当降低，见后面的 AYL 液压安全联轴器的选用说明。

2. 轴孔直径 d 按 GB/T 3852 的规定，键槽型式为 A 型。

3. 表中给出的质量及转动惯量均为按最小轴孔计算的近似值。

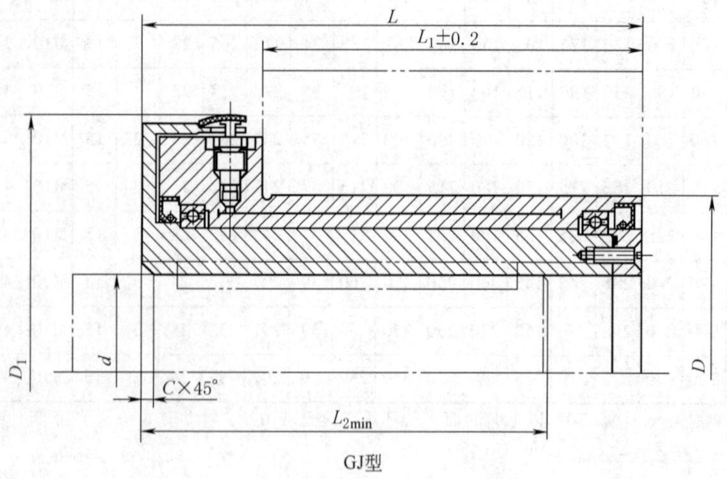

GJ型

表 6-2-94　　GJ 型高速式键连接安全联轴器的基本参数和主要尺寸

型号	滑动转矩 T_s /kN·m	尺寸/mm							转动惯量 I /kg·m²	质量 G /kg
		d	D	D_1	L	L_1	L_{2min}	C		
AYL50GJ	1.4~3.55	40~50	85	145	105	67	80	1.5	0.013	6.5
AYL60GJ	2.8~5.6	50~60	100	157	110	71	85	1.5	0.017	8.5
AYL70GJ	4~8	60~70	115	172	125	83	105	1.5	0.030	11.5
AYL80GJ	7.1~14	70~80	130	185	140	98	120	1.5	0.048	15.2
AYL90GJ	10~20	80~90	145	206	160	113	130	2	0.080	20.6
AYL100GJ	12.5~25	90~100	160	218	175	122	140	2	0.152	26.8
AYL110GJ	16~35.5	100~110	175	234	190	137	145	2	0.182	32.9
AYL120GJ	22.4~45	110~120	190	245	200	146	155	2	0.257	39.7
AYL130GJ	28~56	120~130	205	255	220	164	165	2	0.366	49.2
AYL140GJ	40~80	130~140	225	272	230	173	180	2	0.541	61.3
AYL150GJ	45~90	140~150	240	286	260	193	195	2.5	0.794	78.9
AYL160GJ	56~112	150~160	255	300	285	218	210	2.5	1.067	94.7
AYL180GJ	71~160	160~180	280	346	300	233	235	2.5	1.665	123.2

注：1. 表中的滑动转矩是环境温度在 0℃以上时的值。若环境温度低于 0℃，滑动转矩应适当降低，见后面的 AYL 液压安全联轴器的选用说明。

2. 轴孔直径 d 按 GB/T 3852 的规定，键槽型式为 A 型。

3. 表中给出的质量及转动惯量均为按最小轴孔计算的近似值。

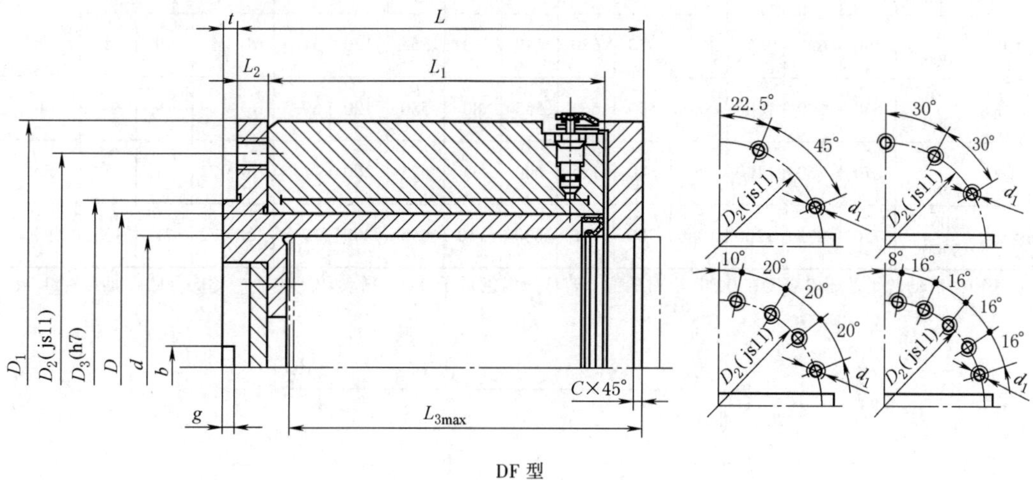

DF 型

表 6-2-95　　DF 型低速式法兰连接安全联轴器的基本参数和主要尺寸

型号	滑动转矩 T_s /kN·m	尺寸/mm														转动惯量 I /kg·m²	质量 G /kg
		d	D	D_1	D_2	D_3	L	L_1	L_2	L_{3max}	b	g	$n \times d_1$	t	C		
AYL90DF	11.2~22.4	90	105	180	155	105	175	146	17	156	—	—	8×M16	4	1.5	0.13	37
AYL130DF	22.4~45	130	145	225	196	135	180	145	20	158	32	13.5	8×M16	4	2	0.32	39
AYL150DF	35.5~71	150	170	250	218	150	208	168	25	181	40	18.0	8×M18	5	2.5	0.56	54
AYL170DF	50~100	170	195	285	245	170	237	195	27	203	40	21.5	8×M20	6	2.5	1.03	79
AYL200DF	71~140	200	225	315	280	185	262	212	32	228	40	22.5	10×M22	7	2.5	1.65	100

续表

型号	滑动转矩 T_s /kN·m	尺寸/mm														转动惯量 I /kg·m²	质量 G /kg
		d	D	D_1	D_2	D_3	L	L_1	L_2	$L_{3\max}$	b	g	$n\times d_1$	t	C		
AYL220DF	100～200	220	250	350	310	210	280	227	35	242	50	23.5	10×M22	7	2.5	2.64	130
AYL250DF	140～280	250	280	390	345	235	300	242	40	257	70	25.5	10×M24	7	3	4.35	171
AYL280DF	200～400	280	315	440	390	255	332	272	42	287	80	29.5	16×M27	9	3	7.66	237
AYL300DF	250～500	300	340	490	435	275	357	288	47	306	90	34.0	16×M30	11	3	13.0	332
AYL340DF	355～710	340	385	550	492	320	390	318	50	336	100	34.0	16×M30	11	3	22.4	450
AYL380DF	500～1000	380	425	620	555	380	405	328	55	346	100	36.5	10×M36	11	3	37	591
AYL420DF	710～1400	420	485	680	605	400	445	368	55	386	120	44.5	16×M36	14	3.5	58	755
AYL480DF	1250～2500	480	535	780	690	450	545	461	62	479	120	47.5	10×M48	17	3.5	124	1238
AYL530DF	1600～3150	530	580	840	750	490	600	500	70	525	120	50.0	16×M48	17	3.5	184	1570
AYL560DF	2000～4000	560	625	920	820	530	650	540	80	565	120	54.5	16×M56	19	4	289	2096
AYL630DF	2500～5000	630	690	1000	880	590	665	555	80	580	120	59.5	16×M64	19	4	408	2468
AYL670DF	3150～6300	670	760	1100	980	640	725	600	95	625	200	71.5	16×M72	21	5	660	3315
AYL750DF	4000～8000	750	835	1200	1080	700	770	630	110	655	200	79.5	20×M72	24	5	990	4140

注：表中的滑动转矩是环境温度在0℃以上时的值。若环境温度低于0℃，滑动转矩应适当降低，见后面的AYL液压安全联轴器的选用说明。

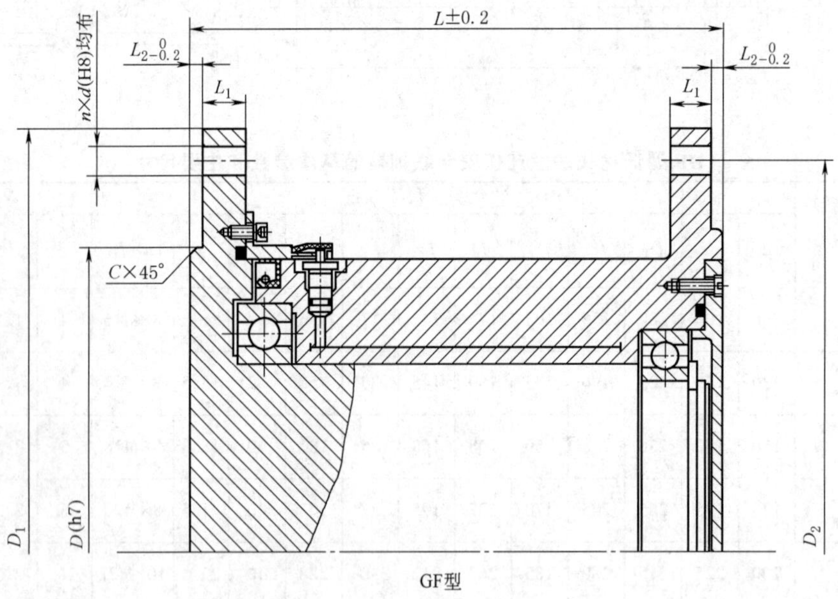

GF型

表 6-2-96　GF 型高速式法兰连接安全联轴器的基本参数和主要尺寸　mm

型号	滑动转矩 T_s /kN·m	Ⅰ 适用于 GⅠCL 型鼓形齿式联轴器（JB/T 8854.3）					Ⅱ 适用于 GⅡCL 型鼓形齿式联轴器（JB/T 8854.2）					Ⅲ 适用于 WGC、WGT 型鼓形齿式联轴器（JB/T 7002、JB/T 7004）					L	L_1	C	转动惯量 I /kg·m²			质量 G /kg		
		D	D_1	D_2	L_2	$n \times d$	D	D_1	D_2	L_2	$n \times d$	D	D_1	D_2	L_2	$n \times d$				Ⅰ	Ⅱ	Ⅲ	Ⅰ	Ⅱ	Ⅲ
AYL40GF	0.8~1.6	93	144	128	4	8×ϕ9	110	149	133	3	8×ϕ9	95	150	135	3	8×ϕ9	110	16	1	0.017	0.015	0.017	8.7	8.3	8.7
AYL50GF	1.4~2.8	120	174	154	4	8×ϕ9	126	167	150	4	8×ϕ9	110	170	155	3	8×ϕ9	125	17	1.5	0.030	0.033	0.031	12.4	12.7	12.4
AYL60GF	2.24~4.5	144	196	175	4	8×ϕ11	148	187	172	5	10×ϕ9	130	200	175	3	8×ϕ11	135	17	1.5	0.048	0.054	0.056	16.2	16.7	16.8
AYL70GF	3.15~6.3	163	224	196	4	12×ϕ11	165	204	188	5	12×ϕ9	152	225	200	5	8×ϕ11	135	17	1.5	0.069	0.088	0.089	19.5	21	21.1
AYL80GF	4.5~9	185	241	220	4	12×ϕ13	185	230	210	5	10×ϕ11	170	245	218	5	8×ϕ11	145	17	1.5	0.109	0.121	0.128	24.9	25.7	26.2
AYL90GF	7.1~14	207	260	238	4	12×ϕ13	210	256	235	5	14×ϕ11	190	272	248	5	10×ϕ13	160	17	1.5	0.168	0.172	0.194	32	32	33.2
AYL100GF	10~20	227	282	260	6	12×ϕ13	235	287	265	5	12×ϕ13	205	290	265	5	10×ϕ13	180	20	1.5	0.307	0.293	0.308	45.9	45.2	45.6
AYL110GF	14~28	243	314	284	6	10×ϕ17	270	325	300	5	14×ϕ13	218	315	288	6	10×ϕ17	210	20	1.5	0.527	0.471	0.463	64.5	62	61.3
AYL120GF	22.4~45	272	346	318	6	12×ϕ17	305	365	340	5	18×ϕ13	248	355	325	6	10×ϕ17	235	20	1.5	0.819	0.717	0.747	84.1	80.4	81.2
AYL140GF	31.5~63	308	380	352	6	12×ϕ17	340	412	384	5	14×ϕ17	295	412	380	6	10×ϕ21	245	23.5	1.5	1.53	1.23	1.49	117.7	109.8	116.3
AYL160GF	45~90	352	442	408	6	12×ϕ21	385	462	435	6	18×ϕ17	330	440	405	6	12×ϕ21	275	23.5	2	2.64	2.32	2.26	165.6	158.5	156.9
AYL180GF	63~125	392	482	448	6	16×ϕ21	435	512	482	6	22×ϕ17	370	490	455	6	16×ϕ21	315	23.5	2	4.49	3.85	3.94	237.2	225.7	226.7
AYL220GF	112~224	470	580	536	6	14×ϕ25	485	580	545	6	18×ϕ21	435	580	525	6	16×ϕ25	320	28	2	8.72	8.61	8.5	337.5	336.2	333.4

注：1. 表中的滑动转矩是环境温度在 0℃以上时的值。若环境温度低于 0℃，滑动转矩应适当降低，见后面的 AYL 液压安全联轴器的选用说明。

2. 螺栓孔径 d 对基准尺寸 D 的位置度：当 d =9mm 时为 0.015mm；当 d=11~17mm 时为 0.02mm；当 d=21~25mm 时为 0.03mm。

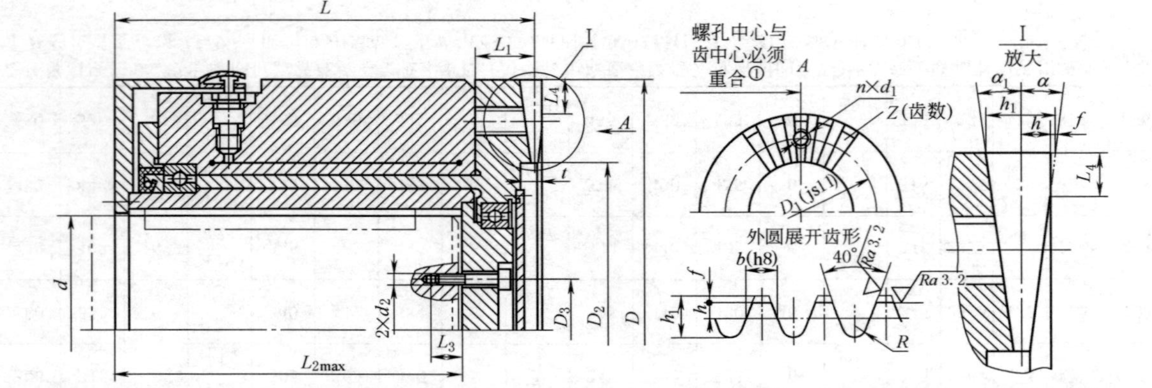

① AYL80GC、AYL110GC、AYL130GC、AYL150GC、AYL190GC 和 AYL220GC 这几个规格的安全联轴器中至少应有一个螺孔中心与齿中心重合。

GC 型

表 6-2-97　GC 型高速式端面齿连接安全联轴器的基本参数和主要尺寸

型号	滑动转矩 T_s /kN·m	外形及连接尺寸/mm													齿形尺寸/mm							转动惯量 I /kg·m²	质量 G /kg
		d	D	D_1	D_2	L	L_1	L_{2max}	L_3	L_4	D_3	t	$n\times d_1$	d_2	Z	b	h	h_1	f	α	R		
AYL80GC	10~20	70~80	180	160	140	200	25	174	25	5	35	12	8×M10	M12	36	7.844	4.328	11.856	0.6	6°50′2″	2	0.15	31
AYL110GC	20~40	85~110	225	205	180	210	30	178	25	5	50	12	8×M10	M12	48	7.357	3.810	10.520	0.45	5°8′12″	2	0.39	51
AYL130GC	31.5~63	100~130	250	225	200	236	35	200	30	5	60	15	8×M12	M16	48	8.175	4.933	12.766	0.45	5°8′12″	2	0.66	69
AYL150GC	45~90	110~150	285	260	225	270	40	228	30	5	70	15	8×M12	M16	60	7.457	4.038	10.795	0.36	4°6′49″	2	1.28	104
AYL170GC	63~125	130~170	315	285	250	305	45	258	35	5	70	15	10×M16	M20	60	8.242	5.476	12.952	0.36	4°6′49″	2	2.15	140
AYL190GC	90~180	150~190	350	315	280	325	50	272	35	5	80	15	10×M16	M20	72	7.633	4.339	11.277	0.3	3°25′48″	2	3.5	185
AYL220GC	125~250	170~220	390	355	315	344	50	292	35	10	100	16	10×M16	M20	72	8.505	4.556	12.512	0.6	3°25′48″	2.25	5.7	242
AYL240GC	180~355	190~240	440	400	350	378	55	320	45	10	115	16	16×M20	M24	96	7.198	2.910	8.920	0.45	2°34′26″	2.25	10	338
AYL260GC	250~500	220~260	490	450	380	408	55	350	45	10	135	16	16×M20	M24	96	8.016	4.034	11.167	0.45	2°34′26″	2.25	17	467
AYL300GC	355~710	240~300	550	510	440	444	60	380	45	10	155	18	16×M20	M24	96	8.997	5.381	13.864	0.45	2°34′26″	2.25	29	617
AYL340GC	500~1000	260~340	620	575	500	454	70	380	55	10	175	18	20×M24	M30	120	8.114	3.578	10.276	0.36	2°3′35″	2.5	48	805
AYL380GC	710~1400	300~380	680	635	550	472	70	400	55	10	215	18	20×M24	M30	120	8.900	4.657	12.434	0.36	2°3′35″	2.5	72	990
AYL460GC	1250~2500	360~460	780	725	640	512	80	430	65	15	255	18	24×M30	M36	144	8.507	4.028	11.356	0.45	1°43′	2.5	131	1350
AYL500GC	1600~3150	400~500	840	775	710	582	80	500	75	15	285	20	24×M36	M42	144	9.162	4.927	13.154	0.45	1°43′	2.5	200	1760
AYL530GC	2000~4000	420~530	920	855	760	644	90	550	75	15	310	20	24×M36	M42	144	10.034	6.126	15.511	0.45	1°43′	2.5	320	2370
AYL560GC	2500~5000	460~560	1000	915	840	658	90	565	85	15	340	20	20×M48	M48	180	8.726	4.058	11.956	0.72	2°44′43″	2.5	458	2885
AYL630GC	3150~6300	530~630	1100	1015	920	726	100	620	85	15	370	25	20×M48	M48	180	9.598	5.257	14.354	0.72	2°44′43″	2.5	750	3900
AYL670GC	4000~8000	560~670	1200	1100	1000	770	110	655	85	15	400	25	20×M56	M48	180	10.471	6.456	15.751	0.72	2°44′43″	2.5	1125	4970

注：1. 表中的滑动转矩是环境温度在 0℃以上时的值。若环境温度低于 0℃，滑动转矩应适当降低，见后面的 AYL 液压安全联轴器的选用说明。

2. 轴孔直径 d 按 GB/T 3852 的规定，键槽型式为 A 型。

3. 表中给出的质量和转动惯量均为按最小轴孔计算的近似值。

4. AYL80GC~AYL530GC 中 α_1 与 α 等值；AYL560GC~AYL670GC 中 α_1 为零。

AYL 液压安全联轴器的选用说明

① 安全联轴器是根据计算滑动转矩、负载情况、轴伸直径及工作转速等因素综合考虑进行选择的。计算滑动转矩应在规定的滑动转矩范围内，其可由式（6-2-26）求出。

$$T_c = KT_{max} \leqslant T_s \tag{6-2-26}$$

式中 T_c——计算滑动转矩，kN·m；

T_{max}——最大允许工作转矩，kN·m；

T_s——安全联轴器的滑动转矩，kN·m；

K——系数，取 $K=1.2$。

② 用于齿轮、链轮及带轮连接时，由于径向力的存在，还必须满足下列条件［式（6-2-27）］，否则应选用大规格或高速式安全联轴器。

$$T \leqslant 2.9d^2 d_0 \times 10^{-6} \tag{6-2-27}$$

式中 T——理论转矩，kN·m，$T=9.55P_w/n$；

P_w——驱动功率，kW；

n——工作转速，r/min；

d——轴径，mm；

d_0——分度圆直径或基准直径，mm。

③ 为防止磨损或温度过高，应对其单位压力、工作时间及滑动速度进行考核。滑动面单位压力由式（6-2-28）和式（6-2-29）求得。

DZ 型 $$p = F_t/(1.2d^2) \leqslant 1 \tag{6-2-28}$$

DJ 型 $$p = F_t/(0.9Ld) \leqslant 1 \tag{6-2-29}$$

式中 p——单位压力，MPa；

F_t——松脱后的径向力，N；

d——滑动面直径，mm；

L——滑动面接触长度，mm。

松脱后的最大允许工作时间由式（6-2-30）求得。

$$t_{max} = 3000d^2/(F_t n) \tag{6-2-30}$$

式中 t_{max}——最大允许工作时间，min；

d——滑动面直径，mm；

F_t——松脱后的径向力，N；

n——工作转速，r/min。

滑动速度由式（6-2-31）求得。

$$v = 5.2dn \times 10^{-5} \leqslant 1.5\text{m/s} \tag{6-2-31}$$

式中 v——滑动速度，m/s；

d——滑动面直径，mm；

n——工作转速，r/min。

必须承受轴向力、径向力、弯矩或滑动速度超过 1.5m/s 时，应选用高速式安全联轴器。

④ 与安全联轴器连接在一起的轴，其屈服点 $\sigma_{p0.2} \geqslant 300$MPa。

⑤ 与安全联轴器连接在一起的轮毂，其外径 d_a 与内径 d_i 之比不低于表 6-2-98 的规定，否则应进行强度校核，其应力分布如图 6-2-17 所示，由式（6-2-32）～式（6-2-35）求得。

$$\sigma_{ar} = -p \frac{(d_a/d_i)^2 - 1}{\left(\frac{2d_a}{d_i + d}\right)^2 - 1} \tag{6-2-32}$$

$$\sigma_{at} = p \frac{(d_a/d_i)^2 - 1}{\left(\frac{2d_a}{d_i + d}\right)^2 - 1} \tag{6-2-33}$$

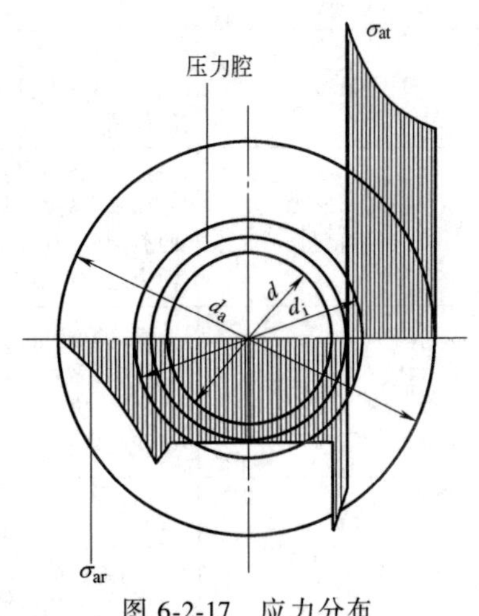

图 6-2-17 应力分布

$$\sigma_{av}=\sqrt{\sigma_{ar}^2+\sigma_{at}^2-\sigma_{ar}\sigma_{at}} \tag{6-2-34}$$

$$\sigma_{av}\leqslant\sigma_s/K \tag{6-2-35}$$

式中　σ_{ar}——径向应力，MPa；

σ_{at}——切向应力，MPa；

σ_{av}——有效应力，MPa；

σ_s——屈服极限，MPa；

p——油腔压力，一般取 $p=80\sim100$MPa；

d_a——轮毂外径，mm；

d_i——轮毂内径，mm；

K——安全系数，一般取 $K=1.5\sim2$。

表 6-2-98　　轮毂外径与内径的比值

轮毂材料	合金钢	球墨铸铁	灰铸铁	铝
直径比 d_a/d_i	1.5	1.8	2.0	2.4

⑥ 当环境温度在 0℃以下时，滑动转矩应相应降低，其降低值为温度值每降低 1℃，滑动转矩降低 1.5%。

5　液力偶合器

液力偶合器是利用液体动能进行能量传递的一种液力传动装置。其具有如下的优点。①无级调速，在电机转速恒定的条件下可以无级调节工作机的转速，与传统的节流调节相比可以大量节省电能。②轻载或空载启动电机和逐步启动大惯量负载，提高异步电机的启动能力。③防止动力过载，偶合器泵轮和涡轮之间没有机械联系，转矩是通过油液（或其他流体介质）来传递的，是一种柔性和有滑差的传动。当负载的阻力矩突然增大时，其滑差可以增大，甚至制动，电机可继续运转而不致停车。④均匀多电机之间的负载分配。在多电机驱动同一负载时，允许各电机的转速稍有差别，使各电机的负载分配均匀。⑤可隔离振动，缓和冲击。⑥方便实现离合。偶合器流道充油即接合，将油排空即脱离。⑦除轴承外无磨损件，工作可靠，使用寿命长。因此，其在冶金、发电、矿山、市政工程、化工、运输、纺织和轻工等领域中，得到了广泛的应用。

液力偶合器的分类及其结构特点见表 6-2-99。

5.1　分类及其结构特点

表 6-2-99　　液力偶合器的分类及其结构特点

类型		特性	结构特点
普通型		过载系数大，一般为 6～7，有的甚至高达 20 左右。具有使启动平稳、隔离振动、缓和冲击的作用	结构简单，无限矩和调速结构，工作腔容积大
静压倾泄式（牵引型）		提高原动机的启动能力，平稳地启动大惯量工作机，隔离振动，缓和冲击，协调多台原动机的载荷分配；在运转中不能调速和脱离，防止动力过载性能较差	涡轮出口处有挡板，外侧有辅油室，泵轮无支承结构，流道内定量部分充油，壳体风冷散热，多带挠性联轴器，有过热保护易熔塞
限矩型	动压倾泄式	提高原动机的启动能力，平稳地启动大惯量工作机，隔离振动，缓和冲击，防止传动系统动力过载，协调多台原动机的载荷分配；不能调速和脱离	泵轮中心部分有内辅室，泵轮无支承结构，定量部分充油，壳体风冷散热，多带挠性联轴器或输出端装带轮，有过热保护易熔塞
	延充式	用于启动困难和大惯量的工作机时，在启动过程中电机可具有较低的载荷，防止动力过载，隔离振动，缓和冲击，协调多台原动机的载荷分配；不能调速和脱离	有内辅室和外辅室，泵轮无支承结构，定量部分充油，壳体风冷散热，有过热保护易熔塞，多带挠性联轴器

续表

类型		特性	结构特点
调速型	进口调节式	无载启动原动机,逐步可控地启动大惯量工作机,无级调速,隔离振动,缓和冲击,协调多台原动机的载荷分配,便于实现远程操纵和自动控制,可实现接合和脱离	导管进口调节,自带储油用转动外壳,泵轮无支承结构,偶合器重量有部分悬挂在原动机(和工作机)轴上,小功率(<50kW)时采用壳体风冷散热,功率较大时则有油液外循环管路和冷却器,带有挠性联轴器,偶合器轴向尺寸较短,安装时同轴度要求较高
	出口调节式	无载启动原动机,逐步可控或快速启动大惯量工作机,无级调速,隔离振动,缓和冲击,协调多台原动机的载荷分配,便于实现远程操纵和自动控制,可实现接合和脱离,适用于各种不同的特殊环境	导管出口调节,双支梁结构,有支持轴承的箱体和底部油箱,具有冷却供油系统和较为齐全的辅助设备(供油泵、冷却器、滤油器等),因有坚实的箱体支承,运转中尤其在高速下较为稳定,不易振动;偶合器重量和轴向尺寸较大,造价也较进口调节式的略高
	进、出口调节式	无载启动大功率异步电机,逐步可控地启动锅炉给水泵或高速鼓风机,无级调速,可在高转速、大功率下进行可靠的运转,实现远程操纵和自动控制	导管动作与进油控制阀联动,导管出口调节的同时,也对进入偶合器流道的流量进行有规律的控制,以使调速高度灵敏;常带有增(减)速齿轮,与偶合器一起组装于同一箱体内,偶合器布置于传动齿轮的高速轴上,悬臂梁结构,滑动轴承

5.2 传动原理

液力偶合器（见图 6-2-18）由主动轴、泵轮（B）、涡轮（T）、从动轴和转动外壳等主要部件组成。泵轮和涡轮一般轴向相对布置，几何尺寸相同，在叶轮内有许多径向辐射的叶片。在偶合器内充以工作油。运转时，主动轴带动泵轮旋转，叶轮流道中的油液在叶片带动下因离心力的作用，由泵轮内侧（进口）流向外缘（出口），形成高压高速油流冲击涡轮叶片，使涡轮跟随泵轮作同方向旋转。油在涡轮中由外缘（进口）流向内侧（出口）的流动过程中减压减速，然后再流入泵轮进口，如此循环不已。在这种循环流动中，泵轮将输入的机械能转换为油液的动能，而涡轮则将油液的动能转换为输出的机械能，从而实现由主动轴到从动轴的动力传递。若放出偶合器中的油液，则叶轮便无法传递动力。利用充油或放油，即可实现主、从动轴的接合和脱离。

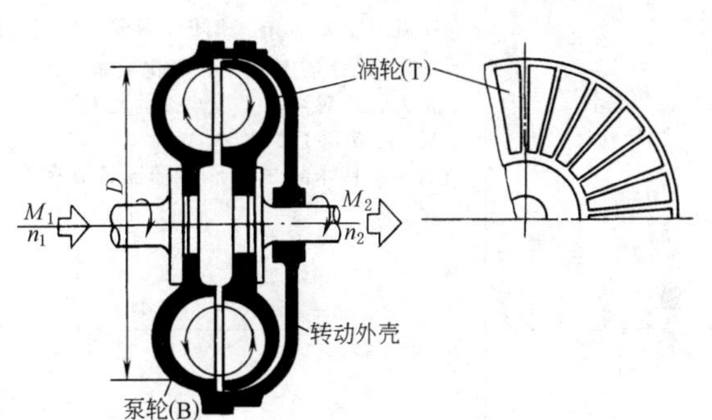

图 6-2-18 液力偶合器的结构原理

泵轮和涡轮的内壁与叶片之间的空间为油液循环流动的通道，称为流道。流道的最大直径 D 称为偶合器的有效直径。

5.3 基本关系、特性及工作原理

液力偶合器的基本关系见表 6-2-100，特性见表 6-2-101，调速原理见表 6-2-102，限矩原理见表 6-2-103。

表 6-2-100　　液力偶合器的基本关系

项目	公式	说明
稳定运转条件下各转矩之间的关系	$M_B=M_T=M$ $M_1\approx M\approx M_2$	M_1——输入(主动)轴转矩 M_2——输出(从动)轴转矩 M_B——泵轮液力转矩 M_T——涡轮液力转矩 M——偶合器所传递的转矩 关系式中忽略了不大的外壳鼓风、轴承和油封的阻力矩,工程上允许这种忽略

续表

项目	公式	说明
液力效率 η_y	$\eta_y=\dfrac{M_T n_2}{M_B n_1}=\dfrac{n_2}{n_1}=i$	i——转速比，$i=\dfrac{n_2}{n_1}=\dfrac{n_T}{n_B}$ n_1——输入转速 n_2——输出转速 n_B——泵轮转速 n_T——涡轮转速
转差率 S	$S=\dfrac{n_1-n_2}{n_1}\times100\%=1-i=1-\eta_y$	在传递额定转矩时，偶合器的输出转速要比输入转速低 2%~5%，即额定转差率为 2%~5%
偶合器效率 η	$\eta=i\left(1-\dfrac{\sum\Delta N}{N_1}\right)=\eta_y\eta_m$	$\sum\Delta N$——偶合器空转时的功率损失 N_1——偶合器输入轴功率 η_m——机械效率
过载系数 T_g	$T_g=\dfrac{M_{max}}{M_e}$	M_{max}——偶合器最大转矩，一般出现在 $i=0$ 的工况下 M_e——偶合器所传递的额定转矩

表 6-2-101　　液力偶合器的特性

项目	图形及说明
外特性 $M=f(i)$	在流道全充油，n_B 和油液密度 ρ 为定值的情况下，偶合器转矩 M 随 i 的变化关系见图 M 为转矩对额定工况点 e 的相对值 当 i 由 0 到 1 变化时，M 由某一最大值逐步下降到零。具体曲线图形还随流道几何参数不同而异 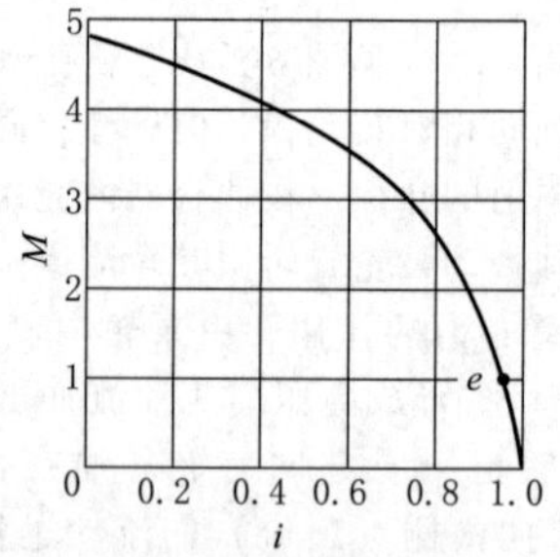
部分充油特性 $M=f(i,q)$	在 n_B 和 ρ 不变的情况下，M 随流道中油液充满程度（充液率）q 和 i 的变化关系见图。流道未充满（$q<1.0$）时，M 值均低于外特性曲线，曲线具体形状随不同流道几何参数有所区别。有局部不稳定区（阴影部分） 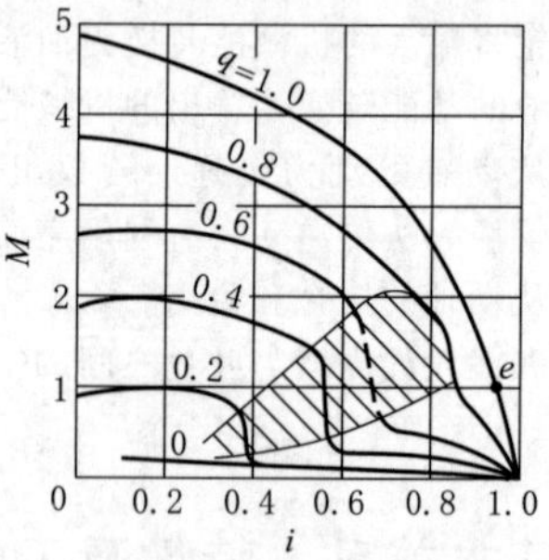
原始特性 $\lambda=f(i)$	$\lambda=\dfrac{M}{\rho g n_B^2 D^5}=f(i)$ 称原始特性，工程上通用，表示一系列流道几何相似的偶合器的共性，忽略雷诺数 Re 对 λ 的影响，可以推算出某偶合器在不同 n_B 和 ρ 时的 M 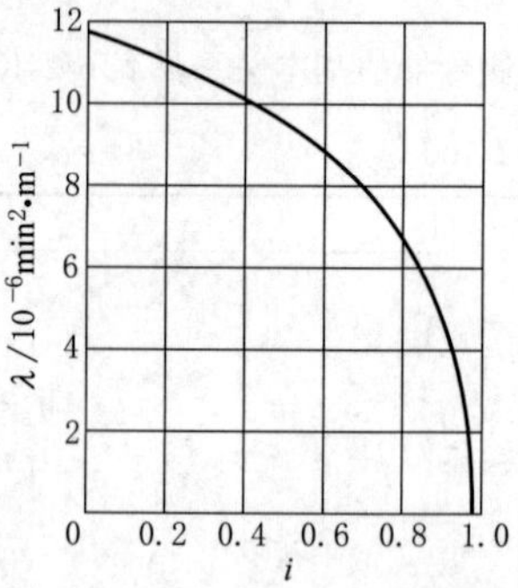

续表

项目	图形及说明
与原动机的匹配特性	$M_D = M_1 = M = \rho g \lambda_i n_B^2 D^5$ $n_D = n_B$ λ_i 可取自原始特性，任选一 i 必可得对应的 λ_i 所选原动机特性由该原动机制造厂提供 i^* 时抛物线应通过额定工况点 e 从原动机转矩 M_D、原动机转速 n_D、电机电流 I 和偶合器转矩 M 随涡轮转速 n_T（或输出转速 n_2）的变化关系可以看出，$n_T=0$ 时，$n_D \neq 0$，且常可大于柴油机最低稳定转速 n_{Dmin}，柴油机可不致熄火 当 T_g 小于电机的 M_{Dmax}/M_{De} 时，如果工作机突然卡住或动力过载（$n_T=0$），电机可在最大转矩右侧附近运转，不致失速（或闷车） 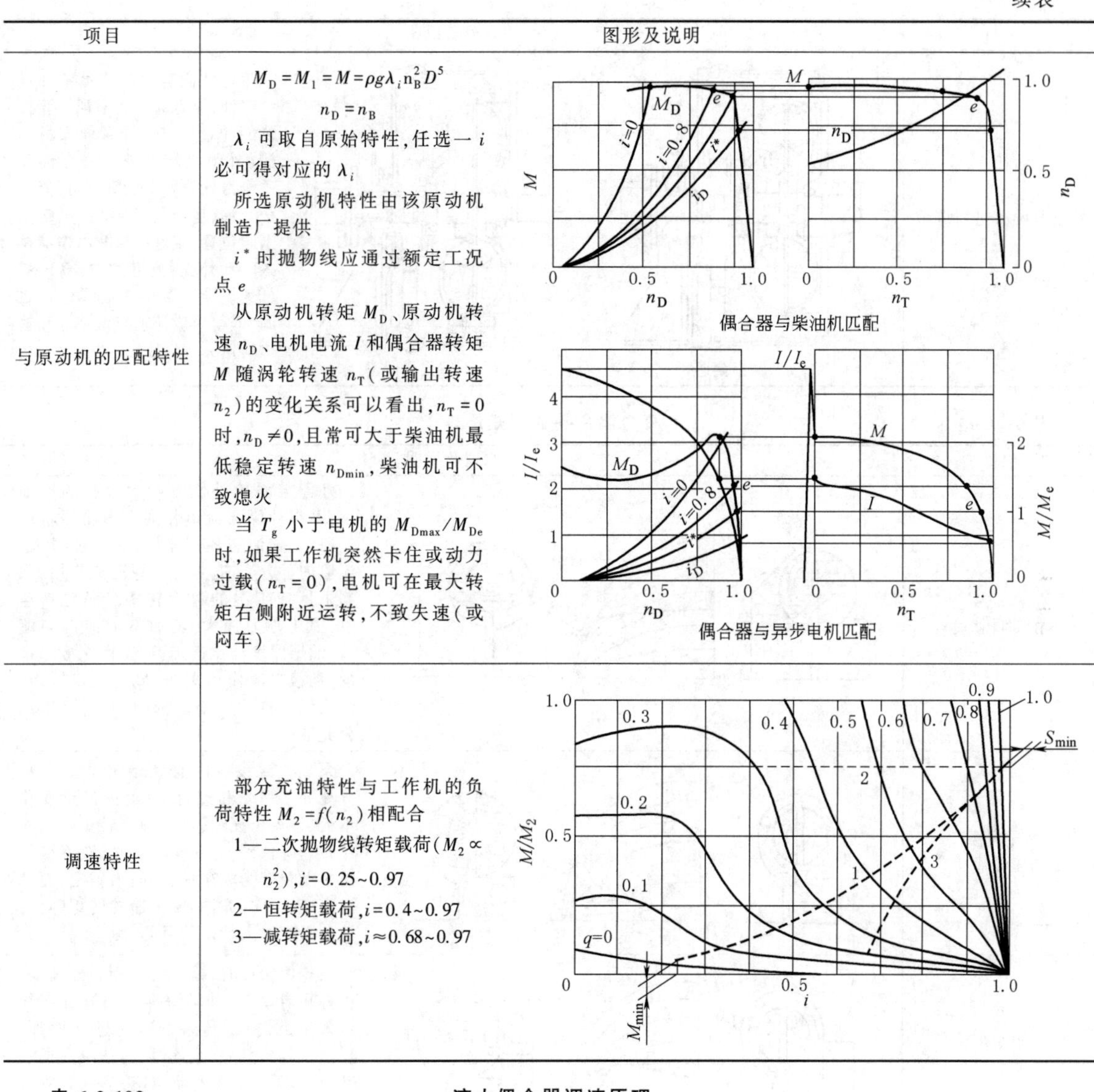 偶合器与柴油机匹配 偶合器与异步电机匹配
调速特性	部分充油特性与工作机的负荷特性 $M_2=f(n_2)$ 相配合 1—二次抛物线转矩载荷（$M_2 \propto n_2^2$），$i=0.25\sim0.97$ 2—恒转矩载荷，$i=0.4\sim0.97$ 3—减转矩载荷，$i\approx0.68\sim0.97$

表 6-2-102　液力偶合器调速原理

项目	原理及说明
导管出口调节	调节原理 1—泵轮；2—涡轮；3—流通孔；4—导管；5—副叶片；6—转动外壳；7—进油管 由外部油泵供应的进入偶合器流道的油液流量不变，导管排油能力大于供油，流道内存油面与导管孔口齐平，移动导管于最内和最外两极限位置（即全充油和排空）之间任一位置，可得对应充液率 q 和输出转速 n_2，实现无级调速

续表

项目	原理及说明	
导管和喷嘴进口调节	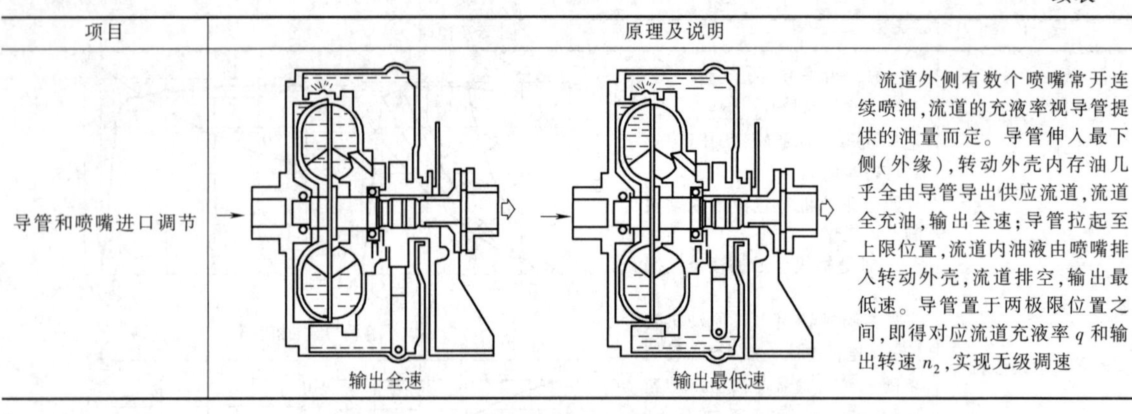 	流道外侧有数个喷嘴常开连续喷油，流道的充液率视导管提供的油量而定。导管伸入最下侧（外缘），转动外壳内存油几乎全由导管导出供应流道，流道全充油，输出全速；导管拉起至上限位置，流道内油液由喷嘴排入转动外壳，流道排空，输出最低速。导管置于两极限位置之间，即得对应流道充液率 q 和输出转速 n_2，实现无级调速

表 6-2-103　　液力偶合器的限矩原理

项目	原理及说明
牵引型 （静压倾泄式）	外壳与涡轮外侧有较大容积的辅油室，并在外缘与流道相通。涡轮停转或低速时，辅油室油层厚度大，储油量大，流道内部分充油，加上挡板阻流作用，限制了低速工况的过大转矩。涡轮高速时，因离心力加大，辅油室油液流向流道，油层厚度与流道接近，流道充液率增加，挡板阻流作用减弱，传递额定转矩。注入偶合器的油是定量的，并使流道部分充油
限矩型 （动压倾泄式）	泵轮内缘设有内辅室，流道内定量部分充油。涡轮高速时，流道内油量变化不大，接近全充油，传递额定转矩。当涡轮转速降低到 $i\approx0.8$ 以下时，液流结构由小循环变为大循环，冲向内辅室，而后流道变为部分充油，所传递的转矩降低，达到限制过大转矩的目的
限矩型 （延充式）	泵轮内缘设有内辅室，外侧有外辅室。由静止启动时，外辅室存油由孔 a 缓缓流入流道，使所传递的转矩逐渐增加。反之，当涡轮突然减速时，内辅室的油一部分可经孔 b 流入外辅室，降低涡轮低转速时的转矩。若采取结构措施，可减少转矩跌落，限矩性能好
限矩型 （阀控延充式）	泵轮内辅室上装有延充阀。泵轮（电机）开始启动时，延充阀打开，涡轮环流冲向内辅室后，经孔 b 大量流入外辅室，流道内充液率减小，转矩大大减小，使电机轻载快速启动。当泵轮（电机）超过临界转速后，延充阀因离心力作用关闭，外辅室油液经孔 a 逐步进入流道，使转矩缓慢增加。涡轮失速或制动时，转矩特性与动压倾泄式类似，限矩性能好

5.4　设计原始参数及其分析

（1）功率与转速

液力偶合器所传递的功率和输入转速，一般等于原动机的额定功率和额定转速。对于原动机为异步电机的工作机，使用偶合器后可解决电机的轻载启动问题，故以工作机的额定功率作为偶合器所传递的功率。功率与转速通常有如下几种组合，见表 6-2-104。

表 6-2-104　　偶合器功率与转速常用组合

功率与转速组合	偶合器型式	使用目的	应用实例	设计要点
小功率(<100kW)与中速(1000~1500r/min)或高速(3000r/min)	牵引型、限矩型、调速型	解决电机轻载启动、工作机平稳启动、过载保护、无级调速、隔振防冲等问题	带式输送机、塔式起重机、刨煤机、破碎机、离心机、空调风机、供水泵等	除妥善解决启动、限矩和调速性能之外，应着重在结构简单、不用或简化冷却供油系统、减小尺寸、减轻重量和降低制造成本上多加研究，并应易于批量生产
中等功率(100~2500kW)与低速(375~750r/min)或中速(1000~1500r/min)	调速型(部分限矩型)	无级调速、无载或轻载启动、隔振防冲	水泵、泥浆泵、尾矿泵、转炉除尘风机、锅炉引风机、送风机、球磨机、挤压机等	力求缩短轴向尺寸，简化冷却供油润滑系统
大功率(2500~20000kW)与高速(3000r/min)或超高速(4500~6000r/min)	调速型	无级调速、无载启动	电站锅炉给水泵、煤气鼓风机、舰船燃气轮机动力装置、高炉鼓风机	着重解决高转速叶轮与转动外壳的应力过大问题，以及调速控制和冷却供油润滑系统等问题。这类偶合器常带有增速齿轮，因此，高速齿轮传动和轴承、振动等问题也应加以重视

(2) 转差率与效率

液力偶合器在额定工况长期运转时的转差率 S^* 与对应的效率 η^*，可按不同情况参照表 6-2-105 加以确定。

表 6-2-105　　额定工况下的转差率 S^* 与效率 η^*

型式	功率 /kW	额定转差率 S^*	机械效率 η_m	偶合器效率 $\eta^*=(1-S^*)\eta_m$	说明
牵引型和限矩型偶合器	≤10 >10	0.05~0.07 (常取 0.05) 0.04	≈0.99	≥0.94 ≥0.95	S^* 取小值，虽可提高传动效率，但有效直径增大，重量、尺寸增加，造价也增加，还将使过载系数 T_g 增大，偶合器启动和过载保护性能不易得到保证
调速型偶合器	≤1600 >1600 (带增、减速齿轮)	0.02~0.03 常取 0.03	0.985~0.992 0.98~0.99	0.955~0.972 0.95~0.97	S^* 取小值，虽可提高传动效率，但有效直径增大，对叶轮和转动外壳的强度不利，同时重量、尺寸增加，调速范围缩小
间歇工作偶合器		0.07~0.30			必须限制偶合器的重量、尺寸或过载系数，仅用于短期或间歇工作、经济性不重要的场合(例如塔吊行走轮驱动偶合器)，S^* 可选取较大值，以减小有效直径、减少重量和造价

(3) 启动和过载保护

为了有效地保护动力传动系统，使其免于因过载而损坏，以及在工作机启动时充分利用异步电机的最大转矩，偶合器的过载系数应满足表 6-2-106 的要求。

表 6-2-106　　牵引型和限矩型偶合器的过载系数 T_g

功率范围	大中功率	小功率	不限
原动机类型	异步电机	异步电机	柴油机
过载系数 T_g	<3.5	<2.7	<4

(4) 调速范围（见表 6-2-107）

调速型偶合器的调速范围，一般已能满足使用要求。如要超出这一范围，可采取某些结构措施，但在设计之前必须加以明确。

表 6-2-107　　调速范围

工作机转矩特性	调速范围	应用实例
恒转矩	$i=0.40\sim0.97$	起重机、运输机、往复泵
二次抛物线转矩（$M_2\propto n_2^2$）	$i=0.25\sim0.97$	离心风机、压气机、无背压水泵
减转矩	$i=0.68\sim0.97$ （视管道静压头而异）	定背压锅炉给水泵、输油泵、离心水泵等

(5) 全程调速时间（离合时间）（见表 6-2-108）

表 6-2-108　　全程调速时间（离合时间）

偶合器型式	全程调速时间（离合时间）/s	说明
出口调节式（箱体式）	10～30	视泵轮转速、供油泵排量、有效直径和导管管径大小等不同而有所差别
进口调节式（转动外壳式）	升速　10～30 降速　60～180	

(6) 重量、尺寸

这是指偶合器的本体以及与本体相连的辅助结构（如箱体）的重量和尺寸。在传递同一功率的情况下，有效直径 D 与泵轮转速 $n_B^{0.6}$ 成反比，而偶合器本体重量 G 又与 $D^{2.7}$ 成正比（见图 6-2-19）。因此，为减小偶合器的重量和尺寸，设计时常将偶合器输入轴直接与原动机相连，或布置在转速更高的高速轴上。同时，随着输入转速增加，叶轮圆周速度 u 增大，应力也相应增加。此外，偶合器重量和尺寸在很大程度上与结构布置方式有关，在总体设计时应特别注意。

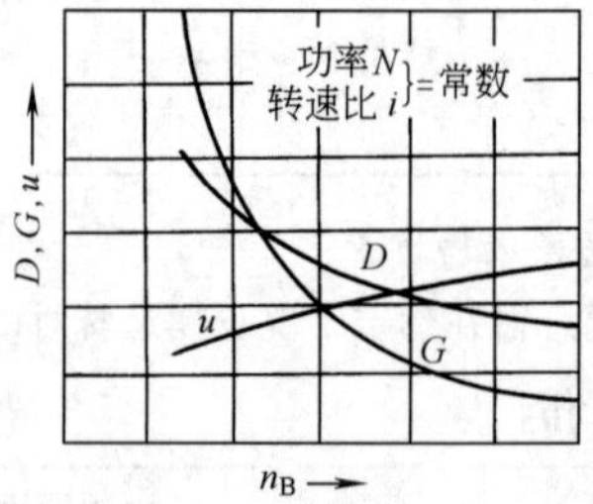

图 6-2-19　传递功率恒定情况下的相似规律

D—有效直径；G—本体重量；u—叶轮圆周速度

(7) 振幅

偶合器在流道全充油和额定转速下运转时，在整机轴承部位所测得的振幅（包括垂直、水平和轴向三个方向），一般不应大于 60～120μm（全幅），高转速偶合器和出口调节式偶合器取小值，低转速偶合器和进口调节式偶合器取大值。

(8) 工作油

偶合器的工作油也作为润滑油，对油的要求是黏度较低，润滑性适当，密度较大，无腐蚀性，闪点较高，不易产生泡沫。对一般采用滚动轴承的各种偶合器，常用 L-TSA32 汽轮机油或 L-AN32 机械油；对带有增速（或减速）齿轮并采用滑动轴承的偶合器，为改善润滑，可选用 6 号或 8 号液力传动油（JB/T 12194—2015）。

(9) 易熔塞

对于要求防止动力过载的偶合器，必须在流道外缘的转动外壳上安装 2～3 只易熔塞（内孔注有易熔合金的螺塞）。其目的是一旦工作机在运转中因阻力过大被卡住而停转时，仍在运转的原动机的全部功率将被偶合器吸收（此时 $S=1$，偶合器效率为零），使油温短时内急剧上升，达到某一值后易熔合金熔化，流道中的油液将通过易熔塞内孔排出壳体外，流道排空，功率传递也随之被切断，从而使传动系统得到保护。

易熔合金的熔点必须低于油的闪点，常取 110～140℃。对于使用环境有防爆要求的场合，应视具体情况慎重选择。

5.5　流道选型设计

偶合器流道的几何参数包括流道在轴面上的几何形状，叶片数目、厚度和角度，有无内环和挡板及它们的尺寸，辅油室的位置和容积等。不同偶合器流道，其原始特性各不相同。目前，国内外常用的几种流道及其由试验所得的原始特性列于表 6-2-109 中。

表 6-2-109　国内外常用的液力偶合器流道及其原始特性

序列	流道	几何形状	原始特性	有效直径 D/m	几何参数	特性参数	叶片数目	充液率	特点	模型情况
1	桃形	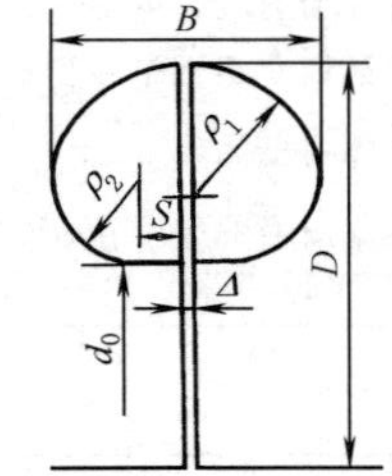	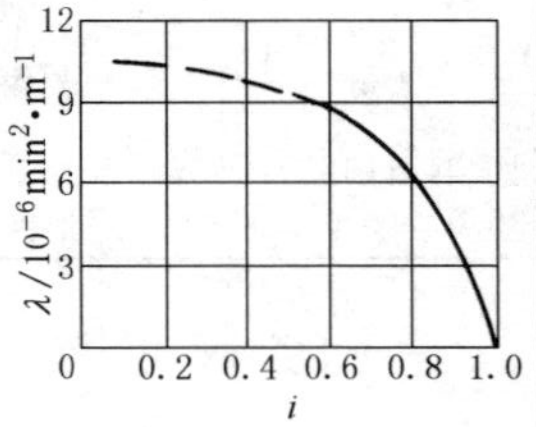	$D=\sqrt[5]{\dfrac{M_e}{\rho g\lambda^* n_{De}^2}}=\sqrt[5]{\dfrac{9550N_e}{\rho g\lambda^* n_{De}^3}}$ M_e——偶合器所传递的额定转矩,N·m N_e——偶合器所传递的额定功率,kW ρ——工作油密度,kg/m^3 g——重力加速度,g=9.81m/s^2 λ^*——额定工况转速比 i^*(或 S^*)时的转矩系数,min^2/m n_{De}——原动机或泵轮额定转速,r/min	$d_0=0.525D$ $\rho_1=0.16D$ $\rho_2=0.104D$ $S=0.05D$ $\Delta=0.01D$ $B=0.318D$	$\lambda_{0.97}=(1.6\sim2.1)\times10^{-6}$min^2/m $\lambda_{0.98}=(1.2\sim1.3)\times10^{-6}$min^2/m		全充油	普遍用于调速型,d_0/D 较大	D=0.4m n_B=1400r/min
2	扁圆形	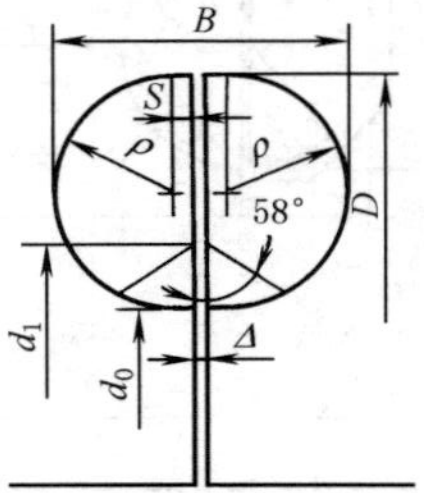	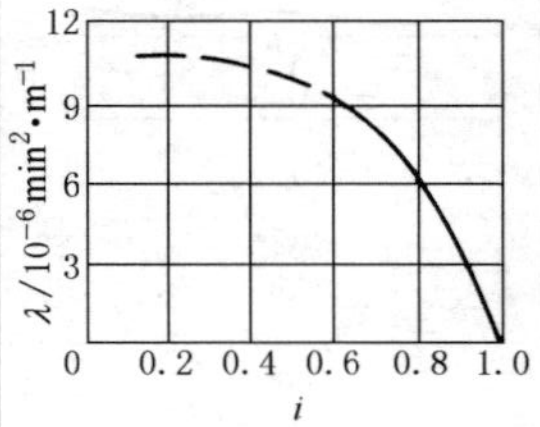		$d_0=0.415D$ $\rho=0.1465D$ $S=0.0244D$ $d_1=0.585D$ $\Delta=0.01D$ $B=0.352D$	$\lambda_{0.97}=(2.0\sim2.4)\times10^{-6}$min^2/m $\lambda_{0.98}=(1.4\sim1.6)\times10^{-6}$min^2/m	$z_B=8.65D^{0.279}$ (D 的单位为 mm) $z_T=z_B\pm2$		普遍用于调速型,d_0/D 较小,但 $\lambda_{0.97}$ 较大	D=0.36m n_B=1470r/min
3	牵引型(静压倾泄式)	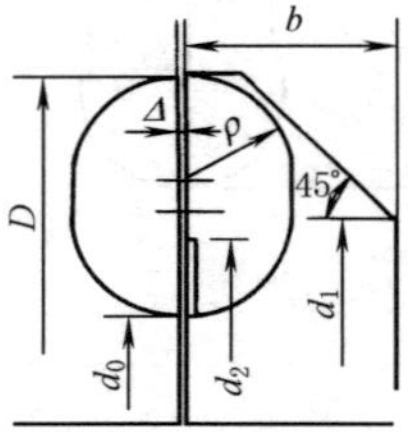	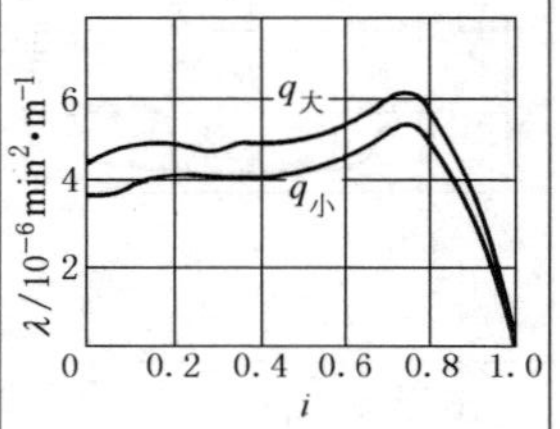		$d_0=0.32D$ $d_2=0.53D$ $d_1=0.60D$ $\rho=0.15D$ $b=0.30D$ $\Delta=0.01D$	$\lambda_{0.96}\approx1.6\times10^{-6}$min^2/m $\lambda_0=4.6\times10^{-6}$min^2/m $T_g=2.87$ $T_{gmax}=3.88$		定量部分充油	用于启动大惯量工作机	D=0.368m n_B=1450r/min

续表

序列	流道	几何形状	原始特性	有效直径 D/m	几何参数	特性参数	叶片数目	充液度	特点	模型情况
4	限矩型（动压倾泄式）	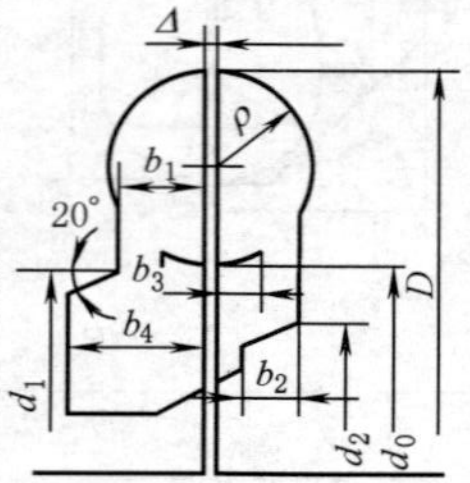	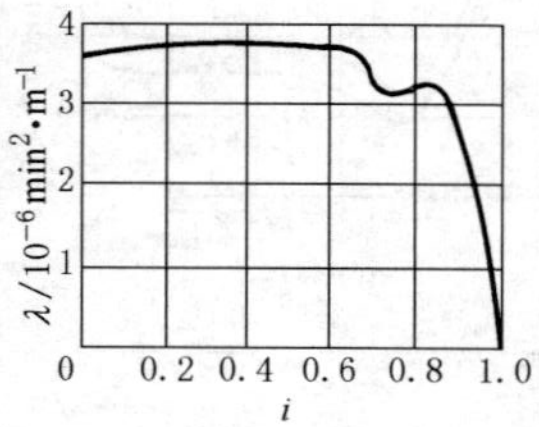	$D=\sqrt[5]{\dfrac{M_e}{\rho g\lambda^* n_{De}^2}}=\sqrt[5]{\dfrac{9550N_e}{\rho g\lambda^* n_{De}^3}}$ M_e——偶合器所传递的额定转矩，N·m N_e——偶合器所传递的额定功率，kW ρ——工作油密度，kg/m^3 g——重力加速度，$g=9.81\text{m/s}^2$ λ^*——额定工况转速比 i^*（或 S^*）时的转矩系数，min^2/m n_{De}——原动机或泵轮额定转速，r/min	$d_0=0.52D$ $\rho=0.12D$ $b_1=0.10D$ $b_2=0.07D$ $b_3=0.055D$ $b_4=0.158D$ $d_1=0.516D$ $d_2=0.376D$ $\Delta=0.01D$	$\lambda_{0.96}=(1.35\sim1.6)\times10^{-6}\text{min}^2/\text{m}$ $T_g=2.5\sim3.4$	$z_B=8.65D^{0.279}$（D 的单位为 mm） $z_T=z_B\pm2$	定量部分充油	流道宽度较小	$D=0.368\text{m}$ $n_B=1450\text{r/min}$
5	限矩型（延充式）	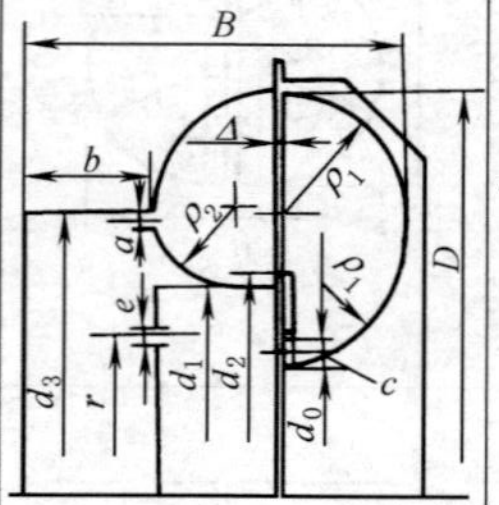	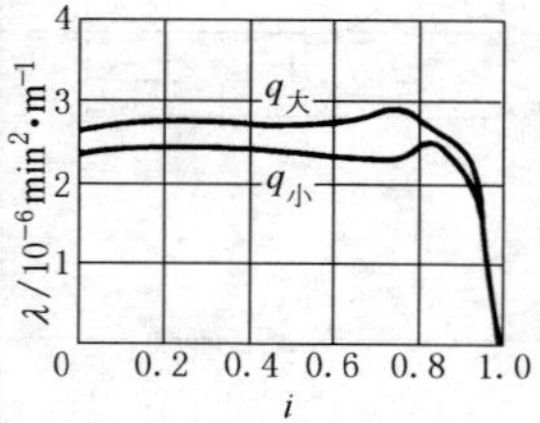		$d_0=0.32D$ $d_1=0.52D$ $d_2=0.55D$ $d_3=0.7D$ $\rho_1=0.15D$ $\rho_2=0.1D$ $b=0.15D$ $B=0.45D$ $\Delta=0.01D$ $a=4\times\phi0.008D$ $e=4\times\phi0.0125D$ $c=8\times\phi0.03D$ r 尽量小，视结构而定	$\lambda_{0.96}=1.4\times10^{-6}\text{min}^2/\text{m}$ $\lambda_0=2.6\times10^{-6}\text{min}^2/\text{m}$ $T_g=1.84\sim2.04$				$D=0.65\text{m}$ $n_B=980\text{r/min}$ $z_B=82$ $z_T=80$

注：1. 表中 $\lambda_{0.97}$、$\lambda_{0.98}$ 和 $\lambda_{0.96}$ 所对应的 i^* 分别为 0.97、0.98 和 0.96。

2. 表中所列流道，其叶片均为径向直叶片，故正反转的特性相同。

3. 对序列 3、4、5 定量部分充油流道 $\lambda_{0.96}$、$T_g=\dfrac{\lambda_0}{\lambda_{0.96}}$和 $T_{gmax}=\dfrac{\lambda_{max}}{\lambda_{0.96}}$均是指最大充油度而言的。减小充油度，则 $\lambda_{0.96}$ 和 T_g 也有所降低。

4. 序列 5 的延充式流道可加装延充阀。

5. 用表中公式计算有效直径 D 时，未考虑偶合器模型和实物之间因 Re 不同而引起的不大影响，实际上这一影响还是存在的。具体表现为 λ^*（如 $\lambda_{0.97}$）有一变化范围，当设计的偶合器泵轮转速 n_B 高、D 大、流道加工有较高的精度和较低的粗糙度、油温较高和油的黏度小时，则同一 i^* 下的 λ^* 值偏大（以上任一因素均使 λ^* 偏大），反之则偏小。这一点在计算 D 时应按具体情况加以考虑。

6. 为了通用和便于选购定型产品，由表中公式计算的有效直径 D，必须向上圆整到 GB/T 5837—2008 所规定的系列尺寸，例如 180mm，200mm，220mm，250mm，280mm，320mm，360mm，400mm，450mm，（487mm），500mm，560mm，（600mm），650mm，750mm，（800mm），875mm，1000mm，1150mm，（1250mm），1320mm，1550mm 等。由于向上圆整，故在传递额定功率时偶合器实际转差率 S 要比计算时所选的标准值 S^* 略小。

（1）流道选型原则

① 在额定工况时，偶合器原始特性应具有尽可能大的转矩系数 λ^*。

λ^* 是偶合器各种流道进行比较时的重要指标之一。对大多数流道，$S^*=0.03$ 时 λ^* 为（1.2～2.7）×10^{-6}min^2/m。GB/T 5837—2008 规定：调速型偶合器，$S^*\leqslant 0.03$ 时要求 $\lambda^*\geqslant 1.8\times10^{-6}$min^2/m；限矩型或牵引型偶合器，$S^*\leqslant 0.04$ 时要求 $\lambda^*\geqslant 1.45\times10^{-6}$min^2/m（工作腔有效直径≤320mm）、$\lambda^*\geqslant 1.55\times10^{-6}$min^2/m（工作腔有效直径 320～360mm）、$\lambda^*\geqslant 1.65\times10^{-6}$min^2/m（工作腔有效直径≥650mm）。

② 对于限矩型偶合器，涡轮零速（$S=1$）工况时的转矩系数 λ_0 应尽可能小，或在规定的过载系数 T_g 之内，使偶合器有较好的过载防护性能。某些要求脱离的调速型偶合器也希望有较小的 λ_0，以减小在脱离状态下流道内部的空转损失，避免长期空转时，偶合器流道内温升过高而产生故障。

③ 对于限矩型偶合器，还希望特性曲线波动较小。这种波动常用凹陷系数 $e=\lambda_{Lmax}/\lambda_{Lmin}$ 来表示，式中 λ_{Lmax} 和 λ_{Lmin} 分别为 $d\lambda/di>0$ 区段上转矩系数的局部最大值和最小值。e 愈大，性能愈差，$e=1.0$ 最佳，一般 $e\leqslant 1.4$。当 $e>T_g$ 时，在启动过程中偶合器就有可能不能加速到额定工况点，因而无法维持正常工作。

④ 对于绝大多数要求无级调速的工作机，一般调速型偶合器无限矩要求，相反，希望在 S 增加时 M 急剧增加，亦即具有较“坚挺”的特性，以扩大偶合器的调速范围。

⑤ 为便于叶轮与轴、导管装置以及辅油室等的结构布置，希望流道有较大的 d_0/D 值。对于用机械加工方法形成的流道还要求流道轴面形状简单。尽可能用径向直叶片使偶合器正反方向运转时性能相同。还应注意所选用的流道在运转中有较小的轴向推力。

上述几条原则仅供流道选型时分析比较用，最佳的选择自然还需视所设计偶合器的具体情况而定。例如将偶合器作为液力制动器（或减速器、水力测功器）时，就希望在设计工况 $S^*=1$ 时具有很大的 λ_0 以减小尺寸。这种特殊情况这里不予讨论。

偶合器叶轮的叶片厚度 δ 见表 6-2-110。

表 6-2-110　　偶合器叶轮的叶片厚度 δ

有效直径 D /mm	叶轮制造工艺	叶片厚度 δ /mm	说明
250～500	钢板冲压轮壁，铆接或焊接薄钢板叶片	1～1.5	适于大量生产
250～450 450～1000	铝合金铸造叶轮	2～3.5 4～8	金属模取低值 砂模取高值
450～700	铸造合金钢叶轮 铸钢轮壁，焊接钢板叶片	5～6 3～5	
800～2000	铸钢轮壁，焊接钢板叶片	4～6	

（2）流道设计实例

例 1　试确定一台调速型偶合器流道的主要尺寸。原动机功率为 1600kW，2985r/min 的异步电机，工作机为 1200kW 的离心鼓风机，$S^*\leqslant 0.03$，采用 20 号机械油，油温 70℃时的密度为 $\rho=870$kg/m^3。

选用表 6-2-109 中的扁圆形流道，并取 $S^*=0.03$，此时 $\lambda^*=2.1\times10^{-6}$min^2/s。因偶合器能协助电机实现无载启动，故以 1200kW 作为偶合器所传递的额定功率 N_e，按表 6-2-109 中公式计算流道几何参数，有效直径为

$$D=\sqrt[5]{\frac{9550N_e}{\rho g\lambda^* n_{De}^3}}=\sqrt[5]{\frac{9550\times1200}{870\times9.81\times2.1\times10^{-6}\times2985^3}}=0.474\text{m}$$

按系列尺寸，向上圆整到 $D=0.5$m。由于这一圆整，则在额定工况实际运转时，S^* 必将小于 0.03。

流道其余几何尺寸分别为

$$d_0=0.415D=0.415\times0.5=0.2075\text{m}$$
$$\rho=0.1465D=0.1465\times0.5=0.07325\text{m}$$
$$S=0.0224D=0.0224\times0.5=0.0112\text{m}$$
$$d_1=0.585D=0.585\times0.5=0.2925\text{m}$$
$$\Delta=0.01D=0.01\times0.5=0.005\text{m}$$

叶片数为

$$Z_B=8.65\times D^{0.279}=8.65\times500^{0.279}=48.98$$

取泵轮叶片数 $Z_B=50$，涡轮叶片数 $Z_T=50-2=48$。叶片沿叶轮圆周均匀分布。

例 2　确定限矩型偶合器有效直径，并校验其过载保护性能。7.5kW、1470r/min 异步电机经偶合器带动灰渣碾碎机，运转

第6篇

中要求动力过载保护，$S^* \approx 0.04$，采用 20 号机械油，70℃时 $\rho=870\text{kg/m}^3$。

选用表 6-2-109 中的限矩型（动压倾泄式）流道，$S^*=0.04$ 时，$\lambda^*=\lambda_{0.96}=1.45\times10^{-6}\text{min}^2/\text{m}$，原始特性中最大转矩系数 $\lambda_0=3.8\times10^{-6}\text{min}^2/\text{m}$（在 $i=0$ 时）。有效直径为

$$D=\sqrt[5]{\frac{9550N_e}{\rho g\lambda^* n_{De}^3}}=\sqrt[5]{\frac{9550\times7.5}{870\times9.81\times1.45\times10^{-6}\times1470^3}}=0.283\text{m}$$

按系列尺寸，取 $D=0.28\text{m}$。

该异步电机的最大转矩和额定转矩的比值 $M_{D\max}/M_{De}=2.2$，最大转矩所对应的转速约为 1375r/min。当工作机突然因阻力增大而减速时，偶合器所能出现的最大转矩（$i\approx0$）为

$$M_{\max}=\rho g\lambda_0 n_B^2 D^5=870\times9.81\times3.8\times10^{-6}\times1375^2\times0.28^5=105.5\text{N}\cdot\text{m}$$

异步电机额定转矩为

$$M_{De}=9550\frac{N}{n}=9550\times\frac{7.5}{1470}=48.72\text{N}\cdot\text{m}$$

异步电机所能产生的最大转矩为

$$M_{D\max}=2.2M_{De}=2.2\times48.72=107.2\text{N}\cdot\text{m}$$

由于 $M_{D\max}>M_{\max}$，故工作机被突然卡住不转时，电机仍可在稍高于最大转矩对应的转速下运转，不致停车。几分钟后因油过热易熔塞熔化，将流道内油排空，偶合器不再传递功率，从而起到过载保护的作用。

5.6 轴向推力计算

偶合器运转时叶轮上的轴向推力由推力轴承承受。设计时必须算出轴向推力的大小及其方向，以确定轴承的承载能力。

作用在叶轮（以涡轮为例）上的轴向推力由三部分组成（见图 6-2-20）：涡轮内、外壁因油压力不等而产生的推力 F_1，其方向使涡轮和泵轮靠近；因液流轴面流速 v_m 方向变化而引起的推力 F_2，其方向使涡轮与泵轮分开；以及因不平衡面积而产生的推力 F_3，其方向使两叶轮分开。轴向推力的计算可按表 6-2-111 进行。

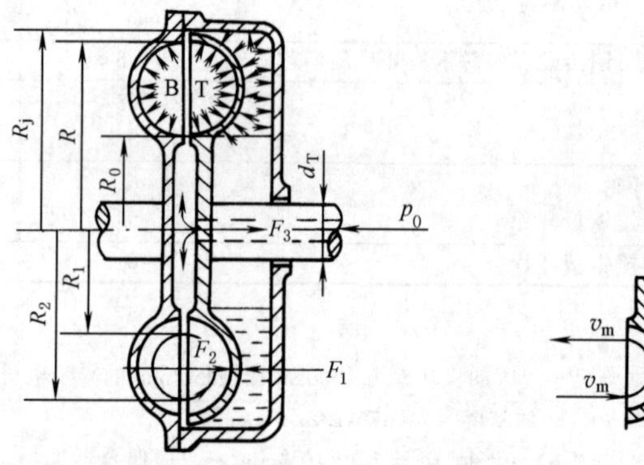

图 6-2-20　偶合器的轴向推力

表 6-2-111　　轴向推力的计算

项目	计算公式或参数选择
转速比 i	按运转工况选择，一般选 0.97、0.95 和 0 三点
泵轮角速度 $\omega_B(\text{s}^{-1})$	$\omega_B=\dfrac{2\pi n_B}{60}$ n_B——泵轮转速，r/min
工作油密度 $\rho(\text{kg/m}^3)$	按油的品种及油温确定，20 号机械油 70℃时 $\rho=870\text{kg/m}^3$
流道有效半径 R(m)	$R=D/2$ D—循环圆有效直径，m
泵轮最小浸油半径 R_0(m)	全充油时常取 $R_0=d_0/2$ d_0——流道内径，m
泵轮最大浸油半径 R_j(m)	视结构而定

续表

项目	计算公式或参数选择
涡轮内、外壁因油压力不等而产生的推力 F_1(N)	$F_1=\frac{\rho\omega_B^2}{2}\times\frac{\pi}{2}(R_j^2-R_0^2)^2\left[\left(\frac{1+i}{2}\right)^2-i^2\right]$,其方向使两叶轮相互靠近,设为"-"
流道内液流流动中心半径 R_m(m)	$R_m=\sqrt{\frac{R^2+R_0^2}{2}}$,按匀速流流动模型计算
中央轴面流线内半径 R_1(m)	$R_1=\sqrt{\frac{R_m^2+R_0^2}{2}}$,按匀速流流动模型计算
中央轴面流线外半径 R_2(m)	$R_2=\sqrt{\frac{R^2+R_m^2}{2}}$,按匀速流流动模型计算
偶合器所传递的转矩 M(N·m)	$M=\rho g\lambda n_B^2D^5$,$\lambda=f(i)$由原始特性求得
流道内循环流量 Q(m^3/s)	$\frac{M}{\rho\omega_B(R_2^2-R_1^2i)}$,$Q$将随 i 不同而异
因液流方向变化而产生的推力 F_2(N)	$F_2=\rho Q^2\frac{4}{\pi(R^2-R_0^2)}$,其方向使两叶轮分开,设为"+"
偶合器外供油压力 p_0(Pa)	视供油系统而定,通常 $p_0=(0.5\sim2)\times10^5$Pa
因不平衡面积而产生的推力 F_3(N)	$F_3=p_0\frac{\pi d_T^2}{4}$,按图示结构,其方向为"+"
轴向推力 F(N)	$F=-F_1+F_2+F_3$

注：1. 通常选用 $i=0.95\sim0.97$ 的工况计算轴向推力 F，以计算长期运转下推力轴承的使用寿命；以 $i=0$ 的工况计算最大推力，以校核短期超载运转下轴承承载能力，防止轴承破坏。

2. 对于定量部分充油的牵引型和限矩型偶合器并不存在 p_0，故 $F_3=0$。

对于小功率采用滚动轴承来承受推力的偶合器，常采用估算法来确定推力。

$$F=K\rho gn_B^2D^4\ \text{(N)}\tag{6-2-36}$$

式中　K——轴向推力系数，min^2/m；

ρ——油液密度，kg/m^3；

g——重力加速度，m/s^2；

n_B——泵轮转速，r/min；

D——偶合器有效直径，m。

对于流道几何相似的偶合器，在相同充液率下将具有相同的 $K=f(i)$ 特性，此特性由模型试验求得。在缺乏试验特性时，可借用流道几何形状类似和结构相近的偶合器推力特性进行估算。对于大多数偶合器，在 $i=0.8\sim1.0$ 的范围内，$K\rho\times10^3\leqslant2\sim4$，可以此确定滚动轴承的使用寿命；当 $i=0$ 时，$K\rho\times10^3=-(10\sim38)$，可以此校验轴承的最大承载能力。

应当指出，偶合器泵轮和涡轮轴向推力大小相等，方向相反，运转中推力大小和方向都可能变化，所选用轴承必须能承受左右两个方向的推力。

5.7 叶轮断面设计与强度计算

(1) 受力分析

由图 6-2-21 可见，涡轮（指不带法兰的叶轮，有时不一定作涡轮）内侧有叶片，起到加强筋的作用，轮壁内外工作油压力可相互抵消，因此它的强度条件最好，所以通常着重考虑转动外壳和泵轮的有关计算。

在转速比 i 接近于 1 时，流道中的油压力最高，叶轮的应力最大。因此，强度计算以 $i\approx1$ 的工况为准。

(2) 偶合器外缘轴向力 P_A 的确定

P_A 是流道内部油压力 P_ω 所产生的，使泵轮和转动外壳脱离的力，可按表 6-2-112 求得（见图 6-2-22），并由此确定外缘螺栓数目与直径。

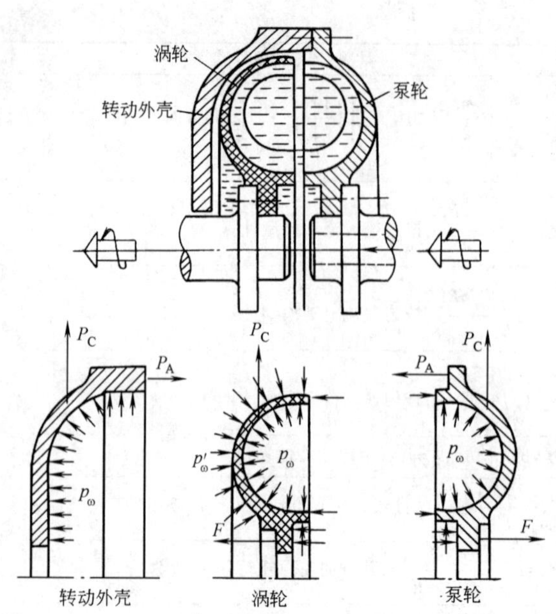

图 6-2-21 偶合器泵轮、涡轮和转动外壳上所作用的外力

P_C—工作轮金属材料在旋转时的离心力；p_ω，p'_ω—工作油压力；

P_A—泵轮和转动外壳彼此传给对方的轴向力；

F—轴传给工作轮的轴向推力

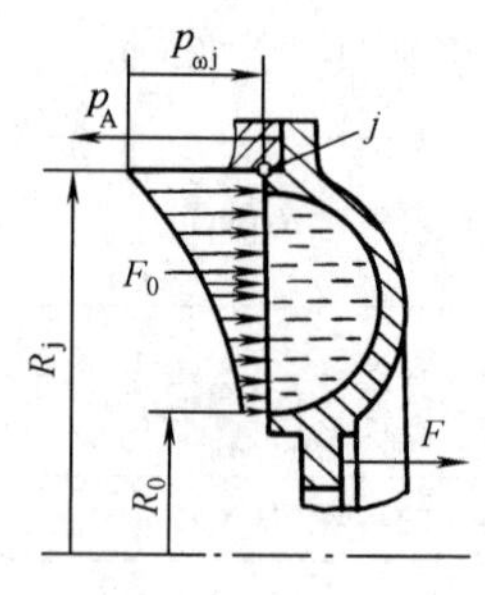

图 6-2-22 偶合器外缘轴向力的确定

第 6 篇

表 6-2-112　　偶合器外缘轴向力的确定

名称	公式或参数选择
泵轮最大浸油半径 R_j(m)	视所设计结构而定(见图 6-2-22 中 j 点)
泵轮最小浸油半径 R_0(m)	全充油时常取 $R_0=d_0/2$ d_0——流道内径,m
油在 j 点的圆周速度 u_j(m/s)	$u_j=\dfrac{2\pi R_j}{60}n_B$ n_B——泵轮额定转速,r/min
油在 R_0 处圆周速度 u_0(m/s)	$u_0=\dfrac{2\pi R_0}{60}n_B$
泵轮最大浸油半径处的油压力 $p_{\omega j}$(Pa)	$p_{\omega j}=p_0+\dfrac{\rho}{2}(u_j^2-u_0^2)$ p_0——偶合器供油压力,Pa ρ——油液密度,kg/m^3
因油压力而引起的泵轮侧向推力 F_0(N)	$F_0=p_0\pi(R_j^2-R_0^2)+\dfrac{\rho\pi}{4}\times(R_j^2u_j^2-2R_0^2u_j^2+R_0^2u_0^2)$
偶合器的轴向推力 F(N)	由表 6-2-111 计算确定(按图示方向为“-”)
泵轮外缘的轴向力 P_A(N)	$P_A=F_0+F$
偶合器外缘每个螺栓的拉力 P_1(N)	$P_1=\dfrac{(2.4\sim2.7)P_A}{z}$ z——外缘螺栓数目,为保证在油压作用下不漏油,螺栓应用紧连接

(3) 叶轮轮壁断面的合理设计和材料的选择

叶轮轮壁断面的形状，是以偶合器设计中所确定的流道尺寸（对转动外壳，则以涡轮外壁的形状和必要的间隙）为基础，加上必要的最小厚度，即基本厚度，由此向应力较大的根部（轮毂部分）逐步加厚，和向结构需要的加厚部分（如法兰等）圆滑过渡而成。叶轮在运转时轮壁断面应力的大小，与偶合器所传递的功率和转速、叶轮圆周速度、所用材料和制造工艺、叶轮轮壁基本厚度和断面形状等有密切关系。

保证偶合器叶轮强度最简单的方法，是限制其圆周速度不超过表 6-2-113 所规定的许用值。一旦超过许用值，则应进行叶轮强度计算，同时在叶轮断面设计时，注意如下几点。

① 轮壁基本厚度应随叶轮圆周速度的增大而加厚。

② 转动外壳的轮壁基本厚度大于泵轮的；泵轮轮壁的基本厚度又大于涡轮的。或在同样的轮壁基本厚度下转动外壳采用强度更高的材料和制造工艺。

③ 叶轮最大应力一般出现在轮毂部分，因此，轮壁厚度应由外缘逐步向轮毂部分加大；转动外壳最大应力常发生在外缘或轮毂部分，这两处厚度应适当增加。

④ 断面厚薄过渡处应尽量缓和，防止应力集中。

⑤ 外缘螺栓处法兰承受着很大的螺栓拉力和弯矩，必须适当加厚。外缘螺栓直径不宜过大，数量宜多。

⑥ 尽可能增大叶轮轮毂部分的孔径，以减小最大应力。对于超高速叶轮，为减小轮毂部分的应力，可采用实心叶轮。

表 6-2-113　　偶合器泵轮和转动外壳的轮壁基本厚度

偶合器型式	有效直径 /m	许用圆周速度 /m·s^{-1}	材料和制造工艺	轮壁基本厚度/mm	
				泵轮	转动外壳
小功率中速牵引型和限矩型	0.25~0.65	≤60	铝合金铸造叶轮	4~10	5~12
中功率中低速调速型	0.8~1.8	≤60	泵轮铸钢轮壁，钢板焊接叶片，铸钢转动外壳	10~14	12~16
中大功率高速调速型	0.4~0.7	≤100	泵轮铸钢精密铸造，锻钢或高强度铝合金铸造转动外壳	10~15	12~16

（4）叶轮强度计算提要

对圆周速度显著超过许用值的偶合器叶轮（包括转动外壳），必须进行强度计算以确定最大应力。常规计算方法是将环状的偶合器叶轮作为一种曲率很大的梁来研究，由此推导出一系列计算公式。用这种方法所得的叶轮最大应力可供实用，计算值比实测值大 27.8%。叶轮强度精确计算可采用有限元方法。

5.8　结构设计

偶合器的支承结构设计随偶合器的型式、所传递的功率和转速、导管调速机构的型式、辅油室数及其布置、散热方式（风冷散热或外接冷却供油系统）、有效直径和叶轮的制造加工工艺等因素而有所不同。设计时应根据具体情况，参考表 6-2-114 妥善处理，并比较同类的、成熟的偶合器支承结构决定。

表 6-2-114　　偶合器的结构设计

支承型式	结构示意	说明	优点	缺点
双支梁结构（箱体式）	B T	泵轮轴在箱体两侧各有一个支承点，涡轮轴一个支承点在泵轮中心（轴）上，另一个支承点在箱体上，适用于中大功率中高速偶合器	由坚实的箱体支持轴的支承点，稳定可靠，运转时不易振动，旋转轴临界转速高	零件制造和装配的同轴度要求高，偶合器无油空转时，中心轴承润滑困难，必须具有箱体，轴向尺寸较大，重量大，需有齐全的辅助设备
悬臂梁结构	B T	泵轮轴两个支承点布置在偶合器一侧箱体轴承座上，涡轮轴两个支承点布置在另一侧。适用于大功率高速偶合器，尤其是对有齿轮传动的	泵轮轴和涡轮轴之间无机械联系，允许彼此之间有较大位移和安装误差，零件制造和安装同轴度要求不高，可采用强度较高的实心叶轮	偶合器的轴向尺寸大，旋转轴临界转速较双支梁结构低，高速偶合器如两支承点距离不足，运转时易产生振动

续表

支承型式	结构示意	说明	优点	缺点
泵轮无支承结构(悬挂式)	B T	泵轮支承在原动机的轴伸上,涡轮轴支承在泵轮中心部位和转动外壳上,牵引型、限矩型和进口调节式的调速型偶合器多用这种结构,高速偶合器不宜采用	可免用箱体和油箱,结构简单、紧凑,轴向尺寸小,重量轻,可利用壳体、叶片风冷散热,简化或不用辅助设备,造价低	偶合器重量实际上由原动机和工作机共同分担,悬挂在原动机和工作机之间,零件制造和安装时同轴度要求很高,为此偶合器上必须附带弹性联轴器,运转中易产生振动

5.9 典型产品及其选择

(1) 限矩型(延充式)偶合器

限矩型(延充式)偶合器的基本参数和主要尺寸见表6-2-115~表6-2-117。

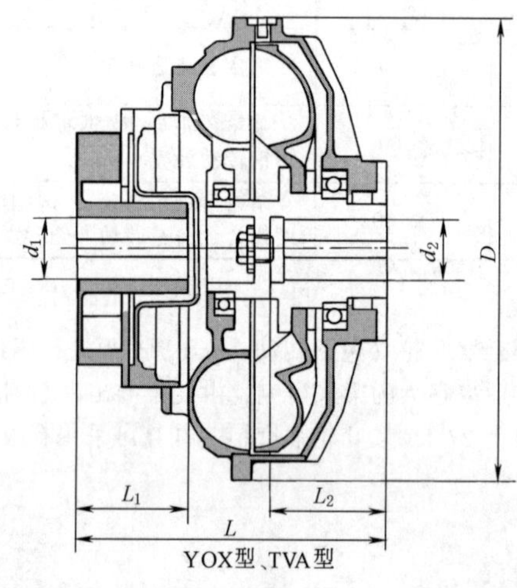

YOX型、TVA型

表6-2-115 **YOX型、TVA型偶合器的基本参数和主要尺寸**

型号	输入转速 /r·min^{-1}	传递功率 /kW	过载系数 T_g	外形尺寸 $D \times L$ /mm	连接尺寸/mm 输入 d_1/L_1	连接尺寸/mm 输出 d_2/L_2	充液量 /L	未充液时质量 /kg
YOX206	1000 1500	0.3~0.6 1~2	2~2.5	ϕ254×210	ϕ28/60	ϕ30/55	0.8~0.4	10
YOX220	1000 1500	0.4~1.1 1.5~3	2~2.5	ϕ272×190	ϕ28/60	ϕ30/55	1.28~0.64	12
YOX250	1000 1500	0.75~1.5 2.5~5.5	2~2.5	ϕ300×215	ϕ38/80	ϕ35/60	1.8~0.9	15
YOX280	1000 1500	1.5~3 4.5~8.7	2~2.5	ϕ345×246	ϕ38/80	ϕ40/100	2.8~1.4	18
YOX320	1000 1500	2.5~5.5 9~18.5	2~2.5	ϕ388×304	ϕ48/110	ϕ45/110	5.2~2.6	28
YOX340	1000 1500	3~9 12~24	2~2.5	ϕ390×278	ϕ48/110	ϕ45/95	5.8~2.9	25
YOX360	1000 1500	4.8~10 15~30	2~2.5	ϕ420×310	ϕ55/110	ϕ55/110	7.5~3.55	49
YOX380	1000 1500	6~12 20~40	2~2.5	ϕ450×320	ϕ60/140	ϕ60/140	8.4~4.2	58

续表

型号	输入转速 /r·min^{-1}	传递功率 /kW	过载系数 T_g	外形尺寸 $D \times L$ /mm	连接尺寸/mm 输入 d_1/L_1	连接尺寸/mm 输出 d_2/L_2	充液量 /L	未充液时质量 /kg
YOX400	1000 1500	8~18.5 22~50	2~2.5	ϕ480×356	ϕ60/140	ϕ60/150	9.3~4.65	65
YOX420	1000 1500	10~20 30~60	2~2.5	ϕ495×368	ϕ60/140	ϕ60/160	12~6	70
YOX450	1000 1500	15~31 45~90	2~2.5	ϕ530×397	ϕ75/140	ϕ70/140	13~6.5	70
YOX500	1000 1500	25~50 68~150	2~2.5	ϕ590×411	ϕ85/170	ϕ85/145	19~9.5	105
YOX510	1000 1500	27~54 75~155	2~2.5	ϕ590×426	ϕ85/170	ϕ85/160	19.2~9.6	119
YOX560	1000 1500	41~83 130~270	2~2.5	ϕ650×459	ϕ90/170	ϕ100/180	27~13.5	140
YOX600	1000 1500	60~115 200~360	2~2.5	ϕ695×474	ϕ90/170	ϕ100/180	36~18	160
YOX1000	750 1000	260~595 620~1100	2~2.5	ϕ1120×722	ϕ160/210	ϕ160/280	144~72	600
TVA562	1000 1500	45~90 150~275	2~2.5	ϕ634×449	ϕ100/170	ϕ110/170	30~15	131
TVA650	1000 1500	90~180 260~480	2~2.5	ϕ740×536	ϕ125/225	ϕ130/200	46~23	219
TVA750	1000 1500	170~330 480~760	2~2.5	ϕ842×603	ϕ140/245	ϕ150/240	68~34	332
TVA866	1000 1500	330~620 766~1100	2~2.5	ϕ978×682	ϕ160/280	ϕ160/265	111~55.5	470

注：TVA 型系引进德国 Voith 公司专有技术制造。

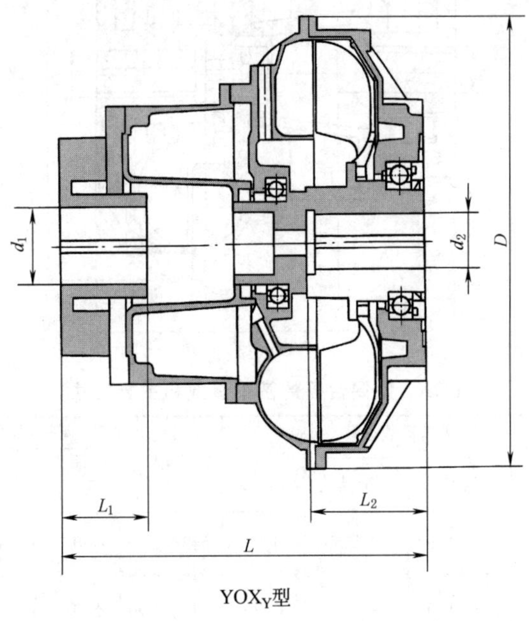

YOX_Y型

表 6-2-116　　**YOX_Y 型偶合器的基本参数和主要尺寸**

型号	输入转速 /r·min^{-1}	传递功率 /kW	过载系数 T_g	外形尺寸 D×L /mm	连接尺寸/mm 输入 d_1/L_1	连接尺寸/mm 输出 d_2/L_2	充液量 /L	未充液时质量 /kg
YOX_Y360	1000 1500	4.8~10 15~30	1.2~2.35	ϕ420×360	ϕ55/110	ϕ55/110	7.1~3.55	49
YOX_Y400	1000 1500	8~18.5 20~50	1.2~2.35	ϕ480×390	ϕ60/140	ϕ60/150	9.3~4.65	65
YOX_Y450	1000 1500	15~31 45~90	1.2~2.35	ϕ530×445	ϕ75/140	ϕ70/140	13~6.5	70
YOX_Y500	1000 1500	25~52 68~150	1.2~2.35	ϕ590×510	ϕ85/170	ϕ85/145	19.2~9.6	105
YOX_Y562	1000 1500	45~90 150~275	1.2~2.35	ϕ634×530	ϕ90/170	ϕ100/180	27~13.5	140
YOX_Y600	1000 1500	60~115 200~360	1.2~2.35	ϕ695×575	ϕ90/170	ϕ100/180	36~18	160
YOX_Y650	1000 1500	90~180 260~480	1.2~2.35	ϕ740×650	ϕ125/225	ϕ130/200	46~23	219
YOX_Y750	1000 1500	170~330 480~760	1.2~2.35	ϕ842×680	ϕ140/245	ϕ150/240	68~34	332
YOX_Y866	1000 1500	330~620 766~1100	1.2~2.35	ϕ978×820	ϕ160/280	ϕ160/265	111~55.5	470
YOX_Y1000	750 1000	260~595 620~1100	1.2~2.35	ϕ1120×845	ϕ160/210	ϕ160/280	144~72	600
YOX_Y1150	600 750	265~620 525~1200	1.2~2.35	ϕ1295×960	ϕ180/220	ϕ180/300	220~110	910
YOX_Y1320	600 750	570~1200 1100~2390	1.2~2.35	ϕ1485×1075	ϕ200/240	ϕ200/350	328~164	1380

注：此类偶合器加长后辅室，启动时间比 YOX 型长，使启动转矩降得更低。

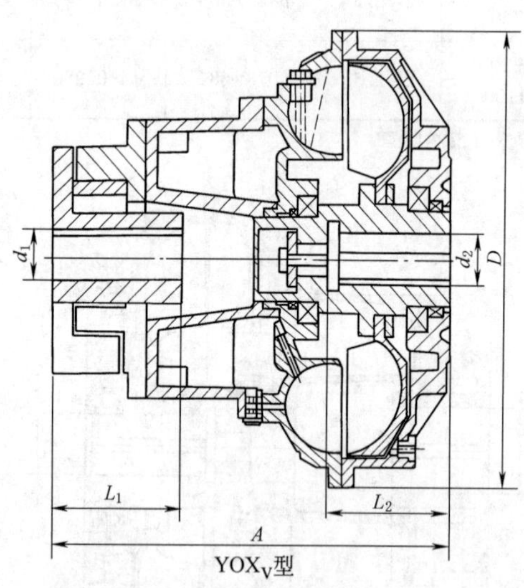

YOX_V型

表 6-2-117　　**YOX_V 型偶合器的基本参数和主要尺寸**

型号	输入转速 /r·min^{-1}	传递功率 /kW	过载系数 T_g 启动	过载系数 T_g 制动	效率 η	外形尺寸 D×A /mm	连接尺寸/mm 输入 d_1/L_1	连接尺寸/mm 输出 d_2/L_2	充液量 /L	未充液时质量 /kg
YOX_V360	1000 1500	5~10 16~30	1.2~1.37	2~2.35	0.96	ϕ428×360	ϕ60/110	ϕ55/110	6.8~3.4	47
YOX_V400	1000 1500	8~18.5 28~48	1.2~1.37	2~2.35	0.96	ϕ472×390	ϕ70/140	ϕ65/140	10.4~5.2	71

续表

型号	输入转速 /r·min^{-1}	传递功率 /kW	过载系数 T_g		效率 η	外形尺寸 $D\times A$ /mm	连接尺寸/mm		充液量 /L	未充液时质量 /kg
			启动	制动			输入 d_1/L_1	输出 d_2/L_2		
YOX_V450	1000 1500	15~30 50~90	1.2~1.37	2~2.35	0.96	ϕ530×445	ϕ75/140	ϕ70/140	15~7.5	88
YOX_V500	1000 1500	25~50 168~144	1.2~1.37	2~2.35	0.96	ϕ582×510	ϕ90/170	ϕ90/170	20.6~10.3	115
YOX_V560	1000 1500	40~80 120~270	1.2~1.37	2~2.35	0.96	ϕ634×530	ϕ100/210	ϕ100/210	26.4~13.2	164
YOX_V600	1000 1500	60~115 200~360	1.2~1.37	2~2.35	0.96	ϕ695×575	ϕ100/210	ϕ100/210	33.6~16.8	200
YOX_V650	1000 1500	90~176 260~480	1.2~1.37	2~2.35	0.96	ϕ760×650	ϕ130/210	ϕ130/210	48~24	240
YOX_V750	1000 1500	170~330 480~760	1.2~1.37	2~2.35	0.96	ϕ860×680	ϕ140/250	ϕ150/250	68~34	375
YOX_V875	750 1000	140~280 330~620	1.2~1.37	2~2.35	0.96	ϕ992×820	ϕ150/250	ϕ150/250	112~56	530
YOX_V1000	600 750	160~300 260~590	1.2~1.37	2~2.35	0.96	ϕ1138×845	ϕ150/250	ϕ150/250	148~74	710
YOX_V1150	600 750	265~615 525~1195	1.2~1.37	2~2.35	0.96	ϕ1312×960	ϕ170/300	ϕ170/300	170~85	880

注：此类偶合器加长后辅室，启动时间比 YOX 型长，使启动转矩降得更低。

（2）限矩型（水介质）偶合器

限矩型（水介质）偶合器的基本参数和主要尺寸见表 6-2-118 和表 6-2-119。

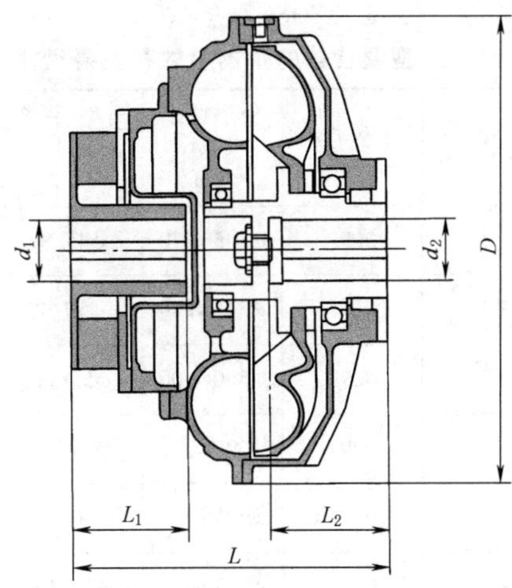

YOX_S型、TVA_S型

表 6-2-118　　YOX_S 型、TVA_S 型偶合器的基本参数和主要尺寸

型号	最高转速 /r·min^{-1}	过载系数 T_g	外形尺寸 $D\times L$ /mm	连接尺寸/mm		充液量 /L	未充液时质量/kg
				输入 d_1/L_1	输出 d_2/L_2		
YOX_S400	1500	2~2.5	ϕ480×356	ϕ60/140	ϕ60/150	9.6~4.8	65
YOX_S450	1500	2~2.5	ϕ530×397	ϕ75/140	ϕ70/140	13.6~6.8	70
YOX_S500	1500	2~2.5	ϕ590×411	ϕ85/170	ϕ85/145	19.0~9.5	105
YOX_S510	1500	2~2.5	ϕ590×426	ϕ85/170	ϕ85/160	19.2~9.6	119
YOX_S560	1500	2~2.5	ϕ650×459	ϕ90/170	ϕ100/180	27~13.5	140
YOX_S562	1500	2~2.5	ϕ634×471	ϕ100/170	ϕ110/170	30~15	131
TVA_S562	1500	2~2.5	ϕ634×467	ϕ100/170	ϕ110/170	30~15	131

续表

型号	最高转速 /r·min^{-1}	过载系数 T_g	外形尺寸 $D×L$ /mm	连接尺寸/mm 输入 d_1/L_1	输出 d_2/L_2	充液量 /L	未充液时质量/kg
YOX_S600	1500	2~2.5	ϕ695×575	ϕ100/210	ϕ100/210	36~18	160
TVA_S650	1500	2~2.5	ϕ740×536	ϕ125/225	ϕ130/200	46~23	219
TVA_S750	1500	2~2.5	ϕ842×630	ϕ140/245	ϕ150/240	68~34	332

注：此类偶合器用水作为工作介质，除具有 YOX、TVA 型偶合器的特点外，还具有防燃防爆、防污染工作环境的特性。

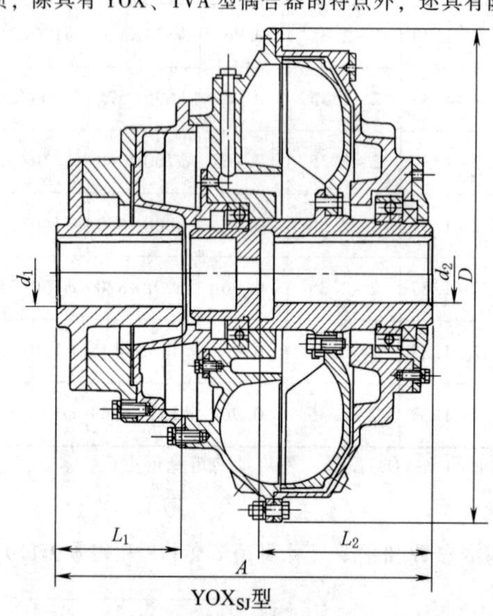

YOX_{SJ}型

表 6-2-119　YOX_{SJ} 型偶合器的基本参数和主要尺寸

型号	输入转速 /r·min^{-1}	传递功率 /kW	过载系数 T_g	效率 η	外形尺寸 $D×A$ /mm	连接尺寸/mm 输入 d_1/L_1	输出 d_2/L_2	充液量 /L	未充液时质量 /kg
$YOX_{SJ}250$	1000 1500	1~1.75 3~6.5	2~2.7	0.97	ϕ305×270	ϕ45/80	ϕ40/80	2.1~1.0	18
$YOX_{SJ}280$	1000 1500	1.5~3.5 5~9.0	2~2.7	0.97	ϕ345×280	ϕ50/80	ϕ45/80	2.8~1.4	23
$YOX_{SJ}320$	1000 1500	3~6.5 10~22	2~2.7	0.97	ϕ380×300	ϕ55/110	ϕ50/110	4.4~2.2	30
$YOX_{SJ}340$	1000 1500	3.5~10 14~26	2~2.7	0.97	ϕ390×330	ϕ55/110	ϕ50/110	5.4~2.7	38
$YOX_{SJ}360$	1000 1500	6~12 17~37	2~2.5	0.96	ϕ428×360	ϕ60/140	ϕ55/110	6.8~3.4	44
$YOX_{SJ}400$	1000 1500	10~22 30~56	2~2.5	0.96	ϕ472×394	ϕ70/140	ϕ65/140	10.4~5.2	60
$YOX_{SJ}450$	1000 1500	17~35 55~110	2~2.5	0.96	ϕ530×438	ϕ75/140	ϕ70/140	14~7	85
$YOX_{SJ}487$	1000 1500	23~50 60~150	2~2.5	0.96	ϕ556×450	ϕ75/140	ϕ70/140	18.4~9.2	98
$YOX_{SJ}500$	1000 1500	27~58 70~170	2~2.5	0.96	ϕ582×480	ϕ90/170	ϕ90/170	20.4~10.2	115
$YOX_{SJ}560$	1000 1500	45~100 140~315	2~2.5	0.96	ϕ634×520	ϕ100/210	ϕ100/210	28~14	160
$YOX_{SJ}600$	1000 1500	70~135 230~418	2~2.5	0.96	ϕ695×540	ϕ115/210	ϕ115/210	34~17	190
$YOX_{SJ}650$	1000 1500	100~205 300~560	2~2.5	0.96	ϕ760×600	ϕ130/210	ϕ130/210	48~24	240
$YOX_{SJ}750$	1000 1500	195~385 550~885	2~2.5	0.96	ϕ860×675	ϕ140/250	ϕ150/250	68~34	360

续表

型号	输入转速 /r·min^{-1}	传递功率 /kW	过载系数 T_g	效率 η	外形尺寸 $D\times A$ /mm	连接尺寸/mm		充液量 /L	未充液时质量 /kg
						输入 d_1/L_1	输出 d_2/L_2		
$YOX_{SJ}875$	750 1000	168～325 380～720	2～2.5	0.96	ϕ992×740	ϕ150/250	ϕ150/250	112～56	505
$YOX_{SJ}1000$	600 750	185～350 260～690	2～2.5	0.96	ϕ1138×780	ϕ150/250	ϕ150/250	148～74	665
$YOX_{SJ}1150$	600 750	300～715 610～1390	2～2.5	0.96	ϕ1312×900	ϕ170/300	ϕ170/300	170～85	825

注：此类偶合器以水作工作介质，具有防燃防爆、防污染工作环境的特性。

(3) 限矩型（阀控延充式）偶合器

偶合器加装离心阀的阀控工作机理与优点如下。

① 启动工况，离心阀常开，离心阀能使工作液以增加一倍以上的液量从工作腔迅速回流至延充腔，使电机启动比搭载无离心阀型的偶合器负载更轻。

② 启动达到闭合转速以上工况，离心阀闭合，工作液回流停止，延充腔经节流阀向工作腔缓慢排液，使启动时间延长，实现大惯量负载延时启动。

③ 供电波动工况，电机暂时掉速，离心阀瞬时开启，工作液快速回流至延充腔，减少工作腔充液量，使电机负载减轻，保护电机。

④ 负载波动较大工况，发生短时过载或堵转时，离心阀开启，减少工作腔充液量，使易熔塞喷油反应时间延长，成功避过超载峰值时段，既保护机组设备，又减少过载喷油次数，提升运行质量。

⑤ 离心阀的开闭随泵轮转速的跟随特性，实时调节偶合器的工作腔充液量，实现大负载的顺利启动和复杂工况下的机组保护功能。

⑥ 适配设备：启动惯量大、负载复杂波动大的恒转矩机械，如各类连续输送机、破碎机等。

YOX＊＊＊VF型偶合器的基本参数和主要尺寸见表6-2-120。

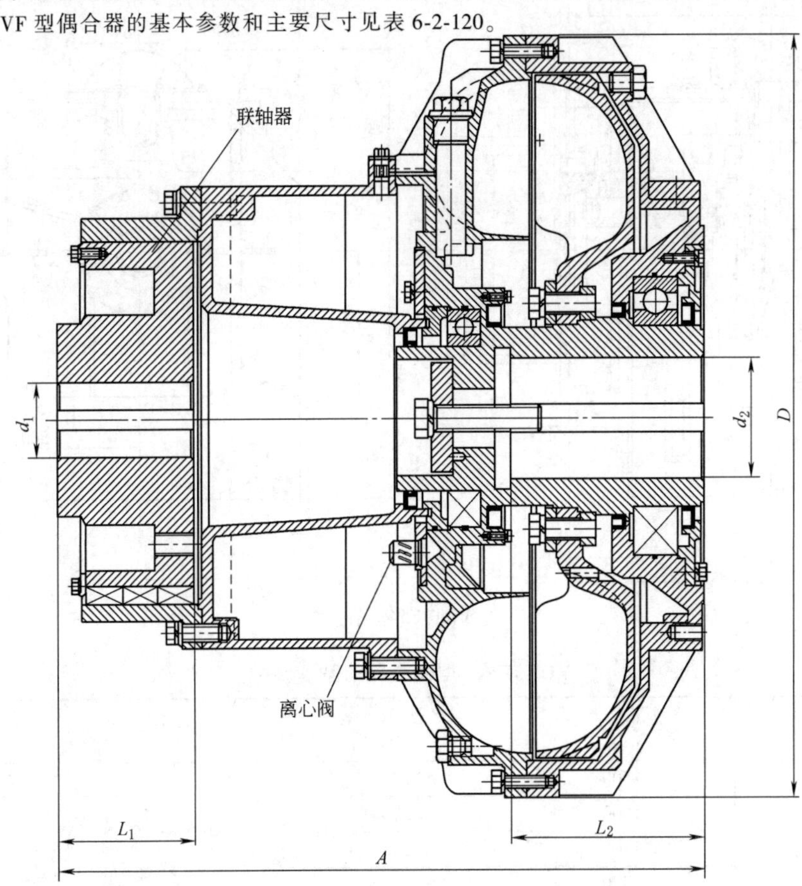

YOX***VF型

表 6-2-120　　YOX＊＊VF 型偶合器的基本参数和主要尺寸

型号	输入转速/r·min^{-1}	传递功率/kW	过载系数 T_{g0}	效率 η	外形尺寸/mm		连接尺寸/mm		充液量/L	未充液时质量/kg
					D	A	最大输入 d_{1max}/L_{1max}	最大输出 d_{2max}/L_{2max}		
YOX487VF	1000 1500	25～55 70～160	1.8～2.4	0.97	ϕ556	487	ϕ120/230	ϕ90/155	20～10	115
YOX562VF	1000 1500	40～80 130～280			ϕ634	554	ϕ130/280	ϕ110/170	27～14	162
YOX650VF	1000 1500	90～176 260～480			ϕ740	556	ϕ150/250	ϕ130/200	48～24	230
YOX750VF	1000 1500	170～330 480～760			ϕ860	578	ϕ150/250	ϕ140/240	68～34	350

（4）调速型（进口调节式）偶合器

YOTJF540 型偶合器阀控调速的工作机理与特点：通过电磁阀控制偶合器工作腔进液口，合理调节进入工作腔的液量，实现输出转速的调节或者离合。纯离合工况类的偶合器，通过对进口液流的瞬时通断控制，实现对离合指令的快速跟随反应。偶合器可以通过法兰连接方式与任何带有 SAE 轮毂和飞轮连接方式的内燃机配套使用，输出端可通过联轴器或万向节实现同轴线或偏移轴线传动，也可通过安装带轮实现侧向传动。其结构紧凑，外形尺寸及空间占用小，特别适合与移动破碎站等工程车辆配套使用。

YOTJF540 型偶合器的基本参数见表 6-2-121。

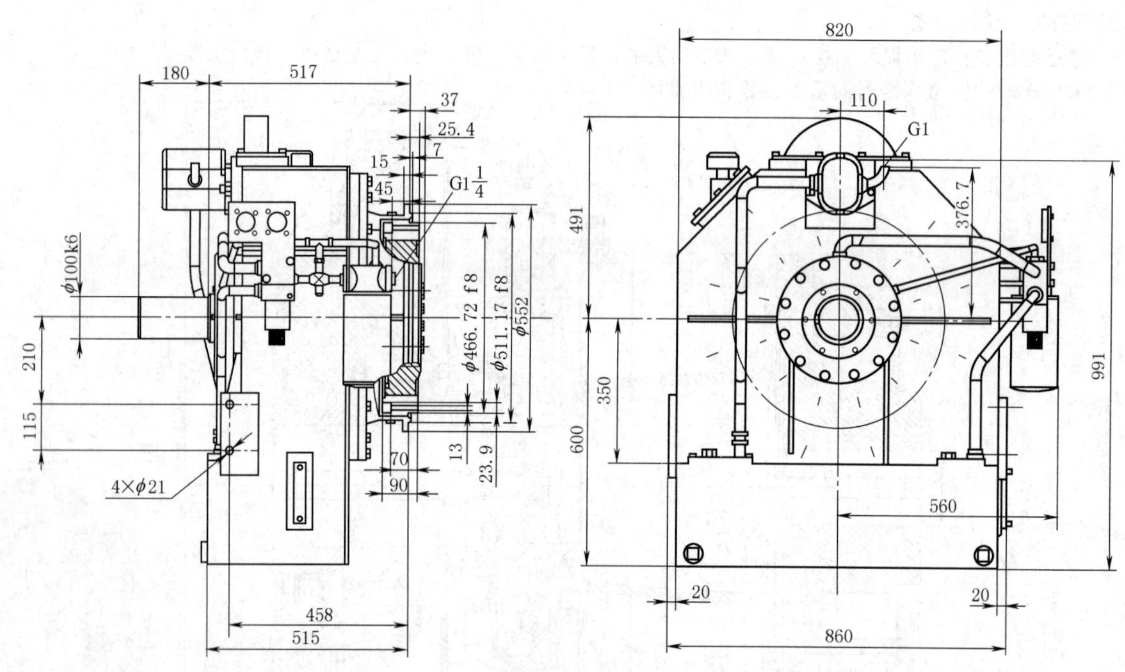

YOTJF540 型

表 6-2-121　　YOTJF540 型偶合器的基本参数

型号	输入转速/r·min^{-1}	传递功率/kW	转差率	质量/kg
YOTJF540	1500	230	1.5%～3%	510
	1600	280		
	1700	335		
	1800	400		

(5) 调速型（出口调节式）偶合器

① YOTCGP 通用型（见表 6-2-122）

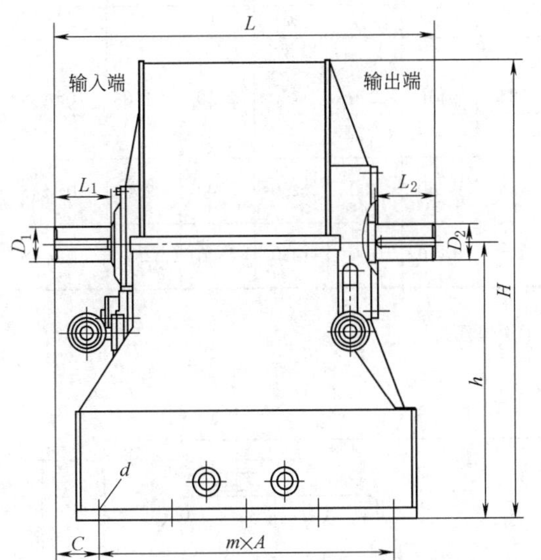

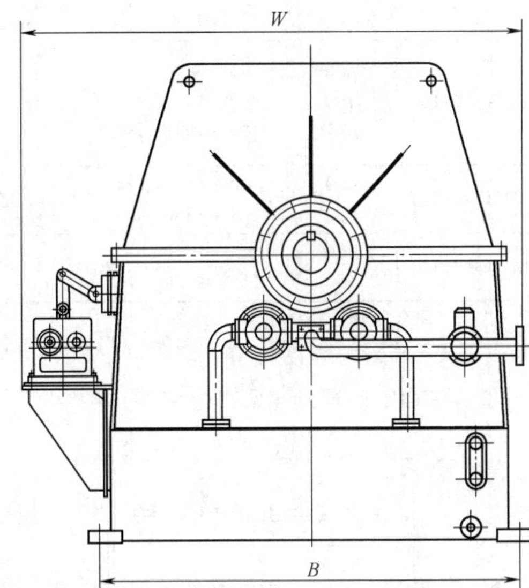

YOTCGP型(水平剖分箱体滚动轴承调速型)

表 6-2-122　　　YOTCGP 型偶合器的基本参数和主要尺寸

型号	输入转速 /r·min^{-1}	传递功率 /kW	外形及连接尺寸/mm									
			L	m×A	B	C	D_1,D_2	L_1,L_2	h	H	W	d
YOTCGP450	1500 3000	50～110 430～900	1020	1×940	865	38	ϕ75	145	635	1200	1550	4×ϕ35
YOTCGP500	1500 3000	65～210 560～1625	1020	1×940	865	38	ϕ75	145	635	1200	1550	4×ϕ35
YOTCGP530	1500 3000	90～260 750～2170	1020	1×940	865	38	ϕ75	145	635	1200	1550	4×ϕ35
YOTCGP560	1000 1500	35～100 115～340	930	3×225	1140	93.5	ϕ75	140	700	1250	1580	8×ϕ30
YOTCGP580	1000 1500	35～125 140～410	970	3×225	1140	112	ϕ85	150	700	1350	1580	8×ϕ30
YOTCGP600	1000 1500	50～150 170～500	970	3×225	1140	112	ϕ85	150	700	1350	1580	8×ϕ30
YOTCGP650	1000 1500	70～220 280～730	1100	3×225	1140	113.5	ϕ85	150	700	1350	1580	8×ϕ30
YOTCGP700	1000 1500	110～320 350～1050	1200	4×200	1450	152.5	ϕ100	150	750	1550	1800	10×ϕ35
YOTCGP750	1000 1500	150～450 510～1480	1200	4×200	1450	152.5	ϕ100	150	750	1550	1800	10×ϕ35
YOTCGP800	1000 1500	230～610 740～2050	1300	4×200	1450	202.5	ϕ120	210	750	1550	1900	10×ϕ35
YOTCGP875	750 1000 1500	140～400 365～960 1160～3260	1400	3×320	1550	220	ϕ125 ϕ135	250	850	1700	1950	8×ϕ35
YOTCGP920	750 1000	230～500 400～1200	1400	3×320	1550	220	ϕ135	250	850	1700	1950	8×ϕ35
YOTCGP1000	750 1000	285～750 640～1860	1500	3×320	1650	200	ϕ135	250	900	1750	2130	8×ϕ35
YOTCGP1050	750 1000	360～960 815～2300	1650	4×320	1750	185	ϕ150	250	1150	2150	2150	10×ϕ35

续表

型号	输入转速 /r·min^{-1}	传递功率 /kW	外形及连接尺寸/mm									
			L	m×A	B	C	D_1,D_2	L_1,L_2	h	H	W	d
YOTCGP1150	600 750 1000	360~955 715~1865 1700~4400	1650	4×320	1750	185	ϕ150	250	1150	2150	2150	10×ϕ35
YOTCGP1250	600 750	480~1170 870~2300	2050	4×350	1750	325	ϕ160	300	1250	2300	2250	10×ϕ45
YOTCGP1320	600 750	580~1540 1150~3000	2050	4×350	1750	325	ϕ170	300	1250	2300	2250	10×ϕ45

注：1. 偶合器额定转差率为1%~3%。

2. 表中数据为偶合器可有效输出（传动）的功率（已按3%扣除了滑差损失）。

② YOTCHP 高速型（见表 6-2-123）

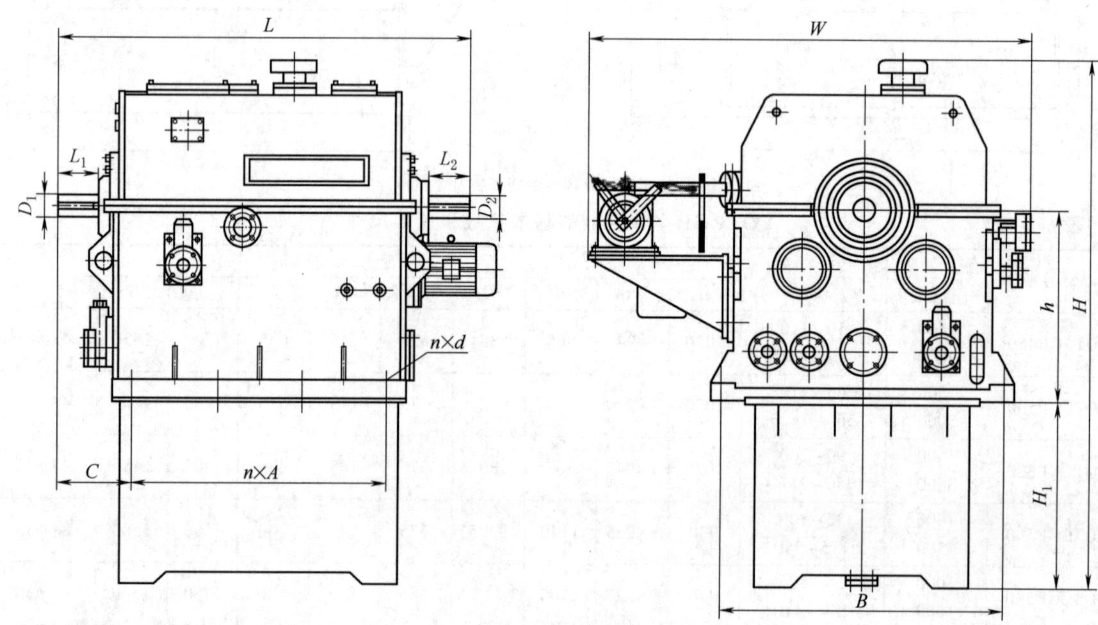

YOTCHP型(水平剖分式箱体滑动轴承调速型)

表 6-2-123　　YOTCHP 型偶合器的基本参数和主要尺寸

型号	输入转速 /r·min^{-1}	传递功率 /kW	外形及连接尺寸/mm										
			L	m×A	B	C	D_1,D_2	L_1,L_2	h	H_1	H	W	n×d
YOTCHP450	3000	430~900	1550	2×495	1060	265	ϕ75	145	635	600	1800	1500	6×ϕ39
YOTCHP465	3000	500~1100											
YOTCHP500	3000	560~1625											
YOTCHP530	3000	750~2170											
YOTCHP580	3000	1100~3250	1830	3×380	1250	330	ϕ95	175	810		2100	1950	8×ϕ39
YOTCHP600	3000	1300~3780					ϕ100						
YOTCHP620	3000	1600~4400	2100	3×410	1350	420	ϕ135	250	800	800	2150	2100	8×ϕ39
YOTCHP650	3000	1920~5560											
YOTCHP682	3000	2300~6350											
YOTCHP875	1500	1160~3260	2500	4×380	1550	490	ϕ140	250	800	700	2200	2250	10×ϕ39
YOTCHP920	1500	1360~4000											
YOTCHP1000	1500	2060~6000	2800	5×360	1750	490	ϕ150	250	900	800	2500	2450	12×ϕ39
YOTCHP1050	1000	815~2300											
	1500	2650~7660	2900	5×375	2020	497	ϕ220	280	1000	900	2800	2650	12×ϕ39

续表

型号	输入转速 /r·min^{-1}	传递功率 /kW	外形及连接尺寸/mm										
			L	m×A	B	C	D_1,D_2	L_1,L_2	h	H_1	H	W	n×d
YOTCHP1150	750 1000	715~1865 1700~4400	3000	5×370	2000	562	ϕ190	350	900	900	2700	2600	12×ϕ39
YOTCHP1250	750 1000	870~2300 1900~5500	3300	5×420	2220	590	ϕ200	350	1100		2750	2600	12×ϕ39
YOTCHP1320	750 1000	1150~3000 2500~7200				600							
YOTCHP1450	600 750	1180~2500 1760~5000	3900	3×800	2300	735	ϕ280	470	1150	1000	3000	2700	8×ϕ45

注：1. 偶合器额定转差率为1%~3%。
2. 表中数据为偶合器可有效输出（传动）的功率（已按3%扣除了滑差损失）。

③ YOT$_{GC}$ 型、GST 型、GWT 型（见表 6-2-124）

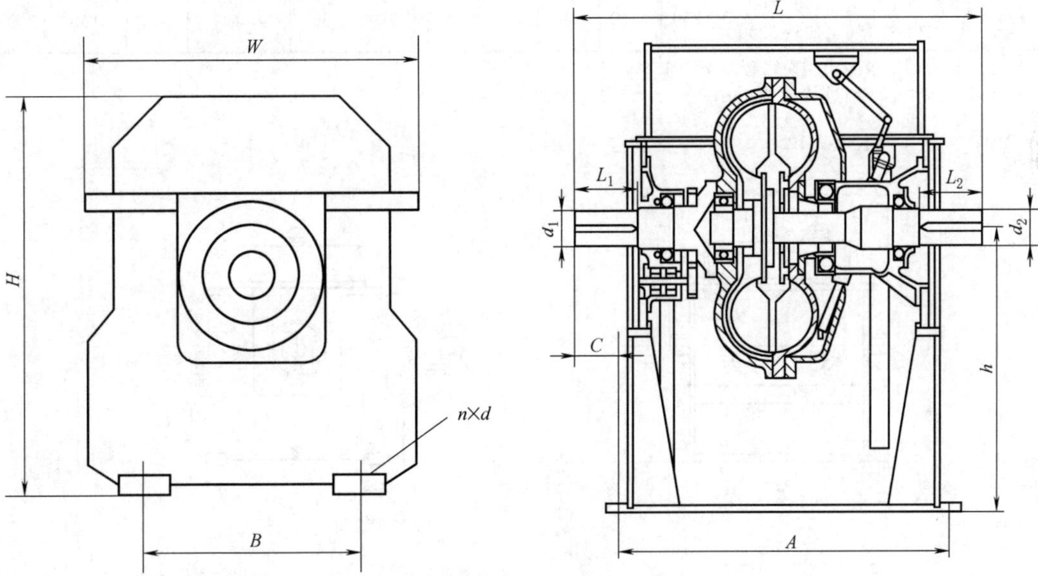

YOT$_{GC}$型、GST型、GWT型

表 6-2-124　　YOT$_{GC}$ 型、GST 型、GWT 型偶合器的基本参数和主要尺寸

型号	输入转速 /r·min^{-1}	传递功率 /kW	外形及连接尺寸/mm										质量 /kg
			L	W	H	h	A	B	C	n×d	d_1,d_2	L_1,L_2	
YOT$_{GC}$280	1500 3000	4~11 30~85	798	919	1144	500	636	484	81	4×ϕ27	ϕ40	110	480
YOT$_{GC}$320	1500 3000	7.5~21 60~165	798	919	1159	500	636	484	81	4×ϕ27	ϕ40	110	520
YOT$_{GC}$360	1500 3000	13~35 110~305	830	1207	940	560	652	680	91	4×ϕ27	ϕ60	120	580
YOT$_{GC}$400	1500 3000	30~65 240~500	830	1207	940	560	652	680	91	4×ϕ27	ϕ60	120	600
YOT$_{GC}$450	1500 3000	50~110 430~900	1020	1120	1375	635	940	865	38	4×ϕ27	ϕ75	145	790
YOT$_{GC}$560	1000 1500	35~100 115~340	1166	1310	1594	810	1080	920	30	4×ϕ27	ϕ85	170	1370
YOT$_{GC}$650	1000 1500	75~215 250~730	1300	1200	1500	840	1180	900	60	4×ϕ35	ϕ100	150	1920

续表

型号	输入转速 /r·min^{-1}	传递功率 /kW	外形及连接尺寸/mm										质量 /kg
			L	W	H	h	A	B	C	$n\times d$	d_1,d_2	L_1,L_2	
$YOT_{GC}750$	1000 1500	150~440 510~1480	1300	1200	1500	840	1180	900	60	4×ϕ35	ϕ100	150	2040
$YOT_{GC}875$	750 1000	150~400 365~960	1720	1500	1570	880	1580	1200	70	4×ϕ45	ϕ130	250	3100
$YOT_{GC}1000$	750 1000	285~750 640~1860	1930	1840	1810	1060	1810	1250	60	4×ϕ35	ϕ150	250	5100
$YOT_{GC}1050$	750 1000	360~955 815~2300	1930	1840	1810	1060	1810	1250	60	4×ϕ35	ϕ150	250	6150
$YOT_{GC}1150$	600 750	360~955 715~1865	1930	1840	1810	1060	1810	1250	60	4×ϕ35	ϕ150	250	6200
GST50	1500 3000	70~200 560~1625	1020	1120	1375	635	940	865	38	4×ϕ27	ϕ75	145	1100
GWT58	1500 3000	140~400 1125~3250	1230	1310	1594	810	1080	920	30	4×ϕ27	ϕ95	165	2100

注：1. 此型为固定箱体式，额定转差率为1.5%~3%。
2. GST50、GWT58为引进英国Fluidrive公司专有技术制造。

④ YOT_{CS} 型（见表6-2-125）

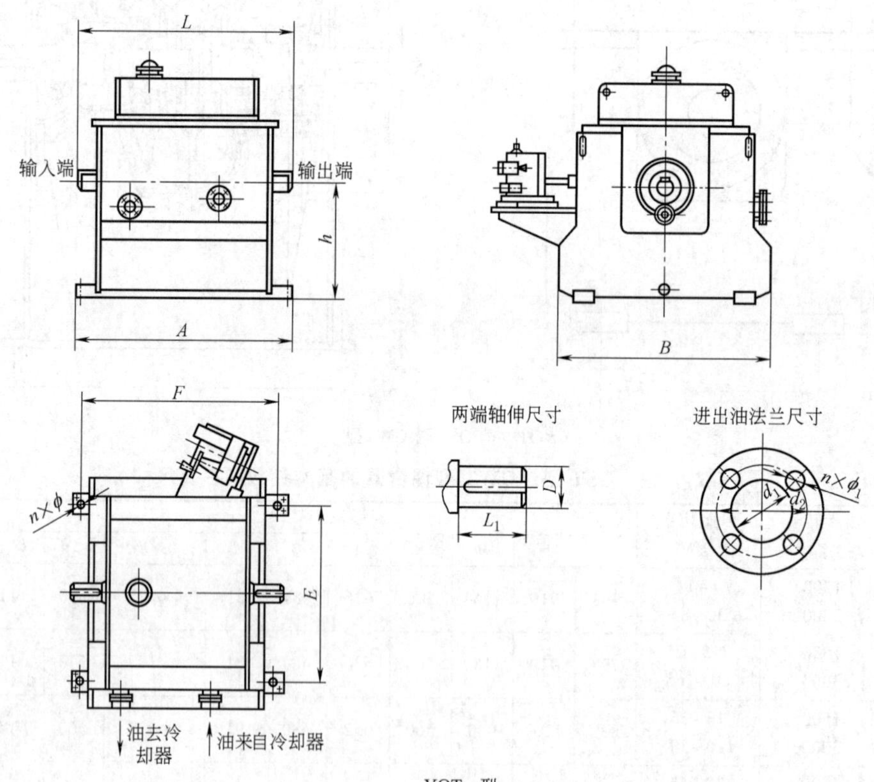

YOT_{CS}型

表6-2-125 **YOT_{CS}型偶合器的基本参数和主要尺寸**

型号	输入转速 /r·min^{-1}	传递功率 /kW	外形及连接尺寸/mm											质量 /kg
			A	B	E	F	L	h	$n\times\phi$	D/L_1	d_1	d_2	$n\times\phi_1$	
$YOT_{CS}320$	1000 1500 3000	3~6.5 7.5~22 60~175	600	524	494	400	620	420	4×24	ϕ50/（入100，出80）	ϕ30	ϕ90	14	450

续表

型号	输入转速 /r·min^{-1}	传递功率 /kW	外形及连接尺寸/mm											质量 /kg
			A	B	E	F	L	h	$n\times\phi$	D/L_1	d_1	d_2	$n\times\phi_1$	
$YOT_{CS}360$	1500 3000	15~40 110~320	712	912	680	652	830	560	4×27	ϕ60/120	ϕ30	ϕ90	4×14	850
$YOT_{CS}400$	1500 3000	30~70 220~540	712	912	680	652	830	560	4×27	ϕ60/120	ϕ30	ϕ90	4×14	950
$YOT_{CS}450$	1500 3000	55~120 390~970	1020	1120	865	940	1020	635	4×27	ϕ75/145	ϕ54	ϕ120	4×18	1350
$YOT_{CS}500$	1000 1500 3000	22~60 90~205 670~1640	1020	1120	865	940	1020	635	4×27	ϕ75/145	ϕ54	ϕ120	4×18	1500
$YOT_{CS}560$	1000 1500 3000	55~110 155~360 1180~2885	1020	1120	865	940	1020	635	4×27	ϕ75/145	ϕ54	ϕ120	4×18	2300
$YOT_{CS}580$	3000	1200~3440	1160	1310	920	1080	1230	810	4×27	ϕ95/170	ϕ76	ϕ140	4×18	2350
$YOT_{CS}620$	3000	1675~4780	1170	2160	2060	1070	1485	900	4×35	ϕ120/200	ϕ76	ϕ140	4×18	2860
$YOT_{CS}650$	750 1000 1500	40~95 95~225 290~760	1300	1250	900	1180	1300	840	4×35	ϕ100/150	ϕ48	ϕ140	4×18	2400
$YOT_{CS}750$	750 1000 1500	80~195 185~460 510~1555	1300	1250	900	1180	1300	840	4×35	ϕ100/150	ϕ48	ϕ140	4×18	2650
$YOT_{CS}875$	750 1000 1500	155~420 390~995 1240~3360	1700	1500	1200	1580	1720	950	4×45	ϕ130/250	ϕ57	ϕ140	4×18	4200
$YOT_{CS}1000$	600 750 1000	170~420 330~820 750~1950	1930	1840	1250	1810	1930	1060	4×35	ϕ150/250	ϕ76	ϕ140	4×18	7600
$YOT_{CS}1050$	600 750 1000	175~535 360~1045 815~2480	1930	1840	1250	1810	1930	1060	4×35	ϕ150/250	ϕ76	ϕ140	4×18	7800
$YOT_{CS}1150$	600 750 1000	355~845 670~1650 1590~3905	1930	1840	1250	1810	1930	1060	4×35	ϕ150/250	ϕ76	ϕ140	4×18	8000
$YOT_{CS}1250$	500 600 750	400~740 500~1280 1150~2500	2250	2180	1600	1980	2250	1170	4×45	ϕ160/300	ϕ80	ϕ150	4×18	12500

注：此型为固定箱体式，额定转差率为1.5%~3%。

⑤ YOT_{HC} 型（见表 6-2-126）

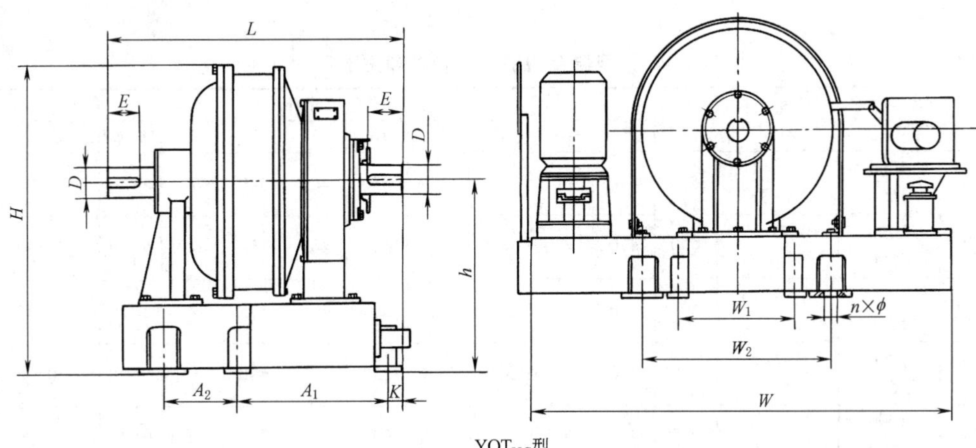

YOT_{HC}型

表 6-2-126　　　　**YOT_{HC} 型偶合器的基本参数和主要尺寸**

型号	输入转速 /r·min^{-1}	传递功率 /kW	外形及连接尺寸/mm												质量 /kg
			L	A_1	A_2	W	W_1	W_2	h	H	K	$n\times\phi$	D	E	
YOT_{HC}280	1500 3000	4~11 30~85	690	470		800		350	405	590	60	6×20	ϕ40	90	270
YOT_{HC}320	1500 3000	7.5~21 60~165	690	470		800		350	405	615	60	6×20	ϕ40	90	290
YOT_{HC}360	1500 3000	13~35 110~305	925	420	200	1170	450	600	500	730	90	6×22	ϕ60	115	330
YOT_{HC}400	1500 3000	30~65 240~500	925	420	200	1170	450	600	500	750	90	6×22	ϕ60	115	500
YOT_{HC}450	1000 1500	12~34 50~110	925	420	200	1170	450	600	500	780	90	6×22	ϕ60	115	570
YOT_{HC}500	1000 1500	20~57 70~200	1050	520	260	1200	500	700	550	855	37	6×22	ϕ75	140	800
YOT_{HC}560	1000 1500	35~100 115~340	1050	560	260	1370	500	700	650	995	37	6×22	ϕ85	160	830
YOT_{HC}650	1000 1500	75~215 290~620	1050	560	260	1440	500	700	650	1050	37	6×22	ϕ100	160	1070
YOT_{HC}750	1000 1500	150~440 480~950	1450	800	300	1620	700	1000	800	1250	80	6×35	ϕ100	210	1300
YOT_{HC}875	750 1000	150~400 385~960	1450	800	300	1620	700	1000	800	1320	80	6×35	ϕ130	210	1600

注：此型为回转壳体箱座式，额定转差率为 1.5%~3%。

⑥ YOT_{CK} 型（见表 6-2-127）

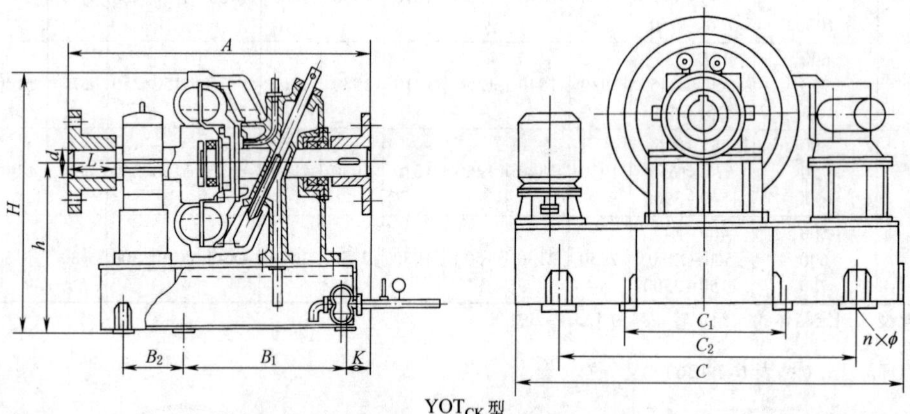

YOT_{CK}型

表 6-2-127　　　　**YOT_{CK} 型偶合器的基本参数和主要尺寸**

型号	输入转速 /r·min^{-1}	传递功率 /kW	外形及连接尺寸/mm											质量 /kg
			A	B_1	B_2	C	C_1	C_2	h	H	K	$n\times\phi$	d/L	
YOT_{CK}220	1000 1500	0.4~1 1.5~3.5	690	470		800		350	405	540	60	6×20	ϕ50/90	500
YOT_{CK}250	1000 1500	0.75~2 3~6.5	690	470		800		350	405	558	60	6×20	ϕ50/90	550
YOT_{CK}280	1000 1500	1.5~3.5 5.5~12	690	470		800		350	405	575	60	6×20	ϕ50/90	600
YOT_{CK}320	1000 1500	3~6.5 7.5~22	690	470		800		350	405	600	60	6×20	ϕ50/90	650
YOT_{CK}360	1000 1500	5.5~12 15~40	925	420	200	1170	450	600	500	722	90	6×22	ϕ70/115	750

续表

型号	输入转速 /r·min^{-1}	传递功率 /kW	外形及连接尺寸/mm											质量 /kg
			A	B_1	B_2	C	C_1	C_2	h	H	K	$n \times \phi$	d/L	
$YOT_{CK}400$	1000 1500	7.5~20 30~70	925	420	200	1170	450	600	500	738	90	6×22	ϕ70/115	800
$YOT_{CK}450$	1000 1500	15~36 55~120	925	420	200	1170	450	600	500	763	90	6×22	ϕ70/115	867
$YOT_{CK}500$	1000 1500	22~60 90~206	1050	520	260	1200	500	700	550	835	37	6×22	ϕ90/160	1230
$YOT_{CK}560$	1000 1500	55~110 155~360	1050	560	260	1370	500	700	650	965	37	6×22	ϕ90/160	1450
$YOT_{CK}650$	1000 1500	95~225 290~760	1050	560	260	1370	500	700	650	1015	37	6×22	ϕ90/160	1500
$YOT_{CK}750$	750 1000 1500	80~185 185~460 510~1555	1450	800	300	1620	700	1000	800	1223	80	6×35	ϕ130/210	2941
$YOT_{CK}875$	600 750 1000	85~215 155~420 390~995	1450	800	300	1620	700	1000	800	1293	80	6×35	ϕ130/210	3200

注：1. 额定转差率为 1.5%~3%。

2. 此型为箱座式，结构紧凑，价格便宜，适合中小功率工况（P<500kW）。

（6）调速型液力传动装置

① YOCQZ 型（见表 6-2-128）

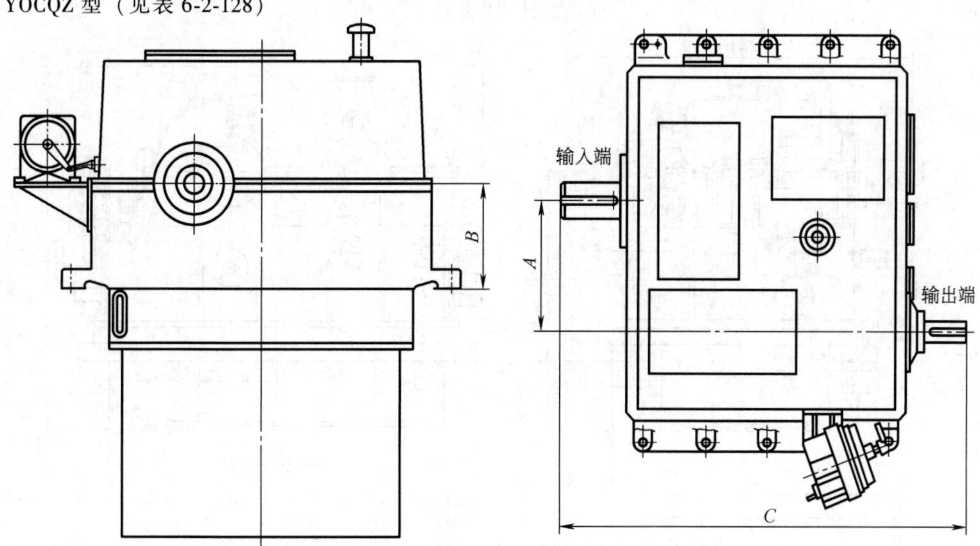

YOCQZ 型（前置齿轮增速式调速型）（出口调节/滑动轴承）

表 6-2-128　　YOCQZ 型液力传动装置的基本参数和主要尺寸

型号	输入转速 /r·min^{-1}	有关尺寸/mm		
		A	B	C
YOCQZ360/3000/＊	3000	350	330	1680
YOCQZ400/3000/＊	3000	350	440	1650
YOCQZ420/3000/＊	3000	350	440	1650
YOCQZ450/3000/＊	3000	550	440	1800
YOCQZ465/3000/＊	3000	550	440	1800
YOCQZ500/3000/＊	3000	550	440	1900

注：1. ＊为最高输出转速，根据用户需要确定。

2. 液力传动装置额定转差率为 1%~3%，总机械效率≥95%。

3. 表中数据为液力传动装置可有效输出（传动）的功率（已按 3%扣除了滑差损失）。

② OH46 型、OY55 型（见表 6-2-129）

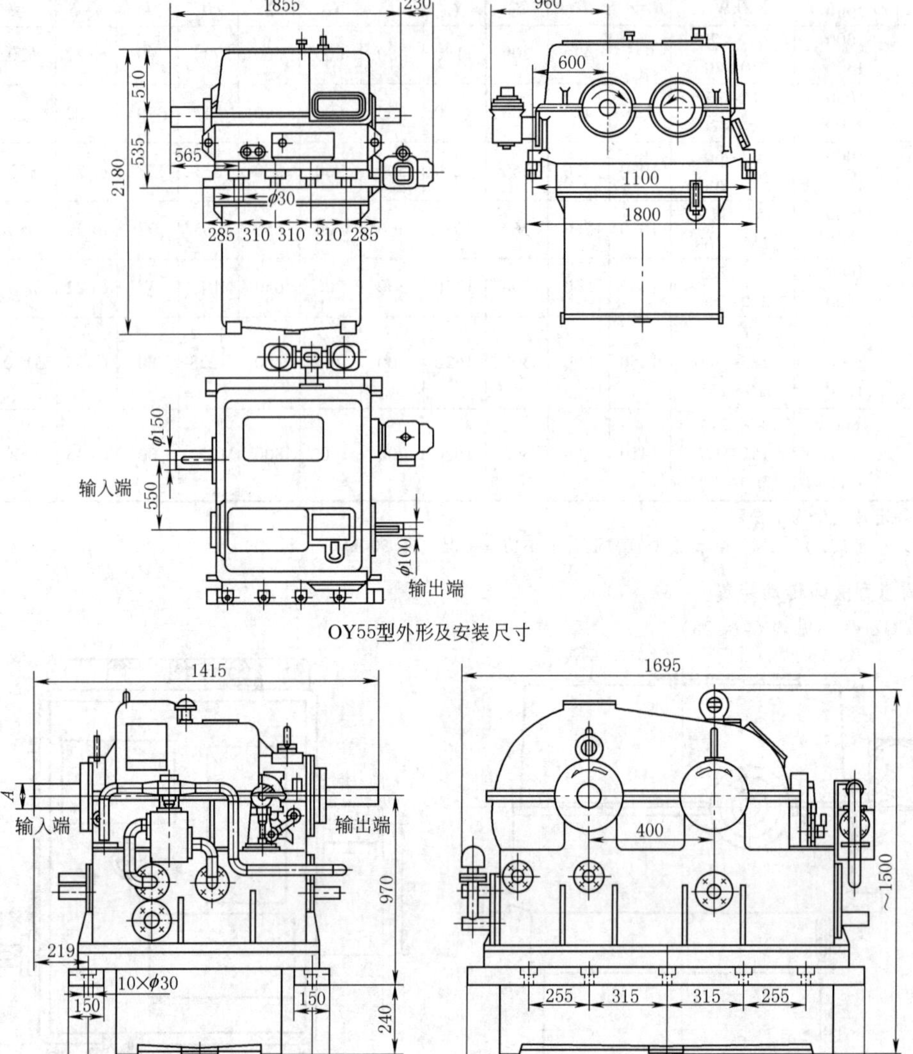

OY55型外形及安装尺寸

OH46型外形及安装尺寸

OH46 型、OY55 型（进出口调节式调速型）

表 6-2-129　　OH46 型、OY55 型液力传动装置的基本参数和主要尺寸

型号	输入转速 /r·min⁻¹	泵轮转速 /r·min⁻¹	传递功率 /kW	额定转差率 S^*/%	调速范围 i	质量 /kg	有关尺寸/mm	
							A	B
OH46	2985	4800	1600~3200	1.5~3	0.2~0.97	2900	φ100n6	1630
OH46/Ⅰ	2985	5450	1600~3200	1.5~3	0.2~0.97	2900	φ100n6	1630
OH46/Ⅱ	1470	5450	1600~3200	1.5~3	0.2~0.97	2900	φ120n6	1650
OY55	1492	6170	3100~5500	1.5~3	0.2~0.91	4600		

注：1. 因有增速齿轮，故泵轮转速高于输入转速。

2. 除本体外，还有辅助设备与仪表，包括辅助润滑油泵、润滑油冷却器、工作油冷却器、过滤器、执行器、截止阀、压力表、压力开关和温度计等。

③ $YOCH_J$ 型（见表 6-2-130）

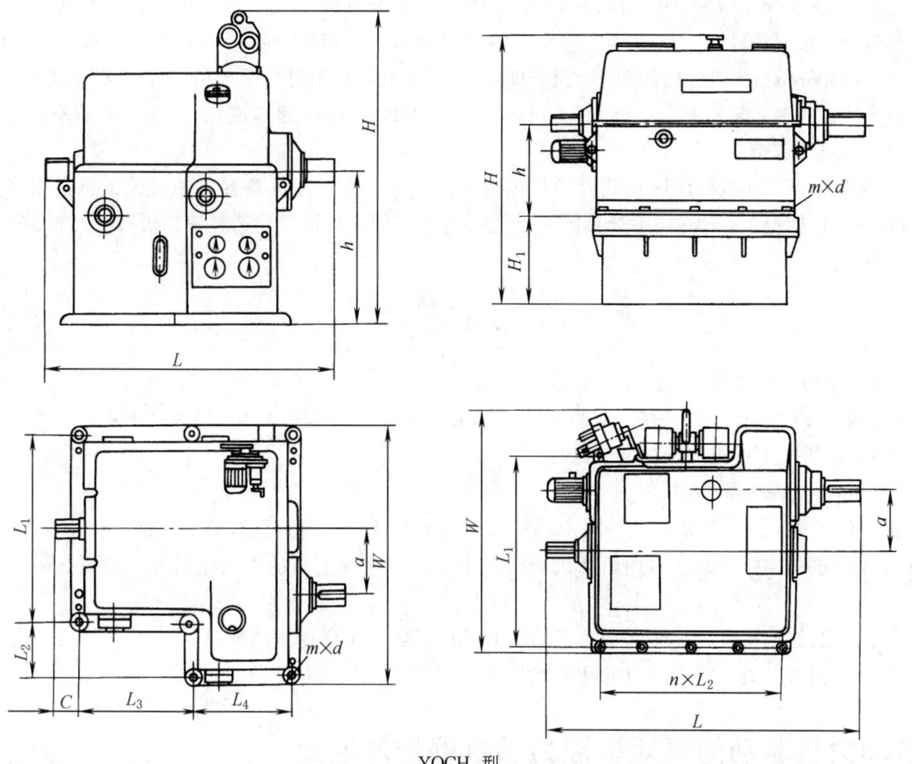

$YOCH_J$ 型

表 6-2-130　　　　**$YOCH_J$ 型液力传动装置的基本参数和主要尺寸**

型号	输入转速 /r·min^{-1}	传递功率 /kW	外形及连接尺寸/mm											
			L	H	W	h	a	H_1	L_1	L_2 或 $n\times L_2$	L_3	C	L_4	$m\times d$
$YOCH_J$500/*/*	1000 1500	20～60 70～200	1520	1452	1400	635	400		1010	315	570	40	590	9×ϕ35
$YOCH_J$500/3000/*	3000	560～1625	1520	1452	1400	700	400		1125		710	300		4×ϕ35
$YOCH_J$560/*/*	1000 1500	35～100 115～340	1600	1630	1400	810	400		1000	320	600	80	600	9×ϕ35
$YOCH_J$580/3000/*	3000	1125～3250	2625	2850	1875	750	450	1500	1400	4×400		354		10×ϕ39
$YOCH_J$650/*/*	1000 1500	75～215 250～730	1850	1532	1680	840	450		1200	400	730	100	700	9×ϕ35
$YOCH_J$750/1000/*	1000	150～440	1850	1532	1680	840	450		1200	400	730	100	700	9×ϕ35
$YOCH_J$750/1500/*	1500	510～1480	2390	2180	1815	650	450	830	1573	1512		297.5		10×ϕ39
$YOCH_J$875/1000/*	1000	300～850	2200	1650	1750	880	450		1360	210	900	200	800	9×ϕ39
$YOCH_J$875/1500/*	1500	1160～3260	2888	2520	2250	800	550	790	1750	4×435		449		10×ϕ39
$YOCH_J$1000/1500/*	1500	1250～3700	2988	2520	2250	800	550	1090	1750	4×460		449		10×ϕ39

注：1. 标注示例：输入转速为 1500r/min，最高输出转速为 900r/min 的 $YOCH_J$650 型液力传动装置标注为 $YOCH_J$650/1500/900。

2. 额定转差率为 1.5%～3%。其最高输出转速（即型号中后一个*处标注的转速）根据用户需要确定，一般最小为输入转速的 1/3。其最高总机效率≥95%。

偶合器的选择

偶合器的选择包括结构型式和规格型号的选择，选择的原则和方法如下。

① 对于大惯量工作机，只要求平稳启动的可选择牵引型；在运转中有可能被卡住不转，要求防止动力过载的可选用动压倾泄式限矩型；对于既要防止动力过载，又希望大惯量工作机在较长的启动过程中，电机不会出现过大载荷的可选用延充式限矩型；当要求防燃防爆、防污染工作环境时，可选用水介质偶合器型式。油介质偶合

器绝对不允许用作水介质偶合器。

② 如要求偶合器进行无级调速，当输入转速为 1000~1500r/min、传递功率小于 300kW 时，可选用结构紧凑、辅助设备简单、轴向尺寸小、重量轻、造价低的进口调节式；当偶合器输入转速大于或等于 3000r/min 时，或转速虽为 600~1500r/min，但所传的功率大于 300kW，有效直径较大时，可选用带有坚实箱体支承、运转平衡可靠的出口调节式；当输入转速高于 3000r/min（高速）或 4800r/min（超高速），传递中大功率时，可选用带增速齿轮传动的进、出口调节式。

③ 已知或能计算出工作机的实际负载容量和转速时，首先计算实际负载容量和转速，再根据计算出的轴功率和转速在规格尺寸选择图（或称功率选择图）上直接选取。如无规格尺寸选择图，可按式（6-2-37）确定偶合器的有效直径 D。

$$D=K\sqrt[5]{\frac{N_e}{n_B^3}} \tag{6-2-37}$$

式中 D——偶合器的有效直径，m；

K——与偶合器性能有关的系数，对调速型 $K=14.7\sim13.8$，对限矩型 $K=15.4\sim14.4$；

N_e——偶合器所配工作机的轴功率，kW；

n_B——泵轮转速，r/min。

把计算的 D 值用毫米表示，从产品样本中选择一个比 D 值大者，就是偶合器的规格。

④ 如不知工作机的实际负载，可用原动机的额定功率和转速按上面的方法来选择，这样，一般偶合器选择的规格偏大。

⑤ 充分了解产品结构特点和加工制造质量，尤其是产品实际生产使用的情况。

⑥ 选择水介质偶合器时，将工作机的功率除以 1.15，再按上述方法进行。

5.10 多动力机驱动的限矩型液力偶合器选型匹配

多动力机驱动的限矩型液力偶合器选型方法按表 6-2-131 进行。

表 6-2-131 多动力机驱动的限矩型液力偶合器选型方法

选型内容	说明
型式选择	推荐选用动压倾泄式或复合倾泄式限矩型液力偶合器，因多机驱动用限矩型液力偶合器需要顺序启动，先启动的偶合器过载保护能力要强，否则在顺序启动过程中易喷液
规格选择	当所选偶合器的功率在两个规格交界处时，推荐选用较大规格，因液力偶合器协调多动力机均衡驱动是以加大某个偶合器的转差率为条件的。因而从总体上看，偶合器转差率范围比较大，充液率调整范围也比较大，个别偶合器的发热量也比较大，选择较大规格偶合器有利于调整充液率和散热
过载系数选择	过载系数 T_g 宜小于 2.2，过载系数大了，在顺序启动堵转时偶合器易发热
易熔塞保护温度选择	为避免在顺序启动中易熔塞喷液，推荐选用 140℃ 保护温度的易熔塞。如顺序启动的电机数量不多，则可选正常易熔塞
充液率选择与调整	在现场根据实际运转情况调节充液率，使多动力机通过液力偶合器均衡同步驱动
顺序启动的间隔时间选择	根据理论分析和实际经验，多动力机驱动，电机顺序启动的间隔时间一般为单台电机的启动时间加安全裕度，因中小型电机的启动时间为 1~2s，所以选择间隔时间为 3s 即可

5.11 双速及调速电机驱动的限矩型液力偶合器选型匹配

液力偶合器与双速或调速电机匹配所采用的方法是：低速级加大偶合器的转差率，使之传递功率有较大提高，而且不至于因效率过低而造成偶合器喷液；高速级减小偶合器的转差率，降低传递功率能力，过载系数加大，过载保护功能降低。选型方法按表 6-2-132 进行。

表 6-2-132　　双速及调速电机驱动的限矩型液力偶合器选择方法

选型内容	说明
型式选择	动压倾泄式、静压倾泄式和复合倾泄式均可，根据需要选择。但要选择泵轮转矩系数较大、特性较硬的偶合器
液力偶合器与离心式工作机匹配时双速电机极对数选择	当液力偶合器与离心式工作机匹配时，由于工作机的特性曲线与液力偶合器的特性曲线基本相同（即都是传递功率与转速的三次方成正比），故对电机的极对数没有特殊要求，即选用 2/4 极、4/6 极、4/8 极、6/8 极电机均可。原因是电机转速降低后，偶合器功率降低，离心式机械的功率也同步降低，无论在高速级还是低速级偶合器始终能够驱动工作机
液力偶合器与恒转矩工作机匹配时双速电机极对数选择	当液力偶合器与恒转矩工作机匹配时，由于工作机的转矩不随转速下降而下降，而偶合器的转矩却随转速下降而下降，故推荐选用 4/6 极或 6/8 极双速电机，而不要选用 2/4 极或 4/8 极双速电机。原因是液力偶合器传递功率与其转速的三次方成正比，若电机转速降低 1/2，则偶合器传递功率降低至原来的 1/8，无法使偶合器在高速和低速工况均发挥作用。液力偶合器与 4/6 极或 6/8 极电机匹配时，高速与低速时的传递功率比为 3. 375 或 2. 37，尚可以通过调整偶合器低速级与高速级的转速比，使之与双速电机相匹配
调速电机的调速范围选择	与限矩型液力偶合器匹配的常用调速电机有绕线式电机、变频电机等，由于以上原因，调速电机的调速范围不可太大，推荐调速比在 1 : 2 以下
偶合器规格选择与计算	选择偶合器规格时，应以低速工况为主，在低速工况时，取大转差率、低效率，常取 $i=0.90\sim0.93$，这样偶合器传递功率可比额定值提高约 50%，可降低与高速时的功率差
充液率调整	充液率的调整以能满足低速工况正常运行为准
易熔塞保护温度选择	因偶合器在低速时转差率加大，效率降低、发热量增大，有可能经常喷液，故推荐易熔塞保护温度选择 140℃
过载保护选择	偶合器低速运行时，过载系数比正常值低 偶合器高速运行时，过载系数提高，基本上无过载保护功能

下面举例说明双速电机或变频调速电机驱动限矩型液力偶合器选型匹配的方法和步骤。

例 1　某制革转鼓采用变频调速电机驱动，转鼓所需的最高转速与最低转速见表 6-2-133，电机在额定工况时传递功率 22kW，在低速级要求至少能传递 11kW，试选配合适的限矩型液力偶合器。

表 6-2-133　　某制革转鼓的技术参数

转鼓最高转速 /r · min^{-1}	转鼓最低转速 /r · min^{-1}	调速范围	电机最高转速 /r · min^{-1}	电机最低转速 /r · min^{-1}
14	8	1 : 0. 57	1480	844

解：根据已知条件，按表 6-2-134 所示的步骤进行选型匹配。

表 6-2-134　　与变频调速电机驱动的限矩型液力偶合器选型匹配

步骤	选型匹配内容	计算	说明
1	计算偶合器高速级和低速级的传动功率比	因液力偶合器传递功率与转速的三次方成正比，故有 $P_1/P_2=(n_1/n_2)^3$。由 $n_1=1480\text{r/min}$，$n_2=844\text{r/min}$，得 $P_1/P_2=(1480/844)^3=5.39$	这一计算的目的是判断偶合器高速级与低速级的传递功率比，以便确定能否用液力偶合器传动，并为选择偶合器高速级和低速级的转速比提供依据
2	确定可否用液力偶合器传动	由步骤 1 知偶合器低速级与高速级传递功率比为 1 : 5. 39	传递功率比过大，勉强可以选型匹配，但偶合器高速级的功率比电机的功率超出很多，无过载保护，应当予以注意
3	确定偶合器低速级和高速级的转速比 i（或转差率 S）	取 $i_{低}=0.93$、$i_{高}=0.98$	由于偶合器高速级与低速级传递功率比过高，故低速级的转速比应降低，取 $i=0.93$。如果经以下几步计算仍无法匹配，则可再加大滑差，最多可达 $i=0.90$
4	查 $i=0.93$、$i=0.98$ 时传递功率与额定功率之比	由特性曲线知：$i=0.93$ 时为 1. 53；$i=0.98$ 时为 0. 54	这一步是为下一步计算低速级偶合器额定工况传递功率做准备

第 6 篇

续表

步骤	选型匹配内容	计算	说明
5	计算低速级(转速为 844r/min) $i=0.93$ 时偶合器额定功率	$P_{e低}=P_{低}/1.53$,$P_{低}=11kW$,则低速级 $i=0.93$ 时偶合器额定功率 $P_{e低}=11kW/1.53=7.2kW$	由上一步知低速级 $i=0.93$ 时传递功率与额定功率之比为 1.53,由已知条件可知低速级传递功率要求不小于 11kW,故可依此计算出输入转速为 844r/min、$i=0.93$ 时的额定功率应不小于 7.2kW
6	计算偶合器在输入转速为 1480r/min 时的额定功率	$P_{e高}=P_{e低}\times5.39=7.2kW\times5.39=38.8kW$	可以查功率对照表,也可查功率图谱
7	查功率对照表或功率图谱初选偶合器规格	查功率对照表或功率图谱,YOX400 型偶合器在输入转速为 1500r/min 时最大传递功率为 50kW	初步确定可以选 YOX400 型偶合器
8	验算	①核算所选偶合器在输入转速为 844r/min、$i=0.93$ 时能否传递功率 11kW a. 计算 YOX400 型偶合器在输入转速为 844r/min、$i=0.93$ 时额定工况传递功率为 $50kW/5.39=9.3kW$ b. 计算 YOX400 型偶合器在输入转速为 844r/min、$i=0.93$ 时传递功率为 $9.3kW\times1.53=14.2kW$ ②核算偶合器在输入转速为 1480r/min、$i=0.98$ 时传递功率:YOX400 型偶合器在 $i=0.96$ 时额定工况传递功率为 50kW,$i=0.98$ 时的传递功率与 $i=0.93$ 时的额定工况传递功率之比为 0.54,因此 $i=0.98$ 时 YOX400 型偶合器传递功率为 $50kW\times0.54=27kW$	①选择 YOX400 型偶合器,当输入转速为 844r/min、$i=0.93$ 时传递功率大于 11kW,因而在低速级能保证功率传递,估计 $i=0.93$ 时偶合器不至于发热喷液 ②在输入转速为 1480r/min、$i=0.98$ 时 YOX400 型偶合器传递功率为 27kW,按偶合器匹配要求,偶合器与电机的功率比应为 1∶0.95,偶合器匹配功率应为 $22kW\times0.95=20.9kW$,与 27kW 接近 原过载系数 $T_g=2.2$,最大传递功率 $P_{max}=2.2\times50kW=110kW$ $T_{g0.98}=110kW/27kW=4.07$,说明偶合器在高速级时过载系数提高,过载保护功能降低

例 2 某制革转鼓采用 YD250M-6/4 双速电机拖动,采用 V 带轮式偶合器传动,试进行选型匹配。

解:根据已知条件,按表 6-2-135 所列的步骤进行选型匹配。

表 6-2-135　　双速电机驱动的限矩型液力偶合器选型匹配

步骤	选型匹配内容	计算	说明
1	计算偶合器高速级和低速级的传递功率比,确定可否用液力偶合器传动	已知电机 4 极同步转速为 1500r/min,6 极同步转速为 1000r/min。查电机功率表知,电机 4 极额定功率为 48kW,6 极额定功率为 32kW,偶合器传递功率比为 $P_1/P_2=(n_1/n_2)^3=(1500/1000)^3=3.375$	高速级与低速级偶合器传递功率比为 3.375,可以用液力偶合器传动
2	确定偶合器低速级和高速级转速比 i	取 $i_{低}=0.93$,$i_{高}=0.97$	同例 1
3	查 $i=0.93$ 和 $i=0.97$ 时传递功率与额定功率之比	由特性曲线知:$i=0.93$ 时传递功率与额定功率之比为 1.53,$i=0.97$ 时传递功率与额定功率之比为 0.89	同例 1
4	计算低速级 $i=0.96$ 时偶合器的额定功率	因 $P_{低}/P_e=1.53$,$P_e=P_{低}/1.53$,而 $P_{低}=32kW$,故 $P_e=32kW/1.53=20.9kW$	求出在电机为 6 极(转速为 1000r/min)时偶合器 $i=0.93$ 时的额定功率,为下一步查表选择偶合器提供依据
5	查功率对照表或功率图谱初选偶合器规格	查 YOX450 型偶合器输入转速为 1000r/min 时最大传递功率为 31kW,大于 20.9kW	初选 YOX450 型偶合器

第6篇

续表

步骤	选型匹配内容	计算	说明
6	验算	①核算所选偶合器输入转速为 1000r/min、i=0.93 时能否传递功率 32kW a. 查表 YOX450 型偶合器在输入转速为 1000r/min、i=0.93 时的传递功率为 31kW b. 计算偶合器输入转速为 1000r/min、i=0.93 时的传递功率 $P_{0.93}=31\text{kW}\times1.53=47.43\text{kW}>32\text{kW}$ ②核算偶合器在 i=0.97 时的传递功率 $P_{0.97}=90\text{kW}\times0.89=80.1\text{kW}>42\text{kW}$	①选择 YOX450 型比较合适 ②高速级时过载系数高，失去过载保护功能

5.12 带偶合器传动系统启动特性计算

对于某些要求频繁启动的大转动惯量工作机，例如离心分离机，启动、停车等过渡过程时间占装置总使用时间的很大比例，有时需要计算启动过程中各参数随启动时间的变化关系。图 6-2-23 所示为带偶合器传动系统原理。

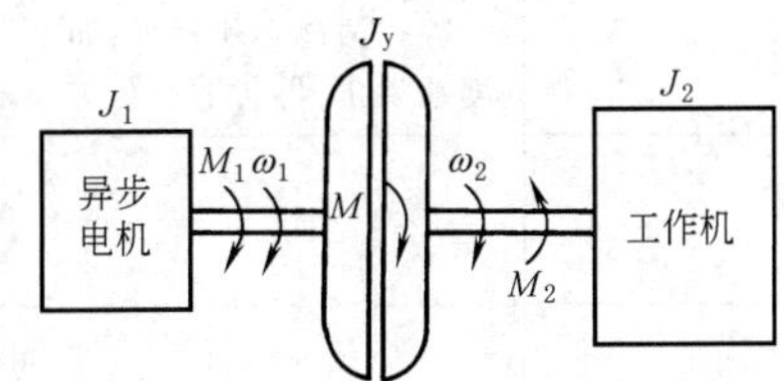

图 6-2-23 带偶合器传动系统原理

J_1—系统主动部分转动惯量，包括电机、偶合器泵轮、转动外壳等，换算到偶合器输入轴上；J_2—系统从动部分转动惯量，包括涡轮，换算到偶合器输出轴上；ω_1，M_1—电机角速度和转矩；ω_2，M_2—工作机角速度和转矩；M—偶合器所传递的转矩；J_y—偶合器叶轮内液体相对于旋转轴的转动惯量

在计算启动特性（见表 6-2-136）之前，必须已知该传动系统异步电机的负荷特性 $M_1=M_1(\omega_1)$、工作机的负荷特性 $M_2=M_2(\omega_2)$ 和偶合器的原始特性 $\lambda=f(i)$，并假定在启动特性计算中可利用三者的静态转矩特性。

表 6-2-136　　带偶合器传动系统启动特性计算

步骤	参数	计算公式或来源
1	主动部分转动惯量(换算到偶合器输入轴上) $J_1(\text{kg}\cdot\text{m}^2)$	根据系统的具体情况，按动力学基本公式计算
2	从动部分转动惯量(换算到偶合器输出轴上) $J_2(\text{kg}\cdot\text{m}^2)$	根据工作机和偶合器的具体情况，按动力学基本公式计算
3	偶合器叶轮内液体对旋转轴的转动惯量 $J_y(\text{kg}\cdot\text{m}^2)$	$J_y=\rho A_m r_0\pi(R_m^2-\frac{r_0^2}{2})$ 式中，$r_0=\frac{R_2-R_1}{2}$，m；$A_m=\frac{(R^2-R_0^2)\pi}{2}$，$\text{m}^2$；$R$、$R_0$、$R_1$、$R_2$ 和 R_m 的含义与计算公式见表 6-2-111；ρ 为工作油密度，kg/m^3
4	某一步长的计算初始值 $t_1'(\text{s})$、$\omega_1'(\text{s}^{-1})$、$\omega_2'(\text{s}^{-1})$	对传动系统由静止开始启动的，取 $t'_1=0$，$\omega'_1=0$，$\omega'_2=0$。如非由静止开始启动，则取另外值。t'_1、ω'_1、ω'_2 分别为某一步长起始瞬间的时间、主动部分角速度和从动部分角速度
5	经过很小时间间隔 Δt 后电机的角速度增量 $\Delta\omega_1(\text{s}^{-1})$	根据具体情况取定。取得小，计算精度高，计算量大；取得大，计算精度低，计算量小

续表

步骤	参数	计算公式或来源
6	电机的平均角速度 $\overline{\omega}_1(s^{-1})$	$\overline{\omega}_1=\omega_1'+\dfrac{\Delta\omega_1}{2}$
7	与 $\overline{\omega}_1$ 对应的电机平均转矩 $\overline{M}_1(N\cdot m)$	由电机负荷特性 $M_1=M_1(\omega_1)$ 查得，见图 6-2-24
8	经过很小时间间隔 Δt 后工作机的角速度增量 $\Delta\omega_2(s^{-1})$	根据具体情况先取定，经校核后再修正，逐次逼近
9	工作机的平均角速度 $\overline{\omega}_2(s^{-1})$	$\overline{\omega}_2=\omega_2'+\dfrac{\Delta\omega_2}{2}$
10	与 $\overline{\omega}_2$ 对应的工作机平均转矩 $\overline{M}_2(N\cdot m)$	由工作机负荷特性 $M_2=M_2(\omega_2)$ 查得，与图 6-2-24 类似
11	偶合器平均转速比 $\overline{i}$	$\overline{i}=\overline{\omega}_2/\overline{\omega}_1$
12	与 $\overline{i}$ 对应的偶合器转矩系数 $\overline{\lambda}$	由所用偶合器原始特性 $\lambda=f(i)$ 查得
13	与 $\overline{i}$ 对应的偶合器所传递的平均转矩 $\overline{M}(N\cdot m)$	$\overline{M}=\rho\lambda_0\overline{\omega}_1^2D^5$
14	校核传动系统的运动微分方程	$\dfrac{\overline{M}_1-\overline{M}}{\overline{M}-\overline{M}_2}=\left(\dfrac{J_1+J_y}{J_2+J_y}\right)'\dfrac{\Delta\omega_1}{\Delta\omega_2}$ 等式两边必须相等，如不等，重新取 $\Delta\omega_2$，重复步骤 8~13 计算，到满意为止，再向下计算
15	对应该步长的时间间隔 $\Delta t(s)$	$\Delta t=\dfrac{J_1+J_y}{\overline{M}_1-\overline{M}}\Delta\omega_1$
16	平均时间 $\overline{t}(s)$	$\overline{t}_1=t_1'+\dfrac{\Delta t}{2}$
17	该步长的终点参数 $t_1''(s)$，$\omega_1''(s^{-1})$，$\omega_2''(s^{-1})$	$t_1''=t_1'+\Delta t$ $\omega_1''=\omega_1'+\Delta\omega_1$ $\omega_2''=\omega_2'+\Delta\omega_2$ 作为下一步长计算的初始值
18	该时间间隔内偶合器的功率损失 $\overline{N}_S(kW)$	$\overline{N}_S=\overline{M}(\overline{\omega}_1-\overline{\omega}_2)$

注：1. 步骤 4~18 为第一个时间间隔的计算结果，然后以 t_1''、ω_1''和 ω_2''作为初始值，重复步骤 4~18，算出第二个时间间隔各参数。再重复上述算法，直到启动过程结束，传动系统稳定运转为止。最后作出 $\overline{\omega}_1$、$\overline{\omega}_2$、$\overline{M}_1$、$\overline{M}_2$、$\overline{M}$ 和 $\overline{N}_S$ 随 $\overline{t}$ 的变化关系曲线。

2. 如果工作机的起始转矩（$\omega_2=0$ 时的 M_{20}）不等于零，则在工作机转动之前，ω_2'、$\overline{\omega}_2$ 和 $\overline{i}$ 均等于零，$\overline{M}=\rho\lambda_0\overline{\omega}_1^2D^5$（$\lambda_0$ 为 $i=0$ 时偶合器转矩系数），可按上表算出工作机转动之前的 $\overline{\omega}_1$、$\overline{M}_1$、$\overline{M}$、$\overline{N}_S$ 和 $\overline{t}$ 与此阶段终了时相应的电机角速度 $\omega_{10}=\sqrt{\dfrac{M_{20}}{\rho\lambda_0D^5}}$。

3. 据 $\overline{N}_S=f(\overline{t})$ 的关系曲线，可以标出整个启动过程中转换成热量的功 $A_S=\sum\overline{N}_S\cdot\Delta t(W\cdot s)$。

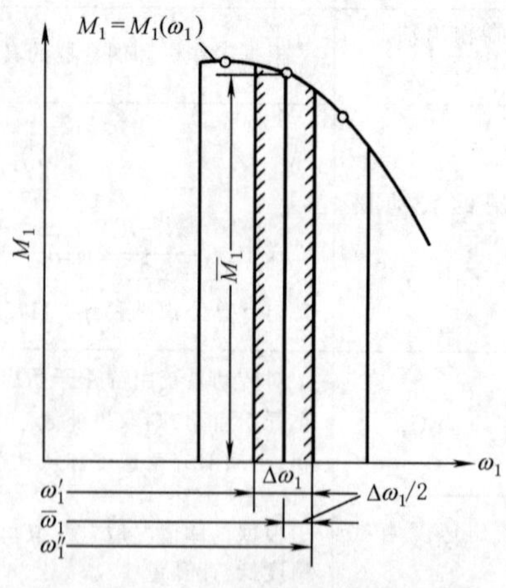

图 6-2-24　电机负荷特性

图 6-2-27 和图 6-2-28 中的计算参数为 $J_1=20\text{kg}\cdot\text{m}^2$、$J_2=200\text{kg}\cdot\text{m}^2$、$D=0.2\text{m}$、$\rho=900\text{kg/m}^3$。异步电机负荷特性如图 6-2-25（a）所示，工作机负荷特性如图 6-2-25（b）所示，偶合器原始特性如图 6-2-25（c）所示，图 6-2-26 中还与异步电机直接带动工作机（无偶合器）的启动特性进行了比较。可以看出，在本例情况下，带偶合器的传动系统，在 5s 后电机即可越过最大转矩，65s 已达到稳定运转工况；对于不带偶合器的，越过电机最大转矩的时间为 52s，达到稳定运转工况则需更长的时间。

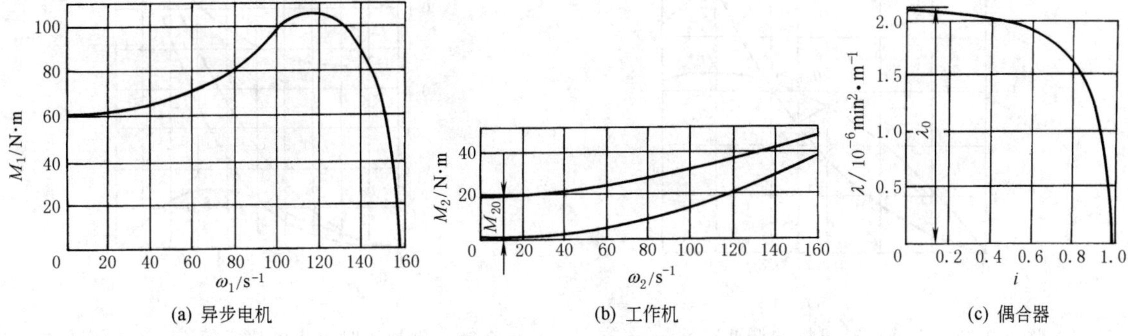

图 6-2-25　某带偶合器传动系统的一些特性

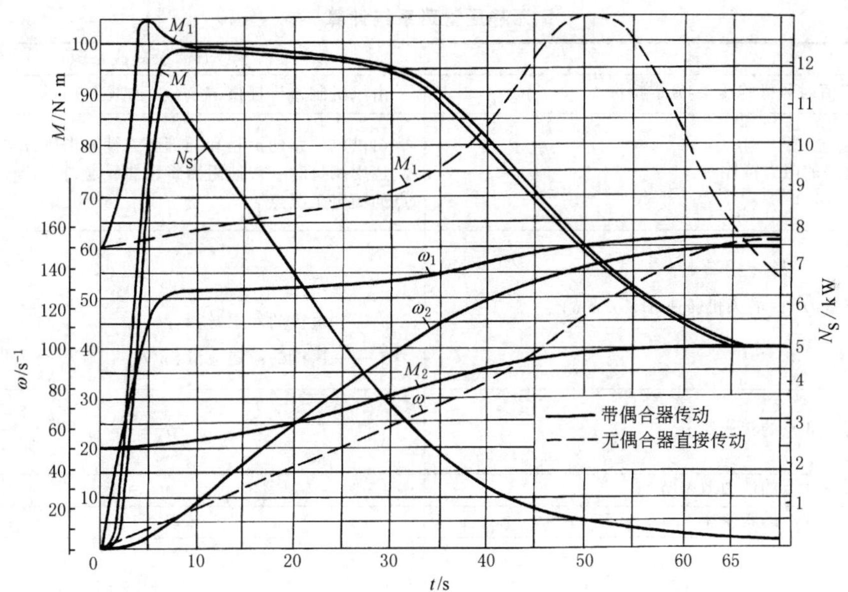

图 6-2-26　某偶合器传动系统启动特性的计算结果

5.13　传动系统采用偶合器的节能计算

异步电机带动的离心泵和风机，如在两者之间安装液力偶合器进行无级调速，与目前普遍采用的节流调节或风机进口导叶调节相比，可以大量节能。另外，牵引型和限矩型偶合器在启动过程中也可节能。其计算方法如下。

（1）无静压管路系统

对于泵或风机停止运转时，输送流体的管路系统的压力即行消失的即为无静压管路系统。离心通风机和大部分鼓风机属于这种类型，其管路阻力特性可用 $R=KQ^2$ 表示，为一条通过原点的二次抛物线。设它与 n_1 为定值的风机压头-流量特性曲线交于点 e（见图 6-2-27），对应的流量为额定流量 Q_e，效率为最高效率 η^*，风机（或泵）的轴功率为额定功率 P_e。如采用偶合器调速，试求任一流量 Q_A 时的各特性参数（见图 6-2-28 及表 6-2-137）。

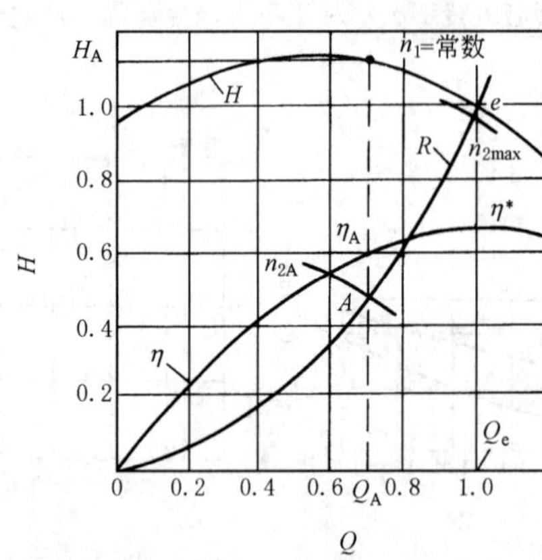

图 6-2-27　无静压时风机的调速特性

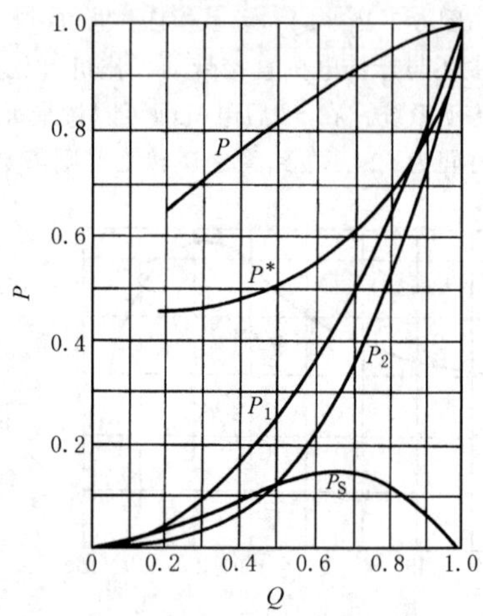

图 6-2-28　无静压时风机各功率随流量 Q 的变化关系（P_1、P_2、P_S、P 和 P^* 参见表 6-2-137）

表 6-2-137　　无静压管路系统计算

步骤	参数	计算公式或来源
1	n_1 为定值时风机的压头-流量特性	由风机制造厂提供 $H=f(Q)$ 曲线图
2	通风管路的阻力特性	由供风管路的沿程和局部阻力计算求得，$R=KQ^2$ 选用风机时一般使阻力特性曲线通过对应于风机最高效率点的额定工况点 e
3	任意流量 Q_A 时的风机转速 n_{2A}(r/min)	$n_{2A}=\frac{Q_A}{Q_e}n_1$ n_1——电机的额定转速，r/min Q_e——风机的额定流量，m^3/s
4	偶合器在 A 点的转速比 i_A	$i_A=\frac{n_{2A}}{n_1}$
5	偶合器在 A 点的液力效率 η_{yA}	$\eta_{yA}=i_A$
6	偶合器在 A 点的转差率 S_A	$S_A=1-i_A$
7	在 A 点运转的风机轴功率 P_{2A}(kW)	$P_{2A}=\left(\frac{n_{2A}}{n_1}\right)^3P_e=i_A^3P_e$ P_e——风机在转速为 n_1 时额定轴功率，kW
8	偶合器输入功率或电机轴功率 P_{1A}(kW)	$P_{1A}=\frac{P_{2A}}{\eta_{yA}}=\frac{i_A^3P_e}{i_A}=i_A^2P_e$
9	偶合器的功率损失 P_{SA}(kW)	$P_{SA}=P_{1A}-P_{2A}=(i_A^2-i_A^3)P_e$
10	风机由电机直接带动，并以 n_1 恒速运转，节流调节得到流量 Q_A 时风机（或电机）轴功率 P_A(kW)	$P_A=\frac{\rho Q_AH_A}{1000\eta_A}$ H_A——对应于 Q_A 的压头，m ρ——流体密度，kg/m^3 η_A——对应于 Q_A 的风机效率

续表

步骤	参数	计算公式或来源
11	与节流调节对比,风机用偶合器调速后所节约的功率 ΔP(kW)	$\Delta P=P_A-P_{1A}$
12	在 Q_A 工况运转 h 小时后所节约的电能 A(kW·h)	$A=\Delta P\cdot h$

注：1. 取若干个不同流量的点进行与上表同样步骤的计算，即可得上述各参数随流量 Q 的变化关系曲线，如图 6-2-28 所示，图中还示出了风机采用进口导叶调节时电机功率 P^*，以便比较。

2. 偶合器功率损失最大值 P_{Smax} 发生在 $i=2/3$ 处，其值 $P_{Smax}=[(2/3)^2-(2/3)^3]P_e\approx0.148P_e$。

3. 偶合器在传递额定功率时有约 0.03 的转差率，故风机最高转速 $n_{2max}\approx0.97n_1$，最大流量也将比电机直接带动时略为减小（约 3%）。

（2）有静压管路系统

在泵和风机停止运转时，输送流体的管路系统仍具有恒定的静压头 H_0（例如锅炉给水泵、自来水供水系统、煤气鼓风机供气系统）。绝大部分水泵属于这种类型，其管路阻力特性可用 $R=H_0+KQ^2$ 表示。设它与 n_1 为定值的水泵压头-流量特性曲线交于点 P（见图 6-2-29），对应的 Q_{max} 和 η^* 为泵的最大流量和最高效率。现求阻力特性曲线上任一点 A（对应流量和压头分别为 Q_A 和 H_A）的各特性参数（见图 6-2-30 及表 6-2-138）。

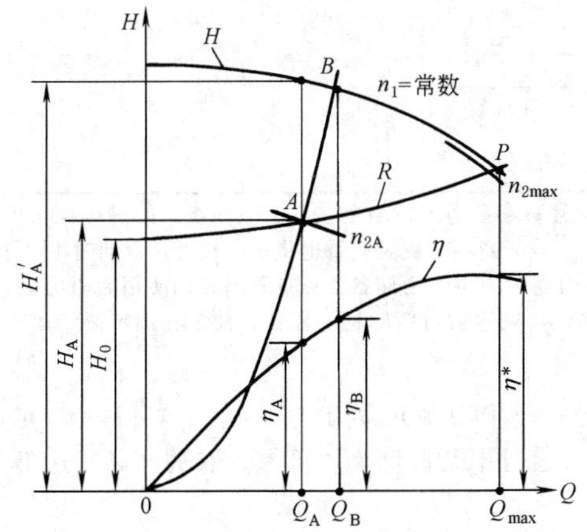

图 6-2-29　给水泵的调速特性

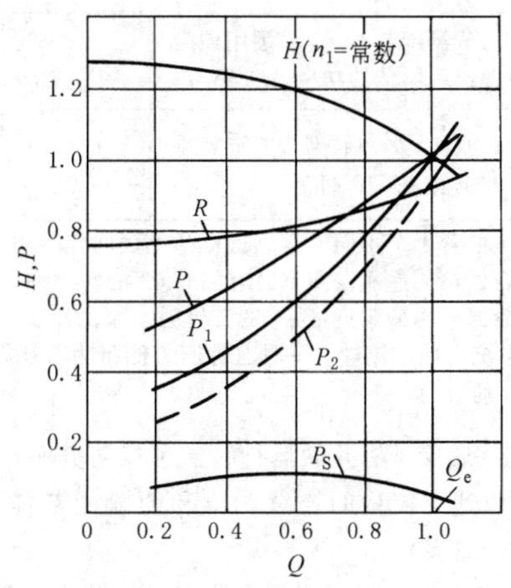

图 6-2-30　有静压时给水泵各功率随流量 Q 的变化关系（P_1、P_2、P_S、P 参见表 6-2-138）

表 6-2-138　有静压管路系统计算

步骤	参数	计算公式或来源	说明
1	n_1 为定值时泵的压头（扬程）-流量特性	由泵的制造厂提供 $H=f(Q)$ 曲线图	两特性曲线交点流量 Q_{max} 一般大于额定流量 Q_e,以备长期运行后管路阻力增加时,也能保证系统流量不低于 Q_e,不影响系统正常使用。过 A 点作通过原点的相似工况抛物线,与 n_1=常数的 H-Q 曲线交于点 B,得对应于 B 点的 Q_B 和 η_B
2	供水管路的阻力特性	由供水管路静压头以及管路沿程和局部阻力计算求得,$R=H_0+KQ^2$	
3	任意流量 Q_A 时的水泵转速 n_{2A}(r/min)	$n_{2A}=\dfrac{Q_A}{Q_B}n_1$	
4	偶合器在 A 点的转速比 i_A	$i_A=\dfrac{n_{2A}}{n_1}$	
5	偶合器在 A 点的液力效率 η_{yA}	$\eta_{yA}=i_A$	

续表

步骤	参数	计算公式或来源	说明
6	偶合器在 A 点的转差率 S_A	$S_A=1-i_A$	两特性曲线交点流量 Q_{max} 一般大于额定流量 Q_e，以备长期运行后管路阻力增加时，也能保证系统流量不低于 Q_e，不影响系统正常使用。过 A 点作通过原点的相似工况抛物线，与 n_1 = 常数的 H-Q 曲线交于点 B，得对应于 B 点的 Q_B 和 η_B
7	在 A 点运转的水泵轴功率 P_{2A}（kW）	$P_{2A}=\dfrac{\rho H_A Q_A}{1000\eta_A}$ H_A——对应于 Q_A 的压头，m； ρ——流体密度，kg/m^3； η_A——对应于 Q_A 水泵效率	
8	偶合器输入功率或电机轴功率 P_{1A}（kW）	$P_{1A}=\dfrac{P_{2A}}{\eta_{yA}}=\dfrac{P_{2A}}{i_A}$	
9	偶合器的功率损失 P_{SA}（kW）	$P_{SA}=P_{1A}-P_{2A}$	
10	水泵由电机直接带动，并以 n_1 恒速运转，节流调节得到流量 Q_A 时泵（或电机）的轴功率 P_A（kW）	$P_A=\dfrac{\rho H'_A Q_A}{1000\eta_A}$ H'_A——对应 A 点的在 $n_1=\text{const}$ 的 $H-Q$ 曲线上的压头，m； η_A——对应 A 点的水泵效率	
11	与节流调节对比，水泵用偶合器调速后所节约功率 ΔP（kW）	$\Delta P=P_A-P_{1A}$	
12	在 Q_A 工况运转 h 小时后所节约的电能 A（kW·h）	$A=\Delta P\cdot h$	

注：1. 取若干个不同流量点进行与上表同样步骤的计算，即可得上述各参数随流量 Q 的变化关系曲线，如图 6-2-30 所示。

2. 偶合器在传递额定功率时有约 0.03 的转差率，故泵最高转速 $n_{2max}\approx 0.97n_1$，最大流量也将比电机直接带动时小约 3%。

3. 当管路输送额定流量 Q_e 的流体时，泵的压头一般选用比管路阻力高约 10%作为储备，以备管路长期使用后阻力增加时，也能保证系统的额定流量。平时这种压力储备为节流阀所消耗，使用偶合器调速后可消除这一损耗，使泵在额定流量运转时也能达到节能的目的。

当多台泵或风机并联运行时，可以对其中一台或几台进行调速，而其他几台仍定速运行。这种调速和定速的组合，可以达到流量的连续调节和明显的节能效果。有关并联运行中某些问题，可参考有关文献，这里不再讨论。

（3）牵引型和限矩型偶合器启动时节能计算

与电机直接带动工作机的直接启动相比，牵引型和限矩型偶合器在启动过程中可以节能（见图 6-2-31）。由于偶合器输入部分（泵轮）的惯量比工作机要小得多，加速过程中偶合器转矩 M_1 又小于电机转矩 M_D，因此采

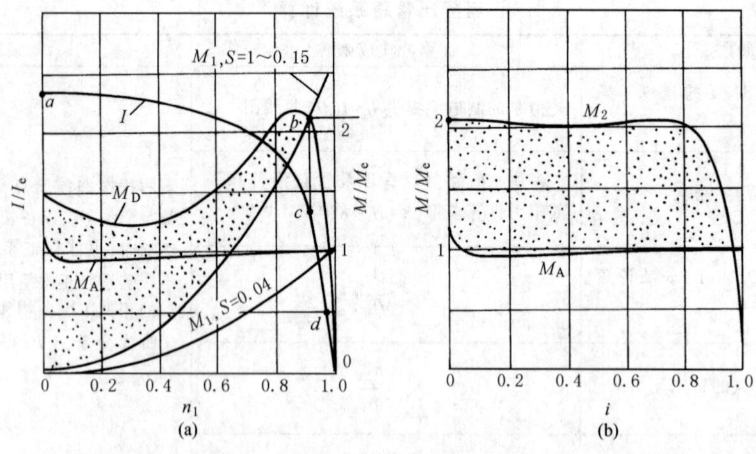

图 6-2-31　异步电机用偶合器或直接带动工作机的启动特性

用偶合器后，甚至在工作机保持不转（$S=0$）的情况下，也可使电机迅速启动并越过其最大转矩，在 b 点稳定运转。而涡轮就以电机的最大转矩 M_2 去推动工作机，克服其阻力矩 M_A 并进行加速，到转差率 $S=0.15$（$i\approx0.85$）时 M_2 才逐步下降，最后与工作机阻力特性曲线在 $S=0.04$ 额定转矩处相交，涡轮与工作机的启动加速过程才算完成。由于 M_2-M_A 要比 M_D-M_A 大，因此与电机直接带动工作机相比，能更迅速地启动工作机。图 6-2-31（a）中还示出了启动电流 I 随电机转速 n_1 的变化曲线。在电机通电而转子尚未转动的瞬间出现峰值电流后，I 自 a 点的最大值经 c 点向等于额定值 I_e 的 d 点逐步下降。两种启动方式因电机升速时间不同，启动电流随启动时间 t 的变化情况也各不相同，如图 6-2-32 所示，图中两曲线之间的面积，就是采用偶合器在一次启动过程中所能节约的电能。工作机的惯量愈大，启动过程的时间愈长，启动的次数愈频繁，使用偶合器后的节电效果愈明显。

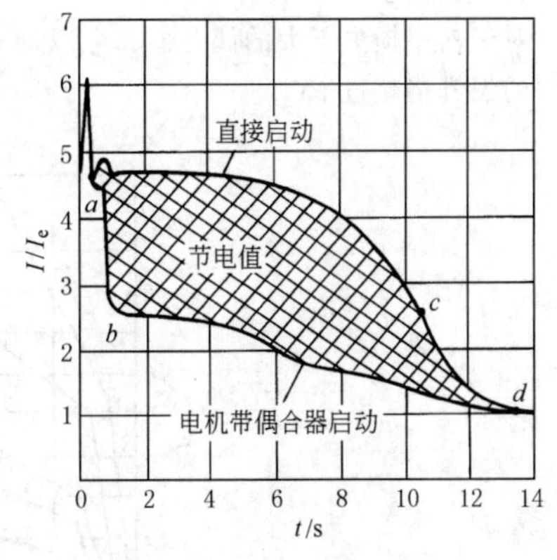

图 6-2-32 异步电机用偶合器在一次启动过程中的节电值

可以看出，异步电机带动的离心泵和风机采用偶合器调速，可以大量节能。当然，这一数值与泵或风机特性曲线的形状以及管路系统静压头 H_0 的大小有关，但是总的趋势不变，流量调节的幅度愈大，泵和风机在小流量时使用时间愈长，节能效果愈明显。偶合器在调速过程中虽然也有功率损失 P_S，但与所能节约的功率 ΔP 相比相对不大，易被接受。

5.14 发热与散热计算

（1）偶合器运转时产生的热量

偶合器在运转中存在转差率和机械效率，因而有功率损失并转化为油的热量，其值为

$$Q=3600000[P_S+P_e(1-\eta_m)]\ (\mathrm{J/h}) \tag{6-2-38}$$

式中 P_S——偶合器的功率损失，kW，可按表 6-2-139 选定；

η_m——偶合器的机械效率，按表 6-2-105 确定；

P_e——偶合器所传递的额定功率，kW。

表 6-2-139　　功率损失 P_S 的确定

偶合器型式	牵引型、限矩型	调速型	
负载类型	长期运转于额定工况	负载功率 P_2 随转速 n_2 的变化关系	
		$P_2\propto n_2^3$（或 $P_2\propto i^3$）	$P_2\propto n_2$（或 $P_2\propto i$）
负载实例	运输机、破碎机	离心泵、离心鼓风机	往复机、提升机
滑差损失 P_S	$P_S=S^*P_e$	$P_S=(i^2-i^3)P_e$	$P_S=(1-i)P_e$
P_S 随 i 的变化规律		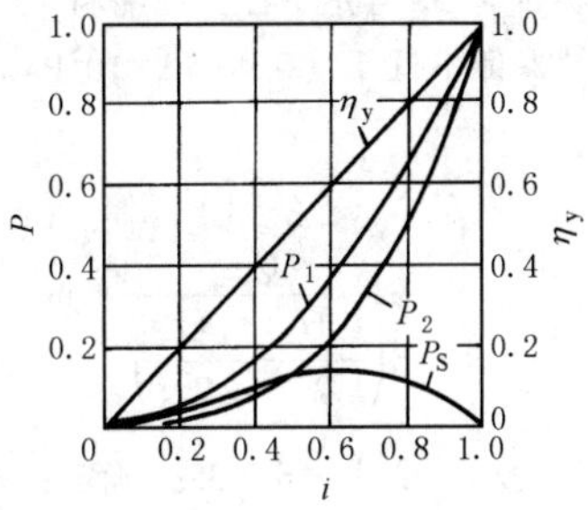	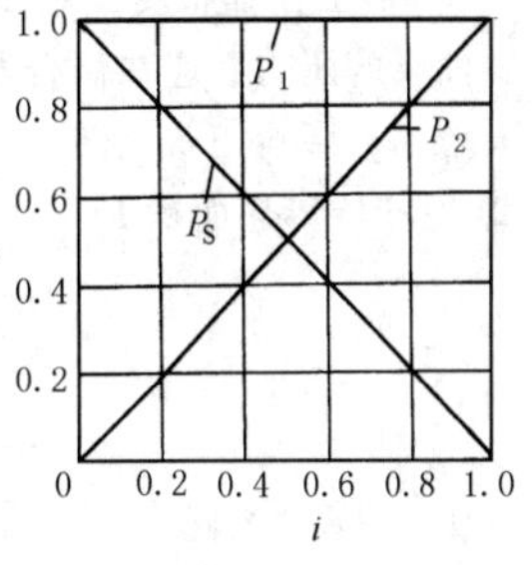
最大滑差损失 P_{Smax}		$P_{Smax}=0.148P_e$	$P_{Smax}=P_e$
与 P_{Smax} 对应的偶合器转速比		$i=0.666$	$i=0$

注：P_e 为原动机的额定功率，kW。

（2）风冷散热及限制

对于功率损失不大的偶合器，可以通过转动外壳向大气散热，但发散的功率不应超出图 6-2-33 的限制，否则油的温升将超过 65℃。

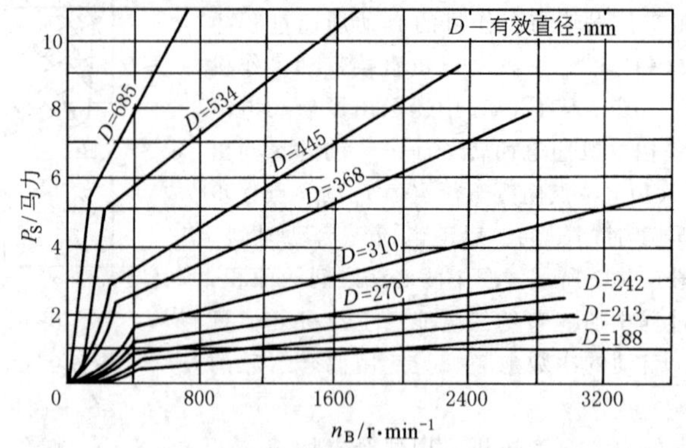

图 6-2-33　油的温升不超过 65℃时，风冷偶合器 P_S 许用值

（1 马力 = 0.735kW）

风冷散热片面积可由下式确定：

$$F=\frac{Q}{\xi(t-t_1)}\ (\mathrm{m}^2) \tag{6-2-39}$$

式中　ξ——油到空气的传热系数，在壳体旋转和通风良好时，ξ 可达 2.93×10^5J/(m^2·h·℃)，此时油温为 90℃；

Q——偶合器的散热量，J/h，由式（6-2-38）确定；

t，t_1——工作油温度和环境温度，℃。

（3）冷却供油系统与设备计算

中大功率偶合器必须有冷却供油系统，其作用是：带走偶合器因滑差损失和机械损失而产生的热量；实现偶合器的无载或空载启动、接合和脱离、无级调速以及供油量的自动控制；润滑偶合器各轴承和传动齿轮；有时还供应电机和工作机的润滑系统，等等。

① 供油泵的排量 q_c

$$q_c=\frac{Q}{c\Delta t\rho}\ (\mathrm{m}^3/\mathrm{h}) \tag{6-2-40}$$

式中　Q——偶合器的散热量，J/h，由式（6-2-38）确定；

c——工作油比热容，对 20 号机械油和 22 号透平油常取 $c=1884\sim2303$J/(kg·℃)；

Δt——进、出偶合器工作油温差，℃，常取 $\Delta t=15\sim35$℃；

ρ——工作油密度，对 20 号机械油和 22 号透平油，在油温 70℃时，可取 $\rho=860\sim870$kg/m^3。

供油泵的压力，应在偶合器进口处保证不低于 $(0.4\sim1)\times10^5$Pa，过低的进口压力会使偶合器供油不足，滑差大大增加，影响正常运转。

② 冷却器传热面积 F

$$F=\frac{Q}{\kappa\left(\frac{t_1+t_2}{2}-\frac{\tau_1+\tau_2}{2}\right)}\ (\mathrm{m}^2) \tag{6-2-41}$$

式中　Q——偶合器运转中最大散热量，J/h，由式（6-2-38）确定；

κ——油到水的传热系数，视冷却器的结构而定，对管式结构 $\kappa=(628\sim1047)\times10^3$J/(m^2·h·℃)，对板式结构 $\kappa=(837\sim2930)\times10^3$J/(m^2·h·℃)；

t_1，t_2——工作油进、出冷却器温度，℃；

τ_1，τ_2——冷却水进、出冷却器温度，℃。

偶合器的出口油温一般不超过 70~75℃。对于大功率偶合器，如果工作油和润滑油分别带有冷却器，则对润滑油温限制在 70℃以下的同时，工作油温可提高到 85~100℃，以提高冷却效果和减小冷却器的传热面积。

③ 冷却器所需的水量 q_L

$$q_L = \frac{Q}{c\Delta\tau\rho} \quad (m^3/h) \tag{6-2-42}$$

式中 Q——偶合器运转中最大散热量，J/h，由式（6-2-37）确定；

c——水的比热容，$c=4186.8J/(kg \cdot ℃)$；

$\Delta\tau$——冷却器进、出水的温差,℃，管式结构一般为 3~5℃，板式结构一般为 5~10℃；

ρ——水的密度，$\rho=1000kg/m^3$。

（4）导管排油系统计算

偶合器设置导管是为了实现无级调速，也是偶合器排（或进）油的一种可靠方法，目前普遍采用。当偶合器辅油室中旋转油环自由液面与导管进口截面中心一致时，油的动能转变为势能，在迎流孔口处所产生的压头为

$$H_x = 9.8\frac{u_x^2}{2g} = \frac{u_x^2}{2} \quad (m) \tag{6-2-43}$$

导管孔口伸入油环自由液面时的压头为

$$H'_x = 9.8\left(\frac{u_x^2}{g} - \frac{u_0^2}{2g}\right) = u_x^2 - \frac{u_0^2}{2} \quad (m) \tag{6-2-44}$$

式中 u_x——油环在导管孔口处圆周速度，m/s；

u_0——油环自由液面处的圆周速度，m/s；

H_x，H'_x——距偶合器轴中心线距离为 R_x 时导管孔口压头，当 $u_x=u_0$ 时 $H'_x=H_x$。

在这一压头作用下，工作油经导管、排油腔体内通道和管路流回油箱（或进入偶合器流道），并克服在流动过程中所遇到的各种阻力损失。在设计中，应使导管的排油能力不低于供油泵供油能力（可按表 6-2-140 计算）。

表 6-2-140　导管所耗功率和移动导管之力的计算

参数	公式
导管头浸在油环中的雷诺数 Re	$Re=\frac{u_x d_t}{v}$ u_x——半径为 R_x 油环的圆周速度,m/s; d_t——导管头外径,m; v——油的运动黏度,m^2/s
导管头在油环中的摩擦阻力系数 ξ	$\xi=f(Re)$ 按 Re 查图 6-2-34 中的曲线
导管头在油环中的摩擦损失 h_t(m)	$h_t=\xi\frac{u_x^2}{2}$
导管头在油环中的摩擦阻力 F_1(N)	$F_1=\rho h_t f$ ρ——油的密度,kg/m^3; f——垂直于 u_x 的导管头横截面积
因导出液体而在导管头上产生的力 F_2(N)	$F_2=\rho q_c u_x$ q_c——供油泵排量,m^3/h,见式(6-2-40)
作用在导管头上的力 F(N)	$F=F_1+F_2$
原动机消耗在导管上的功率 N_t(kW)	$N_t=\frac{Fu_x}{1000}$
执行机构移动导管时所需的最大力 P_{max}(N)	$P_{max}=\left(\frac{2L+l}{L}\right)\mu F_{max}$ F_{max}——作用在导管头上的最大力,发生在 R_{xmax} 时,N; L——导管伸出支座的最大长度,m; l——支座长度,m; μ——摩擦因数,常取 $\mu=0.06$

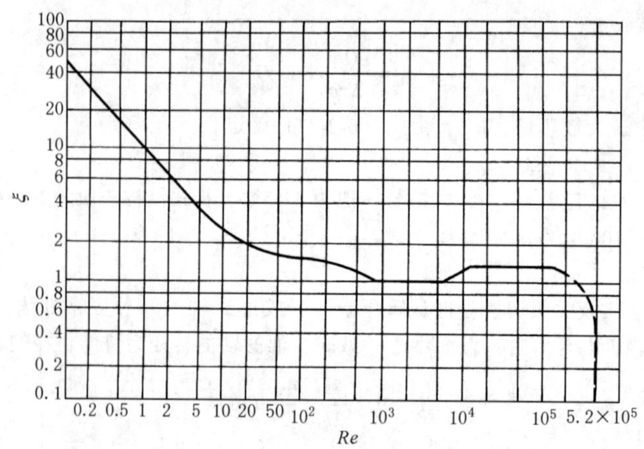

图 6-2-34 导管头摩擦阻力系数 ξ 随 Re 的变化关系

5.15 试验

液力偶合器的试验有台架试验、工业试验和出厂试验三种类型。

台架试验是针对新设计的偶合器样机进行的，目的是考验整机的结构设计是否可以实现正常运转，排除研制过程中某些不可避免的故障，为整机全功率运转扫清障碍；通过运转跑合、外特性试验、调速特性试验（调速型）、零速工况试验（牵引型和限矩型），确定偶合器的承载能力（转矩系数）、额定转差率、机械效率、调速范围、过载系数等性能指标是否达到设计的预期要求。台架试验中也可测定在全速运转时的振动和噪声（带有齿轮传动的）。一般，在台架试验合格之后，才可投入全负荷工业试验。

工业试验是将偶合器安装于现场，进行全负荷运行以及在各种工况下长期运行，以进一步考核偶合器的性能、制造和装配质量以及使用寿命等。一般，对于调速型偶合器，无故障运行累计时间应大于 5000h，牵引型和限矩型则为 2000~4000h。

出厂试验是保证批量生产偶合器制造质量的重要环节，无论调速型还是限矩型，必须逐台进行。其试验过程是：动车运转，排除制造或安装中因疏忽和某种偶然因素而引起的故障；然后在全速运转下检查渗漏情况，测定偶合器的振动、噪声以及额定转差率时的转矩系数等主要技术参数是否达到规定值，再进行运转跑合。出厂试验总的运转时间，一般不应少于 2~3h。

各项试验完成后，必须给出相应的试验报告或记录。

JB/T 4238.1—2005~JB/T 4238.4—2005 分别为液力偶合器的出厂试验方法、出厂试验技术指标、型式试验方法、型式试验技术指标，读者可查阅参考。

第3章 离合器

离合器是主、从动部分在同轴线上传递转矩或运动时，具有接合和分离功能的装置，其离合作用可以靠嵌合、摩擦等方式来实现。按离合动作的过程可分为操纵式（如机械式、电磁式、液压式、气压式）和自控式（如超越式、离心式、安全式）。离合器可以实现机械的启动与停车、齿轮箱的速度变换、传动轴间在运动中的同步和超越、机器的过载安全保护以及防止从动轴的逆转、控制传递转矩的大小、满足接合时间等要求。

1 离合器的类型及特点

按照 GB/T 10043—2017 的规定，离合器的类型及特点见表 6-3-1。

表 6-3-1 **离合器的类型及特点**

类别	组别		品种		型式(代号)	一般特点
	名称	代号	名称	代号		
操纵式离合器	机械离合器	J	片式	P	干式单片、干式双片(N)、干式多片(G)、湿式单片(D)、湿式双片(H)、湿式多片(S)、双作用单片(Z)、倒顺湿式多片(A)	分嵌合式和摩擦式：嵌合式结构简单，分离彻底，仅需较小的轴向力保持接合或分离的状态，适合不经常切换、轴向有操作空间的静止或低速离合；摩擦式可高速接合，接合过程产生摩擦热，应有散热措施，结构复杂，要常调整摩擦面间隙 机械操纵的特点：动作可靠，故障少，响应慢，接合频率不高，操控受人力限制（一般最大手动力为 150 N），适用于中小功率场合，可用于机床以及建筑、农业、轻工和纺织等机械中
			牙嵌式	Y	正三角形、双面正三角形(S)、斜三角形(A)、正梯形(T)、斜梯形(E)、尖梯形(N)、螺旋形(L)、波形(B)、锯齿形(C)、矩形(U)	
			齿式	C	单面嵌合、双面嵌合(S)、鼠齿形(H)	
			圆锥式	U	干式单锥体、干式双锥体(G)、湿式单锥体(D)、湿式双锥体(S)	
			摩擦块式	K	摩擦块离合器	
			销式	H	滑销、插销(C)	
			键式	A	滑键、拉键(L)、转键(Z)、移动键(Y)	
			棘轮式	L	外棘轮、内棘轮(E)	
			鼓式	G	鼓式离合器	
			扭簧式	N	扭簧离合器	
			胀圈式	Q	胀圈离合器	
			闸带式	D	闸带离合器	
			双功能	S	离合器-制动器	
			永磁式	Y	永磁离合器	

续表

类别	组别		品种		型式(代号)	一般特点
	名称	代号	名称	代号		
操纵式离合器	电磁离合器	D	片式	L	干式单片线圈旋转、湿式单片线圈旋转(H)、干式单片线圈静止(J)、干式多片线圈旋转(G)、湿式多片线圈旋转(＊)、干式多片线圈静止(＊)、湿式多片线圈静止(＊)	分嵌合式和摩擦式 电磁操纵的特点: ①启动转矩大,动作响应快 ②接合频率高 ③便于实现自动控制和远程控制 ④通过改变励磁电流可调节转矩的大小 ⑤元件磨损后,需调整气隙 ⑥有剩磁问题,影响分离彻底性,还有线圈发热问题 ⑦一般用于相对湿度不大于85%、无爆炸危险的环境,电压波动不得超过±5% ⑧采用湿式时必须保持油液清洁,不得有导电杂质,黏度≤23mm²/s(50℃时)
			牙嵌式	Y	线圈旋转、线圈静止(J)	
			圆锥式	U	圆锥电磁离合器	
			扭簧式	N	扭簧电磁离合器	
			转差式	C	感应型、爪型(Z)、单电枢(D)、双电枢(S)、磁滞型(H)	
			磁粉式	F	单隙式线圈旋转、单隙式线圈静止(D)、复隙式线圈旋转(U)、复隙式线圈静止(F)	
			双功能	S	电磁离合器-制动器	
	液压离合器	Y	片式	P	活塞缸固定、活塞缸旋转(H)、柱塞缸固定(G)、柱塞缸旋转(Z)	分嵌合式和摩擦式,由于液压操纵力可以很大,嵌合式应用较少,大多为摩擦式 液压操纵的特点: ①传递转矩大,同等尺寸时比电磁离合器传递转矩约大3倍 ②可以自行补偿摩擦元件磨损 ③便于实现自动控制和远程控制 ④调节系统油压可在一定范围内调节传递的转矩 ⑤动作响应较慢,接合频率较低 ⑥结构复杂,加工精度高,需配液压站 ⑦易泄漏造成环境污染
			牙嵌式	Y	活塞缸固定、活塞缸旋转(H)、柱塞缸固定(G)、柱塞缸旋转(Z)	
			浮动块式	F	活塞缸固定、活塞缸旋转(H)、柱塞缸固定(G)、柱塞缸旋转(Z)	
			圆锥式	U	活塞缸固定、活塞缸旋转(H)、柱塞缸固定(G)、柱塞缸旋转(Z)	
			调速式	T	调速离合器	
			双功能	S	液压离合器-制动器	
	气压离合器	Q	片式	P	活塞缸单片、活塞缸多片(H)、环形缸单片(A)、环形缸多片(D)、隔膜缸单片(G)、隔膜缸多片(M)、湿式(S)	分嵌合式和摩擦式 气压操纵的特点: ①传递转矩较大 ②动作较电磁式慢、较液压式快 ③接合平稳,可高频离合 ④可以自动补偿磨损间隙,维护方便 ⑤排气时有噪声,需配压力为0.4~1MPa压缩空气源
			气胎式	T	通风型、普通型(P)、径向内收型(N)、径向外胀型(W)、轴向型(Z)	
			圆锥式	U	刚性圆锥(G)、弹性圆锥(T)	
			浮动块式	F	活塞缸、环形缸(H)、隔膜缸(G)	
			双功能	S	气压离合器-制动器	
自控式离合器	超越离合器	C	牙嵌式	Y	牙嵌超越离合器	分嵌合式和摩擦式两类,均以单向传递转矩为主,并可用于变换转速、防止逆转、间歇运动的传动系统 摩擦式具有体积小、传递转矩大、接合平稳、工作无噪声,可在高速下接合等优点 摩擦式主要有滚柱式和楔块式:滚柱式的结构简单、制造容易,溜滑角小,主要用于机床和无级变速器等的传动装置中;楔块式在同等外形尺寸下较滚柱式传递转矩能力大,更适合批量生产,广泛用于印刷包装机械、石油钻机、提升机和输送机械等
			棘轮式	L	棘轮超越离合器	
			滑销式	H	滑销超越离合器	
			滚柱式	G	内星轮型、外星轮型(W)、双向型(S)	
			楔块式	K	接触型、非接触型(F)、双向型(S)	
			同步式	T	棘齿型(J)	

续表

类别	组别		品种		型式(代号)	一般特点
	名称	代号	名称	代号		
自控式离合器	离心离合器	L	钢球式	G	钢球离心离合器	①不需操纵、自行接合的离合器。实现软启动,启动平稳。适用于启动不频繁,从动部分转动惯量大,易造成原动机过载的工况 ②接合过程中,主、从动件间有速度差,是摩擦打滑过程,在主、从动件未达到同步之前,伴有摩擦发热和磨损。一般打滑时间不宜过长,应限制在1~1.5min ③传递转矩与转速平方成正比,故不适用于低速和变速工况
			缓冲式	H	缓冲离心离合器	
			橡胶弹性式	T	橡胶弹性离心离合器	
			闸块式	Z	铰链型、弹簧型(T)	
	安全离合器	A	片式	P	单片、多片(D)	①过载保护,用于可能发生大的过载或存在大冲击载荷的传动系统 ②转矩可调,其限定转矩可通过螺母调节,当传递转矩低于限定值时,其作用相当于联轴器 ③一般具有复位能力,即可以多次打滑 ④牙嵌式在断开瞬间会产生冲击力,可能断牙,故宜用于转速不高,从动部分转动惯量不大的轴系;钢球式制造简单,工作可靠,过载时滑动摩擦力小,动作灵敏度高,可用于转速较高的传动;摩擦式(如片式等)过载时因摩擦消耗能量能缓和冲击,故工作平稳,调整和使用方便,维修简单,灵敏高度,可用于转速高、转动惯量大的传动装置
			牙嵌式	Y	牙嵌安全离合器	
			钢球式	G	钢球安全离合器	
			销式	H	销式安全离合器	
			圆锥式	U	单锥体型、双锥体型(S)	

注：表中（＊）按相关规定。

型号表示方法（摘自 GB/T 10043—2017）

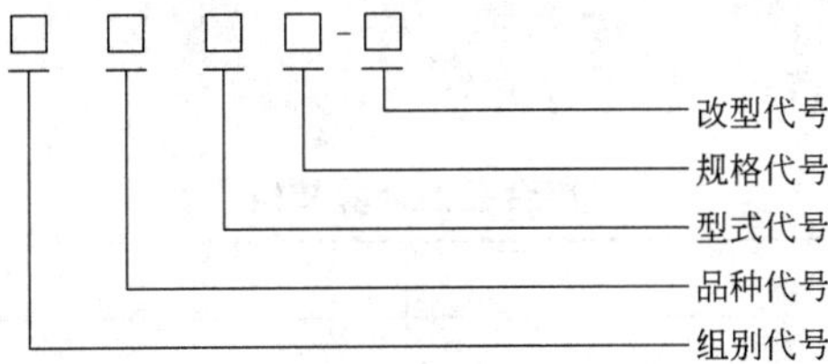

2 离合器的选用与计算

2.1 离合器类型的选用

2.1.1 离合器接合元件的选择

应根据离合器使用的工况条件选择接合元件，可按下面几种情况考虑。

① 刚性嵌合式接合元件：适用于低速、静止情况下的离合，不频繁离合。刚性嵌合式接合元件具有传递转

矩大、转速完全同步、不产生摩擦热、外形尺寸小等特点，但因刚性大，在有转速差时的接合瞬间，主、从动轴上将有较大冲击，引起振动和噪声。因此，这种接合元件限于静止或相对转速差较小、空载或轻载下接合的传动系统。

② 摩擦式接合元件：用于系统要求缓冲，通过离合器吸收峰值转矩，允许主、从动接合元件间存在一定滑差的情况。接合时较为柔和，冲击小，但滑动会产生摩擦热，引起能量损耗。

③ 长期打滑的工况，应选用电磁和液体传递能量的离合器，如磁粉离合器、液黏离合器。

2.1.2 离合器操纵方式的选择

① 人力操纵：依靠人力操纵的离合器，手操纵力一般不大于 150N，动作行程一般≤250mm，脚踏板操纵时操纵力一般为 100~200N，动作行程一般为 100~150mm，反应慢，接合频率较低，主要用于中小功率的机械设备上。

② 气压操纵：具有较大的操纵力，分离与接合迅速，操纵频率较高，而且排气无污染，适用于各种容量和远距离操纵的离合器，特别是各种大型离合器的操纵。

③ 液压操纵：能产生很大的操纵力，且具有良好的润滑和散热条件，适用于有润滑装置和不泄漏的机械设备，操纵体积小而传递转矩大的离合器，但接合速度较气压操纵慢。

④ 电磁操纵：操纵比较方便，接合迅速，时间短，可以并入控制电路系统实现自动控制，且易实现远距离控制，特别适合于各种操纵频率高的中小型以及微型离合器。

2.1.3 环境条件

开式结构可用于宽敞无污染的环境，而闭式结构则能适应有粉尘和存在污染的场合。对于有防爆要求的环境，不宜采用普通的电磁离合器。此外，不希望有噪声的环境，最好选用有消声装置的一般气压离合器。具有橡胶元件的离合器，则应考虑环境温度和有害介质的影响。

2.1.4 关于离合器的转矩容量

离合器的转矩容量应按本章 2.2 节的内容进行计算。当考虑原动机的启动特性时，对于采用三相笼型异步电机的系统，可允许有较大的超载范围，可选用较大容量的离合器，以便加载接合时能迅速驱动，不致出现长时打滑，造成发热。对于内燃机驱动，为了避免启动时原动机转速过分下降，应采用离合器工作容量储备较小的离合器。

2.2 离合器的选用计算

离合器的计算转矩见表 6-3-2。

表 6-3-2　　离合器的计算转矩

类型	计算公式
嵌合式离合器	$T_c=KT$
摩擦式离合器	$T_c=\dfrac{KT}{K_m K_v}$

说明

T_c——离合器的计算转矩，选用离合器时，T_c 小于或等于离合器的额定转矩

T——离合器的理论转矩，对于嵌合式离合器，T 为稳定运转中最大工作转矩或原动机额定转矩；对于摩擦式离合器，可取运转中最大工作转矩或接合过程中工作转矩与惯性转矩之和作为理论转矩，即 $T=T_t+\dfrac{J_2(\omega_1-\omega_2)}{t}$，式中符号见表 6-3-21

K——工况系数，见表 6-3-3，对于干式摩擦离合器可取较大值，对于湿式摩擦离合器可取较小值

K_m——接合频率系数，见表 6-3-4

K_v——滑动速度系数，见表 6-3-5

表 6-3-3　离合器的工况系数（或称储备系数）K（概略值）

机械类别	K	机械类别	K
金属切屑机床	1.3~1.5	曲柄式压力机械	1.1~1.3
车辆	1.2~3	拖拉机	1.5~3
船舶	1.3~2.5	轻纺机械	1.2~2
起重运输机械		农业机械	2~3.5
在最大载荷下接合	1.35~1.5	挖掘机械	1.2~2.5
在空载下接合	1.25~1.35	钻探机械	2~4
活塞泵(多缸)、通风机(中等)、压力机	1.3	活塞泵(单缸)、大型通风机、压缩机、木材加工机床	1.7
冶金矿山机械	1.8~3.2		

表 6-3-4　离合器的接合频率系数 K_m

离合器每小时接合次数	≤100	120	180	240	300	≥350
K_m	1.00	0.96	0.84	0.72	0.60	0.50

表 6-3-5　离合器的滑动速度系数 K_v

摩擦面平均圆周速度 v_m/m·s^{-1}	1.0	1.5	2.0	2.5	3	4	5	6	8	10	13	15
K_v	1.35	1.19	1.08	1.00	0.94	0.86	0.80	0.75	0.68	0.63	0.59	0.55

注：$v_m=\dfrac{\pi D_m n}{60000}$（m/s），$D_m=\dfrac{D_1+D_2}{2}$（mm），$D_1$、$D_2$ 分别为摩擦面的内、外径（mm），n 为离合器的转速（r/min）。

3　嵌合式离合器

3.1　嵌合式离合器的型式、特点及应用

表 6-3-6　嵌合式离合器的型式、特点及应用

名称和简图	接合转速 /r·min^{-1}	转矩范围 /N·m	特点和应用
牙嵌式离合器	矩形牙转速差≤10;其余牙转速差≤150	36~9230	外形尺寸小,传递转矩大,接合后主、从动轴无相对滑动,传动比不变。但接合时有冲击,适用于静止接合,或转速差较小时接合,要求主、从动轴严格同轴,为此常设对中环。主要用于不需经常离合、低速机械的传动轴系。有机械、电磁、气压等多种操纵方式
(a) (b) 齿式离合器	转速差≤50	500~76000	利用一对可沿轴向移动、具有相同模数和齿数的内、外齿轮组成嵌合副。其特点是传递转矩大,外形尺寸小,轮齿加工比端面牙容易,并可双向传递转矩。适用于转速差不大,带载荷进行接合,且传递转矩较大的机械主传动或变速机械的传动轴系

续表

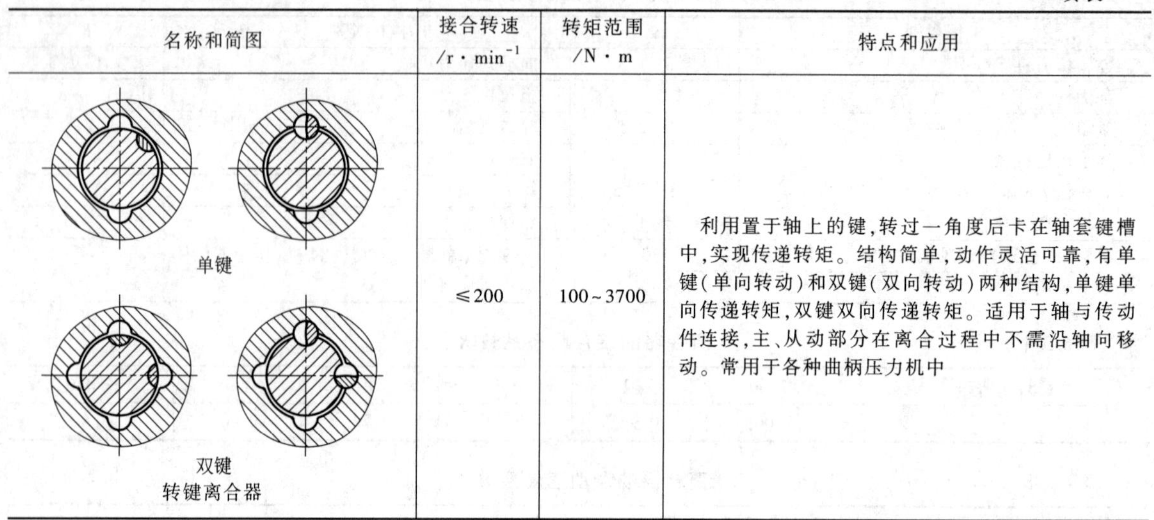

名称和简图	接合转速 /r·min^{-1}	转矩范围 /N·m	特点和应用
单键 双键 转键离合器	≤200	100~3700	利用置于轴上的键,转过一角度后卡在轴套键槽中,实现传递转矩。结构简单,动作灵活可靠,有单键(单向转动)和双键(双向转动)两种结构,单键单向传递转矩,双键双向传递转矩。适用于轴与传动件连接,主、从动部分在离合过程中不需沿轴向移动。常用于各种曲柄压力机中

3.2 牙嵌式离合器

3.2.1 牙嵌式离合器的牙型、特点与使用条件

表 6-3-7 牙嵌式离合器的牙型、特点与使用条件

牙型		角度	牙数	特点	使用条件
圆柱截面的展开牙型	矩形	$\alpha=0°$	3~15	传递转矩大,制造容易,分离与接合较困难,为便于接合,常采用较大的牙间间隙	适用于重载,可双向传递转矩,一般用于不经常离合的传动中。需在静止或极低的转速下才能接合。常采用手动接合
	正三角形（α）	$\alpha=30°\sim45°$	15~60	牙数多,可用于接合较快的场合,但牙的强度较小	适用于低速轻载,可双向传递转矩。应在运转速度低时接合
	斜三角形（α、β）	$\alpha=2°\sim8°$ $\beta=50°\sim70°$	15~60	接合时间短牙数应选得多,但牙数多,各牙分担载荷不均匀	只能单向传递转矩,适用于低速轻载。应在运转速度低时接合
	正梯形（α）	$\alpha=2°\sim8°$	3~15	分离与接合比矩形牙容易,接合后牙间间隙较小,牙的强度较大	适用于较大速度和载荷,能双向传递转矩。要在静止状态下接合,能补偿牙的磨损和间隙,能避免速度变化时因间隙而产生的冲击。常用于自动接合
	尖梯形（α、β）	$\alpha=2°\sim8°$ $\beta=120°$	3~15	接合比正梯形容易,强度较高	适用于较大速度和载荷,能双向传递转矩。要在静止状态下接合,能补偿牙的磨损和间隙,能避免速度变化时因间隙而产生的冲击。常用于自动接合

续表

牙型		角度	牙数	特点	使用条件
圆柱截面的展开牙型	斜梯形	$\alpha=2°\sim8°$ $\beta=50°\sim70°$	3~15	接合比正梯形容易，强度较高	只能单向传递转矩，适用于较大速度和载荷。要在静止状态下接合，能补偿牙的磨损和间隙，能避免速度变化时因间隙而产生的冲击。常用于自动接合
	锯齿形	$\alpha=1°\sim1.5°$	3~15	强度高，接合容易，可传递较大转矩	只能单向传递转矩
	螺旋形		2~30	接合迅速且不用精确对中，强度高，接合平稳，可以传递较大转矩	可在较低速转动过程中接合。螺旋牙的数量决定于接合前的转速差。转速差大，牙的数量要增加。螺旋牙的数量最少的有2个，最多的有30个。只能单向传递转矩
径向截面牙型				等高牙型，啮合面与接合条件均较好，但每一侧面都需分别加工	用于矩形牙和梯形牙
				不等高牙型，端面为平面，接合时的工作条件较好，但牙的啮合面较小	用于三角形牙和梯形牙，其凹槽两侧可一次加工制出
				不等高牙型，端面为凹锥形，接合时啮合面大	用于三角形牙和梯形牙，其凹槽两侧可一次加工制出

3.2.2 牙嵌式离合器的材料与许用应力

表 6-3-8　　接合元件的材料及应用范围

材　料	热处理规范	应用范围
HT200，HT300	170~240HBW	低速、轻载牙嵌式离合器的牙及齿式离合器的齿轮
45	淬火 38~46HRC 高频淬火 48~55HRC	载荷不大、转速不高的离合器
20Cr，20MnV，20Mn2B	渗碳 0.5~1.0mm 淬火、回火 56~62HRC	中等尺寸的高速元件和中等压强的元件
40Cr，45MnB	高频淬火、回火 48~58HRC	重载、压强高、冲击不大的牙嵌式离合器的牙、齿式离合器的齿轮及销式离合器的滑销
18CrMnTi，12CrNi4A，12CrNi3	渗碳 0.8~1.2mm 淬火、回火 58~62HRC	高速冲击、大压强的牙嵌式离合器的牙及齿式离合器的齿轮
50CrNi，T7	淬火、回火 40~50HRC 淬火 52~57HRC	转键离合器的转键及销式离合器的滑销

表 6-3-9　　牙嵌式离合器材料的许用应力　　N/mm^2

接合情况	静止时接合	运转中接合	
		低速	高速
许用挤压应力 σ_{pp}	88~117	49~68	34~44
许用弯曲应力 σ_{bp}	$\sigma_s/1.5$	$\sigma_s/(5.9\sim4.5)$	

注：1. 齿数多，取小值；齿数少，取大值。

2. 表中许用挤压应力适用于渗碳淬火钢，硬度为 56~62HRC，其他材料适当降低。

3. 表中高、低速是指许用接合圆周速度差（Δv）。低速 $\Delta v<0.8$m/s，高速 $\Delta v=0.8\sim1.5$m/s。

3.2.3 牙嵌式离合器的计算

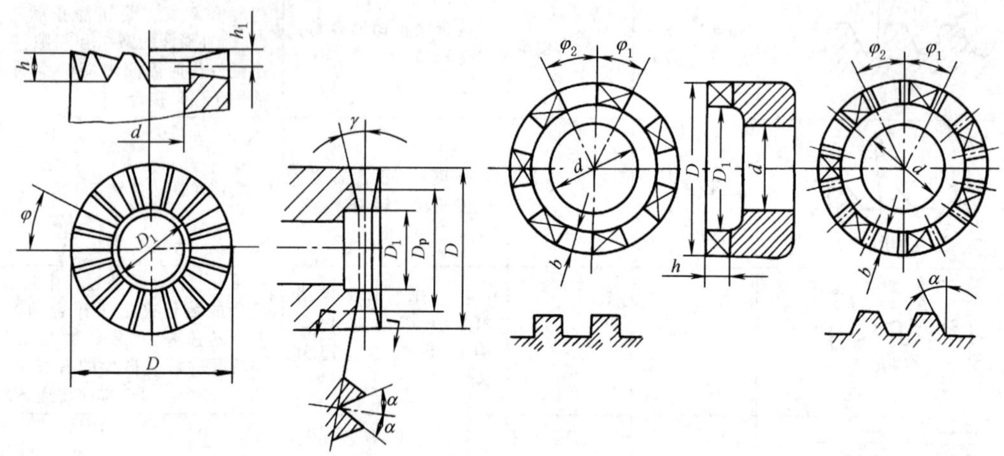

表 6-3-10 牙嵌式离合器的计算

	计算项目	公式及数据	单位	说明
基本参数	牙齿外径	$D=(1.5\sim3)d$	mm	d——离合器轴孔直径,mm φ——牙齿的中心角,(°) 三角形、梯形牙啮合 $\varphi=\varphi_1=\varphi_2=\dfrac{360°}{z}$ 矩形牙啮合 $\varphi_1=\dfrac{360°}{2z}-(1°\sim2°)$ $\varphi_2=\dfrac{360°}{2z}+(1°\sim2°)$ z——牙数,常取 z 为奇数,以便于加工 n_0——接合前,两个半离合器的转速差,r/min t——最大接合时间,一般 $t=0.05\sim0.1$s 牙数多,制造精度低时,z'取小值 牙数多,制造精度高时,z'取大值
	牙齿内径	D_1 根据结构确定 通常 $D_1=(0.7\sim0.75)D$	mm	
	牙齿平均直径	$D_p=\dfrac{D+D_1}{2}$	mm	
	牙齿宽度	$b=\dfrac{D-D_1}{2}$	mm	
	牙齿高度	$h=(0.6\sim1)b$	mm	
	齿顶高	h_1	mm	
	齿根高	h_2 应比 h_1 大 0.5mm 左右	mm	
	牙数	$z=\dfrac{60}{n_0t}$或根据结构、强度确定		
	牙齿工作面的倾斜角	$\alpha=2°\sim8°$(梯形牙) $\alpha=30°\sim45°$(三角形牙)		
	分度线上的齿厚	$l_m=D_p\sin\dfrac{\varphi_1}{2}$	mm	
	齿顶厚	$l_d=l_m-2h_1\tan\alpha$	mm	
	齿根厚	$l_g=l_m+2h_2\tan\alpha$	mm	
	计算牙数	$z'=\left(\dfrac{1}{3}\sim\dfrac{1}{2}\right)z$		
强度校核	牙齿工作面的挤压应力	$\sigma_p=\dfrac{2T_c}{D_pz'A}\leqslant\sigma_{pp}$ 对三角形牙 $A=D_pb\tan\gamma$ 对矩形牙 $A=hb$	N/mm^2	T_c——计算转矩,N·mm,$T_c=KT$,见表 6-3-2 A——牙齿承压工作面积,mm^2 σ_{pp},σ_{bp}——牙齿许用挤压应力和许用弯曲应力,N/mm^2,见表 6-3-9 淬硬钢的离合器 z>7、未经热处理的离合器 z>5 才进行弯曲强度校核
	牙齿根部的弯曲应力	$\sigma_b=\dfrac{6T_ch}{D_pz'bl_g^2}\leqslant\sigma_{bp}$	N/mm^2	

续表

计算项目		公式及数据	单位	说明
移动离合器所需的力	接合力 →主动 α α ρ ↓被动	离合器的接合力 $S_h=\frac{2T_c}{D_p}\left[\mu'\frac{D_p}{d}+\tan(\alpha+\rho)\right]$	N	μ'——离合器与花键的摩擦因数，一般取 $\mu'=0.15\sim0.20$ μ——离合器牙面间的摩擦因数，一般取 $\mu=0.15\sim0.20$ ρ——牙齿上的摩擦角，$\rho=\arctan\mu$
	分离力 →主动 α α ρ ↑被动	离合器的分离力 $S_k=\frac{2T_c}{D_p}\left[\mu\frac{D_p}{d}-\tan(\alpha-\rho)\right]$	N	
使用条件	牙齿的自锁条件	$\tan\alpha\leqslant\mu+\mu'\frac{D_p}{d}$		Δv——许用接合圆周速度差，一般 $\Delta v<0.8\text{m/s}$
	接合时的许用转速差	$\Delta n=\frac{60000}{\pi D_p}\Delta v$	r/min	
	接合时间	$t=\frac{60}{z\Delta n}$	s	

注：离合器有弹簧压紧装置时，接合力与分离力还应考虑弹簧作用力。本表仅考虑离合器在花键轴上的滑动、离合器牙面之间的相对滑动所需克服的摩擦力。

3.2.4 牙嵌式离合器的标注示例

图 6-3-1 中角度 $25°43'^{-20'}_{-40'}$ 控制齿厚，$51°26'\pm5'$ 控制牙齿分布的均匀性，弦长 17.09mm、17.8mm、18.73mm 供加工者参考，齿顶高小于齿根高，保证齿顶与槽底有足够的轴向间隙，以便消除侧隙。

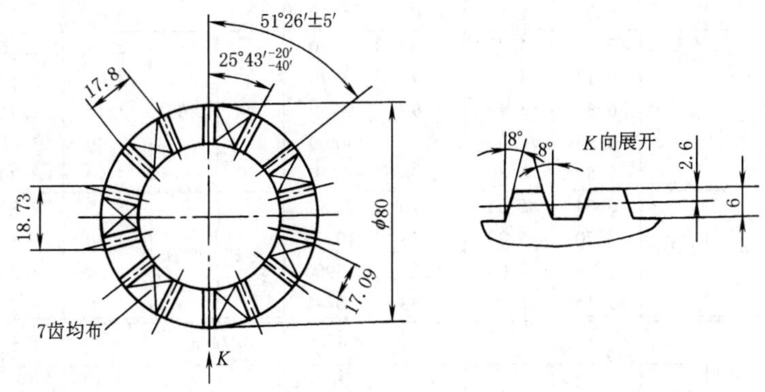

图 6-3-1　牙嵌式离合器标注示例

3.2.5 牙嵌式离合器的结构尺寸

(1) 正三角形牙型结构尺寸（见表 6-3-11）

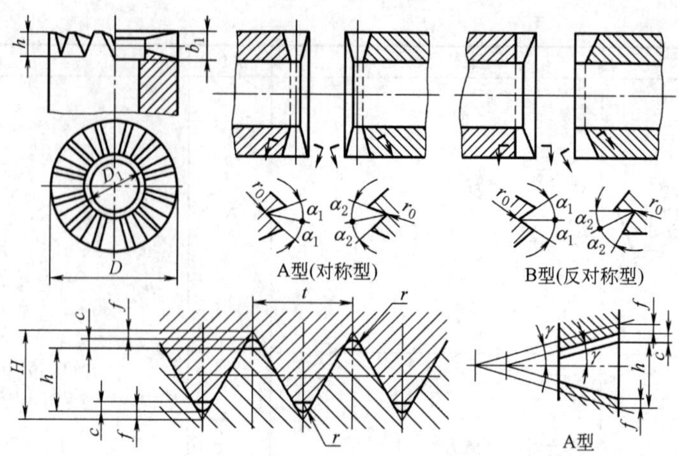

$r_0=0.2\text{mm},0.5\text{mm},0.8\text{mm}$

$r=r_0/\cos\gamma\approx r_0$

$\alpha_1=\alpha_2=\alpha=30°$时 $c=0.5r$、$f=r$

$\alpha_1=\alpha_2=\alpha=45°$时 $c=0.3r$、$f=0.4r$

$h=H-(2f+c)$

表 6-3-11　　正三角形牙型结构尺寸　　mm

D	D_1	b_1	$\alpha=30°$ ($r=0.2$mm)											
			普通牙						细牙					
			z	γ	t	H	h	许用转矩/N·m	z	γ	t	H	h	许用转矩/N·m
32	22	5	24	6°31′	4.19	3.62	3.12	45	48	3°15′	2.10	1.81	1.31	36
40	28				5.24	4.53	4.03	90			2.62	2.27	1.77	76
45	32				5.89	5.10	4.60	120			2.95	2.55	2.05	108
55	40		36	4°20′	4.80	4.15	3.65	210	72	2°10′	2.40	2.07	1.57	150
60	45				5.24	4.53	4.03	250			2.62	2.27	1.77	190
65	50				5.67	4.91	4.51	305			2.84	2.45	1.95	227
75	55	8	48	3°15′	4.91	4.25	3.75	520	96	1°37′	2.45	2.12	1.62	377
85	60				5.56	4.81	4.31	830			2.78	2.40	1.90	620
90	65				5.89	5.10	4.60	950			2.95	2.55	2.05	720
100	70				6.54	5.66	5.16	1400			3.27	2.83	2.33	1070
110	80				7.20	6.23	5.73	1440			3.60	3.12	2.62	1350
120	90				5.24	4.53	4.03	1350			2.62	2.27	1.77	1000
125	90		72	2°10′	5.45	4.72	4.52	2170	144	1°05′	2.73	2.36	1.86	1570
140	100				6.11	5.28	4.78	3140			3.05	2.64	2.14	2320
145	100				6.33	5.47	4.97	3750			3.16	2.74	2.24	2790
160	120				6.98	6.05	5.55	4260			3.49	3.03	2.53	3200
180	140				7.85	6.80	6.30	5540			3.93	3.39	2.89	4200
200	150		96	1°37′	6.54	5.66	5.16	8250	192	0°50′	3.27	2.83	2.33	6140
220	170				7.20	6.23	5.73	10220			3.60	3.12	2.92	7710
250	190				8.18	7.08	6.58	15900			4.09	3.54	3.14	12140
280	220				9.16	7.93	7.43	20440			4.58	3.97	3.47	15780

D	D_1	b_1	$\alpha=45°$ ($r=0.2$mm)											
			z	γ	t	H	h	许用转矩/N·m	z	γ	t	H	h	许用转矩/N·m
32	22	5	24	3°45′	4.19	2.10	1.88	26	48	1°52′	2.10	1.05	0.83	20
40	28				5.24	2.62	2.40	50			2.62	1.31	1.09	45
45	32				5.89	2.92	2.73	72			2.95	1.48	1.26	60
55	40		36	2°30′	4.80	2.40	2.18	120	72	1°15′	2.40	1.20	0.98	90
60	45				5.24	2.62	2.40	150			2.62	1.31	1.09	110
65	50				5.67	2.84	2.62	180			2.84	1.42	1.20	135

续表

D	D_1	b_1	α=45° (r=0.2mm)											
			z	γ	t	H	h	许用转矩/N·m	z	γ	t	H	h	许用转矩/N·m
75	55	8	48	1°52′	4.91	2.46	2.24	305	96	0°57′	2.46	1.23	1.01	225
85	60				5.56	2.78	2.56	480			2.78	1.39	1.17	370
90	65				5.89	2.95	2.73	560			2.95	1.48	1.26	430
100	70				6.54	3.27	3.05	820			3.27	1.64	1.42	640
110	80				7.20	3.60	3.38	1020			3.60	1.80	1.58	800
120	90				5.24	2.62	2.40	790			2.62	1.31	1.09	600
125	90		72	1°15′	5.45	2.73	2.51	1270	144	0°37′	2.73	1.37	1.15	940
140	100				6.11	3.06	2.84	1840			3.06	1.53	1.31	1380
145	100				6.33	3.17	2.95	2200			3.17	1.58	1.35	1640
160	120				6.98	3.49	3.27	2480			3.49	1.75	1.53	1890
180	140				7.85	3.93	3.71	3230			3.93	1.97	1.75	2480
200	150		96	0°57′	6.54	3.27	3.05	4820	192	0°28′	3.27	1.64	1.42	3640
220	170				7.20	3.60	3.38	5960			3.60	1.80	1.58	4530
250	190				8.18	4.09	3.87	9260			4.09	2.15	1.93	7150
280	220				9.16	4.58	4.36	11880			4.58	2.29	2.07	9230

注：1. 表中许用转矩是按低速时接合，由牙齿工作面压强条件确定的，对于静止状态接合，表值应乘以 1.75。
2. 表中 z 为齿数；D_1、b_1 根据结构确定，表值仅供参考。

（2）矩形、梯形牙型结构尺寸（见表 6-3-12）

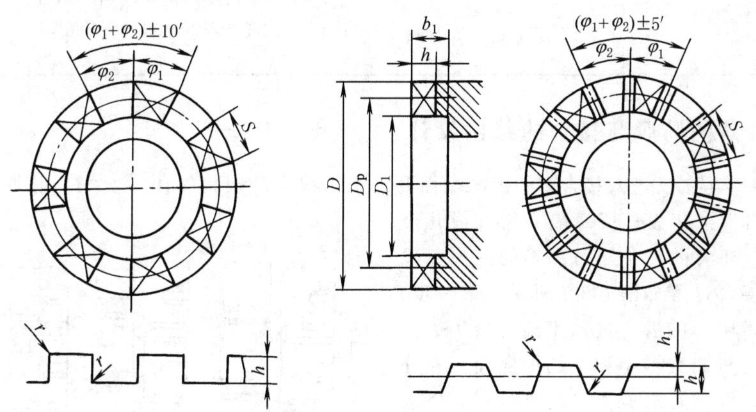

表 6-3-12　矩形、梯形牙型结构尺寸　mm

D	D_1	齿数 z	矩形牙			梯形牙			h	b_1	h_1	r	许用转矩/N·m
			φ_2	φ_1	S	$\varphi_{2\,+20'}^{\,+40'}$	φ_1	S					
40	28	5	37°	35°	12.03	36°	36°	12.36	5	6	2.1	0.5	77.1
50	35				15.04			15.45					120
60	45	7	26°43′	24°43′	12.84	25°43′	25°43′	13.35	6	8	2.6	0.8	246
70	50				14.98			15.58					375
80	60				17.12			17.80					437
90	65				19.26			20.03					605
100	75				21.40			22.25					644
120	90	9	21°30′	18°30′	19.29	20°	20°	20.84	8	10	3.6	1.0	1700
140	100				22.50			24.31					2580
160	120	11	18°22′	14°22′	20.01	16°22′	16°22′	22.77	8	10	3.6	1.0	3630
180	130				22.51			25.62					5020
200	150				25.01			28.47					5670

注：牙齿平均直径 $D_p=\dfrac{D+D_1}{2}$，齿在大径处的弦长 $S=D\sin\dfrac{\varphi_1}{2}$。

第6篇

3.3 齿式离合器

3.3.1 齿式离合器的计算

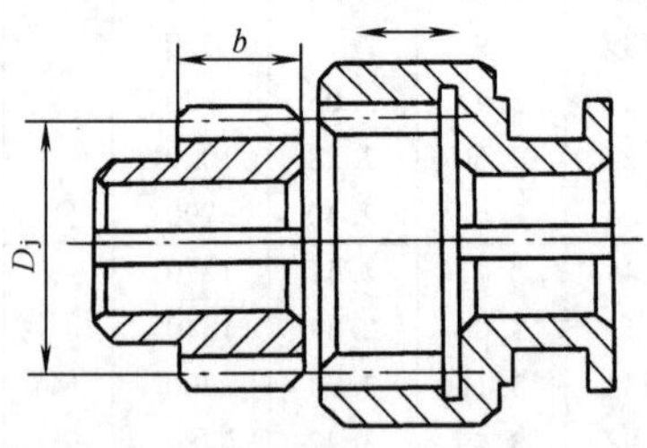

表 6-3-13　　齿式离合器的计算

计算项目	计算公式	说明
齿轮的分度圆直径	$D_j=mz$	z——齿数 m——模数,mm ε——载荷不均匀系数,$\varepsilon=0.7\sim0.8$ p_p——齿面许用压强,未经热处理 $p_p=25\sim40\text{N/mm}^2$,调质、淬火 $p_p=47\sim70\text{N/mm}^2$ 齿式离合器的材料与齿轮相同
外齿轮宽度	$b=(0.1\sim0.2)D_j$	
齿面压强	$p=\dfrac{2T_c}{1.5D_jzbm\varepsilon}\leqslant p_p$	

3.3.2 齿式离合器的防脱与接合的结构设计

为了使离合器接合容易，进入接合侧的齿的端面要加工出很大的倒角（10°~15°）。此外，有的离合器，将被连接的那个半离合器的齿设计成每隔一齿（或几个齿）齿长缩短一半。还有的离合器另一半的内齿每隔一齿取消一个齿。接合过程如图 6-3-2 所示。第一步，半离合器 2 的齿（带阴影的齿）进入半离合器 1 的长齿之间的宽间隔中，半离合器 1 和 2 的齿侧面互相冲击，使它们的速度相等。第二步，移动离合器，使齿完全衔接。

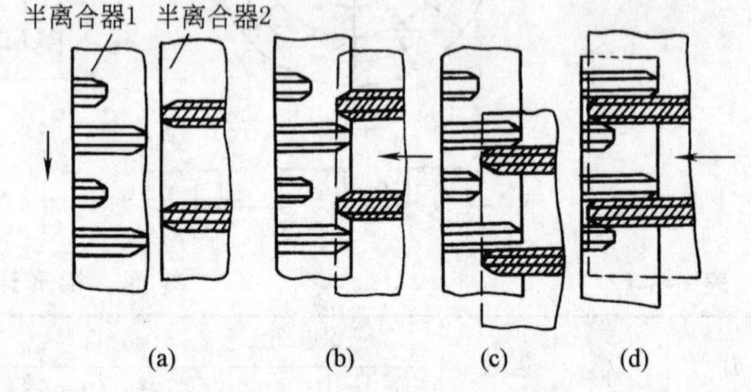

图 6-3-2　齿式离合器接合过程

齿式离合器在负荷运转过程中往往会因附加的轴向分力推动离合器向相反的方向滑移，最后完全脱开。为了避免这种脱离，在结构设计时要采取一定的措施，具体如下。

① 在外齿轮的前端加工出一个槽，如图 6-3-3（a）所示，齿长被分为两部分，将后面部分齿的厚度减薄，

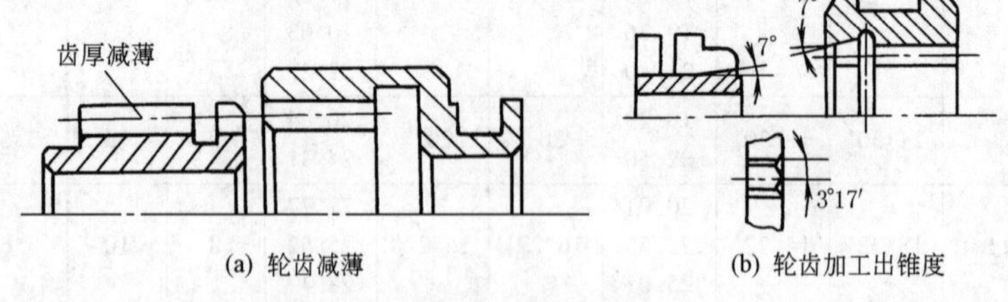

(a) 轮齿减薄　　(b) 轮齿加工出锥度

图 6-3-3　齿式离合器的防脱结构

减薄量一侧为 0.2~0.5mm。内齿的齿长小于外齿的齿长，离合器受转矩之后，因外齿两种齿厚形成一个小台阶，被内齿端面卡住，不会因轴向力而滑脱。

② 将外齿轮的齿加工出一个锥度，成为外大内小的形状，如图 6-3-3（b）所示。使离合器接合后，外齿受一个阻止滑脱的轴向力。半锥角约为 3°。

3.4 转键离合器

3.4.1 工作原理

图 6-3-4 所示为双转键离合器，主动件大齿轮 3 与中套 4 通过键 13 连成一体转动，并以滑动轴承支承在端套 6、7 上，按图示方向转动。工作转键 5 的尾端带有拨爪 8，并借助于弹簧 10 拉紧，使工作转键常处于嵌入中套的状态，即离合器处于接合状态。当离合器需要脱开时，操纵操纵块 12，使拨爪 8 带动工作转键顺时针转 45°，完全转入轴槽之内，则离合器脱开。四连杆机构 11 分别与工作转键和止逆转键 14 相连，使工作转键与止逆转键反向同步转动，止逆转键的作用是防止反向转动造成冲击。

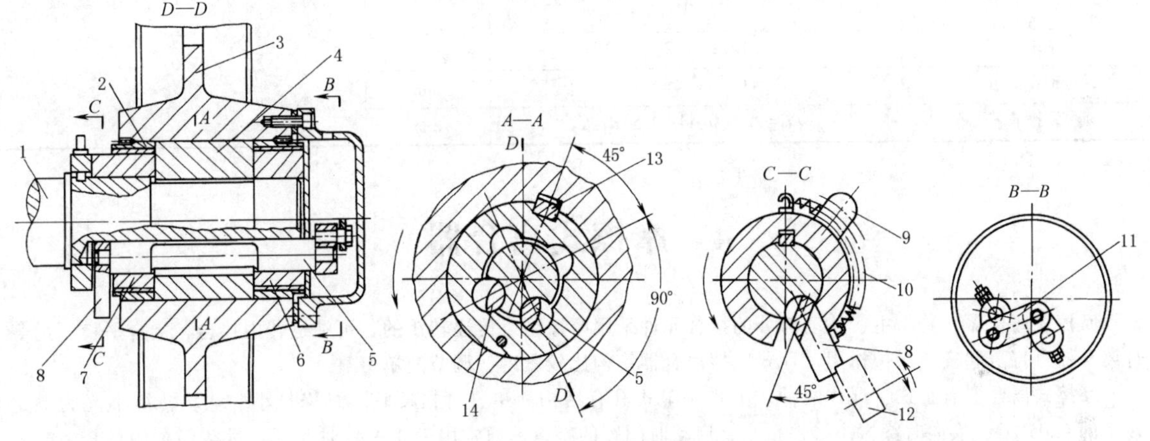

图 6-3-4 双转键离合器

1—曲轴；2—滑动轴承；3—输入齿轮；4—中套；5—工作转键；6—右端套；7—左端套；8—拨爪；9—撞块；10—弹簧；11—四连杆机构；12—操纵块；13—键；14—止逆转键

3.4.2 转键离合器的计算

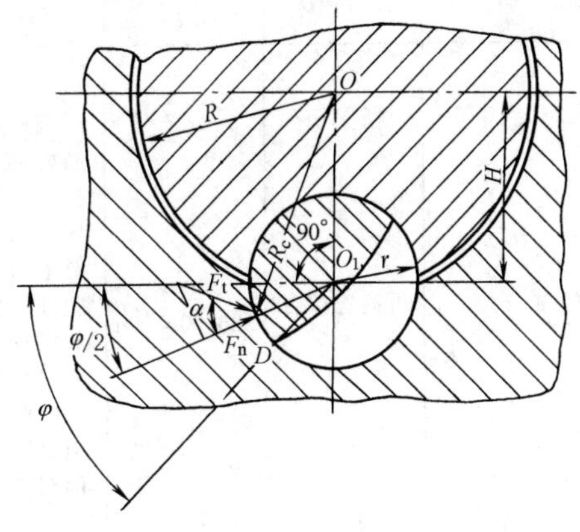

表 6-3-14　　　　**转键离合器的计算**

计算项目	计算公式	单位	说明
计算转矩	$T_c=KT$(见表 6-3-2)	N·mm	r——转键工作半径,mm φ——转键工作面的中心角,一般小于 60°,通常 $\varphi=45°$ σ_{pp}——许用挤压应力,N/mm^2,一般取 $\sigma_{pp}=\sigma_s/(1.3\sim2.6)$ d_0——与主轴相邻轴承内径
作用在转键上的圆周力	$F_t=\dfrac{T_c}{R_c}$	N	
作用在转键上的正压力	$F_n=F_t\cos\alpha$	N	
转键挤压应力	$\sigma_p=\dfrac{F_n}{A_1}\leqslant\sigma_{pp}$	N/mm^2	
单位长度压力	$q=\dfrac{F_n}{l}$	N/mm	
挤压面积	$A_1=2rl\sin\dfrac{\varphi}{2}$	mm^2	
转键计算半径	$R_c=\sqrt{H^2-2Hr\cos\left(90°+\dfrac{\varphi}{2}\right)+r^2}$	mm	
压力角	$\alpha\approx90°-\arccos\left(\dfrac{R_c^2+r^2-H^2}{2R_cr}\right)$	(°)	
主轴直径	$d_1=(1.12\sim1.2)d_0=2R$	mm	
转键有效长度	$l=(1.4\sim1.65)d_1$	mm	
转键直径	$d=2r=(0.44\sim0.5)d_1$	mm	

4　摩擦式离合器

摩擦式离合器，是靠主、从动部分的接合元件采用摩擦副以传递转矩的，可在运转中接合，接合平稳，过载时离合器可打滑起安全保护作用。片式摩擦离合器结构比较紧凑，调节简单可靠。

摩擦式离合器有干式、湿式两种。干式比湿式具有结构简单、价格便宜、维修量小、空转转矩小（为额定转矩的 0.05%）、换向时颤振小、惯量小、启动时间短的特点，通常用于要求瞬时脱开、过载保护的场合。湿式（一般浸在油中）能降低磨损，缓冲冲击载荷，需要注意接合件在油中摩擦因数减小，以及散热不足，需加强冷却，常用于小直径多片离合器。

4.1　摩擦式离合器的型式、特点及应用

表 6-3-15　　　　**摩擦式离合器的型式、特点及应用**

型式		接合情况	转矩范围/N·m	特点	应用
锥盘	1—主动件;2—摩擦衬面;3—从动件	可高速接合	5000~286000N·m	可通过空心轴同轴安装,结构简单,易散热,接合平稳,在相同直径及传递相同转矩条件下比片式离合器要求的轴向接合力小 2/3,脱开时分离彻底,过载时能起保护作用。其缺点是外形尺寸大,转动惯量大,同轴度要求高,锥盘轴向移动困难。常采用双锥盘的结构型式	用于进给装置。在牵引设备中几乎完全被片式离合器代替

续表

型式		接合情况	转矩范围/N·m	特点	应用
单片	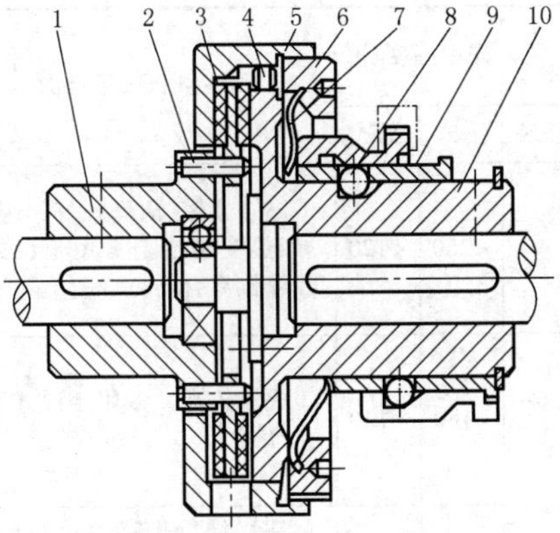 1—轴套;2,4—导销;3—摩擦片;5,10—压盘;6—调节盖;7—碟形膜片弹簧;8—钢球;9—压环	可高速接合	15~3000N·m	左图所示为干式单片摩擦离合器,其接合迅速、分离彻底,径向尺寸较大 允许主、从动接合元件间存在一定滑差的情况,接合时较为柔和,冲击小。但接合过程会产生摩擦热 有机械、电磁、气压等多种操纵方式	可广泛用于车辆及各种机械传动系统
多片	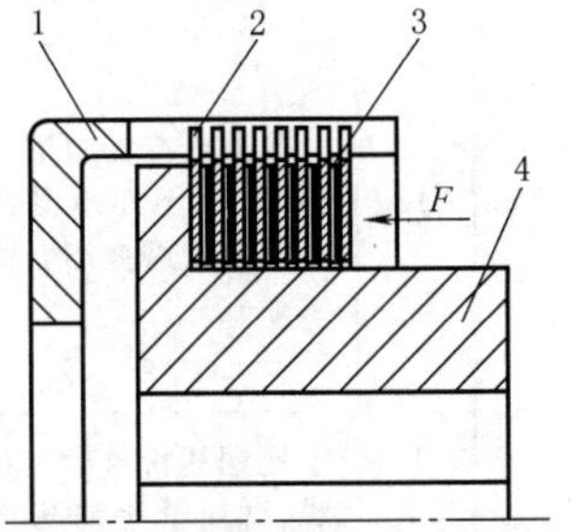 1—外盘;2—外摩擦片;3—内摩擦片;4—主动轴	可高速接合	20~600000N·m	结构型式有干式、湿式、常开式、常闭式等 其结构紧凑,传递转矩范围大,安装调整方便,通过增加摩擦片来增加容量,不用加大直径。湿式多片离合器摩擦片浸在封闭箱体内的油液内,干式通常由循环的空气带走产生的热量。缺点:分离不彻底会产生摩擦热,引起能量损耗 有机械、电磁、气压、液压等多种操纵方式	广泛应用于机床和交通运输、建筑、轻工、纺织机械以及推土机等工程机械的变速箱中
胀圈	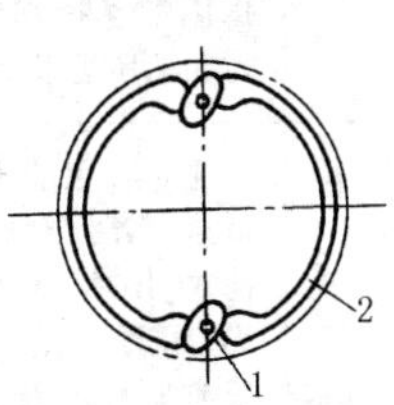 1—销轴;2—胀圈	低速接合	小转矩	胀圈为筒形摩擦片。销轴转动,迫使胀圈外径扩大,压紧环形槽内表面,离合器接合。胀圈转动时的离心力能增加接合功率。销轴复位,胀圈自身弹性收缩,离合器脱开	用于低速和转矩不大的场合
扭簧	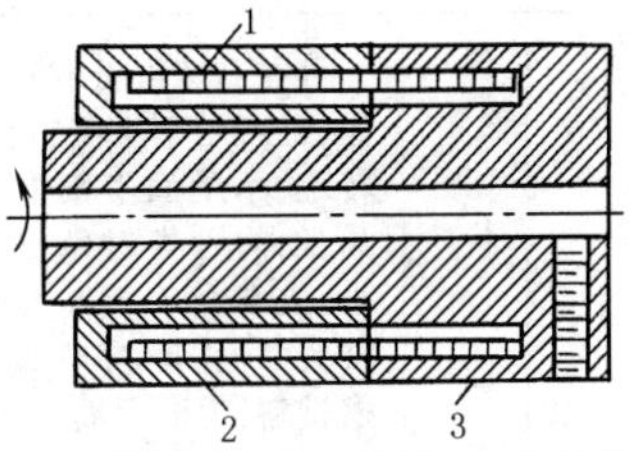 1—左旋扭簧;2—主动件;3—从动件	低速接合	小转矩	用扭簧与主、从动件的内表面相连,工作时主动件使弹簧径向尺寸增大,压紧在从动件的表面上,借助于摩擦力带动从动件。可视为超越型,即主动件只能一个方向驱动从动件。如果从动件的转速超过主动件的转速,则扭簧将放松,两轴脱开。扭簧主要受剪切力	用于洗衣机、园林机械、卷帘等

4.2 常用摩擦材料的性能及适用范围

表 6-3-16　　常用摩擦材料的性能及适用范围

摩擦副		摩擦因数		许用压强 p_p/N·mm^{-2}		许用温度/℃		特点和适用范围
摩擦材料	对偶材料	干式	湿式	干式	湿式	干式	湿式	
10或15渗碳淬火钢0.5mm，淬火56～62HRC 65Mn淬火35～45HRC	淬火钢	μ_j=0.15～0.20 μ_d=0.12～0.16	μ_j=0.05～0.10 μ_d=0.04～0.08	0.2～0.4	0.6～1	<260	<120	贴合紧密，耐磨性好，导热性好，热变形小。常用于湿式多片摩擦离合器
QSn6-6-3、QSn10-1、QAl9-4	钢、青铜、HT200	μ_j=0.15～0.20 μ_d=0.12～0.16	μ_j=0.06～0.12 μ_d=0.05～0.10	0.2～0.4	0.6～1	<150	<120	成本较高。多用于湿式摩擦离合器
铜基粉末冶金材料	HT200、45钢、40Cr	μ_j=0.25～0.45 μ_d=0.20～0.30	μ_j=0.10～0.12 μ_d=0.05～0.10	1～3	1.2～4	<560	<120	易烧结，耐高温，耐磨性好，许用压强高，摩擦因数稳定，导热性好，抗胶合能力强，但成本高，密度大。适用于重载如工程机械、重型汽车、压力机等使用的湿式摩擦离合器
铸铁	45钢高频淬火42～48HRC	μ_j=0.15～0.20	μ_j=0.05～0.10	0.2～0.4	0.6～1	<250	<120	具有较好的耐磨性和抗胶合能力，但不能承受冲击。常用于圆锥式摩擦离合器
	20Mn2B渗碳淬火53～58HRC	μ_j=0.12～0.16	μ_j=0.04～0.08					
	HT200	μ_j=0.15～0.25	μ_j=0.06～0.12					
铁基粉末冶金材料	铸铁、钢	μ_j=0.30～0.40	μ_j=0.10～0.12	1.2～3	2～3	<680	<120	比铜基粉末冶金材料制造困难，磨损量比铜基粉末冶金材料大，在油中耐磨性差，磨损后污染油，耐高温，接合时刚性大，有较大的许用压强和静摩擦因数。特别适用于重载如拖拉机、坦克用干式摩擦离合器
纸基摩擦材料	铸铁、钢		μ_j=0.08～0.12 μ_d=0.04～0.06		1			生产工艺简单，不耗铜，价格低廉，动、静摩擦因数接近，换向冲击小，密度小，转动惯量小；耐磨性、耐热性较铜基和石墨基摩擦材料差，磨损量大，使用时需保证良好的冷却与润滑。常用于中小载荷如汽车、拖拉机用摩擦离合器
石墨基摩擦材料	合金钢		μ_j=0.10～0.15 μ_d=0.08～0.12		3～6			可在高速度低载荷条件下工作，也可用于重载机械，传递大转矩，不受润滑剂中杂质的影响，油的种类对摩擦性能影响小，成本介于纸基与粉末冶金材料之间，磨损稍低于纸基摩擦材料，但高于粉末冶金材料，工艺性好，用于重型载重汽车用摩擦离合器

续表

摩擦副		摩擦因数		许用压强 p_p/N·mm^{-2}		许用温度/℃		特点和适用范围
摩擦材料	对偶材料	干式	湿式	干式	湿式	干式	湿式	
半金属摩擦材料	合金钢	μ_j = 0.26~0.37	μ_j = 0.10~0.12	1.68		<350		随压强、速度、温度升高摩擦因数比较稳定，对偶件的磨损较小，转矩平稳性、制造成本优于粉末冶金材料，适用于中高速高载荷干式摩擦离合器
碳纤维陶瓷摩擦材料	铸铁、钢	μ_j = 0.35~0.45				<350		摩擦因数稳定，耐温、耐磨，具有良好的机械强度和物理性能，热衰退性低，噪声小。适于中高速高载荷干式摩擦离合器
夹布胶木			μ_j = 0.10~0.12		0.4~0.6	<150		
皮革	铸铁、钢	μ_j = 0.30~0.40	μ_j = 0.12~0.15	0.07~0.15	0.15~0.28	<110	<120	
软木		μ_j = 0.30~0.50	μ_j = 0.15~0.25	0.05~0.10	0.10~0.15	<110		

注：1. 表中 μ_j 是静摩擦因数，是指摩擦副开始打滑前的摩擦因数的最大值；μ_d 是动摩擦因数。

2. 摩擦片数量少 p_p 取上限，摩擦片数量多 p_p 取下限。

3. 摩擦片平均圆周速度大于 2.5m/s 时或每小时接合次数大于 100 次时，p_p 值要适当降低。

4.3 摩擦片的型式与特点

常见摩擦元件的结构型式以圆形摩擦片应用最广，典型圆形摩擦片结构及主要特点列于表 6-3-17 中。摩擦片分光面和带衬面两种。光面摩擦片由金属制成。摩擦片衬面材料种类很多，可以粘、铆或烧结到金属盘上。按摩擦片结构及散热要求，可做成整体式或拼装式。

表 6-3-17　典型圆形摩擦片结构及主要特点

型式	内片			
	矩形齿内片	花键孔内片	渐开线齿内片	卷边开槽内片
简图	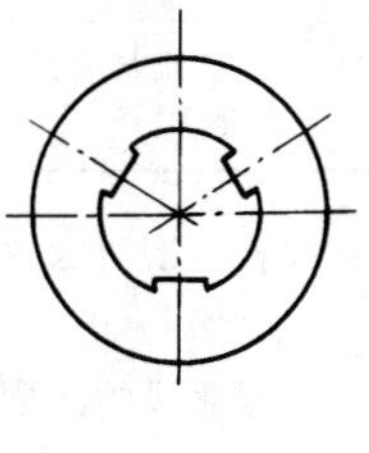	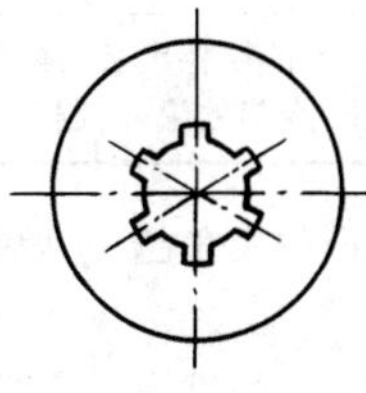	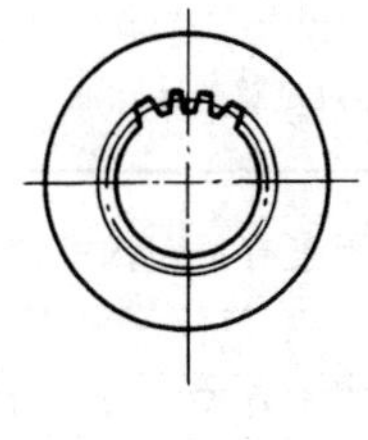	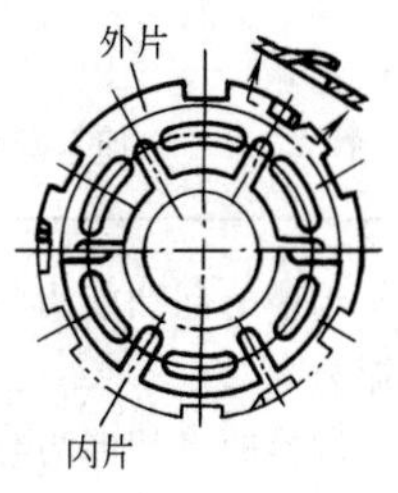
特点	齿数 3~6，用于低转矩或用于中型套装或轴装离合器	加工方便，多用于中小型套装或轴装离合器	能传递较大转矩，用于中型套装或轴装离合器	多用于电磁离合器

续表

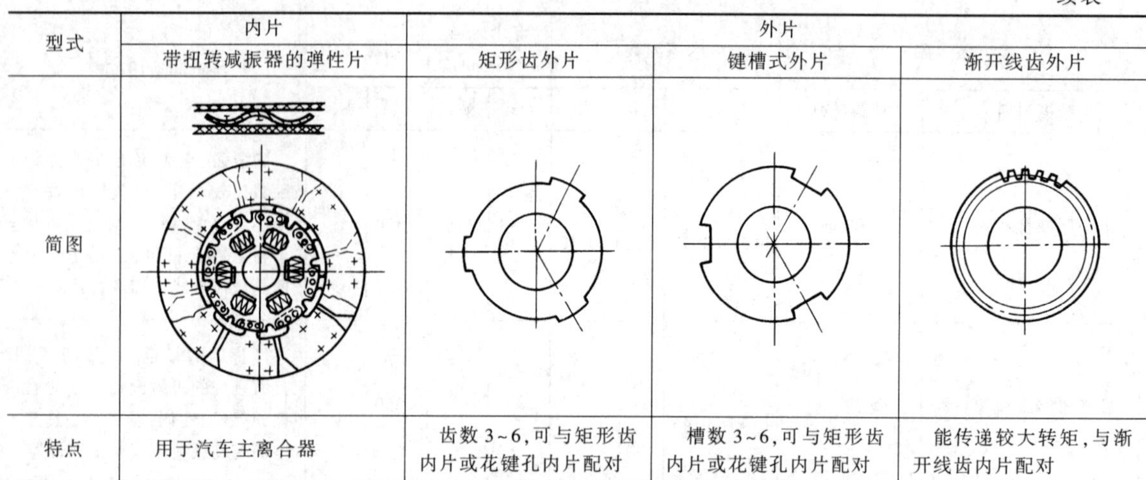

型式	内片	外片		
	带扭转减振器的弹性片	矩形齿外片	键槽式外片	渐开线齿外片
简图				
特点	用于汽车主离合器	齿数3~6,可与矩形齿内片或花键孔内片配对	槽数3~6,可与矩形齿内片或花键孔内片配对	能传递较大转矩,与渐开线齿内片配对

对于工作时需要散发很大热量的干式离合器，常采用带散热翅的摩擦片或带辐射筋的中空摩擦片，以加强风冷效果或进行水冷。

摩擦片上往往加工出沟槽，如表6-3-18所示。沟槽可起到刮油、冷却和有效排出磨粒的作用。沟槽的刮油作用能降低摩擦副之间的油膜厚度和压力，从而提高动摩擦因数。同时，沟槽还有把磨损脱落的小颗粒收集起来随油流排出到油池的作用，防止这部分颗粒对摩擦表面产生磨粒磨损。充满润滑油的沟槽快速扫过摩擦表面时，带走摩擦表面的摩擦热，还能通过设计特殊形式的沟槽来实现磨粒排出。例如在外径一边开不通的径向槽，在离合器脱开时，利用不通的径向槽中油的压力把摩擦副顶开，但这种沟槽可能造成油膜增厚，使摩擦因数降低。

表6-3-18　　常用沟槽型式和特点

型式	同心圆或螺旋槽	辐射状	同心辐射状
简图			
特点	有利于排油,有利于破坏油膜层,使摩擦因数提高,但冷却效果差	向摩擦表面供油情况好,冷却效果好,减小磨损,能促使摩擦片分离,但多形成液体润滑,使摩擦因数降低	摩擦因数较大,冷却效果好,制造较复杂
型式	棱状	放射棱状	方格状
简图			
特点	加工方便,能通过足够的冷却油	有较大的摩擦因数,能通过足够的冷却油,冷却效果好,制造也较简单	加工方便,能保证足够的冷却油通过

沟槽的刮油能力与两个因素有关：沟槽与油流方向的夹角越小，刮油能力越大；沟槽边缘尖锐的比圆滑的刮油能力高。

沟槽的冷却能力与三个因素有关：沟槽与油流方向夹角越小，冷却能力越小；宽而浅的沟槽比相同截面积的窄而深的沟槽冷却能力高，因为在宽而浅的沟槽中油流容易产生湍流，同时油流也更靠近摩擦表面，所以能更有效地发挥冷却作用；沟槽间距越小，冷却效果越好。沟槽增多，则实际承受摩擦的面积减少，有可能导致磨损加剧。对于烧结铜基冶金材料，沟槽面积高达摩擦总面积的50%时磨损率可以丝毫不受影响，而纸基摩擦材料的磨损对沟槽面积所占的比例则十分敏感。

对非金属摩擦材料表面，开槽并不能使摩擦因数增加，相反增加了磨损。

4.4 摩擦式离合器的计算

表 6-3-19　　摩擦式离合器的计算

型　　式	计 算 项 目	计 算 公 式	单位
圆形摩擦片式 说明 i_1——外摩擦片数 i_2——内摩擦片数 m——摩擦面对数，通常，湿式 $m=5\sim15$，干式 $m=1\sim6$ i——摩擦片总数，$i=i_1+i_2=m+1$ μ——摩擦因数，见表 6-3-16 z_1,z_2——外、内摩擦片齿数 a_1,a_2——外、内摩擦片厚度，mm K_1——摩擦片数修正系数，见表 6-3-20 K_v——速度修正系数（滑动速度系数），见表 6-3-5 K_m——接合次数修正系数（接合频率系数），见表 6-3-4 p_p——许用压强，N/cm²，见表 6-3-16 σ_{pp}——许用挤压应力，N/m²，见表 6-3-9 d——传动轴直径，mm	计算转矩	$T_c=\dfrac{KT}{K_m K_v}$（见表 6-3-2）	N·mm
	摩擦片工作面的平均直径	$D_p=\dfrac{1}{2}(D_1+D_2)=(2.5\sim4)d$	mm
	摩擦片工作面的外直径	$D_1=1.25D_p$	mm
	摩擦片工作面的内直径	$D_2=0.75D_p$	mm
	摩擦片宽度	$b=\dfrac{D_1-D_2}{2}$	mm
	摩擦面对数	$m=i-1\geqslant\dfrac{8T_c}{\pi(D_1^2-D_2^2)D_p\mu p_p}$ （i 取奇数，m 取偶数）	
	摩擦片脱开时所需的间隙	湿式　$\delta=0.2\sim0.5$ 干式　无衬层　$\delta=0.4\sim1.0$ 有衬层　$\delta=1.0\sim1.5$	mm
	许用转矩	$T_{cp}=\dfrac{1}{8}\pi(D_1^2-D_2^2)D_p m\mu p_p K_1\geqslant T_c$	N·mm
	压紧力	$Q=\dfrac{2T_c}{D_p\mu m}$	N
	摩擦面压强	$p=\dfrac{4Q}{\pi(D_1^2-D_2^2)}\leqslant p_p$	N/mm²
	摩擦片与外壳接合处挤压应力	$\sigma_{p1}=\dfrac{8T_{cp}}{z_1 i_1 a_1(D_3^2-D_4^2)}\leqslant\sigma_{pp}$	N/mm²
	摩擦片与内轴接合处挤压应力	$\sigma_{p2}=\dfrac{8T_{cp}}{z_2 i_2 a_2(D_5^2-D_6^2)}\leqslant\sigma_{pp}$	N/mm²
单圆锥摩擦式	计算转矩	$T_c=\dfrac{KT}{K_m K_v}$（见表 6-3-2）	N·mm
	摩擦面平均直径	$D_p=(D_1+D_2)/2=(4\sim6)d$ 或 $D_p=\sqrt[3]{\dfrac{T_c}{0.5\pi p_p\psi\mu}}$ ψ 的取值见下	mm
	锥面摩擦块的外径或外壳的内径	$D_s=\sqrt[3]{\dfrac{T_c}{0.5\pi p_p\psi\mu}}$ ψ 的取值见下	mm
	摩擦面宽度	一般机械 $b=\psi D_p=(0.4\sim0.7)D_p$ 机床 单锥面 $b=\psi D_p=(0.15\sim0.25)D_p$ 双锥面 $b=\psi D_s=(0.32\sim0.45)D_s$	mm

续表

型　式	计算项目	计算公式	单位
双圆锥摩擦式 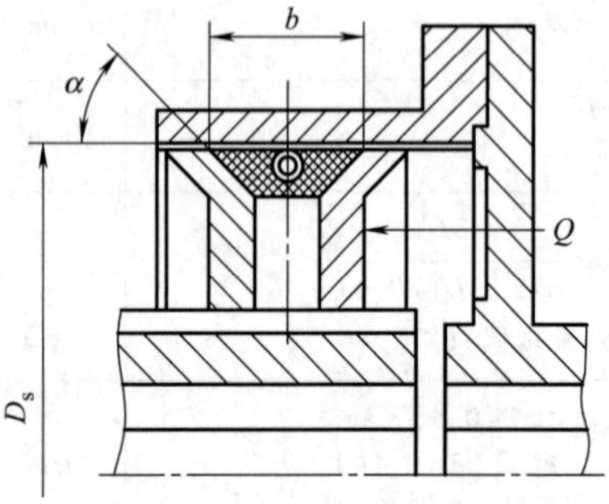 说明 α——半锥角，一般大于摩擦角 ϕ——摩擦角，$\phi=\arctan\mu$	摩擦锥的半锥角	$\alpha>\arctan\mu$ 金属-金属，$\alpha=8°\sim15°$；无石棉有机摩擦材料、木材-金属，$\alpha=20°\sim25°$；皮革-金属，$\alpha=12°\sim15°$	
	摩擦锥脱开间隙	无衬层 $\delta=0.5\sim1.0$，有衬层 $\delta=1.5\sim2.0$	mm
	摩擦锥的行程	单锥 $x=\delta/\sin\alpha$，双锥 $x=2\delta/\sin\alpha$	mm
	摩擦面上的平均圆周速度	$v=\dfrac{\pi D_p n}{60000}$	m/s
	许用转矩	单锥面 $T_{cp}=\dfrac{1}{2}\pi D_p^2 b\mu p_p\geqslant T_c$ 双锥面 $T_{cp}=\dfrac{1}{2}\pi D_s^2 b\mu p_p\geqslant T_c$	N·mm
	所需的轴向压力与脱开力	单锥面 $Q=\dfrac{2T_c(\mu\cos\alpha\pm\sin\alpha)}{D_p\mu}$ （接合时用“+”，脱开时用“-”） 双锥面 $Q=\dfrac{T_c(\sin\alpha+\mu\cos\alpha)}{\mu D_s(\cos\alpha-\mu\sin\alpha)}$	N
	摩擦面压强	单锥面 $p=\dfrac{2T_c}{\pi D_p^2\mu b}\leqslant p_p$ 双锥面 $p=\dfrac{2T_c}{\pi D_s^2\mu b}\leqslant p_p$	N/mm^2
胀圈式 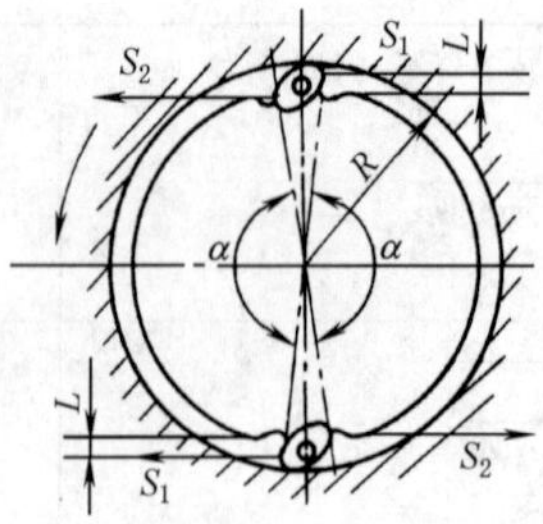 说明 α——单根胀圈包角，rad，结构设计定 b——胀圈宽度，mm，结构设计定 z——胀圈数量 R——环形槽半径，mm L——转销上力臂，mm	始端张力	$S_1=\dfrac{T_c}{R(e^{\mu\alpha}-1)z}$	N
	终端张力	$S_2=\dfrac{T_c e^{\mu\alpha}}{R(e^{\mu\alpha}-1)z}$	N
	摩擦面压强	$p=\dfrac{T_c}{R^2 b\alpha\mu z}\leqslant p_p$	N/mm^2
	接合转矩	$M_0=S_1L+S_2L$	N·mm

续表

型　　式	计算项目	计算公式	单位
扭簧式 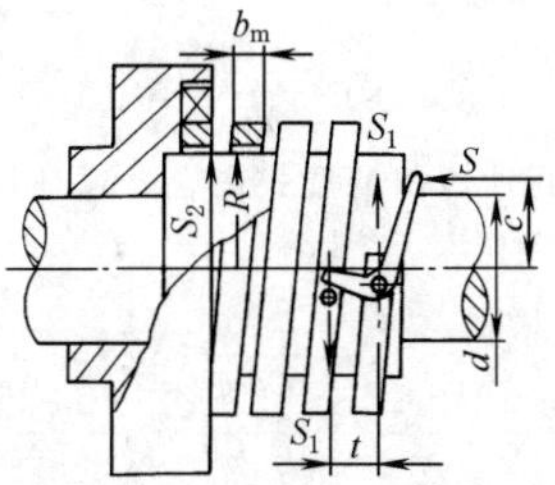	圆周力	$F=\frac{T_c}{R}$	N
	终端张力	$S_2=\frac{F}{e^{2\pi i\mu}}$	N
说明 i——弹簧工作圈数，一般取 $i=4.5\sim6$ t,c——杠杆臂长度，mm b_m——弹簧终端第一圈平均宽度，mm R——鼓轮半径，mm，$R\approx3d/2$ 扭簧结构 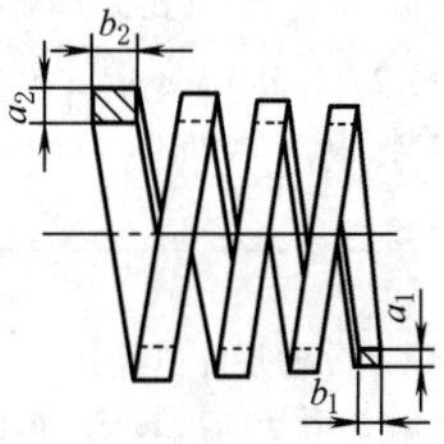	操纵端张力	$S_1=\frac{F}{e^{2\pi i\mu}(e^{2\pi\mu}-1)}$	N
	接合力	$S=\frac{S_1t}{c}$	N
	鼓轮表层挤压应力	$\sigma_p=\frac{F}{Rb_m}\leqslant\sigma_{pp}$	N/mm^2
$b_1=0.5b_2$ $a_1=0.4b_2$ $a_2=0.9b_2$ 扭簧总螺旋圈数 $n=i+1$	弹簧与鼓轮的径向间隙	$\Delta=0.017\sqrt{R}$	mm

表 6-3-20　　K_1 值

离合器主动摩擦片数 i_1	≤3	4	5	6	7	8	9	10	11
K_1	1	0.97	0.94	0.91	0.88	0.85	0.82	0.79	0.76

4.5　摩擦式离合器的摩擦功和发热量

表 6-3-21　　摩擦式离合器的摩擦功和发热量

简　　图	计算项目	计算公式
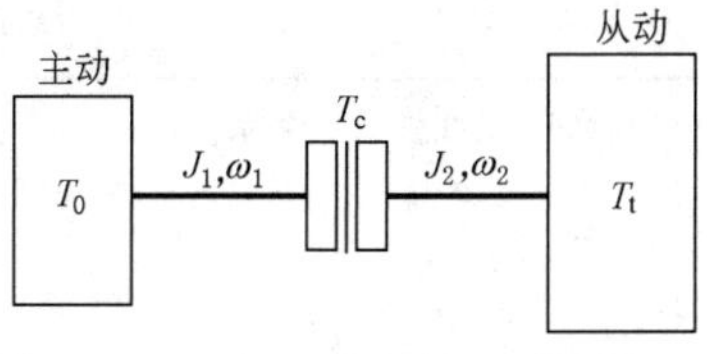 主动 T_0　J_1,ω_1　T_c　J_2,ω_2　从动 T_t	一次接合摩擦功	$A_m=\frac{J_1J_2(\omega_1-\omega_2)^2}{2\left[J_1\left(1-\frac{T_t}{T_c}\right)+J_2\left(1-\frac{T_0}{T_c}\right)\right]}$
角速度 ω；ω_1，ω，ω_{12}，ω_2；$\omega_1(t)$，$\omega_2(t)$；t_1　t_2　t_3　时间 t 摩擦离合器接合过程	接合摩擦时间	$t=t_2-t_1=\frac{J_1J_2(\omega_1-\omega_2)}{J_2(T_c-T_0)+J_1(T_c-T_t)}$ 三相异步电机作为原动机时，可取 $t=\frac{J_2(\omega_1-\omega_2)}{T_c-T_t}$ 通常 $t<7s$
	摩擦表面一次接合的单位摩擦功平均值	$A=\frac{A_m}{Fz}\leqslant A_p$
	一次接合终了时的平均温度	$t_p=t_0+\Delta t=t_0+\frac{\alpha_1A_m}{mc}$

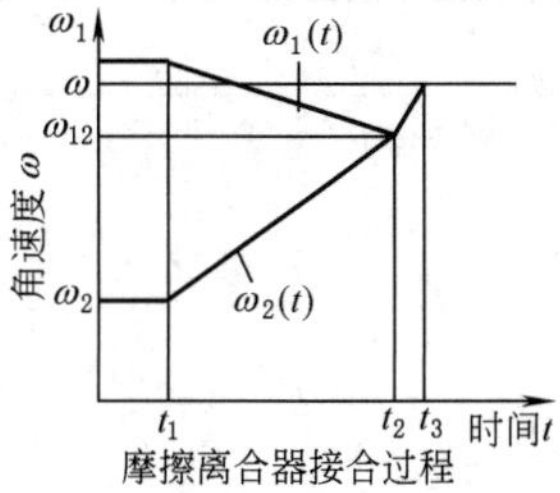

第6篇

续表

<table>
<tr><th>简　图</th><th>计算项目</th><th>计算公式</th></tr>
<tr><td rowspan="2">在 t_1 时，主、从动件开始接触，此后主动端角速度下降，从动端角速度上升
在 t_2 时，主、从动端达到同步运转，此后主、从动端角速度同步上升到工作角速度，此时时间为 t_3
接合过程参数关系如下
$$T_0-T_c=J_1\frac{d\omega_1(t)}{dt}$$
$$T_c-T_t=J_2\frac{d\omega_2(t)}{dt}$$
上两式积分后，使两式相等，求得离合器的接合摩擦时间 t</td><td>一次接合的温升</td><td>$$\Delta t=\frac{\alpha_1 A_m}{mc}\leqslant\Delta t_p$$
用油冷却的湿式离合器循环油的温升为
$$\Delta t=\frac{\sum A_m}{60\rho cq}\leqslant\Delta t_p$$</td></tr>
<tr><td>pv 值</td><td>在高转速接合时，为防止摩擦副产生胶合，应验算 pv 值
$$pv\leqslant(pv)_p$$
许用值 $(pv)_p$，对干式无石棉有机摩擦材料，为 2～2.5MPa·m/s；对湿式粉末冶金材料，为 30～60MPa·m/s</td></tr>
<tr><td>说明</td><td colspan="2">J_1,J_2——主、从动轴的转动惯量，kg·m^2
ω_1,ω_2——接合时主、从动轴的起始角速度，rad/s
ω_{12}——主、从动轴达到同步运转时的角速度，rad/s
ω——主、从动轴达到同步运转后上升到的工作角速度，rad/s
T_c——摩擦元件所传递的计算转矩，N·m
T_t——需传递的负载转矩，N·m
T_0——原动机的驱动转矩，N·m
F——一个摩擦副的工作面积，m^2
z——摩擦副对数
A_p——允许单位摩擦功，J/m^2，见表 6-3-22
A_m——一次接合摩擦功，J
t——接合摩擦时间，s
t_0——接合开始时摩擦片的平均温度，℃
Δt——当主、从动片热量和热导率相同时，所有摩擦功转化为热的一次接合温升，℃
m——离合器吸收热量部分的零件质量，kg
c——主、从动片材料的比热容，冷却油取 1680～2100J/(kg·℃)，铸铁取 540J/(kg·℃)，钢取 490J/(kg·℃)
Δt_p——一次接合终了时允许温升，℃，见表 6-3-22
α_1——热量分配系数，即被计算零件所吸收的热量对总热量的比值（无石棉有机摩擦材料制成的衬面）：单片离合器的压盘 $\alpha_1=0.5$；双片离合器的中间盘 $\alpha_1=0.5$，压盘 $\alpha_1=0.25$。铁基烧结材料制成的衬面：单片离合器从动盘 $\alpha_1=0.5$；双片离合器中间盘 $\alpha_1=0.25$
$\sum A_m$——1h 内累积的摩擦功，J
ρ——冷却油的密度，一般取 850～900kg/m^3
q——冷却油的流量，m^3/min
p——摩擦副元件表面压强，MPa
v——摩擦副元件表面平均圆周速度，m/s</td></tr>
</table>

注：1. 表中计算公式是假定 T_0、T_t 为定值，主、从动轴角速度的瞬时变化值随时间 t 呈线性比例关系。

2. 本表不适用于汽车和工程机械带变矩器的变速箱中的离合器。

表 6-3-22　　允许单位摩擦功 A_p 和允许温升 Δt_p

A_p/J·m^{-2}		Δt_p/℃	
干式离合器（衬面材料为无石棉有机摩擦材料）	5×10^5	推土机、叉车（干式离合器）	约 3
轻型坦克	(0.981～1.472)×10^5	履带车辆（坦克）	15～20
中型坦克	(1.472～2.452)×10^5	离心离合器	70～75
重型坦克	(2.452～3.924)×10^5	机床	150
拖拉机（干式离合器）	3～5		

4.6 摩擦式离合器的磨损和寿命

表 6-3-23 摩擦式离合器的磨损和寿命

项　目	计算公式	说明
磨损系数 ε	为了防止摩擦式离合器磨损速率过大，对于载荷大、接合频繁的离合器，应计算磨损系数 ε $$\varepsilon=\frac{A_m}{a}z\leqslant\varepsilon_p$$	A_m——一次接合摩擦功，J z——每分钟接合次数，min^{-1} a——总摩擦面积，mm^2 ε_p——许用磨损系数，无石棉有机摩擦材料圆盘式，可取 0.5~0.8，无石棉有机摩擦材料圆锥式、闸块式、闸带式可取 0.7~0.9
寿命期内接合次数 N	$$N=\frac{V}{A_m K_\omega}$$	V——磨损限度内（即寿命期内）摩擦片磨损的总体积，mm^3 A_m——一次接合摩擦功，J K_ω——摩擦材料的磨损率，铜基粉末冶金材料取 $(3\sim6)\times10^{-5}mm^3/J$，半金属型摩擦材料取 $(5\sim10)\times10^{-5}mm^3/J$，铁基粉末冶金材料取 $(5\sim9)\times10^{-5}mm^3/J$，树脂型材料取 $(6\sim12)\times10^{-5}mm^3/J$

4.7 摩擦式离合器的润滑和冷却

干式和湿式摩擦离合器都有发热和冷却问题，干式摩擦离合器的热量通过壳体散发到周围环境中，温升过高时，可采用风扇强制带走，干式摩擦离合器外壳温度不超过 70~80℃。湿式摩擦离合器的热量通过润滑油带走。

4.7.1 湿式摩擦离合器润滑油的选择

(1) 对润滑油的要求

① 与摩擦表面黏附力大，油膜强度高，既能防止两摩擦面直接接触，又要求有高的摩擦因数。

② 适当的黏度和黏温指数，低速时，不因黏度过高，油膜厚度增加而延长接合时间；高速时，不因黏度高而增加空转转矩和发热，也不因黏度低不易形成油膜而发生干摩擦。可参见表 6-3-24 选用。

③ 耐热性好，抗氧化性强，无泡沫，不易老化变质，使用寿命长。

④ 化学性能稳定，对摩擦元件无腐蚀作用。

(2) 润滑油的选择

① 当工作温度在 40~70℃之间时，可用变压器油。

② 当工作温度在 70~100℃之间时，可用汽轮机油。

③ 当更高工作温度时，宜用合成润滑油。

表 6-3-24 湿式摩擦离合器润滑油的黏度

离合器类型	润滑油黏度 $/mm^2\cdot s^{-1}$	离合器类型	润滑油黏度 $/mm^2\cdot s^{-1}$
机械和液压离合器		电磁离合器	
中等线速度(5~12m/s)	30~33.5	中等线速度(5~12m/s)	16.5~23
低或高线速度(<5m/s 或>12m/s)	16.5~21	低或高线速度(<5m/s 或>12m/s)	8.5~12

4.7.2 湿式摩擦离合器的润滑方式

① 飞溅润滑：装置简单，用于与齿轮箱组合在一起的场合，依靠浸入油池中的齿轮转动将油飞溅到离合器的摩擦元件上，但当齿轮线速度太低（<1.5m/s）或离合器接合频繁时，则不易得到充分的润滑。

② 轴心润滑：润滑油通过离合器轴的中心孔，依靠油压或离心力流到摩擦元件的摩擦面上，这种润滑方式比较合理，摩擦元件的使用寿命长，但结构比较复杂。

③ 滴油或喷油润滑：将润滑油直接滴入或加压喷入离合器，但当离合器线速度高于 5m/s 时，润滑油就难以进入离合器，故一般用于线速度低于 5m/s 的场合。

④ 浸油润滑：将离合器浸在油中，浸入深度一般为外径的 1/10~1/4，由于搅动油液产生阻力使离合器的空转转矩增加，接合时间延长，一般用于线速度低于或等于 2m/s 的离合器。

5　机械离合器

5.1　机械离合器的型式、特点及应用

表 6-3-25　　机械离合器的型式、特点及应用

名称	简图	接合转速 /r·min^{-1}	转矩范围 /N·m	特点和应用
机械干(湿)式多片离合器	1—外盘;2—外摩擦片; 3—内摩擦片;4—调隙螺母; 5—杠杆;6—拨环; 7—滑套;8—从动件	可高速接合	20~16000	可通过增加摩擦片来增加容量,不用加大直径。湿式多片离合器摩擦片浸在封闭箱体内的油液中,干式通常由循环的空气带走产生的热量。分离不彻底会产生摩擦热,引起能量损耗。接合过程中产生摩擦热,应有散热措施。结构复杂,要常调整摩擦面间隙。广泛应用于机床及交通运输、建筑、轻工和纺织等机械中。为减少磨损,拨环应设计在从动件上
机械牙嵌离合器	1—主动件;2—从动件; 3—拨环	矩形牙转速差≤10;其余牙转速差≤150	36~9230	结构简单,零件加工精度要求低,分离彻底,需要一定的轴向力保持离或合的状态,接合过程有冲击。适合不经常切换、轴向有操作空间的静止或低速离合的工况

5.2　机械离合器产品

5.2.1　机械片式离合器

机械多片离合器的基本参数和主要尺寸见表 6-3-26。

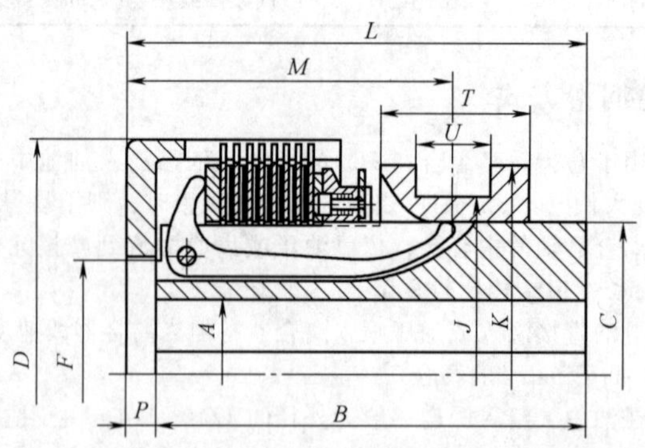

表 6-3-26　　　　机械多片离合器的基本参数和主要尺寸

规格	许用转矩/N·m	接合力/分离力/N	尺寸/mm												转动惯量/$kg \cdot m^2$		质量/kg
			A	D	F	J	K	C	P	B	L	M	T	U	内	外	
01	20	100/50	12~15	65	25	45	55	35	4	55	59	40~49	19	10	2.5×10^{-4}	2.5×10^{-4}	0.95
02	40	120/60	15~22	80	35	60	75	50	6	81	87	64~74	24	10	1×10^{-3}	1×10^{-3}	2.2
03	80	180/90	20~32	90	45	70	85	60	6	81	87	64~75	24	10	2.5×10^{-3}	2.5×10^{-3}	3.2
04	160	250/125	20~45	112	55	85	100	72	10	95	105	77~89	32	15	4.3×10^{-3}	4×10^{-3}	5.6
05	200	250/125	20~45	125	55	85	100	72	10	95	105	77~89	32	15	4.5×10^{-3}	5×10^{-3}	5.9
06	320	300/150	25~48	140	65	85	100	72	10	105	115	83~99	32	15	7.8×10^{-3}	9.5×10^{-3}	7.7
07	450	300/150	30~60	160	75	120	140	102	13	145	158	113~133	50	26	2.7×10^{-2}	2.3×10^{-2}	16.5
08	640	350/175	35~70	180	80	120	140	102	13	145	158	113~133	50	26	3.6×10^{-2}	3.4×10^{-2}	20.5
09	900	400/200	45~70	210	80	120	140	102	15	175	190	140~165	50	26	5.9×10^{-2}	7.7×10^{-2}	28.5
10	1400	700/350	50~80	260	100	145	170	120	15	205	220	163~193	55	26	1.6×10^{-1}	1.9×10^{-1}	48

注：标准型号采用钢/钢摩擦副，用于湿式。也可提供钢/烧结摩擦片，用于干式或湿式，或钢/有机摩擦片，用于干式。如果使用有机摩擦片，摩擦片内腔必须密封，防止油脂进入。

5.2.2　机械牙嵌离合器

矩形牙、梯形牙机械牙嵌离合器的基本参数和主要尺寸见表 6-3-27。

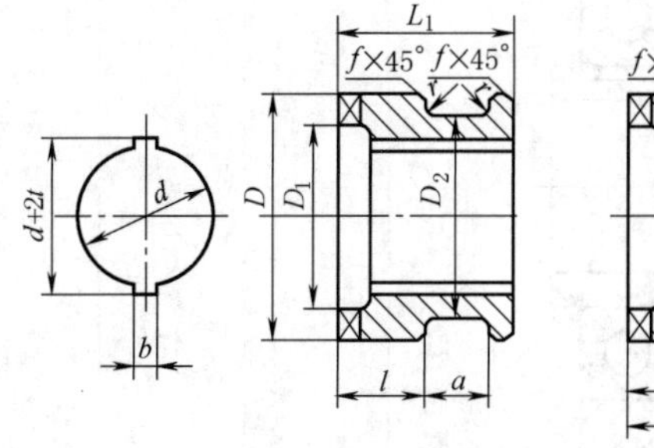

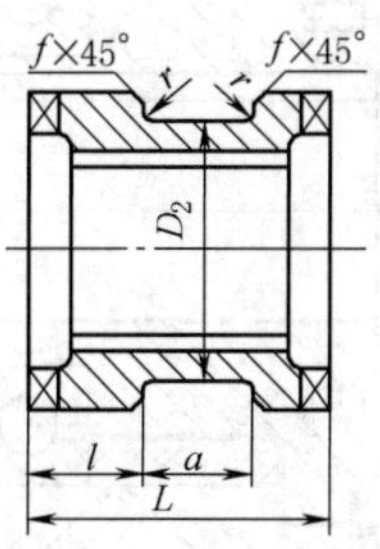

表 6-3-27　　　　矩形牙、梯形牙机械牙嵌离合器的基本参数和主要尺寸

规格	许用转矩/N·m	牙数 z/个	尺寸/mm												转动惯量/$kg \cdot m^2$	质量/kg
			D	D_1	D_2	l	a	双向 L	单向 L_1	r	f	d (H7)	b (H9)	t (H12)		
01	77.1	5	40	28	30	15	10	40	30	0.5	0.5	20	6	2.3	4.47×10^{-5}	0.17
02	120		50	35	38	20	12	50	38	0.8		25	8	3.2	1.41×10^{-4}	0.36
03	246	7	60	45	48	22	16	60	45	1.0	1.0	32	10	3.3	3.39×10^{-4}	0.58
04	375		70	50	54	28		70	50			35			7.17×10^{-4}	0.93
05	437		80	60	60	30	20	80	60	1.2		40	12		1.43×10^{-3}	1.4
06	605		90	65	70	35		90	70			45	14	3.8	2.82×10^{-3}	2.2
07	644		100	75	80	40		100	80			50	16		5.08×10^{-3}	3.2
08	1700	9	120	90	100	50		120	100	1.5	1.5	60	18	4.4	1.37×10^{-2}	6
09	2580		140	100	115	55	25	140	110			70	20	4.9	2.75×10^{-2}	9
10	3630	11	160	120	135	65		160	120			80	22	5.4	5.22×10^{-2}	13
11	5020		180	130	150	75		180	130			90	25		9.08×10^{-2}	17
12	5670		200	150	160	85		200	140			100	28	6.4	1.48×10^{-1}	23

注：1. 牙型结构尺寸见表 6-3-12。

2. 表中许用转矩是按低速运转时接合，由牙齿工作面压强条件计算得出的值，对于静止接合，许用转矩值可乘以 1.75。

3. 半离合器材料为 45 钢或 20Cr，硬度为 48~52HRC 或 58~62HRC。

6 电磁离合器

电磁离合器是靠线圈的电磁力操纵的离合器。电磁离合器的特点是启动转矩大，动作反应快，离合迅速；便于实现自动控制和远程控制；通过改变励磁电流可调节转矩的大小。但它有剩磁问题，影响分离彻底性，另外还有线圈发热问题。电磁离合器一般用于相对湿度不大于 85%、无爆炸危险的环境，电压波动不得超过±5%。采用湿式时，必须保持油液清洁，不得有导电杂质，黏度不大于 $23mm^2/s$（50℃时）。

6.1 电磁离合器的型式、特点及应用

表 6-3-28 电磁离合器的型式、特点及应用

型式	简图	接合转速 /r·min^{-1}	转矩范围 /N·m	特点	应用
干式单片式	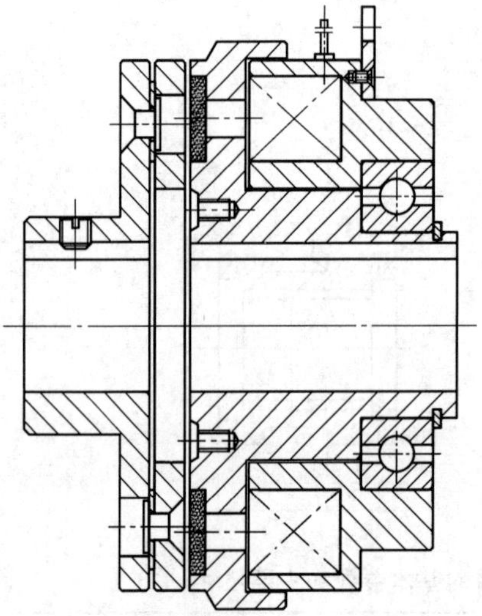 线圈静止 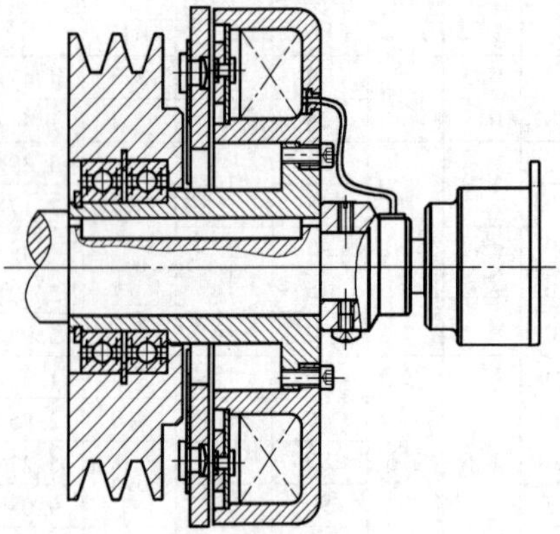 线圈旋转	可在高转速差下接合	1~4000	结构紧凑，传递转矩大，反应灵敏，接合迅速。无空转转矩，散热条件好，接合频率较高。接合过程中有摩擦发热，温升太高时有摩擦性能衰退现象	适用于要求快速接合、频率高、外形尺寸没有限制的场合

续表

型式	简图	接合转速/r·min^{-1}	转矩范围/N·m	特点	应用
干(湿)式多片式	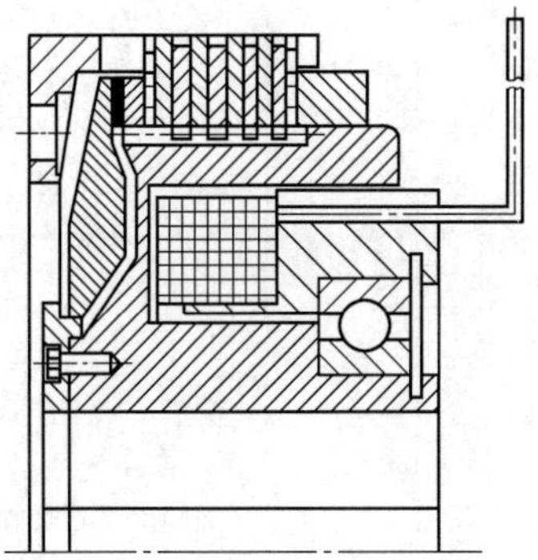 线圈静止 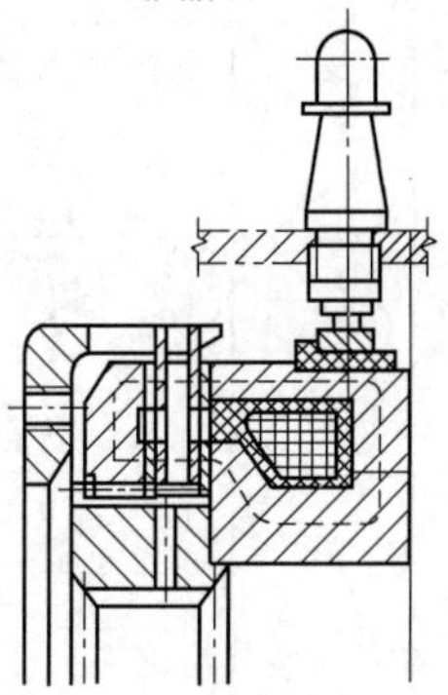 线圈旋转	可在高转速差下接合	多片干式 12~16000 多片湿式 1~16000	径向尺寸小,结构紧凑,便于调整。干式的动作快,价格低,控制容易,转矩较大,工作性能好,但摩擦面易磨损,需定期调整和更换。湿式的尺寸小,传递转矩范围大,磨损轻微,使用寿命长,需供油,但摩擦片几乎无磨损,接合与脱开动作迟缓	适用于要求在较高转速差下接合的工况。有滑环式较无滑环式转动惯量大。干式用于快速接合、高频操作的机械,如机床、包装机械、纺织机械及起重运输机械等。湿式操作频率低于干式,常用于各种机械的启动、停止、变速和定位装置中
牙嵌式	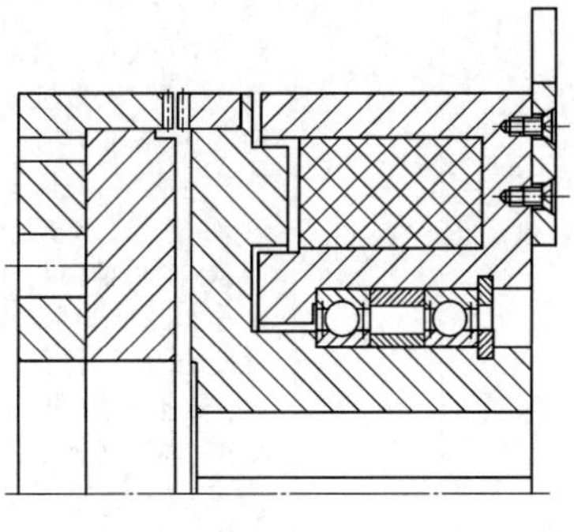 线圈静止 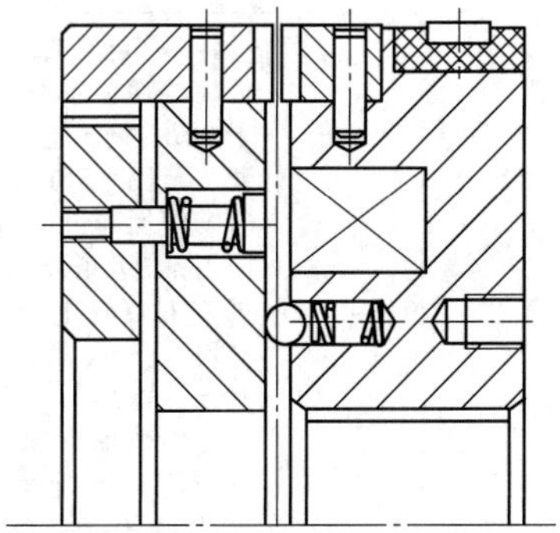 线圈旋转	一般需在静态下接合	12~5500	外形尺寸小,传递转矩大,传动比恒定,无空转转矩,不产生摩擦热,使用寿命长,可远距离操纵。有转速差时接合会发生冲击。属于刚性接合,无缓冲作用	允许停车接合或在负载转矩小、从动侧转动惯量小、齿部相对线速度小于0.1m/s时接合。适用于无滑差、接合不频繁的场合,可干、湿两用。常用于各种机床、高速数控机械、包装机械等

续表

型式	简图	接合转速 /r·min^{-1}	转矩范围 /N·m	特点	应用
电磁离合制动器	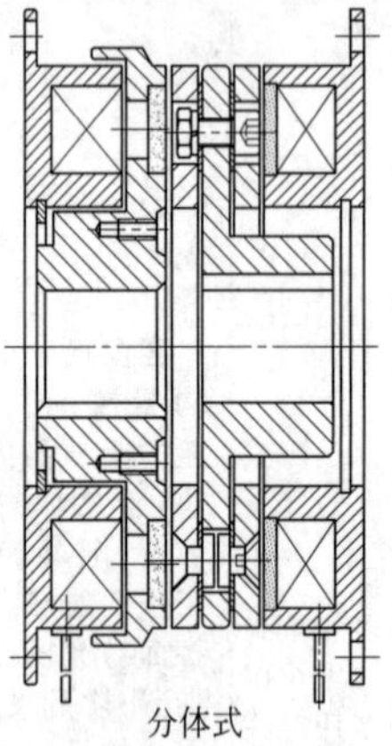 分体式 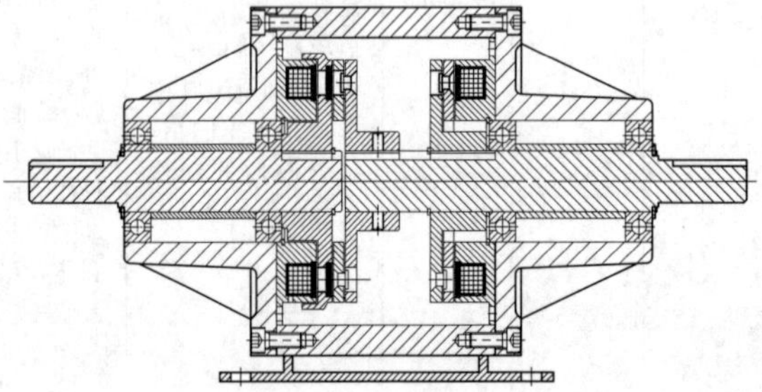 整体式			制动器可以在离合器断开瞬间工作,消除负载转动惯量,迅速停车	用于惯性负载、有定位或定量转位要求、微动调位等场合
转差式	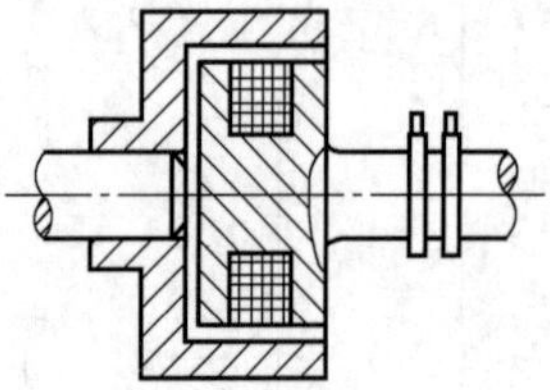		4~800	利用电磁感应产生转矩,带动从动部分转动,离合器为间隙型,改变励磁电流可方便地进行无级调速。启动平稳,无摩擦,有缓冲吸振和安全保护作用。承载能力低,体积大,传递转矩小,动作缓慢,低速和转速差大时效率低	用于短时需较大滑差、有恒转矩要求的场合,可在动力机恒速下调节工作机转速,也可用作制动装置和安全保护装置,适用于普通机床、压力机、纺织机械、印刷机械、造纸机械和化纤机械等的传动系统
磁粉式	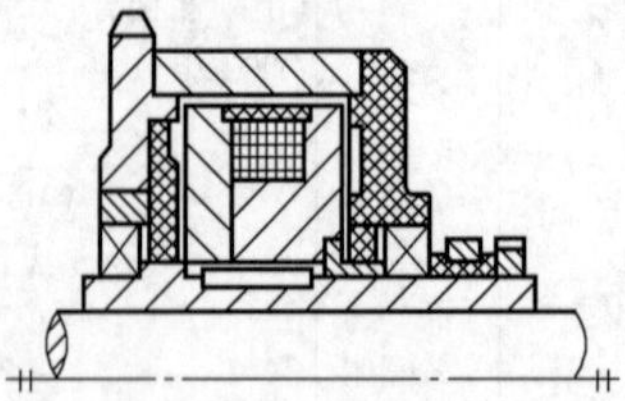		0.5~2000	转矩和电流的比值呈线性关系,利于自动控制。转矩调节范围大,可用于高频操作,可在同步和滑差条件下工作,精度较高,响应快,接合与制动时无冲击,从动部分转动惯量小,接合面有气隙无磨损。磁粉使用寿命短,价高	主要用于连续滑动、定转矩传动、缓冲启动和高频操作的机械装置,如测力计、造纸机等的张力控制装置和船舶舵机控制装置等

6.2 电磁离合器的动作过程

6.2.1 摩擦式电磁离合器的动作过程

图 6-3-5 所示为湿式摩擦电磁离合器的动作过程。

离合器的接通和脱开都存在一个延时过程，设计、制造离合器或选用离合器必须注意这一特性。离合器的接通时间 t_t（即 t_2+t_3）和脱开时间 t_k 短，则离合器的精度高，动作灵敏，但转动惯量大时 t_t、t_k 短，则冲击、振动大。

根据生产工艺和设备的特点与要求，可以改变励磁方式、参数和电路设计，从而改变接通、脱开时间的长短。

图 6-3-5 中动、静摩擦转矩在数值上的差别，是由摩擦材料的动、静摩擦因数的差别引起的。在干式离合器中，通常钢对压制无石棉有机摩擦材料时，动摩擦转矩为静摩擦转矩的 80%~90%；钢对铜基粉末冶金材料时，动摩擦转矩为静摩擦转矩的 70%~80%。在湿式离合器中，除与摩擦材料有关外，还受油的黏度、油量、片的结构（影响油被挤出的快慢）、内片与外片间的相对速度、摩擦功的大小（摩擦功大时，难形成液体摩擦）等因素影响。通常，钢对钢时，动摩擦转矩为静摩擦转矩的 30%~60%。离合器脱开后，主动侧仍向从动侧传递的转矩称为空转转矩，与油的黏度、油量、油温有关，还与转速有关，转速高时空转转矩大，但转速高到一定值时，片间油被甩出，此时空转转矩趋向一定值。摩擦片间的间隙愈小，空转转矩愈大。湿式的剩磁对空转转矩的影响只占很小比例。

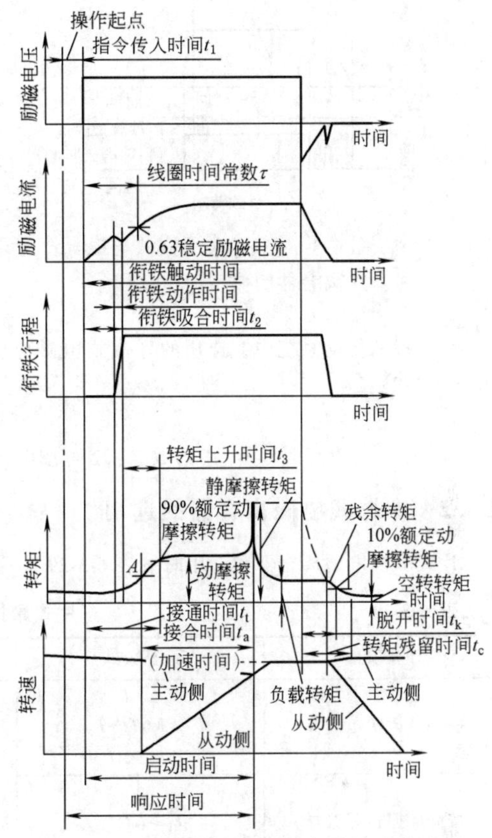

图 6-3-5　湿式摩擦电磁离合器的动作过程

6.2.2 牙嵌式电磁离合器的动作过程

矩形牙及牙型角很小（2°~8°）的梯形牙离合器在传递转矩时，无轴向脱开力（或轴向脱开力小于轴向摩擦阻力），因此工作时无需加轴向压紧力，称为第一类牙嵌式电磁离合器。第二类牙嵌式电磁离合器传递转矩时必须加轴向压紧力，或必须用定位机构等措施来阻止其自动脱开，如三角形牙及牙型角较大的梯形牙离合器，在负载作用下很容易脱开，这类离合器多用电磁或液压操纵（机械操纵的必须有定位机构）。上述两类离合器的选用和设计计算均有所不同。

图 6-3-6 所示为第二类牙嵌式电磁离合器的典型动作过程，励磁电流在按指数曲线上升的过程中，第一次减小是由于衔铁被吸引，使线圈电感增大，以后出现电流减小则表示衔铁被吸引后尚不能将负载带动，产生牙的啮合-脱落-再啮合的滑跳现象，从而使转矩及电流（因线圈的电感变化）出现波动。切断电流后，当按指数曲线衰减的励磁电流小于衔铁的维持电流时，衔铁被释放，离合器脱开。

第二类牙嵌式电磁离合器在不同转速下传递的转矩，理论上应该是不变的。但由于实际安装时总会有同轴度、平行度和轴向及径向跳动误差，以及振动的影响，随着速度的增大，传递的转矩将下降，速度越高，下降越多，这在高速应用时必须注意。图 6-3-7 所示为某种牙嵌式电磁离合器可传递的转矩和转速的关系。

6.3 电磁离合器的选用计算

6.3.1 牙嵌式电磁离合器的选用

牙嵌式电磁离合器传递转矩时必须加轴向压紧力，超载时将产生牙的滑跳，导致牙的损坏。因此，选用时必须确保离合器工作时，特别是启动时，不出现超载现象。

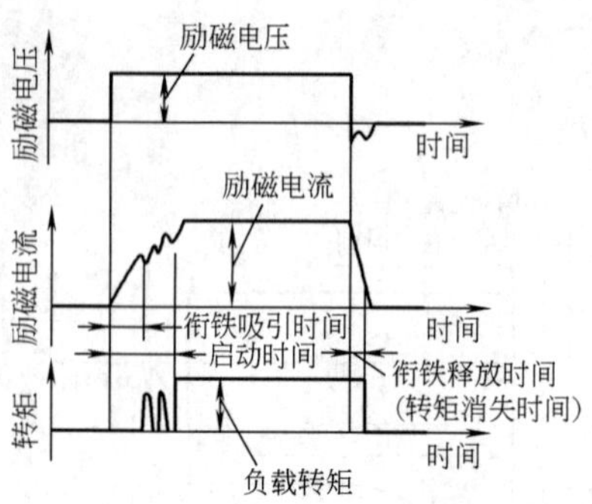

图 6-3-6　第二类牙嵌式电磁离合器的典型动作过程

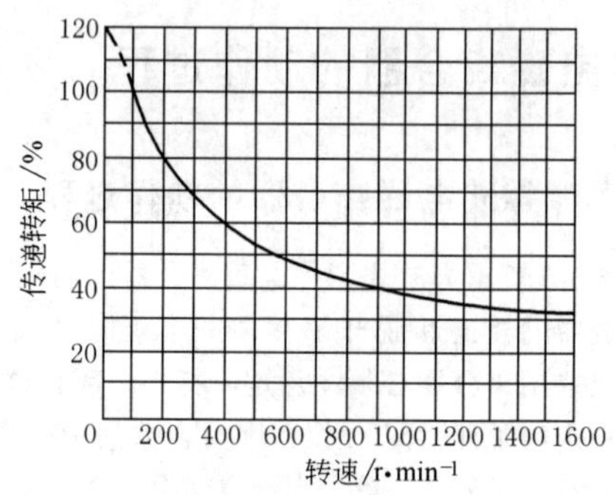

图 6-3-7　某种牙嵌式电磁离合器可传递的转矩和转速的关系

在一般的传动系统中，选用的牙嵌式电磁离合器的额定转矩 T_n 应大于电机的启动转矩，一般按下式计算（见表 6-3-2）：

$$T_n \geqslant T_c = KT$$

式中，K 可参考表 6-3-3 中的数据；T 可按电机的最大转矩取值（见电机样本）。

6.3.2　摩擦式电磁离合器的选用

片式摩擦电磁离合器在选用时按表 6-3-29 计算。

表 6-3-29　　片式摩擦电磁离合器的计算

计算项目	计算公式	说明
按动摩擦转矩选择	$T_d \geqslant K(T_1+T_2)$	T_d——离合器额定动转矩，N·m T_j——离合器额定静转矩，N·m K——安全系数(或工况系数)，见表 6-3-3 T_1——接合时的负载转矩，N·m T_2——加速转矩(惯性转矩)，N·m T_{max}——运转时的最大负载转矩，N·m A_p——离合器的允许摩擦功，N·m J——离合器轴上的转动惯量，kg·m^2 n_x——摩擦片相对转速，r/min T_f——离合器轴上的负载转矩，N·m m——接合次数
按静摩擦转矩选择	$T_j \geqslant KT_{max}$	
按摩擦功选择	$A_p \geqslant \dfrac{Jn_x^2}{182} \times \dfrac{T_d}{T_d \pm T_f} m$ （减速时取正号）	

注：选择离合器时需同时满足表中三项要求。

6.4　电磁离合器及电磁离合制动器产品

型号表示方法

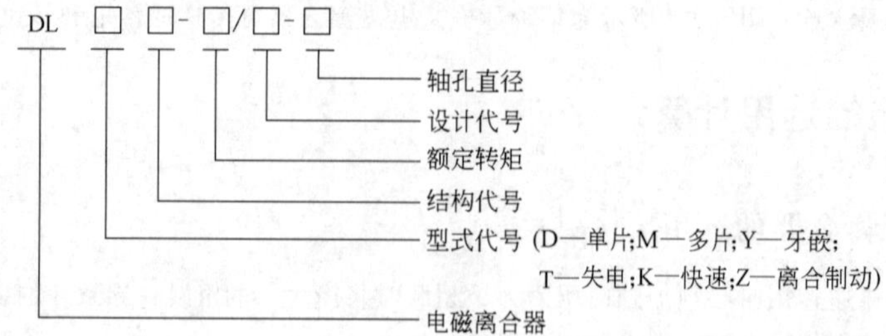

6.4.1 摩擦式电磁离合器产品

(1) DLD5 基型、A 型、B 型单片电磁离合器（见表 6-3-30 和表 6-3-31）

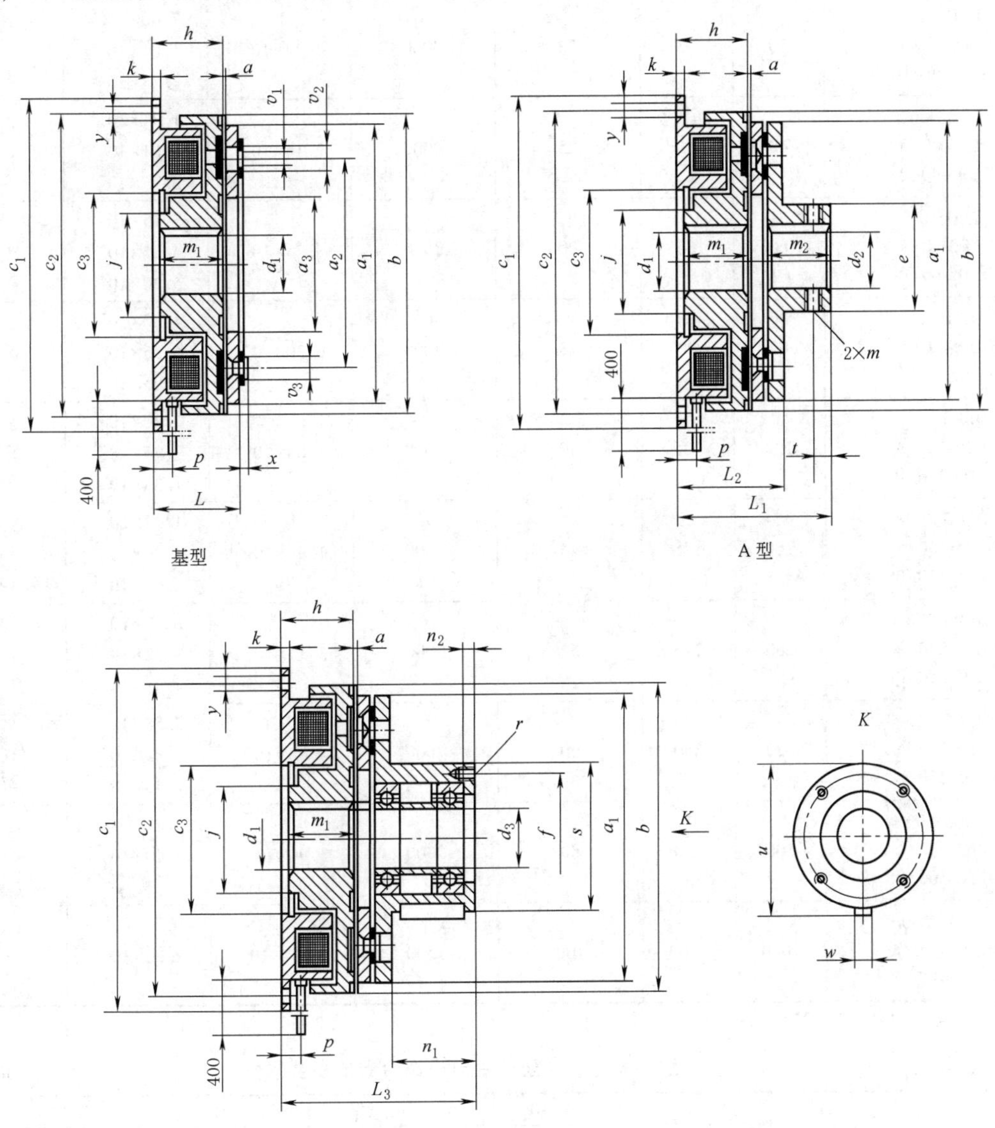

基型　　A 型

B 型

表 6-3-30　　DLD5 基型、A 型、B 型单片电磁离合器的基本参数

型号	摩擦转矩/N·m		功率(20℃)/W	最高转速/r·min⁻¹	转动惯量/kg·m²		质量/kg
	动转矩	静转矩			转子	衔铁	
DLD5-5 DLD5-5/A DLD5-5/B	5	5.5	11	8000	7.35×10^{-5}	4.23×10^{-5} 6.03×10^{-5} 1.05×10^{-4}	0.46 0.50 0.66
DLD5-10 DLD5-10/A DLD5-10/B	10	11	15	6000	2.24×10^{-4}	1.18×10^{-4} 1.71×10^{-4} 3.00×10^{-4}	0.83 0.91 1.19
DLD5-20 DLD5-20/A DLD5-20/B	20	22	20	5000	6.78×10^{-4}	4.78×10^{-4} 6.63×10^{-4} 9.45×10^{-4}	1.50 1.66 2.11

续表

型号	摩擦转矩/N·m		功率(20℃)/W	最高转速/r·min^{-1}	转动惯量/kg·m^2		质量/kg
	动转矩	静转矩			转子	衔铁	
DLD5-30 DLD5-30/A DLD5-30/B	30	33	23	4000	1.22×10^{-3}	7.40×10^{-4} 1.01×10^{-3} 1.58×10^{-3}	2.24 2.38 3.05
DLD5-40 DLD5-40/A DLD5-40/B	40	45	25	4000	2.14×10^{-3}	1.31×10^{-3} 1.81×10^{-3} 2.75×10^{-3}	2.76 3.05 3.80
DLD5-60 DLD5-60/A DLD5-60/B	60	66	30	3500	3.75×10^{-3}	3.15×10^{-3} 4.22×10^{-3} 5.70×10^{-3}	4.05 4.30 5.40
DLD5-80 DLD5-80/A DLD5-80/B	80	90	35	3000	6.30×10^{-3}	4.80×10^{-3} 6.35×10^{-3} 9.05×10^{-3}	5.10 5.40 6.90
DLD5-120 DLD5-120/A DLD5-120/B	120	135	40	3000	1.08×10^{-2}	7.20×10^{-3} 9.75×10^{-3} 1.35×10^{-2}	5.18 5.48 6.98
DLD5-160 DLD5-160/A DLD5-160/B	160	175	45	2500	1.93×10^{-2}	1.37×10^{-2} 1.90×10^{-2} 2.65×10^{-2}	9.30 10.5 13.0
DLD5-250 DLD5-250/A DLD5-250/B	250	275	52	2000	3.15×10^{-2}	2.47×10^{-2} 3.32×10^{-2} 4.81×10^{-2}	13.2 14.6 18.5
DLD5-320 DLD5-320/A DLD5-320/B	320	350	60	2000	4.48×10^{-2}	3.58×10^{-2} 4.83×10^{-2} 7.45×10^{-2}	17.0 18.7 23.6
DLD5-500 DLD5-500/A DLD5-500/B	500	550	80	2000	6.90×10^{-2}	5.60×10^{-2}	—
DLD5-1000 DLD5-1000/A DLD5-1000/B	1000	1100	100	1500	1.384×10^{-1}	1.20×10^{-1}	—

注：励磁电压（DC）为24V±5%。

表 6-3-31　DLD5 基型、A 型、B 型单片电磁离合器的主要尺寸　mm

规格	5	10	20	30	40	60	80	120	160	250	320
d_1	11,12,15	14,15,20	19,20,24,25	20,24,25	24,25,30	20,25,30	28,30,40	28,30,40	40,45,50	40,45,50	50,60,70
d_2	12,15,17	15,20	20,25	20,25	25,30	25,30	30,40	30,40	40,45,50	40,45,50	50,60,70
d_3	12	15	20	20	25	25	30	30	40	40	50
a	0.2 ± 0.05			$0.3^{+0.05}_{-0.10}$					$0.5^{\ 0}_{-0.2}$		
a_1	63	80	100	105	125	137	160	160	200	241	250
a_2	46	60	76	76	95	95	120	120	158	185.5	210
a_3	34.5	41.5	51.5	51.5	61.5	65	79.5	79.5	99.5	120	124.5
b	67.5	85	106	112	133	145	169	169	212.5	253	264
c_1	80	100	125	130	150	160	190	190	230	280	292
c_2	72	90	112	118	137	148	175	175	215	260	276
c_3	35	42	52	52	62	62	80	80	100	100	125
h	23.6	26.6	29.8	31.8	33.3	35	37.5	37.5	44.5	50	50.7
j	23	28.5	40	42	45	45	62	62	78	90	106

续表

规格	5	10	20	30	40	60	80	120	160	250	320
k	2	2.5	3.2	3.2	3.2	4.4	4.4	4.4	5.5	5.5	6.1
m	2×M4	2×M5	2×M6				2×M8				2×M10
p	6	7	8	9			11		13		16
x	1.4	1.6			2.6						3.0
e	28	34	43	43	49	49	65	65	83	100	105
L	27.8	31.4	35.8	38.9	40.8	46.7	47.1	47.1	56.3	62.8	63.6
L_1	42.8	51.4	60.8	63.9	70.8	76.7	85.1	85.1	101.3	112.8	117.6
L_2	33.8	38.4	43.8	46.9	48.8	54.7	55.1	55.1	66.3	68.3	77.6
L_3	51.3	60.4	70.8	73.9	86.8	92.7	105.1	105.1	126.3	128.3	144.6
m_1	21.3	23.7	26.7	28.5	29.7	35	33.7	33.7	39.7	41.7	46.2
m_2	15	20	25	25	30	30	38	38	45	50	54
t	6	8	10	10	12	12	15	15	18	18	22
f	33	37	47	47	52	52	65	65	74.5	74.5	101.5
n_1	17.5	22	27	27	38	38	50	50	60	65	67
n_2	4		5				6		8		10
r	4×M4						4×M5		4×M6		4×M8
s	38	45	55	55	64	64	75	75	90	90	115
v_1	3×ϕ4.1		3×ϕ5.2		3×ϕ6.2		3×ϕ8.2		3×ϕ10.3		4×ϕ12.4
v_2	3×ϕ7	3×ϕ8.5	3×ϕ11		3×ϕ12		3×ϕ16		3×ϕ20		4×ϕ24
v_3	3×ϕ6	3×ϕ7.4	3×ϕ10		3×ϕ11		3×ϕ14.9		3×ϕ18		3×ϕ20
u	39.5	47	57.5		67		78		93		118
w	4	5	6		8				10		12
y	4×ϕ5	4×ϕ6	4×ϕ7				4×ϕ9.5			4×ϕ11	4×ϕ11.5

注：内孔键槽尺寸及公差按 GB/T 1095—2003。

（2）DLK1 系列干式多片快速电磁离合器（见表 6-3-32）

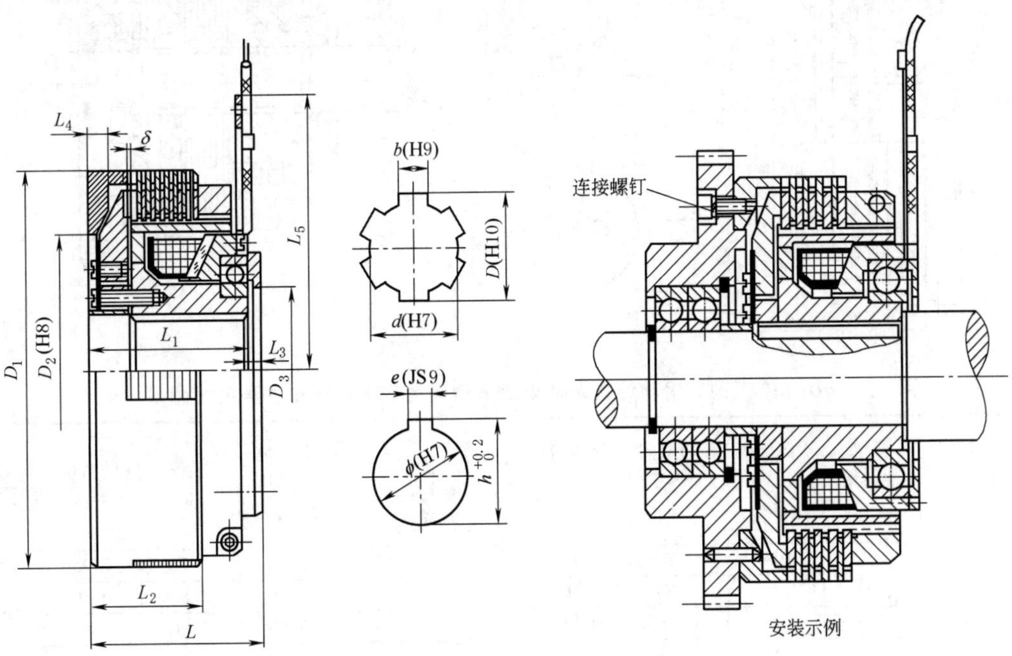

安装示例

表 6-3-32　　DLK1 系列干式多片快速电磁离合器的基本参数和主要尺寸

规格	额定动转矩 /N·m	空载转矩 /N·m ≤	接通时间 /s ≤	断开时间 /s ≤	额定电压 (DC)/V	线圈消耗功率 (20℃)/W	允许最高转速 /r·min^{-1}	质量 /kg
2.5	25	0.10	0.10	0.03	24	16.5	3500	2
5	50	0.20	0.14	0.04	24	20.5	3000	3
10	100	0.30	0.16	0.06	24	28.8	3000	4.5
16	160	0.80	0.20	0.10	24	48	2500	5.9
25	250	1.20	0.27	0.15	24	53	2200	8.95
40	400	2.00	0.35	0.20	24	62	2000	13.45
80	800	4.00	—	—	24	79	—	—

规格	D_1	D_2	D_3	D	d	b	ϕ	e	h	L	L_1	L_2	L_3	L_4	L_5	δ
	mm															
2.5	100	75	40	25	21	5	25	8	28.3	50	44.5	30	4	4	79	0.20±0.05
5	115	85	48	30	26	6	30	8	33.3	56	50.5	35	4	5	83	0.25±0.05
10	135	95	55	40	35	10	40	12	43.3	62	56	40	4	6	89	0.30±0.05
16	150	105	60	45	40	12	45	14	48.8	66	60	44	3	7	97	0.30±0.05
25	172	120	65	50	45	12	50	14	53.8	72	64	48	3.5	8	105	0.35±0.05
40	202	130	80	60	54	14	60	18	64.4	81.5	73	52	4.5	8	117.5	0.35±0.05
80	240	180	—	—	—	—	68	20	72.9	99	91	74	—	11	150	0.4

注：可同轴安装齿轮输出，也可分轴安装，但主、从动端都应轴向固定，不得窜动，且同轴度不低于 9 级。输出及安装方式、连接螺钉孔规格及数量与加工，由用户决定。

（3）DLM0 系列有滑环湿式多片电磁离合器（见表 6-3-33）

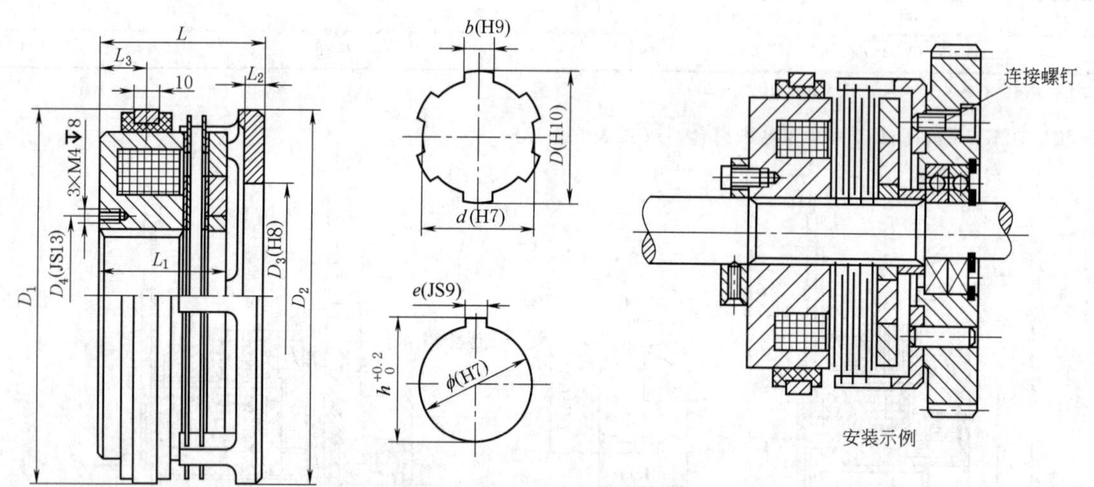

安装示例

表 6-3-33　　DLM0 系列有滑环湿式多片电磁离合器的基本参数和主要尺寸

规格	额定动转矩 /N·m	额定静转矩 /N·m	空载转矩 /N·m ≤	接通时间 /s ≤	断开时间 /s ≤	额定电压 (DC)/V	线圈消耗功率 (20℃) /W	允许最高转速 /r·min^{-1}	质量 /kg	供油量 /L·min^{-1}	电刷型号
2.5	25	40	0.4	0.28	0.10	24	13	3500	1.78	0.25	DS-001
6.3	63	100	1	0.32	0.10	24	19	3000	2.80	0.40	
16	160	250	2	0.35	0.15	24	23	3000	4.66	0.65	
40	400	630	5	0.40	0.20	24	51	2000	9.0	1.00	

续表

规格	D_1	D_2	D_3	D_4	D	d	ϕ	b	L	L_1	L_2	L_3	e	h	衔铁行程
	mm														
2.5	94	92	50	42	30	26	30	8	56	46.6	5	18.5	8	33.3	2.2
6.3	116	113	65	52	40	35	40	10	60	48.2	5	18.5	12	43.3	2.8
16	142	142	85	60	50	45	50	12	65	49.2	7.5	18.5	14	53.8	3.5
40	176	178	105	86	65	58	65	16	80	62	10	22	18	69.4	4

注：1. 离合器工作时必须在摩擦片间加润滑油，供油方式为外浇油或浸油，浸入油液深度为离合器外径的1/5~1/4。高速或频繁动作时应采用轴心供油，供油量见本表。

2. 可同轴安装齿轮输出，也可分轴安装，但主、从动端都应轴向固定，不得窜动，且同轴度不低于9级。输出及安装方式、连接螺钉孔规格及数量与加工，由用户决定。

（4）DLM3系列无滑环湿式多片电磁离合器（见表6-3-34）

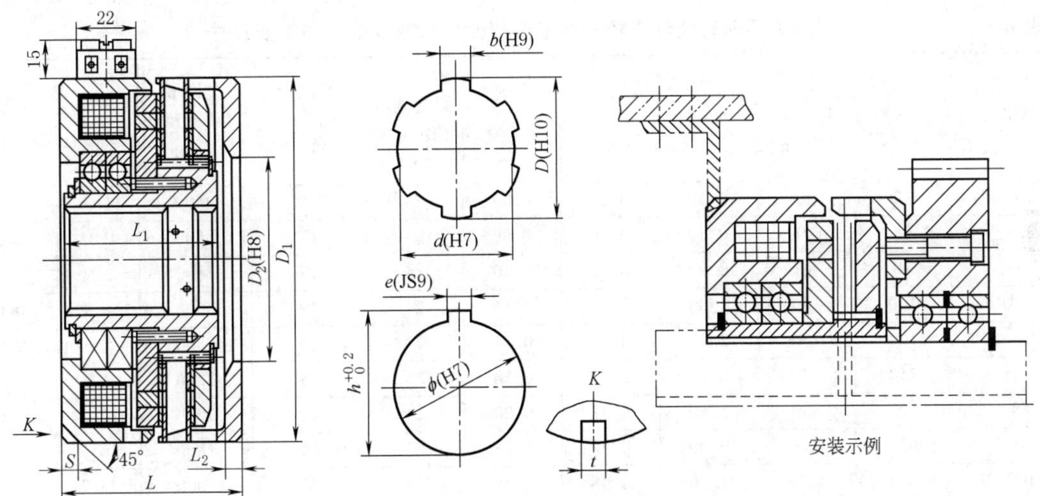

表 6-3-34　　DLM3系列无滑环湿式多片电磁离合器的基本参数和主要尺寸

规格	额定动转矩 /N·m	额定静转矩 /N·m	空载转矩 /N·m ≤	接通时间 /s ≤	断开时间 /s ≤	额定电压 (DC)/V	线圈消耗功率 (20℃) /W	允许最高转速 /r·min^{-1}	质量 /kg	供油量 /L·min^{-1}
1.2	12	20	0.39	0.28	0.09	24	18	3500	1.6	0.20
2.5	25	40	0.40	0.30	0.09	24	21	3500	2.3	0.25
5	50	80	0.90	0.32	0.10	24	32	3000	3.4	0.40
10	100	160	1.80	0.35	0.14	24	38	3000	5	0.65
16	160	250	2.40	0.37	0.14	24	50	2500	6.2	0.65
25	250	400	3.50	0.40	0.18	24	61	2200	8.2	1.0
40	400	630	5.60	0.42	0.20	24	72	2000	14.3	1.0
63	630	1000	9.00	0.45	0.25	24	83	1800	21	1.2

规格	D_1	D_2	D	d	b	ϕ	e	h	L	L_1	L_2	S	t
	mm												
1.2	86	50	20	17	4~6	20	6	22.8	51	44.5	5.5	6	6
2.5	96	56	25	22	6	25	8	28.3	57	51.5	5.5	6	6
5	113	65	30	26	8	30	8	33.3	63	56	5.5	6	8
10	133	75	40	35	10	40	12	43.3	68	59	6.5	8	8
16	145	85	45	40	12	45	14	48.8	70	61.5	6.5	8	10
25	166	110	50	45	12	50	14	53.8	78.5	68	7.5	8	10
40	192	110	60	54	14	60	16	64.3	91	79.5	8	10	10
63	212	125	70	62	16	70	20	74.9	109	96.5	9.5	10	10

注：同表6-3-33注。

（5）DLM5 系列有滑环湿式多片电磁离合器（见表 6-3-35）

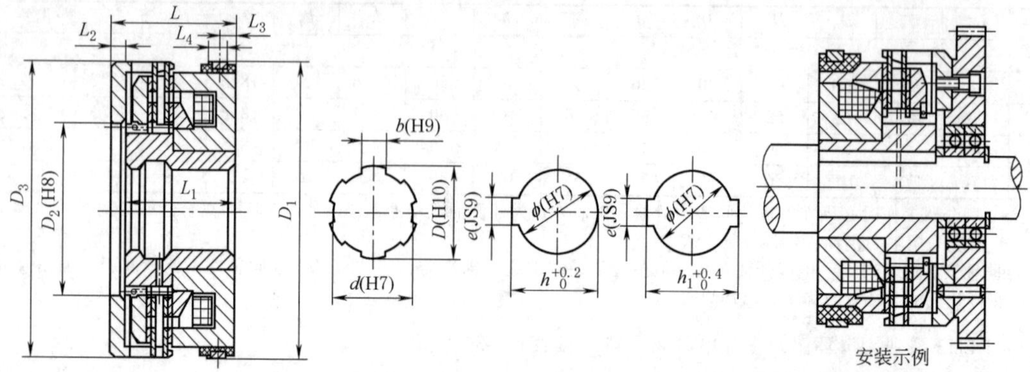

安装示例

表 6-3-35　　DLM5 系列有滑环湿式多片电磁离合器的基本参数和主要尺寸

规格	额定动转矩 /N·m	额定静转矩 /N·m	空载转矩 /N·m ≤	接通时间 /s ≤	断开时间 /s ≤	额定电压 (DC)/V	线圈消耗功率 (20℃)/W	允许最高转速 /r·min^{-1}	质量 /kg	供油量 /L·min^{-1}
1.2/1.2C	12	20	0.39	0.28	0.09	24	10	3500	1.3	0.20
2.5	25	40	0.40	0.30	0.09	24	17	3500	1.73	0.25
5/5C	50	80	0.90	0.32	0.10	24	17	3000	2.9	0.40
10/10C	100	160	1.80	0.35	0.14	24	19	3000	4.3	0.65
16	160	250	2.40	0.37	0.14	24	26	2500	5.8	0.65
25/25C	250	400	3.50	0.40	0.18	24	39	2200	7.7	1.00
40	400	630	5.60	0.42	0.20	24	45	2000	12.2	1.00
63	630	1000	9.00	0.45	0.25	24	66	1800	16.2	1.2
100	1000	1600	15.0	0.65	0.35	24	81	1600	23.2	1.2
160	1600	2500	24.0	0.90	0.45	24	87	1600	31.7	1.5
250	2500	4000	37.5	1.20	0.60	24	100	1200	47.1	2.0
400	4000	6300	60.0	1.50	0.80	24	134	1000	100.9	3.0

规格	D_1	D_2	D_3	D	d	b	ϕ	e	h	h_1	L	L_1	L_2	L_3	L_4	电刷型号
	mm															
1.2	86	50	86	20	17	4~6	20	6	22.8		43.5	38	5.5	5	7	DS-002
2.5	96	56	96	25	21	6	25	8	28.3		48.5	43	5.5	7	7	
5	113	65	113	30	26	6	30	8	33.3		55.5	50	5.5	7	8	
10	133	75	133	40	35	10	40	12	43.3		61	54.5	6.5	8	10	DS-001
16	145	85	145	45	40	12	45	14	48.8		63.5	57	6.5	8	10	
25	166	95	166	50	45	12	50	14	53.8		72	64.5	7.5	10	10	
40	192	120	192	60	54	14	60	18	64.4		82.5	74.5	8	10	10	
63	212	125	212	70	62	16	70	20	74.9		91.5	82	9.5	12	10	
100	235	150	235				70	20	74.9		105	96	10	15	10	
160	270	180	270				100	28	106.4		118	104	14	15	10	
250	310	220	310				110	28	116.4	122.8	130	116	14	18	12	
400	415	235	415				120	32	127.4	134.8	150	132	18	18	12	
1.2C	94	50	86	30	26	8					56	50.5	5.5	19	10	
5C	116	65	113	40	35	10					59.5	54	5.5	19	10	
10C	142	85	133	50	45	12					64.5	58	6.5	19	10	
25C	176	105	166	65	58	16					81	73.5	7.5	21	10	

注：同表 6-3-33 注。

（6）DLM9 系列无滑环湿式多片电磁离合器（见表 6-3-36）

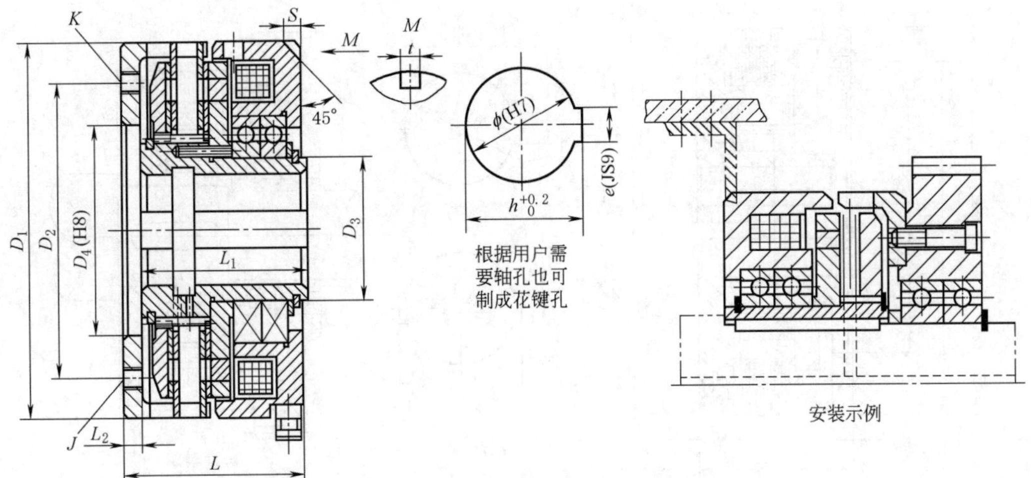

表 6-3-36　　DLM9 系列无滑环湿式多片电磁离合器的基本参数和主要尺寸

规格	额定动转矩 /N·m	额定静转矩 /N·m	空载转矩 /N·m ≤	接通时间/s ≤	断开时间/s ≤	额定电压 (DC)/V	线圈消耗功率 (20℃) /W	允许最高转速 /r·min⁻¹	质量 /kg	供油量 /L·min⁻¹
2	16	25	0.48	0.28	0.09	24	24	3000	2.9	0.25
5	50	80	0.85	0.30	0.10	24	37	3000	3.9	0.40
10	100	160	1.80	0.32	0.14	24	50	3000	5.9	0.65
16	160	250	2.40	0.36	0.16	24	56	2500	7.8	0.65
25	250	400	3.80	0.40	0.18	24	76	2200	10.7	1.00
40	400	630	6.00	0.60	0.22	24	86	2000	15	1.00
63	630	1000	9.50	0.70	0.26	24	88	1800	22	1.20
100	1000	1600	15.0	0.85	0.31	24	104	1600	33	1.20
160	1600	2500	24.0	1.20	0.43	24	122	1500	51	1.50
250	2500	4000	38.0	1.40	0.50	24	175.5	1200	67	2.00

规格	D_1	D_2	D_3	D_4	ϕ	e	h	J	K	L	L_1	L_2	S	t
	mm													
2	95	80	35	50	20	6	22.8	2×ϕ6	4×M6	55	50	5	6	8
5	110	90	45	65	30	8	33.3	3×ϕ6	4×M6	60	55	5	6	8
10	132	105	50	75	40	12	43.3	3×ϕ6	6×M8	67	60	7	8	10
16	147	120	55	85	45	14	48.8	3×ϕ8	6×M8	72	65	7	8	10
25	162	135	65	95	50	14	53.8	3×ϕ8	6×M8	82	75	7	10	12
40	182	155	75	120	60	18	64.4	3×ϕ10	6×M10	93	85	8	10	12
63	202	170	85	125	70	20	74.9	3×ϕ10	6×M10	109	100	9	12	14
100	235	200	100	150	70	20	74.9	3×ϕ14	6×M12	120	110	10	12	14
160	270	235	110	200	90	25	95.4	3×ϕ14	6×M12	142	130	12	16	16
250	310	260	140	220	110	28	116.4	3×ϕ16	6×M16	157	145	14	16	16

注：1. D_2、J、K 为连接尺寸，由用户自行加工，本表数据仅供参考。
2. 同表 6-3-33 注。

（7）DLM10 系列有滑环多片电磁离合器（见表 6-3-37）

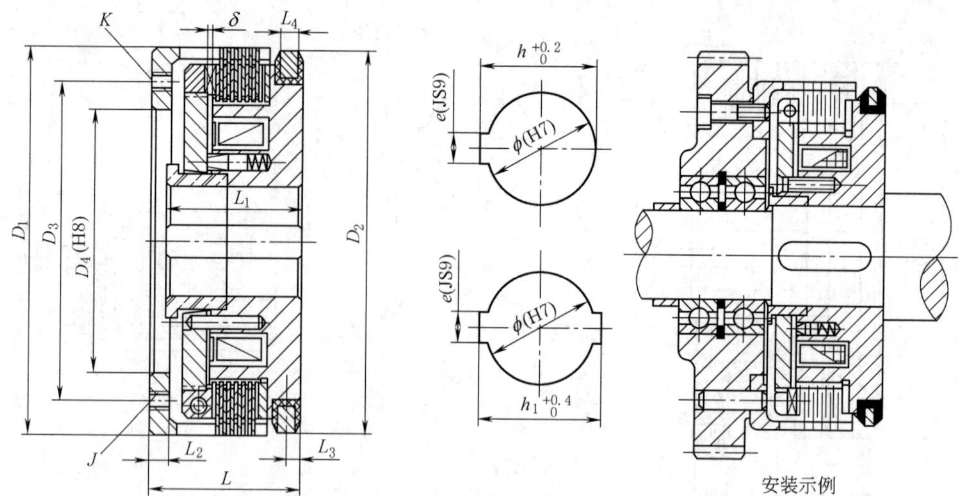

安装示例

表 6-3-37　　DLM10 系列有滑环多片电磁离合器的基本参数和主要尺寸

规格	额定动转矩 /N·m	额定静转矩 /N·m	空载转矩 /N·m ≤	接通时间 /s ≤	断开时间 /s ≤	额定电压 (DC) /V	线圈消耗功率 (20℃) /W	允许最高转速 /r·min^{-1}	质量 /kg	电刷型号
1A/1AG	12.5	20/14	0.088/0.05	0.14/0.11	0.030/0.025	24	26	3000	2	湿式采用 DS-005，干式采用 DS-006
2A/2AG	25	40/27.5	0.175/0.10	0.18/0.16	0.032/0.028	24	27	3000	2.6	
4A/4AG	40	63/44	0.280/0.16	0.20/0.18	0.04/0.03	24	33	3000	3.2	
6A/6AG	63	100/70	0.350/0.26	0.25/0.20	0.45/0.04	24	43	3000	4	
10A/10AG	100	160/110	0.500/0.35	0.28/0.25	0.06/0.045	24	43	3000	5.5	
16A/16AG	160	250/175	1.00/0.56	0.30/0.28	0.08/0.06	24	47	2500	7.8	
25A/25AG	250	400/280	1.50/0.88	0.35/0.30	0.11/0.08	24	55	2200	11	
40A/40AG	400	630/440	2.50/1.40	0.40/0.35	0.12/0.11	24	62	2000	15	
63A/63AG	630	1000/700	4.00/2.20	0.50/0.40	0.15/0.12	24	70	1750	21	
100A/100AG	1000	1600/1100	6.00/3.00	0.60/0.50	0.18/0.15	24	79	1600	32	
160A/160AG	1600	2500/1750	10/5.5	0.90/0.70	0.22/0.18	24	93	1350	50	
250A/250AG	2500	4000/2750	15/8.6	1.15/0.90	0.28/0.25	24	110	1200	77	
400A/400AG	4000	6300/4400	24/14	1.30/1.20	0.35/0.30	24	123	1000	122	

规格	D_1	D_2	D_3	D_4	ϕ	e	h	h_1	J	K	L	L_1	L_2	L_3	L_4	δ
	mm															
1A/1AG	100	100	85	50	18	6	20.8		2×ϕ6	4×M6	45	42	5	5.5	8	0.30
2A/2AG	110	110	90	55	20	6	22.8		2×ϕ6	4×M6	48	45	5	5.5	8	0.30
4A/4AG	120	120	100	60	25	8	28.3		3×ϕ6	6×M6	52	48	6	5.5	8	0.30
6A/6AG	132	132	105	65	30	8	33.3		3×ϕ6	6×M8	55	50	7	5.5	8	0.30
10A/10AG	147	145	120	75	40	12	43.3		3×ϕ8	6×M8	58	53	7	5.5	8	0.35
16A/16AG	162	160	135	85	45	14	48.8		3×ϕ8	6×M8	62	57	7	5.5	8	0.40
25A/25AG	182	180	155	95	50	14	53.8		3×ϕ10	6×M10	68	63	8	6	8	0.45
40A/40AG	202	200	170	120	60	18	64.4		3×ϕ10	6×M10	76	70	9	6.25	8	0.50
63A/63AG	235	230	200	125	70	20	74.9		3×ϕ14	6×M12	86	80	10	6.25	8	0.60
100A/100AG	270	255	235	150	70	20	74.9		3×ϕ14	6×M16	100	92	12	8.5	10	0.70
160A/160AG	310	295	260	180	75	20	79.9		3×ϕ16	6×M16	115	107	14	8.5	10	0.80
250A/250AG	360	340	305	200	100	28	106.4	112.8	4×ϕ16	8×M16	132	122	15	8.5	10	0.90
400A/400AG	420	395	350	235	120	32	127.4	133.4	4×ϕ20	8×M16	150	138	17	8.5	10	1.00

注：1. D_3、J、K 为连接尺寸，由用户自行加工，本表数据仅供参考。

2. 250A/250AG、400A/400AG 为双键孔，180°配置，h_1 分别为 $112.8^{+0.20}_{0}$mm、$133.4^{+0.52}_{0}$mm。

3. 同表 6-3-33 注。

4. G 表示干式多片电磁离合器。

6.4.2 牙嵌式电磁离合器产品

（1）DLY0 系列有滑环牙嵌式电磁离合器（见表 6-3-38）

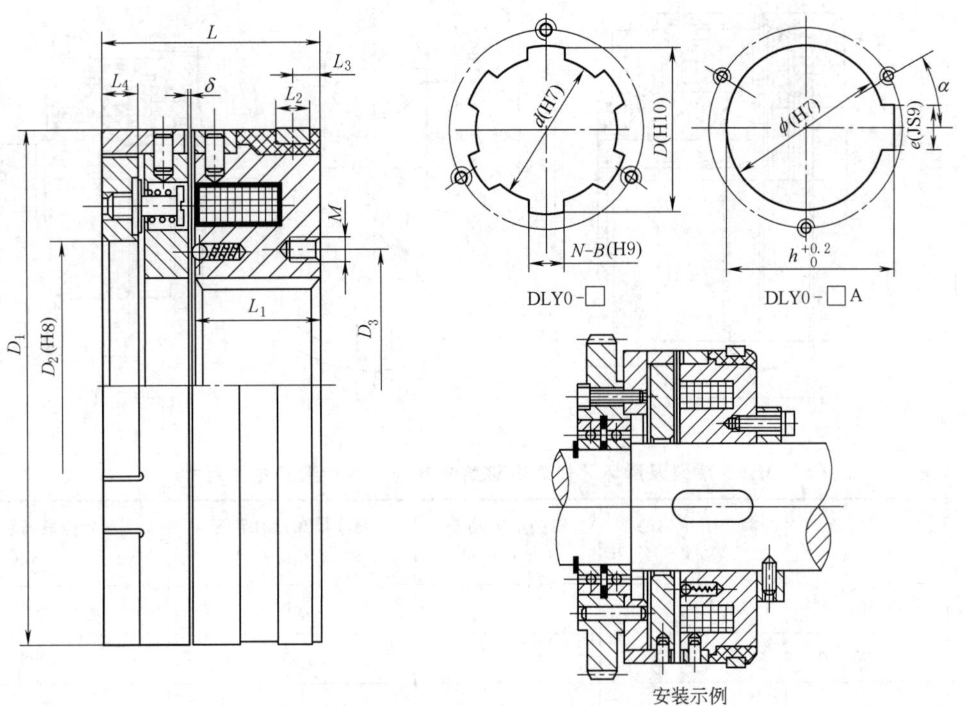

表 6-3-38　　**DLY0 系列有滑环牙嵌式电磁离合器的基本参数和主要尺寸**

规格	额定转矩 /N·m	额定电压(DC) /V	线圈消耗功率(20℃) /W	允许最高接合转速 /r·min^{-1}	允许最高转速 /r·min^{-1}	质量 /kg
1.2	12	24	8	80	5500	0.57
2.5	25	24	8	65	5000	0.83
5	50	24	16	50	4500	1.42
10	100	24	21	35	4000	1.6
16	160	24	24	25	3500	2.1
25	250	24	32	20	3300	3.2
40	400	24	35	15	3000	5.3

规格	D_1	D_2	D_3	D	d	N-B	ϕ	h	e	M	L	L_1	L_2	L_3	L_4	α	δ	电刷型号
	mm																	
1.2	61	30	27.5	22	18	6-5	18	20.8	6	3×M4 深 8	36	19.2	7	6.5	6	30°	0.2	DS-002
2.5	73	35	34	25	21	6-5	25	28.3	8	3×M4 深 8	36	19.2	8	7	6	30°	0.3	
5	87	45	41	28	23	6-6	28	31.3	8	3×M4 深 8	44	24.2	8	9	8	30°	0.3	
10	94	45	50	40	36	8-7	40	43.3	12	3×M4 深 10	45	25.2	8	9	8	30°	0.5	
16	104	60	55	46	42	8-8	45	48.8	14	3×M5 深 10	50	29.2	8	9	8	30°	0.5	
25	125	75	70	50	46	8-9	50	53.8	14	3×M5 深 10	52.5	31	9	8.5	9	30°	0.6	DS-001
40	140	80	75	60	52	8-10	60	64.0	18	3×M6 深 10	62	35	10	8	10	60°	0.6	

注：1. 牙嵌式电磁离合器可在有润滑或无润滑情况下工作。

2. 主要性能参数与尺寸符合 JB/T 10611—2021。

3. 标“A”表示单键孔，不标“A”表示花键孔。

4. 可同轴安装齿轮输出，也可分轴安装，但主、从动端都应轴向固定，不得窜动，且同轴度不低于 9 级。输出及安装方式、连接螺钉孔规格及数量与加工，由用户决定。

（2）DLY3 系列无滑环牙嵌式电磁离合器（见表 6-3-39）

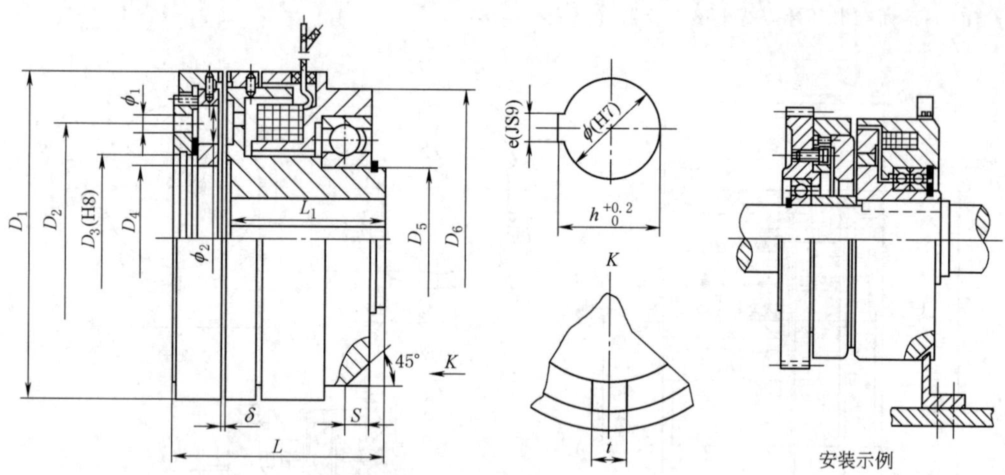

安装示例

表 6-3-39　　DLY3 系列无滑环牙嵌式电磁离合器的基本参数和主要尺寸

规格	额定转矩 /N·m	额定电压(DC) /V	线圈消耗功率 (20℃)/W	允许最高接合转速 /r·min^{-1}	允许最高转速 /r·min^{-1}
5	50	24	24	50	4500
10	100	24	30	35	4000
16	160	24	35	25	3500
25	250	24	38	20	3300
40	400	24	60	15	3000
63	630	24	65	相对静止	2500
100	1000	24	80	相对静止	2200
200	2000	24	110	相对静止	1800

规格	D_1	D_2	D_3	D_4	D_5	D_6	ϕ_1	ϕ_2	ϕ	h	e	L	L_1	S	t	δ
	mm															
5	82	58	42	36	35	75	3×ϕ4.5	3×ϕ10	20	22.8	6	55	42	6	8	0.3±0.05
10	95	70	52	46	45	90	3×ϕ5.5	3×ϕ10	30	33.3	8	63	45	6	10	0.4±0.10
16	105	70	55	50	50	96	3×ϕ6.5	3×ϕ12	35	38.3	10	66.5	48.5	6	10	0.4±0.10
25	115	80	62	55	55	105	3×ϕ6.5	3×ϕ12	40	43.3	12	70	50.8	6	10	0.5±0.10
40	134	95	72	68	70	127	6×ϕ8.5	6×ϕ15	45	48.8	14	83	61	7	10	0.6±0.10
63	145	95	72	65	65	127	6×ϕ8.5	6×ϕ15	45	48.8	14	85.6	64.5	7	10	0.7±0.10
100	166	120	90	80	85	152	6×ϕ8.5	6×ϕ15	60	64.4	18	95	68	10	12	0.7±0.10
200	210	160	130	95	105	190	6×ϕ10.5	6×ϕ18	85	90.4	22	110	80	10	12	0.7±0.15

注：同表 6-3-38 注 1、2、3。

（3）DLY5 系列有滑环牙嵌式电磁离合器（见表 6-3-40）

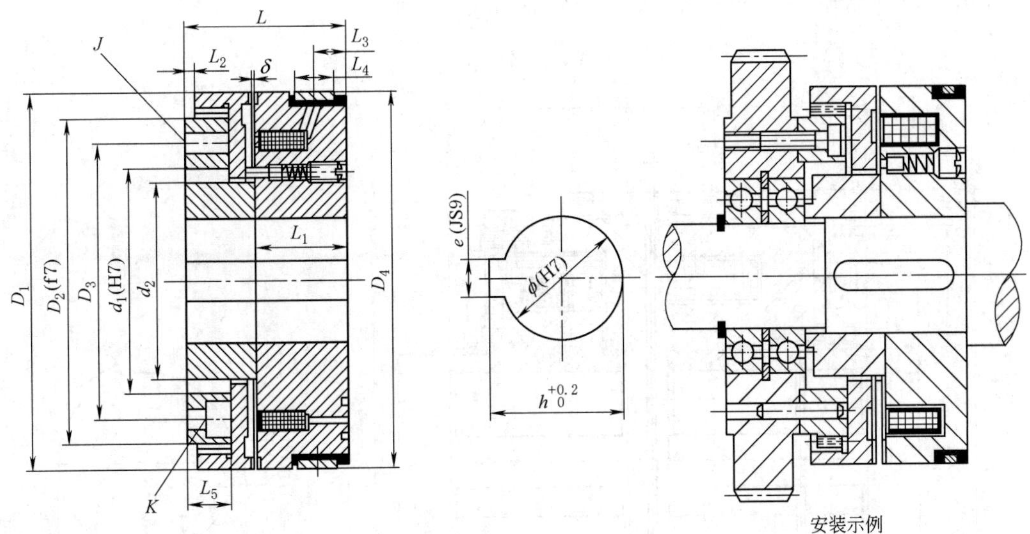

安装示例

表 6-3-40　　DLY5 系列有滑环牙嵌式电磁离合器的基本参数和主要尺寸

规格	额定转矩 /N·m	额定电压 (DC)/V	线圈消耗功率 (20℃)/W	允许最高接合转速 /r·min^{-1}	允许最高转速 /r·min^{-1}	质量/kg
2A	20	24	17	60	5500	0.9
5A	50	24	22	50	4500	1.5
10A	100	24	28	30	4000	2.3
16A	160	24	32	30	3500	3.0
25A	250	24	44	20	3300	4.3
40A	400	24	58	10	3000	6.2
63A	630	24	60	相对静止	2500	8.9
100A	1000	24	73	相对静止	2200	14.0
160A	1600	24	87	相对静止	2000	20.0
250A	2500	24	85	相对静止	1700	34.0

规格	D_1	D_2	D_3	D_4	d_1	d_2	ϕ	h	e	J	K	L	L_1	L_2	L_3	L_4	L_5	δ	电刷型号
	mm																		
2A	75	65	55	75	45	39.5	25	28.3	8	2×ϕ4	4×M4	33	18.6	1.5	6.5	8	8	0.4	湿式使用DS-005，干式使用DS-006
5A	90	75	64	90	53	49	30	33.3	8	2×ϕ5	4×M5	40	24.1	2	6.5	8	9	0.5	
10A	105	85	75	105	65	57	40	43.3	12	2×ϕ5	4×M5	45	26.6	2	6.5	8	10.5	0.5	
16A	115	100	85	115	70	62	45	48.8	14	2×ϕ6	4×M6	50	29.6	2	6.5	8	12.5	0.5	
25A	125	105	90	125	75	68	50	53.8	14	2×ϕ8	4×M6	58	33.9	2.5	6.5	8	15.5	0.6	
40A	140	115	100	140	85	74	60	64.4	18	2×ϕ10	6×M6	67	40	2.5	7.5	10	17	0.6	
63A	160	130	115	160	95	85	70	74.9	20	2×ϕ10	6×M8	75	42	3	7.5	10	19.5	0.7	
100A	185	155	135	182	115	97	70	74.9	20	2×ϕ12	6×M8	85	49	3	7.5	10	21	0.7	
160A	215	180	158	215	130	114	85	90.4	22	2×ϕ12	6×M10	100	58	3.5	8.5	10	25.5	0.9	DS-010
250A	250	210	190	250	150	130	85	90.4	22	2×ϕ12	6×M12	115	66	3.5	8.5	10	26	0.9	

注：1. DLY5-16A 以下规格者为单键；DLY5-25A 以上的规格者为双键，两键位置呈 120°或 180°分布。

2. D_3、J、K 为连接尺寸，由用户自行加工，本表数据仅供参考。

3. 可同轴安装齿轮输出，也可分轴安装，但主、从动端都应轴向固定，不得窜动，且同轴度不低于 9 级。输出及安装方式，连接螺钉孔规格及数量与加工，由用户决定。

（4）DLY9 系列有滑环牙嵌式电磁离合器（见表 6-3-41）

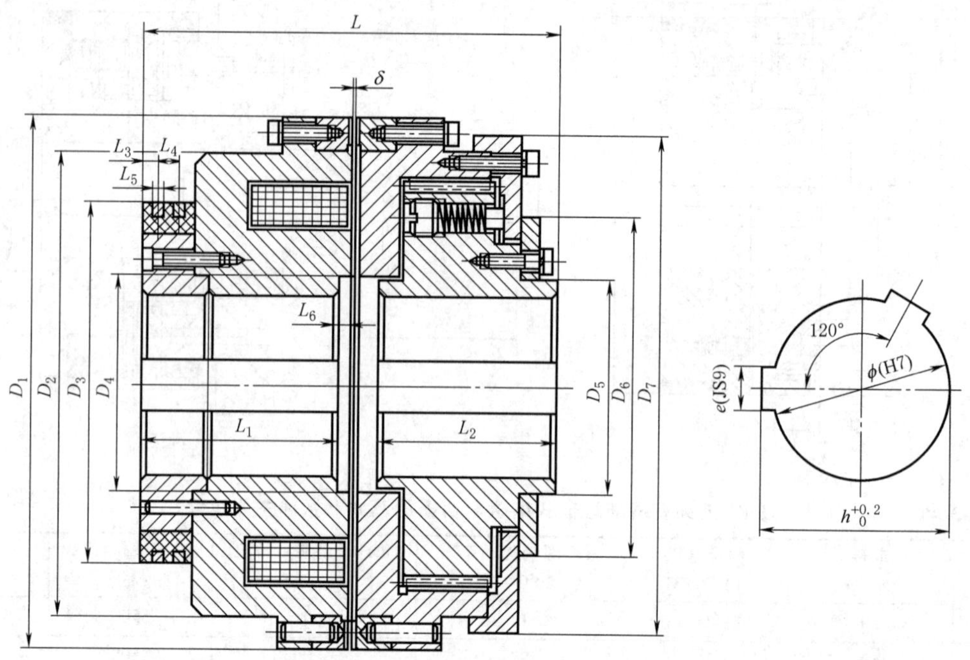

表 6-3-41　　**DLY9 系列有滑环牙嵌式电磁离合器的基本参数和主要尺寸**

规格	额定转矩 /N·m	额定电压(DC) /V	线圈消耗功率 (20℃)/W	允许最高接合转速 /r·min^{-1}	允许最高转速 /r·min^{-1}
500	5000	110	117	相对静止	1300
800	8000	110	133	相对静止	1000
1000	10000	110	143	相对静止	1000
1500	15000	110	220	相对静止	1000

规格	D_1	D_2	D_3	D_4	D_5	D_6	D_7	ϕ	h	e	L	L_1	L_2	L_3	L_4	L_5	L_6	δ	电刷型号
	mm																		
500	320	270	215	130	130	200	285	110	116.4	28	245	105	105	10	14.5	8	19	1	DS-010
800	380	315	235	150	153	225	334	118	124.4	28	300	105	130	12	20	10	30	1.3	
1000	420	350	255	140	160	230	370	110	116.4	28	310	135	135	12	20	10	23	1.5	
1500	460	380	265	148	180	250	400	118	124.4	28	350	140	160	12	20	10	40	1.8	

注：可同轴安装齿轮输出，也可分轴安装，但主、从动端都应轴向固定，不得窜动，且同轴度不低于 9 级。输出及安装方式，连接螺钉孔规格及数量与加工，由用户决定。

6.4.3　电磁失电离合器产品

（1）DLT1 系列电磁失电离合器（见表 6-3-42）

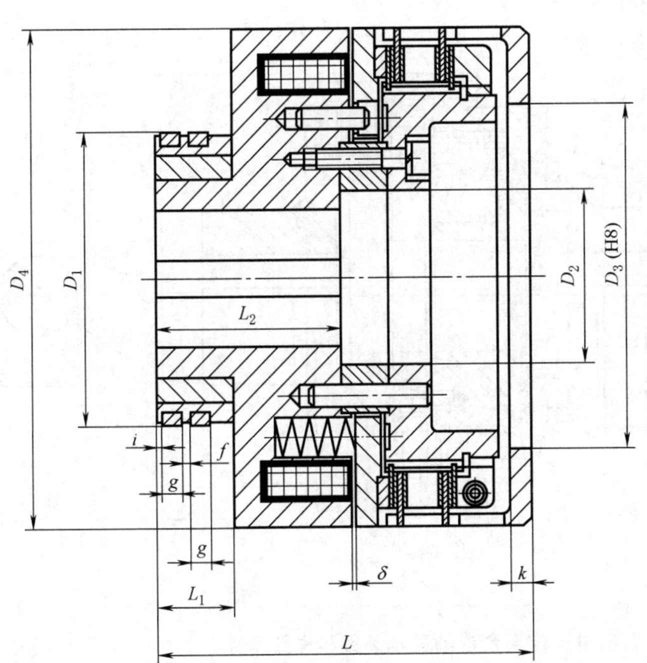

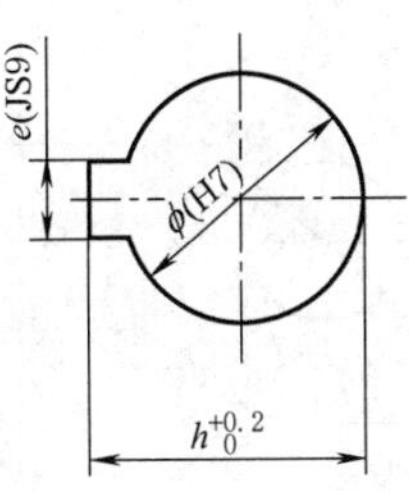

表 6-3-42　　DLT1 系列电磁失电离合器的基本参数和主要尺寸

规格	额定动转矩 /N·m	额定静转矩 /N·m	吸合电压 (DC)/V	保持电压 (DC)/V	线圈消耗功率 (20℃)/W	允许最高转速 /r·min^{-1}
10	100	110	96	24	33	3000
16	160	176	96	24	59	2500
25	250	275	96	24	61	2200
40	400	440	96	24	88	2000
63	630	693	96	24	94	1800
100	1000	1100	96	24	130	1600

规格	D_1	D_2	D_3	D_4	L	L_1	L_2	f	g	i	k	δ	ϕ	h	e	电刷型号
	mm															
10	90	52	75	147	124.5	28	61	3	6	2	7	1.3	40	43.3	12	DS-006
16	100	60	85	162	135	32	67	3	8	3	7	1.3	45	48.8	14	DS-006
25	120	73	95	182	145	32	75	4	8	3	8	1.3	50	53.8	14	DS-003
40	120	78	125	202	155	32	77	4	8	3	9	1.5	55	59.3	16	DS-003
63	160	82	140	235	185	35	85	6	8	3	10	1.8	65	69.4	18	DS-006
100	170	80	200	270	205	45	95	10	10	5	12	2.0	65	69.4	18	DS-010

注：1. 当离合器断电时，从动端在弹簧力作用下与主动端接合，当离合器通电时，电磁力克服弹簧力，使从动端脱离主动端。

2. 可同轴安装齿轮输出，也可分轴安装，但主、从动端都应轴向固定，不得窜动，且同轴度不低于 9 级。输出及安装方式、连接螺钉孔规格及数量与加工，由用户决定。

（2）DLT2 系列电磁失电离合器（见表 6-3-43）

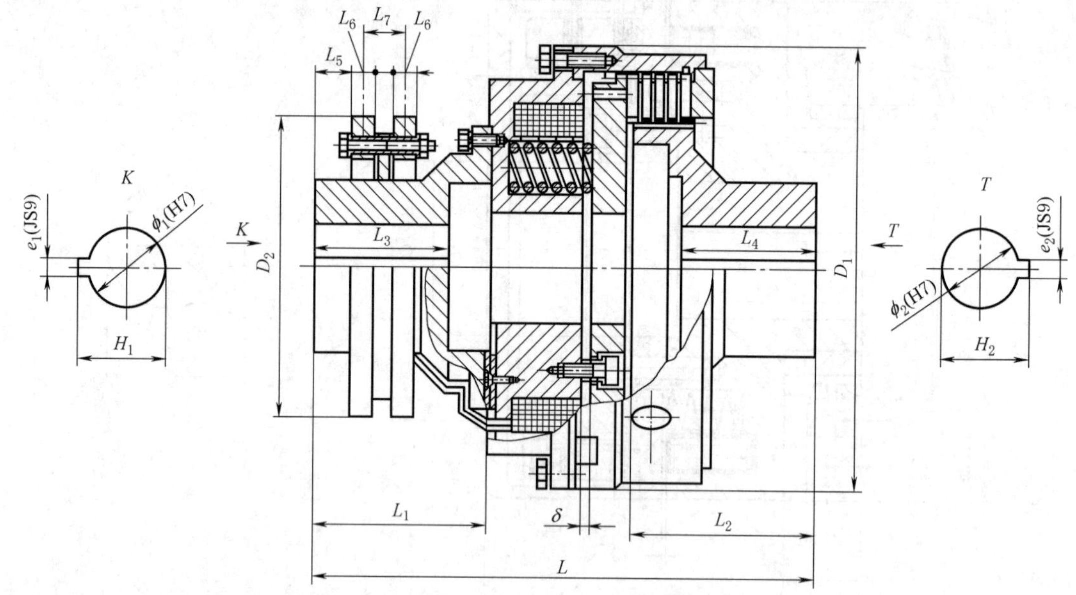

表 6-3-43　　DLT2 系列电磁失电离合器的基本参数和主要尺寸

规格	额定动转矩 /N·m	静转矩 /N·m	吸合电压 (DC)/V	保持电压 (DC)/V	线圈消耗功率 (20℃)/W	允许最高转速 /r·min^{-1}
63	630	693	220	36	33	1800
125	1250	1375	220	36	48	1600
160	1600	1760	220	36	54	1400
250	2500	2750	220	36	60	1200
400	4000	4400	220	36	66	1100
630	6300	6930	220	36	76	1000
1000	10000	11000	220	36	77	1000
1600	16000	17600	220	36	89	1000
2500	25000	27500	220	36	94	1000

<table>
<tr><th rowspan="2">规格</th><th>D_1</th><th>D_2</th><th>L</th><th>L_1</th><th>L_2</th><th>L_3</th><th>L_4</th><th>L_5</th><th>L_6</th><th>L_7</th><th>δ</th><th>ϕ_1</th><th>ϕ_2</th><th>H_1</th><th>H_2</th><th>e_1</th><th>e_2</th><th rowspan="2">电刷型号</th></tr>
<tr><th colspan="17">mm</th></tr>
<tr><td>63</td><td>215</td><td>140</td><td>330</td><td>112</td><td>142</td><td>84</td><td>114</td><td>15</td><td rowspan="9">12</td><td rowspan="3">26</td><td rowspan="7">1.5</td><td colspan="2">55</td><td colspan="2">59.3</td><td colspan="2">16</td><td rowspan="9">DS-010</td></tr>
<tr><td>125</td><td>240</td><td>135</td><td>360</td><td>128</td><td>130</td><td>96</td><td>100</td><td>45</td><td colspan="2">60</td><td colspan="2">64.4</td><td colspan="2">18</td></tr>
<tr><td>160</td><td>260</td><td>145</td><td>370</td><td>112</td><td>172</td><td>82</td><td>140</td><td>25</td><td>50</td><td>70</td><td>53.8</td><td>74.9</td><td>14</td><td>20</td></tr>
<tr><td>250</td><td>305</td><td>200</td><td>440</td><td colspan="2">170</td><td colspan="2" rowspan="2">132</td><td>56</td><td rowspan="6">36</td><td colspan="2">80</td><td colspan="2">85.4</td><td colspan="2">22</td></tr>
<tr><td>400</td><td>350</td><td>220</td><td>462</td><td colspan="2">172</td><td>50</td><td>95</td><td>85</td><td>100.4</td><td>90.4</td><td>25</td><td>22</td></tr>
<tr><td>630</td><td>410</td><td>250</td><td>467</td><td>170</td><td>173</td><td>130</td><td>127.5</td><td>35</td><td colspan="2">80</td><td colspan="2">—</td><td colspan="2">—</td></tr>
<tr><td>1000</td><td>478</td><td>280</td><td>576</td><td colspan="2">212</td><td>132</td><td>167</td><td>49</td><td>110</td><td>100</td><td>117.4</td><td>106.4</td><td>32</td><td>28</td></tr>
<tr><td>1600</td><td>500</td><td>300</td><td>660</td><td colspan="2">252</td><td colspan="2">202</td><td>25</td><td rowspan="2">2.0</td><td>150</td><td>140</td><td>158.4</td><td>148.4</td><td colspan="2">36</td></tr>
<tr><td>2500</td><td>620</td><td>300</td><td>770</td><td colspan="2">292</td><td colspan="2">242</td><td>100</td><td colspan="2">170</td><td colspan="2">179.4</td><td colspan="2">40</td></tr>
</table>

注：可同轴安装齿轮输出，也可分轴安装，但主、从动端都应轴向固定，不得窜动，且同轴度不低于 9 级。输出及安装方式、连接螺钉孔规格及数量与加工，由用户决定。

6.4.4　电磁离合制动器产品

（1）DLZ1 系列电磁离合制动器（见表 6-3-44～表 6-3-46）

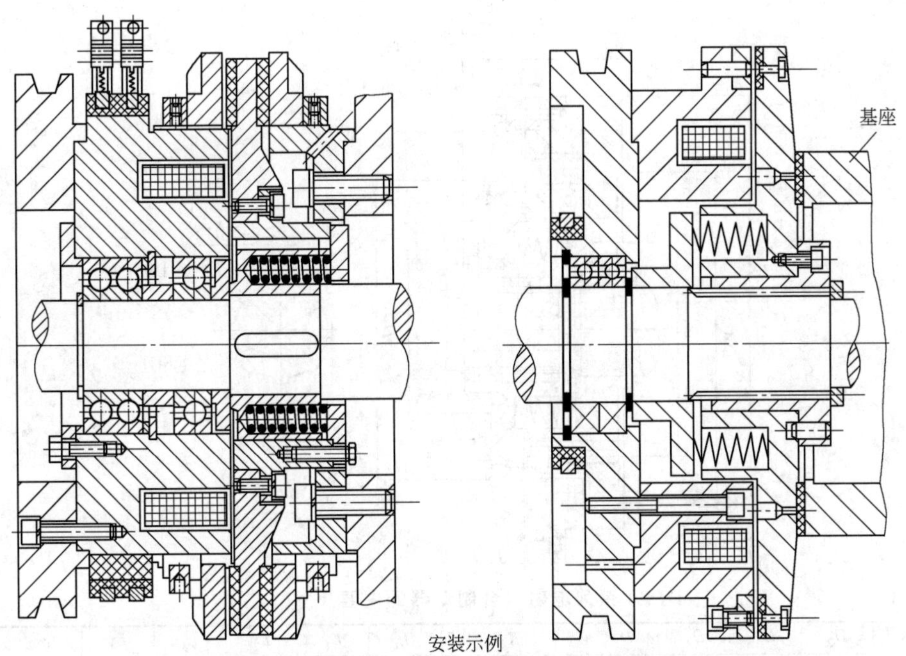

安装示例

表 6-3-44　DLZ1 系列电磁离合制动器的基本参数

规格	额定静转矩/N·m		额定电压(DC)/V	线圈消耗功率(20℃)/W	允许最高转速/r·min^{-1}
	离合器	制动器			
25	250	80	24	81	2500
40	400	120	24	115	2500
50	500	90	24	131	1500
80	800	120	24	137	1500

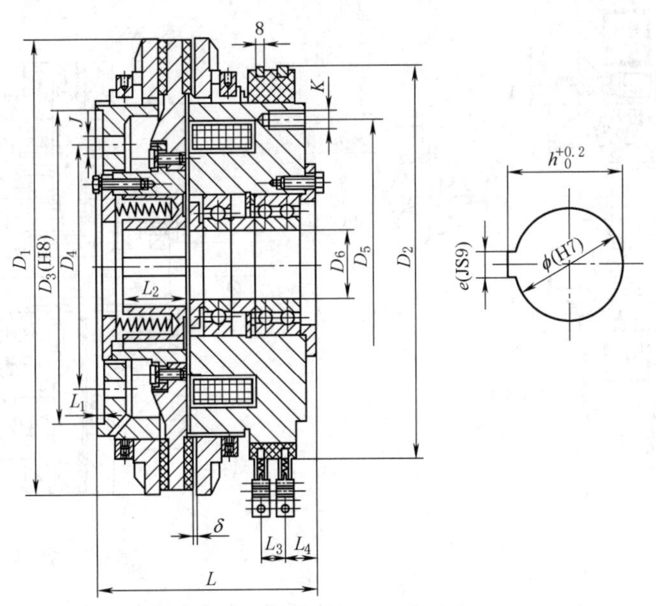

表 6-3-45　DLZ1 系列电磁离合制动器的主要尺寸（一）

规格	D_1	D_2	D_3	D_4	D_5	D_6	J	K	L	L_1	L_2	L_3	L_4	δ	ϕ	e	h	电刷型号
	mm																	
25	285	247	200	155	180	45	8×ϕ11	8×M10 深 25	147	5	45	16	20.7	0.5	50	14	53.8	DS-009
40	315	265	210	170	195	50	8×ϕ13	8×M12 深 25	166	6	51	16	20	0.7	55	16	59.3	DS-010

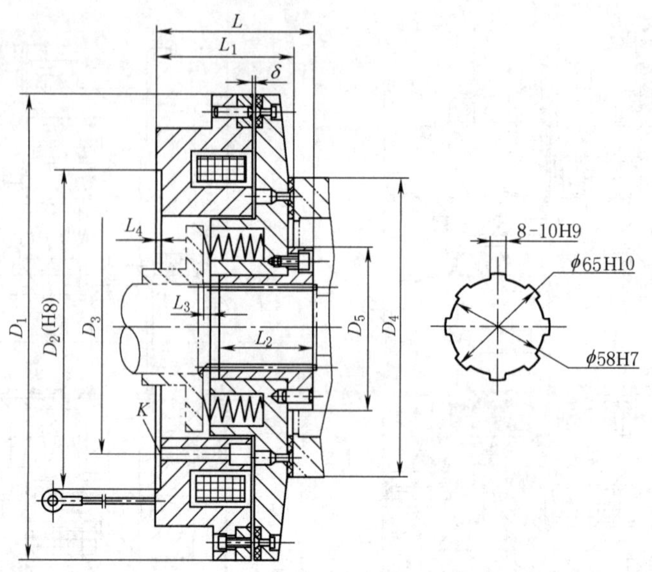

表 6-3-46　　**DLZ1 系列电磁离合制动器的主要尺寸（二）**

规格	D_1	D_2	D_3	D_4	D_5	K	L	L_1	L_2	L_3	L_4	δ	电刷型号
	mm												
50	350	237	188	224	120	6×ϕ11	122	105	73	4	3	0.5	DS-010
80	402	242	194	280	165	6×ϕ13.5	138.5	115.5	94.5	4	6	0.6	

注：孔径根据用户要求。

（2）DLZ2 系列电磁离合制动器（见表 6-3-47）

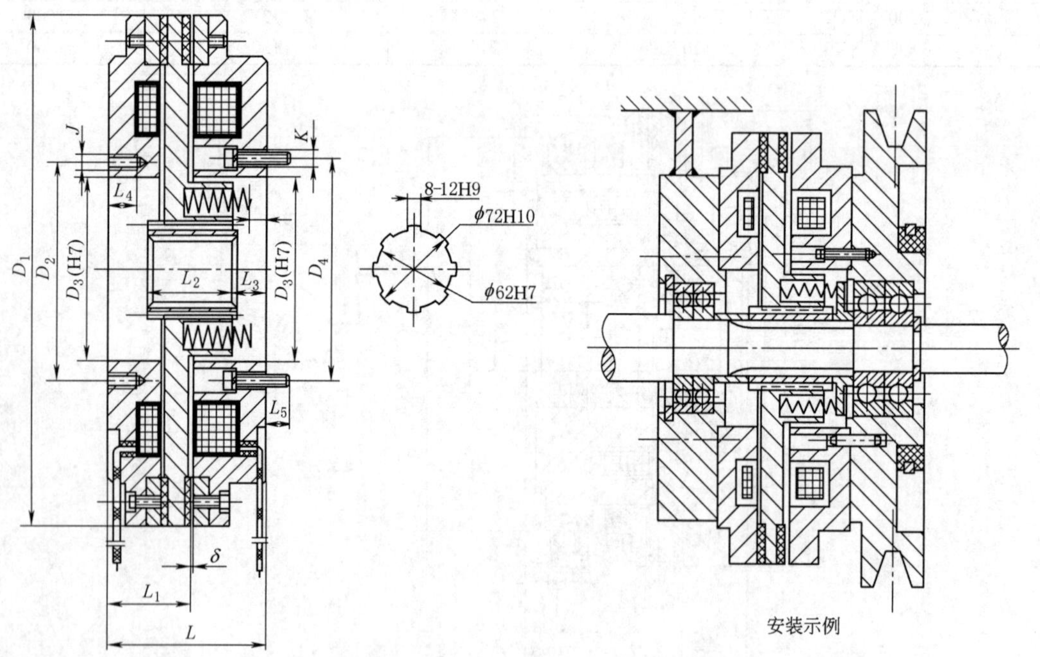

安装示例

表 6-3-47　　**DLZ2 系列电磁离合制动器的基本参数和主要尺寸**

规格	额定动转矩/N·m		额定静转矩/N·m		额定电压(DC)/V	线圈消耗功率(20℃)/W		允许最高转速/r·min^{-1}
	离合器	制动器	离合器	制动器		离合器	制动器	
120	1200	400	1320	440	24	125	195	1500
180	1800	800	1980	880	24	200	220	1200

续表

规格	D_1	D_2	D_3	D_4	J	K	L	L_1	L_2	L_3	L_4	L_5	δ
	mm												
120	420	205	176	205	4×M12	6×ϕ11	152.5	77	70	38	25	20	0.8
180	500	205	180	220	8×M12	8×ϕ13.5	183.8	88	70	61	25	35	0.8

注：孔径根据用户要求。

（3）DLZ4 系列电磁离合制动器（见表 6-3-48）

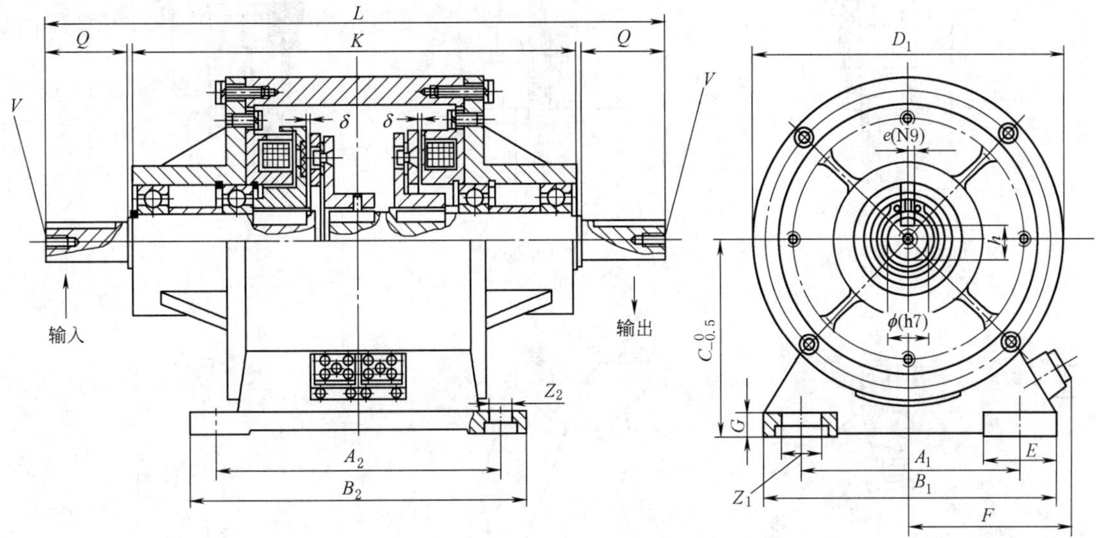

表 6-3-48　DLZ4 系列电磁离合制动器的基本参数和主要尺寸

规格	额定动转矩/N·m		额定静转矩/N·m		额定电压 (DC)/V	线圈消耗功率(20℃)/W		允许最高转速 /r·min^{-1}
	离合器	制动器	离合器	制动器		离合器	制动器	
0.5	5	5	5.5	5.5	24	12	12	5000
1	10	10	11	11	24	16	16	5000
2	20	20	22	22	24	20	20	4000
4	40	40	45	45	24	25	25	4000
8	80	80	90	90	24	36	38	3000
16	160	160	175	175	24	46	45	3000
25	250	250	275	275	24	50	49	2000
32	320	320	352	352	24	60	60	1500

规格	A_1	A_2	B_1	B_2	C	D	E	F	G	K	L	V	Z_1	Z_2	ϕ	Q	h	e	δ
	mm																		
0.5	65	90	90	105	65	100	27.5	58	10	132	187	M3 深 8	4×13.5	4×6.5	11	25	$8.5_{-0.1}^{0}$	4	0.3
1	80	110	110	130	80	125	30	66	12	171	236	M4 深 6	4×15	4×9	14	30	$11_{-0.1}^{0}$	5	
2	105	135	140	160	90	150	35	81	15	210	295	M6 深 11	4×20	4×11	19	40	$15.5_{-0.1}^{0}$	6	
4	135	160	175	185	112	190	42	98	15	270	376	M6 深 11	4×24	4×11	24	50	$20_{-0.2}^{0}$	8	
8	155	200	200	230	132	230	45	110	18	362	490	M6 深 11	4×28	4×14	28	60	$24_{-0.2}^{0}$	8	0.5
16	195	240	240	270	160	290	47	129	20	448	616	M10 深 17			38	80	$33_{-0.2}^{0}$	10	
25	240	290	290	320	185	340	60	155	22	490	684	M10 深 17	4×30	4×14	40	90	$35_{-0.2}^{0}$	12	
32	250	300	300	340	195	350	60	160	23	540	772	M10 深 17	4×34	4×17	42	110	$37_{-0.2}^{0}$	12	

注：Z_1、Z_2 为矩形孔尺寸。

6.4.5　电磁离合器附件

（1）电磁离合器用电刷（见表 6-3-49）

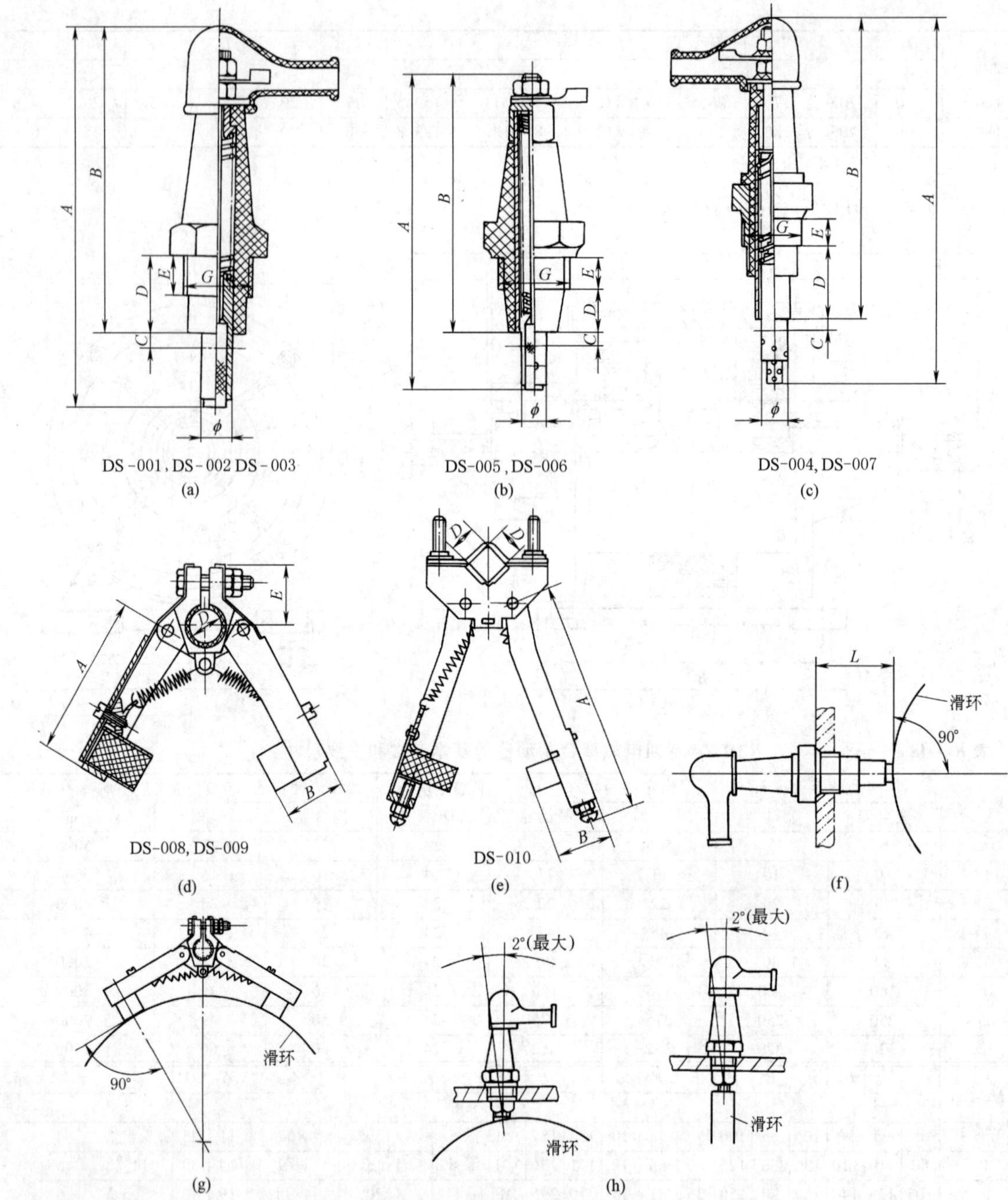

DS-001, DS-002 DS-003
(a)

DS-005, DS-006
(b)

DS-004, DS-007
(c)

DS-008, DS-009
(d)

DS-010
(e)

(f)

(g)

(h)

表 6-3-49　　电磁离合器用电刷的基本参数和主要尺寸

电刷型号	电流/A	工作条件	电刷头尺寸/mm	外形尺寸/mm						图示	适用产品举例
				A	*B*	*C*	*D*	*E*	*G*		
DS-001	4	湿式	$\phi8$	<100	78	3.5	19.5	10.5	M18×1.5	图(a)	DLM0, DLM5, DLY0
DS-002	3	湿式	$\phi6$	<70	56	4	10	8	M16×1.0	图(a)	DLY0, DLM5
DS-003	4	干式	$\phi8$	<100	78	3.5	19.5	10.5	M18×1.5	图(a)	DLT1
DS-004	4	湿式	$\phi8$	<143	118	3	43	8	M18×1.5	图(c)	特殊订货
DS-005	3	湿式	$\phi6$	<80	65	3	11	8	M18×1.5	图(b)	DLM10A(湿式) DLY5(湿式)
DS-006	3	干式	$\phi6$	<80	65	3	11	8	M18×1.5	图(b)	DLM10A(干式) DLY5(干式)

续表

电刷型号	电流/A	工作条件	电刷头尺寸/mm	外形尺寸/mm A	B	C	D	E	G	图示	适用产品举例
DS-007	4	湿式	$\phi8$	<110	90	3	22	8	M18×1.5	图(c)	特殊订货
DS-008	10	湿式	6×10	42	16		10	15		图(d)	特殊订货
DS-009	10	干式	8×10	80	20		10	15		图(d)	特殊订货
DS-010	10	干式	8×12.5	112	26		17			图(e)	DLT1,DLZ1,DLY9

电刷型号	DS-001	DS-002	DS-003	DS-004	DS-005	DS-006	DS-007
L/mm	23	14	23	57	22	22	33

注：1. 电刷为有滑环（线圈旋转）型电磁离合器用，以接通电源，将电流引入线圈，使离合器可靠运行。

2. 电刷分湿式和干式两种，其中又分单头［图（f）］和双头［图（g）］。湿式电刷头由磷铜丝网卷制而成，使用压力较大，干式电刷头由石墨和铜混合材料制成，使用压力较小。

3. 安装单头电刷时，其中心线应垂直于接触点处离合器滑环外圆的切线，并通过离合器的中心，且相对于滑环的径向和轴向的倾斜度不大于2°［图（h）］。

4. 安装双头电刷时，电刷头长度方向的中心线应与离合器滑环外圆的切线垂直［图（g）］。

5. 单滑环离合器，应将电源的正极接于电刷。

6. 使用双头电刷时，应将电刷安置于绝缘棒或带有绝缘层的金属棒上，且两电刷之间也需绝缘，以免电源短路。

（2）导电滑环（见表 6-3-50）

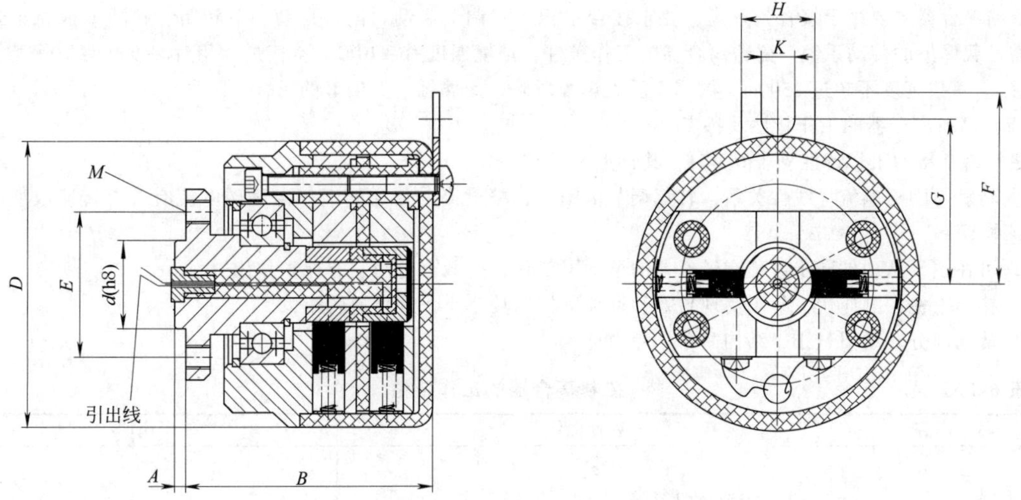

表 6-3-50　导电滑环的基本参数和主要尺寸

滑环型号	外形尺寸/mm A	B	d	D	E	F	G	H	K	M	电流/A	转速/r·min^{-1}
DHH-5AT3	3	57	20	60	32	45	38	25	10.5	4×M4	5	1500

6.5 磁粉离合器

6.5.1 磁粉离合器的原理及特性

（1）磁粉离合器的结构和工作原理

磁粉离合器是以磁粉为介质，借助于磁粉间的结合力和磁粉与工作面间的摩擦力传递转矩的离合器。图 6-3-8 所示为无滑环磁粉离合器。从动转子 7 与从动轴 1 相连，以滚珠轴承支承回转。主动轴 12 与主动转子 11 相连一起回转。主动转子上嵌有励磁线圈 8，在主动转子与从动转子间填充磁粉。当线圈 8 通电时，产生垂直于间隙的磁通，使松散的磁粉粒磁化结成磁粉链，产生磁连接力，并借助于主、从动件与磁粉的摩擦力将动力自主动件传递给从动件。断电后，磁粉恢复松散状态，并在离心力作用下，使磁粉贴靠主动转子内壁而与从动转子脱离，离合器脱开。

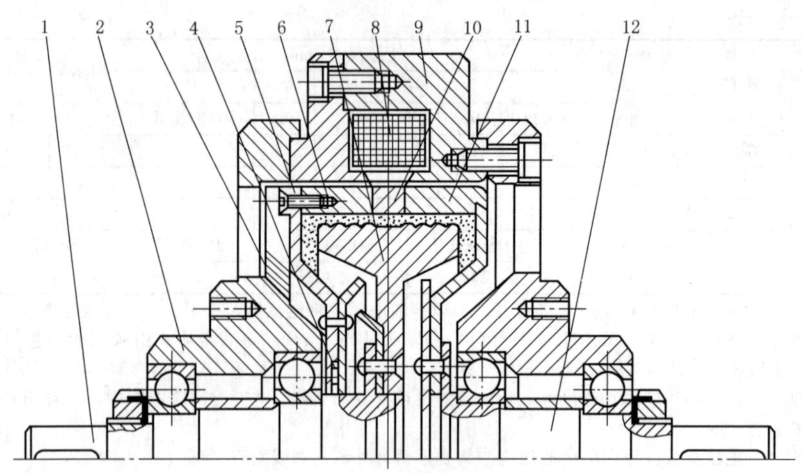

图 6-3-8 无滑环磁粉离合器

1—从动轴；2—从动轴支承盖；3—风扇；4—密封圈；5—转子端盖；6—磁粉；
7—从动转子；8—线圈；9—定子；10—隔磁环；11—主动转子；12—主动轴

磁粉离合器主要用于接合频率高，要求接合平稳，需调节启动时间，自动调节转矩、转速或保持恒转矩运转，需过载保护的传动系统。磁粉离合器的工作条件：环境温度-5~40℃，空气最大相对湿度90%（平均温度为25℃时），海拔高度不超过2500m，周围介质无爆炸危险、无腐蚀、无油雾的场合。

（2）磁粉离合器的工作特性及特点

磁粉离合器的工作特性见表 6-3-51，其特点如下。

① 转矩与励磁电流呈线性关系，转矩调节范围广，精度高；传递转矩仅与励磁电流有关，转速改变时传递转矩基本不变。

② 可在主、从动件同步或稍有转速差的情况下工作，过载会打滑，有保护作用。

③ 接合平稳，响应快，易于实现自控和远控，控制功率小，且传递转矩大。

④ 从动部分转动惯量小，结构简单，噪声低。

表 6-3-51　　磁粉离合器的工作特性

特性内容	特性曲线	说明
静特性——主动侧转速为常数，从动侧被制动时，转矩与励磁电流的关系	静特性曲线（T—I：T_{max}、T_2、T_1、T_0、0、I_1、I_2、I_{max}；非线性区、线性区、饱和区） 主动侧转速 n_1 = 常数 从动侧转速 $n_2=0$ I——励磁电流 T——负载转矩	除弱励磁的非线性区和强励磁的饱和区外，其余区基本上为线性区，但由于磁性材料有剩磁，断电后，有微小的空转转矩，由图可知磁滞回线的宽度对额定转矩影响较小，即离合器有较宽的转矩线性调节范围 从图中可以看出，改变励磁电流可以控制转矩，且调节范围宽
力学特性——主动侧转速和励磁电流为常数时，从动侧转速与所能传递转矩的关系	力学特性曲线（n_2—T：n_1、0、T_a、T_b） 主动侧转速 n_1 = 常数 励磁电流 I = 常数	当负载转矩小于 T_a 时，主、从动侧同步转动；当负载转矩在 T_a 与 T_b 之间时，离合器在有滑差的情况下工作；当负载转矩大于 T_b 时，从动侧转速为零，离合器处于制动状态。此图表明在一定的范围内，从动侧转速不随转矩而变

续表

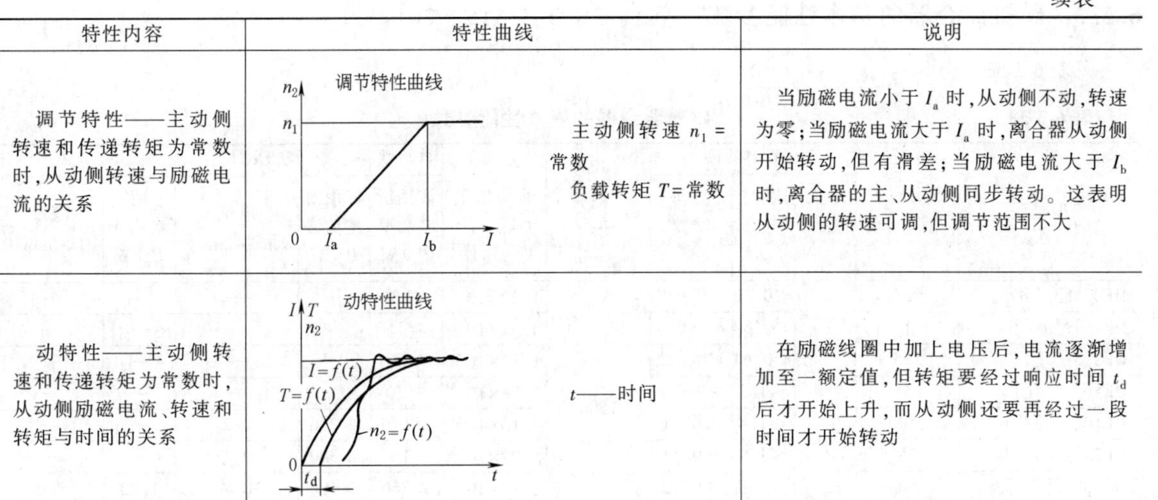

特性内容	特性曲线		说明
调节特性——主动侧转速和传递转矩为常数时，从动侧转速与励磁电流的关系	调节特性曲线	主动侧转速 n_1 = 常数 负载转矩 T = 常数	当励磁电流小于 I_a 时，从动侧不动，转速为零；当励磁电流大于 I_a 时，离合器从动侧开始转动，但有滑差；当励磁电流大于 I_b 时，离合器的主、从动侧同步转动。这表明从动侧的转速可调，但调节范围不大
动特性——主动侧转速和传递转矩为常数时，从动侧励磁电流、转速和转矩与时间的关系	动特性曲线	t——时间	在励磁线圈中加上电压后，电流逐渐增加至一额定值，但转矩要经过响应时间 t_d 后才开始上升，而从动侧还要再经过一段时间才开始转动

6.5.2 磁粉离合器的选用计算

表 6-3-52　　磁粉离合器的选用计算

计算简图	计算内容	计算公式
系数 K_v 值 系数 K_τ 和 n 值	计算转矩 T_c 离合器许用转矩 T_p 单位面积剪力 τ_δ	$T_c=K_gK_lT_t$（N·mm）$\leqslant T_p$（或额定转矩 T_n） $T_p=\dfrac{\pi}{2}K_zK_\omega K_b m\tau_\delta D_\delta^3$（N·mm） $\tau_\delta=0.1\times10^{4n}K_mK_vK_\tau B_\delta^n$（MPa） τ_δ 一般取 0.5～1.0MPa
	说明 K_g——过载系数，一般载荷时取 $K_g=1.1\sim1.3$，重载时取 $K_g=1.5\sim2$ K_l——磁粉老化系数，$K_l=1.3\sim1.5$ T_t——需传递的转矩，N·mm m——工作间隙数 K_z——工作间隙系数，当 $m=1\sim4$ 时取 $K_z=1\sim0.9$ K_ω——工况系数，当同步时取 $K_\omega=1$，有滑差时取 $K_\omega=0.6\sim0.9$ K_b——从动件工作面宽度与从动件沿工作间隙的平均直径之比，当传递转矩为 $10^4\sim10^7$N·mm 时取 $K_b=0.12\sim0.08$ D_δ——从动件沿工作间隙的平均直径，mm K_m——与磁粉松装密度有关的系数，对于不锈钢粉 $K_m=1$，对于铁铝铬粉和铁硅铝粉 $K_m=1.36$，对于铁钴镍粉 $K_m=1.55$ K_v——与从动件相对运动速度 v 及离合器工作间隙 δ 有关的系数，见左图 K_τ，n——与磁粉的填充系数 K_p 及工作间隙 δ 有关的系数，见左图，其中 K_p 为磁粉中铁（或其他导磁合金）的体积分数 B_δ——工作间隙平均磁通密度，T，一般取 $B_\delta=0.5\sim1$T	

6.5.3 磁粉离合器的基本性能参数（摘自 GB/T 33515—2017）

见表 6-3-53。

表 6-3-53　　磁粉离合器的基本性能参数

型号	额定转矩 T_n/N·m	75℃时线圈			许用同步转速 n_p /r·min^{-1}	转动惯量 J/kg·m^2	自冷式	风冷式		液冷式	
		最大电压 U_m/V	最大电流 I_m/A	时间常数 T_{ir}/s			许用滑差功率 P_p/W	许用滑差功率 P_p/W	风量 /m^3·min^{-1}	许用滑差功率 P_p/W	液量 /L·min^{-1}
DF0.5□.□/□	0.5	24	≤0.40	≤0.035	1500	1.02×10^{-5}	≥8	—	—	—	—
DF1□.□/□	1		≤0.54	≤0.040		4.34×10^{-5}	≥15	—	—	—	—
DF2.5□.□/□	2.5		≤0.64	≤0.052		1.12×10^{-4}	≥40	—	—	—	—
DF5□.□/□	5		≤1.2	≤0.066		2.76×10^{-4}	≥70	—	—	—	—
DF10□.□/□	10		≤1.4	≤0.11		5.10×10^{-4}	≥110	≥200	0.2	—	—
DF25□.□/□	25		≤1.9	≤0.11		1.99×10^{-3}	≥150	≥340	0.4	—	—
DF50□.□/□	50		≤2.8	≤0.12		5.87×10^{-3}	≥260	≥400	0.7	1200	3.0
DF100□.□/□	100		≤3.6	≤0.23		2.09×10^{-2}	≥420	≥800	1.2	2500	6.0
DF200□.□/□	200		≤3.8	≤0.33	1000	6.45×10^{-2}	≥720	≥1400	1.6	3800	9.0
DF400□.□/□	400		≤5.0	≤0.44		1.68×10^{-1}	≥900	≥2100	2.0	5200	15
DF630□.□/□	630	80	≤1.6	≤0.47		3.93×10^{-1}	≥1000	≥2300	2.4	—	—
DF1000□.□/□	1000		≤1.8	≤0.57	750	8.14×10^{-1}	≥1200	≥3900	3.2	—	—
DF2000□.□/□	2000		≤2.2	≤0.80		2.41×10^{0}	≥2000	≥8300	5.0	—	—

型号表示方法

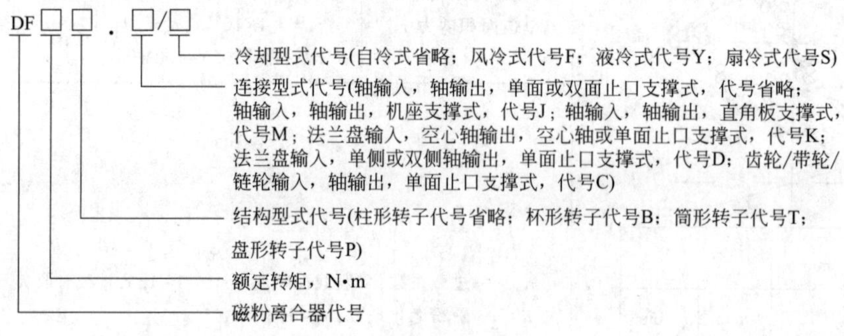

标记方法

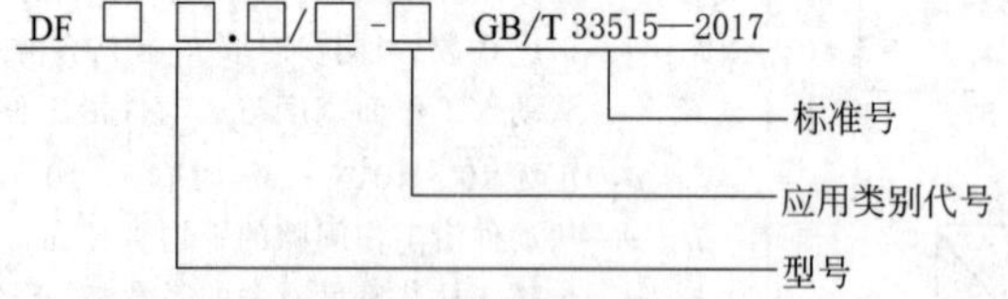

标记示例

例 1　额定转矩 10N·m、杯形转子、法兰盘输入、空心轴输出、空心轴（或单面止口）支撑自冷式离合器，用于一般连接，标记为

DF10B.K　GB/T 33515—2017

例 2　额定转矩 200N·m、柱形转子、轴输入、轴输出、双止口支撑自冷式离合器，用于快速离合，标记为

DF200-G　GB/T 33515—2017

6.5.4 磁粉离合器产品

（1）轴输入、轴输出磁粉离合器（止口支撑式、机座支撑式及直角板支撑式）（见表 6-3-54）

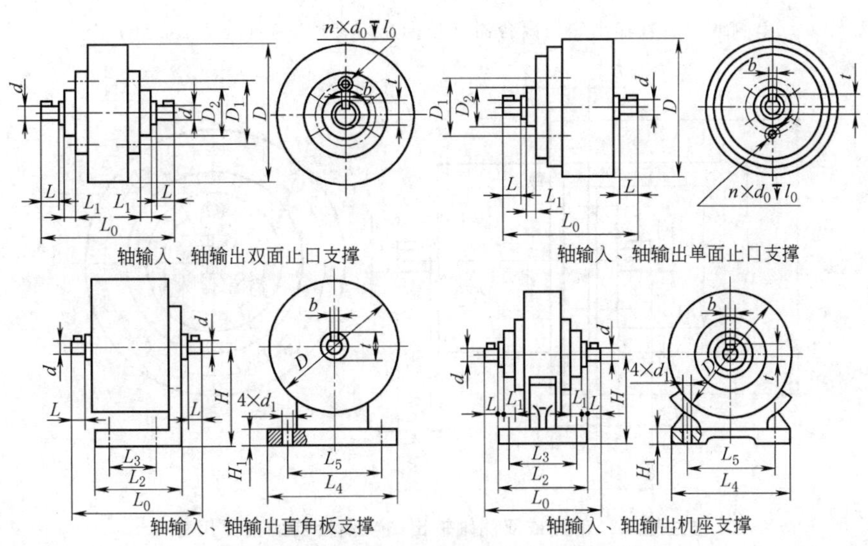
轴输入、轴输出双面止口支撑　　轴输入、轴输出单面止口支撑

轴输入、轴输出直角板支撑　　轴输入、轴输出机座支撑

表 6-3-54　　轴输入、轴输出磁粉离合器的主要尺寸　　mm

型号		外形尺寸			连接尺寸				止口支撑式安装尺寸						机座支撑式、直角板支撑式安装尺寸						
		L_0	L_6	D	d (h7)	L	b (p7)	t	D_1	L_1	D_2 (g7)	n	d_0	l_0	L_2	L_3	L_4	L_5	H	H_1	d_1
DF2.5□	DF2.5□.J	150	—	120	10	20	3	11.2	64	8	42	6	M5	10	70	50	120	100	80	8	7
DF5□	DF5□.J	162	—	134	12	25	4	13.5	64	10	42	6	M5	10	70	50	140	120	90	10	7
DF10□.□	DF10□.J/F	184	—	152	14	25	5	16	64	13	42	6×2	M6	10	90	60	150	120	100	13	10
DF25□.□	DF25□.J/F	216	—	182	20	36	6	22.5	78	15	55	6×2	M6	10	100	70	180	150	120	15	12
DF50□.□	DF50□.J/F	268	120	219	25	42	8	28	100	23	74	6×2	M6	10	110	80	210	180	145	15	12
DF100□.□	DF100□.J/F	346	120	290	30	58	8	33	140	25	100	6×2	M10	15	140	100	290	250	185	20	12
DF200□.□	DF200□.J/F	386	130	335	35	58	10	38	150	25	110	6×2	M10	15	160	120	330	280	210	22	15
DF400□.□	DF400□.J/F	480	130	398	45	82	14	48.5	200	33	130	8×2	M12	20	180	130	390	330	250	27	19
DF630□.□	DF630□.J/F	620	140	480	60	105	18	64	410	35	460	8×2	M12	25	210	150	480	410	290	33	24
DF1000□.□	DF1000□.J/F	680	150	540	70	105	20	74.5	460	40	510	8×2	M12	25	220	160	540	470	330	38	24
DF2000□.□	DF2000□.J/F	820	150	660	80	130	22	85	560	40	630	8×2	M16	30	230	180	660	580	390	45	24

注：1. 对于液冷式（水冷式或油冷式）产品在总长 L_0 中可以增加小于 L_6 的冷却液进出装置的长度。

2. D、H_1 为推荐尺寸。

（2）法兰盘输入、空心轴输出磁粉离合器（空心轴或单面止口支撑式）（见表 6-3-55）

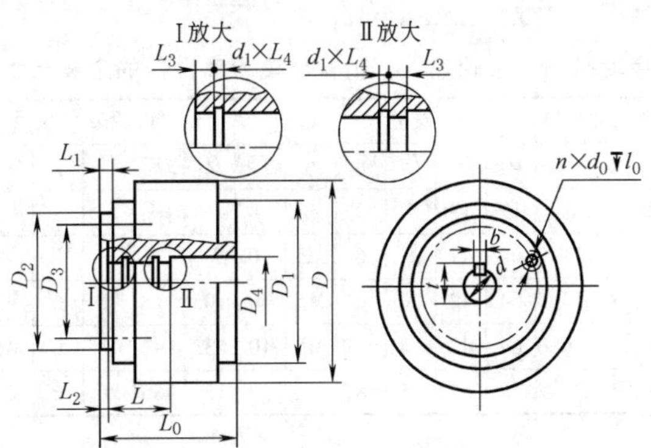

表 6-3-55　　法兰输入、空心轴输出磁粉离合器的主要尺寸　　mm

型号	外形尺寸		连接尺寸															
	L_0	D	D_1	D_2	D_3	D_4	n	d_0	l_0	L	L_1	L_2	L_3	L_4	d	d_1	b	t
DF10□.K	103	160	96	80	68	24	6	M6	15	30	20	2	4	1.1	18	19	6	20.8
DF25□.K	119	180	114	90	80	27	6	M6	15	38	20	2	4	1.1	20	21	6	22.8
DF50□.K	141	220	140	110	95	—	6	M8	20	60	20	3	5	1.3	30	31.4	8	33.3
DF100□.K	166	275	176	125	110	—	6	M10	25	60	20	4	5	1.7	35	37	10	38.3

注：D 为推荐尺寸。

（3）法兰盘输入、单侧或双侧轴输出磁粉离合器（单面止口支撑式）（见表 6-3-56）

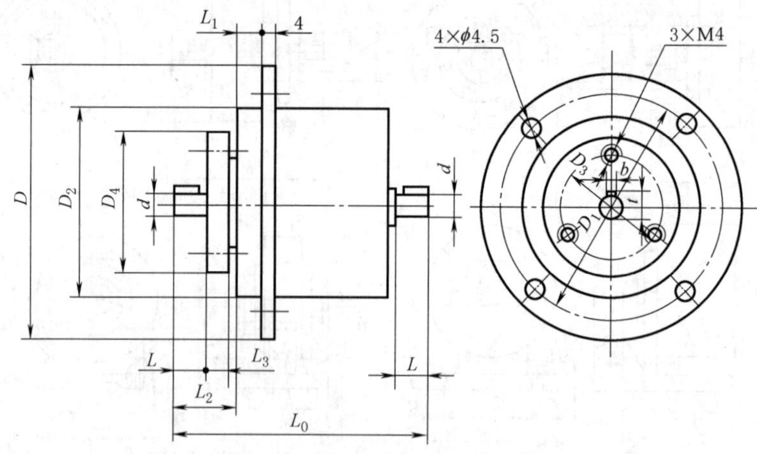

表 6-3-56　　法兰输入、单侧或双侧轴输出磁粉离合器的主要尺寸　　mm

型号	外形尺寸		安装尺寸			连接尺寸							
	L_0	D	L_1	D_1	D_2	L	L_2	L_3	D_3	D_4	d	t	b
DF0.5□.D	77	70	8.5	60	48	10.5	16.5	5	30	40	5	4.5	9
DF1□.D	83	76	8.5	66	54	12	18.5	5	34	42	7	6.5	10
DF2.5□.D	95	85	9.5	75	63	15	22.5	6	40	48	9	8.5	13
DF5□.D	111	100	12	90	78	18	25	6	50	60	12	11.5	16

（4）齿轮/链轮/带轮输入、轴输出磁粉离合器（单面止口支撑式）（见表 6-3-57）

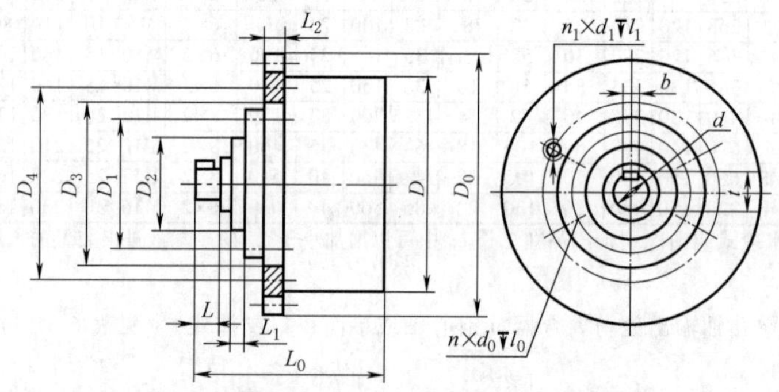

表 6-3-57　　齿轮/链轮/带轮输入、轴输出磁粉离合器的主要尺寸　　mm

型号	外形尺寸		连接尺寸				安装尺寸						齿轮安装尺寸						齿轮参数		
	L_0	D	d	L	b	t	D_1	D_2	L_1	n	d_0	l_0	D_3	D_4	L_2	n_1	d_1	l_1	外径 D_0	齿数 Z	模数 m
DF1□.C	60	56	4	7.5	—	—	19	13	4	3	M3	4	—	—	—	—	—	—	61	120	0.5
DF2.5□.C	120	100	10	20	3	11.2	64	42	8	6	M5	10	84	94	—	—	—	—	106	104	1
DF5□.C	136	134	12	25	4	13.5	64	42	10	6	M5	10	105	118	18	6	M5	10	140	68	2
DF10□.C	160	152	14	28	5	16.0	64	42	13	6×2	M6	10	132	142	18	6	M6	15	162	79	2
DF25□.C	175	182	20	36	6	22.5	78	55	15	6×2	M6	10	156	166	20	6	M6	17	188	92	2

注：齿轮安装尺寸为推荐值。

7　液压离合器

液压离合器是利用液压油操纵的离合器，常用油压为 0.7~3.5MPa，按接合元件不同有嵌合式与摩擦式之分，按结构不同有活塞式与柱塞式之分。

7.1 液压离合器的型式、特点及应用

表 6-3-58　　液压离合器的型式、特点及应用

型式	简图	接合转速 /r·min^{-1}	转矩范围 /N·m	特点	应用
活塞式多片液压离合器	活塞缸旋转液压离合器 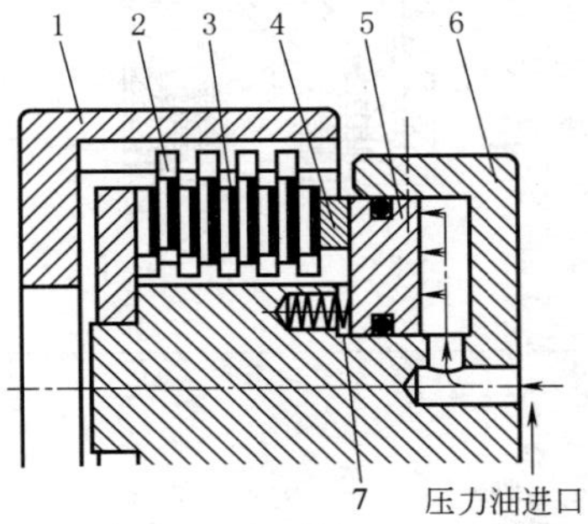 1—外连接盘;2—外摩擦片;3—内摩擦片;4—压板;5—活塞;6—缸体;7—弹簧	可高速离合	160~630000	承载能力高,传递转矩大,体积小,当外形尺寸相同时,其传递转矩比电磁摩擦离合器大三倍,而且无冲击,启动换向平稳。但反应速度不及气压离合器。能自动补偿摩擦元件的磨损量,易于实现系列化生产。缸体旋转式的缺点是转动惯量大,进油接头复杂,油压易受离心力影响,加工精度要求高。缸体固定式进油简单可靠,油压不受离心力影响,操纵和排油较快,可减小复位弹簧力,但需加装较大的推力轴承,因此用于一般转矩不太大的工况	广泛用于各种结构紧凑、高速、远距离操纵、频繁接合的机床、工程机械和船用机械上
	活塞缸固定液压离合器 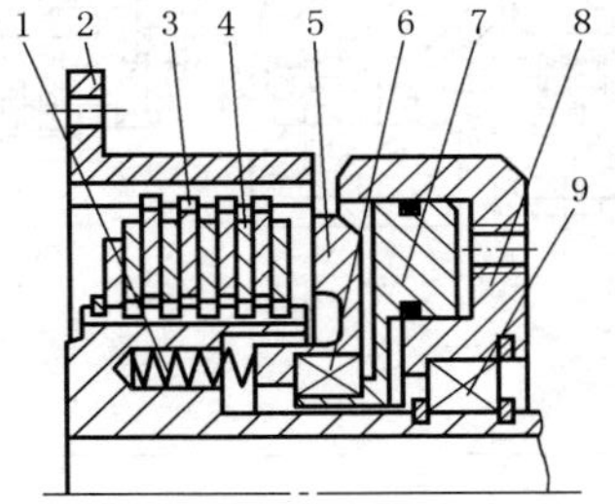 1—弹簧;2—外盘;3—外摩擦片;4—内摩擦片;5—压板;6,9—推力轴承;7—活塞;8—缸体	可高速离合	160~16000		

续表

型式	简图	接合转速 /r·min^{-1}	转矩范围 /N·m	特点	应用
柱塞式多片液压离合器	 1—弹簧；2—离合器片；3,4—柱塞；5—制动器片；6—箱体；7—轴	可高速离合	160~1600	利用柱塞代替活塞。接合时由A处进油，推动12个柱塞3压紧离合器片2，分离时柱塞3卸压，由弹簧1复位，多个柱塞工作，加压均匀，但结构复杂。由B处进油推动另外6个柱塞4，压紧制动器片5，使轴7受到制动力	一般用于中小型离合器，如机床用离合器
液压离合制动器	 1—制动器；2—离合器	可高速离合制动		可在离合器断开瞬间制动器工作，消除负载转动惯量，迅速停车	用于惯性负载，有定位或者定量转位要求及微动调位等场合，广泛应用在工程机械、石油钻井机械、船舶机械及锻压机械

型号表示方法

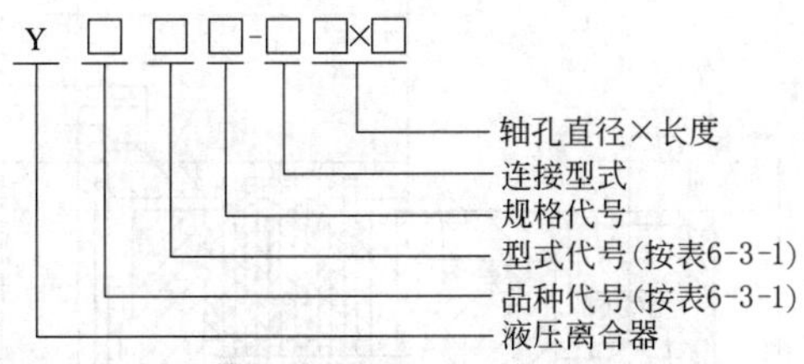

7.2 液压离合器的计算

传递转矩可按表 6-3-2 及表 6-3-19 中的公式计算，其余按表 6-3-59 中的公式计算。

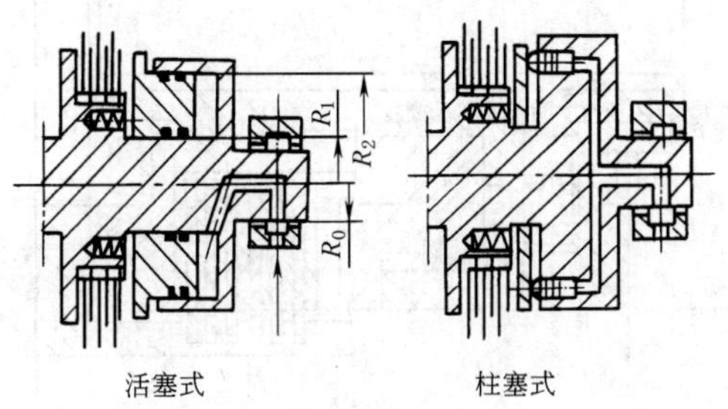

活塞式　　柱塞式

表 6-3-59　　液压离合器的计算

	计算项目	计算公式	说明
活塞式	活塞缸压紧力	$Q_g=\pi(R_2^2-R_1^2)(p_g-\Delta p)-Q_f>Q$	p_g——油液工作压力，一般取 $p_g=0.5\sim2$MPa Δp——排油需要的压力，一般取 $\Delta p=0.05\sim0.1$MPa，但需满足 $\Delta p\geqslant7.85\times10^{-10}n^2R_0^2$ n——油缸转速，r/min Q——接合需要的压紧力，N μ——摩擦因数 h——密封圈高度，mm
	密封圈摩擦阻力 对 O 形圈 对 Y 形圈	 $Q_f=0.03Q$ $Q_f=\pi\mu p_g(R_2+R_1)h$	
	压力损失对活塞的阻力	$Q_0=\pi(R_2^2-R_1^2)\Delta p$	
	离心力对活塞的阻力	$Q_1=7.85\times10^{-12}n^2(R_2^2-R_1^2)(R_2^2+R_1^2-2R_0^2)$	
	复位弹簧力 对转动缸 对静止缸	 $Q_t=Q_1+Q_0+Q_f$ $Q_t=Q_0+Q_f$	
柱塞式	柱塞缸压紧力	$Q_g=\dfrac{\pi}{4}d^2z(p_g-\Delta p)>Q$	p_g——油液工作压力，一般取 $p_g=0.5\sim2$MPa Δp——压力损失，一般取 $\Delta p=0.05\sim0.1$MPa Q——接合需要的压紧力，N d——柱塞直径，mm z——柱塞数目
	压力损失对柱塞的阻力	$Q_0=\dfrac{\pi}{4}d^2z\Delta p$	
	复位弹簧力	$Q_t\geqslant Q_0$	

7.3 液压离合器产品

7.3.1 干式多片液压离合器

(1) 活塞缸旋转液压离合器（一）（见表 6-3-60）

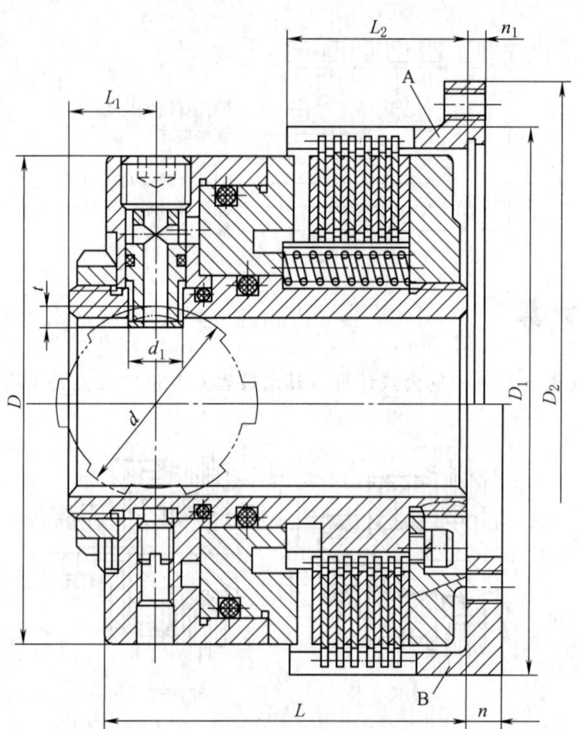

表 6-3-60　活塞缸旋转液压离合器的基本参数和主要尺寸（一）

<table>
<tr><th rowspan="2">许用动转矩/N·m</th><th rowspan="2">工作压力/MPa</th><th colspan="2">转动惯量/kg·m²</th><th colspan="2">缸容积/cm³</th><th rowspan="2">允许相对转速/r·min⁻¹</th><th colspan="11">尺寸/mm</th></tr>
<tr><th>内侧</th><th>外侧</th><th>最小</th><th>最大</th><th>t</th><th>d</th><th>D</th><th>D₁</th><th>D₂</th><th>d₁</th><th>L</th><th>L₁</th><th>L₂</th><th>n</th><th>n₁</th></tr>
<tr><td>160</td><td rowspan="7">2</td><td>0.008</td><td>0.003</td><td>20</td><td>33.5</td><td>3000</td><td rowspan="2">6</td><td>35×30×10
40×35×10</td><td>110</td><td>120</td><td>145</td><td rowspan="2">13.5</td><td>90</td><td>19</td><td>40</td><td rowspan="3">8</td><td>5</td></tr>
<tr><td>250</td><td>0.013</td><td>0.005</td><td>25</td><td>45</td><td>2500</td><td>40×35×10
45×40×12
50×45×12</td><td>125</td><td>140</td><td>165</td><td>95</td><td>20</td><td rowspan="2">42</td><td rowspan="6">6</td></tr>
<tr><td>400</td><td>0.021</td><td>0.010</td><td>30</td><td>53</td><td>2120</td><td rowspan="2">7.5</td><td>50×45×12
55×50×14
60×54×14</td><td>140</td><td>160</td><td>185</td><td rowspan="5">15.5</td><td>100</td><td>21</td></tr>
<tr><td rowspan="2">630</td><td rowspan="2">0.044</td><td rowspan="2">0.020</td><td rowspan="2">63</td><td rowspan="2">106</td><td rowspan="2">1800</td><td rowspan="2">60×54×14
65×58×16
70×62×16</td><td rowspan="2">160</td><td rowspan="2">180</td><td rowspan="2">210</td><td rowspan="2">115</td><td rowspan="4">24</td><td rowspan="4">52</td><td rowspan="4">10</td></tr>
<tr><td>10</td></tr>
<tr><td rowspan="2">1000</td><td rowspan="2">0.075</td><td rowspan="2">0.038</td><td rowspan="2">87</td><td rowspan="2">145</td><td rowspan="2">1600</td><td>7.5</td><td rowspan="2">65×58×16
72×62×16
75×65×16</td><td rowspan="2">180</td><td rowspan="2">210</td><td rowspan="2">240</td><td rowspan="2">120</td></tr>
<tr><td>10</td></tr>
</table>

注：1. 许用动转矩是指在负载状态下接合的许用转矩；相应地，许用静转矩是指在空载状态下接合的许用转矩。

2. 工作压力是指油泵输出油路中的表压值，油泵至离合器油缸间的管路压力损失小于或等于 0.25MPa。

3. 外盘连接件可根据需要制成 A、B 两种型式之一。

（2）活塞缸旋转液压离合器（二）（见表 6-3-61）

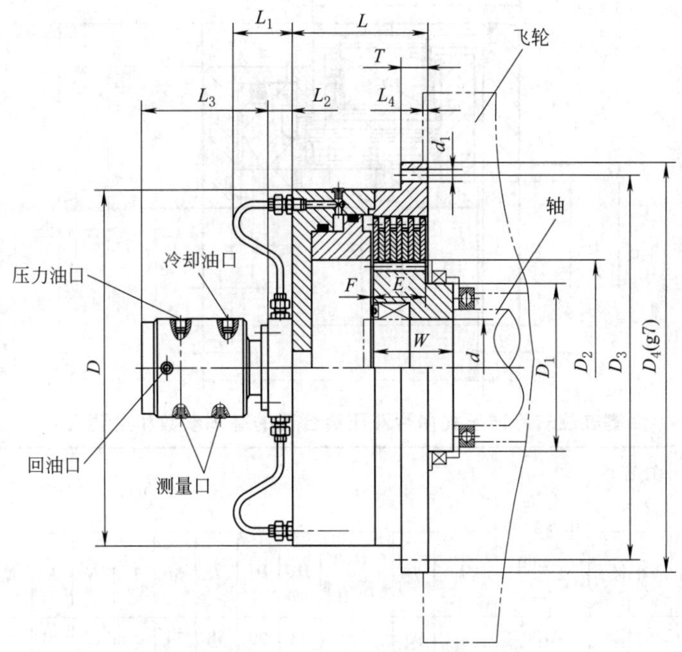

表 6-3-61　　活塞缸旋转液压离合器的基本参数和主要尺寸（二）

许用动转矩 /N·m	工作压力 /MPa	转动惯量 /kg·m² 内侧	缸容积 /cm³ 最小	缸容积 /cm³ 最大	允许相对转速 /r·min⁻¹	尺寸/mm D	d（内孔）	D_4	D_3	D_2	D_1	L	L_4	L_3	L_2	L_1	T	E	F	W	d_1	质量 /kg
10000		0.27	19	31.8								122	4					48		80		113
13000		0.35	26	45.9	1000	410	60~140	475	450	255	190	138	4.5	180	40	63.5	16	64	2	96	13	127
16000		0.43	32	53								154	4.5					80		112		141
14000		0.73	27	49								142	5.5					60		102		196
19000	8	0.94	36	65	830	488	100~190	550	520	311	245	162	6	260	55	71	20	80	2	122	18	221
24000		1.14	45	81								181.5	7					99.5		141.5		244
30000		2.35	52	94								168	7					67		120		319
40000		3.00	69	127	640	600	115~250	680	640	405	310	190	—	260	55	71	22	89	3	142	22	360
50000		3.66	86	154								212	—					111		164		402
60000		8.40	90	165								223	—					97		161		651
80000	9	10.8	120	216	500	750	150~320	850	800	520	390	255	—	308	66	93	30	129	3	193	30	747
100000		13.3	150	273								287	—					161		225		843

7.3.2　湿式多片液压离合器

（1）活塞缸旋转标准湿式多片液压离合器（见表 6-3-62）

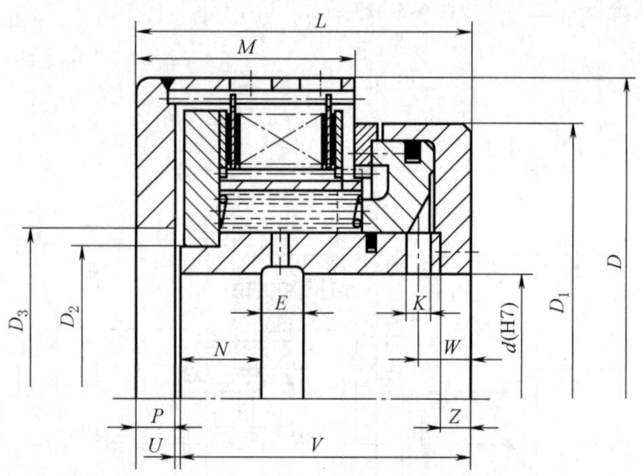

表 6-3-62　　活塞缸旋转标准湿式多片液压离合器的基本参数和主要尺寸

许用动转矩 /N·m	工作压力 /MPa	转动惯量 /kg·m²		缸容积 /cm³		允许相对转速 /r·min⁻¹	尺寸/mm															质量 /kg
		内侧	外侧	最小	最大		d	D	D_3（预钻）	D_2	D_1	L	M	P	N	E	K	W	Z	U	V	
200	1.8	0.002	0.001	6	10	8700		95	18	48	90	58	34	5	12	10	4	9	6	1	52	2.4
280		0.004	0.003	10	17	7400	20~38	112	20	55	104	66	41	9	12	12	4.5	10	6.5	1	56	3.6
400	2	0.005	0.005	11	21	6700	25~45	125	20	63	110	70	44	9	12	12	4.5	11	7.5	1	60	4.7
560		0.010	0.008	14	30	5800	25~48	140	20	72	125	80	50	9	15	14	5.5	12	8	1	70	6.7
800		0.018	0.016	23	46	5200	25~60	160	25	80	140	93	60	12	21	14	6	14.5	9	1	80	10.2
1250		0.032	0.027	33	64	4500	35~65	180	28	85	155	98	64	12	24	14	7	15	9	1	85	13.7
2000		0.062	0.047	54	102	4100	35~70	200	28	95	185	110	70	14	24	15	7	18	12	1	95	20.3
4000		0.195	0.147	108	215	3200	35~75	252	30	115	230	137	88	15	36	15	8	21	15	2	120	41.3

（2）高转矩活塞缸旋转湿式多片液压离合器（见表 6-3-63）

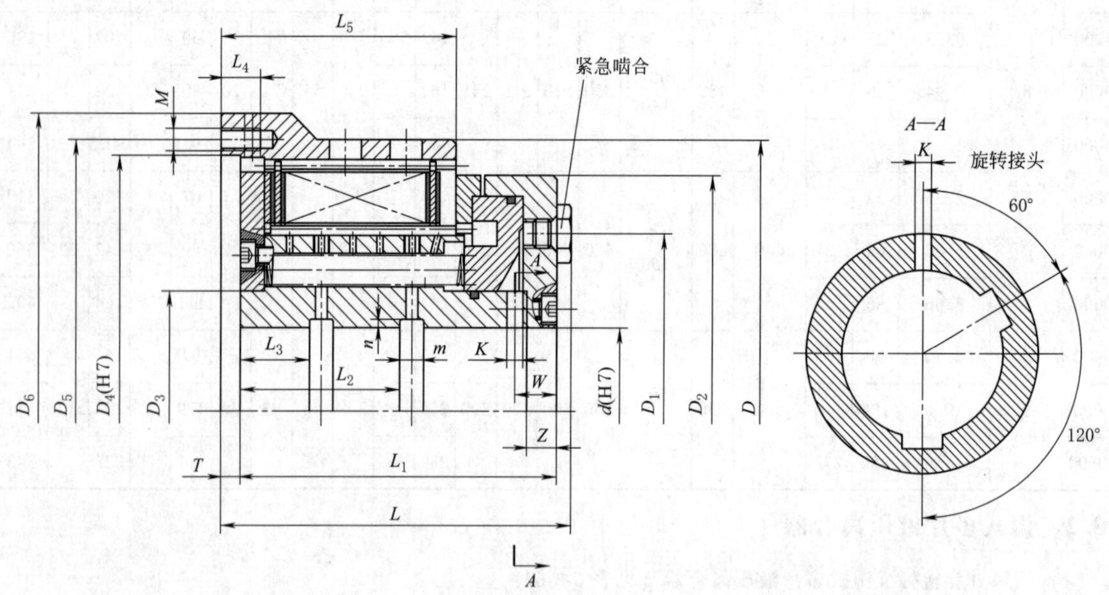

表 6-3-63　　高转矩活塞缸旋转湿式多片液压离合器的基本参数和主要尺寸

许用动转矩/N·m	工作压力/MPa	转动惯量/kg·m²		缸容积/cm³		允许相对转速/r·min⁻¹	尺寸/mm																						质量/kg
		内侧	外侧	最小	最大		D	d	D_6	D_5	D_4	D_3	D_2	D_1	L	L_5	L_4	L_3	L_2	L_1	T	M	n	m	K	W	Z	
7000	2	0.25	0.23	177	225	3200	260	40~80	285	260	245	115	230	170	173	117	18	34	79	157	10	12×M10	4	12	8	21	15	50
11200		0.29	0.27	186	309	3070	280	50~100	300	280	260	130	240	178	171	117	18	30	76	155	10	12×M10	4	12	8	19	12	55
16000		0.52	0.45	361	423	2725	310	50~110	330	310	290	145	270	200	186	125	20	34	83	170	10	12×M12	4	12	10	23	15	75
22500		0.85	0.72	342	583	2450	345	70~125	365	340	320	165	300	220	203	134	25	36	88	185	10	12×M14	5	15	12	27	18	125
32000	2.5	1.62	1.42	466	809	2095	395	80~150	415	390	370	200	340	265	228	150	25	42	100	210	10	18×M12	5	15	12	29	20	140
45000		2.7	2.3	670	1115	1930	430	80~165	455	430	405	220	380	290	254	165	25	45	110	235	10	18×M14	6	20	14	32	21	210
63000		5.0	3.9	881	1493	1710	485	100~190	505	480	455	250	428	330	284	188	25	53	127	265	10	18×M16	6	20	16	36	24	275

7.3.3 液压离合制动器

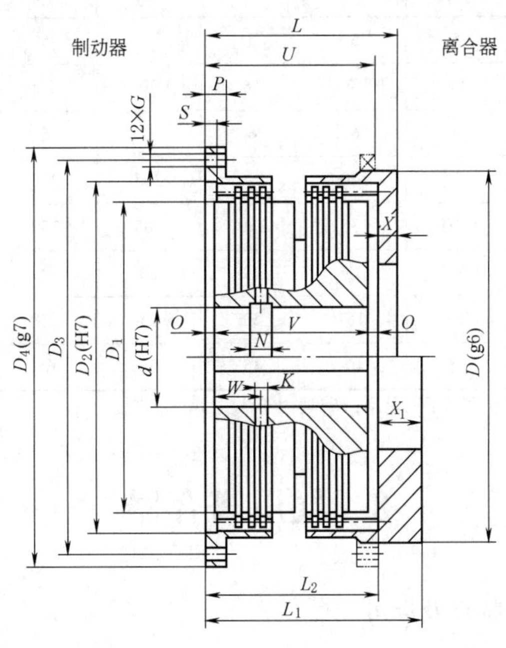

表 6-3-64　　液压离合制动器的基本参数和主要尺寸

离合器静态转矩 /N·m		2500	6000	12000	24000	48000	110000	225000	315000
制动器动态转矩 /N·m		1000	2400	4800	9600	22000	80000	150000	120000
离合器/制动器摩擦面数		10/10	12/12	12/12	12/12	12/12	14/14	14/14	10/10
工作压力 /MPa		6.0	6.3	6.3	6.3	6.3	8.7	8.6	6.0
弹簧复位压力 / MPa		2.4	2.7	2.7	2.7	2.7	4.7	4.5	2.4
最高转速/$r \cdot min^{-1}$		1700	1300	1000	850	700	500	415	350
缸容积/cm^3		10	21	34	59	108	141	260	542
转动惯量 J(内侧)/$kg \cdot m^2$		0.12	0.3	1.0	2.55	6.75	31.8	96.4	210
质量/kg		33	62	120	212	400	1000	1600	2245
直径尺寸 /mm	d	45~75	60~95	70~130	100~160	115~200	150~250	180~310	220~375
	D_4	260	330	425	500	630	800	990	1180
	D_3	245	310	400	470	590	750	930	1115
	D	230	290	380	440	560	710	830	—
	D_2	215	275	350	415	530	670	—	1000
	D_1	195	250	318	380	490	630	778	930
	G	9	11	14	18	22	30	33	36
	K	6	7	10	12	15	19	24	28
长度尺寸 /mm	L	136	163	200	240	270	397	—	—
	L_1	155	185	225	270	305	442	—	—
	L_2	—	—	—	—	—	362	442	445
	N	—	8	12	15	18	—	—	—
	O	5	5	5	5	5	5	10	10
	P	11	12	16	20	25	30	40	50
	S	6	6	6	6	6	6	10	—
	U	115	140	180	205	230	352	—	—
	V	110	135	170	205	230	352	422	425
	W	31	36	48	60	65	113	139	125
	X	16	18	20	25	30	35	—	—
	X_1	35	40	45	55	65	80	—	—

注：L、X 适用于窄盘型；L_1、X_1 适用于宽盘型；L_2 适用于法兰型。

8　气压离合器

8.1　气压离合器的型式、特点及应用

这是一种利用气压操纵的离合器，常用空气压力为 0.4~1MPa。其型式、特点及应用见表 6-3-65。

表 6-3-65　气压离合器的型式、特点及应用

型式	结构图	接合转速 /r·min^{-1}	转矩范围 /N·m	特点	应用
活塞式	气源 多片气压离合器 1—活塞；2—活塞缸；3—离合器片；4—刚性杆；5—制动器片；6—弹簧；7—压盘	可在高转速差下接合	700~180000	在干式下工作，一般采用0.4~0.6MPa的气压 优点：传递转矩大，使用寿命长，接合平稳，无需调整磨损间隙，多制成大型离合器 缺点：制造比较复杂，成本较高，重量较大；需通风散热，必要时需采用强制水冷却	用于曲柄压力机、剪切机、平锻机、钻机、挖掘机、印刷机和造纸机等
	环形多片气压离合器 1—外套；2—外摩擦片；3—内摩擦片；4—压板；5—活塞；6—活塞缸；7—主动件	可在高转速差下接合	400~1800	相对于上面的结构，气缸固定不动，进气管不随气缸转动，省去了旋转机构。具有结构简单、性能可靠等特点，但是需要轴承承受轴向力，转矩不宜太大	广泛用于冶金、环保机械及各种工程车辆

续表

型式	结构图	接合转速/r·min^{-1}	转矩范围/N·m	特点	应用
隔膜式	 隔膜多片气压离合器 1—壳体；2—外摩擦片；3—内摩擦片；4—连接盘；5—压盘；6—气缸盖；7—隔膜；8—刚性杆	可在高转速差下接合	400~7100	优点：隔膜比活塞重量轻，转动惯量小，动作灵敏，接合与脱开时间短，密封性好，空气消耗量小，离合器轴向尺寸短；膜片用化纤夹层橡胶制成，有弹性，能自动补偿不规则磨损和轴向跳动，可防振动冲击；膜片制造简单，更换方便，调节容易 缺点：压紧行程受一定的限制，膜片使用寿命短	广泛用于砖瓦机械和矿山机械
气胎式	 内收式径向气胎离合器 1—鼓轮；2—矩形销；3—闸瓦；4—气胎；5—弹簧	可高频离合	312~90000	利用气压使气胎扩张达到摩擦接合，可吸振，接合柔和，具有缓冲作用，有自动补偿间隙的能力，一般为干式 优点：传递转矩大，接合平稳，便于安装，能补偿主、从动轴之间的少量径向位移、轴向位移和角位移（允许径向位移 3mm，轴向位移 15mm，角位移在 1m 长度上为 2mm），结构紧凑，密封性好，从动部分转动惯量小，使用寿命长	广泛用于石油钻机、石油修井机、矿山机械、船舶机械、工程机械、锻压机械等大中型设备

续表

型式	结构图	接合转速 /r·min^{-1}	转矩范围 /N·m	特点	应用
气胎式	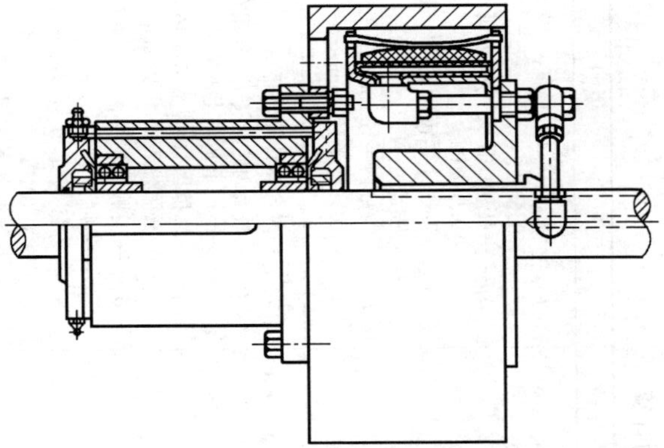 外胀式径向气胎离合器 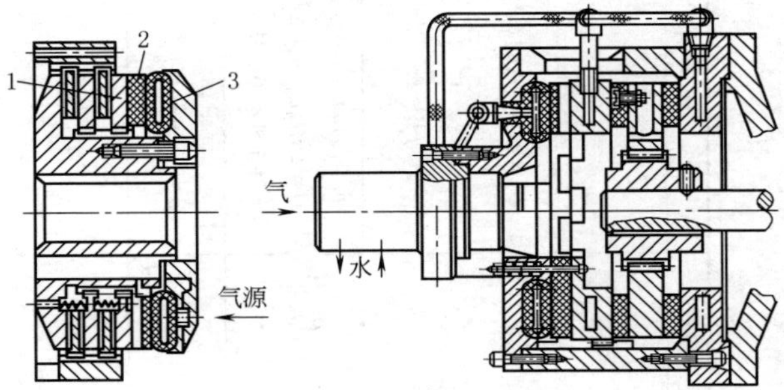 气 水 气源 1 2 3 轴向式气胎离合器 1—内摩擦片;2—隔热层;3—气胎	可高频离合	312~90000	缺点:气胎变形阻力大,材料成本高,使用温度高于60℃时,会降低气胎寿命,低于-20℃时,气胎易变脆破裂,禁止用于有油污的场合 内收式径向气胎离合器内、外鼓轮分别与主、从动轴固定连接,气胎固定在外鼓轮上,内面有用耐磨材料制成的闸瓦,空转时瓦块与内鼓轮有2~3mm间隙,通入压缩空气时,瓦块向内鼓轮压紧,传递转矩,卸压时,两轴分开 外胀式径向气胎离合器气胎固定在内鼓轮上,改善了散热条件,但因气胎向外扩张与转动时产生的离心力方向一致,因此在分离时会阻挠离合器脱开,所以没有前一种结构应用广泛 轴向式气胎离合器气胎呈轴向分布,离心力对离合器的分离、接合都没有影响,且摩擦片的尺寸较小,重量较轻,但补偿两轴的轴向位移性能不好,故应用不及径向式广泛 轴向式气胎离合器结构图中,左图为双片式轴向气胎离合器,右图为水冷式轴向气胎离合器	广泛用于石油钻机、石油修井机、矿山机械、船舶机械、工程机械、锻压机械等大中型设备

8.2 气压离合器的选型及计算

8.2.1 气压离合器的选型

气压离合器大多为干式离合器。按气缸结构型式分，有活塞式、隔膜式和气胎式三种。

活塞式的行程大，传递转矩大，对摩擦片的磨损补偿容易，但制造较为复杂。对于多片结构，需采用分片弹簧，减少发热量和温升。一般用于环保车辆、压力机、工程机械等。

隔膜式的结构紧凑，重量轻，转动惯量小，密封性能好，动作灵敏，离合迅速，但其加压行程小，对摩擦片的磨损间隙补偿量小，传递转矩小，使用寿命较短。多用于面粉、印刷、包装等小型自动化设备。

气胎式的结构简单，减振性好，接合柔和，可传递较大转矩，但变形阻力大，对温度要求苛刻，多用于大型工程机械、球磨机、橡胶机械等。

8.2.2 气压离合器的计算

传递转矩及接合元件计算见表 6-3-2 及表 6-3-19，其余按表 6-3-66 中公式计算。

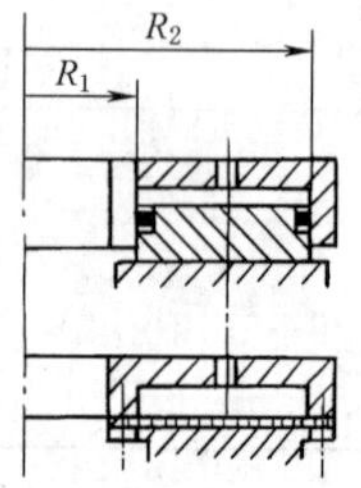

活塞式、隔膜式

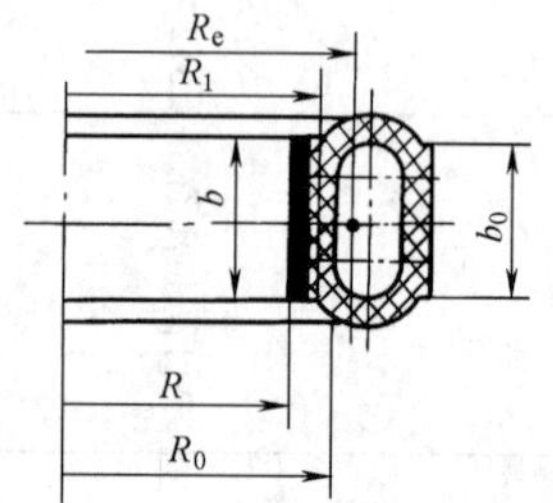

径向气胎式

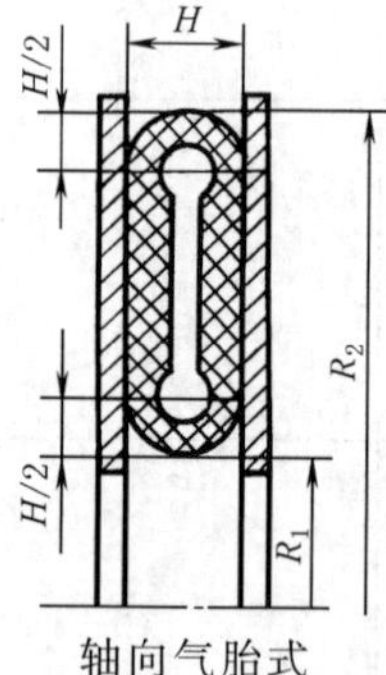

轴向气胎式

表 6-3-66 气压离合器的计算

型式		计算项目	计算公式	单位	说明
活塞式、隔膜式		气缸压紧力	$Q_g=\pi(p_g-\Delta p)(R_2^2-R_1^2)\geqslant Q$	N	p_g——空气工作压力，一般取 $p_g=0.4\sim0.6$MPa Δp——压力损失，一般取 $\Delta p=0.03\sim0.07$MPa Q——传递计算转矩 T_c 时，接合元件需要的压紧力，N R_1——气缸内半径，mm R_2——气缸外半径，mm
气胎式	径向气胎式	许用传递转矩	$T_p=(Q-F_e)\mu R\geqslant T_c$ $Q=2\pi R_0b_0(p_g-\Delta p)$ $F_e=1.1\times10^{-5}M_eR_en^2$	N·mm N N	T_c——离合器计算转矩 N·mm Q——气胎内腔充气压力作用在瓦块上的力，N F_e——作用于瓦块上的离心力，N μ——摩擦因数，见表 6-3-16 R_0——气胎内表面半径，mm b_0——气胎内宽度，mm，$b_0\approx b$ b——闸瓦宽度，mm，一般取 $b=(0.4\sim0.7)R$ p_g——空气工作压力，一般取 $p_g=0.6\sim0.8$MPa M_e——气胎闸瓦等部分的质量，kg R_e——气胎闸瓦等部分质心处半径，mm R——闸瓦内半径，mm n——气胎转速，r/min p_p——许用压强，N/mm^2，见表 6-3-16 τ_p——气胎材料许用切应力，一般取 $\tau_p=0.3\sim0.5$N/mm^2
		摩擦面压强	$p=\dfrac{T_c}{2\pi R^2b\mu}\leqslant p_p$	N/mm^2	
		由气胎强度条件确定许用传递转矩	$T_p=2\pi b_0R_1^2\tau_p\geqslant T_c$	N·mm	

续表

<table>
<tr><th colspan="2">型式</th><th>计算项目</th><th>计算公式</th><th>单位</th><th>说明</th></tr>
<tr><td>气胎式</td><td>轴向气胎式</td><td>气胎压紧力</td><td>$Q_g=\frac{\pi}{4}(p_g-\Delta p)[(2R_2-H)^2-(2R_1+H)^2]-cz(h+\delta)\geqslant Q$</td><td>N</td><td>$c$——复位弹簧刚度，N/mm
z——复位弹簧数量
h——复位弹簧顶压高度，mm
H——气胎厚度，mm
δ——摩擦片总间隙，mm
Q——接合所需压紧力，N
其余同径向气胎式</td></tr>
</table>

注：气胎一般采用由耐油橡胶和尼龙或人造丝组合而成的材料。气胎内腔表面覆有一层弹性橡胶，以保证具有良好的密封性能；中间橡胶用尼龙等帘子线加强；外壳为橡胶层，用于保护中间层。

8.3 气压离合器产品

8.3.1 活塞式气压离合器

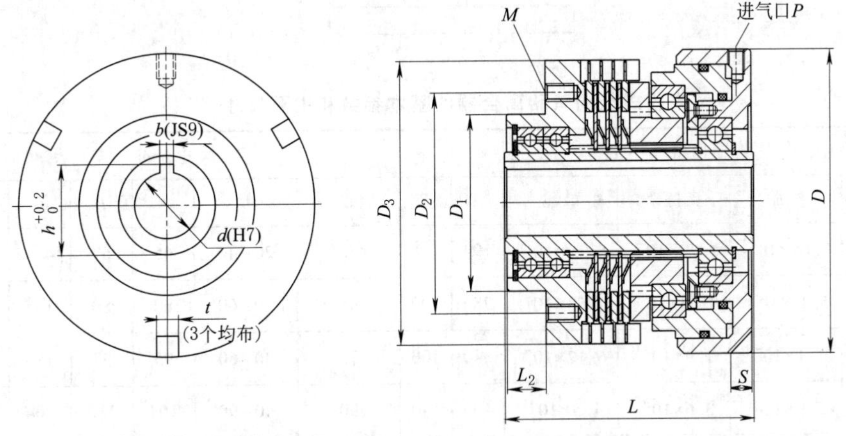

表 6-3-67 活塞式气压离合器的基本参数和主要尺寸

规格	额定转矩 /N·m (工作气压 0.6MPa)	外径固定端尺寸 /mm					外径旋转端尺寸 /mm				连接孔尺寸 /mm				质量 /kg	转动惯量 /kg·m²	
		D	S	L	D_1	t	D_2	D_3	L_2	P	M	d	b	h		连接盘	缸体
01	400	137	10	105	80	10	100	128	18	1/8	4×M8	30	8	33.3	8.9	5.47×10^{-3}	1.64×10^{-2}
02	600	168	12	138	110	12	130	152	23	1/4	6×M10	50	14	53.8	13.7	1.32×10^{-2}	3.95×10^{-2}
03	1000	195	13	165	130	13	150	175	23	1/4	6×M12	60	18	64.4	19	2.47×10^{-2}	7.45×10^{-2}
04	2000	232	15	185	155	15	180	205	30	3/8	6×M16	80	22	85.4	24.7	4.65×10^{-2}	1.49×10^{-1}
05	3000	265	16	215	180	16	205	242	35	3/8	8×M16	95	25	100.4	32.6	8.07×10^{-1}	2.45×10^{-1}

8.3.2 气胎式气压离合器

（1）内收式径向气胎离合器（一）（见表 6-3-68）

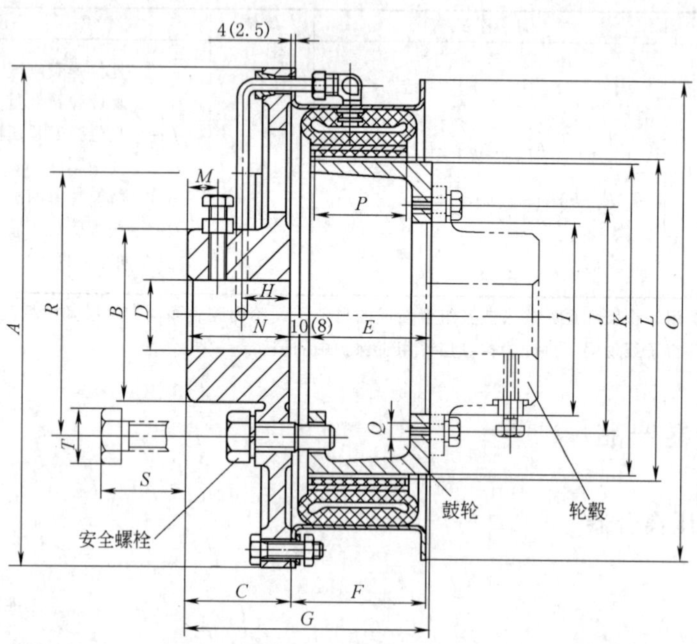

表 6-3-68　　内收式径向气胎离合器的基本参数和主要尺寸（一）

规格	额定转矩/N·m	转动惯量/kg·m² 气胎	支持架	鼓轮	尺寸/mm A	B	C	D	E	F	G	H	I
01	120	7.65×10^{-3}	1.79×10^{-2}	5.19×10^{-3}	194	70	47.5	20~40	65	67	140.5	29.5	—
02	250	5.1×10^{-2}	8.93×10^{-2}	1.53×10^{-2}	286	100	65	30~60	80	80	155	40	89
03	510	1.1×10^{-1}	1.9×10^{-1}	6.12×10^{-2}	340	100	75	30~60	95	92	180	42	108
04	980	2.8×10^{-1}	3.6×10^{-1}	1.5×10^{-1}	405	140	90	40~90	104	110	204	42	158
05	1590	5.4×10^{-1}	6.4×10^{-1}	3.6×10^{-1}	460	160	100	55~95	123	125	233	44	185
06	2300	8.2×10^{-1}	9.7×10^{-1}	7.1×10^{-1}	510	180	100	65~100	134	137	261	44	210

规格	尺寸/mm J	K	L	M	N	O	P	Q	R	S	T	质量/kg 气胎	支持架	鼓轮
01	—	101	104	18	47.5	151	50	—	—	—	—	1.6	3.85	3.06
02	108	152	157	25	65	273.1	50	8×M10	—	—	—	4.1	9.51	3.7
03	134	203	208	25	75	327	67	6×M12	156	30	40.4	5.8	14.0	7.6
04	186	254	258	25	90	390.5	80	6×M12	200	30	47.3	10.1	21.6	12.7
05	220	304	308	25	100	447.7	93	6×M12	244	25	47.3	13.9	29.7	18.5
06	240	355	359	25	110	498.5	105	6×M12	286	15	47.3	17.4	38.3	28.0

注：1. 额定转矩是以工作气压 0.55MPa 为基准的。

2. 01、02 两种规格的离合器无安全螺栓；01 规格的离合器鼓轮和轮毂是整体的，轮毂外径为 90mm，长度为 50mm，尺寸 G 算至轮毂端部。

(2) 内收式径向气胎离合器（二）（见表 6-3-69）

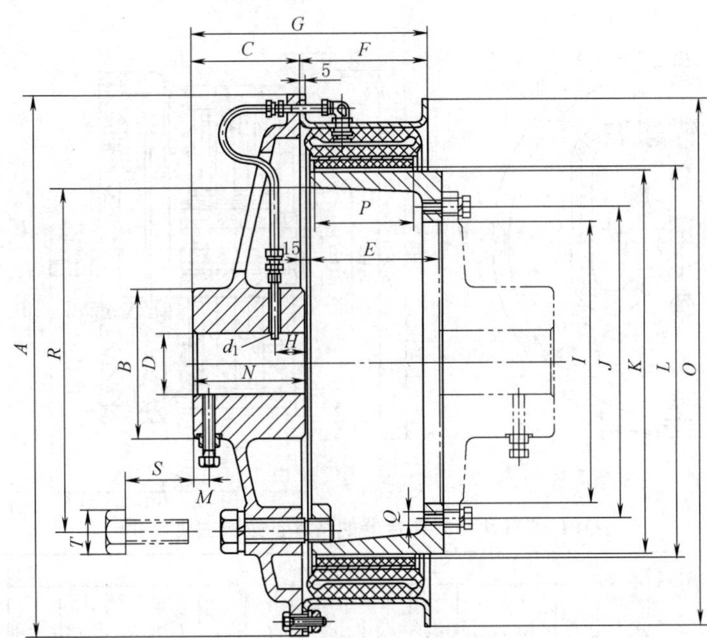

表 6-3-69　　内收式径向气胎离合器的基本参数和主要尺寸（二）

规格	额定转矩/N·m	转动惯量/kg·m²			尺寸/mm								
		气胎	支持架	鼓轮	A	B	C	D	E	F	G	H	I
07	3110	1.38	1.65	0.77	570	180	135	75~100	180	170	330	43	240
08	4210	1.84	2.17	1.30	610	180	140	75~100	180	170	335	43	270
09	5260	2.47	2.86	2.02	660	200	140	85~115	180	170	335	43	305
10	6410	3.19	3.67	2.93	711	200	140	85~115	180	170	335	43	370
11	7450	3.98	5.94	3.85	762	220	160	95~130	180	170	335	48	425
12	8960	5.10	7.37	5.10	812	220	165	95~130	180	170	360	48	460
13	11050	6.86	11.12	6.86	880	230	165	100~140	185	180	365	53	495
14	12670	11.61	16.40	9.16	930	260	190	105~150	185	180	390	60	545
15	14470	13.88	19.36	13.04	981	280	190	110~160	185	180	390	60	585
16	16370	16.51	22.50	16.17	1032	280	190	110~160	205	180	410	60	635
17	20570	23.70	39.03	27.55	1151	300	250	110~170	205	180	470	75	730

规格	J	K	L	M	N	O	P	Q	R	S	T	d_1	质量/kg		
													气胎	支持架	鼓轮
07	280	375	380	15	140	560	128	6×M20	310	107	57.7	R1/4	24.8	54.2	27.0
08	310	406.4	411.2	20	145	597	128	6×M20	345	107	57.7	R1/4	28.7	60.8	35.1
09	345	457.2	462	20	145	647.7	128	8×M20	400	107	57.7	R1/4	32.0	71.4	44.8
10	410	508	512.8	20	145	698.5	128	8×M20	440	107	57.7	R1/4	34.6	76.3	50.9
11	470	558.8	563.6	20	165	749.3	128	10×M20	484	87	57.7	R1/4	37.7	103	55.0
12	510	609.6	614.4	20	170	800.2	128	12×M20	534	87	57.7	R1/4	40.6	112	61.2
13	545	660.4	665.2	30	170	863.6	138	16×M20	580	112	77.4	R1/4	47.2	136	71.5
14	595	711	716	30	195	914.4	138	16×M20	625	92	77.4	R1/2	68.7	188	80.3
15	630	762	767	30	195	965.2	138	18×M20	675	92	77.4	R1/2	72.9	206	100
16	685	813	818	30	195	1016	138	18×M20	720	92	77.4	R1/2	77.3	215	100
17	780	914.5	919.5	30	255	1133.5	138	20×M20	805	110	98.1	R3/4	89.1	320	145

注：额定转矩一栏是以工作气压 0.55MPa 为基准的。

（3）QPL 型气动盘式离合器（摘自 JB/T 7005—2007）（见表 6.3-70）

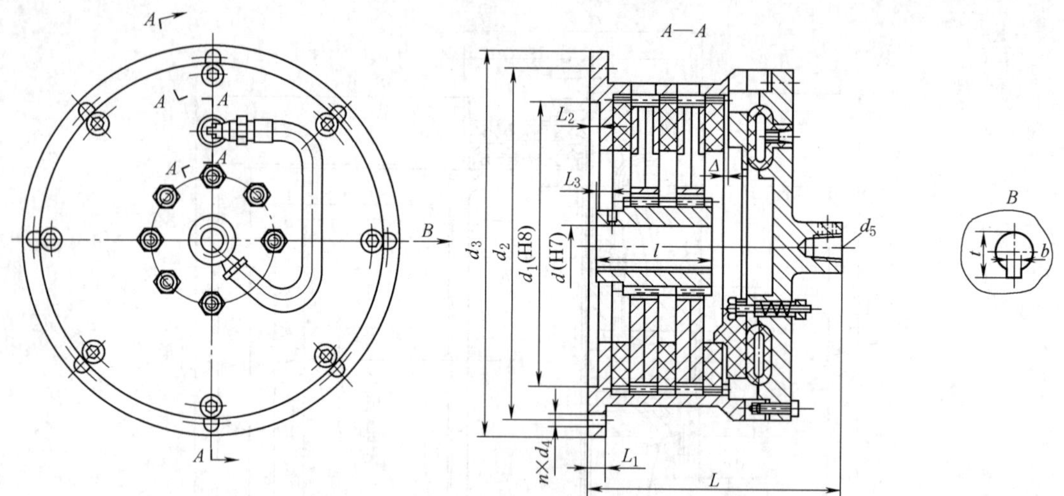

表 6-3-70　　QPL 型气动盘式离合器的基本参数和主要尺寸

型号	转矩 /N·m		许用转速 n_p /r·min^{-1}	尺寸/mm													n	转动惯量 /kg·m^2		质量 /kg
	额定	动态		d	l	d_1	d_2	d_3	d_4	d_5	L	L_1	L_2	L_3	b	t		离合器	轴套和内盘	
QPL1	315	520	1800	45	82	190	203	220	9	Rc1/2	178	6	1.5	2	14	48.8	4	0.138	0.0141	20
QPL2	660	1100	1750	55	82	220	280	310	13.5	Rc3/4	192	13	6	8	16	59.3	6	0.357	0.0409	32
QPL3	1540	2560	1400	63	110	295	375	400	17.5	Rc3/4	235	16	10	6	18	67.4	6	1.42	0.175	75
QPL4	2680	4420	1200	80	114	370	445	470	17.5	Rc3/4	248	16	10	10	22	85.4	8	2.85	0.446	105
QPL5	4160	6900	1100	100	120	410	510	540	17.5	Rc1	260	16	10	10	28	106.4	12	5.25	0.761	148
QPL6	6320	10400	1000	120	120	470	560	590	17.5	Rc1	280	16	10	11	32	127.4	12	7.60	1.216	171
QPL7	8600	14300	900	130	130	540	648	685	17.5	Rc1	305	19	8	19	32	137.4	12	14.6	2.385	264
QPL8	15100	25000	700	150	130	620	730	760	17.5	Rc1¼	315	19	6	19	36	158.4	12	26.8	3.961	365
QPL9	16800	28000	650	160	175	700	800	830	17.5	Rc1¼	350	19	6	19	40	169.4	16	35.0	6.950	426
QPL10	32000	53000	600	180	180	775	900	940	22	Rc1½	366	19	6	19	45	190.4	18	62.5	10.261	640
QPL11	49600	82000	500	220	230	925	1065	1105	22	Rc1½	404	22	5	16	50	231.4	18	133	26.471	905

注：1. 动态转矩为离合器的全部传动能力，一般按照额定转矩直接选用。

2. 平键只能传递部分转矩，对于平键不能传递的转矩应由过盈配合传递。

3. 表中转矩指气囊进口处压力为 0.5MPa 时的转矩。

4. 摩擦盘的磨损性能应符合表 6-3-71 的规定，并满足强度、硬度、冲击韧性的要求。

5. 气囊由橡胶制成，其性能应符合 JB/T 7005—2007 的有关规定。

表 6-3-71　　摩擦盘的磨损性能

项目		指标
静摩擦因数 μ_j		0.35
磨损率/10^{-4}cm^3·J^{-1}	100℃	≤170
	150℃	
	200℃	≤250

9　超越离合器

超越离合器是依靠主、从动部分的相对速度变化或回转方向变换，能够自动接合或脱开的离合器。超越离合器有嵌合式与摩擦式之分，摩擦式又分为滚柱式与楔块式。

单向超越离合器只能在一个方向传递转矩，双向超越离合器可双向传递转矩。超越离合器的从动件可以在不受摩擦转矩的影响下超越主动件的速度运行。

9.1 超越离合器的型式、特点及应用

表 6-3-72　　超越离合器的型式、特点及应用

型式		结构简图	转矩范围/N·m	特点	应用
棘轮式	内齿棘轮式	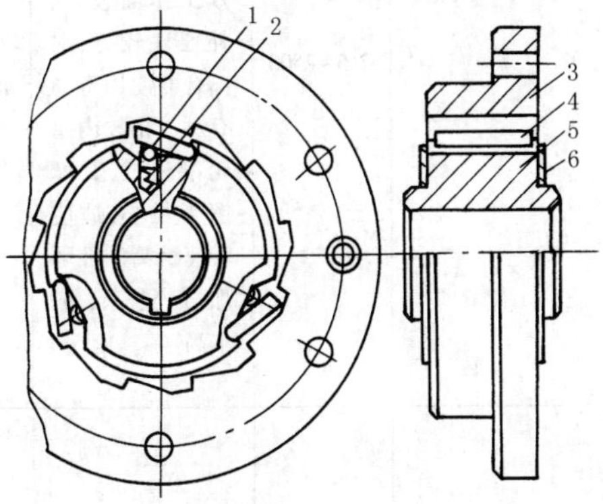 1—钢球；2—弹簧；3—外圈；4—棘爪；5—内圈；6—挡圈		当内圈逆时针旋转时，通过棘爪带动外圈输出转矩，同时，外圈可以超越内圈的速度转动。内圈顺时针旋转时，棘爪与外圈的内齿呈分离状态，内圈空转	常用于农业机械、自行车传动或对相位有要求的场合
	外齿棘轮式	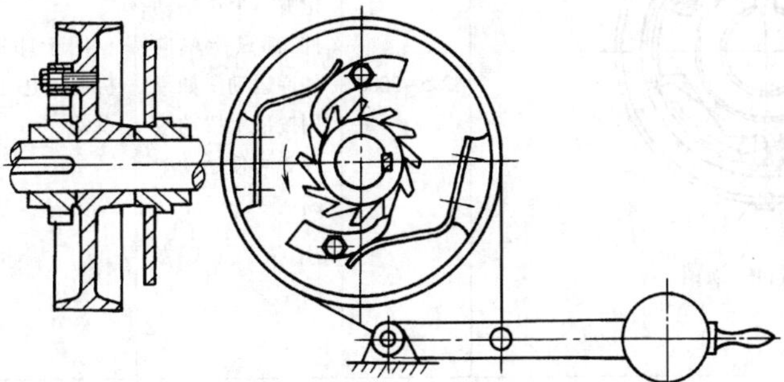		棘轮逆时针转动时，棘轮和棘爪处于分离状态，但棘爪将时刻预防棘轮的逆转	用于绞车提升和下放重物
滚柱式	内星轮滚柱式	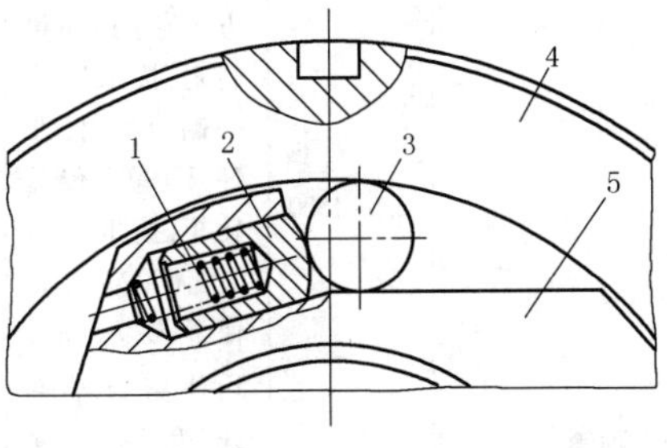 1—压簧；2—顶销；3—滚柱；4—外环；5—星轮	2.5~25000	由压簧、顶销产生一个持续的推力，始终保持滚柱与星轮和外环接触，故可快速反应。滚柱在滚道内自由转动，磨损均匀，磨损后仍能保持圆柱形，短时过载滚柱打滑不会损坏离合器。星轮加工困难，装配精度要求较高	常用于包装、印刷、食品、医疗、纺织、化工机械，以及提升机、输送机等

续表

型式		结构简图	转矩范围/N·m	特点	应用
滚柱式	外星轮滚柱式	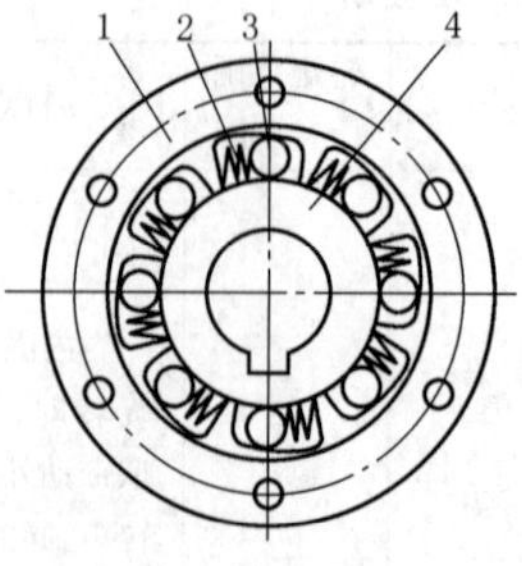 1—外环;2—矩形压簧;3—滚柱;4—内环	2.5~2500	外环采用偏心圆弧结构,可以有效降低离心力对离合器的影响,偏心圆弧有效工作面较长,补偿性较好,对离合器使用寿命有利。相较内星轮滚柱式,其摩擦半径小,适应转速稍高。外环加工复杂,成本高	用于印刷机、石油机械、输送机等
	带拨爪单向滚柱式	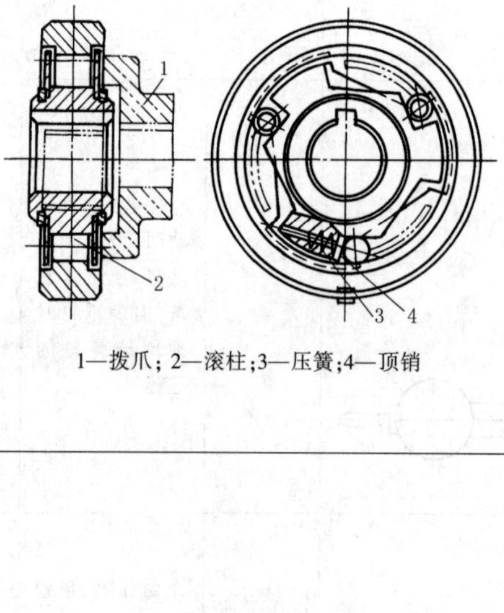 1—拨爪;2—滚柱;3—压簧;4—顶销	2.5~3000	外环和星轮无论哪一个作主动件,都只能单向传递运动。如果用拨爪1拨动滚柱2,可使运动中断	用于印刷包装机械、电子生产设备
	带拨爪双向滚柱式	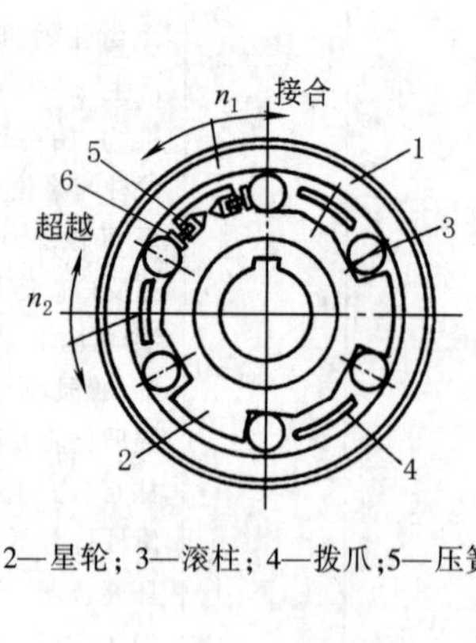 n_1 接合 超越 n_2 1—外环;2—星轮;3—滚柱;4—拨爪;5—压簧;6—顶销	2.5~1500	工作面和滚柱由单向布置改为相邻对称布置。拨爪中位时,外环主动,能两个方向传递运动和转矩,拨爪拨动一侧滚柱时,外环只能单向传递转矩,拨爪主动时,无论转向如何,只要 $n_2>n_1$,均使离合器脱开,拨爪作超越运动,且可通过拨爪使运动中断。这是一种可逆离合器	用于印刷包装机械、仓储设备、电子生产设备

续表

型式		结构简图	转矩范围/N·m	特点	应用
楔块式	单向离合器	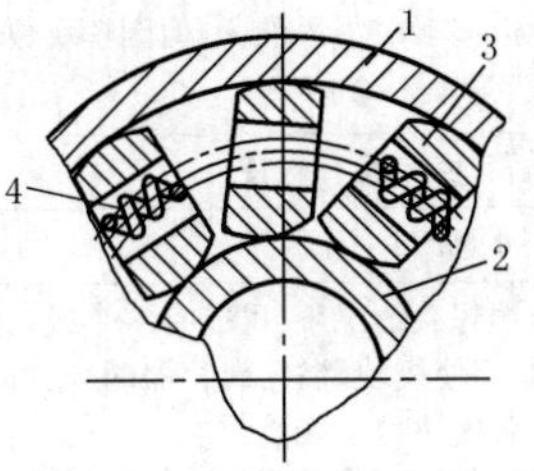 1—外环;2—内环;3—楔块;4—弹簧	8~100000	优点:接触点曲率半径大,楔块多,承载能力高,结构紧凑,外形尺寸小;自锁可靠,反向脱开容易,内、外环制造容易;较滚柱式更适合批量生产 缺点:接触点磨损后,会产生一个小平面,严重时,楔块可能翻转,不能自动恢复工作	用于冶金机械、矿山机械、石油机械、化工机械、水泥机械等
	双向离合器	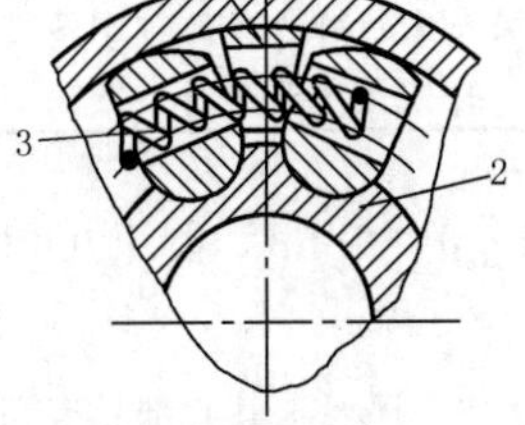 1—拨叉;2—内环;3—拉簧	2.5~2500	拨叉正向和反向转动时,均可带动内环同步转动。当拨叉不动时,内环被楔住不能转动	用于印刷机械、包装机械、起重运输机械等
	非接触式单向离合器	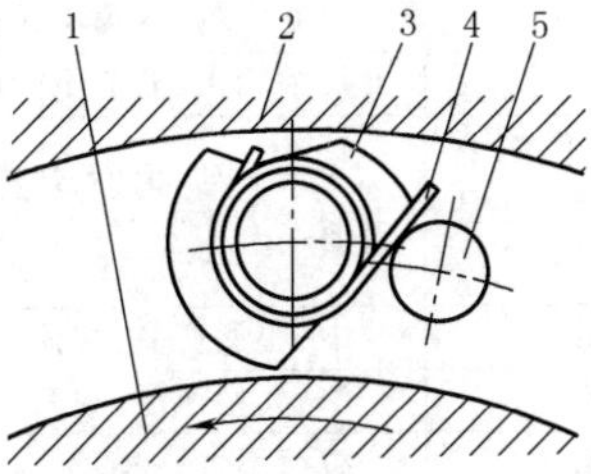 1—内环;2—外环;3—楔块;4—扭簧;5—柱销	5~25000	当楔块随内环逆时针转动时,楔块在离心力作用下克服扭簧约束,反向转动靠在柱销上,与外环表面脱开 优点:实现非接触超越,无磨损,无发热,超越转速可以很高,使用寿命长 缺点:高速下传递转矩不稳定,一般同步转速不能超过最低非接触转速的40%	一般用于中、高速传动系统,如提升机、冶金机械、矿山机械、水泥机械、高温风机以及电站设备等

9.2 滚柱式与楔块式超越离合器的比较

表 6-3-73　　滚柱式与楔块式超越离合器的比较

项目	滚柱式离合器	楔块式离合器
承载能力	相同滚道尺寸的情况下,放置的滚柱数量少,接触应力大,承载能力低	相同滚道尺寸的情况下,放置的楔块数量多,楔块与滚道接触的圆弧面的曲率半径大于滚柱的半径,即楔块与滚道接触面积大,与内滚道接触应力虽然大,但因楔块数量多,总承载能力比滚柱式高(一般为1.5~2倍)
自锁性能	比较可靠	可靠,反向脱开轻便
传动效率	0.95~0.99	0.94~0.98
超载时工作情况	极端超载情况下,滚柱趋于滑动而自锁失效,当转矩减小时,滚柱复位,滚柱可重新楔紧正常运转	极端超载情况下,可能有一个或几个楔块转动超过最大的撑线范围,而使楔块翻转,离合器两个方向都自锁而不能转动,当转矩减小后楔块也不能复位
零件磨损情况	滚柱能在滚道内自由转动,磨损后仍能保持圆形,滚柱与内、外滚道的接触点在楔紧状态与分离状态时并不相同,磨损较均匀	楔块由于不能自由转动,其与内、外滚道的接触部位仅局限在一小段工作圆弧上,容易磨成小平面。但因传递同等转矩时楔块式比滚柱式的离合器直径小,线速度低,因而磨损影响在可控范围内
主动元件的选择	通常内星轮选择内环,外星轮选择外环,可以避免离心力对滚轮姿态产生影响	通常选择外环。内环空转时工作表面的线速度低,减小空转时的磨损
动作准确度	溜滑角不超过2°,工作灵敏,准确度高	溜滑角一般在2°~5°,要提高工作灵敏度,需增大楔角
制造工艺	星轮加工较复杂,工艺性差,装配时要求高	楔块采用冷拉异型钢。内、外滚道均为圆柱面,加工工艺性好,适于批量生产,容易装配

9.3 超越离合器主要零件的材料和热处理

超越离合器的材料应具有较高的硬度和耐磨性。对于滚柱和楔块，还要求其心部具有韧性，能承受冲击载荷而避免碎裂。超越离合器主要零件的材料和热处理见表 6-3-74。

表 6-3-74　　超越离合器主要零件的材料和热处理

零件	材料	热处理	应用范围
外环、内环、星轮	GCr15, GCr6	淬火、回火(58~62HRC)	小型离合器,内、外环壁厚较小,中等载荷、冲击不大、比较重要的场合
	20Cr,20MnVB,20Mn2B,20CrMnTi,20CrNiMo	渗碳、淬火、回火(58~62HRC)	中型离合器,内、外环壁厚较大,较大载荷、较大冲击的重要场合
	40Cr,40MnVB,40MnB	高频淬火(48~55HRC)	尺寸中等、载荷不大的场合
	45		尺寸较大、载荷不大的场合
	42CrMo	调质(28~32HRC),工作面中频淬火(56~60HRC),淬硬层3~5mm	大型产品,内、外环壁厚大,载荷大、冲击大的重要场合
滚柱、楔块	GCr15,GCr12,GCr6	淬火、回火(60~64HRC)	中、小型产品,载荷与冲击较大的重要场合
	20CrMnTi	渗碳、淬火(60~64HRC)	中、大型产品,载荷与冲击较大的重要场合
	40Cr	淬火、回火(48~52HRC)	载荷不大、一般不太重要的场合

注：渗碳厚度见表 6-3-75。

表 6-3-75　　渗碳厚度　　mm

零件	外环内径			
	30~40	50~65	80~125	160~200
内、外环	0.8~1.0	1.0~1.2	1.2~1.5	1.5~1.8
星轮	1.0~1.2	1.2~1.5	1.5~1.8	1.8~2.0

9.4 超越离合器材料的许用接触应力

表 6-3-76　　　　超越离合器材料的许用接触应力

离合器需要的楔合次数	许用接触应力 $\sigma_{Hp}/N \cdot mm^{-2}$
10^7	1422~1766
10^6	3041~3237
$(0.5\sim1)\times10^5$	4120

注：一般可取额定楔合次数为 10^6。

9.5 超越离合器的计算

第 6 篇

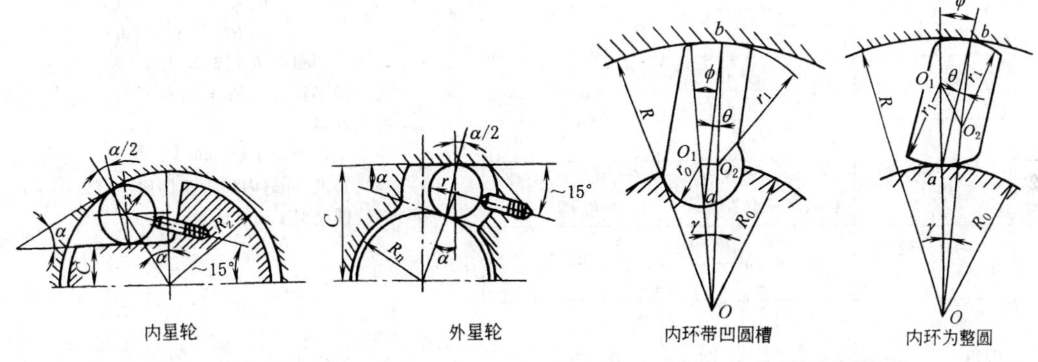

内星轮　　外星轮　　内环带凹圆槽　　内环为整圆

滚柱式超越离合器　　楔块式超越离合器

表 6-3-77　　　　超越离合器的计算

型式	计算项目	计算公式	说明
滚柱式	楔紧平面至轴心线距离	内星轮 $C=(R_z-r)\cos\alpha-r$ 外星轮 $C=(R_n+r)\cos\alpha+r$	r——滚柱半径，mm R_z——内星轮离合器外环内半径，mm，$R_z=(4.5\sim15)r$，一般取 $R_z=8r$ R_n——外星轮离合器内环外半径，mm α——楔角，(°) K——储备系数，一般取 $K=1.4\sim5$ T_t——需要传递的转矩，N·mm μ——摩擦因数，一般取 $\mu=0.1$ z——滚柱数目 b——滚柱长度，mm，$b=(2.5\sim8)r$，一般取 $b=(3\sim4)r$ E_v——当量弹性模量，钢对钢时 $E_v=2.06\times10^5 N/mm^2$ σ_{Hp}——许用接触应力，N/mm^2，见表 6-3-76 m——滚柱质量，kg n——星轮转速，r/min T——根据表面接触应力计算的离合器转矩，N·mm
	计算转矩	$T_c=KT_t$	
	正压力	内星轮 $N=\dfrac{T_c}{R_z\mu z}$ 外星轮 $N=\dfrac{T_C}{R_n\mu z}$	
	接触应力	$\sigma_H=0.42\sqrt{\dfrac{NE_v}{b\rho_v}}\leqslant\sigma_{Hp}$	
	当量半径	内星轮 $\rho_v=r$ 外星轮 $\rho_v=\dfrac{R_n r}{R_n+r}$	
	弹簧压力	内星轮 $P_E\geqslant\dfrac{(R_z-r)\mu mn^2}{9\times10^4}$ 外星轮 $P_E\geqslant\dfrac{(R_n+r)\mu mn^2}{9\times10^4}$	
	转矩校核	内星轮 $T=\dfrac{5.72\sigma_{Hpz}^2 R_z rb\sin(\alpha/2)}{E_v}$ 外星轮 $T=\dfrac{5.72\sigma_{Hpz}^2 R_n^2 rb\sin(\alpha/2)}{E_v(R_n+r)}$	

续表

型式	计算项目	计算公式	说明
内环带凹圆槽楔块式	楔块偏心距	$e=O_1O_2=R_0\sin\gamma\approx R_0\gamma$	R——外环内半径,mm,内环整为圆时 $R=(1.2\sim1.44)R_0$,内环带凹槽时 $R=(3.2\sim3.5)r_1$ R_0——内环外半径,mm;$R_0=(4\sim4.5)r_i$ Z——楔块数目 r_1——楔块工作曲面半径,mm l——楔块长度,mm,内环为整圆时 $l=(2.6\sim4)r_1$,内环带凹槽时 $l=(1.6\sim2)r_1$
	内环处压力角	$\phi\approx\arccos\dfrac{R^2-(R_0-r_0)^2-\overline{ab}^2}{2(R_0-r_0)\overline{ab}}$	
	外环处压力角	$\theta=\arcsin\dfrac{(R_0-r_0)\sin\phi}{R}$	
	中心角	$\gamma=\phi-\theta,\sin\gamma\approx\dfrac{r_1+r_0}{R}\sin\phi$	
	计算转矩	$T_c=KT_t$	
	b 点正压力	$N_b=\dfrac{T_c}{RZ\tan\theta}$	
	b 点接触应力	$\sigma_{bH}=0.42\sqrt{\dfrac{N_bE_v}{l\rho_v}}\leqslant\sigma_{Hp}$	
	当量曲率半径	$\rho_v=\dfrac{Rr_1}{R-r_1}$	
	转矩校核	$T=\dfrac{5.72\sigma_{Hp}^2ZR^2r_1l\sin\theta}{E_v(R-r_1)}$	
内环为整圆楔块式	楔块偏心距	$e=O_1O_2\approx\sqrt{(R-r_1)^2+(R_0+r_1)^2-2(R-r_1)(R_0+r_1)\cos\gamma}$ (一般 $\gamma<1°30'$,$\cos\gamma\approx1$,$e\approx R_0+2r_1-R$)	
	内环处压力角	$\phi\approx\arccos\dfrac{R^2-R_0^2-\overline{ab}^2}{2R_0\,\overline{ab}}$	
	外环处压力角	$\theta=\arcsin\left(\dfrac{R_0}{R}\sin\phi\right)$ $\theta=\angle abO_2$	
	中心角	$\gamma=\phi-\theta,\sin\gamma\approx\dfrac{R-R_0}{R}\sin\phi$	
	计算转矩	$T_c=KT_t$	
	a 点正压力	$N_a=\dfrac{T_c}{R_0Z\tan\phi}$	
	a 点接触应力	$\sigma_{aH}=0.42\sqrt{\dfrac{N_aE_v}{l\rho_v}}\leqslant\sigma_{Hp}$	
	当量曲率半径	$\rho_v=\dfrac{R_0r_1}{R_0+r_1}$	
	转矩校核	$T=\dfrac{5.72\sigma_{HP}^2ZR_0^2r_1l\sin\varphi}{E_v(R_0+r_1)}$	

注:1. α 小,楔合容易,脱开力大;α 大,不易楔合或易打滑。为保证滚柱不打滑,应使压力角 $\alpha/2$ 小于滚柱与星轮或内、外环接触面的最小摩擦角。当星轮工作面为平面时,取 $\alpha=6°\sim8°$;当工作面为对数螺旋面或偏心圆弧面时,取 $\alpha=8°\sim10°$。最大极限值 $\alpha_{max}=14°\sim17°$。

2. 为了保证工作时不打滑,ϕ 不得超过楔块与内、外环之间的最小摩擦角,可取 $\phi=2°15'\sim4°30'$,ϕ 一般均取 3°。

9.6 超越离合器的性能参数

表 6-3-78 超越离合器的性能参数

技术特性	直径 D/mm										
	32	40	50	65	80		100		125	160	200
	滚柱数 z										
	3					5	3	5			
允许的载荷循环次数(接合次数)	5×10^6										
超越时推荐的转速极限/$r\cdot min^{-1}$	3000	2500	2000	1500	1250		1000		800	630	500
超越时允许的最大摩擦转矩/N·m	0.12	0.22	0.42	0.50	1.0	1.7	2.1	2.4	4.2	7.8	16
接合时离合器的最大空转角度	3°		2°30′	2°	1°30′		1°		45′		30′

注:当主动件带动从动件一起转动时,称为接合状态。当外环与星轮脱开、主动件和从动件以各自速度回转时,称为超越状态。

9.7 超越离合器产品

型号表示方法

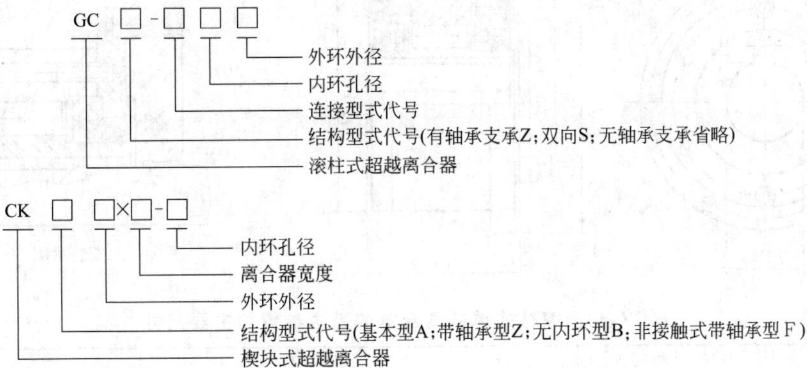

9.7.1 滚柱式单向离合器

(1) GC-A 型滚柱式单向离合器（见表 6-3-79）

内、外环与机件用键连接。安装时应将离合器置于轴承旁。

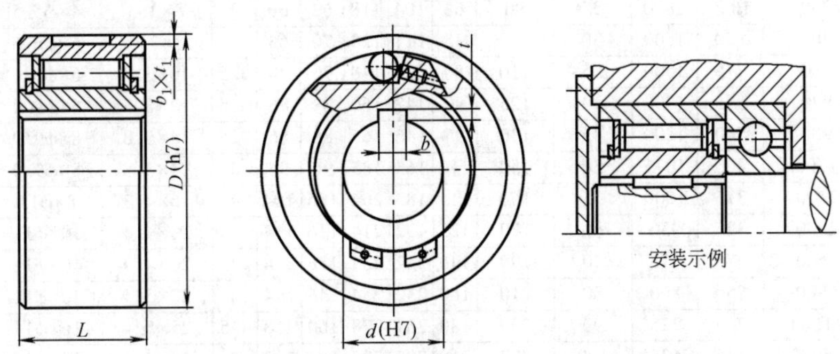

安装示例

表 6-3-79　　GC-A 型滚柱式单向离合器的基本参数和主要尺寸

型号	额定转矩 /N·m	超越极限转速 /r·min^{-1}		外形尺寸/mm					质量 /kg	转动惯量 /kg·m^2
		内环	外环	D	L	$b_1 \times t_1$	d	$b \times t$		
GC-A1237	13	1500	3100	37	20	4×2.5	12	4×1.8	0.11	2.08×10^{-5}
GC-A1547	44	1100	2800	47	30	4×2.5	15	4×1.8	0.30	9.13×10^{-5}
GC-A2062	117	1000	2400	62	34	5×3.0	20	5×2.3	0.55	2.92×10^{-4}
GC-A2580	228	850	2000	80	37	5×3.0	25	5×2.3	0.98	8.61×10^{-4}
GC-A3090	400	750	1700	90	44	6×3.5	30	6×2.8	1.50	1.69×10^{-3}
GC-A35100	570	650	1400	100	48	6×3.5	35	6×2.8	2.00	2.81×10^{-3}
GC-A40110	820	600	1200	110	56	8×4.0	40	8×3.3	2.80	4.80×10^{-3}
GC-A45120	900	500	1000	120	56	10×5.0	45	10×3.3	3.30	6.78×10^{-3}
GC-A50130	1700	450	850	130	63	10×5.0	50	10×3.3	4.20	1.02×10^{-2}
GC-A55140	2100	420	700	140	67	12×5.0	55	12×3.3	5.20	1.47×10^{-2}
GC-A60150	2800	400	580	150	78	12×5.0	60	12×3.3	6.80	2.22×10^{-2}
GC-A70170	4850	300	450	170	95	14×5.5	70	14×3.8	10.5	4.44×10^{-2}

注：该系列还有 GC-B 型（d=8～150mm），外环采用端面键连接；GC-C 型（d=10～80mm），外环采用 H7/n6 过盈配合；GC-D 型（d=10～80mm），外环用螺栓固定。均为滚柱式无轴承支承的产品。

（2）GCZ-A 型滚柱式单向离合器（见表 6-3-80）

内含轴承及油封，使用 2 个 160 系列滚珠轴承支承。主要用于超运转速度送料及定位离合器。

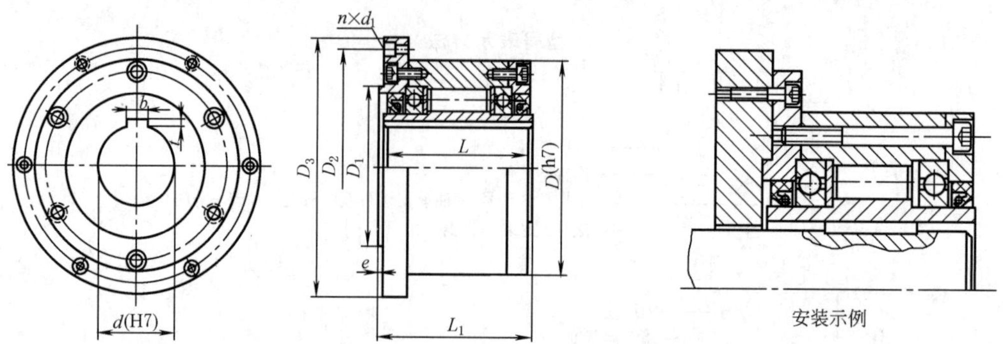

表 6-3-80　　**GCZ-A 型滚柱式单向离合器的基本参数和主要尺寸**

型号	额定转矩 /N·m	超越极限转速 /r·min⁻¹		外形尺寸 /mm										质量 /kg	转动惯量 /kg·m²
		内环	外环	d	D	D_1	D_2	D_3	L_1	L	e	$b\times t$	$n\times d_1$		
GCZ-A1262	44	1600	2800	12	62	42	72	85	44	42	3	4×1.8	3×ϕ5.5	0.90	4.94×10^{-4}
GCZ-A1568	100	1450	2600	15	68	47	78	92	54	52	3	5×2.3	3×ϕ5.5	1.30	8.67×10^{-4}
GCZ-A2075	145	1350	2300	20	75	55	85	98	59	57	3	6×2.8	4×ϕ5.5	1.70	1.41×10^{-3}
GCZ-A2590	230	1050	1800	25	90	68	104	118	62	60	3	8×3.3	4×ϕ5.5	2.60	3.12×10^{-3}
GCZ-A30100	400	850	1600	30	100	75	114	128	70	68	3	8×3.3	6×ϕ6.6	3.50	5.25×10^{-3}
GCZ-A35110	580	775	1500	35	110	80	124	140	76	74	3.5	10×3.3	6×ϕ6.6	4.50	8.24×10^{-3}
GCZ-A40125	820	575	1300	40	125	90	142	160	88	86	3.5	12×3.3	6×ϕ9.0	6.90	1.63×10^{-2}
GCZ-A45130	900	500	1200	45	130	95	146	165	88	86	3.5	14×3.8	8×ϕ9.0	9.10	2.37×10^{-2}
GCZ-A50150	1700	400	1075	50	150	110	165	185	96	94	4	14×3.8	8×ϕ9.0	10.1	3.47×10^{-2}
GCZ-A55160	2100	375	1000	55	160	115	182	204	106	104	4	16×4.3	8×ϕ11	13.1	5.16×10^{-2}
GCZ-A60170	2800	325	950	60	170	125	192	214	116	114	4	18×4.4	10×ϕ11	15.6	6.97×10^{-2}
GCZ-A70190	4600	275	875	70	190	140	212	234	136	134	4	20×4.9	10×ϕ11	20.4	1.15×10^{-1}
GCZ-A80210	6800	250	800	80	210	160	232	254	146	144	4	22×5.4	10×ϕ11	26.7	1.85×10^{-1}
GCZ-A90230	11600	225	725	90	230	180	254	278	160	158	4.5	25×5.4	10×ϕ14	39.0	3.27×10^{-1}
GCZ-A100270	18000	175	625	100	270	210	305	335	184	182	5	28×6.4	10×ϕ18	66.0	7.52×10^{-1}
GCZ-A130310	25000	125	500	130	310	240	345	380	214	213	5	32×7.4	12×ϕ18	91.0	1.41×10^{0}

注：该系列还有 GCZ-B 型、GCZ-C 型（d=12~130mm），均为滚柱式有轴承支承的产品。

9.7.2　楔块式单向离合器

（1）CKA 型楔块式单向离合器（摘自 JB/T 9130—2002）（见表 6-3-81）

使用时可根据需要安装轴承以承受轴向与径向载荷。常用于各种轻工机械。提升机、运输机、机床和减速器等机械传动。

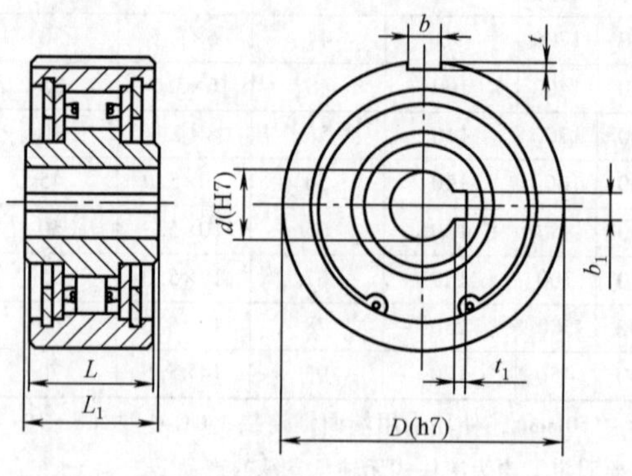

表 6-3-81　　**CKA 型楔块式单向离合器的基本参数和主要尺寸**

型号	额定转矩 /N·m	超越时的极限转速 /r·min^{-1}	外环/mm			内环/mm			质量 /kg	转动惯量 /kg·m^2
			D	键槽 $b\times t$	L	d	键槽 $b_1\times t_1$	L_1		
CKA50×24-12	31.5	2500	50	3×1.8	22	12	3×1.4	24	0.24	8.73×10^{-5}
CKA55×24-18	50	2250	55	4×2.5	22	18	4×1.8	24	0.28	1.29×10^{-4}
CKA60×24-20	63	2000	60	6×3.5	22	20	6×2.8	24	0.33	1.82×10^{-4}
CKA65×26-24	100	1800	65	6×3.5	24	24	6×2.8	26	0.38	2.51×10^{-4}
CKA70×32-28	180	1500	70	8×4.0	30	28	8×3.3	32	0.60	4.69×10^{-4}
CKA80×32-30	200	1500	80	8×4.0	30	30	8×3.3	32	0.87	8.73×10^{-4}
CKA100×34-40	315	1250	100	10×5.0	32	40	10×3.3	34	1.20	1.91×10^{-3}
CKA110×34-40	400	1000	110	10×5.0	32	40	10×3.3	34	1.94	3.35×10^{-3}
CKA130×38-50	630	1000	130	14×5.5	36	50	14×3.8	38	3.02	8.06×10^{-3}
CKA140×55-55	1250	800	140	16×6.0	52	55	16×4.3	55	5.1	1.44×10^{-3}
CKA160×55-60	2000	800	160	18×7.0	52	60	18×4.4	55	6.78	2.47×10^{-2}
CKA170×55-65	2240	800	170	18×7.0	52	65	18×4.4	55	7.61	3.47×10^{-2}
CKA180×55-65	2500	800	180	18×7.0	52	65	18×4.4	55	7.69	4.38×10^{-2}
CKA200×55-70	2800	800	200	20×7.5	52	70	20×4.9	55	10.82	6.70×10^{-2}

注：该系列还有 CKB 无内环、CKD 端面键无轴承的楔块式离合器产品。

(2) CKZ 型楔块式单向离合器（摘自 JB/T 9130—2002）（见表 6-3-82）

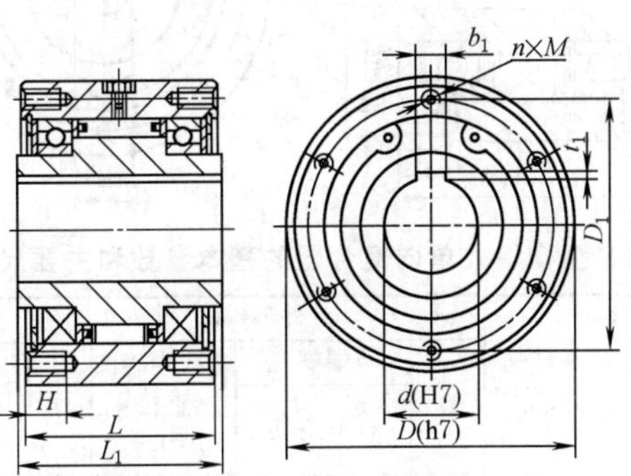

表 6-3-82　　**CKZ 型楔块式单向离合器的基本参数和主要尺寸**

型号	额定转矩 /N·m	内环超越极限转速 /r·min^{-1}	外环/mm				内环/mm			质量 /kg	转动惯量 /kg·m^2
			D	L	两端螺孔 $n\times M$ 深 H	螺孔中心圆直径 D_1	d	L_1	键槽 $b_1\times t_1$		
CKZ75×50-14	180	1500	75	48	4×M6 深 12	61	14	50	5×2.3	1.35	1.08×10^{-3}
CKZ80×68-20	200	1500	80	66	4×M6 深 12	68	20	68	6×2.8	1.95	1.66×10^{-3}
CKZ90×70-25	250	1300	90	68	6×M8 深 12	76	25	70	8×3.3	2.36	2.57×10^{-3}
CKZ100×82-30	315	1200	100	80	6×M8 深 12	88	30	82	8×3.3	3.17	4.95×10^{-3}
CKZ110×90-35	400	1200	110	86	8×M8 深 16	92	35	90	10×3.3	4.65	7.75×10^{-3}
CKZ120×92-42	650	1200	120	90	8×M8 深 20	105	42	92	12×3.3	5.47	1.11×10^{-2}
CKZ125×92-45	1000	1100	125	90	8×M8 深 20	110	45	92	14×3.8	6.02	1.33×10^{-3}
CKZ130×92-48	1200	1100	130	90	8×M8 深 20	115	48	92	14×3.8	6.55	1.57×10^{-2}
CKZ136×95-50	1500	1000	136	92	8×M8 深 20	120	50	95	14×3.8	7.74	2.24×10^{-2}
CKZ150×102-50	2240	1000	150	100	8×M8 深 20	130	50	102	14×3.8	11.02	3.46×10^{-2}

续表

型号	额定转矩 /N·m	内环超越极限转速 /r·min^{-1}	外环/mm				内环/mm			质量 /kg	转动惯量 /kg·m^2
			D	L	两端螺孔 n×M 深 H	螺孔中心圆直径 D_1	d	L_1	键槽 b_1×t_1		
CKZ155×102-60	2500	1000	155	100	8×M8 深 20	140	60	102	18×4.4	11.01	3.81×10^{-2}
CKZ160×112-65	2600	1000	160	110	8×M8 深 20	145	65	112	18×4.4	12.65	5.19×10^{-2}
CKZ170×112-70	2700	1000	170	110	6×M10 深 20	150	70	112	20×4.9	14.42	6.09×10^{-2}
CKZ180×128-70	2800	900	180	124	6×M10 深 20	158	70	128	20×4.9	17.63	9.31×10^{-2}
CKZ190×128-70	2850	800	190	124	6×M10 深 20	170	70	128	20×4.9	20.01	1.13×10^{-1}
CKZ200×128-70	2900	800	200	124	6×M10 深 25	175	70	128	20×4.9	22.51	1.26×10^{-1}
CKZ210×132-70	3000	800	210	128	6×M12 深 25	185	70	132	20×4.9	25.14	1.69×10^{-1}
CKZ230×132-80	3150	800	230	120	8×M12 深 25	205	80	132	22×5.4	29.82	2.28×10^{-1}
CKZ250×140-90	5600	700	250	136	8×M12 深 25	225	90	140	22×5.4	38.91	3.78×10^{-1}
CKZ330×160-110	8000	600	300	156	8×M16 深 35	260	110	160	28×6.4	65.32	9.17×10^{-1}

（3）CKF 型楔块式单向离合器（摘自 JB/T 9130—2002）（见表 6-3-83）

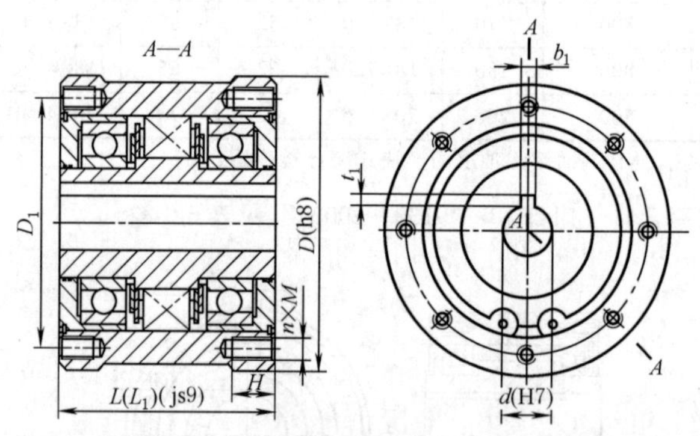

表 6-3-83　　CKF 型楔块式单向离合器的基本参数和主要尺寸　　mm

型号	额定转矩 /N·m	最低非接触转速 /r·min^{-1}	最高转速 /r·min^{-1}	外环/mm				内环/mm			质量 /kg	转动惯量 /kg·m^2
				D	两端螺孔 n×M 深 H	螺孔中心圆直径 D_1	L	d	键槽 b_1×t_1	L_1		
CKF165×125-25	400	480	1500	165	8×M8 深 20	145	125	25	8×3.3	125	20.51	7.24×10^{-2}
CKF170×130-25	500	470	1500	170	8×M8 深 20	150	130	25	8×3.3	130	22.68	8.57×10^{-2}
CKF175×130-35	600	450	1500	175	8×M8 深 20	155	130	35	10×3.3	130	23.58	9.88×10^{-2}
CKF185×130-40	800	430	1500	185	8×M10 深 25	162	130	40	12×3.3	130	26.16	1.19×10^{-1}
CKF190×135-50	1000	420	1500	190	8×M10 深 25	168	135	50	14×3.8	135	26.95	1.43×10^{-1}
CKF195×145-55	1250	400	1500	195	8×M10 深 25	172	145	55	16×4.3	145	31.31	1.65×10^{-1}
CKF205×145-55	1400	400	1500	205	10×M10 深 25	182	145	55	16×4.3	145	34.81	1.98×10^{-1}
CKF208×150-60	1600	400	1500	208	10×M10 深 25	185	150	60	18×4.4	150	36.71	2.37×10^{-1}
CKF220×150-65	2000	400	1500	200	10×M10 深 25	195	150	65	18×4.4	150	40.88	2.96×10^{-1}
CKF230×150-70	2500	390	1500	230	12×M10 深 25	205	150	70	20×4.9	150	44.42	3.53×10^{-1}
CKF245×160-80	4000	380	1500	245	12×M12 深 25	218	160	80	22×5.4	160	52.93	4.83×10^{-1}
CKF260×160-90	6300	370	1500	260	12×M14 深 25	230	160	90	22×5.4	160	58.74	6.11×10^{-1}
CKF275×170-100	8000	370	1500	275	12×M14 深 25	245	170	100	28×6.4	170	68.33	8.08×10^{-1}
CKF295×185-110	10000	370	1500	295	12×M16 深 30	260	185	110	28×6.4	185	86.46	1.67×10^{0}
CKF330×200-130	12500	350	1500	330	12×M16 深 30	295	200	130	32×6.4	200	113.44	1.96×10^{0}
CKF360×215-140	16000	350	1500	360	12×M18 深 30	320	215	140	36×8.4	215	145.81	2.99×10^{0}
CKF410×225-150	20000	350	1500	410	16×M20 深 30	360	225	150	36×8.4	225	201.98	5.29×10^{0}
CKF440×235-160	25000	310	1000	440	16×M20 深 30	390	235	160	40×9.4	235	243.41	7.34×10^{0}

（4）CKF-B 型楔块式单向离合器（见表 6-3-84）

CKF-B 型离合器为免维护非接触楔块式单向离合器，具有一定的偏心适应能力，无轴承支承，使用时必须安装轴承以保证内环与外环的同轴度。

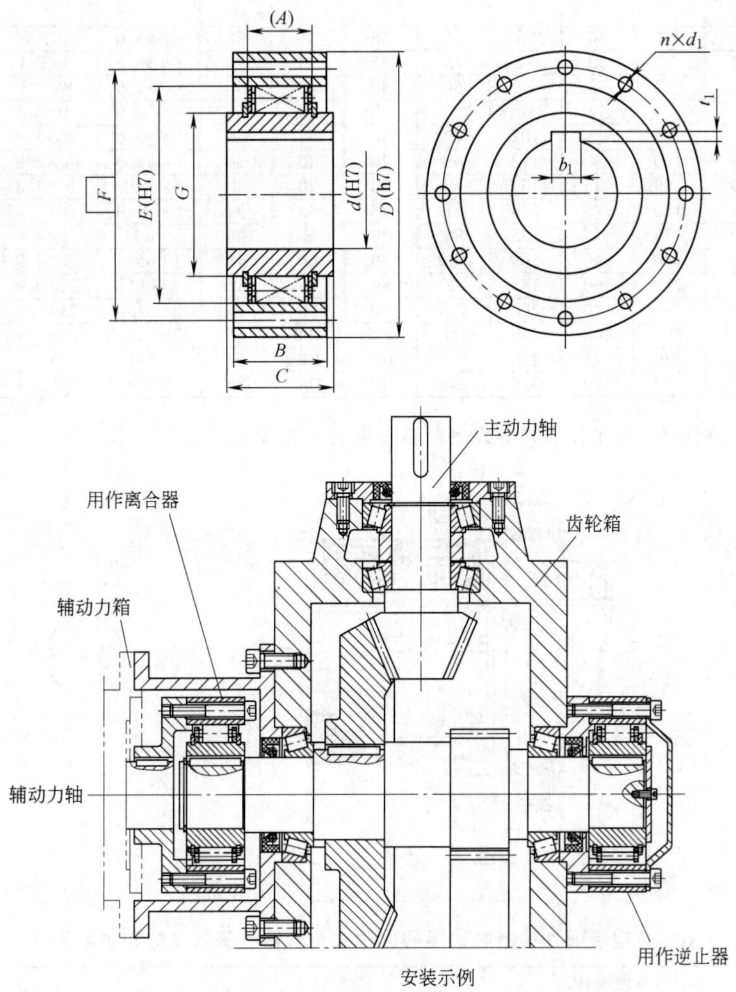

安装示例

表 6-3-84　**CKF-B 型楔块式单向离合器的基本参数和主要尺寸**

型号	额定转矩 /N·m			最低非接触转速 /r·min^{-1}	最高非接触转速 /r·min^{-1}	外环同步转速 /r·min^{-1}
	内、外环无偏心	内、外环偏心 0.2mm	内、外环偏心 0.4mm			
CKF-B2090	260	220		875	6000	350
CKF-B2595	320	280		825	6000	330
CKF-B30102	400	360		780	6000	312
CKF-B35110	520	480		740	6000	296
CKF-B40125	720	650		720	5000	288
CKF-B45130	890	720		665	5000	266
CKF-B50150	1260	1000		610	4000	244
CKF-B55160	1660	1400		600	4000	240
CKF-B60175	2350	2150	2000	490	3200	196
CKF-B70190	3600	3400	3200	480	3200	192
CKF-B80210	5200	4500	4000	450	2400	180
CKF-B90230	8000	7200	6200	420	2400	168
CKF-B100280	15000	12000	11000	420	2000	168
CKF-B130320	22500	19000	18000	415	2000	166
CKF-B150400	38500	37000	35000	365	2000	146

续表

型号	尺寸/mm										质量/kg	转动惯量/kg·m²
	d	D	E	F	G	C	B	A	$n\times d_1$	$b_1\times t_1$		
CKF-B2090	20	90	66	78	41	35	35	28	6×ϕ6.6	6×2.8	1.5	1.59×10^{-3}
CKF-B2595	25	95	70	82	45	35	35	28	6×ϕ6.6	8×3.3	1.6	1.93×10^{-3}
CKF-B30102	30	102	75	87	50	40	40	30	6×ϕ6.6	8×3.3	1.8	2.54×10^{-3}
CKF-B35110	35	110	82	96	57	40	40	30	6×ϕ6.6	10×3.3	2.1	3.50×10^{-3}
CKF-B40125	40	125	92	108	67	40	40	30	8×ϕ6.6	12×3.3	2.9	6.24×10^{-3}
CKF-B45130	45	130	94	112	69	40	40	30	8×ϕ9.0	14×3.8	3.1	7.33×10^{-3}
CKF-B50150	50	150	114	132	89	40	40	30	8×ϕ9.0	14×3.8	4.7	1.47×10^{-2}
CKF-B55160	55	160	116	138	91	45	45	34	8×ϕ9.0	16×4.3	5.4	1.93×10^{-2}
CKF-B60175	60	175	135	155	95	70	60	48	8×ϕ11	18×4.4	8.5	3.64×10^{-2}
CKF-B70190	70	190	140	165	100	70	60	48	12×ϕ11	20×4.9	10	5.13×10^{-2}
CKF-B80210	80	210	160	185	120	80	70	48	12×ϕ11	22×5.4	14	8.84×10^{-2}
CKF-B90230	90	230	180	206	140	90	80	65	12×ϕ13.5	25×5.4	19	1.45×10^{-1}
CKF-B100280	100	280	200	240	160	105	100	65	12×ϕ17.5	28×6.4	34	3.76×10^{-1}
CKF-B130320	130	320	235	278	195	105	100	67	12×ϕ17.5	32×7.4	44	6.56×10^{-1}
CKF-B150400	150	400	320	360	256	105	100	85	12×ϕ17.5	36×8.4	73	1.67×10^{0}

（5）CKL-A 型带弹性柱销联轴器的接触式离合器（见表 6-3-85）

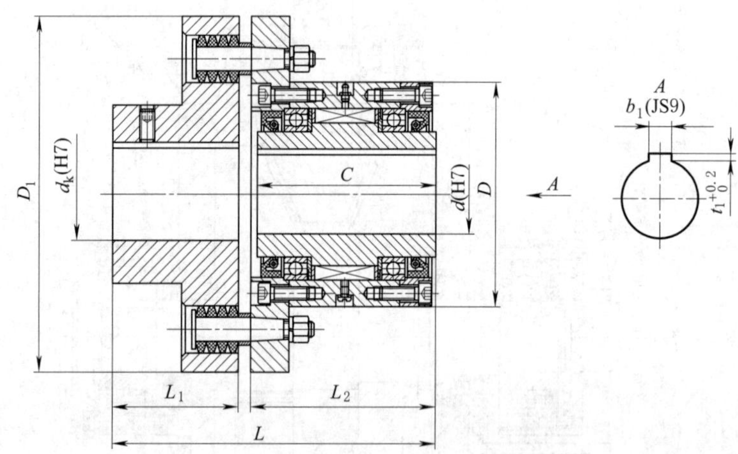

表 6-3-85　　CKL-A 型带弹性柱销联轴器的接触式离合器的基本参数和主要尺寸

型号	额定转矩/N·m	超越极限转速/r·min⁻¹		尺寸/mm									质量/kg	转动惯量/kg·m²
		外环	内环	d	d_k	D	D_1	L	L_1	L_2	C	$b_1\times t_1$		
CKL-A1252	44	2125	2100	12	12~25	52	97	93	35	55	55	4×1.8	3.0	2.78×10^{-3}
CKL-A1568	90	1615	2100	15	15~30	68	112	110	40	66	66	5×2.3	4.4	5.42×10^{-3}
CKL-A2075	98	1360	1960	20	15~30	75	118	114	40	70	70	6×2.3	4.6	6.22×10^{-3}
CKL-A2590	230	1190	1610	25	20~40	90	130	132	50	78	75	8×3.3	6.4	1.04×10^{-2}
CKL-A30100	400	1105	1470	30	20~50	100	160	154	60	86	82	8×3.3	11	2.72×10^{-2}
CKL-A35110	580	935	1330	35	25~65	110	190	174	75	96	93	10×3.3	17	5.93×10^{-2}
CKL-A40125	820	807	1190	40	25~65	125	190	183	75	103	101	12×3.3	19	6.56×10^{-2}
CKL-A45130	840	765	1120	45	25~65	130	190	188	75	107	105	14×3.8	19	6.47×10^{-2}
CKL-A50150	1400	722	980	50	30~75	150	225	213	90	117	113	14×3.8	31	1.49×10^{-1}
CKL-A55160	1600	612	910	55	35~90	160	270	234	100	127	123	16×4.3	47	3.28×10^{-1}
CKL-A60170	2200	578	840	60	35~90	170	270	244	94	144	140	18×4.4	49	3.40×10^{-1}
CKL-A70170	2200	578	840	70	35~90	170	270	267	117	144	140	20×4.9	48	3.40×10^{-1}
CKL-A70190	4500	493	770	70	45~110	190	340	318	140	173	163	20×4.9	90	9.96×10^{-1}
CKL-A80210	6800	408	630	80	55~125	210	380	344	160	177	172	22×5.4	107	1.48×10^{0}
CKL-A90230	11000	323	595	90	65~140	230	440	381	160	209	199	25×5.4	170	3.15×10^{0}
CKL-A95230	11000	323	595	95	70~145	230	440	381	160	209	199	25×5.4	169	3.15×10^{0}
CKL-A100270	16000	297	525	100	75~160	270	500	434	200	222	217	28×6.4	230	5.52×10^{0}

注：1. 该系列还有 CKL-B 型非接触式、CKL-C 型接触式、CKL-D 型非接触式带半联轴器的超越离合器。

2. 订货时应注明内环的旋转方向、孔径及安装轴伸。

9.7.3 双向离合器

CKS 型楔块式双向离合器（A 型）的一端轴孔接主动轴，另一端轴孔接从动轴。当外环不动，主动轴顺时针或逆时针转动时，从动轴也同步转动，而当从动轴受外转矩的作用时，顺时针和逆时针都不能转动。常与滚珠丝杠副或其他部件配套，作为防逆转机构，也可单独用于精确定位。用于轻工和起重运输机械等。其基本参数和主要尺寸见表 6-3-86。

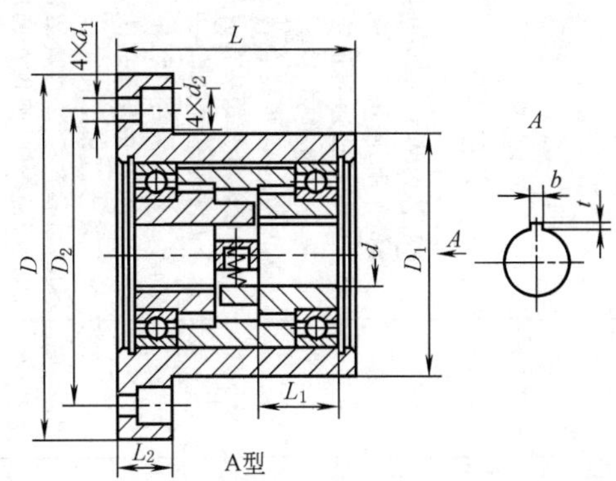

表 6-3-86　　**CKS 型楔块式双向离合器（A 型）的基本参数和主要尺寸**

型号	额定转矩 /N·m	尺寸/ mm										
		d	L_1	b	t	D	D_2	D_1	L	L_2	d_1	d_2
CKS70(42)×58-10	20	10	20	3	1.4	70	55	42	58	11	6.6	11
CKS75(45)×58-10	20	10	20	3	1.4	75	60	45	58	11	6.6	11
CKS85(55)×68-12	30	12	26	4	1.8	85	60	55	68	11	6.6	11
CKS95(57)×78-15	50	15	27	5	2.3	95	60	57	78	13	9	15
CKS105(62)×78-20	100	20	27	6	2.8	105	84	62	78	16	11	18
CKS115(74)×78-20	100	20	30	6	2.8	115	95	74	78	16	11	18
CKS115(74)×88-25	120	25	34	8	3.3	115	95	74	88	16	11	18
CKS132(88)×100-30	150	30	35	8	3.3	132	110	88	100	16	11	18
CKS145(94)×110-35	200	35	40	10	3.3	145	120	94	110	20	13	20
CKS155(108)×110-40	250	40	40	12	3.3	155	128	108	110	20	13	20
CKS160(110)×120-45	300	45	45	14	3.8	160	134	110	120	20	13	20
CKS195(135)×140-50	500	50	54	14	3.8	195	165	135	140	25	13	20

注：壳体也可根据用户要求确定其形状和尺寸。

10　离心离合器

离心离合器为不需操纵，自行接合的离合器，当主动件转速达到一定数值后，离心体产生的离心力使摩擦片压紧从动件，借助于摩擦力传递转矩，有常开式与常闭式之分。

10.1 离心离合器的型式、特点及应用

表 6-3-87 离心离合器的型式、特点及应用

型式	结构简图	转矩范围/N·m	特点	应用
带弹簧闸块式	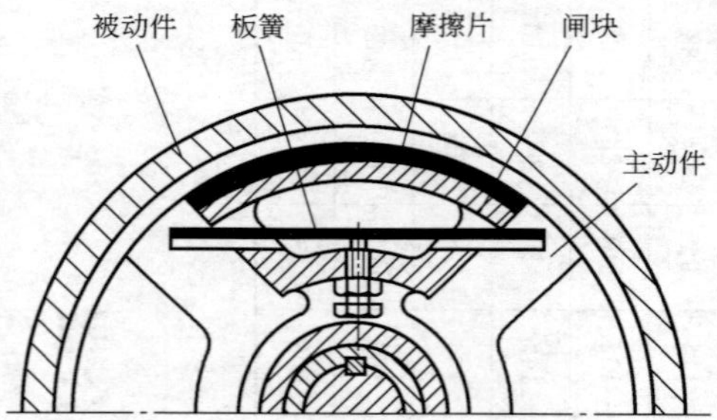 被动件 板簧 摩擦片 闸块 主动件 板簧闸块 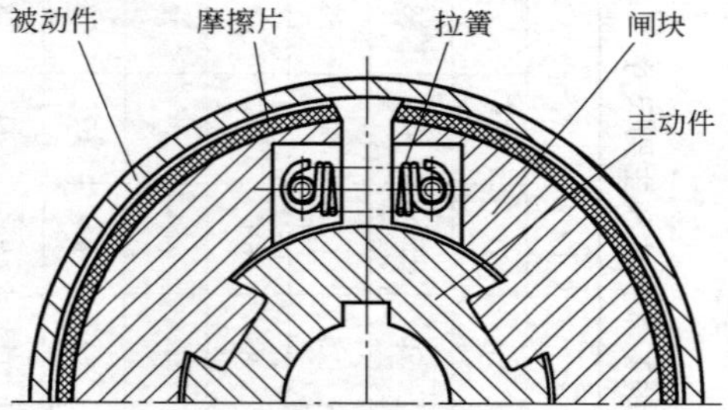 被动件 摩擦片 拉簧 闸块 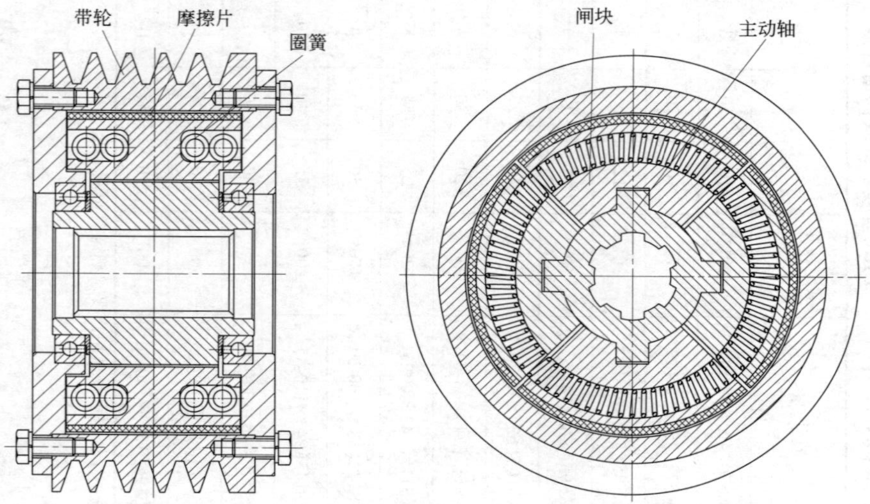 主动件 拉簧闸块 带轮 摩擦片 圈簧 闸块 主动轴 圈簧闸块	0.7~4500	离心体为闸块，启动开始时靠弹簧作用，闸块不与壳体接触。当主动轴达到预定转速时，离心力超过弹簧力，闸块开始与壳体逐步接合传递转矩，一般两者开始接合时的转速为正常转速的 70%~80% 离合器在接合过程中工作平稳，但闸块的质量较大。闸块拉簧结构加工简单。发热和磨损较严重。圈簧结构不占用圆周空间，闸块在圆周可以密排形成一个整圆，增大了输出转矩	主要用于采用汽、柴油发动机无负载启动及要求平稳启动的场合 典型应用：小型工程机械、园林机械、钻探机械、环卫车、纺织机等

续表

型式	结构简图	转矩范围/N·m	特点	应用
带弹簧楔块式	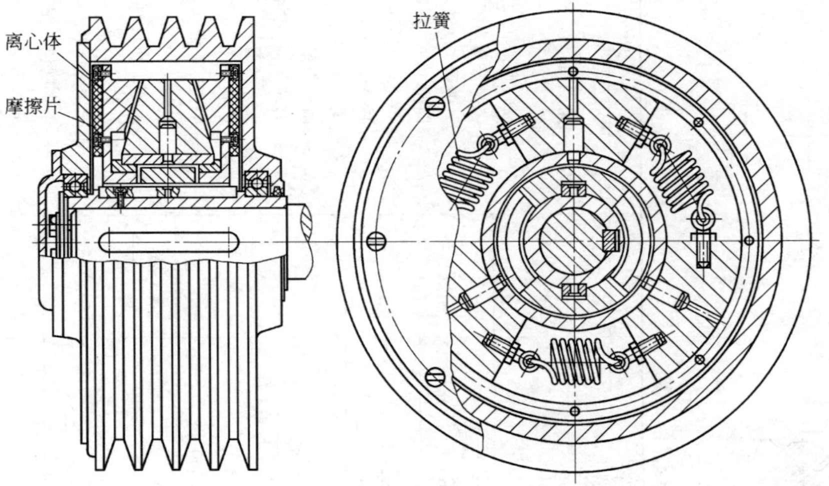	2~10000	离心体为楔块,楔块之间装有拉簧,启动时主动轴达到一定初速度,楔块撑开摩擦片使之与壳体压紧,传递转矩。楔块离心力通过斜面转换后得以放大,外形相同的情况下,较闸块式传递转矩大。结构较复杂,加工和装配稍难	用于要求平稳启动、转动惯量小或安装空间受限的场合
钢球式	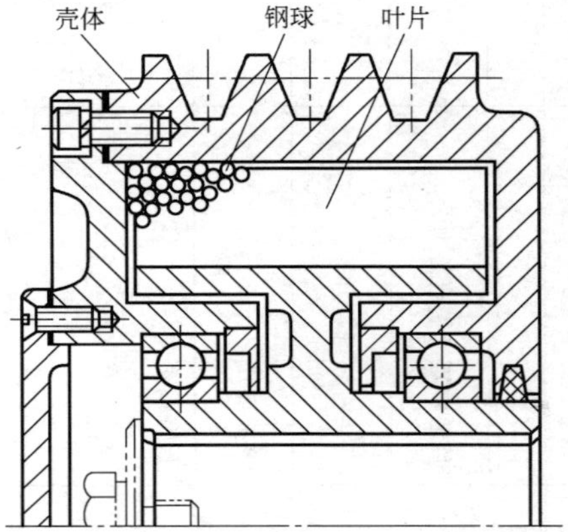	0.5~2916	离心体为钢球(或钢柱)。接合性能好,所传递的转矩大小,可以通过钢球(或钢柱)的数量调节。结构简单,制造比较容易。钢球直径为4~6mm,体积占总容量的85%~90%,叶片数量为1~6片,叶片外径与壳体内径间隙为0.5~1mm	

10.2 离心离合器的计算

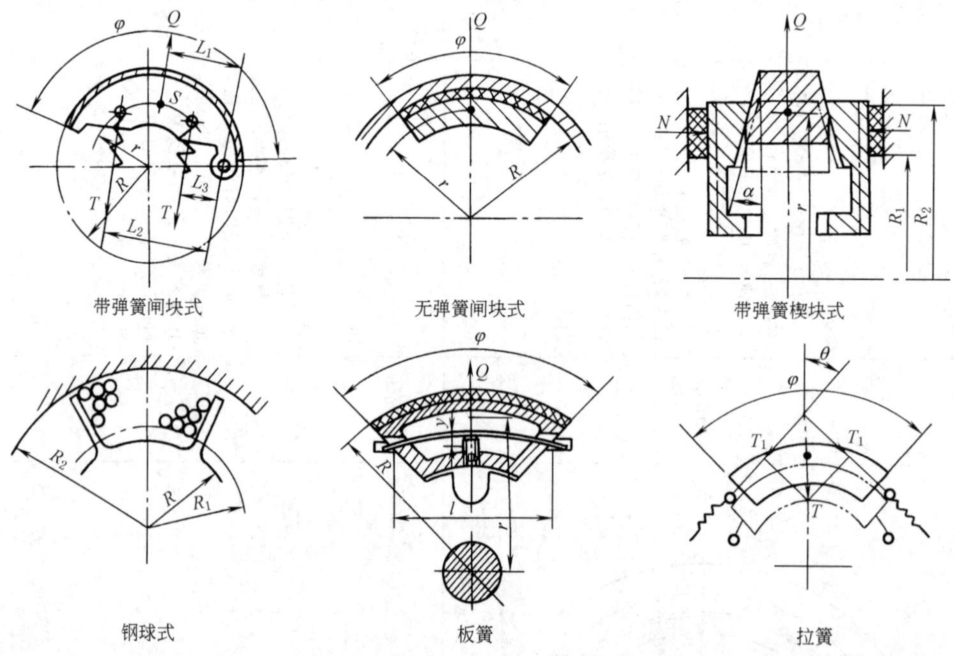

带弹簧闸块式　无弹簧闸块式　带弹簧楔块式

钢球式　板簧　拉簧

表 6-3-88　　离心离合器的计算

<table>
<tr><th>型式</th><th>计算项目</th><th>计算公式</th><th>单位</th><th>说明</th></tr>
<tr><td rowspan="5">带弹簧
(拉簧、
板簧)
闸块式</td><td>计算转矩</td><td>$T_c=KT_t$</td><td>N·mm</td><td rowspan="9">K——储备系数，一般取 $K=1.5\sim2$
T_t——需传递的转矩，N·mm
R——带弹簧型为闸块外半径，无弹簧型为壳体内半径，即闸块摩擦半径，mm，$R=(2\sim3.5)d$
μ——摩擦面材料摩擦因数；见表 6-3-16
z——闸块数量
r——闸块质心处半径，mm，无弹簧型 $r=(0.7\sim0.9)R$，拉簧型 $r=(0.6\sim0.8)R$，板簧型 $r=(0.6\sim0.9)R$
n——正常工作转速，r/min
n_0——开始接合转速，r/min，一般取 $n_0=(0.7\sim0.8)n$
m——单个闸块质量，kg
b——闸块宽度，mm，$b=(1\sim2)d$
d——主动轴直径，mm
p_p——摩擦面许用压强，N/mm²，见表 6-3-16
φ——闸块所对角度，rad</td></tr>
<tr><td>传递转矩所需离心力</td><td>$Q_j=\dfrac{T_c}{R\mu z}$</td><td>N</td></tr>
<tr><td>闸块有效离心力</td><td>$Q=\dfrac{mr\pi^2(n^2-n_0^2)}{900000}\geqslant Q_j$</td><td>N</td></tr>
<tr><td>摩擦面压强</td><td>$p=\dfrac{T_c}{R^2b\varphi\mu z}\leqslant p_p$</td><td>N/mm²</td></tr>
<tr><td>预定弹簧力
拉簧
板簧</td><td>$T=\dfrac{L_1mr\pi^2n_0^2}{(L_2+L_3)900000}$
$T=\dfrac{mr\pi^2n_0^2}{900000}$</td><td>N</td></tr>
<tr><td rowspan="4">无弹簧
闸块式</td><td>计算转矩</td><td>$T_c=KT_t$</td><td>N·mm</td></tr>
<tr><td>传递转矩所需离心力</td><td>$Q_j=\dfrac{T_c}{R\mu z}$</td><td>N</td></tr>
<tr><td>闸块有效离心力</td><td>$Q=\dfrac{mr\pi^2n^2}{900000}\geqslant Q_j$</td><td>N</td></tr>
<tr><td>摩擦面压强</td><td>$p=\dfrac{T_c}{R^2b\varphi\mu z}\leqslant p_p$</td><td>N/mm²</td></tr>
</table>

续表

型式	计算项目	计算公式	单位	说明
带弹簧(拉簧)楔块式	计算转矩	$T_c=KT_t$	N·mm	R_m——摩擦面平均半径,mm,$R_m=(R_1+R_2)/2$ r——楔块质心处半径,mm z——楔块数量 α——楔块倾斜角,(°) ρ——斜面摩擦角,一般取5°~6° m——单个楔块质量,kg b——摩擦面宽度,mm 其他符号同前
	传递转矩所需离心力	$Q_j=\dfrac{T_c}{R_m\mu z}\tan(\alpha+\rho)$	N	
	楔块有效离心力	$Q=\dfrac{mr\pi^2(n^2-n_0^2)}{900000}\geqslant Q_j$	N	
	预定弹簧力	$F=\dfrac{mr\pi^2n_0^2}{900000}$	N	
	每根弹簧力	$F_1=\dfrac{F}{2\cos\theta}$	N	
	摩擦面压强	$p=\dfrac{T_c}{4\pi R_m^2b\mu}\leqslant p_p$	N/mm²	
钢球式	计算转矩	$T_c=KT_t$	N·mm	K——储备系数,一般取$K=2$ R_2——壳体内半径,mm,$R_2=(2\sim3.5)d$ b——叶片宽度,mm μ——摩擦因数,钢球对钢或铸铁$\mu=0.2\sim0.3$ n——转速,r/min C——比值,$C=R_1/R_2$,一般取$C=0.7\sim0.8$ 其他符号同前
	圆周产生的摩擦转矩	$T_1=1.1\times10^{-11}R_2^4bn^2\mu(1-C^3)$	N·mm	
	端面产生的摩擦转矩	$T_2=1.67\times10^{-12}R_2^5n^2\mu(1-C^4)$	N·mm	
	许用转矩	$T_p=T_1+T_2\geqslant T_c$	N·mm	

10.3 离心离合器产品

10.3.1 板簧闸块式离心离合器

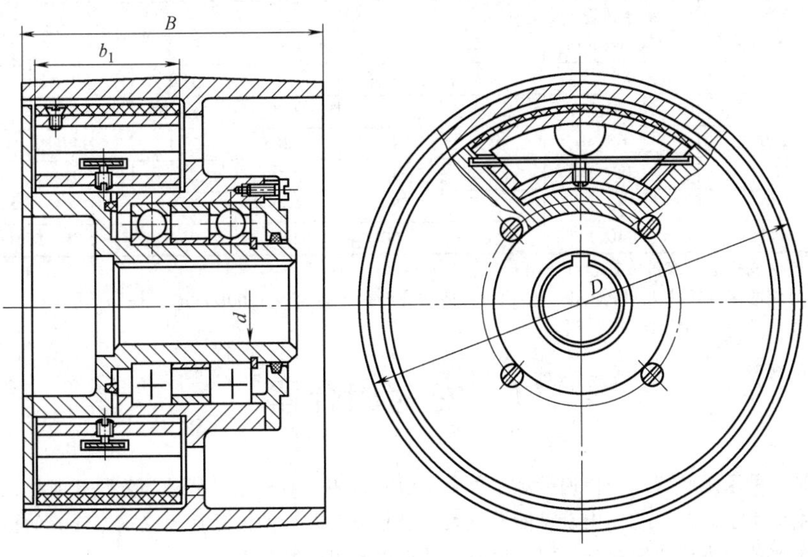

表 6-3-89　　板簧闸块式离心离合器的基本参数和主要尺寸

型号	可传递功率 P/kW（n=1500r/min）	闸块数 z	d	D	B	b_1
			mm			
LZD01	0.74	4	20	100	75	45
LZD02	1.8	4	30	125	75	60
LZD03	5.2	4	40	150	100	65
LZD04	12.5	4	50	180	125	70
LZD05	31.0	4	65	230	165	80
LZD06	77.0	4	80	280	180	90

注：1. 在其他转速 n'时，离合器可传递的功率 P=表值×（n'/1000）^{3}。

2. 去掉板簧，离合器可传递的功率约增加 1 倍。

3. 两个闸块时，离合器可传递的功率减小一半。

10.3.2　圈簧闸块式离心离合器

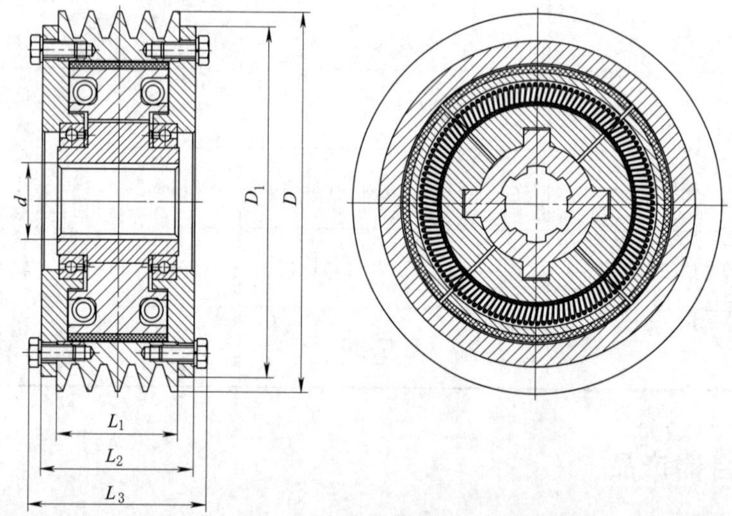

表 6-3-90　　圈簧闸块式离心离合器的基本参数和主要尺寸

型号	工作转速 1800r/min 时可传递的转矩/N·m		带轮槽数 z	d	D	D_1	L_1	L_2	L_3
	接合转速 900r/min	接合转速 1200r/min		mm					
LZT01	120	85	4	35	195	180	80	92	105.6
LZT02	200	150	4	38	218	186.5	80	95	109.7
LZT03	220	168	5	40	228	213	94	109	124.3
LZT04	380	280	5	42	240	220	99	114	128.7
LZT05	740	550	6	50	260	238	137	162	178
LZT06	880	640	6	60	280	258	147	173	192

注：1. 内孔可以制成单键、双键或花键。

2. 汽油机一般对应的接合转速为 900r/min，柴油机一般对应的接合转速为 1200r/min。

11　安全离合器

安全离合器是一种限矩装置。当传递转矩超过限定值时，离合器的主、从动部分脱开或相互打滑，从而起到过载保护作用。主要用于设备在工作中有可能发生大的过载或存在大冲击载荷而又难以计算的传动系统。其限定转矩可通过螺母等调节，当传递转矩低于限定值时，其作用相当于联轴器。

11.1 安全离合器的型式、特点及应用

表 6-3-91　　安全离合器的型式、特点及应用

型式	简图	转矩范围/N·m	特点	应用
牙嵌式	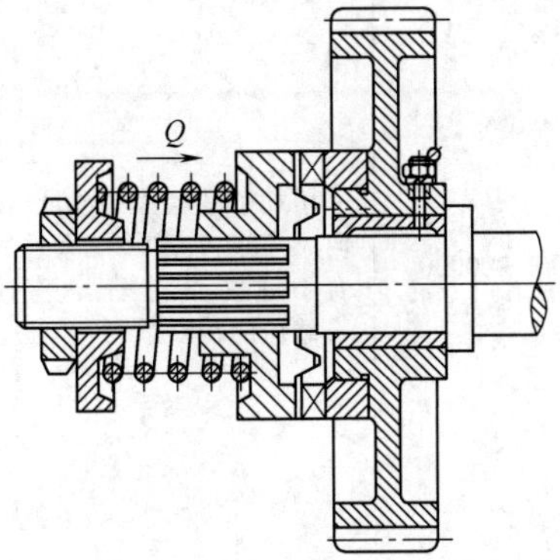	4~400	外形尺寸小,要求主、从动轴严格同轴,为此常设对中环,其打滑转矩精度较差	主要用于低速运转机械的传动轴系
干式单片式	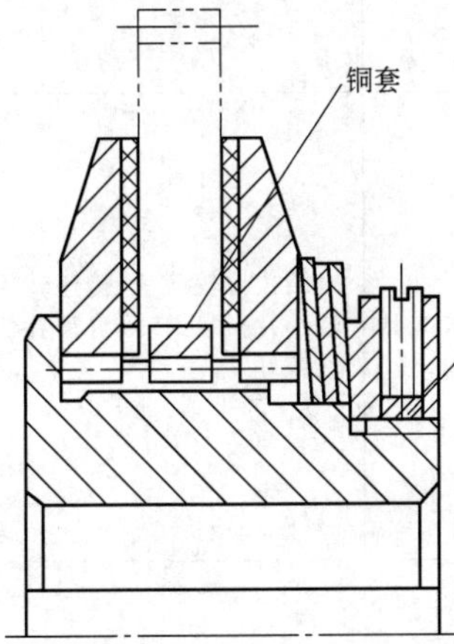	0.1~20000	结构简单紧凑,摩擦片中间可以安装连接盘、链轮、同步带轮等零件,通过摩擦打滑减缓冲击,使其工作平稳 缺点是需考虑散热,温度过高会导致摩擦片损坏	可用于过载时转速差大、有冲击载荷的传动系统
	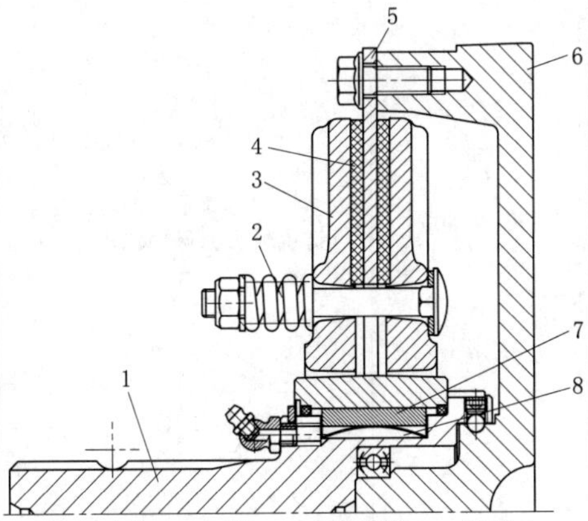 1—主动轴;2—压簧;3—内摩擦盘;4—摩擦片;5—外摩擦盘;6—从动盘;7—单向键;8—板簧	2~10000	在主动轴与内摩擦盘之间设单向键连接,只在一个方向传递动力并起过载保护作用	用于需要单向过载保护的传动系统,如农业机械等

续表

型式	简图	转矩范围/N·m	特点	应用
多片式	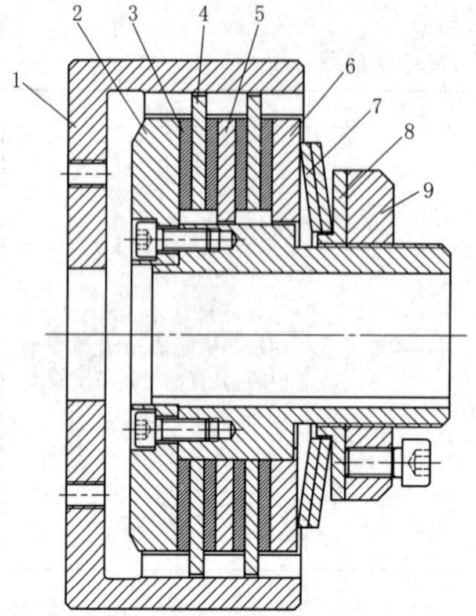 1—从动盘；2—挡板；3—摩擦片；4—外片；5—内片；6—压板；7—碟簧；8—定位挡板；9—圆螺母	100~200000	增加了摩擦片的数量，径向尺寸小、传递转矩大。适合于过载、转速差大、有冲击载荷的传动系统	用于中低速转矩较大的场合或径向空间有限制的场合
单圆锥式	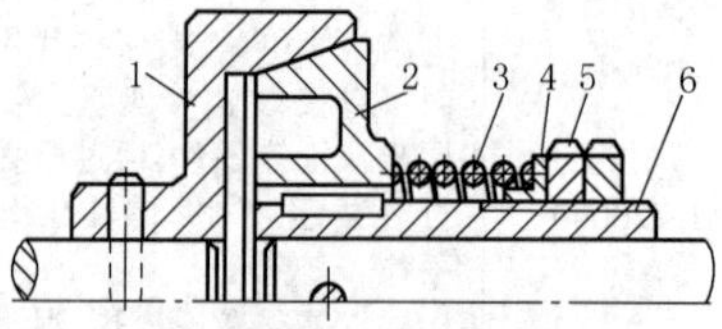 1，2—半离合器；3—压缩弹簧；4—垫；5—螺母；6—轴套	10~10000	结构比较简单，传递转矩较小，磨损后转矩自动补偿性较好	单锥离合器在传递小转矩时使用
双圆锥式	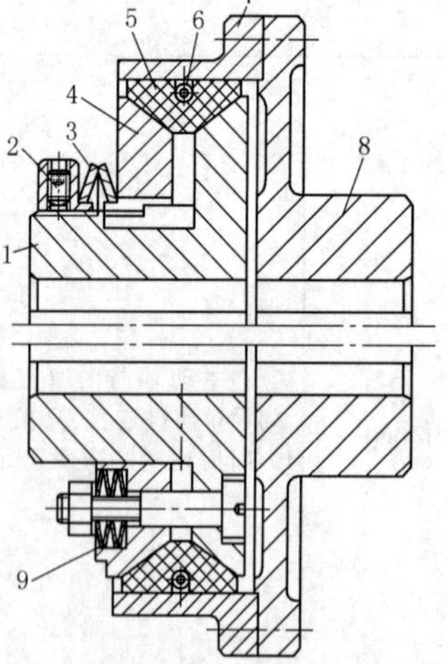 1—轴套；2—螺钉；3，9—碟簧；4，7—半离合器；5—锥面摩擦块；6—收缩弹簧；8—轴套	20~24500	结构相对简单，较单锥式可提供较大的保护转矩	双锥离合器有中心弹簧和分散弹簧两种推力弹簧，中心式用于传递中小转矩，分散式用于传递较大转矩

续表

型式	简图	转矩范围/N·m	特点	应用
	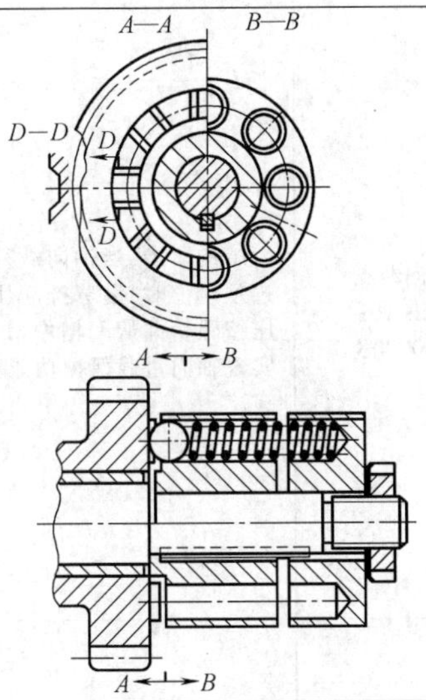 A—A B—B D—D D D A B A B	1~1000	结构简单，转矩调整方便，采用压簧，反应灵敏	
钢球式	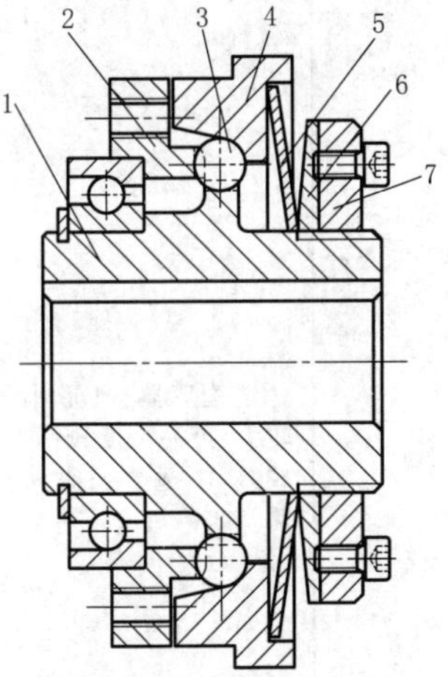 1—主动轴；2—从动盘；3—钢球；4—压盘；5—压簧；6—定位挡板；7—圆螺母	10~4880	结构简单，转矩调整方便，安装有轴承，反应灵敏。轴向位移可用传感器接收反馈，控制动力停止，实现自动控制，过载后在下一个工位自动复位	多用于中小转矩、中低速场合
	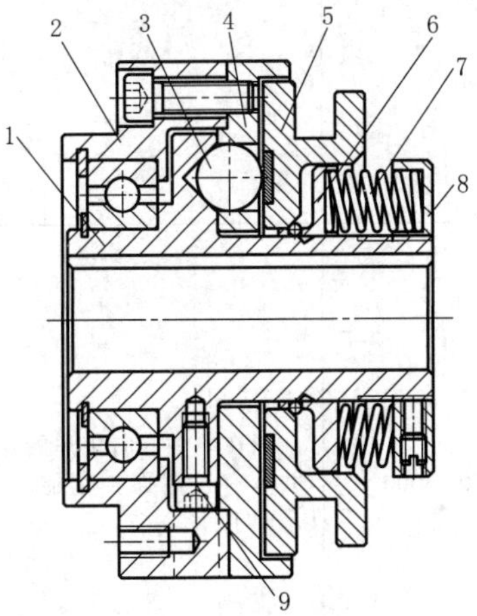 1—主动轴；2—从动盘；3—钢球；4—保持环；5—压盘；6—定位套；7—压簧；8—圆螺母；9—应急传扭螺钉	10~4880	故障排除后需手动复位	

续表

型式	简图	转矩范围/N·m	特点	应用
钢球式	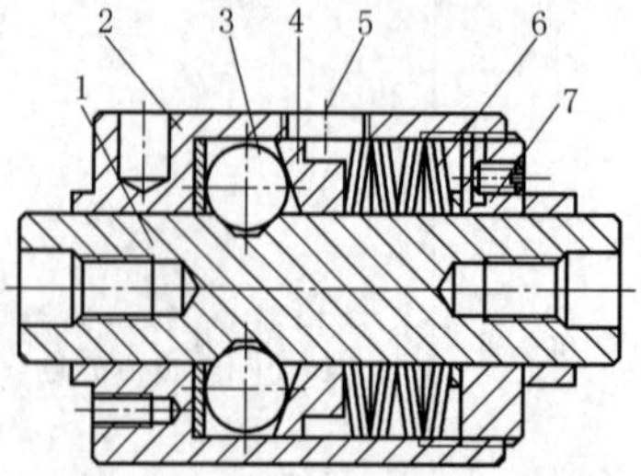 1—推杆;2—外套;3—钢球;4—压盘; 5—传感器安装孔;6—碟簧;7—调节螺母	轴向载荷范围 10~140000N	结构紧凑,当轴向载荷超过预定值时,钢球推动压盘压缩碟簧并从凹槽中滑出,实现轴向过载保护功能	用于推拉机构、曲柄机构等直线载荷工况,确保机构轴向受力安全
滑销式	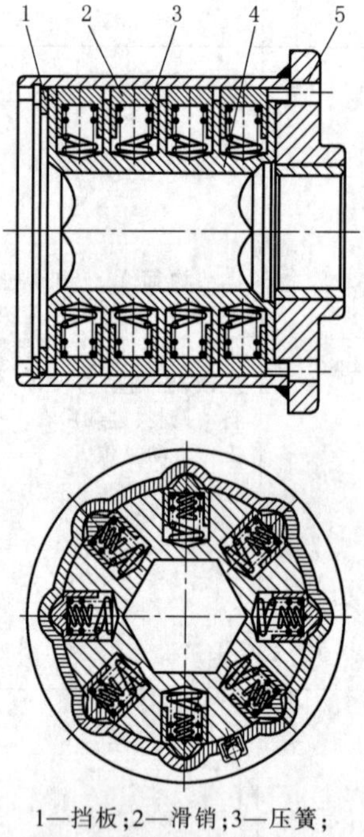 1—挡板;2—滑销;3—压簧; 4—主动轴;5—外套组件	50~3000	结构紧凑、外形小、转矩较大,产品精度较高。散热较差,不适合长时间打滑,需及时停机	主要用于农业机械等传动系统作安全保护用
	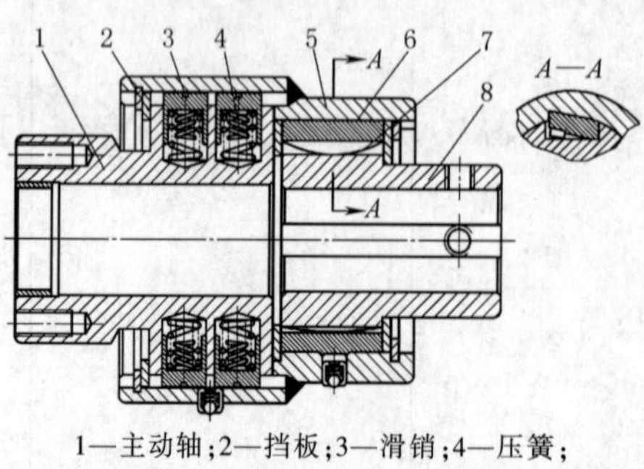 1—主动轴;2—挡板;3—滑销;4—压簧; 5—外套组件;6—单向键;7—板簧;8—从动轴	50~3000	只在单一方向传递转矩,并具有过载保护功能。其余同上	用于单一方向传递转矩的动力系统,并起过载保护作用,另一方向从动件可超越打滑

第6篇

11.2 安全离合器的计算

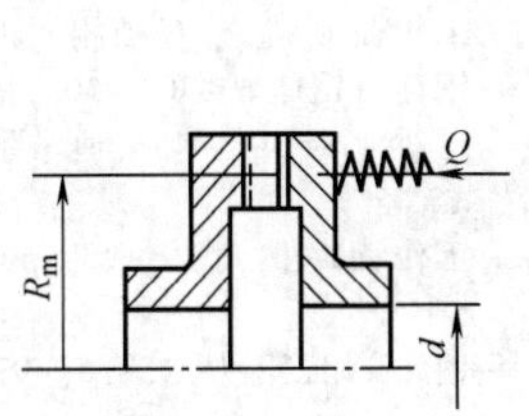

端面牙(牙盘,中心弹簧)

径向牙(滑销,分散弹簧)

牙嵌式安全离合器

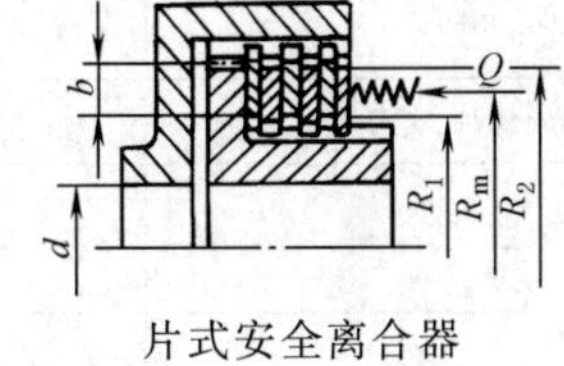

片式安全离合器

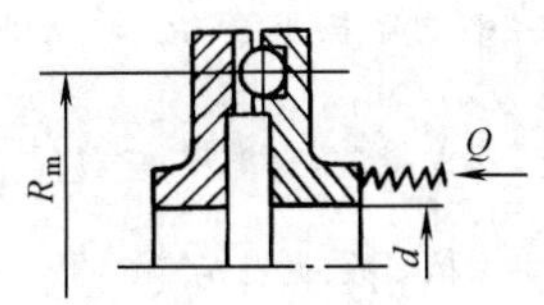

端面钢球(钢球对钢球、钢球对牙,中心弹簧、分散弹簧)

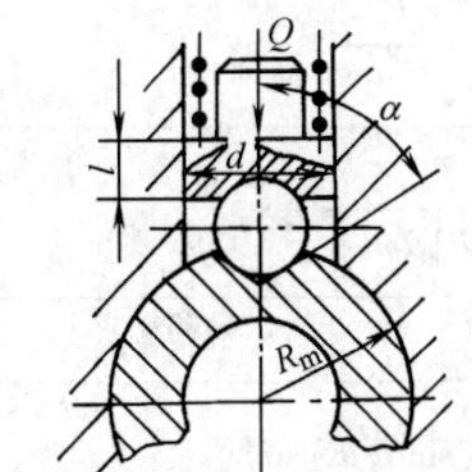

径向钢球(钢球对牙,分散弹簧)

钢球式安全离合器

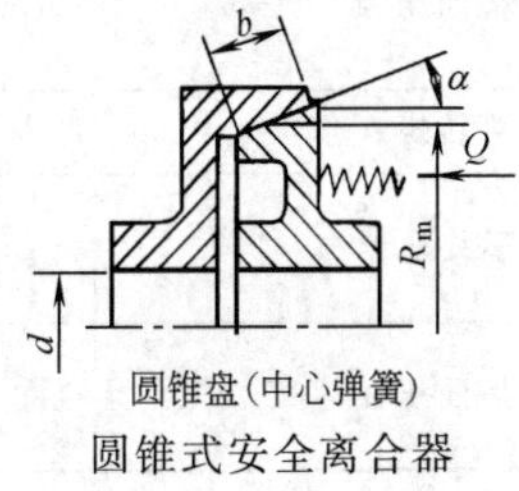

圆锥盘(中心弹簧)

圆锥式安全离合器

表 6-3-92 安全离合器的计算

型式	计算项目	计算公式	说明
牙嵌式安全离合器	计算转矩	$T_c=KT_t$	T_t——需传递转矩,N·mm K——安全系数,一般取 $K=1.35\sim1.40$ μ_1——滑键或滑销的摩擦因数,$\mu_1=0.15\sim0.17$ z——牙数 α——牙面工作倾角,$\alpha=30°\sim50°$,一般取 $\alpha=45°$ ρ——工作面摩擦角,一般取 $\rho=5°\sim6°$ R_m——牙面平均半径,mm z_j——计算牙数,$z_j=(1/2\sim1/3)z$ A_p——牙面挤压面积,mm² σ_{pp}——许用挤压应力,N/mm²,见表 6-3-9
	弹簧终压紧力		
	端面牙	$Q_2=\frac{T_c}{R_m}\left[\tan(\alpha-\rho)-\frac{2R_m}{d}\mu_1\right]$	
	径向牙	$Q_2=\frac{T_c}{R_m z}\left[\left(1+\frac{3\mu_1 d}{\pi l}\right)\tan(\alpha-\rho)-\frac{3\mu_1}{\pi}\left(2+\frac{d}{l\tan\alpha}\right)\right]$	
	弹簧初压紧力	$Q_1=(0.85\sim0.90)Q_2$	
	牙面挤压应力	$\sigma_p=\frac{T_c}{A_p R_m z_j}\leqslant\sigma_{pp}$	

续表

型式	计算项目	计算公式	说明
钢球式安全离合器	计算转矩	$T_c=KT_t$	R_m——工作面平均半径,mm z——钢球数,一般取 $z=6\sim8$ K——安全系数,一般取 $K=1.2\sim1.25$ α——工作面倾斜角,直径相同的钢球对钢球 $\alpha=30°\sim50°$,钢球对牙 $\alpha=30°\sim45°$,通常取 $\alpha=45°$ ρ——工作面摩擦角,一般取 $\rho=5°\sim6°$ P_{np}——钢球许用正压力,N,见 6-3-93 μ_1——钢球的摩擦因数,$\mu_1=0.15\sim0.17$
	弹簧终压紧力		
	端面钢球(中心弹簧)	$Q_2=\dfrac{T_c}{R_m}\left[\tan(\alpha-\rho)-\dfrac{2R_m}{d}\mu_1\right]$	
	端面钢球(分散弹簧)	$Q_2=\dfrac{T_c}{R_m z}[\tan(\alpha-\rho)-\mu_1]$	
	径向钢球	$Q_2=\dfrac{T_c}{R_m z}\left[\left(1+\dfrac{3\mu_1 d}{\pi l}\tan(\alpha-\rho)\right)-\dfrac{3\mu_1}{\pi}\left(2+\dfrac{d}{l\tan\alpha}\right)\right]$	
	弹簧初压紧力	$Q_1=(0.85\sim0.90)Q_2$	
	钢球数	$z=\dfrac{T_c\cos\rho}{P_{np}R_m\cos(\alpha-\rho)}$	
片式安全离合器	计算转矩	$T_c=KT_t$	m——摩擦面对数,$m=i-1$ i——摩擦片数 p_p——许用压强,N/mm²,见表 6-3-16 R_m——平均摩擦半径,$R_m=(R_1+R_2)/2$ K——安全系数,一般取 $K=1.2\sim1.25$ μ——摩擦因数,见表 6-3-16 α——半锥角,(°),一般取 $\alpha=20°\sim30°$ b——摩擦面宽,mm,圆锥式安全离合器 $b=(0.15\sim0.25)R_m$
	弹簧终压紧力	$Q=\dfrac{T_c}{R_m\mu m}$	
	摩擦面压强	$p=\dfrac{T_c}{2\pi R_m^2\mu mb}\leqslant p_p$	
圆锥式安全离合器	计算转矩	$T_c=KT_t$	
	弹簧终压紧力	$Q=\dfrac{T_c}{R_m\mu}(\sin\alpha-\mu\cos\alpha)$	
	摩擦面压强	$p=\dfrac{T_c}{2\pi R_m^2 b\mu}\leqslant p_p$	

表 6-3-93　　钢球的许用正压力 P_{np}

钢球直径/mm	11	12	14	16	20	24	28	32
P_{np}/N	160	180	200	220	280	340	400	500

11.3 安全离合器产品

11.3.1 片式安全离合器

(1) TL-A 型单片安全离合器(见表 6-3-94)

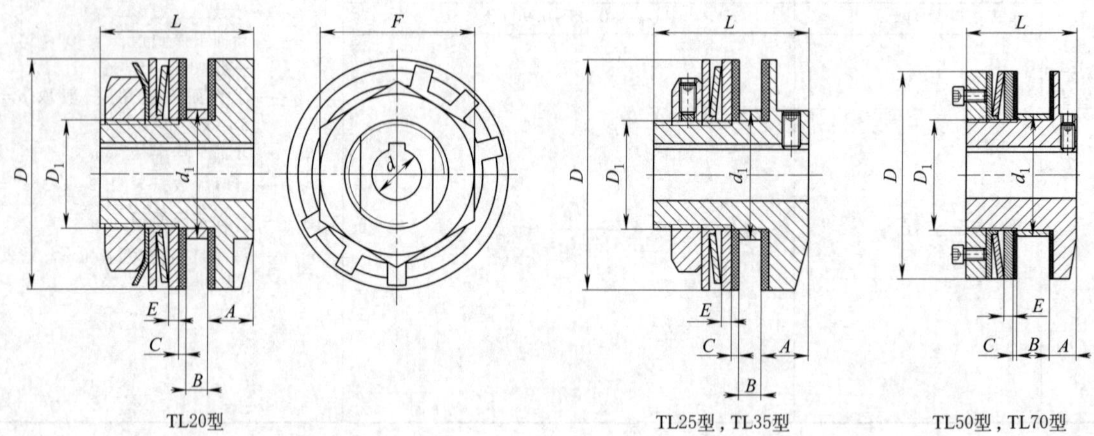

表 6-3-94　　　　**TL-A 型单片安全离合器的基本参数和主要尺寸**

型号	转矩范围 /N·m	孔径范围 d/mm	最高转速 /r·min^{-1}	尺寸/mm									质量 /kg	转动惯量 /kg·m^2
				D	D_1	L	A	B	C	E	F	d_1		
TL20-1LA	1.0～2.0	7～14	1200	50	24	33	6.5	7	2.5	2.5	38	28	0.2	6.5×10^{-5}
TL20-1A	2.9～9.8													
TL20-2A	6.9～20													
TL25-1LA	2.9～6.9	10～22	1000	65	35	48	16	9	3.2	3.5		41	0.6	3.34×10^{-4}
TL25-1A	6.9～27													
TL25-2A	14～54													
TL35-1LA	9.8～20	17～25	800	89	42	62	19	16	3.2	4.5		47	1.2	1.28×10^{-3}
TL35-1A	20～74													
TL35-2A	34～149													
TL50-1LA	20～49	20～42	500	127	65	76	22	16	3.2	5		74	3.5	7.45×10^{-3}
TL50-1A	47～210													
TL50-2A	88～420													
TL70-1LA	49～118	30～64	400	178	95	98	24	29	3.2	6		115	8.4	3.42×10^{-2}
TL70-1A	116～569													
TL70-2A	223～1080													

注：内孔中的键槽按用户要求加工。

（2）TL-B 型单片安全离合器（见表 6-3-95）

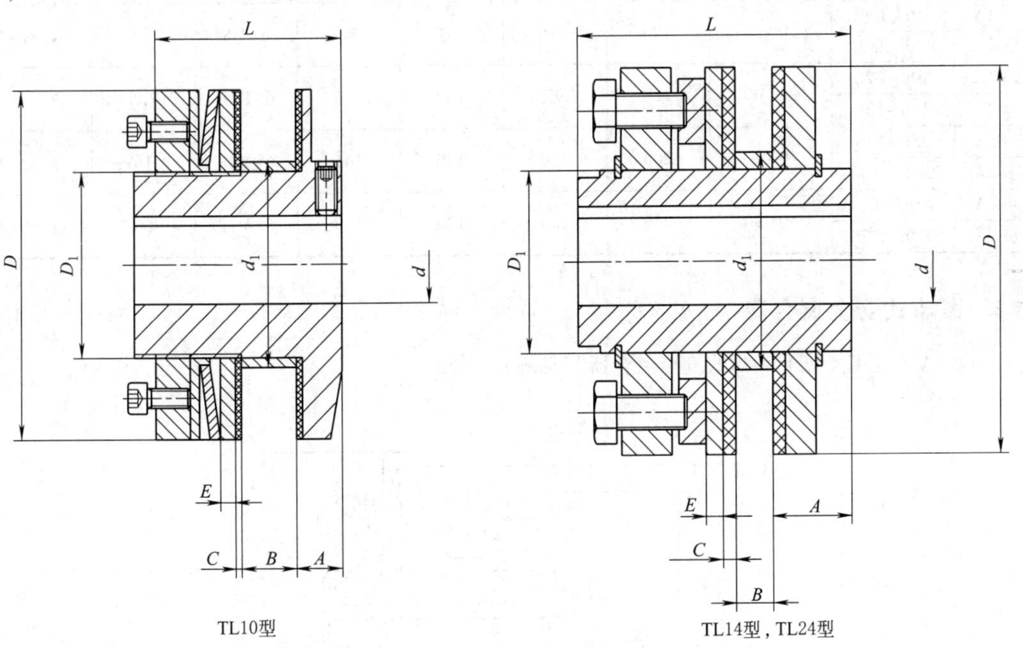

TL10型　　　　TL14型，TL24型

表 6-3-95　　　　**TL-B 型单片安全离合器的基本参数和主要尺寸**

型号	转矩范围 /N·m	孔径范围 d/mm	最高转速 /r·min^{-1}	尺寸/mm								质量 /kg	转动惯量 /kg·m^2
				D	D_1	L	A	B	C	E	d_1		
TL10-16B	392～1247	30～72	800	254	100	115	23	24	4	10	130	21	1.72×10^{-1}
TL10-24B	588～1860												
TL14-10B	882～2666	40～100	400	356	145	150	31	29	4	13	160	52	8.4×10^{-1}
TL14-15B	1960～3920												
TL24-6B	2450～4900	50～130	200	508	185	175	36	31	4	18	200	117	3.81×10^{0}
TL24-12B	4606～9310												

注：内孔中的键槽按用户要求加工。

（3）TLS-A 型多片安全离合器（见表 6-3-96）

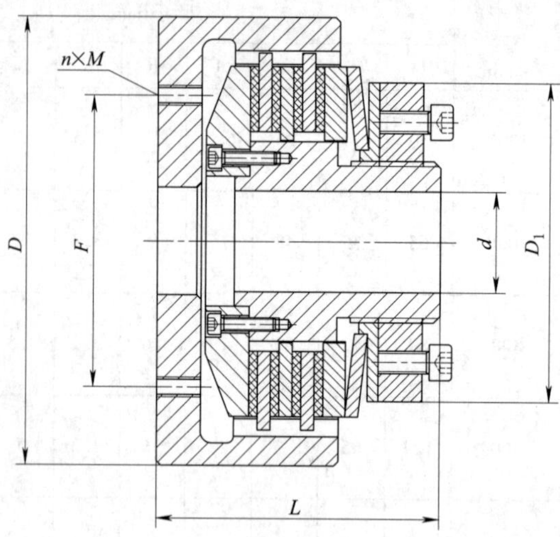

表 6-3-96 **TLS-A 型多片安全离合器的基本参数和主要尺寸**

型号	转矩范围 /N·m	尺寸/mm						质量/kg	转动惯量 /kg·m²
		孔径范围 d	D	F	D_1	L	$n\times M$		
TLS35-1A	50~120	10~20	100	60	70	70	6×M8	3.5	4.42×10^{-3}
TLS35-2A	80~230								
TLS50-1A	100~320	30~40	150	90	100	100	6×M10	7.5	2.19×10^{-2}
TLS50-2A	180~530								
TLS70-1A	350~810	40~50	200	130	140	141	6×M10	16	8.32×10^{-2}
TLS70-2A	640~1630								
TLS90-1A	790~2050	50~60	250	150	180	180	6×M12	50	4.06×10^{-1}
TLS90-2A	910~2720								

11.3.2 钢球式安全离合器

（1）TLZ-A 型（基本型）钢球式安全离合器（见表 6-3-97）

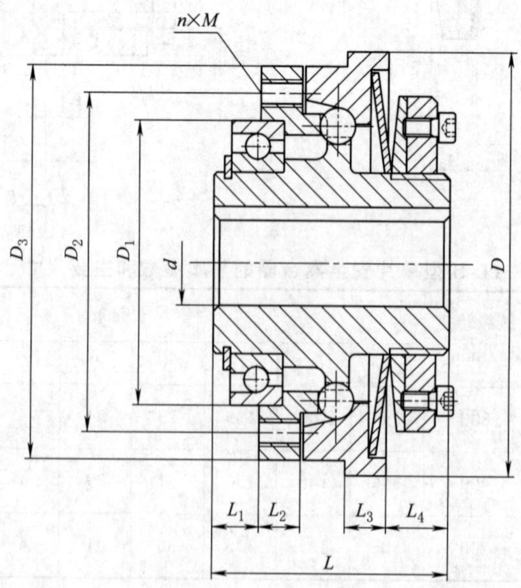

表 6-3-97　　**TLZ-A 型钢球式安全离合器的基本参数和主要尺寸**

型号	转矩范围 /N·m	最高转速 /r·min^{-1}	尺寸/mm												质量 /kg	转动惯量 /kg·m^2
			d（最大）	D	D_1	D_2	D_3	L	L_1	L_2	L_3	L_4	$n\times M$	过载位移量		
TLZ20-1A	3~14	4000	20	70	47	56	65	40	8	7.5	7	12	8×M4	1.2	0.68	3.93×10^{-4}
TLZ20-2A	6~28															
TLZ20-3A	13~56															
TLZ25-1A	9~35	3000	30	85	62	71	80	48	11	8	8	14	8×M5	1.5	1.14	1.04×10^{-3}
TLZ25-2A	18~70															
TLZ25-3A	40~140															
TLZ35-1A	19~65	2500	35	100	72	85	95	59	14	10.5	9	16	8×M6	1.8	1.98	2.54×10^{-3}
TLZ35-2A	38~130															
TLZ35-3A	78~160															
TLZ50-1A	35~110	2000	45	115	80	100	110	64	16	12	10	17	8×M6	2.0	2.88	5.09×10^{-3}
TLZ50-2A	80~220															
TLZ50-3A	160~440															
TLZ70-1A	80~185	1200	50	135	100	116	130	75	18	12	12	21	8×M8	2.2	4.50	1.09×10^{-2}
TIZ70-2A	160~370															
TLZ70-3A	320~740															

（2）TLK-A 型钢球式安全离合器（可控钢球型过载保护器）（见表 6-3-98）

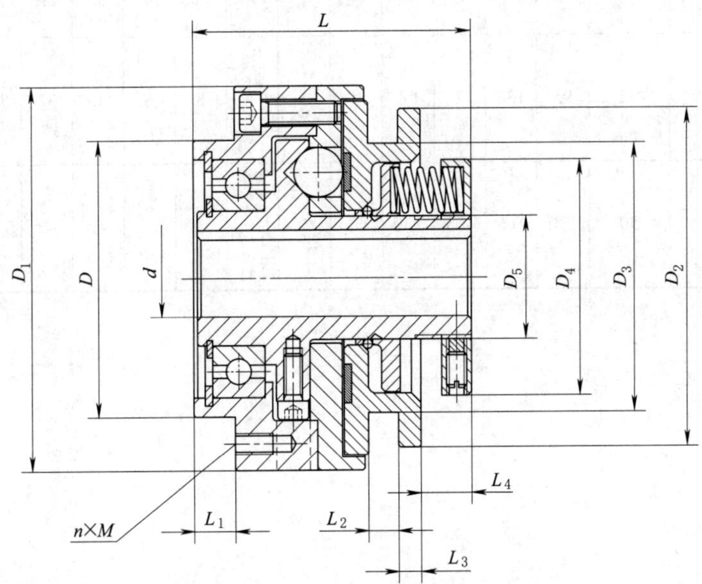

表 6-3-98　　**TLK-A 型钢球式安全离合器的基本参数和主要尺寸**

型号	转矩范围 /N·m	最高转速 /r·min^{-1}	尺寸/mm														质量 /kg	转动惯量 /kg·m^2
			d_{max}	D	D_1	D_2	D_3	D_4	D_5	L	L_1	L_2	L_3	L_4	$n\times M$	过载位移量		
TLK20-1A	2.4~8.3	1800	20	72	96	88	70	57	32	74	11	8	6	14	4×M5	4.1	2.6	3.13×10^{-3}
TLK20-2A	8.3~31																	
TLK25-1A	6~21	1600	30	87	118	108	88	75	45	84	12	8	6	15	4×M6	4.7	4.2	7.78×10^{-3}
TLK25-2A	39~108																	
TLK35-1A	25~93	1300	40	114	152	141	119	103	65	101	14	9	8	20	6×M6	5.9	8.7	2.69×10^{-2}
TLK35-2A	88~245																	
TLK50-1A	63~157	1000	50	138	178	166	138	113	75	115	16	10	9	20	6×M8	7	14	5.98×10^{-2}
TLK50-2A	245~451																	

11.3.3 滑销式安全离合器

TLH-A 型和 TLH-B 型滑销式安全离合器的基本参数和主要尺寸见表 6-3-99。

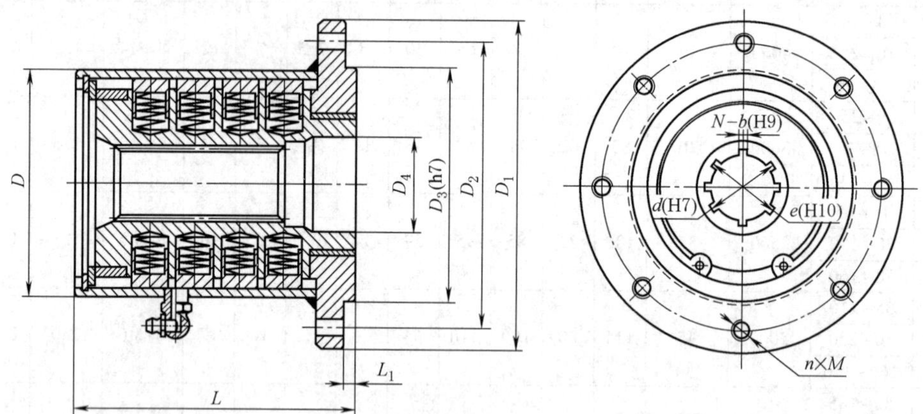

表 6-3-99 TLH-A 型和 TLH-B 型滑销式安全离合器的基本参数和主要尺寸

型号	转矩 /N·m	最高转速 /r·min^{-1}	尺寸/mm													质量 /kg	转动惯量 /kg·m^2
			d_{max}	D	D_1	D_2	D_3	D_4	L_1	L	N	b	e	d	$n\times M$		
TLH20-A	243	1000	35	95	138	120	98	40	5	67	8	6	36	32	8×M6	0.68	8.71×10^{-4}
TLH25-A	305									86						1.14	1.46×10^{-3}
TLH35-A	576									105						1.98	2.54×10^{-3}
TLH50-A	734									120						2.88	3.69×10^{-3}
TLH20-B	948	600	50	130	186	165	130	63	5	70	8	8	48	42	8×M12	5.8	1.41×10^{-2}
TLH25-B	1193									94						8.0	1.94×10^{-2}
ILH35-B	1360									117						10.2	2.47×10^{-2}
T1H50-B	1614									141						12.4	3.01×10^{-2}

第4章 制动器

1 制动器的功能、分类、特点及应用

在工业装备中，各类工作机构中常用的机构停车方式包括自由停车（惯性停机）和制动停车两种。现代工业装备由于生产安全和效率因素等影响，绝大部分工作机构都会采用能够实现特定控制策略的制动停车方式，因而需要装设性能可靠的制动装置。制动装置包括制动器和停止器，鉴于行业应用的特殊性，本章仅介绍工业制动器（以下简称制动器)，不涉及有关交通车辆、飞行器等特殊场合。

1.1 制动器的功能

制动器具有减速-停止制动、维持（支持）制动、紧急（安全）制动以及调速-控制制动等功能，见表 6-4-1。

表 6-4-1 制动器功能特点

制动器功能	特点描述
减速-停止制动	制动器吸收运动系统的机械能(动能或势能)使机构或设备减速直到停止(停机)
维持(支持)制动	机构或设备解除驱动的情况下,通过制动器使物品或整机(机构)维持(支持)在某个特定位置上不动,防止其在重力、风力及其他外部作用力等载荷作用下产生运动
紧急(安全)制动	机构或设备出现操作失误、运动失控或意外超出参数设定运动范围时,通过手动/自动控制策略实施制动使机构停止运动
调速-控制制动	通过制动使物品或机构按设定参数(速度、时间、加速度等)运行,如控制所吊重物恒速下降

1.2 制动器的分类、特点及应用

1.2.1 制动器的分类

制动器应用广泛，具有不同的类型，也有很多分类方法。参照 GB/T 33519—2017 的分类原则，工业制动器常见型式见表 6-4-2。

表 6-4-2 工业制动器常见型式

分类方法	制动器类型
按工作用途	工作制动器
	安全制动器
	防风(驻车)制动器
	调速-控制制动器
	防爆制动器

续表

分类方法	制动器类型		
按原始工作状态	常开式制动器		
	常闭式制动器		
按工作介质	干式制动器		
	湿式制动器		
按驱动方式	电力液压制动器		
	液压制动器		
	气动制动器		
	电动(缸)制动器		
	电磁制动器		
	惯性制动器		
	重力制动器		
	人力制动器		
按摩擦副结构型式	鼓式制动器	外抱式制动器	
		内张式制动器	
		气囊式制动器	
	盘式制动器	臂盘式制动器	
		钳盘式制动器	固定(卡)钳盘式制动器
			浮动(卡)钳盘式制动器
		全盘式制动器	单片盘式制动器
			多片盘式制动器
		圆锥制动器	
	带式制动器	简单带式制动器	
		差动带式制动器	
		综合带式制动器	
其他	电磁涡流式制动器		
	缓速(制动)器		
	水涡流制动器		
	磁粉制动器		
	磁滞制动器		

1.2.2　制动器的基本组成

工业制动器一般由机架（基架或壳体）、驱动装置（上闸装置——制动施力元件、开闸装置——释放元件）、制动衬垫以及具有调整、监测指示、预警等功能的附加装置组成，见表 6-4-3 和表 6-4-4。

表 6-4-3　　制动器基本组成

部件名称	定义及功用	举例
机架	安装制动部件、驱动部件等的机架，包括制动臂和三角板等杠杆件、退距均等构件、瓦块随位调整件、附件安装件等	制动架、底座等
上闸装置	用于制动的施力部件及相关零件的有序组合	螺旋弹簧、碟形弹簧、液压缸、气缸、电动推杆等
开闸装置	用于制动器释放的驱动部件及相关零件的有序组合	常闭式制动器一般为电力液压推动器、液压缸、气缸、电动推杆等；常开式制动器一般为弹簧
制动衬垫	安装或制作在制动瓦块上用于实施制动的摩擦材料，与轮(盘)摩擦表面(运动侧)形成接触副	制动闸瓦、制动片、制动带等
附加装置	用于调整、指示状态、必要时与主机进行安全联锁的传感器等	机械限位开关、感应式限位开关、位移传感器、压力传感器、温度传感器、智能监控系统等

表 6-4-4　　制动器典型零部件

名称	用途	适用标准	适用范围
制动弹簧	常用的为螺旋压缩弹簧，重载时可用碟形弹簧组合件	GB/T 1239.2 GB/T 23934 GB/T 1972	鼓式、盘式制动器
电力液压推动器	常闭式制动器用于释放；常开式制动器用于制动施力	JB/T 6452	鼓式、臂盘式制动器
电磁铁	通常用于常闭式制动器释放		鼓式、小型钳盘式、全盘式制动器
制动衬垫	安装在制动瓦块上，用于提供摩擦阻力		弧形衬垫用于鼓式制动器，平面衬垫用于盘式制动器，纺织带用于带式制动器
衬垫磨损补偿装置	用于衬垫磨损时调整制动器的制动力和打开间隙，维持在设定值		单向轴承式用于有杠杆机构的制动器；摩擦式用于直动钳盘式制动器
传感器	用于制动器各种状态指示和联锁控制		用于制动力、位置、行程、温度或全系统状态监测

1.2.3　制动器的主要性能指标

制动器通用主要性能指标见表 6-4-5 所示。

表 6-4-5　　制动器通用主要性能指标

名称	定义
制动力矩	制动部件与运动部件（或运动机械）间产生的能直接迫使运动机械减速、停止的力矩 $T_f = F_f R$ F_f——制动力的总合力，N R——总合力的作用点到运动机械轴线中心的距离，m
摩擦因数	制动器摩擦副之间的摩擦力 F 与法向力 N 之比
制动瓦块退距	制动器在释放状态下，构成摩擦副对偶件之间的径向间隙
动作响应时间	常闭式包括开闸释放时间、制动上闸时间、有效制动时间等；常开式包括制动上闸时间、有效制动时间等

1.2.4　常用制动器的种类、特点及应用

工业机械常用制动器种类、特点及应用见表 6-4-6。

表 6-4-6　　工业机械常用制动器种类、特点及应用

制动器种类	特点	应用
电力液压鼓式制动器	外抱鼓式制动器，结构简单，动作可靠；调整间隙、更换衬垫方便；制动时轮轴不受力；同等轮径时，制动力矩比带式制动器小；比电磁鼓式制动器冲击小；制动施力元件为螺旋压簧、电力液压推动器开闸的为常闭式，仅用电力液压推动器上闸制动的则为常开式	应用较广，适于工作频繁及安装空间较大的场合，在各种机构中常用作工作制动器
电磁鼓式制动器	采用拍合式或螺管式电磁铁作为开闸装置的外抱鼓式制动器，受电磁铁动作特性曲线影响而冲击较大	在新设备上逐渐被电力液压鼓式制动器替代，仅用于老旧设备的改造
电力液压盘式制动器	浮动臂盘式制动器，制动时轮盘轴受力，成对使用时可得到改善；散热比鼓式制动器好；机构同功率时，制动盘惯量比制动轮小；制动施力元件为螺旋压簧、电力液压推动器开闸的为常闭式，仅用电力液压推动器上闸制动的则为常开式	可用于所有鼓式制动器适用的场合，在大型、新型和重要设备上逐步替代了鼓式制动器
惯性制动器	属于盘式制动器类，其工作原理与其他制动模式不同，该制动器由主动力（惯性力）克服制动作用力解除制动，与从动力（负载）在运动体内部构成一个内力平衡系统，利用运动体自身的惯性力，通过特定的装置转换成制动该运动体的制动力	可用于所有安装于电机和减速器之间的非势能负载的工作机构

续表

制动器种类	特点	应用
液压钳盘式制动器	浮动或固定钳盘式制动器，夹紧力和适用制动盘径范围大，需配套液压站使用；制动施力元件为碟形弹簧、液压装置开闸的为常闭式，仅用液压装置上闸制动的则为常开式；多个常开、常闭钳盘式制动器和液压力可调的液压系统组合在一起，形成总制动能力可调的智能制动系统	重载液压钳盘式一般用作有势能负载的传动机构的安全制动器；多点式智能制动系统可用于先进和重要的大型工业装备，作为工作制动与安全制动系统
气动钳盘式制动器	小型轻载钳盘式制动器，结构紧凑，动作可靠，安装使用方便，需配套压缩空气源	一般在工业设备生产线上用于机构停止或物料定位
电磁钳盘式制动器	小型轻载钳盘式制动器，电磁铁多为螺管式，结构紧凑，安装使用方便	一般用于起重运输机械的行走机构，在工业装备生产线上用于机构停止或物料定位
气动全盘式制动器	摩擦材料覆盖制动盘全部工作表面的盘式制动器，一般为由气缸建压制动的常开式	一般用于工程机械上
电磁全盘式制动器	多为螺旋压簧制动，拍合式电磁铁吸合开闸的常闭式，因电磁气隙小而需频繁调整，多用于工作制动中的维持（支持）制动场合	一般用于电机尾端制动和轻工机械传动机构上
湿式制动器	在密闭湿式环境下工作的多片全盘式制动器，对外污染很小；制动热量直接导入介质油，还可增设冷却装置；冷却油所需量极大，因此液压系统（泵）负荷大；制动盘磨损会影响总成部件的使用寿命；更换制动盘摩擦片时需要打开所属总成部件（如变速器）	一般用于小型工程机械的轮边制动，以及大型工程机械的变速箱或重载驱动桥上的制动场合
水冷制动器	多片全盘式结构，制动盘带有水冷腔，可设计保持摩擦副的温度恒定，需配套冷却水系统使用	用于连续拖曳制动的场合，如锚链机等要求输出恒张力的系统
简单带式制动器	结构简单紧凑，制动力矩大；制动轮轴受较大的附加弯矩，制动带比压和磨损不均匀，散热差；制动力矩因旋转方向不同有差异	用于要求结构紧凑的场合，如用于移动式起重机、船舶锚缆装置、重载卷扬装置等
磁粉制动器	摩擦副两对偶件借助于磁粉间的电磁吸力形成贴合且磁粉与工作面之间产生摩擦力形成制动功能的制动器，具有体积小、重量轻、励磁功率小且制动力矩与运动件的转速无关等特点，磁粉会引起对偶件磨损	用于机械设备的制动、张力控制和调节转矩等自动控制及驱动系统
电磁涡流式制动器	又称涡流制动器或电磁涡流刹车（涡流闸），属非摩擦类制动器，其工作原理与电机类似，按其外部构造特征可分为内转子式和外转子式，甚至可与电机同轴连接为一体，其转子（电枢）既可与电机轴（高速轴）同轴或相连，也可与卷筒轴（低速轴）相连，回转的转子切割定子磁场磁通时，在电枢表面会产生涡流以及与运动系统转动方向相反的电磁（制动）转矩，从而形成电气制动过程，具有安全可靠、无摩擦易损件、维护简便、调速范围大等特点，但低速时效率低、温升高，必须采取散热措施	常用于起重机、石油钻井机械的送钻机构等的调速控制制动，与机械制动装置组成复合制动系统

1.3 我国现行工业制动器和摩擦材料相关标准目录

常用工业制动器及其摩擦材料相关标准详见表 6-4-7 和表 6-4-8。

表 6-4-7　　国内工业制动器相关标准

标准号	标准名称
AQ/T 1109—2014	煤矿带式输送机用电力液压鼓式制动器安全检验规范
AQ/T 1110—2014	煤矿带式输送机用盘式制动装置安全检验规范
GB/T 18849—2011	机动工业车辆　制动器性能和零件强度
GB/T 26662—2011	磁粉制动器
GB/T 26665—2011	制动器术语
GB/T 30221—2013	工业制动器能效测试方法

续表

标准号	标准名称
GB/T 33517—2017	电力液压鼓式制动器 技术条件
GB/T 33519—2017	制动器分类
GB/T 34114—2017	电动机用电磁制动器通用技术条件
GB/T 35344—2017	船用轴系机械制动器
JB/T 3334. 1—2013	水轮发电机用制动器 第 1 部分:水轮发电机用立式制动器
JB/T 3334. 2—2013	水轮发电机用制动器 第 2 部分:水轮发电机用卧式制动器
JB/T 5948—2013	工程机械 钳盘式制动器 技术条件
JB/T 5949—2013	工程机械 蹄式制动器 技术条件
JB/T 6406—2006	电力液压鼓式制动器
JB/T 6451—1992	制动电磁铁通用技术要求
JB/T 6452—2010	电力液压推动器基本技术要求
JB/T 7019—2013	工业制动器 制动轮和制动盘
JB/T 7020—2006	电力液压盘式制动器
JB/T 7021—2006	鼓式制动器连接尺寸
JB/T 7561—2014	WZ 系列起重及冶金用涡流制动器技术条件
JB/T 7685—2006	电磁鼓式制动器
JB/T 8435—2006	气动盘式制动器
JB/T 8519—2015	矿井提升机和矿用提升绞车 盘形制动器
JB/T 10469. 1—2020	冶金设备 气动盘式制动器 第 1 部分:常开型
JB/T 10469. 2—2020	冶金设备 气动盘式制动器 第 2 部分:常闭型
JB/T 10469. 3—2020	冶金设备 气动盘式制动器 第 3 部分:水冷却型
JB/T 10603—2006	电力液压推动器
JB/T 10917—2008	钳盘式制动器
JB/T 12089—2014	锻压机械用组合式气动干式摩擦离合制动器
JB/T 12416—2015	电磁失电制动器
JB/T 12982—2016	电磁圆盘式制动器
JB/T 12984—2016	起重机抗风制动装置
JB/T 13312—2018	工业制动器 能效限额
JB/T 13365—2018	带式输送机用盘式制动器
JB/T 13435—2018	矿井提升机和矿用提升绞车 盘形制动系统 技术条件
JB/T 13519—2018	气动摩擦片浮动式制动器
JB/T 13695—2019	工业车辆 制动器
JB/T 14330—2021	矿井提升机和矿用提升绞车 盘形制动系统 检验规范
MT/T 591—1996	煤矿井下用紧急制动装置
MT 912—2002	煤矿用下运带式输送机制动器技术条件
MT 1149—2011	采煤机用制动器 技术条件
NB/T 10547—2021	矿用隔爆型电力液压推动器
NB/T 10572—2021	风电机组制动器检修技术规程
NB/T 31023—2021	风力发电机组 主轴盘式制动器
NB/T 31024—2021	风力发电机组 偏航盘式制动器
SY/T 5533—2016	石油钻机用 DS 系列电磁涡流刹车

表 6-4-8　　国内工业制动器摩擦材料相关标准

标准号	标准名称
GB/T 10430—2008	烧结金属摩擦片粘结性能试验方法
GB/T 11834—2011	工农业机械用摩擦片
GB/T 13826—2008	湿式(非金属类)摩擦材料
GB/T 37208—2018	非金属纸基湿式摩擦材料
GB/T 37209—2018	非金属橡胶基湿式摩擦材料
GB/T 41062—2021	摩擦材料和制动器间的热传导试验方法

续表

标准号	标准名称
JB/T 3063—2011	烧结金属摩擦材料 技术条件
JB/T 3721—2015	矿井提升机和矿用提升绞车 盘形制动器闸瓦
JB/T 7269—2007	干式烧结金属摩擦材料 摩擦性能试验方法
JB/T 7909—2011	湿式烧结金属摩擦材料 摩擦性能试验台试验方法
JB/T 8817—2014	工程机械 制动摩擦片 技术条件
JB/T 9713—2013	工程机械 湿式铜基摩擦片 技术条件
JB/T 12718—2016	铜基粉末冶金喷撒摩擦片技术条件
JB/T 13479—2018	工业制动器 制动衬垫
JC/T 2310—2015	石油钻机用制动块
JC/T 2584—2021	垂直电梯曳引机用制动摩擦片
JC/T 2585—2021	自动扶梯、自动人行道电梯用制动摩擦片
NB/T 31144—2018	风力发电机组 液压盘式制动器制动块

2 制动器的选型设计

2.1 工业机械工作机构的制动方式及选择

2.1.1 工业机械典型工作机构的特点及其对制动的要求

工业机械的典型工作机构包括垂直方向运动（起升/升降）机构、水平方向运动（运行/行走）机构、平面回转机构、立面回转（臂架俯仰变幅、夹盘回转）机构等，不同机构的工作特点及其对制动的要求见表 6-4-9。

表 6-4-9　工业机械典型机构的特点及其对制动的要求

机构类型	特点	对制动的要求
垂直方向运动(起升/升降)机构	工作负载主要为势能负载,且工作频率较高,相比阻抗性负载机构安全性要求更高	①制动功能与装备需求匹配,制动力矩安全系数符合要求 ②制动过程平稳,释放和闭合动作应与机构的相关要求匹配 ③制动衬垫能耐较高温度、抗冲击,制动过程不出现影响性能的热衰退和碎裂 ④受力构件应有足够的刚度
水平方向运动(运行/行走)机构	工作负载主要为阻抗性(包括惯性)负载,露天工作的机器还要求承受风载荷	①具有使运动机械停止所需的制动力矩 ②制动过程应平稳,能够减小冲击,避免引起冲击抖动 ③减速制动时,制动力矩应不大于制动点的打滑力矩,避免制动滑行 ④有防风制动和维持制动要求时,设备停车后,制动力矩应大于制动点的打滑力矩,以保持抗风制动阻力和定位能力
平面回转机构	工作负载主要为阻抗性负载,回转半径及转速的增大会增加相应的惯性负载	①制动力矩要求渐进(可控)增力,以减小对机构传动轴的扭矩冲击,避免高速轴和传动齿轮的损坏 ②如果升降机构是随回转机构一起运动的,要求制动过程非常平稳,避免制动时升降负载的惯性对装备产生回转方向的过大扭矩冲击 ③对于停止工作后需要维持在固定位置的回转机构,应有可靠的维持制动功能和足够的维持制动力矩
立面回转(臂架俯仰变幅、夹盘回转)机构	工作负载为势能负载,安全要求与升降机构相同,回转半径及转速的增大会增加相应的惯性负载	①制动功能与装备需求匹配,制动力矩安全系数符合要求 ②受力构件应有足够的刚度

2.1.2 工业机械工作机构常用的制动方式

各类工作机构常用的制动方式见表 6-4-10。

表 6-4-10 工业机械工作机构常用的制动方式

制动方式	特点
机械制动	经典制动技术,在机械制动过程中,机构的能量几乎全部转换成热能,易使摩擦副和制动偶件的温度升高,导致摩擦副的性能下降、使用寿命缩短,热衰退严重时,还可能无法满足制动安全要求。机械制动还具有维持(支持)功能
电气制动	通过以变频、电磁涡流等技术为代表的电气调速控制来进行机构的减速制动,具有制动平稳、无机械摩擦功、控制方便等特点。电气制动只能用于工作状态的减速-停止,在失电状态下不具有维持功能,必须与机械制动组合使用
组合制动	先对机构进行电气制动,在减速至较低速度或零速时,再实施机械制动,最终达成系统制动要求;在机构失电或电气调速失效时,机械制动仍应完成紧急减速制动和维持制动

第6篇

2.1.3 工业机械工作机构制动方式的选择

工业机械各类工作机构，其运动特点、动作要求以及对制动功能的实现差异较大。本节仅以起重机械为例，对相关工作机构的制动方式选择进行介绍。应根据制动工况、性能和安全需求以及经济合理性等选择机构的制动方式，具体见表 6-4-11～表 6-4-15。

表 6-4-11 起重机械典型机构的制动工况

制动工况	工况特点
轻级(机构的工作级别不大于M5,参照 GB/T 3811)	机构满载率低,接电持续率≤40%,制动频率≤30 次/h;制动功较小;制动覆面温度≤200℃
中级(机构的工作级别不大于M6,参照 GB/T 3811)	机构满载率较高,接电持续率为 40%～60%,制动频率为 30～100 次/h;制动功较大,有紧急制动需求;制动覆面温度为 350～650℃
重级(机构的工作级别不小于M6,参照 GB/T 3811)	机构满载率高,接电持续率≥60%,制动频率≥100 次/h;制动功大,有紧急制动需求;制动覆面温度为 500～1000℃

表 6-4-12 起升（升降）机构的制动方式

制动工况	优先采用的制动方式	电气调速制动占比	制动器布置方式		应用
			高速轴	低速轴	
重级	先进的电气调速+机械制动组合	≥90%	双制动	单制动或双制动	对安全要求较高的铸造起重机、大型专用港口装卸机械等的起升机构
			双制动或单制动	—	对安全要求一般的冶金特种起重机、多用途港口装卸机械等的起升机构
中级	较先进的电气调速+机械制动组合	≥70%	双制动或单制动	单制动或双制动	对安全要求较高的铸造起重机、中大型专用和多用途港口装卸机械、造船门机、电站启闭机以及矿井提升机等的起升机构
			双制动或单制动	—	对安全要求一般的通用起重机、多用途港口装卸机械等的起升机构
轻级	一般电气调速+机械制动组合或纯机械制动	≤50%	双制动或单制动	—	对安全要求一般的通用起重机、多用途港口装卸机械等的起升机构

表 6-4-13 运行（行走）机构的制动方式

制动工况	优先采用的制动方式	电气调速制动占比	制动器施力方式		应用
			施力过程	维持制动	
重级	较先进的电气调速+机械制动组合	≥70%	渐进施力	可靠维持制动	有工作防风和维持制动要求的中大型港口装卸机械和铸造起重机小车运行机构
			延时或同步施力	常规维持制动	无工作防风和维持制动要求的中大型港口装卸机械小车运行机构

续表

制动工况	优先采用的制动方式	电气调速制动占比	制动器施力方式		应用
			施力过程	维持制动	
中级	较先进的电气调速+机械制动组合	≥70%	渐进或分步施力	可靠维持制动	有工作防风和维持制动要求的中大型港口装卸机械和铸造起重机、塔式起重机以及特种工件吊装的起重机大车运行机构；有维持制动要求的中小型港口装卸机械和电站启闭机以及特种工件吊装的起重机小车运行机构
			延时施力	常规维持制动	无工作防风和维持制动要求的中大型港口装卸机械、塔式起重机大车运行机构；无维持制动要求的中小型港口装卸机械和通用起重机小车运行机构
轻级	一般电气调速+机械制动组合或纯机械制动	≤50%	延时或同步施力	常规维持制动	无工作防风和维持制动要求的中小型港口装卸机械、塔式起重机和通用起重机大车运行机构

表 6-4-14 平面回转机构的制动方式

制动工况	优先采用的制动方式	电气调速制动占比	制动器施力方式		应用
			施力过程	维持制动	
重级	较先进的电气调速+机械制动组合	≥70%	渐进或分步施力	可靠维持制动	有维持制动要求的中大型门座式起重机回转机构
				常规维持制动	无维持制动要求的门座式起重机和塔式起重机回转机构
中级或轻级	一般电气调速+机械制动组合	≤50%	渐进或分步施力	可靠维持制动	有维持制动要求的中小型门座式起重机回转机构
				常规维持制动	无维持制动要求的通用中小型门座式起重机和塔式起重机回转机构

表 6-4-15 立面回转（臂架俯仰变幅）机构的制动方式

制动工况	优先采用的制动方式	电气调速制动占比	制动器布置方式		应用
			高速轴	低速轴	
中级	较先进的电气调速+机械制动组合	≥70%	双制动或单制动	单制动或多制动	对安全要求较高的中大型港口装卸机械、专用和多用途门座式起重机臂架俯仰变幅机构等
			双制动或单制动	—	对安全要求一般的通用门座式起重机变幅机构等
轻级	一般电气调速+机械制动组合或纯机械制动	≥70%	双制动或单制动	单制动或多制动	对安全要求较高的中大型港口装卸机械和塔式起重机非回转式臂架俯仰变幅等机构
		≤50%	单制动	—	对安全要求一般的中小型港口装卸机械和塔式起重机非回转式臂架俯仰变幅等机构

2.2 制动器选型基本原则和设计步骤

2.2.1 制动器选型基本原则

工业制动器选型的基本原则见表 6-4-16。

表 6-4-16　　工业制动器选型的基本原则

选用原则	具体要求
标准化原则	应尽量选择符合我国现行标准的产品;如国内标准产品不能满足要求时,可选择符合国外先进工业国家相关标准的产品;如国内外标准产品均不能满足要求时,应尽量选择国内外制动器生产厂商的定型产品
与机构匹配原则	①充分考虑制动器规格(如中心高)与机构制动轴位置(如高速轴电机中心高和低速轴卷筒中心高等)的匹配性 ②要根据有关设计规范和机构属性(特征)选择与机构驱动转矩相匹配的制动力矩 ③要根据工业装备控制系统的先进和复杂程度考虑合理的制动器功能匹配
安全性原则	充分考虑机构作业的安全等级要求,在制动方式上要与机构安全需求相匹配

2.2.2　制动器选型设计步骤

工业制动器选型设计的主要步骤如下。

① 根据机构的传动链参数，计算出制动轴上的负载转矩，再考虑安全系数的大小，以及对制动距离（时间）的要求等具体情况，算出制动轴上需要的计算制动力矩。

② 根据需要的计算制动力矩和工作条件，选定合适的制动器的类型和结构，并画出传动图。

③ 按摩擦元件的退距求出开闸推力和行程，用以选择或设计开闸释放装置。

④ 对主要零件进行强度计算，其中制动臂等传力杠杆等还应进行刚度验算。

⑤ 对摩擦元件进行发热验算。

⑥ 必要时，设计制动衬垫磨损补偿装置和附加装置。

在实际工作中，更多的是对厂家定型制动器的选型，可参照上述步骤，主要在于制动力矩的确定和根据接口尺寸选择合适的制动器类型。

2.3　制动器的选择

2.3.1　制动器类型的选择

应根据工业机械的特点选择制动器类型。本节以起重机械为例，对制动器类型的选择进行介绍，其他工业机械可结合自身特点参照进行。

在起重机械上使用的制动器主要有电力液压制动器、电磁制动器、液压制动器、惯性制动器等类型，可参照表 6-4-17 进行选择。

表 6-4-17　　起重机械制动器类型的选择

制动部位	机构控制电源	机构特征	制动方式	轮(盘)直径/mm	制动器类型
高速轴	交流控制	起升和臂架俯仰变幅机构	单制动	<500	电力液压鼓式制动器
				500~630	电力液压鼓(盘)式制动器
				>630	电力液压盘式制动器
			双制动	<500	电力液压鼓(盘)式制动器
				≥500	电力液压盘式制动器
		各种运行机构	单制动或多制动	<315	电力液压鼓式或电磁圆盘式制动器、人力驱动制动器
				315~400	电力液压鼓式制动器
				>400	电力液压鼓(盘)式制动器
		平面回转机构	单驱动、单制动	<400	电力液压鼓式制动器、人力驱动制动器
				≥400	电力液压鼓(盘)式制动器
			多驱动、单制动	<315	电力液压鼓式制动器、人力驱动制动器
				≥315	电力液压鼓(盘)式制动器

续表

制动部位	机构控制电源	机构特征	制动方式	轮(盘)直径/mm	制动器类型
高速轴	直流控制	有保磁要求的各种机构	单制动	<500	电磁鼓式制动器
				500~630	电磁鼓(钳盘)式制动器
				>630	电磁钳盘式制动器
			双制动	<500	电磁鼓(钳盘)式制动器
				≥500	电磁钳盘式制动器
		无保磁要求的各种机构	单制动	<500	电磁鼓式制动器、电力液压鼓式制动器
				500~630	电磁鼓式制动器、电力液压鼓(盘)式制动器
				>630	电磁钳盘式制动器、电力液压盘式制动器
			双制动	<500	电磁鼓(钳盘)式制动器、电力液压鼓(盘)式制动器
				≥500	电磁钳盘式制动器、电力液压盘式制动器
低速轴	交流或直流控制	起升机构	单制动	—	液压盘(带)式制动器、电磁钳盘式制动器
			多制动	—	液压盘式制动器、电磁钳盘式制动器
		臂架俯仰变幅机构	单制动	—	液压盘(带)式制动器、电磁钳盘式制动器
			多制动	—	液压盘式制动器、电磁钳盘式制动器
		运行机构	多制动	—	液压轮边制动器、电动轮边制动器

2.3.2 制动器规格的选择

制动器规格的选择主要是指制动轮直径或制动盘直径的匹配。制动轮（盘）直径的确定首先要考虑其与机构驱动电机、制动轴系中心高以及传动轴距等相匹配。如果制动器用于周期内累积制动发热或紧急制动发热比较严重的机构时，应选择直径相对较大的制动轮（盘）。高速轴制动器制动轮（盘）直径的确定可参照表 6-4-18 进行。

表 6-4-18　　制动器规格的选择

机构驱动电机机座号	直径 D/mm		参考标准
	制动轮	制动盘	
132	160	≤200	JB/T 6406 JB/T 7020 JB/T 7021 JB/T 7685 JB/T 10104 JB/T 10105
160	160,200	≤250	
180			
200	200,250	≤315	
225	250,315	≤355	
250		≤450	
280	315,400		
315		≤560	
355	400,500	≤630	
400	500,630	≤710	
450	630,710,800	≤800	
500		≤900	

制动器在低速轴（卷筒轴）布置时，制动轮和制动盘直径（参见图 6-4-1）分别按下面两式确定：

$$2H_2-30 \geqslant D \geqslant D_t$$

$$2H_2-30 \geqslant D \geqslant D_t+B+2nd$$

式中　D——制动轮或制动盘直径，mm；

D_t——卷筒直径，mm；

H_2——卷筒座中心高，mm；

B——制动盘制动覆面宽度，mm；

n——钢丝绳缠绕层数；

d——钢丝绳直径，mm。

在规定的取值范围内应尽可能选择优先数系；对于下沉式卷筒，最大值不受公式的限制。

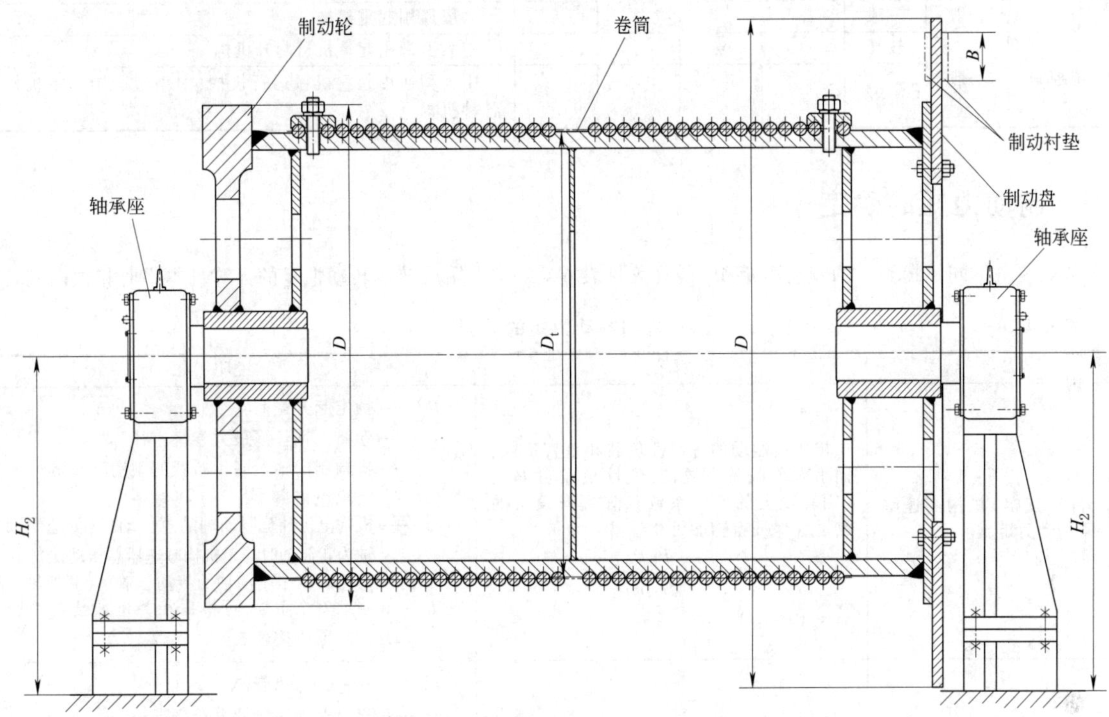

图 6-4-1　制动器在卷筒轴布置时制动轮和制动盘结构

2.3.3　制动器功能的选择

制动器的基本功能是保证制动器正常工作的必备功能，主要有力矩调整、瓦块退距调整、瓦块退距均等以及瓦块随位功能等；制动器的特殊功能是根据起重机械的控制和自动化需求而提供的功能，主要有退距和力矩在衬垫磨损下的自动补偿、释放限位/联锁、手动释放及其联锁以及衬垫磨损极限报警/联锁功能等。制动器特殊功能可根据起重机械的控制技术水平、自动化要求以及安全要求等按表 6-4-19 选择。

表 6-4-19　　制动器特殊功能的选择

机构控制类别	自动化程度	机构安全要求	功能选择				典型应用
			自动补偿	释放限位/联锁	手动联锁	衬垫磨损极限报警/联锁	
可编程控制（PLC）	高	高	√	√	根据需方具体要求	√	大型、专用、高效的港口装卸和冶金起重机械起升机构
	较高	较高	√	√			大型、专用、高效的港口装卸和冶金起重机械运行机构，中小型专用、高效的港口装卸和冶金起重机械起升机构
	一般	一般		√			中小型专用、高效的港口装卸和冶金起重机械运行机构，各种通用起重机械各种机构

续表

机构控制类别	自动化程度	机构安全要求	功能选择				典型应用
			自动补偿	释放限位/联锁	手动联锁	衬垫磨损极限报警/联锁	
无线遥控	高	高	√	√	根据需方具体要求	√	垃圾发电厂、核电厂、自动化堆场等使用的特种、专用起重、装卸机械各种机构
	较高	较高	√	√			工厂自动化生产线起重机械各种机构
	一般	一般					一般通用起重机械
传统控制	一般	较高		√			中大型通用起重机械起升机构
		一般					中大型通用起重机械运行机构,中小型通用起重机械各种机构

2.4 制动力矩的确定

工业装备不同机构类型的制动力矩 M_b 的计算见表 6-4-20,常用旋转体转动惯量的计算见本手册相关内容。

表 6-4-20　　机构制动力矩的计算

参数	计算公式	说明
升降(变幅)机构高速轴所需制动力矩 M_b	机构被制动的有惯性负载和垂直负载,而垂直负载是主要的,惯性负载可略去(因有较大的安全系数),如提升设备的制动应保证重物能可靠悬吊 $M_b=K_z\dfrac{P_QD_0}{2m_zmi_z}\eta'$	P_Q——额定起升载荷,N D_0——卷筒上钢丝绳最大卷绕直径,m m_z——机构制动轴上同轴布置的制动器数量 m——滑轮组倍率 i_z——机构电机轴至制动轴的总传动比(低速制动轴为卷筒轴时等于机构减速器总传动比) η'——机构负载至制动轴的传动总效率(高速轴) K_z——制动安全系数,可根据相关机械装备的设计规范或按表 6-4-21 选取
升降(变幅)机构低速轴所需制动力矩 M_b	$M_b=K_z\dfrac{P_QD_0}{2m_zm}\eta'$	P_Q——额定起升载荷,N D_0——卷筒上钢丝绳最大卷绕直径,m m_z——机构制动轴上同轴布置的制动器数量 m——滑轮组倍率 η'——机构负载至制动轴的传动总效率(低速轴) K_z——制动安全系数,可根据相关机械装备的设计规范或按表 6-4-21 选取
运行机构所需制动力矩 M_b	$M_b=K_z\left\{\dfrac{(P_{w1}+p_a-p'_m)D\eta}{2i}+\dfrac{n}{9.55t_z}[km_D(J_1+J_2)+J'_3\eta]\right\}$	P_{w1}——风阻力,N P_a——坡道阻力,N P'_m——摩擦阻力,N D——车轮踏面直径,m i——机构制动轴至车轮的总传动比 η——机构总传动效率 n——电机额定转速,r/min t_z——运行机构制动时间,s m_D——驱动电机的数量 k——其他传动件的转动惯量折算到电机轴上的影响系数,$k=1.05\sim1.20$ J_1——电机转子的转动惯量,$kg\cdot m^2$ J_2——电机轴上制动轮或制动盘和联轴器的转动惯量,$kg\cdot m^2$ J'_3——全部平移运动质量折算到电机轴上的转动惯量,$kg\cdot m^2$ K_z——制动安全系数,可根据相关机械装备的设计规范或按表 6-4-21 选取

续表

参数	计算公式	说明
回转机构所需制动力矩 M_b	$M_b=\frac{n\sum J}{9.55t_z}+\frac{\eta}{i}(M_w+M_a-M_m)$	$\sum J$——机构及含吊运物在内的全部回转运动质量折算到电机(制动)轴上的机构总转动惯量,kg·m^2 n——电机额定转速,r/min η——机构总传动效率 i——机构制动轴至回转支承装置的总传动比 t_z——回转机构制动时间,s M_w——正常工作状态下的等效风阻力矩,N·m M_a——等效坡道阻力矩,N·m M_m——回转支承装置的摩擦阻力矩,N·m

表 6-4-21　　制动安全系数 K_z

工作机构	制动方式及状态描述		$K_z\geqslant$	备注
起升机构	单制动	机构的工作级别≤M5	1.5	双制动时为每个制动器的安全系数
		机构的工作级别≥M6	1.75	
	双制动		1.25	
	两套驱动装置每套双制动	两套间无刚性联系	1.25	
		两套间有刚性联系	1.10	
	采用行星差动减速器传动的双制动		1.75	
	具有液压制动作用的液压传动		1.25	
	安全制动器		1.5	
变幅机构	平衡臂架式	变幅时同时起吊载荷	1.25	
		变幅时不起吊载荷	1.15	
	非平衡动臂式	单制动	1.5	
		双制动	1.25	
	钢丝绳牵引小车式		1.25	
	安全制动器		1.5	
回转机构			1.25	

2.5　制动过程的发热验算

制动类型（控制制动除外）随时间变化的温度曲线如图 6-4-2 所示。紧急停止制动时，摩擦副温度以指数级上升，达到最大表面温度 θ_0。制动结束后，以指数级冷却，逐渐接近环境温度。

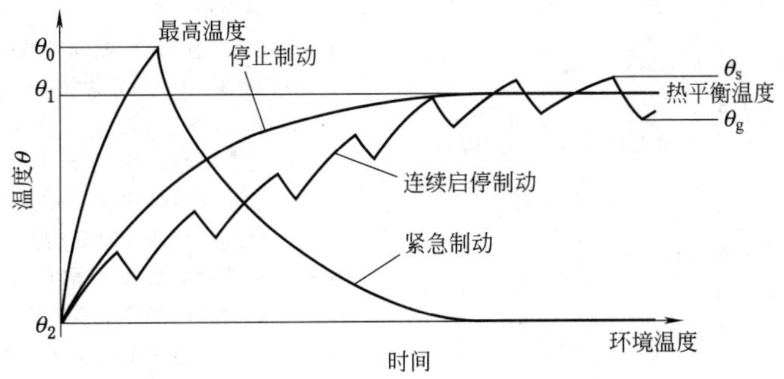

图 6-4-2　制动时的时间-温度曲线

高的表面温度可能会导致摩擦材料的性能衰退，当热衰退速度和量值达到某一极限值时，就可能出现制动失控的危险事故。因此，在制动系统中，需要设定摩擦副的最高温度许可值和热平衡温度许可值，验算系统的热平衡状态，使连续制动的热平衡温度和紧急制动的最高温度不超过许可值。

2.5.1 制动器在工作周期内正常制动时的累积发热验算

具有电气调速的传动机构，制动器在工作周期内正常制动累积产生的热量很低，通常可不进行发热验算，但对于某些工作启停频繁的特种机构（如频繁操作的中大型淬火起重机起升机构）和重级制动工况中无电气调速或较小调速范围的机构，则需要进行制动器的累积发热验算。

精确的热平衡计算需要精确的热力学方法、试验确定的参数和实际制动过程中制动力矩随时间变化的特征函数。

为了便于工程应用，可进行对验算结果影响不大且趋于更安全的简化假设。对于停车制动，本章的验算采用了以下假设：制动过程中摩擦表面的温度分布均匀；制动产生的热量只由制动轮或制动盘通过对流和辐射散掉；不考虑从制动片散掉的热量；不考虑热传导散掉的热量。

试验证明，树脂基衬垫会吸收10%的摩擦热，粉末冶金衬垫会吸收20%~30%的摩擦热，因此，上述假设是偏安全的。

1h制动发热验算见表6-4-22。

表 6-4-22　　　　1h 制动发热验算

计算项目	制动机构类型	计算公式	单位
1h 单个制动轮或制动盘累积制动发热量 Q	起升或变幅机构	$Q_q=\left(m_1gs\eta+\dfrac{Jn^2}{183}\right)Z_0$	J/h
	运行机构	$Q_y=\left(\dfrac{m_2v^2}{2}+\dfrac{Jn^2}{183}-\dfrac{F_rv}{2}t_b\right)Z_0\eta$	
	回转机构	$Q_h=\dfrac{\pi nM_{bz}t_b}{60}Z_0$	
1h 单个制动轮或制动盘累积散发的总热量 Q_z	各种机构	$Q_1=(\beta_1A_1'+\beta_2A_2')\left[\left(\dfrac{273+\theta_1}{100}\right)^4-\left(\dfrac{273+\theta_2}{100}\right)^4\right]$ $Q_2=\gamma_1A_3'(\theta_1-\theta_2)(1-JC)$ $Q_3=\sum\alpha_iA_i(\theta_1-\theta_2)JC$ $Q_z=Q_1+Q_2+Q_3$	
热平衡校核		$Q_q\leqslant Q_z,Q_y\leqslant Q_z,Q_h\leqslant Q_z$	

说明

m_1——额定总起重量，kg

m_2——运行机构所承载的总质量，kg

g——重力加速度，通常取为 9.8m/s^2

s——起升或变幅机构载荷的平均制动距离，m

η——载荷至制动轴的机械传动效率

J——折算到制动轴上的机构转动惯量（包括所有回转运动和直线运动零部件），kg·m^2

n——制动轴开始制动时的转速，r/min，可取 $n=n_e$

n_e——制动轴额定转速，r/min

M_{bz}——机构同一制动轴上一个制动轮或制动盘上总制动力矩，N·m

Z_0——制动器 1h 内的制动次数

v——机构开始制动时的速度，r/min，可取 $v=v_e$

v_e——机构额定运行速度，m/s

F_r——运行机构平均运行总阻力，N

t_b——制动时间，s

M_{bz}——机构同一制动轴上一个制动轮或制动盘上总制动力矩，N·m

Q_1——1h 内的辐射散热量，J/h

Q_2——1h 内的自然对流散热量，J/h

Q_3——1h 内的强迫对流散热量，J/h

β_1——制动摩擦面的辐射系数，可取光亮钢表面的数值 0.0054J/(m^2·h·℃)

β_2——制动摩擦面以外表面的辐射系数，可取粗糙钢表面的数值 0.018J/(m^2·h·℃)

A_1'——制动轮(盘)制动摩擦面面积减去制动衬垫遮盖后的面积，m^2

A_2'——制动轮(盘)除制动摩擦面外的外露表面积，m^2

A_3'——制动轮(盘)外表面积减去制动衬垫遮盖后的面积，m^2

A_i——将制动轮(盘)的所有外表面积[不含制动轮(盘)或联轴器与轴连接的连接毂的表面积]按连续表面分成若干部分的第 i 部分的面积，m^2

γ_1——自然对流系数，可取 0.021J/(m^2·h·℃)

α_i——制动轮(盘)第 i 部分的表面的强迫对流散热系数，J/(m^2·h·℃)，$\alpha_i=0.0257v_i^{0.78}$

v_i——第 i 部分表面的圆周速度，m/s

θ_1——摩擦材料许用制动温度，℃，见表 6-4-24

θ_2——环境温度，通常取为 30℃，高温环境可取 50~60℃

JC——机构接电持续率

当一个工作周期（如 1h）内机构制动的累积发热量 Q（分别为 Q_q、Q_y、Q_h）大于该周期内的总散热量 Q_z 时，应考虑采取如下措施使其满足要求。

① 在制动轴中心高和安装空间允许的情况下加大制动轮（盘）直径。

② 增加制动轮（盘）的数量和制动器数量［如在同一制动轴上设置双制动轮（盘）或多制动器］，将机构的总制动能量分散。

③ 必要时增加制动轴，以增加制动器数量，将机构的总制动能量分散。

④ 采用耐更高温度的摩擦副材料。

2.5.2 紧急制动时制动功的验算

通过制动器的使用经验和初步试验表明，制动覆面单位面积的制动功是影响制动覆面温度的最主要因素，其权重在 70%以上。对于中、重级工作制的工业装备或机构，紧急制动时一次制动的制动功或单位制动覆面制动功的验算，对制动器摩擦材料的选择和制动性能的保证具有重要参考意义。

假设制动器在紧急制动过程中制动力矩是均匀的（常量），则在制动结束时，在同一制动轮或制动盘上所产生的总制动功和单位制动覆面制动功的验算详见表 6-4-23。

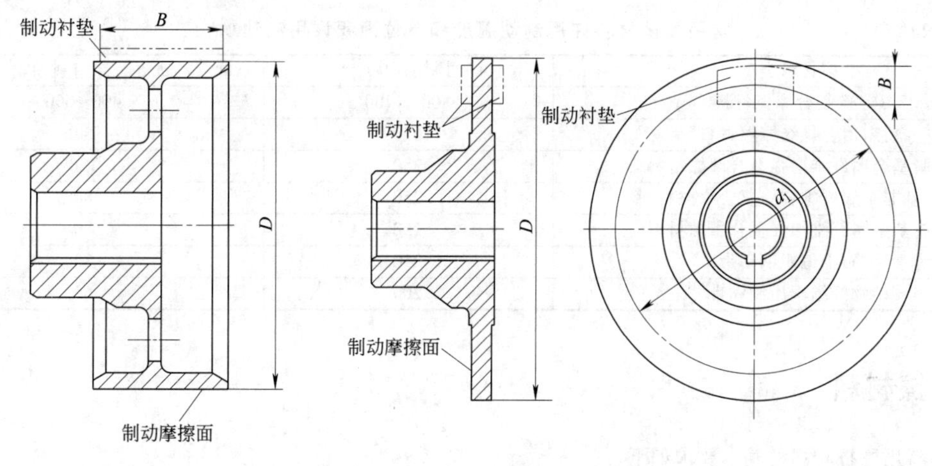

鼓式　　钳盘式

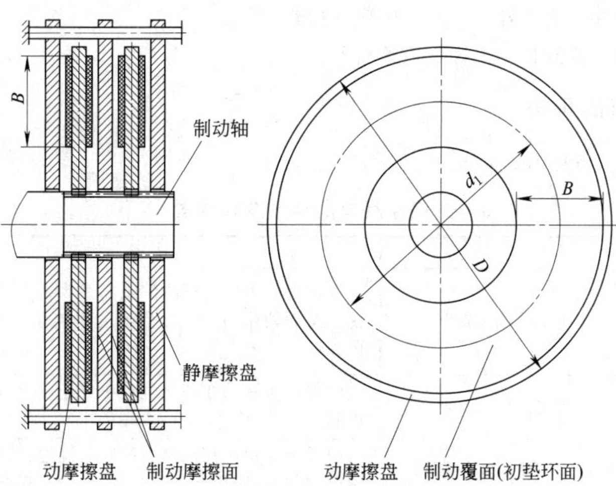

全盘式

表 6-4-23　制动功的验算

计算项目	计算公式	单位	说明
制动轴上一个制动轮或制动盘上一次紧急制动时的总制动功	$W=\dfrac{\pi n_1 M_{bz} t_b}{60}$	J	M_{bz}——机构同一制动轴上一个制动轮或制动盘上总制动力矩,N·m n_1——紧急制动开始时制动轴可能出现的最大转速,r/min,一般取 $n_1=1.15n_e$ t_b——制动时间,s; d_1——有效摩擦直径,m,鼓式制动器 $d_1=D$,盘式制动器 $d_1=D-B$ B——制动轮或制动盘制动覆面宽度,m Z_z——制动覆面数量,鼓式制动器为 1,钳盘式制动器为 2,全盘式制动器为 $2Z_b$ Z_b——动摩擦盘数量
制动轴上一个制动轮或制动盘上一次紧急制动时单位制动覆面制动功	$E_p=\dfrac{W}{\pi d_1 B Z_z}\times 10^{-4}$	J/cm²	

单位制动覆面制动功 E_p 应不大于许用制动功，即 $E_p \leqslant [E_p]$，如不满足，应调整制动器摩擦材料种类或调整机构的制动方式。常用摩擦材料单位制动覆面许用制动功［E_p］参见表 6-4-24。

表 6-4-24　常用摩擦材料许用制动温度和单位面积许用制动功

摩擦材料类型	许用制动温度/℃	单位制动覆面许用制动功/$J\cdot cm^{-2}$
碳/碳复合摩擦材料	800～1200	400～600
粉末冶金烧结摩擦材料	650	240
树脂基金属纤维增强复合摩擦材料	350	120
树脂基非金属纤维增强复合摩擦材料	250	80
橡胶基金属纤维增强复合摩擦材料	250	80
无石棉编织制动带	250	80
矿物纤维辊压制动带	200	65

2.6　摩擦材料

对制动器用摩擦材料的基本要求如下。

① 摩擦因数足够高而稳定，具有良好的恢复性能（变形反弹性好）。

② 较高的耐磨性，较好的热传导性，较小的热膨胀系数。

③ 良好的力学性能，包括强度、硬度、高温机械强度、压缩特性。

④ 对偶件的表面损伤小，磨合性好，不产生严重粘着。

⑤ 符合当前环保要求，无石棉，无锑、铅和隔等。

2.6.1　常用摩擦材料的种类

摩擦材料的种类及其特点见表 6-4-25。

表 6-4-25　摩擦材料的种类及其特点

种类			特点
有机材料	编织类	普通软质编织制品	以黄铜丝为中心纤维编织的织物在合成树脂、软化剂中浸泡,成型后在常温下硬化而成(未经热压和硫化),制品硬度适中,柔软,摩擦因数高
		软质模压制品	橡胶模压制品在硬化过程中停止硬化,经半硫化处理而成,比橡胶模压制品柔软
		特殊加工硬质编织制品	用纤维编织布在热硬性树脂中浸泡,再经热压及硫化处理制成,制品摩擦因数高,应用于汽车鼓式制动器、离合器等,缺点是不耐磨,成本高
		半模压制品	将网络状的纤维布在树脂中浸透与橡胶模压片以交替层状重叠制成,具有介于橡胶模压制品和特殊加工硬化编织制品之间的性质

续表

种类			特点
有机材料	模压类	橡胶模压制品	以矿物短纤维为主与其他填充材料、橡胶混合，加压成型，制品性能稳定性差
		树脂模压制品	用热硬性树脂作黏结剂，以矿物纤维、有机及无机粉末作填充剂，经混合、加热、加压成型，制品性能优越，最早用于汽车、工业机械和铁道车辆
		半金属材料	在树脂模压制品中加入大量金属粉末（纤维），并填充石墨、经热压成型。制品热稳定性、耐磨性优越，主要用于有高负荷要求的汽车和工业机械
	纸基	纸基衬片	采用纤维素等有机材料和玻璃等无机材料及各种填充材料造纸，使用耐热树脂作黏结剂固结而成。纸基材料主要用于湿式工况
无机材料		铸铁	主要用于铁道车辆踏面制动器，摩擦因数低，磨损率大，润湿时的摩擦因数稳定，对车轮的冲击小，并且价格低廉，但目前已逐步被淘汰
		粉末冶金材料	以铜粉或铁粉为主要原料，与其他金属（锡、锌）、非金属（石墨等）粉末混合，通过粉末冶金方法烧结而成。热稳定性比有机摩擦材料高，高温下磨损小，抗衰减性好。应用于铁路车辆、工程机械、工业机械等，也适用于湿式工况
		金属陶瓷	由陶瓷粉末和金属粉末烧结而成。热稳定性卓越，用于飞机着陆用制动衬垫
		碳/碳复合材料	以碳纤维为基体材料，是热稳定性、耐磨性、导电性、比强度等诸多特性兼备的特殊材料，价格昂贵，主要用于飞机机轮制动盘，也用于赛车制动盘

2.6.2 制动器常用摩擦副计算数据推荐值

表 6-4-26 制动器常用摩擦副计算数据推荐值

摩擦副		平均动摩擦因数 μ		工作温度 t	鼓式制动器				带式制动器	
					停止式		拖曳式		停止式	
摩擦材料	对偶材料	干式	湿式		比压 p	线速度 v	比压 p	线速度 v	比压 p	线速度 v
纤维编织带	铸铁、钢	0.25~0.40		<250℃	1.5MPa	20m/s	0.6MPa	8m/s	1.5MPa	20m/s
半金属材料	铸铁、钢	0.25~0.40	0.10~0.12	<350℃	2MPa	25m/s	0.8MPa	10m/s	2MPa	25m/s
粉末冶金材料	钢	0.30~0.40	0.09~0.15	<650℃						
碳/碳复合材料	钢	0.20~0.35	0.12~0.20	<1100℃						

摩擦副		带式制动器		钳盘式制动器				全盘式制动器			
		拖曳式		停止式		拖曳式		停止式		拖曳式	
摩擦材料	对偶材料	比压 p	线速度 v	比压 p	线速度 v	比压 p	线速度 v	比压 p	转速 n	比压 p	转速 n
纤维编织带	铸铁、钢	0.6MPa	8m/s								
半金属材料	铸铁、钢	0.8MPa	10m/s	10MPa	50m/s	10MPa	5m/s	1MPa	1500r/min	1MPa	500r/min
粉末冶金材料	钢			10MPa	90m/s	10MPa	10m/s	2MPa	1500r/min	1MPa	500r/min
碳/碳复合材料	钢			30MPa	120m/s	20MPa	30m/s	10MPa	1500r/min	6MPa	500r/min

3 鼓式制动器

3.1 鼓式制动器的分类、特点和应用

表 6-4-27　　常用鼓式制动器的分类特点和应用

分类	特点	应用范围
常闭式电力液压鼓式制动器［见图 6-4-3(a)］	动作平稳,制动时冲击较小;控制简单,驱动装置具有不过载和自保护性,可靠性高,使用寿命长。用三相交流电源,不能采用直流电网	广泛用于各种起重、装卸机械的各种机构高速轴减速和维持制动
常开式电力液压鼓式制动器［见图 6-4-3(b)］	可通过脚踏开关和变频等电气控制实现制动力矩分级制动,操作比人力的轻便,适于大功率机构。用三相交流电源,不能采用直流电网	卧式广泛用于大型门座式起重机等的回转机构;立式主要用于要求制动可控的工业装备运行机构
直流励磁的电磁鼓式制动器(见图 6-4-4)	动作冲击较大;可交、直流供电,但都需要电源控制的中间环节,相对于电力液压式更复杂;因控制复杂和衔铁的吸合气隙敏感,易出故障	主要用于直流供电或需要保磁的特种起重机等的某些机构的高速轴制动
人力操纵常开式液压鼓式制动器(见图 6-4-5)	通过人力脚踏操纵实现平稳、可控制动。液压回路容易漏油,故障点多,维护较麻烦	受人力限制,主要用于小型工业装备,如 16t 以下门座式起重机的回转机构

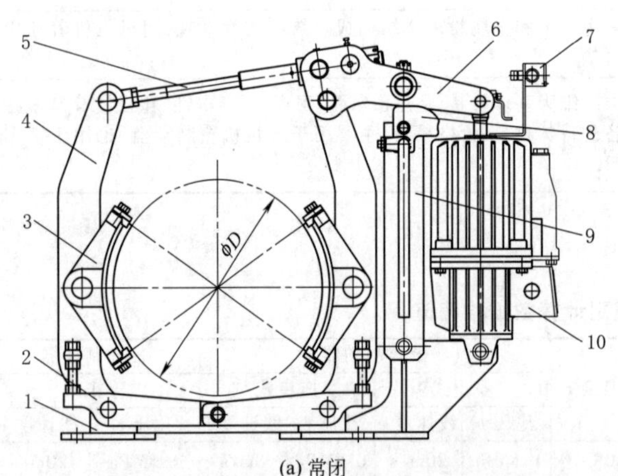

(a) 常闭

1—底座；2—退距均等装置；3—制动瓦；4—制动臂；5—制动拉杆；6—三角杠杆；7—限位开关；8—手动释放装置；9—制动弹簧组件；10—推动器

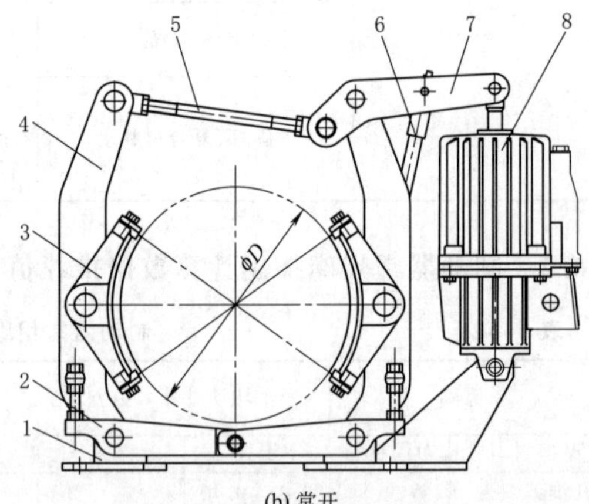

(b) 常开

1—底座；2—退距均等装置；3—制动瓦；4—制动臂；5—制动拉杆；6—复位弹簧；7—三角杠杆；8—推动器

图 6-4-3　电力液压鼓式制动器

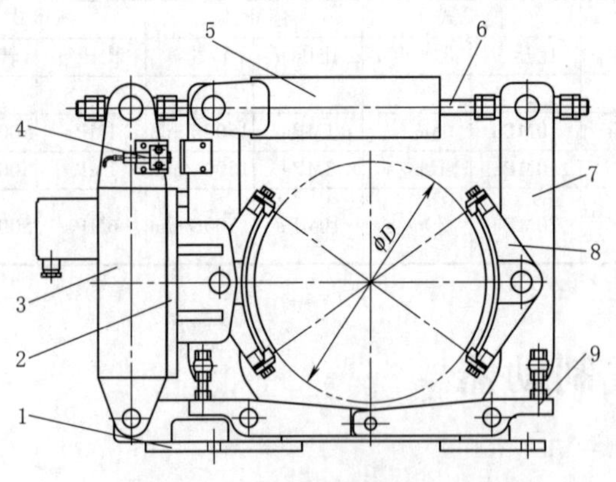

(a) 电磁铁中部布置

1—底座；2—衔铁盘；3—电磁铁；4—限位开关；5—制动弹簧组件；6—制动拉杆；7—制动臂；8—制动瓦；9—退距均等装置

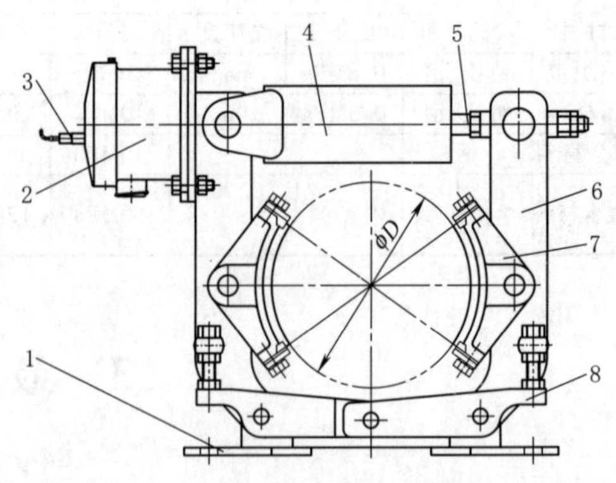

(b) 电磁铁上部布置

1—底座；2—电磁铁组件；3—限位开关；4—制动弹簧组件；5—制动拉杆；6—制动臂；7—制动瓦；8—退距均等装置

图 6-4-4　电磁鼓式制动器

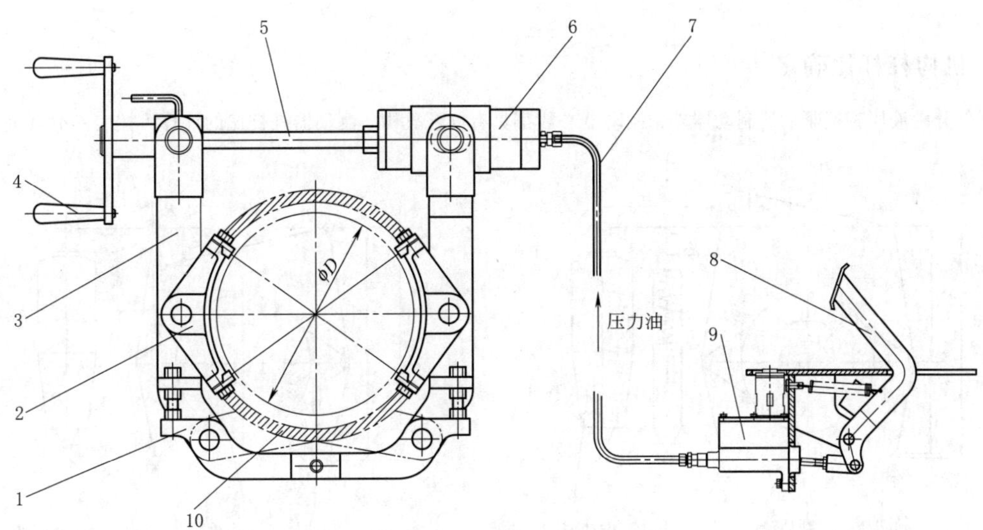

图 6-4-5　人力操纵常开式液压鼓式制动器

1—退距均等装置；2—制动瓦；3—制动臂；4—手动制动装置；5—制动拉杆；6—制动液压缸；7—液压管路；8—脚踏操纵机构；9—液压泵；10—安装基座

3.2　鼓式制动器的选型设计计算

3.2.1　制动力、驱动装置驱动力等力学参数的计算

因臂盘式制动器、钳盘式制动器与鼓式制动器具有相类似的杠杆结构，故在本节中将臂盘式制动器和钳盘式制动器的计算合并描述。

表 6-4-28　　鼓式制动器制动力、驱动装置驱动力等力学参数的计算

计算项目	计算公式	单位	说明
制动力:根据所要求的制动力矩和制动轮(盘)直径计算施加在每个制动轮(盘)上的制动力	$T=\frac{M_b}{d_1}$	N	M_b——额定制动力矩,N·m d_1——有效摩擦直径,m μ——摩擦因数 n——制动器数量 φ——驱动力裕度系数,见表6-4-29 i——驱动力作用点到制动力中心的总杠杆比 i_P——弹簧工作力作用点到制动力中心的总杠杆比 η——机械传动效率 A——制动衬垫面积,m^2 $[p]$——摩擦材料许用工作比压,MPa
正压力:产生制动力矩所需的施加到每副制动覆面的总压力	$N=\frac{T}{\mu n}$	N	
驱动力:对于常闭式制动器为其释放(开闸)所需的驱动装置的输出力;对于常开式则为其闭合(上闸)时产生制动力矩所需的输出力	$F=\varphi\frac{N}{in}$	N	
弹簧工作力:常闭式制动器产生规定制动力矩所需的弹簧力	$P=\frac{T}{\mu i_P \eta}$	N	
比压:根据所需正压力计算的制动材料的比压	$p=\frac{N}{A\times10^6}\leqslant[p]$	MPa	

表 6-4-29　　驱动装置驱动力裕度系数和弹簧力增量系数

驱动装置类型	电力液压推动器	电磁铁		液压站	
制动弹簧类型	圆柱螺旋弹簧	圆柱螺旋弹簧	碟形弹簧	圆柱螺旋弹簧	碟形弹簧
驱动力裕度系数 φ	1.25	1.25	1.35	1.35	1.5
弹簧力增量系数 θ	0.2	0.2	0.32	0.32	0.45

3.2.2 机构杠杆比确定

除了部分由液压直接驱动的制动器外，制动器一般都具有杠杆机构。制动器杠杆比的计算可按表 6-4-30 进行。

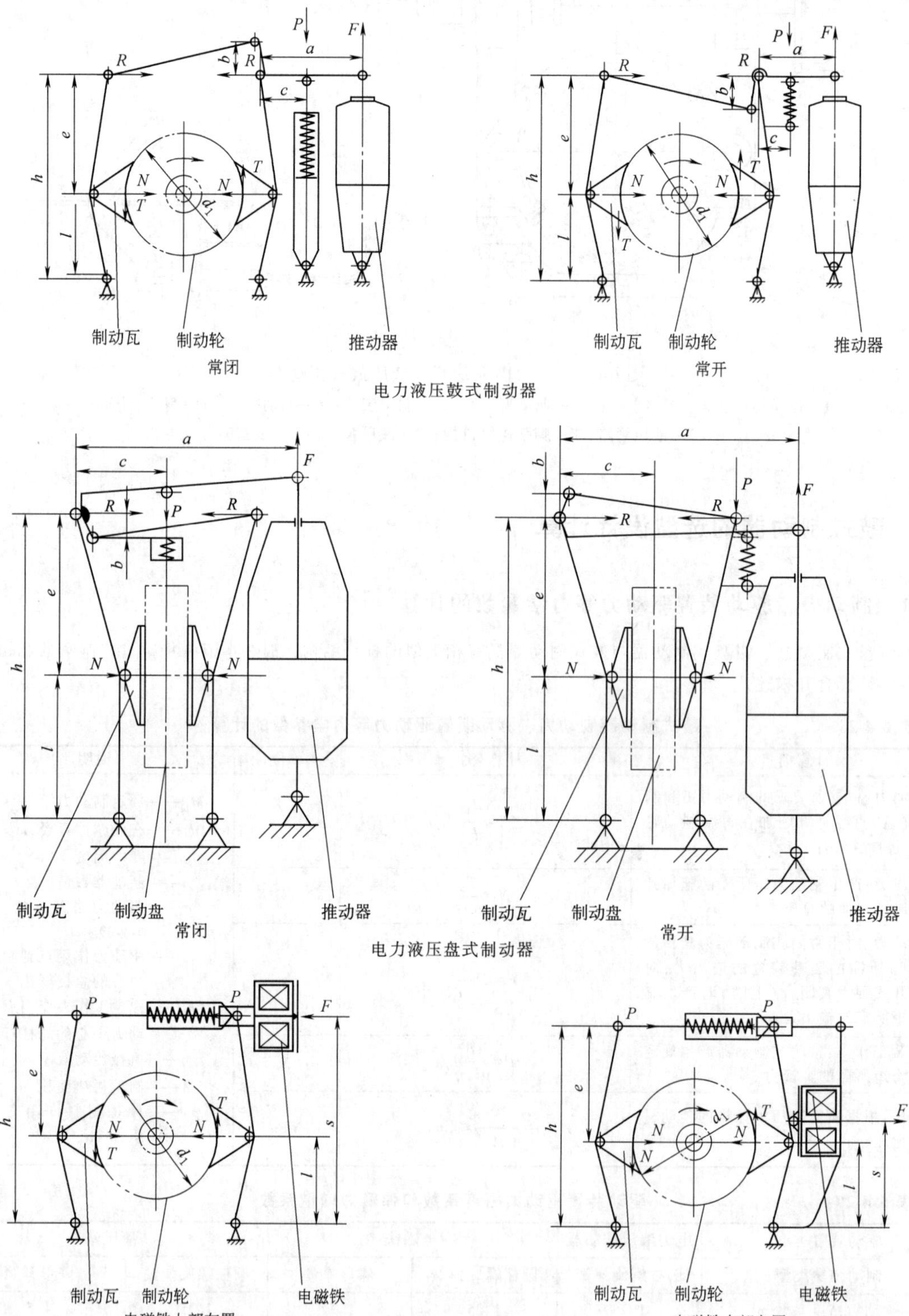

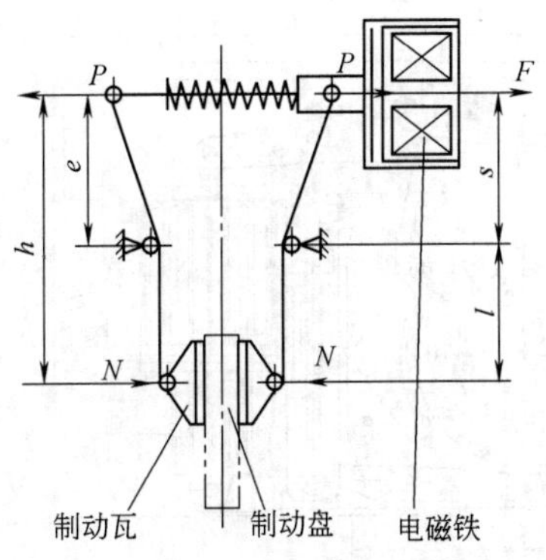

杠杆式电磁钳盘制动器

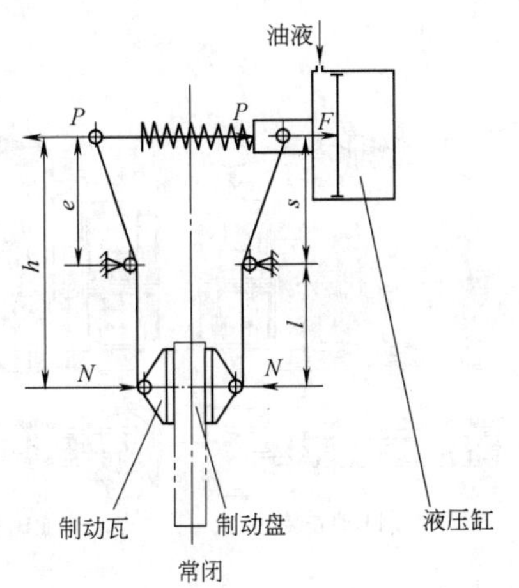

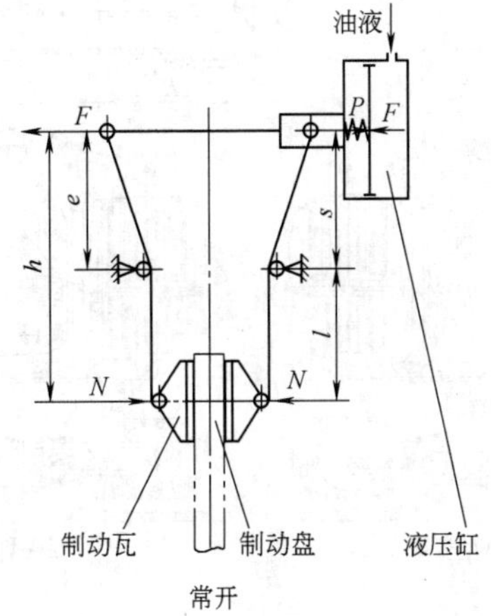

杠杆式液压钳盘制动器

表 6-4-30　　制动器杠杆比的计算

制动器类型	计算公式	说明
电力液压鼓式和盘式制动器	驱动杠杆比　$i=i_1 i_2=\frac{a}{b}\times\frac{h}{l}\leqslant\frac{\beta H}{2\eta\varepsilon}$ 弹簧杠杆比　$i_P=\frac{c}{b}\times\frac{h}{l}$	H——推动器、电磁铁和液压缸的额定(最大)行程,mm ε——每侧制动瓦额定退距,mm η——行程效率,取0.8~0.9,杠杆机构铰轴孔配合精度高者取大值,低者取小值 β——推动器、电磁铁和液压缸行程利用系数,无退距自动补偿时取0.75,有退距自动补偿时取0.85
电磁鼓式和钳盘式制动器、杠杆式液压钳盘制动器	驱动杠杆比　$i=\frac{s}{l}\leqslant\frac{\beta H}{2\eta\varepsilon}$ 弹簧杠杆比　$i_P=\frac{h}{e}$	

注：电磁和液压制动器的总杠杆比 i 一般不宜大于3，杠杆比过大使闭合速度慢，制动滞后严重，导致制动距离过长而发生制动安全事故。

3.3　常用鼓式制动器产品

3.3.1　电力液压鼓式制动器

(1) YW、YWB 系列电力液压鼓式制动器（竖簧布置）（见表 6-4-31）

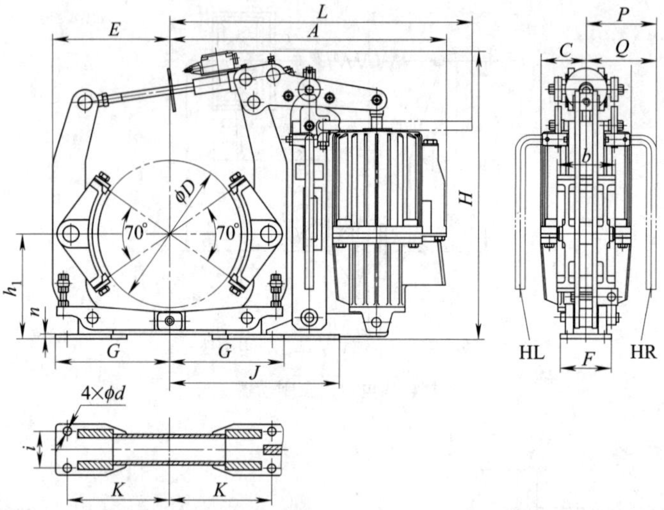

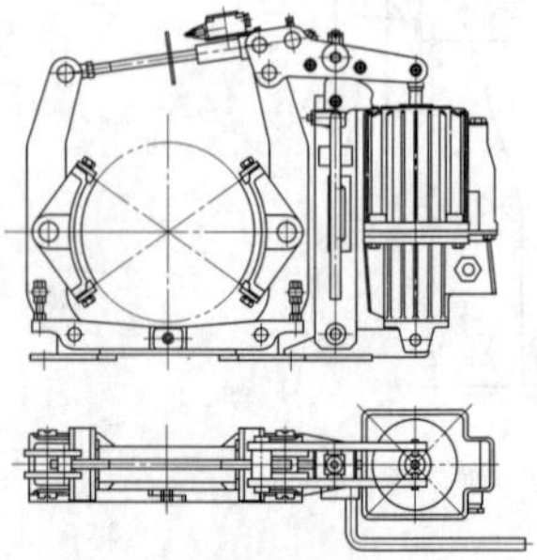

ⅠA型安装 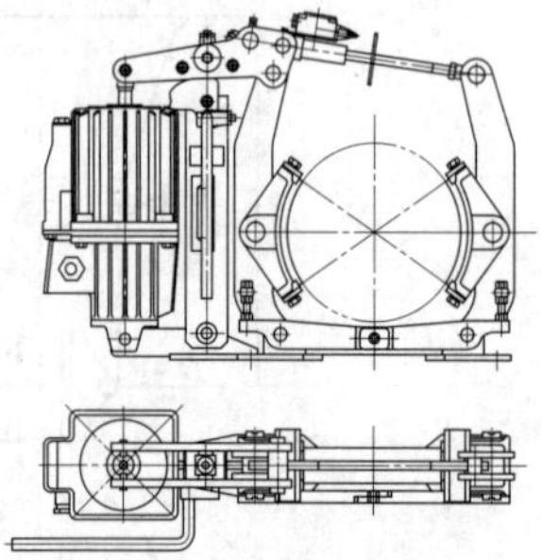　　ⅡA型安装 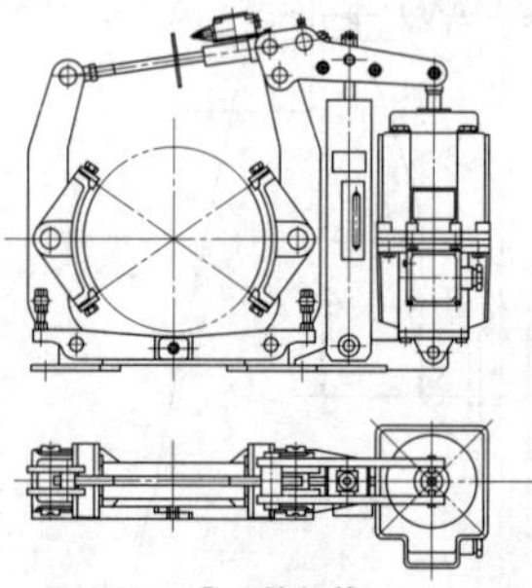　　ⅠB型安装 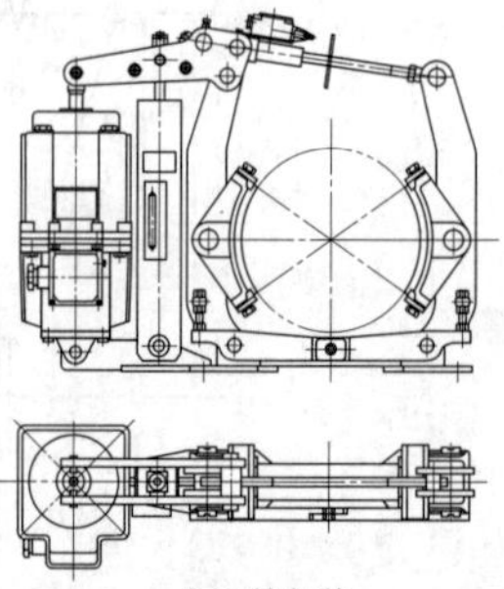　　ⅡB型安装

应用与特点：

① 用于起重运输、港口装卸、冶金、矿山及工程机械中各种机构的减速、停车和维持制动。

② 主要摆动铰点装有自润滑轴承，传动效率高，使用寿命长，使用中无需润滑。

③ 卡装式制动瓦，制动衬垫更换方便。可选装无石棉软质、硬质和半金属树脂基制动衬垫。

④ 可选装手动释放装置、衬垫磨损补偿装置、开闸限位开关、衬垫磨损极限限位开关等附加装置，订货时说明。

使用条件：

① 环境温度：-20～50℃。

② 相对湿度：≤90%。

③ 海拔高度：<2000m。

④ 适应工作制：连续（S1）和断续（S3，接电持续率60%，工作频率<1200次/h）工作制。

⑤ 使用环境不得有易燃易爆气体。

表示方法：

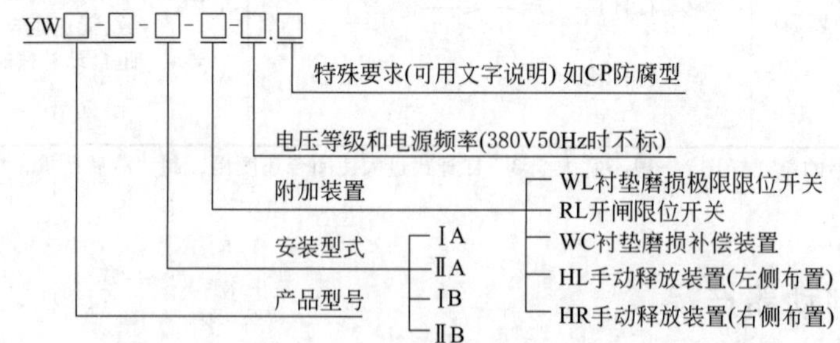

标记示例：

制动轮直径为315mm，推动器为Ed500-60，安装型式为ⅠA，带衬垫磨损补偿装置、衬垫磨损极限限位开关和开闸限位开关，电源为440V60Hz，防腐型的YWB系列电力液压鼓式制动器，标记为

YWB315-500-ⅠA-WC. WL. RL-440V. 60Hz. CP

表 6-4-31　　YW、YWB 系列电力液压鼓式制动器的基本参数和主要尺寸

制动器型号（符合 JB/T 6406—2006）	推动器型号	制动力矩 /N·m	安装及外形尺寸/mm																			质量 /kg
			D	h_1	K	i	d	n	b	F	G	J	E	H	C	P	A A 型	A B 型	Q A 型	Q B 型	L	
YW160-220 YWB160-220	YTD220-50 Ed220-50	80～160	160	132	130	55	14	6	65	90	150	210	145	430	80	135	440	405	80	115	455	25
YW200-220 YWB200-220	YTD220-50 Ed220-50	100～200	200	160	145	55	14	8	70	90	165	245	170	510	80	135	450	415	80	115	470	39
YW200-300 YWB200-300	YTD300-50 Ed300-50	140～280																				42
YW250-220 YWB250-220	YTD220-50 Ed220-50	125～250	250	190	180	65	18	10	90	100	200	275	205	525	80	135	545	510	80	115	535	47
YW250-300 YWB250-300	YTD300-50 Ed300-50	160～315																				49
YW250-500 YWB250-500	YTD500-60 Ed500-60	250～500												590	97	152	545	485	97	157	600	61
YW315-300 YWB315-300	YTD300-50 Ed300-50	200～400	315	230	220	80	18	10	110	125	245	358	260	620	80	135	570	530	80	120	560	80
YW315-500 YWB315-500	YTD500-60 Ed500-60	315～630													97	152	605	540	97	157	650	86
YW315-800 YWB315-800	YTD800-60 Ed800-60	500～1000																				88
YW400-500 YWB400-500	YTD500-60 Ed500-60	400～800	400	280	270	100	22	12	140	140	300	420	305	745	97	152	650	590	97	157	705	108
YW400-800 YWB400-800	YTD800-60 Ed800-60	630～1250																				110
YW400-1250 YWB400-1250	YTD1250-60 Ed1250-60	1000～2000												815	120	175	700	670	120	150	885	133
YW500-800 YWB500-800	YTD800-60 Ed800-60	800～1600	500	340	325	130	22	16	180	180	365	484	370	860	97	152	780	720	97	157	785	202
YW500-1250 YWB500-1250	YTD1250-60 Ed1250-60	1250～2500													120	175	770	740	120	150	955	206
YW500-2000 YWB500-2000	YTD2000-60 Ed2000-60	2000～4000																				208
YW630-1250 YWB630-1250	YTD1250-60(120) Ed1250-60(120)	1600～3150	630	420	400	170	27	20	225	220	450	590	455	1015	120	220	870	840	120	150	1055	309
YW630-2000 YWB630-2000	YTD2000-60(120) Ed2000-60(120)	2500～5000																				310
YW630-3000 YWB630-3000	YTD3000-60(120) Ed3000-60(120)	3550～7100																				315
YW710-2000 YWB710-2000	YTD2000-60(120) Ed2000-60(120)	2500～5000	710	470	450	190	27	22	255	240	500	705	520	1195	120	220	985	955	120	150	1145	468
YW710-3000 YWB710-3000	YTD3000-60(120) Ed3000-60(120)	4000～8000																				470
YW800-3000 YWB800-3000	YTD3000-60(120) Ed3000-60(120)	5000～10000	800	530	520	210	27	28	280	280	570	860	620	1330	120	220	1150	1120	120	150	1290	655

注：1. YW、YWB 系列制动器的基本参数、安装及外形尺寸和技术条件符合 JB/T 6406—2006 标准。
2. YW 系列制动器采用的 YTD 系列推动器符合 JB/T 10603—2006 标准；YWB 系列制动器采用的 Ed 系列推动器符合德国 DIN 15430 标准。
3. 630 及以上规格制动器带衬垫磨损补偿装置时，使用短行程推动器。

（2）YWZ5、YWZE 系列电力液压鼓式制动器（竖簧布置）（见表 6-4-32）

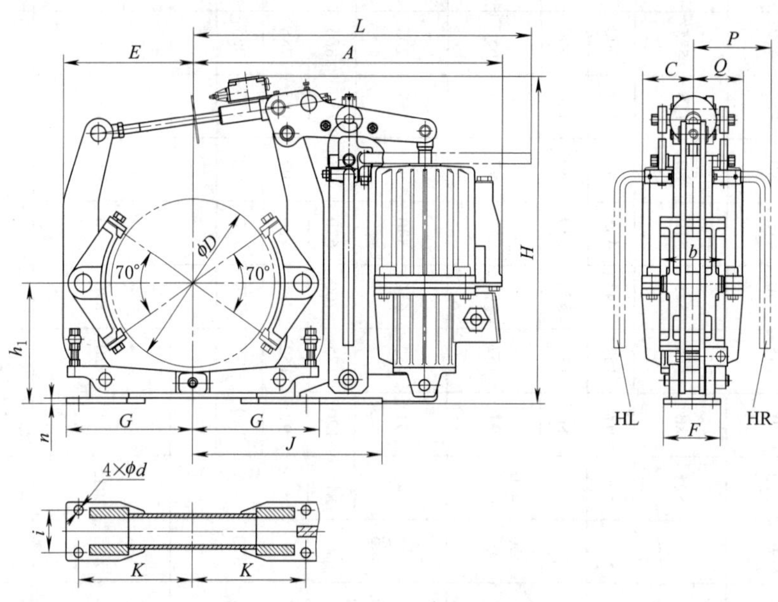

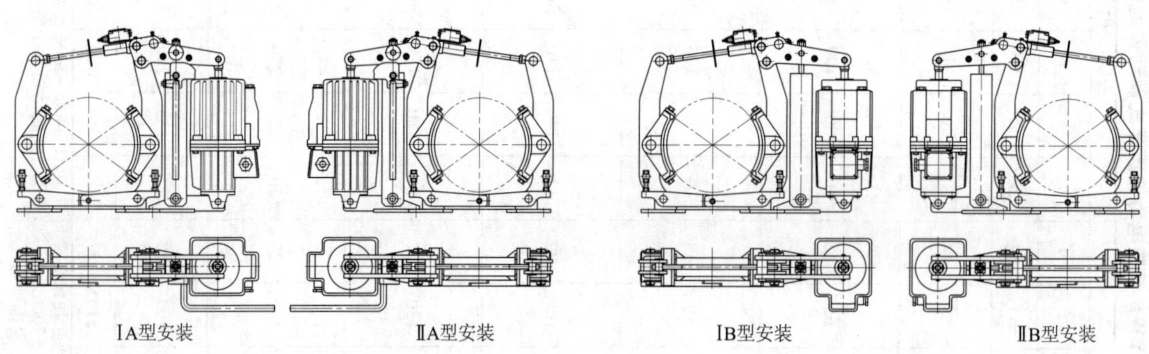
ⅠA型安装　ⅡA型安装　ⅠB型安装　ⅡB型安装

应用与特点及使用条件同 YW 系列产品。

表示方法：

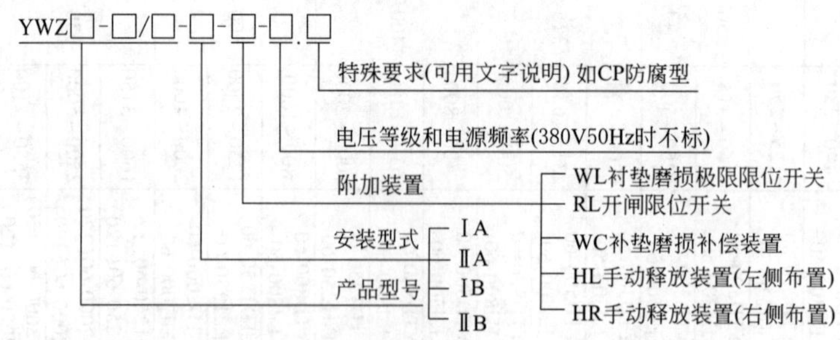

标记示例

制动轮直径为 250mm，推动器为 YTD300-50，安装型式为ⅡA，带衬垫磨损补偿装置、衬垫磨损极限限位开关和开闸限位开关，电源为 380V50Hz 的 YWZ5 系列电力液压鼓式制动器，标记为

YWZ5-250/30-ⅡA-WC. WL. RL

表 6-4-32　YWZ5、YWZE 系列电力液压鼓式制动器的基本参数和主要尺寸

制动器型号（符合 JB/T 6406—2006）	推动器型号	制动力矩 /N·m	安装及外形尺寸/mm																			质量 /kg
			D	h_1	K	i	d	n	b	F	G	J	E	H	C	P	A A型	A B型	Q A型	Q B型	L	
YWZ5-160/22 YWZE-160/22	YTD220-50 Ed220-50	80~160	160	132	130	55	14	6	65	90	150	210	145	430	80	135	440	405	80	115	455	25
YWZ5-200/22 YWZE-200/22	YTD220-50 Ed220-50	100~200	200	160	145	55	14	8	70	90	165	245	170	510	80	135	450	415	80	115	470	39
YWZ5-200/30 YWZE-200/30	YTD300-50 Ed300-50	140~280																				42
YWZ5-250/22 YWZE-250/22	YTD220-50 Ed220-50	125~250	250	190	180	65	18	10	90	100	200	275	205	525	80	135	545	510	80	115	535	47
YWZ5-250/30 YWZE-250/30	YTD300-50 Ed300-50	160~315																				49
YWZ5-250/50 YWZE-250/50	YTD500-60 Ed500-60	250~500												590	97	152	545	485	97	157	600	61
YWZ5-315/30 YWZE-315/30	YTD300-50 Ed300-50	200~400	315	230	220	80	18	10	110	125	245	358	260	620	80	135	570	530	80	120	560	80
YWZ5-315/50 YWZE-315/50	YTD500-60 Ed500-60	315~630													97	152	605	540	97	157	650	86
YWZ5-315/80 YWZE-315/80	YTD800-60 Ed800-60	500~1000																				88
YWZ5-400/50 YWZE-400/50	YTD500-60 Ed500-60	400~800	400	280	270	100	22	12	140	140	300	420	305	745	97	152	650	590	97	157	705	108
YWZ5-400/80 YWZE-400/80	YTD800-60 Ed800-60	630~1250																				110
YWZ5-400/125 YWZE-400/125	YTD1250-60 Ed1250-60	1000~2000												815	120	175	700	670	120	150	885	133

续表

制动器型号（符合 JB/T 6406—2006）	推动器型号	制动力矩 /N·m	安装及外形尺寸/mm																			质量 /kg
			D	h_1	K	i	d	n	b	F	G	J	E	H	C	P	A（A 型）	A（B 型）	Q（A 型）	Q（B 型）	L	
YWZ5-500/80 YWZE-500/80	YTD800-60 Ed800-60	800～1600													97	152	780	720	97	157	785	202
YWZ5-500/125 YWZE-500/125	YTD1250-60 Ed1250-60	1250～2500	500	340	325	130	22	16	180	180	365	484	370	860	120	175	770	740	120	150	955	206
YWZ5-500/200 YWZE-500/200	YTD2000-60 Ed2000-60	2000～4000																				208
YWZ5-630/125 YWZE-630/125	YTD1250-60(120) Ed1250-60(120)	1600～3150																				309
YWZ5-630/200 YWZE-630/200	YTD2000-60(120) Ed2000-60(120)	2500～5000	630	420	400	170	27	20	225	220	450	590	455	1015	120	220	870	840	120	150	1055	310
YWZ5-630/300 YWZE-630/300	YTD3000-60(120) Ed3000-60(120)	3550～7100																				315
YWZ5-710/200 YWZE-710/200	YTD2000-60(120) Ed2000-60(120)	2500～5000	710	470	450	190	27	22	255	240	500	705	520	1195	120	220	985	955	120	150	1145	468
YWZ5-710/300 YWZE-710/300	YTD3000-60(120) Ed3000-60(120)	4000～8000																				470
YWZ5-800/300 YWZE-800/300	YTD3000-60(120) Ed3000-60(120)	5000～10000	800	530	520	210	27	28	280	280	570	860	620	1330	120	220	1150	1120	120	150	1290	655

注：1. YWZ5、YWZE 系列制动器的基本参数、安装及外形尺寸以厂家产品样本为准，技术条件符合 JB/T 6406—2006 标准。

2. YWZ5 系列制动器采用的 YTD 系列推动器符合 JB/T 10603—2006 标准；YWZE 型制动器采用的 Ed 系列推动器符合德国 DIN 15430 标准。

3. 630 及以上规格制动器带衬垫磨损补偿装置时，使用短行程推动器。

(3) YWZ2、YWZB 系列电力液压鼓式制动器（横簧布置）（见表 6-4-33）

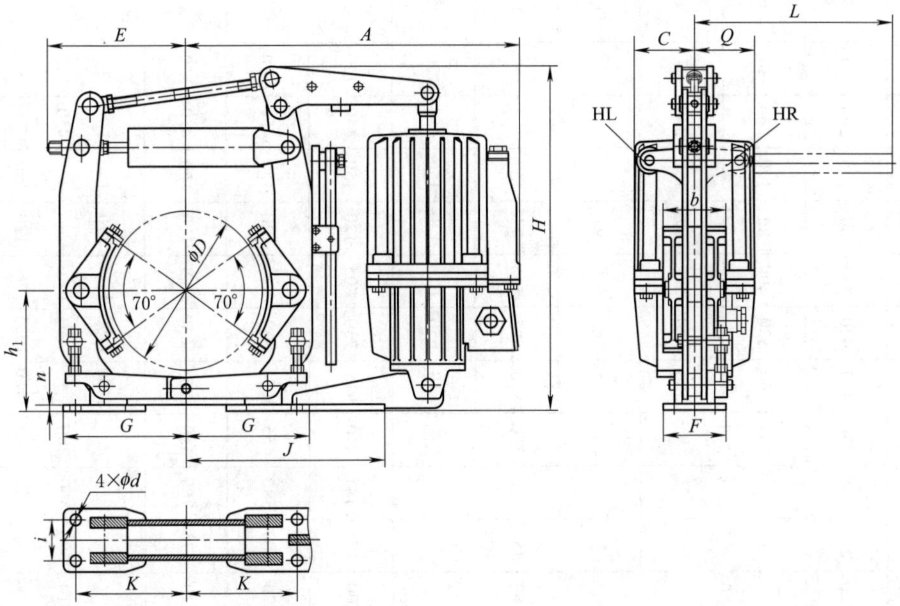

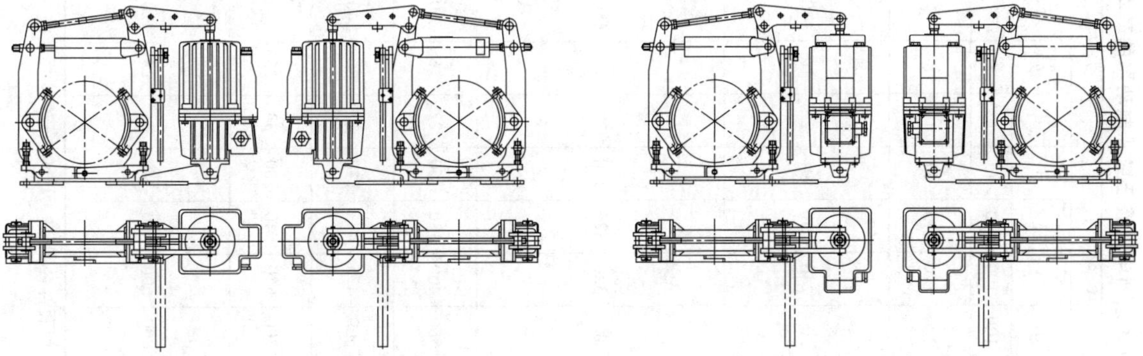

ⅠA型安装　　ⅡA型安装　　ⅠB型安装　　ⅡB型安装

应用与特点及使用条件同 YW 系列产品。

表示方法：

YWZ□-□/□-□-□-□.□

- □ 特殊要求(可用文字说明)如CP防腐型
- □ 电压等级和电源频率(380V50Hz时不标)
- □ 附加装置：RL开闸限位开关；HL手动释放装置(左侧布置)；HR手动释放装置(右侧布置)
- □ 安装型式：ⅠA；ⅡA；ⅠB；ⅡB
- □ 产品型号

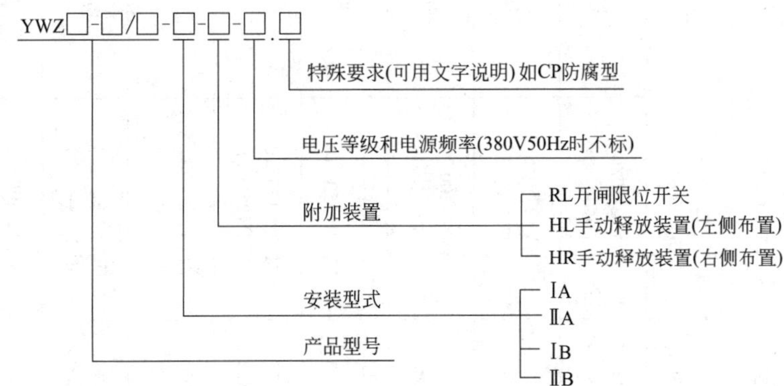

标记示例：

制动轮直径为 300mm，推动器为 MYT2-50/6，安装型式为ⅠA，带开闸限位开关和手动释放装置（左侧布置），电源为 380V50Hz 的 YWZ2 系列电力液压鼓式制动器，标记为

YWZ2-300/50-ⅠA-RL. HL

表 6-4-33　　**YWZ2、YWZB 系列电力液压鼓式制动器的基本参数和主要尺寸**

制动器型号（符合 JB/ZQ 4388—2006）	推动器型号	制动力矩 /N·m	安装及外形尺寸/mm																		质量 /kg
			D	h_1	K	i	d	n	b	F	G	J	E	H	A		Q		L	C	
															A 型	B 型	A 型	B 型			
YWZ2-100/10	MYT2-10/2.5	20～40	100	100	110	40	13	8	70	70	130	175	130	335	330	300	80	110		80	22
YWZ2-200/25 YWZB-200/30	MYT2-25/4 YTD300-50	100～200	200	170	175	60	17	8	90	100	210	245	170	470	420	385	80	115	260	80	33
YWZ2-300/25 YWZB-300/30	MYT2-25/4 YTD300-50	160～320	300	240	250	80	22	10	140	130	295	358	275	590	530	490	80	120	260	80	65
YWZ2-300/50 YWZB-300/50	MYT2-50/6 YTD500-60	315～630												580	580	525	97	152	340	97	86
YWZ2-400/50 YWZB-400/50	MYT2-50/6 YTD500-60	500～1000	400	320	325	130	22	12	180	180	350	420	350	745	665	600	97	162	450	97	111
YWZ2-400/100 YWZB-400/80	MYT2-100/6 YTD800-60	800～1600												810	625	565	97	157			115
YWZ2-400/125 YWZB-400/125	MYT2-125/6 YTD1250-60	1000～2000												810	650	620	120	150	450	120	133
YWZ2-500/125 YWZB-500/125	MYT2-125/10 YTD1250-60	1250～2500	500	400	380	150	22	16	200	200	405	484	410	915	730	705	120	150	450	120	212
YWZ2-600/200 YWZB-600/200	MYT2-200/12 YTD2000-120	2500～5000	600	475	475	170	27	20	240	220	500	590	455	1070	840	810	120	150	450	120	309
YWZ2-700/200 YWZB-700/200	MYT2-200/12 YTD2000-120	4000～8000	700	550	540	200	34	25	280	270	575	760	550	1255	1050	1020	120	150	450	120	390
YWZ2-800/200 YWZB-800/200	MYT2-200/12 YTD2000-120	5000～10000	800	600	620	240	34	28	320	310	660	860	700	1480	1190	1160	120	150	450	120	692
YWZ2-800/300 YWZB-800/300	MYT2-300/12 YTD3000-120	6300～12500												1780	1085	1060	120	150			680

注：YWZ2 系列制动器配套 MYT2 系列推动器，YWZB 系列制动器配套符合 JB/T　10603—2006 标准的 YTD 系列推动器。

（4）YWL 系列两步式电力液压鼓式制动器（见表 6-4-34）

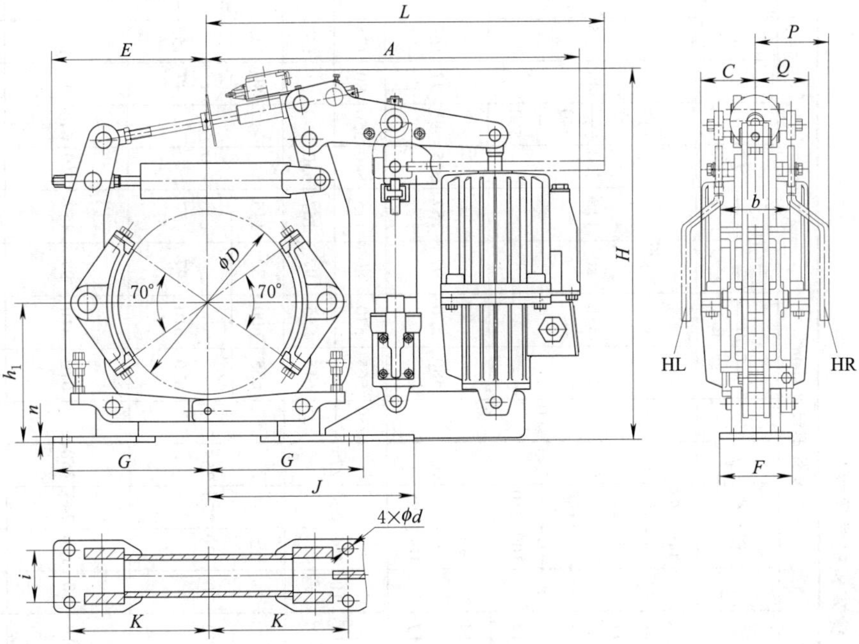

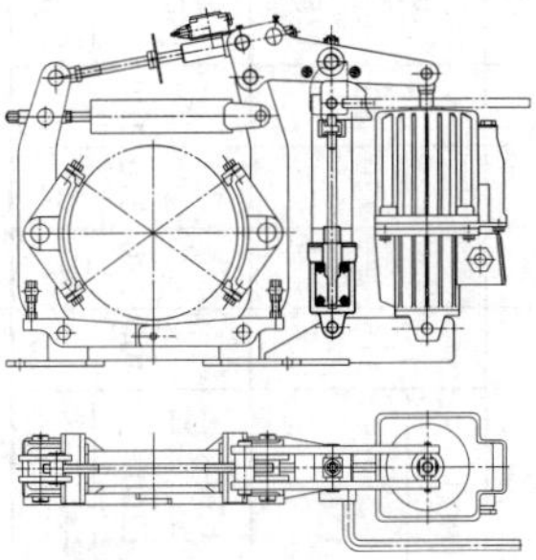

ⅠA型安装 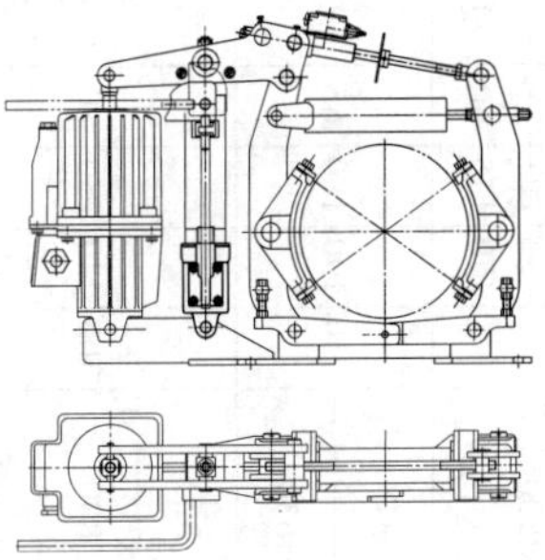　ⅡA型安装 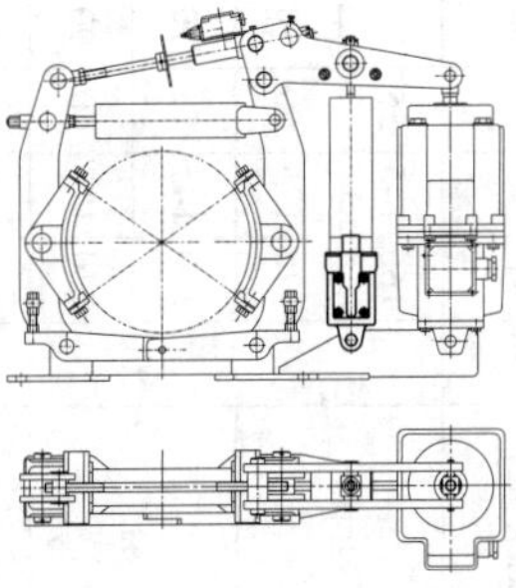　ⅠB型安装 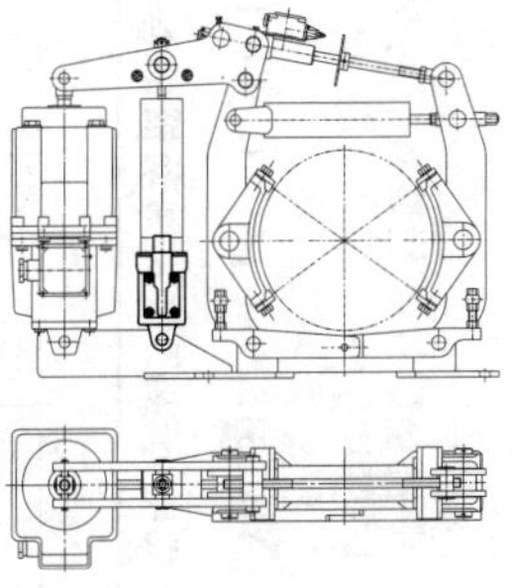　ⅡB型安装

应用与特点：

① 用于中大型室外起重机大车运行机构的减速、停车和防风制动；中大型特种起重机大车、小车运行机构的减速和停车制动；皮带运输机的工作制动。

② 制动力矩分两步施加，第一步用于减速和停车制动，第二步用于可靠维持和防风制动。第二步相对于第一步的延时时间可调。

其余同 YW 系列产品。

使用条件：

同 YW 系列产品。

表示方法：

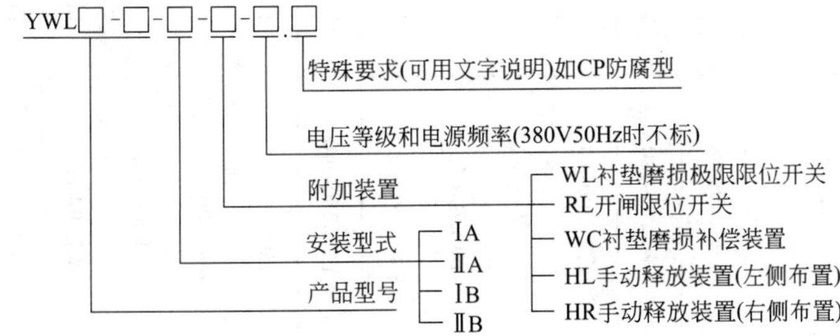

标记示例：

制动轮直径为315mm，推动器为Ed500-60，安装型式为ⅠA，带衬垫磨损补偿装置、衬垫磨损极限限位开关和开闸限位开关，电源为380V50Hz的YWL系列两步式电力液压鼓式制动器，标记为

YWL315-500-ⅠA-WC. WL. RL

表 6-4-34　YWL系列两步式电力液压鼓式制动器的基本参数和主要尺寸

制动器型号	推动器型号	制动力矩/N·m			安装及外形尺寸/mm																			质量/kg
		第一步	第二步	总力矩	D	h_1	K	i	b	d	n	F	G	J	E	A A型	A B型	Q A型	Q B型	L	H	C	P	
YWL200-220	Ed220-50	35~70	70~130	200	200	160	145	55	70	14	8	90	165	245	200	515	480	80	115	500	510	80	135	40
YWL200-220A						170	175	60	90	17		100	210											
YWL200-300	Ed300-50	80~160	95~155	315		160	145	55	70	14		90	165								540			49
YWL200-300A						170	175	60	90	17		100	210								550			
YWL200-500	Ed500-60	100~200	150~300	500		160	145	55	70	14		90	165			580	520	97	157	625	595	97	152	61
YWL200-500A						170	175	60	90	17		100	195											63
YWL250-300	Ed300-80	80~160	95~155	315	250	190	180	65	90	18	10	100	200	275	230	565	530	80	115	540	550	80	135	65
YWL250-500	Ed500-60	125~250	190~380	630											225	615	555	97	157	650	590	97	152	68
YWL300-300A	Ed300-50	60~120	100~200	320	300	240	250	80	140	22	10	130	275	358	275	635	600	80	115	710	640	80	135	88
YWL300-500A	Ed500-60	200~400	200~400	800												670	610	97	157			97	152	96
YWL300-800A	Ed800-60	315~630	315~630	1260																				102
YWL315-500	Ed500-60	200~400	200~400	800	315	230	220	80	110	18	10	110	245	358	275	670	610	97	157	710	640	97	152	95
YWL315-800	Ed800-60	315~630	315~630	1260		225			125															101
YWL315-800A																								
YWL400-500	Ed500-60	160~315	160~315	630	400	280	270	100	160	22	12	140	300	420	340	720	660	97	157	750	750	97	152	133
YWL400-800	Ed800-60	315~630	315~630	1260																	840			
YWL400-1250	Ed1250-60	630~1250	630~1250	2500					140							770	740	120	150	890	815	120	175	135

(5) YWLA 延时型电力液压鼓式制动器（见表 6-4-35）

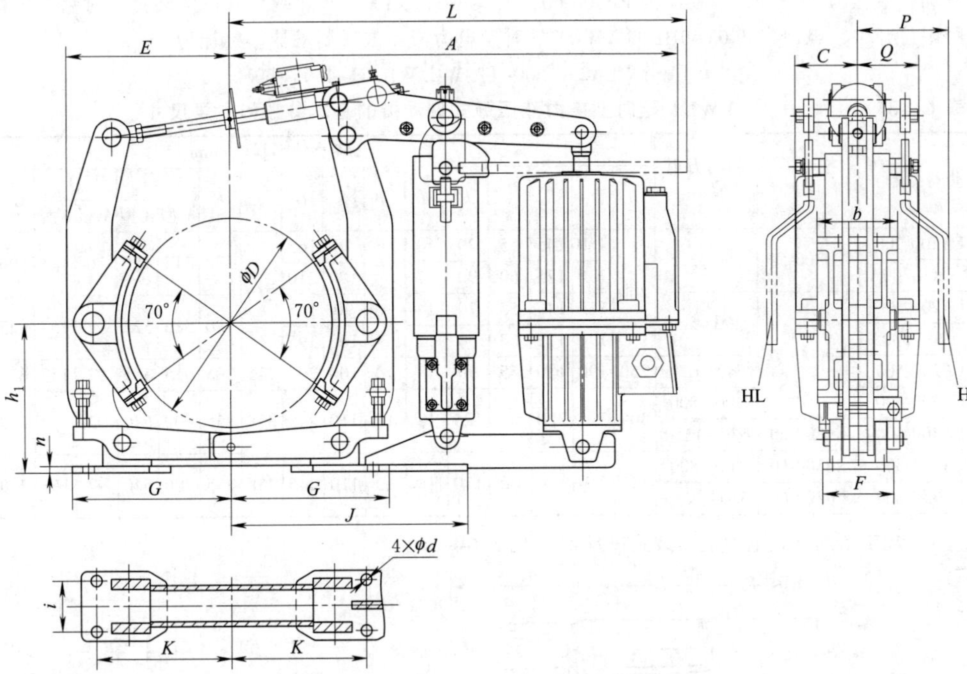

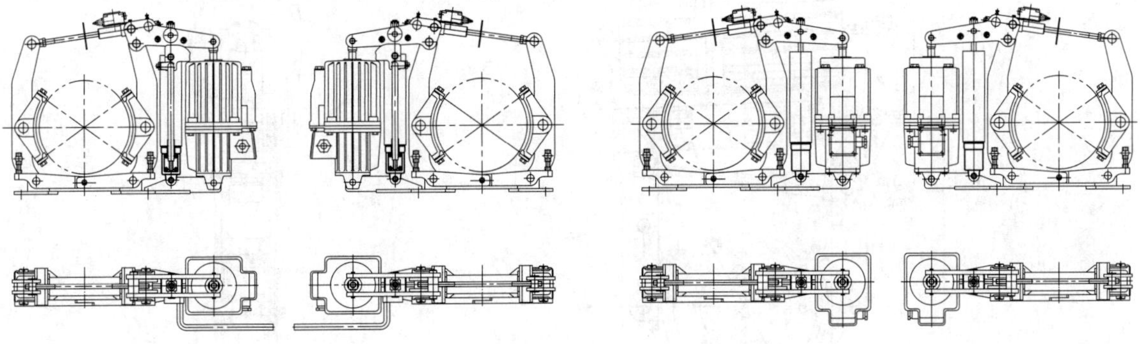

ⅠA型安装　　ⅡA型安装　　ⅠB型安装　　ⅡB型安装

应用与特点:

① 用于有变频调速或其他电气调速的运行机构的牢固停稳和防风制动，也可用于皮带运输机。

② 可根据工况需求通过调节延时时间，控制开始制动的时间节点。

其余同 YW 系列产品。

使用条件:

同 YW 系列产品。

表示方法:

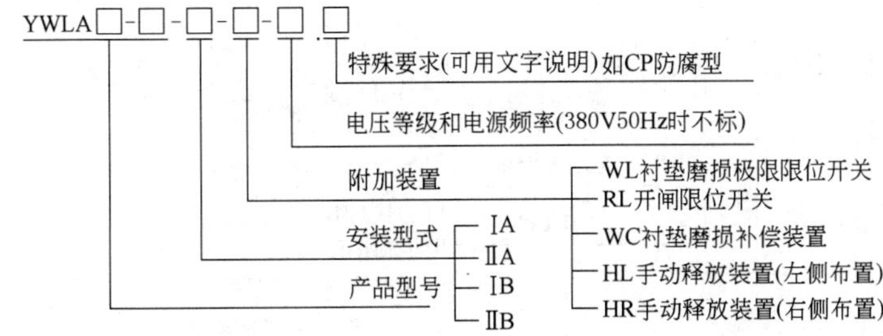

标记示例：

制动轮直径为 250mm，推动器为 Ed500-60，安装型式为ⅠA，带衬垫磨损补偿装置、衬垫磨损极限限位开关和开闸限位开关，电源为 440V60Hz 的 YWLA 延时型电力液压鼓式制动器，标记为

YWLA250-500-ⅠA-WC. WL. RL-440V. 60Hz

表 6-4-35　　YWLA 延时型电力液压鼓式制动器的基本参数和主要尺寸

制动器型号	推动器型号	制动力矩 /N·m	安装及外形尺寸/mm																		质量 /kg
			D	h_1	K	i	b	d	n	F	G	J	E	A A 型	A B 型	Q A 型	Q B 型	L	C	P	
YWLA200-300	Ed300-50	160~315	200	160	145	55	70	14	8	90	165	245	170	515	480	80	115	500	80	135	48
YWLA200-300A				170	175	60	90	17		100	210										
YWLA200-500	Ed500-60	250~500		160	145	55	70	14		90	165		180	585	525	97	157	625	97	152	51
YWLA200-500A				170	175	60	90	17		100	195										52
YWLA250-500		315~630	250	190	180	65	90	18	10	100	200	275	205	615	555	97	157	650	97	152	75
YWLA300-500		400~800	300	225	220	80	125	18	10	110	245	358	255	700	640	97	157	710	97	152	87
YWLA300-800	Ed800-60	630~1250																			93
YWLA315-500	Ed500-60	400~800	315	230	220	80	110	18	10	110	245	358	255	700	640	97	157	710	97	152	86
YWLA315-800	Ed800-60	630~1250																			92

（6）YWH 系列立式电力液压鼓式制动器（见表 6-4-36）

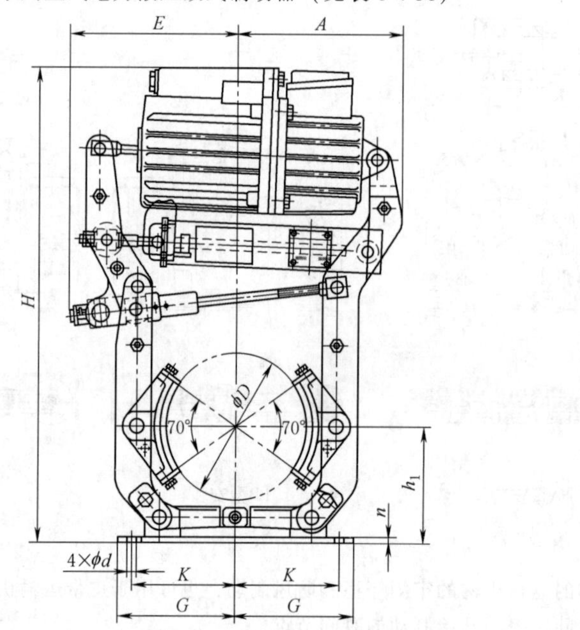

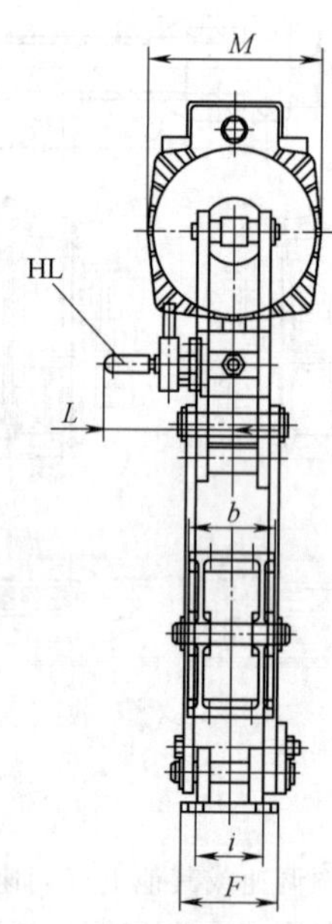

应用与特点：

用于起重运输、港口装卸、冶金、矿山及工程机械中安装空间受限的运行机构的减速、停车和维持制动。其余同 YW 系列产品。

使用条件：

同 YW 系列产品。

表示方法：

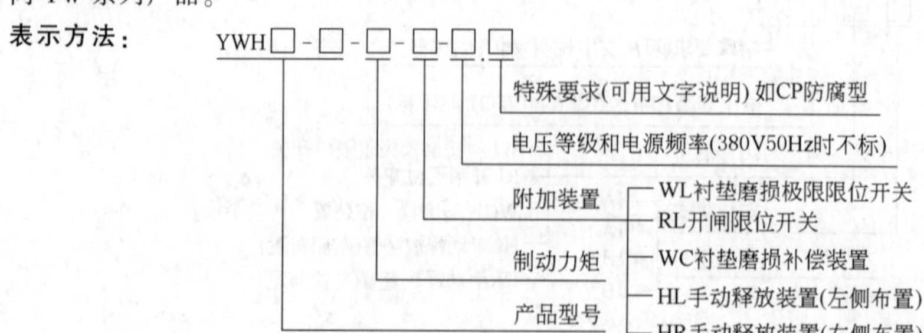

标记示例：

制动轮直径为400mm，推动器为Ed500-60，制动力矩为800N·m，带衬垫磨损补偿装置、衬垫磨损极限限位开关和开闸限位开关，电源为380V50Hz，有防腐要求的YWH系列立式电力液压鼓式制动器，标记为

YWH400-500-800-WC. WL. RL. CP

表 6-4-36　　YWH 系列立式电力液压鼓式制动器的基本参数和主要尺寸

<table>
<tr><th rowspan="2">制动器型号</th><th rowspan="2">推动器型号</th><th rowspan="2">制动力矩/N·m</th><th colspan="14">安装及外形尺寸/mm</th><th rowspan="2">质量/kg</th></tr>
<tr><th>D</th><th>h₁</th><th>K</th><th>i</th><th>d</th><th>n</th><th>b</th><th>F</th><th>G</th><th>E</th><th>A</th><th>H</th><th>M</th><th>L</th></tr>
<tr><td>YWH160-220</td><td>Ed220-50</td><td>80～160</td><td>160</td><td>132</td><td>130</td><td>55</td><td>14</td><td>6</td><td>65</td><td>90</td><td>150</td><td>215</td><td>270</td><td>630</td><td>160</td><td>120</td><td>30</td></tr>
<tr><td>YWH200-220</td><td>Ed220-50</td><td>100～200</td><td rowspan="2">200</td><td rowspan="2">160</td><td rowspan="2">145</td><td rowspan="2">60</td><td rowspan="2">14</td><td rowspan="2">8</td><td rowspan="2">80</td><td rowspan="2">90</td><td rowspan="2">165</td><td rowspan="2">240</td><td rowspan="2">290</td><td rowspan="2">655</td><td rowspan="2">160</td><td rowspan="2">120</td><td>32</td></tr>
<tr><td>YWH200-300</td><td>Ed300-50</td><td>140～280</td><td>35</td></tr>
<tr><td>YWH250-220</td><td>Ed220-50</td><td>125～250</td><td rowspan="3">250</td><td rowspan="3">190</td><td rowspan="3">180</td><td rowspan="3">65</td><td rowspan="3">18</td><td rowspan="3">12</td><td rowspan="3">90</td><td rowspan="3">100</td><td rowspan="3">200</td><td rowspan="2">285</td><td rowspan="2">290</td><td rowspan="2">770</td><td rowspan="2">160</td><td rowspan="2">130</td><td>46</td></tr>
<tr><td>YWH250-300</td><td>Ed300-50</td><td>160～315</td><td>48</td></tr>
<tr><td>YWH250-500</td><td>Ed500-60</td><td>250～500</td><td>290</td><td>330</td><td>820</td><td>195</td><td>145</td><td>52</td></tr>
<tr><td>YWH300-300</td><td>Ed300-50</td><td>200～400</td><td rowspan="3">300</td><td rowspan="3">240</td><td rowspan="3">250</td><td rowspan="3">80</td><td rowspan="3">22</td><td rowspan="3">12</td><td rowspan="2">140</td><td rowspan="2">130</td><td rowspan="2">275</td><td rowspan="3">320</td><td rowspan="3">330</td><td>910</td><td>160</td><td rowspan="3">145</td><td>65</td></tr>
<tr><td>YWH300-500</td><td>Ed500-60</td><td>315～630</td><td rowspan="2">930</td><td rowspan="2">195</td><td>68</td></tr>
<tr><td>YWH300-800</td><td>Ed800-60</td><td>500～1000</td><td rowspan="4">110</td><td rowspan="4">110</td><td rowspan="4">245</td><td>70</td></tr>
<tr><td>YWH315-300</td><td>Ed300-50</td><td>200～400</td><td rowspan="3">315</td><td rowspan="3">230</td><td rowspan="3">220</td><td rowspan="3">80</td><td rowspan="3">18</td><td rowspan="3">12</td><td rowspan="3">320</td><td rowspan="3">330</td><td>900</td><td>160</td><td rowspan="3">145</td><td>69</td></tr>
<tr><td>YWH315-500</td><td>Ed500-60</td><td>315～630</td><td rowspan="2">930</td><td rowspan="2">195</td><td>68</td></tr>
<tr><td>YWH315-800</td><td>Ed800-60</td><td>500～1000</td><td>71</td></tr>
<tr><td>YWH400-500</td><td>Ed500-60</td><td>400～800</td><td rowspan="3">400</td><td rowspan="3">280</td><td rowspan="3">270</td><td rowspan="3">100</td><td rowspan="3">22</td><td rowspan="3">12</td><td rowspan="3">140</td><td rowspan="3">140</td><td rowspan="3">300</td><td rowspan="2">400</td><td rowspan="2">380</td><td rowspan="2">1090</td><td rowspan="2">195</td><td rowspan="2">145</td><td>92</td></tr>
<tr><td>YWH400-800</td><td>Ed800-60</td><td>630～1250</td><td>94</td></tr>
<tr><td>YWH400-1250</td><td>Ed1250-60</td><td>1000～2000</td><td>415</td><td>460</td><td>1120</td><td>240</td><td>175</td><td>105</td></tr>
<tr><td>YWH500-800</td><td>Ed800-60</td><td>800～1600</td><td rowspan="3">500</td><td rowspan="3">340</td><td rowspan="3">325</td><td rowspan="3">130</td><td rowspan="3">22</td><td rowspan="3">16</td><td rowspan="3">180</td><td rowspan="3">180</td><td rowspan="3">365</td><td rowspan="3">475</td><td>380</td><td>1200</td><td>195</td><td rowspan="3">190</td><td>140</td></tr>
<tr><td>YWH500-1250</td><td>Ed1250-60</td><td>1250～2500</td><td rowspan="2">435</td><td rowspan="2">1210</td><td rowspan="2">240</td><td>150</td></tr>
<tr><td>YWH500-2000</td><td>Ed2000-60</td><td>2000～4000</td><td>150</td></tr>
</table>

注：YWH系列立式电力液压鼓式制动器连接尺寸及制动力矩参数符合JB/T 6406—2006标准和DIN 15435标准；配套符合DIN 15430标准的Ed系列推动器。主要适用于安装空间较小，无法安装YW、YWZ2等系列产品的行走机构。

3.3.2　电力液压推动器

(1) Ed、YTD及MYT2系列推动器（见表6-4-37～表6-4-40）

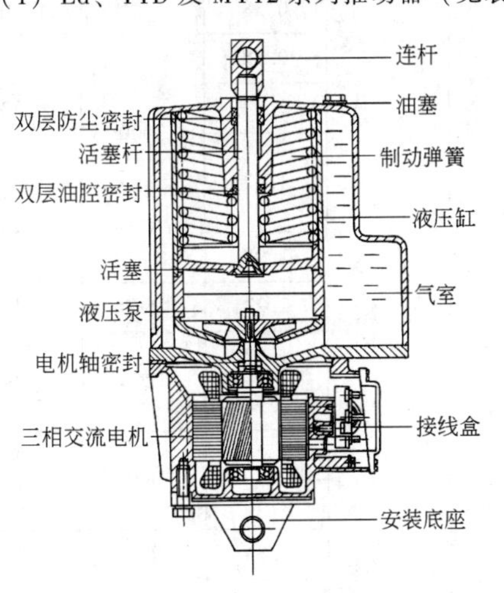

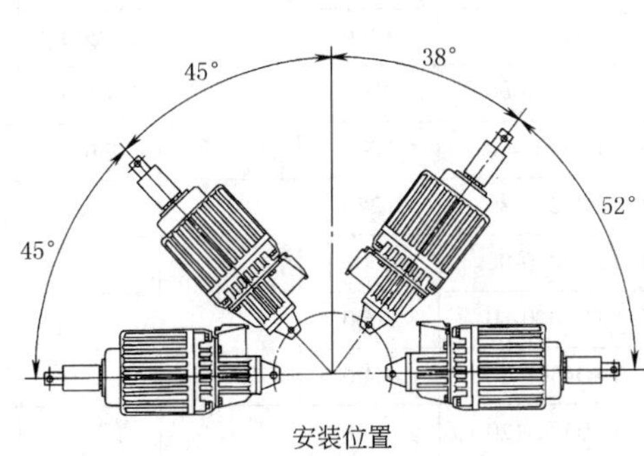

安装位置

应用与特点：

① 用于各种鼓式制动器和臂盘式制动器的开闸驱动装置或施力装置，还可用于各种以定向摆动和转动（<90°）为动作特征的工业风门、闸门、夹紧装置等机构的驱动控制。

② 铸造铝合金外壳，重量轻，美观。电机壳和油腔壳铸有散热片，散热良好。

③ 电机为非浸油式结构，B级或F级绝缘（根据用户要求），耐热性能好，电机使用寿命长。

④ 电机轴和推杆表面经特殊耐磨减摩处理，采用优质密封件和轴承，密封和运动副使用寿命长。

⑤ 外壳防护等级 IP65。

⑥ 可选装行程或极限位置限位开关、内置制动弹簧（限短行程推动器）、油液加热器（环境温度≤-25℃时）、上升或下降延时阀（延时调节范围 5~30s）等附件，订货时说明。

使用条件：

① 环境温度：-20~50℃。

② 相对湿度：≤90%。

③ 海拔高度：<2000m。

④ 适应工作制：连续（S1）和断续（S3，接电持续率 60%，工作频率<1200 次/h）工作制。

表示方法：

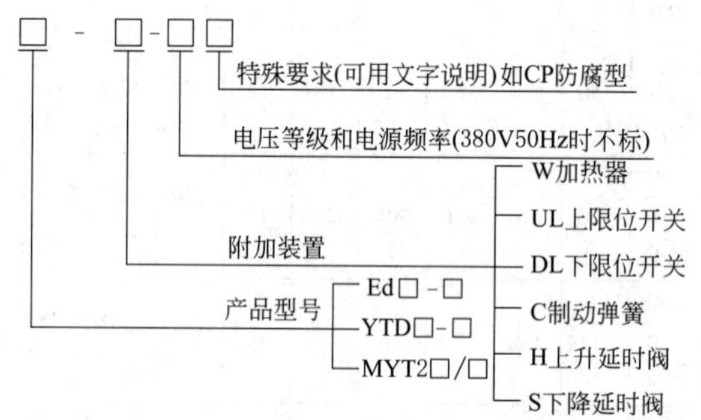

标记示例：

例 1　额定推力为 300N，行程为 50mm，电源为 380V50Hz，有防腐要求的 Ed 系列电力液压推动器，标记为

Ed300-50 CP

例 2　额定推力为 800N，行程为 60mm，带加热器，电源为 440V60Hz，无防腐要求的 YTD 系列电力液压推动器，标记为

YTD800-60-W-440V. 60Hz

表 6-4-37　Ed、YTD 系列推动器的基本参数

型号	额定推力 /N	额定行程 /mm	制动弹簧力 /N	电机功率 /W	额定电压 /V	额定频率 /Hz	额定电流 /A	最大工作频率 /次·h^{-1}	质量 /kg
Ed/YTD220-50	220	50	180	120	380~400	50	0.38	2000	10
Ed/YTD300-50	300		270	250			0.78		14
Ed/YTD500-60	500	60	460	370			1.34		23
Ed/YTD800-60	800		750	550			1.52		24
Ed/YTD1250-60	1250		1200						39
Ed/YTD2000-60	2000		1900	750			1.98		
Ed/YTD3000-60	3000		2700	900			2.21	1500	40
Ed/YTD1250-80	1250	80		550			1.52	1200	39
Ed/YTD2000-80	2000			750			1.98		
Ed/YTD3000-80	3000			900			2.21	900	40
Ed/YTD4500-80	4500			1100			2.56		45
Ed/YTD500-120	500	120		370			1.34	1200	26
Ed/YTD800-120	800			550			1.52		27
Ed/YTD1250-120	1250								39
Ed/YTD2000-120	2000			750			1.98		
Ed/YTD3000-120	3000			900			2.21	900	40
Ed/YTD4500-120	4500			1100			2.56		45

表 6-4-38　　　　MYT2 系列推动器的基本参数

型号	额定推力 /N	额定行程 /mm	电机功率 /W	额定电压 /V	额定频率 /Hz	额定电流 /A	最大工作频率 /次·h^{-1}	质量 /kg
MYT2-10/2.5	100	25	120	380～400	50	0.38	2000	6
MYT2-25/4	250	40	250			0.78		14
MYT2-25/5		50						14.5
MYT2-50/6	500	60						25
MYT2-100/6	1000		550			1.52		32
MYT2-125/6	1250							49
MYT2-125/10		100					1200	50
MYT2-200/6	2000	60					1500	56
MYT2-200/12		120					900	60
MYT2-300/6	3000	60	750			1.98	1500	58
MYT2-300/12		120					900	62

注：1. 推动器倾斜安装使用时，必须注意油腔气室必须处于上方。

2. 推杆头可 360°任意旋转。

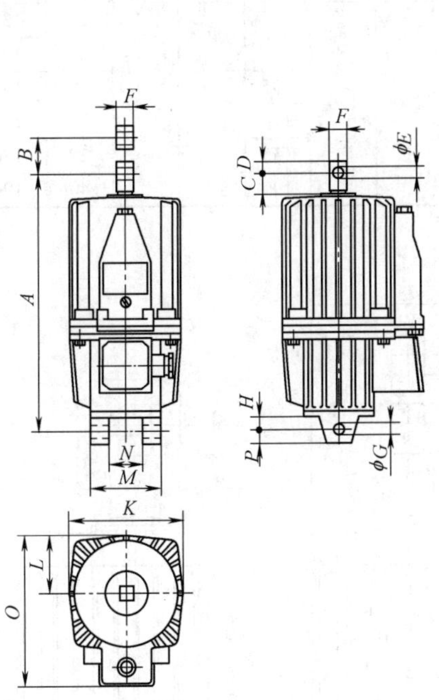

推力800N以下的Ed/YTD
和推力1000N以下的MYT2

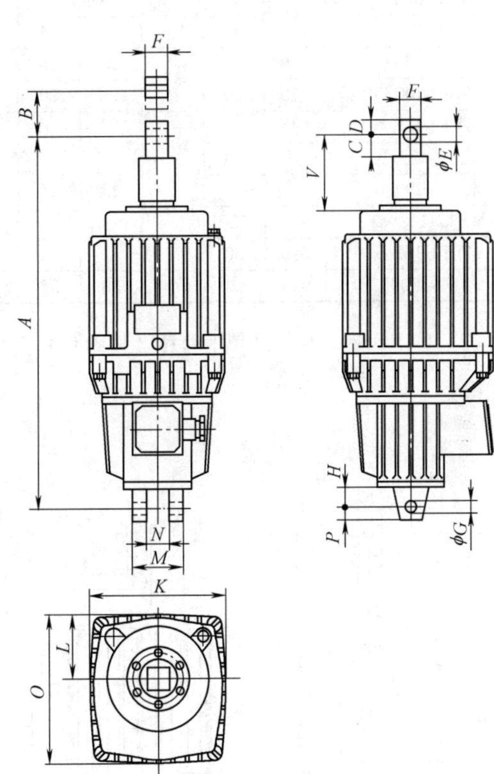

推力1250N以上的Ed/YTD
和MYT2

表 6-4-39　　　　Ed、YTD 系列推动器的主要尺寸　　　　mm

型号	A	B	C	D	E	F	G	H	K	L	M	N	O	P	V
Ed/YTD220-50	286	50	23	14	12	20	16	20	160	80	80	40	197	16	—
Ed/YTD300-50	370		33	17	16	25									
Ed/YTD500-60	435	60	35	22	20	30	20	23	194	97	120	60	254	22	
Ed/YTD800-60	450														
Ed/YTD1250-60	645		37	25	25	40	25	33	240	120	90	40	268	25	130
Ed/YTD2000-60															
Ed/YTD3000-60															

续表

型号	A	B	C	D	E	F	G	H	K	L	M	N	O	P	V
Ed/YTD500-120	515	120	35	20	20	30	20	61	194	97	120	60	254	22	—
Ed/YTD800-120	530														
Ed/YTD1250-120	705		37	25	25	40	25	43	240	120	90	40	268	25	190
Ed/YTD2000-120															
Ed/YTD3000-120															
Ed/YTD4500-120	850		48	35	30	50	30	40	290	145	110	60	325	30	
Ed/YTD1250-80	665	80	37	25	25	40	25	33	240	120	90	40	268	25	150
Ed/YTD2000-80															
Ed/YTD3000-80															
Ed/YTD4500-80	810		48	35	30	50	30	40	290	145	110	60	325	30	

表 6-4-40　　MYT2 系列推动器的主要尺寸　　mm

型号	A	B	C	D	E	F	G	H	K	L	M	N	O	P	V
MYT2-10/2. 5	261	25	23	14	12	20	12	20	160	80	80	40	197	16	
MYT2-25/4	370	40	33	19		25	16								
MYT2-25/5		50		17	14										
MYT2-50/6	460	60	35	20	16	30	20	46	194	97	94	47	254	22	
MYT2-100/6	570			22	20		25	52			110	60		25	
MYT2-125/6	645		37	25	25	40		33	240	120	90	40	268		130
MYT2-125/10	690	100						28							190
MYT2-200/6		60					30	78			135	85		28	130
MYT2-200/12	765	120						55			170			30	190
MYT2-300/6	690	60						78			135			28	130
MYT2-300/12	815	120		30	35	45	35	105			190	100		40	190

（2）Ed、BEd 系列隔爆型推动器（见表 6-4-41 和表 6-4-42）

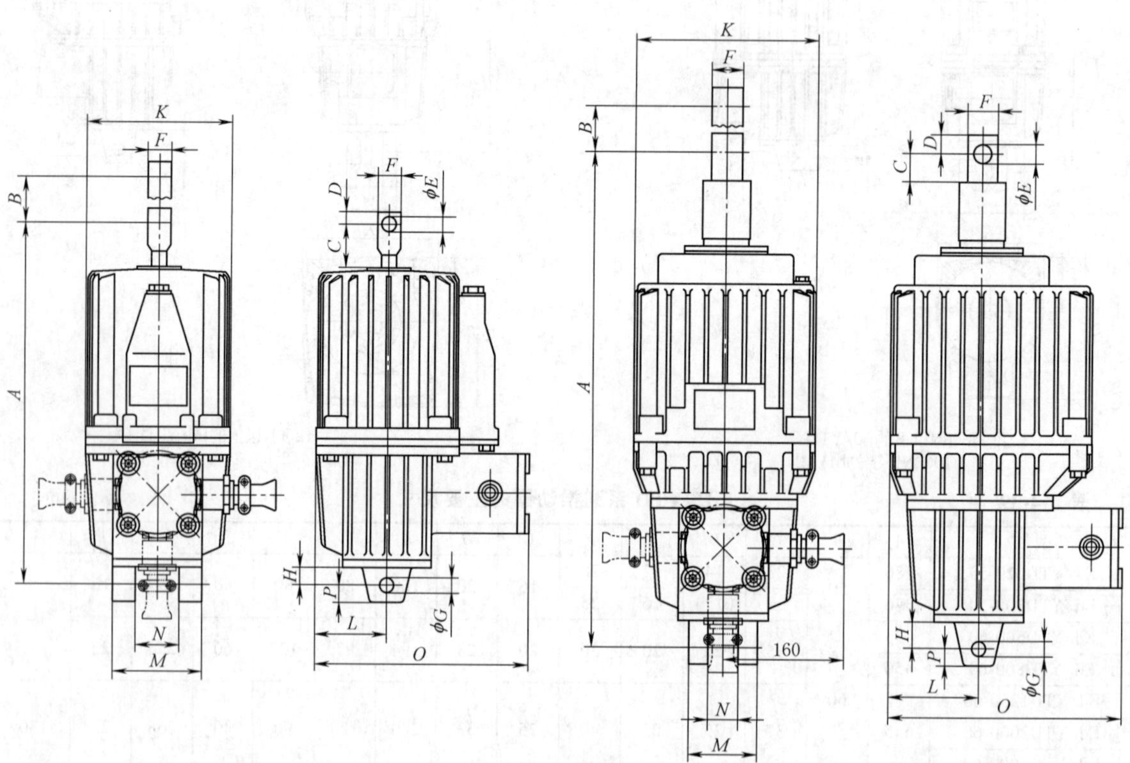

推力800N以下的Ed/BEd　　　推力1250N以上的Ed/BEd

应用与特点：

Ed 系列隔爆型推动器符合 GB/T 3836.2 及 GB 12476.1 标准，隔爆证书编号为 CNEx03 127～CNEx03 134，CNEx09 0496、CNEx09 0497。BEd 系列隔爆型推动器符合 GB/T 3836.2 及 GB 12476.1 标准，安标证（国家矿用产品安全标志证书）编号为 MCA130396。

其余同 Ed 系列产品。

使用条件：

① 环境温度：-20～40℃。

② 相对湿度：≤90%，且在出现最大湿度的当月，平均最低温度≥25℃。

③ 海拔高度：<2000m。

④ 允许的环境污染等级为 3 级。

⑤ 适应工作制：连续（S1）和断续（S3，接电持续率 60%，工作频率<1200 次/h）工作制。

表示方法：

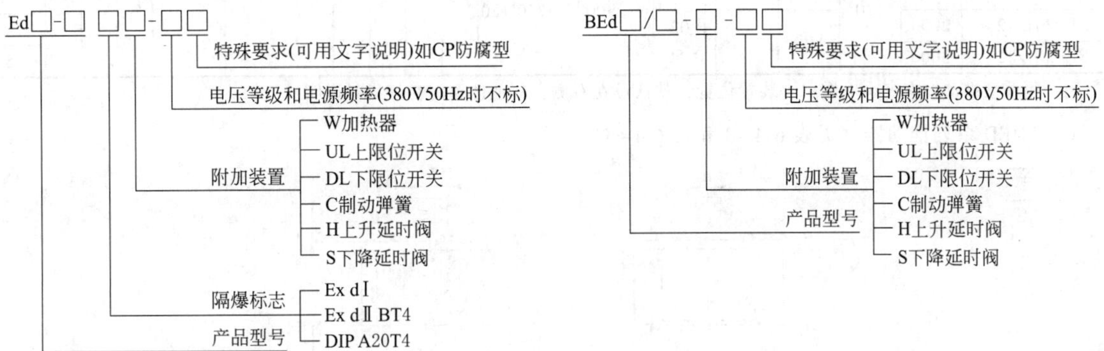

标记示例：

例 1 额定推力为 300N，行程为 50mm，隔爆标志为 Ex dⅠ，电源为 380V50Hz，有防腐要求的 Ed 系列隔爆型电力液压推动器，标记为

Ed300-50 Ex dⅠ CP

例 2 额定推力为 800N，行程为 60mm，带加热器，电源为 660V60Hz，无防腐要求的 BEd 系列隔爆型电力液压推动器，标记为

BEd80/6-W-660V.60Hz

表 6-4-41　　Ed 系列隔爆型推动器的基本参数和主要尺寸

型号	额定推力/N	额定行程/mm	电机功率/W	额定电压/V	额定电流/A	最大工作频率/次·h^{-1}	安装及外形尺寸/mm														质量/kg
							A	*B*	*C*	*D*	*E*	*F*	*G*	*H*	*K*	*L*	*M*	*N*	*O*	*P*	
Ed300-50 Ex/DIP	300	50	250	380～400	0.78	2000	410	50	34	15	16	25	16	39	160	80	80	40	270	16	21
Ed500-60 Ex/DIP	500	60	370		1.34		490	60	36	18	20	30	24	44	194	97	120	60	287	22	32
Ed800-60 Ex/DIP	800																				34
Ed1250-60 Ex/DIP	1250		550		1.52		690		38	25	25	40	25	62	240	120	90	40	310	25	48
Ed1250-120 Ex/DIP		120				1200	750	120						72							51
Ed2000-60 Ex/DIP	2000	60	750		1.98	2000	690	60						62							48
Ed2000-120 Ex/DIP		120				1200	750	120						72							52
Ed3000-60 Ex/DIP	3000	60				1500	690	60						62							50
Ed3000-120 Ex/DIP		120				900	750	120						72							54

表 6-4-42　　　　**BEd 系列隔爆型推动器的基本参数和主要尺寸**

<table>
<tr><th rowspan="2">型号</th><th rowspan="2">额定推力/N</th><th rowspan="2">额定行程/mm</th><th rowspan="2">电机功率/W</th><th rowspan="2">额定电压/V</th><th rowspan="2">额定电流/A</th><th rowspan="2">最大工作频率/次·h⁻¹</th><th colspan="14">安装及外形尺寸/mm</th><th rowspan="2">质量/kg</th></tr>
<tr><th>A</th><th>B</th><th>C</th><th>D</th><th>E</th><th>F</th><th>G</th><th>H</th><th>K</th><th>L</th><th>M</th><th>N</th><th>O</th><th>P</th></tr>
<tr><td>BEd30/5</td><td>300</td><td>50</td><td>250</td><td rowspan="9">660/1140</td><td>0.32/0.18</td><td rowspan="6">1200</td><td>410</td><td>50</td><td>34</td><td>17</td><td>16</td><td>25</td><td>16</td><td>34</td><td>160</td><td>80</td><td>80</td><td>40</td><td>315</td><td>20</td><td>33</td></tr>
<tr><td>BEd50/6</td><td>500</td><td rowspan="5">60</td><td rowspan="2">370</td><td rowspan="2">0.47/0.27</td><td rowspan="2">490</td><td rowspan="5">60</td><td rowspan="2">36</td><td rowspan="2">20</td><td rowspan="2">20</td><td rowspan="2">30</td><td rowspan="2">24</td><td rowspan="2">35</td><td rowspan="2">194</td><td rowspan="2">97</td><td rowspan="2">120</td><td rowspan="2">60</td><td rowspan="2">332</td><td rowspan="8">25</td><td>47</td></tr>
<tr><td>BEd80/6</td><td>800</td><td>50</td></tr>
<tr><td>BEd121/6</td><td>1250</td><td rowspan="2">750</td><td rowspan="2">0.96/0.55</td><td rowspan="3">690</td><td rowspan="6">38</td><td rowspan="6">25</td><td rowspan="6">25</td><td rowspan="6">40</td><td rowspan="6">25</td><td rowspan="6">40</td><td rowspan="6">240</td><td rowspan="6">120</td><td rowspan="6">90</td><td rowspan="6">40</td><td rowspan="6">355</td><td rowspan="2">68</td></tr>
<tr><td>BEd201/6</td><td>2000</td></tr>
<tr><td>BEd301/6</td><td>3000</td><td>800</td><td>1.02/0.59</td><td>70</td></tr>
<tr><td>BEd121/12</td><td>1250</td><td rowspan="3">120</td><td>750</td><td>0.96/0.55</td><td rowspan="3">900</td><td rowspan="3">750</td><td rowspan="3">120</td><td>73</td></tr>
<tr><td>BEd201/12</td><td>2000</td><td rowspan="2">800</td><td rowspan="2">1.02/0.59</td><td>74</td></tr>
<tr><td>BEd301/12</td><td>3000</td><td>75</td></tr>
</table>

注：隔爆型推动器有三个电缆引入装置位置，默认设在右侧，其他位置需在订货时说明。

（3）HED 系列推动器（见表 6-4-43 和表 6-4-44）

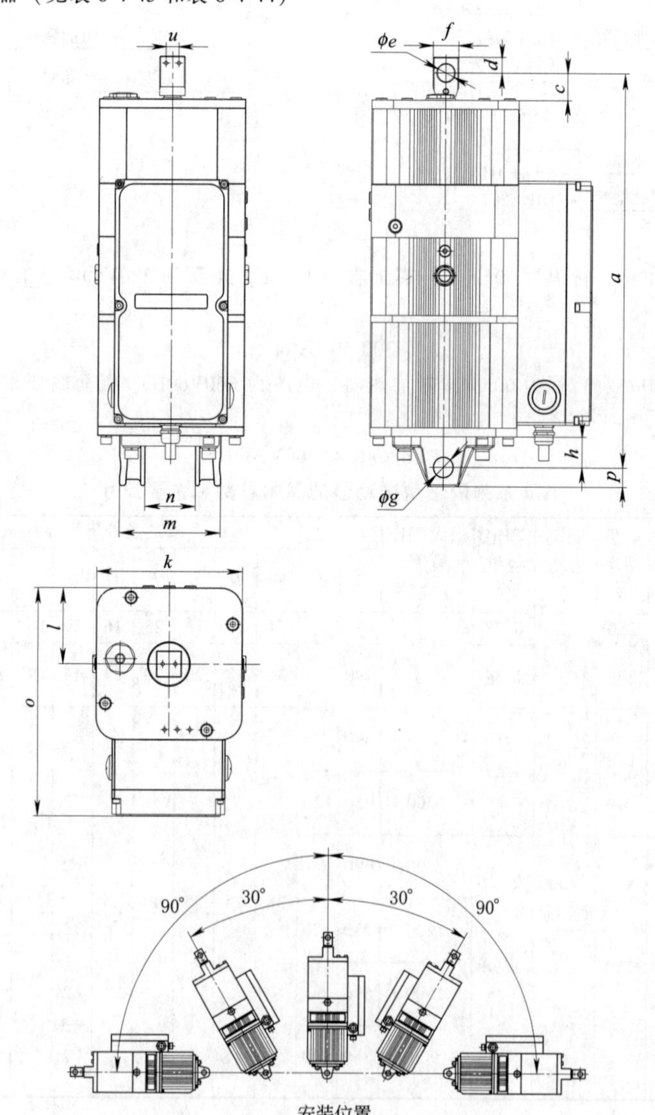

安装位置

应用与特点：

① 应用场合同 Ed 系列电力液压推动器。

② 推力大，响应快，自动压力补偿，回程压力可调，运行噪声小。

③ 电气控制模块和液压控制模块集成化设计，结构紧凑，重量轻。

④ 采用冗余设计保护，可靠性高，整机外壳防护等级 IP66，C4 级防腐性能。

使用条件：

① 环境温度：-30～60℃。

② 相对湿度：≤90%。

③ 海拔高度：<2000m。

④ 适应工作制：断续（S3，接电持续率 60%）工作制。

表示方法：

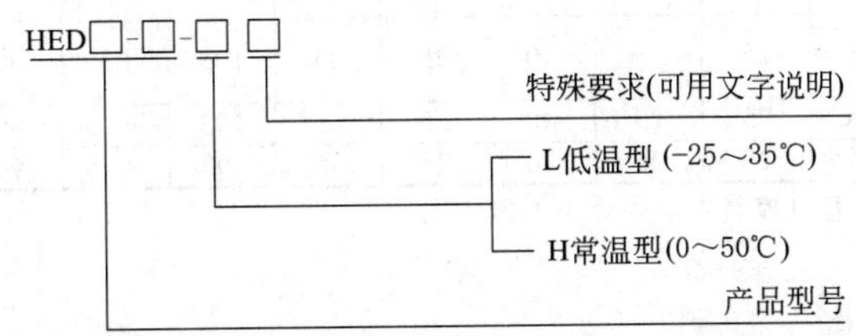

标记示例：

额定推力为 2000N，额定行程为 120mm，低温型，无其他特殊要求的 HED 系列电力液压推动器，标记为

HED2000-120-L

表 6-4-43　**HED 系列推动器的基本参数**

型号	额定推力 /N	额定行程 /mm	电机功率 /kW	电源频率 /Hz	电源电压 /V	额定电流 /A	最大工作频率 /次·h^{-1}	安装高度 /mm	质量 /kg
HED600-50	600	50	0.37	50/60	380	1.08	1000	370	17
HED900-60	900	60	0.45			1.2	1000	435	21
HED900-120		120						515	21
HED2000-60	2000	60	0.65			1.6	1000	450	23
HED2000-120		120						530	23
HED3000-60	3000	60	1.1			2.56	1000	645	41.5
HED3000-80		80						645	41.5
HED3000-120		120						705	41.5
HED4000-60	4000	60	1.1			2.56	1000	645	41.5
HED4000-80		80						645	41.5
HED4000-120		120						705	41.5
HED5000-60	5000	60	1.1			2.56	1000	645	41.5
HED5000-80		80						645	41.5
HED5000-120		120						705	41.5
HED6000-80	6000	80	1.5			3.5	900	645	56.3
HED6000-100		100						665	56.3
HED7000-80	7000	80	1.5			3.5	900	645	56.3
HED8000-80	8000	80	1.5			3.5	900	645	56.3

表 6-4-44　　**HED 系列推动器的主要尺寸**

型号	*a*	*c*	*d*	*e*	*f*	*g*	*h*	*k*	*l*	*m*	*n*	*o*	*p*	*u*
HED600-50	370	33	17	16	25	16	35	158	79	80	40	197	16	15
HED900-60	435	31	18	20	30	20	35	173	86.5	120	60	260	22	15
HED900-120	515													
HED2000-60	450	31	18	20	30	20	35	173	86.5	120	60	260	22	15
HED2000-120	530													
HED3000-60	645	92	25	25	40	25	42	194	97	90	40	282	25	25
HED3000-80	645													
HED3000-120	705													
HED4000-60	645	92	25	25	40	25	42	194	97	90	40	282	25	25
HED4000-80	645													
HED4000-120	705													
HED5000-60	645	46	25	25	40	25	45	193	96.5	90	40	282	25	25
HED5000-80	645													
HED5000-120	705													
HED6000-80	645	46	25	25	40	25	45	193	96.5	90	40	282	25	25
HED6000-100	665													
HED7000-80	645	46	25	25	40	25	45	193	96.5	90	40	282	25	25
HED8000-80	645	46	25	25	40	25	45	193	96.5	90	40	282	25	25

注：1. 推动器倾斜安装时，注意电控装置必须处于上方。

2. 推杆头可 360°任意旋转。

3.3.3　电磁鼓式制动器

MWZA、MWZB 系列电磁鼓式制动器的基本参数和主要尺寸见表 6-4-45 和表 6-4-46。

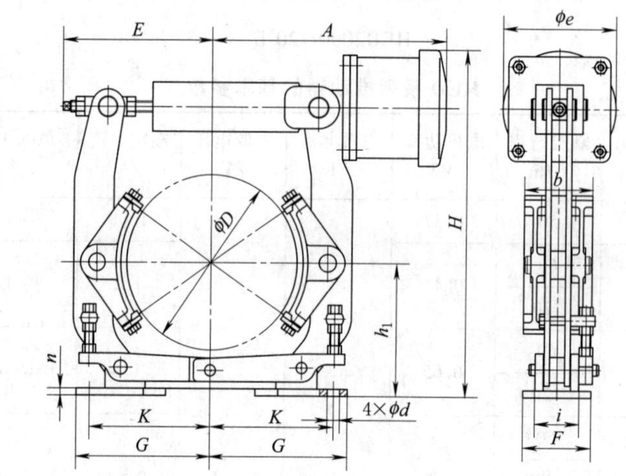

电磁铁上部布置(用于制动轮直径≤315mm)

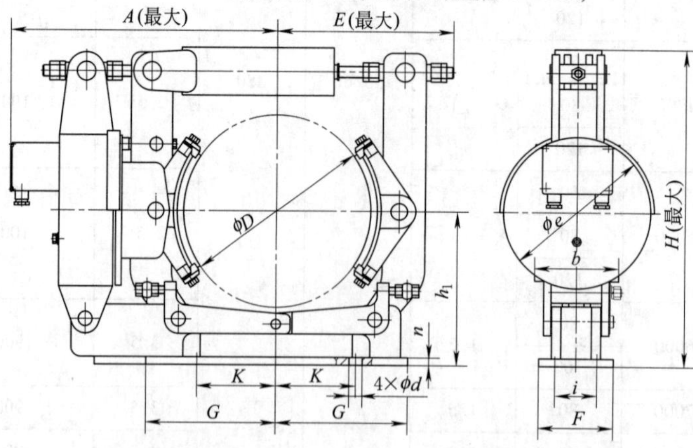

电磁铁中部布置(用于制动轮直径＞315mm)

应用与特点：

① 用于电磁吊等各种直流驱动或直流电网中的起重机械、港口装卸和冶金机械中各种机构的减速和停车制动。交流驱动的机械不推荐使用。

② 新型衔铁随位装置，可始终保持衔铁和磁轭的良好贴合。

其余同 YW 系列产品。

使用条件：

① 环境温度：-20～50℃。

② 相对湿度：≤90%。

③ 海拔高度：<2000m。

④ 适应工作制：连续（S1）和断续（S3，接电持续率 25%、40%、60%，工作频率≤720 次/h）工作制。

⑤ 电源：直流 110V/220V。

表示方法：

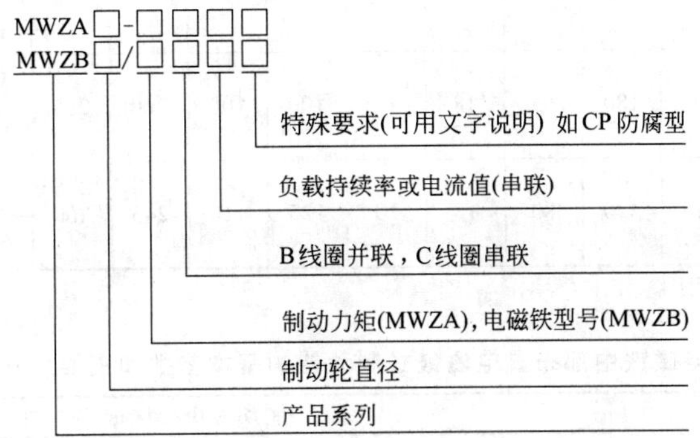

标记示例：

例 1 制动轮直径为 300mm，制动力矩为 250N·m，线圈并联，接电持续率为 25%，有防腐要求的电磁铁上部布置的电磁鼓式制动器，标记为

MWZA300-250 B 25% CP

例 2 制动轮直径为 500mm，电磁铁型号为 ZWZ-500，线圈串联，接电持续率为 40%的电磁铁中部布置的电磁鼓式制动器，标记为

MWZB500/500 C 40%

表 6-4-45　　电磁铁上部布置电磁鼓式制动器的基本参数和主要尺寸

制动器型号	电磁铁型号	制动力矩/N·m		瓦块退距/mm
		线圈并联		
		$JC=25\%$	$JC=40\%$	
MWZA200-40	MZZ1-100	40	32	1
MWZA200-160	MZZ1-200	160	128	
MWZA300-250	MZZ1-200	250	200	1.25
MWZA300-500	MZZ1-300	500	430	
MWZB-160/100	MZZ1-100	35.5	28	1
MWZB-160/200	MZZ1-200	140	112	
MWZB-200/100	MZZ1-100	40	31.5	
MWZB-200/200	MZZ1-200	160	125	
MWZB-200/300	MZZ1-300	315	280	
MWZB-250/200	MZZ1-200	200	160	1.25
MWZB-250/300	MZZ1-300	450	355	
MWZB-315/200	MZZ1-200	250	200	
MWZB-315/300	MZZ1-300	500	450	

续表

制动器型号	安装及外形尺寸/mm													质量/kg
	D	h_1	K	i	d	n	b	F	G	E	H	A	e	
MWZA200-40	200	170	190	60	17	8	90	100	210	205	404	310	118	32
MWZA200-160											429	340	168	65
MWZA300-250	300	240	270	80	21	10	120	130	290	260	564	415	168	68
MWZA300-500											590	465	220	105
MWZB-160/100	160	132	130	55	14	6	65	90	150	140	403	259	115	32
MWZB-160/200											421	306	168	38
MWZB-200/100	200	160	145	55	14	8	80	90	165	170	442	299	115	60
MWZB-200/200											461	346	168	65
MWZB-200/300											490	390	220	70
MWZB-250/200	250	190	180	65	18	10	100	100	200	205	526	350	168	72
MWZB-250/300											555	380	220	78
MWZB-315/200	315	225	220	80	18	10	125	110	245	260	601	376	168	86
MWZB-315/300											630	406	220	105

注：电磁铁线圈参数详见生产厂家样本。

表 6-4-46　电磁铁中部布置电磁鼓式制动器的基本参数和主要尺寸

制动器型号	电磁铁型号	制动力矩/N·m							瓦块退距/mm
		线圈并联			线圈串联				
		接电持续率 JC			接电持续率 JC				
					60%额定电流		40%额定电流		
		25%	40%	100%	25%	40%	25%	40%	
MWZA400-□	ZWZ-400	1500	1200	550	1500	1200	900	550	1.5
MWZA500-□	ZWZ-500	2500	1900	850	2500	1900	1500	1000	1.75
MWZA600-□	ZWZ-600	5000	3550	1550	5000	3550	3000	2050	2.0
MWZA700-□	ZWZ-700	8000	5750	2800	8000	5750	4800	3250	2.25
MWZA800-□	ZWZ-800	12500	9100	4400	12500	9100	7500	5550	2.5
MWZB-400/400	ZWZ-400	1250	1000	500	1250	1000	800	500	1.5
MWZB-400/500	ZWZ-500	2000	1400	630	2000	1400	1250	710	1.75
MWZB-500/400	ZWZ-400	1250	1000	450	1250	1000	800	450	1.5
MWZB-500/500	ZWZ-500	2000	1600	710	2000	1600	1250	800	1.75
MWZB-500/600	ZWZ-600	3550	3150	1400	3550	3150	2500	1800	2.0
MWZB-630/500	ZWZ-500	2240	1800	800	2240	1800	1400	900	1.75
MWZB-630/600	ZWZ-600	5000	3550	1600	5000	3550	2800	2000	2.0
MWZB-630/700	ZWZ-700	6300	4500	2240	6300	4500	4000	2500	2.25
MWZB-710/600	ZWZ-600	5000	3550	1600	5000	3550	2800	2000	2.0
MWZB-710/700	ZWZ-700	7100	5000	2240	7100	5000	4000	2800	2.25
MWZB-710/800	ZWZ-800	10000	7100	3550	10000	7100	5600	4000	2.5
MWZB-800/700	ZWZ-700	7100	5000	2500	7100	5000	4500	2800	2.25
MWZB-800/800	ZWZ-800	10000	8000	3550	10000	8000	6300	4000	2.5

续表

制动器型号	安装及外形尺寸/mm													质量/kg
	D	h_1	K	i	d	n	b	F	G	E	H	A	e	
MWZA400-□	400	320	170	90	28	16	180	160	280	375	700	580	330	175
MWZA500-□	500	400	205	100	28	20	200	190	320	385	850	650	410	300
MWZA600-□	600	475	250	126	40	28	240	220	385	465	960	750	480	430
MWZA700-□	700	550	305	150	40	34	280	270	440	510	1100	840	560	677
MWZA800-□	800	600	350	180	40	34	320	300	490	620	1230	940	640	1040
MWZB-400/400	400	280	270	100	22	16	160	140	300	375	700	580	330	175
MWZB-400/500												580	410	203
MWZB-500/400	500	335	325	130	22	20	200	180	365	385	800	640	330	292
MWZB-500/500												650	410	300
MWZB-500/600												655	480	334
MWZB-630/500	630	425	400	170	27	28	250	220	450	465	1030	720	410	377
MWZB-630/600												740	480	423
MWZB-630/700												750	560	509
MWZB-710/600	710	475	450	190	27	34	280	240	500	517	1220	780	480	605
MWZB-710/700												815	560	625
MWZB-710/800												830	640	633
MWZB-800/700	800	530	520	210	27	34	320	280	570	595	1340	890	560	1020
MWZB-800/800												905	640	1040

注：电磁铁线圈参数详见生产厂家样本。

3.3.4 制动轮（摘自 JB/T 7019—2013）

制动轮的公称尺寸和材料选用见表 6-4-47 和表 6-4-48。

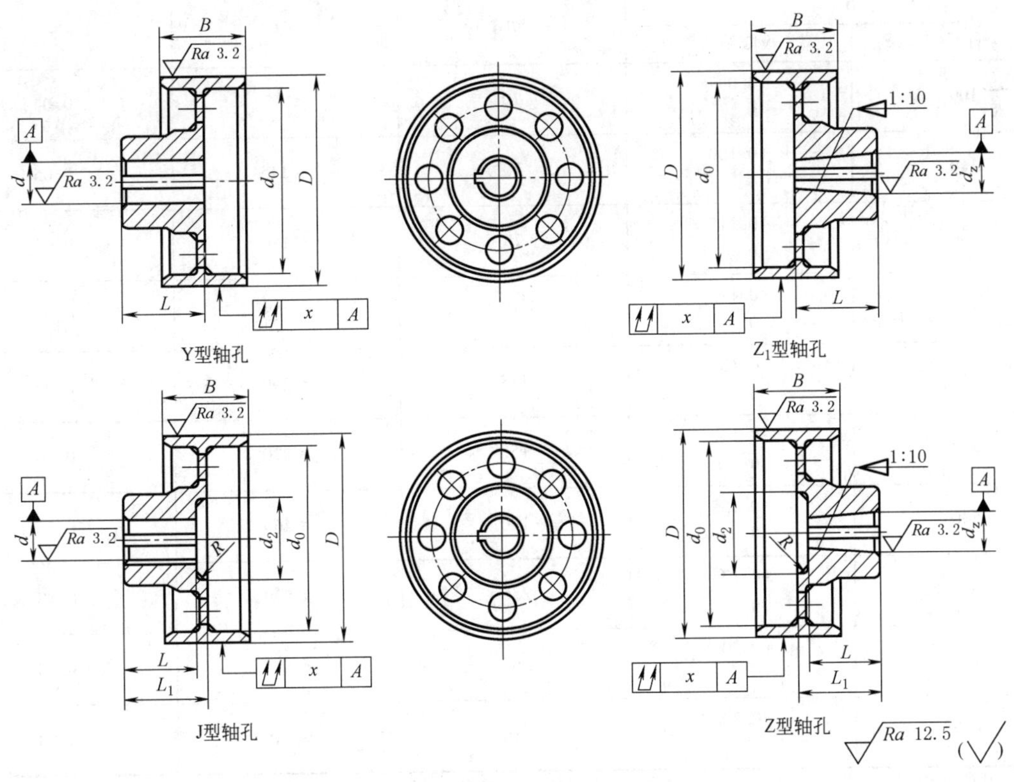

A型制动轮

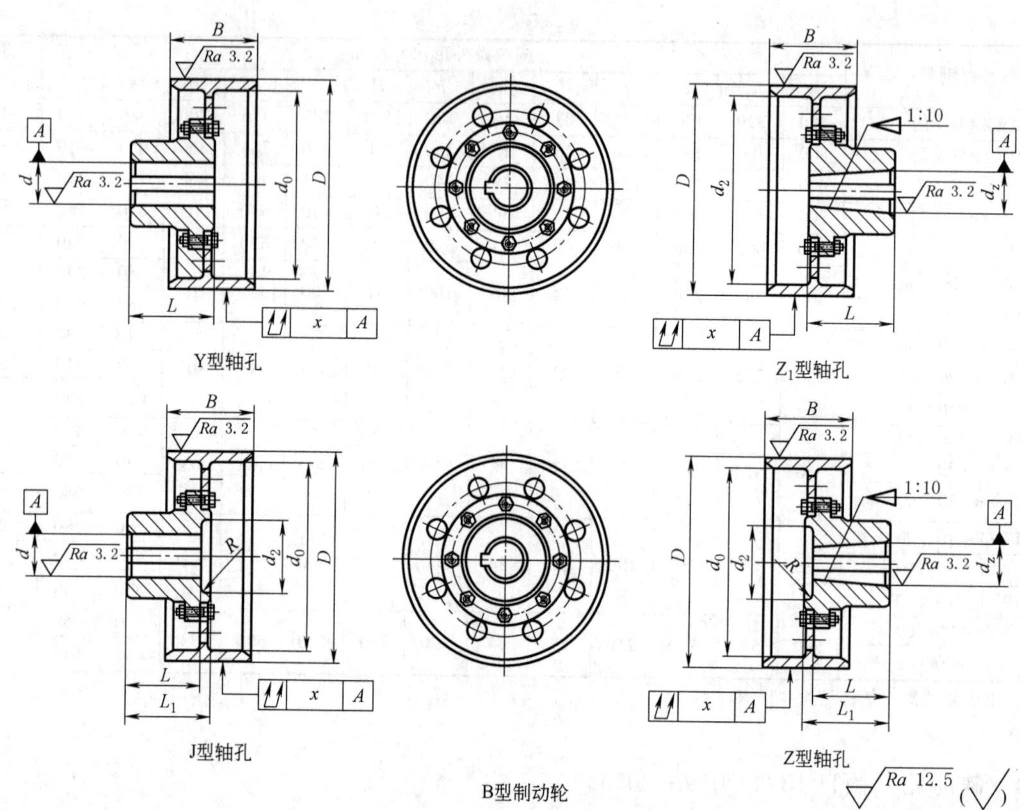

Y型轴孔

Z_1型轴孔

J型轴孔

Z型轴孔

B型制动轮

表 6-4-47　　　　**制动轮的公称尺寸**　　　　mm

D		B	d_0	x
公称尺寸	极限偏差			
100	+0.087 0	70	≤85	0.04
160	+0.100 0	70	≤145	0.05
200	+0.115 0	75	≤180	0.05
250	+0.115 0	95	≤225	0.05
315	+0.130 0	118	≤290	0.06
400	+0.140 0	150	≤370	0.06
500	+0.155 0	190	≤465	0.06
630	+0.175 0	236	≤590	0.08
710	+0.200 0	265	≤670	0.08
800	+0.200 0	310	≤755	0.08

注：其他尺寸（d、d_z、d_2、L、L_1、R）应符合 GB/T 3852—2017 的规定。

表 6-4-48 制动轮的材料选用

使用条件		材料		使用推荐
制动覆面温度/℃	单位制动覆面制动功/J·cm^{-2}	标准	牌号	
≤350	≤45	GB/T 699	20,25	锻造制动轮
		GB/T 11352	ZG200-400 ZG230-450	铸造制动轮
		GB/T 1348	QT400-15 QT400-18	
>350~650	>45~90	GB/T 699	35,45	锻造制动轮
		GB/T 3077	40Cr	
		GB/T 8492	ZG30Cr7Si2	铸造制动轮
		GB/T 11352	ZG230-450 ZG270-500	
>650~1050	>90~160	GB/T 8492	ZG30Cr7Si2 ZG40Cr13Si2 ZG40Cr17Si2 ZG40Cr24Si2	铸造制动轮

4 盘式制动器

4.1 盘式制动器的分类、特点及应用

常用盘式制动器的分类、特点及应用见表 6-4-49。

表 6-4-49 常用盘式制动器分类、特点及应用

分类	特点	应用范围
常闭式电力液压盘式制动器[见图 6-4-6(a)]	与电力液压鼓式制动器相同,制动盘径可到 1250mm,可实现大力矩制动和单盘双制动。用三相交流电源,不能使用直流电网	广泛用于中大型工业装备如大型港口起重、装卸机械各机构的高速轴减速和维持制动
常开式电力液压盘式制动器[见图 6-4-6(b)]	与电力液压鼓式制动器相同,可实现中大功率机构的脚踏制动	卧式广泛用于大型门座式和浮式起重机类工业装备的回转机构制动;立式主要用于要求制动可控的工业装备运行机构的制动
直动式液压钳盘式制动器(见图 6-4-7)	制动力矩大,上闸动作快,可实现单盘多制动;配套液压系统复杂,维护工作量大;弹簧刚度大,衬垫磨损后制动力矩变化较大	主要用于大型或重要工业装备的低速轴工作制动和安全保护制动。常闭式主要用于起升和臂架俯仰变幅机构低速轴保护制动;常开式一般与常闭式组合,用于低速轴,作辅助减速制动用
杠杆式液压钳盘式制动器(见图 6-4-8)	制动力矩大,动作平稳,冲击小,可实现单盘多制动;上闸动作较慢,弹簧刚度小,衬垫磨损后制动力矩变化小	主要用于工业装备的低速轴工作制动、安全保护制动和防风制动
电磁钳盘式制动器(见图 6-4-9)	与电磁鼓式制动器相同,可实现大力矩制动和单盘多制动。一般采用直流电源,通过加电源控制装置也可采用交流电源	在新设计的装备上很少采用,主要用于直流供电或需要保磁的特种起重机等机构的高速轴制动
常开式液压钳盘式制动器(见图 6-4-10)	制动力矩大,动作平稳,冲击小,可实现单盘多制动;配套液压系统复杂,维护工作量大	主要作大型工业装备低速工况的制动和阻尼用,如风电机组偏航机构等;还可与常闭式组合,用于低速轴,作辅助减速制动用

续表

分类	特点	应用范围
惯性制动器(见图 6-4-11)	融制动器、弹性联轴器以及两者相互转换功能于一体,不受环境温度影响,纯机械结构,结构紧凑;动作迅速,启动不带摩擦负载,具有耗散从动端冲击负载能量功能;摩擦材料磨损均匀	用于工业装备各种机构的工作制动,更适于惯性负载,也可用于室外起重机的防风制动
电磁圆盘式制动器(见图 6-4-12)	结构紧凑,安装空间较小;有单盘和多盘结构之分;一般采用交流电源,经整流和控制后进行直流励磁,使用寿命较长;因气隙较小,调整麻烦	主要用于工业装备的运行机构,也用于电机尾端与减速器等传动部件构成二合一或三合一驱动机构,要求制动高可靠的机构不宜采用
气动全盘式制动器(见图 6-4-13)	制动力矩大,动作平稳,冲击小,安装空间较小;有单盘和多盘结构之分;需要配气源系统	多用于冶金机械和工程机械的各种机构
液压全盘式制动器(见图 6-4-14)	制动力矩比气动全盘式制动器大,动作平稳,冲击小,安装空间较小;有单盘和多盘结构之分;需要配液压系统,存在液压系统油泄漏污染环境的风险	主要用于大型矿山机械、土方机械如电动轮自卸矿(用)卡(车)等的行车制动
水冷制动器(见图 6-4-15)	结构类同于气动全盘式制动器,特点是将静止制动盘设计成带冷却水循环腔的结构,制动摩擦环可与冷却水进行换热,制动力矩大,动作平稳,冲击小;有单盘和多盘结构之分;需要配气源系统(提供制动力)和冷却水系统	多用于石油钻探机械中各种绞车的工作制动,如自动送钻系统
湿式制动器(见图 6-4-16)	摩擦副设置在密封油液系统里的全盘式制动器,制动力矩稳定,动作平稳,冲击小,安装精度与系统密封要求高,装拆较复杂;有单盘和多盘结构之分	多用于叉车、登高车等工业车辆行走机构的减速和停车制动,大规格的湿式制动器也用于大吨位矿(用)卡(车)的行车制动

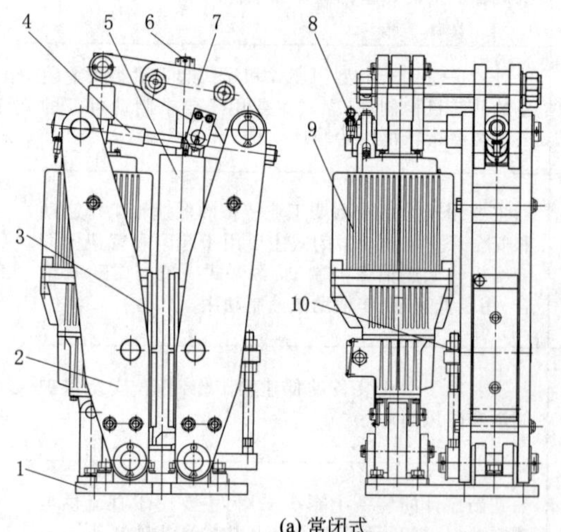

(a) 常闭式

1—底座；2—制动臂；3—制动瓦；4—制动拉杆；
5—制动弹簧组；6—力矩调整螺母；7—三角杠杆；
8—手动释放装置；9—推动器；10—退距均等装置

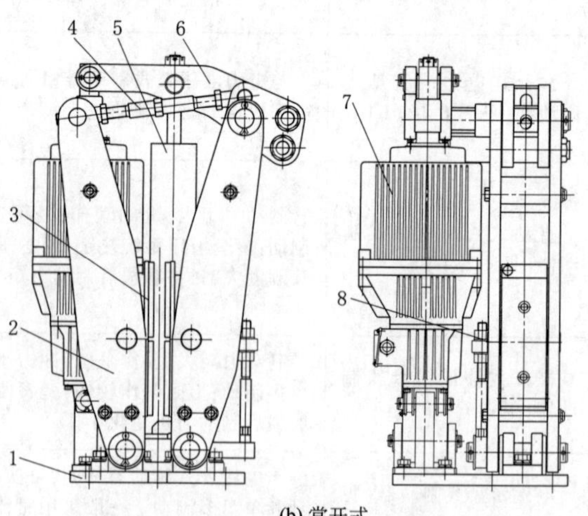

(b) 常开式

1—底座；2—制动臂；3—制动瓦；4—制动拉杆；
5—复位弹簧组件；6—三角杠杆；7—推动器；8—退距均等装置

图 6-4-6　电力液压盘式制动器

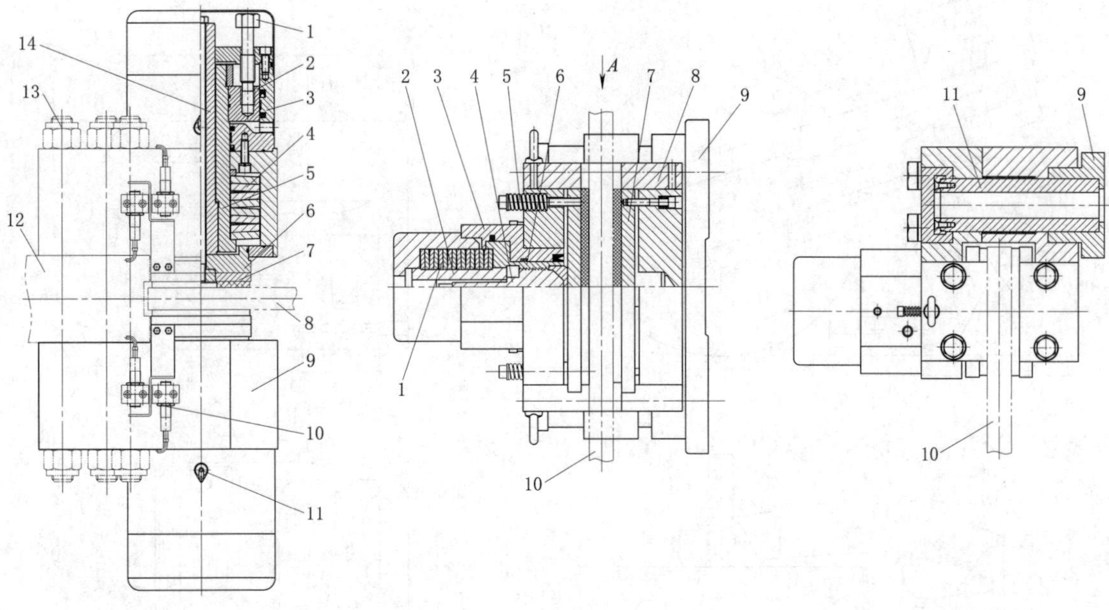

(a) 固定式

1—手动释放螺栓；2—活塞；3—缸体；4—制动碟簧；5—制动顶杆；6—制动瓦；7—制动衬垫；8—制动盘；9—基座板；10—限位开关；11—测压接头；12—安装支架；13—安装螺栓；14—退距调节杆

(b) 浮动式

1—制动碟簧；2—制动顶杆；3—缸体；4—退距调整装置；5—制动瓦复位弹簧；6—活塞；7—制动瓦；8—制动钳体；9—安装基座；10—制动盘；11—浮动导杆

图 6-4-7 直动式液压钳盘式制动器

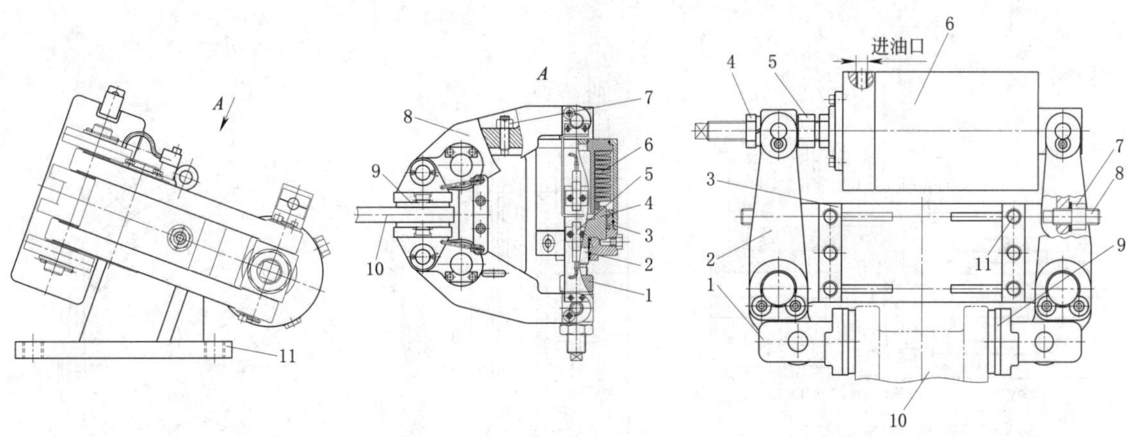

(a) 安全制动器

1—退距和力矩调整螺栓；2—制动顶杆；3—缸体；4—活塞；5—释放限位开关；6—制动碟簧；7—退距均等装置；8—制动臂；9—制动瓦；10—制动盘；11—安装底座

(b) 轮边制动器

1—制动瓦；2—制动臂；3—机架；4，5—调整螺母；6—液压缸；7—退距锁紧螺母；8—退距调整螺杆；9—制动衬垫；10—车轮；11—安装螺栓孔

图 6-4-8 杠杆式液压钳盘式制动器

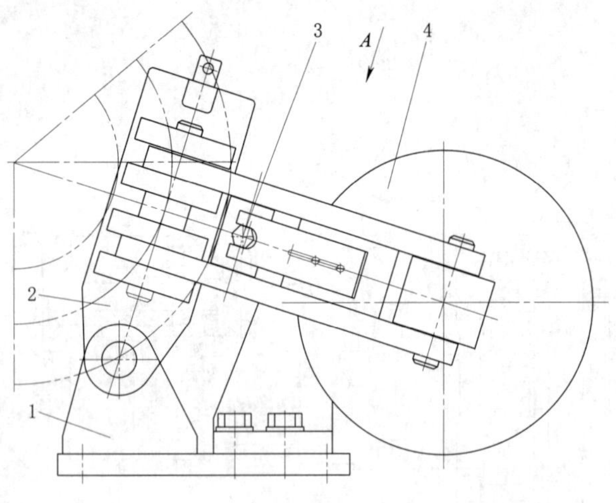

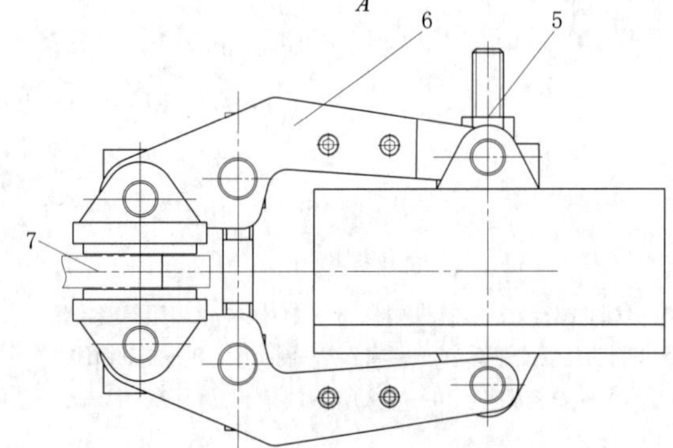

图 6-4-9　电磁钳盘式制动器

1—底座；2—制动瓦；3—退距均等装置；4—电磁铁和制动弹簧组件；5—调整和锁紧螺母；6—制动臂；7—制动盘

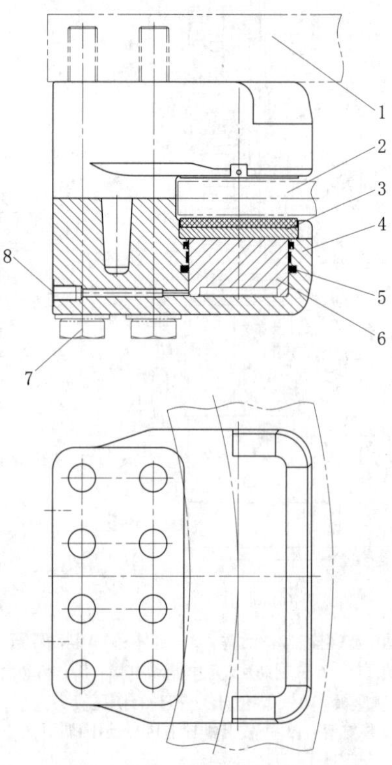

图 6-4-10　常开式液压钳盘式制动器

1—安装基座；2—制动盘；3—制动衬垫；4—缸体；5—密封圈；6—活塞；7—安装螺栓；8—进油口

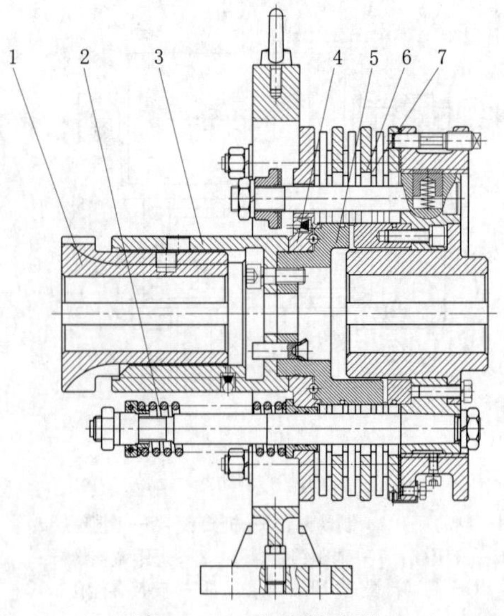

图 6-4-11　惯性制动器

1—花键轴；2—制动弹簧；3—顶压套；4—主动顶；5—从动顶；6—制动环；7—摩擦片

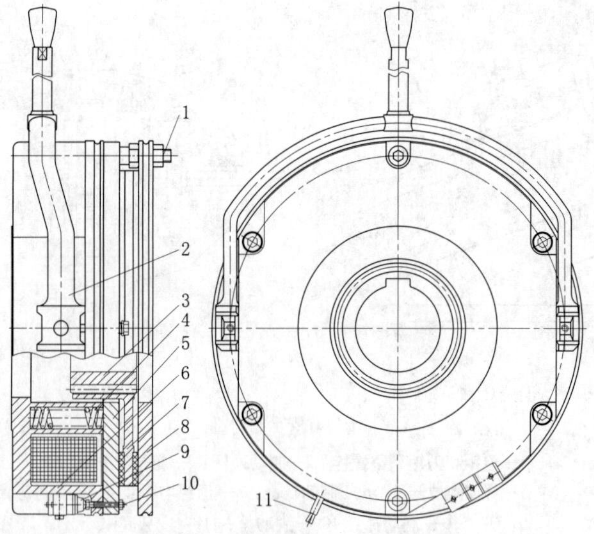

图 6-4-12　电磁圆盘式制动器

1—调整螺栓；2—释放手柄；3—花键套；4—弹簧；5—衔铁盘；6—磁轭；7—制动衬垫；8—定盘；9—限位开关；10—开关顶杆；11—线圈引出线

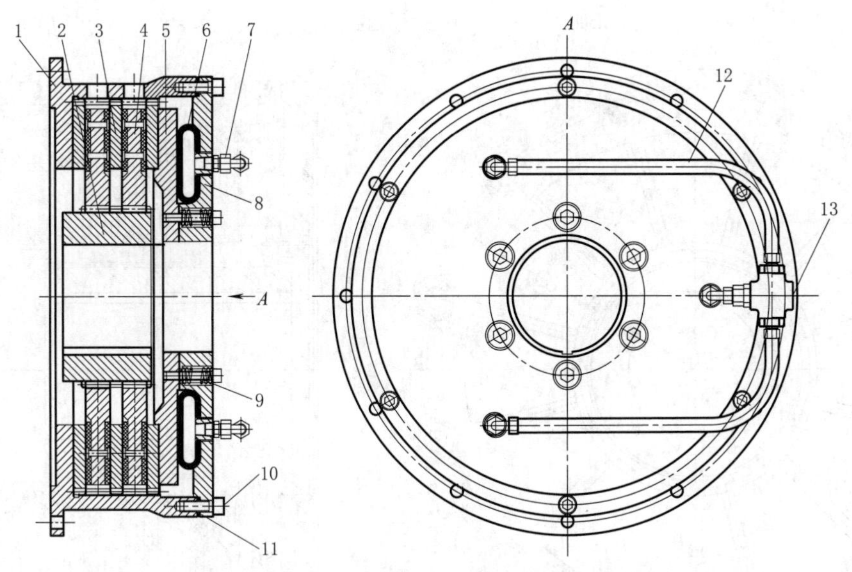

图 6-4-13　气动全盘式制动器

1—壳体；2—轴套；3—内盘；4—摩擦片；5—压板；6—气囊；7—进气接头；8—端盖；9—复位弹簧；10—螺钉；11—垫片；12—胶管总成；13—进气口

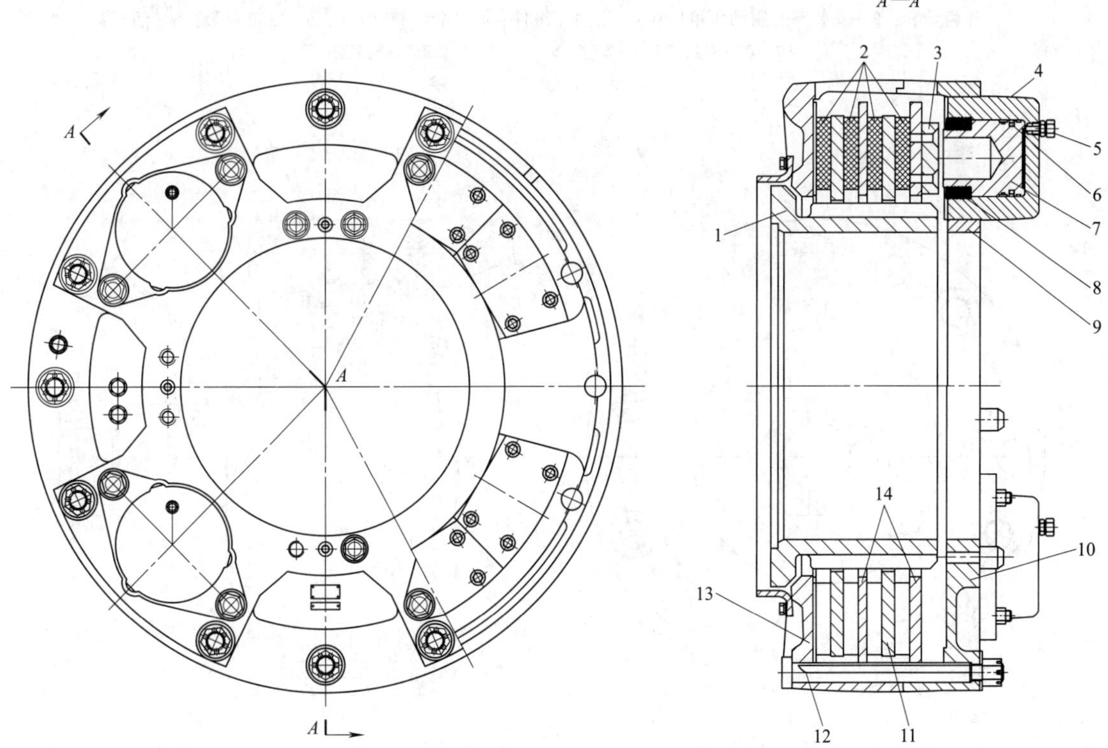

图 6-4-14　液压全盘式制动器

1—旋转花键毂；2—摩擦片；3—垫块；4—油缸体；5—放气阀；6—活塞密封圈；7—活塞；8—活塞复位弹簧；9—调整螺母；10—内侧壳体；11—旋转盘；12—带键螺栓；13—外侧壳体；14—固定盘

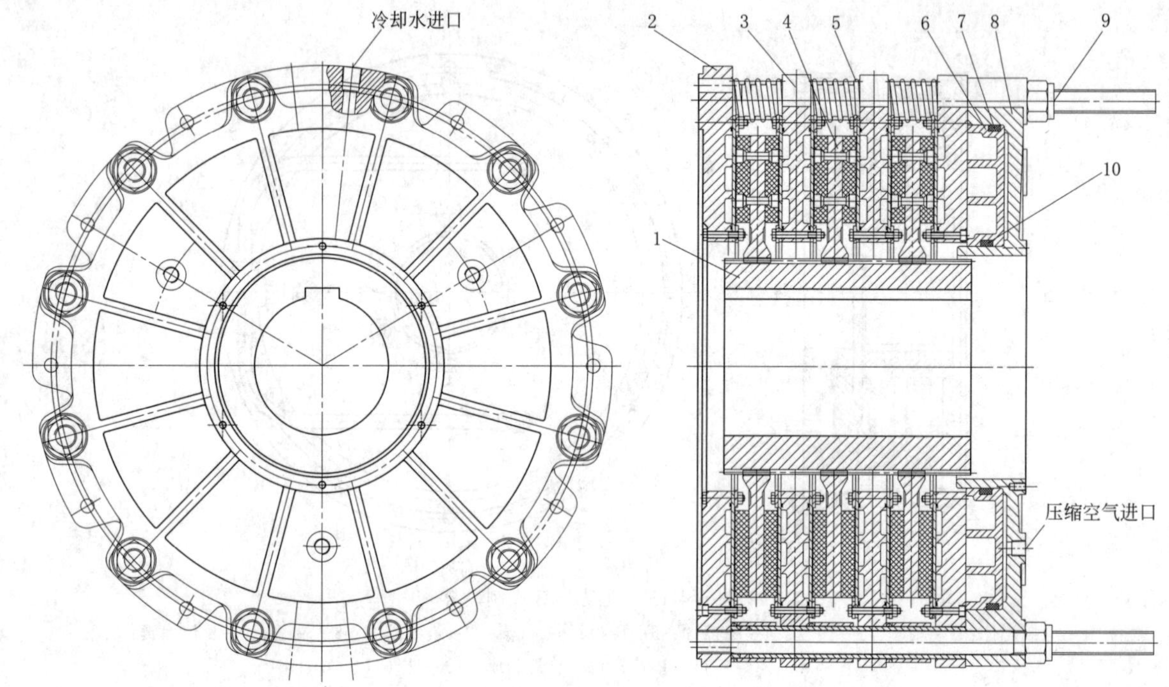

图 6-4-15 水冷制动器

1—外齿轴套；2—安装座及制动盘组件；3—制动盘组件；4—制动衬垫组件；5—复位弹簧；6—活塞；7,10—密封件；8—气缸体；9—调整及锁紧螺纹副

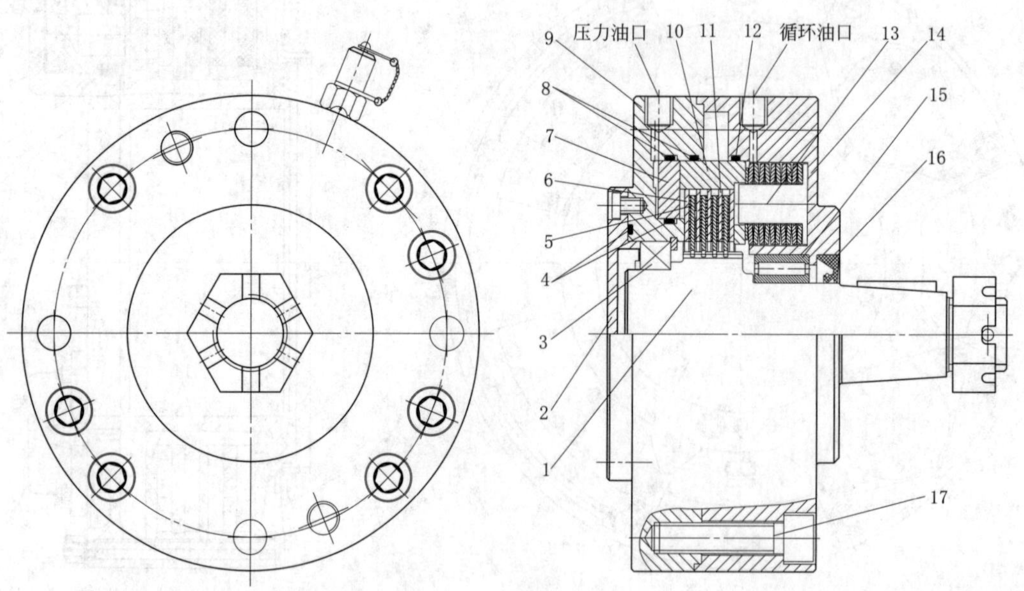

图 6-4-16 湿式制动器

1—中心轴；2—端盖；3—轴承；4,8,12—密封圈；5—动摩擦片；6—端制动盘；7—活塞；9—油缸体；10—内圈座；11—静制动盘；13—碟簧组件；14—碟簧座；15—滚柱轴承；16—轴封；17—连接螺栓

4.2 盘式制动器的选型设计计算

臂盘式和钳盘式制动器的设计计算参照本章 3.2 节的内容。

全盘式制动器制动力、驱动装置驱动力等力学参数的计算见表 6-4-50。

表 6-4-50　　全盘式制动器制动力、驱动装置驱动力等力学参数的计算

计算项目	计算公式	单位	说明
制动力：根据所要求的制动力矩和制动直径计算施加在每个制动轮（盘）上的制动力	$T=\frac{M_b}{d_1 z}$	N	M_b——额定制动力矩，N·m d_1——有效摩擦直径，m z——动摩擦盘数量 μ——摩擦因数 φ——驱动力裕度系数 η——传动效率，取 0.9～0.95 x——制动弹簧数量，等规格均布 A——制动衬垫面积，m^2 $[p]$——摩擦材料许用工作比压，MPa
正压力：产生规定制动力矩所需的施加到每个制动覆面的总压力	$N=\frac{T}{\mu}$	N	
驱动力：对于常闭式制动器为其释放（开闸）所需的驱动装置的有效输出力；对于常开式则为其闭合（上闸）产生规定制动力矩所需的有效输出力	$F=\varphi N$	N	
总弹簧工作力：常闭式制动器产生规定制动力矩所需的弹簧力	$P=\frac{T}{\mu\eta}$	N	
单个弹簧工作力：总弹簧力由多个弹簧均布实现时，单个弹簧的弹簧力	$P_i=\frac{P}{x}$	N	
比压：选定摩擦材料后，根据所需正压力计算的制动材料的比压	$p=\frac{N}{A\times10^6}\leqslant[p]$	MPa	

4.3 常用盘式制动器产品

4.3.1 电力液压臂盘式制动器

（1）YP□系列电力液压盘式制动器（见表 6-4-51～表 6-4-54）

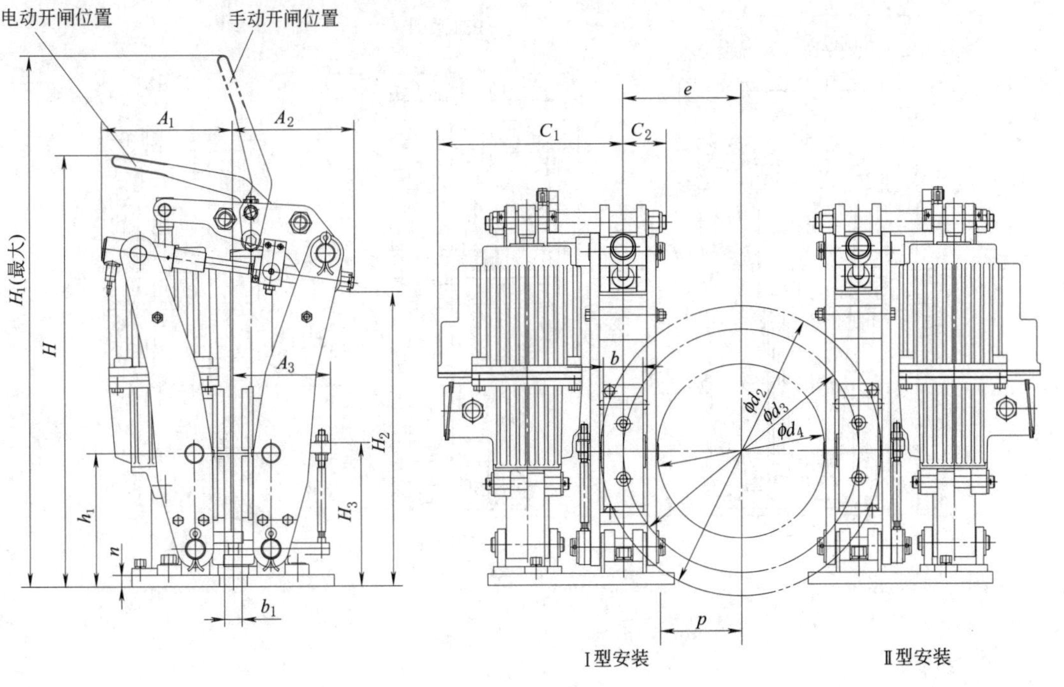

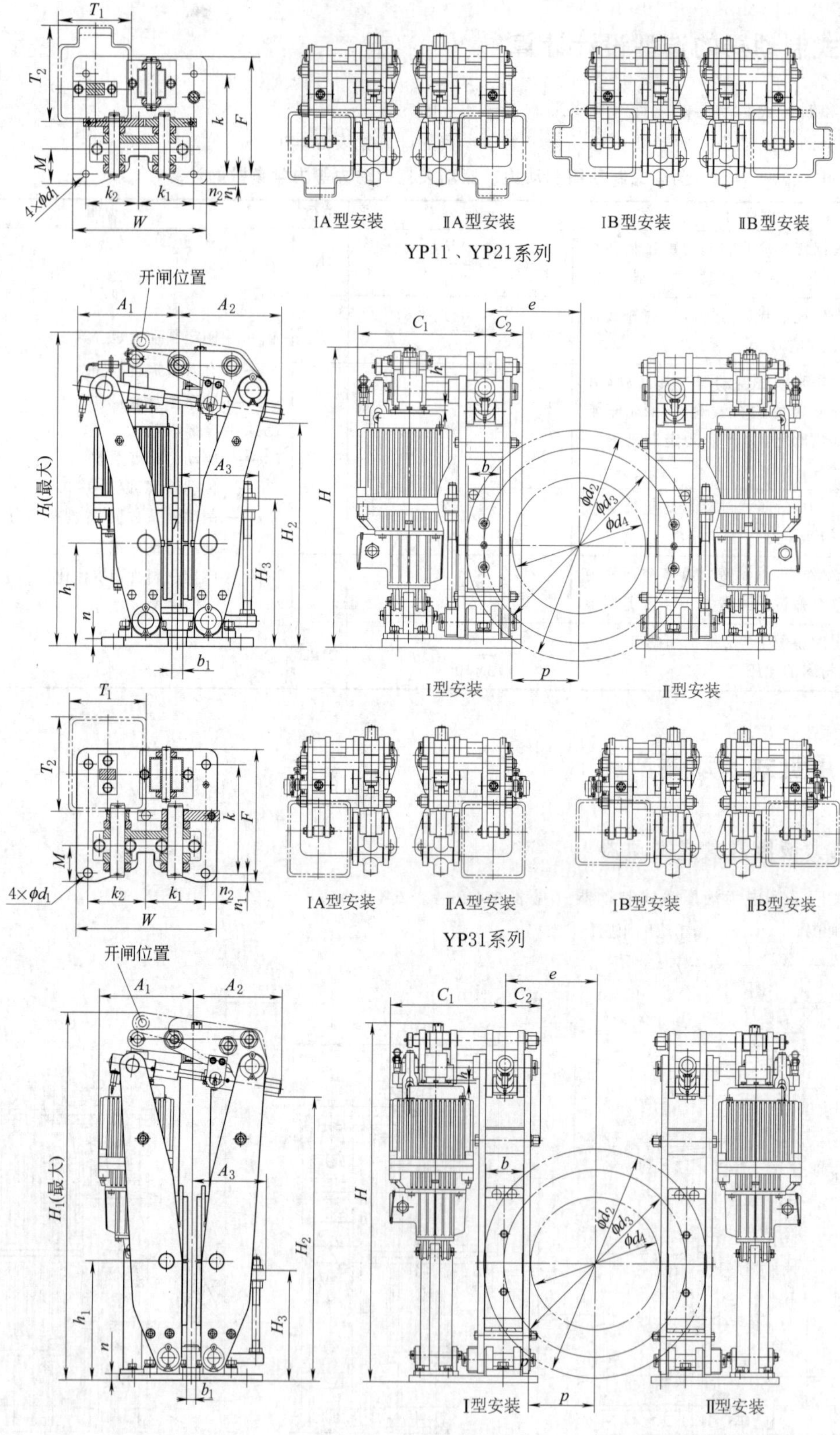
T1
T2
k
F
M
4×φd1
k2
k1
n2
n1
W
ⅠA型安装
ⅡA型安装
ⅠB型安装
ⅡB型安装
YP11、YP21系列
开闸位置
A1
A2
A3
H1(最大)
H2
H3
h1
n
b1
C1
C2
e
h
H
b
φd2
φd3
φd4
p
Ⅰ型安装
Ⅱ型安装
YP31系列

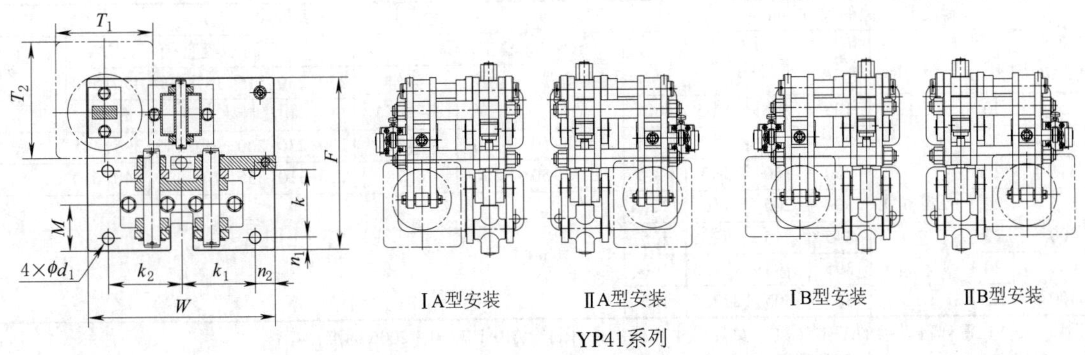

YP41系列

应用与特点：

① 用于各种现代大型港口装卸、起重运输、冶金、矿山及工程机械中各种机构的减速、停车和维持制动。

② 采用退距均等、瓦块自动随位专利技术和衬垫磨损自动补偿装置，大大减少调整次数。

③ 主要摆动铰点设有自润滑轴承，传动效率更高，动作灵敏，上闸时间为 0.25~0.4s。

④ 可选装手动释放装置及限位开关、开闸及闸限位开关和衬垫磨损极限限位开关等附加装置。

使用条件：

① 环境温度：-20~50℃。

② 相对湿度：≤90%。

③ 海拔高度：<2000m。

④ 适应工作制：连续（S1）和断续（S3，负载持续率 60%，工作频率<1200 次/h）工作制。

⑤ 使用环境不得有易燃易爆气体。

表示方法：

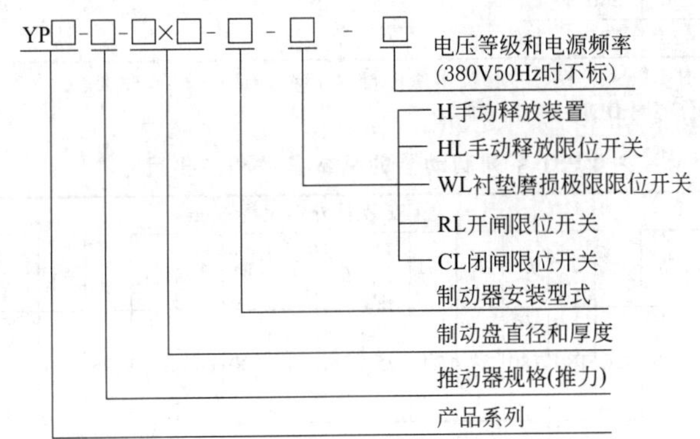

标记示例：

配套额定推力为 1250N 的 Ed 系列电力液压推动器，制动盘直径为 1000mm，厚度为 30mm，安装型式为ⅠA 型，带手动释放装置、衬垫磨损极限限位开关、开闸限位开关，电源为 380V50Hz 的 YP31 系列盘式制动器，标记为

YP31-1250-1000×30-ⅠA-H. WL. RL

表 6-4-51　　YP11 系列制动器的基本参数和主要尺寸

推动器型号	安装及外形尺寸/mm																							
	h_1	H	H_1	H_2	H_3	b	k	k_1	k_2	d_1	n	n_1	n_2	F	W	M	A_1	A_2	A_3	C_1		C_2	T_1		T_2	
																				A 型	B 型		A 型	B 型	A 型	B 型
Ed200-50 Ed300-50	160	545	685	360	195	52	200	80	150	14	15	15	20	230	270	52	185	190	135	220	260	65	197	160	160	197

续表

与制动盘有关的尺寸/mm

制动盘直径 d_2	b_1	s	d_3	d_4	e	p
250	20	0.7~0.9	195	95	97.5	60
280	20		225	125	112.5	75
315	20		260	160	130	92.5
355	20		300	200	150	112.5
400	20		345	245	172.5	135
450	20		395	295	197.5	160
500	20		445	305	222.5	185

技术参数

配套推动器			制动盘直径							整机质量/kg
推动器型号	功率/W	额定电流/A	250	280	315	355	400	450	500	
			最大制动力矩/N·m							
Ed200-50	120	0.38	200	230	260	300	345	395	445	53
Ed300-50	250	0.78	270	310	355	410	470	540	610	54

注：1. YP 系列制动器的基本参数、安装尺寸和技术条件符合 JB/T 7020—2006 标准。

2. 配套 Ed 系列推动器，符合德国 DIN 15430 标准。

表 6-4-52　YP21 系列制动器的基本参数和主要尺寸

安装及外形尺寸/mm

推动器型号	h_1	H	H_1	H_2	H_3	b	k	k_1	k_2	d_1	n	n_1	n_2	F	W	M	A_1 A 型	A_1 B 型	A_2	A_3	C_1 A 型	C_1 B 型	C_2	T_1 A 型	T_1 B 型	T_2 A 型	T_2 B 型
Ed500-60 Ed800-60	230	750	925	505	248	70	260	145	145	18	20	25	35	330	360	90	285	240	225	175	275	335	85	254	194	194	254

与制动盘有关的尺寸/mm

制动盘直径 d_2	b_1	s	d_3	d_4	e	p
355	30	0.7~1.1	275	145	137.5	72.5
400	30		320	190	160	95
450	30		370	240	185	120
500	30		420	290	210	145
560	30		480	350	240	175
630	30		550	420	275	210

技术参数

配套推动器			制动盘直径						整机质量/kg
推动器型号	功率/W	额定电流/A	355	400	450	500	560	630	
			最大制动力矩/N·m						
Ed500-60	370	1.34	935	1085	1255	1425	1630	1870	135
Ed800-60	550	1.52		1600	1850	2100	2400	2750	137

注：1. YP 系列制动器的基本参数、安装尺寸和技术条件符合 JB/T 7020—2006 标准。

2. 配套 Ed 系列推动器，符合德国 DIN 15430 标准。

表 6-4-53　YP31 系列制动器的基本参数和主要尺寸

安装及外形尺寸/mm

推动器型号	h_1	H	H_1	H_2	H_3	b	k	k_1	k_2	d_1	n	n_1	n_2	F	W	M	A_1	A_2	A_3	C_1 A 型	C_1 B 型	C_2	T_1 A 型	T_1 B 型	T_2 A 型	T_2 B 型
Ed1250-60 Ed2000-60 Ed3000-60	280	820	860	610	405	90	320	180	180	27	24	25	35	390	430	105	295	295	240	335	360	105	268	240	240	268

与制动盘有关的尺寸/mm

制动盘直径 d_2	b_1	s	d_3	d_4	e	p
450	30	0.8~1.1	350	190	175	95
500	30		400	240	200	120
560	30		460	300	230	150
630	30		530	370	265	185
710	30		610	450	305	225
800	30		700	540	350	270
900	30		800	640	400	320
1000	30		900	740	450	370
1100	30		1000	840	500	420

技术参数

配套推动器			制动盘直径									整机质量/kg
推动器型号	功率/W	额定电流/A	450	500	560	630	710	800	900	1000	1100	
			最大制动力矩/N·m									
Ed1250-60	550	1.52	2700	3100	3550	4100	4700	5400				230
Ed2000-60	750	1.98	4300	5000	5750	6600	7600	8800				234
Ed3000-60	900	2.21				9700	11200	12800	14700	16500	18150	240

注：1. YP 系列制动器的基本参数、安装尺寸和技术条件符合 JB/T 7020—2006 标准。

2. 配套 Ed 系列推动器，符合德国 DIN 15430 标准。

表 6-4-54　　　　YP41 系列制动器的基本参数和主要尺寸

推动器型号	安装及外形尺寸/mm																										
	h_1	H	H_1	H_2	H_3	b	k	k_1	k_2	d_1	n	n_1	n_2	F	W	M	A_1		A_2	A_3	C_1		C_2	T_1		T_2	
																	A 型	B 型			A 型	B 型		A 型	B 型	A 型	B 型
Ed4500-80	370	1105	1140	850	375	120	160	180	180	27	28	40	50	465	460	120	375	340	310	265	410	445	126	325	290	290	325

与制动盘有关的尺寸/mm						
制动盘直径 d_2	b_1	s	d_3	d_4	e	p
630	30	0.7～1.3	500	295	250	170
710	30		580	375	290	210
800	30		670	465	335	255
900	30		770	565	385	305
1000	30		870	665	435	355
1250	30		1120	915	560	480

技术参数									
配套推动器			制动盘直径						整机质量/kg
推动器型号	功率/W	额定电流/A	630	710	800	900	1000	1250	
			最大制动力矩/N·m						
Ed4500-80	1100	2.8	15000	17400	20000	23000	26000	33600	410

注：1. YP 系列制动器的基本参数、安装尺寸和技术条件符合 JB/T 7020—2006 标准。

2. 配套 Ed 系列推动器，符合德国 DIN 15430 标准。

（2）YPL11 系列两步式电力液压盘式制动器（见表 6-4-55）

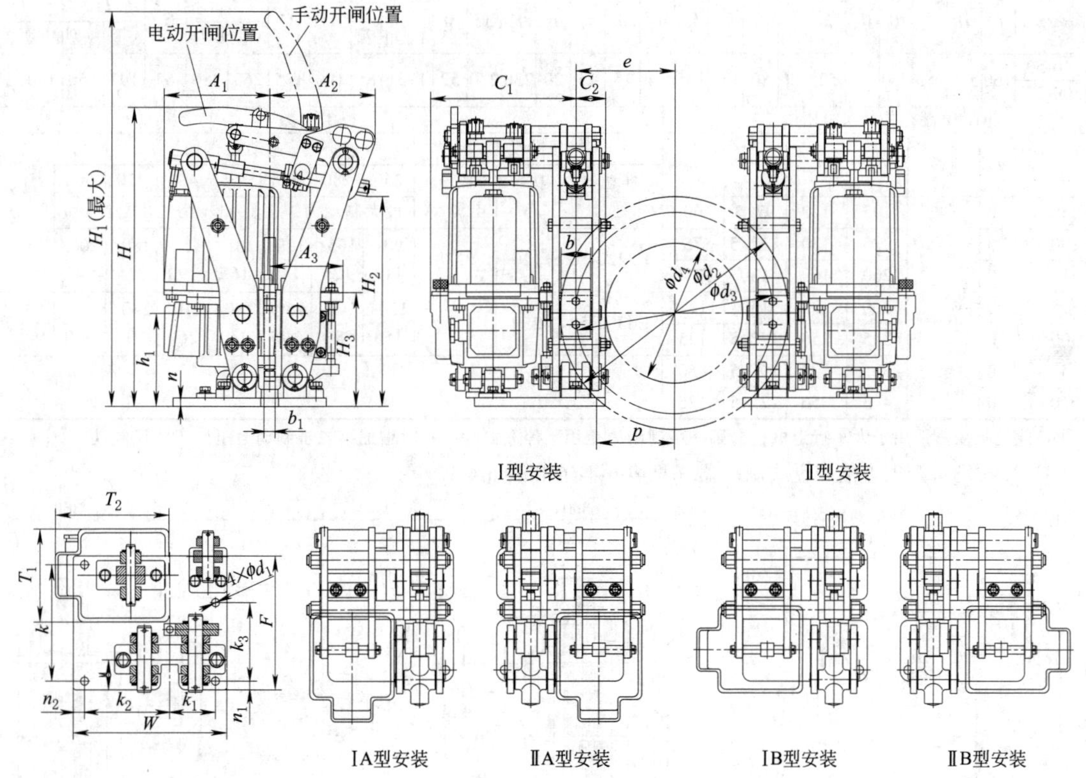

应用与特点：

① 用于中大型室外起重机的大车运行机构的减速、停车和防风制动；中大型特种起重机的大车、小车运行机构的减速和停车制动；皮带运输机的工作制动。

② 制动力矩分两步施加，第一步用于减速和停车制动，第二步用于可靠维持和防风制动。第二步相对于第一步的延时时间可调。

其余同 YP 系列产品。

使用条件：

同 YP 系列产品。

表示方法：

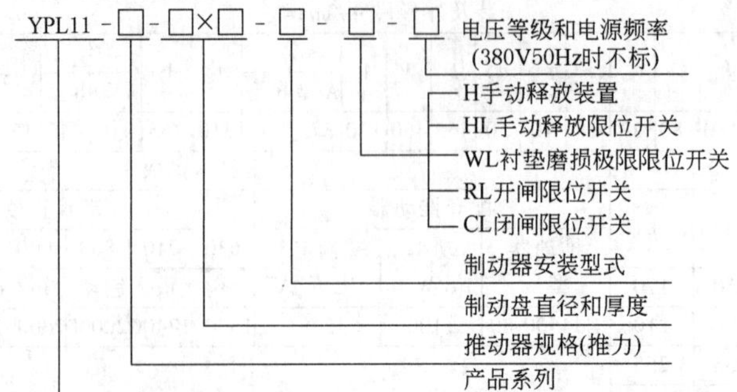

标记示例：

配套额定推力为220N的Ed系列电力液压推动器，制动盘直径为315mm，厚度为20mm，安装型式为ⅡA型，带手动释放装置、衬垫磨损极限限位开关、开闸限位开关，电源为380V50Hz的YPL11系列盘式制动器，标记为

YPL11-220-315×20-ⅡA-H. WL. RL

表 6-4-55　　YPL11系列制动器的基本参数和主要尺寸

推动器型号	安装及外形尺寸/mm																											
	h_1	H	H_1	H_2	H_3	b	k	k_1	k_2	k_3	d_1	n	n_1	n_2	F	W	M	A_1		A_2	A_3	C_1		C_2	T_1		T_2	
																		A型	B型			A型	B型		A型	B型	A型	B型
Ed220-50 Ed300-50	160	515	685	360	195	52	200	80	150	135	14	15	15	20	230	270	52	195	185	190	135	265	280	65	197	160	160	197

与制动盘有关的尺寸/mm						
制动盘直径 d_2	b_1	s	d_3	d_4	e	p
250	20	0.7~0.9	195	110	97.5	60
280	20		225	130	112.5	75
315	20		260	160	130	92.5
355	20		300	205	150	112.5
400	20		345	250	172.5	135
450	20		395	300	197.5	160
500	20		445	350	222.5	185

技术参数										
配套推动器			制动盘直径							整机质量/kg
推动器型号	功率/W	额定电流/A	250	280	315	355	400	450	500	
			最大制动力矩(第一步/第二步)/N·m							
Ed220-50	120	0.38	90/110	105/125	120/140	135/165	155/190	180/215	200/245	92
Ed300-50	250	0.78	120/150	140/170	160/195	180/230	210/260	240/300	270/340	95

注：此类制动器适用于大车行走机构，第一步制动力矩用于停车制动，延时增加第二步制动力矩用于防风制动。

（3）HDB□系列电力液压盘式制动器（见表6-4-56和表6-4-57）

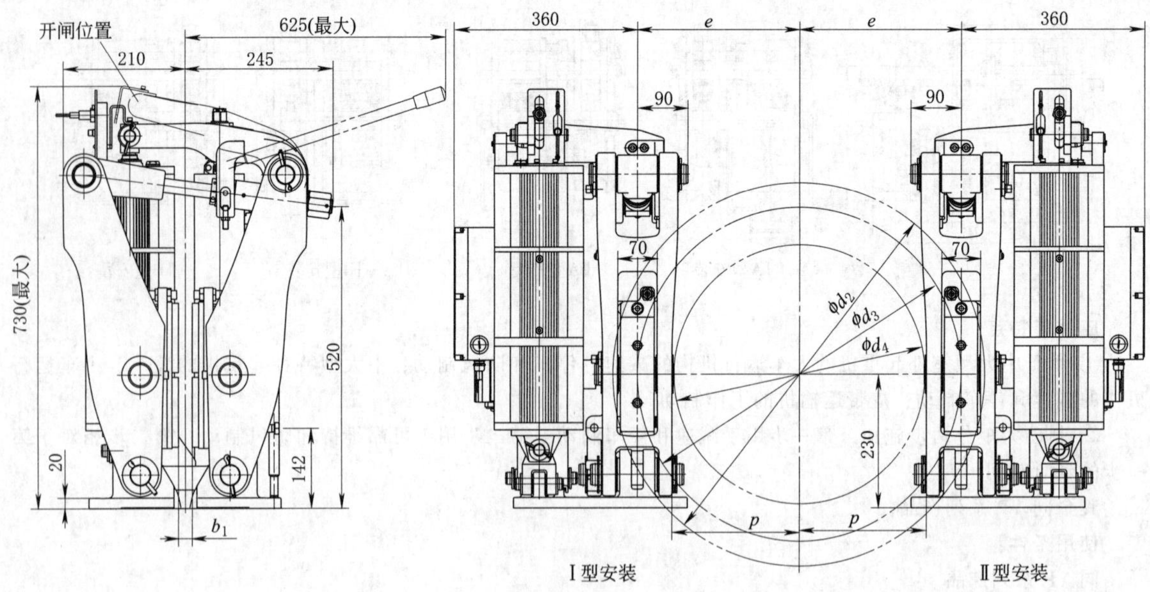

Ⅰ型安装　　　　Ⅱ型安装

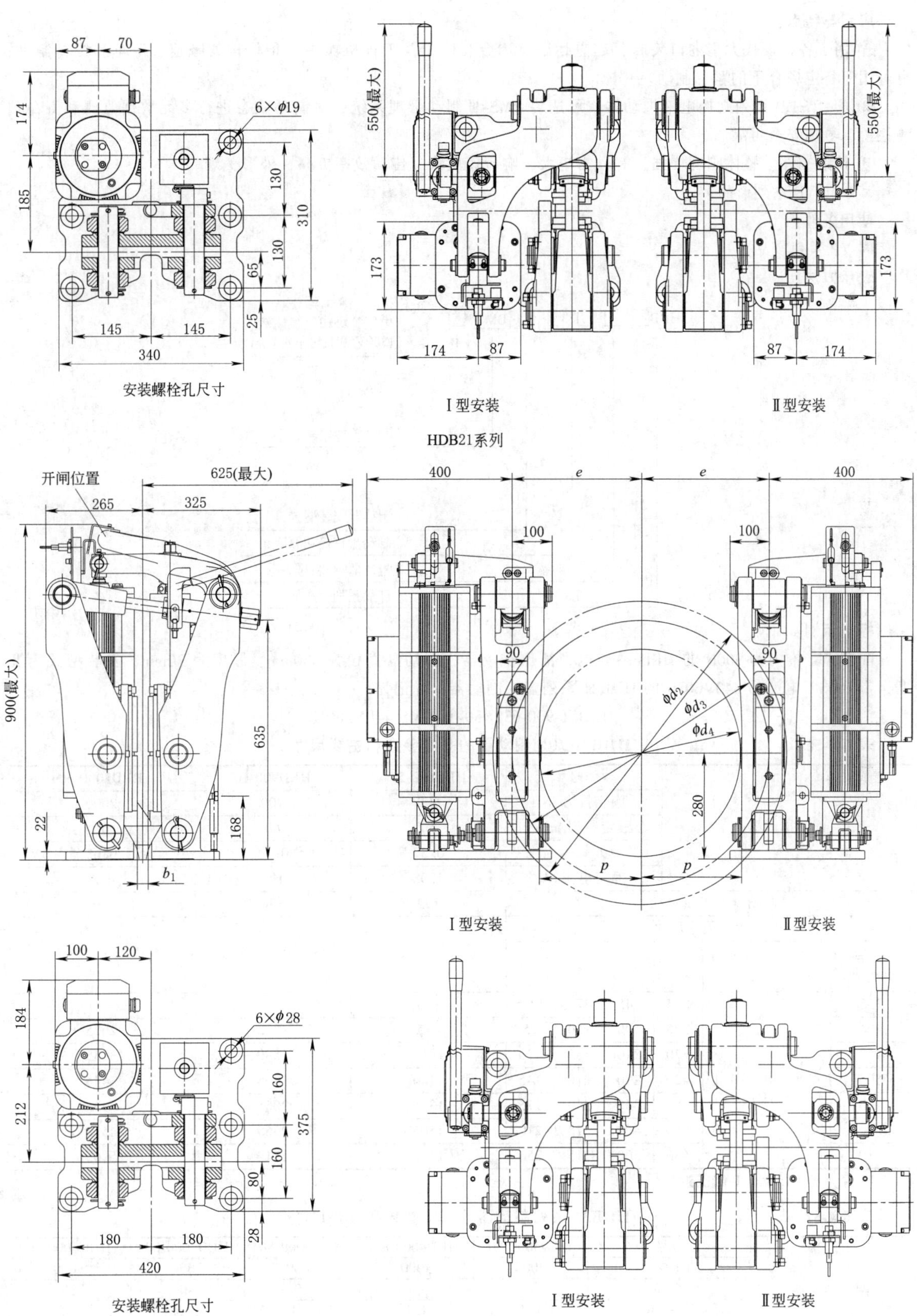
87
70
174
185
6×ϕ19
130
130
310
65
25
145
145
340
安装螺栓孔尺寸
550(最大)
173
174
87
Ⅰ型安装
Ⅱ型安装
HDB21系列
开闸位置
625(最大)
265
325
900(最大)
635
22
168
b_1
400
e
e
400
100
100
90
90
ϕd_2
ϕd_3
ϕd_4
280
p
p
Ⅰ型安装
Ⅱ型安装
100
120
184
212
6×ϕ28
160
160
375
80
28
180
180
420
安装螺栓孔尺寸
Ⅰ型安装
Ⅱ型安装
HDB31系列

应用与特点：

① 用于各种现代大型港口装卸、起重运输、冶金、矿山及工程机械中各种机构的减速、停车和维持制动，也可用于特定场合下的紧急制动。

② 配套 HED 系列阀控电液推动器，可选装 BMS-Ⅲ制动管理系统，对制动状态进行多元数据监测和寿命预测报警，更加安全可靠。

③ 铸造构件，整体刚度增强，制动力矩大，响应速度快，传动效率更高，外形美观。

其余同 YP 系列产品。

使用条件：

同 YP 系列产品。

表示方法：

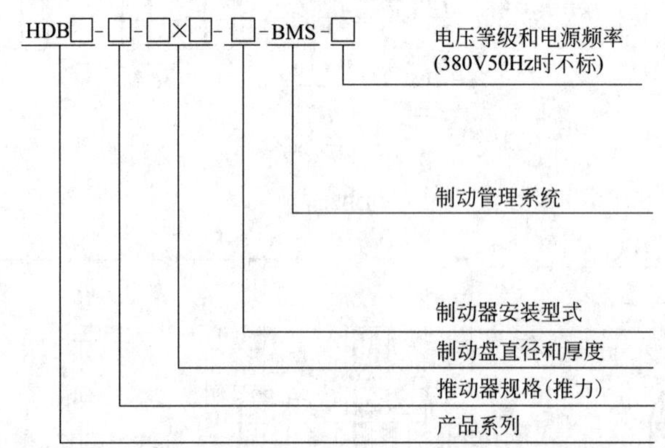

标记示例：

配套额定推力为 900N 的 HED 系列电力液压推动器，制动盘直径为 630mm，厚度为 30mm，安装型式为Ⅱ型，带 BMS，电源为 440V60Hz 的 HDB21 系列盘式制动器，标记为

HDB21-900-630×30-Ⅱ-BMS-440V. 60Hz

表 6-4-56　　**HDB21** 系列制动器的基本参数和主要尺寸

配套推动器							型号	HED600-50	HED900-60	HED2000-60
							额定推力/N	600	900	2000
							额定行程/mm	50	60	60
							功率/W	0.37	0.45	0.65
							额定电流/A	1.08	1.2	1.6
制动器整机质量/kg								192	196	198
与制动盘有关的尺寸/mm								最大制动力矩/N·m		
制动盘直径 d_2	b_1	s	d_3	d_4	e	p				
355	30	0.7~1.1	275	145	137.5	72.5		755		
400			320	190	160	95		875	1375	2625
450			370	240	185	120		1015	1590	3035
500			420	290	210	145		1150	1805	3445
560			480	350	240	175		1315	2065	3935
630			550	420	275	210		1505	2365	4510
710			630	500	315	250		1725	2710	5165

注：s 为制动瓦单侧开闸退距。

表 6-4-57　　**HDB31** 系列制动器的基本参数和主要尺寸

配套推动器	型号	HED3000-80	HED4000-80	HED5000-80	HED7000-80	HED8000-80
	推力/N	3000	4000	5000	7000	8000
	行程/mm	80	80	80	80	80
	功率/W	1.1	1.1	1.1	1.5	1.5
	额定电流/A	2.56	2.56	2.56	3.5	3.5

续表

制动器整机质量/kg							317	317	331	331	331
与制动盘有关的尺寸/mm							最大制动力矩/N·m				
制动盘直径 d_2	b_1	s	d_3	d_4	e	p					
450	30	0.7~1.1	350	175	175	95	3150	4900	7000		
500			400	225	200	120	3600	5600	8000		
560			460	285	230	150	4140	6440	9200		
630			530	355	265	185	4770	7120	10600		
710			610	435	305	225	5500	8540	12200	15800	19500
800			700	525	350	270	6300	9800	14000	18200	22400
900			800	625	400	320			16000	20800	25600
1000			900	725	450	370			18000	23400	28000
1100			1000	825	500	420				26000	32000

注：s 为制动瓦单侧开闸退距。

4.3.2 钳盘式制动器

（1）SB 系列安全制动器（见表 6-4-58 和表 6-4-59）

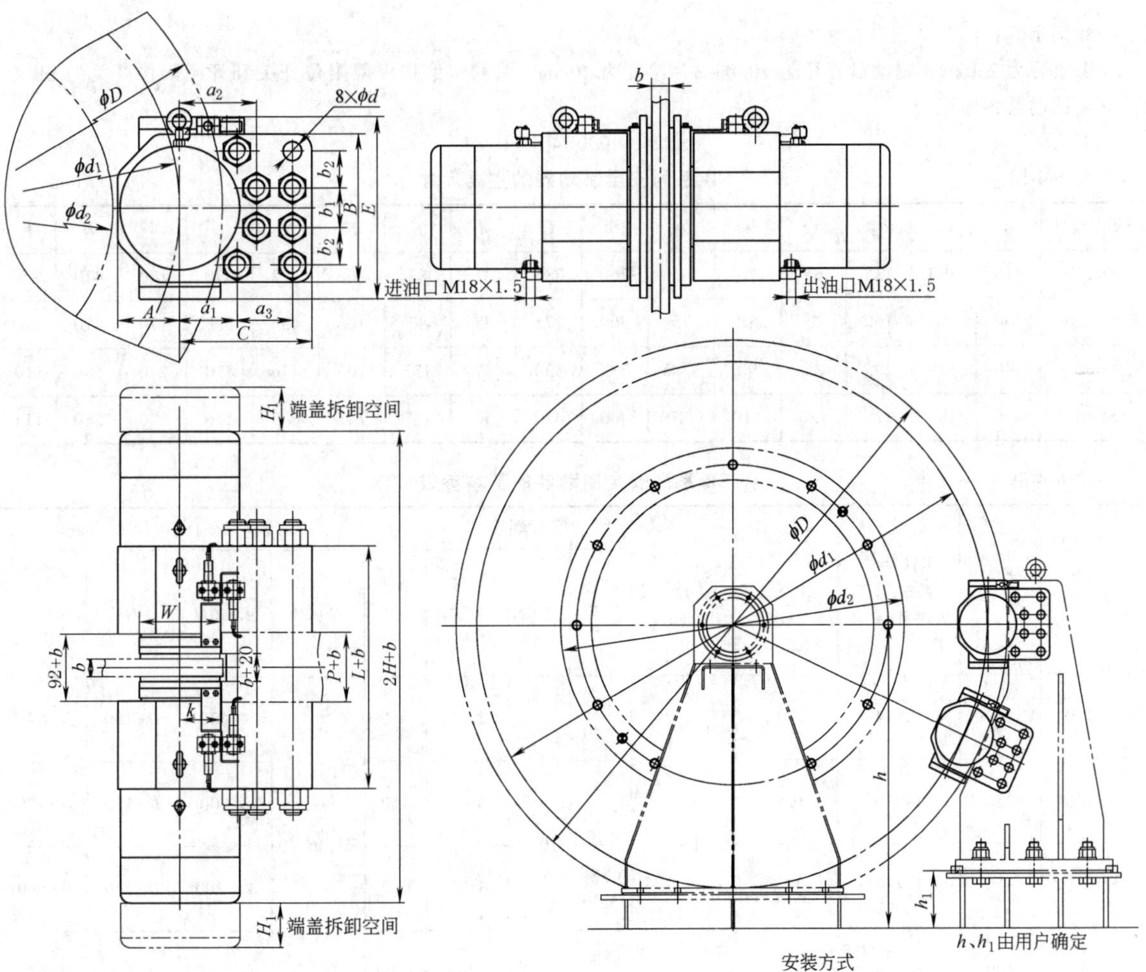

安装方式

应用与特点：

① 用于大中型起重机、港口装卸机械起升及臂架俯仰变幅机构低速轴的紧急安全制动，矿用卷扬机、提升机和大功率倾角皮带运输机的工作和紧急安全制动，缆车和缆索起重机驱动机构的安全制动，铸造起重机等特种

起重机起升机构低速轴的紧急安全制动。

② 碟簧制动，液压释放，动作灵敏，配置专用液压站。

③ 油缸采用无泄漏密封结构设计，选用优质密封件，密封效果好，使用寿命长。

④ 可选装开、闭闸限位开关和衬垫磨损极限限位开关等附加装置。

使用条件：

① 环境温度：-20~50℃。

② 相对湿度：≤90%。

③ 海拔高度：<2000m。

表示方法：

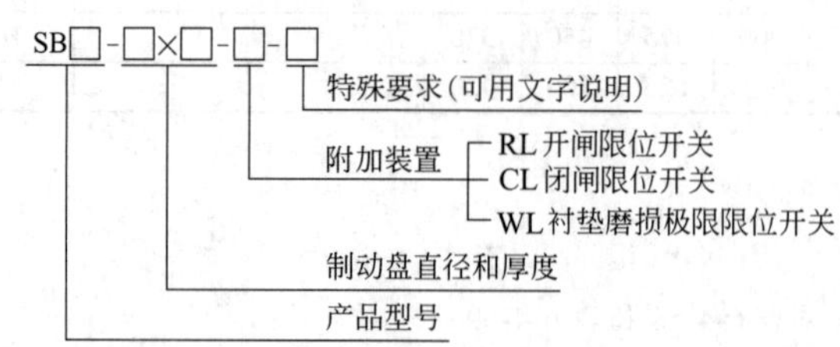

标记示例：

夹紧力为250kN，制动盘直径为1000mm，厚度为40mm，带衬垫磨损极限限位开关和开闸限位开关的SB系列安全制动器，标记为

SB250-1000×40-WL. RL

表 6-4-58　　SB系列安全制动器的主要尺寸　　mm

产品型号	A	a_1	a_2	a_3	b_1	b_2	B	C	d	K	P	L	E	W	H	H_1
SB160	110	120	135	65	70	65	260	235	31	87	106	412	370	170	410	95
SB250	130	120	160	75	80	75	300	275	37	87	106	456	370	170	470	110
SB315	140	175	205	85	90	82.5	335	330	37	137	106	476	410	270	500	110
SB400	170	180	220	120	110	110	440	420	50	137	142	602	546	270	560	115

表 6-4-59　　SB系列安全制动器的基本参数

产品型号	夹紧力/kN	工作油压(额定/最大)/MPa	开闸油量/mL	开闸间隙/mm	安装螺栓			质量/kg	与制动盘有关的尺寸/mm			
					规格	等级	拧紧力矩/N·m		厚度 b	外径 D	d_1	$d_{2\max}$
SB160	160	12/14	70	1~2	8×M30	10.9	2200	310	30,36,40	≥600	D-180	D-440
SB250	250	14/16	95		8×M36		3540	452		≥600	D-180	D-480
SB315	315	15/17	115		8×M36		3540	672		≥1200	D-280	D-600
SB400	400	14/16	170		8×M48		7400	1100		≥1800	D-280	D-660

注：制动力矩 $M=\mu d_1 F$，μ 为摩擦因数，取 $\mu=0.36$，d_1 为计算摩擦直径，F 为夹紧力。

（2）HSB系列液压盘式制动器（见表6-4-60和表6-4-61）

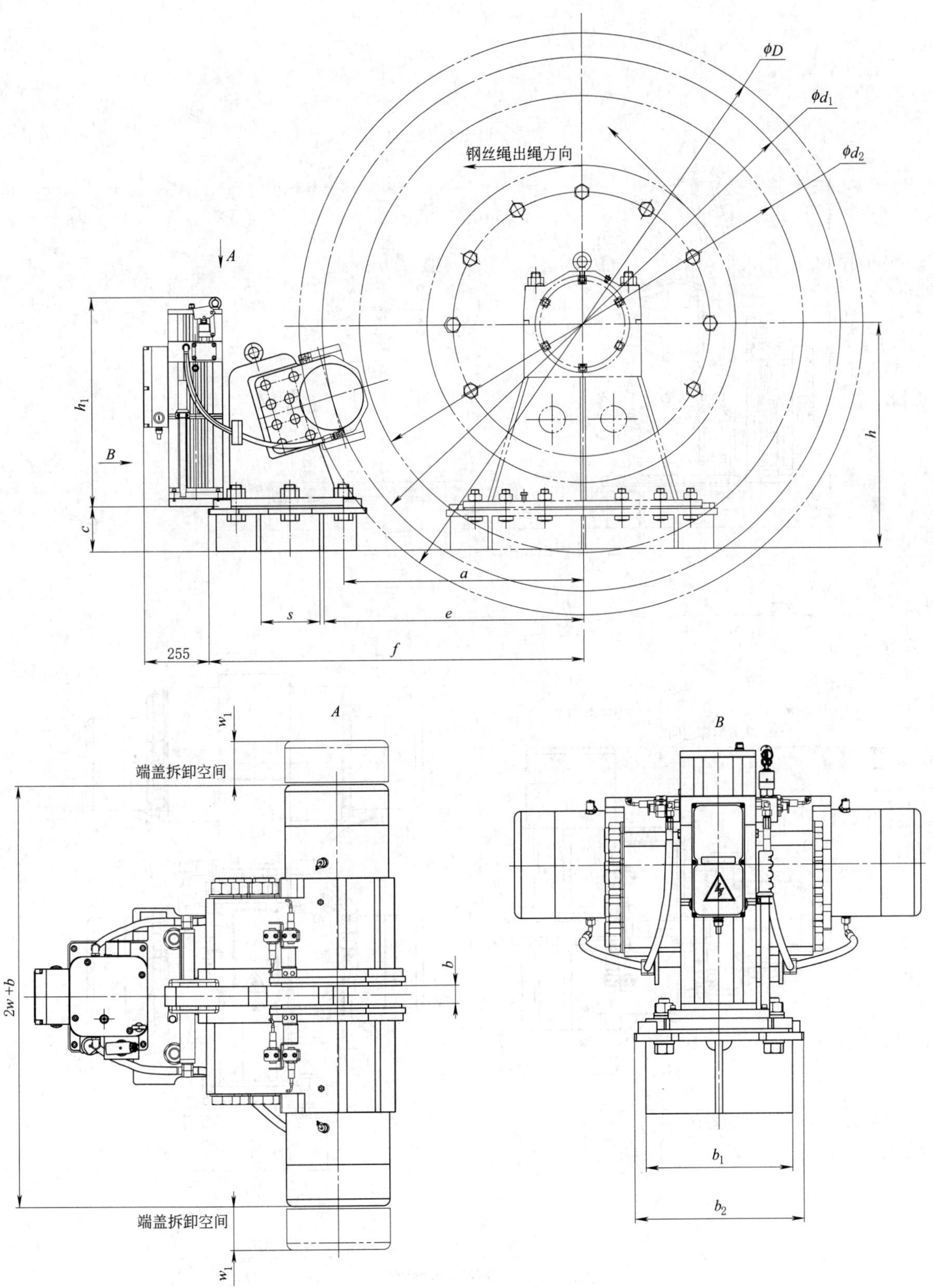

单制动头的安装

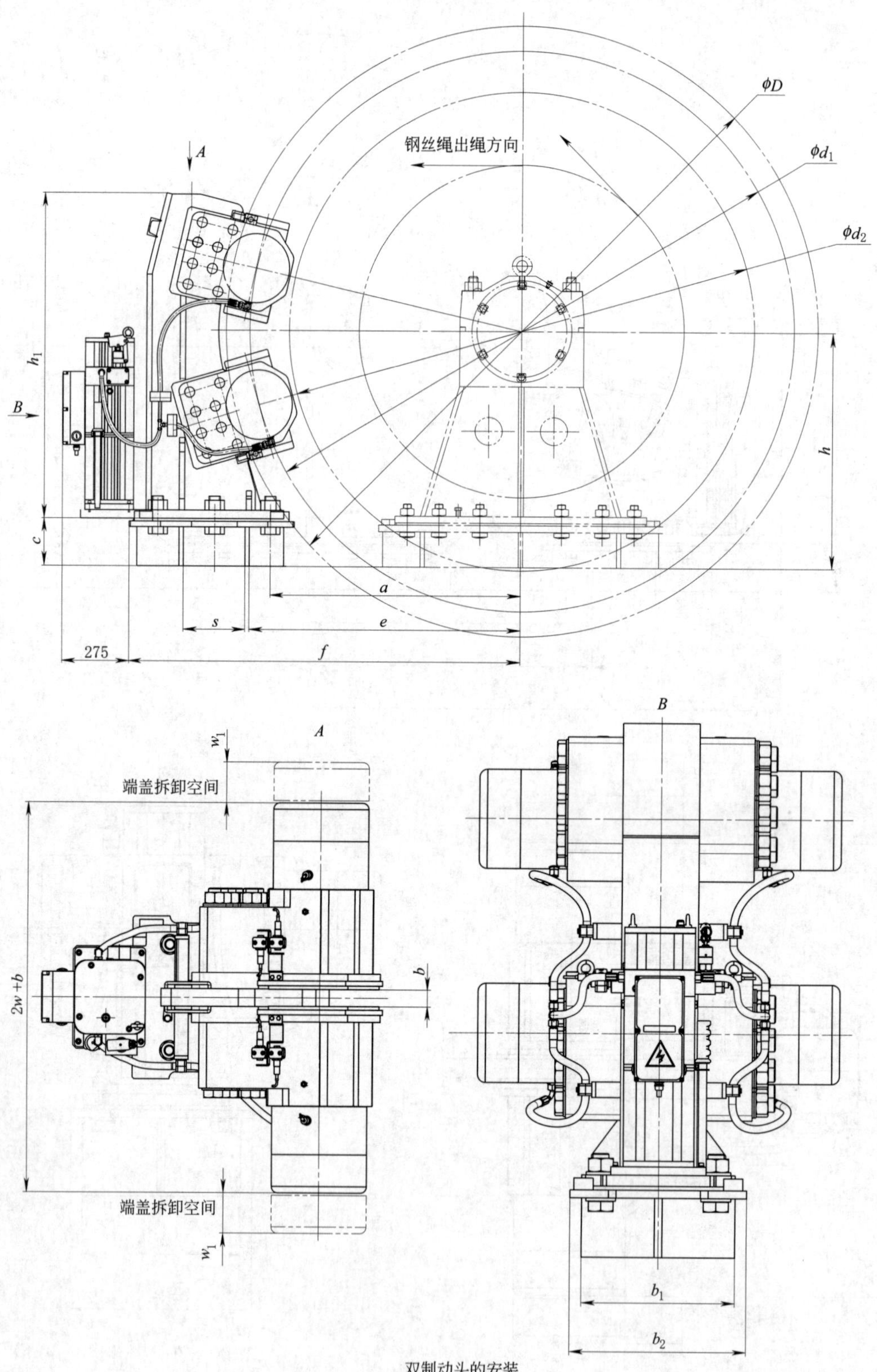

A
φD
钢丝绳出绳方向
φd1
φd2
h1
B
h
c
a
s
e
275
f
B
A
w1
端盖拆卸空间
2w+b
b
端盖拆卸空间
w1
b1
b2

双制动头的安装

应用与特点及使用条件同 SB 系列产品。HSB 系列是 SB 系列制动头与液压动力单元和安装支架的集成产品。

表示方法：

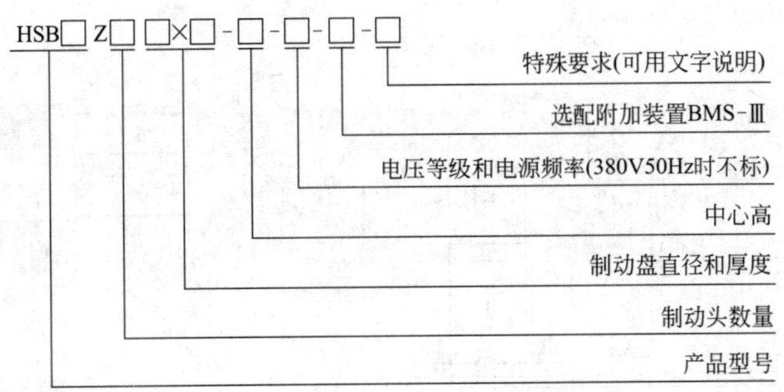

标记示例：

夹紧力为 315kN，制动头数量为 2，制动盘直径为 2200mm，厚度为 36mm，中心高为 900mm，使用电源为 440V60Hz 的 HSB 系列液压盘式制动器，标记为

HSB315 Z2 2200×36-900-440V. 60Hz

表 6-4-60　　HSB 系列液压盘式制动器的基本参数

产品型号	制动头型号	夹紧力(单/双)/kN	释放压力/MPa	退距/mm	摩擦因数 μ		功率/kW	电流/A	质量(单/双)/kg	与制动盘有关的尺寸/mm			
					静态	动态				厚度 b	外径 D	摩擦直径 d_1	d_{2max}
HSB100	SB100	100/200	12						450/650		≥500	$D-150$	$D-380$
HSB160	SB160	160/320	14						650/1150		≥600	$D-180$	$D-440$
HSB250	SB250	250/500	16	1~2	0.4	0.36	3	6.9	800/1450	30,36,40	≥600	$D-180$	$D-480$
HSB315	SB315	315/630	17						1050/1800		≥1200	$D-280$	$D-600$
HSB400	SB400	400/800	16						1700/3500		≥1800	$D-280$	$D-660$

表 6-4-61　　HSB 系列液压盘式制动器的主要尺寸　　mm

产品型号	a	f	s	c	e	b_1	b_2	h_1		w	w_1	适用盘径/mm
								单制动头	双制动头			
HSB100	$0.47D-127$	$a+440$	190	$h-480$	$a+60$	340	400	720	950	360	85	2000~2300
HSB160	$0.48D-132$	$a+530$	230	$h-680$	$a+79$			720	1210	410	95	单制动头 2000~2300
HSB250	$0.48D-128$	$a+530$	230	$h-680$	$a+79$			720	1265	470	110	单制动头 2000~2300
HSB315	$0.48D-112$	$a+530$	230	$h-680$	$a+79$	400	460	720		500	110	2000~2300
		$a+590$	304		$a+72$				1455			2000~2300
HSB400	$0.47D-125$	$a+530$	230	$h-680$	$a+79$			800		560	115	2000~2300
		$a+740$	194	$h-900$	$a+79$				1865			2000~2500

注：制动力矩 $M=\mu d_1F$，μ 为摩擦因数，取 $\mu=0.36$，d_1 为计算摩擦直径，F 为夹紧力。

（3）HKPZ 系列液压盘式制动器（见表 6-4-62～表 6-4-64）

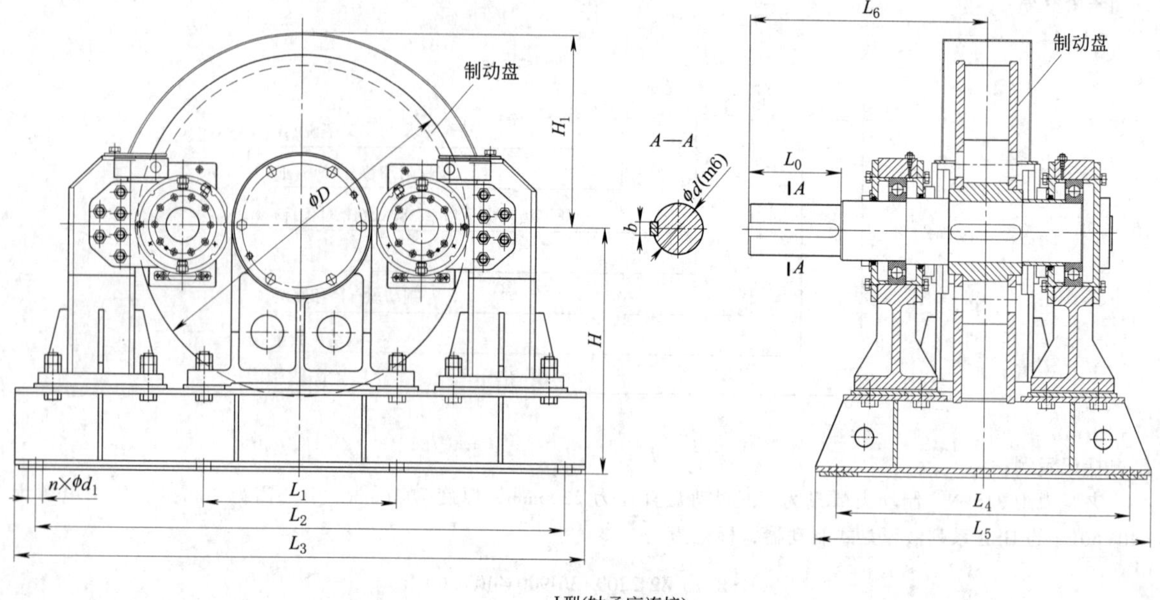

Ⅰ型(轴承座连接)

Ⅱ型(胀套连接)

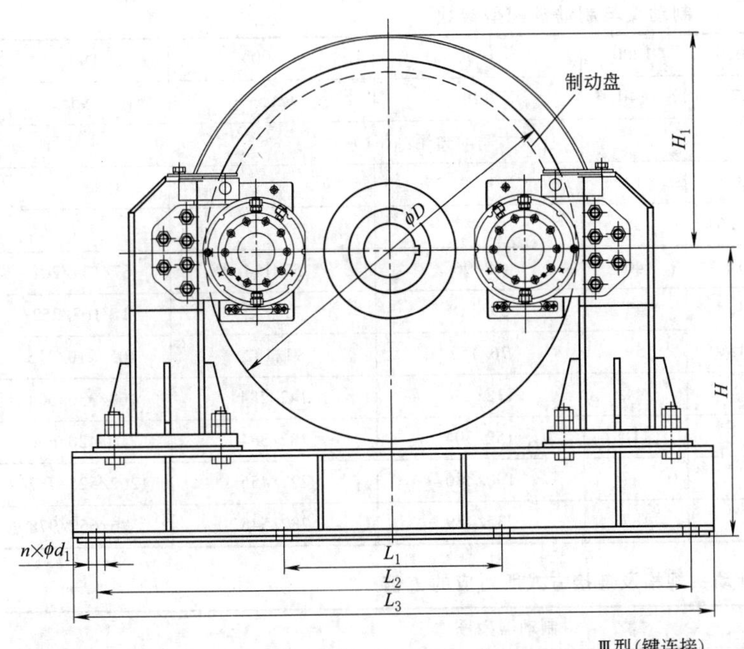

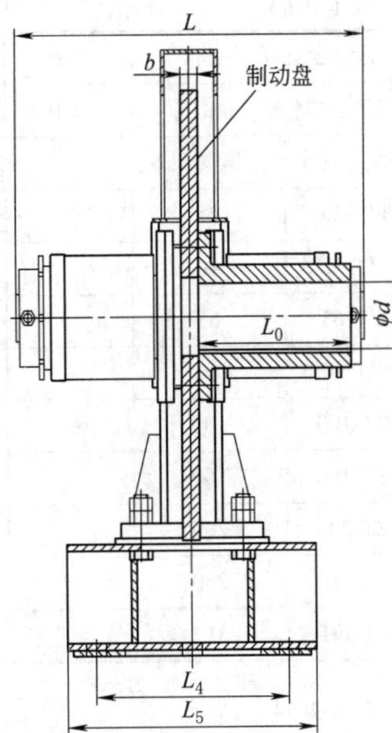

Ⅲ型(键连接)

应用与特点:

① 用于大中型矿用卷扬机、皮带运输机等大型机电设备的控制制动。

② 配套 HZT 系列制动头和矿山盘式制动器液压控制单元。

③ 加装强迫对流装置，制动盘冷却效果好。

④ 其余同 SB 系列产品。

使用条件:

同 SB 系列产品。

表示方法:

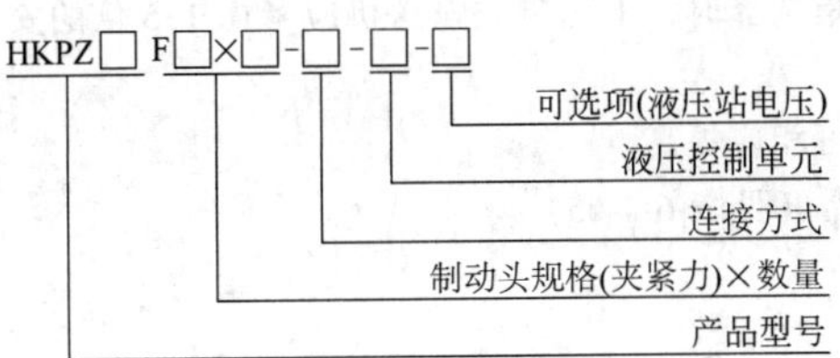

标记示例:

制动盘直径为 1200mm，制动头型号为 HZT-40，数量为 2，胀套连接方式，非防爆普通配置，液压控制单元电压为 380V 的 HKPZ 系列液压盘式制动器，标记为

HKPZ1200　F40×2-Ⅱ-NC

表 6-4-62　HKPZ 系列液压盘式制动器的主要尺寸　mm

产品型号	D	H	H_1			d	b		L_0			L_1			L_2			L_3			L_4			L_5			L_6	$n\times\phi d_1$		
			Ⅰ	Ⅱ	Ⅲ		Ⅰ	Ⅲ	Ⅰ	Ⅱ	Ⅲ	Ⅰ	Ⅱ	Ⅲ	Ⅰ	Ⅱ	Ⅲ	Ⅰ	Ⅱ	Ⅲ	Ⅰ	Ⅱ	Ⅲ	Ⅰ	Ⅱ	Ⅲ		Ⅰ	Ⅱ	Ⅲ
HKPZ800	800	订货时商定	455	450		订货时商定	32	30	220	订货时商定		470	770		1280	1170		1380	1310		710	320		810	420		570	10×ϕ35	8×ϕ35	
HKPZ1000	1000		530	550			32	30	220			470	970		1410	1370		1510	1510		710	320		810	420		570	10×ϕ35	8×ϕ35	
HKPZ1200	1200		650	650			40	30	300			580	990		1704	1550		1824	1670		710	420		810	520		650	10×ϕ35	8×ϕ35	
HKPZ1400	1400		800	750			56	30	350			695	1190		1895	1750		2000	1890		730	420		850	520		687	10×ϕ42	8×ϕ42	
HKPZ1600	1600			850				30					1390			1950			2090			420			520				8×ϕ42	
HKPZ1800	1800			950				30					1400			2120			2320			420			520				8×ϕ42	

注：Ⅱ型和Ⅲ型的 L 值与制动头规格相关，详见表 6-4-64。

第6篇

表 6-4-63　制动头与制动盘配型参数

制动盘直径 D/mm		800	1000	1200	1400	1600	1800
最高转速/r·min^{-1}		200	170	140	120	105	95
制动头型号	夹紧力/kN	最大制动力矩/kN·m					
HZT-25	25	10	13.5	17			
HZT-40	40		19.6	25			
HZT-63	63		31	40	48/96	57/114	67/134/201
HZT-80	80		36	47	59/118	71/142	84/168/252
HZT-100	100		45	59	76/152	91/182	105/210/315
HZT-160	160			94	118/236	142/284	168/336/504
HZT-200	200			118	152/304	182/364	210/420/630
HZT-250	250			147	190/380	227/455	262/525/787
HZT-315	315			187	235/469	282/545	326/652/978

表 6-4-64　制动头规格及连接方式所对应的 *L* 值　mm

连接方式	制动器型号								
	HZT-25	HZT-40	HZT-63	HZT-80	HZT-100	HZT-160	HZT-200	HZT-250	HZT-315
胀套连接	648	648	798	798	798	920	920	1070	1070
键连接	600	600	678	678	678	830	830	990	990

① 用户根据实际使用需要的制动力矩，参照表 6-4-63，选择相应的制动头规格、数量及所匹配的制动盘直径。

② 液压控制单元：NH 为普通（非防爆）高配、NC 为普通（非防爆）普配、BH 为防爆高配，BC 为防爆普配。

③ 制动头数量与最大制动力矩匹配关系：2/4/6。

④ 用于带式输送机，制动力矩选择时，上运带式输送机应考虑 1.5 倍的安全系数，下运带式输送机应考虑 2 倍以上的安全系数。

⑤ 用于非防爆环境时，转速可相应提高。

(4) SBD 系列液压盘式制动器（见表 6-4-65）

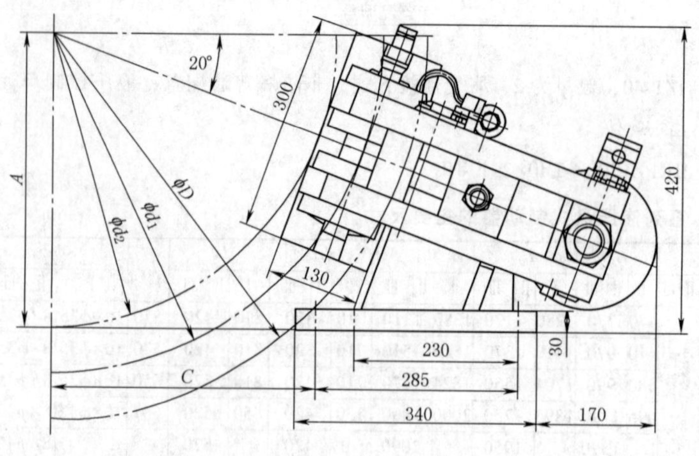

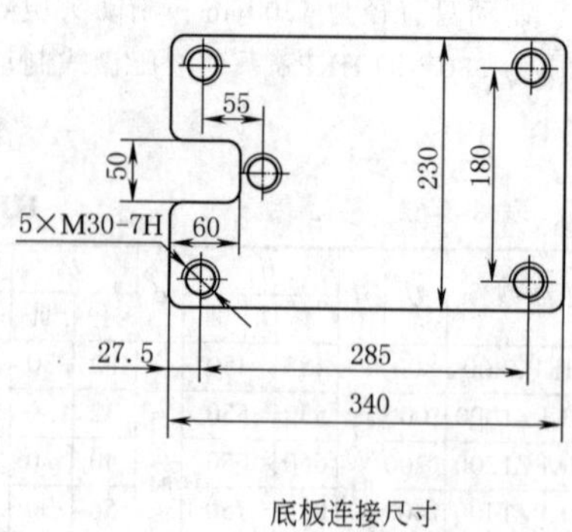

底板连接尺寸

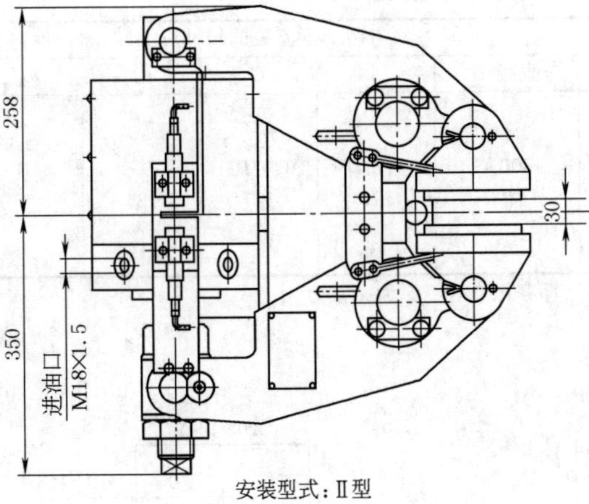

安装型式：Ⅱ型

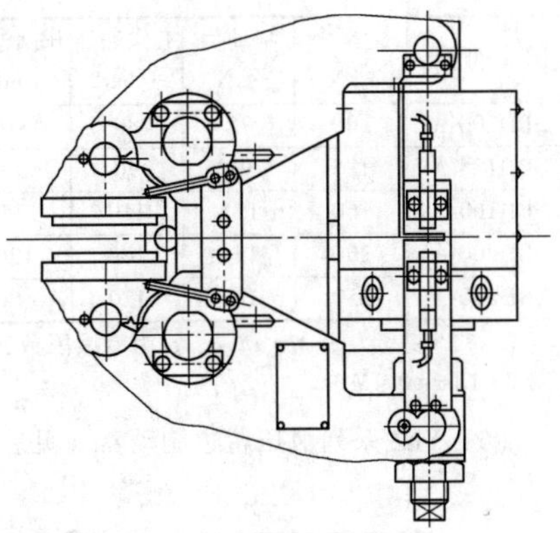

安装型式：Ⅰ型

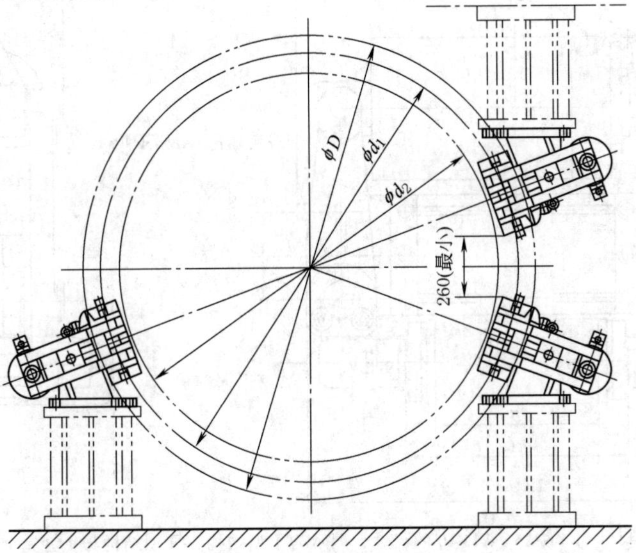

制动器安装

应用与特点及使用条件同 SB 系列产品。

表示方法：

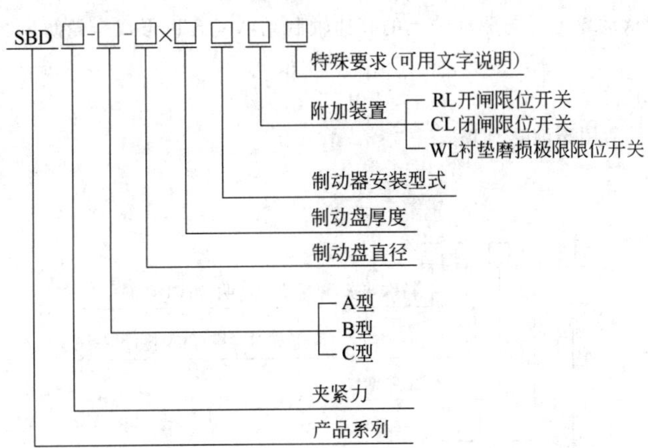

标记示例：

夹紧力为 250kN，制动盘直径为 1600mm，制动盘厚度为 30mm，Ⅰ型安装，带开闸限位开关的 A 型 SBD 系列液压盘式制动器，标记为

SBD250-A-1600×30 Ⅰ RL

表 6-4-65　　SBD 系列液压盘式制动器的基本参数和主要尺寸

产品型号	夹紧力 /kN	制动力 /kN	工作油压 /bar	开闸油量 /mL	开闸间隙 /mm	质量 /kg	与制动盘有关的尺寸/mm				
							直径 D	A	C	d_1	d_{2max}
SBD100-A	100	72	80	90	0.75~1.5	195	800~1800	0.171D+220	0.47D−127	D−135	D−270
SBD125-A	125	90	90	90							
SBD160-A	160	115	110	75							
SBD200-A	200	144	100	120		235					
SBD250-A	250	180	120	100							

注：1. 制动力矩 $M=\mu d_1 F$，μ 为摩擦因数，取 $\mu=0.36$，d_1 为计算摩擦直径，F 为夹紧力。

2. 1bar=0.1MPa。

（5）YLZ 系列液压轮边制动器（见表 6-4-66）

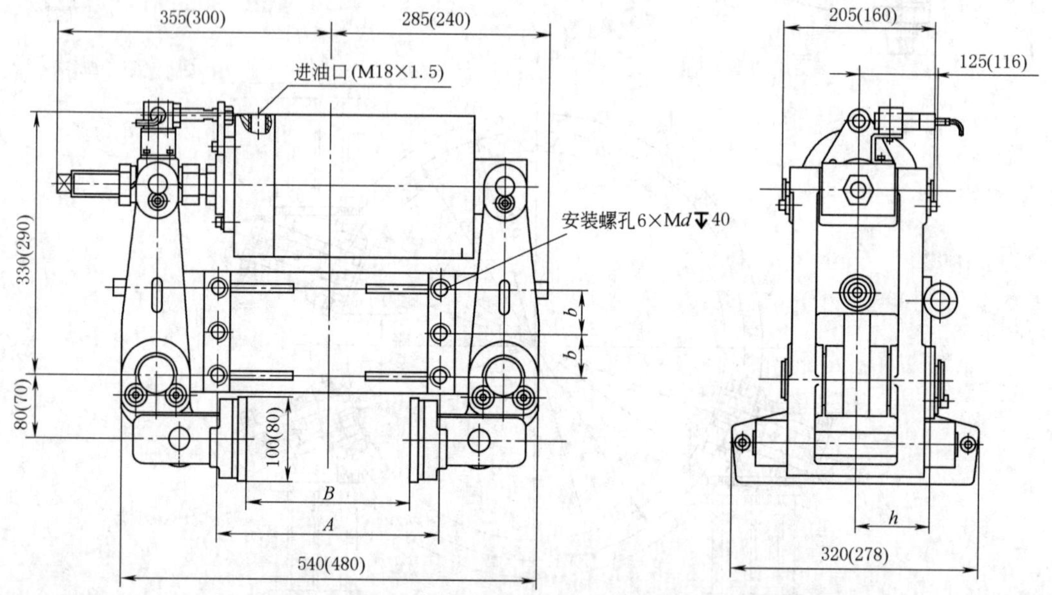

括号内尺寸为 YLZ25、YLZ40 的尺寸，图示为Ⅰ型结构，Ⅱ型结构与Ⅰ型完全对称

应用与特点：

① 用于室外轨行式大中型起重机及港口装卸机械工作状态下的防风和非工作状态下的辅助防风制动。

② 碟簧施力制动，液压驱动释放，液压站集中控制成组制动器。

③ 一般安装在设备的从动轮上，与驱动轴上的高速轴制动器配合可形成全轮防风制动，防风作用更加可靠。

使用条件：

① 环境温度：−20~50℃。

② 相对湿度：≤90%，适用于海边环境。

③ 海拔高度：<2000m。

表示方法：

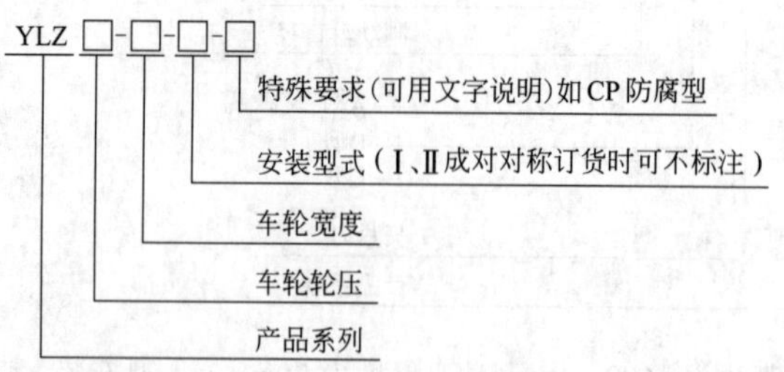

标记示例：

车轮轮压为 40kN，车轮宽度为 200mm，Ⅰ型安装，防腐型 YLZ 系列液压轮边制动器，标记为

YLZ40-200-Ⅰ-CP

表 6-4-66　　YLZ 系列液压轮边制动器的基本参数和主要尺寸

产品型号	额定夹紧力/kN	额定静摩擦力/kN	工作油压/MPa	开闸油量/mL	尺寸/mm					质量/kg
					B	A	b	h	d	
YLZ25-□	50	42	8	70	135～200	250	50	85	20	95
YLZ40-□	73	63								98
YLZ63-□	114	96	12	80	140～220	290	55	95	24	142
YLZ100-□	180	150		125						158

（6）DLZ 系列电动轮边制动器（见表 6-4-67）

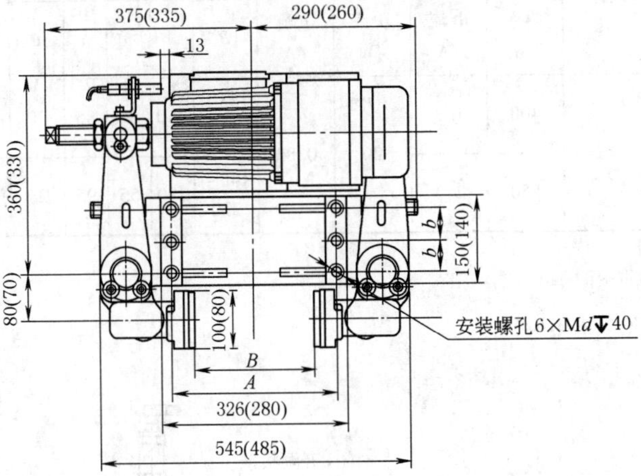

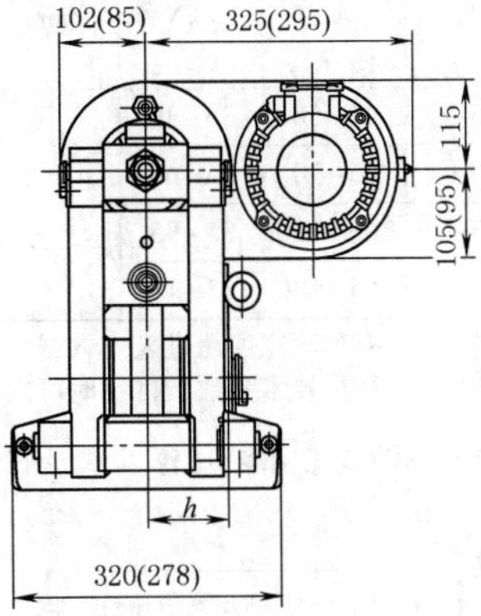

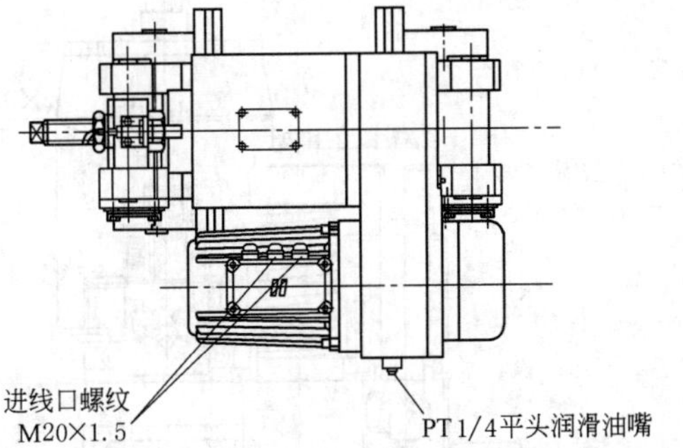

安装螺孔6×Md↧40

进线口螺纹 M20×1.5

PT1/4平头润滑油嘴

Ⅰ型安装　　Ⅱ型安装

括号内尺寸为DLZ25、DLZ40的尺寸，图示为Ⅰ型，Ⅱ型与Ⅰ型完全对称

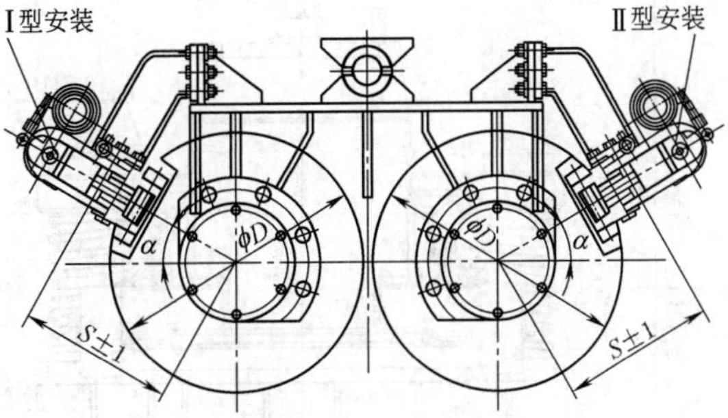

S=75+D/2（对于DLZ25、DLZ40）
S=85+D/2（对于DLZ63、DLZ100）
D为轮缘外径

应用与特点：

① 用于室外轨行式大中型起重机及港口装卸机械工作状态下的防风和非工作状态下的辅助防风制动。

② 碟簧施力制动，电机驱动释放，电磁铁维持，电控系统集中控制成组制动器。

③ 一般安装在设备的从动轮上，与驱动轴上的高速轴制动器配合可形成全轮防风制动，防风作用更加可靠。

使用条件：

同 YLZ 系列产品。

表示方法：

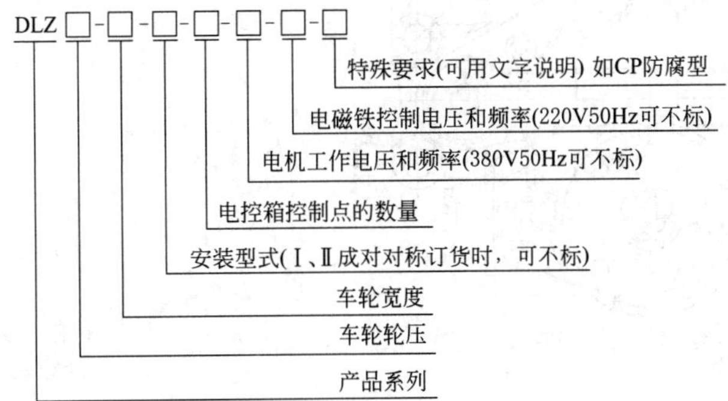

标记示例：

轮压为 63kN，车轮宽度为 180mm，Ⅱ型安装，电控箱控制点数为 6，电源为 380V50Hz，电磁铁电源为 220V50Hz 的防腐型 DLZ 系列电动轮边制动器，标记为

DLZ63-180-Ⅱ-6-CP

表 6-4-67　　DLZ 系列电动轮边制动器的基本参数和主要尺寸

产品型号	额定夹紧力/kN	额定静摩擦力/kN	开闸间隙/mm	开闸时间/s	闭闸时间/s	电机(380V50Hz)		电磁铁(220V50Hz)		尺寸/mm					质量/kg
						功率/W	电流/A	功率/W	电流/A	B	A	b	h	d	
DLZ25-□	45～50	36～40	0.5～1.2	2～3	<1	400	1.3	20	0.83	135～200	250	50	85	20	95
DLZ40-□	65～70	55～60													98
DLZ63-□	100～110	85～95				550	2.3			140～220	290	55	95	24	142
DLZ100-□	165～180	135～150													158

注：1. 如果车轮宽度超过表中数据，订货时说明。

2. 配套电控箱技术参数，订货时可向生产厂家索取。

（7）SBD17-G 型液压浮动式盘式制动器（见表 6-4-68）

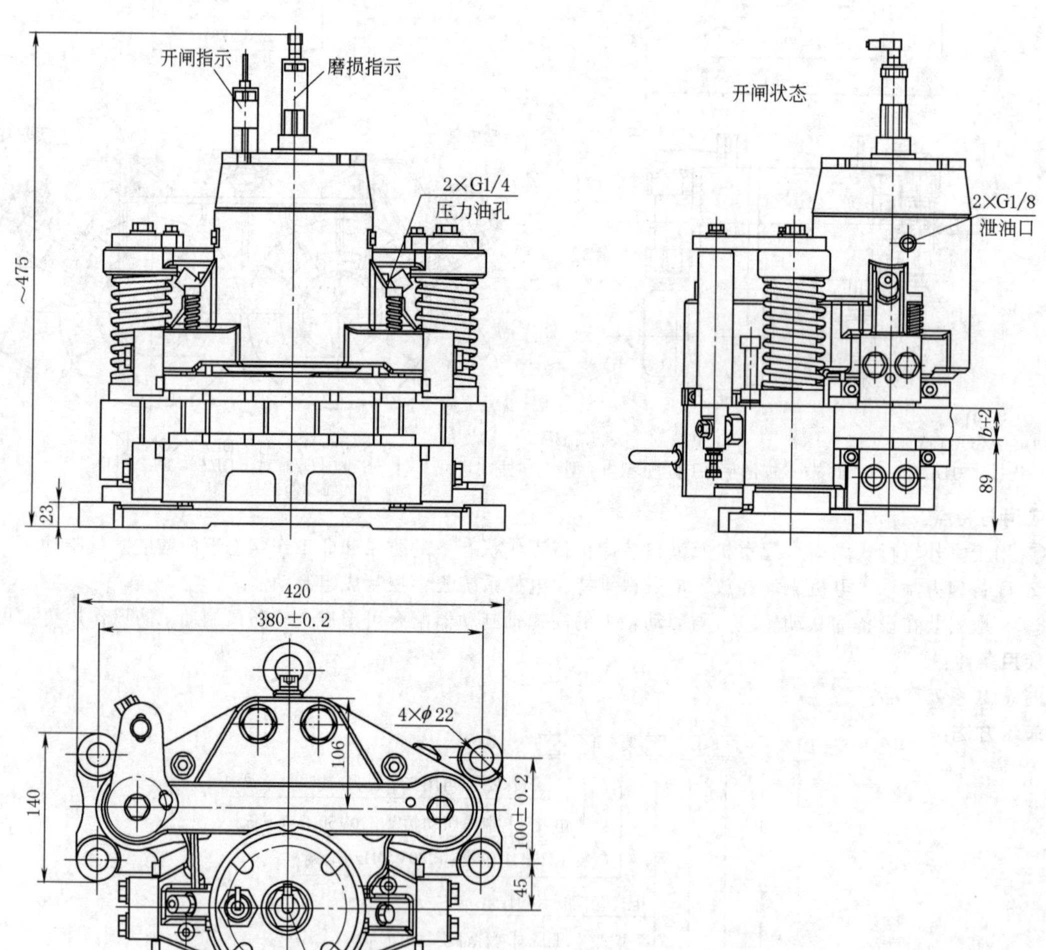

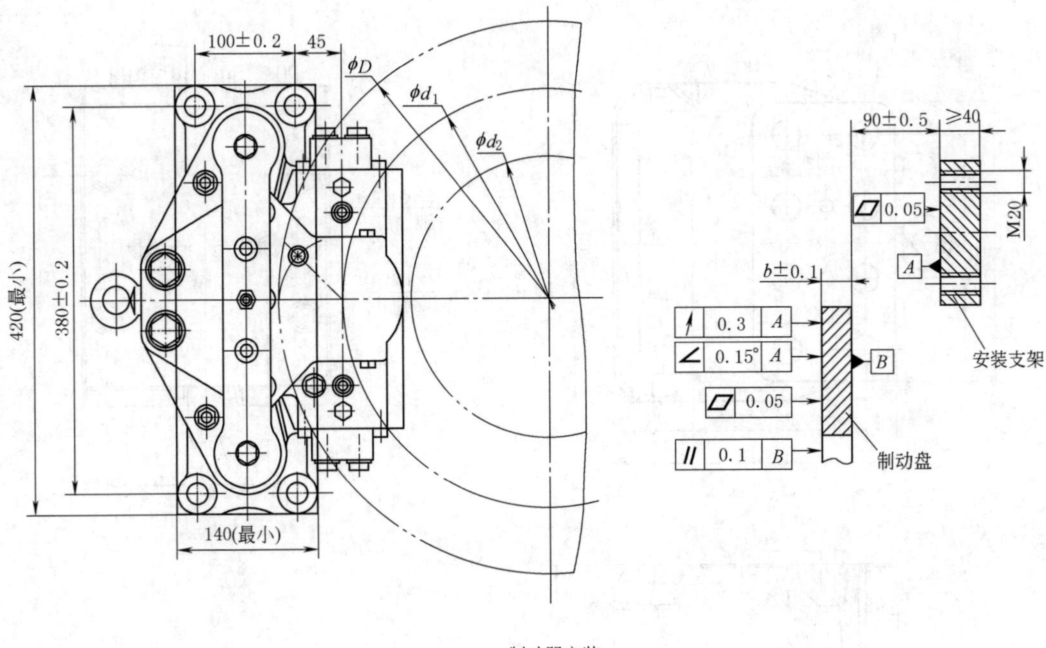

制动器安装

应用与特点：

① 常用于双馈型风力发电机组高速轴作辅助维持和应急制动，也可用于中小型工业装备传动机构的减速、停止和维持制动。

② 单油缸浮动式结构，结构紧凑，碟簧施力制动，液压驱动释放。

③ 设计有泄油口，不污染环境。

④ 可选装开闸限位开关、摩擦片磨损极限限位开关、摩擦片磨损自动补偿装置、集油瓶等附加装置。

使用条件：

① 环境温度：-40~70℃。

② 相对湿度：≤100%。

③ 海拔高度：<2000m。

表 6-4-68　　SBD17-G 型液压浮动式盘式制动器的基本参数和主要尺寸

夹紧力/kN		工作油压/bar		开闸油量/mL	单侧开闸间隙/mm	衬垫磨损厚度/mm	轴向浮动值/mm		安装螺栓		质量/kg	与制动盘有关的尺寸/mm			
额定	最大	额定	最大				朝向安装面	背向安装面	规格	等级		厚度 b	外径 D	d_1	d_{2max}
17	19	42	160	11	0.7~1.2	5	5	10	4×M20	10.9	98	30	≥500	$D-125$	$D-260$

注：1. 本制动器适用于机构单侧安装空间狭小的场合。

2. 1bar=0.1MPa。

(8) SB□-A 系列常开式液压盘式制动器（见表 6-4-69）

应用与特点：

① 用于大型机构的低速拖曳阻尼和停止制动工况，常用于风电机组偏航机构实现偏航阻尼保护和锁定制动。

② 常开式结构，结构紧凑，制动力矩大，可成组使用。

③ 无泄漏油缸密封结构，设计有泄油口，不污染环境。

④ 可选装开闸限位开关、摩擦片磨损极限限位开关、摩擦片磨损自动补偿装置、集油瓶等附加装置。

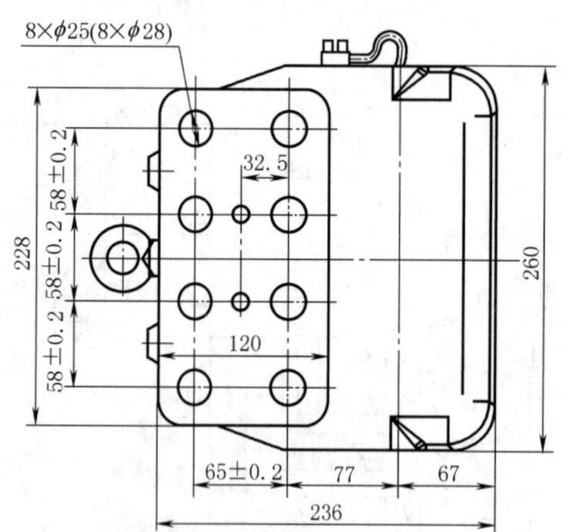

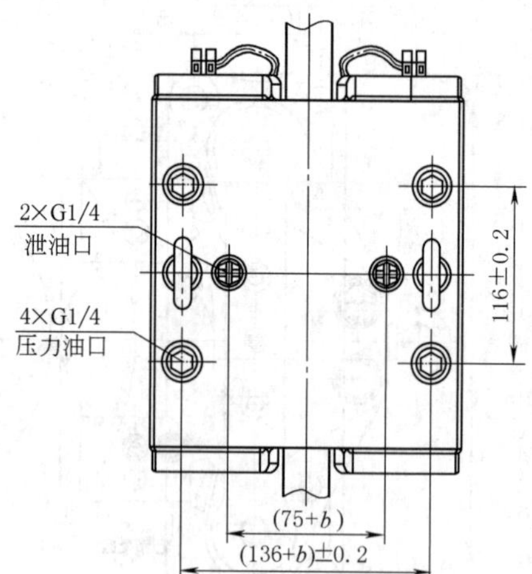

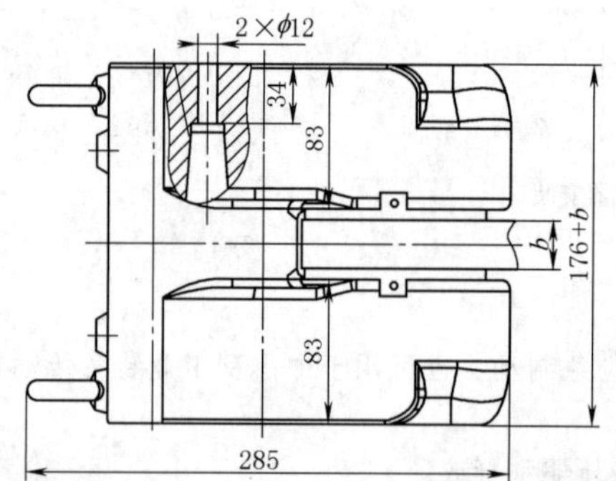

(括号内尺寸适用于SB200-A09)

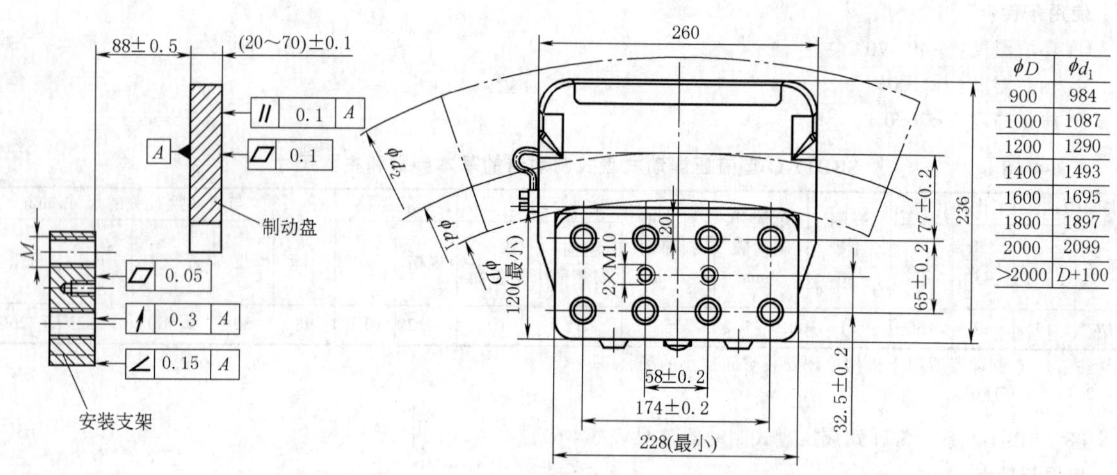

ϕD	ϕd_1
900	984
1000	1087
1200	1290
1400	1493
1600	1695
1800	1897
2000	2099
>2000	D+100

制动器安装(环内侧安装)

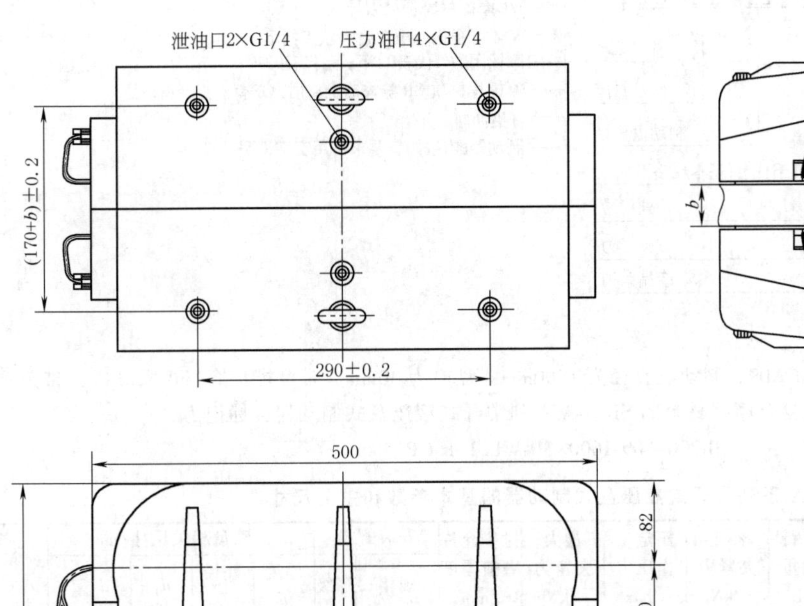

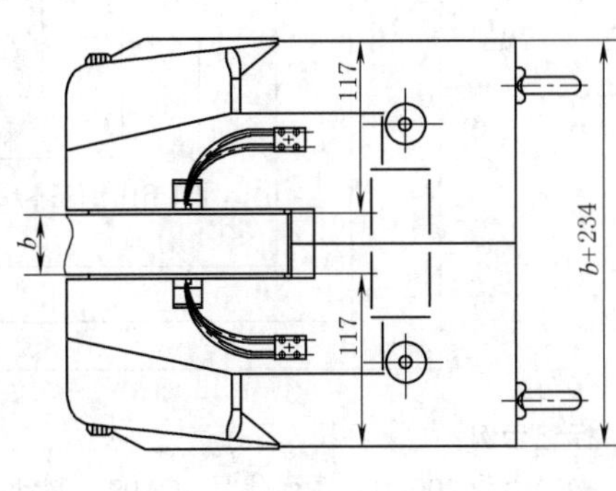

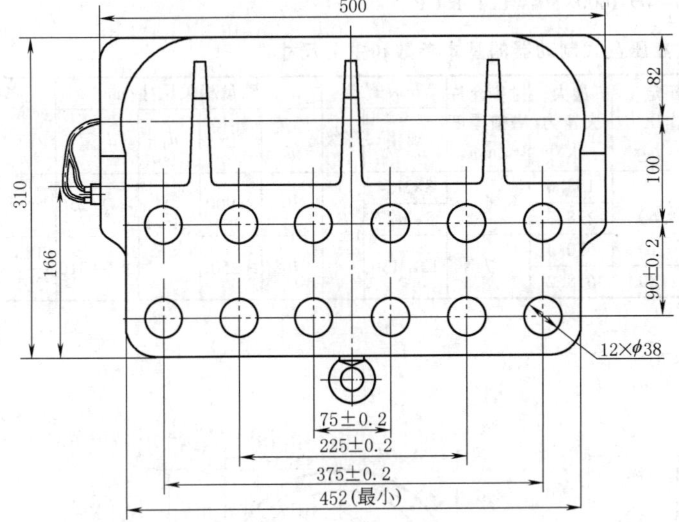

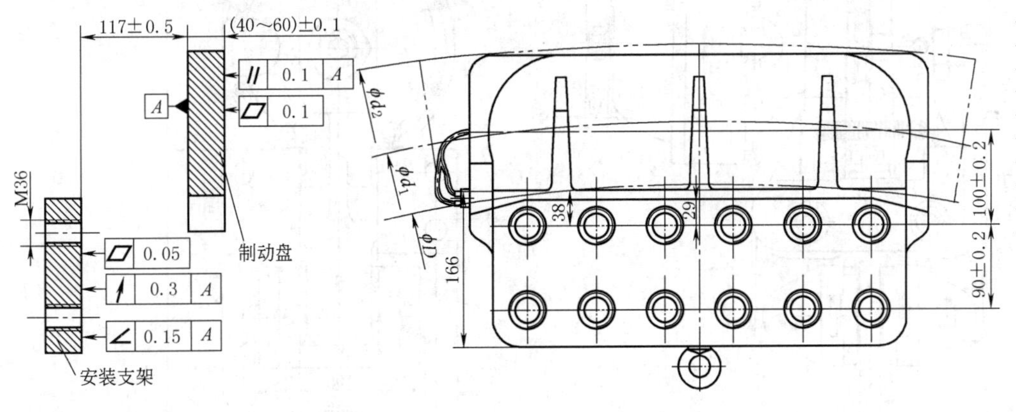

ϕD	ϕd_1
2500	2600
2700	2804
3000	3106
3300	3408
3600	3710
3900	4012
4200	4314
≥4500	D+116

制动器安装（环内侧安装）

使用条件：

① 环境温度：-40~70℃。

② 相对湿度：≤100%。

③ 海拔高度：<2000m。

表示方法：

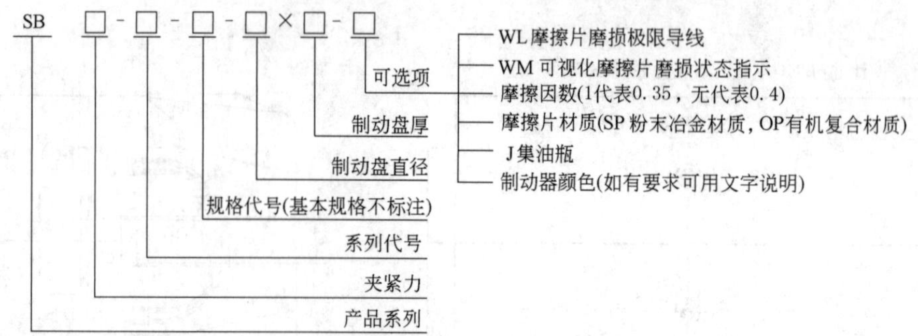

标记示例：

夹紧力为200kN，系列代号为A09，制动盘直径为1600mm，盘厚为30mm，带摩擦片磨损极限导线，带集油瓶，选装摩擦因数为0. 35的有机复合摩擦材料的SB□-A系列常开式液压盘式制动器，标记为

SB200-A09-1600×30-WL. J. 1. OP

表 6-4-69　　SB□-A 系列常开式液压盘式制动器的基本参数和主要尺寸

产品型号	活塞直径/mm	油缸数量	毫米行程油量/mL	额定夹紧力/kN	额定工作压力/bar	最大夹紧力/kN	衬垫允许磨损厚度/mm	安装螺栓		制动盘相关尺寸/mm				质量/kg
								规格	等级	厚度 b	外径 D	d_1	d_{2max}	
SB140-A06	75	2×2	18	141	160	158. 6	6	8×M24	10. 9	30	≥900	见图中表格	≥D+250	60
SB200-A09	90	2×2	26	203	160	228. 3	6	8×M27	10. 9	30	≥900	见图中表格	≥D+250	60
SB540-A02	120	2×3	68	542. 5	160	610. 4	7	12×M36	10. 9	40	≥2500	见图中表格	≥D+310	188
SB540-A19	120	2×3	68	610. 4	180	678. 2	7	12×M36	10. 9	40	≥2500	见图中表格	≥D+310	201

注：1bar＝0. 1MPa。

（9）PD□系列气动盘式制动器（见表 6-4-70）

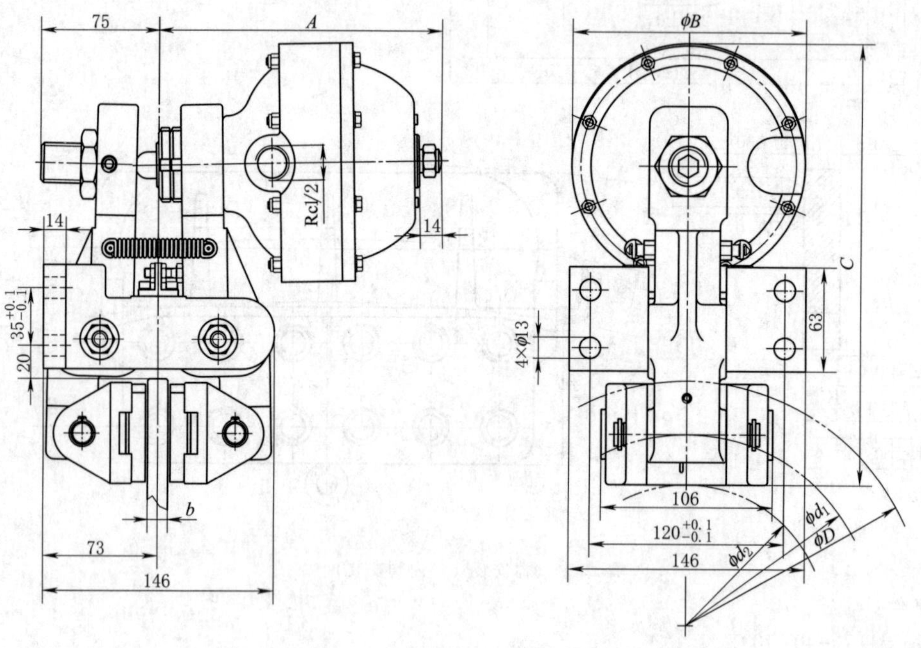

PDA 系列

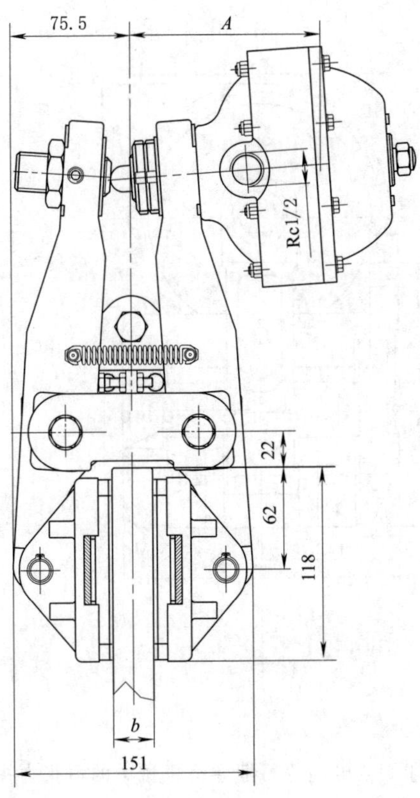
75.5
A
Rc1/2
22
62
118
b
151

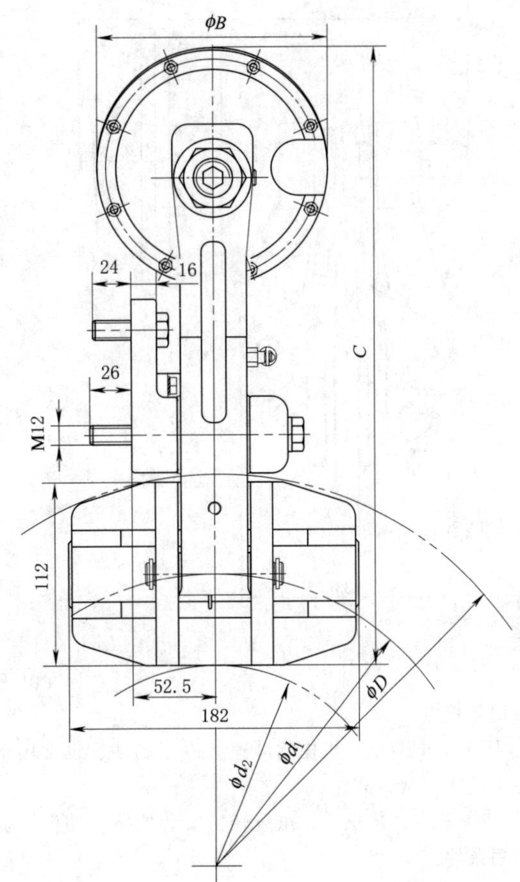
φB
24
16
26
M12
C
112
52.5
182
φD
φd1
φd2

PDB 系列

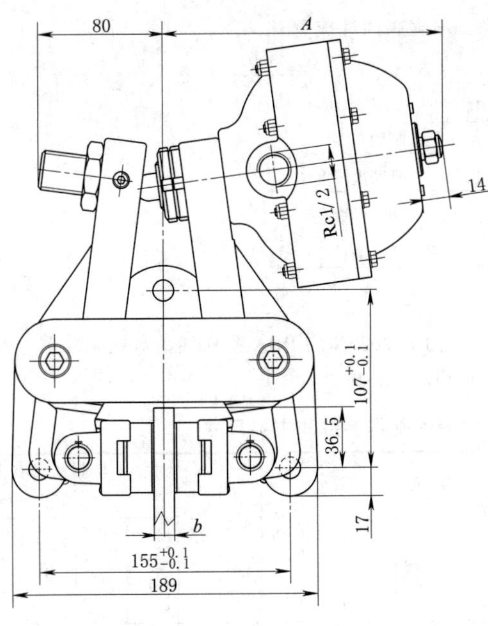
80
A
Rc1/2
14
107+0.1 −0.1
36.5
17
b
155+0.1 −0.1
189

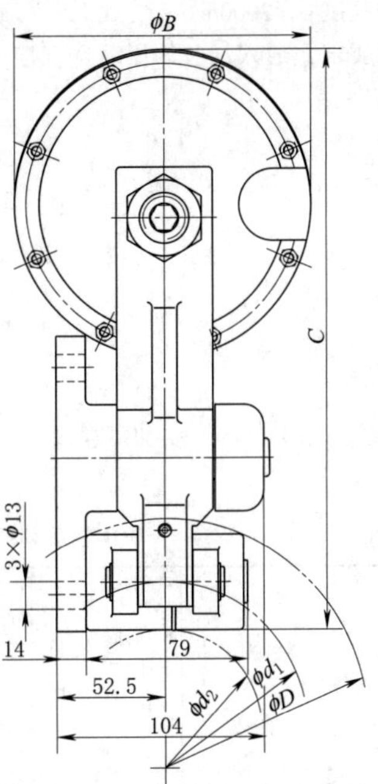
φB
C
3×φ13
14
79
52.5
104
φd2
φd1
φD

PDC 系列

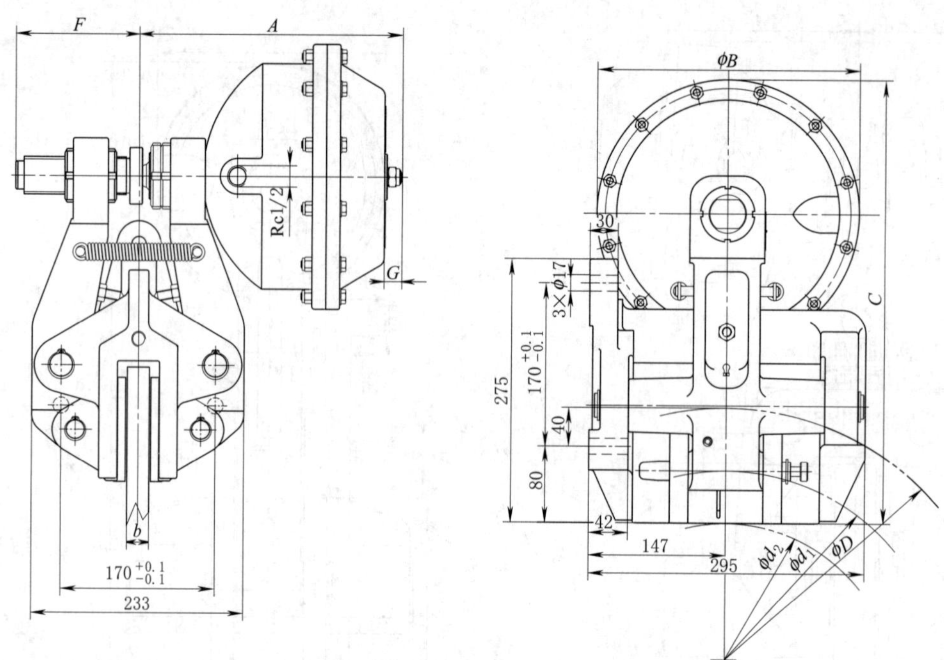

PDD 系列

应用与特点：

① 用于中小型驱动机构的减速和停车制动，也常用于造纸、印刷、电缆等行业卷绕机械中的恒张力控制制动。有常闭式和常开式。

② 结构紧凑，体积小，重量轻，安装便捷，动作灵敏。

使用条件：

① 环境温度：-20~50℃。

② 相对湿度：≤90%。

③ 海拔高度：<2000m。

④ 气源要求：通入气包的压缩空气应干燥、洁净、不含腐蚀性成分。

表示方法：

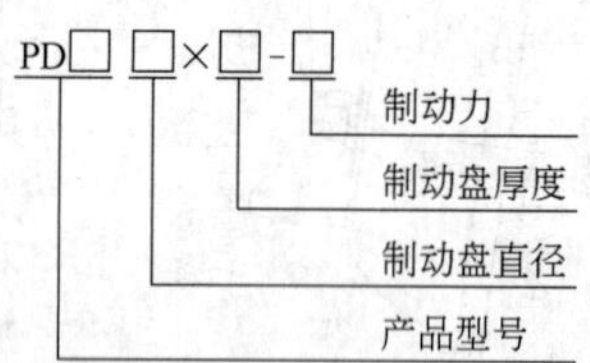

标记示例：

制动盘直径为 356mm，制动盘厚度为 12.7mm，制动力为 2625N 的 PDA 系列气动盘式制动器，标记为

PDA5 356×12.7-2625

表 6-4-70　　PD□系列气动盘式制动器的基本参数和主要尺寸

产品型号	制动力(内置弹簧数量 8/6/4/2)/N	最大工作压力/bar	气量/cm³	衬垫厚度/mm 总厚度	衬垫厚度/mm 允许磨损量	安装螺栓 规格	安装螺栓 等级	A	B	C	F	G	与制动盘有关的尺寸/mm 厚度 b	外径 D	d_1	$d_{2\max}$	质量/kg
PDA5	5250/3927/2625/1312	7	300	14	10	4×M12	8.8	176	144	266			12.7	≥300	$D-65$	≤$D-130$	12
PDA10	10400/7800/5200/2600		700					204	190	290							12.5

续表

产品型号	制动力(内置弹簧数量8/6/4/2)/N	最大工作压力/bar	气量/cm^3	衬垫厚度/mm 总厚度	衬垫厚度/mm 允许磨损量	安装螺栓 规格	安装螺栓 等级	A	B	C	F	G	与制动盘有关的尺寸/mm 厚度 b	外径 D	d_1	$d_{2\max}$	质量/kg
PDB5	5250/3927/2625/1312	7	300	10	8	3×M12	8.8	178	144	376			25.4	≥514	$D-110$	≤$D-240$	17
PDB10	10400/7800/5200/2600		700					206	190	400							20
PDB19	19260/15985/12904/9630		950					208.5	240	427							22
PDC5	5500/4125/2750/1375		300	16	14			220	190	300			12.7	≥200	$D-52$	≤$D-110$	13
PDC10	10970/8227/5485/2742		700														16.5
PDD14	14150/10612/7075/3538		700	13	12	3×M16		227	190	418	126	14	25.4/40	≥610	$D-120$	≤$D-250$	57.5
PDD32	32800/27330/21860/16400		3000					289	280	463	135	16					68

注：1. 制动力矩 $M=d_1F$，d_1 为计算摩擦直径，F 为制动力。

2. PDD 系列制动力参数对应内置弹簧数量为 12/10/8/6。

3. 1bar=0.1MPa。

4.3.3 制动盘（摘自 JB/T 7019—2013）

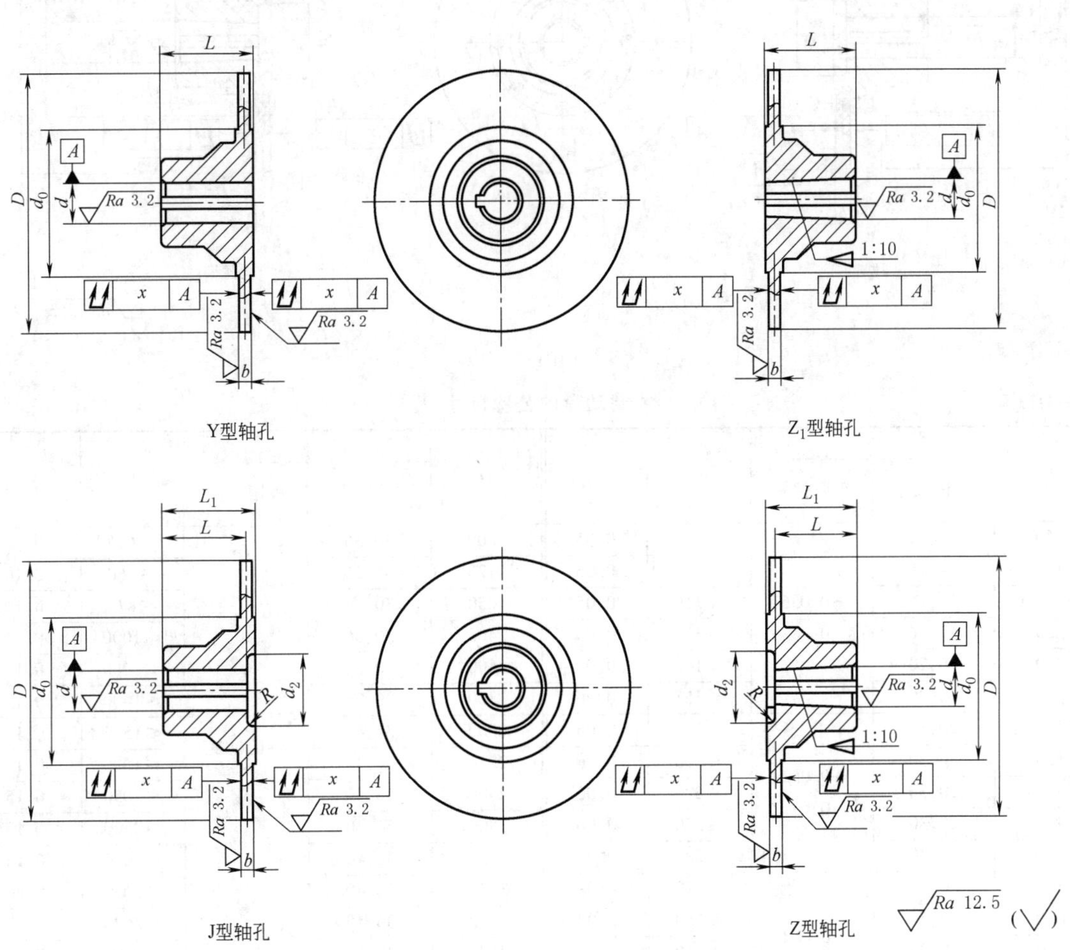

A型

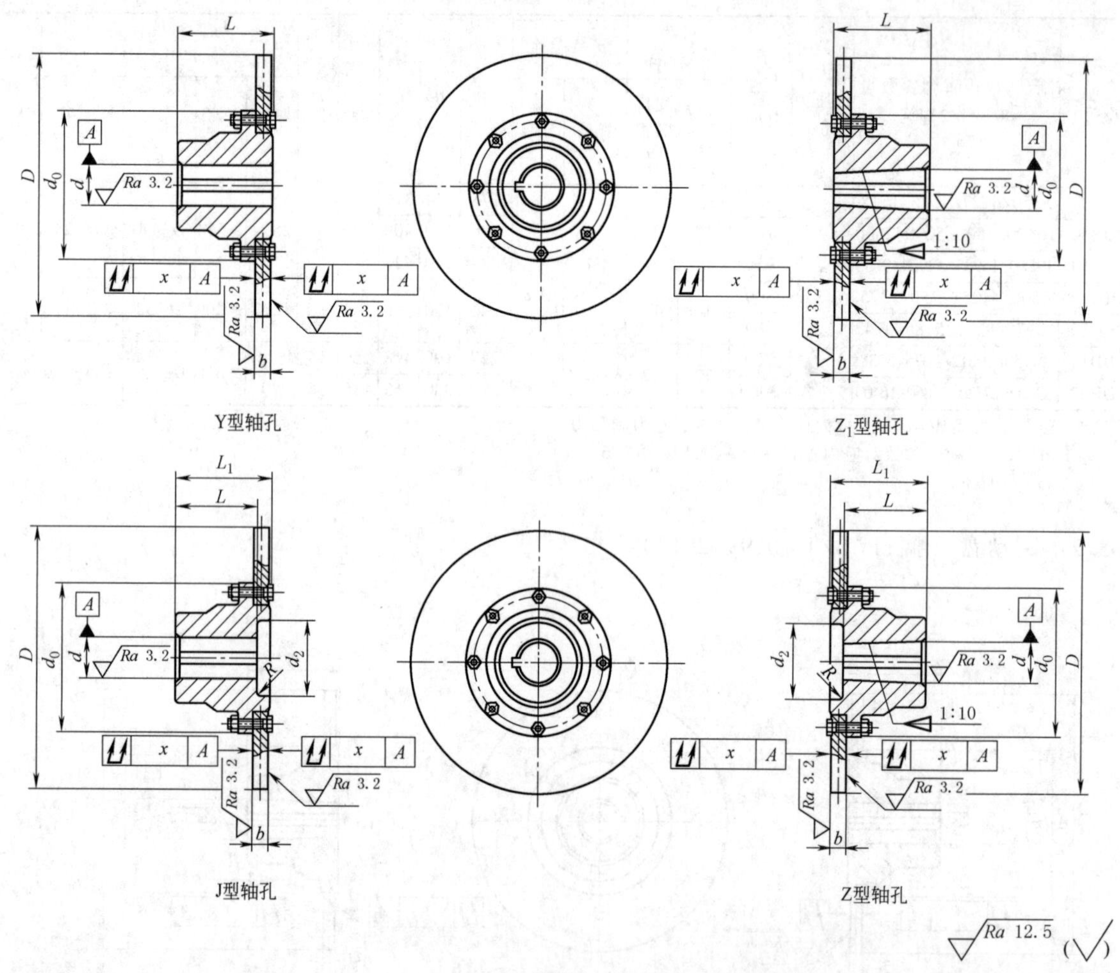

B型

表 6-4-71　制动盘的公称尺寸

D	b 公称尺寸	b 极限偏差	d_0	x	D	b 公称尺寸	b 极限偏差	d_0	x
160	12,16	+0.036 0	≤95	0.05	1000	30,36	+0.062 0	≤650	0.10
180	12,16		≤110	0.05	1120	30,36		≤760	0.10
200	12,16		≤110	0.05	1250	30,36		≤870	0.10
225	12,16		≤125	0.05	1400	30,36		≤1000	0.12
250	16,20		≤140	0.05	1600	30,36		≤1200	0.12
280	16,20	+0.052 0	≤155	0.06	1800	30,36		≤1400	0.12
315	20,30		≤175	0.06	2000	36,40		≤1550	0.12
355	20,30		≤200	0.06	2250	36,40		≤1800	0.15
400	20,30		≤220	0.06	2500	36,40		≤2050	0.15
450	20,30		≤250	0.06	2800	36,40		≤2320	0.15
500	20,30		≤280	0.06	3150	36,40		≤2670	0.15
560	30,36	+0.062 0	≤310	0.08	3550	36,40		≤3050	0.20
630	30,36		≤350	0.08	4000	36,40		≤3500	0.20
710	30,36		≤410	0.08	4500	36,40		≤4000	0.20
800	30,36		≤450	0.08	5000	36,40		≤4500	0.20
900	30,36		≤550	0.10					

表 6-4-72　　制动盘的材料选用

使用条件		材料		使用推荐
制动覆面温度/℃	单位制动覆面制动功/J·cm^{-2}	标准	牌号	
≤350	≤45	GB/T 1591	Q355	制动盘
		GB/T 699	20,25	锻造制动盘
		GB/T 11352	ZG200-400 ZG230-450	铸造制动盘
		GB/T 1348	QT400-15 QT400-18	
>350~650	>45~90	GB/T 1591	Q355	制动盘
		GB/T 699	35,45	锻造制动盘
		GB/T 3077	40Cr	
		GB/T 8492	ZG30Cr7Si2	铸造制动盘
		GB/T 11352	ZG230-450 ZG270-500	
>650~1050	>90~160	GB/T 8492	ZG30Cr7Si2 ZG40Cr13Si2 ZG40Cr17Si2 ZG40Cr24Si2	铸造制动盘

4.3.4 惯性制动器

QGZ 系列惯性制动器的基本参数与主要尺寸见表 6-4-73~表 6-4-75。

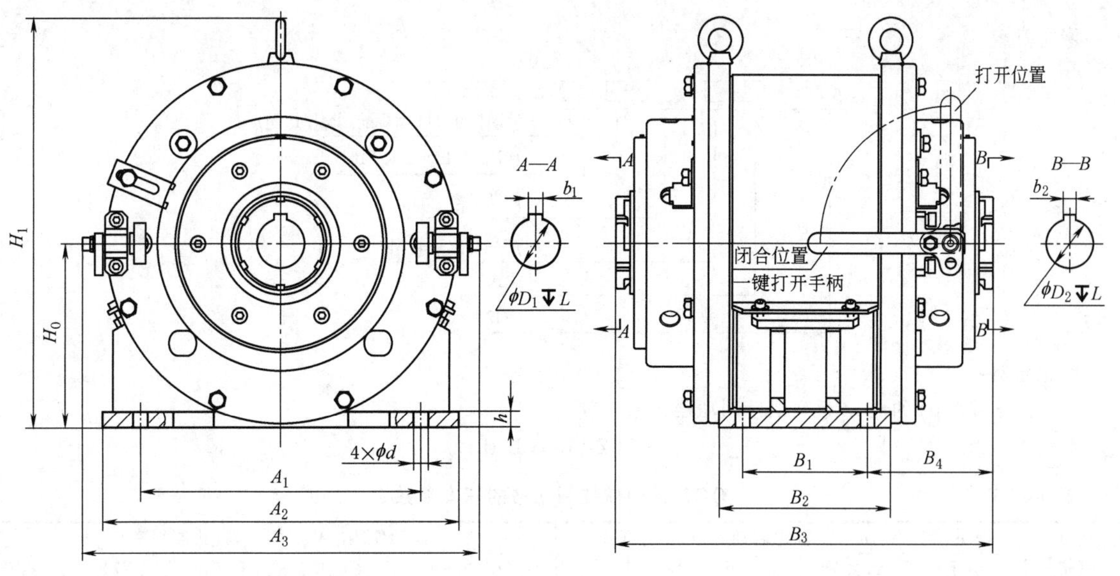

PM 型

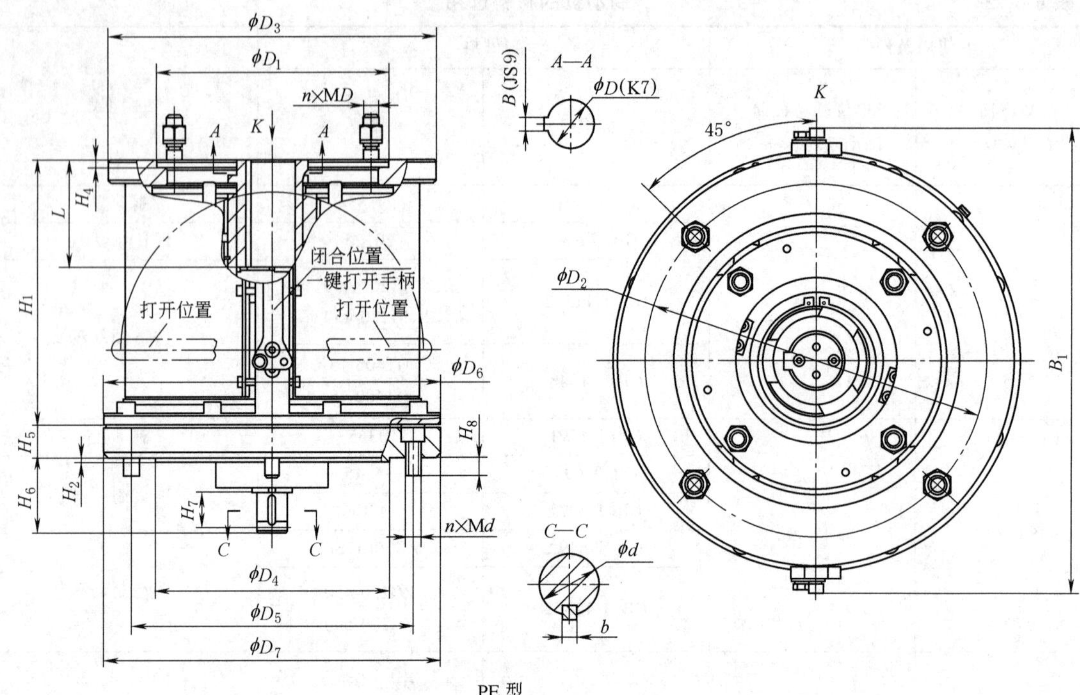

PE 型

应用与特点：

① 主要用于门座式起重机运行机构的高速轴减速和停车制动，也可用于室外起重机工作状态下的防风制动。

② 采用原创专利发明。

③ 在停电或点动不能正常工作时可手动解除制动。

使用条件：

① 环境温度：-20~50℃。

② 相对湿度：≤75%。

③ 海拔高度：<2000m。

表示方法：

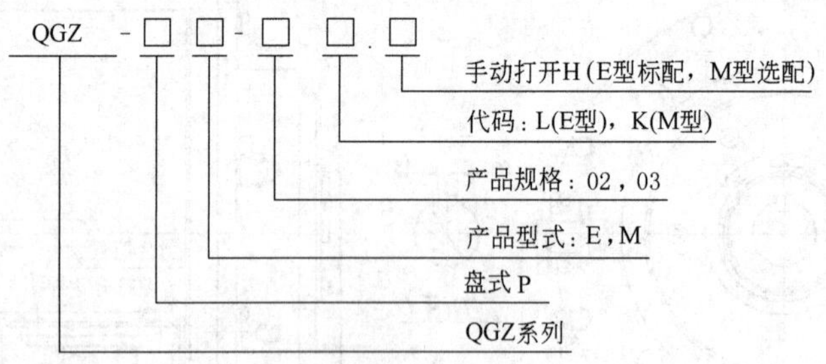

标记示例：

E 型，规格为 03 的 QGZ 系列惯性制动器，标记为

QGZ-PE-03 L. H

表 6-4-73　　QGZ 系列惯性制动器的基本参数

产品规格	许用转矩/N·m		额定制动力矩/N·m	打开间隙/mm	配套使用电机参考系列(机座规格)				
	额定	最大			Y(*FC*>40%)	Y(*FC*≤40%)	YPB	YZR	YZPB
02	91~130	270	200	0.3~0.5	160	132	132	132	132
03	126~180	370	300	0.4~0.6	180	160	160	160	160

注：*FC* 为负载持续率。

表 6-4-74　　**PM 型惯性制动器的主要尺寸**　　mm

产品型号	中心高 H_0	总高 H_1	总宽 A_3	总长 B_3	主动花键轴孔径×键宽 $\phi D_1 \times b_1$	底板尺寸			底板安装孔径 $n\times\phi d$	底板安装孔距		从动花键轴孔径×键宽 $\phi D_2 \times b_2$	主、从动花键轴孔深 L	从动轴端面到安装孔距离 B_4
						厚度 h	A_2	B_2		A_1	B_1			
PM-03	180	399	400	376	≤ϕ48×14	16	355	170	4×ϕ14	280	124	≤ϕ50×16	110	126

表 6-4-75　　**PE 型惯性制动器的主要尺寸**　　mm

产品型号	最大法兰盘外径 D_6	最大宽度 B_1	轴向长度 H_1	输入端								输出端
				法兰盘直径 D_3	止口直径 D_1	止口深度 H_4	螺孔中心距 D_2	螺孔数量-规格 $n\times MD$	主轴花键轴孔径×键宽 $\phi D\times B$	孔深 L	从动连接板厚度 H_5	$\phi d\times b, D_4, D_5, D_7, H_2, H_6, H_7, H_8, n\times Md$
PE-02	320	360	235	300	230	6	265	4×M12	≤ϕ38×10	80	按用户提供的减速器参数设计	由用户提供
PE-03	360	400	272	350	250	7	300	4×M16	≤ϕ48×14	110		

注：电机优先选用 6 级变频电机。

4.3.5　全盘式制动器

(1) ZPQ 系列气动全盘式制动器（见表 6-4-76）

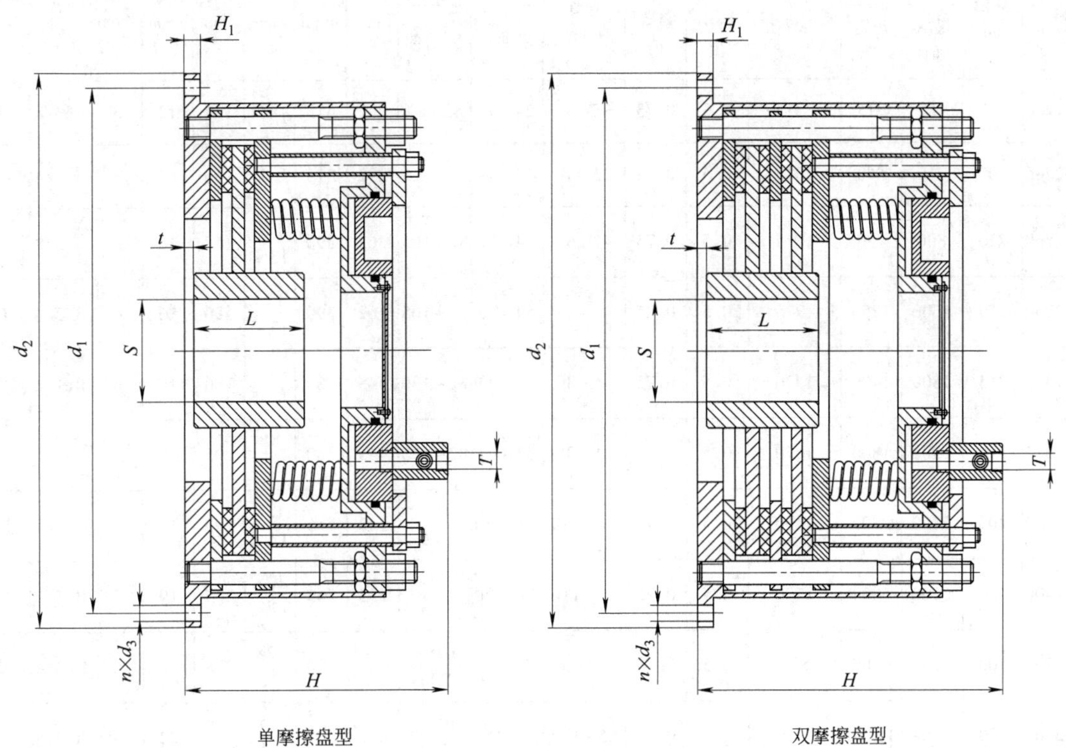

单摩擦盘型　　双摩擦盘型

应用与特点：

用于矿山、冶金、工程机械和船舶运行机构的减速和停车制动。

使用条件：

① 环境温度：-40~70℃。

② 相对湿度：≤90%。

③ 海拔高度：<2000m。

表示方法：

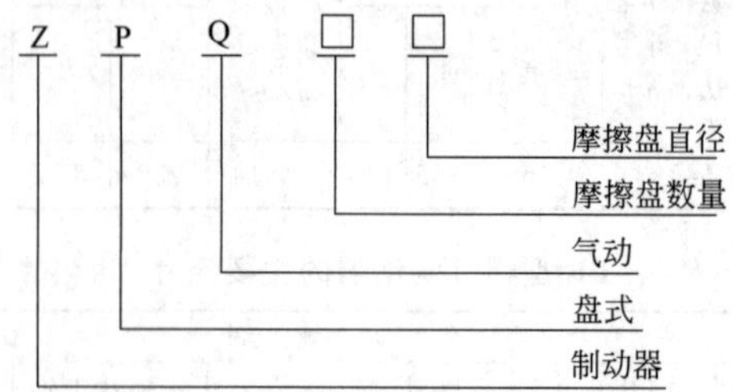

标记示例：

例 1 摩擦盘数量为 1，摩擦盘直径为 200mm 的 ZPQ 系列气动全盘式制动器，标记为

ZPQ 1200

例 2 摩擦盘数量为 2，摩擦盘直径为 200mm 的 ZPQ 系列气动全盘式制动器，标记为

ZPQ 2200

表 6-4-76　ZPQ 系列气动全盘式制动器的基本参数和主要尺寸

产品型号	摩擦盘直径/mm	制动力矩/N·m		许用转速/r·min^{-1}	气源压力/MPa		适用轴径 S/mm	轮毂长度 L/mm		d_1/mm	d_2/mm	$n \times d_3$/mm	H/mm	H_1/mm	t/mm	T	质量/kg
		最大值	额定值		最小值	最大值		短轴伸	长轴伸								
ZPQ1200	200	355	315	2315	0.5	0.75	25～48	24～54	42～82	292	315	8×11	124	12	3	Rc3/8	30
ZPQ2200	200	710	560	2315	0.5	0.75	25～48	24～54	42～82	292	315	8×11	156	12	3	Rc3/8	36
ZPQ1250	250	800	710	1775	0.5	0.75	48～65	54～70	82～105	362	390	12×13.5	147	16	4	Rc3/8	50
ZPQ2250	250	1600	1250	1775	0.5	0.75	48～65	54～70	82～105	362	390	12×13.5	186	16	4	Rc3/8	60
ZPQ1315	315	1800	1400	1470	0.5	0.75	56～80	54～90	82～130	445	480	8×17.5	166	19	5	Rc1/2	85
ZPQ2315	315	2500	1800	1470	0.5	0.75	56～80	54～90	82～130	445	480	8×17.5	205	19	5	Rc1/2	100
ZPQ1400	400	3150	2800	1100	0.5	0.75	60～110	70～120	105～165	532	565	12×17.5	199	19	5	Rc1/2	140
ZPQ2400	400	6300	5000	1100	0.5	0.75	60～110	70～120	105～165	532	565	12×17.5	245	19	5	Rc1/2	170
ZPQ1500	500	7100	6300	875	0.5	0.75	65～130	70～150	105～200	660	700	12×22	228	22	6	Rc3/4	250
ZPQ2500	500	14000	11200	875	0.5	0.75	65～130	70～150	105～200	660	700	12×22	282	22	6	Rc3/4	295
ZPQ1630	630	11200	10000	675	0.5	0.75	85～140	90～150	130～200	815	860	16×22	263	22	6	Rc3/4	435
ZPQ2630	630	22400	18000	675	0.5	0.75	85～140	90～150	130～200	815	860	16×22	331	22	6	Rc3/4	540

注：1. 产品符合 JB/T 8435—2006 标准。

2. 带气囊的气动全盘式制动器可参照 JB/T 10469.1—2020～JB/T 10469.3—2020 标准选用。

（2）DHD4/5 系列失电制动器（见表 6-4-77）

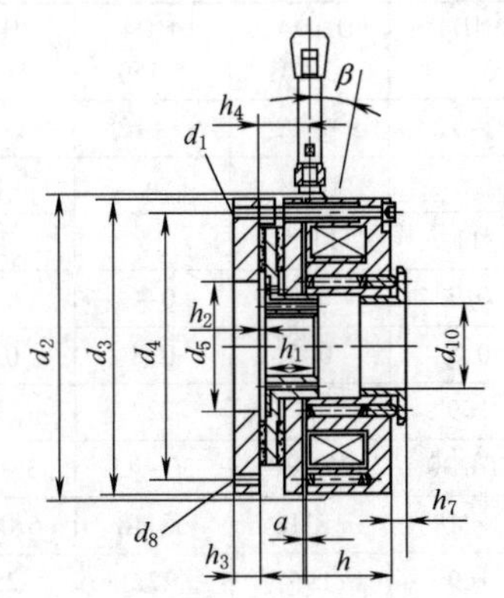

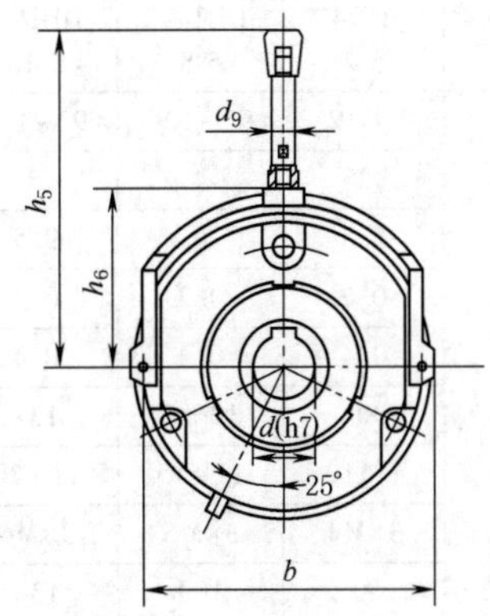

应用与特点：

① 常安装于电机尾端，形成制动电机，用于各种工业装备运行机构的减速、停车和维持制动，制动电机大量用于欧式起重机的起升机构中，小吨位的塔式起重机也开始使用制动电机；也可安装在减速器轴伸出端，实现机构减速、停车和维持制动。

② 结构简单，安装方便。有手动释放功能。

③ 气隙小，响应快，适应工作频率高的工况，磨损后调整较困难。

④ 外壳防护等级高，可达 IP66。

使用条件：

① 环境温度：-20~50℃。

② 相对湿度：≤90%。

③ 海拔高度：<2000m。

④ 适应工作制：连续（S1）和断续（S3，接电持续率 60%，工作频率<1200 次/h）工作制。

表示方法：

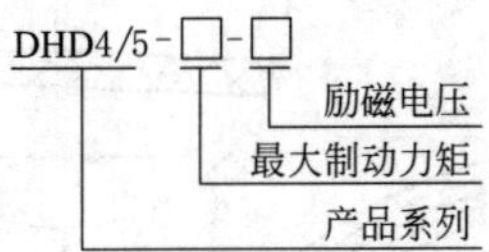

标记示例：

最大制动力矩为 32N·m，励磁电压（DC）为 24V 的 DHD4/5 系列失电制动器，标记为

DHD4/5-32-DC24V

表 6-4-77　　DHD4/5 系列失电制动器的基本参数和主要尺寸

产品型号		DHD4/5-4	DHD4/5-8	DHD4/5-16	DHD4/5-32	DHD4/5-60	DHD4/5-80	DHD4/5-150	DHD4/5-260	DHD4/5-400
最大制动力矩/N·m		≥4	≥8	≥16	≥32	≥60	≥80	≥150	≥260	≥400
励磁电压(DC)/V		24,96,103,170,180,190,205								
功率(20℃)/W		20	25	30	40	50	55	85	100	110
最高转速/r·min^{-1}		3000						1500		
接通(释放)时间/ms		45	60	73	111	213	221	272	332	375
断开(制动)时间/ms		29	32	47	57	38	53	85	163	219
h	mm	36.3	42.8	48.4	54.9	65.5	72.5	83.1	97.6	105.7
h_1	mm	18	20	20	25	30	30	35	40	50
h_2	mm	1.0	1.5	2	2	2	2.25	2.75	3.5	4.5
h_3	mm	6	7	9	11	11	11	11	11	12.5
h_4	mm	16	16.5	28	30	33	38	41	48	58
h_5	mm	98	111	121	140	165	196	242	276	280
h_6	mm	54.5	63	74	85	98	113	124	140	172

续表

产品型号		DHD4/ 5-4	DHD4/ 5-8	DHD4/ 5-16	DHD4/ 5-32	DHD4/ 5-60	DHD4/ 5-80	DHD4/ 5-150	DHD4/ 5-260	DHD4/ 5-400
β	mm	9°~12°	9°~12°	9°~12°	9°~12°	9°~12°	9°~12°	9°~12°	9°~12°	9°~12°
$h_{7\min}$		3	4	5	5	5	6	6	8	8
$h_{7\max}$		5.5	6	9.5	10	11	11.5	15	18	18
$a_{标准}$		0.2	0.2	0.2	0.3	0.3	0.3	0.4	0.4	0.5
$a_{极限}$		0.4	0.4	0.4	0.5	0.5	0.5	0.8	0.8	0.8
b		88	106.5	132	152	169	194.5	222	258	308
d		11,12	11~15	11~20	20,25	20~30	25~38	30~45	35~50	40~70
d_1		3×M4	3×M5	3×M6	3×M6	3×M8	3×M8	6×M8	6×M10	6×M10
d_2		91	109	134	155	169	195	222	259	308
d_3		87	105	130	150	165	190	217	254	302
d_4		72	90	112	132	145	170	196	230	278
d_5		31	41	45	52	55	70	77	90	120
d_8		3~4.5	3~5.5	3~7	3~7	3~9	3~9	6~9	6~11	6~11
d_9		8	8	10	10	12	12	14	14	16
d_{10}		24	26	35	40	52	52	62	72	85

（3）MD□系列电磁圆盘式制动器（见表 6-4-78~表 6-4-81）

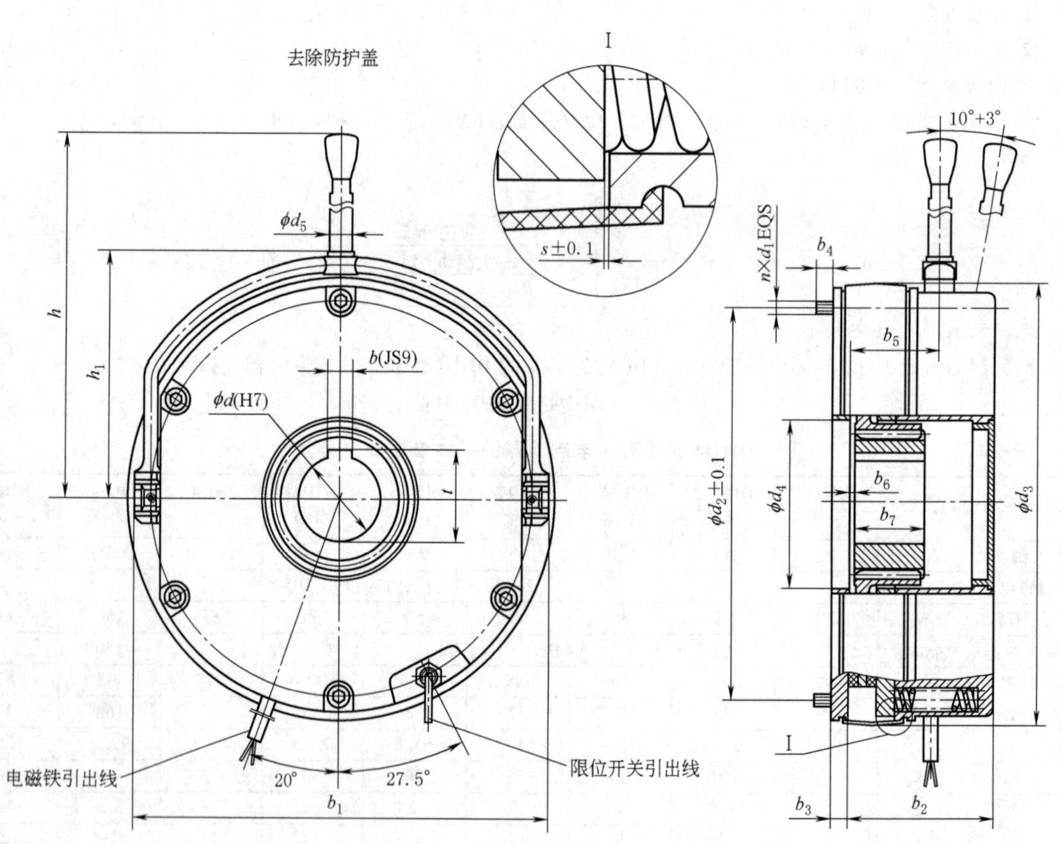

B型

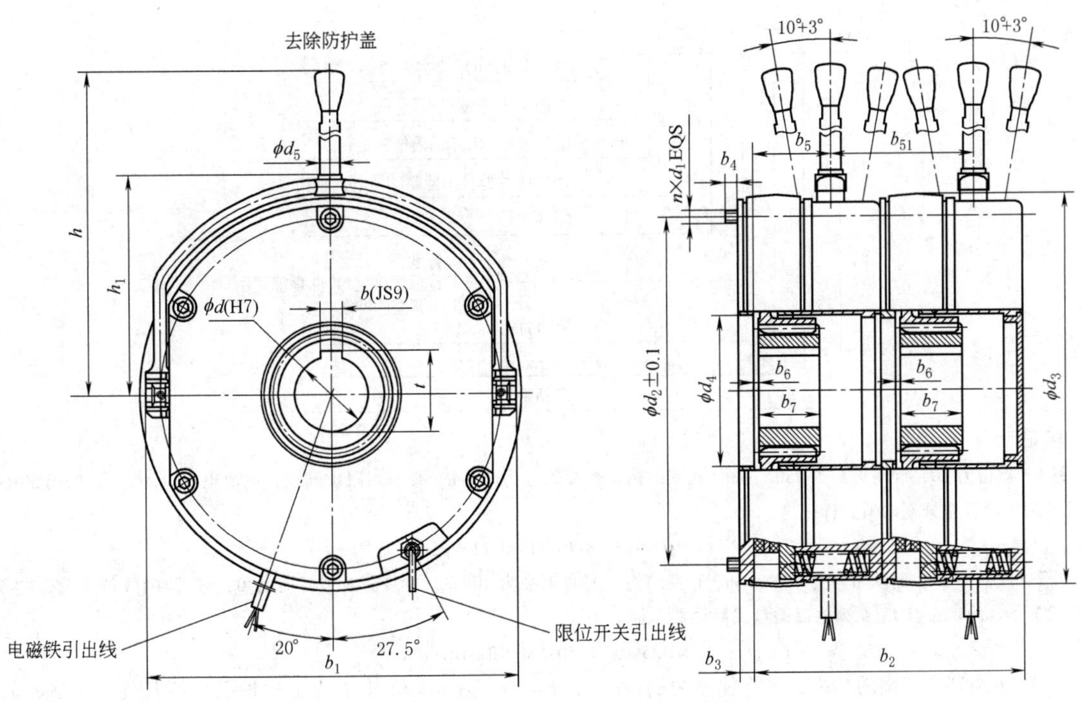

去除防护盖
h
h_1
ϕd_5
ϕd(H7)
b(JS9)
t
电磁铁引出线
限位开关引出线
20°
27.5°
b_1
10°+3°
$n\times d_1$EQS
b_4
b_5
b_{51}
$\phi d_2\pm0.1$
ϕd_4
b_6
b_7
ϕd_3
b_3
b_2

D型

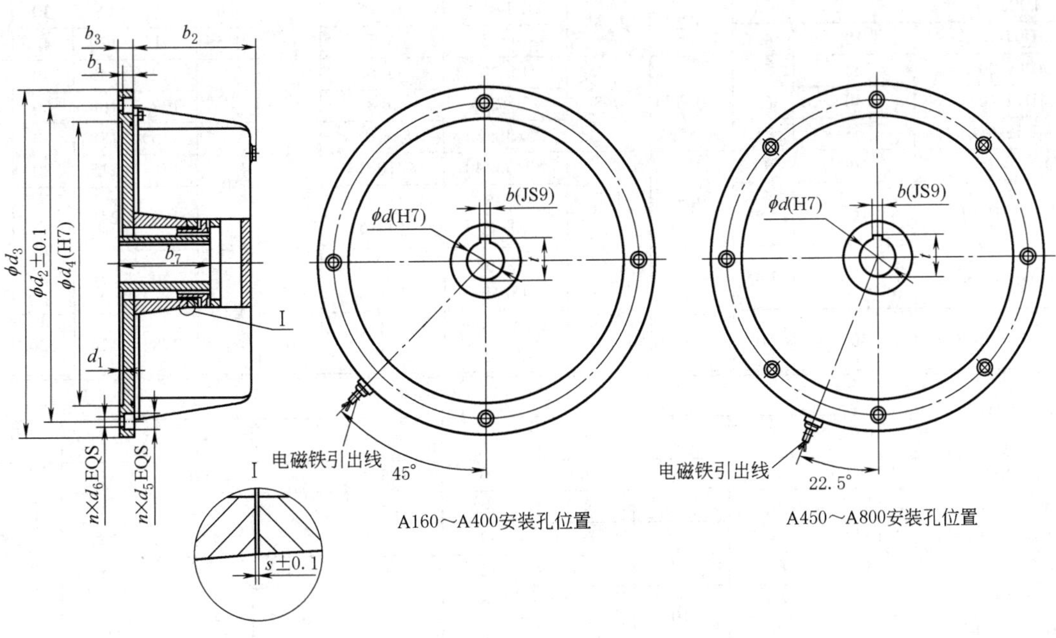

b_3
b_2
b_1
ϕd_3
$\phi d_2\pm0.1$
ϕd_4(H7)
b_7
I
d_1
$n\times d_6$EQS
$n\times d_5$EQS
$s\pm0.1$
ϕd(H7)
b(JS9)
t
电磁铁引出线
45°
22.5°
A160～A400安装孔位置
A450～A800安装孔位置

E型

应用与特点及使用条件同 DHD 系列产品。

表示方法：

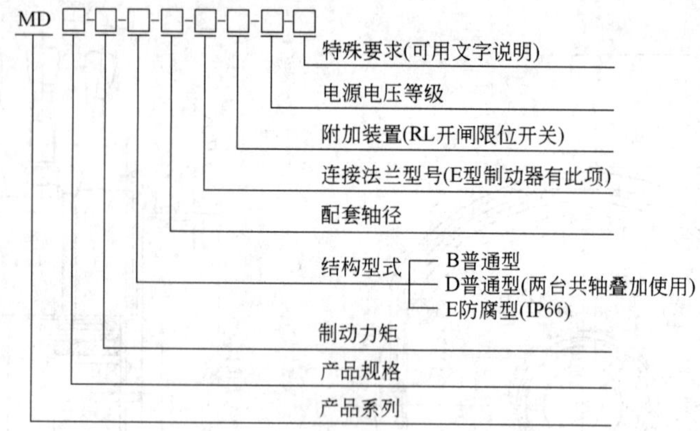

标记示例：

例 1 规格为 20，制动力矩为 250N · m，B 型结构，配套轴径为 40mm，带开闸限位开关，电源电压（AC）为 220V50Hz 的 MD□系列电磁圆盘式制动器，标记为

MD20-250-B-40-RL-AC220V/50Hz

例 2 规格为 25，制动力矩为 400N · m，E 型结构，配套轴径为 50mm，连接法兰型号为 A300，带开闸限位开关，电源电压（DC）为 110V 的 MD□系列电磁圆盘式制动器，标记为

MD25-400-E-50-A300-RL-DC110V

功率为 20℃ 时线圈的功率，允许偏差为±10%。表 6-4-78～表 6-4-81 中 L 为电磁铁引出线长度。D 型和 E 型产品因制动弹簧的配置方案不同可将制动力矩分为三挡。

表 6-4-78　　MD□-□-B 型电磁圆盘制动器的基本参数和主要尺寸

产品型号	最大制动力矩/N · m	功率/W	气隙 s/mm		尺寸/mm							
			额定	最大	d	b	n	d_1	d_2	d_3	d_4	d_5
MD06-5-B	5	33	0.2	0.5	11/14/15	4/5/5	3	M4	72	98	30	8
MD07-10-B	10	42			14/15	5/5		M5	90	120	40	
MD09-20-B	20	50	0.3	0.8	15/20	5/6		M6	112	145	50	10
MD11-40-B	40	63			20/25	6/8			132	168	60	
MD12-63-B	63	75			25/30/35	8/8/10		M8	145	188	70	12
MD15-100-B	100	96	0.4	1.0	30/35/40	8/10/12			170	213	80	
MD17-160-B	160	114			30/35/40/45	8/10/12/14			196	245	90	
MD20-250-B	250	150	0.5	1.3	35/40/45/50	10/12/14/14		M10	230	276		19
MD25-400-B	400	210			45/50/55/60/65	14/14/16/18/18	6		278	324	120	

产品型号	尺寸/mm									
	b_1	b_2	b_3	b_4	b_5	b_6	b_7	h	h_1	L
MD06-5-B	89	40	6	6	30	1.5	18	100	55	400
MD07-10-B	111	48		7	44	2.5	20	110	65	
MD09-20-B	132	54	9	9	39	3.5		130	75	
MD11-40-B	151	60			42	3	25	140	85	
MD12-63-B	172	70	10	11	46		30	165	97	
MD15-100-B	196	80			52			186	116	500
MD17-160-B	224	90	11	10.5	58	4	35	200	128	
MD20-250-B	258	99		17	62		40	285	148	600
MD25-400-B	304	105	12	20	64		50	310	175	

表 6-4-79　　MD□-□-D 型电磁圆盘制动器的基本参数和主要尺寸

产品型号	制动力矩/N·m			功率/W	气隙 s/mm		尺寸/mm				
	全弹簧	3/4 弹簧	1/2 弹簧		额定	最大	d	b	n	d_1	d_2
MD06-5-D	2×5	2×3.8	2×2.5	2×22	0.2	0.5	11/14/15	4/5/5	3	M4	72
MD07-10-D	2×10	2×7.5	2×5	2×28			14/15	5/5		M5	90
MD09-20-D	2×20	2×15	2×10	2×34	0.3	0.8	15/20	5/6		M6	112
MD11-40-D	2×40	2×30	2×20	2×42			20/25	6/8			132
MD12-63-D	2×63	2×47	2×32	2×50			25/30/35	8/8/10		M8	145
MD15-100-D	2×100	2×75	2×50	2×64	0.4	1.0	30/35/40	8/10/12			170
MD17-160-D	2×160	2×120	2×80	2×76			30/35/40/45	8/10/12/14			196
MD20-250-D	2×250	2×175	2×125	2×100	0.5	1.3	35/40/45/50	10/12/14/14		M10	230
MD25-400-D	2×400	2×300	2×200	2×140			45/50/55/60/65	14/14/16/18/18	6		278

产品型号	尺寸/mm													
	d_3	d_4	d_5	b_1	b_2	b_3	b_4	b_5	b_6	b_7	h	h_1	L	b_{51}
MD06-5-D	89	30	8	89	82.6	6	10	34.5	1.5	18	110	55	400	44.3
MD07-10-D	109	40		111	102.4		11	47	2.5	20	120	65		54.5
MD09-20-D	135	50	10	132	115.2	9	13	37.5	3.5		160	75		62
MD11-40-D	155	60		151	129.6			42	3	25	200	85		69
MD12-63-D	175	70	12	172	150.6	10	15	46		30	220	97		81
MD15-100-D	201	80		196	171.8			53				116	500	91
MD17-160-D	231	90		224	190.6	11	15.5	58	4	35	250	128		101
MD20-250-D	264		19	258	208.8		22	62		40	330	148	600	110
MD25-400-D	312	120		304	220	12	16	63.5		50	360	175		115.5

表 6-4-80　　MD□-□-E 型电磁圆盘制动器的基本参数和主要尺寸

产品型号	制动力矩/Nm			功率/W	气隙 s/mm		尺寸/mm					连接法兰型号
	1/3 弹簧	4/5 弹簧	全弹簧		额定	最大	d	b	b_2	b_7	L	
MD06-63-E	45	54	63	99	0.3	0.9	28/32/38	8/10/10	115	117	1000	A160～A300
MD15-100-E	63	80	100	128		1.2			118			A200～A350
MD17-160-E	100	130	160	158		1.2	38/42/48/55	10/12/14/16	137	124		A300～A450
MD20-250-E	180	210	250	196	0.4	1.3			143			
MD25-400-E	260	330	400	220		1.4	48/55/60	14/16/18	169	142	1200	A350～A550
MD28-630-E	450	520	630	307		1.8	60/65/75	18/18/20	171	148		
MD30-1000-E	660	830	1000	344		2.0			183			A450～A660
MD35-1600-E	1050	1300	1600	435		2.3	65/70/75/80/90	18/20/20/22/25	211	191	1500	A660,A800
MD40-2500-E	1650	2100	2500	495		2.5			232			

表 6-4-81　　MD□-□-E 型电磁圆盘制动器的主要尺寸

连接法兰型号	A160	A200	A250	A300	A350	A400	A450	A550	A660	A800
d_1	5				6				7	
d_2	130	165	215	265	300	350	400	500	600	740
d_3	160	200	250	300	350	400	450	550	660	800
d_4	110	130	180	230	250	300	350	450	550	680
d_5	15	18	20		26				32	
d_6	9	11	13		17				21	
b_1	11		13		17.5				21.5	
b_3	24				25				30	
n	4						8			

第 6 篇

5 带式制动器

5.1 带式制动器的分类、特点及应用

表 6-4-82 常用带式制动器的分类、特点及应用

分类	特点	应用范围
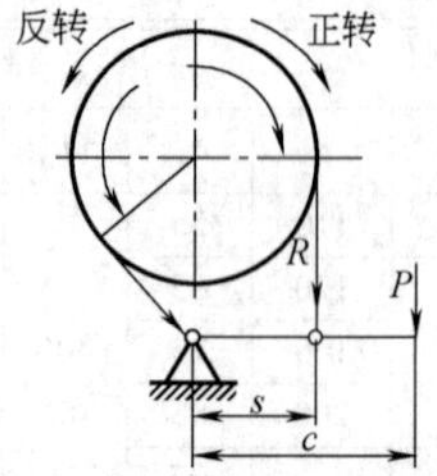 反转 正转 R P s c 简单带式制动器	正转和反转制动力矩不同,正转时的制动力矩是反转时制动力矩的 $e^{\mu\alpha}$ 倍;制动带磨损不均匀,更换制动带较困难;大规格的制动器一般采用液压驱动,系统较复杂,上闸和释放动作缓慢;小规格的制动器可采用电力液压推动器或电磁铁驱动,上闸和释放时间相对于液压系统较快	用液压站驱动的带式制动器主要用于中大型工业装备,如港口起重装卸机械臂架俯仰变幅机构低速轴安全制动;液压单元驱动的带式制动器,可用于空间狭小的船用甲板起重机和锚绞机;电力液压推动器和电磁铁驱动的小规格带式制动器,可用于小型工业装备的升降机构及变幅机构的安全制动
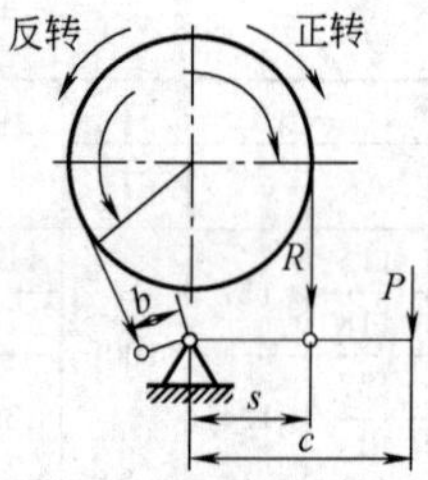 反转 正转 R P b s c 差动带式制动器	正转和反转制动力矩不同,反转时的制动力矩是正转时制动力矩的 $\frac{se^{\mu\alpha}-b}{s-be^{\mu\alpha}}$ 倍;当 $s \leqslant be^{\mu\alpha}$ 时会出现自锁,设计时应使 $s>be^{\mu\alpha}$;结构和计算相对复杂;其余同简单带式制动器	在工业设备上的应用较少见,一般不用在起重机上
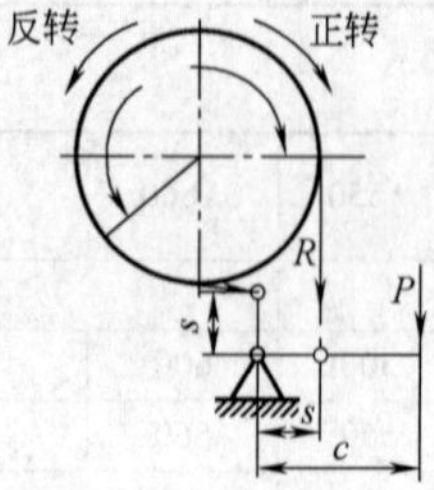 反转 正转 R P s s c 综合带式制动器	正转和反转制动力矩相同,其余同简单带式制动器	可用于中大型工业设备如门座式起重机和浮式起重机回转机构的制动

简单带式制动器如图 6-4-17 所示。制动轮制出轮缘或在挡板上装调节螺钉处焊接一些卡爪，可防止带从轮上滑脱，如图 6-4-18 所示。制动带的连接如图 6-4-19 所示。

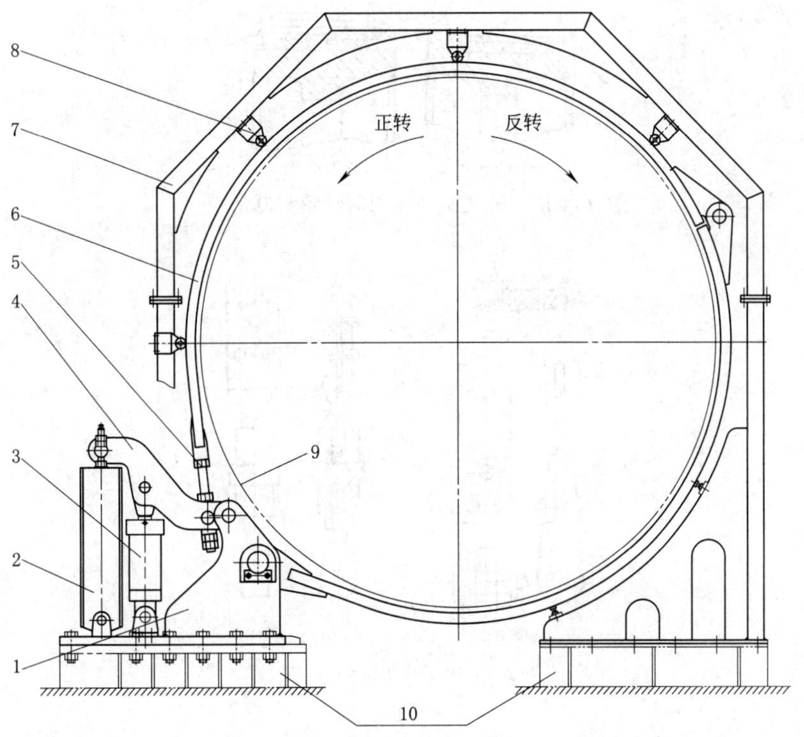

(a) 液压驱动

1—底座；2—制动弹簧；3—驱动液压缸；4—杠杆机构；5—制动带绕出端连接件；
6—制动带；7—退距均等保持架；8—退距调整装置；9—制动轮；10—安装底座

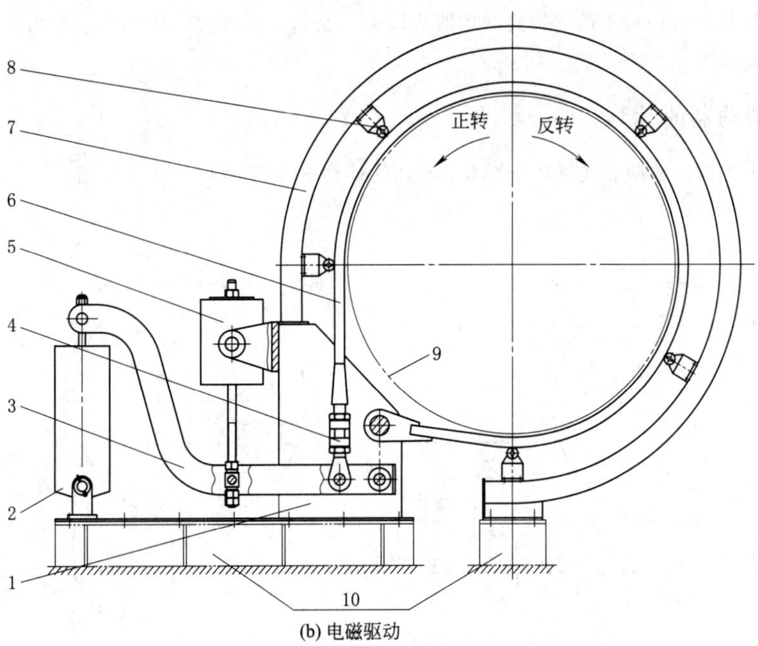

(b) 电磁驱动

1—底座；2—制动弹簧；3—杠杆机构；4—制动带绕出端连接件；5—电磁铁；
6—制动带；7—退距均等保持架；8—退距调整装置；9—制动轮；10—安装底座

图 6-4-17　简单带式制动器

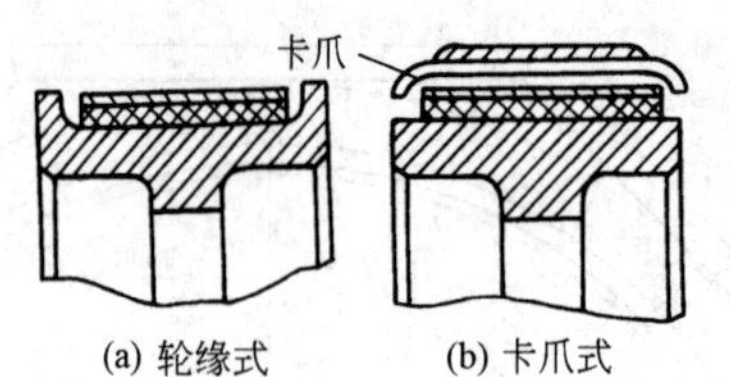

图 6-4-18　带式制动器的制动轮与制动带

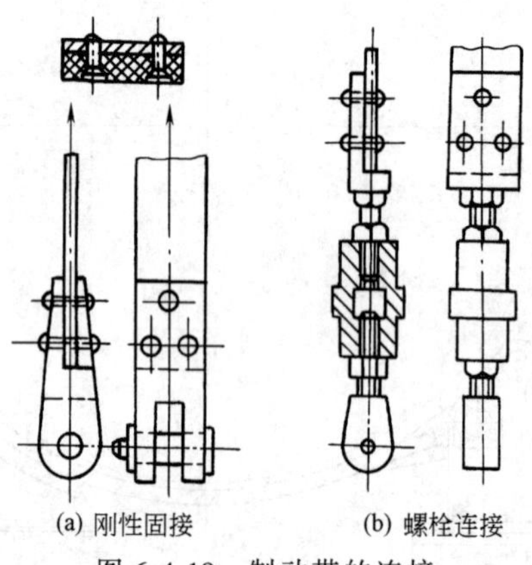

图 6-4-19　制动带的连接

5.2　带式制动器的选型设计计算

在工业装备中，势能负载机构（如起重机起升机构和臂架俯仰变幅机构）常用的带式制动器为简单式结构，惯性负载机构（如回转机构）常用的带式制动器为综合式结构。差动式结构基本不采用。简单式和综合式带式制动器的设计计算如下。

5.2.1　带式制动器的计算

带式制动器制动力、驱动装置驱动力等力学参数的计算见表 6-4-83。

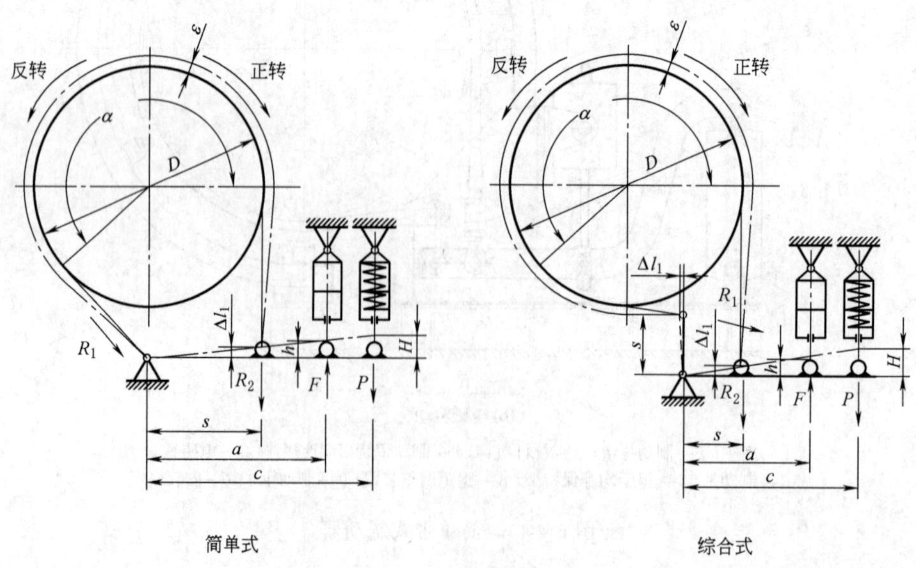

表 6-4-83　　带式制动器制动力、驱动装置驱动力等力学参数的计算

类型	计算项目和公式	单位	说明
简单式	正转：绕出端拉力 $R_2=\dfrac{2M_b}{d_1(e^{\mu\alpha}-1)}$ 绕入端拉力 $R_1=R_2e^{\mu\alpha}$ 反转：绕出端拉力 $R_1=\dfrac{2M_b\ e^{\mu\alpha}}{d_1(e^{\mu\alpha}-1)}$ 绕入端拉力 $R_2=R_1e^{\mu\alpha}$ 弹簧工作力 $P=\dfrac{R_2}{i_P\eta}$ 驱动力 $F=\varphi\dfrac{R_2}{i}$ 最大工作比压 $p_{max}=\dfrac{2R'}{d_1B\times10^6}\leqslant[p]$	N	M_b——额定制动力矩，N·m d_1——有效摩擦直径，等于带轮直径 D，m μ——摩擦因数 α——制动带包角，rad η——传动效率，取 0.9~0.95 φ——驱动力裕度，按表 6-4-29 选取 i——驱动装置有效输出力 F 到活动带端有效紧带力 R_2 的总杠杆比 i_P——制动弹簧有效输出力 P 到活动带端有效紧带力 R_2 的总杠杆比 R'——制动带紧端拉力（R_1 或 R_2），N B——制动带宽度，m $[p]$——摩擦材料许用工作比压，MPa
综合式	正转：绕出端拉力 $R_2=\dfrac{2M_b(e^{\mu\alpha}+1)}{d_1(e^{\mu\alpha}-1)}$ 绕入端拉力 $R_1=R_2e^{\mu\alpha}$ 反转：绕出端拉力 $R_1=\dfrac{2M_b(e^{\mu\alpha}+1)}{d_1(e^{\mu\alpha}-1)}$ 绕入端拉力 $R_2=R_1e^{\mu\alpha}$ 弹簧工作力 $P=\dfrac{R_1+R_2}{2i_P\eta}$ 驱动力 $F=\varphi\dfrac{R_1+R_2}{2i}$		

5.2.2　机构杠杆比确定

常闭式带式制动器释放（开闸）或常开式制动器闭合（上闸）一般由驱动装置产生驱动力或操纵力（人力制动器）通过杠杆机构作用完成；制动力由制动弹簧通过杠杆机构作用产生。常用简单式和综合式带式制动器杠杆比的计算参见表 6-4-84。

表 6-4-84　　常用简单式和综合式带式制动器杠杆比的计算

计算项目和公式	说明
驱动杠杆比 $i=\dfrac{a}{s}\leqslant\beta\dfrac{H}{(\lambda+\Delta l_1)\eta}\lambda=\dfrac{L(R_1+R_2)}{2EA_j}$ $\Delta l_1=\varepsilon\alpha$（简单式） $\Delta l_1=\dfrac{1}{2}\varepsilon\alpha$（综合式） 弹簧杠杆比 $i_P=\dfrac{c}{s}$	H——驱动液压缸或电磁铁允许的最大行程，mm η——行程效率，取 0.8~0.9，杠杆机构铰轴孔配合精度高者选大值，低者选小值 β——行程利用系数，取 0.75 λ——上闸时制动带的弹性变形量，mm； Δl_1——活动带端 R_2 处的上闸行程，mm L——制动带长度，mm R_1,R_2——制动带紧端拉力和松端拉力，N E——材料的弹性模量，N/m² A_j——制动带截面积，m² ε——制动带额定退距，mm α——制动带包角，rad

5.3 常用带式制动器产品

（1）BB 系列带式制动器（见表 6-4-85 和表 6-4-86）

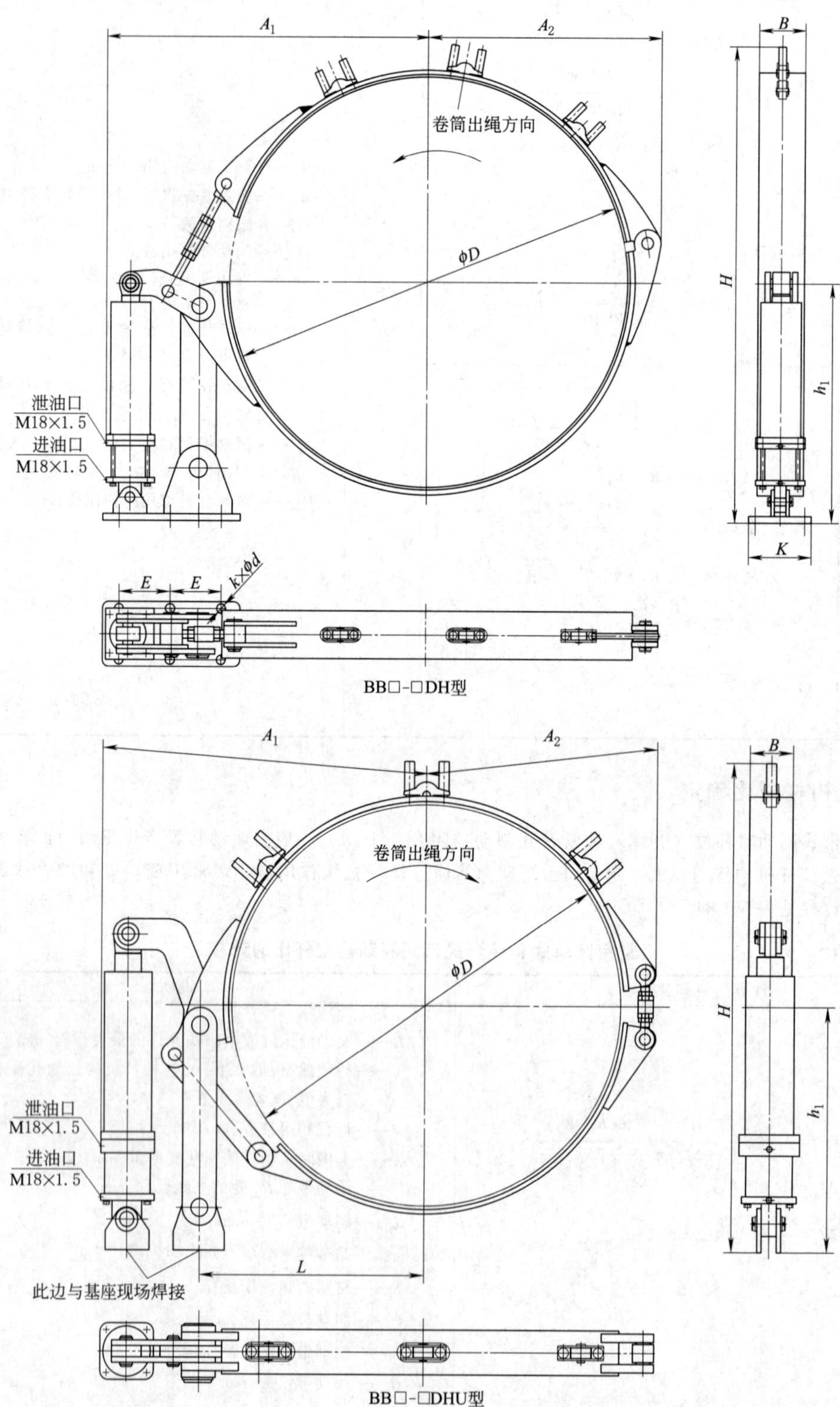

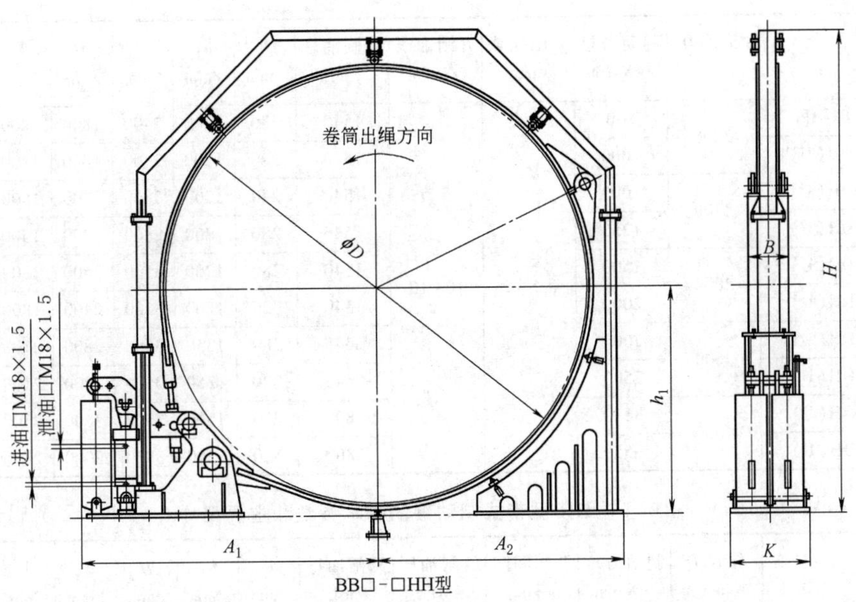

BB□-□HH型

应用与特点：

① 用于各类大型卷扬机构及各类船用绞车和船舶锚绞机的工作制动和低速轴安全制动。

② 弹簧制动，液压开闸。

使用条件：

① 环境温度：-25~50℃。

② 相对湿度：≤90%。

③ 海拔高度：<2000m。

表示方法：

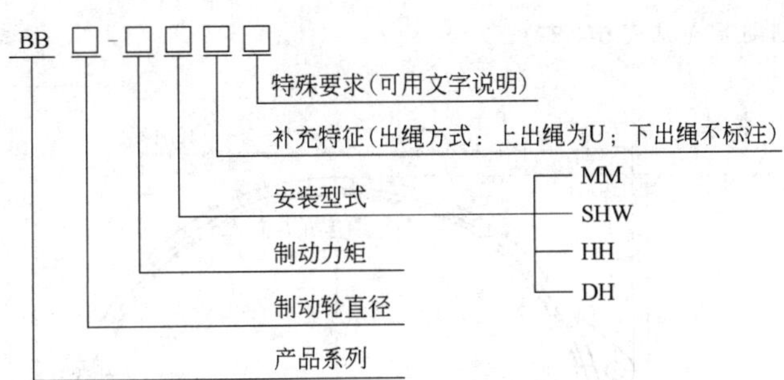

标记示例：

制动轮直径为2000mm，制动力矩为1000kN·m，安装型式为DH，下出绳的BB系列带式制动器，标记为

BB2000-1000DH

表 6-4-85　BB□-□DH 型和 BB□-□DHU 型带式制动器的基本参数和主要尺寸

产品型号	轮径 D /mm	制动力矩 /kN·m	开闸间隙 /mm	开闸油压 /MPa	开闸油量 /mL	B /mm	h_1 /mm	H /mm	A_1 /mm	A_2 /mm	K /mm	质量 /kg
BB1600-315DH(U)	1600	315	0.5~2	10~12	785	200	900	1900	1600	1000	300	880
BB1600-400DH(U)		400			785	240	900	1900	1600	1000	300	930
BB1800-500DH(U)	1800	500			1225	240	1000	2100	1700	1100	320	1290
BB1800-630DH(U)		630			1225	280	1000	2100	1700	1100	320	1380

续表

产品型号	轮径 D /mm	制动力矩 /kN·m	开闸间隙 /mm	开闸油压 /MPa	开闸油量 /mL	B /mm	h_1 /mm	H /mm	A_1 /mm	A_2 /mm	K /mm	质量 /kg
BB2000-800DH(U)	2000	800	0.5~2	10~12	1540	280	1200	2400	1800	1200	360	1460
BB2000-1000DH(U)		1000			1540	320	1200	2400	1800	1200	360	1465
BB2500-1000DH(U)	2500	1000			1540	240	1200	2800	2200	1500	360	1595
BB2500-1250DH(U)		1250			1540	280	1200	2800	2200	1500	360	1620
BB3000-1500DH(U)	3000	1500			1540	280	1200	3100	2400	1800	400	2150
BB3000-2000DH(U)		2000			1540	320	1200	3100	2400	1800	400	2400
BB3600-2000DH(U)	3600	2000			2545	280	1350	3500	2800	2100	400	2650
BB3600-2500DH(U)		2500			2545	320	1350	3500	2800	2100	400	2950
BB4000-3150DH(U)	4000	3150			3800	280	1500	3800	3000	2300	400	3550
BB4000-3550DH(U)		3550			3800	320	1500	3800	3000	2300	400	3850

表 6-4-86　BB□-□HH 型带式制动器的基本参数和主要尺寸

产品型号	轮径 D /mm	制动力矩 /kN·m	开闸间隙 /mm	开闸油压 /MPa	开闸油量 /mL	B /mm	h_1 /mm	H /mm	A_1 /mm	A_2 /mm	K /mm	质量 /kg
BB1600-250HH	1600	250	0.5~2	10~12	1100	180	1000	2040	1480	1030	540	870
BB1600-400HH		400				240						1015
BB2000-500HH	2000	500			965	320	1150	2400	1600	1300	530	1030
BB2000-710HH		710			1100							1190
BB2500B-900HH	2500	900			1718		1400	2965	2020	1570	635	1590
BB2500A-1250HH		1250										
BB3150-2000HH	3150	2000			3220		1750	3650	2360	1860	680	2580
BB3150-2240HH		2240										
BB3800-2900HH	3800	2900			4580		2010	4260	2700	2210	720	3900
BB3800-3150HH		3150					1970	4220		2310	680	

（2）HBBB 系列带式制动器（见表 6-4-87）

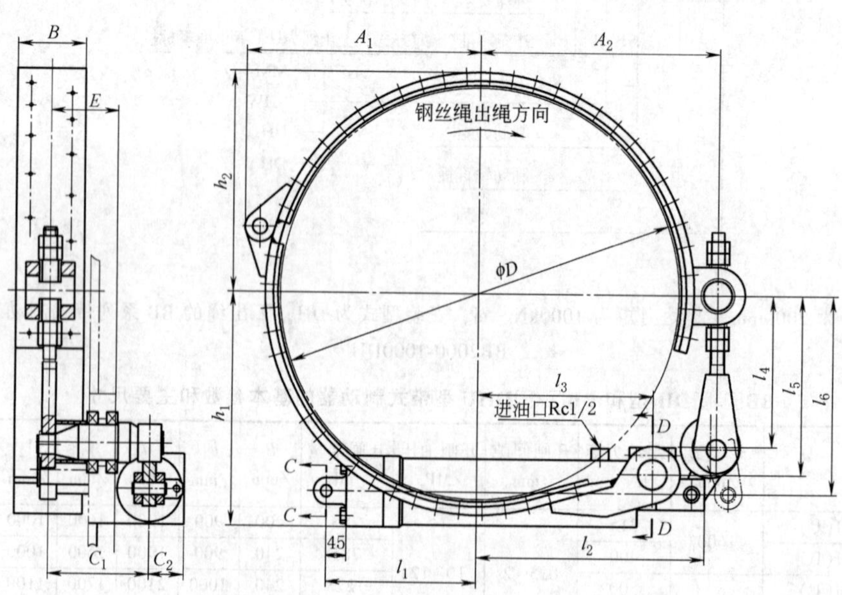

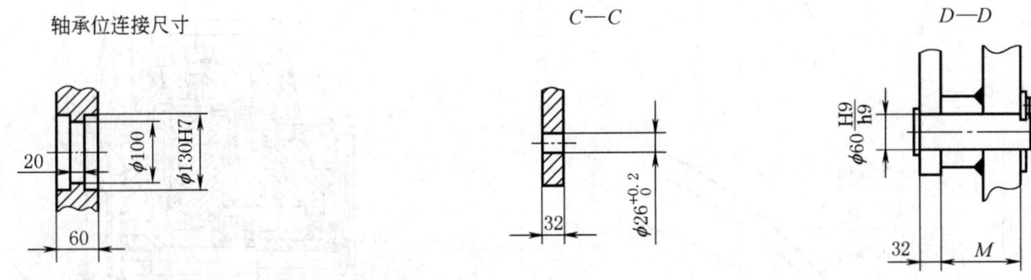

应用与特点：

① 主要应用于船舶克令吊起升机构和回转机构的工作制动。

② 结构紧凑，为液压操控的常开式制动器。

使用条件：

同 BB 系列产品。

表示方法：

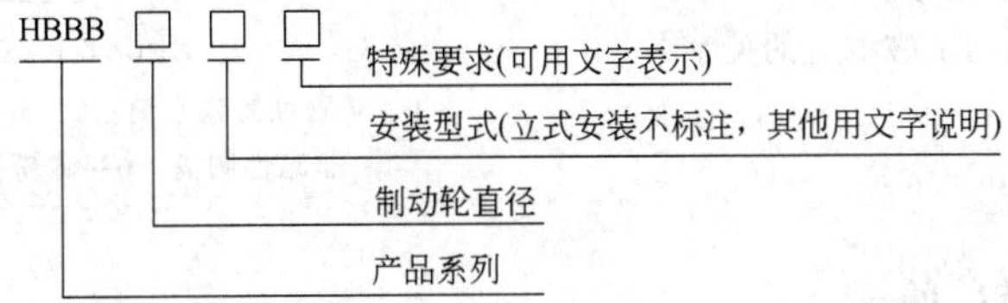

标记示例：

制动轮径为 900mm，制动力矩为 46.3kN · m，立式安装的 HBBB 系列带式制动器，无特殊要求时，标记为

HBBB900

表 6-4-87　　HBBB 系列带式制动器的基本参数和主要尺寸

产品型号	匹配液压缸型号	制动力矩/kN · m	开闸间隙/mm	油压/MPa	工作行程/mm	尺寸/mm																质量/kg
						D	A_1	A_2	B	C_1	C_2	E	h_1	h_2	M	l_1	l_2	l_3	l_4	l_5	l_6	
HBBB900	HC630C	46.3	1.5	18.2	60	900	515	580	150	225	75	150	495	480	132	328	507	381	320	379	420	175
HBB900A	HC205C	29.4		18.2	60				125	212		137			119	178	502	376	326		421	120

6　其他制动器

6.1　磁粉制动器

6.1.1　磁粉制动器的结构及工作原理

磁粉制动器主要利用磁粉磁化时所产生的剪力来制动，其制动力矩的大小与绕组中的励磁电流的大小成正比，但电流大到使磁粉达到磁饱和时，力矩增长速度就会减慢（见图 6-4-20）。此外，磁粉的装满程度也影响力矩的特性。不宜超力矩、超转速使用。适合空载启动和过载保护。

磁粉制动器的安全系数 K_Z（最大制动力矩与额定制动力矩之比）：用于一般的减速停车制动时，$K_Z>1.3$；用于调节制动时，$K_Z>1.5$；用于快速制动时，$K_Z>2.0$。

图 6-4-21 所示为一种磁粉制动器。为便于安装励磁绕组 3，固定部分制成装配式，由件 2 及件 5 组成。固定部分与转动部分（薄壁圆筒 7）之间的间隙中填充磁粉。薄壁圆筒 7 与非磁性铸铁套筒 1 铆接成被制动件。为防止磁通短路，特设置非磁性圆盘 4。固定部分 2 上铸有散热片，由风扇 8 强制通风冷却。

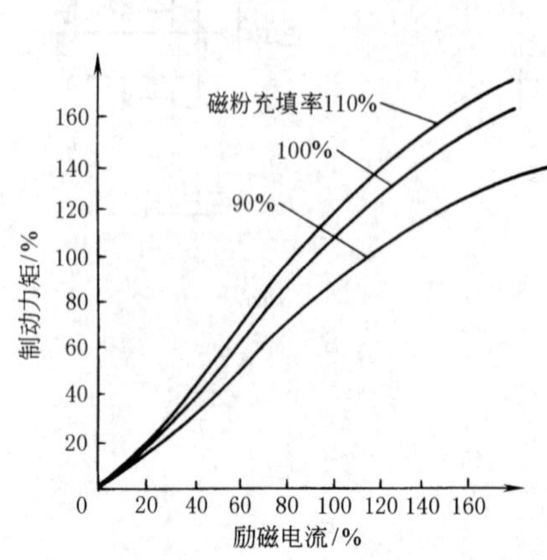

图 6-4-20　制动力矩与励磁电流的关系

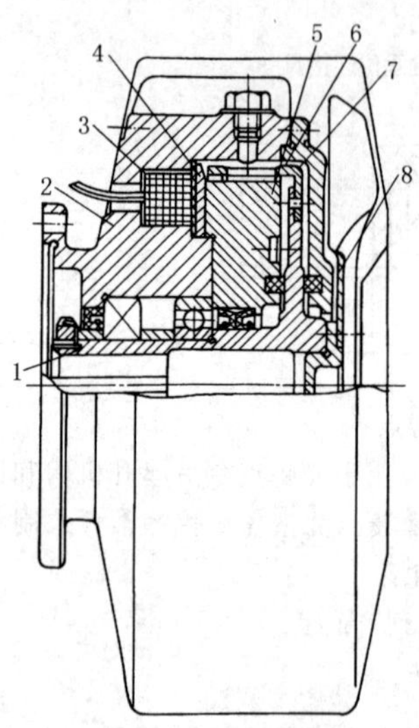

图 6-4-21　磁粉制动器

1—非磁性铸铁套筒；2，5—固定部分；3—励磁绕组；4—非磁性圆盘；6—磁粉；7—薄壁圆筒；8—风扇

6.1.2　常用磁粉制动器产品

（1）MFZ□Q 型单出轴双风扇冷却式磁粉制动器（见表 6-4-88）

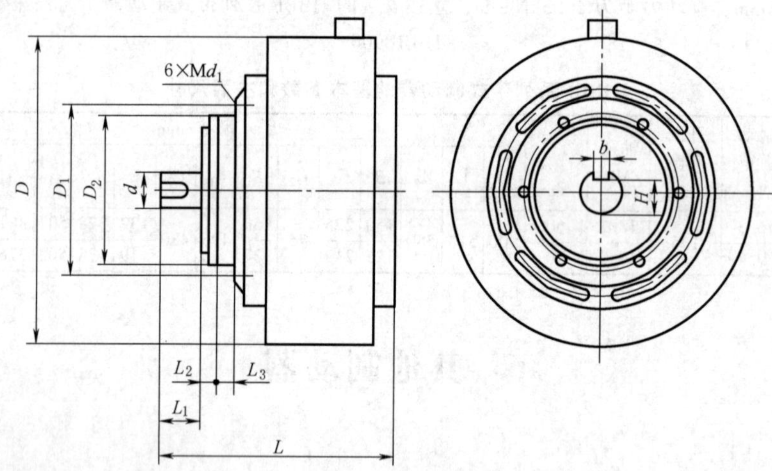

应用与特点：

用于轻工、纺织等行业工业机构传动机构的控制制动，如恒张力系统，也可用于运行机构的减速和停车制动。

使用条件：

① 环境温度：-5~40℃。

② 相对湿度：≤90%（平均温度为 25℃时）。

③ 海拔高度：<2000m。

④ 周围介质无爆炸危险，无腐蚀金属，无破坏绝缘的尘埃，无油雾。

表示方法：

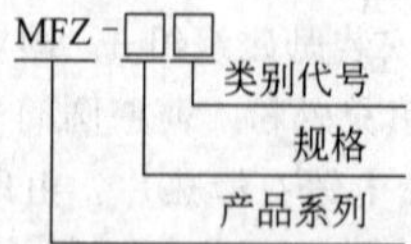

标记示例：

额定制动力矩为 50N·m 的 MFZ 系列单出轴双风扇冷却式磁粉制动器，标记为

MFZ-50Q

表 6-4-88　　MFZ-□Q 型磁粉制动器的基本参数和主要尺寸

型号			MFZ-12Q	MFZ-25Q	MFZ-50Q	MFZ-100Q	MFZ-200Q	MFZ-300Q	MFZ-600Q
技术参数	额定制动力矩/N·m		12	25	50	100	200	300	600
	额定电压(DC)/V		24	24	24	24	24	24	24
	额定电流/A		0.99	1.21	1.70	2.21	2.85	3.31	3.65
	滑差功率/W		130	300	500	800	1000	1600	3000
	许用最高转速/$r\cdot min^{-1}$		1600	1600	1600	1400	1400	1200	1200
外形及安装尺寸	L	mm	136	165	202	240	350	420	460
	L_1		30	40	45	70	65	82	86
	L_2		4	10	12	7	16	20	24
	L_3		15	20	25	25	18	20	24
	D		152	182	220	280	330	385	440
	D_1		62	82	105	120	145	180	200
	D_2(h6)		50	70	85	90	120	140	160
	d(h7)		16	20	25	30	35	45	50
	d_1		5	5	6	8	8	10	12
	b(N9)		5	6	8	8	10	12	16
	H		13	16.5	21	26	30	39.5	44.5

注：用于制动或快速制动的产品采用直流稳压电源；用于调节转矩的产品推荐用直流可调恒流电源或专用的电子微控制器。

（2）FZ□DJ/Y2 型单出轴双水路冷却式磁粉制动器（见表 6-4-89 和表 6-4-90）

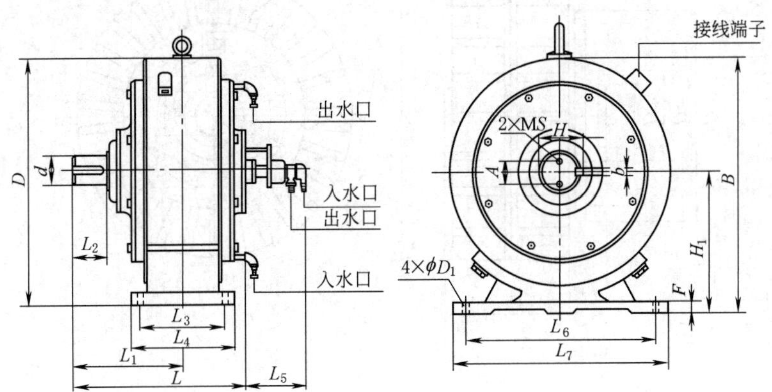

应用与特点：

同 MFZ-□Q 型。

使用条件：

同 MFZ-□Q 型。

表示方法：

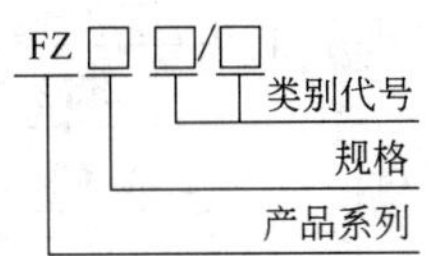

标记示例：

额定制动力矩为 630N·m 的 FZ 系列单出轴双水路冷却式磁粉制动器，标记为

FZ630DJ/Y2

表 6-4-89　　**FZ□DJ/Y2 型单出轴双水路冷却式磁粉制动器的基本参数**

产品型号	额定制动力矩/N·m	线圈(20℃)			水量/L·min^{-1}	允许滑差功率/W	允许转速/r·min^{-1}	磁粉量/g
		电压/V	电流/A	功率/W				
FZ630DJ/Y2	630	24	3.13	75	2×15	7500	1000	490
FZ1500DJ/Y2	1500	36	3	108	2×20	10000	1000	650
FZ2000DJ/Y2	2000	36	6	216	2×25	12000	1000	950
FZ3000DJ/Y2	3000	48	4(75℃)	192(75℃)	2×30	20000	800	3000
FZ4000DJ/Y2	4000	48	6(75℃)	288(75℃)	2×30	30000	750	4000

表 6-4-90　　**FZ□DJ/Y2 型单出轴双水路冷却式磁粉制动器的主要尺寸**　　mm

产品型号	L	L_1	L_2	L_3	L_4	L_5	L_6	L_7	D	D_1	S	A	F	H_1	B	轴		
																$H(^{0}_{-0.3})$	b	d(h7)
FZ630DJ/Y2	350	223	100	180	220	135	340	400	460	18	—	—	26	272	502	53.5	14	50
FZ1500DJ/Y2	420	260	100	220	260	135	408	470	490	18	—	—	28	300	545	85	22	80
FZ2000DJ/Y2	540	330	130	250	300	135	460	520	570	22	—	—	30	408	693	95	25	90
FZ3000DJ/Y2	632	410	140	340	400	198	590	650	760	26	10	50	42	465	845	106	28	100
FZ4000DJ/Y2	655	420	140	300	400	198	700	800	820	33	10	50	45	480	890	106	28	100

(3) MFZ-□KX 型空心轴外壳旋转式磁粉制动器（见表 6-4-91）

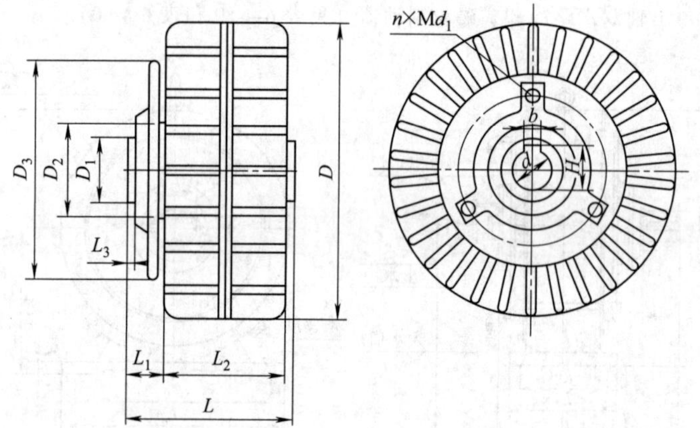

应用与特点：

同 MFZ-□Q 型。

使用条件：

同 MFZ-□Q 型。

表示方法：

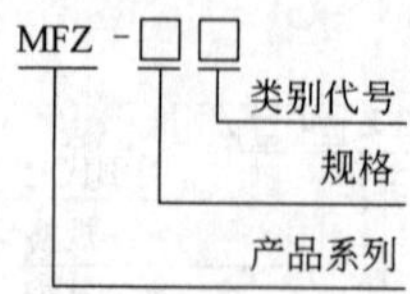

标记示例：

额定制动力矩为 50N·m 的 MFZ 系列空心轴外壳旋转式磁粉制动器，标记为

MFZ-50KX

表 6-4-91　MFZ-□KX 型空心轴外壳旋转式磁粉制动器的基本参数和主要尺寸

产品型号	额定制动力矩 /N·m	额定电压 (DC)/V	额定电流 /A	滑差功率 /W	许用转速 /r·min^{-1}	尺寸/mm											
						L	L_1	L_2	L_3	D	D_1 (h6)	D_2	D_3	d (H7)	$n\times Md_1$	b (JS9)	H
MFZ-25KX	25	24	0.92	510	1600	99	28	66	5	188	100	140	170	20	3×M10	6	22.8
MFZ-50KX	50		1.19	780		116	28.5	84		236	110	150	195	30		8	33.3
MFZ-100KX	100		1.65	960		145	33	108		280	125		250	35	6×M8		38.3

6.2　电磁离合制动器

6.2.1　结构及工作原理

图 6-4-22 所示为电磁离合制动器，由电磁离合器（右侧）和电磁制动器（左侧）组成。其输入轴 1 同电机相连，使离合器转子 3 旋转；当离合器处于接合的工作状态时，通过被吸引的衔铁盘 4 带动输出轴 6 转动，此时，左侧制动器处于开闸状态。当制动器工作时，制动器定子 5 吸引衔铁盘 4，使输出轴 6 制动，此时离合器处于分离的工作状态。衔铁盘的惯量很小，因而装置有高的工作频率，能实现快速反应。可将三相异步电机装于输入轴，或将减速器装于输出轴，实现模块式设计的多种传动方式。

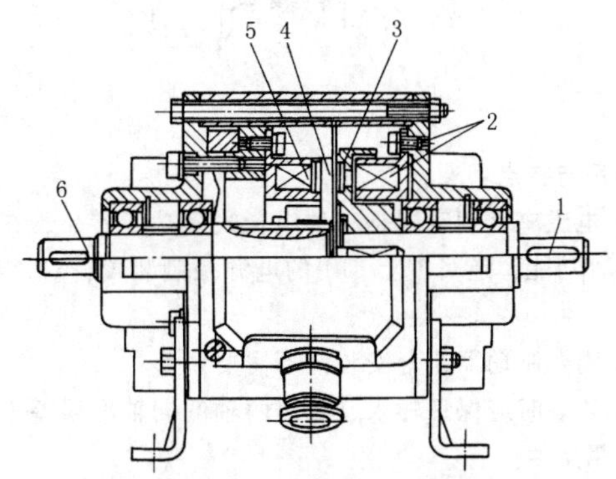

图 6-4-22　电磁离合制动器

1—输入轴；2—离合器定子；3—离合器转子；4—衔铁盘；5—制动器定子；6—输出轴

6.2.2　常用电磁离合制动器产品

（1）DLZ1 系列电磁离合制动器（见表 6-4-92）

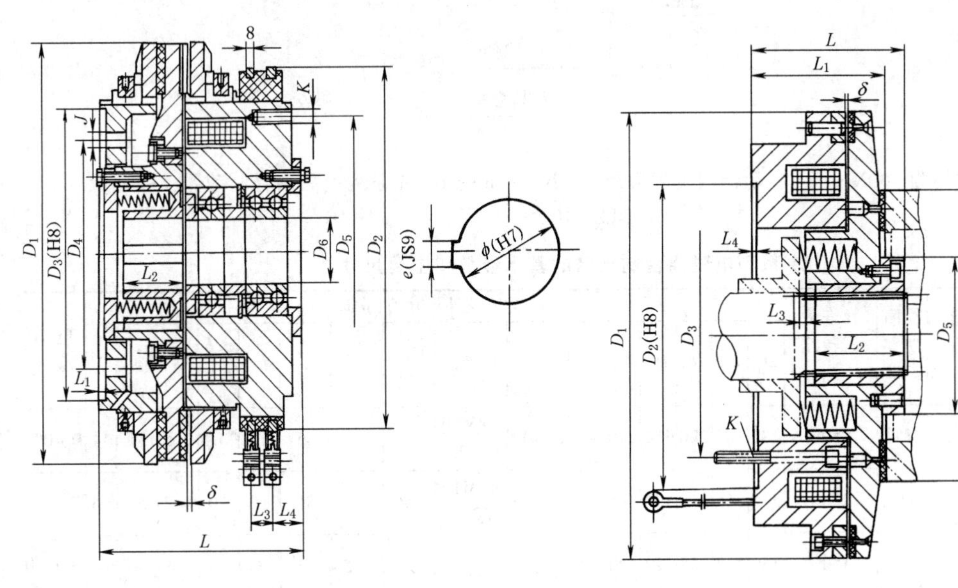

25、40 规格　　　　50、80 规格

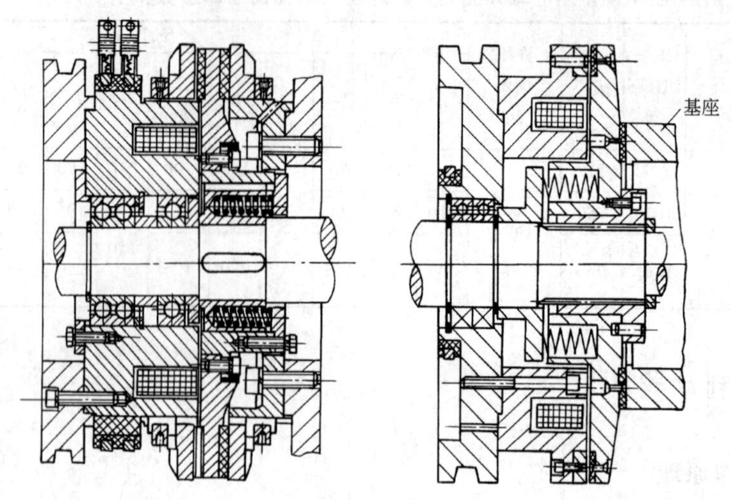

安装示例

应用与特点：

① 电磁离合制动器是一种组合式多功能产品，在机械传动系统中，可在输入轴运转时，对负载实现启动和制动两种功能，还可配上专用的电源控制装置，对负载实现高精度启、停控制，广泛应用于要求精确定位的各种机械。

② 离合制动器组合安装前不需要调整。

③ 安装时应保证输入、输出两轴的同轴度误差不大于 0.1mm。

使用条件：

① 环境温度：-5~40℃。

② 海拔高度：<2000m。

③ 周围介质中无爆炸危险，且无足以腐蚀金属和破坏绝缘的气体及导电尘埃。

④ 离合制动器线圈电压波动不超过+5%和-15%额定电压。

表示方法：

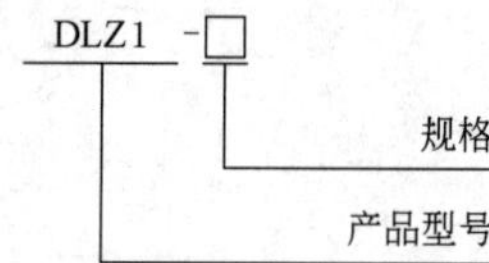

标记示例：

离合器额定静力矩为 400N·m、制动器额定静力矩为 120N·m 的 DLZ1 系列电磁离合制动器，标记为

DLZ1-40

表 6-4-92　DLZ1 系列电磁离合制动器的基本参数和主要尺寸

规格	额定静力矩/N·m		额定电压(DC)/V	线圈功率/W	允许最高转速/r·min^{-1}	安装及外形尺寸/mm																	电刷型号
	离合器	制动器				D_1	D_2	D_3	D_4	D_5	D_6	J	K	L	L_1	L_2	L_3	L_4	δ	ϕ	e		
25	250	80	24	81	2500	285	247	200	155	180	45	8×ϕ11	8×M10 深 25	147	5	45	16	20.7	0.5	50	14	DS-009
40	400	120		115	2500	315	265	210	170	195	50	8×ϕ13	8×M12 深 25	166	6	51	16	20	0.7	55	16	DS-010
50	500	90		131	1500	350	237	188	224	120	—	—	6×ϕ12	122	105	73	4	3	0.5	—	—	
80	800	120		137	1500	402	242	194	280	165	—	—	6×ϕ13.5	138.5	115.5	94.5	4	6	0.6	—	—	

（2）DLZ2 系列电磁离合制动器（见表 6-4-93）

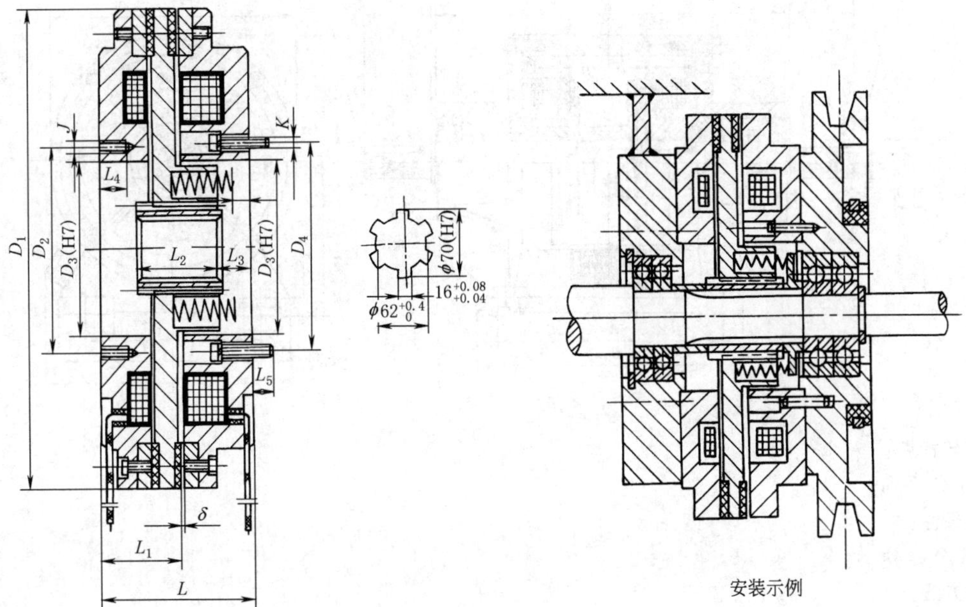

安装示例

第 6 篇

应用与特点：

同 DLZ1 系列。

使用条件：

同 DLZ1 系列。

表示方法：

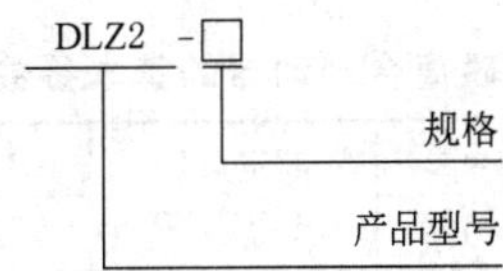

标记示例：

离合器额定动力矩为 1200N · m、制动器额定动力矩为 400N · m 的 DLZ2 型电磁离合制动器，标记为

DLZ2-120

表 6-4-93　　DLZ2 系列电磁离合制动器的基本参数和主要尺寸

规格	额定动力矩/N · m		静力矩/N · m		额定电压(DC)/V	线圈消耗功率(20℃)/W		允许最高转速/r · min^{-1}
	离合器	制动器	离合器	制动器		离合器	制动器	
120	1200	400	1320	440	24	125	195	1500
180	1800	800	1980	880		200	120	1200

规格	安装及外形尺寸/mm												
	D_1	D_2	D_3	D_4	J	K	L	L_1	L_2	L_3	L_4	L_5	δ
120	420	205	176	205	4×M12	6×M10	152.5	77	70	38	25	20	0.8
180	500	205	180	220	8×M12	8×M10	183.8	88	70	61	25	35	0.8

(3) DLZ4 系列电磁离合制动器（见表 6-4-94）

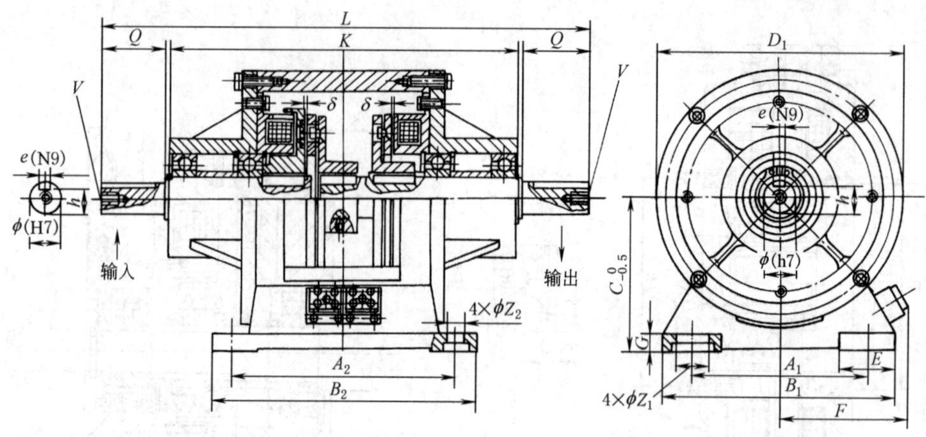

应用与特点：

同 DLZ1 系列。

使用条件：

同 DLZ1 系列。

表示方法：

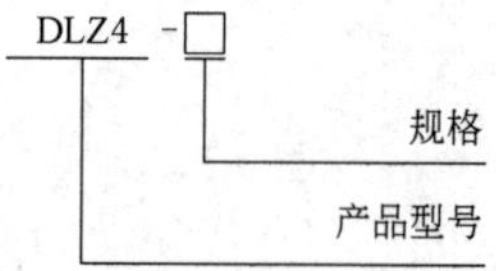

标记示例：

离合器额定动力矩为 80N·m、制动器额定动力矩为 80N·m 的 DLZ4 型电磁离合制动器，标记为

DLZ4-8

表 6-4-94　DLZ4 系列电磁离合制动器的基本参数和主要尺寸

规格	额定动力矩/N·m		静力矩/N·m		额定电压(DC)/V	线圈消耗功率(20℃)/W		允许最高转速/r·min^{-1}
	离合器	制动器	离合器	制动器		离合器	制动器	
0.5	5	5	5.5	5.5	24	12	12	5000
1	10	10	11	11		16	16	5000
2	20	20	22	22		20	20	4000
4	40	40	45	45		25	25	4000
8	80	80	90	90		36	38	3000
16	160	160	175	175		46	45	3000
25	250	250	275	275		50	49	2000
100	1000	1000	1100	1100		66	31	1500

规格	安装及外形尺寸/mm																	
	A_1	A_2	B_1	B_2	C	D_1	E	F	G	K	L	V	Z_1	Z_2	ϕ	Q	h	e	δ
0.5	65	90	90	105	65	100	27.5	58	10	132	187	M3 深 8	13.5	6.5	11	25	$8.5_{-0.1}^{0}$	4	0.3
1	80	110	110	130	80	125	30	66	12	171	236	M4 深 6	15	9	14	30	$11_{-0.1}^{0}$	5	
2	105	135	140	160	90	150	35	81	15	210	295	M6 深 11	20	11	19	40	$15.5_{-0.1}^{0}$	6	
4	135	160	175	185	112	190	42	98	15	270	376		24	11	24	50	$20_{-0.2}^{0}$	8	
8	155	200	200	230	132	230	45	110	18	362	490		28	14	28	60	$24_{-0.2}^{0}$	8	0.5
16	195	240	240	270	160	290	47	129	20	448	616	M10 深 17			38	80	$33_{-0.2}^{0}$	10	
25	240	290	290	320	185	340	60	155	22	490	684		30	14	40	90	$35_{-0.2}^{0}$	12	
100	336	344	440	404	227	464	84	225	22	472	700	—	22	22	50	120	$44.5_{-0.2}^{0}$	14	

6.3 人力操纵制动器

6.3.1 结构及工作原理

人力操纵制动器主要通过杠杆操纵，其优点是结构简单、工作可靠，缺点是增力范围小，一般用于小型机械。必要时可通过设计液压缸或气动缸来辅助增加制动力。图 6-4-23 所示为手动常闭带式制动器，重锤 1 使制动器上闸，操纵手柄 2 使制动器开闸。

设计杠杆时，应尽量使杠杆受拉，按最大操纵力来设计杠杆传动比。一般手动杠杆操纵力取 160～200N，用脚踏板操纵取 250～300N。

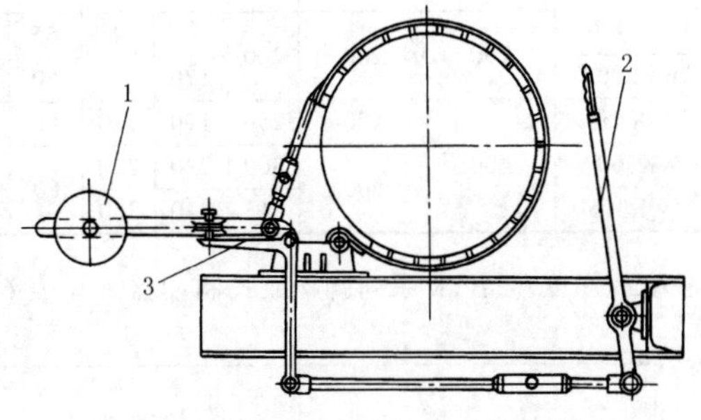

图 6-4-23 手动常闭带式制动器

1—重锤；2—手柄；3—弯杆

6.3.2 常用人力操纵制动器产品

(1) RWK 系列脚踏鼓式制动器（见表 6-4-95）

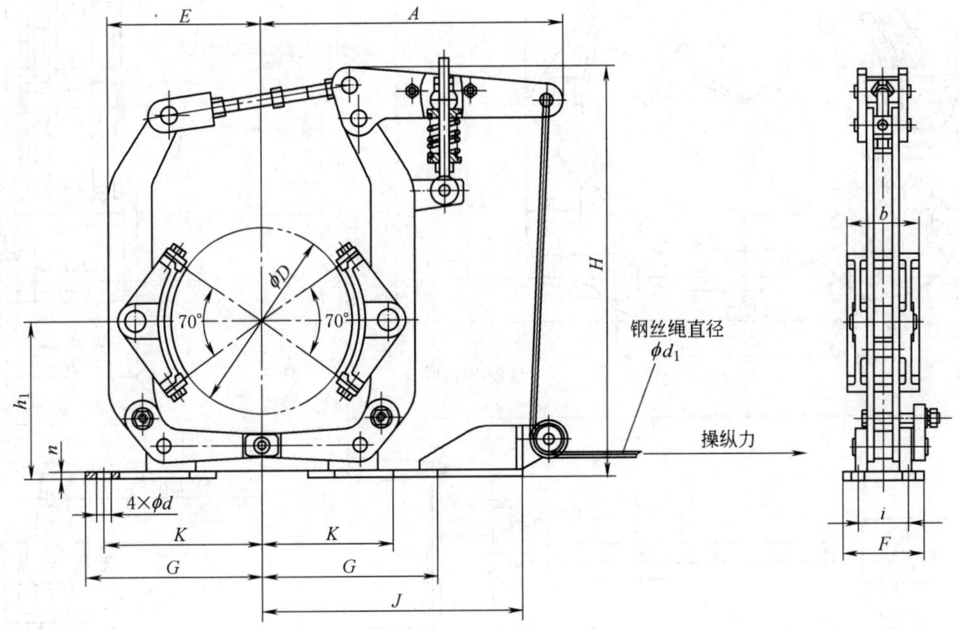

应用与特点：

① RWK 系列为脚踏式人力操纵的常开式制动器，主要用于各种中小型起重机大车运行机构的减速制动。

② 其他同 YW 系列产品。

使用条件：

同 YW 系列产品。

表示方法：

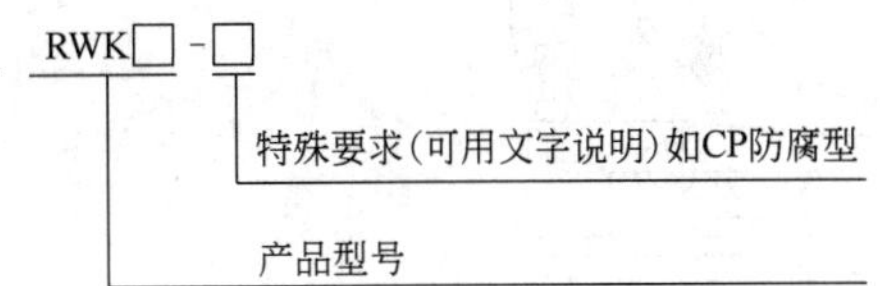

标记示例：

制动轮直径为 250mm 的 RWK 系列防腐型脚踏鼓式制动器，标记为

RWK250-CP

表 6-4-95　　RWK 系列脚踏鼓式制动器基本参数和主要尺寸

产品型号	最大操纵力/N	最大制动力矩/N·m	安装及外形尺寸/mm														质量/kg
			D	h_1	K	i	d	n	b	G	J	F	E	A	H	d_1	
RWK200	200	200	200	160	145	55	14	8	70	165	245	90	170	365	470	5	23
RWK200A	200	200	200	170	175	60	17	8	90	210	245	100	170	365	470	5	24
RWK250	400	400	250	190	180	65	18	10	100	200	275	100	200	415	485	5	40
RWK300A	400	500	300	230	220	80	18	10	110	245	358	115	260	500	605	5	45
RWK315	400	500	315	240	250	80	22	10	140	275	358	130	260	500	605	5	45

（2）RKW、RYK 系列脚踏鼓式制动器（见表 6-4-96 和表 6-4-97）

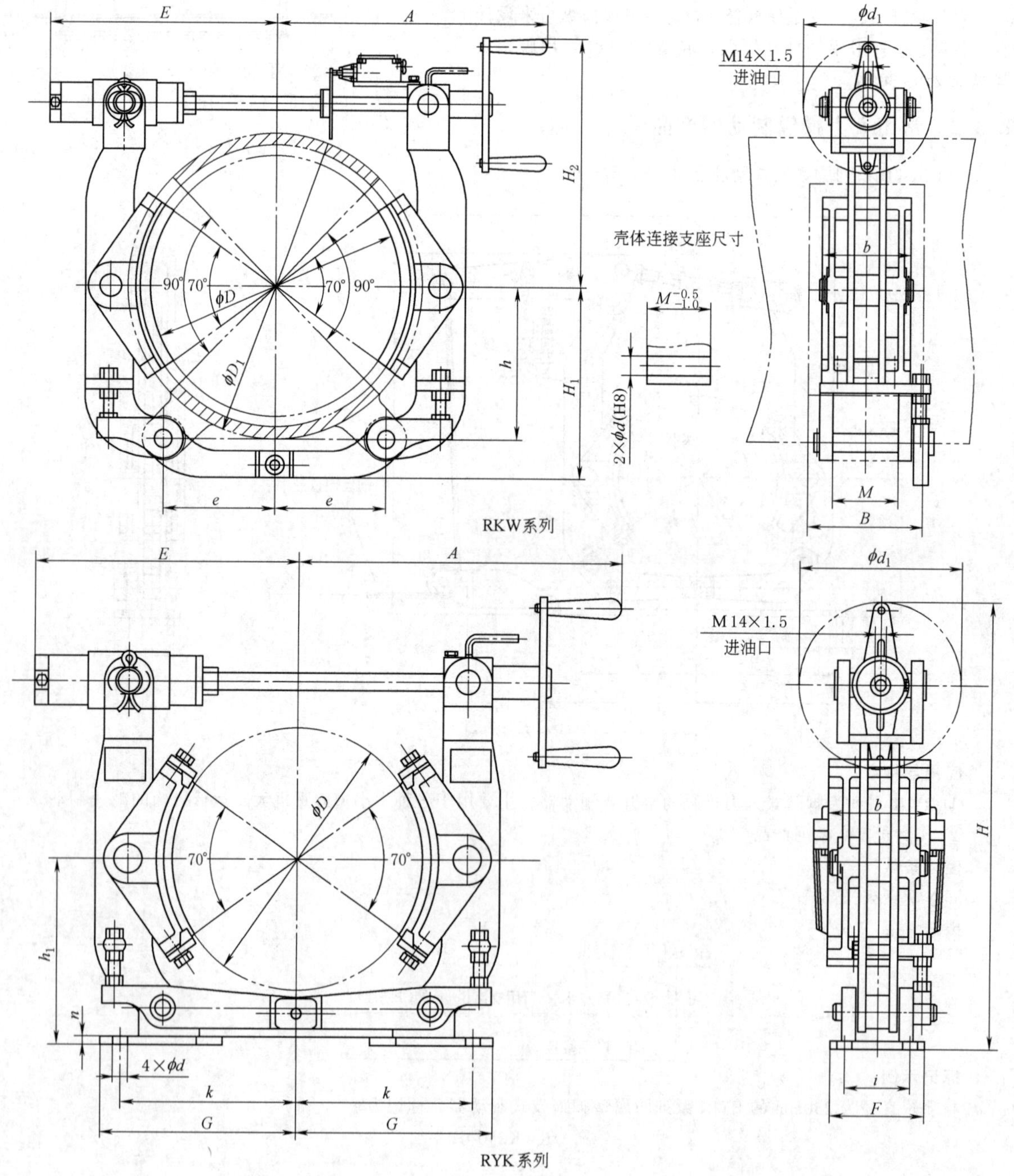

RKW系列

RYK系列

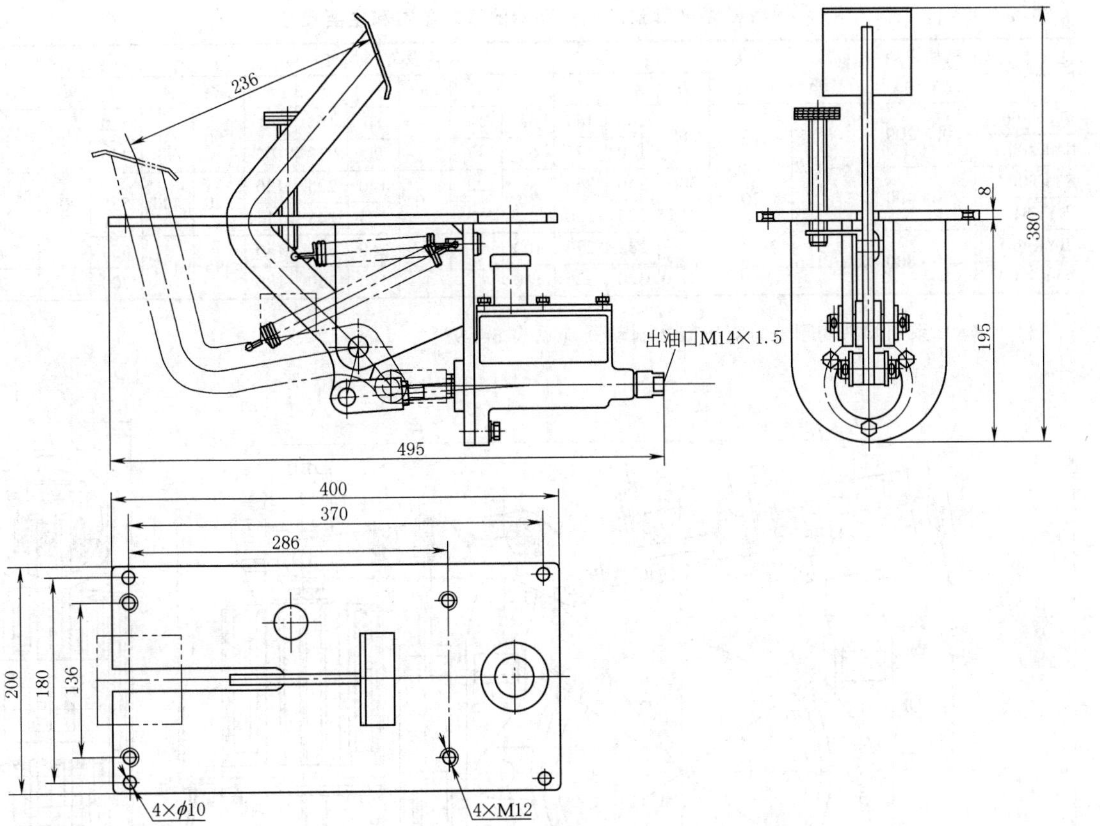

配套JTB02A型脚踏泵

应用与特点：

① RKW系列用于门座式起重机和塔式起重机等的回转机构的减速和停车制动；RYK系列用于各类通用桥、门式起重机的大车运行机构的减速和停车制动。

② 配装JTB02A型脚踏泵使用。

其他同YW系列产品。

使用条件：

同YW系列产品。

表示方法：

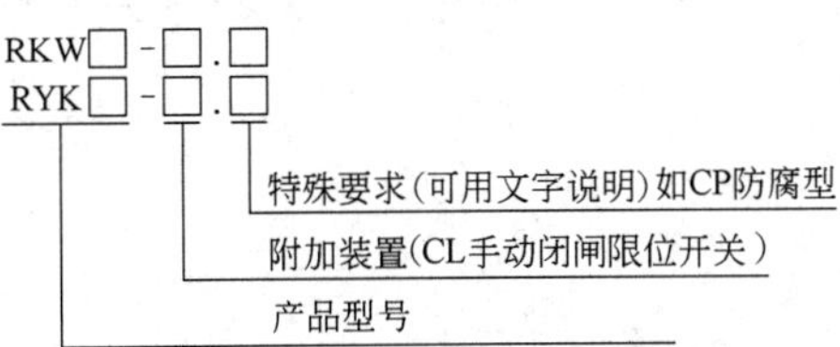

标记示例：

制动轮直径为315mm，带手动闭闸限位开关，有防腐要求的卧式安装的RKW系列脚踏鼓式制动器，标记为

RKW315-CL. CP

表 6-4-96　RKW系列脚踏鼓式制动器的基本参数和主要尺寸

产品型号	制动力矩/N·m	油压/MPa	油量/mL	安装及外形尺寸/mm													质量/kg
				D	h	e	b	E	A	H_1	H_2	d_1	D_1	B	M	d	
RKW200	130~280	0.6~1.2	20	200	135	108	70	330	329	163	290	205	240	90	60	20	33
RKW300	200~400	0.6~1.2	20	300	190	135	110	340	385	240	330	205	380	125	100	30	42
RKW315	200~400	0.6~1.2	20	315	190	135	110	340	385	240	330	205	380	125	100	30	42
RKW400	200~400	0.8~1.6	20	400	235	177	140	395	425	295	385	205	470	165	100	30	50
RKW500	700~1400	1.1~2.2	20	500	280	195	180	410	455	345	475	205	570	200	100	30	82

表 6-4-97　　**RYK 系列脚踏鼓式制动器的基本参数和主要尺寸**

产品型号	制动力矩/N·m	油压/MPa	油量/mL	安装及外形尺寸/mm													质量/kg
				D	h_1	k	i	d	n	b	G	F	E	A	H	d_1	
RYK200	100～200	0.6～1.2	20	200	160	145	55	14	8	80	165	90	300	330	420	205	18
RYK200A					170	175	60	17		90	210	100			430		19
RYK300A	200～400			300	240	250	80	22	10	140	295	130	370	400	555		47
RYK315				315	225	220		18		125	245	115					49
RYK400	400～800	0.8～1.6		400	280	270	100	22	12	160	300	140	395	425	660		70
RYK400A					320	325	130			180	350	180			700		76

（3）YWKD 系列脚踏变频电力液压鼓式制动器（见表 6-4-98）

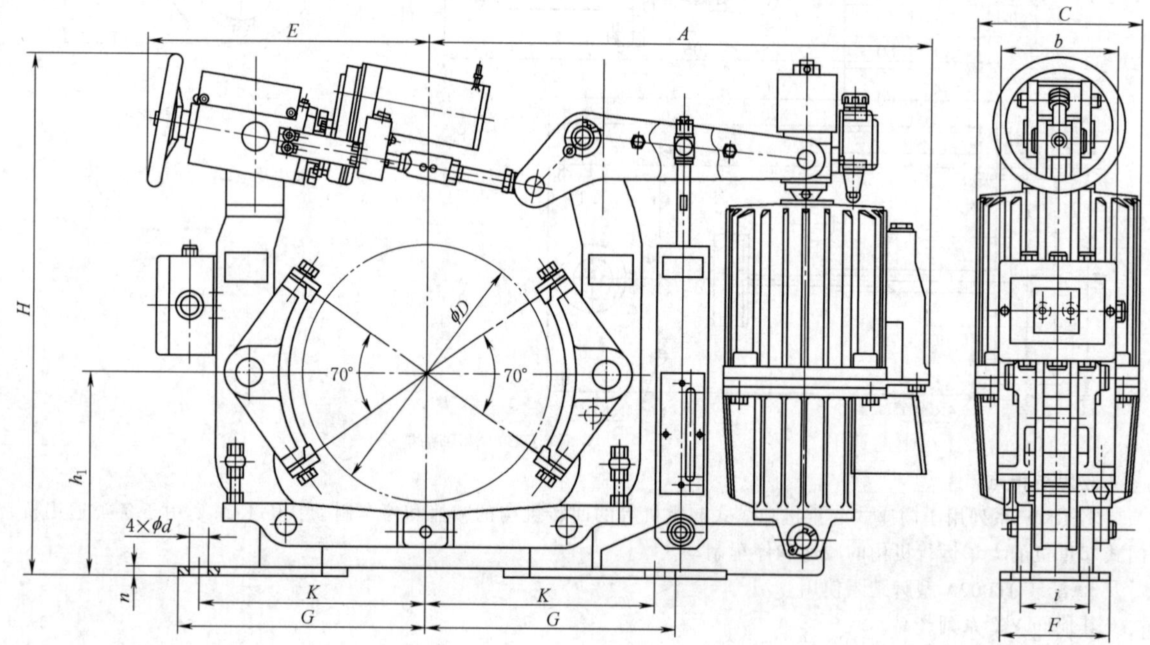

应用与特点：

采用模拟脚踏板触发电控信号，驱动变频推动器实施制动，大大减轻了操作人员的劳动强度。

其他同 YW 系列产品。

使用条件：

同 YW 系列产品。

表示方法：

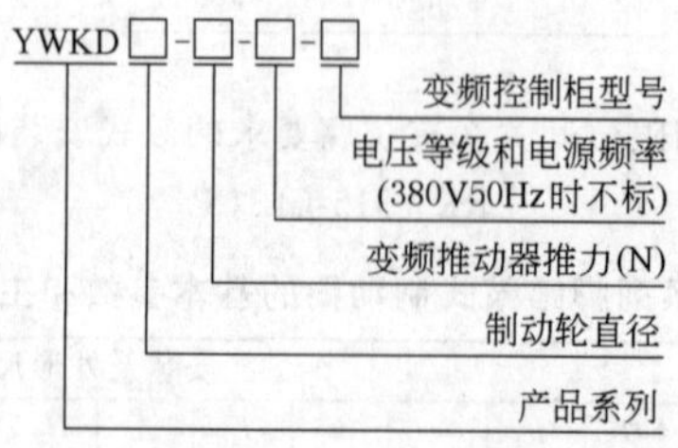

标记示例：

制动轮为 315mm，配套变频推动器推力为 500N，电源为 380V50Hz，变频控制柜型号为 EV1.5 的 YWKD 系列脚踏变频电力液压鼓式制动器，标记为

YKWD315-500-EV1.5

表 6-4-98　　YWKD 系列脚踏变频电力液压鼓式制动器的基本参数和主要尺寸

产品型号	推动器型号	制动力矩/N·m	安装及外形尺寸/mm													质量/kg
			D	h_1	K	i	d	n	b	F	G	E	H	A	C	
YWKD160-220	Ed220-50	100	160	132	130	55	14	6	65	90	150	310	500	440	160	82
YWKD200-220	Ed220-50	140	200	160	145	55	14	8	70	90	165	310	565	450	160	88
YWKD200-300	Ed300-50	224	200	160	145	55	14	8	70	90	165	310	565	450	160	88
YWKD250-300	Ed300-50	250	250	190	180	65	18	10	90	100	200	310	615	600	160	96
YWKD250-500	Ed500-60	450	250	190	180	65	18	10	90	100	200	310	615	600	195	100
YWKD300-300	Ed300-50	315	300	225	220	80	18	10	125	110	245	335	615	600	160	116
YWKD300-500	Ed500-60	630	300	240	250	80	22	10	140	130	295	335	615	600	195	128
YWKD315-300	Ed300-50	315	315	230	220	80	18	10	110	110	245	335	615	600	160	116
YWKD315-500	Ed500-60	560	315	230	220	80	18	10	110	110	245	335	615	600	195	128
YWKD315-800	Ed800-60	900	315	230	220	80	18	10	110	110	245	335	615	600	195	130
YWKD400-500	Ed500-60	710	400	280	270	100	22	12	140	140	300	370	730	675	195	151
YWKD400-800	Ed800-60	1120	400	280	270	100	22	12	140	140	300	370	730	675	195	153
YWKD500-800	Ed800-60	1400	500	340	325	130	22	16	180	180	365	435	870	805	195	215
YWKD500-1250	Ed1250-60	2240	500	340	325	130	22	16	180	180	365	435	870	795	240	223

注：此系列产品需另配电气控制箱。

6.4　楔形自锁安全制动器

6.4.1　结构及工作原理

图 6-4-24 所示为常用于杆件支撑机构的一种楔形自锁安全制动器（也称锁紧器）。当出现故障使驱动失效时，杆件在重载的作用下超速下滑，在碟簧组 6 提供的开口楔形环的初始摩擦力的作用下，带动楔形环向下运动，使楔形环产生压缩变形，从而使杆件制动锁紧。故障消除后，依靠液压力或气压力的作用顶出楔形环，消除制动力，在碟簧组 4 的作用下保持楔形环与杆件的间隙，恢复正常运行状态。

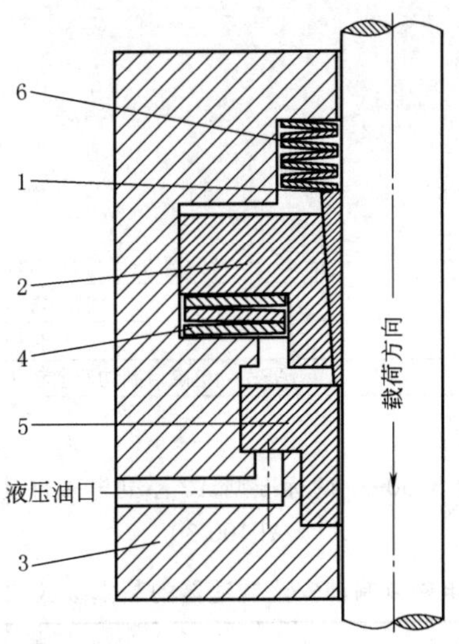

图 6-4-24　升降平台锁紧器

1—楔形环；2—承载环；3—基座；4—保持碟簧组；5—活塞；6—预压力碟簧组

6.4.2　常用楔形自锁安全制动器产品

AP 系列电磁自制动安全制动器的基本参数和主要尺寸见表 6-4-99。

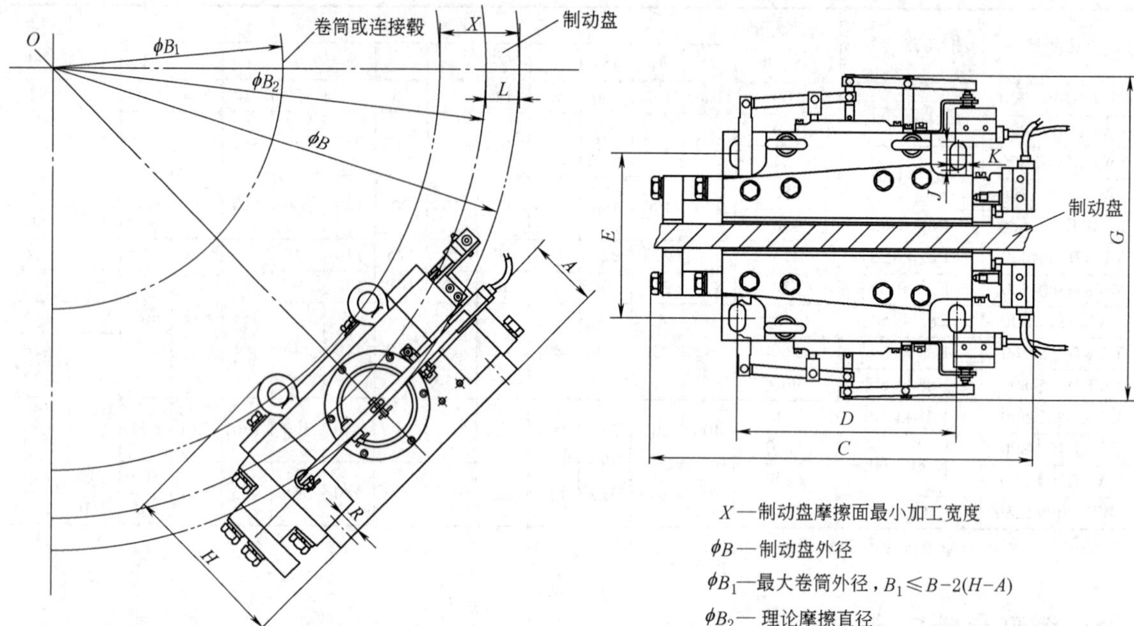

X—制动盘摩擦面最小加工宽度

ϕB—制动盘外径

ϕB_1—最大卷筒外径，$B_1 \leqslant B-2(H-A)$

ϕB_2—理论摩擦直径

应用与特点：

① 用于大中型起重机、港口装卸机械的起升机构，矿用提升机、卷扬机、皮带输送机、缆车等的驱动机构，尤其是铸造起重机以及其他机构低速轴的安全制动。

② 采用楔形自锁结构原理制动，制动力与负载力为正比关系，负载力越大制动力越大。制动器设置了缓冲机构，实现相对柔性制动，安全可靠。

③ 初始制动力由弹簧实施，电磁驱动开闸。出厂时设置监控开关，可实时反馈制动器状态。

④ 结构紧凑，安装方便，调整维护简单。

使用条件：

① 环境温度：-20～60℃。

② 相对湿度：≤90%。

③ 海拔高度：<2000m。

表示方法：

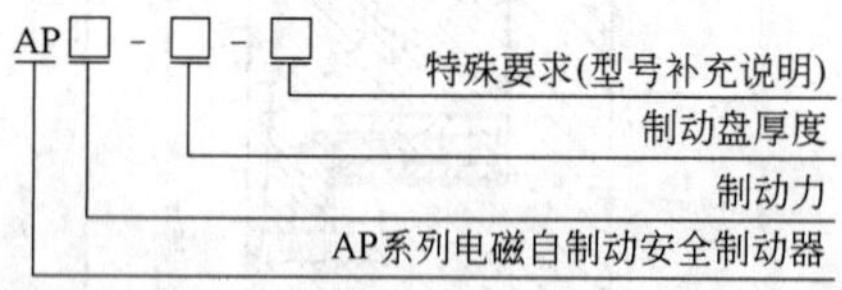

标记示例：

制动力为100kN，用于制动盘厚度为30mm的标准型AP系列电磁自制动安全制动器，标记为

AP100-30

表 6-4-99　AP系列电磁自制动安全制动器的基本参数和主要尺寸

产品型号	制动力/kN	功耗/W	单侧额定退距/mm	适配制动盘厚度/mm	安装螺栓	安装及外形尺寸/mm											质量/kg
						A	C	D	E	G	H	R	J	K	L	X	
AP30	30	≤12	3.5	20/30	4×M16	47～51	358	190	143	364	162	34	20	14	31	90	30
AP50	50	≤15				48～52	369	206	184	336	162	24	27	18	37	105	47
AP75	75			30													47
AP100	100																47

续表

<table>
<tr><th rowspan="2">产品型号</th><th rowspan="2">制动力
/kN</th><th rowspan="2">功耗
/W</th><th rowspan="2">单侧额定退距
/mm</th><th rowspan="2">适配制动盘厚度
/mm</th><th rowspan="2">安装螺栓</th><th colspan="11">安装及外形尺寸/mm</th><th rowspan="2">质量
/kg</th></tr>
<tr><th>A</th><th>C</th><th>D</th><th>E</th><th>G</th><th>H</th><th>R</th><th>J</th><th>K</th><th>L</th><th>X</th></tr>
<tr><td>AP150</td><td>150</td><td rowspan="3">≤20</td><td rowspan="6">3.5</td><td rowspan="3">30</td><td rowspan="3">4×M20</td><td>58~62</td><td rowspan="2">491</td><td rowspan="3">280</td><td rowspan="3">206</td><td rowspan="3">405</td><td>196</td><td rowspan="3">30</td><td rowspan="3">33</td><td rowspan="3">22</td><td rowspan="6">40</td><td rowspan="6">112</td><td>100</td></tr>
<tr><td>AP200</td><td>200</td><td>68~72</td><td>206</td><td>105</td></tr>
<tr><td>AP250</td><td>250</td><td>83~87</td><td>496</td><td>221</td><td>116</td></tr>
<tr><td>AP300</td><td>300</td><td rowspan="3">≤24</td><td rowspan="4">30/40</td><td rowspan="4">4×M30</td><td rowspan="3">93~97</td><td>487</td><td rowspan="3">250</td><td rowspan="3">263</td><td rowspan="3">406</td><td rowspan="3">231</td><td rowspan="3">34</td><td rowspan="3">49</td><td rowspan="3">33</td><td>132</td></tr>
<tr><td>AP350</td><td>350</td><td rowspan="2">497</td><td>132</td></tr>
<tr><td>AP400</td><td>400</td><td>135</td></tr>
<tr><td>AP500</td><td>500</td><td>≤28</td><td>4.5</td><td>127~131</td><td>671</td><td>340</td><td>342</td><td>500</td><td>329</td><td>55</td><td>44</td><td>32</td><td>68</td><td>204</td><td>280</td></tr>
</table>

注：1. 制动盘厚度为推荐厚度，可根据客户需求确定。

2. A 为制动盘外圆与制动器安装底座间的距离。

3. 制动力矩 $M=F(B-2L)/2$。式中 F 为制动力。

第6篇

6.5 防爆制动器

防爆制动器在目前能做到的准确类型是隔爆型，其定义为：用于爆炸性环境，由整体或分体隔爆外壳保护，具有隔爆特性的制动器。从设计角度，所有类型的制动器均可设计成隔爆型制动器。从隔爆装置保护的范围来分，可分为整体式隔爆型制动器（整个制动器全部放置在隔爆外壳内）和分体式隔爆型制动器（制动部分和驱动部分分别设置在不同的隔爆外壳内）。

6.5.1 防爆制动器防爆标志的标准样式

根据 GB/T 3836.1—2021 对爆炸性气体环境电气设备和爆炸性粉尘环境电气设备的规定，隔爆型制动器的防爆标志采用下述方式。整体式隔爆型制动器代号为“i”；分体式隔爆型制动器代号为“s”。

Ⅰ类隔爆型制动器：

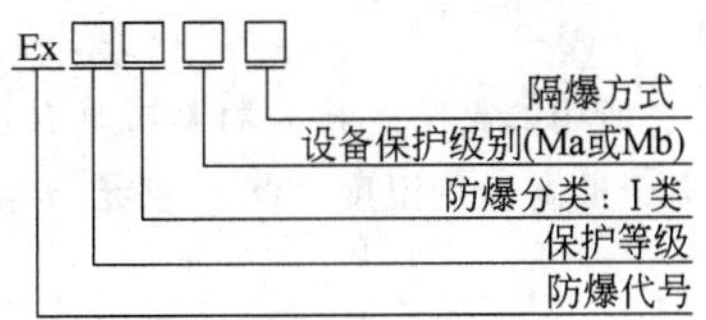

示例：防爆标志为 Ex db Ⅰ Mb i，表示煤矿瓦斯气体环境用隔爆型制动器，其隔爆外壳保护等级为 db，设备保护级别为 Mb，采用整体式隔爆结构。

Ⅱ类隔爆型制动器：

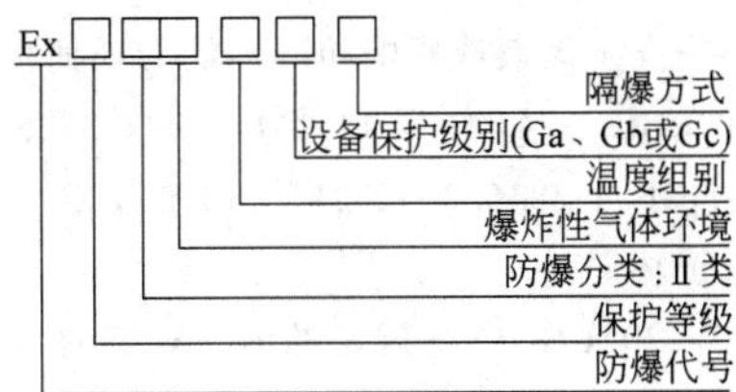

示例：防爆标志为 Ex db ⅡC T4 Gb s 或 Ex db ⅡC T135℃ Gb s，表示氢气或乙炔为爆炸性气体环境用隔爆型制动器，其隔爆外壳保护等级为 db，温度组别为 T4（最高表面温度为 135℃），设备保护级别为 Gb，采用分体式隔爆结构。

Ⅲ类隔爆型制动器：

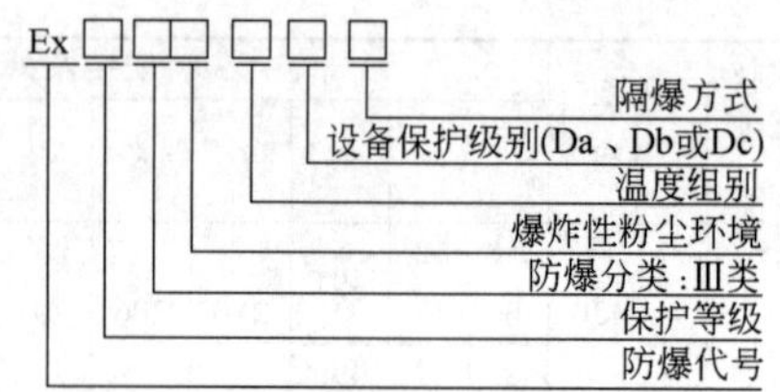

示例：防爆标志为 Ex tb ⅢA T150℃ Db s，表示 A 类可燃性飞絮为爆炸性粉尘环境用隔爆型制动器，其隔爆外壳保护等级为 tb，最高表面温度为 150℃，设备保护级别为 Db，采用分体式隔爆结构。

6.5.2 防爆制动器防爆要求的标准样式

（1）Ⅰ类和Ⅱ类爆炸性环境用整体式隔爆型制动器

① 制动器隔爆外壳明显处，应设置防爆代号“Ex”。带外部电气接线盒时，电气接线盒盖上应设有“严禁带电开盖”的警告标识，所有标志应清晰耐久，并应符合 GB/T 3836.2—2021 第 20 章的规定。

② 隔爆外壳所用紧固件的材料和结构应符合 GB/T 3836.1—2021 第 9 章和 GB/T 3836.2—2021 第 11 章的规定。

③ 隔爆外壳上包含开关时应符合 GB/T 3836.1—2021 第 18 章和 GB/T 3836.2—2021 第 17 章的规定。

④ 制动器应设置内部和外部接地，且内、外接地应有电气上的连接，内、外接地均应连接可靠，导电连接件应符合 GB/T 3836.1—2021 第 15 章的规定。

⑤ 隔爆外壳的外部电气接线盒应符合相应的防爆型式，其结构及尺寸设计应便于导线、电缆的连接。电气连接件和接线空腔应符合 GB/T 3836.1—2021 第 14 章的规定，接线空腔内部导线和接线端子的电气间隙和爬电距离应符合 GB/T 3836.3—2021 中 4.3 和 4.4 的规定。

⑥ 隔爆外壳上带有呼吸装置和排液装置时应符合 GB/T 3836.2—2021 第 10 章、附录 A 和附录 B 的规定。

⑦ 隔爆外壳的隔爆接合面通用要求和结构参数应符合 GB/T 3836.2—2021 第 5 章的规定，接合面表面粗糙度 *Ra* 不应超过 6.3μm。隔爆接合面在加工后应及时进行防锈处理，如涂覆防锈油脂、电镀等，不应涂漆或喷塑。采用电镀时，金属镀层（厚度）不应超过 0.008mm。

⑧ 隔爆外壳有操纵杆、转轴和轴承时，其结构和尺寸参数应符合 GB/T 3836.2—2021 第 7 章和第 8 章的规定。

⑨ 隔爆外壳带有粘结（接）接合面，所用的粘结（接）材料应具有足够的热稳定性，其连续运行温度的下限值不应高于最低工作温度，上限值应高于最高运行温度 20℃。粘结（接）接合面的结构参数和试验要求应符合 GB/T 3836.2—2021 中第 6 章的规定。

⑩ 制动器采用的隔爆非金属外壳和外壳的非金属部件（电缆引入装置除外），应符合 GB/T 3836.1—2021 第 7 章和 GB/T 3836.2—2021 第 19 章的规定。

⑪ 制动器采用的隔爆金属外壳和外壳的金属部件，应符合 GB/T 3836.1—2021 第 8 章和 GB/T 3836.2—2021 第 12 章的规定。

⑫ 隔爆外壳的观察窗应符合 GB/T 3836.1—2021 第 7 章和 GB/T 3836.2—2021 第 9 章的要求，并应进行抗冲击试验和热剧变试验，试验后观察窗不应发生破裂或影响防爆性能的任何损坏。

⑬ 隔爆外壳引入装置应符合 GB/T 3836.1—2021 第 16 章和 GB/T 3836.2—2021 第 13 章的规定。

⑭ 隔爆外壳和隔爆外壳部件应进行 GB/T 3836.2—2021 中 15.2 规定的外壳耐压试验。试验后所有隔爆外壳不应发生影响防爆性能的永久性变形或损坏。

⑮ 隔爆外壳应能承受 GB/T 3836.2—2021 中 15.3 规定的内部点燃的不传爆试验。

⑯ 隔爆外壳的最高表面温度（温度计法）不应超过隔爆型制动器标志上的温度或温度组别。

⑰ Ⅰ类爆炸性环境用隔爆型制动器除满足以上要求，还应符合 GB/T 3836.1—2021 附录Ⅰ和 GB/T 3836.2—2021 附录Ⅰ的规定。

（2）Ⅲ类爆炸性环境用整体式隔爆型制动器

Ⅲ类爆炸性环境用隔爆型制动器应符合 GB/T 3836.1—2021、GB/T 3836.31—2021 的规定。

(3) 分体式隔爆型制动器用隔爆型驱动装置

① 用于Ⅰ类和Ⅱ类爆炸性环境的隔爆型驱动装置包含电气部分，其防爆性能应符合 GB/T 3836. 1—2021、GB/T 3836. 2—2021 的规定。

② 用于Ⅲ类爆炸性环境的隔爆型驱动装置包含电气部分，其防爆性能应符合 GB/T 3836. 1—2021、GB/T 3836. 31—2021 的规定。

(4) 分体式隔爆型制动器用隔爆型制动装置

其最高表面温度应与隔爆型驱动装置整体组装后整体测试。

(5) 隔爆外壳外其他元件

隔爆外壳外其他元件的防爆性能应符合 GB/T 3836 系列标准中相应部分防爆要求。

国内制动器生产企业尚无符合标准的防爆制动器的定型产品，应用时需要按照要求进行新的制动器设计。

参 考 文 献

[1] 机械工程手册，电机工程手册编委会．机械工程手册：机械零部件设计．2版．北京：机械工业出版社，1996.

[2] 余梦生，吴宗泽．机械零部件手册　选型　设计　指南．北京：机械工业出版社，1996.

[3] 辛一行．现代机械设备设计手册：1卷．北京：机械工业出版社，1996.

[4] 机械设计手册编委会．机械设计手册：3卷．3版．北京：机械工业出版社，2004.

[5] 全国减速机标准化技术委员会．闭式齿轮传动装置的零部件设计和选择　第1部分：通用零部件：GB/T 39545.1—2022.

[6] 孙训方，等．材料力学：Ⅰ．6版．北京：高等教育出版社，2019.

[7] 重型机械标准编委会．重型机械标准：3卷．北京：中国标准出版社，2021.

[8] 周明衡．联轴器选用手册．北京：化学工业出版社，2001.

[9] 阮忠唐，联轴器、离合器设计与选用指南．北京：化学工业出版社，2006.

[10] 张展．联轴器、离合器与制动器设计选用手册．北京：机械工业出版社，2009.

[11] 钱大川．新型联轴器、离合器选型设计与制造工艺实用手册．2版．北京：北京工业大学出版社，2012.

[12] 机械传动装置选用手册编委会．机械传动装置选用手册．北京：机械工业出版社，1999.

[13] 布勒伊尔 B，比尔 K，等．汽车先进技术译丛：制动技术手册．刘希恭，等译．北京：机械工业出版社，2011.

[14] 张质文，王金诺，程文明．起重机设计手册：上卷．2版．北京：中国铁道出版社，2013.

[15] 文豪．起重机械．北京：机械工业出版社，2013.

[16] 张展．机械设计通用手册．2版．北京：机械工业出版社，2016.

HANDBOOK

OF

第7篇 轴承

篇主编	撰稿			审稿
李文超	李文超	马小梅	孙小波	李文超
	裴世源	陈志雄	方 斌	徐 华
	闫 柯	杨 虎	殷玲香	刘忠明
	温朝杰	靳国栋		
	冯 凯	周 瑾		

MECHANICAL
DESIGN

修订说明

本篇包括滑动轴承、滚动轴承及直线运动滚动功能部件3章，介绍了滑动轴承、滚动轴承以及直线运动滚动功能部件的分类、特点、工作原理、材料、润滑、常见结构、设计方法和设计实例，便于读者在设计主机时根据工况选择合适的轴承类型，确定最佳轴承尺寸。

与第六版相比，本版主要修订和新增的内容如下：

（1）全面更新了相关国家标准等技术标准和资料。

（2）删除了各类型轴承具体厂家的产品型录。

（3）在“滑动轴承”部分，新增了滑动轴承分类表；增加了不完全流体润滑滑动轴承、液体动压轴承、动静压轴承、气体润滑滑动轴承、磁悬浮轴承的工作原理以及液体动压效应的形成原理；增加了动压径向轴承、动压推力轴承、动静压轴承、气体静压轴承设计示例；增加了部分常用维护润滑型关节轴承结构；修改了关节轴承代号编制规则；增加了行业内较为常用的石墨滑动轴承、液体动压轴承材料的相关介绍；增加了动压滑动轴承损坏类型、特征及原因；为避免歧义，将原电磁轴承拆分为静电轴承和磁悬浮轴承，并增加了主动磁悬浮轴承的设计、主动磁悬浮轴承结构设计应用举例等内容。

（4）在“滚动轴承”部分，增加了目前使用量大面广的外圈单挡边、带平挡圈圆柱滚子轴承、UCF型带座外球面球轴承、长弧面滚子轴承等结构类型；更正了部分轴承结构型式的结构简图，以更清晰准确地反映轴承的结构特点；将滚动轴承特性对比表中摩擦比及转速比指标转化为更易于读者理解的摩擦因数和高转速评判指标；根据轴承应用技术的发展，增加了固体润滑方法并对其进行了说明与分类，列举了典型滚动轴承固体润滑剂、常用高分子聚合物固体润滑剂的基本特性；为便于读者应用，按照前置代号、基本代号、后置代号出现的顺序对表号进行了重新排序，将密封细分为嵌入式密封和外置密封；根据实际应用经验，修改了滚动轴承游隙调整方法；删除了市场上已淘汰的适用于圆柱孔轴承的异径孔滚动轴承座相关内容；更新了常用滚动轴承座、紧定套、推卸衬套、止推环的尺寸及性能参数。

（5）在“直线运动滚动功能部件”部分，新增了滚动直线导轨副、滚动直线导套副、滚动花键副、滚柱导轨块的编号规则及示例等内容；根据轴承技术的发展，新增了滚柱交叉导轨副等内容；对直线导轨副重新进行分类与描述；补充了不同类型滚动直线导轨副安装连接尺寸；根据实际应用经验，修改了直线导轨副预加载荷表、安装与压紧方式等内容。

参加本篇编写的有：洛阳轴承研究所有限公司李文超、温朝杰、马小梅、靳国栋、杨虎、孙小波，西安交通大学裴世源、闫柯、方斌，湖南大学冯凯，南京航空航天大学周瑾，福建龙溪轴承（集团）股份有限公司陈志雄，南京工艺装备制造股份有限公司殷玲香。本篇由洛阳轴承研究所有限公司李文超、西安交通大学徐华、郑机所（郑州）传动科技有限公司刘忠明主审。

CHAPTER 1

第1章 滑动轴承

1 滑动轴承的分类和特性

1.1 滑动轴承的工作状态

常见的采用流体（气体或液体）润滑的滑动轴承，其滑动表面间可能出现的润滑（摩擦）状态见表 7-1-1。滑动轴承处于流体润滑状态是最理想的，具有摩擦力小、无磨损、理论寿命无限长等优点，因此对于可靠性要求高的重大装备（如汽轮机、发电机、水轮机、空压机等）的轴承，在设计时应保证其工作在稳定可靠的流体润滑状态，但要达到此种状态需满足许多条件，在设计、加工、装配调试、维护等方面均有较高要求。

表 7-1-1 相对滑动表面的摩擦状态

流体润滑（摩擦）	两滑动表面被流体膜完全隔开，粗糙峰不接触，外载荷完全由流体膜承载。摩擦阻力表现为润滑油的内摩擦阻力，摩擦因数很小，通常 f=0.001~0.01，无磨损
混合润滑（摩擦）	两滑动表面的粗糙峰部分接触，外载荷由粗糙峰和流体膜共同承载。摩擦因数的变动范围较大，通常 f=0.01~0.1。具备液体摩擦润滑条件的轴承，在启停、反转或载荷有急剧变动、供油不正常等情况下，多出现混合润滑状态
边界润滑（摩擦）	两滑动表面的粗糙峰直接接触，外载荷主要由粗糙峰承载。滑动表面被边界膜（物理膜或化学膜）隔开，摩擦因数较干摩擦低，一般 f=0.1~0.3。边界膜的摩擦因数与承载力等取决于润滑剂和固体表面的理化性质，如润滑油的油性、所含表面活性添加剂的性能和含量以及金属表面的性质等，一般与润滑油的黏度无关
干摩擦	干摩擦是轴承基体与轴颈基体之间发生固体接触的状态，是一种瞬间状态或短期状态

1.2 滑动轴承的分类、特点与应用

表 7-1-2 滑动轴承的分类

分类方法		轴承名称
按受力方向分	受径向力 受轴向力 同时受径向力和轴向力	向心轴承 止推轴承 径向止推轴承
按摩擦状态分	干摩擦 边界摩擦/边界润滑 混合摩擦/混合润滑 流体摩擦/流体润滑	干摩擦轴承 自润滑轴承 贫油润滑轴承 流体膜轴承
按润滑剂分	液体润滑剂：矿物油、合成油、水、导磁流体、液态金属等 气体润滑剂：空气、氢气、氮气、氦气等 润滑脂：钠基、钙基、锂基等 固体润滑剂：石墨、二硫化钼、聚四氟乙烯等 无润滑剂	油/水润滑轴承、磁流体润滑轴承 气体润滑轴承 脂润滑轴承 固体润滑轴承 无润滑轴承

续表

分类方法			轴承名称
按轴瓦材料分	金属	巴氏合金:锡基、铅基 铜基合金:黄铜、青铜、铜铅合金等 铝基合金:铝锑镁合金、铝锡合金、铝硅合金等 铸铁:普通铸铁、耐磨铸铁等 涂层:银、镉等	巴氏合金轴承 铜基轴承 铝基轴承 铸铁轴承 多层金属膜复合轴承
	非金属	塑料:酚醛树脂、尼龙、聚四氟乙烯等 其他:木材、橡胶、石墨、宝石等	塑料/木材/橡胶/石墨/宝石轴承
	多孔质材料	多孔质金属材料 多孔质有机材料 多孔质陶瓷材料	多孔质金属材料轴承 多孔质有机材料轴承 多孔质陶瓷材料轴承
按承载机理分	流体膜承载	流体动压润滑:液体、气体 流体静压润滑:液体、气体 流体动静压润滑:液体、气体	液/气体动压轴承 液/气体静压轴承 液/气体动静压混合轴承
	混合作用承载	边界润滑 混合润滑	不完全油膜轴承
	固体直接接触承载	固体膜润滑	固体润滑轴承
	电力、磁力承载	电磁场 磁力场	静电轴承 磁悬浮轴承
按润滑方法分	非自动润滑	手工润滑 滴油润滑、油绳润滑	油绳润滑轴承
	自动润滑	油环润滑、油池润滑 溅油润滑 压力供油润滑	油环润滑轴承 压力供油润滑轴承
	自润滑	用良好的自润滑材料制造的轴承 用含有固体润滑剂的复合材料制造的轴承 用固体润滑剂润滑的轴承 含油的多孔制轴承	自润滑轴承 固体润滑轴承 含油轴承
按工作状况分	载荷	轻载(平均压强 $p<1$MPa)、中载(平均压强 $p=1\sim10$MPa)、重载(平均压强 $p>10$MPa) 静载、动载	重载轴承 动载轴承
	速度	低速(轴颈线速度 $v<5$m/s)、中速(轴颈线速度 $v=5\sim60$m/s)、高速(轴颈线速度 $v>60$m/s) 匀速、变速	低/中/高速轴承
	温度	低温、高温	低/高温轴承
	运动方式	转动、摆动 单向回转、双向回转	摆动轴承
	环境	大气、真空、辐射	真空轴承
按轴承结构分	轴承外形	整体、部分、球面、凸缘等	整体/部分/自位/凸缘轴承
	轴瓦形状	套筒 固定瓦、可倾瓦 轴瓦(或轴)上有螺旋槽	套筒轴承 固定瓦/可倾瓦轴承 螺旋槽轴承
	特殊结构	浮动环 箔(或箔带)	浮动环轴承 箔片轴承

表 7-1-3　　滑动轴承的特点与应用

<table>
<tr><th colspan="3">分类</th><th colspan="2">特点</th><th>应用</th></tr>
<tr><td rowspan="8">不完全流体润滑轴承</td><td rowspan="3">径向滑动轴承</td><td>整体式</td><td rowspan="8">一般采用润滑脂、油绳与滴油型、油垫润滑，轴颈与轴承表面得不到足够润滑剂，液体油膜不连续。结构简单，摩擦因数较大，磨损较大</td><td>轴与轴瓦之间的间隙不能调整，结构简单，轴颈只能从轴端装拆</td><td>一般用于转速低、轻载而且装拆允许的机器上</td></tr>
<tr><td>对开式</td><td>轴与轴瓦之间的间隙可以调整，安装简单</td><td>当机器装拆有困难时，常采用这种结构型式</td></tr>
<tr><td>自位式</td><td>轴瓦可在轴承座中适当地摆动，以适应轴在弯曲时所产生的偏斜</td><td>用于传动轴有偏斜的场合，其中关节轴承适用于相互有摆动的杆件铰接处承受径向载荷</td></tr>
<tr><td colspan="2">止推滑动轴承</td><td>常用平面止推滑动轴承，由于缺乏液体摩擦的条件，而处于不完全流体润滑状态，需与径向轴承同时使用</td><td>用于承受轴向力的场合</td></tr>
<tr><td colspan="2">粉末冶金轴承（含油轴承）</td><td>具有多孔性，油存于孔隙中，在较长的时间里不添加润滑油而能自动润滑，保证正常工作，但由于其材质比较松软，故承受载荷能力较低</td><td>用于轻载、低速和不易加油的场合</td></tr>
<tr><td colspan="2">塑料轴承</td><td>与金属轴承相比，塑料轴承重量轻，维护简便。化学稳定性好，耐磨性和耐疲劳强度高，且具有减振、吸声、自润滑性、绝缘和自熄性的特点。但热胀系数大，导热系数低，吸湿性较大，强度和尺寸稳定性不如金属</td><td>用于速度不高或散热性好的场合，工作温度不宜超过 65℃，瞬时工作温度不超过 80℃</td></tr>
<tr><td colspan="2">橡胶轴承</td><td>能吸收振动和冲击力，在有杂质的环境中耐磨、耐腐蚀性好，但其单位强度较金属低，耐热性差，不适合在高温及与油类或有机溶剂相接触的环境中使用</td><td>用于船舶轴管中的轴承等必须减振的场合及在腐蚀环境下工作</td></tr>
<tr><td colspan="2">木轴承</td><td>木轴承质轻价廉，能吸收冲击，对轴的偏斜敏感性小，但强度低，导热性及耐湿性、耐磨性差</td><td>用于轻载必须减振的场合，如农业机械圆盘耙轴承、大粒矿石输送泵轴承等</td></tr>
<tr><td rowspan="3">流体润滑轴承</td><td colspan="2">液体动压轴承</td><td colspan="2">轴颈与轴承工作表面间被油膜完全隔开。动压轴承必须具备：①轴承有足够的转速；②有足够的供油量，润滑油具有一定的黏度；③轴颈与轴承工作表面之间具有适当的间隙。多油叶动压轴承可满足轴的高精度回转要求，寿命长
与不完全流体润滑轴承相同，液体动压轴承的结构型式可以分为径向和推力轴承，其中径向轴承又分为整体式、对开式和自位式</td><td>用于高转速及高可靠性的设备，如离心压缩机、发电机、齿轮箱的轴承等</td></tr>
<tr><td colspan="2">液体静压轴承</td><td colspan="2">轴颈与轴承被外界供给的一定压力的承载油膜完全隔开，油膜的形成不受相对滑动速度的限制，在各种速度（包括速度为零）下均有较大承载能力。轴的稳定性好，可满足轴的高精度回转要求，摩擦因数小，机械效率高，寿命长</td><td>主要用于：①低速难以形成油膜的地方，如立式车床、龙门卧铣、重型电机等；②要求回转精度高的场合</td></tr>
<tr><td colspan="2">气体动压、静压轴承</td><td colspan="2">气体动压、静压轴承，用空气或其他气体作润滑剂，摩擦因数小，机械效率高，可满足高速运转的要求</td><td>气体轴承用作陀螺转子、电视录像机轴承</td></tr>
<tr><td>无油润滑</td><td colspan="2">塑料、碳石墨轴承</td><td colspan="2">在无润滑油或油脂的状态下运转</td><td>应用较少</td></tr>
<tr><td rowspan="2">其他</td><td colspan="2">固体润滑轴承</td><td colspan="2">用石墨、二硫化钼、酞菁染料、聚四氟乙烯等固体润滑剂润滑</td><td>用于极低温、高温、高压、强辐射、太空、真空等特殊工况条件下</td></tr>
<tr><td colspan="2">磁流体轴承
静电轴承
磁悬浮轴承</td><td colspan="2">用磁流体作润滑剂
用电力场使轴悬浮
用磁力场使轴悬浮</td><td>多用于高速机械及仪表中</td></tr>
</table>

注：1. 无润滑。滑动副的两表面之间无润滑剂或保护膜而直接接触，此时的摩擦状态称为干摩擦，工程实际中并不存在真正的干摩擦，一般所称干摩擦轴承仅指无润滑剂介入但可能存在自然污染膜的轴承。

2. 不完全流体润滑。边界润滑或混合润滑统称为不完全流体润滑，或不完全流体摩擦。

1.3 常见轴承的特性比较

表 7-1-4　　不同轴承的特性比较

比较项目	一般滑动轴承	含油轴承	液体动压轴承	液体静压轴承	气体动压轴承	气体静压轴承	无润滑轴承	滚动轴承
润滑	脂、油绳、滴油润滑，油膜不连续，得不到足够润滑	本身含油	用油较多，小型轴承润滑简单	用油量多，需专用压力供油系统	用气量少，需洁净气体	用气量多，需专用气源	不注入油、脂等润滑剂	脂润滑结构简单，油气、油雾润滑
承载能力	①右图除滚动轴承较短外，所有轴承的轴直径均为 50mm，长度为 50mm，对液体动压轴承，假设采用中等黏度的矿物油。由图可见，无润滑轴承和含油轴承在 300～1500r/min 之内的 p 比空气静压轴承的高；滚动轴承在其所允许的最高转速 9000r/min 之内的 p 都比空气静压轴承高；液体动压轴承在大约高于 20r/min 的所有转速下的 p 显著高于空气静压轴承的 p。②空气动压轴承的 p_{max} 一般小于 0.035MPa，空气静压轴承比空气动压轴承有较高的 p。③含油轴承的 p 和刚度比空气静压轴承的高得多。④液体动压轴承能在有限时间内承受相当大的过载，其他类型轴承不具备这种特性，因此，液体动压轴承常常被用在载荷不平稳的场合				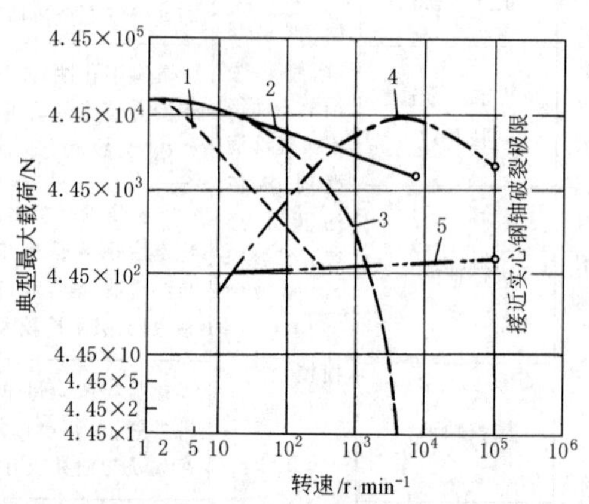 1—无润滑轴承；2—滚动轴承；3—含油轴承； 4—液体动压轴承；5—空气静压轴承； ○—最大允许转速			
适用速度	低、中速	低、中速	中、高速	极低～高速	中、高速	极低～高速	低速	低、中速，高速时需满足一定要求
径向定位精度	较高	较高	高	极高	高	极高	差	高
运转平稳性	好	好	很好	极好	极好	极好	可以	好
噪声	小	很小	极小	极小	极小	极小	小	满意
低启动转矩	可以	可以	满意	极好	满意	极好	较差	很好
外界振动	在允许载荷下可用	在允许载荷下可用	满意吸收	很好吸收	满意吸收	很好吸收	在允许载荷下可用	需特殊结构，多数有限制
高温	受油氧化限制				极好		受轴瓦材料限制	>150℃，需满足一定要求
低温	受油低温性能限制	好 启动转矩增大	受油低温性能限制 启动转矩增大	受油低温性能限制 好	极好		好，温度限制决定于轴瓦材料	好
寿命	有限寿命，与润滑状态有关	有限寿命，较无润滑轴承长	不频繁启动时寿命较长	理论上轴承为无限寿命，供油系统为有限寿命	不频繁启动时的寿命长	同液体静压轴承	有限寿命，受轴瓦磨损限制	有限寿命，受接触疲劳寿命限制
经常启停换向	适用	适用	不很适宜	极好	不很适宜	极好	适用	极好

续表

比较项目		一般滑动轴承	含油轴承	液体动压轴承	液体静压轴承	气体动压轴承	气体静压轴承	无润滑轴承	滚动轴承
功耗		较小或中等	较小或中等,与载荷有较大关系	较小	中速以下较小,另有泵功耗	极小	极小,另有供气功耗	较大,与轴瓦材料有较大关系	较小
使用场所	真空	可用,需特殊润滑剂				气体影响真空度,不行	难于保持一定真空度	极好	用特殊润滑剂时良好
	辐射	受润滑剂限制				满意			同含油轴承
	污染灰尘	需要密封,密封要求低	需要密封	需要密封,需要过滤油		需要密封	需要密封	需要密封,密封要求低	需要密封,密封要求高
标准化		较好	较好	有	没有			部分有	最好
运转费用		低	很低	取决于润滑方法	取决于压力供油费用	很低	取决于压力供气费用	最低	很低

1.4 选择轴承类型的特性曲线

表 7-1-5 **选择轴承类型的特性曲线**

选择径向轴承用的特性曲线

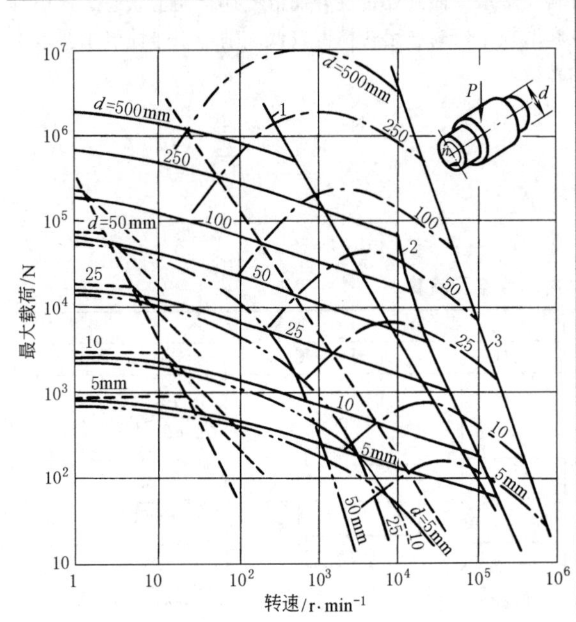

——滚动轴承;- - -无润滑轴承;-·-·-含油金属烧结轴承(多孔质金属轴承);—·—流体动压轴承

1—滚动轴承的最大极限转速;2—高速球轴承的最大极限转速;3—轴断裂极限

注:对于液体动压轴承,设 $b/d=1$、中等黏度矿物油;其他轴承,设寿命为 10000h,降低速度和载荷能延长寿命。液体静压轴承在载荷、速度全范围内均适用

选择止推轴承用的特性曲线

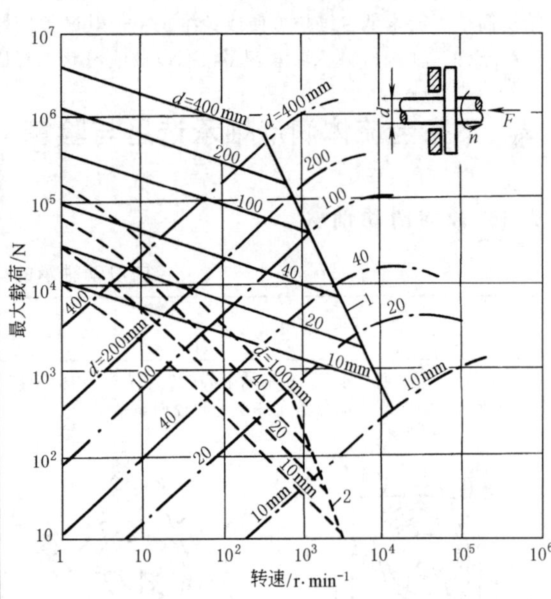

——滚动轴承;- - -无润滑轴承及含油金属烧结轴承(多孔质金属轴承);—·—液体动压轴承

1—滚动轴承的最大极限转速;2—无润滑轴承及含油金属烧结轴承(多孔质金属轴承)的最大极限转速

注:除滚动轴承外,其余轴承的内外径之比为 1∶2。液体动压轴承的润滑油为中等黏度矿物油。除动压轴承外,其余轴承的寿命为 10000h。液体静压轴承在载荷、速度全范围内均可用

第7篇

续表

不同润滑状态的滑动轴承适用范围	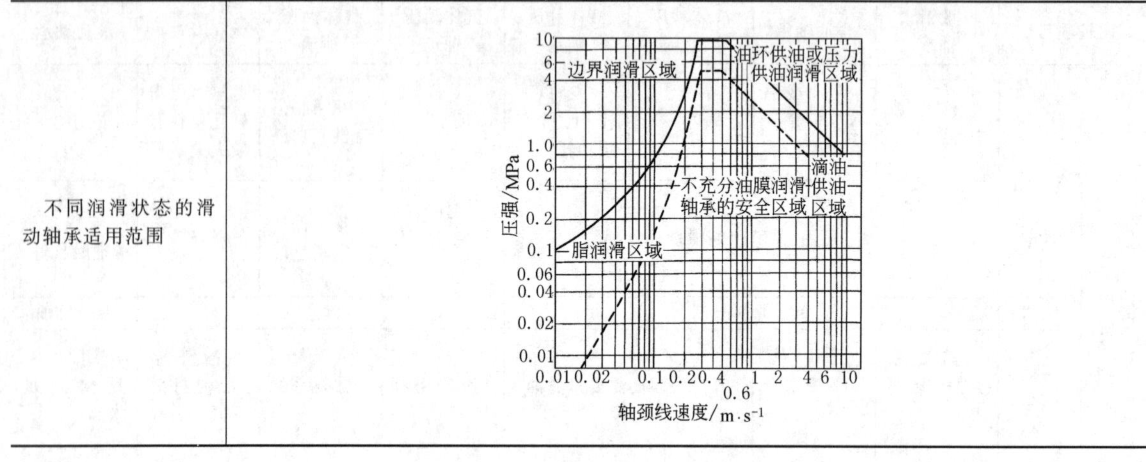

2　不完全流体润滑轴承

2.1　不完全流体润滑轴承工作原理

不完全流体润滑轴承是指不能在轴颈与轴承表面之间形成完全流体润滑膜的滑动轴承。这种轴承通常采用脂、滴油、油绳、油垫润滑，或采用无油润滑的自润滑材料，轴承摩擦副处于混合润滑或边界润滑状态。该类轴承结构简单、成本低、维护方便或免维护，但其摩擦因数和磨损率较高、运转精度较低。轴承工作性能主要取决于工况条件、轴承材料、轴承表面状态以及润滑状态等因素。

2.2　不完全流体润滑轴承选用与验算

2.2.1　径向滑动轴承

表 7-1-6　　径向滑动轴承的型式、特点及验算

选用原则	验算		
	项目	计算简图	计算范围
(1)轴承座的载荷方向应该在轴承中心线左、右35°的范围内，如下图所示。图中阴影部分是允许承受的径向载荷的范围	压强 p		$p=\dfrac{P}{dB}\leqslant p_p$
	pv 值		$pv=\dfrac{Pn}{19100B}\leqslant (pv)_p$
	圆周速度 v		$v=\dfrac{\pi dn}{60\times1000}\leqslant v_p$
(2)轴承允许通过轴肩承受不大的轴向载荷，当轴肩直径不小于轴瓦肩部外径时，允许承受的轴向载荷不大于最大径向载荷的30%	符号意义	P——轴承径向载荷，N d,B——轴颈的直径和工作宽度，mm p_p——许用压强，MPa，见表 7-1-8 n——轴颈转速，r/min $(pv)_p$——许用 pv 值，MPa·m/s，见表 7-1-8 v_p——许用 v 值，m/s，见表 7-1-8	

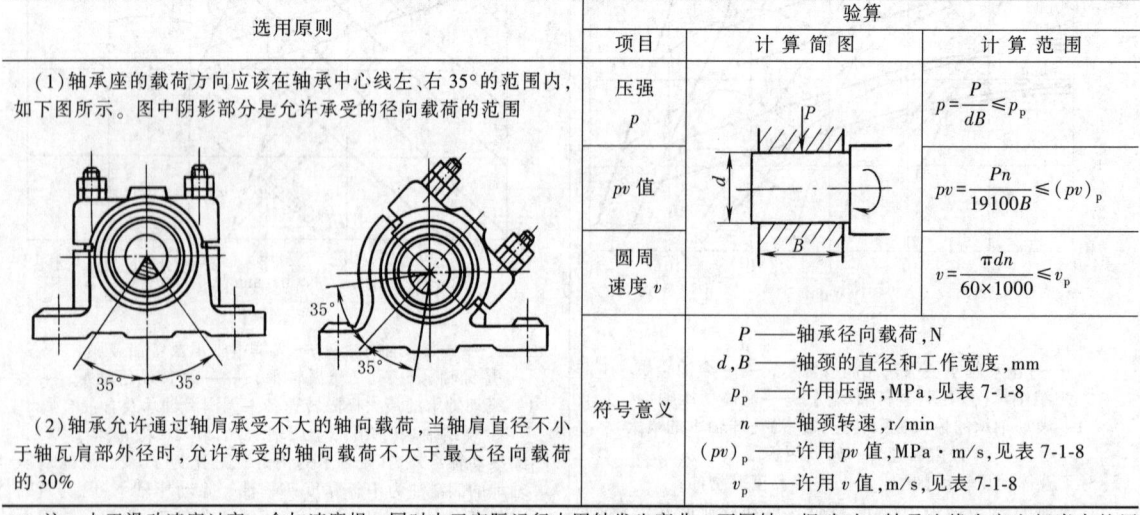

注：由于滑动速度过高，会加速磨损，同时由于实际运行中因轴发生弯曲、不同轴、振动时，轴承边缘会产生相当大的压强，故应保证 v 不超过许用值。

2.2.2 止推滑动轴承

表 7-1-7　止推滑动轴承的型式、特点及验算

型式	简图	结构尺寸	特点及应用	验算 项目	验算 计算公式
空心止推轴承	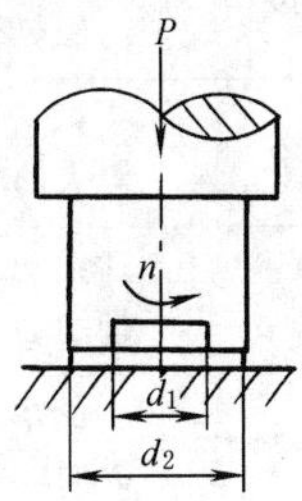	d_2 由轴的结构设计初步选定 若结构上无限制,应取 $d_1=0.5d_2$;一般可取 $d_1=(0.4\sim0.6)d_2$	接触面上压力分布比较均匀,因此润滑条件较实心有所改善 当 $d_1=0.5d_2$ 时,接触面上最大单位面积压力有最小值 当 $d_1=0$ 时,为实心止推轴承,其接触面上压力分布极不均匀	压强 p	$p=\dfrac{P}{\dfrac{\pi}{4}(d_2^2-d_1^2)Z}\leqslant p_p$ 式中　P——轴承承受的轴向力,N d_2——轴承环形工作面外径,mm d_1——轴承环形工作面内径,mm Z——环的数目 p_p——许用压强,MPa,见表7-1-8
环形止推轴承	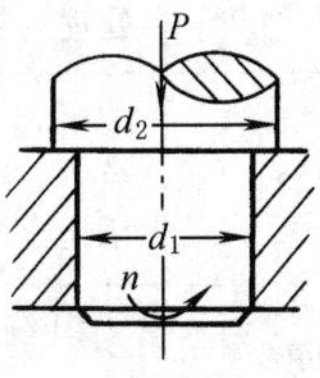	d_1、d_2 由轴的结构设计初步选定	可利用轴套的端面止推,而且可以利用开通的纵向油沟引入润滑油。结构简单,润滑方便。广泛用于低速、轻载的部位	pv 值	环形 $pv=\dfrac{Pn}{60000bZ}\leqslant(pv)_p$ 式中　P,Z——同上 b——轴承环形工作宽度,mm n——轴颈的转速,r/min v——轴颈的圆周速度,m/s $(pv)_p$——许用 pv 值,MPa·m/s,见表7-1-8
	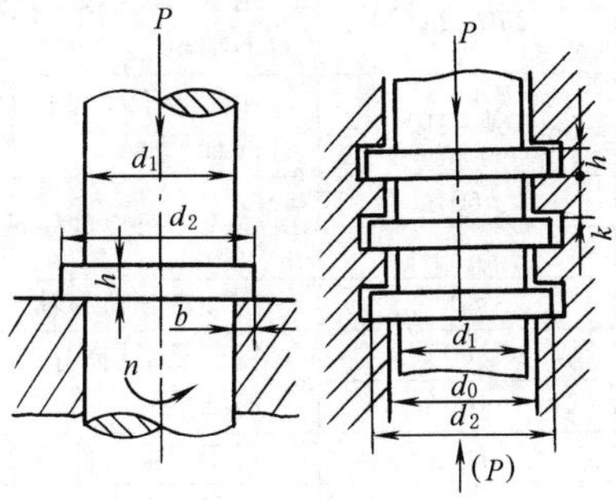 多环	d_1 由轴的结构设计初步选定 $b=(0.1\sim0.3)d_1$ $h=(0.12\sim0.15)d_1$ $d_2=(1.2\sim1.6)d_1$ $k=2\sim3$			

注：实心止推轴承在接触面上压力分布极不均匀，在中心处压强理论上达到无限大，对润滑极为不利，因此不推荐。

2.3 常见滑动轴承材料许用值

2.3.1 径向滑动轴承材料许用值

表 7-1-8　径向滑动轴承材料性能

轴瓦材料		许用值			最高工作温度	硬度[2] HBW		特性及用途
名称	牌号[3]	p_p /MPa	v_p /m·s^{-1}	$(pv)_p$[1] /MPa·m·s^{-1}	t/℃	金属模	砂模	
灰铸铁	HT150 HT200 HT250	4 2 1	0.5 1 2		150	143～255		用于不受冲击的低速、轻载轴承

续表

轴瓦材料		许用值			最高工作温度 t/℃	硬度②HBW		特性及用途
名称	牌号③	p_p /MPa	v_p /m·s^{-1}	$(pv)_p$① /MPa·m·s^{-1}		金属模	砂模	
耐磨铸铁	HT-1	0.05~9	2~0.2	0.1~1.8		180~229		铸造铬镍合金灰铸铁,用于与经热处理(淬火或正火)的轴相配合的轴承
	HT-2	0.1~6	3~0.75	0.3~4.5		190~229		铸造铬钨钛铜合金,用于与经热处理轴相配合的轴承
	HT-3					160~190		铸造钛铜合金,用于与不淬火的轴相配合的轴承
	QT-1	0.5~12	5~1.0	2.5~12		210~260		球墨铸铁,用于与经热处理的轴相配合的轴承
	QT-2					167~197		球墨铸铁,用于与不经淬火的轴相配合的轴承
	KT-1					197~217		可锻铸铁,用于与经热处理的轴相配合的轴承
	KT-2					167~197		可锻铸铁,用于与不经热处理的轴相配合的轴承
	HTMCu1CrMo(Cu-Cr-Mo合金铸铁)	0.05~9	2~0.2	0.1~1.8		200~255		铬钼合金灰铸铁,用于与经热处理(淬火或正火)的轴相配合的轴承
	MT-4	0.1~6	3~0.75	0.3~4.5		195~260		钼铜合金灰铸铁,用途同上
球墨铸铁	QT500-7	0.5~12	5~1.0	2.5~12		170~230		用于与经热处理的轴相配合的轴承
	QT450-10					160~210		用于与不经淬火的轴相配合的轴承
铜基合金	CuSn8Pb2	7(25)			280	60		制作不重要的轴承
	CuSn7Pb7Zn3					65		
	CuSn12Pb2					80		有冲击载荷的轴承
	CuSn8P					160		用于重载、高速、有冲击载荷的轴承
	CuZn31Si1					160		
	CuZn37Mn2Al2Si	10	1	10	200	150		用于润滑条件不良的轴承
	CuAl9Fe4Ni4	15	4	12	280	160		宜制作在海洋环境中工作的轴承
铜基合金 锡青铜	ZCuSn10P1(10-1锡青铜)	15	10	15(25)	280	90~120	80~100	用于中速、重载及变载荷的轴承
	(ZQSn7-0.2)							
	(ZQSn6.5-0.1)							
	ZCuSn5Pb5Zn5(5-5-5锡青铜)	8	3	15		65~75	50	用于中速、中等载荷的轴承,如涡轮机、电动机、发动机离心泵、压缩机等机器的轴承
	ZCuSn6Zn6Pb3(ZQSn6-6-3)	8	6	6		65~75	60	
	(ZQSn4-4-17)	10	4	10		100	60	
铝青铜	ZCuAl10Fe3(10-3铝青铜)	30	8	12(60)	280	120~140	110	最宜用于润滑充分的低速重载轴承
	ZCuAl10Fe3Mn2	20	5	15				
	ZCuAl10Fe5Ni5	15(30)	4(10)	12(60)	280	100~120(200)		
	ZQAl7-1.5-1.5	25	8	20	280	120		

续表

轴瓦材料		许用值			最高工作温度 t/℃	硬度② HBW		特性及用途
名称	牌号③	p_p /MPa	v_p /m·s^{-1}	$(pv)_p$① /MPa·m·s^{-1}		金属模	砂模	
铜基合金 铅青铜	ZCuPb30 (30铅青铜) ZCuPb10Sn10	冲击载荷			280	40~280(300)		用于变载荷和冲击载荷工作条件下的内燃机、空气压缩机及泵等机器的轴承
		15	8	60				
		平稳载荷						
		25	12	30(90)				
	ZCuPb5Sn5Zn5	8	3	15	280	50~100(200)		用于中速、中载轴承
	ZCuPb15Sn8	7(20)			280	65		用于中载、中到高速的冷轧机轴承
	ZCuPb9Sn5					60		一般用作汽轮机、发动机、机床、汽车转向器和差速器轴承
	ZCuPb20Sn5					55		用于汽车变速箱、内燃机摇臂轴轴套
铸造黄铜	ZCuZn38Mn2Pb2	10	1	10	200	100	90	用于滑动速度小的稳定载荷或冲击载荷的轴承，如辊道、起重机、振动机、运输机、挖掘机的轴承
	ZCuZn40Mn2							
	ZCuZn25Al6Fe3Mn3					160		
	ZCuZn16Si4 (ZHSi80-3-3)	12	2	10		100	90	
	(ZHMn52-4-1)	4	2	6	200		100	用于滑动速度不大和变载荷不大的工作条件下，如起重机、减速器等机器的轴承
锡基轴承合金	ZSnSb4Cu4 (ZChSnSb7.5-3) ZSnSb8Cu4 ZSnSb11Cu6 ZSnSb12Pb10Cu4 ZnSb12Cu6Cd1	平稳载荷			150	20~30(150)		变载荷下易于疲劳磨损，价高。用于高速、重载下工作的重要轴承。用于高速重载的蒸汽轮机、涡轮发动机、功率大于 750kW 电动机、内燃机的轴承
		25(40)	80	20(100)				
		冲击载荷						
		20	60	15				
铝基轴承合金	20%高锡铝合金 铝硅合金	28~35	14		140	45~50(300)		用于高速、中载轴承，是较新的轴承材料，强度高、耐腐蚀、表面性能好。可用于增压强化柴油机轴承
	AlSn20Cu	34	14		170	40		用于高速、中到重载轴承，如柴油机、压气机、制冷机轴承
	AlSn6Cu	41~51				45		
	AlSn6CuNi4				200	40		
	AlSn12Si2.5Pb1.7					40		主要用于内燃机主轴和连杆轴承、止推垫圈、卷制轴套
	AlSi4Cd	47				40		
	ZAlCd3CuNi					55		
	AlSi11Cu					60		
铸造锌合金	ZZnAl11Cu5Mg	20	3	100	80	100	80	可作为青铜和黄铜的代用新材料。适用于中、低速(7~11m/s)、重载(25~30MPa)条件下工作的轴承等；轴颈硬度可在 180HBW 以下
三元电镀合金	铝-硅-镉镀层	14~35			170	(200~300)		以低碳钢为瓦背，铜、青铜、铝和银为中间层，再镀 10~30μm 三元减摩层，疲劳强度高，嵌藏性好，耐磨性显著提高

续表

轴瓦材料		许用值			最高工作温度 t/℃	硬度[②] HBW		特性及用途
名称	牌号[③]	p_p /MPa	v_p /m·s^{-1}	$(pv)_p$[①] /MPa·m·s^{-1}		金属模	砂模	
银	镀层	28~35			180	(300~400)		钢背上镀银，上覆薄层铅，再镀银，常用于飞机发动机、柴油机轴承
粉末冶金	铁基	69[④]/21	2	1.0	80			具有成本低、含油量较多、耐磨性好的特点，适用于低速机械
	铜基	55[④]/14	6	1.8				孔隙度大的多用于高速轻载，孔隙度小的多用于摆动或往复运动情况，如长期不补充润滑剂需降低$(pv)_p$值，高温或连续工作情况，应不断补充润滑剂
	铝基	28[④]/14	6	1.8				是近期发展的粉末冶金轴瓦材料。具有重量轻、耐磨性好、温升小、寿命长的优点

轴瓦材料 名称	许用值 p_p /MPa	v_p /m·s^{-1}	$(pv)_p$ /MPa·m·s^{-1}	最高工作温度 t/℃	特性及用途
酚醛树脂	39~41	12~13	0.18~0.5	110~120	由织物、石棉等为填料与酚醛树脂压制而成。抗咬性好，强度、抗振性好。能耐水、酸、碱，导热性差，重载时需用水或油充分润滑。易膨胀，轴承间隙宜取大些
尼龙	7~14	3~8	0.11(0.05m/s) 0.09(0.5m/s) <0.09(5m/s)	105~110	最常用的非金属材料之一。摩擦因数低、耐磨性好、无噪声。金属瓦上覆以尼龙薄层，能受中等载荷，加入石墨、二硫化钼等填料可提高刚性和耐磨性。加入耐热成分，可提高工作温度
聚碳酸酯	7	5	0.03(0.05m/s) 0.01(0.5m/s) <0.01(5m/s)	105	聚碳酸酯、醛缩醇、聚酰亚胺等都是较新的塑料。物理性能好，易于喷射成型，比较经济。填充石墨的聚酰亚胺最高工作温度可达280℃
醛缩醇	14	3	0.1	100	
聚酰亚胺			4(0.05m/s)	260	
聚四氟乙烯(PTFE)	3~3.4	0.25~1.3	0.04(0.05m/s) 0.06(0.5m/s) <0.09(5m/s)	250	摩擦因数很低、自润滑性能好，能耐任何化学药品的侵蚀，适用温度范围宽(>250℃时放出少量有害气体)，但成本高，承载能力低。用玻璃纤维、石墨及其他惰性材料为填料，$(pv)_p$值可大为提高。用玻璃纤维填充时，要避免端头外露，否则易于磨损
加强聚四氟乙烯 聚四氟乙烯织物 填充聚四氟乙烯	16.7 400 17	5 0.5 5	0.3 0.9 0.5	250	
碳石墨抗磨材料	4	13	0.5(干) 5.25(润滑)	440~170	有自润滑性，高温稳定性好，耐化学药品侵蚀，常用于要求清洁工作的机器中。长期工作pv值应适当降低
橡胶	0.34	5	0.53	65	常用于有水、泥浆的设备中。能隔振，降低噪声，减少动载荷，补偿误差。但导热性差，需加强冷却。用丁二烯-丙烯腈共聚物等合成橡胶能耐油、耐水，一般常用水作润滑与冷却剂
木材	14	10	0.5	70	有自润滑性，能耐酸、油和其他强化学药品腐蚀。用于要求清洁工作的轴承

① 括号内的数值为极限值，其余为一般值（润滑良好）。对于液体动压轴承，限制$(pv)_p$值没有任何意义（因其与散热等条件关系很大）。

② 括号外的数值为合金硬度，括号内的数值为最小轴颈硬度。

③ 括号中的材料牌号为标准中未列入的旧标准牌号。

④ 粉末冶金p_p中分子为静载，分母为动载。

2.3.2 止推滑动轴承材料许用值

表 7-1-9　　止推滑动轴承的 p_p、$(pv)_p$ 值

轴（轴环端面、凸缘）	轴　承	许用值 p_p /MPa	许用值 $(pv)_p$ /MPa·m·s^{-1}	轴（轴环端面、凸缘）	轴　承	许用值 p_p /MPa	许用值 $(pv)_p$ /MPa·m·s^{-1}
未淬火钢	铸铁	2~2.5	1~2.5	淬火钢	青铜	7.5~8	1~2.5
	青铜	4~5			轴承合金	8~9	
	轴承合金	5~6			淬火钢	12~15	

注：多环止推滑动轴承由于载荷在各环间分布不均匀，故取表中 p_p 值的 50%。

2.4 不完全流体润滑轴承常见结构型式

2.4.1 整体滑动轴承

整体有衬正滑动轴承（摘自 JB/T 2560—2007）

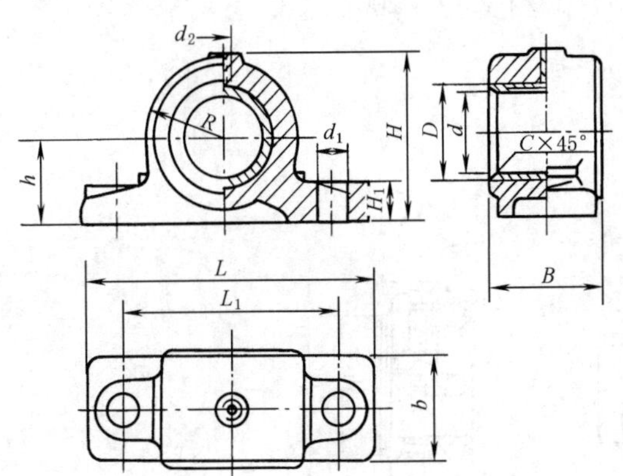

适于环境温度为-20~80℃的工作条件。

轴承的负荷方向应在轴承垂直中心线左、右 35°范围内。

标记示例：

d=30mm 的整体有衬正滑动轴承座，标记为：

HZ030　轴承座　JB/T　2560

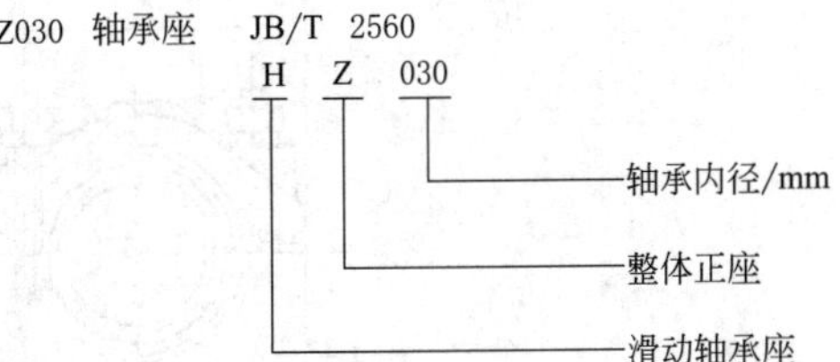

表 7-1-10　　mm

型号	d (H8)	D	R	B	b	L	L_1	H≈	h (h12)	H_1	d_1	d_2	C	质量 /kg ≈
HZ020	20	28	26	30	25	105	80	50	30	14	12	M10×1	1.5	0.6
HZ025	25	32	30	40	35	125	95	60	35	16	14.5			0.9
HZ030	30	38		50	40	150	110	70		20	18.5			1.7
HZ035	35	45	38	55	45	160	120	84	42	20	18.5		2	1.9
HZ040	40	50	40	60	50	165	125	88	45	20	18.5			2.4
HZ045	45	55	45	70	60	185	140	90	50	25	24			3.6
HZ050	50	60	45	75	65	185	140	100	50	25	24			3.8
HZ060	60	70	55	80	70	225	170	120	60	30	28	M14×1.5	2.5	6.5
HZ070	70	85	65	100	80	245	190	140	70	30	28			9.0
HZ080	80	95	70	100	80	255	200	155	80	30	28			10.0
HZ090	90	105	75	120	90	285	220	165	85	40	35		3	13.2
HZ100	100	115	85	120	90	305	240	180	90	40	35			15.5
HZ110	110	125	90	140	100	315	250	190	95	40	35			21.0
HZ120	120	135	100	150	110	370	290	210	105	45	42			27.0
HZ140	140	160	115	170	130	400	320	240	120	45	42			38.0

注：1. 轴承座壳体和轴套可单独订货，但在订货时必须说明。二者间用开槽紧定螺钉定位。

2. 技术条件应符合 JB/T 2564—2007 的规定。

表 7-1-11　　**整体无衬正滑动轴承**　　mm

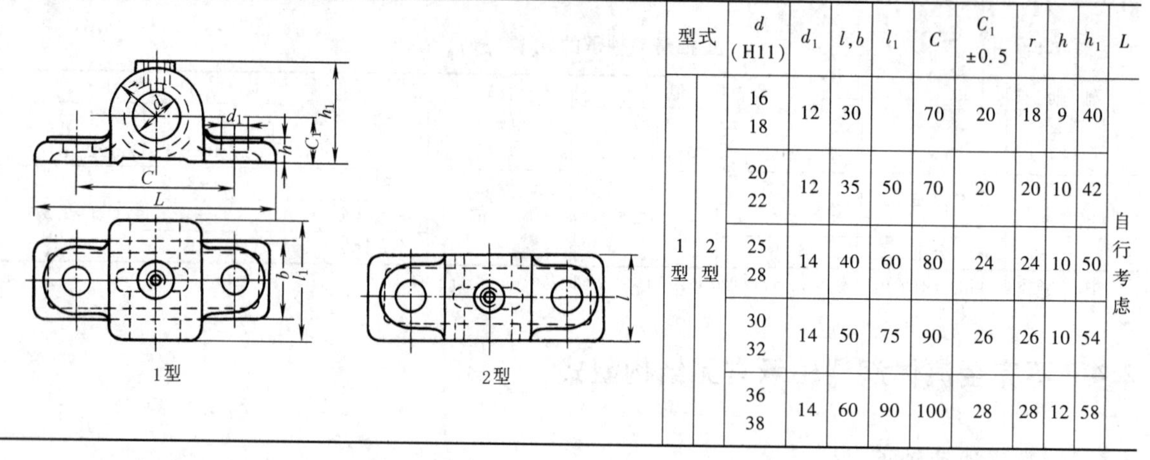

型式		d (H11)	d_1	l,b	l_1	C	C_1 ±0.5	r	h	h_1	L
1型	2型	16 18	12	30		70	20	18	9	40	自行考虑
		20 22	12	35	50	70	20	20	10	42	
		25 28	14	40	60	80	24	24	10	50	
		30 32	14	50	75	90	26	26	10	54	
		36 38	14	60	90	100	28	28	12	58	

2.4.2　对开式滑动轴承

对开式二螺柱正滑动轴承（摘自 JB/T 2561—2007）

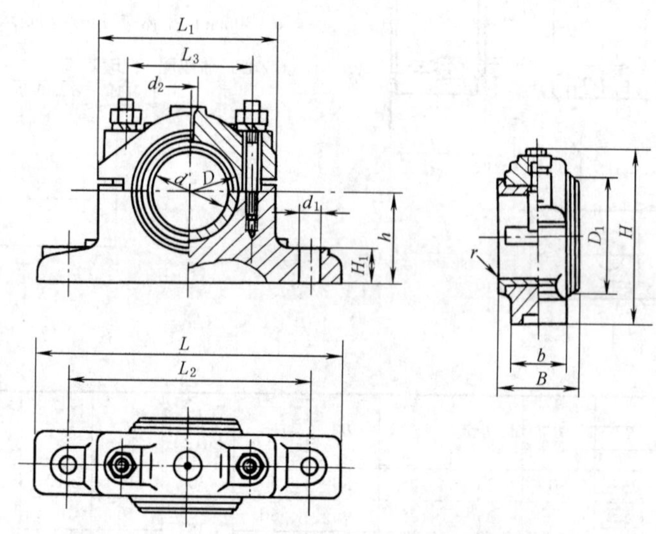

适用于环境温度为-20～80℃的工作条件。轴承载荷方向应在轴承垂直中心线左、右35°范围内。

标记示例：

d=50mm 的对开式二螺柱正滑动轴承座，标记为：

H2050　轴承座　JB/T 2561

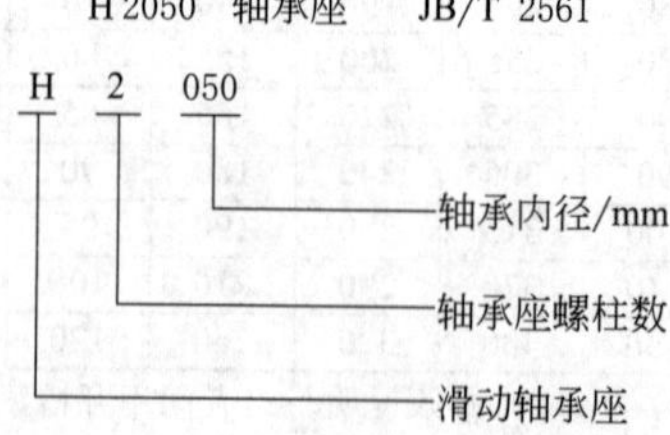

表 7-1-12 mm

型号	d (H8)	D	D_1	B	b	H≈	h (h12)	H_1	L	L_1	L_2	L_3	d_1	d_2	r	质量 /kg ≈
H2030	30	38	48	34	22	70	35	15	140	85	115	60	10		1.5	0.8
H2035	35	45	55	45	28	87	42	18	165	100	135	75	12			1.2
H2040	40	50	60	50	35	90	45	20	170	110	140	80	14.5	M10×1	2	1.8
H2045	45	55	65	55	40	100	50	20	175	110	145	85	14.5			2.3
H2050	50	60	70	60	40	105	50	25	200	120	160	90	18.5			2.9
H2060	60	70	80	70	50	125	60	25	240	140	190	100	24		2.5	4.6
H2070	70	85	95	80	60	140	70	30	260	160	210	120	24		3	7.0
H2080	80	95	110	95	70	160	80	35	290	180	240	140	28			10.5
H2090	90	105	120	105	80	170	85	35	300	190	250	150	28			12.5
H2100	100	115	130	115	90	185	90	40	340	210	280	160	35	M14×1.5		17.5
H2110	110	125	140	125	100	190	95	40	350	220	290	170	35		4	19.5
H2120	120	135	150	140	110	205	105	45	370	240	310	190	35			25.0
H2140	140	160	175	160	120	230	120	50	390	260	330	210	35			33.5
H2160	160	180	200	180	140	250	130	50	410	280	350	230	35			45.5

注：1. 与轴承座配合的轴颈应进行表面硬化。
2. 轴颈圆角尺寸按 GB/T 6403.4—2008 选取。
3. 技术条件应符合 JB/T 2564—2007 的规定。

对开式四螺柱正滑动轴承（摘自 JB/T 2562—2007）

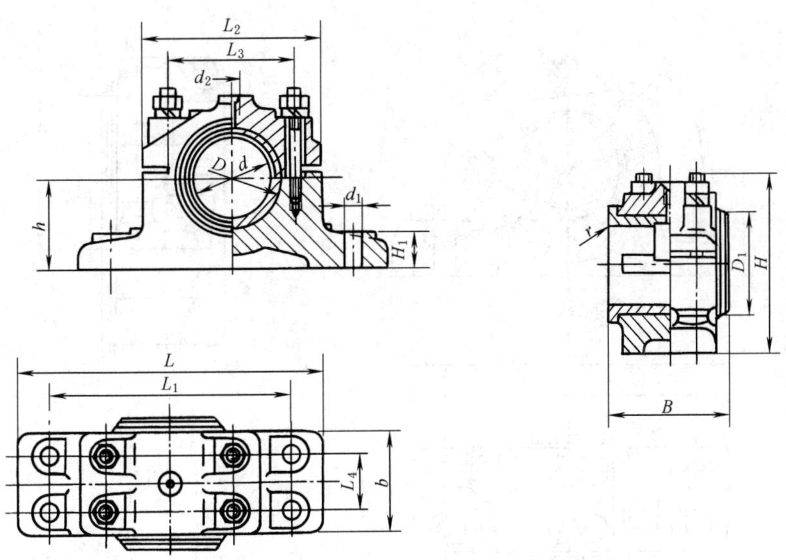

适用于环境温度为-20～80℃的工作条件。轴承载荷方向应在轴承垂直中心线左、右 35°范围内。

标记示例：

d=100mm 的对开式四螺柱正滑动轴承座，标记为：

H4100 轴承座 JB/T 2562

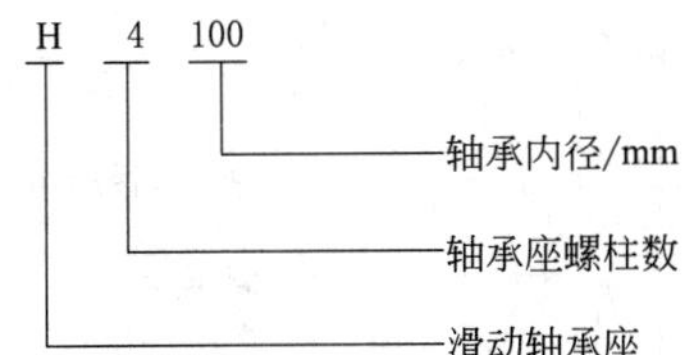

表 7-1-13

mm

型号	d (H8)	D	D_1	B	b	H≈	h (h12)	H_1	L	L_1	L_2	L_3	L_4	d_1	d_2	r	质量/kg ≈
H4050	50	60	70	75	60	105	50	25	200	160	120	90	30	14.5	M10×1	2.5	4.2
H4060	60	70	80	90	75	125	60	25	240	190	140	100	40	18.5	M14×1.5		6.5
H4070	70	85	95	105	90	135	70	30	260	210	160	120	45	18.5			9.5
H4080	80	95	110	120	100	160	80	35	290	240	180	140	55	24		3	14.5
H4090	90	105	120	135	115	165	85	35	300	250	190	150	70	24		4	18.0
H4100	100	115	130	150	130	175	90	40	340	280	210	160	80	24		5	23.0
H4110	110	125	140	165	140	185	95	40	350	290	220	170	85	24			30.0
H4120	120	135	150	180	155	200	105	40	370	310	240	190	90	28			41.5
H4140	140	160	175	210	170	230	120	45	390	330	260	210	100	28			51.0
H4160	160	180	200	240	200	250	130	50	410	350	280	230	120	28			59.5
H4180	180	200	220	270	220	260	140	50	460	400	320	260	140	35			73.0
H4200	200	230	250	300	245	295	160	55	520	440	360	300	160	42			98.0
H4220	220	250	270	320	265	360	170	60	550	470	390	330	180	42			125.0

注：1. 与轴承座配合的轴颈应进行表面硬化。

2. 轴颈圆角尺寸按 GB/T 6403.4—2008 选取。

3. 技术条件应符合 JB/T 2564—2007 的规定。

对开式四螺柱斜滑动轴承（摘自 JB/T 2563—2007）

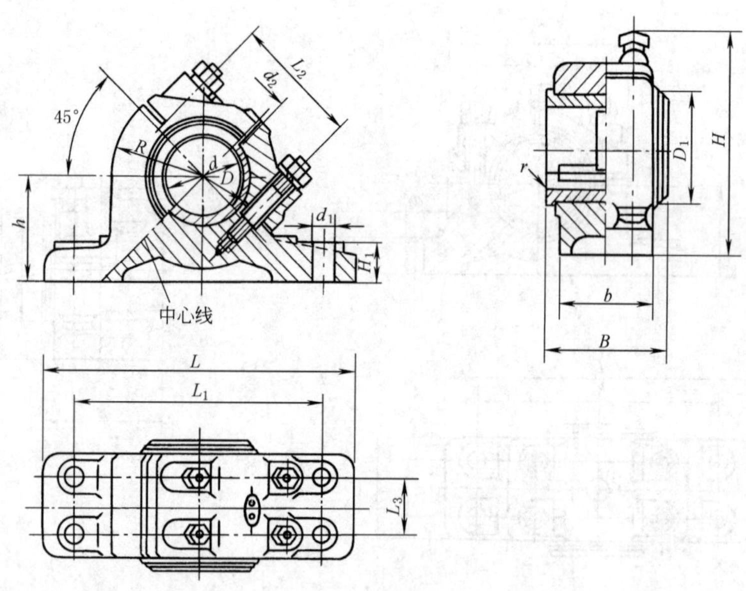

适用于环境温度为-20~80℃的工作条件。轴承载荷方向应在轴承中心线左、右 35°的范围内。

标记示例：

d=80mm 的对开式四螺柱斜滑动轴承座，标记为：

HX080 轴承座 JB/T 2563

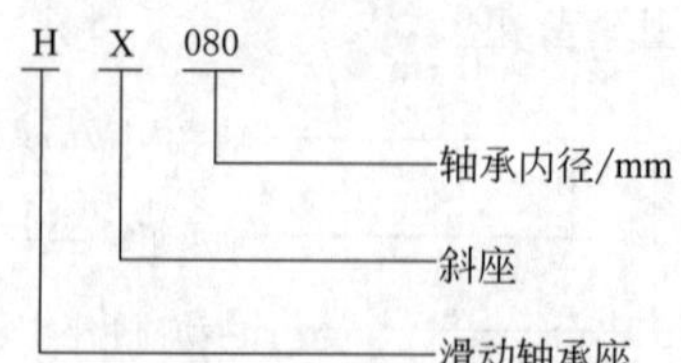

表 7-1-14 mm

型号	d (H8)	D	D_1	B	b	$H\approx$	h (h12)	H_1	L	L_1	L_2	L_3	R	d_1	d_2	r	质量/kg ≈
HX050	50	60	70	75	60	140	65	25	200	160	90	30	60	14.5	M10×1	2.5	5.1
HX060	60	70	80	90	75	160	75	25	240	190	100	40	70	18.5	M14×1.5		8.1
HX070	70	85	95	105	90	185	90	30	260	210	120	45	80	18.5		3	12.5
HX080	80	95	110	120	100	215	100	35	290	240	140	55	90	24		4	17.5
HX090	90	105	120	135	115	225	105	35	300	250	150	70	95	24		5	21.0
HX100	100	115	130	150	130	250	115	40	340	280	160	80	105	24			29.5
HX110	110	125	140	165	140	260	120	40	350	290	170	85	110	24			32.5
HX120	120	135	150	180	155	275	130	40	370	310	190	90	120	28			40.5
HX140	140	160	175	210	170	300	140	45	390	330	210	100	130	28			53.5
HX160	160	180	200	240	200	335	150	50	410	350	230	120	140	35			76.5
HX180	180	200	220	270	220	375	170	50	460	400	260	140	160	35			94.0
HX200	200	230	250	300	245	425	190	55	520	440	300	160	180	42			120.0
HX220	220	250	270	320	265	440	205	60	550	470	330	180	195	42			140.0

注：1. 与轴承座配合的轴颈应进行表面硬化。

2. 轴颈圆角尺寸按 GB/T 6403.4—2008 选取。

3. 技术条件应符合 JB/T 2564—2007 的规定。

2.4.3 法兰滑动轴承

表 7-1-15 三螺栓法兰盘滑动轴承 mm

	d(H8)	d_1	D	l	h	K	C	b	b_1
二螺栓法兰盘无轴套（图 a）	12 14	10	30	25	8	5	60	18	22
	16 18	12	34	30	9	5	70	20	24
	20 22	12	38	35	10	10	70	22	26
	d(H8)	d_1	D	l	R	K	h	h_1	
三螺栓法兰盘无轴套（图 b）	16 18	12	34	30	35	5	8	23	
	20 22	12	38	35	35	10	9	25	
	25 28	14	44	40	40	10	10	28	

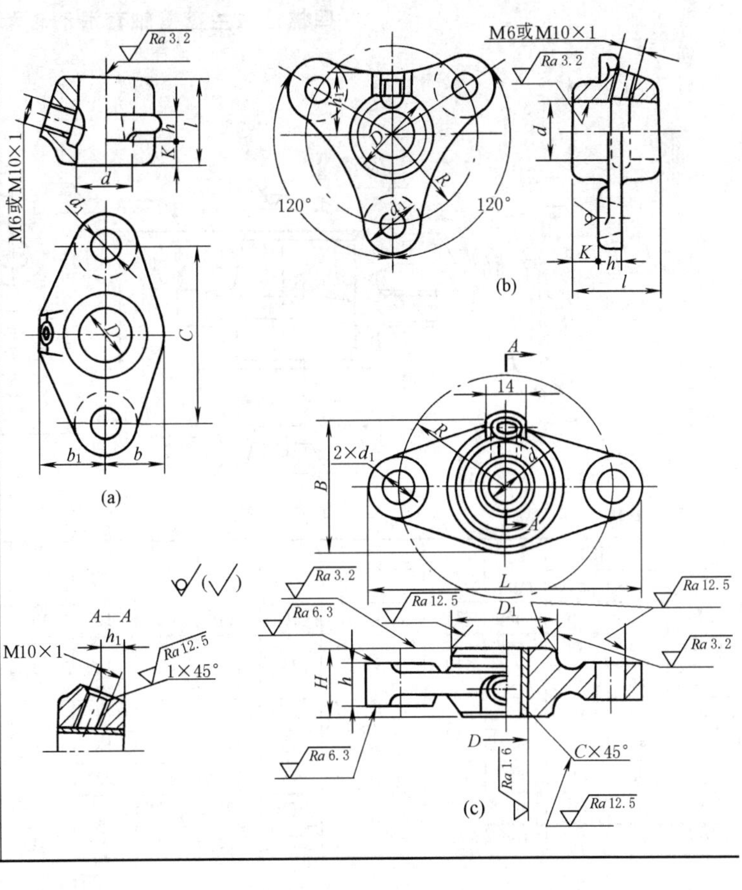

(a)

(b)

(c)

续表

	d(H8)	D(H8/r6~s6) 最小	D(H8/r6~s6) 最大	D_1 (f9)	d_1	B	L	H	h	h_1	R 公称	R 允差	C
二螺栓法兰盘镶轴套（图c）	10	13	16	36	9	40	84	20	12	7	32	±0.5	0.5
	11	14	18										
	12	15											
	14	17	20	42		48	90	24	14		35		
	16	19	22										
	18	21	25	50	11	55	109	30	18	11	42		
	20	24	28										
	22	25	30	55		60	115	34	20	13	45		
	25	28	32	60	13	65	121	38		14	48		
	28	32	36	65		70	129	42		15	52		
	(30)	34	38	70	17	75	155	48	22	18	60		0.7
	32	36	40										
	36	40	45	75		80	165	55	25	22	65		
	40	45	50	80		85		60		24			
	45	50	55	85	22	95	180	70		28	70	±1	1
	50	55	60	90		100	190	75		32	75		
	55	60	65	100		110	200	80	30	35	80		
	60	65	70	110	26	120	225	90			90		
	70	75	85	130		140	245	100			100		
	80	90	95	140		150	255		32	45	105		

注：1. 轴套尺寸见表 7-1-17，尺寸仅供参考。
2. 轴承材料：HT150。

四螺栓法兰盘镶轴套滑动轴承

材料：HT150

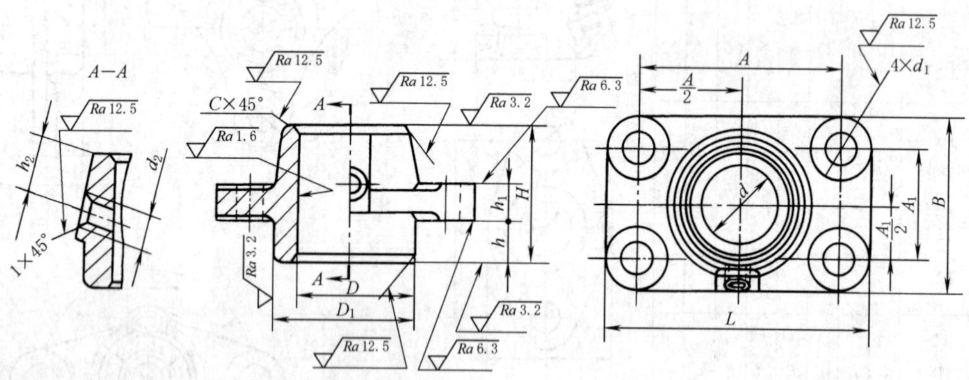

表 7-1-16

mm

d(H8)	D(H8) 最小	D(H8) 最大	D_1 (f9)	d_1	d_2	B	L	H	h	h_1	h_2	A 公称	A 允差	A_1 公称	A_1 允差	C
28	32	36	65	11	M10×1	70	120	42	10	20	14	95	±0.35	45	±0.35	1.5
(30)	34	38	65	12		75	125	48	12	22	18	100		50		
32	36	40	70													
36	40	45	75	13		80	135	55	14	25	22	110		55		
40	45	50	80			85	145	60	18		24	120		60		
45	50	55	85			95	165	70	22		28	130				
50	55	60	90	17		100	175	75	25		32	140		65		
55	60	65	100			110	185	80		30	35	150		75		

续表

d(H8)	D(H8)		D_1	d_1	d_2	B	L	H	h	h_1	h_2	A		A_1		C
	最小	最大	(f9)									公称	允差	公称	允差	
60	65	70	110	22	M10×1	120	190	90	30	30	35	150	±0.71	80	±0.71	1.5
70	75	85	130			140	220	100	34	32	45	180		100		
80	90	95	140			150	230					190		110		
90	100	105	160	26	M14×1.5	170	260	120			55	210		120		
100	110	115	180			190	280					230		140		
110	120	125	190			200	290	140		35	65	240		150		
125	135	140	210	32		230	330	150	40		70	270		170		
130	140	150														
140	150	160	230			240	340	170		40	80	280		180		
150	160	170														
160	170	180	240			250	360	190			90	300		190		
180	190	200	260			270	380	220			105	320		210		

注：轴套尺寸见表 7-1-17，尺寸仅供参考。

2.4.4 轴承座技术条件（摘自 JB/T 2564—2007）

1）轴承座的材料采用 HT200 灰铸铁或 ZG200～ZG400 铸钢制造，其力学性能应符合 GB/T 9439 或 GB/T 11352 的规定。

2）轴瓦和轴套采用 ZCuAl10Fe3（10-3 铝青铜）制造，轴套也可采用锡青铜 ZCuSn6Zn6Pb3（6-6-3 锡青铜）制造，其力学性能和化学成分应符合 GB/T 1176 的规定。

3）铸件上的型砂应清除干净，浇口、冒口、结疤及夹砂等应铲除或打磨掉，清理后毛坯表面应平整、光洁。

4）铸件不允许有裂纹、气孔、缩孔、渣孔和浇铸不足以及其他降低轴承座强度和明显损害外观的铸件缺陷存在，但是，在下列范围内允许存在：

非加工表面的缩孔、气孔及渣孔等缺陷，深度不超过铸件的 1/8，长×宽不大于 5mm×5mm，缺陷总数不超过 3 个，但轴承座的主要受力断面（图 7-1-1 中 a、b 断面阴影部分）不允许有铸造缺陷。

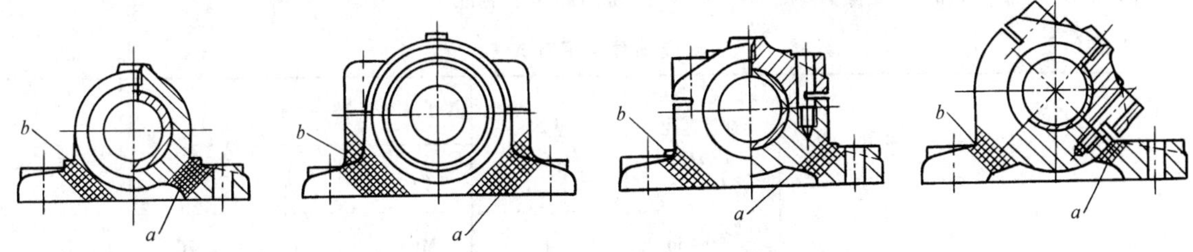

图 7-1-1 轴承座的主要受力断面

5）加工后的表面不允许有砂眼等铸造缺陷。

6）轴承座毛坯应在机械加工前进行时效处理。

7）加工后的轴承座上盖与底座在自由状态下分合面应贴合良好，分合面对轴承座内径（内孔直径）的轴线位置度公差为 0.05mm。

8）对开式斜滑动轴承座的 45°分合面的角度公差应符合 GB/T 1804 中 v 级精度的规定。

9）轴承座中心高的极限偏差应符合 GB/T 1800.2 中 h12 的规定。

10）轴承座底平面的平面度公差应不大于 GB/T 1184 的表 B1 中规定的公差等级 8 级的公差值。

11）轴承座内孔直径的极限偏差应符合 GB/T 1800.2 中 H7 的规定。

12）轴承座内孔直径的表面粗糙度 Ra 最大允许值为 1.6μm。

13）轴承座轴线对底平面的平行度公差应不大于 GB/T 1184 的表 B3 中规定的公差等级 8 级的公差值。

14）轴承座内孔直径的圆柱度公差应不大于 GB/T 1184 的表 B2 规定的公差等级 8 级的公差值。

15）轴承座两端面对内径轴心线的垂直度公差应不大于 GB/T 1184 的表 B3 规定的公差等级 8 级的公差值。

16）轴瓦外径的极限偏差应符合 GB/T 1800.2 的表 25 中 m6 的规定。轴套外径的极限偏差应符合 GB/T 1800.2 的表 28 中 s7 的规定。

17）轴瓦和轴套内径的极限偏差应符合 GB/T 1800.2 中 H8 的规定。

18）轴瓦和轴套内径、外径的表面粗糙度 Ra 最大允许值为 1.6μm。

19）轴瓦和轴套外径的圆柱度公差应不大于 GB/T 1184 的表 B2 规定的公差等级 8 级的公差值。

20）轴瓦油槽棱边应倒钝、圆滑，内径两端的圆角部位应圆滑，其圆角半径应符合图样要求。

2.4.5 滑动轴承轴套的固定

表 7-1-17 重载轴套固定方式 mm

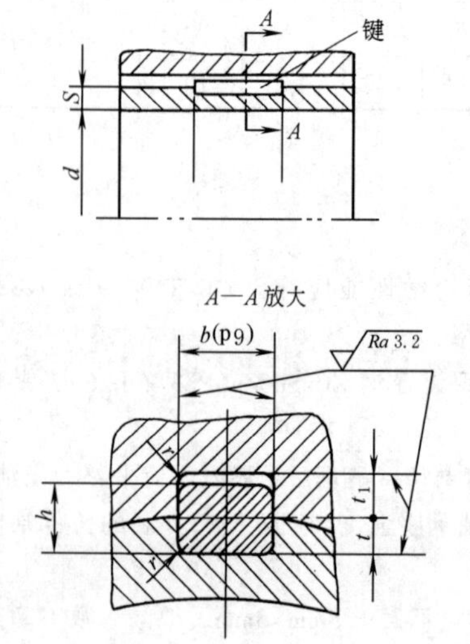

A—A 放大

轴套直径 $d(D)$	壁厚 S	键的尺寸 $b\times h$	轮毂槽深 t_1 及公差	轴套槽深 t 及公差	r
>80～200	7.5～10	6×4～12×6	按 GB/T 1566—2003《薄型平键 键槽的剖面尺寸》规定		0.25
>200～300	12.5～15	12×6～20×8			0.40
>300～450	17.5～20	20×8～28×10			1.00
>450～600	>20～25	28×10～32×11			1.20
>600～900 >900～1250	>25	32×11			

注：外径小于等于 100mm，其极限偏差按 k6；外径大于 100mm 时见原标准。

表 7-1-18 轻载轴套固定方式 mm

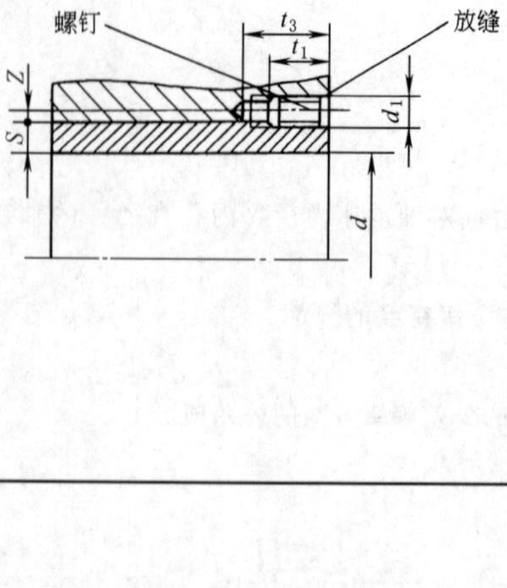

轴套直径 $d(D)$	壁厚 S	螺钉（GB/T 73—2017） $d_1\times t_1$	螺钉（GB/T 73—2017） 数量	t_3	Z
>30～50	4	M6×15	1	20	1.5
>50～80	5	M8×20	1	25	2
>80～200	7.5～10	M8×20	2	25	2
>200～300	12.5～15	M10×20	2	26	2
>300～450	17.5～20	M12×25	2	31	3
>450～600	>20～25	M16×30	3	37	4

2.5 不完全流体润滑轴承的典型尺寸

2.5.1 铜合金轴套尺寸

铜合金轴套（摘自 GB/T 18324—2001）

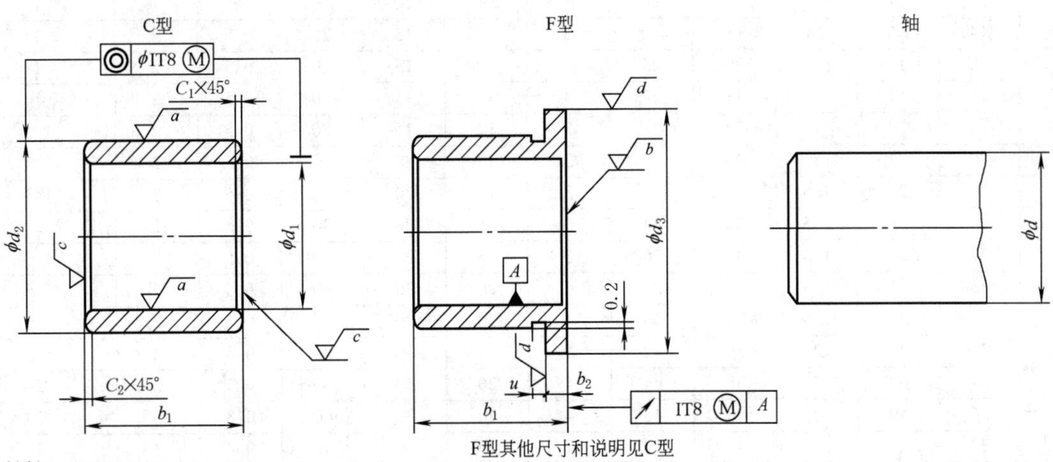

F型其他尺寸和说明见C型

材料

铸造铜合金应符合 JB/T 7921—1995（轴承用铸造铜合金）的要求。

锻造铜合金应符合 JB/T 7922—1995（轴承用锻造铜合金）的要求。

标记示例：

C 型轴套内径 $d_1=20$mm，外径 $d_2=24$mm，宽度 $b_1=20$mm，协商而定的外圆倒角 C_2 为 15°（Y），材料为符合 GB/T 18324 的 CuSn8P，标记为：轴套 GB/T 18324—C20×24×20Y—CuSn8P。

表 7-1-19 **C 型铜合金轴套** mm

内径 d_1	外径 d_2			宽度 b_1			倒角 45° C_1,C_2 max	倒角 15° C_2 max	内径 d_1	外径 d_2			宽度 b_1			倒角 45° C_1,C_2 max	倒角 15° C_2 max
6	8	10	12	6	10	—	0.3	1	48	53	56	58	40	50	60	0.8	3
8	10	12	14	6	10	—	0.3	1	50	55	58	60	40	50	60	0.8	3
10	12	14	16	6	10	—	0.3	1	55	60	63	65	40	50	70	0.8	3
12	14	16	18	10	15	20	0.5	2	60	65	70	75	40	60	80	0.8	3
14	16	18	20	10	15	20	0.5	2	65	70	75	80	50	60	80	1	4
15	17	19	21	10	15	20	0.5	2	70	75	80	85	50	70	90	1	4
16	18	20	22	12	15	20	0.5	2	75	80	85	90	50	70	90	1	4
18	20	22	24	12	20	30	0.5	2	80	85	90	95	60	80	100	1	4
20	23	24	26	15	20	30	0.5	2	85	90	95	100	60	80	100	1	4
22	25	26	28	15	20	30	0.5	2	90	100	105	110	60	80	120	1	4
(24)	27	28	30	15	20	30	0.5	2	95	105	110	115	60	100	120	1	4
25	28	30	32	20	30	40	0.5	2	100	110	115	120	80	100	120	1	4
(27)	30	32	34	20	30	40	0.5	2	105	115	120	125	80	100	120	1	4
28	32	34	36	20	30	40	0.5	2	110	120	125	130	80	100	120	1	4
30	34	36	38	20	30	40	0.5	2	120	130	135	140	100	120	150	1	4
32	36	38	40	20	30	40	0.8	3	130	140	145	150	100	120	150	2	5
(33)	37	40	42	20	30	40	0.8	3	140	150	155	160	100	150	180	2	5
35	39	41	45	30	40	50	0.8	3	150	160	165	170	120	150	180	2	5
(36)	40	42	46	30	40	50	0.8	3	160	170	180	185	120	150	180	2	5
38	42	45	48	30	40	50	0.8	3	170	180	190	195	120	180	200	2	5
40	44	48	50	30	40	60	0.8	3	180	190	200	210	150	180	250	2	5
42	46	50	52	30	40	60	0.8	3	190	200	210	220	150	180	250	2	5
45	50	53	55	30	40	60	0.8	3	200	210	220	230	180	200	250	2	5

注：1. 括号内的值仅作特殊用途，应尽可能避免使用。

2. 外圆倒角 C_2 为 45°的，不要求进行专门详细的标记。外圆倒角 C_2 为 15°的，规定在标记中另加 Y。

表 7-1-20　　F 型铜合金轴套　　mm

内径 d_1	外径 d_2	翻边外径 d_3	翻边宽度 b_2	外径 d_2	翻边外径 d_3	翻边宽度 b_2	宽度 b_1			倒角 45° C_1,C_2 max	倒角 15° C_2 max	退刀槽宽度 u
第一系列				第二系列								
6	8	10	1	12	14	3	—	10	—	0.3	1	1
8	10	12	1	14	18	3	—	10	—	0.3	1	1
10	12	14	1	16	20	3	—	10	—	0.3	1	1
12	14	16	1	18	22	3	10	15	20	0.5	2	1
14	16	18	1	20	25	3	10	15	20	0.5	2	1
15	17	19	1	21	27	3	10	15	20	0.5	2	1
16	18	20	1	22	28	3	12	15	20	0.5	2	1.5
18	20	22	1	24	30	3	12	20	30	0.5	2	1.5
20	23	26	1.5	26	32	3	15	20	30	0.5	2	1.5
22	25	28	1.5	28	34	3	15	20	30	0.5	2	1.5
(24)	27	30	1.5	30	36	3	15	20	30	0.5	2	1.5
25	28	31	1.5	32	38	4	20	30	40	0.5	2	1.5
(27)	30	33	1.5	34	40	4	20	30	40	0.5	2	1.5
28	32	36	2	36	42	4	20	30	40	0.5	2	1.5
30	34	38	2	38	44	4	20	30	40	0.5	2	2
32	36	40	2	40	46	4	20	30	40	0.8	3	2
(33)	37	41	2	42	48	5	20	30	40	0.8	3	2
35	39	43	2	45	50	5	30	40	50	0.8	3	2
(36)	40	44	2	46	52	5	30	40	50	0.8	3	2
38	42	46	2	48	54	5	30	40	50	0.8	3	2
40	44	48	2	50	58	5	30	40	60	0.8	3	2
42	46	50	2	52	60	5	30	40	60	0.8	3	2
45	50	55	2.5	55	63	5	30	40	60	0.8	3	2
48	53	58	2.5	58	66	5	40	50	60	0.8	3	2
50	55	60	2.5	60	68	5	40	50	60	0.8	3	2
55	60	65	2.5	65	73	5	40	50	70	0.8	3	2
60	65	70	2.5	75	83	7.5	40	60	80	0.8	3	2
65	70	75	2.5	80	88	7.5	50	60	80	1	4	2
70	75	80	2.5	85	95	7.5	50	70	90	1	4	2
75	80	85	2.5	90	100	7.5	50	70	90	1	4	3
80	85	90	2.5	95	105	7.5	60	80	100	1	4	3
85	90	95	2.5	100	110	7.5	60	80	100	1	4	3
90	100	110	5	110	120	10	60	80	120	1	4	3
95	105	115	5	115	125	10	60	100	120	1	4	3
100	110	120	5	120	130	10	80	100	120	1	4	3
105	115	125	5	125	135	10	80	100	120	1	4	3
110	120	130	5	130	140	10	80	100	120	1	4	3
120	130	140	5	140	150	10	100	120	150	1	4	3
130	140	150	5	150	160	10	100	120	150	2	5	4
140	150	160	5	160	170	10	100	150	180	2	5	4
150	160	170	5	170	180	10	120	150	180	2	5	4
160	170	180	5	185	200	12.5	120	150	180	2	5	4
170	180	190	5	195	210	12.5	120	180	200	2	5	4
180	190	200	5	210	220	15	150	180	250	2	5	4
190	200	210	5	220	230	15	150	180	250	2	5	4
200	210	220	5	230	240	15	180	200	250	2	5	4

注：1. 括号内的值仅作特殊用途，应尽可能避免使用。

2. F 型图见表 7-1-7。

3. F 型翻边轴套是否带退刀槽（尺寸 u）应根据供需双方协议而定。

2.5.2 铸铁轴套尺寸

铸铁轴套

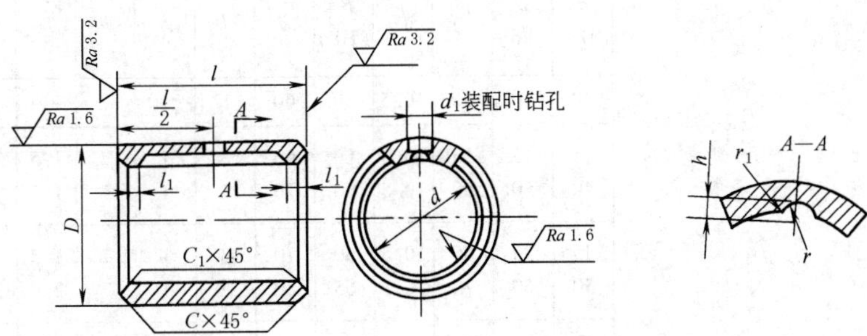

表 7-1-21 mm

<table>
<tr><th>d(H8)</th><th>D(S7)</th><th>d_1</th><th>l</th><th>l_1</th><th>h</th><th>r</th><th>r_1</th><th>C</th><th>C_1</th></tr>
<tr><td>10</td><td>15</td><td rowspan="16">5</td><td rowspan="3">20</td><td rowspan="8">3</td><td rowspan="2">0.5</td><td rowspan="2">1</td><td rowspan="16">7</td><td rowspan="10">0.5</td><td rowspan="10">1</td></tr>
<tr><td>11</td><td>16</td></tr>
<tr><td>12</td><td>18</td><td rowspan="4">1.0</td><td rowspan="4">2</td></tr>
<tr><td>14</td><td>20</td><td rowspan="2">24</td></tr>
<tr><td>16</td><td>22</td></tr>
<tr><td>18</td><td>25</td><td rowspan="2">30</td></tr>
<tr><td>20</td><td>28</td><td rowspan="10">1.5</td><td rowspan="10">3</td></tr>
<tr><td>22</td><td>30</td><td>34</td></tr>
<tr><td>25</td><td>32</td><td>38</td><td rowspan="4">4</td></tr>
<tr><td>28</td><td>36</td><td>42</td></tr>
<tr><td>30</td><td>38</td><td rowspan="2">48</td><td rowspan="10">1</td><td rowspan="10">1.5</td></tr>
<tr><td>32</td><td>40</td></tr>
<tr><td>36</td><td>45</td><td>55</td><td rowspan="4">5</td></tr>
<tr><td>40</td><td>50</td><td>60</td></tr>
<tr><td>45</td><td>55</td><td>70</td></tr>
<tr><td>50</td><td>60</td><td>75</td></tr>
<tr><td>55</td><td>65</td><td rowspan="13">8</td><td>80</td><td rowspan="5">6</td><td rowspan="13">2.5</td><td rowspan="13">5</td><td rowspan="13">9</td></tr>
<tr><td>60</td><td>70</td><td>90</td></tr>
<tr><td>70</td><td>85</td><td rowspan="2">100</td></tr>
<tr><td>80</td><td>95</td></tr>
<tr><td>90</td><td>105</td><td rowspan="2">120</td><td rowspan="9">1.5</td><td rowspan="9">2</td></tr>
<tr><td>100</td><td>115</td><td rowspan="8">8</td></tr>
<tr><td>110</td><td>125</td><td>140</td></tr>
<tr><td>125</td><td>140</td><td rowspan="2">150</td></tr>
<tr><td>130</td><td>150</td></tr>
<tr><td>140</td><td>160</td><td rowspan="2">170</td></tr>
<tr><td>150</td><td>170</td></tr>
<tr><td>160</td><td>180</td><td>190</td></tr>
<tr><td>180</td><td>200</td><td>200</td></tr>
</table>

注：1. 直径 D 允许采用 n7、m7、k7、j7 配合。直径 d 允许采用 H7 配合。

2. 轴套和轴承座孔用螺钉固定。

3. 压合后轴套的直径 d 可能缩小，因此装配后必须检查，必要时应进行精加工。

第7篇

2.5.3 翻边轴瓦尺寸

表 7-1-22　　翻边轴瓦尺寸　　mm

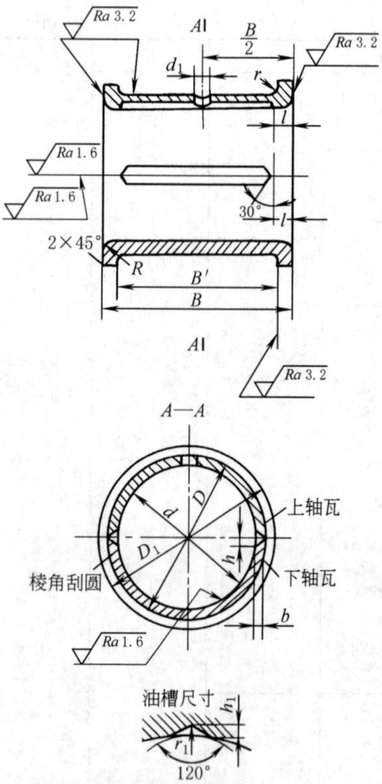

d (H8)	D (k6)	D_1	d_1	B' (H8)	B	l	b	h	h_1	R	r	r_1	轴颈圆角半径
30	40	50	10.5	50	60	8	1	7	1.5	2	2	1	1.5
35	45	55	10.5	50	60	8	1	7	1.5	2.5	2	1	
40	50	60	10.5	60	70	8	1	7	1.5	2.5	2	1	
45	55	65	10.5	60	70	8	1	7	1.5	2.5	2.5	1	
50	60	70	10.5	65	80	10	1	7	2	2.5	2.5	1.5	
55	65	75	10.5	65	80	10	1	7	2	2.5	2.5	1.5	2
60	70	80	10.5	65	80	10	1	8	2	2.5	2.5	1.5	
65	80	95	10.5	65	80	10	1	8	2	2.5	2.5	1.5	
70	85	100	10.5	75	90	10	1	8	2.5	2.5	3	2	
75	90	105	10.5	75	90	10	1	8	2.5	4	3	2	
80	95	110	10.5	75 120	90 140	10	1	8	2.5	4	3	2	
85	100	115	10.5	85 140	100 160	12	1.5	10	3	4	3	2	
90	105	120	10.5	85 140	100 160	12	1.5	10	3	4	3	2	3
95	115	130	10.5	90 140	110 160	12	1.5	10	3	4	3	2	
100	120	140	10.5	90 160	110 180	12	1.5	10	3	4	3	2	
110	130	150	10.5	100 160	120 180	12	2	13	3.5	5	4	2	
120	140	160	10.5	110 180	130 200	12	2	13	3.5	5	4	2	
130	150	175	10.5	120 200	140 220	14	2	16	4	5	4	3	4
140	165	190	10.5	130 200	150 220	14	2	16	4	5	4	3	
150	175	200	10.5	140 220	160 240	14	3	20	4.5	5	4	3	
160	185	210	10.5	155 220	170 240	14	3	20	4.5	5	5	3	
180	210	240	12.5	240	270	16	3	20	4.5	6	5	3	5
200	230	260	12.5	270	300	16	4	25	5	6	5	4	
220	250	280	12.5	270	300	16	4	25	5	8	5	4	6

A—A

上轴瓦　下轴瓦　棱角刮圆

油槽尺寸

轴瓦材料：铝青铜 ZCuAl10Fe3
锡青铜 ZCuSn6Zn6Pb3
(ZQSn6-6-3)及耐磨铸铁

注：1. 加工时，上下轴瓦必须一起加工。
2. 与轴瓦配合的轴颈最好进行表面淬火。

2.6 不完全流体润滑轴承的间隙与配合

2.6.1 常见设备间隙与配合设计数据

表 7-1-23　　常见设备滑动轴承的配合

设备类别	配合
磨床与车床分度头主轴承	H7/g6
铣床、钻床及车床的轴承，汽车发动机曲轴的主轴承及连杆轴承，齿轮减速器及蜗杆减速器轴承	H7/f7
电机、离心泵、风扇及惰齿轮轴的轴承，蒸汽机与内燃机曲轴的主轴承和连杆轴承	H9/f9
农业机械用的轴承	H11/d11
汽轮发电机轴、内燃机凸轮轴、高速转轴、刀架丝杠、机车多支点轴等的轴承	H7/e8

表 7-1-24　　机械压力机整体式滑动轴承的配合及间隙选择（摘自 JB/ZQ 4616—2006）　　mm

轴套外径公差

轴套外径 D_A	轴套外径 D_A 及极限偏差	轴套外径 D_A	轴套外径 D_A 及极限偏差	
>100~180	$D_A=D_{S+0.015}^{+0.025}$	>630~800	$D_A=D_{S+0.030}^{+0.050}$	$D_A \leqslant 100$ 的极限偏差按k6。D_S 为与滑动轴套外径相配的孔的实测尺寸
>180~315	$D_A=D_{S+0.025}^{+0.035}$	>800~1000	$D_A=D_{S+0.035}^{+0.055}$	
>315~400	$D_A=D_{S+0.030}^{+0.040}$	>1000~1250	$D_A=D_{S+0.045}^{+0.065}$	
>400~630	$D_A=D_{S+0.030}^{+0.045}$	>1250~1600	$D_A=D_{S+0.055}^{+0.075}$	

润滑脂润滑的轴承间隙

轴承温升 /℃	轴承直径 $d(D)$	轴、孔偏差 孔	轴径减小/‰	应用实例
<10	（≤80 时）	H7	轴偏差为 e8	平锻机曲柄轴承，偏心轴承，辊锻机轧辊轴承
<10	>80~1000	（H7）	-0.8	
10~30		H7	-1.0	曲柄压力机压杆偏心轴承，冷压机、切边压力机的偏心轴承
30~50		H7	-1.2	热模锻压力机支架和压杆中的偏心轴承
>50		H7	-1.4	

轴颈加工的极限偏差Δ

轴颈直径	Δ	轴颈直径	Δ	轴颈直径	Δ	轴颈直径	Δ	轴颈直径	Δ
>80~120	0 -0.02	>180~250	0 -0.03	>315~400	0 -0.05	>500~630	0 -0.07	>800~1000	0 -0.09
>120~180	0 -0.03	>250~315	0 -0.04	>400~500	0 -0.06	>630~800	0 -0.08		

一般宽度轴承间隙

轴承直径 $d(D)$	极限偏差 孔	极限偏差 轴	轴承间隙	轴承直径 $d(D)$	极限偏差 孔	极限偏差 轴	轴承间隙
>30~50	H7	-0.034 -0.050	0.034~0.075	>315~400	H7	-0.178 -0.214	0.178~0.271
>50~80		-0.061 -0.080	0.061~0.110	>400~500		-0.192 -0.232	0.192~0.295
>80~120		-0.088 -0.110	0.088~0.145	>500~630		-0.211 -0.255	0.211~0.325
>120~180		-0.115 -0.140	0.115~0.180	>630~800		-0.235 -0.285	0.235~0.365
>180~250		-0.143 -0.172	0.143~0.218	>800~1000		-0.254 -0.310	0.254~0.400
>250~315		-0.159 -0.191	0.159~0.243				

续表

		轴承直径	孔的极限偏差	轴的减小量 （按轴直径的减小量与 B/d 的关系确定）
润滑脂润滑的轴承间隙	窄型轴承间隙 （$\frac{B}{d}$<0.7，d 为轴径，B 为轴承宽度） 窄型轴承尺寸偏差计算见 2.6.2（2）计算示例	>80～1000	H7	公称直径的减小量/‰ 1.0 0.9 0.8 0.7 0.6 0.5 B/d与‰轴直径减小量之间的关系 0.2 0.3 0.4 0.5 0.6 0.7 0.8 0.9 B/d

注：对工作条件类似的轴承也适用。

2.6.2　滑动轴承配合计算示例

（1）一般宽度轴承（图 7-1-2）

例　平锻机偏心轴套

① 轴套外径配合过盈　设轴承座孔的实测尺寸 D_S = 330mm，由表 7-1-24 查得轴套外径为 D_A = 330mm 的配合过盈为 0.03～0.04mm。

② 轴与轴套的配合间隙　轴套孔径公差为 H7，即 $\phi300\text{H7}^{+0.052}_{0}$。轴径偏差：按轴承温升不超过 10℃，由表 7-1-24 查得轴径的减小量为公称直径的-0.8‰，即 $-\frac{0.8}{1000}\times300=-0.24$（mm），再考虑到轴的制造极限偏差 $^{0}_{-0.04}$mm（由表 7-1-24 查得）、轴径尺寸及极限偏差为 $\phi299.76^{0}_{-0.04}$，轴径的图样标注尺寸为 $\phi300^{-0.24}_{-0.28}$。

③ 轴承间隙

最大间隙 = 孔的上偏差 - 轴的下偏差 = 0.052-(-0.280) = 0.332（mm）

最小间隙 = 孔的下偏差 - 轴的上偏差 = 0-(-0.240) = 0.240（mm）

（2）窄轴承（$\frac{B}{d}$<0.7，图 7-1-3）

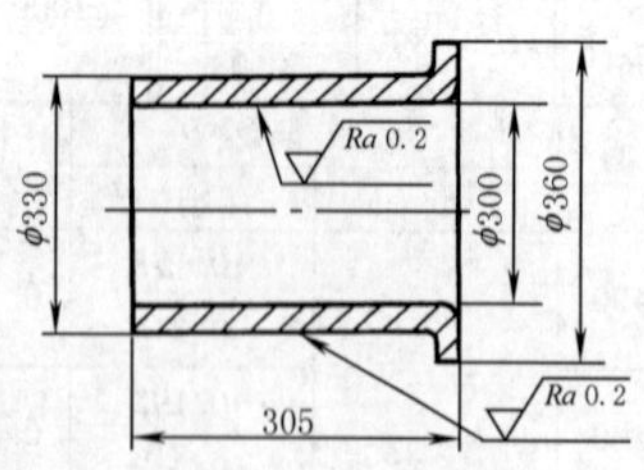

图 7-1-2　一般宽度轴承

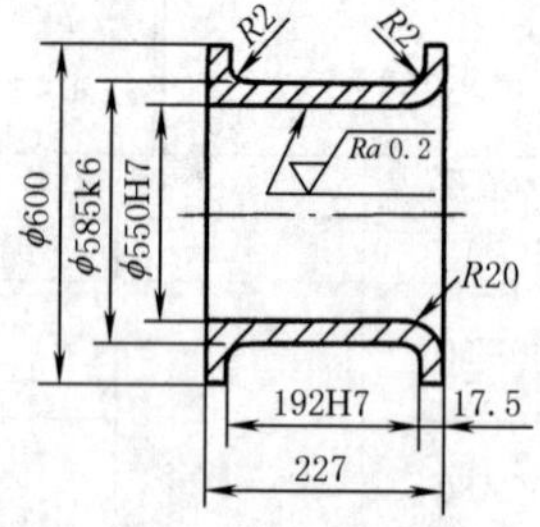

图 7-1-3　窄轴承

轴承接触宽度 B = 227-20 = 207（mm）（其中 20 为圆角半径），$\frac{B}{d}=\frac{207}{550}=0.38$，由表 7-1-24 查得轴的减小量应为轴公称直径的-0.7‰，即-0.7‰×550 = -0.385（mm），轴的尺寸为 550-0.385 = 549.615（mm）。

由表 7-1-24 查得附加极限偏差为 $^{0}_{-0.07}$mm，即轴的尺寸及极限偏差为 $\phi549.615^{0}_{-0.07}$，轴径的图样标注尺寸为 $\phi550^{-0.385}_{-0.455}$。

由于孔的极限偏差为 $\phi550\text{H7}=\phi550^{+0.07}_{0}$，所以最大间隙 = 0.07-(-0.455) = 0.525（mm）；最小间隙 = 0-(-0.385) = 0.385（mm），窄轴承的过盈计算与一般宽度轴承相同。

2.7 滑动轴承的润滑方法

2.7.1 滑动轴承润滑方法的选择

表 7-1-25　　滑动轴承润滑方法的选择

K	润滑方法	K 值计算方式	说明
≤2 >2~15 >15~30 >30	用润滑脂润滑(可用黄油杯) 用润滑油润滑(可用针阀油杯等) 用油环,飞溅润滑,需用水或循环油冷却 必须用循环压力润滑	$K=\sqrt{pv^3}$ $p=\dfrac{P}{d\times B}$	p——轴颈上的平均压强,MPa v——轴颈的圆周速度,m/s P——轴承所受的最大径向载荷,N d——轴颈直径,mm B——轴承工作宽度,mm

2.7.2 对润滑脂的要求与选择

表 7-1-26　　滑动轴承对润滑脂的要求

要求项目	对润滑脂要求
针入度	主要是根据加脂的方法来选定针入度的大小,以便于加入轴承,形成润滑膜,同时又不致往外流失。对于油集中润滑系统,为保证系统的泵送性能,润滑脂应适当软些,即针入度大些,一般应在270以上。手动油枪及脂杯用脂的针入度为240~260。轴承载荷大、转速低时,应选针入度小的润滑脂,反之要选针入度大的。高速轴承选针入度小的、机械安定性好的润滑脂
滴点	一般应高于工作温度20~30℃,以避免工作时由于温度影响使润滑脂变稀,造成过多流失浪费,同时引起轴承缺脂而过早磨损。高温连续运转情况,不要超过润滑脂允许的使用温度范围
轴承的工作环境	如有水淋和潮湿的地方,应选用具有抗水性的钙基、铝基或锂基润滑脂,不宜用钠基脂。如在高温、干燥环境下工作,应选用钠基脂、钙-钠基脂或高温合成脂。如在高温又有蒸汽的环境中工作,应选用复合锂(或铝)基脂;环境或温差范围变化很大时,则应采用温度范围适应较广的硅酸脂
承受特大载荷的轴承	采用有极压添加剂的润滑脂。如要求使用寿命较长的,采用加抗氧化添加剂的润滑脂。如要求对轴承周围环境气氛控制很严的,可采用挥发性较小的润滑脂
黏附性能	具有较好的黏附性能

表 7-1-27　　滑动轴承润滑脂的选择

平均压强/MPa	圆周速度/m·s^{-1}	最高工作温度/℃	选用润滑脂
<1	≤1	75	3号钙基脂
1~6.5	0.5~5	55	2号钙基脂
>6.5	≤0.5	75	3号钙基脂
>6.5	0.5~5	120	2号钠基脂
>6.5	≤0.5	110	1号钙-钠基脂
1~6.5	≤1	50~100	锂基脂
>6.5	0.5	60	2号压延机脂

注：1. 在潮湿环境，温度在75~120℃的条件下，应考虑用钙-钠基润滑脂。

2. 在潮湿环境，工作温度在75℃以下，没有3号钙基脂也可以用铝基脂。

3. 工作温度在110~120℃可用锂基脂或钡基脂。

4. 集中润滑时，稠度要小些。

表 7-1-28　　滑动轴承的加脂周期

工作条件	轴的转速/r·min^{-1}	加脂周期	工作条件	轴的转速/r·min^{-1}	加脂周期
偶然工作,不重要的零件	≤200 >200	5天1次 3天1次	连续工作,其工作温度<40℃	≤200 >200	1天1次 每班1次
间断工作	≤200 >200	2天1次 1天1次	连续工作,其工作温度40~100℃	≤200 >200	每班1次 每班2次

第7篇

2.7.3 润滑油的选择

表 7-1-29 滑动轴承润滑油的选择

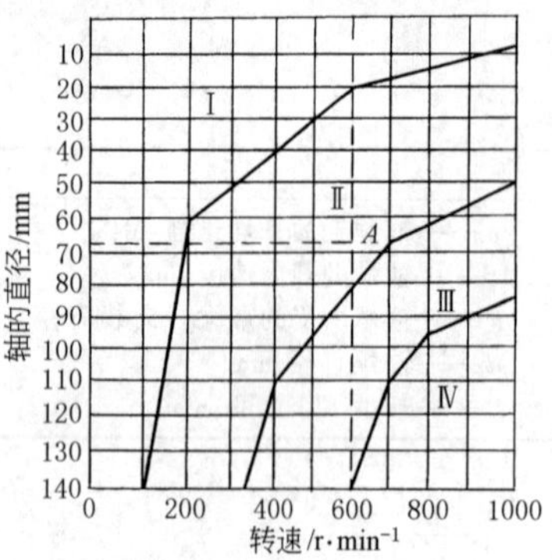

平均压力 /MPa	润滑油牌号			
	Ⅰ	Ⅱ	Ⅲ	Ⅳ
<0.5	VG 32	VG 32	VG15	VG15
0.5~6.5	VG 68	VG 68	VG 46	VG 32
>6.5~15	VG 100	VG 100	VG 68	VG 46

(1)如遇以下情况，应选择比本表油的黏度高一个牌号：①温度超过 60℃的工作条件；②在工作过程中有严重振动、冲击和做往复运动；③经常启动及在运动中速度经常变化

(2)在 10℃以下的工作条件及用于循环系统时，则要比本表内用油的黏度小些

2.8 关节轴承

2.8.1 关节轴承的结构型式（摘自 GB/T 304.1—2017、GB/T 304.2—2015）

表 7-1-30 维护润滑型关节轴承的常用结构型式

序号	简图	结构型式代号和名称	承受载荷的方向和相对大小	结构特点
1	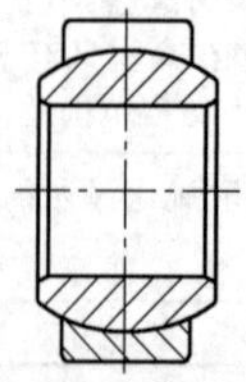	GE…E 型 向心关节轴承		单缝外圈； 无润滑槽和润滑孔
2	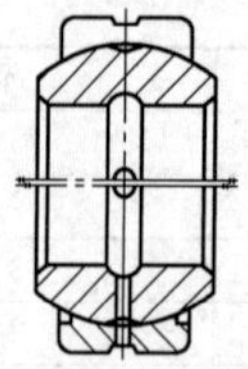	GE…ES 型 向心关节轴承 GE…ES-2RS 型 向心关节轴承	径向载荷和任一方向一定的轴向载荷	单缝外圈； 有润滑槽和润滑孔； （-2RS 为两面带密封圈）
3	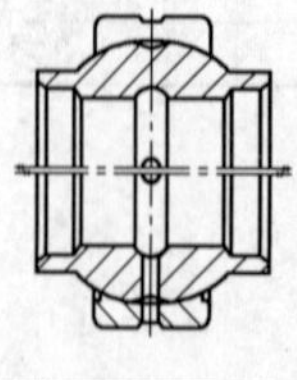	GEW（GEEW）…ES 型 向心关节轴承 GEM（GEEM）…ES-2RS 型 向心关节轴承		单缝外圈； 宽内圈[W(EW)为内孔直径正公差，M(EM)为内孔直径负公差]； 有润滑槽和润滑孔； （-2RS 为两面带密封圈）
4	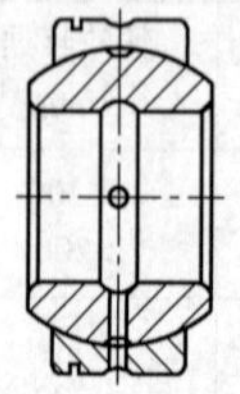	GE…ESN 型 向心关节轴承	径向载荷和任一方向一定的轴向载荷（轴向载荷由止动圈承受时，承载能力应考虑止动圈的因素）	单缝外圈，外圈有一条或者两条止动槽； 有润滑槽和润滑孔

续表

序号	简图	结构型式代号和名称	承受载荷的方向和相对大小	结构特点
5		GE…XS 型 向心关节轴承 GE…XS-2RS 型 向心关节轴承	径向载荷和任一方向一定的轴向载荷	双缝外圈，外圈有一条或两条锁圈槽； 有润滑槽和润滑孔； （-2RS 为两面带密封圈）
6		GE…HS 型 向心关节轴承 GE…HS-2RS 型 向心关节轴承		双半外圈，可用螺钉锁紧；内圈有润滑槽和润滑孔；磨损后游隙可调整； （-2RS 为两面带密封圈）
7		GE…DE1 型 向心关节轴承		内圈为淬硬轴承钢；外圈为非淬硬轴承钢，在与内圈装配时挤压成形；有润滑槽和润滑孔。内径小于 25mm 的轴承，无润滑槽和润滑孔
8		GE…DEM1 型 向心关节轴承		内圈为淬硬轴承钢；外圈为轴承钢，在与内圈装配时挤压成形，轴承装入轴承座后，在外圈上压出端面沟使轴承轴向固定
9		GE…DS 型 向心关节轴承	径向载荷和单一方向一定的轴向载荷（装配槽一侧不能承受轴向载荷）	整体外圈、外圈有装配槽；内、外圈均有润滑槽和润滑孔
10		GEBK…S 型 向心关节轴承	方向不变的载荷；在承受径向载荷的同时能承受任一方向一定的轴向载荷	外圈为轴承钢，滑动表面镶有双半铜合金衬垫；内圈为淬硬轴承钢，滑动表面镀硬铬；外圈有润滑槽和润滑孔
11		GAC…S 型 角接触关节轴承	联合载荷——径向载荷和单一方向的轴向载荷	内、外圈均为淬硬轴承钢；外圈有润滑槽和润滑孔

续表

序号	简图	结构型式代号和名称	承受载荷的方向和相对大小	结构特点
12	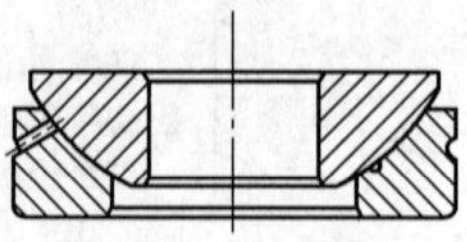	GX…S 型 推力关节轴承	单一方向的轴向载荷或联合载荷	轴圈和座圈均为淬硬轴承钢；座圈有润滑槽和润滑孔
13	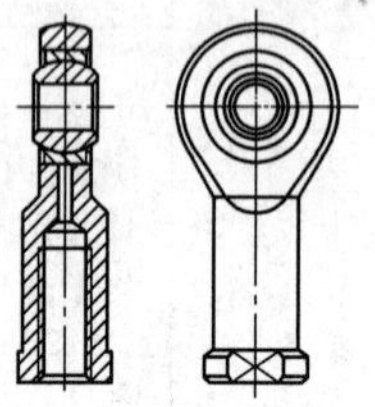	SI…E 型 杆端关节轴承	径向载荷和任一方向一定的轴向载荷（轴向载荷承载能力应综合考虑向心关节轴承与杆端体的定位方式）	GE…E 型轴承和带内/外螺纹的杆端体组装而成；杆端体材料为优质碳素结构钢；无油嘴
14	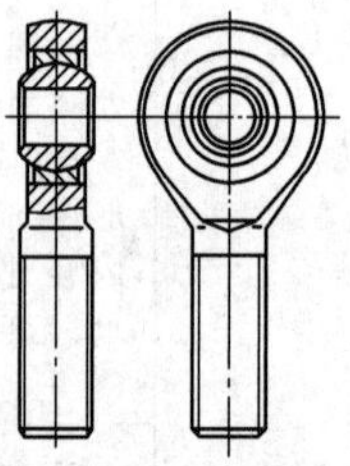	SA…E 型 杆端关节轴承		
15	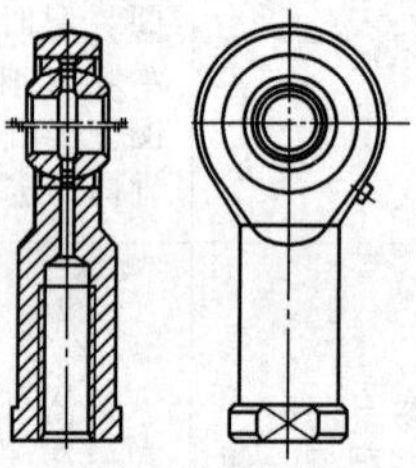	SI…ES 型 杆端关节轴承 SI…ES-2RS 型 杆端关节轴承		GE…ES（GE…ES-2RS）型轴承和带内/外螺纹的杆端体组装而成；杆端体材料为优质碳素结构钢；带油嘴
16	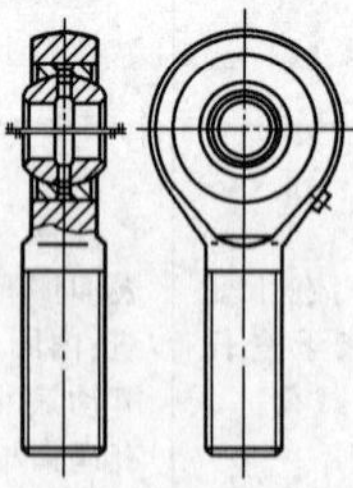	SA…ES 型 杆端关节轴承 SA…ES-2RS 型 杆端关节轴承		
17	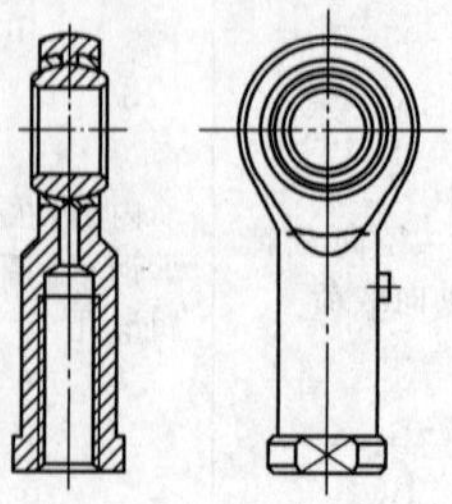	SIBP…S 型 杆端关节轴承	径向载荷和任一方向一定的轴向载荷	整体结构；杆端体带内/外螺纹，材料为优质碳素结构钢，杆端眼滑动表面镶有双半铜合金衬垫；内圈为淬硬轴承钢，滑动表面镀硬铬；带油嘴

续表

序号	简图	结构型式代号和名称	承受载荷的方向和相对大小	结构特点
18	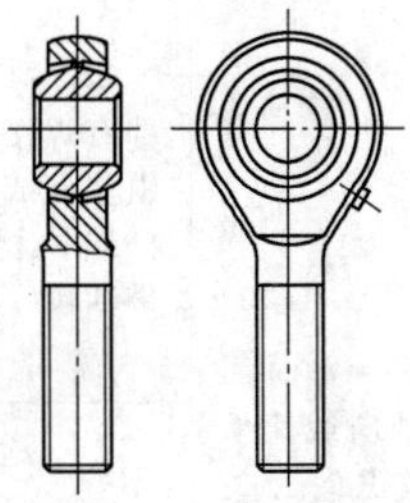	SABP…S 型 杆端关节轴承		整体结构；杆端体带内/外螺纹，材料为优质碳素结构钢，杆端眼滑动表面镶有双半铜合金衬垫；内圈为淬硬轴承钢，滑动表面镀硬铬；带油嘴
19	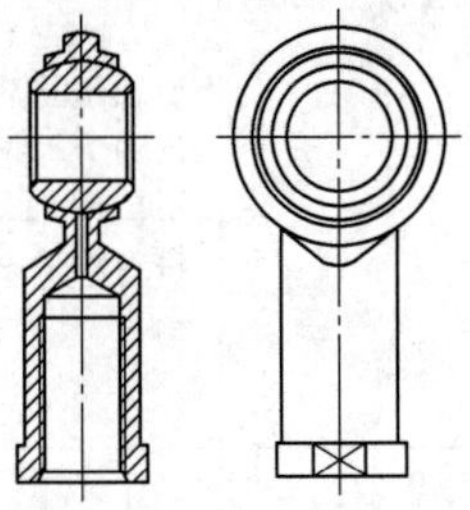	SIBJ…型 杆端关节轴承	径向载荷和任一方向一定的轴向载荷	整体结构；杆端体带内/外螺纹，材料为优质碳素结构钢，内圈为淬硬轴承钢，滑动表面镀硬铬；无油嘴
20	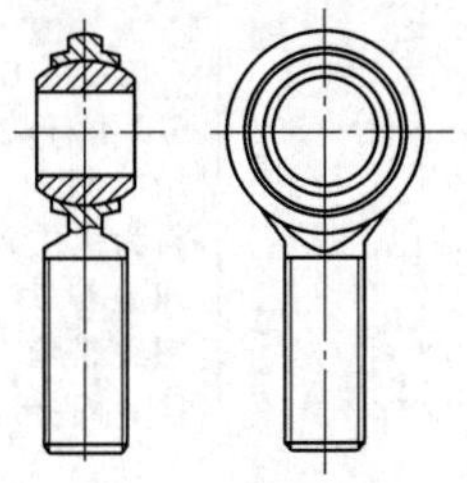	SABJ…型 杆端关节轴承		
21	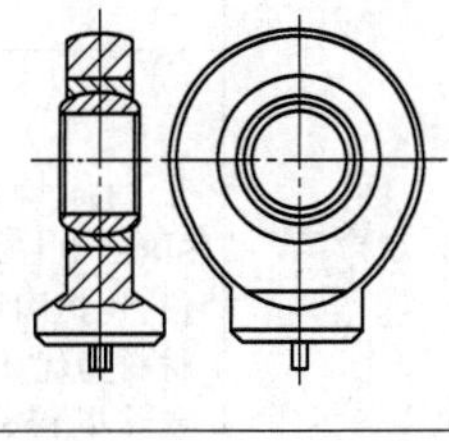	SK…E 型 杆端关节轴承	径向载荷和任一方向的轴向载荷（轴向载荷承载能力应综合考虑向心关节轴承与杆端体的定位方式）	GE…E 型轴承与带焊接定位销的圆柱座杆端体组装而成；杆端体材料为焊接钢；无油嘴
22	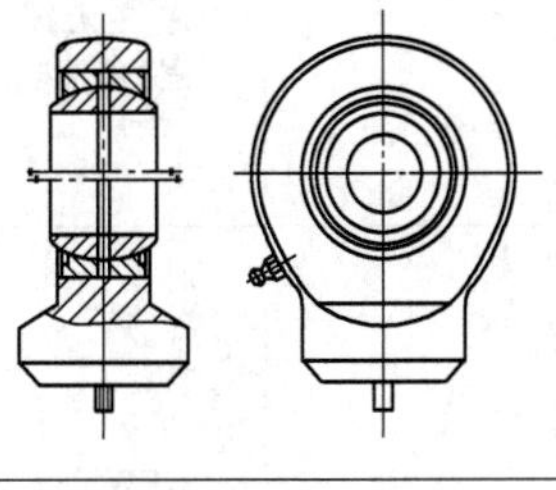	SK…ES 型 杆端关节轴承 SK…ES-2RS 型 杆端关节轴承		GE…ES（GE…ES-2RS）型轴承与带焊接定位销的圆柱座杆端体组装而成；杆端体材料为焊接钢；带油嘴
23	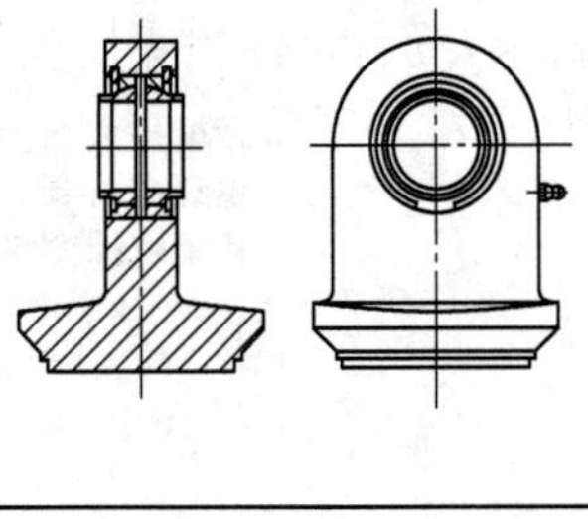	SGFW（SGFEW）…ES 型 杆端关节轴承	径向载荷和任一方向一定的轴向载荷	GEW（GEEW）…ES 与底部有焊接倒角的法兰座杆端体组装而成，用挡圈固定；杆端体材料为焊接钢；带油嘴

续表

序号	简图	结构型式代号和名称	承受载荷的方向和相对大小	结构特点
24	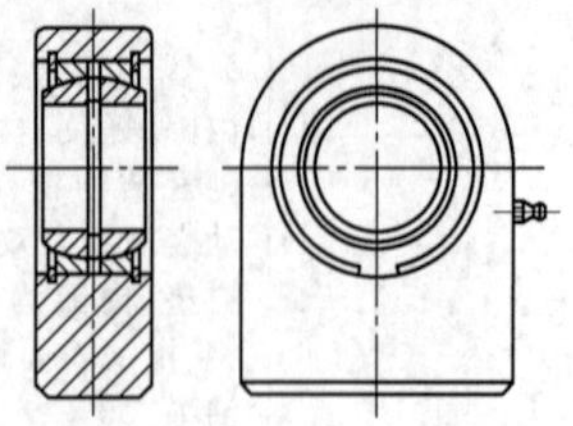	SF…ES 型 杆端关节轴承	径向载荷和任一方向一定的轴向载荷(轴向载荷承载能力应综合考虑向心关节轴承与杆端体的定位方式)	GE…ES 型轴承与底部有焊接倒角的方形座组装而成,用挡圈固定;杆端体材料为焊接钢;带油嘴
25	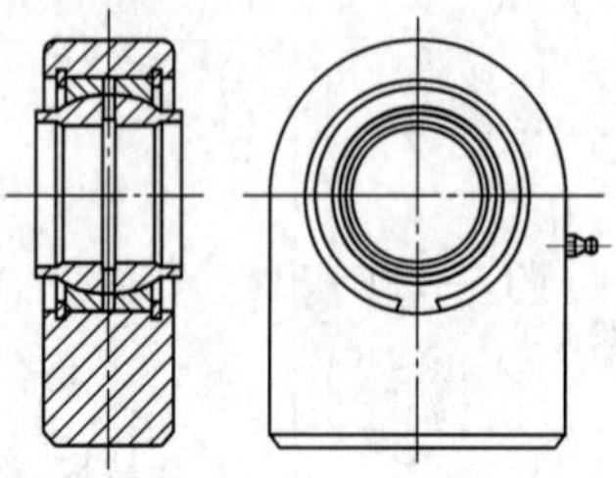	SFW（SFEW）…ES 型 杆端关节轴承		GEW（GEEW）…ES 型轴承与底部有焊接倒角的方形座组装而成,用挡圈固定;杆端体材料为焊接钢;带油嘴
26	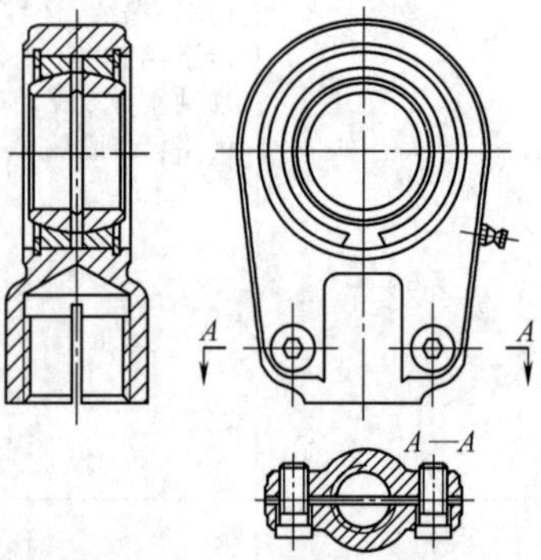	SIR…ES 型 杆端关节轴承	径向载荷和任一方向一定的轴向载荷	GE…ES 型轴承与 SIR 型杆端体组装而成,用挡圈固定;杆端体材料为优质碳素结构钢或球墨铸铁;杆端体的内螺纹带有锁口,配有螺栓紧固;带油嘴
27	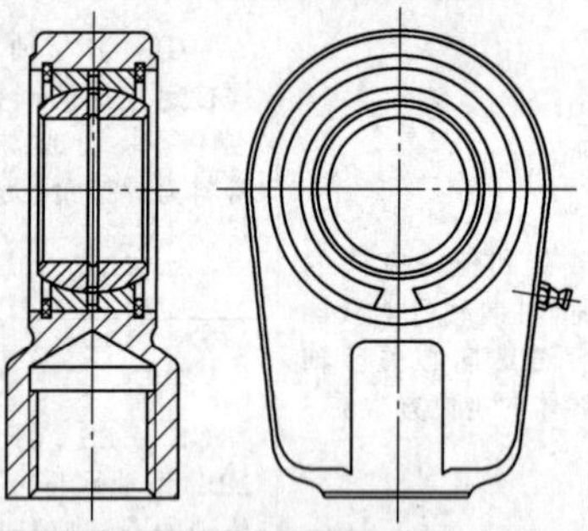	SIRN…ES 型 杆端关节轴承		GE…ES 型轴承与 SIRN 型杆端体组装而成,用挡圈固定;杆端体材料为优质碳素结构钢或球墨铸铁,杆端体的内螺纹无锁口,无螺钉紧固,带油嘴
28	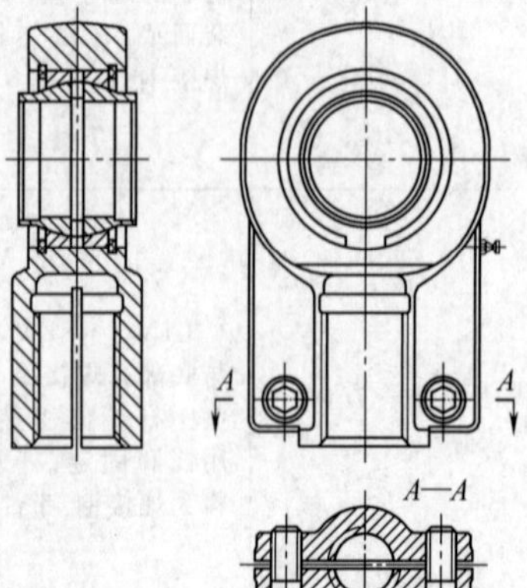	SIGW（SIGEW）…ES 型 杆端关节轴承	径向载荷和任一方向一定的轴向载荷	GEW（GEEW）…ES 型轴承与 SIGR 型杆端体组装而成,杆端体材料为优质碳素结构钢或球墨铸铁;杆端体的内螺纹带有锁口,配有螺栓紧固;带油嘴

续表

序号	简图	结构型式代号和名称	承受载荷的方向和相对大小	结构特点
29	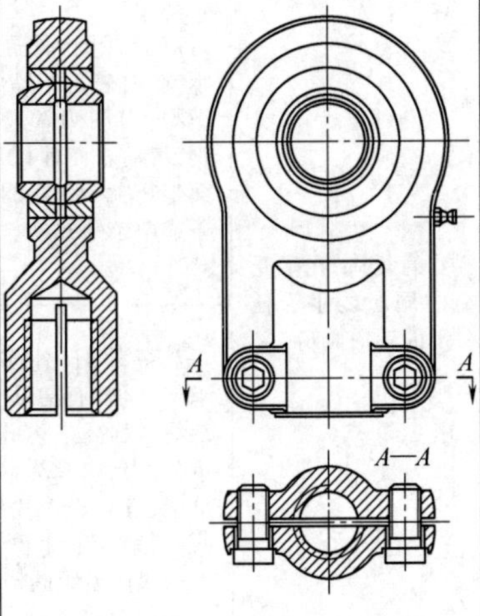 A A A—A	SIQ…ES 型 杆端关节轴承	径向载荷和任一方向一定的轴向载荷	GE…ES 型轴承与 SIQ 型杆端体组装而成，杆端体材料为优质碳素结构钢；杆端体的内螺纹带有锁口，配有螺栓紧固；带油嘴
30	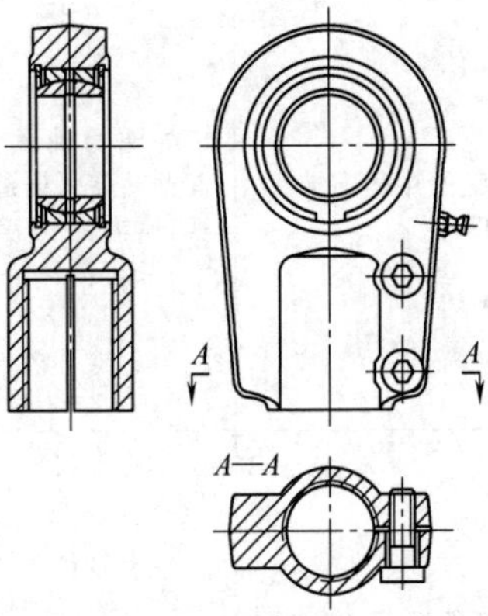 A A A—A	SIA…ES 型 杆端关节轴承		GE…ES 型轴承与 SIA 型杆端体组装而成，用挡圈固定；杆端体材料为优质碳素结构钢或球墨铸铁，杆端体的内螺纹带有锁口，配有螺栓紧固；带油嘴

表 7-1-31　免维护自润滑型关节轴承常用结构型式

序号	简图	结构型式代号和名称	承受载荷的方向和相对大小	结构特点
1	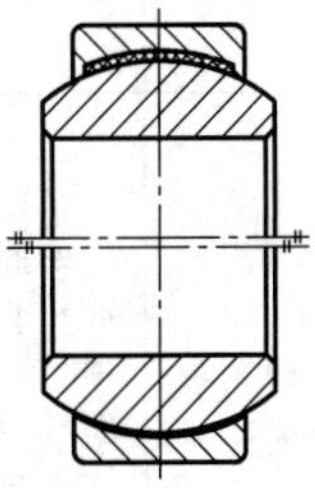	GE…C 型 向心关节轴承 GE…T 型 向心关节轴承	方向不变的载荷，在承受径向载荷的同时能承受任一方向一定的轴向载荷	外圈为碳钢整体挤压成形，内表面为 PTFE 烧结复合物（C 型）或粘贴 PTFE 织物（T 型）；内圈为淬硬轴承钢，滑动表面镀硬铬（一般只限于 d≤30mm 的轴承）
2	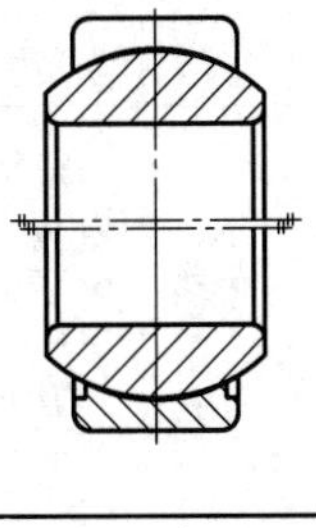	GE…ET 型 向心关节轴承 GE…ET-2RS 型 向心关节轴承		单缝外圈，外圈为轴承钢，内表面粘贴 PTFE 织物；内圈为淬硬轴承钢，滑动表面镀硬铬 （-2RS 为两面带密封圈）

第 7 篇

续表

序号	简图	结构型式代号和名称	承受载荷的方向和相对大小	结构特点
3	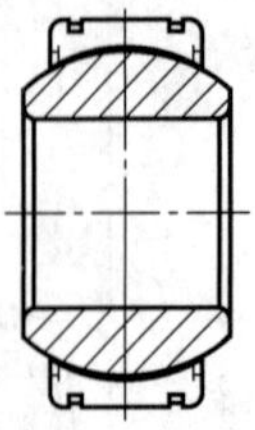	GE…XT-2RS 型 向心关节轴承	方向不变的载荷,在承受径向载荷的同时能承受任一方向一定的轴向载荷	双缝外圈,外圈为轴承钢,内表面粘贴 PTFE 织物;内圈为淬硬轴承钢,滑动表面镀硬铬;两面带密封圈;外圈有一条或两条锁圈槽
4	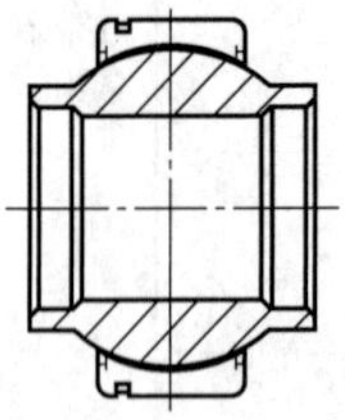	GEM(GEEM)…XT-2RS 型 向心关节轴承		双缝外圈,外圈为轴承钢,内表面粘贴 PTFE 织物;宽内圈(内孔直径负公差);内圈为淬硬轴承钢,滑动表面镀硬铬;两面带密封圈;外圈有一条或两条锁圈槽
5	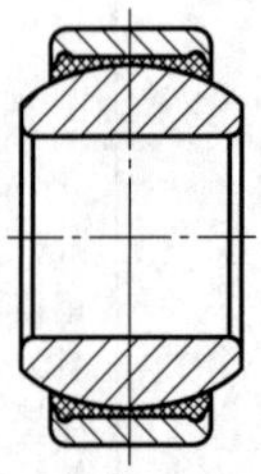	GE…F 型 向心关节轴承	方向不变的中等径向载荷和轴向载荷	外圈为轴承钢,内表面粘贴高强度纤维增强塑料;内圈为淬硬轴承钢,滑动表面镀硬铬
6	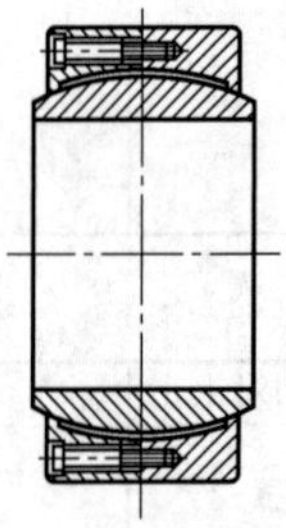	GE…HT 型 向心关节轴承	方向不变的载荷,在承受径向载荷的同时能承受任一方向一定的轴向载荷	双半外圈,外圈为优质碳素钢,径向剖分;内表面粘贴 PTFE 织物;内圈为淬硬轴承钢,滑动表面镀硬铬;外圈用螺钉锁紧
7		GAC…T 型 角接触关节轴承 GAC…F 型 角接触关节轴承	联合载荷——径向载荷和单一方向的轴向载荷	外圈为轴承钢,内表面粘贴 PTFE 织物(T 型)或高强度纤维增强塑料(F 型);内圈为淬硬轴承钢,滑动表面镀硬铬
8	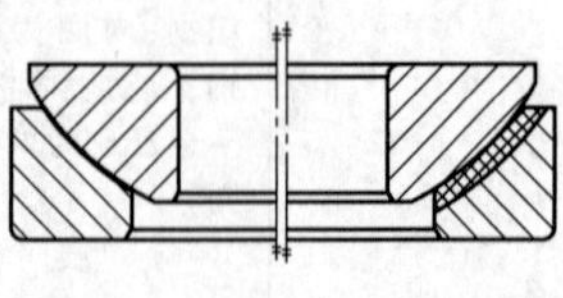	GX…T 型 推力关节轴承 GX…F 型 推力关节轴承	单一方向的轴向载荷或联合载荷	座圈为轴承钢,内表面粘贴 PTFE 织物(T 型)或高强度纤维增强塑料(F 型);轴圈为淬硬轴承钢,滑动表面镀硬铬

第7篇

续表

序号	简图	结构型式代号和名称	承受载荷的方向和相对大小	结构特点
9	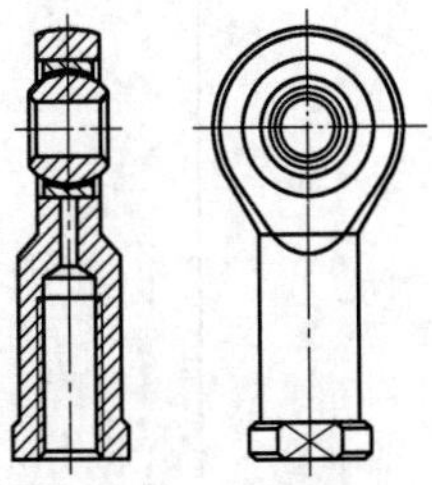	SI…C 型 杆端关节轴承	方向不变的载荷,在承受径向载荷的同时,能承受任一方向一定的轴向载荷	GE…C 型轴承和带内/外螺纹的杆端体组装而成,杆端体材料为优质碳素结构钢
10	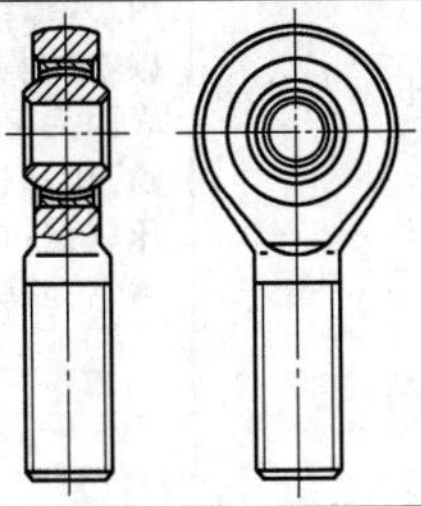	SA…C 型 杆端关节轴承		
11	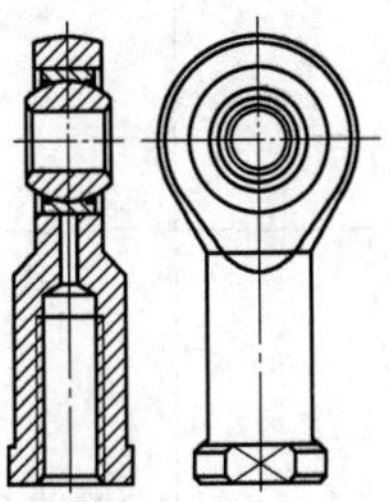	SI…ET-2RS 型 杆端关节轴承	径向载荷和任一方向一定的轴向载荷	GE…ET-2RS 型轴承和带内/外螺纹的杆端体组装而成,杆端体材料为优质碳素结构钢
12	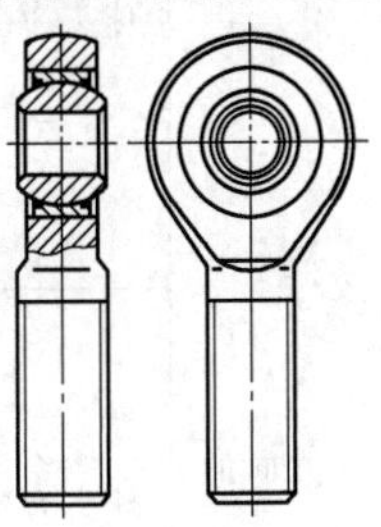	SA…ET-2RS 型 杆端关节轴承		
13	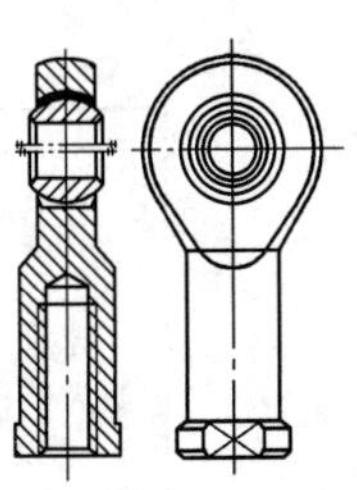	SIB…C 型 杆端关节轴承 SIB…F 型 杆端关节轴承		整体结构,杆端体带内/外螺纹,材料为优质碳素结构钢,杆端眼内表面粘贴 PTFE 烧结复合物(C 型)或高强度纤维增强塑料(F 型);内圈为淬硬轴承钢,滑动表面镀硬铬
14	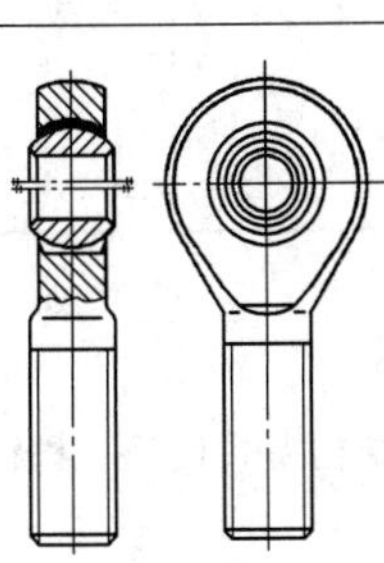	SAB…C 型 杆端关节轴承 SAB…F 型 杆端关节轴承		

续表

序号	简图	结构型式代号和名称	承受载荷的方向和相对大小	结构特点
15	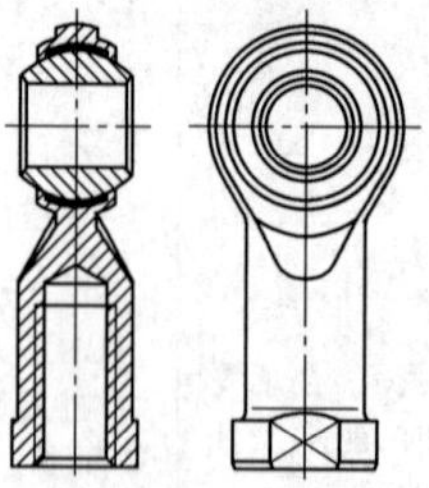	SIBJ…C 型 杆端关节轴承	径向载荷和任一方向一定的轴向载荷	整体结构，杆端体带内/外螺纹，材料为优质碳素结构钢，杆端眼内表面为 PTFE 烧结复合物，在和内圈装配时挤压成型；内圈为淬硬轴承钢，滑动表面镀硬铬
16	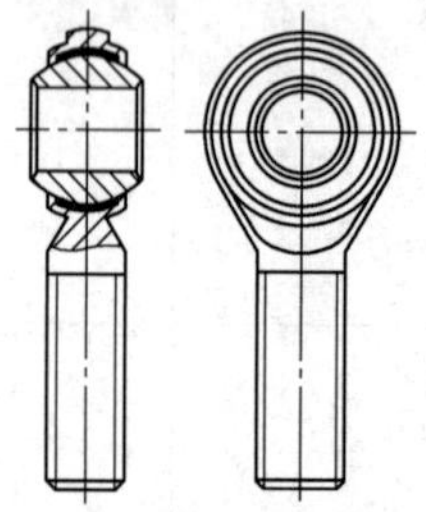	SABJ…C 型 杆端关节轴承		
17	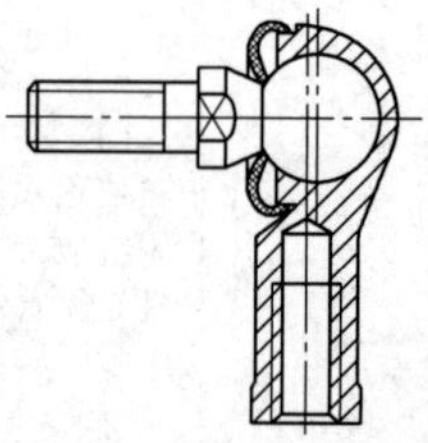	SQ…-RS 型 球头螺栓杆端关节轴承	径向载荷和任一方向的轴向载荷	球头座为锌基合金；球头为渗碳钢
18	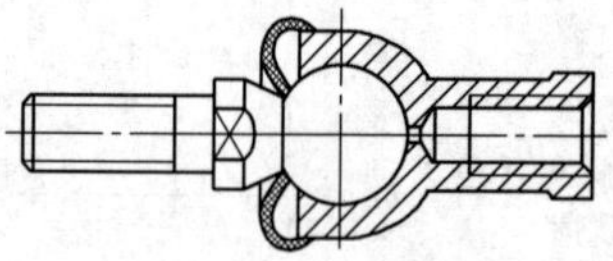	SQZ…-RS 型 球头螺栓杆端关节轴承		球头座为锌基合金；球头为渗碳钢
19	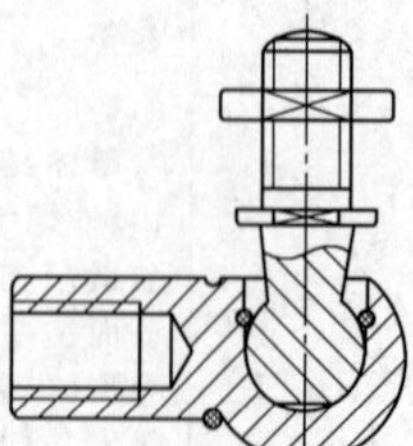	SQG…型 球头螺栓杆端关节轴承		球头座和球头杆材料均为碳钢，表面镀锌；球头杆以“O”形挡圈固定，外有保险卡簧

2.8.2 关节轴承的代号

关节轴承的代号由基本代号和后置代号组成，其中，后置代号由关节轴承结构型式代号、材料代号、补充代号和游隙组别代号组成。其排列顺序及各代号含义见表 7-1-32。

表 7-1-32　　关节轴承代号构成及排列

基本代号					补充代号						
类型代号		尺寸系列代号		内径代号	结构型式、材料代号		改变特征	代号	含义	游隙组别代号	
代号	含义	代号	含义		代号	含义				代号	含义
GE	向心关节轴承	C	大型和特大型向心关节轴承 C 系列	公制尺寸关节轴承用内径的毫米数表示，英制尺寸则取内径毫米数的整数部分表示；但不标单位	A	外圈为中碳钢，有固定滑动表面材料的固定器	材料改变	X	套圈由不锈钢制造	—	游隙符合标准规定的 N 组
GAC	角接触关节轴承	E	基本系列（代号中省略）		B	关节轴承内孔衬布		S	套圈由渗碳钢制造	C2	游隙符合标准规定的 2 组
GX	推力关节轴承	G	球径、外径和内圈宽度均比 E 系列大		C	一套圈或一套圈滑动表面为烧结青铜复合材料		V	套圈或滑动表面由不常采用的材料制造	C3	游隙符合标准规定的 3 组
SI	内螺纹组装型杆端关节轴承	W（EW）	宽内圈，内孔直径正公差		DE1	挤压外圈（外圈为轴承钢，在内圈装配后挤压成形）		Q	套圈或滑动表面由青铜或青铜圆片制造	C9	关节轴承游隙不同于现行标准
SA	外螺纹组装型杆端关节轴承	JK	杆端关节轴承 JK 系列		DEM1	同 DE1，但外圈有端沟		P	套圈由铍青铜制造		
SIB	内螺纹整体型杆端关节轴承	H	向心关节轴承 H 系列		DS	外圈有装配槽		L	套圈由铝合金制造		
SAB	外螺纹整体型杆端关节轴承	F	内、外圈宽度比 E 系列宽		E	单缝外圈	特殊技术要求	T	零件的回火温度有特殊要求		
SK	圆柱焊接杆型杆端关节轴承（圆柱型）	K	内圈球径尺寸比基本系列大		F	一套圈滑动表面为工程塑料或塑料圆片		R	轴承内填充特殊润滑脂		
SF	平底座焊接型杆端关节轴承（方型）	M（EM）	宽内圈，内孔直径负公差		F1	一套圈滑动表面为聚醚亚胺工程塑料		M	轴承的摩擦力矩及旋转灵活性有特殊要求		
SIR	锁口型杆端关节轴承	EH	杆端关节轴承 E 系列柄部加强型		F2	外圈为玻璃纤维增强塑料，其滑动表面为玻璃纤维增强塑料		G	套圈滑动表面涂敷固体润滑剂干膜		
SQ	弯杆型球头杆端关节轴承	GH	杆端关节轴承 G 系列柄部加强型		H	双半外圈		B	关节轴承螺纹有特殊要求		
SQZ	直杆型球头杆端关节轴承	Z	英制基本系列		I	内圈为中碳钢，有固定滑动表面材料的固定器		D	滑动表面以外的表面需电镀		
SQD	单杆型球头杆端关节轴承	P	整体型杆端关节轴承 P 系列		L	套圈或杆端为特殊自润滑合金		J	套圈滑动表面有交叉润滑槽		
SQG	卡圈弯杆型球头杆端关节轴承				N	外圈有止动槽		H	套圈滑动表面有环形润滑槽		

第7篇

续表

基本代号					结构型式、材料代号		补充代号			游隙组别代号	
类型代号		尺寸系列代号		内径代号			改变特征	代号	含义	代号	含义
代号	含义	代号	含义		代号	含义					
					S	套圈或杆端有润滑槽和润滑孔	结构改变	K	零件的形状或尺寸改变		
					T	外圈滑动表面为聚四氟乙烯织物					
					X	双缝外圈(剖分外圈)					
					-RS	关节轴承一面带密封圈	其他	Y	和数字(1、2等顺序号)组合用来识别多项特征改变和设计顺序(轴承型号中有补充代号“Y”,应查阅图纸或补充技术条件以便了解其改变的具体内容)		
					-Z	关节轴承一面带防尘盖					
					-2RS	关节轴承两面带密封圈					
					-2Z	关节轴承两面带防尘盖					

注：1. 杆端体及球头座杆螺纹为右旋时，类型代号不予标注；杆端体及球头座杆螺纹为左旋时，类型代号需在 SI（SA）或 SQ 后加字母“L”，如：SIL、SAL、SILB、SALB、SQL、SQLZ 等。

2. 补充代号用字母和数字表示，并用斜线“/”相隔。最多允许采用三个字母，特征改变超过三项时，依次按轴承零件材料改变、特殊技术要求及结构改变的顺序选取两项编制，第三位则用字母“Y”表示其余项目。

3. 游隙组别代号标注在关节轴承代号的最右边，并以短线“-”相隔，按“N 组”径向游隙制造时，在关节轴承代号中不标注游隙组别代号。

2.8.3 关节轴承额定动、静载荷与寿命计算

（1）关节轴承的术语、符号和含义

表 7-1-33　关节轴承额定动、静载荷与寿命计算中的术语及符号含义

（摘自 JB/T 8565—2010、JB/T 8567—2010）

	名称	定义	名称	定义
术语	径向额定动载荷	关节轴承中的工作表面动态接触应力达到最大许用应力时的径向载荷	极限摆动角度	摆动运动中,摆动套圈上某一直径摆动到两个极限位置间的夹角
	轴向额定动载荷	关节轴承中的工作表面动态接触应力达到最大许用应力时的轴向载荷	摆次	摆动运动中,套圈上某一点摆动了2倍的极限摆动角度时为一摆次
	寿命	关节轴承的摩擦系数达到规定的极限值或轴承磨损量超过规定的极限值时轴承工作摆动的总次数	静载荷	轴承套圈间相对速度为零时,作用在轴承上的载荷
			径向额定静载荷	轴承中滑动表面的静接触应力达到材料的应力极限值时的径向静载荷
	径向当量动载荷	一恒定的径向载荷,在该载荷作用下,关节轴承中工作表面接触应力水平与实际载荷作用相当	轴向额定静载荷	轴承中滑动表面的静接触应力达到材料的应力极限值时的轴向静载荷
	轴向当量动载荷	一恒定的中心轴向载荷,在该载荷作用下,关节轴承工作表面接触应力水平与实际载荷作用相当	径向当量静载荷	引起与实际载荷条件相当的工作表面接触应力的径向静载荷
			轴向当量静载荷	引起与实际载荷条件相当的工作表面接触应力的轴向静载荷
	自润滑轴承	工作时无需再润滑的关节轴承。此种轴承通常是含油的或工作表面上有自润滑材料,如聚四氟乙烯(PTFE)织物及其复合材料等	常规运转条件	可以假定这种运转条件为:轴承安装正确、无外来侵入、充分润滑、按常规加载、常温下工作,以及不以特别高或特别低的速度运转

续表

	名称	定义	名称	定义
符号	B	关节轴承内(轴)圈公称宽度,mm	v	关节轴承球面滑动速度,mm/s
	C	关节轴承外(座)圈公称宽度,mm	K_M	与摩擦副材料有关的系数
	H	推力关节轴承公称高度,mm	X_r	向心关节轴承当量动载荷系数
	d_k	关节轴承滑动球面公称直径,mm	X_{ra}	角接触关节轴承当量动载荷系数
	$\overline{d}_k$	关节轴承滑动球面等效直径,mm	Y_a	推力关节轴承当量动载荷系数
	T	角接触关节轴承公称宽度,mm	α_k	载荷特性寿命系数
	C_d	关节轴承额定动载荷,N	α_t	温度寿命系数
	C_{dr}	关节轴承径向额定动载荷,N	α_v	滑动速度寿命系数
	C_{da}	关节轴承轴向额定动载荷,N	α_p	载荷寿命系数
	f_r	向心关节轴承额定动载荷模量(系数),MPa	α_z	润滑寿命系数
	f_{ra}	角接触关节轴承额定动载荷模量,MPa	α_h	多次润滑间隔寿命系数
	f_a	推力关节轴承额定动载荷模量,MPa	α_β	多次润滑摆角寿命系数
	f	关节轴承摆动频率,min^{-1}	L	关节轴承初润滑寿命,摆次
	P	关节轴承当量动载荷,N	L_R	关节轴承多次润滑寿命,摆次
	p	名义接触压力,MPa	L_W	关节轴承多次润滑间隔寿命,摆次
	F_{min}	最小外载荷,N	C_s	向心关节轴承额定静载荷,N
	F_{max}	最大外载荷,N	C_{sr}	角接触关节轴承径向额定静载荷,N
	F_a	轴向外载荷,N	C_{sa}	推力关节轴承轴向额定静载荷,N
	F_r	径向外载荷,N	f_s	额定静载荷系数
	f_p	载荷变化频率,Hz	P_{sr}	径向当量静载荷,N
	k	耐压模数,MPa	P_{sa}	轴向当量静载荷,N
	β	摆角,(°)	X_{sr}	向心关节轴承当量静载荷系数
	ζ	折算系数	X_{sra}	角接触关节轴承当量静载荷系数
	t	温度,℃	Y_{sa}	推力关节轴承当量静载荷系数
	$[P]$	材料许用极限应力,MPa		

(2) 关节轴承额定和当量动、静载荷的计算

表 7-1-34　关节轴承额定动、静载荷和当量动、静载荷的计算

(摘自 JB/T 8565—2010、JB/T 8567—2010)

名称	向心关节轴承	角接触关节轴承	推力关节轴承
额定动载荷/N	径向:$C_{dr}=f_rCd_k$	径向:$C_{dr}=f_{ra}(B+C-T)d_k$	轴向:$C_{da}=f_a(B+C-H)d_k$
当量动载荷/N	$P=X_rF_r$	$P=X_{ra}F_r$	$P=Y_aF_a$
额定静载荷/N	$C_s=f_sCd_k$	$C_{sr}=f_s(B+C-T)d_k$	$C_{sa}=f_s(B+C-H)d_k$
当量静载荷/N	$P_{sr}=X_{sr}F_r$	$P_{sr}=X_{sra}F_r$	$P_{sa}=Y_{sa}F_a$

额定动载荷系数 f_r、f_{ra}、f_a:

f_r: d_k/mm	钢/钢	钢/铜	钢/PTFE 织物	钢/PTFE 复合物	f_{ra}: d_k/mm	钢/钢	钢/PTFE 织物	f_a: d_k/mm	钢/钢	钢/PTFE 织物
>5~100	85	50	120	90	>5~55	86	128	>5~60	170	255
>100~200	86	51	121	91				>60~110	185	280
>200~300	87	51	122	92				>110~150	190	288
>300~400	87	52	123	93				>150~220	180	275
>400~500	88	54	125	94	>55~500	88	132	>220~300	155	230
>500~600	90	55	136	95				>300~500	143	222
>600~700	93	55	138	95				>500~700	143	256

续表

名称	向心关节轴承					角接触关节轴承			推力关节轴承		
	f_r					f_{ra}			f_a		
	d_k/mm	摩擦副材料				d_k/mm	摩擦副材料		d_k/mm	摩擦副材料	
		钢/钢	钢/铜	钢/PTFE 织物	钢/PTFE 复合物		钢/钢	钢/PTFE 织物		钢/钢	钢/PTFE 织物
额定静载荷系数 f_s	>5~100	425	125	242	225	>5~55	426	254	>5~60	855	512
	>100~200	428	126	244	226				>60~100	924	560
	>200~300	430	128	246	228				>100~150	966	575
	>300~400	430	130	250	230				>150~200	920	550
	>400~500	435	130	261	231	>55~500	440	264	>200~300	768	462
	>500~700	454	130	268	232				>300~500	710	425
	>700~1000	468	130	278	233				>500~700	—	529
	>1000~1200	475	130	284	—						
	$f_s=f_s(p_p,\varepsilon,d_m)$与轴承材料、结构型式、径向游隙等因素有关										

名称								
当量载荷系数	F_a/F_r	0	0.1	0.2	0.3	0.4		
	X_r	1	1.3	1.7	2.45	3.5		
	F_a/F_r	0	0.5	1.0	1.5	2	2.5	3
	X_{ra}	1	1.22	1.51	1.86	2.265	2.63	3.0
	F_r/F_a	0	0.1	0.2	0.3	0.4	0.5	
	Y_a	1	1.1	1.22	1.33	1.48	1.61	

注：1. PTFE 表示聚四氟乙烯。

2. 杆端关节轴承的额定动（静）载荷计算方法，应根据杆端关节轴承的结构型式来选定。当杆端关节轴承为向心型时，采用向心关节轴承的方法计算。当杆端关节轴承为球头型时，采用推力关节轴承的方法计算。对额定静载荷还应考虑杆体材料的屈服强度极限。当轴承的额定静载荷超过杆体材料屈服强度的许用值时，应取杆体材料屈服强度的许用值作为计算杆端关节轴承额定静载荷的依据。

（3）与寿命有关的 pv 极限值的计算（摘自 JB/T 8565—2010）

1）轴承球面滑动速度的计算：

$$v=2.9089\times10^{-4}\beta f\bar{d}_k \quad (\text{mm/s}) \tag{7-1-1}$$

式中，$\bar{d}_k=\zeta d_k$，向心关节轴承 $\zeta=1$，角接触关节轴承 $\zeta=0.9$，推力关节轴承 $\zeta=0.7$。

2）名义接触压力的计算：

$$p=k\frac{P}{C_d} \quad (\text{MPa}) \tag{7-1-2}$$

式中 k——耐压系数，见表 7-1-35。

C_d——向心关节轴承 $C_d=C_{dr}$，推力关节轴承 $C_d=C_{da}$。

表 7-1-35　耐压系数的选用

摩擦副材料	钢/钢	钢/铜	钢/PTFE 织物	钢/PTFE 复合物
耐压系数 k	100	50	300	100

3）轴承的 pv 值极限：

$$pv=2.9089\times10^{-4}\beta\bar{d}_k fk\frac{P}{C_d} \quad (\text{MPa}\cdot\text{mm}\cdot\text{s}^{-1}) \tag{7-1-3}$$

不同材料接触副的 pv 值限制范围见表 7-1-36。

表 7-1-36　不同材料接触副的 pv 值

摩擦副材料	钢/钢	钢/铜	钢/PTFE 织物	钢/PTFE 复合物
v/mm·s^{-1}	≤100	≤100	≤300	≤300
p/MPa	≤100	≤50	≤300	≤2000
pv/MPa·mm·s^{-1}	≤400	≤400	≤2000	≤300

（4）关节轴承的初始润滑寿命

$$L=\alpha_k\alpha_t\alpha_p\alpha_v\alpha_z\frac{K_M C_d}{vP} \quad (\text{摆次}) \tag{7-1-4}$$

表 7-1-37　　寿命系数的选取

系数	摩擦副材料				备注
	钢/钢	钢/铜	钢/PTFE 织物	钢/PTFE 复合材料	
K_M	830	207600	2.592×10^5	2.946×10^5	
α_k	1	1	1	1	恒定载荷
	1	1	$0.6062-6.0207\times10^{-3}f_pp^{1.11}$	$0.6062-3.1309\times10^{-3}f_pp^{1.25}$	脉动载荷
	2	2	$0.433-4.3005\times10^{-3}f_pp^{1.11}$	$0.433-2.2364\times10^{-3}f_pp^{1.25}$	交变载荷
α_t	1	1	1	1	$t\leqslant60$℃
	0.9	$1.15-2.5\times10^{-3}t$	$1.225-3.75\times10^{-3}t$	$2.2-0.02t$	60℃$<t\leqslant100$℃
	0.8	$2.1-0.012t$	$1.35-0.005t$	—	100℃$<t\leqslant150$℃
	0.6	—	—	—	150℃$<t\leqslant200$℃
α_v	$v^{0.86}\beta^{0.84}f^{0.64}$	$v^{0.4}f^{0.8}$	$\dfrac{f}{1.00475^{\lambda v}\times1.0093^{\beta}}$	$\dfrac{f}{1.00344^{\lambda v}}$	

系数	p	G,b 值							
		钢/钢		钢/铜		钢/PTFE 织物		钢/PTFE 复合物	
		G	b	G	b	G	b	G	b
$\alpha_p=G/p^b$	>0~10	2.000	0	0.25	0	15.3460	0.0488	4.5102	0.2230
	>10~25	80.533	1.465	1.0	0.6	15.3460	0.0488	4.5102	0.2230
	>25~45	80.533	1.465	1.0	0.6	22.9060	0.1732	13.7170	0.5686
	>45~65	80.533	1.465	—	—	47.7259	0.3660	13.7170	0.5686
	>65~100	80.533	1.465	—	—	157.9193	0.6527	13.7170	0.5656
	>100~150	—	—	—	—	402.0115	0.8556	—	—

系数	油脂润滑		自润滑
α_z	无油槽 0.1~0.5	有油槽 0.3~1	0.5~1

(5) 关节轴承多次润滑寿命

$$L_R=\alpha_h\alpha_\beta L \tag{7-1-5}$$

系数 α_h、α_β 分别见表 7-1-38、表 7-1-39。

表 7-1-38　　α_h 的选取

L/L_W	1	5	10	20	30	40	50
α_h	1.00	2.00	2.85	4.00	4.90	5.45	5.45

表 7-1-39　　α_β 的选取

$\beta/(°)$	≤7	10	15	20	25	30	35	40
α_β	0.8	1	2.4	3.7	4.6	5.2	5.2	5.2

(6) 寿命理论计算举例

GE30ES-2RS 润滑型向心关节轴承寿命计算：

1) 工作条件：

径向载荷：$P=30\text{kN}$；

载荷类型：恒定载荷；

摆动角度：$\beta=30°$；

摆动频率：$f=10\text{min}^{-1}$；

工作温度：常温。

2) 轴承参数

$C_d=62\text{kN}$

$d_k=40.7\text{mm}$

接触压力：

$$p=k\frac{P}{C_d}=100\times\frac{30}{62}=48.3871\ (\text{MPa})$$

滑动速度：

$$\overline{d}_k=\zeta d_k=40.7\text{mm}\ (\text{向心关节轴承}\ \zeta=1)$$

$$v=2.9089\times10^{-4}\times\beta f\overline{d}_k=2.9089\times10^{-4}\times30\times10\times40.7=3.552\ (\text{mm/s})$$

pv 值：

$$pv=48.3871\times3.552=171.86\ (\text{MPa}\cdot\text{mm/s})$$

轴承初始润滑寿命：

$$L=\alpha_k\alpha_t\alpha_p\alpha_v\alpha_z\frac{K_M C_d}{vP}$$

$$\alpha_k=1.0$$

$$\alpha_t=1.0$$

$$\alpha_p=\frac{G}{p^b}=0.274\ (G=80.533,b=1.465)$$

$$\alpha_v=v^{0.86}\beta^{0.84}f^{0.64}=226.029$$

$$\alpha_z=0.6(\text{轴承有油槽})$$

$$K_M=830$$

$$L=\alpha_k\alpha_t\alpha_p\alpha_v\alpha_z\frac{K_M C_d}{vP}=1\times1\times0.274\times226.029\times0.6\times\frac{830\times62}{3.552\times30}=17945\ (\text{次})$$

轴承多次润滑寿命：

若轴承每运转 3600 次加一次油脂，则

$$L/L_W=17945/3600=5$$

$$\alpha_h=2\ (L/L_W=5)$$

$$\alpha_\beta=5.2(\beta=30°)$$

$$L_R=\alpha_h\alpha_\beta L=2\times5.2\times17945=186628(\text{次})$$

2.8.4 关节轴承的配合与公差（摘自 GB/T 304.3—2023、GB/T 9161~9164—2001）

《关节轴承　第 3 部分：配合》（GB/T 304.3—2023）规定了一般工作条件下的关节轴承与轴和轴承座孔的配合以及与螺纹连接的选择原则、推荐的公差带、轴和轴承座孔的几何公差和表面粗糙度等，适用于下列情况：

1）轴承外形尺寸符合 GB/T 9161—2001（K 系列除外）、GB/T 9162—2001、GB/T 9163—2001（K、W 系列除外）、GB/T 9164—2001 的规定且轴承公称内径≤1250mm、公称外径≤2000mm；

2）轴承径向游隙符合 GB/T 9161—2001 和 GB/T 9163—2001 规定 N 组的关节轴承；

3）配合的轴为实心轴或厚壁空心轴；

4）工作温度不超过 100℃。

（1）公差带的选择（GB/T 304.3—2023）

1）轴和轴承座孔的配合公差带。轴公差带与轴承内径公差以及轴承座孔公差带与轴承外径公差的相对位置如图 7-1-4 和图 7-1-5 所示。配合的最大和最小间隙量/过盈量的计算值应按照 GB/T 304.3—2023 附录 A 的规定。

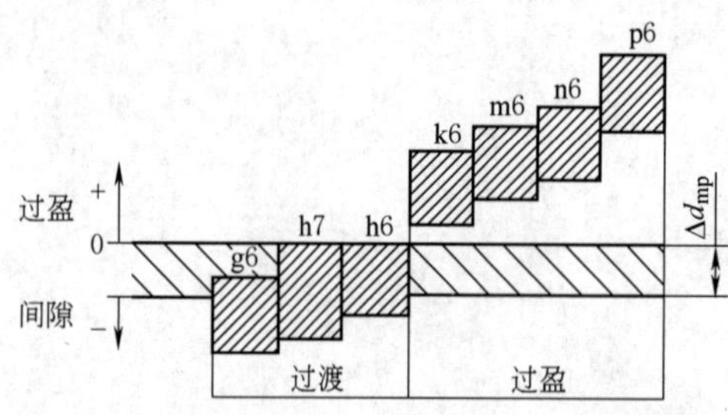

图 7-1-4　轴承与轴公差带的相对位置

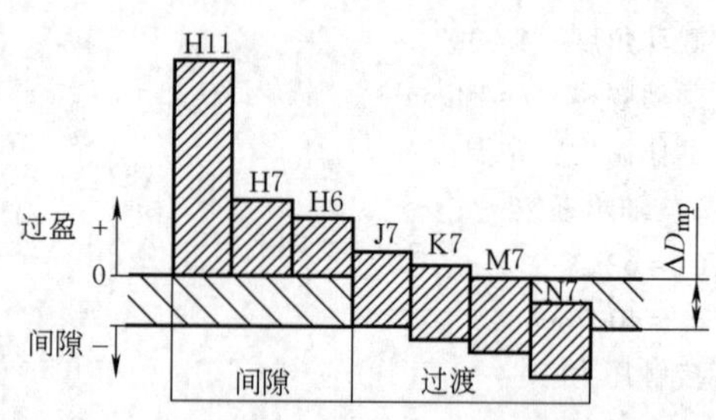

图 7-1-5　轴承与轴承座孔公差带的相对位置

与轴承配合的轴和轴承座孔的公差带可按表 7-1-40 选取。

表 7-1-40　　与轴承配合的轴和轴承座孔的公差带

轴承类型	轴承座孔公差带			轴的公差带		
	工作条件	公差带		工作条件	公差带	
		套圈滑动接触表面类型			套圈滑动接触表面类型	
		润滑维护型	自润滑免维护型		润滑维护型	自润滑免维护型
向心关节轴承	轻载荷,浮动支承	H6,H7	H7	各种载荷,浮动支承	h6,h7	h6,g6
	重载荷,固定支承	M7、N7	K7	各种载荷,固定支承	m6(n6)①	k6
	轻合金座孔	N7	M7			
角接触关节轴承	各种载荷,浮动支承	J7	J7	各种载荷	m6(n6)①	m6
	各种载荷,固定支承	M7(N7)①	M7			
推力关节轴承	纯轴向载荷	H11	H11	各种载荷		
	联合载荷	J7	J7			
杆端关节轴承	—	—	—	不定向载荷	n6,p6	m6,n6
				一般条件	h6,h7	h6,g6

①轴承承受重载时可选择括号内的公差带。

2）与轴承连接的螺纹公差带。与杆端关节轴承的杆端体内/外螺纹连接的外螺纹的公差带为 6g，内螺纹的公差带为 6H，其基本偏差值与公差值应符合 GB/T 197—2018 的规定。

（2）选择关节轴承配合的基本原则

1）根据轴承的类型、尺寸、游隙、工况条件，作用在轴承上载荷的大小、方向和性质，轴和轴承座的材料以及便于轴承装拆等，选择轴承与轴和轴承座孔的配合。

2）轴承承载工作时，套圈在轴和轴承座孔的配合表面不应产生磨损和相对转动。轴承的摆动套圈宜选择过盈配合，一般内圈与轴优先选择过盈配合。载荷越大，冲击越大，配合的过盈量应越大。

注：挤压型向心关节轴承和杆端关节轴承内圈与轴的配合以间隙配合为主。

3）随着轴承尺寸增大，选择过盈配合的过盈量和间隙配合的间隙量应增大。

4）选用过盈配合时，应考虑过盈量对轴承径向游隙的影响。对于必须使用较大过盈量的场合，应选用原始游隙大于 N 组游隙值的轴承。

5）轴承运转时套圈比轴和轴承座孔温度高，温度差会造成轴承内圈与轴、外圈与座孔的配合变化，选择配合时应考虑工作温度的影响。

6）轴承与剖分式轴承座配合时，不宜采用过盈配合。轴承与薄壁轴承座或空心轴配合时，应采用比厚壁轴承座或实心轴更紧密的过盈配合。

7）轴承与轻合金轴承座配合时，应采用比铸铁壳体更紧密的过盈配合。

8）考虑轴承便于装拆或轴承作为浮动支承，内圈与轴选择间隙配合时，轴颈表面应淬硬，硬度不应小于 55HRC。

（3）配合表面的粗糙度和几何公差

与轴承配合的轴、轴承座孔和垫圈，其配合表面和端面的表面粗糙度应符合表 7-1-41 的规定。与轴承配合的轴、轴承座孔和垫圈的几何公差如图 7-1-6a～c 所示，几何公差值应符合表 7-1-42 的规定。

表 7-1-41　　配合表面的粗糙度 *Ra*　　μm

配合表面	轴承公称直径/mm			说明
	—	>80	>500	
	≤80	≤500	≤2000	轴承公称直径指轴承的公称内径和公称外径 轴颈表面、轴肩和内垫圈端面的粗糙度按轴承公称内径查表确定;轴承座孔表面、座孔孔肩和外垫圈端面的表面粗糙度按轴承公称外径查表确定
轴颈表面	1.6	3.2	3.2	
轴承座孔表面	1.6	3.2	6.3	
轴肩、垫圈端面及座孔孔肩	3.2	3.2	6.3	

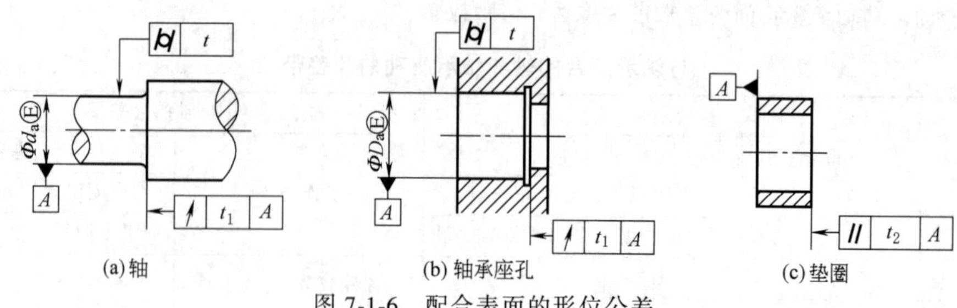

图 7-1-6 配合表面的形位公差

表 7-1-42 **几何公差** μm

轴承公称直径/mm		轴		轴承座孔		垫圈
>	≤	t	t_1	t	t_1	t_2
3	6	4	8	—	—	12
6	10	4	9	4	9	15
10	18	5	11	5	11	18
18	30	6	13	6	13	21
30	50	7	16	7	16	25
50	80	8	19	8	19	30
80	120	10	22	10	22	35
120	180	12	25	12	25	40
180	250	14	29	14	29	46
250	315	16	32	16	32	52
315	400	18	36	18	36	57
400	500	20	40	20	40	63
500	630	22	44	22	44	70
630	800	25	50	25	50	80
800	1 000	28	56	28	56	90
1000	1250	33	66	33	66	105
1250	1600	—	—	39	78	125
1 600	2 000	—	—	46	92	150

注：1. 轴承公称直径指轴承的公称内径和公称外径。

2. 轴和内垫圈的几何公差按轴承公称内径查表确定；轴承座孔和外垫圈的几何公差按轴承公称外径查表确定。

（4）关节轴承公差

以上所列关节轴承公差适用于精加工后，在涂覆、电镀、剖分和开裂工序前的关节轴承。经表面处理的关节轴承，其公差值与此略有差异。所列公差不适用于飞机机架用关节轴承。

向心关节轴承公差可参见 GB/T 9163—2001。

2. 8. 5 关节轴承的安装尺寸

确定关节轴承安装尺寸的基本要求是：为了防止轴肩圆角和轴承座孔肩圆角与轴承倒角发生干涉，保证轴承端面与轴肩和挡肩的良好接触及轴承的可靠定位，轴肩和轴承座孔肩的最大圆角半径应分别小于轴承内圈和外圈的最小倒角；为充分利用向心关节轴承允许的倾斜角，安装该类轴承的轴肩直径的最大值不大于轴承内圈端面直径（W 系列除外）。具体安装尺寸可参见 GB/T 12765—2023。

2. 8. 6 关节轴承产品

关节轴承有润滑型和自润滑型之分。自润滑关节轴承工作中无须添加润滑剂，适合安装于工作中不便于添加润滑剂且工作环境中无润滑污物污染的场合。杆端关节轴承、推力关节轴承、向心关节轴承、角接触关节轴承的外形尺寸、公差、径向游隙、技术要求等可参见 GB/T 9161 ~ 9164—2001。

2.9 自润滑轴承

2.9.1 自润滑镶嵌轴承

自润滑镶嵌轴承是在金属基体上均匀地镶入固体润滑剂，可实现不需加油的自润滑，但初次使用需抹上润滑脂。自润滑镶嵌轴承特别适用于：为避免污染而不能加油或处于封闭性结构内而不易加油的场合；往复、摇摆运动，频繁启动、制动，重载低速运转，微量滑动以及处于水中或腐蚀性液体中难以形成润滑油膜的场合；作业环境恶劣，注油润滑效果难以发挥的场合。具有耐高温、承重载、抗冲击、防腐蚀的特点。不同型号自润滑镶嵌轴承性能参数见表 7-1-43、表 7-1-44。

表 7-1-43　　**ZRH 镶嵌轴承主要性能参数**

种　类	ZRHQ（基体 ZCuSn5Pb5Zn5）		ZRHH（基体 ZCuZn25Al6Fe3Mn3）		ZRHT（基体 HT200）	
	不加油	定期供脂	不加油	定期供脂	不加油	定期供脂
允许极限载荷/MPa	15	15	25	25	5	8
允许速度/m · min^{-1}	25	150	15	50	15	96
允许 pv 值/MPa · m · min^{-1}	60	100	100	150	40	80
工作温度/℃	400		250		300	
摩擦因数 μ	0.08~0.25	0.08~0.20	0.08~0.25	0.08~0.20	0.08~0.25	0.06~0.20
适用范围	中载低速		通用		低载、价廉	

注：订货时说明基体种类。结构型式分 WQZ、WQZD、WQPA 型和 WQPB 型。

表 7-1-44　　**JHG 镶嵌轴承性能参数**

型　号	基体材料	极限动载荷/MPa	最高滑动速度/m · s^{-1} 自润滑	极限 pv 值/MPa · m · s^{-1} 自润滑	适用温度范围/℃	硬度 HB	摩擦因数 μ	适　用　范　围
JHG1	铝黄铜	95	0.4	1.4	<300	>200	0.06~0.2	适用于高载荷、低速、耐腐蚀、耐磨损的部位，如桥梁支承板、橡胶模具、塑料模具中的耐磨滑板、滑块、导向套管、轴承等
JHG2	铝青铜	50	0.2	1.0	<300	>160		适用于较高载荷、低速，在大气、淡水、海水中均有优良的耐腐蚀性。如船舶、码头机械、海洋机械等需耐腐蚀的滑板、轴承等
JHG3	锡青铜 ZCuSn5Zn5Pb5	40	0.4	0.6	<280	>60		适用于较高载荷、中等滑动速度下工作的耐磨、耐腐蚀零件，如轴承、滑板、滑块等
JHG4	铸铁 HT250	60	0.5	0.8	<400	>180		具有较好的耐热性和良好的减振性，适用于高的载荷，如支承板、耐磨滑板、滑块、轴承等
JHG5	不锈钢 SUS304	70	0.2	0.6	<400	>150		具有良好的耐腐蚀性能，主要用于耐腐蚀要求较高的部位，如食品加工、化学和印染工业以及一般机械制造中的滑板、滑块、轴承等
JHG6	结构钢 S45C	95	0.2	1.0	<350	>40HRC		适用于高的载荷，有较高强度、塑性和韧性。常用于耐磨滑板、滑块、轴承等
JHG7	轴承钢 GCr15	240	0.1	1.0	<350	>60HRC		适用于高载荷、高强度的重型机械中的支承轴承、耐磨滑板、滑块等

注：1. 订货时说明基体材料。

2. 初次使用应抹润滑脂，由产品厂方提供自制润滑脂。

2.9.2 粉末冶金轴承（摘自 GB/T 2688—2012、GB/T 18323—2022、GB/T 38191—2019）

粉末冶金轴承是金属粉末和其他减摩材料粉末压制、烧结、整形和浸油而成的，具有多孔性结构，在热油中浸润后，孔隙间充满润滑油，工作时由于轴颈转动的抽吸作用和摩擦发热，使金属与油受热膨胀，把油挤出孔隙，进入摩擦表面起润滑作用，轴承冷却后，油又被吸回孔隙中。粉末冶金轴承可在较长时间内不需添加润滑油。粉末冶金轴承孔隙率愈高，储油愈多，但孔隙愈多，其强度愈低。这类轴承常处于混合润滑状态，有时也能形成薄膜润滑，常用于补充润滑油困难和轻载荷与低速的情况。如润滑条件良好也可代替铜轴承在重载荷和高速下工作。根据不同的工作条件，选用不同含油率的粉末冶金轴承。含油率大时，可在无补充润滑油和低载荷下应用；含油率小时，可在重载荷和高速度下应用。含石墨的粉末冶金轴承，因石墨本身有润滑性，可提高轴承的安全性，其缺点是强度较低。在无锈蚀情况下，可考虑选用价廉、强度较高的铁基粉末冶金轴承，但相配合的轴颈硬度应适当提高（铁基轴承可加防锈剂）。标准 GB/T 2688 主要是粉末冶金铁基和铜基轴承。粉末冶金轴承的性能、使用和设计等见表 7-1-45～表 7-1-47。

表 7-1-45　粉末冶金轴承的化学成分和物理-力学性能（摘自 GB/T 2688—2012）

牌号标记	化学成分/%								物理-力学性能		含油密度/(g/cm³)
	Fe	C 化合	C 总	Cu	Sn	Zn	Pb	其他	含油率/%	径向压溃强度/MPa	
FZ11060	余量	0～0.25	0～0.5	—	—	—	—	<2	≥18	≥200	>5.7～6.2
FZ11065									≥12	≥250	>6.2～6.6
FZ12058	余量	0～0.5	2.0～3.5	—	—	—	—	<2	≥18	≥170	>5.6～6.0
FZ12062									≥12	≥240	>6.0～6.4
FZ12158	余量	0.5～1.0	2.0～3.5	—	—	—	—	<2	≥18	≥310	>5.6～6.0
FZ12162									≥12	≥380	>6.0～6.4
FZ13058	余量	0～0.3	0～0.3	0～1.5	—	—	—	<2	≥21	≥100	>5.6～6.0
FZ13062									≥17	≥160	>6.0～6.4
FZ13158	余量	0.3～0.6	0.3～0.6	0～1.5	—	—	—	<2	≥21	≥140	>5.6～6.0
FZ13162									≥17	≥190	>6.0～6.4
FZ13258	余量	0.6～0.9	0.6～0.9	0～1.5	—	—	—	<2	≥21	≥140	>5.6～6.0
FZ13262									≥17	≥220	>6.0～6.4
FZ13358	余量	0.3～0.6	0.3～0.6	1.5～3.9	—	—	—	<2	≥22	≥140	>5.6～6.0
FZ13362									≥17	≥240	>6.0～6.4
FZ13458	余量	0.6～0.9	0.6～0.9	1.5～3.9	—	—	—	<2	≥22	≥170	>5.6～6.0
FZ13462									≥17	≥280	>6.0～6.4
FZ13558	余量	0.6～0.9	0.6～0.9	4～6	—	—	—	<2	≥22	≥300	>5.6～6.0
FZ13562									≥17	≥320	>6.0～6.4
FZ13658	余量	0.6～0.9	0.6～0.9	18～22	—	—	—	<2	≥22	≥300	>5.6～6.0
FZ13562									≥17	≥320	>6.0～6.4
FZ14058	余量	0～0.3	0～0.3	1.5～3.9	—	—	—	<2	≥22	≥140	>5.6～6.0
FZ14062									≥17	≥230	>6.0～6.4
FZ14158	余量	0～0.3	0～0.3	9～11	—	—	—	<2	≥22	≥140	>5.6～6.0
FZ14160									≥19	≥210	>5.8～6.2
FZ14162									≥17	≥280	>6.0～6.4
FZ14258	余量	0～0.3	0～0.3	18～22	—	—	—	<2	≥22	≥170	>5.6～6.0
FZ14260									≥19	≥210	>5.8～6.2
FZ14262									≥17	≥280	>6.0～6.4
FZ21070	<0.5	—	0.5～2.0	余量	5～7	5～7	2～4	<1.5	≥18	≥150	>6.6～7.2
FZ21075									≥12	≥200	>7.2～7.8
FZ22062	—	—	0～0.3	余量	9.5～10.5	—	—	<2	≥24	>130	>6.0～6.4
FZ22066									≥19	>180	>6.4～6.8
FZ22070									≥12	>260	>6.8～7.2
FZ22074									≥9	>280	>7.2～7.6

续表

牌号标记	化学成分/%								物理-力学性能		含油密度/(g/cm³)
	Fe	C化合	C总	Cu	Sn	Zn	Pb	其他	含油率/%	径向压溃强度/MPa	
FZ22162	—	—	0.5~1.8	余量	9.5~10.5	—	—	<2	≥22	>120	>6.0~6.4
FZ22166									≥17	>160	>6.4~6.8
FZ22170									≥9	>210	>6.8~7.2
FZ22174									≥7	>230	>7.2~7.6
FZ22260	—	—	2.5~5	余量	9.2~10.2	—	—	<2	≥11	>70	>5.8~6.2
FZ22264									—	>100	>7.2~7.6
FZ23065	<0.5	—	0.5~2.0	余量	6~10	<1	3~5	<1	≥18	>150	>6.3~6.9
FZ24058	54.2~62	—	0.5~1.3	34~38	3.5~4.5	—	—	—	≥22	110~250	>5.6~6.0
FZ24062									≥17	150~340	>6.0~6.4
FZ24158	50.2~58	—	0.5~1.3	36~40	5.5~6.5	—	—	—	≥22	100~240	>5.6~6.0
FZ24162									≥17	150~340	>6.0~6.4
FZ24258	余量	—	0~0.1	17~19	1.5~2.5	—	—	<1	≥24	150	>5.6~6.0
FZ24262									≥19	215	>6.0~6.4
FZ24266									≥13	270	>6.4~6.8

注：1. 各类铁基轴承的化学成分中允许有<1%的硫。

2. 化合碳含量允许用金相法评定。

3. 各类铜基轴承的化学成分中的总碳指游离石墨。

4. FZ24258、FZ24262、FZ24266 系采用铁-青铜扩散合金化粉末的原料制作。

5. 材料牌号标记示例：

铁基 1 类铁铜碳含油轴承为 5.6~6.0g/cm³ 的粉末冶金轴承材料标记：

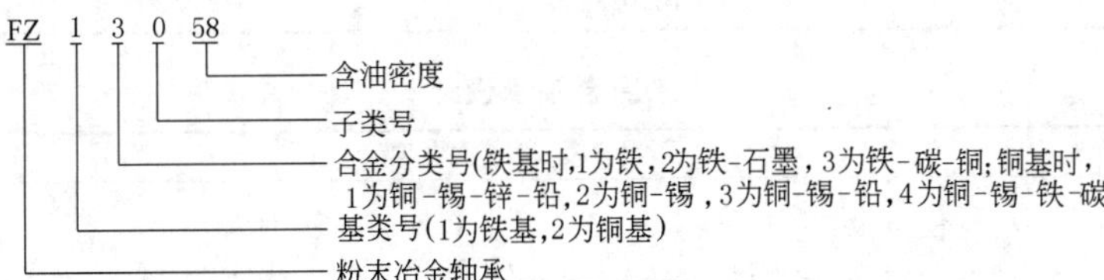

6. 轴承的结构型式、尺寸与公差应符合 GB/T 18323—2022 的规定。

7. 轴承外观应有均匀的金属光泽，不允许有裂纹、夹杂和锈蚀等缺陷。

8. 轴承成品应浸渍润滑油。一般浸渍 GB/T 443—1989 规定的 L-AN32 号机械油（铁基轴承允许加入防锈剂）。如对于浸渍的润滑油另有要求，应在订货时提出。

9. 轴承应有良好的表面多孔性。

10. 轴承的加工、安装、使用和维护保养规定见表 7-1-46。

11. 未规定的特殊技术要求应在订货时提出。

表 7-1-46　　轴承的加工、安装、使用和维护保养（摘自 GB/T 2688—2012 附录 A）

加工、安装、使用与维护	轴承表面和体内有孔隙,具有能够浸渍一定数量的润滑油、经整形加工后表面粗糙度数值较小且形成硬化层、表观硬度较低(基体组织组成物的显微硬度与相应材料基本相同)以及压入座孔后有一定变形和收缩等特点。在进行加工、安装、使用和维护保养时,应充分注意这些特点,以保证轴承的良好使用性能 (1)轴承成品工作表面一般应尽可能不切削加工 (2)轴承压入座孔后,若内径形变和收缩过大,可采用光轴、钢球、无齿铰刀、无齿推刀等以无切削加工方法进行扩孔。若内径必须切削加工,宜采用车、镗等方法,而不宜采用磨削等方法,以免细屑堵塞孔隙降低供油能力 (3)轴承非工作表面在有必要时可进行切削加工 (4)在切削加工后,轴承应进行清洗和浸油 (5)轴承在装配前,可放在规定的油类中浸泡和清洗。但不应使用煤油、汽油以及能溶解所浸渍润滑油的其他溶剂等清洗 (6)装配时,轴承表面需保持清洁,应防止灰尘与杂质等落在轴承表面,堵塞孔隙或划伤工作表面,影响使用性能 (7)轴承的安装批量较大或安装精度要求较高时,应采用压机和安装芯棒等专用机具进行装配 (8)轴承对偶轴的表面粗糙度 $Ra \leq 1.6\mu m$,硬度值推荐不低于 260HB (9)应根据运转间隙、负荷、转速、工作环境以及补充供油条件而适当选择润滑油 (10)补充加油可延长轴承的使用寿命,应根据使用条件确定合适的补充加油方式和补充加油的周期。采用循环或压力供油的方式进行补充加油最好。也可利用轴承体内有连通孔隙的特点,采用在轴承非工作表面设置"储油库"或者装油毡与油杯等方式,通过非工作表面渗透补油 (11)在需要润滑油量较多的情况下,轴承体内浸渍的润滑油不够使用时,也可在轴承上钻油孔或者开油槽,使润滑油直接流入运转表面 (12)轴承的使用温度与润滑油有很大关系,一般推荐以轴承的温升不超过 50℃ 为宜 (13)轴承储存时间超过防锈期,应检查是否生锈,并应按照规定以真空浸油、加温浸油或常温浸油的方法重新进行浸油处理

续表

<table>
<tr><td rowspan="6">公差要求</td><td rowspan="2">轴承等级</td><td rowspan="2">内径公差</td><td rowspan="2">外径公差</td><td rowspan="2">推荐采用的轴承座孔公差</td><td colspan="2">推荐采用的轴的公差</td><td rowspan="6">轴承座孔的尺寸公差按 GB/T 1800.1—2020 和 GB/T 1800.2—2020 的规定</td></tr>
<tr><td>当轴承压入座孔后，内径收缩量为过盈量的 0~50%</td><td>当轴承压入座孔后，内径收缩量为过盈量的 0~100%</td></tr>
<tr><td>7 级</td><td>G7</td><td>r7</td><td>H7</td><td>e6</td><td>d6</td></tr>
<tr><td>8 级</td><td>E8</td><td>s8</td><td>H8</td><td>d7</td><td>c7</td></tr>
<tr><td>9 级</td><td>C9</td><td>t9</td><td>H8</td><td>d8</td><td>c8</td></tr>
<tr><td colspan="6">安装 7 级和 8 级的球形轴承，座孔尺寸公差推荐采用 G10</td></tr>
<tr><td rowspan="4">轴承与轴间推荐的最小间隙值</td><td>轴直径/mm</td><td colspan="2">推荐的最小间隙/μm</td><td>轴直径/mm</td><td colspan="2">推荐的最小间隙/μm</td><td rowspan="4">轴承与轴配合的合适的运转间隙应由使用条件决定</td></tr>
<tr><td>≤6</td><td colspan="2">8</td><td>>18~30</td><td colspan="2">25</td></tr>
<tr><td>>6~10</td><td colspan="2">10</td><td>>30~50</td><td colspan="2">40</td></tr>
<tr><td>>10~18</td><td colspan="2">12</td><td>>50~60</td><td colspan="2">50</td></tr>
<tr><td rowspan="8">不同速度的轴承允许负荷推荐值(设计选用时应根据不同使用条件做必要的修正)</td><td rowspan="2">轴速 V /m · min^{-1}</td><td colspan="5">假定钢轴经过磨削加工的条件下，轴承允许负荷 P/N · mm^{-2}</td><td rowspan="8">允许负荷受起动与加载方向、润滑条件、装配水平、结构状况及轴材料与表面状态的影响</td></tr>
<tr><td colspan="2">铁基</td><td colspan="3">铜基</td></tr>
<tr><td>慢而间断</td><td colspan="2">230</td><td colspan="3">225</td></tr>
<tr><td>~7.5</td><td colspan="2">130</td><td colspan="3">140</td></tr>
<tr><td>></td><td colspan="2">32</td><td colspan="3">39</td></tr>
<tr><td>></td><td colspan="2">21</td><td colspan="3">26</td></tr>
<tr><td>></td><td colspan="2">16</td><td colspan="3">20</td></tr>
<tr><td colspan="6">$P = 1050/V$</td></tr>
</table>

表 7-1-47　　粉末冶金轴承设计

<table>
<tr><td>项目</td><td colspan="2">设计参数及注意事项</td></tr>
<tr><td>宽径比</td><td>因轴承两端的孔隙一般比中间小，故轴承不宜过窄，但也不宜过宽，B/D 最好接近 1</td><td rowspan="2">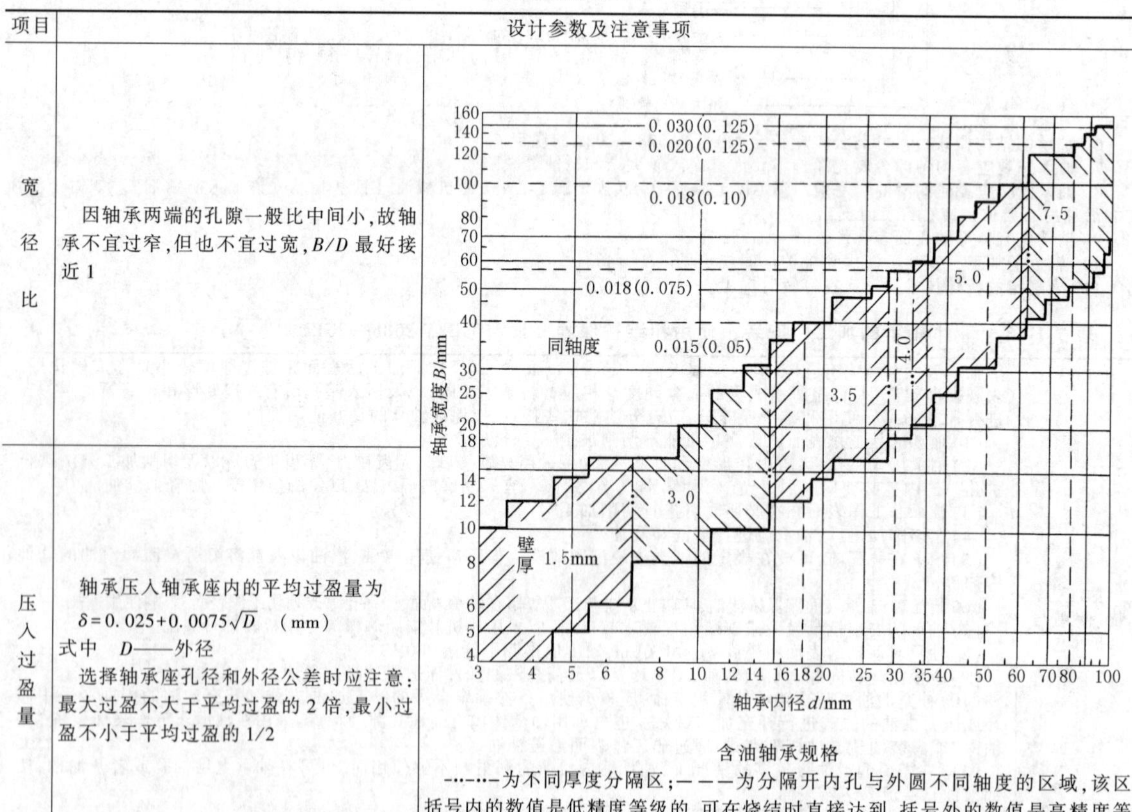
含油轴承规格
-·-·-为不同厚度分隔区；— — —为分隔开内孔与外圆不同轴度的区域，该区括号内的数值是低精度等级的，可在烧结时直接达到，括号外的数值是高精度等级的，要在烧结时留出余量，由切削加工达到</td></tr>
<tr><td>压入过盈量</td><td>轴承压入轴承座内的平均过盈量为
$\delta = 0.025 + 0.0075\sqrt{D}$　(mm)
式中　D——外径
选择轴承座孔径和外径公差时应注意：最大过盈不大于平均过盈的 2 倍，最小过盈不小于平均过盈的 1/2</td></tr>
</table>

续表

<table>
<tr><th>项目</th><th colspan="2">设计参数及注意事项</th></tr>
<tr><td>孔径收缩量</td><td>轴承压入轴承孔后，轴承孔径会收缩。孔径收缩量与外径过盈量之比 K 与参数 $(D-d)^3/[4(D+d)]$ 有关。轴承材料弹性大或轴承座刚性较大者，其 K 值也大，轴承座刚性小，表面粗糙者，其 K 值较小</td><td>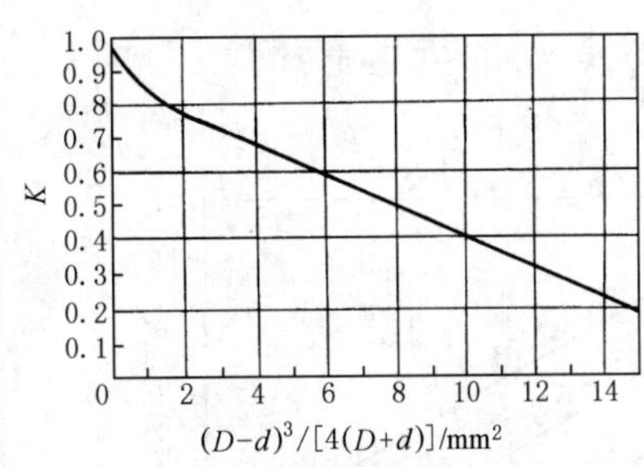

孔径收缩量与过盈量之比 K
（铜基多孔质金属轴承）

禁止用锤把轴承打入轴承座，因冲击力一般都超过轴承的极限承载能力。可用压力机平稳地把轴承压入轴承座</td></tr>
<tr><td>轴承间隙</td><td>根据轴径和速度可从右图中选取相对间隙 ψ。间隙过大，在不平衡载荷的作用下，运转时会产生过大噪声；间隙过小，摩擦力矩增大，温度升高
$$\psi=\frac{D-d}{d}$$
式中，D 为孔径，d 为轴径</td><td>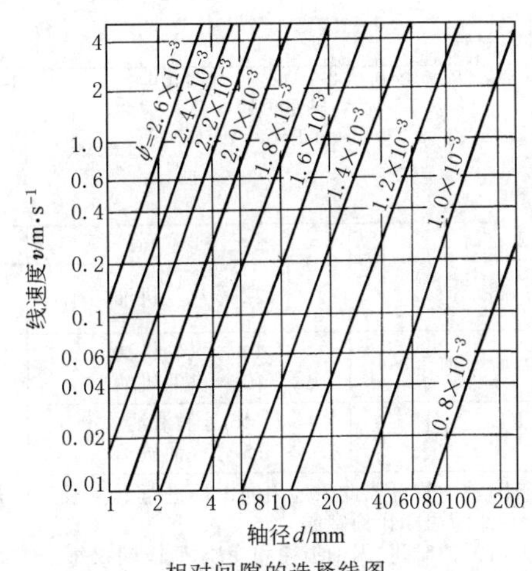

相对间隙的选择线图</td></tr>
<tr><td>润滑方式选择</td><td colspan="2">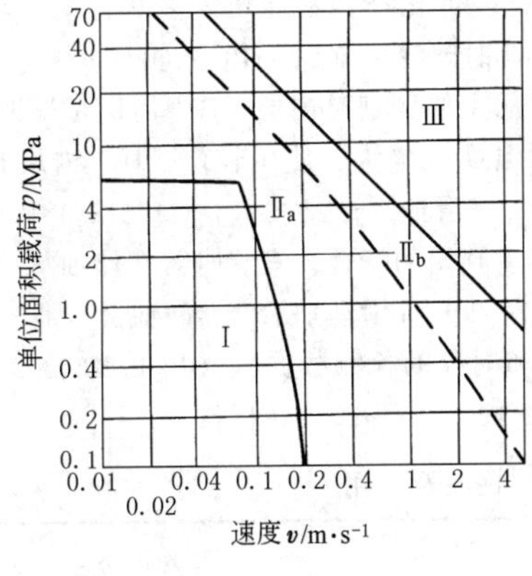

Ⅰ—无需供油；$Ⅱ_a$—需补充供油；
$Ⅱ_b$—需补充供油并采用高孔隙率材料；
Ⅲ—需连续供油

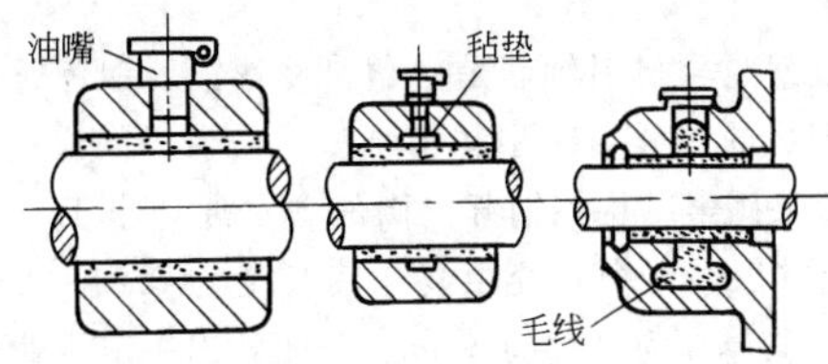

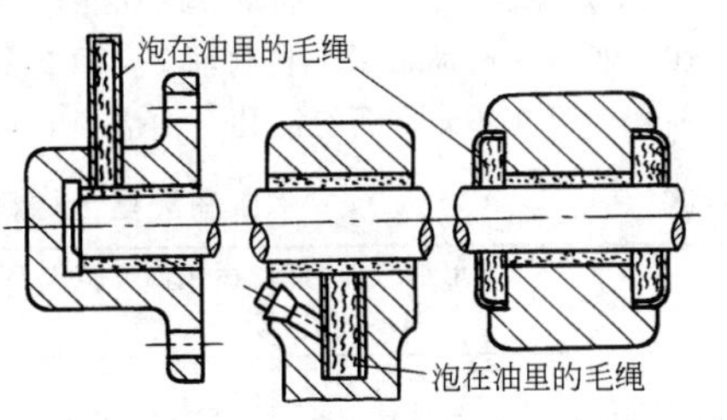

补充供油方法</td></tr>
</table>

续表

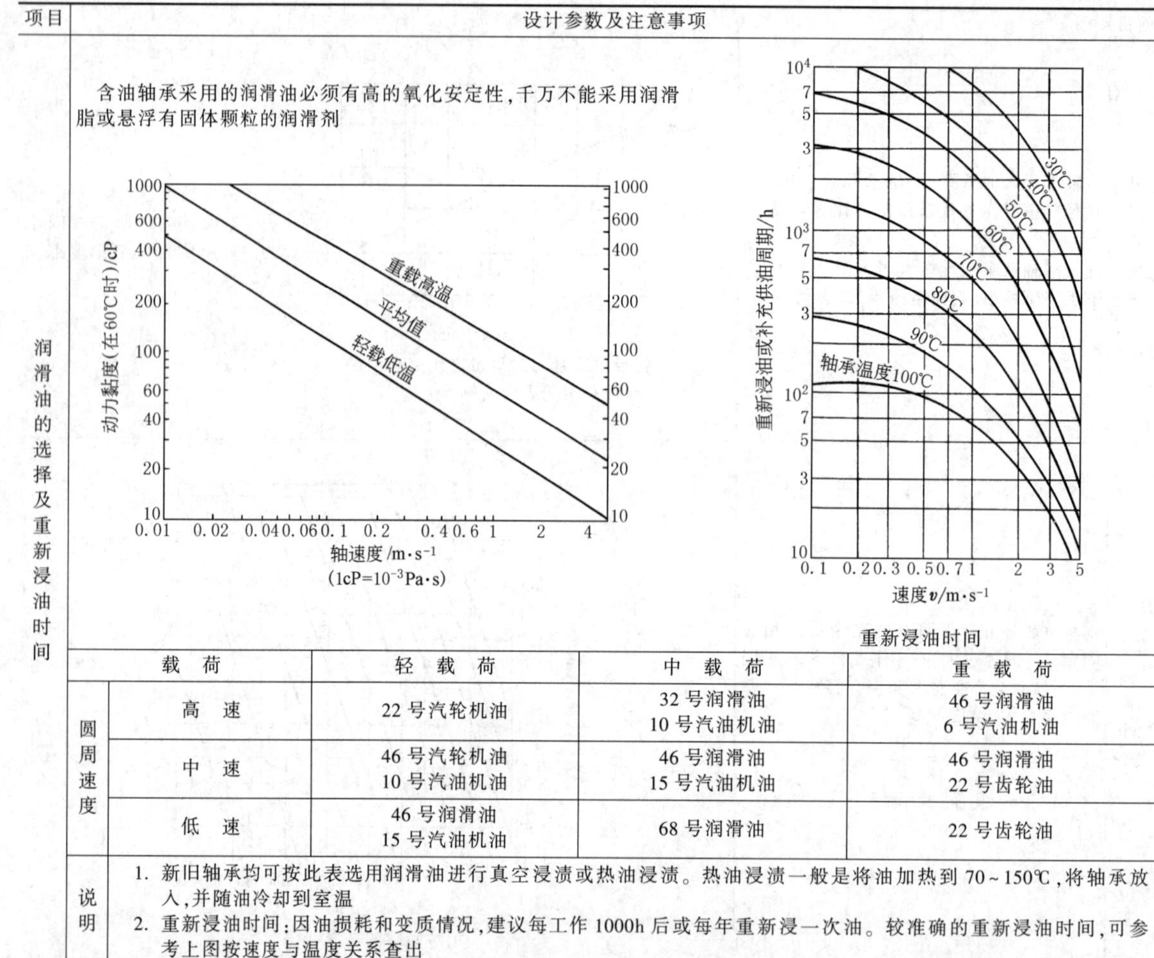

项目	设计参数及注意事项
润滑油的选择及重新浸油时间	含油轴承采用的润滑油必须有高的氧化安定性，千万不能采用润滑脂或悬浮有固体颗粒的润滑剂

载荷		轻载荷	中载荷	重载荷
圆周速度	高速	22 号汽轮机油	32 号润滑油 10 号汽油机油	46 号润滑油 6 号汽油机油
	中速	46 号汽轮机油 10 号汽油机油	46 号润滑油 15 号汽油机油	46 号润滑油 22 号齿轮油
	低速	46 号润滑油 15 号汽油机油	68 号润滑油	22 号齿轮油

说明：

1. 新旧轴承均可按此表选用润滑油进行真空浸渍或热油浸渍。热油浸渍一般是将油加热到 70~150℃，将轴承放入，并随油冷却到室温
2. 重新浸油时间：因油损耗和变质情况，建议每工作 1000h 后或每年重新浸一次油。较准确的重新浸油时间，可参考上图按速度与温度关系查出

2.9.3 自润滑复合材料卷制轴套（摘自 GB/T 27553.1—2011 和 GB/T 27553.2—2011）

自润滑复合材料轴套是由塑料、青铜、钢背通过烧结、塑化、辊轧（塑料能压入多孔青铜球粉层内）等工艺卷制而成的。分 JH1 型和 JH2 型，二者中间青铜层均是多孔青铜球粉层（CuSn10 或 QFQSn8-3），外层均是带镀层的优质碳素结构钢钢背（碳的含量通常小于 0.25%）。二者的主要区别是内层，JH1 内层是聚四氟乙烯（PTFE）+铅（Pb）及其他充填物，其厚度为 0.01~0.05mm，适用温度范围大，使用较广；JH2 内层是改性聚甲醛（POM），其厚度为 0.2~0.5mm，表面轧出一定规律的润滑油穴（润滑油穴形式按 GB/T 12613.3 中的 N1B 型式），适用温度范围小一些，是较好的边界润滑材料，多用于停止、启动频繁的场合，安装时需在储油坑中填满润滑脂。二者主要性能及应用见表 7-1-48。卷制轴套的标准有 GB/T 12613.1—2011（滑动轴承　卷制轴套　第 1 部分：尺寸）、GB/T 12613.2—2011（滑动轴承　卷制轴套　第 2 部分：外径和内径的检测数据）、GB/T 12613.3—2011（滑动轴承　卷制轴套　第 3 部分：润滑油孔、油槽和油穴）和 GB/T 12613.4—2011（材料）。

表 7-1-48　自润滑复合材料卷制轴套的性能及应用

	型号	轴承承载能力 /MPa	适用温度范围 /℃	线胀系数 /$℃^{-1}$	热导率 /$W \cdot m^{-1} \cdot K^{-1}$	摩擦因数 μ	极限 pv 值 /$MPa \cdot m \cdot s^{-1}$
主要性能	JH1	连续运转　12 一般运转　60 低速运转　140	-200~280	≤30×10⁻⁶	≥2.35	有油<0.08 无油<0.20	有油<50 无油<3.6
	JH2	连续运转　50 低速运转　140	连续-40~90 断续-40~130	≤70×10⁻⁶	≥1.7	有油<0.1	有油<22.0 干<2.8

续表

<table>
<tr><td rowspan="3">中间层化学成分</td><td>化学成分</td><td>Cu</td><td>Sn</td><td>Zn</td><td>P</td></tr>
<tr><td>CuSn10</td><td>余量</td><td>9~11</td><td>—</td><td>≤0.3</td></tr>
<tr><td>QFQSn8-3</td><td>余量</td><td>7~9</td><td>2~4</td><td>—</td></tr>
<tr><td>厚度尺寸 T 与极限偏差</td><td>JH1
厚度范围(极限偏差)</td><td colspan="2">0.75≤T≤1.5(±0.012)</td><td colspan="2">1.5<T≤2.5(±0.015)</td></tr>
<tr><td>厚度尺寸 T 与极限偏差</td><td>JH2
厚度范围(极限偏差)</td><td>1.0≤T≤1.5(±0.02)</td><td colspan="2">1.5<T≤2.0(±0.025)</td><td>2.0<T≤2.5(±0.03)</td></tr>
<tr><td rowspan="2">应用特点</td><td>JH1型及其派生型</td><td colspan="4">(1)静、动摩擦因数接近,防爬、减爬(即防粘滑运动)性能优良。适用于机构中微量进给、低速运动和重复定位要求较高的地方
(2)摩擦因数小,并能在无油、少油的工况条件下正常工作,能简化润滑系统,减少维护。安装时抹上润滑脂,使用效果更好
(3)能吸收振动,减少运动中的噪声。不产生聚积静电
(4)化学性能稳定,在对钢背材料进行特殊处理或采用不锈钢后,能在酸、碱、盐水溶液中或 SF_6 气体、电弧分解物的气氛中工作。如印刷机械、造纸机械、化工设备、海洋机械、高压开关等,在 JH1 基础上开发的其他型号有:
JH1G 改进型——有更低的摩擦因数,能承受更大瞬时速度的变化和载荷的变化。适用于边界润滑、无油、少油的轴承部位,如汽车减振器等
JH1Z 增强型——有更高的承载能力和良好的抗磨损性能,是为高 pv 值而设计的,如齿轮泵、叶片泵、柱塞泵等
JH1W 无铅型——采用不含铅的改性 PTFE 减摩层,适用于食品、医疗器械和家用电器等
JH1T 铜背、JH1B 不锈钢背等,具有良好的导热性和耐腐蚀性,可用于冶金、化工、海洋等环境,此外,还可制成翻边轴套、止推垫圈、球型轴承、机床导轨板等</td></tr>
<tr><td>JH2 型</td><td colspan="4">安装时在油坑中充满润滑脂,使用中定期加入润滑脂或稀油,效果更好。具有优良的耐磨性,适用于边界润滑条件,特别适合重载、低速停止、启动频繁不能形成润滑膜的旋转运动、摆动等机械的轴承。轴套可根据使用精度要求,在安装后对减摩层进行精加工。除轴套外,还可制成止推垫圈、机床导轨板等,其派生型为 JH2W 无铅型、JH2G 改进型。JH2 含铅型较 JH2W 有较好的耐磨性</td></tr>
<tr><td>轴套安装</td><td colspan="5">JH1、JH2 型自润滑复合材料轴套的安装注意事项:
(1)轴套座孔及轴颈的尺寸偏差一般按 H7 和 f7 确定。特殊环境可由试验来决定其合理间隙
(2)与轴套内径相配合的轴颈表面粗糙度 Ra≤0.8μm,表面硬度≥46HRC
(3)轴套座孔的表面粗糙度要小于 Ra1.6μm。轴套座孔的压入端面应按 T×20°倒角,并去除毛刺,涂少量的润滑脂以利于压入。轴套压入时,应先自制一个导向杆,用专用工具或压力机垂直地压入轴套座孔,应避免直接敲打轴套的端面。对导向杆、座孔的要求见下图
(4)JH1 轴套内径工作表面(塑料面)不允许进行车、镗、磨、铰、刮等加工
(5)在安装轴套时,应避免轴套的接缝处在承受最大载荷的方向
(6)同一个座孔安装两个以上轴套时,轴套其接缝应在同一方向上,并对齐,且轴套之间应留有 1~2mm 的间隙
(7)当需要限制工作轴的轴向移动时,可加装止推垫圈或采用翻边轴套 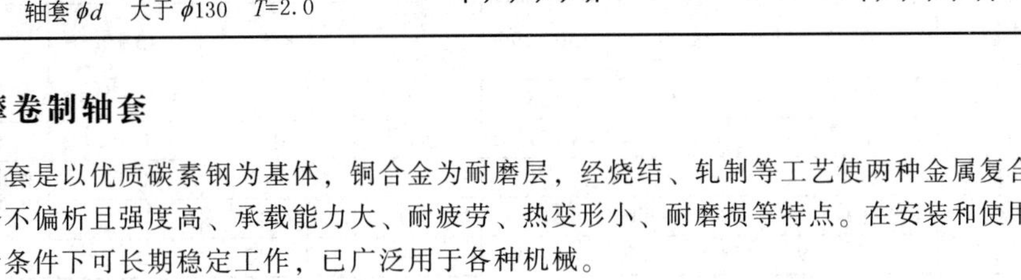
$\phi D^{-0.10}_{-0.20}$　$\phi d^{-0.10}_{-0.20}$　ϕD　20°±5°
导向杆　轴套　T　轴承座　套压入座孔
轴套 ϕd 小于 ϕ50　T=0.8
轴套 ϕd 为 ϕ50~130　T=1.2
轴套 ϕd 大于 ϕ130　T=2.0</td></tr>
</table>

2.9.4 双金属减摩卷制轴套

双金属减摩卷制轴套是以优质碳素钢为基体，铜合金为耐磨层，经烧结、轧制等工艺使两种金属复合成一体的轴套。具有合金成分不偏析且强度高、承载能力大、耐疲劳、热变形小、耐磨损等特点。在安装和使用时必须加润滑油或脂。在润滑条件下可长期稳定工作，已广泛用于各种机械。

表 7-1-49 双金属减摩卷制轴套使用条件

合金代号	耐磨层铜合金牌号	耐磨层硬度 HB	要求相配轴颈硬度 HRC	最高工作温度 /℃	轴承承载能力/MPa		应用
					连续运转	低速运转	
JHS1	CuPb10Sn10	60~90	>55	<250	40	120	有很高的抗疲劳强度和耐冲击能力，耐蚀性好，适用于与淬硬轴颈相配
JHS2	CuPb24Sn	40~60	>50	<200	30	80	有较高的抗疲劳强度和承载能力
JHS3	CuPb24Sn4	45~70	>50	<200	30	80	有高的抗疲劳强度和承载能力
JHS4	CuPb30	30~45	>270HB	<200	25	70	中等抗疲劳强度和承载能力

注：表中合金牌号符合 GB/T 12613.4—2011。

2.10 塑料轴承

与金属轴承相比较，塑料轴承具有重量轻、摩擦因数小、耐磨性及耐疲劳强度较高、化学稳定性好等优点，并具有自润滑和吸声、减振等性能。但塑料的耐热性较差，有些塑料的吸湿性较大，线胀系数较大，其强度和尺寸配合精度不如金属材料，因而不宜在高温下工作或在高速下连续运行。

各种塑料轴承均有其最高的使用速度 v 和载荷 p，即 $pv^{\alpha}=$常数，式中 $\alpha\geqslant 1$，不同塑料其 α 值也不相同，如尼龙 $\alpha=1.47$，聚甲醛 $\alpha=1.2$。从公式表明，v 的影响比 p 要大，因此较适用于低速度高载荷的条件。在设计使用时，必须根据所采用的材料来决定其载荷和速度范围。同时还必须注意，各种塑料均有其压力和速度极限，即使其 pv 乘积不超过极限值，也不能使用。

尼龙轴承的 pv 值与润滑条件有关，在速度较低的情况下可按表 7-1-50 选用。

尼龙轴承常用材料有尼龙 6、尼龙 66、尼龙 1010。不同材料的性能见表 7-1-51。

由于塑料受热易于膨胀变形，在设计轴承时必须考虑有足够的配合间隙。一般约为 $0.005d$（d 为轴承内径），但不同的塑料其配合间隙也不尽相同。常用几种塑料轴承的配合间隙见表 7-1-52。尼龙轴套的尺寸及偏差见表 7-1-53。

表 7-1-50 尼龙轴承材料的 pv 值

润滑条件	无 润 滑	装配时一次润滑	间 断 润 滑	连 续 润 滑
pv 值/MPa·m·s^{-1}	0.1	0.15~0.25	0.3~0.5	0.6~0.75

注：尼龙轴承的 pv 值受速度影响较大，速度太高容易发热，许用压强 p_p 值大大减小。在间断润滑情况下，当速度为 0.13~1.3m/s 时，可用 p_p 为 0.36~1.5MPa，即 $(pv)_p$ 值约为 0.05~2MPa·m/s。

表 7-1-51 轴承用塑料的性能

塑料名称	弯曲弹性模量 /MPa	冲击强度（带缺口）/J·m^{-2}	热变形温度/℃		线胀系数 /10^{-5}℃	摩擦因数	pv 极限值 /MPa·m·s^{-1}	24h 吸水率 /%
			0.45MPa	1.82MPa				
尼龙 6 及尼龙 66	1765(潮) 2618(干)	5400~7800	180~185	55~86	8~11	0.15~0.40	0.088	1.5~1.6
MC 尼龙	3432	9500	150~190	马丁 55~60	8.3	0.15~0.30	—	0.9
聚甲醛	2756	7500	158	110	8.1	0.15~0.35	0.124	0.25
聚四氟乙烯	402①	16100	121	49	10	0.04	0.063	0.00
聚全氟乙丙烯	343①	不断	—	—	8.3~10.5	0.08	0.059~0.088	0.00
氯化聚醚	1108①	2200~6900	141	100	8.0	—	0.071	0.01
低压聚乙烯	412~1079	7800~9800	43~49	—	11~13	0.21	—	<0.01

续表

塑料名称	弯曲弹性模量/MPa	冲击强度（带缺口）/J·m^{-2}	热变形温度/℃		线胀系数/10^{-5}℃	摩擦因数	pv 极限值/MPa·m·s^{-1}	24h 吸水率/%
			0.45MPa	1.82MPa				
聚苯醚	2618①	7800~9800	马丁 160	190	5.7~5.9	0.18~0.23	—	0.06~0.13
聚酰亚胺	3089	7800~9800	—	360	5.5~6.3	0.17	—	0.1~0.2

①为拉伸弹性模量。

表 7-1-52　几种塑料轴承的配合间隙　mm

轴径	尼龙 6 和尼龙 66	聚四氟乙烯	酚醛布层压塑料	聚甲醛			
				轴径	室温~60℃	室温~120℃	-45~120℃
6	0.050~0.075	0.050~0.100	0.030~0.075	6	0.076	0.100	0.150
12	0.075~0.100	0.100~0.200	0.040~0.085	13	0.100	0.200	0.250
20	0.100~0.125	0.150~0.300	0.060~0.120	19	0.150	0.310	0.380
25	0.125~0.150	0.200~0.375	0.080~0.150	25	0.200	0.380	0.510
38	0.150~0.200	0.250~0.450	0.100~0.180	31	0.250	0.460	0.640
50	0.200~0.250	0.300~0.525	0.130~0.240	38	0.310	0.530	0.710

表 7-1-53　尼龙轴套的尺寸及偏差　mm

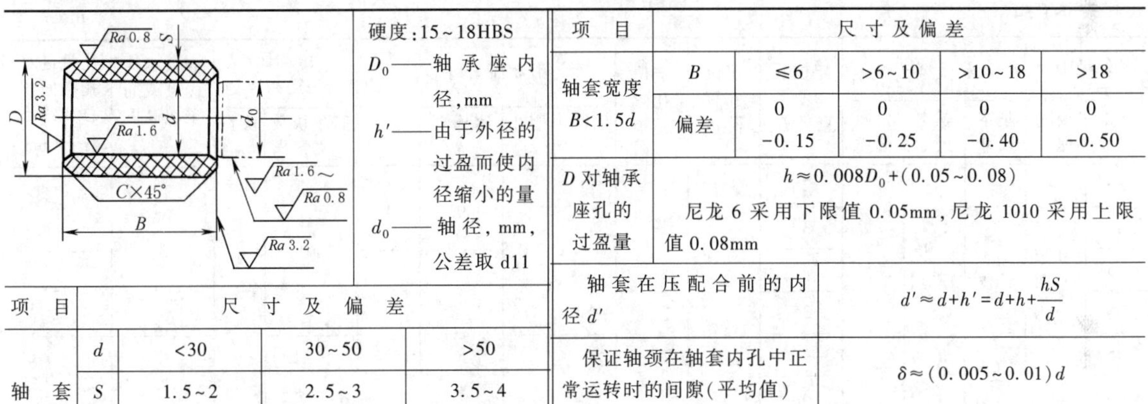

硬度:15~18HBS

D_0——轴承座内径,mm

h'——由于外径的过盈而使内径缩小的量

d_0——轴径,mm,公差取 d11

项目		尺寸及偏差				
轴套	d	<30		30~50		>50
	S	1.5~2		2.5~3		3.5~4
	C	0.3		0.4		0.5
轴承座	d	≤6	>6~12	>12~22	>22~40	>40
	C	0.3	0.4	0.5	0.8	1

项目		尺寸及偏差					
轴套宽度 $B<1.5d$	B	≤6	>6~10	>10~18	>18		
	偏差	0 -0.15	0 -0.25	0 -0.40	0 -0.50		
D 对轴承座孔的过盈量		$h\approx0.008D_0+(0.05\sim0.08)$ 尼龙 6 采用下限值 0.05mm，尼龙 1010 采用上限值 0.08mm					
轴套在压配合前的内径 d'		$d'\approx d+h'=d+h+\frac{hS}{d}$					
保证轴颈在轴套内孔中正常运转时的间隙（平均值）		$\delta\approx(0.005\sim0.01)d$					
轴套直径	d、D	≤6	>6~12	>12~18	>18~30	>30~50	>50~80
	偏差	+0.045 0	+0.050 0	+0.055 0	+0.065 0	+0.070 0	+0.080 0

2.11　水润滑轴承

2.11.1　热固性塑料轴承（摘自 JB/T 5985—1992）

热固性塑料轴承是由热固性塑料制造，应用于水泵、潜水电机、水轮泵、水轮机、食品机械等在水介质中工作的止推轴承和径向轴承。轴承的工作介质为含沙量（质量比）不超过 0.01%的清水，其酸碱度（pH 值）为 6.5~8.5，氯离子含量不超过 400mg/L，水温不高于 65℃。

水润滑轴承材料通常为酚醛塑料 P23-1、P117 和聚邻苯二甲酸二丙烯酯（DAP-2）等塑料。

基本型式有止推轴承和径向轴承。止推轴承的滑动表面为扇面形和筋条块形，其底面为平面（图 7-1-14）或槽面（图 7-1-15）；径向轴承的滑动表面为螺旋槽或直槽。

止推轴承和径向轴承的滑动表面粗糙度 $Ra\leq1.6\mu m$；止推轴承底面和径向轴承外圆表面粗糙度 $Ra\leq3.2\mu m$；其他表面 $Ra\leq6.3\mu m$。

第 7 篇

止推轴承

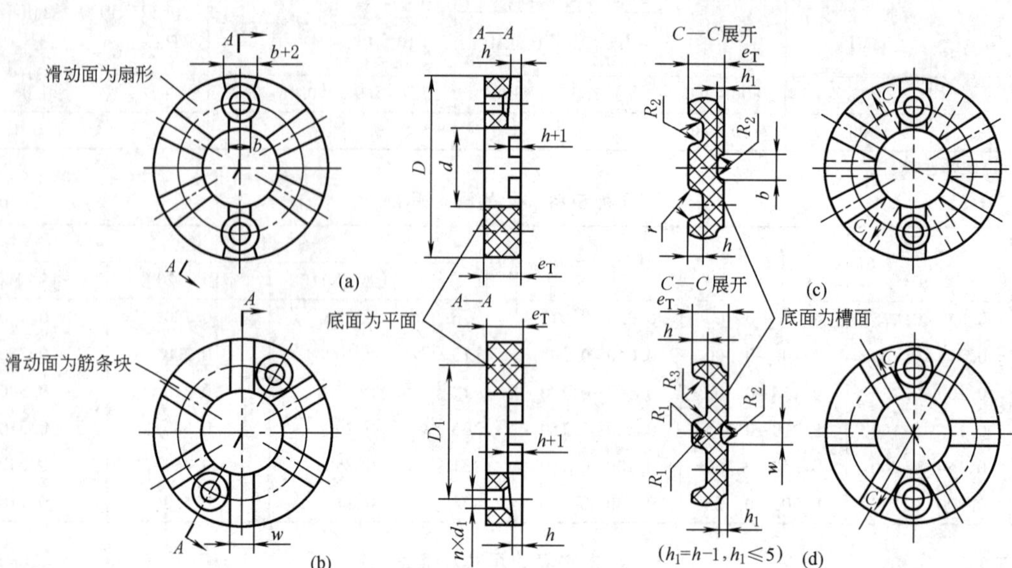

表 7-1-54

mm

外径 D		内径 d	壁厚 e_T		定位孔中心圆直径 D_1	定位孔直径 d_1	定位孔数 n/个	滑动面为扇形			滑动面为筋条块		润滑水槽深度或筋条块高度 h	托盘进水孔截面积总和约不小于/mm^2
基本尺寸	极限偏差	基本尺寸	基本尺寸	极限偏差				润滑水槽数/个	水槽宽 b	圆角 r	筋条块数/个	块宽 w		
35	-0.10 -0.25	15	10	0 -0.15	25	5.5	2~4	6	6	1	6	6	3	35
40		20			30									
45					32				8	2				55
50					35									
55		30	12		43						8		4	110
60	-0.20 -0.40				45			10						
65		35			50							8		200
70					53				10	2				
75					55									
80		40	15		60						10		5	300
85		45			65									400
90		50			70									470
95					73			12						
100		55			78						12			620
110	-0.20 -0.45				83	6.6			12	2				670
120		65	20		92							8	6	
130		70			100			16			16			900
140					105									
150		80	25		115	9							8	
160		90			125			20			20			1100
170					130									

径向轴承

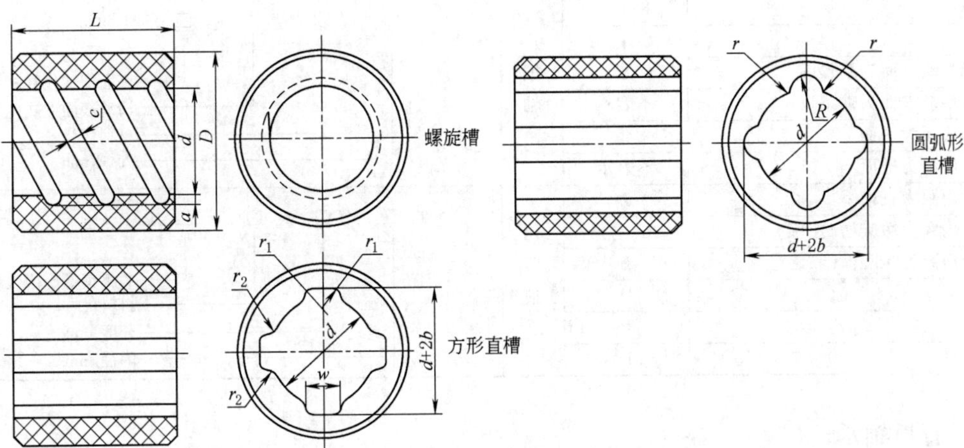

表 7-1-55

mm

内径 d		外径 D		长度 L		带直槽的滑动表面					带螺旋槽的滑动表面		轴承内径与轴颈之间的最小间隙(双面)	
基本尺寸	极限偏差	基本尺寸	极限偏差	基本尺寸	极限偏差	槽数/个	方形槽 ($w\times b$),r_1,r_2		圆弧槽 R,b,r		槽宽 c	槽深 a	轴承外圆设定位要素	轴承外圆不设定位要素
25	H8	40	p7 外圆无定位要素 d9 外圆有定位要素	32,40,48	0 -0.50	4	$w\times b=$ 10×3	$r_1=1$ $r_2=2$	$R=5$ $b=3$	$r=4$	6	3	0.07	0.12
28		44		35,44,52										
30		50		40,50,60			$w\times b=$ 12×3	$r_1=2$ $r_2=4$	$R=6$ $b=4$					
35		55		44,55,66									0.10	0.16
38		58		46,58,70		6				$r=6$				
42		62		50,62,75										
45		65		52,65,78										
50		74		60,74,90			$w\times b=$ 14×4	$r_1=3$ $r_2=6$	$R=7$ $b=5$		8	4		
55		80		64,80,96									0.12	0.20
60		85		68,85,102										
70		95		76,95,114						$r=8$				
80		110		86,110,132							10	5		
90		120		96,120,144		8	$w\times b=$ 16×5	$r_1=6$ $r_2=8$	$R=8$ $b=6$				0.14	0.25
100		130		104,130,156										
120		150		120,150,180										

注：与径向轴承外圆相配的座孔直径公差带为 H8。

表 7-1-56　对相配零件（止推盘或轴颈）的技术要求与止推轴承的寿命

表面硬度 HRC	表面粗糙度 /μm	推荐材料	止推轴承外径 D /mm	最大允许载荷 /kN	止推轴承外径 D /mm	最大允许载荷 /kN
表面淬硬或镀铬 45~50HRC	$Ra\leqslant0.8$	3Cr13 或 45	35~45	1.5	85~95	8
			50~55	2	100~120	10
			60~65	4	130~150	15
			70~80	6	160~170	22

注：按表中规定最大允许载荷下运转 5000h，轴承厚度的减小不大于 1mm。

表 7-1-57　　标记代号及标记方法

名　　称	代号	轴承的标记方法	
止推轴承	T	止推轴承	T □ · □ · □ · □ JB/T 5985 底面型式代号 滑动表面型式代号 材料代号 外径,mm
径向轴承	J		
止推轴承滑动表面为扇形面	S		
止推轴承滑动表面为筋条块	不表示		
止推轴承底面为平面	B		
止推轴承底面为槽面	不表示		
径向轴承内圆为直槽	Z	径向轴承	J □ × □ · □ · □ JB/T 5985 直槽或螺旋槽代号 材料代号 长度,mm 内径,mm
径向轴承内圆为螺旋槽(左旋)	L(左)		
径向轴承内圆为螺旋槽(右旋)	L		
P23-1 塑料	M		
P117 塑料	P		
DAP-2 塑料	D		

2.11.2　石墨轴承

碳石墨轴承材料按 JB/T 9580—2008 的规定，可分为纯碳、浸渍树脂、浸渍金属三大类，见表 7-1-58。

表 7-1-58　　碳石墨轴承材料分类

序号	分类	牌号
1	纯炭	ZC7-3、ZC7-3S、M191T、M300T
2	浸渍树脂	M209F、M180K、M200K、M205K、M205Ka、M209K
3	浸渍金属	M191G

技术要求：

1. 碳石墨轴承材料主要性能应不小于表 7-1-59 的规定，其中线胀系数、抗冲击强度、弹性模量分别按 JB/T 8133.18—2017、JB/T 7609—2006、GB/T 3074.2—2008 测定。

2. 碳石墨轴承材料工作环境应符合表 7-1-60 的规定。

3. 碳石墨制品的导向轴承内圆周面的尺寸公差带应不低于 H8、表面粗糙度 Ra 值为 3.2μm；外圆周面的尺寸公差等级应不低于 h8、表面粗糙度 Ra 值为 3.2μm；内、外圆的同轴度应不低于 GB/T 1184—1996 中的 8 级公差。

4. 碳石墨制品的推力轴承的工作面与外圆周表面的垂直度应不低于 GB/T 1184—1996 中的 9 级公差，外圆周面的尺寸公差带为 h8。

5. 碳石墨制品的轴承在规定的条件下储存一年后，尺寸变化应不超过 0.01mm；在浸水 24h 后，尺寸变化应不超过 0.005mm。

6. 碳石墨制品的轴承材料应无开裂、起层、氧化、掉边等影响成品加工尺寸的缺陷。

7. 碳石墨制品的轴承端面应无划痕、碰伤、掉边等缺陷。

表 7-1-59　　碳石墨轴承材料主要性能指标

材料牌号	体积密度 /g·cm^{-3}	肖氏硬度 HS	抗折强度 /MPa	抗压强度 /MPa	气孔率 /%	线胀系数 /10^{-6}℃	抗冲击强度 /10^{-3}J·mm^{-2}	弹性模量 /GPa	最高使用温度/℃
ZC7-3	1.85	100	110	280	0.5	6.0	4	15	500
ZC7-3S	1.95	70	75	150	0.4	5.0	3.5	18	600
M180K	1.80	85	65	220	1.2	5.5	2.5	17	210
M191G	2.30	75	75	240	0.8	5.5	3.5	25	500
M191T	1.82	90	75	230	1.0	5.5	2.9	17	400
M200K	1.82	55	50	115	1.0	4.5	2.6	16	210
M209K	1.80	56	51.7	120	2	3.9	—	—	210
M300T	1.90	65	75	125	1.0	5.0	3.3	18	600
M205K	1.87	80	—	171.3	2	—	—	—	120
M205Ka	1.80	57	—	120	2	—	—	—	170
M209F	1.80	55	—	100	2	—	—	—	120

表 7-1-60 碳石墨轴承材料工作环境要求

材料牌号	转速 /r·min^{-1}	轴承载荷 /MPa	对磨副表面硬度 HRC	其他要求
ZC7-3	1000~3000	0.4	50~58	轴承材料应能抗丙酮、酒精清洗
ZC7-3S	1000~3000	0.4	50~58	轴承材料应能抗丙酮、酒精清洗
M180K	1000~3000	0.4	50~58	轴承材料应避免丙酮、酒精等溶剂清洗
M191G	1000~3000	0.4	50~58	轴承材料应能抗丙酮、酒精清洗
M191T	1000~3000	0.4	50~58	轴承材料应能抗丙酮、酒精清洗
M200K	1000~3000	0.4	52±2.5	轴承材料应避免丙酮、酒精等溶剂清洗
M209K	1000~3000	0.4	52±2.5	轴承材料应能抗丙酮、酒精清洗
M300T	1000~3000	0.4	50~58	轴承材料应能抗丙酮、酒精清洗
M205K	1000~3000	0.4	50~58	轴承材料应能抗丙酮、酒精清洗
M205Ka	1000~3000	0.4	50~58	轴承材料应能抗丙酮、酒精清洗
M209F	1000~3000	0.4	45~50	轴承材料应能抗丙酮、酒精清洗

2.11.3 橡胶轴承

橡胶轴承由于橡胶材料柔软具有弹性，内阻尼较大，能有效地防止或减缓振动、噪声和冲击。轴承内的杂质可通过轴承润滑水沟被润滑水冲走，可延长轴承的耐久性，橡胶的变形可缓和轴的应力，并有自动调位作用。它镶在金属衬套内，用水润滑，不适于与油类或有机溶剂接触。

橡胶轴承的缺点是导热性差，需经常保持有水循环，否则易损坏。橡胶轴承一般适宜在65℃以下温度工作，温度过高易老化，抗腐蚀性、耐磨性变差。应用于水泵、水轮机、农业机械及其他一些摆动不大的机构杆件铰接处，以减少振动和冲击。由于橡胶轴承用水作润滑剂，碳钢轴颈易被锈蚀，特别是在经常停车的情况下，因此在轴颈上应有铜衬套或表面镀铬。

(1) 水润滑橡胶轴承计算

表 7-1-61 水润滑橡胶轴承计算

项 目	计算公式	说 明
承载力	$P=Fp_p$	P——载荷,N p_p——许用压强,一般取 0.1~0.15MPa,最大可取 0.25MPa F——轴承投影面积,mm^2
给水量（强制给水）	$Q=(80\sim100)d$	Q——给水量，L/min d——轴承内径，mm

(2) 橡胶材料的要求、轴承尺寸及配合

表 7-1-62 轴承对橡胶材料的要求、轴承尺寸及配合

扯断力 /MPa	扯断伸长率/%	永久变形 /%	邵氏硬度	轴承许用单位压力 /MPa		尺寸/mm			轴承座孔和橡胶轴承外径的配合	轴承内孔与轴颈的配合
				软橡胶	硬橡胶	内径 d	壁厚	宽度		
11.77	400	40	70~80	2	<5	25~75	7~10	(0.75~1.5)d	H7/j8	采用过盈配合还是间隙配合,视具体情况而定
						100~250	10~15			
						>250	15~20			

注：确定橡胶轴承内孔时，必须注意橡胶轴承压入轴承座孔后内孔直径的收缩。

表 7-1-63　　　　橡胶轴承的型式

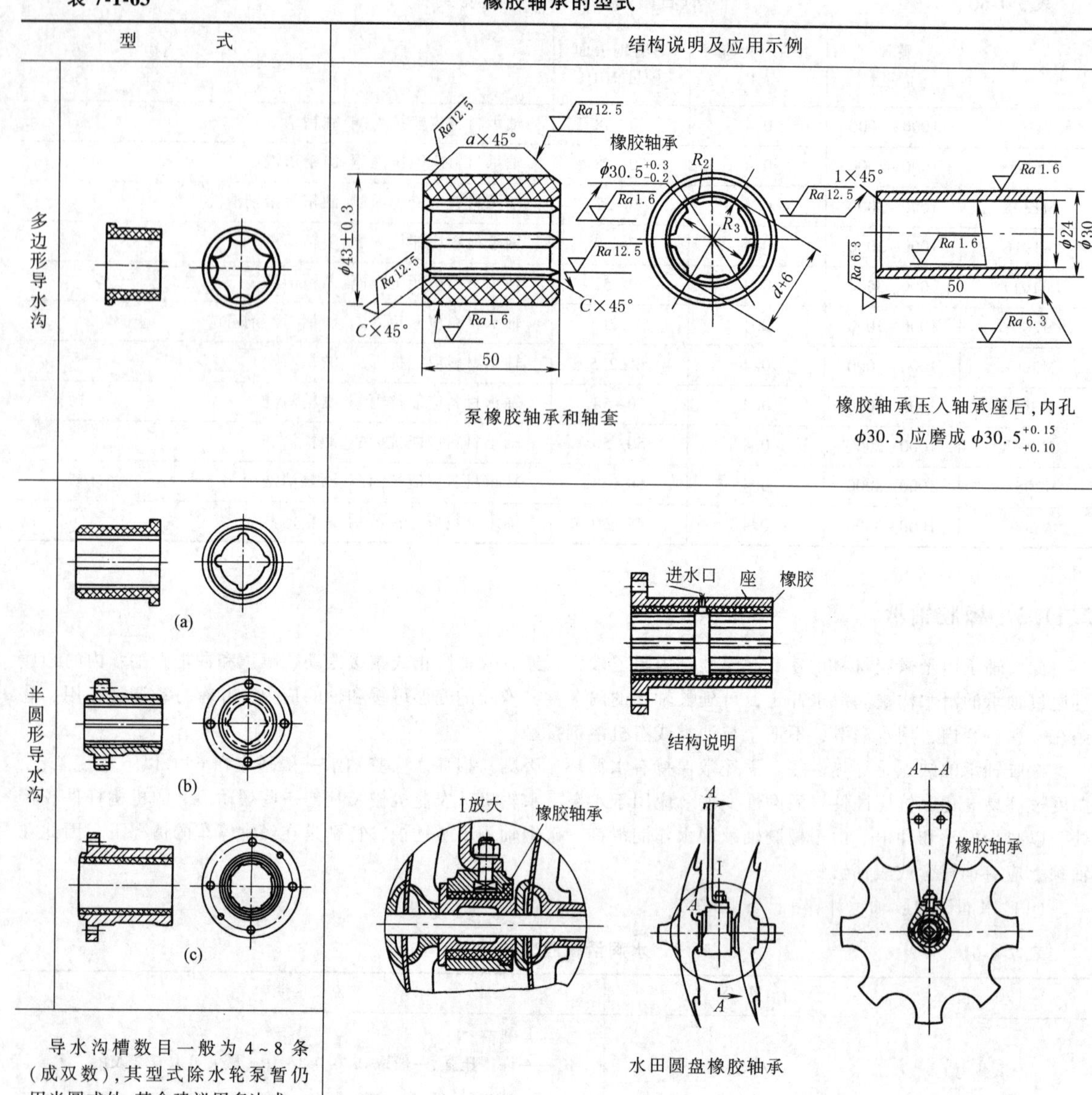

（3）水润滑橡胶轴承的间隙

表 7-1-64　　　　水润滑橡胶轴承与轴径的间隙

轴径/mm	轴承内径公差/μm		装配后的间隙/μm		轴径/mm	轴承内径公差/μm		装配后的间隙/μm	
	最小(+)	最大(+)	最小(+)	最大(+)		最小(+)	最大(+)	最小(+)	最大(+)
50~65	140	300	140	330	160~180	560	780	560	820
>65~80	180	340	180	370	180~200	630	910	630	956
>80~100	230	410	230	445	200~225	700	930	700	1026
>100~120	280	460	280	495	225~250	760	1040	760	1086
>120~140	370	590	370	630	250~280	820	1160	820	1212
>140~160	480	700	480	740	280~300	900	1240	900	1292

3　液体动压滑动轴承

3.1　液体动压工作原理

3.1.1　液体动压效应形成原理

各种类型的液体动压轴承均遵守基本的流体动压形成原理。流体动压润滑是指在两个相对运动的固体表面之间，利用流动的流体形成介于两个表面之间的具有一定内压力的流体膜，从而承受外部载荷并避免固体之间的接触，以达到减少摩擦阻力和保护固体表面的目的。动压润滑膜最常见的工作原理如图 7-1-7 所示，其中有三个关键要素：两表面之间存在楔形间隙、楔形间隙中具有黏性流体、两表面的相对运动使流体从间隙大端向小端流动。如果润滑膜中没有压力，则在间隙大端的截面 1 和在间隙小端的截面 2 处，流体的速度沿着膜厚的分布都会呈现直线所示的三角形分布，单位时间内流体通过截面 1（假设固体垂直于图面的宽度为 1）流入截面 1 和 2 之间所包含的空间的质量为 $\rho h_1 U/2$，而从该空间通过截面 2 流出的质量为 $\rho h_2 U/2$（其中，ρ 是液体的密度，h 是间隙高度，U 是运动表面的速度）。显然，楔形空间内的流入量大于流出量。为了使流量平衡，楔形空间中必然会产生高于环境压力的流体内压力 p，使通过截面 1 的流体速度分布减小为内凹的曲线，通过截面 2 的流体速度分布增大为外凸的曲线。因为流体内压力 p 的存在，使得流体膜可以承受很高的外载荷。流体压力 p 与楔形空间的形状、两表面的相对速度，以及润滑油的黏度相关。

3.1.2　液体动压轴承的工作原理

图 7-1-8 展示了圆柱形轴承在外载荷 F 作用下，轴颈中心 O_j，相对于轴承中心 O 处在一偏心位置上时的工作状态。顺着轴颈旋转方向，由最大间隙 h_{max} 到最小间隙 h_{min} 的周向半圈内，间隙是由大变小的收敛楔形，这是润滑膜可产生压力以承受外载荷 F 的主要几何条件。在由 h_{min} 到 h_{max} 的半圈内，则为由小变大的开扩楔形，因此润滑膜中压力分布在 h_{min} 以后急剧下降；若以润滑油作润滑剂，则一般在 h_{min} 下游局部位置上，油膜会因不能承受太大的负压而破裂。这样，圆柱轴承将在周向略大于 180°的间隙范围内，形成了压力分布。在破裂区内，油膜因不完整而呈多细条状。

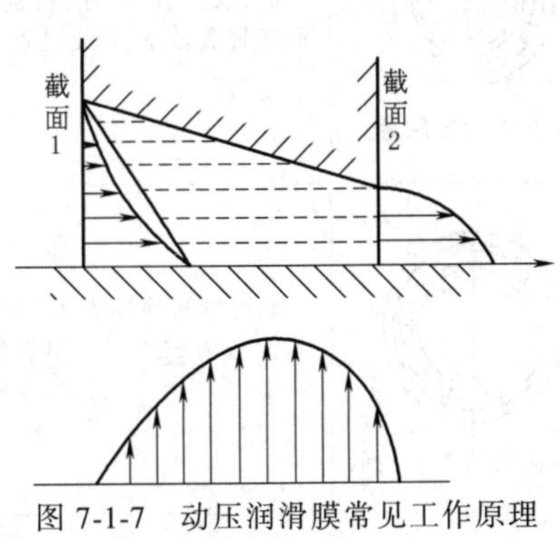

图 7-1-7　动压润滑膜常见工作原理

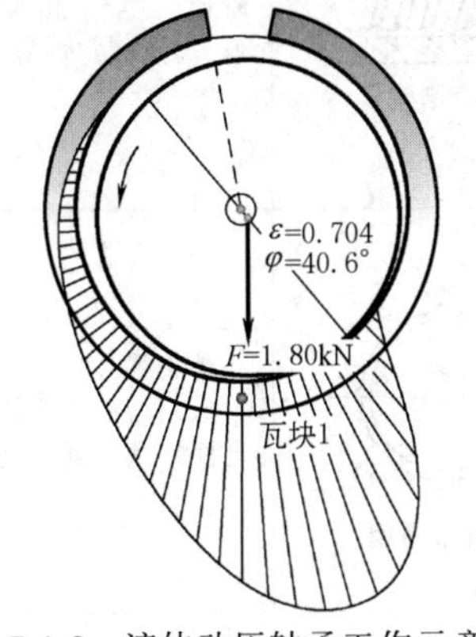

图 7-1-8　液体动压轴承工作示意图

3.2　液体动压轴承的分类与特点

3.2.1　径向轴承的分类

表 7-1-65　　径向轴承分类及特点

类型	名称及简图	特点
单油叶固定瓦	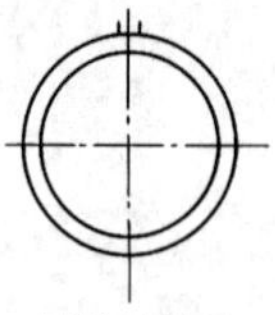 圆柱瓦轴承 （轴承包角 α=360°）	结构简单，制造方便，有较大承载能力，但高速稳定性差，易产生油膜振荡，主要用于载荷方向基本不变的场合
单油叶固定瓦	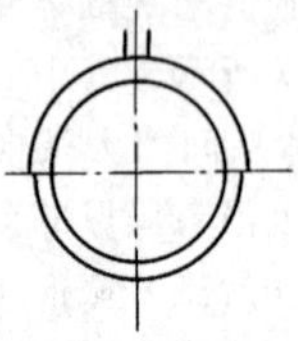 部分瓦轴承 （轴承包角 α≤180°）	结构简单，制造方便，有较大承载能力。功耗、温升都低于圆柱瓦轴承。高速稳定性差，用于载荷方向基本不变的重载轴承
单油叶固定瓦	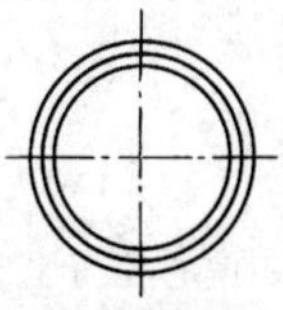 浮动环轴承	环内外均能形成油膜，环随轴颈旋转，其转速约为轴颈转速的 0.2~0.3，流量大，温升低，常用于小尺寸高速轻载轴承
多油叶固定瓦	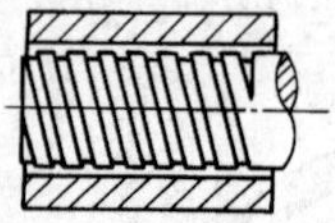 螺旋槽轴承	利用螺旋的泵入作用和槽面阶梯产生动压承载油膜，温升低，高速稳定性好
多油叶固定瓦	 多油沟轴承	结构简单，制造方便，承载能力低，仅用于轻载轴承，高速稳定性略优于圆柱瓦轴承
多油叶固定瓦	 椭圆轴承	供油量较大，温升较低。旋转精度和高速稳定性优于单油叶圆轴承，但承载能力略有降低。工艺性比多油叶轴承好
多油叶固定瓦	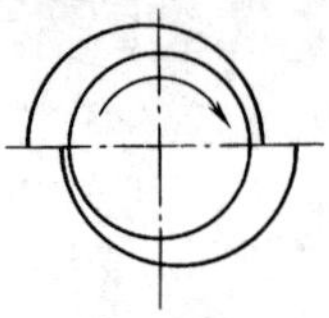 错位轴承	同椭圆轴承，用于单向旋转的轴承
多油叶固定瓦	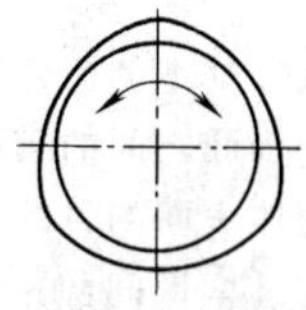 双向三油叶轴承	高速稳定性好，工艺性不如圆柱瓦轴承及椭圆轴承
多油叶固定瓦	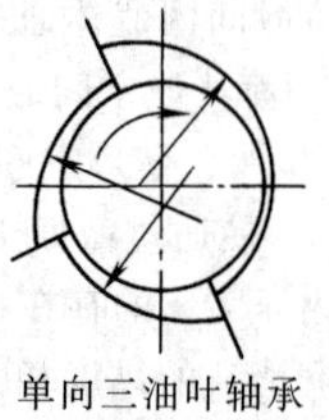 单向三油叶轴承	与圆轴承相比，承载能力较低，功耗增大，但旋转精度和定心性较好，油膜刚度大，抗油膜振荡能力强。用于单向旋转的轴承
多油叶固定瓦	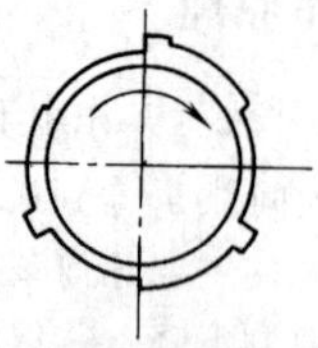 阶梯面轴承	同单向三油叶轴承，承载能力较低，用于小型轴承和现场维护
可倾瓦轴承	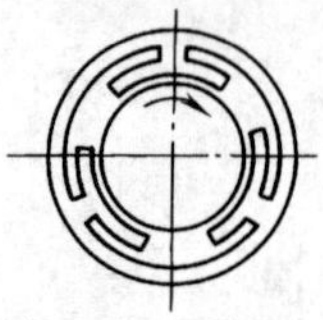 可倾瓦弹性支承轴承	高速稳定性较好，特别适用于高速轻载轴承，但工艺性较差
可倾瓦轴承	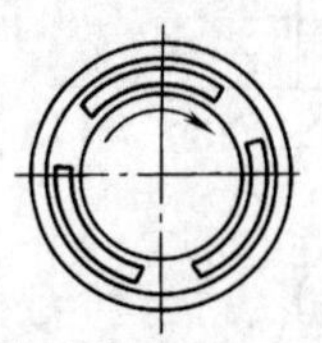 可倾瓦摆动支承轴承	同可倾瓦弹性支承轴承，但工艺性较好，大、中、小型轴承均适用
联合轴承	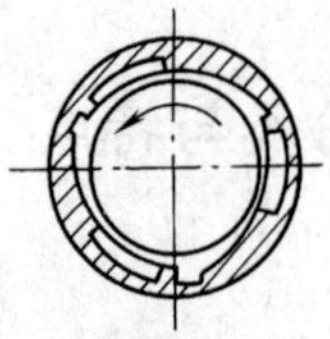 动静压联合轴承	承载能力大，温升低，功耗小，定心性和稳定性好，特别适用于频繁启动的场合，但工艺性差，制造较困难，瓦面结构复杂

3.2.2 推力轴承的分类

表 7-1-66　　推力轴承分类及特点

类型	名称及简图	特点	类型	名称及简图	特点
固定瓦	多油沟推力轴承	同多油沟径向轴承。只能在轻载下使用	固定瓦	螺旋槽推力轴承	同螺旋槽径向轴承
	斜面推力轴承	用于单向旋转，无启动载荷情况	可倾瓦	可倾瓦弹性支承推力轴承	同可倾瓦弹性支承径向轴承
	斜-平面推力轴承	允许轴承有启动载荷	联合轴承	动静压联合推力轴承	同动静压联合径向轴承
	阶梯面推力轴承	结构简单，用于小尺寸轴承			

瓦块支承应使各瓦块受载尽可能均匀，可倾瓦推力轴承的支承方式有多种，如表 7-1-67 所示。

表 7-1-67　　可倾瓦推力轴承支承方式

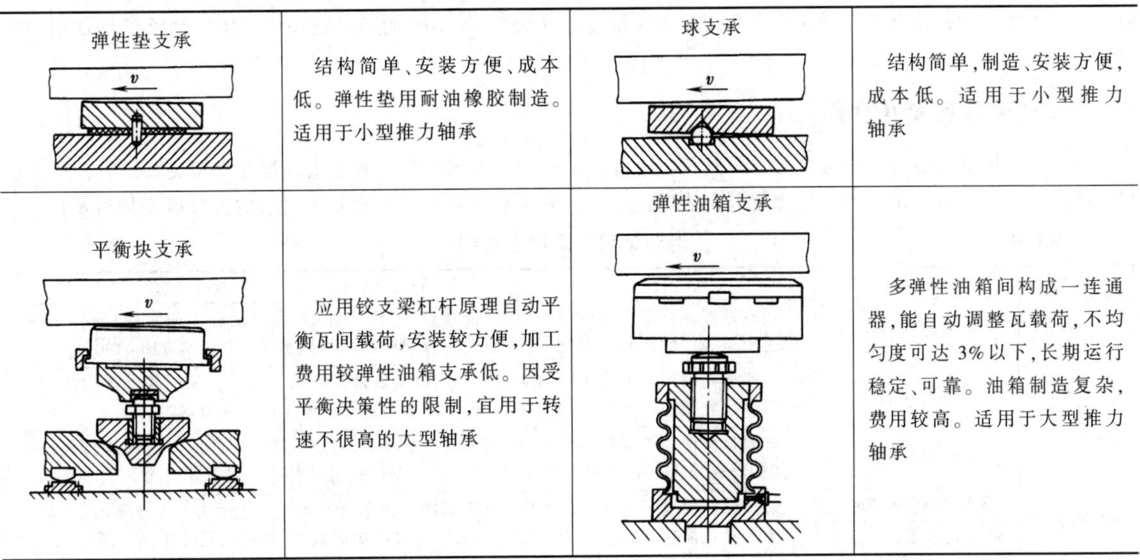

名称及简图	特点	名称及简图	特点
弹性垫支承	结构简单、安装方便、成本低。弹性垫用耐油橡胶制造。适用于小型推力轴承	球支承	结构简单，制造、安装方便，成本低。适用于小型推力轴承
平衡块支承	应用铰支梁杠杆原理自动平衡瓦间载荷，安装较方便，加工费用较弹性油箱支承低。因受平衡决策性的限制，宜用于转速不很高的大型轴承	弹性油箱支承	多弹性油箱间构成一连通器，能自动调整瓦载荷，不均匀度可达 3% 以下，长期运行稳定、可靠。油箱制造复杂，费用较高。适用于大型推力轴承

续表

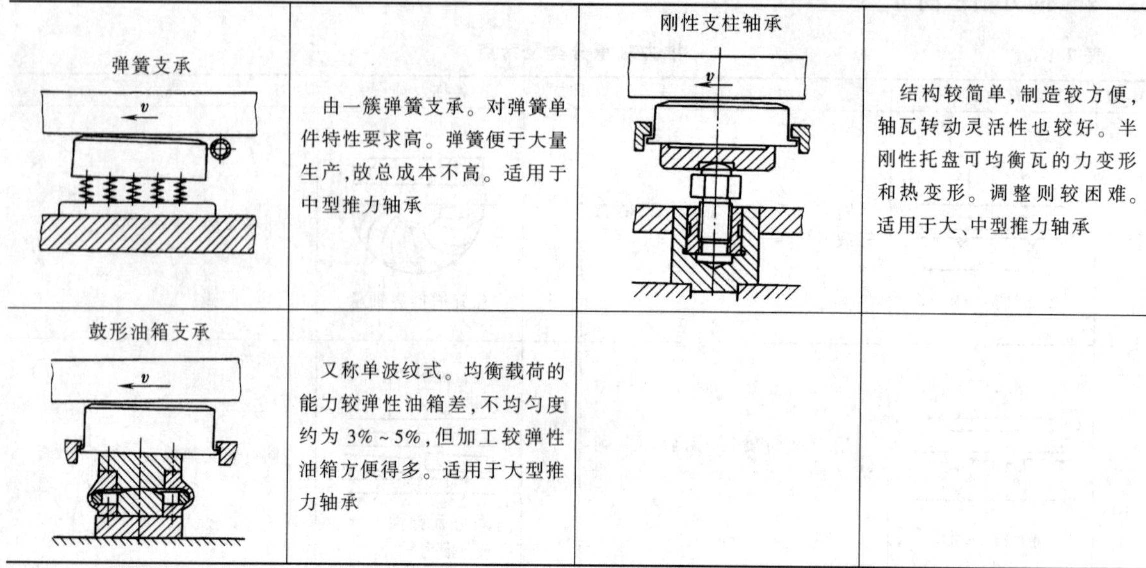

弹簧支承	由一簇弹簧支承。对弹簧单件特性要求高。弹簧便于大量生产,故总成本不高。适用于中型推力轴承	刚性支柱轴承	结构较简单,制造较方便,轴瓦转动灵活性也较好。半刚性托盘可均衡瓦的力变形和热变形。调整则较困难。适用于大、中型推力轴承
鼓形油箱支承	又称单波纹式。均衡载荷的能力较弹性油箱差,不均匀度约为 3%~5%,但加工较弹性油箱方便得多。适用于大型推力轴承		

3.3 液体动压滑动轴承的材料（摘自 GB/T 14910—2023 和 GB/T 37774—2019)

3.3.1 瓦背材料及其性能

瓦背材料可选用钢、铸钢、含有片状石墨或球状石墨的铸铁、铸造铜合金。

瓦背材料通常使用含碳量为 0.10%~0.35%的低碳钢，瓦背材料碳含量取决于轴承表面材料和与瓦背结合的工艺。在浇铸轴承合金前，应对钢和铸钢衬背材料进行正火处理以消除应力。

在极少数情况下，如在高速、高温工况下运行时，轴承可用铜合金作为瓦背材料，通常为 Cu-Cr 合金。因为 Cu-Cr 合金具有优良的导热性能，在理想情况下可使瓦块温度降低 10~20℃。应注意，当径向可倾瓦轴承的瓦背采用 Cu-Cr 合金时，由于热变形的原因可能造成运行间隙比设计间隙小，运行温度反而高。

3.3.2 支点材料及其性能

可倾瓦轴承支点受集中载荷，其材料硬度要求非常高。支点与瓦块可以是分体式。典型的支点是平面-圆柱面结构，被压装到瓦块背面并通过镶嵌固定。碳含量接近 0.95%~1.10%的经热处理的高碳铬轴承钢是常用的支点材料。

3.3.3 衬层材料及其性能

动压滑动轴承的有效工作或失效，与载荷、速度、润滑油和轴承几何参数的选择等有密切关系，但轴承衬层材料的合理选用，对轴承能力的发挥将起着决定性作用。表 7-1-68 给出了滑动轴承衬层的部分典型材料及特点。

表 7-1-68　滑动轴承衬层典型材料

类型	名称	特点
金属材料	锡基巴氏合金	具有良好的铸造性能以及顺应性、抗咬合性、嵌入性等,为滑动轴承的常用材料。其应用受限于强度性能和高温性能,滑动表面所能允许的最高温度一般约为 120~130℃
	铝基轴承合金	一般最高使用温度为 150~160℃。采用双金属带经机加工制成。轴承的大小取决于双金属带尺寸及加工机械的加工能力,小型或中型铝基轴承生产较为普遍
	铅青铜轴承合金	一般最高使用温度可达 160~170℃,材料硬度高,需要对其匹配件的滑动面进行表面硬化(如淬火硬化),容易因咬合导致损伤,仅在某些高温的特殊工况下才使用
聚合物材料	聚醚醚酮(PEEK)	最高使用温度可达 200℃以上。具有低摩擦因数和良好抗咬合性能,热导率低,有利于减少轴承表面热变形量。由于承载耐久性好且摩擦因数低,其轴承尺寸可适当减小
	聚四氟乙烯(PTFE)	

（1） 金属基衬层的特性与化学成分

部分典型金属基轴承合金材料的化学成分见表 7-1-69。

1） 巴氏合金。锡基巴氏合金是常用的金属基轴承材料，通常通过铸造形成。巴氏合金具有良好的铸造性能。但应注意其质量问题，如与瓦背材料的结合强度、偏析和气孔问题。为保证巴氏合金具有合适的强度、软硬程度，在实际应用中常使用表 7-1-69 中所示的 Sb、Cu 合金组合。出于对环境影响的考虑，铅基巴氏合金很少使用。

表 7-1-69　　金属材料化学成分

化学元素	化学成分(质量分数)/%		
	锡基巴氏合金	铝基轴承合金	铅青铜轴承合金
Sn	余量	35~42	8~12
Al	0.01	余量	—
Cu	3~5	0.7~1.3	余量
Sb	8~10	—	0.5
Pb	0.5	—	7~13
Zn	0.01	—	0.75
Ni	—	0.15	0.5
Si	—	0.3	—
Fe	0.08	0.7	0.35
Bi	0.08	—	—
As	0.01	—	—

2） 铝基轴承合金。铝基轴承合金常用于高速、重载、高温运行工况条件下。例如：Al-Sn 合金，即铝金属中添加锡制成的合金，是最常用的铝基轴承合金。为提高 Al-Sn 合金在高速运转环境下的滑动性能，通常使用 AlSn40 合金。铝基合金瓦块轴承，由铝基合金轧制到碳素钢上所得双金属带经成型工艺制成。用这种合金制成的径向轴承瓦块可能存在滑动方向合金层厚度不均匀问题，该问题由弯曲成形工艺所致，可通过修正厚度使其变得均匀。

3） 铅青铜轴承合金。铅青铜轴承合金可用于与铝基轴承合金相同的运行工况，或是更高载荷和温度工况条件下，然而其适用范围有一定局限性，因为铅青铜轴承合金硬度高，所以通常需要对其匹配件的滑动面进行表面硬化（如淬火硬化）。采用铅青铜轴承合金制造瓦块与铝基轴承合金相同，通常用双金属带制成。极少数情况下，也可以采用铜合金（整体或铸造）与钢背结合的形式。

（2） 聚合物衬层特性与化学成分

衬层为聚合物的瓦块轴承已广泛应用，其具有聚合物摩擦学特性。可用的聚合物轴承材料有聚醚醚酮（PEEK）和聚四氟乙烯（PTFE）。通过特殊工艺使聚合物轴承材料与瓦背金属结合。可采用多孔金属层作为中间层，其孔内浸有聚合物层材料以形成滑动表面层，这种情况下，多孔金属层作为中间层与瓦背金属相结合。PEEK 材料中通常含有部分 PTFE 成分，以提高其润滑性能。聚合物材料可以是导电的或非导电的，这取决于材料中添加的元素。非导电聚合物材料无需添加额外的绝缘物质，就具有优良的抗电蚀性能。表 7-1-70 给出了典型聚合物材料的化学成分。

表 7-1-70　　聚合物轴承材料化学成分

材料	化学成分(质量分数)/%		
	改性 PEEK 材料		改性 PTFE 材料
PEEK	余量	余量	—
PTFE	1~3	8~12	余量
CF	27~33	—	10~20
MoS_2	—	—	4~6

注：CF——碳纤维；MoS_2——二硫化钼。

图 7-1-9 给出了金属轴承材料和聚合物轴承材料的承载能力和运行温度范围。

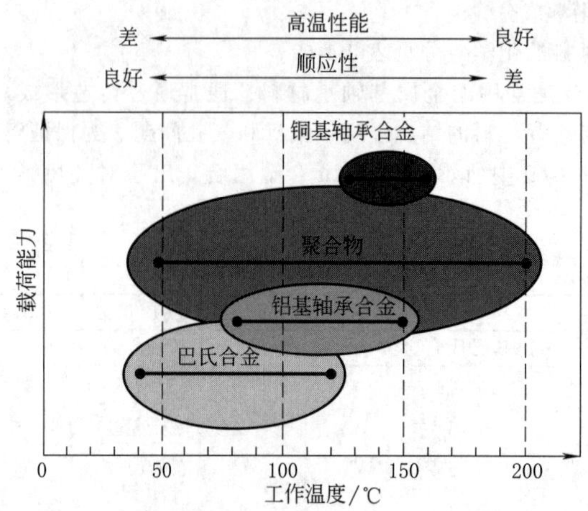

图 7-1-9　金属轴承材料和聚合物轴承材料承载能力和工作温度范围

表 7-1-71 给出了更多滑动轴承材料及推荐应用范围。

表 7-1-71　　　　滑动轴承材料的应用范围

应用范围	人造碳	塑料	多孔质烧结轴承	巴氏合金	轧制铝复合材料	铅青铜	铅锡青铜和锡青铜	铝合金	特种黄铜	铝青铜	工作状态
杠杆、铰链、拉杆		●					●	●	●	●	静载荷小，滑动速度低且为间歇性。不保养，一次润滑，有污物危害
精密加工技术器件（电气仪器、飞机附件等）	●		●	●		●					
端面轴承				●		●					静载荷很小，滑动速度中等到高，但是不变向。油润滑，且为压力润滑
凸轮轴轴承				●		●	●				
止动片				●		●	●				
涡轮机和涡轮驱动装置				●		●					
燃气轮机						●					
大型电机				●							
轧钢机，锻压机				●		●	●				静载荷中等，且有冲击。滑动速度低，油润滑
机车轴承，活塞式压缩机				●		●	●				
齿轮箱，压力扇形块轴承						●					静载荷中等，且有冲击。滑动速度低，油润滑
轧辊颈轴承				●			●	●	●	●	载荷重，且有冲击，滑动速度低，且为交变的，有污物危害，缺少润滑
弹簧销轴承							●			●	
建筑机械和农业机械						●	●		●		
传送装置						●	●		●	●	
汽油机的主轴承和连杆轴承				●	●①	●①					动载荷中等，滑动速度中等到高，油润滑，有温升现象
柴油机					●①	●①					
大型柴油机				●		●					
制冷压缩机						●					
水泵							●				
轻金属壳体中的轴承								●			
活塞销轴套						●	●	●			动载荷重且有冲击，滑动速度低且为交变，二次油润滑，高温
翻转杠杆轴套						●	●				
操纵装置							●				
液压泵						●		●			

①有三元减摩层。

轴承的失效，首先表现在轴承减摩材料的损坏，以及由此引起的相关零件的损坏。所以，减摩材料的合理选用、质量的保证以及减摩层与基本的结合性能等，都是非常重要的。轴承材料要有很好的抗磨损、抗黏合、抗腐蚀、抗疲劳及污染等性能。要视轴承工作的具体情况来选取轴承材料，对于承载启动、高速重载的轴承，应予以高度重视。

3.4 液体动压径向轴承的设计与验算

3.4.1 径向轴承理论基础

(1) 基本方程

轴承的流体（液体）动压润滑（图 7-1-10）微分方程为

$$\frac{\partial}{\partial x}\left(\frac{\rho h^3}{12\eta}\times\frac{\partial p}{\partial x}\right)+\frac{\partial}{\partial z}\left(\frac{\rho h^3}{12\eta}\times\frac{\partial p}{\partial z}\right)=\frac{\partial}{\partial x}\left(\rho h\,\frac{u_1+u_2}{2}\right)+\frac{\partial}{\partial z}\left(\rho h\,\frac{w_1+w_2}{2}\right)+\rho\left(v_2-v_1-u_2\,\frac{\partial h}{\partial z}\right)+h\,\frac{\partial\rho}{\partial t} \tag{7-1-6}$$

式中，η 为润滑流体动力黏度；ρ 为流体的密度；h 为任意点油膜厚度。

通常在液体润滑情况下可假定流体密度不变，为了定性分析，求出解析解，从而将上式进行简化。在稳定工况下，当轴瓦固定，轴转动的线速度为 v 时，方程可简化为

按无限宽假设得

$$\frac{\mathrm{d}}{\mathrm{d}x}\left(\frac{h^3}{\eta}\times\frac{\mathrm{d}p}{\mathrm{d}x}\right)=6v\,\frac{\mathrm{d}h}{\mathrm{d}x} \tag{7-1-7}$$

径向轴承按无限窄假设得

$$\frac{\partial}{\partial z}\left(\frac{h^3}{\eta}\times\frac{\partial p}{\partial z}\right)=6v\,\frac{\mathrm{d}h}{\mathrm{d}x} \tag{7-1-8}$$

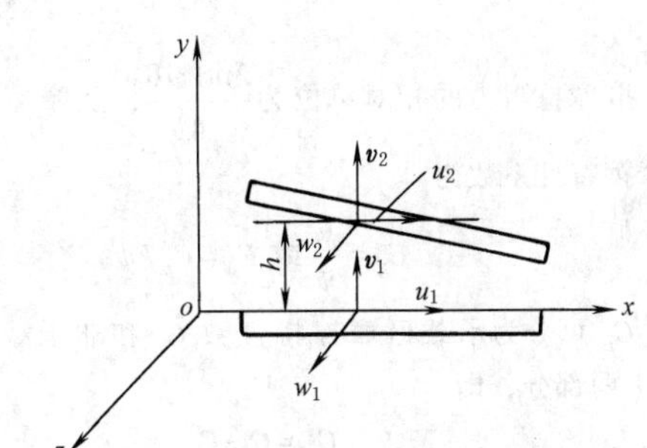

图 7-1-10 液体动压润滑边界示意

式（7-1-7）和式（7-1-8）的解分别见表 7-1-82 和表 7-1-83。运用现代数值计算技术可求得式（7-1-6）的较为准确的数值解。

求解式（7-1-6）、式（7-1-7）或式（7-1-8），可得轴承内的流体压力分布 p。

(2) 静特性计算

1）承载力。径向轴承承载力有两个分量，其中

$$F_x=\int_{-\frac{B}{2}}^{\frac{B}{2}}\int_{\phi_a}^{\phi_b}-p\sin\phi r\mathrm{d}\phi\mathrm{d}z\ (\mathrm{N}) \tag{7-1-9}$$

$$F_y=\int_{-\frac{B}{2}}^{\frac{B}{2}}\int_{\phi_a}^{\phi_b}-p\cos\phi r\mathrm{d}\phi\mathrm{d}z\ (\mathrm{N}) \tag{7-1-10}$$

式中 r——轴颈半径，mm；

z——轴向坐标；

ϕ_a——轴瓦的起始处的角度；

ϕ_b——轴瓦的终止处的角度；

B——轴承的宽度，mm。

总承载力

$$F=\sqrt{F_x^2+F_y^2}\quad(\mathrm{N}) \tag{7-1-11}$$

轴承的承载能力常采用无量纲轴承特性数 C_p 来表示，即径向轴承

$$C_p=\frac{F\psi^2}{2\eta r\omega B}=\frac{p_m\psi^2}{\eta\omega} \tag{7-1-12}$$

式中 ψ——轴承的间隙比，即 $\psi=c/r$；

c——轴承的半径间隙，mm；

r——轴颈半径，mm；

ω——轴颈的转速 r/min；

p_m——轴承上的平均压强，$p_m=F/BD$，MPa；

D——轴承直径，mm。

推力轴承

$$C_p=\frac{Fh_z^2}{\eta\omega B^4} \tag{7-1-13}$$

式中 h_z——支点处的润滑膜厚度，mm；

B——轴瓦宽度，即 $B=r_{out}-r_{in}$，mm。

2）摩擦阻力和功耗。

① 摩擦阻力：径向轴承轴颈上的摩擦阻力

$$F_\mu = \int_{-\frac{B}{2}}^{\frac{B}{2}}\int_{\phi_a}^{\phi_b}\left(\eta\frac{r\omega}{h}+\frac{h}{2r}\times\frac{\partial p}{\partial\phi}\right)r\mathrm{d}\phi\mathrm{d}z \quad (\mathrm{N}) \tag{7-1-14}$$

取摩擦阻力的相对单位为$\frac{2\eta r^2\omega B}{c}$，及摩擦因数$\mu=\frac{F_\mu}{F}$，则摩擦特性系数为

$$C_\mu=\frac{\mu}{\psi}\text{或 } F_\mu=C_\mu F\psi \tag{7-1-15}$$

C_μ 可分为承载区摩擦特性数 C_f 和非承载区摩擦特性数 C_t 两部分，即

$$C_\mu=C_f+C_t \tag{7-1-16}$$

推力轴承推力盘上的摩擦力矩

$$M_t = N\int_{r_{in}}^{r_{out}}\int_{\phi_a}^{\phi_b}\left(\frac{\eta r\omega}{h}+\frac{h}{2r}\times\frac{\partial p}{\partial\phi}\right)r^2\mathrm{d}\phi\mathrm{d}r \quad (\mathrm{N\cdot m}) \tag{7-1-17}$$

② 功耗：

径向轴承

$$N=F_\mu r\omega/1000 \quad (\mathrm{W}) \tag{7-1-18}$$

推力轴承

$$N=M_t\omega/1000 \quad (\mathrm{W}) \tag{7-1-19}$$

3）流量。进入轴承的总流量

$$Q=Q_1+Q_2+Q_3=2(k_{Q_1}+k_{Q_2}+k_{Q_3})\psi r^2\omega B \quad (\mathrm{L\cdot min^{-1}}) \tag{7-1-20}$$

式中 Q_1——承载区端泄流量，$\mathrm{L\cdot min^{-1}}$；

Q_2——非承载区端泄流量，$\mathrm{L\cdot min^{-1}}$；

Q_3——轴瓦供油槽两端由供油压力产生的附加流量，$\mathrm{L\cdot min^{-1}}$；

k_{Q_1}，k_{Q_2}，k_{Q_3}——相应的流量系数。

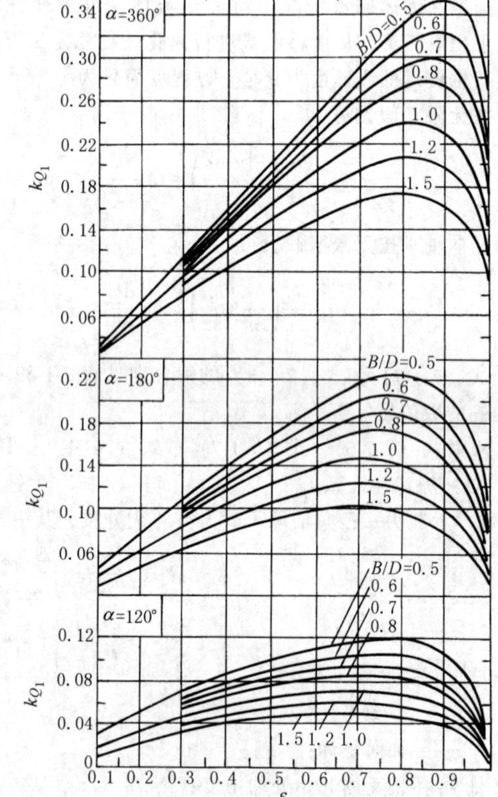

图 7-1-11 不同轴瓦包角时端泄流量系数 k_{Q_1} 值

对于径向轴承，k_{Q_1} 的值参见图 7-1-11。

$$k_{Q_2}=\zeta C_p\left(\frac{D}{B-b}\right)^2\frac{D}{B}\times\frac{p_s}{p_m} \tag{7-1-21}$$

式中 p_s——供油压强，MPa；

D——轴承直径，mm；

b——周向油膜槽宽（见图 7-1-12），mm；

ζ——系数，可由图 7-1-13 查出。

在轴瓦上水平对称布置两个供油槽（图 7-1-12）时

$$k_{Q_3}=\vartheta C_{\mathrm{p}}\left(\frac{D}{B}\right)^2\frac{m}{D}\left(\frac{B}{a}-2\right)\frac{p_{\mathrm{s}}}{p_{\mathrm{m}}} \tag{7-1-22}$$

系数 ϑ 的值由图 7-1-13 查出。

在轴瓦只有一个供油槽时

$$k_{Q_3}=\frac{p_{\mathrm{s}}m}{3\eta\psi\omega D^2B^2}\left(\frac{B}{a}-2\right)h^3 \tag{7-1-23}$$

$$h=c(1+\varepsilon\cos\theta_x)$$

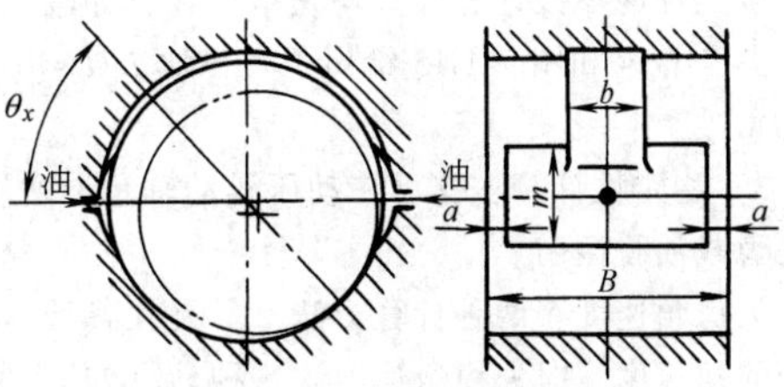

图 7-1-12　供油槽结构

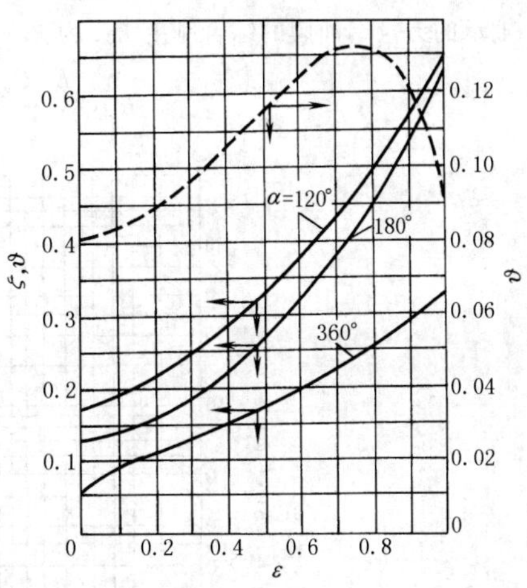

图 7-1-13　系数 ζ（实线）和 ϑ（虚线）值

式中　θ_x——供油槽中线的角坐标，从轴颈与轴承的连心线沿转动方向量起（见图 7-1-12）；

c——轴承半径间隙，$c=r\psi$，mm。

4）温升。设摩擦产生的热量全部由润滑油带走，且进油温度为 t_{in}，端泄油的平均温度为 t_{m}，则温升

$$\Delta t=t_{\mathrm{m}}-t_{\mathrm{in}}\quad(℃) \tag{7-1-24}$$

① 压力供油（矿物油）轴承，温升

$$\Delta t=590\frac{N}{Q}\quad(℃) \tag{7-1-25}$$

② 无压力供油轴承，温升

$$\Delta t=0.058\frac{C_{\mathrm{p}}p_{\mathrm{m}}}{k_{Q_1}+Eh\psi r\omega}\quad(℃) \tag{7-1-26}$$

式中，E 是与金属传热及润滑油比热容有关的系数。轻型结构、传热困难的轴承 $E=0.0091$；中型及一般散热条件下的轴承 $E=0.0145$；强制冷却的重型轴承 $E=0.0254$。

（3）动特性计算

1）油膜刚度：

$$\left.\begin{aligned}K_{xx}&=\frac{\partial F_x}{\partial x}=\frac{\partial}{\partial x}\int_{-B/2}^{B/2}\int_{\phi_{\mathrm{a}}}^{\phi_{\mathrm{b}}}p\sin\phi r\mathrm{d}\phi\mathrm{d}z\\K_{xy}&=\frac{\partial F_x}{\partial y}=\frac{\partial}{\partial y}\int_{-B/2}^{B/2}\int_{\phi_{\mathrm{a}}}^{\phi_{\mathrm{b}}}p\sin\phi r\mathrm{d}\phi\mathrm{d}z\\K_{yx}&=\frac{\partial F_y}{\partial x}=\frac{\partial}{\partial x}\int_{-B/2}^{B/2}\int_{\phi_{\mathrm{a}}}^{\phi_{\mathrm{b}}}p\cos\phi r\mathrm{d}\phi\mathrm{d}z\\K_{yy}&=\frac{\partial F_y}{\partial y}=\frac{\partial}{\partial y}\int_{-B/2}^{B/2}\int_{\phi_{\mathrm{a}}}^{\phi_{\mathrm{b}}}p\cos\phi r\mathrm{d}\phi\mathrm{d}z\end{aligned}\right\}(\mathrm{N/m}) \tag{7-1-27}$$

2）油膜阻尼：

$$\left.\begin{aligned}C_{xx}&=\frac{\partial F_x}{\partial v_x}=\frac{\partial}{\partial v_x}\int_{-B/2}^{B/2}\int_{\phi_{\mathrm{a}}}^{\phi_{\mathrm{b}}}p\sin\phi r\mathrm{d}\phi\mathrm{d}z\\C_{xy}&=\frac{\partial F_x}{\partial v_y}=\frac{\partial}{\partial v_y}\int_{-B/2}^{B/2}\int_{\phi_{\mathrm{a}}}^{\phi_{\mathrm{b}}}p\sin\phi r\mathrm{d}\phi\mathrm{d}z\\C_{yx}&=\frac{\partial F_y}{\partial v_x}=\frac{\partial}{\partial v_x}\int_{-B/2}^{B/2}\int_{\phi_{\mathrm{a}}}^{\phi_{\mathrm{b}}}p\cos\phi r\mathrm{d}\phi\mathrm{d}z\\C_{yy}&=\frac{\partial F_y}{\partial v_y}=\frac{\partial}{\partial v_y}\int_{-B/2}^{B/2}\int_{\phi_{\mathrm{a}}}^{\phi_{\mathrm{b}}}p\cos\phi r\mathrm{d}\phi\mathrm{d}z\end{aligned}\right\}(\mathrm{N\cdot s/m}) \tag{7-1-28}$$

如取$\dfrac{\eta\omega B}{\psi^3}$为油膜刚度的相对单位，$\dfrac{\eta B}{\psi^3}$为油膜阻尼的相对单位，$c$ 为轴承的半径间隙，$c\omega$ 为 v_x、v_y 的相对单位，则可得到相应的无量纲油膜刚度及阻尼，即 K_{xx}、K_{xy}、K_{yx}、K_{yy}、C_{xx}、C_{xy}、C_{yx}、C_{yy}。

以上性能参数计算公式均是指单瓦，如轴承为多瓦，则相应轴承的性能参数为诸瓦之和。

图 7-1-14 和图 7-1-15 给出了长径比 $B/D=0.8$ 时圆轴承的无量纲刚度及阻尼 K_{xx}、K_{xy}、K_{yx}、K_{yy} 和 C_{xx}、C_{xy}、C_{yx}、C_{yy}。

3）稳定性计算：支承在动压滑动轴承上的转子，其工作角速度 ω 应低于失稳角速度，否则就会发生轴承油膜失稳或油膜振荡。

失稳角速度有两种计算方法。一是在各种角速度下，算出动特性，判断是否稳定，再计算由稳定到不稳定转变处的角速度，即失稳角速度。这种计算方法，可计入角速度改变时温度、黏度和 ε 的改变，在定量的意义上比较合理，但计算工作量大。通常用的是另一种较为简化的计算方法，此法的理论基础是：界限状态下运动方程的特征值的实部必为零（即特征值必为纯虚数）。这种方法的优点是简单易行，可用以判断稳与不稳以及大致地看到稳与不稳的程度。

轴承的无量纲油膜的综合刚度 K_{eq} 为：

$$K_{eq}=\frac{K_{xx}C_{yy}+K_{yy}C_{xx}-K_{xy}C_{yx}-K_{yx}C_{xy}}{C_{xx}+C_{yy}}\quad (\mathrm{N/m}) \tag{7-1-29}$$

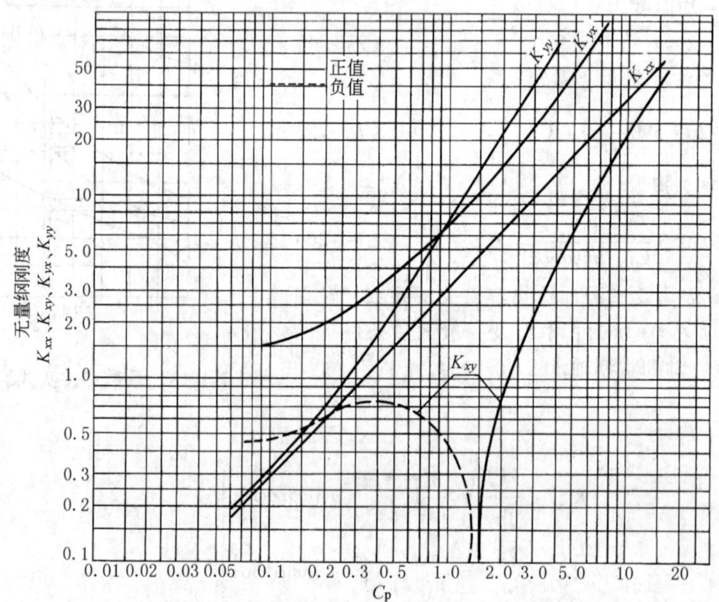

图 7-1-14　圆轴承（$B/D=0.8$）的 C_p-K 曲线

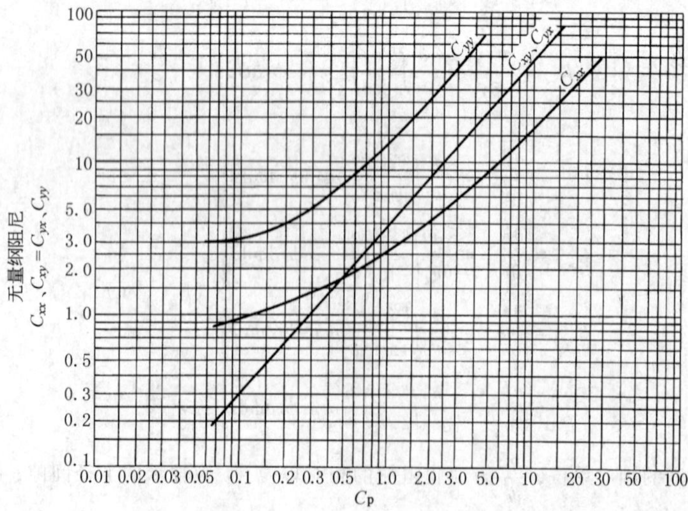

图 7-1-15　圆轴承（$B/D=0.8$）的 C_p-C 曲线

轴颈的涡动比平方

$$r_{st}^2=\frac{(K_{eq}-K_{xx})(K_{eq}-K_{yy})-K_{xy}K_{yx}}{C_{xx}C_{yy}-C_{xy}C_{yx}} \tag{7-1-30}$$

$K_{eq}<0$，则系统不稳定，需重新设计；$K_{eq}>0$，$r_{st}^2<0$，则系统稳定；$K_{eq}>0$，$r_{st}^2>0$，则按以下方法计算失稳转速。

单跨转子系统的对称单质量刚性转子，失稳角速度 ω_s

$$\omega_s=\frac{\eta B}{M\psi^3}\times\frac{K_{eq}}{r_{st}^2} \tag{7-1-31}$$

单跨转子系统的对称单质量弹性转子，失稳角速度 ω_s

$$\omega_s=\frac{-M\omega_k^2}{2K_{eq}\dfrac{\eta B}{\psi^3}}+\omega_k\sqrt{\left(\frac{M\omega_k}{2K_{eq}\dfrac{\eta B}{\psi^3}}\right)^2+\frac{1}{r_{st}^2}} \tag{7-1-32}$$

式中　M——转子总质量 $M_{总}$ 分配至该轴承上的质量，对于对称转子，$M=\dfrac{M_{总}}{2}$，kg；

K_{eq}——无量纲油膜综合刚度；

ω_k——$\omega_k=\sqrt{\dfrac{K}{M}}$（$K$ 为转子总刚度分配至该轴承上的刚度）。

3.4.2　径向轴承主要评价指标

（1）比压

比压（也称之为平均压强）p_m 定义为指外载荷 F 与轴承投影面积（宽度 B 乘以内径 D）的比值，其计算公式如下：

$$p_m=\frac{F}{BD}\quad(\text{MPa}) \tag{7-1-33}$$

比压 p_m 是评价轴承承载能力的重要指标，对于油润滑轴承，一般比压小于 1MPa 可视为轻载，1~3MPa 可视为中载，3MPa 以上可视为重载。

在可能情况下（如保证一定的油膜厚度、合适的温升等），平均压强 p_m 宜取较高值，以保证运转的平稳性，减小轴承尺寸；但压强过高，油膜厚度过薄，对油质的要求将提高，且液体润滑易遭破坏，使轴承损伤。

轴承平均压强 p_m 的一般设计值（对轴承合金，同下；括号内数值为最高值）如表 7-1-72。

表 7-1-72　　**p_m 的一般设计值**

设备名称	比压/MPa	设备名称	比压/MPa
轧钢机	10~20(25)	齿轮变速装置、拖拉机	0.5~3.5(4)
通风机、压缩机	0.2~2(4)	铁路车辆	5~15
汽轮机、发电机、机床	0.6~2(2.5)	风电齿轮箱	10~15(20)

（2）线速度

线速度是衡量滑动轴承设计难易程度的重要指标。液体动压滑动轴承一般不超过 130m/s，线速度越高，功耗越大，温升越高。

（3）轴承数

轴承数 S（亦称 Sommerfeld 数）是重要的无量纲参数，与工作状态下的最小油膜厚度呈正相关，轴承数越小，最小膜厚越小，反之亦然，其计算公式如下：

$$S=\frac{\mu N_s}{p_m}\left(\frac{r}{c}\right)^2 \tag{7-1-34}$$

其中，μ 是润滑介质的黏度，Pa·s；N_s 是轴颈的转速，r/s；p_m 是轴承比压，Pa，R 是轴颈半径，m；c 是轴承半径间隙，m。设计良好的径向轴承的轴承数 S 一般位于 0.1~1 之间，小于 0.1 可视为重载轴承，在设计时应注重提高轴承承载力，重点关注最小膜厚等静特性参数；大于 1 可视为轻载轴承，在设计时应注重提高轴承的稳定性，重点关注临界质量等动特性参数。

3.4.3 径向轴承主要结构参数

（1）宽径比

宽径比是指轴承宽度与内径之比，定义为 B/D，通常取 $B/D=0.3\sim1.5$。

宽径比较小时，有利于增大比压，提高运转平稳性；增加流量，降低温升；减轻边缘接触现象。随着轴承宽度 B 的减小，功耗将降低，占用空间将减小，但轴承承载能力也将降低；压力分布曲线陡峭，易于出现轴承合金局部过热现象。

高速重载轴承温度升高，有边缘接触危险，B/D 宜取小值。低速重载轴承为提高轴承整体刚性，B/D 宜取大值。高速轻载轴承，如对轴承刚性无过高要求，可取小值；转子挠性较大的轴承宜取小值；需要转子有较大刚性的机床轴承，宜取较大值；在航空、汽车发动机上，受空间地位限制的轴承，B/D 可取小值。一般机器常用的 B/D 值见表 7-1-73。

表 7-1-73　一般机器常用的 B/D 值

设备名称	宽径比	设备名称	宽径比
汽轮机、风机、电机、发电机、离心泵	0.4~1.0	轧钢机	0.6~0.9
工业齿轮箱	0.6~1.5	风电行星齿轮箱	1~1.5
机床、拖拉机	0.8~1.2		

（2）间隙比和顶隙比

间隙比 Ψ 是动压径向轴承最重要的设计参数。间隙比（也称为径向间隙比或游隙比）是指轴瓦圆弧的曲率半径和轴颈半径之差 c 与轴颈半径 r 的比值，其计算公式如下

$$\Psi=c/r \tag{7-1-35}$$

顶隙比 Ψ_b 是指轴瓦装配好后轴承瓦弧中最大内切圆的半径与轴颈半径之间的差 c_b 和轴颈半径 r 的比值。

$$\Psi_b=c_b/r \tag{7-1-36}$$

顶隙比与间隙比的关系见下式。

$$\Psi=\Psi_b/(1-m) \tag{7-1-37}$$

一般取 $\Psi_b=0.001\sim0.003$。Ψ_b 值主要应根据速度和载荷选取：速度愈高，Ψ_b 值应愈大；载荷越大，Ψ_b 值则越小。此外，直径大、宽径比小、调心性能好、加工精度高时，Ψ_b 可取小值；反之取大值。

一般情况下，顶隙比 Ψ_b 大时，流量大，温升低，承载力和刚度低。

顶隙比对转子轴承系统的稳定性有较大影响。一般压强小的轴承，减小顶隙比可提高系统稳定性；而压强大的轴承增大顶隙比可提高工作稳定性。

一般机器常用的轴承顶隙比 Ψ_b 见表 7-1-74。

表 7-1-74　常用顶隙比

设备名称	顶隙比	设备名称	顶隙比
汽轮机、电动机、发电机	0.001~0.002	通风机、离心泵、齿轮变速装置	0.001~0.003
轧钢机、铁路车辆	0.0002~0.0015	风电齿轮箱	0.0012~0.0016
内燃机	0.0005~0.001		

（3）预负荷

对于椭圆瓦、错位瓦、多油叶瓦和可倾瓦等非圆轴承（非圆指轴颈在轴承间隙内可自由移动的范围是非圆形的），其每个瓦块仍然为圆弧面，但圆弧面的圆心与轴承的几何中心之间存在一定的偏移量，该偏移量与轴承半径间隙之间的比值称为预负荷 m，计算公式如下：

$$m=1-c_b/c_p$$

其中，c_b 表示轴承半径间隙，表示轴瓦装配后，轴颈位于轴承中心时，轴瓦最大内切圆与轴颈之间的半径间隙；c_p 表示轴瓦半径间隙，表示轴瓦半径与轴颈半径的差值。预负荷 m 表征了设计间隙的非圆程度，图 7-1-16 展示了不同预负荷轴承的截面。当预负荷为 0 时，轴瓦的圆心与轴承的几何中心重合，此时为普通的圆柱瓦轴承。当预负荷为 1 时，轴颈半径间隙 c_b 为 0，轴颈与轴瓦发生接触。

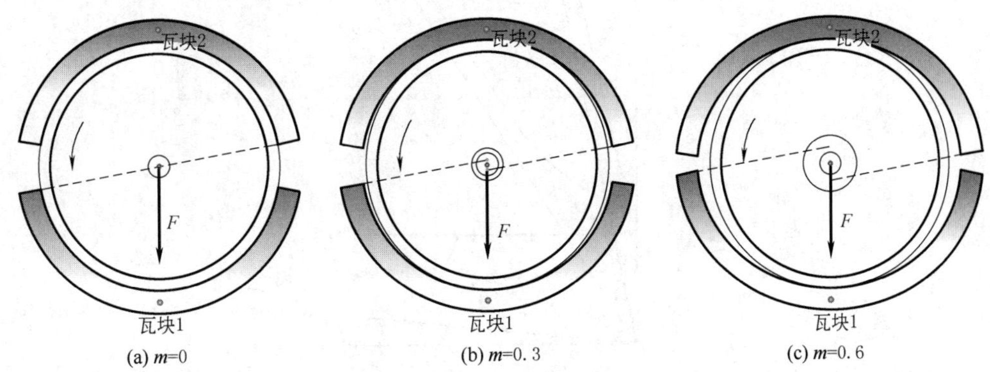

图 7-1-16　不同预负荷的示意图

预负荷是非圆径向轴承主要设计参数之一，多用于改善高速轻载工况下轴承的稳定性。

一般预负荷 $m=0.2\sim0.7$。通常 m 值越高，轴承的稳定性越好，侧泄流量越高，承载力有所下降。

（4）收敛比

收敛比是非圆径向轴承的另一个主要设计参数之一，在可倾瓦轴承中称为偏支系数，表示当轴瓦位于轴承中心时，瓦块收敛的角度与瓦块包角的比例，计算公式如下：

$$\alpha=\frac{\theta_3-\theta_1}{\theta_2-\theta_1}$$

其中，θ_1 和 θ_2 分别表示轴瓦起始和终止角度，当轴颈位于轴承中心时，在 θ_3 处轴承具有最小的间隙。图 7-1-17 展示了非圆径向轴承的关键设计几何参数的关系。

注意：仅当轴承的预负荷 m 不为零时，收敛比 α 才有意义。一般固定瓦轴承 $\alpha=0.5\sim1$，可倾瓦轴承 $\alpha=0.5\sim0.65$，通常 α 值越高，轴承侧泄流量越高，温度越低，稳定性有所增强，但油膜压力分布的均匀性有所下降。对于需要正反转的轴承 α 应取为 0.5。

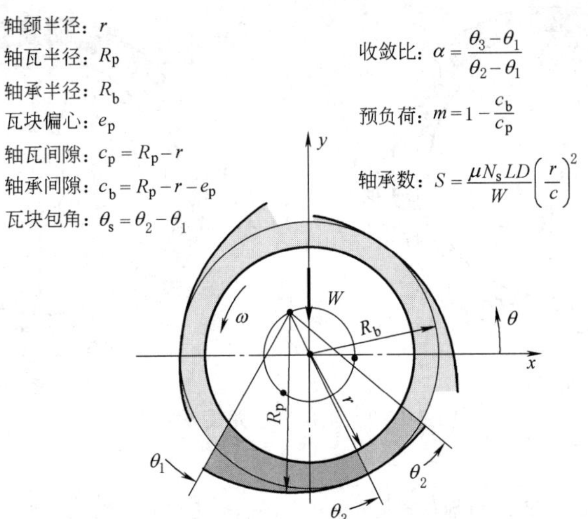

图 7-1-17　径向轴承主要几何参数示意图

（5）瓦块数量

瓦块数量 z 对轴承的承载力和稳定性等具有重要影响。如图 7-1-18 所示，椭圆轴承的稳定区比圆轴承的稳定区大；三油叶轴承的稳定区又比椭圆轴承的稳定区大，且在各个方向上的油膜刚度也较均匀，但并非瓦数愈多，稳定区一定愈大。

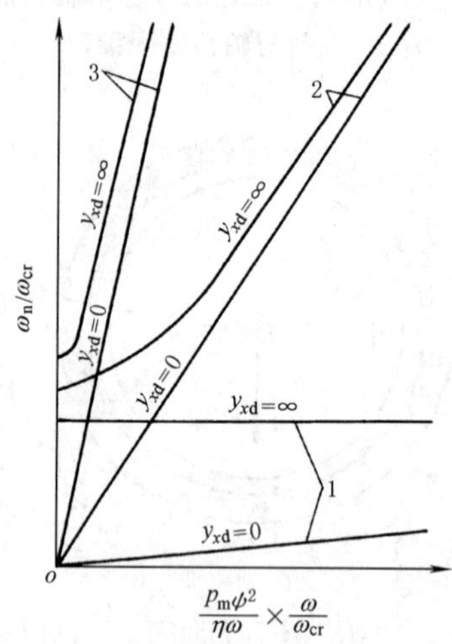

图 7-1-18　三种轴承稳定区的比较（$y_{xd}=y/c$）

1—圆轴承；2—椭圆轴承；3—三油叶轴承；

y—轴的静挠度；c—半径间隙；ω—工作角速度；ω_{cr}—临界角速度；ω_n—轴系失稳角速度

曲线右下方为稳定区，左上方为非稳定区

一般 z 取值 1~5，通常 z 增多，承载力减小，温度有所降低。

选取瓦块数量时，要兼顾稳定区和承载能力两方面的要求。瓦块数量还影响轴承的安装结构，偶数油叶便于采用剖分结构。

（6）安装角度

多瓦轴承安装角度对轴承的刚度和温度等特性具有重要影响。图 7-1-19 展示了载荷在瓦上（LOP）和载荷在瓦间（LBP）两种典型的安装形式。一般 LBP 结构，轴承水平和垂直方向的刚度相差不大，最高瓦温较低；LOP 结构水平方向的刚度显著小于垂直方向的刚度，最高瓦温较高。

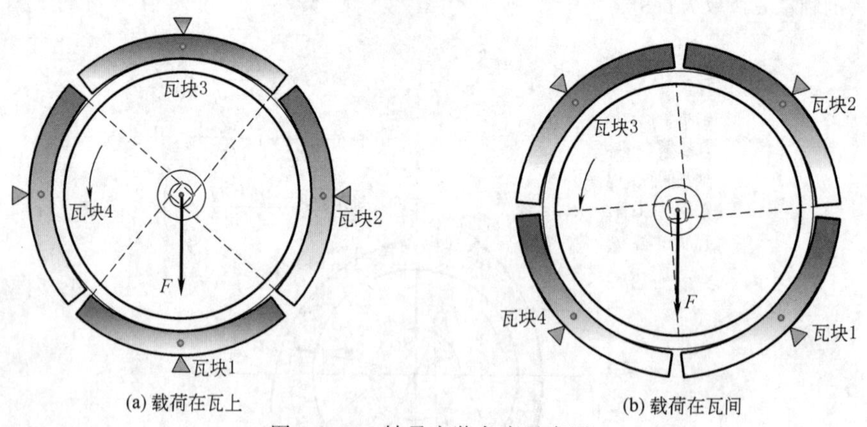

图 7-1-19　轴承安装角度示意图

（7）填充系数

可倾瓦轴承各块瓦的弧长总和 zL 与轴颈圆周长 πd 之比，称为填充系数 k，即

$$k=\frac{zL}{\pi d} \tag{7-1-38}$$

通常取 $k=0.7\sim0.8$。由于 k 与功耗成正比，当载荷较小时，可取更低的填充系数（如 $k=0.5$）以降低温升。

（8）供油槽

表 7-1-75 **润滑槽**（摘自 GB/T 6403.2—2008） mm

滑动轴承上用的润滑槽型式	平面上用的润滑槽型式
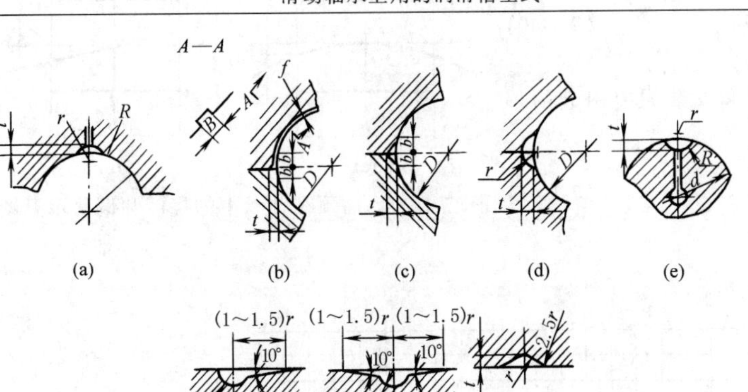	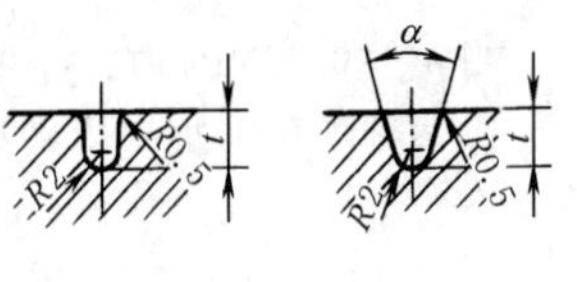 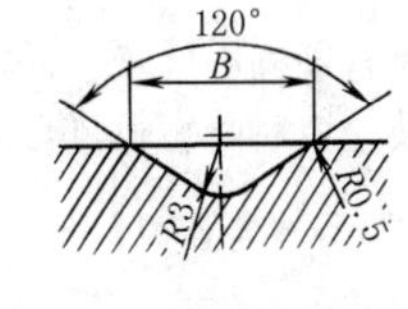 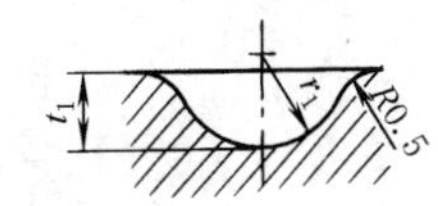
图 a~d 用于径向轴承的轴瓦上；图 e 用于径向轴承的轴上；图 f、g 用于推力轴承上；图 h 用于推力轴承的端面上	

直径 D	直径 d	t	r	R	B	f	b	
≤50		0.8	1.0	1.0	—	—	—	B：4，6，10，12，16 α：15°，30°，45° t：3，4，5 t_1：1，1.6，2 r_1：1.6，2.5，4
		1.0	1.6	1.6	—	—	—	
		1.6	3.0	6.0	5.0	1.6	4.0	
>50~120		2.0	4.0	10	8.0	2.0	6.0	
		2.5	5.0	16	10	2.0	8.0	
		3.0	6.0	20	12	2.5	10	
>120		4.0	8.0	25	16	3.0	12	
		5.0	10	32	20	3.0	16	
		6.0	12	40	25	4.0	20	

注：标准中未注明尺寸的棱边，按小于 0.5mm 倒圆。

3.4.4 径向轴承主要运维参数

（1）供油温度

供油温度 T_s 一般可取 35~60℃。供油温度对轴承性能影响较大。供油温度升高，偏心率增加，最小膜厚减小，最大膜压增加，轴承温度增加，功耗降低，流量增加，稳定性增加。

（2）供油压力

供油压力 p_s 一般可取 0~0.25MPa。供油压力对动压轴承性能影响较为有限。供油压力增加，回油流量一般有所增加，回油温度有所降低，但轴承承载区的温度和性能一般变化不大。

3.4.5 径向轴承主要许用参数

（1）最小油膜厚度

为确保轴承在液体润滑条件下安全运转，应使最小油膜厚度 h_{min} 大于轴颈、轴瓦工作表面不平度与轴颈挠度之和：

$$h_{min} \geqslant h_{lim} = S(R_1+R_2+y_1+y_2) \quad (\text{mm}) \tag{7-1-39}$$

式中 S——裕度，对一般机械的轴承取 $S=1.1\sim1.5$，对轧钢机轴承取 $S=2\sim3$；

R_1，R_2——对轴颈和轴瓦表面不平度平均高度；

y_1——轴颈在轴承中的挠度，见图 7-1-20a；

y_2——轴颈偏移量，见图 7-1-20b。

端轴颈的轴颈挠度可按式（7-1-40）计算：

$$y_1 = 1.6\times10^{-10} p_m D\left[\left(\frac{B}{D}\right)^4 + 1.81\left(\frac{B}{D}\right)^2\right] \quad (\text{mm}) \tag{7-1-40}$$

当 $p_m \leqslant 0.30\text{MPa}$ 时，y_1 可忽略不计。

y_2 为轴颈在轴承中因轴的弯曲变形和安装误差引起的偏移量：

$$y_2 = \frac{B}{2}\tan\beta \quad (\text{mm}) \tag{7-1-41}$$

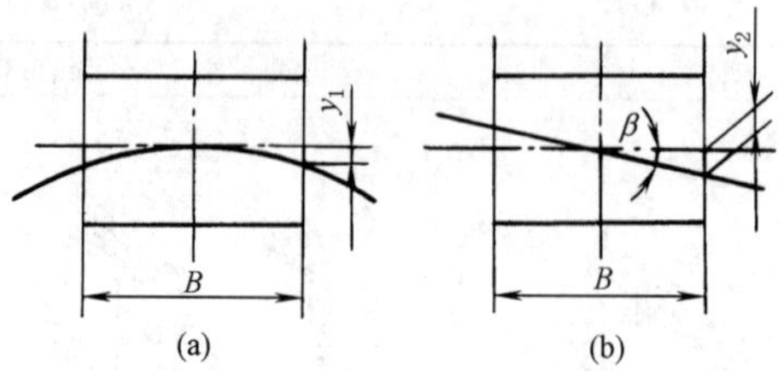

图 7-1-20　轴颈在轴承中的挠度和偏移示意图

对自动调心轴承，$y_2 = 0$。

缺乏资料时，也可参考图 7-1-21 选取 h_{lim}。

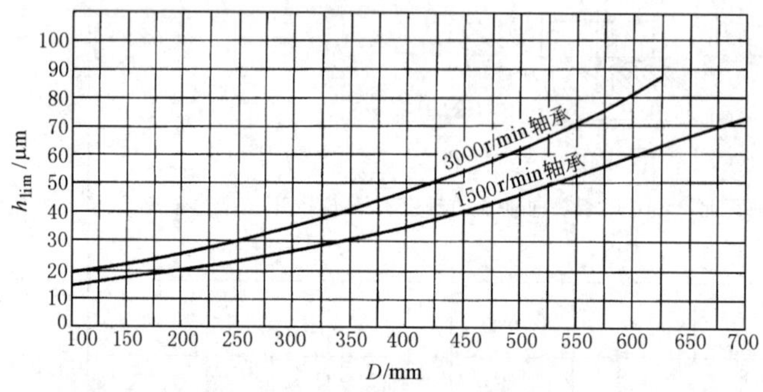

图 7-1-21　允许最小油膜厚度 h_{lim} 与轴承直径的关系曲线

润滑油膜的最小许用厚度（允许最小油膜厚度）h_{lim} 可以用公式确定：

$$h_{lim} = Rz_B + Rz_1 + \frac{1}{2}By + \frac{1}{2}y + h_{wav,eff} \quad (\text{mm}) \tag{7-1-42}$$

式中　$Rz_B + Rz_1$——在理想位置（$X—X$ 线）处，轴颈与轴承的微观不平度十点高度的总和；

$\frac{1}{2}By$——轴承宽度内的轴线同轴度（$Y—Y$ 线）；

$\frac{1}{2}y$——平均挠度（$Z—Z$ 线）。

如果在滑动表面（轴承或轴颈）的圆周方向上存在波动的几何偏差，在计算 h_{lim} 时，应考虑用轴颈最不利位置处的等效波纹度 $h_{wav,eff}$ 来计算。这种情况下，$h_{wav,eff}$ 为承受静载时轴承的等效波纹度或为承受旋转载荷时轴颈的等效波纹度。

如果已知粗糙度、变形和倾斜位置，则可以用图 7-1-22 来确定给定工作点（e 或 h_{lim}）的等效波纹度 $h_{wav,eff}$ 和最大许用等效波纹度 $h_{wav,eff,lim}$。

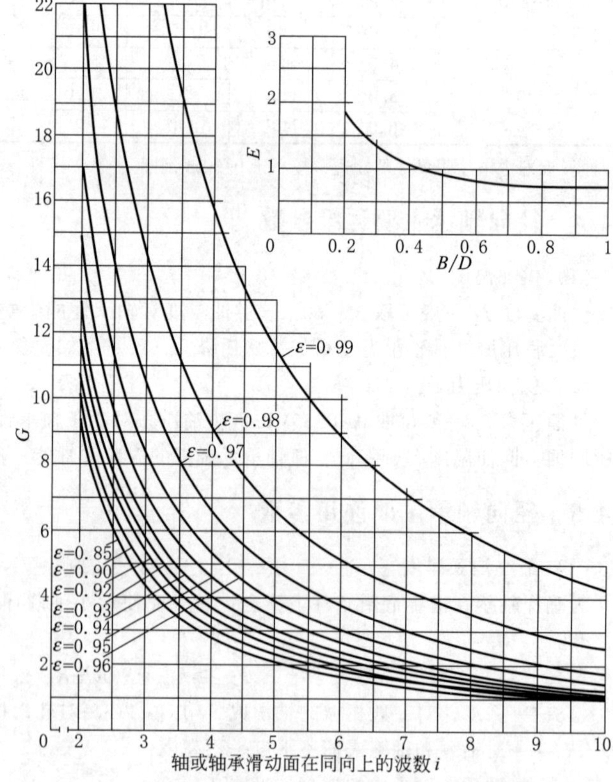

图 7-1-22　等效波纹度 $h_{wav,eff}$ 和最大许用等效波纹度 $h_{wav,eff,lim}$ 的确定

根据上式得

$$h_{lim} = m + h_{wav,eff} \quad (\text{mm}) \tag{7-1-43}$$

其中

$$m = Rz_B = Rz_1 + \frac{By}{2} + \frac{y}{2} \quad (\text{mm}) \tag{7-1-44}$$

$$h_{\mathrm{wav,eff}}=\frac{E}{G}a \quad (\mathrm{mm}) \tag{7-1-45}$$

注：E、G 由图 7-1-22 查得。

当给定润滑油膜的最小厚度 $h_{\min}$ 时，最大许用等效波纹度的幅值由下式确定：

$$h_{\mathrm{wav,eff,lim}}=h_{\min}-m \quad (\mathrm{mm}) \tag{7-1-46}$$

最大许用绝对波纹度的值 $h_{\mathrm{wav,lim}}$ 为：

$$h_{\mathrm{wav,lim}}=\frac{G}{E}h_{\mathrm{wav,eff,lim}} \quad (\mathrm{mm}) \tag{7-1-47}$$

例：$h_{\mathrm{wav,eff}}$、$h_{\lim}$、$h_{\mathrm{wav,eff,lim}}$、$h_{\mathrm{wav,lim}}$ 的计算示例

给定量：

$$B/D=0.5$$

$$c/2=85\times10^{-3} \quad (\mathrm{mm})$$

$$m=6\times10^{-3} \quad (\mathrm{mm})$$

$$h_{\mathrm{wav}}=5\times10^{-3} \quad (\mathrm{mm})$$

$$i=6$$

$$h_{\min}=8.5\times10^{-3} \quad (\mathrm{mm})$$

$$\varepsilon=1-\frac{2h_{\min}}{c}=1-\frac{2\times8.5\times10^{-3}}{2\times85\times10^{-3}}=0.9$$

当 $B/D=0.5$ 时，由图 7-1-22 查得：$E=0.86$

当 $i=6$（波数的确定可见图 7-1-23）且 $\varepsilon=0.9$ 时，由图 7-1-22 查得：$G=1.85$

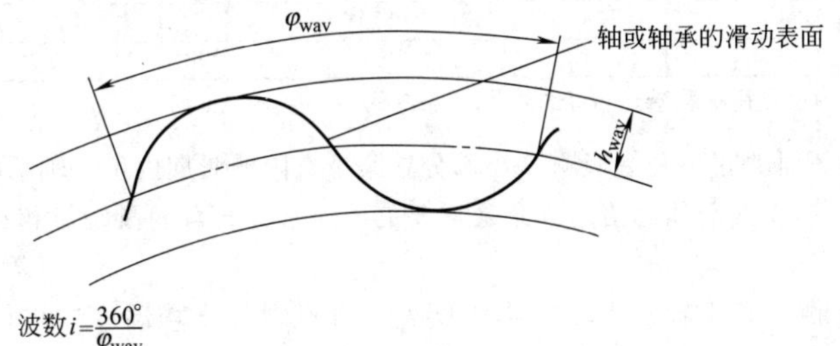

图 7-1-23　滑动表面的波纹度值 h_{wav}、波形周期角 φ_{wav} 和波数 i

因此

$$h_{\mathrm{wav,eff}}=\frac{E}{G}a=\frac{0.86}{1.85}\times5\times10^{-6}=2.32\times10^{-3}(\mathrm{mm})$$

且

$$h_{\lim}=m+h_{\mathrm{wav,eff}}=6\times10^{-3}+2.32\times10^{-3}=8.32\times10^{-3} \quad (\mathrm{mm})$$

由于 $h_{\min}>h_{\lim}$，故 $h_{\min}=8.5\times10^{-6}\mathrm{m}$ 可用。

$$h_{\mathrm{wav,eff,lim}}=h_{\min}-m=8.5\times10^{-3}-6\times10^{-3}=2.5\times10^{-3} \quad (\mathrm{mm})$$

$$h_{\mathrm{wav,lim}}=\frac{G}{E}h_{\mathrm{wav,eff,lim}}=\frac{1.85}{0.86}\times2.5\times10^{-3}=5.38\times10^{-3} \quad (\mathrm{mm})$$

通常，形状公差是不规则的。计算 $h_{\mathrm{wav,eff}}$ 时，承载区域滑动表面的波纹很重要。

对于载荷和滑动速度较低的磨合过程，为了修平滑动表面，允许使用一个较小的润滑油膜最小厚度值。必要时，轴承应使用具有良好磨合性的材料。

表 7-1-76 给出了 $h_{\lim}$ 的经验值，其中假设了轴的微观不平十点高度 $Rz_1\leqslant4\mu\mathrm{m}$；滑动表面的几何误差较小、装配正确并且润滑油充分过滤。

表 7-1-76　　最小许用润滑油膜厚度的经验值 $h_{\lim}$（GB/T 21466.3—2008）　　μm

轴径 D_1/mm	轴颈线速度 U_1/m·s^{-1}				
	$U_1\leqslant1$	$1<U_1\leqslant3$	$3<U_1\leqslant10$	$10<U_1\leqslant30$	$U_1<30$
$24<D_1\leqslant63$	3	4	5	7	10
$63<D_1\leqslant160$	4	5	7	9	12

续表

轴径 D_1/mm	轴颈线速度 U_1/m·s^{-1}				
	$U_1 \leqslant 1$	$1<U_1 \leqslant 3$	$3<U_1 \leqslant 10$	$10<U_1 \leqslant 30$	$U_1<30$
$160<D_1 \leqslant 400$	6	7	9	11	14
$400<D_1 \leqslant 1000$	8	9	11	13	16
$1000<D_1 \leqslant 25000$	10	12	14	16	18

（2）油温和瓦温

轴承的最大许用温度 T_{lim} 取决于轴承材料和润滑油。随着温度的升高，轴承材料的硬度和强度降低。对于低熔点的铅基合金和锡基合金应特别注意。另外，随温度的升高，润滑油的黏度下降，滑动轴承的承载能力也因此而下降，某些情况下，可能导致混合摩擦磨损。此外，当温度高于 80℃时，基础油为矿物油的润滑油的老化速度会加快。

当滑动轴承在稳定状态下运行时，温度场为恒定值。当根据 GB/T 21466—2008 进行计算时，轴承的热负荷可以通过轴承温度 T_B 来描述，或者通过润滑油的出口温度 T_{ex} 来描述，假设它们均不高于 T_{lim}。表 7-1-77 给出了 T_{lim} 的一般经验值，其中考虑了温度场的最大值高于计算所得的轴承温度 T_B，或者高于计算所得的润滑油的出口温度 T_{ex}。

表 7-1-77　　轴承最大许用温度的经验值 T_{lim}

轴承润滑的类型	T_{lim}/℃ ①	
	润滑油总量与每分钟润滑油流量之比	
	≤5	>5
压力润滑(循环润滑)	100(115)	110(125)
无压润滑(自动润滑)	90(110)	

① 例外情况下，圆括号内的值可用在特殊运行条件。

对于全部可用的轴承润滑油来说，总是只有一小部分在某个有限的时期内位于轴承间隙中，因而处在高温的情况下。也就是说 T_B 或 T_{ex} 对于润滑油的使用寿命是重要的。通常，与自润滑轴承相比，这一比率更有利于全周润滑的轴承。

轴承性能计算根据热平衡状态下轴承平均工作温度 t_m（即端泄油平均温度）进行，初步计算时可取 $t_m=50\sim60$℃。

一般取进油温度 $t_1=30\sim45$℃，平均油温 $t_m \leqslant 75$℃，温升 $\Delta t \leqslant 30$℃。作为设计依据之一的瓦温，一般以强度急剧下降时金属的软化点作为控制值，对轴承合金常取 $t_{max}=90\sim100$℃。

常用润滑油的温度与黏度的关系见图 7-1-24。

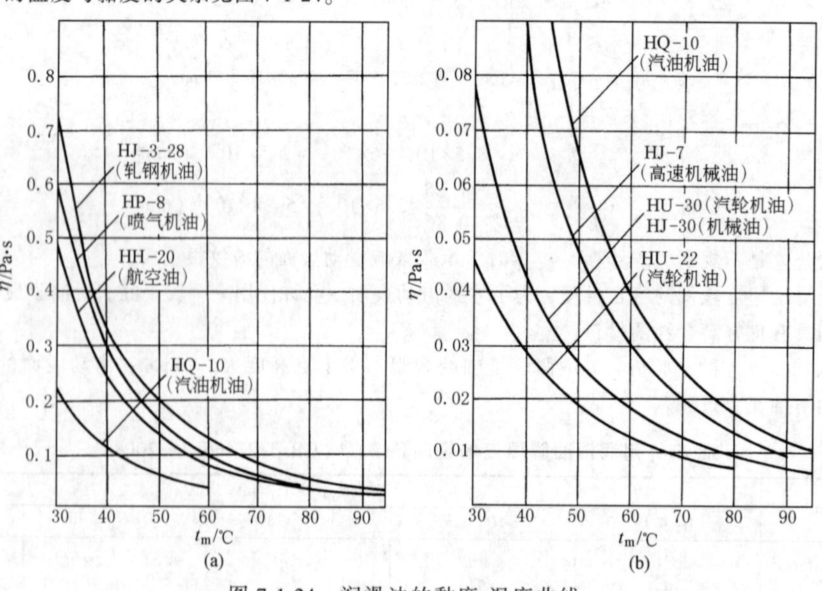

图 7-1-24　润滑油的黏度-温度曲线

(3) 轴承比压（摘自 GB/T 21466.3—2008）

轴承最大许用比压 $p_{\lim}$ 是为了保证滑动表面的变形不影响安全运行及不发生裂纹。除了轴承材料的成分外，还有许多其他决定性影响因素，如制造方法、材料结构、轴承材料的厚度和轴承衬背的形状与型式，另外，还应校核轴承在启动时是否满载。如果启动时轴承比压 p_m 大于 2.5~3MPa，则可能需要通过外加油压（辅助静压装置）顶轴。否则，滑动表面会发生磨损。表 7-1-78 给出了 $p_{\lim}$ 的经验值。

表 7-1-78　轴承比压的最大许用经验值 $p_{\lim}$

轴承材料合金类别①	$p_{\lim}$②/MPa③	轴承材料合金类别①	$p_{\lim}$②/MPa③
铅基合金和锡基合金	5(15)	Al-Sn 合金	7(18)
Cu-Pb 合金	7(20)	Al-Zn 合金	7(20)
Cu-Sn 合金	7(25)		

① 根据 GB/T 18326、JB/T 7921、JB/T 7922 和 ISO 4381 的分类。

② 括号内的值，用于特殊的运行条件下，例如滑移速度非常低时。

③ $1MPa=1N/mm^2$。

3.4.6　径向动压轴承轴颈和轴承公差带的确定

轴颈和轴承公差带可采用如下方法确定。

(1) 制造公差的确定

表 7-1-79　制造工差确定示例

过程	项目	计算结果
设计要求	五瓦可倾瓦轴径:150mm 轴颈直径加工公差:0.018mm 轴承直径加工公差:0.025mm 平均顶隙比:1.543‰ 平均预负荷:0.614	
确定轴承直径 D_p	轴颈直径	$150_{-0.018}^{0}$mm
	轴承直径	轴颈直径+$2c_b$
	平均轴承间隙	150×0.001543/2=0.115725mm
	平均轴颈直径	150-0.009=149.991mm
	平均轴承直径	149.991+2×0.115725=150.22245mm
	最大轴承直径	150.22245+0.025/2=150.235mm
	最小轴承直径	150.22245-0.025/2=150.210mm
	轴承直径	$150.210_{0}^{+0.025}$mm
确定轴瓦间隙 c_p	平均轴瓦间隙	c_p=0.115725/(1-0.614)=0.29980mm
	平均轴瓦直径	平均轴颈直径+2×c_p
	平均轴瓦直径	149.991+2×0.29980=150.591mm
	最小轴瓦直径	150.591-0.025/2=150.578mm
	最大轴瓦直径	150.591+0.025/2=150.603mm
	轴瓦直径	$150.578_{0}^{+0.025}$mm
最终结果	轴颈	$150_{-0.018}^{0}$mm(149.982~150mm)
	轴承	$150.210_{0}^{+0.025}$mm(150.210~150.235mm)
	轴瓦	$150.578_{0}^{+0.025}$mm(150.578~150.603mm)
	平均轴承半径间隙	0.116mm(0.1050~0.1265mm)(1.54‰,1.40‰~1.69‰)
	平均轴瓦半径间隙	0.300mm(0.2890~0.3105mm)(4.00‰,3.85‰~4.14‰)
	最大预负荷和最小预负荷	有四种可能的极值
	预负荷极值 1	1-[(150.235-150)/(150.578-150)]=0.593
	预负荷极值 2	1-[(150.210-150)/(150.603-150)]=0.652
	预负荷极值 3	1-[(150.235-149.982)/(150.578-149.982)]=0.576
	预负荷极值 4	1-[(150.210-149.982)/(150.603-149.982)]=0.633
	最大预负荷	0.652
	最小预负荷	0.576
	平均预负荷	0.614

（2）粗糙度的确定

通常，轴颈和轴瓦孔表面轮廓算术平均偏差之和（R_s+R）应不大于 h_{2lim} 的 1/5～1/10。图 7-1-25 可供按最小油膜厚度极限值 h_{2lim} 选取 R_s 和 R 时参考。考虑到加工孔与轴的难易因数不同，一般轴颈表面粗糙度参数值小于轴瓦孔的，建议 R_s 按图中下限取，而 R 按上限取。

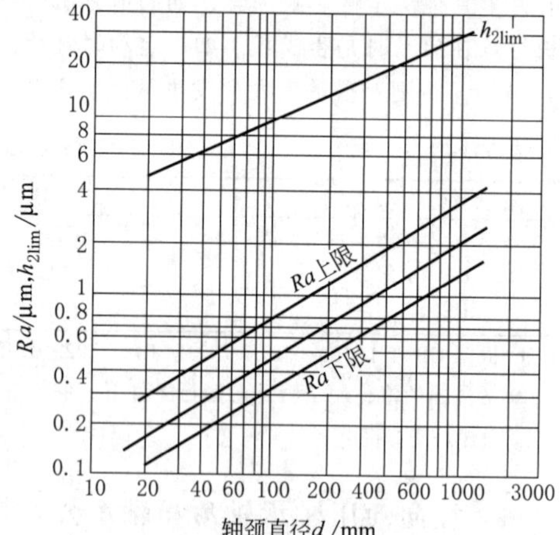

图 7-1-25　粗糙度的确定

3.4.7　动压径向轴承设计计算的一般步骤

① 根据轴承数 S 判断轴承设计的主要矛盾，当轴承数 S 小于 0.1 时，应重点关注轴承的承载力和油膜厚度，当轴承数大于 1 时，应重点关注轴承的刚度阻尼和稳定性。

② 根据线速度 v 初选轴承类型和顶隙比，当线速度小于 20m/s 时，可一般可选用圆柱瓦轴承，当线速度大于 20m/s 而小于 60m/s 时，一般可选用具有预负荷的多瓦固定瓦轴承，当线速度高于 60m/s 时，可以选用可倾瓦轴承；一般轴承顶隙比为 0.001～0.003，线速度 v 越高，顶隙比应越大。

③ 根据轴承比压 p_m 设定宽径比，可通过调整轴承宽度使轴承比压控制在合理范围。

④ 根据 3.4.8 节所述方法或专用分析工具校核轴承的温度、流量、功耗、刚度和阻尼等轴承特性，如果不满足要求，需要反复调整顶隙比、宽径比、预负荷、收敛比等关键结构参数。

3.4.8　典型径向轴承的性能公式与曲线

（1）径向轴承的示意图与几何关系

表 7-1-80　　径向轴承的示意图与几何关系

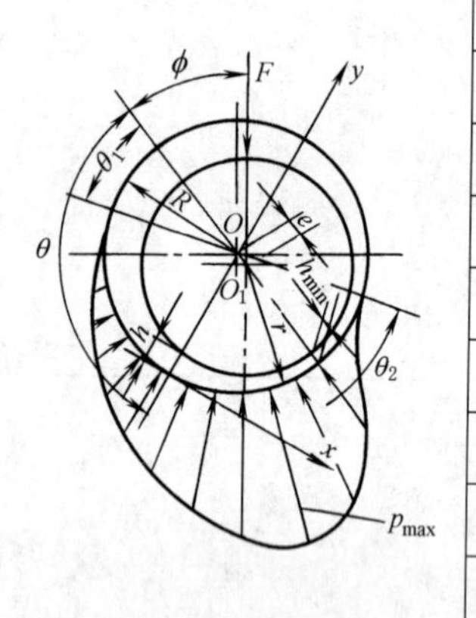

名称	符号及公式
半径间隙	$c=R-r$
间隙比	$\Psi=c/r$
偏心距	e
偏心率	$\varepsilon=e/c$
油膜厚度	$h=c(1+\varepsilon\cos\theta)$
轴瓦包角	α
偏位角	ϕ
最小油膜厚度	$h_{min}=c(1-\varepsilon)$（仅适用于圆轴承）

（2）无限宽径向轴承性能计算

表 7-1-81　无限宽径向轴承性能计算（通常可将宽径比 $B/D>2$ 的轴承近似看作无限宽轴承）

项目	计算公式
任意点压强	$p=6\dfrac{\eta\omega}{\psi^2}\times\dfrac{1}{(1-e^2)^{3/2}}\left\{\beta-e\sin\beta-\dfrac{(2+e^2)\beta-4e\sin\beta+e^2\sin\beta\cos\beta}{2[1+e\cos(\beta_2-\pi)]}\right\}$　　(1)
平均压强	$p_m=\dfrac{\eta\omega}{\psi^2}\times\dfrac{3}{2(1-e^2)^{1/2}[1+\varepsilon\cos(\beta_2-\pi)]}\left\{\dfrac{\varepsilon^2[1+\cos(\beta_2-\pi)]^4}{1-\varepsilon^2}+4[\beta_2\cos(\beta_2-\pi)-\sin(\beta_2-\pi)]\right\}^{1/2}$　　(2)

续表

<table>
<tr><th colspan="2">项目</th><th>计算公式</th></tr>
<tr><td colspan="2">轴承特性数</td><td>$$C_p=\frac{p_m\psi^2}{\eta\omega}=\frac{3}{2(1-\varepsilon^2)^{1/2}[1+\varepsilon\cos(\beta_2-\pi)]}\left\{\frac{\varepsilon^2[1+\cos(\beta_2-\pi)]^4}{1-\varepsilon^2}+4[\beta_2\cos(\beta_2-\pi)-\sin(\beta_2-\pi)]^2\right\}^{1/2} \quad (3)$$</td></tr>
<tr><td colspan="2">载荷</td><td>$$F=p_m BD=\frac{\eta\omega BD}{\psi^2}C_p \quad (4)$$</td></tr>
<tr><td rowspan="2">摩擦力</td><td>承载区</td><td>$$F_\mu=\frac{\eta\omega}{\psi}\times\frac{BD}{2(1-\varepsilon^2)^{1/2}[1+\varepsilon\cos(\beta_2-\pi)]}[\beta_2-4\varepsilon\beta_2\cos(\beta_2-\pi)-3\varepsilon\sin(\beta_2-\pi)] \quad (5)$$</td></tr>
<tr><td>非承载区</td><td>$$F'=\xi\pi\eta r\omega B/\psi \quad (6)$$</td></tr>
<tr><td rowspan="3">摩擦数</td><td>承载区</td><td>$$\frac{\mu}{\psi}=\frac{\beta_2}{2(1-\varepsilon^2)^{1/2}C_p}+\frac{\varepsilon\sin\phi}{2} \quad (7)$$</td></tr>
<tr><td>非承载区</td><td>$$\frac{\mu'}{\psi}=\frac{\pi\xi}{2}C_p \quad (8)$$</td></tr>
<tr><td>偏位角</td><td>$$\tan\phi=\frac{-2(1-e^2)^{1/2}[\sin(\beta_2-\pi)-\beta_2\cos(\beta_2-\pi)]}{\varepsilon[1+\cos(\beta_2-\pi)]^2} \quad (9)$$</td></tr>
<tr><td colspan="2">β 和 β_2</td><td>β 是积分代换角坐标，与 θ 的关系为 $\cos\beta=\frac{\varepsilon+\cos\theta}{1+\varepsilon\cos\theta}$；$\beta_2$ 是与 θ_2 对应的 β 值，此值由图 b 确定。
系数 ξ 值的选取：$\alpha=120°$时，$\xi=4/3$；$\alpha=180°$时，$\xi=1$；$\alpha=360°$时，ξ 见图 a。α 为轴承包角
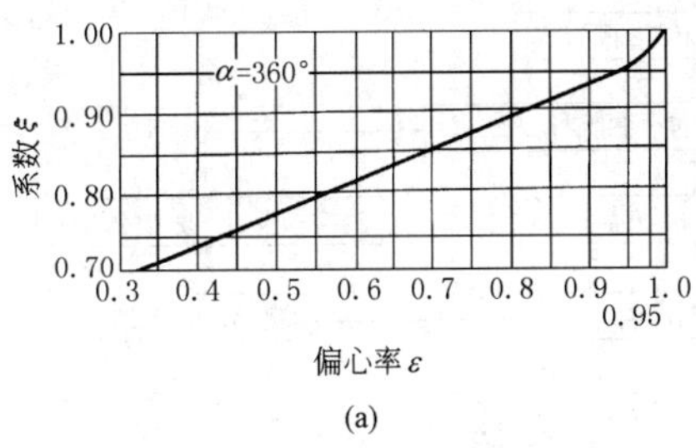
(a)
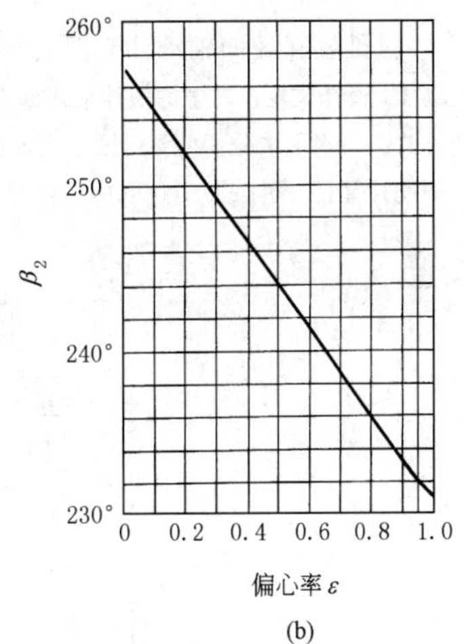
(b)</td></tr>
</table>

（3）无限窄径向轴承性能计算

表 7-1-82　无限窄径向轴承性能计算（通常可将宽径比 $B/D<0.4$ 的轴承近似地看作无限窄轴承）

项目	计算公式
任意点的压强	$$p=\frac{3\eta\omega}{c^2}\left(\frac{B^2}{4}-z^2\right)\frac{\varepsilon\sin\theta}{(1+\varepsilon\cos\theta)^3} \quad (1)$$
平均压强	$$p_m=\frac{\eta\omega}{\psi^2}\left(\frac{B}{D}\right)^2\frac{\varepsilon}{2(1-\varepsilon^2)^2}[\pi^2(1-\varepsilon^2)+16\varepsilon^2]^{1/2} \quad (2)$$
轴承特性数（无量纲）	$$\frac{p_m\psi^2}{\eta\ \omega}=\left(\frac{B}{D}\right)^2\frac{\varepsilon}{2(1-\varepsilon^2)^2}[\pi^2(1-\varepsilon^2)+16\varepsilon^2]^{1/2} \quad (3)$$

续表

<table>
<tr><th colspan="2">项目</th><th>计算公式</th></tr>
<tr><td colspan="2">载荷</td><td>$F=BDp_m=BD\frac{\eta\omega}{\psi^2}\left(\frac{p_m\psi^2}{\eta\ \omega}\right)$ (4)</td></tr>
<tr><td rowspan="2">摩擦力</td><td>承载区</td><td>$F_\mu=\frac{\eta\omega}{\psi}\times\frac{\pi BD}{2(1-\varepsilon^2)^{1/2}}$ (5)</td></tr>
<tr><td>非承载区</td><td>$F'=\frac{\eta\omega}{\psi}\times\frac{\pi BD}{2(1+\varepsilon)(1-\varepsilon^2)^{1/2}}=\frac{1}{1+\varepsilon}F_\mu$ (6)</td></tr>
<tr><td rowspan="2">摩擦数</td><td>承载区</td><td>$\frac{\mu}{\psi}=\frac{\pi(1-\varepsilon^2)^{3/2}}{\varepsilon[\pi^2(1-\varepsilon^2)+16\varepsilon^2]^{1/2}}\left(\frac{D}{B}\right)^2$ (7)</td></tr>
<tr><td>非承载区</td><td>$\frac{\mu'}{\psi}=\frac{\pi(1-\varepsilon^2)^{3/2}}{\varepsilon(1+\varepsilon)[\pi^2(1-\varepsilon^2)+16\varepsilon^2]^{1/2}}\left(\frac{D}{B}\right)^2=\frac{\mu}{(1+\varepsilon)\psi}$ (8)</td></tr>
<tr><td colspan="2">偏位角</td><td>$\tan\phi=\frac{\pi}{4}\times\frac{(1-\varepsilon^2)^{1/2}}{\varepsilon}$ (9)</td></tr>
<tr><td rowspan="2">承载区</td><td>流量</td><td>$Q_1=vBc\varepsilon$ (10)</td></tr>
<tr><td>流量系数</td><td>$\frac{Q_1}{\psi vBD}=\frac{\varepsilon}{2}$ (11)</td></tr>
</table>

注：z 为轴承宽度方向的坐标，原点取在轴承宽度的中点。

第7篇

3.4.9 液体动压径向轴承的计算图表与设计示例

（1）圆柱瓦径向轴承计算图表与设计示例

例 1 设计汽轮机转子的液体动压润滑轴承。已知：轴承直径 $D=300$mm，载荷 $F=65000$N，转速 $n=3000$r/min，轴承为自动调心式，在水平中分面两侧供油，进油温度控制在 40℃左右。

例题计算过程可按图 7-1-26 所示框图进行。计算结果见表 7-1-83，方案 1 温升过高，应采用方案 2。

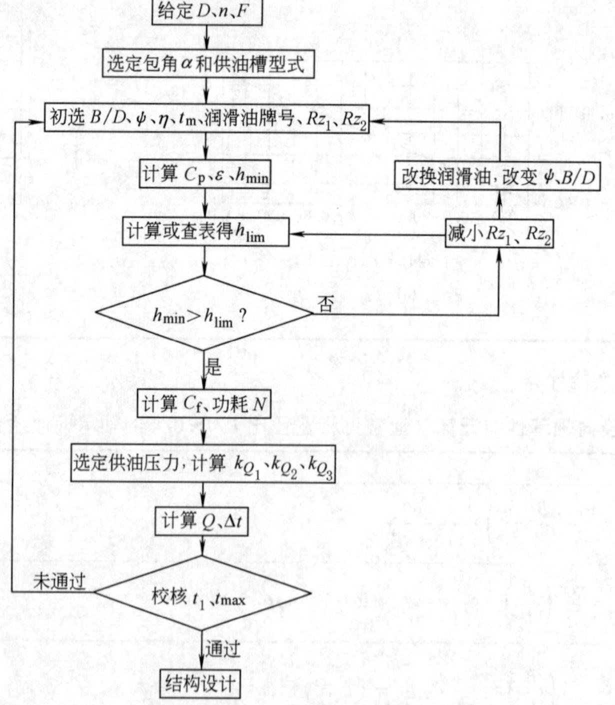

图 7-1-26 计算框图［Rz_1、Rz_2 表示表面粗糙度，与式（7-1-39）中 R_1、R_2 是对应关系］

表 7-1-83　　**单油叶径向轴承性能计算**

计算项目	单位	计算公式及说明	结果 方案1	结果 方案2
轴承载荷 F	N	已知	65000	
轴承直径 D	mm	已知	300	
宽径比 B/D		选定	0.8	
轴承宽度 B	mm	$B=\left(\frac{B}{D}\right)D$	240	
转速 n	r/min	已知	3000	
角速度 ω	1/s	$\omega=2\pi n/60$	314	
间隙比 Ψ		选定	0.0015	0.002
半径间隙 c	mm	$c=\frac{\Psi D}{2}$	0.225	0.3
平均压强 p_m	MPa	$p_m=\frac{F}{BD}$	≈0.9	
润滑油牌号		选定	HU-22	
平均油温 t_m	℃	预选	56	
在 t_m 下油的黏度	Pa·s	查图 7-1-24	0.015	
轴承特性数 $C_p=\frac{p_m\psi^2}{\eta\omega}$		式(7-1-12)	0.43	0.76
偏心率 ε		根据轴承特性数查图 7-1-27	0.40	0.55
最小油膜厚度 h_{min}	mm	$h_{min}=c(1-\varepsilon)$	0.135	0.135
轴颈表面粗糙度		按使用要求定	$\sqrt{Ra0.8}$	
轴颈表面不平度平均高度 R_1	mm		0.0032	
轴瓦表面粗糙度		按使用要求定	$\sqrt{Ra1.6}$	
轴瓦表面不平度平均高度 R_2	mm		0.0063	
轴颈挠度 y_1	mm	式(7-1-40)	0	
轴颈偏移量 y_2	mm	式(7-1-41)	0	
许用最小油膜厚度 h_{lim}	mm	式(7-1-39)	0.0143 (取 $S=1.5$)	
校核条件 $h_{min}\geqslant h_{lim}$			通过	通过
承载区摩擦因数 μ/Ψ		查图 7-1-27	6.1	4.1
系数 ξ		根据轴承包角确定	1	1
非承载区摩擦因数$\frac{\mu'}{\Psi}$		表 7-1-81 中式(8)	0.68	1.19
功耗 N	kW	式(7-1-18)其中 $F_\mu=\left(\frac{\mu}{\Psi}+\frac{\mu'}{\Psi}\right)\times\Psi\times F$	32.4	32.4
承载区流量系数 k_{Q_1}		查图 7-1-10	0.114	0.148
供油压强 p_s	MPa	按使用要求定	0.1	0.1
系数 ζ		查图 7-1-13	0.23	0.29
非承载区流量数 k_{Q_2}		式(7-1-21)	0.0164	0.038
系数 ϑ		查图 7-1-13	0.105	0.12
供油槽宽度 m	mm	$m=(0.2\sim0.25)D$	60	
阻油槽宽度 α	mm	$\alpha=0.05D$	15	
槽泄流量系数 k_{Q_3}		式（7-1-22）和式（7-1-23）	0.219	0.0443
总流量 Q	L/min	式（7-1-20）	46.5	93.6
润滑油温升 Δt	℃	式（7-1-25）和式（7-1-26）	24.1	12.3
校核进油温度 t_1	℃	$t_1=t_m-\Delta t$	31.9	43.7

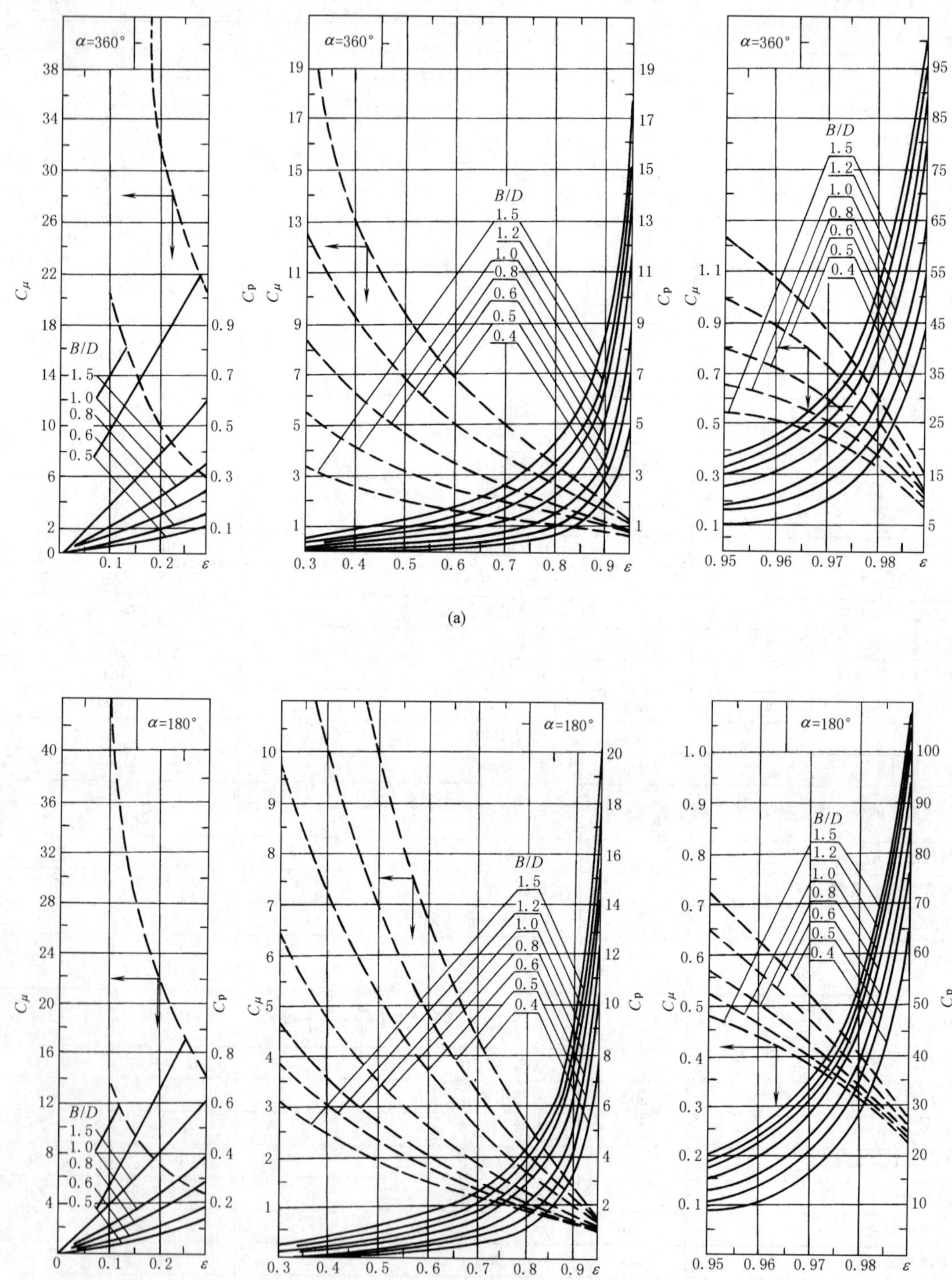
α=360°
α=360°
α=360°
B/D
1.5
1.2
1.0
0.8
0.6
0.5
0.4
C_μ
C_p
ε
(a)
α=180°
α=180°
α=180°
(b)

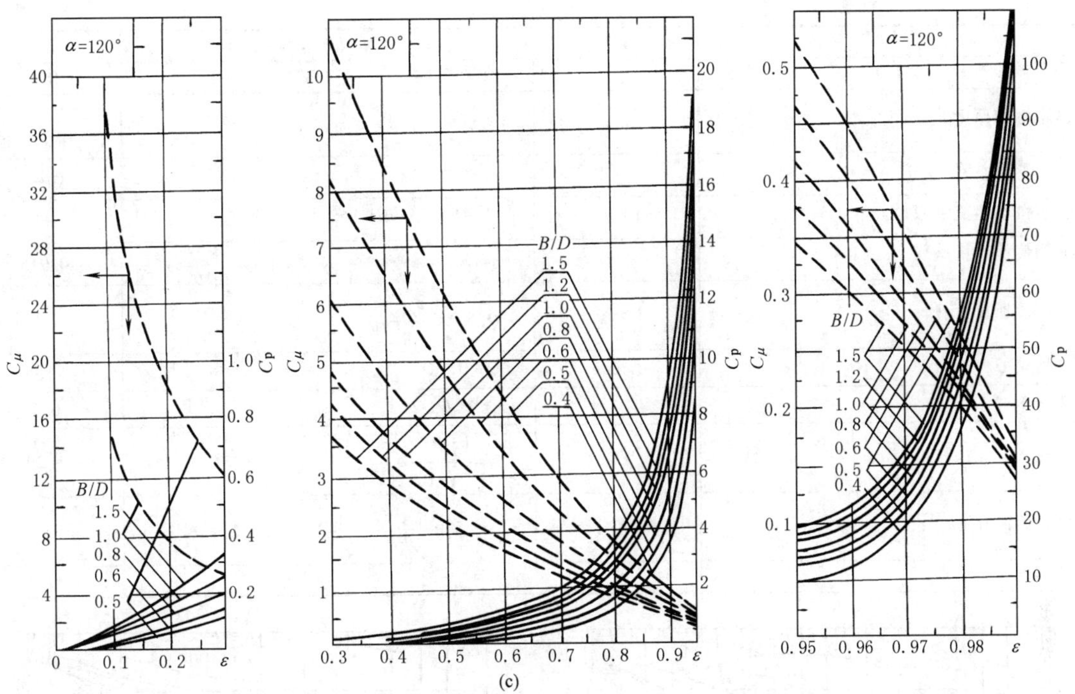

图 7-1-27 C_p-ε（实线）、C_μ-ε（虚线）关系曲线

（2）椭圆瓦径向轴承计算图表与设计示例

例 2 设计汽轮机转子的椭圆轴承。已知：轴承直径 $D=300\text{mm}$，载荷 $F=65000\text{N}$，转速 $n=3000\text{r/min}$；在水平中分面两侧供油，供油压力 $p_s=0.1\text{MPa}$，进油温度为 40℃。

设计过程框图参见图 7-1-26。计算结果见表 7-1-84。

表 7-1-84 **椭圆轴承的性能计算**

计算项目	单位	计算公式及说明	结果
载荷 F	N	已知	65000
转速 n	r/min	已知	3000
轴承直径 D	mm	已知	300
轴承宽径比 B/D		选定	1
轴承宽度 B	mm	$B=(B/D)D$	300
平均压强 p_m	MPa	$p_m=\dfrac{F}{BD}$	0.722
轴颈角速度 ω	1/s	$\omega=\dfrac{n\pi}{30}$	314
椭圆度 Ψ/Ψ_b		选定	2
顶隙比 Ψ_b		选定	0.0015
侧(间)隙比 Ψ		$\Psi=(\Psi/\Psi_b)\Psi_b$	0.0030
顶隙 c_b	mm	$c_b=\Psi_b D/2$	0.225
侧隙 c	mm	$c=\Psi D/2$	0.450
润滑油牌号		选定	HU-22
轴承平均油温 t_m	℃	选定	50
油在 t_m 时的黏度 η	Pa·s	查有关资料或图 7-1-24	0.02
轴承特性数 $C_p=\dfrac{p_m\Psi^2}{\eta\omega}$		式(7-1-12)	1.035

续表

计算项目	单位	计算公式及说明	结果
相对偏心率 ε_i		查图 7-1-28	0.6
最小油膜厚度 h_{min}	mm	$h_{min}=(1-\varepsilon_i)c$	0.18（大于许用值）
端泄流量系数 k_{Q_1}		查图 7-1-28	0.44
承载区端泄流量 Q_1	L/min	$Q_1=0.125\omega BD^2\Psi k_{Q_1}$	84
油槽侧泄流量系数 k_{Q_3}		查图 7-1-29	0.915
油槽侧泄流量 Q_3	L/min	$Q_3=0.3\dfrac{p_s c^3}{\eta}k_{Q_3}$	7.5
总流量 Q	L/min	$Q=Q_1+Q_3$	91.5
功耗系数 k_N		查图 7-1-29	6.5
功耗 N	kW	$N=\dfrac{k_N\eta D^2\omega^2 B}{4\times10^3\Psi}$	≈29
润滑油温升 Δt	℃	$\Delta t=590\dfrac{N}{Q}$	10.8
校核进油温度 t_1	℃	$t_1=t_m-\Delta t$	39.2

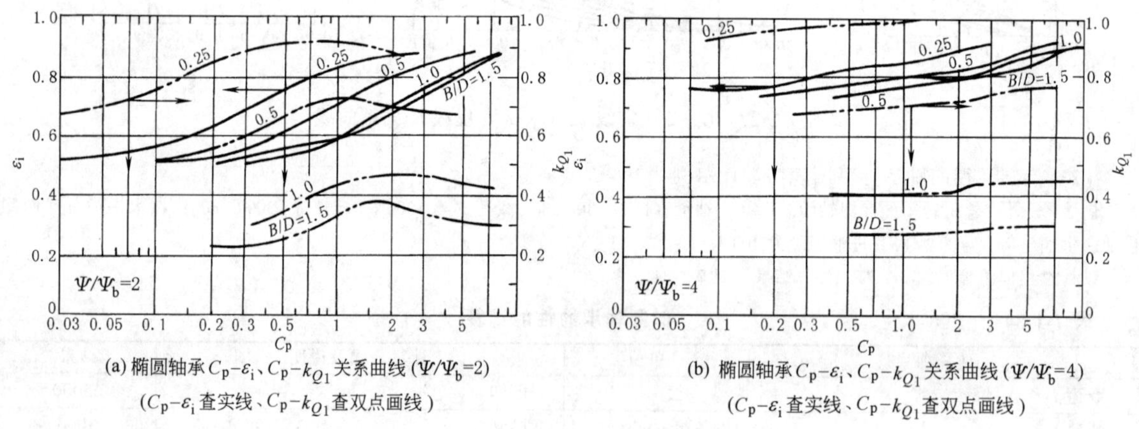

(a) 椭圆轴承 C_p-ε_i、C_p-k_{Q_1} 关系曲线（$\Psi/\Psi_b=2$）（C_p-ε_i 查实线、C_p-k_{Q_1} 查双点画线）

(b) 椭圆轴承 C_p-ε_i、C_p-k_{Q_1} 关系曲线（$\Psi/\Psi_b=4$）（C_p-ε_i 查实线、C_p-k_{Q_1} 查双点画线）

图 7-1-28　c_p 与 ε_i、k_{Q_1} 的关系曲线

ε_i—两偏心率中的大者；k_{Q_1}—流量系数

（3）可倾瓦径向轴承计算图表与设计示例

例 3　计算一鼓风机的五瓦可倾瓦径向轴承。已知：轴颈直径 $D=80$mm，转速 $n=11500$r/mim，宽径比 $B/D=0.4$，间隙比 $\Psi=0.002$，转子质量 $F=1250$N，进油温度希望在 40℃左右，瓦的布置如图 7-1-30 所示。

设计计算过程框图参见图 7-1-36。计算结果见表 7-1-85。

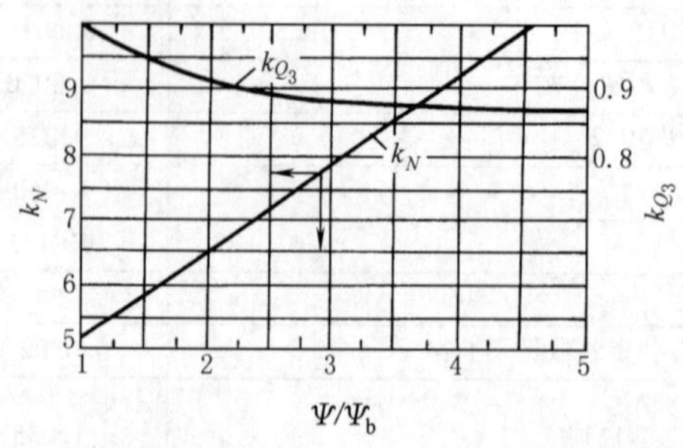

图 7-1-29　椭圆轴承的流量系数 k_{Q_3} 和功耗系数 k_N

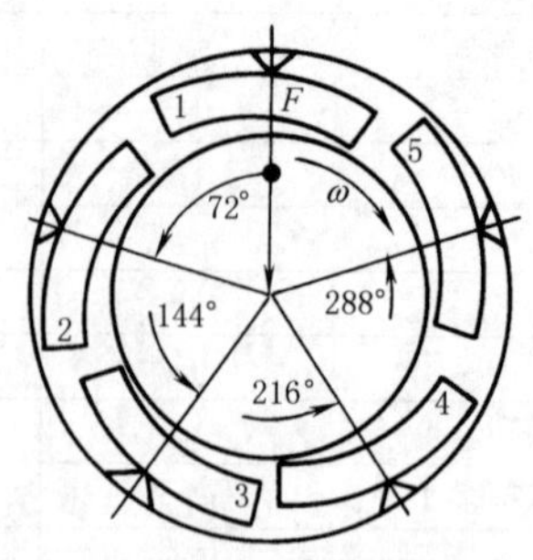

图 7-1-30　可倾瓦径向轴承的布置

表 7-1-85　　可倾瓦径向轴承的性能计算

计算项目	单位	计算公式及说明	结果
载荷 F	N	已知	1250
转速 n	r/min	已知	11500
轴承直径 D	mm	已知	80
轴承宽径比 B/D		给定或选取	0.4
轴瓦宽 B	mm	$B=(B/D)D$	32
轴瓦数 z		选取	5
填充系数 k		选取	0.7
每块瓦的瓦长 L	mm	$L=\frac{k\pi D}{z}$	35
每块瓦占据角度 θ		$\theta=\frac{2L}{D}\times\frac{180}{\pi}$	50°08′
长宽比 $\frac{L}{B}$		希望 $\frac{L}{B}\approx1$	1.094
角速度 ω	1/s	$\omega=\frac{\pi n}{30}$	1200
间隙比 Ψ		选取	0.002
加工间隙 c	mm	$c=\Psi\frac{D}{2}$	0.08
润滑油牌号		选取	HU-22
轴承平均工作温度 t_m	℃	选取	50
在 t_m 下的油黏度 η	Pa·s	查图 7-1-24	0.02
支点位置 $\frac{L_c}{L}$		查图 7-1-31	0.606
载荷系数 k_F		查图 7-1-31	152.5
最小油膜厚度系数 k_h		查图 7-1-31	1.525
功耗系数 k_N		查图 7-1-31	1.45×10^3
温升系数 k_t		查图 7-1-31	0.78
流量系数 k_Q		查图 7-1-31	0.24
进油端到支点弧长 L_c	mm	$L_c=\frac{L_c}{L}L$	21.2
进油端到支点夹角 θ_c		$\theta_c=\frac{2L_c}{D}\times\frac{180}{\pi}$	30°22′
平均压强 p_m	MPa	$p_m=\frac{F}{BD}$	0.488
轴承特性数 $C_p=\frac{p_m\psi^2}{\eta\omega}\times\frac{1}{k^2k_F}$		用该数在图 7-1-32 和图 7-1-33 上查各个系数	0.1088×10^{-2}
系数 $k_h\frac{h_{lim}}{c}$		查图 7-1-32	0.8
最小油膜厚度的最小值 h_{lim}	mm	$h_{lim}=\left(k_h\frac{h_{lim}}{c}\right)\frac{c}{k_h}$	4.2×10^{-2}
偏心率 ε		查图 7-1-32	0.25
系数 $k_Nk\frac{R}{c}\mu$		查图 7-1-33	1.2×10^3
摩擦因数 μ		$\mu=\left(k_Nk\frac{R}{c}\mu\right)\frac{c}{k_h}$	0.63
功耗 N	kW	$N=\frac{\mu F\omega D}{2}\times10^{-3}$	3.7
系数 $\Delta t\frac{kk_t}{p_m}$	℃·MPa	查图 7-1-32	10.5
温升 Δt	℃	$\Delta t=\left(\Delta t\frac{kk_t}{p_m}\right)\frac{p_m}{kk_t}$	9.4

第7篇

续表

计算项目	单位	计算公式及说明	结果
校核进油温度 t_1	℃	$t_1=t_m-\Delta t$	40.6
流量 Q	L/min	$Q=\frac{\omega DcBz}{2}k_Q$	8.82
系数$\frac{F_{max}}{F}$		查图 7-1-33	1.2
受载最大的瓦上的载荷 F_{max}	N	$F_{max}=\frac{F_{max}}{F}F$	1500
受载最大的瓦上的压强 p_{mmax}	MPa	$p_{mmax}=\frac{F_{max}}{BL}$	1.34

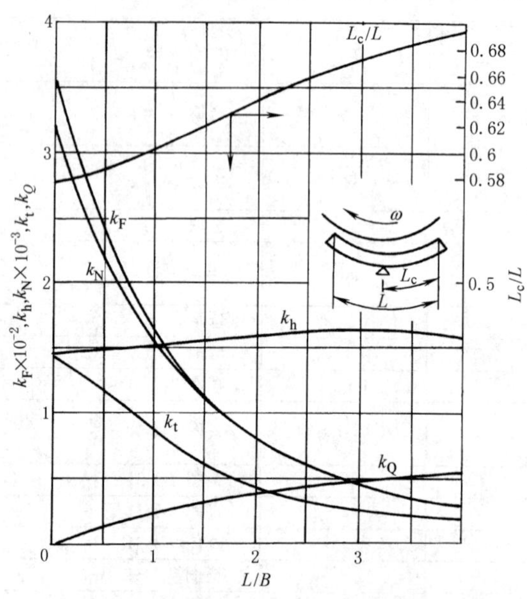

图 7-1-31　可倾瓦径向轴承的特征系数和支点位置

k_F—载荷系数；k_N—功耗系数；k_t—温升系数；k_Q—流量系数；k_h—最小油膜厚度系数；B—瓦的宽度

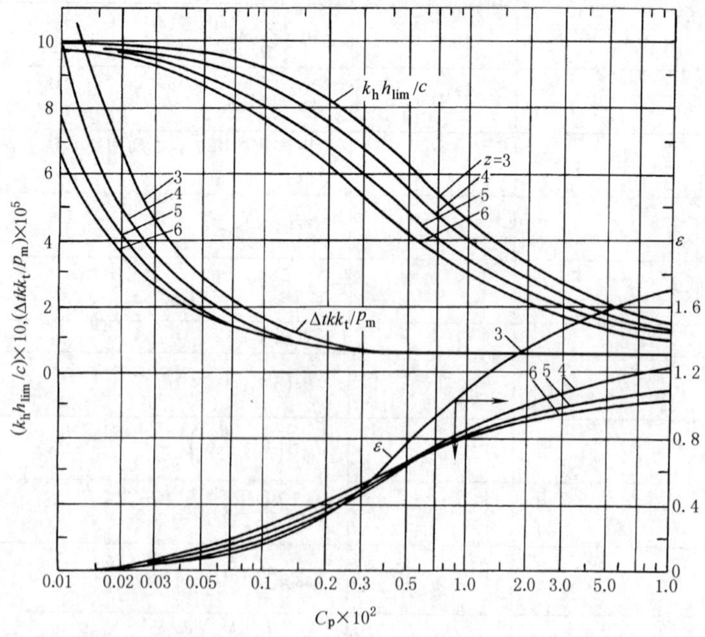

图 7-1-32　可倾瓦径向轴承的偏心率 ε、系数 k_hh_{lim}/c、$\Delta tkk_t/p_m$ 与轴承特性数 C_p 的关系曲线

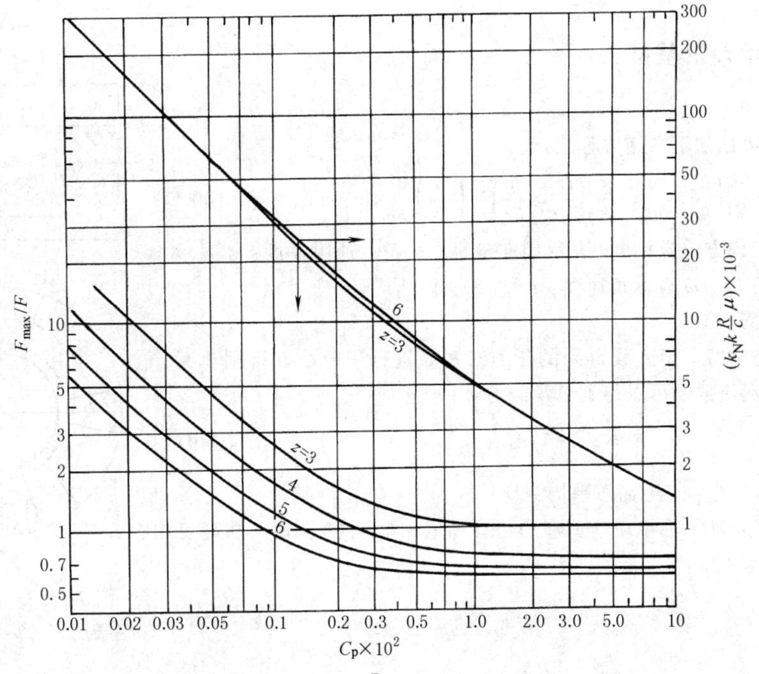

图 7-1-33　可倾瓦径向轴承的系数 $k_N k \frac{R}{c} \mu$、F_{max}/F 与轴承特性数 C_p 的关系曲线

第7篇

3.4.10　轴承的计算机辅助设计

流体润滑轴承性能计算通常采用数值法求解，经过离散化处理雷诺方程所得的线性代数方程组，得到各节点上的压力分布、温度分布等，然后进行数值积分和运算可得出轴承的各项性能参数。图 7-1-34 给出了用有限元法求解轴承润滑性能的主程序框图。

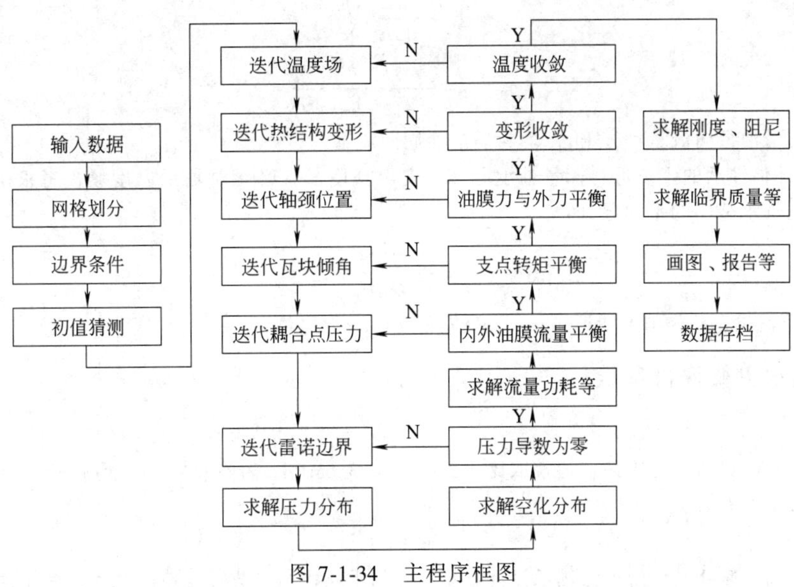

图 7-1-34　主程序框图

3.5　液体动压推力轴承的设计与验算

液体动压推力轴承的结构简图如图 7-1-35 所示，一般有 3 个以上的扇形瓦块，瓦块与推力环之间可形成一定

厚度的承载油膜。

3.5.1 推力轴承理论基础

（1）基本方程

动压推力轴承可用如下雷诺方程表示：

$$\frac{1}{r}\times\frac{\partial}{\partial\theta}\left(\frac{h^3}{\mu}\times\frac{\partial p}{\partial\theta}\right)+\frac{\partial}{\partial r}\left(\frac{rh^3}{\mu}\times\frac{\partial p}{\partial r}\right)=\left(\frac{r\omega}{2}\right)\frac{\partial h}{\partial\theta}+r\frac{\partial h}{\partial t} \tag{7-1-48}$$

式中，r 表示径向方向坐标；θ 表示周向坐标；h 表示油膜厚度；p 表示压力；μ 表示流体黏度；ω 表示角速度；t 表示时间。

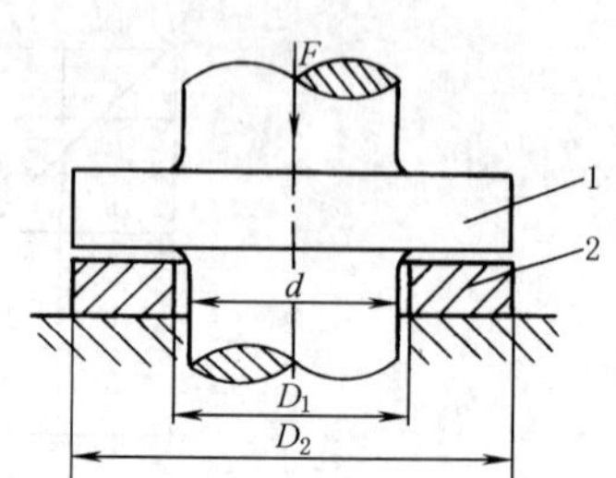

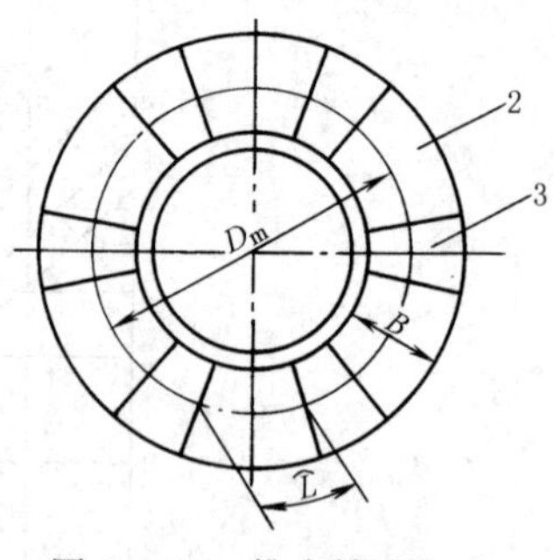

图 7-1-35 推力轴承组成

1—推力环；2—扇形瓦；3—油沟

（2）静特性计算

1）承载力。将求解雷诺方程得到的压力对瓦面进行积分可以得到单瓦油膜承载力，乘以瓦块数量可以得到总承载力：

$$F = z\int_0^L\int_{\theta_1}^{\theta_2}p\mathrm{d}x\mathrm{d}y \tag{7-1-49}$$

式中，z 为瓦块数量；L 为瓦面平均圆周长。

2）摩擦阻力和功耗。轴承切向剪应力可参照式（7-1-50），轴承功耗可通过摩擦阻力及转速确定：

$$\tau_s=\tau_{\bar{z}=h}=\frac{\mu(r\omega)}{h}+\frac{h}{2}\times\frac{\partial p}{r\partial\theta} \tag{7-1-50}$$

$$P=F_tR\omega \tag{7-1-51}$$

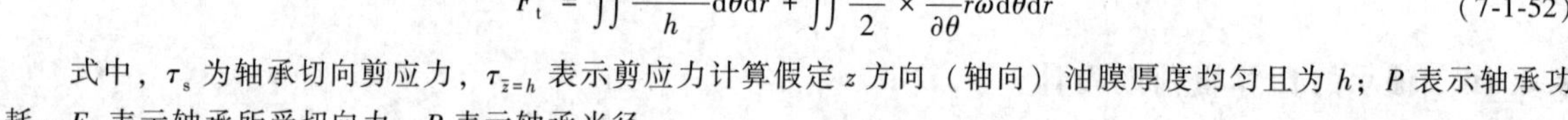

$$F_t = \iint\frac{\mu r^3\omega^2}{h}\mathrm{d}\theta\mathrm{d}r + \iint\frac{h}{2}\times\frac{\partial p}{\partial\theta}r\omega\mathrm{d}\theta\mathrm{d}r \tag{7-1-52}$$

式中，τ_s 为轴承切向剪应力，$\tau_{\bar{z}=h}$ 表示剪应力计算假定 z 方向（轴向）油膜厚度均匀且为 h；P 表示轴承功耗；F_t 表示轴承所受切向力；R 表示轴承半径。

3）流量。参照式（7-1-53）、式（7-1-54），通过压力沿径向周向求微分，结合具体流场参数可以计算得到轴承润滑油流量：

$$q_r=-\frac{h^3}{12\mu}\times\frac{\partial p}{\partial r} \tag{7-1-53}$$

$$q_\theta=q_{\bar{x}}=\frac{(r\omega)h}{2}-\frac{h^3}{12\mu}\times\frac{\partial p}{r\partial\theta} \tag{7-1-54}$$

式中，q_r 为润滑油径向流量；q_θ 和 $q_{\bar{x}}$ 均为润滑油周向流量。

4）温升。为评估轴承的生热量，衡量轴承温升的安全裕度，有必要对轴承温度场进行求解。根据式（7-1-55）可以计算得到轴承整体的平均温升：

$$\Delta T=\frac{F_tU}{Q_1\rho c_v} \tag{7-1-55}$$

式中，Q_1 为总流量；U 为轴颈线速度；ρ 为流体密度；c_v 为比热容。

3.5.2 推力轴承主要评价参数

（1）比压

比压即瓦块投影面积的平均压强，通常取比压 $p_m=1.0\sim3.5$MPa。若有良好的瓦均载措施并能有效控制进油温度，允许 $p_m=6.0\sim7.0$MPa。

（2）线速度

推力轴承的节圆线速度是衡量推力轴承设计难易程度的重要指标，节圆线速度越高，功耗越大，温升越高。

3.5.3 推力轴承主要结构参数

（1）瓦数

瓦数 z 最少为 3，一般 $z=6\sim12$。z 与比值 D_2/D_1 和 B/L 有关。D_2/D_1 愈小，B/L 愈大，则 z 愈大。瓦数少，

易使轴承温升高；瓦数多，则不利于安装调整，且使承载能力下降。

（2）宽长比

宽长比，L 为瓦面平均圆周长，可取宽长比 $B/L=0.7\sim2$，取 $B/L=1$ 时可获得最大的承载能力。

（3）外内径比

通常外内径比 $D_2/D_1=1.5\sim3$，内径 D_1 略大于轴颈。可取 $D_1=(1.1\sim1.2)d$。

（4）填充系数

一般取填充系数 $k=0.7\sim0.85$。k 不宜过大，以免造成相邻瓦之间的热影响，使瓦温和油温升高。

（5）推力盘厚度

通常取推力盘厚度 $H=(0.3\sim0.5)L$。

（6）推力环直径

应略大于外径 D_2，通常可取推力环直径 $D_t=(1.05\sim1.1)D_2$。

（7）瓦块坡高

瓦块坡高 $\beta=h_1-h_2$，通常选择坡高比 $\beta/h_2=3$，此时轴承有较好的工作性能。h_1、h_2 的位置见图 7-1-36。

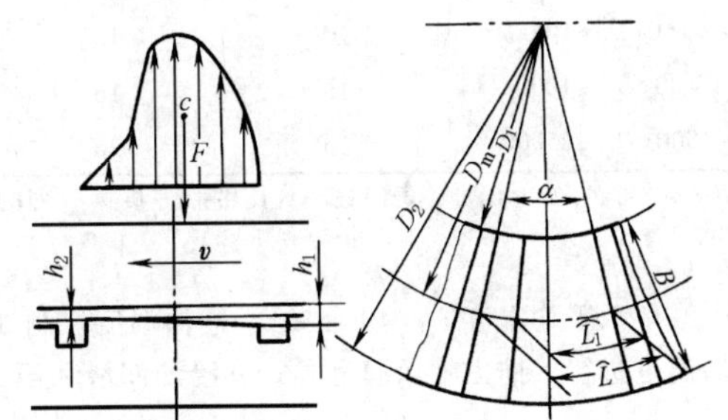

图 7-1-36 斜-平面推力轴承

L_1—斜面长度；$L-L_1$—平面长度

（8）轴向间隙

双面推力轴承轴向间隙 δ 可根据节圆直径 D_p 通过下式确定

$$\delta=D_p(0.002837e^{-9.752D_p}+0.001379e^{-0.3219D_p}) \tag{7-1-56}$$

3.5.4 推力轴承主要许用参数

（1）最小油膜厚度

从制造工艺和安全运转考虑，应取最小油膜厚度 h_2 为 0.025~0.050mm，中等尺寸的轴承取最小值，大型轴承取大值。符号定义和计算示例见 GB/T 23892.1—2009。

为达到最小磨损和低失效概率，需要考虑最小许用油膜厚度 h_{lim} 以达到滑动轴承装置的完全流体润滑状态。作为过渡到混合润滑的特征值（见 GB/T 23892.1—2009），最小许用油膜厚度 $h_{lim,tr}$ 可根据经验公式计算：

$$h_{lim,tr}=\sqrt{\frac{D\times Rz}{12000}}\quad(\mathrm{mm}) \tag{7-1-57}$$

对于较高的旋转速度，应增加正常运行时的最小许用油膜厚度，以便停机时，不会过快地到达混合润滑状态。

最小许用油膜厚度 h_{lim} 可根据经验公式计算：

$$h_{lim}=C\sqrt{U\times D\times\frac{F_{st}}{F}}\quad(\mathrm{mm}) \tag{7-1-58}$$

式中 $C=0.4\times10^{-5}\sim2.9\times10^{-5}$；

F_{st}/F——静止状态下的载荷 F_{st} 与额定转速下载荷 F 的比值。

计算后应保证：$h_{lim}>h_{lim,tr}$，推荐 $h_{lim}>1.25h_{lim,tr}$，h_{lim} 的经验值见表 7-1-86 与表 7-1-87。

表 7-1-86　$F_{st}/F=1$，$C=1\times10^{-5}$ 时最小许用油膜厚度 h_{lim} 的值

节圆直径 D_p/mm	止推环平均滑动速度 U/m·s^{-1}					
	$1\leqslant U\leqslant2.4$	$2.4<U\leqslant4$	$4<U\leqslant6.3$	$6.3<U\leqslant10$	$10<U\leqslant24$	$24<U\leqslant40$
	最小许用油膜厚度 h_{lim}/μm					
$24<D_p\leqslant63$	4	4	4.8	6	8.5	12
$63<D_p\leqslant160$	6.5	6.5	7.5	8.5	14	19
$160<D_p\leqslant400$	10	10	12	15	22	30
$400<D_p\leqslant1000$	16	16	19	24	35	48
$1000<D_p\leqslant25000$	26	26	30	38	55	75

表 7-1-87　　$F_{st}/F=0.25$，$C=1\times10^{-5}$ 时最小许用油膜厚度 h_{lim} 的值

节圆直径 D_p/mm	止推环平均滑动速度 U/m·s^{-1}					
	$1\leqslant U\leqslant2.4$	$2.4<U\leqslant4$	$4<U\leqslant6.3$	$6.3<U\leqslant10$	$10<U\leqslant24$	$24<U\leqslant40$
	最小许用油膜厚度 h_{lim}/μm					
$24<D_p\leqslant63$	4	4	4	4	4.3	6
$63<D_p\leqslant160$	6.5	6.5	6.5	6.5	7	8.5
$160<D_p\leqslant400$	10	10	10	10	11	15
$400<D_p\leqslant1000$	16	16	16	16	17	24
$1000<D_p\leqslant25000$	26	26	26	26	27	37

注：当 $F_{st}/F=0$ 时，表中最小许用油膜厚度第一列的数据与滑动速度无关，依然有效。

（2）油温

一般取平均温度 $t_m=40\sim55$℃，进油温度控制在 $t_1=30\sim40$℃左右，出油温度 $t_2\leqslant75$℃。计算轴承性能时按平均温度进行。推力轴承润滑方式有浸油润滑和压力供油两种，高速轴承为避免过大的搅油损失，不宜采用浸油润滑。

轴承的最高许用温度 T_{lim} 取决于轴承衬层材料和润滑油。

轴承衬层材料的硬度和强度随温度的升高而降低，巴氏合金在瓦温高于 130℃时会发生明显软化，应特别注意，铜合金和高分子衬层的轴承耐温性好，可应用于 150℃以上的场景。

随温度升高，润滑油黏度下降，轴承承载力下降，可能导致混合摩擦和磨损。此外，当油温高于 80℃时，矿物油的老化速度会明显加快。

当止推滑动轴承在稳定状态下运行时，温度场为定值。当根据 GB/T 23892.1—2009 进行计算时，轴承的热负荷可以通过轴承温度 T_B 和润滑油的出口温度 T_2 来描述，同时，应确保它们均不高于 T_{lim}。

对于全部可用的轴承润滑油来说，总是只有一小部分在某个有限的时期内位于轴承间隙中，因而处在高温的情况下。也就是说不仅 T_B 和 T_2，润滑油总量和每分钟润滑油流量之比对于润滑油的使用寿命都是重要的。通常，与自给油润滑轴承相比，这一比率更有利于循环润滑的轴承。

避免轴承热过载的许用值见表 7-1-88。

表 7-1-88　　轴承最大许用温度的经验值 T_{lim}

轴承润滑的类型	T_{lim}/℃①	
	润滑油总量与每分钟润滑油流量之比	
	≤5	>5
压力润滑（循环润滑）	100(115)	110(125)
无压润滑（自动润滑）	90(110)	

①例外情况下，圆括号内的值可用在特殊运行条件。

（3）轴承比压（摘自 ISO 12130-1：2021）

通过滑动表面的变形要求求得的轴承最大许用比压 $\overline{p}_{lim}$ 不应导致轴承功能损害或出现裂缝。除了轴承材料成分外，还有很多其他决定性因素影响轴承最大许用比压值，例如：加工工艺、材料金相组织、轴承材料的厚度以及轴承衬背的结构和型式。除此之外，还应检查启动时轴承是否处于满载状态。如果启动比压 2.5MPa$\leqslant\overline{p}\leqslant$3MPa，则应使用辅助静压装置，否则滑动表面将会磨损。表 7-1-89 给出了 $\overline{p}_{lim}$ 的经验值。

表 7-1-89　　轴承比压的最大许用经验值，$\overline{p}_{lim}$

轴承材料合金类别①	$\overline{p}_{lim}$②/MPa	轴承材料合金类别①	$\overline{p}_{lim}$②/MPa
铅基合金和锡基合金	5(15)	Al-Sn 合金	7(18)
Cu-Pb 合金	7(20)	Al-Zn 合金	7(20)
Cu-Sn 合金	7(25)		

①参考 ISO4382-1，ISO4382-2。

②圆括号内的值用于特殊的运行条件下，例如速度非常低时。

3.5.5　动压推力轴承设计计算的一般步骤

① 根据结构尺寸确定推力轴承的内外径，进而根据推力载荷确定轴承比压，根据轴承比压确定轴承类型；

一般当比压小于 1.2MPa 时，可选用固定瓦推力轴承，当大于 1.2MPa 时，可选用可倾瓦轴承。

② 根据内外径调整瓦数和瓦块包角，使每个推力瓦块的宽长比接近 1。

③ 根据 3.5.6 节所述方法或者专用设计工具校核轴承的最小油膜厚度、温升、功耗和流量等润滑性能，如果不满足设计要求，则需要反复调整瓦块坡高、支点位置等关键参数。

3.5.6 液体动压推力轴承的计算图表与设计示例

(1) 斜-平面推力轴承示例

斜-平面推力轴承常用于工况稳定的小型轴承。瓦的形状如图 7-1-36 所示，当斜面长度 $L_1=0.8L$ 时，轴承承载能力最大。斜-平面推力轴承性能计算公式见表 7-1-90。

表 7-1-90　斜-平面推力轴承性能计算公式

名称	计算公式
平均压强 p_m/Pa	$p_m=F/(zBL)$
平均圆周速度 v/m·s^{-1}	$v=\pi D_m n$
最小油膜厚度 h_2/mm	按推荐值取 $\beta/h_2=3, B/L=1$ 时 $h_2=0.5(\eta n D_m B/p_m)^{\frac{1}{2}}$
润滑膜功耗 N/kW	$9.1\beta n D_m F/B$
流量 Q/L·min^{-1}	$1.38 n D_m B\beta z$
温升 Δt/℃	$\Delta t=5.9\times10^{-4}N/Q$

例 1　设计一斜-平面推力轴承。已知：最大轴向 $F=25480$N，轴颈直径 $d=135$mm，转速 $n=50$r/s。要求进油温度 $t_1=45$℃，出油温度 $t_2\leqslant70$℃。计算结果见表 7-1-91。

表 7-1-91　解题步骤及结果

计算项目	计算公式及说明	结果
载荷 F/N	已知	25480
转速 n/r·s^{-1}	已知	50
轴承内径 D_1/mm	$D_1=(1.1\sim1.2)d$	150
外内径比 $\overline{R}=D_2/D_1$	通常选取 $1.2\leqslant\overline{R}\leqslant2.2$	1.5
轴承外径 D_2/mm	$D_2=\overline{R}D_1=1.5\times150$	225
平均直径 D_m/mm	$D_m=(D_1+D_2)/2=(150+225)/2$	187.5
轴承宽度 B/mm	$B=(D_2-D_1)/2=(225-150)/2$	37.5
宽长比 B/L	选取	1
瓦平均周长 L/mm	$L=B/(B/L)=37.5/1$	37.5
瓦块数 z	根据 D_2/D_1 值由图 7-1-37 查得	12
填充系数 k	5/6	0.83
轴瓦包角 α/rad	$k\times2\pi/z$	0.436
平均压强 p_m/MPa	$25480/(12\times37.5^2)$	1.51
平均圆周速度/mm·s^{-1}	$v=\pi D_m n=3.14\times187.5\times50$	29.43
润滑油牌号	选取	VG-22
平均油温 t_m/℃	选取	65
t_m 下油的黏度 η/Pa·s	查图 7-1-24	0.0155
最小油膜厚度 h_2/mm	$0.5(\eta n D_m B/p_m)^{\frac{1}{2}}$	0.03
斜面坡高 β/mm	$\beta=3h_2$	0.09
搅动功耗系数 k_N	根据雷诺数查图 7-1-38	0.03
浸油润滑时的搅动功耗 N_j/kW	$N_j=k_N\rho n^3 D_t^5\left(1+\frac{4H}{D_t}\right)$　D_t——推力环直径	4.23
功耗 N/kW	$9.1\beta n D_m F/B+N_j$	9.97
流量 Q/L·min^{-1}	$8.28\times10^4 n D_m B\beta z$	34.6
温升 Δt/℃	$5.9\times10^{-4}\times9.97/5.77\times10^{-4}$	10.2

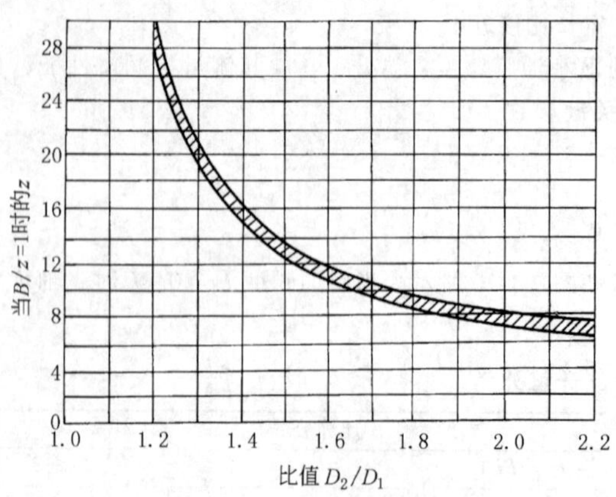

图 7-1-37　固定瓦推力轴承的瓦块数

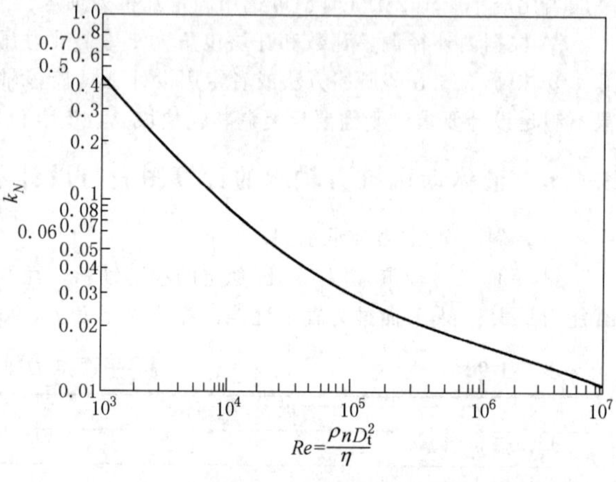

图 7-1-38　搅动功耗系数与雷诺数的关系
（Re 为雷诺数，ρ 为流体密度）

（2）可倾瓦推力轴承示例

用于工况经常变化的大中小型轴承。各瓦能随工况变化自动调节倾斜度，最小油膜厚度 h_2 随之改变，见图 7-1-39。

为降低温升，可适当增大瓦面距，改进瓦的形状（如沿油的流向切去瓦角、采用圆形瓦等），使冷热油进出流畅，还可设置喷油管或循环冷却水管等。

可倾瓦推力轴承的支点：径向偏置参数 $\overline{R}_z-\overline{R}_1$ 可在 0.51~0.56 范围内选取，周向偏置参数 θ_z/θ_0 可在 0.55~0.625 范围内选取。

可倾瓦推力轴承计算公式见表 7-1-92。

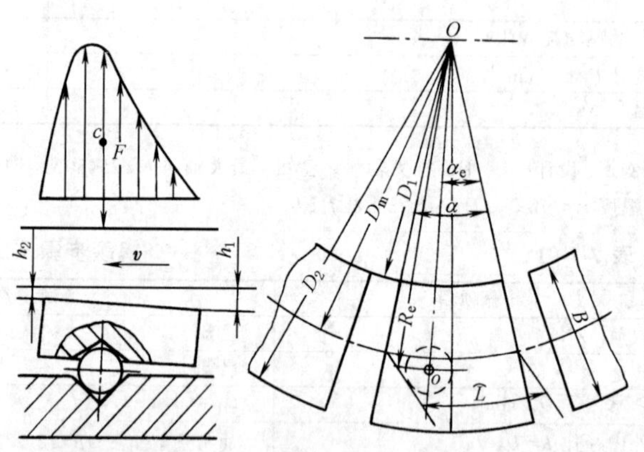

图 7-1-39　可倾瓦推力轴承

表 7-1-92　　可倾瓦推力轴承性能计算公式

名称	计算公式	名称	计算公式
最小油膜厚度 h_2/mm	$\left(\overline{W}_m \dfrac{\eta\omega B^4}{F_m}\right)^{\frac{1}{2}}$　F_m 为每块瓦上的载荷	温升 Δt/℃	$\Delta t=5.9\times10^{-4}N/Q$
功耗 N/kW	$zk_N\overline{W}_m\dfrac{\eta\omega^2B^4}{h_2}$	径向偏置距离 e	$e=(0.015\sim0.06)B$,偏向瓦外侧

例 2　设计一可倾瓦推力轴承。已知载荷 $F=1.69\times10^5$N，轴颈转速 $n=50$r/s，直径 $d=0.27$m，进油温度 $t_1=45$℃，润滑油牌号为 HU-22，直接润滑。计算步骤及结果见表 7-1-58。

表 7-1-93　　解题步骤及结果

计算项目	计算公式及说明	结果
载荷 F/N	已知	1.69×10^5
转速 n/r·s^{-1}	已知	50
平均压强 p_m/MPa	选取	2
瓦块总面积 A/mm^2	$A=\dfrac{F}{p_m}$	8.4×10^4

续表

计算项目	计算公式及说明	结果
轴瓦内径 D_1/mm	$D_1=(1.1\sim1.2)d$	300
轴瓦外径 D_2/mm	$D_2=\left(A\times\frac{4}{3}\times\frac{4}{\pi}+D_1^2\right)^{\frac{1}{2}}$	500
外内径比 $\overline{R}$	$\overline{R}=D_2/D_1=500/300$（通常取 $\overline{R}=1.5\sim3$）	1.67
平均直径 D_m/mm	$D_m=(D_1+D_2)/2=(500+300)/2$	400
轴承宽度 B/mm	$B=(D_2-D_1)/2=(500-300)/2$	100
填充系数 k	选取	0.75
轴瓦包角 α/(°)	$\alpha=k\times360°/z$	30
宽长比 B/L	选取 $B/L=1$	1
每瓦平均周长 L/mm		100
瓦块数	根据 $\overline{R}$ 由图 7-1-40 查得	10
实际平均压强 p_m/MPa	$p_m=F/(zBL)=1.69\times10^5/(10\times0.1\times0.1)$	1.69
润滑油牌号	给定	HU-22
平均油温 t_m/℃	给定	55
t_m 下润滑油黏度 η/Pa·s	查图 7-1-24	0.0145
无量纲内径 $\overline{R}_1$	$\overline{R}_1=R_1/B=150/100=1.5$	1.5
周向偏置参数 θ_z/θ_0	选取	0.6
径向偏置参数 $\overline{R}_z-\overline{R}_1$	选取	0.53
θ_p/θ_0	根据 $\overline{R}_z-\overline{R}_1$、$\theta_z/\theta_0$ 值查图 7-1-41	1.0
倾斜系数 G_{sa}	根据 $\overline{R}_z-\overline{R}_1$、$\theta_z/\theta_0$ 值查图 7-1-41	1.3
$\overline{W}_m$	根据 θ_p/θ_0、G_{sa} 值查图 7-1-42	0.145
最小油膜厚度 h_2/mm	$h_2=\left(\frac{\overline{W}_m\eta\omega B^4}{p_m}\right)^{\frac{1}{2}}$	0.062
功耗系数 k_N	查图 7-1-43	21
功耗 N/kW	$N=zk_N\overline{W_m\eta\omega^2B^4}/h_2/1000$ $=10\times21\times0.145\times0.0145\times314.16^2\times0.1^4/0.000062/1000$	70.3
流量系数 k_Q	查图 7-1-44	1.89
总流量/L·min^{-1}	$Q=zk_Q\omega B^2h_2$	222.42
温升 Δt/℃	$\Delta t=(k_N/k_QF)/(1.7\times10^6B^2z)$	11.06

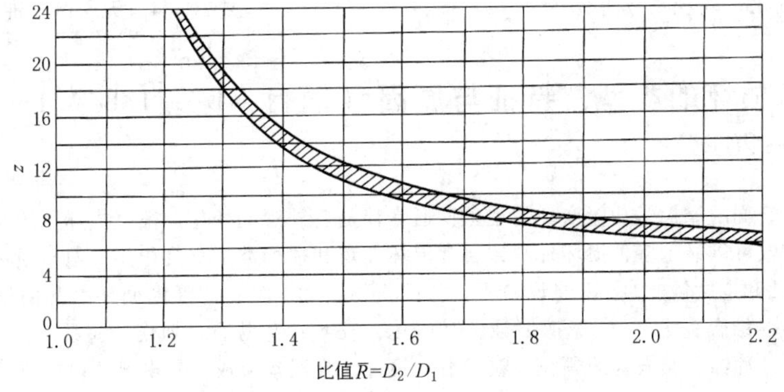

图 7-1-40　可倾瓦推力轴承的瓦块数

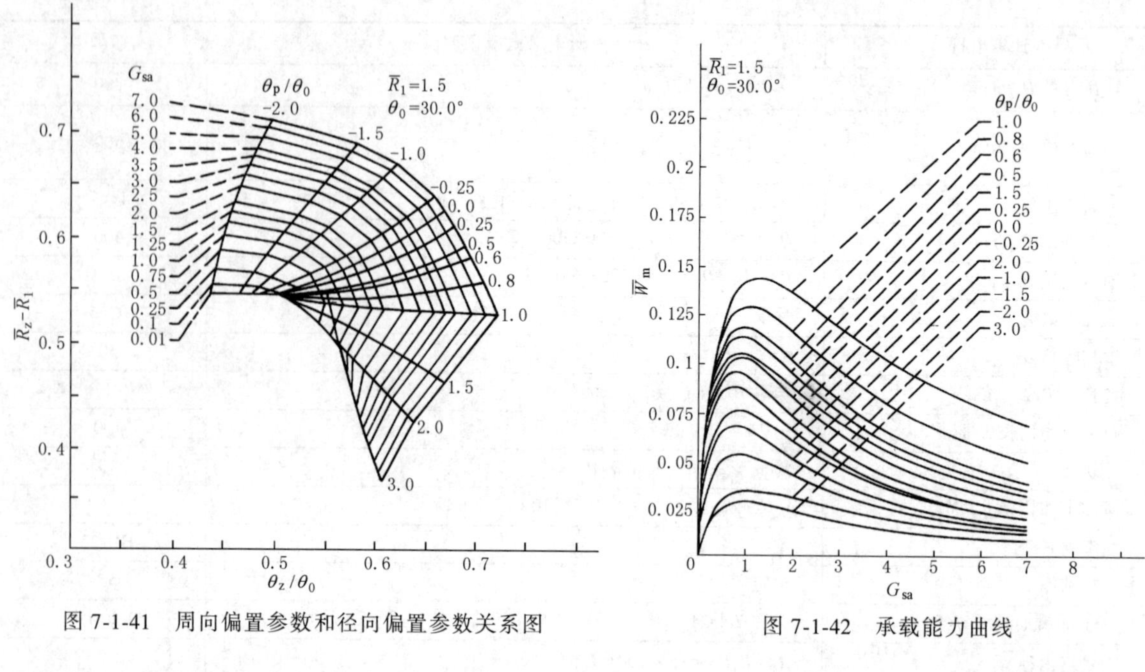

图 7-1-41　周向偏置参数和径向偏置参数关系图

图 7-1-42　承载能力曲线

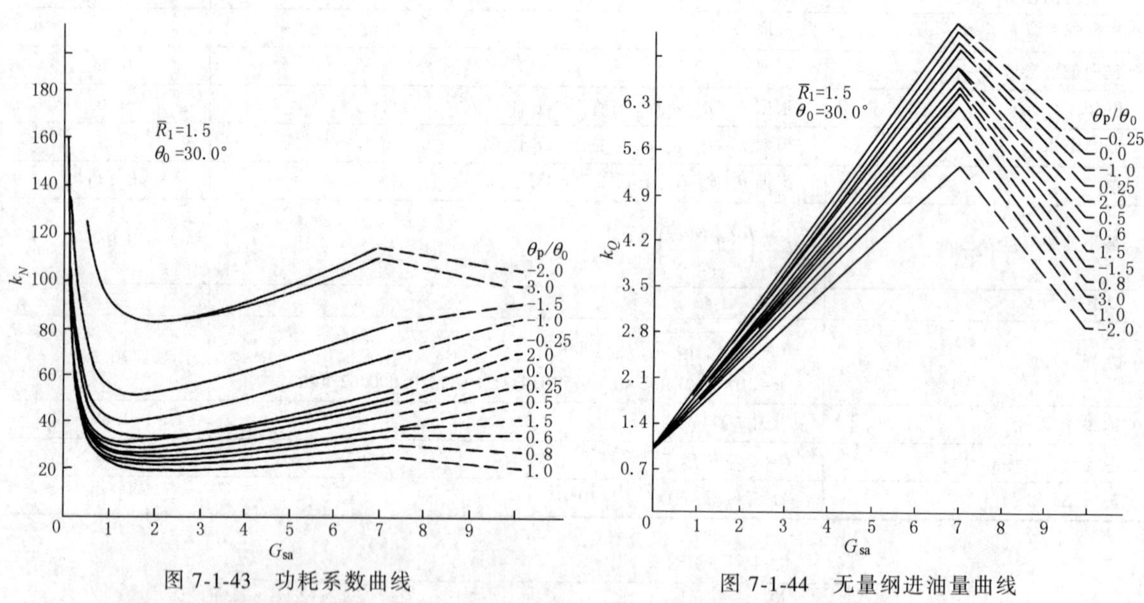

图 7-1-43　功耗系数曲线

图 7-1-44　无量纲进油量曲线

3.6　动压轴承损坏的类型、特征与原因（摘自 GB/T 18844.1—2018 和 GB/T 18844.2—2018）

滑动轴承损坏是它们的摩擦学功能变坏的现象，通常伴随着外观的变化。很多损坏原因与轴承之外的因素相关。一些滑动轴承失效可以显示多种损坏外观，通常损坏外观和损坏类型直接相关，但与损坏原因却无直接关系（也有例外，例如气蚀和电腐蚀）。损坏外观如下：①沉积物；②蠕变；③温度循环引起的形变；④热裂；⑤疲劳损坏；⑥材料脱落（结合丧失）；⑦摩擦腐蚀；⑧熔化，咬黏；⑨抛磨，划伤；⑩混合润滑磨痕，材料磨损；⑪变蓝变黑；⑫腐蚀，冲蚀；⑬嵌入的颗粒，粒子滑动痕迹，金属丝形成；⑭电弧放电痕迹；⑮气蚀外观：材料损坏；⑯钢背开裂。

轴承损坏类型包括以下几种：

1）静压过载：材料负荷超出与实际运行温度相对应的压缩屈服强度。

2）动压过载：材料负荷超出与实际运行温度相对应的疲劳强度。剧烈的动载荷会影响轴承的配合，使其更易于损坏。

3）机械磨损：机械磨损是对轴颈与轴承之间的相互机械摩擦作用造成的微观几何形状改变和材料损失。轴瓦和轴承座之间的运动也会加重机械磨损。

4）过热：轴承、润滑剂、工作环境和冷却系统未能实现设计阶段所要求的热平衡，导致温度高出预期值。因而随着温度的升高，润滑剂黏度降低，承载能力下降。这反过来又使温度继续升高。所以，如果冷却系统不能阻止温度进一步升高，轴承就不能稳定地工作。

5）润滑不良（不足）：影响摩擦学系统。

6）污染：润滑剂被外来颗粒或化学反应产物污染，会导致轴承损坏。外来颗粒嵌入轴瓦和轴承座之间，也容易使轴承损坏。

7）气蚀：液体压力的减小导致液体蒸发并形成气泡，这些气泡在液体压力增加时爆炸，局部产生极高压力，引起轴承滑动表面的侵蚀。

8）电腐蚀：轴颈和轴承之间的电位差会导致携带局部强电流的电弧放电，它会损坏轴颈和轴承表面。

9）氢扩散：轴承钢背、减摩合金或者电镀层中可能会含有氢气，如果氢向外扩散时被材料薄层所阻，就会形成气泡。

10）结合失效：轴承衬和衬背之间或其他相邻层之间剥离，必要时，需进行金相检查以将它和其他损坏类型区分开。

损坏外观和损坏类型之间具有一定的关系。损坏类型及损坏外观随损坏类型从原发性到继发性的变化过程而改变的情况见图 7-1-45。不同损坏类型能对应相同的损坏外观。同一个损坏类型能对应多种损坏外观。在一次损坏事故中能找出多种损坏类型。损坏类型为损坏原因的分析提供依据（见图 7-1-46）。滑动表面及轴承背的损坏类型、外观和原因之间的典型关系见表 7-1-94。在大多数情况下，表 7-1-94 就是由损坏外观通过损坏类型诊断最终损坏原因的指南。

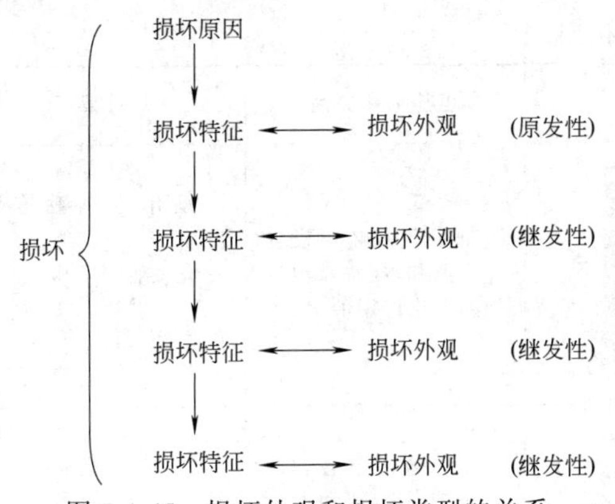

图 7-1-45　损坏外观和损坏类型的关系

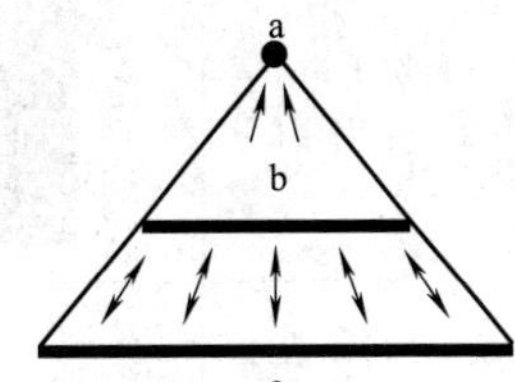

图 7-1-46　损坏类型为分析原因提供依据

a—损坏原因；b—损坏类型；c—损坏外观

表 7-1-94　　损坏类型和损坏外观的相互作用

损坏外观																	损坏类型
衬背开裂	沉积物	蠕变	温度周期性变化引起的形变	热裂	疲劳磨损	材料脱落（结合丧失）	摩擦腐蚀	熔化，咬黏	抛磨，划痕	混合润滑磨痕，材料磨损	变蓝变黑	腐蚀	冲蚀	嵌入颗粒，颗粒滑动痕迹，金属丝形成	电弧放电痕迹	气蚀：材料损坏	
	○	○		○					○								静压过载
					○	○											动压过载①

续表

损坏外观																	损坏类型
衬背开裂	沉积物	蠕变	温度周期性变化引起的形变	热裂	疲劳磨损	材料脱落(结合丧失)	摩擦腐蚀	熔化,咬黏	抛磨,划痕	混合润滑磨痕,材料磨损	变蓝变黑	腐蚀	冲蚀	嵌入颗粒,颗粒滑动痕迹,金属丝形成	电弧放电痕迹	气蚀:材料损坏	
					○		○										动压过载②
									○	○							机械磨损①
									○								机械磨损②
	○	○	○	○						○							过热
								○		○	○						润滑不良(不足)
	○								○	○		○	○	○			污染(颗粒,化学物)①
	○								○			○		○			污染(颗粒,化学物)②
																○	气蚀
															○		电腐蚀
						○											氢扩散
						○											结合失败
○																	微动磨损

①滑动面的损伤。

②轴承背的损伤。

第7篇

3.6.1 动压轴承衬层损坏与对策

表 7-1-95 动压轴承衬层损坏与对策

损坏类型	典型损坏外观	典型损坏外观照片	可能损坏原因	对策
静压过载	蠕变:在载荷最大和温度最高区域表面微移动,沿旋转方向起始平滑、结尾呈无裂纹的半圆形波皱		轴承负载超出设计许用值和/或轴承温度长期高于许用值	采用更高黏度润滑油 增大轴承尺寸 降低供油温度、增加供油量
动压过载	疲劳裂纹:在滑动表面过载区域蔓延的呈网状分布状裂纹,其最终结果是衬层脱落。通常会存在不规则的合金残层或岛状残留镀层	1—衬层材料;2—结合面;3—衬背材料;4—裂纹;5—被侵蚀的裂纹;6—呈垂直发展的裂纹;7—材料脱落	工作温度下各种原因造成的附加动载荷超出轴承材料的疲劳极限。该损坏不是由结合失效所致	采用更高强度的材料 采用更高黏度润滑油 增大轴承尺寸
机械磨损	在长期连续或周期性的混合润滑状态下运行发生的刮伤和磨粒磨损。刮伤无痕区到有痕区过渡相当缓和,磨损使壁厚减小显著 推力滑动轴承起始表现为混合润滑摩擦痕迹,从前一块磨下来的轴承材料沿旋转方向沉积到下一块的前部边缘		负载启动或低速运转之类的极端运行条件;间隙不当或者其他几何形状缺陷(不对中或装配缺陷)	提高供油压力和供油量 提高润滑油黏度 降低工作温度 提高加工装配精度,改善接触状况

续表

损坏类型	典型损坏外观	典型损坏外观照片	可能损坏原因	对策
过热	蠕变:轴承材料在载荷最大和温度最高区域出现的表面微移动,沿旋转方向表现为起始平滑、结尾呈无裂纹的半圆形波皱		散热故障,导致过热 油冷却不足、环境温度上升、油温持续过高 合金含有杂质使熔点降低会助长热裂	采用有冷却装置的供油系统 降低进油温度 加大供油量 降低环境温度 改用抗高温材料
	沉积:过热导致润滑油的老化、热分解,最后形成沉积物。主要集中在最小油膜区域或润滑油循环系统的其他部位,当添加剂变少时,情况会更加严重	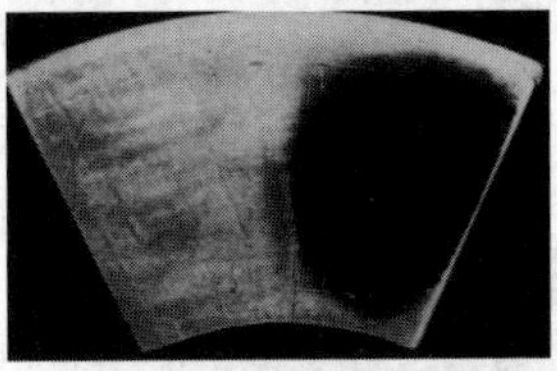		
	温度变化导致变形:锡晶体沿不同晶轴的热膨胀具有各向异性,过度延长使用周期,会引起晶粒之间的热松脱。典型外观可以表征为蠕变、混合润滑摩痕和材料磨损			
	轴承表面上可见的棕色和黑色沉积物:变色是最高温度区很薄的漆状氧化层造成,而不是润滑剂化学附着在轴承材料上的结果。一般可用清洗溶剂去除或锋利器具刮掉			
润滑不良	在轴承、轴上出现蓝色、黑色、混合润滑磨痕,轴承材料产生磨损、熔化、咬黏(黏附磨损);轴承合金层出现材料迁移、严重拉伤、延展而伸出衬背边缘、大面积撕离等现象,有时因抱轴旋转而压平定位唇;内外表面过热变色。严重时轴承会仅剩衬背残片		润滑剂供应不足。由几何偏差(例如,缺少楔形间隙或轴承润滑间隙消失)导致润滑剂供应减少	充分提供油,增大供油压力 使排油通畅,防止漏油 使轴承间隙适当
颗粒污染	轴承表面嵌入颗粒,被其嵌入时挤高的轴承合金围绕。围绕嵌入颗粒凸起的轴承合金呈环形高光反射。此反射光环来自于凸起金属与轴颈表面的接触摩擦,还发生混合润滑摩擦痕迹和材料磨损	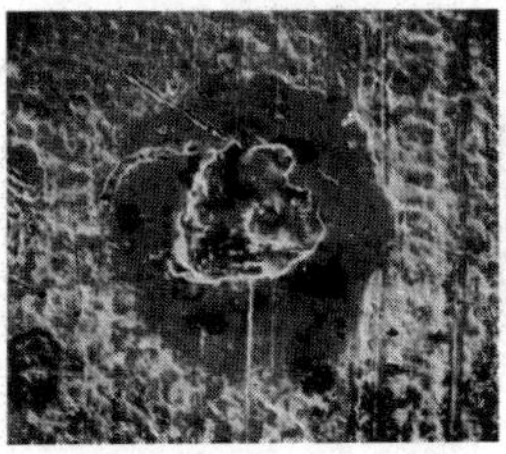	润滑油被来自制造、组装或试车残留物(金属切屑、铸造型砂、漆皮)的颗粒污染,可能由滤清器维护不当或损坏引起;还会有别的轴承或机器零部件的磨损或损坏产生的颗粒进入轴承;密封损坏导致来自机器周围环境中的颗粒污染(例如:在水泥产业中的水泥) 铬钢轴可能形成金属丝,嵌在轴承表面上的坚硬颗粒拉划旋转轴的表面也可能形成金属丝	进行润滑油过滤,及时维护滤清器 缩短换油周期 适当密封轴承并定期检查 增大最小油膜厚度 采用嵌入性更好的材料 提高表面硬度
	部分嵌入到轴承表面的坚硬外来颗粒会切入旋转轴颈,从而将转轴表面的材料去除而形成金属丝。这样形成的金属丝还会再次嵌入轴承合金,通常会很快使轴承完全失效			

续表

损坏类型	典型损坏外观	典型损坏外观照片	可能损坏原因	对策
化学物污染	腐蚀，冲蚀	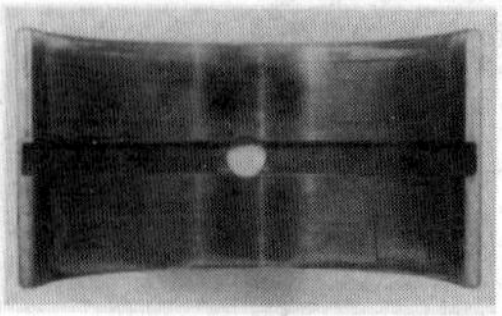	润滑油中的腐蚀性可能是外来的，也可能是长期使用过程中润滑油老化和（或）被水（超过1%）、抗凝剂或燃烧残留物等污染而变化的结果。镀覆层原始状态缺乏抗腐蚀成分或温度升高导致抗腐蚀成分丧失	采用耐腐蚀性更好的材料 定期更换润滑油 采用不易变质的润滑油 清除环境中的腐蚀性物质 清除水分、蒸汽来源 改进轴承、油路密封
气蚀	独特的材料损坏外观，如右图		与设计缺陷、几何形状、材料、运行条件、外来流体成分的污染等因素有关。含水是气蚀常见的原因	清除水分、蒸汽来源 减小轴承间隙 采用更好的材料 力求油膜稳定的层流流动
电腐蚀	轴承的表面有细小的凹坑		磁场和静电荷使轴颈和轴承之间的电位差升高，产生电流。在运行或保养维修过程中，接地不良或绝缘不当，例如在机器上进行焊接	使轴承绝缘 使轴接地 切断电源
氢扩散	厚壁轴承：钢和白合金之间结合力丧失，白合金形成典型的气泡 薄壁轴瓦：铝合金层内会形成气泡 电镀层：表层气泡上有气孔形成 氢扩散的发展需要一定时间，并且随温升而加速。出现在运行过程中或是长期储存后的备用轴承上	 	对衬背、铝合金或电镀层缺乏除氢的额外处理工艺。推荐应进行额外热处理的衬背厚度大约在60mm以上	进行额外的除氢处理工艺
结合失效	结合力丧失：在界限分明的一定范围内，轴承合金或镀层材料发生完全分离，露出钢背或衬层	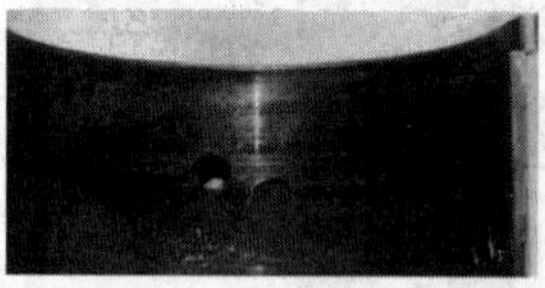	制造过程中质量控制程序不完善，如表面清洁度不够、热处理欠缺、镀锡不当、运行温度不当、镀覆层缺少镍栅等	加强制造质量控制

3.6.2 动压轴承瓦背损坏与对策

表 7-1-96　　动压轴承瓦背损坏与原因

损坏类型	典型损坏外观		可能损坏原因	对策
轴承瓦背动压过载	摩擦腐蚀，疲劳开裂	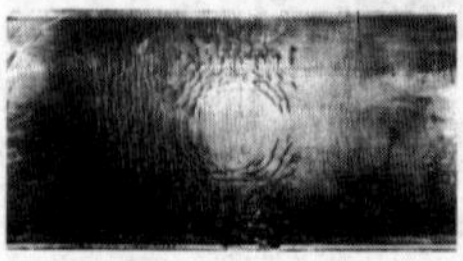	装配过盈不足、轴承座严重变形或轴承螺栓失效等。如果轴承不能得到充分支承（在轴承背上油槽处），也会产生局部动压过载	合理设置装配过盈 提高轴承座强度，合理设计轴承座使轴承充分支承

第7篇

续表

损坏类型	典型损坏外观		可能损坏原因	对策
轴承瓦背微动磨损	钢背损伤，磨损，断裂	 	轴承过盈配合应力不足，或因轴承座弹性变形过大，在周向或轴向的支撑力不均衡。螺栓紧固不足或伸长、断裂等原因造成配合应力削弱，导致轴承相对于座孔在圆周方向发生长期反复的微幅运动	合理设置装配过盈 提高轴承座强度 定期检查紧固螺栓
轴承瓦背上的颗粒污染	沉积物，嵌入颗粒，拉伤，钢背磨损	 	装配不当	装配时清理杂质

特殊位置损坏形式：衬层损坏通常集中在最贴近轴颈的部位。在处于理想组装位置的轴承上，这种部位的确切位置与载荷方向有直接关系，实践中，其他部位也会出现磨损或疲劳损坏，这表明既有几何形状偏差，又有实际载荷方向的偏差。特征：损坏的形状或位置无法预料。原因：轴承当初组装时几何形状不正确；由载荷、组装和轴瓦定位不正确等引起的变形，或出现不可预见的加载的结果。表 7-1-97 总结了常见的特殊位置损坏。

表 7-1-97　　特殊位置损坏

磨损位置	特征及原因	磨损位置	特征及原因
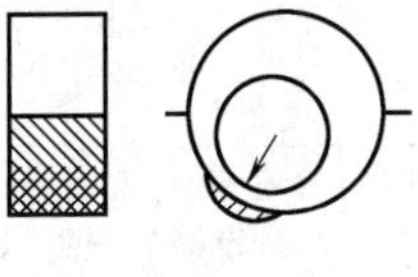 正常磨损	特征：横跨整个宽度的正常磨损	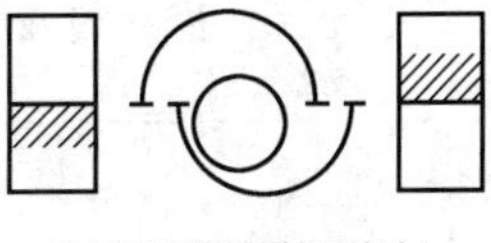 对口面附近损坏(单边)	特征：在每一边对口面附近各有一片轴承损坏 原因：轴承盖装偏
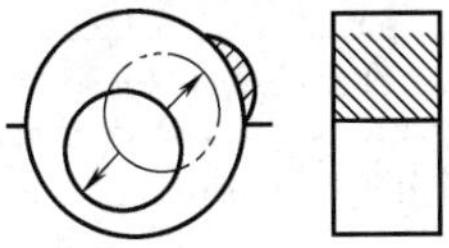 不可预见部位的损坏	特征：损坏部位离开正常载荷范围(总是来自非正常载荷) 原因：未知的附加载荷，弹性/塑性变形	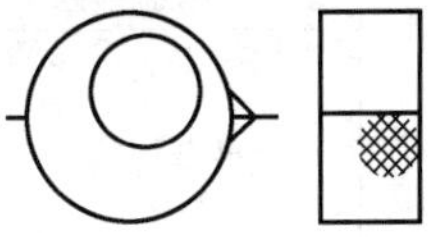 对口面附近小面积损坏	特征：损坏靠近定位舌 原因：定位舌与槽配合不良、定位舌周边变形
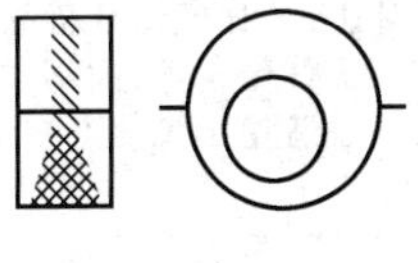 中间损坏	特征：环绕中部损坏 原因：沙漏状轴承或轴承座，腰鼓形轴颈，还可能伴有瞬间过热或缺油	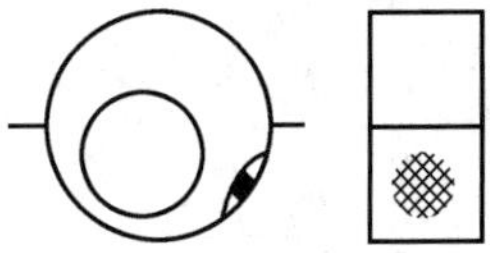 高点造成的损坏	特征：非因载荷引起的局部损坏 原因：轴承背与轴承座之间有颗粒、微动磨损碎屑或润滑油的碳化物
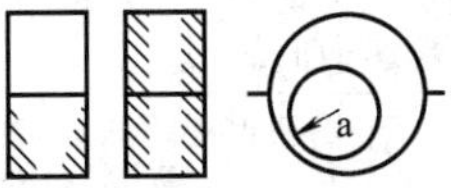 (1)　(2)　a 两边损坏	特征(1)：单片瓦两边损坏(有方向不定载荷) 特征(2)：双片瓦环绕两边损坏(有转动载荷) 原因(1)及原因(2)：腰鼓形轴承或轴承座，沙漏状轴颈，轴弯曲或轴肩内圆弧半径过大	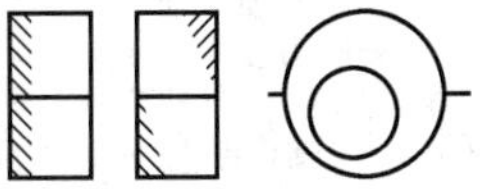 (1)　(2) 边缘损坏	特征(1)：只有一边发生损坏 原因：锥形轴颈、轴承或轴承座，或轴弯曲、倾斜 特征(2)：上下瓦相反边或相反对角发生损坏 原因：轴与轴承不同轴(包括与主轴承座孔不对中、连杆弯曲、扭曲等)

第7篇

续表

磨损位置	特征及原因	磨损位置	特征及原因
对口面附近损坏(两边)	特征:两轴承对接处都有损坏,按正常载荷无法解释 原因:轴承或轴承座变形(可能由载荷引起)		

3.7 动压滑动轴承性能参数的测量

表 7-1-98　　轴承性能参数的测量

测量项目	特点	测量方法或装置	
温度测量	当轴承的运转出现异常磨损、油膜破裂时,轴承温度都会超过预计的值。因此,温度监测可以有效防止事故的发生	固体膨胀式温度计	有杆式和双金属式两种,如热电偶,这种测温装置是测量两种材料热胀系数的差异来实现测温,其测温范围为-45~600℃
		电阻温度传感器	利用材料的电阻与温度呈一定函数关系,通过测量电阻变化来实现测温,其测温范围为-200~500℃
		红外测温仪	以检测物体红外线波段的辐射能来实现测温,它的特点是体积小、重量轻、灵敏度高、响应快、操作简便,常用于现场温度监测
		红外热像仪	利用物体热辐射特性,将被测物体的温度分布以图像形式显示在屏幕上
振动测量	通过建立各种振动轨迹形状与轴承缺陷或故障的对应关系,判断轴承的故障	两个相互成直角放置的位移传感器	检测轴颈位移信号,可以观察到轴心轨迹。通过轴心轨迹可以判断最小油膜厚度的位置与数值,从而断定油膜是否破裂
		在轴的轴线方向放置位移传感器或示波器	可以测出轴的轴向振动,对轴心轨迹和轴向振动作频率分析,就能判断促使轴颈振动的原因
磨损测量	磨损会产生磨屑颗粒悬浮在润滑剂中。磨屑颗粒的尺寸和产生的速率随磨损率而增长。鉴别和测量这些颗粒,可以判断磨损是否正常 磨损会产生应力波,通过声发射传感器接收分析可以定性判断轴承是否发生磨损	磁塞	安装在润滑管路中,磁铁的磁力吸附铁质颗粒,取出磁塞,将其收集的磨屑颗粒用显微镜观察,并与标准磨屑颗粒识别图对比,判断出磨损程度。适用于尺寸为0.050mm以上的颗粒
		光谱分析仪	可以用辐射光谱分析仪或原子吸收光谱分析仪对润滑油进行发射光谱化学分析,利用各种物质的特征发射光谱确定磨屑颗粒的化学成分和数量。适用于尺寸0.01mm以下的颗粒
		铁谱仪	铁谱仪将油样中的全部铁屑颗粒收集起来,而把其他颗粒排除在外,按颗粒的尺寸排列在基片上,油样铁谱分析能对颗粒尺寸分布、金属种类、几何形状、晶体结构等进行分析,是十分完善的揭示磨损状态的技术。适用于尺寸0.005~0.1mm的磨屑颗粒
		声发射检测	通过建立声发射信号与轴承磨损的关系,定性判断轴承是否发生磨损,相比其他方法可以快速发现轴承故障以采取措施
油膜压力测量	油膜压力可以直观反映轴承的运行状态,通过压力分布对轴承运行做出调整	轴瓦径向小孔连接压力表	可以获得轴承沿周向及轴向油膜压力的分布。这种方法简单、直观,但不能获得连续的压力分布曲线
		轴上安装压力传感器	直接在轴上打孔安装压力传感器,可以获得连续的周向扭力分布曲线,但传感器的尺寸较大,只能反映敏感元件面积上油膜压力的平均值,准确度低
		带导压孔的压力传感器	相比直接安装压力传感器,导压孔直径可小于1mm,可以大大提高准确度

续表

测量项目	特点	测量方法或装置	
流量测量	滑动轴承流量与轴承最小油膜厚度、轴承温度具有直接关系	量筒和秒表	使单位时间的回油流入量筒，计算轴承流量，结果较为精确但操作不便
		流量计	在油路中安装流量计，可以实时获得流量数据，操作方便且可以直观看到流量变化，方便判断供油和轴承运行是否正常
转矩测量	轴承发生磨损会使转矩升高，通过转矩测量判断轴承的故障	电机输出电流	电机电流小于额定电流时，电流与转矩成正比，可方便地获得转矩信息，但可能包含其他转矩阻力的影响
		转矩传感器	在条件具备的情况下，可在电机与转轴之间安装转矩传感器，直接测量轴系的摩擦转矩
油膜厚度测量	油膜厚度是滑动轴承最重要的运行参数，直接关系到轴承是否正常运转，较低的油膜厚度会造成磨损、高温等问题。通过油膜厚度可以了解轴承的健康状态	电涡流传感器	在轴承上安装电涡流传感器，根据被测导体产生的反向电磁场强度来判断与被测体之间的距离，从而测量轴承与轴之间的距离，判断油膜厚度
		超声传感器	利用超声波在油膜中的透射与反射特性测量油膜厚度，其优点在于安装方便、不需要破坏轴承

4 液体静压滑动轴承

4.1 液体静压工作原理

4.1.1 液体静压形成原理

液体静压支承是指在相对滑动表面之间输入足以平衡外载荷的高压润滑剂，迫使两表面完全分离，借助流体的静压力实现承载的方法，如图 7-1-47 所示。在液体静压润滑中，油膜压力与转速基本无关，可在低速甚至零速下达到液体润滑状态。与其他类型的轴承相比，液体静压润滑轴承具有很低的摩擦因数和更宽的速度范围，可以在各种转速和负载下稳定工作，具有噪声低、寿命长、阻尼大等优点，在高速、高精度、高负载等机械设备中具有广泛应用。根据实现机理的不同，液体静压润滑又可以分为定压力和定流量两类。

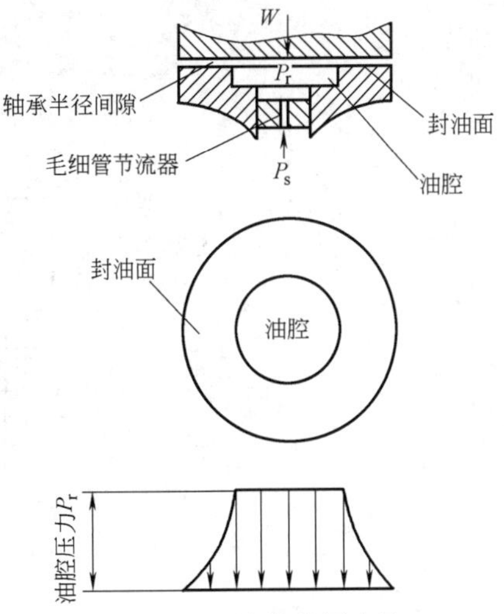

定压力供油原理：压力恒定为 P_s 的高压油经过节流器流入油腔，压力降为 P_r，再经厚度很薄的封油面回油，压力降至环境压力。由于封油面厚度（间隙）h_0 远小于油腔深度 h_r［一般 $h_r=(20\sim50)h_0$］，压力油流过封油面时受到很大的阻力，使油腔和封油面中的油能维持一定的静压力来承受外载荷 W。当外载荷 W 增加时，封油面厚度 h_0 减小，流阻增加，油腔压力 P_r 增加，油膜承载力增加，进而自适应平衡外载荷 W。

图 7-1-47 液体静压支承

定流量供油原理：流量恒定的高压油直接进入油腔，油腔压力 P_r，经厚度很薄的封油面回油，压力降 0Pa。因封油面的厚度很低、流阻很大，使油腔和封油面中的油能维持一定的静压力来承受外载荷 W。当外载荷 W 增加时，封油面厚度降低，流阻增加，为了维持经过封油面的流量不变，油腔压力 P_r 必然增加，因此油膜承载力增加，自适应平衡外载荷 W。

4.1.2 液体静压轴承的工作原理

表 7-1-99 液体静压轴承工作原理

分类		原理
	固定节流	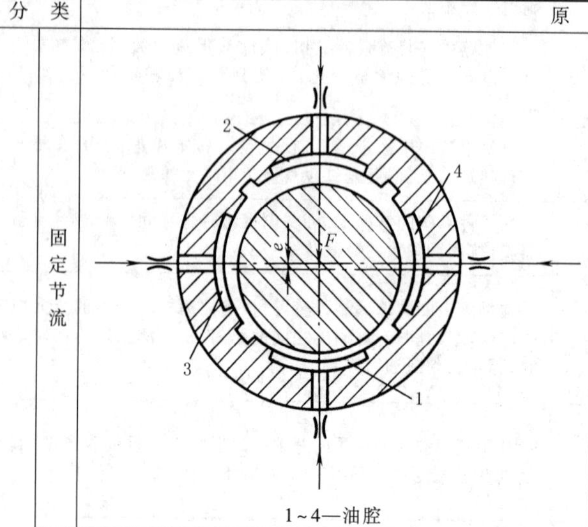 1~4—油腔 从供油系统供给具有一定压力的润滑油，通过各个小孔节流器（或毛细管节流器），进入相应的轴承油腔内。空载时，由于各油腔对称等面积分布，各个节流器的节流阻力相同，使轴浮起在轴承的中心位置（忽略轴自重）。此时，轴承封油面各处的间隙（h_0）相同，轴承各油腔内的压力（p_0）相等。当轴受载荷 F 后，轴向下产生微小的位移 e，使油腔 1 处的间隙减小到 h_0-e，油流阻力增大，油腔 2 处的间隙增大到 h_0+e，油流阻力减小，因而油腔 1 的压力 p_1 升高，油腔 2 的压力 p_2 降低。所以油腔 1、油腔 2 便形成压力差 Δp（$\Delta p=p_1-p_2$）。当 $A_e\Delta p$（A_e 为轴承一个油腔的有效承载面积）同载荷 F 平衡，即 $F=A_e\Delta p$ 时，轴便不再往下移动，处于平衡状态。选择合理的轴承和节流器参数，能使轴产生的位移满足设计要求。如果载荷不是正对油腔，可将载荷分解为垂直方向和水平方向的载荷，分别由上下油腔和左右油腔的 $A_e\Delta p$ 与之平衡，故四个油腔的轴承已能承受来自任意方向的径向载荷
有周向回油	可变节流	薄膜反馈节流 滑阀反馈节流 从供油系统供给具有一定压力的润滑油，通过滑阀反馈节流器（或双面薄膜反馈节流器），进入相应的轴承油腔内。空载时，由于各个油腔对称等面积分布，滑阀在两端弹簧作用下处于中间位置（或薄膜处于平直状态），各个节流器的节流阻力相同，使轴浮起在轴承的中心位置（忽略轴自重），此时轴承封油面各处的间隙 h_0 相同，轴承各油腔内的压力

续表

分类		原理
有周向回油	可变节流	p_0 相等。当轴受载荷 F 后，轴向下产生微小的位移 e，使油腔 1 处的间隙减小，油流阻力增大，因而油腔 1 的压力 p_1 升高；油腔 2 处的间隙增大，油流阻力减小，因而油腔 2 处的压力 p_2 降低。由于油腔 1、油腔 2 分别与滑阀两端连接（或与薄膜两面的上下油腔连接），滑阀两端面（或薄膜上下两面）受 p_1、p_2 作用后，使滑阀向上移动 x（或薄膜向上凸起变形量 $\bar{u}$），于是滑阀上边的节流长度增大为 l_c+x（或薄膜上面节流间隙减小为 $h_c-\bar{u}$），润滑油流入轴承油腔 2 的阻力增大，滑阀下边的节流长度减少为 l_c-x（或薄膜下面节流间隙增大为 $h_c+\bar{u}$），油流入轴承油腔 1 的阻力减小，造成油腔 1、油腔 2 的压力差 $\Delta p(\Delta p=p_1-p_2)$ 进一步增大，$A_e\Delta p$ 同载荷 F 平衡，促使轴重新向上浮起，使轴保持在新的位置。轴浮起量的大小，取决于轴承和节流器参数的选择 如果轴承和节流器的参数选择合理，在某个载荷 F 作用下（例如额定载荷），完全有可能使轴回到原来（$F=0$）的中心位置，处于平衡状态。当 F 不断增加、滑阀便相应地向上移动（或薄膜相应地向上变形），直至下边节流口完全打开，上边节流口完全封闭（或薄膜同圆面接触），此时，滑阀移到最上的极限位置（或薄膜变形到最大限度）。此后，如果 F 再继续增加，滑阀（或薄膜）不再起控制作用 轴在载荷 F 作用下产生的位移 e 有三种不同状态： （1）轴位移 e 的方向与载荷 F 的方向相同，e 为正值，称为轴承的正位移 （2）轴在某个载荷 F 作用下（例如额定载荷）产生的位移 e，由于滑阀（或薄膜）的反馈作用，使轴回到原来（$F=0$）的中心位置（$e=0$），处于平衡状态，e 为零，称为轴承的零位移 （3）轴在载荷 F 作用下产生的位移 e，由于滑阀（或薄膜）的反馈作用，使轴回到原来（$F=0$）中心位置的上方，处于平衡状态，轴位移 e 的方向与载荷 F 的方向相反，e 为负值，称为轴承的负位移
无周向回油	固定节流及可变节流	(a)　(b)　(c) 这种轴承的特点是没有周向回油槽，如图 a 所示。空载时，压力油经过节流器分别进入四个油腔，轴在四个互相对称的油腔的 $A_e\Delta p$ 作用下处于中心位置（忽略轴自重）。这时，油经轴承间隙从轴承端面流出，如图 b 所示，其工作原理大体与有周向回油的液体静压轴承相同。但是，受载后，由于各油腔压力发生了变化，使得各油腔中的油除了通过间隙从轴承端面流出外，压力较高的油腔中的油向着压力较低的油腔流动，如图 c 所示，这种流动称为内流 这种轴承的优点是流量较小，缺点是当采用固定节流器时，由于有内流，使其油膜刚度低于有周向回油的轴承（当采用可变节流器时，若参数选择合理，其油膜刚度并不比有周向回油的轴承低）

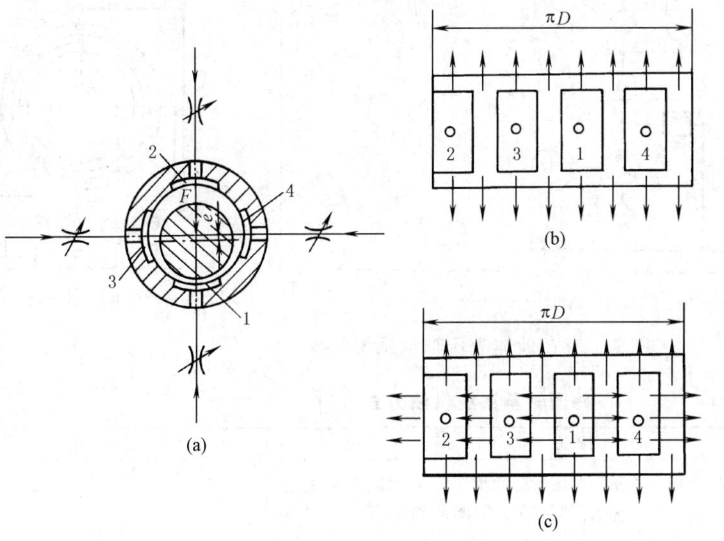

4.2　液体静压轴承的分类及特点

4.2.1　液体静压轴承系统组成

常用的恒压力供油静压轴承系统一般由供油系统、节流器（小孔节流式、毛细管式、内部节流式、滑阀反馈式和薄膜反馈式节流器等）、轴承三部分组成，见图 7-1-48a。

常用的恒流量供油静压轴承系统一般由供油系统和轴承两部分组成，其特点是轴的每个油腔分别连接一个流量相等的液压泵或定量阀，见图 7-1-48b。

两种供油方式的比较见表 7-1-100。

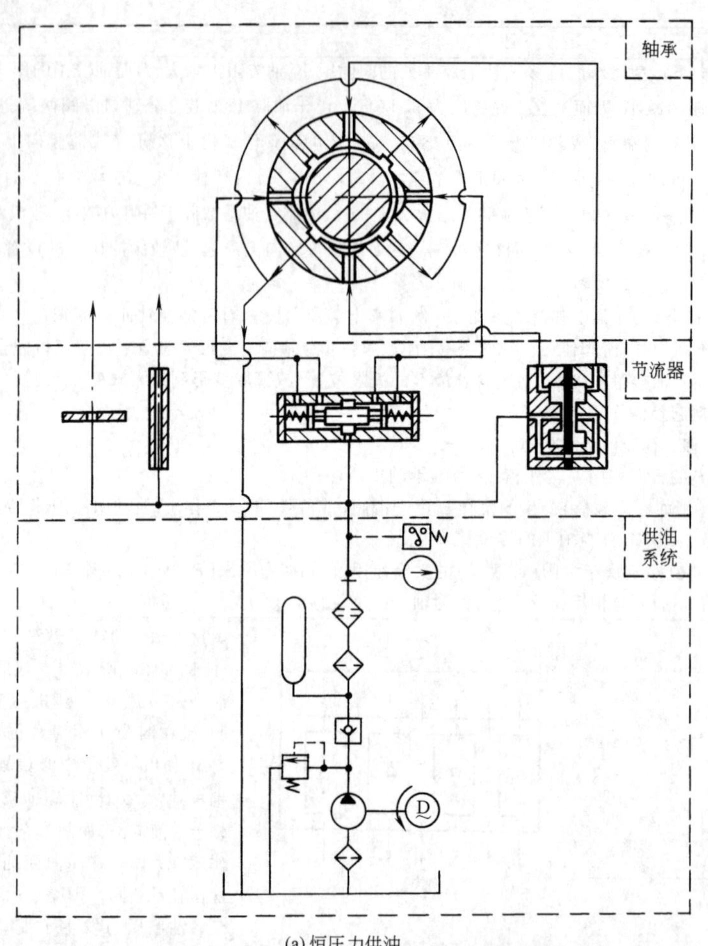

(a) 恒压力供油

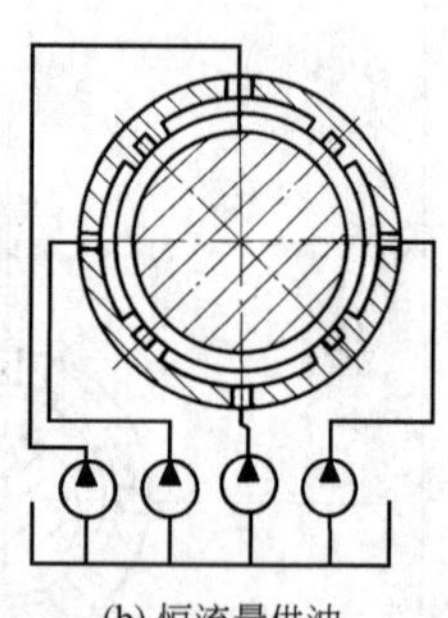

(b) 恒流量供油

图 7-1-48　液体静压轴承系统组成

表 7-1-100　　静压轴承系统供油方式

方式	特点	应用
恒压力供油	轴承的各个油腔采用一个泵，油泵输出的恒定压力的润滑油先通往节流器，然后进入轴承各油腔，利用节流器调节油腔压力。恒压力供油液体静压轴承结构简单，调整方便 供油压力的选择原则：保证满足轴承最大承载能力和足够油膜刚度的条件下，使供油系统中的油泵功率消耗最小，既有利于降低轴承系统温度，又能改善轴承的动态性能。当严格要求控制润滑油温度时，应装设换热器或恒温装置 一般取供油压力 $p_s \geqslant 1\text{MPa}$	国内外广泛应用
恒流量供油	轴承的每个油腔各有一个流量相同的油（液压）泵（或阀），油泵将恒流量的润滑油直接输送到轴承油腔，它的优点是： （1）工作可靠，不存在节流器堵塞的问题 （2）轴承的油膜刚度大于固定节流静压轴承的油膜刚度 （3）油泵功率损耗较小，温升较低 它的缺点是： （1）若用多个流量相同的油泵，则所需油泵的数量多；若用多供油点的油泵，则油泵制造精度要求高 （2）油膜刚度、油膜厚度受温度的影响大	因结构复杂，国内外多用于特殊场合，如大型及重型机床等

相对于液体动压等其他轴承类型，液体静压轴承的特点见表 7-1-101。

表 7-1-101　　**液体静压轴承的特点**

特点	(1)静压轴承始终处于纯液体润滑状态下,摩擦阻力小,主轴启动功率小,传动效率高 (2)正常运转和频繁启动时,都不会发生由金属之间的直接接触造成的磨损,精度保持性好,使用寿命长 (3)由于轴颈的浮起是依靠外部供油的压力来实现的,因此,在各种相对运动速度下,都具有较高的承载能力,速度变化对油膜刚度影响小 (4)润滑油膜具有良好的抗振性能,轴运转平稳 (5)油膜具有均化误差的作用,能减少轴与轴承本身制造误差的影响,轴的回转精度高 (6)设计静压轴承时,只要选择合理的设计参数,如主轴与轴承之间的间隙、封油面尺寸、节流器形式、供油压力、节流比等,就能使轴承的承载能力、油膜刚度、温升等满足从轻载到重载、低速到高速、小型到大型的各种机械设备的要求 (7)需要一套过滤效果非常好而且可靠的供油装置。在高速场合,还需安装油冷却装置,保证控制润滑油温度在一定范围内

4.2.2　液体静压径向轴承分类与特点

液体静压轴承的类型很多,一般按供油方式和轴承结构分类,如图 7-1-49 所示。不同类型的结构、特点等见表 7-1-102。

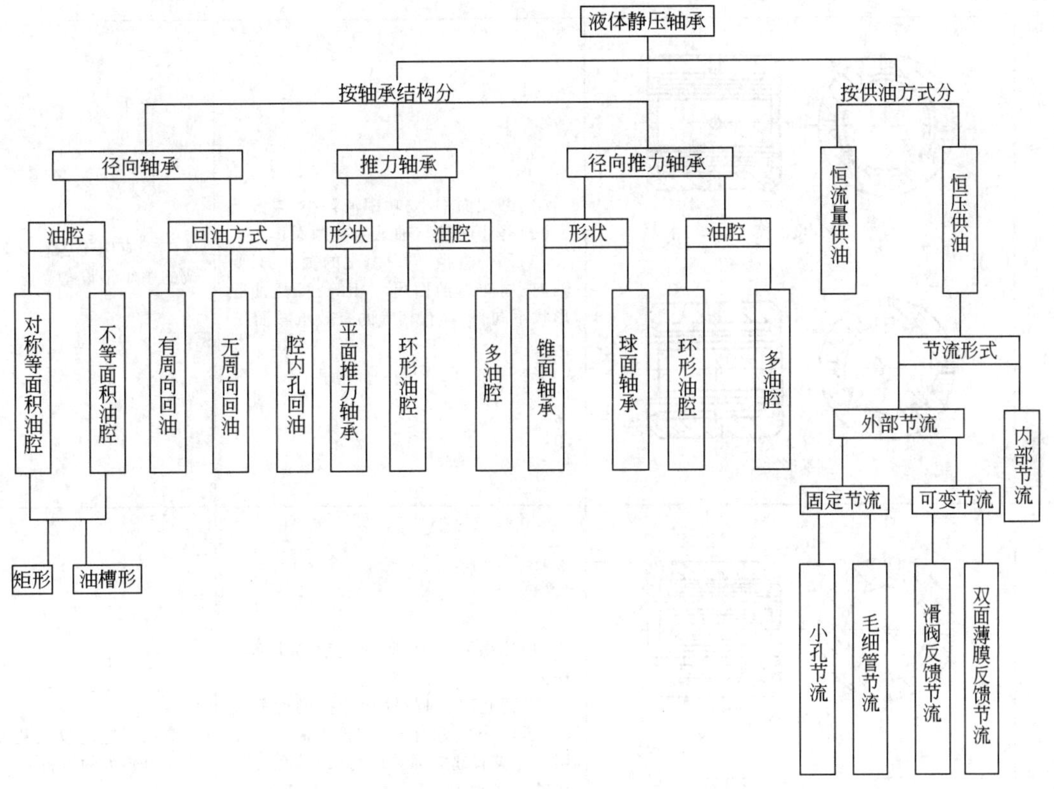

图 7-1-49　液体静压径向轴承分类

表 7-1-102　　**液体静压径向轴承结构、特点与应用**

分类		结构	特点	应用
按回油方式分	有周向回油		(1)润滑油通过轴与轴承间隙,从轴向、周向封油面流出 (2)流量较大 (3)相对于同一种固定节流器,无周向回油槽的静压轴承具有较大的静刚度 (4)高速转动时,若回油槽宽度和深度太大,容易将空气从回油槽卷入轴承油腔内	广泛应用于各种设备

续表

分类		结构	特点	应用
按回油方式分	无周向回油	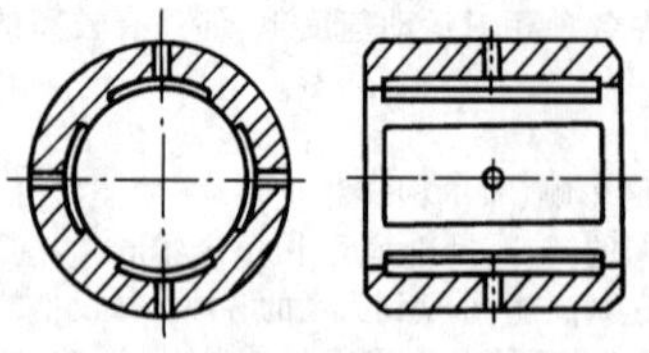	(1)空载时,润滑油通过轴与轴承间隙,只从轴向封油面流出 (2)流量较小 (3)轴在载荷作用下,油腔内的压力油互相流动,产生内流现象	固定节流用于对静刚度要求不高,而流量要求小的设备;可变节流用于流量要求小的重型设备
	腔内孔式回油	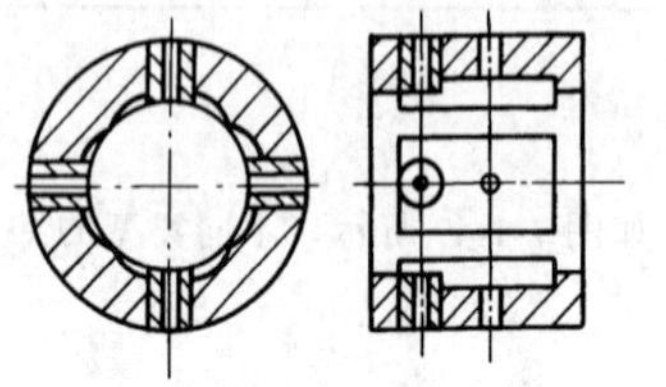	(1)每个油腔设有单排或双排回油孔 (2)各油腔间可有周向回油槽或无周向回油槽 (3)油膜刚度可提高 40%以上 (4)高速下,动压效应明显 (5)结构比较复杂	正在广泛推广
按油腔形状分	矩形油腔	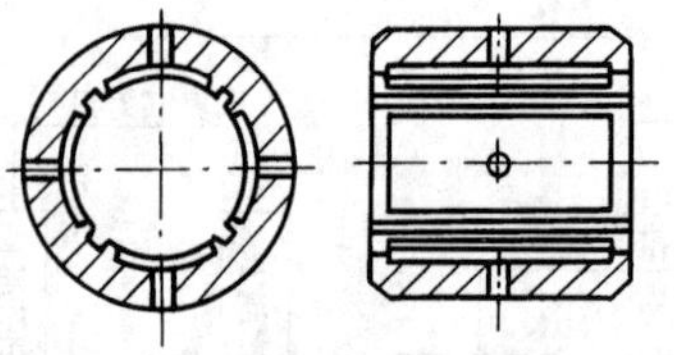 等深度油腔 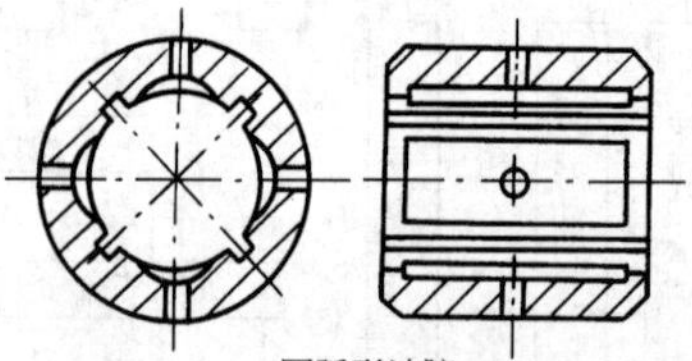 圆弧形油腔	(1)摩擦面积小,功率消耗小,温升低 (2)静止时轴与轴承的接触面积小 (3)同一直径、同一宽度的轴承,只要轴向、周向封油面尺寸相等,虽然油腔形状不同,仍具有相等的有效承载面积	广泛应用于各种高速轻载的中小型设备
	油槽形油腔	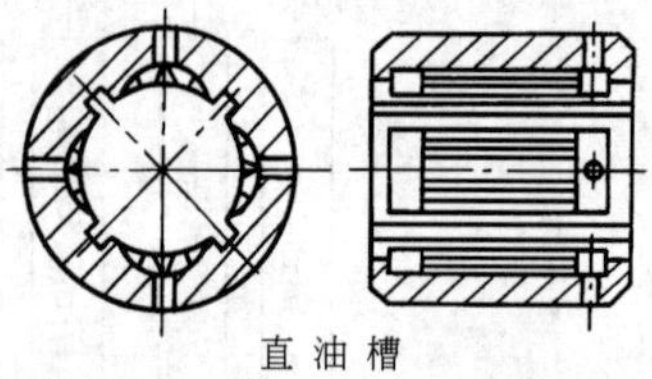 直 油 槽 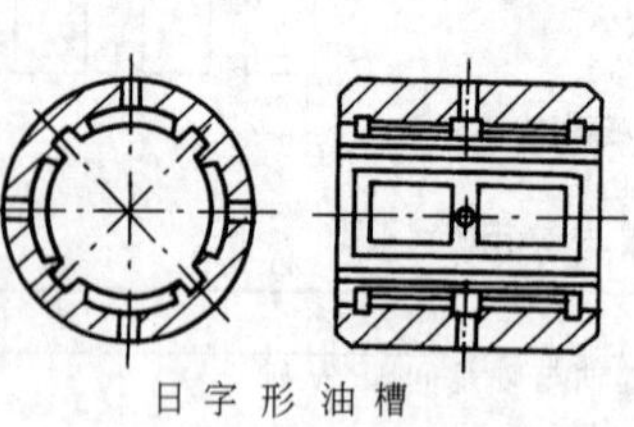 日 字 形 油 槽	(1)摩擦面积大,驱动主轴的功率消耗大 (2)静止时,轴与轴承的接触面积大(比压较小),起保护油腔封油面的作用。在没有建立油腔压力,即轴颈支承在轴承表面时,不易影响轴承精度;若供油装置发生故障,能减少磨损 (3)抗振性好,油膜挤压力大	应用于速度较低及轴系统自重较大的设备
按油腔面积	对称等面积	见矩形油腔结构图	(1)各油腔有效承载面积相等,并对称分布 (2)承载能力和刚度方向性小 (3)若略去主轴自重,空载时主轴浮在轴承中心	广泛应用

续表

分类		结构	特点	应用
按油腔面积	不等面积	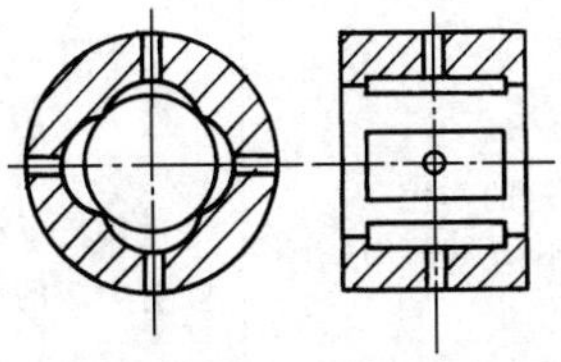	(1)各油腔有效承载面积不相等 (2)允许载荷方向的变化较小,油腔面积大的承载能力大,而油腔面积小的承载能力小 (3)可以提高某一方向的承载能力,并且可节省油泵功耗 (4)只有在设计载荷下轴才浮在中心	适用于自重较大或载荷方向恒定的设备
按油腔数量	三油腔	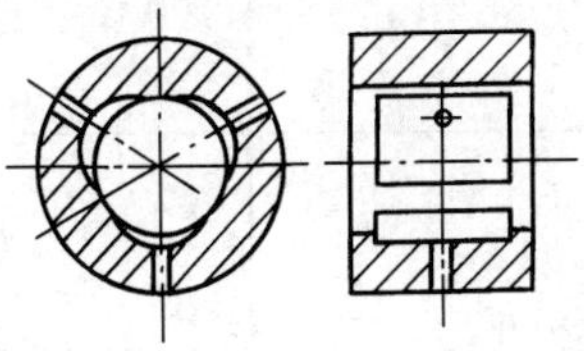	(1)沿圆周方向均匀分布三个油腔 (2)能承受任意方向的径向力,但承载能力及刚度的方向性较大(即不同的载荷方向,刚度和承载能力的差别较大)。正对油腔的承载能力及刚度最大	适用于轴承直径小于40mm的设备
	四油腔	见有周向回油、无周向回油及矩形油腔图	(1)沿圆周方向均匀分布四个油腔 (2)若是对称等面积四油腔结构,承载能力及刚度的方向性较小,可承受任意方向的载荷;若是不等面积四油腔结构,大油腔承载能力大,小油腔承载能力小	广泛应用
	六油腔	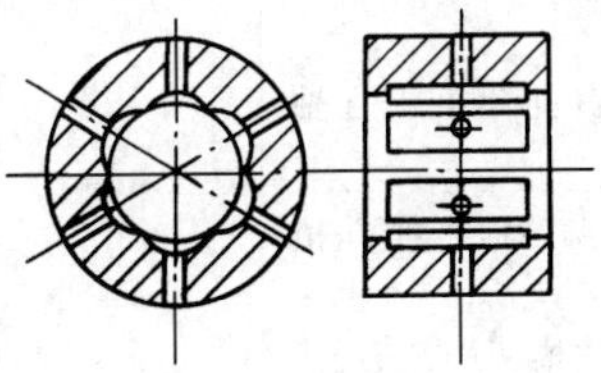	(1)沿圆周方向均匀分布六个油腔 (2)承载能力和刚度的方向性很小,主轴回转精度高 (3)结构复杂,节流器数目较多	适用于高精度设备
按轴承的开闭分	开式	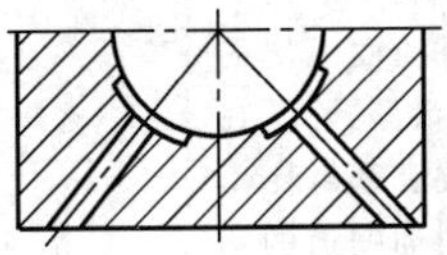	轴瓦为半瓦,载荷方向作用在垂直位置内且变动范围较小	应用于重型设备的附加支承或大型设备工件的托架
	闭式	除开式结构外均为闭式	整体轴承,在大多数情况下,允许载荷变化的方向较大	广泛应用于各种设备

4.2.3 液体静压推力轴承分类与特点

表 7-1-103　　液体静压推力轴承结构、特点与应用

分类		结构	特点	应用
按油腔形状分	环形油腔	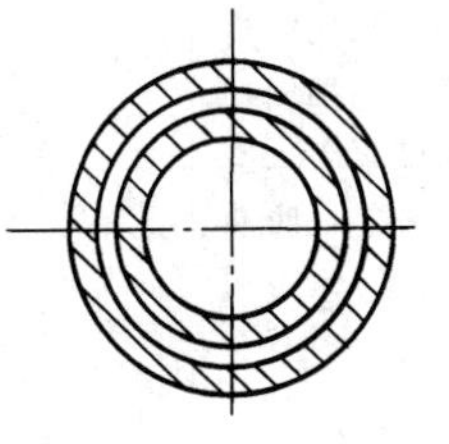	(1)结构简单,加工方便 (2)可用固定节流和可变节流 (3)这种油腔只能承受轴向载荷,不能承受轴向载荷偏离轴线所产生的倾覆力矩和径向载荷所产生的倾覆力矩,由于推力轴承和径向轴承往往是联合使用,上述倾覆力矩可由径向轴承承受	广泛应用于各种设备

续表

分类			结构	特点	应用
按油腔形状分	扇形油腔	无回油槽	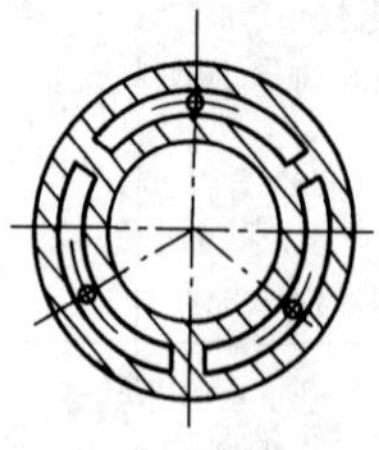	(1)有较好的抵抗倾覆力矩的作用 (2)油腔加工不方便,每个油腔需用一个节流器,结构复杂	适用于承受大偏心载荷和倾覆力矩的大型设备
		有回油槽	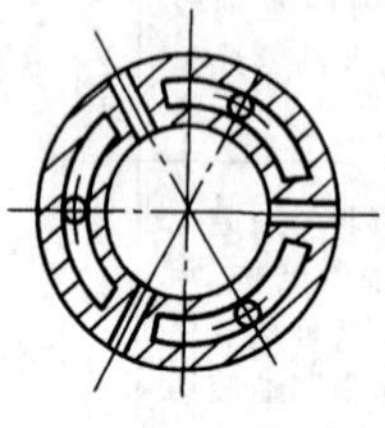	(1)各油腔之间有回油槽分开 (2)有较好的抵抗倾覆力矩的作用 (3)结构复杂,加工不便,且每个油腔需用一个节流器	适用于承受大偏心载荷和倾覆力矩的大型设备或高精度机床上
按止推方式分	位于径向前轴承前端			(1)采用单独节流器 (2)油腔开在轴承和端盖上,也可开在轴肩上 (3)改变调整垫片尺寸,调整轴向间隙,精度较高 (4)径向轴承的周向回油槽两端开通,使径向轴承和推力轴承一侧内端封油面流出的润滑油,经回油槽从非推力端排出。为了防止推力轴承从另一侧内端封油面流出的润滑油沿轴和端盖之间的缝隙渗漏,除了在端盖上有回油孔外,往往还需要有密封装置 (5)对于水平放置的轴,在回油畅通的条件下,下列三种密封装置都能达到较好的密封效果 ①轴上的挡环密封 ②螺纹间隙密封,适用于转速较高而且是单方向转动的轴。螺纹的旋向,应使轴转动时不让润滑油沿轴和端盖之间的缝隙渗漏。对于有大量冷却液的工作环境,需相应采取其他措施,防止吸进冷却液而改变润滑油的性能 ③密封圈密封,适用于转速较低的轴 对于垂直和倾斜放置的轴,一般采用密封圈密封,并利用专用的油泵将润滑油抽回油箱。采用抽油方法,应避免抽油油泵吸入空气,使润滑油产生气泡。有的立式轴,回油并无严格要求,允许自由流回油箱,无需抽油装置	用于轴向载荷较大的设备

续表

分类		结构	特点	应用
按止推方式分	位于径向前轴承两端	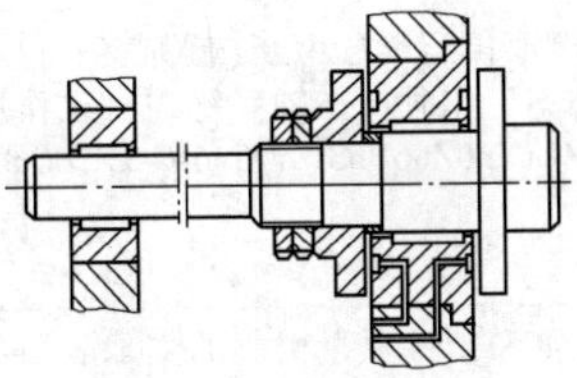	(1)可用单独节流器节流 (2)油腔开在前轴承两端,或轴肩和止推环上 (3)改变调整垫尺寸,调整轴向间隙。由于靠螺母紧固止推环,精度较差,紧固止推环的螺母应有锁紧装置,防止螺母松动改变轴向间隙 (4)从径向轴承油腔和推力轴承油腔内端封油面流出的润滑油,通过回油槽上的径向孔回油。对于采用单独节流器的推力轴承,应将回油槽两端开通,使径向轴承油腔和推力轴承油腔内端封油面流出的润滑油,通过回油槽上的径向孔流出	适用于按径向前轴承前端布置有困难,而按位于径向前轴承前端和后轴承后端布置又有不良影响的设备
	位于径向前轴承前端和后轴承后端	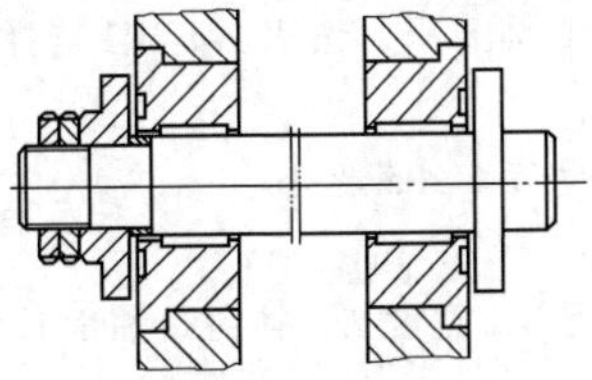	(1)用单独节流器节流 (2)油腔开在前轴承前端和后轴承后端,也可开在轴肩和止推环上 (3)改变调整垫尺寸,可调整轴向间隙。由于要锁紧止推环,精度较差。紧固止推环的螺母应有锁紧装置,防止螺母松动改变轴向间隙 (4)如果轴很长,又在较高的工作温度下工作时,应考虑热变形对轴向间隙的影响 (5)有节流器的推力静压轴承,回油槽两端开通,使较多的润滑油从非止推端流出 (6)轴承转动后,推力油腔压力常较计算值为低,转速越高,降低也越严重,从而减少了轴承的承载能力和油膜刚度。造成油腔压力降低的原因:一是转动时的离心力使油外甩;二是热变形使轴承间隙增大。试验结果表明,推力轴承外圆的圆周速度 $v=14\mathrm{m/s}$ 时,油腔压力将开始严重下降。为克服油腔压力降低,可采取如下措施 ①增大外端封油面尺寸 ②外端封油面处引入具有适当压力的润滑油 ③改变润滑油的流出方向 ④在外端封油面开反向螺旋槽 为了减轻轴向间隙增大的影响,推力轴承间距不宜过大,轴承温度不宜过高	用于轴承跨距较短,热变形对轴向间隙影响不大,或者按位于径向前轴承前端布置有困难的设备
等面积推力轴承		参见按止推方式分类的三个图		常用
不等面积推力轴承		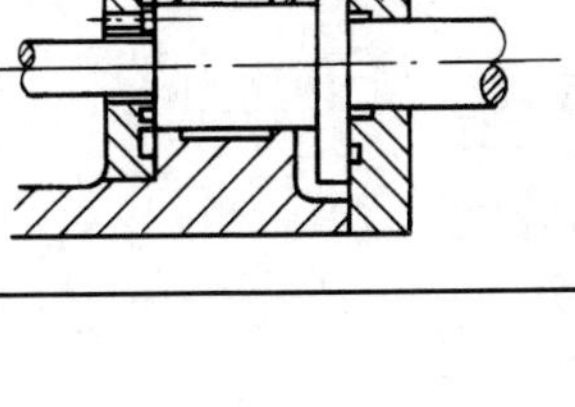	推力轴承的内、外封油边一般都大于径向轴承直径,使推力轴承的切线速度相应加大,采用不等面积推力轴承可以相应降低推力轴承的切线速度,减少摩擦功耗及温升	适用于对温升、功耗有要求的地方

4.3 液体静压轴承材料

表 7-1-104 液体静压轴承材料

<table>
<tr><td rowspan="6">轴承材料</td><td colspan="2">(1)在正常工作情况下,轴承材料一般可采用组织均匀、无砂孔、无缩孔、无裂纹等的 HT200 或 HT250 铸铁,载荷较大的轴承可使用锑铜铸铁
(2)考虑到轴承工作过程中有可能瞬时超载、热变形和润滑油供给突然中断(例如突然停电,供油系统发生故障等因素),在短期内出现金属直接接触而损伤;或是在不工作时在主轴系统的自重作用下,封油面受损伤,轴承材料可用 ZCuZn38Mn2Pb2(ZHMn58-2-2)黄铜或 ZCuSn6Zn6Pb3(ZQSn6-6-3)、ZCuSn8Pb4(ZQSn8-4)、ZCuPb30(ZQPb30)青铜(整体铜或钢套镶铜)
(3)推力轴承的止推环材料,一般可用 40 钢,40HRC</td></tr>
</table>

<table>
<tr><td rowspan="6">许用压强 p_p /N · cm^{-2}</td><td colspan="2">需验算大型机械设备、主轴系统(包括轴、卡盘、齿轮等)自重和工件重量引起的支承表面单位压力(轴承油腔没有压力油时),使其小于下列材料的许用值 p_p</td></tr>
<tr><td>材　料</td><td>p_p</td></tr>
<tr><td>未淬火钢(轴)-青铜(轴承)</td><td>196~343</td></tr>
<tr><td>淬火钢(轴)-青铜(轴承)</td><td>539~980</td></tr>
<tr><td>淬火钢(轴)-钢(轴承)</td><td>1470</td></tr>
<tr><td>淬火钢(轴)-铸铁(轴承)</td><td>≈490</td></tr>
</table>

4.4 液体静压轴承设计计算的一般步骤

第7篇

液体静压轴承系统的设计包括合理选择轴承、节流器、液压（供油）系统的结构型式和确定各有关参数。

设计的原始条件为：轴承的最大载荷 F_{max}，转速 n，要求的油膜刚度（或允许轴颈在最大载荷作用下的最大位移 e）。此外，有些设备往往还限制轴承的最高温度。

静压轴承的设计可有不同的方法，一般步骤如下。

1）选择轴承的结构型式：根据设备类型、外载荷的性质及设计的具体要求，按表 7-1-102 选择。

2）确定转子支承数目：进行受力分析并计算支承反力。

3）选择节流器的结构型式：根据设备类型、所需的油膜刚度，按表 7-1-105 选择。

4）设计计算。

① 确定轴承的结构尺寸。按具体条件查表 7-1-113 选择轴承的直径 D、宽度 L、轴向封油面长度 l_1、周向封油面宽度 b_1、回油槽宽度 b_2 和轴承半径间隙 h_0 等各项。

② 计算油腔的有效承载面积 A_e。根据不同的轴承结构，由表 7-1-103~表 7-1-110 中查得有关的计算公式，代入相应的参数，通过得到的数值查表 7-1-114、表 7-1-117、表 7-1-118。

③ 选择节流比 β。各种不同节流型式的节流比见表 7-1-106。

④ 选择供油压力 p_s。在满足承载能力的前提下，不宜选用过高的供油压力。一般推荐供油压力 $p_s \geqslant 1\text{MPa}$。在设计时预选一个 p_s 值作为原始条件，计算油膜刚度和承载能力等。如果不能满足设计要求时，则可修改此压力值，重新计算油膜刚度及承载能力。必要时可以根据油膜刚度和承载能力来计算所需的供油压力 p_s 值并取较大的 p_s 值。

⑤ 选择润滑油。选择时应根据不同的节流型式和设备的工作条件等来确定润滑油品种。对于常用的四油腔径向静压轴承，可按表 7-1-112 中推荐的润滑油品种选用。但对于功耗和温升要求较高的场合，润滑油的黏度 η 应按最小功率消耗和最低温升的条件来计算，可根据表 7-1-110 中 $N_f = K_n N_p$ 的关系，计算润滑油的最佳黏度 η。

⑥ 计算轴承流量。按表 7-1-106 及表 7-1-107 中的流量公式计算单个油腔的流量 q_0，再乘以油腔数得到总流量。

⑦ 设计计算节流器，并验算层流条件。

⑧ 承载能力或油膜刚度等的验算。

⑨ 计算油泵功率 N_p。

⑩ 计算摩擦功率 N_f。

⑪ 计算温升 Δt。

⑫ 选择油泵规格，设计供油系统。

4.5 节流器的结构尺寸及主要技术数据

表 7-1-105 节流器的结构尺寸及主要技术数据 mm

<table>
<tr><th rowspan="2">项 目</th><th colspan="2">固 定 节 流</th><th colspan="2">可 变 节 流</th></tr>
<tr><th>小孔节流器</th><th>毛细管节流器</th><th>滑阀反馈节流器</th><th>薄膜反馈节流器</th></tr>
<tr><td rowspan="2">主要结构尺寸</td><td>小孔长度 l_0，一般取$l_0=1\sim3$</td><td>毛细管节流常用的注射针管直径：<table><tr><th>内径</th><th>外径</th></tr><tr><td>0.46</td><td>0.8</td></tr><tr><td>0.56</td><td>0.9</td></tr><tr><td>0.71</td><td>1.1</td></tr><tr><td>0.84</td><td>1.2</td></tr><tr><td>1.07</td><td>1.4</td></tr></table></td><td>滑阀节流长度 l_c，一般取 $l_c=10$
滑阀直径 d_c，一般取 $d_c=12$ 或 16</td><td>节流器体壳尺寸，一般取 $r_j=16$，$r_{j1}=2$，$r_{j2}=6$</td></tr>
<tr><td>小孔直径 d_0，一般取 $d_0\geqslant0.45$</td><td>毛细管长度 l_c，一般取 $l_c<500$</td><td>滑阀节流半径间隙 h_c，一般取 $h_c\geqslant0.03$</td><td>薄膜与圆台的间隙 h_c，一般取 $h_c\geqslant0.04$</td></tr>
<tr><td rowspan="3">主要技术数据</td><td rowspan="3">外锥与内锥孔配合，接触面积不少于 70%</td><td rowspan="3">螺旋毛细管同箱体孔配合的直径间隙，一般取 0.006~0.012</td><td>滑阀导向部分与阀体配合间隙（不是节流间隙），一般取 0.01~0.02</td><td>薄膜直线度公差为 0.01</td></tr>
<tr><td>滑阀锥度不大于 0.003，圆度、同轴度公差为 0.003</td><td>体壳同轴度公差为 0.05</td></tr>
<tr><td>阀体圆度公差为 0.005</td><td>体壳两端面平行度公差为 0.005</td></tr>
<tr><td>表面粗糙度 Ra /μm</td><td>板式结构：两端面 0.4，其余 6.3
外锥式结构：外锥面 0.8，两端面 1.6，其余为 6.3</td><td>螺旋槽截面 1.6~0.8</td><td>滑阀工作表面 0.1；滑阀其余部分为 6.3；阀体与滑阀接触表面 0.2；阀体的其余部分为 6.3</td><td>薄膜工作表面 1.6，其余部分为 6.3；体壳与薄膜接触面 0.4；体壳两端面 1.6；圆台为 0.8</td></tr>
<tr><td>节流器材料</td><td>板式结构用 35 钢
外锥式结构用 H62 黄铜或 45 钢</td><td>直通式常用医疗上的注射针管
螺旋槽式用 45 钢
体壳用 HT200 铸铁</td><td>滑阀用 40Cr 或 45 钢，45~50HRC
阀体用 HT200</td><td>薄膜用 65Mn 弹簧钢，42~45HRC
体壳用 45 钢或 HT200</td></tr>
</table>

第7篇

4.6 液体静压轴承的基本公式

表 7-1-106　　液体静压轴承的基本公式

<table>
<tr><th colspan="2">项　目</th><th>公　　式</th><th>说　　明</th></tr>
<tr><td rowspan="3">平面及径向油垫</td><td>油垫流量</td><td> 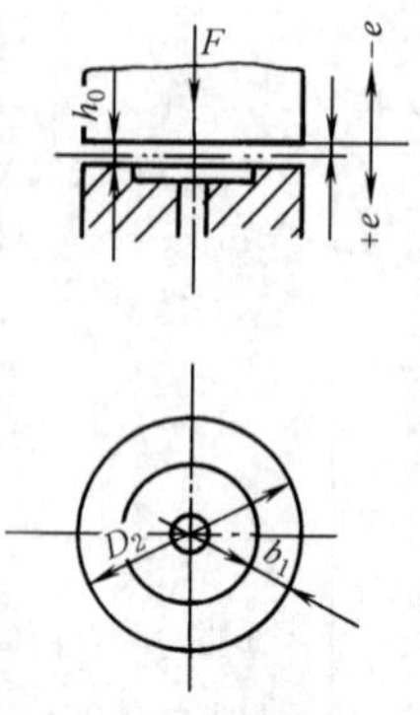(a)平面油垫 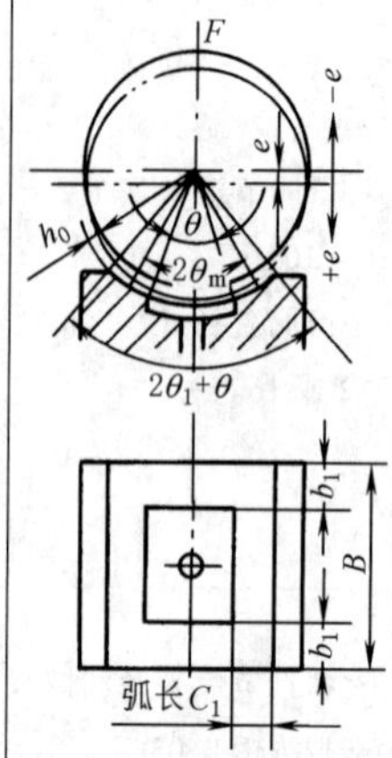
(b)径向油垫单向油垫
$\theta_m=\frac{1}{2}(\theta_1+\theta)$
当油垫的油膜厚度等于设计间隙 h_0 时称为设计状态，如左图实线所示。径向轴承在设计状态下轴径与油垫同心。在设计状态下，通过油垫的油量为：
$Q_0=\overline{Q}_0\frac{p_sh_0^3}{100\eta}\text{mm}^3/\text{s}$
式中　$\overline{Q}_0=C_d\beta$</td><td>p_s——供油压力，MPa
h_0——径向轴承半径间隙，mm
η——润滑油的动力黏度，Pa·s
C_d——油垫流量系数，见表 7-1-107
β——节流比，在毛细管 $\beta=0.5$，小孔 $\beta=0.6$，薄膜 $\beta=0.6$ 时，可获得轴承最大的静刚度</td></tr>
<tr><td>油膜刚度</td><td>油膜刚度为载荷相对于位移的变化率。在设计状态下的油膜刚度
$$G_0=\overline{G}_0\frac{p_sA_e}{h_0}\ (\text{N/m})$$
径向轴承时　$A_e=\overline{A}_eDL$
推力轴承时　$A_e=\overline{A}_eD_1^2$</td><td>$\overline{G}_0$——在设计状态下的刚度系数，见表 7-1-109
A_e——油腔的有效承载面积，mm^2
$\overline{A}_e$——有效承载面积系数</td></tr>
<tr><td>承载能力</td><td> 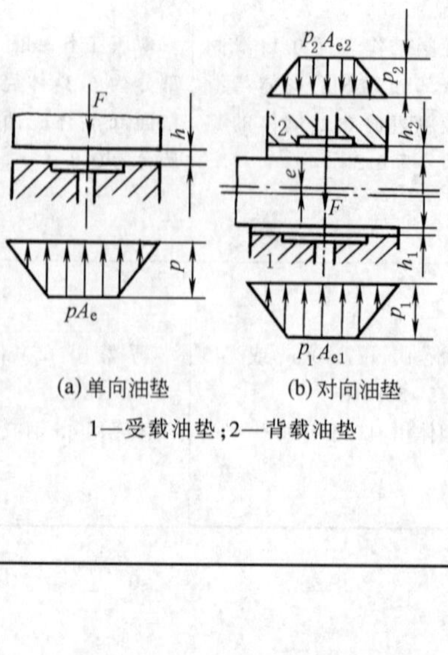(a)单向油垫　(b)对向油垫
1—受载油垫；2—背载油垫
单向油垫和对向油垫如左图所示。其承载能力为
$F_n=\overline{F}_n\overline{A}_eDBp_s$
单向油垫 $F_n=pA_e$
对向油垫
$F_n=p_1A_{e1}-p_2A_{e2}$
对向油垫的承载能力为受载油垫与背载油垫承载能力之差，故不如单向油垫大，但位移受到上下油垫的约束，故其油膜刚度要比单向油垫高得多</td><td>$\overline{F}_n$——轴承承载系数，见表 7-1-108
p,p_1,p_2——油腔压力，Pa
A_{e1},A_{e2}——有效承载面积，mm^2</td></tr>
</table>

续表

项目		公式	说明
节流器	节流器流量 Q_{j0}	$$Q_{j0}=\overline{Q}_{j0}\frac{p_s h_0^3}{\eta}\quad(\mathrm{mm^3/s})$$ 对于毛细管及薄膜反馈节流 $$\overline{Q}_{j0}=C_d\beta=\frac{C_j}{h_0^3}(1-\beta)$$ 毛细管节流 $C_j=(\pi d_c^4)/(128l_c)$ 薄膜反馈节流 $C_j=(\pi h_{j0}^3)\Big/\left(6\ln\frac{d_{j2}}{d_{j1}}\right)$ 对于小孔节流 $\overline{Q}_{j0}=C_d\beta=\frac{C_j\eta}{h_0^3}\sqrt{\frac{1-\beta}{\rho p_s}}$ $$C_j=\frac{\pi d_0^2}{4}\sqrt{2}a$$	d_c——毛细管直径，mm l_c——毛细管长度，mm d_{j1}, d_{j2}——薄膜工作范围直径，mm d_0——小孔直径，mm ρ——润滑油密度，$\mathrm{kg/m^3}$ a——小孔节流器流量系数，$a=0.6\sim0.7$ β——节流比
	节流器尺寸	(1)毛细管节流器尺寸 $\frac{l_c}{d_c}=\frac{\pi(1-\beta)}{128C_d\beta}\left(\frac{d_c}{h_0}\right)^3$ 核算层流条件 $Re=\frac{Q_{j0}d_c\rho}{A_e\eta}\leqslant2000$ 毛细管起始长度 $l_{jc}=0.065d_cRe<l_c$ (2)小孔节流器尺寸 $$d_0=\sqrt{\frac{2\sqrt{2}h_0^3C_d}{\pi a\eta}\sqrt{\frac{\rho p_s\beta^2}{1-\beta}}}\quad(\mathrm{mm})$$ (3)薄膜节流器尺寸 $$h_{j0}=h_0\sqrt[3]{\frac{6\ln\frac{d_{j2}}{d_{j1}}C_d\beta}{\pi(1-\beta)}}\quad(\mathrm{mm})$$	当毛细管为圆形截面时： $d_c\geqslant0.5$mm，注射管内径有0.56mm，0.71mm，0.84mm，1.07mm $l_c/d_c>20$ 当毛细管为非圆截面时： $d_c=\frac{4A_e}{S}$ A_e——截面积，$\mathrm{mm^2}$ S——湿周长度，mm d_c——当量直径，mm Re——雷诺数 $d_0\geqslant0.045$mm p_s——油腔压力，$\mathrm{N/mm^2}$ h_{j0}——节流间隙，mm，$h_{j0}\geqslant0.003$mm d_j——薄膜直径，$d_j=2.5\sim3.5$mm $\frac{d_{j2}-d_{j1}}{2}\geqslant0.3\sim0.4$mm

4.6.1 流量系数与承载面积系数

表 7-1-107 流量系数与承载面积系数的计算公式

油垫名称		油垫形状及压力分布	C_d、$\overline{A}_e$、γ、ω
平面油垫	圆环形	F, D_1, D_2, D_3, D_4	$$C_d=\frac{\pi}{6}\times\frac{\ln\frac{D_2D_4}{D_1D_3}}{\ln\frac{D_2}{D_1}\ln\frac{D_4}{D_3}}$$ $$\overline{A}_e=\frac{\pi}{8D_1^2}\left(\frac{D_4^2-D_3^2}{\ln\frac{D_4}{D_3}}-\frac{D_2^2-D_1^2}{\ln\frac{D_2}{D_1}}\right)$$

续表

油垫名称			油垫形状及压力分布	C_d、$\overline{A}_e$、γ、ω
平面油垫	扇形块		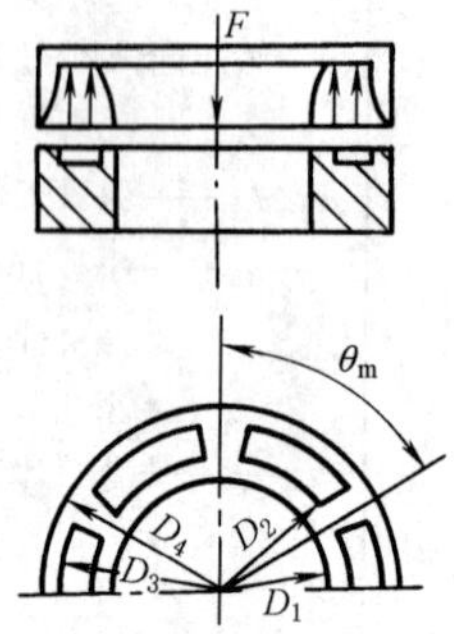	$C_d=\frac{\theta_m}{6}\times\frac{\ln\frac{D_2D_4}{D_1D_3}}{\ln\frac{D_2}{D_1}\ln\frac{D_4}{D_3}}$ $\overline{A}_e=\frac{\theta_m}{8D_1^2}\left(\frac{D_4^2-D_3^2}{\ln\frac{D_4}{D_3}}-\frac{D_2^2-D_1^2}{\ln\frac{D_2}{D_1}}\right)$
径向油垫	有周向回油	无腔内孔回油	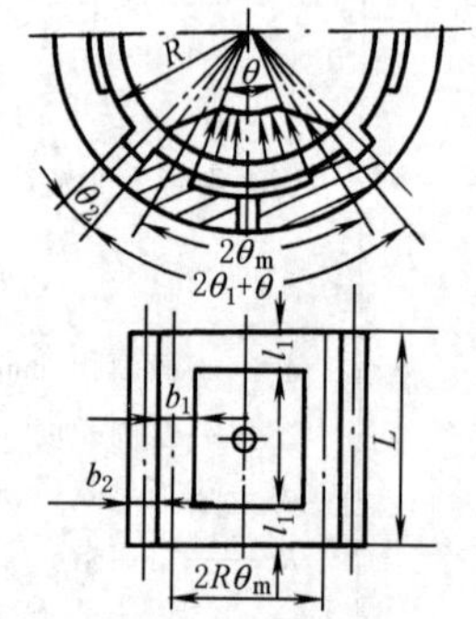	$C_d=\frac{1}{6}\left(\frac{L-l_1}{b_1}+\frac{D\theta_m}{l_1}\right)$ $\overline{A}_e=\frac{L-l_1}{L}\sin\theta_m$ $\gamma=\frac{nl_1(L-l_1)}{b_1(\pi D-nb_1-nb_2)}$
		有腔内孔回油	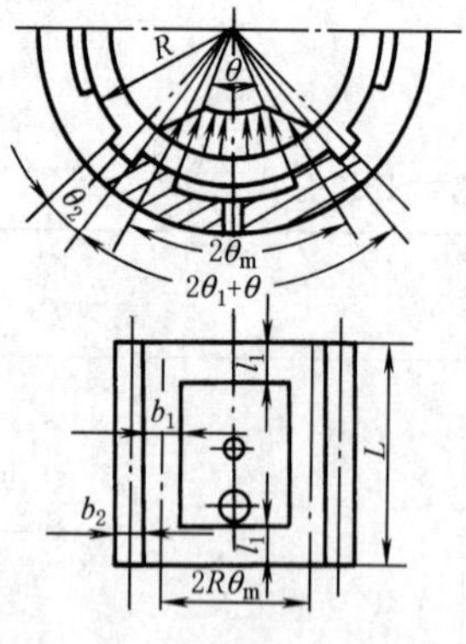	$C_d=\frac{1}{6}\left(\frac{L-l_1}{b_1}+\frac{D\theta_m}{l_1}+\frac{N_0\pi}{\ln\frac{r_2}{r_1}}\right)$ $\overline{A}_e=\frac{L-l_1}{L}\sin\theta_m-\frac{N_0\pi}{DL}\left\{r_2^2-\frac{1}{2\ln\frac{r_2}{r_1}}\left[r_1^2-r_2^2\left(1-2\ln\frac{r_2}{r_1}\right)\right]\right\}\cos\theta_m$ $\gamma=\frac{nl_1(L-l_1)}{b_1(\pi D-nb_1-nb_2)}$ $\omega=\frac{nl_1N_0\pi}{(\pi D-nb_1-nb_2)\ln\frac{r_2}{r_1}}$ 式中　N_0——一个油腔内孔个数 n——油腔数 r_1——径向轴承腔内孔或回油管的内孔半径 r_2——径向轴承腔内孔或回油管的外孔半径

续表

油垫名称			油垫形状及压力分布	C_d、$\overline{A}_e$、γ、ω
径向油垫	无周向回油	无腔内孔回油		$C_d=\dfrac{D\theta_m}{6l_1}$ $\overline{A}_e=\dfrac{L-l_1}{L}\sin\theta_m$ $\gamma=\dfrac{nl_1(L-l_1)}{\pi Db_1}$
		有腔内孔回油		$C_d=\dfrac{1}{6}\left(\dfrac{D\theta_m}{l_1}+\dfrac{N_0\pi}{\ln\dfrac{r_2}{r_1}}\right)$ $\overline{A}_e=\dfrac{L-l_1}{L}\sin\theta_m-\dfrac{N_0\pi}{DL}\left\{r_2^2-\dfrac{1}{2\ln\dfrac{r_2}{r_1}}\left[r_1^2-r_2^2\left(1-2\ln\dfrac{r_2}{r_1}\right)\right]\right\}\cos\theta_m$ $\gamma=\dfrac{nl_1(L-l_1)}{\pi Db_1}$ $\omega=\dfrac{nl_1N_0}{D\ln\dfrac{r_2}{r_1}}$

4.6.2 承载系数与偏心率

表 7-1-108 承载系数与偏心率的计算方法

节流型式		回油型式		公式或数据
固定节流静压轴承	毛细管节流	有周向回油	有腔内孔	$\overline{F}_n=AB\beta\sum_{i=1}^{n}\dfrac{\cos\theta_i}{AB-EK'}$
			无腔内孔	$\overline{F}_n=AC\beta\sum_{i=1}^{n}\dfrac{\cos\theta_i}{AC-EK}$
固定节流静压轴承	毛细管节流	无周向回流	有腔内孔	$\overline{F}_n=AD\beta\sum_{i=1}^{n}\dfrac{\cos\theta_i}{AD+F-EK'}$
			无腔内孔	$\overline{F}_n=A\beta\sum_{i=1}^{n}\dfrac{\cos\theta_i}{A+F-EK_1}$
	小孔节流	有周向回油	有腔内孔	$\overline{F}_n=\dfrac{B\beta}{2}\sum_{i=1}^{n}\cos\theta_i\dfrac{-AB\beta+\sqrt{A[B^2\beta^2A+4(B-EK')^2]}}{B-EK'}$
			无腔内孔	$\overline{F}_n=\dfrac{C\beta}{2}\sum_{i=1}^{n}\cos\theta_i\dfrac{-AC\beta+\sqrt{A[C^2\beta^2A+4(C-EK)^2]}}{C-EK}$
		无周向回油	有腔内孔	$\overline{F}_n=\dfrac{D\beta}{2}\sum_{i=1}^{n}\cos\theta_i\dfrac{-AD\beta+\sqrt{A[D^2\beta^2A+4(D+F-EK'_1)^2]}}{D+F-EK'_1}$
			无腔内孔	$\overline{F}_n=\dfrac{\beta}{2}\sum_{i=1}^{n}\cos\theta_i\dfrac{-A\beta+\sqrt{A[\beta^2A+4(1+F-EK_1)^2]}}{1+F-EK_1}$

续表

节流型式		回油型式		公式或数据
薄膜反馈节流静压轴承	单面薄膜反馈节流	有周向回油	有腔内孔	$\overline{F}_n=\frac{H}{B}\sum_{i=1}^{n}[-(B-EK'+ABG)+\sqrt{(B-EK'+ABG)^2+B^2I}]$
			无腔内孔	$\overline{F}_n=\frac{H}{C}\sum_{i=1}^{n}[-(C-EK+ACG)+\sqrt{(C-EK+ACG)^2+C^2I}]$
		无周向回油	有腔内孔	$\overline{F}_n=\frac{H}{D}\sum_{i=1}^{n}[-(D+F-EK'_1+ADG)+\sqrt{(D+F-EK'_1+ADG)^2+D^2I}]$
			无腔内孔	$\overline{F}_n=H\sum_{i=1}^{n}[-(1+F-EK_1+AG)+\sqrt{(1+F-EK_1+AG)+1}]$
双薄膜反馈节流静压轴承	双面薄膜反馈节流	有周向回油	有腔内孔	$\varepsilon=\frac{2(2J-L+AM+1)B}{3n(J-RL)}\times\frac{\overline{F}_n}{K'}$
			无腔内孔	$\varepsilon=\frac{2(2AJ-AL+A^2M+1)C}{3n(J-RL)A}\times\frac{\overline{F}_n}{K}$
		无周向回油	有腔内孔	$\varepsilon=\frac{2[2AD(D+FJ-ADL)+(D+F)^2+A^2D^2M]}{3nAD(J-RL)}\times\frac{\overline{F}_n}{K'_1}$
			无腔内孔	$\varepsilon=\frac{2[2A(1+FJ-AL)+(1+F)^2+A^2M]}{3nA(J-AL)}\times\frac{\overline{F}_n}{K_1}$
备注				对固定节流 $A=1/(1-\beta)$ 对薄膜反馈节流 $A=\frac{\beta}{1-\beta}$ $B=1+\omega+\gamma$ $C=1+\gamma$ $D=1+\omega$ $E=3\varepsilon\cos\theta_i$ $\varepsilon=e/h_0$ $F=\gamma\left(1-\cos\frac{2\pi}{n}\right)$ $K=\frac{\sin\theta_m}{\theta_m}+\gamma\cos\theta_m$ $K'=(\sin\theta_m/\theta_m)(1+\omega)+\gamma\cos\theta_m$ $K_1=(\sin\theta_m/\theta_m)+\gamma\cos\theta_m\left(1-\cos\frac{2\pi}{n}\right)$ $K'_1=\frac{\sin\theta_m}{\theta_m}(1+\omega)+\gamma\cos\theta_m\left(1-\cos\frac{2\pi}{n}\right)$ $G=1-3/\overline{K}_j$ $H=\overline{K}_j/6A$ $I=12A^2/\overline{K}_j$ $J=1+3[(2\overline{F}_n)/(n\overline{K}_j)]^2$ $L=\frac{1}{K_j}\left[3+\left(\frac{2\overline{F}_n}{n\overline{K}_j}\right)^2\right]$ $M=\left[1-\left(\frac{2\overline{F}_n}{n\overline{K}_j}\right)^2\right]^2$ $R=(8\overline{F}_n)/n^2$ γ、ω 见表 7-1-107，β 见表 7-1-106，$\overline{K}_j$ 见表 7-1-109

4.6.3 刚度系数

表 7-1-109　　刚度系数的计算公式

类型			油腔数 3	油腔数 4	油腔数 6	油腔数 n	备注
			$\overline{G}_0$				
毛细管节流静压轴承	径向轴承	有周向回油 有腔内孔	$4.5BK'$	$6BK'$	$9BK'$	$1.5nBK'$	$A=\beta(1-\beta)$ $B=\frac{A}{1+\omega+\gamma}$ $C=\frac{A}{1+\gamma}$ $D=(1-\beta)\gamma$ $E=\frac{D}{1+\omega}$ $K=\frac{\sin\theta_m}{\theta_m}+\gamma\cos\theta_m$ $K'=\frac{\sin\theta_m}{\theta_m}(1+\omega)+\gamma\cos\theta_m$ γ、ω 见表 7-1-107
		有周向回油 无腔内孔	$4.5CK$	$6CK$	$9CK$	$1.5nCK$	
		无周向回油 有腔内孔	$\frac{3.72A}{1+1.5E}$	$\frac{5.40A}{1+E}$	$\frac{8.59A}{1+0.5E}$	$\frac{1.5nA\frac{\sin\theta_m}{\theta_m}}{1+E\left(1-\cos\frac{2\pi}{n}\right)}$	
		无周向回油 无腔内孔	$\frac{3.72A}{1+1.5D}$	$\frac{5.40A}{1+D}$	$\frac{8.59A}{1+0.5D}$	$\frac{1.5nA\frac{\sin\theta_m}{\theta_m}}{1+D\left(1-\cos\frac{2\pi}{n}\right)}$	

续表

类型	油腔数 3	4	6	n	备注
	$\overline{G}_0$				
毛细管节流静压轴承 平面轴承 扇形块 单向	$9A$	$12A$	$18A$	$3nA$	$A=\beta(1-\beta)$
毛细管节流静压轴承 平面轴承 扇形块 对向	$18A$	$24A$	$36A$	$6nA$	
毛细管节流静压轴承 平面轴承 环形 单向	$3A$				
毛细管节流静压轴承 平面轴承 环形 对向	$6A$				
小孔节流静压轴承 径向轴承 有周向回油 有腔内孔	$9CK'$	$12CK'$	$18CK'$	$3nCK'$	$A=\beta(1-\beta)$ $B=2-\beta$ $C=\dfrac{A}{B(1+\omega+\gamma)}$ $D=\dfrac{A}{B(1+\gamma)}$ $E=(1-\beta)\gamma$ $F=\dfrac{E}{1+\omega}$ $K=\dfrac{\sin\theta_m}{\theta_m}+\gamma\cos\theta_m$ $K'=\dfrac{\sin\theta_m}{\theta_m}(1+\omega)+\gamma\cos\theta_m$
小孔节流静压轴承 径向轴承 有周向回油 无腔内孔	$9DK$	$12DK$	$18DK$	$3nDK$	
小孔节流静压轴承 径向轴承 无周向回油 有腔内孔	$\dfrac{7.44A}{B+3F}$	$\dfrac{10.8A}{B+2F}$	$\dfrac{17.19A}{B+F}$	$\dfrac{3nA\dfrac{\sin\theta_m}{\theta_m}}{B+2F\left(1-\cos\dfrac{2\pi}{n}\right)}$	
小孔节流静压轴承 径向轴承 无周向回油 无腔内孔	$\dfrac{7.44A}{B+3E}$	$\dfrac{10.8A}{B+2E}$	$\dfrac{17.19A}{B+E}$	$\dfrac{3nA\dfrac{\sin\theta_m}{\theta_m}}{B+2E\left(1-\cos\dfrac{2\pi}{n}\right)}$	
小孔节流静压轴承 平面轴承 扇形块 单向	$\dfrac{18A}{B}$	$\dfrac{24A}{B}$	$\dfrac{36A}{B}$	$\dfrac{6nA}{B}$	
小孔节流静压轴承 平面轴承 扇形块 对向	$\dfrac{36A}{B}$	$\dfrac{48A}{B}$	$\dfrac{72A}{B}$	$\dfrac{12nA}{B}$	
小孔节流静压轴承 平面轴承 环形 单向	$\dfrac{6A}{B}$				
小孔节流静压轴承 平面轴承 环形 对向	$\dfrac{12A}{B}$				
薄膜节流静压轴承 径向轴承 有周向回油 有腔内孔	$4.5CK'$	$6CK'$	$9CK'$	$1.5CK'n$	$A=\beta(1-\beta)$ $B=1-\dfrac{3A}{K_j}$ $C=\dfrac{A(1+\omega)}{B(1+\omega+\gamma)}$ $D=\dfrac{A}{B(1+\gamma)}$ $E=(1-\beta)\gamma$ $F=\dfrac{E}{1+\omega}$ $K=\dfrac{\sin\theta_m}{\theta_m}+\gamma\cos\theta_m$ $K'=\dfrac{\sin\theta_m}{\theta_m}(1+\omega)+\gamma\cos\theta_m$
薄膜节流静压轴承 径向轴承 有周向回油 无腔内孔	$4.5DK$	$6DK$	$9DK$	$1.5DKn$	
薄膜节流静压轴承 径向轴承 无周向回油 有腔内孔	$\dfrac{3.72A}{B+1.5F}$	$\dfrac{5.40A}{B+F}$	$\dfrac{8.59A}{B+0.5F}$	$\dfrac{1.5nA\dfrac{\sin\theta_m}{\theta_m}}{B+F\left(1-\cos\dfrac{2\pi}{n}\right)}$	

续表

<table>
<tr><th colspan="4" rowspan="3">类型</th><th colspan="4">油　腔　数</th><th rowspan="3">备　注</th></tr>
<tr><th>3</th><th>4</th><th>6</th><th>n</th></tr>
<tr><th colspan="4">$\overline{G}_0$</th></tr>
<tr><td>薄膜节流静压轴承</td><td>径向轴承</td><td>无周向回油</td><td>无腔内孔</td><td>$\frac{3.72A}{B+1.5E}$</td><td>$\frac{5.40A}{B+E}$</td><td>$\frac{8.59A}{B+0.5E}$</td><td>$\frac{1.5nA\frac{\sin\theta_m}{\theta_m}}{B+E\left(1-\cos\frac{2\pi}{n}\right)}$</td><td rowspan="6">单头薄膜：
$\overline{K}_j=\frac{h_{j0}}{p_s m}$
双头薄膜：
$\overline{K}_j=\frac{h_{j0}}{2p_s m}$
$m=\frac{3(1-\mu^2)\left(\frac{d_{j2}^2}{4}-\frac{d_{j1}^2}{4}\right)^2}{16Et^3}$
式中　μ——材料的泊松比
E——材料的弹性模量
t——薄膜厚度
薄膜反馈节流器的薄膜刚度系数$\overline{K}_j$的取法是按轴承油膜刚度达到无穷大的条件进行选择的，所以在径向轴承与止推轴承中有周向回油时的薄膜刚度系数
$\overline{K}_j=3\beta(1-\beta)$
无周向回油而有腔内孔时
$\overline{K}_j=\frac{3\beta(1-\beta)}{1+\omega+\gamma(1-\beta)\left(1-\cos\frac{2\pi}{n}\right)}$
无周向回油无腔内孔时
$\overline{K}_j=\frac{3\beta(1-\beta)}{1+\gamma(1-\beta)\left(1-\cos\frac{2\pi}{n}\right)}$</td></tr>
<tr><td rowspan="5">薄膜反馈节流静压轴承</td><td rowspan="4">平面轴承</td><td rowspan="2">扇形块</td><td>单向</td><td>$\frac{9A}{B}$</td><td>$\frac{12A}{B}$</td><td>$\frac{18A}{B}$</td><td>$\frac{3nA}{B}$</td></tr>
<tr><td>对向</td><td>$\frac{18A}{B}$</td><td>$\frac{24A}{B}$</td><td>$\frac{36A}{B}$</td><td>$\frac{6nA}{B}$</td></tr>
<tr><td rowspan="2">环形</td><td>单向</td><td colspan="4">$\frac{3A}{B}$</td></tr>
<tr><td>对向</td><td colspan="4">$\frac{6A}{B}$</td></tr>
<tr><td colspan="3">薄膜最大平均变形量</td><td colspan="4">$\delta_{max}=m\frac{F_{max}}{A_e}$</td></tr>
</table>

注：由于滑阀反馈节流型式应用较少，故未编入滑阀节流静压轴承的参数及公式。

4.6.4 油泵功耗与摩擦功耗

表 7-1-110　　油泵功耗与摩擦功耗的计算公式

项目	公　式	符　号
油泵输入功率	$N_p=\frac{p_s Q}{6\times10^4\eta_p}$	N_p——油泵输入功率，W p_s——油泵输出压力，MPa Q——油泵输出流量，L/min η_p——油泵总效率
轴回转摩擦功率	径向轴承： $N_f=\eta v^2\left(\frac{A}{h_0}+\frac{A_1}{h_0+Z_1}\right)$ 推力轴承： $N_f=\eta v'^2\left(\frac{A'}{h'_0}+\frac{A'_1}{h'_0+Z'_1}\right)$ 由于 $Z_1=(30\sim60)h_0$ 和 $Z'_1=(30\sim60)h'_0$，在一般情况下$\frac{A_1}{h_0+Z_1}$和$\frac{A'_1}{h'_0+Z'_1}$两项很小，可忽略不计	N_f——一个径向和一侧推力轴承的摩擦功率，kW v——径向轴承轴颈线速度，m/s A——轴与径向轴承可接触表面的摩擦面积，m^2 A_1——径向轴承油腔挖空部位面积，m^2 A'——轴肩（或止推环）与推力平面可接触表面的摩擦面积。对于环形油腔即是外端和内端封油面的面积，m^2 A'_1——推力轴承油腔挖空部位的面积，m^2 v'——近似取推力轴承推力平面上平均线速度，m/s Z_1——径向轴承油腔深度，对于圆弧形油腔，油腔深度取$\frac{1}{2}Z_1$，m Z'_1——推力轴承油腔深度，m η——润滑油的动力黏度，Pa·s

续表

项目	公式	符号
功耗比	$K_n=N_f/N_p$	K_n——功耗比,按功耗最小原则设计时,经分析表明,最佳值在 1~3 范围内,根据 $N_f=K_nN_p$ 的关系可计算出润滑油的黏度。当 $K_n=1$ 时,具有最佳的润滑油黏度。在实际应用中,当受润滑油黏度过稀的限制时,不得不选用较大的 K_n 值
径向轴承总功耗	$N=N_f+N_p=(1+K_n)N_p$	N——一个径向轴承的总功耗,kW
润滑油流经轴承时的温升	$\Delta t=P/(c_p\rho q)=\dfrac{(1+K_n)p_s}{c_p\rho}$	Δt——不计热传导、辐射等热损失时润滑油流经轴承时的温升,℃ c_p——油的比定压热容,取 $c_p=2120\text{J}/(\text{kg}\cdot℃)$ ρ——油的密度,kg/m^3;密度平均值取 $\rho=855\text{kg/cm}^3$ p_s——供油压力,Pa

4.7 供油系统设计及元件与润滑油的选择

4.7.1 供油系统结构、特点与应用

表 7-1-111　　供油系统结构、特点与应用

系统	结构及特点			应用
具有蓄能器的供油系统	10 9 8 7 6 5 4 D 2 3 1	1—粗过滤器,用铜丝布制成;2—电机;3—油泵;4—单向阀;5—溢流阀;6—粗过滤器,可用线隙式滤油器;7—精滤油器,用纸质过滤器等;8—压力表;9—压力继电器,用以保证轴承中的油液在建立一定压力后,才能启动轴;10—蓄能器	能保证突然停电或油泵等发生故障时,仍然把具有一定压力的润滑油供给轴承,以保证在轴转动惯性大的情况下,不至于发生轴和轴承磨损或烧坏	适用于轴转速高、轴系统惯性较大的设备的轴承
没有蓄能器的供油系统	此种系统基本与具有蓄能器的供油系统相同,所不同的只是没有蓄能器及单向阀(对于重型设备,最好保留单向阀,以防止油泵停止供油后润滑油倒流),因为当突然停电或油泵等发生故障以及刹车时,在轴惯性小的情况下,不至于使轴磨损及烧坏,而且轴承中多少还有些油能起润滑作用			适用于轴转速低、轴系统惯性小的设备

4.7.2 供油系统元件的选择

液体静压轴承供油系统的元件(如油泵、单向阀、溢流阀、滤油器、蓄能器、压力继电器以及油箱等)的选择,参见本手册第 20 篇液压传动与控制的有关章节。

4.7.3 润滑油的选择

表 7-1-112　　静压轴承推荐使用的润滑油

轴承型式	润滑油	备注
小孔节流式静压轴承	(1)轴颈线速度 $v\leq 15\text{m/s}$ 时,使用 VG 5 或 50% VG2+50% VG5 轴承油(SH 0017—1990,下同) (2)轴颈线速度 $v>15\text{m/s}$ 时,使用 VG 2 或 VG 3 轴承油	静压轴承使用的润滑油,除了满足润滑油的一般要求外,应特别注意清洁,润滑油必须经过严格过滤

续表

轴承型式	润滑油	备注
毛细管节流式静压轴承	(1)高速轻载时,使用 VG 7 或 VG 10 轴承油 (2)低速重载时,使用 VG 15、VG 22 或 VG 32 轴承油	确定润滑油品种时,应根据静压轴承的节流型式和不同的工作条件选择。尽可能使轴回转摩擦功率同供油装置中的油泵功率消耗之和为最小
滑阀反馈节流式及薄膜反馈节流式静压轴承	(1)高速轻载时,使用 VG 15 或 VG 22 轴承油 (2)中速中载时,使用 VG 32 或 VG 46 轴承油 (3)低速重载时,使用 VG 46 或 VG 68 轴承油	

注：1. 允许采用黏度与性能相近的其他牌号的润滑油。

2. 常用轴承油的运动黏度值请参见 SH 0017—1990，不同黏度指数的润滑油在各种温度下所具有的相应运动黏度，详值请参见 GB/T 3141—1994 有关表格。

4.8 液体静压径向轴承的设计

4.8.1 主要结构尺寸及技术数据

液体静压径向轴承

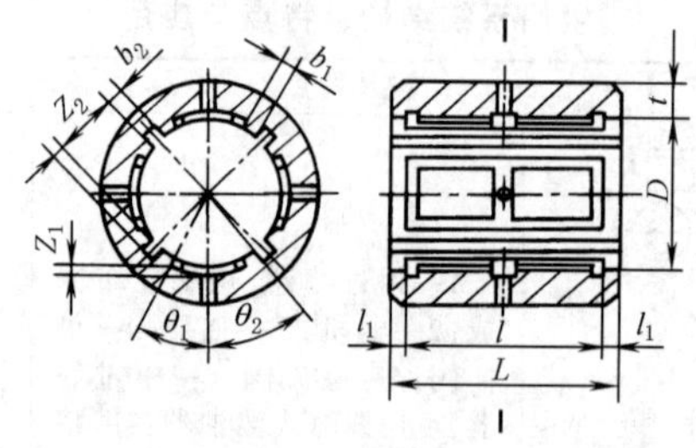

表 7-1-113

项　目	推荐数据	说明
轴承直径 D/mm	参考同类产品的动压轴承轴颈或按经验公式估算 $D \geqslant \sqrt{1.8F}$ 式中　F—外载荷,N	承载的能力 F 与 D^2 成正比;摩擦功耗与 D^4 成正比;D 增大,系统刚度增大,因此,要综合考虑来确定 D 值
轴承宽度 L/mm	$L=(0.8\sim1.5)D$	L 增大时,轴承油膜刚度及承载能力相应增加,油腔封油面积及流量增加,轴承摩擦功率及泵功率都成比例增加,同时工艺因素(如同轴度、椭圆度、圆柱度等)的不良影响加大;L 过大,轴的挠度增大,引起轴系统刚度下降
轴向封油面宽度 l_1/mm 周向封油面宽度 b_1/mm	对有周向回油:$l_1=b_1=0.1D$ 对无周向回油:$l_1=0.1D$,$b_1=D\sin(\theta_3/2)$,$\theta_3=24°$	l_1 值及 b_1 值较小时,油腔的有效承载面积大,承载能力及油膜刚度大,但泵功率及流量增大。若 l_1 及 b_1 小于 $0.1D$,则承载能力增大不显著,但流量有所增加。从最小功率消耗出发,满足摩擦功率/泵功率=1~3,则高速时宜用窄的封油面以减少摩擦功耗,低速时宜用宽封油面以降低泵功耗
轴与轴承配合的直径间隙 $2h_0$/mm	$D\approx\phi50$ 以下 $2h_0\approx(0.0004\sim0.0007)D$ $D\approx\phi50\sim100$ $2h_0\approx(0.0005\sim0.0008)D$ $D\approx\phi100\sim200$ $2h_0\approx(0.0006\sim0.0010)D$	h_0 小,油膜刚度高,流量和油泵功率小,摩擦功率大,只要选择合适的润滑油黏度,总功率损耗也较小。h_0 过小,工艺性差,摩擦功率增加,且节流器容易堵塞,温升高。另外 h_0 的选择还要考虑主轴挠曲变形 对于中小型设备,一般应满足: $h_0>3f_M$ 式中　f_M——轴承宽度范围内的最大挠度,mm 对于重型设备,由于箱体床身等变形很复杂,不易计算准确,当采用随动附加支承或在轴承一端的下面刮去一部分等措施后,轴挠度值可大于轴承半径间隙的 1/3,但在空载和额定载荷作用下,应保证轴与轴承无金属接触

续表

项　　目	推荐数据	说明
油腔深度 Z_1/mm	$Z_1 \approx (30 \sim 60) h_0$	Z_1 太小，摩擦功率损耗大；Z_1 太大，油腔内流体的体积大，影响动态特性
回油槽深度 Z_2 及宽度 b_2/mm	D / b_2 / Z_2： ϕ40～60 / 3 / 0.6 ϕ70～100 / 4 / 0.8 ϕ110～150 / 5 / 1.0 ϕ160～200 / 6 / 1.2	回油槽尺寸既要保证回油畅通，又要保持充满润滑油，并具有微小压力，以防止主轴回转时由回油槽引入空气而降低轴承动态刚度，严重时会使轴承失去稳定性
轴承壁厚 t/mm	D / t： <ϕ40 / (0.4～0.35)D ϕ40～100 / (0.35～0.2)D ϕ100～200 / (0.2～0.125)D >ϕ200 / (0.125～0.1)D	根据设备的箱体结构，t 可适当增减；D 小，选取较大的 t；D 大，选取较小的 t
轴与轴承的配合间隙 $2h_0$ 的公差 Δh_0	$\Delta h_0 = (1/5 \sim 1/10) h_0$	公差过大，节流比 β 的误差大，影响油膜刚度。Δh_0 为正值时，流量增加，油膜刚度下降；Δh_0 为负值时，流量减小
轴与轴承的几何精度 Δ/mm	$\Delta \leqslant \left(\frac{1}{3} \sim \frac{1}{10}\right) h_0$	高精度轴系，取高的几何精度(包括圆度、圆柱度、同轴度等)；一般轴系，可取较低的几何精度
轴承外圆与箱体孔的配合/mm	一般多采用静配合。对于 D=ϕ40～200 的轴承，其过盈量为$\frac{D}{10000}$ 对于重型设备，不会造成油腔压力互通的结构，允许用间隙配合	配合太松时，可能引起各油腔压力油互通，影响油膜刚度和系统刚度，发生过大变形
轴与轴承工作表面的表面粗糙度 Ra/μm	通常为 0.8～0.1	高精度轴系，取较低的表面粗糙度；一般精度的轴系，取较高的表面粗糙度。对于同一配合表面的轴颈，可取较低的粗糙度，而轴承可取较高的粗糙度
轴承外圆和箱体孔的表面粗糙度 Ra/μm	轴承外圆为 0.4 箱体孔为 1.6～0.8	

4.8.2 径向液体静压轴承的系列结构尺寸

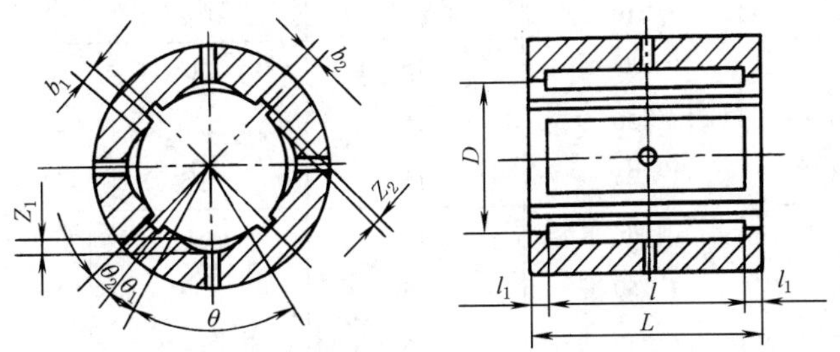

表 7-1-114　　径向轴承的 D、L/D、L、l_1、l 尺寸

D /mm	L/D	L /mm	l_1/D = 0.1: l_1 /mm	0.1: l /mm	0.2: l_1 /mm	0.2: l /mm
30	0.6	18	3	12	6	6
	1.0	30	3	24	6	18
	1.5	45	3	39	6	33

续表

D /mm	L/D	L /mm	l_1/D			
			0.1		0.2	
			l_1 /mm	l /mm	l_1 /mm	l /mm
40	0.6	24	4	16	8	8
	1.0	40	4	32	8	24
	1.5	60	4	52	8	44
50	0.6	30	5	20	10	10
	1.0	50	5	40	10	30
	1.5	75	5	65	10	55
60	0.6	36	6	24	12	12
	1.0	60	6	48	12	36
	1.5	90	6	78	12	66
70	0.6	42	7	28	14	14
	1.0	70	7	56	14	42
	1.5	105	7	91	14	77
80	0.6	48	8	32	16	16
	1.0	80	8	64	16	48
	1.5	120	8	104	16	88
90	0.6	54	9	36	18	18
	1.0	90	9	72	18	54
	1.5	135	9	117	18	99
100	0.6	60	0	40	20	20
	1.0	100	0	80	20	60
	1.5	150	0	130	20	110
120	0.6	72	2	48	24	24
	1.0	120	2	96	24	72
	1.5	180	2	156	24	132
140	0.6	84	4	56	28	28
	1.0	140	4	112	28	84
	1.5	210	4	182	28	154
150	0.6	90	15	60	30	30
	1.0	150	15	120	30	90
	1.5	225	15	195	30	165
160	0.6	96	16	64	32	32
	1.0	160	16	128	32	96
	1.5	240	16	208	32	167
180	0.6	108	18	72	36	36
	1.0	180	18	144	36	108
	1.5	270	18	234	36	198
200	0.6	120	20	80	40	40
	1.0	200	20	160	40	120
	1.5	300	20	260	40	220

表 7-1-115　　径向轴承的 n、D、θ、θ_1、θ_2、Z_1、Z_2 尺寸

回油形式	D /mm	n	l_1/D				θ_2 /(°)	Z_1 /mm	Z_2 /mm	θ_3 /(°)	r_1 /mm	r_2 /mm	N_0
			0.1		0.2								
			θ/(°)	θ_1/(°)	θ/(°)	θ_1/(°)							
有周向回油	30~50	3	87	12	69	21	9	$(300\sim600)h_0$	0.6				
		4	57	12	39	21	9						
	60~120	4	60	12	42	21	6						
		6	30	12	12	21	6						
	140~200	4	63	12	45	21	3		1.2				
		6	33	12	15	21	3						
无周向回油	30~200	3	96	24	78	42							
		4	66	24	48	42							
		6	36	24	18	42							
无周向回油有腔内孔式	30~200	3	96	24	78	42					2	4	2
		4	66	24	48	42					2	4	2
		6	36	24	18	42					2	4	2

注：1. 本表 θ_1、θ_2 各为径向轴承周向封油边及回油槽的夹角。

2. 若要得周向封油边宽 b_1，则 $b_1=D\sin\dfrac{\theta_1}{2}$。

3. 若要得回油槽宽度 b_2，则 $b_2=D\sin\dfrac{\theta_2}{2}$。

4. 无周向有腔内孔式回油型式中，若 $N_0=2$ 为两排回油孔，则当 $n=3$，$l_1/D=0.2$ 时，D 应为 40~50mm；$n=4$，$l_1/D=0.1$ 时，D 应为 40~200mm，$l_1/D=0.2$ 时，D 应为 60~200mm；$n=6$，$l_1/D=0.1$ 时，D 应为 80~200mm，$l_1/D=0.2$ 时，D 应为 150~200mm。

5. θ_m 为油腔有效夹角，$\theta_m=\theta/2+\theta_1/2$。

6. θ_3 为径向轴承腔内孔式回油孔中心至油腔中心线间的夹角。

7. r_1 为径向轴承腔内孔式回油孔内半径；r_2 为径向轴承腔内孔式回油孔外半径。

8. n 为油腔数；N_0 为一个油腔内孔个数。

表 7-1-116　　径向轴承三油腔的 D、L/D、l_1/D、A_e 尺寸

D /mm	L/D	有周向回油		无周向回油		无周向回油腔内孔式回油	
		l_1/D					
		0.1	0.2	0.1	0.2	0.1	0.2
		A_e/mm^2					
30	0.6	340	244	393	304	392	
	1.0	613	497	714	631	713	
	1.5	955	814	1115	1042	1115	
40	0.6	603	433	699	540	696	534
	1.0	1089	883	1269	1122	1267	1120
	1.5	1697	1446	1982	1853	1981	1852
50	0.6	943	677	1092	844	1087	835
	1.0	1702	1380	1984	1753	1981	1750
	1.5	2651	2259	3098	2895	3096	2893

注：A_e 为轴承一个油腔的有效承载面积。本表的 A_e 值为偏心率 $\varepsilon=0$ 时的量纲值。

表 7-1-117　　径向轴承四油腔的 D、L/D、l_1/D、A_e 尺寸

D/mm	L/D	l_1/D	有周向回油	无周向回油	无周向腔内孔式回油
			A_e/mm^2		
40	0.6	0.1	465	575	572
		0.2	313	420	0
	1.0	0.1	840	1051	1049
		0.2	645	886	0
	1.5	0.1	1310	1646	1645
		0.2	1061	1473	0

续表

D/mm	L/D	l_1/D	有周向回油	无周向回油	无周向腔内孔式回油
			A_e/mm^2		
50	0.6	0.1	726	899	895
		0.2	489	656	0
	1.0	0.1	1313	1643	1640
		0.2	1009	1384	0
	1.5	0.1	2047	2572	2570
		0.2	1658	2302	0
60	0.6	0.1	1046	1295	1289
		0.2	704	945	931
	1.0	0.1	1891	2366	2362
		0.2	1452	1993	1989
	1.5	0.1	2947	3704	3701
		0.2	2388	3315	3312
70	0.6	0.1	1424	1763	1754
		0.2	959	1286	1268
	1.0	0.1	2574	3220	3215
		0.2	1977	2713	2708
	1.5	0.1	4012	5042	5038
		0.2	3250	4512	4508
80	0.6	0.1	1860	2303	2291
		0.2	1252	1680	1656
	1.0	0.1	3363	4206	4199
		0.2	2583	3544	3537
	1.5	0.1	5240	6585	6580
		0.2	4246	5893	5888
90	0.6	0.1	2355	2915	2900
		0.2	1585	2126	2096
	1.0	0.1	4256	5324	5315
		0.2	3269	4485	4476
	1.5	0.1	6632	8335	8329
		0.2	5373	7459	7453
100	0.6	0.1	2907	3599	3580
		0.2	1957	2625	2587
	1.0	0.1	5255	6573	6561
		0.2	4036	5538	5526
	1.5	0.1	8188	10290	10282
		0.2	6634	9208	9201
120	0.6	0.1	4186	5182	5156
		0.2	2818	3781	3726
	1.0	0.1	7567	9465	9449
		0.2	5811	7974	7958
	1.5	0.1	11791	14818	14807
		0.2	9553	13260	13249
140	0.6	0.1	5698	7054	7018
		0.2	3836	5146	5072
	1.0	0.1	10299	12883	12861
		0.2	7910	10854	10832
	1.5	0.1	16049	20168	20154
		0.2	13003	18049	18034

续表

D/mm	L/D	l_1/D	有周向回油	无周向回油	无周向腔内孔式回油
			A_e/mm^2		
150	0.6	0.1	6542	8098	8056
		0.2	4403	5908	5822
	1.0	0.1	11823	14789	14764
		0.2	9081	12460	12435
	1.5	0.1	18424	23153	23136
		0.2	14927	20719	20702
160	0.6	0.1	7443	9214	9166
		0.2	5010	6722	6625
	1.0	0.1	13452	16826	16798
		0.2	10332	14177	14148
	1.5	0.1	20962	26343	26323
		0.2	16984	23574	23555
180	0.6	0.1	9420	11661	11601
		0.2	6341	8507	8384
	1.0	0.1	17026	21296	21260
		0.2	13076	17943	17906
	1.5	0.1	26530	33340	33316
		0.2	21495	29836	29812
200	0.6	0.1	11630	14396	14322
		0.2	7828	10503	10351
	1.0	0.1	21020	26292	26247
		0.2	16144	22152	22107
	1.5	0.1	32754	41161	41131
		0.2	26538	36835	36805

表 7-1-118　径向轴承六油腔的 D、L/D、l_1/D、A_e 尺寸

D /mm	L/D	有周向回油		无周向回油		无周向腔内孔式回油	
		l_1/D					
		0.1	0.2	0.1	0.2	0.1	0.2
		A_e/mm^2					
60	0.6	633	358	929	616		
	1.0	1148	765	1714	1343		
	1.5	1792	1274	2695	2263		
70	0.6	862	488	1265	838		
	1.0	1563	1042	2333	1828		
	1.5	2439	1734	3668	3081		
80	0.6	1125	637	1652	1095	1640	
	1.0	2041	1361	3047	2387	3040	
	1.5	3186	2265	4791	4024	4786	
90	0.6	1425	807	2091	1386	2076	
	1.0	2584	1723	3857	3021	3848	
	1.5	4033	2867	6063	5093	6057	
100	0.6	1759	996	2582	1711	2563	
	1.0	3190	2127	4762	3730	4750	
	1.5	4979	3539	7486	6288	7478	
120	0.6	2533	1435	3718	2464	3691	
	1.0	4594	3063	6857	5372	6841	
	1.5	7170	5097	10780	9054	10769	

续表

D /mm	L/D	有周向回油		无周向回油		无周向腔内孔式回油	
		l_1/D					
		0.1	0.2	0.1	0.2	0.1	0.2
		A_e/mm^2					
140	0.6	3448	1953	5061	3354	5024	
	1.0	6253	4169	9333	7312	9311	
	1.5	9759	6937	14672	12324	14658	
150	0.6	3958	2242	5810	3850	5767	3760
	1.0	7178	4786	10714	8394	10689	8368
	1.5	11203	7964	16843	14148	16827	14130
160	0.6	4503	2551	6610	4380	6562	4278
	1.0	8167	5445	12190	9550	12161	9521
	1.5	12747	9061	19164	16097	19145	16077
180	0.6	5700	3229	8366	5544	8305	5415
	1.0	10337	6892	15429	12087	15392	12050
	1.5	16133	11468	24255	20373	24230	20348
200	0.6	7037	3987	10329	6845	10253	6685
	1.0	12762	8508	19048	14923	19002	14877
	1.5	19918	14158	29944	25152	29914	25121

4.8.3 液体静压径向轴承设计举例

(1) 毛细管节流径向液体静压轴承设计举例

已知：径向轴承直径 $D=60$mm，要求径向轴承的油膜刚度 $G_0=1.48\times10^8$N/m，设计毛细管节流有周向回油、四油腔对称等面积径向轴承，计算过程见表 7-1-119。

表 7-1-119 毛细管节流径向液体静压轴承设计计算过程

项目		单位	公式及结果
确定轴承结构尺寸			根据轴承直径 $D=60$mm，选择 $L/D=1$，$l_1/D=0.1$，按表 7-1-114 及表 7-1-115 得：
	轴承宽度 L	mm	60
	油腔宽度 l	mm	48
	轴向封油面宽度 l_1	mm	6
	油腔夹角 θ	(°)	60
	周向封油面夹角 θ_1	(°)	12
	回油槽夹角 θ_2	(°)	6
	回油槽深度 Z_2	mm	0.6
	周向封油面宽度 b_1	mm	$b_1=D\sin(\theta_1/2)=60\times\sin(12°/2)=6.3$
	回油槽宽度 b_2	mm	$b_2=D\sin(\theta_2/2)=60\times\sin(6°/2)=3.1$
	油腔有效夹角 θ_m	(°)	$\theta_m=\theta/2+\theta_1/2=60°/2+12°/2=36°$
	轴承有效承载面积 A_e	mm^2	根据表 7-1-107 公式 $\overline{A}_e=\frac{L-l_1}{L}\sin\theta_m=\frac{60-6}{60}\times\sin36°=0.529$ ∴ $A_e=\overline{A}_eDL=0.529\times60\times60=1904$
	润滑油		根据表 7-1-112 的推荐，毛细管节流静压轴承选择 VG32 号全损耗系统用油。VG32 号全损耗系统用油在 50℃时的动力黏度 η_{50} 和运动黏度 γ_{50} 分别为 $\eta_{50}=0.0193\text{Pa}\cdot\text{s}$，$\gamma_{50}=22\text{mm}^2/\text{s}$
	节流比 β		$\beta=0.5$ 时，轴承具有最佳刚度，故选择 $\beta=0.5$
	供油压力 p_s	N/mm^2	供油压力的选择原则是：满足轴承最大承载能力和足够刚度条件下，使供油装置功率消耗最小 一般选择 $p_s\geqslant0.98$，现取 $p_s=1.47$

续表

<table>
<tr><th colspan="2">项　目</th><th>单位</th><th>公式及结果</th></tr>
<tr><td rowspan="6">确定轴承结构尺寸</td><td>轴承半径间隙 h_0</td><td>mm</td><td>根据表 7-1-109　$\overline{G}_0=6CK=\dfrac{6\beta(1-\beta)K}{1+\gamma}$
式中　$\gamma=\dfrac{nl_1(L-l_1)}{b_1(\pi D-nb_2-nb_1)}=\dfrac{4\times6\times(60-6)}{6.3\times(\pi\times60-4\times3.1-4\times6.3)}=1.363$
$K=\dfrac{\sin\theta_m}{\theta_m}+\gamma\cos\theta_m=\dfrac{\sin36°}{0.628}+1.363\times\cos36°=2.039$
$\therefore\ \overline{G}_0=1.294$
由表 7-1-106 公式　$G_0=\overline{G}_0\dfrac{p_sA_e}{h_0}$
故　$h_0=\dfrac{\overline{G}_0}{G_0}p_sA_e$
取　$G_0=1.48\times10^5\ \text{N/mm}$
将以上各项代入得　$h_0=\dfrac{1.294}{1.48\times10^5}\times1.47\times1904=0.025$
取 $h_0=0.02$</td></tr>
<tr><td>毛细管直径 d_c
毛细管长度 l_c</td><td>mm</td><td>根据表 7-1-106 公式　$C_j=\dfrac{\beta}{1-\beta}C_dh_0^3$ 及 $C_j=(\pi d_c^4)/(128l_c)$
又根据表 7-1-107 公式　$C_d=\dfrac{1}{6}\left(\dfrac{L-l_1}{b_1}+\dfrac{D\theta_m}{l_1}\right)$
整理后得　$\dfrac{d_c^4}{l_c}=\dfrac{128\beta h_0^3}{6\pi(1-\beta)}\left(\dfrac{L-l_1}{b_1}+\dfrac{D\theta_m}{l_1}\right)$
$=\dfrac{128\times0.5\times0.02^3}{6\pi(1-0.5)}\times\left(\dfrac{60-6}{6.3}+\dfrac{60\times0.628}{6}\right)$
$=8.07\times10^{-4}$
若　$d_c=0.56$，则 $l_c=121.8$
$d_c=0.71$，则 $l_c=314.8$
最后取　$d_c=0.56$，$l_c=121.8$</td></tr>
<tr><td>油腔深度 Z_1</td><td>mm</td><td>根据表 7-1-113　$Z_1=(30\sim60)h_0$
$=(30\sim60)\times0.02=0.6\sim1.2$
取 $Z_1=1$</td></tr>
<tr><td>轴承流量 $4Q_0$</td><td>L/min</td><td>根据表 7-1-106 中公式 $\overline{Q}_0=C_d\beta$
查表 7-1-107　$C_d=\dfrac{1}{6}\left(\dfrac{L-l_1}{b_1}+\dfrac{D\theta_m}{l_1}\right)$
$\therefore$　$\overline{Q}_0=\dfrac{1}{6}\left(\dfrac{60-6}{6.3}+\dfrac{60\times0.628}{6}\right)\times0.5=1.238$
又　$Q_0=\overline{Q}_0\dfrac{p_sh_0^3}{\eta}=1.238\times\dfrac{1.47\times0.02^3}{193\times10^{-10}}\times\dfrac{60}{10^6}=0.04524$
故　$4Q_0=4\times0.04524=0.18096$
若有两个结构、参数相同的径向轴承，则
$Q_{径总}=2\times4Q_0=2\times0.18096=0.36192$</td></tr>
<tr><td>油泵额定流量 $Q_{泵}$</td><td>L/min</td><td>根据推荐，油泵额定流量应为计算流量的 1.5~2 倍，则
$Q_{泵}=(1.5\sim2)Q_{计总}=(1.5\sim2)(Q_{径总}+Q_{推总})$</td></tr>
<tr><td>验算毛细管层流条件</td><td></td><td>根据表 7-1-106 公式　$Re=\dfrac{Q_{j0}d_c\rho}{A_e\eta}=\dfrac{7.54\times10^{-7}\times0.00056\times840}{\dfrac{\pi\times0.00056^2}{4}\times193\times10^{-4}}$
$=74.61<2000$
毛细管长径比　$l_c/d_c=121.8/0.56=217.5>20$
毛细管层流起始段长度
$l_{jc}=0.065d_cRe=0.065\times0.56\times74.61=2.72<12.18$，满足层流条件</td></tr>
</table>

续表

项目	公式及结果
工作图	见下图

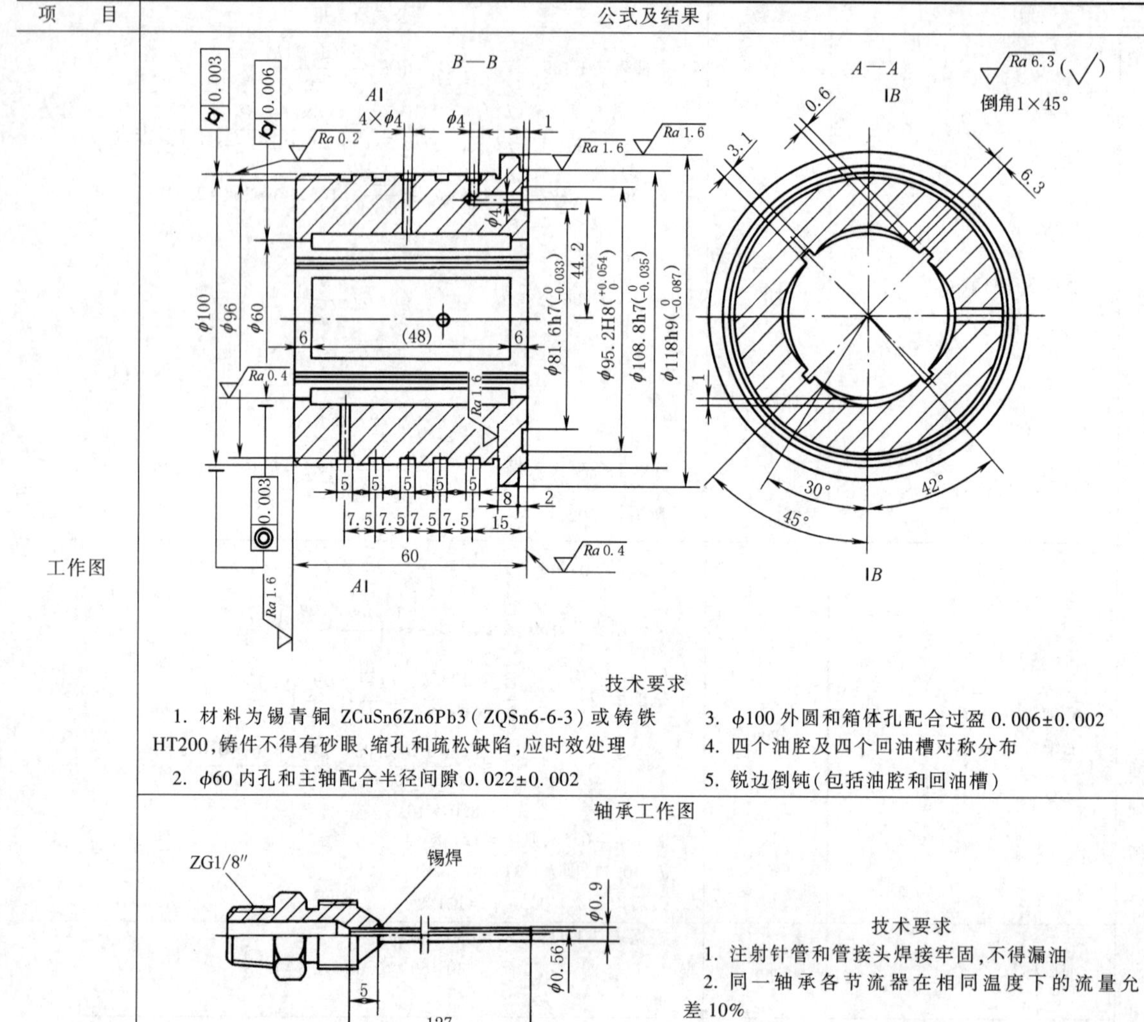

技术要求

1. 材料为锡青铜 ZCuSn6Zn6Pb3（ZQSn6-6-3）或铸铁 HT200，铸件不得有砂眼、缩孔和疏松缺陷，应时效处理
2. $\phi60$ 内孔和主轴配合半径间隙 0.022±0.002
3. $\phi100$ 外圆和箱体孔配合过盈 0.006±0.002
4. 四个油腔及四个回油槽对称分布
5. 锐边倒钝（包括油腔和回油槽）

轴承工作图

技术要求

1. 注射针管和管接头焊接牢固，不得漏油
2. 同一轴承各节流器在相同温度下的流量允差10%

毛细管节流器工作图

（2）小孔节流径向液体静压轴承设计举例

已知：径向轴承直径 $D=60$mm，要求径向轴承的油膜刚度 $G_0=3.14\times10^8$N/m，设计小孔节流无周向回油腔内孔式回油、四油腔对称等面积径向轴承。计算过程见表 7-1-120。

表 7-1-120　小孔节流径向液体静压轴承设计计算过程

项目		单位	公式及结果
确定轴承结构尺寸			根据轴承直径 $D=60$mm，选择 $L/D=1.5$，$l_1/D=0.1$，根据表 7-1-114 及表 7-1-115 得
	轴承宽度 L	mm	90
	油腔宽度 l	mm	78
	轴向封油面宽度 l_1	mm	6
	油腔夹角 θ	（°）	66
	周向封油面夹角 θ_1	（°）	24
	油腔有效夹角 θ_m	（°）	45
	回油孔中心至油腔中心夹角 θ_3	（°）	16.5

续表

项目		单位	公式及结果
确定轴承结构尺寸	周向封油面宽度 b_1 回油孔半径 r_1 回油圆台外圆半径 r_2	mm	$b_1=D\sin\frac{\theta_1}{2}=60\times\sin\frac{24^\circ}{2}=12.5$ 2 4
	回油孔数 N_0	个	2
确定轴承其他参数	轴承油腔有效承载面积 A_e	mm^2	根据表 7-1-107 公式及表 7-1-106 公式 $\overline{A}_e=\frac{L-l_1}{L}\sin\theta_m-\frac{N_0\pi}{DL}\left\{r_2^2-\frac{1}{2\ln\frac{r_2}{r_1}}\left[r_1^2-r_2^2\left(1-2\ln\frac{r_2}{r_1}\right)\right]\right\}\cos\theta_m$ $=\frac{90-6}{90}\times\sin45^\circ-\frac{2\pi}{60\times90}$ $\times\left\{4^2-\frac{1}{2\times\ln\frac{4}{2}}\times\left[2^2-4^2\times\left(1-2\times\ln\frac{4}{2}\right)\right]\right\}\times\cos45^\circ$ $=0.65$ $A_e=\overline{A}_eDL=0.65\times60\times90=3510$
	润滑油		根据表 7-1-112 推荐，选用 50%VG2 轴承油+50%VG5 轴承油的混合油，润滑油在 50℃、20℃时的密度 ρ 和动力黏度 η 如下： 20℃时：$\eta_{20}=0.0057\text{Pa}\cdot\text{s}$，$\rho_{20}=0.84\text{kg/L}$ 50℃时：$\eta_{50}=0.0025\text{Pa}\cdot\text{s}$，$\rho_{50}=0.82\text{kg/L}$
	节流比 β		$\beta=0.585$ 时，轴承具有最佳刚度。对于供油系统有恒温控制装置，并要求轴承温度控制在 20℃左右工作时，取 $\beta=0.585$；如果供油系统无恒温控制装置，由于 β 随着 η 的改变而变化，因此应满足油温在 20～60℃范围内变化时，保持 $\beta=0.333\sim0.667$ 之间。本例取润滑油在 50℃时，$\beta_{50}=0.4$
	供油压力 p_s	N/mm^2	根据推荐 $p_s\geqslant0.98$，现取 $p_s=1.47$
	轴承间隙 h_0 及节流小孔直径 d_0	mm	根据表 7-1-109 公式 $\overline{G}_0=\frac{10.8A}{B+2F}=\frac{10.8\beta(1-\beta)(1+\omega)}{(2-\beta)(1+\omega)+2\gamma(1-\beta)}$ 式中 $\gamma=\frac{nl_1(L-l_1)}{\pi Db_1}=\frac{4\times6\times(90-6)}{\pi\times60\times12.5}=0.86$ $\omega=\frac{nl_1N_0}{D\ln\frac{r_2}{r_1}}=\frac{4\times6\times2}{60\times\ln\frac{4}{2}}=1.154$ 将各值代入$\overline{G}_0$ 式，则 $\overline{G}_0=\frac{10.8\times0.4\times(1-0.4)\times(1+1.154)}{(2-0.4)\times(1+1.154)+2\times0.86(1-0.4)}=1.25$ 根据表 7-1-107 公式，$C_d=\frac{1}{6}\left(\frac{D\theta_m}{l_1}+\frac{N_0\pi}{\ln\frac{r_2}{r_1}}\right)=\frac{1}{6}\left(\frac{60\times0.785}{6}+\frac{2\pi}{\ln\frac{4}{2}}\right)=2.819$ 若取 $d_0=0.5$，根据表 7-1-106 公式，$G_0=\overline{G}_0\frac{p_sA_e}{h_0}$ 则 $h_0=\overline{G}_0\frac{p_sA_e}{G_0}=1.25\times\frac{1.47\times3510}{3.14\times10^5}=2.054\times10^{-2}$ 满足设计要求，取 $d_0=0.5$，$h_0=0.02$
	油腔深度 Z_1	mm	根据表 7-1-113，$Z_1=(30\sim60)h_0=(30\sim60)\times0.02=0.6\sim1.2$ 取 $Z_1=1$

续表

项目		单位	公式及结果
确定轴承其他参数	轴承流量 $4Q_0$	L/min	根据表 7-1-106 公式 $\overline{Q}_0=C_d\beta=2.819\times0.4=1.128$ $Q_0=\dfrac{p_s h_0^3}{\eta}\overline{Q}_0=\dfrac{1.47\times(2\times10^{-2})^3}{24.6\times10^{-10}}\times\dfrac{60}{10^6}\times1.128=0.3234$ 故 $4Q_0=4\times0.3234=1.2936$ 若有两个结构参数相同的径向轴承，则径向轴承的总流量为 $Q_{径总}$ $Q_{径总}=2\times4Q_0=2\times1.2936=2.5872$
	油泵额定流量 $Q_泵$	L/min	根据推荐，$Q_泵=(1.5\sim2)$ $Q_{径总}=(1.5\sim2)\times2.5872=3.8808\sim5.1744$

项目	公式及结果

工作图

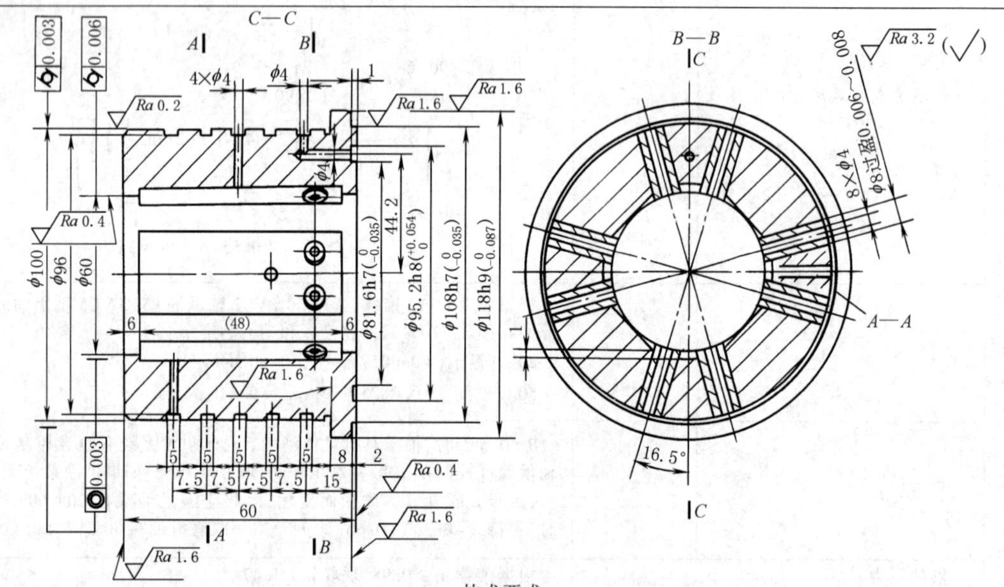

技术要求

1. 材料为锡青铜 ZCuSn6Zn6Pb3(ZQSn-6-6-3)或灰铸铁 HT200；铸件不得有砂眼、缩孔和疏松缺陷，应时效处理
2. $\phi60$ 内孔和主轴配合半径间隙 0.022±0.002
3. $\phi100$ 外圆和箱体孔配合过盈 0.006±0.002
4. 四个油腔对称分布
5. 锐边倒钝

轴承工作图（按带推力轴承结构）

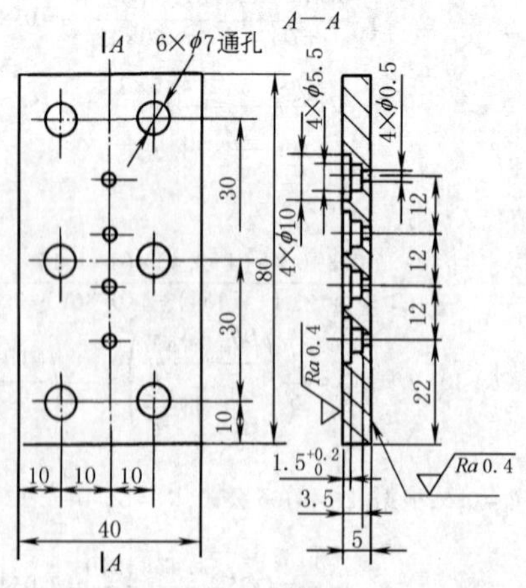

技术要求

1. 材料为 35 钢板
2. $\phi0.5$ 四个小孔的流量允差 10%
3. 锐边倒钝

（a）板式结构

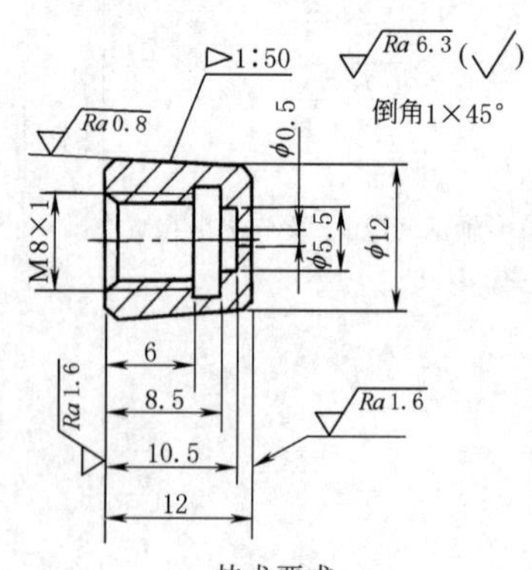

技术要求

1. 材料为黄铜 ZCuZn38(ZH62)或 45 钢
2. 同一轴承各节流器的流量允差 10%
3. 同内锥孔配合，接触表面不少于 70%

（b）外锥式结构

小孔节流器工作图

(3) 缝隙节流径向液体静压轴承设计举例

已知：径向轴承直径 $D=50\text{mm}$，要求径向轴承的油膜刚度 $G_0=1.0\times10^8\text{N/m}$，设计缝隙节流有周向回油、四油腔对称等面积径向轴承。计算过程见表 7-1-121。

表 7-1-121　　缝隙节流径向液体静压轴承设计计算过程

	项目	单位	公式及结果
确定轴承结构尺寸			根据轴承直径 $D=50\text{mm}$，选择 $L/D=1$，$l_1/D=0.1$，按表 7-1-114 及表 7-1-115 得：
	轴承宽度 L	mm	50
	油腔宽度 l	mm	40
	轴向封油面宽度 l_1	mm	5
	油腔夹角 θ	(°)	57
	周向封油面夹角 θ_1	(°)	12
	回油槽夹角 θ_2	(°)	9
	回油槽深度 Z_2	mm	0.6
	周向封油面宽度 b_1	mm	$b_1=D\sin(\theta_1/2)=50\times\sin(12°/2)=5.2$
	回油槽宽度 b_2	mm	$b_2=D\sin(\theta_2/2)=50\times\sin(9°/2)=3.923$
	油腔有效夹角 θ_m	(°)	$\theta_m=\theta/2+\theta_1/2=57°/2+12°/2=34.5°$
	轴承有效承载面积 A_e	mm^2	根据表 7-1-107 公式 $\overline{A}_e=\dfrac{L-l_1}{L}\sin\theta_m=(50-5)/50\times\sin34.5°=0.5098$ $A_e=\overline{A}_e DL=0.5098\times50\times50=1274.5$
	润滑油		根据表 7-1-112 的推荐，毛细管节流静压轴承选择 VG2 系统用油。VG2 系统用油在 50℃时的动力黏度 η_{50} 和密度 ρ_{50} 分别为 $\eta_{50}=1.37\times10^{-3}\text{Pa}\cdot\text{s}$，$\rho_{50}=0.772\text{kg/L}$
	节流比 β		$\beta=2$ 时，轴承具有最佳刚度，故一般选择 $\beta=2$
	供油压力 p_s	MPa	供油压力的选择原则是：满足轴承最大承载能力和足够刚度条件下，使供油装置功率消耗最小 一般选择 $p_s\geqslant0.98$，现取 $p_s=4$
	轴承半径间隙 h_0 轴承缝隙间隙 h	mm	根据静压腔的封油边流出的流量 Q_R 与流过缝隙的流量 Q_f 相等，即 $Q_f=Q_R$，则 $Q=\dfrac{\pi h^3\Delta P}{6\eta\ln\dfrac{r_2}{r_1}}=\dfrac{Rh_0^3P_R\left(\dfrac{Ll_1}{Rb_1}+2\theta_1\right)}{6\eta l_1}$ 把已知参数值代入，可得 $\dfrac{\pi h^3(4-2)\times10^6}{6\times1.37\times10^{-3}\times\ln5}=\dfrac{0.025\times2\times10^6\times h_0^3\left(\dfrac{5\times0.5}{2.5\times0.36}+\dfrac{70\pi}{180}\right)}{6\times1.37\times10^{-3}\times5\times10^{-3}}$ $4.7493\times10^8h^3=3.0724\times10^9h_0^3$ $h^3=6.4692h_0^3$ 若 $h_0=1.75\times10^{-2}$，则 $h=0.03261$ $h_0=2.00\times10^{-2}$，则 $h=0.03727$ $h_0=2.50\times10^{-2}$，则 $h=0.04658$ 最后取 $h_0=0.025$，则 $h=0.04658$
	油腔深度 Z_1	mm	根据表 $Z_1=(30\sim60)h_0$ $=(30\sim60)\times0.025=0.75\sim1.5$ 取 $Z_1=1$

续表

项目		单位	公式及结果
确定轴承结构尺寸	轴承流量 4 Q_f	L/min	通过一个缝隙节流器的流量 Q_f $Q_f=\dfrac{\pi h^3\Delta P}{6\eta\ln\dfrac{r_2}{r_1}}$ 把已知参数值代入，可得 $Q_f=\dfrac{\pi h^3\Delta P}{6\eta\ln\dfrac{r_2}{r_1}}$ $=\dfrac{\pi(0.4658\times10^{-3})^3\times(4-2)\times10^6}{6\times1.37\times10^{-3}\times\ln5}$ $=0.48\times10^{-4}\mathrm{m^3/s}$ $Q_f=0.48\times10^{-4}\times10^3\times60$ $=2.88\mathrm{L/min}$ 故 $4Q_f=4\times2.88=11.52\mathrm{L/min}$ 若有两个结构、参数相同的径向轴承，则 $Q_{径总}=2\times4Q_f=2\times11.52=23.04\mathrm{L/min}$
	油泵额定流量 $Q_泵$	L/min	根据推荐，油泵额定流量应为计算流量的 1.5~2 倍，则 $Q_泵=(1.5\sim2)Q_{计总}=(1.5\sim2)(Q_{径总}+Q_{推总})$
	油膜刚度 J	N/m	小孔节流的油膜刚度 J 可由下式给出： $J=\dfrac{12A_e p_s(\beta-1)\cos\theta_1}{h_0\beta^2}$ 把已知参数值代入，可得 $J=\dfrac{12A_e p_s(\beta-1)\cos\theta_1}{h_0\beta^2}$ $=\dfrac{12\times1.2745\times10^{-3}\times4\times10^6\times(2-1)\times\cos28.5}{2.5\times10^{-5}\times2^2}$ $=2.6881\times10^8\mathrm{N/m}>1\times10^8\mathrm{N/m}$
	轴承承载力 F_{max}	N	轴承承载力可由下式给出： $F=\dfrac{6A_e p_s(\beta-1)\varepsilon\cos\theta_1}{\beta^2}$ 一般认为 ε 应不大于 0.4，代入上式有 $F_{max}=\dfrac{6A_e p_s(2-1)0.4\cos\theta_1}{2^2}$ $=0.6A_e p_s\cos\theta_1$ $=0.6\times1.2745\times10^{-3}\times4\times10^6\times\cos28.5$ $=2688.1\mathrm{N}$

（4）薄膜反馈节流径向液体静压轴承设计举例

已知：径向轴承直径 $D=140\mathrm{mm}$，径向轴承的最大载荷 $F_{max}=5880\mathrm{N}$。

设计双面薄膜反馈节流有周向回油、四油腔对称等面积径向轴承。计算过程见表 7-1-122。

表 7-1-122　　薄膜反馈节流径向液体静压轴承设计计算过程

项目		单位	公式及结果
确定轴承结构尺寸	轴承宽度 L	mm	根据轴承直径 $D=140\mathrm{m}$，选择 $L/D=1$，$l_1/D=0.1$，根据表 7-1-114 及表 7-1-115 得 140
	油腔长度 l		112
	轴向封油面宽度 l_1		14

续表

项目		单位	公式及结果
确定轴承结构尺寸	油腔夹角 θ	(°)	63
	周向封油面夹角 θ_1		12
	油腔有效夹角 θ_m		$\theta_m=\frac{1}{2}(\theta_1+\theta)=\frac{1}{2}(12+63)=37.5$
	回油槽夹角 θ_2		取 3
	周向封油面宽度 b_1	mm	$b_1=D\sin\frac{\theta_1}{2}=140\times\sin\frac{12°}{2}=14.6$
	回油槽宽度 b_2		$b_2=D\sin\frac{\theta_2}{2}=140\times\sin\frac{3°}{2}=3.66$
	回油槽深度 Z_1		取 0.6
确定轴承其他参数	轴承油腔有效承载面积 A_e	mm^2	根据表 7-1-107 公式 $\overline{A}_e=\frac{L-l_1}{L}\sin\theta_m=\frac{140-14}{140}\times\sin37.5°=0.548$ 故 $A_e=\overline{A}_eDL=0.548\times140\times112=10748$
	润滑油		根据表 7-1-112 推荐，选用 VG46 号全损耗系统用油。润滑油温度在 50℃时的动力黏度 $\eta_{50}=0.0256\text{Pa}\cdot\text{s}$
	节流比 β		取 $\beta=0.5$
	薄膜刚度系数 K_j		根据表 7-1-109 公式 $K_j=3\beta(1-\beta)=3\times0.5(1-0.5)=0.75$
	供油压力 p_s	N/mm^2	取 $p_s=1.96$
	轴承半径间隙 h_0	mm	根据表 7-1-113 推荐 $2h_0=(0.0004\sim0.0007)D=(0.0004\sim0.0007)\times140=0.056\sim0.098$ 取 $h_0=0.035$
	油腔深度 Z_1		根据表 7-1-113 推荐 $Z_1=(30\sim60)h_0=(30\sim60)\times0.035=1.05\sim2.1$ 取 $Z_1=1.5$
	双面薄膜反馈节流尺寸：d_j、d_{j1}、d_{j2}		选取 $d_j=32,d_{j1}=4,d_{j2}=16$
	节流间隙 h_{j0}	mm	根据表 7-1-106 公式及表 7-1-107 公式 $h_{j0}=h_0\sqrt[3]{\frac{6\ln\frac{d_{j2}}{d_{j1}}C_d\beta}{\pi(1-\beta)}}$
	节流间隙 h_{j0}	mm	式中 $C_d=\frac{1}{6}\left(\frac{L-l_1}{b_1}+\frac{D\theta_m}{l_1}\right)=\frac{1}{6}\times\left(\frac{140-14}{14.6}+\frac{140\times0.654}{14}\right)=2.528$ 故 $h_{j0}=0.035\times\sqrt[3]{\frac{6\times\ln\frac{12}{4}\times2.258\times0.5}{\pi(1-0.5)}}=0.061$
	薄膜厚度 t	mm	根据表 7-1-109 公式 $t=\sqrt[3]{\frac{3(1-\mu^2)\left(\frac{d_{j2}^2}{4}-\frac{d_{j1}^2}{4}\right)^2}{16Em}}$ 又 $m=h_{j0}/(2p_s\overline{K}_j)=0.061/(2\times1.96\times0.75)=2.07\times10^{-2}$ $\mu=0.28,E=20.6\times10^6$ 故 $t=\sqrt[3]{\frac{3\times(1-0.28^2)\times\left(\frac{16^2}{4}-\frac{4^2}{4}\right)^2}{16\times20.6\times2.07\times10^{-2}\times10^6}}=1.37$
	验算薄膜最大变形量 δ_{max}	mm	根据表 7-1-109 $\delta_{max}=m\frac{F_{max}}{A_e}=2.07\times10^{-2}\times\frac{5880}{10748}=0.0113<h_{j0}=0.061$

续表

<table>
<tr><th colspan="2">项目</th><th>单位</th><th>公式及结果</th></tr>
<tr><td rowspan="3">确定轴承其他参数</td><td>验算刚度或承载能力</td><td></td><td>根据表 7-1-108 公式、表 7-1-107、表 7-1-106
$$\varepsilon=\frac{2(2AJ-AL+A^2M+1)C}{3nA(J-RL)}\times\frac{\overline{F}_n}{K}$$
$$=\frac{2(1+\gamma)}{n}\times\overline{F}_n\left\{\frac{2\beta}{1-\beta}\left[1+3\left(\frac{2\overline{F}_n}{n\overline{K}_j}\right)^2\right]-\frac{\beta}{(1-\beta)\overline{K}_j}\times\left[3+\left(\frac{2\overline{F}_n}{n\overline{K}_j}\right)^2\right]+1+\left(\frac{\beta}{1-\beta}\right)^2\right.$$
$$\left.\times\left[1-\left(\frac{2\overline{F}_n}{n\overline{K}_j}\right)^2\right]^3\right\}\times\frac{1}{3\frac{\beta}{1-\beta}K}\times1\bigg/\left\{1+3\left(\frac{2\overline{F}_n}{n\overline{K}_j}\right)^2-8\frac{\overline{F}_n}{n^2\overline{K}_j}\left[3+\left(\frac{2\overline{F}_n}{n\overline{K}_j}\right)^2\right]\right\}$$
$$\gamma=\frac{nl_1(L-l_1)}{b_1(\pi D-nb_1-nb_2)}=\frac{4\times14(140-14)}{14.6\times(140\times\pi-4\times14.6-4\times3.66)}=1.318$$
$$K=\frac{\sin\theta_m}{\theta_m}+\gamma\cos\theta_m=\frac{\sin37.5°}{0.654}+1.318\times\cos37.5°=1.976$$
将已知各参数代入，则$\overline{F}_n=0.3$，$\varepsilon=0.00818$
又　$F=\overline{F}_nA_ep_s=0.3\times10748\times1.96=6319N>5884N$，满足要求</td></tr>
<tr><td>轴承流量 $4Q_0$</td><td rowspan="2">L/min</td><td>由表 7-1-106 公式，$\overline{Q}_0=C_d\beta=2.528\times0.5=1.264$
故 $Q_0=\overline{Q}_0\frac{p_sh_0^3}{\eta}=1.264\times\frac{1.96\times(3.5\times10^{-5})^3}{2.65\times10^{-2}}\times60\times10^9=0.2405$
∴　$4Q_0=4\times0.2405=0.962$
若有两个结构参数相同的径向轴承，则径向轴承总流量为 $Q_{径总}$
$Q_{径总}=2\times4Q_0=2\times0.962=1.924$</td></tr>
<tr><td>油泵额定流量 $Q_{泵}$</td><td>根据推荐
$Q_{泵}=(1.5\sim2)Q_{计总}=(1.5\sim2)(Q_{径总}+Q_{推总})$</td></tr>
</table>

<table>
<tr><th>项目</th><th>公式及结果</th></tr>
<tr><td>双面薄膜反馈节流器主要零件工作图</td><td> 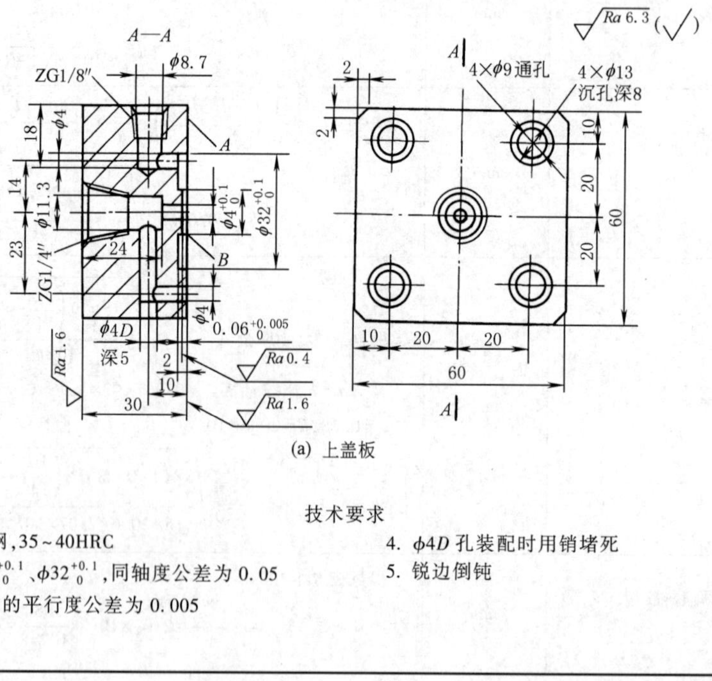(a) 上盖板

技术要求
1. 材料为 45 钢，35~40HRC
2. $\phi4^{+0.1}_{0}$、$\phi12^{+0.1}_{0}$、$\phi32^{+0.1}_{0}$，同轴度公差为 0.05
3. 平面 A 对 B 的平行度公差为 0.005
4. $\phi4D$ 孔装配时用销堵死
5. 锐边倒钝</td></tr>
</table>

续表

项目	公式及结果
双面薄膜反馈节流器主要零件工作图	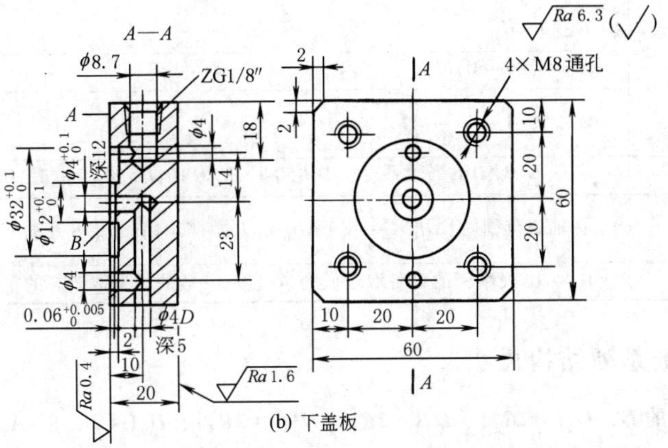 $\sqrt{Ra\,6.3}$ ($\sqrt{}$) 技术要求 1. 材料为 45 钢,35~40HRC 2. $\phi4^{+0.1}_{0}$、$\phi12^{+0.1}_{0}$、$\phi32^{+0.1}_{0}$ 同轴度公差为 0.05 3. 平面 *A* 对 *B* 的平行度公差为 0.005 4. $\phi4D$ 孔装配时用销堵死 5. 锐边倒钝 (b) 下盖板
	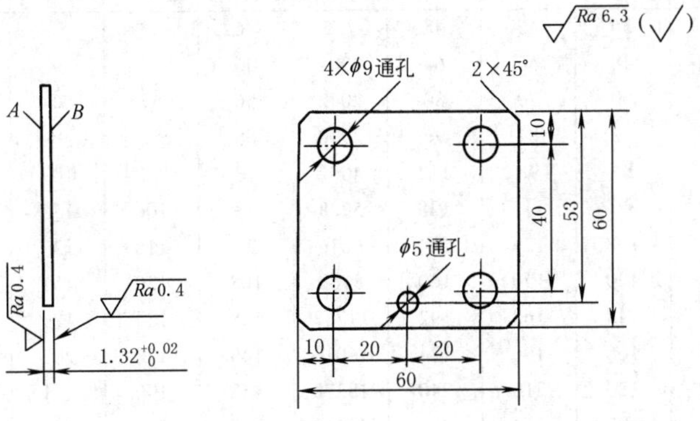 $\sqrt{Ra\,6.3}$ ($\sqrt{}$) 技术要求 1. 材料为 65Mn 弹簧钢,42~45HRC 2. 平面 *A* 和 *B* 的直线度公差为 0.01;平面 *A* 对平面 *B* 的平行度公差不大于 0.01 3. 锐边倒钝 (c) 薄膜

4.9 液体静压推力轴承的设计

4.9.1 主要结构尺寸及技术数据

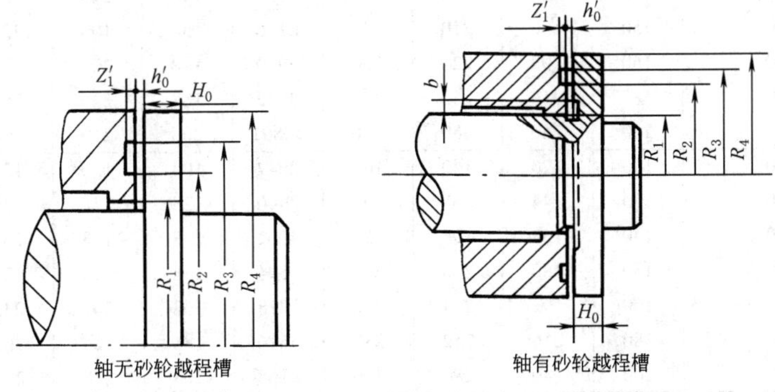

轴无砂轮越程槽　　轴有砂轮越程槽

表 7-1-123　　液体静压推力轴承主要结构尺寸及技术数据

项　目	推荐数据
油腔结构尺寸 R_2、R_3、R_4/mm	$R_2=1.2R_1$ $R_3=1.4R_1$ $R_4=1.6R_1$
油腔深度 Z_1'/mm	$Z_1'\approx(30\sim60)h_0'$
间隙 $2h_0'$的公差/mm	$\Delta h_0'\leqslant-\left(\frac{1}{7}\sim\frac{1}{10}\right)h_0'$
轴肩厚度 H_0/mm	一般取 $H_0>10$；当轴颈直径 $D\leqslant50$ 时，$H_0\approx10$；$D>50\sim200$ 时，$H_0\approx0.2D$
轴肩的不垂直度 ΔH_0/mm	在轴肩范围内：$\Delta H_0\leqslant\frac{1}{5}h_0'$（$\Delta H_0$ 值太大，影响节流比 β 及油膜刚度）
轴承配合表面的粗糙度 Ra/μm	0.8～0.1（精密的设备取较低的粗糙度；一般的设备取较高的粗糙度）

4.9.2　液体静压推力轴承的系列结构尺寸

表 7-1-124　　推力轴承的 D、$D_1(=2R_1)$、$D_2(=2R_2)$、$D_3(=2R_3)$、$D_4(=2R_4)$、A_e 尺寸

油腔形状	轴颈直径 D/mm	无砂轮越程槽					有砂轮越程槽				
		D_1/mm	D_2/mm	D_3/mm	D_4/mm	A_e/mm^2	D_1/mm	D_2/mm	D_3/mm	D_4/mm	A_e/mm^2
环形油腔	30	30	36	42	48	735	36	43	50	58	1058
	40	40	48	56	64	1307	46	55	64	74	1728
	50	50	60	70	80	2042	56	67	78	90	2562
	60	60	72	84	96	2940	68	82	95	109	3777
	70	70	84	98	112	4002	78	94	109	125	4970
	80	80	96	112	128	5228	88	106	123	141	6325
	90	90	108	126	144	6616	98	118	137	157	7845
	100	100	120	140	160	8168	108	130	151	173	9527
	120	120	144	168	192	11762	128	154	179	205	13383
	140	140	168	196	224	16010	148	178	207	237	17892
	150	150	180	210	240	18378	158	190	221	253	20391
	160	160	192	224	256	20910	168	202	235	269	23054
	180	180	216	252	288	26465	188	226	263	301	28870
	200	200	240	280	320	32673	208	250	291	333	35339
扇形三油腔	60	60	72	84	96	980	68	82	95	109	1259
	70	70	84	98	112	1334	78	94	109	125	1656
	80	80	96	112	128	1742	88	106	123	141	2108
	90	90	108	126	144	2205	98	118	137	157	2615
	100	100	120	140	160	2723	108	130	151	183	3595
	120	120	144	168	192	3921	128	154	179	205	4461
	140	140	168	196	224	5336	148	178	207	237	5964
	150	150	180	210	240	6126	158	190	221	253	6797
	160	160	192	224	256	6970	168	202	235	269	7685
	180	180	216	252	288	8822	188	226	263	301	9623
	200	200	240	280	320	10891	208	250	291	333	11780
扇形四油腔	100	100	120	140	160	2042	108	130	151	173	2382
	120	120	144	168	192	2940	128	154	179	205	3346
	140	140	168	196	224	4002	148	178	207	237	4473
	150	150	180	210	240	4594	158	190	221	253	5098
	160	160	192	224	256	5228	168	202	235	268	5763
	180	180	216	252	288	6616	188	226	263	301	7217
	200	200	240	280	320	8168	208	250	291	333	8835

4.9.3 液体静压推力轴承设计举例

已知：推力轴承直径 $D=60\text{mm}$，要求推力轴承的油膜刚度 $G_0=5.88\times10^8\text{N/m}$，设计毛细管节流环形油腔推力轴承。计算过程见表 7-1-125。

表 7-1-125　毛细管节流环形油腔推力轴承设计计算过程

项目		单位	公式及结果
确定推力轴承结构尺寸	油腔结构尺寸 D_1 D_2 D_3 D_4	mm	采用推力轴承位于前轴承前端的布置型式，并采用主轴有砂轮越程槽的环形油腔结构。根据表 7-1-124 得 $D_1=68$ $D_2=82$ $D_3=95$ $D_4=109$
确定轴承其他参数	推力轴承油腔有效承载面积 A_e	mm^2	根据表 7-1-107 $\overline{A}_e=\dfrac{\pi}{8D_1^2}\left(\dfrac{D_4^2-D_3^2}{\ln\dfrac{D_4}{D_3}}-\dfrac{D_2^2-D_1^2}{\ln\dfrac{D_2}{D_1}}\right)=\dfrac{\pi}{8\times68^2}\times\left(\dfrac{109^2-95^2}{\ln\dfrac{109}{95}}-\dfrac{82^2-68^2}{\ln\dfrac{82}{68}}\right)$ $=0.812$ 根据表 7-1-106 公式 $A_e=\overline{A}_eD_1^2=0.812\times68^2=3750$
	润滑油		选 VG32 号全损耗系统用油 $\eta_{50}=0.0177\text{Pa}\cdot\text{s},\gamma_{50}=21.4\text{mm}^2/\text{s}$
	节流比 β		选 $\beta=0.5$
	供油压力 p_s	MPa	选 $p_s=1.47$
	推力轴承单边间隙 h_0	mm	根据表 7-1-109 及表 7-1-106 公式 $\overline{G}_0=6A=6\beta(1-\beta)=6\times0.5\times(1-0.5)=1.5$ $G_0=\overline{G}_0\times\dfrac{p_sA_e}{h_0}$ 则 $h_0=\dfrac{\overline{G}_0p_sA_e}{G_0}=\dfrac{1.5\times1.47\times3750}{58.8\times10^4}=1.4\times10^{-2}$
	毛细管节流器尺寸： 直径 d_c 长度 l_c	mm	与前径向轴承选择相同的毛细管节流器，则 $d_c=0.56$ $l_c=127$
	油腔深度 Z_1'	mm	$Z_1'=(30\sim60)h_0=(30\sim60)\times1.4\times10^{-2}$，取 $Z_1'=0.8$
	轴承流量 $2Q_0$	L/min	根据公式 $\overline{Q}_0=C_d\beta$，由表 7-1-107 公式 $C_d=\dfrac{\pi}{6}\times\dfrac{\ln\dfrac{D_2D_4}{D_1D_3}}{\ln\dfrac{D_2}{D_1}\ln\dfrac{D_4}{D_3}}=6.79$ $\overline{Q}_0=6.79\times0.5=3.395$ $\therefore\ Q_0=\overline{Q}_0\dfrac{p_sh_0^3}{\eta}=3.395\times\dfrac{1.47\times(1.4\times10^{-2})^3}{1.93\times10^{-8}}\times\dfrac{60}{10^6}=0.0426$ 则 $2Q_0=2\times0.0426=0.0852$
	油泵额定流量 $Q_泵$	L/min	与 4.8.3 节径向轴承(1)相同
	验算层流条件		

4.10 静压轴承的故障及消除的方法

表 7-1-126　　静压轴承装配及使用中可能出现的故障及消除方法

故障类型	故障现象	故障原因	消除的方法
纯液体润滑建立不起来	启动油泵后，若已建立了纯液体润滑，一般应能用手轻松地转动 若转不动或比不供油时更难转动，即表明纯液体润滑未建立	轴承某油腔的压力未能建立，或轴承装配质量太差，如： (1)某油腔有漏油现象，致使轴被挤在轴承的一边 (2)轴承某油腔无润滑油，加工和装配时各进油孔有错位现象，或节流器被堵塞 (3)各节流器的液阻相差过大，造成某个油腔无承载能力 (4)反馈节流器的弹性元件刚度太低，造成一端出油孔被堵住 (5)向心轴承的同轴度太大，或推力轴承的垂直度太小，使主轴的抬起间隙太小	(1)检查各油腔的压力是否已建立。对漏油或无压力的油腔，找出具体原因，采取相应措施加以克服 (2)调整各油腔的节流比，使之在合理的范围内 (3)合理设计节流器 (4)保持润滑油清洁 (5)保证零件的制造精度和装配质量
压力不稳定	(1)当主轴不转时，开动油泵后，各油腔的压力都逐渐下降或某几个油腔的压力下降 (2)主轴转动后，各油腔的压力有周期性的变化(若变化量大于 0.05～0.1MPa 时，必须检查原因) (3)主轴不转时，各油腔因压力抖动(超过 0.05～0.1MPa 时应检查) (4)当主轴转速较高时，油腔压力有不规则的波动	(1)各油腔压力都下降，表明滤油器逐渐被堵塞，若某油腔的压力单独下降，表明与该油腔相对应的节流器被杂质逐渐堵塞 (2)由于主轴转动时有附加力作用于主轴上或因主轴圆度超差 (3)由于油泵系统的脉动太大 (4)由于空气被吸入油腔或动压力的干扰	(1)更换油液，清洗滤油器及节流器 (2)检查轴及轴上零件是否存在较大的离心力，若是，则进行动平衡消除之 检查卸荷带是否有干扰力，减小卸荷带轮与主轴的同轴度误差 (3)检查油泵及压力阀 (4)改进油腔的型式
油膜刚度不足	主轴轴承的油膜刚度未达到设计要求	(1)节流比 β 值超差 (2)供油压力 p_s 太低 (3)轴承间隙太大 (4)节流器设计不合理	按油膜刚度的调整进行
主轴拉毛或抱轴	当轴转动一段时间后，主轴可能发现有拉毛现象或在运转时发生抱轴现象	(1)油液不干净，过滤净度不够 (2)轴承及油管内储存的杂质未清除 (3)节流器堵塞 (4)轴颈刚度不足，产生了金属接触 (5)安全保护装置失灵	(1)检修滤油器 (2)清洗零件 (3)核算轴颈刚度 (4)维修安全保护装置
油腔压力升高不足	节流器油液虽通畅，但油腔压力升高不足	(1)轴承配合间隙太大 (2)油路有漏油现象 (3)油泵不合格 (4)润滑油黏度 η_t 太低	(1)测量配合间隙，若太大，则需重配主轴 (2)消除漏油现象 (3)更换油泵 (4)选用合适的润滑油
轴承温升过高	当主轴运转 2h 左右后，油池或主轴箱体外壁温度超差	(1)轴承间隙过小 (2)轴泵压力太高 (3)润滑油黏度 η_t 太高 (4)油腔摩擦面积太大	(1)加大轴承间隙 (2)在承载能力与刚度允许的条件下，降低油泵压力 (3)降低润滑油黏度 (4)减小封油面宽度，但需使封油面宽度 a、b 均大于间隙的 40 倍($40h_0$)并保证 $Re>2000$

5 液体动静压滑动轴承

5.1 液体动静压工作原理

动压轴承依靠轴的转动将润滑液带入轴承与轴之间的楔形间隙，形成动压油膜抵抗外载荷，轴悬浮在这层极薄（数微米至数十微米）的油膜之上，然而，油膜厚度对工况条件较为敏感，运转精度不高，尤其在低速重载下无法形成完整油膜，启停阶段易发生磨损。静压轴承依靠外部油泵输送到轴承的间隙内的高压油，形成静压油膜抵抗外载荷，在极低转速下也能达到流体润滑状态，油膜厚度取决于载荷、间隙与节流器等因素，其缺点之一是在中高转速下浪费了油膜的动压效应，抗过载能力低。

动静压轴承是兼有动压轴承和静压轴承优点的轴承，具有高压润滑系统，通常具有较小面积的静压腔和较大面积的动压工作面，根据工况条件和结构的不同，可以有选择性地形成动压和静压油膜，其可工作的速度和载荷范围很宽。因此，动静压滑动润滑轴承（简称动静压轴承）可适用于高速重载的工况和频繁启动或停机时要求具有一定的油膜，以避免磨损的场合，同时适用于载荷频繁变化及有瞬时过载的工况，此外，适当的静压设计还可以提高轴系的动力学稳定性。图 7-1-50 是一典型的动静压轴承的示意图。如有两套供油系统（可以只有一套供油系统），高压油进入静压油腔，低压油进入动压腔。图 7-1-51 是各种典型的动静压轴承。

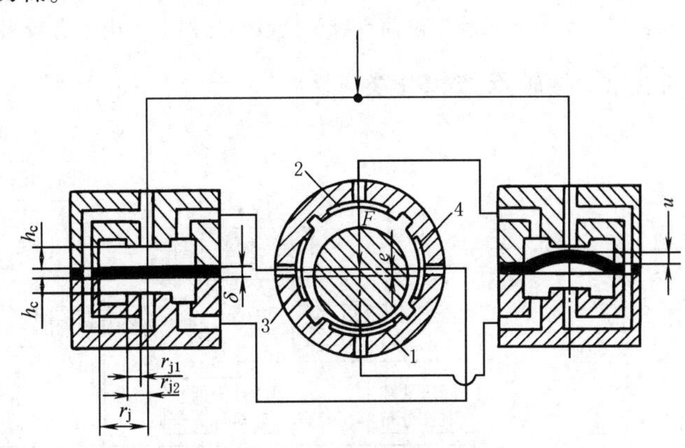

图 7-1-50 动静压轴承示意图

1～4—静压油腔

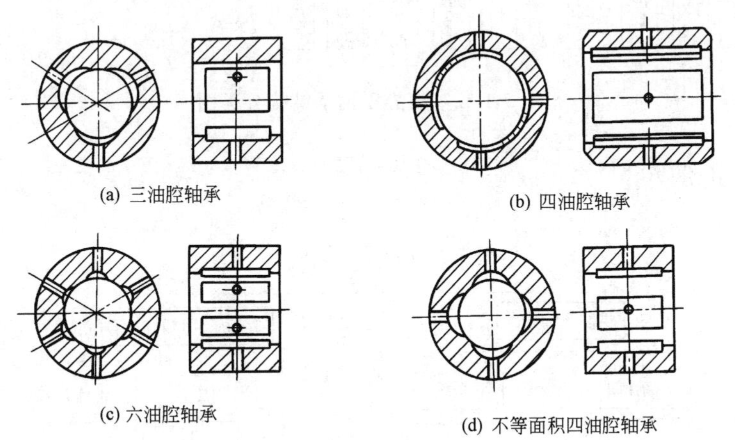

图 7-1-51 各种典型的动静压轴承

5.2 动静压轴承分类

动静压轴承可按以下几种情形分类，即按工作原理、轴承结构、对轴承的供油方式和用途等分类。

5.2.1 按工作原理分类

（1）静压浮升、动压工作式。该类轴承在启停过程中静压系统工作，在轴承正常运行过程中静压供油系统关闭，由动压效应承载外载荷。当设备转速低于某一临界值时，如低于 1m/s 时，动压效应不足以承受外载荷，使轴承处于半干摩擦甚至干摩擦状态。在这时引入静压作用，使其始终保持液体摩擦状态。这种静压浮升式动静压轴承多应用在带载启动的装备，如大型发电机、球磨机、轧钢机、水轮发电机、核主泵等。静压油腔有效承载面积并不是油腔本身的面积，而是一个大于油腔面积的值，它考虑了油流出油腔后的压力分布，油膜压力的覆盖范围远远大于静压油腔本身。

(2) 动静压混合作用式。该类轴承的静压供油系统在启停过程和正常阶段均持续工作，动压效应和静压效应同时起作用。这类动静压轴承多用于轻载，同时要求刚度较大的场合。这类轴承在设计时，要使静压油腔和轴承的动压工作面安排合理。这两种油膜压力的合成不是简单的叠加，可以通过动静压轴承理论计算得出。

(3) 静压工作、动压作用辅助式。该类轴承以静压工作为主，动压作用为辅。这样有两个目的：一是充分利用油膜动压作用，增大轴承承载能力；二是当静压作用万一失效时，轴承有一定保护作用。这类轴承称为第三类动静压轴承。这种轴承是按静压轴承来设计的，但人为地保留较大的动压滑动面。在轴承运行时，旋转精度高，刚度大。如果静压供油系统失灵或突然停电，由于有较大的动压滑动面，可保护轴承不受损害。

5.2.2 按轴承结构分类

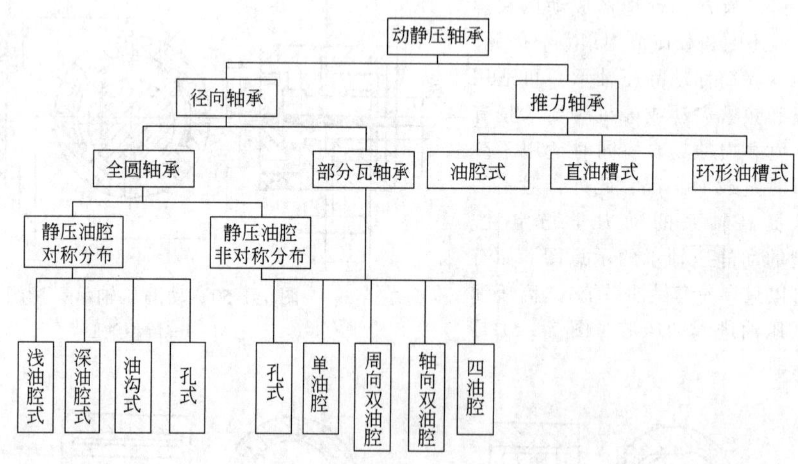

图 7-1-52 动静压轴承结构分类图

5.2.3 按供油方式分类

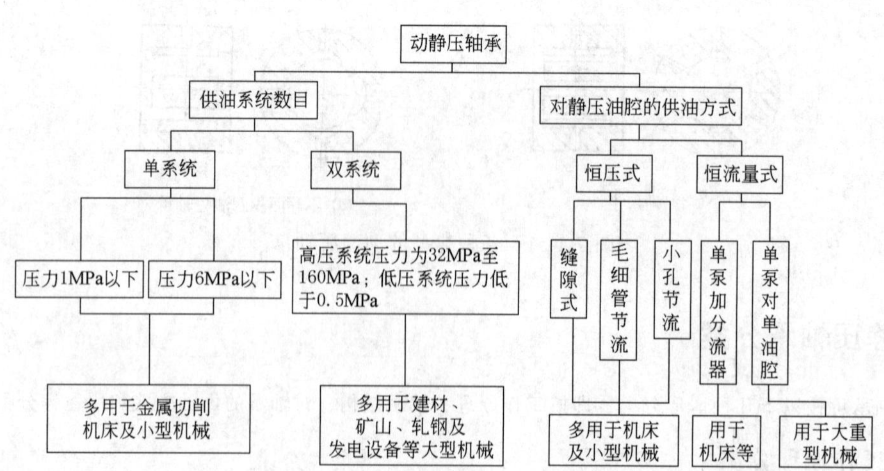

图 7-1-53 动静压轴承供油方式分类图

5.2.4 动静压轴承的设计与计算

由于动静压轴承动压效应和静压效应存在耦合，其工作性能与轴承几何参数、节流和供油条件、工况条件以及润滑油特性相关，在多数情况下没有解析解或者特征参数图表，通常需要编制计算机程序或者专用软件（如 DLAP、ARMD 等）预测其性能。对于某特定类型的动静压轴承具有经验公式，可以用于大致评估轴承参数。如对于静压浮升、动压工作式的动静压轴承（图 7-1-54）可采用如下方法计算静压浮升所需要的油量。为了不过分减小动压承载面积，浮升轴承的静压油腔一般宜取小些、浅些，所以供油压力比较大。静压浮升轴承的静压设计方程如下：

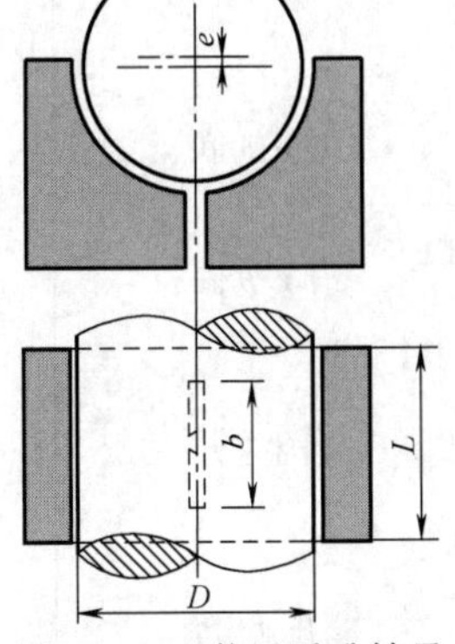

图 7-1-54 静压浮升轴承

$$\overline{A}=\frac{b}{L}\times\frac{2+3\varepsilon-\varepsilon^3}{\varepsilon(4-\varepsilon^3)+\frac{4+2\varepsilon^2}{\sqrt{1-\varepsilon^2}}\arctan\frac{1+\varepsilon}{1-\varepsilon^2}}=\frac{b}{L}f_1(\varepsilon) \tag{7-1-59}$$

$$\overline{B}=\frac{4b}{D}\times\frac{(1-\varepsilon^2)^2}{6\left[\varepsilon(4-\varepsilon^2)+\frac{4+2\varepsilon^2}{\sqrt{1-\varepsilon^2}}\arctan\frac{1+\varepsilon}{\sqrt{1-\varepsilon^2}}\right]}=\frac{4b}{D}f_2(\varepsilon) \tag{7-1-60}$$

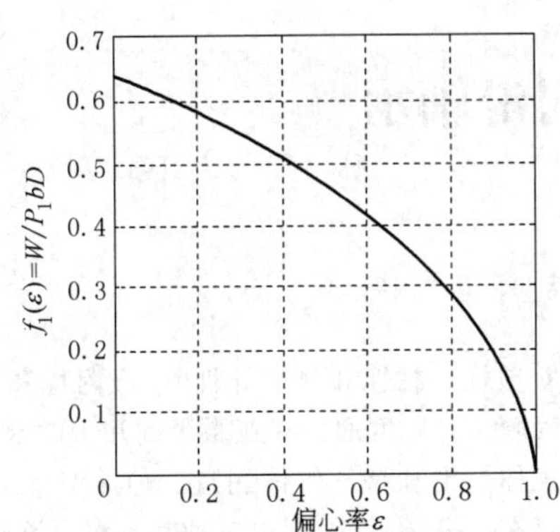

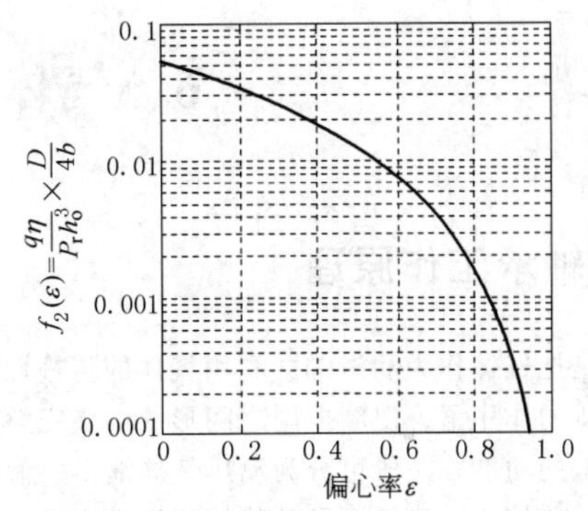

图 7-1-55 $f_1(\varepsilon)$ 与 $f_2(\varepsilon)$ 随偏心率 ε 的变化图

$f_1(\varepsilon)$ 与 $f_2(\varepsilon)$ 随偏心率 ε 的变化如图 7-1-55 所示。

其中，偏心率 ε 由以下公式给出：

$$\varepsilon=e/h_0 \tag{7-1-61}$$

升力由以下公式给出：

$$W=P_r LD\overline{A} \tag{7-1-62}$$

流量由以下公式给出：

$$q=\frac{P_r h_0^3}{\eta}\overline{B} \tag{7-1-63}$$

上述三个公式中，e 为偏心距；h_0 为轴承半径间隙；$\overline{A}$ 和 $\overline{B}$ 为无量纲系数，由式（7-1-59）和式（7-1-60）确定。

5.3 动静压轴承设计实例

设计一静压浮升滑动轴承，已知：轴承直径 $D=250$mm；轴承宽度 $L=300$mm；轴承半径间隙 $h_0=0.19$mm；载荷 $W=44$kN；润滑油动力黏度为 0.058Pa · s。求浮升至 0.025mm 时所需的油腔压力 P_r 和流量 q，计算结果见表 7-1-127。

表 7-1-127　　静压浮升滑动轴承计算

计算项目	计算公式及说明	计算结果
油腔宽度	确定 b，选取 $b/L=0.5$	150mm
偏心率	$\varepsilon=\frac{e}{h_0}=\frac{h_0-h}{h_0}=\frac{0.19-0.025}{0.19}$	0.8684
计算 $\overline{A}$ 值	查表或计算得 $f_1(\varepsilon)=0.22$，$b/L=0.5$，$\overline{A}=\frac{b}{L}f_1(\varepsilon)=0.5\times0.22$	0.11
计算 $\overline{B}$ 值	查表或计算得 $f_2(\varepsilon)=0.00055$，$\frac{4b}{D}=4\times\frac{150}{250}=2.4$ $\overline{B}=2.4\times0.00055$	0.00132
油腔压力	$P_r=\frac{W}{LD\overline{A}}=\frac{44000}{0.3\times0.25\times0.11}$	5.33MPa
高压油流量	$q=\frac{P_r h_0^3}{\eta}\overline{B}=\frac{5.33\times10^6\times0.19^3\times10^{-9}\times0.00132}{0.058}$	4.99×10^{-2}L/min

6　气体润滑轴承

第7篇

6.1　气体轴承工作原理

气体润滑是把气体作为润滑剂，利用气体的传输性（扩散性、黏性和热传导性）、吸附性和可压缩性，在动压、静压或挤压的作用下，使摩擦副之间形成一层完整的气膜，其厚度通常在亚微米到几十微米之间，具有支承载荷、减少摩擦的功能。一般可分为动压气体润滑、静压气体润滑和挤压气体润滑三种类型，而实际润滑状态，常常以动静压、动挤压、静挤压及动静挤压混合润滑形式存在。表 7-1-128 列出三种基本润滑类型特性。

表 7-1-128　　基本润滑类型特性

润滑类型	形成条件	主参数	膜厚/μm	承载能力	功耗	制造难易
动压气体润滑	速度 v，偏心率 ε	$\Lambda=\frac{6\mu\omega}{p_n}\left(\frac{R}{C}\right)^2$	20~50	小	大	难
静压气体润滑	供压节流器，p_n	$\Gamma=\Lambda_s$ 或 α	5~20	大	小	易
挤压气体润滑	挤压频率 ν，激振器	$\sigma=\frac{12\nu\mu}{p_n}\left(\frac{R}{h_0}\right)^2$	10~20	更小	中	较难

注：μ 是气体的动力黏度；ω 是轴颈角速度；p_n 是环境压力；R 是轴颈半径；C 是设计间隙；h_0 是名义膜厚。节流器系数 Γ，对小孔节流为节流系数 Λ_s，对狭缝节流为节流因子 α。

气体润滑的优点是：

① 速度高：小型氮透平膨胀机转速已达到 $n=6.5\times10^4$r/min，线速度 $r=238$m/s，dn 值可达 455 万，工作转速远高于其他类型的轴承。

② 精密度高：气体轴承（气体润滑轴承）本身制造精度高，气膜又具有匀化作用，其回转精度（可控制在几十纳米以内）比滚动轴承高（GB/T 307.1—2017，2~5μm 左右）两个数量级，且振动小、噪声低。

③ 摩损耗小：气体黏度仅为油黏度的千分之一，所以气膜引起的摩擦力矩比油膜的低三个数量级。

④ 具有耐高温、耐低温及抗原子辐射能力，如高温达 300~500℃，低温至 10K（-263℃）时气体轴承仍能工作。

⑤ 无污染：气体轴承所用的润滑气体一般为空气或惰性气体，排放到大气中不产生污染，而且轴承的振动

小、噪声低，对环境也不构成污染。

⑥ 寿命长：气体轴承无金属接触，理论寿命为无限长。考虑其他条件限制，一般应在 1 万小时以上。动压气体轴承存在起停瞬间摩擦问题，对寿命有一定影响，但也在数千小时以上。

气体润滑的缺点如下：

① 载能力低：气体轴承与同类油轴承相比，承载能力约低 1~2 个数量级。以平均压强（比压）计算，油轴承设计比压通常为 0.5~3MPa，而气体轴承通常为 0.02~0.2MPa。

② 可靠性较差：在一方面，常规气体轴承容易失稳，如气锤振动或涡动不稳定现象；另一方面是轴承易卡滞，乃至抱轴或咬死现象时有发生。

③ 制造精度高，造价较昂贵：因气膜很薄，一般在几微米到十几微米之间，所以对部件精度要求较高，提高了造价；另外，螺旋槽、小节流孔、多孔质材料等的特殊加工要求，增加了制造难度和费用。

④ 要求工作条件苛刻：气体轴承要求具有很高的清洁条件和严格的操作规程。

6.2 气体轴承的特点、分类与应用

表 7-1-129　　刚性气体动压润滑轴承

		径向轴承	推力轴承	球型及锥型轴承
结构类型	圆筒型 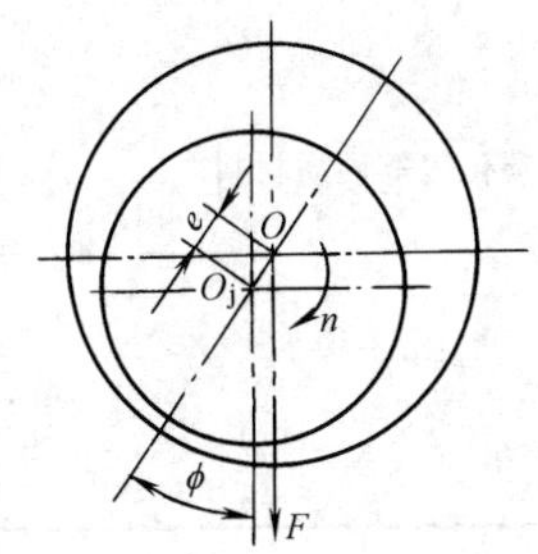 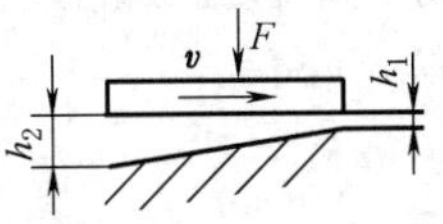			
	阶梯型 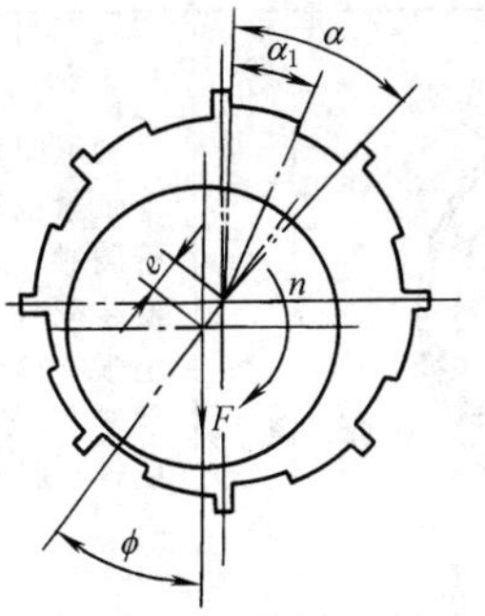 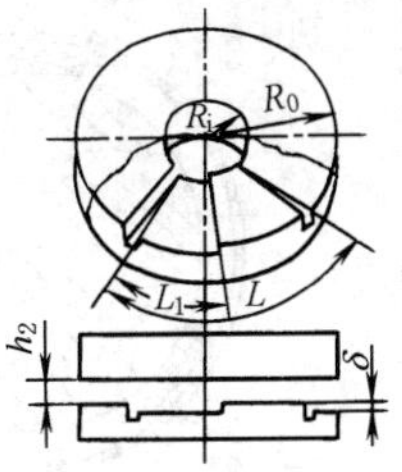 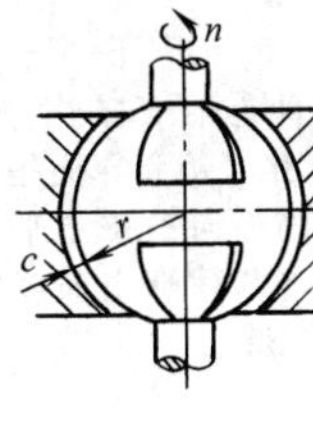 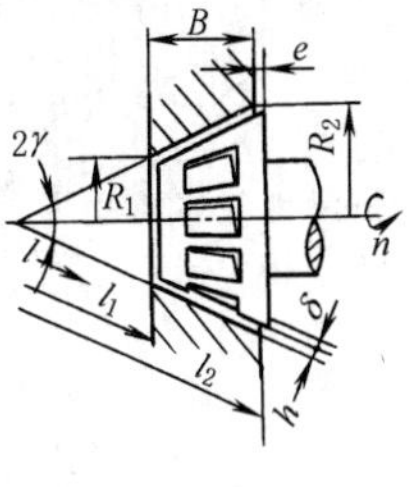			
	螺旋槽型 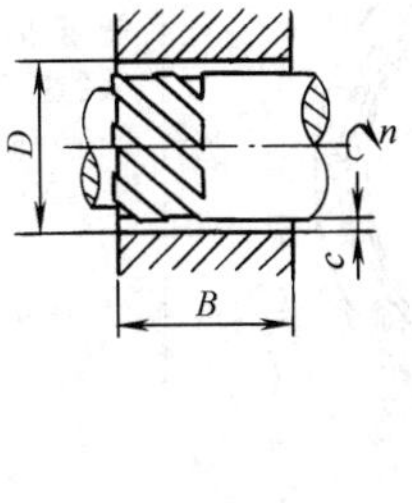 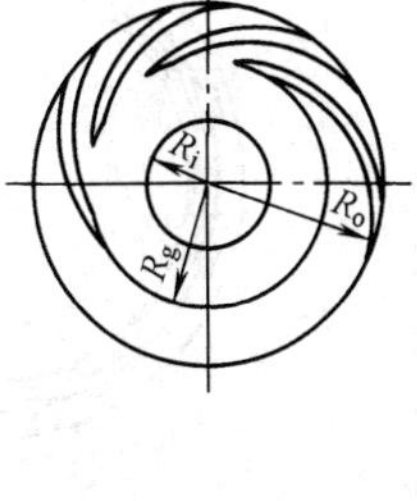 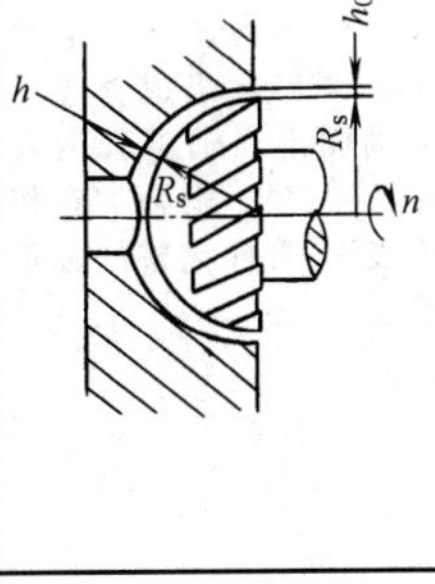 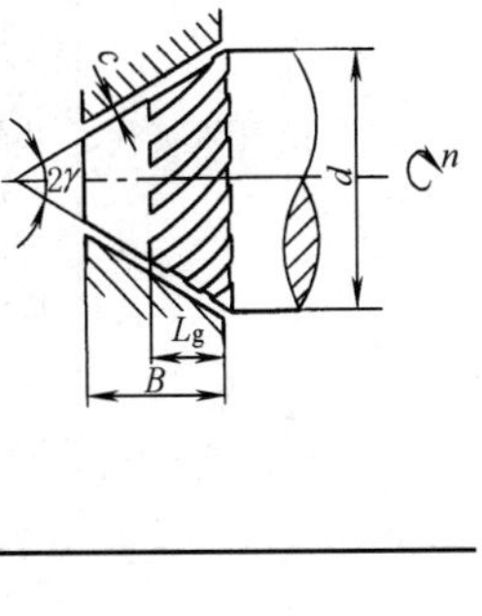			

续表

		径向轴承	推力轴承	球型及锥型轴承
结构类型	人字槽型	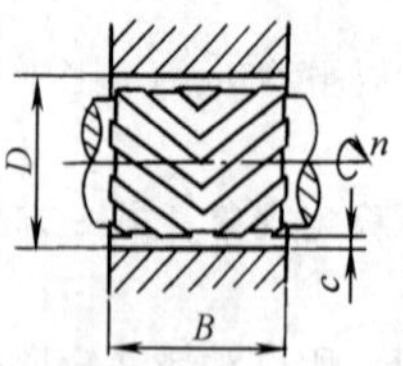		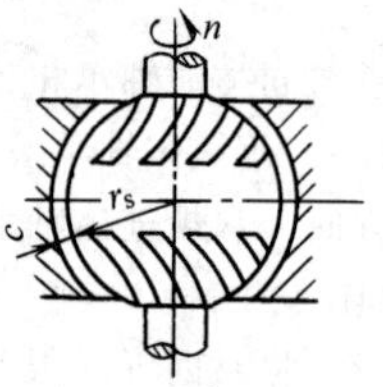 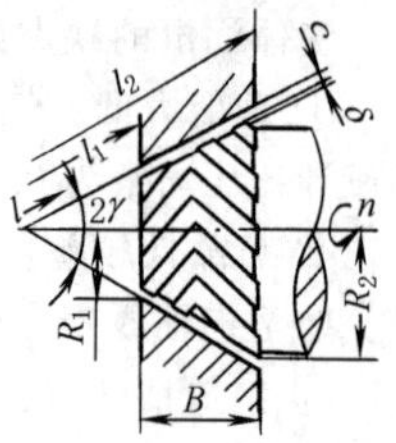
	摆动瓦型	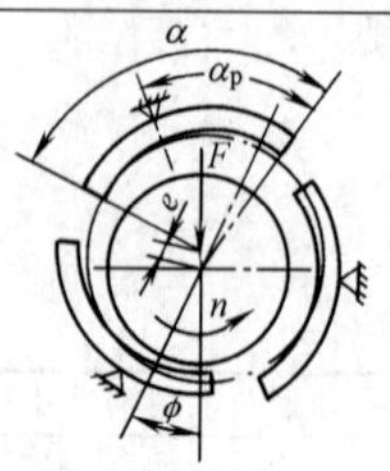	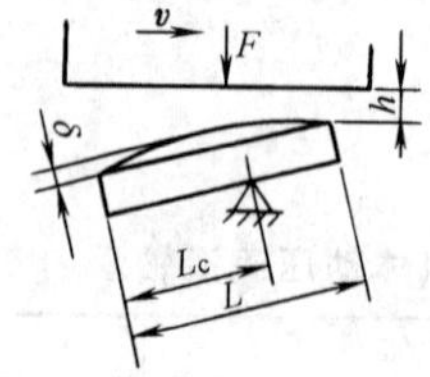	
轴承材料	(1)硬质合金 (2)粉末冶金材料 (3)烧结碳化硼、碳硅硼 (4)高速工具钢，淬火		(5)钢：表面渗氮、镀硬铬 (6)铝：表面磁质阳极化 (7)钢：表面喷涂氧化铝、碳化钛、碳化钨等硬质材料	
应用举例	(1)惯导陀螺马达轴承 (2)小型低温涡轮膨胀机轴承 (3)计算机磁头支承轴承 (4)电视录像机电机轴承			

表 7-1-130 **气体箔片轴承结构**

类型	结构组成	径向轴承简图	
张紧型气体箔片轴承	主要部件为轴承套、平箔片、调整螺栓、张紧销和导向销。利用张紧销和导向销拉紧平箔片并调整箔片和转轴表面之间的张紧配合程度	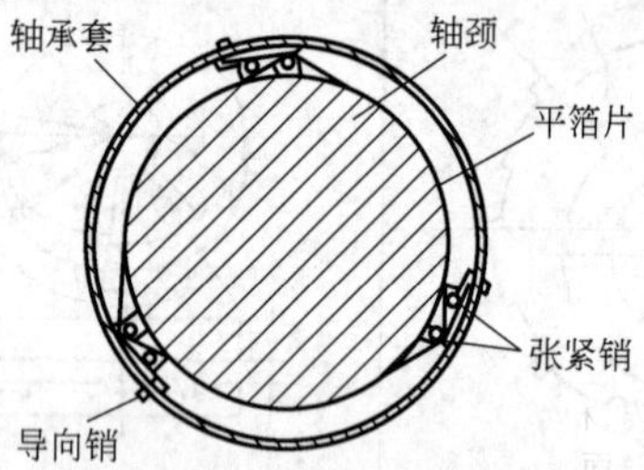	轴承间隙可通过多个张紧销和导向销进行调整，能够有效降低装配难度。通过调整张紧销能够改变轴承的预载荷，使轴承更容易起飞
多叶型气体箔片轴承	内表面由多块独立的箔片依次交错排列搭接组成。每片箔片的一端固定在轴承套内表面的矩形槽中，另一端叠加在相邻箔片上表面，形成完整的轴承柔性内表面	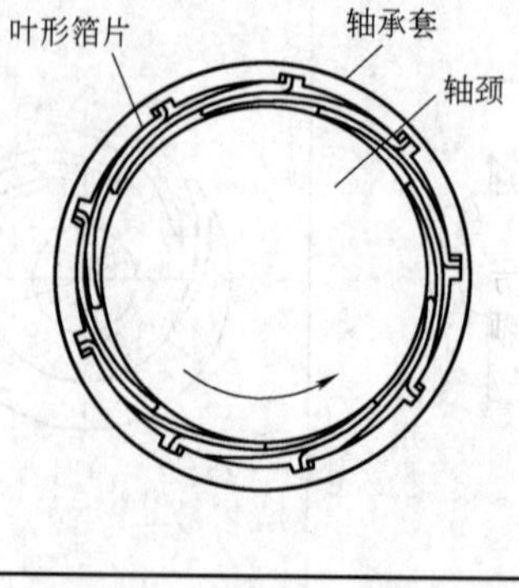	在转子启动前轴承能够提供一定的预载，这将显著提升多叶型轴承的负载能力。已应用于客机ACM和军用战机ACM

续表

类型	结构组成	径向轴承简图	
平箔型气体箔片轴承	柔性平箔片分多层环绕在轴承套内，并在转轴外形成一个封闭的轴承表面。在多层平箔片之间，大量细铜丝按一定规律沿圆周方向和轴向排布，为平箔片提供径向刚度支承	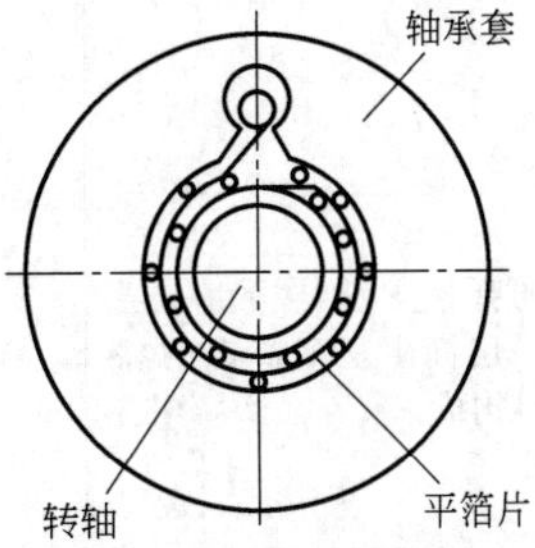 轴承套 转轴 平箔片	箔片的结构比较复杂，加工和装配过程中的一致性比较难保证
鼓泡型气体箔片轴承	鼓泡型气体箔片轴承的柔性支承结构由一条部分区域带鼓泡凸起的箔片缠绕并固定在轴承套内构成	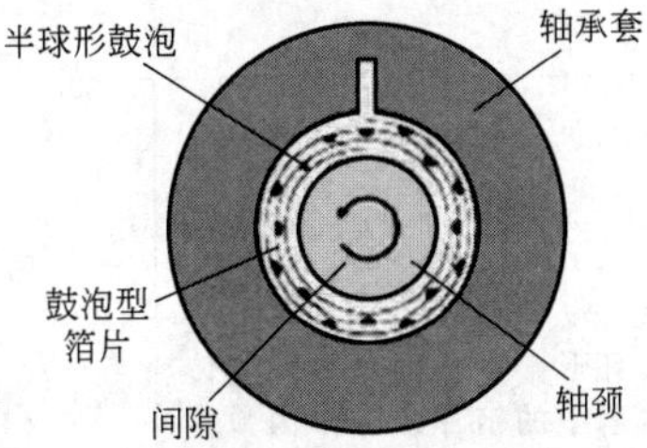 半球形鼓泡 轴承套 鼓泡型箔片 间隙 轴颈	结构简单、易于加工。但是轴承在装配时，鼓泡容易发生变形
缠绕型气体箔片轴承	弹性箔片被预弯曲为准多边形结构并被卷曲装入轴承套内，形成箔片轴承的多层柔性支承结构。多边形的箔片靠张力与轴承套内表面贴近，内层箔片与转轴表面接触并形成多个楔形间隙	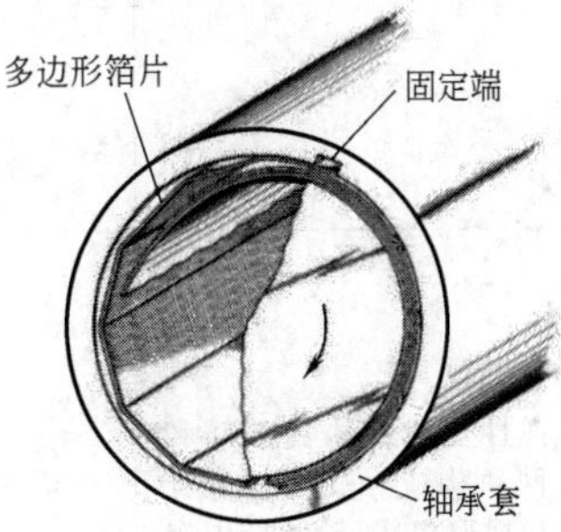 多边形箔片 固定端 轴承套	相当于把轴承整周划分为多个小块，每块独立提供承载能力，能够有效抑制次同步振动。箔片虽然可以精准成形，但是装配后的精度难以得到保证
波箔型气体箔片轴承	主要结构部件有顶箔、波箔和轴承套。顶箔和波箔位于轴承套内，相互配合形成圆弧形的柔性表面，为轴承提供结构刚度和阻尼性能	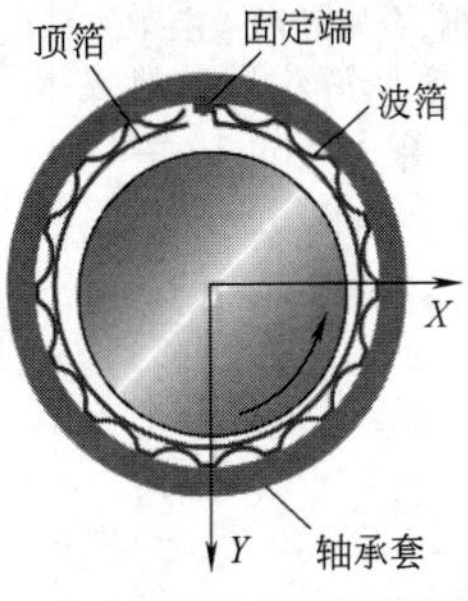 顶箔 固定端 波箔 X Y 轴承套	波箔和顶箔被弯曲成环形，具有阻尼大、结构简单等优点。顶箔中间的孔洞能够起到很好的散热效果，是目前使用最广泛和最成熟的轴承结构
弹簧型气体箔片轴承	螺旋弹簧被放置在沿轴承套圆周方向分布的轴向通孔中，其突出轴承套内表面部分与顶箔接触，起到支承轴承内表面的作用	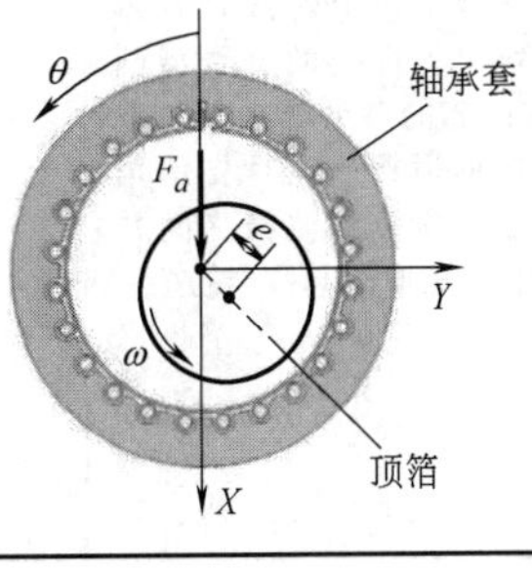 θ 轴承套 F_a e Y ω 顶箔 X	轴承的刚度阻尼特性受弹簧数量和相邻弹簧之间接触作用的影响，该轴承具有较大的动态结构损失因子和优越的动态阻尼系数

续表

类型	结构组成	径向轴承简图	
黏弹性气体箔片轴承	轴承的弹性支承结构由一层顶箔和一层高阻尼耐高温的黏弹性材料构成	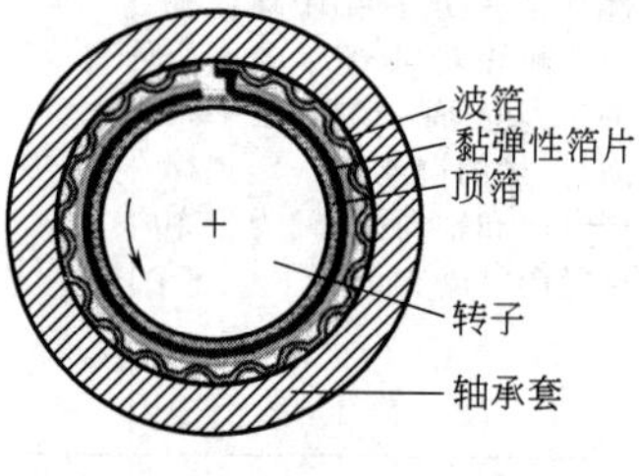 波箔 黏弹性箔片 顶箔 转子 轴承套	黏弹性箔片轴承在具有较大结构阻尼的同时，能有效减弱柔性转子通过其柔性临界转速时的同步响应振幅，并有效抑制柔性转子在超临界转速运行时的次同步振动
金属丝网型气体箔片轴承	以环形金属丝网材料取代传统轴承中的箔片结构作为弹性支承，顶箔固定在金属丝网环的内侧	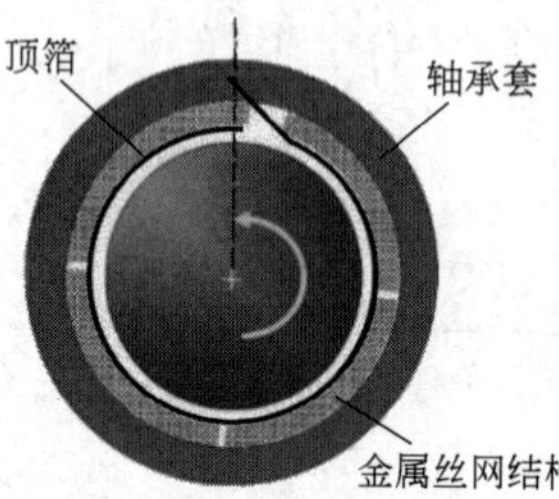 顶箔 轴承套 金属丝网结构	相比于传统箔片气体轴承其具有更大的阻尼和更优的稳定性。但是，密集的金属丝网会阻碍气体的流通，导致轴承的散热能力较差
波箔金属丝网混合轴承	轴承弹性支承结构由波箔和金属丝网块构成。波箔被设计成弧形和梯形相邻，轴承套内表面上具有沿圆周方向均匀分布的矩形通槽，金属丝网被装配入矩形槽和梯形箔片形成的空间内	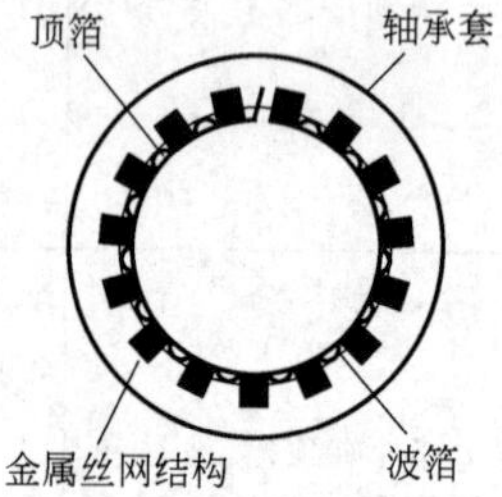 顶箔 轴承套 金属丝网结构 波箔	金属丝网和波箔并联提供支承刚度，具有较大的承载能力；同时金属丝网较高的库仑阻尼能够提高轴承的稳定性；但是轴承的径向热传导能力较弱，温升比较明显
多悬臂型气体箔片轴承	底层支承箔片上经线切割得到一系列均匀排列的悬臂型凸起，并在凸起的自由端中间位置切割出矩形通槽。三片支承箔片被放置在顶箔和波箔之间并由顶箔上的矩形凸起固定位置	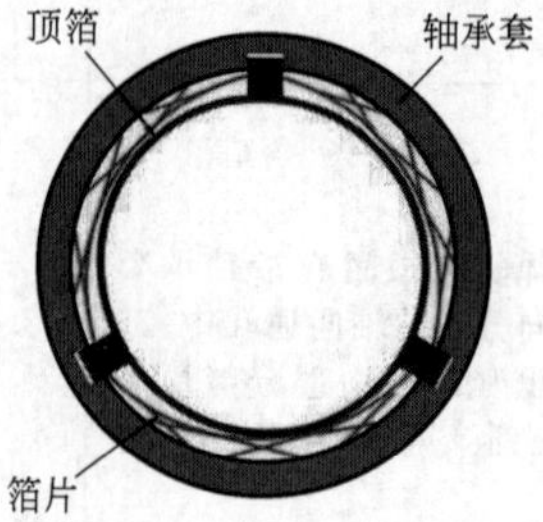 顶箔 轴承套 箔片	支承箔片比较容易加工，悬臂支承单元能够很好地耗散转子的振动，但是轴承使用一定时间后悬臂的力学特性会因为疲劳而衰减，导致轴承的性能也降低

表 7-1-131 气体静压润滑轴承

	径向轴承	推力轴承	球型及锥型轴承	气体挤压模轴承	气体弹性轴承
小孔节流型					
环面节流型					
狭缝节流型					

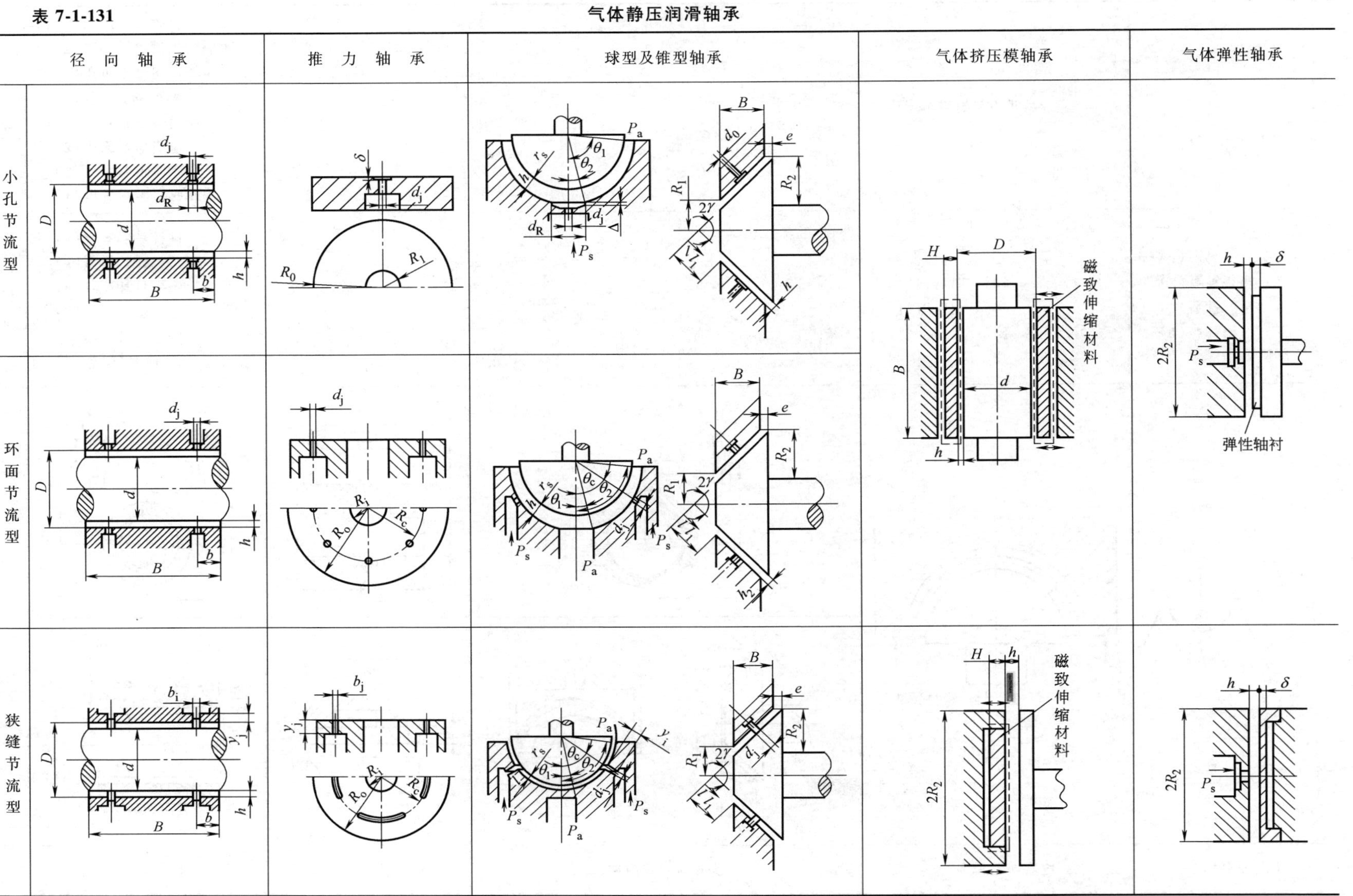

续表

	径向轴承	推力轴承	球型及锥型轴承	气体挤压模轴承	气体弹性轴承
毛细孔节流型	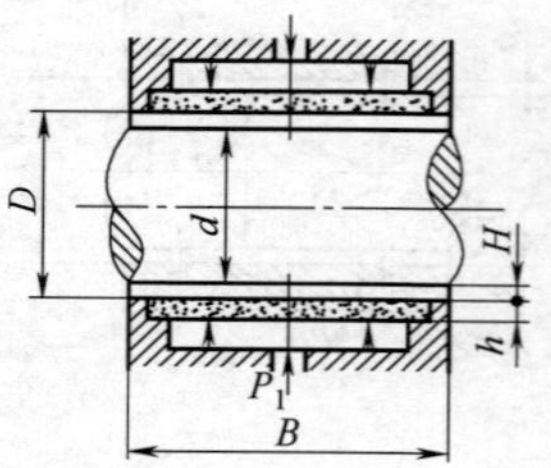	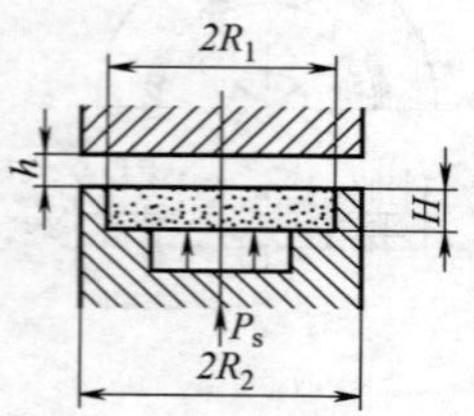	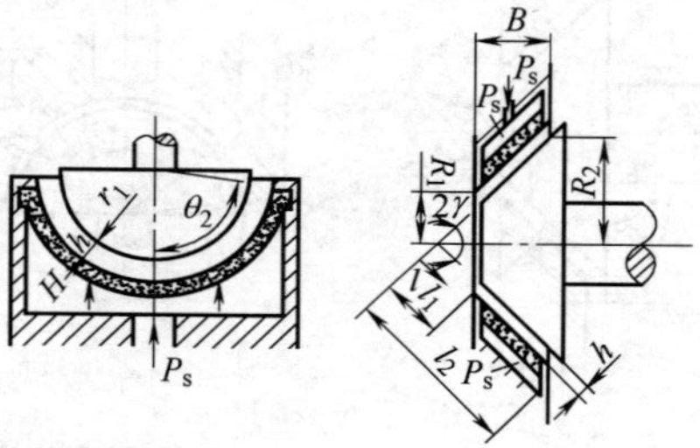	磁致伸缩材料 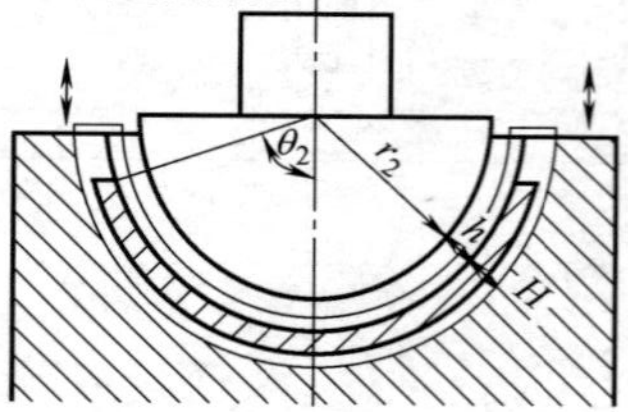	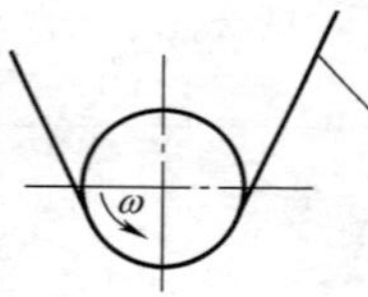 箔带
可变节流型	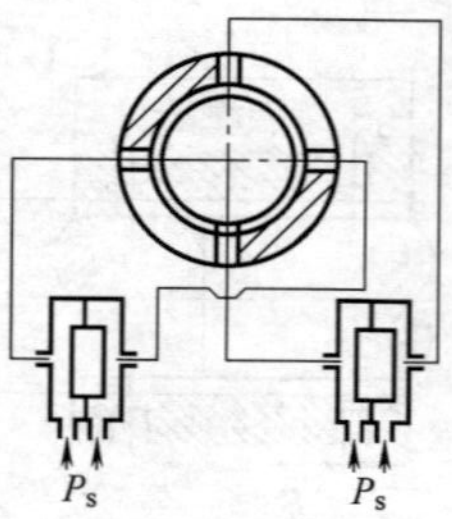	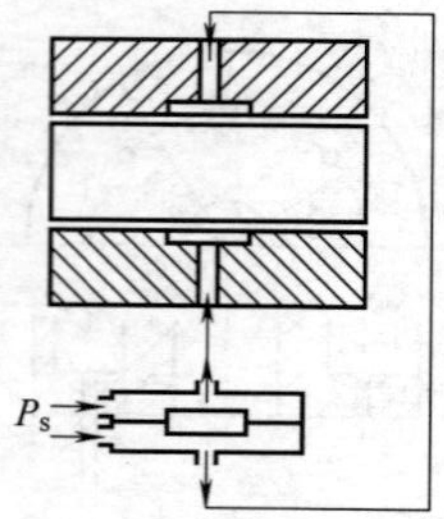	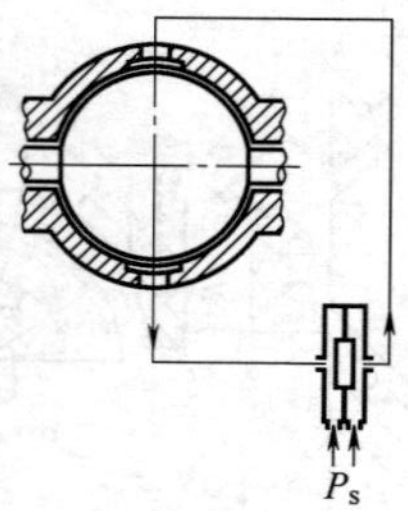		
轴承材料	(1)黄铜、青铜 (2)淬火钢、不锈钢 (3)青铜石墨 (4)钛及其合金 (5)尼龙、塑料 (6)粉末冶金材料			(1)压电陶瓷 (2)磁致伸缩材料	(1)弹簧钢 (2)橡胶 (3)金属箔带 (4)塑料
应用举例	(1)精密机床主轴轴承 (2)高速砂轮轴轴承 (3)精密仪器轴承 (4)计算机磁头轴承 (5)纺织机械轴承 (6)卫星姿态模拟支承 (7)低温涡轮膨胀机轴承 (8)医疗器械轴承			精密陀螺仪转子轴承	

6.3 常用润滑气体及其物理性能

表 7-1-132　　常用润滑气体及其物理性能

气体名称	符号	密度 ρ /kg·m^{-3}	气体常数 R /N·m·(kg·K)$^{-1}$	黏度 η /Pa·s	比热容 $\gamma=c_p/c_v$	热导率 μ/MW·(m·K)$^{-1}$		
						-100℃	0℃	100℃
空气		1.293	287.24	17.5×10^{-6}	1.401	1.58	2.41	3.17
氩	Ar	1.784	207.95	22.5×10^{-6}	1.667	1.09	1.62	2.11
氦	He	0.178	2079.50	19.5×10^{-6}	1.630	10.59	14.15	17.06
氮	N_2	1.251	296.95	17.2×10^{-6}	1.401	1.58	2.43	2.12
氢	H_2	0.090	4126.40	9.5×10^{-6}	1.407	11.23	16.84	21.60
氧	O_2	1.429	259.97	19.0×10^{-6}	1.400	1.59	2.44	3.25
二氧化碳	CO_2	2.922	129.86	14.0×10^{-6}	1.300	—	0.77	—
甲烷	CH_4	0.714	520.52	11.3×10^{-6}	1.313	1.88	3.02	—
氖	Ne	0.899	415.90	30.0×10^{-6}	1.642	—	4.65	5.70

注：1. 密度是在温度 0℃、压力 0.1MPa 下的值。

2. 黏度是温度为 0℃时的值。

3. 比热容是在温度 20℃、压力 0.1MPa 下的值。

6.4 气体动压轴承

6.4.1 气体润滑理论

(1) 气膜流动控制方程

气体动压轴承与液体动压轴承的支承原理相同，只是气体可以压缩，为可压缩流体润滑轴承。气体压强与密度的关系为

$$p\rho^{-n}=\text{常数}$$

式中，n 为多变指数。

由于气膜内温升很低，可以把气体在轴承气膜内的流动近似看作等温过程，这时 $n=1$。

气体动压润滑的雷诺方程如下所示

$$\frac{\partial}{\partial\bar{x}}\left(\bar{p}\,\bar{h}^3\frac{\partial\bar{p}}{\partial\bar{x}}\right)+\left(\frac{D}{B}\right)^2\frac{\partial}{\partial\bar{z}}\left(\bar{p}\,\bar{h}^3\frac{\partial\bar{p}}{\partial\bar{z}}\right)=\Lambda\frac{\partial}{\partial\bar{x}}(\bar{p}\,\bar{h})+\sigma\frac{\partial}{\partial\bar{t}}(\bar{p}\,\bar{h})\qquad(7\text{-}1\text{-}64)$$

式中　$\bar{p}$——无量纲压力，$\bar{p}=p/p_a$；

$\bar{h}$——无量纲间隙，$\bar{h}=h/c$；

$\bar{x}$——无量纲周向坐标，$\bar{x}=x/R$；

$\bar{z}$——无量纲轴向坐标，$\bar{z}=\dfrac{2z}{B}$；

$\bar{t}$——无量纲时间（此处 γ 是横向振动频率），$\bar{t}=r\gamma$；

Λ——压缩数，是判别轴承的压缩效应及切向速度影响的特性数，当 $\Lambda<1$ 时，气体润滑与液体润滑相同，$\Lambda=\dfrac{6\eta\omega}{p_a}\left(\dfrac{R}{c}\right)^2$；

σ——挤压数，是判别气膜挤压效应及法向速度影响的特性数，当 $\sigma\geqslant10$ 时，为挤压膜轴承，$\sigma=\dfrac{12\eta\gamma}{p_a}\left(\dfrac{R}{c}\right)^2$；

p_a——环境压力；

c——轴承间隙；

R——轴承半径；

B——轴承宽度；

η——气体的动力黏度；

ω——轴颈角速度。

(2) 箔片变形控制方程

对于气体箔片轴承，波箔和顶箔在气压的作用下会发生显著的变形，在计算箔片轴承性能时，需要考虑波箔和顶箔的变形。当弧形波箔顶端受到顶箔沿径向的压力时，波箔顶端位置处会产生垂直向下的位移，同时波箔底部与轴承套接触位置处会产生向两侧的滑动。基于波箔在压力下的运动形式，弧形波箔可以被简化为两个刚性连杆和一个等效水平弹簧的组合。两个刚性连杆的一端相互连接，另一端与水平弹簧的顶端连接，如图 7-1-56 所示。在波箔的最顶端位置处，两个连杆的连接点可自由转动。顶箔上的压力经连杆传递到水平弹簧，使其产生弹性变形。由于连杆为刚性结构，所以水平弹簧的变形和波箔顶端垂直方向的位移有确定的关系。因此，连杆-弹簧结构可以进一步简化为具有等效垂直刚度的弹簧。

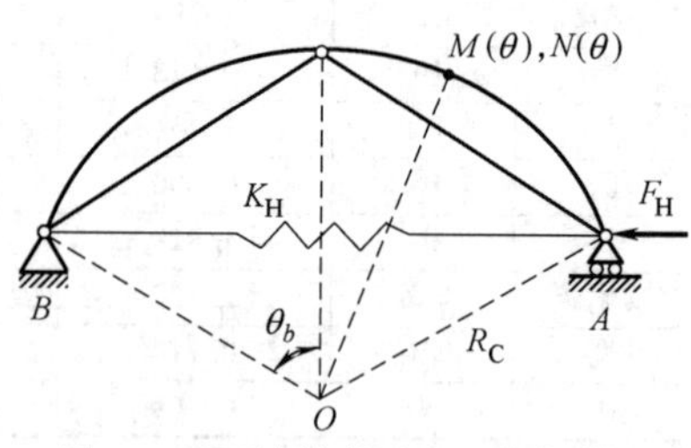

图 7-1-56 波箔的连杆-弹簧模型

在波箔的变形位移较小时，等效水平弹簧的刚度可以通过波箔的具体结构和卡氏定理计算得出。对弧形波箔，其等效水平弹簧的刚度系数为：

$$K_H=\left\{\frac{R_b^3}{2DL}[4\theta_b+2\theta_b\cos(2\theta_b)-3\sin(2\theta_b)]+\frac{R_b}{2SE}[2\theta_b+\sin(2\theta_b)]\right\}^{-1} \tag{7-1-65}$$

式中，E 为弹性模量；L 为轴承宽度；$D=Et^2/12(1-\nu^2)$，t 为箔片厚度；ν 为泊松比；$S=tL$。

弧形箔片的水平位移 (ΔL) 和竖直位移 (Δh) 之间的关系可以由箔片的几何尺寸计算得出，如图 7-1-57 所示。两者的关系可表示为：

$$\Delta L=2\left(\frac{h-\Delta h}{\tan\{\arcsin[(h-\Delta h)/(h/\sin\theta_b)]\}}-h\cot\theta_b\right) \tag{7-1-66}$$

弧形箔片的等效垂直刚度系数由连杆和水平弹簧的几何关系计算得到，可表示为：

$$K_V=4K_H\tan\theta_b\frac{\Delta L}{\Delta h} \tag{7-1-67}$$

气体箔片轴承理论模型中顶箔采用三维壳单元有限元模型，顶箔内薄膜力和弯曲均考虑在该模型中。

$$\begin{bmatrix} \boldsymbol{K}_b & \boldsymbol{C} \\ \boldsymbol{C} & \boldsymbol{K}_m \end{bmatrix}\begin{Bmatrix} \boldsymbol{d}_b \\ \boldsymbol{d}_m \end{Bmatrix}=\begin{Bmatrix} \boldsymbol{F}_b \\ \boldsymbol{F}_m \end{Bmatrix} \tag{7-1-68}$$

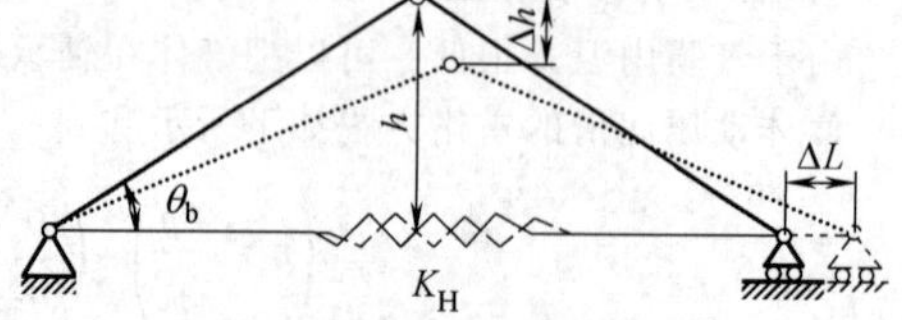

图 7-1-57 波箔水平位移和垂直位移之间的关系

式中，$\boldsymbol{K}$ 为刚度矩阵；$\boldsymbol{d}$ 为节点位移/旋转向量；$\boldsymbol{F}$ 为节点力/弯矩向量。矩阵和向量由两部分组成，一部分表示顶箔的弯曲，另一部分来自顶箔的拉伸变形，下标 b 代表弯曲变形，下标 m 代表拉伸变形。

根据虚功原理，每个节点的变形可通过式 $\boldsymbol{F}=\boldsymbol{K}_f\boldsymbol{\delta}$ 得到，其中 $\boldsymbol{K}_f$ 为波箔和顶箔的总刚度矩阵。波箔刚度与顶箔的耦合关系如图 7-1-58 所示，每一个波箔对应顶箔上的一个节点，从而波箔的等效刚度 $\boldsymbol{K}_v$ 与顶箔刚度 $\boldsymbol{K}_{top}$ 进行耦合得到支承结构的总刚度 $\boldsymbol{K}_f=\boldsymbol{K}_{top}+\boldsymbol{K}_v$。

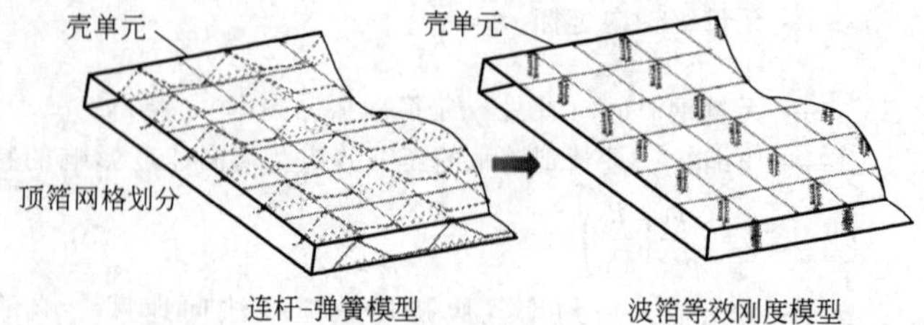

图 7-1-58 气体箔片轴承支承结构刚度模型

6.4.2 气体刻槽动压径向轴承

气体刻槽动压径向轴承的结构类型见图 7-1-59。如圆柱瓦轴承由于轴的自重或载荷使轴颈中心偏离轴承中心，当轴与轴承表面做相对运动时，其间隙内的气体便形成流体动力楔，产生承载能力。

螺旋槽径向轴承，当轴和轴承表面按规定方向做相对运动时，由于偏心及螺旋槽，使间隙内气体既有流体动力楔形效应，又有阶梯效应和泵吸效应，它们共同形成承载能力。

圆柱瓦径向轴承的承载能力低、稳定性差，采用较少。常用的是螺旋槽或人字槽径向轴承，其承载能力高，稳定性好。可倾瓦径向轴承稳定性最好，适用于很高速的场合。

径向轴承的宽径比和相对间隙一般取：$B/D=0.5\sim2$，$c/r=0.0002\sim0.0004$。

螺旋槽或人字槽径向轴承槽的结构参数建议按表 7-1-133 选取。

径向轴承的工作性能与压缩数和偏心率有关，压缩数

$$\Lambda=\frac{6\eta\omega}{p_a}\left(\frac{d}{2c}\right)^2 \tag{7-1-69}$$

式中 p_a——环境压力。

正常工作下，取偏心率 $\varepsilon=0.1\sim0.5$，极限状态下可取 $\varepsilon=0.8\sim0.9$。轴承的性能计算包括承载能力 F、刚度 G、摩擦力矩 M 和偏位角 ϕ。前三者常以无量纲的载荷系数$\overline{F}$、刚度系数$\overline{G}$ 和摩擦力矩系数$\overline{M}$ 表示。

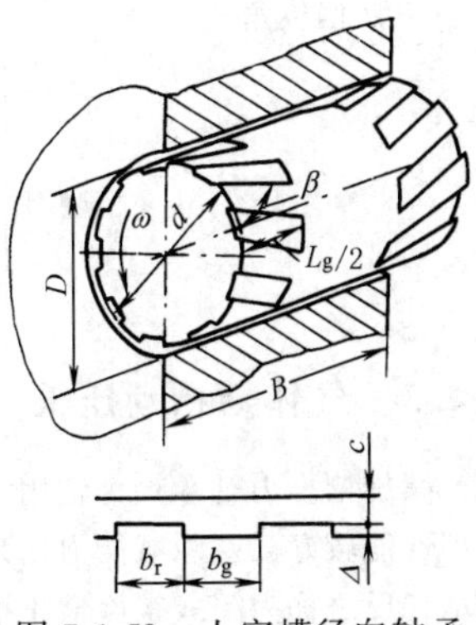

图 7-1-59　人字槽径向轴承

b_g—沟宽；b_r—台宽；Δ—槽深

表 7-1-133　螺旋槽或人字槽径向轴承槽推荐的结构参数

结构参数	最大承载能力		最大稳定性	
	槽面旋转	非槽面旋转	槽面旋转	非槽面旋转
螺旋角 β	23°~24°	27°~28°	20°~50°	21°~32°
槽宽系数 $\overline{b}=\dfrac{b_g}{b_g+b_r}$	0.35~0.45	0.40~0.50	0.60	0.47~0.53
槽长系数 $\overline{L}=\dfrac{L_g}{B}$	0.50~0.60	0.70~0.85	1.00	0.50~0.70
槽深系数 $\overline{\delta}=\dfrac{\Delta+c}{c}$	2.6	2.6~2.8	3.0~4.0	2.2~2.5
槽数 Z	$Z\geqslant\Lambda/5$			

（1）承载能力

按最大承载能力设计时，其载荷系数：

$$\overline{F}=\frac{F}{p_aBD}=\begin{cases}\left.\begin{array}{ll}\left(1+0.040\dfrac{B}{D}\Lambda\right)\varepsilon & B/D\geqslant1\\ \left(0.7+0.056\dfrac{B}{D}\Lambda\right)\varepsilon & B/D<1\end{array}\right\}\text{槽面旋转}\\ \left.\begin{array}{ll}\left(1+0.055\dfrac{B}{D}\Lambda\right)\varepsilon & B/D\geqslant1\\ \left(0.7+0.072\dfrac{B}{D}\Lambda\right)\varepsilon & B/D<1\end{array}\right\}\text{非槽面旋转}\end{cases} \tag{7-1-70}$$

按最大稳定性设计时，其承载能力 F_W 要低于上式计算值，约为：

$$F_W=\begin{cases}(0.23\sim0.50)F & \text{槽面旋转}\\ (0.70\sim0.80)F & \text{非槽面旋转}\end{cases} \tag{7-1-71}$$

（2）刚度

$$\overline{G}=\frac{Gc}{p_aBD}=\begin{cases}\left\{0.35\Lambda^{0.6}+0.045\Lambda\left(\dfrac{B}{D}-1\right)\right\} & 5\leqslant\Lambda<40\\ \left(0.048+0.044\dfrac{B}{D}\right)\Lambda-0.00025\Lambda^2 & 40\leqslant\Lambda\leqslant100\end{cases} \tag{7-1-72}$$

（3）摩擦力矩

螺旋槽径向轴承

$$\overline{M}=\frac{0.4cM\pi}{\eta\omega D^3B}=0.9$$

圆柱瓦径向轴承$\overline{M}\approx1$，即螺旋槽径向轴承的摩擦功耗约为同样尺寸的圆柱瓦径向轴承的90%。

第7篇

（4）偏位角

$$\phi=\begin{cases}43-(6.625-0.3125\Lambda)(\Lambda-2) & 2\leqslant\Lambda<10\\ \left(\dfrac{B}{D}\right)^{-2.2}\arctan\left(\dfrac{3.6}{\Lambda}-0.085\right)+9.6\left|\dfrac{B}{D}-1\right|^{0.5} & 10\leqslant\Lambda<40\\ 1+9\left|\dfrac{B}{D}-1\right|^{0.5} & 40\leqslant\Lambda<100\end{cases}\tag{7-1-73}$$

6.4.3 气体刻槽动压推力轴承

螺旋槽推力轴承最为常用，有泵入型、泵出型和人字型三种，见图 7-1-60 螺旋槽推力轴承示意图。其中以泵入型性能较好，其承载能力比泵出型约高 20%～50%。止推环和轴肩连接处与环境压力沟通称为开式螺旋槽止推轴承，反之称为闭式螺旋槽止推轴承。由于螺旋槽有方向性，所以这种轴承只能按预定的方向转动。

螺旋槽推力轴承的最佳槽结构参数建议按表 7-1-134 选取。

表 7-1-134　　螺旋槽推力轴承槽的荐用参数

结构参数	泵入型		人字型	
	最大承载	最大刚度	最大承载	最大刚度
β	71.2°	72.2°	74.5°	75.0°
$\bar{b}=\dfrac{b_g}{b_g+b_r}$	0.66	0.65	0.50	0.50
$\bar{L}=\dfrac{L_g}{R_2-R_1}$①	0.73	0.72	0.50	1.00
$\bar{\delta}=\dfrac{\Delta+h_0}{h_0}$	4.05	3.25	3.61	2.93
$\bar{R}=\dfrac{R_2}{R_1}$	1.5～2.5			
Z	$Z\geqslant\dfrac{10\pi\bar{b}}{\bar{L}\tan\beta}\left(\dfrac{\bar{R}+1}{\bar{R}-1}\right)$			

① 泵入型 $L_g=(R_2-R_g)$；人字型 $L_g=(R_2-R_{g2})+(R_{g1}-R_1)$。

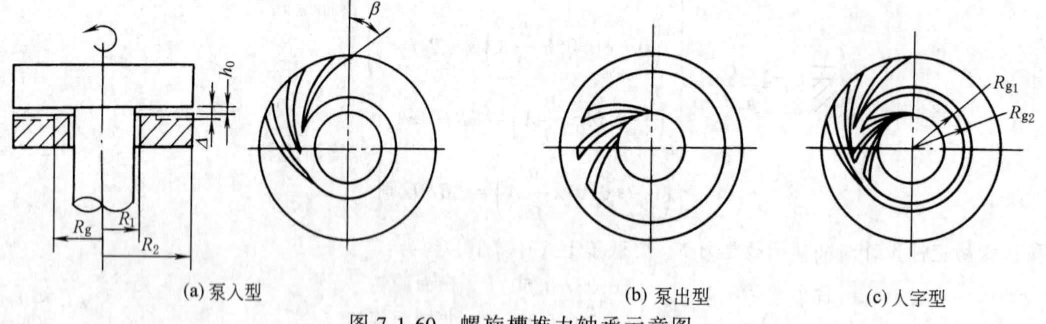

图 7-1-60　螺旋槽推力轴承示意图

推力轴承在间隙为 h_0 时的压缩数：

$$\Lambda_t=\frac{3\eta\omega}{p_a}\left(\frac{R_2}{h_0}\right)^2\frac{\bar{R}^2-1}{\bar{R}^2}\tag{7-1-74}$$

其承载能力、刚度和摩擦力矩可用下面的近似公式计算。

（1）泵入型螺旋槽推力轴承

① 承载能力

$$\bar{F}=\frac{F}{p_a\pi(R_2^2-R_1^2)}=\begin{cases}0.022\Lambda_t & \text{最大承载}\\ 0.020\Lambda_t & \text{最大刚度}\end{cases}\tag{7-1-75}$$

② 刚度

$$\overline{G}=\frac{Gh_0}{p_a\pi(R_2^2-R_1^2)}=\begin{cases}0.044\Lambda_t & \text{最大承载}\\0.050\Lambda_t & \text{最大刚度}\end{cases}\tag{7-1-76}$$

③ 摩擦力矩

$$\overline{M}=\frac{2Mh_0}{\pi\eta\omega(R_2^4-R_1^4)}=\begin{cases}0.319\dfrac{(\overline{R}+1)^2}{R^2+1} & \text{最大承载}\\[2ex]0.337\dfrac{(\overline{R}+1)^2}{R^2+1} & \text{最大刚度}\end{cases}\tag{7-1-77}$$

(2) 人字型螺旋槽推力轴承

① 承载能力

$$\overline{F}=\frac{F}{p_a\pi(R_2^2-R_1^2)}=\begin{cases}0.023\Lambda_t & \text{最大承载}\\0.021\Lambda_t & \text{最大刚度}\end{cases}\tag{7-1-78}$$

② 刚度

$$\overline{G}=\frac{Gh_0}{p_a\pi(R_2^2-R_1^2)}=\begin{cases}0.046\Lambda_t & \text{最大承载}\\0.051\Lambda_t & \text{最大刚度}\end{cases}\tag{7-1-79}$$

③ 摩擦力矩

$$\overline{M}=\frac{2Mh_0}{\pi\eta\omega(R_2^4-R_1^4)}=\begin{cases}0.638 & \text{最大承载}\\0.671 & \text{最大刚度}\end{cases}\tag{7-1-80}$$

6.4.4 气体刻槽动压组合型轴承

组合型轴承包括：封闭 H 型轴承（图 7-1-61）和球型轴承（图 7-1-62）。

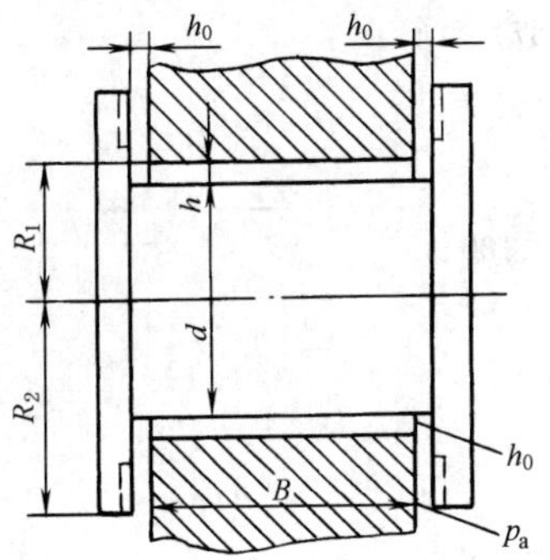

图 7-1-61 封闭 H 型轴承

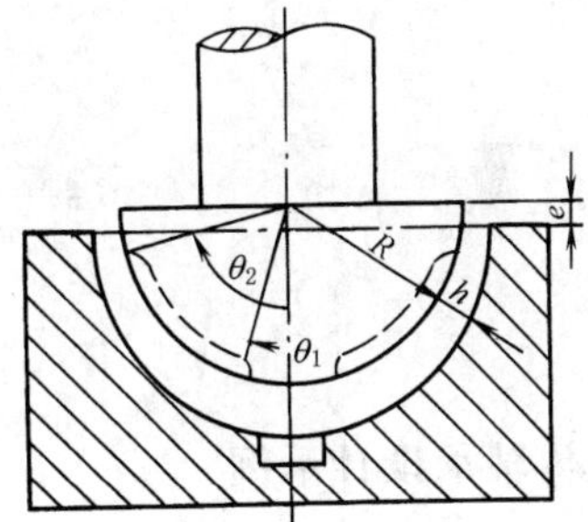

图 7-1-62 螺旋槽半球型轴承

这类轴承径向和轴向的承载能力相互关联。泵入式推力轴承的泵吸作用提高了径向轴承的初端压力，因而提高了轴承的承载能力。组合型轴承能同时承受两个方向的载荷，结构紧凑。

(1) 封闭 H 型轴承

推力轴承部分的槽结构参数建议取 $\beta=73.5°$、$\overline{b}=0.60$、$\overline{L}=0.80$、$\overline{\delta}=3.0$。径向轴承部分的槽结构参数仍按表 7-1-133 选取。

当径向与推力轴承取相同的间隙（即 $c=h_0$），并要求轴承具有等刚性时，径向轴承宽径比 $B|D$应由下式确定

$$\frac{B}{D}=3.2-7.25\left(\frac{1}{\overline{R}}-0.45\right)^{0.7}-\left(0.297+\frac{0.0061}{\dfrac{1}{\overline{R}}-0.44}\right)e^{-\frac{\Lambda_H}{29}}\tag{7-1-81}$$

$$1.5\leqslant\overline{R}\leqslant2.5,\ 10\leqslant\Lambda_H\leqslant100$$

式中　$\Lambda_H=\dfrac{6\eta\omega}{p_a}\left(\dfrac{R_2}{h_0}\right)^2$。

这时，轴承的刚度：

$$\overline{G}=\frac{Gh_0}{p_0\pi(R_2^2-R_1^2)}=0.122\frac{\overline{R}^2\left(1-\dfrac{1.2}{\overline{R}}-2.08\times10^{-4}\Lambda_H\right)\Lambda_H}{\overline{R}^2-1} \tag{7-1-82}$$

$$1.5\leqslant\overline{R}\leqslant2.5,\ 10\leqslant\Lambda_H\leqslant100$$

摩擦力矩

$$\overline{M}=\frac{Mh_0}{\pi\eta\omega\left(R_2^4-R_1^4+\dfrac{1}{4}BD^2\right)}\approx0.8 \tag{7-1-83}$$

（2）球型轴承

球型轴承有半球型（图 7-1-62）和整球型两种。一般在球面上开螺旋槽。半球型轴承最大承载时的槽结构参数建议按表 7-1-135 选取。

当结构确定后，可以计算出压缩数：

$$\Lambda_0=\frac{6\mu\omega}{p_a}\left(\frac{R}{c}\right)^2 \tag{7-1-84}$$

表 7-1-135　　球型轴承槽的结构参数

$\theta_1=0$	Z	5	10	15	30
	β①	12.0°	13.7°	14.3°	15.0°
$\theta_2=\dfrac{\pi}{2}$	$\overline{b}$	0.460	0.480	0.485	0.493
	$\overline{\delta}$	4.23	3.94	3.86	3.78

① β 为轴承旋转方向与螺旋槽方向之夹角。

轴承的承载能力、刚度和摩擦力矩可以按式（7-1-85）~式（7-1-87）计算：

$$\overline{F}=\frac{F}{p_a\pi R^2}=0.096\Lambda_0^{0.769}\varepsilon \tag{7-1-85}$$

$$\overline{G}=\frac{Gh_0}{p_a\pi R^2}=0.096\Lambda_0^{0.769}(10\leqslant\Lambda_0\leqslant100) \tag{7-1-86}$$

$$\overline{M}=\frac{3Mh_0}{4\eta\omega\pi R^4}=0.74 \tag{7-1-87}$$

6.4.5　气体轴承设计示例

（1）气体刻槽轴承设计示例

例　设计一轴向、径向等刚度的封闭 H 型轴承，其刚度应不小于 3×10^5N/cm，轴承摩擦功耗不大于 10W。已知：润滑气体为 80℃ 氢气（$\eta_{s0}=2.19\times10^{-9}$N·s/cm²）；$p_a=10$N/cm²；工作转速 $n=30000$r/min（$\omega=3.14\times10^3$1/s）；轴径 $d=1$cm；推力盘直径 $2R_2=1.8$cm。

选用 H 型轴承，计算步骤和结果见表 7-1-136。

表 7-1-136　　H 型轴承计算步骤

计算项目	单位	计算公式及说明	结果
轴径 d	mm	已知	10
推力轴承外径 $2R_2$	mm	已知	18
转速 n	r/min	已知	3×10^4
环境压强 p_a	MPa	已知	0.1
工作气体黏度 η	Pa·s	80℃氦，查有关资料	2.19×10^{-5}
角速度 ω	1/s	$\omega=\dfrac{2\pi n}{60}$	3.14×10^3

续表

计算项目		单位	计算公式及说明	结果
推力轴承内径 $2R_1$		mm	$2R_1=d$	10
推力轴承	外内径比$\overline{R}$		$\overline{R}=R_2/R_1$	1.8
	间隙 h_0	mm	选取	2×10^{-3}
	槽的螺旋角 β	(°)	选取	73.5
	槽宽系数$\overline{b}$		选取	0.6
	槽长系数$\overline{L}$		选取	0.8
	槽深系数$\overline{\delta}$		选取	3.0
	槽数 Z		$Z\geqslant\dfrac{10\pi\overline{b}}{\overline{L}\tan\beta}\times\dfrac{\overline{R}+1}{\overline{R}-1}$	取 25
	外径上槽宽 b_{g2}	mm	$b_{g2}=\overline{b}\dfrac{2\pi R_2}{25}$	1.35
	槽终端半径 R_g	mm	$R_g=R_2-\overline{L}(R_2-R_1)$(泵入型)	5.8
	槽终端宽度 b_{g1}	mm	$b_{g1}=\overline{b}\dfrac{2\pi R_2}{25}$	0.87
	槽深 Δ	mm	$\Delta=h_0(\overline{\delta}-1)$	4×10^{-3}
	压缩数 Λ_H		$\Lambda_H=\dfrac{6\eta\omega}{p_a}\left(\dfrac{R_2}{h_0}\right)^2$	83.5
径向轴承	间隙 c	mm	$c=h_0$	2×10^{-3}
	槽的螺旋角 β	(°)	选取	23
	槽宽系数$\overline{b}$		选取	0.35
	槽长系数$\overline{L}$		选取	0.60
	槽深系数$\overline{\delta}$		选取	2.6
	压缩数 Λ		$\Lambda=\dfrac{6\eta\omega}{p_a}\left(\dfrac{d}{2c}\right)^2$	25.8
	槽数 Z		$Z\geqslant\dfrac{\Lambda}{5}$	取 10
	宽径比 B/D		式(7-1-81)	1.68
	轴承宽度 B	mm	$B=1.68\times10$	17
	槽长 $L_g/2$	mm	$L_g/2=\dfrac{1}{2}B\overline{L}$	5.1
	槽宽 b_g	mm	$b_g=\overline{b}\dfrac{\pi d}{10}$	1.1
	槽深 Δ	mm	$\Delta=c(\overline{\delta}-1)$	3.2×10^{-3}
	刚度系数$\overline{G}$		式(7-1-82)	4.65
	刚度 G	N/m	$G=\dfrac{\overline{G}p_a\pi(R_2^2-R_1^2)}{h_0}$	4.1×10^7
	摩擦力矩 M	N·m	$M=0.8\dfrac{\pi\eta\omega(R_2^4-R_1^4+BD^3/1)}{h_0}$	0.088
	功耗 N	W	$N=M\omega$	2.72

(2) 气体箔片轴承设计示例

例 气体箔片轴承的几何参数见表 7-1-137，图 7-1-63 所示为不同载荷和半径间隙下轴承的最小气膜厚度；图 7-1-64 所示为不同摩擦系数和载荷下轴承的最小气膜厚度；图 7-1-65 为不同半径间隙和转速下轴承的承载能力；图 7-1-66 和图 7-1-67 分别为基于小扰动法预测的轴承动态刚度及阻尼系数。

表 7-1-137　　　　气体箔片轴承几何参数

参数	数值
轴承半径	19.05mm
轴承长度	38.1mm
半径间隙	0.0318mm
顶箔和波箔厚度	0.1016mm
波箔节距	4.572mm
波箔半长	1.778mm
波箔高度	0.508mm
波箔个数	26
杨氏模量	214000MPa
箔片泊松比	0.29

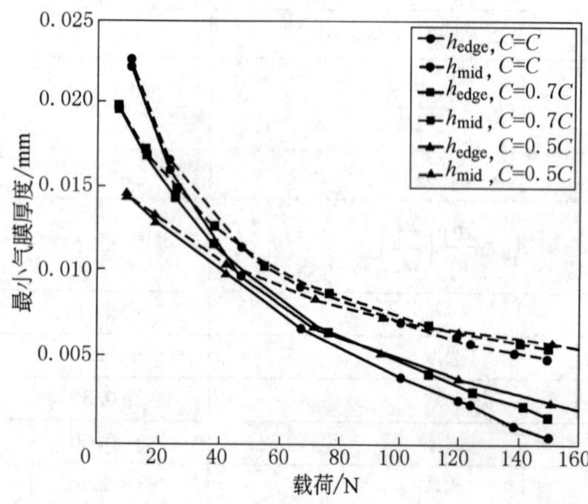

图 7-1-63　不同载荷和半径间隙下的最小气膜厚度

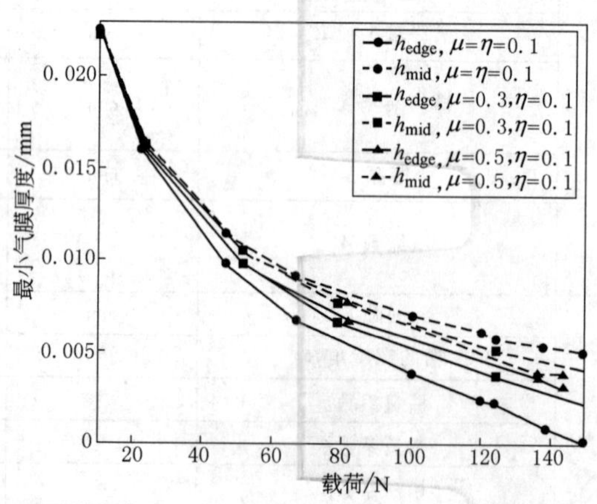

图 7-1-64　不同摩擦因数和载荷下的最小气膜厚度

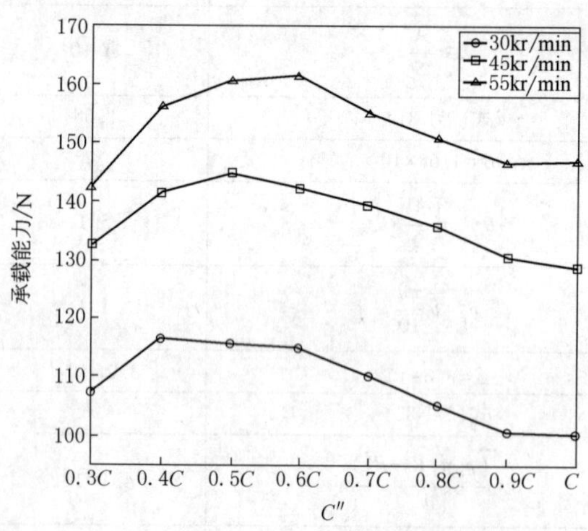

图 7-1-65　间隙与承载力的关系

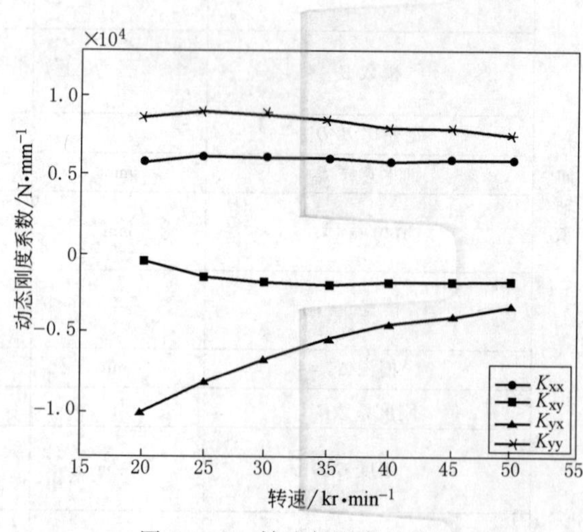

图 7-1-66　转速与刚度的关系

图中　h_{mid}——截面的最小气膜厚度；

h_{edge}——边缘处的最小气膜厚度；

C''——计算所用实际间隙；

C——半径间隙；

μ——波箔和轴承套之间的摩擦因数；

K_{xx}，K_{yy}——动态直接刚度系数；

K_{xy}，K_{yx}——动态交叉刚度系数；

C_{xx}，C_{yy}——动态直接阻尼系数；

C_{xy}，C_{yx}——动态交叉阻尼系数。

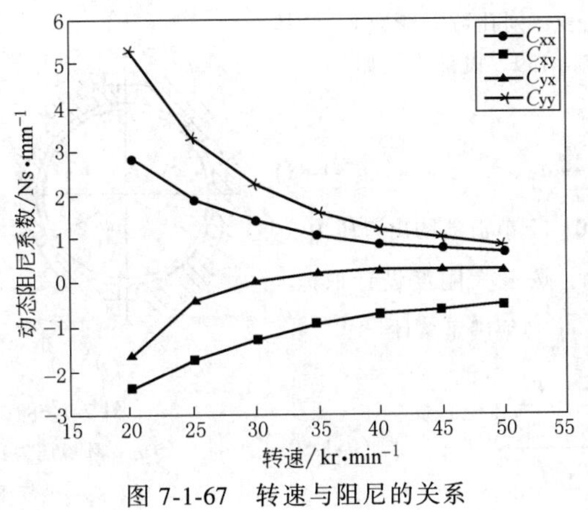

图 7-1-67　转速与阻尼的关系

6.5　气体静压轴承

气体静压轴承的作用原理与液体静压轴承相同。常用的节流器有小孔、狭缝和多孔质轴衬（毛细孔节流），高承载时也使用可变节流器。各种节流器的气体静压轴承的性能比较见表 7-1-138。供气压力、节流器参数和轴承间隙三者，若匹配得当，可得到承载高、刚度大、流量小和工作稳定的轴承。对于低速精密轴承，还要考虑涡流力矩问题。

表 7-1-138　　气体静压轴承常用的各种节流器性能比较

比较项目		孔式供气		缝式供气		多孔质轴衬供气	反馈供气
		小孔节流	环面节流	周向缝节流	轴向缝节流	毛细孔节流	可变节流
		示意图					
		$A_j=\pi d_j^2/4$；h；d_j	$A_j=\pi d_j h$；h；d_j	b_j；h；l_j；p_a；p_s；p_0	$A_s=\pi r_s^2$；p；h；H；p_a；p'；p_s		p_s；p_1；p_2
轴承性能	承载能力	高	较低	较高	最低	高	最高
	刚度	最大	较小	大	小	大	极大
	流量	最小	较小	大	最大	大	小
	稳定性	差	较好	好	最好	好	较差
	涡流力矩	大	大	小	最大	最小	大
宽径比		0.5~2	0.5~2	≤1	≥2	任意	任意
影响因素	非轴向流	大	大	小	最小	最小	大
	散流	大	大	小	大	小	大
	供气压力	大	大	小	小	大	最大
	气体种类和温度	有	有	无	无	有	有

6.5.1　气体静压径向轴承

典型的静压径向轴承如图 7-1-68 所示。通常在轴线方向设一列或两列进气孔（缝），每一列沿圆周方向均匀布置若干小孔（狭缝），以 Z 代表每列孔数（缝数）。气体静压径向轴承的设计参数见表 7-1-139。设计步骤如下。

（1）确定压力比

$$\bar{p}_0=\frac{p_0-p_a}{p_s-p_a} \tag{7-1-88}$$

式中，p_0 为设计状态（$\varepsilon=0$）下节流器的出口压力。

按最大承载设计取 $\bar{p}_0=0.4$，按最大刚度设计取 $\bar{p}_0=0.8$。为使节流器不出现阻塞，$\bar{p}_0$ 必须满足条件

$$\bar{p}_0>\frac{\left(\frac{2}{k+1}\right)^{\frac{k}{k-1}}-\frac{p_a}{p_s}}{1-\frac{p_a}{p_s}} \tag{7-1-89}$$

式中，k 为压缩指数。

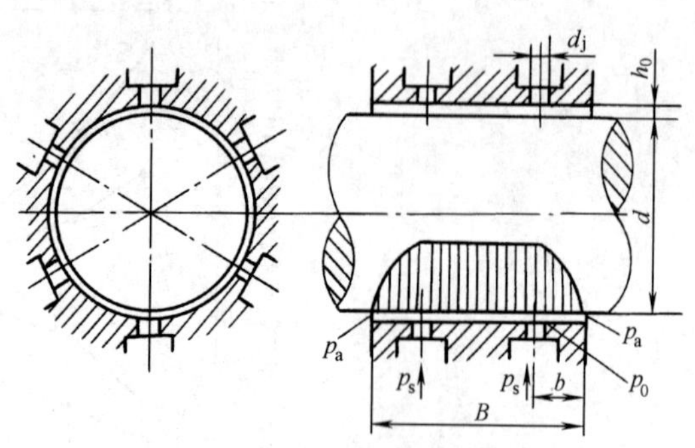

图 7-1-68　气体静压径向轴承

p_a—环境压力；p_0—节流器出口压力；p_s—供气压力；d_j—节流孔径

表 7-1-139　　气体静压径向轴承的设计参数

设计参数		供气参数		结构参数		运转参数	节流器参数
		p_s/p_a	$\bar{p}_0$	B/D	b/B	ε	Z、d_j、λ
节流类型	孔式节流	2~10	0.35~0.8	0.5~2	1/2(单列) 1/4~1/8(双列)	0.1~0.5	$Z=6\sim12$ $d_j=(1\sim5)\times10^{-2}$
	缝式节流			≤1(周) ≥2(轴)			$\lambda=1\sim2$

使用空气作润滑剂时，压缩指数 $k=1.401$，则 $\bar{p}_0$ 必须满足

$$\bar{p}_0>\frac{0.528-p_a/p_s}{1-p_a/p_s} \tag{7-1-90}$$

若取 $\bar{p}_0=0.4$，则必须使

$$p_a/p_s>0.213 \text{ 或 } p_s/p_a<4.7$$

若取 $\bar{p}_0>0.528$，则 p_s/p_a 为任何值时节流器都不出现阻塞现象。

（2）节流器参数与间隙的确定

确定节流器参数与间隙 h_0 的关系。

1）孔式节流　根据下式近似估算

$$\bar{p}_0=\frac{1}{1+\left(1+\frac{4}{Y^2}\right)^{1/2}} \tag{7-1-91}$$

$$Y=Y_pY_\eta Y_d=\frac{\frac{p_a}{p_s}}{\left[\left(1+\frac{p_a}{p_s}\right)\left(1-\frac{p_a}{p_s}\right)\right]^{1/2}}\times\frac{24\eta(2RT)^{1/2}}{p_a}\times\frac{\alpha ZA_jb}{\pi Dh_0^3} \tag{7-1-92}$$

式中　Y_p——压力系数；

Y_η——气体介质系数；

Y_d——尺寸系数；

A_j——节流面积，对于环面节流 $A_j=\pi d_jh_0$，对小孔节流 $A_j=\frac{\pi d_j^2}{4}$；

α——流量系数。

当 Y_p、Y_η 和轴承尺寸 D、b 已知时（通常 $\alpha=0.80$），即可确定孔数 Z、节流孔径 d_j 和间隙 h_0 之间的关系。对于推力轴承 $h_0=h$。

当用钻头钻孔时，d_j 值应符合标准钻头直径；当用电火花穿孔时，d_j 值应符合标准铜丝直径。h_0 的选取一般有下列限制：

$$\frac{h_0}{D}=0.00025\sim0.00050$$

$h_0>(3\sim5)\delta$（δ 为零件误差，即轴承与轴颈表面的加工误差及轴承的变形之和）。

2）缝式节流　可按下式估算

$$\bar{p}_0=\left[\left(\frac{\xi}{2}\right)^2+\frac{1+\xi}{1+\lambda}\right]^{1/2}-\frac{\xi}{2} \tag{7-1-93}$$

式中　$\xi=\dfrac{2p_a}{p_s-p_a}$

$$\lambda=\begin{cases}\dfrac{2y_j}{b}\left(\dfrac{h_0}{b_j}\right)^2 & \text{单列缝}\\[2ex] \dfrac{y_j}{b}\left(\dfrac{h_0}{b_j}\right)^2 & \text{双列缝}\end{cases}$$

y_j 为隙缝长度。

理论上 λ 可取到 8，考虑到加工条件，通常取 $\lambda=1\sim2$。在 $\bar{p}_0$ 已确定，p_s、y_j、b 为已知时，即可确定缝宽 b_j 与间隙 h_0 之间的关系。

（3）静态性能计算

主要是承载能力、刚度和流量的计算，在某些场合也要进行摩擦力矩和涡流力矩计算。

1）孔式节流

① 承载能力

$$F=(p_s-p_a)BD\bar{F} \tag{7-1-94}$$

式中，$\bar{F}$ 为载荷系数，可由图 7-1-69 查出 $\bar{F}_n$，再乘以修正系数 k_x，即 $\bar{F}=\bar{F}_nk_x$。$\bar{F}_n$ 为具有较多节流孔的窄轴承（只考虑轴向流）的理论值，k_x 是考虑周向流影响的修正系数，可由图 7-1-70 查出。

第 7 篇

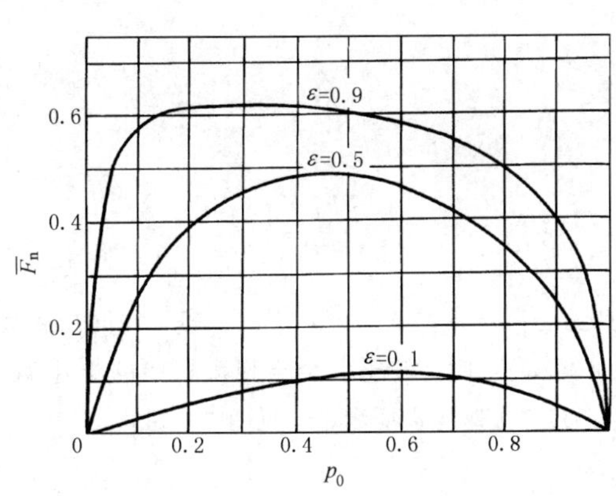

图 7-1-69　孔式节流窄轴承的载荷系数

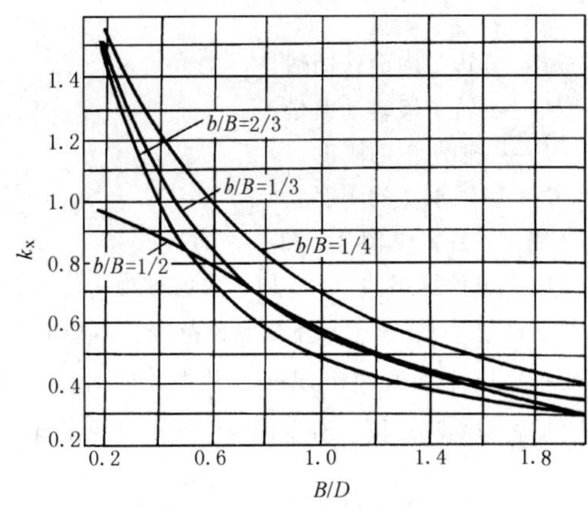

图 7-1-70　修正系数

② 刚度　对大多数气体静压轴承来说，偏心率在 0.5 以内时，刚度近似为常量，可按下式计算：

$$G=\frac{2F}{h_0}=2(p_s-p_a)BD\frac{\bar{F}}{h_0} \tag{7-1-95}$$

③ 流量

$$Q=\frac{\pi h_0^3(p_0^2-p_a^2)}{12\eta\dfrac{b}{D}p_a} \tag{7-1-96}$$

式中，$p_0=\bar{p}_0(p_s-p_a)+p_a$。

对于常态空气润滑的小孔节流轴承，其流量可按下式估算：

$$Q=7.4\times10^{4}ZA_{j}f\sqrt{T} \tag{7-1-97}$$

式中，f为流量系数，可取$f=0.3\sim0.48$（亚声速流）或$f=0.484$（超声速流）；T为绝对温度。

2）缝式节流

① 承载能力　可按式（7-1-94）计算，其中，$\overline{F}$由图7-1-71给出。这种轴承散流影响很小，可忽略不计，周向流影响反映在参数B/D中。

② 刚度　可按式（7-1-95）计算。

③ 流量

$$Q=\frac{\pi h_0^3}{12\eta\dfrac{b}{D}p_a}\left(\frac{p_s^2-p_a^2}{1+\lambda}\right) \tag{7-1-98}$$

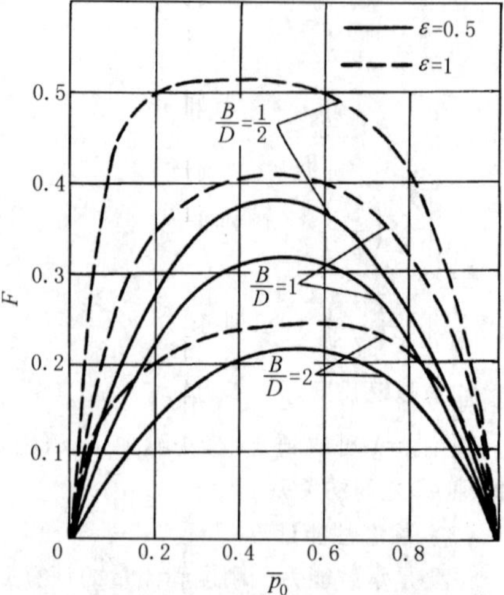

图7-1-71　缝式节流径向轴承的载荷系数$\overline{F}$

（$p_s=50\text{N/cm}^2$，双排缝）

（4）稳定性计算

为保证轴承稳定工作，对高速气体轴承，在计算静态性能后，应再校核稳定性，包括计算同步涡动的临界速度（角速度）ω_{cr}和气锤振动的气容比$\overline{V}_c$。

① 同步涡动的临界速度　支承在气体静压轴承上的转子，其同步涡动的临界速度（自然频率）按下式计算

$$\omega_{cr}=\left\{\frac{1}{2}(\Omega_1+\Omega_2)\pm\left[\frac{1}{4}(\Omega_2-\Omega_1)^2+\Omega_3^2\right]^{1/2}\right\}^{1/2} \tag{7-1-99}$$

$$\Omega_1=\frac{G_1+G_2}{m}$$

$$\Omega_2=\frac{G_1L_1^2+G_2L_2^2}{I_t-I_p}$$

$$\Omega_3^2=\frac{(-G_1L_1+G_2L_2)^2}{m(I_t-I_p)}$$

式中　m——转子质量；

I_t——转子横向转动惯量；

I_p——转子极转动惯量；

G_1——轴承1的刚度；

G_2——轴承2的刚度。

其他符号意义见图7-1-72。

由上式可计算出两个ω_{cr}值，大值称为$\omega_{cr}^{(2)}$，小值称作$\omega_{cr}^{(1)}$。

当$\omega<\omega_{cr}^{(1)}$时，该轴承不属高速范围，不会出现涡动不稳定。当$\omega=\omega_{cr}^{(1)}$或$\omega=\omega_{cr}^{(2)}$时，转子在同步涡动频率下工作，应注意避免出现同步共振。同时，一般认为当$\omega\geqslant2\omega_{cr}^{(1)}$时，转子又会出现大振幅的半速涡动，$2\omega_{cr}^{(1)}$是涡动危险速度。所以，为使转子避免出现涡动不稳定，其工作速度ω应满足（见图7-1-73）：

$$1.15\omega_{cr}^{(2)}<\omega<1.7\omega_{cr}^{(1)}$$

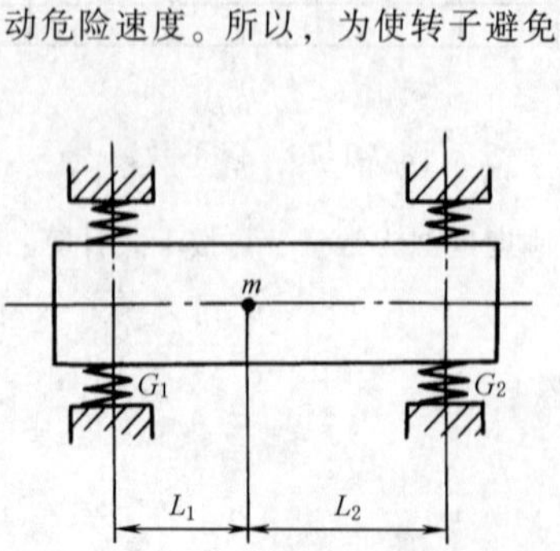

图7-1-72　支承在弹性气膜上的转子

m—转子质量；L_1—转子质量中心到轴承1中线的距离；L_2—转子质量中心到轴承2中线的距离

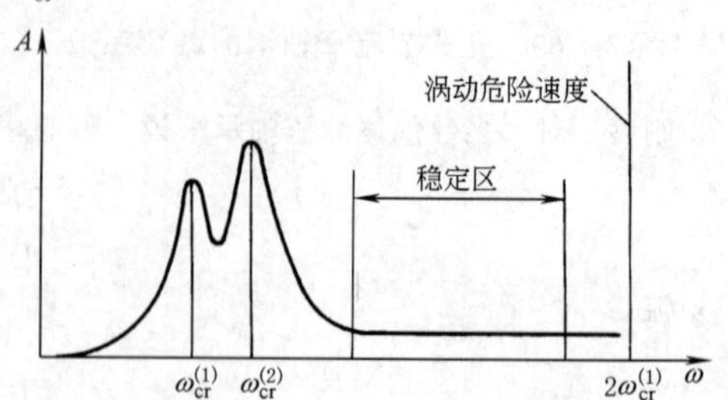

图7-1-73　高速气体静压轴承的稳定区

A—转子振幅；ω—转子角速度

上述避免涡动的极限速度的判据是保守的判据，使用中也可适当放宽。若出现 $1.15\,\omega_{cr}^{(2)}>1.7\,\omega_{cr}^{(1)}$ 的现象，说明结构不合理，应设法改进。

② 气容比　为使轴承不会产生气锤振动，气容比$\overline{V}_c$ 必须满足下列要求：

$$\overline{V}_c=\frac{ZV_c}{\pi BDh_0}\leqslant 0.05(\text{径向轴承可到 }0.1)$$

式中　V_c——供、排气腔或稳压气腔容积；

Z——气腔数目。

6.5.2　气体静压推力轴承

气体静压推力轴承有圆形、环形和矩形等，供气方式有单孔、多孔、狭缝等。单孔供气的圆形推力轴承，承载能力高，流量小，结构简单，但角刚度低。多孔和狭缝供气的环形推力轴承，角刚度高，常和径向轴承联合使用，应用广泛。

(1) 孔式节流型

推力轴承的节流孔数、孔径与间隙之间的关系，仍可由式（7-1-91）和式（7-1-92）确定，其中和径向轴承不同的只是尺寸系数，推力轴承尺寸系数为

$$Y_d=\frac{\alpha ZA_j\ln\overline{R}}{8\pi h_0^3} \tag{7-1-100}$$

$\overline{R}$ 通常取为 1.6~4.0。按最大刚度设计时，一般取$\overline{p}_0=0.69$，则 $Y=1.24$。

其承载能力、刚度和流量计算如下。

1) 单孔圆形推力轴承　如图 7-1-74 单孔圆形推力轴承所示，其无量纲承载力、无量纲刚度和流量计算公式如式（7-1-101）~式（7-1-104）所示。

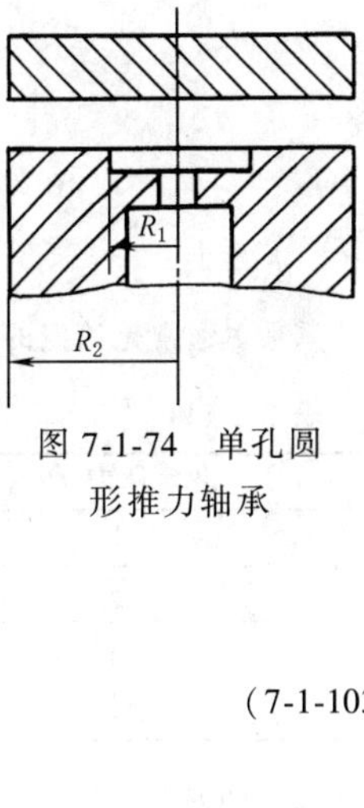

无量纲承载力

$$\overline{F}=\frac{F}{(p_s-p_a)\pi(R_2^2-R_1^2)}=\frac{\overline{p}_0}{2\ln\overline{R}} \tag{7-1-101}$$

无量纲刚度

$$\overline{G}=\frac{Gh_0}{(p_s-p_a)\pi(R_2^2-R_1^2)}=\frac{\frac{\mathrm{d}\,\overline{p}_0}{\mathrm{d}h}h_0}{2\ln\overline{R}} \tag{7-1-102}$$

图 7-1-74　单孔圆形推力轴承

当按最大刚度设计时，取$\overline{p}_0=0.69$，$\frac{\mathrm{d}\overline{p}_n}{\mathrm{d}h}h_0=0.98$，这时

$$\begin{cases}\overline{F}=0.35\dfrac{1}{\ln\overline{R}}\\[2ex]\overline{G}=0.49\dfrac{1}{\ln\overline{R}}\end{cases} \tag{7-1-103}$$

流量

$$Q=\frac{\pi h_0^3(p_0^2-p_a^2)}{12\eta p_a\ln\overline{R}} \tag{7-1-104}$$

环形轴承一列孔的位置 R_c 按下式计算：

$$R_c=\sqrt{R_1R_2}$$

小孔节流型环形轴承可提高承载能力 30%左右。为获得更高承载能力和大的角刚度，可设计成双列供气孔型式。

计算推力轴承的稳定性主要是计算气锤振动，其判据和径向轴承相同，即气容比

$$\overline{V}_c=\frac{ZV_c}{\pi(R_2^2-R_1^2)h_0}\leqslant 0.05(0.1)$$

2）多孔环面节流环形推力轴承　如图 7-1-75 所示。

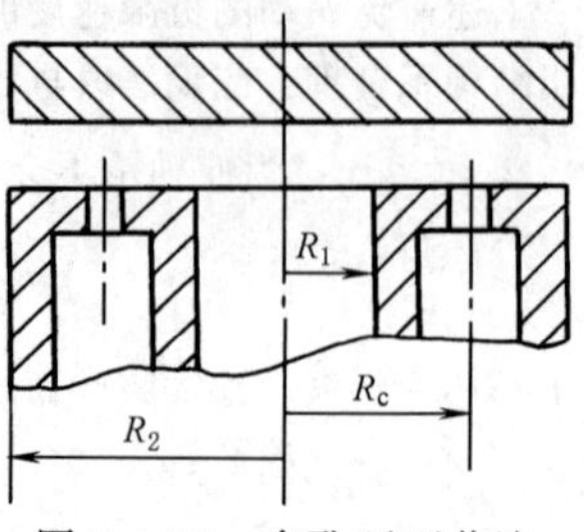

图 7-1-75　多孔环面节流环形推力轴承

无量纲承载力

$$\overline{F}=\frac{\overline{p}_0}{\ln\overline{R}}\times\frac{\overline{R}-1}{\overline{R}+1} \tag{7-1-105}$$

无量纲刚度

$$\overline{G}=\frac{\frac{d\overline{p}_0}{dh}h_0}{\ln\overline{R}}\times\frac{\overline{R}-1}{\overline{R}+1} \tag{7-1-106}$$

当按最大刚度设计时

$$\overline{F}=\frac{0.69}{\ln\overline{R}}\times\frac{\overline{R}-1}{\overline{R}+1} \tag{7-1-107}$$

$$\overline{G}=0.98\frac{1}{\ln\overline{R}}\times\frac{\overline{R}-1}{\overline{R}+1} \tag{7-1-108}$$

流量

$$Q=\frac{\pi h_0^3(p_0^2-p_a^2)}{3\eta p_a\ln\overline{R}} \tag{7-1-109}$$

（2）缝式节流型

对于单列周向缝式节流推力轴承，有

$$\overline{p}_0=\sqrt{\frac{1+\xi}{1+\lambda}+\frac{\xi^2}{2}}-\frac{\xi}{2} \tag{7-1-110}$$

$$\lambda=\left(\frac{h_0}{b_j}\right)^3\frac{y_j}{R_e}\times\frac{4}{\ln\overline{R}} \tag{7-1-111}$$

$$\xi=\frac{2p_a}{p_s-p_a} \tag{7-1-112}$$

系数 ξ 通常是给定的，因此，上式给出$\overline{p}_0$ 与 λ 的关系。一般设计推荐按表 7-1-140 选取$\overline{p}_0$ 和 λ 等值。

表 7-1-140　　缝式节流静压推力轴承的$\overline{p}_0$ 和 λ 推荐值

供气压力 p_s/p_a	2	3	5
λ	0.65	0.72	0.77
$\overline{p}_0$	0.68	0.69	0.70
$\frac{d\overline{p}_0}{dh}h_0$	0.64	0.61	0.58

轴承的静态性能如下：

无量纲承载力

$$\overline{F}=\frac{F}{(p_s-p_a)\pi(R_2^2-R_1^2)}=\frac{\overline{p}_0}{\ln\overline{R}}\left(\frac{\overline{R}-1}{\overline{R}+1}\right) \tag{7-1-113}$$

无量纲刚度

$$\overline{G}=\frac{Gh_0}{(p_s-p_a)\pi(R_2^2-R_1^2)}=\frac{\frac{d\overline{p}_0}{dh}h_0}{\ln\overline{R}}\left(\frac{\overline{R}-1}{\overline{R}+1}\right) \tag{7-1-114}$$

流量

$$Q=\frac{\pi h_0^3}{3\eta\ln\overline{R}}\left[\frac{p_s^2-p_a^2}{p_a(1+\lambda)}\right] \tag{7-1-115}$$

(3) 靠径向轴承排气支承的推力轴承

这种推力轴承无供气孔或缝，仅靠径向轴承的排气作为供气源，如图 7-1-76 所示。其结构简单，耗气量小，小载荷的支承广泛采用。

设径向轴承的排气压力为

$$\overline{p}_c=\frac{p_c-p_a}{p_s-p_a} \tag{7-1-116}$$

推力轴承的无量纲承载力

$$\overline{F}=\frac{F}{(p_s-p_a)\pi(R_2^2-R_1^2)}=\frac{\overline{p}_c}{2\ln\overline{R}}\left(1-\frac{2\ln\overline{R}}{\overline{R}^2-1}\right) \tag{7-1-117}$$

式中，$\overline{p}_c$ 由径向轴承决定，一般设计取 $\overline{p}_c\leqslant0.3$。

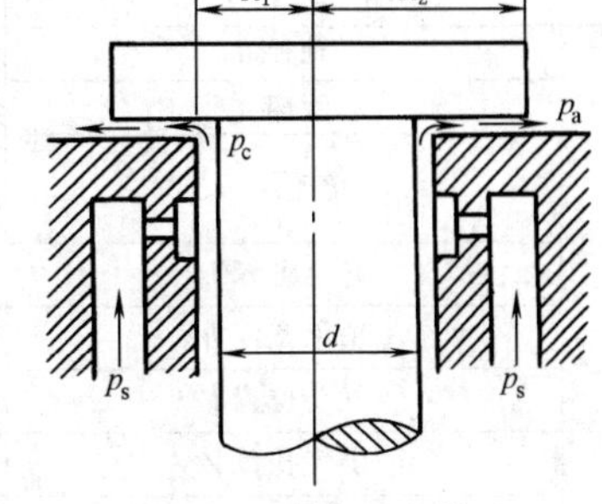

图 7-1-76　靠径向轴承排气支承的推力轴承

6.5.3　气体静压球面轴承

球面轴承常用的结构型式有中心小孔节流型、周向多孔（单列或双列）环面节流型和周向狭缝（单列或双列）节流型三种。

(1) 中心小孔节流型

这种轴承结构简单，制造容易，轴向承载能力高，涡流力矩小，但其水平承载能力低，易发生锤振动。一般主要用作轴向承载，其承载能力

$$\overline{F}_z=\frac{F_z}{\pi R^2(p_s-p_a)}-\frac{\overline{p}_0}{2}\left[1-\frac{\sin2\theta_2-\sin2\theta_1}{\frac{\pi}{90}(\theta_2-\theta_1)}\right] \tag{7-1-118}$$

(2) 多孔环面节流型

周向多孔环面节流轴承与中心小孔节流轴承相比，其水平承载能力高，但涡流力矩大，制造困难。

若以 e_H、e_z 分别代表水平和轴向偏心量，在小偏心下，具有下列近似关系

$$\frac{F_H}{F_z}\approx\frac{e_H}{e_z}\approx\tan\lambda \tag{7-1-119}$$

轴承的水平和轴向承载能力可按下式估算：

$$\overline{F}_H=\frac{F_H}{\pi R^2(p_s-p_a)}\approx\overline{F}\sin\lambda,\quad \overline{F}_z=\frac{F_z}{\pi R^2(p_s-p_a)}\approx\overline{F}\cos\lambda \tag{7-1-120}$$

式中

$$\overline{F}=\frac{45}{\pi}\overline{p}_0\left(\frac{\sin2\theta_2-\sin2\theta_c}{\theta_2-\theta_c}-\frac{\sin2\theta_c-\sin2\theta_1}{\theta_c-\theta_1}\right)$$

对于 $\theta_2\leqslant90°$ 的部分球面轴承，$\frac{F_H}{F_z}<1$，设计要求其值尽量接近于 1。$\overline{p}_0$ 的选取要从不阻塞条件及要求的 $\frac{F_H}{F_z}$ 值考虑，通常在 0.4～0.6 之间取值。

球面轴承的涡流力矩主要决定于轴承表面质量（粗糙度、圆度等）和节流孔加工精度（等分度、垂直度）。轴承精度愈高，涡流力矩愈小。

(3) 狭缝节流型

缝式节流球面轴承的涡流力矩小，水平承载能力介于上述两种结构之间。

6.5.4　气体静压轴承的气源

常用气体压缩机或气瓶作为轴承气源，个别也可用主机废气（航空发动机）、化工流程尾气作气源。

供气压力 p_s 通常在 0.02～1MPa 之间，压力稳定度应为供气压力的±5%左右。气体清洁度要求：灰尘粒度一般要小于轴承间隙或节流器孔径中的最小值；湿度不大于 65%，必须有较精密的稳压器和过滤器。

6.5.5　气体静压轴承设计示例

例　设计一用空气润滑的径向轴承和推力轴承组合的孔式节流静压轴承。已知：$n=70000\text{r/min}$；$d\leqslant4\text{cm}$；$R_2\leqslant6\text{cm}$。对轴承的要求是：径向承载能力大于 500N；轴向承载能力大于 1000N；轴承刚度 $G\geqslant3.5\times10^5\text{N/cm}$；

第7篇

流量小于 $8m^3/h$；两径向支承轴承之间的跨距为 16cm。计算步骤及结果见表 7-1-141。

表 7-1-141　　孔式节流静压组合轴承计算步骤

	计算项目	单位	计算公式及说明	结果
径向轴承	轴径 d	mm	根据要求选取	40
	转速 n	r/min	已知	70000
	角速度 ω	1/s	$\omega=\dfrac{\pi n}{30}$	7.33×10^3
	宽径比 B/D		选取	1
	轴承宽度 B	mm	$B=(B/D)D$	40
	供气孔位置 b/B		选取	1/4
	供气孔数 Z		选取	8
	气体黏度 η	Pa·s	已知	1.8×10^{-5}
	气体常数 R	$m^2/(s^2\cdot K)$	已知	287
	供气压力 p_s	MPa	选取	0.7
	环境压力 p_a	MPa	已知	0.1
	压力比 $\bar{p}_0$		按最大刚度选取	0.69
	系数 Y		式(7-1-92)	1.24
	压力系数 Y_p		$Y_p=\dfrac{p_a/p_s}{(1+p_a/p_s)(1-p_a/p_s)^{1/2}}$	0.135
	气体介质系数 Y_η	mm	$Y_\eta=\dfrac{24\eta(2RT)^{1/2}}{p_a}$	1.76×10^{-3}
	尺寸系数 Y_d	1/mm	$Y_d=\dfrac{\alpha ZA_j b}{\pi h_0^3 d}$（小孔节流）	$0.04\dfrac{d_j^2}{h_0^3}$
	孔径 d_j 与间隙 h_0 之间的关系		$d_j^2=\dfrac{1.24}{0.135\times1.76\times10^{-3}\times0.04}h_0^3$	$d_j=3.61\times10^2h_0^{3/2}$
	间隙 h_0	mm	选取	1.5×10^{-2}
	节流孔直径 d_j	mm	$d_j=3.61\times10^2h_0^{3/2}$	0.2
	凹穴深度 h_g	mm	$h_g\geqslant\dfrac{d_j}{4}-h_0$	0.04
	凹穴直径 d_g	mm	$d_g\leqslant\sqrt{\dfrac{0.05\times4DBh_0}{Zh_g}}$	取 3.5
	最大偏心率 ε_{max}		根据不同工作机械的要求选定	0.5
	$\bar{F}_n$		查图 7-1-69	0.42
	修正系数 k_x		查图 7-1-70	0.7
	载荷系数 $\bar{F}$		$\bar{F}=\bar{F}_n k_x$	0.3
	承载能力 F	N	$F=2(p_s-p_a)BD\bar{F}$（两个轴承）	576
	刚度 G	N/m	$G=2(p_s-p_a)BD\dfrac{\bar{F}}{h_0}$（一个轴承）	3.84×10^7
	节流孔出口压力 p_0	L/min	$p_0=\bar{p}_0(p_s-p_a)+p_a$	0.3084
	流量 Q_j	L/min	$Q_j=\dfrac{\pi h_0^3(p_0^2-p_a^2)}{12\eta(b/D)p_a}$（一个轴承）	30
推力轴承	推力轴承外半径 R_2	mm	选取	60
	节流孔所在半径 R_c	mm	$R_c=\sqrt{R_1R_2}$	34.6
	外内径比 $\bar{R}$		$\bar{R}=R_2/R_1$	3
	节流孔数 Z		选取	8
	尺寸系数 Y_d	1/mm	$Y_d=\dfrac{\alpha ZA_j\ln\bar{R}}{8\pi h_0^3}$（环面节流）	$0.088\dfrac{d_j}{h_0^2}$

续表

	计算项目	单位	计算公式及说明	结果
推力轴承	孔径 d_j 与间隙 h_0 之间的关系		$d_j=\dfrac{1.24}{0.135\times1.76\times10^{-3}\times0.088}h_0^2$	$d_j=5.9\times10^4 h_0^2$
	间隙 h_0	mm	选取	1.5×10^{-2}
	节流孔直径 d_j	mm	$d_j=5.9\times10^4 h_0^2$	取 1.4
	载荷系数$\overline{F}$		$\overline{F}=\dfrac{0.69}{\ln\overline{R}}\times\dfrac{\overline{R}-1}{\overline{R}+1}$	0.314
	承载能力 F	N	$F=\pi(R_2^2-R_1^2)(p_s-p_a)\overline{F}$	1890
	刚度系数		$\overline{G}=\dfrac{0.98}{\ln\overline{R}}\times\dfrac{\overline{R}-1}{\overline{R}+1}$	0.446
	刚度 G	N/m	$G=\pi(R_2^2-R_1^2)(p_s-p_a)\dfrac{\overline{G}}{h_0}$	17.9×10^7
	流量 Q_t	L/min	$Q_t=\dfrac{\pi h_0^3(p_0^2-p_a^2)}{3\eta p_a\ln\overline{R}}$（一个轴承）	27.24
	总流量 Q	L/min	$Q=(2Q_j+2Q_t)\dfrac{3600}{10^6}$	0.4122
稳定性校核	两径向轴承中线跨距 $2L$	mm	选取 $L_1=L_2$	160
	除轴以外旋转部件的等效质量盘的厚度 t	mm	选取	6
	轴质量 m_1	kg	$m_1=\pi R_1^2(2L+B)\rho$ （ρ 为钢的密度）	0.205
	除轴以外旋转部件的等效质量盘的质量 m_2	kg	$m_2=2\pi R_2^2 t\rho$	0.111
	转子质量 m	kg	$m=m_1+m_2$	0.316
	极转动惯量 I_p	kg · m²	$I_p=m_1\dfrac{d_1^2}{8}+m_2\dfrac{d_2^2}{8}$	2.41
	横向转动惯量 I_t	kg · m²	$I_t=m_1\left[\dfrac{(2L+B)^2}{12}+\dfrac{d_1^2}{16}\right]+m_2\left\{\dfrac{d_2^2}{16}+\dfrac{1}{12}[(2L+B+2t)(2L+B)]+\dfrac{1}{12}[(2L+B+2t)^2+(2L+B)^2]\right\}$	198
	Ω_1	1/s²	$\Omega_1=\dfrac{2G}{m}$	2.5×10^7
	Ω_2	1/s²	$\Omega_2=\dfrac{G_1L_1^2+G_2L_2^2}{m(I_t-I_p)}$	2.91×10^7
	Ω_3^2	1/s⁴	$\Omega_3^2=\dfrac{(-G_1L_1+G_2L_2)^2}{m(I_t-I_p)}$	0
	临界角速度$\omega_{cr}^{(1)}$	1/s	$\omega_{cr}^{(1)}=\sqrt{\Omega_1}$	5000
	临界角速度$\omega_{cr}^{(2)}$	1/s	$\omega_{cr}^{(2)}=\sqrt{\Omega_2}$	5400
	$1.15\omega_{cr}^{(2)}$	1/s		6210
	$1.7\omega_{cr}^{(1)}$	1/s		8500
	校核稳定性		$1.15\omega_{cr}^{(2)}<\omega<1.7\omega_{cr}^{(1)}$	稳定 $6210<\omega=7330<8500$

7　静电轴承和磁悬浮轴承

靠电场力使转子悬浮的轴承称为静电轴承或电悬浮轴承；靠磁场力使转子悬浮的轴承称为磁悬浮轴承。静电轴承和磁悬浮轴承是典型的机械电子产品，综合了机械学、动力学、控制工程、电磁学、电子学和计算机科学等多领域的最新成果，是现代支承技术中最有前景的高新技术。

静电轴承和磁悬浮轴承使被支承的转子无接触地悬浮起来，具有无接触、无磨损、性能可靠、工作转速高、功耗小、使用寿命长、不需要维修、无润滑剂污染等特点，其应用在支承技术领域具有革命性的意义，是其他支承型式无法媲美的。另一个突出优点是可对振动进行主动控制，通过在线参数识别和调整、自动不平衡补偿等，使对转子系统的控制达到很高的精度。另外，转子系统的运行状态和振动信息可以同时由其中的控制、测量环节得到，并可极为方便地融入旋转机械装备的工况监测及故障诊断系统之中。

7.1　静电轴承

7.1.1　静电轴承工作原理

静电轴承利用电场力使轴悬浮。转子轴和轴承相当于两个电极，电极间有一个很小的间隙（轴承间隙），形成一个电容，见图 7-1-77。在电极上施加电压就会产生静电力。由于间隙 h_0 和转子直径 d 之比极小，可以按平板电容器公式来计算其电容 C 和静电力 F。

$$C=\varepsilon_0\varepsilon_r A/h_0 \tag{7-1-121}$$

$$F=-\frac{1}{2}\varepsilon_0\varepsilon_r A(U/h_0)^2 \tag{7-1-122}$$

式中　ε_0——真空的介电常数，$\varepsilon_0=8.85\times10^{-12}$F/m；

ε_r——电极间物质的相对介电常数；

A——电极面积；

h_0——轴承间隙；

U——电压。

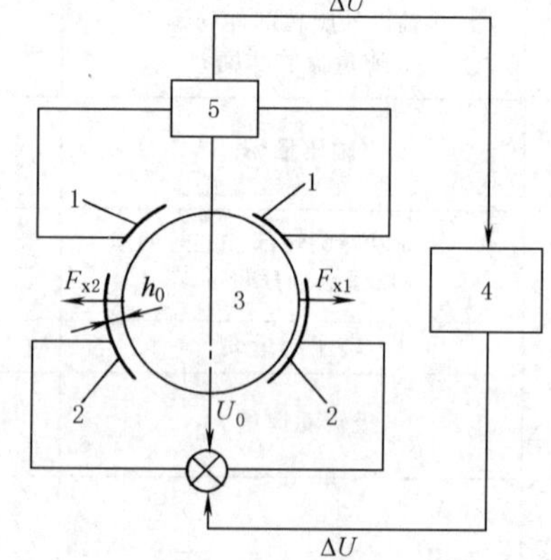

图 7-1-77　静电轴承原理

1—测量电极；2—加力电极；3—转子；4—放大线路；5—位移传感器

式中负号表示静电力为吸力，计算时常略去。若为单电极轴承，则轴承承载能力即为该电极吸力的反向等值载荷。和其他轴承一样，若沿轴的圆周设置 Z 个电极，则轴承的承载能力是这些电极吸力矢量和的反向等值载荷，即

$$\boldsymbol{F}=\sum_{i=1}^{Z}\boldsymbol{F}_i \tag{7-1-123}$$

7.1.2　静电轴承的分类与应用

静电轴承按控制方式分为无源型和有源型两种。由伺服控制使转子稳定运转的属有源型，靠自身电磁参数调谐，或者采用非调谐的电桥电路，使转子稳定运转的属无源型，LC 调谐回路与有源型控制回路原理图和特点见表 7-1-142。静电轴承根据轴颈几何形状可分为平面型、圆柱型、圆锥型和球型。

静电轴承结构紧凑、功耗小，有害力矩（对精密仪表有影响）远比磁悬浮轴承小，但即使有相当高的电场强度，产生的支承力仍比较小，所以一般只用于一些微型的精密仪器中，例如静电陀螺仪、静电加速度表和超高真空规等。

表 7-1-142 **两种静电轴承的比较**

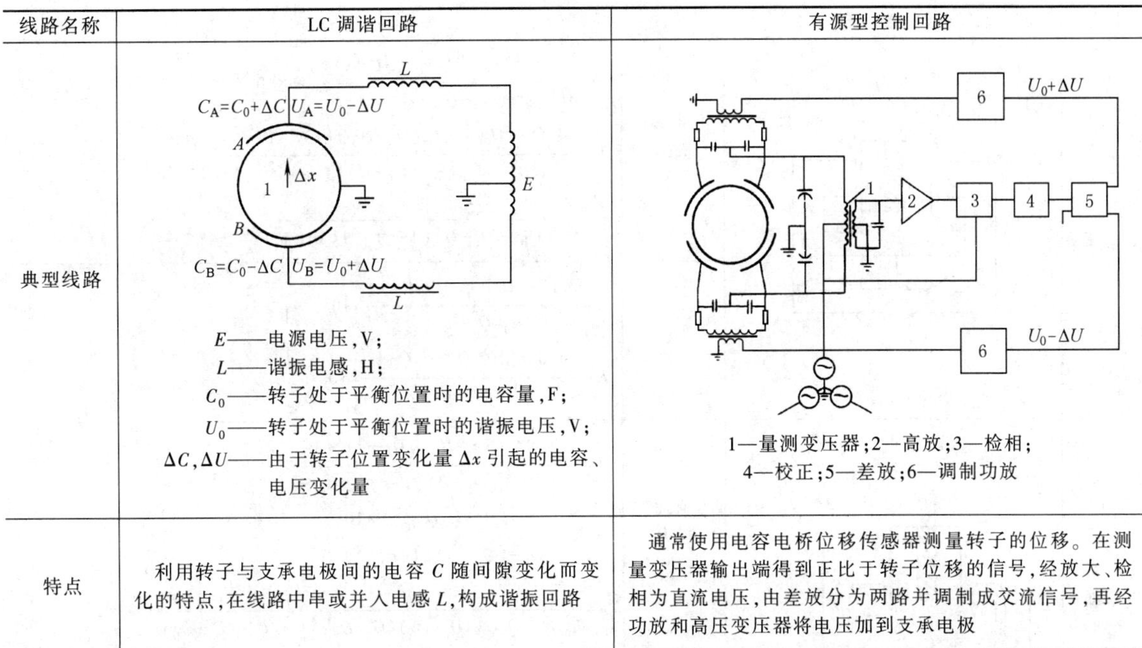

线路名称	LC 调谐回路	有源型控制回路
典型线路	$C_A=C_0+\Delta C$ $U_A=U_0-\Delta U$ $C_B=C_0-\Delta C$ $U_B=U_0+\Delta U$ E——电源电压，V； L——谐振电感，H； C_0——转子处于平衡位置时的电容量，F； U_0——转子处于平衡位置时的谐振电压，V； $\Delta C,\Delta U$——由于转子位置变化量 Δx 引起的电容、电压变化量	$U_0+\Delta U$ $U_0-\Delta U$ 1—量测变压器；2—高放；3—检相； 4—校正；5—差放；6—调制功放
特点	利用转子与支承电极间的电容 C 随间隙变化而变化的特点，在线路中串或并入电感 L，构成谐振回路	通常使用电容电桥位移传感器测量转子的位移。在测量变压器输出端得到正比于转子位移的信号，经放大、检相为直流电压，由差放分为两路并调制成交流信号，再经功放和高压变压器将电压加到支承电极

7.1.3 静电轴承的常用材料与结构参数

表 7-1-143 **静电轴承常用材料及结构参数**

参数名称		荐用值	附注
电参数	外加电压/V 电场强度/MV·m^{-1}	2000~4000 40~50	受击穿场强限制
几何参数	轴承相对间隙/m 形状误差 表面粗糙度参数 Ra/μm	$(2\sim10)\times10^{-4}$ 小于间隙值的$^1/_{10}\sim{}^1/_{100}$ <0.1	按电压和加工精度确定 按仪器要求精度确定最小误差 影响击穿场强
环境参数	真空度/Pa	常在真空环境，真空度高于 1.33×10^{-4}	真空度低，击穿场强也低
常用材料			
壳体或定子 电极 转子		金属、陶瓷(Al_2O_3、BeO 等) 钢、铜、铝、镍等 铝、铍、石英等	

7.1.4 静电轴承的设计与计算

设计步骤大致如下：

①选择轴承结构型式及轴承材料；②根据承载能力和刚度要求，确定轴承尺寸和极板总面积；③确定极板数（一般 2~12 极）和轴承间隙，计算初始电参数；④选择电源（交流或直流），决定控制方式；⑤建立转子动力学方程，设计控制系统参数；⑥核算承载能力和刚度，如不满足要求需重新确定参数，直至满足为止；⑦进行系统动态分析；⑧进行电子线路设计。

平面型、谐振式回路控制的止推静电轴承的承载能力和刚度计算见表 7-1-144。

7.1.5 静电轴承设计示例

静电轴承陀螺仪是静电轴承最重要的应用实例，静电轴承陀螺仪结构见图 7-1-78，主要由下列几部分组成。

表 7-1-144　　平面型、谐振式支承回路静电轴承的性能计算

<table>
<tr><th>回路</th><th>示意图</th><th colspan="2">计算公式</th></tr>
<tr><td rowspan="2">并联谐振</td><td rowspan="2">绝缘层
C_2 C_1
h,A h,A
L R R L
I
U,ω</td><td>承载能力/N</td><td>$$F=\frac{3.67\varepsilon_r AU^2(Q^2-Q_0Q+1)\varepsilon}{h_0^2\{[Q+(Q_0-Q)\varepsilon^2]^2+(1-\varepsilon^2)^2\}}\times10^{-12}$$
$$F=\frac{14.68\varepsilon_r AI^2}{h_0^2G_e^2}\times\frac{(Q^2-Q_0Q+1)\varepsilon\times10^{-12}}{[Q_0-(Q_0-Q)(1-\varepsilon)]^2+(1-\varepsilon)^2}\times\frac{1}{[Q_0-(Q_0-Q)(1-\varepsilon)]^2+(1+\varepsilon)^2}$$</td></tr>
<tr><td>刚度/N·m^{-1}</td><td>$$K=\frac{3.67\varepsilon_r AU^2(Q^2-Q_0Q+1)}{h_0^3(Q^2+1)^2}\times10^{-12}$$
$$K=\frac{14.68\varepsilon_r AI^2(Q^2-Q_0Q+1)}{h_0^3G_e^2(Q^2+1)^2}\times10^{-12}$$</td></tr>
<tr><td rowspan="2">串联谐振</td><td rowspan="2">绝缘层
C_2 C_1
R h,A h,A R
L L
I
U,ω</td><td>承载能力/N</td><td>$$F=\frac{14.68\varepsilon_r AU^2[(Q_e-Q)^2+1]\varepsilon}{h_0^2\{[Q_0-(Q_0-Q)(1-\varepsilon)]^2+(1-\varepsilon^2)^2\}}\times\frac{(Q^2-Q_0Q+1)\varepsilon\times10^{-12}}{[Q_0-(Q_0-Q)(1-\varepsilon)]^2+(1-\varepsilon)^2}$$
$$F=\frac{3.67\varepsilon_r AI^2(Q^2-Q_0Q+1)\varepsilon\times10^{-12}}{h_0^2G_e^2\{[Q_cQ+(Q_c-Q_0)(Q_0-Q)\varepsilon^2]^2+[Q_c-(Q_c-Q_0)\varepsilon^2]^2\}}$$</td></tr>
<tr><td>刚度/N·m^{-1}</td><td>$$K=\frac{14.68\varepsilon_r AU^2[(Q_c-Q)^2+1][Q^2-Q_0Q+1]}{h_0^3(Q^2+1)^2}\times10^{-12}$$
$$K=\frac{3.67\varepsilon_r AI^2(Q^2-Q_0Q+1)}{h_0^3G_e^2Q_c^2(Q^2+1)}\times10^{-12}$$</td></tr>
<tr><td>备注</td><td colspan="3">$Q_c=\frac{\omega(C_0+C_e)}{2G_e}$　$Q_L=\frac{1}{2\omega L_eG_e}$　$Q=Q_c-Q_L$　$Q_0=\frac{\omega C_0}{2G_e}$
$C_0=8.85\frac{\varepsilon_r A}{h_0}\times10^{-12}$　$\omega=2\pi f$
C_0——一个电极在无偏心时的电容,F;ω——角频率,rad/s;f——电源频率,Hz;L_e——等效并联电感,H;G_e——等效并联电导,S;ε——偏心率;h_0——转子无偏心时的间隙,m;ε_r——相对介电常数,对真空 $\varepsilon_r=1$;A——电极面积,m^2;I——电流,A;U——电压,V</td></tr>
</table>

1）球形转子　有空心薄壁球和实心球两种结构。空心球的典型外径为 50mm 或 38mm，壁厚为 0.4~0.6mm，在赤道处加厚，使极轴成为唯一稳定的惯量主轴。通常采用铍材料制成半球，由真空电子束焊成球形，然后在专用设备上精研，使球度误差小于 0.2μm，表面粗糙度参数 $Ra<0.05$μm。实心球的典型外径为 10mm，球度误差小于 0.05μm。

2）壳体与电极　通常采用氧化铝（Al_2O_3）或氧化钡（BaO）陶瓷材料制成密闭球腔，球腔内壁镀上电极，电极有 6 块、8 块和 12 块等几种。电极腔和转子之间隙约为 50~100μm。

3）光电角度传感器　用来检测静电陀螺仪壳体相对于自转轴的角度，在极轴方向和赤道上各装一只。

4）钛离子泵　用来吸收球腔内的残余气体分子，以保证静电陀螺仪陶瓷腔体内的真空度不低于 0.133×10^{-3}Pa。

5）旋转线圈和力矩器　在陶瓷壳体外部安装按正六面体分布的三对线圈，它们产生的磁场相互正交。转子自转方向为 z 轴，在 x 轴和 y 轴方向的线圈中通以两相交流电，就会产生一个 z 轴

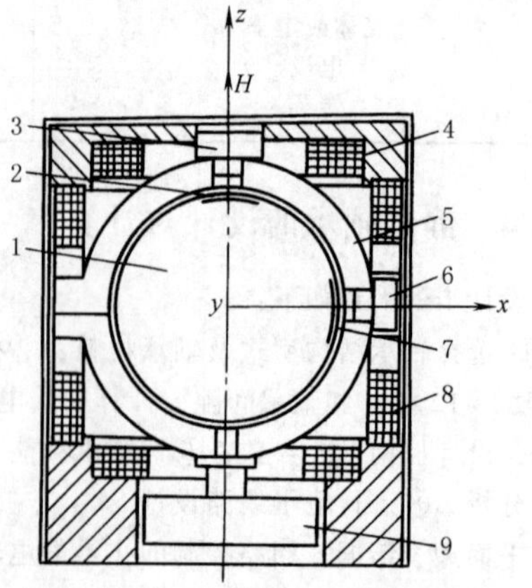

图 7-1-78　静电轴承陀螺仪结构

1—转子；2—顶端刻线；3—顶端光电传感器；4—阻尼线圈；5—陶瓷电极；6—侧向光电传感器；7—侧向刻线；8—旋转线圈；9—钛离子泵

方向的旋转磁场，使转子转动。给 x、y、z 三个线圈分别通以直流电，用三个直流磁场可以控制动量矩向量的运动。

通常，静电陀螺仪的漂移误差为 10^{-6}（°）/h，为其他类型轴承支承的陀螺仪的 1/1000，在失重低温状态下，最精密的静电轴承支承的陀螺仪，预期其漂移误差可小到 10^{-3}（″）/a。

7.2　磁悬浮轴承

磁悬浮轴承无需任何润滑剂，无机械接触，因而无磨损，功耗也小，约为普通滑动轴承的 1/10～1/100。通过电子控制系统可控制转子的位置，调节支承阻尼和刚度，使转子具有良好的动态性能。它能在真空、低温、高温、高速等各种特殊环境下工作。

随着控制技术的进步以及磁性材料、功率器件、超导技术和大规模集成电路的发展和价格下降，磁悬浮轴承的应用范围不断扩大，可靠性不断提高。

7.2.1　磁悬浮轴承工作原理

主动磁悬浮轴承系统由电磁铁、传感器、控制器和功率放大器组成，如图 7-1-79 所示，其基本工作原理为：传感器检测处转子偏离参考点的位移后，控制器将检测到的位移变换成控制信号，然后功率放大器将这一控制信号转换成控制电流，控制电流在电磁铁中产生磁力从而使转子维持其稳定悬浮位置不变。主动磁悬浮轴承具有转子位置、轴承刚度和阻尼可由控制系统确定的优点。

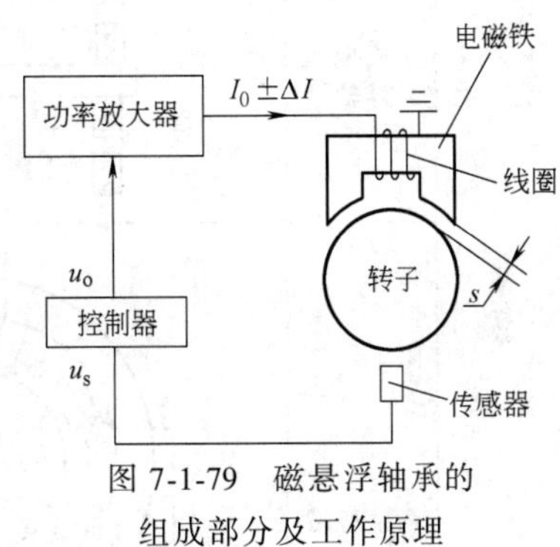

图 7-1-79　磁悬浮轴承的组成部分及工作原理

7.2.2　磁悬浮轴承的分类与应用

磁悬浮轴承的分类见表 7-1-145。

表 7-1-145　　　　**磁悬浮轴承的分类**

名称		简　图	特　点
按控制方式	被动磁悬浮轴承	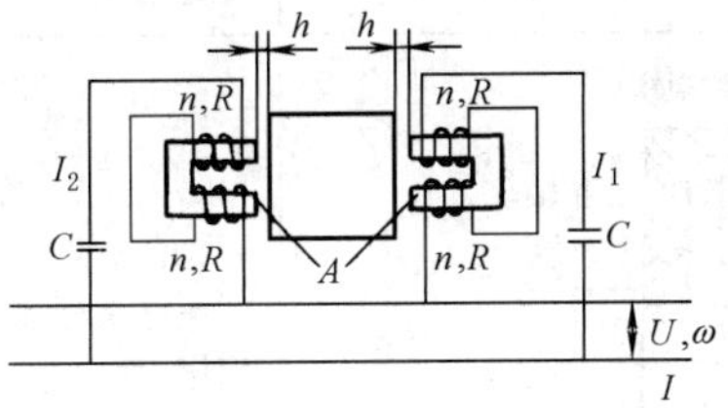	利用调整本身励磁参数的方法，实现转子的稳定运转。结构简单，但刚度小，损耗较大
	主动磁悬浮轴承	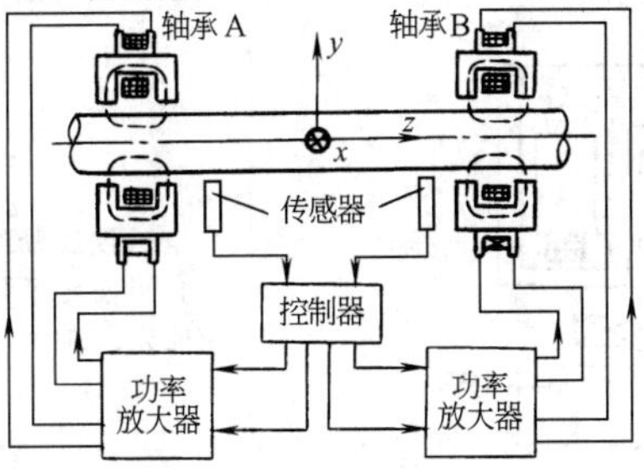	利用各种电的或机械的传感器、桥式网络电或磁参数的变化、光束或其他方法来传感转子的位置的变化，进行伺服控制，以实现转子的稳定运转。与被动磁悬浮轴承比较，刚度大、响应速度快、功耗小，可实现 5 个自由度的控制，但需要外控回路

续表

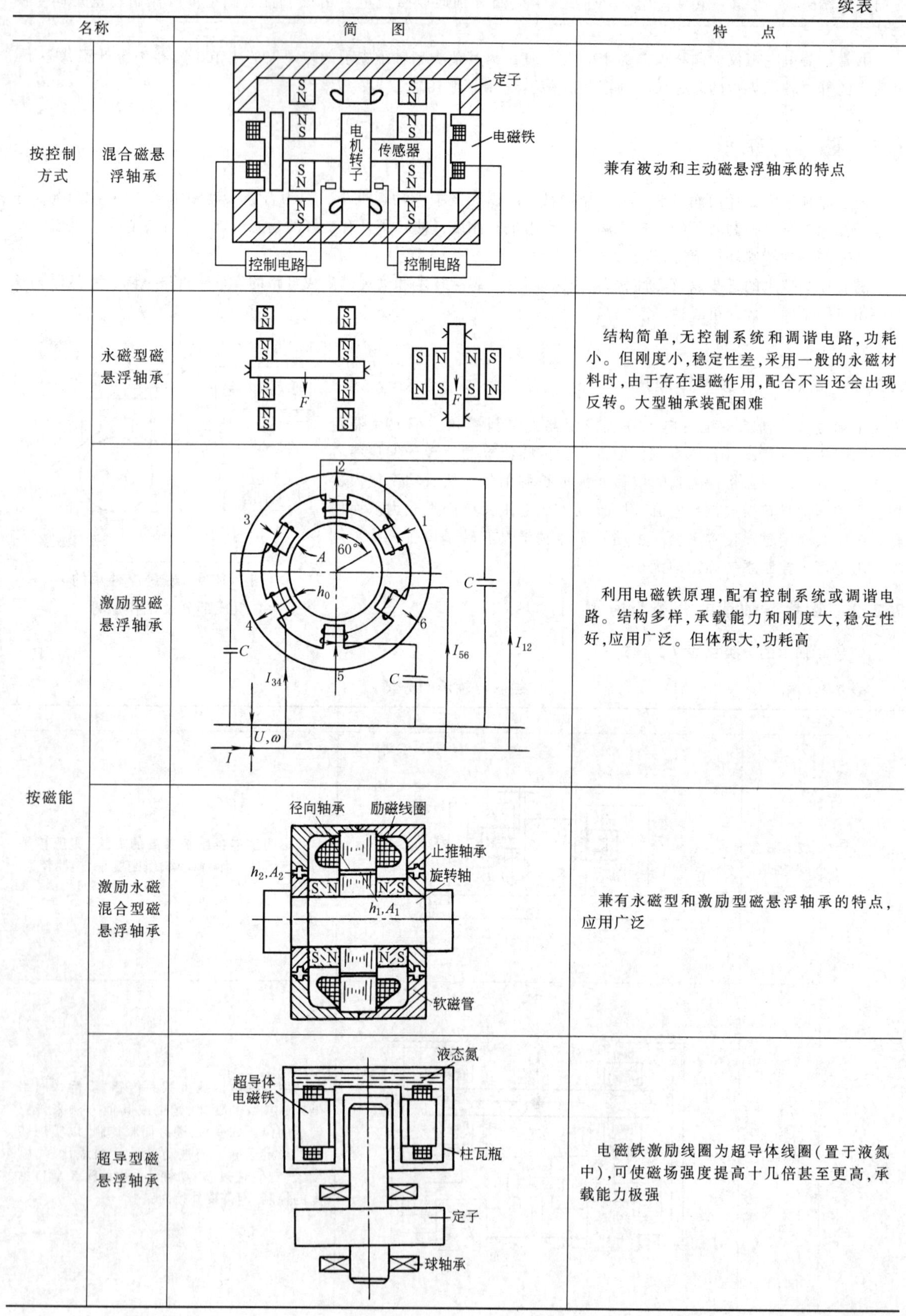

名称		简图	特点
按控制方式	混合磁悬浮轴承		兼有被动和主动磁悬浮轴承的特点
按磁能	永磁型磁悬浮轴承		结构简单,无控制系统和调谐电路,功耗小。但刚度小,稳定性差,采用一般的永磁材料时,由于存在退磁作用,配合不当还会出现反转。大型轴承装配困难
	激励型磁悬浮轴承		利用电磁铁原理,配有控制系统或调谐电路。结构多样,承载能力和刚度大,稳定性好,应用广泛。但体积大,功耗高
	激励永磁混合型磁悬浮轴承		兼有永磁型和激励型磁悬浮轴承的特点,应用广泛
	超导型磁悬浮轴承		电磁铁激励线圈为超导体线圈(置于液氮中),可使磁场强度提高十几倍甚至更高,承载能力极强

续表

名称			简　图	特　点
按结构型式	径向轴承		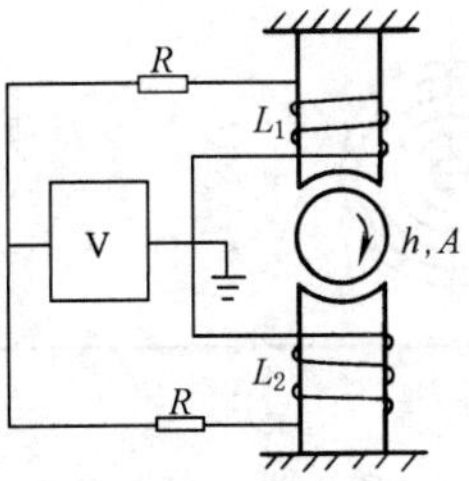	提供径向承载力
	轴向轴承		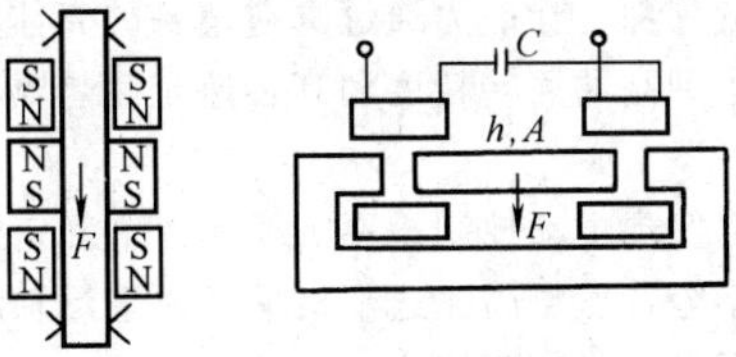	提供轴向承载力
	组合轴承	锥型轴承	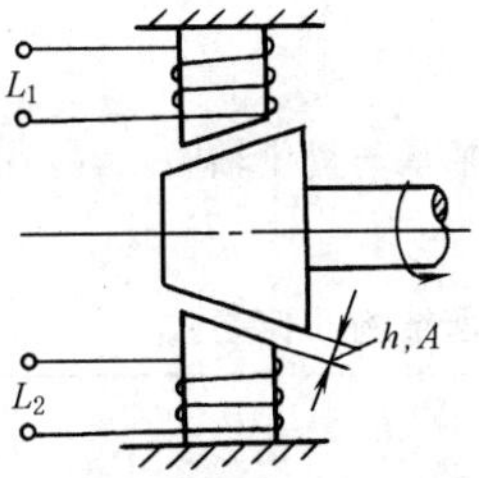	结构紧凑，可靠性高。能同时提供径向和轴向承载能力。但轴向和径向位移都相当大时会产生轴向和径向耦合干扰
		T型轴承	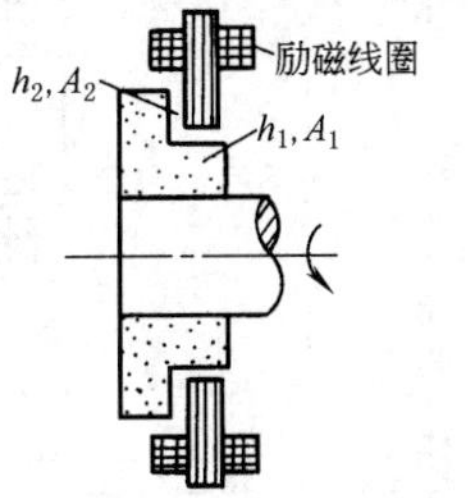	容易加工，可靠性高，轴向和径向耦合干扰比锥型轴承小。磁通垂直于叠片平面，所以工作频率受到限制
		阶梯型轴承	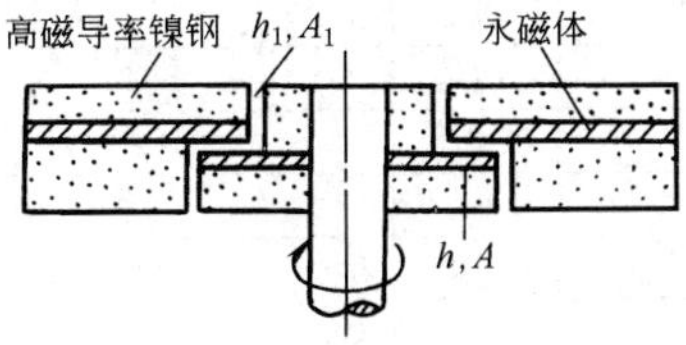	结构紧凑，工艺性好，可以利用多种磁性材料组合，以适应使用要求
		球型轴承	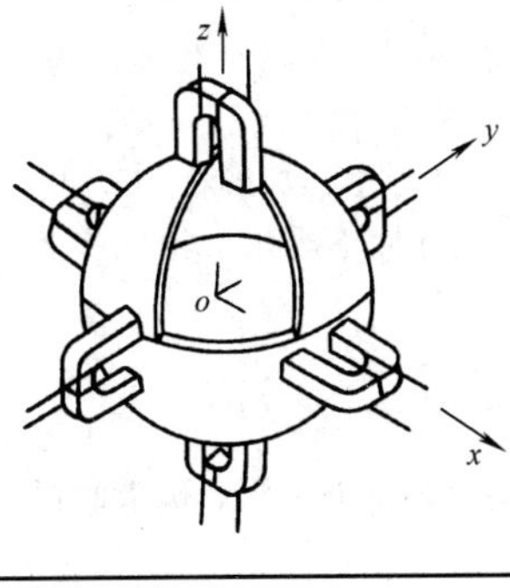	可提供三向承载能力，多用于陀螺仪等仪表

续表

名称			简图	特点
按结构型式	组合轴承	边缘磁场型轴承	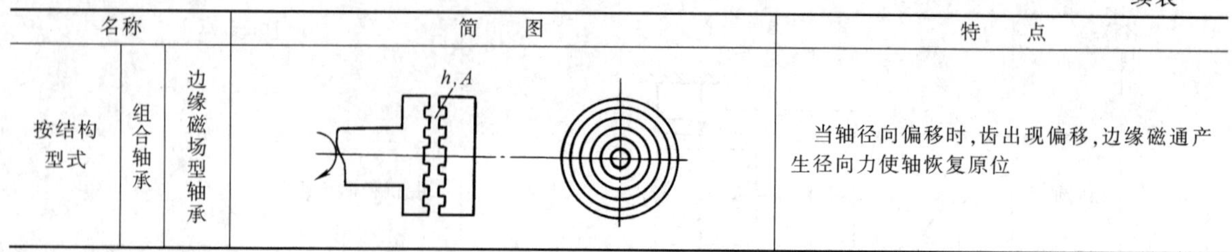	当轴径向偏移时,齿出现偏移,边缘磁通产生径向力使轴恢复原位

主动磁悬浮轴承目前主要应用在以下几个领域。

真空与净室领域：由于没有机械接触、不需要润滑剂，所以没有任何污染，适合在真空与净室领域应用。如果需要，还可以将磁悬浮轴承放在真空设备壳体的外面，让磁力通过真空设备的壳体将转子悬浮起来。

机械制造领域：在相对大的承载能力下仍可达到高的回转精度和高转速是磁悬浮轴承的一个主要优点，典型的应用为高速机床主轴。

高速透平机械：磁悬浮轴承的刚度与阻尼可以实现主动控制，不需要润滑剂和密封，结构比较简单，而且能够实现故障识别与诊断，具有维护费用低、能耗小等特点。高速透平机械是磁悬浮轴承的最主要应用领域，这一领域覆盖了小型的真空分子泵到大型兆瓦级的透平发电机和压缩机。

7.2.3　主动磁悬浮轴承的结构

主动磁悬浮轴承包括提供径向承载力的径向磁悬浮轴承与提供轴向承载力的轴向磁悬浮轴承，径向磁悬浮轴承和轴向磁悬浮轴承的结构几何参数见表 7-1-146。

表 7-1-146　　主动磁悬浮轴承结构几何参数

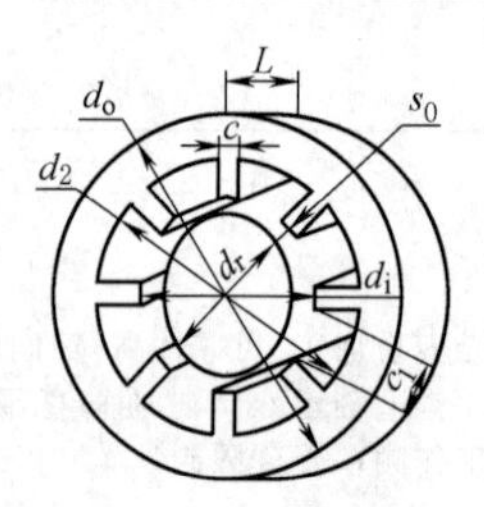

径向磁悬浮轴承

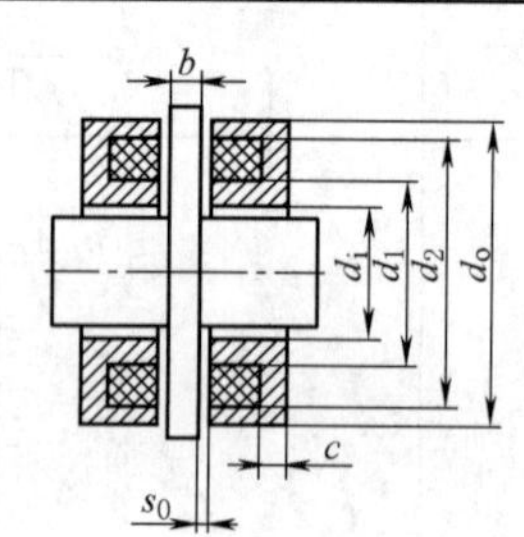

轴向磁悬浮轴承

径向磁悬浮轴承		轴向磁悬浮轴承	
c	磁极宽度	b	推力盘厚度,$b=(1.2\sim1.5)c$
c_1	磁槽宽度,对上图所示的 8 极结构,通常 $c_1=c$	c	$c=(d_1-d_i)/2$
d_i	电磁铁内径	d_i	电磁铁内径
d_2	绕线空间的外径	d_1	绕线空间内径
d_o	电磁铁外径	d_2	绕线空间的外径
d_r	转子直径	d_o	电磁铁外径
L	轴向长度		
s_0	名义气隙	s_0	名义气隙

一般情况下，径向磁悬浮轴承磁极上与下、左与右对称，磁极个数通常为 4，8，16 等偶数个，结构简图、部分磁极结构与推荐参数见表 7-1-147。

常见的径向磁悬浮轴承定子槽形一般包括圆形槽、梯形槽、矩形槽等形式，其中圆形槽冲片光滑，槽满率（利用率）高，但径向尺寸大；梯形槽径向尺寸小，但过渡不光滑，槽满率比圆形差，具体结构与特点见表 7-1-148。

7.2.4　主动磁悬浮轴承的设计

主动磁悬浮轴承设计包括确定磁悬浮轴承计算参数、线圈腔面积、磁极面积、承载力、磁极宽度等，具体计算步骤与计算公式见表 7-1-149 所示。

表 7-1-147　　**磁悬浮轴承常用结构**

名称	结构简图	常用磁极结构示例	推荐参数
径向磁悬浮轴承	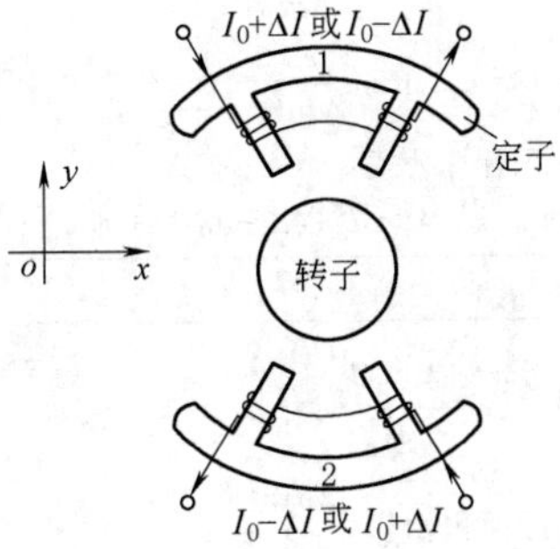 $I_0+\Delta I$ 或 $I_0-\Delta I$；1；定子；y；o；x；转子；2；$I_0-\Delta I$ 或 $I_0+\Delta I$	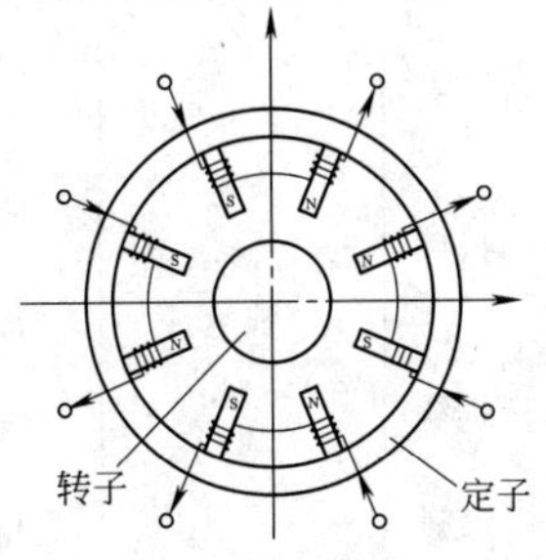 转子；定子；8 极结构 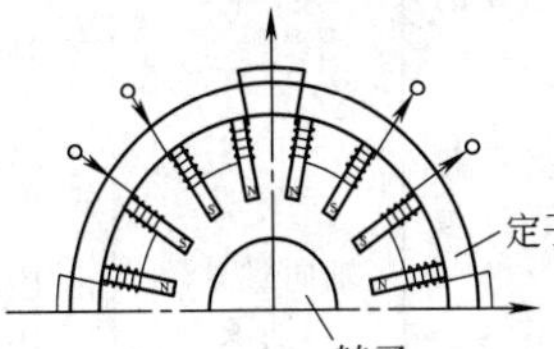 定子；转子；16 极结构	提供径向承载力 气隙磁通密度：B_a = 0.05 ~0.3T 铁芯磁通密度：$B_e \leqslant 0.6B_s$T 轴承间隙： $s_0=(0.25\sim0.5)\times10^{-3}$m 功耗：$I_0U$
轴向磁悬浮轴承	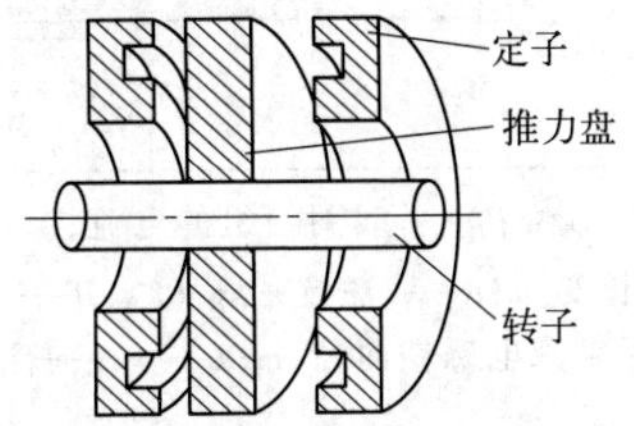 定子；推力盘；转子	只能提供轴向承载力 气隙最大磁通密度：$B_{am} \leqslant 0.8B_s$ 轴承间隙：$s_0=(s_1+s_2)/2=(0.25\sim0.5)\times10^{-3}$m 功耗：$I_0U$	
备注	B_a——气隙磁通密度，T；B_{am}——气隙最大磁通密度，T；B_e——铁芯磁通密度，T；B_s——饱和磁通密度，T；s_0——转子处于中间位置时的间隙，m；s_1——单边气隙 1，m；s_2——单边气隙 2，m；U——电压有效值，V；I_0——偏置电流，A		

表 7-1-148　　**径向磁悬浮轴承定子槽型结构及特点**

槽形	特　点
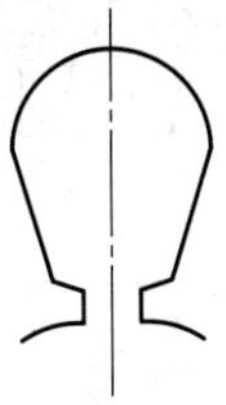 圆形槽	半闭口槽，槽口小，槽口对气隙磁场影响小；一般为平行齿，齿部磁密分布均匀；圆底，槽利用率高，槽绝缘不易损伤，冲模寿命较长
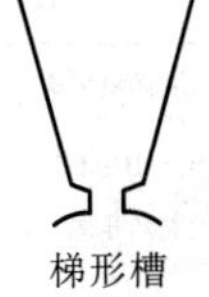 梯形槽	半闭口槽，槽口小，槽口对气隙磁场的影响小；一般为平行齿，齿部磁密分布均匀；平底，轭部较高，但槽利用率较圆底较差
 矩形槽	半闭口槽，槽口小，槽口对气隙磁场的影响小；一般为非平行齿，齿部磁密分布均匀；平底，轭部较高，但槽利用率较圆底较差

表 7-1-149　　主动磁悬浮轴承结构设计的方法和步骤

<table>
<tr><th>设计步骤</th><th colspan="2">理论计算公式</th></tr>
<tr><td rowspan="2">1. 确定磁悬浮轴承计算参数：
① 根据磁悬浮轴承使用的磁性材料，确定磁饱和强度
② 根据加工精度、装配精度选定气隙
③ 根据导线截面形状、绕线方法，选择线圈腔的占空系数
④ 根据线圈绝缘等级和冷却条件，选择温升，计算电流密度
2. 计算材料达到磁饱和感应强度需要的线圈腔面积
3. 求出磁悬浮轴承磁极面积
4. 求出磁悬浮轴承的承载力，根据承载力需求，考虑安全系数并进行校核与设计参数调整
5. 计算磁极宽度
6. 根据几何关系，计算磁悬浮轴承的其他参数</td><td>径向磁悬浮轴承</td><td>径向电磁力：$F=\frac{\lambda^2\mu_0 J^2}{4x_0^2}AA_{cu}^2\cos\alpha$
最大线圈腔面积：$A_{cu}\leqslant\frac{2Bx_0}{\lambda J\mu_0}$
磁极面积：$A=d_i L\arcsin\frac{c}{d_i}$
线圈腔面积计算公式：
$A_{cu}=\frac{4(8+\pi)c^2-4(\pi d_o+4d_o-4d_i)c+\pi(d_o^2-d_i^2)}{32}$</td></tr>
<tr><td>轴向磁悬浮轴承</td><td>轴向电磁力：$F=\frac{\lambda^2\mu_0 J^2}{4x_0^2}AA_{cu}^2$；
最大线圈腔面积：$A_{cu}\leqslant\frac{2Bx_0}{\lambda J\mu_0}$；
磁极面积：$A=\pi a(d_o-a)$；
线圈腔面积计算公式：
$A_{cu}=\frac{\left(\pi L\sqrt{d_i^2+\frac{4A}{\pi}}-2A\right)\left(\sqrt{d_o-\frac{4A}{\pi}}-\sqrt{d_i^2+\frac{4A}{\pi}}\right)}{2\pi\sqrt{d_i^2+\frac{4A}{\pi}}}$</td></tr>
<tr><td>备注</td><td colspan="2">λ——占空系数；μ_0——真空磁导率，H/m，$\mu_0=4\pi\times10^{-7}$H/m；J——线圈绕组的电流，A/m²；A——磁极面积，m²；A_{cu}——定子线圈腔面积，m²；x_0——定子与转子间气隙的长度，m；α——磁极夹角，(°)；B——定子材料的磁饱和感应强度，T；d_o——磁悬浮轴承电磁铁外径，m；d_i——磁悬浮轴承电磁铁内径，m；L——径向磁悬浮轴承定子宽度，m；c——径向磁悬浮轴承磁极宽度，m；a——$a=(d_o-d_2)/2$，m</td></tr>
</table>

与机械轴承类似，主动磁悬浮轴承具备刚度，其承载能力以位移刚度和电流刚度来表示，计算过程与刚度表达式见表 7-1-150。

表 7-1-150　　主动磁悬浮轴承承载能力计算方法

<table>
<tr><th>轴承类型</th><th>径向磁悬浮轴承</th><th>轴向磁悬浮轴承</th></tr>
<tr><td>承载能力与刚度</td><td>$F=\frac{\mu_0 A_a N^2}{4}\left[\left(\frac{I_0-i}{s_0-e}\right)^2-\left(\frac{I_0+i}{s_0+e}\right)^2\right]\cos\frac{\pi}{m}$
$K_s=\mu_0 A_a N^2\frac{I_0^2}{s_0^3}\cos\frac{\pi}{m}$
$K_{si}=-\mu_0 A_a N^2\frac{I_0}{s_0^2}\cos\frac{\pi}{m}$</td><td>$F=\frac{\mu_0 A_a N^2}{4}\left[\left(\frac{I_0-i}{s_0-e}\right)^2-\left(\frac{I_0+i}{s_0+e}\right)^2\right]$
$K_s=\mu_0 A_a N^2\frac{I_0^2}{s_0^3}$
$K_{si}=-\mu_0 A_a N^2\frac{I_0}{s_0^2}$
其中　$A_a=\frac{\pi}{4}(d_1^2-d_i^2)$</td></tr>
<tr><td>备注</td><td colspan="2">m——磁极数；N——线圈匝数；A_a——磁路有效截面积，m²；e——位移，m；μ_0——真空磁导率，H/m，$\mu_0=4\pi\times10^{-7}$H/m；s_0——转子处于中间位置时的间隙，m；K_s——位移刚度系数，N/m；K_{si}——电流刚度系数，N/A；i——由于转子位移引起的控制电流，A；d_1——磁悬浮轴承绕线空间内径，m；d_i—磁悬浮轴承电磁铁内径，m；I_0——直流偏磁电流，A</td></tr>
</table>

位移传感器是磁悬浮轴承系统中主要部件之一，为了测量转子的位移，一般采用非接触式的位移传感器，如涡流传感器、电感传感器、电容传感器、磁通传感器和光学传感器等。位移传感器的主要性能指标如下：

线性范围：线性范围（或称为测量范围）指的是传感器的输出电压近似与被测转子位移成线性关系的那一段测量范围。对磁悬浮轴承系统的大多数应用来说，传感器常用的线性范围是 0.5~1.2mm。

灵敏度：传感器的灵敏度指的是被测物体产生单位位移时传感器的输出电压，常用单位是 mV/μm。对常用的磁悬浮轴承系统来说，灵敏度等于 4～20mV/μm 比较合适，传感器的灵敏度可以通过传感器的信号处理电路缩放。

分辨率：位移传感器的分辨率指的是从噪声干扰中能够分辨出的最小位移，常用单位是 μm，外部干扰会导致传感器灵敏度的大幅下降。

带宽：灵敏度一般随频率的增加而衰减。位移传感器的带宽指的是灵敏度衰减到-3dB 时对应的频率，通常传感器的带宽要求达到转子最高旋转频率的 3～5 倍。

目前常用的位移传感器见表 7-1-151。

表 7-1-151　　磁悬浮轴承常用传感器类型

传感器类型	示意图	基本原理
电涡流传感器	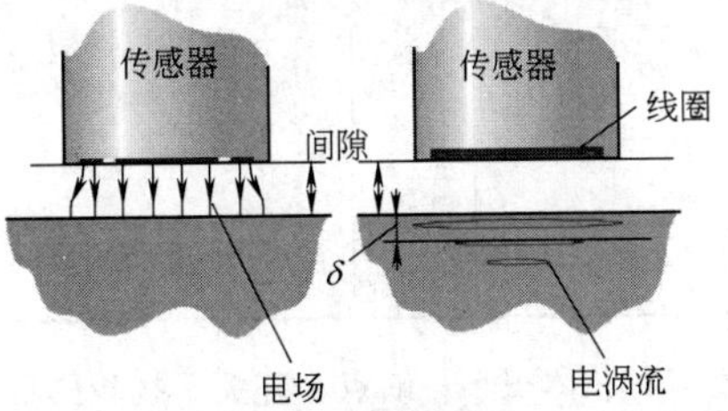 传感器；传感器；线圈；间隙；δ；电场；电涡流	传感器线圈由高频交流信号进行激励，会在转子表面感应出电涡流，电涡流产生的磁场反作用于线圈磁场，当转子发生位移时，其运动会导致磁场之间的相互作用发生变化
横向磁通位移传感器	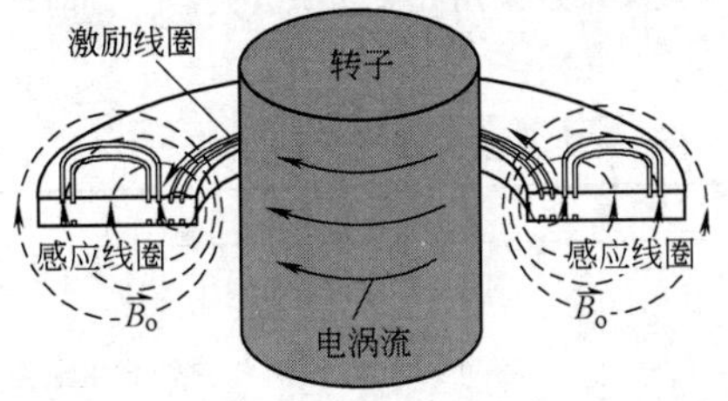 激励线圈；转子；感应线圈；$\vec{B}_o$；电涡流；感应线圈；$\vec{B}_o$	当磁悬浮轴承系统中的转子位置发生变化时，会引起传感器工作区域内的磁场方向发生变化，进而引起电压信号变化，最终被转换为与转子位移相关的电压输出
差动变压器式位移传感器	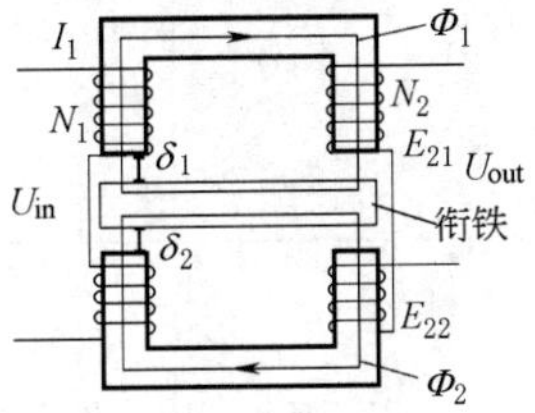 I_1；Φ_1；N_2；N_1；δ_1；E_{21}；U_{out}；U_{in}；衔铁；δ_2；E_{22}；Φ_2	当转子发生位移时，会导致互感系数发生变化，引起两个线圈感应电动势的变化，通过外部电路测量感应电动势变化从而计算位移变化
自感式位移传感器	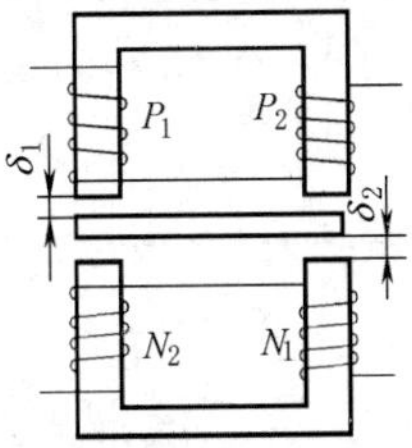 P_1；P_2；δ_1；δ_2；N_2；N_1	当转子发生位移时，会导致自感系数发生变化，从而导致传感器的输出电压发生变化
电容式位移传感器	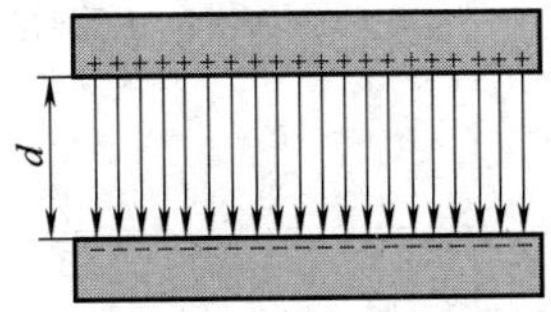 d	当气隙长度发生变化时，两个电极之间的电容发生变化，可通过测量电容的大小来计算位移变化

目前常用的功率放大器包括线性功率放大器和开关功率放大器。

线性功率放大器具有稳定性好、负载稳定度高、输出纹波小、稳态响应快、电流噪声小、频响好、结构简单等优点，但是伴随着功耗大、效率低等问题，常用于对开关干扰敏感或所需功率很低的应用场合。线性功率放大器的分类见表 7-1-152。

表 7-1-152　线性功率放大器

类型	特点	简图	参数计算
电压-电压型	通过控制施加在电磁铁线圈两端的电压来实现电磁力控制的方法被称为电压控制	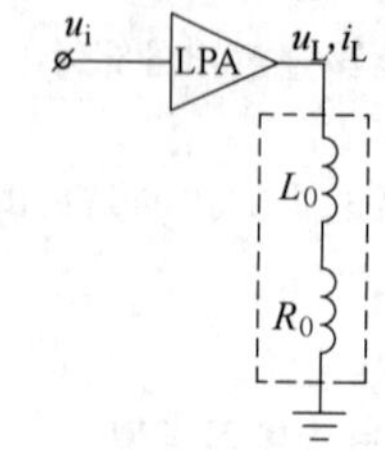 u_i LPA u_L, i_L L_0 R_0	若施加在线性电压-电压功率放大器的输入电流为 u_i，放大系数为 λ，则电磁铁两端的电压 $$u_L=\lambda u_i$$ 流过电磁铁线圈的电流 $$i_L(s)=\frac{\lambda u_i(s)}{R_0+L_0 s}=\frac{\lambda U_L(s)}{R_0(1+T_0 s)}$$ 式中，R_0 为电磁铁线圈电阻；L_0 为线圈电感；时间常数 $T_0=L_0R_0$；s 为拉普拉斯变换中的复变量
电压-电流型	通过控制施加在电磁铁线圈电流来实现电磁力控制的方法被称为电流控制	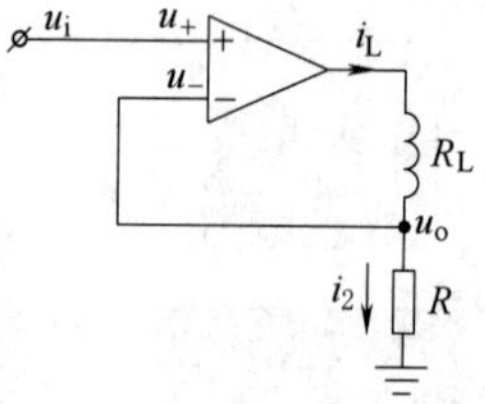 u_i u_+ u_- i_L R_L u_o i_2 R	控制电压 u_i 经同相放大器后直接带动负载 R_L，此时有 $$u_o\approx u_i$$ 所以，负载电流 i_L 只取决于控制电压的大小而与负载 R_L 无关 $$i_L\approx i_2=\frac{u_i}{R}$$

开关功率放大器的优点是功耗小、效率高、体积小；缺点是开关干扰较为严重。由于开关功率放大器的损耗远低于线性功率放大器的损耗，在工业领域大多数采用开关功率放大器。目前开关功率放大器的主电路结构见表 7-1-153。

表 7-1-153　开关功率放大器主电路结构

类型	简图	工作特性
单臂式	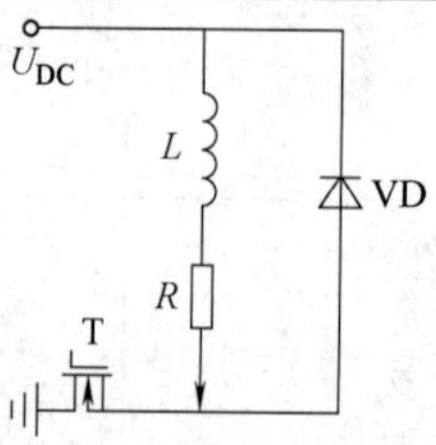 U_{DC} L VD R T	单臂式主电路由一个开关管、一个续流二极管组成，需要的开关管和驱动电路少，设备成本低。但是放电回路存在较大的功率损耗，因此开关频率一般比较低
推挽式	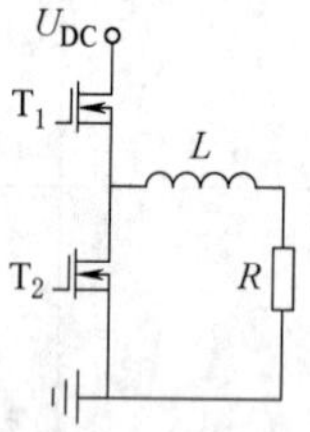 U_{DC} T_1 L T_2 R	推挽式主电路采用两个开关管轮流导通，驱动信号需设死区时间以避免直通。此结构只能输出单极性电流，放电时间比较长，开关频率比较低
半桥式	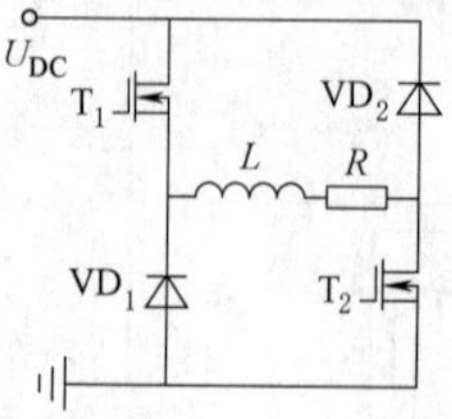 U_{DC} T_1 VD_2 L R VD_1 T_2	半桥式主电路主要由两个开关管和两个续流二极管组成，只能在两象限工作。电感储存的能量由电源及回路中的电阻消耗，系统控制电流的能力强，工作效率较高，具有良好的动态响应性能
全桥式	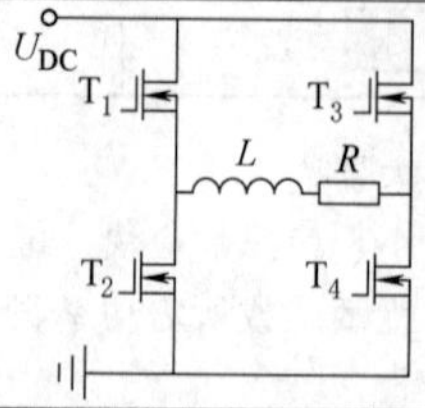 U_{DC} T_1 T_3 L R T_2 T_4	全桥式主电路主要由四个开关管组成，可以应用于单线圈结构或双线圈结构上，可以输出双极性电流，且此时需要的驱动元器件少，系统工作效率较高

开关功率放大器在磁悬浮轴承系统中应用时，连续的通断会使输出电流中存在较多的纹波，降低了开关功率放大的工作效率，因此要选择或设计合适的控制方法来提高效率。目前常用的开关功率放大器控制方式见表7-1-154。

表 7-1-154　开关功率放大器控制方法

控制方式	简图	控制原理	特点
采样/保持控制	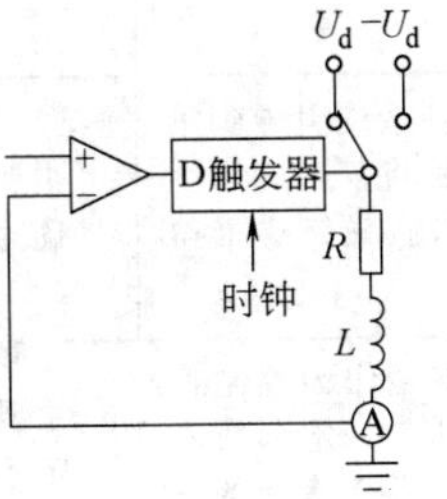 U_d $-U_d$ D触发器 时钟 R L A	采样/保持控制是在驱动电路与比较器之间串联一个D触发器，该触发器由一个时钟驱动，用来限制开关频率。将最小脉冲宽度设置为采样时钟的周期，能有效避免窄脉冲导致的功率管故障	优点是电流的响应速度快，频带宽。缺点是开关频率不固定，驱动脉冲的宽度不能任意调节，控制稳定性较低
电流滞环控制	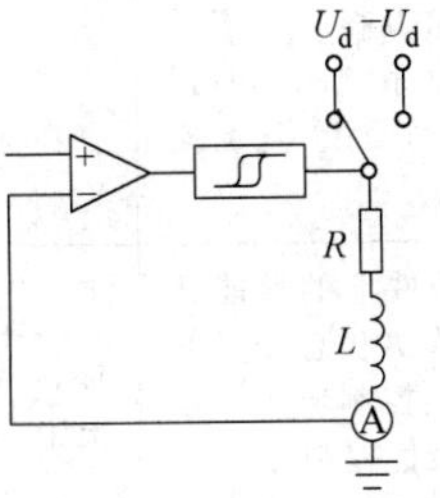 U_d $-U_d$ R L A	电流滞环控制通过规定滞环宽度ΔI使得输出电流只能在此范围内波动。当输出电流低于此宽度下限时，线圈两端电压为母线电压U_d从而使线圈中电流快速增大；反之，开关管动作使线圈电压为$-U_d$	优点是结构简单，对小信号灵敏，输出波形畸变很小。缺点是输入信号迅速改变时，输出的电流信号失真；容易使功率管失效，降低了系统可靠性
脉宽调制原理	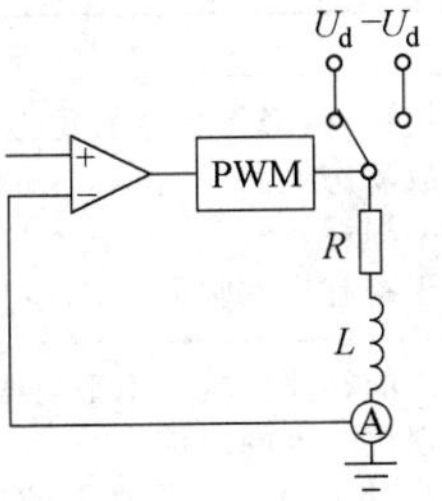 U_d $-U_d$ PWM R L A	脉宽调制是指通过载波交截法产生脉冲宽度可调制的PWM波，当给定模拟信号值大于给定三角波信号时，开关管动作输出高电平，反之输出低电平	开关频率恒定，输出波形稳定性好，可靠性高；但开关管无法在整周期上开通或关断，对于高幅值高频信号响应能力不强
最小脉宽调制	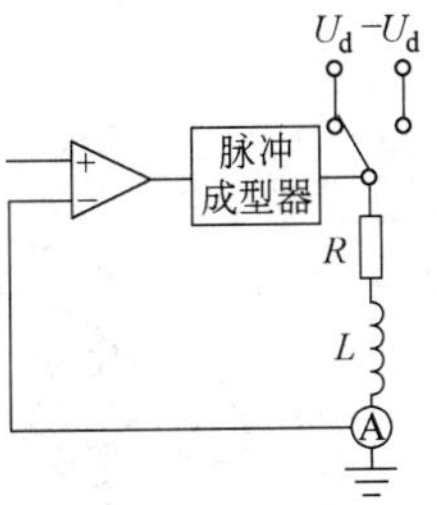 U_d $-U_d$ 脉冲成型器 R L A	最小脉宽调制工作原理与滞环控制基本一致，但能有效解决后者存在的窄脉冲问题，通过在脉冲成型器中设置输出脉冲宽度，只输出大于此宽度的脉冲	输出电流失真小，稳定性好，工作效率高。但电路结构复杂，存在开关频率不固定以及输出电流滞后的缺点

7.2.5　主动磁悬浮轴承的控制方法

磁悬浮轴承系统是典型的机电一体化系统，其性能不仅与机械系统的结构设计、制造加工有关，还与控制系统的性能密切相关。控制系统的性能直接影响到磁悬浮轴承-转子系统的运行状态，包括稳定性、旋转精度以及抗干扰能力等。磁悬浮轴承的控制方法见表7-1-155。

主动磁悬浮轴承可以通过相应控制算法进行转子不平衡控制，具体见表7-1-156。

表 7-1-155　　主动磁悬浮轴承的控制方法

控制方法		介绍	适合工况
经典控制	PID 控制	比例-积分-微分(proportion-integral-differential，PID)控制控制原理简单,控制参数具备一定的物理意义,易于调节。通过经验及试验调节即可实现磁悬浮轴承的转子稳定悬浮,且具备一定的抗扰动性能及动态跟踪性能。在使用 PID 控制方法时,不需要了解被控对象的数学模型。在经典 PID 控制理论的基础上发展了如模糊 PID、分数阶 PID 等理论	目前工业中应用最广泛的控制算法
现代控制	反步控制	反步控制是非线性控制的一种,其主要基于将系统引导到零误差极点的目标,对被控模型进行反向递推。其将复杂的系统分解为若干子系统,并分别对其状态量进行控制,最终递推得出能使系统稳定输入	主要应用于系统存在非线性动力学引发扰动的工况中
	鲁棒控制	鲁棒控制器主要以闭环被控系统的鲁棒稳定性作为控制目标,基于小增益原理,将被控模型建立为一个具备一定参数不确定性的系统,设计能够满足鲁棒稳定性的控制器。常用的鲁棒控制方法有 H_∞ 和 μ 综合控制	主要应用于系统参数具有一定不确定、系统过临界转速的工况中
	滑模控制	滑模控制为一种基于变结构控制的控制方法,其核心思想在于使系统状态量被约束在一个滑动轨迹上,根据系统的实时误差产生控制参数,将系统对应状态量约束到滑动面上,从而实现对系统的精准控制	滑模控制主要应用于系统存在强非线性的工况中
	最优控制	最优控制的目标为将被控对象在给定约束条件下的性能达到最优。在建立广义被控对象模型的基础上,给出状态变量的约束值,通过解决状态和控制的方程组得到最优控制输入。根据所需实现的优化指标,实现对应不同需求的最优控制方法	主要应用于弯曲模态振动抑制、系统过临界转速的工况中

表 7-1-156　　主动磁悬浮轴承不平衡控制方法

控制器功能	具体控制方法	特点
消除磁悬浮轴承的同频反作用力	自动平衡控制 旋转参考控制 惯性自对中控制 自适应振动控制	减小壳体振动,降低机器引发的噪声 避免功放动态饱和 降低功率损耗 不能用于跨越挠性临界转速
抑制转子不平衡振动	不平衡补偿 同步反馈控制 自适应反馈控制 周期学习控制	产生适当的补偿力减小不平衡振动 适合高定位精度的应用 应用于高速转子时,需要高的磁悬浮轴承力及功放功率

7.2.6　主动磁悬浮轴承结构设计应用举例

在已知旋转机械主轴转子轴心直径为 36mm，最大承载力为 150N 的设计指标下，对径向磁悬浮轴承定转子结构进行设计。径向磁悬浮轴承结构及主要设计参数见图 7-1-80。

(1) 气隙 s_0

气隙 s_0 的大小影响着径向磁悬浮轴承的性能，s_0 越小承载力越大，但过小的 s_0 会受到加工技术和成本、控制系统性能等因素限制。综合考虑性能和成本，一般 s_0 选取 0.2~0.5mm。

(2) 电磁铁内径 d_i

由图 7-1-80 可知，$d_i=d_r+2s_0$。

(3) 磁极宽度 c 和磁槽宽度 c_1

当径向磁悬浮轴承磁极采用 8 极结构时，为防止定子磁饱和，并充分利用材料，径向磁悬浮轴承的定子磁极宽度和磁槽宽度一般取：$c=c_1$。

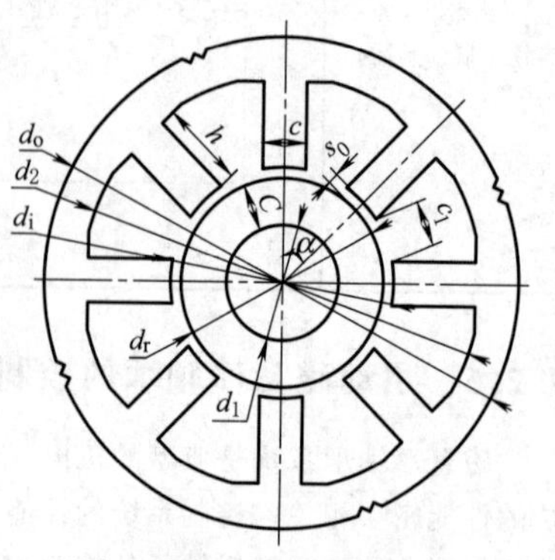

图 7-1-80　径向磁悬浮轴承结构示意图

(4) 转子磁轭宽度 C

为防止转子磁饱和，转子的磁轭宽度应不小于磁极宽度，取 $C=c$。从图 7-1-80 可知，转子的外径为：

$$d_r=d_1+2C$$

(5) 线圈匝数 N 和最大电流 I_{max}

B_{am} 和 B_s 由材料属性决定，由于定子铁芯处的磁通密度大于 B_{am}。因此，径向磁悬浮轴承在实际应用过程中，工作时气隙处的最大磁通密度 B_{am} 要小于材料的饱和磁通密度 B_s，一般 $B_{am}=0.8B_s$。因此，由磁路法求得的磁通密度简化公式为：

$$NI_{max}=\frac{2B_{am}s_0}{\mu_0}$$

式中，N 为一对磁极上的线圈匝数；I_{max} 为线圈通过的最大电流。

(6) 线圈线径 d_w 和线圈腔横截面积 A_{cu}

为最大限度利用导线材料，令导线中电流为 I_{max}，则：

$$I_{max}=\frac{\pi d_w^2 J}{4}$$

式中，J 为电流密度，其大小主要取决于线圈的绝缘等级和冷却条件，一般取 2~5A/mm^2。

由此可得线径为：

$$d_w=2\sqrt{\frac{I_{max}}{\pi J}}$$

计算出线径后，需根据导线标准选取 $\geqslant d_w$ 的标准线径。

考虑绝缘材料和绕线方式，定子线圈腔的横截面积 A_{cu} 应使磁性材料不出现磁饱和现象，当采用圆形导线时，槽满率 λ 取 0.7 左右。此时线圈腔横截面积应满足：

$$A_{cu}\leqslant\frac{2B_s s_0}{\lambda J\mu_0}$$

线圈腔横截面积的计算公式可表示为：

$$A_{cu}=\frac{4(8+\pi)c^2-4(\pi d_o+4d_o-4d_i)c+\pi(d_o^2-d_i^2)}{32}$$

(7) 轴承宽度 L

根据等效磁路法可得一对磁极所能产生的承载力为：

$$F=\frac{\lambda^2\mu_0 J^2}{4s_0{}^2}AA_{cu}^2\cos\alpha$$

径向磁悬浮轴承定子的磁极面积为：$A=kcL$，k 为定子叠片系数，一般取 $k=0.9$。轴承宽度为：

$$L=\frac{\mu_0 F_{max}}{B_{am}^2 kc\cos\alpha}$$

式中，F_{max} 为所要求的最大电磁力。

至此，磁悬浮轴承定子转子结构参数设计全部完成。已知转子轴心直径 $d_1=36$mm，最大承载力 $F_{max}=150$N，选取磁悬浮轴承规格如下：气隙 $s_0=0.25$mm，偏置电流 $I_0=1.5$A，槽满率 $\lambda=0.7$，转子和定子铁芯用 0.35mm 无取向硅钢片 DW310_35，即 $B_{am}=0.8B_s=1.6$T。将上述数据代入计算公式，得出径向磁悬浮轴承的定转子结构参数如表 7-1-157 所示。

表 7-1-157　径向磁悬浮轴承定转子结构参数

参数	数值	参数	数值
电磁铁内径 d_i/mm	59	电磁铁外径 d_o/mm	115
线圈槽底径 d_2/mm	95	转子直径 d_r/mm	58.5
磁极宽度 c/mm	11	磁槽宽度 c_1/mm	11
轴承宽度 L/mm	12	线圈匝数 N/匝	100
磁极面积 A/mm^2	232.36	单边气隙 s_0/mm	0.25
最大电磁力 F_{max}/N	170	气隙最大磁密 B_{am}/T	1.34
电流刚度系数 K_{si}/N·A^{-1}	157.68	位移刚度系数 K_s/N·m^{-1}	9.46×10^5

CHAPTER 2

第 2 章 滚动轴承

1 滚动轴承的分类和特性

1.1 滚动轴承分类（摘自 GB/T 271—2017）

滚动轴承按其公称外径（D，mm）尺寸大小可分为微型轴承（$D \leqslant 26$）、小型轴承（$26<D<60$）、中小型轴承（$60 \leqslant D<120$）、中大型轴承（$120 \leqslant D<200$）、大型轴承（$200 \leqslant D \leqslant 440$）、特大型轴承（$440<D \leqslant 2000$）、重大型轴承（$D>2000$）。常用轴承类型及结构分类见表 7-2-1；综合分类表示如下：

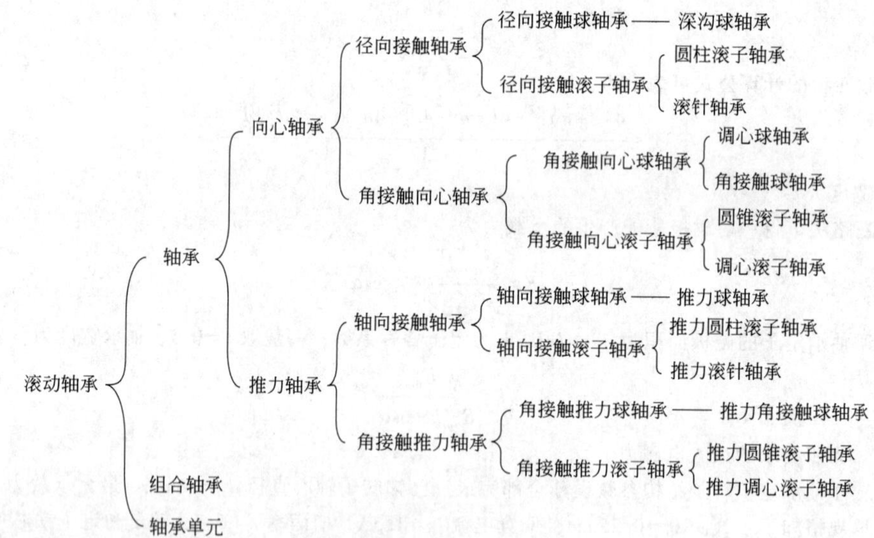

表 7-2-1 常用轴承类型及结构分类

轴承结构分类									名称	简图	类型代号	标准编号
向心轴承	径向接触轴承	径向接触球轴承	深沟球轴承	单列	不可分离型	无装填槽	—		（单列向心）深沟球轴承		6	GB/T 276
							外球面	带顶丝	带顶丝（单列向心）外球面球轴承		UC	GB/T 3882

续表

轴承结构分类									名称	简图	类型代号	标准编号
向心轴承	径向接触轴承	径向接触球轴承	深沟球轴承	单列	不可分离型	无装填槽	外球面	带偏心套	带偏心套(单列向心)外球面球轴承	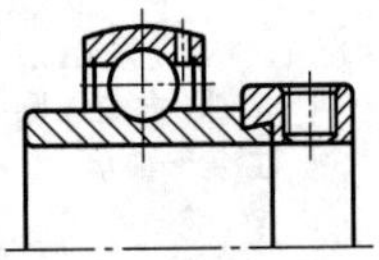	UEL	GB/T 3882
向心轴承	径向接触轴承	径向接触球轴承	深沟球轴承	单列	不可分离型	无装填槽	外球面	圆锥孔	圆锥孔(单列向心)外球面球轴承	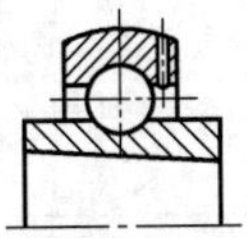	UK	GB/T 3882
向心轴承	径向接触轴承	径向接触球轴承	深沟球轴承	单列	不可分离型	有装填槽			有装填槽、有保持架的(单列向心)深沟球轴承	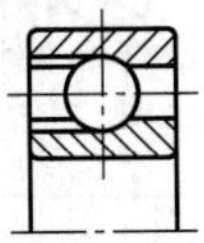	6①	—
向心轴承	径向接触轴承	径向接触球轴承	深沟球轴承	双列	不可分离型	无装填槽			双列(向心)深沟球轴承	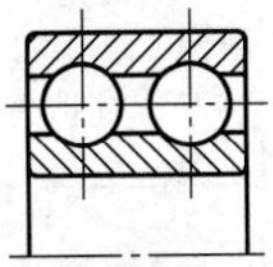	4	—
向心轴承	径向接触轴承	径向接触滚子轴承	圆柱滚子轴承	单列	可分离型	内圈双挡边	外圈无挡边		外圈无挡边(单列向心)圆柱滚子轴承	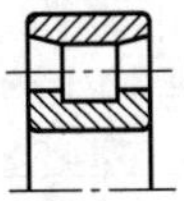	N	GB/T 283
向心轴承	径向接触轴承	径向接触滚子轴承	圆柱滚子轴承	单列	可分离型	内圈双挡边	外圈单挡边		外圈单挡边(单列向心)圆柱滚子轴承	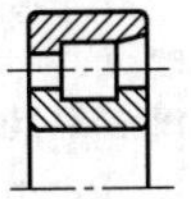	NF	GB/T 283
向心轴承	径向接触轴承	径向接触滚子轴承	圆柱滚子轴承	单列	可分离型	外圈单挡边	内圈双挡边	带平挡圈	外圈单挡边、带平挡圈(单列向心)圆柱滚子轴承	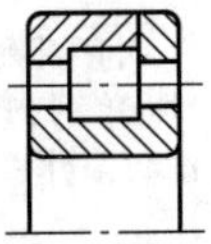	NFP	—
向心轴承	径向接触轴承	径向接触滚子轴承	圆柱滚子轴承	单列	可分离型	外圈双挡边	内圈无挡边	不带挡圈	内圈无挡边(单列向心)圆柱滚子轴承	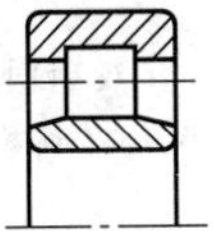	NU	GB/T 283
向心轴承	径向接触轴承	径向接触滚子轴承	圆柱滚子轴承	单列	可分离型	外圈双挡边	内圈单挡边	不带挡圈	内圈单挡边(单列向心)圆柱滚子轴承	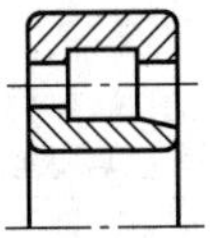	NJ	GB/T 283
向心轴承	径向接触轴承	径向接触滚子轴承	圆柱滚子轴承	单列	可分离型	外圈双挡边	内圈单挡边	带平挡圈	内圈单挡边、带平挡圈(单列向心)圆柱滚子轴承	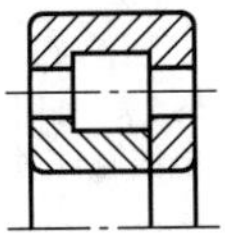	NUP	GB/T 283
向心轴承	径向接触轴承	径向接触滚子轴承	圆柱滚子轴承	双列	可分离型	外圈无挡边	内圈双挡边		内圈双挡边双列(向心)圆柱滚子轴承	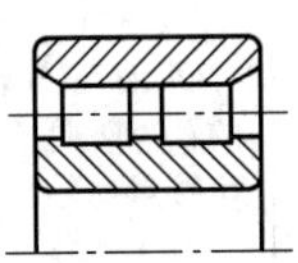	NN	GB/T 285

第7篇

续表

轴承结构分类								名称	简图	类型代号	标准编号
向心轴承	径向接触轴承	径向接触滚子轴承	圆柱滚子轴承	双列	可分离型	外圈双挡边	内圈无挡边	内圈无挡边双列(向心)圆柱滚子轴承	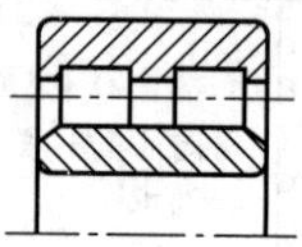	NNU	GB/T 285
			滚针轴承	单列				(单列向心)滚针轴承	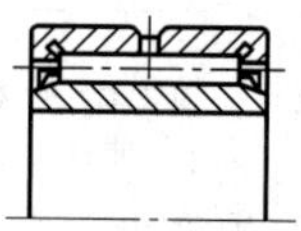	NA、NKI、NKIS	GB/T 5801
					无内圈	无外圈		(单列)向心滚针和保持架组件	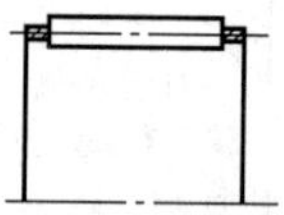	K	GB/T 20056
						冲压外圈	开口型	开口型冲压外圈(单列向心)滚针轴承	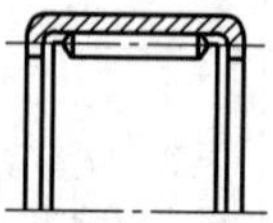	HK	GB/T 290
							封口型	封口型冲压外圈(单列向心)滚针轴承	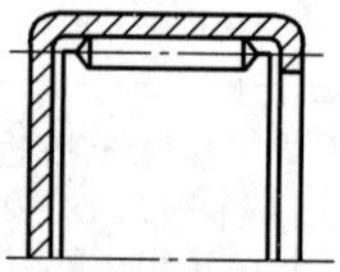	BK	
					不可分离型	滚轮外圈无挡边	内圈带平挡圈	内圈带平挡圈(单列向心)滚轮滚针轴承	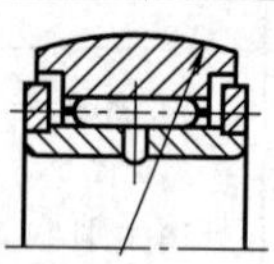	NATR	GB/T 6445
							内圈带螺栓轴	内圈带螺栓轴(单列向心)滚轮滚针轴承	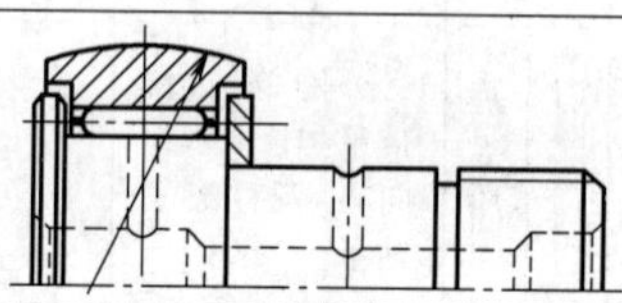	KR	
	角接触向心轴承	角接触向心球轴承	调心球轴承	双列		外圈球面滚道		(双列向心)调心球轴承	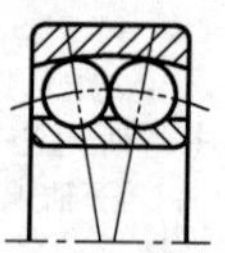	1	GB/T 281
			角接触球轴承	单列		锁口在外圈		锁口在外圈的(单列向心)角接触球轴承	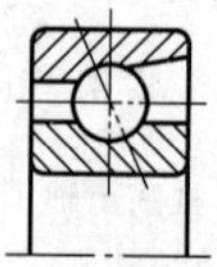	7	GB/T 292
						锁口在内圈		锁口在内圈的(单列向心)角接触球轴承	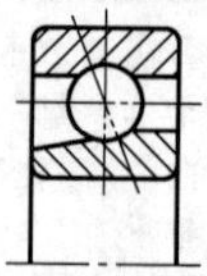	B7	
					可分离型	外圈可分离		外圈可分离的(单列向心)角接触球轴承	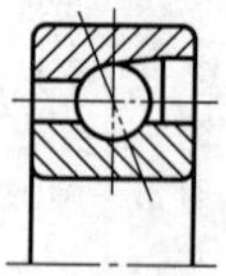	S7	—

第7篇

续表

轴承结构分类							名称	简图	类型代号	标准编号
向心轴承	角接触向心轴承	角接触向心球轴承	角接触球轴承	单列	可分离型	内圈可分离	内圈可分离的(单列向心)角接触球轴承	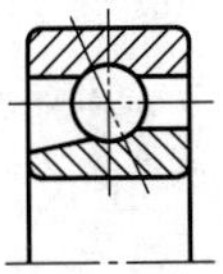	SN7	—
向心轴承	角接触向心轴承	角接触向心球轴承	角接触球轴承	单列	可分离型	双半内圈 四点接触	双半内圈(单列向心)四点接触球轴承		QJ	GB/T 294
向心轴承	角接触向心轴承	角接触向心球轴承	角接触球轴承	单列	可分离型	双半外圈 四点接触	双半外圈(单列向心)四点接触球轴承	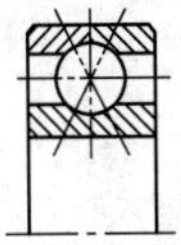	QJF	GB/T 294
向心轴承	角接触向心轴承	角接触向心球轴承	角接触球轴承	单列	可分离型	双半内圈 三点接触	双半内圈(单列向心)三点接触球轴承		QJS	GB/T 294
向心轴承	角接触向心轴承	角接触向心球轴承	角接触球轴承	双列	不可分离型	无装填槽	双列(向心)角接触球轴承	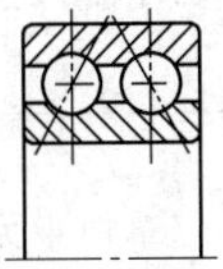	0①	GB/T 296
向心轴承	角接触向心轴承	角接触向心球轴承	角接触球轴承	双列	不可分离型	有装填槽	有装填槽的双列(向心)角接触球轴承	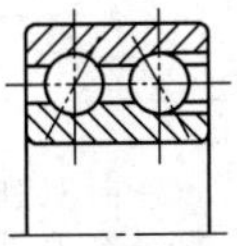	0①	GB/T 296
向心轴承	角接触向心轴承	角接触向心滚子轴承	圆锥滚子轴承	单列	可分离型	—	(单列向心)圆锥滚子轴承	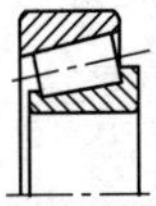	3	GB/T 297
向心轴承	角接触向心轴承	角接触向心滚子轴承	圆锥滚子轴承	双列	可分离型	双内圈	双内圈双列(向心)圆锥滚子轴承	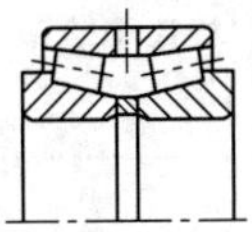	35	GB/T 299
向心轴承	角接触向心轴承	角接触向心滚子轴承	圆锥滚子轴承	双列	可分离型	双外圈	双外圈双列(向心)圆锥滚子轴承	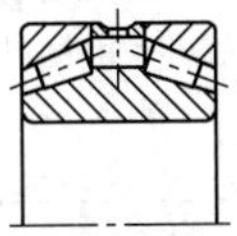	37	—
向心轴承	角接触向心轴承	角接触向心滚子轴承	圆锥滚子轴承	四列	可分离型	双内圈	四列(向心)圆锥滚子轴承	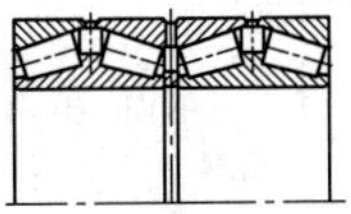	38	GB/T 300
向心轴承	角接触向心轴承	角接触向心滚子轴承	调心滚子轴承	双列	不可分离型	外圈球面滚道	(双列向心)调心滚子轴承	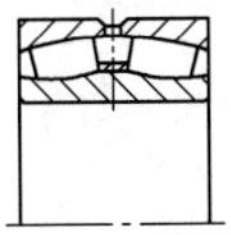	2	GB/T 288
向心轴承	角接触向心轴承	角接触向心滚子轴承	长弧面滚子轴承	单列	不可分离型	弧面滚道	(单列向心)长弧面滚子轴承	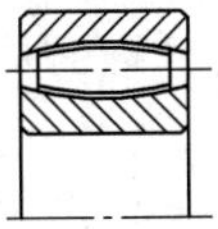	C	—

续表

轴承结构分类								名称	简图	类型代号	标准编号
推力轴承	轴向接触轴承	轴向接触球轴承	推力球轴承	单列	可分离型	单向	平底型	单向推力球轴承	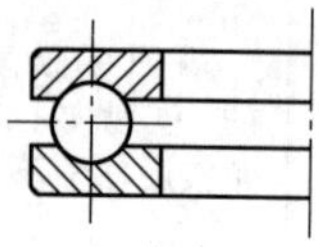	5	GB/T 301
							球面型	单向调心推力球轴承	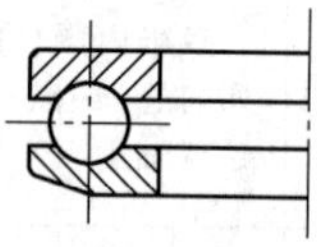		GB/T 28697
				双列		双向	平底型	双向推力球轴承	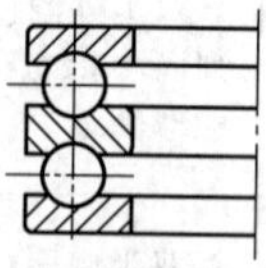		GB/T 301
							球面型	双向调心推力球轴承	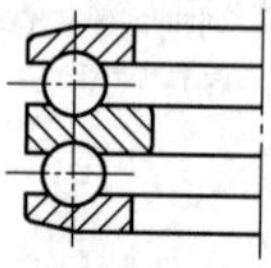		GB/T 28697
		轴向接触滚子轴承	推力圆柱滚子轴承	单列		单向	平底型	单向推力圆柱滚子轴承	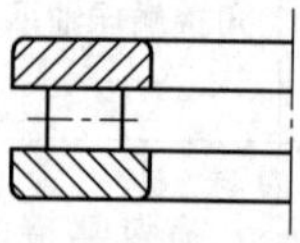	8	GB/T 4663
				双列				单向双列或多列推力圆柱滚子轴承	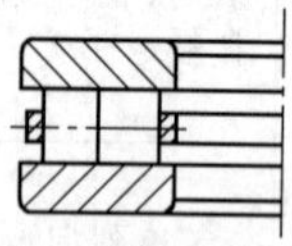		—
						双向		双向推力圆柱滚子轴承	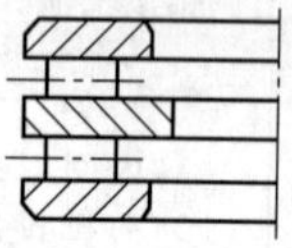		GB/T 4663
			推力滚针轴承		—	单向	无垫圈	（单向）推力滚针和保持架组件	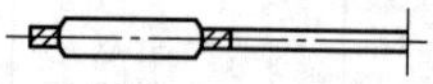	AXK	GB/T 4605
	角接触推力轴承	角接触推力球轴承	推力角接触球轴承	单列	可分离型		平底型	（单向）推力角接触球轴承	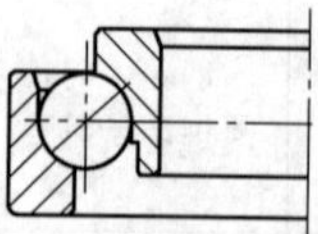	56 76	JB/T 8717 GB/T 24604
				双列		双向		双向推力角接触球轴承	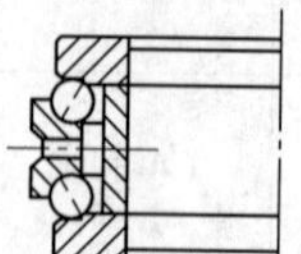	23	JB/T 6362

第7篇

续表

轴承结构分类								名称	简图	类型代号	标准编号
推力轴承	角接触推力轴承	角接触推力滚子轴承	推力圆锥滚子轴承	单列	可分离型	单向	平底型	（单向）推力圆锥滚子轴承	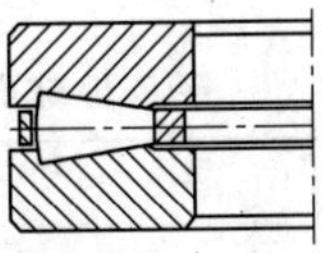	9	JB/T 7751
				双列		双向		双向推力圆锥滚子轴承	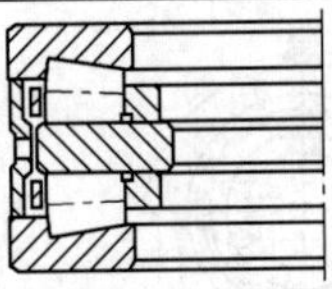		
			推力调心滚子轴承	单列		单向		（单向）推力调心滚子轴承	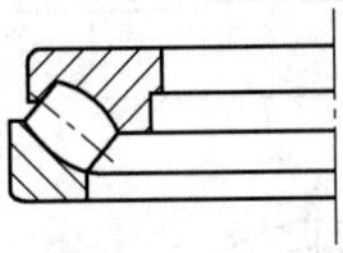	2	GB/T 5859
组合轴承				可分离型	单向	向心滚针	推力球轴承	带外罩的（单列向心）滚针和满装（单向）推力球组合轴承	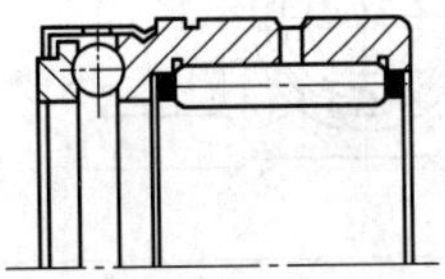	NX	GB/T 25760
								（单列向心）滚针和（单向）推力球组合轴承	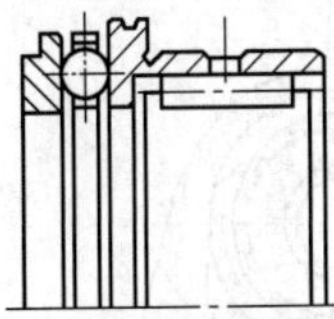	NKX	
							角接触推力球轴承	（单列向心）滚针和（单向推力）角接触球组合轴承	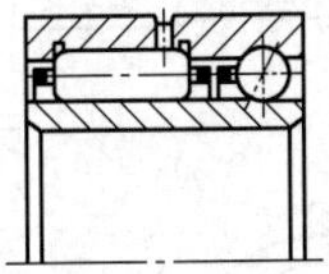	NKIA	GB/T 25761
					双向			（单列向心）滚针和（推力）三点接触球组合轴承	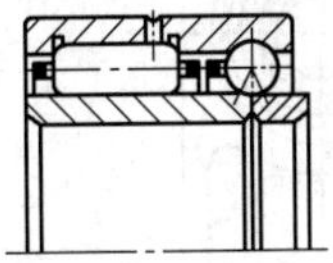	NKIB	
					单向		推力圆柱滚子轴承	（单列向心）滚针和（单向）推力圆柱滚子组合轴承	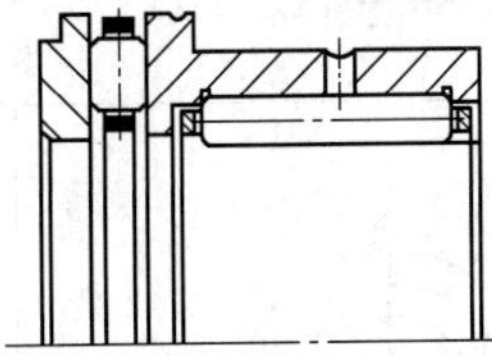	NKXR	GB/T 16643
					双向			（单列向心）滚针和双向推力圆柱滚子组合轴承	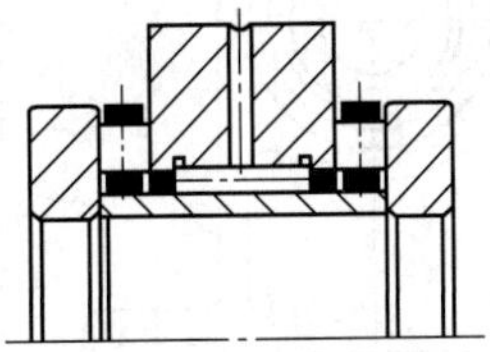	ZARN	GB/T 25768

① 类型代号一般在轴承代号中省略，不表示。

注：表中名称栏内括弧中的文字在标准、图纸文件轴承名称叙述中可省略。

1.2 带座外球面球轴承常用结构型式分类（摘自 GB/T 28779—2012）

表 7-2-2　　带座外球面球轴承常用结构型式

简　图	结构型式名称	结构型式代号及标准号	
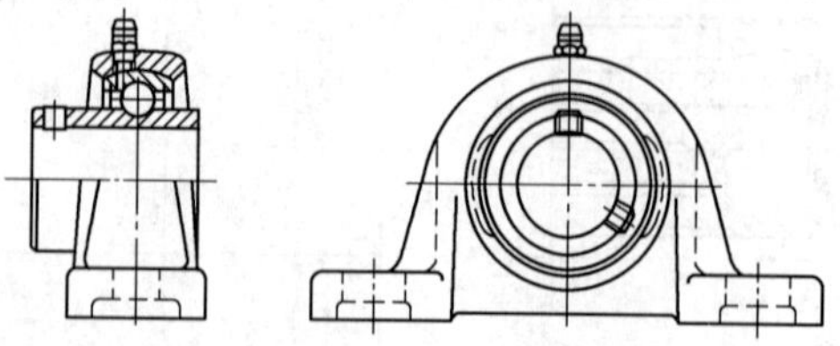	带立式座顶丝外球面球轴承	UCP 型	GB/T 7810
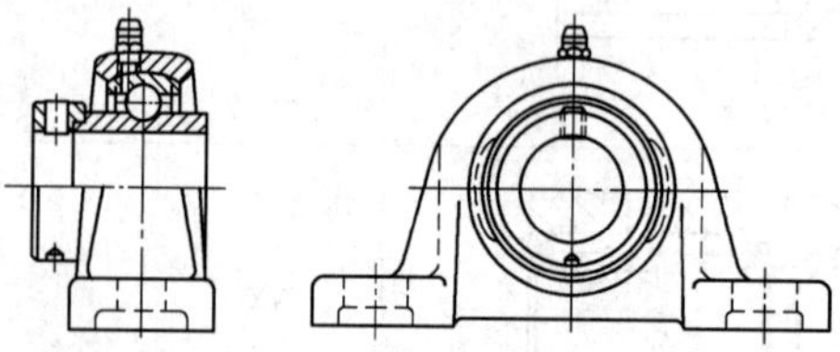	带立式座偏心套外球面球轴承	UELP 型	
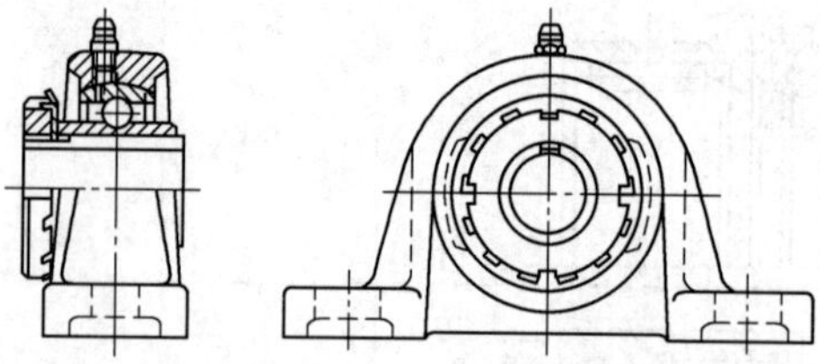	带立式座紧定套外球面球轴承	UKP+H 型	
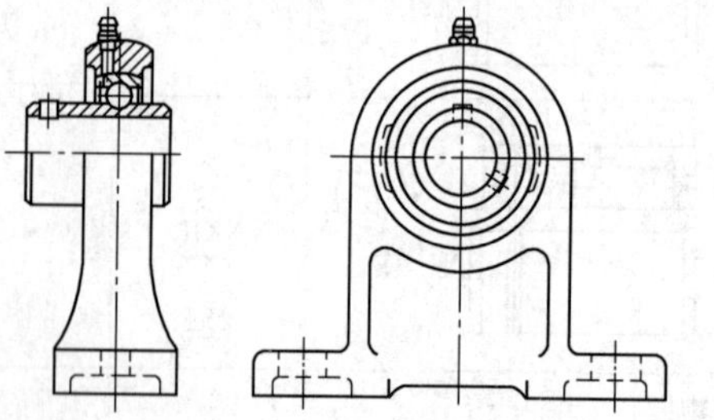	带高中心立式座顶丝外球面球轴承	UCPH 型	JB/T 5303
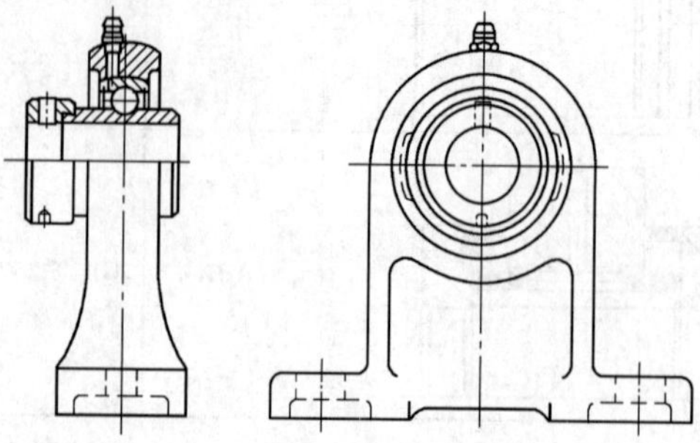	带高中心立式座偏心套外球面球轴承	UELPH 型	

续表

<table>
<tr><th>简　图</th><th>结构型式名称</th><th colspan="2">结构型式代号及标准号</th></tr>
<tr><td>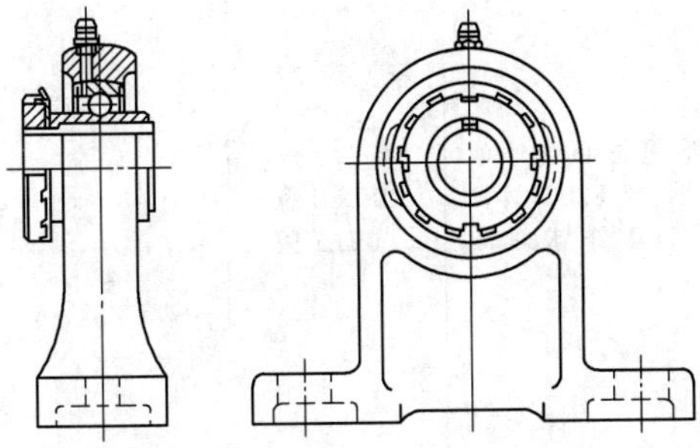</td><td>带高中心立式座紧定套外球面球轴承</td><td>UKPH+H 型</td><td rowspan="4">JB/T 5303</td></tr>
<tr><td>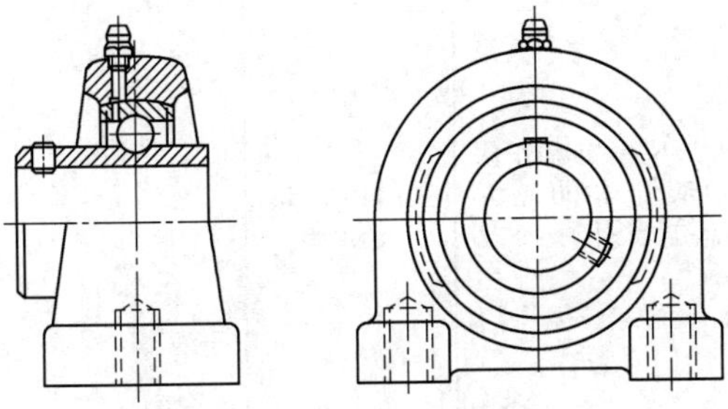</td><td>带窄立式座顶丝外球面球轴承</td><td>UCPA 型</td></tr>
<tr><td>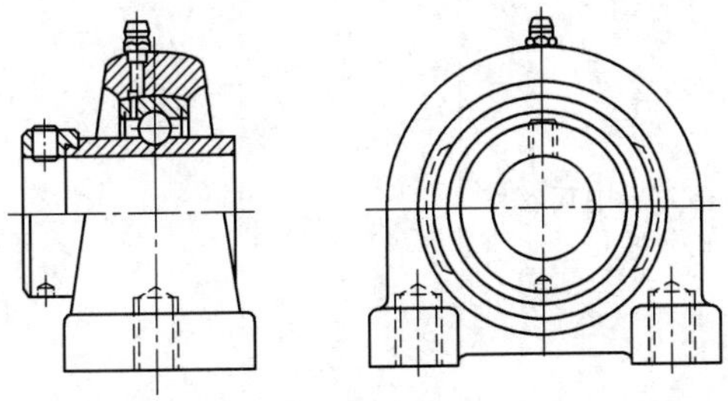</td><td>带窄立式座偏心套外球面球轴承</td><td>UELPA 型</td></tr>
<tr><td>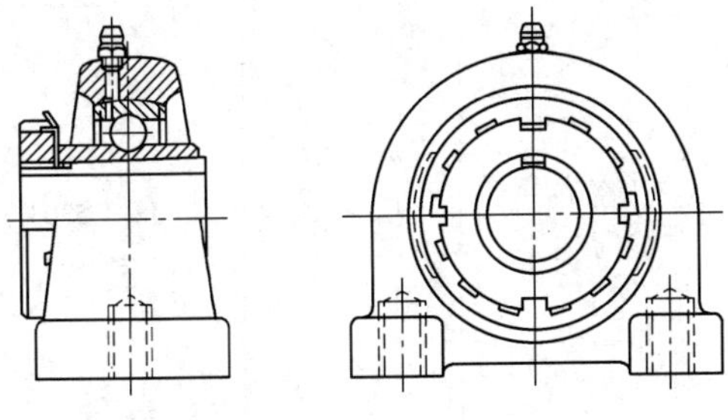</td><td>带窄立式座紧定套外球面球轴承</td><td>UKPA+H 型</td></tr>
<tr><td>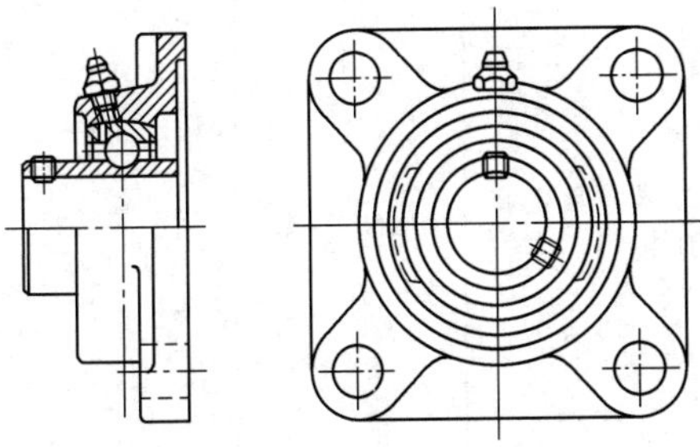</td><td>带方形座顶丝外球面球轴承/带 F200 型方形座顶丝外球面球轴承</td><td>UCFU 型/UCF 型</td><td>GB/T 7810</td></tr>
</table>

续表

简图	结构型式名称	结构型式代号及标准号	
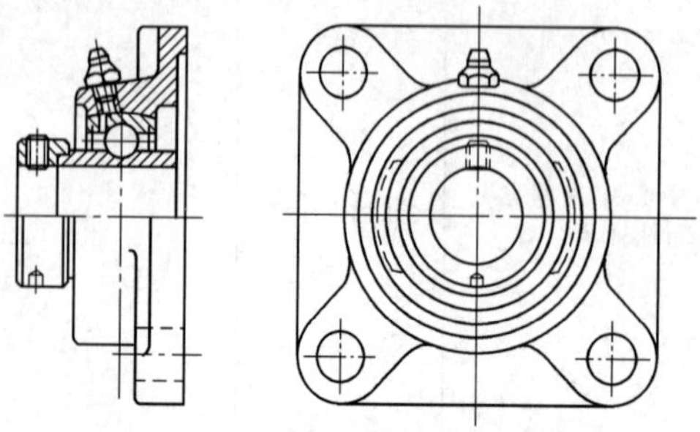	带方形座偏心套外球面球轴承/带 F200 型方形座偏心套外球面球轴承	UELFU 型 /UELF 型	GB/T 7810
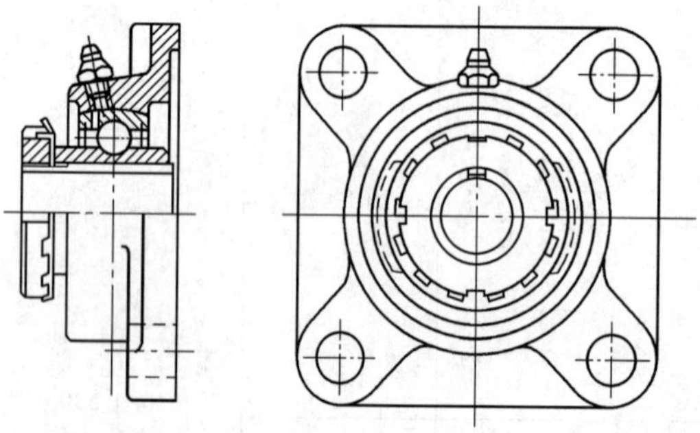	带方形座紧定套外球面球轴承/带 F200 型方形座紧定套外球面球轴承	UKFU+H 型 /UKF 型	
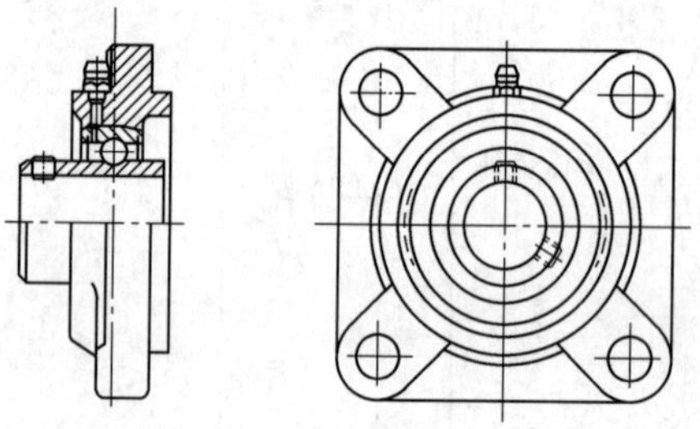	带凸台方形座顶丝外球面球轴承	UCFS 型	JB/T 5303
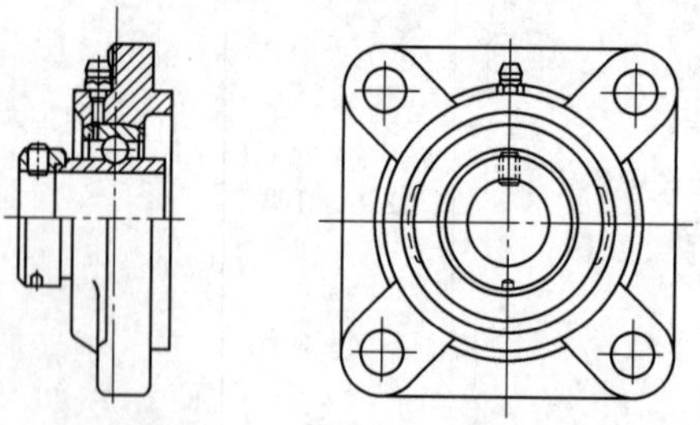	带凸台方形座偏心套外球面球轴承	UELFS 型	
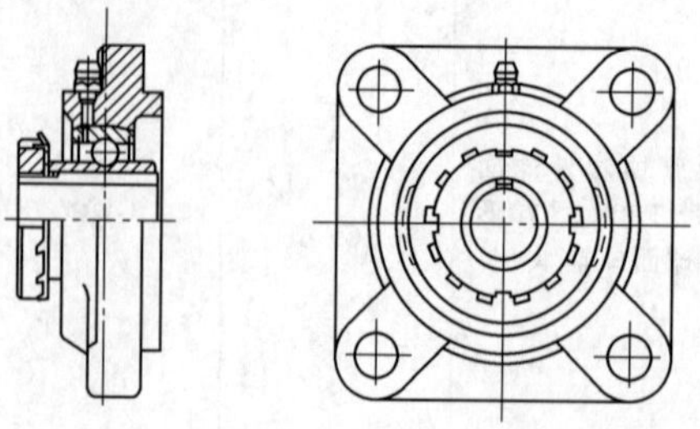	带凸台方形座紧定套外球面球轴承	UKFS+H 型	

续表

简　　图	结构型式名称	结构型式代号及标准号	
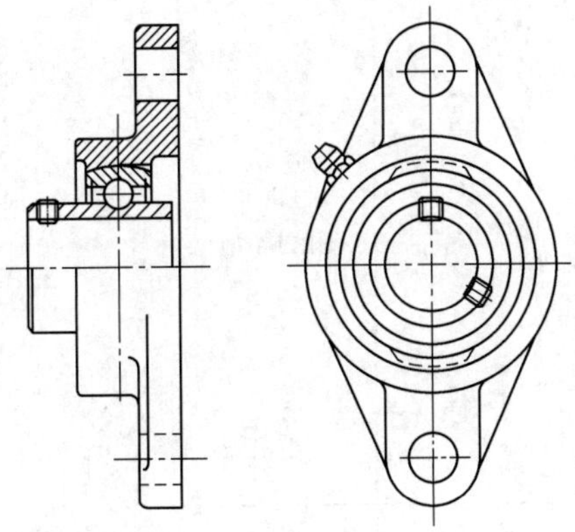	带菱形座顶丝外球面球轴承/带 FL200 型菱形座顶丝外球面球轴承	UCFLU 型 /UCFL 型	GB/T 7810
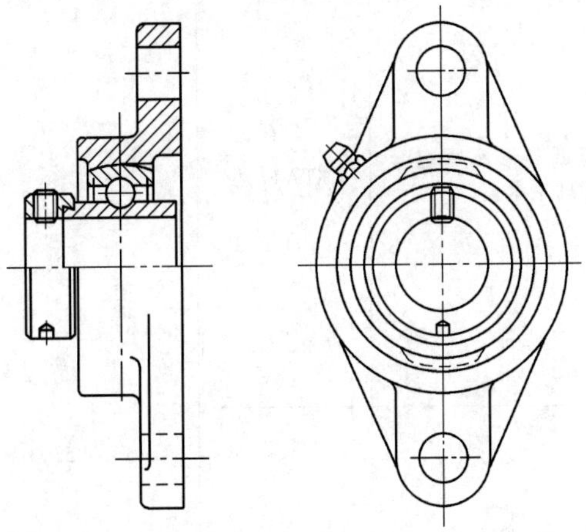	带菱形座偏心套外球面球轴承/带 FL200 型菱形座偏心套外球面球轴承	UELFLU 型 /UELFL 型	
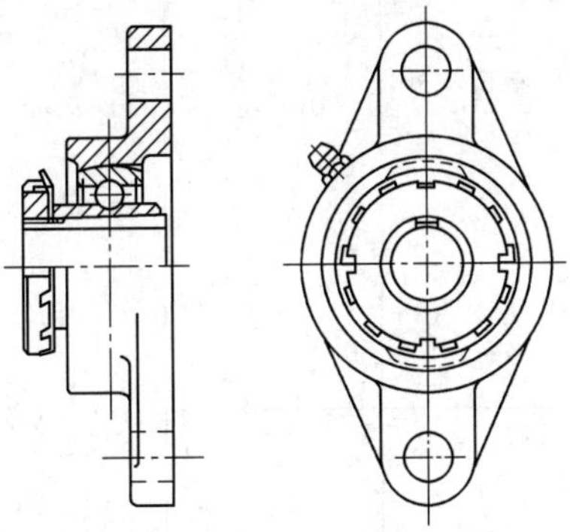	带菱形座紧定套外球面球轴承/带 FL200 型菱形座紧定套外球面球轴承	UKFLU+H 型 /UKFL+H 型	
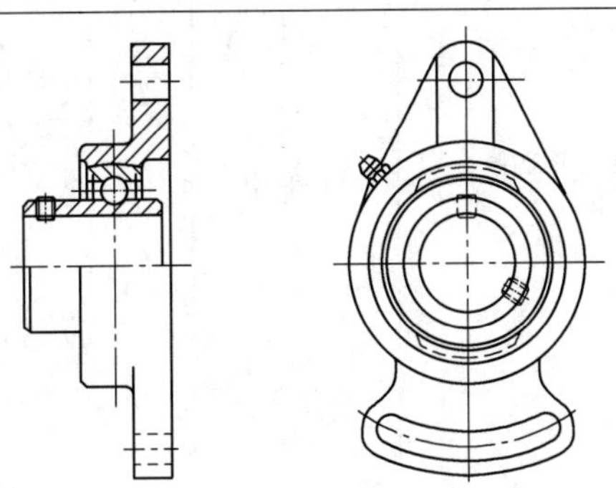	带可调菱形座顶丝外球面球轴承	UCFA 型	JB/T 5303

续表

简　图	结构型式名称	结构型式代号及标准号	
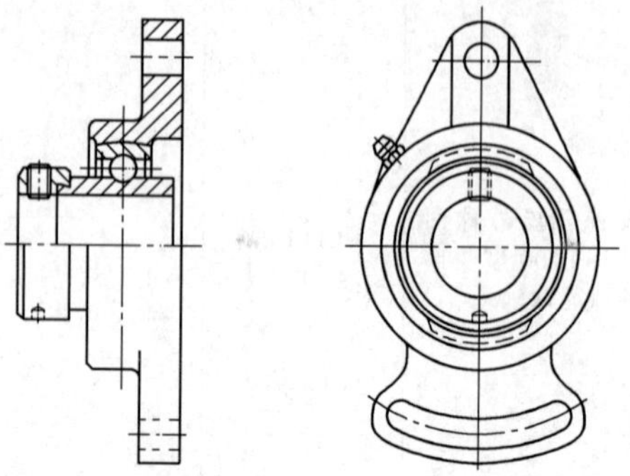	带可调菱形座偏心套外球面球轴承	UELFA 型	JB/T 5303
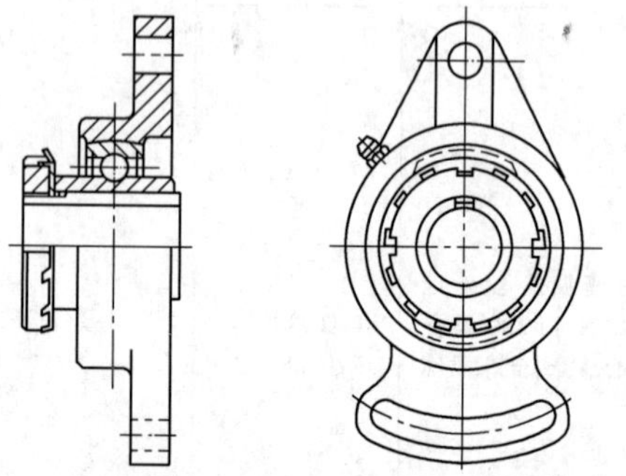	带可调菱形座紧定套外球面球轴承	UKFA+H 型	
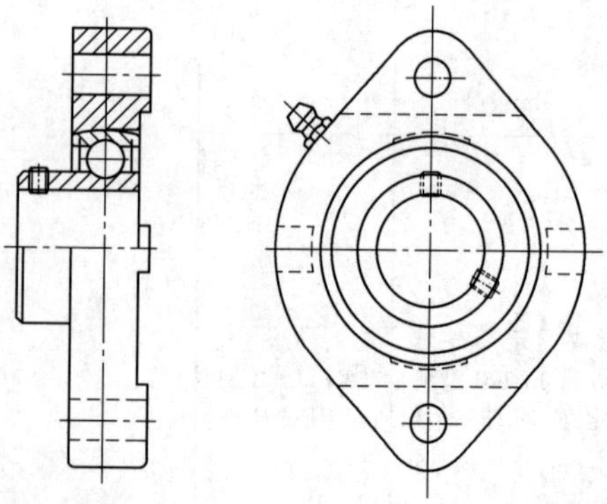	带轻型菱形座顶丝外球面球轴承	UBFD 型	
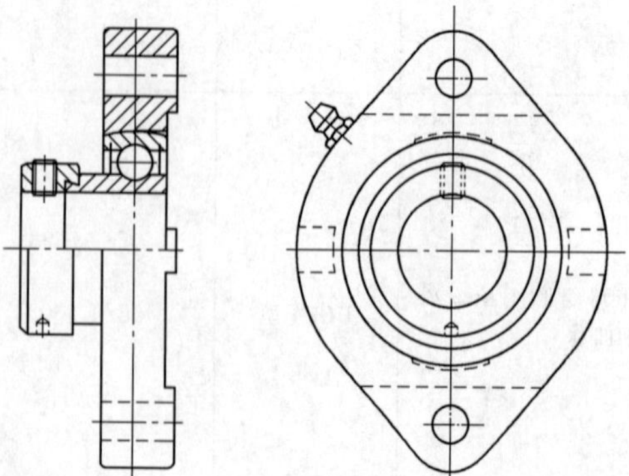	带轻型菱形座偏心套外球面球轴承	UEFD 型	

续表

简　图	结构型式名称	结构型式代号及标准号	
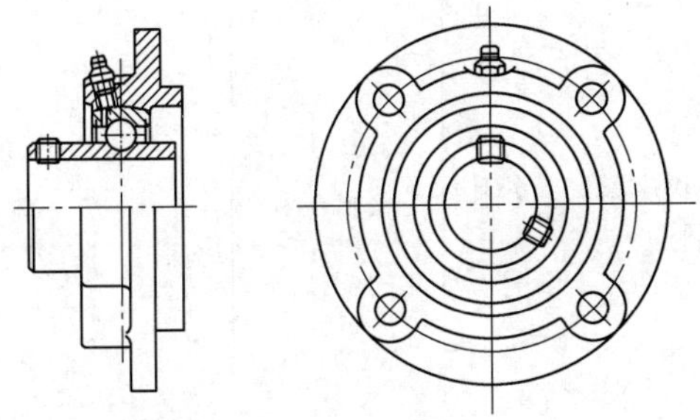	带凸台圆形座顶丝外球面球轴承	UCFC 型	GB/T 7810
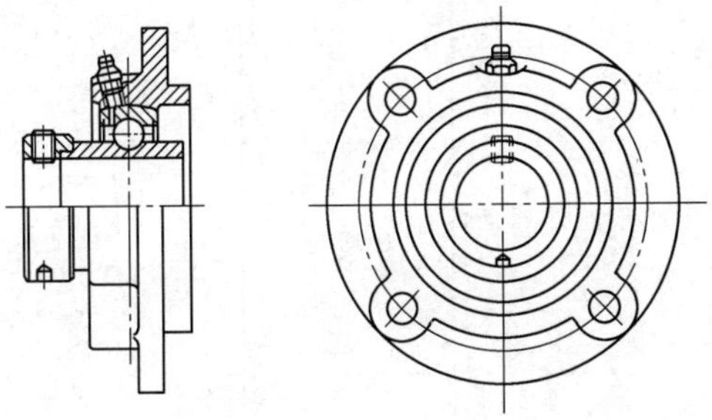	带凸台圆形座偏心套外球面球轴承	UELFC 型	
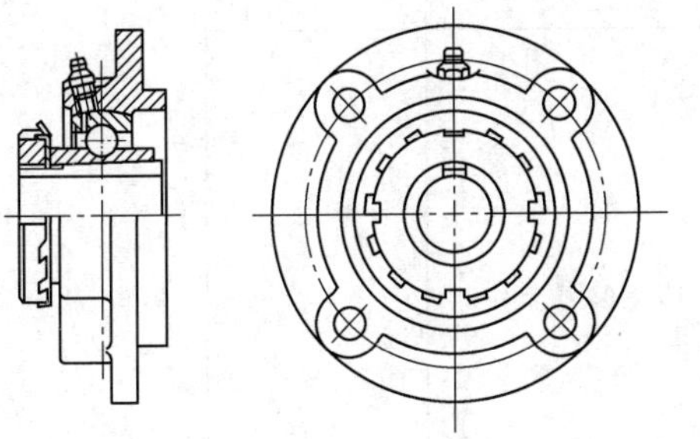	带凸台圆形座紧定套外球面球轴承	UKFC+H 型	
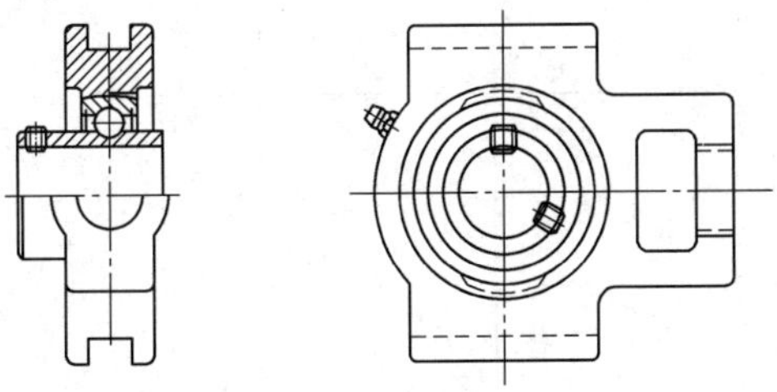	带滑块座顶丝外球面球轴承	UCT 型	
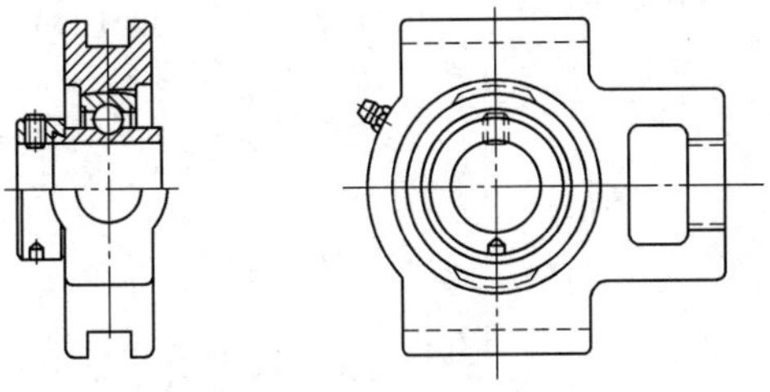	带滑块座偏心套外球面球轴承	UELT 型	

续表

简图	结构型式名称	结构型式代号及标准号	
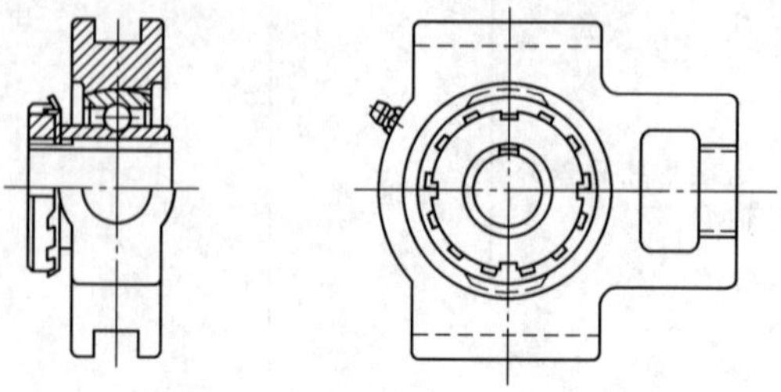	带滑块座紧定套外球面球轴承	UKT+H 型	GB/T 7810
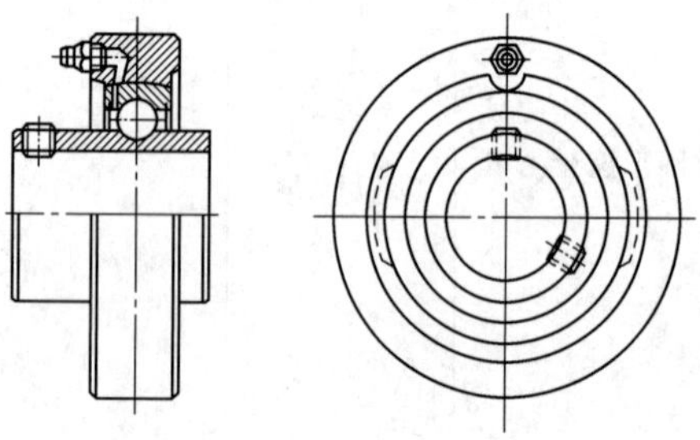	带环形座顶丝外球面球轴承	UCC 型	
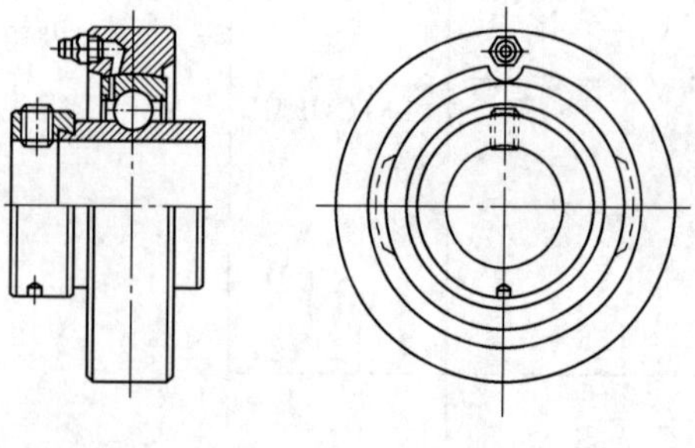	带环形座偏心套外球面球轴承	UELC 型	
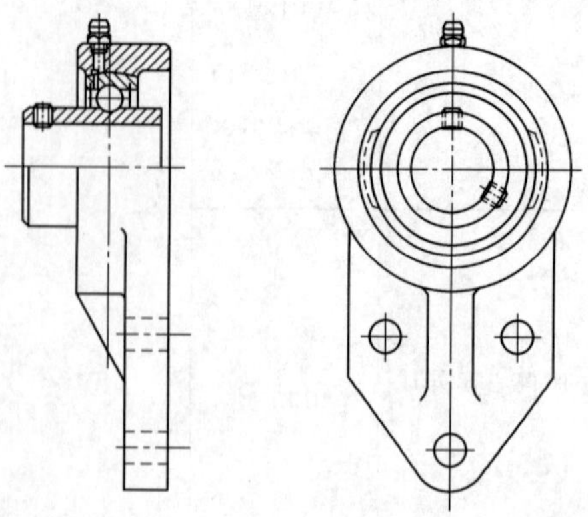	带悬挂式座顶丝外球面球轴承	UCFB 型	JB/T 5303

续表

简　图	结构型式名称	结构型式代号及标准号	
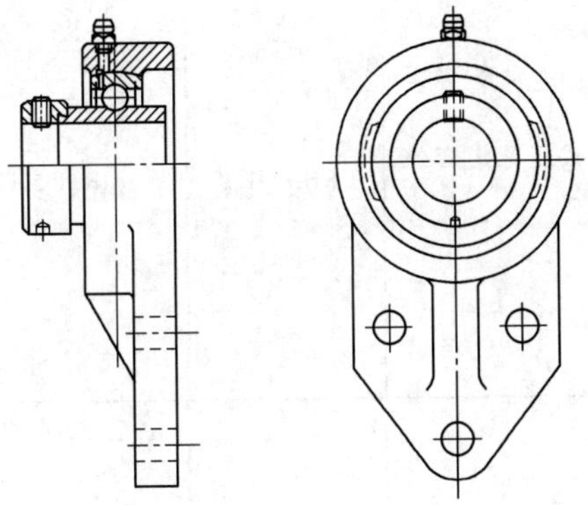	带悬挂式座偏心套外球面球轴承	UELFB 型	JB/T 5303
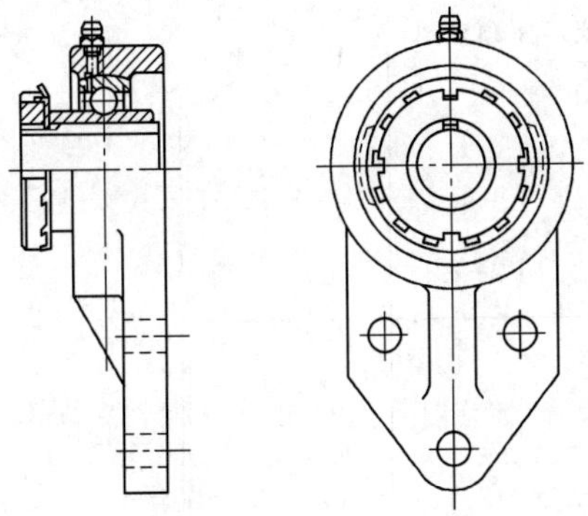	带悬挂式座紧定套外球面球轴承	UKFB+H 型	
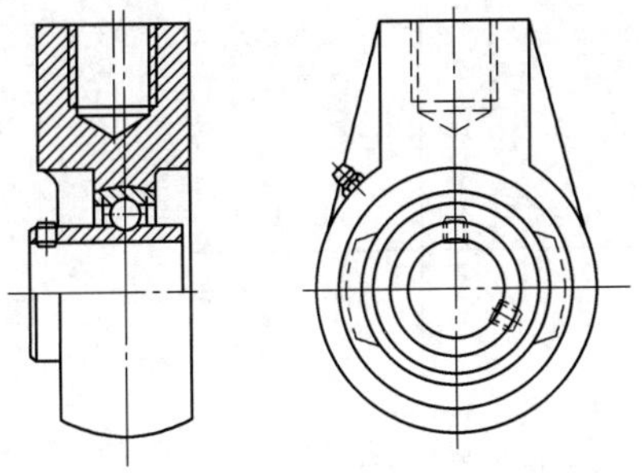	带悬吊式座顶丝外球面球轴承	UCHA 型	
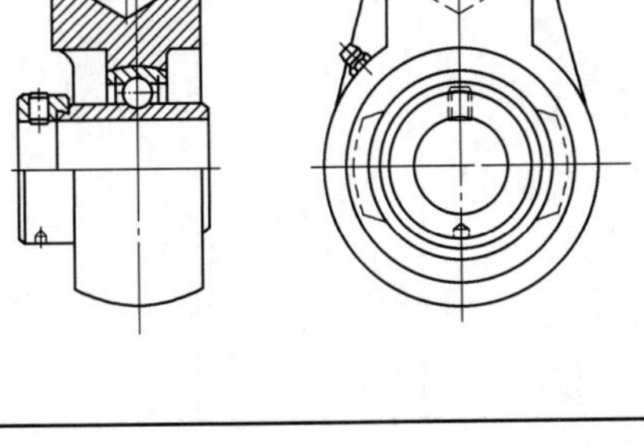	带悬吊式座偏心套外球面球轴承	UELHA 型	

续表

简　图	结构型式名称	结构型式代号及标准号	
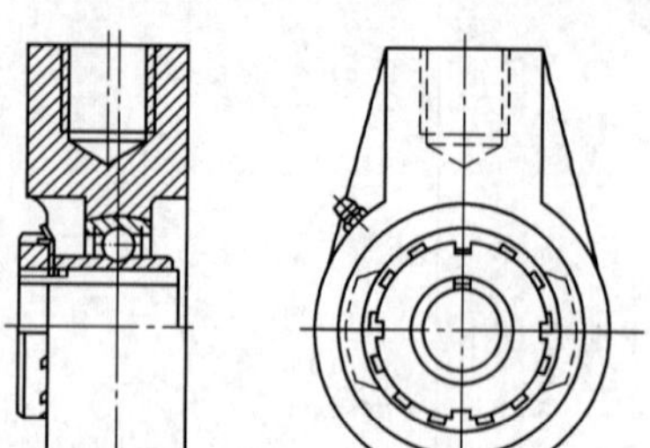	带悬吊式座紧定套外球面球轴承	UKHA+H 型	JB/T 5303
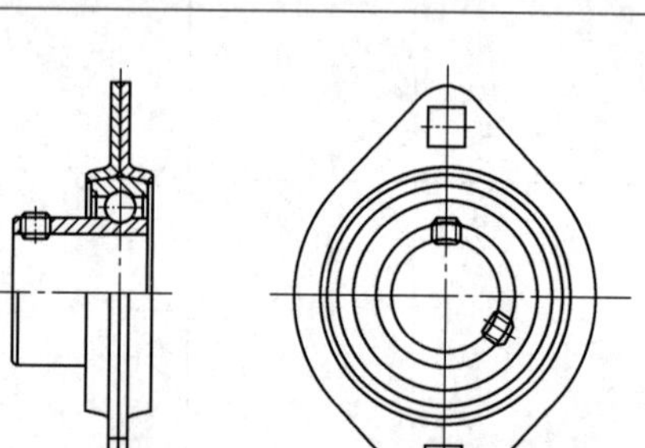	带冲压菱形座顶丝外球面球轴承	UBPFL 型	GB/T 7810
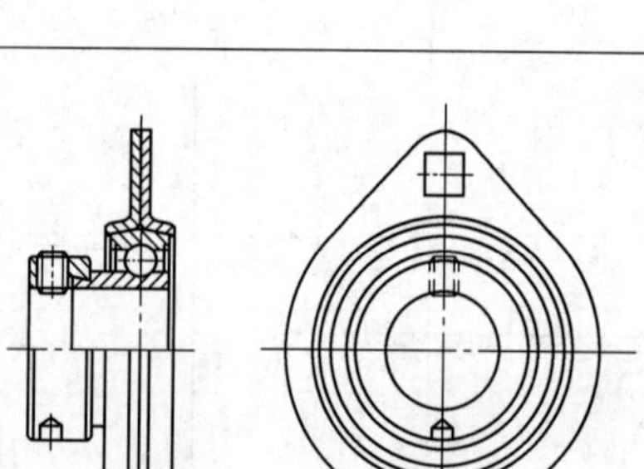	带冲压菱形座偏心套外球面球轴承	UEPFL 型	
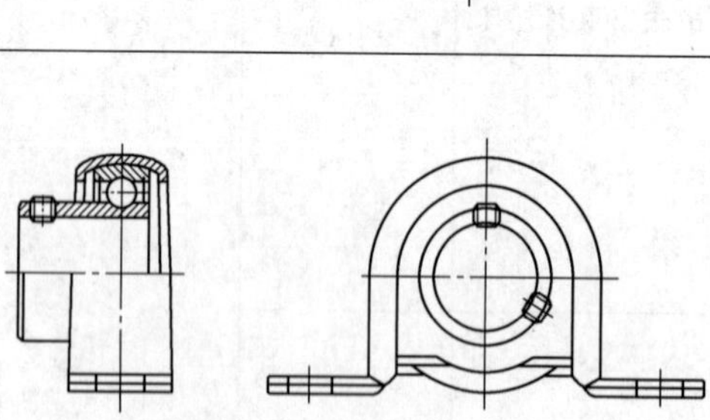	带冲压立式座顶丝外球面球轴承	UBPP 型	
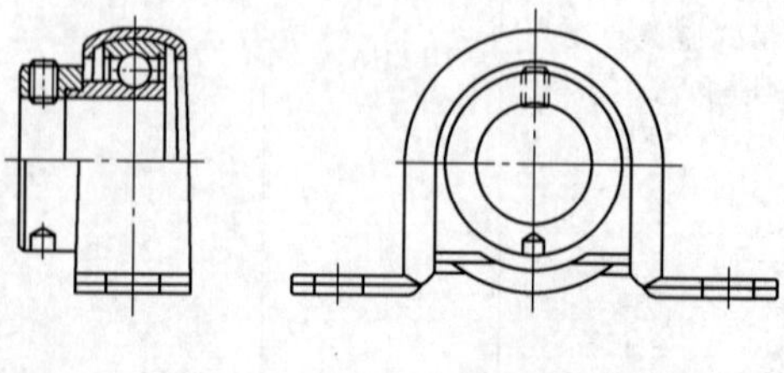	带冲压立式座偏心套外球面球轴承	UEPP 型	

续表

简　图	结构型式名称	结构型式代号及标准号	
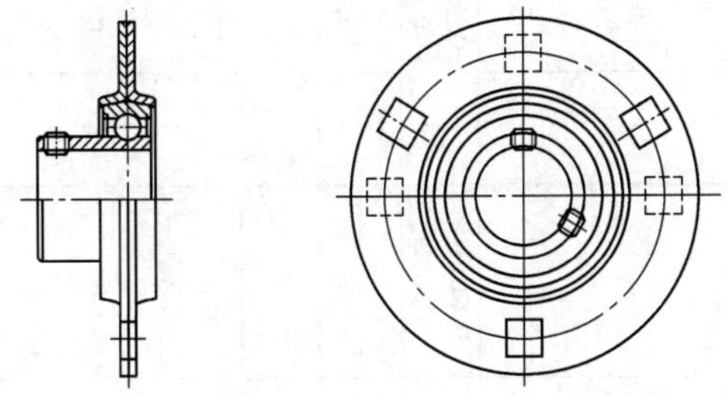	带冲压圆形座顶丝外球面球轴承	UBPF 型	GB/T 7810
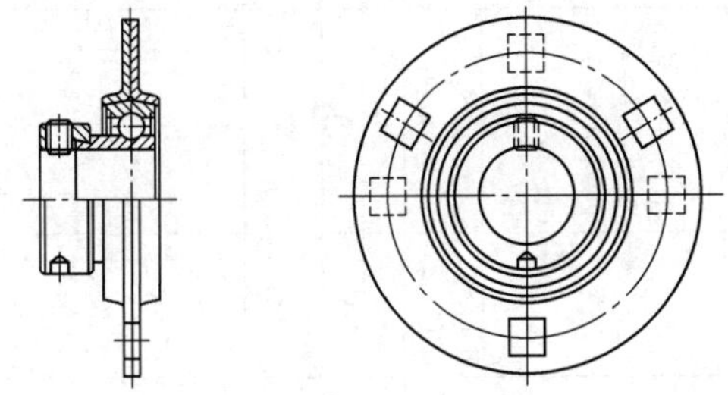	带冲压圆形座偏心套外球面球轴承	UEPF 型	
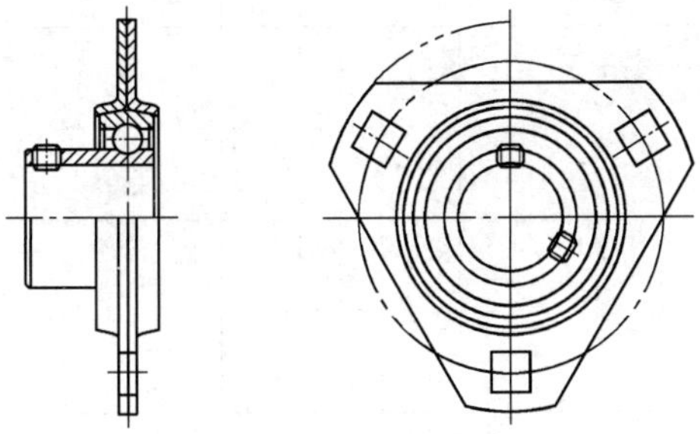	带冲压三角形座顶丝外球面球轴承	UBPFT 型	
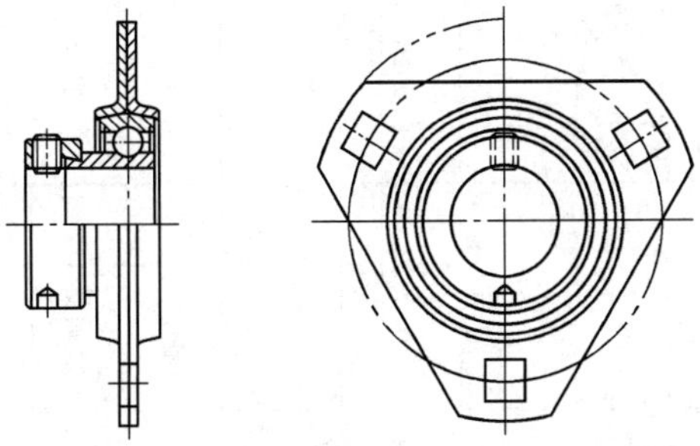	带冲压三角形座偏心套外球面球轴承	UEPFT 型	

1.3 滚动轴承特性比较

表 7-2-3 滚动轴承特性比较

轴承类型	深沟球轴承	角接触球轴承 单列	角接触球轴承 双列	角接触球轴承 组配	调心球轴承	圆柱滚子轴承	滚针轴承	圆锥滚子轴承	调心滚子轴承	推力球轴承	推力圆柱滚子轴承	推力圆锥滚子轴承	推力调心滚子轴承
载荷方向	主要承受径向载荷，也可同时承受较小的双向轴向载荷。可承受纯轴向载荷	7、B7、S7、SN7 型承受径向和单向轴向的联合载荷；QJ、QJS 型承受径向和双向轴向的联合载荷	双列角接触球轴承承受径向为主和双向轴向载荷的联合载荷。不宜承受纯轴向载荷	承受以径向载荷为主的径、轴向联合载荷（串联为单向轴向，其他配置可承受双向轴向）	主要承受径向载荷，也可同时承受较小的双向轴向载荷	NU、N 型仅能承受径向载荷，内、外圈带挡边的单列轴承可承受较小轴向载荷	仅能承受径向载荷	主要承受以径向载荷为主的径、轴向（单列为单向，双列为双向）联合载荷	主要承受径向载荷，也可同时承受较小的双向轴向载荷	51000 型只能承受单向轴向载荷，52000 型可承受双向轴向载荷	承受单向轴向载荷		承受轴向载荷为主的轴、径向联合载荷
限制轴向位移能力	能限制轴的双向轴向移动在轴承的游隙范围内	能限制轴（外壳）的单向轴向移动	能限制轴（外壳）的双向轴向移动	串联式配置限制轴（外壳）的单向轴向移动	限制轴（外壳）的双向轴向移动在轴承轴向游隙范围内	NU、N 型和滚针不能限制轴（外壳）的轴向移动；NF、NJ 型限制轴（外壳）单向（NUP 双向）轴向移动		30000 型限制轴（外壳）的单向轴向移动，双列和四列可限制轴（外壳）的双向轴向移动	限制轴（外壳）的双向轴向移动	51000、81000 型、圆锥和调心滚子限制轴（外壳）的单向轴向移动；52000 型能限制轴（外壳）的双向轴向移动			
额定动载荷比	1	7000 型、三点接触：1～1.4 四点接触：1.4～1.8	1.6～2.1	1.6～2.3	0.6～0.9	N、NF、NU、NJ、NUP、NH 型：1.5～3 NCL 型：1.6～3.5 NNU、NN 型：2.6～5.2 FC、FCD 型：4.5～6		单列：1.5～2.5 双列：2.6～4.3 四列：4.5～7.4	2.3～5.2	1	1.7～1.9	2.0～2.1	1.7～2.2
摩擦因数	0.0015～0.0022	0.0018～0.0025	/	/	0.001～0.0018	0.0011～0.0022	0.0025～0.004	0.0018～0.0028	0.0018～0.0025	0.0013～0.002	0.0018～0.003		
转速	A	A	C	B	B	A	D	C	D	/	—	/	/
刚度	C	C	B	B	C	A	A	A	A	C	B	B	B
噪声、振动	A	A	/	/	/	B	/	C	/	/	/	/	/
允许角度差	N 组游隙 8′ 3 组游隙 12′ 4 组游隙 16′	2′	0°	0°	3°	单列 2′	0°	2′	13 系列：≤1° 30、31、22 系列：≤1.5° 40、23 系列：≤2° 41、32 系列：≤2.5°	0°	0°	0°	292 系列：≤1.5° 293 系列：≤2° 294 系列：≤2.5°

续表

轴承类型	深沟球轴承	角接触球轴承			调心球轴承	圆柱滚子轴承	滚针轴承	圆锥滚子轴承	调心滚子轴承	推力球轴承	推力圆柱滚子轴承	推力圆锥滚子轴承	推力调心滚子轴承
		单列	双列	组配									
调心性	×	×	×	×	√	×	×	×	√	×	×	×	√
内外圈分离性	×	分离型√	×	×	×	√	√	√	×	√	√	√	√
固定侧用	√	√	√	√	√	NUP、NH 型:√ NJ、NF 型:√	×	单列、串联:× 双列:√	√	×	×	×	×
游动侧用	√	×	√	串联:× 其他:√	√	√	√	双列:√	√	×	×	×	×
价格	低	低	低	较高	较高	较低 (双列较高)	较低	较低	高	较低	较低	较高	高

其他		
	深沟球轴承	结构简单,使用方便。外圈带止动槽的可简化轴向定位,缩小轴向尺寸。带防尘盖的防尘性好,带密封圈的密封性好,两面带防尘盖或密封圈的已装入适量润滑脂,工作中在一定时期内不用再加油。UC、UEL 型内圈较一般轴承宽,供装置密封及紧定螺钉或偏心套用,安装、拆卸和使用方便,适用于要求密封较高的长轴,安装或受载荷时弯曲、倾斜较大的轴上,对主机的制造安装精度要求较低
	角接触球轴承	单列角接触球轴承接触角越大,承受轴向载荷的能力越高,在承受径向载荷时,同时产生轴向力,必须施加反向轴向力,因此一般应组配使用。组配角接触球轴承由厂家选配组合提供,一般安装后有预紧,提高了刚度。QJ 型具有双半内圈,在无载荷和纯径向载荷作用时,钢球与套圈呈四点接触,径向载荷容量大;在纯轴向载荷作用下,钢球与套圈呈两点接触,可承受双向轴向载荷
	调心球(滚子)轴承	主要用在载荷作用下弯曲较大的传动轴,以及支承座孔不易保证严格同心的地方。调心滚子轴承承载能力大,特别适于重载或振动载荷下工作。10000K、20000K 型移动内圈,带紧定套的移动紧定套可微量调整径向游隙,10000K+H0000 型、20000K+H0000 型安装、拆卸方便
	圆柱滚子轴承	允许外圈与内圈轴线偏斜度较小(2′~4′),故只能用于刚性较大的轴上,并要求支承座孔很好地对中
	滚针轴承	适用于径向安装尺寸受限制的地方,无保持架的极限转速比有保持架的低,无内、外圈时,作为滚道的轴或外壳的表面硬度一般为 58~64HRC,表面粗糙度当对公差要求不高时,$Ra \leqslant 0.32\mu m$;当对公差要求较高时,$Ra \leqslant 0.2\mu m$。对 HK、BK 型,当轴承与外壳孔的配合不比 K6 更紧时,轴径公差一般取 h5。向心滚针和保持架组件一般壳孔尺寸公差用 G6。当轴径 d 为 3~<80mm 时,轴径公差为 h5,当 d 为 80~250mm 时,取 g5,形位公差不应超过直径公差的 50%。BK 型的一端面封闭,用于轴颈无伸出端的支承中,端面封闭起密封作用
	圆锥滚子轴承	为分离型轴承,其内组件和外圈可以分离。在安装和使用过程中可以调整轴承的径向和轴向游隙,也可以预紧安装。单列的在径向载荷作用下,会产生附加轴向力,因此,一般应成对配置(同名端面相对安装)。双列的两内圈之间、四列的内外圈之间均有隔圈,改变其厚度可以调整轴承的游隙。四列与双列可承受更大径向载荷,但极限转速低,主要用于重型机械,如轧钢机等
	推力球(滚子)轴承	推力球(滚子)轴承在运转中,如外加轴向力小,轴承未被压紧,由于离心力(或离心力矩)作用,钢球(滚子)和滚道之间产生滑移而破坏轴承的正常运转,因此,必须施加足够的轴向力,轴向力小时可以用弹簧使轴承预紧 推力球轴承为分离型轴承,两支承平面必须平行,不允许有任何偏差,轴中心线与外壳支承面应保证垂直,若不能保证,可采用球面座圈和调心垫圈加以补偿

注 1. 表中其他符号含义:√—适用;×—不适用;A—较好;B—好;C—尚好;D—不好。
2. 表中的额定动载荷比、摩擦因数、转速都是以深沟球轴承为基准的比较值。

2 滚动轴承代号

2.1 滚动轴承代号含义（摘自 GB/T 272—2017）

表 7-2-4 轴承代号的排列顺序

<table>
<tr><td rowspan="2">分段</td><td rowspan="2">前置代号</td><td colspan="5">基本代号</td><td colspan="9">后置代号(组)</td></tr>
<tr><td colspan="3">滚动轴承</td><td colspan="2">滚针轴承</td><td>1</td><td>2</td><td>3</td><td>4</td><td>5</td><td>6</td><td>7</td><td>8</td><td>9</td></tr>
<tr><td>符号意义</td><td>轴承分部件(轴承组件)</td><td>类型</td><td>尺寸系列</td><td>内径</td><td>类型</td><td>配合安装特征尺寸表示</td><td>内部结构</td><td>密封、防尘与外部形状</td><td>保持架及其材料</td><td>轴承零件材料</td><td>公差等级</td><td>游隙</td><td>配置</td><td>振动及噪声</td><td>其他</td></tr>
<tr><td rowspan="2">表号</td><td rowspan="2">表 7-2-5</td><td>表 7-2-6</td><td>表 7-2-7</td><td>表 7-2-8</td><td colspan="2" rowspan="2">滚针轴承基本代号构成见表 7-2-20</td><td rowspan="2">表 7-2-9</td><td rowspan="2">表 7-2-10</td><td rowspan="2">表 7-2-11
表 7-2-12</td><td rowspan="2">表 7-2-13</td><td rowspan="2">表 7-2-14</td><td rowspan="2">表 7-2-15</td><td rowspan="2">表 7-2-16</td><td rowspan="2">表 7-2-17</td><td rowspan="2">表 7-2-18</td></tr>
<tr><td colspan="3">滚动轴承基本代号构成见表 7-2-19</td></tr>
</table>

表 7-2-5 前置代号

代号	含义	示例
F	带凸缘外圈的向心球轴承(仅适用于 $d \leqslant 10$mm)	F 618/4
L	可分离轴承的可分离内圈或外圈	LNU 207,表示 NU 207 轴承的内圈 LN 207,表示 N 207 轴承的外圈
R	不带可分离内圈或外圈的组件(滚针轴承仅适用于 NA 型)	RNU 207,表示 NU 207 轴承的外圈和滚子轴承组件 RNA 6904,表示无内圈的 NA 6904 滚针轴承
WS	推力圆柱滚子轴承轴圈	WS 81107
GS	推力圆柱滚子轴承座圈	GS 81107
KOW-	无轴圈的推力轴承组件	KOW-51108
KIW-	无座圈的推力轴承组件	KIW-51108
LR	带可分离内圈或外圈与滚动体的组件	—
K	滚子和保持架组件	K 81107,表示无内圈和外圈的 81107 轴承
FSN	凸缘外圈分离型微型角接触球轴承(仅适用于 $d \leqslant 10$mm)	FSN 719/5-Z

表 7-2-6 类型代号

代号	轴承类型	代号	轴承类型
0	双列角接触球轴承	7	角接触球轴承
1	调心球轴承	8	推力圆柱滚子轴承
2	调心滚子轴承和推力调心滚子轴承	N	圆柱滚子轴承 双列或多列用字母 NN 表示
3	圆锥滚子轴承	U	外球面球轴承
4	双列深沟球轴承	QJ	四点接触球轴承
5	推力球轴承	C	长弧面滚子轴承(圆环轴承)
6	深沟球轴承		

注：在表中代号后或前加字母或数字表示该类轴承中的不同结构。

表 7-2-7 **轴承尺寸系列代号**

直径系列代号	向心轴承								推力轴承			
	宽度系列代号								高度系列代号			
	8	0	1	2	3	4	5	6	7	9	1	2
	尺寸系列代号											
7	—	—	17	—	37	—	—	—	—	—	—	—
8	—	08	18	28	38	48	58	68	—	—	—	—
9	—	09	19	29	39	49	59	69	—	—	—	—
0	—	00	10	20	30	40	50	60	70	90	10	—
1	—	01	11	21	31	41	51	61	71	91	11	—
2	82	02	12	22	32	42	52	62	72	92	12	22
3	83	03	13	23	33	—	—	—	73	93	13	23
4	—	04	—	24	—	—	—	—	74	94	14	24
5	—	—	—	—	—	—	—	—	—	95	—	—

表 7-2-8 **内径代号**

公称内径/mm		内径代号	示例
0.6~10 (非整数)		用公称内径毫米数直接表示,在其与尺寸系列代号之间用“/”分开	深沟球轴承 618/0.6　$d=0.6$mm 深沟球轴承 618/2.5　$d=2.5$mm
1~9 (整数)		用公称内径毫米数直接表示,对深沟球轴承及角接触球轴承直径系列 7、8、9,内径与尺寸系列代号之间用“/”分开	深沟球轴承 625　$d=5$mm 深沟球轴承 618/5　$d=5$mm 角接触球轴承 707　$d=7$mm 角接触球轴承 719/7　$d=7$mm
10~17	10	00	深沟球轴承 6200,$d=10$mm 调心球轴承 1201,$d=12$mm 圆柱滚子轴承 NU202,$d=15$mm 推力球轴承 51103,$d=17$mm
	12	01	
	15	02	
	17	03	
20~480 (22、28、32 除外)		公称内径除以 5 的商数,商数为个位数,需在商数左边加“0”,如 08	调心滚子轴承 22308,$d=40$mm 圆柱滚子轴承 NU1096,$d=480$mm
≥500 以及 22、28、32		用公称内径毫米数直接表示,与尺寸系列之间用“/”分开	调心滚子轴承 230/500,$d=500$mm 深沟球轴承 62/22,$d=22$mm

表 7-2-9 **内部结构变化代号**

代号	含　义	示例
A	无装球缺口的双列角接触或深沟球轴承	3205 A
	滚针轴承外圈带双锁圈($d>9$mm,$F_w>12$mm)	—
	套圈直滚道的深沟球轴承	—
AC	角接触球轴承　公称接触角 $\alpha=25°$	7210 AC
B	角接触球轴承　公称接触角 $\alpha=40°$	7210 B
	圆锥滚子轴承　接触角加大	32310 B
C	角接触球轴承　公称接触角 $\alpha=15°$	7005 C
	调心滚子轴承　C 型　调心滚子轴承设计改变,内圈无挡边,活动中挡圈,冲压保持架,对称型滚子,加强型	23122 C
CA	C 型调心滚子轴承,内圈带挡边,活动中挡圈,实体保持架	23084 CA/W33
CAB	CA 型调心滚子轴承,滚子中部穿孔,带柱销式保持架	—
CABC	CAB 型调心滚子轴承,滚子引导方式有改进	—
CAC	CA 型调心滚子轴承,滚子引导方式有改进	22252 CACK
CC[1]	C 型调心滚子轴承,滚子引导方式有改进	22205 CC
D	剖分式轴承	K 50×55×20 D
E	加强型[2]	NU 207 E
ZW	滚针保持架组件　双列	K 20×25×40 ZW

① CC 还有第二种解释，见表 7-2-16。
② 加强型，即内部结构设计改进，增大轴承承载能力。
注：表中，d 为滚针轴承内径；F_w 为无内圈滚针轴承滚针总体内径。

表 7-2-10　　密封、防尘与外部形状变化代号

代号	含义	示例
D	双列角接触球轴承,双内圈	3307 D
	双列圆锥滚子轴承,无内隔圈,端面不修磨	—
D1	双列圆锥滚子轴承,无内隔圈,端面修磨	—
DC	双列角接触球轴承,双外圈	3924-2KDC
DH	有两个座圈的单向推力轴承	—
DS	有两个轴圈的单向推力轴承	—
-FS	轴承一面带毡圈密封	6203-FS
-2FS	轴承两面带毡圈密封	6206-2FSWB
K	圆锥孔轴承,锥度为 1∶12(外球面球轴承除外)	1210 K,锥度为 1∶12、代号为 1210 的圆锥孔调心球轴承
K30	圆锥孔轴承,锥度为 1∶30	24122 K30,锥度为 1∶30、代号为 24122 的圆锥孔调心滚子轴承
-2K	双圆锥孔轴承,锥度为 1∶12	QF 2308-2K
L	组合轴承带加长阶梯形轴圈	ZARN 1545 L
-LS	轴承一面带骨架式橡胶密封圈(接触式,套圈不开槽)	—
-2LS	轴承两面带骨架式橡胶密封圈(接触式,套圈不开槽)	NNF 5012-2LSNV
N	轴承外圈上有止动槽	6210 N
NR	轴承外圈上有止动槽,并带止动环	6210 NR
N1	轴承外圈有一个定位槽口	—
N2	轴承外圈有两个或两个以上的定位槽口	—
N4	N+N2,定位槽口和止动槽不在同一侧	—
N6	N+N2,定位槽口和止动槽在同一侧	—
P	双半外圈的调心滚子轴承	—
PP	轴承两面带软质橡胶密封圈	NATR 8 PP
PR	同 P,两半外圈间有隔圈	—
-2PS	滚轮轴承,滚轮两端为多片卡簧式密封	—
R	轴承外圈有止动挡边(凸缘外圈)(不适用于内径小于 10mm 的向心球轴承)	30307 R
-RS	轴承一面带骨架式橡胶密封圈(接触式)	6210-RS
-2RS	轴承两面带骨架式橡胶密封圈(接触式)	6210-2RS
-RSL	轴承一面带骨架式橡胶密封圈(轻接触式)	6210-RSL
-2RSL	轴承两面带骨架式橡胶密封圈(轻接触式)	6210-2RSL
-RSZ	轴承一面带骨架式橡胶密封圈(接触式)、一面带防尘盖	6210-RSZ
-RZZ	轴承一面带骨架式橡胶密封圈(非接触式)、一面带防尘盖	6210-RZZ
-RZ	轴承一面带骨架式橡胶密封圈(非接触式)	6210-RZ
-2RZ	轴承两面带骨架式橡胶密封圈(非接触式)	6210-2RZ
S	轴承外圈表面为球面(外球面球轴承和滚轮轴承除外)	—
	游隙可调(滚针轴承)	NA 4906 S
SC	带外罩向心轴承	—
SK	螺栓型滚轮轴承,螺栓轴端部有内六角盲孔 注:对螺栓型滚轮轴承,滚轮两端为多片卡簧式密封,螺栓轴端部有内六角盲孔,后置代号可简化为-2PSK	—
U	推力球轴承,带调心座垫圈	53210 U
WB	宽内圈轴承(双面宽)	—
WB1	宽内圈轴承(单面宽)	—
WC	宽外圈轴承	—
X	滚轮轴承外圈表面为圆柱面	KR 30 X NUTR 30 X
Z	带防尘罩的滚针组合轴承	NK 25 Z
	带外罩的滚针和满装推力球组合轴承(脂润滑)	—
-Z	轴承一面带防尘盖	6210-Z
-2Z	轴承两面带防尘盖	6210-2Z

第7篇

续表

代号	含义	示例
-ZN	轴承一面带防尘盖，另一面外圈有止动槽	6210-ZN
-2ZN	轴承两面带防尘盖，外圈有止动槽	6210-2ZN
-ZNB	轴承一面带防尘盖，另一面外圈有止动槽	6210-ZNB
-ZNR	轴承一面带防尘盖，另一面外圈有止动槽并带止动环	6210-ZNR
ZH	推力轴承，座圈带防尘罩	—
ZS	推力轴承，轴圈带防尘罩	—

注：密封圈代号与防尘盖代号同样可以与止动槽代号进行多种组合。

表 7-2-11　　不编制保持架后置代号的轴承

轴承类型	保持架的结构和材料	轴承类型	保持架的结构和材料
深沟球轴承	(1)当轴承外径 $D\leqslant400$mm 时，采用钢板(带)或黄铜板(带)冲压保持架 (2)当轴承外径 $D>400$mm 时，采用黄铜实体保持架	圆柱滚子轴承	(1)圆柱滚子轴承：轴承外径 $D\leqslant400$mm 时，采用钢板(带)冲压保持架；轴承外径 $D>400$mm 时，采用钢制实体保持架 (2)双列圆柱滚子轴承，采用黄铜实体保持架
调心球轴承	(1)当轴承外径 $D\leqslant200$mm 时，采用钢板(带)冲压保持架 (2)当轴承外径 $D>200$mm 时，采用黄铜实体保持架	调心滚子轴承	(1)对称调心滚子轴承(带活动中挡圈)，采用钢板(带)冲压保持架 (2)其他调心滚子轴承，采用黄铜实体保持架
滚针轴承	采用钢板或硬铝冲压保持架	圆锥滚子轴承	(1)当轴承外径 $D\leqslant650$mm 时，采用钢板冲压保持架 (2)当轴承外径 $D>650$mm 时，采用钢制实体保持架
长圆柱滚子轴承	采用钢板(带)冲压保持架		
角接触球轴承	(1)分离型角接触球轴承采用酚醛层压布管实体保持架 (2)双半内圈或双半外圈(三点、四点接触)球轴承采用铜制实体保持架 (3)角接触球轴承及其变型 当轴承外径 $D\leqslant250$mm 时，接触角 $\alpha=15°$、25°，采用酚醛层压布管实体保持架；$\alpha=40°$，采用钢板冲压保持架。当轴承外径 $D>250$mm 时，采用黄铜或硬铝制实体保持架 5、4、2 级公差轴承采用酚醛层压布管实体保持架 锁口在内圈的角接触球轴承及其变型采用酚醛层压布管实体保持架 (4)双列角接触球轴承，采用钢板(带)冲压保持架	推力球轴承	(1)当轴承外径 $D\leqslant250$mm 时，采用钢板(带)冲压保持架 (2)当轴承外径 $D>250$mm 时，采用实体保持架
		推力滚子轴承	(1)推力圆柱滚子轴承，采用实体保持架 (2)推力调心滚子轴承，采用实体保持架 (3)推力圆锥滚子轴承，采用实体保持架 (4)推力滚针轴承，采用冲压保持架

表 7-2-12　　保持架代号

代号	含义	代号	含义
	a. 保持架材料		b. 保持架结构型式及表面处理
F	钢、球墨铸铁或粉末冶金实体保持架	A	外圈引导
J	钢板冲压保持架	B	内圈引导
L	轻合金实体保持架	C	有镀层的保持架(C1—镀银)
M	黄铜实体保持架	D	碳氮共渗保持架
Q	青铜实体保持架	D1	渗碳保持架
SZ	保持架由弹簧丝或弹簧制造	D2	渗氮保持架
		D3	低温碳氮共渗保持架
		E	磷化处理保持架
T	酚醛层压布管实体保持架	H	自锁兜孔保持架
		P	由内圈或外圈引导的拉孔或冲孔的窗形保持架
TH	玻璃纤维增强酚醛树脂保持架(筐型)	R	铆接保持架(用于大型轴承)
		S	引导面有润滑槽
TN	工程塑料模注保持架	W	焊接保持架
Y	铜板冲压保持架		c. 无保持架
ZA	锌铝合金保持架	V	满装滚动体

注：保持架结构型式及表面处理的代号只能与保持架材料代号结合使用。

表 7-2-13　　轴承零件材料代号

代号	含　义	示例
/CS	轴承零件采用碳素结构钢制造	—
/HC	套圈和滚动体或仅是套圈由渗碳轴承钢(/HC——G20Cr2Ni4A;/HC1——G20Cr2Mn2MoA;/HC2——15Mn)制造	—
/HE	套圈和滚动体由电渣重熔轴承钢 GCr15Z 制造	6204/HE
/HG	套圈和滚动体或仅是套圈由其他轴承钢(/HG——5CrMnMo;/HG1——55SiMoVA)制造	—
/HN	套圈、滚动体由高温轴承钢(/HN——Cr4Mo4V;/HN1——Cr14Mo4;/HN2——Cr15Mo4V;/HN3——W18Cr4V)制造	NU 208/HN
/HNC	套圈和滚动体由高温渗碳轴承钢 G13Cr4Mo4 Ni4V 制造	—
/HP	套圈和滚动体由铍青铜或其他防磁材料制造	—
/HQ	套圈和滚动体由非金属材料(/HQ——塑料;/HQ1——陶瓷)制造	—
/HU	套圈和滚动体由 1Cr18Ni9Ti 不锈钢制造	6004/HU
/HV	套圈和滚动体由可淬硬不锈钢(/HV——G95Cr18;/HV1——G102Cr18Mo)制造	6014/HV

表 7-2-14　　公差等级代号

代号	含　义	示例
/PN	公差等级符合标准规定的普通级,代号中省略不表示	6203
/P6	公差等级符合标准规定的 6 级	6203/P6
/P6X	公差等级符合标准规定的 6X 级	30210/P6X
/P5	公差等级符合标准规定的 5 级	6203/P5
/P4	公差等级符合标准规定的 4 级	6203/P4
/P2	公差等级符合标准规定的 2 级	6203/P2
/SP	尺寸精度相当于 5 级,旋转精度相当于 4 级	234420/SP
/UP	尺寸精度相当于 4 级,旋转精度高于 4 级	234730/UP

表 7-2-15　　游隙代号

代号	含　义	示例
/C2	游隙符合标准规定的 2 组	6210/C2
/CN	游隙符合标准规定的 N 组,代号中省略不表示	6210
/C3	游隙符合标准规定的 3 组	6210/C3
/C4	游隙符合标准规定的 4 组	NN3006 K/C4
/C5	游隙符合标准规定的 5 组	NNU4920 K/C5
/CA	公差等级为 SP 和 UP 的机床主轴用圆柱滚子轴承径向游隙	—
/CM	电机深沟球轴承游隙	6204-2RZ/P6CM
/CN	N 组游隙,/CN 与字母 H、M 或 L 组合,表示游隙范围减半;或与 P 组合,表示游隙范围偏移 如:/CNH——N 组游隙减半,相当于 N 组游隙范围的上半部 /CNL——N 组游隙减半,相当于 N 组游隙范围的下半部 /CNM——N 组游隙减半,相当于 N 组游隙范围的中部 /CNP——偏移的游隙范围,相当于 N 组游隙范围的上半部及 3 组游隙范围的下半部组成	—
/C9	轴承游隙不同于现标准	6205-2RS/C9

注：公差等级代号与游隙代号需同时表示时，可进行简化，取公差等级代号加上游隙组号（N 组不表示）组合表示。

例：/P63 表示轴承公差等级 6 级，径向游隙 3 组。

　　/P52 表示轴承公差等级 5 级，径向游隙 2 组。

表 7-2-16　　配置代号

代号	含　义	示例
/DB	成对背对背安装	7210 C/DB
/DF	成对面对面安装	32208/DF
/DT	成对串联安装	7210 C/DT

续表

代号		含义	示例
配置组中轴承数目	/D	两套轴承	配置组中轴承数目和配置中轴承排列可以组合成多种配置方式，如： ——成对配置的/DB、/DF、/DT ——三套配置的/TBT、/TFT、/TT ——四套配置的/QBC、/QFC、/QT、/QBT、/QFT 等 7210 C/TFT——接触角 $\alpha=15°$ 的角接触球轴承 7210 C，三套配置，两套串联和一套面对面 7210 C/PT——接触角 $\alpha=15°$ 的角接触球轴承 7210 C，五套串联配置 7210 AC/QBT——接触角 $\alpha=25°$ 的角接触球轴承 7210 AC，四套成组配置，三套串联和一套背对背
	/T	三套轴承	
	/Q	四套轴承	
	/P	五套轴承	
	/S	六套轴承	
配置中轴承排列	B	背对背	
	F	面对面	
	T	串联	
	G	万能组配	
	BT	背对背和串联	
	FT	面对面和串联	
	BC	成对串联的背对背	
	FC	成对串联的面对面	
预载荷	G	特殊预紧，附加数字直接表示预紧的大小(单位为N)，用于角接触球轴承时，"G"可省略	7210 C/G325——接触角 $\alpha=15°$ 的角接触球轴承 7210 C，特殊预载荷为325N
	GA	轻预紧，预紧值较小(深沟及角接触球轴承)	7210 C/DBGA——接触角 $\alpha=15°$ 的角接触球轴承 7210 C，成对背对背配置，有轻预紧
	GB	中预紧，预紧值大于 GA(深沟及角接触球轴承)	—
	GC	重预紧，预紧值大于 GB(深沟及角接触球轴承)	—
	R	径向载荷均匀分配	NU 210/QTR——圆柱滚子轴承 NU 210，四套配置，均匀预紧
轴向游隙	CA	轴向游隙较小(深沟及角接触球轴承)	—
	CB	轴向游隙大于 CA(深沟及角接触球轴承)	—
	CC	轴向游隙大于 CB(深沟及角接触球轴承)	—
	CG	轴向游隙为零(圆锥滚子轴承)	—

表 7-2-17　　振动及噪声代号

代号	含义	示例
/Z	轴承的振动加速度级极值组别。附加数字表示极值不同： Z1——轴承的振动加速度级极值符合有关标准中规定的 Z1 组； Z2——轴承的振动加速度级极值符合有关标准中规定的 Z2 组； Z3——轴承的振动加速度级极值符合有关标准中规定的 Z3 组； Z4——轴承的振动加速度级极值符合有关标准中规定的 Z4 组	6204/Z1 6205-2RS/Z2 — —
/ZF3	振动加速度级达到 Z3 组，且振动加速度级峰值与振动加速度级之差不大于 15dB	—
/ZF4	振动加速度级达到 Z4 组，且振动加速度级峰值与振动加速度级之差不大于 15dB	—
/V	轴承的振动速度极值组别。附加数字表示极值不同： V1——轴承的振动速度极值符合有关标准中规定的 V1 组； V2——轴承的振动速度极值符合有关标准中规定的 V2 组； V3——轴承的振动速度极值符合有关标准中规定的 V3 组； V4——轴承的振动速度极值符合有关标准中规定的 V4 组	6306/V1 6304/V2 — —
/VF3	振动速度达到 V3 组且振动速度波峰因数达到 F 组①	—
/VF4	振动速度达到 V4 组且振动速度波峰因数达到 F 组①	—
/ZC	轴承噪声值有规定，附加数字表示限值不同	—

① F——低频振动速度波峰因数不大于 4，中、高频振动速度波峰因数不大于 6。

表 7-2-18　　其他特性代号

代号		含义	示例
工作温度	/S0	轴承套圈经过高温回火处理，工作温度可达 150℃	N 210/S0
	/S1	轴承套圈经过高温回火处理，工作温度可达 200℃	NUP 212/S1

续表

代号		含义	示例
工作温度	/S2	轴承套圈经过高温回火处理,工作温度可达250℃	NU 214/S2
	/S3	轴承套圈经过高温回火处理,工作温度可达300℃	NU 308/S3
	/S4	轴承套圈经过高温回火处理,工作温度可达350℃	NU 214/S4
摩擦力矩	/T	对启动力矩有要求的轴承,后接数字表示启动力矩	—
	/RT	对转动力矩有要求的轴承,后接数字表示转动力矩	—
润滑	/W20	轴承外圈上有三个润滑油孔	—
	/W26	轴承内圈上有六个润滑油孔	—
	/W33	轴承外圈上有润滑油槽和三个润滑油孔	23120 CC/W33
	/W33X	轴承外圈上有润滑油槽和六个润滑油孔	—
	/W513	W26+W33	—
	/W518	W20+W26	—
	/AS	外圈有油孔,附加数字表示油孔数(滚针轴承)	HK 2020/AS1
	/IS	内圈有油孔,附加数字表示油孔数(滚针轴承)	NAO 17×30×13/IS1
	/ASR	外圈有润滑油孔和沟槽	NAO 15×28×13/ASR
	/ISR	内圈有润滑油孔和沟槽	—
润滑脂	/HT	轴承内充特殊高温润滑脂。当轴承内润滑脂的装填量和标准值不同时附加字母表示: A——润滑脂的装填量少于标准值; B——润滑脂的装填量多于标准值; C——润滑脂的装填量多于B(充满)	NA 6909/ISR/HT
	/LT	轴承内充特殊低温润滑脂	—
	/MT	轴承内充特殊中温润滑脂	—
	/LHT	轴承内充特殊高、低温润滑脂	—
表面涂层	/VL	套圈表面带涂层	—
其他	/Y	Y和另一个字母组合(如YA、YB)用来识别无法用现有后置代号表达的非成系列的改变,凡轴承代号中有Y的后置代号,应查阅图纸或补充技术条件以便了解其改变的具体内容: YA——结构改变(综合表达); YB——技术条件改变(综合表达)	—

表 7-2-19　　滚动轴承系列代号

轴承类型		简图	类型代号	尺寸系列代号	轴承基本代号	标准号
深沟球轴承	深沟球轴承		6 6 6 6 16 6 6 6 6	17 37 18 19 (0)0 (1)0 (0)2 (0)3 (0)4	61700 63700 61800 61900 16000 6000 6200 6300 6400	GB/T 276
	有装球缺口的有保持架深沟球轴承		(6)	(0)2 (0)3	200 300	—
	双列深沟球轴承		4 4	(2)2 (2)3	4200 4300	—

续表

轴承类型		简图	类型代号	尺寸系列代号	轴承基本代号	标准号
调心球轴承		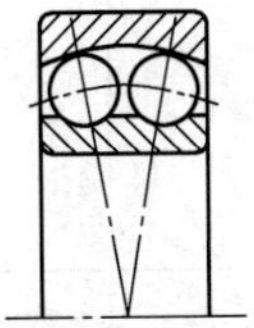	1 1 1 1 (1) 1 (1)	39 (1)0 30 (0)2 22 (0)3 23	13900 108[①] 13000 1200 2200 1300 2300	GB/T 281
圆柱滚子轴承	外圈无挡边圆柱滚子轴承	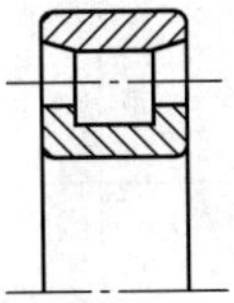	N N N N N N	10 (0)2 22 (0)3 23 (0)4	N 1000 N 200 N 2200 N 300 N 2300 N 400	GB/T 283
	内圈无挡边圆柱滚子轴承	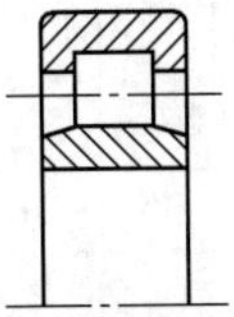	NU NU NU NU NU NU	10 (0)2 22 (0)3 23 (0)4	NU 1000 NU 200 NU 2200 NU 300 NU 2300 NU 400	
	内圈单挡边圆柱滚子轴承	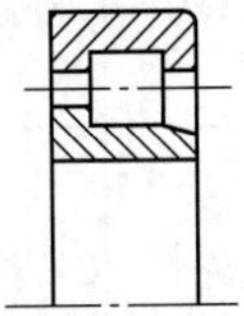	NJ NJ NJ NJ NJ	(0)2 22 (0)3 23 (0)4	NJ 200 NJ 2200 NJ 300 NJ 2300 NJ 400	
	内圈单挡边并带平挡圈圆柱滚子轴承	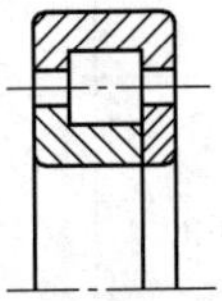	NUP NUP NUP NUP	(0)2 22 (0)3 23 (0)4	NUP 200 NUP 2200 NUP 300 NUP 2300 NUP 400	
	外圈单挡边圆柱滚子轴承	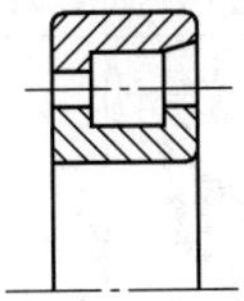	NF NF NF	(0)2 (0)3 23	NF 200 NF 300 NF 2300	
	双列圆柱滚子轴承	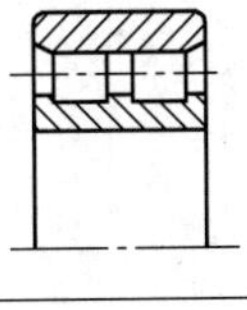	NN	49 30	NN 4900 NN 3000	GB/T 285
	内圈无挡边双列圆柱滚子轴承	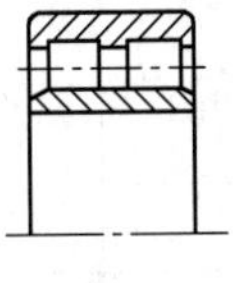	NNU	49 41	NNU 4900 NNU 4100	
	无挡边的圆柱滚子轴承	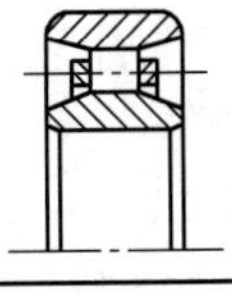	NB	—	NB 0000	—

第7篇

续表

轴承类型		简图	类型代号	尺寸系列代号	轴承基本代号	标准号
圆柱滚子轴承	外圈有单挡边并带平挡圈的圆柱滚子轴承	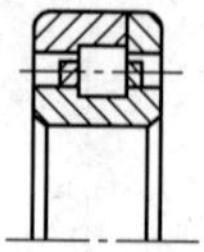	NFP	—	NFP 0000	—
	内圈无挡边但带平挡圈的圆柱滚子轴承	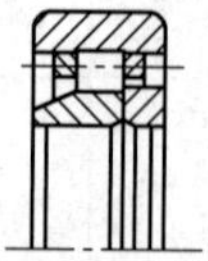	NJP	—	NJP 0000	—
	外圈无挡边、带双锁圈的无保持架圆柱滚子轴承	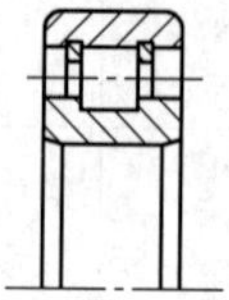	NCL	—	NCL 0000V	—
	内圈单挡边、大端面凸出外圈的圆柱滚子轴承	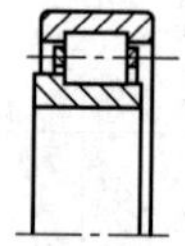	NJG	—	NJG 0000	—
	外圈单挡边、带锁圈的无保持架圆柱滚子轴承	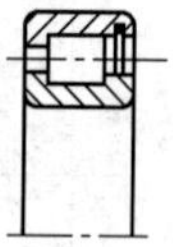	NFL	—	NFL 0000V	—
	套圈无挡边、外圈带双锁圈的无保持架圆柱滚子轴承	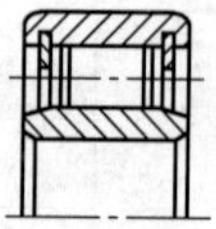	NBCL	—	NBCL 0000V	—
	内圈无挡边但带双锁圈的无保持架圆柱滚子轴承	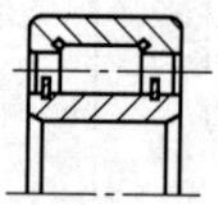	NUCL	—	NUCL 0000V	—
	内圈无挡边、两面带平挡圈的无保持架双列圆柱滚子轴承	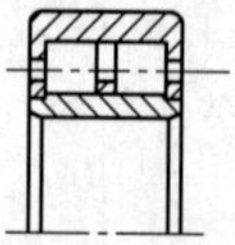	NNUP	—	NNUP 0000V	—
	外圈两面带平挡圈的双列圆柱滚子轴承	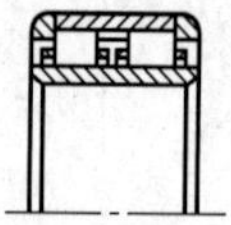	NNP	—	NNP 0000	—
	外圈有止动槽、两面带密封圈的双内圈无保持架双列圆柱滚子轴承	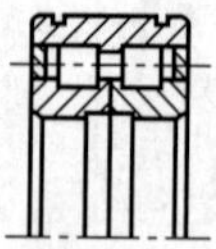	NNF	—	NNF 0000-2LSNV	—

第7篇

续表

轴承类型		简图	类型代号	尺寸系列代号	轴承基本代号	标准号
圆柱滚子轴承	外圈有单挡边并带单平挡圈的双列圆柱滚子轴承	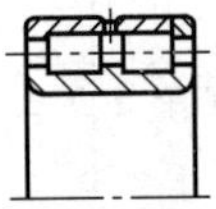	NNFP	—	NNFP 0000	—
	外圈无挡边、带双锁圈的无保持架双列圆柱滚子轴承	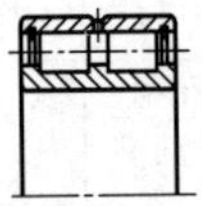	NNCL	—	NNCL 0000V	—
	外圈有单挡边并带锁圈的双列圆柱滚子轴承	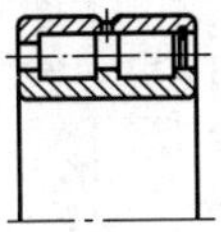	NNFL	—	NNFL 0000	—
	外圈有挡边、双外圈的无保持架双列圆柱滚子轴承	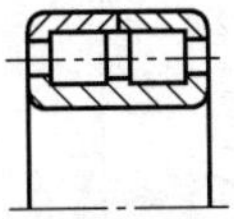	NNC	—	NNC 0000V	—
	无挡边双列圆柱滚子轴承	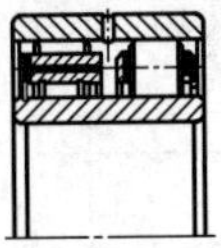	NNB	—	NNB 0000	—
	内圈单挡边的双列圆柱滚子轴承	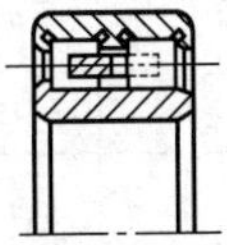	NNJ	—	NNJ 0000	—
	内圈有挡边、双内圈双列圆柱滚子轴承	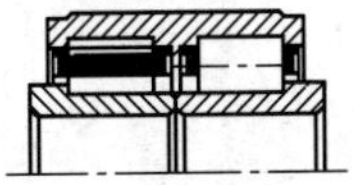	NNJJ	—	NNJJ 0000	—
	内圈有单挡边并带单平挡圈的双列圆柱滚子轴承	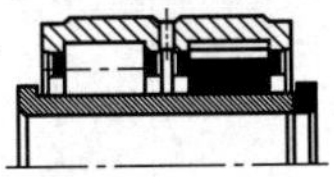	NNJP	—	NNJP 0000	—
	一个内圈有挡边、一个内圈无挡边且带斜挡圈的双内圈双列圆柱滚子轴承	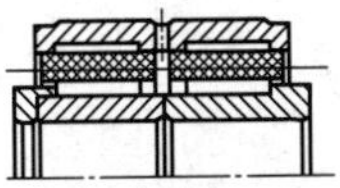	NNHJ	—	NNHJ 0000	—
	一个内圈有挡边、一个内圈无挡边且带平挡圈的双内圈双列圆柱滚子轴承	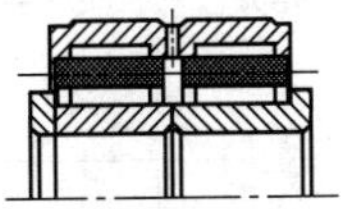	NNJUP	—	NNJUP 0000	—
	无挡边四列圆柱滚子轴承	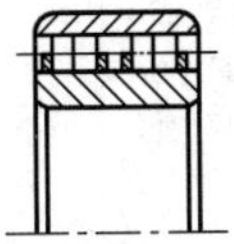	NNQB	—	NNQB 0000	—
	无挡边三列圆柱滚子轴承	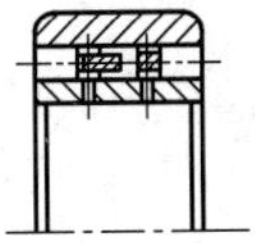	NNTB	—	NNTB 0000	—

续表

轴承类型		简图	类型代号	尺寸系列代号	轴承基本代号	标准号
圆柱滚子轴承	内圈无挡边、两面带平挡圈的无保持架三列圆柱滚子轴承	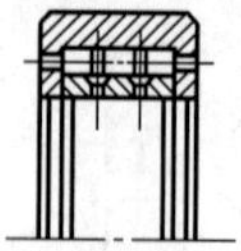	NNTUP	—	NNTUP 0000V	—
	外圈带平挡圈的四列圆柱滚子轴承		NNQP	—	NNQP 0000	—
调心滚子轴承	调心滚子轴承	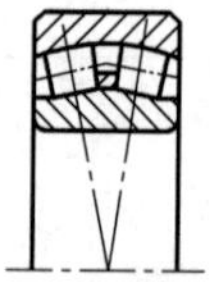	2 2 2 2 2 2 2 2 2 2 2 2	38 48 39 49 30 40 31 41 22 32 03[②] 23	23800 24800 23900 24900 23000 24000 23100 24100 22200 23200 21300 22300	GB/T 288
	单列调心滚子轴承	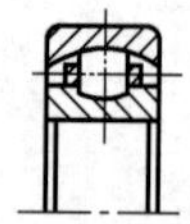	2 2 2	02 03 04	20200 20300 20400	—
角接触球轴承	角接触球轴承	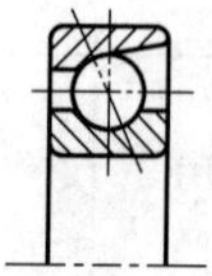	7 7 7 7 7 7	18 19 (1)0 (0)2 (0)3 (0)4	71800 71900 7000 7200 7300 7400	GB/T 292
	分离型角接触球轴承	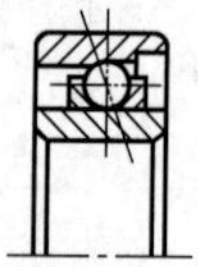	S7	—	S 70000	—
	内圈分离型角接触球轴承	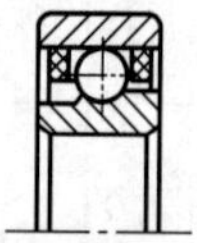	SN7	—	SN 70000	—
	锁口在内圈上的角接触球轴承	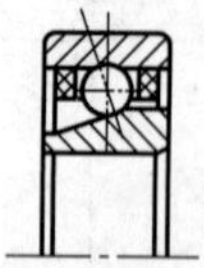	B7 B7 B7	(1)0 (0)2 (0)3	B 7000 B 7200 B 7300	GB/T 292
	双半外圈四点接触球轴承	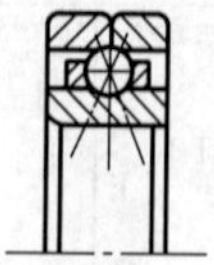	QJF	10 (0)2 (0)3	QJF 1000 QJF 200 QJF 300	GB/T 294

续表

轴承类型		简图	类型代号	尺寸系列代号	轴承基本代号	标准号
角接触球轴承	双半外圈三点接触球轴承		QJT	—	QJT 0000	—
	双半内圈三点接触球轴承		QJS	10 (0)2 (0)3	QJS 1000 QJS 200 QJS 300	GB/T 294
	双半内圈四点接触球轴承		QJ QJ QJ	10 (0)2 (0)3	QJ 1000 QJ 200 QJ 300	GB/T 294
	双列角接触球轴承		(0) (0)	32 33	3200 3300	GB/T 296
圆锥滚子轴承	圆锥滚子轴承		3 3 3 3 3 3 3 3 3 3	29 20 30 31 02 22 32 03 13 23	32900 32000 33000 33100 30200 32200 33200 30300 31300 32300	GB/T 297
	双内圈双列圆锥滚子轴承		35 35 35 35 35 35 35 35	19 29 10 20 11 21 22 13	351900 352900 351000 352000 351100 352100 352200 351300	GB/T 299
	双外圈双列圆锥滚子轴承		37	—	370000	—
	四列圆锥滚子轴承		38 38 38 38 38 38	19 29 10 20 11 21	381900 382900 381000 382000 381100 382100	GB/T 300

续表

轴承类型		简图	类型代号	尺寸系列代号	轴承基本代号	标准号
推力球轴承	推力球轴承		5 5 5 5	11 12 13 14	51100 51200 51300 51400	GB/T 301
	双向推力球轴承		5 5 5	22 23 24	52200 52300 52400	
	带球面座圈的推力球轴承		5 5 5	12[③] 13[③] 14[③]	53200 53300 53400	GB/T 28697
	带球面座圈的双向推力球轴承		5 5 5	22[④] 23[④] 24[④]	54200 54300 54400	
推力角接触球轴承	推力角接触球轴承		56 76	—	560000 760000	JB/T 8717 GB/T 24604
	双向推力角接触球轴承		23 23 23	44[⑤] 47[⑤] 49[⑤]	234400 234700 234900	JB/T 6362
推力圆柱滚子轴承	单向推力圆柱滚子轴承		8 8	11 12	81100 81200	GB/T 4663
	双列或多列推力圆柱滚子轴承		8 8 8	93 74 94	89300 87400 89400	—
	双向推力圆柱滚子轴承		8 8	22 23	82200 82300	GB/T 4663
推力圆锥滚子轴承	单向推力圆锥滚子轴承		9 9	11 12	91100 91200	JB/T 7751
	双向推力圆锥滚子轴承		9	21	92100	

续表

轴承类型		简图	类型代号	尺寸系列代号	轴承基本代号	标准号
推力调心滚子轴承			2 2 2	92 93 94	29200 29300 29400	GB/T 5859
外球面球轴承	带顶丝外球面球轴承		UC UC	2 3	UC 200 UC 300	GB/T 3882
	带偏心套外球面球轴承		UEL UEL	2 3	UEL 200 UEL 300	
	有圆锥孔外球面球轴承		UK UK	2 3	UK 200 UK 300	
	一端平头带顶丝外球面球轴承		UB	2	UB 200	
	轻型带偏心套外球面球轴承		UE	2	UE 200	
长弧面滚子轴承			C C C C C C C C C C C C C	29 39 49 59 69 30 40 50 60 31 41 22 32	C 2900 C 3900 C 4900 C 5900 C 6900 C 3000 C 4000 C 5000 C 6000 C 3100 C 4100 C 2200 C 3200	—

① 该系列轴承仅有一个108型号。
② 尺寸系列实为03，用13表示。
③ 尺寸系列实为12、13、14，表示成32、33、34。
④ 尺寸系列实为22、23、24，表示成42、43、44。
⑤ 尺寸系列代号不同于表7-2-7。
注：表中括号“（ ）”，表示该数字在代号中省略。

表 7-2-20　　滚针轴承基本及变型结构代号

轴承类型		简图	类型代号	配合安装特征尺寸表示		轴承基本代号	标准号
滚针和保持架组件	向心滚针和保持架组件	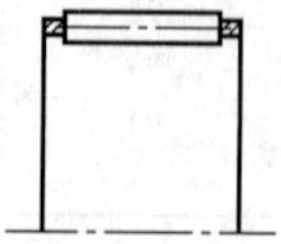	K	$F_w \times E_w \times B_c$		K $F_w \times E_w \times B_c$	GB/T 20056
	推力滚针和保持架组件	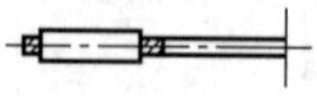	AXK	$d_c D_c$①		AXK $d_c D_c$	GB/T 4605
	带冲压中心套的推力滚针和保持架组件	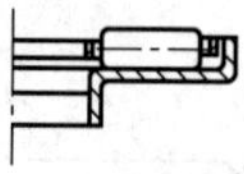	AXW	D_1		AXW D_1	—
滚针轴承	滚针轴承	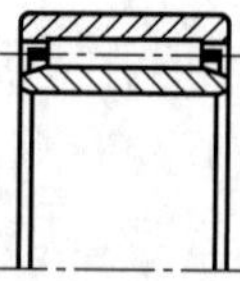	NA	用尺寸系列代号和内径代号表示		NA 4800 NA 4900 NA 6900	GB/T 5801
				尺寸系列代号 48 49 69	内径代号按表 7-2-8②的规定		
	满装滚针轴承	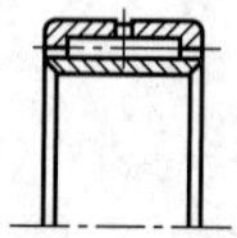	NAV	40 48 49		NAV 4000 NAV 4800 NAV 4900	JB/T 3588
	开口型冲压外圈滚针轴承	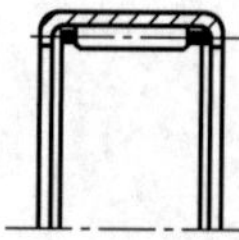	HK	$F_w C$①		HK $F_w C$	GB/T 290
	封口型冲压外圈滚针轴承	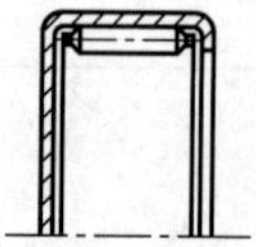	BK	$F_w C$①		BK $F_w C$	
	无内圈滚针轴承（轻系列）	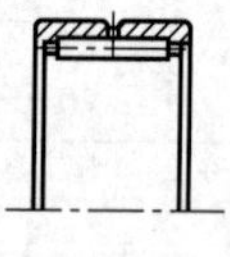	NK	F_w/B		NK F_w/B	—
	无内圈滚针轴承（重系列）		NKS NKH	F_w F_w		NKS F_w NKH F_w	— —
	滚针轴承(轻系列)	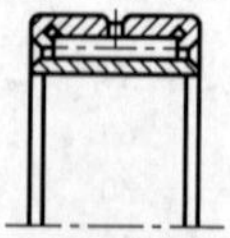	NKI	d/B		NKI d/B	—
	滚针轴承(重系列)		NKIS NKIH	d d		NKIS d NKIH d	—
	外圈无挡边滚针轴承	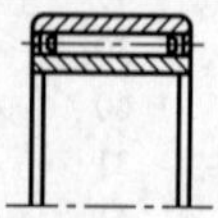	NAO	$d \times D \times B$		NAO $d \times D \times B$	—
	开口型冲压外圈满装滚针轴承	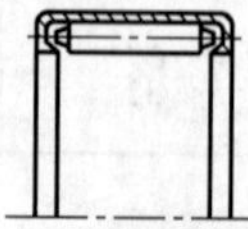	F-③	$F_w C$①		F-$F_w C$	GB/T 12764
	封口型冲压外圈满装滚针轴承	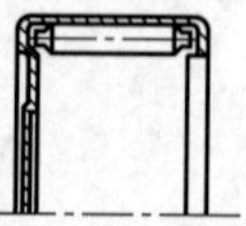	MF-③	$F_w C$①		MF-$F_w C$	

续表

轴承类型		简图	类型代号	配合安装特征尺寸表示	轴承基本代号	标准号
滚针轴承	开口型冲压外圈满装滚针轴承(油脂限位)	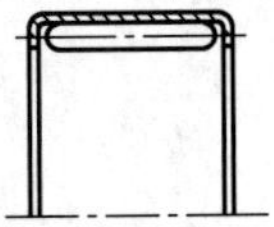	FY-③	F_wC①	FY-F_wC	—
	封口型冲压外圈满装滚针轴承(油脂限位)	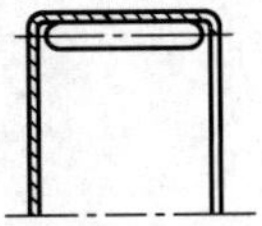	MFY-③	F_wC①	MFY-F_wC	—
滚针组合轴承	滚针和推力圆柱滚子组合轴承	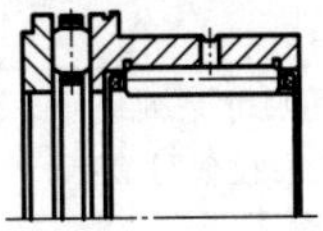	NKXR	F_w	NKXR F_w	GB/T 16643
	滚针和推力球组合轴承	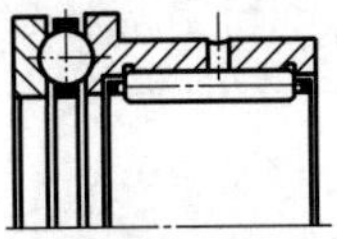	NKX	F_w	NKX F_w	GB/T 25760
	带外罩的滚针和满装推力球组合轴承(油润滑)	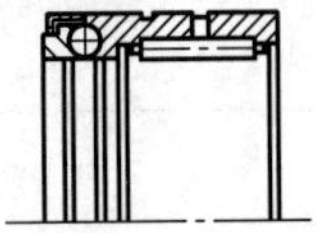	NX	F_w	NX F_w	
	滚针和角接触球组合轴承	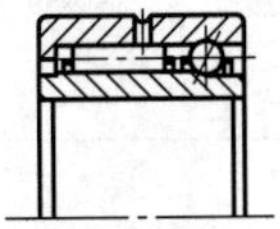	NKIA	用尺寸系列代号、内径代号表示 尺寸系列代号 59；内径代号按表 7-2-8	NKIA 5900	GB/T 25761
	滚针和三点接触球组合轴承	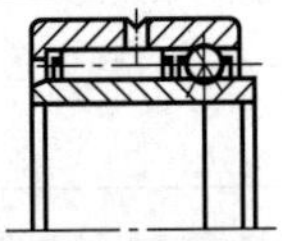	NKIB	尺寸系列代号 59；内径代号按表 7-2-8	NKIB 5900	
	滚针和双向推力圆柱滚子组合轴承	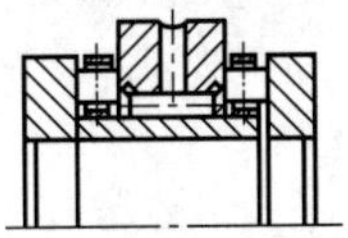	ZARN	dD	ZARN dD	GB/T 25768
	带法兰盘的滚针和双向推力圆柱滚子组合轴承	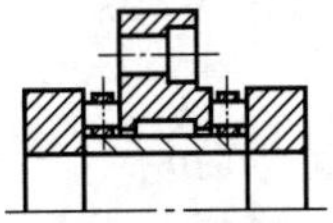	ZARF	dD	ZARF dD	
	圆柱滚子和双向推力滚针组合轴承	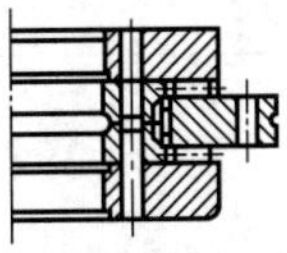	YRT	d	YRT d	—
长圆柱滚子轴承	长圆柱滚子轴承	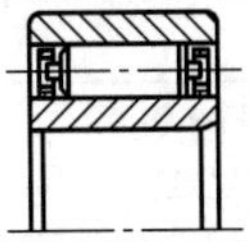	NAOL	用尺寸系列代号、内径代号表示	NAOL 0000	—
	外圈带双挡边的长圆柱滚子轴承	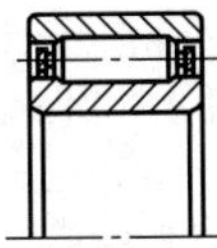	NAL	用尺寸系列代号、内径代号表示	NAL 0000	—

续表

轴承类型		简图	类型代号	配合安装特征尺寸表示	轴承基本代号	标准号
特种滚针轴承	调心滚针轴承		PNA	d/D	PNA d/D	—
滚轮滚针轴承	无挡边滚轮滚针轴承		STO	d	STO d	—
滚轮滚针轴承	两面带密封圈，外圈双挡边的滚轮滚针轴承		NA	用尺寸系列代号、内径代号表示 尺寸系列代号 22 / 内径代号②	NA 2200-2RS	—
滚轮轴承	平挡圈滚轮滚针轴承 （轻系列） （重系列）		NATR NATR	d dD	NATR d NATR dD	GB/T 6445
滚轮轴承	平挡圈滚轮满装滚针轴承 （轻系列） （重系列）		NATV NATV	d dD	NATV d NATV dD	GB/T 6445
滚轮轴承	带螺栓轴滚轮滚针轴承 （轻系列） （重系列）		KR④ KR④	D Dd_1	KR D KR Dd_1	GB/T 6445
滚轮轴承	带螺栓轴满装滚轮滚针轴承 （轻系列） （重系列）		KRV④ KRV④	D Dd_1	KRV D KRV Dd_1	GB/T 6445
滚轮轴承	平挡圈型双列满装圆柱滚子滚轮轴承 （轻系列） （重系列）		NUTR NUTR	d dD	NUTR d NUTR dD	JB/T 7754
滚轮轴承	螺栓型双列满装圆柱滚子滚轮轴承	R=500	NUKR④	D	NUKR D	JB/T 7754

① 尺寸直接用毫米数表示时，如是个位数，需在其左边加“0”。如8mm用08表示。

② 内径代号除 $d<10$mm 用“/实际公称毫米数”表示外，其余按表7-2-8的规定。

③ 该代号为1系列尺寸的轴承代号；按2系列尺寸时，则在类型代号后加“H”，如FH-、MFH-、FYH-、MFYH-。

④ 若KR、KRV、NUKR型轴承带偏心套，则在该类型代号后加E，分别变为KRE、KRVE、NUKRE。

注：表中 d—轴承公称内径；D—轴承公称外径；B—轴承公称宽度；C—冲压外圈公称宽度；F_w—滚针总体公称内径；E_w—滚针总体公称外径；D_1—带冲压中心套的推力滚针和保持架组件中心套公称外径；d_1—螺栓公称直径；d_c—推力滚针和保持架组件公称内径；D_c—推力滚针和保持架组件公称外径；B_c—滚针保持架组件公称宽度。

表 7-2-21　　**带附件轴承代号**

所带附件名称①	带附件轴承代号②	示　例
带紧定套	轴承代号+紧定套代号	22208 K+H 308
带退卸衬套	轴承代号+退卸衬套代号	22208 K+AH 308
带内圈	适用于无内圈的滚针轴承、滚针组合轴承:轴承代号+内圈代号 IR	NKX 30+IR
带斜挡圈	适用于圆柱滚子轴承:轴承代号+斜挡圈代号 HJ③	NJ 210+HJ 210

① 紧定套、退卸衬套代号按 GB/T 9160.1 的规定。

② 仅适用于带附件轴承的包装及图样、设计文件、手册的标记，不适用于轴承标志。

③ 可组合简化 NJ…+HJ…=NH…，例如 NH210。

2.2 带座外球面球轴承代号（摘自 GB/T 27554—2011）

表 7-2-22　　**带座外球面球轴承代号**

前置代号		基本代号						
前置代号为带座轴承上附加防尘盖时,在其基本代号前添加的补充代号		结构型式代号				尺寸系列代号		内径代号
		外球面球轴承结构型式代号		外球面球轴承座结构型式代号				
代号	含　义	代号	含　义	代号	含　义	代号	系列	
C-	带座轴承两侧(对凸缘座只有一侧)为铸造通盖	UC	带顶丝外球面球轴承	P	铸造立式座	2	2系列	见表7-2-8
				PH	铸造高中心立式座			
CM-	带座轴承一侧为铸造通盖,而另一侧(对凸缘座只有这一侧)为铸造盲盖	UEL	带偏心套外球面球轴承	PA	铸造窄立式座			
				FU	铸造方形座			
		UK	有圆锥孔外球面球轴承	FS	铸造凸台方形座	3	3系列	
				FLU	铸造菱形座			
S-	带座轴承两侧(对凸缘座只有一侧)为钢板冲压通盖	UB	一端平头带顶丝外球面球轴承	FA	铸造可调菱形座			
				FC	铸造凸台圆形座			
SM-	带座轴承一侧为钢板冲压通盖,而另一侧(对凸缘座只有这一侧)为钢板冲压盲盖	UE	轻型带偏心套外球面球轴承	K(T①)	铸造滑块座			
				C	铸造环形座			
				FT	铸造三角形座			
				FB	铸造悬挂式座			
		UD	两端平头外球面球轴承	HA	铸造悬吊式座			
				PP	冲压立式座			
				PF	冲压圆形座			
				PFT	冲压三角形座			
				PFL	冲压菱形座			

后置代号	
后置代号为带座轴承在结构型式、尺寸、公差、技术要求等有改变时,在基本代号后添加的补充代号	
代号	含　义
A、B 或 C	内部结构改变
G	轴承外圈上有润滑油槽
Y	尺寸、公差改变
-RS	密封结构改变
-R3	带三唇密封圈
—	游隙符合 GB/T 25766—2010 规定的 N 组
C2	游隙符合 GB/T 25766—2010 规定的 2 组
C3	游隙符合 GB/T 25766—2010 规定的 3 组
—	轴承与轴承座的球面内径采用 H7 公差带配合
J	轴承与轴承座的球面内径采用 J7 公差带配合
K	轴承与轴承座的球面内径采用 K7 公差带配合

① 铸造滑块座也可采用代号“T”。

注：1. 方形、菱形、圆形、三角形座属凸缘座。

2. 其他后置代号同本章 2.1 节。

表 7-2-23　　带附件的带座外球面球轴承代号

结构型式	带座轴承结构型式代号	紧定套代号	组合代号
带立式座紧定套外球面球轴承	UKP	H 000	UKP 000+H 000
带方形座紧定套外球面球轴承	UKFU	H 000	UKFU 000+H 000
带菱形座紧定套外球面球轴承	UKFLU	H 000	UKFLU 000+H 000
带凸台圆形座紧定套外球面球轴承	UKFC	H 000	UKFC 000+H 000
带滑块座紧定套外球面球轴承	UKK(T)	H 000	UKK(T) 000+H 000

3　滚动轴承的选用与计算

3.1　基本概念及术语（摘自 GB/T 6391—2010、GB/T 6930—2024、GB/T 4662—2012）

1）寿命　单套滚动轴承的寿命系指轴承的一个套圈（或垫圈）或滚动体材料上出现第一个疲劳扩展迹象之前，轴承的一个套圈（或垫圈）相对另一个套圈（或垫圈）旋转的转数。

2）可靠度（属轴承寿命范畴）　系指一组在相同条件下运转、近于相同的滚动轴承期望达到或超过规定寿命的百分率。单套滚动轴承的可靠度为该轴承达到或超过规定寿命的概率。

3）静载荷　轴承套圈或垫圈彼此相对转速为零时（向心或推力轴承）或滚动元件沿在滚动方向无运动时（直线轴承），作用在轴承上的载荷。

4）动载荷　当轴承套圈或垫圈相对旋转时（向心或推力轴承）或滚动元件间沿滚动方向运动时（直线轴承），作用在轴承上的载荷。

5）额定寿命　以径向基本额定动载荷或轴向基本额定动载荷的寿命预期值。

6）基本额定寿命　对于采用当代常用优质材料和具有良好加工质量并在常规运转条件下运转的轴承，基本额定寿命系指与90%的可靠度相关的额定寿命。

7）径向基本额定动载荷　系指一套滚动轴承理论上所能承受的恒定不变的径向载荷。在这一载荷作用下轴承的基本额定寿命为一百万转。对于单列角接触轴承，该载荷是指引起轴承套圈相互间产生纯径向位移的载荷的径向分量。

8）轴向基本额定动载荷　系指一套滚动轴承理论上所能承受的恒定的中心轴向载荷，在该载荷作用下，轴承的基本额定寿命为一百万转。

9）径向（或轴向）当量动载荷　系指一恒定的径向载荷（或中心轴向载荷），在该载荷作用下，滚动轴承具有与实际载荷条件下相同的寿命。

10）径向（或轴向）基本额定静载荷　在最大载荷滚动体与滚道接触中心处产生与下列计算接触应力所对应的径向静载荷（中心轴向静载荷）：4600MPa 调心球轴承（径向）；4200MPa 其他类型向心球轴承（径向）以及推力球轴承（轴向）；4000MPa 向心（径向）和推力滚子轴承（轴向）。

注：1. 对于单列角接触球轴承，其径向基本额定静载荷是指使轴承套圈相互间纯径向位移的载荷的径向分量。

2. 在静载荷条件下，这些接触应力系指引起滚动体与滚道的总永久变形量约为滚动体直径的 0.0001 倍时的应力。

11）径向（或轴向）当量静载荷　系指在最大载荷滚动体与滚道接触中心处产生与实际载荷条件下相同接触应力的径向（或中心轴向）静载荷。

3.2　滚动轴承的选用

选择滚动轴承的类型与多种因素有关，通常根据下列几个主要因素，并可参考表 7-2-3 综合考虑。

① 按安装空间选用：若轴承的安装空间在径向受限制，可选用径向截面高度尺寸较小的轴承，如滚针轴承、直径系列趋于7、8、9的轴承或专用的薄壁轴承；若轴承的安装空间在轴向受限制，可选用宽度尺寸较小的轴承，如宽度系列趋于8、0、1的轴承。

② 按载荷大小和类型选用：通常，在基本外形尺寸相同的情况下，滚子轴承的载荷能力比球轴承大，即球轴承一般适用于承受轻、中载荷，滚子轴承一般适用于承受中、重载荷以及冲击载荷；各类向心轴承都适用于承受纯径向载荷，但单列角接触球轴承和圆锥滚子轴承不能单独使用；各类推力轴承都适用于承受纯轴向载荷，其中，单向推力轴承只能承受一个方向的轴向载荷，双向推力轴承则可以承受两个方向的轴向载荷。对于联合载荷，以径向载荷为主时，一般可选用角接触球轴承和圆锥滚子轴承，若轴向载荷较小，还可以选用深沟球轴承和内、外圈都有挡边（圈）的圆柱滚子轴承；以轴向载荷为主时，一般可选用推力角接触球轴承、四点接触球轴承、推力调心滚子轴承等；当在联合载荷中的轴向载荷为双向交替时，单列角接触球轴承、单列圆锥滚子轴承需对称放置或配对、组配使用。对于力矩载荷，一般可选用配对角接触球轴承和配对圆锥滚子轴承，也可选用交叉滚子轴承、双列深沟球轴承或双列角接触球轴承。

③ 按转速选用：仅承受径向载荷时，深沟球轴承和圆柱滚子轴承适应于较高转速。当承受联合载荷时，可选用角接触球轴承，高精度角接触球轴承可达到很高转速。一般而言，推力轴承的极限转速均低于相对应类型结构的向心轴承。

④ 按精度选用：对于多数用途而言，采用普通级公差的轴承已足以满足要求，只有在对轴的旋转精度、运转平稳性、转速、振动与噪声、摩擦力矩等有更高要求时，如机床主轴、计算机磁盘驱动器主轴、精密仪器、涡轮增压器等所用轴承，才采用更高公差等级的轴承。5级公差轴承，一般称为精密轴承；4级公差轴承，一般称为高精密轴承；2级公差轴承，一般称为超精密轴承。深沟球轴承、角接触球轴承和圆柱滚子轴承，适宜于制造高公差等级轴承，用于高旋转精度的用途。

⑤ 按不对中选用：由于轴和轴承座或外壳孔的制造误差、安装误差以及轴在承载后出现的挠曲等，常使轴承内、外圈之间产生倾斜及不对中现象，对于有较大不对中的情况，可选用调心球轴承、调心滚子轴承、带座外球面球轴承、推力调心滚子轴承等具有调心功能的轴承。

⑥ 按刚性选用：一般而言，滚子轴承比球轴承具有更高的刚性。另外，对于选定的轴承，特别是角接触类轴承和带紧定套的轴承，还可通过适当的预紧来提高轴承的刚性。

⑦ 按振动与噪声选用：对于要求低振动与低噪声的工况，可选用深沟球轴承、圆柱滚子轴承和圆锥滚子轴承等低噪声轴承，其中，深沟球轴承可制造的振动与噪声限值水平最低。

⑧ 按轴向移动选用：对于在轴的支承中，限制轴做轴向自由移动的“定位轴承”，最宜选用能承受联合载荷的轴承，如深沟球轴承、双列或配对角接触球轴承等，或仅承受轴向载荷的双向推力轴承等来实现轴向限位；可使轴做轴向自由移动的“游动轴承”，一般应选用内圈或外圈无挡边的圆柱滚子轴承或滚针轴承。若采用深沟球轴承、调心滚子轴承等不可分离型轴承，内圈或外圈的配合应采用间隙配合。

⑨ 按便于安装与拆卸选用：圆柱滚子轴承、滚针轴承、圆锥滚子轴承等内、外圈可分离的轴承，安装与拆卸较为方便，适用于经常定期检查、拆装频繁的场合；有锥形内孔的轴承，若使用退卸套，安装与拆卸也较方便。

3.3 滚动轴承额定动载荷与寿命计算（摘自GB/T 6391—2010）

选择轴承一般应根据机械的类型、工作条件、可靠度要求及轴承的工作转速 n，再通过轴承额定动载荷和额定静载荷，预先计算出轴承的预期使用寿命 L_h（用工作小时表示）。各类机械所需轴承的使用寿命推荐值见表7-2-28。

3.3.1 基本额定动载荷计算

对于一定转速的轴承（$n>10$r/min），可按基本额定动载荷计算值选择轴承，然后校核其额定静载荷（见3.4）是否满足要求。当轴承可靠度为90%、轴承材料为常用优质材料（本篇各轴承尺寸性能表中所列基本额定动载荷均为常用优质材料，即普通电炉轴承钢的情况）并在常规条件运转时，取500h作为额定寿命的基准，同时考虑温度、振动、冲击等变化，则轴承基本额定动载荷可按式（7-2-1）进行简化计算。

$$C=\frac{f_{\mathrm{h}}\, f_{\mathrm{m}}\, f_{\mathrm{d}}}{f_{\mathrm{n}}\, f_{\mathrm{T}}}P<C_{\mathrm{r}}(\text{或 } C_{\mathrm{a}}) \qquad (7\text{-}2\text{-}1)$$

式中　C——基本额定动载荷计算值，N；

P——当量动载荷，按式（7-2-2）计算，N；

f_{h}——寿命因数，按表 7-2-24 选取；

f_{n}——速度因数，按表 7-2-25 选取；

f_{m}——力矩载荷因数，无力矩载荷时 $f_{\mathrm{m}}=1$，力矩载荷较小时 $f_{\mathrm{m}}=1.5$，力矩载荷较大时 $f_{\mathrm{m}}=2$；

f_{d}——冲击载荷因数，按表 7-2-26 选取；

f_{T}——温度因数，按表 7-2-27 选取；

C_{r}——轴承尺寸及性能表中所列径向基本额定动载荷（在 GB/T 6391 中有计算公式），N；

C_{a}——轴承尺寸及性能表中所列轴向基本额定动载荷（在 GB/T 6391 中有计算公式），N。

表 7-2-24　　寿命因数 f_{h} 值

L_{h}/h	f_{h}		L_{h}/h	f_{h}		L_{h}/h	f_{h}		L_{h}/h	f_{h}	
	球轴承	滚子轴承		球轴承	滚子轴承		球轴承	滚子轴承		球轴承	滚子轴承
100	0.585	0.617	300	0.843	0.858	700	1.119	1.105	1750	1.520	1.455
105	0.594	0.626	310	0.853	0.866	720	1.129	1.115	1800	1.535	1.470
110	0.604	0.635	320	0.862	0.875	740	1.140	1.125	1850	1.545	1.480
115	0.613	0.643	330	0.871	0.883	760	1.150	1.135	1900	1.560	1.490
120	0.621	0.652	340	0.879	0.891	780	1.160	1.145	1950	1.575	1.505
125	0.630	0.660	350	0.888	0.898	800	1.170	1.151	2000	1.590	1.515
130	0.638	0.668	360	0.896	0.906	820	1.179	1.160	2100	1.615	1.540
135	0.646	0.675	370	0.905	0.914	840	1.189	1.170	2200	1.640	1.560
140	0.654	0.683	380	0.913	0.921	860	1.198	1.180	2300	1.665	1.580
145	0.662	0.690	390	0.921	0.928	880	1.207	1.185	2400	1.690	1.600
150	0.669	0.697	400	0.928	0.935	900	1.216	1.190	2500	1.710	1.620
155	0.677	0.704	410	0.936	0.942	920	1.225	1.200	2600	1.730	1.640
160	0.684	0.710	420	0.944	0.949	940	1.234	1.210	2700	1.755	1.660
165	0.691	0.717	430	0.951	0.956	960	1.243	1.215	2800	1.775	1.675
170	0.698	0.723	440	0.958	0.962	980	1.251	1.225	2900	1.795	1.695
175	0.705	0.730	450	0.965	0.969	1000	1.260	1.230	3000	1.815	1.710
180	0.711	0.736	460	0.973	0.975	1050	1.281	1.250	3100	1.835	1.730
185	0.718	0.724	470	0.980	0.982	1100	1.301	1.270	3200	1.855	1.745
190	0.724	0.748	480	0.986	0.988	1150	1.320	1.285	3300	1.875	1.760
195	0.731	0.754	490	0.993	0.994	1200	1.339	1.300	3400	1.895	1.775
200	0.737	0.760	500	1.000	1.000	1250	1.360	1.315	3500	1.910	1.795
210	0.749	0.771	520	1.013	1.010	1300	1.375	1.330	3600	1.930	1.810
220	0.761	0.782	540	1.026	1.025	1350	1.395	1.345	3700	1.950	1.825
230	0.772	0.792	560	1.038	1.035	1400	1.410	1.360	3800	1.965	1.840
240	0.783	0.802	580	1.051	1.045	1450	1.425	1.375	3900	1.985	1.850
250	0.794	0.812	600	1.063	1.055	1500	1.445	1.390	4000	2.00	1.865
260	0.804	0.822	620	1.074	1.065	1550	1.460	1.405	4100	2.02	1.880
270	0.814	0.831	640	1.086	1.075	1600	1.475	1.420	4200	2.03	1.895
280	0.824	0.840	660	1.097	1.085	1650	1.490	1.430	4300	2.05	1.905
290	0.834	0.849	680	1.108	1.095	1700	1.505	1.445	4400	2.07	1.920

续表

L_h/h	f_h		L_h/h	f_h		L_h/h	f_h		L_h/h	f_h	
	球轴承	滚子轴承		球轴承	滚子轴承		球轴承	滚子轴承		球轴承	滚子轴承
4500	2.08	1.935	9000	2.62	2.38	20000	3.42	3.02	45000	4.48	3.86
4600	2.10	1.945	9200	2.64	2.40	21000	3.48	3.07	46000	4.51	3.88
4700	2.11	1.960	9400	2.66	2.41	22000	3.53	3.11	47000	4.55	3.91
4800	2.13	1.970	9600	2.68	2.43	23000	3.58	3.15	48000	4.58	3.93
4900	2.14	1.985	9800	2.70	2.44	24000	3.63	3.19	49000	4.61	3.96
5000	2.15	2.00	10000	2.71	2.46	25000	3.68	3.23	50000	4.64	3.98
5200	2.18	2.02	10500	2.76	2.49	26000	3.73	3.27	55000	4.80	4.10
5400	2.21	2.04	11000	2.80	2.53	27000	3.78	3.31	60000	4.94	4.20
5600	2.24	2.06	11500	2.85	2.56	28000	3.82	3.35	65000	5.07	4.30
5800	2.27	2.09	12000	2.89	2.59	29000	3.87	3.38	70000	5.19	4.40
6000	2.29	2.11	12500	2.93	2.63	30000	3.91	3.42	75000	5.30	4.50
6200	2.32	2.13	13000	2.96	2.66	31000	3.96	3.45	80000	5.43	4.58
6400	2.34	2.15	13500	3.00	2.69	32000	4.00	3.48	85000	5.55	4.68
6600	2.37	2.17	14000	3.04	2.72	33000	4.04	3.51	90000	5.65	4.75
6800	2.39	2.19	14500	3.07	2.75	34000	4.08	3.55	100000	5.85	4.90
7000	2.41	2.21	15000	3.11	2.77	35000	4.12	3.58			
7200	2.43	2.23	15500	3.14	2.80	36000	4.16	3.61			
7400	2.46	2.24	16000	3.18	2.83	37000	4.20	3.64			
7600	2.48	2.26	16500	3.21	2.85	38000	4.24	3.67			
7800	2.50	2.28	17000	3.24	2.88	39000	4.27	3.70			
8000	2.52	2.30	17500	3.27	2.91	40000	4.31	3.72			
8200	2.54	2.31	18000	3.30	2.93	41000	4.35	3.75			
8400	2.56	2.33	18500	3.33	2.95	42000	4.38	3.78			
8600	2.58	2.35	19000	3.36	2.98	43000	4.42	3.80			
8800	2.60	2.36	19500	3.39	3.00	44000	4.45	3.83			

注：表中 L_h 为轴承的预期使用寿命（以 h 计），设计时，根据不同设备的要求，先确定一个轴承的预期使用寿命，查出相应的 f_h，再求出轴承的 C，然后确定轴承的型号。反之，知道轴承的型号可以求出轴承的寿命。

表 7-2-25　　速度因数 f_n 值

n/r · min^{-1}	f_n		n/r · min^{-1}	f_n		n/r · min^{-1}	f_n		n/r · min^{-1}	f_n	
	球轴承	滚子轴承		球轴承	滚子轴承		球轴承	滚子轴承		球轴承	滚子轴承
10	1.494	1.435	25	1.110	1.090	40	0.941	0.947	60	0.822	0.838
11	1.447	1.395	26	1.086	1.077	41	0.933	0.940	62	0.813	0.830
12	1.406	1.359	27	1.073	1.065	42	0.926	0.933	64	0.805	0.822
13	1.369	1.326	28	1.060	1.054	43	0.919	0.927	66	0.797	0.815
14	1.335	1.297	29	1.048	1.043	44	0.912	0.920	68	0.788	0.807
15	1.305	1.271	30	1.036	1.032	45	0.905	0.914	70	0.781	0.800
16	1.277	1.246	31	1.024	1.022	46	0.898	0.908	72	0.774	0.794
17	1.252	1.224	32	1.014	1.012	47	0.892	0.902	74	0.767	0.787
18	1.228	1.203	33	1.003	1.003	48	0.886	0.896	76	0.760	0.781
19	1.206	1.184	34	0.993	0.994	49	0.880	0.891	78	0.753	0.775
20	1.186	1.166	35	0.984	0.985	50	0.874	0.885	80	0.747	0.769
21	1.166	1.149	36	0.975	0.977	52	0.862	0.875	82	0.741	0.763
22	1.149	1.133	37	0.966	0.969	54	0.851	0.865	84	0.735	0.758
23	1.132	1.118	38	0.957	0.961	56	0.841	0.856	86	0.729	0.753
24	1.116	1.104	39	0.949	0.954	58	0.831	0.847	88	0.724	0.747

续表

n/r·min^{-1}	f_n		n/r·min^{-1}	f_n		n/r·min^{-1}	f_n		n/r·min^{-1}	f_n	
	球轴承	滚子轴承		球轴承	滚子轴承		球轴承	滚子轴承		球轴承	滚子轴承
90	0.718	0.742	450	0.420	0.458	2000	0.255	0.293	9000	0.155	0.187
92	0.713	0.737	460	0.417	0.455	2100	0.251	0.289	9200	0.154	0.185
94	0.708	0.733	470	0.414	0.452	2200	0.247	0.285	9400	0.153	0.184
96	0.703	0.728	480	0.411	0.449	2300	0.244	0.281	9600	0.152	0.183
98	0.698	0.724	490	0.408	0.447	2400	0.240	0.277	9800	0.150	0.182
100	0.693	0.719	500	0.405	0.444	2500	0.237	0.274	10000	0.140	0.181
105	0.682	0.709	520	0.400	0.439	2600	0.234	0.271	10500	0.147	0.178
110	0.672	0.699	540	0.395	0.434	2700	0.231	0.268	11000	0.145	0.176
115	0.662	0.690	560	0.390	0.429	2800	0.228	0.265	11500	0.143	0.173
120	0.652	0.681	580	0.386	0.424	2900	0.226	0.262	12000	0.141	0.171
125	0.644	0.673	600	0.382	0.420	3000	0.223	0.259	12500	0.139	0.169
130	0.635	0.665	620	0.377	0.416	3100	0.221	0.257	13000	0.137	0.167
135	0.627	0.657	640	0.374	0.412	3200	0.218	0.254	13500	0.135	0.165
140	0.620	0.650	660	0.370	0.408	3300	0.216	0.252	14000	0.134	0.163
145	0.613	0.643	680	0.366	0.405	3400	0.214	0.250	14500	0.132	0.162
150	0.606	0.637	700	0.363	0.401	3500	0.212	0.248	15000	0.131	0.160
155	0.599	0.631	720	0.359	0.398	3600	0.210	0.246	15500	0.129	0.158
160	0.593	0.625	740	0.356	0.395	3700	0.208	0.243	16000	0.128	0.157
165	0.587	0.619	760	0.353	0.391	3800	0.206	0.242	16500	0.126	0.155
170	0.581	0.613	780	0.350	0.388	3900	0.205	0.240	17000	0.125	0.154
175	0.575	0.608	800	0.347	0.385	4000	0.203	0.238	17500	0.124	0.153
180	0.570	0.603	820	0.344	0.383	4100	0.201	0.236	18000	0.123	0.151
185	0.565	0.598	840	0.341	0.380	4200	0.199	0.234	18500	0.122	0.150
190	0.560	0.593	860	0.338	0.377	4300	0.198	0.233	19000	0.121	0.149
195	0.555	0.589	880	0.336	0.375	4400	0.196	0.231	19500	0.120	0.148
200	0.550	0.584	900	0.333	0.372	4500	0.195	0.230	20000	0.119	0.147
210	0.541	0.576	920	0.331	0.370	4600	0.193	0.228	21000	0.117	0.146
220	0.533	0.568	940	0.329	0.367	4700	0.192	0.227	22000	0.115	0.143
230	0.525	0.560	960	0.326	0.366	4800	0.191	0.225	23000	0.113	0.141
240	0.518	0.553	980	0.324	0.363	4900	0.190	0.224	24000	0.112	0.139
250	0.511	0.546	1000	0.322	0.360	5000	0.188	0.222	25000	0.110	0.137
260	0.504	0.540	1050	0.317	0.355	5200	0.186	0.220	26000	0.109	0.136
270	0.498	0.534	1100	0.312	0.350	5400	0.183	0.217	27000	0.107	0.134
280	0.492	0.528	1150	0.307	0.346	5600	0.181	0.215	28000	0.106	0.133
290	0.486	0.523	1200	0.303	0.341	5800	0.179	0.213	29000	0.105	0.131
300	0.481	0.517	1250	0.299	0.337	6000	0.177	0.211	30000	0.104	0.130
310	0.476	0.512	1300	0.295	0.333	6200	0.175	0.209			
320	0.471	0.507	1350	0.291	0.329	6400	0.173	0.207			
330	0.466	0.503	1400	0.288	0.326	6600	0.172	0.205			
340	0.461	0.498	1450	0.284	0.322	6800	0.170	0.203			
350	0.457	0.494	1500	0.281	0.319	7000	0.168	0.201			
360	0.452	0.490	1550	0.278	0.316	7200	0.167	0.199			
370	0.448	0.486	1600	0.275	0.313	7400	0.165	0.198			
380	0.444	0.482	1650	0.272	0.310	7600	0.164	0.196			
390	0.441	0.478	1700	0.270	0.307	7800	0.162	0.195			
400	0.437	0.475	1750	0.267	0.305	8000	0.161	0.193			
410	0.433	0.471	1800	0.265	0.302	8200	0.160	0.192			
420	0.430	0.467	1850	0.262	0.300	8400	0.158	0.190			
430	0.426	0.464	1900	0.260	0.297	8600	0.157	0.189			
440	0.423	0.461	1950	0.258	0.295	8800	0.156	0.188			

表 7-2-26 冲击载荷因数 f_d

载荷性质	f_d	举　例
无冲击或轻微冲击	1.0~1.2	电机、汽轮机、通风机、水泵
中等冲击	1.2~1.8	车辆、机床、起重机、冶金设备、内燃机
强大冲击	1.8~3.0	破碎机、轧钢机、石油钻机、振动筛

表 7-2-27 温度因数 f_T

工作温度/℃	<120	125	150	175	200	225	250	300
f_T	1.0	0.95	0.9	0.85	0.80	0.75	0.70	0.6

表 7-2-28 各种机械所需轴承使用寿命推荐值

使用条件	使用寿命/h	使用条件	使用寿命/h
不经常使用的仪器和设备	300~3000	每天 8h 工作，满载荷使用，如机床、木材加工机械、工程机械、印刷机械、分离机、离心机	20000~30000
短期或间断使用的机械，中断使用不致引起严重后果，如手动机械、农业机械、装配吊车、自动送料装置	3000~8000		
间断使用的机械，中断使用将引起严重后果，如发电站辅助设备、流水作业的传动装置、带式输送机、车间吊车	8000~12000	24h 连续工作的机械，如压缩机、泵、电机、轧机齿轮装置、纺织机械	40000~50000
每天 8h 工作的机械，但经常不是满载荷使用，如电机、一般齿轮装置、压碎机、起重机和一般机械	10000~25000	24h 连续工作的机械，中断使用将引起严重后果，如纤维机械、造纸机械、电站主要设备、给排水设备、矿用泵、矿用通风机	约 100000

3.3.2 当量动载荷的计算

(1) 恒定载荷的当量动载荷计算

轴承的基本额定动载荷是在假定的运转条件下确定的。其中载荷条件是：向心轴承仅承受纯径向载荷；推力轴承仅承受纯轴向载荷。实际上，轴承在大多数应用场合，常常同时承受径向载荷和轴向载荷，因此，在进行轴承计算时，必须把实际载荷转换为与确定额定动载荷条件相一致的当量动载荷。当量动载荷的一般计算公式为：

$$P=XF_r+YF_a \tag{7-2-2}$$

式中 P——当量动载荷，N；

F_r——径向载荷，N；

F_a——轴向载荷，N；

X——径向动载荷系数；

Y——轴向动载荷系数。

各类轴承当量动载荷的计算公式详见本章各类轴承尺寸与性能表。

(2) 载荷和速度均变动时的平均当量动载荷计算

若轴承在变动载荷和变动转速下工作，在确定轴承寿命时，应用平均当量动载荷和平均转速。平均当量动载荷一般按式 (7-2-3) 计算。

$$P_m=\sqrt[\varepsilon]{\frac{1}{N}\int_0^N P^{\varepsilon}\mathrm{d}N} \tag{7-2-3}$$

式中 P_m——平均当量动载荷，N；

P——当量动载荷 (是一函数)，N；

N——载荷变动一个周期内的总转数，r；

ε——对球轴承，$\varepsilon=3$；对滚子轴承，$\varepsilon=10/3$。

对于如图 7-2-1 所示的载荷和转数之间的关系，平均当量动载荷的计算公式为式 (7-2-4)。

$$P_m=\sqrt[\varepsilon]{\frac{N_1P_1^{\varepsilon}+N_2P_2^{\varepsilon}+N_3P_3^{\varepsilon}+\cdots}{N}} \tag{7-2-4}$$

式中　P_1，P_2，P_3，…——N_1、N_2、N_3、…转数时的当量动载荷，N；

$N_1+N_2+N_3+\cdots=N$（N_1、N_2、N_3、…分别为转速 n_1、n_2、n_3、…与相应运转时间 t_1、t_2、t_3、…的乘积）。

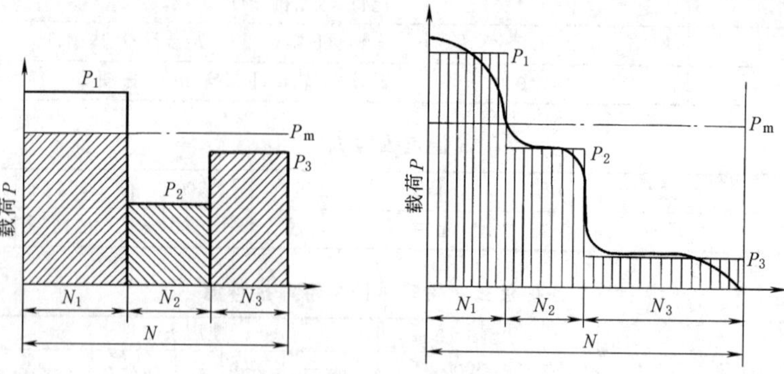

图 7-2-1　载荷与转数之间的关系

轴承的转速保持不变，载荷仅随时间单调而连续地周期变化，见表 7-2-29 中所列各图，其平均当量动载荷可利用表中简化公式近似地求出。

表 7-2-29　　转速不变时载荷随时间的变化

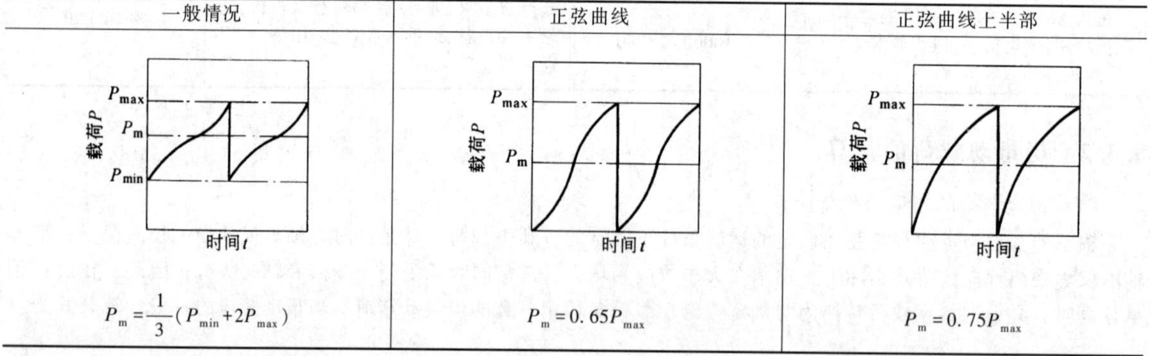

一般情况	正弦曲线	正弦曲线上半部
载荷 P；P_{max}；P_m；P_{min}；时间 t	载荷 P；P_{max}；P_m；时间 t	载荷 P；P_{max}；P_m；时间 t
$P_m=\dfrac{1}{3}(P_{min}+2P_{max})$	$P_m=0.65P_{max}$	$P_m=0.75P_{max}$

若轴承载荷由大小和方向都不变的载荷 F_1（如转子重力等）以及大小不变的旋转载荷 F_2（如不平衡量引起的离心力等）组成，如图 7-2-2 所示，则其平均载荷可按式（7-2-5）计算。

$$F_m=\phi_m(F_1+F_2) \tag{7-2-5}$$

式中　F_m——平均载荷；

ϕ_m——因数，可按图 7-2-2 确定。

求出 F_m 后，可根据 F_1 和 F_2 的合成载荷平面方向，将 F_m 按式（7-2-2）再转换成平均当量动载荷 P_m。

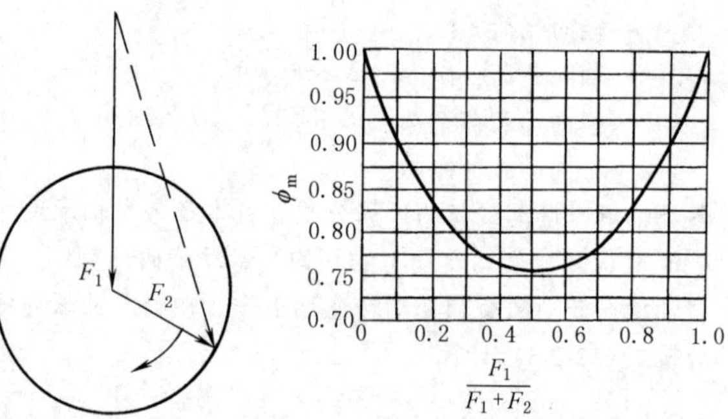

图 7-2-2　载荷 F_1、F_2 和因数 ϕ_m

补充说明：基本额定寿命 L_{10h}（以小时计）与基本额定动载荷 C（N）和当量动载荷 P（N）间的关系如下

$$L_{10h}=\frac{10^6}{60n}\left(\frac{C}{P}\right)^{\varepsilon}$$

为了简化计算，取 500h 作为额定寿命的基准，引入速度系数 $f_n=\left(\dfrac{33.3}{n}\right)^{1/\varepsilon}$，寿命系数 $f_h=\left(\dfrac{L_{10h}}{500}\right)^{1/\varepsilon}$，则轴承寿命公式转换为

$$C=\frac{f_h}{f_n}P$$

再考虑力矩载荷因数f_m、冲击载荷因数f_d、温度因数f_T，则上式为

$$C=\frac{f_h f_m f_d}{f_n f_T}P$$

即式（7-2-1）所示。

3.3.3 滚动轴承寿命计算

多年来，采用基本额定寿命L_{10}（即10^6r）作为滚动轴承的计算寿命值，该寿命是与90%的可靠度、常用优质材料和良好加工质量以及常规运转条件相关的寿命。基本额定寿命L_{10}的一般计算公式为：

$$L_{10}=\left(\frac{C}{P}\right)^{\varepsilon} \tag{7-2-6}$$

式中 L_{10}——基本额定寿命计算值，10^6r；

C——基本额定动载荷计算值，N；

P——当量动载荷计算值，N。

但是，对于许多应用场合，还希望计算不同水平可靠度的寿命和（或）更精确地计算特定润滑和污染条件、特殊轴承性能以及非常规运转条件对寿命的影响，这时需计算修正基本额定寿命。

用n表示失效概率，$(100-n)$表示幸存概率（也表示可靠度），则$(100-n)$%可靠度、特殊轴承性能和特定运转条件下的修正基本额定寿命L_{nm}可按下式计算。

$$L_{nm}=a_1 a_{ISO} L_{10}$$

式中 a_1——可靠度寿命修正系数；

a_{ISO}——系统方法的寿命修正系数。

可靠度寿命修正系数a_1值见表7-2-30。

表 7-2-30　　可靠度寿命修正系数 a_1

可靠度/%	90	95	96	97	98	99	99.2	99.4	99.6	99.8	99.9	99.92	99.94	99.95
L_{nm}	L_{10m}	L_{5m}	L_{4m}	L_{3m}	L_{2m}	L_{1m}	$L_{0.8m}$	$L_{0.6m}$	$L_{0.4m}$	$L_{0.2m}$	$L_{0.1m}$	$L_{0.08m}$	$L_{0.06m}$	$L_{0.5m}$
a_1	1	0.64	0.55	0.47	0.37	0.25	0.22	0.19	0.16	0.12	0.093	0.087	0.080	0.077

寿命修正系数a_{ISO}包括轴承类型、材料（如洁净度、硬度、表面结构、疲劳极限、温度响应）、润滑（如黏度、轴承转速、轴承尺寸、润滑剂类型、添加剂）、环境（如污染程度、湿度）、杂质颗粒（如硬度、尺寸、形状、材料）、套圈中内应力（如制造过程产生的、安装后套圈过盈产生的内应力）、安装（如装拆损伤、不同心）、轴承载荷等影响因素，这些不同影响因素之间是相互关联的。计算方法见标准GB/T6391—2010。其具体数值通常应与轴承制造厂家商议。

3.4 滚动轴承额定静载荷与静安全系数的计算（摘自GB/T 4662—2012）

对静止、低速旋转（转速≤10r/min）或缓慢摆动的轴承，应分别计算额定动载荷（见本章3.3节）和额定静载荷，取其中较大者选择轴承。额定静载荷的计算见式（7-2-7）。按额定静载荷选轴承时，必须注意与轴承相配合部位的刚度，轴承座的刚度较低时，可选较高的静安全系数，反之则选较低的静安全系数。

$$C_0=S_0P_0<C_{0r}(\text{或 } C_{0a}) \tag{7-2-7}$$

式中 C_0——基本额定静载荷，N；

P_0——当量静载荷，N，计算公式见表7-2-31；

S_0——静安全系数，球轴承静安全系数S_0见表7-2-32，滚子轴承静安全系数S_0见表7-2-33；

C_{0r}——轴承尺寸及性能表中所列径向基本额定静载荷，N；

C_{0a}——轴承尺寸及性能表中所列轴向基本额定静载荷，N。

表 7-2-31 当量静载荷计算公式

轴承类型		计算公式		说明
向心轴承	$\alpha=0°$的向心滚子轴承	径向当量静载荷	$P_{0r}=F_r$	F_r——径向载荷 F_a——轴向载荷 X_0——径向静载荷系数 Y_0——轴向静载荷系数 (见轴承尺寸性能表)
	向心球轴承和$\alpha\neq0°$的向心滚子轴承		$\begin{cases}P_{0r}=X_0F_r+Y_0F_a\\P_{0r}=F_r\end{cases}$ 取二式中的较大值	
推力轴承	$\alpha=90°$的推力轴承	轴向当量静载荷	$P_{0a}=F_a$	
	$\alpha\neq90°$的推力轴承		$P_{0a}=2.3F_r\tan\alpha+F_a$	

表 7-2-32 球轴承的静安全系数 S_0 的推荐值

工作条件	S_0 ≥
运转条件平稳： 运转平稳、无振动、旋转精度高	2
运转条件正常： 运转平稳、无振动、正常旋转精度	1
承受冲击载荷条件： 显著的冲击载荷①	1.5

① 载荷大小是未知的时，S_0 值至少取 1.5；当冲击载荷的大小可精确地得到时，可采用较小的 S_0 值。

表 7-2-33 滚子轴承的静安全系数 S_0 的推荐值

工作条件	S_0 ≥
运转条件平稳： 运转平稳、无振动、旋转精度高	3
运转条件正常： 运转平稳、无振动、正常旋转精度	1.5
承受冲击载荷条件： 显著的冲击载荷①	3
对于推力球面滚子轴承在所有的工作条件下，S_0 的最小推荐值为 4。对于表面硬化的冲压外圈滚子轴承在所有的工作条件下，S_0 的最小推荐值为 3	

① 当载荷大小未知时，S_0 值至少取 3；当冲击载荷的大小可精确地得到时，可采用较小的 S_0 值。

3.5 滚动轴承极限转速

轴承的极限转速是在一定的载荷、润滑条件下允许的最高转速。与轴承类型、尺寸、载荷大小和方向、润滑剂种类和润滑方式、游隙、保持架结构及冷却条件等诸多因素有关。由于问题的复杂性，不可能有精确的计算方法来确定各类轴承的极限转速，只能根据国内外使用经验及试验结果提出计算极限转速的近似公式，并给以合理使用的指导意见。

3.5.1 滚动轴承极限转速的计算

极限转速是在一定假设条件下确定的，即：$P\leqslant0.1C$；润滑、冷却条件正常；向心轴承仅承受径向载荷，推力轴承仅承受轴向载荷；轴承精度等级为普通级。

在上述假定条件下，轴承的极限转速可由式（7-2-8）、式（7-2-9）计算：

对向心轴承：

$$n_j=\frac{f_1A}{d_m} \tag{7-2-8}$$

对推力轴承：

$$n_j = \frac{f_1 A}{\sqrt{DH}} \tag{7-2-9}$$

式中 n_j——滚动轴承极限转速，r/min；

d_m——轴承节圆直径，mm；

D——轴承外径，mm；

H——推力轴承高度，mm；

f_1——尺寸系数，可以从图 7-2-3 中根据向心轴承的 d_m 值或推力轴承的 $\sqrt{DH}$ 值查出；

A——结构系数，可由表 7-2-34 查出。

计算结果圆整到两位有效数字，当计算滚针轴承的极限转速时，应以内圈滚道直径取代式（7-2-8）中的 d_m。

表 7-2-34　结构系数 A

轴承类型	脂润滑	油润滑	轴承类型	脂润滑	油润滑
深沟球轴承			圆锥滚子轴承		
单列	48	60	单列	30	38
单列带防尘盖	48	60	双列	22	28
单列带密封圈	34	—	四列	18	22
单列带毡封圈	24	—	短圆柱滚子轴承	43	53
单列有装球缺口	38	48	滚针轴承		
双列有装球缺口	30	38	无保持架	9	12
角接触球轴承			有保持架	24	36
单列	45	60	有保持架冲压外圈	20	28
双列	32	43	调心滚子轴承	28	34
成对安装	32	43	推力球轴承	9	13
四点接触	36	48	推力圆柱滚子轴承	6.7	9
分离型(磁电动机轴承)	48	60	推力圆锥滚子轴承	6.7	9
调心球轴承	38	48	推力调心滚子轴承	—	18

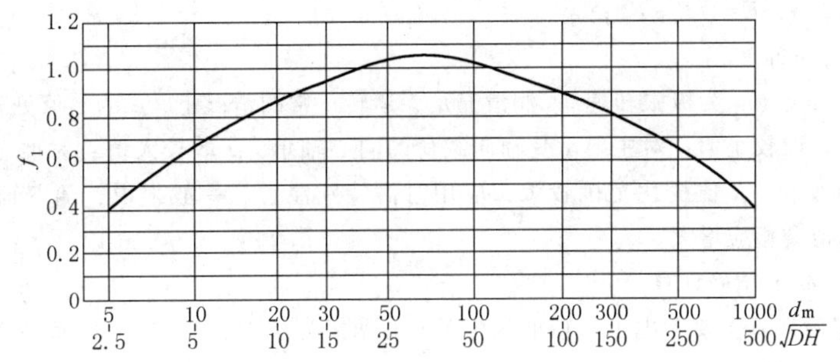

图 7-2-3　尺寸系数

3.5.2　实际使用的滚动轴承极限转速

影响极限转速的因素很多，主要有下面几种：

（1）载荷大小

当轴承在 $P>0.1C$ 载荷条件下运转时，滚动体和滚道接触面的接触应力增大，使轴承温度升高，将影响润滑剂的性能。因此，应将性能表中极限转速的数值乘以降低系数 f_2，见图 7-2-4。

（2）载荷种类和方向

对于承受径向和轴向联合载荷作用的向心轴承，由于承受载荷的滚动体的数量增加，摩擦与发热增大，润滑条件变差，因此，必须根据轴承类型和载荷角大小，将性能表上的极限转速乘以一个降低系数 f_3，见图 7-2-5。

（3）润滑剂和润滑方式

如果用循环油润滑、油雾润滑、喷射润滑、油气润滑等则可提高轴承的极限转速 1.5~2 倍。经验证明，如提高轴承精度，适当增大游隙，改用特殊材料和结构的保持架，改善冷却条件，也可提高轴承的极限转速。

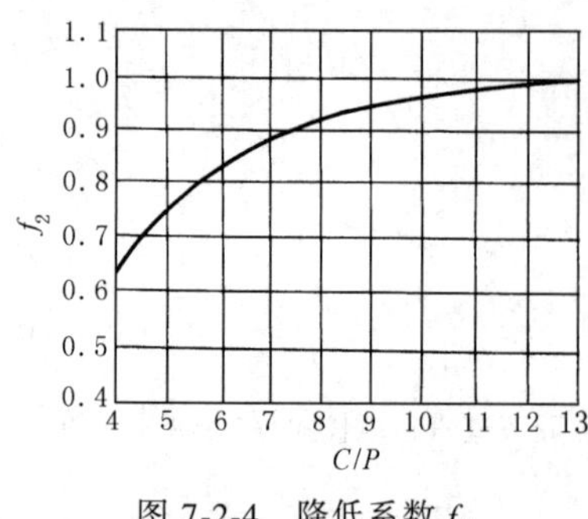

图 7-2-4　降低系数 f_2

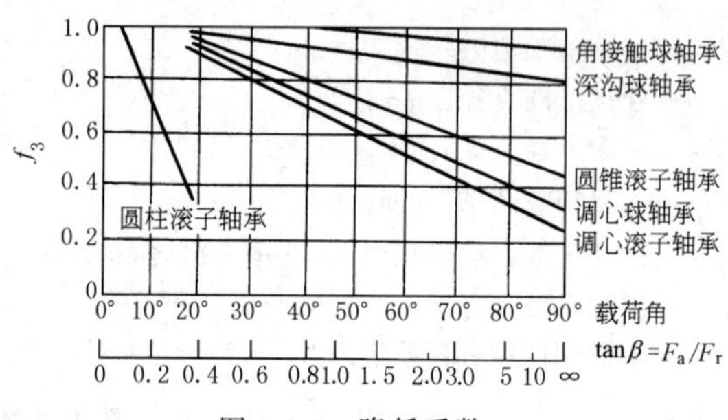

图 7-2-5　降低系数 f_3

3.6　滚动轴承摩擦力矩与温升的计算

3.6.1　轴承的摩擦力矩

（1）轴承摩擦力矩（M）的近似计算

滚动轴承的摩擦主要有：滚动体与滚道之间的滚动摩擦和滑动摩擦；保持架与滚动体及套圈引导面之间的滑动摩擦；滚子端面与套圈挡边面之间的滑动摩擦；润滑剂的黏性阻力；密封装置的滑动摩擦等。其大小取决于轴承的类型、尺寸、载荷、转速、润滑、密封等因素。轴承的摩擦力矩一般可按式（7-2-10）计算：

$$M=\mu Fd/2 \tag{7-2-10}$$

式中　M——轴承摩擦力矩，N·mm；

μ——轴承摩擦因数；

F——轴承载荷，N，$F=\sqrt{F_a^2+F_r^2}$；

d——轴承内径，mm。

在 $P\approx0.1C$、$n\approx0.5n_j$（n_j 为极限转速）、润滑充足、运转正常的情况下，μ 的数值见表 7-2-35。对主要承受径向载荷的向心轴承，μ 取较小值；对主要承受轴向载荷的向心轴承，μ 取较大值；对推力轴承，由于作用于滚动体的离心力随转速而变化，μ 值变化范围较大，应用时需特别注意。一般来说，随着轴承载荷增大，转速提高，润滑油量增多，μ 值会相应增大。

（2）轴承摩擦力矩 M 的精确计算

轴承摩擦力矩的精确计算主要考虑了与轴承载荷无关的摩擦力矩 M_0 和与轴承载荷有关的摩擦力矩 M_1 两部分，即总摩擦力矩 $M=M_0+M_1$。

M_0 与 M_1 的计算：在高速轻载的应用场合，M_0 起主要作用。M_0 主要与轴承类型、润滑剂的黏度和轴承转速有关。M_1 主要与弹性滞后和接触表面差动滑动的摩擦损耗有关。

M_0、M_1 及有关系数 f_0、f_1 和 F_1 的计算式见表 7-2-36～表 7-2-38。

表 7-2-35　　　　滚动轴承的摩擦因数 μ

轴承类型	μ	轴承类型	μ	轴承类型	μ
深沟球轴承	0.0015～0.0022	滚针轴承(满针)	0.0025～0.0040	单列圆锥滚子轴承	0.0018～0.0028
调心球轴承	0.0010～0.0018	滚针轴承(有保持架)	0.0020～0.0040	单向推力球轴承	0.0013～0.0020
单列圆柱滚子轴承	0.0011～0.0022	角接触球轴承	0.0018～0.0025	单向推力调心滚子轴承	0.0018～0.0030
调心滚子轴承	0.0018～0.0025				

第7篇

表 7-2-36 **M_0 及 M_1**

条　件	M_0 及 M_1	说　明
$\nu n \geqslant 2000$ 时	$M_0=10^{-7}f_0(\nu n)^{2/3}D_m^3$	D_m——轴承平均直径，mm，$D_m=0.5(d+D)$ f_0——与轴承类型和润滑有关的系数，见表 7-2-37 n——轴承转速，r/min ν——在轴承工作温度下润滑剂的运动黏度（对润滑脂取基油的黏度），mm^2/s
$\nu n<2000$ 时	$M_0=160\times10^{-7}f_0D_m^3$	
	$M_1=f_1F_1D_m$	D_m 同上 f_1——与轴承类型和载荷有关的系数，见表 7-2-38 F_1——计算轴承摩擦力矩时的轴承载荷

表 7-2-37 **系数 f_0 的值**

轴承类型	润滑方式			
	脂润滑	喷雾润滑	油浴润滑（卧轴）	油浴润滑（竖轴）、喷油润滑
深沟球轴承	0.7~2.0①	0.7~1.0①	2	3~4①
调心球轴承	1.5~2.0①		1.5~2.0①	
推力球轴承	5.5	0.8	1.5	3
角接触球轴承	2	1.7	3.3	6.6
带保持架滚子轴承	0.6~1.0①	1.5~2.8①	2.2~4.0①	2.2~4.0①②
满装滚子轴承	5~10①	—	5	—
调心滚子轴承	3.5~7.0①	1.7~3.5①	3.5~7.0①	7~14①
圆锥滚子轴承	6	3	6	8~10①②
滚针轴承	12	6	12	24
推力圆柱滚子轴承	9	—	3.5	8
推力调心滚子轴承	—		2.5~5.0①	5~10①
推力滚针轴承	14		5	11

① 小值适用于轻系列轴承，大值适用于重系列轴承。

② 对油浴润滑（竖轴）取为 $2f_0$。

表 7-2-38 **f_1 和 F_1 的计算式**

轴承类型	f_1	$F_1$①
深沟球轴承	$0.0009(P_0/C_0)^{0.55}$	$3F_a-0.1F_r$
调心球轴承	$0.0003(P_0/C_0)^{0.40}$	$1.4YF_a-0.1F_r$
角接触球轴承	$0.0013(P_0/C_0)^{0.33}$	$F_a-0.4F_r$
双列角接触球轴承	$0.001(P_0/C_0)^{0.33}$	$1.4F_a-0.1F_r$
圆柱滚子轴承（带保持架）	0.00025~0.00030②	F_r
圆柱滚子轴承（满装滚子）	0.00045	
调心滚子轴承	0.0004~0.0005②	$1.2YF_a$
圆锥滚子轴承		$2YF_a$
推力球轴承	$0.0012(P_0/C_0)^{0.33}$	F_a
推力圆柱滚子轴承	0.0018	
推力调心滚子轴承	0.0005~0.0006②	$F_a(F_{max}\leqslant0.55F_a)$

① 若 $P_1<F_r$，则取 $P_1=F_r$。

② 轻系列时取偏小的值；重系列时取偏大的值。

注：Y 是当 $F_a/F_r>e$ 时的载荷轴向因子，可由各类轴承主要尺寸与性能表之前述部分查出。

（3）考虑 M_2 时 M 的计算

如果圆柱滚子轴承同时承受径向载荷和轴向载荷的作用，则应考虑附加摩擦力矩 M_2，即轴承的总摩擦力矩为

$$M=M_0+M_1+M_2$$

而

$$M_2=f_2F_aD_m$$

式中　f_2——与轴承结构及润滑方式有关的系数，见表 7-2-39。

要更准确地计算滚动轴承的摩擦力矩，需考虑其他因素引起的摩擦力矩，如滑动摩擦力矩、密封圈引起的摩擦力矩等。

第7篇

表 7-2-39　　圆柱滚子轴承的 f_2 值

轴承类型	润滑方式	
	脂润滑	油润滑
带保持架优化设计	0.0003	0.0002
带保持架其他设计	0.009	0.006
单列满装滚子	0.006	0.003
双列满装滚子	0.015	0.009

注：表中给出的是在润滑剂有足够黏度和 $F_a/F_r \leq 0.4$ 条件下的 f_2 值。

3.6.2　轴承的温升

滚动轴承的摩擦是决定轴承发热和运行温度的关键因素。轴承摩擦损失在轴承内部几乎都变为热量，使轴承温度上升，单位时间内摩擦产生的热量可用下式计算

$$Q=1.05\times10^{-4}Mn$$

式中　Q——单位时间内的发热量，kW；

M——轴承的总摩擦力矩，N·m；

n——轴承转速，r/min。

轴承的工作温度是由发热量与散热量的平衡决定的。通常情况下，运转初期温度会急剧上升，经过一段时间后，才会趋于稳定。机械系统达到热平衡所需的时间与轴承的发热量、轴承座（或机体）等的热容量、冷却面积、润滑油量、环境温度等相关。在循环油润滑和油雾润滑时，油和空气带走热量的多少，对轴承温度也有很大影响。由于影响轴承温度的因素繁多，因而，定量确定出轴承温度值比较困难，通常是实时测量。

轴承在运转一段时间后，温度不能达到稳定状态时，可判断发生异常。温升异常的原因有：轴承偏载（力矩载荷）、游隙过小、预紧量过大、润滑剂过多或不足、杂质混入轴承内部或密封装置发热等。

3.7　滚动轴承的预紧

滚动轴承的预紧，是指安装轴承时使轴承滚动体和内、外圈之间产生一定的初始压力和预变形，以保持轴承内、外圈均处于压紧状态，使轴承在工作载荷下，处于负游隙状态下运转。预紧的目的是：增加轴承的刚度；使旋转轴在轴向和径向正确定位，提高轴的旋转精度；降低轴系旋转时的振动和噪声；减小由于惯性力矩所引起的滚动体相对于内、外圈滚道的滑动；补偿因磨损造成的轴承内部游隙变化；延长轴承使用寿命。

按预载荷的方向可分为轴向预紧和径向预紧。轴向预紧是使轴承内、外圈轴向趋近，从而产生过盈，主要适用于角接触球轴承和圆锥滚子轴承。径向预紧通常利用内圈与轴的过盈配合，使滚动体的总体外径大于外圈滚道直径，从而使轴承处于预紧状态，主要适用于向心圆柱滚子轴承。角接触球轴承或圆锥滚子轴承安装时，按施加预载荷的方法，轴向预紧又分定位预紧和定压预紧。

3.7.1　定位预紧

(1) 定位预紧的原理

定位预紧是指轴承的轴向位置在使用过程中保持不变的一种轴向预紧方式，如图 7-2-6 所示，可以通过调整两轴承之间隔套的宽度以获得相应的预紧力。

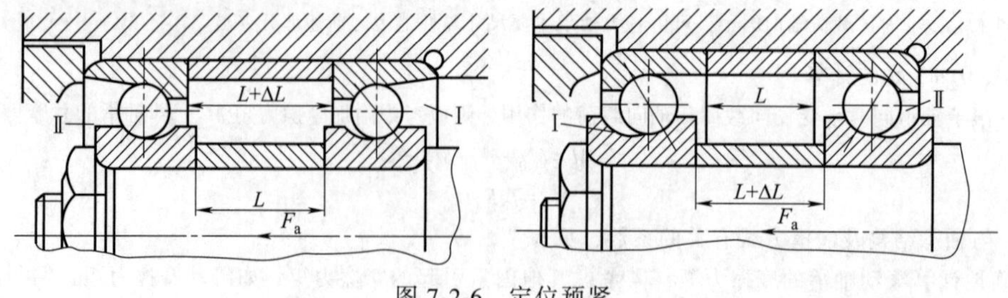

图 7-2-6　定位预紧

当两个相同型号的角接触球轴承背对背安装时，其轴向载荷-变形的曲线如图 7-2-7 所示。预紧前，两轴承的内圈之间存在间隙，施加轴向预紧力 F_{a0} 后，轴向间隙消除，轴承内部产生的轴向（预紧）变形 $\delta_{a\,\mathrm{I}}$、$\delta_{a\,\mathrm{II}}$ 均为 δ_{a0}。图中两个轴承的载荷-变形曲线形成交点。当外加轴向载荷 F_a 作用于轴上后，两轴承的轴向变形和轴向载荷发生变化，轴将沿 F_a 的方向移动位移量 δ_a；此时，轴承Ⅰ变形增加了 δ_a，轴承Ⅱ的变形减少了 δ_a。

由图 7-2-7 中可以看出，轴承Ⅰ、Ⅱ的轴向变形量分别为

$$\delta_{a\,\mathrm{I}}=\delta_{a0}+\delta_a$$

$$\delta_{a\,\mathrm{II}}=\delta_{a0}-\delta_a$$

相应地，轴承Ⅰ、Ⅱ所受的轴向载荷为

$$F_{a\,\mathrm{I}}=F_{a0}+\Delta F_{a\,\mathrm{I}}$$

$$F_{a\,\mathrm{II}}=F_{a0}-\Delta F_{a\,\mathrm{II}}$$

由力的平衡条件可得

$$F_a=F_{a\,\mathrm{I}}-F_{a\,\mathrm{II}}$$

可以看出，在轴向载荷 F_a 作用下，支承系统的轴向位移量仅为 δ_a。因此，组配角接触球轴承通过预紧可显著提高支承系统的刚度。

若增大 F_a，使 $\Delta F_{a\,\mathrm{II}}=F_{a0}$，则轴沿 F_a 方向的移动量 $\delta_a=\delta_{a0}$。此时，轴承Ⅱ完全不受载荷，则

$$\delta_{a\,\mathrm{I}}=2\delta_{a0}$$

$$\delta_{a\,\mathrm{II}}=0$$

使轴承Ⅱ完全不承受载荷的外加轴向载荷称为卸紧载荷。当预紧的轴承是一对相同型号的角接触球轴承时，其卸紧载荷为

$$F_{ax}=2^{3/2}F_{a0}=2.83F_{a0}$$

如果外加轴向载荷 F_a 大于上述值时，轴承Ⅱ完全卸载，其滚动体处于自由状态。此时，轴承Ⅱ旋转将产生运转不平稳、振动大、噪声强的现象，这种情况应当避免。

当两个相同型号的圆锥滚子轴承背对背安装时，其轴向载荷-变形曲线如图 7-2-8 所示。从图中可以看出，背对背安装的圆锥滚子轴承通过预紧可提高刚度一倍。

$$F_{ax}=2F_{a0}$$

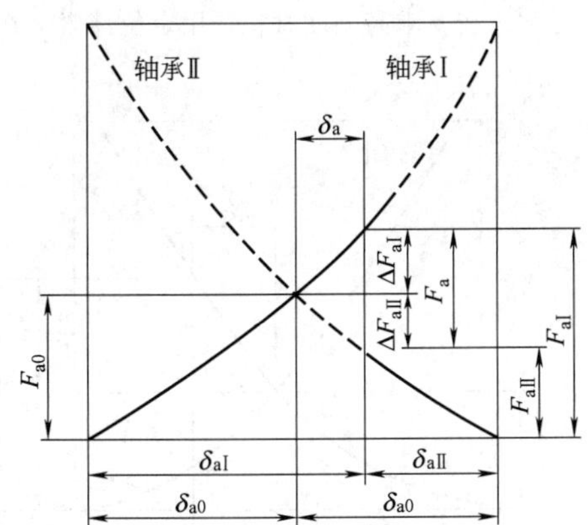

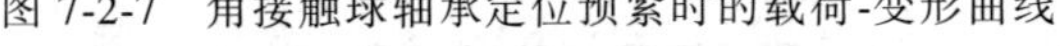

图 7-2-7 角接触球轴承定位预紧时的载荷-变形曲线

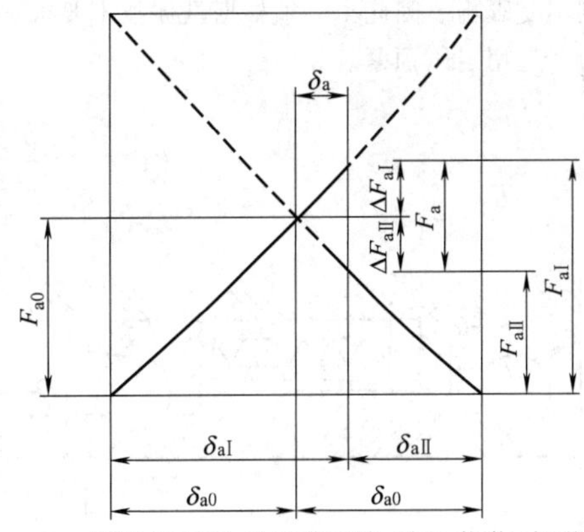

图 7-2-8 圆锥滚子轴承定位预紧时的载荷-变形曲线

（2）最小预载荷

定位预紧时，应使滚动体与滚道始终保持接触。此时，最小的轴向预载荷可按表 7-2-40 所列公式确定。

表 7-2-40 **定位预紧时的最小预载荷**

轴承类型	载荷状况	最小预载荷 $F_{a0\min}$
角接触球轴承	纯轴向载荷	$F_{a0\min}\geqslant 0.35F_a$
	径向和轴向联合载荷	$\begin{cases}F_{a0\min}\geqslant 1.7F_{r\,\mathrm{I}}\tan\alpha_{\mathrm{I}}-0.5F_a\\F_{a0\min}\geqslant 1.7F_{r\,\mathrm{II}}\tan\alpha_{\mathrm{II}}+0.5F_a\end{cases}$ 取两者中的较大值

续表

轴承类型	载荷状况	最小预载荷 F_{a0min}
圆锥滚子轴承	纯轴向载荷	$F_{a0min} \geqslant 0.5F_a$
	径向和轴向联合载荷	$\begin{cases} F_{a0min} \geqslant 1.9F_{r\text{I}}\tan\alpha_{\text{I}} - 0.5F_a \\ F_{a0min} \geqslant 1.9F_{r\text{II}}\tan\alpha_{\text{II}} + 0.5F_a \end{cases}$ 取两者中的较大值
符号表示		$F_{r\text{I}}$——轴承Ⅰ所承受的径向载荷 $F_{r\text{II}}$——轴承Ⅱ所承受的径向载荷 F_a——轴向载荷 F_r——径向载荷 α_{I}——轴承Ⅰ的接触角 α_{II}——轴承Ⅱ的接触角

在实际应用中，要正确测定所施加的预载荷值是很困难的。可以采用测量轴承的启动摩擦力矩、测量轴承的轴向位移量、测量预紧弹簧的变形量、测量螺母紧固转矩等方法控制预紧量。

3.7.2 定压预紧

定压预紧是指通过弹簧使轴承的轴向预紧载荷在使用中保持不变的一种轴向预紧方式。如图 7-2-9 所示，可以通过调整弹簧的压缩量以获得相应的预紧量。

当两个相同型号的角接触球轴承背对背安装并采用定压预紧时，其轴向载荷-变形曲线如图 7-2-10 所示。从图中看出，轴承Ⅰ、Ⅱ在预载荷 F_{a0} 作用下，其预紧变形量均为 δ_{a0}，当外加轴向载荷 F_a 作用于轴上后，轴沿 F_a 方向移动了 δ_a。轴承Ⅱ的外圈在弹簧作用下始终压紧内圈。由于弹簧的刚度与轴承的刚度相比很小，故可以近似地认为，在外加轴向载荷作用下，轴承Ⅰ的变形量增加 δ_a，而轴承Ⅱ的变形量和预载荷保持不变。

与定位预紧相比，在相同预紧变形量时，定压预紧对支承系统轴向刚度的增加不显著。但在定位预紧时，轴和轴承座温度差所引起的轴向长度差、内外圈温度差引起的径向膨胀量等均会影响到预紧变形量，而定压预紧时，则不受影响。因此，必须根据具体技术要求选择预紧方式。通常，在要求高刚度时，选用定位预紧；在高速运转时，选用定压预紧。

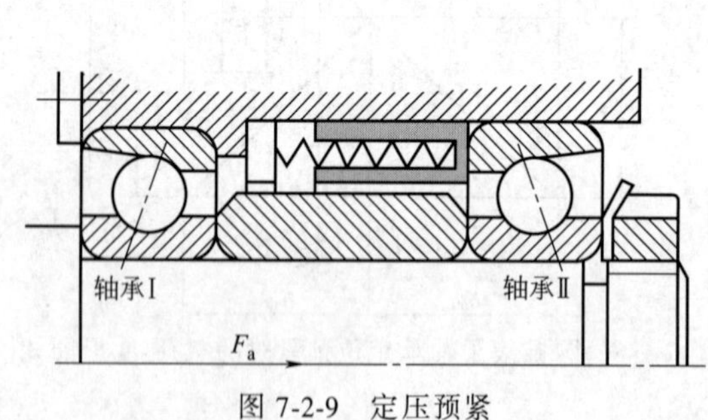

图 7-2-9 定压预紧

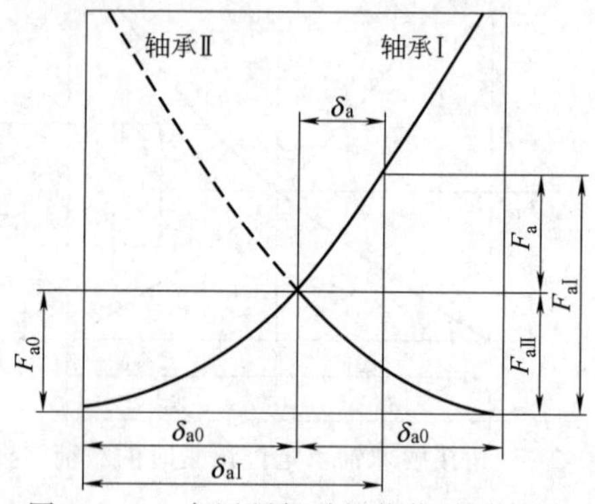

图 7-2-10 定压预紧时的载荷-变形曲线

不同的预紧量会产生不同的预紧效果。预紧量过小达不到预紧的目的，但预紧量过大，轴承的刚度并不能得到显著提高，反而使轴承中的摩擦增大，温度升高，轴承寿命降低。

预载荷的大小，应根据载荷情况和使用要求确定。一般地说，在高速轻载条件下，或是为了减小支承系统的振动和提高旋转精度，则选用较轻的预载荷；在中速中载荷或低速重载条件下，以及为了增加支承系统的刚度，则选用中预紧和重预紧的载荷。一般应通过计算并结合使用经验确定预载荷的大小。

3.7.3 径向预紧

利用轴承和轴颈的过盈配合，使轴承内圈膨胀，以消除径向游隙并产生一定预变形的方法，称轴承的径向预紧。径向预紧可提高支承刚度。在高速圆柱滚子轴承中，径向预紧可以减少在离心力作用下，滚动体与滚道打滑现象。对于圆锥形内孔的轴承，用锁紧螺母调整内圈与紧定套的相对位置，减小轴承的径向游隙实现径向预紧。

3.8 滚动轴承选择计算举例

例 1 根据工作条件选用 $d=40\text{mm}$ 的调心滚子轴承，轴承受径向载荷 $F_r=45\text{kN}$，转速 $n=10\text{r/min}$，运转条件正常，要求寿命 $L_h=1500\text{h}$。试确定型号。

根据式（7-2-1）

$$C=\frac{f_h f_m f_d}{f_n f_T}P$$

查表 7-2-24～表 7-2-27 得：$f_h=1.390$，$f_n=1.435$，$f_m=1$，$f_d=1$，$f_T=1$。

$$C=\frac{1.390\times1\times1}{1.435\times1}\times45=43.6\text{kN}$$

根据式（7-2-7）

$$C_0=S_0P_0$$

查表 7-2-31

$$P_{0r}=F_r=45\text{kN}$$

查表 7-2-33

$$S_0=1.5$$

$$C_0=1.5\times45=67.5\text{kN}$$

查表 7-2-101，22208（CC）型轴承，$C_r=79\text{kN}$，$C_{0r}=88.5\text{kN}$，能满足要求，故选 22208（CC）型轴承。

例 2 单列角接触球轴承 7307B，承受纯轴向载荷，转速 $n=1000\text{r/min}$，要求寿命 $L_h=5000\text{h}$，计算此种轴承能承受的最大轴向载荷。

因 $F_r=0$，故 $F_a/F_r>1.14$，由表 7-2-84 查得 $P=0.35F_r+0.57F_a$

由表 7-2-87 查得，7307B 型轴承 $C_r=38.2\text{kN}$，$C_{0r}=24.5\text{kN}$。

根据式（7-2-1）

$$P=\frac{f_n f_T}{f_h f_m f_d}C$$

查表 7-2-24～表 7-2-27 得：$f_n=0.322$，$f_h=2.15$，$f_m=f_d=f_T=1$。

按当量动载荷求得轴向载荷

$$F_a=\frac{P}{0.57}=\frac{0.322\times1}{2.15\times1\times0.57\times1}\times38.2=10.04\text{kN}$$

例 3 一农用泵拟用深沟球轴承，轴径 $d=35\text{mm}$，转速 $n=2000\text{r/min}$，径向载荷 $F_r=1750\text{N}$，轴向载荷 $F_a=740\text{N}$，要求寿命 $L_h=5000\text{h}$，试选择轴承代号。

查表 7-2-78，试选轴承代号 6207，$d=35\text{mm}$，$C_r=25.5\text{kN}$，$D_W=11.112\text{mm}$，$Z=9$，$C_{0r}=15.2\text{kN}$。

$$\frac{F_a}{iZD_W^2}=\frac{740}{1\times9\times11.112^2}=0.666,\quad \frac{F_a}{F_r}=\frac{740}{1750}=0.42$$

式中，D_W、Z 的含义见本章第 10 节。

查表 7-2-77：$e=0.26$，$\frac{F_a}{F_r}>e$，$X=0.56$，$Y=1.73$。

$$P_r=XF_r+YF_a=0.56\times1750+1.73\times740=2260\text{N}$$

查表 7-2-24～表 7-2-27 得：$f_d=1.1$，$f_T=1$，$f_n=0.255$，$f_h=2.15$，$f_m=1$。

$$\therefore C=\frac{f_h f_m f_d}{f_n f_T}P_r=\frac{2.15\times1\times1.1}{0.255\times1}\times2260=20960\text{N}$$

轴承 6207 的 $C_r=25500\text{N}>20960\text{N}$，故选取合适。

校核轴承的额定静载荷： $P_{0r}=0.6F_r+0.5F_a=0.6\times1750+0.5\times740=1420\text{N}$

$P_{0r}<F_r$，取 $P_{0r}=F_r=1750\text{N}$，取 $S_0=1$，$C_0=S_0P_{0r}=1\times1750=1750\text{N}$，$C_0<C_{0r}$，故轴承 6207 满足要求。

例 4 根据工作条件，选用双列圆锥滚子轴承，要求轴承的内径 $d>95\text{mm}$，径向载荷 $F_r=24000\text{N}$，轴向载荷 $F_a=3500\text{N}$，转速 $n=250\text{r/min}$，工作温度 150℃，工作中有强烈振动，要求轴承寿命 $L_h=5000\text{h}$，试选择轴承代号。

按题意要求，$d>95\text{mm}$，先取 $d=100\text{mm}$，并按表 7-2-104 预选 352220X2 型轴承，其计算系数 $e=0.39$，$Y_1=1.7$，$Y_2=2.6$，$Y_0=1.7$，当 $F_a/F_r=3500/24000=0.146<e$ 时，当量动载荷 $P_r=F_r+1.7F_a=24000+1.7\times3500=29950\text{N}$。

查表 7-2-24～表 7-2-27 得：$f_d=2.5$，$f_T=0.9$，$f_n=0.546$，$f_h=2.0$，$f_m=1$。

根据式（7-2-1）

$$C=\frac{f_h f_d f_m}{f_n f_T}P_r=\frac{2.0\times2.5\times1}{0.546\times0.9}\times29950=304742\text{N}$$

352220X2 型轴承 $C_r=480000\text{N}>304742\text{N}$，故预选 352220X2 型轴承合适。

例 5 根据工作条件，决定选用两个单列角接触球轴承相对安装，轴径 $d=35\text{mm}$，工作中有中等冲击，转速 $n=1800\text{r/min}$，两轴承如图 7-2-11 所示安装，外加轴向力 $F_a=870N$，轴承Ⅰ、Ⅱ所受径向载荷分别为 $F_{rⅠ}=3390N$，$F_{rⅡ}=1040N$，试确定轴承代号。

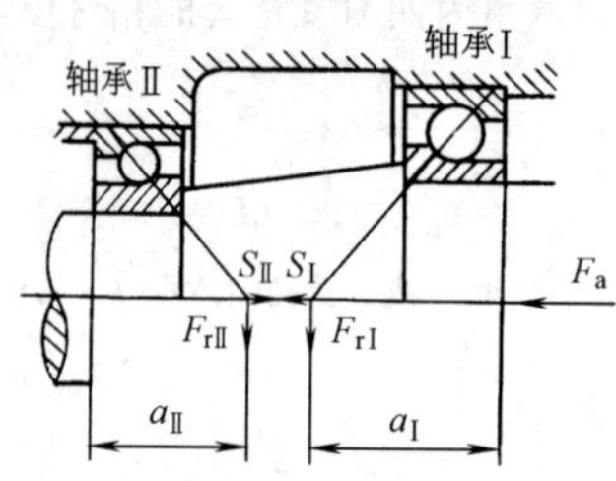

图 7-2-11　例 5 示意图

常用角接触球轴承有三种：70000C 型 $\alpha=15°$；70000AC 型 $\alpha=25°$；70000B 型 $\alpha=40°$。根据所给轴径尺寸可选用 7007C、7007AC、7207C、7207AC、7207B、7307B 六种，查表 7-2-87，它们的有关数据摘列于下表。

型号	7007C	7007AC	7207C	7207AC	7207B	7307B
C_r/N	19500	18500	30500	29000	27000	38200
C_{0r}/N	14200	13500	20000	19200	18800	24500
F_a/C_{0r}	0.0613	0.0644	0.0435	0.0453	0.0463	0.0355
e	0.433	0.436	0.415	0.417	0.418	0.407
Y	1.229	1.223	1.351	1.345	1.342	1.375

对于轴承Ⅰ：查表 7-2-86　$S_Ⅰ$ 分别为 $eF_{rⅠ}$（7000C 型）、$0.68F_{rⅠ}$（7000AC 型）、$1.14F_{rⅠ}$（7000B 型），又因 F_a 与 $S_Ⅰ$ 方向一致，$F_{rⅠ}>F_{rⅡ}$，所以 $S_Ⅰ>S_Ⅱ$，故 $F_{aⅠ}=S_Ⅰ$。$F_a/F_{rⅠ}=870/3390=0.257$，查表 7-2-84，当量动载荷 $P_{rⅠ}$ 分别为：7000C 型，$P_{rⅠ}=F_{rⅠ}+YF_{aⅠ}$；7000AC 型，$P_{rⅠ}=F_{rⅠ}+0.92F_{aⅠ}$；7000B 型，$P_{rⅠ}=F_{rⅠ}+0.55F_{aⅠ}$。

对于轴承Ⅱ，查表 7-2-86，$F_{aⅡ}=S_Ⅰ+F_a$。而 $F_a/F_{rⅡ}=870/1040=0.837$，查表 7-2-84，$P_{rⅡ}$ 分别为：7000C 型，$P_{rⅡ}=0.72F_{rⅡ}+YF_{aⅡ}$；7000AC 型，$P_{rⅡ}=0.67F_{rⅡ}+1.41F_{aⅡ}$；7000B 型，$P_{rⅡ}=F_{rⅡ}+0.55F_{aⅡ}$。

根据式（7-2-1）可推出 $f_h=\dfrac{f_T f_n}{f_m f_d}\times\dfrac{C}{P}$，查表 7-2-25~表 7-2-27 得 $f_T=1$，$f_n=0.265$，$f_d=1.4$，$f_m=1$，将相应的 P、C 代入可求出 f_h，查表 7-2-24 得到相应的 L_h，其数值如下表：

轴承型号	$S_Ⅰ$	$F_{aⅠ}$	$P_{rⅠ}$	$f_{hⅠ}$	$L_{hⅠ}$	$F_{aⅡ}$	$P_{rⅡ}$	$f_{hⅡ}$	$L_{hⅡ}$
7007C	1468	1468	5194	0.710	180	2338	3622	1.018	523
7007AC	2305	2305	5511	0.634	133	3175	5174	0.676	154
7207C	1407	1407	5291	1.089	645	2277	3825	1.507	1701
7207AC	2305	2305	5511	0.995	491	3175	5174	1.059	585
7207B	3865	3865	5516	0.925	393	4735	3644	1.400	1352
7307B	3865	3865	5516	1.309	1103	4735	3644	1.981	3900

选择 7307B 型轴承寿命较长。

例 6　一直径 $d=45mm$ 的轴，需用单向推力球轴承，轴承在变化的工作状态下运转：$P_1=2900N$、$n_1=640r/min$ 时工作 20% 的时间，$P_2=2700N$、$n_2=1075r/min$ 时工作 30% 的时间，$P_3=700N$、$n_3=2000r/min$ 时工作 50% 的时间，要求轴承寿命 $L_h=16000h$，试选择轴承代号。

求载荷变动一个周期内的总转数

$$N=n_1\times20\%+n_2\times30\%+n_3\times50\%$$
$$=640\times20\%+1075\times30\%+2000\times50\%$$
$$=1451\ (r)$$

按式（7-2-4）求平均当量动载荷

$$P_m=\sqrt[3]{(N_1P_1^3+N_2P_2^3+N_3P^3)/N}$$
$$=\sqrt[3]{(640\times20\%\times2900^3+1075\times30\%\times2700^3+2000\times50\%\times700^3)/1451}$$
$$=1891\ (N)$$

查表 7-2-24~表 7-2-27　得 $f_n=0.284$，$f_h=3.18$，$f_m=f_d=f_T=1$。

根据式（7-2-1）

$$C=\frac{f_h f_d f_m}{f_n f_T}P=\frac{3.18\times1\times1}{0.284\times1}\times1891=21174\ (N)$$

选用 51109 型轴承，其 $C_a=27000N>21174N$，极限转速 $n=3200r/min>2000r/min$，满足要求。

例 7 根据需要选用内径 $d=150\text{mm}$ 的推力调心滚子轴承。轴承所受的轴向载荷 $F_a=46000\text{N}$，径向载荷 $F_r=12000\text{N}$，转速 1200r/min，油润滑。要求寿命 $L_h=25000\text{h}$，试选择其代号。

根据内径，查表 7-2-108 可选择 29330、29430 型两种轴承，但 29430 型轴承极限转速为 950r/min<1200r/min，不合要求。

验算 29330 型轴承如下：

$$0.55F_a=0.55\times46000=25300>12000=F_r$$

故

$$P_a=F_a+1.2F_r=46000+1.2\times12000=60400\text{N}$$

根据式（7-2-1）$C=\dfrac{f_h f_m f_d}{f_n f_T}P$，则 $f_h=\dfrac{f_n f_T}{f_m f_d}\times\dfrac{C}{P}$，查表 7-2-108，$C_a=802000\text{N}$，查表 7-2-25~表 7-2-27 得 $f_n=0.341$，$f_d=f_T=f_m=1$。

$$f_h=\frac{0.341\times1\times802000}{1\times1\times60400}=4.528$$

查表 7-2-24，$L_h=75000\text{h}>25000\text{h}$。

计算需要最小轴向载荷：

$$\frac{C_{0a}}{1000}\leqslant F_{a0\min}>1.8F_r+A\left(\frac{n}{1000}\right)^2$$

查表 7-2-108 29330 型轴承 $A=0.774$，$C_{0a}=2753\text{kN}$

$$1.8F_r+A\left(\frac{n}{1000}\right)^2=1.8\times12+0.774\times\left(\frac{1200}{1000}\right)^2=22.7\text{kN}$$

$$\frac{C_{0a}}{1000}=\frac{2753}{1000}=2.75\text{kN}$$

$F_a=46\text{kN}$，既大于 22.7kN，也大于 2.75kN，不需预紧。

例 8 某传动机构由两个单列圆锥滚子轴承支承，如图 7-2-12 所示，轴承Ⅰ选用 32307 型轴承，轴承Ⅱ选用 32306 型轴承，轴承转速 $n=1380\text{r/min}$，两轴承受力 $F_{r\text{I}}=4000\text{N}$、$F_{r\text{II}}=4250\text{N}$，外加轴向力 $F_a=350\text{N}$，方向如图。计算两轴承寿命。

查表 7-2-103 得：$C_{r\text{I}}=105000\text{N}$　$e_\text{I}=0.31$　$Y_\text{I}=1.9$　$Y_{0\text{I}}=1.1$

$C_{r\text{II}}=85500\text{N}$　$e_\text{II}=0.31$　$Y_\text{II}=1.9$　$Y_{0\text{II}}=1.1$

附加轴向力

$$S_\text{I}=\frac{F_{r\text{I}}}{2Y_\text{I}}=\frac{4000}{2\times1.9}=1052.6\text{N}$$

$$S_\text{II}=\frac{F_{r\text{II}}}{2Y_\text{II}}=\frac{4250}{2\times1.9}=1118.4\text{N}$$

轴承Ⅰ

$$F_{a\text{I}}=S_\text{II}+F_a=1118.4+350=1468.4\text{N}$$

$$F_{a\text{I}}/F_{r\text{I}}=1468.4/4000=0.367>e_\text{I}$$

$$P_{r\text{I}}=0.4F_{r\text{I}}+Y_\text{I}F_{a\text{I}}=0.4\times4000+1.9\times1468.4=4390\text{N}$$

轴承Ⅱ

$$F_{a\text{II}}=S_\text{II}=1118.4\text{N}$$

$$F_{a\text{II}}/F_{r\text{II}}=1118.4/4250=0.263<e_\text{II}$$

$$P_{r\text{II}}=F_{r\text{II}}=4250\text{N}$$

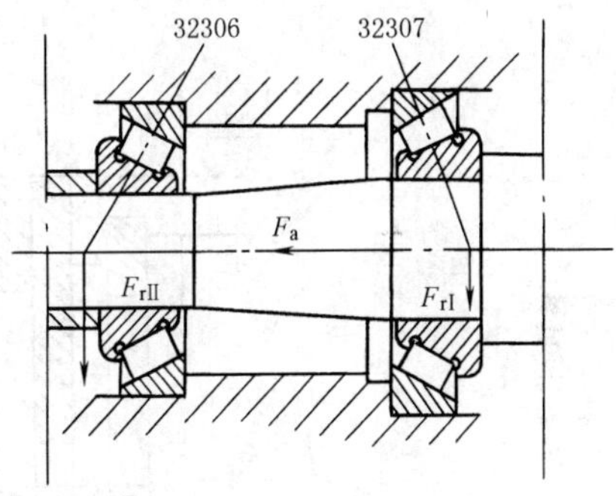

图 7-2-12　例 8 示意图

查表 7-2-25~表 7-2-27 得：$f_n=0.327$，$f_d=1.5$，$f_m=f_T=1$。

$$f_{h\text{I}}=\frac{f_n f_T}{f_m f_d}\times\frac{C_{r\text{I}}}{P_{r\text{I}}}=\frac{0.327\times1\times105000}{1\times1.5\times4390}=5.214$$

$$f_{h\text{II}}=\frac{f_n f_T}{f_m f_d}\times\frac{C_{r\text{II}}}{P_{r\text{II}}}=\frac{0.327\times1\times85500}{1\times1.5\times4250}=4.386$$

查表 7-2-24 得：$L_{h\text{I}}=100000\text{h}$，$L_{h\text{II}}=67500\text{h}$。

轴承Ⅰ寿命为 100000h，轴承Ⅱ寿命为 67500h。

4　滚动轴承的公差与配合（摘自 GB/T 307.1—2017、GB/T 307.4—2017、GB/T 275—2015）

4.1　滚动轴承的公差等级

滚动轴承公差等级按尺寸公差与旋转精度分级，具体见表 7-2-41。

表 7-2-41　　滚动轴承的公差等级

级别	向心轴承	圆锥滚子轴承	推力球、推力滚子轴承	应用	说明
	产品现有级别				
N(普通)	√	√	√	一般轴承用	(1)普通级轴承在型号上不标注公差等级 (2)公差等级5级及以上为精密轴承,使用精密轴承时,需要轴和轴承座的形位公差精度和表面粗糙度同轴承精度匹配
6/6x	√	√	√	机床主轴、精密机械、测量仪和高速机械等要求特别高的工作精度和运转平稳性的支承	
5	√	√	√		
4	√	√	√		
2	√	√			

4.2　滚动轴承的配合

为了防止轴承内圈与轴、外圈与轴承座孔在机器运转时产生不应有的相对滑动，必须选择正确的配合。通常轴与内圈采用适当的过盈配合是防止轴与内圈相对滑动的最简单而有效的方法。特别是对于轴承的薄壁套圈，采用适当的过盈配合可使轴承套圈在运转时受力均匀，使轴承的承载能力得到充分的发挥。但是轴承配合过盈量不能太大，因内圈的弹性膨胀和外圈的收缩使轴承径向游隙减小以至完全消除，从而影响正常运转。

轴承内径 d 与轴的配合，取基孔制，但公差带位于零线下方，即上偏差为零，与一般基孔制相比，在同一配合之下，更易获得较为紧密的配合。外径 D 与轴承座孔的配合取基轴制，其公差带与一般基轴制一样，位于零线下方，上偏差为零，但与一般公差制度相比，其公差带不完全一样。轴承与轴承座孔的配合与轴相比一般较松。

轴承与轴和轴承座孔配合的常用公差带见图 7-2-13 和图 7-2-14。

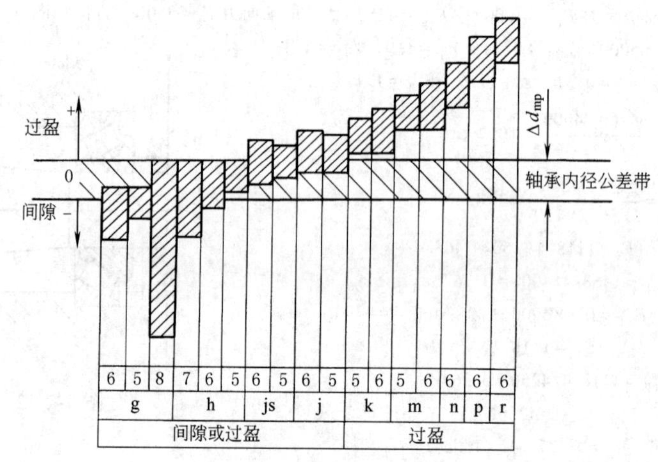

图 7-2-13　普通级公差轴承与轴配合的常用公差带关系

注：Δd_{mp} 为轴承内圈单一平面平均内径的偏差。

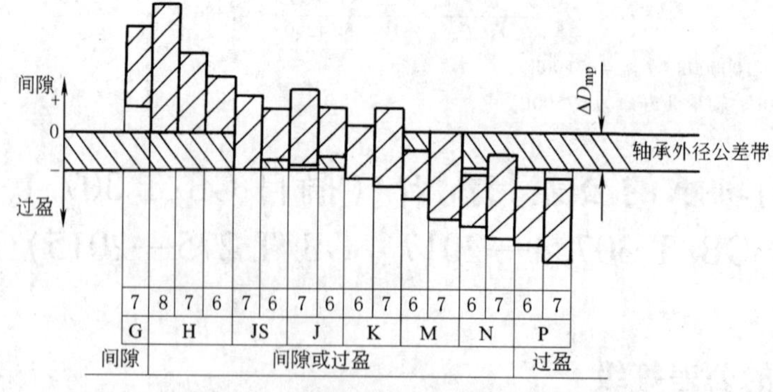

图 7-2-14　普通级公差轴承与轴承座孔配合常用公差带关系

注：ΔD_{mp} 为轴承外圈单一平面平均外径的偏差。

4.2.1 选择轴承配合应考虑的因素

(1) 圆柱形内孔的轴承配合选择

表 7-2-42　　圆柱形内孔的轴承配合选择

<table>
<tr><th>考虑因素</th><th colspan="2">轴承配合选择</th></tr>
<tr><td rowspan="3">1. 载荷的方向和性质</td><td>局部载荷(又称固定载荷)
作用于套圈上的合成径向载荷由套圈滚道局部区域所承受并相应传至轴或轴承座孔配合表面的相应局部区域内,这种载荷称为局部载荷。局部载荷的特点是合成径向载荷向量与套圈相对静止</td><td rowspan="3">承受循环载荷的套圈与轴或轴承座孔应选用过渡或过盈配合;而局部载荷除使用上有特殊要求外,一般不宜采用紧配合,一般选用较松的配合;摆动载荷一般采用与循环载荷相同的配合,当轴承套圈承受摆动载荷,特别是在重载荷的情况下,内、外圈都应采用过盈配合,内圈旋转时,通常内圈采用循环载荷时的配合,但是有时外圈必须在轴承座孔内轴向游动,或其载荷较轻时,可采用比循环载荷稍松的配合</td></tr>
<tr><td>循环载荷(又称旋转载荷)
作用于套圈上的合成径向载荷向量沿着滚道圆周方向旋转,顺次地由滚道的各个部位所承受,这种载荷称为循环载荷。循环载荷的特点是合成径向载荷向量与套圈相对转动</td></tr>
<tr><td>摆动载荷(又称不定向载荷)
作用于套圈上的合成径向载荷向量在套圈滚道的一定区域内相对摆动,为滚道一定区域所承受,或作用于轴承上的载荷是冲击载荷、振动载荷,其方向或数值经常变动,这种载荷称为摆动载荷</td></tr>
<tr><td>2. 载荷的大小</td><td colspan="2">套圈与轴或轴承座间的过盈量取决于载荷的大小,较重的载荷需要较大的过盈量,较轻的载荷采用较小的过盈量。一般径向载荷,$P_r \leqslant 0.06C_r$ 时称为轻载荷,$0.06C_r < P_r \leqslant 0.12C_r$ 时称为正常载荷,$P_r > 0.12C_r$ 时称为重载荷。这里 C_r 为轴承的径向基本额定动载荷,P_r 为当量动载荷</td></tr>
<tr><td>3. 工作温度</td><td colspan="2">轴承在运转时,套圈的温度经常高于其相邻零件的温度,因此,轴承内圈可能因热膨胀而与轴松动,外圈可能因热膨胀而影响轴承的轴向移动。所以在选择配合时必须仔细考虑轴承装置各部分的温度差及其热传导的方向</td></tr>
<tr><td>4. 轴承旋转精度</td><td colspan="2">当对轴承有较高的精度要求时,为了消除弹性变形和振动的影响,一般不采用间隙配合。在提高轴承公差等级的同时,轴承配合部位也应相应提高精度</td></tr>
<tr><td>5. 轴与轴承座的结构和材料</td><td colspan="2">对于剖分式轴承座,外圈不宜采用过盈配合。当轴承用于空心轴或薄壁、轻合金轴承座时,应采用比实心轴或厚壁钢或铸铁轴承座更紧的过盈配合</td></tr>
<tr><td>6. 安装与拆卸方便</td><td colspan="2">在很多情况下,为了有利于安装和拆卸,特别是对于重型机械,为了缩短拆换轴承或设备维修所需的中停时间,轴承采用间隙配合。当需要采用过盈配合时,常采用分离型轴承或内圈带锥孔和带紧定套或退卸套的轴承</td></tr>
<tr><td>7. 游动轴承的轴向位移</td><td colspan="2">当以不可分离轴承作游动支承时,应以相对于载荷方向固定的套圈作为游动套圈,选择间隙或过渡配合</td></tr>
</table>

(2) 圆锥形内孔的轴承配合

圆锥形内孔的轴承，其安装和拆卸比较方便，可以直接安装于锥形的轴颈上，或借助外部为锥形的中间套筒（紧定套或退卸衬套）安装于圆柱形的轴上。

带紧定套或退卸衬套的非分离型轴承，可用于公差较大的轴，但是轴的几何公差必须严格控制。

轴承外圈与轴承座内孔的配合与圆柱形内孔轴承的规则一样。

4.2.2 轴承与轴和轴承座的配合

表 7-2-43　　轴与向心轴承和推力轴承配合的公差带（部分摘自 GB/T 275—2015）

载荷情况			应用举例	深沟球轴承、调心球轴承和角接触球轴承	圆柱滚子轴承和圆锥滚子轴承	调心滚子轴承	轴的公差带代号	说明
				轴承公称内径 d/mm				
向心轴承	内圈承受旋转载荷或不定向载荷	轻载荷 ($P_r\leqslant0.06C_r$)	输送机、轻载齿轮箱	$d\leqslant18$ $18<d\leqslant100$ $100<d\leqslant200$ —	— $d\leqslant40$ $40<d\leqslant140$ $140<d\leqslant200$	— $d\leqslant40$ $40<d\leqslant100$ $100<d\leqslant200$	h5 j6① k6① m6①	(1)表中①凡对精度要求较高的场合，应用j5、k5、m5代替j6、k6、m6等；②圆锥滚子轴承和角接触球轴承配合对游隙影响不大，可用k6、m6代替k5、m5；③重载荷下轴承游隙应大于N组；④凡有较高的精度或转速要求的场合，应选用h7(IT5)代替h8(IT6)等；⑤IT6、IT7表示圆柱度公差数值 (2)表中轻载荷、正常载荷和重载荷均指径向当量动载荷 P_r
向心轴承	内圈承受旋转载荷或不定向载荷	正常载荷 ($0.06C_r<P_r\leqslant0.12C_r$)	一般通用机械、电动机、泵、内燃机、正齿轮传动装置	$d\leqslant18$ $18<d\leqslant100$ $100<d\leqslant140$ $140<d\leqslant200$ $200<d\leqslant280$ — —	— $d\leqslant40$ $40<d\leqslant100$ $100<d\leqslant140$ $140<d\leqslant200$ $200<d\leqslant400$ —	— $d\leqslant40$ $40<d\leqslant65$ $65<d\leqslant100$ $100<d\leqslant140$ $140<d\leqslant280$ $280<d\leqslant500$	j5js5 k5② m5② m6 n6 p6 r6	
向心轴承	内圈承受旋转载荷或不定向载荷	重载荷 ($P_r>0.12C_r$)	铁路机车车辆轴箱、牵引电机、破碎机等	— — — —	$50<d\leqslant140$ $140<d\leqslant200$ $d>200$ —	$50<d\leqslant100$ $100<d\leqslant140$ $140<d\leqslant200$ $d>200$	n6③ p6③ r6③ r7③	
向心轴承	内圈承受固定载荷	所有载荷 内圈需在轴向易移动	非旋转轴上的各种轮子	所有尺寸			f6 g6	
向心轴承	内圈承受固定载荷	所有载荷 内圈不需在轴向易移动	张紧轮、绳轮	所有尺寸			h6 j6	
向心轴承	仅轴向载荷		所有应用场合	所有尺寸			j6或js6	
向心轴承	圆锥孔轴承							
向心轴承	所有载荷		铁路机车车辆轴箱	装在退卸衬套上			h8(IT6)④⑤	
向心轴承	所有载荷		一般机械或传动轴	装在紧定套上			h9(IT7)④⑤	

	轴圈工作条件		推力球和推力圆柱滚子轴承	推力调心滚子轴承、推力圆锥滚子轴承、推力角接触球轴承	轴的公差带代号	说明
			轴承公称内径 d/mm			
推力轴承	仅轴向载荷		所有尺寸	所有尺寸	j6或js6	其中①要求较小过盈时，可分别用j6、k6、m6代替k6、m6、n6
推力轴承	径向和轴向联合载荷	轴圈承受固定载荷	— —	$d\leqslant250$ $d>250$	j6 js6	
推力轴承	径向和轴向联合载荷	轴承承受旋转载荷或不定向载荷	— — —	$d\leqslant200$ $200<d\leqslant400$ $d>400$	k6① m6① n6①	

表 7-2-44 向心轴承（圆锥滚子轴承除外）普通级公差轴承与轴的配合 μm

基本尺寸/mm		轴承内径公差带 Δd_{mp}		轴公差带																											
				g6		g5		h6		h5		j5		j6		js6		k5		k6		m5		m6		n6		p6		r6		r7	
超过	到	上差	下差	轴颈直径的极限偏差																													
3	6	0	-8	-4	-12	-4	-9	0	-8	0	-5	+3	-2	+6	-2	+4	-4	+6	+1	+9	+1	+9	+4	+12	+4	+16	+8	+20	+12	—	—	—	—
6	10	0	-8	-5	-14	-5	-11	0	-9	0	-6	+4	-2	+7	-2	+4.5	-4.5	+7	+1	+10	+1	+12	+6	+15	+6	+19	+10	+24	+15	—	—	—	—
10	18	0	-8	-6	-17	-6	-14	0	-11	0	-8	+5	-3	+8	-3	+5.5	-5.5	+9	+1	+12	+1	+15	+7	+18	+7	+23	+12	+29	+18	—	—	—	—
18	30	0	-10	-7	-20	-7	-16	0	-13	0	-9	+5	-4	+9	-4	+6.5	-6.5	+11	+2	+15	+2	+17	+8	+21	+8	+28	+15	+35	+22	—	—	—	—
30	50	0	-12	-9	-25	-9	-20	0	-16	0	-11	+6	-5	+11	-5	+8	-8	+13	+2	+18	+2	+20	+9	+25	+9	+33	+17	+42	+26	—	—	—	—
50	80	0	-15	-10	-29	-10	-23	0	-19	0	-13	+6	-7	+12	-7	+9.5	-9.5	+15	+2	+21	+2	+24	+11	+30	+11	+39	+20	+51	+32	—	—	—	—
80	120	0	-20	-12	-34	-12	-27	0	-22	0	-15	+6	-9	+13	-9	+11	-11	+18	+3	+25	+3	+28	+13	+35	+13	+45	+23	+59	+37	—	—	—	—
120 140 160	140 160 180	0	-25	-14	-39	-14	-32	0	-25	0	-18	+7	-11	+14	-11	+12.5	-12.5	+21	+3	+28	+3	+33	+15	+40	+15	+52	+27	+68	+43	+88 +90 +93	+63 +65 +68	—	—
180 200 225	200 225 250	0	-30	-15	-44	-15	-35	0	-29	0	-20	+7	-13	+16	-13	+14.5	-14.5	+24	+4	+33	+4	+37	+17	+46	+17	+60	+31	+79	+50	+106 +109 +113	+77 +80 +84	+123 +126 +130	+77 +80 +84
250 280	280 315	0	-35	-17	-49	-17	-40	0	-32	0	-23	+7	-16	—	—	+16	-16	+27	+4	+36	+4	+43	+20	+52	+20	+66	+34	+88	+56	+126 +130	+94 +98	+146 +150	+94 +98
315 355	355 400	0	-40	-18	-54	-18	-43	0	-36	0	-25	+7	-18	—	—	+18	-18	+29	+4	+40	+4	+46	+21	+57	+21	+73	+37	+98	+62	+144 +150	+108 +114	+165 +171	+108 +114
400 450	450 500	0	-45	-20	-60	-20	-47	0	-40	0	-27	+7	-20	—	—	+20	-20	+32	+5	+45	+5	+50	+23	+63	+23	+80	+40	+108	+68	+166 +172	+126 +132	+189 +195	+126 +132

续表

基本尺寸/mm		过盈或间隙														过盈															
超过	到	最大过盈	最大间隙	最大过盈	最大间隙	最大过盈	最大间隙	最大过盈	最大间隙	最大过盈	最大间隙	最大过盈	最大间隙	最大过盈	最大间隙	最大	最小	最大	最小	最大	最小	最大	最小	最大	最小	最大	最小	最大	最小	最大	最小
3	6	4	12	4	9	8	8	8	5	11	2	14	2	12	4	14	1	17	1	17	4	20	4	24	8	28	12	—	—	—	—
6	10	3	14	3	11	8	9	8	6	12	2	15	2	12.5	4.5	15	1	18	1	20	6	23	6	27	10	32	15	—	—	—	—
10	18	2	17	2	14	8	11	8	8	13	3	16	3	13.5	5.5	17	1	20	1	23	7	26	7	31	12	37	18	—	—	—	—
18	30	3	20	3	16	10	13	10	9	15	4	19	4	16.5	6.5	21	2	25	2	27	8	31	8	38	15	45	22	—	—	—	—
30	50	3	25	3	20	12	16	12	11	18	5	23	5	20	8	25	2	30	2	32	9	37	9	45	17	54	26	—	—	—	—
50	80	5	29	5	23	15	19	15	13	21	7	27	7	24.5	9.5	30	2	36	2	39	11	45	11	54	20	68	32	—	—	—	—
80	120	8	34	8	27	20	22	20	15	26	9	33	9	31	11	38	3	45	3	48	13	55	13	65	23	79	37	—	—	—	—
120 140 160	140 160 180	11	39	11	32	25	25	25	18	32	11	39	11	37.5	12.5	46	3	53	3	58	15	65	15	77	27	93	43	113 115 118	63 65 68	—	—
180 200 225	200 225 250	15	44	15	35	30	29	30	20	37	13	46	13	44.5	14.5	54	4	63	4	67	17	76	17	90	31	109	50	136 139 143	77 80 84	153 156 160	77 80 84
250 280	280 315	18	49	18	40	35	32	35	23	42	16	—	—	51	16	62	4	71	4	78	20	87	20	101	34	123	56	161 165	94 98	181 185	94 98
315 355	355 400	22	54	22	43	40	36	40	25	47	18	—	—	58	18	69	4	80	4	86	21	97	21	113	37	138	62	184 190	108 114	205 211	108 114
400 450	450 500	25	60	25	47	45	40	45	27	52	20	—	—	65	20	77	5	90	5	95	23	108	23	125	40	153	68	211 217	126 132	234 240	126 132

注：内容数据符合 GB/T 275—2015，表 7-2-45～表 7-2-49 同符合 GB/T 275—2015。

表 7-2-45　向心轴承（圆锥滚子轴承除外）6 级公差轴承与轴的配合　μm

基本尺寸/mm		轴承内径公差带 Δd_{mp}		轴公差带																													
				g6		g5		h6		h5		j5		j6		js6		k5		k6		m5		m6		n6		p6		r6		r7	
超过	到	上差	下差	轴颈直径的极限偏差																													
3	6	0	-7	-4	-12	-4	-9	0	-8	0	-5	+3	-2	+6	-2	+4	-4	+6	+1	+9	+1	+9	+4	+12	+4	+16	+8	+20	+12	—	—	—	—
6	10	0	-7	-5	-14	-5	-11	0	-9	0	-6	+4	-2	+7	-2	+4.5	-4.5	+7	+1	+10	+1	+12	+6	+15	+6	+19	+10	+24	+15	—	—	—	—
10	18	0	-7	-6	-17	-6	-14	0	-11	0	-8	+5	-3	+8	-3	+5.5	-5.5	+9	+1	+12	+1	+15	+7	+18	+7	+23	+12	+29	+18	—	—	—	—
18	30	0	-8	-7	-20	-7	-16	0	-13	0	-9	+5	-4	+9	-4	+6.5	-6.5	+11	+2	+15	+2	+17	+8	+21	+8	+28	+15	+35	+22	—	—	—	—
30	50	0	-10	-9	-25	-9	-20	0	-16	0	-11	+6	-5	+11	-5	+8	-8	+13	+2	+18	+2	+20	+9	+25	+9	+33	+17	+42	+26	—	—	—	—
50	80	0	-12	-10	-29	-10	-23	0	-19	0	-13	+6	-7	+12	-7	+9.5	-9.5	+15	+2	+21	+2	+24	+11	+30	+11	+39	+20	+51	+32	—	—	—	—
80	120	0	-15	-12	-34	-12	-27	0	-22	0	-15	+6	-9	+13	-9	+11	-11	+18	+3	+25	+3	+28	+13	+35	+13	+45	+23	+59	+37	—	—	—	—
120 140 160	140 160 180	0	-18	-14	-39	-14	-32	0	-25	0	-18	+7	-11	+14	-11	+12.5	-12.5	+21	+3	+28	+3	+33	+15	+40	+15	+52	+27	+66	+43	+88 +90 +93	+63 +65 +68	—	—
180 200 225	200 225 250	0	-22	-15	-44	-15	-35	0	-29	0	-20	+7	-13	+16	-13	+14.5	-14.5	+24	+4	+33	+4	+37	+17	+46	+17	+60	+31	+79	+50	+106 +109 +113	+77 +80 +84	+123 +126 +130	+77 +80 +84
250 280	280 315	0	-25	-17	-49	-17	-40	0	-32	0	-23	+7	-16	—	—	+16	-16	+27	+4	+36	+4	+43	+20	+52	+20	+66	+34	+88	+56	+126 +130	+94 +98	+146 +150	+94 +98
315 355	355 400	0	-30	-18	-54	-18	-43	0	-36	0	-25	+7	-18	—	—	+18	-18	+29	+4	+40	+4	+46	+21	+57	+21	+73	+37	+98	+62	+144 +150	+108 +114	+165 +171	+108 +114
400 450	450 500	0	-35	-20	-60	-20	-47	0	-40	0	-27	+7	-20	—	—	+20	-20	+32	+5	+45	+5	+50	+23	+63	+23	+80	+40	+108	+68	+166 +172	+126 +132	+189 +195	+126 +132

续表

基本尺寸/mm		过盈或间隙														过盈															
超过	到	最大过盈	最大间隙	最大过盈	最大间隙	最大过盈	最大间隙	最大过盈	最大间隙	最大过盈	最大间隙	最大过盈	最大间隙	最大过盈	最大间隙	最大	最小	最大	最小	最大	最小	最大	最小	最大	最小	最大	最小	最大	最小	最大	最小
3	6	3	12	3	9	7	8	7	5	10	2	13	2	11	4	13	1	16	1	16	4	19	4	23	8	27	12	—	—	—	—
6	10	2	14	2	11	7	9	7	6	11	2	14	2	11.5	4.5	14	1	17	1	19	6	22	6	26	10	31	15	—	—	—	—
10	18	1	17	1	14	7	11	7	8	12	3	15	3	12.5	5.5	16	1	19	1	22	7	25	7	30	12	36	18	—	—	—	—
18	30	1	20	1	16	8	13	8	9	13	4	17	4	14.5	6.5	19	2	23	2	25	8	29	8	36	15	43	22	—	—	—	—
30	50	1	25	1	20	10	16	10	11	16	5	21	5	18	8	23	2	28	2	30	9	35	9	43	17	52	26	—	—	—	—
50	80	2	29	2	23	12	19	12	13	18	7	24	7	21.5	9.5	27	2	33	2	36	11	42	11	51	20	63	32	—	—	—	—
80	120	3	34	3	27	15	22	15	15	21	9	28	9	26	11	33	3	40	3	43	13	50	13	60	23	74	37	—	—	—	—
120 140 160	140 160 180	4	39	4	31	18	25	18	18	25	11	32	11	30.5	12.5	39	3	46	3	51	15	58	15	70	27	86	43	106 108 111	63 65 68	—	—
180 200 225	200 225 250	7	44	7	35	22	29	22	20	29	13	38	13	36.5	14.5	46	4	55	4	59	17	68	17	82	31	101	50	128 131 135	77 80 84	145 148 152	77 80 84
250 280	280 315	8	49	8	40	25	32	25	23	32	16	—	—	41	16	52	4	61	4	68	20	77	20	91	34	113	58	151 155	94 98	171 175	94 98
315 355	355 400	12	54	12	43	30	36	30	25	37	18	—	—	48	18	59	4	70	4	76	21	87	21	103	37	128	62	174 180	108 114	195 201	108 114
400 450	450 500	15	60	15	47	35	40	35	27	42	20	—	—	55	20	67	5	80	5	85	23	98	23	115	40	143	68	201 207	126 132	224 230	126 132

表 7-2-46　　圆锥滚子轴承（普通级、6x 级公差）与轴的配合　　μm

基本尺寸/mm 超过	到	轴承内径公差带 Δd_{mp} 上差	下差	f6		g6		g5		h6		h5		j5		j6		js6		k5		k6		m5		m6		n6		p6		r6	
				轴颈直径的极限偏差																													
10	18	0	−12	−16	−27	−6	−17	−6	−14	0	−11	0	−8	+5	−3	+8	−3	+5.5	−5.5	+9	+1	+12	+1	+15	+7	+18	+7	+23	+12	+29	+18	—	—
18	30	0	−12	−20	−33	−7	−20	−7	−16	0	−13	0	−9	+5	−4	+9	−4	+6.5	−6.5	+11	+2	+15	+2	+17	+8	+21	+8	+28	+15	+35	+22	—	—
30	50	0	−12	−25	−41	−9	−25	−9	−20	0	−16	0	−11	+6	−5	+11	−5	+8	−8	+13	+2	+18	+2	+20	+9	+25	+9	+33	+17	+42	+26	—	—
50	80	0	−15	−30	−49	−10	−29	−10	−23	0	−19	0	−13	+6	−7	+12	−7	+9.5	−9.5	+15	+2	+21	+2	+24	+11	+30	+11	+39	+20	+51	+32	—	—
80	120	0	−20	−36	−58	−12	−34	−12	−27	0	−22	0	−15	+6	−9	+13	−9	+11	−11	+18	+3	+25	+3	+28	+13	+35	+13	+45	+23	+59	+37	—	—
120 140 160	140 160 180	0	−25	−43	−68	−14	−39	−14	−32	0	−25	0	−18	+7	−11	+14	−11	+12.5	−12.5	+21	+3	+28	+3	+33	+15	+40	+15	+52	+27	+68	+43	+88 +90 +93	+63 +65 +68
180 200 225	200 225 250	0	−30	−50	−79	−15	−44	−15	−35	0	−29	0	−20	+7	−13	+16	−13	+14.5	−14.5	+24	+4	+33	+4	+37	+17	+46	+17	+60	+31	+79	+50	+106 +109 +113	+77 +80 +84
250 280	280 315	0	−35	−56	−88	−17	−49	−17	−40	0	−32	0	−23	+7	−16	—	—	+16	−16	+27	+4	+36	+4	+43	+20	+52	+20	+66	+34	+88	+56	+126 +130	+94 +98
315 355	355 400	0	−40	−62	−98	−18	−54	−18	−43	0	−36	0	−25	+7	−18	—	—	+18	−18	+29	+4	+40	+4	+46	+21	+57	+21	+73	+37	+98	+62	+144 +150	+108 +114

基本尺寸/mm 超过	到	间隙 最小	间隙 最大	过盈或间隙 最大过盈	最大间隙	最大过盈	最大间隙	最大过盈	最大间隙	最大过盈	最大间隙	最大过盈	最大间隙	最大过盈	最大间隙	最大过盈	最大间隙	最大过盈	最大间隙	过盈 最大	最小	最大	最小	最大	最小	最大	最小	最大	最小	最大	最小
10	18	4	27	6	17	6	14	12	11	12	8	18	3	20	3	17.5	5.5	—	—	—	—	—	—	—	—	—	—	—	—	—	—
18	30	8	33	5	20	5	16	12	13	12	9	18	4	21	4	18.5	6.5	23	2	27	2	—	—	—	—	—	—	—	—	—	—
30	50	13	41	3	25	3	20	12	16	12	11	18	5	23	5	20	8	25	2	30	2	32	9	37	9	—	—	—	—	—	—
50	80	15	49	5	29	5	23	15	19	15	13	21	7	27	7	24.5	9.5	30	2	36	2	39	11	45	11	54	20	—	—	—	—
80	120	16	58	8	34	8	27	20	22	20	15	26	9	33	9	31	11	38	3	45	3	48	13	55	13	65	23	79	37	—	—
120 140 160	140 160 180	18	68	11	39	11	32	25	25	25	18	32	11	39	11	37.5	12.5	46	3	53	3	58	15	65	15	77	27	93	43	113 115 118	63 65 68
180 200 225	200 225 250	20	79	15	44	15	35	30	29	30	20	37	13	46	13	44.5	14.5	54	4	63	4	67	17	67	17	90	31	109	50	136 139 143	77 80 84
250 280	280 315	21	88	18	49	18	40	35	32	35	23	42	16	—	—	51	16	62	4	71	4	78	20	87	20	101	34	123	56	161 165	94 98
315 355	355 400	22	98	22	54	22	43	40	36	40	25	47	18	—	—	58	18	69	4	80	4	86	21	97	21	113	37	138	62	184 190	108 114

注：下表列对应轴公差带依次为 g6、g5、h6、h5、j5、j6、js6、k5（过盈或间隙），k6、m5、m6、n6、p6、r6（过盈）。

表 7-2-47　　轴承座孔与向心轴承和推力轴承配合的公差带（摘自 GB/T 275—2015）

	外圈工作条件			应用举例		座孔的公差带代号	说　明
	载荷		其他情况				
向心轴承	外圈承受固定载荷	轻、正常、重	轴向容易移动，可采用剖分式轴承座	一般机械、铁路车辆轴箱轴承		H7、G7	对于向心轴承：①凡对公差有较高要求的场合，应选用标准公差 P6、N6、M6、K6、J6 和 H6 分别代替 P7、N7、M7、K7、J7 和 H7，并应同时选用整体式轴承座；②对于轻合金轴承座应选择比钢或铸铁轴承座较紧的配合 有关轻载荷、正常载荷和重载荷的说明见表 7-2-42 中“2. 载荷的大小”的说明
				电动机、泵、曲轴主轴承		J7 JS7	
						K7	
		冲击	轴向能移动，可采用整体或剖分式轴承座	牵引电机		M7	
	不定向载荷	轻、正常		带张紧轮	球轴承	J7	
					滚子轴承	K7	
		正常、重	轴向不移动，采用整体式轴承座轮毂轴承	轮毂轴承	球轴承	K7	
		重、冲击			滚子轴承	K7	
					球轴承	—	
	外圈承受旋转载荷	轻			滚子轴承	N7	
		正常					
		重			滚子轴承	P7	

	座圈工作条件		轴承类型	座孔的公差带代号	
推力轴承	仅轴向载荷		推力球轴承	H8	
			推力圆柱、圆锥滚子轴承	H7	
			推力调心滚子轴承	—	轴承座孔与座圈间的配合间隙 0.001D（轴承外径）
	径向和轴向联合载荷	座圈相对于载荷方向静止	推力角接触球轴承、推力调心滚子轴承、推力圆锥滚子轴承	H7	
		座圈承受旋转载荷或不定向载荷		K7	一般工作条件
				M7	较大径向载荷

表 7-2-48　　**向心轴承（圆锥滚子轴承除外）普通级公差轴承与轴承座的配合**　　μm

基本尺寸/mm		轴承外径公差带 ΔD_{mp}		轴承座孔公差带 G7		H8		H7		H6		J7		J6		JS7		JS6		K6		K7		M6		M7		N6		N7		P6		P7	
超过	到	上差	下差	轴承座孔直径的极限偏差																															
10	18	0	-8	+24	+6	+27	0	+18	0	+11	0	+10	-8	+6	-5	+9	-9	+5.5	-5.5	+2	-9	+6	-12	-4	-15	0	-18	-9	-20	-5	-23	-15	-26	-11	-29
18	30	0	-9	+28	+7	+33	0	+21	0	+13	0	+12	-9	+8	-5	+10	-10	+6.5	-6.5	+2	-11	+6	-15	-4	-17	0	-21	-11	-24	-7	-28	-18	-31	-14	-35
30	50	0	-11	+34	+9	+39	0	+25	0	+16	0	+14	-11	+10	-6	+12	-12	+8	-8	+3	-13	+7	-18	-4	-20	0	-25	-12	-28	-8	-33	-21	-37	-17	-42
50	80	0	-13	+40	+10	+46	0	+30	0	+19	0	+18	-12	+13	-6	+15	-15	+9.5	-9.5	+4	-15	+9	-21	-5	-24	0	-30	-14	-33	-9	-39	-26	-45	-21	-51
80	120	0	-15	+47	+12	+54	0	+35	0	+22	0	+22	-13	+16	-6	+17	-17	+11	-11	+4	-18	+10	-25	-6	-28	0	-35	-16	-38	-10	-45	-30	-52	-24	-59
120	150	0	-18	+54	+14	+63	0	+40	0	+25	0	+26	-14	+18	-7	+20	-20	+12.5	-12.5	+4	-21	+12	-28	-8	-33	0	-40	-20	-45	-12	-52	-36	-61	-28	-68
150	180	0	-25	+54	+14	+63	0	+40	0	+25	0	+26	-14	+18	-7	+20	-20	+12.5	-12.5	+4	-21	+12	-28	-8	-33	0	-40	-20	-45	-12	-52	-36	-61	-28	-68
180	250	0	-30	+61	+15	+72	0	+46	0	+29	0	+30	-16	+22	-7	+23	-23	+14.5	-14.5	+5	-24	+13	-33	-8	-37	0	-46	-22	-51	-14	-60	-41	-70	-33	-79
250	315	0	-35	+69	+17	+81	0	+52	0	+32	0	+36	-16	+25	-7	+26	-26	+16	-16	+5	-27	+16	-36	-9	-41	0	-52	-25	-57	-14	-66	-47	-79	-36	-88
315	400	0	-40	+75	+18	+89	0	+57	0	+36	0	+39	-18	+29	-7	+28	-28	+18	-18	+7	-29	+17	-40	-10	-46	0	-57	-26	-62	-16	-73	-51	-87	-41	-98
400	500	0	-45	+83	+20	+97	0	+63	0	+40	0	+43	-20	+33	-7	+31	-31	+20	-20	+8	-32	+18	-45	-10	-50	0	-63	-27	-67	-17	-80	-55	-95	-45	-108
500	630	0	-50	+92	+22	+110	0	+70	0	+44	0	—	—	—	—	+35	-35	+22	-22	0	-44	0	-70	-26	-70	-26	-96	-44	-88	-44	-114	-78	-122	-78	-148
630	800	0	-75	+104	+24	+125	0	+80	0	+50	0	—	—	—	—	+40	-40	+25	-25	0	-50	0	-80	-30	-80	-30	-110	-50	-100	-50	-130	-88	-138	-88	-168
800	1000	0	-100	+116	+26	+140	0	+90	0	+56	0	—	—	—	—	+45	-45	+28	-28	0	-56	0	-90	-34	-90	-34	-124	-56	-112	-56	-146	-100	-156	-100	-190
1000	1250	0	-125	+133	+28	+165	0	+105	0	+66	0	—	—	—	—	+52	-52	+33	-33	0	-66	0	-105	-40	-106	-40	-145	-66	-132	-66	-171	-120	-186	-120	-225

基本尺寸/mm		间隙		间隙或过盈																										过盈			
超过	到	最大	最小	最大间隙	最大过盈	最大间隙	最大过盈	最大间隙	最大过盈	最大间隙	最大过盈	最大间隙	最大过盈	最大间隙	最大过盈	最大间隙	最大过盈	最大间隙	最大过盈	最大间隙	最大过盈	最大间隙	最大过盈	最大间隙	最大过盈	最大间隙①	最大过盈	最大间隙	最大过盈	最小	最大	最小	最大
10	18	32	6	35	0	26	0	19	0	18	8	14	5	17	9	13.5	5.5	10	9	14	12	4	15	8	18	-1	20	3	23	7	26	3	29
18	30	37	7	42	0	30	0	22	0	21	9	17	5	19	10	15.5	6.5	11	11	15	15	5	17	9	21	-2	24	2	28	9	31	5	35
30	50	45	9	50	0	36	0	27	0	25	11	21	6	23	12	19	8	14	13	18	18	7	20	11	25	-1	28	3	33	10	37	6	42
50	80	53	10	59	0	43	0	32	0	31	12	26	6	28	15	22.5	9.5	17	15	22	21	8	24	13	30	-1	33	4	39	13	45	8	51
80	120	62	12	69	0	50	0	37	0	37	13	31	6	32	17	26	11	19	18	25	25	9	28	15	35	-1	38	5	45	15	52	9	59
120	150	72	14	81	0	58	0	43	0	44	14	36	7	38	20	30.5	12.5	22	21	30	28	10	33	18	40	-2	45	6	52	18	61	10	68
150	180	79	14	88	0	65	0	50	0	51	14	43	7	45	20	37.5	12.5	29	21	37	28	17	33	25	40	5	45	13	52	11	61	3	68
180	250	91	15	102	0	76	0	59	0	60	16	52	7	53	23	44.5	14.5	35	24	43	33	22	37	30	46	8	51	16	60	11	70	3	79
250	315	104	17	116	0	87	0	67	0	71	16	60	7	61	26	51	16	40	27	51	36	26	41	35	52	10	57	21	66	12	79	1	88
315	400	115	18	129	0	97	0	76	0	79	18	69	7	68	28	58	18	47	29	57	40	30	46	40	57	14	62	24	73	11	87	1	98
400	500	128	20	142	0	108	0	85	0	88	20	78	7	76	31	65	20	53	32	63	45	35	50	45	63	18	67	28	80	10	95	0	108
500	630	142	22	160	0	120	0	94	0	—	—	—	—	85	35	72	22	50	44	50	70	24	70	24	96	6	88	6	114	28	122	28	148
630	800	179	24	200	0	155	0	125	0	—	—	—	—	115	40	100	25	75	50	75	80	45	80	45	110	25	100	25	130	13	138	13	168
800	1000	216	26	240	0	190	0	156	0	—	—	—	—	145	45	128	28	100	56	100	90	66	90	6	124	44	112	44	146	0	156	0	190
1000	1250	258	28	290	0	230	0	191	0	—	—	—	—	177	52	158	33	125	66	125	105	85	106	85	145	59	132	59	171	-5②	186	-5②	225

① “-”号表示过盈。

② “-”号表示间隙。

第7篇

第7篇

表 7-2-49 向心轴承（圆锥滚子轴承除外）6 级公差轴承与轴承座的配合 μm

基本尺寸/mm		轴承外径公差带 ΔD_{mp}		轴承座孔公差带																															
				G7		H8		H7		H6		J7		J6		JS7		JS6		K6		K7		M6		M7		N6		N7		P6		P7	
超过	到	上差	下差	轴承座孔直径的极限偏差																															
10	18	0	-7	+24	+6	+27	0	+18	0	+11	0	+10	-8	+6	-5	+9	-9	+5.5	-5.5	+2	-9	+6	-12	-4	-15	0	-18	-9	-20	-5	-23	-15	-26	-11	-29
18	30	0	-8	+28	+7	+33	0	+21	0	+13	0	+12	-9	+8	-5	+10	-10	+6.5	-6.5	+2	-11	+6	-15	-4	-17	0	-21	-11	-24	-7	-28	-18	-31	-14	-35
30	50	0	-9	+34	+9	+39	0	+25	0	+16	0	+14	-11	+10	-6	+12	-12	+8	-8	+3	-13	+7	-18	-4	-20	0	-25	-12	-28	-8	-33	-21	-37	-17	-42
50	80	0	-11	+40	+10	+46	0	+30	0	+19	0	+18	-12	+13	-6	+15	-15	+9.5	-9.5	+4	-15	+9	-21	-5	-24	0	-30	-14	-33	-9	-39	-26	-45	-21	-51
80	120	0	-13	+47	+12	+54	0	+35	0	+22	0	+22	-13	+16	-6	+17	-17	+11	-11	+4	-18	+10	-25	-6	-28	0	-35	-16	-38	-10	-45	-30	-52	-24	-59
120	150	0	-15	+54	+14	+63	0	+40	0	+25	0	+26	-14	+18	-7	+20	-20	+12.5	-12.5	+4	-21	+12	-28	-8	-33	0	-40	-20	-45	-12	-52	-36	-61	-28	-68
150	180	0	-18	+54	+14	+63	0	+40	0	+25	0	+26	-14	+18	-7	+20	-20	+12.5	-12.5	+4	-21	+12	-28	-8	-33	0	-40	-20	-45	-12	-52	-36	-61	-28	-68
180	250	0	-20	+61	+15	+72	0	+46	0	+29	0	+30	-16	+22	-7	+23	-23	+14.5	-14.5	+5	-24	+13	-33	-8	-37	0	-46	-22	-51	-14	-60	-41	-70	-33	-79
250	315	0	-25	+69	+17	+81	0	+52	0	+32	0	+36	-16	+25	-7	+26	-26	+16	-16	+5	-27	+16	-36	-9	-41	0	-52	-25	-57	-14	-66	-47	-79	-36	-88
315	400	0	-28	+75	+18	+89	0	+57	0	+36	0	+39	-18	+29	-7	+28	-28	+18	-18	+7	-29	+17	-40	-10	-46	0	-57	-26	-62	-16	-73	-51	-87	-41	-98
400	500	0	-33	+83	+20	+97	0	+63	0	+40	0	+43	-20	+33	-7	+31	-31	+20	-20	+8	-32	+18	-45	-10	-50	0	-63	-27	-67	-17	-80	-55	-95	-45	-108

基本尺寸/mm		间隙		间隙或过盈																										过盈			
超过	到	最大	最小	最大间隙	最大过盈	最大间隙	最大过盈	最大间隙	最大过盈	最大间隙	最大过盈	最大间隙	最大过盈	最大间隙	最大过盈	最大间隙	最大过盈	最大间隙	最大过盈	最大间隙	最大过盈	最大间隙	最大过盈	最大间隙	最大过盈	最大间隙①	最大过盈	最大间隙	最大过盈	最小	最大	最小	最大
10	18	31	6	34	0	25	0	18	0	17	8	13	5	16	9	12.5	5.5	9	9	13	12	3	15	7	18	-2	20	2	23	8	26	4	29
18	30	36	7	41	0	29	0	21	0	20	9	16	5	18	10	14.5	6.5	10	11	14	15	4	17	8	21	-3	24	1	28	10	31	6	35
30	50	43	9	48	0	34	0	25	0	23	11	19	6	21	12	17	8	12	13	16	18	5	20	9	25	-3	28	1	33	12	37	8	42
50	80	51	10	57	0	41	0	30	0	29	12	24	6	26	15	20.5	9.5	15	15	20	21	6	24	11	30	-3	33	2	39	15	45	10	51
80	120	60	12	67	0	48	0	35	0	35	13	29	6	30	17	24	11	17	18	23	25	7	28	13	35	-3	38	3	45	17	52	11	59
120	150	69	14	78	0	55	0	40	0	41	14	33	7	35	20	27.5	12.5	19	21	27	28	7	33	15	40	-5	45	3	52	21	61	13	68
150	180	72	14	81	0	58	0	43	0	44	14	36	7	38	20	30.5	12.5	22	21	30	28	10	33	18	40	-2	45	6	52	18	61	10	68
180	250	81	15	92	0	66	0	49	0	50	16	42	7	43	23	34.5	14.5	25	24	33	33	12	37	20	46	-2	51	6	60	21	70	13	79
250	315	94	17	106	0	77	0	57	0	61	16	50	7	51	26	41	16	30	27	41	36	16	41	25	52	0	57	11	66	22	79	11	88
315	400	103	18	117	0	85	0	64	0	67	18	57	7	56	28	46	18	35	29	45	40	18	46	28	57	2	62	12	73	23	87	13	98
400	500	116	20	130	0	96	0	73	0	76	20	66	7	64	31	53	20	41	32	51	45	23	50	33	63	6	67	16	80	22	95	12	108

① “-”表示过盈。

表 7-2-50　　圆锥滚子轴承（普通级、6x 级公差）与轴承座的配合　　μm

基本尺寸/mm		轴承外径公差带 ΔD_{mp}		轴承座孔公差带																															
				G7		H8		H7		H6		J7		J6		JS7		JS6		K6		K7		M6		M7		N6		N7		P6		P7	
超过	到	上差	下差	轴承座孔直径的极限偏差																															
30	50	0	−14	+34	+9	+39	0	+25	0	+16	0	+14	−11	+10	−6	+12	−12	+8.5	−8.5	+3	−13	+7	−18	−4	−20	0	−25	−12	−28	−8	−33	−21	−37	−17	−42
50	80	0	−16	+40	+10	+46	0	+30	0	+19	0	+18	−12	+13	−6	+15	−15	+9.5	−9.5	+4	−15	+9	−21	−5	−24	0	−30	−14	−33	−9	−39	−26	−45	−21	−51
80	120	0	−18	+47	+12	+54	0	+35	0	+22	0	+22	−13	+16	−6	+17	−17	+11	−11	+4	−18	+10	−25	−6	−28	0	−35	−16	−38	−10	−45	−30	−52	−24	−59
120	150	0	−20	+54	+14	+63	0	+40	0	+25	0	+26	−14	+18	−7	+20	−20	+12.5	−12.5	+4	−21	+12	−28	−8	−33	0	−40	−20	−45	−12	−52	−36	−61	−28	−68
150	180	0	−25	+54	+14	+63	0	+40	0	+25	0	+26	−14	+18	−7	+20	−20	+12.5	−12.5	+4	−21	+12	−28	−8	−33	0	−40	−20	−45	−12	−52	−36	−61	−28	−68
180	250	0	−30	+61	+15	+72	0	+46	0	+29	0	+30	−16	+22	−7	+23	−23	+14.5	−14.5	+5	−24	+13	−33	−8	−37	0	−46	−22	−51	−14	−60	−41	−70	−33	−79
250	315	0	−35	+69	+17	+81	0	+52	0	+32	0	+36	−16	+25	−7	+26	−26	+16	−16	+5	−27	+16	−36	−9	−41	0	−52	−25	−57	−14	−66	−47	−79	−36	−88
315	400	0	−40	+75	+18	+89	0	+57	0	+36	0	+39	−18	+29	−7	+28	−28	+18	−18	+7	−29	+17	−40	−10	−46	0	−57	−26	−62	−16	−73	−51	−87	−41	−98
400	500	0	−45	+83	+20	+97	0	+63	0	+40	0	+43	−20	+33	−7	+31	−31	+20	−20	+8	−32	+18	−45	−10	−50	0	−63	−27	−67	−17	−80	−55	−95	−45	−108

基本尺寸/mm		间隙		间隙或过盈																										过盈			
超过	到	最大	最小	最大间隙	最大过盈	最大间隙	最大过盈	最大间隙	最大过盈	最大间隙	最大过盈	最大间隙	最大过盈	最大间隙	最大过盈	最大间隙	最大过盈	最大间隙	最大过盈	最大间隙	最大过盈	最大间隙	最大过盈	最大间隙	最大过盈	最大间隙	最大过盈	最大间隙	最大过盈	最小	最大	最小	最大
30	50	48	9	50	0	39	0	30	0	28	11	24	6	26	12	22	8	17	13	21	18	10	20	14	25	2	28	6	33	7	37	3	42
50	80	56	10	59	0	46	0	35	0	34	12	29	6	31	15	25.5	9.5	20	15	25	21	11	24	16	30	2	33	7	39	10	45	5	51
80	120	65	12	69	0	53	0	40	0	40	13	34	6	35	17	29	11	22	18	28	25	12	28	18	35	2	38	8	45	12	52	6	59
120	150	74	14	81	0	60	0	45	0	46	14	38	7	40	20	32.5	12.5	24	21	32	28	12	33	20	40	0	45	8	52	16	61	8	68
150	180	79	14	88	0	65	0	50	0	51	14	43	7	45	20	37.5	12.5	29	21	37	28	17	33	25	40	5	45	13	52	11	61	3	68
180	250	91	15	102	0	76	0	59	0	60	16	52	7	53	23	44.5	14.5	35	24	43	33	22	37	30	46	8	51	16	60	11	70	3	79
250	315	104	17	116	0	87	0	67	0	71	16	60	7	61	26	51	16	40	27	51	36	26	41	35	52	10	57	21	66	12	79	1	88
315	400	115	18	129	0	97	0	76	0	79	18	69	7	68	28	58	18	47	29	57	40	30	46	40	57	14	62	24	73	11	87	1	98
400	500	128	20	142	0	108	0	85	0	88	20	78	7	76	31	65	20	53	32	63	45	35	50	45	63	18	67	28	80	10	95	0	108

4.2.3 配合表面及端面的粗糙度和几何公差

与轴承配合的轴颈和轴承座孔表面及端面的粗糙度不应超过表 7-2-51 的规定。

与轴承配合的轴颈和轴承座孔表面的圆柱度公差、轴肩及轴承座孔肩的轴向圆跳动公差（图 7-2-15），不应超过表 7-2-52 的规定。

表 7-2-51　　轴与轴承座孔配合面及端面的表面粗糙度（摘自 GB/T 275—2015）　μm

轴或轴承座直径/mm		轴或轴承座孔配合表面直径公差等级					
		IT7		IT6		IT5	
		表面粗糙度 Ra					
>	≤	磨	车	磨	车	磨	车
—	80	1.6	3.2	0.8	1.6	0.4	0.8
80	500	1.6	3.2	1.6	3.2	0.8	1.6
500	1250	3.2	6.3	1.6	3.2	1.6	3.2
端面		3.2	6.3	3.2	6.3	1.6	3.2

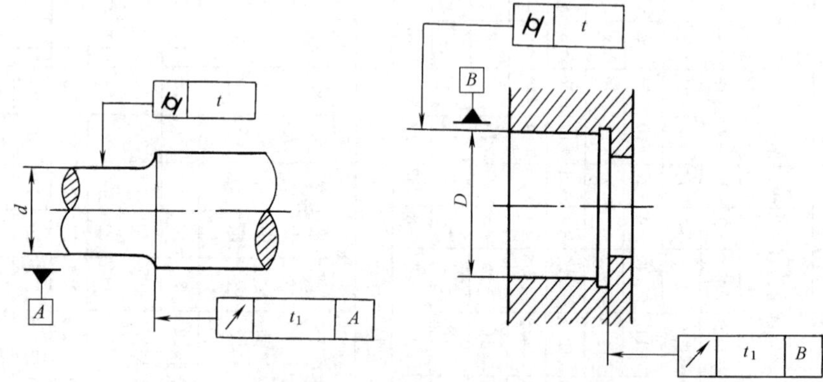

图 7-2-15　轴与轴承座孔配合表面及端面的形位公差

表 7-2-52　　轴和轴承座孔的几何公差（摘自 GB/T 275—2015）

基本尺寸/mm		圆柱度 t				轴向圆跳动 t_1			
		轴颈		轴承座孔		轴肩		轴承座孔肩	
		轴承公差等级							
		0	6(6x)	0	6(6x)	0	6(6x)	0	6(6x)
超过	到	公差值/μm							
—	6	2.5	1.5	4	2.5	5	3	8	5
6	10	2.5	1.5	4	2.5	6	4	10	6
10	18	3.0	2.0	5	3.0	8	5	12	8
18	30	4.0	2.5	6	4.0	10	6	15	10
30	50	4.0	2.5	7	4.0	12	8	20	12
50	80	5.0	3.0	8	5.0	15	10	25	15
80	120	6.0	4.0	10	6.0	15	10	25	15
120	180	8.0	5.0	12	8.0	20	12	30	20
180	250	10.0	7.0	14	10.0	20	12	30	20
250	315	12.0	8.0	16	12.0	25	15	40	25
315	400	13.0	9.0	18	13.0	25	15	40	25
400	500	15.0	10.0	20	15.0	25	15	40	25
500	630	—	—	22	16	—	—	50	30
630	800	—	—	25	18	—	—	50	30
800	1000	—	—	28	20	—	—	60	40
1000	1250	—	—	33	24	—	—	60	40

第7篇

4.2.4 轴承与实心轴配合过盈量的选择

轴承与实心轴采用过盈配合时，其所需配合的过盈量与轴承载荷的大小、工作温度以及轴的加工精度有关。

在载荷作用下，配合表面的凸点被压平，因而在安装前测得的轴径和内圈孔径之差即名义过盈量 Δd 将略有减小。其有效过盈量 Δd_Y 为：

$$\Delta d_Y = \frac{d}{d+A}\Delta d \tag{7-2-11}$$

式中 Δd_Y——有效过盈量，μm；

Δd——名义过盈量，即测量的过盈量，μm；

d——名义轴承内径，mm；

A——常数，磨削轴 $A=3$，精研轴 $A=2$。

在载荷作用下，内圈材料在径向受到压缩，使内圈在圆周方向胀大，因而使配合比无载荷时松。由此引起的过盈量的减小值近似为：

$$\Delta d_F = 0.08\sqrt{\frac{d}{B}F_r} \tag{7-2-12}$$

式中 Δd_F——由载荷引起的过盈量的减小值，μm；

B——内圈宽度，mm；

F_r——径向载荷，N。

如果轴承内部的温度比轴承座周围的温度高 ΔT(℃)，则内圈和轴在配合处的温差约为 $0.12\Delta T$，用轴承钢制造的轴承，由此温差引起的配合过盈量减小值

$$\Delta d_T \approx 0.0015\Delta T d(\mu m)$$

为防止内圈和轴间产生“打滑”现象，对于实心轴，内圈承受旋转载荷时，必须满足 $\Delta d_Y - \Delta d_F - \Delta d_T \geqslant 0$。所以，选用的名义过盈量可近似由下式计算。

$$\Delta d \geqslant \frac{d+A}{d}\left(0.08\sqrt{\frac{d}{B}F_r} + 0.0015\Delta T d\right) \tag{7-2-13}$$

4.2.5 轴承与空心轴配合过盈量的选择

如果轴承是以过盈配合安装于空心轴上，为使轴承的内圈和轴配合面之间有足够的压力，当空心轴的直径比大于 0.5 时，通常所取的过盈量要比安装于实心轴的大；而当空心轴的直径比小于 0.5 时，所取的过盈量与实心轴相同。

设 $C_i = \frac{d_i}{d}$，

$$C_e = \frac{d}{d_e} \approx \frac{d}{k(D-d)+d} \tag{7-2-14}$$

式中 C_i——空心轴的直径比；

C_e——轴承内圈的直径比；

d_e——轴承内圈的外径，mm；

d——轴承内径及空心轴的外径，mm；

d_i——空心轴的内径，mm；

D——轴承外径，mm；

k——系数，圆柱滚子轴承，22 和 23 系列的调心球轴承，$k=0.25$；其他轴承 $k=0.3$。

空心钢轴所需要的平均过盈量 Δd_H 与同直径实心钢轴所求得的平均过盈量 Δd_m 的关系可参考图 7-2-16，并结合空心轴的实际直径比，选择空心轴的公差。

例 选用公差等级为普通级的 6208 轴承，安装于实心轴上，选用 k5 级公差，若安装于 $C_i=0.8$ 的空心轴上，所需的配合过盈量是多少，采用的公差带代号是什么？

经查轴承公差，6208 轴承内孔尺寸为 $40_{-0.012}^{\ 0}$，外径 $D=80$，轴采用公差带代号为 k5，轴的尺寸为 $40_{+0.002}^{+0.013}$。

实心轴平均过盈量 $$\Delta d_m = \frac{13+2}{2} - \frac{0-12}{2} = 13.5\mu m$$

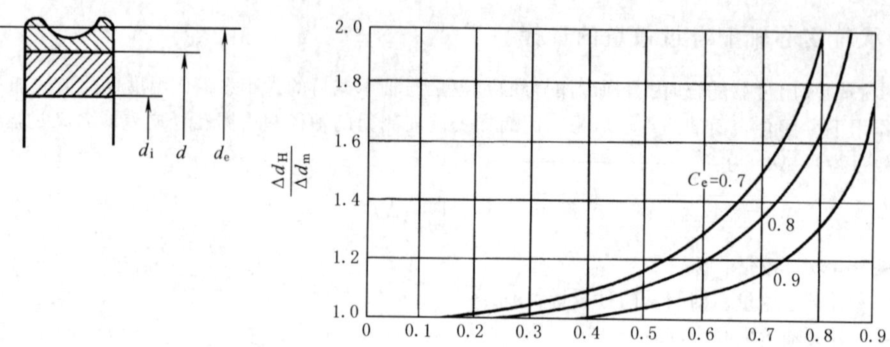

图 7-2-16　直径示意图与$\frac{\Delta d_H}{\Delta d_m}$-$C_i$ 曲线图

根据式（7-2-14）得

$$C_e=\frac{40}{0.3(80-40)+40}=0.77$$

从图 7-2-16 查得，当 $C_i=0.8$，$C_e=0.77$ 时 $\Delta d_H/\Delta d_m\approx1.7$。因此，安装于空心轴所需的平均过盈量 $\Delta d_H=1.7\times13.5=23\mu m$，此值符合 m6 的值。这时空心轴的公差带代号采用 m6，其空心轴的尺寸为 $40^{+0.025}_{+0.009}$。

4.2.6　安装轴承的轴与轴承座的圆角、挡肩等设计

1）圆角半径 r_{as} 应小于轴承倒角尺寸 r_s，如图 7-2-17～图 7-2-18 所示。轴和轴承座孔单向最大圆角半径按表 7-2-53 选取。

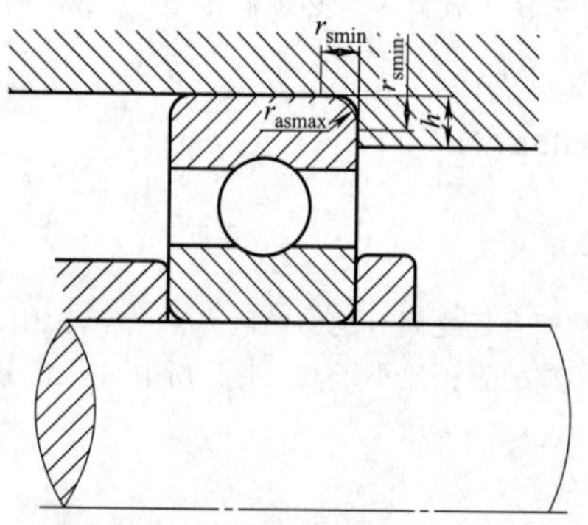

图 7-2-17　轴及轴承座圆角半径与轴承倒角装配示意图

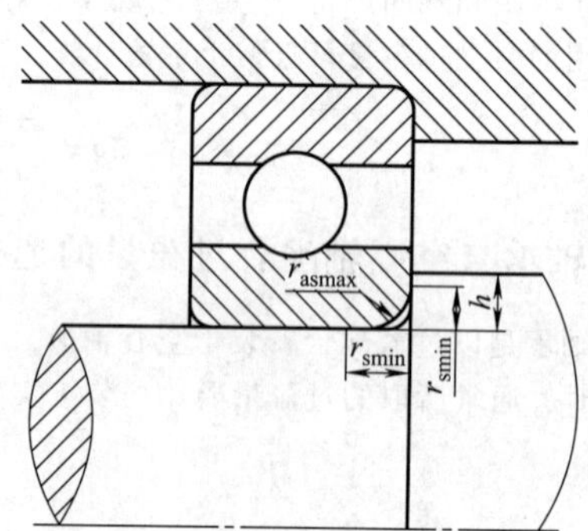

图 7-2-18　轴及轴承座挡肩直径与轴承套圈装配示意图

2）为便于轴承的拆卸，挡肩（高度 h）直径应小于内圈外径或大于外圈内径，如图 7-2-18 所示。挡肩最小高度按表 7-2-54 选取。

表 7-2-53　轴和轴承座孔单向最大圆角半径　mm

轴承最小单向倒角尺寸 r_{smin}	r_{asmax}	轴承最小单向倒角尺寸 r_{smin}	r_{asmax}
0.05	0.05	2	2
0.08	0.08	2.1	2
0.1	0.1	3	2.5
0.15	0.15	4	3
0.2	0.2	5	4
0.3	0.3	6	5
0.6	0.6	7.5	6
1	1	9.5	8
1.1	1	12	10
1.5	1.5	15	12

3）圆角半径需大于轴承倒角尺寸，或挡肩高度需减小时，应在内圈与轴肩或外圈与轴承座孔肩之间加垫圈，如图 7-2-19 所示。

4）轴上的轴承固定用螺孔或锁紧螺母用螺纹应尽量与轴端垂直，螺纹旋向与轴的旋转方向相反为宜。

表 7-2-54　　挡肩最小高度　　mm

轴承最小单向倒角尺寸 r_{smin}	h_{min}		轴承最小单向倒角尺寸 r_{smin}	h_{min}	
	一般情况	特殊情况		一般情况	特殊情况
0.05	0.2	—	2	5	4.5
0.08	0.3	—	2.1	6	5.5
0.1	0.4	—	3	7	6.5
0.15	0.6	—	4	9	8
0.2	0.8	—	5	11	10
0.3	1.2	1	6	14	12
0.6	2.5	2	7.5	18	—
1	3	2.5	9.5	22	—
1.1	3.5	3.3	12	27	—
1.5	4.5	4	15	32	—

注：特殊情况是指推力载荷极小，或设计上要求挡肩必须小的情况。

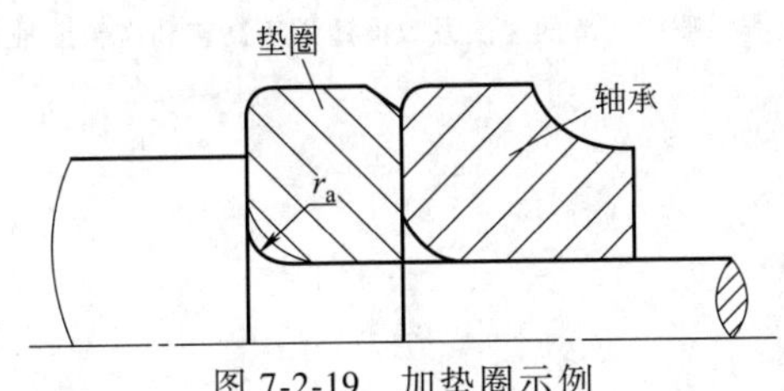

图 7-2-19　加垫圈示例

5　滚动轴承的润滑

5.1　滚动轴承润滑的选用原则

表 7-2-55　　润滑选用的一般原则

影响选择的因素	脂润滑	油润滑	固体润滑
温度	当温度超过 120℃时，要用特殊润滑脂。当温度高到 200～220℃时，再润滑的时间间隔要缩短	油池温度超过 90℃或轴承温度超过 200℃时，可采用特殊的润滑油	温度不超过 350℃，可用
真空度	不能在 10^{-1}Pa 以上长期工作，10^{-3}～10^{-2}Pa 可用真空润滑脂	不能在 10^{-1}Pa 以上长期工作，10^{-3}～10^{-2}Pa 可用真空润滑油	真空度 10^{-11}Pa 至 10^{-2}Pa，可用金属基复合材料和高分子基复合保持架材料
速度系数 dn 值① /mm·r·min^{-1}	球轴承<300000；圆柱、圆锥滚子轴承<300000；推力球轴承<70000	球轴承：油浴、滴油<50000；油雾、油气<900000；喷射<2500000。圆柱滚子轴承：油浴、滴油<400000；油雾、油气<1000000；喷射<200000。圆锥滚子轴承：油浴、滴油<350000；油雾、油气<450000。推力球轴承：油浴<100000；滴油<200000	低速重载的轴承可用镶嵌型固体润滑材料；高速运动的轴承可用镀膜型材料
载荷	低到中等	各种载荷直到最大	轻载可用，中重载荷不可用

第7篇

续表

影响选择的因素	脂润滑	油润滑	固体润滑
轴承形式	不用于不对称的球面滚子推力轴承	用于各种轴承	用于各种轴承
壳体设计	较简单	需要较复杂的密封和供油装置	较简单
长时间不需维护的地方	可用。根据操作条件,特别要考虑工作温度	不可以用	可用
集中供油	选用泵送性能好的润滑脂。不能有效地传热,也不能作为液压介质	可用	可用于供油困难的情况
最低转矩损失	如填装适当,比采用油的损失还要低	为了获得最低功率损失,应采用有清洗泵或油雾装置的循环系统	摩擦和磨损随速度变化,在一定的速度范围内转矩需要保持稳定相对不灵敏。固体润滑剂磨削产生摩擦和转矩噪声
污染条件	可用。正确的设计可防止污染物的侵入	可用。但要采用有防护、过滤装置的循环系统	可用。不能影响轴承精度

① dn=轴承内径（mm)×转速（r/min)。对于大轴承（直径大于65mm）用 $d_m n$ 值（d_m 为内外径的平均值)。

注：滴油润滑、油雾润滑、油气润滑、喷射润滑的速度系数值适用于高速和高精度轴承，对于承受重载荷的轴承，应取相应润滑状态的85%。

第7篇

5.2 滚动轴承油润滑

5.2.1 润滑油的选择原则

表 7-2-56 润滑油的黏度及牌号的选择

已知参数	黏度及牌号	说明
n、d、T、p	查图 7-2-21,可求得润滑油黏度及牌号	n——主轴转速,r/min d——轴承内径,mm T——轴承工作温度,℃ p——轴承所承受的载荷,Pa
dn 值及 T	查表 7-2-57 和图 7-2-20,求其润滑油黏度	
dn 值、p、T、轴承结构及润滑方式	查表 7-2-58 ~ 表 7-2-60,求其润滑油黏度及牌号	

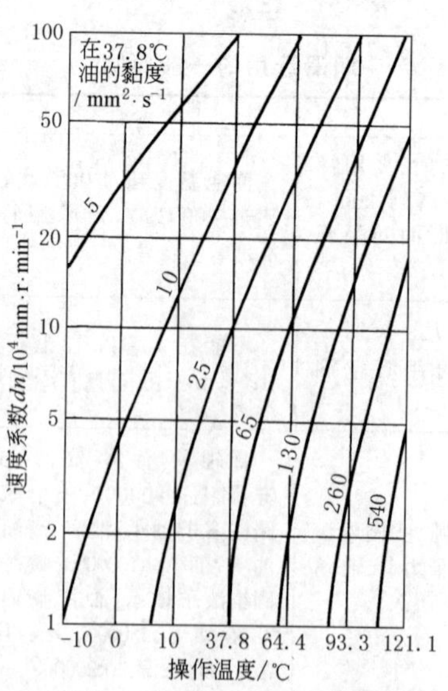

图 7-2-20 推荐球轴承润滑油黏度

表 7-2-57 按照 *dn* 值/温度推荐的油黏度

dn 值/mm·r·min^{-1}	润滑油黏度(37.8℃)/mm^2·s^{-1}			
	0~30℃	>30~60℃	>60~90℃	>90~120℃
10000	60	115	360	750
<10000~25000	35	95	270	550
<25000~60000	35	70	270	550
<60000~75000	20	60	220	360
<75000~100000	20	60	160	360
<100000~250000	9	35	115	270
250000 以上	9	35	95	270

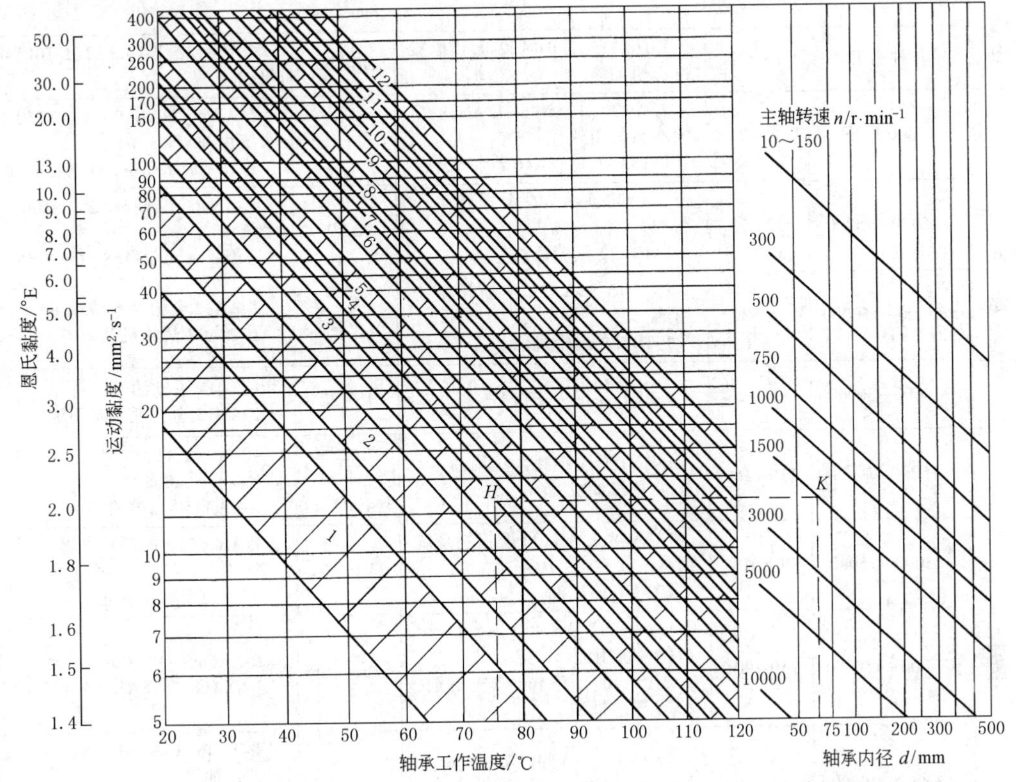

曲线代号	推荐油品		曲线代号	推荐油品		曲线代号	推荐油品	
	普通载荷	重载荷或冲击载荷		普通载荷	重载荷或冲击载荷		普通载荷	重载荷或冲击载荷
1	10 号变压器油 L-AN15 全损耗系统用油	15 号轴承油	5	L-TSA100 汽轮机油 L-AN100 全损耗系统用油	L-ECC20 柴油机油	9		220 号、320 号抗氧防锈工业闭式齿轮油
2	L-TSA32 汽轮机油 L-AN32 全损耗系统用油	L-HL32 液压油	6	L-AN150 全损耗系统用油	L-ECC30 柴油机油	10		460 号抗氧防锈工业闭式齿轮油
3	L-TSA46 汽轮机油 L-AN46 全损耗系统用油	L-HL46 液压油	7	L-AN150 全损耗系统用油		11		460 号抗氧防锈工业闭式齿轮油
4	L-TSA68 汽轮机油 L-AN68 全损耗系统用油	L-HL68 液压油 L-HG68 液压油	8	L-ECC40 柴油机油		12		140 号重负荷车辆齿轮油

图 7-2-21 滚动轴承润滑油黏度及牌号的选择依据

例 已知 $d=60\text{mm}$，$n=1500\text{r/min}$，$T=75℃$，求润滑油黏度及牌号。

可从图 7-2-21 横坐标右侧轴承内径 60mm 处引垂线与转速为 1500r/min 的斜线相交于 K 点，又从 K 点引水平线，与从温度 75℃处所引垂线相交于 H 点，而 H 点处于 46 号油的黏-温曲线区域内。依据图 7-2-21 中附表，如果轴承承受普通载荷，则推荐用 L-TSA 46 汽轮机油或 L-AN46 全损耗系统用油，如果轴承承受重载荷或冲击载荷，则推荐用 L-HL46 液压油。

表 7-2-58　滚动轴承用润滑油种类、牌号的选择

轴承工作温度/℃	速度系数 dn 值/mm·r·min^{-1}	工作条件			
		普通载荷(3MPa)		重载荷或冲击载荷(>3~20MPa)	
		适用黏度(40℃)/mm^2·s^{-1}	选用油名称、牌号	适用黏度(40℃)/mm^2·s^{-1}	选用油名称、牌号
-30~0	各种所有	15~32	L-DRA15、L-DRA22、L-DRA32 冷冻机油	15~60	L-DRA22、L-DRA32、L-DRA46 冷冻机油
>0~60	15000 以下	32~70	L-AN32、L-AN46、L-AN68 全损耗系统用油 L-TSA32、L-TSA46 汽轮机油	70~162	L-AN68、L-AN100、L-AN150 全损耗系统用油 L-TSA68、L-TSA100 汽轮机油
	>15000~75000	32~50	L-AN32、L-AN46 全损耗系统用油 L-TSA32 汽轮机油	42~90	L-AN46、L-AN68、L-AN100 全损耗系统用油 L-TSA46、L-TSA68 汽轮机油
	>75000~150000	15~32	L-AN15、L-AN32 全损耗系统用油 L-TSA32 汽轮机油	32~42	L-AN32 全损耗系统用油 L-TSA32 汽轮机油
	>150000~300000	9~12	L-FC5、L-FC7 主轴油	15~32	L-FD15 主轴油 L-AN15 全损耗系统用油
>60~100	15000 以下	110~162	L-AN150 全损耗系统用油 30 号汽油机油	172~240 15~24 (100℃)	40 号汽油机油 680 号汽缸油 L-DAA150 压缩机油
	>15000~75000	70~100	L-AN68、L-AN100 全损耗系统用油 20 号汽油机油	110~162	L-AN150 全损耗系统用 30 号汽油机油
	>75000~150000	50~90	L-AN46、L-AN68、L-AN100 全损耗系统用油 L-TSA46、L-TSA68 汽轮机油、20 号汽油机油	70~120	L-AN68、L-AN100 全损耗系统用油 L-TSA68、L-TSA100 号汽轮机油
	>150000~300000	32~70	L-AN32、L-AN46、L-AN68 全损耗系统用油 L-TSA32、L-TSA46 汽轮机油	50~90	L-AN46、L-AN68、L-AN100 全损耗系统用油 20 号汽油机油 L-TSA46、L-TSA68 号汽轮机油
>100~150	各种所有	13~16 (100℃)	40 号柴油机油 40 号汽油机油	15~25 (100℃)	40 号汽油机油 680 号汽缸油
0~60 >60~100	各种所有 (滚针轴承)	50~70	L-AN46、L-AN68 全损耗系统用油 L-TSA46 汽轮机油	70~90	L-AN68、L-AN100 全损耗系统用油 L-TSA68 汽轮机油 20 号汽油机油
		70~90	L-AN68、L-AN100 全损耗系统用油 L-TSA68 汽轮机油 20 号汽油机油	110~162	L-AN150 全损耗系统用油 30 号汽油机油

表 7-2-59　滚动轴承运转条件与适用润滑油黏度

轴承运转温度/℃	速度系数 dn 值/mm·r·min^{-1}	适用黏度(50℃)/mm^2·s^{-1}(40℃/mm^2·s^{-1})	
		一般载荷	重载荷或冲击载荷
-10~0	各种全部	10~20(15~30)	15~30(27~55)
>0~60	15000 以下	20~35(30~60)	40~60(80~110)
	>15000~80000	15~30(22~50)	30~45(55~70)
	>80000~150000	10~20(15~30)	15~25(22~45)
	>150000~500000	6~10(10~15)	10~20(15~32)

续表

轴承运转温度/℃	速度系数 dn 值/$mm \cdot r \cdot min^{-1}$	适用黏度(50℃)/$mm^2 \cdot s^{-1}$(40℃/$mm^2 \cdot s^{-1}$)	
		一般载荷	重载荷或冲击载荷
>60~100	15000以下 >15000~80000 >80000~150000 >150000~500000	50~80(100~150) 40~60(80~110) 25~35(45~60) 15~20(22~32)	90~150(150~240) 60~90(110~140) 40~80(70~140) 25~35(45~60)
>100~150	各种全部	120~250(200~380)	
0~60	自动调心滚动轴承	20~35(35~60)	
>60~100		50~90(100~160)	

表 7-2-60　滚动轴承适用润滑油黏度（40℃）　$mm^2 \cdot s^{-1}$

载荷	工作温度/℃							
	0~60					60~100		
	dn 值/$mm \cdot r \cdot min^{-1}$							
	≈15000	≈75000	≈150000	≈300000	≈450000	≈15000	≈75000	≈150000
一般载荷	36~62	26~50	16~32	8~16	5~12	90~140	72~100	40~60
重载荷或冲击载荷	62~105	50~72	26~40	16~30	8~20	140~220	100~140	60~120
轴承类型	各种		推力球型除外	单列角接触球型及圆柱滚子型		各种		推力球型除外

载荷	工作温度/℃						
	60~100		-30~0	0~60	60~100	100~150	>150
	dn 值/$mm \cdot r \cdot min^{-1}$		≈界限转速				
	≈300000	≈450000					
一般载荷	30~45	12~35	16~32	30~50	40~60	140~200	170~280
重载荷或冲击载荷	40~80	30~50	26~52	40~60	80~150	180~280	260~320
轴承类型	单列角接触球型及圆柱滚子型		各种	自动调心型		各种	

注：本表指用油浴或循环润滑法；150℃以上时，用高黏度、耐热氧化性好的润滑油，由试验试用决定。

5.2.2 滚动轴承油润滑的方式

表 7-2-61　滚动轴承油润滑的方式

方式	特点	适合范围	油量及给油特点	部件结构	维护检查	其他注意事项
油浴润滑	轴承的一部分浸入油槽中,是最简单的一种方法,一般用于低速(dn 值<$10^5 mm \cdot r \cdot min^{-1}$)	低、中速	对水平轴,油面在最下面的滚动体的一半地方,对垂直轴,浸泡轴承70%~80%	对垂直轴要特别注意下部的密封结构,要安装油面计	检查油面高度是否正确,如温升高,可降低油面	为了防止磨损,最好装设磁铁栓,使产生的铁粉沉淀
滴油润滑	用给油器使油成滴滴下,油因转动部分的搅动,在轴承箱内形成油雾状,将运动中的摩擦热量带走,起冷却作用,轴承最高温度应低于70℃	较高速度和中等速度的小型轴承	一般是每分钟5~6滴。要调到1mL/h以下是困难的	轴承的下面没有存油的机构	运转停止时,注意停止滴油	给定量的滴油量
飞溅润滑	通过浸入油池内的齿轮或甩油环的旋转将油飞溅进行润滑,可同时对若干轴承供油	较高速度	油面与给油量有关系	为防止磨损粉末进入轴承内,可设密封板或挡板	必须保持一定量的油	特别是减速器,在底部要安装磁铁栓,防止铁粉分散在油中

续表

方式	特点	适合范围	油量及给油特点	部件结构	维护检查	其他注意事项
油绳润滑	利用纤维物质油绳吸上的油，甩油环使其雾化 油可以过滤，简单便利	轻载荷且相当高的速度	油绳的直径、根数及油面，应根据给油量而变化。冬天有蜡析出的油不适用	要有大面积给油槽	油绳表面被灰尘等附着后，给油量会变化	黏度随温度变化大的油，则给油量变化大
压力循环润滑	用油泵将过滤的油输送至轴承部件中，进行润滑后的油又返回油箱，再经过滤、冷却后循环使用 给油与冷却有保证，给油量及给油的温度容易控制	高速搅动、给油点多的地方不适用	油的压力 0.15MPa 左右，$1cm^2$ 轴承投影面积（外径×宽），供给油 $0.6cm^3/min$	必须有油箱、循环泵、给油装置冷却器以及加热器、过滤器、调节阀等，需要油量也大	由于自动给油，安全可靠，不需人管	由于油使用后会劣化，注意油的交换期
油雾润滑	净化无水的压缩空气将少量的油雾化，像空气一样吹向轴承 冷却效果好，给油量与空气量可以分别调节	超高速的轴承可以使用，高速、轻载荷的中、小轴承最适用	空气压力 0.05～0.5MPa，内径为 40～50mm 的轴承给油量为（4～83）$\times 10^{-6}$L/min，在苛刻条件下，用较高黏度的极压润滑油	必须有喷雾发生器、带搅拌的油箱、水分离器、空气净化器、喷嘴。轴承箱内空气压力要高，防止尘土进入	油雾浓度、温度、压力等所有调节系统组合在一起	给油量很少，油不能回收，主轴润滑面给油量不足时会引起事故，要十分注意
喷油润滑	将压力油强制送入润滑面，油通过喷嘴喷射到润滑面 油能送入润滑面，冷却效果好	高速重载荷轴承适用，安全	给油压力 0.1～0.5MPa，给油量为 0.5～10L/min 左右	必须有压力给油泵、过滤器、冷却器。喷嘴的直径 0.5～2mm 以上，安装在离轴承端面 10mm 处，发热量大的轴承增设 2～4 个喷嘴	油面必须保持在一定限度以上	设计的排油口必须要很大，防止不必要的滞流，油流要好。最好用油泵强制排油
油气润滑	用活塞式定量分配器定时将微量油送到管内的压缩空气流中，在管壁上形成连续的油流，提供给轴承	特别适用于高速轴承	比油雾润滑油量少，且稳定，供油量可调整	必须有油箱、给油泵、活塞式定量分配器、喷嘴、节流阀等	较先进的油气润滑装置配备有机外程序控制装置	油气润滑的油颗粒通常为小油滴状，输送距离比油雾润滑短得多

5.3 滚动轴承脂润滑

5.3.1 润滑脂的选择原则

（1）速度

一般原则是速度越高，选锥入度越大的脂（锥入度越大则脂越软），以减少其摩擦阻力，但过软的脂，在离心力作用下，其润滑能力降低。根据经验，主轴转速 n 和锥入度选用见表 7-2-62。

表 7-2-62　主轴转速和锥入度的选用

轴承类型	转速 $n/r \cdot min^{-1}$	锥入度值/（1/10mm）
球轴承	20000	220～250
	10000	175～205
圆锥、滚子轴承	1000 左右	245～295

（2）温度和环境条件

各种润滑脂适宜温度与环境条件见表 7-2-63。

表 7-2-63　　　　各种润滑脂适宜温度与环境条件

润滑脂类型	润滑脂等级(号) 锥入度/(1/10mm)	最大速度(推荐)用润滑脂的最大速度占比/%	环境	典型工作温度/℃		基础油的黏度近似值(50℃)/$mm^2 \cdot s^{-1}$	备　注
				最高	最低		
锂基脂	2 265~295	100 75	湿或干	100 120	-20	到 70	多用途的,对于内径在 65mm 以上,并在最大速度或最高温度情况下或在垂直轴上的轴承不应采用,建议用于有振动载荷的最高速度处
	3 220~250	100 75	湿或干	100 120	-20	到 70	
极压锂基脂	1 310~340	75	湿或干	90	-15	$14mm^2/s$ (100℃)	推荐用于轧辊轴承和重载圆锥滚子轴承
	2 265~295	100 75		70 90	-15		
钙基脂	1、2、3 220~340	50	湿或干	60	-10	到 70	
极压钙基脂	2、3 220~295	50	湿或干	60	-5	$14mm^2/s$ (100℃)	
钠基脂	3 220~250	75~100	干的	80	-10	20	有时含 20%钙基脂
膨润土脂		50	湿或干	160	10	$20mm^2/s$ (100℃)	
极压膨润土脂		100	湿或干	180	-20		

(3) 载荷 (表 7-2-64)

表 7-2-64　　　　根据载荷类型选用润滑脂

载荷类型	选用润滑脂性质
重载荷	基础油黏度高、稠化剂含量高的润滑脂或加有极压添加剂的润滑脂及加填料(二硫化钼、石墨)的润滑脂
低、中载荷	1 号或 2 号稠度的短纤维润滑脂,基础油以中等黏度为宜

润滑脂的选择可参考表 7-2-65 和表 7-2-66。

表 7-2-65　　　　滚动轴承润滑脂选用参考 (一)

轴径/mm	工作温度/℃	工作环境	轴的转速/$r \cdot min^{-1}$			
			≤300	>300~1500	>1500~3000	>3000~5000
20~140	0~60	有水	3 号、4 号钙基脂	2 号、3 号钙基脂	1 号、2 号钙基脂	1 号钙基脂
	60~110	干燥	2 号钠基脂	2 号钠基脂	2 号钠基脂	1 号二硫化钼复合钙基脂
	<100	潮湿	2 号复合钙基脂	1 号、2 号复合钙基脂	1 号复合钙基脂	1 号二硫化钼复合钙基脂
	-20~100	有水	3 号、4 号锂基脂	2 号、3 号锂基脂	1 号、2 号锂基脂	1 号二硫化钼锂基脂

表 7-2-66　　　　滚动轴承润滑脂选用参考 (二)

工作温度/℃	转速/$r \cdot min^{-1}$	载荷	推荐用脂	工作温度/℃	转速/$r \cdot min^{-1}$	载荷	推荐用脂
0~60	约 1000	轻、中	2 号、3 号钙基脂	0~110	约 1000	轻、中、重	2 号钠基脂
		重	4 号钙基脂			轻、中	
	1000~2000	轻、中	2 号、3 号钙基脂	0~140	约 1000	轻、中、重	2 号二硫化钼复合钙基脂
0~80	约 1000	轻、中、重	3 号钙钠基脂	0~120	约 1000	轻、中	1 号二硫化钼复合钙基脂
	1000~2000	轻、中	2 号钙钠基脂	0~160			3 号二硫化钼复合钙基脂
0~100	约 1000	轻、中、重	3 号钙钠基脂	-20~100			二硫化钼锂基脂
		轻、中	1 号、2 号钙钠基脂				

5.3.2 滚动轴承润滑脂的填充量及补充周期

一般滚动轴承不应填满润滑脂，具体填充量参见表 7-2-67。

表 7-2-67　　滚动轴承润滑脂的填充量

轴承转速/r·min^{-1}	轴承腔内的填充量	轴承位置	轴承腔内的填充量
1500 以下	2/3	水平轴	1/4～1/2
1500～3000	1/2	垂直轴	1/3(上侧)和 1/2(下侧)
3000 以上	¼	易污染环境(对低速和中速)	轴承和轴承盖里的全部空间装满

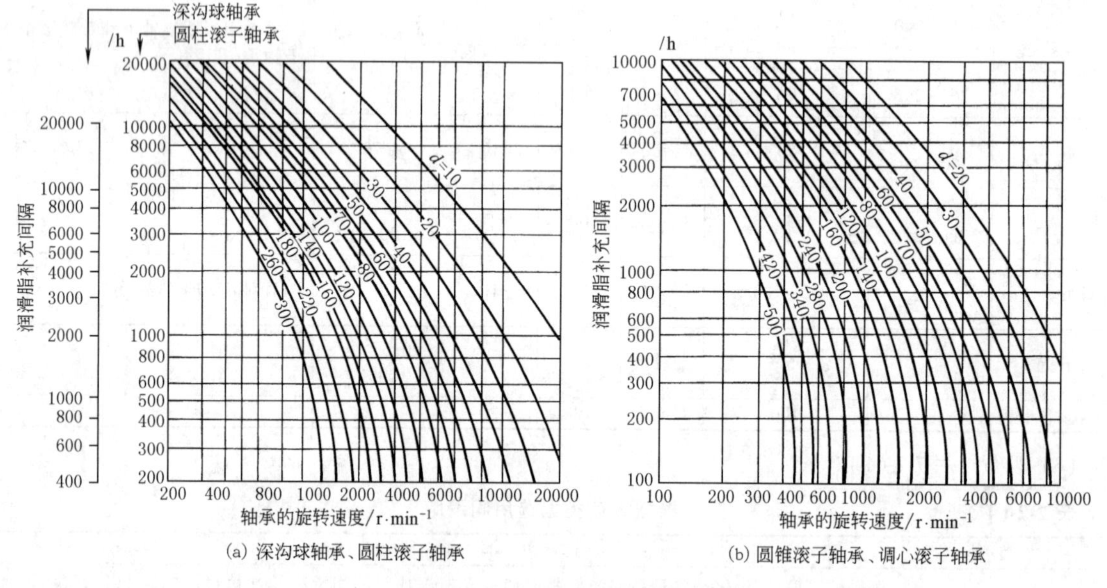

(a) 深沟球轴承、圆柱滚子轴承　　(b) 圆锥滚子轴承、调心滚子轴承

图 7-2-22　润滑脂补充间隔

图 7-2-22 为深沟球轴承、圆柱滚子轴承和圆锥滚子轴承与调心滚子轴承的润滑脂补充周期曲线。可根据轴承内径和转速，查出润滑脂更换的大致时间。此图是在轴承外径表面温度为 70℃ 的情况下绘出的，因此适用于轴承温度 70℃ 以下，若超过 70℃，每上升 15℃，补充周期应减半。如轴承用于尘埃很多且密封不可靠的场合，补充周期可缩短到图示值的½～⅒。

5.4 滚动轴承固体润滑的选择原则

滚动轴承固体润滑指利用固体粉末、薄膜或整体材料，以减少轴承摩擦或降低磨损的润滑方式。在某些特殊工况（如高温、低温、真空和重载等）下，一般润滑油、脂的性能无法适应，可以使用固体润滑剂进行润滑。固体润滑剂重量轻、体积小，不像使用润滑油和脂那样需要密封，也不需要储存罐和供液系统（包括控制装置等）。时效变化小，减轻了维护保养的工作量和费用。

滚动轴承固体润滑剂的种类很多，润滑机理也较为复杂。按基本的原料划分，可以分为软金属、高分子聚合物和层状结构物等几类，具体分类及应用参见表 7-2-68。

表 7-2-68　　固体润滑剂的分类及应用

固体润滑剂种类	应用代表	应用特点	应用场所	应用方法
软金属	银、铅、锡、锌、铟、金	剪切强度低，晶体结构具有各向异性，能够发生晶间滑移，没有低温脆性	能牢固地黏结基材表面，在辐射、真空、高低温和重载条件下具有良好的润滑效果	将软金属润滑粉末制成合金材料，或用电镀、离子镀等方法将其涂覆于摩擦表面，形成固体润滑膜

续表

固体润滑剂种类	应用代表	应用特点	应用场所	应用方法
高分子聚合物	聚四氟乙烯(PTFE)、聚酰亚胺(PI)、聚醚醚酮(PEEK)、聚酰胺(PA)、酚醛树脂(PF)、聚苯硫醚(PPS)	韧性好,能有效吸收振动;化学稳定性好,摩擦磨损对气氛的依赖小;低温性、耐油性好;绝缘性优良	应用于高清洁度和耐腐蚀环境中,在轴承中主要作为保持架材料使用	通过添加润滑、增强改性材料,采用模压、挤出、注塑等工艺加工制得,轴承运转过程中材料转移至对磨表面,形成固体转移润滑膜
层状结构物	二硫化钼、二硫化钨、二硒化铌、石墨、氟化石墨、氮化硼	具有层状晶体结构,承载能力高,摩擦因数低,耐磨性强,热稳定性好	应用于高低温、真空、长寿命要求的航天航空领域	喷溅法、撞击法或者涂覆层状晶体结构材料和黏合剂的混合物、进行焙烧的焙烧膜法

几种典型滚动轴承固体润滑剂（软金属和层状结构物）的基本特性参见表 7-2-69。

表 7-2-69　　几种软金属和层状结构物基本性质

材料	热稳定性/℃		摩擦因数		密度(20℃)/g·cm^{-3}	熔融点/℃
	大气中	真空中	大气中	真空中		
Ag	—	≥600	—	0.2~0.35	10.49	960
Pb	—	≥300	0.05~0.5	0.1~0.15	11.34	327
MoS_2	350	400	0.01~0.25	0.001~0.25	4.5~4.8	1185
WS_2	425	400	0.05~0.28	0.01~0.2	7.4~7.5	425 开始氧化
石墨	500	—	0.05~0.3	0.4~1.0	2.27	≥1800

滚动轴承常用高分子聚合物固体润滑剂的基本特性参见表 7-2-70。

表 7-2-70　　高分子聚合物固体润滑剂的基本性质

材料	密度/g·cm^{-3}	抗拉强度/MPa	冲击韧性/kJ·m^{-2}(无缺口)	线胀系数/10^{-6}℃$^{-1}$	常用温度极限/℃
PTFE	2.0~3.1	15~35	未改性不断	80~150	<260
PI	1.35~1.55	60~140	60~200	20~70	<260
PEEK	1.3~1.5	100~200	40~50,未改性不断	15~50	<200
PA(46、66)	1.1~1.4	80~180	60~80,未改性不断	25~80	<150

6　滚动轴承的轴向紧固

为了防止轴承在承受轴向载荷时相对于轴或轴承座孔产生轴向移动，轴承内圈与轴、轴承外圈与轴承座孔必须进行轴向定位（紧固）。轴向定位方式的选择，取决于作用在轴承上载荷的大小和方向、轴承的转速和类型及其在轴上的位置等。轴向载荷越大，轴承转速越高，轴向定位的方式应越可靠，常用的轴向紧固方式如表 7-2-71 所示。

表 7-2-71　　常用轴向紧固方式

内圈的紧固	简图					
	紧固方法	轴承座有凸肩时,利用轴肩作为内圈的单面支承	用弹性挡圈	用圆螺母和止动垫圈	用轴套和其他零件压紧	用轴端挡圈、螺栓
	特点	结构简单,轴向尺寸小,可承受单向的轴向载荷	结构简单,轴向尺寸紧凑,可承受不大的轴向载荷	可承受较大的轴向载荷	可同时固定轴承和其他零件,可以承受较大的轴向载荷	用于轴端切削螺纹有困难的场合,能承受较大的轴向载荷

第7篇

续表

内圈的紧固	简图	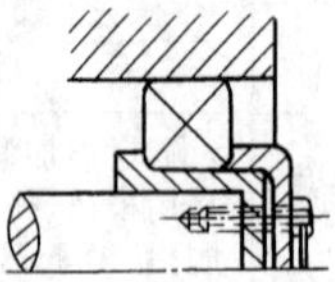		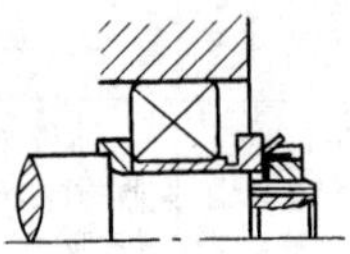	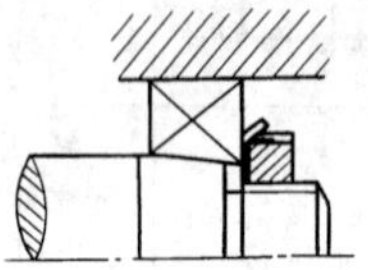
	紧固方法	用带挡边的套筒和端盖	用紧定衬套、圆螺母和止动垫圈	用退卸套、圆螺母和止动垫圈	用圆螺母和止动垫圈
	特点	用于光轴,能承受较大的轴向载荷	用于带锥孔的轴承,安装在光轴上,便于调整轴向尺寸,结构简单,适用于转速不高、轴向载荷不大的条件下	用于带锥孔的轴承,装卸方便,能承受一定的轴向载荷	把带有锥孔的轴承直接装在锥形轴颈上
外圈的紧固	简图	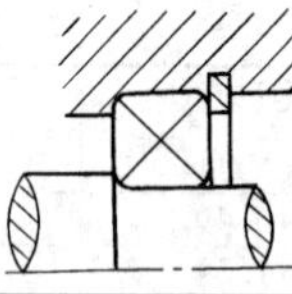	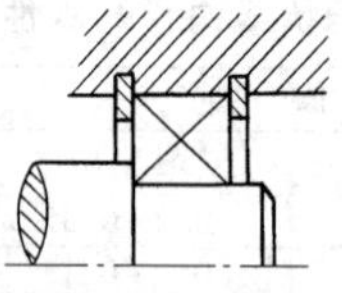	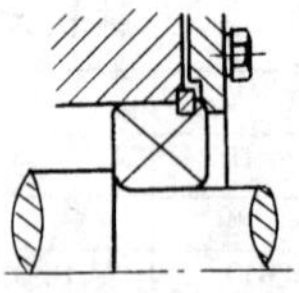	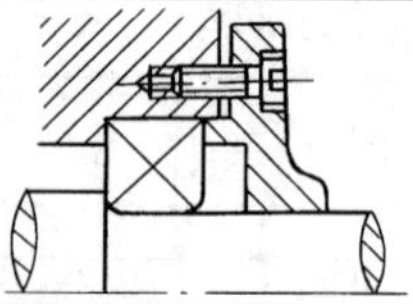
	紧固方法	用弹性挡圈	用两个弹性挡圈	用止动环和轴承盖	用轴承盖
	特点	结构简单,装拆简便,尺寸小,右图轴承座孔为通孔,加工方便		用于外圈有止动槽的轴承,结构简单,轴向尺寸小,轴承座孔无凸肩	能承受较大的轴向载荷
	简图	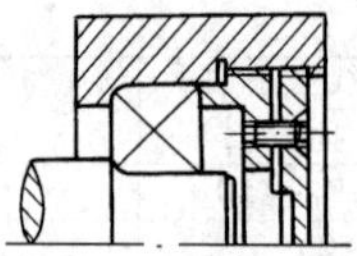	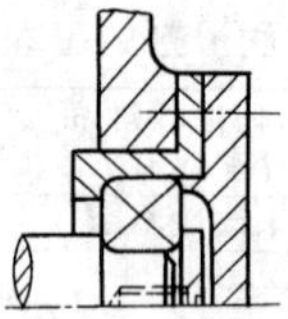	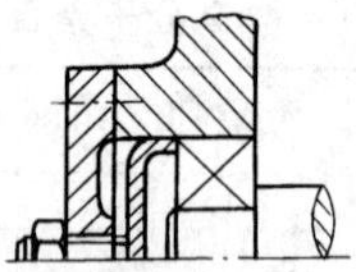	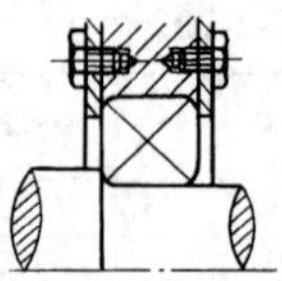
	紧固方法	用外圆柱表面有螺纹和开口的轴承盖	用衬套和轴承盖	用轴承盖、压盖和调节螺钉	用两个压环
	特点	在径向尺寸小、不宜使用轴承盖的情况下采用,能承受较大的轴向载荷	轴承座孔可做成通孔,轴上零件可在轴承座孔外安装,可用增减垫片的方法调整轴向尺寸	常用于向心推力轴承,可调整轴向游隙,能承受较大的轴向载荷	用于轴承座孔不能加工凸肩时

7　滚动轴承的密封

7.1　滚动轴承的嵌入式密封

表 7-2-72　　滚动轴承的嵌入式密封

型式		简图	特点与应用
非接触式	防尘盖密封	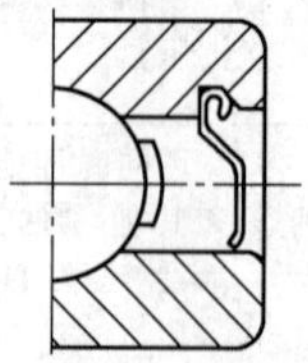	非接触式钢板防尘密封装置,是最常用的一种嵌入式密封,材料常用碳钢镀锌或不锈钢,高速性能优良,防尘、防油脂泄漏性差

续表

型式		简图	特点与应用
非接触式	单唇密封	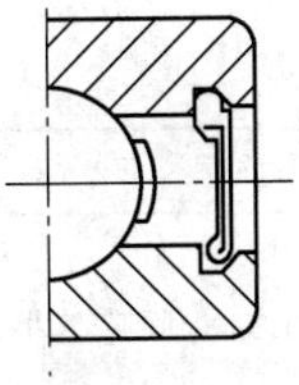	钢板和橡胶组合非接触式密封装置,内圈外挡边有沟槽和密封唇口形成迷宫,高速性能优良,防尘、防油脂泄漏性一般
	双唇密封	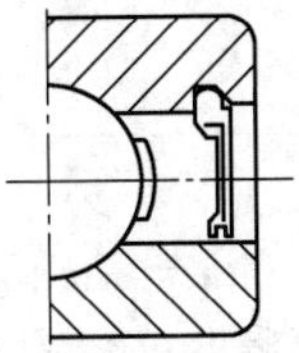	钢板和橡胶组合非接触式的双唇密封装置,高速性能优良,防尘性较好,防油脂泄漏性一般
接触式	径向密封	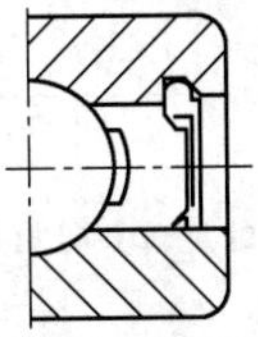	钢板和橡胶组合接触式密封装置,单唇口结构,高速性一般,防尘、防油脂泄漏性较好
		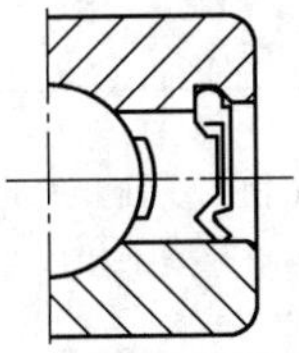	钢板和橡胶组合接触式"乙"型密封装置,即为常见的"RS 型",高速性一般,防尘、防油脂泄漏性较好
		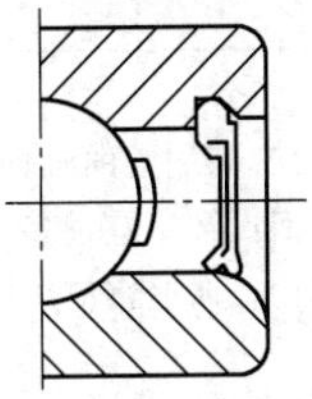	钢板和橡胶组合接触式密封装置,类同"RS"型密封,但多一个和内圈外挡边起迷宫密封作用的唇口,高速性一般,防尘、防油脂泄漏性优良
		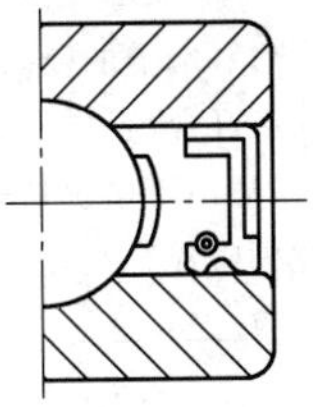	钢板和橡胶组合接触式密封装置,密封唇口由弹簧预紧力和内圈外挡边密切接触,高速性一般,防尘、防油脂泄漏性优良
	轴向密封	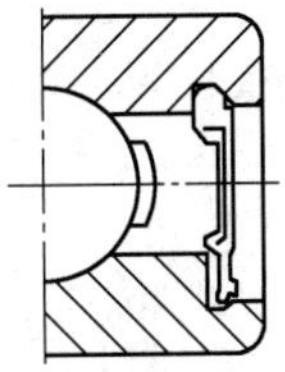	钢板和橡胶组合接触式密封装置,双唇口结构,一个唇口和内圈外挡边台缘轻微接触,另一个唇口和内圈端面形成迷宫密封,高速性、防尘、防油脂泄漏性均较好
		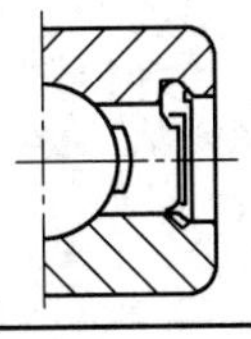	钢板和橡胶组合接触式密封装置,双唇口结构,一个唇口和内圈槽口外端轻微接触,另一个唇口和内圈端面成极小间隙组成"人"形状,高速性、防尘、防油脂泄漏性均较好

7.2 滚动轴承的外置密封

表 7-2-73　　　　滚动轴承的外置密封

型式			简图	特点与应用
非接触式（除密封间隙中的润滑剂摩擦外，均不会出现任何其他摩擦，不会产生磨损，因此使用时间较长，也不会产生热量，所以可应用于转速高的地方） 密封的间隙（mm）： 轴径：<50，≥50 径向间隙：0.1~0.4，0.5~1.0 轴向间隙：1~2，3~5	间隙式	缝隙式	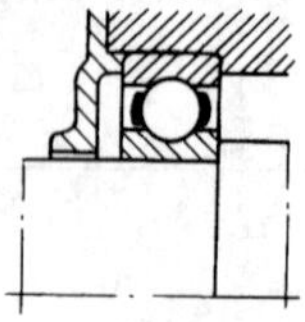	轴与端盖配合面之间，间隙越小，轴向宽度越长，密封效果越好，一般径向间隙0.1~0.3mm。适用于环境比较干净的脂润滑工作条件
	间隙式	沟槽式	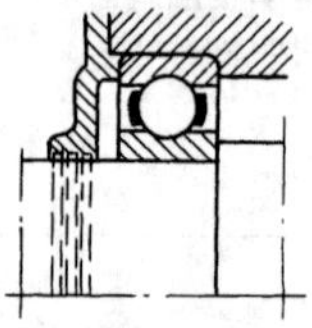	在端盖配合面上，开有三个以上的宽为3~4mm、深为4~5mm的沟槽。充填润滑脂，以提高密封效果
	间隙式	螺旋沟槽式	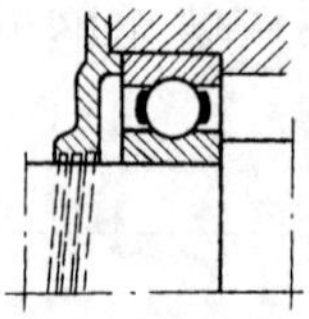	螺旋线方向与轴的旋转方向相反，沿着轴泄逸的油又被输回轴承中
	间隙式	W形沟槽式	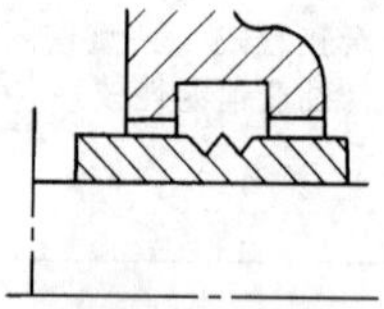	用于油润滑。在轴上或轴套上开有“W”形槽，借以甩回渗漏出来的润滑油。端盖孔壁上相应开有回油槽，将甩到孔壁上的油回收流入轴承内
	迷宫式	轴向式	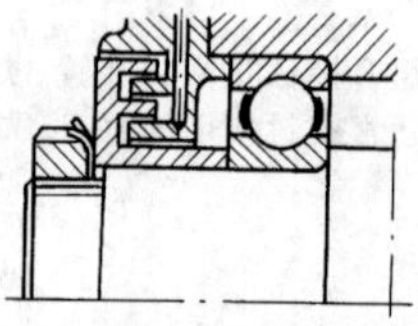	轴向迷宫曲路由套和端盖的轴向间隙组成，但迷宫曲路沿径向展开，故曲路折回次数不宜过多。由于装拆方便，端盖不需剖分，因此轴向迷宫比径向迷宫应用广泛
	迷宫式	径向式	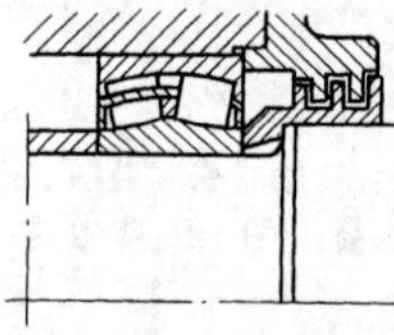	径向迷宫曲路由套和端盖的径向间隙组成，端盖应剖分 迷宫曲路沿轴向展开，故径向尺寸比较紧凑。曲路折回次数越多，密封越可靠。适用于比较脏的工作环境，如金属切屑机床的工作端多采用此种密封型式
	迷宫式	斜向式	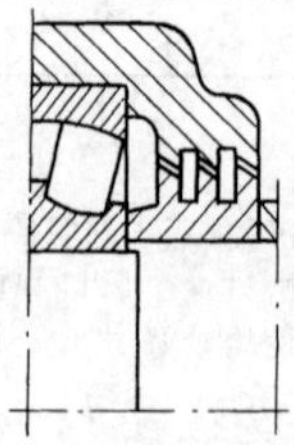	其倾斜面可绕轴承中心做一定摆动，适用于轴摆动较大的地方，如调心轴承支承
	迷宫式	组合式	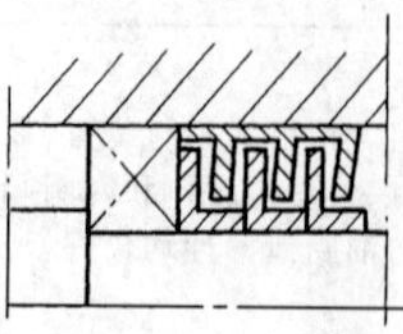	组合式迷宫密封由两组“Γ”形垫圈组成，占用空间小，成本低。适用于成批生产的条件。此类垫圈成组安装，数量越多，密封效果越好

续表

型式			简图	特点与应用
非接触式（除密封间隙中的润滑剂摩擦外，均不会出现任何其他摩擦，不会产生磨损，因此使用时间较长，也不会产生热量，所以可应用于转速高的地方）	垫圈式	旋转垫圈	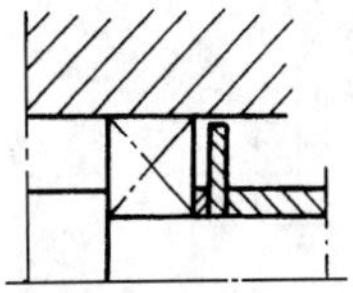	工作时，垫圈与轴一起转动，轴的转速越高，密封效果越好。旋转垫圈既可用来阻挡油的泄出，也可用来阻挡杂物的侵入，视垫圈所在位置而定
		静止垫圈	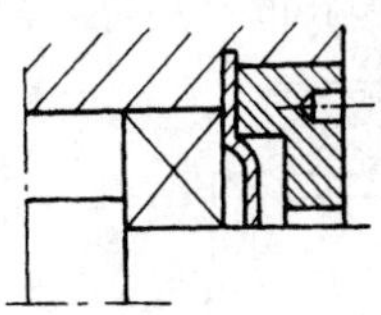	固定在轴承外圈上的垫圈工作时静止不动。主要用来阻挡外界灰尘、杂物的侵入
	甩油环式		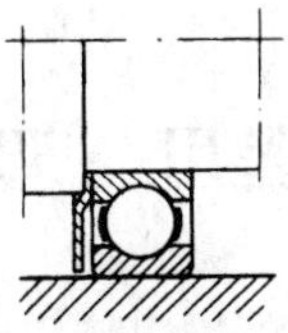	靠甩油环旋转将油甩出进行密封，转速越高，密封效果越好。一般多用于油润滑处
	挡油圈式		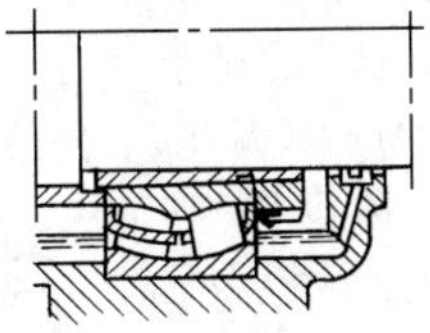	靠挡油圈挡住油并借离心力将油甩入箱内，然后由孔道流回，转速越高，密封效果越好。适用于油润滑处
接触式（必须有一定贴合压力使密封圈贴附滑动面，因此运转会产生磨损和热量，适用于中、低速的工作条件）	毡封式		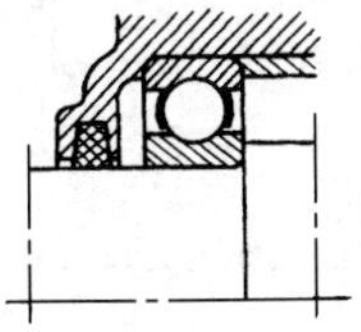 (a) 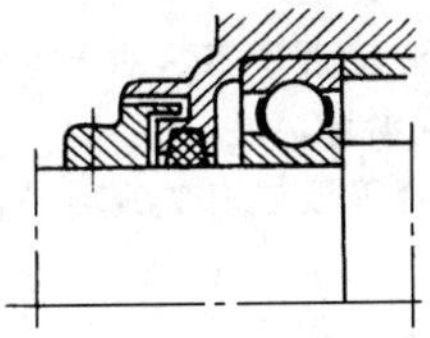 (b)	主要用于脂润滑、工作环境比较干净的轴承密封。一般接触处的圆周速度不超过4~5m/s，允许工作温度可达90℃。如果轴表面经过抛光，毛毡质量较好，圆周速度可允许到7~8m/s 毡圈可为单个、两个或多个 毡圈与轴之间的摩擦较大，长期使用易把轴磨出沟槽。因此，一般多采用轴套与毡圈接触，以保护轴 毡封式密封效果欠佳，虽然多毡圈式比单、双毡圈式密封效果要好一些，但因为外面的毡圈首先与污物接触而得不到轴承内的润滑剂，所以逐渐干燥失去弹性
	油封式（皮碗式）		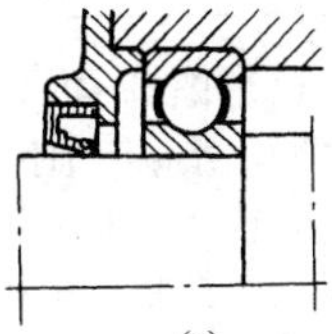 (a) 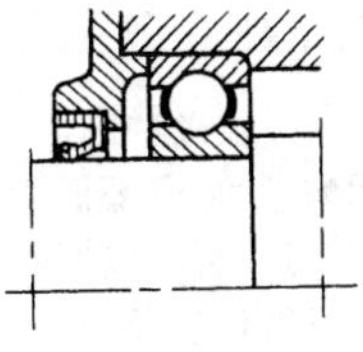 (b)	油封密封圈用耐油橡胶制成，用于脂润滑或油润滑的轴承密封中。接触处的圆周速度不大于7m/s，适用于温度-40~100℃ 为了保持密封圈的压力，皮碗用弹簧圈紧箍在轴上，使密封唇呈锐角状。图a的密封唇面向轴承，主要用于防止润滑油的泄出。图b的密封唇背向轴承，主要用于阻止灰尘杂物的侵入 同时采用两个油封相对安装。面向轴承者为阻止润滑油流出，背向轴承者为阻止灰尘杂物的侵入

续表

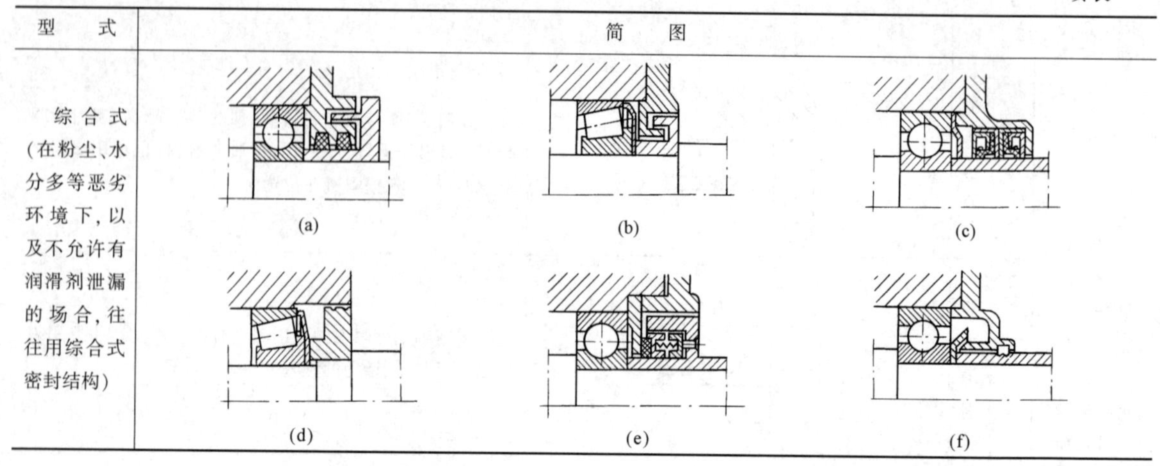

型　式	简　图
综合式（在粉尘、水分多等恶劣环境下，以及不允许有润滑剂泄漏的场合，往往用综合式密封结构）	(a)　(b)　(c)　(d)　(e)　(f)

8　滚动轴承的游隙选用与调整

轴承的游隙是指在无载荷的情况下，轴承内外圈间所能移动的最大距离，径向移动则称为径向游隙，轴向移动则称为轴向游隙，如图 7-2-23 所示。

轴承的径向游隙又分为原始游隙、安装游隙和工作游隙。通常，轴承的原始游隙大于轴承工作时的游隙，轴承的径向游隙对轴承的寿命、温升、噪声等都有很大的影响。严格来说，轴承的额定动载荷是随游隙的大小而变化的，产品样本中所列的额定载荷（C_r 和 C_0）是工作游隙为零时的载荷数值。确定轴承径向游隙时，必须考虑以下几点。

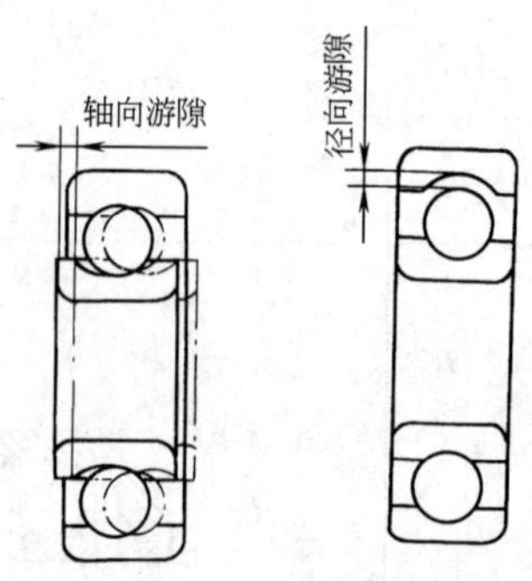

图 7-2-23　径向游隙和轴向游隙

① 过盈配合安装时，内圈的膨胀和外圈的收缩导致游隙的减小。

② 在运转温度下，轴承内外圈的温度差及其相关件的热膨胀导致游隙的变化。

③ 在工作时，球轴承通常在运转温度下，游隙应接近于零。对于滚子轴承，在正常的工作条件下，通常应留有一定的径向游隙。

④ 在正常的工作状态下，如果轴承内外圈的配合等级在表 7-2-74 范围内，应优先采用 N 组游隙。

⑤ 按 N 组游隙制造的轴承在轴承代号中不标注游隙组代号。

⑥ 对于大冲击、重载荷、过盈量大的配合，内圈环境温度高，外圈环境温度低等情况的轴承应选用较大游隙（如用第 3 组、第 4 组、……）；对于内、外圈松配合，有高运转精度、振动及噪声要求的轴承应选用较小游隙（如用第 2 组）。

表 7-2-74　　**N 组游隙轴承的配合**

轴承类型	轴	轴承座孔
球轴承	j5、…、k5	J6
滚子轴承和滚针轴承	k5、…、m5	K6

向心滚动轴承的径向游隙见 GB/T 4604. 1—2012，四点接触球轴承的轴向游隙见 GB/T 4604. 2—2013。一般非调整式轴承（如深沟球轴承、圆柱孔圆柱滚子轴承等）的内部游隙均由轴承制造厂选配，在使用过程中不再进行游隙的调整，用户只选择合适的游隙等级和配合，就能保证轴承的正常运转。一般圆柱滚子轴承的径向游隙比深沟球轴承大，因为滚子轴承的刚性比球轴承大，当出现温差时，易出现径向夹紧。角接触球轴承和圆锥滚子轴承等调整式轴承，安装时必须根据使用情况对轴向游隙进行适当调整（采用带开口销的冠状螺母、带翅垫圈、止动垫圈等方式对轴承游隙进行调整，示意图见图 7-2-24）。有些支承因结构需要和温度变化必须有一定的径向和轴向游隙，而另一些支承则需使游隙为零，甚至具有一定的预紧，轴承的预紧见 3.7 节。在产品结构设计中，应考虑轴承游隙调整的需要。

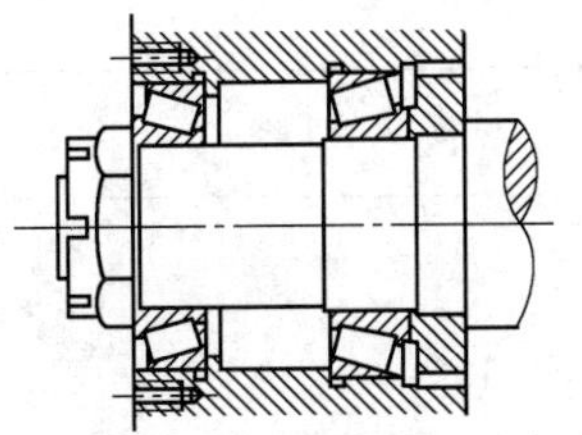

图 7-2-24　圆锥滚子轴承游隙调整方法示意图

9　滚动轴承组合设计

9.1　轴承的配置

表 7-2-75　轴承配置与支承结构的基本型式

<table>
<tr><th colspan="4">型　式</th><th>简　图</th><th colspan="2">特点与应用</th></tr>
<tr><td rowspan="5">轴承配置型式</td><td colspan="3">两个向心轴承对称布置</td><td></td><td colspan="2">承受纯径向载荷的轴</td></tr>
<tr><td>背靠背</td><td>载荷作用中心处于轴承中心线之外</td><td rowspan="3">两支承通常可取同型号的角接触轴承</td><td>(a)
(b)
(c)</td><td rowspan="3">承受联合载荷的轴</td><td>支点间跨距较大,悬臂长度较小,故悬臂端刚性较大,当轴受热伸长时,轴承游隙增大,轴承不会卡死破坏
对于背靠背安装的圆锥滚子轴承支承结构,其游隙变化如下:
(1)外滚道锥尖重合时(图a),轴向膨胀量和径向膨胀量基本平衡,预调游隙保持不变
(2)外滚道锥尖交错时(图b),径向膨胀量大于轴向膨胀量,工作游隙减小
(3)外滚道锥尖不相交时(图c),轴向膨胀量大于径向膨胀量,工作游隙增大。如果采用预紧安装,当轴受热伸长时,预紧量将减小</td></tr>
<tr><td>面对面</td><td>载荷作用中心处于轴承中心线之内</td><td></td><td>结构简单,装拆方便,当轴受热伸长时,轴承游隙减小,容易造成轴承卡死,因此要特别注意轴承游隙的调整</td></tr>
<tr><td>串联</td><td>载荷作用中心处于轴承中心线同一侧</td><td></td><td>适合于轴向载荷大,需多个轴承联合承担的情况</td></tr>
<tr><td>两端固定支承</td><td colspan="2">指两个支承端各限制一个方向的轴向位移的支承</td><td></td><td colspan="2">承受径向和轴向载荷联合作用的轴
多采用角接触球轴承或圆锥滚子轴承面对面或背靠背排列组成两端固定支承。这种支承可通过调整某个轴承套圈的轴向位置,使轴承达到所要求的游隙或预紧量,所以特别适合于旋转精度要求高的机械</td></tr>
</table>

第7篇

续表

型式			简图	特点与应用
轴承支承结构型式	固定-游动支承	指在轴的一个支承端使轴承与轴及轴承座孔的位置相对固定,以实现轴向定位,另一端轴承与轴或轴承座孔可相对移动	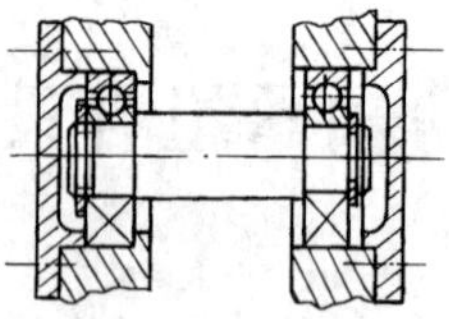	运转精度高,对各种工作条件的适应性强,因此在各种机床主轴、工作温度较高的蜗杆轴及跨距较大的长轴支承中得到广泛应用 轴的轴向定位精度取决于固定端轴承的轴向游隙大小。因此用一对角接触球轴承或圆锥滚子轴承组成的固定端的轴向定位精度,比用一套深沟球轴承的高 固定端轴承通常选用: (1)受径向载荷和一定的轴向载荷——深沟球轴承 (2)受径向载荷和双向轴向载荷——一对角接触球轴承或圆锥滚子轴承 (3)分别受径向载荷和轴向载荷——向心轴承与推力轴承组合,或不同类型角接触轴承组合
	两端游动支承	两个支承端的轴承对轴都不做精确的轴向定位	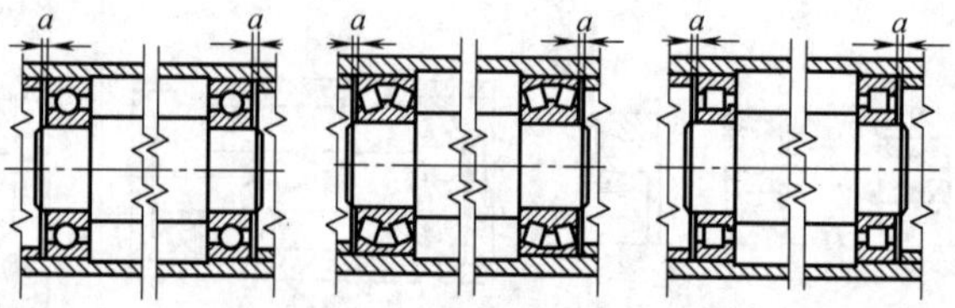 (a) (b) (c)	图a,工作中,即使处于不利的发热状态,轴承也不会被卡死 图b,常用于轴的位置已由其他零件限定的场合,如人字齿轮轴支承 图c,几乎所有不需要调整的轴承,均可作游动支承。角接触球轴承不宜作游动支承

9.2 滚动轴承组合设计的典型结构

表 7-2-76 滚动轴承组合设计的典型结构

序号	结构型式	其他组合	特点
1	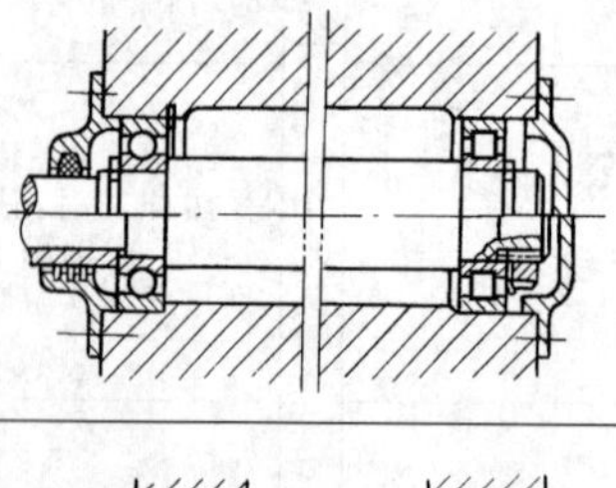	深沟球轴承和圆柱滚子轴承	左端为固定支点,右端为浮动支点。结构简单,拧紧轴承盖时轴承不会被压紧。本结构用以承受径向载荷和不大的轴向载荷,广泛用于各种机械
2	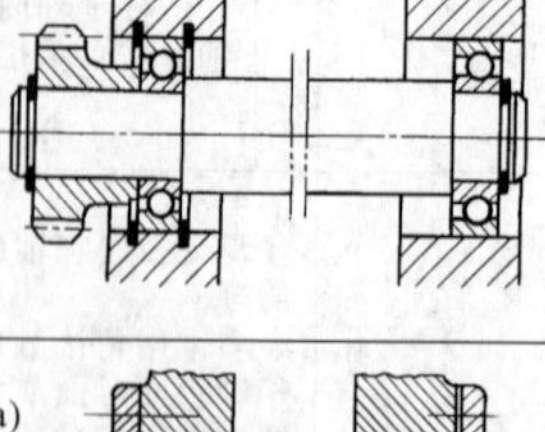	深沟球轴承	左端为固定支点,右端为游动支点。结构简单,装卸容易,轴承座为通孔,便于加工,广泛用于轴向力较小的场合
3	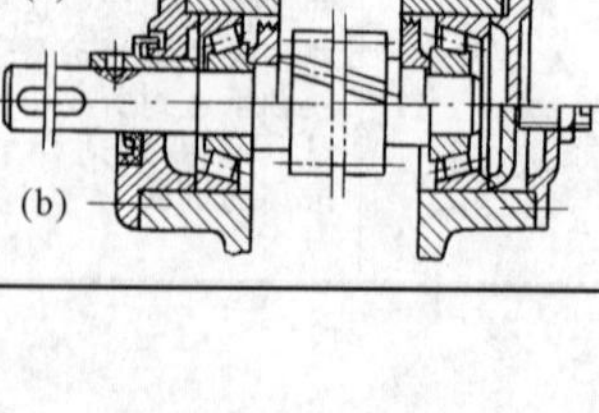 (a) (b)	圆锥滚子轴承	用螺钉和压盖调整轴向间隙或预紧。结构简单,装拆简便,箱体为通孔,加工容易,能同时承受径向力和较大的轴向力

续表

序号	结构型式	其他组合	特点
4	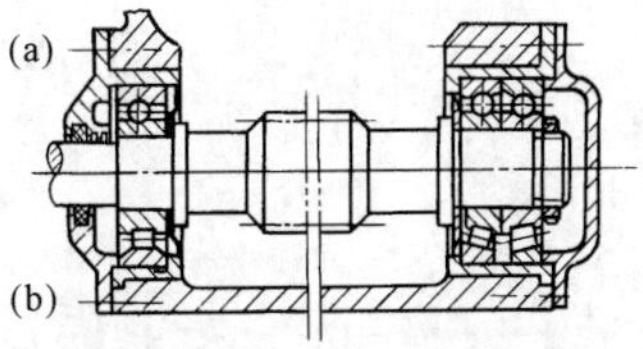 (a) (b)	深沟球轴承和角接触球(圆锥滚子)轴承	右端为固定支点,用两个角接触球轴承(圆锥滚子轴承)承受轴向力,左端为游动支点。轴承装在套筒中,便于提高轴承座孔的配合精度,但加工面增多,需考虑轴系对中性。能承受较大的径向和轴向力
5	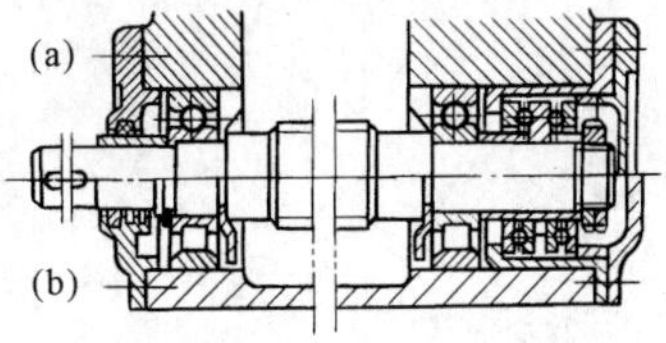 (a) (b)	深沟球轴承与推力球轴承	左端是游动支点,右端是固定支点,a型使用双向推力球轴承,b型使用两个单向推力球轴承。用对称安装的两个单向推力球轴承承受轴向力,用套筒与箱体间的垫片调整轴向间隙。本结构能承受很大的轴向和径向载荷
6	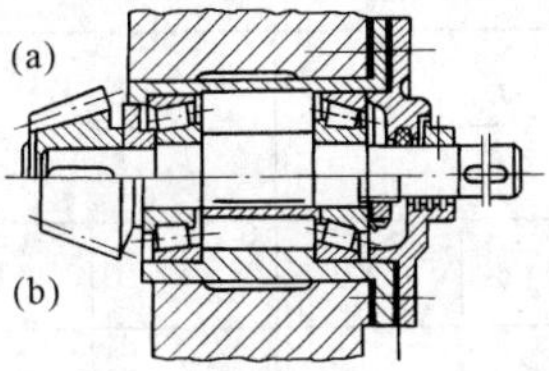 (a) (b)	圆锥滚子轴承	适用于小圆锥齿轮的支承,a型的优点:①轴向力由受径向力小的右端轴承承受;②结构简单;③用轴承盖与套筒间的垫片调整轴向间隙,调整方便。b型的优点:①结构刚性大;②允许轴的热胀量大
7	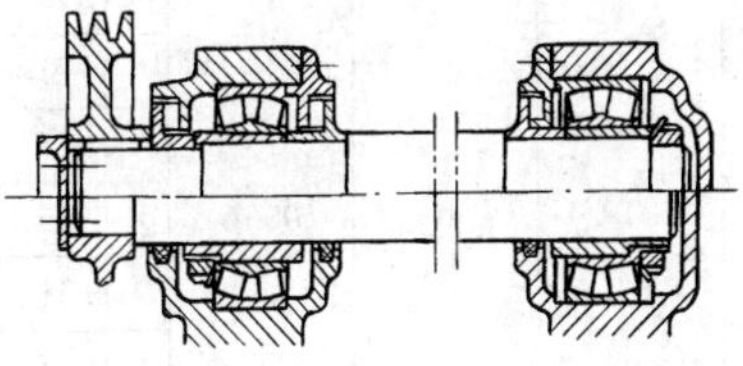	圆锥孔调心滚子轴承	采用自动调心滚子轴承,适用于两轴承座不同轴度较大,轴的刚性较小的场合。左端为固定支点,右端为游动支点
8	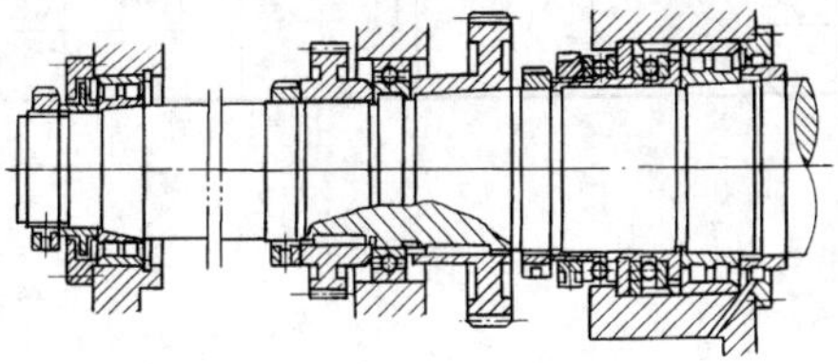	双列圆柱滚子轴承、深沟球轴承、推力球轴承	三点支承结构。为增加轴的刚性,采用三点支承,右端为固定支点,其余两支点皆可游动。用两个单向推力球轴承承受轴向力,用套筒压紧带锥孔的双列圆柱滚子轴承,并以此来调整径向游隙。右端有退卸套,便于拆卸。此结构能承受较大的径向力和轴向力且精度较高
9	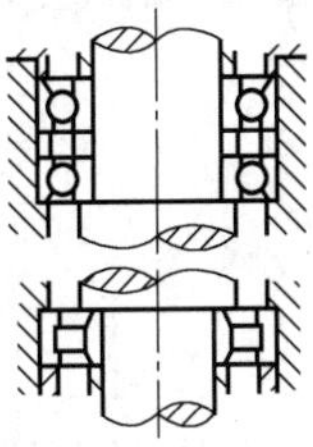	双联角接触球轴承和圆柱滚子轴承,用于立轴	双联角接触球轴承位于固定端,圆柱滚子轴承位于自由端
10	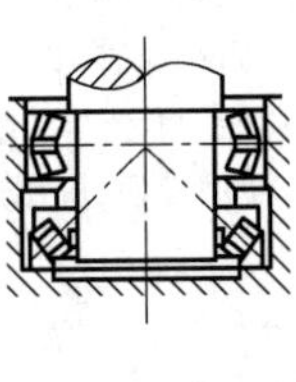	调心滚子轴承和推力调心滚子轴承,用于立轴	(1)适用于轴向载荷大的场合 (2)上下部轴承可通过使其球面中心一致来消除轴挠曲和安装误差的影响 (3)向下部的推力调心滚子轴承施加预载荷

10 常用滚动轴承尺寸及性能参数

10.1 深沟球轴承

径向当量动载荷 $P_r = XF_r + YF_a$

系数 X、Y 见表 7-2-77。

径向当量静载荷 $P_{0r} = 0.6F_r + 0.5F_a$

当 $P_{0r} < F_r$ 时，取 $P_{0r} = F_r$。

深沟球轴承尺寸及性能参数见表 7-2-78～表 7-2-81。

表 7-2-77 **X、Y 系数**

轴承类型	相对轴向载荷		单列轴承				双列轴承				e
	$\frac{f_0F_a}{C_{0r}}$	$\frac{F_a}{iZD_W^2}$	$\frac{F_a}{F_r} \leq e$		$\frac{F_a}{F_r} > e$		$\frac{F_a}{F_r} \leq e$		$\frac{F_a}{F_r} > e$		
			X	Y	X	Y	X	Y	X	Y	
深沟球轴承	0.172	0.172	1	0	0.56	2.3	1	0	0.56	2.3	0.19
	0.345	0.345				1.99				1.99	0.22
	0.689	0.689				1.71				1.71	0.26
	1.03	1.03				1.55				1.55	0.28
	1.38	1.38				1.45				1.45	0.3
	2.07	2.07				1.31				1.31	0.34
	3.45	3.45				1.15				1.15	0.38
	5.17	5.17				1.04				1.04	0.42
	6.89	6.89				1				1	0.44

注：1. f_0 数值参见 GB/T 4662—2012。

2. 符号含义 i——轴承中滚动体的列数；

Z——单列轴承中的滚动体数；

D_W——滚动体直径，mm；

F_a——轴向载荷，N。

3. D_W 和 Z 数据见后面相关表，其数据来自《深沟球轴承优化设计统一图册》（洛阳轴承研究所，1989）。

深沟球轴承（摘自 GB/T 276）

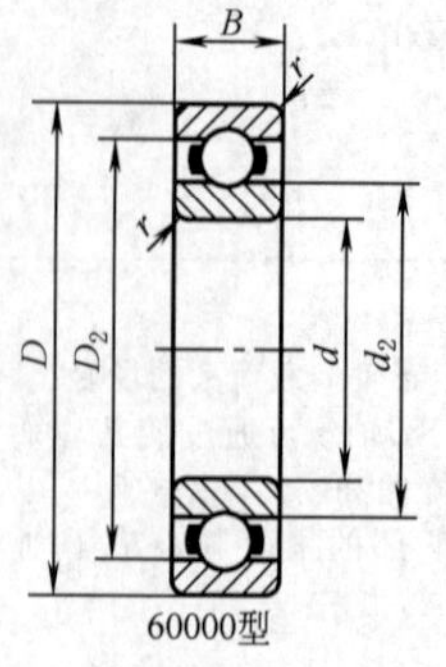

60000型

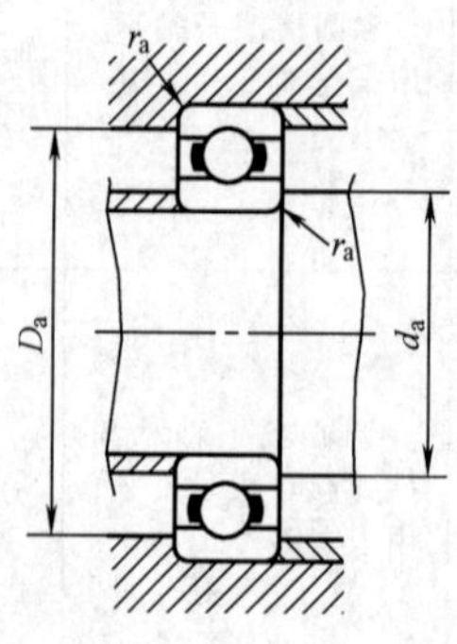

应用

主要承受纯径向载荷，也可承受一定的轴向载荷。承受纯径向载荷时，接触角为零。当径向游隙加大时，具有角接触球轴承的功能，可承受较大的轴向载荷。结构简单，使用方便，应用广泛

表 7-2-78

基本尺寸 /mm			基本额定载荷 /kN		极限转速 /r·min^{-1}		质量 /kg	轴承代号	其他尺寸 /mm			安装尺寸 /mm			球径 /mm	球数
d	D	B	C_r	C_{0r}	脂	油	W ≈	60000 型	d_2 ≈	D_2 ≈	r min	d_a min	D_a max	r_a max	D_W	Z
3	8	3	0.45	0.15	38000	48000	0.0008	619/3	4.5	6.5	0.15	4.2	6.8	0.15	—	—
	10	4	0.65	0.22	38000	48000	0.002	623	5.2	8.1	0.15	4.2	8.8	0.15	—	—
4	9	3.5	0.55	0.18	38000	48000	0.0008	628/4	5.52	7.48	0.1	4.8	8.2	0.1	—	—
	11	4	0.95	0.35	36000	45000	0.002	619/4	5.9	9.1	0.15	5.2	9.8	0.15	—	—
	13	5	1.15	0.4	36000	45000	0.0003	624	6.7	10.1	0.2	5.6	11.4	0.2	—	—
	16	5	1.88	0.68	32000	40000	0.005	634	8.4	10.1	0.3	6.4	13.6	0.3	—	—
5	13	4	1.08	0.42	34000	43000	0.0025	619/5	7.35	10.1	0.2	6.6	11.4	0.2	—	—
	14	5	1.05	0.5	32000	40000	0.0045	605	7.35	10.1	0.2	6.6	12.4	0.2	—	—
	16	5	1.88	0.68	30000	38000	0.004	625	8.4	12.6	0.3	7.4	13.6	0.3	—	—
	19	6	2.80	1.02	28000	36000	0.008	635	10.7	15.3	0.3	7.4	17.0	0.3	—	—
6	13	5	1.08	0.42	34000	43000	0.0021	628/6	7.9	11.1	0.15	7.2	11.8	0.15	—	—
	15	5	1.48	0.60	32000	40000	0.0045	619/6	8.6	12.4	0.2	7.6	13.4	0.2	—	—
	17	6	1.95	0.72	30000	38000	0.006	606	9.0	14	0.3	8.4	14.6	0.3	—	—
	19	6	2.80	1.05	28000	36000	0.008	626	10.7	15.7	0.3	8.4	17.0	0.3	—	—
7	14	5	1.18	0.50	32000	40000	0.0024	628/7	9.0	12	0.15	8.2	12.8	0.15	—	—
	17	5	2.02	0.80	30000	38000	0.0057	619/7	9.6	14.4	0.3	9.4	15.2	0.3	—	—
	19	6	2.88	1.08	28000	36000	0.007	607	10.7	15.3	0.3	9.4	16.6	0.3	—	—
	22	7	3.28	1.35	26000	34000	0.014	627	11.8	18.2	0.3	9.4	19.6	0.3	—	—
8	16	5	1.32	0.65	30000	38000	0.004	628/8	10.8	14	0.2	9.6	14.4	0.2	—	—
	19	6	2.25	0.92	28000	36000	0.0085	619/8	11.0	16	0.3	10.4	17.2	0.3	—	—
	22	7	3.32	1.38	26000	34000	0.015	608	11.8	18.2	0.3	10.4	19.6	0.3	—	—
	24	8	3.35	1.40	24000	32000	0.016	628	12.8	19.2	0.3	10.4	21.6	0.3	—	—
9	17	5	1.60	0.72	28000	36000	0.0042	628/9	11.1	14.9	0.2	10.6	15.4	0.2	—	—
	20	6	2.48	1.08	27000	34000	0.0092	619/9	12.0	17	0.3	11.4	18.2	0.3	—	—
	24	7	3.35	1.40	22000	30000	0.016	609	14.2	19.2	0.3	11.4	21.6	0.3	—	—
	26	8	4.45	1.95	22000	30000	0.019	629	14.4	21.1	0.3	11.4	23.6	0.3	—	—
10	19	5	1.80	0.93	28000	36000	0.005	61800	12.6	16.4	0.3	12.0	17	0.3	2.381	11
	22	6	2.70	1.30	25000	32000	0.008	61900	13.5	18.5	0.3	12.4	20	0.3	3.175	9
	26	8	4.58	1.98	22000	30000	0.019	6000	14.9	21.3	0.3	12.4	23.6	0.3	4.762	7
	30	9	5.10	2.38	20000	26000	0.032	6200	17.4	23.8	0.6	15.0	26	0.6	4.762	8
	35	11	7.65	3.48	18000	24000	0.053	6300	19.4	27.6	0.6	15.0	30.0	0.6	6.35	7
12	21	5	1.90	1.00	24000	32000	0.005	61801	14.6	18.4	0.3	14	19	0.3	2.381	12
	24	6	2.90	1.50	22000	28000	0.008	61901	15.5	20.6	0.3	14.4	22	0.3	3.175	10
	28	7	5.10	2.40	20000	26000	0.015	16001	16.7	23.3	0.3	14.4	25.6	0.3	4.762	8
	28	8	5.10	2.38	20000	26000	0.022	6001	17.4	23.8	0.3	14.4	25.6	0.3	4.762	8
	32	10	6.82	3.05	19000	24000	0.035	6201	18.3	26.1	0.6	17.0	28	0.6	5.953	7
	37	12	9.72	5.08	17000	22000	0.051	6301	19.3	29.7	1	18.0	32	1	7.938	6
15	24	5	2.10	1.30	22000	30000	0.005	61802	17.6	21.4	0.3	17	22	0.3	2.381	14
	28	7	4.30	2.30	20000	26000	0.012	61902	18.3	24.7	0.3	17.4	26	0.3	3.969	10
	32	8	5.60	2.80	19000	24000	0.023	16002	20.2	26.8	0.3	17.4	29.6	0.3	4.762	9
	32	9	5.58	2.85	19000	24000	0.031	6002	20.4	26.6	0.3	17.4	29.6	0.3	4.762	9
	35	11	7.65	3.72	18000	22000	0.045	6202	21.6	29.4	0.6	20.0	32	0.6	5.953	8
	42	13	11.5	5.42	16000	20000	0.080	6302	24.3	34.7	1	21.0	37	1	7.938	7

续表

基本尺寸/mm			基本额定载荷/kN		极限转速/r·min^{-1}		质量/kg	轴承代号	其他尺寸/mm			安装尺寸/mm			球径/mm	球数
d	D	B	C_r	C_{0r}	脂	油	W ≈	60000型	d_2 ≈	D_2 ≈	r min	d_a min	D_a max	r_a max	D_W	Z
17	26	5	2.20	1.5	20000	28000	0.007	61803	19.6	23.4	0.3	19	24	0.3	2.381	16
	30	7	4.60	2.6	19000	24000	0.014	61903	20.3	26.7	0.3	19.4	28	0.3	3.969	11
	35	8	6.00	3.3	18000	22000	0.028	16003	22.7	29.3	0.3	19.4	32.6	0.3	4.762	10
	35	10	6.00	3.25	17000	21000	0.040	6003	22.9	29.1	0.3	19.4	32.6	0.3	4.762	10
	40	12	9.58	4.78	16000	20000	0.064	6203	24.6	33.4	0.6	22.0	36	0.6	6.747	8
	47	14	13.5	6.58	15000	18000	0.109	6303	26.8	38.2	1	23.0	41.0	1	8.731	7
	62	17	22.7	10.8	11000	15000	0.268	6403	31.9	47.1	1.1	24.0	55.0	1	12.7	6
20	32	7	3.50	2.20	18000	24000	0.015	61804	23.5	28.6	0.3	22.4	30	0.3	3.175	14
	37	9	6.40	3.70	17000	22000	0.031	61904	25.2	31.8	0.3	22.4	34.6	0.3	4.762	11
	42	8	7.90	4.50	16000	19000	0.052	16004	27.1	34.9	0.3	22.4	39.6	0.3	5.556	10
	42	12	9.38	5.02	16000	19000	0.068	6004	26.9	35.1	0.6	25.0	38	0.6	6.35	9
	47	14	12.8	6.65	14000	18000	0.103	6204	29.3	39.7	1	26.0	42	1	7.938	8
	52	15	15.8	7.88	13000	16000	0.142	6304	29.8	42.2	1.1	27.0	45.0	1	9.525	7
	72	19	31.0	15.2	9500	13000	0.400	6404	38.0	56.1	1.1	27.0	65.0	1	15.081	6
25	37	7	4.3	2.90	16000	20000	0.017	61805	28.2	33.8	0.3	27.4	35	0.3	3.500	15
	42	9	7.0	4.50	14000	18000	0.038	61905	30.2	36.8	0.3	27.4	40	0.3	4.762	13
	47	8	8.8	5.60	13000	17000	0.059	16005	33.1	40.9	0.3	27.4	44.6	0.3	5.556	12
	47	12	10.0	5.85	13000	17000	0.078	6005	31.9	40.1	0.6	30	43	0.6	6.35	10
	52	15	14.0	7.88	12000	15000	0.127	6205	33.8	44.2	1	31	47	1	7.938	9
	62	17	22.2	11.5	10000	14000	0.219	6305	36.0	51.0	1.1	32	55	1	11.5	7
	80	21	38.2	19.2	8500	11000	0.529	6405	42.3	62.7	1.5	34	71	1.5	17	6
30	42	7	4.70	3.60	13000	17000	0.019	61806	33.2	38.8	0.3	32.4	40	0.3	3.500	18
	47	9	7.20	5.00	12000	16000	0.043	61906	35.2	41.8	0.3	32.4	44.6	0.3	4.762	14
	55	9	11.2	7.40	11000	14000	0.084	16006	38.1	47.0	0.3	32.4	52.6	0.3	6.350	12
	55	13	13.2	8.30	11000	14000	0.113	6006	38.4	47.7	1	36	50.0	1	7.144	11
	62	16	19.5	11.5	9500	13000	0.200	6206	40.8	52.2	1	36	56	1	9.525	9
	72	19	27.0	15.2	9000	11000	0.349	6306	44.8	59.2	1.1	37	65	1	12	8
	90	23	47.5	24.5	8000	10000	0.710	6406	48.6	71.4	1.5	39	81	1.5	19.05	6
35	47	7	4.90	4.00	11000	15000	0.023	61807	38.2	43.8	0.3	37.4	45	0.3	3.500	20
	55	10	9.50	6.80	10000	13000	0.078	61907	41.1	48.9	0.6	40	51	0.6	5.556	14
	62	9	12.2	8.80	9500	12000	0.107	16007	44.6	53.5	0.3	37.4	59.6	0.3	6.350	14
	62	14	16.2	10.5	9500	12000	0.148	6007	43.3	53.7	1	41	56	1	8	11
	72	17	25.5	15.2	8500	11000	0.288	6207	46.8	60.2	1.1	42	65	1	11.112	9
	80	21	33.4	19.2	8000	9500	0.455	6307	50.4	66.6	1.5	44	71	1.5	13.494	8
	100	25	56.8	29.5	6700	8500	0.926	6407	54.9	80.1	1.5	44	91	1.5	21	6
40	52	7	5.10	4.40	10000	13000	0.026	61808	43.2	48.8	0.3	42.4	50	0.3	3.500	22
	62	12	13.7	9.90	9500	12000	0.103	61908	46.3	55.7	0.6	45	58	0.6	6.747	14
	68	9	12.6	9.60	9000	11000	0.125	16008	49.6	58.5	0.3	42.4	65.6	0.3	6.350	15
	68	15	17.0	11.8	9000	11000	0.185	6008	48.8	59.2	1	46	62	1	8	12
	80	18	29.5	18.0	8000	10000	0.368	6208	52.8	67.2	1.1	47	73	1	12	9
	90	23	40.8	24.0	7000	8500	0.639	6308	56.5	74.6	1.5	49	81	1.5	15.081	8
	110	27	65.5	37.5	6300	8000	1.221	6408	63.9	89.1	2	50	100	2	21	7

续表

基本尺寸 /mm			基本额定载荷 /kN		极限转速 /r·min^{-1}		质量 /kg	轴承代号	其他尺寸 /mm			安装尺寸 /mm			球径 /mm	球数
d	D	B	C_r	C_{0r}	脂	油	W ≈	60000 型	d_2 ≈	D_2 ≈	r min	d_a min	D_a max	r_a max	D_W	Z
45	58	7	6.40	5.60	9000	12000	0.030	61809	48.3	54.7	0.3	47.4	56	0.3	3.969	22
	68	12	14.1	10.90	8500	11000	0.123	61909	51.8	61.2	0.6	50	63	0.6	6.747	15
	75	10	15.6	12.2	8000	10000	0.155	16009	55.0	65.0	0.6	50	70	0.6	7.144	15
	75	16	21.0	14.8	8000	10000	0.230	6009	54.2	65.9	1	51	69	1	9	12
	85	19	31.5	20.5	7000	9000	0.416	6209	58.8	73.2	1.1	52	78	1	12	10
	100	25	52.8	31.8	6300	7500	0.837	6309	63.0	84.0	1.5	54	91	1.5	17.462	8
	120	29	77.5	45.5	5600	7000	1.520	6409	70.7	98.3	2	55	110	2	23	7
50	65	7	6.6	6.1	8500	10000	0.043	61810	54.3	60.7	0.3	52.4	62.6	0.3	3.969	24
	72	12	14.5	11.7	8000	9500	0.122	61910	56.3	65.7	0.6	55	68	0.6	6.747	16
	80	10	16.1	13.1	8000	9500	0.166	16010	60.0	70.0	0.6	55	75	0.6	7.144	16
	80	16	22.0	16.2	7000	9000	0.250	6010	59.2	70.9	1	56	74	1	9	13
	90	20	35.0	23.2	6700	8500	0.463	6210	62.4	77.6	1.1	57	83	1	12.7	10
	110	27	61.8	38.0	6000	7000	1.082	6310	69.1	91.9	2	60	100	2	19.05	8
	130	31	92.2	55.2	5300	6300	1.855	6410	77.3	107.8	2.1	62	118	2.1	25.4	7
55	72	9	9.1	8.4	8000	9500	0.070	61811	60.2	66.9	0.3	57.4	69.6	0.3	4.762	23
	80	13	15.9	13.2	7500	9000	0.170	61911	62.9	72.2	1	61	75	1	7.144	16
	90	11	19.4	16.2	7000	8500	0.207	16011	67.3	77.7	0.6	60	85	0.6	7.938	16
	90	18	30.2	21.8	7000	8500	0.362	6011	65.4	79.7	1.1	62	83	1	11	12
	100	21	43.2	29.2	6000	7500	0.603	6211	68.9	86.1	1.5	64	91	1.5	14.288	10
	120	29	71.5	44.8	5600	6700	1.367	6311	76.1	100.9	2	65	110	2	20.638	8
	140	33	100	62.5	4800	6000	2.316	6411	82.8	115.2	2.1	67	128	2.1	26.988	7
60	78	10	9.1	8.7	7000	8500	0.093	61812	66.2	72.9	0.3	62.4	75.6	0.3	4.762	24
	85	13	16.4	14.2	6700	8000	0.181	61912	67.9	77.2	1	66	80	1	7.144	17
	95	11	19.9	17.5	6300	7500	0.224	16012	72.3	82.7	0.6	65	90	0.6	7.938	17
	95	18	31.5	24.2	6300	7500	0.385	6012	71.4	85.7	1.1	67	89	1	11	13
	110	22	47.8	32.8	5600	7000	0.789	6212	76.0	94.1	1.5	69	101	1.5	15.081	10
	130	31	81.8	51.8	5000	6000	1.710	6312	81.7	108.4	2.1	72	118	2.1	22.225	8
	150	35	109	70.0	4500	5600	2.811	6412	87.9	122.2	2.1	72	138	2.1	28.575	7
65	85	10	11.9	11.5	6700	8000	0.13	61813	71.1	78.9	0.6	69	81	0.6	5.556	23
	90	13	17.4	16.0	6300	7500	0.196	61913	72.9	82.2	1	71	85	1	7.144	19
	100	11	20.5	18.6	6000	7000	0.241	16013	77.3	87.7	0.6	70	95	0.6	7.938	18
	100	18	32.0	24.8	6000	7000	0.410	6013	75.3	89.7	1.1	72	93	1	11.112	13
	120	23	57.2	40.0	5000	6300	0.990	6213	82.5	102.5	1.5	74	111	1.5	16.669	10
	140	33	93.8	60.5	4500	5300	2.100	6313	88.1	116.9	2.1	77	128	2.1	24	8
	160	37	118	78.5	4300	5300	3.342	6413	94.5	130.6	2.1	77	148	2.1	30.162	7
70	90	10	12.1	11.9	6300	7500	0.138	61814	76.1	83.9	0.6	74	86	0.6	5.556	24
	100	16	23.7	21.1	6000	7000	0.336	61914	79.3	90.7	1	76	95	1	8.731	17
	110	13	27.9	25.0	5600	6700	0.386	16014	83.8	96.2	0.6	75	105	0.6	9.525	17
	110	20	38.5	30.5	5600	6700	0.575	6014	82.0	98.0	1.1	77	103	1	12.303	13
	125	24	60.8	45.0	4800	6000	1.084	6214	89.0	109.0	1.5	79	116	1.5	16.669	11
	150	35	105	68.0	4300	5000	2.550	6314	94.8	125.3	2.1	82	138	2.1	25.4	8
	180	42	140	99.5	3800	4500	4.896	6414	105.6	146.4	3	84	166	2.5	34	7

续表

基本尺寸 /mm			基本额定载荷 /kN		极限转速 /r·min^{-1}		质量 /kg	轴承代号	其他尺寸 /mm			安装尺寸 /mm			球径 /mm	球数
d	D	B	C_r	C_{0r}	脂	油	W ≈	60000 型	d_2 ≈	D_2 ≈	r min	d_a min	D_a max	r_a max	D_W	Z
75	95	10	12.5	12.8	6000	7000	0.147	61815	81.1	88.9	0.6	79	91	0.6	5.556	26
	105	16	24.3	22.5	5600	6700	0.355	61915	84.3	95.7	1	81	100	1	8.731	18
	115	13	28.7	26.8	5300	6300	0.411	16015	88.8	101.2	0.6	80	110	0.6	9.525	18
	115	20	40.2	33.2	5300	6300	0.603	6015	88.0	104.0	1.1	82	108	1	12.303	14
	130	25	66.0	49.5	4500	5600	1.171	6215	94.0	115.0	1.5	84	121	1.5	17.462	11
	160	37	113	76.8	4000	4800	3.050	6315	101.3	133.7	2.1	87	148	2.1	26.988	8
	190	45	154	115	3600	4300	5.739	6415	112.1	155.9	3	89	176	2.5	36.512	7
80	100	10	12.7	13.3	5600	6700	0.155	61816	86.1	93.9	0.6	84	96	0.6	5.556	27
	110	16	24.9	23.9	5300	6300	0.375	61916	89.3	100.7	1	86	105	1	8.731	19
	125	14	33.1	31.4	5000	6000	0.539	16016	95.8	109.2	0.6	85	120	0.6	10.319	18
	125	22	47.5	39.8	5000	6000	0.821	6016	95.2	112.8	1.1	87	118	1	13.494	14
	140	26	71.5	54.2	4300	5300	1.448	6216	100.0	122.0	2	90	130	2	18.256	11
	170	39	123	86.5	3800	4500	3.610	6316	107.9	142.2	2.1	92	158	2.1	28.575	8
	200	48	163	125	3400	4000	6.752	6416	117.1	162.9	3	94	186	2.5	38.1	7
85	110	13	19.2	19.8	5000	6300	0.245	61817	92.5	102.5	1	90	105	1	7.144	24
	120	18	31.9	29.7	4800	6000	0.507	61917	95.8	109.2	1.1	92	113.5	1	10.319	17
	130	14	34	33.3	4500	5600	0.568	16017	100.8	114.2	0.6	90	125	0.6	10.319	19
	130	22	50.8	42.8	4500	5600	0.848	6017	99.4	117.6	1.1	92	123	1	14	14
	150	28	83.2	63.8	4000	5000	1.803	6217	107.1	130.9	2	95	140	2	19.844	11
	180	41	132	96.5	3600	4300	4.284	6317	114.4	150.6	3	99	166	2.5	30.162	8
	210	52	175	138	3200	3800	7.933	6417	123.5	171.5	4	103	192	3	40	7
90	115	13	19.5	20.5	4800	6000	0.258	61818	97.5	107.5	1	95	110	1	7.144	25
	125	18	32.8	31.5	4500	5600	0.533	61918	100.8	114.2	1.1	97	118.5	1	10.319	18
	140	16	41.5	39.3	4300	5300	0.671	16018	107.3	122.8	1	96	134	1	11.906	17
	140	24	58.0	49.8	4300	5300	1.10	6018	107.2	126.8	1.5	99	131	1.5	15.081	14
	160	30	95.8	71.5	3800	4800	2.17	6218	111.7	138.4	2	100	150	2	22.225	10
	190	43	145	108	3400	4000	4.97	6318	120.8	159.2	3	104	176	2.5	32	8
	225	54	192	158	2800	3600	9.56	6418	131.8	183.2	4	108	207	3	42.862	7
95	120	13	19.8	21.3	4500	5600	0.27	61819	102.5	112.5	1	100	115	1	7.144	26
	130	18	33.7	33.3	4300	5300	0.56	61919	105.8	119.2	1.1	102	124	1	10.319	19
	145	16	42.7	41.9	4000	5000	0.71	16019	112.3	127.8	1	101	139	1	11.906	18
	145	24	57.8	50.0	4000	5000	1.15	6019	110.2	129.8	1.5	104	136	1.5	15.081	14
	170	32	110	82.8	3600	4500	2.62	6219	118.1	146.9	2.1	107	158	2.1	24	10
	200	45	157	122	3200	3800	5.74	6319	127.1	167.9	3	109	186	2.5	34	8
100	125	13	20.1	22.0	4300	5300	0.28	61820	107.5	117.5	1	105	120	1	7.144	27
	140	20	42.7	41.9	4000	5000	0.77	61920	112.3	127.8	1.1	107	133	1	11.906	18
	150	16	43.8	44.3	3800	4800	0.74	16020	118.3	133.8	1	106	144	1	11.906	19
	150	24	64.5	56.2	3800	4800	1.18	6020	114.6	135.4	1.5	109	141	1.5	16	14
	180	34	122	92.8	3400	4300	3.19	6220	124.8	155.3	2.1	112	168	2.1	25.4	10
	215	47	173	140	2800	3600	7.09	6320	135.6	179.4	3	114	201	2.5	36.512	8
	250	58	223	195	2400	3200	12.9	6420	146.4	203.6	4	118	232	3	47.625	7
105	130	13	20.3	22.7	4000	5000	0.30	61821	112.5	122.5	1	110	125	1	7.144	28
	145	20	43.9	44.3	3800	4800	0.81	61921	117.3	132.8	1.1	112	138	1	11.906	19
	160	18	51.8	50.6	3600	4500	1.00	16021	123.7	141.3	1	111	154	1	13.494	17
	160	26	71.8	63.2	3600	4500	1.52	6021	121.5	143.6	2	115	150	2	17	14
	190	36	133	105	3200	4000	3.78	6221	131.3	163.7	2.1	117	178	2.1	26.988	10
	225	49	184	153	2600	3200	8.05	6321	142.1	187.9	3	119	211	2.5	38.1	8

续表

基本尺寸 /mm			基本额定载荷 /kN		极限转速 /r·min^{-1}		质量 /kg	轴承代号	其他尺寸 /mm			安装尺寸 /mm			球径 /mm	球数
d	D	B	C_r	C_{0r}	脂	油	W ≈	60000 型	d_2 ≈	D_2 ≈	r min	d_a min	D_a max	r_a max	D_W	Z
110	140	16	28.1	30.7	3800	5000	0.50	61822	119.3	130.7	1	115	135	1	8.731	25
	150	20	43.6	44.4	3600	4500	0.84	61922	122.3	137.8	1.1	117	143	1	11.906	19
	170	19	57.4	56.7	3400	4300	1.27	16022	130.7	149.3	1	116	164	1	14.288	17
	170	28	81.8	72.8	3400	4300	1.89	6022	129.1	152.9	2	120	160	2	18.256	14
	200	38	144	117	3000	3800	4.42	6222	138.9	173.2	2.1	122	188	2.1	28.575	10
	240	50	205	178	2400	3000	9.53	6322	150.2	199.8	3	124	226	2.5	41.275	8
	280	65	225	238	2000	2800	18.34	6422	163.6	226.5	4	128	262	3	52.388	7
120	150	16	28.9	32.9	3400	4300	0.54	61824	129.3	140.7	1	125	145	1	8.731	27
	165	22	55.0	56.9	3200	4000	1.13	61924	133.7	151.3	1.1	127	158	1	13.494	19
	180	19	58.8	60.4	3000	3800	1.374	16024	140.7	159.3	1	126	174	1	14.288	18
	180	28	87.5	79.2	3000	3800	1.99	6024	137.7	162.4	2	130	170	2	19	14
	215	40	155	131	2600	3400	5.30	6224	149.4	185.6	2.1	132	203	2.1	30.162	10
	260	55	228	208	2200	2800	12.2	6324	163.3	216.7	3	134	246	2.5	44.45	8
130	165	18	37.9	42.9	3200	4000	0.736	61826	140.8	154.2	1.1	137	158	1	10.319	25
	180	24	65.1	67.2	3000	3800	1.496	61926	145.2	164.8	1.5	139	171	1.5	15.081	18
	200	22	79.7	79.2	2800	3600	1.868	16026	153.6	176.4	1.1	137	193	1	17.462	16
	200	33	105	96.8	2800	3600	3.08	6026	151.4	178.7	2	140	190	2	21	14
	230	40	165	148.0	2400	3200	6.12	6226	162.9	199.1	3	144	216	2.5	30.162	11
	280	58	253	242	2000	2600	14.77	6326	176.2	233.8	4	148	262	3	48	8
140	175	18	38.2	44.3	3000	3800	0.784	61828	150.8	164.2	1.1	147	168	1	10.319	26
	190	24	66.6	71.2	2800	3600	1.589	61928	155.2	174.8	1.5	149	181	1.5	15.081	19
	210	22	82.1	85	2400	3200	2.00	16028	163.6	186.4	1.1	147	203	1	17.462	17
	210	33	116	108	2400	3200	3.17	6028	160.6	189.5	2	150	200	2	22.225	14
	250	42	179	167	2000	2800	7.77	6228	175.8	214.2	3	154	236	2.5	32	11
	300	62	275	272	1900	2400	18.33	6328	189.5	250.5	4	158	282	3	50.8	8
150	190	20	49.1	57.1	2800	3400	1.114	61830	162.3	177.8	1.1	157	183	1	11.906	25
	210	28	84.7	90.2	2600	3200	2.454	61930	168.6	191.4	2	160	180	2	17.462	18
	225	24	91.9	98.5	2200	3000	2.638	16030	175.6	199.4	1.1	157	218	1	18.256	18
	225	35	132	125	2200	3000	3.903	6030	172.0	203.0	2.1	162	213	2.1	23.812	14
	270	45	203	199	1900	2600	9.78	6230	189.0	231.0	3	164	256	2.5	35	11
	320	65	288	295	1700	2200	21.87	6330	203.6	266.5	4	168	302	3	52.388	8
160	200	20	49.6	59.1	2600	3200	1.176	61832	172.3	187.8	1.1	167	193	1	11.906	26
	220	28	86.9	95.5	2400	3000	2.589	61932	178.6	201.4	2	170	190	2	17.462	19
	240	25	98.7	107	2000	2800	2.835	16032	187.6	212.4	1.5	169	231	1.5	19.05	18
	240	38	145	138	2000	2800	4.83	6032	183.8	216.3	2.1	172	228	2.1	25	14
	290	48	215	218	1800	2400	12.22	6232	203.1	246.9	3	174	276	2.5	36.512	11
	340	68	313	340	1600	2000	26.43	6332	221.6	284.5	4	178	322	3	52.388	9
170	215	22	61.5	73.3	2200	3000	1.545	61834	183.7	201.3	1.1	177	208	1	13.494	25
	230	28	88.8	100	2000	2800	2.725	61934	188.6	211.4	2	180	220	2	17.462	20
	260	28	118	130	1900	2600	4.157	16034	201.4	228.7	1.5	179	251	1.5	21	18
	260	42	170	170	1900	2600	6.50	6034	196.8	233.2	2.1	182	248	2.1	28	14
	310	52	245	260	1700	2200	15.241	6234	216.0	264.0	4	188	292	3	40	11
	360	72	335	378	1500	1900	31.14	6334	237.0	303.0	4	188	342	3	55	9
180	225	22	62.3	75.9	2000	2800	1.621	61836	193.7	211.3	1.1	187	218	1	13.494	26
	250	33	118	133	1900	2600	4.062	61936	201.6	228.5	2	190	240	2	20.638	19
	280	31	144	157	1800	2400	5.135	16036	214.5	245.5	2	190	270	2	23.812	17
	280	46	188	198	1800	2400	8.51	6036	212.4	251.6	2.1	192	268	2.1	30.162	14
	320	52	262	285	1600	2000	15.518	6236	227.5	277.9	4	198	302	3	42	11

续表

基本尺寸 /mm			基本额定载荷 /kN		极限转速 /r·min^{-1}		质量 /kg	轴承代号	其他尺寸 /mm			安装尺寸 /mm			球径 /mm	球数
d	D	B	C_r	C_{0r}	脂	油	W ≈	60000 型	d_2 ≈	D_2 ≈	r min	d_a min	D_a max	r_a max	D_W	Z
190	240	24	75.1	91.6	1900	2600	2.1	61838	205.2	224.9	1.5	199	231	1.5	15.081	25
	260	33	117	133	1800	2400	4.216	61938	211.6	238.5	2	200	250	2	20.638	19
	290	31	149	168	1700	2200	5.429	16038	224.5	255.5	2	200	280	2	23.812	18
	290	46	188	200	1700	2200	8.865	6038	220.4	259.7	2.1	202	278	2.1	30.162	14
	340	55	285	322	1500	1900	18.691	6238	241.2	294.6	4	208	322	3	44.45	11
200	250	24	74.2	91.2	1800	2400	2.178	61840	215.2	234.9	1.5	209	241	1.5	15.081	25
	280	38	149	168	1700	2200	5.879	61940	224.5	255.5	2.1	212	268	2.1	23.812	18
	310	34	167	191	1800	2000	6.624	16040	238.5	271.6	2	210	300	2	25.4	18
	310	51	205	225	1600	2000	11.64	6040	234.2	275.8	2.1	212	298	2.1	32	14
	360	58	288	332	1400	1800	22.577	6240	253.0	307.0	4	218	342	3	45	11
220	270	24	76.4	97.8	1700	2200	2.369	61844	235.2	254.9	1.5	229	261	1.5	15.081	27
	300	38	152	178	1600	2000	6.340	61944	244.5	275.5	2.1	232	288	2.1	23.812	19
	340	37	181	216	1400	1800	9.285	16044	262.5	297.6	2.1	232	328	2.1	26.988	18
	340	56	252	268	1400	1800	18.0	6044	257.0	304.0	3	234	326	2.5	—	—
	400	65	355	365	1200	1600	36.5	6244	282.0	336.0	4	238	382	3	—	—
240	300	28	83.5	108	1500	1900	4.50	61848	259.0	282	2	250	290	2	—	—
	320	38	142	178	1400	1800	8.2	61948	266.0	294.0	2.1	252	308	2.1	—	—
	360	37	172	210	1200	1600	14.5	16048	281.0	319	2.1	252	348	2.1	—	—
	360	56	270	292	1200	1600	20.0	6048	277.0	324	3	254	346	2.5	—	—
	440	72	358	467	1000	1400	53.9	6248	308.0	373	4	258	422	3	—	—
260	320	28	95	128	1300	1700	4.85	61852	279.0	302.0	2	270	310	2	—	—
	360	46	210	268	1200	1600	13.70	61952	292.0	328.0	2.1	272	348	2.1	—	—
	400	44	235	310	1100	1500	22.5	16052	306.0	354.0	3	274	386	2.5	—	—
	400	65	292	372	1100	1500	28.80	6052	304.0	357.0	4	278	382	3	—	—
280	350	33	135	178	1200	1600	7.4	61856	302.0	329.0	2	290	340	2	—	—
	380	46	210	268	1100	1400	15.0	61956	312.0	349.0	2.1	292	368	2.1	—	—
	420	65	305	408	950	1300	32.10	6056	324.0	376.0	4	298	402	3	—	—
300	380	38	162	222	1100	1400	11.0	61860	326.0	356.0	2.1	312	368	2.1	—	—
	420	56	270	370	1000	1300	21.10	61960	338.0	382.0	3	314	406	2.5	—	—
320	400	38	168	235	1000	1300	11.80	61864	346.0	375.0	2.1	332	388	2.1	—	—
	440	56	275	392	950	1200	23.0	61964	358.0	402.0	3	334	426	2.5	—	—
	480	74	345	510	900	1100	48.4	6064	370.0	431.0	4	338	462	3	—	—
340	460	56	292	418	900	1100	27.0	61968	378.0	422.0	3	354	446	2.5	—	—
360	540	82	400	622	750	950	68.0	6072	416.0	485.0	5	382	518	4	—	—
380	480	46	235	348	800	1000	20.5	61876	412.0	449.0	2.1	392	468	2.1	—	—
400	600	90	512	868	630	800	89.4	6080	462.0	536.0	5	422	478	4	—	—
460	580	56	322	538	600	750	36.28	61892	498.0	542.0	3	474	566	2.5	—	—
500	670	78	445	808	500	630	79.50	619/500	555.0	615.0	5	522	648	4	—	—
	720	100	625	1178	450	560	117.00	60/500	568.0	650.0	6	528	692	5	—	—

注：1. 深沟球轴承有双列型，系列为4200A，4300A（A表示无装球缺口），它除具有高于单列深沟球轴承1.62倍的径向承载能力外，还具有可承受轴向载荷的能力。

2. 现行标准GB/T 276—2013扩大了18、19、00、02、03系列尺寸范围，但结构示意图、本表数据仍按《全国滚动轴承产品样本》第2版未作修改。

3. 随着轴承技术的发展，基本额定载荷、极限转速均有所提高，本表数据仍按《全国滚动轴承产品样本》第2版未作修改。

带防尘盖的深沟球轴承（摘自 GB/T 276）

60000-Z型

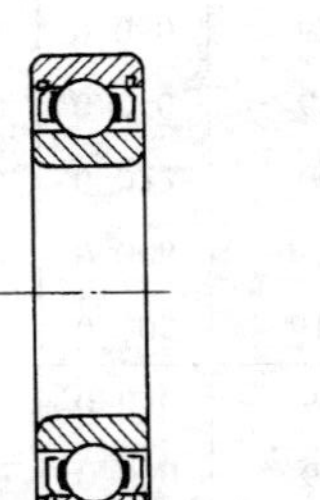

60000-2Z型

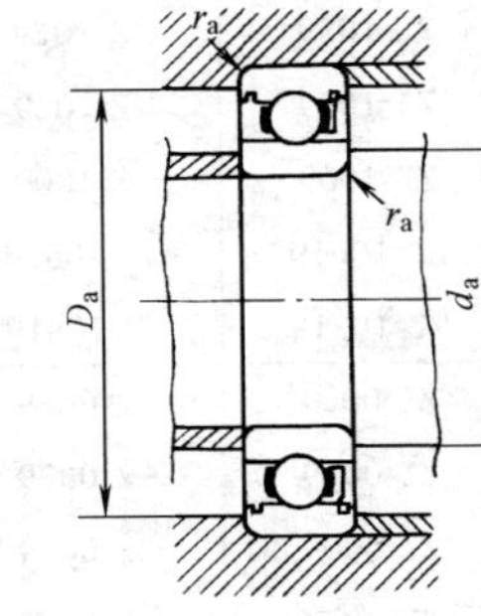

符号含义及应用

Z——一面带防尘盖

2Z—两面带防尘盖

用于单独润滑较困难、安置润滑油路和检查润滑不方便的情况。制造厂已填注定量、定牌号防锈、润滑两用锂基脂，安装时不需清洗和添加润滑剂

注：新（尺寸）标准 GB/T 276—2013 修改了图形的局部结构。本表按《全国滚动轴承产品样本》第 2 版未作修改

表 7-2-79

基本尺寸 /mm			基本额定载荷 /kN		极限转速 /r·min^{-1}		质量 /kg	轴承代号		其他尺寸 /mm			安装尺寸 /mm			球径 /mm	球数
d	D	B	C_r	C_{0r}	脂	油	W ≈	60000-Z 型	60000-2Z 型	d_2 ≈	D_3 ≈	r min	d_a min	D_a max	r_a max	D_W	Z
3	8	3	0.45	0.15	38000	48000	0.0008	619/3-Z	619/3-2Z	4.5	6.8	0.15	4.2	6.8	0.15	—	—
	10	4	0.65	0.22	38000	48000	0.002	623-Z	623-2Z	5.2	8.3	0.15	4.2	8.8	0.15	—	—
4	9	3.5	0.55	0.18	38000	48000	0.0008	628/4-Z	628/4-2Z	5.52	7.8	0.1	4.8	8.2	0.1	—	—
	11	4	0.95	0.35	36000	45000	0.002	619/4-Z	619/4-2Z	5.9	9.6	0.15	5.2	9.8	0.15	—	—
	13	5	1.15	0.4	36000	45000	0.0003	624-Z	624-2Z	6.7	10.8	0.2	5.6	11.4	0.2	—	—
	16	5	1.88	0.68	32000	40000	0.005	634-Z	634-2Z	8.4	13.3	0.3	6.4	13.6	0.3	—	—
5	13	4	1.08	0.42	34000	43000	0.0025	619/5-Z	619/5-2Z	7.35	10.7	0.2	6.6	11.4	0.2	—	—
	14	5	1.05	0.5	30000	38000	0.0045	605-Z	605-2Z	7.35	11.1	0.2	6.6	12.4	0.2	—	—
	16	5	1.88	0.68	32000	40000	0.004	625-Z	625-2Z	8.4	13.3	0.3	7.4	13.6	0.3	—	—
	19	6	2.80	1.02	28000	36000	0.008	635-Z	635-2Z	10.7	16.8	0.3	7.4	17.0	0.3	—	—
6	13	5	1.08	0.42	34000	43000	0.0021	628/6-Z	628/6-2Z	7.9	11.8	0.15	7.2	11.8	0.15	—	—
	15	5	1.48	0.60	32000	40000	0.0045	619/6-Z	619/6-2Z	8.6	13	0.2	7.6	13.4	0.2	—	—
	17	6	1.95	0.72	30000	38000	0.006	606-Z	606-2Z	9.0	14.7	0.3	8.4	14.6	0.3	—	—
	19	6	2.80	1.05	28000	36000	0.008	626-Z	626-2Z	10.7	16.8	0.3	8.4	17.0	0.3	—	—

续表

基本尺寸 /mm			基本额定载荷 /kN		极限转速 /r·min^{-1}		质量 /kg	轴承代号		其他尺寸 /mm			安装尺寸 /mm			球径 /mm	球数
d	D	B	C_r	C_{0r}	脂	油	W ≈	60000-Z 型	60000-2Z 型	d_2 ≈	D_3 ≈	r min	d_a min	D_a max	r_a max	D_W	Z
7	14	5	1.18	0.50	32000	40000	0.0024	628/7-Z	628/7-2Z	9.0	12.5	0.15	8.2	12.8	0.15	—	—
	17	5	2.02	0.80	30000	38000	0.0057	619/7-Z	619/7-2Z	9.6	15.1	0.3	9.4	15.2	0.3	—	—
	19	6	2.88	1.08	28000	36000	0.007	607-Z	607-2Z	10.7	16.5	0.3	9.4	16.6	0.3	—	—
	22	7	3.28	1.35	26000	34000	0.014	627-Z	627-2Z	11.8	19.3	0.3	9.4	19.6	0.3	—	—
8	16	5	1.32	0.65	30000	38000	0.004	628/8-Z	628/8-2Z	10.8	14.5	0.2	9.6	14.4	0.2	—	—
	19	6	2.25	0.92	28000	36000	0.0085	619/8-Z	619/8-2Z	11.0	17.1	0.3	10.4	17.2	0.3	—	—
	22	7	3.32	1.38	26000	34000	0.015	608-Z	608-2Z	11.8	19.3	0.3	10.4	19.6	0.3	—	—
	24	8	3.35	1.40	24000	32000	0.016	628-Z	628-2Z	12.8	20.3	0.3	10.4	21.6	0.3	—	—
9	17	5	1.60	0.72	28000	36000	0.0042	628/9-Z	628/9-2Z	11.1	15.4	0.2	10.6	15.4	0.2	—	—
	20	6	2.48	1.08	27000	34000	0.0092	619/9-Z	619/9-2Z	12.0	18.1	0.3	11.4	18.2	0.3	—	—
	24	7	3.35	1.40	22000	30000	0.016	609-Z	609-2Z	14.2	20.3	0.3	11.4	21.6	0.3	—	—
	26	8	4.45	1.95	22000	30000	0.019	629-Z	629-2Z	14.4	22.2	0.3	11.4	23.6	0.3	—	—
10	19	5	1.8	0.93	28000	36000	0.005	61800-Z	61800-2Z	12.6	17.3	0.3	12.0	17	0.3	2.381	11
	19	6	1.6	0.75	26000	34000	0.0063	62800-Z	62800-2Z	12.6	16.4	0.3	12.0	17	0.3	—	—
	22	6	2.7	1.3	25000	32000	0.008	61900-Z	61900-2Z	13.5	19.4	0.3	12.4	20	0.3	3.175	9
	22	8	2.7	1.28	25000	32000	0.015	62900-Z	62900-2Z	13.5	18.5	0.3	12.4	20	0.3	—	—
	26	8	4.58	1.98	22000	30000	0.020	6000-Z	6000-2Z	14.9	22.6	0.3	12.4	23.6	0.3	4.762	7
	30	9	5.10	2.38	20000	26000	0.030	6200-Z	6200-2Z	17.4	25.2	0.6	15	26	0.6	4.762	8
	35	11	7.65	3.48	18000	24000	0.050	6300-Z	6300-2Z	19.4	29.5	0.6	15	30	0.6	6.35	7
12	21	5	1.9	1.0	24000	32000	0.005	61801-Z	61801-2Z	14.6	19.3	0.3	14	19	0.3	2.381	12
	24	6	2.9	1.5	22000	28000	0.008	61901-Z	61901-2Z	15.5	21.5	0.3	14.4	22	0.3	3.175	10
	28	8	5.10	2.38	20000	26000	0.022	6001-Z	6001-2Z	17.4	24.8	0.3	14.4	25.6	0.3	4.762	8
	32	10	6.82	3.05	19000	24000	0.040	6201-Z	6201-2Z	18.3	28.0	0.6	17	28	0.6	5.953	7
	37	12	9.72	5.08	17000	22000	0.060	6301-Z	6301-2Z	19.3	31.6	1	18	32	1	7.938	6
15	24	5	2.1	1.3	22000	30000	0.005	61802-Z	61802-2Z	17.6	22.3	0.3	17	22	0.3	2.381	14
	28	7	4.3	2.3	20000	26000	0.012	61902-Z	61902-2Z	18.3	25.6	0.3	17.4	26	0.3	3.969	10

续表

基本尺寸 /mm			基本额定载荷 /kN		极限转速 /r·min^{-1}		质量 /kg	轴承代号		其他尺寸 /mm			安装尺寸 /mm			球径 /mm	球数
d	D	B	C_r	C_{0r}	脂	油	W ≈	60000-Z 型	60000-2Z 型	d_2 ≈	D_3 ≈	r min	d_a min	D_a max	r_a max	D_W	Z
15	32	9	5.58	2.85	19000	24000	0.030	6002-Z	6002-2Z	20.4	28.5	0.3	17.4	29.6	0.3	4.762	9
	35	11	7.65	3.72	18000	22000	0.040	6202-Z	6202-2Z	21.6	31.3	0.6	20	32.0	0.6	5.953	8
	42	13	11.5	5.42	16000	20000	0.080	6302-Z	6302-2Z	24.3	36.6	1	21	37	1	7.938	7
17	26	5	2.2	1.5	20000	28000	0.007	61803-Z	61803-2Z	19.6	24.3	0.3	19	24	0.3	2.381	16
	30	7	4.6	2.6	19000	24000	0.014	61903-Z	61903-2Z	20.3	27.6	0.3	19.4	28	0.3	3.969	11
	35	10	6.00	3.25	17000	21000	0.040	6003-Z	6003-2Z	22.9	31.0	0.3	19.4	32.6	0.3	4.762	10
	40	12	9.58	4.78	16000	20000	0.060	6203-Z	6203-2Z	24.6	35.3	0.6	22	36	0.6	6.747	8
	47	14	13.5	6.58	15000	18000	0.110	6303-Z	6303-2Z	26.8	40.1	1	23	41	1	8.731	7
20	32	7	3.5	2.2	18000	24000	0.015	61804-Z	61804-2Z	23.5	29.7	0.3	22.4	30	0.3	3.175	14
	37	9	6.4	3.7	17000	22000	0.031	61904-Z	61904-2Z	25.2	32.9	0.3	22.4	34.6	0.3	4.762	11
	42	12	9.38	5.02	16000	19000	0.070	6004-Z	6004-2Z	26.9	37.0	0.6	25	38	0.6	6.35	9
	47	14	12.8	6.65	14000	18000	0.10	6204-Z	6204-2Z	29.3	41.6	1	26	42	1	7.938	8
	52	15	15.8	7.88	13000	16000	0.140	6304-Z	6304-2Z	29.8	44.4	1.1	27	45	1	9.525	7
25	37	7	4.3	2.9	16000	20000	0.017	61805-Z	61805-2Z	28.2	34.9	0.3	27.4	35	0.3	3.500	15
	42	9	7.0	4.5	14000	18000	0.038	61905-Z	61905-2Z	30.2	37.9	0.3	27.4	40	0.3	4.762	13
	47	12	10.0	5.85	13000	17000	0.080	6005-Z	6005-2Z	31.9	42.0	0.6	30	43	0.6	6.35	10
	52	15	14.0	7.88	12000	15000	0.120	6205-Z	6205-2Z	33.8	46.4	1	31	47	1	7.938	9
	62	17	22.2	11.5	10000	14000	0.220	6305-Z	6305-2Z	36.0	53.2	1.1	32	55	1	11.5	7
30	42	7	4.7	3.6	13000	17000	0.019	61806-Z	61806-2Z	33.2	39.9	0.3	32.4	40	0.3	3.500	18
	47	9	7.2	5.0	12000	16000	0.043	61906-Z	61906-2Z	35.2	42.9	0.3	32.4	44.6	0.3	4.762	14
	55	13	13.2	8.3	11000	14000	0.120	6006-Z	6006-2Z	38.4	49.9	1	36	50	1	7.144	11
	62	16	19.5	11.5	9500	13000	0.190	6206-Z	6206-2Z	40.8	54.4	1	36	56	1	9.525	9
	72	19	27.0	15.2	9000	11000	0.350	6306-Z	6306-2Z	44.8	61.4	1.1	37	65	1	12	8
35	47	7	4.9	4.0	11000	15000	0.023	61807-Z	61807-2Z	38.2	44.9	0.3	37.4	45	0.3	3.500	20
	55	10	9.5	6.8	10000	13000	0.078	61907-Z	61907-2Z	41.1	50.3	0.6	40	51	0.6	5.556	14
	62	14	16.2	10.5	9500	12000	0.160	6007-Z	6007-2Z	43.3	55.9	1	41	56	1	8	11
	72	17	25.5	15.2	8500	11000	0.270	6207-Z	6207-2Z	46.8	62.4	1.1	42	65	1	11.112	9

续表

基本尺寸 /mm			基本额定载荷 /kN		极限转速 /r·min^{-1}		质量 /kg	轴承代号		其他尺寸 /mm			安装尺寸 /mm			球径 /mm	球数
d	D	B	C_r	C_{0r}	脂	油	W ≈	60000-Z 型	60000-2Z 型	d_2 ≈	D_3 ≈	r min	d_a min	D_a max	r_a max	D_W	Z
35	80	21	33.4	19.2	8000	9500	0.420	6307-Z	6307-2Z	50.4	68.8	1.5	44	71	1.5	13.494	8
40	52	7	5.1	4.4	10000	13000	0.026	61808-Z	61808-2Z	43.2	49.9	0.3	42.4	50	0.3	3.500	22
	62	12	13.7	9.9	9500	12000	0.103	61908-Z	61908-2Z	46.3	57.1	0.6	45	58	0.6	6.747	14
	68	15	17.0	11.8	9000	11000	0.190	6008-Z	6008-2Z	48.8	61.4	1	46	62	1	8	12
	80	18	29.5	18.0	8000	10000	0.370	6208-Z	6208-2Z	52.8	69.4	1.1	47	73	1	12	9
	90	23	40.8	24.0	7000	8500	0.630	6308-Z	6308-2Z	56.5	77.0	1.5	49	81	1.5	15.081	8
45	58	7	6.4	5.6	9000	12000	0.030	61809-Z	61809-2Z	48.3	55.8	0.3	47.4	56	0.3	3.969	22
	68	12	14.1	10.9	8500	11000	0.123	61909-Z	61909-2Z	51.8	62.6	0.6	50	63	0.6	6.747	15
	75	16	21.0	14.8	8000	10000	0.230	6009-Z	6009-2Z	54.2	68.1	1	51	69	1	9	12
	85	19	31.5	20.5	7000	9000	0.420	6209-Z	6209-2Z	58.8	75.7	1.1	52	78	1	12	10
	100	25	52.8	31.8	6300	7500	0.830	6309-Z	6309-2Z	63.0	86.5	1.5	54	91	1.5	17.462	8
50	65	7	6.6	6.1	8500	10000	0.043	61810-Z	61810-2Z	54.3	61.8	0.3	52.4	62.6	0.3	3.969	24
	72	12	14.5	11.7	8000	9500	0.122	61910-Z	61910-2Z	56.3	67.1	0.6	55	68	0.6	6.747	16
	80	16	22.0	16.2	7000	9000	0.280	6010-Z	6010-2Z	59.2	73.1	1	56	74	1	9	13
	90	20	35.0	23.2	6700	8500	0.470	6210-Z	6210-2Z	62.4	80.1	1.1	57	83	1	12.7	10
	110	27	61.8	38.0	6000	7000	1.080	6310-Z	6310-2Z	69.1	94.4	2	60	100	2	19.05	8
55	72	9	9.1	8.4	8000	9500	0.070	61811-Z	61811-2Z	60.2	68.3	0.3	57.4	69.6	0.3	4.762	23
	80	13	15.9	13.2	7500	9000	0.170	61911-Z	61911-2Z	62.9	73.6	1	61	75	1	7.144	16
	90	18	30.2	21.8	7000	8500	0.380	6011-Z	6011-2Z	65.4	82.2	1.1	62	83	1	11	12
	100	21	43.2	29.2	6000	7500	0.580	6211-Z	6211-2Z	68.9	88.6	1.5	64	91	1.5	14.288	10
	120	29	71.5	44.8	5600	6700	1.370	6311-Z	6311-2Z	76.1	103.4	2	65	110	2	20.638	8
60	78	10	9.1	8.7	7000	8500	0.093	61812-Z	61812-2Z	66.2	74.6	0.3	62.4	75.6	0.3	4.762	24
	85	13	16.4	14.2	6700	8000	0.181	61912-Z	61912-2Z	67.9	78.6	1	66	80	1	7.144	17
	95	18	31.5	24.2	6300	7500	0.390	6012-Z	6012-2Z	71.4	88.2	1.1	67	89	1	11	13
	110	22	47.8	32.8	5600	7000	0.770	6212-Z	6212-2Z	76.0	96.5	1.5	69	101	1.5	15.081	10
	130	31	81.8	51.8	5000	6000	1.710	6312-Z	6312-2Z	81.7	111.1	2.1	72	118	2.1	22.225	8

续表

基本尺寸 /mm			基本额定载荷 /kN		极限转速 /r·min^{-1}		质量 /kg	轴承代号		其他尺寸 /mm			安装尺寸 /mm			球径 /mm	球数
d	D	B	C_r	C_{0r}	脂	油	W ≈	60000-Z 型	60000-2Z 型	d_2 ≈	D_3 ≈	r min	d_a min	D_a max	r_a max	D_W	Z
65	85	10	11.9	11.5	6700	8000	0.130	61813-Z	61813-2Z	71.1	80.6	0.6	69	81	0.6	5.556	23
	90	13	17.4	16.0	6300	7500	0.196	61913-Z	61913-2Z	72.9	83.6	1	71	85	1	7.144	19
	100	18	32.0	24.8	6000	7000	0.420	6013-Z	6013-2Z	75.3	92.2	1.1	72	93	1	11.112	13
	120	23	57.2	40.0	5000	6300	0.980	6213-Z	6213-2Z	82.5	105.0	1.5	74	111	1.5	16.669	10
	140	33	93.8	60.5	4500	5300	2.090	6313-Z	6313-2Z	88.1	119.7	2.1	77	128	2.1	24	8
70	90	10	12.1	11.9	6300	7500	0.138	61814-Z	61814-2Z	76.1	85.6	0.6	74	86	0.6	5.556	24
	100	16	23.7	21.1	6000	7000	0.336	61914-Z	61914-2Z	79.3	92.6	1	76	95	1	8.731	17
	110	20	38.5	30.5	5600	6700	0.570	6014-Z	6014-2Z	82.0	100.5	1.1	77	103	1	12.303	13
	125	24	60.8	45.0	4800	6000	1.040	6214-Z	6214-2Z	89.0	111.8	1.5	79	116	1.5	16.669	11
	150	35	105	68.0	4300	5000	2.60	6314-Z	6314-2Z	94.8	128.0	2.1	82	138	2.1	25.4	8
75	95	10	12.5	12.8	6000	7000	0.147	61815-Z	61815-2Z	81.1	90.6	0.6	79	91	0.6	5.556	26
	105	16	24.3	22.5	5600	6700	0.355	61915-Z	61915-2Z	84.3	97.6	1	81	100	1	8.731	18
	115	20	40.2	33.2	5300	6300	0.640	6015-Z	6015-2Z	88.0	106.5	1.1	82	108	1	12.303	14
	130	25	66.0	49.5	4500	5600	1.180	6215-Z	6215-2Z	94.0	117.8	1.5	84	121	1.5	17.462	11
	160	37	113	76.8	4000	4800	3.050	6315-Z	6315-2Z	101.3	136.5	2.1	87	148	2.1	26.988	8
80	100	10	12.7	13.3	5600	6700	0.155	61816-Z	61816-2Z	86.1	95.6	0.6	84	96	0.6	5.556	27
	110	16	24.9	23.9	5300	6300	0.375	61916-Z	61916-2Z	89.3	102.6	1	86	105	1	8.731	19
	125	22	47.5	39.8	5000	6000	0.830	6016-Z	6016-2Z	95.2	115.6	1.1	87	118	1	13.494	14
	140	26	71.5	54.2	4300	5300	1.380	6216-Z	6216-2Z	100.0	124.8	2	90	130	2	18.256	11
	170	39	123	86.5	3800	4500	3.620	6316-Z	6316-2Z	107.9	144.9	2.1	92	158	2.1	28.575	8
85	110	13	19.2	19.8	5000	6300	0.245	61817-Z	61817-2Z	92.5	104.4	1	90	105	1	7.144	24
	120	18	31.9	29.7	4800	6000	0.507	61917-Z	61917-2Z	95.8	111.1	1.1	92	113.5	1	10.319	17
	130	22	50.8	42.8	4500	5600	0.860	6017-Z	6017-2Z	99.4	120.4	1.1	92	123	1	14	14
	150	28	83.2	63.8	4000	5000	1.750	6217-Z	6217-2Z	107.1	133.7	2	95	140	2	19.844	11
	180	41	132	96.5	3600	4300	4.270	6317-Z	6317-2Z	114.4	153.4	3	99	166	2.5	30.162	8
90	115	13	19.5	20.5	4800	6000	0.258	61818-Z	61818-2Z	97.5	109.4	1	95	110	1	7.144	25
	125	18	32.8	31.5	4500	5600	0.533	61918-Z	61918-2Z	100.8	116.1	1.1	97	118.5	1	10.319	18

续表

基本尺寸 /mm			基本额定载荷 /kN		极限转速 /r·min^{-1}		质量 /kg	轴承代号		其他尺寸 /mm			安装尺寸 /mm			球径 /mm	球数
d	D	B	C_r	C_{0r}	脂	油	W ≈	60000-Z 型	60000-2Z 型	d_2 ≈	D_3 ≈	r min	d_a min	D_a max	r_a max	D_W	Z
90	140	24	58.0	49.8	4300	5300	1.10	6018-Z	6018-2Z	107.2	129.6	1.5	99	131	1.5	15.081	14
	160	30	95.8	71.5	3800	4800	2.20	6218-Z	6218-2Z	111.7	141.1	2	100	150	2	22.225	10
95	120	13	19.8	21.3	4500	5600	0.27	61819-Z	61819-2Z	102.5	114.4	1.0	100	115	1	7.144	26
	130	18	33.7	33.3	4300	5300	0.558	61919-Z	61919-2Z	105.8	121.1	1.1	102	124	1	10.319	19
	145	24	57.8	50.0	4000	5000	1.14	6019-Z	6019-2Z	110.2	132.6	1.5	104	136	1.5	15.081	14
	170	32	110	82.8	3600	4500	2.62	6219-Z	6219-2Z	118.1	149.7	2.1	107	158	2.1	24	10
100	125	13	20.1	22.0	4300	5300	0.283	61820-Z	61820-2Z	107.5	119.4	1.0	105	120	1	7.144	27
	140	20	42.7	41.9	4000	5000	0.774	61920-Z	61920-2Z	112.3	130.1	1.1	107	133	1	11.906	18
	150	24	64.5	56.2	3800	4800	1.250	6020-Z	6020-2Z	114.6	138.2	1.5	109	141	1.5	16	14
	180	34	122	92.8	3400	4300	3.200	6220-Z	6220-2Z	124.8	158.0	2.1	112	168	2.1	25.4	10
105	130	13	20.3	22.7	4000	5000	0.295	61821-Z	61821-2Z	112.5	124.4	1.0	110	125	1	7.144	28
	145	20	43.9	44.3	3800	4800	0.808	61921-Z	61921-2Z	117.3	135.1	1.1	112	138	1	11.906	19
	160	26	71.8	63.2	3600	4500	1.52	6021-Z	6021-2Z	121.5	146.4	2	115	150	2	17	14
110	140	16	28.1	30.7	3800	5000	0.496	61822-Z	61822-2Z	119.3	133.0	1.0	115	135	1	8.731	25
	150	20	43.6	44.4	3600	4500	0.835	61922-Z	61922-2Z	122.3	140.1	1.1	117	143	1	11.906	19
	170	28	81.8	72.8	3400	4300	1.87	6022-Z	6022-2Z	129.1	155.7	2	120	160	2	18.256	14
120	150	16	28.9	32.9	3400	4300	0.536	61824-Z	61824-2Z	129.3	143.0	1.0	125	145	1	8.731	27
	165	22	55	56.9	3200	4000	1.131	61924-Z	61924-2Z	133.7	153.6	1.1	127	158	1	13.494	19
	180	28	87.5	79.2	3000	3800	2.00	6024-Z	6024-2Z	137.7	165.2	2	130	170	2	19	14
130	165	18	37.9	42.9	3200	4000	0.736	61826-Z	61826-2Z	140.8	156.5	1.1	137	158	1	10.319	25
	180	24	65.1	67.2	3000	3800	1.496	61926-Z	61926-2Z	145.2	167.1	1.5	139	171	1.5	15.081	18
140	175	18	38.2	44.3	3000	3800	0.784	61828-Z	61828-2Z	150.8	166.5	1.1	147	168	1	10.319	26

注：1. 现行标准 GB/T 276—2013 修改了图形的局部结构，增加了 17、37、00、04 系列带防尘盖轴承的型号及外形尺寸，扩大了 18、19、00、02、03 系列轴承的尺寸范围，但结构示意图、本表数据仍按《全国滚动轴承产品样本》第 2 版未作修改。

2. 随着轴承技术的发展，基本额定载荷、极限转速均较表中数据（来源于《全国滚动轴承产品样本》第 2 版）有所提高。

带止动槽及单面防尘盖的深沟球轴承（摘自 GB/T 276）

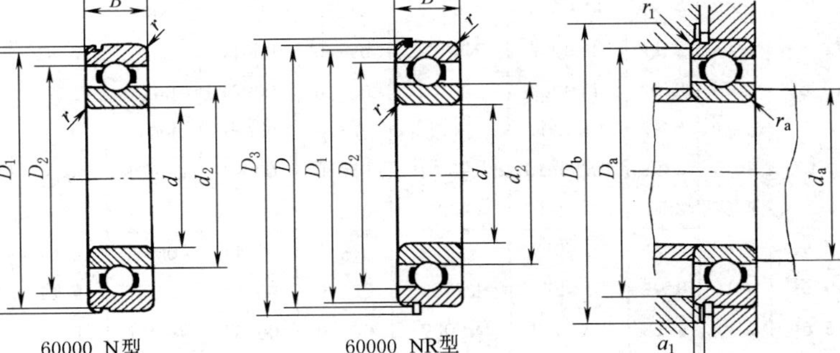

60000 N型　60000 NR型

符号含义及应用

N—外圈上有止动槽

NR—外圈上有止动槽并带止动环

止动槽内的止动环，可限制轴承的轴向位移，简化轴承座结构，缩小尺寸

表 7-2-80

基本尺寸 /mm			基本额定载荷 /kN		极限转速 /r·min^{-1}		质量 /kg	轴承代号		其他尺寸 /mm					安装尺寸 /mm						球径 /mm	球数
d	D	B	C_r	C_{0r}	脂	油	W ≈	60000N 型	60000NR 型	d_2	D_2	D_1 max	D_3 max	r min	d_a min	D_a max	D_b	a_1	r_a max	r_1 max	D_W	Z
10	19	5	1.8	0.93	28000	36000	0.005	61800N	61800NR	12.6	16.4	—	—	0.3	12.0	17	—	—	0.3	—	2.381	11
	22	6	2.7	1.3	25000	32000	0.008	61900N	61900NR	13.5	18.5	20.8	24.8	0.3	12.4	20	26	0.8	0.3	0.2	3.175	9
	26	8	4.58	1.98	22000	30000	0.019	6000N	6000NR	14.9	21.3	25.15	29.2	0.3	12.4	23.6	31	1.4	0.3	0.3	4.762	7
	30	9	5.10	2.38	20000	26000	0.030	6200N	6200NR	17.4	23.8	28.17	34.7	0.6	15.0	26	36	1.6	0.6	0.5	4.762	8
	35	11	7.65	3.48	18000	24000	0.050	6300N	6300NR	19.4	27.6	33.17	39.7	0.6	15.0	30	41	1.6	0.6	0.5	6.35	7
12	21	5	1.9	1.0	24000	32000	0.005	61801N	61801NR	14.6	18.4	—	—	0.3	14	19	—	—	0.3	—	2.381	12
	24	6	2.9	1.5	22000	28000	0.008	61901N	61901NR	15.5	20.6	22.8	26.8	0.3	14.4	22	28	0.8	0.3	0.2	3.175	10
	28	8	5.1	2.38	20000	26000	0.022	6001N	6001NR	17.4	23.8	26.7	30.8	0.3	14.4	25.6	32	1.4	0.3	0.3	4.762	8
	32	10	6.82	3.05	19000	24000	0.035	6201N	6201NR	18.3	26.1	30.15	36.7	0.6	17.0	28	38	1.6	0.6	0.5	5.953	7
	37	12	9.72	5.08	17000	22000	0.050	6301N	6301NR	19.3	29.7	34.77	41.3	1	18.0	32	43	1.6	1	0.5	7.938	6
15	24	5	2.1	1.3	22000	30000	0.005	61802N	61802NR	17.6	21.4	22.8	26.4	0.3	17	22	28	—	0.3	—	2.381	14
	28	7	4.3	2.3	20000	26000	0.012	61902N	61902NR	18.3	24.7	26.7	30.8	0.3	17.4	26	32	1.1	0.3	0.3	3.969	10
	32	9	5.58	2.85	19000	24000	0.030	6002N	6002NR	20.4	26.6	30.15	36.7	0.3	17.4	29.6	38	1.6	0.3	0.3	4.762	9
	35	11	7.65	3.72	18000	22000	0.040	6202N	6202NR	21.6	29.4	33.17	39.7	0.6	20.0	32.0	41	1.6	0.6	0.5	5.953	8
	42	13	11.5	5.42	16000	20000	0.080	6302N	6302NR	24.3	34.7	39.75	46.3	1	21.0	37	48	1.6	1	0.5	7.938	7

续表

基本尺寸 /mm			基本额定载荷 /kN		极限转速 /r·min^{-1}		质量 /kg	轴承代号		其他尺寸 /mm					安装尺寸 /mm						球径 /mm	球数
d	D	B	C_r	C_{0r}	脂	油	W ≈	60000N 型	60000NR 型	d_2	D_2	D_1 max	D_3 max	r min	d_a min	D_a max	D_b	a_1	r_a max	r_1 max	D_W	Z
17	26	5	2.2	1.5	20000	28000	0.007	61803N	61803NR	19.6	23.4	—	—	0.3	19	24	—	—	0.3	—	2.381	16
	30	7	4.6	2.6	19000	24000	0.014	61903N	61903NR	20.3	26.7	28.7	32.8	0.3	19.4	28	34	1.1	0.3	0.3	3.969	11
	35	10	6.0	3.25	17000	21000	0.040	6003N	6003NR	22.9	29.1	33.17	39.7	0.3	19.4	32.6	42	1.6	0.3	0.3	4.762	10
	40	12	9.58	4.78	16000	20000	0.060	6203N	6203NR	24.6	33.4	38.1	44.6	0.6	22.0	36	46	1.6	0.6	0.5	6.747	8
	47	14	13.5	6.58	15000	18000	0.110	6303N	6303NR	26.8	38.2	44.6	52.7	1	23	41	54	2	1	0.5	8.731	7
	62	17	22.7	10.8	11000	15000	0.268	6403N	6403NR	31.9	47.1	59.61	67.7	1.1	24	55	69	2.7	1	0.5	12.7	6
20	32	7	3.5	2.2	18000	24000	0.015	61804N	61804NR	23.5	28.6	30.7	34.8	0.3	22.4	30	36	1.1	0.3	0.3	3.175	14
	37	9	6.4	3.7	17000	22000	0.031	61904N	61904NR	25.2	31.8	35.7	39.8	0.3	22.4	34.6	41	1.4	0.3	0.3	4.762	11
	42	12	9.38	5.02	16000	19000	0.070	6004N	6004NR	26.9	35.1	39.75	46.3	0.6	25	38	49	1.6	0.6	0.5	6.35	9
	47	14	12.8	6.65	14000	18000	0.100	6204N	6204NR	29.3	39.7	44.6	52.7	1	26	42	54	2	1	0.5	7.938	8
	52	15	15.8	7.88	13000	16000	0.140	6304N	6304NR	29.8	42.2	49.73	57.9	1.1	27	45	59	2	1	0.5	9.525	7
	72	19	31.0	15.2	9500	13000	0.40	6404N	6404NR	38.0	56.1	68.81	78.6	1.1	27	65	80	2.7	1	0.5	15.081	6
25	37	7	4.3	2.9	16000	20000	0.017	61805N	61805NR	28.2	33.8	35.7	39.8	0.3	27.4	35	41	1.1	0.3	0.3	3.500	15
	42	9	7.0	4.5	14000	18000	0.038	61905N	61905NR	30.2	36.8	40.7	44.8	0.3	27.4	40	46	1.4	0.3	0.3	4.762	13
	47	12	10.0	5.85	13000	17000	0.080	6005N	6005NR	31.9	40.1	44.6	52.7	0.6	30	43	54	1.6	0.6	0.6	6.35	10
	52	15	14.0	7.88	12000	15000	0.120	6205N	6205NR	33.8	44.2	49.73	57.9	1	31	47	59	2	1	1	7.938	9
	62	17	22.2	11.5	10000	14000	0.220	6305N	6305NR	36.0	51.0	59.61	67.7	1.1	32	55	69	2.6	1	1	11.5	7
	80	21	38.2	19.2	8500	11000	0.529	6405N	6405NR	42.3	62.7	76.81	86.6	1.5	34	71	88	2.7	1.5	1.5	17	6
30	42	7	4.7	3.6	13000	17000	0.019	61806N	61806NR	33.2	38.8	40.7	44.8	0.3	32.4	40	46.0	1.1	0.3	0.3	3.500	18
	47	9	7.2	5.0	12000	16000	0.043	61906N	61906NR	35.2	41.8	45.7	49.8	0.3	32.4	44.6	51.0	1.4	0.3	0.3	4.762	14
	55	13	13.2	8.3	11000	14000	0.120	6006N	6006NR	38.4	47.7	52.6	60.7	1	36.0	50	62.0	1.6	1	0.5	7.144	11
	62	16	19.5	11.5	9500	13000	0.190	6206N	6206NR	40.8	52.2	59.61	67.7	1	36.0	56.0	69.0	2.6	1	0.5	9.525	9
	72	19	27.0	15.2	9000	11000	0.350	6306N	6306NR	44.8	59.2	68.81	78.6	1.1	37.0	65.0	80.0	2.6	1	0.5	12	8
	90	23	47.5	24.5	8000	10000	0.710	6406N	6406NR	48.6	71.4	86.79	96.5	1.5	39	81	98.0	2.7	1.5	0.5	19.06	6
35	47	7	4.9	4.0	11000	15000	0.023	61807N	61807NR	38.2	43.8	45.7	49.8	0.3	37.4	45	46.0	1.1	0.3	0.3	3.500	20
	55	10	9.5	6.8	10000	13000	0.078	61907N	61907NR	41.1	48.9	53.7	57.8	0.6	40	51	54.0	1.4	0.6	0.5	5.556	14
	62	14	16.2	10.5	9500	12000	0.160	6007N	6007NR	43.3	53.7	59.61	67.7	1	41.0	56	69.0	1.6	1	0.5	8	11

续表

基本尺寸 /mm			基本额定载荷 /kN		极限转速 /r·min^{-1}		质量 /kg	轴承代号		其他尺寸 /mm					安装尺寸 /mm						球径 /mm	球数
d	D	B	C_r	C_{0r}	脂	油	W ≈	60000N 型	60000NR 型	d_2	D_2	D_1 max	D_3 max	r min	d_a min	D_a max	D_b	a_1	r_a max	r_1 max	D_W	Z
35	72	17	25.5	15.2	8500	11000	0.270	6207N	6207NR	46.8	60.2	68.81	78.6	1.1	42.0	65	80.0	2.6	1	0.5	11.112	9
	80	21	33.4	19.2	8000	9500	0.420	6307N	6307NR	50.4	66.6	76.81	86.6	1.5	44.0	71.0	88.0	2.6	1.5	0.5	13.494	8
	100	25	56.8	29.5	6700	8500	0.926	6407N	6407NR	54.9	80.1	96.8	106.5	1.5	44	91	108.0	2.7	1.5	0.5	21	6
40	52	7	5.1	4.4	10000	13000	0.026	61808N	61808NR	43.2	48.8	50.7	54.8	0.3	42.4	50	51.0	1.1	0.3	0.3	3.500	22
	62	12	13.7	9.9	9500	12000	0.103	61908N	61908NR	46.3	55.7	60.7	64.8	0.6	45	58	61.0	1.4	0.6	0.5	6.747	14
	68	15	17.0	11.8	9000	11000	0.190	6008N	6008NR	48.8	59.2	64.82	74.6	1	46.0	62.0	76.0	2	1	0.5	8	12
	80	18	29.5	18.0	8000	10000	0.370	6208N	6208NR	52.8	67.2	76.81	86.6	1.1	47.0	73.0	88.0	2.6	1	0.5	12	9
	90	23	40.8	24.0	7000	8500	0.630	6308N	6308NR	56.5	74.6	86.79	96.5	1.5	49.0	81.0	98.0	2.6	1.5	0.5	15.081	8
	110	27	65.5	37.5	6300	8000	1.221	6408N	6408NR	63.9	89.1	106.81	116.6	2	50	100	118.0	2.7	2	0.5	21	7
45	58	7	6.4	5.6	9000	12000	0.030	61809N	61809NR	48.3	54.7	56.7	60.8	0.3	47.4	56	57.0	1.1	0.3	0.3	3.969	22
	68	12	14.1	10.9	8500	11000	0.123	61909N	61909NR	51.8	61.2	66.7	70.8	0.6	50	63	66.0	1.4	0.6	0.5	6.747	15
	75	16	21.0	14.8	8000	10000	0.230	6009N	6009NR	54.2	65.9	71.83	81.6	1	51.0	69.0	83.0	2	1	0.5	9	12
	85	19	31.5	20.5	7000	9000	0.420	6209N	6209NR	58.8	73.2	81.81	91.6	1.1	52.0	78.0	93.0	2.6	1	0.5	12	10
	100	25	52.8	31.8	6300	7500	0.837	6309N	6309NR	63.0	84.0	96.8	106.5	1.5	54	91	108.0	2.6	1.5	0.5	17.462	8
	120	29	77.5	45.5	5600	7000	1.520	6409N	6409NR	70.7	98.3	115.21	129.7	2	55	110	131.0	3.4	2	0.5	23	7
50	65	7	6.6	6.1	8500	10000	0.043	61810N	61810NR	54.3	60.7	63.7	67.8	0.3	52.4	62.6	69.0	1.1	0.3	0.3	3.969	24
	72	12	14.5	11.7	8000	9500	0.122	61910N	61910NR	56.3	65.7	70.7	74.8	0.6	55	68	76.0	1.4	0.6	0.5	6.747	16
	80	16	22.0	16.2	7000	9000	0.280	6010N	6010NR	59.2	70.9	76.81	86.6	1	56	74	88	2	1	0.5	9	13
	90	20	35.0	23.2	6700	8500	0.470	6210N	6210NR	62.4	77.6	86.79	96.5	1.1	57	83	98	2.6	1	0.5	12.7	10
	110	27	61.8	38.0	6000	7000	1.080	6310N	6310NR	69.1	91.9	106.81	116.6	2	60	100	118	2.6	2	0.5	19.05	8
	130	31	92.2	55.2	5300	6300	1.855	6410N	6410NR	77.3	107.8	125.22	139.7	2.1	62	118	141.0	3.4	2.1	0.5	25.4	7
55	72	9	9.1	8.4	8000	9500	0.070	61811N	61811NR	60.2	66.9	70.7	74.8	0.3	57.4	69.6	76.0	1.4	0.3	0.3	4.762	23
	80	13	15.9	13.2	7500	9000	0.170	61911N	61911NR	62.9	72.2	77.9	84.4	1	61	75	86.0	1.7	1	0.5	7.144	16
	90	18	30.2	21.8	7000	8500	0.380	6011N	6011NR	65.4	79.7	86.79	96.5	1.1	62	83	98	2.2	1	0.5	11	12
	100	21	43.2	29.2	6000	7500	0.580	6211N	6211NR	68.9	86.1	96.8	106.5	1.5	64	91	108	2.6	1.5	0.5	14.288	10
	120	29	71.5	44.8	5600	6700	1.370	6311N	6311NR	76.1	100.9	115.21	129.7	2	65	110	131	3.2	2	0.5	20.638	8
	140	33	100	62.5	4800	6000	2.316	6411N	6411NR	82.8	115.2	135.23	149.7	2.1	67	128	151.0	4.1	2.1	0.5	26.988	7

续表

基本尺寸 /mm			基本额定载荷 /kN		极限转速 /r·min^{-1}		质量 /kg	轴承代号		其他尺寸 /mm					安装尺寸 /mm						球径 /mm	球数
d	D	B	C_r	C_{0r}	脂	油	W ≈	60000N型	60000NR型	d_2	D_2	D_1 max	D_3 max	r min	d_a min	D_a max	D_b	a_1	r_a max	r_1 max	D_W	Z
60	78	10	9.1	8.7	7000	8500	0.093	61812N	61812NR	66.2	72.9	76.2	82.7	0.3	62.4	75.6	84.0	1.4	0.3	0.3	4.762	24
	85	13	16.4	14.2	6700	8000	0.181	61912N	61912NR	67.9	77.2	82.9	89.4	1	66	80	91.0	1.7	1	0.5	7.144	17
	95	18	31.5	24.2	6300	7500	0.390	6012N	6012NR	71.4	85.7	91.82	101.6	1.1	67	89	103	2.2	1	0.5	11	13
	110	22	47.8	32.8	5600	7000	0.770	6212N	6212NR	76.0	94.1	106.81	116.6	1.5	69	101	118	2.6	1.5	0.5	15.081	10
	130	31	81.8	51.8	5000	6000	1.710	6312N	6312NR	81.7	108.4	125.22	139.7	2.1	72	118	141	3.2	2.1	0.5	22.225	8
	150	35	109	70.0	4500	5600	2.811	6412N	6412NR	87.9	122.2	145.24	159.7	2.1	72	138	161.0	4.1	2.1	0.5	28.575	7
65	85	10	11.9	11.5	6700	8000	0.130	61813N	61813NR	71.1	78.9	82.9	89.4	0.6	69	81	91.0	1.4	0.6	0.5	5.556	23
	90	13	17.4	16.0	6300	7500	0.196	61913N	61913NR	72.9	82.2	87.9	94.4	1	71	85	96.0	1.7	1	0.5	7.144	19
	100	18	32.0	24.8	6000	7000	0.420	6013N	6013NR	75.3	89.7	96.8	106.5	1.1	72	93	108	2.2	1	0.5	11.112	13
	120	23	57.2	40.0	5000	6300	0.980	6213N	6213NR	82.5	102.5	115.21	129.7	1.5	74	111	131	3.2	1.5	0.5	16.669	10
	140	33	93.8	60.5	4500	5300	2.090	6313N	6313NR	88.1	116.9	135.23	149.7	2.1	77	128	151	3.9	2.1	0.5	24	8
	160	37	118	78.5	4300	5300	3.342	6413N	6413NR	94.5	130.6	155.22	169.7	2.1	77	148	171.0	4.1	2.1	0.5	30.162	7
70	90	10	12.1	11.9	6300	7500	0.138	61814N	61814NR	76.1	83.9	87.9	94.4	0.6	74	86	96.0	1.4	0.6	0.5	5.556	24
	100	16	23.7	21.1	6000	7000	0.336	61914N	61914NR	79.3	90.7	97.9	104.4	1	76	95	106.0	2.1	1	0.5	8.731	17
	110	20	38.5	30.5	5600	6700	0.57	6014N	6014NR	82.0	98.0	106.81	116.6	1.1	77	103	118	2.2	1	0.5	12.303	13
	125	24	60.8	45.0	4800	6000	1.04	6214N	6214NR	89.0	109.0	120.22	134.7	1.5	79	116	136	3.2	1.5	0.5	16.669	11
	150	35	105	68.0	4300	5000	2.60	6314N	6314NR	94.8	125.3	145.24	159.7	2.1	82	138	161	3.9	2.1	0.5	25.4	8
	180	42	140	99.5	3800	4500	4.896	6414N	6414NR	105.6	146.4	173.66	192.9	3	84	166	194	4.8	2.5	0.5	34	7
75	95	10	12.5	12.8	6000	7000	0.147	61815N	61815NR	81.1	88.9	92.9	99.4	0.6	79	91	101.0	1.4	0.6	0.5	5.556	26
	105	16	24.3	22.5	5600	6700	0.355	61915N	61915NR	84.3	95.7	102.6	110.7	1	81	100	112.0	2.1	1	0.5	8.731	18
	115	20	40.2	33.2	5300	6300	0.64	6015N	6015NR	88.0	104.0	111.81	121.6	1.1	82	108	123	2.2	1	0.5	12.303	14
	130	25	66.0	49.5	4500	5600	1.180	6215N	6215NR	94.0	115.0	125.22	139.7	1.5	84	121	141	3.2	1.5	0.5	17.462	11
	160	37	113	76.8	4000	4800	3.050	6315N	6315NR	101.3	133.7	155.22	169.7	2.1	87	148	171	3.9	2.1	0.5	26.988	8
	190	45	154	115	3600	4300	5.739	6415N	6415NR	112.1	155.9	183.64	202.9	3	89	176	204	4.8	2.5	0.5	36.512	7
80	100	10	12.7	13.3	5600	6700	0.155	61816N	61816NR	86.1	93.9	97.9	104.4	0.6	84	96	106.0	1.4	0.6	0.5	5.556	27

续表

基本尺寸 /mm			基本额定载荷 /kN		极限转速 /r·min^{-1}		质量 /kg	轴承代号		其他尺寸 /mm					安装尺寸 /mm						球径 /mm	球数
d	D	B	C_r	C_{0r}	脂	油	W ≈	60000N 型	60000NR 型	d_2	D_2	D_1 max	D_3 max	r min	d_a min	D_a max	D_b	a_1	r_a max	r_1 max	D_W	Z
80	110	16	24.9	23.9	5300	6300	0.375	61916N	61916NR	89.3	100.7	107.6	115.7	1	86	105	117.0	2.1	1	0.5	8.731	19
	125	22	47.5	39.8	5000	6000	0.830	6016N	6016NR	95.2	112.8	120.22	134.7	1.1	87	118	136	2.2	1	0.5	13.494	14
	140	26	71.5	54.2	4300	5300	3.620	6216N	6216NR	100.0	122.0	135.23	149.7	2	90	130	151	3.9	2	0.5	18.256	11
	170	39	123	86.5	3800	4500	3.620	6316N	6316NR	107.9	142.0	163.65	182.9	2.1	92	158	184	4.6	2.1	0.5	28.575	8
	200	48	163	125	3400	4000	6.740	6416N	6416NR	117.1	162.9	193.65	212.9	3	94	186	214	4.8	2.5	0.5	38.1	7
85	110	13	19.2	19.8	5000	6300	0.245	61817N	61817NR	92.5	102.5	107.6	115.7	1	90	105	91.0	1.7	1	0.5	7.144	24
	120	18	31.9	29.7	4800	6000	0.507	61917N	61917NR	95.8	109.2	117.6		1.1	92	113.5	127.0	2.6	1	0.5	10.319	17
	130	22	50.8	42.8	4500	5600	0.860	6017N	6017NR	99.4	117.6	125.22	139.7	1.1	92	123	141	2.2	1	0.5	14	14
	150	28	83.2	63.8	4000	5000	1.750	6217N	6217NR	107.1	130.9	145.24	159.7	2	95	140	161	3.9	2	0.5	19.844	11
	180	41	132	96.5	3600	4300	4.270	6317N	6317NR	114.4	150.6	173.66	192.9	3	99	166	191	4.6	2.5	0.5	30.162	8
	210	52	175	138	3200	3800	7.933	6417N	6417NR	123.5	171.5	203.6	222.8	4	103	192	224	4.8	3	0.5	40	7
90	115	13	19.5	20.5	4800	6000	0.258	61818N	61818NR	97.5	107.5	112.6	120.7	1	95	110	122.0	1.7	1	0.5	7.144	25
	125	18	32.8	31.5	4500	5600	0.533	61918N	61918NR	100.8	114.2	122.6	130.7	1.1	97	118.5	132.0	2.6	1	0.5	10.319	18
	140	24	58.0	49.8	4300	5300	1.10	6018N	6018NR	107.2	126.8	135.23	149.7	1.5	99	131	151	2.8	1.5	0.5	15.081	14
	160	30	95.8	71.5	3800	4800	2.20	6218N	6218NR	111.7	138.4	155.22	169.7	2	100	150	171	3.9	2	0.5	22.225	10
95	120	13	19.8	21.3	4500	5600	0.270	61819N	61819NR	102.5	112.5	117.6	125.7	1	100	115	127.0	1.7	1	0.5	7.144	26
	130	18	33.7	33.3	4300	5300	0.558	61919N	61919NR	105.8	119.2	127.6	135.7	1.1	102	124	137.0	2.8	1	0.5	10.319	19
	145	24	57.8	50.0	4000	5000	1.140	6019N	6019NR	110.2	129.8	140.23	154.7	1.5	104	136	156	2.8	1.5	0.5	15.081	14
	170	32	110	82.8	3600	4500	2.350	6219N	6219NR	118.1	146.9	163.65	182.9	2.1	107	158	184	4.6	2.1	0.5	24	10
100	125	13	20.1	22.0	4300	5300	0.283	61820N	61820NR	107.5	117.5	122.6	130.7	1	105	120	132.0	1.7	1	0.5	7.144	27
	140	20	42.7	41.9	4000	5000	0.774	61920N	61920NR	112.3	127.8	137.6	145.7	1.1	107	133	147.0	2.8	1	0.5	11.906	18
	150	24	64.5	56.2	3800	4800	1.250	6020N	6020NR	114.6	135.4	145.24	159.7	1.5	109	141	161	2.8	1.5	0.5	16	14
	180	34	122	92.8	3400	4300	3.120	6220N	6220NR	124.8	155.3	173.66	192.9	2.1	112	168	194	4.6	2.1	0.5	25.4	10

注：1. 现行标准 GB/T 276—2013 删除了 60000-ZN 型，增加了 60000 NR 型（外圈有止动槽并带止动环的结构）及其尺寸，扩大了 60000 N 型 18、19、10、02、03、04 系列尺寸范围，但本表数据仅将 60000-ZN 型更改为 60000 NR 型并替换了 D_3 尺寸，其他数据仍按《全国滚动轴承产品样本》第 2 版未作修改。

2. 随着轴承技术的发展，基本额定载荷、极限转速均较表中数据（来源于《全国滚动轴承产品样本》第 2 版）有所提高。

带密封圈的深沟球轴承（摘自 GB/T 276）

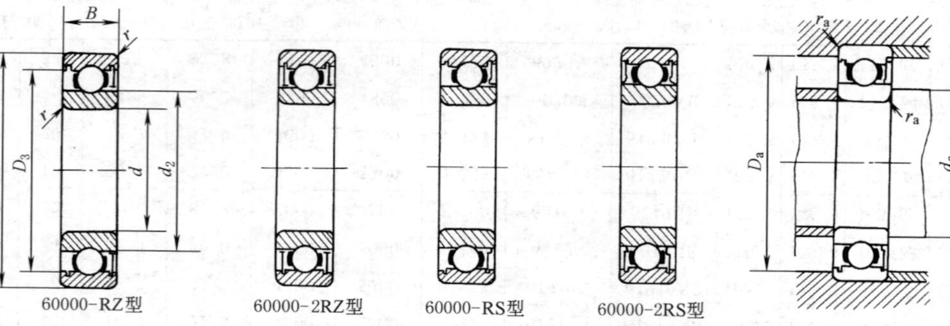

60000-RZ型　　60000-2RZ型　　60000-RS型

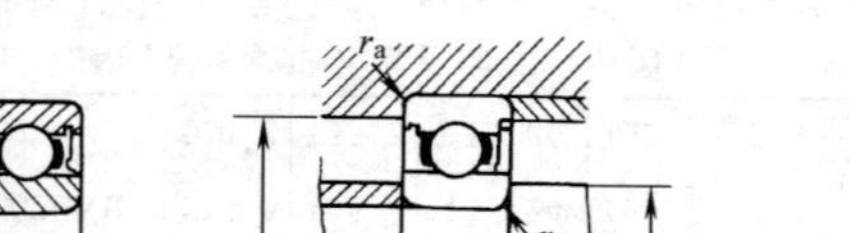

60000-2RS型

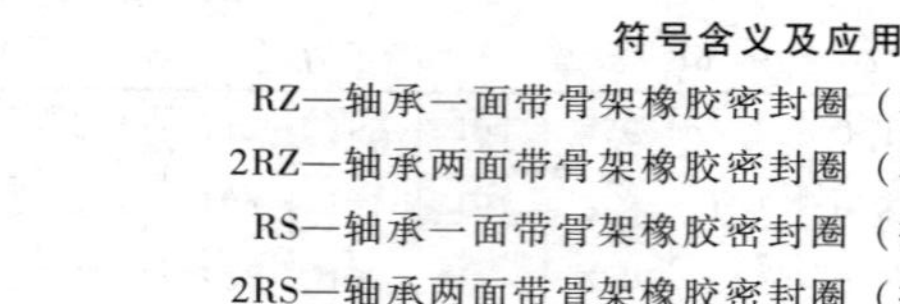

符号含义及应用

RZ—轴承一面带骨架橡胶密封圈（非接触式）

2RZ—轴承两面带骨架橡胶密封圈（非接触式）

RS—轴承一面带骨架橡胶密封圈（接触式）

2RS—轴承两面带骨架橡胶密封圈（接触式）

带密封圈的轴承的性能、填脂和用途与带防尘盖的轴承相同。不同的是防尘盖与内圈之间有较大间隙，而非接触式密封圈间隙很小，接触式密封圈没有间隙，各型密封效果不同，无间隙密封效果较好，但摩擦和噪声增加，极限转速较低

表 7-2-81

基本尺寸 /mm			基本额定载荷 /kN		极限转速 /r·min^{-1}		质量 /kg	轴承代号		其他尺寸 /mm			安装尺寸 /mm			球径 /mm	球数
d	D	B	C_r	C_{0r}	脂	油	W ≈	60000-RZ 型 60000-RS 型	60000-2RZ 型 60000-2RS 型	d_2	D_3	r min	d_a min	D_a max	r_a max	D_W	Z
10	19	5	1.8	0.93	21000		0.005	61800-RS	61800-2RS	12.6	17.3	0.3	12	17	0.3	2.381	11
	19	5	1.8	0.93	28000	36000	0.005	61800-RZ	61800-2RZ	12.6	17.3	0.3	12	17	0.3	2.381	11
	22	6	2.7	1.3	19000		0.008	61900-RS	61900-2RS	13.5	19.4	0.3	12.4	20	0.3	3.175	9
	22	6	2.7	1.3	25000	32000	0.008	61900-RZ	61900-2RZ	13.5	19.4	0.3	12.4	20	0.3	3.175	9
	26	8	4.58	1.98	15000		0.019	6000-RS	6000-2RS	14.9	22.6	0.3	12.4	23.6	0.3	4.762	7
	26	8	4.58	1.98	22000	30000	0.019	6000-RZ	6000-2RZ	14.9	22.6	0.3	12.4	23.6	0.3	4.762	7
	30	9	5.10	2.38	14000		0.030	6200-RS	6200-2RS	17.4	25.2	0.6	15	26	0.6	4.762	8
	30	9	5.10	2.38	20000	26000	0.030	6200-RZ	6200-2RZ	17.4	25.2	0.6	15	26	0.6	4.762	8
	35	11	7.65	3.48	12000		0.050	6300-RS	6300-2RS	19.4	29.5	0.6	15	30	0.6	6.35	7
	35	11	7.65	3.48	18000	24000	0.050	6300-RZ	6300-2RZ	19.4	29.5	0.6	15	30	0.6	6.35	7
12	21	5	1.9	1.0	18000		0.005	61801-RS	61801-2RS	14.6	19.3	0.3	14.0	19	0.3	2.381	12
	21	5	1.9	1.0	24000	32000	0.005	61801-RZ	61801-2RZ	14.6	19.3	0.3	14.0	19	0.3	2.381	12
	24	6	2.9	1.5	17000		0.008	61901-RS	61901-2RS	15.5	25.6	0.3	14.4	22	0.3	3.175	10
	24	6	2.9	1.5	22000	28000	0.008	61901-RZ	61901-2RZ	15.5	25.6	0.3	14.4	22	0.3	3.175	10
	28	8	5.10	2.38	14000		0.020	6001-RS	6001-2RS	17.4	24.8	0.3	14.4	25.6	0.3	4.762	8
	28	8	5.10	2.38	20000	26000	0.020	6001-RZ	6001-2RZ	17.4	24.8	0.3	14.4	25.6	0.3	4.762	8

续表

基本尺寸 /mm			基本额定载荷 /kN		极限转速 /r·min^{-1}		质量 /kg	轴承代号		其他尺寸 /mm			安装尺寸 /mm			球径 /mm	球数
d	D	B	C_r	C_{0r}	脂	油	W ≈	60000-RZ 型 60000-RS 型	60000-2RZ 型 60000-2RS 型	d_2	D_3	r min	d_a min	D_a max	r_a max	D_W	Z
12	32	10	6.82	3.05	13000		0.040	6201-RS	6201-2RS	18.3	28.0	0.6	17	28.0	0.6	5.953	7
	32	10	6.82	3.05	19000	24000	0.040	6201-RZ	6201-2RZ	18.3	28.0	0.6	17	28.0	0.6	5.953	7
	37	12	9.72	5.08	12000		0.060	6301-RS	6301-2RS	19.3	31.6	1	18	32.0	1	7.938	6
	37	12	9.72	5.08	17000	22000	0.060	6301-RZ	6301-2RZ	19.3	31.6	1	18	32.0	1	7.938	6
15	24	5	2.1	1.3	17000		0.005	61802-RS	61802-2RS	17.6	22.3	0.3	17.0	22	0.3	2.381	14
	24	5	2.1	1.3	22000	30000	0.005	61802-RZ	61802-2RZ	17.6	22.3	0.3	17.0	22	0.3	2.381	14
	28	7	4.3	2.3	15000		0.012	61902-RS	61902-2RS	18.3	25.6	0.3	17.4	26	0.3	3.969	10
	28	7	4.3	2.3	20000	26000	0.012	61902-RZ	61902-2RZ	18.3	25.6	0.3	17.4	26	0.3	3.969	10
	32	9	5.58	2.85	13000		0.030	6002-RS	6002-2RS	20.4	28.5	0.3	17.4	29.6	0.3	4.762	9
	32	9	5.58	2.85	19000	24000	0.030	6002-RZ	6002-2RZ	20.4	28.5	0.3	17.4	29.6	0.3	4.762	9
	35	11	7.65	3.72	12000		0.040	6202-RS	6202-2RS	21.6	31.3	0.6	20	32	0.6	5.953	8
	35	11	7.65	3.72	18000	22000	0.040	6202-RZ	6202-2RZ	21.6	31.3	0.6	20	32	0.6	5.953	8
	42	13	11.5	5.42	11000		0.080	6302-RS	6302-2RS	24.3	36.6	1	21	37	1	7.938	7
	42	13	11.5	5.42	16000	20000	0.080	6302-RZ	6302-2RZ	24.3	36.6	1	21	37	1	7.938	7
17	26	5	2.2	1.5	15000		0.007	61803-RS	61803-2RS	19.6	24.3	0.3	19.0	24	0.3	2.381	16
	26	5	2.2	1.5	20000	28000	0.007	61803-RZ	61803-2RZ	19.6	24.3	0.3	19.0	24	0.3	2.381	16
	30	7	4.6	2.6	14000		0.014	61903-RS	61903-2RS	20.3	27.6	0.3	19.4	28	0.3	3.969	11
	30	7	4.6	2.6	19000	24000	0.014	61903-RZ	61903-2RZ	20.3	27.6	0.3	19.4	28	0.3	3.969	11
	35	10	6.00	3.25	12000		0.040	6003-RS	6003-2RS	22.9	31.0	0.3	19.4	32.6	0.3	4.762	10
	35	10	6.00	3.25	17000	21000	0.040	6003-RZ	6003-2RZ	22.9	31.0	0.3	19.4	32.6	0.3	4.762	10
	40	12	9.58	4.78	11000		0.060	6203-RS	6203-2RS	24.6	35.3	0.6	22	36.0	0.6	6.747	8
	40	12	9.58	4.78	16000	20000	0.060	6203-RZ	6203-2RZ	24.6	35.3	0.6	22	36.0	0.6	6.747	8
	47	14	13.5	6.58	10000		0.110	6303-RS	6303-2RS	26.8	40.1	1	23	41.0	1	8.731	7
	47	14	13.5	6.58	15000	18000	0.110	6303-RZ	6303-2RZ	26.8	40.1	1	23	41.0	1	8.731	7
20	32	7	3.5	2.2	14000		0.015	61804-RS	61804-2RS	23.5	29.7	0.3	22.4	30	0.3	3.175	14
	32	7	3.5	2.2	18000	24000	0.015	61804-RZ	61804-2RZ	23.5	29.7	0.3	22.4	30	0.3	3.175	14
	37	9	6.4	3.7	13000		0.031	61904-RS	61904-2RS	25.2	32.9	0.3	22.4	34.6	0.3	4.762	11
	37	9	6.4	3.7	17000	22000	0.031	61904-RZ	61904-2RZ	25.2	32.9	0.3	22.4	34.6	0.3	4.762	11

续表

基本尺寸/mm			基本额定载荷/kN		极限转速/r·min^{-1}		质量/kg	轴承代号		其他尺寸/mm			安装尺寸/mm			球径/mm	球数
d	D	B	C_r	C_{0r}	脂	油	W ≈	60000-RZ 型 60000-RS 型	60000-2RZ 型 60000-2RS 型	d_2	D_3	r min	d_a min	D_a max	r_a max	D_W	Z
20	42	12	9.38	5.02	11000		0.070	6004-RS	6004-2RS	26.9	37.0	0.6	25	38.0	0.6	6.35	9
	42	12	9.38	5.02	16000	19000	0.070	6004-RZ	6004-2RZ	26.9	37.0	0.6	25	38.0	0.6	6.35	9
	47	14	12.8	6.65	9500		0.100	6204-RS	6204-2RS	29.3	41.6	1	26	42.0	1	7.938	8
	47	14	12.8	6.65	14000	18000	0.100	6204-RZ	6204-2RZ	29.3	41.6	1	26	42.0	1	7.938	8
	52	15	15.8	7.88	9000		0.140	6304-RS	6304-2RS	29.8	44.4	1.1	27	45	1	9.525	7
	52	15	15.8	7.88	13000	16000	—	6304-RZ	6304-2RZ	29.8	44.4	1.1	27	45	1	9.525	7
25	37	7	4.3	2.9	12000		0.017	61805-RS	61805-2RS	28.2	34.9	0.3	27.4	35	0.3	3.500	15
	37	7	4.3	2.9	16000	20000	0.017	61805-RZ	61805-2RZ	28.2	34.9	0.3	27.4	35	0.3	3.500	15
	42	9	7.0	4.5	11000		0.038	61905-RS	61905-2RS	30.2	37.9	0.3	27.4	40	0.3	4.762	13
	42	9	7.0	4.5	14000	18000	0.038	61905-RZ	61905-2RZ	30.2	37.9	0.3	27.4	40	0.3	4.762	13
	47	12	10.0	5.85	9000		0.080	6005-RS	6005-2RS	31.9	42.0	0.6	30	43	0.6	6.35	10
	47	12	10.0	5.85	13000	17000	0.080	6005-RZ	6005-2RZ	31.9	42.0	0.6	30	43	0.6	6.35	10
	52	15	14.0	7.88	8000		0.120	6205-RS	6205-2RS	33.8	46.4	1	31	47	1	7.938	9
	52	15	14.0	7.88	12000	15000	0.120	6205-RZ	6205-2RZ	33.8	46.4	1	31	47	1	7.938	9
	62	17	22.2	11.5	6800		0.220	6305-RS	6305-2RS	36.0	53.2	1.1	32	55	1	11.5	7
	62	17	22.2	11.5	10000	14000	0.220	6305-RZ	6305-2RZ	36.0	53.2	1.1	32	55	1	11.5	7
30	42	7	4.7	3.6	11000		0.019	61806-RS	61806-2RS	33.2	39.9	0.3	32.4	40	0.3	3.500	18
	42	7	4.7	3.6	13000	17000	0.019	61806-RZ	61806-2RZ	33.2	39.9	0.3	32.4	40	0.3	3.500	18
	47	9	7.2	5.0	9000		0.043	61906-RS	61906-2RS	35.2	42.9	0.3	32.4	44.6	0.3	4.762	14
	47	9	7.2	5.0	12000	16000	0.043	61906-RZ	61906-2RZ	35.2	42.9	0.3	32.4	44.6	0.3	4.762	14
	55	13	13.2	8.30	7500		0.120	6006-RS	6006-2RS	38.4	49.8	1	36	50	1	7.144	11
	55	13	13.2	8.30	11000	14000	0.120	6006-RZ	6006-2RZ	38.4	49.8	1	36	50	1	7.144	11
	62	16	19.5	11.5	6700		0.190	6206-RS	6206-2RS	40.8	54.4	1	36	56	1	9.525	9
	62	16	19.5	11.5	9500	13000	0.190	6206-RZ	6206-2RZ	40.8	54.4	1	36	56	1	9.525	9
	72	19	27.0	15.2	6000		0.350	6306-RS	6306-2RS	44.8	61.4	1.1	37	65	1	12	8
	72	19	27.0	15.2	9000	11000	0.350	6306-RZ	6306-2RZ	44.8	61.4	1.1	37	65	1	12	8
35	47	7	4.9	4.0	9000		0.023	61807-RS	61807-2RS	38.2	44.9	0.3	37.4	45	0.3	3.500	20
	47	7	4.9	4.0	11000	15000	0.023	61807-RZ	61807-2RZ	38.2	44.9	0.3	37.4	45	0.3	3.500	20

续表

基本尺寸 /mm			基本额定载荷 /kN		极限转速 /r·min^{-1}		质量 /kg	轴承代号		其他尺寸 /mm			安装尺寸 /mm			球径 /mm	球数
d	D	B	C_r	C_{0r}	脂	油	W ≈	60000-RZ 型 60000-RS 型	60000-2RZ 型 60000-2RS 型	d_2	D_3	r min	d_a min	D_a max	r_a max	D_W	Z
35	55	10	9.5	6.8	7500		0.078	61907-RS	61907-2RS	41.1	50.3	0.6	40	51	0.6	5.556	14
	55	10	9.5	6.8	10000	13000	0.078	61907-RZ	61907-2RZ	41.1	50.3	0.6	40	51	0.6	5.556	14
	62	14	16.2	10.5	6500		0.160	6007-RS	6007-2RS	43.3	55.9	1	41	56	1	8	11
	62	14	16.2	10.5	9500	12000	0.160	6007-RZ	6007-2RZ	43.3	55.9	1	41	56	1	8	11
	72	17	25.5	15.2	5800		0.270	6207-RS	6207-2RS	46.8	62.4	1.1	42	65	1	11.112	9
	72	17	25.5	15.2	8500	11000	0.270	6207-RZ	6207-2RZ	46.8	62.4	1.1	42	65	1	11.112	9
	80	21	33.4	19.2	5400		0.420	6307-RS	6307-2RS	50.4	68.8	1.5	44	71	1.5	13.494	8
	80	21	33.4	19.2	8000	9500	0.420	6307-RZ	6307-2RZ	50.4	68.8	1.5	44	71	1.5	13.494	8
40	52	7	5.1	4.4	7500		0.026	61808-RS	61808-2RS	43.2	49.9	0.3	42.4	50	0.3	3.500	22
	52	7	5.1	4.4	10000	13000	0.026	61808-RZ	61808-2RZ	43.2	49.9	0.3	42.4	50	0.3	3.500	22
	62	12	13.7	9.9	7000		0.103	61908-RS	61908-2RS	46.3	57.1	0.6	45	58	0.6	6.747	14
	62	12	13.7	9.9	9500	12000	0.103	61908-RZ	61908-2RZ	46.3	57.1	0.6	45	58	0.6	6.747	14
	68	15	17.0	11.8	6000		0.190	6008-RS	6008-2RS	48.8	61.4	1	46	62	1	8	12
	68	15	17.0	11.8	9000	11000	0.190	6008-RZ	6008-2RZ	48.8	61.4	1	46	62	1	8	12
	80	18	29.5	18.0	5400		0.370	6208-RS	6208-2RS	52.8	69.4	1.1	47	73	1	12	9
	80	18	29.5	18.0	8000	10000	0.370	6208-RZ	6208-2RZ	52.8	69.4	1.1	47	73	1	12	9
	90	23	40.8	24.0	4800		0.630	6308-RS	6308-2RS	56.5	77.0	1.5	49	81	1.5	15.081	8
	90	23	40.8	24.0	7000	8500	0.630	6308-RZ	6308-2RZ	56.5	77.0	1.5	49	81	1.5	15.081	8
45	58	7	6.4	5.6	6800		0.030	61809-RS	61809-2RS	48.3	55.8	0.3	47.4	56	0.3	3.969	22
	58	7	6.4	5.6	9000	12000	0.030	61809-RZ	61809-2RZ	48.3	55.8	0.3	47.4	56	0.3	3.969	22
	68	12	14.1	10.9	6400		0.123	61909-RS	61909-2RS	51.8	62.6	0.6	50	63	0.6	6.747	15
	68	12	14.1	10.9	8500	11000	0.123	61909-RZ	61909-2RZ	51.8	62.6	0.6	50	63	0.6	6.747	15
	75	16	21.0	14.8	5400		0.240	6009-RS	6009-2RS	54.2	68.1	1	51	69	1	9	12
	75	16	21.0	14.8	8000	10000	0.240	6009-RZ	6009-2RZ	54.2	68.1	1	51	69	1	9	12
	85	19	31.5	20.5	4800		0.420	6209-RS	6209-2RS	58.8	75.7	1.1	52	78	1	12	10
	85	19	31.5	20.5	7000	9000	0.420	6209-RZ	6209-2RZ	58.8	75.7	1.1	52	78	1	12	10
	100	25	52.8	31.8	4300		0.830	6309-RS	6309-2RS	63.0	86.5	1.5	54	91	1.5	17.462	8
	100	25	52.8	31.8	6300	7500	0.830	6309-RZ	6309-2RZ	63.0	86.5	1.5	54	91	1.5	17.462	8
50	65	7	6.6	6.1	6400		0.043	61810-RS	61810-2RS	54.3	61.8	0.3	52.4	62.6	0.3	3.969	24
	65	7	6.6	6.1	8500	10000	0.043	61810-RZ	61810-2RZ	54.3	61.8	0.3	52.4	62.6	0.3	3.969	24
	72	12	14.5	11.7	6000		0.122	61910-RS	61910-2RS	56.3	67.1	0.6	55	68	0.6	6.747	16

续表

基本尺寸 /mm			基本额定载荷 /kN		极限转速 /r·min^{-1}		质量 /kg	轴承代号		其他尺寸 /mm			安装尺寸 /mm			球径 /mm	球数
d	D	B	C_r	C_{0r}	脂	油	W ≈	60000-RZ 型 60000-RS 型	60000-2RZ 型 60000-2RS 型	d_2	D_3	r min	d_a min	D_a max	r_a max	D_W	Z
50	72	12	14.5	11.7	8000	9500	0.122	61910-RZ	61910-2RZ	56.3	67.1	0.6	55	68	0.6	6.747	16
	80	16	22.0	16.2	4800		0.280	6010-RS	6010-2RS	59.2	73.1	1	56	74	1	9	13
	80	16	22.0	16.2	7000	9000	0.280	6010-RZ	6010-2RZ	59.2	73.1	1	56	74	1	9	13
	90	20	35.0	23.2	4600		0.470	6210-RS	6210-2RS	62.4	80.1	1.1	57	83	1	12.7	10
	90	20	35.0	23.2	6700	8500	0.470	6210-RZ	6210-2RZ	62.4	80.1	1.1	57	83	1	12.7	10
	110	27	61.8	38.0	4100		1.080	6310-RS	6310-2RS	69.1	94.4	2	60	100	2	19.05	8
	110	27	61.8	38.0	6000	7000	1.080	6310-RZ	6310-2RZ	69.1	94.4	2	60	100	2	19.05	8
55	72	9	9.1	8.4	6000		0.070	61811-RS	61811-2RS	60.2	68.3	0.3	57.4	69.6	0.3	4.762	23
	72	9	9.1	8.4	8000	9500	0.070	61811-RZ	61811-2RZ	60.2	68.3	0.3	57.4	69.6	0.3	4.762	23
	80	13	15.9	13.2	5600		0.170	61911-RS	61911-2RS	62.9	73.6	1	61	75	1	7.144	16
	80	13	15.9	13.2	7500	9000	0.170	61911-RZ	61911-2RZ	62.9	73.6	1	61	75	1	7.144	16
	90	18	30.2	21.8	4800		0.380	6011-RS	6011-2RS	65.4	82.2	1.1	62	83	1	11	12
	90	18	30.2	21.8	7000	8500	0.380	6011-RZ	6011-2RZ	65.4	82.2	1.1	62	83	1	11	12
	100	21	43.2	29.2	4100		0.580	6211-RS	6211-2RS	68.9	88.6	1.5	64	91	1.5	14.288	10
	100	21	43.2	29.2	6000	7500	0.580	6211-RZ	6211-2RZ	68.9	88.6	1.5	64	91	1.5	14.288	10
	120	29	71.5	44.8	3800		1.370	6311-RS	6311-2RS	76.1	103.4	2	65	110	2	20.638	8
	120	29	71.5	44.8	5600	6700	1.370	6311-RZ	6311-2RZ	76.1	103.4	2	65	110	2	20.638	8
60	78	10	9.1	8.7	5300		0.093	61812-RS	61812-2RS	66.2	74.6	0.3	62.4	75.6	0.3	4.762	24
	78	10	9.1	8.7	7000	8500	0.093	61812-RZ	61812-2RZ	66.2	74.6	0.3	62.4	75.6	0.3	4.762	24
	85	13	16.4	14.2	5000		0.181	61912-RS	61912-2RS	67.9	78.6	1	66	80	1	7.144	17
	85	13	16.4	14.2	6700	8000	0.181	61912-RZ	61912-2RZ	67.9	78.6	1	66	80	1	7.144	17
	95	18	31.5	24.2	4300		0.410	6012-RS	6012-2RS	71.4	88.2	1.1	67	89	1	11	13
	95	18	31.5	24.2	6300	7500	0.410	6012-RZ	6012-2RZ	71.4	88.2	1.1	67	89	1	11	13
	110	22	47.8	32.8	3800		0.770	6212-RS	6212-2RS	76.0	96.5	1.5	69	101	1.5	15.081	10
	110	22	47.8	32.8	5600	7000	0.770	6212-RZ	6212-2RZ	76.0	96.5	1.5	69	101	1.5	15.081	10
	130	31	81.8	51.8	3400		1.710	6312-RS	6312-2RS	81.7	111.1	2.1	72	118	2.1	22.225	8
	130	31	81.8	51.8	5000	6000	1.710	6312-RZ	6312-2RZ	81.7	111.1	2.1	72	118	2.1	22.225	8
65	85	10	11.9	11.5	5000		0.130	61813-RS	61813-2RS	71.1	80.6	0.6	69	81	0.6	5.556	23
	85	10	11.9	11.5	6700	8000	0.130	61813-RZ	61813-2RZ	71.1	80.6	0.6	69	81	0.6	5.556	23
	90	13	17.4	16.0	4700		0.196	61913-RS	61913-2RS	72.9	83.6	1	71	85	1	7.144	19

续表

基本尺寸 /mm			基本额定载荷 /kN		极限转速 /r·min^{-1}		质量 /kg	轴承代号		其他尺寸 /mm			安装尺寸 /mm			球径 /mm	球数
d	D	B	C_r	C_{0r}	脂	油	W ≈	60000-RZ 型 60000-RS 型	60000-2RZ 型 60000-2RS 型	d_2	D_3	r min	d_a min	D_a max	r_a max	D_W	Z
65	90	13	17.4	16.0	6300	7500	0.196	61913-RZ	61913-2RZ	72.9	83.6	1	71	85	1	7.144	19
	100	18	32.0	24.8	4100		0.410	6013-RS	6013-2RS	75.3	92.2	1.1	72	93	1	11.112	13
	100	18	32.0	24.8	6000	7000	0.410	6013-RZ	6013-2RZ	75.3	92.2	1.1	72	93	1	11.112	13
	120	23	57.2	40.0	3400		0.980	6213-RS	6213-2RS	82.5	105.0	1.5	74	111	1.5	16.669	10
	120	23	57.2	40.0	5000	6300	0.980	6213-RZ	6213-2RZ	82.5	105.0	1.5	74	111	1.5	16.669	10
	140	33	93.8	60.5	3000		2.090	6313-RS	6313-2RS	88.1	119.7	2.1	77	128	2.1	24	8
	140	33	93.8	60.5	4500	5300	2.090	6313-RZ	6313-2RZ	88.1	119.7	2.1	77	128	2.1	24	8
70	90	10	12.1	11.9	4700		0.138	61814-RS	61814-2RS	76.1	85.6	0.6	74	86	0.6	5.556	24
	90	10	12.1	11.9	6300	7500	0.138	61814-RZ	61814-2RZ	76.1	85.6	0.6	74	86	0.6	5.556	24
	100	16	23.7	21.1	4500		0.336	61914-RS	61914-2RS	79.3	92.6	1	76	95	1	8.731	17
	100	16	23.7	21.1	6000	7000	0.336	61914-RZ	61914-2RZ	79.3	92.6	1	76	95	1	8.731	17
	110	20	38.5	30.5	3800		0.60	6014-RS	6014-2RS	82.0	100.5	1.1	77	103	1	12.303	13
	110	20	38.5	30.5	5600	6700	0.60	6014-RZ	6014-2RZ	82.0	100.5	1.1	77	103	1	12.303	13
	125	24	60.8	45.0	3300		1.04	6214-RS	6214-2RS	89.0	111.8	1.5	79	116	1.5	16.669	11
	125	24	60.8	45.0	4800	6000	1.04	6214-RZ	6214-2RZ	89.0	111.8	1.5	79	116	1.5	16.669	11
	150	35	105	68.0	2900		2.60	6314-RS	6314-2RS	94.8	128.0	2.1	82	138	2.1	25.4	8
	150	35	105	68.0	4300	5000	2.60	6314-RZ	6314-2RZ	94.8	128.0	2.1	82	138	2.1	25.4	8
75	95	10	12.5	12.8	4500		0.147	61815-RS	61815-2RS	81.1	90.6	0.6	79	91	0.6	5.556	26
	95	10	12.5	12.8	6000	7000	0.147	61815-RZ	61815-2RZ	81.1	90.6	0.6	79	91	0.6	5.556	26
	105	16	24.3	22.5	4200		0.355	61915-RS	61915-2RS	84.3	97.6	1	81	100	1	8.731	18
	105	16	24.3	22.5	5600	6700	0.355	61915-RZ	61915-2RZ	84.3	97.6	1	81	100	1	8.731	18
	115	20	40.2	33.2	3600		0.64	6015-RS	6015-2RS	88.0	106.5	1.1	82	108	1	12.303	14
	115	20	40.2	33.2	5300	6300	0.64	6015-RZ	6015-2RZ	88.0	106.5	1.1	82	108	1	12.303	14
	130	25	66.0	49.5	3000		1.18	6215-RS	6215-2RS	94.0	117.8	1.5	84	121	1.5	17.462	11
	130	25	66.0	49.5	4500	5600	1.18	6215-RZ	6215-2RZ	94.0	117.8	1.5	84	121	1.5	17.462	11
	160	37	113	76.8	2800		3	6315-RS	6315-2RS	101.3	136.5	2.1	87	148	2.1	26.988	8
	160	37	113	76.8	4000	4800	3	6315-RZ	6315-2RZ	101.3	136.5	2.1	87	148	2.1	26.988	8
80	100	10	12.7	13.3	4200		0.155	61816-RS	61816-2RS	86.1	95.6	0.6	84	96	0.6	5.556	27
	100	10	12.7	13.3	5600	6700	0.155	61816-RZ	61816-2RZ	86.1	95.6	0.6	84	96	0.6	5.556	27
	110	16	24.9	23.9	4000		0.375	61916-RS	61916-2RS	89.3	102.6	1	86	105	1	8.731	19

第7篇

续表

基本尺寸 /mm			基本额定载荷 /kN		极限转速 /r·min^{-1}		质量 /kg	轴承代号		其他尺寸 /mm			安装尺寸 /mm			球径 /mm	球数
d	D	B	C_r	C_{0r}	脂	油	W ≈	60000-RZ 型 60000-RS 型	60000-2RZ 型 60000-2RS 型	d_2	D_3	r min	d_a min	D_a max	r_a max	D_W	Z
80	110	16	24.9	23.9	5300	6300	0.375	61916-RZ	61916-2RZ	89.3	102.6	1	86	105	1	8.731	19
	125	22	47.5	39.8	3400		1.05	6016-RS	6016-2RS	95.2	115.6	1.1	87	118	1	13.494	14
	125	22	47.5	39.8	5000	6000	1.05	6016-RZ	6016-2RZ	95.2	115.6	1.1	87	118	1	13.494	14
	140	26	71.5	54.2	2900		1.38	6216-RS	6216-2RS	100.0	124.8	2	90	130	2	18.256	11
	140	26	71.5	54.2	4300	5300	1.38	6216-RZ	6216-2RZ	100.0	124.8	2	90	130	2	18.256	11
	170	39	123	86.5	2600		3.62	6316-RS	6316-2RS	107.9	144.9	2.1	92	158	2.1	28.575	8
	170	39	123	86.5	3800	4500	3.62	6316-RZ	6316-2RZ	107.9	144.9	2.1	92	158	2.1	28.575	8
85	110	13	19.2	19.8	3800		0.245	61817-RS	61817-2RS	92.5	104.4	1	90	105	1	7.144	24
	110	13	19.2	19.8	5000	6300	0.245	61817-RZ	61817-2RZ	92.5	104.4	1	90	105	1	7.144	24
	120	18	31.9	29.7	3600		0.507	61917-RS	61917-2RS	95.8	111.1	1.1	92	113.5	1	10.319	17
	120	18	31.9	29.7	4800	6000	0.507	61917-RZ	61917-2RZ	95.8	111.1	1.1	92	113.5	1	10.319	17
	130	22	50.8	42.8	3200		1.10	6017-RS	6017-2RS	99.4	120.4	1.1	92	123	1	14	14
	130	22	50.8	42.8	4500	5600	1.10	6017-RZ	6017-2RZ	99.4	120.4	1.1	92	123	1	14	14
	150	28	83.2	63.8	2800		1.75	6217-RS	6217-2RS	107.1	133.7	2	95	140	2	19.844	11
	150	28	83.2	63.8	4000	5000	1.75	6217-RZ	6217-2RZ	107.1	133.7	2	95	140	2	19.844	11
	180	41	132	96.5	2400		4.27	6317-RS	6317-2RS	114.4	153.4	3	99	166	2.5	30.162	8
	180	41	132	96.5	3600	4300	4.27	6317-RZ	6317-2RZ	114.4	153.4	3	99	166	2.5	30.162	8
90	115	13	19.5	20.5	3600		0.258	61818-RS	61818-2RS	97.5	109.4	1	95	110	1	7.144	25
	115	13	19.5	20.5	4800	6000	0.258	61818-RZ	61818-2RZ	97.5	109.4	1	95	110	1	7.144	25
	125	18	32.8	31.5	3400		0.533	61918-RS	61918-2RS	100.8	116.1	1.1	97	118.5	1	10.319	18
	125	18	32.8	31.5	4500	5600	0.533	61918-RZ	61918-2RZ	100.8	116.1	1.1	97	118.5	1	10.319	18
	140	24	58.0	49.8	3000		1.16	6018-RS	6018-2RS	107.2	129.6	1.5	99	131	1.5	15.081	14
	140	24	58.0	49.8	4300	5300	1.16	6018-RZ	6018-2RZ	107.2	129.6	1.5	99	131	1.5	15.081	14
	160	30	95.8	71.5	2600		2.18	6218-RS	6218-2RS	111.7	141.1	2.0	100	150	2	22.225	10
	160	30	95.8	71.5	3800	4800	2.18	6218-RZ	6218-2RZ	111.7	141.1	2.0	100	150	2	22.225	10
	190	43	145	108	2200		4.96	6318-RS	6318-2RS	120.8	164.0	3	104	176	2.5	32	8
	190	43	145	108	3400	4000	4.96	6318-RZ	6318-2RZ	120.8	164.0	3	104	176	2.5	32	8
95	120	13	19.8	21.3	3400		0.27	61819-RS	61819-2RS	102.5	114.4	1	100	115	1	7.144	26
	120	13	19.8	21.3	4500	5600	0.27	61819-RZ	61819-2RZ	102.5	114.4	1	100	115	1	7.144	26
	130	18	33.7	33.3	3200		0.558	61919-RS	61919-2RS	105.8	121.1	1.1	102	124	1	10.319	19
	130	18	33.7	33.3	4300	5300	0.558	61919-RZ	61919-2RZ	105.8	121.1	1.1	102	124	1	10.319	19

续表

基本尺寸 /mm			基本额定载荷 /kN		极限转速 /r·min^{-1}		质量 /kg	轴承代号		其他尺寸 /mm			安装尺寸 /mm			球径 /mm	球数
d	D	B	C_r	C_{0r}	脂	油	W ≈	60000-RZ 型 60000-RS 型	60000-2RZ 型 60000-2RS 型	d_2	D_3	r min	d_a min	D_a max	r_a max	D_W	Z
95	145	24	57.8	50.0	2800		1.21	6019-RS	6019-2RS	110.2	132.6	1.5	104	136	1.5	15.081	14
	145	24	57.8	50.0	4000	5000	1.21	6019-RZ	6019-2RZ	110.2	132.6	1.5	104	136	1.5	15.081	14
	170	32	110	82.8	2400		2.62	6219-RS	6219-2RS	118.1	149.7	2.1	107	158	2.1	24	10
	170	32	110	82.8	3600	4500	2.62	6219-RZ	6219-2RZ	118.1	149.7	2.1	107	158	2.1	24	10
100	125	13	20.1	22.0	3200		0.283	61820-RS	61820-2RS	107.5	119.4	1	105	120	1	7.144	27
	125	13	20.1	22.0	4300	5300	0.283	61820-RZ	61820-2RZ	107.5	119.4	1	105	120	1	7.144	27
	140	20	42.7	41.9	3000		0.774	61920-RS	61920-2RS	112.3	130.1	1.1	107	133	1	11.906	18
	140	20	42.7	41.9	4000	5000	0.774	61920-RZ	61920-2RZ	112.3	130.1	1.1	107	133	1	11.906	18
	150	24	64.5	56.2	2600		1.25	6020-RS	6020-2RS	114.6	138.2	1.5	109	141	1.5	16	14
	150	24	64.5	56.2	3800	4800	1.25	6020-RZ	6020-2RZ	114.6	138.2	1.5	109	141	1.5	16	14
	180	34	122	92.8	2200		3.2	6220-RS	6220-2RS	124.8	158.0	2.1	112	168	2.1	25.4	10
	180	34	122	92.8	3400	4300	3.2	6220-RZ	6220-2RZ	124.8	158.0	2.1	112	168	2.1	25.4	10
105	130	13	20.3	22.7	3000		0.295	61821-RS	61821-2RS	112.5	124.4	1	110	125	1	7.144	28
	130	13	20.3	22.7	4000	5000	0.295	61821-RZ	61821-2RZ	112.5	124.4	1	110	125	1	7.144	28
	145	20	43.9	44.3	2900		0.808	61921-RS	61921-2RS	117.3	135.1	1.1	112	138	1	11.906	19
	145	20	43.9	44.3	3800	4800	0.808	61921-RZ	61921-2RZ	117.3	135.1	1.1	112	138	1	11.906	19
	160	26	71.8	63.2	2400		1.52	6021-RS	6021-2RS	121.5	146.4	2	115	150	2	17	14
	160	26	71.8	63.2	3600	4500	1.52	6021-RZ	6021-2RZ	121.5	146.4	2	115	150	2	17	14
110	140	16	28.1	30.7	2900		0.496	61822-RS	61822-2RS	119.3	133.0	1	115	135	1	8.731	25
	140	16	28.1	30.7	3800	5000	0.496	61822-RZ	61822-2RZ	119.3	133.0	1	115	135	1	8.731	25
	150	20	43.6	44.4	2700		0.835	61922-RS	61922-2RS	122.3	140.1	1.1	117	143	1	11.906	19
	150	20	43.6	44.4	3600	4500	0.835	61922-RZ	61922-2RZ	122.3	140.1	1.1	117	143	1	11.906	19
	170	28	81.8	72.8	2200		1.87	6022-RS	6022-2RS	129.1	155.7	2	120	160	2	18.256	14
	170	28	81.8	72.8	3400	4300	1.87	6022-RZ	6022-2RZ	129.1	155.7	2	120	160	2	18.256	14
120	150	16	28.9	32.9	2600		0.536	61824-RS	61824-2RS	129.3	143.0	1	125	145	1	8.731	27
	150	16	28.9	32.9	3400	4300	0.536	61824-RZ	61824-2RZ	129.3	143.0	1	125	145	1	8.731	27
	165	22	55	56.9	2400		1.131	61924-RS	61924-2RS	133.7	153.6	1.1	127	158	1	13.494	19
	165	22	55	56.9	3200	4000	1.131	61924-RZ	61924-2RZ	133.7	153.6	1.1	127	158	1	13.494	19
	180	28	87.5	79.2	2000		2	6024-RS	6024-2RS	137.7	165.2	2	130	170	2	19	14
	180	28	87.5	79.2	3000	3800	2	6024-RZ	6024-2RZ	137.7	165.2	2	130	170	2	19	14

注：1. 现行标准 GB/T 276—2013 修改了图形的局部结构，增加了 00、04 系列密封轴承，扩大了 18、19、10、02、03 系列尺寸范围，但结构示意图、本表数据仍按《全国滚动轴承产品样本》第 2 版未作修改。

2. 随着轴承技术的发展，基本额定载荷、极限转速均较表中数据（来源于《全国滚动轴承产品样本》第 2 版）有所提高。

10.2 调心球轴承

调心球轴承（摘自 GB/T 281）

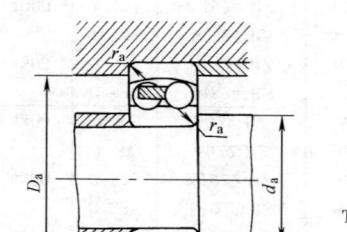

圆柱孔
10000 (TN、M)型

圆锥孔(锥度1∶12)
10000 K(KTN、KM)型

径向当量动载荷：

当 $F_a/F_r \le e$, $P_r = F_r + Y_1 F_a$

当 $F_a/F_r > e$, $P_r = 0.65F_r + Y_2 F_a$

径向当量静载荷：

$P_{0r} = F_r + Y_0 F_a$

符号含义及应用

K—圆锥孔（锥度 1∶12）

TN—工程塑料保持架

M—黄铜实体保持架

本表所列后置代号为 TN 和 M 的轴承均为优化设计结构

这类轴承有自动调心性能，但内、外套圈轴线倾斜角度不得大于 3°。主要承受径向载荷，也可同时承受少量轴向载荷，不用于纯轴向载荷

表 7-2-82

基本尺寸/mm			基本额定载荷/kN		极限转速/r·min^{-1}		质量/kg	轴承代号		其他尺寸/mm			安装尺寸/mm			计算系数			
d	D	B	C_r	C_{0r}	脂	油	W ≈	圆柱孔 10000(TN、M)型	圆锥孔 10000 K(KTN、KM)型	d_2	D_2	r min	d_a max	D_a max	r_a max	e	Y_1	Y_2	Y_0
10	30	9	5.48	1.20	24000	28000	0.035	1200	1200 K	16.7	24.4	0.6	15	25	0.6	0.32	2.0	3.0	2.0
	30	9	5.40	1.20	24000	28000	0.035	1200 TN	1200 KTN	16.7	23.5	0.6	15	25	0.6	0.31	2.1	3.17	2.1
	30	14	7.12	1.58	24000	28000	0.050	2200	2200 K	15.3	23.32	0.6	15	25	0.6	0.62	1.0	1.6	1.1
	30	14	8.00	1.70	24000	28000	0.054	2200 TN	—	15.6	23.3	0.6	15	25	0.6	0.48	1.3	2.0	1.4
	35	11	7.22	1.62	20000	24000	0.06	1300	1300 K	—	—	0.6	15	30	0.6	0.33	1.9	3.0	2.0
	35	11	7.30	1.60	20000	24000	0.062	1300 TN	—	18.5	26.4	0.6	15	30	0.6	0.33	1.9	3.0	2.0
	35	17	11.0	2.45	18000	22000	0.09	2300	2300 K	—	—	0.6	15	30	0.6	0.66	0.95	1.5	1.0
	35	17	10.8	2.40	18000	22000	0.097	2300 TN	—	17.1	25.4	0.6	15	30	0.6	0.56	1.1	1.7	1.1
12	32	10	5.55	1.25	22000	26000	0.042	1201	1201 K	18.5	26.2	0.6	17	27	0.6	0.33	1.9	2.9	2.0
	32	10	6.20	1.40	22000	26000	0.042	1201 TN	1201 KTN	18.4	25.5	0.6	17	27	0.6	0.32	1.9	3.0	2.1
	32	14	8.80	1.80	22000	26000	—	2201	2201 K	—	—	0.6	17	27	0.6	—	—	—	—

续表

基本尺寸/mm			基本额定载荷/kN		极限转速/r·min^{-1}		质量/kg	轴承代号		其他尺寸/mm			安装尺寸/mm			计算系数			
d	D	B	C_r	C_{0r}	脂	油	W ≈	圆柱孔 10000(TN、M)型	圆锥孔 10000 K(KTN、KM)型	d_2	D_2	r min	d_a max	D_a max	r_a max	e	Y_1	Y_2	Y_0
12	32	14	8.50	1.90	22000	26000	0.059	2201 TN	—	17.6	25.6	0.6	17	27	0.6	0.45	1.4	2.2	1.5
	37	12	9.42	2.12	18000	22000	0.07	1301	1301 K	20.0	30.8	1	18	31	1	0.35	1.8	2.8	1.9
	37	12	9.40	2.10	18000	22000	0.071	1301 TN	—	20.0	29.2	1	18	31	1	0.34	1.8	2.8	1.9
	37	17	12.5	2.72	17000	22000	—	2301	2301 K	—	—	1	18	31	1	—	—	—	—
	37	17	11.5	2.60	17000	22000	0.105	2301 TN	—	18.8	27.5	1	18	31	1	0.53	1.1	1.9	1.3
15	35	11	7.48	1.75	18000	22000	0.051	1202	1202 K	20.9	29.9	0.6	20	30	0.6	0.33	1.9	3.0	2.0
	35	11	7.40	1.70	18000	22000	0.051	1202 TN	1202 KTN	21.0	29.0	0.6	20	30	0.6	0.30	2.1	3.2	2.2
	35	14	7.65	1.80	18000	22000	0.06	2202	2202 K	20.8	30.4	0.6	20	30	0.6	0.50	1.3	2.0	1.3
	35	14	8.70	2.00	18000	22000	0.066	2202 TN	—	20.5	28.6	0.6	20	30	0.6	0.39	1.6	2.5	1.7
	42	13	9.50	2.28	16000	20000	0.1	1302	1302 K	23.6	34.1	1	21	36	1	0.33	1.9	2.9	2.0
	42	13	10.8	2.60	16000	20000	0.097	1302 TN	—	23.9	33.7	1	21	36	1	0.31	2.0	3.1	2.1
	42	17	12.0	2.88	14000	18000	0.11	2302	2302 K	23.2	35.2	1	21	36	1	0.51	1.2	1.9	1.3
	42	17	11.8	2.90	14000	18000	0.126	2302 TN	—	23.9	33.5	1	21	36	1	0.46	1.4	2.1	1.4
17	40	12	7.90	2.02	16000	20000	0.076	1203	1203 K	24.2	33.7	0.6	22	35	0.6	0.31	2.0	3.2	2.1
	40	12	8.90	2.20	16000	20000	0.075	1203 TN	1203 KTN	24.1	32.8	0.6	22	35	0.6	0.30	2.1	3.2	2.2
	40	16	9.00	2.45	16000	20000	0.09	2203	2203 K	23.5	34.3	0.6	22	35	0.6	0.50	1.2	1.9	1.3
	40	16	10.5	2.50	16000	20000	0.098	2203 TN	—	23.6	33.1	0.6	22	35	0.6	0.40	1.6	2.4	1.6
	47	14	12.5	3.18	14000	17000	0.14	1303	1303 K	26.4	38.3	1	23	41	1	0.33	1.9	3.0	2.0
	47	14	12.8	3.40	14000	17000	0.131	1303 TN	—	28.9	39.5	1	23	41	1	0.30	2.1	3.2	2.2
	47	19	14.5	3.58	13000	16000	0.17	2303	2303 K	25.8	39.4	1	23	41	1	0.52	1.2	1.9	1.3
	47	19	14.5	3.60	13000	16000	0.175	2303 TN	—	26.5	37.5	1	23	41	1	0.50	1.3	1.9	1.3
20	47	14	9.95	2.65	14000	17000	0.12	1204	1204 K	28.9	39.1	1	26	41	1	0.27	2.3	3.6	2.4
	47	14	12.8	3.40	14000	17000	0.12	1204 TN	1204 KTN	29.2	39.6	1	26	41	1	0.30	2.1	3.2	2.2
	47	18	12.5	3.28	14000	17000	0.15	2204	2204 K	28.0	40.4	1	26	41	1	0.48	1.3	2.0	1.4
	47	18	16.8	4.20	14000	17000	0.152	2204 TN	2204 KTN	27.4	39.3	1	26	41	1	0.40	1.6	2.4	1.6
	52	15	12.5	3.38	12000	15000	0.17	1304	1304 K	31.3	43.6	1.1	27	45	1	0.29	2.2	3.4	2.3
	52	15	14.2	4.00	12000	15000	0.169	1304 TN	1304 KTN	32.4	43.4	1.1	27	45	1	0.28	2.2	3.4	2.3

续表

基本尺寸/mm			基本额定载荷/kN		极限转速/$r \cdot min^{-1}$		质量/kg	轴承代号		其他尺寸/mm			安装尺寸/mm			计算系数			
d	D	B	C_r	C_{0r}	脂	油	W ≈	圆柱孔 10000(TN、M)型	圆锥孔 10000 K(KTN、KM)型	d_2	D_2	r min	d_a max	D_a max	r_a max	e	Y_1	Y_2	Y_0
20	52	21	17.8	4.75	11000	14000	0.22	2304	2304 K	28.8	43.7	1.1	27	45	1	0.51	1.2	1.9	1.3
	52	21	18.2	4.70	11000	14000	0.238	2304 TN	2304 KTN	29.5	40.9	1.1	27	45	1	0.44	1.4	2.2	1.5
25	52	15	12.0	3.30	12000	14000	0.14	1205	1205 K	33.1	44.9	1	31	46	1	0.27	2.3	3.6	2.4
	52	15	14.2	4.00	12000	14000	0.148	1205 TN	1205 KTN	33.3	44.2	1	31	46	1	0.28	2.3	3.5	2.4
	52	18	12.5	3.40	12000	14000	0.19	2205	2205 K	33.0	44.7	1	31	46	1	0.41	1.5	2.3	1.5
	52	18	16.8	4.40	12000	14000	0.17	2205 TN	2205 KTN	32.6	44.6	1	31	46	1	0.33	1.9	3.0	2.0
	62	17	17.8	5.05	10000	13000	0.26	1305	1305 K	37.8	52.5	1.1	32	55	1	0.27	2.3	3.5	2.4
	62	17	18.8	5.50	10000	13000	0.272	1305 TN	1305 KTN	37.3	50.3	1.1	32	55	1	0.28	2.2	3.5	2.3
	62	24	24.5	6.48	9500	12000	0.35	2305	2305 K	35.2	52.5	1.1	32	55	1	0.47	1.3	2.1	1.4
	62	24	24.5	6.50	9500	12000	0.375	2305 TN	2305 KTN	36.1	50.0	1.1	32	55	1	0.41	1.5	2.3	1.6
30	62	16	15.8	4.70	10000	12000	0.23	1206	1206 K	40.1	53.2	1	36	56	1	0.24	2.6	4.0	2.7
	62	16	15.5	4.70	10000	12000	0.228	1206 TN	1206 KTN	40.0	51.7	1	36	56	1	0.25	2.5	3.9	2.7
	62	20	15.2	4.60	10000	12000	0.26	2206	2206 K	40.0	53.0	1	36	56	1	0.39	1.6	2.4	1.7
	62	20	23.8	6.60	10000	12000	0.275	2206 TN	2206 KTN	38.8	53.4	1	36	56	1	0.33	1.9	3.0	2.0
	72	19	21.5	6.28	8500	11000	0.4	1306	1306 K	44.9	60.9	1.1	37	65	1	0.26	2.4	3.8	2.6
	72	19	21.2	6.30	8500	11000	0.399	1306 TN	1306 KTN	44.9	59.0	1.1	37	65	1	0.25	2.5	3.9	2.6
	72	27	31.5	8.68	8000	10000	0.5	2306	2306 K	41.7	60.9	1.1	37	65	1	0.44	1.4	2.2	1.5
	72	27	31.5	8.70	8000	10000	0.556	2306 TN	2306 KTN	41.9	58.5	1.1	37	65	1	0.43	1.5	2.3	1.5
35	72	17	15.8	5.08	8500	10000	0.32	1207	1207 K	47.5	60.7	1.1	42	65	1	0.23	2.7	4.2	2.9
	72	17	18.8	5.90	8500	10000	0.328	1207 TN	1207 KTN	47.1	60.2	1.1	42	65	1	0.23	2.7	4.2	2.9
	72	23	21.8	6.65	8500	10000	0.44	2207	2207 K	46.0	62.2	1.1	42	65	1	0.38	1.7	2.6	1.8
	72	23	30.5	8.70	8500	10000	0.425	2207 TN	2207 KTN	45.1	61.9	1.1	42	65	1	0.31	2.0	3.1	2.1
	80	21	25.0	7.95	7500	9500	0.54	1307	1307 K	51.5	69.5	1.5	44	71	1.5	0.25	2.6	4.0	2.7
	80	21	26.2	8.50	7500	9500	0.534	1307 TN	1307 KTN	51.7	67.1	1.5	44	71	1.5	0.25	2.5	3.9	2.6
	80	31	39.2	11.0	7100	9000	0.68	2307	2307 K	46.5	68.4	1.5	44	71	1.5	0.46	1.4	2.1	1.4
	80	31	39.5	11.2	7100	9000	0.763	2307 TN	2307 KTN	47.7	66.6	1.5	44	71	1.5	0.39	1.6	2.5	1.7

续表

基本尺寸/mm			基本额定载荷/kN		极限转速/r·min^{-1}		质量/kg	轴承代号		其他尺寸/mm			安装尺寸/mm			计算系数			
d	D	B	C_r	C_{0r}	脂	油	W ≈	圆柱孔 10000(TN、M)型	圆锥孔 10000 K(KTN、KM)型	d_2	D_2	r min	d_a max	D_a max	r_a max	e	Y_1	Y_2	Y_0
40	80	18	19.2	6.40	7500	9000	0.41	1208	1208 K	53.6	68.8	1.1	47	73	1	0.22	2.9	4.4	3.0
	80	18	20.0	6.90	7500	9000	0.43	1208 TN	1208 KTN	53.6	66.7	1.1	47	73	1	0.22	2.9	4.5	3.0
	80	23	22.5	7.38	7500	9000	0.53	2208	2208 K	52.4	68.8	1.1	47	73	1	0.24	1.9	2.9	2.0
	80	23	31.8	10.2	7500	9000	0.523	2208 TN	2208 KTN	52.1	69.3	1.1	47	73	1	0.29	2.2	3.4	2.3
	90	23	29.5	9.50	6700	8500	0.71	1308	1308 K	57.5	76.8	1.5	49	81	1.5	0.24	2.6	4.0	2.7
	90	23	33.7	11.3	6700	8500	0.723	1308 TN	1308 KTN	60.6	78.7	1.5	49	81	1.5	0.24	2.6	4.1	2.8
	90	33	44.8	13.2	6300	8000	0.93	2308	2308 K	53.5	76.8	1.5	49	81	1.5	0.43	1.5	2.3	1.5
	90	33	54.0	15.8	6300	8000	1.013	2308 TN	2308 KTN	53.4	76.2	1.5	49	81	1.5	0.40	1.6	2.5	1.7
45	85	19	21.8	7.32	7100	8500	0.49	1209	1209 K	57.3	73.7	1.1	52	78	1	0.21	2.9	4.6	3.1
	85	19	23.5	8.30	7100	8500	0.489	1209 TN	1209 KTN	57.4	71.7	1.1	52	78	1	0.22	2.9	4.5	3.0
	85	23	23.2	8.00	7100	8500	0.55	2209	2209 K	57.5	74.1	1.1	52	78	1	0.31	2.1	3.2	2.2
	85	23	32.5	10.5	7100	8500	0.574	2209 TN	2209 KTN	55.3	72.4	1.1	52	78	1	0.26	2.4	3.8	2.5
	100	25	38.0	12.8	6000	7500	0.96	1309	1309 K	63.7	85.7	1.5	54	91	1.5	0.25	2.5	3.9	2.6
	100	25	38.8	13.5	6000	7500	0.978	1309 TN	1309 KTN	67.7	87.0	1.5	54	91	1.5	0.23	2.7	4.2	2.8
	100	36	55.0	16.2	5600	7100	1.25	2309	2309 K	60.2	86.0	1.5	54	91	1.5	0.42	1.5	2.3	1.6
	100	36	63.8	19.2	5600	7100	1.351	2309 TN	2309 KTN	60.0	85.0	1.5	54	91	1.5	0.37	1.7	2.6	1.8
50	90	20	22.8	8.08	6300	8000	0.54	1210	1210 K	62.3	78.7	1.1	57	83	1	0.20	3.1	4.8	3.3
	90	20	26.5	9.50	6300	8000	0.55	1210 TN	1210 KTN	62.3	77.5	1.1	57	83	1	0.21	3.0	4.6	3.1
	90	23	23.2	8.45	6300	8000	0.68	2210	2210 K	62.5	79.3	1.1	57	83	1	0.29	2.2	3.4	2.3
	90	23	33.5	11.2	6300	8000	0.596	2210 TN	2210 KTN	61.3	79.3	1.1	57	83	1	0.24	2.7	4.1	2.8
	110	27	43.2	14.2	5600	6700	1.21	1310	1310 K	70.1	95.0	2	60	100	2	0.24	2.7	4.1	2.8
	110	27	43.8	15.2	5600	6700	1.301	1310 TN	1310 KTN	70.3	90.6	2	60	100	2	0.24	2.7	4.1	2.8
	110	40	64.5	19.8	5000	6300	1.64	2310	2310 K	65.8	94.4	2	60	100	2	0.43	1.5	2.3	1.6
	110	40	64.8	20.2	5000	6300	1.839	2310 TN	2310 KTN	67.7	91.4	2	60	100	2	0.34	1.9	2.9	2.0
55	100	21	26.8	10.0	6000	7100	0.72	1211	1211 K	70.1	88.4	1.5	64	91	1.5	0.20	3.2	5.0	3.4
	100	21	27.8	10.5	6000	7100	0.717	1211 TN	1211 KTN	70.7	86.4	1.5	64	91	1.5	0.19	3.3	5.1	3.4
	100	25	26.8	9.95	6000	7100	0.81	2211	2211 K	69.7	87.8	1.5	64	91	1.5	0.28	2.3	3.5	2.4

续表

基本尺寸/mm			基本额定载荷/kN		极限转速/r·min^{-1}		质量/kg	轴承代号		其他尺寸/mm			安装尺寸/mm			计算系数			
d	D	B	C_r	C_{0r}	脂	油	W ≈	圆柱孔 10000(TN、M)型	圆锥孔 10000 K(KTN、KM)型	d_2	D_2	r min	d_a max	D_a max	r_a max	e	Y_1	Y_2	Y_0
55	100	25	39.2	13.5	6000	7100	0.81	2211 TN	2211 KTN	67.6	87.4	1.5	64	91	1.5	0.23	2.7	4.2	2.8
	120	29	51.5	18.2	5000	6300	1.58	1311	1311 K	77.7	104	2	65	110	2	0.23	2.7	4.2	2.8
	120	29	52.8	18.8	5000	6300	1.641	1311 TN	1311 KTN	78.7	101.5	2	65	110	2	0.23	2.7	4.2	2.8
	120	43	75.2	23.5	4800	6000	2.1	2311	2311 K	72	103	2	65	110	2	0.41	1.5	2.4	1.6
	120	43	75.2	24.0	4800	6000	2.345	2311 TN	2311 KTN	73.9	99.7	2	65	110	2	0.33	1.9	3.0	2.0
60	110	22	30.2	11.5	5300	6300	0.9	1212	1212 K	77.8	97.5	1.5	69	101	1.5	0.19	3.4	5.3	3.6
	110	22	31.2	12.2	5300	6300	0.917	1212 TN	1212 KTN	78.6	95.7	1.5	69	101	1.5	0.18	3.4	5.3	3.6
	110	28	34.0	12.5	5300	6300	1.1	2212	2212 K	75.5	96.1	1.5	69	101	1.5	0.28	2.3	3.5	2.4
	110	28	46.5	16.2	5300	6300	1.109	2212 TN	2212 KTN	74.8	96.0	1.5	69	101	1.5	0.24	2.6	4.0	2.7
	130	31	57.2	20.8	4500	5600	1.96	1312	1312 K	87	115	2.1	72	118	2.1	0.23	2.8	4.3	2.9
	130	31	58.2	21.2	4500	5600	2.023	1312 TN	1312 KTN	87.1	111.5	2.1	72	118	2.1	0.23	2.8	4.3	2.9
	130	46	86.8	27.5	4300	5300	2.6	2312	2312 K	76.9	112	2.1	72	118	2.1	0.41	1.6	2.5	1.6
	130	46	87.5	28.2	4300	5300	2.912	2312 TN	2312 KTN	80.0	108.5	2.1	72	118	2.1	0.33	1.9	3.0	2.0
65	120	23	31.0	12.5	4800	6000	0.92	1213	1213 K	85.3	105	1.5	74	111	1.5	0.17	3.7	5.7	3.9
	120	23	35.0	13.8	4800	6000	1.155	1213 TN	1213 KTN	85.7	104.0	1.5	74	111	1.5	0.18	3.6	5.6	3.8
	120	31	43.5	16.2	4800	6000	1.5	2213	2213 K	81.9	105	1.5	74	111	1.5	0.28	2.3	3.5	2.4
	120	31	56.8	20.2	4800	6000	1.504	2213 TN	2213 KTN	80.9	104.5	1.5	74	111	1.5	0.24	2.6	4.0	2.7
	140	33	61.8	22.8	4300	5300	2.39	1313	1313 K	92.5	122	2.1	77	128	2.1	0.23	2.8	4.3	2.9
	140	33	62.8	22.8	4300	5300	2.528	1313 TN	1313 KTN	90.4	115.7	2.1	77	128	2.1	0.23	2.7	4.2	2.9
	140	48	96.0	32.5	3800	4800	3.2	2313	2313 K	85.5	122	2.1	77	128	2.1	0.38	1.6	2.6	1.7
	140	48	97.2	31.8	3800	4800	3.477	2313 TN	2313 KTN	87.6	118.4	2.1	77	128	2.1	0.32	2.0	3.1	2.1
70	125	24	34.5	13.5	4800	5600	1.29	1214	1214 K	87.4	109	1.5	79	116	1.5	0.18	3.5	5.4	3.7
	125	24	34.5	13.5	4800	5600	1.345	1214 M	1214 KM	88.7	106.9	1.5	79	116	1.5	0.18	3.5	5.4	3.7
	125	31	44.0	17.0	4500	5600	1.62	2214	2214 K	87.5	111	1.5	79	116	1.5	0.27	2.4	3.7	2.5

续表

基本尺寸/mm			基本额定载荷/kN		极限转速/r·min^{-1}		质量/kg	轴承代号		其他尺寸/mm			安装尺寸/mm			计算系数			
d	D	B	C_r	C_{0r}	脂	油	W ≈	圆柱孔 10000(TN、M)型	圆锥孔 10000 K(KTN、KM)型	d_2	D_2	r min	d_a max	D_a max	r_a max	e	Y_1	Y_2	Y_0
70	125	31	55.2	19.5	4500	5600	1.575	2214 TN	2214 KTN	88.1	109.3	1.5	79	116	1.5	0.23	2.7	4.2	2.9
	150	35	74.5	27.5	4000	5000	3.0	1314	1314 K	97.7	129	2.1	82	138	2.1	0.22	2.8	4.4	2.9
	150	35	75.0	28.5	4000	5000	3.267	1314 M	1314 KM	97.2	125.1	2.1	82	138	2.1	0.23	2.8	4.3	2.9
	150	51	110	37.5	3600	4500	3.9	2314	2314 K	91.6	130	2.1	82	138	2.1	0.38	1.7	2.6	1.8
	150	51	113	37.2	3600	4500	5.358	2314 M	2314 KM	91.7	126.1	2.1	82	138	2.1	0.37	1.7	2.6	1.8
75	130	25	38.8	15.2	4300	5300	1.35	1215	1215 K	93	116	1.5	84	121	1.5	0.17	3.6	5.6	3.8
	130	25	38.8	15.5	4300	5300	1.461	1215 M	1215 KM	93.9	113.3	1.5	84	121	1.5	0.17	3.7	5.7	3.8
	130	31	44.2	18.0	4300	5300	1.72	2215	2215 K	93.1	117	1.5	84	121	1.5	0.25	2.5	3.9	2.6
	130	31	56.5	20.8	4300	5300	1.619	2215 TN	2215 KTN	93.2	113.9	1.5	84	121	1.5	0.22	2.9	4.4	3.0
	160	37	79.0	29.8	3800	4500	3.6	1315	1315 K	104	138	2.1	87	148	2.1	0.22	2.8	4.4	3.0
	160	37	78.8	30.0	3800	4500	3.898	1315 M	1315 KM	106.0	135.0	2.1	87	148	2.1	0.22	2.8	4.4	3.0
	160	55	122	42.8	3400	4300	4.7	2315	2315 K	97.8	139	2.1	87	148	2.1	0.38	1.7	2.6	1.7
	160	55	126	42.2	3400	4300	6.535	2315 M	2315 KM	98.8	135.2	2.1	87	148	2.1	0.37	1.7	2.7	1.8
80	140	26	39.5	16.8	4000	5000	1.65	1216	1216 K	101	125	2	90	130	2	0.18	3.6	5.5	3.7
	140	26	39.5	16.2	4000	5000	1.792	1216 M	1216 KM	102	121.7	2	90	130	2	0.17	3.7	5.7	3.9
	140	33	48.8	20.2	4000	5000	2.19	2216	2216 K	98.8	124	2	90	130	2	0.25	2.5	3.9	2.6
	140	33	65.2	25.5	4000	5000	2.057	2216 TN	2216 KTN	98.9	124.5	2	90	130	2	0.22	2.9	4.4	3.0
	170	39	88.5	32.8	3600	4300	4.2	1316	1316 K	109	147	2.1	92	158	2.1	0.22	2.9	4.5	3.1
	170	39	86.5	32.8	3600	4300	4.648	1316 M	1316 KM	110.2	140.7	2.1	92	158	2.1	0.22	2.8	4.4	3.0
	170	58	128	45.5	3200	4000	5.7	2316	2316 K	104	148	2.1	92	158	2.1	0.39	1.6	2.5	1.7
	170	58	137	47.5	3200	4000	7.785	2316 M	2316 KM	105.4	144.4	2.1	92	158	2.1	0.37	1.7	2.6	1.8
85	150	28	48.8	20.5	3800	4500	2.1	1217	1217 K	107	134	2	95	140	2	0.17	3.7	5.7	3.9
	150	28	47.8	19.5	3800	4500	2.240	1217 M	1217 KM	107.1	129	2	95	140	2	0.17	3.6	5.6	3.8
	150	36	58.2	23.5	3800	4500	2.53	2217	2217 K	105	133	2	95	140	2	0.25	2.5	3.8	2.6
	150	36	66.3	26.2	3800	4500	2.611	2217 TN	2217 KTN	104.7	130.3	2	95	140	2	0.22	2.9	4.5	3.0
	180	41	97.8	37.8	3400	4000	5.0	1317	1317 K	117	158	3	99	166	2.5	0.22	2.9	4.5	3.0

续表

基本尺寸/mm			基本额定载荷/kN		极限转速/r·min^{-1}		质量/kg	轴承代号		其他尺寸/mm			安装尺寸/mm			计算系数			
d	D	B	C_r	C_{0r}	脂	油	W ≈	圆柱孔 10000(TN、M)型	圆锥孔 10000 K(KTN、KM)型	d_2	D_2	r min	d_a max	D_a max	r_a max	e	Y_1	Y_2	Y_0
85	180	41	97.8	38.5	3400	4000	5.475	1317 M	1317 KM	117.4	149.4	3	99	166	2.5	0.22	2.9	4.4	3.0
	180	60	140	51.0	3000	3800	6.70	2317	2317 K	111	157	3	99	166	2.5	0.38	1.7	2.6	1.7
	180	60	140	51.5	3000	3800	8.982	2317 M	2317 KM	114.6	153.6	3	99	166	2.5	0.36	1.8	2.7	1.8
90	160	30	56.5	23.2	3600	4300	2.5	1218	1218 K	112	142	2	100	150	2	0.17	3.8	5.7	4.0
	160	30	52.5	21.7	3600	4300	2.753	1218 M	1218 KM	113.9	137.2	2	100	150	2	0.18	3.6	5.5	3.7
	160	40	70.0	28.5	3600	4300	3.22	2218	2218 K	112	142	2	100	150	2	0.27	2.4	3.7	2.5
	160	40	70.2	28.5	3600	4300	4.073	2218 M	2218 KM	112.6	139	2	100	150	2	0.26	2.4	3.7	2.5
	190	43	115	44.5	3200	3800	6.0	1318	1318 K	122	165	3	104	176	2.5	0.22	2.8	4.4	2.9
	190	43	115.8	46.2	3200	3800	6.418	1318 M	1318 KM	126.7	162.4	3	104	176	2.5	0.23	2.7	4.2	2.9
	190	64	142	57.2	2800	3600	7.9	2318	2318 K	115	164	3	104	176	2.5	0.39	1.6	2.5	1.7
	190	64	152	57.8	2800	3600	10.722	2318 M	2318 KM	119.4	160.5	3	104	176	2.5	0.37	1.7	2.6	1.8
95	170	32	63.5	27.0	3400	4000	3.0	1219	1219 K	120	151	2.1	107	158	2.1	0.17	3.7	5.7	3.9
	170	32	63.8	26.8	3400	4000	3.314	1219 M	1219 KM	121.8	147.6	2.1	107	158	2.1	0.17	3.7	5.7	3.8
	170	43	82.8	33.8	3400	4000	4.2	2219	2219 K	118	151	2.1	107	158	2.1	0.26	2.4	3.7	2.5
	170	43	83.2	34.2	3400	4000	5.024	2219 M	2219 KM	119.1	147.9	2.1	107	158	2.1	0.27	2.3	3.6	2.5
	200	45	132	50.8	3000	3600	7.0	1319	1319 K	127	174	3	109	186	2.5	0.23	2.8	4.3	2.9
	200	45	132	52.4	3000	3600	7.5	1319 M	1319 KM	131.1	170.2	3	109	186	2.5	0.24	2.6	4.0	2.7
	200	67	162	64.2	2800	3400	9.2	2319	2319 K	—	—	3	109	186	2.5	0.38	1.7	2.6	1.8
	200	67	165	64.2	2800	3400	12.414	2319 M	2319 KM	125.1	168.6	3	109	186	2.5	0.37	1.7	2.7	1.8
100	180	34	68.5	29.2	3200	3800	3.7	1220	1220 K	127	159	2.1	112	168	2.1	0.18	3.5	5.4	3.7
	180	34	69.2	29.5	3200	3800	3.979	1220 M	1220 KM	128.5	155.4	2.1	112	168	2.1	0.17	3.7	5.7	3.8

续表

基本尺寸/mm			基本额定载荷/kN		极限转速/r·min^{-1}		质量/kg	轴承代号		其他尺寸/mm			安装尺寸/mm			计算系数			
d	D	B	C_r	C_{0r}	脂	油	W ≈	圆柱孔 10000(TN、M)型	圆锥孔 10000 K(KTN、KM)型	d_2	D_2	r min	d_a max	D_a max	r_a max	e	Y_1	Y_2	Y_0
100	180	46	97.2	40.5	3200	3800	5.0	2220	2220 K	125	160	2.1	112	168	2.1	0.27	2.3	3.6	2.5
	180	46	97.5	40.5	3200	3800	6.065	2220 M	2220 KM	125.7	156.8	2.1	112	168	2.1	0.27	2.4	3.7	2.5
	215	47	142	57.2	2800	3400	8.64	1320	1320 K	—	185	3	114	201	2.5	0.24	2.7	4.1	2.8
	215	47	145	59.5	2800	3400	9.240	1320 M	1320 KM	140.3	181	3	114	201	2.5	0.24	2.7	4.1	2.8
	215	73	192	78.5	2400	3200	12.4	2320	2320 K	—	—	3	114	201	2.5	0.37	1.7	2.6	1.8
	215	73	192	78.5	2400	3200	15.949	2320 M	2320 KM	134.5	182.5	3	114	201	2.5	0.37	1.7	2.6	1.8
105	190	36	74	32.2	3000	3600	4.4	1221	1221 K	134	167	2.1	117	178	2.1	0.18	3.5	5.5	3.7
	190	36	74.5	32.2	3000	3600	4.727	1221 M	1221 KM	135.6	163.7	2.1	117	178	2.1	0.17	3.7	5.7	3.9
	190	50	—	—	3000	3600	—	2221	2221 K	—	—	2.1	117	178	2.1	—	—	—	—
	190	50	110	46.5	3000	3600	7.391	2221 M	—	131.9	164.8	2.1	117	178	2.1	0.27	2.3	3.6	2.4
	225	49	152	64.5	2600	3200	9.55	1321	1321 K	—	—	3	119	211	2.5	0.24	2.6	4.1	2.7
	225	49	150	63.5	2600	3200	10.544	1321 M	—	148.5	190.8	3	119	211	2.5	0.24	2.7	4.3	2.8
	225	77	205	86.8	2400	3000	18.284	2321 M	2321 KM	140.8	190.9	3	119	211	2.5	0.36	1.7	2.7	1.8
110	200	38	87.2	37.5	2800	3400	5.2	1222	1222 K	140	176	2.1	122	188	2.1	0.17	3.6	5.6	3.8
	200	38	88.0	38.5	2800	3400	5.578	1222 M	1222 KM	142.5	173.2	2.1	122	188	2.1	0.17	3.6	5.6	3.8
	200	53	125	52.2	2800	3400	7.2	2222	2222 K	137	177	2.1	122	188	2.1	0.28	2.2	3.5	2.4
	200	53	125	52.2	2800	3400	8.759	2222 M	2222 KM	138.3	174.1	2.1	122	188	2.1	0.28	2.3	3.5	2.4
	240	50	162	72.8	2400	3000	11.8	1322	1322 K	154	206	3	124	226	2.5	0.23	2.8	4.3	2.9
	240	50	162	72.5	2400	3000	12.452	1322 M	1322 KM	157.8	201.9	3	124	226	2.5	0.23	2.8	4.3	2.9
	240	80	215	94.2	2200	2800	17.6	2322	2322 K	—	—	3	124	226	2.5	0.39	1.6	2.5	1.7
	240	80	215	94.2	2200	2800	21.967	2322 M	2322 KM	149.8	202.6	3	124	226	2.5	0.37	1.7	2.7	1.8

注：1. 现行标准 GB/T 281—2013 增加了两面带密封圈的轴承结构及型号，增加了 39 系列和 30 系列轴承外形尺寸，扩大了 02 系列尺寸范围。但结构示意图、本表数据仍按《全国滚动轴承产品样本》第 2 版未作修改。

2. 随着轴承技术的发展，基本额定载荷、极限转速均较表中数据（来源于《全国滚动轴承产品样本》第 2 版）有所提高。

带紧定套的调心球轴承（摘自 GB/T 281）

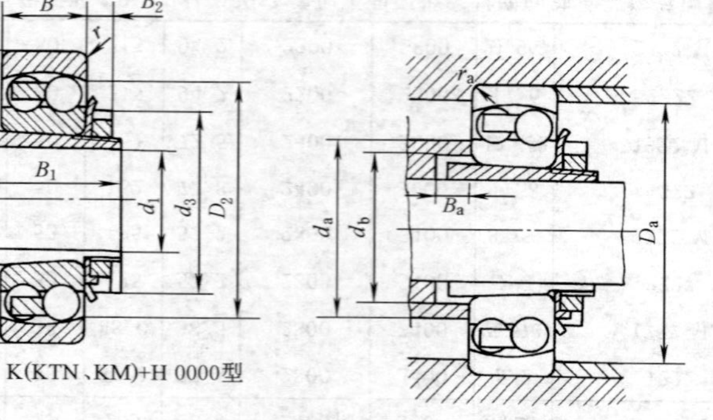

10000 K(KTN、KM)+H 0000型

符号含义及应用

K、TN、M 含义同前；H 0000 为带紧定套

这类轴承有自动调心性能，可用于光轴安装固定，紧定套还可调整轴承的径向游隙。其轴向载荷承载能力取决于紧定套与轴之间的摩擦。允许轴向载荷可用下式估算

$$F_{am}=0.003Bd$$

式中　F_{am}——允许最大轴向载荷，kN；

B——轴承公称宽度，mm；

d——轴承公称内径，mm

表 7-2-83

基本尺寸/mm			基本额定载荷/kN		极限转速/r·min^{-1}		质量/kg	轴承代号	其他尺寸/mm					安装尺寸/mm					计算系数			
d_1	D	B	C_r	C_{0r}	脂	油	W ≈	10000 K(KTN、KM)+H 0000 型	d_3	D_2	B_1	B_2	r min	d_a max	d_b min	D_a max	B_a min	r_a max	e	Y_1	Y_2	Y_0
17	47	14	9.95	2.65	14000	17000	—	1204 K+H 204	32	39.1	24	7	1	28	23	41	5	1	0.27	2.3	3.6	2.4
	47	14	12.8	3.4	14000	17000	—	1204 KTN+H 204	32	39.5	24	7	1	29	23	41	5	1	0.3	2.1	3.2	2.2
	47	18	12.5	3.28	14000	17000	—	2204 K+H 304	32	40.4	28	7	1	28	23	41	5	1	0.48	1.3	2.0	1.4
	47	18	16.8	4.2	14000	17000	—	2204 KTN+H 304	32	39.3	28	7	1	27	23	41	5	1	0.40	1.6	2.4	1.7
	52	15	12.5	3.38	12000	15000	—	1304 K+H 304	32	43.6	28	7	1.1	31	23	45	8	1	0.29	2.2	3.4	2.3
	52	15	14.2	4.0	12000	15000	—	1304 KTN+H 304	32	43.4	28	7	1.1	32	23	45	8	1	0.28	2.2	3.4	2.3
	52	21	17.8	4.75	11000	14000	—	2304 K+H 2304	32	43.7	31	7	1.1	28	24	45	5	1	0.51	1.2	1.9	1.3
	52	21	18.2	4.7	11000	14000	—	2304 KTN+H 2304	32	40.9	31	7	1.1	29	24	45	5	1	0.44	1.4	2.2	1.5
20	52	15	12.0	3.30	12000	14000	0.21	1205 K+H 205	38	44.9	26	8	1	33	28	46	5	1	0.27	2.3	3.6	2.4
	52	15	14.2	4.0	12000	14000	0.218	1205 KTN+H 205	38	44.2	26	8	1	33	28	46	5	1	0.28	2.3	3.5	2.4
	52	18	12.5	3.40	12000	14000	0.35	2205 K+H 305	38	44.7	29	8	1	33	28	46	5	1	0.41	1.5	2.3	1.5
	52	18	16.8	4.40	12000	14000	0.329	2205 KTN+H 305	38	44.6	29	8	1	32	28	46	5	1	0.33	1.9	3.0	2.0
	62	17	17.8	5.05	10000	13000	0.51	1305 K+H 305	38	52.5	29	8	1.1	37	28	55	6	1	0.27	2.3	3.5	2.4

续表

基本尺寸/mm			基本额定载荷/kN		极限转速/r·min⁻¹		质量/kg	轴承代号	其他尺寸/mm					安装尺寸/mm					计算系数			
d_1	D	B	C_r	C_{0r}	脂	油	W ≈	10000 K(KTN、KM)+H 0000 型	d_3	D_2	B_1	B_2	r min	d_a max	d_b min	D_a max	B_a min	r_a max	e	Y_1	Y_2	Y_0
20	62	17	18.8	5.50	10000	13000	0.521	1305 KTN+H 305	38	50.3	29	8	1.1	37	28	55	6	1	0.28	2.2	3.5	2.3
	62	24	24.5	6.48	9500	12000	—	2305 K+H 2305	38	52.5	35	8	1.1	34	30	55	5	1	0.47	1.3	2.1	1.4
	62	24	24.5	6.50	9500	12000	—	2305 KTN+H 2305	38	50.0	35	8	1.1	36	30	55	5	1	0.41	1.5	2.3	1.6
25	62	16	15.8	4.70	10000	12000	0.33	1206 K+H 206	45	53.2	27	8	1	40	33	56	5	1	0.24	2.6	4.0	2.7
	62	16	15.5	4.70	10000	12000	0.328	1206 KTN+H 206	45	51.7	27	8	1	40	33	56	5	1	0.25	2.5	3.9	2.7
	62	20	15.2	4.60	10000	12000	0.37	2206 K+H 306	45	53	31	8	1	40	33	56	5	1	0.39	1.6	2.4	1.7
	62	20	23.8	6.60	10000	12000	0.384	2206 KTN+H 306	45	53.4	31	8	1	38	33	56	5	1	0.33	1.9	3.0	2.0
	72	19	21.5	6.28	8500	11000	0.51	1306 K+H 306	45	60.9	31	8	1.1	44	33	65	6	1	0.26	2.4	3.8	2.6
	72	19	21.2	6.30	8500	11000	0.504	1306 KTN+H 306	45	59.0	31	8	1.1	44	33	65	6	1	0.25	2.5	3.9	2.6
	72	27	31.5	8.68	8000	10000	0.63	2306 K+H 2306	45	60.9	38	8	1.1	41	35	65	5	1	0.44	1.4	2.2	1.5
	72	27	31.5	8.70	8000	10000	0.685	2306 KTN+H 2306	45	58.5	38	8	1.1	41	35	65	5	1	0.43	1.5	2.3	1.5
30	72	17	15.8	5.08	8500	10000	0.45	1207 K+H 207	52	60.7	29	9	1.1	47	38	65	5	1	0.23	2.7	4.2	2.9
	72	17	18.8	5.90	8500	10000	0.457	1207 KTN+H 207	52	60.2	29	9	1.1	47	38	65	5	1	0.23	2.7	4.2	2.9
	72	23	21.8	6.65	8500	10000	0.58	2207 K+H 307	52	62.2	35	9	1.1	46	39	65	5	1	0.38	1.7	2.6	1.8
	72	23	30.5	8.70	8500	10000	0.563	2207 KTN+H 307	52	61.9	35	9	1.1	45	39	65	5	1	0.31	2.0	3.1	2.1
	80	21	25	7.95	7500	9500	0.68	1307 K+H 307	52	69.5	35	9	1.5	51	39	71	7	1.5	0.25	2.6	4.0	2.7
	80	21	26.2	8.50	7500	9500	0.673	1307 KTN+H 307	52	67.1	35	9	1.5	51	39	71	7	1.5	0.25	2.5	3.9	2.6
	80	31	39.2	11	7100	9000	0.85	2307 K+H 2307	52	68.4	43	9	1.5	46	40	71	5	1.5	0.46	1.4	2.1	1.4
	80	31	39.5	11.2	7100	9000	0.931	2307 KTN+H 2307	52	66.0	43	9	1.5	47	40	71	5	1.5	0.39	1.6	2.5	1.7
35	80	18	19.2	6.40	7500	9000	0.58	1208 K+H 208	58	68.8	31	10	1.1	53	43	73	6	1	0.22	2.9	4.4	3.0
	80	18	20.0	6.90	7500	9000	0.599	1208 KTN+H 208	58	66.7	31	10	1.1	53	43	73	6	1	0.22	2.9	4.5	3.0
	80	23	22.5	7.38	7500	9000	0.72	2208 K+H 308	58	68.8	36	10	1.1	52	44	73	6	1	0.24	1.9	2.9	2.0
	80	23	31.8	10.2	7500	9000	0.711	2208 KTN+H 308	58	69.3	36	10	1.1	52	44	73	6	1	0.29	2.2	3.4	2.3
	90	23	29.5	9.5	6700	8500	0.9	1308 K+H 308	58	76.8	36	10	1.5	57	44	81	6	1.5	0.24	2.6	4.0	2.7
	90	23	33.7	11.0	6700	8500	0.917	1308 KTN+H 308	58	78.7	36	10	1.5	61	44	81	6	1.5	0.24	2.6	4.1	2.8
	90	33	44.8	13.2	6300	8000	1.15	2308 K+H 2308	58	76.8	46	10	1.5	53	45	81	6	1.5	0.43	1.5	2.3	1.5
	90	33	54.0	15.8	6300	8000	1.23	2308 KTN+H 2308	58	76.2	46	10	1.5	53	45	81	6	1.5	0.40	1.6	2.5	1.7

续表

基本尺寸 /mm			基本额定载荷/kN		极限转速 /r·min^{-1}		质量 /kg	轴承代号	其他尺寸 /mm					安装尺寸 /mm					计算系数			
d_1	D	B	C_r	C_{0r}	脂	油	W ≈	10000 K(KTN、KM)+H 0000 型	d_3	D_2	B_1	B_2	r min	d_a max	d_b min	D_a max	B_a min	r_a max	e	Y_1	Y_2	Y_0
40	85	19	21.8	7.32	7100	8500	0.72	1209 K+H 209	65	73.7	33	11	1.1	57	48	78	6	1	0.21	2.9	4.6	3.1
	85	19	23.5	8.30	7100	8500	0.718	1209 KTN+H 209	65	71.7	33	11	1.1	59	48	78	6	1	0.22	2.9	4.5	3.0
	85	23	23.2	8.00	7100	8500	0.8	2209 K+H 309	65	74.1	39	11	1.1	57	50	78	8	1	0.31	2.1	3.2	2.2
	85	23	32.5	10.5	7100	8500	0.822	2209 KTN+H 309	65	72.4	39	11	1.1	55	50	78	8	1	0.26	2.4	3.8	2.5
	100	25	38.0	12.8	6000	7500	1.21	1309 K+H 309	65	85.7	39	11	1.5	63	50	91	6	1.5	0.25	2.5	3.9	2.6
	100	25	38.8	13.5	6000	7500	1.225	1309 KTN+H 309	65	87.0	39	11	1.5	67	50	91	6	1.5	0.23	2.7	4.2	2.8
	100	36	54.0	16.2	5600	7100	1.51	2309 K+H 2309	65	86	50	11	1.5	60	50	91	6	1.5	0.42	1.5	2.3	1.6
	100	36	63.8	19.2	5600	7100	1.625	2309 KTN+H 2309	65	85	50	11	1.5	60	50	91	6	1.5	0.37	1.7	2.6	1.8
45	90	20	22.8	8.08	6300	8000	0.81	1210 K+H 210	70	78.7	35	12	1.1	62	53	83	6	1	0.20	3.1	4.8	2.3
	90	20	26.5	9.50	6300	8000	0.816	1210 KTN+H 210	70	77.5	35	12	1.1	62	53	83	6	1	0.21	3.0	4.6	3.1
	90	23	23.2	8.45	6300	8000	0.98	2210 K+H 310	70	79.3	42	12	1.1	62	55	83	10	1	0.29	2.2	3.4	2.3
	90	23	33.5	11.2	6300	8000	0.859	2210 KTN+H 310	70	79.3	42	12	1.1	61	55	83	10	1	0.24	2.7	4.1	2.8
	110	27	43.2	14.2	5600	6700	1.51	1310 K+H 310	70	95	42	12	2	70	55	100	6	2	0.24	2.7	4.1	2.8
	110	27	43.8	15.2	5600	6700	1.602	1310 KTN+H 310	70	90.6	42	12	2	70	55	100	6	2	0.24	2.7	4.1	2.8
	110	40	64.5	19.8	5000	6300	2	2310 K+H 2310	70	94.4	55	12	2	65	56	100	6	2	0.43	1.5	2.3	1.6
	110	40	64.8	20.2	5000	6300	2.097	2310 KTN+H 2310	70	91.4	55	12	2	67	56	100	6	2	0.34	1.9	2.9	2.0
50	100	21	26.8	10	6000	7100	1.03	1211 K+H 211	75	88.4	37	12	1.5	70	60	91	7	1.5	0.2	3.2	5.0	3.4
	100	21	27.8	10.5	6000	7100	1.025	1211 KTN+H 211	75	86.4	37	12	1.5	70	60	91	7	1.5	0.19	3.3	5.1	3.4
	100	25	26.8	9.95	6000	7100	1.2	2211 K+H 311	75	87.8	45	12	1.5	69	60	91	11	1.5	0.28	2.3	3.5	2.4
	100	25	39.2	13.5	6000	7100	1.196	2211 KTN+H 311	75	87.4	45	12	1.5	67	60	91	11	1.5	0.23	2.7	4.2	2.8
	120	29	51.5	18.2	5000	6300	1.97	1311 K+H 311	75	104	45	12	2	77	60	110	7	2	0.23	2.7	4.2	2.8
	120	29	52.8	18.8	5000	6300	2.026	1311 KTN+H 311	75	101.5	45	12	2	78	60	110	7	2	0.23	2.7	4.2	2.8
	120	43	75.2	23.5	4800	6000	2.52	2311 K+H 2311	75	103	59	12	2	72	61	110	7	2	0.41	1.5	2.4	1.6
	120	43	75.2	24	4800	6000	2.761	2311 KTN+H 2311	75	99.7	59	12	2	73	61	110	7	2	0.33	1.9	3.0	2.0
55	110	22	30.2	11.5	5300	6300	1.25	1212 K+H 212	80	97.5	38	13	1.5	77	64	101	7	1.5	0.19	3.4	5.3	3.6
	110	22	31.2	12.2	5300	6300	1.265	1212 KTN+H 212	80	95.7	38	13	1.5	78	64	101	7	1.5	0.18	3.4	5.3	3.6

续表

基本尺寸/mm			基本额定载荷/kN		极限转速/r·min^{-1}		质量/kg	轴承代号	其他尺寸/mm					安装尺寸/mm					计算系数			
d_1	D	B	C_r	C_{0r}	脂	油	W ≈	10000 K(KTN、KM)+H 0000 型	d_3	D_2	B_1	B_2	r min	d_a max	d_b min	D_a max	B_a min	r_a max	e	Y_1	Y_2	Y_0
55	110	28	34.0	12.5	5300	6300	1.49	2212 K+H 312	80	96.1	47	13	1.5	75	65	101	10	1.5	0.28	2.3	3.5	2.4
	110	28	46.5	16.2	5300	6300	1.512	2212 KTN+H 312	80	96.0	47	13	1.5	74	65	101	10	1.5	0.24	2.6	4.0	2.7
	130	31	57.2	20.8	4500	5600	2.35	1312 K+H 312	80	115	47	13	2.1	87	65	118	7	2.1	0.23	2.8	4.3	2.9
	130	31	58.2	21.2	4500	5600	2.49	1312 KTN+H 312	80	111.5	47	13	2.1	87	65	118	7	2.1	0.23	2.8	4.3	2.9
	130	46	86.8	27.5	4300	5300	3.09	2312 K+H 2312	80	112	62	13	2.1	76	66	118	7	2.1	0.41	1.6	2.5	1.6
	130	46	87.5	28.2	4300	5300	3.402	2312 KTN+H 2312	80	108.5	62	13	2.1	80	66	118	7	2.1	0.33	1.9	3.0	2.0
60	120	23	31.0	12.5	4800	6000	1.32	1213 K+H 213	85	105	40	14	1.5	85	70	111	7	1.5	0.17	3.7	5.7	3.9
	120	23	35.0	13.8	4800	6000	1.552	1213 KTN+H 213	85	104	40	14	1.5	85	70	111	7	1.5	0.18	3.6	5.6	3.8
	120	31	43.5	16.2	4800	6000	1.96	2213 K+H 313	85	105	50	14	1.5	81	70	111	9	1.5	0.28	2.3	3.5	2.4
	120	31	56.8	20.2	4800	6000	1.964	2213 KTN+H 313	85	104.5	50	14	1.5	80	70	111	9	1.5	0.24	2.6	4.0	2.7
	140	33	61.8	22.2	4300	5300	2.85	1313 K+H 313	85	122	50	14	2.1	92	70	128	7	2.1	0.23	2.8	4.3	2.9
	140	33	62.8	22.8	4300	5300	2.993	1313 KTN+H 313	85	115.7	50	14	2.1	89	70	128	7	2.1	0.23	2.7	4.2	2.9
	140	48	96.0	32.5	3800	4800	3.75	2313 K+H 2313	85	122	65	14	2.1	85	72	128	7	2.1	0.38	1.6	2.6	1.7
	140	48	97.2	31.8	3800	4800	4.022	2313 KTN+H 2313	85	118.4	65	14	2.1	87	72	128	7	2.1	0.32	2.0	3.1	2.1
65	130	25	38.8	15.2	4300	5300	2.06	1215 K+H 215	98	116	43	15	1.5	93	80	121	7	1.5	0.17	3.6	5.6	3.8
	130	25	38.8	15.5	4300	5300	2.171	1215 KM+H 215	98	113.3	43	15	1.5	93	80	121	7	1.5	0.17	3.7	5.7	3.8
	130	31	44.2	18.0	4300	5300	2.55	2215 K+H 315	98	117	55	15	1.5	93	80	121	13	1.5	0.25	2.5	3.9	2.6
	130	31	56.5	20.8	4300	5300	2.457	2215 KTN+H 315	98	113.9	55	15	1.5	93	80	121	13	1.5	0.22	2.9	4.4	3.0
	160	37	79.0	29.8	3800	4500	4.43	1315 K+H 315	98	138	55	15	2.1	104	80	148	7	2.1	0.22	2.8	4.4	3.0
	160	37	78.8	30.0	3800	4500	4.741	1315 KM+H 315	98	135	55	15	2.1	106	80	148	7	2.1	0.22	2.8	4.4	3.0
	160	55	122	42.8	3400	4300	5.75	2315 K+H 2315	98	139	73	15	2.1	97	82	148	7	2.1	0.38	1.7	2.6	1.7
	160	55	126	42.2	3400	4300	7.585	2315 KM+H 2315	98	135.2	73	15	2.1	98	82	148	7	2.1	0.37	1.7	2.7	1.8
70	140	26	39.5	16.8	4000	5000	2.53	1216 K+H 216	105	125	46	17	2	101	85	130	7	2	0.18	3.6	5.5	3.7

续表

基本尺寸/mm			基本额定载荷/kN		极限转速/r·min⁻¹		质量/kg	轴承代号	其他尺寸/mm					安装尺寸/mm					计算系数			
d_1	D	B	C_r	C_{0r}	脂	油	W ≈	10000 K(KTN、KM)+H 0000 型	d_3	D_2	B_1	B_2	r min	d_a max	d_b min	D_a max	B_a min	r_a max	e	Y_1	Y_2	Y_0
70	140	26	39.5	16.2	4000	5000	2.672	1216 KM+H 216	105	121.7	46	17	2	102	85	130	7	2	0.17	3.7	3.7	3.9
	140	33	48.8	20.2	4000	5000	3.19	2216 K+H 316	105	124	59	17	2	98	85	130	13	2	0.25	2.5	3.9	2.6
	140	33	65.2	25.5	4000	5000	3.053	2216 KTN+H 316	105	124.5	59	17	2	98	85	130	13	2	0.22	2.9	4.4	3.0
	170	39	88.5	32.8	3600	4300	5.2	1316 K+H 316	105	147	59	17	2.1	109	85	158	7	2.1	0.22	2.9	4.5	3.1
	170	39	86.5	32.8	3600	4300	5.652	1316 KM+H 316	105	141.7	59	17	2.1	110	85	158	7	2.1	0.22	2.8	4.4	3.0
	170	58	128	45.5	3200	4000	7.0	2316 K+H 2316	105	148	78	17	2.1	104	88	158	7	2.1	0.39	1.6	2.5	1.7
	170	58	135	47.5	3200	4000	9.085	2316 KM+H 2316	105	144.4	78	17	2.1	105	88	158	7	2.1	0.37	1.7	2.6	1.8
75	150	28	48.8	20.5	3800	4500	3.1	1217 K+H 217	110	134	50	18	2	107	90	140	8	2	0.17	3.7	5.7	3.9
	150	28	47.8	19.5	3800	4500	3.24	1217 KM+H 217	110	129	50	18	2	107	90	140	8	2	0.17	3.6	5.6	3.8
	150	36	58.2	23.5	3800	4500	3.73	2217 K+H 317	110	133	63	18	2	105	91	140	13	2	0.25	2.5	3.8	2.6
	150	36	66.2	26.2	3800	4500	3.805	2217 KTN+H 317	110	130.3	63	18	2	104	91	140	13	2	0.22	2.9	4.5	3.0
	180	41	97.8	37.8	3400	4000	6.7	1317 K+H 317	110	158	63	18	3	117	91	166	8	2.1	0.22	2.9	4.5	3.0
	180	41	97.8	38.5	3400	4000	7.175	1317 KM+H 317	110	149.4	63	18	3	117	91	166	8	2.1	0.22	2.9	4.4	3.0
	180	60	140	51.5	3000	3800	8.15	2317 K+H 2317	110	157	82	18	3	111	94	166	8	2.5	0.38	1.7	2.6	1.7
	180	60	140	51.5	3000	3800	10.432	2317 KM+H 2317	110	153.6	82	18	3	114	94	166	8	2.5	0.36	1.8	2.7	1.8
80	160	30	56.5	23.2	3600	4300	3.7	1218 K+H 218	120	142	52	18	2	112	95	150	8	2	0.17	3.8	5.7	4.0
	160	30	52.5	21.8	3600	4300	3.953	1218 KM+H 218	120	137.2	52	18	2	113	95	150	8	2	0.18	3.6	5.5	3.7
	160	40	70.0	28.5	3600	4300	4.57	2218 K+H 318	120	142	65	18	2	112	96	150	11	2	0.27	2.4	3.7	2.5
	160	40	70.2	28.5	3600	4300	5.423	2218 KM+H 318	120	139	65	18	2	112	96	150	11	2	0.26	2.4	3.7	2.5
	190	43	115	44.5	3200	3800	7.35	1318 K+H 318	120	165	65	18	3	122	96	176	8	2.5	0.22	2.8	4.4	2.9
	190	43	115.8	46.2	3200	3800	7.768	1318 KM+H 318	120	162.4	65	18	3	126	96	176	8	2.5	0.23	2.7	4.2	2.9
	190	64	142	57.2	2800	3600	9.6	2318 K+H 2318	120	164	86	18	3	115	100	176	8	2.5	0.39	1.6	2.5	1.7
	190	64	152	57.8	2800	3600	12.422	2318 KM+H 2318	120	160.5	86	18	3	119	100	176	8	2.5	0.37	1.7	2.6	1.8

续表

基本尺寸 /mm			基本额定载荷/kN		极限转速 /r·min^{-1}		质量 /kg	轴承代号	其他尺寸 /mm					安装尺寸 /mm					计算系数			
d_1	D	B	C_r	C_{0r}	脂	油	W ≈	10000 K(·KTN、KM)+H 0000 型	d_3	D_2	B_1	B_2	r min	d_a max	d_b min	D_a max	B_a min	r_a max	e	Y_1	Y_2	Y_0
85	170	32	63.5	27.0	3400	4000	4.35	1219 K+H 219	125	151	55	19	2.1	120	100	158	8	2.1	0.17	3.7	5.7	3.9
	170	32	63.8	26.8	3400	4000	4.664	1219 KM+H 219	125	147.6	55	19	2.1	121	100	158	8	2.1	0.17	3.7	5.7	3.8
	170	43	82.8	33.8	3400	4000	5.75	2219 K+H 319	125	157	68	19	2.1	118	102	158	10	2.1	0.26	2.4	3.7	2.5
	170	43	83.2	34.2	3400	4000	6.574	2219 KM+H 319	125	147.9	68	19	2.1	119	102	158	10	2.1	0.27	2.3	3.6	2.5
	200	45	132	50.8	3000	3600	8.55	1319 K+H 319	125	174	68	19	3	126	102	186	8	2.5	0.23	2.8	4.3	2.9
	200	45	132	52.4	3000	3600	9.0	1319 KM+H 319	125	170.2	68	19	3	133	102	186	8	2.5	0.24	2.6	4.0	2.7
	200	67	162	64.2	2800	3400	—	2319 K+H 2319	125	—	90	19	3	—	105	186	8	2.5	0.38	1.7	2.6	1.8
	200	67	165	64.8	2800	3400	—	2319 KM+H 2319	125	168.6	90	19	3	125	105	186	8	2.5	0.37	1.7	2.7	1.8
90	180	34	68.5	29.2	3200	3800	5.2	1220 K+H 220	130	159	58	20	2.1	127	106	168	8	2.1	0.18	3.5	5.4	3.7
	180	34	69.2	29.5	3200	3800	5.479	1220 KM+H 220	130	155.4	58	20	2.1	128	106	168	8	2.1	0.17	3.7	5.7	3.7
	180	46	97.2	40.5	3200	3800	6.7	2220 K+H 320	130	160	71	20	2.1	125	108	168	9	2.1	0.27	2.3	3.6	2.5
	180	46	97.5	40.5	3200	3800	8.305	2220 KM+H 320	130	156.8	71	20	2.1	125	108	168	9	2.1	0.27	2.4	3.7	2.5
	215	47	142	57.2	2800	3400	10.34	1320 K+H 320	130	185	71	20	3	136	108	201	8	2.5	0.24	2.7	4.1	2.8
	215	47	145	59.5	2800	3400	10.94	1320 KM+H 320	130	181	71	20	3	140	108	201	8	2.5	0.24	2.7	4.1	2.8
	215	73	192	78.5	2400	3200	—	2320 K+H 2320	130	—	97	20	3	—	110	201	7	2.5	0.37	1.7	2.6	1.8
	215	73	192	78.5	2400	3200	—	2320 KM+H 2320	130	182.5	97	20	3	134	110	201	8	2.5	0.37	1.7	2.6	1.8
100	200	38	87.2	37.5	2800	3400	7.1	1222 K+H 222	145	176	63	21	2.1	140	116	188	8	2.1	0.17	3.6	5.6	3.8
	200	38	88.0	38.5	2800	3400	7.478	1222 KM+H 222	145	173.1	63	21	2.1	142	116	188	8	2.1	0.17	3.6	5.6	3.8
	200	53	125	52.2	2800	3400	9.4	2222 K+H 322	145	177	77	21	2.1	137	118	188	7	2.1	0.28	2.2	3.5	2.4
	200	53	125	52.2	2800	3400	10.959	2222 KM+H 322	145	174.1	77	21	2.1	138	118	188	7	2.1	0.28	2.3	3.5	2.4
	240	50	162	72.8	2400	3000	14	1322 K+H 322	145	206	77	21	3	154	118	226	10	2.5	0.23	2.8	4.3	2.9
	240	50	162	72.5	2400	3000	14.652	1322 KM+H 322	145	201.9	77	21	3	157	118	226	10	2.5	0.23	2.8	4.3	2.9

注：见表 7-2-82 注。

10.3 角接触球轴承

表 7-2-84　单列角接触球轴承当量载荷计算公式

接触角	型　号	计算项目	单个轴承或串联配置	面对面、背靠背配置	
15°	7000C 型、7000C/DT 型	当量动载荷	当 $F_a/F_r \leqslant e$ 时，$P_r=F_r$ 当 $F_a/F_r>e$ 时，$P_r=0.44F_r+YF_a$	7000C/DB 型、7000C/DF 型	当 $F_a/F_r \leqslant e$ 时，$P_r=F_r+Y_1F_a$ 当 $F_a/F_r>e$ 时，$P_r=0.72F_r+Y_2F_a$
		当量静载荷	$P_{0r}=0.5F_r+0.46F_a$ 当 $P_{0r}<F_r$ 时，取 $P_{0r}=F_r$		$P_{0r}=F_r+0.92F_a$
25°	7000AC 型、7000AC/DT 型	当量动载荷	当 $F_a/F_r \leqslant 0.68$ 时，$P_r=F_r$ 当 $F_a/F_r>0.68$ 时， $P_r=0.41F_r+0.87F_a$	7000AC/DB 型、7000AC/DF 型	当 $F_a/F_r \leqslant 0.68$ 时，$P_r=F_r+0.92F_a$ 当 $F_a/F_r>0.68$ 时， $P_r=0.67F_r+1.41F_a$
		当量静载荷	$P_{0r}=0.5F_r+0.38F_a$ 当 $P_{0r}<F_r$ 时，取 $P_{0r}=F_r$		$P_{0r}=F_r+0.76F_a$
40°	7000B 型 7000B/DT 型	当量动载荷	当 $F_a/F_r \leqslant 1.14$ 时，$P_r=F_r$ 当 $F_a/F_r>1.14$ 时， $P_r=0.35F_r+0.57F_a$	7000B/DB 型、7000B/DF 型	当 $F_a/F_r \leqslant 1.14$ 时，$P_r=F_r+0.55F_a$ 当 $F_a/F_r>1.14$ 时， $P_r=0.57F_r+0.93F_a$
		当量静载荷	$P_{0r}=0.5F_r+0.26F_a$ 当 $P_{0r}<F_r$ 时，取 $P_{0r}=F_r$		$P_{0r}=F_r+0.52F_a$

注：两套或两套以上单列角接触球轴承安装在一起作为一个支承整体时，其基本额定动载荷为 $i^{0.7}\times C_r$，基本额定静载荷为 $i\times C_{0r}$（i 为支承整体中单个轴承数，C_r、C_{0r} 为单个轴承数值）。此时的极限转速为单列轴承的 60%～80%。

表 7-2-85　当量动载荷计算有关系数

F_a/C_{0r}	e	Y	Y_1	Y_2	F_a/C_{0r}	e	Y	Y_1	Y_2	F_a/C_{0r}	e	Y	Y_1	Y_2
0.015	0.38	1.47	1.65	2.39	0.087	0.46	1.23	1.38	2.00	0.29	0.55	1.02	1.14	1.66
0.029	0.40	1.40	1.57	2.28	0.12	0.47	1.19	1.34	1.93	0.44	0.56	1.00	1.12	1.63
0.058	0.43	1.30	1.46	2.11	0.17	0.50	1.12	1.26	1.82	0.58	0.56	1.00	1.12	1.63

表 7-2-86　角接触球轴承轴向力和附加轴向力计算公式

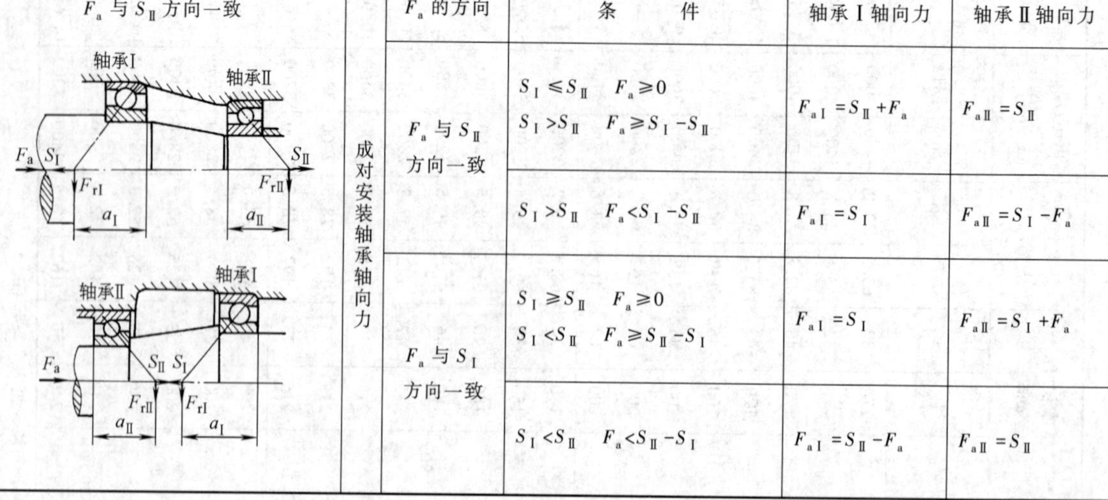

	F_a 的方向	条　件	轴承Ⅰ轴向力	轴承Ⅱ轴向力
成对安装轴承轴向力	F_a 与 S_{II} 方向一致	$S_{\mathrm{I}} \leqslant S_{\mathrm{II}}$　$F_a \geqslant 0$ $S_{\mathrm{I}}>S_{\mathrm{II}}$　$F_a \geqslant S_{\mathrm{I}}-S_{\mathrm{II}}$	$F_{a\mathrm{I}}=S_{\mathrm{II}}+F_a$	$F_{a\mathrm{II}}=S_{\mathrm{II}}$
		$S_{\mathrm{I}}>S_{\mathrm{II}}$　$F_a<S_{\mathrm{I}}-S_{\mathrm{II}}$	$F_{a\mathrm{I}}=S_{\mathrm{I}}$	$F_{a\mathrm{II}}=S_{\mathrm{I}}-F_a$
	F_a 与 S_{I} 方向一致	$S_{\mathrm{I}} \geqslant S_{\mathrm{II}}$　$F_a \geqslant 0$ $S_{\mathrm{I}}<S_{\mathrm{II}}$　$F_a \geqslant S_{\mathrm{II}}-S_{\mathrm{I}}$	$F_{a\mathrm{I}}=S_{\mathrm{I}}$	$F_{a\mathrm{II}}=S_{\mathrm{I}}+F_a$
		$S_{\mathrm{I}}<S_{\mathrm{II}}$　$F_a<S_{\mathrm{II}}-S_{\mathrm{I}}$	$F_{a\mathrm{I}}=S_{\mathrm{II}}-F_a$	$F_{a\mathrm{II}}=S_{\mathrm{II}}$

续表

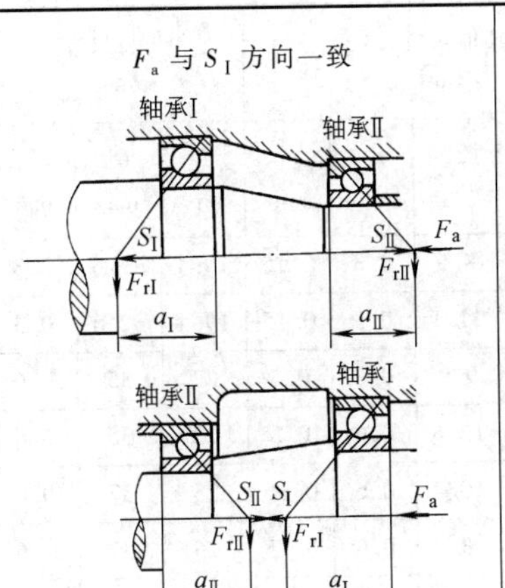	附加轴向力	附加轴向力 S 为由轴承径向力引起的轴向力，在计算成对使用的单列角接触球轴承的当量动载荷时，应考虑进去
		接触角 $\alpha=15°$　　$S=eF_r$，e 为判断系数（见表 7-2-85）
		接触角 $\alpha=25°$　　$S=0.68F_r$
		接触角 $\alpha=40°$　　$S=1.14F_r$

单列角接触球轴承（摘自 GB/T 292）

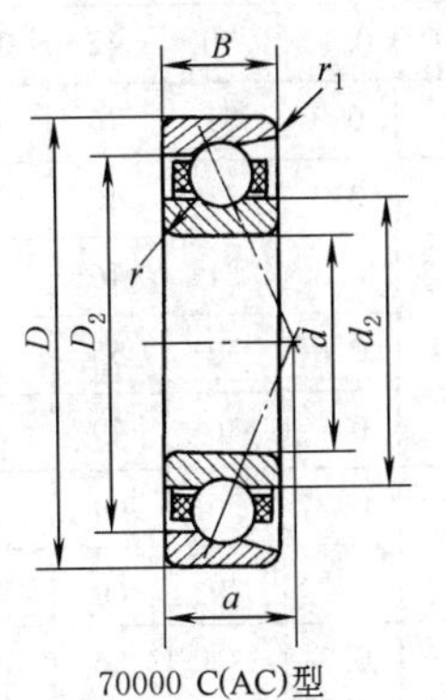

70000 C(AC)型

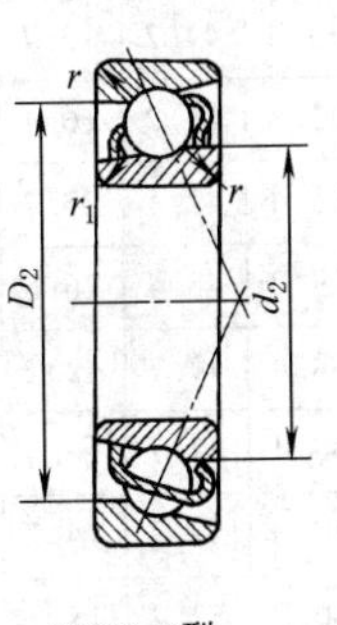

70000 B型

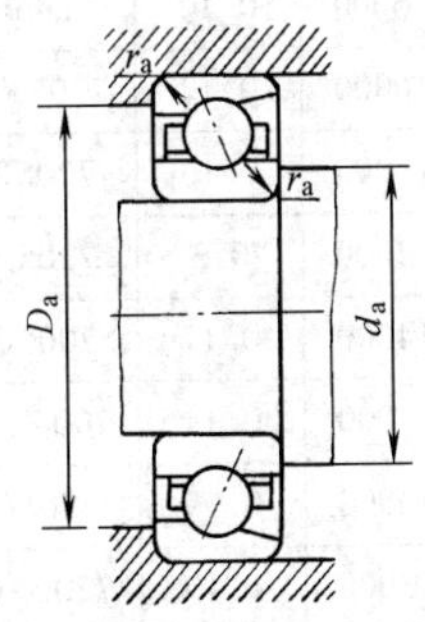

符号含义及应用

C—接触角 $\alpha=15°$ 的轴承

AC—接触角 $\alpha=25°$ 的轴承

B—接触角 $\alpha=40°$ 的轴承

单列角接触球轴承是不可分离型，内圈和外圈不能分开安装。可同时承受径向、单向轴向载荷，承受纯径向载荷时，必须成对安装

表 7-2-87

基本尺寸/mm			基本额定载荷/kN		极限转速/r·min^{-1}		质量/kg	轴承代号	其他尺寸/mm					安装尺寸/mm		
d	D	B	C_r	C_{0r}	脂	油	W ≈	70000C (AC,B)型	d_2 ≈	D_2 ≈	a	r min	r_1 min	d_a min	D_a max	r_a max
10	26	8	4.92	2.25	19000	28000	0.018	7000C	14.9	21.1	6.4	0.3	0.15	12.4	23.6	0.3
	26	8	4.75	2.12	19000	28000	0.018	7000AC	14.9	21.1	8.2	0.3	0.15	12.4	23.6	0.3
	30	9	5.82	2.95	18000	26000	0.03	7200C	17.4	23.6	7.2	0.6	0.15	15	25	0.6
	30	9	5.58	2.82	18000	26000	0.03	7200AC	17.4	23.6	9.2	0.6	0.15	15	25	0.6
12	28	8	5.42	2.65	18000	26000	0.02	7001C	17.4	23.6	6.7	0.3	0.15	14.4	25.6	0.3
	28	8	5.20	2.55	18000	26000	0.02	7001AC	17.4	23.6	8.7	0.3	0.15	14.4	25.6	0.3
	32	10	7.35	3.52	17000	24000	0.035	7201C	18.3	26.1	8	0.6	0.15	17	27	0.6
	32	10	7.10	3.35	17000	24000	0.035	7201AC	18.3	26.1	10.2	0.6	0.15	17	27	0.6
15	32	9	6.25	3.42	17000	24000	0.028	7002C	20.4	26.6	7.6	0.3	0.15	17.4	29.6	0.3
	32	9	5.95	3.25	17000	24000	0.028	7002AC	20.4	26.6	10	0.3	0.15	17.4	29.6	0.3
	35	11	8.68	4.62	16000	22000	0.043	7202C	21.6	29.4	8.9	0.6	0.15	20	30	0.6
	35	11	8.35	4.40	16000	22000	0.043	7202AC	21.6	29.4	11.4	0.6	0.15	20	30	0.6

续表

基本尺寸 /mm			基本额定载荷/kN		极限转速 /r·min^{-1}		质量 /kg	轴承代号	其他尺寸 /mm					安装尺寸 /mm		
d	D	B	C_r	C_{0r}	脂	油	W ≈	70000 C (AC,B)型	d_2 ≈	D_2 ≈	a	r min	r_1 min	d_a min	D_a max	r_a max
10	35	10	6.60	3.85	16000	22000	0.036	7003C	22.9	29.1	8.5	0.3	0.15	19.4	32.6	0.3
	35	10	6.30	3.68	16000	22000	0.036	7003AC	22.9	29.1	11.1	0.3	0.15	19.4	32.6	0.3
	40	12	10.8	5.95	15000	20000	0.062	7203C	24.6	33.4	9.9	0.6	0.3	22	35	0.6
	40	12	10.5	5.65	15000	20000	0.062	7203AC	24.6	33.4	12.8	0.6	0.3	22	35	0.6
20	42	12	10.5	6.08	14000	19000	0.064	7004C	26.9	35.1	10.2	0.6	0.15	25	37	0.6
	42	12	10.0	5.78	14000	19000	0.064	7004AC	26.9	35.1	13.2	0.6	0.15	25	37	0.6
	47	14	14.5	8.22	13000	18000	0.1	7204C	29.3	39.7	11.5	1	0.3	26	41	1
	47	14	14.0	7.82	13000	18000	0.1	7204AC	29.3	39.7	14.9	1	0.3	26	41	1
	47	14	14.0	7.85	13000	18000	0.11	7204B	30.5	37	21.1	1	0.3	26	41	1
25	47	12	11.5	7.45	12000	17000	0.074	7005C	31.9	40.1	10.8	0.6	0.15	30	42	0.6
	47	12	11.2	7.08	12000	17000	0.074	7005AC	31.9	40.1	14.4	0.6	0.15	30	42	0.6
	52	15	16.5	10.5	11000	16000	0.12	7205C	33.8	44.2	12.7	1	0.3	31	46	1
	52	15	15.8	9.88	11000	16000	0.12	7205AC	33.8	44.2	16.4	1	0.3	31	46	1
	52	15	15.8	9.45	9500	14000	0.13	7205B	35.4	42.1	23.7	1	0.3	31	46	1
	62	17	26.2	15.2	8500	12000	0.3	7305B	39.2	48.4	26.8	1.1	0.6	32	55	1
30	55	13	15.2	10.2	9500	14000	0.11	7006C	38.4	47.7	12.2	1	0.3	36	49	1
	55	13	14.5	9.85	9500	14000	0.11	7006AC	38.4	47.7	16.4	1	0.3	36	49	1
	62	16	23.0	15.0	9000	13000	0.19	7206C	40.8	52.2	14.2	1	0.3	36	56	1
	62	16	22.0	14.2	9000	13000	0.19	7206AC	40.8	52.2	18.7	1	0.3	36	56	1
	62	16	20.5	13.8	8500	12000	0.21	7206B	42.8	50.1	27.4	1	0.3	36	56	1
	72	19	31.0	19.2	7500	10000	0.37	7306B	46.5	56.2	31.1	1.1	0.6	37	65	1
35	62	14	19.5	14.2	8500	12000	0.15	7007C	43.3	53.7	13.5	1	0.3	41	56	1
	62	14	18.5	13.5	8500	12000	0.15	7007AC	43.3	53.7	18.3	1	0.3	41	56	1
	72	17	30.5	20.0	8000	11000	0.28	7207C	46.8	60.2	15.7	1.1	0.6	42	65	1
	72	17	29.0	19.2	8000	11000	0.28	7207AC	46.8	60.2	21	1.1	0.6	42	65	1
	72	17	27.0	18.8	7500	10000	0.3	7207B	49.5	58.1	30.9	1.1	0.6	42	65	1
	80	21	38.2	24.5	7000	9500	0.51	7307B	52.4	63.4	34.6	1.5	0.6	44	71	1.5
40	68	15	20.0	15.2	8000	11000	0.18	7008C	48.8	59.2	14.7	1	0.3	46	62	1
	68	15	19.0	14.5	8000	11000	0.18	7008AC	48.8	59.2	20.1	1	0.3	46	62	1
	80	18	36.8	25.8	7500	10000	0.37	7208C	52.8	67.2	17	1.1	0.6	47	73	1
	80	18	35.2	24.5	7500	10000	0.37	7208AC	52.8	67.2	23	1.1	0.6	47	73	1
	80	18	32.5	23.5	6700	9000	0.39	7208B	56.4	65.7	34.5	1.1	0.6	47	73	1
	90	23	46.2	30.5	6300	8500	0.67	7308B	59.3	71.5	38.8	1.5	0.6	49	81	1.5
	110	27	67.0	47.5	6000	8000	1.4	7408B	64.6	85.4	38.7	2	1	50	100	2
45	75	16	25.8	20.5	7500	10000	0.23	7009C	54.2	65.9	16	1	0.3	51	69	1
	75	16	25.8	19.5	7500	10000	0.23	7009AC	54.2	65.9	21.9	1	0.3	51	69	1

第7篇

续表

基本尺寸 /mm			基本额定载荷/kN		极限转速 /r·min^{-1}		质量 /kg	轴承代号	其他尺寸 /mm					安装尺寸 /mm		
d	D	B	C_r	C_{0r}	脂	油	W ≈	70000 C (AC,B)型	d_2 ≈	D_2 ≈	a	r min	r_1 min	d_a min	D_a max	r_a max
45	85	19	38.5	28.5	6700	9000	0.41	7209C	58.8	73.2	18.2	1.1	0.6	52	78	1
	85	19	36.8	27.2	6700	9000	0.41	7209AC	58.8	73.2	24.7	1.1	0.6	52	78	1
	85	19	36.0	26.2	6300	8500	0.44	7209B	60.5	70.2	36.8	1.1	0.6	52	78	1
	100	25	59.5	39.8	6000	8000	0.9	7309B	66	80	42.0	1.5	0.6	54	91	1.5
50	80	16	26.5	22.0	6700	9000	0.25	7010C	59.2	70.9	16.7	1	0.3	56	74	1
	80	16	25.2	21.0	6700	9000	0.25	7010AC	59.2	70.9	23.2	1	0.3	56	74	1
	90	20	42.8	32.0	6300	8500	0.46	7210C	62.4	77.7	19.4	1.1	0.6	57	83	1
	90	20	40.8	30.5	6300	8500	0.46	7210AC	62.4	77.7	26.3	1.1	0.6	57	83	1
	90	20	37.5	29.0	5600	7500	0.49	7210B	65.5	75.2	39.4	1.1	0.6	57	83	1
	110	27	68.2	48.0	5000	6700	1.15	7310B	74.2	88.8	47.5	2	1	60	100	2
	130	31	95.2	64.2	5000	6700	2.08	7410B	77.6	102.4	46.2	2.1	1.1	62	118	2.1
55	90	18	37.2	30.5	6000	8000	0.38	7011C	65.4	79.7	18.7	1.1	0.6	62	83	1
	90	18	35.2	29.2	6000	8000	0.38	7011AC	65.4	79.7	25.9	1.1	0.6	62	83	1
	100	21	52.8	40.5	5600	7500	0.61	7211C	68.9	86.1	20.9	1.5	0.6	64	91	1.5
	100	21	50.5	38.5	5600	7500	0.61	7211AC	68.9	86.1	28.6	1.5	0.6	64	91	1.5
	100	21	46.2	36.0	5300	7000	0.65	7211B	72.4	83.4	43	1.5	0.6	64	91	1.5
	120	29	78.8	56.5	4500	6000	1.45	7311B	80.5	96.3	51.4	2	1	65	110	2
60	95	18	38.2	32.8	5600	7500	0.4	7012C	71.4	85.7	19.4	1.1	0.6	67	88	1
	95	18	36.2	31.5	5600	7500	0.4	7012AC	71.4	85.7	27.1	1.1	0.6	67	88	1
	110	22	61.0	48.5	5300	7000	0.8	7212C	76	94.1	22.4	1.5	0.6	69	101	1.5
	110	22	58.2	46.2	5300	7000	0.8	7212AC	76	94.1	30.8	1.5	0.6	69	101	1.5
	110	22	56.0	44.5	4800	6300	0.84	7212B	79.3	91.5	46.7	1.5	0.6	69	101	1.5
	130	31	90.0	66.3	4300	5600	1.85	7312B	87.1	104.2	55.4	2.1	1.1	72	118	2.1
	150	35	118	85.5	4300	5600	3.56	7412B	91.4	118.6	55.7	2.1	1.1	72	138	2.1
65	100	18	40.0	35.5	5300	7000	0.43	7013C	75.3	89.8	20.1	1.1	0.6	72	93	1
	100	18	38.0	33.8	5300	7000	0.43	7013AC	75.3	89.8	28.2	1.1	0.6	72	93	1
	120	23	69.8	55.2	4800	6300	1	7213C	82.5	102.5	24.2	1.5	0.6	74	111	1.5
	120	23	66.5	52.5	4800	6300	1	7213AC	82.5	102.5	33.5	1.5	0.6	74	111	1.5
	120	23	62.5	53.2	4300	5600	1.05	7213B	88.4	101.2	51.1	1.5	0.6	74	111	1.5
	140	33	102	77.8	4000	5300	2.25	7313B	93.9	112.4	59.5	2.1	1.1	77	128	2.1
70	110	20	48.2	43.5	5000	6700	0.6	7014C	82	98	22.1	1.1	0.6	77	103	1
	110	20	45.8	41.5	5000	6700	0.6	7014AC	82	98	30.9	1.1	0.6	77	103	1
	125	24	70.2	60.0	4500	6700	1.1	7214C	89	109	25.3	1.5	0.6	79	116	1.5
	125	24	69.2	57.5	4500	6700	1.1	7214AC	89	109	35.1	1.5	0.6	79	116	1.5
	125	24	70.2	57.2	4300	5600	1.15	7214B	91.1	104.9	52.9	1.5	0.6	79	116	1.5
	150	35	115	87.2	3600	4800	2.75	7314B	100.9	120.5	63.7	2.1	1.1	82	138	2.1

续表

基本尺寸 /mm			基本额定载荷/kN		极限转速 /r·min^{-1}		质量 /kg	轴承代号	其他尺寸 /mm					安装尺寸 /mm		
d	D	B	C_r	C_{0r}	脂	油	W ≈	70000 C (AC,B)型	d_2 ≈	D_2 ≈	a	r min	r_1 min	d_a min	D_a max	r_a max
75	115	20	49.5	46.5	4800	6300	0.63	7015C	88	104	22.7	1.1	0.6	82	108	1
	115	20	46.8	44.2	4800	6300	0.63	7015AC	88	104	32.2	1.1	0.6	82	108	1
	130	25	79.2	65.8	4300	5600	1.2	7215C	94	115	26.4	1.5	0.6	84	121	1.5
	130	25	75.2	63.0	4300	5600	1.2	7215AC	94	115	36.6	1.5	0.6	84	121	1.5
	130	25	72.8	62.0	4000	5300	1.3	7215B	96.1	109.9	55.5	1.5	0.6	84	121	1.5
	160	37	125	98.5	3400	4500	3.3	7315B	107.9	128.6	68.4	2.1	1.1	87	148	2.1
80	125	22	58.5	55.8	4500	6000	0.85	7016C	95.2	112.8	24.7	1.1	0.6	87	118	1
	125	22	55.5	53.2	4500	6000	0.85	7016AC	95.2	112.8	34.9	1.1	0.6	87	118	1
	140	26	89.5	78.2	4000	5300	1.45	7216C	100	122	27.7	2	1	90	130	2
	140	26	85.0	74.5	4000	5300	1.45	7216AC	100	122	38.9	2	1	90	130	2
	140	26	80.2	69.5	3600	4800	1.55	7216B	103.2	117.8	59.2	2	1	90	130	2
	170	39	135	110	3600	4800	3.9	7316B	114.8	136.8	71.9	2.1	1.1	92	158	2.1
85	130	22	62.5	60.2	4300	5600	0.89	7017C	99.4	117.6	25.4	1.1	0.6	92	123	1
	130	22	59.2	57.2	4300	5600	0.89	7017AC	99.4	117.6	36.1	1.1	0.6	92	123	1
	150	28	99.8	85.0	3800	5000	1.8	7217C	107.1	131	29.9	2	1	95	140	2
	150	28	94.8	81.5	3800	5000	1.8	7217AC	107.1	131	41.6	2	1	95	140	2
	150	28	93.0	81.5	3400	4500	1.95	7217B	110.1	126	63.6	2	1	95	140	2
	180	41	148	122	3000	4000	4.6	7317B	121.2	145.6	76.1	3	1.1	99	166	2.5
90	140	24	71.5	69.8	4000	5300	1.15	7018C	107.2	126.8	27.4	1.5	0.6	99	131	1.5
	140	24	67.5	66.5	4000	5300	1.15	7018AC	107.2	126.8	38.8	1.5	0.6	99	131	1.5
	160	30	122	105	3600	4800	2.25	7218C	111.7	138.4	31.7	2	1	100	150	2
	160	30	118	100	3600	4800	2.25	7218AC	111.7	138.4	44.2	2	1	100	150	2
	160	30	105	94.5	3200	4300	2.4	7218B	118.1	135.2	67.9	2	1	100	150	2
	190	43	158	138	2800	3800	5.4	7318B	128.6	153.2	80.2	3	1.1	104	176	2.5
95	145	24	73.5	73.2	3800	5000	1.2	7019C	110.2	129.8	28.1	1.5	0.6	104	136	1.5
	145	24	69.5	69.8	3800	5000	1.2	7019AC	110.2	129.8	40	1.5	0.6	104	136	1.5
	170	32	135	115	3400	4500	2.7	7219C	118.1	147	33.8	2.1	1.1	107	158	2.1
	170	32	128	108	3400	4500	2.7	7219AC	118.1	147	46.9	2.1	1.1	107	158	2.1
	170	32	120	108	3000	4000	2.9	7219B	126.1	144.4	72.5	2.1	1.1	107	158	2.1
	200	45	172	155	2800	3800	6.25	7319B	135.4	161.5	84.4	3	1.1	109	186	2.5
100	150	24	79.2	78.5	3800	5000	1.25	7020C	114.6	135.4	28.7	1.5	0.6	109	141	1.5
	150	24	75	74.8	3800	5000	1.25	7020AC	114.6	135.4	41.2	1.5	0.6	109	141	1.5
	180	34	148	128	3200	4300	3.25	7220C	124.8	155.3	35.8	2.1	1.1	112	168	2.1
	180	34	142	122	3200	4300	3.25	7220AC	124.8	155.3	49.7	2.1	1.1	112	168	2.1
	180	34	130	115	2600	3600	3.45	7220B	130.9	150.5	75.7	2.1	1.1	112	168	2.1
	215	47	188	180	2400	3400	7.75	7320B	144.5	172.5	89.6	3	1.1	114	201	2.5
105	160	26	88.5	88.8	3600	4800	1.6	7021C	121.5	143.6	30.8	2	1	115	150	2
	160	26	83.8	84.2	3600	4800	1.6	7021AC	121.5	143.6	43.9	2	1	115	150	2
	190	36	162	145	3000	4000	3.85	7221C	131.3	163.8	37.8	2.1	1.1	117	178	2.1

续表

基本尺寸 /mm			基本额定载荷/kN		极限转速 /r·min⁻¹		质量 /kg	轴承代号	其他尺寸 /mm					安装尺寸 /mm		
d	D	B	C_r	C_{0r}	脂	油	W ≈	70000 C (AC,B)型	d_2 ≈	D_2 ≈	a	r min	r_1 min	d_a min	D_a max	r_a max
105	190	36	155	138	3000	4000	3.85	7221AC	131.3	163.8	52.4	2.1	1.1	117	178	2.1
	190	36	142	130	2600	3600	4.1	7221B	137.5	159	79.9	2.1	1.1	117	178	2.1
	225	49	202	195	2200	3200	8.8	7321B	151.4	180.7	93.7	3	1.1	119	211	2.5
110	170	28	100	102	3600	4800	1.95	7022C	129.1	152.9	32.8	2	1	120	160	2
	170	28	95.5	97.2	3600	4800	1.95	7022AC	129.1	152.9	46.7	2	1	120	160	2
	200	38	175	162	2800	3800	4.55	7222C	138.9	173.2	39.8	2.1	1.1	122	188	2.1
	200	38	168	155	2800	3800	4.55	7222AC	138.9	173.2	55.2	1.1	2.1	122	188	2.1
	200	38	155	145	2400	3400	4.8	7222B	144.8	166.8	84	2.1	1.1	122	188	2.1
	240	50	225	225	2000	3000	10.5	7322B	160.3	192	98.4	3	1.1	124	226	2.5
120	180	28	108	110	2800	3800	2.1	7024C	137.7	162.4	34.1	2	1	130	170	2
	180	28	102	105	2800	3800	2.1	7024AC	137.7	162.4	48.9	2	1	130	170	2
	215	40	188	180	2400	3400	5.4	7224C	149.4	185.7	42.4	2.1	1.1	132	203	2.1
	215	40	180	172	2400	3400	5.4	7224AC	149.4	185.7	59.1	2.1	1.1	132	203	2.1
130	200	33	128	135	2600	3600	3.2	7026C	151.4	178.7	38.6	2	1	140	190	2
	200	33	122	128	2600	3200	3.2	7026AC	151.4	178.7	54.9	2	1	140	190	2
	230	40	205	210	2200	3200	6.25	7226C	162.9	199.3	44.3	3	1.1	144	216	2.5
	230	40	195	200	2200	3200	6.25	7226AC	162.9	199.3	62.2	3	1.1	144	216	2.5
140	210	33	140	145	2400	3400	3.62	7028C	162	188	40	2	1	150	200	2
	210	33	140	150	2200	3200	3.62	7028AC	162	188	59.2	2	1	150	200	2
	250	42	230	245	1900	2800	9.36	7228C	—	—	41.7	3	1.1	154	236	2.5
	250	42	230	235	1900	2800	9.24	7228AC	—	—	68.6	3	1.1	154	236	2.5
	300	62	288	315	1700	2400	22.44	7328B	—	—	111	4	1.5	158	282	3
150	225	35	160	155	2200	3200	4.83	7030C	174	201	43	2.1	1.1	162	213	2.1
	225	35	152	168	2000	3000	4.83	7030AC	174	201	63.2	2.1	1.1	162	213	2.1
160	290	48	262	298	1700	2400	14.5	7232C	—	—	47.9	3	1.1	174	276	2.5
	290	48	248	278	1700	2400	14.5	7232AC	—	—	78.9	3	1.1	174	276	2.5
170	260	42	192	222	1800	2600	8.25	7034AC	—	—	73.4	2.1	1.1	182	248	2.1
	310	52	322	390	1600	2200	19.2	7234C	—	—	51.5	4	1.5	188	292	3
	310	52	305	368	1600	2200	17.2	7234AC	—	—	84.5	4	1.5	188	292	3
180	320	52	335	415	1500	2000	18.1	7236C	—	—	52.6	4	1.5	198	302	3
	320	52	315	388	1500	2000	18.1	7236AC	—	—	87	4	1.5	198	302	3
190	290	46	215	262	1600	2200	10.7	7038AC	—	—	81.5	2.1	1.1	202	278	2.1
200	310	51	252	325	1500	2000	14.04	7040AC	—	—	87.7	2.1	1.1	212	298	2.1
	360	58	360	475	1300	1800	25.2	7240C	—	—	58.8	4	1.5	218	342	3
	360	58	345	448	1300	1800	25.2	7240AC	—	—	97.3	4	1.5	218	342	3
220	400	65	358	482	1100	1600	38.5	7244AC	—	—	108.1	4	1.5	238	382	3

注：1. 现行标准 GB/T 292—2023 删除了分离型和成对双联型结构示意图，增加了 18 系列接触角为 25°锁口内外圈型以及锁口外圈型、19 系列接触角为 15°和 25°锁口内圈型、03 系列接触角为 15°、25°和 40°锁口内圈型角接触球轴承外形尺寸，扩大了锁口内外圈型以及锁口外圈型、10、02 系列接触角为 15°和 25°锁口内圈型角接触球轴承的外形尺寸范围。但结构示意图、本表数据仍按《全国滚动轴承产品样本》第 2 版未作修改。

2. 随着轴承技术的发展，基本额定载荷、极限转速均较表中数据（来源于《全国滚动轴承产品样本》第 2 版）有所提高。

成对双联角接触球轴承（摘自 GB/T 292）

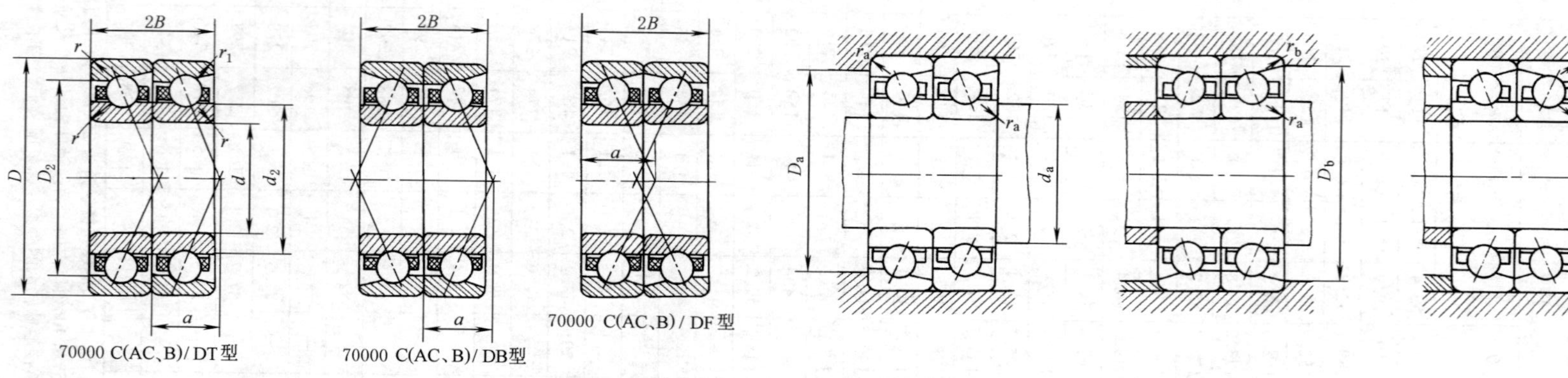

70000 C(AC、B)/DT型　70000 C(AC、B)/DB型　70000 C(AC、B)/DF型

符号含义及应用

DT—成对串联安装

DB—成对背对背安装

DF—成对面对面安装

能承受以径向载荷为主的径向、轴向联合载荷，也可承受纯径向载荷。串联配置只能承受单一方向的轴向载荷，其他两种配置可承受任一方向的轴向载荷。生产厂按一定的预紧载荷要求，选配组合成对提供用户，用户安装紧固后，套圈和钢球处于预紧状态，提高了组合轴承的刚性。DB 的刚性和承受倾覆力矩性能好，DF 的刚性和承受倾覆力矩性能不如 DB

表 7-2-88

基本尺寸/mm			基本额定载荷/kN		极限转速/r·min^{-1}		质量/kg	轴承代号			其他尺寸/mm					安装尺寸/mm				
d	D	$2B$	C_r	C_{0r}	脂	油	W ≈	串联 70000 C(AC、B)/DT 型	背对背 70000 C(AC、B)/DB 型	面对面 70000 C(AC、B)/DF 型	d_2 ≈	D_2 ≈	a	r min	r_1 min	d_a min	D_a max	D_b max	r_a max	r_b max
10	26	16	7.98	4.50	14000	20000	0.036	7000 C/DT	7000 C/DB	7000 C/DF	14.9	21.1	6.4	0.3	0.15	12.4	23.6	24.8	0.3	0.15
	26	16	7.68	4.25	14000	20000	0.036	7000 AC/DT	7000 AC/DB	7000 AC/DF	14.9	21.1	8.2	0.3	0.15	12.4	23.6	24.8	0.3	0.15
	30	18	9.42	5.90	13000	18000	0.06	7200 C/DT	7200 C/DB	7200 C/DF	17.4	23.6	7.2	0.6	0.15	15	25	28.8	0.6	0.15
	30	18	9.02	5.65	13000	18000	0.06	7200 AC/DT	7200 AC/DB	7200 AC/DF	17.4	23.6	9.2	0.6	0.15	15	25	28.8	0.6	0.15
12	28	16	8.78	5.30	13000	18000	0.04	7001 C/DT	7001 C/DB	7001 C/DF	17.4	23.6	6.7	0.3	0.15	14.4	25.6	26.8	0.3	0.15
	28	16	8.42	5.20	13000	18000	0.04	7001 AC/DT	7001 AC/DB	7001 AC/DF	17.4	23.6	8.7	0.3	0.15	14.4	25.6	26.8	0.3	0.15
	32	20	11.8	7.05	12000	17000	0.07	7201 C/DT	7201 C/DB	7201 C/DF	18.3	26.1	8	0.6	0.15	17	27	30.8	0.6	0.15
	32	20	11.5	6.70	12000	17000	0.07	7201 AC/DT	7201 AC/DB	7201 AC/DF	18.3	26.1	10.2	0.6	0.15	17	27	30.8	0.6	0.15
15	32	18	10.0	6.85	12000	17000	0.056	7002 C/DT	7002 C/DB	7002 C/DF	20.4	26.6	7.6	0.3	0.15	17.4	29.6	30.8	0.3	0.15
	32	18	9.65	6.50	12000	17000	0.056	7002 AC/DT	7002 AC/DB	7002 AC/DF	20.4	26.6	10	0.3	0.15	17.4	29.6	30.8	0.3	0.15
	35	22	14.0	9.25	11000	15000	0.086	7202 C/DT	7202 C/DB	7202 C/DF	21.6	29.4	8.9	0.6	0.15	20	30	33.8	0.6	0.15
	35	22	13.5	8.80	11000	15000	0.086	7202 AC/DT	7202 AC/DB	7202 AC/DF	21.6	29.4	11.4	0.6	0.15	20	30	33.8	0.6	0.15

续表

基本尺寸 /mm			基本额定载荷/kN		极限转速 /r·min^{-1}		质量 /kg	轴承代号			其他尺寸 /mm					安装尺寸 /mm				
d	D	$2B$	C_r	C_{0r}	脂	油	W ≈	串联 70000 C(AC、B)/DT 型	背对背 70000 C(AC、B)/DB 型	面对面 70000 C(AC、B)/DF 型	d_2 ≈	D_2 ≈	a	r min	r_1 min	d_a min	D_a max	D_b max	r_a max	r_b max
17	35	20	10.8	7.70	11000	15000	0.072	7003 C/DT	7003 C/DB	7003 C/DF	22.9	29.1	8.5	0.3	0.15	19.4	32.6	33.8	0.3	0.15
	35	20	10.2	7.35	11000	15000	0.072	7003 AC/DT	7003 AC/DB	7003 AC/DF	22.9	29.1	11.1	0.3	0.15	19.4	32.6	33.8	0.3	0.15
	40	24	17.5	11.8	10000	14000	0.124	7203 C/DT	7203 C/DB	7203 C/DF	24.8	33.4	9.9	0.6	0.3	22	35	37.6	0.6	0.3
	40	24	17.0	11.5	10000	14000	0.124	7203 AC/DT	7203 AC/DB	7203 AC/DF	24.8	33.4	12.9	0.6	0.3	22	35	37.6	0.6	0.3
20	42	24	17.0	12.2	9500	13000	0.128	7004 C/DT	7004 C/DB	7004 C/DF	26.9	35.1	10.2	0.6	0.15	25	37	40.8	0.6	0.15
	42	24	16.2	11.5	9500	13000	0.128	7004 AC/DT	7004 AC/DB	7004 AC/DF	26.9	35.1	13.2	0.6	0.15	25	37	40.8	0.6	0.15
	47	28	23.8	16.5	9500	13000	0.2	7204 C/DT	7204 C/DB	7204 C/DF	29.3	39.7	11.5	1	0.3	26	41	44.6	1	0.3
	47	28	22.8	15.5	9500	13000	0.2	7204 AC/DT	7204 AC/DB	7204 AC/DF	29.3	39.7	14.9	1	0.3	26	41	44.6	1	0.3
	47	28	22.8	15.8	9500	13000	0.22	7204 B/DT	7204 B/DB	7204 B/DF	30.5	37	21.1	1	0.3	26	41	44.6	1	0.3
25	47	24	18.8	14.8	9500	14000	0.148	7005 C/DT	7005 C/DB	7005 C/DF	31.9	40.1	10.8	0.6	0.15	30	42	45.8	0.6	0.15
	47	24	18.0	14.2	9500	14000	0.148	7005 AC/DT	7005 AC/DB	7005 AC/DF	31.9	40.1	14.4	0.6	0.15	30	42	45.8	0.6	0.15
	52	30	26.8	21.0	8000	11000	0.24	7205 C/DT	7205 C/DB	7205 C/DF	33.8	44.2	12.7	1	0.3	31	46	49.6	1	0.3
	52	30	25.5	19.8	8000	11000	0.24	7205 AC/DT	7205 AC/DB	7205 AC/DF	33.8	44.2	16.4	1	0.3	31	46	49.6	1	0.3
	52	30	25.5	18.8	8000	11000	0.26	7205 B/DT	7205 B/DB	7205 B/DF	35.4	42.1	23.7	1	0.3	31	46	49.6	1	0.3
	62	34	42.5	30.5	6700	10000	—	7305 B/DT	7305 B/DB	7305 B/DF	39.2	48.4	26.8	1.1	0.6	32	55	57	1	0.6
30	55	26	24.5	20.5	6700	10000	0.22	7006 C/DT	7006 C/DB	7006 C/DF	38.4	47.7	12.2	1	0.3	36	49	52.6	1	0.3
	55	26	23.0	19.8	6700	10000	0.22	7006 AC/DT	7006 AC/DB	7006 AC/DF	38.4	47.7	16.4	1	0.3	36	49	52.6	1	0.3
	62	32	37.2	30.0	6300	9500	0.38	7206 C/DT	7206 C/DB	7206 C/DF	40.8	52.2	14.2	1	0.3	36	56	59.6	1	0.3
	62	32	35.5	28.5	6300	9000	0.38	7206 AC/DT	7206 AC/DB	7206 AC/DF	40.8	52.2	18.7	1	0.3	36	56	59.6	1	0.3
	62	32	33.2	27.5	6300	9000	0.42	7206 B/DT	7206 B/DB	7206 B/DF	42.8	50.1	27.4	1	0.3	36	56	59.6	1	0.3
	72	38	50.2	38.5	6000	8500	0.74	7306 B/DT	7306 B/DB	7306 B/DF	46.8	56.2	31.1	1.1	0.6	37	65	67	1	0.6
35	62	28	31.5	28.5	6000	8500	0.3	7007 C/DT	7007 C/DB	7007 C/DF	43.3	53.7	13.5	1	0.3	41	56	59.6	1	0.3
	62	28	30.0	27.0	6000	8500	0.3	7007 AC/DT	7007 AC/DB	7007 AC/DF	43.3	53.7	18.3	1	0.3	41	56	59.6	1	0.3
	72	34	49.0	40.0	5600	7500	0.56	7207 C/DT	7207 C/DB	7207 C/DF	46.8	60.2	15.3	1.1	0.6	42	65	67	1	0.6
	72	34	47.0	38.5	5600	7500	0.56	7207 AC/DT	7207 AC/DB	7207 AC/DF	46.8	60.2	21	1.1	0.6	42	65	67	1	0.6
	72	34	43.7	37.5	5600	7500	0.6	7207 B/DT	7207 B/DB	7207 B/DF	49.5	58.1	30.9	1.1	0.6	42	65	67	1	0.6
	80	42	61.8	49.0	5300	7000	1.02	7307 B/DT	7307 B/DB	7307 B/DF	52.4	63.4	34.6	1.5	0.6	44	71	75	1.5	0.6

续表

基本尺寸/mm			基本额定载荷/kN		极限转速/r·min^{-1}		质量/kg	轴承代号			其他尺寸/mm					安装尺寸/mm				
d	D	$2B$	C_r	C_{0r}	脂	油	W ≈	串联 70000 C(AC、B)/DT 型	背对背 70000 C(AC、B)/DB 型	面对面 70000 C(AC、B)/DF 型	d_2 ≈	D_2 ≈	a	r min	r_1 min	d_a min	D_a max	D_b max	r_a max	r_b max
40	68	30	32.5	30.5	5600	7500	0.36	7008 C/DT	7008 C/DB	7008 C/DF	48.8	59.2	14.7	1	0.3	46	62	65.6	1	0.3
	68	30	30.8	29.0	5600	7500	0.36	7008 AC/DT	7008 AC/DB	7008 AC/DF	48.8	59.2	20.1	1	0.3	46	62	65.6	1	0.3
	80	36	59.5	51.5	5300	7000	0.74	7208 C/DT	7208 C/DB	7208 C/DF	52.8	67.2	17	1.1	0.6	47	73	75	1	0.6
	80	36	57.0	49.0	5300	7000	0.74	7208 AC/DT	7208 AC/DB	7208 AC/DF	52.8	67.2	23	1.1	0.6	47	73	75	1	0.6
	80	36	52.5	47.0	5300	7000	0.78	7208 B/DT	7208 B/DB	7208 B/DF	56.4	65.7	34.5	1.1	0.6	47	73	75	1	0.6
	90	46	74.8	61.0	4500	6300	1.34	7308 B/DT	7308 B/DB	7308 B/DF	59.3	71.5	38.8	1.5	0.6	49	81	85	1.5	0.6
45	75	32	41.8	41.0	5300	7000	0.46	7009 C/DT	7009 C/DB	7009 C/DF	54.2	65.9	16	1	0.3	51	69	72.6	1	0.3
	75	32	41.8	39.0	5300	7000	0.46	7009 AC/DT	7009 AC/DB	7009 AC/DF	54.2	65.9	21.9	1	0.3	51	69	72.6	1	0.3
	85	38	62.5	57.0	4500	6300	0.82	7209 C/DT	7209 C/DB	7209 C/DF	58.8	73.2	18.2	1.1	0.6	52	78	80	1	0.6
	85	38	59.5	54.5	4500	6300	0.82	7209 AC/DT	7209 AC/DB	7209 AC/DF	58.8	73.2	24.7	1.1	0.6	52	78	80	1	0.6
	85	38	58.2	52.5	4500	6300	0.88	7209 B/DT	7209 B/DB	7209 B/DF	60.5	70.2	36.8	1.1	0.6	52	78	80	1	0.6
	100	50	96.5	79.5	4000	5600	1.8	7309 B/DT	7309 B/DB	7309 B/DF	66	80	42.9	1.5	0.6	54	91	95	1.5	0.6
50	80	32	43.0	44.0	4500	6300	0.5	7010 C/DT	7010 C/DB	7010 C/DF	59.2	70.9	16.7	1	0.3	56	74	77.6	1	0.3
	80	32	40.8	42.0	4500	6300	0.5	7010 AC/DT	7010 AC/DB	7010 AC/DF	59.2	70.9	23.2	1	0.3	56	74	77.6	1	0.3
	90	40	69.2	64.0	4300	6000	0.92	7210 C/DT	7210 C/DB	7210 C/DF	62.4	77.7	19.4	1.1	0.6	57	83	85	1	0.6
	90	40	66.2	61.0	4300	6000	0.92	7210 AC/DT	7210 AC/DB	7210 AC/DF	62.4	77.7	26.3	1.1	0.6	57	83	85	1	0.6
	90	40	60.8	58.0	4300	6000	0.98	7210 B/DT	7210 B/DB	7210 B/DF	65.4	75.2	39.4	1.1	0.6	57	83	85	1	0.6
	110	54	110	96.0	3800	5300	2.3	7310 B/DT	7310 B/DB	7310 B/DF	74.2	88.8	47.5	2	1	60	100	104	2	1
55	90	36	60.2	64.0	4000	5600	0.76	7011 C/DT	7011 C/DB	7011 C/DF	66	79	18.7	1.1	0.6	62	83	85	1	0.6
	90	36	57.0	58.5	4000	5600	0.76	7011 AC/DT	7011 AC/DB	7011 AC/DF	66	79	25.9	1.1	0.6	62	83	85	1	0.6
	100	42	85.5	81.0	3800	5300	1.22	7211 C/DT	7211 C/DB	7211 C/DF	68.9	86.1	20.9	1.5	0.6	64	91	95	1.5	0.6
	100	42	81.8	77.0	3800	5300	1.22	7211 AC/DT	7211 AC/DB	7211 AC/DF	68.9	86.1	28.6	1.5	0.6	64	91	95	1.5	0.6
	100	42	74.8	72.0	3800	5300	1.3	7211 B/DT	7211 B/DB	7211 B/DF	72.4	83.4	43	1.5	0.6	64	91	95	1.5	0.6
	120	58	128	112	3400	4800	2.9	7311 B/DT	7311 B/DB	7311 B/DF	80.5	96.4	51.4	2	1	65	110	114	2	1

续表

基本尺寸/mm			基本额定载荷/kN		极限转速/r·min^{-1}		质量/kg	轴承代号			其他尺寸/mm					安装尺寸/mm				
d	D	$2B$	C_r	C_{0r}	脂	油	W ≈	串联 70000 C(AC、B)/DT 型	背对背 70000 C(AC、B)/DB 型	面对面 70000 C(AC、B)/DF 型	d_2 ≈	D_2 ≈	a	r min	r_1 min	d_a min	D_a max	D_b max	r_a max	r_b max
60	95	36	61.8	65.5	3800	5300	0.8	7012 C/DT	7012 C/DB	7012 C/DF	71.4	85.7	19.38	1.1	0.6	67	88	90	1	0.6
	95	36	58.6	63.0	3800	5300	0.8	7012 AC/DT	7012 AC/DB	7012 AC/DF	71.4	85.7	27.1	1.1	0.6	67	88	90	1	0.6
	110	44	98.8	97.0	3600	5000	1.6	7212 C/DT	7212 C/DB	7212 C/DF	76	94.1	22.4	1.5	0.6	69	101	105	1.5	0.6
	110	44	94.2	92.5	3600	5000	1.6	7212 AC/DT	7212 AC/DB	7212 AC/DF	76	94.1	30.8	1.5	0.6	69	101	105	1.5	0.6
	110	44	90.8	89.0	3600	5000	1.68	7212 B/DT	7212 B/DB	7212 B/DF	79.3	91.5	46.7	1.5	0.6	69	101	105	1.5	0.6
	130	62	145	135	3400	4500	3.7	7312 B/DT	7312 B/DB	7312 B/DF	87.1	104.2	55.4	2.1	1.1	72	118	123	2.1	1
65	100	36	64.8	71.0	3600	5000	0.86	7013 C/DT	7013 C/DB	7013 C/DF	75.3	89.8	20.1	1.1	0.6	72	93	95	1	0.6
	100	36	61.5	67.5	3600	5000	0.86	7013 AC/DT	7013 AC/DB	7013 AC/DF	75.3	89.8	28.2	1.1	0.6	72	93	95	1	0.6
	120	46	112	110	3400	4500	2	7213 C/DT	7213 C/DB	7213 C/DF	82.5	102.5	24.2	1.5	0.6	74	111	115	1.5	0.6
	120	46	108	105	3400	4500	2	7213 AC/DT	7213 AC/DB	7213 AC/DF	82.5	102.5	33.5	1.5	0.6	74	111	115	1.5	0.6
	120	46	102	105	3400	4500	2.1	7213 B/DT	7213 B/DB	7213 B/DF	88.4	101.2	51.1	1.5	0.6	74	111	115	1.5	0.6
	140	66	165	155	3000	4000	4.5	7313 B/DT	7313 B/DB	7313 B/DF	93.9	112.4	59.5	2.1	1.1	77	128	133	2.1	1
70	110	40	78.0	87.0	3400	4800	1.2	7014 C/DT	7014 C/DB	7014 C/DF	82	98	22.1	1.1	0.6	77	103	105	1	0.6
	110	40	74.2	83.0	3400	4800	1.2	7014 AC/DT	7014 AC/DB	7014 AC/DF	82	98	30.9	1.1	0.6	77	103	105	1	0.6
	125	48	115	120	3200	4300	2.2	7214 C/DT	7214 C/DB	7214 C/DF	89	109	25.3	1.5	0.6	79	116	120	1.5	0.6
	125	48	112	115	3200	4300	2.2	7214 AC/DT	7214 AC/DB	7214 AC/DF	89	109	35.1	1.5	0.6	79	116	120	1.5	0.6
	125	48	115	115	3200	4300	2.3	7214 B/DT	7214 B/DB	7214 B/DF	91.1	104.9	52.9	1.5	0.6	79	116	120	1.5	0.6
	150	70	185	175	2800	3600	5.5	7314 B/DT	7314 B/DB	7314 B/DF	100.9	120.5	63.7	2.1	1.1	82	138	143	2.1	1
75	115	40	80.2	93.0	3400	4500	1.26	7015 C/DT	7015 C/DB	7015 C/DF	88	104	22.7	1.1	0.6	82	108	110	1	0.6
	115	40	75.8	88.5	3400	4500	1.26	7015 AC/DT	7015 AC/DB	7015 AC/DF	88	104	32.2	1.1	0.6	82	108	110	1	0.6
	130	50	128	132	3000	4000	2.4	7215 C/DT	7215 C/DB	7215 C/DF	94	115	26.4	1.5	0.6	84	121	125	1.5	0.6
	130	50	122	125	3000	4000	2.4	7215 AC/DT	7215 AC/DB	7215 AC/DF	94	115	36.6	1.5	0.6	84	121	125	1.5	0.6
	130	50	118	125	3000	4000	2.6	7215 B/DT	7215 B/DB	7215 B/DF	96.1	109.9	55.5	1.5	0.6	84	121	125	1.5	0.6
	160	74	202	198	2600	3400	6.6	7315 B/DT	7315 B/DB	7315 B/DF	107.9	128.6	68.4	2.1	1.1	87	148	153	2.1	1

续表

基本尺寸/mm			基本额定载荷/kN		极限转速/r·min^{-1}		质量/kg	轴承代号			其他尺寸/mm					安装尺寸/mm				
d	D	$2B$	C_r	C_{0r}	脂	油	W ≈	串联 70000 C(AC、B)/DT 型	背对背 70000 C(AC、B)/DB 型	面对面 70000 C(AC、B)/DF 型	d_2 ≈	D_2 ≈	a	r min	r_1 min	d_a min	D_a max	D_b max	r_a max	r_b max
80	125	44	94.8	112	3200	4300	1.7	7016 C/DT	7016 C/DB	7016 C/DF	95.2	112.8	24.7	1.1	0.6	87	118	120	1	0.6
	125	44	90.0	105	3200	4300	1.7	7016 AC/DT	7016 AC/DB	7016 AC/DF	95.2	112.8	34.9	1.1	0.6	87	118	120	1	0.6
	140	52	145	155	2800	3600	2.9	7216 C/DT	7216 C/DB	7216 C/DF	100	122	27.7	2	1	90	130	134	2	1
	140	52	138	148	2800	3600	2.9	7216 AC/DT	7216 AC/DB	7216 AC/DF	100	122	28.9	2	1	90	130	134	2	1
	140	52	130	138	2800	3600	3.1	7216 B/DT	7216 B/DB	7216 B/DF	103.2	117.8	59.2	2	1	90	130	134	2	1
	170	78	218	220	2400	3400	7.8	7316 B/DT	7316 B/DB	7316 B/DF	114.8	136.8	71.9	2.1	1.1	92	158	163	2.1	1
85	130	44	102	120	3000	4000	1.78	7017 C/DT	7017 C/DB	7017 C/DF	99.4	117.6	25.4	1.1	0.6	92	123	125	1	0.6
	130	44	95.8	115	3000	4000	1.78	7017 AC/DT	7017 AC/DB	7017 AC/DF	99.4	117.6	36.1	1.1	0.6	92	123	125	1	0.6
	150	56	162	170	2600	3400	3.6	7217 C/DT	7217 C/DB	7217 C/DF	107.1	131	29.9	2	1	95	140	144	2	1
	150	56	152	162	2600	3400	3.6	7217 AC/DT	7217 AC/DB	7217 AC/DF	107.1	131	41.6	2	1	95	140	144	2	1
	150	56	150	162	2600	3400	3.9	7217 B/DT	7217 B/DB	7217 B/DF	110.1	126	63.3	2	1	95	140	144	2	1
	180	82	240	245	2400	3200	9.2	7317 B/DT	7317 B/DB	7317 B/DF	121.2	145.6	76.1	3	1.1	99	166	173	2.5	1
90	140	48	115	140	2800	3600	2.3	7018 C/DT	7018 C/DB	7018 C/DF	107.2	126.8	27.4	1.5	0.6	99	131	135	1.5	0.6
	140	48	110	132	2800	3600	2.3	7018 AC/DT	7018 AC/DB	7018 AC/DF	107.2	126.8	38.8	1.5	0.6	99	131	135	1.5	0.6
	160	60	198	210	2400	3400	4.5	7218 C/DT	7218 C/DB	7218 C/DF	111.7	138.4	31.7	2	1	100	150	154	2	1
	160	60	192	200	2400	3400	4.5	7218 AC/DT	7218 AC/DB	7218 AC/DF	111.7	138.4	44.2	2	1	100	150	154	2	1
	160	60	170	188	2400	3400	4.8	7218 B/DT	7218 B/DB	7218 B/DF	118.1	135.2	67.9	2	1	100	150	154	2	1
	190	86	255	275	2200	3000	10.8	7318 B/DT	7318 B/DB	7318 B/DF	128.6	153.2	80.2	3	1.1	104	176	183	2.5	1
95	145	48	118	145	2600	3400	2.4	7019 C/DT	7019 C/DB	7019 C/DF	110.2	129.8	28.1	1.5	0.6	104	136	140	1.5	0.6
	145	48	112	138	2600	3400	2.4	7019 AC/DT	7019 AC/DB	7019 AC/DF	110.2	129.8	40	1.5	0.6	104	136	140	1.5	0.6
	170	64	218	228	2400	3200	5.4	7219 C/DT	7219 C/DB	7219 C/DF	118.1	147	33.8	2.1	1.1	107	158	163	2.1	1
	170	64	208	218	2400	3200	5.4	7219 AC/DT	7219 AC/DB	7219 AC/DF	118.1	147	46.9	2.1	1.1	107	158	163	2.1	1
	170	64	195	218	2400	3200	5.8	7219 B/DT	7219 B/DB	7219 B/DF	126.1	144.4	72.5	2.1	1.1	107	158	163	2.1	1
	200	90	278	310	2000	2800	12.5	7319 B/DT	7319 B/DB	7319 B/DF	135.4	161.5	84.4	3	1.1	109	186	193	2.5	1

续表

基本尺寸/mm			基本额定载荷/kN		极限转速/r·min^{-1}		质量/kg	轴承代号			其他尺寸/mm					安装尺寸/mm				
d	D	$2B$	C_r	C_{0r}	脂	油	W ≈	串联 70000 C(AC、B)/DT 型	背对背 70000 C(AC、B)/DB 型	面对面 70000 C(AC、B)/DF 型	d_2 ≈	D_2 ≈	a	r min	r_1 min	d_a min	D_a max	D_b max	r_a max	r_b max
100	150	48	128	158	2600	3400	2.5	7020 C/DT	7020 C/DB	7020 C/DF	114.6	135.4	28.7	1.5	0.6	109	141	145	1.5	0.6
	150	48	122	150	2600	3400	2.5	7020 AC/DT	7020 AC/DB	7020 AC/DF	114.6	135.4	41.2	1.5	0.6	109	141	145	1.5	0.6
	180	68	240	255	2200	3000	6.5	7220 C/DT	7220 C/DB	7220 C/DF	124.8	155.3	35.8	2.1	1.1	112	168	173	2.1	1
	180	68	230	245	2200	3000	6.5	7220 AC/DT	7220 AC/DB	7220 AC/DF	124.8	155.3	49.7	2.1	1.1	112	168	173	2.1	1
	180	68	210	230	2200	3000	6.9	7220 B/DT	7220 B/DB	7220 B/DF	130.9	150.5	75.7	2.1	1.1	112	168	173	2.1	1
	215	94	305	360	1800	2400	15.5	7320 B/DT	7320 B/DB	7320 B/DF	144.5	172.5	89.6	3	1.1	114	201	208	2.5	1
105	160	52	142	178	2600	3400	3.2	7021 C/DT	7021 C/DB	7021 C/DF	121.5	143.6	30.8	2	1	115	150	154	2	1
	160	52	135	168	2600	3400	3.2	7021 AC/DT	7021 AC/DB	7021 AC/DF	121.5	143.6	43.9	2	1	115	150	154	2	1
	190	72	262	290	2000	2800	7.7	7221 C/DT	7221 C/DB	7221 C/DF	131.3	163.8	37.8	2.1	1.1	117	178	183	2.1	1
	190	72	250	275	2000	2800	7.7	7221 AC/DT	7221 AC/DB	7221 AC/DF	131.3	163.8	52.4	2.1	1.1	117	178	183	2.1	1
	190	72	230	258	2000	2800	8.2	7221 B/DT	7221 B/DB	7221 B/DF	137.5	159	79.9	2.1	1.1	117	178	183	2.1	1
	225	98	328	392	1700	2400	17.6	7321 B/DT	7321 B/DB	7321 B/DF	151.4	180.7	93.7	3	1.1	119	211	218	2.5	1
110	170	56	162	205	2400	3400	3.9	7022 C/DT	7022 C/DB	7022 C/DF	129.1	152.9	32.8	2	1	120	160	164	2	1
	170	56	155	195	2400	3400	3.9	7022 AC/DT	7022 AC/DB	7022 AC/DF	129.1	152.9	46.7	2	1	120	160	164	2	1
	200	76	285	325	1900	2600	9.1	7222 C/DT	7222 C/DB	7222 C/DF	138.9	173.2	39.8	2.1	1.1	122	188	193	2.1	1
	200	76	272	310	1900	2600	9.1	7222 AC/DT	7222 AC/DB	7222 AC/DF	138.9	173.2	55.2	2.1	1.1	122	188	193	2.1	1
	200	76	250	290	1900	2600	9.6	7222 B/DT	7222 B/DB	7222 B/DF	144.8	166.8	84	2.1	1.1	122	188	193	2.1	1
	240	100	365	450	1500	2200	22.56	7322 B/DT	7322 B/DB	7322 B/DF	160.3	192	98.4	3	1.1	124	226	233	2.5	1
120	180	56	175	222	1900	2600	4.2	7024 C/DT	7024 C/DB	7024 C/DF	137.7	162.4	34.1	2	1	130	170	174	2	1
	180	56	165	210	1900	2600	4.2	7024 AC/DT	7024 AC/DB	7024 AC/DF	137.7	162.4	48.9	2	1	130	170	174	2	1
	215	80	305	362	1700	2400	10.8	7224 C/DT	7224 C/DB	7224 C/DF	149.4	185.7	42.4	2.1	1.1	132	203	208	2.1	1
	215	80	292	345	1700	2400	10.8	7224 AC/DT	7224 AC/DB	7224 AC/DF	149.4	185.7	59.1	2.1	1.1	132	203	208	2.1	1

续表

基本尺寸/mm			基本额定载荷/kN		极限转速/r·min^{-1}		质量/kg	轴承代号			其他尺寸/mm					安装尺寸/mm				
d	D	$2B$	C_r	C_{0r}	脂	油	W ≈	串联 70000 C(AC、B)/DT 型	背对背 70000 C(AC、B)/DB 型	面对面 70000 C(AC、B)/DF 型	d_2 ≈	D_2 ≈	a	r min	r_1 min	d_a min	D_a max	D_b max	r_a max	r_b max
130	200	66	208	272	1800	2400	6.4	7026 C/DT	7026 C/DB	7026 C/DF	151.4	178.7	38.6	2	1	140	190	194	2	1
	200	66	198	258	1800	2400	6.4	7026 AC/DT	7026 AC/DB	7026 AC/DF	151.4	178.7	54.9	2	1	140	190	194	2	1
	230	80	332	418	1500	2200	12.5	7226 C/DT	7226 C/DB	7226 C/DF	162.9	199.3	44.3	3	1.1	144	216	223	2.5	1
	230	80	315	400	1500	2200	12.5	7226 AC/DT	7226 AC/DB	7226 AC/DF	162.9	199.3	62.2	3	1.1	144	216	223	2.5	1
140	210	66	228	290	1700	2400	7.24	7028 C/DT	7028 C/DB	7028 C/DF	—	—	—	2	1	150	200	204	2	1
	210	66	228	300	1500	2200	7.84	7028 AC/DT	7028 AC/DB	7028 AC/DF	—	—	59.2	2	1	150	200	204	2	1
	250	84	372	490	1300	2000	18.72	7228 C/DT	7228 C/DB	7228 C/DF	—	—	41.7	3	1.1	154	236	243	2.5	1
	250	84	372	470	1300	2000	18.48	7228 AC/DT	7228 AC/DB	7228 AC/DF	—	—	68.6	3	1.1	154	236	243	2.5	1
	300	124	465	630	1200	1700	44.88	7328 B/DT	7328 B/DB	7328 B/DF	—	—	111	4	1.5	158	282	291	3	1.5
150	225	70	260	312	1500	2200	9.66	7030 C/DT	7030 C/DB	7030 C/DF	—	—	—	2.1	1.1	162	213	218	2.1	1
	225	70	245	335	1400	2000	9.66	7030 AC/DT	7030 AC/DB	7030 AC/DF	—	—	63.2	2.1	1.1	162	213	218	2.1	1
160	290	96	425	595	1200	1700	29	7232 C/DT	7232 C/DB	7232 C/DF	—	—	47.9	3	1.1	174	276	283	2.5	1
	290	96	402	555	1200	1700	29	7232 AC/DT	7232 AC/DB	7232 AC/DF	—	—	78.9	3	1.1	174	276	283	2.5	1
170	260	84	310	445	1200	1800	16.5	7034 AC/DT	7034 AC/DB	7034 AC/DF	—	—	73.4	2.1	1.1	182	248	253	2.1	1
	310	104	522	780	1100	1500	38.4	7234 C/DT	7234 C/DB	7234 C/DF	—	—	51.5	4	1.5	188	292	301	3	1.5
	310	104	495	735	1100	1500	34.4	7234 AC/DT	7234 AC/DB	7234 AC/DF	—	—	84.5	4	1.5	188	292	301	3	1.5
180	320	104	542	830	1000	1400	36.2	7236 C/DT	7236 C/DB	7236 C/DF	—	—	52.6	4	1.5	198	302	311	3	1.5
	320	104	510	775	1000	1400	36.2	7236 AC/DT	7236 AC/DB	7236 AC/DF	—	—	87	4	1.5	198	302	311	3	1.5
190	290	92	348	525	1100	1500	21.4	7038 AC/DT	7038 AC/DB	7038 AC/DF	—	—	81.5	2.1	1.1	202	278	283	2.1	1
200	310	102	410	650	1000	1400	28.08	7040 AC/DT	7040 AC/DB	7040 AC/DF	—	—	87.7	2.1	1.1	212	298	302	2.1	1
	360	116	585	950	900	1300	50.4	7240 C/DT	7240 C/DB	7240 C/DF	—	—	58.8	4	1.5	218	342	351	3	1.5
	360	116	558	895	900	1300	50.4	7240 AC/DT	7240 AC/DB	7240 AC/DF	—	—	97.3	4	1.5	218	342	351	3	1.5
220	400	130	580	965	750	1100	77	7244 AC/DT	7244 AC/DB	7244 AC/DF	—	—	108.1	4	1.5	238	382	391	3	1.5

注：GB/T 292—2023 已删去成对双联角接触球轴承，但《全国滚动轴承产品样本》第 2 版仍保留，所以本表仍保留。

分离型角接触球轴承（摘自 GB/T 292）

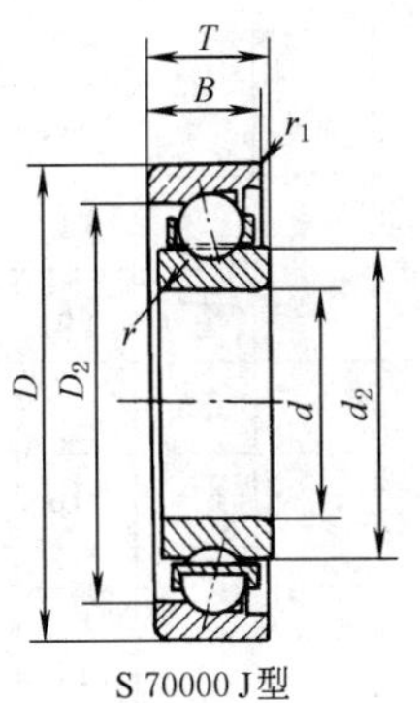

S 70000 J型

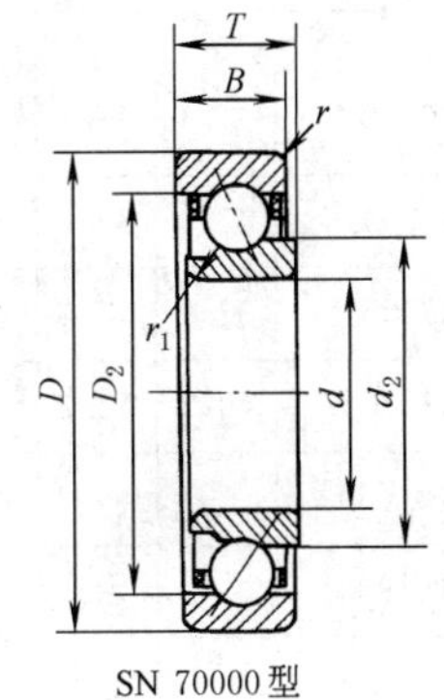

SN 70000型

符号含义及应用

S—可分离基本型（外圈可分离）

SN—内圈可分离型

J—钢板冲压保持架

可分离型的内外圈可分别安装，用于安装条件受限制的场合，能承受单向轴向载荷，限制一个方向轴向位移，必须成对安装

表 7-2-89

基本尺寸 /mm			基本额定载荷/kN		极限转速 /r·min^{-1}		质量 /kg	轴承代号	其他尺寸 /mm					安装尺寸 /mm		
d	D	B	C_r	C_{0r}	脂	油	W ≈	S 70000 型 SN 70000 型	d_2 ≈	D_2 ≈	T	r min	r_1 min	d_a min	D_a max	r_a max
3	10	4	0.25	0.18	36000	48000	0.015	S723J	7.7	5.55	4	0.15	0.08	4.2	8.8	0.15
5	13	4	0.45	0.42	32000	43000	0.0023	S7195J	7.25	10.1	4	0.2	0.1	6.6	11.4	0.2
	16	5	1.10	0.82	30000	40000	0.046	S725J	8.1	12.8	5	0.3	0.15	7.4	13.6	0.3
6	15	5	1.10	0.92	30000	40000	0.0039	S7196J	8.8	12.2	5	0.2	0.1	7.6	13.4	0.2
	19	6	1.50	1.12	26000	36000	—	S726J	9.5	15.45	6	0.3	0.15	8.4	16.6	0.3
7	22	7	2.20	1.30	24000	34000	0.022	S727J	10.7	17.6	7	0.3	0.15	9.4	19.6	0.3
8	22	7	1.60	1.40	24000	34000	—	S708J	12.1	17.8	7	0.3	0.15	10.4	19.6	0.3
	24	8	2.20	1.25	22000	30000	—	S728J	12.1	19	8	0.3	0.15	10.4	21.6	0.3
9	26	8	2.20	1.25	20000	29000	—	S729J	14.2	20.8	8	0.3	0.15	11.4	23.6	0.3
10	26	8	2.30	2.45	19000	28000	—	S7000J	14.5	21.2	8	0.3	0.15	12.4	23.6	0.3
	30	9	3.60	3.20	18000	26000	0.03	S7200J	15.9	24.1	9	0.6	0.15	15	25	0.6
12	28	8	2.30	2.68	18000	26000	—	S7001J	16.7	23.3	8	0.3	0.15	14.4	25.6	0.3
	32	7	2.50	3.00	17000	24000	0.028	S78201J	17.7	24.6	7	0.3	—	14.4	29.6	0.3
15	32	9	2.50	3.68	17000	24000	0.028	S7002J	19.9	27.2	9	0.3	0.15	17.4	29.6	0.3
	35	8	3.30	4.00	16000	22000	0.035	S78202J	20.7	29	8	0.3	—	17.4	32.6	0.3
	35	11	6.70	4.50	16000	22000	0.0436	SN7202J	20.7	29.5	11	0.6	—	20	30	0.6
	35	11	3.70	4.50	16000	22000	0.044	S7202J	20.5	29.2	11	0.6	0.15	20	30	0.6
17	40	12	9.20	6.45	15000	20000	0.0596	SN7203J	23.4	33.8	12	0.6	—	22	35	0.6
20	42	12	3.80	4.92	14000	19000	0.065	S7004J	26.1	36.1	12	0.6	0.15	25	37	0.6

续表

基本尺寸 /mm			基本额定载荷/kN		极限转速 /r·min⁻¹		质量 /kg	轴承代号	其他尺寸 /mm					安装尺寸 /mm		
d	D	B	C_r	C_{0r}	脂	油	W ≈	S 70000 型 SN 70000 型	d_2 ≈	D_2 ≈	T	r min	r_1 min	d_a min	D_a max	r_a max
20	47	14	10.1	8.05	13000	18000	0.0946	SN7204J	27.9	39.8	14	1	—	26	41	1
25	52	15	12.8	9.55	11000	16000	0.114	SN7205J	32.9	44.4	15	1	—	31	46	1
30	62	16	17.8	14.8	9000	13000	0.187	SN7206J	40.3	52.7	16	1	—	36	56	1
600	730	60	332	888	380	500	60.7	S718/600	—	—	60	3	—	614	716	2.5
800	980	82	568	1890	200	300	132	S718/800	—	—	—	5	—	822	958	4
1180	1420	106	850	3580	—	—	332	S718/1180	—	—	—	6	—	1208	1392	5

注：GB/T 292—2023 已删去分离型角接触球轴承，本表按《全国滚动轴承产品样本》第 2 版予以保留。

双列角接触球轴承（摘自 GB/T 296）

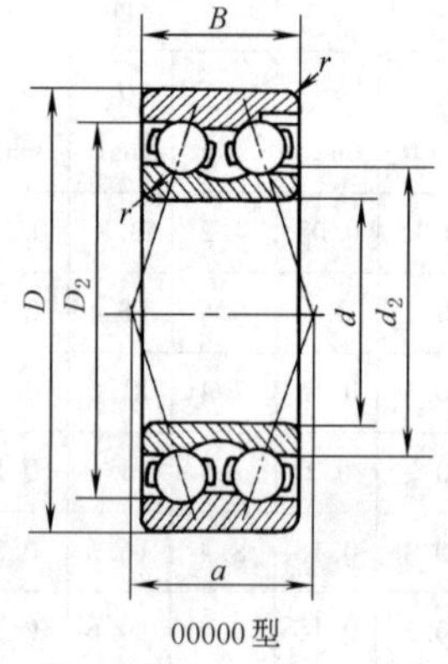

00000 型

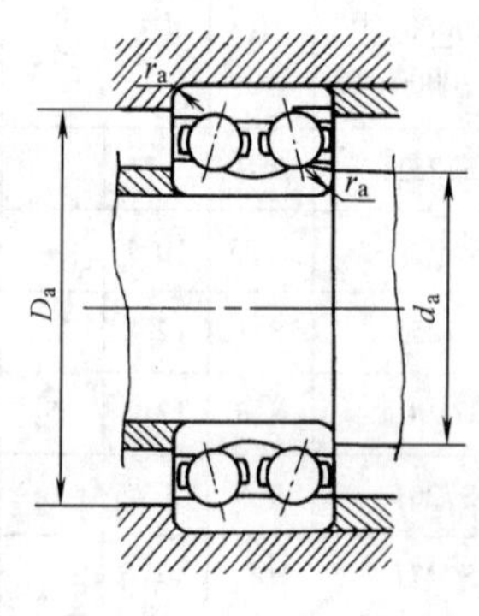

符号含义及应用

00000 A 型—接触角为 30°,双列角接触球轴承(基型)

00000 型—接触角为 30°,有装填槽的双列角接触球轴承

00000 A-2Z 型—接触角为 30°,两面带防尘盖的双列角接触球轴承

00000 A-2RS 型—接触角为 30°,两面带密封圈的双列角接触球轴承

00000 D 型—接触角为 45°,双内圈双列角接触球轴承

可以同时承受径向载荷为主的径向和轴向联合载荷和力矩载荷。限制轴的两方向轴向位移,刚性好,可承受倾覆力矩。接触角为 30°、45°。安装时注意不要让主要轴向力通过有装填槽的一面

当量动载荷:

当 $F_a/F_r \leqslant 0.8$ 时,$P_r = F_r + 0.78F_a$

当 $F_a/F_r > 0.8$ 时,$P_r = 0.63F_r + 1.24F_a$

当量静载荷:$P_{0r} = F_r + 0.66F_a$

表 7-2-90

基本尺寸 /mm			基本额定载荷 /kN		极限转速 /r·min⁻¹		质量 /kg	轴承代号	其他尺寸 /mm				安装尺寸 /mm		
d	D	B	C_r	C_{0r}	脂	油	W ≈	3200 型 3300 型	d_2 ≈	D_2 ≈	a	r min	d_a min	D_a max	r_a max
10	30	14.3	7.42	4.30	16000	22000	0.054	3200	17.7	23.6	18	0.6	15	25	0.6
12	32	15.9	10.2	5.60	15000	20000	0.058	3201	19.1	26.5	20	0.6	17	27	0.6
15	35	15.9	11.2	6.80	12000	17000	0.066	3202	22.1	29.5	22	0.6	20	30	0.6
17	40	17.5	14.0	8.65	10000	15000	0.1	3203	25.2	33.6	25	0.6	22	35	0.6
20	47	20.6	18.5	12.0	9000	13000	0.16	3204	29.6	39.5	30	1	26	41	1
	52	22.2	22.2	14.2	8500	12000	0.22	3304	31.8	42.6	32	1.1	27	45	1
25	52	20.6	20.2	14.0	8000	11000	0.18	3205	34.6	44.5	33	1	31	46	1
	62	25.4	31.2	20.8	7500	10000	0.35	3305	38.4	51.4	38	1.1	32	55	1

续表

基本尺寸/mm			基本额定载荷/kN		极限转速/r·min^{-1}		质量/kg	轴承代号	其他尺寸/mm				安装尺寸/mm		
d	D	B	C_r	C_{0r}	脂	油	W ≈	3200型 3300型	d_2 ≈	D_2 ≈	a	r min	d_a min	D_a max	r_a max
30	62	23.8	25.2	20.0	7000	9500	0.29	3206	41.4	53.2	38	1	36	56	1
	72	30.2	36.8	28.5	6300	8500	0.53	3306	39.8	64.1	44	1.1	37	65	1
35	72	27	33.5	27.5	6000	8000	0.44	3207	48.1	61.9	45	1.1	42	65	1
	80	34.9	44.0	34.0	5600	7500	0.73	3307	44.6	70.1	49	1.5	44	71	1.5
40	80	30.2	40.5	33.5	5600	7500	0.58	3208	47.8	72.1	49	1.1	47	73	1
	90	36.5	53.2	43.0	5000	6700	0.95	3308	50.8	80.1	56	1.5	49	81	1.5
45	85	30.2	42.8	38.0	5000	6700	0.63	3209	52.8	77.1	52	1.1	52	78	1
	100	39.7	64.8	73.5	4500	6000	1.40	3309	63.8	86.3	64	1.5	54	91	1.5
50	90	30.2	42.8	39.0	4800	6300	0.66	3210	57.8	82.1	56	1.1	57	83	1
	110	44.4	79.2	96.5	4000	5300	1.95	3310	73.3	97.0	73	2	60	100	2
55	100	33.3	51.5	67.0	4300	5600	1.05	3211	70.4	88.3	64	1.5	64	91	1.5
	120	49.2	85.8	108	3800	5000	2.55	3311	81.0	110	80	2	65	110	2
60	110	36.5	65.0	85.0	3800	5000	1.4	3212	78.0	98.3	71	1.5	69	101	1.5
	130	54	100	128	3400	4500	3.25	3312	87.2	115	86	2.1	72	118	2.1
65	120	38.1	70.2	95.0	3600	4800	1.75	3213	83.7	105	76	1.5	74	111	1.5
	140	58.7	115	150	3200	4300	4.1	3313	92.5	122	94	2.1	77	128	2.1
70	125	39.7	68.8	98.0	3200	4300	1.90	3214	90.6	111	81	1.5	79	116	1.5
	150	63.5	132	172	2800	3800	5.05	3314	99.2	131	101	2.1	82	138	2.1
75	130	41.3	75.8	110	3200	4300	2.10	3215	94.7	116	84	1.5	84	121	1.5
	160	68.3	142	185	2600	3600	6.15	3315	106	139	107	2.1	87	148	2.1
80	140	44.4	90.8	135	2800	3800	2.65	3216	102	127	91	2	90	130	2
	170	68.3	158	212	2400	3400	6.95	3316	113	148	112	2.1	92	158	2.1
85	150	49.2	98	145	2600	3600	3.40	3217	107	133	97	2	95	140	2
	180	73	175	240	2200	3200	8.30	3317	120	157	119	3	99	166	2.5
90	160	52.4	115	172	2400	3400	4.15	3218	115	143	104	2	100	150	2
	190	73	198	285	2000	3000	9.25	3318	128	169	125	3	104	176	2.5
95	170	55.6	132	205	2200	3200	5.00	3219	124	154	111	2.1	107	158	2.1
	200	77.8	215	315	1900	2800	11.0	3319	135	178	133	3	109	186	2.5
100	180	60.3	142	220	2000	3000	6.10	3220	129	160	118	2.1	112	168	2.1
	215	82.6	230	355	1800	2600	13.5	3320	142	187	139	3	114	201	2.5

续表

基本尺寸 /mm			基本额定载荷 /kN		极限转速 /r·min⁻¹		质量 /kg	轴承代号	其他尺寸 /mm				安装尺寸 /mm		
d	D	B	C_r	C_{0r}	脂	油	W ≈	3200 型 3300 型	d_2 ≈	D_2 ≈	a	r min	d_a min	D_a max	r_a max
110	200	69.8	170	270	1900	2800	8.80	3222	143	178	132	2.1	122	188	2.1
	240	92.1	262	425	1700	2400	19.0	3322	155	205	153	3	124	226	2.5

注：1. 现行标准 GB/T 296—2015 包含双列角接触球轴承（基型）0000A 型（接触角为 30°）内径尺寸范围为：32 系列 10~100mm，33 系列 15~75mm；有装填槽的双列角接触球轴承 0000 型（接触角为 30°）内径尺寸范围为：32 系列 85~140mm，33 系列 70~110mm；两面带防尘盖的双列角接触球轴承 0000A-2Z 型（接触角为 30°）内径尺寸范围为：32 系列 10~100mm，33 系列 15~75mm；两面带密封圈的双列角接触球轴承 0000A-2RS 型（接触角为 30°）内径尺寸范围为：32 系列 10~100mm，33 系列 15~75mm；双内圈双列角接触球轴承 0000D 型（接触角为 45°）33 系列内径尺寸范围为 25~70mm，但结构示意图、本表数据仍按《全国滚动轴承产品样本》第 2 版未作修改。

2. 随着轴承技术的发展，基本额定载荷、极限转速均较表中数据（来源于《全国滚动轴承产品样本》第 2 版）有所提高。

四点接触球轴承（摘自 GB/T 294）

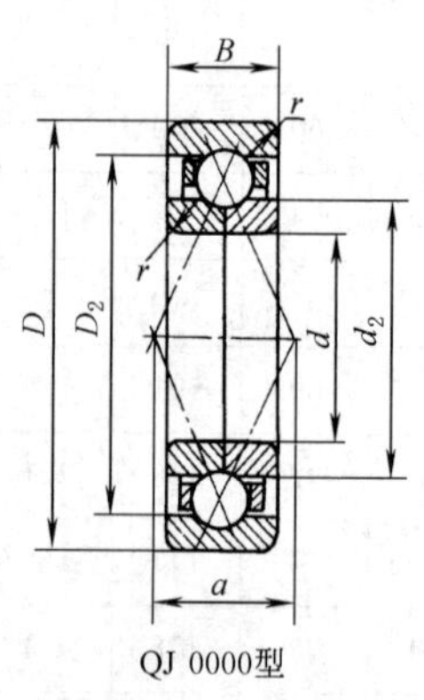

QJ 0000型

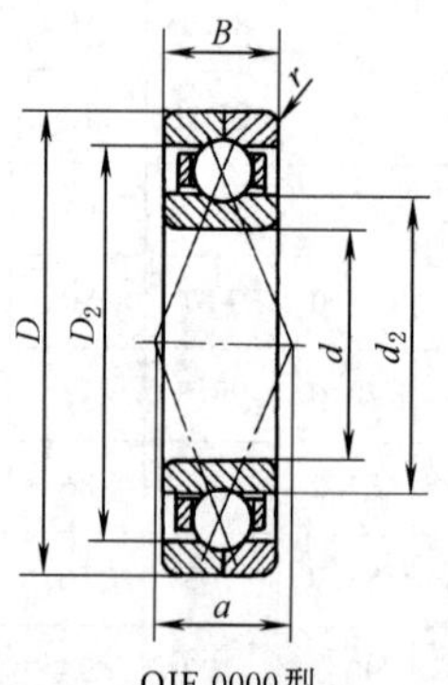

QJF 0000型

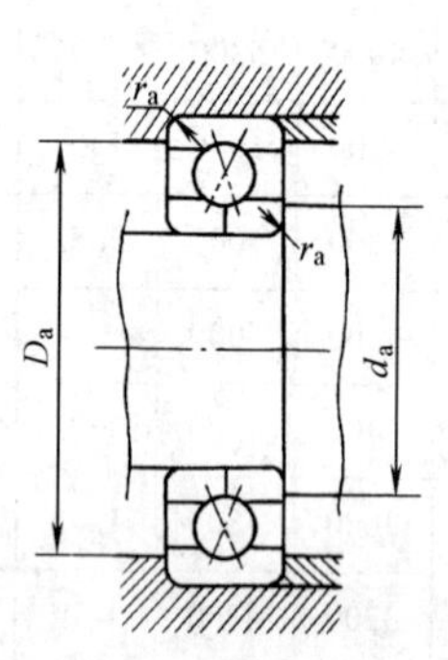

符号含义及应用

QJ—双半内圈四点接触

QJF—双半外圈四点接触

四点接触是双向单列角接触球轴承，亦为可分离轴承，内外圈沟道设计使每沟道和球有两个接触点，接触角为 35°。在无载荷或纯径向载荷作用时，球与套圈呈四点接触，在纯轴向载荷时，球与套圈呈两点接触，可承受双向轴向载荷，还可承受力矩载荷

当量动载荷：当 $F_a/F_r \leqslant 0.95$ 时，$P_r = F_r + 0.66F_a$；当 $F_a/F_r > 0.95$ 时，$P_r = 0.6F_r + 1.07F_a$

当量静载荷：$P_{0r} = F_r + 0.58F_a$

表 7-2-91

基本尺寸 /mm			基本额定载荷/kN		极限转速 /r·min⁻¹		质量 /kg	轴承代号	其他尺寸 /mm				安装尺寸 /mm		
d	D	B	C_r	C_{0r}	脂	油	W ≈	QJ 0000 型 QJF 0000 型	d_2 ≈	D_2 ≈	a	r min	d_a min	D_a max	r_a max
30	72	19	44.5	31.2	6700	9000	0.42	QJ306	45.8	58.2	36	1.1	37	65	1
35	72	17	28.0	25.8	6300	8500	0.356	QJF207	—	—	—	1.1	42	65	1
	80	21	53.2	37.2	6000	8000	0.57	QJ307	50.7	64.3	40	1.5	44	71	1.5
40	80	18	36.0	32.0	6000	8000	0.394	QJF208	—	—	—	1.1	47	73	1
	80	18	40.5	37.0	6700	9000	0.391	QJ208	54	66	42	1.1	47	73	1
45	85	19	40.0	37.8	5300	7000	0.43	QJF209	—	—	—	1.1	52	78	1
	100	25	55.5	50.2	4800	6300	0.923	QJF309	—	—	—	1.5	54	91	1.5
50	90	20	41.8	40.2	5000	6700	0.514	QJF210	—	—	—	1.1	57	83	1
	90	20	55.5	44.8	5000	6700	0.52	QJ210	63.5	76.5	49	1.1	57	83	1
	110	27	73.5	72.2	4500	6000	1.2	QJF310	—	—	—	2	60	100	2
	110	27	85.0	80.0	5000	6700	1.33	QJ310	70	90	56	2	60	100	2

续表

基本尺寸 /mm			基本额定载荷/kN		极限转速 /r·min^{-1}		质量 /kg	轴承代号	其他尺寸 /mm				安装尺寸 /mm		
d	D	B	C_r	C_{0r}	脂	油	W ≈	QJ 0000 型 QJF 0000 型	d_2 ≈	D_2 ≈	a	r min	d_a min	D_a max	r_a max
55	100	21	50.2	50.2	4500	6000	0.76	QJF211	—	—	—	1.5	64	91	1.5
	100	21	71.0	62.0	5300	7000	0.769	QJ211	70.3	84.7	54	1.5	64	91	1.5
	120	29	86.5	85.0	4000	5300	1.48	QJF311	—	—	—	2	65	110	2
	120	29	115	86.5	4000	5300	1.48	QJ311	77.2	97.8	61	2	65	110	2
60	110	22	62.8	63.8	4300	5600	1.0	QJF212	—	—	—	1.5	69	101	1.5
	110	22	81.0	71.0	4800	6300	0.99	QJ212	77	93	60	1.5	69	101	1.5
	130	31	93.5	93.2	3800	5000	2.2	QJF312	—	—	—	2.1	72	118	2.1
65	120	23	65.2	67.8	3800	5000	1.12	QJF213	—	—	—	1.5	74	111	1.5
	120	23	90.0	83.0	4300	5600	1.2	QJ213	84.5	101	65	1.5	74	111	1.5
	140	33	105	102	3400	4500	2.32	QJF313	—	—	—	2.1	77	128	2.1
70	125	24	98.0	91.5	4300	5600	2.32	QJ214	89	106	68	1.5	79	116	1.5
	150	35	168	132	3200	4300	3.15	QJ314	97.3	123	77	2.1	82	138	2.1
75	130	25	108	98.0	4000	5300	1.45	QJ215	93.8	112	72	1.5	84	121	1.5
85	180	41	210	188	2600	3600	5.5	QJ317	117	148	93	3	99	166	2.5
90	140	24	102	130	3200	4300	—	QJ1018	—	—	—	1.5	99	131	1.5
	160	30	165	150	3200	4300	2.91	QJ218	114	136	88	2	100	150	2.0
	190	43	238	228	2400	3400	6.41	QJ318	124	156	98	3	104	176	2.5
100	180	34	212	192	2800	3800	4.05	QJ220	127	153	98	2.1	112	168	2.1
110	170	28	150	195	3000	4000	—	QJ1022	—	—	—	2	120	160	2
	200	38	255	245	2400	3400	5.76	QJ222	141	169	109	2.1	122	188	2.1
	240	50	328	345	2000	3000	12.4	QJ322	154	196	23	3	122	188	2.1
120	180	28	152	208	2200	3200	—	QJ1024	—	—	—	2	130	170	2
	215	40	280	275	2200	3200	6.49	QJ224	152	183	117	2.1	132	203	2.1
	260	55	352	392	1600	2200	15.3	QJ324	169	211	133	3	134	246	2.5
130	200	33	202	230	2000	2700	—	QJ1026	—	—	—	2	140	190	2
	230	40	288	290	1900	2800	7.28	QJ226	165	195	126	3	144	216	2.5
140	210	33	205	242	1900	2600	—	QJ1028	—	—	—	2	150	200	2
	250	42	292	352	1500	2000	10.5	QJ228	179	211	137	3	154	236	2.5
	300	62	422	512	1300	1800	22.4	QJ328	196	244	154	4	158	282	3
150	225	35	225	275	1800	2400	4.59	QJ1030	174	201	131	2.1	162	213	2.1
	270	45	302	372	1400	1900	12.4	QJ230	194	226	147	3	164	256	2.5
160	240	38	260	318	1600	2200	—	QJ1032	—	—	140	2.1	172	228	2.1
	290	48	352	455	1300	1800	14.7	QJ232	207	243	158	3	174	276	2.5
170	260	42	200	350	1500	2000	7.45	QJ1034	198.8	231.2	151	2.1	182	248	2.1
	310	52	358	480	1200	1700	18.1	QJ234	222	258	168	4	188	292	3
180	280	46	335	408	1400	1800	10.7	QJ1036	212.7	247.8	161	2.1	192	268	2.1
	320	52	392	545	1100	1600	—	QJ236	231	269	175	4	198	302	3

续表

基本尺寸 /mm			基本额定载荷/kN		极限转速 /r·min⁻¹		质量 /kg	轴承代号	其他尺寸 /mm				安装尺寸 /mm		
d	D	B	C_r	C_{0r}	脂	油	W ≈	QJ 0000 型 QJF 0000 型	d_2 ≈	D_2 ≈	a	r min	d_a min	D_a max	r_a max
190	290	46	348	430	1300	1700	—	QJ1038	—	—	168	2.1	202	278	2.1
200	310	51	382	498	1200	1600	—	QJ1040	—	—	179	2.1	212	298	2.1
220	340	56	448	622	1000	1400	18	QJ1044	259	301	196	3	234	326	2.5
240	360	56	458	655	950	1300	21	QJ1048	282.2	318	210	3	254	346	2.5
260	400	65	510	765	850	1200	—	QJ1052	—	—	—	4	278	382	3
280	420	65	540	835	800	1000	—	QJ1056	—	—	245	4	298	402	3
300	460	74	630	1040	700	950	—	QJ1060	—	—	—	4	318	442	3
320	480	74	650	1090	650	850	—	QJ1064	—	—	280	4	338	462	3
340	520	82	725	1270	600	800	—	QJ1068	—	—	301	5	362	498	4
360	540	82	768	1380	530	700	—	QJ1072	—	—	—	5	382	518	4
380	560	82	805	1430	500	670	—	QJ1076	—	—	—	5	402	538	4

注：1. 现行标准 GB/T 294—2015 中双半内圈四点接触球轴承 QJ 型内径尺寸范围为：10 系列 10~480mm，02 系列 10~320mm，03 系列 15~200mm；四点接触球轴承（双半外圈）QJF 型内径尺寸范围为：10 系列 70~480mm，02 系列 10~320mm，03 系列 30~180mm。但结构示意图、本表数据仍《全国滚动轴承产品样本》第 2 版未作修改。

2. 随着轴承技术的发展，基本额定载荷、极限转速均较表中数据（来源于《全国滚动轴承产品样本》第 2 版）有所提高。

第7篇

10.4 圆柱滚子轴承

径向当量动载荷：$P_r=F_r$，对有轴向承载的圆柱滚子轴承

2、3 系列：$0\leqslant F_a/F_r\leqslant 0.12$ 时，$P_r=F_r+0.3F_a$

$0.12\leqslant F_a/F_r\leqslant 0.3$ 时，$P_r=0.94F_r+0.8F_a$

22、23 系列：$0\leqslant F_a/F_r\leqslant 0.18$ 时，$P_r=F_r+0.2F_a$

$0.18\leqslant F_a/F_r\leqslant 0.3$ 时，$P_r=0.94F_r+0.53F_a$

径向当量静载荷：$P_{0r}=F_r$

内、外圈均带挡边的单列圆柱滚子轴承，承受轴向载荷的大小，与所承受径向载荷的大小及润滑方法有关，允许最大轴向载荷为

$$\text{油润滑 } F_{ap}=KC_{0r}\frac{n_g-n}{n_g+2n},\ \text{脂润滑 } F_{ap}=KC_{0r}\frac{n_g-2.5n}{n_g+10n},\ F_{ap}<0.4F_r$$

式中 F_{ap}——允许的最大轴向载荷，N；

C_{0r}——轴承的径向基本额定静载荷，N；

K——与轴承尺寸系列有关的系数，对于 2、3 系列，$K=0.2$，对于 22、23 系列，$K=0.16$；

n_g——轴承承受纯径向载荷时的极限转速，r/min，当 $F_r>0.1C_r$ 时，需将尺寸表中的极限转速乘以降低系数（见本章 3.5 节）；

n——轴承实际工作转速，r/min。

按上述公式确定的轴向载荷可使普通级轴承（改进结构及加强型轴承除外）在下列条件下正常工作。

轴承温升：油润滑时 55℃，脂润滑时 40℃。轴承最高温度为 90℃（所使用的油黏度为 $v_{50}=30\text{mm}^2/\text{s}$，润滑脂滴点为 170℃）。

若轴向载荷是间歇作用时，允许轴向载荷提高 1 倍，短暂作用时可提高 2 倍。

型号后带 E 的为加强型圆柱滚子轴承，是经优化设计的结构，滚子数量较多、较长且直径较大，载荷能力高，应优先采用。

圆柱滚子轴承（摘自 GB/T 283）

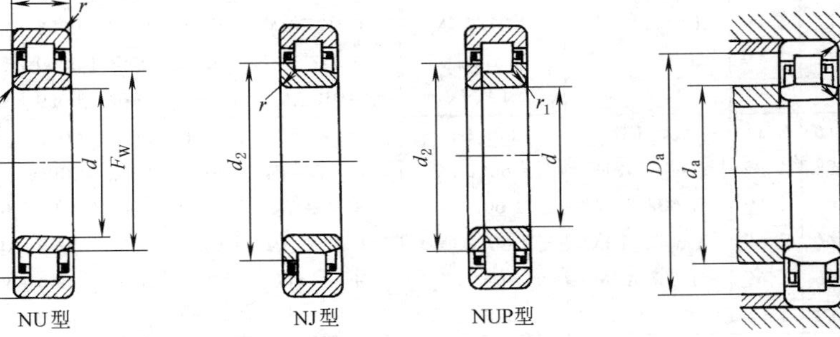

符号含义与应用

NU—内圈无挡边
NJ—内圈单挡边
NUP—内圈单挡边并带平挡圈
E—加强型

大多为单列，是可分离型，安装、拆卸比较方便，一般只能承受纯径向载荷，与相同尺寸的深沟球轴承相比，有较大承受径向载荷的能力，但要求轴和轴承座孔加工精度高，内、外圈轴线偏角误差允许 2′~4′，用于刚性较大的轴。允许轴向无挡边方向有不大的位移，内、外圈有挡边的一面可承受一定量的轴向载荷。NU 型不能限制轴或外壳的轴向位移，不能承受轴向载荷，常用作游动支承。NJ 型可限制轴或外壳一个方向的轴向位移，并能承受较小的单向轴向载荷，常成对使用。NUP 型可在轴承的轴向间隙范围内限制轴或外壳两个方向的轴向位移，并能承受较小的双向轴向载荷

表 7-2-92

基本尺寸/mm				基本额定载荷/kN		极限转速/r·min^{-1}		质量/kg	轴承代号			其他尺寸/mm				安装尺寸/mm						
d	D	B	F_W	C_r	C_{0r}	脂	油	W ≈	NU 型	NJ 型	NUP 型	d_2	D_2	r min	r_1 min	d_a max	d_a min	d_b min	d_c min	D_a max	r_a max	r_b max
15	35	11	19.3	8.35	5.5	15000	19000	—	NU 202	NJ 202	—	22	26.4	0.6	0.3	—	17	21	23	31	0.6	0.3
17	40	12	22.9	9.55	7.0	14000	18000	—	NU 203	NJ 203	NUP 203	25.5	30.9	0.6	0.3	—	19	24	27	36	0.6	0.3
	47	14	27	13.5	10.8	13000	17000	0.147	NU 303	NJ 303	—	—	—	1	0.6	—	21	27	30	42	1	0.6
20	42	12	25.5	11.0	9.2	13000	17000	0.09	NU 1004	—	—	—	—	0.6	0.3	—	22	27	—	38	0.6	0.3
	47	14	26.5	27.0	24.0	12000	16000	0.117	NU 204 E	NJ 204 E	NUP 204 E	29.7	38.5	1	0.6	26	24	29	32	42	1	0.6
	47	18	26.5	32.2	30.0	12000	16000	0.149	NU 2204 E	NJ 2204 E	NUP 2204 E	29.7	38.5	1	0.6	26	24	29	32	42	1	0.6
	52	15	27.5	30.5	25.5	11000	15000	0.155	NU 304 E	NJ 304 E	NUP 304 E	31.2	42.3	1.1	0.6	27	24	30	33	45.5	1	0.6
	52	21	27.5	41.0	37.5	10000	14000	0.216	NU 2304 E	NJ 2304 E	NUP 2304 E	31.2	42.3	1.1	0.6	27	24	30	33	45.5	1	0.6
25	47	12	30.5	11.5	10.2	11000	15000	0.1	NU 1005	—	—	—	38.8	0.6	0.3	30	27	32	—	43	0.6	0.3
	52	15	31.5	28.5	26.8	11000	14000	0.14	NU 205 E	NJ 205 E	NUP 205 E	34.7	43.5	1	0.6	31	29	34	37	47	1	0.6
	52	18	31.5	34.5	33.8	11000	14000	0.168	NU 2205 E	NJ 2205 E	NUP 2205 E	34.7	43.5	1	0.6	31	29	34	37	47	1	0.6
	62	17	34	40.2	35.8	9000	12000	0.251	NU 305 E	NJ 305 E	NUP 305 E	38.1	50.4	1.1	1.1	33	31.5	37	40	55.5	1	1
	62	24	34	56.0	54.5	9000	12000	0.355	NU 2305 E	NJ 2305 E	NUP 2305 E	38.1	50.4	1.1	1.1	33	31.5	37	40	55.5	1	1

续表

基本尺寸/mm				基本额定载荷/kN		极限转速/r·min⁻¹		质量/kg	轴承代号			其他尺寸/mm				安装尺寸/mm						
d	D	B	F_W	C_r	C_{0r}	脂	油	W ≈	NU型	NJ型	NUP型	d_2	D_2	r min	r_1 min	d_a max	d_a min	d_b min	d_c min	D_a max	r_a max	r_b max
30	55	13	36.5	13.5	12.8	9500	12000	0.12	NU 1006	—	—	—	45.6	1	0.6	35	34	38	—	50	1	0.6
	62	16	37.5	37.8	35.5	8500	11000	0.214	NU 206 E	NJ 206 E	NUP 206 E	41.3	52.3	1	0.6	37	34	40	44	57	1	0.6
	62	20	37.5	47.8	48.0	8500	11000	0.268	NU 2206 E	NJ 2206 E	NUP 2206 E	41.3	52.3	1	0.6	37	34	40	44	57	1	0.6
	72	19	40.5	51.5	48.2	8000	10000	0.377	NU 306 E	NJ 306 E	NUP 306 E	45	58.6	1.1	1.1	40	36.5	44	48	65.5	1	1
	72	27	40.5	73.2	75.5	8000	10000	0.538	NU 2306 E	NJ 2306 E	NUP 2306 E	45	58.6	1.1	1.1	40	36.5	44	48	65.5	1	1
	90	23	45	59.8	53.0	7000	9000	0.73	NU 406	NJ 406	NUP 406	50.5	65.8	1.5	1.5	44	38	47	52	82	1.5	1.5
35	62	14	42	20.5	18.8	8500	11000	0.16	NU 1007	—	—	—	54.5	1	0.6	41	39	44	—	57	1	0.6
	72	17	44	48.8	48.0	7500	9500	0.311	NU 207 E	NJ 207 E	NUP 207 E	48.3	60.5	1.1	0.6	43	39	46	50	65.5	1	0.6
	72	23	44	60.2	63.0	7500	9500	0.414	NU 2207 E	NJ 2207 E	NUP 2207 E	48.3	60.5	1.1	0.6	43	39	46	50	65.5	1	0.6
	80	21	46.2	65.0	63.2	7000	9000	0.501	NU 307 E	NJ 307 E	NUP 307 E	51.1	66.3	1.5	1.1	45	41.5	48	53	72	1.5	1
	80	31	46.2	91.8	98.2	7000	9000	0.738	NU 2307 E	NJ 2307 E	NUP 2307 E	51.1	66.3	1.5	1.1	45	41.5	48	53	72	1.5	1
	100	25	53	74.2	68.2	6000	7500	0.94	NU 407	NJ 407	NUP 407	59	75.3	1.5	1.5	52	43	55	61	92	1.5	1.5
40	68	15	47	22.2	22.0	7500	9500	0.22	NU 1008	NJ 1008	—	—	57.6	1	0.6	46	44	49	—	63	1	0.6
	80	18	49.5	54.0	53.0	7000	9000	0.394	NU 208 E	NJ 208 E	NUP 208 E	54.2	67.6	1.1	1.1	49	46.5	52	56	73.5	1	1
	80	23	49.5	70.8	75.2	7000	9000	0.507	NU 2208 E	NJ 2208 E	NUP 2208 E	54.2	67.6	1.1	1.1	49	46.5	52	56	73.5	1	1
	90	23	52	80.5	77.8	6300	8000	0.68	NU 308 E	NJ 308 E	NUP 308 E	57.7	75.4	1.5	1.5	51	48	55	60	82	1.5	1.5
	90	33	52	110	118	6300	8000	0.974	NU 2308 E	NJ 2308 E	NUP 2308 E	57.7	75.4	1.5	1.5	51	48	55	60	82	1.5	1.5
	110	27	58	94.8	89.8	5600	7000	1.25	NU 408	NJ 408	NUP 408	64.8	83.3	2	2	57	49	60	67	101	2	2
45	75	16	52.5	24.2	23.8	6500	8500	0.26	NU 1009	NJ 1009	—	—	63.9	1	0.6	52	49	54	—	70	1	0.6
	85	19	54.5	61.2	63.8	6300	8000	0.45	NU 209 E	NJ 209 E	NUP 209 E	59.2	72.6	1.1	1.1	54	51.5	57	61	78.5	1	1
	85	23	54.5	74.5	82.0	6300	8000	0.55	NU 2209 E	NJ 2209 E	NUP 2209 E	59.2	72.6	1.1	1.1	54	51.5	57	61	78.5	1	1
	100	25	58.5	97.5	98.0	5600	7000	0.93	NU 309 E	NJ 309 E	NUP 309 E	64.7	83.6	1.5	1.5	57	53	60	66	92	1.5	1.5
	100	36	58.5	135	152	5600	7000	1.34	NU 2309 E	NJ 2309 E	NUP 2309 E	64.7	83.6	1.5	1.5	57	53	60	66	92	1.5	1.5
	120	29	64.5	108	100	5000	6300	1.8	NU 409	NJ 409	NUP 409	71.8	91.4	2	2	63	54	66	74	111	2	2
50	80	16	57.5	26.2	27.5	6300	8000	—	NU 1010	NJ 1010	—	—	68.9	1	0.6	57	54	59	—	75	1	0.6
	90	20	59.5	64.2	69.2	6000	7500	0.505	NU 210 E	NJ 210 E	NUP 210 E	64.2	77.6	1.1	1.1	58	56.5	62	67	83.5	1	1
	90	23	59.5	77.8	88.8	6000	7500	0.59	NU 2210 E	NJ 2210 E	NUP 2210 E	64.2	77.6	1.1	1.1	58	56.5	62	67	83.5	1	1
	110	27	65	110	112	5300	6700	1.2	NU 310 E	NJ 310 E	NUP 310 E	71.2	91.7	2	2	63	59	67	73	101	2	2
	110	40	65	162	185	5300	6700	1.79	NU 2310 E	NJ 2310 E	NUP 2310 E	71.2	91.7	2	2	63	59	67	73	101	2	2
	130	31	70.8	125	120	4800	6000	2.3	NU 410	NJ 410	NUP 410	78.8	101	2.1	2.1	69	61	73	81	119	2.1	2.1

续表

基本尺寸/mm				基本额定载荷/kN		极限转速/r·min^{-1}		质量/kg	轴承代号			其他尺寸/mm				安装尺寸/mm						
d	D	B	F_W	C_r	C_{0r}	脂	油	W ≈	NU 型	NJ 型	NUP 型	d_2	D_2	r min	r_1 min	d_a max	d_a min	d_b min	d_c min	D_a max	r_a max	r_b max
55	90	18	64.5	37.5	40.0	5600	7000	0.45	NU 1011	NJ 1011	—	—	79	1.1	1	63	60	66	—	83.5	1	1
	100	21	66	84.0	95.5	5300	6700	0.68	NU 211 E	NJ 211 E	NUP 211 E	70.9	86.2	1.5	1.1	65	61.5	68	73	92	1.5	1
	100	25	66	99.2	118	5300	6700	0.81	NU 2211 E	NJ 2211 E	NUP 2211 E	70.9	86.2	1.5	1.1	65	61.5	68	73	92	1.5	1
	120	29	70.5	135	138	4800	6000	1.53	NU 311 E	NJ 311 E	NUP 311 E	77.4	100.6	2	2	69	64	72	80	111	2	2
	120	43	70.5	198	228	4800	6000	2.28	NU 2311 E	NJ 2311 E	NUP 2311 E	77.4	100.6	2	2	69	64	72	80	111	2	2
	140	33	77.2	135	132	4300	5300	2.8	NU 411	NJ 411	NUP 411	85.2	108	2.1	2.1	76	66	79	87	129	2.1	2.1
60	95	18	69.5	40.2	45.0	5300	6700	0.48	NU 1012	NJ 1012	—	—	81.6	1.1	1	68	65	71	—	88.5	1	1
	110	22	72	94.0	102	5000	6300	0.86	NU 212 E	NJ 212 E	NUP 212 E	77.7	95.8	1.5	1.5	71	68	75	80	102	1.5	1.5
	110	28	72	128	152	5000	6300	1.12	NU 2212 E	NJ 2212 E	NUP 2212 E	77.7	95.8	1.5	1.5	71	68	75	80	102	1.5	1.5
	130	31	77	148	155	4500	5600	1.87	NU 312 E	NJ 312 E	NUP 312 E	84.3	109.9	2.1	2.1	75	71	79	86	119	2.1	2.1
	130	46	77	222	260	4500	5600	2.81	NU 2312 E	NJ 2312 E	NUP 2312 E	84.3	109.9	2.1	2.1	75	71	79	86	119	2.1	2.1
	150	35	83	162	162	4000	5000	3.4	NU 412	NJ 412	NUP 412	91.8	116	2.1	2.1	82	71	85	94	139	2.1	2.1
65	100	18	74.5	40	46.5	4800	6000	0.51	NU 1013	NJ 1013	—	—	86.6	1.1	1	73	70	76	—	93.5	1	1
	120	23	78.5	108	118	4500	5600	1.08	NU 213 E	NJ 213 E	NUP 213 E	84.6	104	1.5	1.5	77	73	81	87	112	1.5	1.5
	120	31	78.5	148	180	4500	5600	1.48	NU 2213 E	NJ 2213 E	NUP 2213 E	84.6	104	1.5	1.5	77	73	81	87	112	1.5	1.5
	140	33	82.5	178	188	4000	5000	2.31	NU 313 E	NJ 313 E	NUP 313 E	90.6	118.8	2.1	2.1	81	76	85	93	129	2.1	2.1
	140	48	82.5	245	285	4000	5000	3.34	NU 2313 E	NJ 2313 E	NUP 2313 E	90.6	118.8	2.1	2.1	81	76	85	93	129	2.1	2.1
	160	37	89.5	178	178	3800	4800	4	NU 413	NJ 413	NUP 413	98.5	124	2.1	2.1	88	76	91	100	149	2.1	2.1
70	110	20	80	49.8	57.0	4800	6000	0.71	NU 1014	NJ 1014	—	—	95.4	1.1	1	78	75	82	—	103.5	1	1
	125	24	83.5	118	135	4300	5300	1.2	NU 214 E	NJ 214 E	NUP 214 E	89.6	109	1.5	1.5	82	78	86	92	117	1.5	1.5
	125	31	83.5	155	192	4300	5300	1.56	NU 2214 E	NJ 2214 E	NUP 2214 E	89.6	109	1.5	1.5	82	78	86	92	117	1.5	1.5
	150	35	89	205	220	3800	4800	2.86	NU 314 E	NJ 314 E	NUP 314 E	97.5	127	2.1	2.1	87	81	92	100	139	2.1	2.1
	150	51	89	272	320	3800	4800	4.1	NU 2314 E	NJ 2314 E	NUP 2314 E	97.5	127	2.1	2.1	87	81	92	100	139	2.1	2.1
	180	42	100	225	232	3400	4300	5.9	NU 414	NJ 414	NUP 414	110	139	3	3	99	83	102	112	167	2.5	2.5
75	115	20	85	54.0	61.2	4500	5600	0.74	NU 1015	NJ 1015	—	—	101	1.1	1	83	80	87	—	108.5	1	1
	130	25	88.5	130	155	4000	5000	1.32	NU 215 E	NJ 215 E	NUP 215 E	94.6	114	1.5	1.5	87	83	90	96	122	1.5	1.5
	130	31	88.5	162	205	4000	5000	1.64	NU 2215 E	NJ 2215 E	NUP 2215 E	94.6	114	1.5	1.5	87	83	90	96	122	1.5	1.5
	160	37	95	258	260	3600	4500	3.43	NU 315 E	NJ 315 E	NUP 315 E	104.2	136.5	2.1	2.1	93	86	97	106	149	2.1	2.1
	160	55	95.5	258	308	3600	4500	5.4	NU 2315	NJ 2315	NUP 2315	104	129	2.1	2.1	93	86	98	107	149	2.1	2.1
	190	45	104.5	262	272	3200	4000	7.1	NU 415	NJ 415	NUP 415	116	147	3	3	103	88	107	118	177	2.5	2.5

续表

基本尺寸 /mm				基本额定载荷/kN		极限转速 /r·min^{-1}		质量 /kg	轴承代号			其他尺寸 /mm				安装尺寸 /mm						
d	D	B	F_W	C_r	C_{0r}	脂	油	W ≈	NU 型	NJ 型	NUP 型	d_2	D_2	r min	r_1 min	d_a max	d_a min	d_b min	d_c min	D_a max	r_a max	r_b max
80	125	22	91.5	62.0	77.8	4300	5300	1	NU 1016	NJ 1016	—	—	109	1.1	1	90	85	94	—	118.5	1	1
	140	26	95.3	138	165	3800	4800	1.58	NU 216 E	NJ 216 E	NUP 216 E	101.1	123.1	2	2	94	89	97	104	131	2	2
	140	33	95.3	185	242	3800	4800	2.05	NU 2216 E	NJ 2216 E	NUP 2216 E	101.1	123.1	2	2	94	89	97	104	1 31	2	2
	170	39	101	258	282	3400	4300	4.05	NU 316 E	NJ 316 E	NUP 316 E	110.1	144.2	2.1	2.1	99	91	105	114	159	2.1	2.1
	170	58	103	270	328	3400	4300	6.4	NU 2316	NJ 2316	NUP 2316	111	136	2.1	2.1	99	91	106	114	159	2.1	2.1
	200	48	110	298	315	3000	3800	8.3	NU 416	NJ 416	NUP 416	122	156	3	3	109	93	112	124	187	2.5	2.5
85	130	22	96.5	67.5	81.6	4000	5000	1.05	NU 1017	NJ 1017	—	—	114	1.1	1	95	90	99	—	123.5	1	1
	150	28	100.5	165	192	3600	4500	2	NU 217 E	NJ 217 E	NUP 217 E	107.1	131.7	2	2	99	94	104	110	141	2	2
	150	36	100.5	215	272	3600	4500	2.58	NU 2217 E	NJ 2217 E	NUP 2217 E	107.1	131.7	2	2	99	94	104	110	141	2	2
	180	41	108	292	332	3200	4000	4.82	NU 317 E	NJ 317 E	NUP 317 E	117.4	153	3	3	106	98	110	119	167	2.5	2.5
	180	60	108	308	380	3200	4000	7.4	NU 2317	NJ 2317	NUP 2317	117	144	3	3	106	98	111	120	167	2.5	2.5
	210	52	113	328	345	2800	3600	9.8	NU 417	NJ 417	NUP 417	126	162	4	4	111	101	115	128	194	3	3
90	140	24	103	77.5	94.8	3800	4800	1.36	NU 1018	NJ 1018	—	—	122	1.5	1.1	101	96.5	106	—	132	1.5	1
	160	30	107	180	215	3400	4300	2.44	NU 218 E	NJ 218 E	NUP 218 E	113.9	140	2	2	105	99	109	116	151	2	2
	160	40	107	240	312	3400	4300	3.26	NU 2218 E	NJ 2218 E	NUP 2218 E	113.9	140	2	2	105	99	109	116	151	2	2
	190	43	113.5	312	348	3000	3800	5.59	NU 318 E	NJ 318 E	NUP 318 E	123.7	161.9	3	3	111	103	117	127	177	2.5	2.5
	190	64	115	325	395	3000	3800	8.4	NU 2318	NJ 2318	NUP 2318	125	153	3	3	111	103	118	128	177	2.5	2.5
	225	54	123.5	368	392	2400	3200	11	NU 418	NJ 418	NUP 418	137	175	4	4	122	106	125	139	209	3	3
95	145	24	108	79.0	98.5	3600	4500	1.4	NU 1019	NJ 1019	—	—	127	1.5	1.1	106	101.5	111	—	137	1.5	1
	170	32	112.5	218	262	3200	4000	2.96	NU 219 E	NJ 219 E	NUP 219 E	120.2	148.9	2.1	2.1	111	106	116	123	159	2.1	2.1
	170	43	112.5	288	368	3200	4000	3.97	NU 2219 E	NJ 2219 E	NUP 2219 E	120.2	148.9	2.1	2.1	111	106	116	123	159	2.1	2.1
	200	45	121.5	330	380	2800	3600	6.52	NU 319 E	NJ 319 E	NUP 319 E	131.7	169.9	3	3	119	108	124	134	187	2.5	2.5
	200	67	121.5	388	500	2800	3600	10.4	NU 2319	NJ 2319	NUP 2319	132	161	3	3	119	108	124	135	187	2.5	2.5
	240	55	133.5	395	428	2200	3000	14	NU 419	NJ 419	NUP 419	147	185	4	4	132	111	136	149	224	3	3
100	150	24	113	81.8	102	3400	4300	1.5	NU 1020	NJ 1020	—	—	132	1.5	1.1	111	106.5	116	—	142	1.5	1
	180	34	119	245	302	3000	3800	3.58	NU 220 E	NJ 220 E	NUP 220 E	127	157.2	2.1	2.1	117	111	122	130	169	2.1	2.1
	180	46	119	332	440	3000	3800	4.86	NU 2220 E	NJ 2220 E	NUP 2220 E	127	157.2	2.1	2.1	117	111	122	130	169	2.1	2.1
	215	47	127.5	382	425	2600	3200	7.89	NU 320 E	NJ 320 E	NUP 320 E	139.1	182.3	3	3	125	113	132	143	202	2.5	2.5
	215	73	129.5	435	558	2600	3200	13.5	NU 2320	NJ 2320	NUP 2320	140	172	3	3	125	113	132	143	202	2.5	2.5
	250	58	139	438	480	2000	2800	16	NU 420	NJ 420	NUP 420	153	194	4	4	137	116	141	156	234	3	3

续表

基本尺寸 /mm				基本额定载荷/kN		极限转速 $/r \cdot min^{-1}$		质量 /kg	轴承代号			其他尺寸 /mm				安装尺寸 /mm						
d	D	B	F_W	C_r	C_{0r}	脂	油	W ≈	NU 型	NJ 型	NUP 型	d_2	D_2	r min	r_1 min	d_a max	d_a min	d_b min	d_c min	D_a max	r_a max	r_b max
105	160	26	119.5	95.8	122	3200	4000	1.9	NU 1021	NJ 1021	—	—	140	2	1.1	118	112	122	—	151	2	1
	190	36	126.8	195	235	2800	3600	4	NU 221	NJ 221	NUP 221	135	159	2.1	2.1	124	116	129	137	179	2.1	2.1
	225	49	135	338	392	2200	3000	—	NU 321	NJ 321	NUP 321	147	181	3	3	132	118	137	149	212	2.5	2.5
	260	60	144.5	532	602	1900	2600	—	NU 421	NJ 421	NUP 421	159	202	4	4	143	121	147	162	244	3	3
110	170	28	125	120	155	3000	3800	2.3	NU 1022	NJ 1022	—	131	149	2	1.1	124	116.5	128	—	161	2	1
	200	38	132.5	292	360	2600	3400	5.02	NU 222 E	NJ 222 E	NUP 222 E	141.3	174.1	2.1	2.1	130	121	135	144	189	2.1	2.1
	200	53	132.5	328	445	2600	3400	7.5	NU 2222	NJ 2222	NUP 2222	141	167	2.1	2.1	130	121	135	144	189	2.1	2.1
	240	50	143	368	428	2000	2800	11	NU 322	NJ 322	NUP 322	155	192	3	3	140	123	145	158	227	2.5	2.5
	240	80	143	560	740	2000	2800	17.5	NU 2322	NJ 2322	NUP 2322	155	201	3	3	140	123	145	158	227	2.5	2.5
	280	65	155	540	602	1800	2400	22	NU 422	NJ 422	NUP 422	171	216	4	4	153	126	157	173	264	3	3
120	180	28	135	135	168	2600	3400	2.96	NU 1024	NJ 1024	—	—	159	2	1.1	134	126.5	138	—	171	2	1
	215	40	143.5	338	422	2200	3000	6.11	NU 224 E	NJ 224 E	NUP 224 E	153	188.1	2.1	2.1	141	131	146	156	204	2.1	2.1
	215	58	143.5	362	522	2200	3000	9.5	NU 2224	NJ 2224	NUP 2224	153	180	2.1	2.1	141	131	146	156	204	2.1	2.1
	260	55	154	460	552	1900	2600	14	NU 324	NJ 324	NUP 324	168	209	3	3	151	133	156	171	247	2.5	2.5
	260	86	154	662	868	1900	2600	22.5	NU 2324	NJ 2324	NUP 2324	168	219	3	3	151	133	156	171	247	2.5	2.5
	310	72	170	672	772	1700	2200	30	NU 424	NJ 424	NUP 424	188	238	5	5	168	140	172	190	290	4	4
130	200	33	148	160	212	2400	3200	3.7	NU 1026	NJ 1026	—	—	175	2	1.1	146	136.5	151	—	191	2	1
	230	40	156	270	352	2000	2800	7	NU 226	NJ 226	NUP 226	165	192	3	3	151	143	158	168	217	2.5	2.5
	230	64	156	385	552	2000	2800	11.5	NU 2226	NJ 2226	NUP 2226	—	—	3	3	151	143	158	168	217	2.5	2.5
	280	58	167	515	620	1700	2200	18	NU 326	NJ 326	NUP 326	182	225	4	4	164	146	169	184	264	3	3
	280	93	167	785	1060	1700	2200	28.5	NU 2326	NJ 2326	NUP 2326	182	236	4	4	164	146	169	184	264	3	3
	340	78	185	820	942	1500	1900	39	NU 426	NJ 426	NUP 426	—	—	5	5	183	150	187	208	320	4	4
140	210	33	158	165	220	2000	2800	4	NU 1028	NJ 1028	—	—	185	2	1.1	156	146.5	161	—	201	2	1
	250	42	169	315	415	1800	2400	9.1	NU 228	NJ 228	NUP 228	179	208	3	3	166	153	171	182	237	2.5	2.5
	250	68	169	458	700	1800	2400	15	NU 2228	NJ 2228	NUP 2228	179	208	3	3	166	153	171	182	237	2.5	2.5
	300	62	180	570	690	1600	2000	22	NU 328	NJ 328	NUP 328	196	241	4	4	176	156	182	198	284	3	3
	300	102	180	865	1180	1600	2000	37	NU 2328	NJ 2328	NUP 2328	192	252	4	4	176	156	182	198	284	3	3
	360	82	196	885	1020	1400	1800	—	NU 428	NJ 428	NUP 428	—	—	5	5	195	160	200	222	340	4	4

续表

基本尺寸/mm				基本额定载荷/kN		极限转速/r·min^{-1}		质量/kg	轴承代号			其他尺寸/mm				安装尺寸/mm						
d	D	B	F_W	C_r	C_{0r}	脂	油	W ≈	NU 型	NJ 型	NUP 型	d_2	D_2	r min	r_1 min	d_a max	d_a min	d_b min	d_c min	D_a max	r_a max	r_b max
150	225	35	169.5	198	268	1900	2600	4.8	NU 1030	NJ 1030	—	—	198	2.1	1.5	167	158	173	—	214	2.1	1.5
	270	45	182	378	490	1700	2200	11	NU 230	NJ 230	NUP 230	193	225	3	3	179	163	184	196	257	2.5	2.5
	270	73	182	555	772	1700	2200	17	NU 2230	NJ 2230	NUP 2230	193	225	3	3	179	163	184	196	257	2.5	2.5
	320	65	193	622	765	1500	1900	26	NU 330	NJ 330	NUP 330	209	270	4	4	190	166	195	213	304	3	3
	320	108	193	975	1340	1500	1900	45	NU 2330	NJ 2330	NUP 2330	209	270	4	4	190	166	195	213	304	3	3
	380	85	209	955	1100	1300	1700	53	NU 430	NJ 430	NUP 430	—	—	5	5	210	170	216	237	360	4	4
160	240	38	180	222	302	1800	2400	6	NU 1032	NJ 1032	—	—	211	2.1	1.5	178	168	184	—	229	2.1	1.5
	290	48	195	425	552	1600	2000	14	NU 232	NJ 232	NUP 232	206	250	3	3	192	173	197	210	277	2.5	2.5
	290	80	195	618	898	1600	2000	25	NU 2232	NJ 2232	NUP 2232	205	252	3	3	190	173	196	209	277	2.5	2.5
	340	68	208	658	825	1400	1800	31.6	NU 332	NJ 332	NUP 332	—	—	4	4	200	176	211	228	324	3	3
	340	114	208	1018	1430	1400	1800	55.8	NU 2332	NJ 2332	NUP 2332	—	—	4	4	200	176	211	228	324	3	3
170	260	42	193	268	365	1700	2200	8.14	NU 1034	NJ 1034	—	—	227	2.1	2.1	190	181	197	—	249	2.1	2.1
	310	52	208	445	650	1500	1900	17.1	NU 234	NJ 234	NUP 234	220	269	4	4	204	186	211	223	294	3	3
	360	72	220	750	952	1300	1700	36	NU 334	NJ 334	NUP 334	—	290	4	4	216	186	223	241	344	3	3
	360	120	220	1162	1650	1300	1700	63	NU 2334	NJ 2334	NUP 2334	—	290	4	4	212	186	223	241	344	3	3
180	280	46	205	315	438	1600	2000	10.1	NU 1036	NJ 1036	—	215	244	2.1	2.1	203	191	209	—	269	2.1	2.1
	320	52	218	445	650	1400	1800	18	NU 236	NJ 236	NUP 236	230	279	4	4	214	196	221	233	304	3	3
	380	75	232	875	1100	1200	1600	42	NU 336	NJ 336	NUP 336	252	306	4	4	227	196	235	255	364	3	3
	380	126	232	1268	1780	1200	1600	71.2	NU 2336	NJ 2336	NUP 2336	252	306	4	4	222	196	236	255	364	3	3
190	290	46	215	350	495	1500	1900	—	NU 1038	NJ 1038	—	—	254	2.1	2.1	213	201	219	—	279	2.1	2.1
	340	55	231	535	745	1300	1700	23	NU 238	NJ 238	NUP 238	244	295	4	4	227	206	234	247	324	3	3
	340	92	231	1022	1570	1300	1700	38.5	NU 2238	NJ 2238	NUP 2238	—	295	4	4	227	206	234	247	324	3	3
	400	78	245	925	1190	1100	1500	50	NU 338	NJ 338	NUP 338	—	322	5	5	240	210	248	268	380	4	4

续表

基本尺寸 /mm				基本额定载荷/kN		极限转速 /r·min^{-1}		质量 /kg	轴承代号			其他尺寸 /mm				安装尺寸 /mm						
d	D	B	F_W	C_r	C_{0r}	脂	油	W ≈	NU 型	NJ 型	NUP 型	d_2	D_2	r min	r_1 min	d_a max	d_a min	d_b min	d_c min	D_a max	r_a max	r_b max
200	310	51	229	428	615	1400	1800	14.3	NU 1040	NJ 1040	—	239	269	2.1	2.1	226	211	233	—	299	2.1	2.1
	360	58	244	598	842	1200	1600	26	NU 240	NJ 240	NUP 240	258	312	4	4	240	216	247	261	344	3	3
	360	98	244	1172	1725	1200	1600	—	NU 2240	NJ 2240	NUP 2240	—	—	4	4	—	216	247	261	344	3	3
	420	80	260	1018	1290	1000	1400	—	NU 340	NJ 340	NUP 340	—	—	5	5	254	220	263	283	400	4	4
220	340	56	250	470	685	1200	1600	—	NU 1044	NJ 1044	—	262	297	3	3	248	233	254	—	327	2.5	2.5
	400	65	270	735	1050	1000	1400	36	NU 244	NJ 244	NUP 244	286	332	4	4	266	236	273	289	384	3	3
	400	108	270	1425	2330	1000	1400	62	NU 2244	NJ 2244	NUP 2244	—	332	4	4	—	236	274	—	384	3	3
	460	88	284	1132	1465	900	1200	75	NU 344	NJ 344	—	307	371	5	5	278	240	287	—	440	4	4
240	360	56	270	492	745	1000	1400	21	NU 1048	NJ 1048	—	282	317	3	3	268	253	275	—	347	2.5	2.5
	440	72	295	922	1345	900	1200	48.2	NU 248	NJ 248	NUP 248	313	365	4	4	293	256	298	316	424	3	3
	500	95	310	1352	1810	800	1000	97.1	NU 348	NJ 348	—	335	403	5	5	296	260	313	—	480	4	4
260	400	65	296	620	932	950	1300	31	NU 1052	NJ 1052	—	309	349	4	4	292	276	300	—	384	3	3
280	420	65	316	628	965	850	1100	33	NU 1056	NJ 1056	—	329	369	4	4	311	296	320	—	404	3	3
300	460	74	340	922	1470	800	1000	44.4	NU 1060	NJ 1060	—	356	402	4	4	335	316	344	—	444	3	3
	540	85	364	1425	2190	700	900	87.2	NU 260	NJ 260	—	387	451	5	5	358	320	368	392	520	4	4
320	480	74	360	932	1520	750	950	47	NU 1064	NJ 1064	—	376	422	4	4	355	336	364	—	464	3	3
400	600	90	450	1488	2480	560	700	88.8	NU 1080	NJ 1080	—	470	527	5	5	446	420	455	—	580	4	4

注：1. 现行标准 GB/T 283—2021 补充了部分结构型式图中尺寸 E_w 或 F_w 的标注，扩大了 NU、NJ、NUP、N、NH 型轴承的尺寸范围，新增了 10 系列 NJ 型轴承的外形尺寸，增加了部分轴承型号的挡边宽度。但结构示意图、本表数据仍按《全国滚动轴承产品样本》第 2 版未作修改。

2. 随着轴承技术的发展，基本额定载荷、极限转速均较表中数据（来源于《全国滚动轴承产品样本》第 2 版）有所提高。

3. 质量以 NJ 型为主。

圆柱滚子轴承（摘自 GB/T 283）

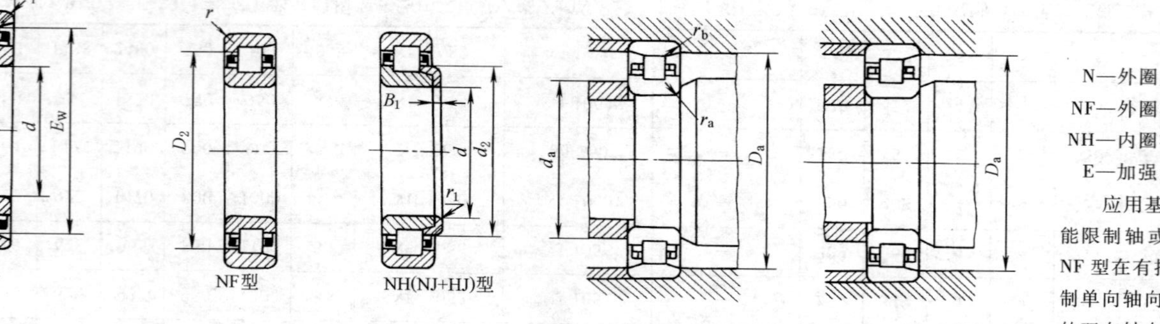

N型　NF型　NH(NJ+HJ)型

符号含义与应用

N—外圈无挡边

NF—外圈有单挡边

NH—内圈有单挡边（NJ），并带斜挡圈（HJ）

E—加强型

应用基本同前。N 型不能承受轴向载荷，不能限制轴或外壳的轴向位移，常用作游动支承。NF 型在有挡边一侧能承受较小轴向载荷，并能限制单向轴向位移，常成对使用。NH 型能承受较小的双向轴向载荷，并能限制双向轴向位移

表 7-2-93

基本尺寸/mm			基本额定载荷/kN		极限转速/r·min^{-1}		质量/kg	轴承代号			其他尺寸/mm						安装尺寸/mm			
d	D	B	C_r	C_{0r}	脂	油	W ≈	N 型	NF 型	NH(NJ+HJ)型	E_W	d_2	D_2	B_1	r min	r_1 min	d_a min	D_a max	r_a max	r_b max
15	35	11	8.35	5.5	15000	19000	—	N 202	NF 202	—	29.3	22	26.4	—	0.6	0.3	19	—	0.6	0.3
17	40	12	9.55	7.0	14000	18000	—	N 203	NF 203	—	33.9	25.5	30.9	—	0.6	0.3	21	—	0.6	0.3
20	42	12	11.0	8.0	13000	17000	0.09	N 1004	—	—	36.5	28.3	—	—	0.6	0.3	24	—	0.6	0.3
	47	14	13.0	11.0	12000	16000	0.11	—	NF 204	NJ 204+HJ 204	40	29.9	36.7	3	1	0.6	25	42	1	0.6
	47	14	27.0	24.0	12000	16000	0.117	N 204 E	—	—	41.5	29.7	—	—	1	0.6	25	42	1	0.6
	47	18	32.2	30.0	12000	16000	0.149	N 2204 E	—	—	41.5	29.7	—	—	1	0.6	25	42	1	0.6
	52	15	18.0	15.0	11000	15000	0.17	—	NF 304	NJ 304+HJ 304	44.5	31.8	39.8	4	1.1	0.6	26.5	47	1	0.6
	52	15	30.5	25.5	11000	15000	0.155	N 304 E	—	—	45.5	31.2	—	—	1.1	0.6	26.5	47	1	0.6
	52	21	41.0	37.5	10000	14000	0.216	N 2304 E	—	—	45.5	31.2	—	—	1.1	0.6	26.5	47	1	0.6
25	47	12	11.5	10.2	11000	15000	0.1	N 1005	—	—	41.5	—	—	—	0.6	0.3	29	—	0.6	0.3
	52	15	14.8	12.8	11000	14000	0.16	—	NF 205	NJ 205+HJ 205	45	34.9	41.6	3	1	0.6	30	47	1	0.6
	52	15	28.8	26.8	11000	14000	0.14	N 205 E	—	—	46.5	34.7	—	—	1	0.6	30	47	1	0.6
	52	18	22.2	19.8	11000	14000	—	—	—	NJ 2205+HJ 2205	—	34.9	41.6	3	1	0.6	30	—	1	0.6
	52	18	34.5	33.8	11000	14000	0.168	N 2205 E	—	—	46.5	34.7	—	—	1	0.6	30	47	1	0.6

续表

基本尺寸 /mm			基本额定载荷 /kN		极限转速 /r·min^{-1}		质量 /kg	轴承代号			其他尺寸 /mm						安装尺寸 /mm			
d	D	B	C_r	C_{0r}	脂	油	W ≈	N 型	NF 型	NH(NJ+HJ)型	E_W	d_2	D_2	B_1	r min	r_1 min	d_a min	D_a max	r_a max	r_b max
25	62	17	26.8	22.5	9000	12000	0.2	—	NF 305	NJ 305+HJ 305	53	39	48	4	1.1	1.1	31.5	55	1	1
	62	17	40.2	35.8	9000	12000	0.251	N 305 E	—	—	54	38.1	—	—	1.1	1.1	31.5	55	1	1
	62	24	40.2	39.2	9000	12000	—	—	NF 2305	—	53	39	48	—	1.1	1.1	31.5	55	1	1
	62	24	55.8	54.5	9000	12000	0.355	N 2305 E	—	—	54	38.1	—	—	1.1	1.1	31.5	55	1	1
30	62	16	20.5	18.2	8500	11000	0.2	—	NF 206	NJ 206+HJ 206	53.5	41.8	49.1	4	1	0.6	36	56	1	0.6
	62	16	37.8	35.5	8500	11000	0.214	N 206 E	—	—	55.5	41.3	—	—	1	0.6	36	56	1	0.6
	62	20	30.2	30.2	8500	11000	0.29	—	—	NJ 2206+HJ 2206	53.5	41.8	49.1	4	1	0.6	36	—	1	0.6
	62	20	47.8	48.0	8500	11000	0.268	N 2206 E	—	—	55.5	41.3	—	—	1	0.6	36	56	1	0.6
	72	19	35.0	31.5	8000	10000	0.3	—	NF 306	NJ 306+HJ 306	62	45.9	56.7	5	1.1	1.1	37	64	1	1
	72	19	51.5	48.2	8000	10000	0.377	N 306 E	—	—	62.5	45	—	—	1.1	1.1	37	64	1	1
	72	27	48.8	47.5	8000	10000	0.6	—	NF 2306	—	62	45.9	56.7	—	1.1	1.1	37	64	1	1
	72	27	73.2	75.5	8000	10000	0.538	N 2306 E	—	—	62.5	45	—	—	1.1	1.1	37	64	1	1
	90	23	60.0	53.0	7000	9000	0.73	N 406	—	NJ 406+HJ 406	73	50.5	65.8	7	1.5	1.5	39	—	1.5	1.5
35	72	17	29.8	28.0	7500	9500	0.3	—	NF 207	NJ 207+HJ 207	61.8	47.6	56.8	4	1.1	0.6	42	64	1	0.6
	72	17	48.8	48.0	7500	9500	0.311	N 207 E	—	—	64	48.3	—	—	1.1	0.6	42	64	1	0.6
	72	23	45.8	48.5	7500	9500	0.45	—	—	NJ 2207+HJ 2207	61.8	47.6	56.8	4	1.1	0.6	42	—	1	0.6
	72	23	60.2	63.0	7500	9500	0.414	N 2207 E	—	—	64	48.3	—	—	1.1	0.6	42	64	1	0.6
	80	21	41.0	43.0	7000	9000	0.56	—	NF 307	NJ 307+HJ 307	68.2	50.8	62.4	6	1.5	1.1	44	71	1.5	1
	80	21	62.0	65.0	7000	9000	0.501	N 307 E	—	—	70.2	51.1	—	—	1.5	1.1	44	71	1.5	1
	80	31	54.8	57.5	7000	9000	0.85	—	NF 2307	—	68.2	50.8	62.4	—	1.5	1.1	44	71	1.5	1
	80	31	87.5	91.8	7000	9000	0.738	N 2307 E	—	—	70.2	51.5	—	—	1.5	1.1	44	71	1.5	1
	100	25	70.8	74.2	6000	7500	0.94	N 407	—	NJ 407+HJ 407	83	59	75.3	8	1.5	1.5	44	—	1.5	1.5
40	68	15	21.2	22.2	7500	9500	0.22	N 1008	—	—	61	50.3	—	—	1	0.6	45	—	1	0.6
	80	18	37.5	39.2	7000	9000	0.4	—	NF 208	NJ 208+HJ 208	70	54.2	64.7	5	1.1	1.1	47	72	1	1
	80	18	51.5	54.0	7000	9000	0.394	N 208 E	—	—	71.5	54.2	—	—	1.1	1.1	47	72	1	1
	80	23	52.0	54.5	7000	9000	0.53	—	—	NJ 2208+HJ 2208	70	54.2	64.7	5	1.1	1.1	47	—	1	1
	80	23	67.5	70.8	7000	9000	0.507	N 2208 E	—	—	71.5	54.2	—	—	1.1	1.1	47	72	1	1
	90	23	48.8	51.2	6300	8000	0.7	—	NF 308	NJ 308+HJ 308	77.5	58.4	71.2	7	1.5	1.5	49	80	1.5	1.5
	90	23	76.8	80.5	6300	8000	0.68	N 308 E	—	—	80	57.7	—	—	1.5	1.5	49	80	1.5	1.5

续表

基本尺寸/mm			基本额定载荷/kN		极限转速/r·min^{-1}		质量/kg	轴承代号			其他尺寸/mm						安装尺寸/mm			
d	D	B	C_r	C_{0r}	脂	油	W ≈	N 型	NF 型	NH(NJ+HJ)型	E_W	d_2	D_2	B_1	r min	r_1 min	d_a min	D_a max	r_a max	r_b max
40	90	33	70.8	74.2	6300	8000	1.1	—	NF 2308	—	77.5	58.4	71.2	—	1.5	1.5	49	80	1.5	1.5
	90	33	105	110	6300	8000	0.974	N 2308 E	—	—	80	57.7	—	—	1.5	1.5	49	80	1.5	1.5
	110	27	90.5	94.8	5600	7000	1.25	N 408	—	NJ 408+HJ 408	92	64.8	83.3	8	2	2	50	—	2	2
45	85	19	39.8	41.8	6300	8000	0.5	—	NF 209	NJ 209+HJ 209	75	59	69.7	5	1.1	1.1	52	77	1	1
	85	19	58.5	61.2	6300	8000	0.45	N 209 E	—	—	76.5	59.2	—	—	1.1	1.1	52	77	1	1
	85	23	54.8	57.5	6300	8000	0.59	—	—	NJ 2209+HJ 2209	75	59	69.7	5	1.1	1.1	52	—	1	1
	85	23	71.0	74.5	6300	8000	0.55	N 2209 E	—	—	76.5	59.2	—	—	1.1	1.1	52	77	1	1
	100	25	66.8	70.0	5600	7000	0.9	—	NF 309	NJ 309+HJ 309	86.5	64	79.3	7	1.5	1.5	54	89	1.5	1.5
	100	25	93.0	97.5	5600	7000	0.93	N 309 E	—	—	88.5	64.7	—	—	1.5	1.5	54	89	1.5	1.5
	100	36	91.5	95.8	5600	7000	1.5	—	NF 2309	—	86.5	64	79.6	—	1.5	1.5	54	89	1.5	1.5
	100	36	130	135	5600	7000	1.34	N 2309 E	—	—	88.5	64.7	—	—	1.5	1.5	54	89	1.5	1.5
	120	29	102	108	5000	6300	1.8	N 409	—	NJ 409+HJ 409	100.5	71.8	91.4	8	2	2	55	—	2	2
50	80	16	25.0	26.2	6300	8000	—	N 1010	—	—	72.5	—	—	—	1	0.6	55	—	1	0.6
	90	20	43.2	45.2	6000	7500	0.6	—	NF 210	NJ 210+HJ 210	80.4	64.6	75.1	5	1.1	1.1	57	83	1	1
	90	20	61.2	64.2	6000	7500	0.505	N 210 E	—	—	81.5	64.2	—	—	1.1	1.1	57	83	1	1
	90	23	57.2	60.0	6000	7500	0.65	—	—	NJ 2210+HJ 2210	80.4	64.6	75.1	5	1.1	1.1	57	—	1	1
	90	23	74.2	77.8	6000	7500	0.59	N 2210 E	—	—	81.5	64.2	—	—	1.1	1.1	57	83	1	1
	110	27	76.0	79.5	5300	6700	1.2	—	NF 310	NJ 310+HJ 310	95	71	87.3	8	2	2	60	98	2	2
	110	27	105	110	5300	6700	1.2	N 310 E	—	—	97	71.2	—	—	2	2	60	98	2	2
	110	40	112	117.2	5300	6700	1.85	—	NF 2310	—	95	71	87.3	8	2	2	60	98	2	2
	110	40	155	162	5300	6700	1.79	N 2310 E	—	—	97	71.2	—	—	2	2	60	98	2	2
	130	31	120	125	4800	6000	2.3	N 410	—	NJ 410+HJ 410	110.8	78.8	101	9	2.1	2.1	62	—	2.1	2.1
55	90	18	37.5	40.0	5600	7000	0.45	N 1011	—	—	80.5	—	—	—	1.1	1	61.5	—	1	1
	100	21	55.2	60.2	5300	6700	0.7	—	NF 211	NJ 211+HJ 211	88.5	70.8	82.7	6	1.5	1.1	64	91	1.5	1
	100	21	84.0	95.5	5300	6700	0.68	N 211 E	—	—	90.0	70.2	—	—	1.5	1.1	64	91	1.5	1
	100	25	74.2	87.5	5300	6700	0.86	—	—	NJ 2211+HJ 2211	88.5	70.8	82.7	6	1.5	1.1	64	—	1.5	1
	100	25	99.2	118	5300	6700	0.81	N 2211 E	—	—	90	70.9	—	—	1.5	1.1	64	91	1.5	1
	120	29	102	105	4800	6000	1.7	—	NF 311	NJ 311+HJ 311	104.5	77.2	95.8	9	2	2	65	107	2	2
	120	29	135	138	4800	6000	1.53	N 311 E	—	—	106.5	77.4	—	—	2	2	65	107	2	2
	120	43	135	148	4800	6000	2.4	—	NF 2311	NJ 2311+HJ 2311	104.5	77.2	95.8	9	2	2	65	107	2	2
	120	43	200	228	4800	6000	2.28	N 2311 E	—	—	106.5	77.4	—	—	2	2	65	107	2	2
	140	33	135	132	4300	5300	2.8	N 411	—	NJ 411+HJ 411	117.2	85.2	108	10	2.1	2.1	67	—	2.1	2.1

续表

基本尺寸 /mm			基本额定载荷 /kN		极限转速 /r·min^{-1}		质量 /kg	轴承代号			其他尺寸 /mm						安装尺寸 /mm			
d	D	B	C_r	C_{0r}	脂	油	W ≈	N 型	NF 型	NH(NJ+HJ)型	E_W	d_2	D_2	B_1	r min	r_1 min	d_a min	D_a max	r_a max	r_b max
60	95	18	40.5	45.0	5300	6700	0.48	N 1012	—	—	85.5	72.9	—	—	1.1	1	66.5	—	1	1
	110	22	65.8	73.5	5000	6300	0.9	—	NF 212	NJ 212+HJ 212	97	—	—	6	1.5	1.5	69	100	1.5	1.5
	110	22	94.0	102	5000	6300	0.86	N 212 E	—	—	100	77.7	—	—	1.5	1.5	69	100	1.5	1.5
	110	28	95.5	118	5000	6300	1.25	—	—	NJ 2212+HJ 2212	97	—	—	6	1.5	1.5	69	—	1.5	1.5
	110	28	128	152	5000	6300	1.12	N 2212 E	—	—	100	77.7	—	—	1.5	1.5	69	100	1.5	1.5
	130	31	125	128	4500	5600	2	—	NF 312	NJ 312+HJ 312	113	84.2	104	9	2.1	2.1	72	116	2.1	2.1
	130	31	142	155	4500	5600	1.87	N 312 E	—	—	115	84.3	—	—	2.1	2.1	72	116	2.1	2.1
	130	46	162	195	4500	5600	2	—	NF 2312	NJ 2312+HJ 2312	113	84.2	104	9	2.1	2.1	72	116	2.1	2.1
	130	46	222	260	4500	5600	2.81	N 2312 E	—	—	115	84.3	—	—	2.1	2.1	72	116	2.1	2.1
	150	35	162	162	4000	5000	3.4	N 412	—	NJ 412+HJ 412	127	91.8	116	10	2.1	2.1	72	—	2.1	2.1
65	120	23	76.8	87.5	4500	5600	1.1	—	NF 213	NJ 213+HJ 213	105.5	84.8	98.9	6	1.5	1.5	74	108	1.5	1.5
	120	23	108	118	4500	5600	1.08	N 213 E	—	—	108.5	84.6	—	—	1.5	1.5	74	108	1.5	1.5
	120	31	112	145	4500	5600	—	—	—	NJ 2213+HJ 2213	105.5	84.8	98.6	6	1.5	1.5	74	—	1.5	1.5
	120	31	148	180	4500	5600	1.48	N 2213 E	—	—	108.5	84.6	—	—	1.5	1.5	74	108	1.5	1.5
	140	33	130	135	4000	5000	2.5	—	NF 313	NJ 313+HJ 313	121.5	91	112	10	2.1	2.1	77	125	2.1	2.1
	140	33	178	188	4000	5000	2.31	N 313 E	—	—	124.5	90.6	—	—	2.1	2.1	77	125	2.1	2.1
	140	48	182	210	4000	5000	4	—	NF 2313	NJ 2313+HJ 2313	121.5	91	112	10	2.1	2.1	77	125	2.1	2.1
	140	48	245	285	4000	5000	3.34	N 2313 E	—	—	124.5	90.6	—	—	2.1	2.1	77	125	2.1	2.1
	160	37	178	178	3800	4800	4	N 413	—	NJ 413+HJ 413	135.3	98.5	124	11	2.1	2.1	77	—	2.1	2.1
70	110	20	49.8	57.0	4800	6000	0.71	N 1014	—	—	100	84.5	—	—	1.1	1	76.5	—	1	1
	125	24	76.8	87.5	4300	5300	1.3	—	NF 214	NJ 214+HJ 214	110.5	89.6	104	7	1.5	1.5	79	114	1.5	1.5
	125	24	118	135	4300	5300	1.2	N 214 E	—	—	113.5	89.6	—	—	1.5	1.5	79	114	1.5	1.5
	125	31	112	145	4300	5300	1.7	—	—	NJ 2214+HJ 2214	110.5	89.6	104	7	1.5	1.5	79	—	1.5	1.5
	125	31	155	192	4300	5300	1.56	N 2214 E	—	—	113.5	89.6	—	—	1.5	1.5	79	114	1.5	1.5
	150	35	152	162	3800	4800	3.1	—	NF 314	NJ 314+HJ 314	130	98	120	10	2.1	2.1	82	134	2.1	2.1
	150	35	205	220	3800	4800	2.86	N 314 E	—	—	133	97.5	—	—	2.1	2.1	82	134	2.1	2.1
	150	51	222	260	3800	4800	4.4	—	NF 2314	NJ 2314+HJ 2314	130	98	120	10	2.1	2.1	82	134	2.1	2.1
	150	51	272	320	3800	4800	4.1	N 2314 E	—	—	133	97.5	—	—	2.1	2.1	82	134	2.1	2.1
	180	42	225	232	3400	4300	5.9	N 414	—	NJ 414+HJ 414	152	110	139	12	3	3	84	—	2.5	2.5

续表

基本尺寸/mm			基本额定载荷/kN		极限转速/r·min^{-1}		质量/kg	轴承代号			其他尺寸/mm						安装尺寸/mm			
d	D	B	C_r	C_{0r}	脂	油	W ≈	N型	NF型	NH(NJ+HJ)型	E_W	d_2	D_2	B_1	r min	r_1 min	d_a min	D_a max	r_a max	r_b max
75	130	25	93.2	110	4000	5000	1.4	—	NF 215	NJ 215+HJ 215	116.5	94	110	7	1.5	1.5	84	120	1.5	1.5
	130	25	130	155	4000	5000	1.32	N 215 E	—	—	118.5	94.6	—	—	1.5	1.5	84	120	1.5	1.5
	130	31	130	165	4000	5000	1.8	—	—	NJ 2215+HJ 2215	116.5	94	110	7	1.5	1.5	84	—	1.5	1.5
	130	31	162	205	4000	5000	1.64	N 2215 E	—	—	118.5	94.6	—	—	1.5	1.5	84	120	1.5	1.5
	160	37	172	188	3600	4500	3.7	—	NF 315	NJ 315+HJ 315	139.5	104	129	11	2.1	2.1	87	143	2.1	2.1
	160	37	238	260	3600	4500	3.43	N 315 E	—	—	143	104.2	—	—	2.1	2.1	87	143	2.1	2.1
	160	55	258	308	3600	4500	5.4	N 2315	NF 2315	NJ 2315+HJ 2315	139.5	104	129	11	2.1	2.1	87	143	2.1	2.1
	190	45	262	272	3200	4000	7.1	N 415	—	NJ 415+HJ 415	160.5	116	147	13	3	3	89	—	2.5	2.5
80	125	22	62.0	77.8	4300	5300	1	N 1016	—	—	113.5	—	—	—	1.1	1	86.5	—	1	1
	140	26	108	125	3800	4800	1.7	—	NF 216	NJ 216+HJ 216	125	101	118	8	2	2	90	128	2	2
	140	26	138	165	3800	4800	1.58	N 216 E	—	—	127.3	101.1	—	—	2	2	90	128	2	2
	140	33	152	195	3800	4800	2.2	—	—	NJ 2216+HJ 2216	125	101	118	8	2	2	90	—	2	2
	140	33	188	242	3800	4800	2.05	N 2216 E	—	—	127.3	101.1	—	—	2	2	90	128	2	2
	170	39	185	200	3400	4300	4.4	—	NF 316	NJ 316+HJ 316	147	111	136	11	2.1	2.1	92	151	2.1	2.1
	170	39	258	282	3400	4300	4.05	N 316 E	—	—	151	110.1	—	—	2.1	2.1	92	151	2.1	2.1
	170	58	270	328	3400	4300	6.4	N 2316	NF 2316	NJ 2316+HJ 2316	147	111	136	11	2.1	2.1	92	151	2.1	2.1
	200	48	298	315	3000	3800	8.3	N 416	—	NJ 416+HJ 416	170	122	156	13	3	3	94	—	2.5	2.5
85	150	28	120	145	3600	4500	2.1	—	NF 217	NJ 217+HJ 217	133.8	108	126	8	2	2	95	137	2	2
	150	28	165	192	3600	4500	2	N 217 E	—	—	136.5	107.1	—	—	2	2	95	137	2	2
	150	36	172	230	3600	4500	2.8	—	—	NJ 2217+HJ 2217	133.8	108	126	8	2	2	95	—	2	2
	150	36	215	272	3600	4500	2.58	N 2217 E	—	—	136.5	107.1	—	—	2	2	95	137	2	2
	180	41	222	242	3200	4000	5.2	—	NF 317	NJ 317+HJ 317	156	117	144	12	3	3	99	160	2.5	2.5
	180	41	295	332	3200	4000	4.82	N 317 E	—	—	160	117.4	—	—	3	3	99	160	2.5	2.5
	180	60	310	380	3200	4000	7.4	N 2317	NF 2317	NJ 2317+HJ 2317	156	117	144	12	3	3	99	160	2.5	2.5
	210	52	328	345	2800	3600	9.8	N 417	—	NJ 417+HJ 417	179.5	126	162	14	4	4	103	—	3	3
90	140	24	77.5	94.8	3800	4800	1.36	N 1018	—	—	127	—	—	—	1.5	1.1	98	—	1.5	1
	160	30	148	178	3400	4300	2.5	—	NF 218	NJ 218+HJ 218	143	114	134	9	2	2	100	146	2	2
	160	30	180	215	3400	4300	2.44	N 218 E	—	—	145	113.9	—	—	2	2	100	146	2	2
	160	40	202	268	3400	4300	3.5	—	—	NJ 2218+HJ 2218	143	114	134	9	2	2	100	—	2	2

续表

基本尺寸 /mm			基本额定载荷 /kN		极限转速 /r·min^{-1}		质量 /kg	轴承代号			其他尺寸 /mm						安装尺寸 /mm			
d	D	B	C_r	C_{0r}	脂	油	W ≈	N 型	NF 型	NH(NJ+HJ)型	E_W	d_2	D_2	B_1	r min	r_1 min	d_a min	D_a max	r_a max	r_b max
90	160	40	240	312	3400	4300	3.26	N 2218 E	—	—	145	113.9	—	—	2	2	100	146	2	2
	190	43	238	265	3000	3800	6.1	—	NF 318	NJ 318+HJ 318	165	125	153	12	3	3	104	169	2.5	2.5
	190	43	212	348	3000	3800	5.59	N 318 E	—	—	169.5	123.7	—	—	3	3	104	169	2.5	2.5
	190	64	325	395	3000	3800	8.4	N 2318	NF 2318	NJ 2318+HJ 2318	165	125	153	12	3	3	104	169	2.5	2.5
	225	54	368	392	2400	3200	11	N 418	—	NJ 418+HJ 418	191.5	137	175	14	4	4	108	—	3	3
95	170	32	160	190	3200	4000	3.2	—	NF 219	NJ 219+HJ 219	151.5	121	142	9	2.1	2.1	107	155	2.1	2.1
	170	32	218	262	3200	4000	2.96	N 219 E	—	—	154.5	120.2	—	—	2.1	2.1	107	155	2.1	2.1
	170	43	225	298	3200	4000	4.5	—	—	NJ 2219+HJ 2219	151.5	121	142	9	2.1	2.1	107	—	2.1	2.1
	170	43	288	368	3200	4000	3.97	N 2219 E	—	—	154.5	120.2	—	—	2.1	2.1	107	155	2.1	2.1
	200	45	258	288	2800	3600	7	—	NF 319	NJ 319+HJ 319	173.5	132	161	13	3	3	109	178	2.5	2.5
	200	45	330	380	2800	3600	6.52	N 319 E	—	—	177.5	131.7	—	—	3	3	109	178	2.5	2.5
	200	67	388	500	2800	3600	10.4	N 2319	NF 2319	NJ 2319+HJ 2319	173.5	132	161	13	3	3	109	178	2.5	2.5
	240	55	396	428	2200	3000	14	N 419	—	NJ 419+HJ 419	201.5	147	185	15	4	4	113	—	3	3
100	150	24	81.8	102	3400	4300	1.5	N 1020	—	—	137	—	—	—	1.5	1.1	108	—	1.5	1
	180	34	175	212	3000	3800	3.5	—	NF 220	NJ 220+HJ 220	160	128	150	10	2.1	2.1	112	164	2.1	2.1
	180	34	245	302	3000	3800	3.58	N 220 E	—	—	163	127	—	—	2.1	2.1	112	164	2.1	2.1
	180	46	252	335	3000	3800	5.2	—	—	NJ 2220+HJ 2220	160	128	150	10	2.1	2.1	112	—	2.1	2.1
	180	46	332	440	3000	3800	4.86	N 2220 E	—	—	163	127	—	—	2.1	2.1	112	164	2.1	2.1
	215	47	295	340	2600	3200	8.6	—	NF 320	NJ 320+HJ 320	185.5	140	172	13	3	3	114	190	2.5	2.5
	215	47	362	425	2600	3200	7.89	N 320 E	—	—	191.5	139.1	—	—	3	3	114	190	2.5	2.5
	215	73	435	558	2600	3200	13.5	N 2320	NF 2320	NJ 2320+HJ 2320	185.5	140	172	13	3	3	114	190	2.5	2.5
	250	58	438	480	2000	2800	16	N 420	—	NJ 420+HJ 420	211	153	194	16	4	4	118	—	3	3
105	160	26	95.8	122	3200	4200	1.9	N 1021	—	—	145.5	125.5	—	—	2	1.1	114	—	2	1
	190	36	195	235	2800	3600	4	N 221	NF 221	NJ 221+HJ 221	168.8	135	159	10	2.1	2.1	117	173	2.1	2.1
	225	49	338	392	2200	3000	—	N 321	NF 321	NJ 321+HJ 321	196	147	181	13	3	3	119	199	2.5	2.5
	260	60	532	602	1900	2600	—	N 421	—	NJ 421+HJ 421	220.5	159	202	16	4	4	123	—	3	3

续表

基本尺寸 /mm			基本额定载荷 /kN		极限转速 /r·min^{-1}		质量 /kg	轴承代号			其他尺寸 /mm						安装尺寸 /mm			
d	D	B	C_r	C_{0r}	脂	油	W ≈	N型	NF型	NH(NJ+HJ)型	E_W	d_2	D_2	B_1	r min	r_1 min	d_a min	D_a max	r_a max	r_b max
110	170	28	120	155	3000	3800	2.3	N 1022	—	—	155	131	—	—	2	1.1	119	—	2	1
	200	38	230	285	2600	3400	5	—	NF 222	NJ 222+HJ 222	178.5	141	167	11	2.1	2.1	122	182	2.1	2.1
	200	38	292	360	2600	3400	5.02	N 222 E	—	—	180.5	141.3	—	—	2.1	2.1	122	182	2.1	2.1
	200	53	328	445	2600	3400	7.5	N 2222	NF 2222	NJ 2222+HJ 2222	178.5	141	167	11	2.1	2.1	122	—	2.1	2.1
	240	50	368	428	2000	2800	11	N 322	NF 322	NJ 322+HJ 322	207	155	192	14	3	3	124	211	2.5	2.5
	240	80	560	740	2000	2800	7.5	N 2322	NF 2322	NJ 2322+HJ 2322	207	155	201	14	3	3	124	211	2.5	2.5
	280	65	540	602	1800	2400	22	N 422	—	NJ 422+HJ 422	235	171	216	17	4	4	128	—	3	3
120	180	28	135	168	2600	3400	2.96	N 1024	—	—	165	156	—	—	2	1.1	129	—	2	1
	215	40	240	332	2200	3000	6.4	—	NF 224	NJ 224+HJ 224	191.5	153	180	11	2.1	2.1	132	196	2.1	2.1
	215	40	338	422	2200	3000	6.11	N 224 E	—	—	195.5	153	—	—	2.1	2.1	132	196	2.1	2.1
	215	58	362	522	2200	3000	9.5	N 2224	—	NJ 2224+HJ 2224	191.5	153	180	11	2.1	2.1	132	—	2.1	2.1
	260	55	460	552	1900	2600	14	N 324	NF 324	NJ 324+HJ 324	226	168	209	14	3	3	134	230	2.5	2.5
	260	86	662	868	1900	2600	22.5	N 2324	NF 2324	NJ 2324+HJ 2324	226	168	219	14	3	3	134	230	2.5	2.5
	310	72	672	772	1700	2200	30	N 424	—	NJ 424+HJ 424	260	188	238	17	5	5	142	—	4	4
130	200	33	160	212	2400	3200	3.7	N 1026	—	—	182	156	—	—	2	1.1	139	—	2	1
	230	40	270	352	2000	2800	7	N 226	NF 226	NJ 226+HJ 226	204	165	192	11	3	3	144	208	2.5	2.5
	230	64	385	552	2000	2800	11.5	N 2226	NF 2226	NJ 2226+HJ 2226	204	167	195	11	3	3	144	—	2.5	2.5
	280	58	515	620	1700	2200	18	N 326	NF 326	NJ 326+HJ 326	243	182	225	14	4	4	148	247	3	3
	280	93	785	1060	1700	2200	28.5	N 2326	NF 2326	NJ 2326+HJ 2326	243	182	236	14	4	4	148	247	3	3
	340	78	820	942	1500	1900	39	N 426	—	NJ 426+HJ 426	285	—	—	18	5	5	152	—	4	4
140	210	33	165	220	2000	2800	4	N 1028	—	—	192	—	—	—	2	1.1	149	—	2	1
	250	42	315	415	1800	2400	9.1	N 228	NF 228	NJ 228+HJ 228	221	179	208	11	3	3	154	—	2.5	2.5
	250	68	458	700	1800	2400	15	N 2228	—	NJ 2228+HJ 2228	221	179	208	11	3	3	154	—	2.5	2.5
	300	62	570	690	1600	2000	22	N 328	NF 328	NJ 328+HJ 328	260	196	241	15	4	4	158	—	3	3
	300	102	865	1180	1600	2000	37	N 2328	NF 2328	NJ 2328+HJ 2328	260	192	252	15	4	4	158	—	3	3
	360	82	885	1020	1400	1800	—	N 428	—	NJ 428+HJ 428	304	—	—	18	5	5	162	—	4	4
150	225	35	198	268	1900	2600	4.8	N 1030	—	—	205.5	177	—	—	2.1	1.5	161	—	2.1	1.5
	270	45	378	490	1700	2200	11	N 230	NF 230	NJ 230+HJ 230	238	193	225	12	3	3	164	—	2.5	2.5
	270	73	555	772	1700	2200	17	N 2230	NF 2230	NJ 2230+HJ 2230	238	193	225	12	3	3	164	—	2.5	2.5
	320	65	625	765	1500	1900	26	N 330	NF 330	NJ 330+HJ 330	277	209	270	15	4	4	168	—	3	3
	320	108	975	1340	1500	1900	45	N 2330	NF 2330	NJ 2330+HJ 2330	277	209	270	15	4	4	168	—	3	3
	380	85	955	1100	1300	1700	53	N 430	—	NJ 430+HJ 430	321	—	—	20	5	5	172	—	4	4

续表

基本尺寸 /mm			基本额定载荷 /kN		极限转速 /r·min^{-1}		质量 /kg	轴承代号			其他尺寸 /mm						安装尺寸 /mm			
d	D	B	C_r	C_{0r}	脂	油	W ≈	N 型	NF 型	NH(NJ+HJ)型	E_W	d_2	D_2	B_1	r min	r_1 min	d_a min	D_a max	r_a max	r_b max
160	240	38	222	302	1800	2400	6	N 1032	—	—	220	—	—	—	2.1	1.5	171	—	2.1	1.5
	290	48	425	552	1600	2000	14	N 232	NF 232	NJ 232+HJ 232	255	206	250	12	3	3	174	—	2.5	2.5
	290	80	618	898	1600	2000	25	N 2232	—	NJ 2232+HJ 2232	255	205	252	12	3	3	174	—	2.5	2.5
	340	68	658	825	1400	1800	31.6	N 332	NF 332	NJ 332+HJ 332	292	—	—	—	4	4	178	—	3	3
	340	114	1018	1430	1400	1800	55.8	N 2332	NF 2332	—	292	—	—	—	4	4	178	—	3	3
170	260	42	268	365	1700	2200	8.14	N 1034	—	—	237	201	—	—	2.1	2.1	181	—	2.1	2.1
	310	52	445	650	1500	1900	17.1	N 234	NF 234	NJ 234+HJ 234	272	220	269	12	4	4	188	—	3	3
	360	72	750	952	1300	1700	36	N 334	—	—	310	—	—	—	4	4	188	—	3	3
	360	120	1162	1650	1300	1700	63	N 2334	NF 2334	—	310	—	290	—	4	4	188	—	3	3
180	280	46	315	438	1600	2000	10.1	N 1036	—	—	255	215	—	—	2.1	2.1	191	—	2.1	2.1
	320	52	445	650	1400	1800	18	N 236	NF 236	NJ 236+HJ 236	282	230	279	12	4	4	198	—	3	3
	380	75	875	1100	1200	1600	42	N 336	—	—	328	252	—	—	4	4	198	—	3	3
	380	126	1268	1780	1200	1600	71.2	N 2336	NF 2336	—	328	—	306	—	4	4	198	—	3	3
190	290	46	350	495	1500	1900	10.0	N 1038	—	—	265	225	—	—	2.1	2.1	201	—	2.1	2.1
	340	55	535	745	1300	1700	23	N 238	NF 238	NJ 238+HJ 238	299	244	295	13	4	4	208	—	3	3
	340	92	1022	1570	1300	1700	38.5	N 2238	—	NJ 2238+HJ 2238	299	—	295	13	4	4	208	—	3	3
	400	78	925	1190	1100	1500	50	N 338	—	—	345	264	—	—	5	5	212	—	4	4
200	310	51	428	615	1400	1800	14.3	N 1040	—	—	281	239	—	—	2.1	2.1	211	—	2.1	2.1
	360	58	598	842	1200	1600	26	N 240	NF 240	NJ 240+HJ 240	316	258	312	14	4	4	218	—	3	3
	360	98	1172	1725	1200	1600	—	N 2240	—	NJ 2240+HJ 2240	316	256	313	14	4	4	218	—	3	3
	420	80	1018	1290	1000	1400	—	N 340	—	—	360	280	—	—	5	5	222	—	4	4
220	340	56	470	685	1200	1600	—	N 1044	—	—	310	—	—	—	3	3	233	—	2.5	2.5
	400	65	735	1050	1000	1400	36	N 244	NF 244	NJ 244+HJ 244	350	286	332	15	4	4	238	—	3	3
	400	108	1425	2330	1000	1400	62	N 2244	—	—	350	—	—	—	4	4	238	—	3	3
240	360	56	492	745	1000	1400	21	N 1048	—	—	330	282	—	—	3	3	253	—	2.5	2.5
	440	72	922	1345	900	1200	48.2	N 248	NF 248	NJ 248+HJ 248	385	313	365	16	4	4	258	—	3	3
	500	95	1352	1810	800	1000	97.1	N 348	—	—	430	—	—	—	5	5	262	—	4	4
260	400	65	620	932	950	1300	31	N 1052	—	—	364	309	—	—	4	4	276	—	3	3
280	420	65	628	965	850	1100	33	N 1056	—	—	384	329	—	—	4	4	296	—	3	3
300	460	74	922	1470	800	1000	44.4	N 1060	—	—	420	356	—	—	4	4	316	—	3	3
	540	85	1425	2190	700	900	87.2	N 260	—	—	475	—	—	—	5	5	322	487	4	4
320	480	74	932	1520	750	950	47	N 1064	—	—	440	376	—	—	4	4	336	—	3	3
400	600	90	1488	2480	560	700	88.8	N 1080	—	—	550	470	—	—	5	5	420	—	4	4

注：见表 7-2-92 注 1、注 2。

无外圈圆柱滚子轴承（摘自 GB/T 283）

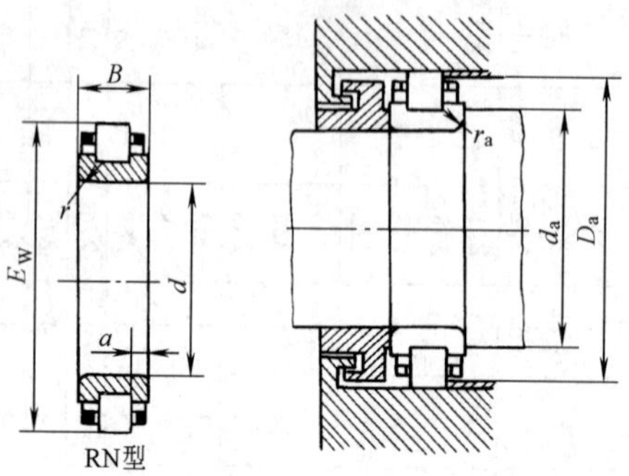

符号含义及应用

RN—无外圈，内圈有双挡边

E—加强型

应用基本同前。不能承受轴向载荷，不能限制轴或外壳的轴向位移，与轴承接触的外壳孔表面硬度、加工精度和表面质量应与套圈滚道相近，用于径向尺寸受限制的部件

表 7-2-94

基本尺寸/mm			基本额定载荷/kN		极限转速/r·min^{-1}		质量/kg	轴承代号	其他尺寸/mm		安装尺寸/mm		
d	E_W	B	C_r	C_{0r}	脂	油	W ≈	RN 型	a	r min	d_a min	D_a max	r_a max
20	41.5	14	27.0	24.0	12000	16000	—	RN 204 E	2.5	1	25	37.3	1
	41.5	18	32.2	30.0	12000	16000	—	RN 2204 E	3.5	1	25	37.3	1
	45.5	15	30.5	25.5	11000	15000	—	RN 304 E	2.5	1.1	26.5	41.2	1
	45.5	21	41.0	37.5	10000	14000	—	RN 2304 E	3.5	1.1	26.5	41.2	1
25	46.5	15	28.8	26.8	11000	14000	—	RN 205 E	3	1	30	42.3	1
	46.5	18	34.5	33.8	11000	14000	—	RN 2205 E	3.5	1	30	42.3	1
	54	17	40.2	35.8	9000	12000	—	RN 305 E	3	1.1	31.5	49.4	1
	54	24	55.8	54.5	9000	12000	—	RN 2305 E	4	1.1	31.5	49.4	1
30	55.5	16	37.8	35.5	8500	11000	—	RN 206 E	3	1	36	50.5	1
	55.5	20	47.2	48.0	8500	11000	—	RN 2206 E	3.5	1	36	50.5	1
	62.5	19	51.5	48.2	8000	10000	—	RN 306 E	3.5	1.1	37	58.2	1
	62.5	27	73.2	75.5	8000	10000	—	RN 2306 E	4.5	1.1	37	58.2	1
35	64	17	48.8	48.0	7500	9500	—	RN 207 E	3	1.1	42	59	1
	64	23	60.2	63.0	7500	9500	—	RN 2207 E	4.5	1.1	42	59	1
	70.2	21	65.0	63.2	7000	9000	—	RN 307 E	3.5	1.5	44	64.3	1.5
	70.2	31	91.8	98.2	7000	9000	—	RN 2307 E	5	1.5	44	64.3	1.5
	83	25	74.2	68.2	6000	7500	0.64	RN 407	—	1.5	44	—	1.5
40	71.5	18	54.0	53.0	7000	9000	—	RN 208 E	3.5	1.1	47	66.2	1
	71.5	23	70.8	75.2	7000	9000	—	RN 2208 E	4	1.1	47	66.2	1
	80	23	80.5	77.8	6300	8000	—	RN 308 E	4	1.5	49	73.3	1.5
	80	33	110	118	6300	8000	—	RN 2308 E	5.5	1.5	49	73.3	1.5
	92	27	94.8	89.8	5600	7000	—	RN 408	—	2	50	—	2
45	76.5	19	61.2	63.8	6300	8000	—	RN 209 E	3.5	1.1	52	71.2	1
	76.5	23	74.5	82.0	6300	8000	—	RN 2209 E	4	1.1	52	71.2	1
	88.5	25	97.5	98.0	5600	7000	—	RN 309 E	4.5	1.5	54	81.5	1.5
	88.5	36	135	152	5600	7000	—	RN 2309 E	6	1.5	54	81.5	1.5
50	72.5	16	26.2	27.5	6300	8000	—	RN 1010	—	1	55	—	1
	81.5	20	64.2	69.2	6000	7500	—	RN 210 E	4	1.1	57	77	1
	81.5	23	77.8	88.8	6000	7500	—	RN 2210 E	4	1.1	57	77	1
	97	27	110	112	5300	6700	—	RN 310 E	5	2	60	89.6	2
	97	40	162	185	5300	6700	—	RN 2310 E	6.5	2	60	89.6	2
55	90	21	84.0	95.5	5300	6700	—	RN 211 E	3.5	1.5	64	85	1.5
	90	25	99.2	118	5300	6700	—	RN 2211 E	4	1.5	64	85	1.5
	106.5	29	135	138	4800	6000	—	RN 311 E	5	2	65	98.2	2
	106.5	43	200	228	4800	6000	—	RN 2311 E	6.5	2	65	98.2	2

续表

基本尺寸 /mm			基本额定载荷 /kN		极限转速 /r·min^{-1}		质量 /kg	轴承代号	其他尺寸 /mm		安装尺寸 /mm		
d	E_W	B	C_r	C_{0r}	脂	油	W ≈	RN 型	a	r min	d_a min	D_a max	r_a max
60	86.5	18	40.2	45.0	5300	6700	0.303	RN 1012	—	1.1	66.5	—	1
	100	22	94.0	102	5000	6300	—	RN 212 E	4	1.5	69	93.2	1.5
	100	28	128	152	5000	6300	—	RN 2212 E	4	1.5	69	93.2	1.5
	115	31	148	155	4500	5600	—	RN 312 E	5.5	2.1	72	106.5	2.1
	115	46	222	260	4500	5600	—	RN 2312 E	7	2.1	72	106.5	2.1
65	108.5	23	108	118	4500	5600	—	RN 213 E	4	1.5	74	101	1.5
	108.5	31	148	180	4500	5600	—	RN 2213 E	4.5	1.5	74	101	1.5
	124.5	33	178	188	4000	5000	—	RN 313 E	5.5	2.1	77	114.6	2.1
	124.5	48	245	285	4000	5000	—	RN 2313 E	8	2.1	77	114.6	2.1
70	100	20	49.8	57.0	4800	6000	—	RN 1014	—	1.1	76.5	—	1
	113.5	24	118	135	4300	5300	—	RN 214 E	4	1.5	79	105.8	1.5
	113.5	31	155	192	4300	5300	—	RN 2214 E	4.5	1.5	79	105.8	1.5
	133	35	205	220	3800	4800	—	RN 314 E	5.5	2.1	82	123.5	2.1
	133	51	272	320	3800	4800	—	RN 2314 E	8.5	2.1	82	123.5	2.1
75	118.5	25	130	155	4000	5000	—	RN 215 E	4	1.5	84	111.4	1.5
	118.5	31	162	205	4000	5000	—	RN 2215 E	4.5	1.5	84	111.4	1.5
	143	37	238	260	3600	4500	—	RN 315 E	5.5	2.1	87	131.6	2.1
80	127.3	26	138	165	3800	4800	—	RN 216 E	4.5	2	90	119.8	2
	127.3	33	185	242	3800	4800	—	RN 2216 E	4.5	2	90	119.8	2
	151	39	258	282	3400	4300	—	RN 316 E	6	2.1	92	139	2.1
85	136.5	28	165	192	3600	4500	—	RN 217 E	4.5	2	95	129	2
	136.5	36	215	272	3600	4500	—	RN 2217 E	5	2	95	129	2
	160	41	292	332	3200	4000	—	RN 317 E	6.5	3	99	147	3
90	145	30	180	215	3400	4300	—	RN 218 E	5	2	100	136.4	2
	145	40	240	312	3400	4300	—	RN 2218 E	6	2	100	136.4	2
	169.5	43	312	348	3000	3800	—	RN 318 E	6.5	3	104	155.5	3
95	154.5	32	218	262	3200	4000	—	RN 219 E	5	2.1	107	145.5	2.1
	154.5	43	288	368	3200	4000	—	RN 2219 E	6.5	2.1	107	145.5	2.1
	177.5	45	330	380	2800	3600	—	RN 319 E	7.5	3	109	163.5	2.5
100	163	34	245	302	3000	3800	—	RN 220 E	5	2.1	112	152.8	2.1
	163	46	332	440	3000	3800	—	RN 2220 E	6	2.1	112	152.8	2.1
	191.5	47	382	425	2600	3200	—	RN 320 E	7.5	3	114	175	2.5
105	168.8	36	195	235	2800	3600	2.76	RN 221	7.5	2.1	117	161.2	2.1
	195	49	338	392	2200	3000	—	RN 321	9.5	3	119	184	2.5
110	180.5	38	292	360	2600	3400	—	RN 222 E	6	2.1	122	170.2	2.1
	207	50	368	428	2000	2800	—	RN 322	9	3	124	195	2.5
120	195.5	40	338	422	2200	3000	—	RN 224 E	6	2.1	132	183.5	2.1
	226	55	460	552	1900	2600	—	RN 324	9.5	3	134	213	2.5
130	204	40	270	352	2000	2800	4.48	RN 226	8	3	144	195	2.5
	243	58	515	620	1700	2200	—	RN 326	10	4	148	229	3
140	221	42	315	415	1800	2400	5.94	RN 228	8	3	154	211.5	2.5
	260	62	570	690	1600	2000	13.2	RN 328	11	4	158	245	3

续表

基本尺寸 /mm			基本额定载荷 /kN		极限转速 /r·min^{-1}		质量 /kg	轴承代号	其他尺寸 /mm		安装尺寸 /mm		
d	E_W	B	C_r	C_{0r}	脂	油	W ≈	RN 型	a	r min	d_a min	D_a max	r_a max
150	238	45	378	490	1700	2200	—	RN 230	8.5	3	164	228	2.5
	277	65	622	765	1500	1900	17.04	RN 330	11.5	4	168	262	3
160	255	48	425	552	1600	2000	—	RN 232	9	3	174	245	2.5
	292	68	658	825	1400	1800	—	RN 332	13	4	178	276	3
170	272	52	445	650	1500	1900	—	RN 234	10	4	188	262	3
	310	72	750	952	1300	1700	—	RN 334	13.5	4	188	293	3
180	282	52	445	650	1400	1800	—	RN 236	10	4	198	270	3
	328	75	875	1100	1200	1600	35.9	RN 336	13.5	4	198	309	3
190	299	55	535	745	1300	1700	—	RN 238	10.5	4	208	286.5	3
	345	78	925	1190	1100	1500	31.6	RN 338	14	5	212	325	4
200	316	58	598	842	1200	1600	—	RN 240	11.5	4	218	302.5	3
	360	80	1018	1290	1000	1400	—	RN 340	15	5	222	340	4
220	350	65	735	1050	1000	1400	—	RN 244	12.5	4	238	335	3

注：见表 7-2-92 注 1、注 2。

第7篇

无内圈圆柱滚子轴承（摘自 GB/T 283）

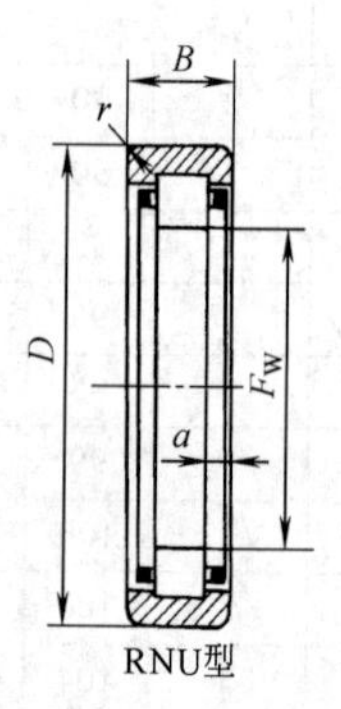

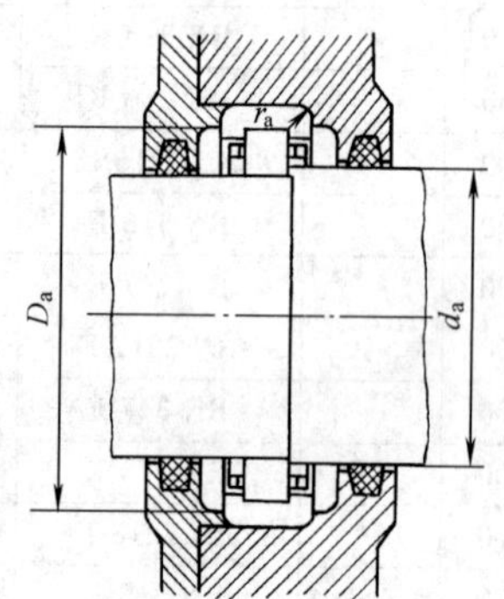

符号含义及应用

RNU—无内圈，外圈有双挡边

应用基本同前。与轴承接触的轴颈表面的硬度、加工精度和表面质量应与套圈的滚道相近，用于径向尺寸受限制的部件

表 7-2-95

基本尺寸 /mm			基本额定载荷 /kN		极限转速 /r·min^{-1}		质量 /kg	轴承代号	其他尺寸 /mm		安装尺寸 /mm		
F_W	D	B	C_r	C_{0r}	脂	油	W ≈	RNU 型	a	r min	d_a max	D_a max	r_a max
20	35	11	8.35	5.5	15000	19000	0.038	RNU 202	3	0.6	22.4	31	0.6
22.9	40	12	9.55	7.0	14000	18000	—	RNU 203	3.25	0.6	25.3	36	0.6
26.5	47	14	27.0	24.0	12000	16000	0.089	RNU 204 E	2.5	1	29.8	42	1
	47	18	32.2	30.0	12000	16000	0.113	RNU 2204 E	3.5	1	29.8	42	1
27.5	52	15	30.5	25.5	11000	15000	0.12	RNU 304 E	2.5	1.1	32	45.5	1
	52	21	41.0	37.5	10000	14000	0.168	RNU 2304 E	3.5	1.1	32	45.5	1
30.5	47	12	11.5	10.2	11000	15000	—	RNU 1005	3.25	0.6	32.6	43	0.6
31.5	52	15	28.8	26.8	11000	14000	0.104	RNU 205 E	3	1	34.9	47	1
	52	18	34.5	33.8	11000	14000	0.124	RNU 2205 E	3.5	1	34.9	47	1
34	62	17	40.5	35.8	9000	12000	0.193	RNU 305 E	3	1.1	39	55.5	1
	62	24	55.8	54.5	9000	12000	0.272	RNU 2305 E	4	1.1	39	55.5	1

续表

基本尺寸 /mm			基本额定载荷 /kN		极限转速 /r·min^{-1}		质量 /kg	轴承代号	其他尺寸 /mm		安装尺寸 /mm		
F_W	D	B	C_r	C_{0r}	脂	油	W ≈	RNU 型	a	r min	d_a max	D_a max	r_a max
37.5	62	16	37.8	35.5	8500	11000	0.159	RNU 206 E	3	1	41.8	57	1
	62	20	47.8	48.0	8500	11000	0.202	RNU 2206 E	3.5	1	41.8	57	1
40.5	72	19	51.5	48.2	8000	10000	0.285	RNU 306 E	3.5	1.1	46.2	61.5	1
	72	27	73.5	75.5	8000	10000	0.409	RNU 2306 E	4.5	1.1	46.2	61.5	1
44	72	17	48.8	48.0	7500	9500	0.233	RNU 207 E	3	1.1	47.4	61.5	1
	72	23	60.2	63.0	7500	9500	0.307	RNU 2207 E	4.5	1.1	47.4	61.5	1
46.2	80	21	65.0	63.2	7000	9000	0.379	RNU 307 E	3.5	1.5	50.3	72	1.5
	80	31	91.8	98.2	7000	9000	0.557	RNU 2307 E	5	1.5	50.3	72	1.5
49.5	80	18	54.0	53.0	7000	9000	0.294	RNU 208 E	3.5	1.1	54.2	73.5	1
	80	23	70.8	75.2	7000	9000	0.38	RNU 2208 E	4	1.1	54.2	73.5	1
52	90	23	80.5	77.8	6300	8000	0.515	RNU 308 E	4	1.5	58.3	82	1.5
	90	33	110	118	6300	8000	0.738	RNU 2308 E	5.5	1.5	58.3	82	1.5
54.5	85	19	61.2	63.8	6300	8000	0.335	RNU 209 E	3.5	1.1	59	78.5	1
	85	23	74.5	82.0	6300	8000	0.407	RNU 2209 E	4	1.1	59	78.5	1
58.5	100	25	97.5	98.0	5600	7000	0.703	RNU 309 E	4.5	1.5	64	92	1.5
	100	36	135	152	5600	7000	1.01	RNU 2309 E	6	1.5	64	92	1.5
59.5	90	20	64.2	69.2	6000	7500	0.369	RNU 210 E	4	1.1	64.1	83.5	1
	90	23	77.8	88.8	6000	7500	0.433	RNU 2210 E	4	1.1	64.1	83.5	1
65	110	27	110	112	5300	6700	0.896	RNU 310 E	5	2	71	101	2
	110	40	162	185	5300	6700	1.34	RNU 2310 E	6.5	2	71	101	2
66	100	21	84.0	95.5	5300	6700	0.508	RNU 211 E	3.5	1.5	70	92	1.5
	100	25	99.2	118	5300	6700	0.601	RNU 2211 E	4	1.5	70	92	1.5
70.5	120	29	135	138	4800	6000	1.16	RNU 311 E	5	2	77.2	111	2
	120	43	200	228	4800	6000	1.74	RNU 2311 E	6.5	2	77.2	111	2
72	110	22	94.0	102	5000	6300	0.632	RNU 212 E	4	1.5	77.6	102	1.5
	110	28	128	152	5000	6300	0.831	RNU 2212 E	4	1.5	77.6	102	1.5
77	130	31	148	155	4500	5600	1.40	RNU 312 E	5.5	2.1	82.5	119	2.1
	130	46	222	260	4500	5600	2.12	RNU 2312 E	7	2.1	82.5	119	2.1
78.5	120	23	108	118	4500	5600	0.796	RNU 213 E	4	1.5	84	112	1.5
	120	31	148	180	4500	5600	1.09	RNU 2213 E	4.5	1.5	84	112	1.5
80	110	20	49.8	57.0	4800	6000	—	RNU 1014	5	1.1	83.8	103.5	1
82.5	140	33	178	188	4000	5000	1.75	RNU 313 E	5.5	2.1	90.8	129	2.1
	140	48	245	285	4000	5000	2.54	RNU 2313 E	8	2.1	90.8	129	2.1
83.5	125	24	118	135	4300	5300	0.878	RNU 214 E	4	1.5	88.6	117	1.5
	125	31	155	192	4300	5300	1.15	RNU 2214 E	4.5	1.5	88.6	117	1.5
88.5	130	25	130	155	4000	5000	0.964	RNU 215 E	4	1.5	92.9	122	1.5
	130	31	162	205	4000	5000	1.21	RNU 2215 E	4.5	1.5	92.9	122	1.5
89	150	35	205	220	3800	4800	2.18	RNU 314 E	5.5	2.1	97.5	139	2.1
	150	51	272	320	3800	4800	3.11	RNU 2314 E	8.5	2.1	97.5	139	2.1
95	160	37	238	260	3600	4500	2.62	RNU 315 E	5.5	2.1	103.5	149	2.1
95.3	140	26	138	165	3800	4800	1.14	RNU 216 E	4.5	2	100	131	2
	140	33	188	242	3800	4800	1.49	RNU 2216 E	4.5	2	100	131	2
95.5	160	55	258	308	3600	4500	4.54	RNU 2315	—	2.1	103.5	149	2.1
96.5	130	22	67.5	81.6	4000	5000	0.72	RNU 1017	5.5	1.1	100.8	123.5	1

续表

基本尺寸/mm			基本额定载荷/kN		极限转速/r·min^{-1}		质量/kg	轴承代号	其他尺寸/mm		安装尺寸/mm		
F_W	D	B	C_r	C_{0r}	脂	油	W ≈	RNU 型	a	r min	d_a max	D_a max	r_a max
100.5	150	28	165	192	3600	4500	1.48	RNU 217 E	4.5	2	107	141	2
	150	36	215	272	3600	4500	1.93	RNU 2217 E	5	2	107	141	2
101	170	39	258	282	3400	4300	3.1	RNU 316 E	6	2.1	111.8	159	2.1
103	140	24	77.5	94.8	3800	4800	0.98	RNU 1018	6	1.5	107.8	132	1.5
107	160	30	180	215	3400	4300	1.79	RNU 218 E	5	2	114.2	151	2
	160	40	240	312	3400	4300	2.41	RNU 2218 E	6	2	114.2	151	2
108	180	41	295	332	3200	4000	3.66	RNU 317 E	6.5	3	115.5	167	2.5
	180	60	310	380	3200	4000	6.47	RNU 2317	—	3	115.5	167	2.5
112.5	170	32	218	262	3200	4000	2.22	RNU 219 E	5	2.1	120	159	2.1
	170	43	288	368	3200	4000	2.97	RNU 2219 E	6.5	2.1	120	159	2.1
113.5	190	43	312	348	3000	3800	4.27	RNU 318 E	6.5	3	125	177	2.5
119	180	34	245	302	3000	3800	2.68	RNU 220 E	5	2.1	128	169	2.1
	180	46	332	440	3000	3800	3.65	RNU 2220 E	6	2.1	128	169	2.1
121.5	200	45	330	380	2800	3600	4.86	RNU 319 E	7.5	3	132	187	2.5
125	170	28	120	155	3000	3800	1.91	RNU 1022	6.5	2	130.7	161	2
127.5	215	47	382	425	2600	3200	5.98	RNU 320 E	7.5	3	140.5	202	2.5
132.5	200	38	292	360	2600	3400	3.69	RNU 222 E	6	2.1	141.5	189	2.1
135	180	28	135	168	2600	3400	2.31	RNU 1024	6.5	2	140.7	171	2
	225	49	338	392	2200	3000	—	RNU 321	9.5	3	147	212	2.5
143	240	50	368	428	2000	2800	—	RNU 322	9	3	155.5	227	2.5
143.5	215	40	338	422	2200	3000	4.52	RNU 224 E	6	2.1	153	204	2.1
154	260	55	460	552	1900	2600	—	RNU 324	9.5	3	168.5	247	2.5
156	230	40	270	352	2000	2800	5.6	RNU 226	8	3	165.5	217	2.5
158	210	33	165	220	2000	2800	—	RNU 1028	8	2	164.5	201	2
167	280	58	515	620	1700	2200	—	RNU 326	10	4	182	264	3
169	250	42	315	415	1800	2400	—	RNU 228	8	3	179.5	237	2.5
169.5	225	35	198	268	1900	2600	3.64	RNU 1030	8.5	2.1	176.7	214	2.1
180	300	62	570	690	1600	2000	—	RNU 328	11	4	196	284	3
182	270	45	378	490	1700	2200	—	RNU 230	8.5	3	193	257	2.5
193	320	65	622	765	1500	1900	—	RNU 330	11.5	4	210	304	3
195	290	48	425	552	1600	2000	—	RNU 232	9	3	205	277	2.5
205	280	46	315	438	1600	2000	—	RNU 1036	10.5	2.1	214.5	269	2.1
208	340	68	658	825	1400	1800	—	RNU 332	13	4	225	324	3
	310	52	445	650	1500	1900	—	RNU 234	10	4	219.8	294	3
218	320	52	445	650	1400	2800	—	RNU 236	10	4	230.5	304	3
220	360	72	750	952	1300	1700	—	RNU 334	13.5	4	238	344	3
231	340	55	535	745	1300	1700	—	RNU 238	10.5	4	244.5	324	3
232	380	75	875	1100	1200	1600	—	RNU 336	13.5	4	251	364	3
244	360	58	598	842	1200	1600	—	RNU 240	11	4	258	344	3
245	400	78	925	1190	1100	1500	—	RNU 338	14	5	265	380	4
260	420	80	1018	1290	1000	1400	—	RNU 340	15	5	280	400	4
270	400	65	735	1050	1000	1400	—	RNU 244	12.5	4	286	384	3

注：见表 7-2-92 注 1、注 2。

轧机用四列圆柱滚子轴承（摘自 JB/T 5389.1）

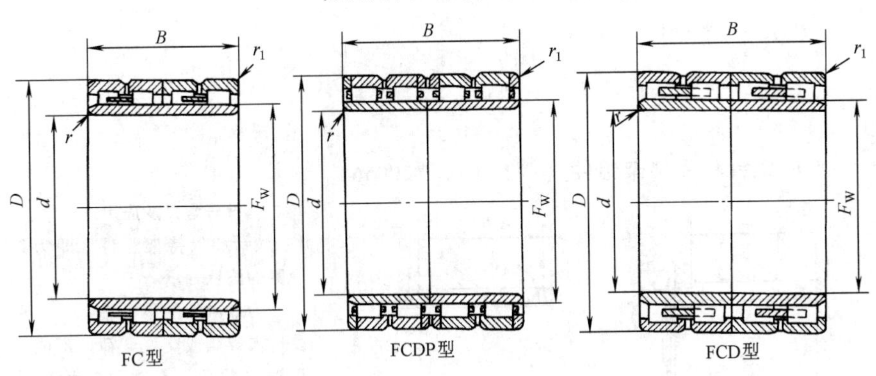

符号含义及应用

FC—四列圆柱滚子轴承（单内圈）

FCDP—外圈单挡边，带平挡圈的双内圈四列圆柱滚子轴承

FCD—双内圈四列圆柱滚子轴承

能承受大的径向载荷，不能承受轴向载荷，不能限制轴向位移，刚性大，用于轧机等重型机械

表 7-2-96

主要尺寸/mm						基本额定载荷/kN		轴承代号
d	D	B	F_W	r min	r_1 min	C_r	C_{0r}	FC 型、FCD 型
100	140	104	111	1.5	1.1	395	925	FC 2028104
	145	70	113	1.5	1.1	255	540	FC 202970
110	170	120	127	2	2	708	1325	FC 2234120
120	180	105	135	2	2	550	1145	FC 2436105
130	200	125	149	2	2	862	1525	FC 2640125
140	210	125	158	2	2	840	1438	FC 2842125
145	210	155	166	2	2	855	2020	FC 2942155
	225	156	169	2	2	975	2080	FC 2945156
150	225	120	169	2	2	922	1612	FC 3045120
	230	156	174	2	2	990	2145	FC 3046156
160	230	130	180	1.5	1.5	815	1865	FC 3246130
	230	168	180	2.1	2.1	1000	2410	FC 3246168/YA3
	240	168	183	2.1	2.1	1102	2438	FC 3248168
	240	124	183	2.1	2.1	808	1638	FC 3248124
170	250	170	192	2.1	2.1	1252	2600	FC 3450170
	260	120	195	2.1	2.1	758	1275	FC 3452120
180	250	156	200	2.1	2.1	995	2490	FC 3650156/C4YA4
	260	168	202	2.1	2.1	1145	2715	FC 3652168
	280	180	207	2.1	2.1	1708	2925	FC 3656180
190	270	170	212	2.1	2.1	1185	2885	FC 3854170/YA3
	260	168	212	2.1	2.1	1085	2815	FC 3852168
	270	200	212	2.1	2.1	1345	3395	FC 3854200
	280	200	214	2.1	2.1	1440	3435	FC 3856200
200	270	170	222	2.1	2.1	1120	2985	FC 4054170Q1/YA3
	280	200	222	2.1	2.1	1375	3555	FC 4056200
	290	192	226	2.1	2.1	1430	3450	FC 4058192
210	300	210	234	2.1	2.1	1802	4548	FC 4260210
220	310	192	246	2.1	2.1	1500	3760	FC 4462192
	310	225	246	2.1	2.1	1695	4410	FC 4462225
	320	210	248	2.1	2.1	1710	4155	FC 4464210

主要尺寸/mm						基本额定载荷/kN		轴承代号
d	D	B	F_W	r min	r_1 min	C_r	C_{0r}	FC 型、FCD 型、FCDP 型
230	330	206	260	2.1	2.1	1720	4245	FC 4666206
240	330	220	264	2.1	2.1	1735	4665	FC 4866220
	360	220	272	2.1	2.1	2060	4800	FC 4872220
250	350	220	278	3	3	1885	4885	FC 5070220
260	370	220	292	3	3	2030	5110	FC 5274220
	380	280	294	3	3	2580	6560	FC 5276280
	400	290	296	4	4	2910	6915	FCD 5280290
270	380	230	298	3	3	2502	5938	FCD 5476230
280	390	220	312	3	3	2105	5465	FC 5678220
	390	275	308	1.5	1.1	2505	6830	FCDP 5678275
	420	280	318	4	4	2930	7130	FCD 5684280
290	410	240	320	4	4	2415	6205	FCD 5882240
	420	300	327	4	4	3010	7815	FCD 5884300
300	420	218	332	4	4	2315	5850	FC 6084218
	420	240	332	4	4	2455	6400	FCD 6084240
	420	300	332	3	3	2920	7955	FCD 6084300
320	450	240	355	4	4	2665	6835	FCD 6490240
	480	290	364	4	4	3485	7475	FCD 6496290
	480	350	364	4	4	4645	10400	FCD 6496350
330	460	340	365	4	4	3530	9955	FCD 6692340
340	460	260	370	4	4	3100	8750	FCD 6892260
	480	350	378	4	4	3830	10605	FCD 6896350
360	510	370	392	4	4	4280	11880	FCD 72102370
370	520	380	409	4	4	4430	12510	FCDP74104380
380	540	400	422	4	4	4850	13570	FCD 76108400
400	560	410	445	5	5	5070	14575	FCD 80112410
420	600	440	470	5	5	5875	16530	FCD 84120440

注：1. FCDP 型轴承与 FCD 型轴承外形尺寸和额定载荷相同。

2. 现行标准 GB/T 5389.1—2016，增加了内圈为 20°斜坡倒角的 FCDP 型轴承结构，并增加了部分型号。但结构示意图、本表数据仍按《全国滚动轴承产品样本》第 2 版未作修改。

3. 随着轴承技术的发展，基本额定载荷较表中数据（来源于《全国滚动轴承产品样本》第 2 版）有所提高。

10.5 滚针轴承

径向当量动载荷　$P_r=F_r$

径向当量静载荷　$P_{0r}=F_r$

向心滚针和保持架组件（摘自 GB/T 20056）

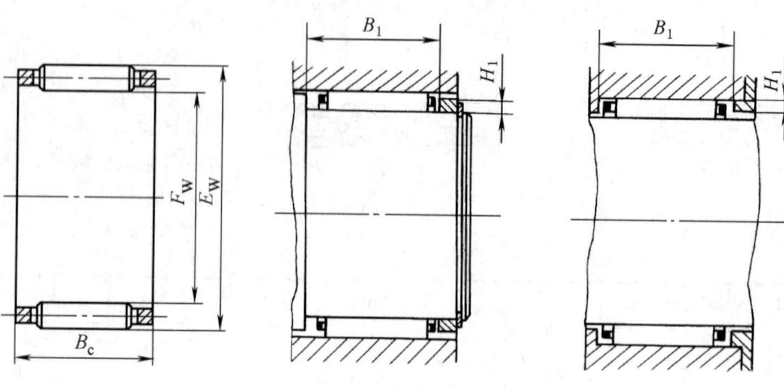

符号含义及应用

K—滚针和保持架组件，即为无套圈的滚针轴承

为最薄型的滚动轴承，能承受冲击载荷或交变载荷。不能承受轴向载荷，不能限制轴向位移。为保证载荷能力和运转性能与有套圈轴承相同，轴或外壳孔滚道表面硬度、加工精度和表面质量应与轴承套圈滚道相仿。多用于变速箱、汽车、摩托车等

表 7-2-97

基本尺寸/mm			基本额定载荷/kN		极限转速/r·min^{-1}		质量/g	轴承代号	安装尺寸/mm	
F_W	E_W	B_c	C_r	C_{0r}	脂	油	W ≈	K 型	B_1	H_1
5	8	8	2.28	2.08	18000	28000	—	K 5×8×8	8.1	1
	8	10	2.98	2.88	18000	28000	0.1	K 5×8×10	10.1	1
	9	10	3.08	2.62	18000	28000	—	K 5×9×10	10.1	1.4
6	9	8	2.52	2.42	18000	28000	1.4	K 6×9×8	8.1	1
	9	10	3.28	3.38	18000	28000	—	K 6×9×10	10.1	1
7	10	8	2.75	2.78	18000	28000	—	K 7×10×8	8.1	1
	10	10	3.55	3.85	18000	28000	—	K 7×10×10	10.1	1
8	11	10	3.80	4.35	18000	28000	1.8	K 8×11×10	10.1	1
	11	13	5.00	6.18	18000	28000	—	K 8×11×13	13.12	1
9	12	10	4.02	4.82	17000	26000	—	K 9×12×10	10.1	1
	12	13	5.30	6.85	17000	26000	2.7	K 9×12×13	13.12	1
10	13	8	3.45	4.10	17000	26000	—	K 10×13×8	8.1	1
	13	10	4.48	5.70	17000	26000	2.3	K 10×13×10	10.1	1
	13	13	5.88	8.12	17000	26000	3.0	K 10×13×13	13.12	1
	14	10	5.05	5.58	17000	26000	3.4	K 10×14×10	10.1	1.4
	14	13	6.70	7.98	17000	26000	4.4	K 10×14×13	13.12	1.4
	14	17	8.72	11.2	17000	26000	—	K 10×14×17	17.12	1.4
12	15	8	3.75	4.78	16000	24000	—	K 12×15×8	8.1	1
	15	10	4.85	6.65	16000	24000	3.0	K 12×15×10	10.1	1
	15	13	6.40	9.48	16000	24000	3.6	K 12×15×13	13.12	1
	15	17	8.28	13.2	16000	24000	—	K 12×15×17	17.12	1
	16	10	5.68	6.78	16000	24000	—	K 12×16×10	10.1	1.4
	16	13	7.52	9.72	16000	24000	4.5	K 12×16×13	13.12	1.4
	16	17	9.82	13.5	16000	24000	—	K 12×16×17	17.12	1.4
14	18	10	6.25	7.98	15000	22000	4.6	K 14×18×10	10.1	1.4
	18	13	8.28	11.5	15000	22000	6.3	K 14×18×13	13.12	1.4
	18	17	10.8	16.0	15000	22000	8.1	K 14×18×17	17.12	1.4
	19	10	6.05	6.62	15000	22000	—	K 14×19×10	10.1	1.7
	19	13	8.35	9.98	15000	22000	—	K 14×19×13	13.12	1.7
	19	17	11.2	14.5	15000	22000	—	K 14×19×17	17.12	1.7
	20	12	8.72	9.45	15000	22000	8.6	K 14×20×12	12.1	2
	20	17	12.8	15.5	15000	22000	—	K 14×20×17	17.12	2

续表

基本尺寸/mm			基本额定载荷/kN		极限转速/r·min⁻¹		质量/g	轴承代号	安装尺寸/mm	
F_W	E_W	B_c	C_r	C_{0r}	脂	油	W ≈	K 型	B_1	H_1
15	19	10	6.52	8.58	14000	20000	—	K 15×19×10	10.1	1.4
	19	13	8.62	12.2	14000	20000	—	K 15×19×13	13.12	1.4
	19	17	11.2	11.2	14000	20000	8.8	K 15×19×17	17.12	1.4
	20	10	6.40	7.22	14000	20000	—	K 15×20×10	10.1	1.7
	20	13	8.82	10.8	14000	20000	8.9	K 15×20×13	13.12	1.7
	20	17	11.8	15.8	14000	20000	—	K 15×20×17	17.12	1.7
	21	17	12.8	15.8	14000	20000	—	K 15×21×17	17.12	2
16	20	10	6.78	9.18	13000	19000	5.7	K 16×20×10	10.1	1.4
	20	13	8.98	13.2	13000	19000	7.1	K 16×20×13	13.12	1.4
	20	17	11.5	18.5	13000	19000	9.2	K 16×20×17	17.12	1.4
	22	12	9.25	10.5	13000	19000	—	K 16×22×12	12.1	2
	22	17	13.5	17.2	13000	19000	—	K 16×22×17	17.12	2
	22	20	16.0	21.2	13000	19000	—	K 16×22×20	20.14	2
17	21	10	7.02	9.78	12000	18000	5.8	K 17×21×10	10.1	1.4
	21	13	9.28	14.0	12000	18000	7.5	K 17×21×13	13.12	1.4
	21	17	12.0	19.8	12000	18000	9.5	K 17×21×17	17.12	1.4
	23	17	14.5	18.8	12000	18000	—	K 17×23×17	17.12	2
	23	20	16.8	23.2	12000	18000	—	K 17×23×20	20.14	2
18	22	10	7.25	10.2	11000	17000	6.1	K 18×22×10	10.1	1.4
	22	13	9.60	14.8	11000	17000	7.7	K 18×22×13	13.12	1.4
	22	17	12.5	21.0	11000	17000	11	K 18×22×17	17.12	1.4
	24	17	14.2	19.0	11000	17000	16	K 18×24×17	17.12	2
	24	20	16.8	23.5	11000	17000	19	K 18×24×20	20.14	2
	24	30	24.5	38.2	11000	17000	—	K 18×24×30	30.14	2
20	24	10	7.42	11.0	10000	16000	7.0	K 20×24×10	10.1	1.4
	24	13	9.82	15.8	10000	16000	8.5	K 20×24×13	13.12	1.4
	24	17	12.8	22.2	10000	16000	11	K 20×24×17	17.12	1.4
	26	17	15.8	22.2	10000	16000	18	K 20×26×17	17.12	2
	26	20	18.5	27.5	10000	16000	20	K 20×26×20	20.14	2
22	26	10	7.85	12.2	9500	15000	7.1	K 22×26×10	10.1	1.4
	26	13	10.5	17.5	9500	15000	9.4	K 22×26×13	13.12	1.4
	26	17	13.5	24.8	9500	15000	12	K 22×26×17	17.12	1.4
	28	17	16.5	24.0	9500	15000	20	K 22×28×17	17.12	2
	28	20	19.2	29.5	9500	15000	—	K 22×28×20	20.14	2
25	29	10	8.45	14.0	9000	14000	8.3	K 25×29×10	10.1	1.4
	29	13	11.2	20.2	9000	14000	10.5	K 25×29×13	13.12	1.4
	29	17	14.5	28.2	9000	14000	14	K 25×29×17	17.12	1.4
	31	17	17.8	27.5	9000	14000	22	K 25×31×17	17.12	2
	31	20	20.8	33.8	9000	14000	25	K 25×31×20	20.14	2
	32	16	16.0	21.8	9000	14000	25	K 25×32×16	16.12	2.3
28	33	13	12.5	20.8	8500	13000	15	K 28×33×13	13.12	1.7
	33	17	16.8	30.0	8500	13000	20	K 28×33×17	17.12	1.7
	33	27	26.2	53.2	8500	13000	32	K 28×33×27	27.14	1.7
	34	17	18.8	30.8	8500	13000	—	K 28×34×17	17.12	2
	35	20	22.2	34.2	8500	13000	35	K 28×35×20	20.14	2.3
30	35	13	12.8	21.5	8000	12000	16	K 30×35×13	13.12	1.7
	35	17	17.0	31.5	8000	12000	21	K 30×35×17	17.12	1.7
	35	27	26.8	55.8	8000	12000	33	K 30×35×27	27.14	1.7
	37	20	23.0	36.5	8000	12000	40	K 30×37×20	20.14	2.3
	38	20	25.8	38.8	8000	12000	—	K 30×38×20	20.14	2.7

续表

基本尺寸/mm			基本额定载荷/kN		极限转速/r·min^{-1}		质量/g	轴承代号	安装尺寸/mm	
F_W	E_W	B_c	C_r	C_{0r}	脂	油	W ≈	K型	B_1	H_1
32	37	13	13.5	23.5	7500	11000	18	K 32×37×13	13.12	1.7
	37	17	18.0	34.2	7500	11000	22	K 32×37×17	17.12	1.7
	37	27	28.0	60.8	7500	11000	37	K 32×37×27	27.14	1.7
	39	20	23.8	38.8	7500	11000	42	K 32×39×20	20.14	2.3
	39	30	35.5	65.2	7500	11000	—	K 32×39×30	30.14	2.3
35	40	13	14.0	25.5	7000	10000	19	K 35×40×13	13.12	1.7
	40	17	18.0	37.0	7000	10000	25	K 35×40×17	17.12	1.7
	40	27	29.2	65.8	7000	10000	39	K 35×40×27	27.14	1.7
	42	20	25.2	43.2	7000	10000	41	K 35×42×20	20.14	2.3
	42	30	37.8	72.5	7000	10000	62	K 35×42×30	30.14	2.3
38	43	13	14.5	27.5	6700	9500	—	K 38×43×13	13.12	1.7
	43	17	19.5	39.8	6700	9500	—	K 38×43×17	17.12	1.7
	43	27	30.2	71.0	6700	9500	—	K 38×43×27	27.14	1.7
	46	20	29.5	49.2	6700	9500	46	K 38×46×20	20.14	2.7
	46	30	44.0	82.5	6700	9500	—	K 38×46×30	30.14	2.7
40	45	13	15.0	29.5	6300	9000	22	K 40×45×13	13.12	1.7
	45	17	20.2	42.8	6300	9000	27	K 40×45×17	17.12	1.7
	45	27	31.5	75.8	6300	9000	44	K 40×45×27	27.14	1.7
	48	20	30.2	51.8	6300	9000	52	K 40×48×20	20.14	2.7
	48	25	38.0	69.2	6300	9000	—	K 40×48×25	25.14	2.7
	48	30	45.2	86.8	6300	9000	—	K 40×48×30	30.14	2.7
42	47	13	15.2	30.5	6000	8500	22	K 42×47×13	13.12	1.7
	47	17	20.5	44.2	6000	8500	28	K 42×47×17	17.12	1.7
	47	27	31.8	78.5	6000	8500	47	K 42×47×27	27.14	1.7
	50	20	31.0	54.2	6000	8500	54	K 42×50×20	20.14	2.7
	50	30	46.5	91.2	6000	8500	—	K 42×50×30	30.14	2.7
45	50	13	16.2	33.5	5600	8000	24	K 45×50×13	13.12	1.7
	50	17	21.5	48.5	5600	8000	31	K 45×50×17	17.12	1.7
	50	27	33.5	86.0	5600	8000	50	K 45×50×27	27.14	1.7
	53	20	31.8	57.0	5600	8000	62	K 45×53×20	20.14	2.7
	53	25	39.8	76.5	5600	8000	—	K 45×53×25	25.14	2.7
	53	30	47.5	95.8	5600	8000	82	K 45×53×30	30.14	2.7
48	53	13	16.5	35.5	5300	7500	—	K 48×53×13	13.12	1.7
	53	17	22.2	51.2	5300	7500	32	K 48×53×17	17.12	1.7
	53	27	34.5	91.0	5300	7500	—	K 48×53×27	27.14	1.7
	56	20	33.2	62.0	5300	7500	—	K 48×56×20	20.14	2.7
	56	30	49.8	105	5300	7500	—	K 48×56×30	30.14	2.7
50	55	13	16.8	36.5	5000	7000	—	K 50×55×13	13.12	1.7
	55	17	22.5	52.8	5000	7000	32	K 50×55×17	17.12	1.7
	55	20	26.2	65.0	5000	7000	39	K 50×55×20	20.14	1.7
	55	27	35.0	93.5	5000	7000	—	K 50×55×27	27.14	1.7
	57	16	23.8	44.5	5000	7000	50	K 50×57×16	16.12	2.3
	58	20	34.0	64.8	5000	7000	65	K 50×58×20	20.14	2.7
	58	25	42.8	88.8	5000	7000	—	K 50×58×25	25.14	2.7
	58	30	50.8	108	5000	7000	95	K 50×58×30	30.14	2.7
52	57	17	23.0	55.5	4800	6700	—	K 52×57×17	17.12	1.7
	57	20	27.2	68.5	4800	6700	—	K 52×57×20	20.14	1.7
	60	20	34.8	67.2	4800	6700	—	K 52×60×20	20.14	2.7
	60	30	52.0	112	4800	6700	—	K 52×60×30	30.14	2.7

续表

基本尺寸/mm			基本额定载荷/kN		极限转速/r·min^{-1}		质量/g	轴承代号	安装尺寸/mm	
F_W	E_W	B_c	C_r	C_{0r}	脂	油	W ≈	K 型	B_1	H_1
55	61	20	31.2	73.5	4800	6700	—	K 55×61×20	20.14	2
	61	30	45.8	120	4800	6700	—	K 55×61×30	30.14	2
	62	40	62.5	160	4800	6700	—	K 55×62×40	40.17	2.3
	63	20	35.2	69.8	4800	6700	73	K 55×63×20	20.14	2.7
	63	25	44.2	93.8	4800	6700	90	K 55×63×25	25.14	2.7
	63	30	52.8	118	4800	6700	110	K 55×63×30	30.14	2.7
58	66	20	36.8	75.0	4500	6300	—	K 58×66×20	20.14	2.7
	66	30	55.0	125	4500	6300	—	K 58×66×30	30.14	2.7
60	66	20	33.2	88.0	4300	6000	—	K 60×66×20	20.14	2
	66	30	48.5	132	4300	6000	—	K 60×66×30	30.14	2
	68	20	37.5	77.5	4300	6000	—	K 60×68×20	20.14	2.7
	68	25	47.0	105	4300	6000	—	K 60×68×25	25.14	2.7
	68	30	56.0	130	4300	6000	136	K 60×68×30	30.14	2.7
63	71	20	38.0	80.2	4000	5600	80	K 63×71×20	20.14	2.7
	71	25	47.5	108	4000	5600	—	K 63×71×25	25.14	2.7
	71	30	56.8	135	4000	5600	—	K 63×71×30	30.14	2.7
65	73	20	38.5	82.8	4000	5600	—	K 65×73×20	20.14	2.7
	73	25	48.5	112	4000	5600	—	K 65×73×25	25.14	2.7
	73	30	57.8	140	4000	5600	126	K 65×73×30	30.14	2.7
68	74	20	35.2	92.5	3800	5300	65	K 68×74×20	20.14	2
	74	30	51.5	150	3800	5300	97	K 68×74×30	30.14	2
	76	20	39.8	88	3800	5300	—	K 68×76×20	20.14	2.7
	76	25	50.0	118	3800	5300	—	K 68×76×25	25.14	2.7
	76	30	59.8	148	3800	5300	—	K 68×76×30	30.14	2.7
70	76	20	35.8	94.2	3800	5300	70	K 70×76×20	20.14	2
	76	30	52.2	155	3800	5300	100	K 70×76×30	30.14	2
	78	20	40.5	90.5	3800	5300	—	K 70×78×20	20.14	2.7
	78	25	50.8	122	3800	5300	115	K 70×78×25	25.14	2.7
	78	30	60.5	152	3800	5300	136	K 70×78×30	30.14	2.7
72	78	20	36.5	98.8	3600	5000	90	K 72×78×20	20.14	2
	78	30	53.5	160	3600	5000	—	K 72×78×30	30.14	2
	80	20	41.0	93.2	3600	5000	94	K 72×80×20	20.14	2.7
	80	25	51.5	125	3600	5000	—	K 72×80×25	25.14	2.7
	80	30	61.5	155	3600	5000	—	K 72×80×30	30.14	2.7
75	81	20	37.5	102	3400	4800	75	K 75×81×20	20.14	2
	81	30	54.8	168	3400	4800	106	K 75×81×30	30.14	2
	83	20	72.5	98.2	3400	4800	100	K 75×83×20	20.14	2.7
	83	25	53.2	132	3400	4800	123	K 75×83×25	25.14	2.7
	83	30	63.5	165	3400	4800	147	K 75×83×30	30.14	2.7
80	86	20	38.5	108	3200	4500	76	K 80×86×20	20.14	2
	86	30	56.2	178	3200	4500	110	K 80×86×30	30.14	2
	88	25	54.5	138	3200	4500	130	K 80×88×25	25.14	2.7
	88	30	65	172	3200	4500	141	K 80×88×30	30.14	2.7
	88	35	75	210	3200	4500	—	K 80×88×35	35.17	2.7
85	92	20	40.5	105	3000	4300	96	K 85×92×20	20.14	2.3
	92	30	60.8	178	3000	4300	142	K 85×92×30	30.14	2.3
	93	20	45.0	112	3000	4300	130	K 85×93×20	20.14	2.7
	93	25	56.5	148	3000	4300	140	K 85×93×25	25.14	2.7
	93	30	67.5	185	3000	4300	160	K 85×93×30	30.14	2.7
	95	45	108	290	3000	4300	—	K 85×95×45	45.17	3.3

续表

基本尺寸/mm			基本额定载荷/kN		极限转速/r·min^{-1}		质量/g	轴承代号	安装尺寸/mm	
F_W	E_W	B_c	C_r	C_{0r}	脂	油	W ≈	K 型	B_1	H_1
90	97	20	41.8	112	2800	4000	103	K 90×97×20	20.14	2.3
	97	30	62.8	190	2800	4000	151	K 90×97×30	30.14	2.3
	98	25	57.8	156	2800	4000	140	K 90×98×25	20.14	2.7
	98	30	69.0	195	2800	4000	172	K 90×98×30	25.14	2.7
95	102	20	43.2	120	2600	3800	110	K 95×102×20	20.14	2.3
	102	30	64.5	202	2600	3800	165	K 95×102×30	30.14	2.3
	103	30	71.5	208	2600	3800	165	K 95×103×30	30.14	2.7
100	107	20	44.5	125	2400	3600	95	K 100×107×20	20.14	2.3
	107	30	66.5	212	2400	3600	170	K 100×107×30	30.14	2.3
	108	30	72.8	218	2400	3600	190	K 100×108×30	30.14	2.7
105	112	20	45.2	132	2200	3400	115	K 105×112×20	20.14	2.3
	112	30	67.5	220	2200	3400	170	K 105×112×30	30.14	2.3
	115	30	81.8	218	2200	3400	205	K 105×115×30	30.14	3.3
110	117	25	58.2	185	2000	3200	150	K 110×117×25	25.14	2.3
	117	35	80.2	278	2000	3200	211	K 110×117×35	35.17	2.3
	120	30	85.0	228	2000	3200	—	K 110×120×30	30.14	3.3
115	122	25	59.8	195	2000	3200	—	K 115×122×25	25.14	2.3
	122	35	82.2	292	2000	3200	—	K 115×122×35	35.17	2.3
	125	35	99.5	290	2000	3200	—	K 115×125×35	35.17	3.3
120	127	25	61.2	202	1900	3000	168	K 120×127×25	25.14	2.3
	127	35	84.2	305	1900	3000	243	K 120×127×35	35.17	2.3
125	135	35	105	315	1900	3000	360	K 125×135×35	35.17	3.3
130	137	25	63.2	218	1800	2800	180	K 130×137×25	25.14	2.3
	137	35	87.2	328	1800	2800	250	K 130×137×35	35.17	2.3
145	153	30	88.5	315	1600	2400	262	K 145×153×30	30.14	2.7
155	163	30	91.5	338	1500	2200	304	K 155×163×30	30.14	2.7
165	173	35	108	432	1500	2200	322	K 165×173×35	35.17	2.7
175	183	35	112	460	1400	2000	390	K 175×183×35	35.17	2.7
185	195	40	145	548	1200	1800	590	K 185×195×40	40.17	3.3
195	205	40	150	585	1100	1700	650	K 195×205×40	40.17	3.3

注：1. 现行标准 GB/T 20056—2015 包含的尺寸系列较多，但结构示意图、本表数据仍按《全国滚动轴承产品样本》第 2 版未作修改。

2. 随着轴承技术的发展，基本额定载荷、极限转速均较表中数据（来源于《全国滚动轴承产品样本》第 2 版）有所提高。

成套滚针轴承（摘自 GB/T 5801）

单列 $d=10\sim360$mm；双列 $d=32\sim360$mm

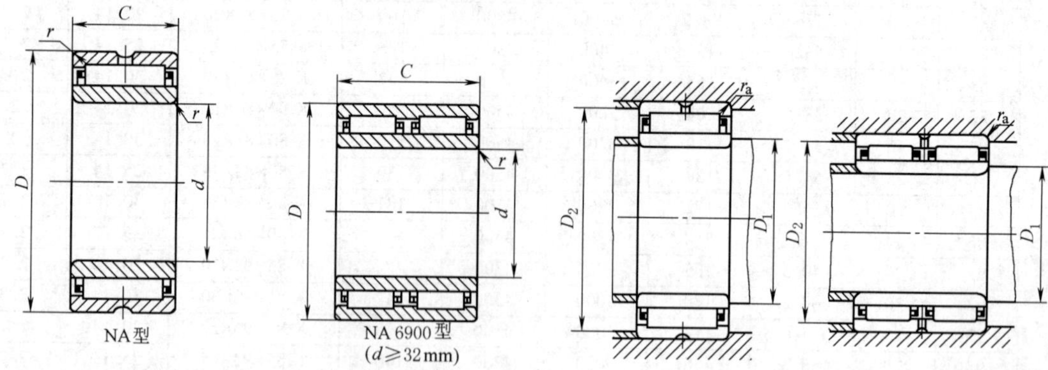

符号含义

NA— 有实体内外圈，外圈有双挡边（或双锁圈），内圈无挡边，且可与外圈及组件分离，可分别安装内、外圈

表 7-2-98

基本尺寸 /mm			基本额定载荷 /kN		极限转速 /r·min^{-1}		质量 /g	轴承代号	其他尺寸 /mm	安装尺寸 /mm		
d	D	C	C_r	C_{0r}	脂	油	W ≈	NA 型	r min	D_1 min	D_2 max	r_a max
10	22	13	8.60	9.20	15000	22000	24.3	NA 4900	0.3	12	20	0.3
12	24	13	9.60	10.8	13000	19000	27.6	NA 4901	0.3	14	22	0.3
	24	22	16.2	21.5	13000	19000	46.9	NA 6901	0.3	14	22	0.3
15	28	13	10.2	12.8	10000	16000	35.9	NA 4902	0.3	17	26	0.3
	28	23	17.5	25.2	10000	16000	63.7	NA 6902	0.3	17	26	0.3
17	30	13	11.2	14.5	9500	15000	39.4	NA 4903	0.3	19	28	0.3
	30	23	19.0	28.8	9500	15000	69.9	NA 6903	0.3	19	28	0.3
20	37	17	21.2	25.2	9000	14000	79.9	NA 4904	0.3	22	35	0.3
	37	30	35.2	48.5	9000	14000	141	NA 6904	0.3	22	35	0.3
22	39	17	23.2	29.2	9000	13000	85.4	NA 49/22	0.3	24	37	0.3
	39	30	38.5	56.2	9000	13000	151	NA 69/22	0.3	24	37	0.3
25	42	17	24.0	31.2	8000	12000	94.7	NA 4905	0.3	27	40	0.3
	42	30	40.0	60.2	8000	12000	167	NA 6905	0.3	27	40	0.3
28	45	17	24.8	33.2	7500	11000	104	NA 49/28	0.3	30	43	0.3
	45	30	41.5	64.2	7500	11000	183	NA 69/28	0.3	30	43	0.3
30	47	17	25.5	35.5	7000	10000	108	NA 4906	0.3	32	45	0.3
	47	30	42.8	68.5	7000	10000	191	NA 6906	0.3	32	45	0.3
32	52	20	31.5	48.5	6300	9000	168	NA 49/32	0.6	36	48	0.6
	52	36	48.0	83.2	6300	9000		NA 69/32	0.6	36	48	0.6
35	55	20	32.5	51.0	6000	8500	181	NA 4907	0.6	39	51	0.6
	55	36	49.5	87.2	6000	8500		NA 6907	0.6	39	51	0.6
40	62	22	43.5	66.2	5000	7000	240	NA 4908	0.6	44	58	0.6
	62	40	62.8	108	5000	7000		NA 6908	0.6	44	58	0.6
45	68	22	46.0	73.0	4800	6700	284	NA 4909	0.6	49	64	0.6
	68	40	67.2	118	4800	6700	—	NA 6909	0.6	49	64	0.6
50	72	22	48.2	80.0	4500	6300	287	NA 4910	0.6	54	68	0.6
	72	40	70.2	128	4500	6300	—	NA 6910	0.6	54	68	0.6
55	80	25	58.5	99.0	4000	5600	416	NA 4911	1	60	75	1
	80	45	87.8	168	4000	5600	—	NA 6911	1	60	75	1
60	85	25	61.2	108	3800	5300	448	NA 4912	1	65	80	1
	85	45	90.8	182	3800	5300	—	NA 6912	1	65	80	1
65	90	25	62.2	112	3600	5000	479	NA 4913	1	70	85	1
	90	45	93.2	188	3600	5000	—	NA 6913	1	70	85	1
70	100	30	84.0	152	3200	4500	762	NA 4914	1	75	95	1
	100	54	130	260	3200	4500	—	NA 6914	1	75	95	1
75	105	30	85.5	158	3000	4300	805	NA 4915	1	80	100	1
	105	54	130	270	3000	4300	—	NA 6915	1	80	100	1
80	110	30	89.0	170	2800	4000	852	NA 4916	1	85	105	1
	110	54	135	292	2800	4000	—	NA 6916	1	85	105	1
85	120	35	112	235	2400	3600	1280	NA 4917	1.1	91.5	113.5	1
	120	63	155	365	2400	3600	—	NA 6917	1.1	91.5	113.5	1
90	125	35	115	250	2200	3400	1340	NA 4918	1.1	96.5	118.5	1
	125	63	165	388	2200	3400	—	NA 6918	1.1	96.5	118.5	1
95	130	35	120	265	2000	3200	1410	NA 4919	1.1	101.5	123.5	1
	130	63	172	412	2000	3200	—	NA 6919	1.1	101.5	123.5	1

续表

基本尺寸 /mm			基本额定载荷 /kN		极限转速 /r·min^{-1}		质量 /g	轴承代号	其他尺寸 /mm	安装尺寸 /mm		
d	D	C	C_r	C_{0r}	脂	油	W ≈	NA 型	r min	D_1 min	D_2 max	r_a max
100	140	40	130	270	2000	3200	1960	NA 4920	1.1	106.5	133.5	1
	140	71	202	480	2000	3200	—	NA 6920	1.1	106.5	133.5	1
110	140	30	93.0	210	2000	3200	1130	NA 4822	1	115	135	1
	150	40	138	295	1900	3000	2120	NA 4922	1.1	116.5	143.5	1
120	150	30	96.2	225	1900	3000	1220	NA 4824	1	125	145	1
	165	45	180	382	1800	2800	2910	NA 4924	1.1	126.5	158.5	1
130	165	35	118	302	1700	2600	—	NA 4826	1.1	136.5	158.5	1
	180	50	202	460	1600	2400	3960	NA 4926	1.5	138	172	1.5
140	175	35	122	320	1600	2400	1980	NA 4828	1.1	146.5	168.5	1
	190	50	210	488	1500	2200	4220	NA 4928	1.5	148	182	1.5
150	190	40	152	395	1500	2200	2800	NA 4830	1.1	156.5	183.5	1
160	200	40	158	418	1500	2200	2970	NA 4832	1.1	166.5	193.5	1
170	215	45	192	520	1300	2000	4080	NA 4834	1.1	176.5	208.5	1
180	225	45	198	552	1200	1900	4290	NA 4836	1.1	186.5	218.5	1
190	240	50	230	688	1200	1800	5700	NA 4838	1.5	198	232	1.5
200	250	50	235	725	1100	1700	5970	NA 4840	1.5	208	242	1.5
220	270	50	245	785	950	1500	6500	NA 4844	1.5	228	262	1.5
240	300	60	352	1050	900	1400	10100	NA 4848	2	249	291	2
260	320	60	368	1130	800	1200	10800	NA 4852	2	269	311	2
280	350	69	445	1310	750	1100	15800	NA 4856	2	289	341	2
300	380	80	608	1700	750	1100	22200	NA 4860	2.1	311	369	2.1
320	400	80	630	1820	700	1000	23500	NA 4864	2.1	331	389	2.1
340	420	80	642	1900	670	950	24800	NA 4868	2.1	351	409	2.1
360	440	80	662	2010	630	900	26100	NA 4872	2.1	371	429	2.1

注：1. 滚针轴承可带或不带保持架，可具有一列或两列滚针，外圈上可有或无润滑槽和润滑孔。

2. 现行标准 GB/T 5801—2020 扩大了 49 系列尺寸范围，增加了 59 系列和特殊系列滚针轴承尺寸。但结构示意图、本表数据仍按《全国滚动轴承产品样本》第 2 版未作修改。

3. 随着轴承技术的发展，基本额定载荷、极限转速均较表中数据（来源于《全国滚动轴承产品样本》第 2 版）有所提高。

无内圈有保持架滚针轴承（摘自 GB/T 5801）

单列 $F_W=5\sim18$mm　　双列 $F_W=40\sim390$mm

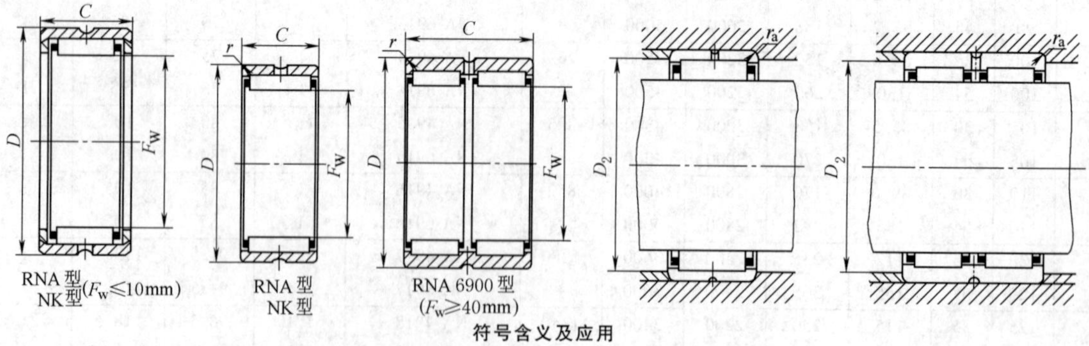

RNA 型 NK 型（$F_W\leqslant10$mm）　RNA 型 NK 型　RNA 6900 型（$F_W\geqslant40$mm）

符号含义及应用

RNA，NK—无实体内套圈、外圈有双挡边、有保持架的两个系列

径向尺寸小，承受径向载荷大，对轴颈加工精度与热处理要求高，不能承受轴向载荷，不能限制轴向位移，一般用紧配合装入座孔

表 7-2-99

基本尺寸/mm				基本额定载荷/kN		极限转速/r·min^{-1}		质量/g	轴承代号	安装尺寸/mm	
F_W	D	C	r min	C_r	C_{0r}	脂	油	W ≈	RNA 型 NK 型	D_2 max	r_a max
5	10	10	0.15	2.10	1.60	22000	32000	3.30	NK 5/10	8.8	0.15
	10	12	0.15	2.80	2.30	22000	32000	4.00	NK 5/12	8.8	0.15
6	12	10	0.15	2.40	1.90	22000	32000	5.10	NK 6/10	10.8	0.15
	12	12	0.15	3.10	2.80	22000	32000	6.20	NK 6/12	10.8	0.15
7	14	10	0.15	2.60	2.30	20000	30000	7.30	NK 7/10	12	0.30
	14	12	0.15	3.40	3.20	20000	30000	8.80	NK 7/12	12	0.30
8	15	12	0.30	3.70	3.70	19000	28000	9.60	NK 8/12	13	0.3
	15	16	0.30	4.90	5.30	19000	28000	12.8	NK 8/16	13	0.3
9	16	12	0.30	4.20	4.50	18000	26000	10.4	NK 9/12	14	0.3
	16	16	0.30	5.60	6.50	18000	26000	13.9	NK 9/16	14	0.3
10	17	12	0.30	4.40	4.90	16000	24000	11.2	NK 10/12	15	0.3
	17	16	0.30	5.90	7.20	16000	24000	15.1	NK 10/16	15	0.3
12	19	12	0.30	6.50	7.10	15000	22000	12.4	NK 12/12	17	0.3
	19	16	0.30	9.10	11.0	15000	22000	16.3	NK 12/16	17	0.3
14	22	13	0.30	8.60	9.20	15000	22000	16.8	RNA 4900	20	0.3
	22	16	0.30	11.0	12.5	15000	22000	20.9	NK 14/16	20	0.3
	22	20	0.30	14.0	17.0	15000	22000	26.2	NK 14/20	20	0.3
15	23	16	0.3	11.0	12.8	14000	20000	21.8	NK 15/16	21	0.3
	23	20	0.3	13.8	17.2	14000	20000	27.2	NK 15/20	21	0.3
16	24	13	0.3	9.60	10.8	13000	19000	18.8	RNA 4901	22	0.3
	24	16	0.3	11.5	14.0	13000	19000	23.0	NK 16/16	22	0.3
	24	20	0.3	14.5	18.8	13000	19000	28.6	NK 16/20	22	0.3
	24	22	0.3	16.2	21.5	13000	19000	32.1	RNA 6901	22	0.3
17	25	16	0.3	12.2	15.0	12000	18000	24.2	NK 17/16	23	0.3
	25	20	0.3	15.5	20.5	12000	18000	30.2	NK 17/20	23	0.3
18	26	16	0.3	12.8	16.2	11000	17000	25.4	NK 18/16	24	0.3
	26	20	0.3	16.2	22.0	11000	17000	31.7	NK 18/20	24	0.3
19	27	16	0.3	13.2	17.5	10000	16000	26.6	NK 19/16	25	0.3
	27	20	0.3	16.8	23.5	10000	16000	33.2	NK 19/20	25	0.3
20	28	13	0.3	10.2	10.8	10000	16000	22.2	RNA 4902	26	0.3
	28	16	0.3	13.2	17.5	10000	16000	27.4	NK 20/16	26	0.3
	28	20	0.3	16.8	23.8	10000	16000	34.3	NK 20/20	26	0.3
	28	23	0.3	17.5	25.2	10000	16000	63.7	RNA 6902	26	0.3
21	29	16	0.3	13.8	18.8	9500	15000	28.6	NK 21/16	27	0.3
	29	20	0.3	17.5	25.5	9500	15000	35.9	NK 21/20	27	0.3
22	30	13	0.3	11.2	14.5	9500	15000	24.1	RNA 4903	28	0.3
	30	16	0.3	14.2	20.0	9500	15000	29.9	NK 22/16	28	0.3
	30	20	0.3	18.0	27.0	9500	15000	37.4	NK 22/20	28	0.3
	30	23	0.3	19.0	28.8	9500	15000	43.1	RNA 6903	28	0.3
24	32	16	0.3	15.2	22.2	9000	14000	32.3	NK 24/16	30	0.3
	32	20	0.3	19.2	30.2	9000	14000	40.4	NK 24/20	30	0.3
25	33	16	0.3	15.2	22.5	9000	14000	33.2	NK 25/16	31	0.3
	33	20	0.3	19.2	30.5	9000	14000	41.4	NK 25/20	31	0.3
	37	17	0.3	21.2	25.2	9000	14000	56.7	RNA 4904	35	0.3
	37	30	0.3	35.2	48.5	9000	14000	101	RNA 6904	35	0.3

续表

基本尺寸/mm				基本额定载荷/kN		极限转速/r·min⁻¹		质量/g	轴承代号	安装尺寸/mm	
F_W	D	C	r min	C_r	C_{0r}	脂	油	W ≈	RNA 型 NK 型	D_2 max	r_a max
26	34	16	0.3	15.5	23.5	9000	13000	34.4	NK 26/16	32	0.3
	34	20	0.3	19.8	32.0	9000	13000	42.9	NK 26/20	32	0.3
28	37	20	0.3	22.2	34.0	9000	13000	51.6	NK 28/20	35	0.3
	37	30	0.3	33.8	57.8	9000	13000	77.7	NK 28/30	35	0.3
	39	17	0.3	23.2	29.2	9000	13000	54.4	RNA 49/22	37	0.3
	39	30	0.3	38.5	56.2	9000	13000	96.5	RNA 69/22	37	0.3
29	38	20	0.3	22.2	34.0	8000	12000	52.7	NK 29/20	36	0.3
	38	30	0.3	33.5	58.0	8000	12000	79.4	NK 29/30	36	0.3
30	40	20	0.3	23.0	35.8	8000	12000	64.2	NK 30/20	38	0.3
	40	30	0.3	34.8	61.0	8000	12000	96.6	NK 30/30	38	0.3
	42	17	0.3	24.0	31.2	8000	12000	66.2	RNA 4905	40	0.3
	42	30	0.3	40.0	60.2	8000	12000	117	RNA 6905	40	0.3
32	42	20	0.3	23.5	37.8	7500	11000	67.6	NK 32/20	40	0.3
	42	30	0.3	35.5	64.2	7500	11000	102	NK 32/30	40	0.3
	45	17	0.3	24.8	33.2	7500	11000	79	RNA 49/28	43	0.3
	45	30	0.3	41.5	64.2	7500	11000	140	RNA 69/28	43	0.3
35	45	20	0.3	24.8	41.5	7000	10000	73.1	NK 35/20	43	0.3
	45	30	0.3	37.5	70.5	7000	10000	110	NK 35/30	43	0.3
	47	17	0.3	25.5	35.5	7000	10000	74.7	RNA 4906	45	0.3
	47	30	0.3	42.8	68.5	7000	10000	133	RNA 6906	45	0.3
37	47	20	0.3	25.2	43.2	6300	9000	76.5	NK 37/20	45	0.3
	47	30	0.3	38.2	74.0	6300	9000	115	NK 37/30	45	0.3
38	48	20	0.3	26.0	45.2	6300	9000	78.5	NK 38/20	46	0.3
	48	30	0.3	39.2	77.0	6300	9000	118	NK 38/30	46	0.3
40	50	20	0.3	26.5	47.2	6300	9000	81.9	NK 40/20	48	0.3
	50	30	0.3	40.0	80.2	6300	9000	123	NK 40/30	48	0.3
	52	20	0.6	31.5	48.5	6300	9000	98.7	RNA 49/32	48	0.6
	52	36	0.6	48.0	83.2	6300	9000	—	RNA 69/32	48	0.6
42	52	20	0.3	27.0	49.0	6000	8500	85.3	NK 42/20	50	0.3
	52	30	0.3	40.8	83.5	6000	8500	128	NK 42/30	50	0.3
	55	20	0.6	32.5	51.0	6000	8500	1163	RNA 4907	51	0.6
	55	36	0.6	49.5	87.2	6000	8500	—	RNA 6907	51	0.6
43	53	20	0.3	27.5	50.8	5600	8000	87.3	NK 43/30	51	0.3
	53	30	0.3	41.5	86.5	5600	8000	132	NK 43/30	51	0.3
45	55	20	0.3	28.0	52.8	5300	7500	90.7	NK 45/20	53	0.3
	55	30	0.3	42.5	89.8	5300	7500	137	NK 45/30	53	0.3
47	57	20	0.3	29.2	56.5	5000	7000	94.7	NK 47/20	55	0.3
	57	30	0.3	44.2	96.2	5000	7000	143	NK 47/30	55	0.3
48	62	22	0.6	43.5	66.2	5000	7000	146	RNA 4908	58	0.6
	62	40	0.6	62.8	108	5000	7000	—	RNA 6908	58	0.6
50	62	25	0.6	38.8	74.2	4800	6700	154	NK 50/25	58	0.6
	62	35	0.6	51.8	108	4800	6700	215	NK 50/35	58	0.6
52	68	22	0.6	46.0	73.0	4800	6700	194	RNA 4909	64	0.6
	68	40	0.6	67.2	118	4800	6700	—	RNA 6909	64	0.6
55	68	25	0.6	41.0	82.5	4500	6300	188	NK 55/25	65	0.6
	68	35	0.6	54.8	120	4500	6300	264	NK 55/35	64	0.6

续表

基本尺寸/mm				基本额定载荷/kN		极限转速/r · min^{-1}		质量/g	轴承代号	安装尺寸/mm	
F_W	D	C	r min	C_r	C_{0r}	脂	油	W ≈	RNA 型 NK 型	D_2 max	r_a max
58	72	22	0.6	48.2	80.0	4500	6300	172	RNA 4910	68	0.6
	72	40	0.6	70.2	128	4500	6300	—	RNA 6910	68	0.6
60	72	25	0.6	43.2	90.8	4000	5600	181	NK 60/25	68	0.6
	72	35	0.6	57.5	132	4000	5600	254	NK 60/35	68	0.6
63	80	25	1	58.5	99.0	4000	5600	274	RNA 4911	75	1
	80	45	1	87.8	168	4000	5600	—	RNA 6911	75	1
65	78	25	0.6	45.2	98.8	4000	5600	219	NK 65/25	74	0.6
	78	35	0.6	60.2	142	4000	5600	307	NK 65/35	74	0.6
68	82	25	0.6	45.5	92.0	3800	5300	245	NK 68/25	78	0.6
	82	35	0.6	66.5	150	3800	5300	343	NK 68/35	78	0.6
	85	25	1	61.2	108	3800	5300	294	RNA 4912	80	1
	85	45	1	90.8	182	3800	5300	—	RNA 6912	80	1
72	90	25	1	62.2	112	3600	5000	335	RNA 4913	85	1
	90	45	1	93.2	188	3600	5000	—	RNA 6913	85	1
73	90	25	1	54.2	100	3600	5000	319	NK 73/25	85	1
	90	35	1	79.5	165	3600	5000	448	NK 73/35	85	1
75	92	25	1	55.2	105	3400	4800	328	NK 75/25	87	1
	92	35	1	81.0	170	3400	4800	460	NK 75/35	87	1
80	95	25	1	57.2	112	3200	4500	288	NK 80/25	90	1
	95	35	1	83.8	182	3200	4500	405	NK 80/35	90	1
	100	30	1	84.0	152	3200	4500	491	RNA 4914	95	1
	100	54	1	130	260	3200	4500	—	RNA 6914	95	1
85	105	25	1	69.2	120	3000	4300	429	NK 85/25	100	1
	105	30	1	85.5	158	3000	4300	515	RNA 4915	100	1
	105	35	1	100	195	3000	4300	600	NK 85/35	100	1
	105	54	1	130	270	3000	4300	—	RNA 6915	100	1
90	110	25	1	72.2	130	2800	4000	452	NK 90/25	105	1
	110	30	1	89.0	170	2800	4000	544	RNA 4916	105	1
	110	35	1	105	210	2800	4000	634	NK 90/35	105	1
	110	54	1	135	292	2800	4000	—	RNA 6916	105	1
95	115	26	1	76.8	142	2400	3600	492	NK 95/26	110	1
	115	36	1	110	225	2400	3600	681	NK 95/36	110	1
100	120	26	1	79.8	152	2400	3600	517	NK 100/26	115	1
	120	35	1.1	112	235	2400	3600	687	RNA 4917	113.5	1
	120	36	1	115	242	2400	3600	716	NK 100/36	115	1
	120	63	1.1	155	365	2400	3600	—	RNA 6917	113.5	1
105	125	26	1	80.8	158	2200	3400	538	NK 105/26	120	1
	125	35	1.1	115	250	2200	3400	721	RNA 4918	118.5	1
	125	36	1	115	250	2200	3400	745	NK 105/36	120	1
	125	63	1.1	165	388	2200	3400	—	RNA 6918	118.5	1
110	130	30	1.1	98.2	205	2000	3200	647	NK 110/30	123.5	1
	130	35	1.1	120	265	2000	320	754	RNA 4919	123.5	1
	130	40	1.1	125	285	2000	3200	864	NK 110/40	123.5	1
	130	63	1.1	172	412	2000	3200	—	RNA 6919	123.5	1

续表

基本尺寸/mm				基本额定载荷/kN		极限转速/r·min^{-1}		质量/g	轴承代号	安装尺寸/mm	
F_W	D	C	r min	C_r	C_{0r}	脂	油	W ≈	RNA 型 NK 型	D_2 max	r_a max
115	140	40	1.1	130	270	2000	3200	1180	RNA 4920	133.5	1
	140	71	1.1	202	480	2000	3200	—	RNA 6920	133.5	1
120	140	30	1	93.0	210	2000	3200	718	RNA 4822	135	1
125	150	40	1.1	138	295	1900	3000	1275	RNA 4922	143.5	1
130	150	30	1	96.2	225	1900	3000	771	RNA 4824	145	1
135	165	45	1.1	180	382	1800	2800	1870	RNA 4924	158.5	1
145	165	35	1.1	118	302	1700	2600	990	RNA 4826	158.5	1
150	180	50	1.5	202	460	1600	2400	2280	RNA 4926	172	1.5
155	175	35	1.1	122	320	1600	2400	1050	RNA 4828	168.5	1
160	190	50	1.5	210	488	1500	2200	2410	RNA 4928	182	1.5
165	190	40	1.1	152	395	1500	2200	1670	RNA 4830	183.5	1
175	200	40	1.1	158	418	1500	2200	1760	RNA 4832	193.5	1
185	215	45	1.1	192	520	1300	2000	2640	RNA 4834	208.5	1
195	225	45	1.1	198	552	1200	1900	2770	RNA 4836	218.5	1
210	240	50	1.5	230	688	1200	1800	3290	RNA 4838	232	1.5
220	250	50	1.5	235	725	1100	1700	3440	RNA 4840	242	1.5
240	270	50	1.5	245	785	950	1500	3730	RNA 4844	262	1.5
265	300	60	2	352	1050	900	1400	5520	RNA 4848	291	2
285	320	60	2	368	1130	800	1200	5910	RNA 4852	311	2
305	350	69	2	445	1310	750	1100	9700	RNA 4856	341	2
330	380	80	2.1	608	1700	750	1100	13100	RNA 4860	369	2.1
350	400	80	2.1	630	1820	700	1000	13900	RNA 4864	389	2.1
370	420	80	2.1	642	1900	670	950	14600	RNA 4868	409	2.1
390	440	80	2.1	662	2010	630	900	15300	RNA 4872	429	2.1

注：见表 7-2-98 注。

冲压外圈滚针轴承（摘自 GB/T 290）

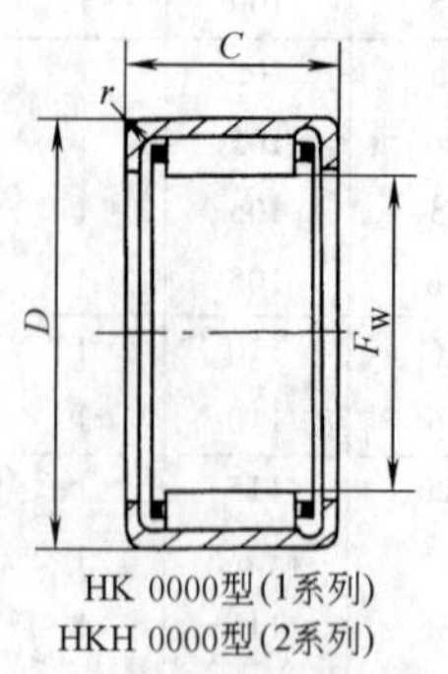

HK 0000型(1系列)
HKH 0000型(2系列)

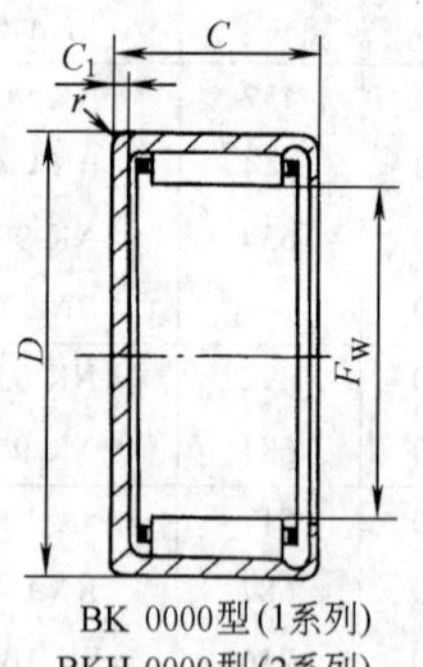

BK 0000型(1系列)
BKH 0000型(2系列)

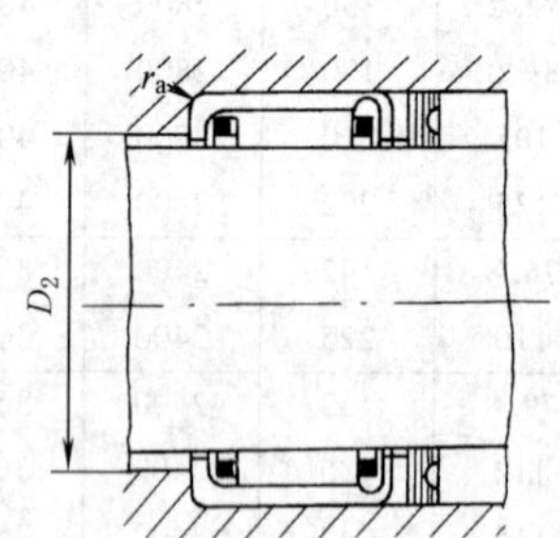

符号含义及应用

HK，HKH—两端为开口型冲压外圈

BK，BKH——端为封口型冲压外圈

无内圈，有保持架，薄壁外圈，径向尺寸小，轴的加工精度与热处理要求高，不能承受轴向载荷，不能限制轴向位移。多用于机床、汽车与纺织机械等。轴承在装配前应注入足量的润滑脂，用紧配合装入座孔中

表 7-2-100

基本尺寸/mm			基本额定载荷/kN		极限转速/r·min^{-1}		质量/g W		轴承代号		其他尺寸/mm		安装尺寸/mm	
F_W	D	C	C_r	C_{0r}	脂	油	HK 型 HKH 型	BK 型 BKH 型	HK 0000 型 HKH 0000 型	BK 0000 型 BKH 0000 型	C_1 max	r min	D_2 max	r_a max
4	8	8	1.50	1.20	20000	28000	1.40	1.50	HK 0408	BK 0408	1.0	0.3	5	0.3
	8	9	1.80	1.40	20000	28000	1.60	1.70	HK 0409	BK 0409	1.0	0.4	5	0.4
5	9	8	1.90	1.60	17000	24000	1.70	1.80	HK 0508	BK 0508	1.0	0.4	5.3	0.4
	9	9	2.30	2.00	17000	24000	1.90	2.00	HK 0509	BK 0509	1.0	0.4	5.3	0.4

续表

基本尺寸/mm			基本额定载荷/kN		极限转速/r·min^{-1}		质量/g		轴承代号		其他尺寸/mm		安装尺寸/mm	
							W							
F_W	D	C	C_r	C_{0r}	脂	油	HK型 HKH型	BK型 BKH型	HK 0000型 HKH 0000型	BK 0000型 BKH 0000型	C_1 max	r min	D_2 max	r_a max
6	10	8	2.10	1.90	16000	22000	1.90	2.10	HK 0608	BK 0608	1.0	0.4	6.3	0.4
	10	9	2.50	2.40	16000	22000	2.10	2.30	HK 0609	BK 0609	1.0	0.4	6.3	0.4
	10	10	2.90	2.90	16000	22000	2.40	2.50	HK 0610	BK 0610	1.0	0.4	6.3	0.4
7	11	8	2.30	2.20	15000	20000	2.10	2.30	HK 0708	BK 0708	1.0	0.4	7.3	0.4
	11	9	2.70	2.70	15000	20000	2.40	2.50	HK 0709	BK 0709	1.0	0.4	7.3	0.4
	11	10	3.10	3.30	15000	20000	2.70	2.90	HK 0710	BK 0710	1.0	0.4	7.3	0.4
	11	12	3.90	4.30	15000	20000	3.30	3.40	HK 0712	BK 0712	1.0	0.4	7.3	0.4
8	12	8	2.40	2.40	14000	19000	2.40	2.60	HK 0808	BK 0808	1.0	0.4	8.3	0.4
	12	9	2.90	3.10	14000	19000	2.70	2.90	HK 0809	BK 0809	1.0	0.4	8.3	0.4
	12	10	3.30	3.70	14000	19000	2.90	3.20	HK 0810	BK 0810	1.0	0.4	8.3	0.4
	12	12	4.20	4.90	14000	19000	3.60	3.80	HK 0812	BK 0812	1.0	0.4	8.3	0.4
	14	10	3.40	3.20	14000	19000	5.50	5.90	HKH 0810	BKH 0810	1.3	0.4	9	0.4
	14	12	4.40	4.40	14000	19000	6.60	7.10	HKH 0812	BKH 0812	1.3	0.4	9	0.4
	14	14	5.40	5.70	14000	19000	7.90	8.30	HKH 0814	BKH 0814	1.3	0.4	9	0.4
9	13	8	2.70	2.90	13000	18000	2.70	2.90	HK 0908	BK 0908	1.0	0.4	9.3	0.4
	13	9	3.30	3.70	13000	18000	2.90	3.20	HK 0909	BK 0909	1.0	0.4	9.3	0.4
	13	10	3.70	4.40	13000	18000	3.30	3.50	HK 0910	BK 0910	1.0	0.4	9.3	0.4
	13	12	4.70	5.90	13000	18000	4.10	4.30	HK 0912	BK 0912	1.0	0.4	9.3	0.4
	13	14	5.60	7.40	13000	18000	4.90	5.20	HK 0914	BK 0914	1.0	0.4	9.3	0.4
	15	10	3.70	3.60	13000	18000	5.90	6.40	HKH 0910	BKH 0910	1.3	0.4	10	0.4
	15	12	4.80	5.00	13000	18000	7.20	7.70	HKH 0912	BKH 0912	1.3	0.4	10	0.4
	15	14	5.80	6.50	13000	18000	8.40	9.00	HKH 0914	BKH 0914	1.3	0.4	10	0.4
	15	16	6.80	7.90	13000	18000	9.80	10.4	HKH 0916	BKH 0916	1.3	0.4	10	0.4
10	14	8	2.90	3.20	11000	17000	2.90	3.20	HK 1008	BK 1008	1.0	0.4	10.3	0.4
	14	9	3.40	4.00	11000	17000	3.10	3.50	HK 1009	BK 1009	1.0	0.4	10.3	0.4
	14	10	3.90	4.80	11000	17000	3.60	3.90	HK 1010	BK 1010	1.0	0.4	10.3	0.4
	14	12	4.90	6.40	11000	17000	4.40	4.80	HK 1012	BK 1012	1.0	0.4	10.3	0.4
	14	14	5.80	8.00	11000	17000	5.30	5.60	HK 1014-2RS	BK 1014	1.0	0.4	10.3	0.4
	16	10	3.90	4.00	11000	17000	6.40	7.00	HKH 1010	BKH 1010	1.3	0.4	11	0.4
	16	12	5.10	5.60	11000	17000	7.80	8.50	HKH 1012	BKH 1012	1.3	0.4	11	0.4
	16	14	6.20	7.30	11000	17000	9.10	9.80	HKH 1014	BKH 1014	1.3	0.4	11	0.4
	16	16	7.30	8.90	11000	17000	10.6	11.2	HKH 1016	BKH 1016	1.3	0.4	11	0.4
12	16	8	3.10	3.80	9500	15000	3.30	3.80	HK 1208	BK 1208	1.0	0.4	12.3	0.4
	16	9	3.70	4.70	9500	15000	3.70	4.20	HK 1209	BK 1209	1.0	0.4	12.3	0.4
	16	10	4.30	5.60	9500	15000	4.10	4.60	HK 1210	BK 1210	1.0	0.4	12.3	0.4
	16	12	5.30	7.50	9500	15000	5.10	5.50	HK 1212	BK 1212	1.0	0.4	12.3	0.4
	16	14	6.30	9.40	9500	15000	6.00	6.50	HK 1214-2RS	BK 1214	1.0	0.4	12.3	0.4
	18	10	4.40	4.90	9500	15000	7.30	8.30	HKH 1210	BKH 1210	1.3	0.4	13	0.4
	18	12	5.80	6.90	9500	15000	9.00	9.90	HKH 1212	BKH 1212	1.3	0.4	13	0.4
	18	14	7.00	8.80	9500	15000	10.6	11.5	HKH 1214	BKH 1214	1.3	0.4	13	0.4
	18	16	8.20	10.8	9500	15000	12.2	13.2	HKH 1216	BKH 1216	1.3	0.4	13	0.4
	18	18	9.30	12.8	9500	15000	13.8	14.7	HKH 1218	BKH 1218	1.3	0.4	13	0.4
14	20	10	4.90	5.80	9500	15000	8.30	9.60	HK 1410	BK 1410	1.3	0.4	15	0.4
	20	12	6.30	8.10	9500	15000	10.1	11.3	HK 1412	BK 1412	1.3	0.4	15	0.4
	20	14	7.70	10.5	9500	15000	12.0	13.2	HK 1414	BK 1414	1.3	0.4	15	0.4
	20	16	9.00	12.8	9500	15000	13.9	15.2	HK 1416	BK 1416	1.3	0.4	15	0.4
	20	18	10.2	15.0	9500	15000	15.6	16.9	HK 1418	BK 1418	1.3	0.4	15	0.4
	20	20	11.5	17.2	9500	15000	17.5	18.7	HK 1420	BK 1420	1.3	0.4	15	0.4
	22	12	7.00	7.20	9500	15000	13.2	14.5	HKH 1412	BKH 1412	1.3	0.4	16	0.4

续表

基本尺寸 /mm			基本额定载荷/kN		极限转速 /r·min^{-1}		质量/g		轴承代号		其他尺寸 /mm		安装尺寸 /mm	
							W							
F_W	D	C	C_r	C_{0r}	脂	油	HK 型 HKH 型	BK 型 BKH 型	HK 0000 型 HKH 0000 型	BK 0000 型 BKH 0000 型	C_1 max	r min	D_2 max	r_a max
14	22	14	8.80	9.60	9500	15000	15.7	17.0	HKH 1414	BKH 1414	1.3	0.4	16	0.4
	22	16	10.5	12.0	9500	15000	18.1	19.4	HKH 1416	BKH 1416	1.3	0.4	16	0.4
	22	18	12.2	14.2	9500	15000	20.5	21.8	HKH 1418	BKH 1418	1.3	0.4	16	0.4
	22	20	13.5	16.8	9500	15000	23.1	24.4	HKH 1420	BKH 1420	1.3	0.4	16	0.4
15	21	10	5.10	6.20	9000	14000	8.70	10.2	HK 1510	BK 1510	1.3	0.4	16	0.4
	21	12	6.60	8.70	9000	14000	10.7	12.1	HK 1512	BK 1512	1.3	0.4	16	0.4
	21	14	8.00	11.2	9000	14000	12.7	14.1	HK 1514	BK 1514	1.3	0.4	16	0.4
	21	16	9.40	13.8	9000	14000	14.5	16.0	HK 1516	BK 1516	1.3	0.4	16	0.4
	21	18	10.8	16.2	9000	14000	16.5	18.0	HK 1518	BK 1518	1.3	0.4	16	0.4
	21	20	12.0	18.5	9000	14000	18.5	20.0	HK 1520-2RS	BK 1520	1.3	0.4	16	0.4
	23	12	7.50	7.90	9000	14000	13.9	15.4	HKH 1512	BKH 1512	1.3	0.4	17	0.4
	23	14	9.40	10.5	9000	14000	16.6	18.1	HKH 1514	BKH 1514	1.3	0.4	17	0.4
	23	16	11.2	13.2	9000	14000	19.3	20.8	HKH 1516	BKH 1516	1.3	0.4	17	0.4
	23	18	12.8	15.8	9000	14000	21.8	23.3	HKH 1518	BKH 1518	1.3	0.4	17	0.4
	23	20	14.5	18.5	9000	14000	24.4	25.9	HKH 1520	BKH 1520	1.3	0.4	17	0.4
16	22	10	5.30	6.60	8500	13000	9.00	10.6	HK 1610	BK 1610	1.3	0.4	17	0.4
	22	12	6.80	9.30	8500	13000	11.0	12.6	HK 1612	BK 1612	1.3	0.4	17	0.4
	22	14	8.30	12.0	8500	13000	13.0	14.7	HK 1614	BK 1614	1.3	0.4	17	0.4
	22	16	9.70	14.5	8500	13000	15.1	16.7	HK 1616	BK 1616	1.3	0.4	17	0.4
	22	18	11.2	17.2	8500	13000	17.2	18.8	HK 1618	BK 1618	1.3	0.4	17	0.4
	22	20	12.5	20.0	8500	13000	19.2	20.9	HK 1620-2RS	BK 1620	1.3	0.4	17	0.4
	24	12	7.50	8.00	8500	13000	14.1	15.8	HKH 1612	BKH 1612	1.3	0.8	18	0.8
	24	14	9.40	10.8	8500	13000	17.0	18.6	HKH 1614	BKH 1614	1.3	0.8	18	0.8
	24	16	11.2	13.2	8500	13000	19.6	21.3	HKH 1616	BKH 1616	1.3	0.8	18	0.8
	24	18	12.8	16.0	8500	13000	22.3	24.0	HKH 1618	BKH 1618	1.3	0.8	18	0.8
	24	20	14.5	18.8	8500	13000	24.9	26.6	HKH 1620	BKH 1620	1.3	0.8	18	0.8
17	23	10	5.50	7.10	8000	12000	9.30	11.2	HK 1710	BK 1710	1.3	0.4	18	0.4
	23	12	7.10	9.90	8000	12000	11.5	13.4	HK 1712	BK 1712	1.3	0.4	18	0.4
	23	14	8.60	12.8	8000	12000	13.7	15.6	HK 1714	BK 1714	1.3	0.4	18	0.4
	23	16	10.2	15.5	8000	12000	15.9	17.7	HK 1716	BK 1716	1.3	0.4	18	0.4
	23	18	11.5	18.5	8000	12000	18.1	19.9	HK 1718	BK 1718	1.3	0.4	18	0.4
	23	20	13.5	22.5	8000	12000	20.5	22.4	HK 1720	BK 1720	1.3	0.4	18	0.4
	25	12	7.90	8.80	8000	12000	14.9	16.8	HKH 1712	BKH 1712	1.3	0.8	19	0.8
	25	14	9.90	11.8	8000	12000	17.8	19.7	HKH 1714	BKH 1714	1.3	0.8	19	0.8
	25	16	11.8	14.5	8000	12000	20.7	22.6	HKH 1716	BKH 1716	1.3	0.8	19	0.8
	25	18	13.5	17.5	8000	12000	23.5	25.4	HKH 1718	BKH 1718	1.3	0.8	19	0.8
	25	20	15.2	20.5	8000	12000	26.4	28.3	HKH 1720	BKH 1720	1.3	0.8	19	0.8
18	24	10	5.60	7.50	7500	11000	9.90	12.0	HK 1810	BK 1810	1.3	0.4	19	0.4
	24	12	7.30	10.5	7500	11000	12.1	14.2	HK 1812	BK 1812	1.3	0.4	19	0.4
	24	14	8.90	13.5	7500	11000	14.5	16.5	HK 1814	BK 1814	1.3	0.4	19	0.4
	24	16	10.5	16.5	7500	11000	16.7	18.8	HK 1816	BK 1816	1.3	0.4	19	0.4
	24	18	12.0	19.5	7500	11000	19.0	21.1	HK 1818	BK 1818	1.3	0.4	19	0.4
	24	20	13.2	22.5	7500	11000	21.2	23.3	HK 1820	BK 1820	1.3	0.4	19	0.4
	26	12	8.30	9.50	7500	11000	15.7	17.9	HKH 1812	BKH 1812	1.3	0.8	20	0.8
	26	14	10.5	12.8	7500	11000	18.8	20.9	HKH 1814	BKH 1814	1.3	0.8	20	0.8
	26	16	12.5	15.8	7500	11000	21.8	23.9	HKH 1816	BKH 1816	1.3	0.8	20	0.8
	26	18	14.2	19.0	7500	11000	24.8	26.9	HKH 1818	BKH 1818	1.3	0.8	20	0.8
	26	20	16.2	22.2	7500	11000	27.8	30.0	HKH 1820	BKH 1820	1.3	0.8	20	0.8

续表

基本尺寸/mm			基本额定载荷/kN		极限转速/r·min^{-1}		质量/g		轴承代号		其他尺寸/mm		安装尺寸/mm	
							W							
F_W	D	C	C_r	C_{0r}	脂	油	HK型 HKH型	BK型 BKH型	HK 0000型 HKH 0000型	BK 0000型 BKH 0000型	C_1 max	r min	D_2 max	r_a max
	26	10	6.00	8.40	7000	10000	10.8	13.3	HK 2010	BK 2010	1.3	0.4	21	0.4
	26	12	7.80	11.8	7000	10000	13.3	15.8	HK 2012	BK 2012	1.3	0.4	21	0.4
	26	14	9.50	15.2	7000	10000	15.7	18.3	HK 2014	BK 2014	1.3	0.4	21	0.4
	26	16	11.2	18.5	7000	10000	18.2	20.8	HK 2016	BK 2016	1.3	0.4	21	0.4
	26	18	12.5	21.8	7000	10000	20.8	23.3	HK 2018	BK 2018	1.3	0.4	21	0.4
20	26	20	14.2	25.2	7000	10000	23.3	25.8	HK 2020-2RS	BK 2020	1.3	0.4	21	0.4
	28	12	8.70	10.2	7000	10000	17.1	19.7	HKH 2012	BKH 2012	1.3	0.8	22	0.8
	28	14	11.0	13.8	7000	10000	20.3	22.9	HKH 2014	BKH 2014	1.3	0.8	22	0.8
	28	16	13.0	17.2	7000	10000	23.6	26.2	HKH 2016	BKH 2016	1.3	0.8	22	0.8
	28	18	15.0	20.8	7000	10000	26.8	29.4	HKH 2018	BKH 2018	1.3	0.8	22	0.8
	28	20	16.8	24.2	7000	10000	30.2	32.8	HKH 2020	BKH 2020	1.3	0.8	22	0.8
	28	10	6.30	9.30	6700	9500	11.7	14.8	HK 2210	BK 2210	1.3	0.4	23	0.4
	28	12	8.20	13.0	6700	9500	14.4	17.5	HK 2212	BK 2212	1.3	0.4	23	0.4
	28	14	10.0	16.8	6700	9500	17.2	20.2	HK 2214	BK 2214	1.3	0.4	23	0.4
	28	16	11.8	20.5	6700	9500	19.9	22.9	HK 2216	BK 2216	1.3	0.4	23	0.4
	28	18	13.2	24.2	6700	9500	22.5	25.6	HK 2218	BK 2218	1.3	0.4	23	0.4
22	28	20	15.0	27.8	6700	9500	25.3	28.4	HK 2220-2RS	BK 2220	1.3	0.4	23	0.4
	30	12	9.10	11.2	6700	9500	18.4	21.5	HKH 2212	BKH 2212	1.3	0.8	24	0.8
	30	14	11.2	15.0	6700	9500	21.9	25.0	HKH 2214	BKH 2214	1.3	0.8	24	0.8
	30	16	13.5	18.5	6700	9500	25.3	28.4	HKH 2216	BKH 2216	1.3	0.8	24	0.8
	30	18	15.5	22.2	6700	9500	28.9	32.1	HKH 2218	BKH 2218	1.3	0.8	24	0.8
	30	20	17.5	26.0	6700	9500	32.4	35.6	HKH 2220	BKH 2220	1.3	0.8	24	0.8
	32	12	9.10	13.2	6300	9000	18.3	22.2	HK 2512	BK 2512	1.3	0.8	27	0.8
	32	14	11.5	17.5	6300	9000	21.9	25.9	HK 2514	BK 2514	1.3	0.8	27	0.8
	32	16	13.5	22.0	6300	9000	25.2	29.2	HK 2516	BK 2516	1.3	0.8	27	0.8
	32	18	15.5	26.5	6300	9000	28.8	32.8	HK 2518	BK 2518	1.3	0.8	27	0.8
	32	20	17.5	30.8	6300	9000	32.3	36.3	HK 2520	BK 2520	1.3	0.8	27	0.8
25	32	24	21.2	39.5	6300	9000	39.3	43.2	HK 2524-2RS	BK 2524	1.3	0.8	27	0.8
	35	14	12.2	14.0	6300	9000	29.9	34.0	HKH 2514	BKH 2514	1.6	0.8	28	0.8
	35	16	15.0	18.2	6300	9000	35.0	39.0	HKH 2516	BKH 2516	1.6	0.8	28	0.8
	35	18	17.5	22.5	6300	9000	40.0	44.1	HKH 2518	BKH 2518	1.6	0.8	28	0.8
	35	20	20.2	26.8	6300	9000	44.9	49.0	HKH 2520	BKH 2520	1.6	0.8	28	0.8
	35	24	25.0	35.2	6300	9000	54.8	58.9	HKH 2524	BKH 2524	1.6	0.8	28	0.8
	35	12	9.50	14.5	6300	9000	20.0	24.9	HK 2812	BK 2812	1.3	0.8	30	0.8
	35	14	12.0	19.5	6300	9000	24.0	29.0	HK 2814	BK 2814	1.3	0.8	30	0.8
	35	16	14.2	24.2	6300	9000	27.6	32.6	HK 2816	BK 2816	1.3	0.8	30	0.8
	35	18	16.2	29.2	6300	9000	31.7	36.6	HK 2818	BK 2818	1.3	0.8	30	0.8
	35	20	18.5	34.0	6300	9000	35.5	40.5	HK 2820	BK 2820	1.3	0.8	30	0.8
28	35	24	22.5	43.5	6300	9000	43.2	48.1	HK 2824	BK 2824	1.3	0.8	30	0.8
	38	14	13.2	16.2	6300	9000	33.2	38.3	HKH 2814	BKH 2814	1.6	0.8	31	0.8
	38	16	16.5	21.2	6300	9000	38.8	43.9	HKH 2816	BKH 2816	1.6	0.8	31	0.8
	38	18	19.2	26.2	6300	9000	44.4	49.5	HKH 2818	BKH 2818	1.6	0.8	31	0.8
	38	20	22.2	31.0	6300	9000	49.8	54.9	HKH 2820	BKH 2820	1.6	0.8	31	0.8
	38	24	27.5	41.0	6300	9000	60.8	65.8	HKH 2824	BKH 2824	1.6	0.8	31	0.8
	37	12	10.0	15.8	5600	8000	21.4	27.1	HK 3012	BK 3012	1.3	0.8	32	0.8
	37	14	12.5	21.2	5600	8000	25.5	31.2	HK 3014	BK 3014	1.3	0.8	32	0.8
30	37	16	15.0	26.5	5600	8000	29.6	35.3	HK 3016	BK 3016	1.3	0.8	32	0.8
	37	18	17.2	31.8	5600	8000	33.6	39.3	HK 3018	BK 3018	1.3	0.8	32	0.8
	37	20	19.2	37.0	5600	8000	37.9	43.6	HK 3020	BK 3020	1.3	0.8	32	0.8

续表

基本尺寸/mm			基本额定载荷/kN		极限转速/r·min^{-1}		质量/g		轴承代号		其他尺寸/mm		安装尺寸/mm	
							W							
F_W	D	C	C_r	C_{0r}	脂	油	HK 型 HKH 型	BK 型 BKH 型	HK 0000 型 HKH 0000 型	BK 0000 型 BKH 0000 型	C_1 max	r min	D_2 max	r_a max
30	37	24	23.5	47.5	5600	8000	46.0	51.7	HK 3024-2RS	BK 3024	1.3	0.8	32	0.8
	40	14	13.8	17.5	5600	8000	35.2	41.0	HKH 3014	BKH 3014	1.6	0.8	33	0.8
	40	16	17.0	22.8	5600	8000	41.1	46.9	HKH 3016	BKH 3016	1.6	0.8	33	0.8
	40	18	20.2	28.0	5600	8000	47.0	52.8	HKH 3018	BKH 3018	1.6	0.8	33	0.8
	40	20	23.0	33.2	5600	8000	52.8	58.6	HKH 3020	BKH 3020	1.6	0.8	33	0.8
	40	24	28.5	43.8	5600	8000	64.4	70.2	HKH 3024	BKH 3024	1.6	0.8	33	0.8
32	39	12	10.5	17.2	5300	7500	22.7	29.2	HK 3212	BK 3212	1.3	0.8	34	0.8
	39	14	13.2	23.0	5300	7500	27.2	33.7	HK 3214	BK 3214	1.3	0.8	34	0.8
	39	16	15.5	28.5	5300	7500	31.3	37.8	HK 3216	BK 3216	1.3	0.8	34	0.8
	39	18	18.0	34.2	5300	7500	35.8	42.3	HK 3218	BK 3218	1.3	0.8	34	0.8
	39	20	20.2	40.0	5300	7500	40.4	46.8	HK 3220	BK 3220	1.3	0.8	34	0.8
	39	24	24.5	51.5	5300	7500	49.0	55.5	HK 3224	BK 3224	1.3	0.8	34	0.8
	42	14	14.5	18.5	5300	7500	37.2	43.7	HKH 3214	BKH 3214	1.6	0.8	35	0.8
	42	16	17.8	24.2	5300	7500	43.5	50.1	HKH 3216	BKH 3216	1.6	0.8	35	0.8
	42	18	20.8	29.8	5300	7500	49.7	56.3	HKH 3218	BKH 3218	1.6	0.8	35	0.8
	42	20	23.8	35.5	5300	7500	55.8	62.4	HKH 3220	BKH 3220	1.6	0.8	35	0.8
	42	24	29.5	46.8	5300	7500	68.1	74.7	HKH 3224	BKH 3224	1.6	0.8	35	0.8
35	42	12	10.8	18.5	5000	7000	24.5	32.3	HK 3512	BK 3512	1.3	0.8	37	0.8
	42	14	13.5	24.5	5000	7000	29.3	37.1	HK 3514	BK 3514	1.3	0.8	37	0.8
	42	16	16.2	30.8	5000	7000	33.9	41.6	HK 3516	BK 3516	1.3	0.8	37	0.8
	42	18	18.5	37.0	5000	7000	38.7	46.4	HK 3518	BK 3518	1.3	0.8	37	0.8
	42	20	21.0	43.2	5000	7000	43.5	51.2	HK 3520	BK 3520	1.3	0.8	37	0.8
	42	24	25.5	55.5	5000	7000	52.8	60.5	HK 3524	BK 3524	1.3	0.8	37	0.8
	45	14	14.8	19.8	5000	7000	39.8	47.6	HKH 3514	BKH 3514	1.6	0.8	38	0.8
	45	16	18.2	25.8	5000	7000	46.5	54.4	HKH 3516	BKH 3516	1.6	0.8	38	0.8
	45	18	21.5	31.8	5000	7000	53.2	61.0	HKH 3518	BKH 3518	1.6	0.8	38	0.8
	45	20	24.5	37.8	5000	7000	59.8	67.7	HKH 3520	BKH 3520	1.6	0.8	38	0.8
	45	24	30.2	49.8	5000	7000	72.9	80.8	HKH 3524	BKH 3524	1.6	0.8	38	0.8
38	45	12	11.2	19.8	4500	6300	26.4	35.4	HK 3812	BK 3812	1.3	0.8	40	0.8
	45	14	14.0	26.5	4500	6300	31.5	40.6	HK 3814	BK 3814	1.3	0.8	40	0.8
	45	16	16.8	33.0	4500	6300	36.4	45.4	HK 3816	BK 3816	1.3	0.8	40	0.8
	45	18	19.2	39.5	4500	6300	41.5	50.6	HK 3818	BK 3818	1.3	0.8	40	0.8
	45	20	21.8	46.2	4500	6300	46.7	55.7	HK 3820	BK 3820	1.3	0.8	40	0.8
	45	24	26.2	59.5	4500	6300	56.7	65.8	HK 3824	BK 3824	1.3	0.8	40	0.8
	48	14	15.8	22.2	4500	6300	43.1	52.3	HKH 3814	BKH 3814	1.6	0.8	41	0.8
	48	16	19.5	28.8	4500	6300	50.4	59.6	HKH 3816	BKH 3816	1.6	0.8	41	0.8
	48	18	22.8	35.5	4500	6300	57.6	66.8	HKH 3818	BKH 3818	1.6	0.8	41	0.8
	48	20	26.2	42.2	4500	6300	64.7	73.9	HKH 3820	BKH 3820	1.6	0.8	41	0.8
	48	24	32.2	55.5	4500	6300	78.9	88.1	HKH 3824	BKH 3824	1.6	0.8	41	0.8
40	47	12	11.5	21.2	4500	6300	27.6	37.7	HK 4012	BK 4012	1.3	0.8	42	0.8
	47	14	14.5	28.2	4500	6300	33.1	43.1	HK 4014	BK 4014	1.3	0.8	42	0.8
	47	16	17.2	35.2	4500	6300	38.1	48.2	HK 4016	BK 4016	1.3	0.8	42	0.8
	47	18	20.0	42.2	4500	6300	43.7	53.7	HK 4018	BK 4018	1.3	0.8	42	0.8
	47	20	22.5	49.2	4500	6300	49.0	59.1	HK 4020	BK 4020	1.3	0.8	42	0.8
	47	24	27.2	63.5	4500	6300	59.6	69.7	HK 4024	BK 4024	1.3	0.8	42	0.8
	50	14	16.2	23.2	4500	6300	45.1	55.2	HKH 4014	BKH 4014	1.6	0.8	43	0.8
	50	16	20.0	30.2	4500	6300	52.7	62.8	HKH 4016	BKH 4016	1.6	0.8	43	0.8
	50	18	23.5	37.2	4500	6300	60.3	70.4	HKH 4018	BKH 4018	1.6	0.8	43	0.8
	50	20	26.8	44.5	4500	6300	67.7	77.8	HKH 4020	BKH 4020	1.6	0.8	43	0.8
	50	24	33.2	58.5	4500	6300	82.7	92.8	HKH 4024	BKH 4024	1.6	0.8	43	0.8

续表

基本尺寸 /mm			基本额定载荷/kN		极限转速 /r·min^{-1}		质量/g W		轴承代号		其他尺寸 /mm		安装尺寸 /mm	
F_W	D	C	C_r	C_{0r}	脂	油	HK 型 HKH 型	BK 型 BKH 型	HK 0000 型 HKH 0000 型	BK 0000 型 BKH 0000 型	C_1 max	r min	D_2 max	r_a max
42	49	12	12.0	22.5	4300	6000	29.0	40.1	HK 4212	BK 4212	1.3	0.8	44	0.8
	49	14	15.0	30.0	4300	6000	34.7	45.7	HK 4214	BK 4214	1.3	0.8	44	0.8
	49	16	18.0	37.5	4300	6000	40.1	51.2	HK 4216	BK 4216	1.3	0.8	44	0.8
	49	18	20.5	45.0	4300	6000	45.8	56.8	HK 4218	BK 4218	1.3	0.8	44	0.8
	49	20	23.2	52.2	4300	6000	51.4	62.5	HK 4220	BK 4220	1.3	0.8	44	0.8
	49	24	28.2	67.2	4300	6000	62.5	73.6	HK 4224	BK 4224	1.3	0.8	44	0.8
	52	14	16.5	24.5	4300	6000	47.0	58.2	HKH 4214	BKH 4214	1.6	0.8	46	0.8
	52	16	20.5	31.8	4300	6000	54.9	66.1	HKH 4216	BKH 4216	1.6	0.8	46	0.8
	52	18	24.0	39.2	4300	6000	62.9	74.1	HKH 4218	BKH 4218	1.6	0.8	46	0.8
	52	20	27.5	46.5	4300	6000	70.6	81.8	HKH 4220	BKH 4220	1.6	0.8	46	0.8
	52	24	34.2	61.5	4300	6000	86.2	97.4	HKH 4224	BKH 4224	1.6	0.8	46	0.8
45	52	12	12.2	23.8	3800	5300	30.8	43.5	HK 4512	BK 4512	1.3	0.8	47	0.8
	52	14	15.5	31.8	3800	5300	36.8	49.5	HK 4514	BK 4514	1.3	0.8	47	0.8
	52	16	18.5	39.5	3800	5300	42.5	55.2	HK 4516	BK 4516	1.3	0.8	47	0.8
	52	18	21.2	47.5	3800	5300	48.6	61.3	HK 4518	BK 4518	1.3	0.8	47	0.8
	52	20	24.0	55.5	3800	5300	54.7	67.4	HK 4520	BK 4520	1.3	0.8	47	0.8
	52	24	29.0	71.2	3800	5300	66.4	79.1	HK 4524	BK 4524	1.3	0.8	47	0.8
	55	14	17.0	25.5	3800	5300	49.6	62.5	HKH 4514	BKH 4514	1.6	0.8	49	0.8
	55	16	20.8	33.5	3800	5300	58.1	70.9	HKH 4516	BKH 4516	1.6	0.8	49	0.8
	55	18	24.5	41.2	3800	5300	66.4	79.3	HKH 4518	BKH 4518	1.6	0.8	49	0.8
	55	20	28.2	50.0	3800	5300	74.6	87.4	HKH 4520	BKH 4520	1.6	0.8	49	0.8
	55	24	34.8	64.5	3800	5300	91.1	104	HKH 4524	BKH 4524	1.6	0.8	49	0.8
50	58	16	21.2	43.5	3400	4800	52.7	68.4	HK 5016	BK 5016	1.6	0.8	53	0.8
	58	18	24.5	52.2	3400	4800	60.0	75.6	HK 5018	BK 5018	1.6	0.8	53	0.8
	58	20	27.8	61.0	3400	4800	67.3	82.9	HK 5020	BK 5020	1.6	0.8	53	0.8
	58	24	33.8	78.5	3400	4800	82.3	97.9	HK 5024	BK 5024	1.6	0.8	53	0.8
55	63	16	22.2	47.5	3200	4500	57.3	76.2	HK 5516	BK 5516	1.6	0.8	58	0.8
	63	18	25.8	57.2	3200	4500	65.3	84.2	HK 5518	BK 5518	1.6	0.8	58	0.8
	63	20	29.0	66.5	3200	4500	73.3	92.2	HK 5520	BK 5520	1.6	0.8	58	0.8
	63	24	35.2	85.5	3200	4500	89.6	109	HK 5524	BK 5524	1.6	0.8	58	0.8
60	68	16	23.5	52.8	2800	4000	62.4	84.9	HK 6016	BK 6016	1.6	0.8	63	0.8
	68	18	27.2	63.5	2800	4000	71.1	93.6	HK 6018	BK 6018	1.6	0.8	63	0.8
	68	20	30.5	74.0	2800	4000	79.8	102	HK 6020	BK 6020	1.6	0.8	63	0.8
	68	24	37.2	95.0	2800	4000	97.6	120	HK 6024	BK 6024	1.6	0.8	63	0.8
65	73	16	24.5	56.8	2800	4000	67.1	93.5	HK 6516	BK 6516	1.6	0.8	68	0.8
	73	18	28.2	68.2	2800	4000	76.5	103	HK 6518	BK 6518	1.6	0.8	68	0.8
	73	20	31.8	79.5	2800	4000	85.8	112	HK 6520	BK 6520	1.6	0.8	68	0.8
	73	24	38.6	102	2800	4000	105	131	HK 6524	BK 6524	1.6	0.8	68	0.8
70	78	16	25.2	60.8	2600	3800	71.8	102	HK 7016	BK 7016	1.6	0.8	73	0.8
	78	18	29.2	73.0	2600	3800	81.8	112	HK 7018	BK 7018	1.6	0.8	73	0.8
	78	20	32.8	85.2	2600	3800	91.9	122	HK 7020	BK 7020	1.6	0.8	73	0.8
	78	24	40.0	110	2600	3800	112	143	HK 7024	BK 7024	1.6	0.8	73	0.8

注：1. 滚针轴承可带或不带保持架，可具有一列或两列滚针，外圈上可有或无润滑槽和润滑孔。

2. 现行标准 GB/T 290—2017 包含的型号规格较少，但结构示意图、本表数据仍按《全国滚动轴承产品样本》第 2 版未作修改。

3. 随着轴承技术的发展，基本额定载荷、极限转速均较表中数据（来源于《全国滚动轴承产品样本》第 2 版）有所提高。

10.6 调心滚子轴承

调心滚子轴承（摘自 GB/T 288）

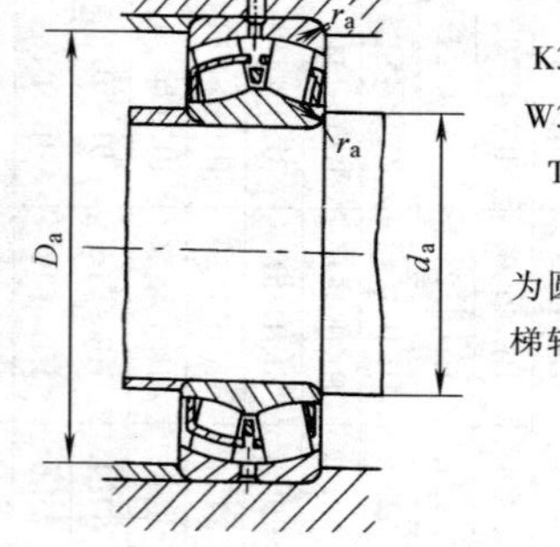

圆柱孔 20000型　　圆柱孔 20000CC/W33型　　圆锥孔 20000CCK/W33型 20000CCK30/W33型

符号含义及应用

CC—内圈无挡边，带活动中挡圈、冲压保持架，滚子和滚道经优化设计的结构，有助于滚子引导，减少摩擦发热

K—圆锥孔，锥度 1∶12

K30—圆锥孔，锥度 1∶30

W33—轴承外圈上有润滑油槽和三个润滑油孔

TN—工程塑料成形保持架

能自动调心，主要承受径向载荷，同时也能承受双向轴向载荷。内径为圆锥孔的调心滚子轴承，可装在紧定套或退卸套上，便于在光轴上或阶梯轴上任何位置安装，也可调整轴承的径向游隙

应优先选用结构经优化设计的 20000CC 型和 20000TN 型产品

径向当量动载荷：

当 $F_a/F_r \leqslant e$ 时，$P_r = F_r + Y_1 F_a$

当 $F_a/F_r > e$ 时，$P_r = 0.67F_r + Y_2 F_a$

径向当量静载荷：

$P_{0r} = F_r + Y_0 F_a$

表 7-2-101

基本尺寸/mm			基本额定载荷/kN		极限转速/r·min^{-1}		质量/kg	轴承代号		其他尺寸/mm				安装尺寸/mm			计算系数			
d	D	B	C_r	C_{0r}	脂	油	W ≈	圆柱孔	圆锥孔	d_2 ≈	D_2 ≈	B_0	r min	d_a min	D_a max	r_a max	e	Y_1	Y_2	Y_0
20	52	15	31.5	31.2	6000	7500	0.175	21304 CC	21304 CCK	29.5	42	—	1.1	27	45	1	0.31	2.2	3.3	2.2
	52	15	35.8	34.2	6000	7500	0.161	21304 TN	21304 KTN	30.5	44.1	—	1.1	27	45	1	0.29	2.3	3.4	2.2
25	52	18	36.8	36.8	8000	10000	0.177	22205 CC/W33	—	30.9	43.9	5.5	1	30	46	1	0.35	1.9	2.9	1.9
	52	18	45.2	44.0	8000	10000	0.178	22205 TN/W33	—	28.8	42.8	5.5	1	30	46	1	0.36	1.9	2.8	1.8
	62	17	42.5	44.2	5300	6700	0.277	21305 CC	21305 CCK	36.4	50.8	—	1.1	32	55	1	0.29	2.4	3.5	2.3
	62	17	45.5	44.5	5300	6700	0.257	21305 TN	21305 KTN	35.9	51.3	—	1.1	32	55	1	0.29	2.4	3.5	2.3
30	62	20	51.8	55.0	6700	8500	0.283	22206 CC/W33	—	37.9	52.7	5.5	1	36	56	1	0.32	2.1	3.1	2.1
	62	20	58.2	59.5	6700	8500	0.271	22206 TN/W33	—	37.4	53.3	5.5	1	35	56	1	0.32	2.1	3.1	2.1
	72	19	57.2	62.0	4500	6000	0.412	21306 CC	21306 CCK	43.3	59.6	—	1.1	37	65	1	0.27	2.5	3.7	2.4
	72	19	63.8	63.5	4500	6000	0.391	21306 TN	21306 KTN	41.2	59.6	—	1.1	37	65	1	0.28	2.4	3.6	2.4

续表

基本尺寸/mm			基本额定载荷/kN		极限转速/r·min^{-1}		质量/kg	轴承代号		其他尺寸/mm				安装尺寸/mm			计算系数			
d	D	B	C_r	C_{0r}	脂	油	W ≈	圆柱孔	圆锥孔	d_2 ≈	D_2 ≈	B_0	r min	d_a min	D_a max	r_a max	e	Y_1	Y_2	Y_0
35	72	23	70.2	79.0	5600	7000	0.437	22207 CC/W33	—	44.1	60.9	5.5	1.1	42	65	1	0.32	2.1	3.2	2.1
	72	23	78.2	84.5	5600	7000	0.428	22207 TN/W33	—	43.6	61.5	5.5	1.1	42	65	1	0.32	2.1	3.2	2.1
	80	21	65.2	73.2	4000	5300	0.542	21307 CC	21307 CCK	49.1	66.3	—	1.5	44	71	1.5	0.27	2.5	3.8	2.5
	80	21	74.2	75.5	4000	5300	0.507	21307 TN	21307 KTN	47.6	67.8	—	1.5	44	71	1.5	0.27	2.5	3.8	2.5
40	80	23	79.0	88.5	5000	6300	0.524	22208 CC/W33	22208 CCK/W33	50.4	69.4	5.5	1.1	47	73	1	0.28	2.4	3.6	2.4
	80	23	95.0	102	5000	6300	0.524	22208 TN/W33	22208 KTN/W33	49.4	70.5	5.5	1.1	47	73	1	0.28	2.4	3.6	2.4
	90	23	87.2	96.2	3600	4500	0.743	21308 CC	21308 CCK	54.0	75.1	—	1.5	49	81	1.5	0.26	2.6	3.8	2.5
	90	23	93.5	99.0	3600	4500	0.717	21308 TN	21308 KTN	53.5	75.6	—	1.5	49	81	1.5	0.26	2.6	3.8	2.5
	90	33	122	138	4500	6000	1.02	22308 CC/W33	22308 CCK/W33	51.4	74.3	5.5	1.5	49	81	1.5	0.38	1.8	2.7	1.8
	90	33	132	148	4500	6000	1.02	22308 TN/W33	22308 KTN/W33	50.9	74.8	5.5	1.5	48	81	1.5	0.38	1.8	2.7	1.8
45	85	23	82.8	95.2	4500	6000	0.571	22209 CC/W33	22209 CCK/W33	54.6	73.6	5.5	1.1	52	78	1	0.26	2.6	3.8	2.5
	85	23	95.0	102	4500	6000	0.555	22209 TN/W33	22209 KTN/W33	53.6	74.7	5.5	1.1	52	78	1	0.26	2.6	3.8	2.5
	100	25	102	115	3200	4000	1.0	21309 CC	21309 CCK	61.4	84.4	—	1.5	54	91	1.5	0.25	2.7	4.0	2.6
	100	25	110	120	3200	4000	0.949	21309 TN	21309 KTN	60.4	84.4	—	1.5	54	91	1.5	0.25	2.7	4.0	2.6
	100	36	145	170	4000	5300	1.37	22309 CC/W33	22309 CCK/W33	57.6	82.2	5.5	1.5	54	91	1.5	0.37	1.8	2.7	1.8
	100	36	165	185	4000	5300	1.39	22309 TN/W33	22309 KTN/W33	57.6	83.3	5.5	1.5	54	91	1.5	0.37	1.8	2.7	1.8
50	90	23	86.0	102	4300	5300	0.614	22210 CC/W33	22210 CCK/W33	59.7	78.8	5.5	1.1	57	83	1	0.24	2.8	4.1	2.7
	90	23	99.0	110	4300	5300	0.596	22210 TN/W33	22210 KTN/W33	58.7	79.8	5.5	1.1	57	83	1	0.24	2.8	4.1	2.7
	110	27	122	140	2800	3800	1.3	21310 CC	21310 CCK	66.7	91.7	—	2	60	100	2	0.25	2.7	4.0	2.6
	110	27	128	140	2800	3800	1.22	21310 TN	21310 KTN	67.3	93.3	—	2	60	100	2	0.25	2.7	4.1	2.7
	110	40	182	212	3800	4800	1.79	22310 CC/W33	22310 CCK/W33	63.4	91.9	5.5	2	60	100	2	0.37	1.8	2.7	1.8
	110	40	198	228	3800	4800	1.84	22310 TN/W33	22310 KTN/W33	64.1	92.7	5.5	2	60	100	2	0.37	1.8	2.8	1.8
55	100	25	105	125	3800	5000	0.847	22211 CC/W33	22211 CCK/W33	66	88	5.5	1.5	64	91	1.5	0.24	2.8	4.2	2.8
	100	25	122	140	3800	5000	0.823	22211 TN/W33	22211 KTN/W33	65.5	88.5	5.5	1.5	63	91	1.5	0.24	2.8	4.2	2.8
	120	29	145	170	2600	3400	1.65	21311 CC	21311 CCK	72.6	100.5	—	2	65	110	2	0.25	2.7	4.1	2.7
	120	29	148	165	2600	3400	1.57	21311 TN	21311 KTN	74.1	102.1	—	2	65	110	2	0.24	2.8	4.2	2.7
	120	43	215	252	3400	4300	2.31	22311 CC/W33	22311 CCK/W33	69.2	100.5	5.5	2	65	110	2	0.36	1.9	2.8	1.8
	120	43	232	262	3400	4300	2.32	22311 TN/W33	22311 KTN/W33	68.8	101.2	5.5	2	65	110	2	0.36	1.9	2.8	1.8
60	110	28	125	155	3600	4500	1.15	22212 CC/W33	22212 CCK/W33	72.7	96.5	5.5	1.5	69	101	1.5	0.24	2.8	4.1	2.7
	110	28	155	185	3600	4500	1.14	22212 TN/W33	22212 KTN/W33	72.7	98.6	5.5	1.5	69	101	1.5	0.24	2.8	4.2	2.7
	130	31	165	195	2400	3200	2.08	21312 CC	21312 CCK	79.5	109.3	—	2.1	72	118	2.1	0.24	2.8	4.2	2.7
	130	31	175	195	2400	3200	1.96	21312 TN	21312 KTN	80	110.8	—	2.1	72	118	2.1	0.24	2.8	4.2	2.8
	130	46	248	292	3200	4000	2.88	22312 CC/W33	22312 CCK/W33	74.9	109	5.5	2.1	72	118	2.1	0.36	1.9	2.8	1.8
	130	46	270	312	3200	4000	2.96	22312 TN/W33	22312 KTN/W33	75.5	109.6	5.5	2.1	72	118	2.1	0.36	1.9	2.8	1.9

续表

基本尺寸/mm			基本额定载荷/kN		极限转速/r·min^{-1}		质量/kg	轴承代号		其他尺寸/mm				安装尺寸/mm			计算系数			
d	D	B	C_r	C_{0r}	脂	油	W ≈	圆柱孔	圆锥孔	d_2 ≈	D_2 ≈	B_0	r min	d_a min	D_a max	r_a max	e	Y_1	Y_2	Y_0
65	120	31	155	195	3200	4000	1.54	22213 CC/W33	22213 CCK/W33	78.4	104	5.5	1.5	74	111	1.5	0.25	2.7	4.0	2.6
	120	31	178	212	3200	4000	1.53	22213 TN/W33	22213 KTN/W33	77.4	105	5.5	1.5	74	111	1.5	0.25	2.7	4.0	2.6
	140	33	188	228	2200	3000	2.57	21313 CC	21313 CCK	87.4	118.1	—	2.1	77	128	2.1	0.24	2.9	4.3	2.8
	140	33	202	235	2200	3000	2.45	21313 TN	21313 KTN	86.4	119.1	—	2.1	77	128	2.1	0.24	2.9	4.3	2.8
	140	48	272	320	3000	3800	3.47	22313 CC/W33	22313 CCK/W33	81.5	117.4	5.5	2.1	77	128	2.1	0.35	1.9	2.9	1.9
	140	48	302	355	3000	3800	3.57	22313 TN/W33	22313 KTN/W33	81.5	118.5	5.5	2.1	77	128	2.1	0.35	2.0	2.9	1.9
70	125	31	155	195	3000	3800	1.6	22214 CC/W33	22214 CCK/W33	84.1	109.7	5.5	1.5	79	116	1.5	0.24	2.9	4.3	2.8
	125	31	185	225	3000	3800	1.6	22214 TN/W33	22214 KTN/W33	83	110.6	5.5	1.5	79	116	1.5	0.24	2.9	4.3	2.8
	150	35	218	268	2000	2800	3.11	21314 CC	21314 CCK	94.3	127.9	—	2.1	82	138	2.1	0.23	2.9	4.3	2.8
	150	35	225	265	2000	2800	2.97	21314 TN	21314 KTN	92.8	127.4	—	2.1	82	138	2.1	0.23	2.9	4.3	2.8
	150	51	320	395	2800	3400	4.34	22314 CC/W33	22314 CCK/W33	88.2	125.9	8.3	2.1	82	138	2.1	0.34	2.0	2.9	1.9
	150	51	340	405	2800	3400	4.35	22314 TN/W33	22314 KTN/W33	87.7	126.5	8.3	2.1	82	138	2.1	0.34	2.0	2.9	1.9
75	130	31	165	215	3000	3800	1.69	22215 CC/W33	22215 CCK/W33	88.2	114.8	5.5	1.5	84	121	1.5	0.22	3.0	4.5	2.9
	130	31	185	232	3000	3800	1.67	22215 TN/W33	22215 KTN/W33	87.7	115.4	5.5	1.5	84	121	1.5	0.22	3.0	4.5	2.9
	160	37	245	302	1900	2600	3.76	21315 CC	21315 CCK	102.2	137.7	—	2.1	87	148	2.1	0.23	3.0	4.4	2.9
	160	37	258	310	1900	2600	3.63	21315 TN	21315 KTN	99.5	136	—	2.1	87	148	2.1	0.23	2.9	4.3	2.9
	160	55	358	448	2600	3200	5.28	22315 CC/W33	22315 CCK/W33	94.5	133.8	8.3	2.1	87	148	2.1	0.35	2.0	2.9	1.9
	160	55	390	470	2600	3200	5.33	22315 TN/W33	22315 KTN/W33	93.7	135.1	8.3	2.1	87	148	2.1	0.35	2.0	2.9	1.9
80	140	33	180	235	2800	3400	2.13	22216 CC/W33	22216 CCK/W33	95.1	122.8	5.5	2	90	130	2	0.22	3.0	4.5	3.0
	140	33	218	275	2800	3400	2.09	22216 TN/W33	22216 KTN/W33	93.5	124.2	5.5	2	90	130	2	0.22	3.0	4.5	3.0
	170	39	268	332	1800	2400	4.47	21316 CC	21316 CCK	107	144.4	—	2.1	92	158	2.1	0.23	3.0	4.4	2.9
	170	39	288	350	1800	2400	4.33	21316 TN	21316 KTN	105	143.4	—	2.1	92	158	2.1	0.23	2.9	4.3	2.9
	170	58	402	508	2400	3000	6.32	22316 CC/W33	22316 CCK/W33	100.4	142.5	8.3	2.1	92	158	2.1	0.34	2.0	2.9	1.9
	170	58	422	515	2400	3000	6.27	22316 TN/W33	22316 KTN/W33	100.4	143.6	8.3	2.1	92	158	2.1	0.34	2.0	2.9	1.9
85	150	36	218	282	2600	3200	2.67	22217 CC/W33	22217 CCK/W33	100.6	132.2	8.3	2	95	140	2	0.23	3.0	4.4	2.9
	150	36	270	340	2600	3200	2.64	22217 TN/W33	22217 KTN/W33	101.3	135.9	8.3	2	95	140	2	0.22	3.0	4.5	2.9
	180	41	305	385	1700	2200	5.23	21317 CC	21317 CCK	112.9	153.3	—	3	99	166	2.5	0.23	3.0	4.4	2.9
	180	41	318	390	1700	2200	5.07	21317 TN	21317 KTN	111.9	152.3	—	3	99	166	2.5	0.23	3.0	4.4	2.9
	180	60	442	555	2200	2800	7.27	22317 CC/W33	22317 CCK/W33	106.3	151.6	8.3	3	99	166	2.5	0.34	2.0	3.0	2.0
	180	60	472	572	2200	2800	7.27	22317 TN/W33	22317 KTN/W33	105.3	152.6	8.3	3	99	166	2.5	0.34	2.0	3.0	2.0
90	160	40	258	338	2400	3000	3.38	22218 CC/W33	22218 CCK/W33	107.8	141	8.3	2	100	150	2	0.24	2.9	4.3	2.8
	160	40	288	378	2400	3000	3.35	22218 TN/W33	22218 KTN/W33	107.8	142.1	8.3	2	100	150	2	0.24	2.9	4.3	2.8
	160	52.4	338	482	1800	2400	4.4	23218 CC/W33	23218 CCK/W33	105.5	137.2	5.5	2	100	150	2	0.31	2.2	3.2	2.1
	190	43	328	420	1600	2200	6.17	21318 CC	21318 CCK	119.7	161	—	3	104	176	2.5	0.23	3.0	4.5	2.9
	190	43	338	420	1600	2200	5.88	21318 TN	21318 KTN	119.7	161	—	3	104	176	2.5	0.23	3.0	4.5	2.9
	190	64	495	640	2200	2600	8.63	22318 CC/W33	22318 CCK/W33	112.8	159.7	8.3	3	104	176	2.5	0.34	2.0	3.0	2.0
	190	64	532	660	2200	2600	8.72	22318 TN/W33	22318 KTN/W33	111.8	160.8	8.3	3	104	176	2.5	0.34	2.0	3.0	2.0

续表

基本尺寸/mm			基本额定载荷/kN		极限转速/r·min^{-1}		质量/kg	轴承代号		其他尺寸/mm				安装尺寸/mm			计算系数			
d	D	B	C_r	C_{0r}	脂	油	W ≈	圆柱孔	圆锥孔	d_2 ≈	D_2 ≈	B_0	r min	d_a min	D_a max	r_a max	e	Y_1	Y_2	Y_0
95	170	43	290	390	2200	2800	4.2	22219 CC/W33	22219 CCK/W33	113.5	148.5	8.3	2.1	107	158	2.1	0.24	2.8	4.2	2.7
	170	43	318	420	2200	2800	4.1	22219 TN/W33	22219 KTN/W33	113.5	149.6	8.3	2.1	107	158	2.1	0.24	2.8	4.2	2.7
	200	45	365	485	1700	2200	7.15	21319 CC	21319 CCK	129.7	171.9	—	3	109	186	2.5	0.22	3.1	4.6	3.0
	200	45	375	482	1700	2200	6.9	21319 TN	21319 KTN	127.6	169.8	—	3	109	186	2.5	0.22	3.0	4.5	3.0
	200	67	545	705	2000	2600	9.97	22319 CC/W33	22319 CCK/W33	118.5	168.2	8.3	3	109	186	2.5	0.34	2.0	3.0	2.0
	200	67	582	728	2000	2600	10.1	22319 TN/W33	22319 KTN/W33	117.5	169.2	8.3	3	109	186	2.5	0.34	2.0	3.0	2.0
100	165	52	330	510	1700	2200	4.31	23120 CC/W33	23120 CCK/W33	115.5	144.3	5.5	2	110	155	2	0.29	2.3	3.5	2.3
	180	46	332	435	2200	2600	5.01	22220 CC/W33	22220 CCK/W33	120.3	158.1	8.3	2.1	112	168	2.1	0.24	2.8	4.1	2.7
	180	46	378	492	2200	2600	4.97	22220 TN/W33	22220 KTN/W33	119.3	159.1	8.3	2.1	112	168	2.1	0.24	2.8	4.1	2.7
	180	60.3	432	630	1600	2200	6.52	23220 CC/W33	23220 CCK/W33	118.6	154.5	5.5	2.1	112	168	2.1	0.32	2.1	3.2	2.1
	215	47	395	530	1600	2000	8.81	21320 CC	21320 CCK	136.6	180.6	—	3	114	201	2.5	0.22	3.1	4.6	3.0
	215	47	438	575	1600	2000	8.63	21320 TN	21320 KTN	136.6	181.7	—	3	114	201	2.5	0.22	3.1	4.6	3.0
	215	73	635	832	1900	2400	12.8	22320 CC/W33	22320 CCK/W33	126.7	179.8	11.1	3	114	201	2.5	0.34	2.0	2.9	1.9
	215	73	675	855	1900	2400	13	22320 TN/W33	22320 KTN/W33	125.7	180.9	11.1	3	114	201	2.5	0.34	2.0	2.9	1.9
105	225	49	418	558	1500	1900	10.0	21321 CC	21321 CCK	140.4	186.3	—	3	119	211	2.5	0.22	3.1	4.5	3.0
	225	49	458	605	1500	1900	9.75	21321 TN	21321 KTN	143.4	190.4	—	3	119	211	2.5	0.22	3.1	4.6	3.0
110	170	45	280	452	2000	2400	3.68	23022 CC/W33	—	125.4	152.1	5.5	2	120	160	2	0.24	2.8	4.2	2.8
	180	56	388	602	1600	2000	5.51	23122 CC/W33	23122 CCK/W33	126.4	157.9	5.5	2	120	170	2	0.29	2.4	3.5	2.3
	180	69	470	775	1600	2000	6.63	24122 CC/W33	24122 CCK30/W33	124.9	154.2	5.5	2	120	170	2	0.35	1.9	2.8	1.9
	200	53	420	588	1900	2400	7.32	22222 CC/W33	22222 CCK/W33	132.5	173.7	8.3	2.1	122	188	2.1	0.25	2.7	4.0	2.6
	200	53	462	635	1900	2400	7.25	22222 TN/W33	22222 KTN/W33	132.5	174.8	8.3	2.1	122	188	2.1	0.25	2.7	4.0	2.6
	200	69.8	535	800	1500	1900	9.46	23222 CC/W33	23222 CCK/W33	130.2	169.1	5.5	2.1	122	188	2.1	0.34	2.0	3.0	2.0
	240	50	472	635	1400	1800	11.8	21322 CC	21322 CCK	150.5	200.5	—	3	124	226	2.5	0.21	3.2	4.8	3.1
	240	50	525	695	1400	1800	11.7	21322 TN	21322 KTN	150.5	201.5	—	3	124	226	2.5	0.21	3.2	4.8	3.1
	240	80	735	968	1700	2200	17.5	22322 CC/W33	22322 CCK/W33	141	199.6	13.9	3	124	226	2.5	0.34	2.0	3.0	2.0
	240	80	815	1058	1700	2200	18.2	22322 TN/W33	22322 KTN/W33	140	200.7	13.9	3	124	226	2.5	0.34	2.0	3.0	2.0
120	180	46	308	500	1800	2200	3.98	23024 CC/W33	23024 CCK/W33	133.5	162.2	5.5	2	130	170	2	0.23	2.9	4.4	2.9
	180	60	390	675	1500	2000	5.05	24024 CC/W33	24024 CCK30/W33	133.1	159.9	5.5	2	130	170	2	0.30	2.3	3.4	2.2
	200	62	462	722	1400	1800	7.67	23124 CC/W33	23124 CCK/W33	140.1	175.1	5.5	2	130	190	2	0.29	2.4	3.5	2.3
	200	80	590	998	1400	1800	9.65	24124 CC/W33	24124 CCK30/W33	138.2	170.2	5.5	2	130	190	2	0.37	1.8	2.7	1.8
	215	58	492	690	1700	2200	9.0	22224 CC/W33	22224 CCK/W33	143	187.9	11.1	2.1	132	203	2.1	0.26	2.6	3.9	2.6

续表

基本尺寸/mm			基本额定载荷/kN		极限转速/r·min^{-1}		质量/kg	轴承代号		其他尺寸/mm				安装尺寸/mm			计算系数			
d	D	B	C_r	C_{0r}	脂	油	W ≈	圆柱孔	圆锥孔	d_2 ≈	D_2 ≈	B_0	r min	d_a min	D_a max	r_a max	e	Y_1	Y_2	Y_0
120	215	58	558	765	1700	2200	9. 1	22224 TN/W33	22224 KTN/W33	142	189	11. 1	2. 1	132	203	2. 1	0. 26	2. 6	3. 9	2. 6
	215	76	625	955	1300	1700	11. 7	23224 CC/W33	23224 CCK/W33	141. 5	182. 7	8. 3	2. 1	132	203	2. 1	0. 34	2. 0	3. 0	2. 0
	260	86	868	1160	1500	1900	22. 2	22324 CC/W33	22324 CCK/W33	152. 4	216. 6	13. 9	3	134	246	2. 5	0. 34	2. 0	3. 0	2. 0
	260	86	935	1230	1500	1900	22. 9	22324 TN/W33	22324 KTN/W33	152. 4	216. 6	13. 9	3	134	246	2. 5	0. 34	2. 0	3. 0	2. 0
130	200	52	382	630	1700	2000	5. 85	23026 CC/W33	23026 CCK/W33	148. 1	180. 5	5. 5	2	140	190	2	0. 23	2. 9	4. 3	2. 8
	200	69	485	852	1400	1800	7. 55	24026 CC/W33	24026 CCK30/W33	145. 9	175. 8	5. 5	2	140	190	2	0. 31	2. 2	3. 2	2. 1
	210	64	495	802	1300	1700	8. 49	23126 CC/W33	23126 CCK/W33	148	183. 9	8. 3	2	140	200	2	0. 28	2. 4	3. 6	2. 4
	210	80	600	1030	1300	1700	10. 3	24126 CC/W33	24126 CCK30/W33	147. 7	181. 1	8. 3	2	140	200	2	0. 35	1. 9	2. 9	1. 9
	230	64	578	832	1600	2000	11. 2	22226 CC/W33	22226 CCK/W33	153. 3	200. 9	11. 1	3	144	216	2. 5	0. 26	2. 6	3. 8	2. 5
	230	64	648	912	1600	2000	11. 3	22226 TN/W33	22226 KTN/W33	152. 3	201. 9	11. 1	3	144	216	2. 5	0. 26	2. 6	3. 8	2. 5
	230	80	695	1080	1200	1600	13. 8	23226 CC/W33	23226 CCK/W33	152. 2	196. 4	8. 3	3	144	216	2. 5	0. 33	2. 0	3. 0	2. 0
	280	93	990	1340	1400	1800	27. 5	22326 CC/W33	22326 CCK/W33	164. 6	233. 5	16. 7	4	148	262	3	0. 34	2. 0	3. 0	2. 0
	280	93	1078	1440	1400	1800	28. 6	22326 TN/W33	22326 KTN/W33	164. 6	233. 5	16. 7	4	148	262	3	0. 34	2. 0	3. 0	2. 0
140	210	53	405	680	1600	1900	6. 31	23028 CC/W33	23028 CCK/W33	158	190. 4	8. 3	2	150	200	2	0. 22	3. 0	4. 5	2. 9
	210	69	502	895	1300	1700	8. 01	24028 CC/W33	24028 CCK30/W33	156. 3	186. 4	5. 5	2	150	200	2	0. 29	2. 3	3. 4	2. 3
140	225	68	552	905	1200	1600	10. 2	23128 CC/W33	23128 CCK/W33	159. 7	197. 4	8. 3	2. 1	152	213	2. 1	0. 28	2. 4	3. 6	2. 4
	225	85	688	1200	1200	1600	12. 5	24128 CC/W33	24128 CCK30/W33	158. 2	193. 1	8. 3	2. 1	152	213	2. 1	0. 35	1. 9	2. 9	1. 9
	250	68	658	955	1400	1700	14. 2	22228 CC/W33	22228 CCK/W33	167. 1	218. 5	11. 1	3	154	236	2. 5	0. 26	2. 6	3. 9	2. 6
	250	68	745	1060	1400	1700	14. 4	22228 TN/W33	22228 KTN/W33	166. 1	219. 5	11. 1	3	154	236	2. 5	0. 26	2. 6	3. 9	2. 6
	250	88	835	1300	1100	1500	18. 1	23228 CC/W33	23228 CCK/W33	164. 2	212. 6	11. 1	3	154	236	2. 5	0. 34	2. 0	3. 0	2. 0
	300	102	1160	1610	1300	1700	34. 6	22328 CC/W33	22328 CCK/W33	177. 4	250. 3	16. 7	4	158	282	3	0. 34	2. 0	2. 9	1. 9
	300	102	1262	1720	1300	1700	36. 2	22328 TN/W33	22328 KTN/W33	176. 3	250. 3	16. 7	4	158	282	3	0. 34	2. 0	2. 9	1. 9
150	225	56	445	750	1400	1800	7. 74	23030 CC/W33	23030 CCK/W33	168. 8	203	8. 3	2. 1	162	213	2. 1	0. 22	3. 0	4. 5	3. 0
	225	75	585	1070	1200	1500	10. 1	24030 CC/W33	24030 CCK30/W33	167. 6	199. 2	5. 5	2. 1	162	213	2. 1	0. 30	2. 3	3. 4	2. 2
	250	80	758	1250	1100	1400	15. 7	23130 CC/W33	23130 CCK/W33	173	216. 5	11. 1	2. 1	162	238	2. 1	0. 30	2. 3	3. 4	2. 2
	250	100	915	1600	1100	1400	19. 0	24130 CC/W33	24130 CCK30/W33	171. 7	211. 6	8. 3	2. 1	162	238	2. 1	0. 37	1. 8	2. 7	1. 8
	270	73	770	1130	1300	1600	18	22230 CC/W33	22230 CCK/W33	178. 7	234. 7	13. 9	3	164	256	2. 5	0. 26	2. 6	3. 9	2. 6
	270	73	858	1230	1300	1600	18. 4	22230 TN/W33	22230 KTN/W33	178. 7	236. 8	13. 9	3	164	256	2. 5	0. 26	2. 6	3. 9	2. 6
	270	96	972	1540	1100	1400	23. 2	23230 CC/W33	23230 CCK/W33	177. 1	228. 8	11. 1	3	164	256	2. 5	0. 34	2. 0	3. 0	1. 9
	320	108	1305	1850	1200	1500	42	22330 CC/W33	22330 CCK/W33	189. 8	266. 3	16. 7	4	168	302	3	0. 34	2. 0	3. 0	1. 9
	320	108	1408	1970	1200	1500	43. 6	22330 TN/W33	22330 KTN/W33	190. 8	267. 3	16. 7	4	168	302	3	0. 34	2. 0	3. 0	1. 9

续表

基本尺寸/mm			基本额定载荷/kN		极限转速/r·min^{-1}		质量/kg	轴承代号		其他尺寸/mm				安装尺寸/mm			计算系数			
d	D	B	C_r	C_{0r}	脂	油	W ≈	圆柱孔	圆锥孔	d_2 ≈	D_2 ≈	B_0	r min	d_a min	D_a max	r_a max	e	Y_1	Y_2	Y_0
160	240	60	522	890	1300	1700	9.43	23032 CC/W33	23032 CCK/W33	179.5	216.4	11.1	2.1	172	228	2.1	0.22	3.0	4.5	3.0
	240	80	670	1230	1100	1400	12.2	24032 CC/W33	24032 CCK30/W33	178.1	212.2	8.3	2.1	172	228	2.1	0.30	2.3	3.4	2.2
	270	86	868	1440	1000	1300	19.8	23132 CC/W33	23132 CCK/W33	186.5	234.5	13.9	2.1	172	258	2.1	0.30	2.3	3.4	2.2
	270	109	1068	1880	1000	1300	24.4	24132 CC/W33	24132 CCK30/W33	184.4	228.4	8.3	2.1	172	258	2.1	0.37	1.8	2.7	1.8
	290	80	870	1290	1200	1500	22.9	22232 CC/W33	22232 CCK/W33	191.9	251.4	13.9	3	174	276	2.5	0.26	2.6	3.8	2.5
	290	80	978	1430	1200	1500	23.4	22232 TN/W33	22232 KTN/W33	190.9	252.4	13.9	3	174	276	2.5	0.26	2.6	3.8	2.5
	290	104	1120	1780	1100	1400	29.4	23232 CC/W33	23232 CCK/W33	189.1	244.9	13.9	3	174	276	2.5	0.34	2.0	2.9	1.9
	340	114	1172	1770	800	1000	51	22332	22332 K	213	279.4	—	4	178	322	3	0.38	1.8	2.7	1.8
170	260	67	632	1100	1200	1600	12.8	23034 CC/W33	23034 CCK/W33	192.8	233.2	11.1	2.1	182	248	2.1	0.23	2.9	4.3	2.9
	260	90	812	1520	1000	1300	16.7	24034 CC/W33	24034 CCK30/W33	190.7	227.7	8.3	2.1	182	248	2.1	0.31	2.2	3.2	2.1
	280	88	925	1550	1000	1300	21.1	23134 CC/W33	23134 CCK/W33	195.5	244.4	13.9	2.1	182	268	2.1	0.29	2.3	3.5	2.3
	280	109	1098	1930	1000	1300	25.5	24134 CC/W33	24134 CCK30/W33	192.9	238.2	8.3	2.1	182	268	2.1	0.36	1.9	2.8	1.8
	310	86	1002	1500	1100	1400	28.1	22234 CC/W33	22234 CCK/W33	205.4	269.6	16.7	4	188	292	3	0.26	2.6	3.8	2.5
	310	86	1120	1660	1100	1400	28.9	22234 TN/W33	22234 KTN/W33	204.4	270.7	16.7	4	188	292	3	0.26	2.6	3.8	2.5
	310	110	1232	2030	900	1200	35.7	23234 CC/W33	23234 CCK/W33	205.7	264.4	13.9	4	188	292	3	0.34	2.0	3.0	2.0
	360	120	1295	2060	750	950	60	22334	22334 K	227.4	319	—	4	188	342	3	0.39	1.7	2.6	1.7
180	280	74	738	1310	1200	1400	16.9	23036 CC/W33	23036 CCK/W33	206.1	248.9	13.9	2.1	192	268	2.1	0.24	2.8	4.2	2.8
	280	100	952	1820	950	1200	22.1	24036 CC/W33	24036 CCK30/W33	204.3	243.1	8.3	2.1	192	268	2.1	0.32	2.1	3.1	2.1
	300	96	1078	1830	900	1200	26.9	23136 CC/W33	23136 CCK/W33	208.5	260.9	13.9	3	194	286	2.5	0.30	2.3	3.4	2.2
	300	118	1242	2220	900	1200	32.0	24136 CC/W33	24136 CCK30/W33	207.8	256.4	11.1	3	194	286	2.5	0.36	1.9	2.8	1.8
	320	86	1038	1590	1100	1300	29.4	22236 CC/W33	22236 CCK/W33	215.7	280.1	16.7	4	198	302	3	0.25	2.7	3.9	2.6
	320	86	1170	1760	1100	1300	30.2	22236 TN/W33	22236 KTN/W33	214.7	281.1	16.7	4	198	302	3	0.25	2.7	3.9	2.6
	320	112	1315	2170	850	1100	37.9	23236 CC/W33	23236 CCK/W33	213.7	274.3	13.9	4	198	302	3	0.33	2.0	3.0	2.0
	380	126	1420	2270	700	900	70	22336	22336 K	240.8	336.5	—	4	198	362	3	0.38	1.8	2.6	1.7
190	290	75	775	1380	1100	1400	17.7	23038 CC/W33	23038 CCK/W33	215.2	260	13.9	2.1	202	278	2.1	0.23	2.9	4.3	2.8
	290	100	1002	1910	900	1200	23.0	24038 CC/W33	24038 CCK30/W33	213.7	254.9	8.3	2.1	202	278	2.1	0.31	2.2	3.3	2.1
	320	104	1232	2120	850	1100	33.6	23138 CC/W33	23138 CCK/W33	222.6	279.2	13.9	3	204	306	2.5	0.30	2.2	3.3	2.2
	320	128	1448	2590	850	1100	40.2	24138 CC/W33	24138 CCK30/W33	219.3	271.6	11.1	3	204	306	2.5	0.37	1.8	2.7	1.8
	340	120	1488	2490	800	1100	46.1	23238 CC/W33	23238 CCK/W33	227.7	291.6	16.7	4	208	322	3	0.33	2.0	3.0	2.0
	400	132	1568	2530	670	850	81	22338	22338 K	255	328.4	—	5	212	378	4	0.36	1.8	2.7	1.8
200	310	82	915	1650	1000	1300	22.7	23040 CC/W33	23040 CCK/W33	228.5	276.7	13.9	2.1	212	298	2.1	0.24	2.8	4.2	2.8
	310	109	1150	2220	850	1100	29.3	24040 CC/W33	24040 CCK30/W33	226.5	270.8	11.1	2.1	212	298	2.1	0.32	2.1	3.2	2.1
	340	112	1418	2460	800	1000	41.6	23140 CC/W33	23140 CCK/W33	235.6	295.5	16.7	3	214	326	2.5	0.31	2.2	3.3	2.2

续表

基本尺寸/mm			基本额定载荷/kN		极限转速/r·min^{-1}		质量/kg	轴承代号		其他尺寸/mm				安装尺寸/mm			计算系数			
d	D	B	C_r	C_{0r}	脂	油	W ≈	圆柱孔	圆锥孔	d_2 ≈	D_2 ≈	B_0	r min	d_a min	D_a max	r_a max	e	Y_1	Y_2	Y_0
200	340	140	1622	2950	800	1000	49.9	24140 CC/W33	24140 CCK30/W33	231.2	285.8	11.1	3	214	326	2.5	0.38	1.8	2.6	1.7
	360	128	1652	2790	750	1000	55.4	23240 CC/W33	23240 CCK/W33	240.7	307.8	16.7	4	218	342	3	0.34	2.0	3.0	2.0
	420	138	1680	2720	630	800	94	22340	22340 K	267.4	371.3	—	5	222	398	4	0.38	1.8	2.7	1.7
220	340	90	1088	1990	950	1200	29.7	23044 CC/W33	23044 CCK/W33	252.9	305.8	13.9	3	234	326	2.5	0.24	2.9	4.3	2.8
	340	118	1365	2680	750	1000	38.1	24044 CC/W33	24044 CCK30/W33	248.7	297.5	11.1	3	234	326	2.5	0.31	2.2	3.2	2.1
	370	120	1612	2820	700	950	51.5	23144 CC/W33	23144 CCK/W33	258	332.7	16.7	4	238	352	3	0.30	2.3	3.4	2.2
	370	150	1900	3490	700	950	62.3	24144 CC/W33	24144 CCK30/W33	253.3	313.5	11.1	4	238	352	3	0.38	1.8	2.7	1.8
	400	144	2125	3620	670	900	78.5	23244 CC/W33	23244 CCK/W33	263.6	340.2	16.7	4	238	382	3	0.34	2.0	2.9	1.9
	460	145	1905	3200	560	700	120	22344	22344 K	295.2	406.1	—	5	242	438	4	0.35	1.9	2.8	1.9
240	360	92	1160	2160	850	1100	32.4	23048 CC/W33	23048 CCK/W33	271	325	13.9	3	254	346	2.5	0.23	3.0	4.4	2.9
	360	118	1438	2850	700	950	40.8	24048 CC/W33	24048 CCK30/W33	267.5	317.8	11.1	3	254	346	2.5	0.29	2.3	3.4	2.3
	400	128	1838	3220	670	850	63.7	23148 CC/W33	23148 CCK/W33	278.4	350.6	16.7	4	258	382	3	0.30	2.3	3.4	2.2
	400	160	2155	3980	670	850	76.9	24148 CC/W33	24148 CCK30/W33	274.4	340.9	11.1	4	258	382	3	0.37	1.8	2.7	1.8
	440	160	2558	4490	630	800	107.3	23248 CC/W33	23248 CCK/W33	289.6	372.5	22.3	4	258	422	3	0.35	2.0	2.9	1.9
	500	155	1950	3250	500	630	153	22348	22348 K	322.2	440.9	—	5	262	478	4	0.35	1.9	2.8	1.9
260	400	104	1458	2770	800	950	47.7	23052 CC/W33	23052 CCK/W33	297.9	358.1	16.7	4	278	382	3	0.23	2.9	4.3	2.8
	400	140	1838	3740	630	850	62.4	24052 CC/W33	24052 CCK30/W33	293.3	348.2	11.1	4	278	382	3	0.31	2.1	3.2	2.1
	440	144	2270	4070	600	800	88.2	23152 CC/W33	23152 CCK/W33	306.5	385.2	16.7	4	278	422	3	0.30	2.2	3.3	2.2
	440	180	2732	5180	600	800	107.6	24152 CC/W33	24152 CCK30/W33	300.4	372.4	13.9	4	278	422	3	0.38	1.8	2.7	1.7
	540	165	2480	4190	480	600	191	22352	22352 K	351	446.5	—	6	288	512	5	0.34	2.0	2.9	1.9
280	420	106	1582	3000	700	900	50.9	23056 CC/W33	23056 CCK/W33	315	379.4	16.7	4	298	402	3	0.22	3.0	4.5	2.9
	420	140	1962	3980	600	800	65.8	24056 CC/W33	24056 CCK30/W33	310	369.6	11.1	4	298	402	3	0.30	2.3	3.4	2.2
	460	146	2372	4290	560	750	94.1	23156 CC/W33	23156 CCK/W33	324.8	406.1	16.7	5	302	438	4	0.29	2.3	3.5	2.3
	460	180	2802	5330	560	750	113.2	24156 CC/W33	24156 CCK30/W33	318.4	393.8	13.9	5	302	438	4	0.36	1.9	2.8	1.8
	500	130	1900	3380	500	630	—	22256	22256 K	355	431.1	—	5	302	478	4	0.28	2.4	3.6	2.4
	580	175	2730	4650	450	560	238	22356	22356 K	—	—	—	6	308	552	5	0.34	2.0	3.0	1.9

续表

基本尺寸/mm			基本额定载荷/kN		极限转速/r·min^{-1}		质量/kg	轴承代号		其他尺寸/mm				安装尺寸/mm			计算系数			
d	D	B	C_r	C_{0r}	脂	油	W ≈	圆柱孔	圆锥孔	d_2 ≈	D_2 ≈	B_0	r min	d_a min	D_a max	r_a max	e	Y_1	Y_2	Y_0
300	460	118	1910	3690	670	850	71.4	23060 CC/W33	23060 CCK/W33	344	414.4	16.7	4	318	442	3	0.23	3.0	4.4	2.9
	460	160	2422	5010	530	700	94.1	24060 CC/W33	24060 CCK30/W33	337	401.6	13.9	4	318	442	3	0.31	2.2	3.2	2.1
	500	160	2150	4420	400	500	133	23160	23160 K	—	—	—	5	322	478	4	0.32	2.1	3.1	2.0
	540	140	2070	3450	450	560	134	22260	22260 K	378	464.2	—	5	322	518	4	0.28	2.4	3.6	2.4
320	480	121	1560	3260	400	500	81.5	23064	23064 K	—	—	—	4	338	462	3	0.26	2.6	3.8	2.5
340	520	133	1780	3810	380	480	109	23068	23068 K	—	—	—	5	362	498	4	0.25	2.7	4.0	2.6
360	540	134	1930	4180	360	450	114	23072	23072 K	—	—	—	5	382	518	4	0.25	2.7	4.0	2.6
380	560	135	1930	4240	340	430	120	23076	23076 K	—	—	—	5	402	538	4	0.24	2.8	4.1	2.7
	620	194	2950	6240	300	380	244	23176	23176 K	—	—	—	5	402	598	4	0.24	2.0	3.0	2.0
400	600	148	2320	5110	300	380	154	23080	23080 K	—	—	—	5	422	578	4	0.25	2.6	3.8	2.5
	820	243	5100	9290	240	320	644	22380	22380 K	—	—	—	7.5	436	784	6	0.33	2.1	3.1	2.0
420	620	150	2320	5110	280	360	160	23084	23084 K	—	—	—	5	442	598	4	0.24	2.8	4.3	2.8
440	650	157	2450	5740	260	340	192	23088	23088 K	—	—	—	6	468	622	5	0.24	2.8	4.2	2.8
460	680	163	2770	6670	220	300	232	23092	23092 K	—	—	—	6	488	652	5	0.23	2.9	4.4	2.9
	760	240	4420	9190	190	260	479	23192	23192 K	—	—	—	7.5	496	724	6	0.33	2.0	3.0	2.0
480	700	165	2820	6440	200	280	232	23096	23096 K	—	—	—	6	508	672	5	0.24	2.8	4.2	2.8
500	720	167	3040	7180	190	260	235	230/500	230/500 K	—	—	—	6	528	692	5	0.23	3.0	4.4	2.9
530	780	185	3580	8310	170	220	304	230/530	230/530 K	—	—	—	6	558	752	5	0.23	2.9	4.3	2.8
560	820	195	3930	9950	160	200	364	230/560	230/560 K	—	—	—	6	588	792	5	0.23	2.9	4.3	2.8
600	870	200	4240	10400	130	170	417	230/600	230/600 K	—	—	—	6	628	842	5	0.22	3.0	4.5	2.9
630	920	212	4700	11500	120	160	511	230/630	230/630 K	—	—	—	7.5	666	884	6	0.23	3.0	4.4	2.9
850	1220	272	8750	22200	75	95	1388	230/850	230/850 K	—	—	—	7.5	886	1184	6	0.28	2.4	3.5	2.3

注：1. 现行标准 GB/T 288—2013 将带油孔的调心滚子轴承的结构型式作为基本结构，删除了紧定套相关尺寸和保持架代号，增加了 38、39、40、49 系列的外形尺寸，增加了 22、23 系列密封轴承结构示意图及其外形尺寸，扩大了 30、40、31、41、22、32、23、31（带紧定套）、32（带紧定套）系列的尺寸范围。但结构示意图、本表数据仍按《全国滚动轴承产品样本》第 2 版未作修改。

2. 随着轴承技术的发展，基本额定载荷、极限转速均较表中数据（来源于《全国滚动轴承产品样本》第 2 版）有所提高。

3. 代号不包括结构变化附加代号，结构如有加油槽或油孔等变化，需与厂家联系。

带紧定套调心滚子轴承（摘自 GB/T 288）

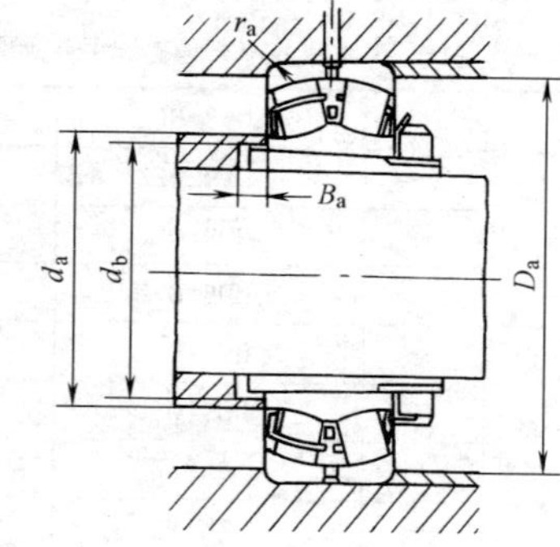

20000CCK/W33+H型

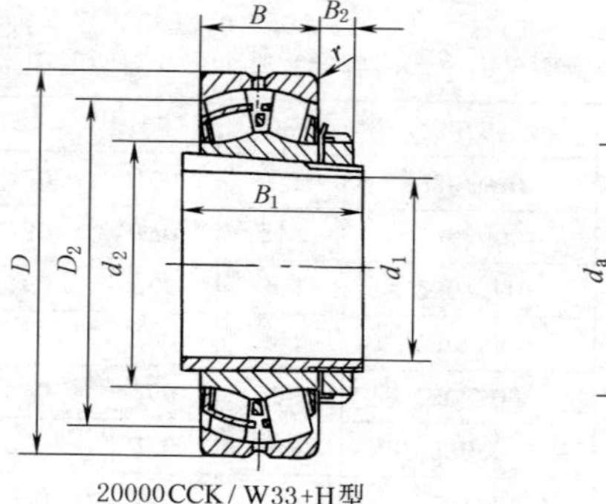

符号含义及应用

H 表示带紧定套，其余见前文

表 7-2-102

基本尺寸/mm			基本额定载荷/kN		极限转速/r·min^{-1}		质量/kg	轴承代号	其他尺寸/mm					安装尺寸/mm					计算系数			
d_1	D	B	C_r	C_{0r}	脂	油	W ≈	20000 CCK/W33 (KTN/W33)+H 型	d_2 ≈	D_2 ≈	B_1	B_2 ≈	r min	d_a max	d_b min	D_a max	B_a min	r_a max	e	Y_1	Y_2	Y_0
17	52	15	31.5	31.2	6000	7500	—	21304 CCK+H 304	29.5	42	28	7	1.1	29	23	45	8	1	0.31	2.2	3.3	2.2
	52	15	35.8	34.2	6000	7500	—	21304 KTN+H 304	30.5	44.1	28	7	1.1	30	23	45	8	1	0.29	2.3	3.4	2.2
20	62	17	42.5	44.2	5300	6700	0.348	21305 CCK+H 305	36.4	50.8	29	8	1.1	36	28	55	6	1	0.29	2.4	3.5	2.3
	62	17	45.5	44.5	5300	6700	0.328	21305 KTN+H 305	35.9	51.3	29	8	1.1	35	28	55	6	1	0.29	2.4	3.5	2.3
25	72	19	57.2	62	4500	6000	0.507	21306 CCK+H 306	43.3	59.6	31	8	1.1	43	33	65	6	1	0.27	2.5	3.7	2.4
	72	19	63.8	63.5	4500	6000	0.486	21306 KTN+H 306	41.2	59.6	31	8	1.1	41	33	65	6	1	0.28	2.4	3.6	2.4
30	80	21	65.2	73.2	4000	5300	0.682	21307 CCK+H 307	49.1	66.3	35	9	1.5	49	39	71	7	1.5	0.27	2.5	3.8	2.5
	80	21	74.2	75.5	4000	5300	0.647	21307 KTN+H 307	47.6	67.8	35	9	1.5	47	39	71	7	1.5	0.27	2.5	3.8	2.5
35	80	23	79	88.5	5000	6300	0.71	22208 CCK/W33+H 308	50.4	69.4	36	10	1.1	50	44	73	5	1	0.28	2.4	3.6	2.4
	80	23	95	102	5000	6300	0.71	22208 KTN/W33+H 308	49.4	70.5	36	10	1.1	49	44	73	5	1	0.28	2.4	3.6	2.4
	90	23	87.2	96.2	3600	4500	0.93	21308 CCK+H 308	54	75.1	36	10	1.5	54	44	81	5	1.5	0.26	2.6	3.8	2.5
	90	23	93.5	99	3600	4500	0.91	21308 KTN+H 308	53.5	75.6	36	10	1.5	53	44	81	5	1.5	0.26	2.6	3.8	2.5
	90	33	122	138	4500	6000	1.24	22308 CCK/W33+H 2308	51.4	74.3	46	10	1.5	51	45	81	5	1.5	0.38	1.8	2.7	1.8
	90	33	132	148	4500	6000	1.24	22308 KTN/W33+H 2308	50.9	74.8	46	10	1.5	50	45	81	5	1.5	0.38	1.8	2.7	1.8

续表

基本尺寸/mm			基本额定载荷/kN		极限转速/r·min^{-1}		质量/kg	轴承代号	其他尺寸/mm					安装尺寸/mm					计算系数			
d_1	D	B	C_r	C_{0r}	脂	油	W ≈	20000 CCK/W33 (KTN/W33)+H 型	d_2 ≈	D_2 ≈	B_1	B_2 ≈	r min	d_a max	d_b min	D_a max	B_a min	r_a max	e	Y_1	Y_2	Y_0
40	85	23	82.8	95.2	4500	6000	0.79	22209 CCK/W33+H 309	54.6	73.6	39	11	1.1	54	50	78	7	1	0.26	2.6	3.8	2.5
	85	23	95	102	4500	6000	0.78	22209 KTN/W33+H 309	53.6	74.7	39	11	1.1	53	50	78	7	1	0.26	2.6	3.8	2.5
	102	25	102	115	3200	4000	1.22	21309 CCK+H 309	61.4	84.4	39	11	1.5	61	50	91	5	1.5	0.25	2.7	4.0	2.6
	100	25	110	120	3200	4000	1.17	21309 KTN+H 309	60.4	84.4	39	11	1.5	60	50	91	5	1.5	0.25	2.7	4.0	2.6
	100	36	145	170	4000	5300	1.65	22309 CCK/W33+H 2309	57.6	82.2	50	11	1.5	57	51	91	5	1.5	0.37	1.8	2.7	1.8
	100	36	165	185	4000	5300	1.67	22309 KTN/W33+H 2309	57.6	83.3	50	11	1.5	57	51	91	5	1.5	0.37	1.8	2.7	1.8
45	90	23	87.5	102	4300	5300	0.914	22210 CCK/W33+H 310	59.7	78.8	42	12	1.1	59	55	83	9	1	0.24	2.8	4.1	2.7
	90	23	99.0	110	4300	5300	0.896	22210 KTN/W33+H 310	58.7	79.8	42	12	1.1	58	55	83	9	1	0.24	2.8	4.1	2.7
	110	27	122	140	2800	3800	1.60	21310 CCK+H 310	66.7	91.7	42	12	2	66	55	100	5	2	0.25	2.7	4.0	2.6
	110	27	128	140	2800	3800	1.52	21310 KTN+H 310	67.3	93.3	42	12	2	67	55	100	5	2	0.25	2.7	4.1	2.7
	110	40	182	212	3800	4800	2.15	22310 CCK/W33+H 2310	63.4	91.9	55	12	2	63	56	100	5	2	0.37	1.8	2.7	1.8
	110	40	198	228	3800	4800	2.2	22310 KTN/W33+H 2310	64.1	92.7	55	12	2	64	56	100	5	2	0.37	1.8	2.8	1.8
50	100	25	105	125	3800	5000	1.20	22211 CCK/W33+H 311	66	88	45	12	1.5	66	60	91	10	1.5	0.24	2.8	4.2	2.8
	100	25	122	140	3800	5000	1.17	22211 KTN/W33+H 311	65.5	88.5	45	12	1.5	65	60	91	10	1.5	0.24	2.8	4.2	2.8
	120	29	145	170	2600	3400	2.00	21311 CCK+H 311	72.6	100.5	45	12	2	72	60	110	6	2	0.25	2.7	4.1	2.7
	120	29	148	165	2600	3400	1.92	21311 KTN+H 311	74.1	102.1	45	12	2	74	60	110	6	2	0.24	2.8	4.2	2.7
	120	43	215	252	3400	4300	2.73	22311 CCK/W33+H 2311	69.2	100.5	59	12	2	69	61	110	6	2	0.36	1.9	2.8	1.8
	120	43	232	262	3400	4300	2.74	22311 KTN/W33+H 2311	68.8	101.2	59	12	2	68	61	110	6	2	0.36	1.9	2.8	1.8
55	110	28	125	155	3600	4500	1.24	22212 CCK/W33+H 312	72.7	96.5	47	13	1.5	72	65	101	9	1.5	0.24	2.8	4.1	2.7
	110	28	155	185	3600	4500	1.23	22212 KTN/W33+H 312	72.7	98.6	47	13	1.5	72	65	101	9	1.5	0.24	2.8	4.2	2.7
	130	31	165	195	2400	3200	2.17	21312 CCK+H 312	79.5	109.3	47	13	2.1	79	65	118	6	2.1	0.24	2.8	4.2	2.7
	130	31	175	195	2400	3200	2.05	21312 KTN+H 312	80	110.8	47	13	2.1	80	65	118	6	2.1	0.24	2.8	4.2	2.8
	130	46	248	292	3200	4000	3.36	22312 CCK/W33+H 2312	74.9	109	62	13	2.1	74	67	118	6	2.1	0.36	1.9	2.8	1.8
	130	46	270	312	3200	4000	3.44	22312 KTN/W33+H 2312	75.5	109.6	62	13	2.1	75	67	118	6	2.1	0.36	1.9	2.8	1.9
60	120	31	155	195	3200	4000	2	22213 CCK/W33+H 313	78.4	104	50	14	1.5	78	70	111	8	1.5	0.25	2.7	4.0	2.6
	120	31	178	212	3200	4000	1.99	22213 KTN/W33+H 313	77.4	105	50	14	1.5	77	70	111	8	1.5	0.25	2.7	4.0	2.6
	140	33	188	228	2200	3000	3.03	21313 CCK+H 313	87.4	118.1	50	14	2.1	87	70	128	6	2.1	0.24	2.9	4.3	2.8
	140	33	202	235	2200	3000	2.91	21313 KTN+H 313	86.4	119.1	50	14	2.1	86	70	128	6	2.1	0.24	2.9	4.3	2.8
	140	48	272	320	3000	3800	4.02	22313 CCK/W33+H 2313	81.5	117.4	65	14	2.1	81	72	128	5	2.1	0.35	1.9	2.9	1.9
	140	48	302	355	3000	3800	4.12	22313 KTN/W33+H 2313	81.5	118.5	65	14	2.1	81	72	128	5	2.1	0.35	2.0	2.9	1.9
	125	31	155	195	3000	3800	1.6	22214 CCK/W33+H 314	84.1	109.7	52	14	1.5	84	76	116	9	1.5	0.24	2.9	4.3	2.8

续表

基本尺寸/mm			基本额定载荷/kN		极限转速/r·min^{-1}		质量/kg	轴承代号	其他尺寸/mm					安装尺寸/mm					计算系数			
d_1	D	B	C_r	C_{0r}	脂	油	W ≈	20000 CCK/W33 (KTN/W33)+H 型	d_2 ≈	D_2 ≈	B_1	B_2 ≈	r min	d_a max	d_b min	D_a max	B_a min	r_a max	e	Y_1	Y_2	Y_0
60	125	31	185	225	3000	3800	1.6	22214 KTN/W33+H 314	83	110.6	52	14	1.5	83	76	116	9	1.5	0.24	2.9	4.3	2.8
	150	35	218	268	2000	2800	3.11	21314 CCK+H 314	94.3	127.9	52	14	2.1	94	76	138	6	2.1	0.23	2.9	4.3	2.8
	150	35	225	265	2000	2800	2.97	21314 KTN+H 314	92.8	127.4	52	14	2.1	92	76	138	6	2.1	0.23	2.9	4.3	2.8
	150	51	320	395	2800	3400	4.34	22314 CCK/W33+H 2314	88.2	125.9	68	14	2.1	88	77	138	6	2.1	0.34	2.0	2.9	1.9
	150	51	340	405	2800	3400	4.35	22314 KTN/W33+H 2314	87.7	126.5	68	14	2.1	87	77	138	6	2.1	0.34	2.0	2.9	1.9
65	130	31	165	215	3000	3800	2.52	22215 CCK/W33+H 315	88.2	114.8	55	15	1.5	88	81	121	12	1.5	0.22	3.0	4.5	2.9
	130	31	185	232	3000	3800	2.5	22215 KTN/W33+H 315	87.7	115.4	55	15	1.5	87	81	121	12	1.5	0.22	3.0	4.5	2.9
	160	37	245	302	1900	2600	4.59	21315 CCK+H 315	102.2	137.7	55	15	2.1	102	81	148	6	2.1	0.23	3.0	4.4	2.9
	160	37	258	310	1900	2600	4.46	21315 KTN+H 315	99.5	136	55	15	2.1	99	81	148	6	2.1	0.23	2.9	4.3	2.9
	160	55	358	448	2600	3200	6.33	22315 CCK/W33+H 2315	94.5	133.8	73	15	2.1	94	82	148	5	2.1	0.35	2.0	2.9	1.9
	160	55	390	470	2600	3200	6.38	22315 KTN/W33+H 2315	93.7	135.1	73	15	2.1	93	82	148	5	2.1	0.35	2.0	2.9	1.9
70	140	33	180	235	2800	3400	3.13	22216 CCK/W33+H 316	95.1	122.8	59	17	2	95	86	130	12	2	0.22	2.0	4.5	3.0
	140	33	218	275	2800	3400	3.09	22216 KTN/W33+H 316	93.5	124.2	59	17	2	93	86	130	12	2	0.22	3.0	4.5	3.0
	170	39	268	332	1800	2400	5.47	21316 CCK+H 316	107	144.4	59	17	2.1	107	86	158	6	2.1	0.23	3.0	4.4	2.9
	170	39	288	350	1800	2400	5.33	21316 KTN+H 316	105	143.4	59	17	2.1	105	86	158	6	2.1	0.23	2.9	4.3	2.9
	170	58	402	508	2400	3000	7.62	22316 CCK/W33+H 2316	100.4	142.5	78	17	2.1	100	88	158	6	2.1	0.34	2.0	2.9	1.9
	170	58	422	515	2400	3000	7.57	22316 KTN/W33+H 2316	100.4	143.6	78	17	2.1	100	88	158	6	2.1	0.34	2.0	2.9	1.9
75	150	36	218	282	2600	3200	3.87	22217 CCK/W33+H 317	100.6	132.2	63	18	2	100	91	140	12	2	0.23	3.0	4.4	2.9
	150	36	270	340	2600	3200	3.84	22217 KTN/W33+H 317	101.3	135.9	63	18	2	101	91	140	12	2	0.22	3.0	4.5	2.9
	180	41	305	385	1700	2200	6.43	21317 CCK+H 317	112.9	153.3	63	18	3	112	91	166	7	2.5	0.23	3.0	4.4	2.9
	180	41	318	390	1700	2200	6.27	21317 KTN+H 317	111.9	152.3	63	18	3	111	91	166	7	2.5	0.23	3.0	4.4	2.9
	180	60	442	555	2200	2800	8.57	22317 CCK/W33+H 2317	106.3	151.6	82	18	3	106	93	166	7	2.5	0.34	2.0	3.0	2.0
	180	60	472	572	2200	2800	8.57	22317 KTN/W33+H 2317	105.3	152.6	82	18	3	105	93	166	7	2.5	0.34	2.0	3.0	2.0
80	160	40	258	338	2400	3000	4.73	22218 CCK/W33+H 318	107.8	141	65	18	2	107	96	150	10	2	0.24	2.9	4.3	2.8
	160	40	288	378	2400	3000	4.7	22218 KTN/W33+H 318	107.8	142.1	65	18	2	107	96	150	10	2	0.24	2.9	4.3	2.8
	160	52.4	338	482	1800	2400	6.1	23218 CCK/W33+H 2318	105.5	137.2	86	18	2	105	99	150	18	2	0.31	2.2	3.2	2.1
	190	43	328	420	1700	2200	7.52	21318 CCK+H 318	119.7	161	65	18	3	119	96	176	7	2.5	0.23	3.0	4.5	2.9
	190	43	338	420	1700	2200	7.23	21318 KTN+H 318	119.7	161	65	18	3	119	96	176	7	2.5	0.23	3.0	4.5	2.9
	190	64	492	640	2200	2600	10.3	22318 CCK/W33+H 2318	112.8	159.7	86	18	3	112	99	176	7	2.5	0.34	2.0	3.0	2.0
	190	64	532	660	2200	2600	10.4	22318 KTN/W33+H 2318	111.8	160.8	86	18	3	111	99	176	7	2.5	0.34	2.0	3.0	2.0
85	170	43	290	390	2200	2800	5.75	22219 CCK/W33+H 319	113.5	148.5	68	19	2.1	113	102	158	9	2.1	0.24	2.8	4.2	2.7
	170	43	318	420	2200	2800	5.65	22219 KTN/W33+H 319	113.5	149.6	68	19	2.1	113	102	158	9	2.1	0.24	2.8	4.2	2.7
	200	45	365	485	1700	2200	8.7	21319 CCK+H 319	129.7	171.9	68	19	3	129	102	186	7	2.5	0.22	3.1	4.6	3.0
	200	45	378	482	1700	2200	8.45	21319 KTN+H 319	127.6	169.8	68	19	3	127	102	186	7	2.5	0.22	3.0	4.5	3.0
	200	67	545	705	2000	2600	11.9	22319 CCK/W33+H 2319	118.5	168.2	90	19	3	118	104	186	7	2.5	0.34	2.0	3.0	2.0
	200	67	582	728	2000	2600	12	22319 KTN/W33+H 2319	117.5	169.2	90	19	3	117	104	186	7	2.5	0.34	2.0	3.0	2.0

续表

基本尺寸/mm			基本额定载荷/kN		极限转速/r·min^{-1}		质量/kg	轴承代号	其他尺寸/mm					安装尺寸/mm					计算系数			
d_1	D	B	C_r	C_{0r}	脂	油	W ≈	20000 CCK/W33 (KTN/W33)+H 型	d_2 ≈	D_2 ≈	B_1	B_2 ≈	r min	d_a max	d_b min	D_a max	B_a min	r_a max	e	Y_1	Y_2	Y_0
90	165	52	330	510	1700	2200	—	23120 CCK/W33+H 3120	115.5	144.3	76	20	2	115	107	155	7	2	0.29	2.3	3.5	2.3
	180	46	322	435	2200	2600	6.71	22220 CCK/W33+H 320	120.3	158.1	71	20	2.1	120	108	168	8	2.1	0.24	2.8	4.1	2.7
	180	46	378	492	2200	2600	6.68	22220 KTN/W33+H 320	119.3	159.1	71	20	2.1	119	108	168	8	2.1	0.24	2.8	4.1	2.7
	180	60.3	432	630	1600	2200	8.67	23220 CCK/W33+H 2320	118.6	154.5	97	20	2.1	118	110	168	19	2.1	0.32	2.1	3.2	2.1
	215	47	395	530	1600	2000	10.5	21320 CCK+H 320	136.6	180.6	71	20	3	136	108	201	7	2.5	0.22	3.1	4.6	3.0
	215	47	435	575	1600	2000	10.33	21320 KTN+H 320	136.6	181.7	71	20	3	136	108	201	7	2.5	0.22	3.1	4.6	3.0
	215	73	638	832	1900	2400	14.95	22320 CCK/W33+H 2320	126.7	179.8	97	20	3	126	110	201	7	2.5	0.34	2.0	2.9	1.9
	215	73	675	855	1900	2400	15.15	22320 KTN/W33+H 2320	125.7	180.9	97	20	3	125	110	201	7	2.5	0.34	2.0	2.9	1.9
100	180	56	388	602	1600	2000	7.61	23122 CCK/W33+H 3122	126.4	157.9	81	21	2	126	117	170	7	2	0.29	2.4	3.5	2.3
	200	53	420	588	1900	2400	9.52	22222 CCK/W33+H 322	132.5	173.7	77	21	2.1	132	118	188	6	2.1	0.25	2.7	4.0	2.6
	200	53	462	635	1900	2400	9.45	22222 KTN/W33+H 322	132.5	174.8	77	21	2.1	132	118	188	6	2.1	0.25	2.7	4.0	2.6
	200	69.8	535	800	1500	1900	12.21	23222 CCK/W33+H 2322	130.2	169.1	105	21	2.1	130	121	188	17	2.1	0.34	2.0	3.0	2.0
	240	50	472	635	1400	1800	14	21322 CCK+H 322	150.5	200.5	77	21	3	150	118	226	9	2.5	0.21	3.2	4.8	3.1
	240	50	525	695	1400	1800	13.9	21322 KTN+H 322	150.5	201.5	77	21	3	150	118	226	9	2.5	0.21	3.2	4.8	3.1
	240	80	735	968	1700	2200	20.25	22322 CCK/W33+H 2322	140.9	199.6	105	21	3	140	121	226	7	2.5	0.34	2.0	3.0	2.0
	240	80	815	1058	1700	2200	20.95	22322 KTN/W33+H 2322	140	200.7	105	21	3	140	121	226	7	2.5	0.34	2.0	3.0	2.0
110	180	46	308	500	1800	2200	5.68	23024 CCK/W33+H 3024	133.5	162.2	72	22	2	133	127	170	7	2	0.23	2.9	4.4	2.9
	200	62	462	722	1400	1800	10.24	23124 CCK/W33+H 3124	140.1	175.1	88	22	2	140	128	190	7	2	0.29	2.4	3.5	2.3
	215	58	492	690	1700	2200	11.65	22224 CCK/W33+H 3124	143	187.9	88	22	2.1	143	128	203	11	2.1	0.26	2.6	3.9	2.6
	215	58	558	765	1700	2200	11.75	22224 KTN/W33+H 3124	142	189	88	22	2.1	142	128	203	11	2.1	0.26	2.6	3.9	2.6
	215	76	625	955	1300	1700	14.9	23224 CCK/W33+H 2324	141.5	182.7	112	22	2.1	141	131	203	17	2.1	0.34	2.0	3.0	2.0
	260	86	868	1160	1500	1900	25.4	22324 CCK/W33+H 2324	152.4	216.6	112	22	3	152	131	246	7	2.5	0.34	2.0	3.0	2.0
	260	86	935	1230	1500	1900	26.1	22324 KTN/W33+H 2324	152.4	216.6	112	22	3	152	131	246	7	2.5	0.34	2.0	3.0	2.0
115	200	52	385	630	1700	2000	8.4	23026 CCK/W33+H 3026	148.1	180.5	80	23	2	148	137	190	8	2	0.23	2.9	4.3	2.8
	210	64	495	802	1300	1700	11.9	23126 CCK/W33+H 3126	148	183.9	92	23	2	148	138	200	8	2	0.28	2.4	3.6	2.4
	230	64	578	832	1600	2000	14.85	22226 CCK/W33+H 3126	153.3	200.9	92	23	3	153	138	216	8	2.5	0.26	2.6	3.8	2.5
	230	64	648	912	1600	2000	14.95	22226 KTN/W33+H 3126	152.3	201.9	92	23	3	152	138	216	8	2.5	0.26	2.6	3.8	2.5
	230	80	695	1080	1200	1600	18.4	23226 CCK/W33+H 2326	152.2	196.4	121	23	3	152	142	216	21	2.5	0.33	2.0	3.0	2.0

续表

基本尺寸/mm			基本额定载荷/kN		极限转速/r·min⁻¹		质量/kg	轴承代号	其他尺寸/mm					安装尺寸/mm					计算系数			
d_1	D	B	C_r	C_{0r}	脂	油	W ≈	20000 CCK/W33 (KTN/W33)+H 型	d_2 ≈	D_2 ≈	B_1	B_2 ≈	r min	d_a max	d_b min	D_a max	B_a min	r_a max	e	Y_1	Y_2	Y_0
115	280	93	990	1340	1400	1800	32.1	22326 CCK/W33+H 2326	164.6	233.5	121	23	4	164	142	262	8	3	0.34	2.0	3.0	2.0
	280	93	1078	1440	1400	1800	33.2	22326 KTN/W33+H 2326	164.6	233.5	121	23	4	164	142	262	8	3	0.34	2.0	3.0	2.0
125	210	53	405	680	1600	1900	9.11	23028 CCK/W33+H 3028	158	190.4	82	24	2	158	147	200	8	2	0.22	3.0	4.5	2.9
	225	68	552	905	1200	1600	13.65	23128 CCK/W33+H 3128	159.7	197.4	97	24	2.1	159	149	213	8	2.1	0.28	2.4	3.6	2.4
	250	68	658	955	1400	1700	18.55	22228 CCK/W33+H 3128	167.1	218.5	97	24	3	167	149	236	8	2.5	0.26	2.6	3.9	2.6
	250	68	745	1060	1400	1700	18.75	22228 KTN/W33+H 3128	166.1	219.5	97	24	3	166	149	236	8	2.5	0.26	2.6	3.9	2.6
	250	88	835	1300	1100	1500	23.65	23228 CCK/W33+H 2328	164.2	212.6	131	24	3	164	152	236	22	2.5	0.34	2.0	3.0	2.0
	300	102	1160	1610	1300	1700	40.15	22328 CCK/W33+H 2328	177.4	250.3	131	24	4	177	152	282	8	3	0.34	2.0	2.9	1.9
	300	102	1262	1720	1300	1700	41.75	22328 KTN/W33+H 2328	176.3	250.3	131	24	4	176	152	282	8	3	0.34	2.0	2.9	1.9
135	225	56	445	750	1400	1800	11.2	23030 CCK/W33+H 3030	168.8	203	87	26	2.1	168	158	213	8	2.1	0.22	3.0	4.5	3.0
	250	80	758	1250	1100	1400	20.6	23130 CCK/W33+H 3130	173	216.5	111	26	2.1	173	160	238	8	2.1	0.30	2.3	3.4	2.2
	270	73	770	1130	1300	1600	23.5	22230 CCK/W33+H 3130	178.7	234.7	111	26	3	178	160	256	15	2.5	0.26	2.6	3.9	2.6
	270	73	858	1230	1300	1600	23.9	22230 KTN/W33+H 3130	178.7	236.8	111	26	3	178	160	256	15	2.5	0.26	2.6	3.9	2.6
	270	96	970	1540	1100	1400	29.8	23230 CCK/W33+H 2330	117.1	228.8	139	26	3	177	163	256	20	2.5	0.34	2.0	3.0	1.9
	320	108	1305	1850	1200	1500	48.6	22330 CCK/W33+H 2330	189.8	266.3	139	26	4	189	163	302	8	3	0.34	2.0	3.0	1.9
	320	108	1405	1970	1200	1500	50.2	22330 KTN/W33+H 2330	190.8	267.3	139	26	4	190	163	302	8	3	0.34	2.0	3.0	1.9
140	240	60	522	890	1300	1700	14.03	23032 CCK/W33+H 3032	179.5	216.4	93	28	2.1	179	168	228	8	2.1	0.22	3.0	4.5	3.0
	270	86	868	1440	1000	1300	27.75	23132 CCK/W33+H 3132	186.5	234.5	119	28	2.1	186	170	258	8	2.1	0.30	2.3	3.4	2.2
	290	80	870	1290	1200	1500	30.55	22232 CCK/W33+H 3132	191.9	251.4	119	28	3	191	170	276	14	2.5	0.26	2.6	3.8	2.5
	290	80	978	1430	1200	1500	31.05	22232 KTN/W33+H 3132	190.9	252.4	119	28	3	190	170	276	14	2.5	0.26	2.6	3.8	2.5
	290	104	1120	1780	1100	1400	38.55	23232 CCK/W33+H 2332	189.1	244.9	147	28	3	189	174	276	18	2.5	0.34	2.0	2.9	1.9
150	260	67	632	1100	1200	1600	18.3	23034 CCK/W33+H 3034	192.8	233.2	101	29	2.1	192	179	248	8	2.1	0.23	2.9	4.3	2.9
	280	88	925	1550	1000	1300	29.5	23134 CCK/W33+H 3134	195.5	244.4	122	29	2.1	195	180	268	8	2.1	0.29	2.3	3.5	2.3
	310	86	1000	1500	1100	1400	36.5	22234 CCK/W33+H 3134	205.4	269.6	122	29	4	205	180	292	10	3	0.26	2.6	3.8	2.5
	310	86	1120	1660	1100	1400	37.3	22234 KTN/W33+H 3134	204.4	270.7	122	29	4	204	180	292	10	3	0.26	2.6	3.8	2.5
	310	110	1232	2030	900	1200	45.7	23234 CCK/W33+H 2334	205.7	264.4	154	29	4	205	185	292	18	3	0.34	2.0	3.0	2.0
	360	120	1180	2060	750	950	70	22334 K+H 2334	227.4	319	154	29	4	227	185	342	8	3	0.39	1.7	2.6	1.7

续表

基本尺寸/mm			基本额定载荷/kN		极限转速/r·min^{-1}		质量/kg	轴承代号	其他尺寸/mm					安装尺寸/mm					计算系数			
d_1	D	B	C_r	C_{0r}	脂	油	W ≈	20000 CCK/W33 (KTN/W33)+H 型	d_2 ≈	D_2 ≈	B_1	B_2 ≈	r min	d_a max	d_b min	D_a max	B_a min	r_a max	e	Y_1	Y_2	Y_0
160	280	74	738	1310	1200	1400	22.65	23036 CCK/W33+H 3036	206.1	248.9	109	30	2.1	206	189	268	8	2.1	0.24	2.8	4.2	2.8
	300	96	1080	1830	900	1200	29.2	23136 CCK/W33+H 3136	208.5	260.9	131	30	3	208	191	286	8	2.5	0.30	2.3	3.4	2.2
	320	86	1038	1590	1100	1300	38.9	22236 CCK/W33+H 3136	215.7	280.1	131	30	4	215	191	302	18	3	0.25	2.7	3.9	2.6
	320	86	1170	1760	1100	1300	39.7	22236 KTN/W33+H 3136	214.7	281.1	131	30	4	214	191	302	18	3	0.25	2.7	3.9	2.6
	320	112	1315	2170	850	1100	48.9	23236 CCK/W33+H 2336	213.7	274.3	161	30	4	213	195	302	22	3	0.33	2.0	3.0	2.0
	380	126	1420	2270	700	900	81.0	22336 K+H 2336	240.8	336.5	161	30	4	240	195	362	8	3	0.38	1.8	2.6	1.7
170	290	75	775	1380	1100	1400	22.65	23038 CCK/W33+H 3038	215.2	260	112	31	2.1	215	199	278	9	2.1	0.23	2.9	4.3	2.8
	320	104	1232	2120	850	1100	42.8	23138 CCK/W33+H 3138	222.6	279.2	141	31	3	222	202	306	9	2.5	0.30	2.2	3.3	2.2
	340	120	1490	2490	800	1100	57.6	23238 CCK/W33+H 2338	227.7	291.6	169	31	4	227	206	322	21	3	0.33	2.0	3.0	2.0
	400	132	1570	2530	670	850	92.5	22338 K+H 2338	255	328.4	169	31	5	255	206	378	9	4	0.36	1.8	2.7	1.8
180	310	82	915	1650	1000	1300	30.4	23040 CCK/W33+H 3040	228.5	276.7	120	32	2.1	228	210	298	9	2.1	0.24	2.8	4.2	2.8
	340	112	1418	2460	800	1000	43.9	23140 CCK/W33+H 3140	235.6	295.5	150	32	3	235	212	326	9	2.5	0.31	2.2	3.3	2.2
	360	128	1650	2790	750	1000	69.4	23240 CCK/W33+H 2340	240.7	307.8	176	32	4	240	216	342	19	3	0.34	2.0	3.0	2.0
	420	138	1680	2720	630	800	108	22340 K+H 2340	267.4	371.3	176	32	5	267	216	398	9	4	0.38	1.8	2.7	1.7
200	340	90	1090	1990	950	1200	40.9	23044 CCK/W33+H 3044	252.9	305.8	126	35	3	252	231	326	9	2.5	0.24	2.9	4.3	2.8
	370	120	1612	2820	700	950	62.7	23144 CCK/W33+H 3144	258	323.7	161	35	4	258	233	352	9	3	0.30	2.3	3.4	2.2
	400	144	2125	3620	670	900	95.5	23244 CCK/W33+H 2344	263.6	340.2	186	35	4	263	236	382	10	3	0.34	2.0	2.9	1.9
	460	145	1900	3200	560	700	137	22344 K+H 2344	295.2	406.1	186	35	5	295	236	438	9	4	0.35	1.9	2.8	1.9
220	360	92	1160	2160	850	1100	42.4	23048 CCK/W33+H 3048	271	325	133	37	3	271	251	346	11	2.5	0.23	3.0	4.4	2.9
	400	128	1838	3220	670	850	89.7	23148 CCK/W33+H 3148	278.4	350.6	172	37	4	278	254	382	11	3	0.30	2.3	3.4	2.2
	440	160	2558	4490	630	800	127.3	23248 CCK/W33+H 2348	289.6	372.5	199	37	4	289	257	422	6	3	0.35	2.0	2.9	1.9
	500	155	1950	3250	500	630	173	22348 K+H 2348	322.2	440.9	199	37	5	322	257	478	11	4	0.35	1.9	2.8	1.9
240	400	104	1458	2770	800	950	61.2	23052 CCK/W33+H 3052	297.9	358.1	145	37	4	297	272	382	11	3	0.23	2.9	4.3	2.8
	440	144	2270	4070	600	800	109	23152 CCK/W33+H 3152	306.5	385.2	190	39	4	306	276	422	11	3	0.30	2.2	3.3	2.2
	540	165	2480	4190	480	600	214	22352 K+H 2352	351	446.5	211	39	6	351	278	512	11	5	0.34	2.0	2.9	1.9
260	420	106	1580	3000	700	900	66.9	23056 CCK/W33+H 3056	315	379.4	152	41	4	315	292	402	12	3	0.22	3.0	4.5	2.9
	460	146	2370	4290	560	750	117	23156 CCK/W33+H 3156	324.8	406.1	195	41	5	324	296	438	12	4	0.29	2.3	3.5	2.3
	580	175	2730	4650	450	560	265	22356 K+H 2356	355	431.1	224	41	6	355	299	552	12	5	0.34	2.0	3.0	1.9
280	460	118	1910	3690	670	850	91.9	23060 CCK/W33+H 3060	344	414.4	168	42	4	344	313	442	12	3	0.23	3.0	4.4	2.9
	500	160	2190	4420	400	500	162	23160 K+H 3160	—	—	208	40	5	—	318	478	12	4	0.32	2.1	3.1	2.0
	540	140	2070	3450	450	560	163	22260 K+H 3160	378	464.2	208	40	5	378	318	518	32	4	0.28	2.4	3.6	2.4

注：见表 7-2-101 表注。

10.7 圆锥滚子轴承

单列圆锥滚子轴承（摘自 GB/T 297）

30000型

径向当量动载荷：

当 $F_a/F_r \leqslant e$，$P_r = F_r$

当 $F_a/F_r > e$，$P_r = 0.4F_r + YF_a$

径向当量静载荷：

$$P_{0r} = 0.5F_r + Y_0F_a$$

若 $P_{0r} < F_r$，取 $P_{0r} = F_r$

在计算轴承的当量动载荷时，必须计入径向载荷引起的附加轴向力，近似计算如下附加轴向力：

$$S \approx F_r/(2Y)$$

为了防止轴承在高速运转时，因滚子和保持架的惯性力导致滚子与滚道间产生破坏性滑动，轴承必须承受一定的最小径向载荷，其最小值如下：

最小径向载荷：$F_{rmin} = 0.02C_r$

前面各式中，F_r 和 F_a 均指作用于轴承上的总载荷

符号含义及应用

X2—宽度（高度）为非标准

外圈可以和内圈组件分离，内、外圈可分别安装。主要承受以径向载荷为主的径向载荷和轴向载荷的联合载荷，安装时可以调整游隙的大小，能限制一个方向位移，一般成对使用

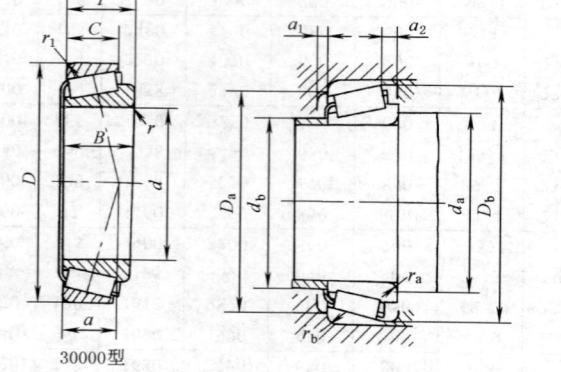

表 7-2-103

基本尺寸 /mm					基本额定载荷/kN		极限转速 /r·min^{-1}		质量 /kg	计算系数			轴承代号	其他尺寸 /mm			安装尺寸 /mm								
d	D	T	B	C	C_r	C_{0r}	脂	油	W ≈	e	Y	Y_0	30000 型	a ≈	r min	r_1 min	d_a min	d_b max	D_a min	D_a max	D_b min	a_1 min	a_2 min	r_a max	r_b max
15	42	14.25	13	11	23.8	21.5	9000	12000	0.094	0.29	2.1	1.2	30302	9.6	1	1	21	22	36	36	38	2	3.5	1	1
17	40	13.25	12	11	21.8	21.8	9000	12000	0.079	0.35	1.7	1	30203	9.9	1	1	23	23	34	34	37	2	2.5	1	1
	47	15.25	14	12	29.5	27.2	8500	11000	0.129	0.29	2.1	1.2	30303	10.4	1	1	23	25	40	41	43	3	3.5	1	1
	47	20.25	19	16	36.8	36.2	8500	11000	0.173	0.29	2.1	1.2	32303	12.3	1	1	23	24	39	41	43	3	4.5	1	1
20	37	12	12	9	13.8	17.5	9500	13000	0.056	0.32	1.9	1	32904	8.2	0.3	0.2	—	—	—	—	—	—	—	0.3	0.3
	42	15	15	12	26.2	28.2	8500	11000	0.095	0.37	1.6	0.9	32004	10.3	0.6	0.6	25	25	36	37	39	3	3	0.6	0.6
	47	15.25	14	12	29.5	30.5	8000	10000	0.126	0.35	1.7	1	30204	11.2	1	1	26	27	40	41	43	2	3.5	1	1
	52	16.25	15	13	34.5	33.2	7500	9500	0.165	0.3	2	1.1	30304	11.1	1.5	1.5	27	28	44	45	48	3	3.5	1.5	1.5
	52	22.25	21	18	44.8	46.2	7500	9500	0.230	0.3	2	1.1	32304	13.6	1.5	1.5	27	26	43	45	48	3	4.5	1.5	1.5

续表

基本尺寸 /mm					基本额定载荷/kN		极限转速 /r·min^{-1}		质量 /kg	计算系数			轴承代号	其他尺寸 /mm			安装尺寸 /mm								
d	D	T	B	C	C_r	C_{0r}	脂	油	W ≈	e	Y	Y_0	30000 型	a ≈	r min	r_1 min	d_a min	d_b max	D_a min	D_a max	D_b min	a_1 min	a_2 min	r_a max	r_b max
22	40	12	12	9	15.8	20.0	8500	11000	0.065	0.32	1.9	1	329/22	8.5	0.3	0.3	—	—	—	—	—	—	—	0.3	0.3
	44	15	15	11.5	27.2	30.2	8000	10000	0.100	0.40	1.5	0.8	320/22	10.8	0.6	0.6	27	27	38	39	41	3	3.5	0.6	0.6
25	42	12	12	9	16.8	21.0	6300	10000	0.064	0.32	1.9	1	32905	8.7	0.3	0.3	—	—	—	—	—	—	—	0.3	0.3
	47	15	15	11.5	29.2	34.0	7500	9500	0.11	0.43	1.4	0.8	32005	11.6	0.6	0.6	30	30	40	42	44	3	3.5	0.6	0.6
	47	17	17	14	34.0	42.5	7500	9500	0.129	0.29	2.1	1.1	33005	11.1	0.6	0.6	30	30	40	42	45	3	3	0.6	0.6
	52	16.25	15	13	33.8	37.0	7000	9000	0.154	0.37	1.6	0.9	30205	12.5	1	1	31	31	44	46	48	2	3.5	1	1
	52	22	22	18	49.2	55.8	7000	9000	0.216	0.35	1.7	0.9	33205	14.0	1	1	31	30	43	46	49	4	4	1	1
	62	18.25	17	15	49.0	48.0	6300	8000	0.263	0.3	2	1.1	30305	13.0	1.5	1.5	32	34	54	55	58	3	3.5	1.5	1.5
	62	18.25	17	13	42.5	46.0	6300	8000	0.262	0.83	0.7	0.4	31305	20.1	1.5	1.5	32	31	47	55	59	3	5.5	1.5	1.5
	62	25.25	24	20	64.5	68.8	6300	8000	0.368	0.3	2	1.1	32305	15.9	1.5	1.5	32	32	52	55	58	3	5.5	1.5	1.5
28	45	12	12	9	17.5	22.8	7500	9500	0.069	0.32	1.9	1	329/28	9.0	0.3	0.3	—	—	—	—	—	—	—	0.3	0.3
	52	16	16	12	33.0	40.5	6700	8500	0.142	0.43	1.4	0.8	320/28	12.6	1	1	34	33	45	46	49	3	4	1	1
	58	24	24	19	60.8	68.2	6300	8000	0.286	0.34	1.8	1.0	332/28	15.0	1	1	34	33	49	52	55	4	5	1	1
30	47	12	12	9	17.8	23.2	7000	9000	0.072	0.32	1.9	1	32906	9.2	0.3	0.3	—	—	—	—	—	—	—	0.3	0.3
	55	17	16	14	29.2	35.5	6300	8000	0.16	0.26	2.3	1.3	32006 X2	12.0	1	1	—	—	—	—	—	3	5	—	—
	55	17	17	13	37.5	46.8	6300	8000	0.170	0.43	1.4	0.8	32006	13.3	1	1	36	35	48	49	52	3	4	1	1
	55	20	20	16	45.8	58.8	6300	8000	0.201	0.29	2.1	1.1	33006	12.8	1	1	36	35	48	49	52	3	4	1	1
	62	17.25	16	14	45.2	50.5	6000	7500	0.231	0.37	1.6	0.9	30206	13.8	1	1	36	37	53	56	58	2	3.5	1	1
	62	21.25	20	17	54.2	63.8	6000	7500	0.287	0.37	1.6	0.9	32206	15.6	1	1	36	36	52	56	58	3	4.5	1	1
	62	25	25	19.5	66.8	75.5	6000	7500	0.342	0.34	1.8	1	33206	15.7	1	1	36	36	53	56	59	5	5.5	1	1
	72	20.75	19	16	61.8	63.0	5600	7000	0.387	0.31	1.9	1.1	30306	15.3	1.5	1.5	37	40	62	65	66	3	5	1.5	1.5
	72	20.75	19	14	55.0	60.5	5600	7000	0.392	0.83	0.7	0.4	31306	23.1	1.5	1.5	37	37	55	65	68	3	7	1.5	1.5
	72	28.75	27	23	85.5	96.5	5600	7000	0.562	0.31	1.9	1.1	32306	18.9	1.5	1.5	37	38	59	65	66	4	6	1.5	1.5
32	52	14	14	10	25.0	32.5	6300	8000	0.106	0.32	1.9	1	329/32	10.2	0.6	0.6	37	37	46	47	49	3	4	0.6	0.6
	58	17	17	13	38.2	49.2	6000	7500	0.187	0.45	1.3	0.7	320/32	14.0	1	1	38	38	50	52	55	3	4	1	1
	65	26	26	20.5	72.0	82.2	5600	7000	0.385	0.35	1.7	1	332/32	16.6	1	1	38	38	55	59	62	5	5.5	1	1

续表

基本尺寸 /mm					基本额定载荷/kN		极限转速 /r·min^{-1}		质量 /kg	计算系数			轴承代号	其他尺寸 /mm			安装尺寸 /mm								
d	D	T	B	C	C_r	C_{0r}	脂	油	W ≈	e	Y	Y_0	30000 型	a ≈	r min	r_1 min	d_a min	d_b max	D_a min	D_a max	D_b min	a_1 min	a_2 min	r_a max	r_b max
35	55	14	14	11.5	27.0	34.8	6000	7500	0.114	0.29	2.1	1.1	32907	10.1	0.6	0.6	40	40	49	50	52	3	2.5	0.6	0.6
	62	18	17	15	35.5	47.2	5600	7000	0.21	0.29	2.1	1.1	32007 X2	14.0	1	1	—	—	—	—	—	3	5	1	1
	62	18	18	14	45.2	59.2	5600	7000	0.224	0.44	1.4	0.8	32007	15.1	1	1	41	40	54	56	59	4	4	1	1
	62	21	21	17	49.0	63.2	5600	7000	0.254	0.31	2	1.1	33007	13.5	1	1	41	41	54	56	59	3	4	1	1
	72	18.25	17	15	56.8	63.5	5300	6700	0.331	0.37	1.6	0.9	30207	15.3	1.5	1.5	42	44	62	65	67	3	3.5	1.5	1.5
	72	24.25	23	19	73.8	89.5	5300	6700	0.445	0.37	1.6	0.9	32207	17.9	1.5	1.5	42	42	61	65	68	3	5.5	1.5	1.5
	72	28	28	22	86.5	102	5300	6700	0.515	0.35	1.7	0.9	33207	18.2	1.5	1.5	42	42	61	65	68	5	6	1.5	1.5
	80	22.75	21	18	78.8	82.5	5000	6300	0.515	0.31	1.9	1.1	30307	16.8	2	1.5	44	45	70	71	74	3	5	2	1.5
	80	22.75	21	15	69.0	76.8	5000	6300	0.514	0.83	0.7	0.4	31307	25.8	2	1.5	44	42	62	71	76	4	8	2	1.5
	80	32.75	31	25	105	118	5000	6300	0.763	0.31	1.9	1.1	32307	20.4	2	1.5	44	43	66	71	74	4	8.5	2	1.5
40	62	15	14	12	22.2	28.2	5600	7000	0.14	0.28	2.1	1.2	32908 X2	12.0	0.6	0.6	—	—	—	—	—	3	5	0.6	0.6
	62	15	15	12	33.0	46.0	5600	7000	0.155	0.29	2.1	1.1	32908	11.1	0.6	0.6	45	45	55	57	59	3	3	0.6	0.6
	68	19	18	16	41.8	55.2	5300	6700	0.27	0.3	2	1.1	32008 X2	15.0	1	1	—	—	—	—	—	3	5	1	1
	68	19	19	14.5	54.2	71.0	5300	6700	0.267	0.38	1.6	0.9	32008	14.9	1	1	46	46	60	62	65	4	4.5	1	1
	68	22	22	18	63.0	79.5	5300	6700	0.306	0.28	2.1	1.2	33008	14.1	1	1	46	46	60	62	64	3	4	1	1
	75	26	26	20.5	88.8	110	5000	6300	0.496	0.36	1.7	0.9	33108	18.0	1.5	1.5	47	47	65	68	71	4	5.5	1.5	1.5
	80	19.75	18	16	66.0	74.0	5000	6300	0.422	0.37	1.6	0.9	30208	16.9	1.5	1.5	47	49	69	73	75	3	4	1.5	1.5
	80	24.75	23	19	81.5	97.2	5000	6300	0.532	0.37	1.6	0.9	32208	18.9	1.5	1.5	47	48	68	73	75	3	6	1.5	1.5
	80	32	32	25	110.0	135	5000	6300	0.715	0.36	1.7	0.9	33208	20.8	1.5	1.5	47	47	67	73	76	5	7	1.5	1.5
	90	25.25	23	20	95.2	108	4500	5600	0.747	0.35	1.7	1	30308	19.5	2	1.5	49	52	77	81	84	3	5.5	2	1.5
	90	25.25	23	17	85.5	96.5	4500	5600	0.727	0.83	0.7	0.4	31308	29.0	2	1.5	49	48	71	81	87	4	8.5	2	1.5
	90	35.25	33	27	120	148	4500	5600	1.04	0.35	1.7	1	32308	23.3	2	1.5	49	49	73	81	83	4	8.5	2	1.5
45	68	15	14	12	23.2	32.8	5300	6700	—	0.31	1.9	1.1	32909 X2	13.0	0.6	0.6	—	—	—	—	—	3	5	0.6	0.6
	68	15	15	12	33.5	48.5	5300	6700	0.180	0.32	1.9	1	32909	12.2	0.6	0.6	50	50	61	63	65	3	3	0.6	0.6
	75	20	19	16	46.5	62.5	5000	6300	0.32	0.3	2	1.1	32009 X2	16.0	1	1	—	—	—	—	—	4	6	1	1
	75	20	20	15.5	61.2	81.5	5000	6300	0.337	0.39	1.5	0.8	32009	16.5	1	1	51	51	67	69	72	4	4.5	1	1
	75	24	24	19	76.0	100	5000	6300	0.398	0.32	1.9	1	33009	15.9	1	1	51	51	67	69	72	4	5	1	1

续表

基本尺寸/mm					基本额定载荷/kN		极限转速/r·min^{-1}		质量/kg	计算系数			轴承代号	其他尺寸/mm			安装尺寸/mm								
d	D	T	B	C	C_r	C_{0r}	脂	油	W ≈	e	Y	Y_0	30000 型	a ≈	r min	r_1 min	d_a min	d_b max	D_a min	D_a max	D_b min	a_1 min	a_2 min	r_a max	r_b max
45	80	26	26	20.5	91.2	118	4500	5600	0.535	0.38	1.6	1	33109	19.1	1.5	1.5	52	52	69	73	77	4	5.5	1.5	1.5
	85	20.75	19	16	71.0	83.5	4500	5600	0.474	0.4	1.5	0.8	30209	18.6	1.5	1.5	52	53	74	78	80	3	5	1.5	1.5
	85	24.75	23	19	84.5	105	4500	5600	0.573	0.4	1.5	0.8	32209	20.1	1.5	1.5	52	53	73	78	81	3	6	1.5	1.5
	85	32	32	25	115	145	4500	5600	0.771	0.39	1.5	0.9	33209	21.9	1.5	1.5	52	52	72	78	81	5	7	1.5	1.5
	100	27.25	25	22	113	130	4000	5000	0.984	0.35	1.7	1	30309	21.3	2	1.5	54	59	86	91	94	3	5.5	2	1.5
	100	27.25	25	18	100	115	4000	5000	0.944	0.83	0.7	0.4	31309	31.7	2	1.5	54	54	79	91	96	4	9.5	2.0	1.5
	100	38.25	36	30	152	188	4000	5000	1.40	0.35	1.7	1	32309	25.6	2	1.5	54	56	82	91	93	4	8.5	2.0	1.5
50	72	15	14	12	23.2	32.8	5000	6300	0.7	0.35	1.7	0.9	32910 X2	15.0	0.6	0.6	—	—	—	—	—	3	5	0.6	0.6
	72	15	15	12	38.5	56.0	5000	6300	0.181	0.34	1.8	1	32910	13.0	0.6	0.6	55	55	64	67	69	3	3	0.6	0.6
	80	20	19	16	48.0	66.2	4500	5600	0.31	0.32	1.9	1	32010 X2	17.0	1	1	—	—	—	—	—	4	6	1	1
	80	20	20	15.5	64.0	89.0	4500	5600	0.366	0.42	1.4	0.8	32010	17.8	1	1	56	56	72	74	77	4	4.5	1	1
	80	24	24	19	80.5	110	4500	5600	0.433	0.32	1.9	1	33010	17.0	1	1	56	56	72	74	76	4	5	1	1
	85	26	26	20	93.5	125	4300	5300	0.572	0.41	1.5	0.8	33110	20.4	1.5	1.5	57	56	74	78	82	4	6	1.5	1.5
	90	21.75	20	17	76.8	92.0	4300	5300	0.529	0.42	1.4	0.8	30210	20.0	1.5	1.5	57	58	79	83	86	3	5	1.5	1.5
	90	24.75	23	19	86.8	108	4300	5300	0.626	0.42	1.4	0.8	32210	21.0	1.5	1.5	57	57	78	83	86	3	6	1.5	1.5
	90	32	32	24.5	118	155	4300	5300	0.825	0.41	1.5	0.8	33210	23.2	1.5	1.5	57	57	77	83	87	5	7.5	1.5	1.5
	110	29.25	27	23	135	158	3800	4800	1.28	0.35	1.7	1	30310	23.0	2.5	2	60	65	95	100	103	4	6.5	2	2
	110	29.25	27	19	113	128	3800	4800	1.21	0.83	0.7	0.4	31310	34.8	2.5	2	60	58	87	100	105	4	10.5	2	2
	110	42.25	40	33	185	235	3800	4800	1.89	0.35	1.7	1	32310	28.2	2.5	2	60	61	90	100	102	5	9.5	2	2
55	80	17	17	14	43.5	66.8	4800	6000	0.262	0.31	1.9	1.1	32911	14.3	1	1	61	60	71	74	77	3	3	1	1
	90	23	22	19	66.8	93.2	4000	5000	0.53	0.31	1.9	1.1	32011 X2	19.0	1.5	1.5	—	—	—	—	—	4	6	1.5	1.5
	90	23	23	17.5	84.0	118	4000	5000	0.551	0.41	1.5	0.8	32011	19.8	1.5	1.5	62	63	81	83	86	4	5.5	1.5	1.5
	90	27	27	21	99.2	145	4000	5000	0.651	0.31	1.9	1.1	33011	19.0	1.5	1.5	62	63	81	83	86	5	6	1.5	1.5
	95	30	30	23	120	165	3800	4800	0.843	0.37	1.6	0.9	33111	21.9	1.5	1.5	62	62	83	88	91	5	7	1.5	1.5
	100	22.75	21	18	95.2	115	3800	4800	0.713	0.4	1.5	0.8	30211	21.0	2	1.5	64	64	88	91	95	4	5	2	1.5
	100	26.75	25	21	112	142	3800	4800	0.853	0.4	1.5	0.8	32211	22.8	2	1.5	64	62	87	91	96	4	6	2	1.5
	100	35	35	27	148	198	3800	4800	1.15	0.4	1.5	0.8	33211	25.1	2	1.5	64	62	85	91	96	6	8	2	1.5
	120	31.5	29	25	160	188	3400	4300	1.63	0.35	1.7	1	30311	24.9	2.5	2	65	70	104	110	112	4	6.5	2.5	2

续表

基本尺寸/mm					基本额定载荷/kN		极限转速/r·min^{-1}		质量/kg	计算系数			轴承代号	其他尺寸/mm			安装尺寸/mm								
d	D	T	B	C	C_r	C_{0r}	脂	油	W ≈	e	Y	Y_0	30000型	a ≈	r min	r_1 min	d_a min	d_b max	D_a min	D_a max	D_b min	a_1 min	a_2 min	r_a max	r_b max
55	120	31.5	29	21	135	158	3400	4300	1.56	0.83	0.7	0.4	31311	37.5	2.5	2	65	63	94	110	114	4	10.5	2.5	2
	120	45.5	43	35	212	270	3400	4300	2.37	0.35	1.7	1	32311	30.4	2.5	2	65	66	99	110	111	5	10	2.5	2
60	85	17	16	14	36.2	56.5	4000	5000	0.24	0.38	1.6	0.9	32912 X2	18.0	1	1	—	—	—	—	—	3	5	1	1
	85	17	17	14	48.2	73.0	4000	5000	0.279	0.33	1.8	1	32912	15.1	1	1	66	65	75	79	82	3	3	1	1
	95	23	22	19	67.8	98.0	3800	4800	0.56	0.33	1.8	1	32012 X2	20.0	1.5	1.5	—	—	—	—	—	4	6	1.5	1.5
	95	23	23	17.5	85.8	122	3800	4800	0.584	0.43	1.4	0.8	32012	20.9	1.5	1.5	67	67	85	88	91	4	5.5	1.5	1.5
	95	27	27	21	102	150	3800	4800	0.691	0.33	1.8	1	33012	19.8	1.5	1.5	67	67	85	88	90	5	6	1.5	1.5
	100	30	30	23	125	172	3600	4500	0.895	0.4	1.5	0.8	33112	23.1	1.5	1.5	67	67	88	93	96	5	7	1.5	1.5
	110	23.75	22	19	108	130	3600	4500	0.904	0.4	1.5	0.8	30212	22.3	2	1.5	69	69	96	101	103	4	5	2	1.5
	110	29.75	28	24	138	180	3600	4500	1.17	0.4	1.5	0.8	32212	25.0	2	1.5	69	68	95	101	105	4	6	2	1.5
	110	38	38	29	172	230	3600	4500	1.51	0.4	1.5	0.8	33212	27.5	2	1.5	69	69	93	101	105	6	9	2	1.5
	130	33.5	31	26	178	210	3200	4000	1.99	0.35	1.7	1	30312	26.6	3	2.5	72	76	112	118	121	5	7.5	2.5	2.1
	130	33.5	31	22	152	178	3200	4000	1.90	0.83	0.7	0.4	31312	40.4	3	2.5	72	69	103	118	124	5	11.5	2.5	2.1
	130	48.5	46	37	238	302	3200	4000	2.90	0.35	1.7	1	32312	32.0	3	2.5	72	72	107	118	122	6	11.5	2.5	2.1
65	90	17	17	14	47.5	73.2	3800	4800	0.295	0.35	1.7	0.9	32913	16.2	1	1	71	70	80	84	87	3	3	1	1
	100	23	22	19	70.2	102	3600	4500	0.63	0.35	1.7	0.9	32013 X2	21.0	1.5	1.5	—	—	—	—	—	4	6	1.5	1.5
	100	23	23	17.5	86.8	128	3600	4500	0.620	0.46	1.3	0.7	32013	22.4	1.5	1.5	72	72	90	93	97	4	5.5	1.5	1.5
	100	27	27	21	102	158	3600	4500	0.732	0.35	1.7	1	33013	20.9	1.5	1.5	72	72	89	93	96	5	6	1.5	1.5
	110	34	34	26.5	148	220	3400	4300	1.30	0.39	1.6	0.9	33113	26.0	1.5	1.5	72	73	96	103	106	6	7.5	1.5	1.5
	120	24.75	23	20	125	152	3200	4000	1.13	0.4	1.5	0.8	30213	23.8	2	1.5	74	77	106	111	114	4	5	2	1.5
	120	32.75	31	27	168	222	3200	4000	1.55	0.4	1.5	0.8	32213	27.3	2	1.5	74	75	104	111	115	4	6	2	1.5
	120	41	41	32	212	282	3200	4000	1.99	0.39	1.5	0.9	33213	29.5	2	1.5	74	74	102	111	115	7	9	2	1.5
	140	36	33	28	205	242	2800	3600	2.44	0.35	1.7	1	30313	28.7	3	2.5	77	83	122	128	131	5	8	2.5	2.1
	140	36	33	23	172	202	2800	3600	2.37	0.83	0.7	0.4	31313	44.2	3	2.5	77	75	111	128	134	5	13	2.5	2.1
	140	51	48	39	272	350	2800	3600	3.51	0.35	1.7	1	32313	34.3	3	2.5	77	79	117	128	131	6	12	2.5	2.1
70	100	20	19	16	55.8	85.5	3600	4500	—	0.33	1.8	1	32914 X2	19.0	1	1	—	—	—	—	—	4	6	1	1

续表

基本尺寸/mm					基本额定载荷/kN		极限转速/r·min^{-1}		质量/kg	计算系数			轴承代号	其他尺寸/mm			安装尺寸/mm								
d	D	T	B	C	C_r	C_{0r}	脂	油	W ≈	e	Y	Y_0	30000 型	a ≈	r min	r_1 min	d_a min	d_b max	D_a min	D_a max	D_b min	a_1 min	a_2 min	r_a max	r_b max
70	100	20	20	16	74.2	115	3600	4500	0.471	0.32	1.9	1	32914	17.6	1	1	76	76	90	94	96	4	4	1	1
	110	25	24	20	87.8	128	3400	4300	0.85	0.34	1.8	1	32014 X2	23.0	1.5	1.5	—	—	—	—	—	5	7	1.5	1.5
	110	25	25	19	110	160	3400	4300	0.839	0.43	1.4	0.8	32014	23.8	1.5	1.5	77	78	98	103	105	5	6	1.5	1.5
	110	31	31	25.5	142	220	3400	4300	1.07	0.28	2	1	33014	22.0	1.5	1.5	77	79	99	103	105	5	5.5	1.5	1.5
	120	37	37	29	180	268	3200	4000	1.70	0.39	1.5	1.2	33114	28.2	2	1.5	79	79	104	111	115	6	8	2	1.5
	125	26.25	24	21	138	175	3000	3800	1.26	0.42	1.4	0.8	30214	25.8	2	1.5	79	81	110	116	119	4	5.5	2	1.5
	125	33.25	31	27	175	238	3000	3800	1.64	0.42	1.4	0.8	32214	28.8	2	1.5	79	79	108	116	120	4	6.5	2	1.5
	125	41	41	32	218	298	3000	3800	2.10	0.41	1.5	0.8	33214	30.7	2	1.5	79	79	107	116	120	7	9	2	1.5
	150	38	35	30	228	272	2600	3400	2.98	0.35	1.7	1	30314	30.7	3	2.5	82	89	130	138	141	5	8	2.5	2.1
	150	38	35	25	198	230	2600	3400	2.86	0.83	0.7	0.4	31314	46.8	3	2.5	82	80	118	138	143	5	13	2.5	2.1
	150	54	51	42	312	408	2600	3400	4.34	0.35	1.7	1	32314	36.5	3	2.5	82	84	125	138	141	6	12	2.5	2.1
75	105	20	20	16	82.0	125	3400	4300	0.490	0.33	1.8	1	32915	18.5	1	1	81	81	94	99	102	4	4	1	1
	115	25	24	20	89.2	135	3200	4000	0.88	0.35	1.7	0.9	32015 X2	24.0	1.5	1.5	—	—	—	—	—	5	7	1.5	1.5
	115	25	25	19	108	160	3200	4000	0.875	0.46	1.3	0.7	32015	25.2	1.5	1.5	82	83	103	108	110	5	6	1.5	1.5
	115	31	31	25.5	138	220	3200	4000	1.12	0.3	2	1	33015	22.8	1.5	1.5	82	83	103	108	110	6	5.5	1.5	1.5
	125	37	37	29	182	280	3000	3800	1.78	0.4	1.5	0.8	33115	29.4	2	1.5	84	84	109	116	120	6	8	2	1.5
	130	27.25	25	22	145	185	2800	3600	1.36	0.44	1.4	0.8	30215	27.4	2	1.5	84	85	115	121	125	4	5.5	2	1.5
	130	33.25	31	27	178	242	2800	3600	1.74	0.44	1.4	0.8	32215	30.0	2	1.5	84	84	115	121	126	4	6.5	2	1.5
	130	41	41	31	218	300	2800	3600	2.17	0.43	1.4	0.8	33215	31.9	2	1.5	84	83	111	121	125	7	10	2	1.5
	160	40	37	31	265	318	2400	3200	3.57	0.35	1.7	1	30315	32.0	3	2.5	87	95	139	148	150	5	9	2.5	2.1
	160	40	37	26	218	258	2400	3200	3.38	0.83	0.7	0.4	31315	49.7	3	2.5	87	86	127	148	153	6	14	2.5	2.1
	160	58	55	45	365	482	2400	3200	5.37	0.35	1.7	1	32315	39.4	3	2.5	87	91	133	148	150	7	13	2.5	2.1
80	110	20	20	16	83.0	128	3200	4000	0.514	0.35	1.7	0.9	32916	19.6	1	1	86	85	99	104	107	4	4	1	1
	125	29	27	23	108	162	3000	3800	1.18	0.34	1.8	1	32016 X2	26.0	1.5	1.5	—	—	—	—	—	5	8	1.5	1.5
	125	29	29	22	148	220	3000	3800	1.27	0.42	1.4	0.8	32016	26.8	1.5	1.5	87	89	112	117	120	6	7	1.5	1.5
	125	36	36	29.5	190	305	3000	3800	1.63	0.28	2.2	1.2	33016	25.2	1.5	1.5	87	90	112	117	119	6	7	1.5	1.5
	130	37	37	29	188	292	2800	3600	1.87	0.42	1.4	0.8	33116	30.7	2	1.5	89	89	114	121	126	6	8	2	1.5
	140	28.25	26	22	168	212	2600	3400	1.67	0.42	1.4	0.8	30216	28.1	2.5	2	90	90	124	130	133	4	6	2.1	2

续表

基本尺寸/mm					基本额定载荷/kN		极限转速/r·min^{-1}		质量/kg	计算系数			轴承代号	其他尺寸/mm			安装尺寸/mm								
d	D	T	B	C	C_r	C_{0r}	脂	油	W ≈	e	Y	Y_0	30000 型	a ≈	r min	r_1 min	d_a min	d_b max	D_a min	D_a max	D_b min	a_1 min	a_2 min	r_a max	r_b max
80	140	35.25	33	28	208	278	2600	3400	2.13	0.42	1.4	0.8	32216	31.4	2.5	2	90	89	122	130	135	5	7.5	2.1	2
	140	46	46	35	258	362	2600	3400	2.83	0.43	1.4	0.8	33216	35.1	2.5	2	90	89	119	130	135	7	11	2.1	2
	170	42.5	39	33	292	352	2200	3000	4.27	0.35	1.7	1	30316	34.4	3	2.5	92	102	148	158	160	5	9.5	2.5	2.1
	170	42.5	39	27	242	288	2200	3000	4.05	0.83	0.7	0.4	31316	52.8	3	2.5	92	91	134	158	161	6	15.5	2.5	2.1
	170	61.5	58	48	408	542	2200	3000	6.38	0.35	1.7	1	32316	42.1	3	2.5	92	97	142	158	160	7	13.5	2.5	2.1
85	120	23	22	29	77.8	125	3400	3800	0.73	0.26	2.3	1.3	32917 X2	21.0	1.5	1.5	—	—	—	—	—	4	6	1.5	1.5
	120	23	23	18	102	165	3400	3800	0.767	0.33	1.8	1	32917	21.1	1.5	1.5	92	92	111	113	115	4	5	1.5	1.5
	130	29	27	23	110	170	2800	3600	1.25	0.35	1.7	0.9	32017 X2	27.0	1.5	1.5	—	—	—	—	—	5	8	1.5	1.5
	130	29	29	22	148	220	2800	3600	1.32	0.44	1.4	0.8	32017	28.1	1.5	1.5	92	94	117	122	125	6	7	1.5	1.5
	130	36	36	29.5	188	305	2800	3600	1.69	0.29	2.1	1.1	33017	26.2	1.5	1.5	92	94	118	122	125	6	6.5	1.5	1.5
	140	41	41	32	225	355	2600	3400	2.43	0.41	1.5	0.8	33117	33.1	2.5	2	95	95	122	130	135	7	9	2.1	2
	150	30.5	28	24	185	238	2400	3200	2.06	0.42	1.4	0.8	30217	30.3	2.5	2	95	96	132	140	142	5	6.5	2.1	2
	150	38.5	36	30	238	325	2400	3200	2.68	0.42	1.4	0.8	32217	33.9	2.5	2	95	95	130	140	143	5	8.5	2.1	2
	150	49	49	37	295	415	2400	3200	3.52	0.42	1.4	0.8	33217	36.9	2.5	2	95	95	128	140	144	7	12	2.1	2
	180	44.5	41	34	320	388	2000	2800	4.96	0.35	1.7	1	30317	35.9	4	3	99	107	156	166	168	6	10.5	3	2.5
	180	44.5	41	28	268	318	2000	2800	4.69	0.83	0.7	0.4	31317	55.6	4	3	99	96	143	166	171	6	16.5	3	2.5
	180	63.5	60	49	442	592	2000	2800	7.31	0.35	1.7	1	32317	43.5	4	3	99	102	150	166	168	8	14.5	3	2.5
90	125	23	22	19	81.5	140	3200	3600	—	0.38	1.6	0.9	32918 X2	25.0	1.5	1.5	—	—	—	—	—	4	6	1.5	1.5
	125	23	23	18	100	165	3200	3600	0.796	0.34	1.8	1	32918	22.2	1.5	1.5	97	96	113	117	121	4	5	1.5	1.5
	140	32	30	26	128	192	2600	3400	1.7	0.34	1.8	1	32018 X2	29.0	2	1.5	—	—	—	—	—	5	8	2	1.5
	140	32	32	24	178	270	2600	3400	1.72	0.42	1.4	0.8	32018	30.0	2	1.5	99	100	125	131	134	6	8	2	1.5
	140	39	39	32.5	242	388	2600	3400	2.20	0.27	2.2	1.2	33018	27.2	2	1.5	99	100	127	131	135	7	6.5	2	1.5
	150	45	45	35	265	415	2400	3200	3.13	0.4	1.5	0.8	33118	34.9	2.5	2	100	100	130	140	144	7	10	2.1	2
	160	32.5	30	26	210	270	2200	3000	2.54	0.42	1.4	0.8	30218	32.3	2.5	2	100	102	140	150	151	5	6.5	2.1	2
	160	42.5	40	34	282	395	2200	3000	3.44	0.42	1.4	0.8	32218	36.8	2.5	2	100	101	138	150	153	5	8.5	2.1	2
	160	55	55	42	345	500	2200	3000	4.55	0.4	1.5	0.8	33218	40.8	2.5	2	100	100	134	150	154	8	13	2.1	2
	190	46.5	43	36	358	440	1900	2600	5.80	0.35	1.7	1	30318	37.5	4	3	104	113	165	176	178	6	10.5	3	2.5
	190	46.5	43	30	295	358	1900	2600	5.46	0.83	0.7	0.4	31318	58.5	4	3	104	102	151	176	181	6	16.5	3	2.5
	190	67.5	64	53	502	682	1900	2600	8.81	0.35	1.7	1	32318	46.2	4	3	104	107	157	176	178	8	14.5	3	2.5

续表

基本尺寸/mm					基本额定载荷/kN		极限转速/r·min^{-1}		质量/kg	计算系数			轴承代号	其他尺寸/mm			安装尺寸/mm								
d	D	T	B	C	C_r	C_{0r}	脂	油	W ≈	e	Y	Y_0	30000 型	a ≈	r min	r_1 min	d_a min	d_b max	D_a min	D_a max	D_b min	a_1 min	a_2 min	r_a max	r_b max
95	130	23	23	18	102	170	2600	3400	0.831	0.36	1.7	0.9	32919	23.4	1.5	1.5	102	101	117	122	126	4	5	1.5	1.5
	145	32	30	26	128	192	2400	3200	1.7	0.36	1.7	0.9	32019 X2	30.0	2	1.5	—	—	—	—	—	5	8	2	1.5
	145	32	32	24	185	280	2400	3200	1.79	0.44	1.4	0.8	32019	31.4	2	1.5	104	105	130	136	140	6	8	2	1.5
	145	39	39	32.5	240	390	2400	3200	2.26	0.28	2.2	1.2	33019	28.4	2	1.5	104	104	131	136	139	7	6.5	2	1.5
	160	49	49	38	312	498	2200	3000	3.94	0.39	1.5	0.8	33119	37.3	2.5	2	105	105	138	150	154	7	11	2.1	2
	170	34.5	32	27	238	308	2000	2800	3.04	0.42	1.4	0.8	30219	34.2	3	2.5	107	108	149	158	160	5	7.5	2.5	2.1
	170	45.5	43	37	318	448	2000	2800	4.24	0.42	1.4	0.8	32219	39.2	3	2.5	107	106	145	158	163	5	8.5	2.5	2.1
	170	58	58	44	395	568	2000	2800	5.48	0.41	1.5	0.8	33219	42.7	3	2.5	107	105	144	158	163	9	14	2.5	2.1
	200	49.5	45	38	388	478	1800	2400	6.80	0.35	1.7	1	30319	40.1	4	3	109	118	172	186	185	6	11.5	3	2.5
	200	49.5	45	32	325	400	1800	2400	6.46	0.83	0.7	0.4	31319	61.2	4	3	109	107	157	186	189	6	17.5	3	2.5
	200	71.5	67	55	540	738	1800	2400	10.1	0.35	1.7	1	32319	49.0	4	3	109	114	166	186	187	8	16.5	3	2.5
100	140	25	25	20	135	218	2400	3200	1.12	0.33	1.8	1	32920	24.3	1.5	1.5	107	108	128	132	136	4	5	1.5	1.5
	150	32	30	26	130	205	2200	3000	1.79	0.37	1.6	0.9	32020 X2	32.0	2	1.5	—	—	—	—	—	5	8	2	1.5
	150	32	32	24	180	282	2200	3000	1.85	0.46	1.3	0.7	32020	32.8	2	1.5	109	109	134	141	144	6	8	2	1.5
	150	39	39	32.5	240	390	2200	3000	2.33	0.29	2.1	1.2	33020	29.1	2	1.5	109	108	135	141	143	7	6.5	2	1.5
	165	52	52	40	322	528	2000	2800	4.31	0.41	1.5	0.8	33120	40.3	2.5	2	110	110	142	155	159	8	12	2.1	2
	180	37	34	29	268	350	1900	2600	3.72	0.42	1.4	0.8	30220	36.4	3	2.5	112	114	157	168	169	5	8	2.5	2.1
	180	49	46	39	355	512	1900	2600	5.10	0.42	1.4	0.8	32220	41.9	3	2.5	112	113	154	168	172	5	10	2.5	2.1
	180	63	63	48	458	665	1900	2600	6.71	0.4	1.5	0.8	33220	45.5	3	2.5	112	112	151	168	172	10	15	2.5	2.1
	215	51.5	47	39	425	525	1600	2000	8.22	0.35	1.7	1	30320	42.2	4	3	114	127	184	201	199	6	12.5	3	2.5
	215	56.5	51	35	390	488	1600	2000	8.59	0.83	0.7	0.4	31320	68.4	4	3	114	115	168	201	204	7	21.5	3	2.5
	215	77.5	73	60	628	872	1600	2000	13.0	0.35	1.7	1	32320	52.9	4	3	114	122	177	201	201	8	17.5	3	2.5
105	145	25	25	20	135	225	2200	3000	1.16	0.34	1.8	1	32921	25.4	1.5	1.5	112	112	132	137	141	5	5	1.5	1.5
	160	35	33	28	170	270	2000	2800	2.5	0.36	1.7	0.9	32021 X2	33.0	2.5	2	—	—	—	—	—	6	9	2.1	2
	160	35	35	26	215	335	2000	2800	2.40	0.44	1.4	0.7	32021	34.6	2.5	2	115	116	143	150	154	6	9	2.1	2
	160	43	43	34	270	438	2000	2800	2.97	0.28	2.1	1.2	33021	30.8	2.5	2	115	116	145	150	153	7	9	2.1	2
	175	56	56	44	368	608	1900	2600	5.29	0.4	1.5	0.8	33121	42.9	2.5	2	115	115	149	165	170	8	12	2.1	2

续表

基本尺寸/mm					基本额定载荷/kN		极限转速/r·min^{-1}		质量/kg	计算系数			轴承代号	其他尺寸/mm			安装尺寸/mm								
d	D	T	B	C	C_r	C_{0r}	脂	油	W ≈	e	Y	Y_0	30000 型	a ≈	r min	r_1 min	d_a min	d_b max	D_a min	D_a max	D_b min	a_1 min	a_2 min	r_a max	r_b max
105	190	39	36	30	298	398	1800	2400	4.38	0.42	1.4	0.8	30221	38.5	3	2.5	117	121	165	178	178	6	9	2.5	2.1
	190	53	50	43	298	578	1800	2400	6.26	0.42	1.4	0.8	32221	45.0	3	2.5	117	118	161	178	182	5	10	2.5	2.1
	190	68	68	52	522	770	1800	2400	8.12	0.4	1.5	0.8	33221	48.6	3	2.5	117	117	159	178	182	12	16	2.5	2.1
	225	53.5	49	41	452	562	1500	1900	9.38	0.35	1.7	1	30321	43.6	4	3	119	133	193	211	208	7	12.5	3	2.5
	225	58	53	36	418	525	1500	1900	9.58	0.83	0.7	0.4	31321	70.0	4	3	119	121	176	211	213	7	22	3	2.5
	225	81.5	77	63	678	945	1500	1900	14.8	0.35	1.7	1	32321	55.1	4	3	119	128	185	211	210	8	18.5	3	2.5
110	150	25	24	20	89.5	148	2000	2800	1.1	0.28	2.1	1.2	32922 X2	25	1.5	1.5	—	—	—	—	—	5	7	1.5	1.5
	150	25	25	20	135	232	2000	2800	1.20	0.36	1.7	0.9	32922	26.5	1.5	1.5	117	117	137	142	146	5	5	1.5	1.5
	170	38	36	31	190	302	1900	2600	3.1	0.35	1.7	0.9	32022 X2	35	2.5	2	—	—	—	—	—	6	9	2.1	2
	170	38	38	29	258	402	1900	2600	3.02	0.43	1.4	0.8	32022	36.6	2.5	2	120	122	152	160	163	7	9	2.1	2
	170	47	47	37	302	502	1900	2600	3.74	0.29	2.1	1.2	33022	33.2	2.5	2	120	123	152	160	161	7	10	2.1	2
	180	56	56	43	390	638	1800	2400	5.50	0.42	1.4	0.8	33122	44.0	2.5	2	120	121	155	170	174	9	13	2.1	2
	200	41	38	32	330	445	1700	2200	5.21	0.42	1.4	0.8	30222	40.4	3	2.5	122	128	174	188	189	6	9	2.5	2.1
	200	56	53	46	450	665	1700	2200	7.43	0.42	1.4	0.8	32222	47.3	3	2.5	122	124	170	188	192	6	10	2.5	2.1
	240	54.5	50	42	495	612	1400	1800	11.0	0.35	1.7	1	30322	45.1	4	3	124	142	206	226	222	8	12.5	3	2.5
	240	63	57	38	480	610	1400	1800	12.1	0.83	0.7	0.4	31322	75.3	4	3	124	129	188	226	226	7	25	3	2.5
	240	84.5	80	65	760	1060	1400	1800	17.8	0.35	1.7	1	32322	57.8	4	3	124	137	198	226	224	9	19.5	3	2.5
120	165	29	29	23	180	318	1800	2400	1.78	0.35	1.7	1	32924	29.3	1.5	1.5	127	128	150	157	160	6	6	1.5	1.5
	180	38	36	31	208	338	1700	2200	3.1	0.37	1.6	0.9	32024 X2	38.0	2.5	2	—	—	—	—	—	6	9	2.1	2
	180	38	38	29	255	405	1700	2200	3.18	0.46	1.3	0.7	32024	39.3	2.5	2	130	131	161	170	173	7	9	2.1	2
	180	48	48	38	312	535	1700	2200	4.07	0.31	2	1.1	33024	35.5	2.5	2	130	132	160	170	171	6	10	2.1	2
	200	62	62	48	470	778	1600	2000	7.68	0.40	1.5	0.8	33124	47.6	2.5	2	130	130	172	190	192	10	14	2.1	2
	215	43.5	40	34	355	482	1500	1900	6.20	0.44	1.4	0.8	30224	44.1	3	2.5	132	139	187	203	203	6	9.5	2.5	2.1
	215	61.5	58	50	500	758	1500	1900	9.26	0.44	1.4	0.8	32224	52.3	3	2.5	132	134	181	203	206	7	11.5	2.5	2.1
	260	59.5	55	46	588	745	1300	1700	14.2	0.35	1.7	1	30324	49.0	4	3	134	153	221	246	238	8	13.5	3	2.5
	260	68	62	42	560	725	1300	1700	15.3	0.83	0.7	0.4	31324	81.8	4	3	134	140	203	246	246	9	26	3	2.5
	260	90.5	86	69	865	1230	1300	1700	22.1	0.35	1.7	1	32324	61.6	4	3	134	147	213	246	240	9	21.5	3	2.5

续表

基本尺寸 /mm					基本额定载荷/kN		极限转速 /r·min^{-1}		质量 /kg	计算系数			轴承代号	其他尺寸 /mm			安装尺寸 /mm								
d	D	T	B	C	C_r	C_{0r}	脂	油	W ≈	e	Y	Y_0	30000 型	a ≈	r min	r_1 min	d_a min	d_b max	D_a min	D_a max	D_b min	a_1 min	a_2 min	r_a max	r_b max
130	180	32	30	26	148	260	1700	2200	2.31	0.27	2.2	1.2	32926 X2	30.0	2	1.5	—	—	—	—	—	5	8	2	1.5
	180	32	32	25	215	380	1700	2200	2.34	0.34	1.8	1	32926	31.6	2	1.5	140	139	164	171	174	6	7	2	1.5
	200	45	42	36	255	418	1600	2000	4.46	0.35	1.7	0.9	32026 X2	42.0	2.5	2	—	—	—	—	—	7	11	2.1	2
	200	45	45	34	350	568	1600	2000	4.94	0.43	1.4	0.8	32026	43.3	2.5	2	140	144	178	190	192	8	11	2.1	2
	200	55	55	43	418	728	1600	2000	6.14	0.34	1.8	1	33026	42.0	2.5	2	140	140	178	190	192	8	12	2.1	2
	230	43.75	40	34	382	520	1400	1800	6.94	0.44	1.4	0.8	30226	46.1	4	3	144	150	203	216	219	7	10	3	2.5
	230	67.75	64	54	578	888	1400	1800	11.4	0.44	1.4	0.8	32226	56.6	4	3	144	143	193	216	221	7	14	3	2.5
	280	63.75	58	49	670	855	1100	1500	17.3	0.35	1.7	1	30326	53.2	5	4	145	165	239	262	258	8	15	4	3
	280	72	66	44	620	805	1100	1500	18.4	0.83	0.7	0.4	31326	87.2	5	4	147	150	218	262	263	9	28	4	3
140	190	32	30	26	152	265	1600	2000	2.43	0.29	2.1	1.1	32928 X2	32.0	2	1.5	—	—	—	—	—	5	8	2	1.5
	190	32	32	25	218	392	1600	2000	2.47	0.36	1.7	0.9	32928	33.8	2	1.5	150	150	177	181	184	6	6	2	1.5
	210	45	42	36	270	452	1400	1800	5.21	0.37	1.6	0.9	32028 X2	44.0	2.5	2	—	—	—	—	—	7	11	2.1	2
	210	45	45	34	345	568	1400	1800	5.15	0.46	1.3	0.7	32028	46.0	2.5	2	150	153	187	200	202	8	11	2.1	2
	210	56	56	44	428	755	1400	1800	6.57	0.36	1.7	0.9	33028	45.1	2.5	2	150	150	186	200	202	8	12	2.1	2
	250	45.75	42	36	428	585	1200	1600	8.73	0.44	1.4	0.8	30228	49.0	4	3	154	162	219	236	236	9	11	3	2.5
	250	71.75	68	58	675	1050	1200	1600	14.4	0.44	1.4	0.8	32228	60.7	4	3	154	156	210	236	240	8	14	3	2.5
	300	67.75	62	53	758	975	1000	1400	21.4	0.35	1.7	1	30328	56.5	5	4	155	176	255	282	275	9	15	4	3
	300	77	70	47	710	928	1000	1400	22.8	0.83	0.7	0.4	31328	94.1	5	4	157	162	235	282	283	9	30	4	3
150	210	38	36	31	208	368	1400	1800	—	0.27	2.2	1.2	32930 X2	35.6	2.5	2	—	—	—	—	—	6	9	2.1	2
	210	38	38	30	272	510	1400	1800	3.87	0.33	1.8	1	32930	36.4	2.5	2	160	162	192	200	202	7	8	2.1	2
	225	48	45	38	305	525	1300	1700	6.2	0.37	1.6	0.9	32030 X2	47.0	3	2.5	—	—	—	—	—	7	12	2.5	2.1
	225	48	48	36	385	635	1300	1700	6.25	0.46	1.3	0.7	32030	49.2	3	2.5	162	164	200	213	216	8	12	2.5	2.1
	225	59	59	46	482	875	1300	1700	7.98	0.36	1.7	0.9	33030	48.2	3	2.5	162	162	200	213	218	9	13	2.5	2.1
	270	49	45	38	472	645	1100	1500	10.8	0.44	1.4	0.8	30230	52.4	4	3	164	174	234	256	252	9	11	3	2.5
	270	77	73	60	755	1180	1100	1500	18.2	0.44	1.4	0.8	32230	65.4	4	3	164	168	226	256	256	8	17	3	2.5
	320	72	65	55	840	1090	950	1300	25.2	0.35	1.7	1	30330	60.6	5	4	165	190	273	302	294	9	17	4	3
	320	82	75	50	808	1070	950	1300	27.4	0.83	0.7	0.4	31330	100.1	5	4	167	173	251	302	302	9	32	4	3

续表

基本尺寸 /mm					基本额定载荷/kN		极限转速 /r·min^{-1}		质量 /kg	计算系数			轴承代号	其他尺寸 /mm			安装尺寸 /mm								
d	D	T	B	C	C_r	C_{0r}	脂	油	W ≈	e	Y	Y_0	30000型	a ≈	r min	r_1 min	d_a min	d_b max	D_a min	D_a max	D_b min	a_1 min	a_2 min	r_a max	r_b max
	220	38	36	31	228	405	1300	1700	3.79	0.27	2.2	1.2	32932 X2	36.0	2.5	2	—	—	—	—	—	6	9	2.1	2
	220	38	38	30	275	525	1300	1700	4.07	0.35	1.7	1	32932	38.7	2.5	2	170	170	199	210	214	7	8	2.1	2
	240	51	48	41	362	632	1200	1600	7.7	0.37	1.6	0.9	32032 X2	50.0	3	2.5	—	—	—	—	—	7	12	2.5	2.1
160	240	51	51	38	440	735	1200	1600	7.66	0.46	1.3	0.7	32032	52.6	3	2.5	172	175	213	228	231	8	13	2.5	2.1
	290	52	48	40	538	738	1000	1400	13.3	0.44	1.4	0.8	30232	55.5	4	3	174	189	252	276	271	9	12	3	2.5
	290	84	80	67	898	1430	1000	1400	23.3	0.44	1.4	0.8	32232	70.9	4	3	174	180	242	276	276	10	17	3	2.5
	340	75	68	58	920	1190	900	1200	29.5	0.35	1.7	1	30332	63.3	5	4	175	202	290	320	312	9	17	4	3
	230	38	36	31	232	418	1200	1600	3.84	0.28	2.1	1.2	32934 X2	38.0	2.5	2	—	—	—	—	—	6	6	2.1	2
	230	38	38	30	295	560	1200	1600	4.33	0.38	1.6	0.9	32934	41.9	2.5	2	180	183	213	220	222	7	8	2.1	2
	260	57	54	46	405	728	1100	1500	10.1	0.31	1.9	1.1	32034 X2	51.0	3	2.5	—	—	—	—	—	8	13	2.5	2.1
170	260	57	57	43	545	920	1100	1500	10.4	0.44	1.4	0.7	32034	56.4	3	2.5	182	187	230	248	249	10	14	2.5	2.1
	310	57	52	43	618	865	1000	1300	16.6	0.44	1.4	0.8	30234	60.4	5	4	188	201	269	292	290	9	14	4	3
	310	91	86	71	1015	1640	1000	1300	28.6	0.44	1.4	0.8	32234	76.3	5	4	188	194	259	292	296	10	20	4	3
	360	80	72	62	1042	1370	850	1100	35.6	0.35	1.7	1	30334	68.0	5	4	185	214	307	342	331	10	18	4	3
	250	45	45	34	355	708	1100	1500	6.44	0.48	1.3	0.7	32936	54.0	2.5	2	190	193	225	240	241	8	11	2.1	2
	280	64	60	52	525	890	1000	1400	14.7	0.4	1.5	0.8	32036 X2	63	3	2.5	—	—	—	—	—	8	14	2.5	2.1
180	280	64	64	48	670	1150	1000	1400	14.1	0.42	1.4	0.8	32036	60.1	3	2.5	192	199	247	268	267	10	16	2.5	2.1
	320	57	52	43	638	912	900	1200	17.3	0.45	1.3	0.7	30236	62.8	5	4	198	209	278	302	300	9	14	4	3
	320	91	86	71	1045	1720	900	1200	29.9	0.45	1.3	0.7	32236	78.8	5	4	198	201	267	302	306	10	20	4	3
	380	83	75	64	1142	1500	900	1100	40.7	0.35	1.7	1	30336	70.9	5	4	198	228	327	362	351	10	19	4	3
	260	45	42	36	305	580	1000	1400	6.52	0.38	1.6	0.9	32938 X2	52.0	2.5	2	—	—	—	—	—	7	11	2.1	2
	260	45	45	34	378	740	1000	1400	6.66	0.48	1.3	0.7	32938	55.2	2.5	2	200	204	235	250	251	8	11	2.1	2
190	290	64	60	52	525	932	950	1300	14.1	0.29	2.1	1.1	32038 X2	56.0	3	2.5	—	—	—	—	—	8	14	2.5	2.1
	290	64	64	48	682	1180	950	1300	14.6	0.44	1.4	0.8	32038	62.8	3	2.5	202	209	257	278	279	10	16	2.5	2.1
	340	60	55	46	732	1030	850	1100	20.8	0.44	1.4	0.8	30238	65.0	5	4	208	223	298	322	321	9	14	4	3
	340	97	92	75	1175	1900	850	1100	36.1	0.44	1.4	0.8	32238	82.1	5	4	208	214	286	322	326	10	22	4	3
	280	51	48	41	362	710	950	1300	8.86	0.39	1.5	0.8	32940 X2	57.0	3	2.5	—	—	—	—	—	7	12	2.5	2.1
200	280	51	51	39	482	950	950	1300	9.43	0.39	1.5	0.8	32940	54.2	3	2.5	212	214	257	268	271	9	12	2.5	2.1
	310	70	66	56	602	1120	900	1200	17.4	0.37	1.6	0.9	32040 X2	67.0	3	2.5	—	—	—	—	—	10	16	2.5	2.1

续表

基本尺寸 /mm					基本额定载荷/kN		极限转速 /r·min^{-1}		质量 /kg	计算系数			轴承代号	其他尺寸 /mm			安装尺寸 /mm								
d	D	T	B	C	C_r	C_{0r}	脂	油	W ≈	e	Y	Y_0	30000 型	a ≈	r min	r_1 min	d_a min	d_b max	D_a min	D_a max	D_b min	a_1 min	a_2 min	r_a max	r_b max
200	310	70	70	53	818	1420	900	1200	18.9	0.43	1.4	0.8	32040	66.9	3	2.5	212	221	273	298	297	11	17	2.5	2.1
	360	64	58	48	802	1140	800	1000	24.7	0.44	1.4	0.8	30240	69.3	5	4	218	236	315	342	338	9	16	4	3
	360	104	98	82	1382	2180	800	1000	43.2	0.41	1.5	0.8	32240	85.1	5	4	218	222	302	342	342	11	22	4	3
220	300	51	48	41	390	795	900	1200	10.1	0.31	1.9	1.1	32944 X2	53.0	3	2.5	—	—	—	—	—	7	12	2	2.5
	300	51	51	39	492	978	900	1200	10.0	0.43	1.4	0.8	32944	59.1	3	2.5	232	234	275	288	290	10	12	2.5	2.1
	340	76	72	62	735	1330	800	1000	22.3	0.35	1.7	0.9	32044 X2	71.0	4	3	—	—	—	—	—	10	16	3.5	2.5
	340	76	76	57	952	1670	800	1000	24.4	0.43	1.4	0.8	32044	73.0	4	3	234	243	300	326	326	12	19	3	2.5
240	320	51	48	41	408	860	800	1000	10.9	0.45	1.3	0.7	32948 X2	67.0	3	2.5	—	—	—	—	—	7	12	2.5	2.1
	320	51	51	39	545	1060	800	1000	10.7	0.46	1.3	0.7	32948	64.7	3	2.5	252	254	290	308	311	10	12	2.5	2.1
	360	76	72	62	745	1420	700	900	25.5	0.32	1.9	1	32048 X2	70.0	4	3	—	—	—	—	—	10	16	3	2.5
	360	76	76	57	965	1730	700	900	25.9	0.46	1.3	0.7	32048	78.4	4	3	254	261	318	346	346	12	19	3	2.5
260	360	63.5	60	52	550	1150	700	900	19.2	0.3	2	1.1	32952 X2	64.0	3	2.5	—	—	—	—	—	8	14	2.5	2.1
	360	63.5	63.5	48	720	1470	700	900	18.6	0.41	1.5	0.8	32952	69.6	3	2.5	272	279	328	348	347	11	15.5	2.5	2.1
	400	87	82	71	945	1810	670	850	37.8	0.3	2	1.1	32052 X2	76.0	5	4	—	—	—	—	—	12	18	4	3
	400	87	87	65	1175	2170	670	850	38.0	0.43	1.4	0.8	32052	85.6	5	4	278	287	352	382	383	14	22	4	3
280	380	63.5	63.5	48	780	1580	630	800	19.7	0.43	1.4	0.7	32956	74.5	3	2.5	292	298	344	368	368	11	15	2.5	2.1
	420	87	82	71	652	1940	600	750	39.6	0.37	1.6	0.9	32056 X2	87.0	5	4	—	—	—	—	—	12	18	4	3
	420	87	87	65	1248	2290	600	750	40.2	0.46	1.3	0.7	32056	90.3	5	4	298	305	370	402	402	14	22	4	3
300	420	76	72	62	815	1700	600	750	30.2	0.28	2.1	1.2	32960 X2	72.0	4	3	—	—	—	—	—	10	16	3	2.5
	420	76	76	57	1068	2200	600	750	31.5	0.39	1.5	0.8	32960	80.0	4	3	315	324	379	406	405	13	19	3	2.5
	460	100	95	82	1100	2190	560	700	55.9	0.31	1.9	1.1	32060 X2	90.0	5	4	—	—	—	—	—	14	20	4	3
	460	100	100	74	1592	2940	560	700	57.5	0.43	1.4	0.8	32060	97.7	5	4	318	329	404	442	439	15	26	4	3
320	440	76	72	62	838	1760	560	700	44.7	0.3	2	1.1	32964 X2	76.0	4	3	—	—	—	—	—	10	16	3	2.5
	440	76	76	57	1090	2320	560	700	33.3	0.42	1.4	0.8	32964	85.1	4	3	335	343	398	426	426	13	19	3	2.5
	480	100	95	82	1100	2190	530	670	59.1	0.42	1.4	0.8	32064 X2	106	5	4	—	—	—	—	—	14	20	4	3
	480	100	100	74	1615	3000	530	670	60.6	0.46	1.3	0.7	32064	103.5	5	4	338	350	424	462	461	15	26	4	3
340	460	76	72	62	845	1830	530	670	34.3	0.31	1.9	1.1	32968 X2	80.0	4	3	—	—	—	—	—	10	16	3	2.5
	460	76	76	57	1100	2380	530	670	34.8	0.44	1.4	0.8	32968	90.5	4	3	355	362	417	446	446	13	19	3	2.5
360	480	76	72	62	878	1940	500	630	35.8	0.33	1.8	1	32972 X2	84.0	4	3	—	—	—	—	—	10	16	3	2.5
	480	76	76	57	1110	2430	500	630	36.3	0.46	1.3	0.7	32972	96.2	4	3	375	381	436	466	466	13	19	3	2.5

注：1. 现行标准 GB/T 297—2015 扩大了 02、22、23 系列尺寸范围，但结构示意图、本表数据仍按《全国滚动轴承产品样本》第 2 版未作修改。

2. 随着轴承技术的发展，额定载荷、极限转速均有所提高，本表数据仍按《全国滚动轴承产品样本》第 2 版未作修改。

双列圆锥滚子轴承（摘自 GB/T 299）

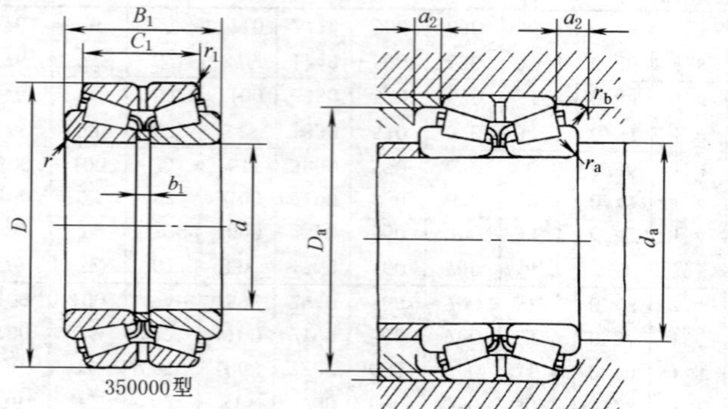

350000型

径向当量动载荷：

当 $F_a/F_r \leqslant e$，$P_r = F_r + Y_1 F_a$

当 $F_a/F_r > e$，$P_r = 0.67F_r + Y_2 F_a$

径向当量静载荷：

$$P_{0r} = F_r + Y_0 F_a$$

各式中，F_r、F_a 均指作用于轴承上的总载荷

最小径向载荷 $F_{rmin} = 0.02C_r$

对 F_{rmin} 的说明见表 7-2-103。

符号含义及应用

E—加强型，通过优化内部结构参数，增大承载能力，应优先选用

X2—含义见前

外圈是一个整体，外圈可有或无润滑油槽或油孔，两内圈小端面相对，中间有隔圈，改变隔圈的厚度可调整游隙，在轴向游隙范围内限制轴与外壳的双向轴向位移。这种轴承在承受径向载荷的同时，可承受双向轴向载荷

表 7-2-104

基本尺寸 /mm			基本额定载荷 /kN		极限转速 /r·min⁻¹		质量 /kg	轴承代号①	其他尺寸 /mm				安装尺寸 /mm					计算系数			
d	D	B_1	C_r	C_{0r}	脂	油	W ≈	350000 型	C_1	b_1	r min	r_1 min	d_a min	D_a min	a_2 min	r_a max	r_b max	e	Y_1	Y_2	Y_0
25	62	42	69.8	100	4600	5600	—	351305 E	31.5	8	1.5	0.6	32	59	5.5	1.5	0.6	0.83	0.8	1.2	0.8
30	72	47	89.0	125	4000	5000	—	351306 E	33.5	9	1.5	0.6	37	68	7	1.5	0.6	0.83	0.8	1.2	0.8
35	80	51	112	160	3600	4500	—	351307 E	35.5	9	2	0.6	44	76	8	2	0.6	0.83	0.8	1.2	0.8
40	80	55	112	65.8	3800	4500	—	352208 X2	40	8	1.5	0.6	48	74	8	1.5	0.6	0.38	1.8	2.6	1.7
	80	55	135	188	3800	4500	1.18	352208 E	43.5	9	1.5	0.6	47	75	6	1.5	0.6	0.37	1.8	2.7	1.8
	90	56	138	170	3200	4000	1.56	351308 E	39.5	10	2	0.6	49	87	8.5	2	0.6	0.83	0.8	1.2	0.8
45	85	55	142	200	3200	4000	1.27	352209 E	43.5	9	1.5	0.6	52	81	6	1.5	0.6	0.4	1.7	2.5	1.6
	100	60	158	218	2900	3600	2.11	351309 E	41.5	10	2	0.6	54	96	9.5	2	0.6	0.83	0.8	1.2	0.8
50	90	55	152	218	3200	3800	1.36	352210 E	43.5	9	1.5	0.6	57	86	6	1.5	0.6	0.42	1.6	2.4	1.6
	110	64	185	260	2700	3400	2.65	351310 E	43.5	10	2.5	0.6	60	105	10.5	2.1	0.6	0.83	0.8	1.2	0.8

续表

基本尺寸 /mm			基本额定载荷 /kN		极限转速 /r·min^{-1}		质量 /kg	轴承代号[①]	其他尺寸 /mm				安装尺寸 /mm					计算系数			
d	D	B_1	C_r	C_{0r}	脂	油	W ≈	350000 型	C_1	b_1	r min	r_1 min	d_a min	D_a min	a_2 min	r_a max	r_b max	e	Y_1	Y_2	Y_0
55	100	60	185	270	3800	3400	1.85	352211 E	48.5	10	2	0.6	64	96	6	2	0.6	0.4	1.7	2.5	1.6
	120	70	218	305	2400	3000	3.92	351311 E	49	12	2.5	0.6	65	114	10.5	2.1	0.6	0.83	0.8	1.2	0.8
60	110	66	225	330	2600	3200	—	352212 E	54.5	10	2	0.6	69	105	6	2	0.6	0.4	1.7	2.5	1.6
	130	74	248	350	2300	2800	—	351312 E	51	12	3	1	72	124	11.5	2.5	1	0.83	0.8	1.2	0.8
65	120	70	230	365	2200	3000	—	352213 X2	55	8	2	0.6	74	114	7.5	2	0.6	0.37	1.8	2.7	1.8
	120	73	272	410	2200	3000	2.49	352213 E	61.5	11	2	0.6	74	115	6	2	0.6	0.4	1.7	2.5	1.6
	140	79	280	410	2000	2600	5.16	351313 E	53	13	3	1	77	134	13	2.5	1	0.83	0.8	1.2	0.8
70	125	70	240	388	2200	2800	—	352214 X2	55	8	2	0.6	79	118	8	2	0.6	0.39	1.7	2.6	1.7
	125	74	285	440	2200	2800	3.56	352214 E	61.5	12	2	0.6	79	120	6.5	2	0.6	0.42	1.6	2.4	1.6
	150	83	318	460	1900	2400	6.23	351314 E	57	13	3	1	82	143	13	2.5	1	0.83	0.8	1.2	0.8
75	130	74	288	445	2000	2600	3.68	352215 E	61.5	12	2	0.6	84	126	6.5	2	0.6	0.44	1.6	2.3	1.5
	130	75	245	412	2000	2600	3.6	352215 X2	62	8	2	0.6	84	124	7	2	0.6	0.41	1.7	2.5	1.6
	160	88	355	510	1700	2200	—	351315 E	60	14	3	1	87	153	14	2.5	1	0.83	0.8	1.2	0.8
80	140	78	335	530	1900	2400	4.58	352216 E	63.5	12	2.5	0.6	90	135	7.5	2.1	0.6	0.42	1.6	2.4	1.6
	140	80	282	480	1900	2400	4.97	352216 X2	65	10	2.5	0.6	90	133	8	2.1	0.6	0.4	1.7	2.5	1.6
	170	94	388	590	1600	2200	—	351316 E	63	16	3	1	92	161	15.5	2.5	1	0.83	0.8	1.2	0.8
85	150	85	330	560	1700	2200	6.01	352217 X2	65	10	2.5	0.6	95	142	11	2.1	0.6	0.4	1.7	2.5	1.6
	150	86	385	600	1700	2200	5.85	352217 E	69	14	2.5	0.6	95	143	8.5	2.1	0.6	0.42	1.6	2.4	1.6
	180	99	428	660	1400	2000	—	351317 E	66	17	4	1	99	171	16.5	3	1	0.83	0.8	1.2	0.8
90	160	94	460	720	1600	2200	7.35	352218 E	77	14	2.5	0.6	100	153	8.5	2.1	0.6	0.42	1.6	2.4	1.6
	160	95	375	630	1600	2200	7.46	352218 X2	78	10	2.5	0.6	100	152	9.5	2.1	0.6	0.39	1.7	2.6	1.7
	190	103	478	738	1300	1900	—	351318 E	70	17	4	1	104	181	16.5	3	1	0.83	0.8	1.2	0.8
95	170	100	515	835	1400	2000	9.04	352219 E	83	14	3	1	107	163	8.5	2.5	1	0.42	1.6	2.4	1.6

续表

基本尺寸 /mm			基本额定载荷 /kN		极限转速 /r·min^{-1}		质量 /kg	轴承代号①	其他尺寸 /mm				安装尺寸 /mm					计算系数			
d	D	B_1	C_r	C_{0r}	脂	油	W ≈	350000 型	C_1	b_1	r min	r_1 min	d_a min	D_a min	a_2 min	r_a max	r_b max	e	Y_1	Y_2	Y_0
95	200	109	525	830	1300	1700	—	351319 E	74	19	4	1	109	189	17.5	3	1	0.83	0.8	1.2	0.8
100	180	107	582	925	1400	1900	10.7	352220 E	87	15	3	1	112	172	10	2.5	1	0.42	1.6	2.4	1.6
	180	112	480	860	1400	1900	11.5	352220 X2	92	10	3	1	111	172	11	2.5	1	0.39	1.7	2.6	1.7
	215	124	630	1010	1100	1400	—	351320 E	81	22	4	1	114	204	21.5	3	1	0.83	0.8	1.2	0.8
105	190	115	648	1080	1300	1700	13.1	352221 E	95	15	3	1	117	182	10	2.5	1	0.42	1.6	2.4	1.6
	190	118	558	982	1300	1700	13	352221 X2	96	12	3	1	116	181	12	2.5	1	0.4	1.7	2.5	1.7
	225	127	670	1080	1100	1400	—	351321 E	83	21	4	1	119	213	22	3	1	0.83	0.8	1.2	0.8
110	180	95	442	840	1300	1700	10	352122	76	11	2	0.6	120	173	10.5	2	0.6	0.25	2.7	4	2.6
	200	121	732	1210	1200	1600	15.5	352222 E	101	15	3	1	122	192	10	2.5	1	0.42	1.6	2.4	1.6
	200	125	625	1120	1200	1600	16.4	352222 X2	102	12	3	1	121	191	11.5	2.5	1	0.39	1.7	2.6	1.7
	240	137	788	1290	1000	1300	—	351322 E	87	23	4	1	124	226	25	3	1	0.83	0.8	1.2	0.8
120	200	110	532	910	1100	1500	12.6	352124	90	14	2	0.6	130	194	11	2	0.6	0.3	2.2	3.3	2.2
	215	132	812	1360	1100	1400	18.9	352224 E	109	16	3	1	132	206	11.5	2.5	1	0.44	1.6	2.3	1.5
	215	132	732	1340	1100	1400	19.1	352224 X2	106	12	3	1	132	206	14	2.5	1	0.41	1.6	2.5	1.6
	260	148	902	1490	900	1200	—	351324 E	96	24	4	1	134	246	26	3	1	0.83	0.8	1.2	0.8
130	180	70	270	565	1200	1600	4.88	352926 X2	50	10	2	0.6	139	174	11	2	0.6	0.27	2.5	3.7	2.4
	200	95	442	830	1100	1500	9.72	352026 X2	75	10	2.5	0.6	140	194	11	2.1	0.6	0.35	1.9	2.9	1.9
	210	110	565	1000	1000	1400	12.9	352126	90	14	2	0.6	141	203	11	2	0.6	0.26	2.6	3.8	2.5
	230	145	938	1630	1000	1300	24.1	352226 E	117.5	17	4	1	144	221	14	3	1	0.44	1.6	2.3	1.5
	230	150	735	1400	1000	1300	26.2	352226 X2	120	12	4	1	142	222	16	3	1	0.39	1.7	2.6	1.7
	280	156	1015	1640	800	1100	—	351326 E	100	24	5	1.1	147	263	28	4	1	0.83	0.8	1.2	0.8
140	210	95	470	900	950	1300	8.35	352028 X2	75	12	2.5	0.6	150	204	11	2.1	0.6	0.37	1.8	2.7	1.8
	225	115	588	1110	950	1300	15.3	352128	90	15	2.5	1	151	217	13.5	2.1	1	0.34	2	3	2
	250	153	1100	1840	850	1100	30.1	352228 E	125.5	17	4	1	154	240	14	3	1	0.44	1.6	2.3	1.5
	250	158	1032	1840	850	1100	30.6	352228 X2	128	12	4	1	153	241	16	3	1	0.33	2.1	3.1	2
	300	168	1162	1940	700	1000	—	351328E	108	28	5	1.1	157	283	30	4	1	0.83	0.8	1.2	0.8

续表

基本尺寸 /mm			基本额定载荷 /kN		极限转速 /r·min^{-1}		质量 /kg	轴承代号[①]	其他尺寸 /mm				安装尺寸 /mm					计算系数			
d	D	B_1	C_r	C_{0r}	脂	油	W ≈	350000 型	C_1	b_1	r min	r_1 min	d_a min	D_a min	a_2 min	r_a max	r_b max	e	Y_1	Y_2	Y_0
150	210	80	368	790	950	1300	9.32	352930 X2	62	10	2.5	0.6	159	204	10	2.1	0.6	0.27	2.5	3.7	2.4
	250	138	815	1560	850	1100	25.8	352130	112	18	2.5	1	163	242	14	2.1	1	0.3	2.2	3.3	2.2
	270	164	1225	2140	800	1100	37.3	352230 E	130	18	4	1	164	256	17	3	1	0.44	1.6	2.3	1.5
	270	172	1120	2180	800	1100	38.9	352230 X2	138	12	4	1	164	260	18	3	1	0.39	1.7	2.6	1.7
	320	178	1320	2250	670	950	—	351330 E	114	28	5	1.1	167	302	32	4	1	0.83	0.8	1.2	0.8
160	240	115	638	1260	850	1100	16.5	352032 X2	90	12	3	1	171	234	13.5	2.5	1	0.37	1.8	2.7	1.8
	270	150	912	1720	800	1000	28.2	352132	120	18	2.5	1	174	262	16	2.1	1	0.36	1.9	2.8	1.8
	290	178	1455	2840	700	1000	46.9	352232 E	144	18	4	1	174	276	17	3	1	0.44	1.6	2.3	1.5
170	230	82	415	922	850	1100	8.11	352934 X2	65	10	2.5	0.6	180	223	9.5	2.1	0.6	0.28	2.4	3.6	2.3
	260	120	705	1460	800	1000	20.4	352034 X2	95	12	3	1	183	252	13.5	2.5	1	0.31	2.2	3.2	2.1
	280	150	1005	2000	750	950	35.6	352134	120	18	2.5	1	184	271	16	2.1	1	0.38	1.8	2.6	1.7
	310	192	1655	3200	750	950	58.2	352234 E	152	20	5	1.1	188	296	20	4	1	0.44	1.6	2.3	1.5
180	250	95	490	1080	800	1000	13	352936 X2	74	10	2.5	0.6	190	243	11.5	2.1	0.6	0.37	1.8	2.7	1.8
	280	134	778	1540	750	950	28.5	352036 X2	108	12	3	1	191	272	14	2.5	1	0.28	2.4	3.6	2.4
	300	164	1152	2350	700	900	39.9	352136	134	20	3	1	196	287	16	2.5	1	0.26	2.6	3.8	2.6
	320	190	1455	2770	670	850	51.5	352236 X2	145	12	5	1.1	196	308	23.5	4	1	0.36	1.9	2.8	1.8
	320	192	1698	3350	670	850	63.8	352236 E	152	20	5	1.1	198	306	20	4	1	0.45	1.5	2.2	1.5
190	260	95	548	1270	750	950	13.3	352938 X2	75	12	2.5	0.6	200	253	11	2.1	0.6	0.38	1.8	2.6	1.7
	290	134	778	1540	700	900	28.8	352038 X2	104	12	3	1	202	282	16	2.5	1	0.45	1.5	2.2	1.5
	320	170	1215	2420	670	850	52	352138	130	14	3	1	207	306	21	2.5	1	0.31	2.2	3.2	2.1
	340	204	1822	3350	600	800	69.8	352238 E	160	20	5	1.1	208	326	22	4	1	0.44	1.6	2.3	1.5
200	280	105	638	1520	700	900	18.1	352940 X2	80	12	3	1	211	273	13.5	2.5	1	0.39	1.8	2.6	1.7
	310	152	955	2140	670	850	39	352040 X2	120	12	3	1	212	300	17	2.5	1	0.39	1.7	2.6	1.7

续表

基本尺寸 /mm			基本额定载荷 /kN		极限转速 /r·min^{-1}		质量 /kg	轴承代号[①]	其他尺寸 /mm				安装尺寸 /mm					计算系数			
d	D	B_1	C_r	C_{0r}	脂	油	W ≈	350000 型	C_1	b_1	r min	r_1 min	d_a min	D_a min	a_2 min	r_a max	r_b max	e	Y_1	Y_2	Y_0
200	340	184	1518	2970	630	800	63.8	352140	150	20	3	1	220	326	18	2.5	1	0.25	2.7	4	2.7
	360	218	2242	3950	560	700	90.7	352240 E	174	22	5	1.1	218	342	22	4	1	0.41	1.7	2.5	1.6
220	300	110	692	1710	670	850	21.7	352944 X2	88	12	3	1	231	292	12	2.5	1	0.31	2.2	3.2	2.1
	340	165	1298	2680	600	750	49	352044 X2	130	12	4	1	234	331	18.5	3	1	0.35	1.9	2.9	1.9
	370	195	1612	3240	600	750	76.3	352144	150	19	4	1.1	238	356	23.5	3	1	0.37	1.8	2.7	1.8
240	320	110	692	1580	600	750	22.2	352948 X2	90	12	3	1	251	312	11	2.5	1	0.32	2.1	3.1	2.1
	360	165	1298	2820	530	670	52.8	352048 X2	130	12	4	1	256	349	18.5	3	1	0.33	2	3	2
	400	210	1958	4050	500	630	98.1	352148	163	20	4	1.1	261	384	25	3	1	0.31	2.2	3.2	2.1
260	360	134	988	2490	530	670	37	352952 X2-1	108	12	3	1	274	350	14.5	2.5	1	0.37	1.8	2.7	1.8
	400	186	1645	3600	500	630	79.3	352052 X2	146	12	5	1.1	277	386	21.5	4	1	0.3	2.3	3.3	2.2
	440	225	2315	4720	450	560	124	352152	180	13	4	1.1	284	421	24	3	1	0.24	2.8	4.2	2.8
280	380	134	1132	2810	480	600	41.3	352956 X2	108	12	3	1	294	371	14.5	2.5	1	0.29	2.3	3.4	2.3
	420	186	1780	3880	450	560	81.5	352056 X2	146	16	5	1.1	297	409	21.5	4	1	0.37	1.8	2.7	1.8
300	420	160	1425	3610	450	560	60.8	352960 X2-1	128	16	4	1	317	408	17.5	3	1	0.28	2.4	3.6	2.3
	460	210	1918	4390	430	530	117	352060 X2	165	16	5	1.1	320	445	24	4	1	0.31	2.2	3.2	2.1
	500	205	2210	4460	400	500	143	351160	152	25	5	1.5	327	480	28	4	1.5	0.32	2.1	3.2	2.1
320	440	160	1478	3830	430	530	67	352964 X2	128	16	4	1	335	427	17.5	3	1	0.3	2.3	3.3	2.2
	480	210	1918	4390	400	500	122	352064 X2	160	16	5	1.1	340	468	26.5	4	1	0.42	1.6	2.4	1.6
340	460	160	1518	4050	400	500	71	352968 X2	128	16	4	1	355	448	17.5	3	1	0.31	2.2	3.2	2.1
	520	180	1958	4070	380	480	128	351068	135	16	5	1.5	360	501	24	4	1.5	0.29	2.3	3.4	2.3

续表

基本尺寸 /mm			基本额定载荷 /kN		极限转速 /r·min^{-1}		质量 /kg	轴承代号①	其他尺寸 /mm				安装尺寸 /mm					计算系数			
d	D	B_1	C_r	C_{0r}	脂	油	W ≈	350000 型	C_1	b_1	r min	r_1 min	d_a min	D_a min	a_2 min	r_a max	r_b max	e	Y_1	Y_2	Y_0
340	580	242	3008	5970	340	430	235	351168	170	30	5	1.5	365	555	37.5	4	1.5	0.42	1.6	2.4	1.6
360	480	160	1560	4270	380	480	74.3	352972 X2	128	16	4	1	376	468	17.5	3	1	0.33	2.1	3.1	2
	540	185	2220	4910	360	450	132	351072	140	21	5	1.5	380	522	24	4	1.5	0.3	2.3	3.3	2.2
	600	242	3090	6270	320	400	235	351172	170	30	5	1.5	390	572	37.5	4	1.5	0.44	1.5	2.3	1.5
380	520	145	1268	3250	360	450	80.3	351976	105	15	4	1.1	402	505	21.5	3	1	0.43	1.6	2.3	1.6
	560	190	2252	5090	340	430	146	351076	140	26	5	1.5	406	542	26.5	4	1.5	0.31	2.2	3.2	2.1
	620	242	3468	7430	300	380	264	351176	170	30	5	1.5	406	598	37.5	4	1.5	0.46	1.5	3.2	1.4
400	540	150	1268	3110	320	400	86.9	351980	105	20	4	1.1	420	525	21.5	3	1	0.45	1.5	2.2	1.5
	600	206	2745	6380	300	380	180	351080	150	26	5	1.5	420	580	29.5	4	1.5	0.4	1.7	2.5	1.7
420	560	145	1518	3740	300	380	88.8	351984	105	15	4	1.1	440	546	21.5	3	1	0.31	2.2	3.2	2.1
	620	206	2675	6600	280	360	196	351084	150	26	5	1.5	448	601	29.5	4	1.5	0.41	1.6	2.5	1.6
	700	275	4472	8810	240	320	392	351184	200	31	6	2.5	460	670	39	5	2.5	0.32	2.1	3.2	2.1
440	600	170	1980	4860	280	360	114	351988	125	22	4	1.1	462	585	21.5	3	1	0.39	1.8	2.6	1.7
	650	212	2880	7020	260	340	213	351088	152	24	6	2.5	469	629	31.5	5	2.1	0.43	1.6	2.3	1.5
460	620	174	2000	4990	260	340	128	351992	130	26	4	1.1	480	605	23.5	3	1	0.4	1.7	2.5	1.7
	680	230	3478	8160	220	300	253	351092	175	30	6	2.5	489	657	29	5	2.1	0.31	2.2	3.2	2.1
480	650	180	2040	5270	240	320	133	351996	130	24	5	1.5	502	633	26.5	4	1.5	0.42	1.6	2	1.6
	700	240	3488	8190	200	280	281	351096	180	40	6	2.5	511	677	31.5	5	2.1	0.32	2.1	3.1	2.1
	790	310	5238	11990	180	240	561	351196	224	38	7.5	3	520	755	44.5	6	2.5	0.41	1.6	2.5	1.6

续表

基本尺寸/mm			基本额定载荷/kN		极限转速/r·min^{-1}		质量/kg	轴承代号①	其他尺寸/mm				安装尺寸/mm					计算系数			
d	D	B_1	C_r	C_{0r}	脂	油	W ≈	350000 型	C_1	b_1	r min	r_1 min	d_a min	D_a min	a_2 min	r_a max	r_b max	e	Y_1	Y_2	Y_0
500	670	180	2252	6120	220	300	129	3519/500	130	24	5	1.5	524	650	26.5	4	1.6	0.44	1.5	2.3	1.5
	720	236	3551	8450	190	260	289	3510/500	180	36	6	2.5	530	700	29.5	5	2.1	0.33	2	3	2
530	710	190	2505	6800	190	260	192	3519/530	136	26	5	1.5	554	693	28.5	4	1.5	0.41	1.6	2.5	1.6
560	750	213	2672	7060	170	220	235	3519/560	156	43	5	1.5	586	731	30	4	1.5	0.44	1.5	2.3	1.5
	820	260	4548	10800	160	200	410	3510/560	185	30	6	2.5	594	795	39	5	2.1	0.4	1.7	2.5	1.7
600	800	205	3362	9460	150	190	265	3519/600	156	25	5	1.5	625	779	26	4	1.5	0.33	2.1	3.1	2
	870	270	5112	12730	130	170	500	3510/600	198	34	6	2.5	630	845	37.5	5	2.1	0.41	1.6	2.5	1.6
630	850	242	3908	10390	130	170	368	3519/630	182	42	6	2.5	657	829	31.5	5	2.1	0.4	1.7	2.5	1.7
670	1090	410	10140	23200	90	120	1370	3511/670	295	40	7.5	3	719	1050	59	6	2.5	0.32	2.1	3.2	2.1
710	950	240	4262	12400	100	140	444	3519/710	175	28	6	2.5	743	925	34	5	2.1	0.49	1.5	2.2	1.4
	1030	315	6872	17930	90	120	810	3510/710	220	35	7.5	3	752	1000	49	6	2.5	0.43	1.6	2.3	1.5
750	1000	264	5260	14480	90	120	499	3519/750	194	40	6	2.5	783	978	36.5	5	2.1	0.4	1.7	2.5	1.6
800	1060	270	5260	15000	80	100	604	3519/800	204	40	6	2.5	838	1031	34.5	5	2.1	0.35	1.9	2.9	1.9
850	1120	268	5720	16860	75	95	636	3519/850	188	32	6	2.5	886	1093	40.5	5	2.1	0.46	1.5	2.2	1.5
900	1180	275	5238	16200	70	90	730	3519/900	205	31	6	2.5	940	1146	36.5	5	2.1	0.39	1.7	2.6	1.7
950	1250	300	7112	21100	—	—	910	3519/950	220	36	7.5	3	994	1220	41.5	6	2.5	0.33	2	3	2

① 按 GB/T 299 规定，优化设计的轴承代号后不加“E”。为了与老结构区分，本表中优化设计的双列圆锥滚子轴承代号后均加“E”。

注：1. 现行标准 GB/T 299—2023 增加了 22 系列轴承对应的 ISO 尺寸系列代号，但结构示意图、本表数据仍按《全国滚动轴承产品样本》第 2 版未作修改。

2. 随着轴承技术的发展，基本额定载荷、极限转速均较表中数据（来源于《全国滚动轴承产品样本》第 2 版）有所提高。

四列圆锥滚子轴承（摘自 GB/T 300）

380000型

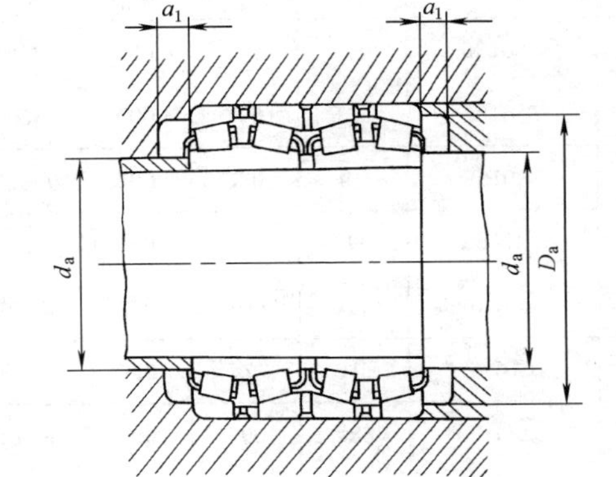

径向当量动载荷：

当 $F_a/F_r \leq e$ 时，$P_r=F_r+Y_1F_a$

当 $F_a/F_r>e$ 时，$P_r=0.67F_r+Y_2F_a$

径向当量静载荷：

$$P_{0r}=F_r+Y_0F_a$$

式中，F_r、F_a 均指作用于轴承上的总载荷

最小径向载荷 $F_{rmin}=0.02C_r$

应用

外圈为两个单滚道和一个双滚道，双滚道上可有或无油槽、油孔，内圈为两个双滚道，内、外圈均有隔圈，改变隔圈的厚度可以调整轴承的游隙，主要用于轧机等重型机械中

可以承受大的径向载荷，同时也能承受双向轴向载荷，能限制轴或外壳的双向轴向位移

表 7-2-105

基本尺寸 /mm			基本额定载荷 /kN		极限转速 /r·min⁻¹		质量 /kg	轴承代号	其他尺寸 /mm				计算系数				安装尺寸 /mm		
d	D	T	C_r	C_{0r}	脂	油	W ≈	380000 型	b_1	b_2	r min	r_1 min	e	Y_1	Y_2	Y_0	d_a max	D_a min	a_1
140	210	185	632	1400	800	1000	24.1	382028	14	17.5	2.5	2	0.37	0.2	0.3	2	150	196	16
150	210	165	630	1580	800	1000	21.2	382930	10	17.5	2.5	2	0.27	2.5	3.7	2.4	160	196	15
170	260	230	1330	3290	670	850	39.5	382034	14	22	3	2.5	0.44	1.5	2.3	1.5	183	240	15
200	310	275	1842	4200	560	700	75.1	382040	14	24.5	3	2.5	0.37	1.7	2.3	2.1	213	284	15
220	340	305	2168	5430	500	630	98	382044	14	31.5	4	3	0.35	1.9	2.8	1.9	234	314	15
240	360	310	2210	5610	450	560	91	382048	14	34	4	3	0.31	2.2	3.2	2.1	256	334	18
260	360	265	1842	5220	450	560	76.3	382952	14	29.5	3	2.5	0.37	1.8	2.7	1.8	274	337	20
	400	345	2838	7140	430	530	153	382052	16	34.5	5	4	0.29	2.3	3.4	2.3	277	370	20

续表

基本尺寸/mm			基本额定载荷/kN		极限转速/r·min^{-1}		质量/kg	轴承代号	其他尺寸/mm				计算系数				安装尺寸/mm		
d	D	T	C_r	C_{0r}	脂	油	W ≈	380000 型	b_1	b_2	r min	r_1 min	e	Y_1	Y_2	Y_0	d_a max	D_a min	a_1
280	460	324	2974	7290	360	450	200	381156	16	30	5	4	0.33	2.1	3.1	2	304	423	20
300	420	300	2440	7210	380	480	130	382960	14	29	4	3	0.29	2.3	3.4	2.3	317	394	20
	460	390	3332	9330	360	450	219	382060	20	37	5	4	0.31	2.2	3.2	2.1	320	425	20
	500	370	3552	8710	340	430	285	381160	15	39	5	4	0.32	2.1	3.2	2.1	327	460	20
320	480	390	3332	9330	340	430	234	382064	20	37	5	4	0.42	1.6	2.4	1.6	340	440	20
340	460	310	2598	8100	340	430	145	382968	14	34	4	3	0.31	2.2	3.2	2.1	355	434	20
	520	325	3248	8620	320	400	234	381068	8	31	5	4	0.29	2.3	3.4	2.3	360	486	20
	580	425	4798	11700	280	360	441	381168	16	50.5	5	4	0.42	1.6	2.4	1.6	365	531	20
360	540	325	3520	8840	300	380	248	381072	13	28.5	5	4	0.3	2.3	3.3	2.2	380	504	20
380	560	325	3520	8840	280	380	281	381076	16	30.5	5	4	0.31	2.1	3.2	2.1	405	530	20
	620	420	4935	12300	240	360	487	381176	20	48	5	4	0.46	1.5	2.2	1.4	405	570	20
400	600	356	4358	10400	240	320	317	381080	16	36	5	4	0.4	1.7	2.5	1.7	420	560	20
420	620	356	4358	10400	220	300	358	381084	16	36	5	4	0.41	1.6	2.4	1.6	450	570	20
	700	480	7102	18500	190	260	760	381184	15	48	6	5	0.32	2.1	3.2	2.1	460	645	25
440	650	376	4495	12390	200	280	401	381088	16	44	6	5	0.43	1.6	2.3	1.5	469	606	20
460	620	310	3520	10200	200	280	173	381992	14	32	4	3	0.4	1.7	2.5	1.7	480	590	25
	680	410	5375	14200	180	240	476	381092	20	39	6	5	0.31	2.2	3.2	2.1	489	636	25
480	650	338	3552	10500	190	260	301	381996	20	39	5	4	0.42	1.6	2.4	1.6	502	613	25
	700	420	6055	16900	170	220	547	381096	20	40	6	5	0.32	2.1	3.1	2.1	510	655	25

续表

基本尺寸 /mm			基本额定载荷 /kN		极限转速 /r·min^{-1}		质量 /kg	轴承代号	其他尺寸 /mm				计算系数				安装尺寸 /mm		
d	D	T	C_r	C_{0r}	脂	油	W ≈	380000 型	b_1	b_2	r min	r_1 min	e	Y_1	Y_2	Y_0	d_a max	D_a min	a_1
500	720	420	6160	17400	160	200	565	3810/500	16	38	6	5	0.33	2.1	3.1	2	530	674	25
530	780	450	7878	21500	140	180	744	3810/530	20	49	6	5	0.38	1.8	2.6	1.7	560	742	25
	870	590	9765	26100	120	160	1422	3811/530	24	60	7.5	6	0.46	1.5	2.2	1.4	570	794	25
560	750	368	4578	13300	140	180	456	3819/560	28	42	5	4	0.43	1.6	2.3	1.5	586	710	30
	920	620	11732	26100	100	140	1635	3811/560	20	70	7.5	6	0.39	1.7	2.6	1.7	604	848	25
600	800	380	5762	18900	120	160	536	3819/600	13	40.5	5	4	0.33	2.1	3.1	2	625	760	30
	870	480	8768	25400	100	140	995	3810/600	20	52	6	5	0.41	1.7	2.5	1.6	630	821	30
	980	650	13305	36700	90	120	1970	3811/600	22	71	7.5	6	0.32	2.1	3.2	2.1	644	908	25
630	850	418	6748	19800	100	140	720	3819/630	26	40	6	5	0.4	1.7	2.5	1.7	657	800	30
	920	515	9608	26800	95	130	1158	3810/630	25	57	7.5	6	0.42	1.6	2.4	1.6	669	858	30
	1030	670	15085	39900	85	110	2201	3811/630	22	78	7.5	6	0.3	2.2	3.3	2.2	673	959	30
670	900	412	7270	22300	95	130	959	3819/670	24	38	6	5	0.44	1.5	2.3	1.5	700	855	30
	1090	710	16448	39900	75	95	2665	3811/670	26	72	7.5	6	0.32	2.1	3.2	2.1	719	1020	30
710	1030	555	11732	35800	75	95	1568	3810/710	23	70	7.5	6	0.43	1.6	2.3	1.5	752	962	30
	1150	750	17915	50900	67	85	3227	3811/710	26	74	9.5	8	0.32	2.1	3.2	2.1	762	1078	30
750	1090	605	13722	42400	70	90	1874	3810/750	25	74	7.5	6	0.43	1.6	2.4	1.6	793	1020	30
	1220	840	22942	68000	48	80	3994	3811/750	30	65	9.5	8	0.32	2.1	3.2	2.1	807	1130	30
950	1360	880	24410	83600	—	—	4087	3820/950	40	60	7.5	6	0.26	2.6	3.8	2.6	1000	1290	30
1060	1500	1000	30455	105000	—	—	5896	3820/1060	40	70	9.5	8	0.26	2.6	3.8	2.6	1117	1420	30

注：1. 现行标准 GB/T 300—2023 增加了各系列轴承接触角数值，但结构示意图、本表数据仍按《全国滚动轴承产品样本》第 2 版未作修改。

2. 随着轴承技术的发展，基本额定载荷、极限转速均较表中数据（来源于《全国滚动轴承产品样本》第 2 版）有所提高。

10.8 推力球轴承

单向推力球轴承（摘自 GB/T 301）

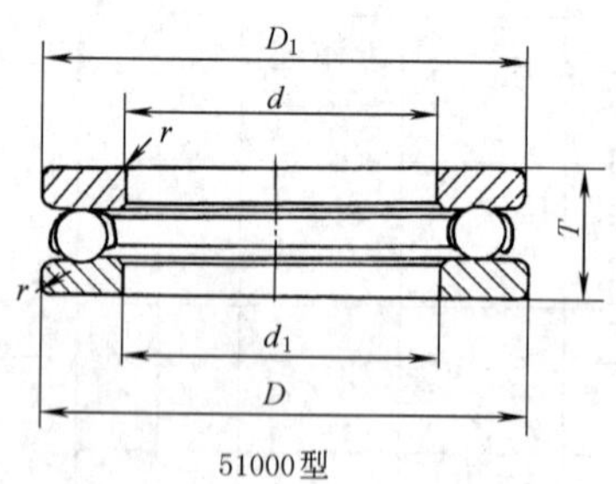

51000型

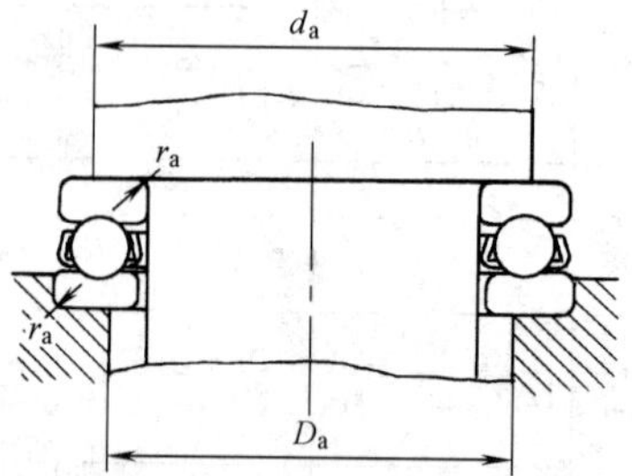

应用

单向推力球轴承只能承受一个方向的轴向载荷，可限制轴和壳体一个方向的轴向位移。为了防止钢球和沟道间引起过大的滑动，轴承在运行中的轴向载荷不能小于最小轴向载荷

轴向当量动载荷：$P_a=F_a$

轴向当量静载荷：$P_{0a}=F_a$

最小轴向载荷　$F_{amin}=A\left(\frac{n}{1000}\right)^2$

式中　n——转速，r/min

表 7-2-106

基本尺寸/mm			基本额定载荷/kN		最小载荷常数	极限转速/$r\cdot min^{-1}$		质量/kg	轴承代号	其他尺寸/mm			安装尺寸/mm		
d	D	T	C_a	C_{0a}	A	脂	油	W ≈	51000 型	d_1 min	D_1 max	r min	d_a min	D_a max	r_a max
10	24	9	10.0	14.0	0.001	6300	9000	0.019	51100	11	24	0.3	18	16	0.3
	26	11	12.5	17.0	0.002	6000	8000	0.028	51200	12	26	0.6	20	16	0.6
12	26	9	10.2	15.2	0.001	6000	8500	0.021	51101	13	26	0.3	20	18	0.3
	28	11	13.2	19.0	0.002	5300	7500	0.031	51201	14	28	0.6	22	18	0.6
15	28	9	10.5	16.8	0.002	5600	8000	0.022	51102	16	28	0.3	23	20	0.3
	32	12	16.5	24.8	0.003	4800	6700	0.041	51202	17	32	0.6	25	22	0.6
17	30	9	10.8	18.2	0.002	5300	7500	0.024	51103	18	30	0.3	25	22	0.3
	35	12	17.0	27.2	0.004	4500	6300	0.048	51203	19	35	0.6	28	24	0.6
20	35	10	14.2	24.5	0.004	4800	6700	0.036	51104	21	35	0.3	29	26	0.3
	40	14	22.2	37.5	0.007	3800	5300	0.075	51204	22	40	0.6	32	28	0.6
	47	18	35.0	55.8	0.016	3600	4500	0.15	51304	22	47	1	36	31	1
25	42	11	15.2	30.2	0.005	4300	6000	0.055	51105	26	42	0.6	35	32	0.6
	47	15	27.8	50.5	0.013	3400	4800	0.11	51205	27	47	0.6	38	34	0.6
	52	18	35.5	61.5	0.021	3000	4300	0.17	51305	27	52	1	41	36	1
	60	24	55.5	89.2	0.044	2200	3400	0.31	51405	27	60	1	46	39	1
30	47	11	16.0	34.2	0.007	4000	5600	0.062	51106	32	47	0.6	40	37	0.6
	52	16	28.0	54.2	0.016	3200	4500	0.13	51206	32	52	0.6	43	39	0.6
	60	21	42.8	78.5	0.033	2400	3600	0.26	51306	32	60	1	48	42	1
	70	28	72.5	125	0.082	1900	3000	0.51	51406	32	70	1	54	46	1
35	52	12	18.2	41.5	0.010	3800	5300	0.077	51107	37	52	0.6	45	42	0.6
	62	18	39.2	78.2	0.033	2800	4000	0.21	51207	37	62	1	51	46	1
	68	24	55.2	105	0.059	2000	3200	0.37	51307	37	68	1	55	48	1
	80	32	86.8	155	0.13	1700	2600	0.76	51407	37	80	1.1	62	53	1

续表

基本尺寸 /mm			基本额定载荷 /kN		最小载荷常数	极限转速 /r·min^{-1}		质量 /kg	轴承代号	其他尺寸 /mm			安装尺寸 /mm		
d	D	T	C_a	C_{0a}	A	脂	油	W ≈	51000 型	d_1 min	D_1 max	r min	d_a min	D_a max	r_a max
40	60	13	26.8	62.8	0.021	3400	4800	0.11	51108	42	60	0.6	52	48	0.6
	68	19	47.0	98.2	0.050	2400	3600	0.26	51208	42	68	1	57	51	1
	78	26	69.2	135	0.096	1900	3000	0.53	51308	42	78	1	63	55	1
	90	36	112	205	0.22	1500	2200	1.06	51408	42	90	1.1	70	60	1
45	65	14	27.0	66.0	0.024	3200	4500	0.14	51109	47	65	0.6	57	53	0.6
	73	20	47.8	105	0.059	2200	3400	0.30	51209	47	73	1	62	56	1
	85	28	75.8	150	0.13	1700	2600	0.66	51309	47	85	1	69	61	1
	100	39	140	262	0.36	1400	2000	1.41	51409	47	100	1.1	78	67	1
50	70	14	27.2	69.2	0.027	3000	4300	0.15	51110	52	70	0.6	62	58	0.6
	78	22	48.5	112	0.068	2000	3200	0.37	51210	52	78	1	67	61	1
	95	31	96.5	202	0.21	1600	2400	0.92	51310	52	95	1.1	77	68	1
	110	43	160	302	0.50	1300	1900	1.86	51410	52	110	1.5	86	74	1.5
55	78	16	33.8	89.2	0.043	2800	4000	0.22	51111	57	78	0.6	69	64	0.6
	90	25	67.5	158	0.13	1900	3000	0.58	51211	57	90	1	76	69	1
	105	35	115	242	0.31	1500	2200	1.28	51311	57	105	1.1	85	75	1
	120	48	182	355	0.68	1100	1700	2.51	51411	57	120	1.5	94	81	1.5
60	85	17	40.2	108	0.063	2600	3800	0.27	51112	62	85	1	75	70	1
	95	26	73.5	178	0.16	1800	2800	0.66	51212	62	95	1	81	74	1
	110	35	118	262	0.35	1400	2000	1.37	51312	62	110	1.1	90	80	1
	130	51	200	395	0.88	1000	1600	3.08	51412	62	130	1.5	102	88	1.5
65	90	18	40.5	112	0.07	2400	3600	0.31	51113	67	90	1	80	75	1
	100	27	74.8	188	0.18	1700	2600	0.72	51213	67	100	1	86	79	1
	115	36	115	262	0.38	1300	1900	1.48	51313	67	115	1.1	95	85	1
	140	56	215	448	1.14	900	1400	3.91	51413	68	140	2	110	95	2
70	95	18	40.8	115	0.078	2200	3400	0.33	51114	72	95	1	85	80	1
	105	27	73.5	188	0.19	1600	2400	0.75	51214	72	105	1	91	84	1
	125	40	148	340	0.60	1200	1800	1.98	51314	72	125	1.1	103	92	1
	150	60	255	560	1.71	850	1300	4.85	51414	73	150	2	118	102	2
75	100	19	48.2	140	0.11	2000	3200	0.38	51115	77	100	1	90	85	1
	110	27	74.8	198	0.21	1500	2200	0.82	51215	77	110	1	96	89	1
	135	44	162	380	0.77	1100	1700	2.58	51315	77	135	1.5	111	99	1.5
	160	65	268	615	2.00	800	1200	6.08	51415	78	160	2	125	110	2
80	105	19	48.5	145	0.12	1900	3000	0.40	51116	82	105	1	95	90	1
	115	28	83.8	222	0.27	1400	2000	0.90	51216	82	115	1	101	94	1
	140	44	160	380	0.81	1000	1600	2.69	51316	82	140	1.5	116	104	1.5
	170	68	292	692	2.55	750	1100	7.12	51416	83	170	2.1	133	117	2.1
85	110	19	49.2	150	0.13	1800	2800	0.42	51117	87	110	1	100	95	1
	125	31	102	280	0.41	1300	1900	1.21	51217	88	125	1	109	101	1
	150	49	208	495	1.28	950	1500	3.47	51317	88	150	1.5	124	111	1.5
	180	72	318	782	3.24	700	1000	8.28	51417	88	177	2.1	141	124	2.1

续表

基本尺寸 /mm			基本额定载荷 /kN		最小载荷常数	极限转速 /r·min^{-1}		质量 /kg	轴承代号	其他尺寸 /mm			安装尺寸 /mm		
d	D	T	C_a	C_{0a}	A	脂	油	W ≈	51000 型	d_1 min	D_1 max	r min	d_a min	D_a max	r_a max
90	120	22	65.0	200	0.21	1700	2600	0.65	51118	92	120	1	108	102	1
	135	35	115	315	0.52	1200	1800	1.65	51218	93	135	1.1	117	108	1
	155	50	205	495	1.34	900	1400	3.69	51318	93	155	1.5	129	116	1.5
	190	77	325	825	3.71	670	950	9.86	51418	93	187	2.1	149	131	2.1
100	135	25	85.0	268	0.37	1600	2400	0.95	51120	102	135	1	121	114	1
	150	38	132	375	0.75	1100	1700	2.21	51220	103	150	1.1	130	120	1
	170	55	235	595	1.88	800	1200	4.86	51320	103	170	1.5	142	128	1.5
	210	85	400	1080	6.17	600	850	13.3	51420	103	205	3	165	145	2.5
110	145	25	87.0	288	0.43	1500	2200	1.03	51122	112	145	1	131	124	1
	160	38	138	412	0.89	1000	1600	2.39	51222	113	160	1.1	140	130	1
	190	63	278	755	2.97	700	1100	7.05	51322	113	187	2	158	142	2
	230	95	490	1390	10.4	530	750	20.0	51422	113	225	3	181	159	2.5
120	155	25	87.0	298	0.48	1400	2000	1.10	51124	122	155	1	141	134	1
	170	39	135	412	0.96	950	1500	2.62	51224	123	170	1.1	150	140	1
	210	70	330	945	4.58	670	950	9.54	51324	123	205	2.1	173	157	2.1
	250	102	412	1220	12.4	480	670	25.5	51424	123	245	4	196	174	3
130	170	30	108	375	0.74	1300	1900	1.70	51126	132	170	1	154	146	1
	190	45	188	575	1.75	900	1400	3.93	51226	133	187	1.5	166	154	1.5
	225	75	358	1070	5.91	600	850	11.7	51326	134	220	2.1	186	169	2.1
	270	110	630	2010	21.1	430	600	32.0	51426	134	265	4	212	188	3
140	180	31	110	402	0.84	1200	1800	1.85	51128	142	178	1	164	156	1
	200	46	190	598	1.96	850	1300	4.27	51228	143	197	1.5	176	164	1.5
	240	80	395	1230	7.84	560	800	14.1	51328	144	235	2.1	199	181	2.1
	280	112	630	2010	22.2	400	560	32.2	51428	144	275	4	222	198	3
150	190	31	110	415	0.93	1100	1700	1.95	51130	152	188	1	174	166	1
	215	50	242	768	3.06	800	1200	5.52	51230	153	212	1.5	189	176	1.5
	250	80	405	1310	8.80	530	750	14.9	51330	154	245	2.1	209	191	2.1
	300	120	670	2240	27.9	380	530	38.2	51430	154	295	4	238	212	3
160	200	31	110	428	1.01	1000	1600	2.06	51132	162	198	1	184	176	1
	225	51	240	768	3.23	750	1100	5.91	51232	163	222	1.5	199	186	1.5
	270	87	470	1570	12.8	500	700	18.9	51332	164	265	3	225	205	2.5
170	215	34	135	528	1.48	950	1500	2.71	51134	172	213	1.1	197	188	1
	240	55	280	915	4.48	700	1000	7.31	51234	173	237	1.5	212	198	1.5
	280	87	470	1580	13.8	480	670	22.5	51334	174	275	3	235	215	2.5
180	225	34	135	528	1.56	900	1400	2.77	51136	183	222	1.1	207	198	1
	250	56	285	958	4.91	670	950	7.84	51236	183	247	1.5	222	208	1.5
	300	95	518	1820	17.9	430	600	28.7	51336	184	295	3	251	229	2.5
190	240	37	172	678	2.41	850	1300	3.61	51138	193	237	1.1	220	210	1
	270	62	328	1160	6.97	630	900	10.5	51238	194	267	2	238	222	2
	320	105	608	2220	26.7	400	560	41.1	51338	195	315	4	266	244	3

续表

基本尺寸 /mm			基本额定载荷 /kN		最小载荷常数	极限转速 /r·min^{-1}		质量 /kg	轴承代号	其他尺寸 /mm			安装尺寸 /mm		
d	D	T	C_a	C_{0a}	A	脂	油	W ≈	51000 型	d_1 min	D_1 max	r min	d_a min	D_a max	r_a max
200	250	37	172	698	2.60	800	1200	3.77	51140	203	247	1.1	230	220	1
	280	62	332	1210	7.59	600	850	11.0	51240	204	277	2	248	232	2
	340	110	600	2220	28.0	360	500	44.0	51340	205	335	4	282	258	3
220	270	37	188	782	3.35	750	1100	4.60	51144	223	267	1.1	250	240	1
	300	63	365	1360	10.3	560	800	13.7	51244	224	297	2	268	252	2
240	300	45	258	1040	5.95	700	1000	7.6	51148	243	297	1.5	276	264	1.5
	340	78	468	1870	19.0	450	630	23.6	51248	244	335	2.1	299	281	2.1
	380	112	692	2870	44.1	320	450	51	51348	245	375	4	322	298	3
260	320	45	270	1140	6.99	670	950	8.10	51152	263	317	1.5	296	284	1.5
	360	79	488	2050	22.3	430	600	25.5	51252	264	355	2.1	319	301	2.1
280	350	53	338	1430	11.2	560	800	12.2	51156	283	347	1.5	322	308	1.5
	380	80	490	2140	24.7	400	560	27.8	51256	284	375	2.1	339	321	2.1
300	380	62	415	1860	18.5	500	700	17.5	51160	304	376	2	348	332	2
	420	95	578	2670	39.3	360	560	42.5	51260	304	415	3	371	349	2.5
320	400	63	418	1920	20.2	480	670	18.9	51164	324	396	2	368	352	2
	440	95	612	2920	45.3	340	480	45.5	51264	325	435	3	391	369	2.5
340	420	64	428	2050	22.7	450	630	20.5	51168	344	416	2	388	372	2
	460	96	620	3040	49.6	320	450	52	51268	345	455	3	411	389	2.5
	540	160	1120	5720	175	150	220	145	51368	345	535	5	460	420	4
360	440	65	432	2110	24.6	430	600	22	51172	364	436	2	408	392	2
	500	110	775	3940	84.0	260	380	70.9	51272	365	495	4	442	418	3
380	460	65	440	2210	26.0	430	600	23.0	51176	384	456	2	428	412	2
	520	112	788	4120	91.5	240	360	73.0	51276	385	515	4	463	437	3
400	480	65	452	2320	28.0	400	560	23.7	51180	404	476	2	448	432	2
	540	112	802	4310	99.0	220	340	76	51280	405	535	4	482	458	3
420	500	65	462	2480	33.3	380	530	25.2	51184	424	495	2	468	452	2
440	540	80	527	3000	47.0	360	500	42.0	51188	444	535	2.1	499	481	2.1
	600	130	808	4430	105	180	280	112	51288	455	595	5	536	504	4
460	560	80	578	3310	58.9	320	450	43	51192	464	555	2.1	519	501	2.1
	620	130	892	5230	148	170	260	119	51292	465	615	5	556	524	4
480	580	80	592	3490	53.0	300	430	43.9	51196	484	575	2.1	539	521	2.1
500	600	80	595	3570	68.8	280	400	47.2	511/500	504	595	2.1	559	541	2.1
	670	135	1020	6200	212	150	220	140	512/500	505	665	5	600	570	4
530	640	85	708	4000	80.0	260	380	57.3	511/530	534	635	3	595	575	2.5

续表

基本尺寸 /mm			基本额定载荷 /kN		最小载荷常数	极限转速 /r·min^{-1}		质量 /kg	轴承代号	其他尺寸 /mm			安装尺寸 /mm		
d	D	T	C_a	C_{0a}	A	脂	油	W ≈	51000 型	d_1 min	D_1 max	r min	d_a min	D_a max	r_a max
630	850	175	1320	9300	481	100	160	252	512/630	635	845	6	762	718	5
670	800	105	860	5020	206	160	240	105	511/670	674	795	4	747	723	3
750	900	90	768	5900	220	160	240	112.2	511/750	755	895	4	838	812	3

注：1. 现行标准 GB/T 301—2015 扩大了单向推力球轴承 11、12、14 系列的尺寸范围，扩大了双向推力球轴承 22、23、24 系列的尺寸范围，但结构示意图、本表数据仍按《全国滚动轴承产品样本》第 2 版未作修改。

2. 随着轴承技术的发展，基本额定载荷、极限转速均较表中数据（来源于《全国滚动轴承产品样本》第 2 版）有所提高。

双向推力球轴承（摘自 GB/T 301）

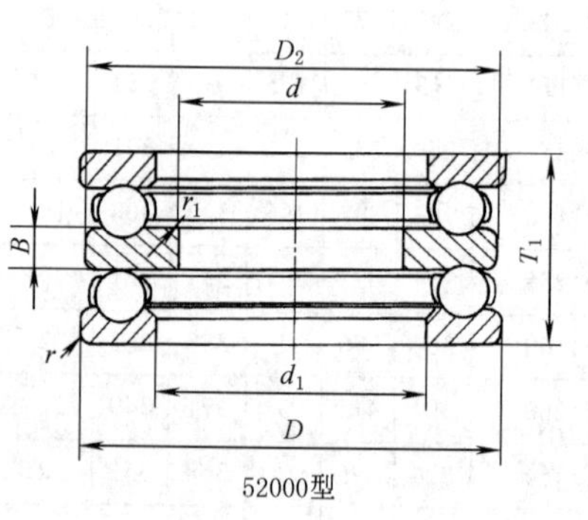

52000型

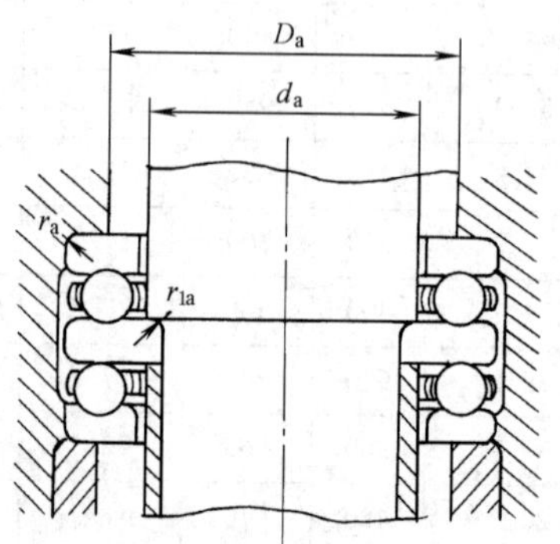

应用

双向推力球轴承可以承受两个方向的轴向载荷，可限制两个方向的轴向位移

最小轴向载荷计算式同表 7-2-106

表 7-2-107

基本尺寸 /mm			基本额定载荷 /kN		最小载荷常数	极限转速 /r·min^{-1}		质量 /kg	轴承代号	其他尺寸/mm					安装尺寸/mm			
d	D	T_1	C_a	C_{0a}	A	脂	油	W≈	52000 型	d_1 min	D_2 max	B	r min	r_1 min	d_a max	D_a min	r_a	r_{1a}
10	32	22	16.5	24.8	0.003	4800	6700	0.08	52202	17	32	5	0.6	0.3	15	22	0.6	0.3
15	40	26	22.2	37.5	0.007	3800	5300	0.15	52204	22	40	6	0.6	0.3	20	28	0.6	0.3
	60	45	55.5	89.2	0.044	2200	3400	0.61	52405	27	60	11	1	0.6	25	39	1	0.6
20	47	28	27.8	50.5	0.013	3400	4800	0.21	52205	27	47	7	0.6	0.3	25	34	0.6	0.3
	52	34	35.5	61.5	0.021	3000	4300	0.32	52305	27	52	8	1	0.3	25	36	1	0.3
	70	52	72.5	125	0.082	1900	3000	0.97	52406	32	70	12	1	0.6	30	46	1	0.6
25	52	29	28.0	54.2	0.016	3200	4500	0.24	52206	32	52	7	0.6	0.3	30	39	0.6	0.3
	60	38	42.8	78.5	0.033	2400	3600	0.47	52306	32	60	9	1	0.3	30	42	1	0.3
	80	59	86.8	155	0.13	1700	2600	1.41	52407	37	80	14	1.1	0.6	35	53	1	0.6
30	62	34	39.2	78.2	0.033	2800	4000	0.41	52207	37	62	8	1	0.3	35	46	1	0.3
	68	44	55.2	105	0.059	2000	3200	0.68	52307	37	68	10	1	0.3	35	48	1	0.3
	68	36	47.0	98.2	0.050	2400	3600	0.53	52208	42	68	9	1	0.6	40	51	1	0.6
	78	49	69.2	135	0.098	1900	3000	1.03	52308	42	78	12	1	0.6	40	55	1	0.6
	90	65	112	205	0.22	1500	2200	1.94	52408	42	90	15	1.1	0.6	40	60	1	0.6
35	73	37	47.8	105	0.059	2200	3400	0.59	52209	47	73	9	1	0.6	45	56	1	0.6
	85	52	75.8	150	0.13	1700	2600	1.25	52309	47	85	12	1	0.6	45	61	1	0.6
	100	72	140	262	0.36	1400	2000	2.64	52409	47	100	17	1.1	0.6	45	67	1	0.6
40	78	39	48.5	112	0.068	2000	3200	0.69	52210	52	78	9	1	0.6	50	61	1	0.6
	95	58	96.5	202	0.21	1600	2400	1.76	52310	52	95	14	1.1	0.6	50	68	1	0.6
	110	78	160	302	0.50	1300	1900	3.40	52410	52	110	18	1.5	0.6	50	74	1.5	0.6

续表

基本尺寸/mm			基本额定载荷/kN		最小载荷常数	极限转速/r·min^{-1}		质量/kg	轴承代号	其他尺寸/mm					安装尺寸/mm			
d	D	T_1	C_a	C_{0a}	A	脂	油	$W\approx$	52000型	d_1 min	D_2 max	B	r min	r_1 min	d_a max	D_a min	r_a	r_{1a}
45	90	45	67.5	158	0.13	1900	3000	1.17	52211	57	90	10	1	0.6	55	69	1	0.6
	105	64	115	242	0.31	1500	2200	2.38	52311	57	105	15	1.1	0.6	55	75	1	0.6
	120	87	182	355	0.68	1100	1700	4.54	52411	57	120	20	1.5	0.6	55	81	1.5	0.6
50	95	46	73.5	178	0.16	1800	2800	1.21	52212	62	95	10	1	0.6	60	74	1	0.6
	110	64	118	262	0.35	1400	2000	2.54	52312	62	110	15	1.1	0.6	60	80	1	0.6
50	130	93	200	395	0.88	1000	1600	5.58	52412	62	130	21	1.5	0.6	60	88	1.5	0.6
	140	101	215	448	1.14	900	1400	7.07	52413	68	140	23	2	1	65	95	2	1
55	100	47	74.8	188	0.18	1700	2600	1.32	52213	67	100	10	1	0.6	65	79	1	0.6
	115	65	115	262	0.38	1300	1900	2.72	52313	67	115	15	1.1	0.6	65	85	1	0.6
	105	47	73.5	188	0.19	1600	2400	1.42	52214	72	105	10	1	1	70	84	1	1
	125	72	148	340	0.60	1200	1800	3.64	52314	72	125	16	1.1	1	70	92	1	1
	150	107	255	560	1.71	850	1300	8.71	52414	73	150	24	2	1	70	102	2	1
60	110	47	74.8	198	0.21	1500	2200	1.50	52215	77	110	10	1	1	75	89	1	1
	135	79	162	380	0.77	1100	1700	4.72	52315	77	135	18	1.5	1	75	99	1.5	1
	160	115	268	615	2.00	800	1200	10.7	52415	78	160	26	2	1	75	110	2	1
65	115	48	83.8	222	0.27	1400	2000	1.63	52216	82	115	10	1	1	80	94	1	1
	140	79	160	380	0.81	1000	1600	4.92	52316	82	140	18	1.5	1	80	104	1.5	1
	170	120	292	692	2.55	750	1100	12.5	52416	83	170	27	2.1	1	80	117	2.1	1
	180	128	318	782	3.24	700	1000	14.8	52417	88	179.5	29	2.1	1.1	85	124	2.1	1
70	125	55	102	280	0.41	1300	1900	2.27	52217	88	125	12	1	1	85	109	1	1
	150	87	208	495	1.28	950	1500	6.26	52317	88	150	19	1.5	1	85	114	1.5	1
	190	135	325	825	3.71	670	950	17.3	52418	93	189.5	30	2.1	1.1	90	131	2.1	1
75	135	62	115	315	0.52	1200	1800	3.05	52218	93	135	14	1.1	1	90	108	1	1
	155	88	205	495	1.34	900	1400	6.56	52318	93	155	19	1.5	1	90	116	1.5	1
80	210	150	400	1080	6.17	600	850	23.5	52420	103	209.5	33	3	1.1	100	145	2.5	1
85	150	67	132	375	0.75	1100	1700	4.03	52220	103	150	15	1.1	1	100	120	1	1
	170	97	235	595	1.88	800	1200	8.62	52320	103	170	21	1.5	1	100	128	1.5	1
90	230	166	490	1390	10.4	530	750	33.0	52422	113	229	37	3	1.1	110	159	2.5	1
95	160	67	138	412	0.89	1000	1600	4.38	52222	113	160	15	1.1	1	110	130	1	1
	190	110	278	755	2.97	700	1100	12.4	52322	113	189.5	24	2	1	110	142	2	1
100	170	68	135	412	0.96	950	1500	4.82	52224	123	170	15	1.1	1.1	120	140	1	1
	210	123	330	945	4.58	670	950	17.1	52324	123	209.5	27	2.1	1.1	120	157	2.1	1
	270	192	630	2010	21.1	430	600	55.0	52426	134	269	42	4	2	130	188	3	2
110	190	80	188	575	1.75	900	1400	7.36	52226	133	189.5	18	1.5	1.1	130	154	1.5	1
	225	130	358	1070	5.91	600	850	20.8	52326	134	224	30	2.1	1.1	130	169	2.1	1
	280	196	630	2010	22.2	400	560	61.2	52428	144	279	44	4	2	140	198	3	2
120	200	81	190	598	1.96	850	1300	7.80	52228	143	199.5	18	1.5	1.1	140	164	1.5	1
	240	140	395	1230	7.84	560	800	25.0	52328	144	239	31	2.1	1.1	140	181	2.1	1
	300	209	670	2240	27.9	380	530	68.1	52430	154	299	46	4	2	150	212	3	2
130	215	89	242	768	3.06	800	1200	10.3	52230	153	214.5	20	1.5	1.1	150	176	1.5	1
	250	140	405	1310	8.80	530	750	26.4	52330	154	249	31	2.1	1.1	150	191	2.1	1
140	225	90	240	768	3.23	750	1100	10.9	52232	163	224.5	20	1.5	1.1	160	186	1.5	1
	270	153	470	1570	12.8	500	700	33.6	52332	164	269	33	3	1.1	160	205	2.5	1
150	240	97	280	915	4.48	700	1000	13.4	52234	173	239.5	21	1.5	1.1	170	198	1.5	1
	280	153	470	1580	13.8	480	670	15.0	52334	174	279	33	3	1.1	170	215	2.5	1
	250	98	285	958	4.91	670	950	14.6	52236	183	249	21	1.5	2	180	208	1.5	2
	300	165	518	1820	17.9	430	600	49.0	52336	184	299	37	3	2	180	229	2.5	2
160	270	109	328	1160	6.97	630	900	19.5	52238	194	269	24	2	2	190	222	2	2
170	280	109	332	1210	7.59	500	850	20.4	52240	204	279	24	2	2	200	232	2	2

注：见表 7-2-106 注。

10.9 推力滚子轴承

推力调心滚子轴承（摘自 GB/T 5859）

29000型

轴向当量动载荷：

当 $F_r \leqslant 0.55F_a$ 时，$P_a = F_a + 1.2F_r$

轴向当量静载荷：

当 $F_r \leqslant 0.55F_a$ 时，$P_{0a} = F_a + 2.7F_r$

最小轴向载荷：

$$\frac{C_{0a}}{1000} \leqslant F_{amin} > 1.8F_r + A\left(\frac{n}{1000}\right)^2$$

式中　n——转速，r/min

应用

能承受较大的单向轴向载荷，能限制单向位移，可承受以轴向载荷为主的径向、轴向联合载荷，但径向载荷不得超过轴向载荷的 55%。此种轴承经优化设计，系加强型，承受载荷较大，滚子为非对称球面，能减少滚子在滚道中的相对滑动。通常用油润滑，低速时也可用脂润滑

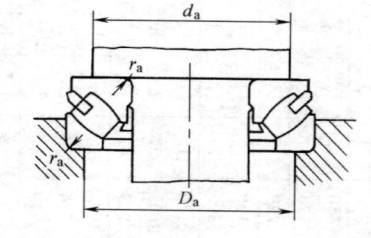

表 7-2-108

基本尺寸 /mm			基本额定载荷 /kN		最小载荷常数	极限转速 /r·min⁻¹	轴承代号	其他尺寸 /mm						安装尺寸 /mm		
d	D	T	C_a	C_{0a}	A	油	29000 型	d_1 max	D_1 max	B min	C	H	r min	d_a min	D_a max	r_a max
60	130	42	328	897	0.086	2400	29412	89	123	15	20	38	1.5	90	107	1.5
65	140	45	380	1048	0.118	2200	29413	96	133	16	21	42	2	100	115	2
70	150	48	428	1198	0.155	2000	29414	103	142	17	23	44	2	105	124	2
75	160	51	480	1367	0.21	1900	29415	109	152	18	24	47	2	115	132	2
80	170	54	546	1563	0.263	1800	29416	117	162	19	26	50	2.1	120	141	2.1
85	150	39	335	1037	0.105	2200	29317	114	143.5	13	19	50	1.5	115	129	1.5
	180	58	598	1708	0.304	1700	29417	125	170	21	28	54	2.1	130	150	2.1
90	155	39	345	1089	0.116	2200	29318	117	148.5	13	19	52	1.5	118	135	1.5
	190	60	660	1904	0.392	1600	29418	132	180	22	29	56	2.1	135	158	2.1
100	170	42	400	1284	0.166	2000	29320	129	163	14	20.8	58	1.5	132	148	1.5
	210	67	798	2343	0.588	1400	29420	146	200	24	32	62	3	150	175	2.5
110	190	48	500	1625	0.279	1800	29322	143	182	16	23	64	2	145	165	2
	230	73	948	2854	0.724	1300	29422	162	220	26	35	69	3	165	192	2.5

续表

基本尺寸 /mm			基本额定载荷 /kN		最小载荷常数	极限转速 /r·min^{-1}	轴承代号	其他尺寸 /mm						安装尺寸 /mm		
d	D	T	C_a	C_{0a}	A	油	29000 型	d_1 max	D_1 max	B min	C	H	r min	d_a min	D_a max	r_a max
120	210	54	638	2066	0.44	1600	29324	159	200	18	26	70	2.1	160	182	2.1
	250	78	1102	3308	0.933	1200	29424	174	236	29	37	74	4	180	210	3
130	225	58	680	2235	0.543	1500	29326	171	215	19	28	76	2.1	170	195	2.1
	270	85	1282	3918	1.64	1100	29426	189	255	31	41	81	4	195	227	3
140	240	60	738	2539	0.71	1400	29328	183	230	20	29	82	2.1	185	208	2.1
	280	85	1322	4133	1.796	1000	29428	199	268	31	41	86	4	205	237	3
150	250	60	802	2753	0.774	1300	29330	194	240	20	29	87	2.1	195	220	2.1
	300	90	1490	4680	2.285	950	29430	214	285	32	44	92	4	220	253	3
160	270	67	952	3253	1.063	1200	29332	208	260	23	32	92	3	210	236	2.5
	320	95	1632	5315	2.969	900	29432	229	306	34	45	99	5	230	271	4
170	280	67	965	3358	1.16	1100	29334	216	270	23	32	96	3	220	247	2.5
	340	103	1928	6265	4.015	850	29434	243	324	37	50	104	5	245	288	4
180	300	73	1140	4056	1.628	1000	29336	232	290	25	35	103	3	235	263	2.5
	360	109	2112	6867	4.936	750	29436	255	342	39	52	110	5	260	305	4
190	320	78	1335	4861	2.294	900	29338	246	308	27	38	110	4	250	281	3
	380	115	2358	7774	6.228	700	29438	271	360	41	55	117	5	275	322	4
200	280	48	628	2518	0.759	1400	29240	236	271	15	24	108	2	235	258	2
	340	85	1468	5181	2.827	900	29340	261	325	29	41	116	4	265	298	3
	400	122	2550	8368	7.588	700	29440	286	380	43	59	122	5	290	338	4
220	300	48	650	2705	0.749	1300	29244	254	292	15	24	117	2	260	277	2
	360	85	1565	5661	3.21	850	29344	280	345	29	41	125	4	285	316	3
	420	122	2658	8990	8.583	670	29444	308	400	43	58	132	6	310	360	5
240	340	60	940	3951	1.483	1100	29248	283	330	19	30	130	2.1	285	311	2.1
	380	85	1625	6014	3.569	800	29348	300	365	29	41	135	4	300	337	3
	440	122	2798	9771	9.656	630	29448	326	420	43	59	142	6	330	381	5
260	360	60	970	4207	1.754	1000	29252	302	350	19	30	139	2.1	305	331	2.1
	420	95	1992	7716	6.073	750	29352	329	405	32	45	148	5	330	372	4
	480	132	3335	11930	14.45	600	29452	357	460	48	64	154	6	360	419	5
280	380	60	980	4348	1.855	950	29256	323	370	19	30	150	2.1	325	351	2.1
	440	95	2078	8207	6.782	670	29356	348	423	32	46	158	5	350	394	4
	520	145	3852	13794	20.73	530	29456	387	495	52	68	166	6	390	446	5

续表

基本尺寸 /mm			基本额定载荷 /kN		最小载荷常数	极限转速 /r·min^{-1}	轴承代号	其他尺寸 /mm						安装尺寸 /mm		
d	D	T	C_a	C_{0a}	A	油	29000 型	d_1 max	D_1 max	B min	C	H	r min	d_a min	D_a max	r_a max
300	420	73	1375	6057	3.43	900	29260	353	405	21	38	162	3	355	386	2.5
	480	109	2622	10396	10.2	630	29360	379	460	37	53	168	5	380	429	4
	540	145	4000	14689	22.95	480	29460	402	515	52	70	175	6	410	471	5
320	440	73	1445	6556	3.822	800	29264	372	430	21	38	172	3	375	406	2.5
	500	109	2648	10691	11.15	600	29364	399	482	37	53	180	5	400	449	4
	580	155	4658	17432	31.97	450	29464	435	555	55	75	191	7.5	435	507	6
340	460	73	1470	6838	4.27	800	29268	395	445	21	37	183	3	395	427	2.5
	540	122	3132	12554	15.64	530	29368	428	520	41	59	192	5	430	484	4
	620	170	5135	18866	38.98	430	29468	462	590	61	82	201	7.5	465	541	6
360	500	85	1845	8412	6.797	700	29272	423	485	25	44	194	4	420	461	3
	560	122	3208	13114	16.33	500	29372	448	540	41	59	202	5	450	504	4
	640	170	5438	20562	43.24	400	29472	480	610	61	82	210	7.5	485	560	6
380	520	85	1935	9107	7.536	670	29276	441	505	27	42	202	4	440	480	3
	600	132	3655	15005	24.68	450	29376	477	580	44	63	216	6	480	538	5
	670	175	5955	23345	55.3	380	29476	504	640	63	85	230	7.5	510	587	6
400	540	85	1958	9359	8.989	670	29280	460	526	27	42	212	4	460	500	3
	620	132	3788	15865	24.52	450	29380	494	596	44	64	225	6	500	557	5
	710	185	6235	24293	67.59	360	29480	534	680	67	89	236	7.5	540	622	6
420	580	95	2420	11571	12.6	600	29284	489	564	30	46	225	5	490	534	4
	650	140	3770	17692	30.7	430	29384	520	626	48	68	235	6	525	585	5
	730	185	6514	25562	70.27	340	29484	556	700	67	89	244	7.5	560	643	6
440	600	95	2532	12439	13.89	560	29288	508	585	30	49	235	5	510	554	4
	680	145	4552	19229	36.0	400	29388	548	655	49	70	245	6	548	614	5
	780	206	7465	28835	89.34	320	29488	588	745	74	100	260	9.5	595	684	8
460	620	95	2540	12643	15.32	530	29292	530	605	30	46	245	5	530	575	4
	710	150	4890	21051	44.6	360	29392	567	685	51	72	257	6	575	638	5
	800	206	8002	31810	99.15	300	29492	608	765	74	100	272	9.5	615	704	8
480	650	103	2765	13555	17.66	500	29296	556	635	33	55	259	5	555	603	4
	730	150	5100	22458	48.02	340	29396	590	705	51	72	270	6	593	660	5
	850	224	8752	34066	132.4	280	29496	638	810	81	108	280	9.5	645	744	8
500	670	103	2855	14281	18.48	480	292/500	574	654	33	55	268	5	575	622	4
	750	150	5135	22895	48.09	340	293/500	611	725	51	74	280	6	615	683	5
	870	224	9032	35832	146.9	260	294/500	661	830	81	107	290	9.5	670	765	8

续表

基本尺寸 /mm			基本额定载荷 /kN		最小载荷常数	极限转速 /r·min⁻¹	轴承代号	其他尺寸 /mm						安装尺寸 /mm		
d	D	T	C_a	C_{0a}	A	油	29000 型	d_1 max	D_1 max	B min	C	H	r min	d_a min	D_a max	r_a max
530	710	109	3235	16392	24.2	430	292/530	612	692	35	57	288	5	611	661	4
	800	160	5875	26124	68.1	320	293/530	648	772	54	76	295	7.5	650	724	6
	920	236	10430	42513	179.2	240	294/530	700	880	87	114	309	9.5	700	810	8
560	750	115	3520	17939	30.09	430	292/560	644	732	37	60	302	5	645	697	4
	850	175	6808	31664	86.9	300	293/560	690	822	60	85	310	7.5	691	770	6
	980	250	11650	47887	238	220	294/560	740	940	92	120	328	12	750	860	10
600	800	122	3918	20181	37.04	400	292/600	688	780	39	65	321	5	690	744	4
	900	180	7382	35016	102.9	280	293/600	731	870	61	87	335	7.5	735	815	6
	1030	258	12470	52890	290	200	294/600	785	990	92	127	347	12	800	900	10
630	850	132	4705	24547	52.95	360	292/630	728	830	42	67	338	6	730	786	5
	950	190	7970	36393	122.2	260	293/630	767	920	65	92	345	9.5	780	857	8
	1090	280	13902	57622	343	180	294/630	830	1040	100	136	365	12	845	956	10
670	900	140	5138	26906	65.18	340	292/670	773	880	45	74	364	6	780	830	5
	1000	200	8970	43170	158.4	240	293/670	813	963	68	96	372	9.5	825	905	8
	1150	290	14920	61781	405	170	294/670	880	1105	106	138	387	15	900	1010	12
710	950	145	5540	29444	80.47	300	292/710	815	930	46	75	380	6	825	880	5
	1060	212	9798	45242	199.2	220	293/710	864	1028	72	102	394	9.5	875	960	8
	1220	308	17238	74880	554.7	160	294/710	925	1165	113	150	415	15	950	1070	12
750	1000	150	5942	31990	94.72	280	292/750	861	976	48	81	406	6	870	928	5
	1120	224	10890	51639	250.5	200	293/750	910	1086	76	108	415	9.5	925	1010	8
	1280	315	18305	79617	650.6	150	294/750	983	1220	116	152	436	15	1000	1125	12
800	1060	155	6530	35963	116.2	260	292/800	915	1035	50	81	426	7.5	925	985	6
	1180	230	11685	55789	295.8	190	293/800	965	1146	78	112	440	9.5	985	1065	8
	1360	335	20440	89611	831.6	140	294/800	1040	1310	120	163	462	15	1070	1195	12
850	1120	160	7072	39733	140.9	240	292/850	966	1095	51	82	453	7.5	980	1035	6
	1250	243	12935	62092	371.3	180	293/850	1024	1205	85	118	468	12	1040	1130	10
	1440	354	22010	96756	1026	130	294/850	1060	1372	126	168	494	15	1130	1265	12
900	1180	170	7608	42526	165.4	220	292/900	1023	1150	54	84	477	7.5	1035	1095	6
	1320	250	13855	67595	471	170	293/900	1086	1280	86	120	496	12	1110	1195	10

注：1. C 为参考尺寸。

2. 现行标准 GB/T 5859—2023 扩大了 92、93、94 系列轴承尺寸范围，但结构示意图、本表数据仍按《全国滚动轴承产品样本》第 2 版未作修改。

3. 随着轴承技术的发展，基本额定载荷、极限转速均较表中数据（来源于《全国滚动轴承产品样本》第 2 版）有所提高。

推力圆柱滚子轴承（摘自 GB/T 4663）

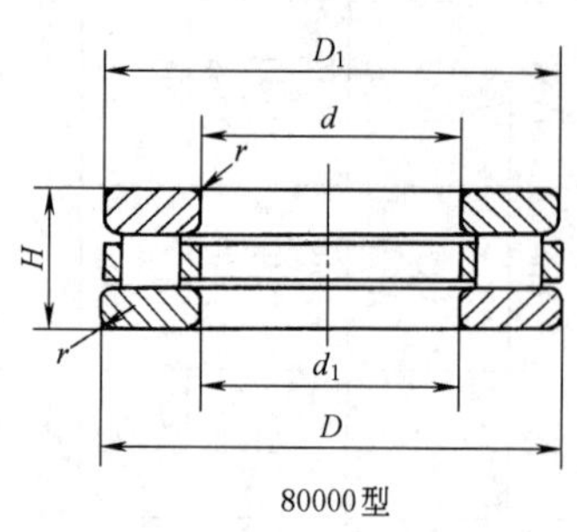

80000型

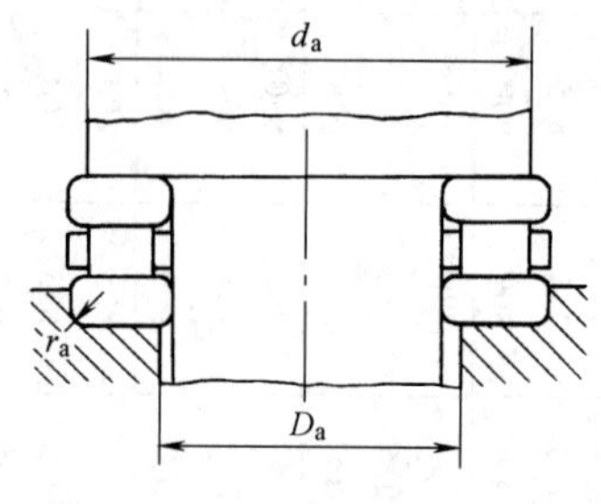

轴向当量动载荷：$P_a = F_a$

轴向当量静载荷：$P_{0a} = F_a$

最小轴向载荷：

$$\frac{C_{0a}}{1000} \leqslant F_{amin} > A\left(\frac{n}{1000}\right)^2$$

式中　n——转速，r/min

应用

能承受较大的单向轴向载荷，比推力球轴承的轴向载荷能力大得多。限制单向位移，刚性大。适用于转速低的场合

表 7-2-109

基本尺寸 /mm			基本额定载荷 /kN		最小载荷常数	极限转速 /r·min^{-1}		质量 /kg	轴承代号	其他尺寸 /mm			安装尺寸 /mm		
d	D	H	C_a	C_{0a}	A	脂	油	$W\approx$	80000型	d_1 min	D_1 max	r min	d_a min	D_a max	r_a max
40	60	13	37.2	115	0.002	1700	2400	0.12	81108	42	60	0.6	58	42	0.6
	68	19	68.2	190	0.004	1200	1800	0.27	81208	42	68	1	66	43	1
50	78	22	77.0	235	0.005	1000	1600	0.45	81210	52	78	1	75	53	1
55	78	16	56.5	215	0.005	1400	2000	0.24	81111	57	78	0.6	77	57	0.6
	90	25	104	318	0.009	950	1500	0.71	81211	57	90	1	85	59	1
65	90	18	65.8	235	0.006	1200	1800	0.381	81113	67	90	1	87	67	1
	100	27	112	362	0.012	850	1300	0.874	81213	67	100	1	96	69	1
75	110	27	125	430	0.017	750	1100	0.98	81215	77	110	1	106	79	1
85	110	19	75.0	302	0.008	900	1400	0.45	81117	87	110	1	108	87	1
	125	31	152	550	0.026	670	950	1.44	81217	88	125	1	119	90	1
90	120	22	105	408	0.015	850	1300	0.67	81118	92	120	1	117	93	1
100	150	38	228	840	0.059	560	850	2.58	81220	103	150	1.1	142	107	1
120	155	25	155	660	0.036	700	1000	1.36	81124	122	155	1	151	124	1
130	190	45	368	1420	0.164	450	700	4.59	81226	133	187	1.5	181	137	1.5

注：1. 现行标准 GB/T 4663—2017 增加了双向推力圆柱滚子轴承结构示意图和外形尺寸，扩大了 11 系列单向圆柱滚子轴承尺寸范围，但结构示意图、本表数据仍按《全国滚动轴承产品样本》第 2 版未作修改。

2. 随着轴承技术的发展，基本额定载荷、极限转速均较表中数据（来源于《全国滚动轴承产品样本》第 2 版）有所提高。

推力圆锥滚子轴承（摘自 GB/T 273.2）

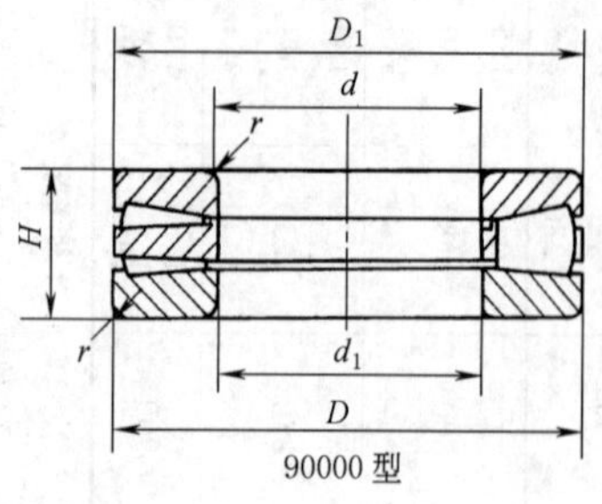

90000 型

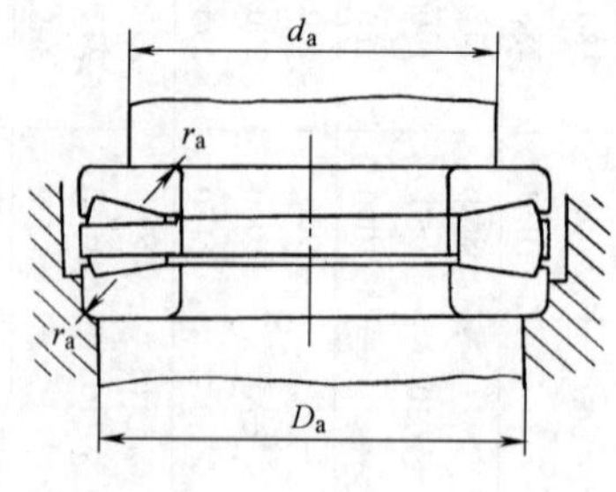

轴向当量动载荷：$P_a = F_a$

轴向当量静载荷：$P_{0a} = F_a$

最小轴向载荷：

$$\frac{C_{0a}}{1000} \leqslant F_{amin} > A\left(\frac{n}{1000}\right)^2$$

式中　n——转速，r/min

应用

见推力圆柱滚子轴承，但转速可稍高于推力圆柱滚子轴承

表 7-2-110

基本尺寸 /mm			基本额定载荷 /kN		最小载荷常数	极限转速 /r·min^{-1}		质量 /kg	轴承代号	其他尺寸 /mm			安装尺寸 /mm		
d	D	H	C_a	C_{0a}	A	脂	油	$W\approx$	90000 型	d_1 min	D_1 max	r min	d_a min	D_a max	r_a max
130	270	85	1140	3780	0.638	380	500	28.5	99426	134	265	4	195	227	3
140	280	85	1230	4150	0.736	360	480	—	99428	144	275	4	205	237	3
170	340	103	1670	5750	1.38	280	380	58	99434	174	335	5	245	288	4
180	360	109	1790	5980	1.58	240	340	55.8	99436	184	355	5	260	305	4
200	400	122	2020	7210	2.256	200	300	75	99440	205	395	5	290	338	4
240	440	122	2550	9480	3.826	180	260	—	99448	245	435	6	330	381	5
260	480	132	3000	11400	5.50	160	220	—	99452	265	475	6	360	419	5
280	520	145	3470	13400	7.56	140	190	—	99456	285	515	6	390	446	5
320	580	155	4400	17200	12.6	110	160	—	99464	325	575	7.5	435	507	6
380	670	175	5540	22900	22.2	85	120	254	99476	385	665	7.5	510	587	6

注：1. 现行标准 JB/T 7751—2016 包含单列推力圆锥滚子轴承、双列推力圆锥滚子轴承，其中，单列推力圆锥滚子轴承：11 系列内径尺寸范围为 50~1800mm，12 系列内径尺寸范围为 50~1800mm；双列推力圆锥滚子轴承：21 系列内径尺寸范围为 100~670mm。但结构示意图、本表数据仍按《全国滚动轴承产品样本》第 2 版未作修改。

2. 随着轴承技术的发展，基本额定载荷、极限转速均较表中数据（来源于《全国滚动轴承产品样本》第 2 版）有所提高。

推力滚针和保持架组件及推力垫圈（摘自 GB/T 4605—2003）

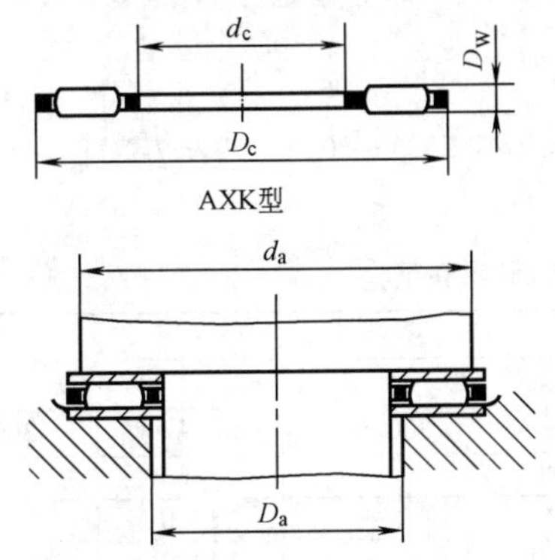

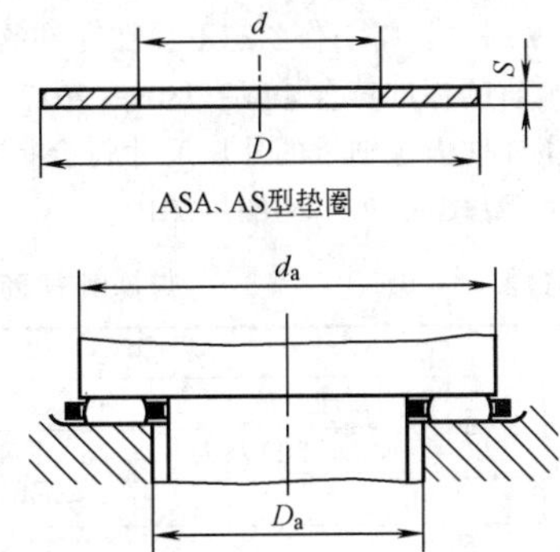

轴向当量动载荷：　$P_a=F_a$

轴向当量静载荷：　$P_{0a}=F_a$

最小轴向载荷：　$\dfrac{C_{0a}}{2000}\leqslant F_{amin}>1.8F_r+A\left(\dfrac{n}{1000}\right)^2$

式中　n——转速，r/min

应用

见推力圆柱滚子轴承

表 7-2-111

组件尺寸 /mm			基本额定载荷/kN		极限转速 /r·min^{-1}		质量 /kg	组件代号	垫圈尺寸 /mm			质量 /kg	垫圈代号	安装尺寸 /mm	
d_c	D_c	D_W	C_a	C_{0a}	脂	油	$W\approx$	AXK 型	d	D	S	W	ASA 型 AS 型	d_a min	D_a max
17	30	2	7.28	29.5	3200	4300	0.004	AXK 1730	17	30	0.8	0.003	ASA 1730	29	19
20	35	2	9.0	38.0	2800	3800	0.005	AXK 2035	20	35	0.8	0.004	ASA 2035	34	22
25	42	2	13.0	48.2	2200	3200	0.007	AXK 2542	25	42	0.8	0.006	ASA 2542	41	29
30	47	2	15.8	74.0	2000	3000	0.008	AXK 3047	30	47	0.8	0.006	ASA 3047	46	35
35	52	2	16.0	80.2	1900	2800	0.01	AXK 3552	35	52	0.8	0.007	ASA 3552	51	40
40	60	3	25.0	110	1700	2400	0.016	AXK 4060	40	60	0.8	0.01	ASA 4060	58	45
45	65	3	26.0	122	1600	2200	0.018	AXK 4565	45	65	0.8	0.01	ASA 4565	63	50
50	70	3	27.5	135	1600	2200	0.02	AXK 5070	50	70	0.8	0.011	ASA 5070	68	55

续表

组件尺寸 /mm			基本额定 载荷/kN		极限转速 /r·min⁻¹		质量 /kg	组件代号	垫圈尺寸 /mm			质量 /kg	垫圈 代号	安装尺寸 /mm	
d_c	D_c	D_W	C_a	C_{0a}	脂	油	W ≈	AXK 型	d	D	S	W	ASA 型 AS 型	d_a min	D_a max
55	78	3	30.2	162	1400	1900	0.028	AXK 5578	55	78	0.8	0.014	ASA 5578	76	60
60	85	3	35.5	228	1300	1800	0.033	AXK 6085	60	85	0.8	0.018	ASA 6085	83	65
65	90	3	36.0	242	1200	1700	0.035	AXK 6590	65	90	0.8	0.019	ASA 6590	88	70

注：1. 与组件配合的轴公差为 h8、孔公差为 H10，与推力垫圈配合的轴公差为 h10（作轴圈用）、孔公差为 H11（作座圈用）。

2. 标准中尚有 $d_c(d)$= 6、7、8、9、10、12、14、15、16、18、22、28、32、70、75、80、85、90、100、110、120、130、140、150、160 等规格，本表未编入。

10.10 带座外球面球轴承

1）带座外球面球轴承与轴心线允许偏斜 5°。若使用中要求补充添加润滑脂，则偏斜角不允许超过 2°。

2）带座外球面球轴承内圈孔的上偏差为正值，下偏差为零。正常工作状态下，与带顶丝和偏心套轴承配合的轴选用 h7，轻载荷、低速时选用比 h7 松的配合，重载荷、高速时选用比 h7 紧的配合。与带紧定套轴承配合的轴选用 h9，形状公差选用 IT5 级。各种带座外球面球轴承在不同配合下的极限转速见表 7-2-112（供参考）。

3）所有这类轴承，在轴承内一般装填符合 GB/T 7324《通用锂基润滑脂》规定的 2 号工业锂基润滑脂，轴承两侧面带密封。正常工作状态下，在允许的润滑期内不用再润滑。

4）轴承座的标准符合 GB/T 7809—2017。

5）带座外球面球轴承的外形尺寸符合标准 GB/T 7810—2017、JB/T 5303—2019，见表 7-2-113～表 7-2-127。其他补充结构型式见 JB/T 5303—2019。

表 7-2-112　　带座外球面球轴承在不同配合下的极限转速　　r·min⁻¹

轴承内径 d/mm	轴的公差							
	j7(h9/IT5)①		h7		h8		h9	
	200 系列	300 系列	200 系列	300 系列	200 系列	300 系列	200 系列	300 系列
12	6700	—	5300	—	3800	—	1400	—
15	6700	—	5300	—	3800	—	1400	—
17	6700	—	5300	—	3800	—	1400	—
20	6000	—	4800	—	3400	—	1200	—
25	5600	5000	4000	3600	3000	2600	1000	900
30	4500	4300	3400	3000	2400	2200	850	800
35	4000	3800	3000	2800	2000	2000	750	700
40	3600	3400	2600	2400	1900	1700	670	630
45	3200	3000	2400	2200	1700	1500	600	560
50	3000	2600	2200	2000	1600	1400	560	500
55	2600	2400	2000	1800	1400	1300	500	450
60	2400	2200	1800	1700	1200	1100	450	430
65	2200	2000	1700	1500	1100	1100	430	400
70	2200	1900	1600	1400	1100	1000	400	360
75	2000	1800	1500	1300	1000	900	380	340
80	1900	1700	1400	1200	950	850	340	320
85	1800	1600	1300	1100	900	800	320	300
90	1700	1500	1200	1100	800	750	300	280
95	—	1400	—	1000	—	700	—	260
100	—	1300	—	950	—	670	—	240
105	—	1200	—	900	—	630	—	220
110	—	1200	—	800	—	600	—	200
120	—	1100	—	750	—	530	—	190
130	—	1000	—	670	—	480	—	180
140	—	900	—	600	—	430	—	160

① 括号内 h9/IT5 一栏适用于带紧定套外球面球轴承，其余 j7～h9 各栏适用于带顶丝和偏心套外球面球轴承。

带立式座外球面球轴承（带顶丝 UCP、带偏心套 UELP）（摘自 GB/T 7810—2017）

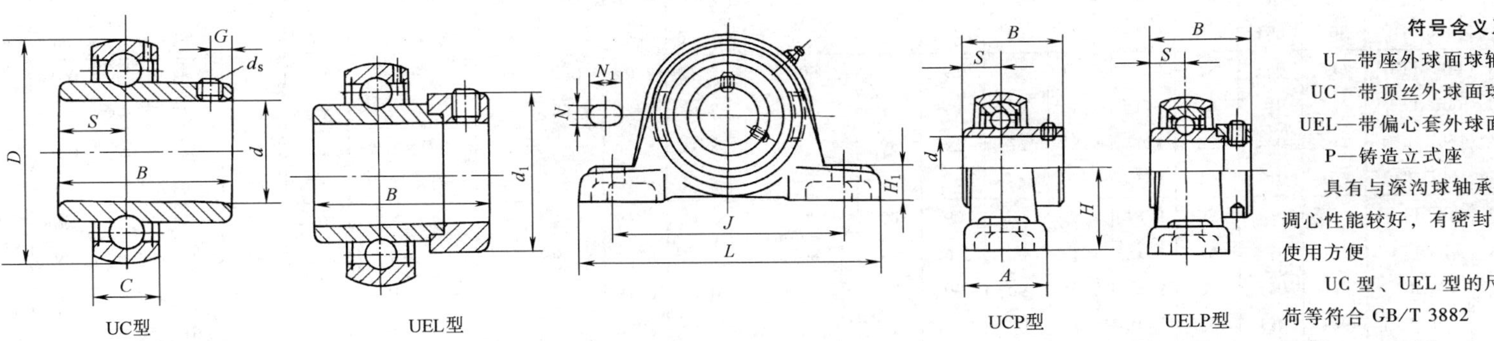

UC型　UEL型　UCP型　UELP型

符号含义及应用

U—带座外球面球轴承，后面均同

UC—带顶丝外球面球轴承

UEL—带偏心套外球面球轴承

P—铸造立式座

具有与深沟球轴承相同的载荷能力，调心性能较好，有密封装置，结构紧凑，使用方便

UC 型、UEL 型的尺寸与基本额定载荷等符合 GB/T 3882

表 7-2-113

轴承尺寸/mm									基本额定载荷/kN		配用偏心套	座尺寸/mm								带座轴承代号	轴承代号	座代号
d	D	B	S	C min	C max	d_s	G	d_1 max	C_r	C_{0r}	代号	A max	H	H_1 max	N min	N max	N_1 min	J	L max	UCP 型 UELP 型	UC 型 UEL 型	P 型
12	40	27.4	11.5	12	15	M5×0.8	4	—	7.35	4.78	—	39	30.2	17	10.5	12.5	16	96	129	UCP 201S	UC 201S	P 203S
	40	37.3	13.9	12	15	—	—	28.6	7.35	4.78	E 201S	39	30.2	17	10.5	12.5	16	96	129	UELP 201S	UEL 201S	P 203S
	47	31	12.7	14	17	M6×1	—	—	—	—	—	39	30.2	17	10.5	12.5	16	96	129	UCP 201	UC 201	P 203
	47	43.7	17.1	14	17	—	—	33.3	—	—	E 201	39	30.2	17	10.5	12.5	16	96	129	UELP 201	UEL 201	P 203
15	40	27.4	11.5	12	15	M5×0.8	4	—	7.35	4.78	—	39	30.2	17	10.5	12.5	16	96	129	UCP 202S	UC 202S	P 203S
	40	37.3	13.9	12	15	—	—	28.6	7.35	4.78	E 202S	39	30.2	17	10.5	12.5	16	96	129	UELP 202S	UEL 202S	P 203S
	47	31	12.7	14	17	M6×1	—	—	—	—	—	39	30.2	17	10.5	12.5	16	96	129	UCP 202	UC 202	P 203
	47	43.7	17.1	14	17	—	—	33.3	—	—	E 202	39	30.2	17	10.5	12.5	16	96	129	UELP 202	UEL 202	P 203
17	40	27.4	11.5	12	15	M5×0.8	4	—	7.35	4.78	—	39	30.2	17	10.5	12.5	16	96	129	UCP 203S	UC 203S	P 203S
	40	37.3	13.9	12	15	—	—	28.6	7.35	4.78	E 203S	39	30.2	17	10.5	12.5	16	96	129	UELP 203S	UEL 203S	P 203S
	47	31	12.7	14	17	M6×1	—	—	—	—	—	39	30.2	17	10.5	12.5	16	96	129	UCP 203	UC 203	P 203
	47	43.7	17.1	14	17	—	—	33.3	—	—	E 203	39	30.2	17	10.5	12.5	16	96	129	UELP 203	UEL 203	P 203

续表

轴承尺寸/mm									基本额定载荷/kN		配用偏心套	座尺寸/mm								带座轴承代号	轴承代号	座代号
d	D	B	S	C		d_s	G	d_1	C_r	C_{0r}	代号	A	H	H_1	N		N_1	J	L	UCP 型	UC 型	P 型
				min	max			max				max		max	min	max	min		max	UELP 型	UEL 型	
20	47	31.0	12.7	14	17	M6×1	5	—	9.88	6.65	—	39	33.3	17	10.5	12.5	16	96	134	UCP 204	UC 204	P 204
	47	43.7	17.1	14	17	—	—	33.3	9.88	6.65	E 204	39	33.3	17	10.5	12.5	16	96	134	UELP 204	UEL 204	P 204
25	52	34.1	14.3	15	17	M6×1	5	—	10.8	7.88	—	39	36.5	17	10.5	12.5	16	105	142	UCP 205	UC 205	P 205
	62	38	15	17	24	M6×1	6	—	17.2	11.5	—	47	45	18	15.5	18.5	18	132	177	UCP 305	UC 305	P 305
	52	44.4	17.5	15	17	—	—	38.1	10.8	7.88	E 205	39	36.5	17	10.5	12.5	16	105	142	UELP 205	UEL 205	P 205
	62	46.8	16.7	17	24	—	—	42.8	17.2	11.5	E 305	47	45	18	15.5	18.5	18	132	177	UELP 305	UEL 305	P 305
30	62	38.1	15.9	16	19	M6×1	5	—	15.0	11.2	—	48	42.9	20	13	15	19	121	167	UCP 206	UC 206	P 206
	72	43	17	19	26	M6×1	6	—	20.8	15.2	—	52	50	21	15.5	18.5	18	140	182	UCP 306	UC 306	P 306
	62	48.4	18.3	16	19	—	—	44.5	15.0	11.2	E 206	48	42.9	20	13	15	19	121	167	UELP 206	UEL 206	P 206
	72	50	17.5	19	26	—	—	50	20.8	15.2	E 306	52	50	21	15.5	18.5	18	140	182	UELP 306	UEL 306	P 306
35	72	42.9	17.5	17	20	M8×1	7	—	19.8	15.2	—	48	47.6	20	13	15	19	126	172	UCP 207	UC 207	P 207
	80	48	19	21	28	M8×1	8	—	25.8	19.2	—	58	56	23	15.5	18.5	23	160	212	UCP 307	UC 307	P 307
	72	51.1	18.8	17	20	—	—	55.6	19.8	15.2	E 207	48	47.6	20	13	15	19	126	172	UELP 207	UEL 207	P 207
	80	51.6	18.3	21	28	—	—	55	25.8	19.2	E 307	58	56	23	15.5	18.5	23	160	212	UELP 307	UEL 307	P 307
40	80	49.2	19	18	21	M8×1	8	—	22.8	18.2	—	55	49.2	20	13	15	19	136	186	UCP 208	UC 208	P 208
	90	52	19	23	30	M10×1.25	10	—	31.2	24.0	—	62	60	25	15.5	18.5	25	170	222	UCP 308	UC 308	P 308
	80	56.3	21.4	18	21	—	—	60.3	22.8	18.2	E 208	55	49.2	20	13	15	19	136	186	UELP 208	UEL 208	P 208
	90	57.1	19.8	23	30	—	—	63.5	31.2	24.0	E 308	62	60	25	15.5	18.5	25	170	222	UELP 308	UEL 308	P 308
45	85	49.2	19.0	19	22	M8×1	8	—	24.5	20.8	—	55	54	22	13	15	19	146	192	UCP 209	UC 209	P 209
	100	57	22	25	33	M10×1.25	10	—	40.8	31.8	—	69	67	27	18.5	21.5	28	190	247	UCP 309	UC 309	P 309
	85	56.3	21.4	19	22	—	—	63.5	24.5	20.8	E 209	55	54	22	13	15	19	146	192	UELP 209	UEL 209	P 209
	100	58.7	19.8	25	33	—	—	70	40.8	31.8	E 309	69	67	27	18.5	21.5	28	190	247	UELP 309	UEL 309	P 309
50	90	51.6	19.0	20	24	M10×1.25	10	—	27.0	23.2	—	61	57.2	23	17	19.5	20.5	159	208	UCP 210	UC 210	P 210
	110	61	22	27	35	M12×1.5	12	—	47.5	37.8	—	77	75	30	18.5	21.5	33	212	278	UCP 310	UC 310	P 310
	90	62.7	24.6	20	24	—	—	69.9	27.0	23.2	E 210	61	57.2	23	17	19.5	20.5	159	208	UELP 210	UEL 210	P 210
	110	66.6	24.6	27	35	—	—	76.2	47.5	37.8	E 310	77	75	30	18.5	21.5	33	212	278	UELP 310	UEL 310	P 310

续表

轴承尺寸/mm									基本额定载荷/kN		配用偏心套	座尺寸/mm								带座轴承代号	轴承代号	座代号
d	D	B	S	C		d_s	G	d_1	C_r	C_{0r}	代号	A	H	H_1	N		N_1	J	L	UCP 型	UC 型	P 型
				min	max			max				max		max	min	max	min		max	UELP 型	UEL 型	
55	100	55.6	22.2	21	25	M10×1.25	10	—	33.5	29.2	—	61	63.5	25	17	19.5	20.5	172	233	UCP 211	UC 211	P 211
	120	66	25	29	37	M12×1.5	12	—	55.0	44.8	—	82	80	33	18.5	21.5	36	236	313	UCP 311	UC 311	P 311
	100	71.4	27.8	21	25	—	—	76.2	33.5	29.2	E 211	61	63.5	25	17	19.5	20.5	172	233	UELP 211	UEL 211	P 211
	120	73	27.8	29	37	—	—	83	55.0	44.8	E 311	82	80	33	18.5	21.5	36	236	313	UELP 311	UEL 311	P 311
60	110	65.1	25.4	22	27	M10×1.25	10	—	36.8	32.8	—	71	69.9	27	17	19.5	22	186	243	UCP 212	UC 212	P 212
	130	71	26	31	39	M12×1.5	12	—	62.8	51.8	—	87	85	35	23.5	26.5	36	250	333	UCP 312	UC 312	P 312
	110	77.8	31.0	22	27	—	—	84.2	36.8	32.8	E 212	71	69.9	27	17	19.5	22	186	243	UELP 212	UEL 212	P 212
	130	79.4	31	31	39	—	—	89	62.8	51.8	E 312	87	85	35	23.5	26.5	36	250	333	UELP 312	UEL 312	P 312
65	120	68.3	25.4	23	32	M10×1.25	10	—	44.0	40.0	—	73	76.2	34	21	25	24	203	268	UCP 213	UC 213	P 213
	140	75	30	33	41	M12×1.5	12	—	72.2	60.5	—	92	90	38	23.5	26.5	36	260	343	UCP 313	UC 313	P 313
	120	85.7	34.1	23	32	—	—	97	44.0	40.0	E 213	73	76.2	34	21	25	24	203	268	UELP 213	UEL 213	P 213
	140	85.7	32.5	33	41	—	—	97	72.2	60.5	E 313	92	90	38	23.5	26.5	36	260	343	UELP 313	UEL 313	P 313
70	125	74.6	30.2	24	35	M12×1.5	12	—	46.8	45.0	—	74	79.4	34	21	25	24	210	274	UCP 214	UC 214	P 214
	150	78	33	35	43	M12×1.5	12	—	80.2	68.0	—	92	95	42	25.5	28.5	38	280	363	UCP 314	UC 314	P 314
	125	85.7	34.1	24	35	—	—	97	46.8	45.0	E 214	74	79.4	34	21	25	24	210	274	UELP 214	UEL 214	P 214
	150	92.1	34.1	35	43	—	—	102	80.2	68.0	E 314	92	95	42	25.5	28.5	38	280	363	UELP 314	UEL 314	P 314
75	130	77.8	33.3	25	39	M12×1.5	12	—	50.8	49.5	—	83	82.6	35	21	25	24	217	300	UCP 215	UC 215	P 215
	160	82	32	37	46	M14×1.5	14	—	87.2	76.8	—	102	100	42	25.5	28.5	38	290	383	UCP 315	UC 315	P 315
	130	92.1	37.3	25	39	—	—	102	50.8	49.5	E 215	83	82.6	35	21	25	24	217	300	UELP 215	UEL 215	P 215
	160	100	37.3	37	46	—	—	113	87.2	76.8	E 315	102	100	42	25.5	28.5	38	290	383	UELP 315	UEL 315	P 315
80	140	82.6	33.3	26	43	M12×1.5	12	—	55.0	54.2	—	84	88.9	38	21	25	24	232	305	UCP 216	UC 216	P 216
	170	86	34	39	48	M14×1.5	14	—	94.5	86.5	—	112	106	47	25.5	28.5	38	300	403	UCP 316	UC 316	P 316
	140	100	40.5	26	43	—	—	111.1	55.0	54.2	E 216	84	88.9	38	21	25	24	232	305	UELP 216	UEL 216	P 216
	170	106.4	40.5	39	48	—	—	119	94.5	86.5	E 316	112	106	47	25.5	28.5	38	300	403	UELP 316	UEL 316	P 316

续表

轴承尺寸/mm									基本额定载荷/kN		配用偏心套	座尺寸/mm								带座轴承代号	轴承代号	座代号
d	D	B	S	C		d_s	G	d_1 max	C_r	C_{0r}	代号	A max	H	H_1 max	N		N_1 min	J	L max	UCP 型 UELP 型	UC 型 UEL 型	P 型
				min	max										min	max						
85	150	85.7	34.1	28	50	M12×1.5	12	—	64.0	63.8	—	95	95.2	41	21	25	24	247	330	UCP 217	UC 217	P 217
	180	96	40	41	50	M16×1.5	16	—	102	96.5	—	112	112	47	31.5	34.5	43	320	424	UCP 317	UC 317	P 317
	150	106.4	43.7	28	50	—	—	113	64.0	63.8	E 217	95	5.2	41	21	25	24	247	330	UELP 217	UEL 217	P 217
	180	109.5	42	41	50	—	—	127	102	96.5	E 317	112	112	47	31.5	34.5	43	320	424	UELP 317	UEL 317	P 317
90	160	96.0	39.7	30	50	M12×1.5	12	—	73.8	71.5	—	100	101.6	44	25	29	34	262	356	UCP 218	UC 218	P 218
	190	96	40	43	52	M16×1.5	16	—	110	108	—	122	118	52	31.5	34.5	43	330	434	UCP 318	UC 318	P 318
	190	109.6	44.5	30	50	—	—	119	73.8	71.5	E 218	100	101.6	44	25	29	34	262	356	UELP 218	UEL 218	P 218
	190	115.9	42.1	43	52	—	—	133	110	108	E 318	122	118	52	31.5	34.5	43	330	434	UELP 318	UEL 318	P 318
95	200	103	41	45	54	M16×1.5	16	—	120	122	—	122	125	52	34.5	37.5	48	360	474	UCP 319	UC 319	P 319
	200	122.3	38.9	45	54	—	—	140	120	122	E 319	122	125	52	34.5	37.5	48	360	474	UELP 319	UEL 319	P 319
100	180	108	42	34	51	M12×1.5	12	—	95	92	—	111	115	46	25	29	34	308	390	UCP 220	UC 220	P 220
	215	108	42	47	58	M18×1.5	18	—	132	140	—	132	140	57	34.5	37.5	48	380	494	UCP 320	UC 320	P 320
	180	125.4	50	34	51	—	—	139.7	95	92	E 220	111	115	46	25	29	34	308	390	UELP 220	UEL 220	P 220
	215	128.6	50	47	58	—	—	146	132	140	E 320	132	140	57	34.5	37.5	48	380	494	UELP 320	UEL 320	P 320
105	225	112	44	49	60	M18×1.5	18	—	142	152	—	132	140	57	34.5	37.5	48	380	494	UCP 321	UC 321	P 321
110	240	117	46	50	62	M18×1.5	18	—	158	178	—	142	150	62	38.5	41.5	53	400	524	UCP 322	UC 322	P 322
120	260	126	51	55	66	M18×1.5	18	—	175	208	—	142	160	72	38.5	41.5	53	450	574	UCP 324	UC 324	P 324
130	280	135	54	58	72	M20×1.5	20	—	195	242	—	142	180	82	38.5	41.5	53	480	604	UCP 326	UC 326	P 326
140	300	145	59	62	76	M20×1.5	20	—	212	272	—	142	200	82	38.5	41.5	53	500	624	UCP 328	UC 328	P 328

注：1. C 的最大、最小值不是公差，只表示 C 公称值不应超出的范围值。

2. 轴承座相关尺寸“max”表示该值既是公称值，又是允许的最大实测值；“min”表示该值既是公称值，又是允许的最小实测值。

3. 除结构示意图、G 值、基本额定载荷摘自《全国滚动轴承产品样本》第 2 版外，本表其他数据来自 GB/T 3882—2017、GB/T 7809—2017、GB/T 7810—2017。

4. 随着轴承技术的发展，基本额定载荷较表中数据（来源于《全国滚动轴承产品样本》第 2 版）有所提高。

带立式座外球面球轴承（带紧定套）（摘自 GB/T 7810—2017）

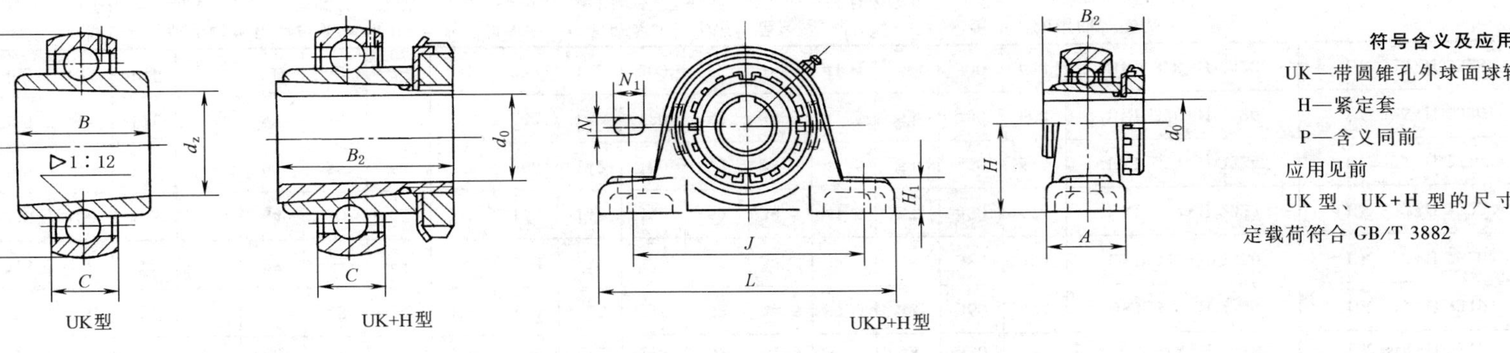

符号含义及应用

UK—带圆锥孔外球面球轴承

H—紧定套

P—含义同前

应用见前

UK 型、UK+H 型的尺寸与基本额定载荷符合 GB/T 3882

表 7-2-114

轴承尺寸/mm								基本额定载荷/kN		座尺寸/mm								带座轴承代号	轴承代号	座代号
d_z	D	d_0	B_2 紧定套系列		B max	C		C_r	C_{0r}	A max	H	H_1 max	N		N_1 min	J	L max	UKP+H 型	UK+H 型	P 型
			H23	H3		min	max						min	max						
25	52	20	35	29	27	15	17	10.8	7.88	39	36.5	17	10.5	12.5	16	105	142	UKP 205+H 2305/H 305	UK 205+H 2305/H 305	P 205
	62	20	35	—	27	17	24	17.2	11.5	47	45	18	15.5	18.5	18	132	177	UKP 305+H 2305	UK 305+H 2305	P 305
30	62	25	38	31	30	16	19	15.0	11.2	48	42.9	20	13	15	19	121	167	UKP 206+H 2306/H 306	UK 206+H 2306/H 306	P 206
	72	25	38	—	30	19	26	20.8	15.2	52	50	21	15.5	18.5	18	140	182	UKP 306+H 2306	UK 306+H 2306	P 306
35	72	30	43	35	34	17	20	19.8	15.2	48	47.6	20	13	15	19	126	172	UKP 207+H 2307/H 307	UK 207+H 2307/H 307	P 207
	80	30	43	—	34	21	28	25.8	19.2	58	56	23	15.5	18.5	23	160	212	UKP 307+H 2307	UK 307+H 2307	P 307
40	80	35	46	36	36	18	21	22.8	18.2	55	49.2	20	13	15	19	136	186	UKP 208+H 2308/H 308	UK 208+H 2308/H 308	P 208
	90	35	46	—	36	23	30	31.2	24.0	62	60	25	15.5	18.5	25	170	222	UKP 308+H 2308	UK 308+H 2308	P 308
45	85	40	50	39	39	19	22	24.5	20.8	55	54	22	13	15	19	146	192	UKP 209+H 2309/H 309	UK 209+H 2309/H 309	P 209
	100	40	50	—	39	25	33	40.8	31.8	69	67	27	18.5	21.5	28	190	247	UKP 309+H 2309	UK 309+H 2309	P 309
50	90	45	55	42	43	20	24	27.0	23.2	61	57.2	23	17	19.5	20.5	159	208	UKP 210+H 2310/H 310	UK 210+H 2310/H 310	P 210
	110	45	55	—	43	27	35	47.5	37.8	77	75	30	18.5	21.5	33	212	278	UKP 310+H 2310	UK 310+H 2310	P 310

续表

d_z	轴承尺寸/mm							基本额定载荷/kN		座尺寸/mm								带座轴承代号	轴承代号	座代号
	D	d_0	B_2 紧定套系列 H23	B_2 紧定套系列 H3	B max	C min	C max	C_r	C_{0r}	A max	H	H_1 max	N min	N max	N_1 min	J	L max	UKP+H 型	UK+H 型	P 型
55	100	50	59	45	47	21	25	33.5	29.2	61	63.5	25	17	19.5	20.5	172	233	UKP 211+H 2311/H 311	UK 211+H 2311/H 311	P 211
	120	50	59	—	47	29	37	55.0	44.8	82	80	33	18.5	21.5	36	236	313	UKP 311+H 2311	UK 311+H 2311	P 311
60	110	55	62	47	49	22	27	36.8	32.8	71	69.9	27	17	19.5	22	186	243	UKP 212+H 2312/H 312	UK 212+H 2312/H 312	P 212
	130	55	62	—	49	31	39	62.8	51.8	87	85	35	23.5	26.5	36	250	333	UKP 312+H 2312	UK 312+H 2312	P 312
65	120	60	65	50	51	23	39	44.0	40.0	73	76.2	34	21	25	24	203	268	UKP 213+H 2313/H 313	UK 213+H 2313/H 313	P 213
	140	60	65	—	51	33	41	72.2	60.5	92	90	38	23.5	26.5	36	260	343	UKP 313+H 2313	UK 313+H 2313	P 313
75	130	65	73	55	58	25	42	50.8	49.5	83	82.6	35	21	25	24	217	300	UKP 215+H 2315/H 315	UK 215+H 2315/H 315	P 215
	160	65	73	—	58	37	46	87.2	76.8	102	100	42	25.5	28.5	38	290	383	UKP 315+H 2315	UK 315+H 2315	P 315
80	140	70	78	59	61	26	45	55.0	54.2	84	88.9	38	21	25	24	232	305	UKP 216+H 2316/H 316	UK 216+H 2316/H 316	P 216
	170	70	78	—	61	39	48	94.5	86.5	112	106	47	25.5	28.5	38	300	403	UKP 316+H 2316	UK 316+H 2316	P 316
85	150	75	82	63	64	28	48	64.0	63.8	95	95.2	41	21	25	24	247	330	UKP 217+H 2317/H 317	UK 217+H 2317/H 317	P 217
	180	75	82	—	64	41	50	102	96.5	112	112	47	31.5	34.5	43	320	424	UKP 317+H 2317	UK 317+H 2317	P 317
90	160	80	86	65	68	30	51	73.8	71.5	100	101.6	44	25	29	34	262	356	UKP 218+H 2318/H 318	UK 218+H 2318/H 318	P 218
	190	80	86	—	68	43	52	110	108	112	118	52	31.5	34.5	43	330	434	UKP 318+H 2318	UK 318+H 2318	P 318
95	200	85	90	—	71	45	54	120	122	122	125	52	34.5	37.5	48	360	474	UKP 319+H 2319	UK 319+H 2319	P 319
100	215	90	97	—	77	47	58	132	140	132	140	57	34.5	37.5	48	380	494	UKP 320+H 2320	UK 320+H 2320	P 320
110	240	100	105	—	84	50	62	158	178	142	150	62	38.5	41.5	53	400	524	UKP 322+H 2322	UK 322+H 2322	P 322
120	260	110	112	—	90	55	66	175	208	142	160	72	38.5	41.5	53	450	574	UKP 324+H 2324	UK 324+H 2324	P 324
130	280	115	121	—	98	58	72	195	242	142	180	82	38.5	41.5	53	480	604	UKP 326+H 2326	UK 326+H 2326	P 326
140	300	125	131	—	107	62	76	212	272	142	200	82	38.5	41.5	53	500	624	UKP 328+H 2328	UK 328+H 2328	P 328

注：1. UKP 型 2 系列轴承可配用 H23 系列和 H3 系列的紧定套；C 的最大、最小值不是公差，只表示 C 公称值不应超出的范围值。

2. 轴承座相关尺寸“max”表示该值既是公称值，又是允许的最大实测值；“min”表示该值既是公称值，又是允许的最小实测值。

3. 除结构示意图、基本额定载荷摘自《全国滚动轴承产品样本》第 2 版外，本表其他数据来自 GB/T 3882—2017、GB/T 7809—2017、GB/T 7810—2017。

4. 随着轴承技术的发展，基本额定载荷较表中数据（来源于《全国滚动轴承产品样本》第 2 版）有所提高。

带方形座外球面球轴承（带顶丝、带偏心套）（摘自 GB/T 7810—2017）

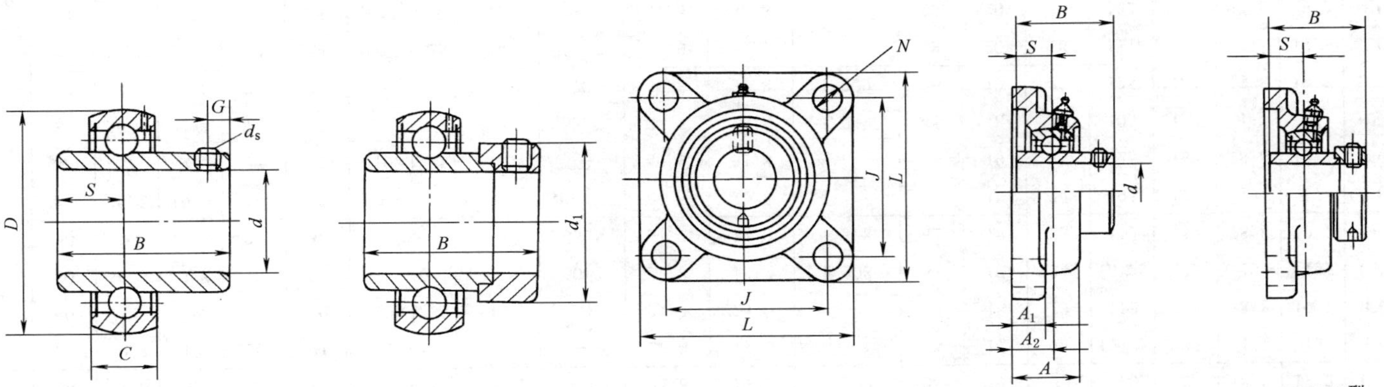

UC型　UEL型　UCFU型　UELFU型

符号含义及应用

FU—铸造方形座

其他符号及应用见前

表 7-2-115

轴承尺寸/mm									基本额定载荷/kN		配用偏心套	座尺寸/mm							带座轴承代号	轴承代号	座代号
d	D	B max	S	C min	C max	d_s	G	d_1 max	C_r	C_{0r}	代号	A max	A_1 max	A_2	J	L max	N min	N max	UCFU 型 UELFU 型	UC 型 UEL 型	FU 型
12	40	27.4	11.5	12	15	M5×0.8	4	—	7.35	4.78	—	32	13	17	54	78	10.5	12.5	UCFU 201S	UC 201S	FU 203
	47	31	12.7	14	17	M6×1	4	—	—	—	—	34	15	19	63.5	88	10.5	12.5	UCFU 201	UC 201	FU 204
	40	37.3	13.9	12	15	—	—	28.6	7.35	4.78	E 201S	32	13	17	54	78	10.5	12.5	UELFU 201S	UEL 201S	FU 203
	47	43.7	17.1	14	17	—	—	33.3	—	—	E 201	34	15	19	63.5	88	10.5	12.5	UELFU 201	UEL 201	FU 204
15	40	27.4	11.5	12	15	M5×0.8	4	—	7.35	4.78	—	32	13	17	54	78	10.5	12.5	UCFU 202S	UC 202S	FU 203
	47	31	12.7	14	17	M6×1	4	—	—	—	—	34	15	19	63.5	88	10.5	12.5	UCFU 202	UC 202	FU 204
	40	37.3	13.9	12	15	—	—	28.6	7.35	4.78	E 202S	32	13	17	54	78	10.5	12.5	UELFU 202S	UEL 202S	FU 203
	47	43.7	17.1	14	17	—	—	33.3	—	—	E 202	34	15	19	63.5	88	10.5	12.5	UELFU 202	UEL 202	FU 204
17	40	27.4	11.5	12	15	M5×0.8	4	—	7.35	4.78	—	32	13	17	54	78	10.5	12.5	UCFU 203S	UC 203S	FU 203
	47	31	12.7	14	17	M6×1	4	—	—	—	—	34	15	19	63.5	88	10.5	12.5	UCFU 203	UC 203	FU 204
	40	37.3	13.9	12	15	—	—	28.6	7.35	4.78	E 203S	32	13	17	54	78	10.5	12.5	UELFU 203S	UEL 203S	FU 203
	47	43.7	17.1	14	17	—	—	33.3	—	—	E 203	34	15	19	63.5	88	10.5	12.5	UELFU 203	UEL 203	FU 204

续表

轴承尺寸/mm									基本额定载荷/kN		配用偏心套	座尺寸/mm							带座轴承代号	轴承代号	座代号
d	D	B max	S	C min	C max	d_s	G	d_1 max	C_r	C_{0r}	代号	A max	A_1 max	A_2	J	L max	N min	N max	UCFU 型 UELFU 型	UC 型 UEL 型	FU 型
20	47	31.0	12.7	14	17	M6×1	5	—	9.88	6.65	—	34	15	19	63.5	88	10.5	12.5	UCFU 204	UC 204	FU 204
	47	43.7	17.1	14	17	—	—	33.3	9.88	6.65	E 204	34	15	19	63.5	88	10.5	12.5	UELFU 204	UEL 204	FU 204
25	52	34.1	14.3	15	17	M6×1	5	—	10.8	7.88	—	35	15	19	70	97	11.5	12.5	UCFU 205	UC 205	FU 205
	62	38	15	17	24	M6×1	6	—	17.2	11.5	—	31	14	17	80	112	15.8	16.2	UCFU 305	UC 305	FU 305
	52	44.4	17.5	15	17	—	—	38.1	10.8	7.88	E 205	35	15	19	70	97	11.5	12.5	UELFU 205	UEL 205	FU 205
	62	46.8	16.7	17	24	—	—	42.8	17.2	11.5	E 305	31	14	17	80	112	15.8	16.2	UELFU 305	UEL 305	FU 305
30	62	38.1	15.9	16	19	M6×1	5	—	15.0	11.2	—	38	16	20	82.5	110	11.5	12.5	UCFU 206	UC 206	FU 206
	72	43	17	19	26	M6×1	6	—	20.8	15.2	—	34	16	18	95	127	15.8	16.2	UCFU 306	UC 306	FU 306
	62	48.4	18.3	16	19	—	—	44.5	15.0	11.2	E 206	38	16	20	82.5	110	11.5	12.5	UELFU 206	UEL 206	FU 206
	72	50	17.5	19	26	—	—	50	20.8	15.2	E 306	34	16	18	95	127	15.8	16.2	UELFU 306	UEL 306	FU 306
35	72	42.9	17.5	17	20	M8×1	7	—	19.8	15.2	—	38	17	21	92	119	13	15	UCFU 207	UC 207	FU 207
	80	48	19	21	28	M8×1	8	—	25.8	19.2	—	38	17	20	100	137	18.8	19.2	UCFU 307	UC 307	FU 307
	72	51.1	18.8	17	20	—	—	55.6	19.8	15.2	E 207	38	17	21	92	119	13	15	UELFU 207	UEL 207	FU 207
	80	51.6	18.3	21	28	—	—	55	25.8	19.2	E 307	38	17	20	100	137	18.8	19.2	UELFU 307	UEL 307	FU 307
40	80	49.2	19	18	21	M8×1	8	—	22.8	18.2	—	43	17	24	101.5	132	13	15	UCFU 208	UC 208	FU 208
	90	52	19	23	30	M10×1.25	10	—	31.2	24.0	—	42	18	23	112	152	18.8	19.2	UCFU 308	UC 308	FU 308
	80	56.3	21.4	18	21	—	—	60.3	22.8	18.2	E 208	43	17	24	101.5	132	13	15	UELFU 208	UEL 208	FU 208
	90	57.1	19.8	23	30	—	—	63.5	31.2	24.0	E 308	42	18	23	112	152	18.8	19.2	UELFU 308	UEL 308	FU 308
45	85	49.2	19.0	19	22	M8×1	8	—	24.5	20.8	—	45	18	24	105	139	13	17	UCFU 209	UC 209	FU 209
	100	57	22	25	33	M10×1.25	10	—	40.8	31.8	—	46	19	25	125	162	18.8	19.2	UCFU 309	UC 309	FU 309
	85	56.3	21.4	19	22	—	—	63.5	24.5	20.8	E 209	45	18	24	105	139	13	17	UELFU 209	UEL 209	FU 209
	100	58.7	19.8	25	33	—	—	70	40.8	31.8	E 309	46	19	25	125	162	18.8	19.2	UELFU 309	UEL 309	FU 309
50	90	51.6	19.0	20	24	M10×1.25	10	—	27.0	23.2	—	48	20	28	111	145	17	19.5	UCFU 210	UC 210	FU 210
	110	61	22	27	35	M12×1.5	12	—	47.5	37.8	—	50	20	28	132	177	22.8	23.2	UCFU 310	UC 310	FU 310
	90	62.7	24.6	20	24	—	—	69.9	27.0	23.2	E 210	48	20	28	111	145	17	19.5	UELFU 210	UEL 210	FU 210
	110	66.6	24.6	27	35	—	—	76.2	47.5	37.8	E 310	50	20	28	132	177	22.8	23.2	UELFU 310	UEL 310	FU 310

续表

轴承尺寸/mm								基本额定载荷/kN		配用偏心套	座尺寸/mm							带座轴承代号	轴承代号	座代号
d	D	B max	S	C min	C max	d_s	G	d_1 max	C_r	C_{0r}	代号	A max	A_1 max	A_2	J	L max	N min	N max	UCFU 型 UELFU 型	UC 型 UEL 型	FU 型
55	100	55.6	22.2	21	25	M10×1.25	10	—	33.5	29.2	—	51	21	31	130	164	17	19.5	UCFU 211	UC 211	FU 211
	120	66	25	29	37	M12×1.5	12	—	55.0	44.8	—	54	21	30	140	187	22.8	23.2	UCFU 311	UC 311	FU 311
	100	71.4	27.8	21	25	—	—	76.2	33.5	29.2	E 211	51	21	31	130	164	17	19.5	UELFU 211	UEL 211	FU 211
	120	73	27.8	29	37	—	—	83	55.0	44.8	E 311	54	21	30	140	187	22.8	23.2	UELFU 311	UEL 311	FU 311
60	110	65.1	25.4	22	27	M10×1.25	10	—	36.8	32.8	—	60	21	34	143	177	17	19.5	UCFU 212	UC 212	FU 212
	130	71	26	31	39	M12×1.5	12	—	62.8	51.8	—	58	23	33	150	197	22.8	23.2	UCFU 312	UC 312	FU 312
	110	77.8	31.0	22	27	—	—	84.2	36.8	32.8	E 212	60	21	34	143	177	17	19.5	UELFU 212	UEL 212	FU 212
	130	79.4	30.95	31	39	—	—	89	62.8	51.8	E 312	58	23	33	150	197	22.8	23.2	UELFU 312	UEL 312	FU 312
65	120	68.3	25.4	23	32	M10×1.25	10	—	44.0	40.0	—	52	24	35	150	188	17	19.5	UCFU 213	UC 213	FU 213
	140	75	30	33	41	M12×1.5	12	—	72.2	60.5	—	60	23	33	166	210	22.8	23.2	UCFU 313	UC 313	FU 313
	120	85.7	34.1	23	32	—	—	86	44.0	40.0	E 213	52	24	35	150	188	17	19.5	UELFU 213	UEL 213	FU 213
	140	85.7	32.55	33	41	—	—	97	72.2	60.5	E 313	60	23	33	166	210	22.8	23.2	UELFU 313	UEL 313	FU 313
70	125	74.6	30.2	24	35	M12×1.5	12	—	46.8	45.0	—	54	24	35	152	193	17	19.5	UCFU 214	UC 214	FU 214
	150	78	33	35	43	M12×1.5	12	—	80.2	68.0	—	63	26	36	178	228	24.8	25.2	UCFU 314	UC 314	FU 314
	125	85.7	34.1	24	35	—	—	90	46.8	45.0	E 214	54	24	35	152	193	17	19.5	UELFU 214	UEL 214	FU 214
	150	92.1	34.15	35	43	—	—	102	80.2	68.0	E 314	63	26	36	178	228	24.8	25.2	UELFU 314	UEL 314	FU 314
75	130	77.8	33.3	25	39	M12×1.5	12	—	50.8	49.5	—	58	24	38	152	198	17	25	UCFU 215	UC 215	FU 215
	160	82	32	37	46	M14×1.5	14	—	87.2	76.8	—	68	26	39	184	238	24.8	25.2	UCFU 315	UC 315	FU 315
	130	92.1	37.3	25	39	—	—	102	50.8	49.5	E 215	58	24	38	152	198	17	25	UELFU 215	UEL 215	FU 215
	160	100	37.3	37	46	—	—	113	87.2	76.8	E 315	68	26	39	184	238	24.8	25.2	UELFU 315	UEL 315	FU 315
80	140	82.6	33.3	26	43	M12×1.5	12	—	55.0	54.2	—	65	24	34	166	213	21	25	UCFU 216	UC 216	FU 216
	170	86	34	39	48	M14×1.5	14	—	94.5	86.5	—	70	28	41	196	252	30.7	31.3	UCFU 316	UC 316	FU 316
	170	106.4	40.5	39	48	—	—	119	94.5	86.5	E 316	70	28	41	196	252	30.7	31.3	UELFU 316	UEL 316	FU 316

续表

轴承尺寸/mm									基本额定载荷/kN		配用偏心套	座尺寸/mm							带座轴承代号	轴承代号	座代号
d	D	B	S	C		d_s	G	d_1	C_r	C_{0r}	代号	A	A_1	A_2	J	L	N		UCFU 型	UC 型	FU 型
		max		min	max			max				max	max			max	min	max	UELFU 型	UEL 型	
85	150	85.7	34.1	28	50	M12×1.5	12	—	64.0	63.8	—	75	26	36	172	220	21	25	UCFU 217	UC 217	FU 217
	180	96	40	41	50	M16×1.5	16	—	102	96.5	—	76	28	44	204	263	30.7	31.3	UCFU 317	UC 317	FU 317
	180	109.5	42.05	41	50	—	—	127	102	96.5	E 317	76	28	44	204	263	30.7	31.3	UELFU 317	UEL 317	FU 317
90	160	96.0	39.7	30	50	M12×1.5	12	—	73.8	71.5	—	75	27	42	187	240	21	25	UCFU 218	UC 218	FU 218
	190	96	40	43	52	M16×1.5	16	—	110	108	—	78	31	44	216	283	34.7	35.3	UCFU 318	UC 318	FU 318
	190	115.9	43.65	43	52	—	—	133	110	108	E 318	78	31	44	216	283	34.7	35.3	UELFU 318	UEL 318	FU 318
95	200	103	41	45	54	M16×1.5	16	—	120	122	—	96	31	59	228	293	34.7	35.3	UCFU 319	UC 319	FU 319
	200	122.3	38.9	45	54	—	—	140	120	122	E 319	96	31	59	228	293	34.7	35.3	UELFU 319	UEL 319	FU 319
100	180	108	42	34	51	M12×1.5	12	—	95	92	—	80	29	44	210	270	25	29	UCFU 220	UC 220	FU 220
	215	108	42	47	58	M18×1.5	18	—	132	140	—	96	33	59	242	313	37.7	38.3	UCFU 320	UC 320	FU 320
	215	128.6	50	47	58	—	—	146	132	140	E 320	96	33	59	242	313	37.7	38.3	UELFU 320	UEL 320	FU 320
105	225	112	44	49	60	M18×1.5	18	—	142	152	—	96	33	59	242	313	37.7	38.3	UCFU 321	UC 321	FU 321
110	240	117	46	50	62	M18×1.5	18	—	158	178	—	98	36	60	266	343	40.7	41.3	UCFU 322	UC 322	FU 322
120	260	126	51	55	66	M18×1.5	18	—	175	208	—	112	41	65	290	373	40.7	41.3	UCFU 324	UC 324	FU 324
130	280	135	54	58	72	M20×1.5	20	—	195	242	—	117	46	65	320	414	40.7	41.3	UCFU 326	UC 326	FU 326
140	300	145	59	62	76	M20×1.5	20	—	212	272	—	127	56	75	350	454	40.7	41.3	UCFU 328	UC 328	FU 328

注：1. C 的最大、最小值不是公差，只表示 C 公称值不应超出的范围值。

2. 轴承座相关尺寸“max”表示该值既是公称值，又是允许的最大实测值；“min”表示该值既是公称值，又是允许的最小实测值。

3. 除结构示意图、基本额定载荷、G 值摘自《全国滚动轴承产品样本》第2版外，本表其他数据来自 GB/T 3882—2017、GB/T 7809—2017、GB/T 7810—2017。

4. 随着轴承技术的发展，基本额定载荷较表中数据（来源于《全国滚动轴承产品样本》第2版）有所提高。

带菱形座外球面球轴承（带紧定套）（摘自 GB/T 7810—2017）

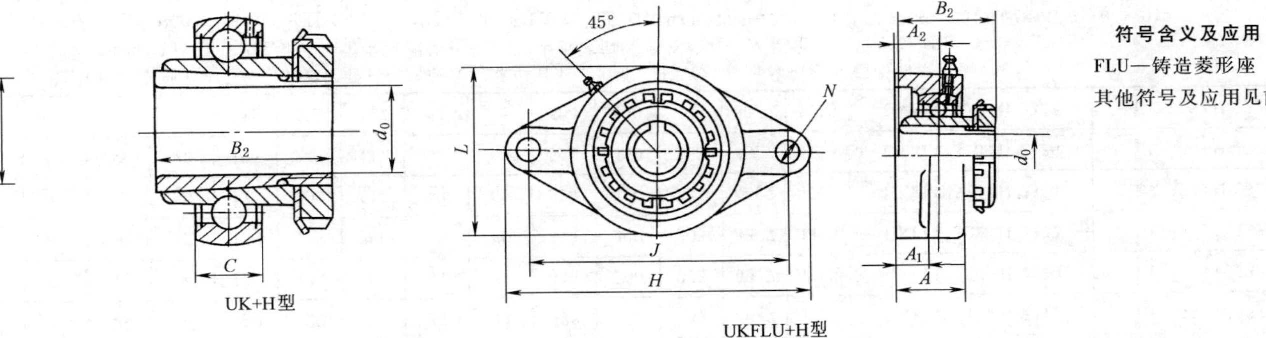

符号含义及应用

FLU—铸造菱形座

其他符号及应用见前

表 7-2-116

轴承尺寸/mm								基本额定载荷/kN		座尺寸/mm								带座轴承代号	轴承代号	座代号
d_z	D	d_0	B_2 紧定套系列		B max	C		C_r	C_{0r}	A max	A_1 max	A_2	H max	J	L max	N		UKFLU+H 型	UK+H 型	FLU 型
			H23	H3		min	max									min	max			
25	52	20	35	29	27	15	17	10.8	7.88	35	15	19	125	99	70	11.5	12.5	UKFLU 205+H 2305/H 305	UK 205+H 2305/H 305	FLU 205
	62	20	35	—	27	17	24	17.2	11.5	31	14	16	152	113	82	18.8	19.2	UKFLU 305+H 2305	UK 305+H 2305	FLU 305
30	62	25	38	31	30	16	19	15.0	11.2	38	16	20	142	116.5	83	11.5	12.5	UKFLU 206+H 2306/H 306	UK 206+H 2306/H 306	FLU 206
	72	25	38	—	30	19	26	20.8	15.2	34	16	18	182	134	92	22.8	23.2	UKFLU 306+H 2306	UK 306+H 2306	FLU 306
35	72	30	43	35	34	17	20	19.8	15.2	38	17	21	156	130	96	13	15	UKFLU 207+H 2307/H 307	UK 207+H 2307/H 307	FLU 207
	80	30	43	—	34	21	28	25.8	19.2	38	17	20	187	141	102	22.8	23.2	UKFLU 307+H 2307	UK 307+H 2307	FLU 307
40	80	35	46	36	36	18	21	22.8	18.2	43	17	24	172	143.5	105	13	15	UKFLU 208+H 2308/H 308	UK 208+H 2308/H 308	FLU 208
	90	35	46	—	36	23	30	31.2	24.0	42	18	23	202	158	114	22.8	23.2	UKFLU 308+H 2308	UK 308+H 2308	FLU 308
45	85	40	50	39	39	19	22	24.5	20.8	45	18	24	180	148.5	112	13	17	UKFLU 209+H 2309/H 309	UK 209+H 2309/H 309	FLU 209
	100	40	50	—	39	25	33	40.8	31.8	46	19	25	232	177	127	24.8	25.2	UKFLU 309+H 2309	UK 309+H 2309	FLU 309
50	90	45	55	42	43	20	24	27.0	23.2	48	20	28	190	157	117	17	19.5	UKFLU 210+H 2310/H 310	UK 210+H 2310/H 310	FLU 210
	110	45	55	—	43	27	35	47.5	37.8	50	20	28	242	187	142	24.8	25.2	UKFLU 310+H 2310	UK 310+H 2310	FLU 310

续表

d_z	D	d_0	B_2 紧定套系列		B	C		C_r	C_{0r}	A	A_1	A_2	H	J	L	N		带座轴承代号	轴承代号	座代号
								基本额定载荷/kN		座尺寸/mm										
			H23	H3	max	min	max			max	max		max		max	min	max	UKFLU+H 型	UK+H 型	FLU 型
55	100	50	59	45	47	21	25	33.5	29.2	51	21	31	222	184	134	17	19.5	UKFLU 211+H 2311/H 311	UK 211+H 2311/H 311	FLU 211
	120	50	59	—	47	29	37	55.0	44.8	54	21	30	252	198	152	24.8	25.2	UKFLU 311+H 2311	UK 311+H 2311	FLU 311
60	110	55	62	47	49	22	47	36.8	32.8	60	21	34	238	202	142	17	19.5	UKFLU 212+H 2312/H 312	UK 212+H 2312/H 312	FLU 212
	130	55	62	—	49	31	39	62.8	51.8	58	23	33	273	212	162	30.7	31.3	UKFLU 312+H 2312	UK 312+H 2312	FLU 312
65	120	60	65	50	51	23	39	—	—	55	25	30	261	210	157	22.8	23.2	UKFLU 213+H 2313/H 313	UK 213+H 2313/H 313	FLU 213
	140	60	65	—	51	33	41	72.2	60.5	60	26	33	298	240	177	30.7	31.3	UKFLU 313+H 2313	UK 313+H 2313	FLU 313
75	130	65	73	55	58	25	42	—	—	58	25	34	278	225	162	22.8	23.2	UKFLU 215+H 2315/H 315	UK 215+H 2315/H 315	FLU 215
	160	65	73	—	58	37	46	87.2	76.8	68	31	39	323	260	197	34.7	35.3	UKFLU 315+H 2315	UK 315+H 2315	FLU 315
80	140	70	78	59	61	26	45	—	—	65	25	34	293	233	182	24.8	25.2	UKFLU 216+H 2316/H 316	UK 216+H 2316/H 316	FLU 216
	170	70	78	—	61	39	48	94.5	86.5	70	33	38	358	285	212	37.7	38.3	UKFLU 316+H 2316	UK 316+H 2316	FLU 316
85	150	75	82	69	64	28	48	—	—	75	27	36	308	248	192	24.8	25.2	UKFLU 217+H 2317/H 317	UK 217+H 2317/H 317	FLU 217
	180	75	82	—	64	41	50	102	96.5	76	33	44	373	300	222	37.7	38.3	UKFLU 317+H 2317	UK 317+H 2317	FLU 317
90	160	80	86	65	68	30	51	—	—	75	28	40	323	265	207	24.8	25.2	UKFLU 218+H 2318/H 318	UK 218+H 2318/H 318	FLU 218
	190	80	86	—	68	43	52	110	108	76	36	44	385	315	235	37.7	38.3	UKFLU 318+H 2318	UK 318+H 2318	FLU 318
95	200	85	90	—	71	45	54	120	122	78	37	44	388	315	237	40.7	41.3	UKFLU 319+H 2319	UK 319+H 2319	FLU 319
100	215	90	97	—	77	47	58	132	140	96	41	59	444	360	273	43.7	44.3	UKFLU 320+H 2320	UK 320+H 2320	FLU 320
110	240	100	105	—	84	50	62	158	178	98	43	60	474	390	303	43.7	44.3	UKFLU 322+H 2322	UK 322+H 2322	FLU 322
120	260	110	112	—	90	55	66	175	208	112	49	65	524	430	333	46.7	47.3	UKFLU 324+H 2324	UK 324+H 2324	FLU 324
130	280	115	121	—	98	58	72	195	242	117	51	65	554	460	363	46.7	47.3	UKFLU 326+H 2326	UK 326+H 2326	FLU 326
140	300	125	131	—	107	62	76	212	272	127	61	75	604	500	403	50.7	51.3	UKFLU 328+H 2328	UK 328+H 2328	FLU 328

注：1. UKFLU 型 2 系列轴承可配用 H23 系列和 H3 系列的紧定套；C 的最大、最小值不是公差，只表示 C 公称值不应超出的范围值。

2. 轴承座相关尺寸“max”表示该值既是公称值，又是允许的最大实测值；“min”表示该值既是公称值，又是允许的最小实测值。

3. 除结构示意图、基本额定载荷摘自《全国滚动轴承产品样本》第 2 版外，本表其他数据来自 GB/T 3882—2017、GB/T 7809—2017、GB/T 7810—2017。

4. 随着轴承技术的发展，基本额定载荷较表中数据（来源于《全国滚动轴承产品样本》第 2 版）有所提高。

带凸台圆形座外球面球轴承（带顶丝、带偏心套）（摘自 GB/T 7810—2017）

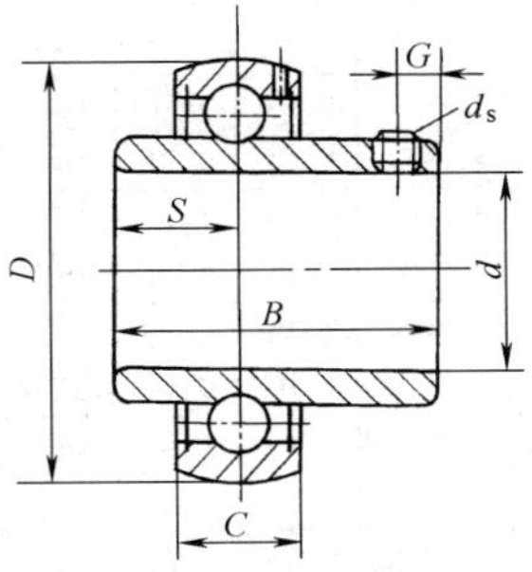

UC型 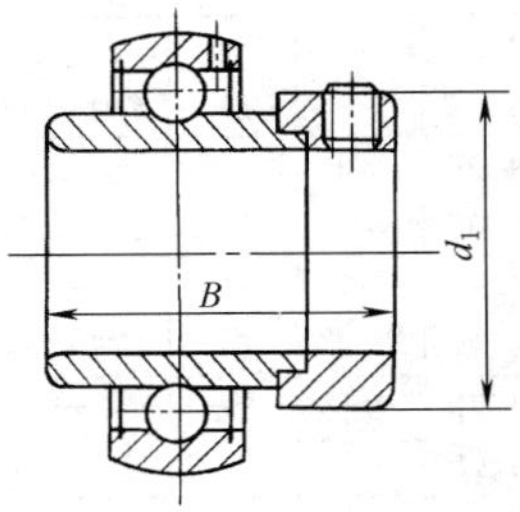　UEL型 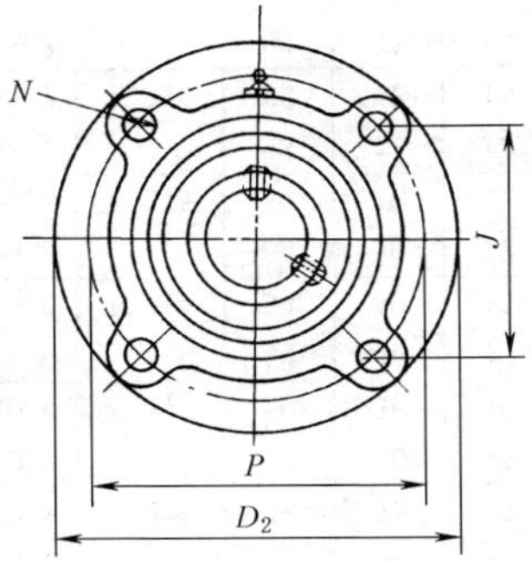 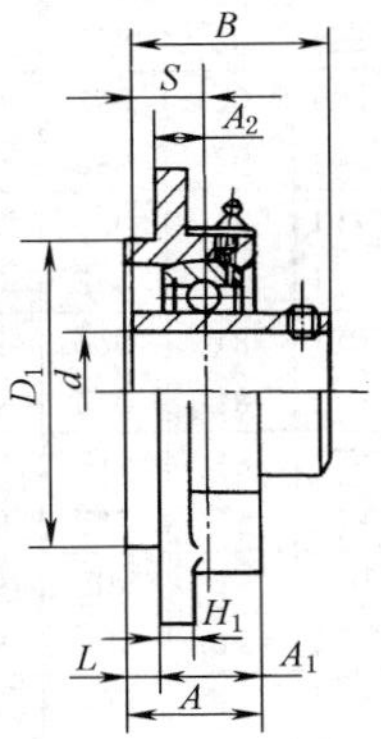　UCFC型 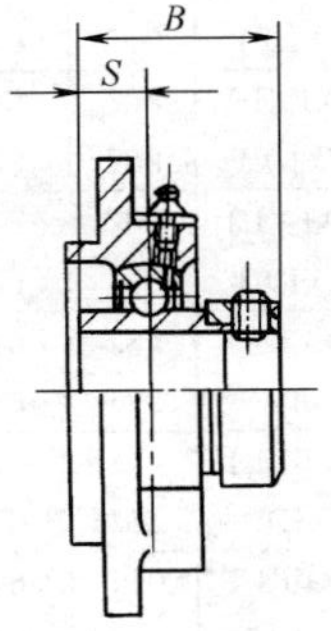　UELFC型

符号含义及应用

FC—铸造凸台圆形座

其他符号及应用见前

表 7-2-117

轴承尺寸/mm								基本额定载荷/kN		配用偏心套	座尺寸/mm									带座轴承代号	轴承代号	座代号
d	D	B	S	C min	C max	d_s	G	d_1 max	C_r	C_{0r}	代号	A max	A_1	A_2	D_1	D_2 max	H_1	J	N min	P	UCFC 型 UELFC 型	UC 型 UEL 型	FC 型
12	40	27.4	11.5	12	15	M5×0.8	4	—	7.35	4.78	—	23	19	9	58	97	6	53.0	12	75	UCFC 201S	UC 201S	FC 203
	40	37.3	13.9	12	15	—	—	28.6	7.35	4.78	E 201S	23	19	9	58	97	6	53.0	12	75	UELFC 201S	UEL 201S	FC 203
	47	31.0	12.7	14	17	M6×1	4	—	—	—	—	25.5	20.5	10	62	100	7	55.1	12	78	UCFC 201	UC 201	FC 204
	47	43.7	17.1	14	17	—	—	28.6	—	—	E 201	25.5	20.5	10	62	100	7	55.1	12	78	UELFC 201	UEL 201	FC 204
15	40	27.4	11.5	12	15	M5×0.8	4	—	7.35	4.78	—	23	19	9	58	97	6	53.0	12	75	UCFC 202S	UC 202S	FC 203
	40	37.3	13.9	12	15	—	—	28.6	7.35	4.78	E 202S	23	19	9	58	97	6	53.0	12	75	UELFC 202S	UEL 202S	FC 203
	47	31.0	12.7	14	17	M6×1	4	—	7.35	4.78	—	25.5	20.5	10	62	100	7	55.1	12	78	UCFC 202	UC 202	FC 204
	47	43.7	17.1	14	17	—	—	28.6	7.35	4.78	E 202	25.5	20.5	10	62	100	7	55.1	12	78	UELFC 202	UEL 202	FC 204
17	40	27.4	11.5	12	15	M5×0.8	4	—	7.35	4.78	—	23	19	9	58	97	6	53.0	12	75	UCFC 203S	UC 203S	FC 203
	40	37.3	13.9	12	15	—	—	28.6	7.35	4.78	E 203S	23	19	9	58	97	6	53.0	12	75	UELFC 203	UEL 203S	FC 203
	47	31.0	12.7	14	17	M6×1	4	—	7.35	4.78	—	25.5	20.5	10	62	100	7	55.1	12	78	UCFC 203	UC 203	FC 204
	47	43.7	17.1	14	17	—	—	28.6	7.35	4.78	E 203	25.5	20.5	10	62	100	7	55.1	12	78	UELFC 203	UEL 203	FC 204

续表

轴承尺寸/mm									基本额定载荷/kN		配用偏心套	座尺寸/mm									带座轴承代号	轴承代号	座代号
d	D	B	S	C min	C max	d_s	G	d_1 max	C_r	C_{0r}	代号	A max	A_1	A_2	D_1	D_2 max	H_1	J	N min	P	UCFC 型 UELFC 型	UC 型 UEL 型	FC 型
20	47	31.0	12.7	14	17	M6×1	5	—	9.88	6.65	—	25.5	20.5	10	62	100	7	55.1	12	78	UCFC 204	UC 204	FC 204
	47	43.7	17.1	14	17	—	—	33.3	9.88	6.65	E 204	25.5	20.5	10	62	100	7	55.1	12	78	UELFC 204	UEL 204	FC 204
25	52	34.1	14.3	15	17	M6×1	5	—	10.8	7.88	—	27	21	10	70	115	7	63.6	12	90	UCFC 205	UC 205	FC 205
	52	44.4	17.5	15	17	—	—	38.1	10.8	7.88	E 205	27	21	10	70	115	7	63.6	12	90	UELFC 205	UEL 205	FC 205
30	62	38.1	15.9	16	19	M6×1	5	—	15.0	11.2	—	31	23	10	80	125	8	70.7	12	100	UCFC 206	UC 206	FC 206
	62	48.4	18.3	16	19	—	—	44.5	15.0	11.2	E 206	31	23	10	80	125	8	70.7	12	100	UELFC 206	UEL 206	FC 206
35	72	42.9	17.5	17	20	M8×1	7	—	19.8	15.2	—	34	26	11	90	135	9	77.8	14	110	UCFC 207	UC 207	FC 207
	72	51.1	18.8	17	20	—	—	55.6	19.8	15.2	E 207	34	26	11	90	135	9	77.8	14	110	UELFC 207	UEL 207	FC 207
40	80	49.2	19	18	21	M8×1	8	—	22.8	18.2	—	36	26	11	100	145	9	84.8	14	120	UCFC 208	UC 208	FC 208
	80	56.3	21.4	18	21	—	—	60.3	22.8	18.2	E 208	36	26	11	100	145	9	84.8	14	120	UELFC 208	UEL 208	FC 208
45	85	49.2	19.0	19	22	M8×1	8	—	24.5	20.8	—	38	26	10	105	160	14	93.3	16	132	UCFC 209	UC 209	FC 209
	85	56.3	21.4	19	22	—	—	63.5	24.5	20.8	E 209	38	26	10	105	160	14	93.3	16	132	UELFC 209	UEL 209	FC 209
50	90	51.6	19.0	20	24	M10×1.25	10	—	27.0	23.2	—	40	28	10	110	165	14	97.6	16	138	UCFC 210	UC 210	FC 210
	90	62.7	24.6	20	24	—	—	69.9	27.0	23.2	E 210	40	28	10	110	165	14	97.6	16	138	UELFC 210	UEL 210	FC 210
55	100	55.6	22.2	21	25	M10×1.25	10	—	33.5	29.2	—	43	31	13	125	185	15	106.1	19	150	UCFC 211	UC 211	FC 211
	100	71.4	27.8	21	25	—	—	76.2	33.5	29.2	E 211	43	31	13	125	185	15	106.1	19	150	UELFC 211	UEL 211	FC 211
60	110	65.1	25.4	22	27	M10×1.25	10	—	36.8	32.8	—	48	36	17	135	195	15	113.1	19	160	UCFC 212	UC 212	FC 212
	110	77.8	31.0	22	27	—	—	84.2	36.8	32.8	E 212	48	36	17	135	195	15	113.1	19	160	UELFC 212	UEL 212	FC 212
65	120	65.1	25.4	23	32	M10×1.25	10	—	44.0	40.0	—	50	36	16	145	205	15	120.2	19	170	UCFC 213	UC 213	FC 213
	120	85.7	34.1	23	32	—	—	86	44.0	40.0	E 213	50	36	16	145	205	15	120.2	19	170	UELFC 213	UEL 213	FC 213
70	125	74.6	30.2	24	35	M12×1.5	12	—	46.8	45.0	—	54	40	17	150	215	18	125.1	19	177	UCFC 214	UC 214	FC 214
	125	85.7	34.1	24	35	—	—	90	46.8	45.0	E 214	54	40	17	150	215	18	125.1	19	177	UELFC 214	UEL 214	FC 214
75	130	77.8	33.3	25	39	M12×1.5	12	—	50.8	49.5	—	56	40	18	165	220	18	130.1	19	184	UCFC 215	UC 215	FC 215
	130	92.1	37.3	25	39	—	—	102	50.8	49.5	E 215	56	40	18	165	220	18	130.1	19	184	UELFC 215	UEL 215	FC 215
80	140	82.6	33.3	26	43	M12×1.5	12	—	55.0	54.2	—	58	42	18	170	240	18	141.4	23	200	UCFC 216	UC 216	FC 216
	140	100	40.5	26	43	—	—	—	55.0	54.2	E 216	58	42	18	170	240	18	141.4	23	200	UELFC 216	UEL 216	FC 216
85	150	85.7	34.1	28	50	M12×1.5	12	—	64.0	63.8	—	63	45	18	180	250	20	147.1	23	208	UCFC 217	UC 217	FC 217
	150	106.4	43.7	28	50	—	—	/	/	/	E 217	63	45	18	180	250	20	147.1	23	208	UELFC 217	UEL 217	FC 217
90	160	96.0	39.7	30	50	M12×1.5	12	—	73.8	71.5	—	68	50	22	190	265	20	155.5	23	220	UCFC 218	UC 218	FC 218
	160	109.6	44.5	30	50	—	—	/	/	/	E 218	68	50	22	190	265	20	155.5	23	220	UELFC 218	UEL 218	FC 218

注：1. C 的最大、最小值不是公差，只表示 C 公称值不应超出的范围值。

2. 除结构示意图、G 值、基本额定载荷摘自《全国滚动轴承产品样本》第 2 版外，本表其他数据来自 GB/T 3882—2017、GB/T 7809—2017、GB/T 7810—2017。

3. 随着轴承技术的发展，基本额定载荷较表中数据（来源于《全国滚动轴承产品样本》第 2 版）有所提高。

带凸台圆形座外球面球轴承（带紧定套）（摘自 GB/T 7810—2017）

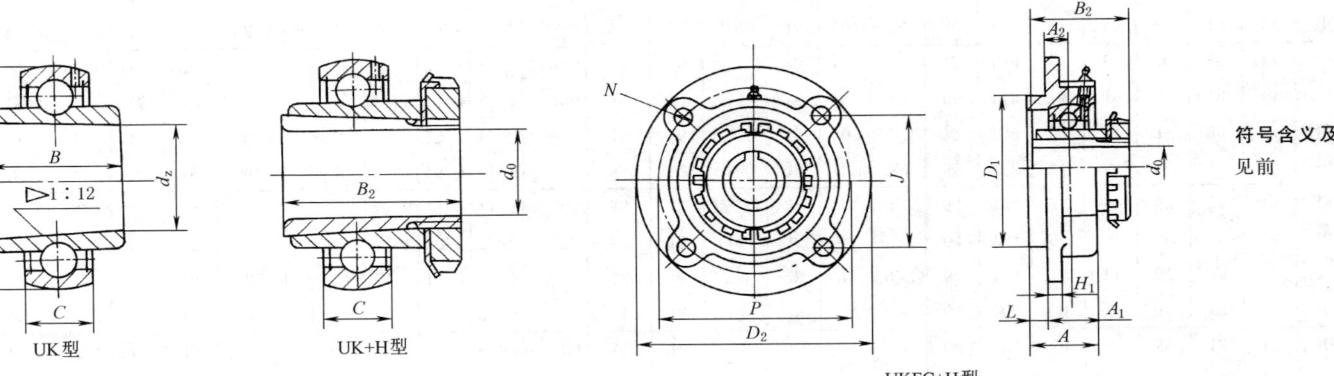

UK型　UK+H型　UKFC+H型

符号含义及应用

见前

表 7-2-118

轴承尺寸/mm								基本额定载荷/kN		座尺寸/mm										带座轴承代号	轴承代号	座代号
d_z	D	d_0	B_2 紧定套系列 H23	B_2 紧定套系列 H3	B max	C min	C max	C_r	C_{0r}	A	A_1	A_2	D_1	D_2 max	H_1	J	N max	P	UKFC+H 型	UK+H 型	FC 型
25	52	20	35	29	27	15	17	10.8	7.88	27	21	10	70	115	7	63.6	12	90	UKFC 205+H 2305/H 305	UK 205+H 2305/H 305	FC 205
30	62	25	38	31	30	16	19	15.0	11.2	31	23	10	80	125	8	70.7	12	100	UKFC 206+H 2306/H 306	UK 206+H 2306/H 306	FC 206
35	72	30	43	35	34	17	20	19.8	15.2	34	26	11	90	135	9	77.8	14	110	UKFC 207+H 2307/H 307	UK 207+H 2307/H 307	FC 207
40	80	35	46	36	36	18	21	22.8	18.2	36	26	11	100	145	9	84.8	14	120	UKFC 208+H 2308/H 308	UK 208+H 2308/H 308	FC 208
45	85	40	50	39	39	19	22	24.5	20.8	38	26	10	105	160	14	93.3	16	132	UKFC 209+H 2309/H 309	UK 209+H 2309/H 309	FC 209
50	90	45	55	42	43	20	24	27.0	23.2	40	28	10	110	165	14	97.6	16	138	UKFC 210+H 2310/H 310	UK 210+H 2310/H 310	FC 210
55	100	50	59	45	47	21	25	33.5	29.2	43	31	13	125	185	15	106.1	19	150	UKFC 211+H 2311/H 311	UK 211+H 2311/H 311	FC 211
60	110	55	62	47	49	22	27	36.8	32.8	48	36	17	135	195	15	113.1	19	160	UKFC 212+H 2312/H 312	UK 212+H 2312/H 312	FC 212
65	120	60	65	50	51	23	39	44.0	40.0	50	36	16	145	205	15	120.2	19	170	UKFC 213+H 2313/H 313	UK 213+H 2313/H 313	FC 213
75	130	65	73	55	58	25	42	50.8	49.5	56	40	18	160	220	18	130.1	19	184	UKFC 215+H 2315/H 315	UK 215+H 2315/H 315	FC 215
80	140	70	78	59	61	26	45	55.0	54.2	58	42	18	170	240	18	141.4	23	200	UKFC 216+H 2316/H 316	UK 216+H 2316/H 316	FC 216
85	150	75	82	63	64	28	48	64.0	63.8	63	45	18	180	250	20	147.1	23	208	UKFC 217+H 2317/H 317	UK 217+H 2317/H 317	FC 217
90	160	80	86	65	68	30	51	73.8	71.5	68	50	22	190	265	20	155.5	23	220	UKFC 218+H 2318/H 318	UK 218+H 2318/H 318	FC 218

注：1. UKFC 型 2 系列轴承可配用 H23 系列和 H3 系列的紧定套；C 的最大、最小值不是公差，只表示 C 公称值不应超出的范围值。

2. 除结构示意图、基本额定载荷摘自《全国滚动轴承产品样本》第 2 版外，本表其他数据来自 GB/T 3882—2017、GB/T 7809—2017、GB/T 7810—2017。

3. 随着轴承技术的发展，基本额定载荷较表中数据（来源于《全国滚动轴承产品样本》第 2 版）有所提高。

带滑块座外球面球轴承（带顶丝、带偏心套）（摘自 GB/T 7810—2017）

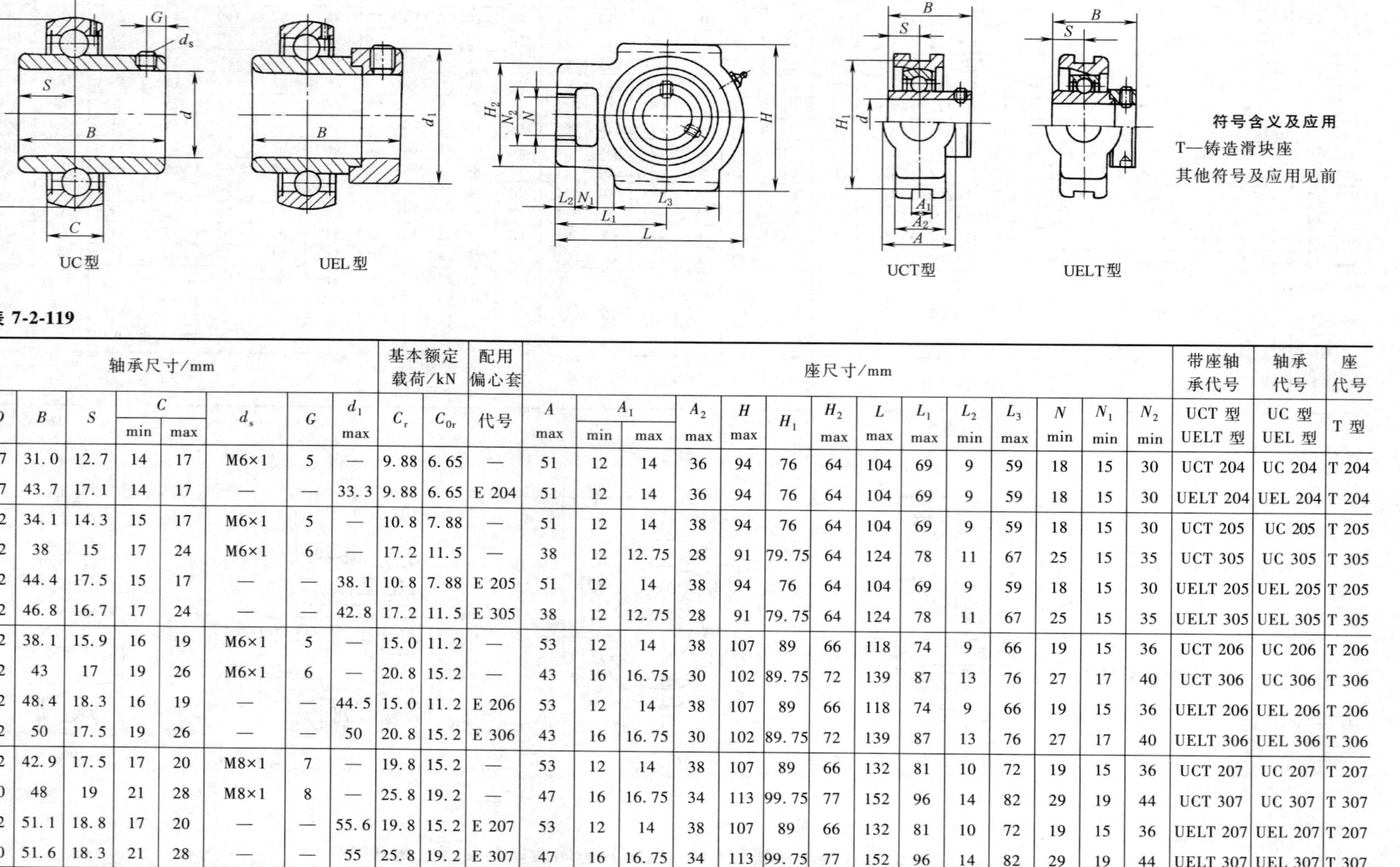

符号含义及应用

T—铸造滑块座

其他符号及应用见前

表 7-2-119

轴承尺寸/mm									基本额定载荷/kN		配用偏心套	座尺寸/mm														带座轴承代号	轴承代号	座代号
d	D	B	S	C min	C max	d_s	G	d_1 max	C_r	C_{0r}	代号	A max	A_1 min	A_1 max	A_2 max	H max	H_1	H_2 max	L max	L_1 max	L_2 min	L_3 max	N min	N_1 min	N_2 min	UCT 型 UELT 型	UC 型 UEL 型	T 型
20	47	31.0	12.7	14	17	M6×1	5	—	9.88	6.65	—	51	12	14	36	94	76	64	104	69	9	59	18	15	30	UCT 204	UC 204	T 204
	47	43.7	17.1	14	17	—	—	33.3	9.88	6.65	E 204	51	12	14	36	94	76	64	104	69	9	59	18	15	30	UELT 204	UEL 204	T 204
25	52	34.1	14.3	15	17	M6×1	5	—	10.8	7.88	—	51	12	14	38	94	76	64	104	69	9	59	18	15	30	UCT 205	UC 205	T 205
	62	38	15	17	24	M6×1	6	—	17.2	11.5	—	38	12	12.75	28	91	79.75	64	124	78	11	67	25	15	35	UCT 305	UC 305	T 305
	52	44.4	17.5	15	17	—	—	38.1	10.8	7.88	E 205	51	12	14	38	94	76	64	104	69	9	59	18	15	30	UELT 205	UEL 205	T 205
	62	46.8	16.7	17	24	—	—	42.8	17.2	11.5	E 305	38	12	12.75	28	91	79.75	64	124	78	11	67	25	15	35	UELT 305	UEL 305	T 305
30	62	38.1	15.9	16	19	M6×1	5	—	15.0	11.2	—	53	12	14	38	107	89	66	118	74	9	66	19	15	36	UCT 206	UC 206	T 206
	72	43	17	19	26	M6×1	6	—	20.8	15.2	—	43	16	16.75	30	102	89.75	72	139	87	13	76	27	17	40	UCT 306	UC 306	T 306
	62	48.4	18.3	16	19	—	—	44.5	15.0	11.2	E 206	53	12	14	38	107	89	66	118	74	9	66	19	15	36	UELT 206	UEL 206	T 206
	72	50	17.5	19	26	—	—	50	20.8	15.2	E 306	43	16	16.75	30	102	89.75	72	139	87	13	76	27	17	40	UELT 306	UEL 306	T 306
35	72	42.9	17.5	17	20	M8×1	7	—	19.8	15.2	—	53	12	14	38	107	89	66	132	81	10	72	19	15	36	UCT 207	UC 207	T 207
	80	48	19	21	28	M8×1	8	—	25.8	19.2	—	47	16	16.75	34	113	99.75	77	152	96	14	82	29	19	44	UCT 307	UC 307	T 307
	72	51.1	18.8	17	20	—	—	55.6	19.8	15.2	E 207	53	12	14	38	107	89	66	132	81	10	72	19	15	36	UELT 207	UEL 207	T 207
	80	51.6	18.3	21	28	—	—	55	25.8	19.2	E 307	47	16	16.75	34	113	99.75	77	152	96	14	82	29	19	44	UELT 307	UEL 307	T 307

续表

轴承尺寸/mm									基本额定载荷/kN		配用偏心套	座尺寸/mm														带座轴承代号	轴承代号	座代号
d	D	B	S	C		d_s	G	d_1	C_r	C_{0r}	代号	A	A_1		A_2	H	H_1	H_2	L	L_1	L_2	L_3	N	N_1	N_2	UCT 型 UELT 型	UC 型 UEL 型	T 型
				min	max			max				max	min	max	max	max		max	max	max	min	max	min	min	min			
40	80	49.2	19	18	21	M8×1	8	—	22.8	18.2	—	67	16	18	44	124	101	85	146	91	14	84	27	18	47	UCT 208	UC 208	T 208
	90	52	19	23	30	M10×1.25	10	—	31.2	24.0	—	52	18	18.75	36	126	111.75	85	164	102	16	91	31	21	49	UCT 308	UC 308	T 308
	80	56.3	21.4	18	21	—	—	60.3	22.8	18.2	E 208	67	16	18	44	124	101	85	146	91	14	84	27	18	47	UELT 208	UEL 208	T 208
	90	57.1	19.8	23	30	—	—	63.5	31.2	24.0	E 308	52	18	18.75	36	126	111.75	85	164	102	16	91	31	21	49	UELT 308	UEL 308	T 308
45	85	49.2	19.0	19	22	M8×1	8	—	24.5	20.8	—	67	16	18	44	124	101	85	149	91	14	84	27	18	47	UCT 209	UC 209	T 209
	100	57	22	25	33	M10×1.25	10	—	40.8	31.8	—	57	18	18.75	40	140	124.75	92	180	112	17	99	33	23	54	UCT 309	UC 309	T 309
	85	56.3	21.4	19	22	—	—	63.5	24.5	20.8	E 209	67	16	18	44	124	101	85	149	91	14	84	27	18	47	UELT 209	UEL 209	T 209
	100	58.7	19.8	25	33	—	—	70	40.8	31.8	E 309	57	18	18.75	40	140	124.75	92	180	112	17	99	33	23	54	UELT 309	UEL 309	T 309
50	90	51.6	19.0	20	24	M10×1.25	10	—	27.0	23.2	—	67	16	18	50	124	101	85	153	92	14	88	27	18	47	UCT 210	UC 210	T 210
	110	61	22	27	35	M12×1.5	12	—	47.5	37.8	—	63	20	20.75	42	153	139.75	100	193	119	19	108	36	26	60	UCT 310	UC 310	T 310
	90	62.7	24.6	20	24	—	—	69.9	27.0	23.2	E 210	67	16	18	50	124	101	85	153	92	14	88	27	18	47	UELT 210	UEL 210	T 210
	110	66.6	24.6	27	35	—	—	76.2	47.5	37.8	E 310	63	20	20.75	42	153	139.75	100	193	119	19	108	36	26	60	UELT 310	UEL 310	T 310
55	100	55.6	22.2	21	25	M10×1.25	10	—	33.5	29.2	—	72	22	28	56	152	130	104	191	120	17	104	34	24	62	UCT 211	UC 211	T 211
	120	66	25	29	37	M12×1.5	12	—	55.0	44.8	—	68	22	23.25	46	165	149.6	107	209	129	20	117	38	28	65	UCT 311	UC 311	T 311
	100	71.4	27.8	21	25	—	—	76.2	33.5	29.2	E 211	72	22	28	56	152	130	104	191	120	17	104	34	24	62	UELT 211	UEL 211	T 211
	120	73	27.8	29	37	—	—	83	55.0	44.8	E 311	68	22	23.25	46	165	149.6	107	209	129	20	117	38	28	65	UELT 311	UEL 311	T 311
60	110	65.1	25.4	22	27	M10×1.25	10	—	36.8	32.8	—	72	22	28	56	152	130	104	196	120	17	104	34	29	62	UCT 212	UC 212	T 212
	130	71	26	31	39	M12×1.5	12	—	62.8	51.8	—	73	22	23.25	48	180	159.6	115	222	137	22	125	40	30	70	UCT 312	UC 312	T 312
	110	77.8	31.0	22	27	—	—	84.2	36.8	32.8	E 212	72	22	28	56	152	130	104	196	120	17	104	34	29	62	UELT 212	UEL 212	T 212
	130	79.4	30.95	31	39	—	—	89	62.8	51.8	E 312	73	22	23.25	48	180	159.6	115	222	137	22	125	40	30	70	UELT 312	UEL 312	T 312
65	120	68.3	25.4	23	32	M10×1.25	—	—	—	—	—	72	25	28	56	169	150.6	113	226	139	20	123	40	31	69	UCT 213	UC 213	T 213
	140	75	30	33	41	M12×1.5	12	—	72.2	60.5	—	82	26	27.25	52	192	169.6	118	240	148	24	136	42	31	69	UCT 313	UC 313	T 313
	120	85.7	34.1	23	32	—	—	97	—	—	E 213	72	25	28	56	169	150.6	113	226	139	20	123	40	31	69	UELT 213	UEL 213	T 213
	140	85.7	32.55	33	41	—	—	97	72.2	60.5	E 313	82	26	27.25	52	192	169.6	118	240	148	24	136	42	31	69	UELT 313	UEL 313	T 313
70	125	74.6	30.2	24	35	M12×1.5	—	—	—	—	—	72	25	28	56	169	150.6	113	226	139	20	123	40	31	69	UCT 214	UC 214	T 214
	150	78	33	35	43	M12×1.5	12	—	80.2	68.0	—	92	26	27.25	54	204	179.6	132	255	157	24	142	45	35	84	UCT 314	UC 314	T 314
	125	85.7	34.1	24	35	—	—	97	—	—	E 214	72	25	28	56	169	150.6	113	226	139	20	123	40	31	69	UELT 214	UEL 214	T 214
	150	92.1	34.15	35	43	—	—	102	80.2	68.0	E 314	92	26	27.25	54	204	179.6	132	255	157	24	142	45	35	84	UELT 314	UEL 314	T 314

续表

轴承尺寸/mm									基本额定载荷/kN		配用偏心套	座尺寸/mm														带座轴承代号	轴承代号	座代号
d	D	B	S	C		d_s	G	d_1	C_r	C_{0r}	代号	A	A_1		A_2	H	H_1	H_2	L	L_1	L_2	L_3	N	N_1	N_2	UCT 型 UELT 型	UC 型 UEL 型	T 型
				min	max			max				max	min	max	max	max		max	max	max	min	max	min	min	min			
75	130	77.8	33.3	25	39	M12×1.5	—	—	—	—	—	72	25	28	56	169	150.6	113	234	142	20	123	40	31	69	UCT 215	UC 215	T 215
	160	82	32	37	46	M14×1.5	14	—	87.2	76.8	—	92	26	27.25	57	218	191.6	134	265	162	24	152	45	35	84	UCT 315	UC 315	T 315
	130	92.1	37.3	25	39	—	—	102	—	—	E 215	72	25	28	56	169	150.6	113	234	142	20	123	40	31	69	UELT 215	UEL 215	T 215
	160	100	37.3	37	46	—	—	113	87.2	76.8	E 315	92	26	27.25	57	218	191.6	134	265	162	24	152	45	35	84	UELT 315	UEL 315	T 315
80	140	82.6	33.3	26	43	M12×1.5	—	—	—	—	—	72	26	29	56	186	164.6	113	237	142	20	123	40	31	69	UCT 216	UC 216	T 216
	170	86	34	39	48	M14×1.5	14	—	94.5	86.5	—	104	30	31.25	62	232	203.6	152	285	176	27	162	52	41	97	UCT 316	UC 316	T 316
	140	100	40.5	26	43	—	—	111.1	—	—	E 216	72	26	29	56	186	164.6	113	237	142	20	123	40	31	69	UELT 216	UEL 216	T 216
	170	106.4	40.5	39	48	—	—	119	94.5	86.5	E 316	104	30	31.25	62	232	203.6	152	285	176	27	162	52	41	97	UELT 316	UEL 316	T 316
85	150	85.7	34.1	28	50	M12×1.5	—	—	—	—	—	75	29	32	56	200	172.6	126	263	164	28	159	47	37	72	UCT 217	UC 217	T 217
	180	96	40	41	50	M16×1.5	16	—	102	96.5	—	104	32	33.25	66	242	213.6	154	301	185	29	172	52	41	97	UCT 317	UC 317	T 317
	150	106.4	43.7	28	50	—	—	113	—	—	E 217	75	29	32	56	200	172.6	126	263	164	28	159	47	37	72	UELT 217	UEL 217	T 217
	180	109.5	42.05	41	50	—	—	127	102	96.5	E 317	104	32	33.25	66	242	213.6	154	301	185	29	172	52	41	97	UELT 317	UEL 317	T 317
90	190	96	40	43	52	M16×1.5	16	—	110	108	—	112	32	33.25	68	258	227.6	162	315	194	29	177	56	45	105	UCT 318	UC 318	T 318
	190	115.9	43.65	43	52	—	—	133	110	108	E 318	112	32	33.25	68	258	227.6	162	315	194	29	177	56	45	105	UELT 318	UEL 318	T 318
95	200	103	41	45	54	M16×1.5	16	—	120	122	—	112	35	36.25	74	273	239.6	167	325	199	30	182	56	45	105	UCT 319	UC 319	T 319
	200	122.3	38.9	45	54	—	—	140	120	122	E 319	112	35	36.25	74	273	239.6	167	325	199	30	182	56	45	105	UELT 319	UEL 319	T 319
100	215	108	42	47	58	M18×1.5	18	—	132	140	—	122	35	36.25	77	293	259.6	177	348	212	31	202	58	47	114	UCT 320	UC 320	T 320
	215	128.6	50	47	58	—	—	146	132	140	E 320	122	35	36.25	77	293	259.6	177	348	212	31	202	58	47	114	UELT 320	UEL 320	T 320
105	225	112	44	49	60	M18×1.5	18	—	142	152	—	122	35	36.25	77	293	259.6	177	348	212	31	202	58	47	114	UCT 321	UC 321	T 321
110	240	117	46	50	62	M18×1.5	18	—	158	178	—	132	38	39.25	82	323	284.6	187	388	237	37	217	64	51	124	UCT 322	UC 322	T 322
120	260	126	51	55	66	M18×1.5	18	—	175	208	—	142	45	46.25	92	358	319.6	212	436	270	41	232	69	59	139	UCT 324	UC 324	T 324
130	280	135	54	58	72	M20×1.5	20	—	195	242	—	152	50	51.25	102	388	349.6	222	469	288	44	242	74	64	149	UCT 326	UC 326	T 326
140	300	145	59	62	76	M20×1.5	20	—	212	272	—	157	50	51.25	102	419	379.6	232	519	318	49	258	79	69	159	UCT 328	UC 328	T 328

注：1. C 的最大、最小值不是公差，只表示 C 公称值不应超出的范围值。

2. A_1 连接部分的尺寸应符合制造商推荐的值；轴承座相关尺寸“max”表示该值既是公称值，又是允许的最大实测值；“min”表示该值既是公称值，又是允许的最小实测值。

3. 除结构示意图、G 值、基本额定载荷摘自《全国滚动轴承产品样本》第 2 版外，本表其他数据来自 GB/T 3882—2017、GB/T 7809—2017、GB/T 7810—2017。

4. 随着轴承技术的发展，基本额定载荷均较表中数据（来源于《全国滚动轴承产品样本》第 2 版）有所提高。

带滑块座外球面球轴承（带紧定套）（摘自 GB/T 7810—2017）

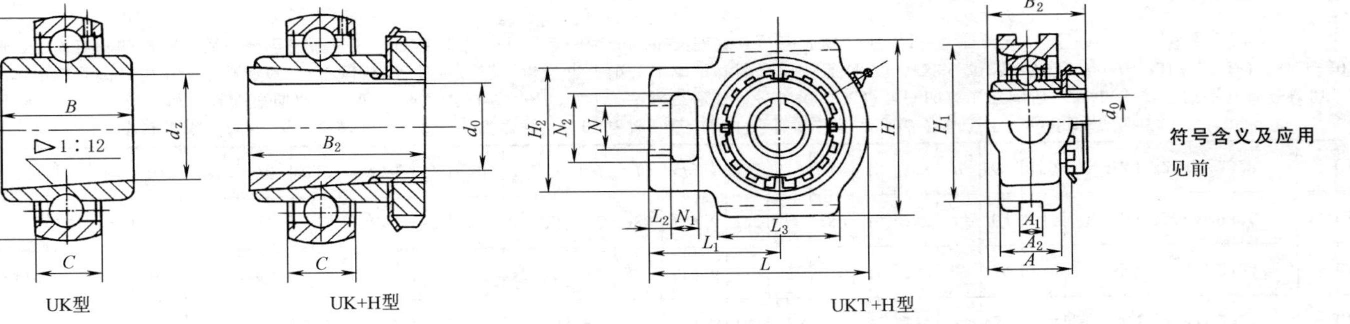

符号含义及应用
见前

表 7-2-120

轴承尺寸/mm								基本额定载荷/kN		座尺寸/mm															带座轴承代号	轴承代号	座代号
d_z	D	d_0	B_2 紧定套系列		B max	C		C_r	C_{0r}	A max	A_1		A_2 max	H max	H_1	H_2 max	L max	L_1 max	L_2 min	L_3 max	N min	N_1 min	N_2 min	UKT+H 型	UK+H 型	T 型
			H23	H3		min	max				min	max														
25	52	20	35	29	27	15	27	10.8	7.88	51	12	14	38	94	76	64	104	69	9	59	18	15	30	UKT 205+H 2305/H 305	UK 205+H 2305/H 305	T 205
	62	20	35	—	27	17	24	17.2	11.5	38	12	12.75	28	91	79.75	64	124	78	11	67	25	15	35	UKT 305+H 2305	UK 305+H 2305	T 305
30	62	25	38	31	30	16	19	15.0	11.2	53	12	14	38	107	89	66	118	74	9	66	19	15	36	UKT 206+H 2306/H 306	UK 206+H 2306/H 306	T 206
	72	25	38	—	30	19	26	20.8	15.2	43	16	16.75	30	102	89.75	72	139	87	13	76	27	17	40	UKT 306+H 2306	UK 306+H 2306	T 306
35	72	30	43	35	34	17	20	19.8	15.2	53	12	14	38	107	89	66	132	81	10	72	19	15	36	UKT 207+H 2307/H 307	UK 207+H 2307/H 307	T 207
	80	30	43	—	34	21	28	25.8	19.2	47	16	16.75	34	113	99.75	77	152	96	14	82	29	19	44	UKT 307+H 2307	UK 307+H 2307	T 307
40	80	35	46	36	36	18	21	22.8	18.2	67	16	18	44	124	101	85	146	91	14	84	27	18	47	UKT 208+H 2308/H 308	UK 208+H 2308/H 308	T 208
	90	35	46	—	36	23	30	31.2	24.0	52	18	18.75	36	126	111.75	85	164	102	16	91	31	21	49	UKT 308+H 2308	UK 308+H 2308	T 308
45	85	40	50	39	39	19	22	24.5	20.8	67	16	18	44	124	101	85	149	91	14	84	27	18	47	UKT 209+H 2309/H 309	UK 209+H 2309/H 309	T 209
	100	40	50	—	39	25	33	40.8	31.8	57	18	18.75	40	140	124.75	92	180	112	17	99	33	23	54	UKT 309+H 2309	UK 309+H 2309	T 309
50	90	45	55	42	43	20	24	27.0	23.2	67	16	18	50	124	101	85	153	92	14	88	27	18	47	UKT 210+H 2310/H 310	UK 210+H 2310/H 310	T 210
	110	45	55	—	43	27	35	47.5	37.8	63	20	20.75	42	153	139.75	100	193	119	19	108	36	26	60	UKT 310+H 2310	UK 310+H 2310	T 310

续表

轴承尺寸/mm								基本额定载荷/kN		座尺寸/mm														带座轴承代号	轴承代号	座代号
d_z	D	d_0	B_2 紧定套系列 H23	B_2 紧定套系列 H3	B max	C min	C max	C_r	C_{0r}	A max	A_1 min	A_1 max	A_2 max	H max	H_1	H_2 max	L max	L_1 max	L_2 min	L_3 max	N min	N_1 min	N_2 min	UKT+H 型	UK+H 型	T 型
55	100	50	59	45	47	21	25	33.5	29.2	72	22	28	56	152	130	104	191	120	17	104	34	24	62	UKT 211+H 2311/H 311	UK 211+H 2311/H 311	T 211
	120	50	59	—	47	29	37	55.0	44.8	68	22	23.25	46	165	149.6	107	209	129	20	117	38	28	65	UKT 311+H 2311	UK 311+H 2311	T 311
60	110	55	62	47	49	22	27	36.8	32.8	72	22	28	56	152	130	104	196	120	17	104	34	29	62	UKT 212+H 2312/H 312	UK 212+H 2312/H 312	T 212
	130	55	62	—	49	31	39	62.8	51.8	73	22	23.25	48	180	159.6	115	222	137	22	125	40	30	70	UKT 312+H 2312	UK 312+H 2312	T 312
65	140	60	65	—	51	33	41	72.2	60.5	82	26	27.25	52	192	169.6	118	240	148	24	136	42	31	69	UKT 313+H 2313	UK 313+H 2313	T 313
75	160	65	73	—	58	37	46	87.2	76.8	92	26	27.25	57	218	191.6	134	265	162	24	152	45	35	84	UKT 315+H 2315	UK 315+H 2315	T 315
80	170	70	78	—	61	39	48	94.5	86.5	104	30	31.25	62	232	203.6	152	285	176	27	162	52	41	97	UKT 316+H 2316	UK 316+H 2316	T 316
85	180	75	82	—	64	41	50	102	96.5	104	32	33.25	66	242	213.6	154	301	185	29	172	52	41	97	UKT 317+H 2317	UK 317+H 2317	T 317
90	190	80	86	—	68	43	52	110	108	112	32	33.25	68	258	227.6	162	315	194	29	177	56	45	105	UKT 318+H 2318	UK 318+H 2318	T 318
95	200	85	90	—	71	45	54	120	122	112	35	36.25	74	273	239.6	167	325	199	30	182	56	45	105	UKT 319+H 2319	UK 319+H 2319	T 319
100	215	90	97	—	77	47	58	132	140	122	35	36.25	77	293	259.6	177	348	212	31	202	58	47	114	UKT 320+H 2320	UK 320+H 2320	T 320
110	240	100	105	—	84	50	62	158	178	132	38	39.25	82	323	284.6	187	388	237	37	217	64	51	124	UKT 322+H 2322	UK 322+H 2322	T 322
120	260	110	112	—	90	55	66	175	208	142	45	46.25	92	358	319.6	212	436	270	41	232	69	59	139	UKT 324+H 2324	UK 324+H 2324	T 324
130	280	115	121	—	98	58	72	195	242	152	50	51.25	102	388	349.6	222	469	288	44	242	74	64	149	UKT 326+H 2326	UK 326+H 2326	T 326
140	300	125	131	—	107	62	76	212	272	157	50	51.25	102	419	379.6	232	519	318	49	258	79	69	159	UKT 328+H 2328	UK 328+H 2328	T 328

注：1. UKT 型 2 系列轴承可配用 H23 系列和 H3 系列的紧定套；C 的最大、最小值不是公差，只表示 C 公称值不应超出的范围值。

2. A_1 连接部分的尺寸应符合制造商推荐的值；轴承座相关尺寸“max”表示该值既是公称值，又是允许的最大实测值；“min”表示该值既是公称值，又是允许的最小实测值。

3. 除结构示意图、基本额定载荷摘自《全国滚动轴承产品样本》第 2 版外，本表其他数据来自 GB/T 3882—2017、GB/T 7809—2017、GB/T 7810—2017。

4. 随着轴承技术的发展，基本额定载荷较表中数据（来源于《全国滚动轴承产品样本》第 2 版）有所提高。

带方形座外球面球轴承（带紧定套）（摘自 GB/T 7810—2017）

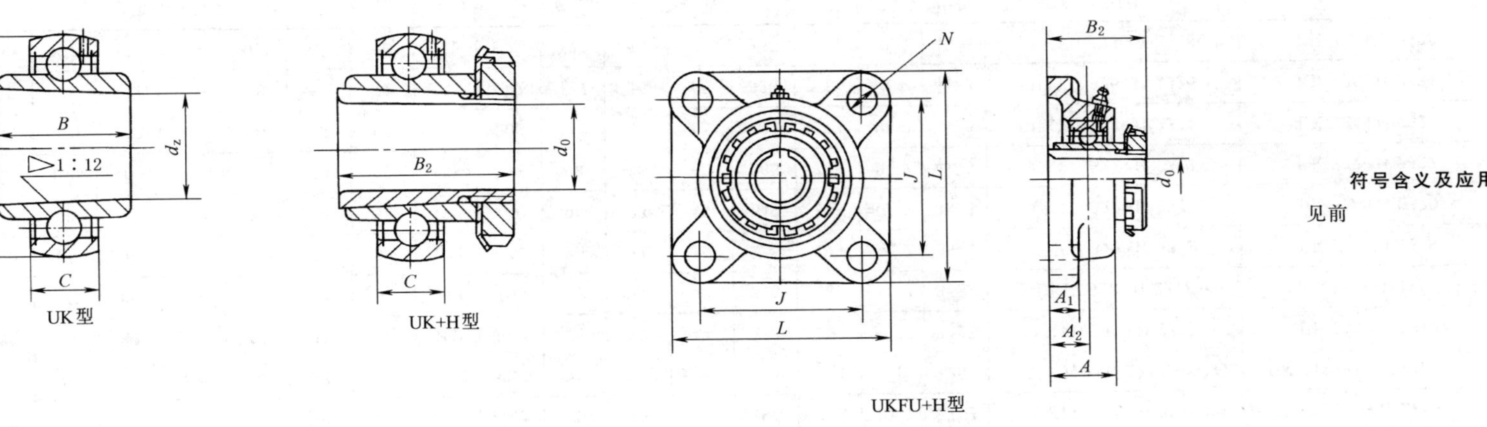

符号含义及应用

见前

表 7-2-121

d_z	D	d_0	B_2 紧定套系列 H23	B_2 紧定套系列 H3	B max	C min	C max	C_r	C_{0r}	A max	A_1 max	A_2	J	L max	N min	N max	带座轴承代号 UKFU+H 型	轴承代号 UK+H 型	座代号 FU 型
	轴承尺寸/mm							基本额定载荷/kN		座尺寸/mm									
25	52	20	35	29	27	15	17	10.8	7.88	35	15	19	70	97	11.5	12.5	UKFU 205+H 2305/H 305	UK 205+H 2305/H 305	FU 205
	62	20	35	—	27	17	24	17.2	11.5	31	14	16	80	112	15.8	16.2	UKFU 305+H 2305	UK 305+H 2305	FU 305
30	62	25	38	31	30	16	19	15.0	11.2	38	16	20	82.5	110	11.5	12.5	UKFU 206+H 2306/H 306	UK 206+H 2306/H 306	FU 206
	72	25	38	—	30	19	26	20.8	15.2	34	16	18	95	127	15.8	16.2	UKFU 306+H 2306	UK 306+H 2306	FU 306
35	72	30	43	35	34	17	20	19.8	15.2	38	17	21	92	119	13	15	UKFU 207+H 2307/H 307	UK 207+H 2307/H 307	FU 207
	80	30	43	—	34	21	28	25.8	19.2	38	17	20	100	137	18.8	19.2	UKFU 307+H 2307	UK 307+H 2307	FU 307
40	80	35	46	36	36	18	21	22.8	18.2	43	17	24	101.5	132	13	15	UKFU 208+H 2308/H 308	UK 208+H 2308/H 308	FU 208
	90	35	46	—	36	23	30	31.2	24.0	42	18	23	112	152	18.8	19.2	UKFU 308+H 2308	UK 308+H 2308	FU 308
45	85	40	50	39	39	19	22	24.5	20.8	45	18	24	105	139	13	17	UKFU 209+H 2309/H 309	UK 209+H 2309/H 309	FU 209
	100	40	50	—	39	25	33	40.8	31.8	46	19	25	125	162	18.8	19.2	UKFU 309+H 2309	UK 309+H 2309	FU 309
50	90	45	55	42	43	20	24	27.0	23.2	48	20	28	111	145	17	19.5	UKFU 210+H 2310/H 310	UK 210+H 2310/H 310	FU 210

续表

轴承尺寸/mm								基本额定载荷/kN		座尺寸/mm							带座轴承代号	轴承代号	座代号
d_z	D	d_0	B_2 紧定套系列 H23	B_2 紧定套系列 H3	B max	C min	C max	C_r	C_{0r}	A max	A_1 max	A_2	J	L max	N min	N max	UKFU+H 型	UK+H 型	FU 型
50	110	45	55	—	43	27	35	47.5	37.8	50	20	28	132	177	22.8	23.2	UKFU 310+H 2310	UK 310+H 2310	FU 310
55	100	50	59	45	47	21	25	33.5	29.2	51	21	31	130	164	17	19.5	UKFU 211+H 2311/H 311	UK 211+H 2311/H 311	FU 211
	120	50	59	—	47	29	37	55.0	44.8	54	21	30	140	187	22.8	23.2	UKFU 311+H 2311	UK 311+H 2311	FU 311
60	110	55	62	47	49	22	27	36.8	32.8	60	21	34	143	177	17	19.5	UKFU 212+H 2312/H 312	UK 212+H 2312/H 312	FU 212
	130	55	62	—	49	31	39	62.8	51.8	58	23	33	150	197	22.8	23.2	UKFU 312+H 2312	UK 312+H 2312	FU 312
65	120	60	65	50	51	23	39	44.0	40.0	52	24	34	149.5	189	17	19.5	UKFU 213+H 2313/H 313	UK 213+H 2313/H 313	FU 213
	140	60	65	—	51	33	41	72.2	60.5	60	23	33	166	210	22.8	23.2	UKFU 313+H 2313	UK 313+H 2313	FU 313
75	130	65	73	55	58	25	42	50.8	49.5	58	24	35	159	202	17	25	UKFU 215+H 2315/H 315	UK 215+H 2315/H 315	FU 215
	160	65	73	—	58	37	46	87.2	76.8	68	26	39	184	238	24.8	25.2	UKFU 315+H 2315	UK 315+H 2315	FU 315
80	140	70	78	59	61	26	45	55.0	54.2	65	24	35	165	213	21	25	UKFU 216+H 2316/H 316	UK 216+H 2316/H 316	FU 216
	170	70	78	—	61	39	48	94.5	86.5	70	28	38	196	252	30.7	31.3	UKFU 316+H 2316	UK 316+H 2316	FU 316
85	150	75	82	63	64	28	48	64.0	63.8	75	26	36	175	222	21	25	UKFU 217+H 2317/H 317	UK 217+H 2317/H 317	FU 217
	180	75	82	—	64	41	50	102	96.5	76	28	44	204	263	30.7	31.3	UKFU 317+H 2317	UK 317+H 2317	FU 317
90	190	80	86	—	68	43	52	110	108	78	31	44	216	283	34.7	35.3	UKFU318+H 2318	UK318+H 2318	FU318
95	200	85	90	—	71	45	54	120	122	96	31	59	228	293	34.7	35.3	UKFU 319+H 2319	UK 319+H 2319	FU 319
100	215	90	97	—	77	47	58	132	140	96	33	59	242	313	37.7	38.3	UKFU 320+H 2320	UK 320+H 2320	FU 320
110	240	100	105	—	84	50	62	158	178	98	36	60	266	343	40.7	41.3	UKFU 322+H 2322	UK 322+H 2322	FU 322
120	260	110	112	—	90	55	66	175	208	112	41	65	290	373	40.7	41.3	UKFU 324+H 2324	UK 324+H 2324	FU 324
130	280	115	121	—	98	58	72	195	242	117	46	65	320	413	40.7	41.3	UKFU 326+H 2326	UK 326+H 2326	FU 326
140	300	125	131	—	107	62	76	212	272	127	56	75	350	454	40.7	41.3	UKFU 328+H 2328	UK 328+H 2328	FU 328

注：1. UKFU 型 2 系列轴承可配用 H23 系列和 H3 系列的紧定套；C 的最大、最小值不是公差，只表示 C 公称值不应超出的范围值。
2. 轴承座相关尺寸“max”表示该值既是公称值，又是允许的最大实测值；“min”表示该值既是公称值，又是允许的最小实测值。
3. 除结构示意图、基本额定载荷摘自《全国滚动轴承产品样本》第 2 版外，本表其他数据来自 GB/T 3882—2017、GB/T 7809—2017、GB/T 7810—2017。
4. 随着轴承技术的发展，基本额定载荷较表中数据（来源于《全国滚动轴承产品样本》第 2 版）有所提高。

带菱形座外球面球轴承（带顶丝、带偏心套）（摘自 GB/T 7810—2017）

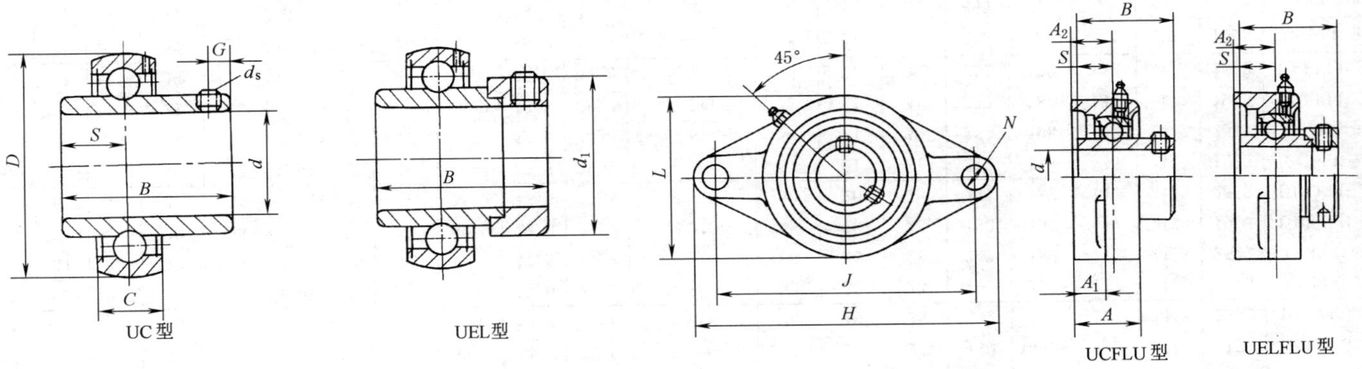

UC型　UEL型　UCFLU型　UELFLU型

符号含义及应用

见前

表 7-2-122

轴承尺寸 /mm									基本额定载荷 /kN		配用偏心套	座尺寸 /mm								带座轴承代号	轴承代号	座代号
d	D	B	S	C min	C max	d_s	G	d_1 max	C_r	C_{0r}	代号	A max	A_1 max	A_2	H max	J	L max	N min	N max	UCFLU 型 UELFLU 型	UC 型 UEL 型	FLU 型
12	40	27.4	11.5	12	15	M5×0.8	4	—	7.35	4.78	—	32	13	17	99	76.5	61	10.5	12.5	UCFLU 201S	UC 201S	FLU 203
	40	37.3	13.9	12	15	—	—	28.6	7.35	4.78	E 201S	32	13	17	99	76.5	61	10.5	12.5	UELFLU 201S	UEL 201S	FLU 203
	47	31	12.7	14	17	M6×1	4	—	—	—	—	34	15	19	113	90	62	10.5	12.5	UCFLU 201	UC 201	FLU 204
	47	37.3	13.9	14	17	—	—	28.6	—	—	E 201	34	15	19	113	90	62	10.5	12.5	UELFLU 201	UEL 201	FLU 204
15	40	27.4	11.5	12	15	M5×0.8	4	—	7.35	4.78	—	32	13	17	99	76.5	61	10.5	12.5	UCFLU 202S	UC 202S	FLU 203
	40	37.3	13.9	12	15	—	—	28.6	7.35	4.78	E 202S	32	13	17	99	76.5	61	10.5	12.5	UELFLU 202S	UEL 202S	FLU 203
	47	31	12.7	14	17	M6×1	4	—	—	—	—	34	15	19	113	90	62	10.5	12.5	UCFLU 202	UC 202	FLU 204
	47	37.3	13.9	14	17	—	—	28.6	—	—	E 202	34	15	19	113	90	62	10.5	12.5	UELFLU 202	UEL 202	FLU 204
17	40	27.4	11.5	12	15	M5×0.8	4	—	7.35	4.78	—	32	13	17	99	76.5	61	10.5	12.5	UCFLU 203S	UC 203S	FLU 203
	40	37.3	13.9	12	15	—	—	28.6	7.35	4.78	E 203S	32	13	17	99	76.5	61	10.5	12.5	UELFLU 203S	UEL 203S	FLU 203
	47	31	12.7	14	17	M6×1	4	—	—	—	—	34	15	19	113	90	62	10.5	12.5	UCFLU 203	UC 203	FLU 204
	47	37.3	13.9	14	17	—	—	28.6	—	—	E 203	34	15	19	113	90	62	10.5	12.5	UELFLU 203	UEL 203	FLU 204
20	47	31.0	12.7	14	17	M6×1	5	—	9.88	6.65	—	34	15	19	113	90	62	10.5	12.5	UCFLU 204	UC 204	FLU 204
	47	43.7	17.1	14	17	—	—	33.3	9.88	6.65	E 204	34	15	19	113	90	62	10.5	12.5	UELFLU 204	UEL 204	FLU 204
25	52	34.1	14.3	15	17	M6×1	5	—	10.8	7.88	—	35	15	19	125	99	70	11.5	12.5	UCFLU 205	UC 205	FLU 205

续表

轴承尺寸 /mm									基本额定载荷 /kN		配用偏心套	座尺寸 /mm								带座轴承代号	轴承代号	座代号
d	D	B	S	C min	C max	d_s	G	d_1 max	C_r	C_{0r}	代号	A max	A_1 max	A_2	H max	J	L max	N min	N max	UCFLU 型 UELFLU 型	UC 型 UEL 型	FLU 型
25	62	38	15	17	24	M6×1	6	—	17.2	11.5	—	31	14	16	152	113	82	18.8	19.2	UCFLU 305	UC 305	FLU 305
	52	44.4	17.5	15	17	—	—	38.1	10.8	7.88	E 205	35	15	19	125	99	70	11.5	12.5	UELFLU 205	UEL 205	FLU 205
	62	46.8	16.7	17	21	—	—	42.8	17.2	11.5	E 305	31	14	16	152	113	82	18.8	19.2	UELFLU 305	UEL 305	FLU 305
30	62	38.1	15.9	16	19	M6×1	5	—	15.0	11.2	—	38	16	20	142	116.5	83	11.5	12.5	UCFLU 206	UC 206	FLU 206
	72	43	17	19	26	M6×1	6	—	20.8	15.2	—	34	16	18	182	134	92	22.8	23.2	UCFLU 306	UC 306	FLU 306
	62	48.4	18.3	16	19	—	—	44.5	15.0	11.2	E 206	38	16	20	142	116.5	83	11.5	12.5	UELFLU 206	UEL 206	FLU 206
	72	50	17.5	19	26	—	—	50	20.8	15.2	E 306	34	16	18	182	134	92	22.8	23.2	UELFLU 306	UEL 306	FLU 306
35	72	42.9	17.5	17	20	M8×1	7	—	19.8	15.2	—	38	17	21	156	130	96	13	15	UCFLU 207	UC 207	FLU 207
	80	48	19	21	28	M8×1	8	—	25.8	19.2	—	38	17	20	187	141	102	22.8	23.2	UCFLU 307	UC 307	FLU 307
	72	51.1	18.8	17	20	—	—	55.6	19.8	15.2	E 207	38	17	21	156	130	96	13	15	UELFLU 207	UEL 207	FLU 207
	80	51.6	18.3	21	28	—	—	55	25.8	19.2	E 307	38	17	20	187	141	102	22.8	23.2	UELFLU 307	UEL 307	FLU 307
40	80	49.2	19	18	21	M8×1	8	—	22.8	18.2	—	43	17	24	172	143.5	105	13	15	UCFLU 208	UC 208	FLU 208
	90	52	19	23	30	M10×1.25	10	—	31.2	24.0	—	42	18	23	202	158	114	22.8	23.2	UCFLU 308	UC 308	FLU 308
	80	56.3	21.4	18	21	—	—	60.3	22.8	18.2	E 208	43	17	24	172	143.5	105	13	15	UELFLU 208	UEL 208	FLU 208
	90	57.2	19.8	23	30	—	—	63.5	31.2	24.0	E 308	42	18	23	202	158	114	22.8	23.2	UELFLU 308	UEL 308	FLU 308
45	85	49.2	19.0	19	22	M8×1	8	—	24.5	20.8	—	45	18	24	180	148.5	112	13	17	UCFLU 209	UC 209	FLU 209
	100	57	22	25	33	M10×1.25	10	—	40.8	31.8	—	46	19	25	232	177	127	24.8	25.2	UCFLU 309	UC 309	FLU 309
	85	56.3	21.4	19	22	—	—	63.5	24.5	20.8	E 209	45	18	24	180	148.5	112	13	17	UELFLU 209	UEL 209	FLU 209
	100	58.7	19.8	25	33	—	—	70	40.8	31.8	E 309	46	19	25	232	177	127	24.8	25.2	UELFLU 309	UEL 309	FLU 309
50	90	51.6	19.0	20	24	M10×1.25	10	—	27.0	23.2	—	48	20	28	190	157	117	17	19.5	UCFLU 210	UC 210	FLU 210
	110	61	22	27	35	M12×1.5	12	—	47.5	37.8	—	50	20	28	242	187	142	24.8	25.2	UCFLU 310	UC 310	FLU 310
	90	62.7	24.6	20	24	—	—	69.9	27.0	23.2	E 210	48	20	28	190	157	117	17	19.5	UELFLU 210	UEL 210	FLU 210
	110	66.7	24.6	27	35	—	—	76.2	47.5	37.8	E 310	50	20	28	242	187	142	24.8	25.2	UELFLU 310	UEL 310	FLU 310
55	100	55.6	22.2	21	25	M10×1.25	10	—	33.5	29.2	—	51	21	31	222	184	134	17	19.5	UCFLU 211	UC 211	FLU 211
	120	66	25	29	37	M12×1.5	12	—	55.0	44.8	—	54	21	30	252	198	152	24.8	25.2	UCFLU 311	UC 311	FLU 311
	100	71.4	27.8	21	25	—	—	76.2	33.5	29.2	E 211	51	21	31	222	184	134	17	19.5	UELFLU 211	UEL 211	FLU 211
	120	73	27.8	29	37	—	—	83	55.0	44.8	E 311	54	21	30	252	198	152	24.8	25.2	UELFLU 311	UEL 311	FLU 311
60	110	65.1	25.4	22	27	M10×1.25	10	—	36.8	32.8	—	55	21	34	238	202	142	17	19.5	UCFLU 212	UC 212	FLU 212
	130	71	26	31	39	M12×1.5	12	—	62.8	51.8	—	58	23	33	273	212	162	30.7	31.3	UCFLU 312	UC 312	FLU 312
	110	77.8	31.0	22	27	—	—	84.2	36.8	32.8	E 212	55	21	34	238	202	142	17	19.5	UELFLU 212	UEL 212	FLU 212
	130	79.4	31.0	31	39	—	—	89	62.8	51.8	E 312	58	23	33	273	212	162	30.7	31.3	UELFLU 312	UEL 312	FLU 312

续表

轴承尺寸 /mm									基本额定载荷 /kN		配用偏心套	座尺寸 /mm								带座轴承代号	轴承代号	座代号
d	D	B	S	C		d_s	G	d_1	C_r	C_{0r}	代号	A	A_1	A_2	H	J	L	N		UCFLU 型 UELFLU 型	UC 型 UEL 型	FLU 型
				min	max			max				max	max		max		max	min	max			
65	140	75	30	33	41	M12×1.5	12	—	72.2	60.5	—	60	26	33	298	240	177	30.7	31.3	UCFLU 313	UC 313	FLU 313
	140	85.7	32.5	33	41	—	—	97	72.2	60.5	E 313	60	26	33	298	240	177	30.7	31.3	UELFLU 313	UEL 313	FLU 313
70	150	78	33	35	43	M12×1.5	12	—	80.2	68.0	—	63	29	36	318	250	187	34.7	35.3	UCFLU 314	UC 314	FLU 314
	150	92.1	34.1	35	43	—	—	102	80.2	68.0	E 314	63	29	36	318	250	187	34.7	35.3	UELFLU 314	UEL 314	FLU 314
75	160	82	32	37	46	M14×1.5	14	—	87.2	76.8	—	68	31	39	323	260	197	34.7	35.3	UCFLU 315	UC 315	FLU 315
	160	100	37.3	37	46	—	—	113	87.2	76.8	E 315	68	31	39	323	260	197	34.7	35.3	UELFLU 315	UEL 315	FLU 315
80	170	86	34	39	48	M14×1.5	14	—	94.5	86.5	—	70	33	38	358	285	212	37.7	38.3	UCFLU 316	UC 316	FLU 316
	170	106.4	40.5	39	48	—	—	119	94.5	86.5	E 316	70	33	38	358	285	212	37.7	38.3	UELFLU 316	UEL 316	FLU 316
85	180	96	40	41	50	M16×1.5	16	—	102	96.5	—	76	33	44	373	300	222	37.7	38.3	UCFLU 317	UC 317	FLU 317
	180	109.5	42	41	50	—	—	127	102	96.5	E 317	76	33	44	373	300	222	37.7	38.3	UELFLU 317	UEL 317	FLU 317
90	190	96	40	43	52	M16×1.5	16	—	110	108	—	78	37	44	388	315	237	37.7	38.3	UCFLU 318	UC 318	FLU 318
	190	115.9	42.1	43	52	—	—	133	110	108	E 318	78	37	44	388	315	237	37.7	38.3	UELFLU 318	UEL 318	FLU 318
95	200	103	41	45	54	M16×1.5	16	—	120	122	—	96	41	59	409	330	252	40.7	41.3	UCFLU 319	UC 319	FLU 319
	200	122.3	38.9	45	54	—	—	140	120	122	E 319	96	41	59	409	330	252	40.7	41.3	UELFLU 319	UEL 319	FLU 319
100	215	108	42	47	58	M18×1.5	18	—	132	140	—	96	41	59	444	360	273	43.7	44.3	UCFLU 320	UC 320	FLU 320
	215	129.6	50	47	58	—	—	146	132	140	E 320	96	41	59	444	360	273	43.7	44.3	UELFLU 320	UEL 320	FLU 320
105	225	112	44	49	60	M18×1.5	18	—	142	152	—	96	41	59	444	360	273	43.7	44.3	UCFLU 321	UC 321	FLU 321
110	240	117	46	50	62	M18×1.5	18	—	158	178	—	98	43	60	474	390	303	43.7	44.3	UCFLU 322	UC 322	FLU 322
120	260	126	51	55	66	M18×1.5	18	—	175	208	—	112	49	65	524	430	333	46.7	47.3	UCFLU 324	UC 324	FLU 324
130	280	135	54	58	72	M20×1.5	20	—	195	242	—	117	51	65	554	460	363	46.7	47.3	UCFLU 326	UC 326	FLU 326
140	300	145	59	62	76	M20×1.5	20	—	212	272	—	127	61	75	604	500	403	50.7	51.3	UCFLU 328	UC 328	FLU 328

注：1. C 的最大、最小值不是公差，只表示 C 公称值不应超出的范围值。

2. 轴承座相关尺寸“max”表示该值既是公称值，又是允许的最大实测值；“min”表示该值既是公称值，又是允许的最小实测值。

3. 除结构示意图、G 值、基本额定载荷摘自《全国滚动轴承产品样本》第 2 版外，本表其他数据来自 GB/T 3882—2017、GB/T 7809—2017、GB/T 7810—2017。

4. 随着轴承技术的发展，基本额定载荷较表中数据（来源于《全国滚动轴承产品样本》第 2 版）有所提高。

带环形座外球面球轴承（带顶丝、带偏心套）（摘自 GB/T 7810—2017）

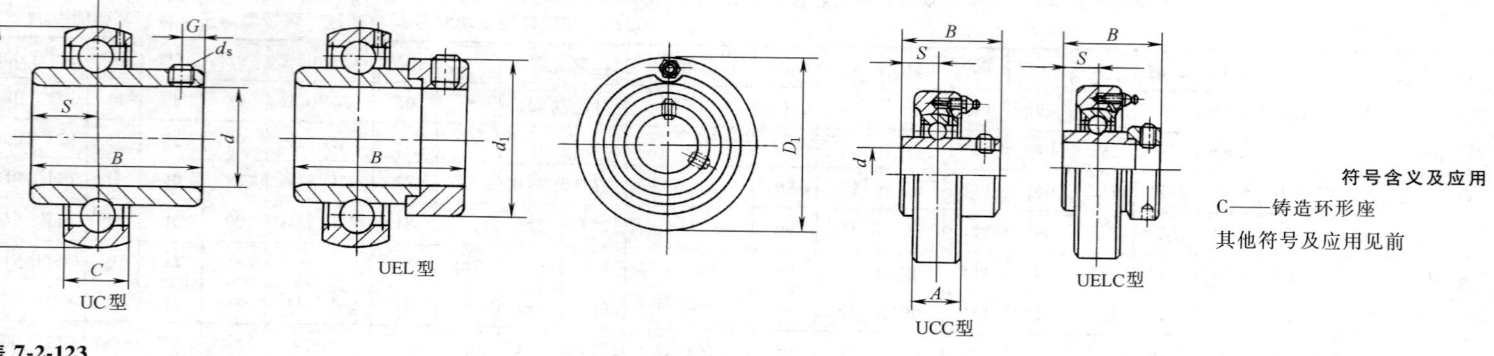

符号含义及应用

C——铸造环形座

其他符号及应用见前

表 7-2-123

轴承尺寸/mm								基本额定载荷/kN		配用偏心套	座尺寸/mm		带座轴承代号	轴承代号	座代号
d	D	B	S	C min	C max	d_s	G	d_1 max	C_r	C_{0r}	代号	A	D_1	UCC 型 / UELC 型	UC 型 / UEL 型	C 型
12	40	27.4	11.5	12	15	M5×0.8	4	—	7.35	4.78	—	20	67	UCC 201S	UC 201S	C 203
	40	37.3	13.9	12	15	—	—	28.6	7.35	4.78	E 201S	20	67	UELC 201S	UEL 201S	C 203
	47	31	12.7	14	17	M6×1	—	—	—	—	—	20	72	UCC 201	UC 201	C 204
	47	43.7	17.1	14	17	—	—	33.3	—	—	E 201	20	72	UELC 201	UEL 201	C 204
15	40	27.4	11.5	12	15	M5×0.8	4	—	7.35	4.78	—	20	67	UCC 202S	UC 202S	C 203
	40	37.3	13.9	12	15	—	—	28.6	7.35	4.78	E 202S	20	67	UELC 202S	UEL 202S	C 203
	47	31	12.7	14	17	M6×1	—	—	—	—	—	20	72	UCC 202	UC 202	C 204
	47	43.7	17.1	14	17	—	—	33.3	—	—	E 202	20	72	UELC 202	UEL 202	C 204
17	40	27.4	11.5	12	15	M5×0.8	4	—	7.35	4.78	—	20	67	UCC 203S	UC 203S	C 203
	40	37.3	13.9	12	15	—	—	28.6	7.35	4.78	E 203S	20	67	UELC 203S	UEL 203S	C 203
	47	31	12.7	14	17	M6×1	—	—	—	—	—	20	72	UCC 203	UC 203	C 204
	47	43.7	17.1	14	17	—	—	33.3	—	—	E 203	20	72	UELC 203	UEL 203	C 204
20	47	31.0	12.7	14	17	M6×1	5	—	9.88	6.65	—	20	72	UCC 204	UC 204	C 204
	47	43.7	17.1	14	17	—	—	33.3	9.88	6.65	E 204	20	72	UELC 204	UEL 204	C 204
25	52	34.1	14.3	15	17	M6×1	5	—	10.8	7.88	—	22	80	UCC 205	UC 205	C 205
	62	38	15	17	24	M6×1	6	—	17.2	11.5	—	26	90	UCC 305	UC 305	C 305
	52	44.4	17.5	15	17	—	—	38.1	10.8	7.88	E 205	22	80	UELC 205	UEL 205	C 205
	62	46.8	16.7	17	24	—	—	42.8	17.2	11.5	E 305	26	90	UELC 305	UEL 305	C 305
30	62	38.1	15.9	16	19	M6×1	5	—	15.0	11.2	—	27	85	UCC 206	UC 206	C 206
	72	43	17	19	26	M6×1	6	—	20.8	15.2	—	28	100	UCC 306	UC 306	C 306
	62	48.4	18.3	16	19	—	—	44.5	15.0	11.2	E 206	27	85	UELC 206	UEL 206	C 206
	72	50.2	17.5	19	26	—	—	50	20.8	15.2	E 306	28	100	UELC 306	UEL 306	C 306

续表

轴承尺寸 /mm									基本额定载荷 /kN		配用偏心套	座尺寸 /mm		带座轴承代号	轴承代号	座代号
d	D	B	S	C		d_s	G	d_1	C_r	C_{0r}	代号	A	D_1	UCC 型	UC 型	C 型
				min	max			max						UELC 型	UEL 型	
35	72	42.9	17.5	17	20	M8×1	7	—	19.8	15.2	—	28	90	UCC 207	UC 207	C 207
	80	48	19	21	28	M8×1	8	—	25.8	19.2	—	32	110	UCC 307	UC 307	C 307
	72	51.1	18.8	17	20	—	—	55.6	19.8	15.2	E 207	28	90	UELC 207	UEL 207	C 207
	80	51.6	18.3	21	28	—	—	55	25.8	19.2	E 307	32	110	UELC 307	UEL 307	C 307
40	80	49.2	19	18	21	M8×1	8	—	22.8	18.2	—	30	100	UCC 208	UC 208	C 208
	90	52	19	23	30	M10×1.25	10	—	31.2	24.0	—	34	120	UCC 308	UC 308	C 308
	80	56.3	21.4	18	21	—	—	60.3	22.8	18.2	E 208	30	100	UELC 208	UEL 208	C 208
	90	57.2	19.8	23	30	—	—	63.5	31.2	24.0	E 308	34	120	UELC 308	UEL 308	C 308
45	85	49.2	19.0	19	22	M8×1	8	—	24.5	20.8	—	31	110	UCC 209	UC 209	C 209
	100	57	22	25	33	M10×1.25	10	—	40.8	31.8	—	38	130	UCC 309	UC 309	C 309
	85	56.3	21.4	19	22	—	—	63.5	24.5	20.8	E 209	31	110	UELC 209	UEL 209	C 209
	100	58.7	19.8	25	33	—	—	70	40.8	31.8	E 309	38	130	UELC 309	UEL 309	C 309
50	90	51.6	19.0	20	24	M10×1.25	10	—	27.0	23.2	—	33	120	UCC 210	UC 210	C 210
	110	61	22	27	35	M12×1.5	12	—	47.5	37.8	—	40	140	UCC 310	UC 310	C 310
	90	62.7	24.6	20	24	—	—	69.9	27.0	23.2	E 210	33	120	UELC 210	UEL 210	C 210
	110	66.7	24.6	27	35	—	—	76.2	47.5	37.8	E 310	40	140	UELC 310	UEL 310	C 310
55	100	55.6	22.2	21	25	M10×1.25	10	—	33.5	29.2	—	35	125	UCC 211	UC 211	C 211
	120	66	25	29	37	M12×1.5	12	—	55.0	44.8	—	44	150	UCC 311	UC 311	C 311
	100	71.4	27.8	21	25	—	—	76.2	33.5	29.2	E 211	35	125	UELC 211	UEL 211	C 211
	120	73	27.8	29	37	—	—	83	55.0	44.8	E 311	44	150	UELC 311	UEL 311	C 311
60	110	65.1	25.4	22	27	M10×1.25	10	—	36.8	32.8	—	38	130	UCC 212	UC 212	C 212
	130	71	26	31	39	M12×1.5	12	—	62.8	51.8	—	46	160	UCC 312	UC 312	C 312
	110	77.8	31.0	22	27	—	—	84.2	36.8	32.8	E 212	38	130	UELC 212	UEL 212	C 212
	130	79.4	31	31	39	—	—	89	62.8	51.8	E 312	46	160	UELC 312	UEL 312	C 312
65	120	68.3	25.4	23	32	M10×1.25	10	—	44.0	40.0	—	40	140	UCC 213	UC 213	C 213
	140	75	30	33	41	M12×1.5	12	—	72.2	60.5	—	50	170	UCC 313	UC 313	C 313
	120	85.7	34.1	22	32	—	—	86	44.0	40.0	E 213	40	140	UELC 213	UEL 213	C 213
	140	85.7	32.5	33	41	—	—	97	72.2	60.5	E 313	50	170	UELC 313	UEL 313	C 313
70	150	78	33	35	43	M12×1.5	12	—	80.2	68.0	—	52	180	UCC 314	UC 314	C 314
	150	92.1	34.1	35	43	—	—	102	80.2	68.0	E 314	52	180	UELC 314	UEL 314	C 314

续表

轴承尺寸/mm									基本额定载荷/kN		配用偏心套	座尺寸/mm		带座轴承代号	轴承代号	座代号
d	D	B	S	C min	C max	d_s	G	d_1 max	C_r	C_{0r}	代号	A	D_1	UCC 型 UELC 型	UC 型 UEL 型	C 型
75	160 160	82 100	32 37.3	37 37	46 46	M14×1.5 —	14 —	— 113	87.2 87.2	76.8 76.8	— E 315	55 55	190 190	UCC 315 UELC 315	UC 315 UEL 315	C 315 C 315
80	170 170	86 106.4	34 40.5	39 41	48 50	M14×1.5 —	14 —	— 119	94.5 94.5	86.5 86.5	— E 316	60 60	200 200	UCC 316 UELC 316	UC 316 UEL 316	C 316 C 316
85	180 180	96 109.5	40 42	41 41	50 50	M16×1.5 —	16 —	— 127	102 102	96.5 96.5	— E 317	64 64	215 215	UCC 317 UELC 317	UC 317 UEL 317	C 317 C 317
90	190 190	96 115.9	40 42.1	43 43	52 52	M16×1.5 —	16 —	— 133	110 110	108 108	— E 318	66 66	225 225	UCC 318 UELC 318	UC 318 UEL 318	C 318 C 318
95	200 200	103 122.3	41 38.9	45 45	54 54	M16×1.5 —	16 —	— 140	120 120	122 122	— E 319	72 72	240 240	UCC 319 UELC 319	UC 319 UEL 319	C 319 C 319
100	215 215	108 129.6	42 50	47 47	58 58	M18×1.5 —	18 —	— 146	132 132	140 140	— E 320	75 75	260 260	UCC 320 UELC 320	UC 320 UEL 320	C 320 C 320
105	225	112	44	49	60	M18×1.5	18	—	142	152	—	75	260	UCC 321	UC 321	C 321
110	240	117	46	50	62	M18×1.5	18	—	158	178	—	80	300	UCC 322	UC 322	C 322
120	260	126	51	55	66	M18×1.5	18	—	175	208	—	90	320	UCC 324	UC 324	C 324
130	280	135	54	58	72	M20×1.5	20	—	195	242	—	100	340	UCC 326	UC 326	C 326
140	300	145	59	62	76	M20×1.5	20	—	212	272	—	100	360	UCC 328	UC 328	C 328

注：1. C 的最大、最小值不是公差，只表示 C 公称值不应超出的范围值。

2. 除结构示意图、基本额定载荷、G 值摘自《全国滚动轴承产品样本》第 2 版外，本表其他数据来自 GB/T 3882—2017、GB/T 7809—2017、GB/T 7810—2017。

3. 随着轴承技术的发展，基本额定载荷较表中数据（来源于《全国滚动轴承产品样本》第 2 版）有所提高。

带冲压立式座外球面球轴承（带顶丝、带偏心套）（摘自 GB/T 7810—2017）

冲压座强度低，只适用于较小的载荷，允许轴向载荷小于允许径向载荷的 30%。

UB型　UE型　UBPP型　UEPP型

符号含义及应用

UB——一端平头带顶丝外球面球轴承

UE——一端平头带偏心套外球面球轴承

PP—冲压立式座

应用见前

UB 型、UE 型的尺寸与基本额定载荷符合 GB/T 3882

表 7-2-124

轴承尺寸 /mm								基本额定载荷 /kN		配用偏心套	座尺寸 /mm						轴承座允许径向载荷 /kN max	带座轴承代号	轴承代号	座代号
d	D	B	S	C	d_s	G	d_1 max	C_r	C_{0r}	代号	A max	H	H_1 max	J	L max	N		UBPP 型 UEPP 型	UB 型 UE 型	PP 型
12	40	22 28.6	6 6.5	12 12　13	M5×0.8 —	4.5 —	— 28.6	7.35	4.78	— E 201S	26	22.2	4	688	877	9.5	1.25	UBPP 201 UEPP 201	UB 201 UE 201	PP 203 PP 203
15	40	22 28.6	6 6.5	12 12　13	M5×0.8 —	4.5 —	— 28.6	7.35	4.78	— E 202S	26	22.2	4	68	87	9.5	1.25	UBPP 202 UEPP 202	UB 202 UE 202	PP 203 PP 203
17	40	22 28.6	6 6.5	12 12　13	M5×0.8 —	4.5 —	— 28.6	7.35	4.78	— E 203S	26	22.2	4	68	87	9.5	1.25	UBPP 203 UEPP 203	UB 203 UE 203	PP 203 PP 203
20	47	25 31.0	7 7.5	14 14　15	M6×1 —	5 —	— 33.3	9.88	6.65	— E 204	33	25.4	4	76	99	9.5	1.70	UBPP 204 UEPP 204	UB 204 UE 204	PP 204 PP 204
25	52	27 31	7.5 7.5	15 15	M6×1 —	5.5 —	— 38.1	10.8	7.88	— E 205	33	28.6	4.5	86	109	11.5	1.80	UBPP 205 UEPP 205	UB 205 UE 205	PP 205 PP 205
30	62	30 35.7	8 9	16 16　18	M6×1 —	6 —	— 44.5	15.0	11.2	— E 206	39	33.3	4.5	95	119	11.5	2.50	UBPP 206 UEPP 206	UB 206 UE 206	PP 206 PP 206
35	72	32 38.9	8.5 9.5	17 17　19	M8×1 —	6 —	— 55.6	19.8	15.2	— E 207	43	39.7	5	106	130	11.5	3.30	UBPP 207 UEPP 207	UB 207 UE 207	PP 207 PP 207
40	80	34 43.7	9 11.0	18 18　22	M8×1 —	7 —	— 60.3	22.8	18.2	— E 208	43	43.7	5	120	148	13	3.80	UBPP 208 UEPP 208	UB 208 UE 208	PP 208 PP 208
45	85	41.2 43.7	10.2 11.0	19 19　22	M8×1 —	— —	— 63.5	24.5	20.8	— E 209	45	46.8	6	128	156	13	4.20	UBPP 209 UEPP 209	UB 209 UE 209	PP 209 PP 209

注：1. C 的最大、最小值不是公差，只表示 C 公称值不应超出的范围值。

2. 轴承座相关尺寸“max”表示该值既是公称值，又是允许的最大实测值。

3. 除结构示意图、G 值、基本额定载荷、轴承座允许径向载荷摘自《全国滚动轴承产品样本》第 2 版外，本表其他数据来自 GB/T 3882—2017、GB/T 7809—2017、GB/T 7810—2017。

4. 随着轴承技术的发展，基本额定载荷较表中数据（来源于《全国滚动轴承产品样本》第 2 版）有所提高。

带冲压圆形座外球面球轴承（带顶丝、带偏心套）（摘自 GB/T 7810—2017）

允许轴向载荷小于允许径向载荷的 50%。

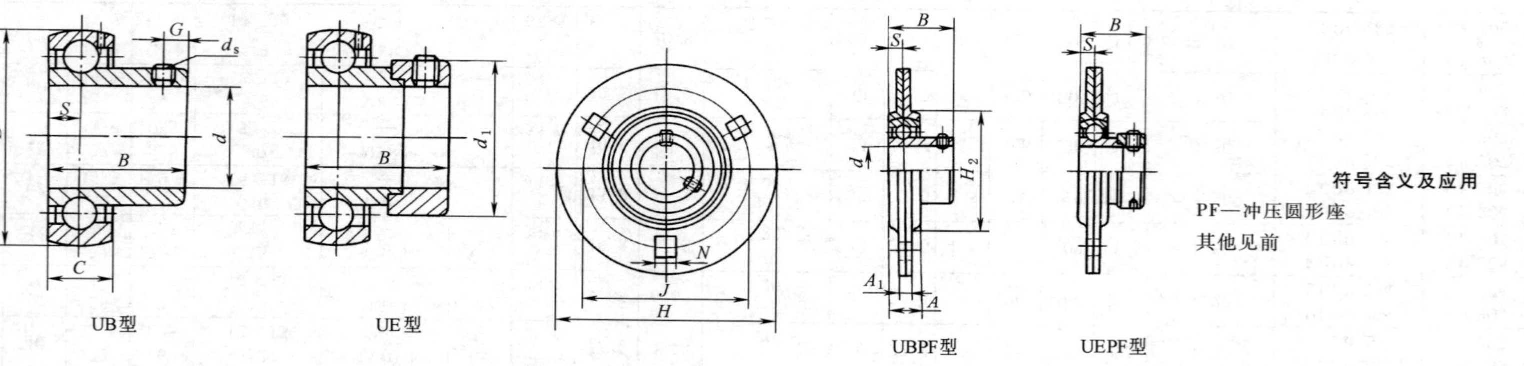

符号含义及应用

PF—冲压圆形座

其他见前

表 7-2-125

轴承尺寸 /mm								基本额定载荷 /kN		配用偏心套	座尺寸 /mm						轴承座允许径向载荷 /kN	带座轴承代号	轴承代号	座代号
d	D	B	S	C min max	d_s	G	d_1 max	C_r	C_{0r}	代号	A max	A_1 max	H max	H_2 max	J	N	max	UBPF 型 UEPF 型	UB 型 UE 型	PF 型
12	40	22	6	12	M5×0.8	4.5	—	7.35	4.78	—	15	4.5	82	49	63.5	7.1	2.45	UBPF 201	UB 201	PF 203
		28.6	6.5	12 13	—	—	28.6	7.35	4.78	E 201S	15	4.5	82	49	63.5	7.1	2.45	UEPF 201	UE 201	PF 203
15	40	22	6	12	M5×0.8	4.5	—	7.35	4.78	—	15	4.5	82	49	63.5	7.1	2.45	UBPE 202	UB 202	PF 203
		28.6	6.5	12 13	—	—	28.6	7.35	4.78	E 202S	15	4.5	82	49	63.5	7.1	2.45	UEPF 202	UE 202	PF 203
17	40	22	6	12	M5×0.8	4.5	—	7.35	4.78	—	15	4.5	82	49	63.5	7.1	2.45	UBPF 203	UB 203	PF 203
		28.6	6.5	12 13	—	—	28.6	7.35	4.78	E 203S	15	4.5	82	49	63.5	7.1	2.45	UEPF 203	UE 203	PF 203
20	47	25	7	14	M6×1	5	—	9.88	6.65	—	17	4.5	91	56	71.5	9	3.29	UBPE 204	UB 204	PF 204
		31.0	7.5	14 15	—	—	33.3	9.88	6.65	E 204	17	4.5	91	56	71.5	9	3.29	UEPF 204	UE 204	PF 204
25	52	27	7.5	15	M6×1	5.5	—	10.8	7.88	—	19	4.5	96	61	76	9	3.60	UBPF 205	UB 205	PF 205
		31.5	7.5	15	—	—	38.1	10.8	7.88	E 205	19	4.5	96	61	76	9	3.60	UEPF 205	UE 205	PF 205

续表

轴承尺寸 /mm								基本额定载荷 /kN		配用偏心套	座尺寸 /mm						轴承座允许径向载荷 /kN max	带座轴承代号	轴承代号	座代号
d	D	B	S	C min max	d_s	G	d_1 max	C_r	C_{0r}	代号	A max	A_1 max	H max	H_2 max	J	N		UBPF 型 UEPF 型	UB 型 UE 型	PF 型
30	62	30	8	16	M6×1	6	—	15.0	11.2	—	20	5.5	114	72	90.5	11	5.00	UBPF 206	UB 206	PF 206
		35.7	9	16 18	—	—	44.5	15.0	11.2	E 206	20	5.5	114	72	90.5	11	5.00	UEPF 206	UE 206	PF 206
35	72	32	8.5	17	M8×1	6	—	19.8	15.2	—	23	5.5	127	81	100	11	6.56	UBPF 207	UB 207	PF 207
		38.9	9.5	17 19	—	—	55.6	19.8	15.2	E 207	23	5.5	127	81	100	11	6.56	UEPF 207	UE 207	PF 207
40	80	34	9	18	M8×1	7	—	22.8	18.2	—	23	7	149	91	119	13.5	7.56	UBPF 208	UB 208	PF 208
		43.7	11.0	18 22	—	—	60.3	22.8	18.2	E 208	23	7	149	91	119	13.5	7.56	UEPF 208	UE 208	PF 208
45	85	41.2	10.2	19	M8×1	—	—	24.5	18.2	—	23	7	150	98	120.5	13.5	8.13	UBPF 209	UB 209	PF 209
		43.7	11.0	19 22	—	—	63.5	24.5	20.8	E 209	23	7	150	98	120.5	13.5	8.13	UEPF 209	UE 209	PF 209
50	90	43.5	10.9	20	M8×1	—	—	27.0	23.2	—	25	8	157	102	127	13.5	9.00	UBPF 210	UB 210	PF 210
		43.7	11.0	20 22	—	—	69.9	27.0	23.2	E 210	25	8	157	102	127	13.5	9.00	UEPF 210	UE 210	PF 210
55	100	45.3	11.8	23	M8×1	—	—	33.5	23.2	—	26	8	168	113	138	13.5	11.1	UBPF 211	UB 211	PF 211
		48.4	12.0	21 25	—	—	76.2	33.5	29.2	E 211	26	8	168	113	138	13.5	11.1	UEPF 211	UE 211	PF 211
60	110	53.7	14.9	24	M10×1.25	—	—	36.8	32.8	—	28	8	177	122	148	13.5	12.1	UBPF 212	UB 212	PF 212
		53.1	13.5	22 27	—	—	84.2	36.8	32.8	E 212	28	8	177	122	148	13.5	12.2	UEPF 212	UE 212	PF 212

注：1. PF 208 和大于 PF 208 的轴承座有四个螺孔。

2. C 的最大、最小值不是公差，只表示 C 公称值不应超出的范围值。

3. 轴承座相关尺寸“max”表示该值既是公称值，又是允许的最大实测值。

4. 除结构示意图、G 值、基本额定载荷、轴承座允许径向载荷摘自《全国滚动轴承产品样本》第 2 版外，本表其他数据来自 GB/T 3882—2017、GB/T 7809—2017、GB/T 7810—2017。

5. 随着轴承技术的发展，基本额定载荷较表中数据（来源于《全国滚动轴承产品样本》第 2 版）有所提高。

带冲压三角形座外球面球轴承（带顶丝、带偏心套）（摘自 GB/T 7810—2017）

允许轴向载荷小于允许径向载荷的 50%。

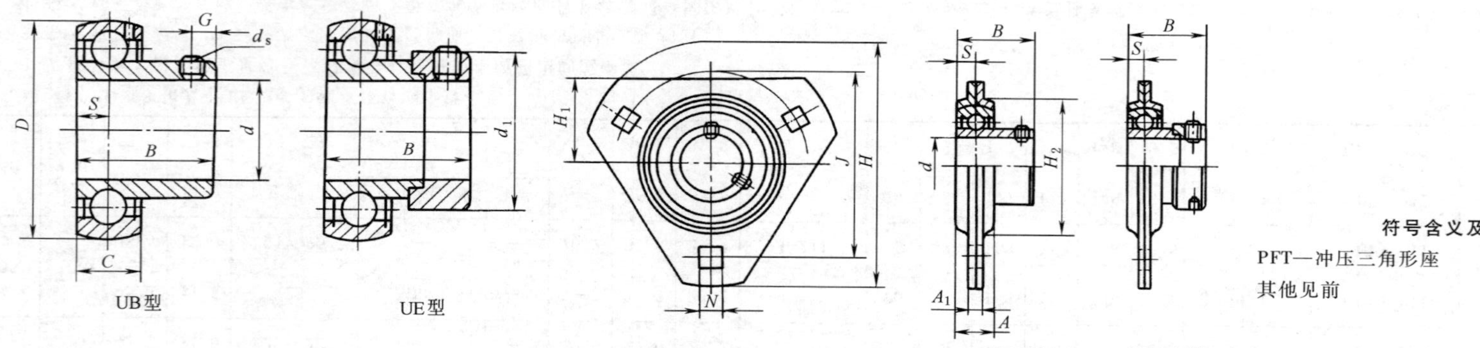

符号含义及应用

PFT—冲压三角形座

其他见前

表 7-2-126

d	D	B	S	C min max	d_s	G	d_1 max	C_r	C_{0r}	配用偏心套 代号	A max	A_1 max	H max	H_1 max	H_2 max	J	N	轴承座允许径向载荷 /kN max	带座轴承代号 UBPFT 型 UEPFT 型	轴承代号 UB 型 UE 型	座代号 PFT 型
轴承尺寸 /mm								基本额定载荷 /kN			座尺寸 /mm										
12	40	22	6	12	M5×0.8	4.5	—	7.35	4.78	—	15	4.5	82	29	49	63.5	7.1	2.45	UBPFT 201	UB 201	PFT 203
		28.6	6.5	12 13	—	—	28.6	7.35	4.78	E 201S	15	4.5	82	29	49	63.5	7.1	2.45	UEPFT 201	UE 201	PFT 203
15	40	22	6	12	M5×0.8	4.5	—	7.35	4.78	—	15	4.5	82	29	49	63.5	7.1	2.45	UBPFT 202	UB 202	PFT 203
		28.6	6.5	12 13	—	—	28.6	7.35	4.78	E 202S	15	4.5	82	29	49	63.5	7.1	2.45	UEPFT 202	UE 202	PFT 203
17	40	22	6	12	M5×0.8	4.5	—	7.35	4.78	—	15	4.5	82	29	49	63.5	7.1	2.45	UBPFT 203	UB 203	PFT 203
		28.6	6.5	12 13	—	—	28.6	7.35	4.78	E 203S	15	4.5	82	29	49	63.5	7.1	2.45	UEPFT 203	UE 203	PFT 203
20	47	25	7	14	M6×1	5	—	9.88	6.65	—	17	4.5	91	34	56	71.5	9	3.29	UBPFT 204	UB 204	PFT 204
		31.0	7.5	14 15	—	—	33.3	9.88	6.65	E 204	17	4.5	91	34	56	71.5	9	3.29	UEPFT 204	UE 204	PFT 204
25	52	27	7.5	15	M6×1	5.5	—	10.8	7.88	—	19	4.5	96	36	61	76	9	3.60	UBPFT 205	UB 205	PFT 205
		31.5	7.5	15	—	—	38.1	10.8	7.88	E 205	19	4.5	96	36	61	76	9	3.60	UEPFT 205	UE 205	PFT 205
30	62	30	8	16	M6×1	6	—	15.0	11.2	—	20	5.5	114	41	72	90.5	11	5.00	UBPFT 206	UB 206	PFT 206
		35.7	9	16 18	—	—	44.5	15.0	11.2	E 206	20	5.5	114	41	72	90.5	11	5.00	UEPFT 206	UE 206	PFT 206
35	72	32	8.5	17	M8×1	6	—	19.8	15.2	—	23	5.5	127	45	81	100	11	6.56	UBPFT 207	UB 207	PFT 207
		38.9	9.5	17 19	—	—	55.6	19.8	15.2	E 207	23	5.5	127	45	81	100	11	6.56	UEPFT 207	UE 207	PFT 207

注：1. C 的最大、最小值不是公差，只表示 C 公称值不应超出的范围值。

2. 轴承座相关尺寸“max”表示该值既是公称值，又是允许的最大实测值。

3. 除结构示意图、G 值、基本额定载荷、轴承座允许径向载荷摘自《全国滚动轴承产品样本》第 2 版外，本表其他数据来自 GB/T 3882—2017、GB/T 7809—2017、GB/T 7810—2017。

4. 随着轴承技术的发展，基本额定载荷较表中数据（来源于《全国滚动轴承产品样本》第 2 版）有所提高。

带冲压菱形座外球面球轴承（带顶丝、带偏心套）（摘自 GB/T 7810—2017）

允许轴向载荷小于允许径向载荷的 50%。

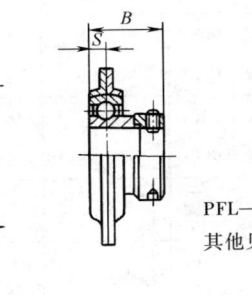

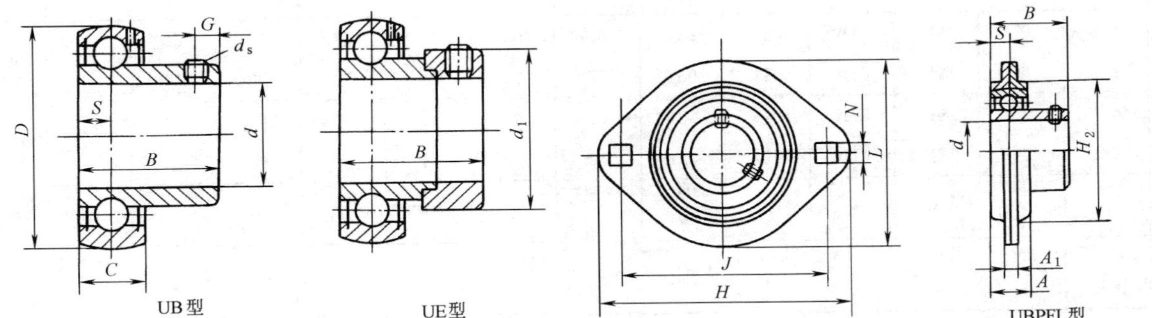

符号含义及应用

PFL——冲压菱形座

其他见前

表 7-2-127

轴承尺寸 /mm								基本额定载荷 /kN		配用偏心套	座尺寸 /mm							轴承座允许径向载荷 /kN	带座轴承代号	轴承代号	座代号
d	D	B	S	C min max	d_s	G	d_1 max	C_r	C_{0r}	代号	A max	A_1 max	H max	H_2 max	J	L max	N	max	UBPFL 型 UEPFL 型	UB 型 UE 型	PFL 型
12	40	22	6	12	M5×0.8	4.5	—	7.35	4.78	—	15	4.5	82	49	63.5	60	7.1	2.45	UBPFL 201	UB 201	PFL 203
		28.6	6.5	12 13	—	—	28.6	7.35	4.78	E 201S	15	4.5	82	49	63.5	60	7.1	2.45	UEPFL 201	UE 201	PFL 203
15	40	22	6	12	M5×0.8	4.5	—	7.35	4.78	—	15	4.5	82	49	63.5	60	7.1	2.45	UBPFL 202	UB 202	PFL 203
		28.6	6.5	12 13	—	—	28.6	7.35	4.78	E 202S	15	4.5	82	49	63.5	60	7.1	2.45	UEPFL 202	UE 202	PFL 203
17	40	22	6	12	M5×0.8	4.5	—	7.35	4.78	—	15	4.5	82	49	63.5	60	7.1	2.45	UBPFL 203	UB 203	PFL 203
		28.6	6.5	12 13	—	—	28.6	7.35	4.78	E 203S	15	4.5	82	49	63.5	60	7.1	2.45	UEPFL 203	UE 203	PFL 203
20	47	25	7	14	M6×0.75	5	—	9.88	6.65	—	17	4.5	91	56	71.5	68	9	3.29	UBPFL 204	UB 204	PFL 204
		31.0	7.5	14 15	—	—	33.3	9.88	6.65	E 204	17	4.5	91	56	71.5	68	9	3.29	UEPFL 204	UE 204	PFL 204
25	52	27	7.5	15	M6×0.75	5.5	—	10.8	7.88	—	19	4.5	96	61	76	72	9	3.60	UBPFL 205	UB 205	PFL 205
		31.5	7.5	15	—	—	38.1	10.8	7.88	E 205	19	4.5	96	61	76	72	9	3.60	UEPFL 205	UE 205	PFL 205
30	62	30	8	16	M6×0.75	6	—	15.0	11.2	—	20	5.5	114	72	90.5	85	11	5.00	UBPFL 206	UB 206	PFL 206
		35.7	9	16 18	—	—	44.5	15.0	11.2	E 206	20	5.5	114	72	90.5	85	11	5.00	UEPFL 206	UE 206	PFL 206
35	72	32	8.5	17	M8×1	6	—	19.8	15.2	—	23	5.5	127	81	100	95	11	6.56	UBPFL 207	UB 207	PFL 207
		38.9	9.5	17 19	—	—	55.6	19.8	15.2	E 207	23	5.5	127	81	100	95	11	6.56	UEPFL 207	UE 207	PFL 207
40	80	34	9	18	M8×1	7	—	—	—	—	23	7	149	91	119	104	13.5	—	UBPFL 208	UB 208	PFL 208
		43.7	11.0	18 22	—	—	60.3	—	—	E 208	23	7	149	91	119	104	13.5	—	UEPFL 208	UE 208	PFL 208

注：1. C 的最大、最小值不是公差，只表示 C 公称值不应超出的范围值。

2. 轴承座相关尺寸“max”表示该值既是公称值，又是允许的最大实测值。

3. 除结构示意图、G 值、基本额定载荷、轴承座允许径向载荷摘自《全国滚动轴承产品样本》第 2 版外，本表其他数据来自 GB/T 3882—2017、GB/T 7809—2017、GB/T 7810—2017。

4. 随着轴承技术的发展，基本额定载荷较表中数据（来源于《全国滚动轴承产品样本》第 2 版）有所提高。

10.11 滚动轴承座

1）适用于直径系列 2（22）和直径系列 3（23）的调心球轴承、调心滚子轴承和带紧定套的调心球轴承、调心滚子轴承。

2）适用于线速度小于等于 5m/s，工作温度小于等于 90℃ 的工作条件。

10.11.1 二螺柱立式滚动轴承座

适用圆柱孔轴承的等径孔滚动轴承座（摘自 GB/T 7813—2018）

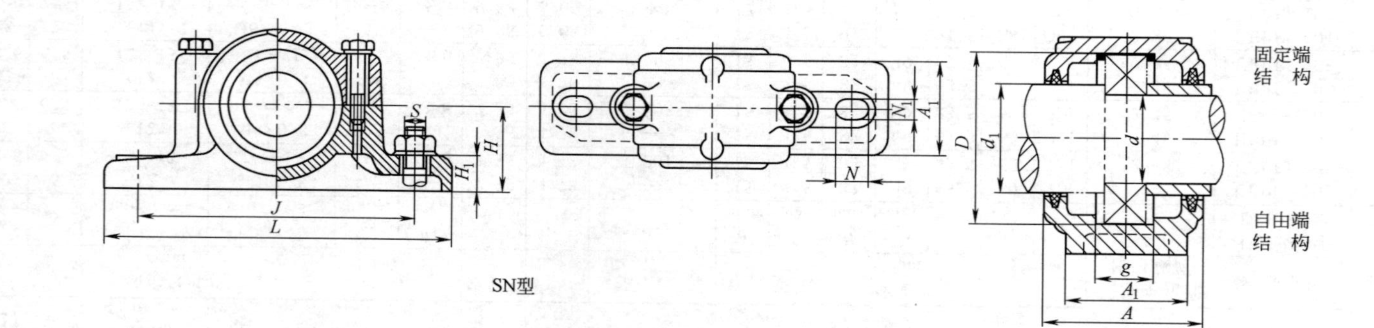

SN型

表 7-2-128

尺寸/mm													质量/kg	轴承座型号	适用轴承			
d	d_1	D	g	A max	A_1	H	H_1 max	L max	J	S	N_1	N min	W ≈	SN 型	调心球轴承		调心滚子轴承	
25	30	52	25	72	46	40	22	170	130	M12	15	15	1.3	SN 205	1205	2205	—	22205
		62	34	82	52	50	22	185	150	M12	15	20	1.9	SN 305	1305	2305	—	—
30	35	62	30	82	52	50	22	190	150	M12	15	15	1.8	SN 206	1206	2206	—	22206
		72	37	85	52	50	22	185	150	M12	15	20	2.1	SN 306	1306	2306	—	—
35	45	72	33	85	52	50	22	190	150	M12	15	15	2.1	SN 207	1207	2207	—	22207
		80	41	92	60	60	25	205	170	M12	15	20	3.0	SN 307	1307	2307	—	—
40	50	80	33	92	60	60	25	210	170	M12	15	15	2.6	SN 208	1208	2208	—	22208

续表

尺寸/mm													质量/kg	轴承座型号	适用轴承			
d	d_1	D	g	A max	A_1	H	H_1 max	L max	J	S	N_1	N min	W ≈	SN 型	调心球轴承		调心滚子轴承	
40	50	90	43	100	60	60	25	205	170	M12	15	20	3.3	SN 308	1308	2308	21308	22308
45	55	85	31	92	60	60	25	210	170	M12	15	15	2.8	SN 209	1209	2209	—	22209
		100	46	105	70	70	28	255	210	M16	18	23	4.6	SN 309	1309	2309	21309	22309
50	60	90	33	100	60	60	25	210	170	M12	15	15	3.1	SN 210	1210	2210	—	22210
		110	50	115	70	70	30	255	210	M16	18	23	5.1	SN 310	1310	2310	21310	22310
55	65	100	33	105	70	70	28	270	210	M16	18	18	4.3	SN 211	1211	2211	—	22211
		120	53	120	80	80	30	275	230	M16	18	23	6.5	SN 311	1311	2311	21311	22311
60	70	110	38	115	70	70	30	270	210	M16	18	18	5.0	SN 212	1212	2212	—	22212
		130	56	125	80	80	30	280	230	M16	18	23	7.3	SN 312	1312	2312	21312	22312
65	75	120	43	120	80	80	30	290	230	M16	18	18	6.3	SN 213	1213	2213	—	22213
		140	58	135	90	95	32	315	260	M20	22	27	9.7	SN 313	1313	2313	21313	22313
70	80	125	44	120	80	80	30	290	230	M16	18	18	6.1	SN 214	1214	2214	—	22214
		150	61	140	90	95	32	320	260	M20	22	27	11.0	SN 314	1314	2314	21314	22314
75	85	130	41	125	80	80	30	290	230	M16	18	18	7.0	SN 215	1215	2215	—	22215
		160	65	145	100	100	35	345	290	M20	22	27	14.0	SN 315	1315	2315	21315	22315
80	90	140	43	135	90	95	32	330	260	M20	22	22	9.3	SN 216	1216	2216	—	22216
		170	68	150	100	112	35	345	290	M20	22	27	13.8	SN 316	1316	2316	21316	22316
85	95	150	46	140	90	95	32	330	260	M20	22	22	9.8	SN 217	1217	2217	—	22217
		180	70	165	110	112	40	380	320	M24	26	32	15.8	SN 317	1317	2317	21317	22317
90	100	160	62.4	145	100	100	35	360	290	M20	22	22	12.3	SN 218	1218	2218	—	22218
95	110	170	53	150	100	112	35	360	290	M20	22	22	—	SN 219	1219	2219	—	22219

续表

尺寸/mm													质量/kg	轴承座型号	适用轴承			
d	d_1	D	g	A max	A_1	H	H_1 max	L max	J	S	N_1	N min	W ≈	SN 型	调心球轴承		调心滚子轴承	
100	115	180	70.3	165	110	112	40	400	320	M24	26	26	16.5	SN 220	1220	2220	—	22220、23220
110	125	200	80	177	120	125	45	420	350	M24	26	26	19.3	SN 222	1222	2222	—	22222、23222
120	135	215	86	187	120	140	45	420	350	M24	26	26	24.6	SN 224	—	—	—	22224、23224
130	145	230	90	192	130	150	50	450	380	M24	26	26	30.0	SN 226	—	—	—	22226、23226
140	155	250	98	207	150	150	50	510	420	M30	35	35	37.0	SN 228	—	—	—	22228、23228
150	165	270	106	224	160	160	60	540	450	M30	35	35	45.0	SN 230	—	—	—	22230、23230
160	175	290	114	237	160	170	60	560	470	M30	35	35	53.0	SN 232	—	—	—	22232、23232

注：1. 所列调心滚子轴承代号为基型结构，同时适用调心滚子轴承的 C 型、CC 型结构。

2. SN224~SN232 应装有吊环螺钉。

3. 结构示意图、质量来源于《全国滚动轴承产品样本》第 2 版，表中其他数据来自 GB/T 7813—2018。

适用带紧定套轴承的等径孔滚动轴承座（摘自 GB/T 7813—2018）

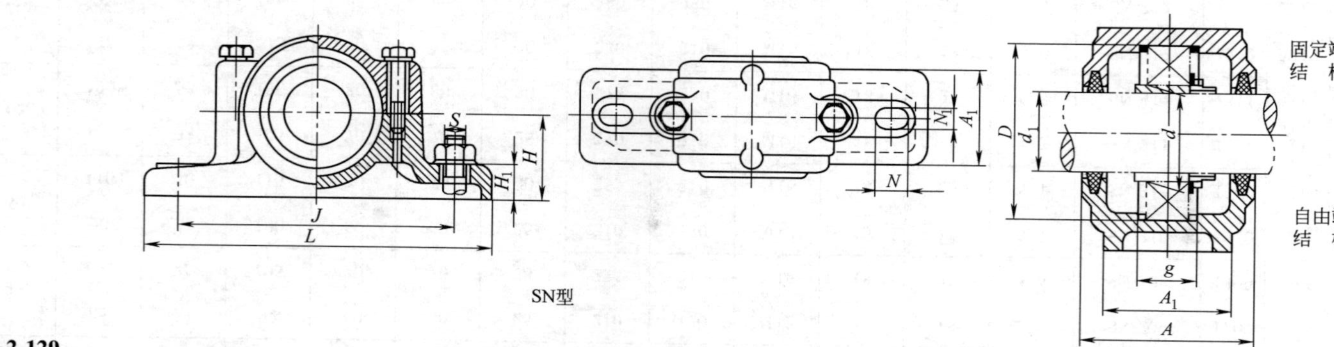

SN型

表 7-2-129

尺寸/mm													质量/kg	轴承座型号	适用轴承			
d_1	d	D	g	A max	A_1	H	H_1 max	L max	J	S	N_1	N min	W ≈	SN 型	带紧定套的调心球轴承		带紧定套的调心滚子轴承	
20	25	52	25	72	46	40	22	170	130	M12	15	15	1.4	SN 505	1205 K+H 205	2205 K+H 305	—	—
		62	34	82	52	50	22	190	150	M12	15	15	2.0	SN 605	1305 K+H 305	2305 K+H 2305	—	—

续表

尺寸/mm													质量/kg	轴承座型号	适用轴承			
d_1	d	D	g	A max	A_1	H	H_1 max	L max	J	S	N_1	N min	W ≈	SN 型	带紧定套的调心球轴承		带紧定套的调心滚子轴承	
25	30	62	30	82	52	50	22	190	150	M12	15	15	1.9	SN 506	1206 K+H 206	2206 K+H 306	—	—
		72	37	85	52	50	22	190	150	M12	15	15	2.2	SN 606	1306 K+H 306	2306 K+H 2306	—	—
30	35	72	33	85	52	50	22	190	150	M12	15	15	2.1	SN 507	1207 K+H 207	2207 K+H 307	—	—
		80	41	92	60	60	25	210	170	M12	15	15	3.3	SN 607	1307 K+H 307	2307 K+H 2307	—	—
35	40	80	33	92	60	60	25	210	170	M12	15	15	3.1	SN 508	1208 K+H 208	2208 K+H 308	22208 K+H 308	—
		90	43	100	60	60	25	210	170	M12	15	15	3.4	SN 608	1308 K+H 308	2308 K+H 2308	—	22308 K+H 2308
40	45	85	31	92	60	60	25	210	170	M12	15	15	2.9	SN 509	1209 K+H 209	2209 K+H 309	22209 K+H 309	—
		100	46	105	70	70	28	270	210	M16	18	18	4.7	SN 609	1309 K+H 309	2309 K+H 2309	—	22309 K+H 2309
45	50	90	33	100	60	60	25	210	170	M12	15	15	3.3	SN 510	1210 K+H 210	2210 K+H 310	22210 K+H 310	—
		110	50	115	70	70	30	270	210	M16	18	18	5.0	SN 610	1310 K+H 310	2310 K+H 2310	—	22310 K+H 2310
50	55	100	33	105	70	70	28	270	210	M16	18	18	4.6	SN 511	1211 K+H 211	2211 K+H 311	22211 K+H 311	—
		120	53	120	80	80	30	290	230	M16	18	18	6.6	SN 611	1311 K+H 311	2311 K+H 2311	—	22311 K+H 2311
55	60	110	38	115	70	70	30	270	210	M16	18	18	5.4	SN 512	1212 K+H 212	2212 K+H 312	22212 K+H 312	—
		130	56	125	80	80	30	290	230	M16	18	18	7.3	SN 612	1312 K+H 312	2312 K+H 2312	—	22312 K+H 2312
60	65	120	43	120	80	80	30	290	230	M16	18	18	6.7	SN 513	1213 K+H 213	2213 K+H 313	22213 K+H 313	—
		140	58	135	90	95	32	330	260	M20	22	22	9.9	SN 613	1313 K+H 313	2313 K+H 2313	—	22313 K+H 2313
65	75	130	41	125	80	80	30	290	230	M16	18	18	7.3	SN 515	1215 K+H 215	2215 K+H 315	22215 K+H 315	—
		160	65	145	100	100	35	360	290	M20	22	22	13.3	SN 615	1315 K+H 315	2315 K+H 2315	—	22315 K+H 2315
70	80	140	43	135	90	95	32	330	260	M20	22	22	9.3	SN 516	1216 K+H 216	2216 K+H 316	22216 K+H 316	—
		170	68	150	100	112	35	360	290	M20	22	22	14.3	SN 616	1316 K+H 316	2316 K+H 2316	—	22316 K+H 2316
75	85	150	46	140	90	95	32	330	260	M20	22	22	9.8	SN 517	1217 K+H 217	2217 K+H 317	22217 K+H 317	—
		180	70	165	110	112	40	400	320	M24	26	26	15	SN 617	1317 K+H 317	2317 K+H 2317	—	22317 K+H 2317
80	90	160	62.4	145	100	100	35	360	290	M20	22	22	12.5	SN 518	1218 K+H 218	2218 K+H 318	22218 K+H 318	23218 K+H 2318
		190	74	165	110	112	40	405	320	M24	26	26	—	SN 618	1318 K+H 318	2318 K+H 2318	—	22318 K+H 2318
85	95	170	53	150	100	112	35	360	290	M20	22	22	—	SN 519	1219 K+H 219	2219 K+H 319	22219 K+H 319	—
		200	77	177	120	125	45	420	350	M24	26	26	—	SN 619	1319 K+H 319	2319 K+H 2319	—	22319 K+H 2319
90	100	180	70.3	165	110	112	40	400	320	M24	26	26	17	SN 520	1220 K+H 220	2220 K+H 320	22220 K+H 320	23220 K+H 2320
		215	83	187	120	140	45	420	350	M24	26	26	—	SN 620	1320 K+H 320	2320 K+H 2320	—	22320 K+H 2320
100	110	200	80	177	120	125	45	420	350	M24	26	26	18.5	SN 522	1222 K+H 222	2222 K+H 322	22222 K+H 322	23222 K+H 2322
		240	90	195	130	150	50	475	390	M24	28	28	—	SN 622	1322 K+H 322	2322 K+H 2322	—	22322 K+H 2322

续表

尺寸/mm													质量/kg	轴承座型号	适用轴承			
d_1	d	D	g	A max	A_1	H	H_1 max	L max	J	S	N_1	N min	W ≈	SN 型	带紧定套的调心球轴承		带紧定套的调心滚子轴承	
100	110	215	86	187	120	140	45	420	350	M24	26	26	24.5	SN 524	—	—	22224 K+H 3124	23224 K+H 2324
110	120	260	96	210	160	160	60	545	450	M30	35	35	—	SN 624	—	—	—	22324 K+H 2324
		180	56	165	110	112	40	400	320	M24	26	26	—	SN 3024	—	—	—	23024 K+H 3024
		200	72	177	120	125	45	420	350	M24	26	26	—	SN 3124	—	—	—	23124 K+H 3124
		230	90	192	130	150	50	450	380	M24	28	28	30	SN 526	—	—	22226 K+H 3126	23226 K+H 2326
115	130	280	103	225	160	170	60	565	470	M30	35	35	—	SN 626P	—	—	—	22326 K+H 2326
		200	62	177	120	125	45	420	350	M24	26	26	—	SN 3026	—	—	—	23026 K+H 3026
		210	74	177	120	140	45	425	350	M24	26	26	—	SN 3126	—	—	—	23126 K+H 3126
125	140	250	98	207	150	150	50	510	420	M30	35	35	38	SN 528	—	—	22228 K+H 3128	23228 K+H 2328
		300	112	237	170	180	65	630	520	M30	35	35	—	SN 628	—	—	—	22328 K+H 2328
		210	63	177	120	140	45	425	350	M24	26	26	—	SN 3028	—	—	—	23028 K+H 3028
		225	78	187	130	150	50	465	380	M24	28	28	—	SN 3128	—	—	—	23128 K+H 3128
135	150	270	106	224	160	160	60	540	450	M30	35	35	45.6	SN 530	—	—	22230 K+H 3130	23230 K+H 2330
		320	118	245	180	190	65	680	560	M30	35	42	—	SN 630	—	—	—	22330 K+H 2330
		225	66	187	130	150	50	465	380	M24	28	28	—	SN 3030	—	—	—	23030 K+H 3030
		250	90	207	150	150	50	510	420	M30	28	28		SN 3130	—	—	—	23130 K+H 3130
140	160	290	114	237	160	170	60	560	470	M30	35	35	53.8	SN 532	—	—	22232 K+H 3132	23232 K+H 2332
		340	124	260	190	200	70	710	580	M36	42	42	—	SN 632	—	—	—	22332 K+H 2332
		240	70	195	130	150	50	475	390	M24	28	28	—	SN 3032	—	—	—	23032 K+H 3032
		270	96	224	160	160	60	540	450	M30	35	35	—	SN 3132	—	—	—	23132 K+H 3132
150	170	260	77	210	160	160	60	545	450	M24	35	35	—	SN 3034	—	—	—	23034 K+H 3034
		280	98	225	160	170	60	565	470	M30	35	35	—	SN 3134	—	—	—	23134 K+H 3134
160	180	280	84	225	160	170	60	565	470	M30	35	35	—	SN 3036	—	—	—	23036 K+H 3036
170	190	290	85	237	160	170	60	560	470	M30	35	35	—	SN 3038	—	—	—	23038 K+H 3038
180	200	310	92	240	170	180	60	620	515	M30	35	35	—	SN 3040	—	—	—	23040 K+H 3040

注：1. SN 524～SN 532、SN 624～SN 632 及 SN30 系列和 SN31 系列应装有吊环螺钉。

2. 所列调心滚子轴承代号为基型结构，同时适用于调心滚子轴承的 C 型、CC 型等结构。

3. 结构示意图、质量来源于《全国滚动轴承产品样本》第 2 版，表中其他数据来自 GB/T 7813—2018。

10.11.2 四螺柱立式滚动轴承座

适用圆锥孔带紧定套调心轴承的四螺柱滚动轴承座（摘自 GB/T 7813—2018）

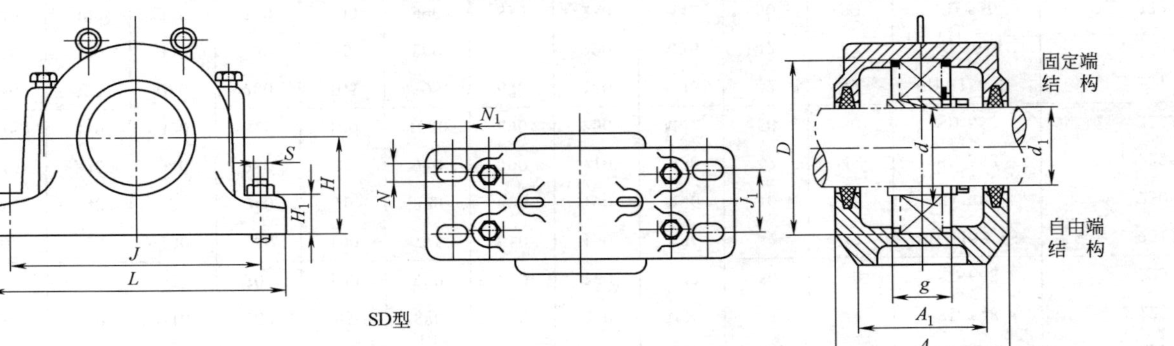

SD型

（注：轴承座型号中 TS 表示轴承座带迷宫式密封圈，SD 30 系列、SD 5 系列、SD 6 系列的外形尺寸与国际标准规定的不一致）

表 7-2-130

紧定套内径 d_1	轴承内径 d	尺寸/mm D	g	A max	A_1	H	H_1	L	J	J_1	S	N	N_1 min	轴承座型号 SD 型	适用带紧定套轴承代号
150	170	280	108	235	180	170	70	515	430	100	M24	28	28	SD 3134 TS	23134 K+H 3134
		260	77	230	200	160	50	540	450	110	M30	35	35	SD 3034	23034 K+H 3034
		310	96	270	230	180	60	620	510	140	M30	35	35	SD 534	22234 K+H 3134
		360	130	300	270	210	65	740	610	170	M30	35	35	SD 634	22334 K+H 2334
160	180	300	116	245	190	180	75	535	450	110	M24	28	28	SD 3136 TS	23136 K+H 3136
		280	84	250	220	170	50	560	470	120	M30	35	35	SD 3036	23036 K+H 3036
		320	96	280	240	190	60	650	540	150	M30	35	35	SD 536	22236 K+H 3136
		380	136	320	290	225	70	780	640	180	M36	40	40	SD 636	22336 K+H 2336
170	190	320	124	265	210	190	80	565	480	120	M24	28	28	SD 3138 TS	23138 K+H 3138
		290	85	250	220	170	50	560	470	120	M30	35	35	SD3038	23038 K+H 3038

续表

紧定套内径 d_1	轴承内径 d	尺寸/mm												轴承座型号 SD 型	适用带紧定套轴承代号
		D	g	A max	A_1	H	H_1	L	J	J_1	S	N	N_1 min		
170	190	340	102	290	260	200	65	700	570	160	M30	35	35	SD 538	22238 K+H 3138
		400	142	330	300	240	70	820	680	190	M36	40	40	SD 638	22338 K+H 2338
180	200	340	132	285	230	210	85	615	510	130	M30	35	35	SD 3140 TS	23140 K+H 3140
		310	92	270	250	180	60	620	510	140	M30	35	35	SD 3040	23040 K+H 3040
		360	108	300	270	210	65	740	610	170	M30	35	35	SD 540	22240 K+H 3140
		420	148	350	320	250	85	860	710	200	M36	42	42	SD 640	22340 K+H 2340
200	220	370	140	295	240	220	90	645	540	140	M30	35	35	SD 3144 TS	23144 K+H 3144
		340	100	290	280	200	65	700	570	160	M30	35	35	SD 3044	23044 K+H 3044
		400	118	330	300	240	70	820	680	190	M36	40	40	SD 544	22244 K+H 3144
		460	155	360	330	280	85	920	770	210	M36	42	42	SD 644	22344 K+H 2344
220	240	400	148	315	260	240	95	705	600	150	M30	35	35	SD 3148 TS	23148 K+H 3148
		360	102	300	290	210	65	740	610	170	M30	35	35	SD 3048	23048 K+H 3048
		440	130	340	310	260	85	880	740	200	M36	42	42	SD 548	22248 K+H 3148
		500	165	390	370	300	100	990	830	230	M42	50	50	SD 648	22348 K+H 2348
240	260	440	164	325	280	260	100	775	650	160	M36	42	42	SD 3152 TS	23152 K+H 3152
		400	114	340	320	240	70	820	680	190	M36	40	40	SD 3052	23052 K+H 3052
		480	140	370	340	280	85	940	790	210	M36	42	42	SD 552	22252 K+H 3152
		540	175	410	390	325	100	1060	890	250	M42	50	50	SD 652	22352 K+H 2352
260	280	460	166	325	280	280	105	795	670	160	M36	42	42	SD 3156 TS	23156 K+H 3156
		420	116	350	340	260	85	860	710	200	M36	42	42	SD 3056	23056 K+H 3056
		500	140	390	370	300	100	990	830	230	M42	50	50	SD 556	22256 K+H 3156
		580	185	440	420	355	110	1110	930	270	M48	57	57	SD 656	22356 K+H 2356
280	300	500	180	355	310	300	110	835	710	190	M36	42	42	SD 3160 TS	23160 K+H 3160
		460	128	360	350	280	85	920	770	210	M36	42	42	SD 3060	23060 K+H 3060

续表

紧定套内径 d_1	轴承内径 d	尺寸/mm D	g	A max	A_1	H	H_1	L	J	J_1	S	N	N_1 min	轴承座型号 SD 型	适用带紧定套轴承代号
280	300	540	150	410	390	325	100	1060	890	250	M42	50	50	SD 560	22260 K+H 3160
300	320	540	196	375	330	320	115	885	750	200	M36	42	42	SD 3164 TS	23164 K+H 3164
		480	131	380	360	280	85	940	790	210	M36	42	42	SD 3064	23064 K+H 3064
		580	160	440	420	355	110	1110	930	270	M48	57	57	SD 564	22264 K+H 3164
320	340	520	143	400	370	310	106	1020	860	230	M42	50	50	SD 3068	23068 K+H 3068

注：1. 对 SD 31..TS 系列，不利用定位环使轴承在轴承座内固定时，g 值减小 20mm；对 SD 30、SD 5、SD 6 系列，不利用定位环使轴承在轴承座内固定时，g 值减小 10mm。

2. SD 5、SD 6 系列，A_1 为最大值。

3. 对 SD 31..TS、SD 30 系列，L、H_1 为最大值。

4. 所列调心滚子轴承代号为基型结构，同时适用于调心滚子轴承的 C 型、CA 型等结构。CA 型对称球面滚子轴承，内圈两侧有小挡边，并有一个中间挡圈，尺寸较大，滚道经优化加工。

5. 结构示意图来源于《全国滚动轴承产品样本》第 2 版，表中数据来自 GB/T 7813—2018。

10.12 紧定套（摘自 GB/T 9160.1—2017）

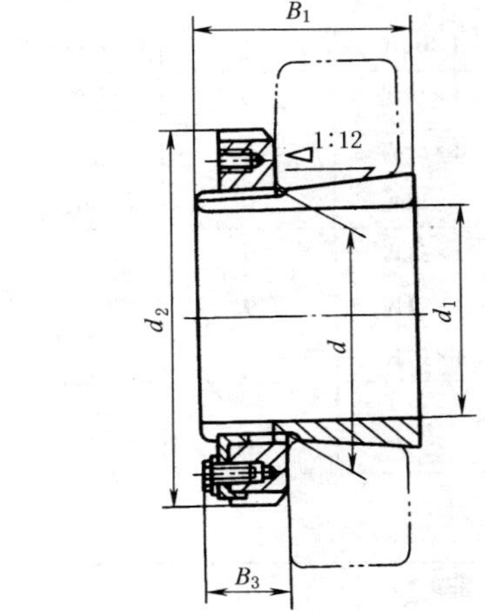

带锁紧垫圈结构　　带锁紧卡结构

本紧定套适用于安装锥孔（锥度为 1 : 12 或 1 : 30）轴承于无轴肩的圆柱形轴上

表 7-2-131　紧定套尺寸

（a）锥度为 1∶12 的紧定套

尺寸/mm						质量/kg	基本代号	组成零件			
d_1	d	d_2	B_1	B_2 ≈	G	W ≈	紧定套	紧定衬套	锁紧螺母	锁紧垫圈	锁紧卡
12	15	25	19	6	M15×1	—	H 202	A 202 X	KM 02	MB 02	—
		25	22	6	M15×1	—	H 302	A 302 X	KM 02	MB 02	
		25	25	6	M15×1	—	H 2302	A 2302 X	KM 02	MB 02	
14	17	28	20	6	M17×1	—	H 203	A 203X	KM 03	MB 03	
		28	24	6	M17×1	—	H 303	A 303 X	KM 03	MB 03	
		28	27	6	M17×1	—	H 2303	A 2303 X	KM 03	MB 03	
17	20	32	24	7	M20×1	—	H 204	A 204 X	KM 04	MB 04	
		32	28	7	M20×1	—	H 304	A 304 X	KM 04	MB 04	
		32	31	7	M20×1	—	H 2304	A 2304 X	KM 04	MB 04	
20	25	38	26	8	M25×1.5	0.070	H 205	A 205 X	KM 05	MB 05	
		38	29	8	M25×1.5	0.075	H 305	A 305 X	KM 05	MB 05	
		38	35	8	M25×1.5	—	H 2305	A 2305 X	KM 05	MB 05	
25	30	45	27	8	M30×1.5	0.10	H 305	A 206 X	KM 06	MB 06	
		45	31	8	M30×1.5	0.11	H 306	A 306 X	KM 06	MB 06	
		45	38	8	M30×1.5	—	H 2306	A 2306 X	KM 06	MB 06	
30	35	52	29	9	M35×1.5	0.13	H 207	A 207 X	KM 07	MB 07	
		52	35	9	M35×1.5	0.14	H 307	A 307 X	KM 07	MB 07	
		52	43	9	M35×1.5	0.17	H 2307	A 2307 X	KM 07	MB 07	
35	40	58	31	10	M40×1.5	0.17	H 208	A 208 X	KM 08	MB 08	
		58	36	10	M40×1.5	0.19	H 308	A 308 X	KM 08	MB 08	
		58	46	10	M40×1.5	0.22	H 2308	A 2308 X	KM 08	MB 08	
40	45	65	33	11	M45×1.5	0.23	H 209	A 209 X	KM 09	MB 09	
		65	39	11	M45×1.5	0.25	H 309	A 309 X	KM 09	MB 09	
		65	50	11	M45×1.5	0.28	H 2309	A 2309 X	KM 09	MB 09	

续表

尺寸 /mm						质量 /kg	基本代号	组成零件			
d_1	d	d_2	B_1	B_2 ≈	G	W ≈	紧定套	紧定衬套	锁紧螺母	锁紧垫圈	锁紧卡
45	50	70	35	12	M50×1.5	0.27	H 210	A 210 X	KM 10	MB 10	—
		70	42	12	M50×1.5	0.30	H 310	A 310 X	KM 10	MB 10	
		70	55	12	M50×1.5	0.36	H 2310	A 2310 X	KM 10	MB 10	
50	55	75	37	12	M55×2	0.31	H 211	A 211 X	KM 11	MB 11	
		75	45	12	M55×2	0.42	H 311	A 311 X	KM 11	MB 11	
		75	59	12	M55×2	0.42	H 2311	A 2311 X	KM 11	MB 11	
55	60	80	38	13	M60×2	0.35	H 212	A 212 X	KM 12	MB 12	
		80	47	13	M60×2	0.39	H 312	A 312 X	KM 12	MB 12	
		80	62	13	M60×2	0.48	H 2312	A 2312 X	KM 12	MB 12	
60	65	85	40	14	M65×2	0.40	H 213	A 213 X	KM 13	MB 13	
		85	50	14	M65×2	0.46	H 313	A 313 X	KM 13	MB 13	
		85	65	14	M65×2	0.55	H 2313	A 2313 X	KM 13	MB 13	
	70	92	41	14	M70×2	—	H 214	A 214 X	KM 14	MB 14	
		92	52	14	M70×2	—	H 314	A 314 X	KM 14	MB 14	
		92	68	14	M70×2	0.90	H 2314	A 2314 X	KM 14	MB 14	
65	75	98	43	15	M75×2	0.71	H 215	A 215 X	KM 15	MB 15	
		98	55	15	M75×2	0.83	H 315	A 315 X	KM 15	MB 15	
		98	73	15	M75×2	1.05	H 2315	A 2315 X	KM 15	MB 15	
70	80	105	46	17	M80×2	0.88	H 216	A 216 X	KM 16	MB 16	
		105	59	17	M80×2	1.00	H 316	A 316 X	KM 16	MB 16	
		105	78	17	M80×2	1.30	H 2316	A 2316 X	KM 16	MB 16	
75	85	110	50	18	M85×2	1.00	H 217	A 217 X	KM 17	MB 17	
		110	63	18	M85×2	1.20	H 317	A 317 X	KM 17	MB 17	
		110	82	18	M85×2	1.45	H 2317	A 2317 X	KM 17	MB 17	

续表

尺寸/mm						质量/kg	基本代号	组成零件			
d_1	d	d_2	B_1	B_2 ≈	G	W ≈	紧定套	紧定衬套	锁紧螺母	锁紧垫圈	锁紧卡
80	90	120	52	18	M90×2	1.20	H 218	A 218 X	KM 18	MB 18	—
		120	65	18	M90×2	1.35	H 318	A 318 X	KM 18	MB 18	
		120	86	18	M90×2	1.70	H 2318	A 2318 X	KM 18	MB 18	
85	95	125	55	19	M95×2	1.35	H 219	A 219 X	KM 19	MB 19	
		125	68	19	M95×2	1.55	H 319	A 319 X	KM 19	MB 19	
		125	90	19	M95×2	1.90	H 2319	A 2319 X	KM 19	MB 19	
90	100	130	58	20	M100×2	1.50	H 220	A 220 X	KM 20	MB 20	
		130	71	20	M100×2	1.70	H 320	A 320 X	KM 20	MB 20	
		130	76	20	M100×2	—	H 3120	A 3120 X	KM 20	MB 20	
		130	97	20	M100×2	2.15	H 2320	A 2320 X	KM 20	MB 20	
95	105	140	60	20	M105×2	1.70	H 221	A 221 X	KM 21	MB 21	
		140	74	20	M105×2	1.95	H 321	A 321 X	KM 21	MB 21	
		140	80	20	M105×2	—	H 3121	A 3121 X	KM 21	MB 20	
100	110	145	63	21	M110×2	1.90	H 222	A 222 X	KM 22	MB 22	
		145	77	21	M110×2	2.20	H 322	A 322 X	KM 22	MB 22	
		145	81	21	M110×2	—	H 3122	A 3122 X	KM 22	MB 22	
		140	105	21	M110×2	2.75	H 2322	A 2322 X	KM 22	MB 22	
110	120	145	72	22	M120×2	1.95	H 3024	A 3024 X	KML 24	MBL 24	
		155	88	22	M120×2	2.65	H 3124	A 3124 X	KM 24	MB 24	
		155	112	22	M120×2	3.20	H 2324	A 2324 X	KM 24	MB 24	
		145	60	22	M120×2	—	H 3924	A 3924 X	KML 24	MBL 24	
115	130	155	80	23	M130×2	2.85	H 3026	A 3026 X	KML 26	MBL 26	
		165	92	23	M130×2	3.65	H 3126	A 3126 X	KM 26	MB 26	
		165	121	23	M130×2	4.60	H 2326	A 2326 X	KM 26	MB 26	

续表

尺寸 /mm						质量 /kg	基本代号	组成零件			
d_1	d	d_2	B_1	B_2 ≈	G	W ≈	紧定套	紧定衬套	锁紧螺母	锁紧垫圈	锁紧卡
115	130	155	65	23	M130×2	—	H 3926	A 3926 X	KML 26	MBL 26	—
125	140	165	82	24	M140×2	3.15	H 3028	A 3028 X	KML 28	MBL 28	
		180	97	24	M140×2	4.35	H 3128	A 3128 X	KM 28	MB 28	
		180	131	24	M140×2	5.55	H 2328	A 2328 X	KM 28	MB 28	
		165	66	27	M140×2	—	H 3928	A 3928 X	KML 28	MBL 28	
135	150	180	87	26	M150×2	3.90	H 3030	A 3030 X	KML 30	MBL 30	
		195	111	26	M150×2	5.50	H 3130	A 3130 X	KM 30	MB 30	
		195	139	26	M150×2	6.60	H 2330	A 2330 X	KM 30	MB 30	
		180	76	26	M150×2	—	H 3930	A 3930 X	KML 30	MBL 30	
140	160	190	93	28	M160×3	5.20	H 3032	A 3032 X	KML 32	MBL 32	
		210	119	28	M160×3	7.65	H 3132	A 3132 X	KM 32	MB 32	
		210	147	28	M160×3	9.15	H 2332	A 2332 X	KM 32	MB 32	
		190	78	28	M160×3	—	H 3932	A 3932 X	KML 32	MBL 32	
150	170	200	101	29	M170×3	6.00	H 3034	A 3034 X	KML 34	MBL 34	
		220	122	29	M170×3	8.40	H 3134	A 3134 X	KM 34	MB 34	
		220	154	29	M170×3	10.0	H 2334	A 2334 X	KM 34	MB 34	
		200	79	29	M170×3	—	H 3934	A 3934 X	KML 34	MBL 34	
160	180	210	109	30	M180×3	6.85	H 3036	A 3036 X	KML 36	MBL 36	
		230	131	30	M180×3	9.50	H 3136	A 3136 X	KM 36	MB 36	
		230	161	30	M180×3	11.0	H 2336	A 2336 X	KM 36	MB 36	
		210	87	30	M180×3	—	H 3936	A 3936 X	KML 36	MBL 36	
170	190	220	112	31	M190×3	7.45	H 3038	A 3038 X	KML 38	MBL 38	

续表

尺寸 /mm							质量 /kg	基本代号	组成零件			
d_1	d	d_2	B_1	B_2 ≈	B_3 max	G	W ≈	紧定套	紧定衬套	锁紧螺母	锁紧垫圈	锁紧卡
170	190	240	141	31	—	M190×3	11.0	H 3138	A 3138 X	KM 38	MB 38	—
		240	169	31	—	M190×3	12.5	H 2338	A 2338 X	KM 38	MB 38	—
		220	89	31	—	M190×3	—	H 3938	A 3938 X	KML 38	MBL 38	
180	200	240	120	32	—	M200×3	9.20	H 3040	A 3040 X	KML 40	MBL 40	—
		250	150	32	—	M200×3	12.0	H 3140	A 3140 X	KM 40	MB 40	—
		250	176	32	—	M200×3	14.0	H 2340	A 2340 X	KM 40	MB 40	—
		240	98	33	—	M200×3	—	H 3940	A 3940X	KML 40	MBL 40	
200	220	260	126	—	41	Tr220×4	10.5	H 3044	A 3044	HML 44	—	MSL 44
		280	161	—	44	Tr220×4	15.0	H 3144	A 3144	HM 44	—	MS 44
		280	186	—	44	Tr220×4	17.0	H 2344	A 2344	HM 44	—	MS 44
		260	96	—	41	Tr220×4	—	H 3944	A 3944	HML 44	—	MSL 44
220	240	290	133	—	46	Tr240×4	13.0	H 3048	A 3048	HML 48	—	MSL 48
		300	172	—	46	Tr240×4	18.0	H 3148	A 3148	HM 48	—	MS 44
		300	199	—	46	Tr240×4	20.0	H 2348	A 2348	HM 48	—	MS 44
		290	101	—	46	Tr240×4	—	H 3948	A 3948	HML 48	—	MSL 48
240	260	310	145	—	46	Tr260×4	15.5	H 3052	A 3052	HML 52	—	MSL 48
		330	190	—	49	Tr260×4	22.5	H 3152	A 3152	HM 52	—	MS 52
		330	211	—	49	Tr260×4	25.0	H 2352	A 2352	HM 52	—	MS 52
		310	116	—	46	Tr260×4	—	H 3952	A 3952	HML 52	—	MSL 44
260	280	330	152	—	50	Tr280×4	17.5	H 3056	A 3056	HML 56	—	MSL 56
		350	195	—	51	Tr280×4	25.0	H 3156	A 3156	HM 56	—	MS 56
		350	224	—	51	Tr280×4	26.5	H 2356	A 2356	HM 56	—	MS 52
		330	121	—	50	Tr280×4	—	H 3956	A 3956	HML 56	—	MSL 56
280	300	360	168	—	54	Tr300×4	23.0	H 3060	A 3060	HML 60	—	MSL 60

续表

尺寸/mm							质量/kg	基本代号	组成零件			
d_1	d	d_2	B_1	B_2 ≈	B_3 max	G	W ≈	紧定套	紧定衬套	锁紧螺母	锁紧垫圈	锁紧卡
280	300	380	208	—	53	Tr300×4	30.0	H 3160	A 3160	HM 60	—	MS 60
		380	240	—	53	Tr300×4	—	H 3260	A 3260	HM 60	—	MS 60
		360	140	—	54	Tr300×4	—	H 3960	A 3960	HML 60	—	MSL 60
300	320	380	171	—	55	Tr320×5	24.5	H 3064	A 3064	HML 64	—	MSL 64
		400	226	—	56	Tr320×5	35.0	H 3164	A 3164	HM 64	—	MS 64
		400	258	—	56	Tr320×5	39.0	H 3264	A 3264	HM 64	—	MS 64
		380	140	—	55	Tr320×5	—	H 3964	A 3964	HML 64	—	MSL 64
320	340	400	187	—	58	Tr340×5	28.5	H 3068	A 3068	HML 68	—	MSL 64
		440	254	—	72	Tr340×5	—	H 3168	A 3168	HM 68	—	MS 68
		440	288	—	72	Tr340×5	—	H 3268	A 3268	HM 68	—	MS 68
		400	144	—	58	Tr340×5	—	H 3968	A 3968	HML 68	—	MSL 64
340	360	420	188	—	58	Tr360×5	30.5	H 3072	A 3072	HML 72	—	MSL 72
		460	259	—	75	Tr360×5	—	H 3172	A 3172	HM 72	—	MS 68
		460	299	—	75	Tr360×5	—	H 3272	A 3272	HM 72	—	MS 68
		420	144	—	58	Tr360×5	—	H 3972	A 3972	HML 72	—	MSL 72
360	380	450	193	—	62	Tr380×5	36.0	H 3076	A 3076	HML 76	—	MSL 76
		490	264	—	77	Tr380×5	—	H 3176	A 3176	HM 76	—	MS 76
		490	310	—	77	Tr380×5	—	H 3276	A 3276	HM 76	—	MS 76
		450	164	—	62	Tr380×5	—	H 3976	A 3976	HML76	—	MSL 76
380	400	470	210	—	66	Tr400×5	41.5	H 3080	A 3080	HML 80	—	MSL 80
		520	272	—	82	Tr400×5	—	H 3180	A 3180	HM 80	—	MS 80
		520	328	—	82	Tr400×5	—	H 3280	A 3280	HM 80	—	MS 80
		470	168	—	66	Tr400×5	—	H 3980	A 3980	HML 80	—	MSL 76
400	420	490	212	—	66	Tr420×5	43.5	H 3084	A 3084	HML 84	—	MSL 84
		540	304	—	90	Tr420×5	—	H 3184	A 3184	HM 84	—	MS 80

续表

尺寸/mm							质量/kg	基本代号	组成零件			
d_1	d	d_2	B_1	B_2 ≈	B_3 max	G	W ≈	紧定套	紧定衬套	锁紧螺母	锁紧垫圈	锁紧卡
400	420	540	352	—	90	Tr420×5	—	H 3284	A 3284	HM 84	—	MS 80
		490	168	—	66	Tr420×5	—	H 3984	A 3984	HML 84	—	MSL 84
410	440	520	228	—	77	Tr440×5	—	H 3088	A 3088	HML 88	—	MSL 88
		560	307	—	90	Tr440×5	—	H 3188	A 3188	HM 88	—	MS 88
		560	361	—	90	Tr440×5	—	H 3288	A 3288	HM 88	—	MS 88
		520	189	—	77	Tr440×5	—	H 3988	A 3988	HML 88	—	MSL 88
430	460	540	234	—	77	Tr460×5	—	H 3092	A 3092	HML 92	—	MSL 88
		580	326	—	95	Tr460×5	—	H 3192	A 3192	HM 92	—	MS 88
		580	382	—	95	Tr460×5	—	H 3292	A 3292	HM 92	—	MS 88
		540	189	—	77	Tr460×5	—	H 3992	A 3992	HML92	—	MSL 88
450	480	560	237	—	77	Tr480×5	73.5	H 3096	A 3096	HML 96	—	MSL 96
		620	335	—	95	Tr480×5	—	H 3196	A 3196	HM 96	—	MS 96
		620	397	—	95	Tr480×5	—	H 3296	A 3296	HM 96	—	MS 96
		560	200	—	77	Tr480×5	—	H 3996	A 3996	HML96	—	MSL 96
470	500	580	247	—	85	Tr500×5	—	H 30/500	A 30/500	HML/500	—	MSL 96
		630	356	—	100	Tr500×5	—	H 31/500	A 31/500	HM/500	—	MS/500
		630	428	—	100	Tr500×5	—	H 32/500	A 32/500	HM/500	—	MS/500
		580	208	—	85	Tr500×5	—	H 39/500	A 39/500	HML/500	—	MSL 96
500	530	630	265	—	90	Tr530×6	—	H 30/530	A 30/530	HML/530	—	MSL/530
		670	364	—	105	Tr530×6	—	H 31/530	A 31/530	HM/530	—	MS/530
		670	447	—	105	Tr530×6	—	H 32/530	A 32/530	HM/530	—	MS/530
		630	216	—	90	Tr530×6	—	H 39/530	A 39/530	HML 44	—	MSL/530
530	560	650	282	—	97	Tr560×6	—	H 30/560	A 30/560	HML/560	—	MSL/560
		710	377	—	110	Tr560×6	—	H 31/560	A 31/560	HM/560	—	MS/560
		710	462	—	110	Tr560×6	—	H 32/560	A 32/560	HM/560	—	MS/560

续表

尺寸 /mm							质量 /kg	基本代号	组成零件			
d_1	d	d_2	B_1	B_2 ≈	B_3 max	G	W ≈	紧定套	紧定衬套	锁紧螺母	锁紧垫圈	锁紧卡
530	560	650	227	—	97	Tr560×6	—	H 39/560	A 39/560	HML/560	—	MSL/560
560	600	700	289	—	97	Tr600×6	—	H 30/600	A 30/600	HML/600	—	MSL/560
		710	399	—	110	Tr600×6	—	H 31/600	A 31/600	HM/600	—	MS/560
		750	487	—	110	Tr600×6	—	H 32/600	A 32/600	HM/600	—	MS/560
		700	239	—	97	Tr600×6	—	H 39/600	A 39/600	HML/600	—	MSL/560
600	630	730	301	—	97	Tr630×6	—	H 30/630	A 30/630	HML/630	—	MSL/630
		750	424	—	110	Tr630×6	—	H 31/630	A 31/630	HM/630	—	MS/630
		800	521	—	120	Tr630×6	—	H 32/630	A 32/630	HM/630	—	MS/630
		730	254	—	97	Tr630×6	—	H 39/630	A 39/630	HML/630	—	MSL/630
630	670	780	324	—	102	Tr670×6	—	H 30/670	A 30/670	HML/670	—	MSL/670
		800	456	—	120	Tr670×6	—	H 31/670	A 31/670	HM/670	—	MS/670
		850	558	—	131	Tr670×6	—	H 32/670	A 32/670	HM/670	—	MS/670
		780	264	—	102	Tr670×6	—	H 39/670	A 39/670	HML/670	—	MSL/670
670	710	830	342	—	112	Tr710×7	—	H 30/710	A 30/710	HML/710	—	MSL/710
		850	467	—	131	Tr710×7	—	H 31/710	A 31/710	HM/710	—	MS/710
		900	572	—	135	Tr710×7	—	H 32/710	A 32/710	HM/710	—	MS/710
		830	286	—	112	Tr710×7	—	H 39/710	A 39/710	HML/710	—	MSL/710
710	750	870	356	—	112	Tr750×7	—	H 30/750	A 30/750	HML/750	—	MSL/750
		900	493	—	135	Tr750×7	—	H 31/750	A 31/750	HM/750	—	MS/750
		950	603	—	141	Tr750×7	—	H 32/750	A 32/750	HM/750	—	MS/750
		870	291	—	112	Tr750×7	—	H 39/750	A 39/750	HML/750	—	MSL/750
750	800	920	366	—	112	Tr800×7	—	H 30/800	A 30/800	HML/800	—	MSL/750
		950	505	—	141	Tr800×7	—	H 31/800	A 31/800	HM/800	—	MS/750
		1000	618	—	141	Tr800×7	—	H 32/800	A 32/800	HM/800	—	MS/800
		920	303	—	112	Tr800×7	—	H 39/800	A 39/800	HML/800	—	MSL/750

续表

尺寸/mm							质量/kg	基本代号	组成零件			
d_1	d	d_2	B_1	B_2 ≈	B_3 max	G	W ≈	紧定套	紧定衬套	锁紧螺母	锁紧垫圈	锁紧卡
800	850	980	380	—	115	Tr850×7	—	H 30/850	A 30/850	HML/850	—	MSL/850
		1000	536	—	141	Tr850×7	—	H 31/850	A 31/850	HM/850	—	MS/850
		1060	651	—	147	Tr850×7		H 32/850	A 32/850	HM/850		MS/850
		980	308	—	115	Tr850×7	—	H 39/850	A 39/850	HML/850	—	MSL/850
850	900	1030	400	—	125	Tr900×7	—	H 30/900	A 30/900	HML/900	—	MSL/850
		1120	557	—	147	Tr900×7	—	H 31/900	A 31/900	HM/900	—	MS/900
		1120	660	—	154	Tr900×7	—	H 32/900	A 32/900	HM/900	—	MS/900
		1030	326	—	125	Tr900×7	—	H 39/900	A 39/900	HML/900	—	MSL/850
900	950	1080	420	—	125	Tr950×8	—	H 30/950	A 30/950	HML/950	—	MSL/950
		1170	583	—	154	Tr950×8	—	H 31/950	A 31/950	HM/950	—	MS/950
		1170	675	—	154	Tr950×8	—	H 32/950	A 32/950	HM/950	—	MS/950
		1080	344	—	125	Tr950×8	—	H 39/950	A 39/950	HM/950	—	MSL/950
950	1000	1140	430	—	125	Tr1000×8	—	H 30/1000	A 30/1000	HML/1000	—	MSL/1000
		1240	609	—	154	Tr1000×8	—	H 31/1000	A 31/1000	HM/1000	—	MS/1000
		1240	707	—	154	Tr1000×8	—	H 32/1000	A 32/1000	HM/1000	—	MS/1000
		1140	358	—	125	Tr1000×8	—	H 39/1000	A 39/1000	HML/1000	—	MSL/1000
1000	1060	1200	447	—	125	Tr1060×8	—	H 30/1060	A 30/1060	HML/1060	—	MSL/1000
		1300	622	—	154	Tr1060×8	—	H 31/1060	A 31/1060	HM/1060	—	MS/1000
		1200	372	—	125	Tr1060×8	—	H 39/1060	A 39/1060	HML/1060	—	MSL/1000

（b） 锥度为 1：30 的紧定套

尺寸/mm							质量/kg	基本代号	组成零件			
d_1	d	d_2	B_1	B_2 ≈	B_3 max	G	W ≈	紧定套	紧定衬套	锁紧螺母	锁紧垫圈	锁紧卡
90	100	130	80	20	—	M100×2	—	H 24020	A 24020	KM 20	MB 20	—

续表

尺寸/mm							质量/kg	基本代号	组成零件			
d_1	d	d_2	B_1	B_2 ≈	B_3 max	G	W ≈	紧定套	紧定衬套	锁紧螺母	锁紧垫圈	锁紧卡
90	100	130	94	20	—	M100×2	—	H 24120	A 24120	KM 20	MB 20	—
100	110	145	90	21	—	M110×2	—	H 24022	A 24022	KM 22	MB 22	—
		145	99	21	—	M110×2	—	H 24122	A 24122	KM 22	MB 22	—
110	120	145	91	22	—	M120×2	—	H 24024	A 24024	KML 24	MBL 24	—
		155	111	22	—	M120×2	—	H 24124	A 24124	KM 24	MB 24	—
115	130	155	102	23	—	M130×2	—	H 24026	A 24026	KML 26	MBL 26	—
		165	113	23	—	M130×2	—	H 24126	A 24126	KM 26	MB 26	—
125	140	165	103	24	—	M140×2	—	H 24028	A 24028	KML 28	MBL 28	—
		180	119	24	—	M140×2	—	H 24128	A 24128	KM 28	MB 28	—
135	150	180	112	26	—	M150×2	—	H 24030	A 24030	KML 30	MBL 30	—
		195	137	26	—	M150×2	—	H 24130	A 24130	KM 30	MB 30	—
140	160	190	118	28	—	M160×3	—	H 24032	A 24032	KML 32	MBL 32	—
		210	148	28	—	M160×3	—	H 24132	A 24132	KM 32	MB 32	—
150	170	200	130	29	—	M170×3	—	H 24034	A 24034	KML 34	MBL 34	—
		220	149	29	—	M170×3	—	H 24134	A 24134	KM 34	MB 34	—
160	180	210	140	30	—	M180×3	—	H 24036	A 24036	KML 36	MBL 36	—
		230	159	30	—	M180×3	—	H 24136	A 24136	KM 36	MB 36	—
170	190	220	143	31	—	M190×3	—	H 24038	A 24038	KML 38	MBL 38	—
		240	172	31	—	M190×3	—	H 24138	A 24138	KM 38	MB 38	—
180	200	240	153	32	—	M200×3	—	H 24040	A 24040	KML 40	MBL 40	—
		250	185	32	—	M200×3	—	H 24140	A 24140	KM 40	MB 40	—

续表

尺寸/mm							质量/kg	基本代号	组成零件			
d_1	d	d_2	B_1	B_2 ≈	B_3 max	G	W ≈	紧定套	紧定衬套	锁紧螺母	锁紧垫圈	锁紧卡
200	220	260	162	—	41	Tr220×4	—	H 24044	A 24044	HML 44	—	MSL 44
		280	199	—	44	Tr220×4	—	H 24144	A 24144	HM 44	—	MS 44
220	240	290	167	—	46	Tr240×4	—	H 24048	A 24048	HML 48	—	MSL 48
		300	212	—	46	Tr240×4	—	H 24148	A 24148	HM 48	—	MS 44
240	260	310	190	—	46	Tr260×4	—	H 24052	A 24052	HML 52	—	MSL 48
		330	235	—	49	Tr260×4	—	H 24152	A 24152	HM 52	—	MS 52
260	280	330	195	—	50	Tr280×4	—	H 24056	A 24056	HML 56	—	MSL 56
		350	238	—	51	Tr280×4	—	H 24156	A 24156	HM 56	—	MS 52
280	300	360	220	—	54	Tr300×4	—	H 24060	A 24060	HML 60	—	MSL 60
		380	258	—	53	Tr300×4	—	H 24160	A 24160	HM 60	—	MS 60
300	320	380	220	—	55	Tr320×5	—	H 24064	A 24064	HML 64	—	MSL 64
		400	278	—	56	Tr320×5	—	H 24164	A 24164	HM 64	—	MS 64
320	340	400	244	—	58	Tr340×5	—	H 24068	A 24068	HML 68	—	MSL 64
		440	317	—	72	Tr340×5	—	H 24168	A 24168	HM 68	—	MS 68
340	360	420	244	—	58	Tr360×5	—	H 24072	A 24072	HML 72	—	MSL 72
		460	321	—	75	Tr360×5	—	H 24172	A 24172	HM 72	—	MS 68
360	380	450	248	—	62	Tr380×5	—	H 24076	A 24076	HML 76	—	MSL 76
		490	323	—	77	Tr380×5	—	H 24176	A 24176	HM 76	—	MS 76
380	400	470	272	—	66	Tr400×5	—	H 24080	A 24080	HML 80	—	MSL 76
		520	332	—	82	Tr400×5	—	H 24180	A 24180	HM 80	—	MS 80
400	420	490	274	—	66	Tr420×5	—	H 24084	A 24084	HML 84	—	MSL 84

续表

尺寸 /mm							质量 /kg	基本代号	组成零件			
d_1	d	d_2	B_1	B_2 ≈	B_3 max	G	W ≈	紧定套	紧定衬套	锁紧螺母	锁紧垫圈	锁紧卡
400	420	540	372	—	90	Tr420×5	—	H 24184	A 24184	HM 84	—	MS 80
410	440	520	294	—	77	Tr440×5	—	H 24088	A 24088	HML 88	—	MSL 88
		560	372	—	90	Tr440×5	—	H 24188	A 24188	HM 88	—	MS 88
430	460	540	300	—	77	Tr460×5	—	H 24092	A 24092	HML 92	—	MSL 88
		580	398	—	95	Tr460×5	—	H 24192	A 24192	HM 92	—	MS 88
450	480	560	301	—	77	Tr480×5	—	H 24096	A 24096	HML 96	—	MSL 96
		620	408	—	95	Tr480×5	—	H 24196	A 24196	HM 96	—	MS 96
470	500	580	309	—	85	Tr500×5	—	H 240/500	A 240/500	HML/500	—	MSL 96
		630	430	—	100	Tr500×5	—	H 241/500	A 241/500	HM/500	—	MS/500
500	530	630	343	—	90	Tr530×6	—	H 240/530	A 240/530	HML/530	—	MSL/530
		670	440	—	105	Tr530×6	—	H 241/530	A 241/530	HM/530	—	MS/530
530	560	650	358	—	97	Tr560×6	—	H 240/560	A 240/560	HML/560	—	MSL/560
		710	468	—	110	Tr560×6	—	H 241/560	A 241/560	HM/560	—	MS/560
560	600	700	377	—	97	Tr600×6	—	H 240/600	A 240/600	HML/600	—	MSL/560
		750	490	—	110	Tr600×6	—	H 241/600	A 241/600	HM/600	—	MS/600
600	630	730	395	—	97	Tr630×6	—	H 240/630	A 240/630	HML/630	—	MSL/630
		800	525	—	120	Tr630×6	—	H 241/630	A 241/630	HM/630	—	MS/630
630	670	780	418	—	102	Tr670×6	—	H 240/670	A 240/670	HML/670	—	MSL/670
		850	548	—	131	Tr670×6	—	H 241/670	A 241/670	HM/670	—	MS/670
670	710	830	438	—	112	Tr710×7	—	H 240/710	A 240/710	HML/710	—	MSL/710

续表

尺寸/mm							质量/kg	基本代号	组成零件			
d_1	d	d_2	B_1	B_2 ≈	B_3 max	G	W ≈	紧定套	紧定衬套	锁紧螺母	锁紧垫圈	锁紧卡
670	710	900	577	—	135	Tr710×7	—	H 241/710	A 241/710	HM/710	—	MS/710
710	750	870	460	—	112	Tr750×7	—	H 240/750	A 240/750	HML/750	—	MSL/750
		950	622	—	141	Tr750×7	—	H 241/750	A 241/750	HM/750	—	MS/750
750	800	920	475	—	112	Tr800×7	—	H 240/800	A 240/800	HML/800	—	MSL/750
		1000	627	—	141	Tr800×7	—	H 241/800	A 241/800	HM/800	—	MS/800
800	850	980	495	—	115	Tr850×7	—	H 240/850	A 240/850	HML/850	—	MSL/850
		1060	658	—	147	Tr850×7	—	H 241/850	A 241/850	HM/850	—	MS/850
850	900	1030	520	—	125	Tr900×7	—	H 240/900	A 240/900	HML/900	—	MSL/850
		1120	685	—	154	Tr900×7	—	H 241/900	A 241/900	HM/900	—	MS/900
900	950	1080	557	—	125	Tr950×8	—	H 240/950	A 240/950	HML/950	—	MSL/950
		1170	715	—	154	Tr950×8	—	H 241/950	A 241/950	HM/950	—	MS/950
950	1000	1140	562	—	125	Tr1000×8	—	H 240/1000	A 240/1000	HML/1000	—	MSL/1000
		1240	755	—	154	Tr1000×8	—	H 241/1000	A 241/1000	HM/1000	—	MS/1000
1000	1060	1200	588	—	125	Tr1060×8	—	H 240/1060	A 240/1060	HML/1060	—	MSL/1000
		1300	775	—	154	Tr1060×8	—	H 241/1060	A 241/1060	HM/1060	—	MS/1000

注：结构示意图、质量来源于《全国滚动轴承产品样本》第2版，表中其他数据来自GB/T 9160.1—2017。

10.13 退卸衬套（摘自 GB/T 9160.1—2017）

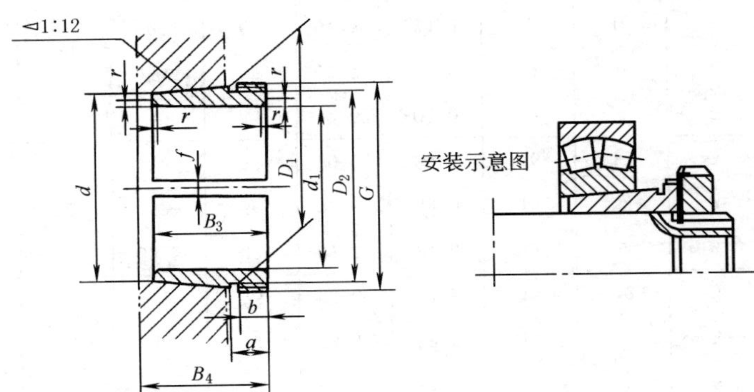

退卸衬套适用于将锥孔（锥度为 1∶12 或 1∶30）轴承安装于圆柱形轴上。轴承安装于紧靠轴肩处，退卸衬套被轴上螺母压入轴承内孔，直到轴承径向游隙减小到合适值为止。拆卸轴承时，拧紧装在退卸衬套上的另一个特制螺母，使退卸衬套退出。适用于径向载荷较大，轴向载荷较小的调心滚子轴承在光轴上固定

表 7-2-132　　用于内孔锥度为 1∶12 轴承的退卸衬套

尺寸 /mm											质量 /kg	基本代号	配用锁紧螺母代号
d_1	d	B_3 max	B_4	D_1	D_2	a	b	f	r	G	W ≈	退卸衬套	
35	40	25	27	41.50	41.0	9	6	2	0.5	M45×1.5	—	AH 208	KM 09
		29	32	41.92	41.0	9	6	2	0.5	M45×1.5	0.09	AH 308	KM 09
		40	43	42.75	42.0	10	7	2	0.5	M45×1.5	0.128	AH 2308	KM 09
40	45	26	29	46.67	46.0	9	6	2	0.5	M50×1.5	—	AH 209	KM 10
		31	34	47.08	46.5	9	6	2	0.5	M50×1.5	0.109	AH 309	KM 10
		44	47	48.00	47.5	10	7	2	0.5	M50×1.5	0.164	AH 2309	KM 10
45	50	28	31	51.15	51.0	10	7	2	0.5	M55×2	—	AH 210	KM 11
		35	38	52.33	51.5	10	7	2	0.5	M55×2	0.137	AH 310	KM 11
		50	53	53.17	52.0	12	9	2	0.5	M55×2	0.209	AH 2310	KM 11
50	55	29	32	56.83	56.0	10	7	3	0.5	M60×2	—	AH 211	KM 12
		37	40	57.38	56.5	10	7	3	0.5	M60×2	0.161	AH 311	KM 12
		54	57	58.42	57.0	13	10	3	0.5	M60×2	0.253	AH 2311	KM 12

续表

尺寸/mm											质量/kg	基本代号	配用锁紧螺母代号
d_1	d	B_3 max	B_4	D_1	D_2	a	b	f	r	G	W ≈	退卸衬套	
55	60	32	35	62.00	61.5	11	8	3	0.5	M65×2	—	AH 212	KM 13
		40	43	62.38	61.5	11	8	3	0.5	M65×2	0.189	AH 312	KM 13
		58	61	63.63	62.0	14	11	3	0.5	M65×2	0.297	AH 2312	KM 13
60	65	32.5	36	67.08	66.5	11	8	3	1	M70×2	—	AHX 213	KM 14
		42	45	67.83	67.0	11	8	3	1	M70×2	0.253	AHX 313	KM 14
		61	64	69.08	68.5	15	12	3	1	M70×2	0.395	AHX 2313	KM 14
65	70	33.5	37	72.17	71.5	11	8	3	1	M75×2	—	AHX 214	KM 15
		43	47	73.00	72.5	11	8	3	1	M75×2	0.28	AHX 314	KM 15
		64	68	74.42	73.5	15	12	3	1	M75×2	0.466	AHX 2314	KM 15
70	75	34.5	38	77.25	76.5	11	8	3	1	M80×2	—	AHX 215	KM 16
		45	49	78.17	77.5	11	8	3	1	M80×2	0.313	AHX 315	KM 16
		68	72	79.75	79.0	15	12	3	1	M80×2	0.534	AHX 2315	KM 16
75	80	35.5	39	82.33	81.5	11	8	3	1	M90×2	—	AH 216	KM 18
		48	52	83.42	82.5	11	8	3	1	M90×2	0.365	AH 316	KM 18
		71	75	85.00	84.5	15	12	3	1	M90×2	0.597	AH 2316	KM 18
80	85	38.5	42	87.50	87.0	12	9	3	1	M95×2	—	AH 217	KM 19
		52	56	88.67	88.0	12	9	3	1	M95×2	0.429	AH 317	KM 19
		74	78	90.17	89.5	16	13	3	1	M95×2	0.69	AH 2317	KM 19
85	90	40	44	92.67	92.0	12	9	3	1	M100×2	—	AH 218	KM 20
		53	57	93.75	93.0	12	9	3	1	M100×2	0.461	AH 318	KM 20
		63	67	94.50	94.0	13	10	3	1	M100×2	0.576	AH 3218	KM 20
		79	83	95.50	95.0	17	14	3	1	M100×2	0.779	AH 2318	KM 20
90	95	43	47	97.83	97.0	13	10	4	1	M105×2	—	AH 219	KM 21
		57	61	99.00	98.5	13	10	4	1	M105×2	0.532	AH 319	KM 21

续表

尺寸 /mm											质量 /kg	基本代号	配用锁紧螺母代号
d_1	d	B_3 max	B_4	D_1	D_2	a	b	f	r	G	W ≈	退卸衬套	
90	95	67	71	99.75	99.0	14	11	4	1	M105×2	—	AH 3219	KM 21
		85	89	100.83	100.0	19	16	4	1	M105×2	0.886	AH 2319	KM 21
95	100	45	49	103.00	102.5	13	10	4	1	M110×2	—	AH 220	KM 22
		59	63	104.17	103.5	13	10	4	1	M110×2	0.582	AH 320	KM 22
		64	68	104.50	104.0	14	11	4	1	M110×2	0.650	AH 3120	KM 22
		73	77	105.25	104.5	14	11	4	1	M110×2	0.767	AH 3220	KM 22
		90	94	106.25	105.5	19	16	4	1	M110×2	0.998	AH 2320	KM 22
100	105	47	51	108.08	107.5	14	11	4	1	M115×2	—	AH 221	KM 23
		62	66	109.25	108.5	15	12	4	1	M115×2	—	AH 321	KM 23
		68	72	109.83	109	14	11	4	1	M115×2	—	AH 3121	KM 23
		78	82	110.67	110	14	11	4	1	M115×2	—	AH 3221	KM 23
		94	98	111.58	—	—	16	4	1	M120×2	—	AH 2321	KM 24
105	110	50	54	113.33	112.5	14	11	4	1	M120×2	—	AH 222	KM 24
		63	67	114.33	113.5	15	12	4	1	M120×2	0.663	AH 322	KM 24
		68	72	114.83	114.0	14	11	4	1	M120×2	0.760	AH 3122	KM 24
		82	86	116.00	115.5	14	11	4	1	M120×2	0.883	AHX 3222	KM 24
		98	102	116.92	116.0	19	16	4	1	M120×2	0.950	AHX 2322	KM 24
115	120	53	57	123.50	123.0	15	12	4	1	M130×2	—	AH 224	KM 26
		60	64	124.00	123.5	16	13	4	1	M130×2	0.750	AH 3024	KML 26
		69	73	124.75	124.0	16	13	4	1	M130×2	—	AH 324	KM 26
		75	79	125.33	124.0	15	12	4	1	M130×2	0.950	AH 3124	KM 26
		90	94	126.50	126.0	16	13	4	1	M130×2	1.110	AHX 3224	KM 26
		105	109	127.42	126.5	20	17	4	1	M130×2	1.600	AHX 2324	KM 26
125	130	53	57	133.50	133.0	15	12	4	1	M140×2	—	AH 226	KM 28
		67	71	134.50	134.0	17	14	4	1	M140×2	0.930	AH 3026	KML 28
		74	78	135.08	134.5	17	14	4	1	M140×2	—	AH 326	KM 28

续表

尺寸/mm											质量/kg	基本代号	配用锁紧螺母代号
d_1	d	B_3 max	B_4	D_1	D_2	a	b	f	r	G	W ≈	退卸衬套	
125	130	78	82	135.58	135.0	15	12	4	1	M140×2	1.080	AH 3126	KM 28
		98	102	137.00	136.5	18	15	4	1	M140×2	1.580	AHX 3226	KM 28
		115	119	138.08	137.5	22	19	4	1	M140×2	1.970	AHX 2326	KM 28
135	140	56	61	143.75	143.0	16	13	4	1	M150×2	—	AH 228	KM 30
		68	73	144.67	144.0	17	14	4	1	M150×2	1.010	AH 3028	KML 30
		77	82	145.42	144.5	17	14	4	1	M150×2	—	AH 328	KM 30
		83	88	145.92	145.0	17	14	4	1	M150×2	1.280	AH 3128	KM 30
		104	109	147.58	147.0	18	15	4	1	M150×2	1.840	AHX 3228	KM 30
		125	130	148.92	148.0	23	20	4	1	M150×2	2.330	AHX 2328	KM 30
145	150	60	65	154.00	153.5	17	14	4	1	M160×3	—	AH 230	KM 32
		72	77	154.92	154.0	18	15	4	1	M160×3	1.150	AH 3030	KML 32
		83	88	155.83	155.0	18	15	4	1	M160×3	—	AHX 330	KM 32
		96	101	156.92	156.0	18	15	4	1	M160×3	1.790	AHX 3130	KM 32
		114	119	158.25	157.5	20	17	4	1	M160×3	2.220	AHX 3230	KM 32
		135	140	159.42	158.5	27	24	4	1	M160×3	2.820	AHX 2330	KM 32
150	160	64	69	164.25	163.0	18	15	5	2	M170×3	—	AH 232	KM 34
		77	82	165.25	164.0	19	16	5	2	M170×3	2.060	AH 3032	KML 34
		88	93	166.17	165.0	19	16	5	2	M170×3	—	AHX 332	KM 34
		103	108	167.42	166.0	19	16	5	2	M170×3	2.870	AHX 3132	KM 34
		124	130	168.92	167.0	23	20	5	2	M170×3	4.080	AHX 3232	KM 34
		140	146	169.92	168.0	27	24	5	2	M170×3	4.72	AHX 2332	KM 34
160	170	69	74	174.58	173.0	19	16	5	2	M180×3	—	AH 234	KM 36
		85	90	175.83	174.0	20	17	5	2	M180×3	2.430	AH 3034	KML 36
		93	98	176.50	175.0	20	17	5	2	M180×3	—	AHX 334	KM 36
		104	109	177.50	176.0	19	16	5	2	M180×3	3.040	AHX 3134	KM 36
		134	140	179.42	178.0	27	24	5	2	M180×3	4.80	AHX 3234	KM 36
		146	152	180.42	179.0	27	24	5	2	M180×3	5.25	AHX 2334	KM 36

续表

尺寸 /mm											质量 /kg	基本代号	配用锁紧螺母代号
d_1	d	B_3 max	B_4	D_1	D_2	a	b	f	r	G	W ≈	退卸衬套	
160	170	59	64	173.67	—	—	13	5	—	M180×3	—	AH 3934	KML 36
170	180	69	74	184.58	183.0	19	16	5	2	M190×3	—	AH 236	KM 38
		92	98	186.25	185.0	23	17	5	2	M190×3	2.81	AH 3036	KML 38
		105	110	187.50	186.0	20	17	5	2	M190×3	—	AHX 2236	KM 38
		116	122	188.33	187.0	22	19	5	2	M190×3	3.76	AHX 3136	KM 38
		140	146	189.92	188.0	27	24	5	2	M190×3	5.32	AHX 3236	KM 38
		154	160	190.92	189.0	29	26	5	2	M190×3	5.83	AHX 2336	KM 38
		66	71	184.25	—	—	13	5	—	M190×3	—	AH 3936	KML 38
180	190	73	78	194.58	193.0	23	17	5	2	M200×3	—	AHX 238	KM 40
		96	102	196.50	195.0	24	18	5	2	M200×3	3.32	AHX 3038	KML 40
		112	117	197.75	196.0	24	18	5	2	M200×3	—	AHX 2238	KM 40
		125	131	198.75	197.0	26	20	5	2	M200×3	4.89	AHX 3138	KM 40
		145	152	200.08	199.0	31	25	5	2	M200×3	5.90	AHX 3238	KM 40
		160	167	201.25	200.0	32	26	5	2	M200×3	6.63	AHX 2338	KM 40
		66	71	193.92	—	—	13	5	—	M200×3	—	AH 3938	KML 40
190	200	77	82	204.83	203.0	24	18	5	2	Tr210×4	—	AHX 240	KM 42
		102	108	206.92	205.0	25	19	5	2	Tr210×4	3.80	AHX 3040	KM 42
		118	123	208.17	207.0	25	19	5	2	Tr220×4	—	AH 2240	KM 44
		134	140	209.42	208.0	27	21	5	2	Tr220×4	5.49	AH 3140	KM 44
		153	160	210.75	209.0	31	25	5	2	Tr220×4	6.68	AH 3240	KM 44
		170	177	211.75	210.0	36	30	5	2	Tr220×4	7.54	AH 2340	KM 44
		77	83	204.83	—	—	16	5	—	Tr210×4	—	AH 3940	KM 42
200	220	85	91	225.58	224.0	24	18	5	2	Tr230×4	—	AHX 244	KM 46
		111	117	227.58	226.0	26	20	5	2	Tr230×4	7.40	AHX 3044	KM 46
		130	136	229.17	228.0	26	20	5	2	Tr240×4	—	AH 2244	KM 48
		145	151	230.17	229.0	29	23	5	2	Tr240×4	10.40	AH 3144	KM 48
		181	189	232.75	231.0	36	30	5	2	Tr240×4	13.50	AH 2344	KM 48
		77	83	224.75	—	—	16	5	—	Tr230×4	—	AH 3944	KM 46

续表

尺寸 /mm											质量 /kg	基本代号	配用锁紧螺母代号
d_1	d	B_3 max	B_4	D_1	D_2	a	b	f	r	G	W ≈	退卸衬套	
220	240	96	102	246.17	245.0	28	22	5	2	Tr260×4	—	AHX 248	KM 52
		116	123	248.00	247.0	27	21	5	2	Tr260×4	8.75	AH 3048	HML 52
		144	150	250.25	249.0	27	21	5	2	Tr260×4	—	AH 2248	KM 52
		154	161	250.83	249.0	31	25	5	2	Tr260×4	12.0	AH 3148	KM 52
		189	197	253.42	252.0	36	30	5	2	Tr260×4	15.50	AH 2348	KM 52
		77	83	244.67	—	—	16	5	—	Tr250×4	—	AH 3948	KM 50
240	260	105	111	266.83	265.0	29	23	6	3	Tr280×4	—	AHX 252	KM 56
		128	135	268.83	267.0	29	23	6	3	Tr280×4	10.70	AH 3052	HML 56
		155	161	271.00	270.0	29	23	6	3	Tr280×4	—	AHX 2252	KM 56
		172	179	272.25	271.0	32	26	6	3	Tr280×4	16.20	AHX 3152	KM 56
		205	213	274.75	273.0	36	30	6	3	Tr280×4	19.60	AHX 2352	KM 56
		94	100	265.92	—	—	18	6	—	Tr280×4	—	AH 3952	HML 56
260	280	105	113	287.00	286.0	29	23	6	3	Tr300×4	—	AHX 256	HM 60
		131	139	289.08	288.0	30	24	6	3	Tr300×4	12.0	AH 3056	HML 60
		155	163	291.08	290.0	30	24	6	3	Tr300×4	—	AHX 2256	HM 60
		175	183	292.42	291.0	34	28	6	3	Tr300×4	17.5	AHX 3156	HM 60
		212	220	295.33	294.0	36	30	6	3	Tr300×4	21.6	AHX 2356	HM 60
		94	100	285.83	—	—	18	6	—	Tr300×4	—	AH 3956	HML 60
280	300	145	153	310.08	309.0	32	26	6	3	Tr320×5	14.4	AH 3060	HML 64
		170	178	312.17	311.0	32	26	6	3	Tr320×5	—	AHX 2260	HM 64
		192	200	313.67	312.0	36	30	6	3	Tr320×5	20.8	AHX 3160	HM 64
		228	236	316.33	315.0	40	34	6	3	Tr320×5	26.0	AHX 3260	HM 64
		112	119	307.25	—	—	21	6	—	Tr320×5	—	AH 3960	HML 64
300	320	149	157	330.33	329.0	33	27	6	3	Tr340×5	16.0	AHX 3064	HML 68
		180	190	333.08	332.0	33	27	6	3	Tr340×5	—	AHX 2264	HM 68
		209	217	335.00	334.0	37	31	6	3	Tr340×5	24.5	AHX 3164	HM 68
		246	254	337.67	336.0	42	36	6	3	Tr340×5	30.6	AHX 3264	HM 68

续表

尺寸 /mm											质量 /kg	基本代号	配用锁紧螺母代号
d_1	d	B_3 max	B_4	D_1	D_2	a	b	f	r	G	W ≈	退卸衬套	
300	320	112	119	327.17	—	—	21	6	—	Tr340×5	—	AH 3964	HML 68
320	340	162	171	351.42	350.0	34	28	6	3	Tr360×5	19.5	AHX 3068	HML 72
		225	234	356.25	355.0	39	33	6	3	Tr360×5	29.0	AHX 3168	HM 72
		264	273	359.08	358.0	44	38	6	3	Tr360×5	35.4	AHX 3268	HM 72
		112	119	347.08	—	—	21	6	—	Tr360×5	—	AH 3968	HML 72
340	360	167	176	371.67	370.0	36	30	6	3	Tr380×5	21.0	AHX 3072	HML 76
		229	238	376.42	375.0	41	35	6	3	Tr380×5	33.0	AHX 3172	HM 76
		274	283	379.75	378.0	46	40	6	3	Tr380×5	41.5	AHX 3272	HM 76
		112	119	366.92	—	—	21	6	—	Tr380×5	—	AH 3972	HML 76
360	380	170	180	391.92	390.0	37	31	6	3	Tr400×5	23.2	AHX 3076	HML 80
		232	242	396.67	395.0	42	36	6	3	Tr400×5	35.7	AHX 3176	HM 80
		284	294	400.50	399.0	48	42	6	3	Tr400×5	45.6	AHX 3276	HM 80
		130	138	388.42	—	—	22	6	—	Tr400×5	—	AH 3976	HML 80
380	400	183	193	412.83	411.0	39	33	6	3	Tr420×5	27.3	AHX 3080	HML 84
		240	250	417.17	416.0	44	38	6	3	Tr420×5	39.5	AHX 3180	HM 84
		302	312	421.83	420.0	50	44	6	3	Tr420×5	51.7	AHX 3280	HM 84
		130	138	408.25	—	—	22	6	—	Tr420×5	—	AH 3980	HML 84
400	420	186	196	433.00	432.0	40	34	8	3	Tr440×5	29.0	AHX 3084	HML 88
		266	276	439.17	438.0	46	40	8	3	Tr440×5	46.5	AHX 3184	HM 88
		321	331	443.25	442.0	52	46	8	3	Tr440×5	58.9	AHX 3284	HM 88
		130	138	428.17	—	—	22	8	—	Tr440×5	—	AH 3984	HML 88
420	440	194	205	453.67	452.0	41	35	8	3	Tr460×5	32.0	AHX 3088	HML 92
		270	281	459.42	458.0	48	42	8	3	Tr460×5	49.8	AHX 3188	HM 92
		330	341	463.92	462.0	54	48	8	3	Tr460×5	63.8	AHX 3288	HM 92
		145	153	449.33	—	—	25	8	—	Tr460×5	—	AH 3988	HML 92

续表

尺寸/mm											质量/kg	基本代号	配用锁紧螺母代号
d_1	d	B_3 max	B_4	D_1	D_2	a	b	f	r	G	W ≈	退卸衬套	
440	460	202	213	474.17	473.0	43	37	8	3	Tr480×5	35.2	AHX 3092	HML 96
		285	296	480.58	479.0	43	43	8	3	Tr480×5	57.9	AHX 3192	HM 96
		349	360	485.33	484.0	56	50	8	3	Tr480×5	74.5	AHX 3292	HM 96
		145	153	469.17	—	—	25	8	—	Tr480×5	—	AH 3992	HML 96
460	480	205	217	494.42	493.0	44	38	8	3	Tr500×5	39.2	AHX 3096	HML/500
		295	307	501.33	500.0	51	45	8	4	Tr500×5	63.1	AHX 3196	HM/500
		364	376	506.50	505.0	58	52	8	4	Tr500×5	82.1	AHX 3296	HM/500
		158	167	490.25	—	—	28	8	—	Tr500×5	—	AH 3996	HML/500
480	500	209	221	514.58	513.0	46	40	8	3	Tr530×6	42.5	AHX 30/500	HML/530
		313	325	522.67	521.0	53	47	8	4	Tr530×6	70.9	AHX 31/500	HM/530
		393	405	528.75	527.0	60	54	8	4	Tr530×6	94.6	AHX 32/500	HM/530
		162	172	510.50	—	—	32	8	—	Tr530×6	—	AH 39/500	HML/530
500	530	230	242	545.58	—	—	45	10	—	Tr560×6	—	AH 30/530	HML/560
		325	337	553.0	—	—	47	10	—	Tr560×6	—	AH 31/530	HM/560
		412	424	559.83	—	—	56	10	—	Tr560×6	—	AH 32/530	HM/560
		175	185	540.83	—	—	37	10	—	Tr560×6	—	AH 39/530	HML/560
530	560	240	252	576.42	—	—	45	10	—	Tr600×6	—	AH 30/560	HML/600
		335	347	584.33	—	—	51	10	—	Tr600×6	—	AH 31/560	HM/600
		422	434	591.17	—	—	50	10	—	Tr600×6	—	AH 32/560	HM/600
		180	190	571.25	—	—	37	10	—	Tr600×6	—	AH 39/560	HML/600
570	600	245	259	617.00	—	—	45	10	—	Tr630×6	—	AH 30/600	HML/630
		355	369	625.17	—	—	45	10	—	Tr630×6	—	AH 31/600	HM/630
		445	459	632.08	—	—	64	10	—	Tr630×6	—	AH 32/600	HM/630
		192	202	612.25	—	—	38	10	—	Tr630×6	—	AH 39/600	HML/630
600	630	258	272	647.83	—	—	48	10	—	Tr670×6	—	AH 30/630	HML/670

续表

尺寸 /mm											质量 /kg	基本代号	配用锁紧螺母代号
d_1	d	B_3 max	B_4	D_1	D_2	a	b	f	r	G	W ≈	退卸衬套	
600	630	375	389	656.25	—	—	57	10	—	Tr670×6	—	AH 31/630	HM/670
		475	489	664.08	—	—	70	10	—	Tr670×6	—	AH 32/630	HM/670
		210	222	643.67	—	—	40	10	—	Tr670×6	—	AH 39/630	HML/670
630	670	280	294	689.17	—	—	54	10	—	Tr710×7	—	AH 30/670	HML/710
		395	409	697.92	—	—	64	10	—	Tr710×7	—	AH 31/670	HM/710
		500	514	706.17	—	—	70	10	—	Tr710×7	—	AH 32/670	HM/710
		216	228	683.67	—	—	41	10	—	Tr710×7	—	AH 39/670	HML/710
670	710	286	302	729.83	—	—	54	10	—	Tr750×7	—	AH 30/710	HML/750
		405	421	738.67	—	—	64	10	—	Tr750×7	—	AH 31/710	HM/750
		515	531	747.25	—	—	74	10	—	Tr750×7	—	AH 32/710	HM/750
		228	240	724.67	—	—	43	10	—	Tr750×7	—	AH 39/710	HML/750
710	750	300	316	771.00	—	—	54	12	—	Tr800×7	—	AH 30/750	HML/800
		425	441	780.33	—	—	67	12	—	Tr800×7	—	AH 31/750	HM/800
		540	556	789.33	—	—	74	12	—	Tr800×7	—	AH 32/750	HM/800
		234	246	765.17	—	—	44	12	—	Tr800×7	—	AH 39/750	HML/800
750	800	308	326	821.83	—	—	54	12	—	Tr850×7	—	AH 30/800	HML/850
		438	456	831.25	—	—	67	12	—	Tr850×7	—	AH 31/800	HM/850
		550	568	839.83	—	—	80	12	—	Tr850×7	—	AH 32/800	HM/850
		245	257	816.08	—	—	45	12	—	Tr850×7	—	AH 39/800	HML/850
800	850	325	343	872.75	—	—	60	12	—	Tr900×7	—	AH 30/850	HML/900
		462	480	882.92	—	—	71	12	—	Tr900×7	—	AH 31/850	HM/900
		585	603	892.42	—	—	84	12	—	Tr900×7	—	AH 32/850	HM/900
		258	270	866.67	—	—	50	12	—	Tr900×7	—	AH 39/850	HML/900
850	900	335	355	923.75	—	—	60	12	—	Tr950×8	—	AH 30/900	HML/950
		475	495	934.17	—	—	75	12	—	Tr950×8	—	AH 31/900	HM/950

续表

尺寸/mm											质量/kg	基本代号	配用锁紧螺母代号
d_1	d	B_3 max	B_4	D_1	D_2	a	b	f	r	G	W ≈	退卸衬套	
850	900	585	605	942.58	—	—	84	14	—	Tr950×8	—	AH 32/900	HM/950
		265	277	917.25	—	—	51	12	—	Tr950×8	—	AH 39/900	HML/950
900	950	355	375	975.42	—	—	60	14	—	Tr1000×8	—	AH 30/950	HML/1000
		500	520	986.285	—	—	75	14	—	Tr1000×8	—	AH 31/950	HM/1000
		600	620	993.83	—	—	84	14	—	Tr1000×8	—	AH 32/950	HM/1000
		282	297	968.92	—	—	51	14	—	Tr1000×8	—	AH 39/950	HML/1000
950	1000	365	387	1026.42	—	—	60	14	—	Tr1060×8	—	AH 30/1000	HML/1060
		525	547	1038.5	—	—	75	14	—	Tr1060×8	—	AH 31/1000	HM/1060
		630	652	1046.5	—	—	84	14	—	Tr1060×8	—	AH 32/1000	HM/1060
		296	311	1020.08	—	—	52	14		Tr1060×8		AH 39/1000	HML/1060
1000	1060	385	407	1088.08	—	—	60	14	—	Tr1120×8	—	AH 30/1060	HML/1120
		540	562	1099.75	—	—	75	14	—	Tr1120×8	—	AH 31/1060	HM/1120
		310	325	1081.25	—	—	52	14	—	Tr1120×8	—	AH 39/1060	HML/1120

注：结构示意图、D_2、a、质量来源于《全国滚动轴承产品样本》第2版，表中其他数据来自GB/T 9160.1—2017。

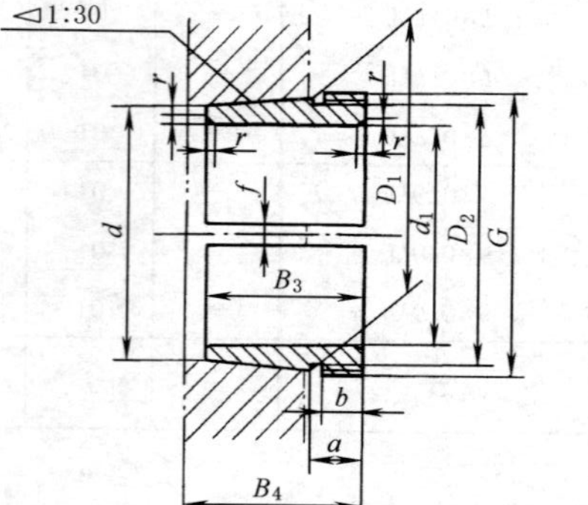

表 7-2-133　用于内孔锥度为 1∶30 轴承的退卸衬套（摘自 GB/T 9160.1—2017）

尺寸 /mm					基本代号	配用锁紧螺母代号
d_1	d	B_3 max	B_4	G	退卸衬套	
105	110	82	91	M115×2	AH 24122	KM 23
115	120	73	82	M125×2	AH 24024	KM 25
		93	102	M130×2	AH 24124	KM 26
125	130	83	93	M135×2	AH 24026	KM 27
		94	104	M140×2	AH 24126	KM 28
135	140	83	93	M145×2	AH 24028	KM 29
		99	109	M150×2	AH 24128	KM 30
145	150	90	101	M155×3	AH 24030	KM 31
		115	126	M160×3	AH 24130	KM 32
150	160	95	106	M170×3	AH 24032	KM 34
		124	135	M170×3	AH 24132	KM 34
160	170	106	117	M180×3	AH 24034	KM 36
		125	136	M180×3	AH 24134	KM 36
170	180	116	127	M190×3	AH 24036	KM 38
		134	145	M190×3	AH 24136	KM 38
180	190	118	131	M200×3	AH 24038	KM 40
		146	159	M200×3	AH 24138	KM 40
190	200	127	140	Tr210×4	AH 24040	KM 42
		158	171	Tr210×4	AH 24140	KM 42
200	220	138	152	Tr230×4	AH 24044	KM 46
		170	184	Tr230×4	AH 24144	KM 46
220	240	138	153	Tr250×4	AH 24048	KM 50

续表

尺寸/mm					基本代号	配用锁紧螺母代号
d_1	d	B_3 max	B_4	G	退卸衬套	
220	240	180	195	Tr260×4	AH 24148	KM 52
240	260	162	178	Tr280×4	AH 24052	KM 56
		202	218	Tr280×4	AH 24152	KM 56
260	280	162	179	Tr300×4	AH 24056	HM 60
		202	219	Tr300×4	AH 24156	HM 60
280	300	184	202	Tr320×5	AH 24060	HM 64
		224	242	Tr320×5	AH 24160	HM 64
300	320	184	202	Tr340×5	AH 24064	HM 68
		242	260	Tr340×5	AH 24164	HM 68
320	340	206	225	Tr360×5	AH 24068	HM 72
		269	288	Tr360×5	AH 24168	HM 72
340	360	206	226	Tr380×5	AH 24072	HM 76
		269	289	Tr380×5	AH 24172	HM 76
360	380	208	228	Tr400×5	AH 24076	HM 80
		271	291	Tr400×5	AH 24176	HM 80
380	400	228	248	Tr420×5	AH 24080	HM 84
		278	298	Tr420×5	AH 24180	HM 84
400	420	230	252	Tr440×5	AH 24084	HM 88
		310	332	Tr440×5	AH 24184	HM 88
420	440	242	264	Tr460×5	AH 24088	HM 92
		310	332	Tr460×5	AH 24188	HM 92
440	460	250	273	Tr480×5	AH 24092	HM 96
		332	355	Tr480×5	AH 24192	HM 96
460	480	250	273	Tr500×5	AH 24096	HM/500
		340	363	Tr500×5	AH 24196	HM/500
480	500	253	276	Tr530×6	AH 240/500	HM/530

续表

尺寸/mm					基本代号	配用锁紧螺母代号
d_1	d	B_3 max	B_4	G	退卸衬套	
480	500	360	383	Tr530×6	AH 241/500	HM/530
500	530	285	309	Tr560×6	AH 240/530	HM/560
		370	394	Tr560×6	AH 241/530	HM/560
530	560	296	320	Tr600×6	AH 240/560	HM/600
		393	417	Tr600×6	AH 241/560	HM/600
570	600	310	336	Tr630×6	AH 240/600	HM/630
		413	439	Tr630×6	AH 241/600	HM/630
600	630	330	356	Tr670×6	AH 240/630	HM/670
		440	466	Tr670×6	AH 241/630	HM/670
630	670	348	374	Tr710×7	AH 240/670	HM/710
		452	478	Tr710×7	AH 241/670	HM/710
670	710	360	386	Tr750×7	AH 240/710	HM/750
		483	509	Tr750×7	AH 241/710	HM/750
710	750	380	408	Tr800×7	AH 240/750	HM/800
		520	548	Tr800×7	AH 241/750	HM/800
750	800	395	423	Tr850×7	AH 240/800	HM/850
		525	553	Tr850×7	AH 241/800	HM/850
800	850	415	445	Tr900×7	AH 240/850	HM/900
		560	600	Tr900×7	AH 241/850	HM/900
850	900	430	475	Tr950×8	AH 240/900	HM/950
		575	620	Tr950×8	AH 241/900	HM/950
900	950	467	512	Tr1000×8	AH 240/950	HM/1000
		605	650	Tr1000×8	AH 241/950	HM/1000
950	1000	469	519	Tr1060×8	AH 240/1000	HM/1060
		645	695	Tr1060×8	AH 241/1000	HM/1060
1000	1060	498	548	Tr1120×8	AH 240/1060	HM/1120
		665	715	Tr1120×8	AH 241/1060	HM/1120

10.14 定位环（摘自 GB/T 7813—2018）

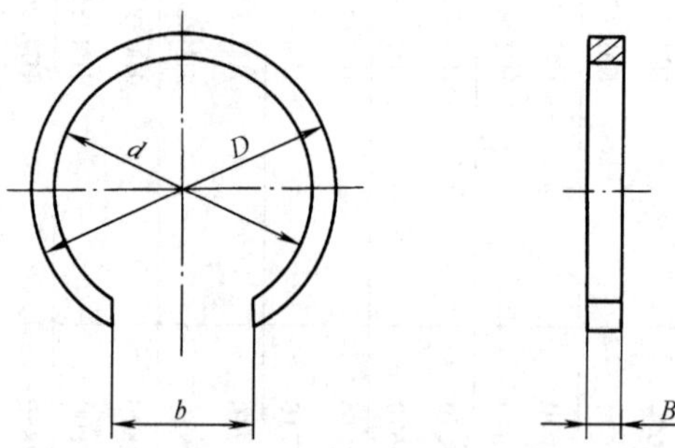

表 7-2-134

mm

型　号	D	d	B	b	型　号	D	d	B	b
SR 52×5	52	45	5	32	SR 140×8.5	140	127	8.5	93
SR 52×7	52	45	7	32	SR 140×10	140	127	10	93
SR 62×7	62	54	7	38	SR 140×12.5	140	127	12.5	93
SR 62×8.5	62	54	8.5	38	SR 150×9	150	135	9	98
SR 62×10	62	54	10	38	SR 150×10	150	135	10	98
SR 72×8	72	64	8	47	SR 150×13	150	135	13	98
SR 72×9	72	64	9	47	SR 160×10	160	144	10	105
SR 72×10	72	64	10	47	SR 160×11.2	160	144	11.2	105
SR 80×7.5	80	70	7.5	52	SR 160×14	160	144	14	105
SR 80×10	80	70	10	52	SR 160×16.2	160	144	16.2	105
SR 85×6	85	75	6	57	SR 170×10	170	154	10	112
SR 85×8	85	75	8	57	SR 170×10.5	170	154	10.5	112
SR 90×6.5	90	80	6.5	62	SR 170×14.5	170	154	14.5	112
SR 90×10	90	80	10	62	SR 180×10	180	163	10	120
SR 100×6	100	90	6	68	SR 180×12.1	180	163	12.1	120
SR 100×8	100	90	8	68	SR 180×14.5	180	163	14.5	120
SR 100×10	100	90	10	68	SR 180×18.1	180	163	18.1	120
SR 100×10.5	100	90	10.5	68	SR 190×10	190	173	10	130
SR 110×8	110	99	8	73	SR 190×15.5	190	173	15.5	130
SR 110×10	110	99	10	73	SR 200×10	200	180	10	130
SR 110×11.5	110	99	11.5	73	SR 200×13.5	200	180	13.5	130
SR 120×10	120	108	10	78	SR 200×16	200	180	16	130
SR 120×12	120	108	12	78	SR 200×21	200	180	21	130
SR 125×10	125	113	10	84	SR 215×10	215	195	10	140
SR 125×13	125	113	13	84	SR 215×14	215	195	14	140
SR 130×8	130	118	8	88	SR 215×18	215	195	18	140
SR 130×10	130	118	10	88	SR 230×10	230	210	10	150
SR 130×12.5	130	118	12.5	88	SR 230×13	230	210	13	150

第7篇

续表

型　号	D	d	B	b	型　号	D	d	B	b
SR 240×10	240	218	10	150	SR 360×5	360	332	5	210
SR 240×20	240	218	20	150	SR 360×10	360	332	10	210
SR 250×10	250	230	10	160	SR 370×10	370	337	10	210
SR 250×15	250	230	15	160	SR 380×5	380	342	5	210
SR 260×10	260	238	10	170	SR 400×5	400	369	5	210
SR 270×10	270	248	10	170	SR 400×10	400	369	10	210
SR 270×16.5	270	248	16.5	170	SR 420×5	420	379	5	220
SR 280×10	280	255	10	170	SR 440×5	440	420	5	220
SR 290×10	290	268	10	180	SR 440×10	440	420	10	220
SR 290×17	290	268	17	180	SR 460×5	460	430	5	200
SR 300×10	300	275	10	190	SR 460×10	460	430	10	200
SR 310×5	310	285	5	190	SR 480×5	480	451	5	240
SR 310×10	310	285	10	190	SR 500×5	500	461	5	220
SR 320×5	320	296	5	200	SR 500×10	500	461	10	220
SR 320×10	320	296	10	200	SR 540×5	540	487	5	240
SR 340×5	340	314	5	210	SR 540×10	540	487	10	240
SR 340×10	340	314	10	210	SR 580×5	580	524	5	260

11　回转支承

11.1　型号编制方法（摘自 JB/T 2300—2018）

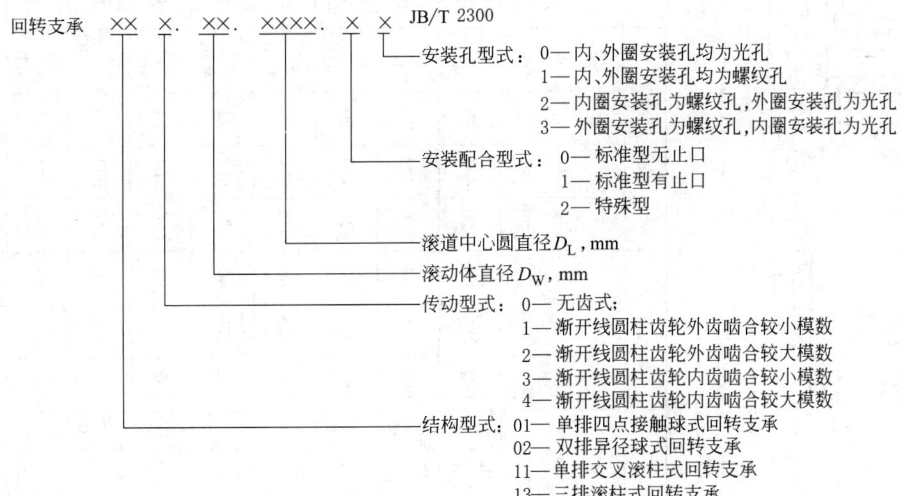

标记示例：单排四点接触球式，渐开线圆柱齿轮内齿啮合较大模数，滚动体直径为 40mm，滚道中心圆直径为 1000mm，标准型有止口，内、外圈安装孔均为光孔的回转支承，标记为：回转支承 014.40.1000.10 JB/T 2300。

11.2　基本参数

11.2.1　单排四点接触球式回转支承（01 系列）

单排四点接触球式回转支承由两个座圈组成，结构紧凑、重量轻、钢球与圆弧滚道四点接触，能同时承受轴向力、径向力和倾翻力矩。适用于回转式输送机、焊接操作机、中小型起重机和挖掘机等工程机械。其基本参数见表 7-2-135。

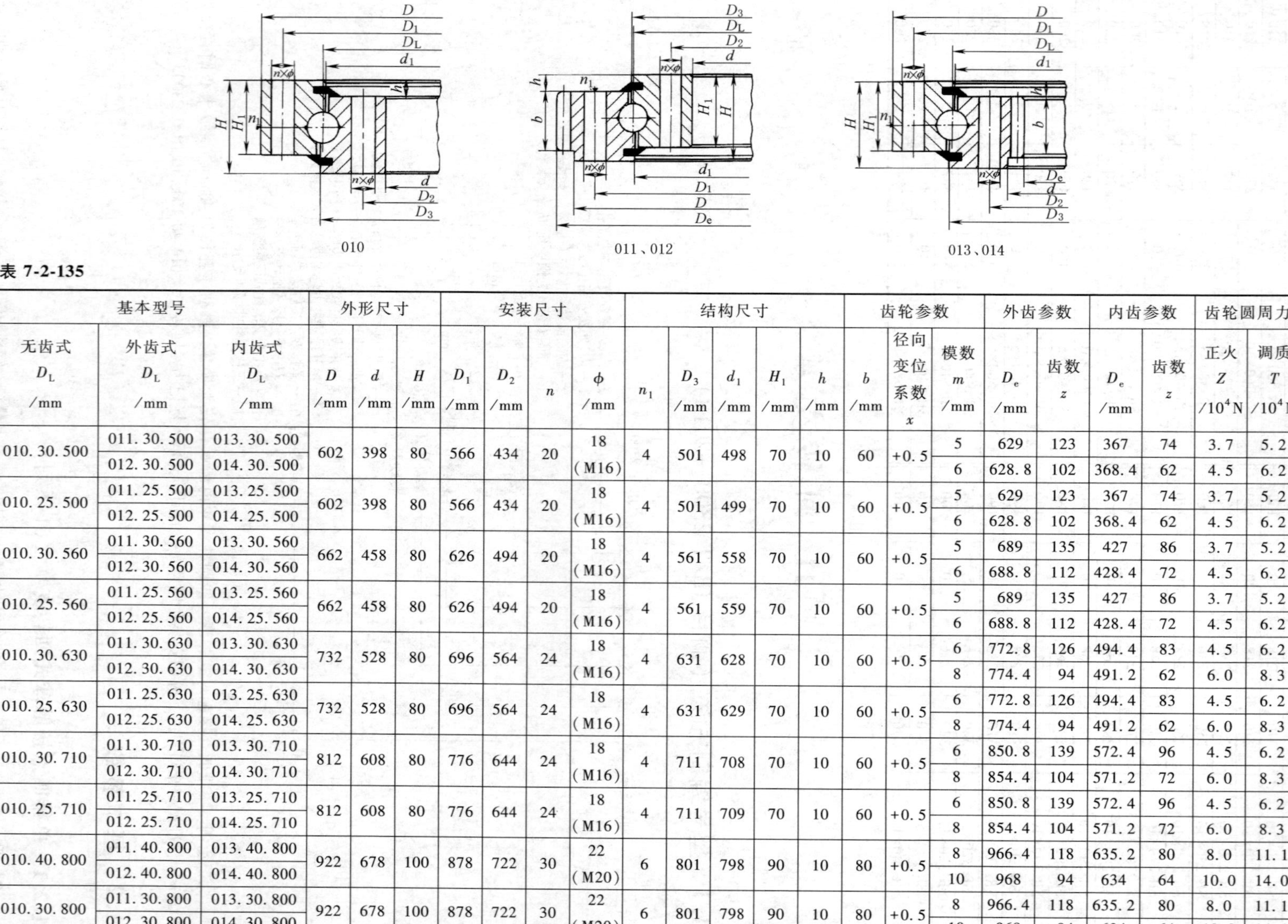

表 7-2-135

承载曲线图编号	基本型号 无齿式 D_L /mm	基本型号 外齿式 D_L /mm	基本型号 内齿式 D_L /mm	外形尺寸 D /mm	外形尺寸 d /mm	外形尺寸 H /mm	安装尺寸 D_1 /mm	安装尺寸 D_2 /mm	安装尺寸 n	安装尺寸 ϕ /mm	结构尺寸 n_1	结构尺寸 D_3 /mm	结构尺寸 d_1 /mm	结构尺寸 H_1 /mm	结构尺寸 h /mm	齿轮参数 b /mm	齿轮参数 径向变位系数 x	齿轮参数 模数 m /mm	外齿参数 D_e /mm	外齿参数 齿数 z	内齿参数 D_e /mm	内齿参数 齿数 z	齿轮圆周力 正火 Z /10^4N	齿轮圆周力 调质 T /10^4N	参考质量 /kg
1	010.30.500	011.30.500	013.30.500	602	398	80	566	434	20	18 (M16)	4	501	498	70	10	60	+0.5	5	629	123	367	74	3.7	5.2	85
		012.30.500	014.30.500															6	628.8	102	368.4	62	4.5	6.2	
1′	010.25.500	011.25.500	013.25.500	602	398	80	566	434	20	18 (M16)	4	501	499	70	10	60	+0.5	5	629	123	367	74	3.7	5.2	85
		012.25.500	014.25.500															6	628.8	102	368.4	62	4.5	6.2	
2	010.30.560	011.30.560	013.30.560	662	458	80	626	494	20	18 (M16)	4	561	558	70	10	60	+0.5	5	689	135	427	86	3.7	5.2	95
		012.30.560	014.30.560															6	688.8	112	428.4	72	4.5	6.2	
2′	010.25.560	011.25.560	013.25.560	662	458	80	626	494	20	18 (M16)	4	561	559	70	10	60	+0.5	5	689	135	427	86	3.7	5.2	95
		012.25.560	014.25.560															6	688.8	112	428.4	72	4.5	6.2	
3	010.30.630	011.30.630	013.30.630	732	528	80	696	564	24	18 (M16)	4	631	628	70	10	60	+0.5	6	772.8	126	494.4	83	4.5	6.2	110
		012.30.630	014.30.630															8	774.4	94	491.2	62	6.0	8.3	
3′	010.25.630	011.25.630	013.25.630	732	528	80	696	564	24	18 (M16)	4	631	629	70	10	60	+0.5	6	772.8	126	494.4	83	4.5	6.2	110
		012.25.630	014.25.630															8	774.4	94	491.2	62	6.0	8.3	
4	010.30.710	011.30.710	013.30.710	812	608	80	776	644	24	18 (M16)	4	711	708	70	10	60	+0.5	6	850.8	139	572.4	96	4.5	6.2	120
		012.30.710	014.30.710															8	854.4	104	571.2	72	6.0	8.3	
4′	010.25.710	011.25.710	013.25.710	812	608	80	776	644	24	18 (M16)	4	711	709	70	10	60	+0.5	6	850.8	139	572.4	96	4.5	6.2	120
		012.25.710	014.25.710															8	854.4	104	571.2	72	6.0	8.3	
5	010.40.800	011.40.800	013.40.800	922	678	100	878	722	30	22 (M20)	6	801	798	90	10	80	+0.5	8	966.4	118	635.2	80	8.0	11.1	220
		012.40.800	014.40.800															10	968	94	634	64	10.0	14.0	
5′	010.30.800	011.30.800	013.30.800	922	678	100	878	722	30	22 (M20)	6	801	798	90	10	80	+0.5	8	966.4	118	635.2	80	8.0	11.1	220
		012.30.800	014.30.800															10	968	94	634	64	10.0	14.1	

续表

承载曲线图编号	基本型号			外形尺寸			安装尺寸				结构尺寸					齿轮参数			外齿参数		内齿参数		齿轮圆周力		参考质量/kg
	无齿式 D_L /mm	外齿式 D_L /mm	内齿式 D_L /mm	D /mm	d /mm	H /mm	D_1 /mm	D_2 /mm	n	ϕ /mm	n_1	D_3 /mm	d_1 /mm	H_1 /mm	h /mm	b /mm	径向变位系数 x	模数 m /mm	D_e /mm	齿数 z	D_e /mm	齿数 z	正火 Z /10^4N	调质 T /10^4N	
6	010. 40. 900	011. 40. 900	013. 40. 900	1022	778	100	978	822	30	22 (M20)	6	901	898	90	10	80	+0. 5	8	1062. 4	130	739. 2	93	8. 0	11. 1	240
		012. 40. 900	014. 40. 900															10	1068	104	734	74	10. 0	14. 0	
6′	010. 30. 900	011. 30. 900	013. 30. 900	1022	778	100	978	822	30	22 (M20)	6	901	898	90	10	80	+0. 5	8	1062. 4	130	739. 2	93	8. 0	11. 1	240
		012. 30. 900	014. 30. 900															10	1068	104	734	74	10. 0	14. 0	
7	010. 40. 1000	011. 40. 1000	013. 40. 1000	1122	878	100	1078	922	36	22 (M20)	6	1001	998	90	10	80	+0. 5	10	1188	116	824	83	10. 0	14. 0	270
		012. 40. 1000	014. 40. 1000															12	1185. 6	96	820. 8	69	12. 0	16. 7	
7′	010. 30. 1000	011. 30. 1000	013. 30. 1000	1122	878	100	1078	922	36	22 (M20)	6	1001	998	90	10	80	+0. 5	10	1188	116	824	83	10. 0	14. 0	270
		012. 30. 1000	014. 30. 1000															12	1185. 6	96	820. 8	69	12. 0	16. 7	
8	010. 40. 1120	011. 40. 1120	013. 40. 1120	1242	998	100	1198	1042	36	22 (M20)	6	1121	1118	90	10	80	+0. 5	10	1298	127	944	95	10. 0	14. 0	300
		012. 40. 1120	014. 40. 1120															12	1305. 6	106	940. 8	79	12. 0	16. 7	
8′	010. 30. 1120	011. 30. 1120	013. 30. 1120	1242	998	100	1198	1042	36	22 (M20)	6	1121	1118	90	10	80	+0. 5	10	1298	127	944	95	10. 0	14. 0	300
		012. 30. 1120	014. 30. 1120															12	1305. 6	106	940. 8	79	12. 0	16. 7	
9	010. 45. 1250	011. 45. 1250	013. 45. 1250	1390	1110	110	1337	1163	40	26 (M24)	5	1252	1248	100	10	90	+0. 5	12	1449. 6	118	1048. 8	88	13. 5	18. 8	420
		012. 45. 1250	014. 45. 1250															14	1453. 2	101	1041. 6	75	15. 8	21. 9	
9′	010. 35. 1250	011. 35. 1250	013. 35. 1250	1390	1110	110	1337	1163	40	26 (M24)	5	1251	1248	100	10	90	+0. 5	12	1449. 6	118	1048. 8	88	13. 5	18. 8	420
		012. 35. 1250	014. 35. 1250															14	1453. 2	101	1041. 6	75	15. 8	21. 9	
10	010. 45. 1400	011. 45. 1400	013. 45. 1400	1540	1260	110	1487	1313	40	26 (M24)	5	1402	1398	100	10	90	+0. 5	12	1605. 6	131	1192. 8	100	13. 5	18. 8	480
		012. 45. 1400	014. 45. 1400															14	1607. 2	112	1195. 6	86	15. 8	21. 9	
10′	010. 35. 1400	011. 35. 1400	013. 35. 1400	1540	1260	110	1487	1313	40	26 (M24)	5	1401	1398	100	10	90	+0. 5	12	1605. 6	131	1192. 8	100	13. 5	18. 8	480
		012. 35. 1400	014. 35. 1400															14	1607. 2	112	1195. 6	86	15. 8	21. 9	
11	010. 45. 1600	011. 45. 1600	013. 45. 1600	1740	1460	110	1687	1513	45	26 (M24)	5	1602	1598	100	10	90	+0. 5	14	1817. 2	127	1391. 6	100	15. 8	21. 9	550
		012. 45. 1600	014. 45. 1600															16	1820. 8	111	1382. 4	87	18. 1	25. 0	
11′	010. 35. 1600	011. 35. 1600	013. 35. 1600	1740	1460	110	1687	1513	45	26 (M24)	5	1601	1598	100	10	90	+0. 5	14	1817. 2	127	1391. 6	100	15. 8	21. 9	550
		012. 35. 1600	014. 35. 1600															16	1820. 8	111	1382. 4	87	18. 1	25. 0	
12	010. 45. 1800	011. 45. 1800	013. 45. 1800	1940	1660	110	1887	1713	45	26 (M24)	5	1802	1798	100	10	90	+0. 5	14	2013. 2	141	1573. 6	113	15. 8	21. 9	610
		012. 45. 1800	014. 45. 1800															16	2012. 8	123	1574. 4	99	18. 1	25. 0	
12′	010. 35. 1800	011. 35. 1800	013. 35. 1800	1940	1660	110	1887	1713	45	26 (M24)	5	1801	1798	100	10	90	+0. 5	14	2013. 2	141	1573. 6	113	15. 8	21. 9	610
		012. 35. 1800	014. 35. 1800															16	2012. 8	123	1574. 4	99	18. 1	25. 0	
13	010. 60. 2000	011. 60. 2000	013. 60. 2000	2178	1825	144	2110	1891	48	33 (M30)	8	2002	1998	132	12	120	+0. 5	16	2268. 8	139	1734. 4	109	24. 1	33. 3	1100
		012. 60. 2000	014. 60. 2000															18	2264. 4	123	1735. 2	97	27. 1	37. 5	
13′	010. 40. 2000	011. 40. 2000	013. 40. 2000	2178	1825	144	2110	1891	48	33 (M30)	8	2001	1998	132	12	120	+0. 5	16	2268. 8	139	1734. 4	109	24. 1	33. 3	1100
		012. 40. 2000	014. 40. 2000															18	2264. 4	123	1735. 2	97	27. 1	37. 5	

续表

承载曲线图编号	基本型号			外形尺寸			安装尺寸				结构尺寸					齿轮参数		外齿参数		内齿参数		齿轮圆周力		参考质量 /kg
	无齿式 D_L /mm	外齿式 D_L /mm	内齿式 D_L /mm	D /mm	d /mm	H /mm	D_1 /mm	D_2 /mm	n	ϕ /mm	n_1	D_3 /mm	d_1 /mm	H_1 /mm	h /mm	b /mm	径向变位系数 x	模数 m /mm	D_e /mm	齿数 z	D_e /mm	齿数 z	正火 Z /10^4N	调质 T /10^4N	
14	010.60.2240	011.60.2240	013.60.2240	2418	2065	144	2350	2131	48	33 (M30)	8	2242	2238	132	12	120	+0.5	16	2492.8	153	1990.4	125	24.1	33.3	1250
		012.60.2240	014.60.2240															18	2498.4	136	1987.2	111	27.1	37.5	
14′	010.40.2240	011.40.2240	013.40.2240	2418	2065	144	2350	2131	48	33 (M30)	8	2241	2238	132	12	120	+0.5	16	2492.8	153	1990.4	125	24.1	33.3	1250
		012.40.2240	014.40.2240															18	2498.4	136	1987.2	111	27.1	37.5	
15	010.60.2500	011.60.2500	013.60.2500	2678	2325	144	2610	2391	56	33 (M30)	8	2502	2498	132	12	120	+0.5	18	2768.4	151	2239.2	125	27.1	37.5	1400
		012.60.2500	014.60.2500															20	2776	136	2228	112	30.1	41.8	
15′	010.40.2500	011.40.2500	013.40.2500	2678	2325	144	2610	2391	56	33 (M30)	8	2501	2498	132	12	120	+0.5	18	2768.4	151	2239.2	125	27.1	37.5	1400
		012.40.2500	014.40.2500															20	2776	136	2228	112	30.1	41.8	
16	010.60.2800	011.60.2800	013.60.2800	2978	2625	144	2910	2691	56	33 (M30)	8	2802	2798	132	12	120	+0.5	18	3074.4	168	2527.2	141	27.1	37.5	1600
		012.60.2800	014.60.2800															20	3076	151	2528	127	30.1	41.8	
16′	010.40.2800	011.40.2800	013.40.2800	2978	2625	144	2910	2691	56	33 (M30)	8	2801	2798	132	12	120	+0.5	18	3074.4	168	2527.2	141	27.1	37.5	1600
		012.40.2800	014.40.2800															20	3076	151	2528	127	30.1	41.8	
17	010.75.3150	011.75.3150	013.75.3150	3376	2922	174	3286	3014	56	45 (M42)	8	3151	3147	162	12	150	+0.5	20	3476	171	2828	142	37.7	52.2	2800
		012.75.3150	014.75.3150															22	3471.6	155	2824.8	129	41.5	57.4	
17′	010.50.3150	011.50.3150	013.50.3150	3376	2922	174	3286	3014	56	45 (M42)	8	3152	3148	162	12	150	+0.5	20	3476	171	2828	142	37.7	52.2	2800
		012.50.3150	014.50.3150															22	3471.6	155	2824.8	129	41.5	57.4	
18	010.75.3550	011.75.3550	013.75.3550	3776	3322	174	3686	3414	56	45 (M42)	8	3552	3547	162	12	150	+0.5	20	3876	191	3228	162	37.7	52.2	3200
		012.75.3550	014.75.3550															22	3889.6	174	3220.8	147	41.5	57.4	
18′	010.50.3550	011.50.3550	013.50.3550	3776	3322	174	3686	3414	56	45 (M42)	8	3552	3548	162	12	150	+0.5	20	3876	191	3228	162	37.7	52.2	3200
		012.50.3550	014.50.3550															22	3889.6	174	2220.8	147	41.5	57.4	
19	010.75.4000	011.75.4000	013.75.4000	4226	3772	174	4136	3864	60	45 (M42)	10	4002	3997	162	12	150	+0.5	22	4329.6	194	3660.8	167	41.5	57.4	3600
		012.75.4000	014.75.4000															25	4345	171	3660	147	47.1	65.2	
19′	010.50.4000	011.50.4000	013.50.4000	4226	3772	174	4136	3864	60	45 (M42)	10	4002	3998	162	12	150	+0.5	22	4329.6	194	3660.8	167	41.5	57.4	3600
		012.50.4000	014.50.4000															25	4345	171	3660	147	47.1	65.2	
20	010.75.4500	011.75.4500	013.75.4500	4726	4272	174	4636	4364	60	45 (M42)	10	4502	4497	162	12	150	+0.5	22	4835.6	217	4166.8	190	41.5	57.4	4000
		012.75.4500	014.75.4500															25	4845	191	4160	167	47.1	65.2	
20′	010.50.4500	011.50.4500	013.50.4500	4726	4272	174	4636	4364	60	45 (M42)	10	4502	4498	162	12	150	+0.5	22	4835.6	217	4166.8	190	41.5	57.4	4000
		012.50.4500	014.50.4500															25	4845	191	4160	167	47.1	65.2	

注：1. n_1 为润滑油孔数，均布；油杯 M10×1 JB/T 7940.1~7940.2。

2. 安装孔 $n\times\phi$ 可为光孔或螺孔；若为螺孔，螺纹深度是螺纹直径的 2 倍。

3. 表内齿轮圆周力为最大圆周力，额定圆周力取其 1/2。

4. 外齿修顶系数为 0.1，内齿修顶系数为 0.2。

5. 内外径均为自由公差。若主机与回转支承有配合要求，订货时必须注明。

6. 在 JB/T 2300—2018 的标准中，还有滚道中心圆直径 D_L = 200~450 的规格，本表未编入，见原标准。

11.2.2 三排滚柱式回转支承（13 系列）

三排滚柱式回转支承有三个座圈，上、下及径向滚道各自分开，使得每一排滚柱的负载都能确切地加以确定。能够同时承受各种载荷，是回转支承四种产品中承载能力最大的一种，轴、径向尺寸都较大，结构牢固，特别适用于要求较大直径的重型机械，如斗轮式挖掘机、轮式起重机、船用起重机、港口起重机、钢水运转台及大吨位汽车起重机等机械。其基本参数见表 7-2-136。

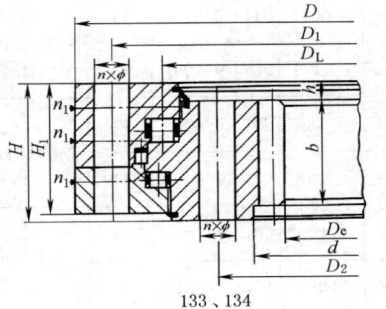

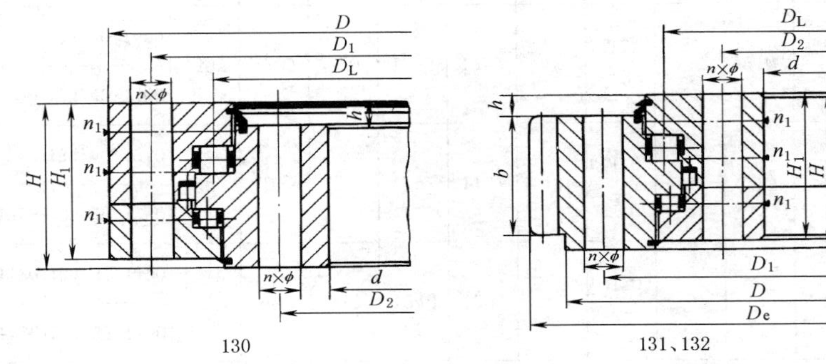

130　　131、132　　133、134

表 7-2-136

承载曲线图编号	基本型 无齿式 D_L /mm	基本型 外齿式 D_L /mm	基本型 内齿式 D_L /mm	外形尺寸 D /mm	外形尺寸 d /mm	外形尺寸 H /mm	安装尺寸 D_1 /mm	安装尺寸 D_2 /mm	安装尺寸 n	安装尺寸 ϕ /mm	结构尺寸 n_1	结构尺寸 H_1 /mm	结构尺寸 h /mm	齿轮参数 b /mm	齿轮参数 径向变位系数 x	齿轮参数 模数 m /mm	外齿参数 D_e /mm	外齿参数 齿数 z	内齿参数 D_e /mm	内齿参数 齿数 z	齿轮圆周力 正火 Z /10^4N	齿轮圆周力 调质 T /10^4N	参考质量 /kg
1	130.25.500	131.25.500	133.25.500	634	366	148	598	402	24	18 (M16)	4	138	32	80	+0.5	5	664	130	337	68	5.0	6.7	224
		132.25.500	134.25.500													6	664.8	108	338.4	57	6.0	8.0	
2	130.25.560	131.25.560	133.25.560	694	426	148	658	462	24	18 (M16)	4	138	32	80	+0.5	5	724	142	397	80	5.0	6.7	240
		132.25.560	134.25.560													6	724.8	118	398.4	67	6.0	8.0	
3	130.25.630	131.25.630	133.25.630	764	496	148	728	532	28	18 (M16)	4	138	32	80	+0.5	6	808.8	132	458.4	77	6.0	8.0	270
		132.25.630	134.25.630													8	806.4	98	459.2	58	8.0	11.0	
4	130.25.710	131.25.710	133.25.710	844	576	148	808	612	28	18 (M16)	4	138	32	80	+0.5	6	886.8	145	536.4	90	6.0	8.0	300
		132.25.710	134.25.710													8	886.4	108	539.2	68	8.0	11.0	

续表

承载曲线图编号	基本型			外形尺寸			安装尺寸				结构尺寸			齿轮参数			外齿参数		内齿参数		齿轮圆周力		参考质量 /kg
	无齿式 D_L /mm	外齿式 D_L /mm	内齿式 D_L /mm	D /mm	d /mm	H /mm	D_1 /mm	D_2 /mm	n	ϕ /mm	n_1	H_1 /mm	h /mm	b /mm	径向变位系数 x	模数 m /mm	D_e /mm	齿数 z	D_e /mm	齿数 z	正火 Z /10^4N	调质 T /10^4N	
5	130.32.800	131.32.800	133.32.800	964	636	182	920	680	36	22 (M20)	4	172	40	120	+0.5	8	1006.4	123	595.2	75	12.1	16.7	500
		132.32.800	134.32.800													10	1008	98	594	60	15.1	20.9	
6	130.32.900	131.32.900	133.32.900	1064	736	182	1020	780	36	22 (M20)	4	172	40	120	+0.5	8	1102.4	135	691.2	87	12.1	16.7	600
		132.32.900	134.32.900													10	1108	108	694	70	15.1	20.9	
7	130.32.1000	131.32.1000	133.32.1000	1164	836	182	1120	880	40	22 (M20)	5	172	40	120	+0.5	10	1218	119	784	79	15.1	20.9	680
		132.32.1000	134.32.1000													12	1221.6	99	784.8	66	18.1	25.1	
8	130.32.1120	131.32.1120	133.32.1120	1284	956	182	1240	1000	40	22 (M20)	5	172	40	120	+0.5	10	1338	131	904	91	15.1	20.9	820
		132.32.1120	134.32.1120													12	1341.6	109	904.8	76	18.1	25.1	
9	130.40.1250	131.40.1250	133.40.1250	1445	1055	220	1393	1107	45	26 (M24)	5	210	50	150	+0.5	12	1509.6	123	988.8	83	22.9	31.4	1200
		132.40.1250	134.40.1250													14	1509.2	105	985.6	71	26.3	36.6	
10	130.40.1400	131.40.1400	133.40.1400	1595	1205	220	1543	1257	45	26 (M24)	5	210	50	150	+0.5	12	1665.6	136	1144.8	96	22.9	31.4	1300
		132.40.1400	134.40.1400													14	1663.2	116	1139.6	82	26.3	36.6	
11	130.40.1600	131.40.1600	133.40.1600	1795	1405	220	1743	1457	48	26 (M24)	6	210	50	150	+0.5	14	1873.2	131	1335.6	96	26.3	36.6	1520
		132.40.1600	134.40.1600													16	1868.8	114	1334.4	84	30.2	41.7	
12	130.40.1800	131.40.1800	133.40.1800	1995	1605	220	1943	1657	48	26 (M24)	6	210	50	150	+0.5	14	2069.2	145	1531.6	110	26.3	36.6	1750
		132.40.1800	134.40.1800													16	2076.8	127	1526.4	96	30.2	41.7	

续表

承载曲线图编号	基本型			外形尺寸			安装尺寸				结构尺寸			齿轮参数			外齿参数		内齿参数		齿轮圆周力		参考质量 /kg
	无齿式 D_L /mm	外齿式 D_L /mm	内齿式 D_L /mm	D /mm	d /mm	H /mm	D_1 /mm	D_2 /mm	n	ϕ /mm	n_1	H_1 /mm	h /mm	b /mm	径向变位系数 x	模数 m /mm	D_e /mm	齿数 z	D_e /mm	齿数 z	正火 Z /10^4N	调质 T /10^4N	
13	130. 45. 2000	131. 45. 2000	133. 45. 2000	2221	1779	231	2155	1845	60	33 (M30)	6	219	54	160	+0. 5	16	2300. 8	141	1702. 4	107	32. 2	44. 5	2400
		132. 45. 2000	134. 45. 2000													18	2300. 4	125	1699. 2	95	36. 2	50. 1	
14	130. 45. 2240	131. 45. 2240	133. 45. 2240	2461	2019	231	2395	2085	60	33 (M30)	6	219	54	160	+0. 5	16	2556. 8	157	1926. 4	121	32. 2	44. 5	2700
		132. 45. 2240	134. 45. 2240													18	2552. 4	139	1933. 2	108	36. 2	50. 1	
15	130. 45. 2500	131. 45. 2500	133. 45. 2500	2721	2279	231	2655	2345	72	33 (M30)	8	219	54	160	+0. 5	18	2822. 4	154	2185. 2	122	36. 2	50. 1	3000
		132. 45. 2500	134. 45. 2500													20	2816	138	2188	110	40. 2	55. 6	
16	130. 45. 2800	131. 45. 2800	133. 45. 2800	3021	2579	231	2955	2645	72	33 (M30)	8	219	54	160	+0. 5	18	3110. 4	170	2491. 2	139	36. 2	50. 1	3400
		132. 45. 2800	134. 45. 2800													20	3116	153	2488	125	40. 2	55. 6	
17	130. 50. 3150	131. 50. 3150	133. 50. 3150	3432	2868	270	3342	2958	72	45 (M42)	8	258	65	180	+0. 5	20	3536	174	2768	139	45. 2	62. 6	5000
		132. 50. 3150	134. 50. 3150													22	3537. 6	158	2758. 8	126	49. 8	68. 9	
18	130. 50. 3550	131. 50. 3550	133. 50. 3550	3832	3268	270	3742	3358	72	45 (M42)	8	258	65	180	+0. 5	20	3936	194	3168	159	45. 2	62. 6	5600
		132. 50. 3550	134. 50. 3550													22	3933. 6	176	3154. 8	144	49. 8	68. 9	
19	130. 50. 4000	131. 50. 4000	133. 50. 4000	4282	3718	270	4192	3808	80	45 (M42)	8	258	65	180	+0. 5	22	4395. 6	197	3616. 8	165	49. 8	68. 9	6400
		132. 50. 4000	134. 50. 4000													25	4395	173	3610	145	56. 5	78. 3	
20	130. 50. 4500	131. 50. 4500	133. 50. 4500	4782	4218	270	4692	4308	80	45 (M42)	8	258	65	180	+0. 5	22	4901. 6	220	4122. 8	188	49. 8	68. 9	7100
		132. 50. 4500	134. 50. 4500													25	4895	193	4110	165	56. 5	78. 3	

注：同表 7-2-136。

11.3 选型计算（摘自 JB/T 2300—2018）

回转支承所承受的作用力包括：总轴向力 F_a（kN）、总倾翻力矩 M（kN · m）、在力矩作用平面的总径向力 F_r（kN）。如果主机做提升动作，则提升载荷应乘以提升惯性系数 K（$K=1.25$）。选型计算时，静态工况下回转支承所承受的作用力 F_a、M、F_r 和动态工况所承受的作用力应分别计算。

11.3.1 单排四点接触球式回转支承（01 系列）的计算

（1）按静态工况选型

分别按承载角 α 为 45°和 60°两种情况计算。

方法Ⅰ（$\alpha=60°$）：

$$F'_a=(F_a+5.046F_r)f_s$$
$$M'=Mf_s$$

方法Ⅱ（$\alpha=45°$）：

$$F'_a=(1.225F_a+2.676F_r)f_s$$
$$M'=1.225Mf_s$$

式中 F'_a——回转支承当量中心轴向力，kN；

M'——回转支承当量倾翻力矩，kN · m；

f_s——回转支承静态工况下的安全系数，见表 7-2-137。

（2）按动态工况校核寿命

方法Ⅰ（$\alpha=60°$）：

$$F'_a=(F_a+5.046F_r)f_d$$
$$M'=Mf_d$$

方法Ⅱ（$\alpha=45°$）：

$$F'_a=(1.225F_a+2.676F_r)f_d$$
$$M'=1.225Mf_d$$

式中 f_d——回转支承动态工况下的安全系数，见表 7-2-137。

表 7-2-137 回转支承安全系数

<table>
<tr><th colspan="3" rowspan="4">应用主机</th><th colspan="6">回转支承型式</th></tr>
<tr><th colspan="2">01</th><th colspan="2">02</th><th colspan="2">11、13</th></tr>
<tr><th colspan="6">安全系数</th></tr>
<tr><th>f_s</th><th>f_d</th><th>f_s</th><th>f_d</th><th>f_s</th><th>f_d</th></tr>
<tr><td rowspan="4">塔式起重机</td><td rowspan="3">上回转式</td><td>$M_f\le0.5M$</td><td rowspan="4">1.25</td><td>1.36</td><td rowspan="4">1.25</td><td>1.00</td><td rowspan="4">1.25</td><td>1.00</td></tr>
<tr><td>$0.5M<M_f<0.8M$</td><td>1.55</td><td>1.15</td><td>1.13</td></tr>
<tr><td>$M_f\ge0.8M$</td><td>1.71</td><td>1.26</td><td>1.23</td></tr>
<tr><td colspan="2">下回转式</td><td rowspan="2">1.36</td><td>1.00</td><td>1.07</td></tr>
<tr><td colspan="3">轮式起重机、堆取料机及各种工作台</td><td>1.10</td><td>1.10</td><td>1.10</td><td>1.10</td><td>1.00</td></tr>
<tr><td colspan="3">悬臂式起重机、港口起重机、各种装卸机械</td><td rowspan="2">1.25</td><td>1.55</td><td>1.25</td><td>1.15</td><td rowspan="3">1.25</td><td>1.13</td></tr>
<tr><td colspan="3">带式输送机、装卸用塔式起重机和履带起重机</td><td>1.71</td><td>1.10</td><td>1.26</td><td>1.23</td></tr>
<tr><td colspan="3">抓斗及拉铲挖掘机、挖泥船、浮游起重机</td><td rowspan="2">1.45</td><td rowspan="2">2.50</td><td>1.45</td><td>1.71</td><td>1.62</td></tr>
<tr><td colspan="3">斗容量小于 1.6m^3 的挖掘机</td><td rowspan="2">1.25</td><td rowspan="2">1.26</td><td>1.45</td><td rowspan="3">1.45</td></tr>
<tr><td colspan="3">斗容量大于或等于 1.6m^3 的挖掘机</td><td>1.75</td><td>3.00</td><td rowspan="2">1.75</td></tr>
<tr><td colspan="3">冶金用起重机、斗轮挖掘机、隧道掘进机</td><td>2.00</td><td>3.50</td><td>1.45</td><td>1.75</td></tr>
</table>

注：M_f 为最小幅度时空载恢复力矩。

11.3.2 三排滚柱式回转支承（13系列）的计算

（1）按静态工况选型

$$F'_a=F_a f_s$$

$$M'=Mf_s$$

（2）按动态工况校核寿命

$$F'_a=F_a f_d$$

$$M'=Mf_d$$

用以上计算得到的 F'_a和 M'值在所选回转支承的承载能力曲线图中找点，当该点位于承载能力曲线以下时，说明该回转支承满足要求。01系列回转支承按静态工况选型时，按两种计算方法找出两点，其中有一点在承载能力曲线以下即可。

11.3.3 01系列回转支承承载能力曲线图❶

01系列回转支承承载能力曲线如图7-2-25所示。图中，曲线1为静态承载能力曲线，曲线2为动态承载能力曲线，曲线1、曲线2均以42CrMo材料为例，曲线8.8、10.9、12.9为8.8级、10.9级、12.9级螺栓材料的承载能力曲线。

安装螺栓的强度校核在承载曲线图中，按静态工况计算出来的总轴向力 F_a 和总倾翻力矩 M 的交点，应落在所选的8.8级、10.9级、12.9级螺栓承载曲线的下方。回转支承与主机安装时，安装螺栓的预紧力应达到螺栓材料屈服强度的0.7倍。

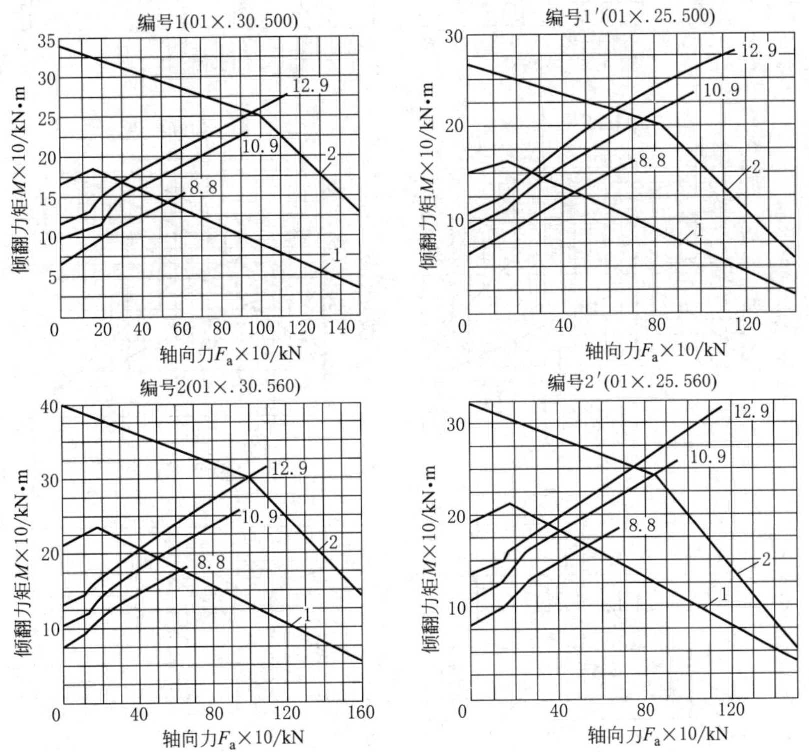

图 7-2-25

❶ 摘自徐州回转支承厂回转支承选型计算资料（1992年），和JB/T 2300—2018一致。

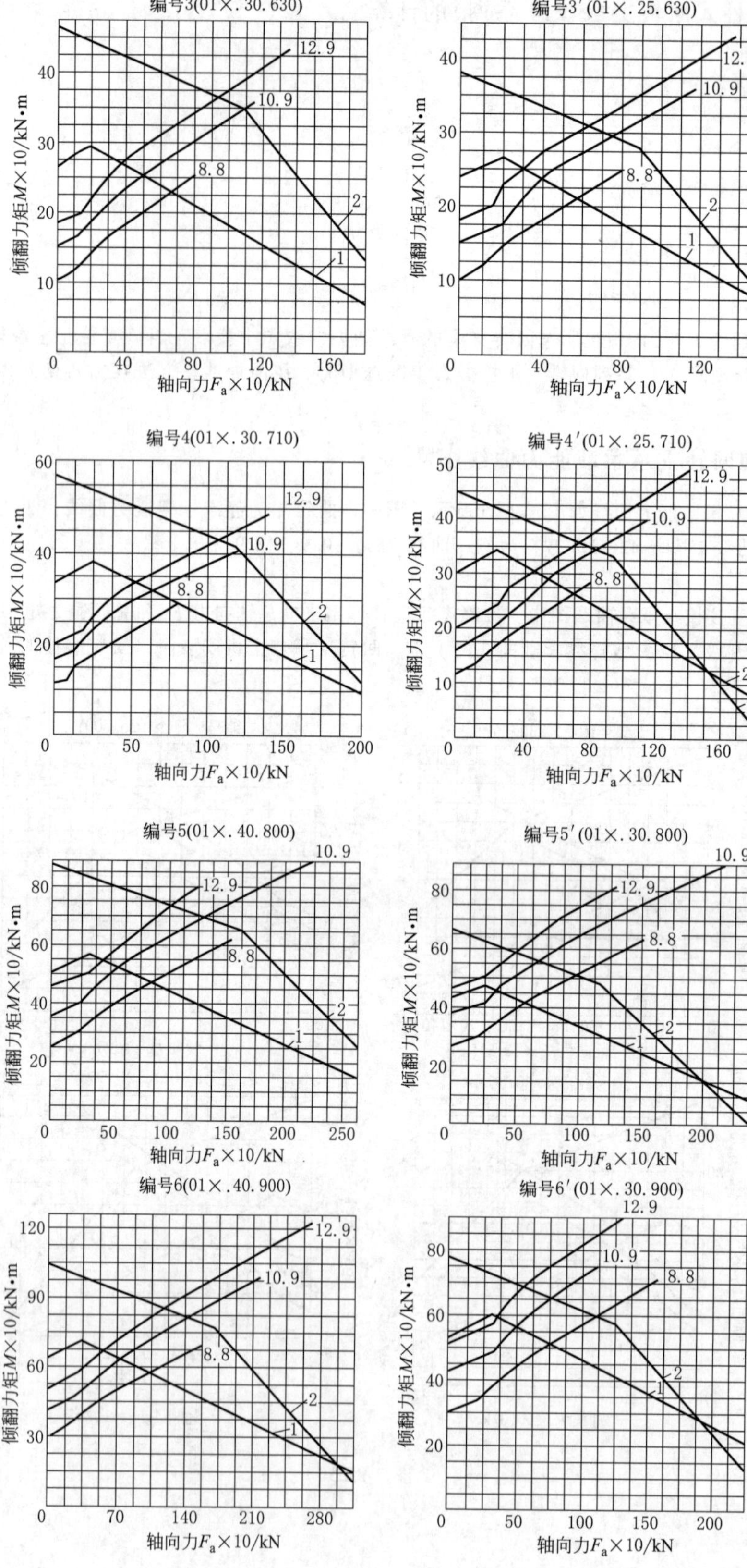

编号3(01×.30.630)
倾翻力矩M×10/kN·m
轴向力F_a×10/kN
12.9
10.9
8.8
2
1
编号3′(01×.25.630)
倾翻力矩M×10/kN·m
轴向力F_a×10/kN
12.9
10.9
8.8
2
1
编号4(01×.30.710)
倾翻力矩M×10/kN·m
轴向力F_a×10/kN
12.9
10.9
8.8
2
1
编号4′(01×.25.710)
倾翻力矩M×10/kN·m
轴向力F_a×10/kN
12.9
10.9
8.8
2
1
编号5(01×.40.800)
倾翻力矩M×10/kN·m
轴向力F_a×10/kN
10.9
12.9
8.8
2
1
编号5′(01×.30.800)
倾翻力矩M×10/kN·m
轴向力F_a×10/kN
10.9
12.9
8.8
2
1
编号6(01×.40.900)
倾翻力矩M×10/kN·m
轴向力F_a×10/kN
12.9
10.9
8.8
2
1
编号6′(01×.30.900)
倾翻力矩M×10/kN·m
轴向力F_a×10/kN
12.9
10.9
8.8
2
1

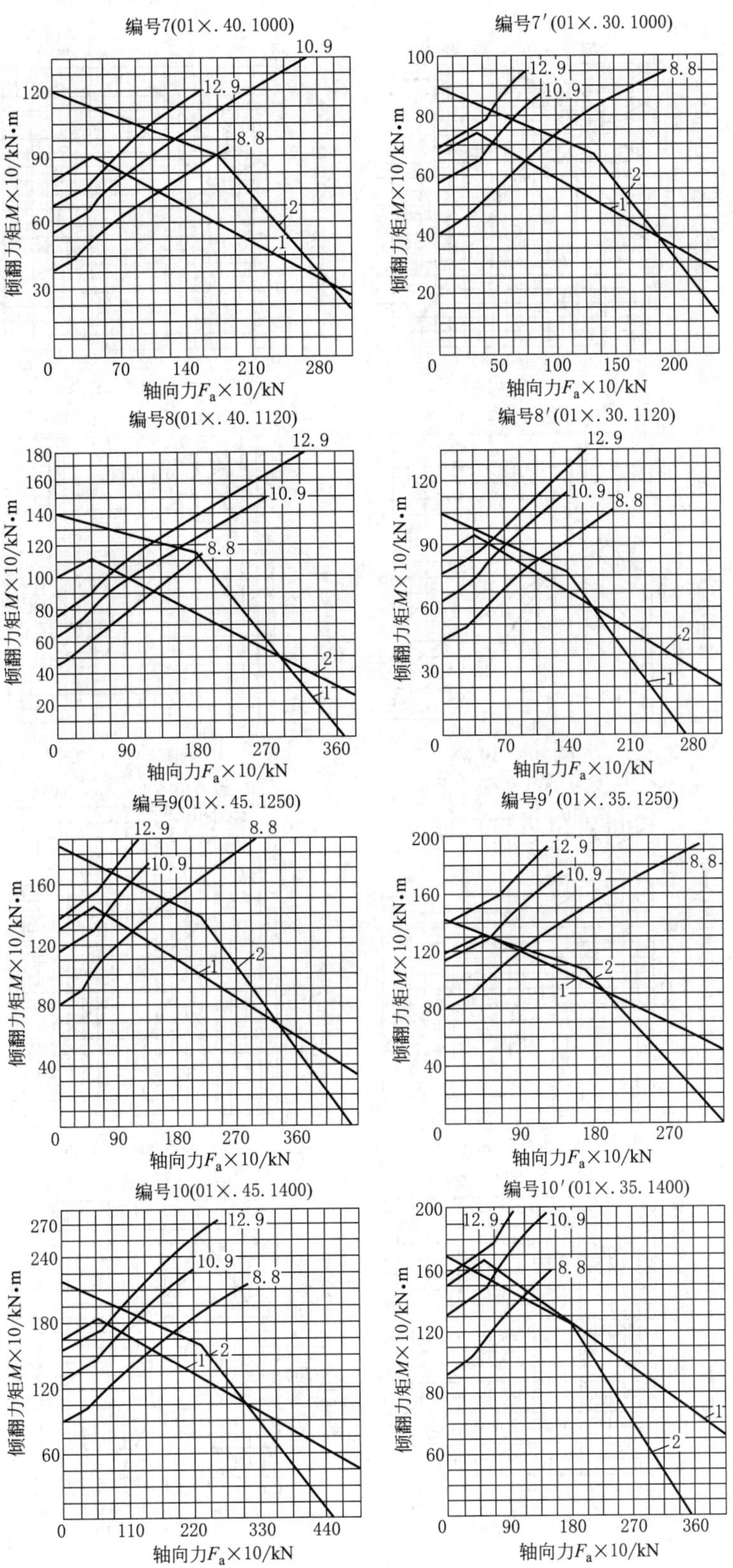
编号7(01×.40.1000)
编号7′(01×.30.1000)
编号8(01×.40.1120)
编号8′(01×.30.1120)
编号9(01×.45.1250)
编号9′(01×.35.1250)
编号10(01×.45.1400)
编号10′(01×.35.1400)
12.9
10.9
8.8
1
2
倾翻力矩M×10/kN·m
轴向力F_a×10/kN

图 7-2-25

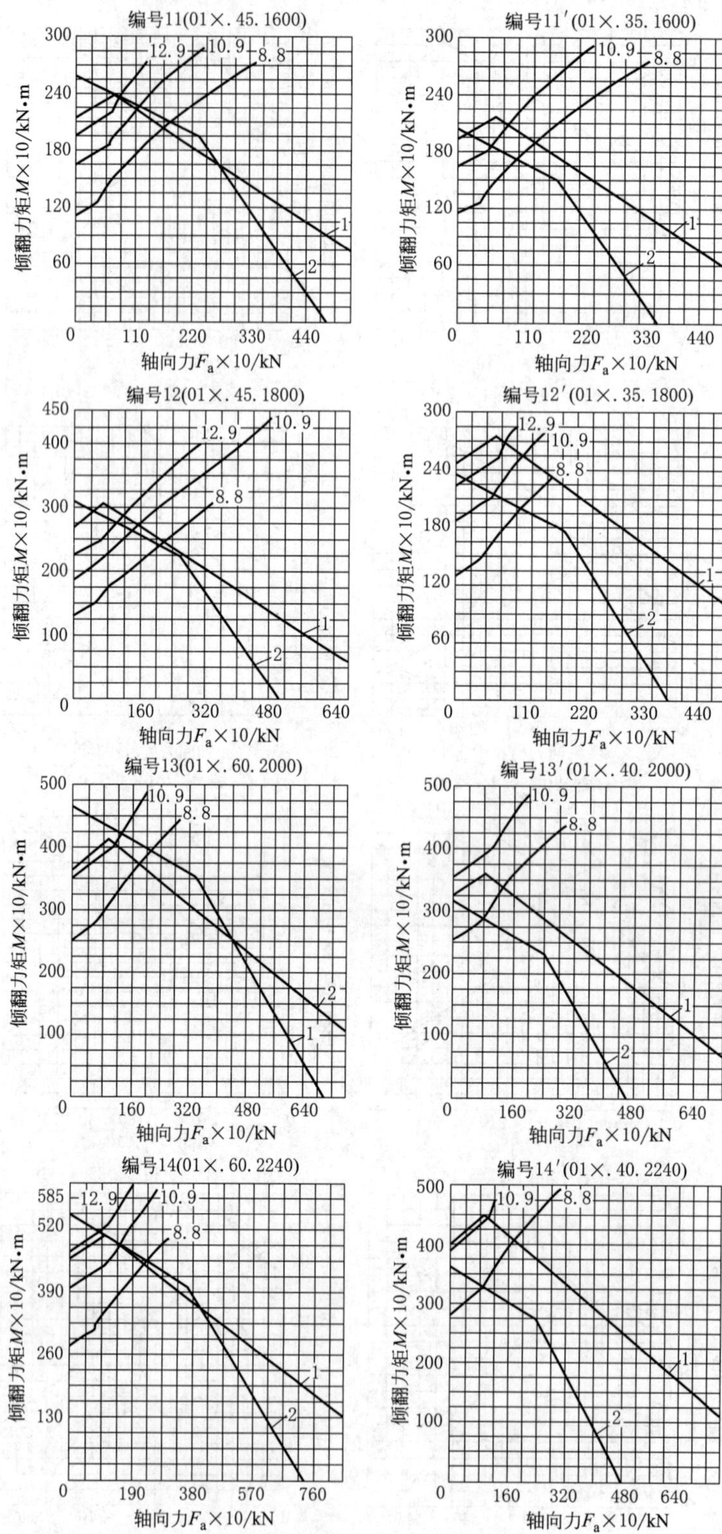
编号11(01×.45.1600)
编号11′(01×.35.1600)
编号12(01×.45.1800)
编号12′(01×.35.1800)
编号13(01×.60.2000)
编号13′(01×.40.2000)
编号14(01×.60.2240)
编号14′(01×.40.2240)
倾翻力矩M×10/kN·m
轴向力F_a×10/kN
12.9
10.9
8.8
1
2

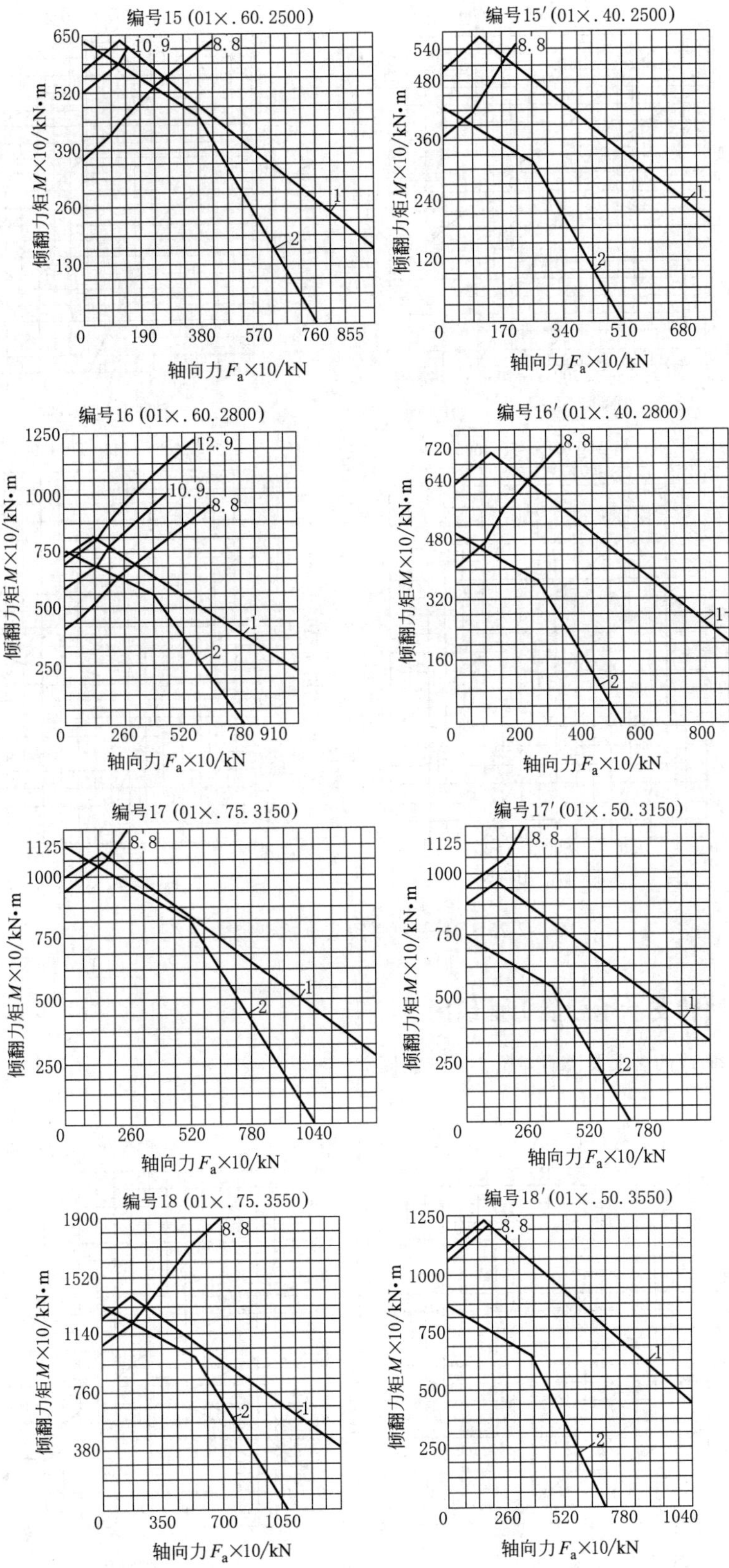

编号15 (01×.60.2500)
650
520
390
260
130
0
190
380
570
760
855
10.9
8.8
1
2
倾翻力矩M×10/kN·m
轴向力F_a×10/kN
编号15′(01×.40.2500)
540
480
360
240
120
0
170
340
510
680
8.8
1
2
编号16 (01×.60.2800)
1250
1000
750
500
250
0
260
520
780
910
12.9
10.9
8.8
编号16′(01×.40.2800)
720
640
480
320
160
0
200
400
600
800
编号17 (01×.75.3150)
1125
1000
750
500
250
0
260
520
780
1040
编号17′(01×.50.3150)
编号18 (01×.75.3550)
1900
1520
1140
760
380
0
350
700
1050
编号18′(01×.50.3550)

图 7-2-25

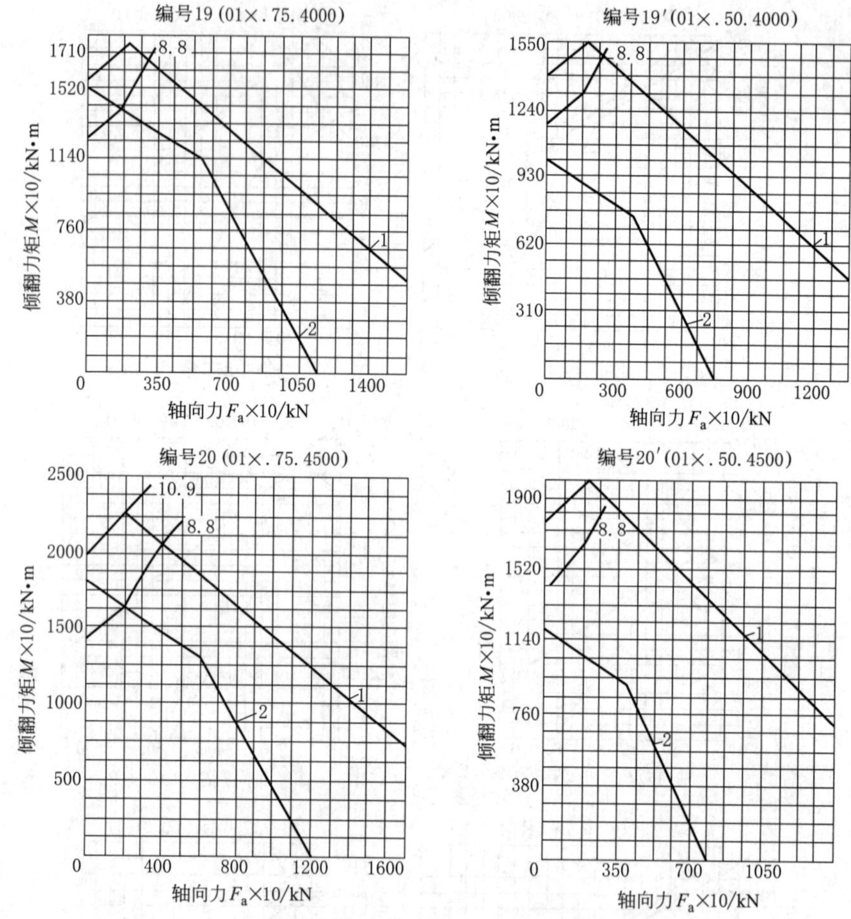

图 7-2-25　01系列回转支承承载能力曲线

11.3.4　13系列回转支承承载能力曲线图

图 7-2-26 中各条曲线的含义及说明与图 7-2-25 相同。

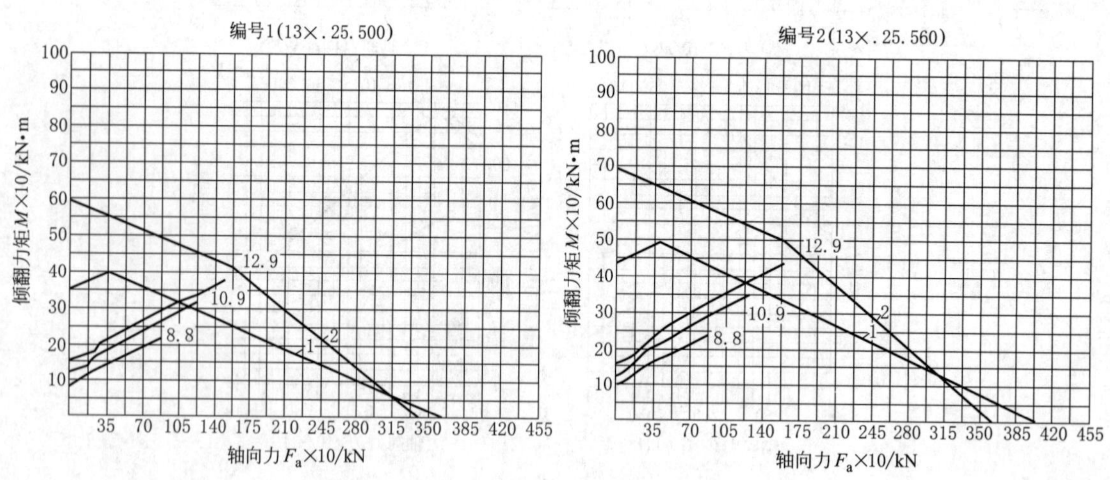

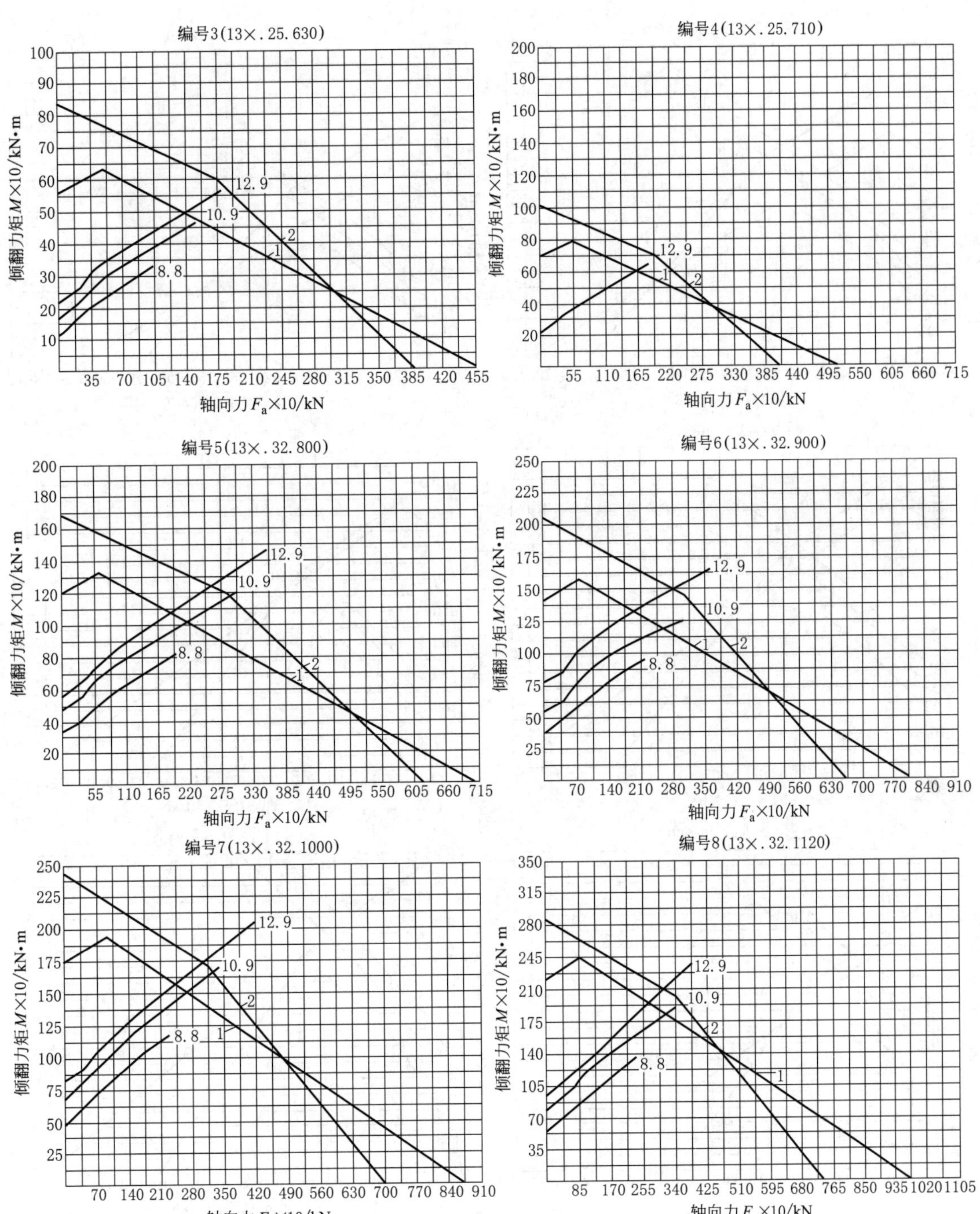
编号3(13×.25.630)
倾翻力矩M×10/kN·m
100
90
80
70
60
50
40
30
20
10
12.9
10.9
8.8
2
1
35 70 105 140 175 210 245 280 315 350 385 420 455
轴向力F_a×10/kN
编号4(13×.25.710)
200
180
160
140
120
100
80
60
40
20
12.9
1
2
55 110 165 220 275 330 385 440 495 550 605 660 715
编号5(13×.32.800)
200
180
160
140
120
100
80
60
40
20
12.9
10.9
8.8
2
1
55 110 165 220 275 330 385 440 495 550 605 660 715
编号6(13×.32.900)
250
225
200
175
150
125
100
75
50
25
12.9
10.9
8.8
1
2
70 140 210 280 350 420 490 560 630 700 770 840 910
编号7(13×.32.1000)
250
225
200
175
150
125
100
75
50
25
12.9
10.9
8.8
2
1
70 140 210 280 350 420 490 560 630 700 770 840 910
编号8(13×.32.1120)
350
315
280
245
210
175
140
105
70
35
12.9
10.9
8.8
2
1
85 170 255 340 425 510 595 680 765 850 935 1020 1105

图 7-2-26

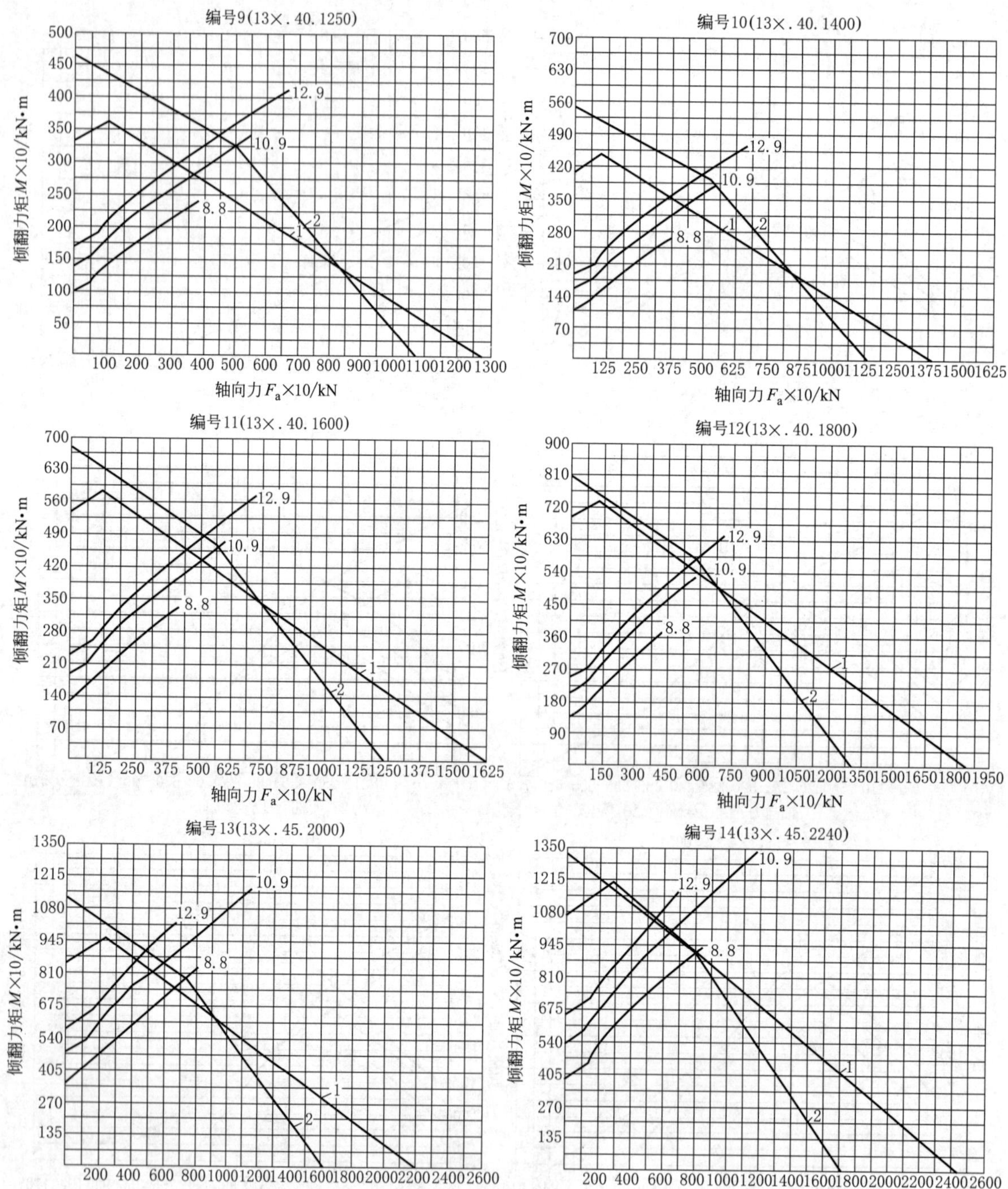

编号9(13×.40.1250)
倾翻力矩M×10/kN·m
轴向力F_a×10/kN
500 450 400 350 300 250 200 150 100 50
100 200 300 400 500 600 700 800 900 1000 1100 1200 1300
12.9
10.9
8.8
1
2
编号10(13×.40.1400)
700 630 560 490 420 350 280 210 140 70
125 250 375 500 625 750 875 1000 1125 1250 1375 1500 1625
12.9
10.9
8.8
1
2
编号11(13×.40.1600)
700 630 560 490 420 350 280 210 140 70
125 250 375 500 625 750 875 1000 1125 1250 1375 1500 1625
12.9
10.9
8.8
1
2
编号12(13×.40.1800)
900 810 720 630 540 450 360 270 180 90
150 300 450 600 750 900 1050 1200 1350 1500 1650 1800 1950
12.9
10.9
8.8
1
2
编号13(13×.45.2000)
1350 1215 1080 945 810 675 540 405 270 135
200 400 600 800 1000 1200 1400 1600 1800 2000 2200 2400 2600
10.9
12.9
8.8
1
2
编号14(13×.45.2240)
1350 1215 1080 945 810 675 540 405 270 135
200 400 600 800 1000 1200 1400 1600 1800 2000 2200 2400 2600
10.9
12.9
8.8
1
2

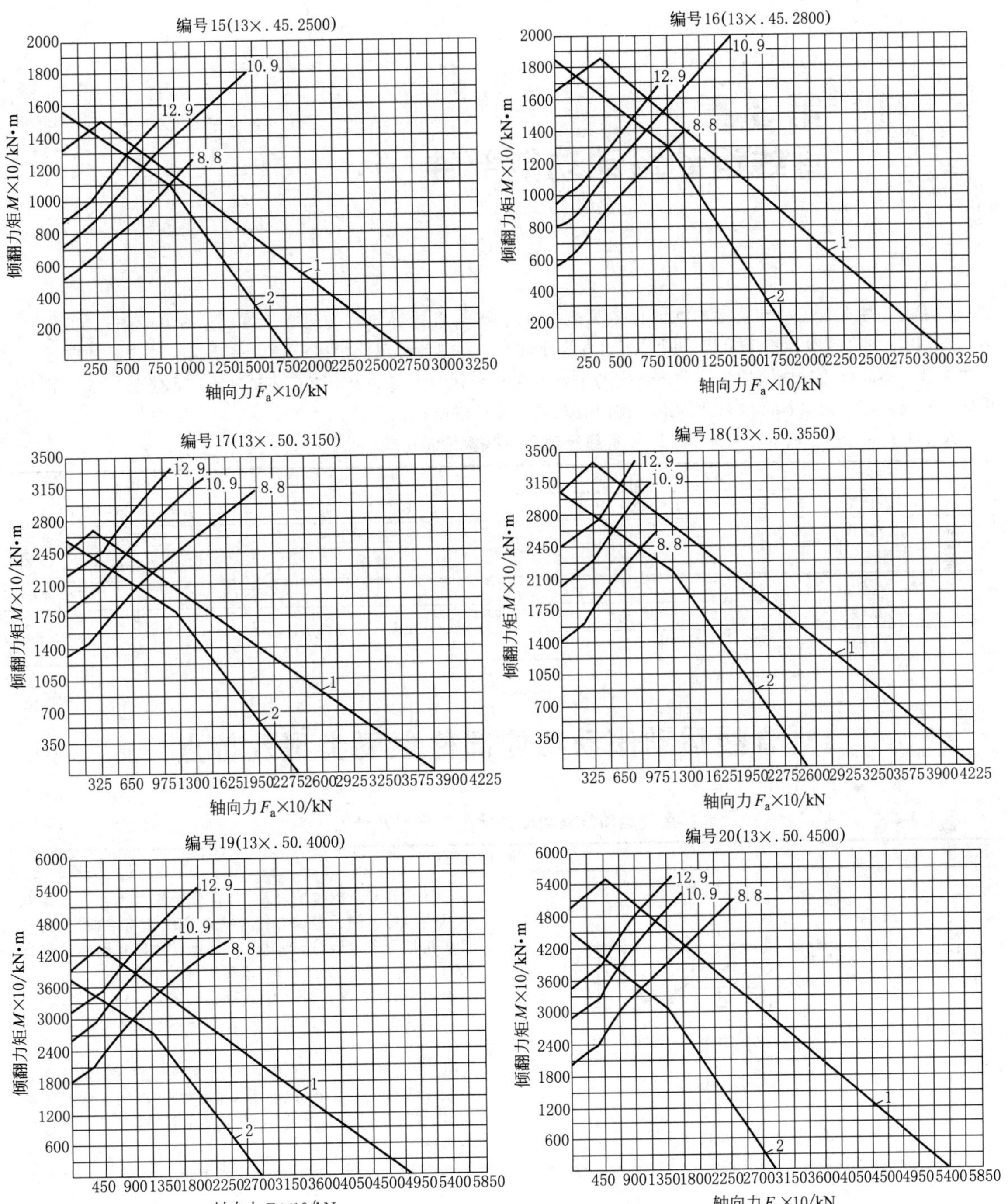

图 7-2-26 13 系列回转支承承载能力曲线

CHAPTER 3

第3章 直线运动滚动功能部件

常用的三种直线运动导轨基本性能比较见表 7-3-1。滚动直线导轨副的运行速度已达 300m/min。在欧美各国，2/3 以上的高速数控机床上都采用了滚动直线导轨副，并在各种现代机械设备中得到越来越广泛的应用。滚动功能部件多数以滚珠或滚柱为滚动体，它的失效形式和计算方法与本篇第 2 章滚动轴承基本类似。常用的滚动功能部件已制定了国家标准或行业标准，国内有多家专业厂进行批量生产。

表 7-3-1　　直线运动导轨基本性能比较

性能	滑动导轨	滚动直线导轨	静压导轨
摩擦因数	$\mu=0.04\sim0.06$	$\mu=0.001\sim0.005$	$\mu=0.0005\sim0.001$
运行速度	低速	低速~高速	中速~高速
刚度	高	较高	较低
寿命	低	两者相近	
可靠性	高	高	较差
可维修性	差	好	较差

1　直线运动滚动功能部件主要类型及特点

表 7-3-2　　直线运动滚动功能部件主要类型及特点

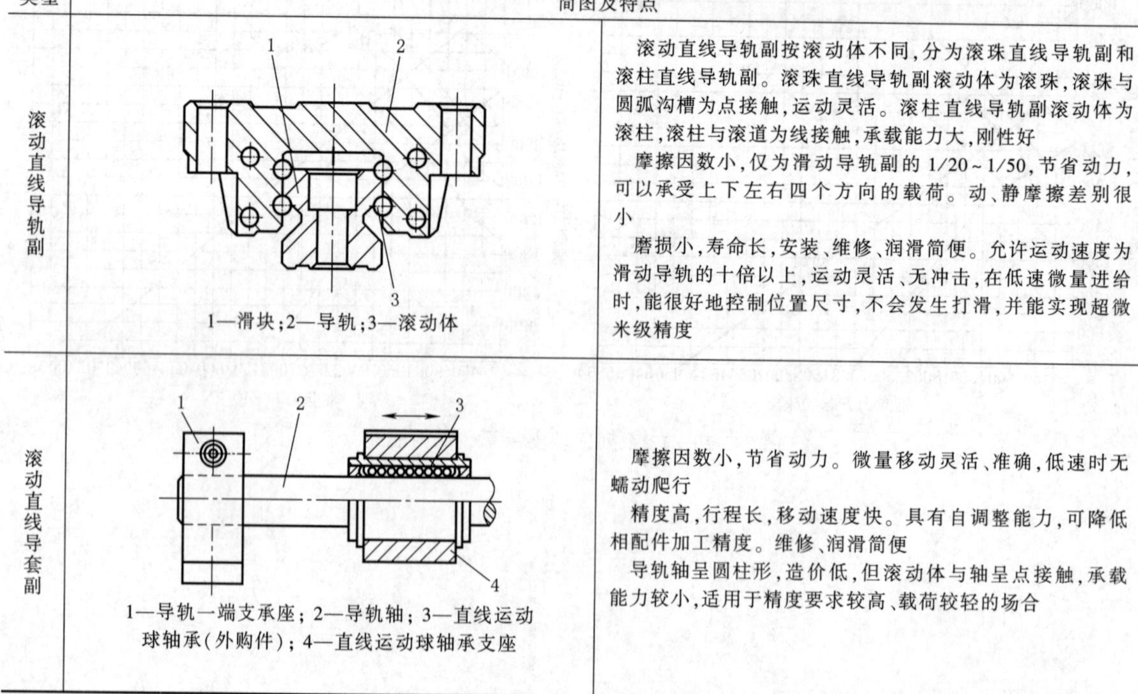

类型	简图及特点	
滚动直线导轨副	1—滑块；2—导轨；3—滚动体	滚动直线导轨副按滚动体不同，分为滚珠直线导轨副和滚柱直线导轨副。滚珠直线导轨副滚动体为滚珠，滚珠与圆弧沟槽为点接触，运动灵活。滚柱直线导轨副滚动体为滚柱，滚柱与滚道为线接触，承载能力大，刚性好 摩擦因数小，仅为滑动导轨副的 1/20~1/50，节省动力，可以承受上下左右四个方向的载荷。动、静摩擦差别很小 磨损小，寿命长，安装、维修、润滑简便。允许运动速度为滑动导轨的十倍以上，运动灵活、无冲击，在低速微量进给时，能很好地控制位置尺寸，不会发生打滑，并能实现超微米级精度
滚动直线导套副	1—导轨一端支承座；2—导轨轴；3—直线运动球轴承(外购件)；4—直线运动球轴承支座	摩擦因数小，节省动力。微量移动灵活、准确，低速时无蠕动爬行 精度高，行程长，移动速度快。具有自调整能力，可降低相配件加工精度。维修、润滑简便 导轨轴呈圆柱形，造价低，但滚动体与轴呈点接触，承载能力较小，适用于精度要求较高、载荷较轻的场合

续表

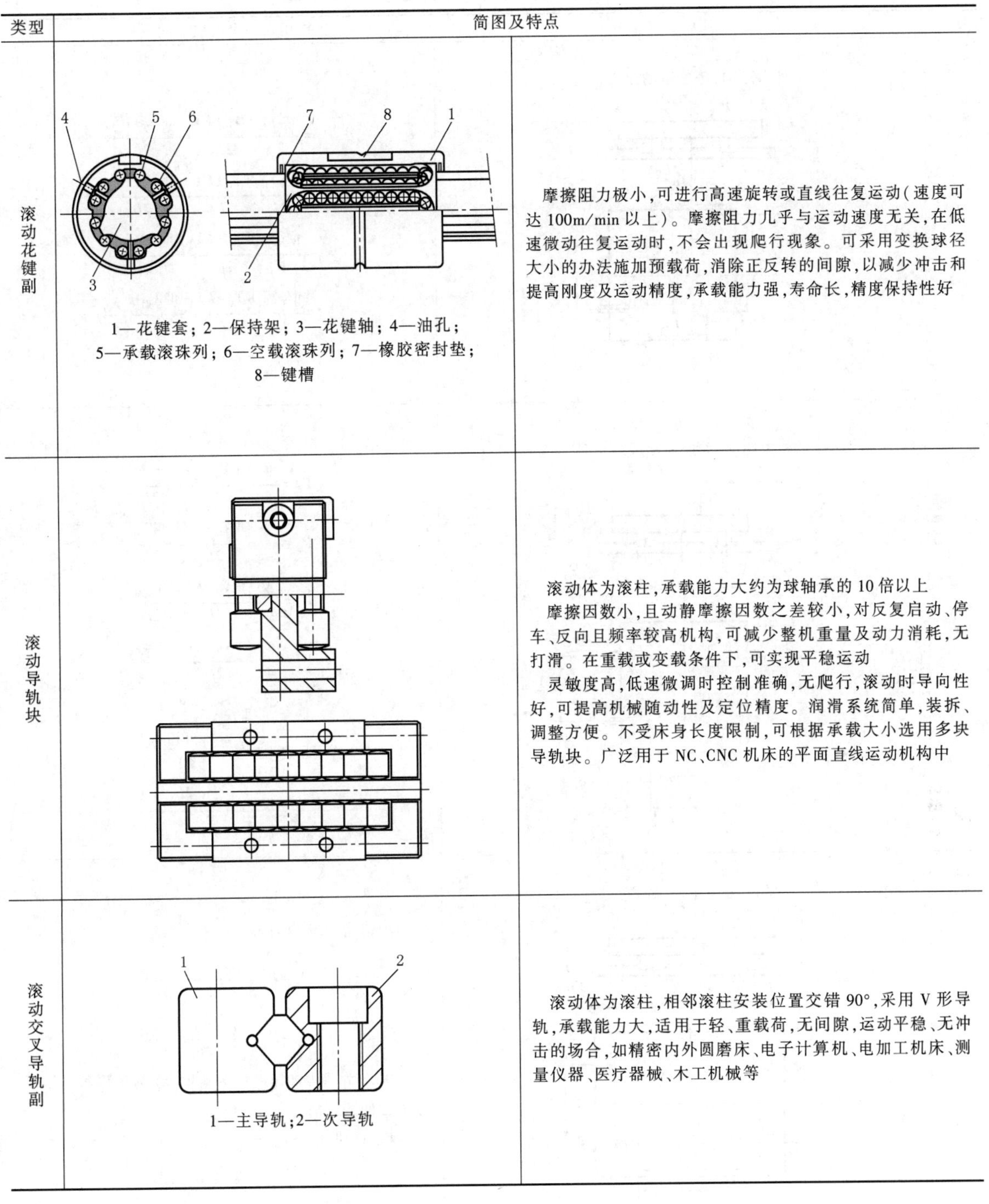

类型	简图及特点	
滚动花键副	1—花键套；2—保持架；3—花键轴；4—油孔；5—承载滚珠列；6—空载滚珠列；7—橡胶密封垫；8—键槽	摩擦阻力极小，可进行高速旋转或直线往复运动（速度可达100m/min以上）。摩擦阻力几乎与运动速度无关，在低速微动往复运动时，不会出现爬行现象。可采用变换球径大小的办法施加预载荷，消除正反转的间隙，以减少冲击和提高刚度及运动精度，承载能力强，寿命长，精度保持性好
滚动导轨块		滚动体为滚柱，承载能力大约为球轴承的10倍以上 摩擦因数小，且动静摩擦因数之差较小，对反复启动、停车、反向且频率较高机构，可减少整机重量及动力消耗，无打滑。在重载或变载条件下，可实现平稳运动 灵敏度高，低速微调时控制准确，无爬行，滚动时导向性好，可提高机械随动性及定位精度。润滑系统简单，装拆、调整方便。不受床身长度限制，可根据承载大小选用多块导轨块。广泛用于NC、CNC机床的平面直线运动机构中
滚动交叉导轨副	1—主导轨；2—次导轨	滚动体为滚柱，相邻滚柱安装位置交错90°，采用V形导轨，承载能力大，适用于轻、重载荷，无间隙，运动平稳、无冲击的场合，如精密内外圆磨床、电子计算机、电加工机床、测量仪器、医疗器械、木工机械等

2　直线运动系统的载荷计算

作用在直线导轨及滑块上的载荷，因工件重心的位置、驱动力 F 的位置及启动和停止时加、减速引起的惯性力及工作阻力等外力而变化，可以用空间力系六个平衡方程求解。表7-3-3给出了7种常见的二导轨四滑块直线运动系统中各滑块所受载荷的计算式供参考。

表 7-3-3　　直线运动系统常见四滑块工作台受载情况的计算

序号	使用条件	作用在一个滑块上的载荷
1	外力正向，等速运动或静止时 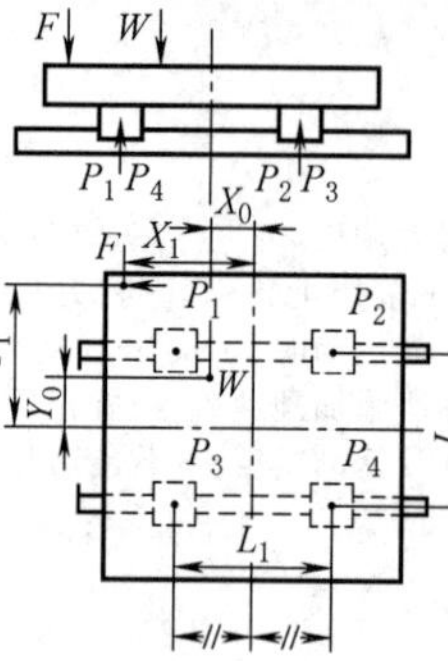	$P_1=\frac{W+F}{4}+\frac{WY_0+FY_1}{2L_2}+\frac{WX_0+FX_1}{2L_1}$ $P_2=\frac{W+F}{4}+\frac{WY_0+FY_1}{2L_2}-\frac{WX_0+FX_1}{2L_1}$ $P_3=\frac{W+F}{4}-\frac{WY_0+FY_1}{2L_2}-\frac{WX_0+FX_1}{2L_1}$ $P_4=\frac{W+F}{4}-\frac{WY_0+FY_1}{2L_2}+\frac{WX_0+FX_1}{2L_1}$
2	外力侧向，等速运动或静止时 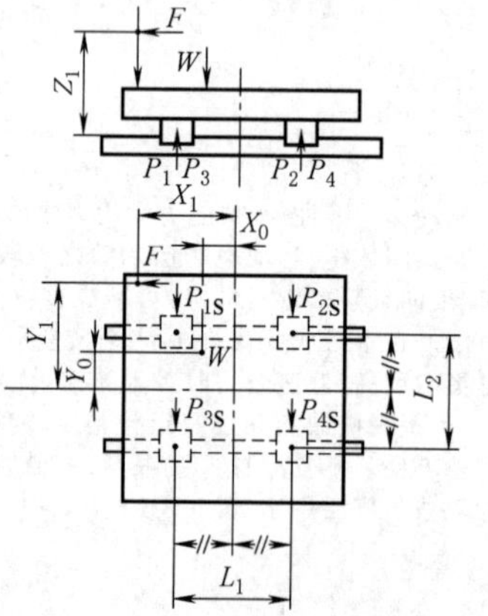	$P_1=\frac{W}{4}+\frac{WX_0+FZ_1}{2L_1}+\frac{WY_0}{2L_2}$ $P_2=\frac{W}{4}-\frac{WX_0+FZ_1}{2L_1}+\frac{WY_0}{2L_2}$ $P_3=\frac{W}{4}+\frac{WX_0+FZ_1}{2L_1}-\frac{WY_0}{2L_2}$ $P_4=\frac{W}{4}-\frac{WX_0+FZ_1}{2L_1}-\frac{WY_0}{2L_2}$ $P_{1S}=P_{3S}=\frac{FY_1}{2L_1}$ $P_{2S}=P_{4S}=-\frac{FY_1}{2L_1}$
3	匀加速运动时 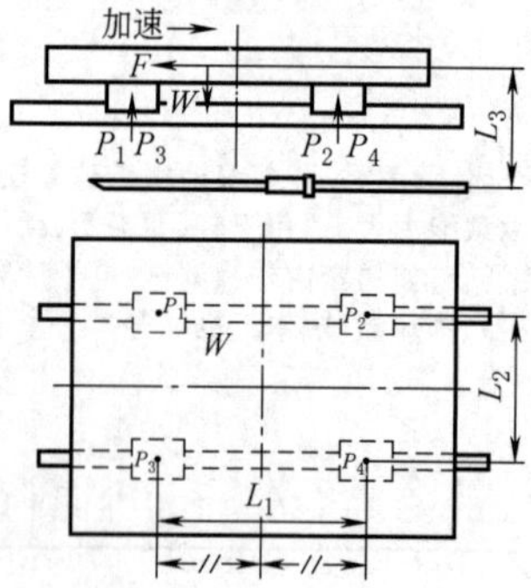 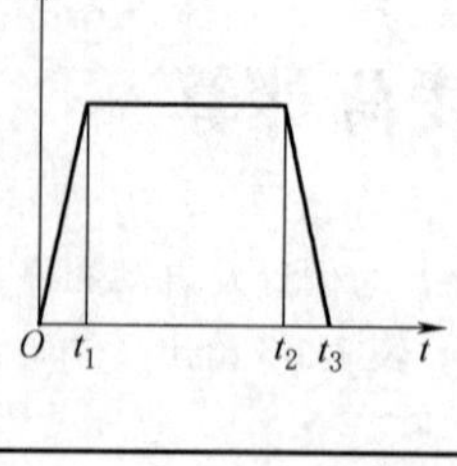	匀加速运动时（$0\sim t_1$）： $P_1=P_3=\frac{W}{4}-\frac{L_3}{2L_1}\times\frac{v}{gt_1}W$ $P_2=P_4=\frac{W}{4}+\frac{L_3}{2L_1}\times\frac{v}{gt_1}W$ 其中，g 为重力加速度；v 为速度；L_3 为滚珠丝杠轴线与 F 之间的距离 匀速运动时（$t_1\sim t_2$）： $P_1=P_2=P_3=P_4=\frac{W}{4}$ 匀减速运动时（$t_2\sim t_3$）： $P_1=P_3=\frac{W}{4}+\frac{L_3}{2L_1}\times\frac{v}{g(t_3-t_2)}W$ $P_2=P_4=\frac{W}{4}-\frac{L_3}{2L_1}\times\frac{v}{g(t_3-t_2)}W$

续表

序号	使用条件	作用在一个滑块上的载荷
4	挂壁等速运动时 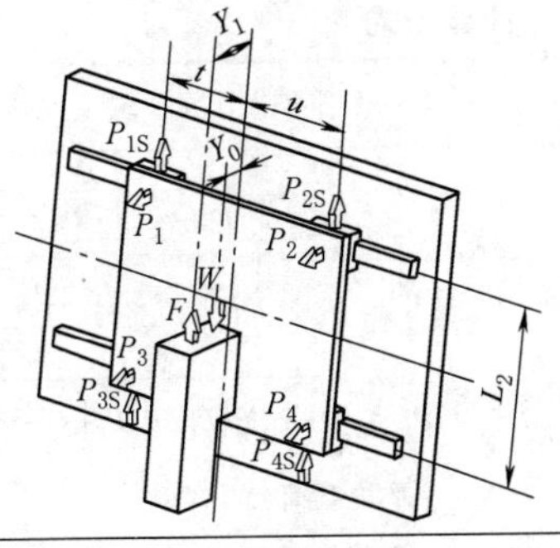	$P_1=P_2=\dfrac{FY_1-WY_0}{2L_2}$ $P_3=P_4=-\dfrac{FY_1-WY_0}{2L_2}$ $P_{1S}=P_{2S}=P_{3S}=P_{4S}=\dfrac{W-F}{4}$
5	悬臂等速运动时 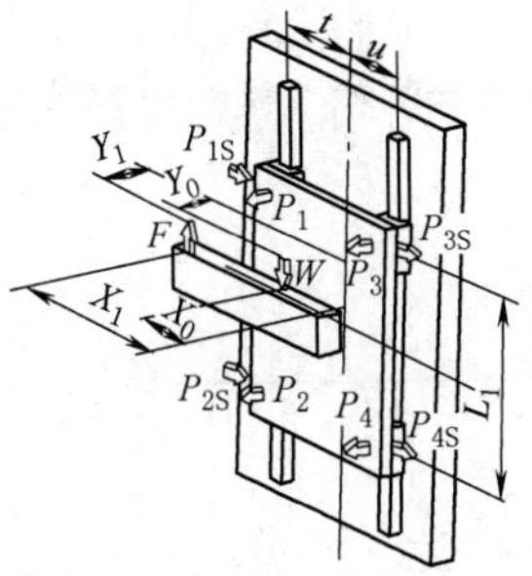	$P_1=P_3=\dfrac{FY_1-WY_0}{2L_1}$ $P_2=P_4=-\dfrac{FY_1-WY_0}{2L_1}$ $P_{1S}=P_{3S}=\dfrac{FX_1-WX_0}{2L_1}$ $P_{2S}=P_{4S}=-\dfrac{FY_1-WX_0}{2L_1}$
6	工作台轴向倾斜等速运动时 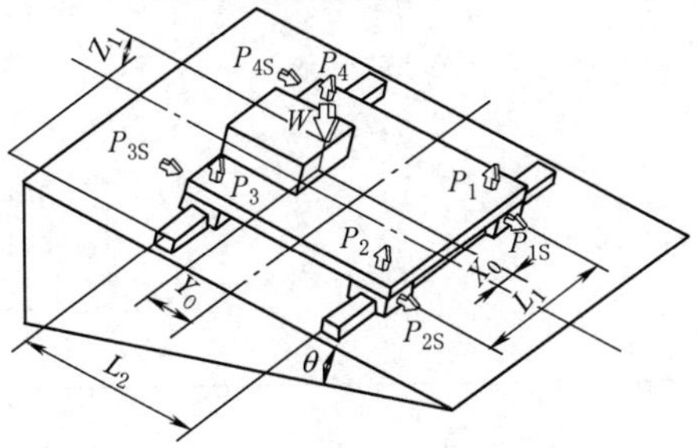	$P_1=\dfrac{W\cos\theta}{4}+\dfrac{W\cos\theta X_0}{2L_1}-\dfrac{W\cos\theta Y_0}{2L_2}+\dfrac{W\sin\theta Z_1}{2L_2}$ $P_2=\dfrac{W\cos\theta}{4}-\dfrac{W\cos\theta X_0}{2L_1}-\dfrac{W\cos\theta Y_0}{2L_2}+\dfrac{W\sin\theta Z_1}{2L_2}$ $P_3=\dfrac{W\cos\theta}{4}-\dfrac{W\cos\theta X_0}{2L_1}+\dfrac{W\cos\theta Y_0}{2L_2}-\dfrac{W\sin\theta Z_1}{2L_2}$ $P_4=\dfrac{W\cos\theta}{4}+\dfrac{W\cos\theta X_0}{2L_1}+\dfrac{W\cos\theta Y_0}{2L_2}-\dfrac{W\sin\theta Z_1}{2L_2}$ $P_{1S}=P_{4S}=-\dfrac{W\sin\theta}{4}-\dfrac{WX_0\sin\theta}{2L_1}$ $P_{2S}=P_{3S}=-\dfrac{W\sin\theta}{4}+\dfrac{WX_0\sin\theta}{2L_1}$
7	工作台径向倾斜等速运动时 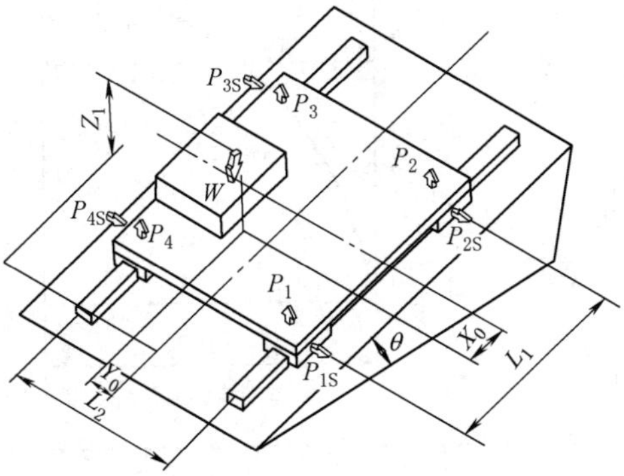	$P_1=\dfrac{W\cos\theta}{4}+\dfrac{W\cos\theta X_0}{2L_1}-\dfrac{W\cos\theta Y_0}{2L_2}+\dfrac{W\sin\theta Z_1}{2L_1}$ $P_2=\dfrac{W\cos\theta}{4}-\dfrac{W\cos\theta X_0}{2L_1}-\dfrac{W\cos\theta Y_0}{2L_2}-\dfrac{W\sin\theta Z_1}{2L_2}$ $P_3=\dfrac{W\cos\theta}{4}-\dfrac{W\cos\theta X_0}{2L_1}+\dfrac{W\cos\theta Y_0}{2L_2}-\dfrac{W\sin\theta Z_1}{2L_1}$ $P_4=\dfrac{W\cos\theta}{4}+\dfrac{W\cos\theta X_0}{2L_1}+\dfrac{W\cos\theta Y_0}{2L_2}+\dfrac{W\sin\theta Z_1}{2L_1}$ $P_{1S}=P_{4S}=\dfrac{WY_0\sin\theta}{2L_1}$ $P_{2S}=P_{3S}=-\dfrac{WY_0\sin\theta}{2L_1}$

注：式中，W 为重力；F 为外力；P_1、P_2、P_3、P_4 为滑块正向受力；P_{1S}、P_{2S}、P_{3S}、P_{4S} 为滑块侧向受力；X_0 为力 X 方向坐标；Y_0 为力 Y 方向坐标；Z_1 为力 Z 方向坐标。

有些机械工作过程中，载荷是变化的，如工业机械手及机床，这时就要按平均载荷 P_m 来计算，即系统运行中加于支承上的载荷发生变化时，与这种变动载荷条件下寿命相当的某个不变载荷即为 P_m。常见的三种变载荷的平均载荷 P_m 计算公式见表 7-3-4。平均载荷主要用于寿命计算。

表 7-3-4　常见的平均载荷（P_m）计算公式

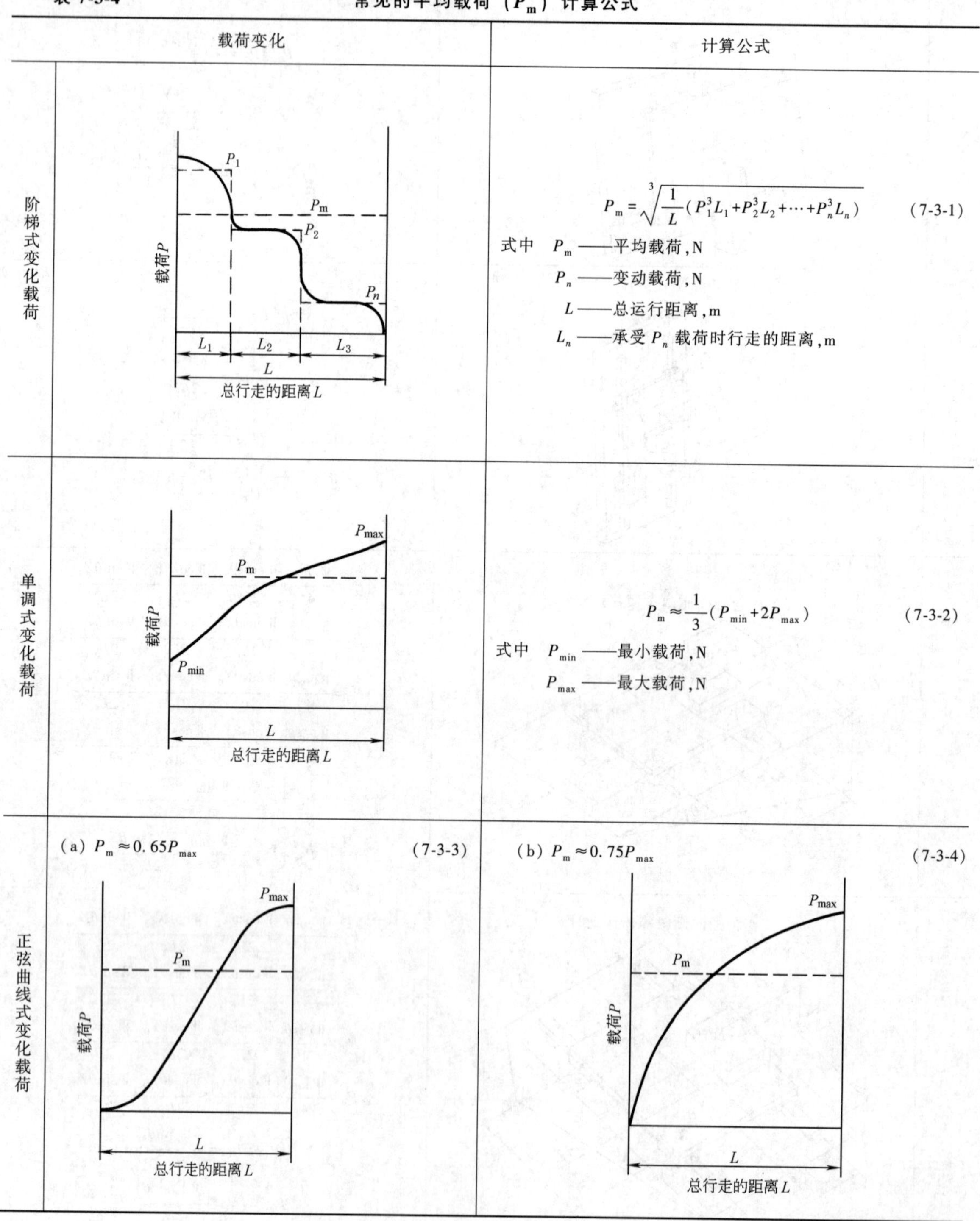

	载荷变化	计算公式
阶梯式变化载荷	（图）	$$P_m=\sqrt[3]{\frac{1}{L}(P_1^3L_1+P_2^3L_2+\cdots+P_n^3L_n)} \quad (7\text{-}3\text{-}1)$$ 式中　P_m——平均载荷，N P_n——变动载荷，N L——总运行距离，m L_n——承受 P_n 载荷时行走的距离，m
单调式变化载荷	（图）	$$P_m\approx\frac{1}{3}(P_{min}+2P_{max}) \quad (7\text{-}3\text{-}2)$$ 式中　P_{min}——最小载荷，N P_{max}——最大载荷，N
正弦曲线式变化载荷	（a）$P_m\approx0.65P_{max}$　(7-3-3)	（b）$P_m\approx0.75P_{max}$　(7-3-4)

摩擦力 F 可按式（7-3-5）计算。

$$F=\mu P+f \quad (7\text{-}3\text{-}5)$$

式中，P 为支承面法向压力；μ 为摩擦因数，$\mu=0.001\sim0.005$；f 为密封件阻力，由于密封阻力占比较小，计算时通常忽略不计。

例 某工业用机械手（图7-3-1）的工作臂重力 $W=500\text{N}$，工作行程为600mm，求滑块的平均载荷。显然，工作臂外伸到最大位置时，载荷达到最大；工作臂内缩到最小位置时，载荷减至最小。其值可分别对 O_1 及 O_2 列力矩平衡方程算得。

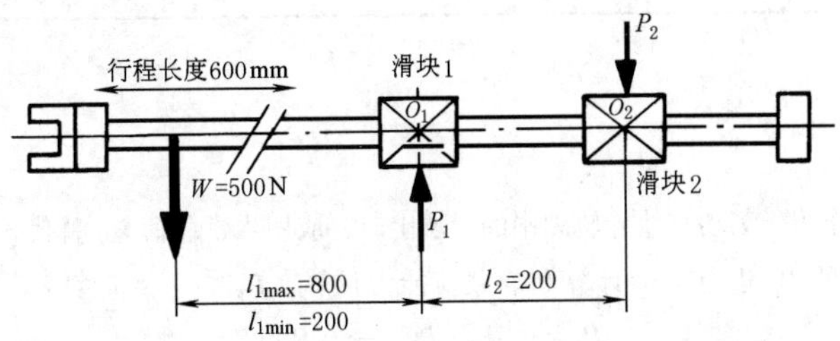

图 7-3-1 机械手工作臂受力简图

外伸时

$$\sum M=0$$

$$P_{1\max}\times l_2=W\times(l_{1\max}+l_2)$$

$$P_{1\max}=\frac{500\times(800+200)}{200}=2500\ (\text{N})$$

同理得

$$P_{2\max}=\frac{500\times800}{200}=2000\ (\text{N})$$

其中，M 为力矩。

内收时

$$P_{1\min}=\frac{500\times(200+200)}{200}=1000\ (\text{N})\qquad P_{2\min}=\frac{500\times200}{200}=500\ (\text{N})$$

这种载荷的变化规律相当于表7-3-4的单调式变化，其平均载荷可用表中式（7-3-2）计算出：

$$P_{1\text{m}}=\frac{1}{3}(P_{1\min}+2P_{1\max})=\frac{1}{3}\times(1000+2\times2500)=2000\ (\text{N})$$

$$P_{2\text{m}}=\frac{1}{3}(P_{2\min}+2P_{2\max})=\frac{1}{3}\times(500+2\times2000)=1500\ (\text{N})$$

3 直线运动滚动功能部件载荷与寿命计算

滚动功能部件的主要失效形式是滚动体及滚道的疲劳点蚀与塑性变形，其相应的计算准则为寿命计算和静态安全系数计算。某些滚动功能部件还具有滚动体循环装置，循环装置的失效主要靠正确的制造、安装与使用维护来避免。

2023年，我国等效引用了ISO关于直线运动滚动支承的额定动载荷和额定寿命的标准，即GB/T 21559.1—2023/ISO 14728.1：2017，以及计算额定静载荷的标准，即GB/T 21559.2—2023/ISO 14728.2：2017。ISO的计算虽然比较精确但偏于复杂，故本手册仍推荐适合一般计算要求的下述简化计算方法和公式。

3.1 静载能力计算

$$S_0=\frac{C_0}{P_0}\tag{7-3-6}$$

式中 C_0——基本额定静载荷，指直线运动滚动功能部件中承受最大接触应力的滚动体与滚道的塑性变形之和为滚动体直径1/10000时的载荷，kN，见相应产品目录表；

P_0——最大当量静载荷，即引起最大载荷滚动体与滚道接触中心处产生与实际载荷条件相同接触应力的静载荷，kN；

S_0——静态安全系数，考虑启动与停止等情况时惯性力对 P_0 的影响，其值见表7-3-5。

表 7-3-5　　静态安全系数 S_0

运动条件	载荷条件	S_0 的下限	运动条件	载荷条件	S_0 的下限
一般机床	无振动或冲击	1.0~1.3	要求较高机床	无振动或冲击	1.0~1.5
	有振动或冲击	2.0~3.0		有振动或冲击	2.5~7.0

3.2　当量载荷计算

当各个方向的载荷同时作用于滚动直线导轨副中的滑块上时，应用当量载荷 P_E 替代式（7-3-9）和式（7-3-10）中的 P_c 或替代式（7-3-6）中的 P_0 进行寿命计算和静载荷能力计算。P_E 按下式计算：

$$P_E = x\left|P_R - P_L\right| + y\left|P_h\right| \tag{7-3-7}$$

式中　P_R——径向载荷（即指向导轨面的载荷），N；

P_L——反径向载荷（与 P_R 方向相反的载荷），N；

P_h——横向载荷（与 P_R 方向垂直的载荷），N；

x，y——径向与横向载荷系数，详见各型产品目录表。若 x、y 值无资料，均可按 1 代入计算。

同时承受载荷 P 与转矩 M 作用时

$$P_E = P + C_0 M / M_t \tag{7-3-8}$$

式中　C_0——额定静载荷；

M_t——指与 M 对应的 M_A（M_y）、M_B（M_z）、M_C（M_x）额定静力矩值，见各型产品目录表。

第7篇

3.3　寿命计算

直线运动滚动功能部件寿命计算的基本公式为：

滚动体为滚珠时

$$L = \left(\frac{f_H f_T f_C f_a}{f_W} \times \frac{C}{P_c}\right)^3 \times 50 \tag{7-3-9}$$

滚动体为滚柱时

$$L = \left(\frac{f_H f_T f_C f_a}{f_W} \times \frac{C}{P_c}\right)^{10/3} \times 100 \tag{7-3-10}$$

式中　L——运行寿命，指一组同样的直线运动滚动功能部件，在相同条件下运行，其数量的 90%不发生疲劳点蚀时所能达到的总运行距离，km；

C——基本额定动载荷，指垂直于运动方向且大小不变地作用于一组同样的直线运动滚动功能部件上，使额定寿命为 L=50km（对滚珠滚动体）或 L=100km（对滚柱滚动体）时的载荷，kN，其数值见各型产品目录表中；

P_c——当量载荷，指直线运动滚动功能部件所承受的各方向载荷和转矩等效为垂直于运动方向的载荷，kN；

f_H——硬度系数，f_H=（实际硬度 HRC 值/58HRC）$^{3.6}$，一般厂家滚动元件及滚道表面的实际硬度均控制在 58HRC 以上，此时 f_H 取 1；

f_a，f_T，f_C，f_W——精度系数、温度系数、接触系数、载荷系数，见表 7-3-6~表 7-3-9。

用小时为单位表示的额定寿命 L_h 为

$$L_h = 8.3L/(ln) \tag{7-3-11}$$

式中　l——直线运动滚动功能部件单向行程长度，m；

n——直线运动滚动功能部件每分钟往返次数，1/min。

表 7-3-6　　精度系数 f_a

精度等级	2	3	4	5
f_a	1.0	1.0	0.9	0.9

表 7-3-7　　温度系数 f_T

工作温度/℃	f_T
≤100	1.00
>100~150	0.90
>150~200	0.73
>200~250	0.6

表 7-3-8　　接触系数 f_C

每根导轨上紧挨着的滑块(或导套)数或每根轴上花键套个数	f_C
1	1.00
2	0.81
3	0.72
4	0.66
5	0.61

表 7-3-9　　载荷系数 f_W

工作条件	f_W
无外部冲击或振动的低速运动场合,速度小于 15m/min	1~1.2
无明显冲击或振动的中速运动场合,速度为 15~60m/min	1.2~1.5
有外部冲击或振动的高速运动场合,速度大于 60m/min	1.5~3.5

4　滚动直线导轨副

4.1　结构组成与类型

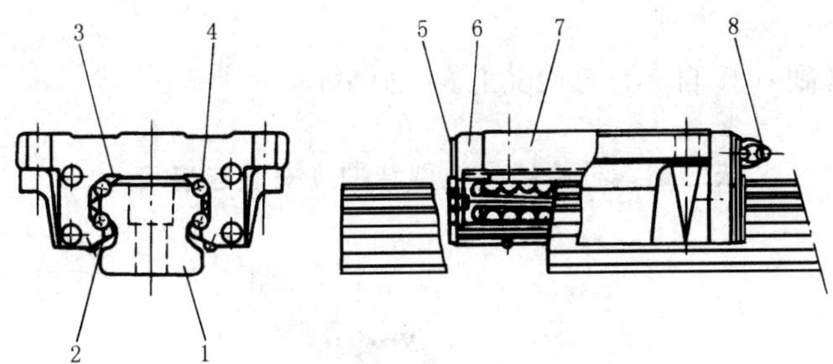

图 7-3-2　滚动直线导轨副结构组成

1—滚动导轨；2—侧保持架；3—顶保持架；4—滚动体；5—端密封；6—返向器；7—滑块；8—润滑油接口

滚动直线导轨副结构组成如图 7-3-2 所示。按滚动体在滚动直线导轨副中的分布与接触情况，滚动直线导轨副的类型、结构、特性与用途见表 7-3-10。

表 7-3-10　　滚动直线导轨副主要类型及参数

名称	结构简图	特点及适用场合、标准参数	主要厂家及型号
滚柱直线导轨副		具有超重负载、超高的刚性、高速高精度、四方向等载荷和高密封性的特点。滚柱直线导轨副以滚柱为滚动体取代了滚珠,滚动体与滚道的接触方式由点接触变为线接触,大幅提高了滚动直线导轨副的刚性,使机床能够维持更高的加工精度	南京工艺装备制造股份有限公司 GZB25~125 广东凯特精密机械有限公司 LGR25~65 陕西汉江机床有限公司 DA15~85

续表

名称	结构简图	特点及适用场合、标准参数	主要厂家及型号
滚珠直线导轨副		45°接触角的等分设计，使其垂直向上、向下和左右水平四方向额定载荷相等，且额定载荷大，刚性好，三个方向抗颠覆力矩能力强。适用于机械加工中心、NC车床、搬运装置、电火花加工机、木工机械、激光加工机械、精密测试仪器、包装机械、食品机械、医疗器械、工具磨床、平面磨床	南京工艺装备制造股份有限公司 GGB15～85 广东凯特精密机械有限公司 LGS15～45 陕西汉江机床有限公司 2004-3～12520-5
微型滚动直线导轨副		采用二列式滚珠循环设计，滚道设计成哥特式结构，其接触角为45°，以达到四方向等载荷的效果。通过优化设计，在有限空间限制下，使用较大尺寸钢珠，以提高负荷能力，充分展现高负荷、高转矩功能。适用于半导体制造装置、医疗器械、光学平台、检查装置、电火花线切割机床、电脑绣花机械	南京工艺装备制造股份有限公司 GGC5～15 广东凯特精密机械有限公司 LM7～15
分离型滚动直线导轨副		按照承载需要，设计成两列成90°夹角的圆弧滚道，滑块可以沿导轨的滚道做无限往复直线运动。在同一平面使用成组导轨副时，可以承受不同方向的载荷；在实际使用中可以任意调整导轨与滑块之间的预加载荷，提高系统的刚性或运动的平稳性。此外，由于导轨副的高度很低，可以在很狭小的空间实现精密直线导向运动。适用于电加工机床、精密平台、机械手、输送结构	南京工艺装备制造股份有限公司 GGF15～25

4.2 滚动直线导轨副安装连接尺寸

4.2.1 滚柱直线导轨副（摘自 JB/T 12603.1—2016）

法兰型滚柱直线导轨副结构及安装连接尺寸

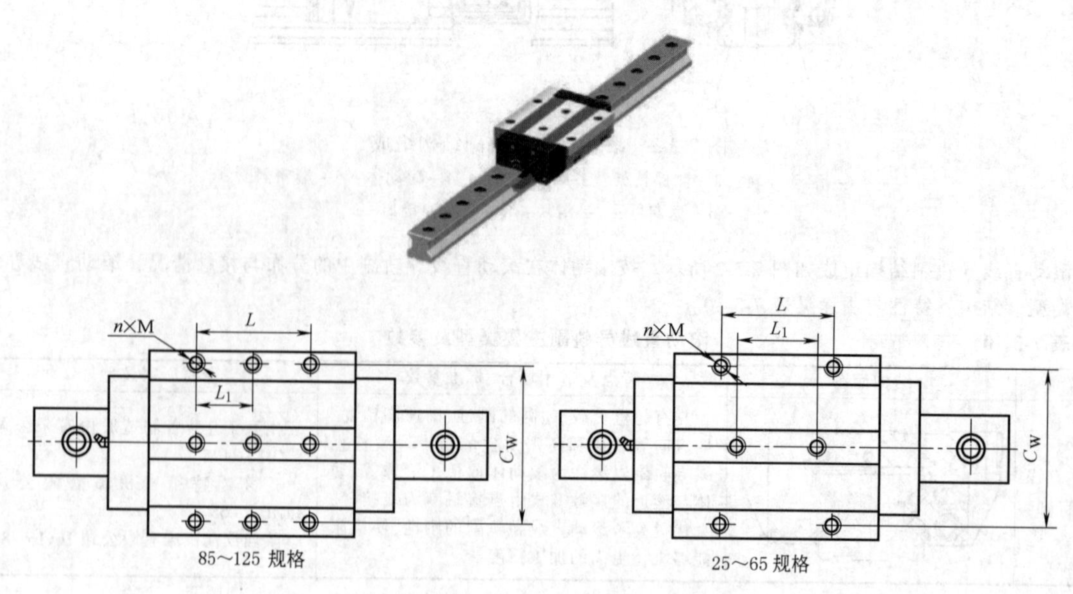

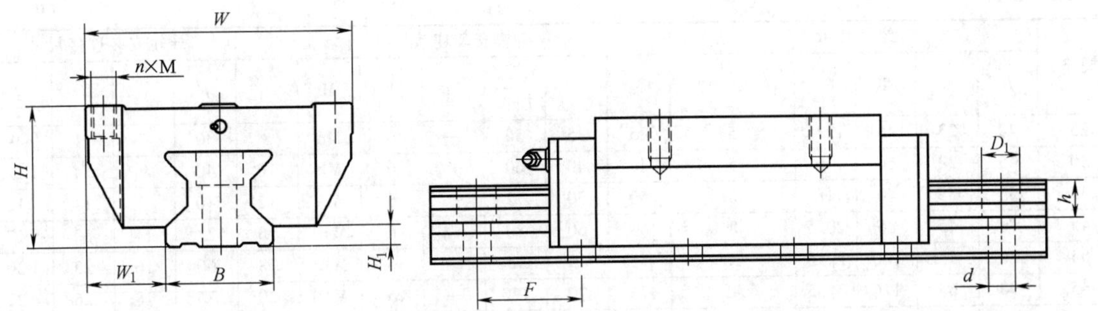

表 7-3-11 mm

规格	组件参数					滑块安装连接尺寸					导轨安装连接尺寸			
	H	B	W	W_1	H_1 最小值	C_W	L	L_1	n	M	F	d	D_1	h
25	36	23	70	23.5	5	57	45	40	6	M8	30	7	11	9
30	42	28	90	31	5	72	52	44	6	M10	40	9	14	12
35	48	34	100	33	6	82	62	52	6	M10	40	9	14	12
45	60	45	120	37.5	8	100	80	60	6	M12	52.5	14	20	17
55	70	53	140	43.5	10	116	95	70	6	M14	60	16	23	20
65	90	63	170	53.5	11	142	110	82	6	M16	75	18	26	22
85	110	85	215	65	15	185	140	70	9	M20	90	24	35	28
100	120	100	250	75	16	220	200	100	9	M20	105	26	39	32
125	160	125	320	97.5	20	270	205	102.5	9	M24	120	33	48	45

矩形滚柱直线导轨副结构及安装连接尺寸

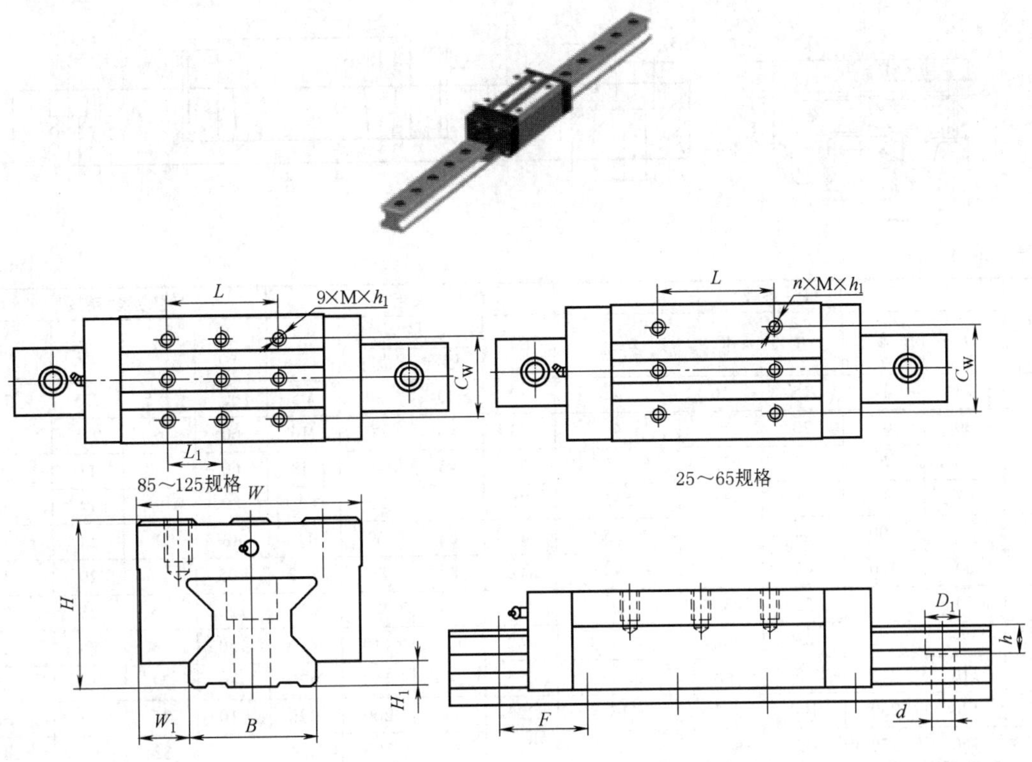

表 7-3-12

mm

规格	组件参数					滑块安装连接尺寸							导轨安装连接尺寸			
	H	B	W	W_1	H_1 最小值	C_W	L		L_1	n	M	h_1	F	d	D_1	h
							标准	加长								
25	40	23	48	12.5	5	35	35	50	—	6	M6	8	30	7	11	9
30	45	28	60	16	5	40	40	60	—	6	M8	10	40	9	14	12
35	55	34	70	18	6	50	50	72	—	6	M8	12	40	9	14	12
45	70	45	86	20.5	8	60	60	80	—	6	M10	16	52.5	14	20	17
55	80	53	100	23.5	10	75	75	95	—	6	M12	18	60	16	23	20
65	90	63	126	31.5	11	76	70	120	—	6	M16	20	75	18	26	22
85	110	85	156	35.5	15	100	140		70	9	M18	25	90	24	35	28
100	120	100	200	50	16	130	200		100	9	M20	27	105	26	39	32
125	160	125	240	57.5	20	184	205		102.5	9	M24	30	120	33	48	45

4.2.2 滚珠直线导轨副（摘自 JB/T 14209.1—2021）

（1）标准型滚珠直线导轨副结构及安装连接尺寸

标准型中的法兰螺孔型滚珠直线导轨副结构及安装连接尺寸

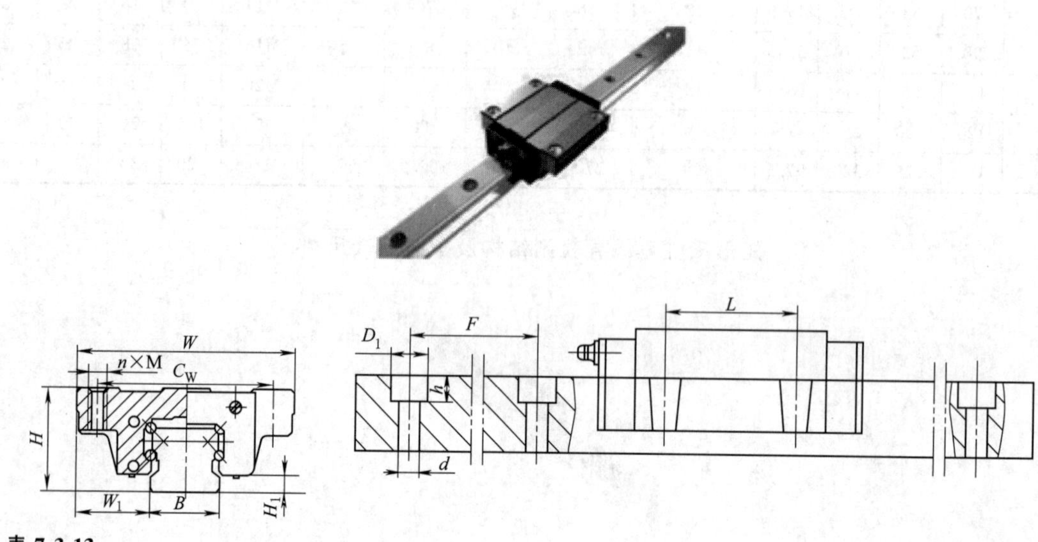

表 7-3-13

mm

规格	组件参数					滑块安装连接尺寸				导轨安装连接尺寸			
	H	W	B	W_1	$H_{1\min}$	C_W	L		M	F	d	D_1	h
							标准	加长					
15	24	47	15	16	4	38	30	30	M5	60	4.5	7.5	5.3
20	30	63	20	21.5	4	53	40	40	M6	60	6	9.5	8.5
25	36	70	23	23.5	5.5	57	45	45	M8	60	7	11	9
30	42	90	28	31	5.5	72	52	52	M10	80	9	14	12
35	48	100	34	33	7.5	82	62	62	M10	80	9	14	12
45	60	120	45	37.5	9	100	80	80	M12	105	14	20	17
55	70	140	53	43.5	11	116	95	95	M14	120	16	23	20
65	90	170	63	53.5	12	142	110	110	M16	150	18	26	22
85	110	215	85	65	12	185	140	140	M20	180	24	35	28
100	120	250	100	75	15	220	—	200	M20	210	26	39	32
125	160	320	125	97.5	22	270	—	205	M24	240	33	48	45

标准型中的法兰通孔型滚珠直线导轨副结构及安装连接尺寸

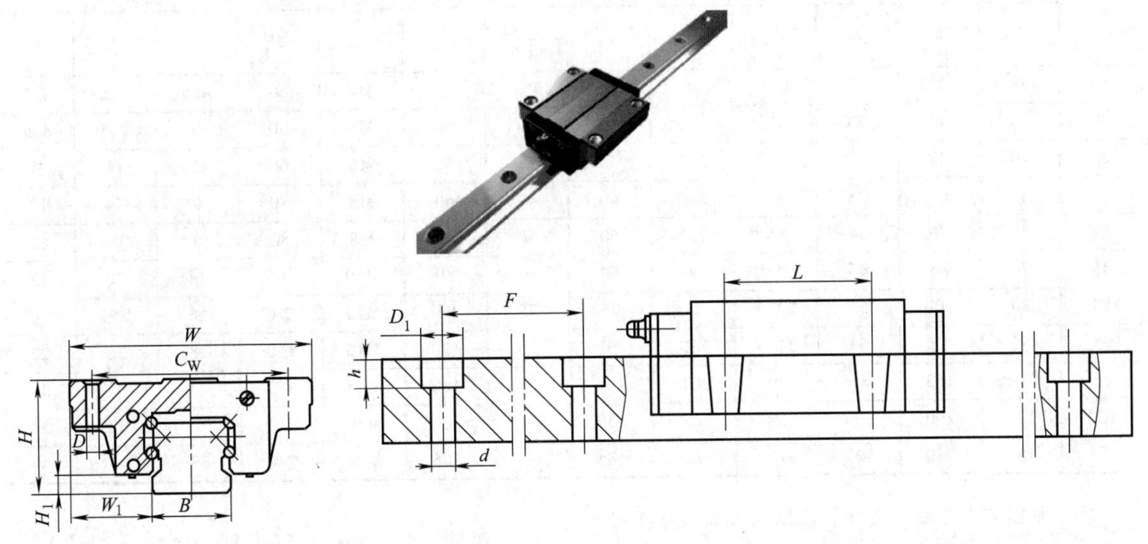

表 7-3-14

mm

规格	组件参数					滑块安装连接尺寸				导轨安装连接尺寸			
	H	W	B	W_1	$H_{1\min}$	C_W	L 标准	L 加长	D	F	d	D_1	h
15	24	47	15	16	4	38	30	30	4.5	60	4.5	7.5	5.3
20	30	63	20	21.5	4	53	40	40	6	60	6	9.5	8.5
25	36	70	23	23.5	5.5	57	45	45	7	60	7	11	9
30	42	90	28	31	5.5	72	52	52	9	80	9	14	12
35	48	100	34	33	7.5	82	62	62	9	80	9	14	12
45	60	120	45	37.5	9	100	80	80	11	105	14	20	17
55	70	140	53	43.5	11	116	95	95	14	120	16	23	20
65	90	170	63	53.5	12	142	110	110	16	150	18	26	22
85	110	215	85	65	12	185	140	140	18	180	24	35	28
100	120	250	100	75	15	220	—	200	18	210	26	39	32
125	160	320	125	97.5	22	270	—	205	21	240	33	48	45

标准型中的矩形滚珠直线导轨副结构与安装连接尺寸

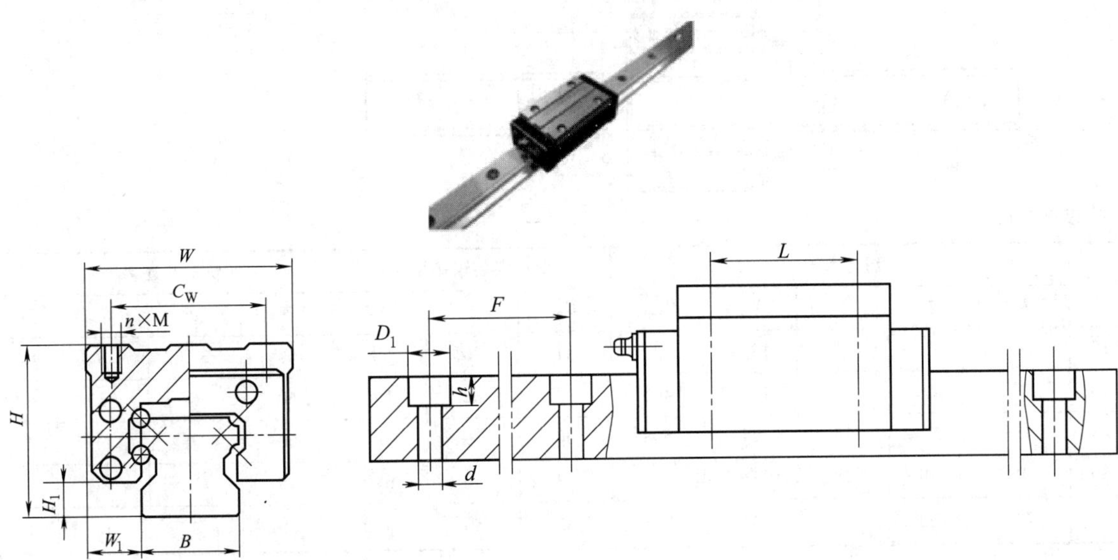

表 7-3-15

mm

规格	组件参数						滑块安装连接尺寸			导轨安装连接尺寸			
	H	W	B	W_1	$H_{1\min}$	C_W	L		M	F	d	D_1	h
							标准	加长					
15	28	34	15	9.5	4	26	26		M4	60	4.5	7.5	5.3
20	30	44	20	12	4	32	36	50	M5	60	6	9.5	8.5
25	40	48	23	12.5	5.5	35	35	50	M6	60	7	11	9
30	45	60	28	16	5.5	40	40	60	M8	80	9	14	12
35	55	70	34	18	7.5	50	50	72	M8	80	9	14	12
45	70	86	45	20.5	9	60	60	80	M10	105	14	20	17
55	80	100	53	23.5	11	75	75	95	M12	120	16	23	20
65	90	126	63	31.5	12	76	70	120	M16	150	18	26	22
85	110	163	85	39	12	100	80	140	M18	180	24	35	28
100	120	200	100	50	15	130	—	200	M20	210	26	39	32
125	160	240	125	57.5	22	184	—	205	M24	240	33	48	45

（2）低组装型滚珠直线导轨副结构及安装连接尺寸

低组装型中的法兰螺孔型滚珠直线导轨副结构及安装连接尺寸

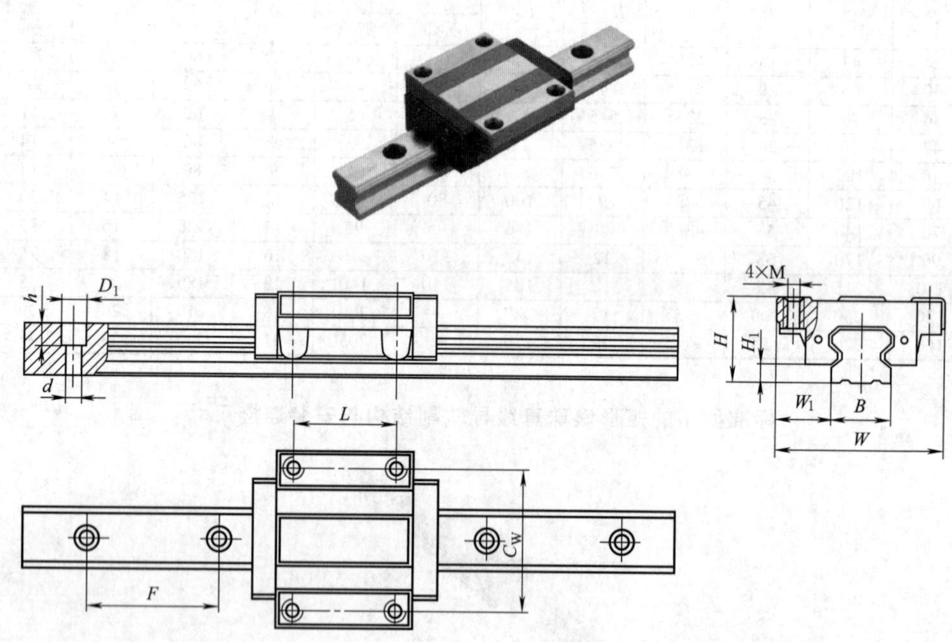

表 7-3-16

mm

规格	组件参数					滑块安装连接尺寸			导轨安装连接尺寸			
	H	W	B	W_1	$H_{1\min}$	C_W	L	M	F	d	D_1	h
15	24	52	15	18.5	3	41	26	M5	60	3.5	6	4.5
20	28	59	20	19.5	4.5	49	32	M6	60	6	9.5	8.5
25	33	73	23	25	5.8	60	35	M8	60	7	11	9
30	42	90	28	31	7	72	40	M10	80	7	11	9
35	48	100	34	33	7.5	82	50	M10	80	9	14	12

低组装型中的法兰通孔型滚珠直线导轨副结构及安装连接尺寸

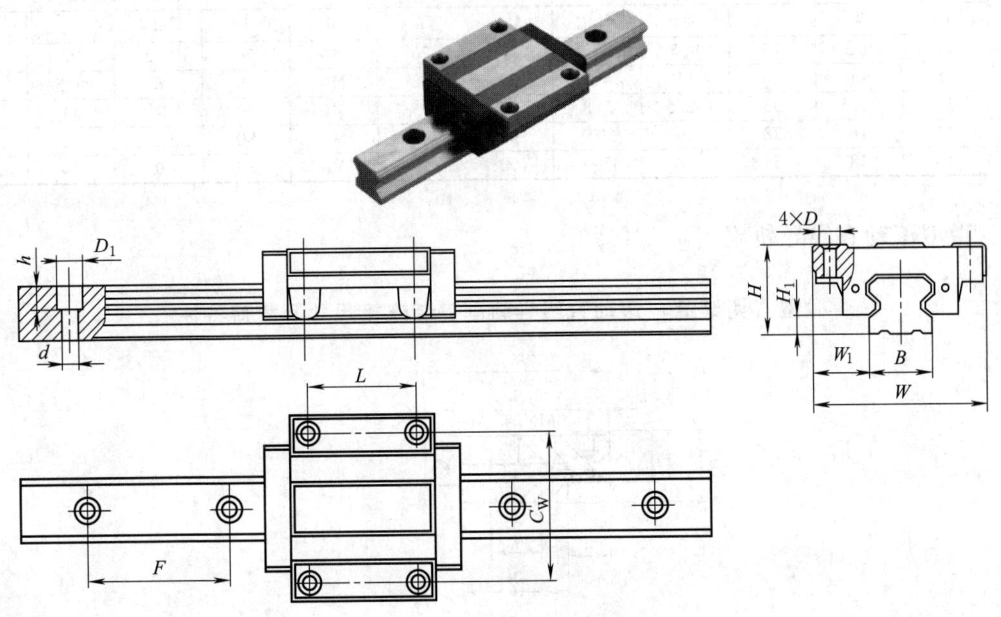

表 7-3-17

mm

规格	组件参数					滑块安装连接尺寸			导轨安装连接尺寸			
	H	W	B	W_1	$H_{1\min}$	C_W	L	D	F	d	D_1	h
15	24	52	15	18.5	3	41	26	4.5	60	3.5	6	4.5
20	28	59	20	19.5	4.5	49	32	5.5	60	6	9.5	8.5
25	33	73	23	25	5.8	60	35	7	60	7	11	9
30	42	90	28	31	7	72	40	9	80	7	11	9
35	48	100	34	33	7.5	82	50	9	80	9	14	12

低组装型中的矩形滚珠直线导轨副结构及安装连接尺寸

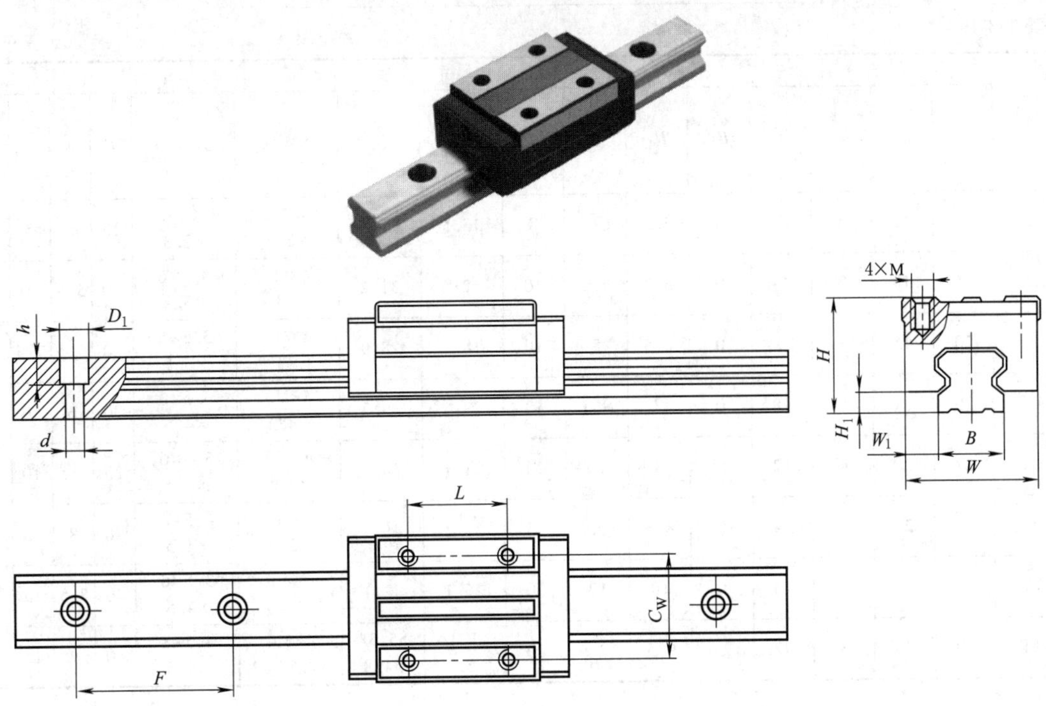

表 7-3-18

mm

规格	组件参数					滑块安装连接尺寸			导轨安装连接尺寸			
	H	W	B	W_1	$H_{1\min}$	C_W	L	M	F	d	D_1	h
15	24	9.5	15	9.5	3	26	26	M4	60	3.5	6	4.5
20	28	11	20	11	4.5	32	32	M5	60	6	9.5	8.5
25	33	12.5	23	12.5	5.8	35	35	M6	60	7	11	9
30	42	16	28	16	7	40	40	M8	80	7	11	9
35	48	18	34	18	7.5	50	50	M8	80	9	14	12

4.2.3 微型滚动直线导轨副

微型（两滚道）滚动直线导轨副安装连接尺寸及载荷特性

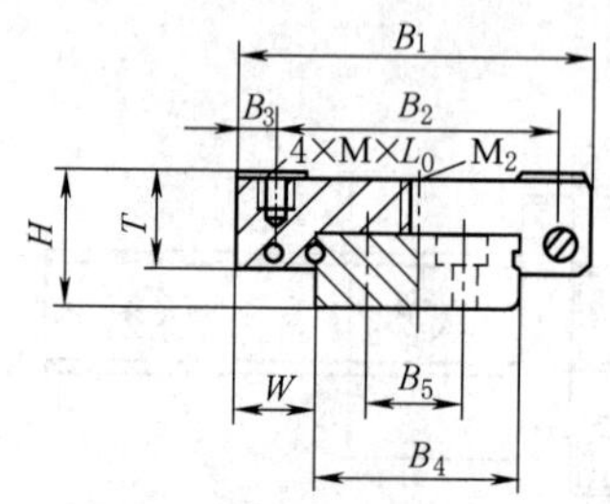

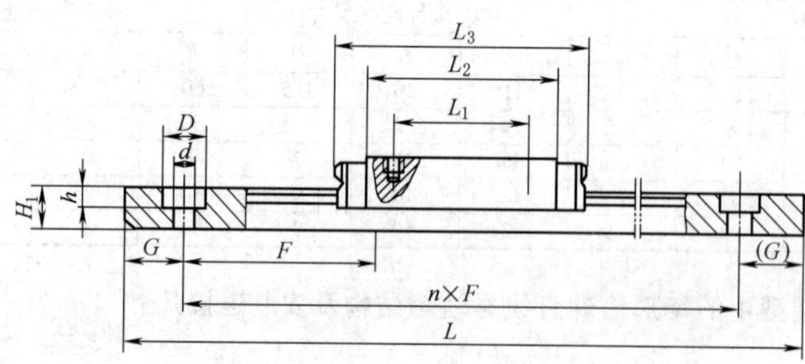

表 7-3-19

mm

型号	结构尺寸														
	B_1	B_2	B_3	B_4	B_5	H_1	T	L_1	L_2	L_3	4×M×L_n	$d\times D\times h$	F	W	$G_{\min}$	H
7BA	17	12	3	7	0	4.8	6.5	8	13.5	22.5	4×M2×2.5	2.4×4.2×2.3	15	5	5	8
7BAK	25	19	3	14	0	5.2	7.1	10	21	31.2	4×M3×3	3.5×6×3.2	30	5.5	10	9
9BA	20	15	3	9	0	6.5	8	10	18.9	28.9	4×M3×3	3.5×6×3.5	20	5.5	7.5	10
9BAK	30	21	5	18	0	7	9.1	12	27.5	39.3	4×M3×3	3.5×6×4.5	30	6	10	12
12BA	27	20	4	12	0	8	10	15	21.7	34.7	4×M3×3.5	3.5×6×4.5	25	7.5	10	13
12BAK	40	28	6	24	0	8.5	10.6	15	31.3	46.1	4×M3×3.6	4.5×8×4.5	40	8	15	14
15BA	32	25	4	15	0	10	12	20	26.7	42.1	4×M3×4	3.5×6×4.5	40	8.5	15	16
15BAK	60	45	8	42	23	9.5	12.6	20	41.3/38	55.3/54.8	4×M4×4.5/4.2	4.5×8×4.5	40	9	15	16

4.2.4 分离型滚动直线导轨副（摘自 JB/T 12601—2016）

分离型滚动直线导轨副结构与安装连接尺寸

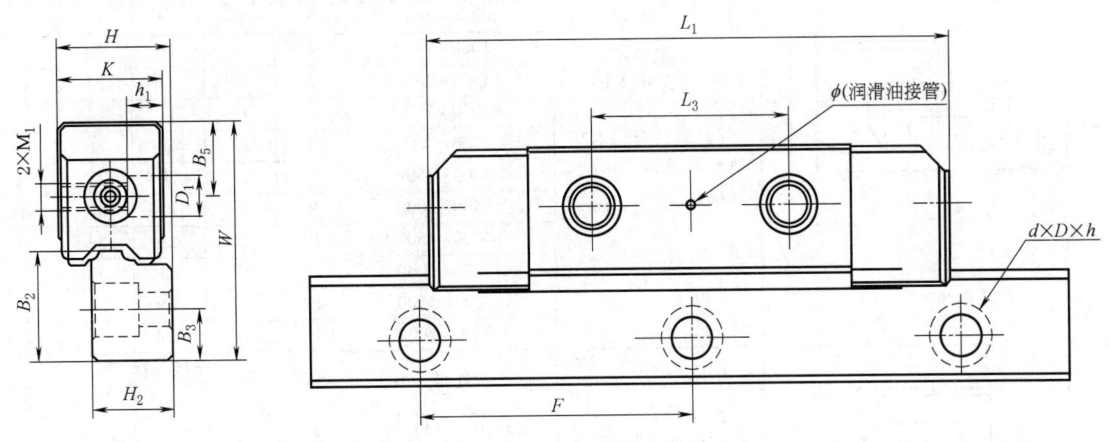

表 7-3-20 mm

规格	分离型滚动直线导轨副尺寸		滑块尺寸							导轨尺寸						
	H	W	K	L_1	L_3	B_5	M_1	D_1	h_1	H_2	B_2	B_3	F	d	D	h
15	15	30	14	69	20	10	M4	6.5	3.5	11	13.3	6	60	3.5	6	4.5
20	20	42	19	92	35	13	M6	10	5.5	14	19.5	8	60	6	9.5	8.5
25	25	55	24	122	45	16	M8	11	7	17	26.8	10	80	9	14	11

分离型滚动直线导轨副标记规则：

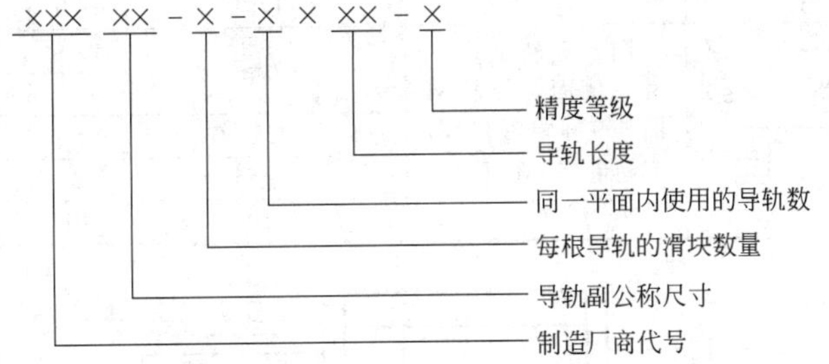

以南京工艺装备制造股份有限公司产品示例：

GGF25-2-Ⅱ×500-3

说明：代号为 GGF 型、公称尺寸为 25 的分离型滚动直线导轨副，其导轨长度为 500mm，同一平面内使用 2 根导轨，每根导轨的滑块数量为 2，精度等级为 3 级。

4.3 滚动直线导轨副的精度（摘自 JB/T 14209.2—2021、JB/T 12603.2—2016）

表 7-3-21 适用于滚柱直线导轨副及滚珠直线导轨副，按 1~5 级精度依次递减。

各级精度的滚动直线导轨副还要检验预紧拖动力（图 7-3-3）的变动量，将直线导轨固定，用测力器沿导轨长度方向水平而匀速地分别拉动各滑块（不带密封），测得各滑块的拖动力 F 值，并与制造商设定的预紧拖动力值相比，其变化幅度不得超过表 7-3-22 中给出的百分比。

表 7-3-21　　　　滚动直线导轨副的精度

序号	简图	检验项目	允许偏差/μm					
			导轨长度/mm	精度等级				
				1	2	3	4	5
1		(1)滑块移动对导轨地面基准 A 的平行度 (2)滑块移动对导轨地面基准 B 的平行度	≤500	2	4	8	14	20
			>500~1000	3	6	10	17	25
			>1000~1500	4	8	13	20	30
			>1500~2000	5	9	15	22	32
			>2000~2500	6	11	17	24	34
			>2500~3000	7	12	18	26	36
			>3000~3500	8	13	20	28	38
			>3500~4000	9	15	22	30	40
			>4000~4500	10	16	23	32	42
			>4500~5000	11	17	24	33	43
			>5000~5500	12	18	25	34	44
			>5500~6000	13	19	26	35	45
2		滑块顶面与导轨基准底面高度 H 的尺寸偏差	规格	精度等级				
				1	2	3	4	5
			15、20、25、30、35	±5	±12	±20	±40	±80
			45、55	±8	±15	±25	±50	±100
			65、85、100	±15	±20	±30	±60	±120
			125	±20	±25	±35	±70	±130
3		同一平面上配对导轨的多个滑块顶面高度 H 的变动量	规格	精度等级				
				1	2	3	4	5
			15、20、25、30、35、45、55	3	5	7	15	30
			65、85、100、125	5	7	10	20	40
4		与导轨侧面基准同侧的滑块侧面与导轨侧面基准间距离 W_1 的尺寸偏差(只适用于基准导轨)	规格	精度等级				
				1	2	3	4	5
			15、20、25、30、35	±5	±10	±20	±40	±150
			45、55	±10	±15	±25	±50	±160
			65、85、100	±15	±20	±30	±60	±170
			125	±20	±25	±35	±60	±180
5		同一导轨上多个滑块侧面与导轨侧面基准间距离 W_1 的变动量(只适用基准导轨)	规格	精度等级				
				1	2	3	4	5
			15、20、25、30、35	5	7	10	25	70
			45、55	8	10	12	30	80
			65、85、100、125	10	12	15	35	90

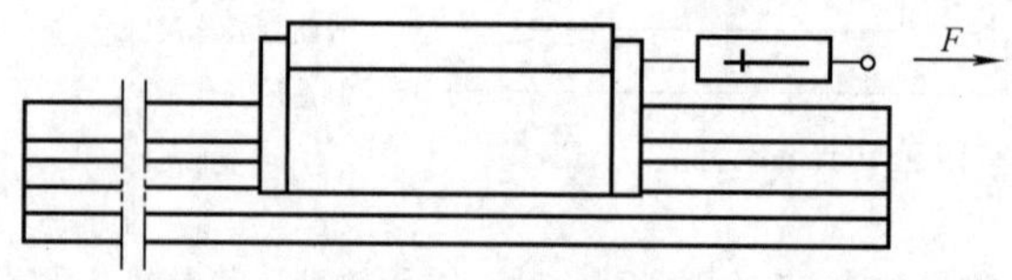

图 7-3-3　预紧拖动力

表 7-3-22　　　　预紧拖动力变动量公差

公差/%			
微预压 (0~0.01)C	轻预压 0.02C	中预压 0.05C	重预压 (0.08~0.1)C
25	20	15	10

注：C 为额定动载荷。

各种机械设备推荐的精度等级见表 7-3-23。

表 7-3-23　　　　推荐采用精度等级

机床及机械类型		坐标	精度等级				
			1	2	3	4	5
数控机械	车床	x		☑	☑	☑	
		z			☑	☑	☑
	铣床、加工中心	x、y		☑	☑	☑	
		z			☑	☑	☑
	坐标镗床、坐标磨床、五轴加工中心、龙门加工中心、精密镗铣床	x、y	☑	☑	☑		
		z	☑	☑	☑	☑	
	磨床	x、y	☑	☑	☑		
		z	☑	☑		☑	
	电加工机床	x、y	□	☑	☑		
		z				☑	☑
	精密冲裁机	x、z				☑	☑
	绘图机	x、y			☑	☑	
	精密十字工作台	x、y			☑		
普通机床		x、y			☑		
		z			☑		
通用机械						☑	☑

4.4　预加载荷的选择

采用预加载荷（即预先给滚动体施加内部载荷）的方法可以提高滚动直线导轨副的刚度。预加载荷加大，滚动直线导轨副的滚动摩擦力也略有增大，寿命也会减少。故用户应根据使用要求选择合适的预加载荷，根据不同使用场合和不同使用精度推荐的预加载荷见表 7-3-24 和表 7-3-25。

表 7-3-24　　　　不同使用场合推荐的预加载荷种类

代号	使用条件	应用举例
无预压（P_3）	(1)冲击及振动很小 (2)两根导轨并用 (3)精度要求不太高 (4)要求尽量减小驱动力	(1)橡胶溶解机，自动包装机 (2)普通机械 x、y 轴 (3)各种精密机床 x、y 工作台 (4)电加工机床
轻预压（P）	(1)悬挂载荷或扭转载荷 (2)使用一根滚动直线导轨副 (3)轻载荷，要求精度高，两根导轨并列使用	(1)自动涂装机，工业机器人 (2)电加工机床，测量机和精密机床 x、y 工作台 (3)普通机械的 z 轴
中预压（P_1）	(1)要求较高承载能力和刚度 (2)承受较大的冲击和振动 (3)要求精度高	(1)加工中心 (2)铣床、立式或卧式镗床 (3)刀架
重预压（P_0）	(1)承受大的冲击和振动 (2)精度要求高	(1)重型机床 (2)大型机械

表 7-3-25　　　　根据不同使用精度推荐的预加载荷

精度等级	预加载荷			
	无预压 P_3	轻预压 P	中预压 P_1	重预压 P_0
1,2,3	不可用	可用	可用	可用
2,3,4	不可用	可用	可用	可用
5	可用	可用	可用	可用

4.5 安装与压紧方式

（1）安装与使用

轻拿轻放，避免磕碰以影响导轨副的直线精度。不建议将滑块拆离导轨，不允许超过行程又推回去。若因安装困难，需要拆下滑块，可使用引导轨（引导轨是一种装配辅助工具，其实际尺寸比导轨小一号。需要时，可将导轨与引导轨的端头对接，把滑块从导轨推到引导轨上，当导轨安装好后，再将滑块从引导轨推到导轨上，注意基准方向）。

（2）安装注意事项

滚动直线导轨副常规为两套成组使用，通常分为基准导轨副与非基准导轨副。导轨基准用箭头指向导轨基准侧面，滑块的基准侧面为磨光面。如图 7-3-4，基准导轨副是指导轨和滑块均具有基准侧面，且标识后面加有“J”符号的滚动直线导轨副，例如“123456J”；非基准导轨副是指导轨有基准侧面，而滑块没有基准侧面的导轨副，且标识后面没有“ J”，例如“123456”。

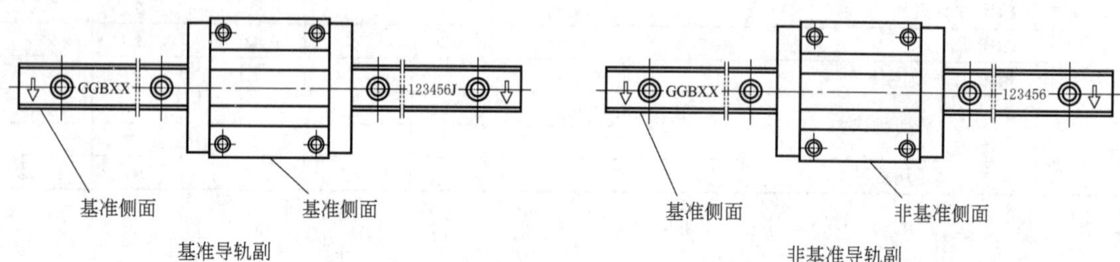

图 7-3-4　区分基准导轨副与非基准导轨副

第7篇

认清导轨副安装时所需的基准侧面（见图 7-3-5）。

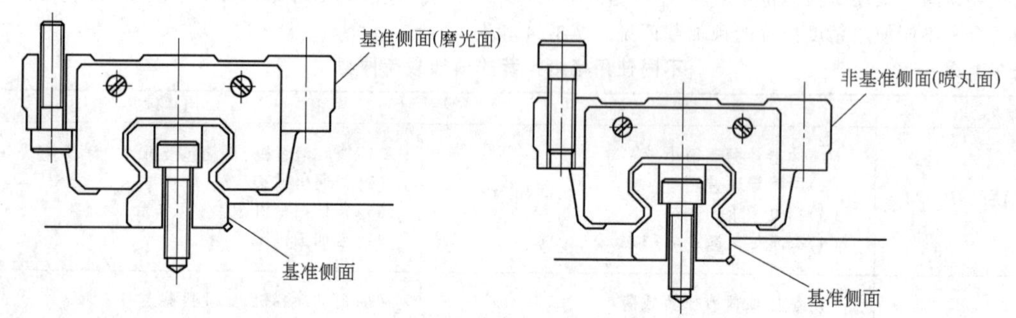

图 7-3-5　基准导轨副与非基准导轨副安装基准面

（3）导轨副的基本安装步骤（图 7-3-6~图 7-3-11）

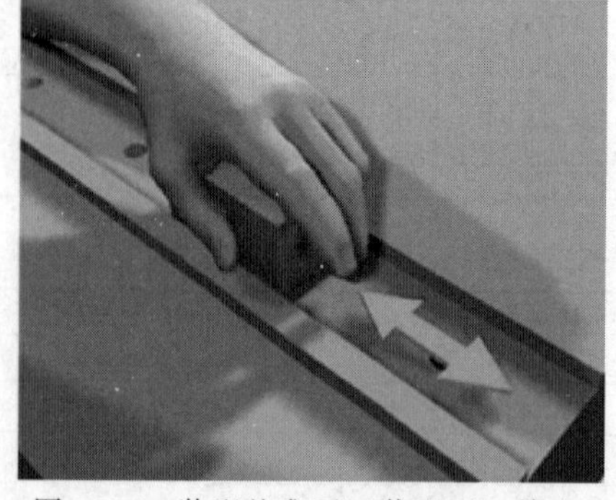

图 7-3-6　装配基准面（装配面）检查

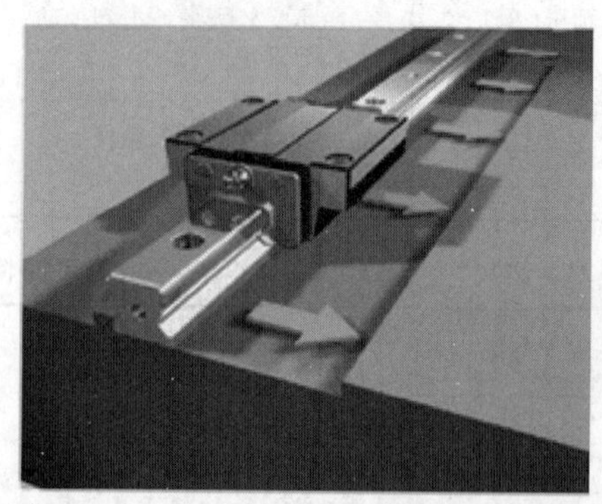

图 7-3-7　导轨与安装台阶的基准侧面靠近

图 7-3-8　检查螺栓螺孔位置

图 7-3-9　侧面螺钉预紧

图 7-3-10　安装螺栓拧紧

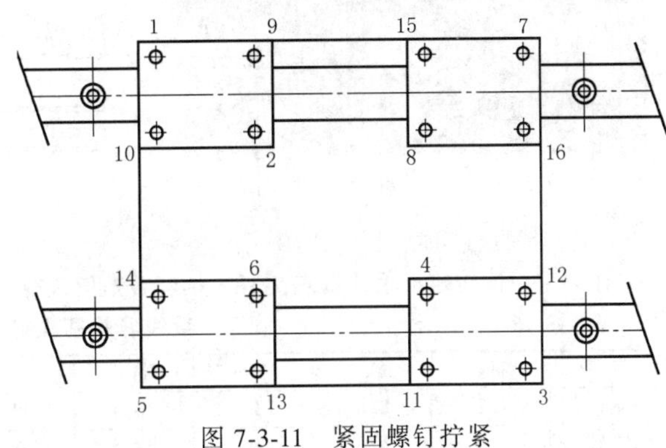

图 7-3-11　紧固螺钉拧紧

1）检查装配面；

2）设置导轨的基准侧面与安装台阶的基准侧面相对；

3）检查螺栓的位置，确认螺孔位置正确；

4）预紧固定螺钉，使导轨基准侧面与安装台阶侧面紧密相接；

5）拧紧安装螺栓；

6）依次拧紧滑块的紧固螺钉。

（4）基准导轨副的安装方法（有以下两种方法）

1）如图 7-3-12，利用 U 形夹头将导轨的基准侧面与安装台阶的基准侧面夹紧，然后在该处用固定螺栓拧紧（建议采用配攻螺纹孔），由一端开始，依次将导轨固定。

2）无安装台阶时，将导轨一端固定后，按图 7-3-13 所示方法将表针靠在导轨的基准侧面，以直线块规为基准，自导轨的一端开始读取指针值校准直线度，并依次将导轨固定。

图 7-3-12　U 形夹头夹紧方法

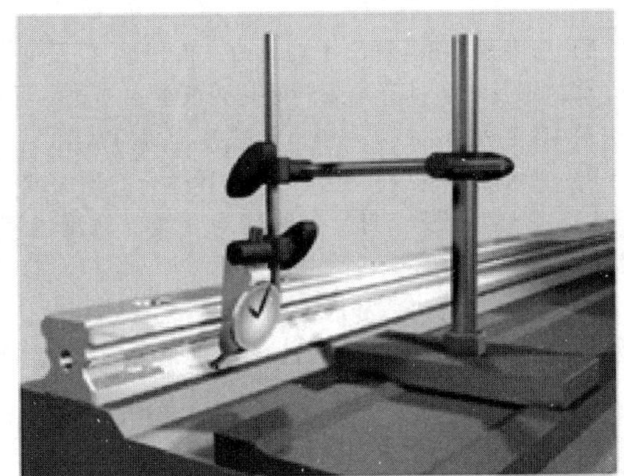

图 7-3-13　校准直线度

(5) 非基准导轨副的安装方法

1) 如图 7-3-14 所示，将吸铁表面固定在基准导轨副的滑块上，量表的指针顶在非基准导轨副的导轨基准侧面上，从导轨的一端开始读取平行度，并顺次将非基准导轨副固定好；另外，亦可参照图 7-3-12、图 7-3-13 所示方法。

2) 当使用接长导轨时，如图 7-3-15，同一套导轨副编同一英文大写字母，连续阿拉伯数字表示连接顺序，对接端头由同一阿拉伯数字相连。

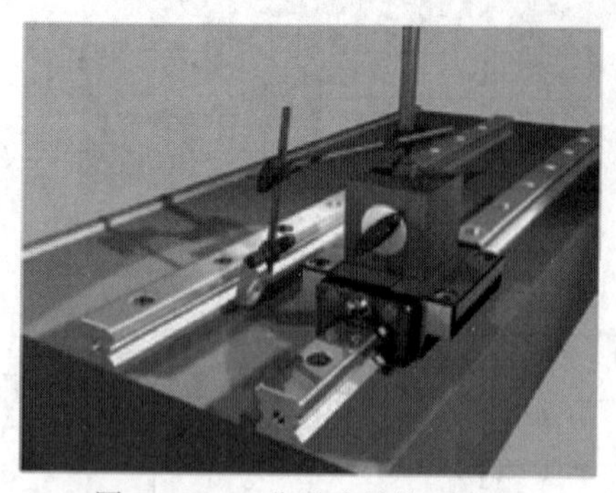

图 7-3-14 非基准导轨副校准

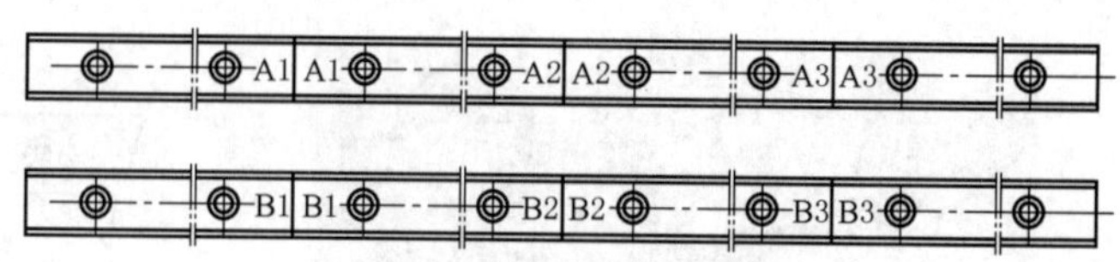

图 7-3-15 接长导轨对接法

(6) 紧固螺钉的方法

建议采用恒转矩扳手并按表 7-3-26 推荐转矩值进行。

表 7-3-26 直线导轨副螺钉安装转矩推荐值

N · m

材料	M4	M5	M6	M8	M12	M14	M16	M20	M24	M30
铁	4.1	8.8	13.7	30.4	118	157	196	382	657	1300
铸件	2.7	5.3	9	22.5	76.5	122	190	380	650	1160
铝材	2.06	4.41	6.86	14.7	58.8	78.4	98	191	328	652

螺钉紧固后，其上部沉孔如需防尘及密封，请使用随产品配套提供的沉孔压盖或防尘钢带。

4.6 滚动直线导轨副选择计算程序

1) 确定使用条件：安装空间及方式（水平或立式、导轨及滑块个数）；作用载荷的大小、方位及坐标；行程的长度及频度；运行的速度及加速度；要求的寿命、刚度及精度；环境要求（温度、材料等）。

2) 根据使用条件选择合适的滚动直线导轨副的类型，并确定导轨副的组合形式。

3) 参考表 7-3-3 计算导轨副每个滑块上的载荷。

4) 根据经验、安装空间或初估算初选一种规格型号尺寸。

5) 根据式（7-3-7）及式（7-3-8）算出当量载荷，并依据最大当量载荷值和式（7-3-6）验算静态安全系数 S_0。

6) 参考表 7-3-4 算出平均载荷，再根据式（7-3-9）、式（7-3-10）和式（7-3-11）进行寿命计算。根据静强度计算结果及寿命计算结果判断是否要变更初选的导轨副尺寸型号。

7) 参考表 7-3-21～表 7-3-23 选择合适的精度。

8) 参考表 7-3-24、表 7-3-25 选择适合的预加载荷级别，确定合适的固定安装方案。

9) 关于润滑及密封，一般滚动直线导轨副出厂时均装有钠基或锂基润滑脂，通常每使用三个月内补充一次。

为了防止异物进入和润滑剂泄出，产品出厂时，滑块的两端均装有耐油橡胶密封垫。在尘埃较大的场合，可加装风箱式密封罩或伸缩式防护罩，将导轨全部遮盖起来。

4.7 选择计算实例

例 某轻型铣床工作台采用两根水平滚动直线导轨副，每根导轨有两个滑块，总载荷 $P=18000$N，作用于工作台中心。单向行程长度 0.6m，每分钟往返次数 $n=4$，每日平均开机 6h，要求使用 5 年以上。选择合适型号的滚动直线导轨副。

解 按每年 300 个工作日计算 $L_h=5\times300\times6=9000$（h）

每个滑块上的计算载荷 $P_c=\frac{1}{4}P=\frac{1}{4}\times18000=4500$（N）（径向）

代入式（7-3-11）可得 $L=\frac{lnL_h}{8.3}=\frac{0.6\times4\times9000}{8.3}\approx2602$（km）

每根导轨使用两个滑块，从表 7-3-8 可查得 $f_C=1$（非紧挨着）；工作温度低于 100℃，由表 7-3-7 得 $f_T=1$；工作中有中等冲击但速度小于 15m/min，由表 7-3-9，可取 $f_W=1.2$；导轨副元件硬度在 58HRC 以上，取 $f_H=1$，代入式（7-3-9）可得

$$C=\frac{f_W P_c}{f_H f_T f_C}\sqrt[3]{\frac{L}{50}}=\frac{1.2\times4500}{1\times1\times1}\sqrt[3]{\frac{2602}{50}}=20160(\text{N})=20.16(\text{kN})$$

查南京工艺装备制造股份有限公司产品手册四滚道直线导轨副 GGB 45 标准型，$C=74.8$kN，$C_0=101.2$kN，$C_0/P_0=101.2/4.5=24.49$，大于表 7-3-5 静态安全系数 S_0 的要求。

5 滚动直线导套副

5.1 结构与特点

滚动直线导套副由套筒型直线球轴承（GB/T 16940—2012）、套筒型直线球轴承支座、圆形导轨轴及导轨轴两端支座（开放型可加中间导轨轴支座）组成。由于结构上的原因，直线运动球轴承只能在导轨轴上做轴向直线往复运动，不能旋转。负载滚珠与导轨轴外圆柱为点接触，因而许用载荷较小，但摩擦阻力也较小。这种轴承运动轻便、灵活，精度较高，价格较低，维护方便，更换容易，适用于精度要求较高且载荷较轻的直线往复运动系统。目前，滚动直线导套副广泛用于机床、计算机、电子仪器、输送机械、纺织机械、包装机械及印刷机械等。

5.2 套筒型直线球轴承（摘自 GB/T 16940—2012）

套筒型直线球轴承标准将这种轴承分为闭式套筒型、可调整套筒型及开口套筒型等，如下图（c）、（d）、（e）所示。在大多数情况下，闭式套筒型直线球轴承可通过选择座的配合、轴径与轴承的球组内径，对球组内径与轴之间的间隙进行调整；可调整套筒型直线球轴承具有弹性，允许对球组内径与轴之间做机械调整；开口套筒型直线球轴承沿轴的方向截去一部分，以提供其在轴和支承导轨装置上的缝隙。表 7-3-27 给出了三个系列的外形尺寸。

直线球轴承外形尺寸

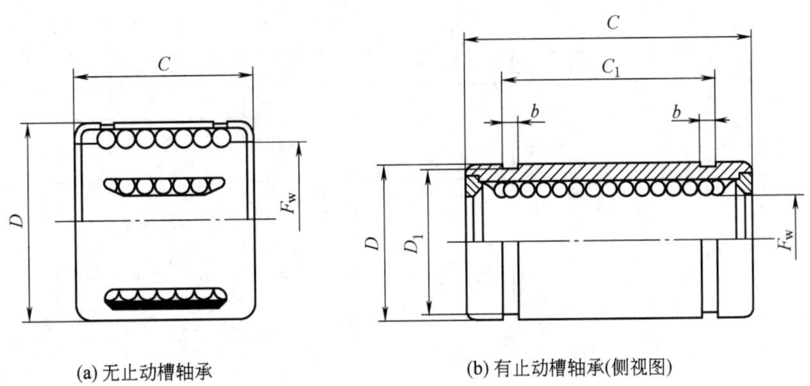

(a) 无止动槽轴承　　(b) 有止动槽轴承(侧视图)

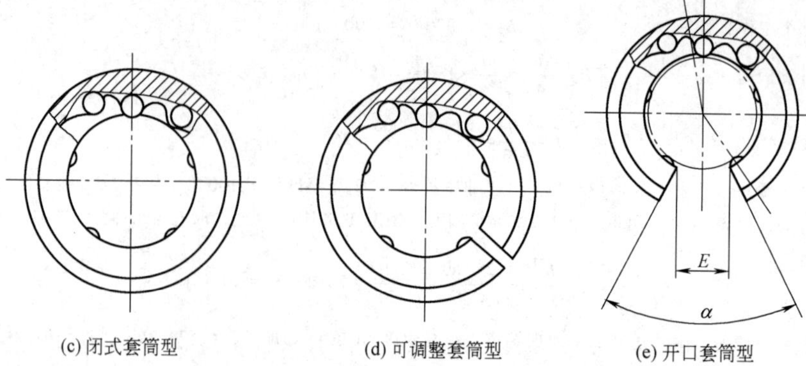

(c) 闭式套筒型 (d) 可调整套筒型 (e) 开口套筒型

注：图示仅为一种结构示例。

表 7-3-27

mm

直线球轴承外形尺寸-1系列	外形尺寸					
	F_w	D	C	F_w	D	C
	3	7	10	16	24	30
	4	8	12	20	28	30
	5	10	15	25	35	40
	6	12	19	30	40	50
	8	15	24	40	52	60
	10	17	26	50	62	70
	12	19	28	60	75	85

直线球轴承外形尺寸-3系列	外形尺寸							
	F_w	D	C	C_1	b_{min}	D_{1max}	E_{min}	α_{min}/(°)
	5	12	22	14.2	1.1	11.5	—	—
	6	13	22	14.2	1.1	12.4	—	—
	8	16	25	16.2	1.1	15.2	—	—
	10	19	29	21.6	1.3	18	—	—
	12	22	32	22.6	1.3	21	6.5	65
	16	26	36	24.6	1.3	24.9	9	50
	20	32	45	31.2	1.6	30.5	9	50
	25	40	58	43.7	1.85	38.5	11	50
	30	47	68	51.7	1.85	44.5	12.5	50
	40	62	80	60.3	2.15	59	16.5	50
	50	75	100	77.3	2.65	72	21	50
	60	90	125	101.3	3.15	86.5	26	50
	80	120	165	133.3	4.15	116	36	50
	100	150	175	143.3	4.15	145	45	50

直线球轴承外形尺寸-5系列	外形尺寸							
	F_w	D	C	C_1	b_{min}	D_{1max}	E_{min}	α_{min}/(°)
	3	7	10	—	—	—	—	—
	4	8	12	—	—	—	—	—
	5	10	15	10.2	1.1	9.6	—	—
	6	12	19	13.5	1.1	11.5	—	—
	8	15	24	17.5	1.1	14.3	—	—
	10	19	29	22	1.3	18	6	65
	12	21	30	23	1.3	20	6.5	65
	13	23	32	23	1.3	22	6.7	60
	16	28	37	26.5	1.6	27	8	60
	20	32	42	30.5	1.6	30.5	8.6	50
	25	40	59	41	1.85	38	10.6	50

续表

直线球轴承外形尺寸-5系列	外形尺寸							
	F_w	D	C	C_1	b_{min}	D_{1max}	E_{min}	$\alpha_{min}/(°)$
	30	45	64	44.5	1.85	43	12.7	50
	35	52	70	49.5	2.1	49	14.8	50
	40	60	80	60.5	2.1	57	16.9	50
	50	80	100	74	2.6	76.5	21.1	50
	60	90	110	85	3.15	86.5	25.4	50
	80	120	140	105.5	4.15	116	33.8	50
	100	150	175	125.5	4.15	145	42.7	50

注：对于3系列和5系列的开口和可调整套筒型轴承，D 和 D_1 的尺寸是在轴承开缝后并装在直径为 D、偏差为零的厚壁环境中所测得的尺寸。

5.3 滚动直线导套副系列产品

根据使用直线球轴承结构类型的不同，滚动直线导套副也有三种结构形式。①标准型滚动直线导套副，这是常用的类型，直线球轴承与导轨轴之间的间隙不可调整。②调整型滚动直线导套副，能够任意调整直线球轴承与导轨轴之间的间隙，适用于要求调隙的场合，可以方便地获得零间隙或适当的负间隙。以上两种导套副一般只适用于短行程或对运动轨迹精度要求不太高的场合。③开放型滚动直线导套副，可以调整间隙且适用于带有多个导轨轴支承座的长行程的场合，可以避免长导轨轴因跨距太大而下垂对运动精度和性能的影响，有利于获得较高的运动精度。

5.3.1 开放型滚动直线导套副系列产品

表7-3-28摘编部分滚动直线导套副系列产品的尺寸与性能，表中所谓“通用系列”是合乎国标GB/T 16940—2012系列外形尺寸的，而所谓“特殊系列”外形尺寸并不符合国标，有关厂家今后将会重新更正系列名称以适应新标准的推行。

开放型滚动直线导套副系列尺寸

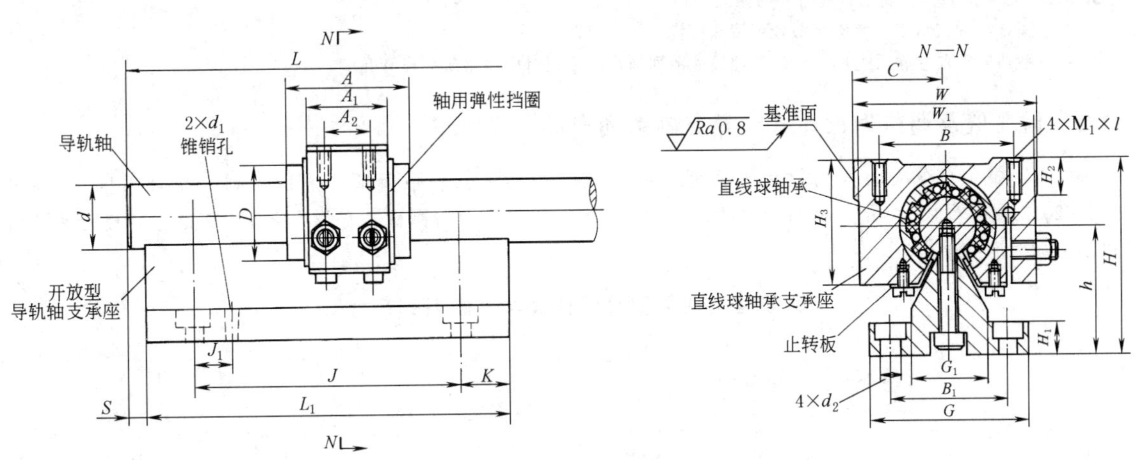

表 7-3-28 mm

通用系列尺寸	通用系列																											
	型号规格	外形尺寸																									额定动载荷 C /N	额定静载荷 C_0 /N
		d (js6)	d_1	d_2	D (h6)	L	L_1	A	A_1 (−0.2)	A_2	J	J_1	K	C	W	W_1	B	B_1	G	G_1	h	H	H_1	H_2	H_3	$M_1 \times l$		
	13	13	5	5.8	23	≤500	100	32	20.5	11	80	15	10	27	54	53	36	36	50	22	36	56	11	9	33	M5×8	260	480
	16	16	5	5.8	28	≤650	100	37	24	13	80	15	10	28	56	54	42	36	50	24	39	63	10	10	40	M5×14	420	720

续表

	通用系列																											
	型号规格	外形尺寸																									额定动载荷 C /N	额定静载荷 C_0 /N
		d (js6)	d_1	d_2	D (h6)	L	L_1	A	A_1 (−0.2)	A_2	J	J_1	K	C	W	W_1	B	B_1	G	G_1	h	H	H_1	H_2	H_3	$M_1 \times l$		
通用系列尺寸	20	20	6	7	32	≤800	125	42	275	16	100	20	12.5	30	60	58	45	40	56	24	41	67	12	12	43	M6×14	550	920
	25	25	6	7	40	≤1000	125	59	38	24	120	20	13	36	71	68	56	40	56	24	41	71	12	14	52	M6×14	870	1560
	30	30	6	7	45	≤1500	150	64	41	26	120	25	15	40	80	77	63	45	60	26	51	85	14	16	58	M8×16	1270	2150
	35	35	8	9	52	≤1800	150	70	45.5	28	120	25	15	45	90	87	71	53	71	34	58	96	14	18	66	M8×16	1670	3040
	38	38	8	9	57	≤2000	150	76	55	38	120	25	15	50	100	96	80	53	71	34	58	100	14	20	73	M8×16	2050	3520
	40	40	8	9	60	≤2000	150	80	56.5	38	120	25	15	50	100	96	80	53	71	34	58	100	14	20	74	M8×18	2050	3520
	50	50	8	11	80	≤2500	200	100	69	50	160	30	20	63	120	—	100	67	90	42	72	125	17	25	95	M12×25	4010	6950
	60	60	8	11	90	≤3000	200	110	79	56	160	30	20	70	140	—	110	67	90	48	85	145	17	28	108	M12×25	4800	8030
	80	80	8	14	120	≤3500	200	140	100	75	200	40	25	90	150	—	150	85	—	60	—	190	20	35	143	M12×25	8820	14210

	特殊系列							
	型号规格	外形尺寸					额定动载荷 C/N	额定静载荷 C_0/N
		d(js6)	D(h6)	A	A_1(−0.2)	A_2		
特殊系列尺寸	13	12	22	32	20.4	11	250	480
	16	16	26	36	22.4	12	280	550
	20	20	32	45	28.5	16	550	970
	25	25	40	58	40.5	26	870	1560
	30	30	47	68	48.5	32	1270	2150
	40	40	62	80	56.5	40	2050	3520
	50	50	75	100	72.5	53	4010	6950
	60	60	90	125	95.5	71	5190	8910
	80	80	120	165	125.5	100	8820	14120

注：1. $4\times d_2$ 孔配用内六角螺钉紧固。

2. S 尺寸由客户自定，请于订货时注明。

3. 开放型导轨轴支承座有特殊要求者可特殊订货。

4. 特殊系列外形尺寸除所列尺寸外，其他尺寸系列与通用系列对应规格所列尺寸相同。

5.3.2 标准型及调整型滚动直线导套副系列产品

表 7-3-29 摘编部分滚动直线导套副系列产品的尺寸与性能，表中所谓“通用系列”是合乎国标 GB/T 16940—2012 系列外形尺寸的，而所谓“特殊系列”外形尺寸并不符合国标，有关厂家今后将会重新更正系列名称以适应新标准的推行。

标准型及调整型滚动直线导套副系列尺寸

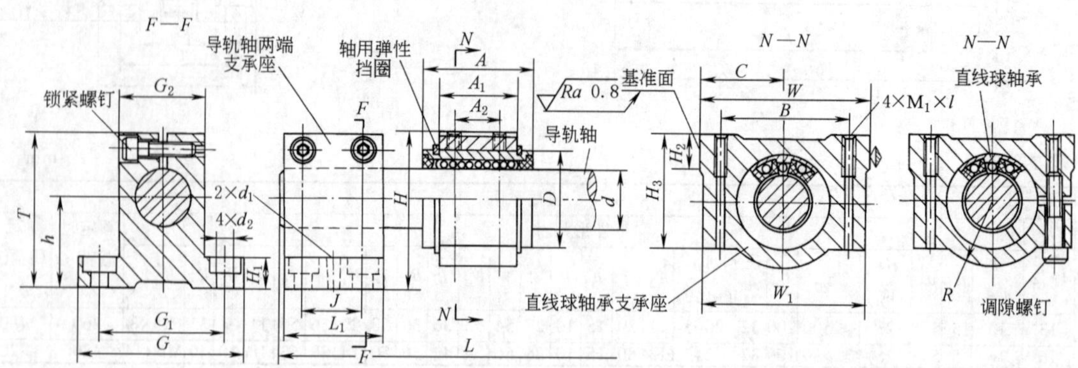

表 7-3-29 mm

	通用系列																										
	型号规格	外形尺寸																								额定动载荷 C /N	额定静载荷 C_0 /N
		d (js6)	d_1	d_2	D (h6)	h	C	G	G_1	G_2	L	L_1	T	H_1	H	H_3	H_2	A	A_1 (−0.2)	A_2	J	W	W_1	B	R	M_1×1		
通用系列尺寸	13	13	5	5.8	23	20	25	45	32	20	≤500	32	38	10	40	28	9	32	20.9	11	11	50	48	36	18	M5×12	260	480
	16	16	5	5.8	28	24	28	50	36	24	≤650	32	46	10	48	34	10	37	23.8	13	13	56	54	42	22	M5×12	420	720
	20	20	6	7	32	27	30	60	45	30	≤800	38	50	12	53	38	12	42	28	16	16	60	58	45	24	M6×14	550	920
	25	25	6	7	40	33	35.5	67	50	36	≤1000	38	60	12	63	42	14	59	37.4	24	24	71	68	56	28	M6×14	870	1560
	30	30	6	7	45	37	40	75	56	42	≤1500	38	67	12	71	50	16	64	41	26	26	80	77	63	32	M8×16	1270	2150
	35	35	8	9	52	42	45	85	67	50	≤1800	48	75	16	80	56	18	70	45.5	28	28	90	87	71	36	M6×16	1670	3040
	38	38	8	9	57	48	60	90	71	54	≤2000	48	85	16	90	63	20	76	54.5	40	40	100	96	80	40	M8×18	2050	3520
	40	40	8	9	60	48	50	90	71	54	≤2000	48	85	16	90	63	20	80	56.4	40	40	100	96	80	40	M8×18	2050	3520
	50	50	8	11	80	57	62.5	110	85	65	≤2500	52	105	20	110	75	25	100	69	50	50	125	121	100	50	M12×22	4010	6950
	60	60	8	11	90	65	70	125	100	80	≤3000	52	120	20	125	85	28	110	80	56	56	140	135	110	56	M12×22	4800	8030
	80	80	8	14	120	80	90	160	130	105	≤3500	60	150	25	160	110	25	140	99.4	75	75	180	175	150	70	M12×25	8820	14210

	特殊系列							
	型号规格	外形尺寸					额定动载荷 C/N	额定静载荷 C_0/N
		d(js6)	D(h6)	A	A_1(−0.2)	A_2		
特殊系列尺寸	13	12	22	32	20.4	11	250	480
	16	16	26	36	22.4	12	280	550
	20	20	32	45	28.5	16	550	970
	25	25	40	58	40.5	26	870	1560
	30	30	47	68	48.5	32	1270	2150
	40	40	62	80	56.5	40	2050	3520
	50	50	75	100	73	53	4010	6950
	60	60	90	125	96	71	5190	8910
	80	80	120	165	125.5	100	8820	14120

注：特殊系列外形尺寸除表所列尺寸外，其他尺寸系列与通用系列对应规格所列尺寸相同。

5.4 滚动直线导套副的精度

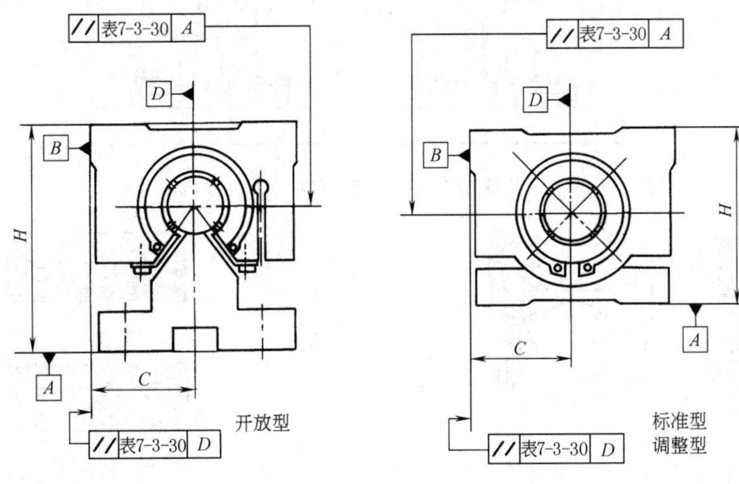

表 7-3-30　　　　μm

序号	项目	精度等级		
		J	P	P_1
1	直线运动导轨轴轴心线对导轨轴支承座 *A* 面的平行度/m	10	15	20
2	直线球轴承支承座 *B* 面对导轨轴的平行度/m	15	20	30
3	高度 *H* 的尺寸公差	±40	±50	±100
4	同一导轨轴上两个直线球轴承支承座 *H* 尺寸的一致性	15	25	35
5	安装基面 *B* 对导轨轴中心线的尺寸 *C* 的公差	±40	±150	±250
6	同一导轨轴上两个直线球轴承支承座 *C* 尺寸的一致性	20	30	60

注：1. 表中所列精度等级，开放型在导轨轴支承座位置上检测，标准型及调整型靠近导轨轴两端支承座位置检测。
2. 各项目的检测必须在基面 *B*、*A* 相互垂直的情况下进行。
3. 在同一平面上并列使用两套滚动直线导套副时，*C* 的尺寸公差和两者一致性只适用于基准滚动直线导套副。
4. 直线球轴承内切圆与导轨轴、直线球轴承安装外圆与支承座孔间的配合分别为 g6、H7。

5.5　安装调整方法

直线球轴承压入支承座时，应采用专用安装工具压靠外圈端面，如图 7-3-16 所示。不允许直接敲打轴承，以免变形。调整型和开放型按图 7-3-17 和图 7-3-18 的方式安装，然后用螺钉压紧调整间隙，注意不要使预压过大。导套支承座常用安装方式见图 7-3-19。导套内的直线球轴承的常用固定方法见图 7-3-20。

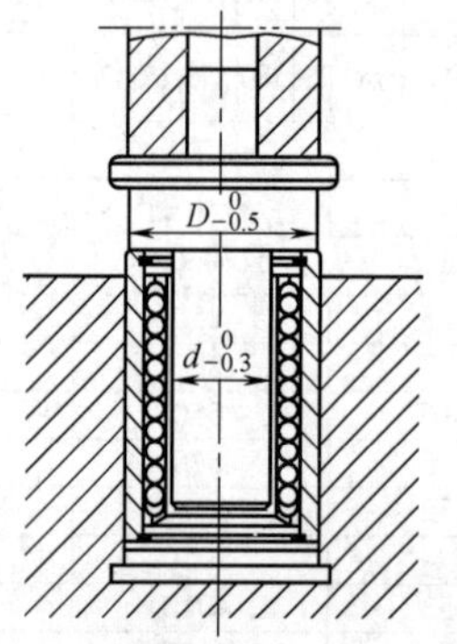

图 7-3-16　专用安装工具安装直线球轴承

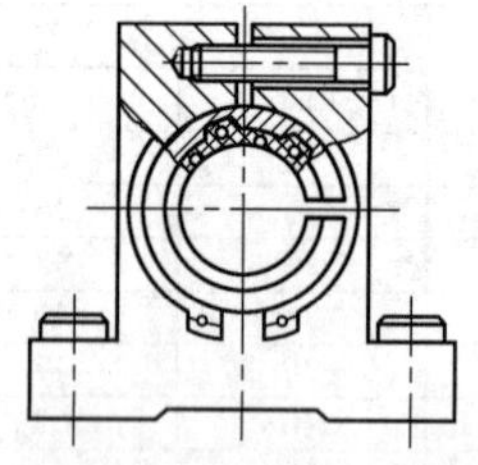

图 7-3-17　调整型滚动直线导套副安装直线球轴承

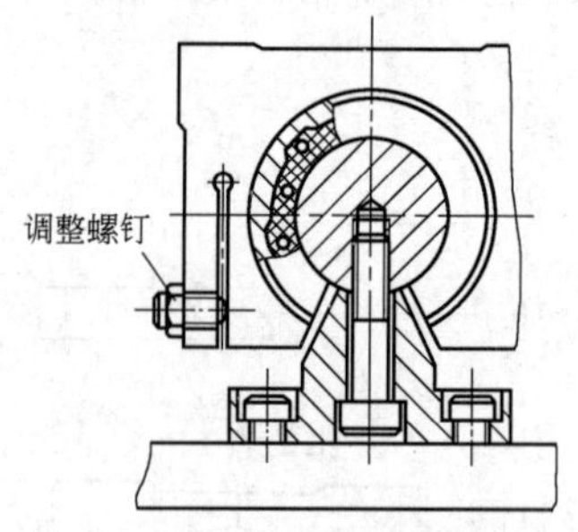

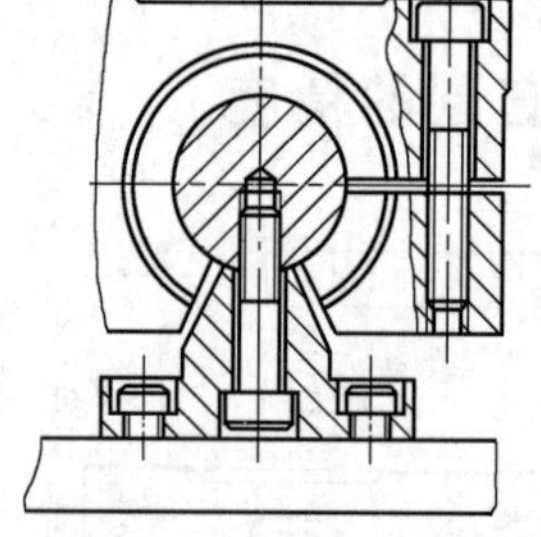

图 7-3-18　开放型滚动直线导套副安装直线球轴承

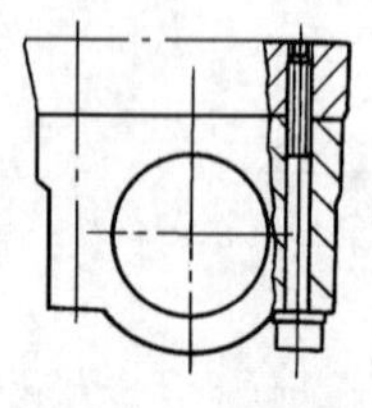

(a) 反向固定安装

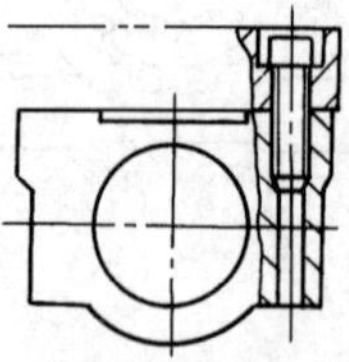

(b) 正向固定安装

图 7-3-19　直线球轴承支承座安装方式

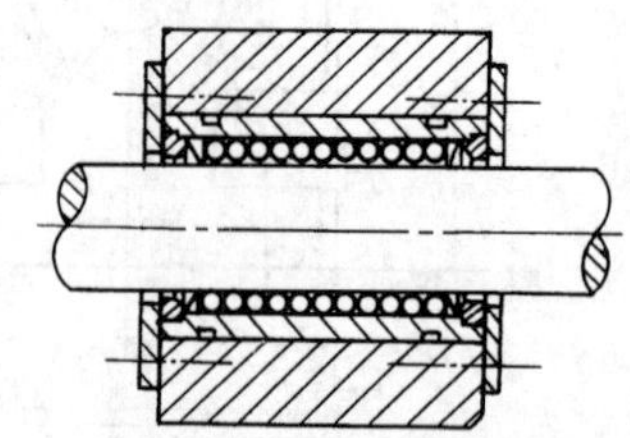

图 7-3-20　直线球轴承常用固定方式

5.6 选择计算实例

例 某工作台选用两根开放型25规格滚动直线导套副，每根轴上各有两个导套。工作台与工件之总质量为400N，该导套单行程长度$l=0.6\text{m}$，每分钟往返4次，每日开机6h，工况为无明显冲击，每年按300工作日计算，试核算该滚动直线导套副的使用寿命。取$f_W=1.6$，工作温度在100℃以下。

解 每个导套所受载荷：

$$P_c=\frac{1}{4}\times400=100\ (\text{N})$$

由表7-3-7，$f_T=1$；由表7-3-8，$f_C=0.81$；滚动体及滚道的硬度均在58HRC以上，故$f_H=1$。

由表7-3-28可查得，开放型25规格滚动直线导套副的额定动载荷$C=870\text{N}$。

将以上数据代入式（7-3-9）可得

$$L=\left(\frac{f_Hf_Tf_C}{f_W}\times\frac{C}{P_c}\right)^3\times50=\left(\frac{1\times1\times0.81}{1.6}\times\frac{870}{100}\right)^3\times50=4272\ (\text{km})$$

代入式（7-3-11）可得

$$L_h=\frac{8.3L}{l\times n}=\frac{8.3\times4272}{0.6\times4}=14774\ (\text{h})$$

预期使用年限

$$L_a=\frac{L_h}{6\times300}=\frac{14774}{1800}=8.2\ (\text{年})$$

6 滚动花键副

6.1 结构和工作原理

滚动花键副是一种直线运动系统，当花键套利用其中的滚珠在经过精密磨削的花键轴上直线运动时，可以传递转矩。花键副具有较紧凑的结构，能够传递超额的载荷及动力。花键轴采用优质合金钢，其中频淬硬58HRC；花键套采用优质合金结构钢渗碳淬硬或合金钢，整体淬硬58HRC，因此具有较高的寿命和强度。

滚动花键副由花键轴、花键套、滚珠及循环装置组成，见图7-3-21。

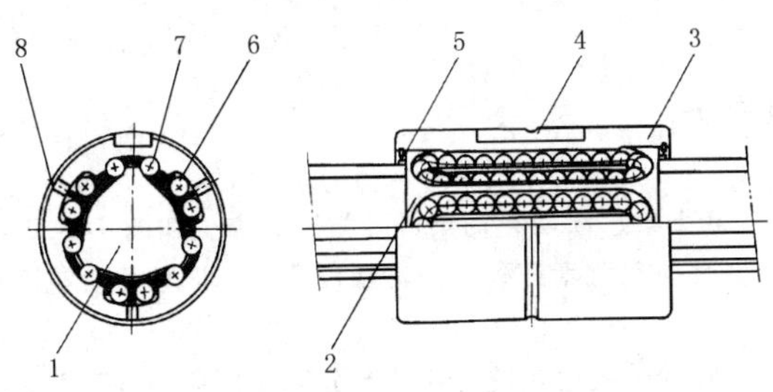

图7-3-21 滚动花键副

1—花键轴；2—保持架；3—花键套；4—键槽；5—橡胶密封垫；6—空载滚珠列；7—承载滚珠列；8—油孔

滚珠、花键套、循环装置与密封装置是组装成一体的，可以自由地从花键轴上卸下，滚珠及花键套上的其他零件均不会散落。结构紧凑，组装简单。

由于滚珠与花键套和花键轴滚道的接触角为45°，因此既能承受径向载荷，又能传递转矩。通过选配滚珠的直径，使滚动花键副内产生过盈，即预加载荷，可以提高接触刚度、运动精度和抗冲击的能力。滚动花键副可用于高速运动的场合，运动速度可达 100m/min 以上。

滚动花键副已广泛用于机器人及摇臂、自动装卸车、组合机床、自动搬运装置、轮胎成型机、点焊机主轴、高速自动涂装机导轴、铆接机、卷绕机、电弧加工机摇盘、磨床主轴驱动轴、各种变速装置、精密分度轴以及各种机床主轴、各类测量仪器及自动绘图仪的精密导向轴、线切割机等多种机械设备中。

6.2 滚动花键副编号规则及示例（摘自 GB/T 40310.1—2021）

编号规则及示例

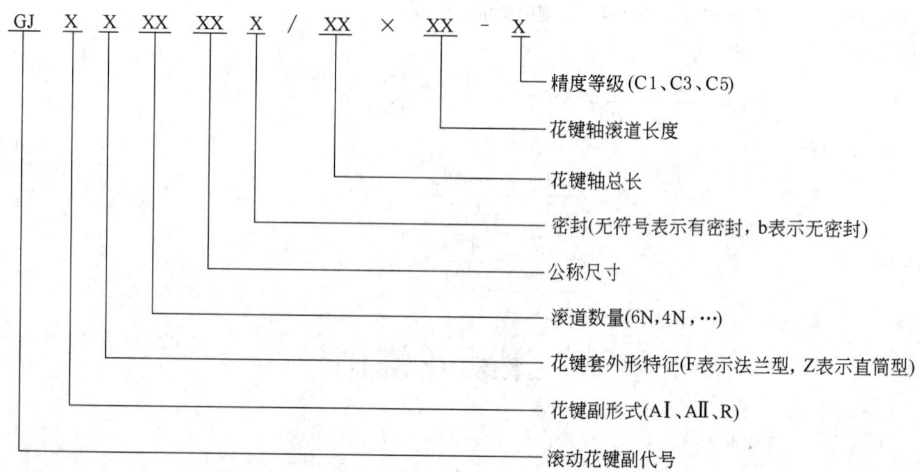

以南京工艺装备制造股份有限公司产品型号为例：

（1） GJ AⅡ F 6N-40/1000×500-C1-P0-1

说明：形式为 AⅡ型的、公称直径为 $\phi40$ 的滚动花键副，花键套为法兰型，6 条花键滚道，花键轴总长 1000mm，花键滚道长度 500mm，精度等级为 C1，花键套装有密封装置，普通预压，一个花键套。

（2） GJ R Z 6N-40 b/1000×1000-C5-P2-2

说明：形式为 R 型的、公称直径为 $\phi40$ 的滚动花键副，花键套为直筒型，6 条花键滚道，花键轴总长 1000mm，花键滚道长度 1000mm（全滚道花键轴），精度等级为 C5，花键套无密封装置，中度预压，两个花键套。

6.3 滚动花键副系列产品

在国家标准 GB/T 40310.1—2021 中，滚动花键副可分为三大类，如图 7-3-22～图 7-3-24 所示，即 AⅠ型滚动花键副、AⅡ型滚动花键副和 R 型滚动花键副三种。通常情况下，AⅡ型滚动花键副所承受的径向载荷及传递的转矩都较其他两种要大一些。

AⅡ型滚动花键副如图 7-3-22 所示，根据花键套的外形分为圆柱形和方形两种。在花键轴外圆有 120°等分排列的三条轨道凸起部分，与花键套相应部位将滚珠夹持在轨道凸起的左右两侧，形成六条负载滚珠列。

AⅠ型滚动花键副如图 7-3-23 所示，其轴截面为圆形，花键滚道两端的轴颈直径安排尺寸时可比 AⅡ型滚动花键副设计得更大一些。

R 型滚动花键副如图 7-3-24 所示，其反向结构为封闭光滑的滚道，反向性能较前两种更好，运动更为灵活顺畅，花键套可在较大的速度范围（速度更低或者更高）中在花键轴上直线运动而保持优良的性能。滚道槽经精密磨削加工成近似滚珠直径的 R 形。当转矩由花键轴施加到花键套上或由花键套施加到花键轴上时，因为花键副间隙为过盈配合，滚珠便平稳、均匀地传递转矩。花键套与花键轴进行相对直线运动时，滚珠在滚道与回流槽之间往复循环。

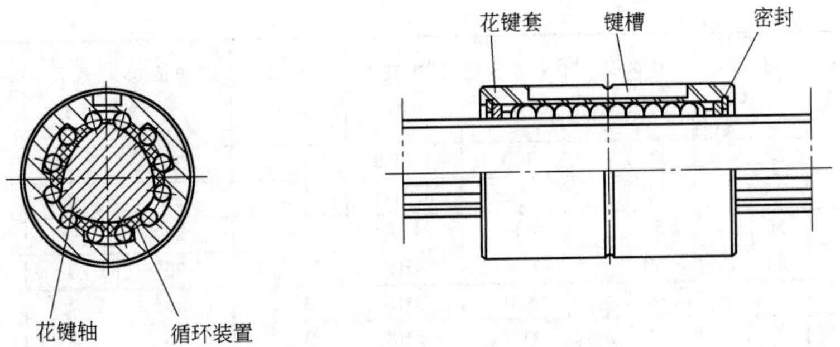

图 7-3-22　AⅡ型滚动花键副结构图

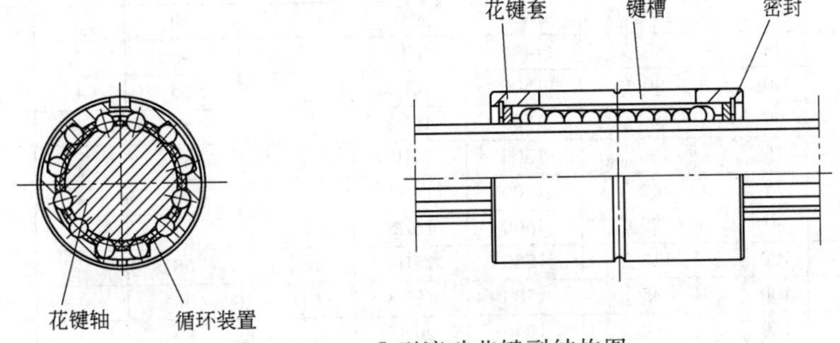

图 7-3-23　AⅠ型滚动花键副结构图

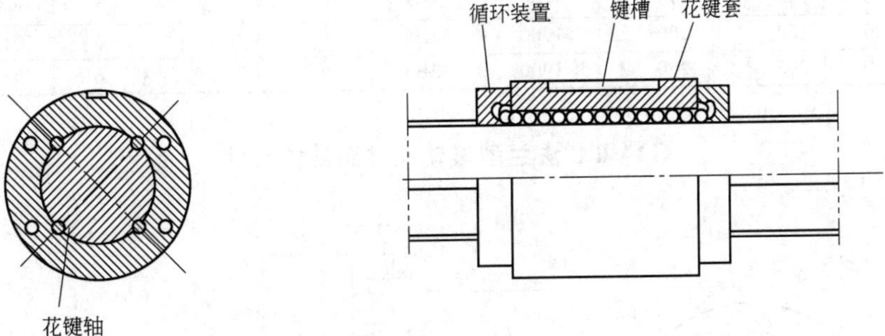

图 7-3-24　R 型滚动花键副结构图

GJAⅡZ 型直筒型、GJAⅡZA 加长直筒型滚动花键副结构尺寸

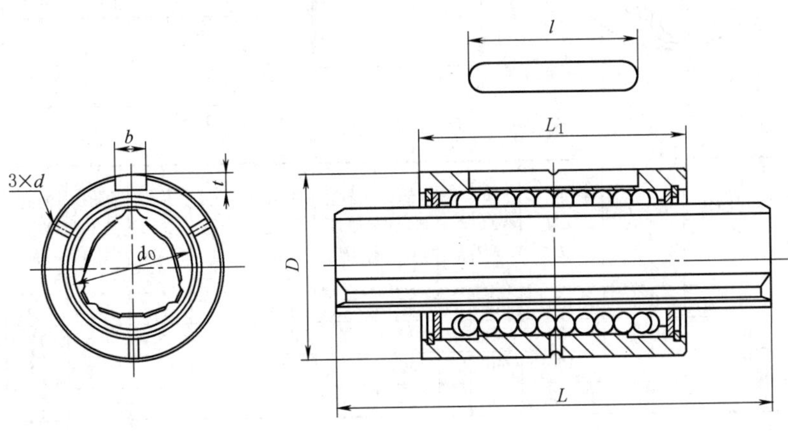

表 7-3-31

mm

规格型号	公称轴径 d_0	外径 D	套长度 L_1	轴最大长度 L	键槽宽度 b	键槽深度 t	键槽长度 l	油孔 d	基本额定转矩	
									动转矩 C_T /N·m	静转矩 C_{0T} /N·m
GJA Ⅱ Z15	15	$23_{-0.013}^{0}$	$40_{-0.3}^{0}$	400	3.5H8	$2_{-0.3}^{0}$	20	2	27.8	65.2
GJA Ⅱ ZA15	15	$23_{-0.013}^{0}$	$50_{-0.3}^{0}$	400	3.5H8	$2_{-0.3}^{0}$	20	2	38.9	105.9
GJA Ⅱ Z20	20	$30_{-0.013}^{0}$	$50_{-0.3}^{0}$	600	4H8	$2.5_{0}^{+0.1}$	26	3	62.3	135.2
GJA Ⅱ ZA120	20	$30_{-0.013}^{0}$	$60_{-0.3}^{0}$	600	4H8	$2.5_{0}^{+0.1}$	26	3	100	270.5
GJA Ⅱ Z25	25	$38_{-0.016}^{0}$	$60_{-0.3}^{0}$	800	5H8	$3_{0}^{+0.2}$	36	3	127.3	268.3
GJA Ⅱ ZA25	25	$38_{-0.016}^{0}$	$70_{-0.3}^{0}$	800	5H8	$3_{0}^{+0.2}$	36	3	152.0	345.0
GJA Ⅱ Z30	30	$45_{-0.016}^{0}$	$70_{-0.3}^{0}$	1400	6H8	$3_{0}^{+0.2}$	40	3	155.7	318.7
GJA Ⅱ ZA30	30	$45_{-0.016}^{0}$	$80_{-0.3}^{0}$	1400	4H8	$3_{0}^{+0.2}$	40	3	192.2	425.8
GJA Ⅱ Z32	32	$48_{-0.016}^{0}$	$70_{-0.3}^{0}$	1400	8H8	$4_{0}^{+0.2}$	40	3	236.4	459.9
GJA Ⅱ ZA32	32	$48_{-0.016}^{0}$	$80_{-0.3}^{0}$	1400	8H8	$4_{0}^{+0.2}$	40	3	288.9	613.2
GJA Ⅱ Z40	40	$60_{-0.019}^{0}$	$90_{-0.3}^{0}$	1500	10H8	$5_{0}^{+0.2}$	56	4	548	1081.9
GJA Ⅱ ZA40	40	$60_{-0.019}^{0}$	$100_{-0.3}^{0}$	1500	10H8	$5_{0}^{+0.2}$	56	4	651.9	1390.9
GJA Ⅱ Z50	50	$75_{-0.019}^{0}$	$100_{-0.3}^{0}$	1500	14H8	$5.5_{0}^{+0.2}$	60	4	880.6	1711.6
GJA Ⅱ ZA50	50	$75_{-0.019}^{0}$	$112_{-0.3}^{0}$	1500	14H8	$5.5_{0}^{+0.2}$	60	4	1048.0	2200.7
GJA Ⅱ ZA60	60	$90_{-0.022}^{0}$	$127_{-0.3}^{0}$	1500	16H8	$6.0_{0}^{+0.2}$	70	4	2135.9	4172.9
GJA Ⅱ Z70	70	$100_{-0.022}^{0}$	$110_{-0.3}^{0}$	1700	18H8	$6_{0}^{+0.2}$	68	4	2488	4141.1
GJA Ⅱ ZA70	70	$100_{-0.022}^{0}$	$135_{-0.3}^{0}$	1700	18H8	$6_{0}^{+0.2}$	68	4	3153.4	5797.6
GJA Ⅱ Z85	85	$120_{-0.022}^{0}$	$140_{-0.3}^{0}$	1900	20H8	$7_{0}^{+0.2}$	80	5	3978	6927.4
GJA Ⅱ ZA85	85	$120_{-0.022}^{0}$	$155_{-0.3}^{0}$	1900	20H8	$7_{0}^{+0.2}$	80	5	4437.2	8082.0
GJA Ⅱ Z100	100	$140_{-0.025}^{0}$	$160_{-0.4}^{0}$	1900	28H8	$9_{0}^{+0.2}$	93	5	6905.9	11737.2
GJA Ⅱ ZA100	100	$140_{-0.025}^{0}$	$175_{-0.4}^{0}$	1900	28H8	$9_{0}^{+0.2}$	93	5	6943.8	11737.2
GJA Ⅱ ZA120	120	$160_{-0.025}^{0}$	$200_{-0.4}^{0}$	1900	28H8	$9_{0}^{+0.2}$	123	6	10153.5	18779.5
GJA Ⅱ ZA150	150	$205_{-0.029}^{0}$	$250_{-0.4}^{0}$	1900	32H8	$10_{0}^{+0.2}$	157	6	19564.1	33532.7

GJA Ⅱ F 法兰型滚动花键副结构尺寸

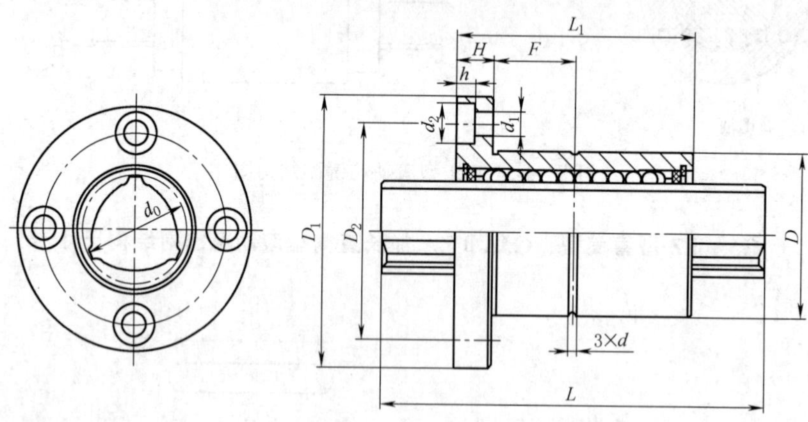

表 7-3-32

mm

型号规格	公称轴径 d_0	外径 D	套长度 L_1	轴最大长度 L	法兰直径 D_1	安装孔中心径 D_2	法兰厚度 H	沉孔深度 h	油孔 d	沉孔直径 d_2	过孔直径 d_1	油孔位置 F	基本额定转矩	
													动转矩 C_T /N·m	静转矩 C_{0T} /N·m
GJA Ⅱ F15	15	$23_{-0.013}^{0}$	$40_{-0.3}^{0}$	400	$43_{-0.2}^{0}$	32	7	4.4	2	8	4.5	13	27.8	65.2
GJA Ⅱ F20	20	$30_{-0.013}^{0}$	$50_{-0.3}^{0}$	600	$49_{-0.2}^{0}$	38	7	4.4	3	8	4.5	18	62.3	135.2
GJA Ⅱ F25	25	$38_{-0.016}^{0}$	$60_{-0.3}^{0}$	800	$60_{-0.2}^{0}$	47	9	5	3	10	5.8	21	127.3	268.3
GJA Ⅱ F30	30	$45_{-0.016}^{0}$	$70_{-0.3}^{0}$	1400	$70_{-0.2}^{0}$	54	10	6	3	11	6.6	25	155.7	318.7

续表

型号规格	公称轴径 d_0	外径 D	套长度 L_1	轴最大长度 L	法兰直径 D_1	安装孔中心径 D_2	法兰厚度 H	沉孔深度 h	油孔 d	沉孔直径 d_2	过孔直径 d_1	油孔位置 F	基本额定转矩	
													动转矩 C_T /N·m	静转矩 C_{0T} /N·m
GJA Ⅱ F32	32	$48_{-0.016}^{0}$	$70_{-0.3}^{0}$	1400	$73_{-0.2}^{0}$	57	10	6	3	12	7	25	236.4	459.9
GJA Ⅱ F40	40	$57_{-0.019}^{0}$	$90_{-0.3}^{0}$	1500	$90_{-0.2}^{0}$	70	14	7	4	15	9	31	548.0	1081.9
GJA Ⅱ F50	50	$70_{-0.019}^{0}$	$100_{-0.3}^{0}$	1500	$108_{-0.2}^{0}$	86	16	9	4	18	11	34	880.6	1711.6
GJA Ⅱ F60	60	$85_{-0.022}^{0}$	$127_{-0.3}^{0}$	1500	$124_{-0.2}^{0}$	102	18	11	4	18	11	45.5	2135.9	4172.9
GJA Ⅱ F70	70	$100_{-0.022}^{0}$	$135_{-0.3}^{0}$	1700	$142_{-0.2}^{0}$	117	20	13	4	20	14	47.5	3153.4	5797.6
GJA Ⅱ F70S	70	$100_{-0.022}^{0}$	$110_{-0.3}^{0}$	1700	$142_{-0.2}^{0}$	117	20	13	4	20	14	35	2488	4141.1
GJA Ⅱ F85	85	$120_{-0.022}^{0}$	$155_{-0.3}^{0}$	1900	$168_{-0.2}^{0}$	138	22	13	5	20	14	55.5	4437.2	8082.0
GJA Ⅱ F85S	85	$120_{-0.025}^{0}$	$140_{-0.3}^{0}$	1900	$168_{-0.2}^{0}$	138	22	13	5	20	14	48	3978	6927.4
GJA Ⅱ F100	100	$135_{-0.025}^{0}$	$160_{-0.3}^{0}$	1900	$195_{-0.4}^{0}$	162	25	17.5	5	26	18	55	6905.9	11737.2

注：1. 花键轴套，采用渗碳钢制造，滚道硬度为58~63HRC，法兰硬度≤30HRC，必要时可配钻铰定位销孔，防止周向松动。

2. 花键轴套有特殊要求可特殊订货。

GJA Ⅰ Z 直筒型滚动花键副尺寸系列

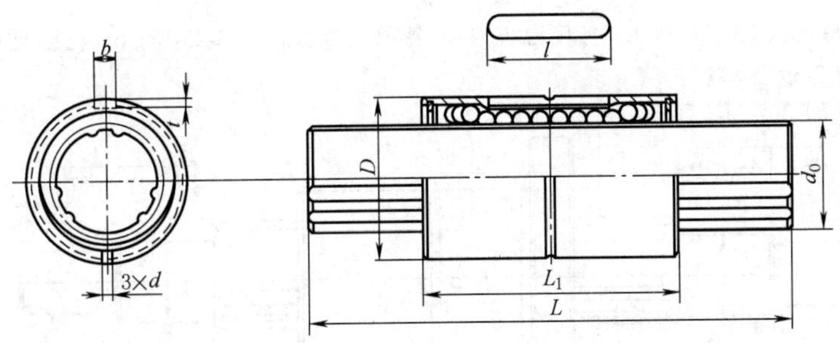

表 7-3-33

mm

规格型号	公称直径 d_0	外径 D	套长度 L_1	轴最大长度 L	键槽宽度 b	键槽深度 t	键槽长度 l	油孔 d	基本额定转矩	
									动转矩 C_T /N·m	静转矩 C_{0T} /N·m
GJA Ⅰ Z16	16	$31_{-0.016}^{0}$	$50_{-0.2}^{0}$	500	3.5H8	$2.0_{0}^{+0.1}$	17.5	2	32	30
GJA Ⅰ Z20	20	$35_{-0.016}^{0}$	$63_{-0.2}^{0}$	600	4H8	$2.5_{0}^{+0.1}$	29	2	55	55
GJA Ⅰ Z25	25	$42_{-0.016}^{0}$	$71_{-0.3}^{0}$	800	4H8	$2.5_{0}^{+0.1}$	36	3	103	105
GJA Ⅰ Z30	30	$48_{-0.016}^{0}$	$80_{-0.3}^{0}$	1400	4H8	$2.5_{0}^{+0.1}$	40	3	148	171
GJA Ⅰ Z40	40	$64_{-0.019}^{0}$	$100_{-0.3}^{0}$	1500	6H8	$3.5_{0}^{+0.1}$	52	4	375	415
GJA Ⅰ Z50	50	$80_{-0.019}^{0}$	$125_{-0.3}^{0}$	1500	8H8	$4.0_{0}^{+0.2}$	58	4	760	840
GJA Ⅰ Z60	60	$90_{-0.022}^{0}$	$140_{-0.3}^{0}$	1500	12H8	$5.0_{0}^{+0.2}$	67	5	1040	1220
GJA Ⅰ Z80	80	$120_{-0.022}^{0}$	$160_{-0.4}^{0}$	1700	16H8	$6.0_{0}^{+0.2}$	76	5	1920	2310
GJA Ⅰ Z100	100	$150_{-0.025}^{0}$	$190_{-0.4}^{0}$	1900	20H8	$7.0_{0}^{+0.2}$	110	5	3010	3730
GJA Ⅰ Z120	120	$180_{-0.025}^{0}$	$220_{-0.4}^{0}$	1900	32H8	$11.0_{0}^{+0.2}$	120	6	4100	5200

GJA Ⅰ F 法兰型滚动花键副结构尺寸

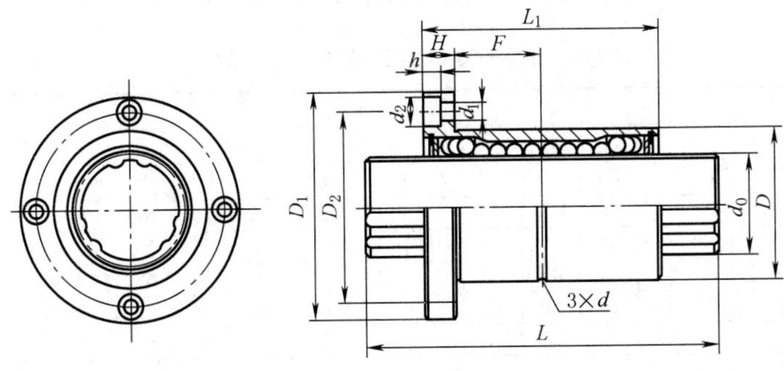

表 7-3-34

mm

规格型号	公称直径 d_0	外径 D	套长度 L_1	轴最大长度 L	法兰直径 D_1	安装孔中心距 D_2	法兰厚度 H	沉孔深度 h	沉孔直径 d_2	过孔直径 d_1	油孔 d	油孔位置 F	基本额定转矩 动转矩 C_T /N·m	基本额定转矩 静转矩 C_{0T} /N·m
GJA Ⅰ F16	16	$31_{-0.016}^{0}$	$50_{-0.2}^{0}$	500	$51_{-0.2}^{0}$	40	7	4.4	8	4.5	2	18	32	30
GJA Ⅰ F20	20	$35_{-0.016}^{0}$	$63_{-0.2}^{0}$	600	$58_{-0.2}^{0}$	45	9	5.4	9.5	5.5	2	22.5	55	55
GJA Ⅰ F25	25	$42_{-0.016}^{0}$	$71_{-0.3}^{0}$	800	$65_{-0.3}^{0}$	52	9	5.4	9.5	5.5	3	26.5	103	105
GJA Ⅰ F30	30	$48_{-0.016}^{0}$	$80_{-0.3}^{0}$	1400	$75_{-0.3}^{0}$	60	10	6.5	11	6.6	3	30	148	171
GJA Ⅰ F40	40	$64_{-0.019}^{0}$	$100_{-0.3}^{0}$	1500	$100_{-0.3}^{0}$	82	14	8.6	14	9	4	36	375	415
GJA Ⅰ F50	50	$80_{-0.019}^{0}$	$125_{-0.3}^{0}$	1500	$124_{-0.3}^{0}$	102	16	11	18	11	4	46.5	760	840
GJA Ⅰ F60	60	$90_{-0.022}^{0}$	$140_{-0.3}^{0}$	1500	$134_{-0.3}^{0}$	112	16	11	18	11	5	54	1040	1220
GJA Ⅰ F80	80	$120_{-0.022}^{0}$	$160_{-0.4}^{0}$	1700	$168_{-0.3}^{0}$	144	20	12.8	20	14	5	60	1920	2310
GJA Ⅰ F100	100	$150_{-0.025}^{0}$	$190_{-0.4}^{0}$	1900	$200_{-0.3}^{0}$	170	25	16.8	26	18	5	70	3010	3730
GJA Ⅰ F120	120	$180_{-0.025}^{0}$	$220_{-0.4}^{0}$	1900	$252_{-0.3}^{0}$	216	30	20.6	32	22	6	80	4100	5200

6.4 滚动花键副的精度（摘自 GB/T 40310.1—2021）

滚动花键副分为精密级 C1、高级 C3 与普通级 C5。各项精度如图 7-3-25 所示。花键轴两端轴颈的形位公差要求如表 7-3-35～表 7-3-39 所示。

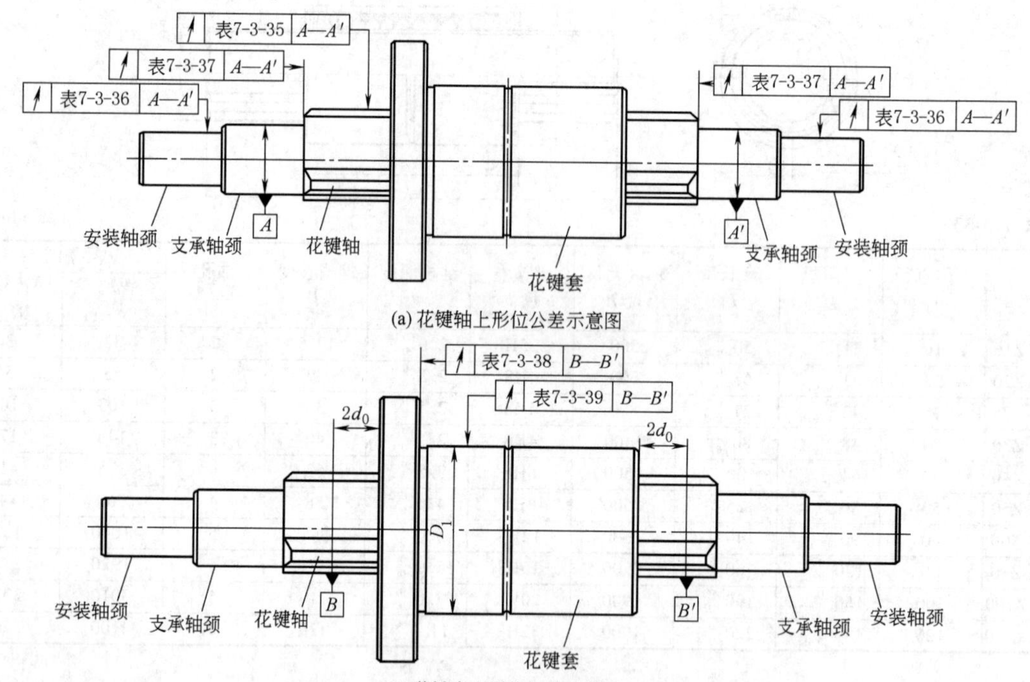

图 7-3-25　滚动花键副各部形位公差示意图

表 7-3-35　　花键轴相对于支承轴颈轴线的总径向跳动

μm

长度/mm	规格/mm 15,16,20 C1	C3	C5	25,30,32 C1	C3	C5	40,50 C1	C3	C5	60,70,80 C1	C3	C5	85,100,120 C1	C3	C5	150 C1	C3	C5
≤200	18	34	56	18	32	53	16	32	53	16	30	51	16	30	51			
<200～315	25	45	71	21	39	58	19	36	58	17	34	55	17	32	53			
<315～400	—	53	83	25	44	70	21	39	63	19	36	58	17	34	55			
<400～500	—	—	95	29	50	78	24	43	68	21	38	61	19	35	57	19	36	46
<500～630	—	—	112	34	57	88	27	47	74	23	41	65	20	37	60	21	39	49

续表

长度/mm	规格/mm																	
	15,16,20			25,30,32			40,50			60,70,80			85,100,120			150		
	C1	C3	C5	C1	C3	C5	C1	C3	C5	C1	C3	C5	C1	C3	C5	C1	C3	C5
<630~800				42	68	103	32	54	84	26	45	71	22	40	64	24	43	53
<800~1000				—	—	124	38	63	97	30	51	79	24	43	69	27	48	58
<1000~1250							—	—	114	35	59	90	28	48	76	32	55	63
<1250~1600							—	—	139	—	—	106	—	—	86	40	65	80
<1600~2000													—	—	99	—	—	100

表 7-3-36　安装轴颈外圆对支承轴颈轴线的径向圆跳动　μm

公称直径/mm	精密级	高级	普通级
	C1	C3	C5
15,16,20	12	19	46
25,30,32	13	22	53
40,50	15	25	62
60,70,80	17	29	73
85,100,120	20	34	86
150	23	40	100

表 7-3-37　花键轴端面对支承轴颈轴线的端面跳动　μm

公称直径/mm	精密级	高级	普通级
	C1	C3	C5
15,16,20	8	11	27
25,30,32	9	13	33
40,50	11	16	39
60,70,80	13	19	46
85,100,120	15	22	54
150	18	25	63

表 7-3-38　花键套法兰安装端面相对于花键轴轴线的轴向跳动　μm

花键套配合外圆直径 D_1/mm		精度等级		
大于	小于等于	C1	C3	C5
—	18	8	11	27
18	30	9	13	33
30	50	11	16	39
50	80	13	19	46
80	120	15	22	54
120	180	18	25	63
180	250	20	29	72

表 7-3-39　花键套相对于花键轴轴线的径向跳动　μm

花键套配合外圆直径 D_1/mm		精度等级		
大于	小于等于	C1	C3	C5
—	18	5	11	27
18	30	6	13	33
30	50	7	16	39
50	80	8	19	46
80	120	10	22	54
120	180	12	25	63
180	250	14	29	72

6.5 滚动花键轴与花键套间的扭转间隙

滚动花键轴与花键套间的扭转间隙对滚动花键副的总成精度和刚度有很大影响，可以采用变换球径的预紧办法控制扭转间隙的大小，甚至可以获得微量的过盈。但过大的预紧量会产生较大的摩擦阻力，同时装配也不方便，设计时可根据使用条件参照表 7-3-40 选用合适的扭转间隙类型。

表 7-3-40　滚动花键副扭转间隙类型及选用

扭转间隙类型	d_0/mm					使用条件	应用举例
	15,16	20,25,30,32	40,50,60	70,80,85	100		
	扭转间隙/μm						
P_2（中预压）	-15~-9	-20~-12	-30~-18	-40~-24	-50~-30	需要高刚度,有振动、冲击处,悬臂倾覆力矩处	点焊熔接机轴,刀架,分度(转位)轴
P_1（轻预压）	-9~-3	-12~-4	-18~-6	-24~-8	-30~-10	轻度振动,倾覆力矩,轻度悬臂及交变转矩处	工业机器人摇臂,各种自动装卸机,自动涂装机主轴
P_0（普通）	±3	±4	±6	±8	±10	承受一定方向转矩处,用较小的力使之顺利运动处	各种计量仪器,自动绘图机,卷线机,包装机以及弯板机主轴

6.6 额定载荷计算

滚动花键副计算的基本公式仍然是式（7-3-9）~式（7-3-11），但轴上的载荷以转矩形式给出，故额定转矩及计算转矩为式（7-3-9）和式（7-3-10）括号中分子的 C 及分母的 P_c 均乘以球组中心所在圆的半径$\frac{1}{2}d_0$，可得式（7-3-12），用类似的方法可从式（7-3-6）导出式（7-3-13）：

$$L=\left(\frac{f_H f_T f_C}{f_W}\times\frac{C_T}{T_C}\right)^3\times 50\ (\text{km}) \tag{7-3-12}$$

$$\frac{C_{0T}}{T_{0\max}}\geqslant S_0 \tag{7-3-13}$$

式中　C_T，C_{0T}——基本额定动转矩及额定静转矩，各种型号滚动花键副的 C_T 及 C_{0T} 值可由表 7-3-31~表 7-3-34 查出；

T_C，$T_{0\max}$——花键副的计算转矩及最大计算转矩；

S_0 见表 7-3-5，f_T 见表 7-3-7，f_C 见表 7-3-8，f_H 仍可取 1，f_W 见表 7-3-41。

表 7-3-41　载荷系数 f_W

冲击及振动	滚动体中心速度	f_W
无冲击及振动	$v\leqslant 15$m/min	1.0~1.5
微冲击及振动	15m/min$<v\leqslant 60$m/min	1.5~2.0
有冲击及振动	$v>60$m/min	2.0~3.5

6.7 使用注意事项

花键轴对轴端结构的要求：当轴端需要加工轴颈时，应使 $d_1<d$，见表 7-3-42~表 7-3-44 及图 7-3-26。

当花键轴需要大直径轴颈 D_0 时，磨削滚道必须留出足够的退刀长度 S，其长度与花键截面小径 d 有关，见表 7-3-42~表 7-3-44，如图 7-3-26 所示。

$$S\geqslant 1.2\sqrt{R(D_0-d)} \tag{7-3-14}$$

式中　$R=50\sim200$mm，通常小尺寸为低精度。

第7篇

表 7-3-42　　A Ⅰ型花键轴截形　　mm

公称直径	16	20	25	30	40	50	60	80	100	120
d	14.3	18.1	22.5	27.3	36.27	46	54.5	73.5	94.1	112.1
D	16	20	25	30	40	50	60	80	100	120

表 7-3-43　　A Ⅱ型花键轴截形　　mm

公称直径	15	20	25	30	32	40	50	60	70	85	100	120	150
d	11.1	14.8	18.5	22	23.5	30	38	45.5	53.3	66.3	78.5	97.5	120.3
D	14.4	19.5	24	29.2	31	38.5	48.5	57.8	69	82	98	117	147

表 7-3-44　　R 型花键轴截形　　mm

公称直径	16	20	25	30	32	40	50
d	14.1	18	23	28	29.7	36.7	46.5
D	16	20	25	30	32	40	50

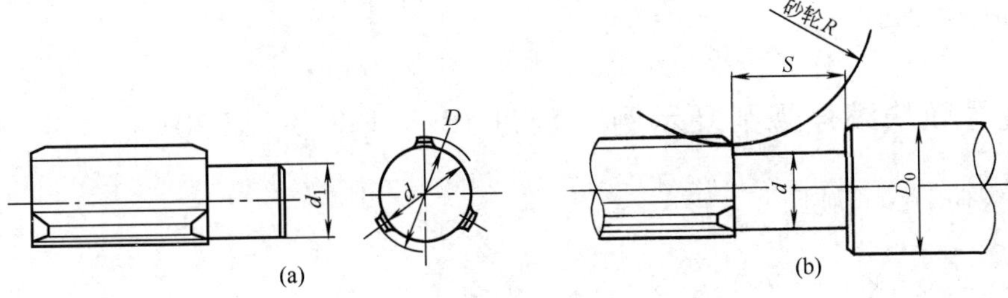

图 7-3-26　花键轴轴端尺寸设计示意图

7　滚柱导轨块

滚柱导轨块属于滚动直线轴承的一种，是精密直线运动滚动元件。

滚柱导轨块采用滚柱承载是滚珠承载能力的 10 倍以上，具有较高的承载能力和较高的刚性，且动、静摩擦之差较小，对反复启动、静止和往复运动频率较高的工况，可减少整机重量和动力费用。

采用滚柱导轨块可获得较高的灵敏度及高刚度和高性能的平面直线运动，在低速往复运动时移动轻便，没有爬行，还能提高机械的跟随性和定位精度。在重载及变载的工况下均能很好运行，寿命较长。

采用滚柱导轨块，不受机床床身长度的限制，可根据承载能力大小及选用规格确定导轨块的数量。精度保持性良好，润滑系统简单，维修方便，定位基准精度高，装配拆卸调整方便，寿命长。

这种导轨块应用面较广，小规格的可用在模具、精密仪器的直线运动系统及 NC、CNC 数控机床上，大规格的可用在重型机械设备上。这种导轨块已经系列化，在我国已有专业化工厂批量生产。

7.1　结构与特点

滚柱导轨块主要由滑块体、滚柱及返向器组成，结构见图 7-3-27。

滚柱在经过淬硬并精密研磨的滑块中做无限循环运动。为防止滚柱从滑块中脱落，将滚柱设计为台阶滚柱，滑块设计有特殊的卡槽，使得滚柱有自动定心功能，运动时不偏移，有利于在载荷作用下运动灵活。如图 7-3-28 所示，图中滚柱两端带有小台阶，并用返向器（带有凹槽的侧盖）将滚柱限位。运动时低于安装平面“B”的为回路滚柱；高于平面“A”的为承载滚柱，与机座的导轨表面做滚动接触。一般可在铸铁的机座上镶

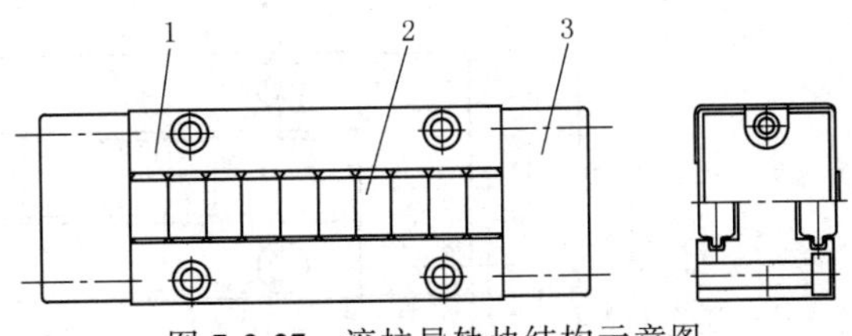

图 7-3-27　滚柱导轨块结构示意图

1—滑块体；2—滚柱；3—返向器

第7篇

以钢制的导轨组成复合机座。钢制导轨面应经淬硬（58~64HRC）和磨削，且硬化层必须达到 1~2mm 的深度，以保证应有的精度、寿命及承载能力。

滚柱导轨块最常见的结构型式有两种：窄型滚柱导轨块和宽型滚柱导轨块，见图 7-3-29、图 7-3-30。

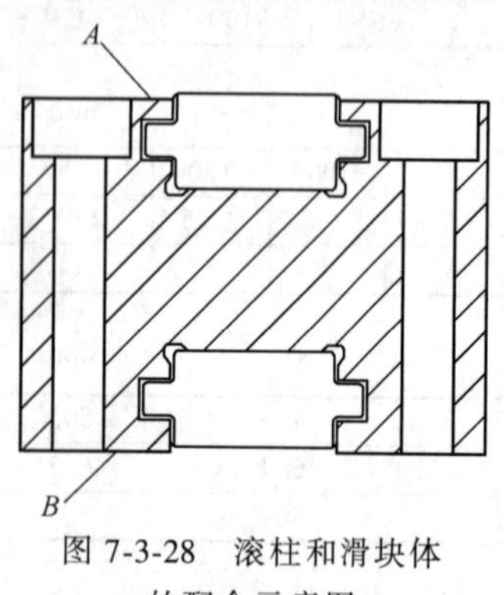

图 7-3-28　滚柱和滑块体的配合示意图

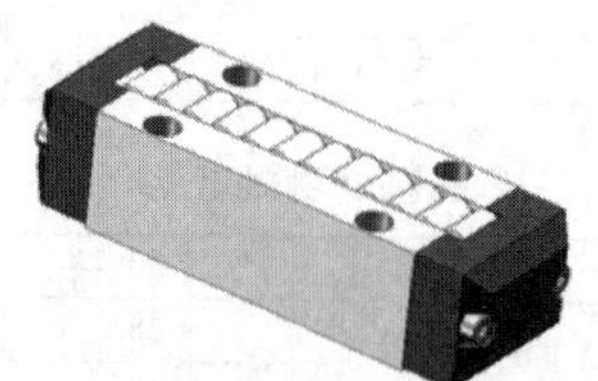

图 7-3-29　窄型滚柱导轨块

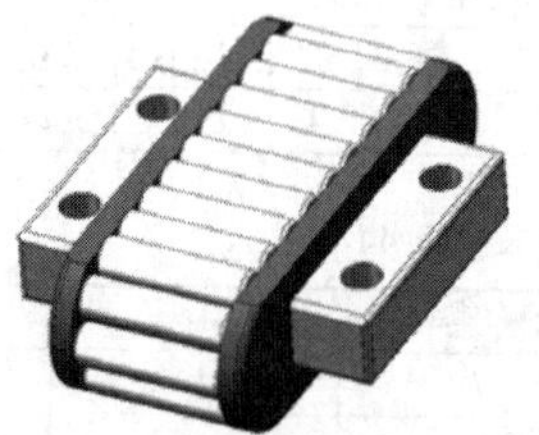

图 7-3-30　宽型滚柱导轨块

7.2　滚柱导轨块编号规则及示例（摘自 JB/T 13823—2020）

滚柱导轨块的编号规则如下：

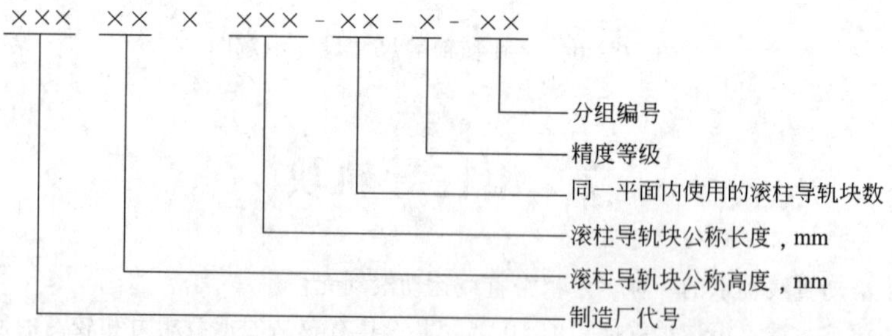

以南京工艺装备制造股份有限公司产品示例：

GZD40×132-Ⅱ-3-C3

说明：代号为 GZD 型公称高度为 40mm 的滚柱导轨块，其公称长度为 132mm，同一平面内使用 2 个导轨块，精度等级为 3 级，分组编号为 C3。

7.3　滚柱导轨块系列产品（摘自 JB/T 13823—2020）

滚柱导轨块安装尺寸

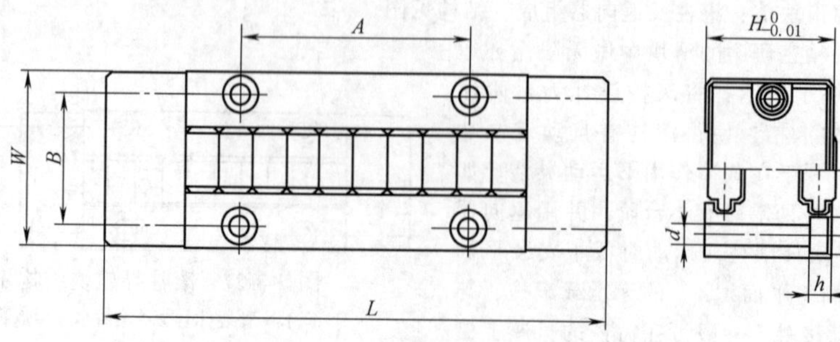

表 7-3-45

mm

类型	规格	高度 H	长度 L	宽度 W	安装孔尺寸			安装孔中心距	
					d	D	h	A	B
窄型滚柱导轨块安装尺寸	15×53	15	52.8	26.5	ϕ3.4	—	—	19	19.3
	20×70	20	70	30	ϕ3.6	ϕ6	4	26	23
	30×123	30	123	40	ϕ4.5	ϕ8.5	5	58	30
	40×132	40	132	51.4	ϕ5.5	ϕ10	6	50.8	41.5
	60×200	60	198	76.2	ϕ6.8	ϕ12	7	76.2	62
	100×333	100	333	124	ϕ11	ϕ18	11	120	102.6

类型	规格	高度 H	长度 L	宽度 W	安装孔尺寸	安装孔中心距	
						A	B
宽型滚柱导轨块安装尺寸	15×38.5	15	38.5	30	ϕ3.6(M4)	12	23
	20×68	20	67.9	55	ϕ5.8(M5)	27	44
	30×95	30	95	68	ϕ7(M6)	35	54
	40×123.5	40	123.5	82	ϕ9(M8)	50	66

7.4 精度等级（摘自 JB/T 13823—2020）

滚柱导轨块根据使用要求分为 4 个等级，从高到低依次为 2 级、3 级、4 级、5 级，导轨块精度应符合表 7-3-46 的规定。

表 7-3-46　滚柱导轨块的精度

mm

精度等级	滚柱导轨块高度 H 的尺寸偏差	同一平面上使用的多个滚柱导轨块高度 H 的变动量
2	0~0.01	0.002
3		0.003
4		0.005
5		0.01

注：1. H 的变动量是指：同一平面上使用的多个滚柱导轨块的高度尺寸 H 的最大尺寸与最小尺寸偏差。

2. 订货时，应说明同一平面内使用的滚柱导轨块的数量。

7.5 寿命计算及静载能力计算

根据式（7-3-6）、式（7-3-8）、式（7-3-10）及式（7-3-11）计算寿命及静载能力，式中系数仍查表 7-3-5~表 7-3-9，但接触系数 f_C 应理解为紧靠使用滑块个数对载荷分配不均的影响。

7.6 导轨块的安装形式和方法

图 7-3-31 所示为导轨块开式安装形式，工作台上只有向下的载荷，没有倾覆力矩的场合；其中图（a）及图（b）为窄型，侧向预紧压力受温差影响较小，图（c）为宽型，其侧向压紧力受温差影响较大。

图 7-3-32 为导轨块闭式安装形式，工作台与床身之间上、下和左、右均装有导轨块 1~4。适合于水平导轨副有倾覆力矩的场合。图中“5”均为调整或弹簧垫。图 7-3-32（a）用于一般工况，图 7-3-32（b）采用 8 列导轨块，用于重载或宽型工作台。

图 7-3-33 为常用的导轨块安装方法。图 7-3-33（a）为图 7-3-32（a）右侧局部安装方法。图 7-3-33（d）方法可不精加工安装表面，但调整费时且刚度较低。图 7-3-33（e）方法只能用于压紧导轨，如果工作台较长，承载侧导轨块或基准侧的导向块多于 2 个，则首尾两个必须与工作台刚性连接，中间的几个可以安装在弹簧垫上作为辅助支承分担部分载荷。

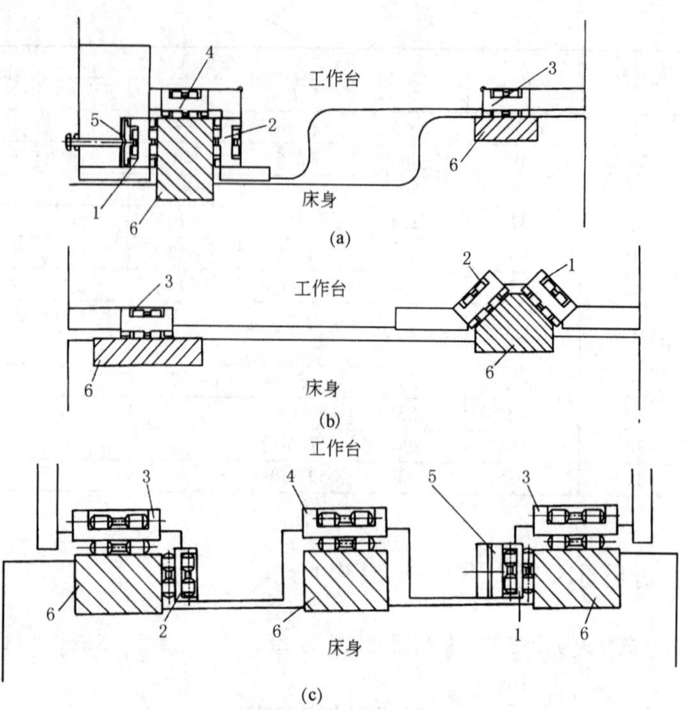

图 7-3-31　导轨块开式安装形式

1~4—导轨块；5—弹簧垫（或调整垫）；6—镶条导轨

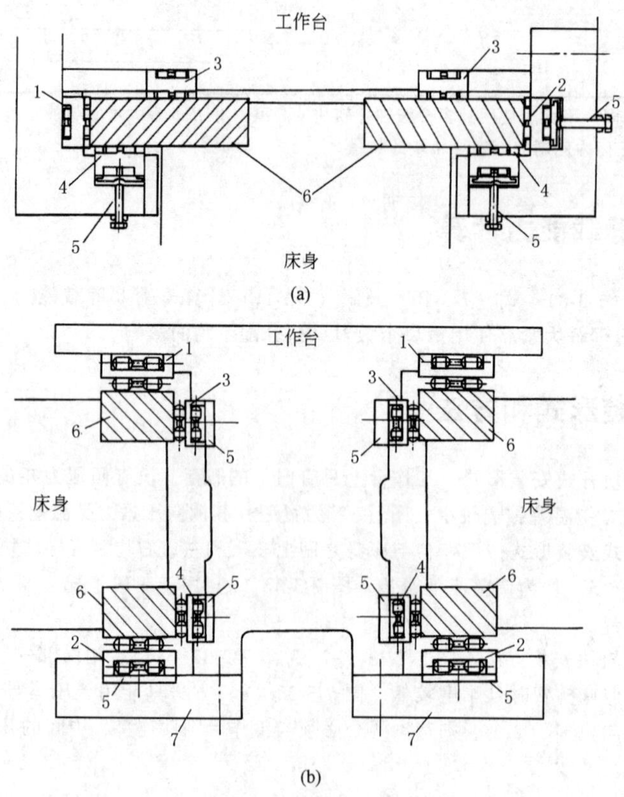

图 7-3-32　导轨块闭式安装形式

1~4—导轨块；5—弹簧垫（或调整垫）；6—镶条导轨；7—压板

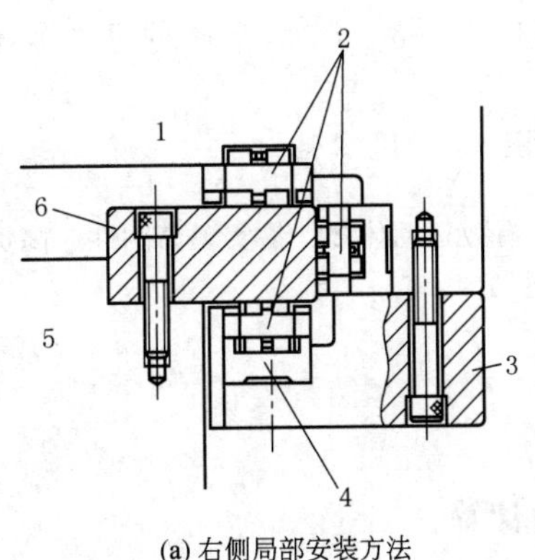

(a) 右侧局部安装方法

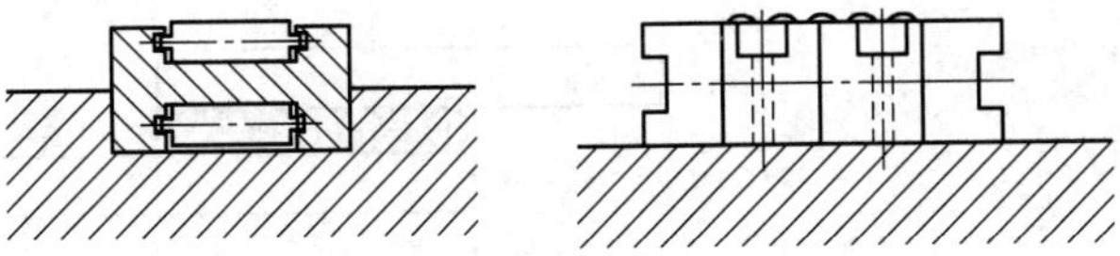

(b) 调整垫

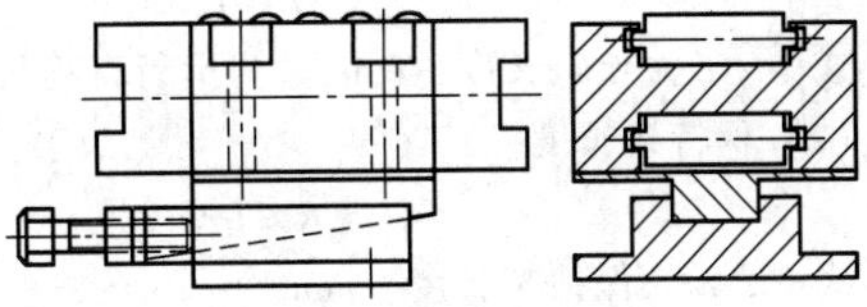

(c) 楔块

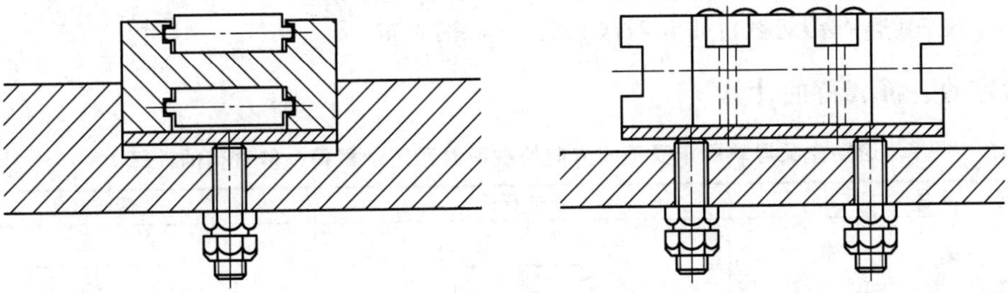

(d) 调整螺栓

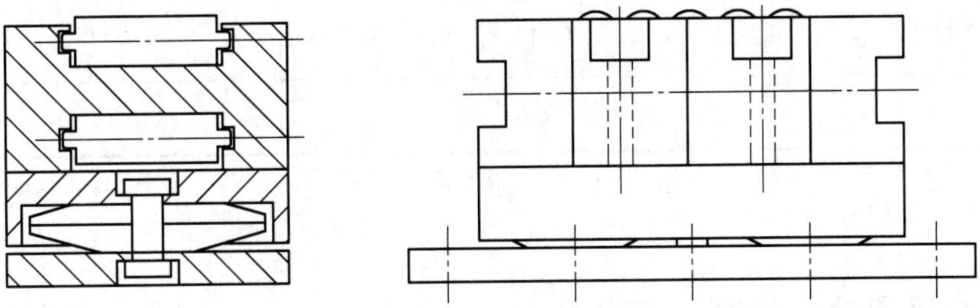

(e) 弹簧垫

图 7-3-33 导轨块的安装方法

1—工作台；2—导轨块；3—压板；4—调整垫；5—床身；6—镶条

8 滚动交叉导轨副

8.1 结构及特点

滚动交叉导轨副（图 7-3-34）由两根具有 V 形滚道的导轨、滚柱保持架、滚柱等组成，相互交叉排列的滚柱在经过精密磨削的 V 形滚道面上做往复运动，可承受各个方向的载荷，实现高精度、平稳的直线运动。

特点如下：

a）滚动摩擦阻力低，稳定性能好；

b）动摩擦力小，随动性能好；

c）接触面积大，弹性变形量小，有效运动体多，易实现高刚性、高负荷运动；

d）结构设计灵活，安装使用方便。

8.2 载荷及寿命计算

8.2.1 行程长度及滚子数量的计算

（1）导轨长度计算

$$L \geqslant 1.5l \tag{7-3-15}$$

式中，L 为导轨长度，mm；l 为运行行程长度，mm。

（2）保持架长度

$$K \leqslant L-l/2 \tag{7-3-16}$$

式中，K 为保持架长度，mm。

（3）滚子数计算

$$N=(K-2a)/f+1 \tag{7-3-17}$$

式中，N 为滚子数量（舍去小数）；a 为保持架端距；f 为滚子间距。

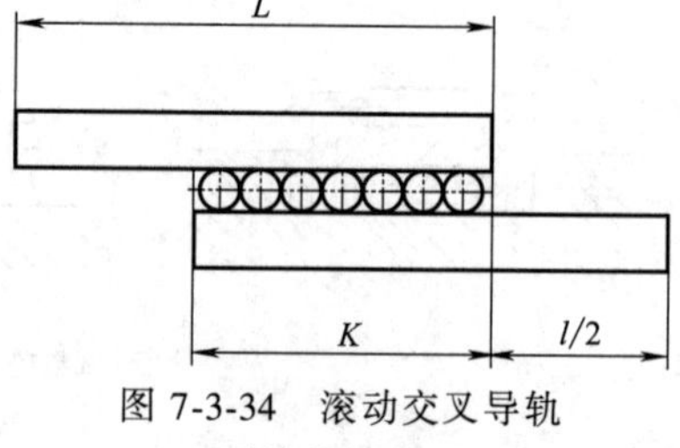

图 7-3-34　滚动交叉导轨副结构示意图

8.2.2 额定动、静载荷的计算

表 7-3-47　滚动交叉导轨副承受不同方向的载荷时额定动载荷、静载荷的计算

项目	正向载荷	侧向载荷
载荷方向示意图		
额定动载荷 C	$C=\left(\dfrac{N}{2}\right)^{\frac{3}{4}}C_1$	$C=\left(\dfrac{N}{2}\right)^{\frac{3}{4}}2^{\frac{7}{9}}C_1$
额定静载荷 C_0	$C=\dfrac{N}{2}C_{01}$	$C_0=2\times\dfrac{N}{2}C_{01}$

注：C—额定动载荷，N；C_0—额定静载荷，N；C_1—每个滚子的额定动载荷，N；C_{01}—每个滚子的额定静载荷，N；N—滚子数；$N/2$—滚子数（舍去小数）。

8.3 滚动交叉导轨副的额定寿命

8.3.1 额定寿命的计算

$$L=100\left(\frac{f_T}{f_W}\times\frac{C}{P_C}\right)^{\frac{10}{3}} \tag{7-3-18}$$

式中　L——额定寿命；

f_T——温度系数，当工作温度≤100℃时，$f_t=1$；

f_W——载荷系数，见表 7-3-48；

C——额定动载荷；

P_C——当量载荷。

表 7-3-48　　载荷系数 f_W

工作条件	无外部冲击或振动的低速运动场合，速度小于 15m/min	无明显冲击或振动的中速运动场合，速度为 15~30m/min
f_W	1~1.5	1.5~2.0

8.3.2 寿命时间的计算

$$L_h=\frac{L\times10^3}{2ln\times60}\ (h) \tag{7-3-19}$$

式中　L_h——寿命时间；

l——行程长度，m；

n——每分钟往复次数。

8.4 编号规则及尺寸系列（摘自 JB/T 12602—2016）

8.4.1 滚动交叉导轨副编号规则

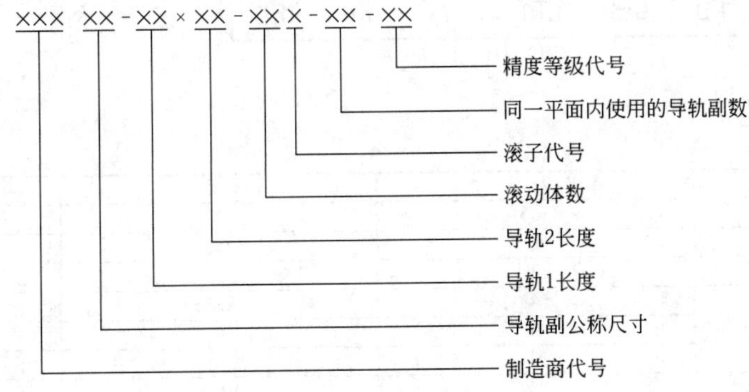

以南京工艺装备制造股份有限公司产品示例：

GZV 15-290×290-8Z-Ⅱ-3

说明：代号为 GZV 的公称尺寸为 15mm 的滚动交叉导轨副，其导轨 1 长度为 290mm，导轨 2 长度为 290mm，滚动体数量为 8 个，同一平面内使用 2 套导轨副，精度等级为 3 级。

8.4.2 滚动交叉导轨副尺寸系列

滚动交叉导轨副安装尺寸

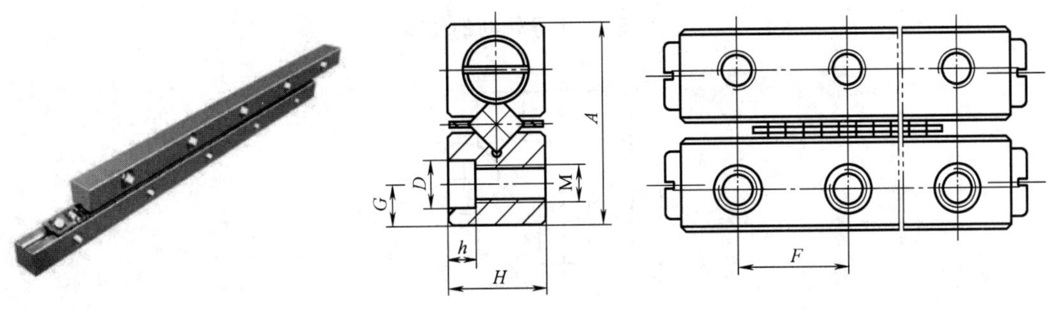

表 7-3-49

mm

规格	A	H	M	D	h	G	F
1	8.5	4	M2	3	1.4	1.8	10
2	12	6	M3	4.4	2	2.5	15
3	18	8	M4	6	3.1	3.5	25
4	22	11	M5	8	4.2	4.5	40
6	31(30)	15	M6	9.5	5.2	6	50
9	44(40)	22(20)	M8	10.5	6.2	9(8)	100
12	58	28	M10	14	8.2	12	100
15	71	36	M12	17.5	10.2	14	100
18	83	40	M14	20	12.2	18	100

注：括号（）中的数值为第二推荐值。

滚动交叉导轨副滚柱保持架尺寸

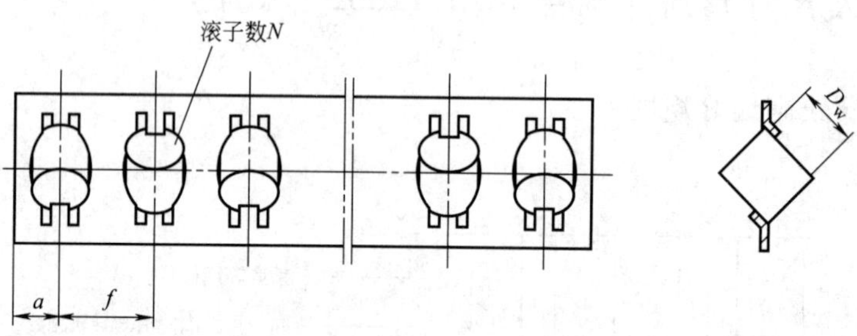

表 7-3-50

mm

规格	D_w	a	f
1	1.5	2	2.5
2	2	2.5	4
3	3	3	5
4	4	4.5	7
6	6	6	10
9	9	7.5	14
12	12	12.5	20
15	15	15	25
18	18	18	30

8.5 精度等级（摘自 JB/T 12602—2016）

滚动交叉导轨副根据使用范围分为 4 个精度等级，从高到低依次为 2 级、3 级、4 级、5 级，其精度应符合表 7-3-51 的规定。

滚动交叉导轨副的精度

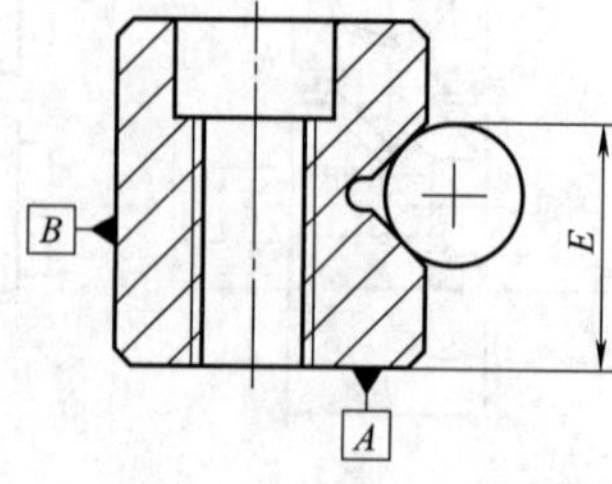

表 7-3-51

<table>
<tr><td rowspan="2">序号</td><td rowspan="2">检验项目</td><td colspan="8">允差/μm</td></tr>
<tr><td colspan="2" rowspan="2">导轨长度/mm</td><td colspan="6">精度等级</td></tr>
<tr><td rowspan="7">1</td><td rowspan="7">导轨 V 形面对 A、B 面的平行度</td><td>2</td><td colspan="2">3</td><td colspan="2">4</td><td>5</td></tr>
<tr><td colspan="2">≤200</td><td>2</td><td colspan="2">4</td><td colspan="2">6</td><td>10</td></tr>
<tr><td colspan="2">>200~400</td><td>3</td><td colspan="2">6</td><td colspan="2">10</td><td>15</td></tr>
<tr><td colspan="2">>400~600</td><td>4</td><td colspan="2">8</td><td colspan="2">13</td><td>19</td></tr>
<tr><td colspan="2">>600~800</td><td>5</td><td colspan="2">10</td><td colspan="2">16</td><td>22</td></tr>
<tr><td colspan="2">>800~1000</td><td>6</td><td colspan="2">11</td><td colspan="2">18</td><td>25</td></tr>
<tr><td colspan="2">>1000~1400</td><td>7</td><td colspan="2">12</td><td colspan="2">20</td><td>28</td></tr>
<tr><td rowspan="3">2</td><td rowspan="3">同一平面上配对导轨高度 E 的变动量</td><td colspan="8">精度等级</td></tr>
<tr><td>2</td><td colspan="2">3</td><td colspan="3">4</td><td colspan="2">5</td></tr>
<tr><td>5</td><td colspan="2">10</td><td colspan="3">20</td><td colspan="2">20</td></tr>
</table>

8.6 使用注意事项

8.6.1 配对安装面的精度

滚动交叉导轨副配对安装面的结构如图 7-3-35 所示。

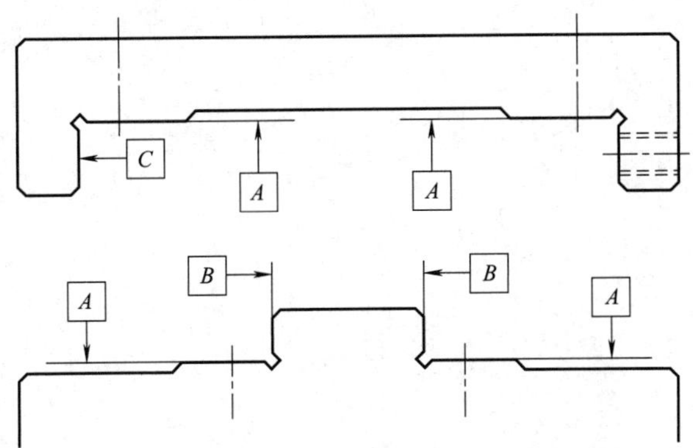

图 7-3-35　滚动交叉导轨副配对安装面结构图

配对安装面的精度直接影响滚动交叉导轨副的运行精度和性能。如果要得到较高的运行精度，需相应提高配对安装面的精度。A 面精度直接影响运行精度；B 与 C 面的平面度直接影响预载。A 面与 B、C 面的垂直度影响在预载方向上装配的刚度。

因此，建议尽量提高安装面精度，其精度数值应近似于导轨平行度数值。

8.6.2 预载方法

如图 7-3-36 所示，预加载荷通常用预载调节螺钉来调整。该螺钉的尺寸规格与导轨的安装螺钉相同。螺钉中心为导轨高度的一半。

预加载荷的数值根据机床与设备的不同而不同。过预载将减少导轨副的寿命并损坏滚道，且在使用过程中，圆柱滚子很容易歪斜，产生自锁现象。因此，通常推荐无预载或较小的预载。如果精度和刚度要求高，则建议使用如图 7-3-37 所示的装配平板或者如图 7-3-38 所示的楔形块加以预紧。

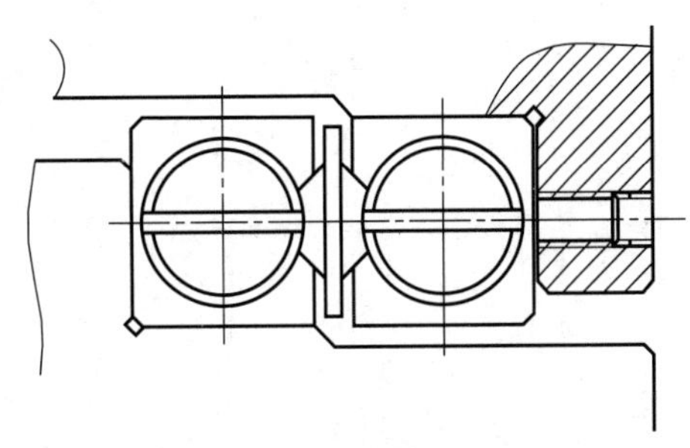

图 7-3-36　预载调节螺钉调整

第7篇

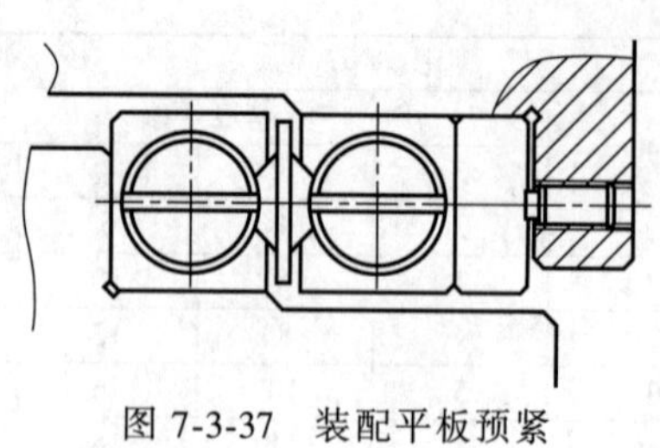

图 7-3-37　装配平板预紧

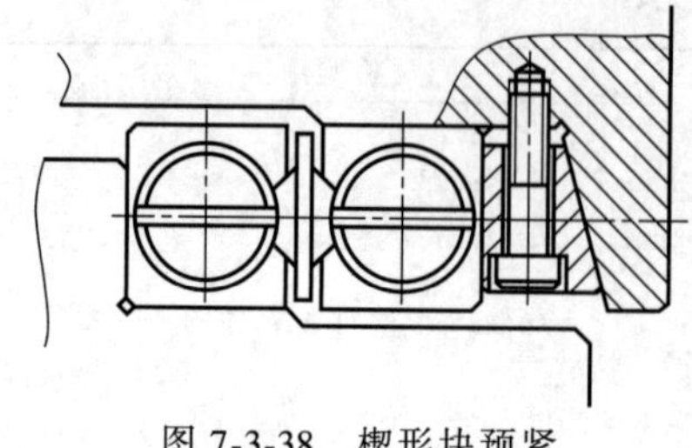

图 7-3-38　楔形块预紧

8.6.3　运行温度

滚动交叉导轨副可在高温下运行，但建议使用温度不超过 100℃。

参 考 文 献

[1] Proceedings of the First International Symposium on Magnetic Bearings. ETH Zurich. Switzerland. 1988, (June): 6-8.

[2] Proceedings of the Second International Symposium on Magnetic Bearings. Tokyo. Japan. 1990, (July): 12-14.

[3] Proceedings of the Third International Symposium on Magnetic Bearings. Virginia. USA, 1992, (July): 24-31.

[4] Proceedings of the Fourth International Symposium on Magnetic Bearings. Zurich. Switzerland. 1994, (August): 23-26.

[5] Proceedings of the Fifth International Symposium on Magnetic Bearings. Kanazawa. Japan. 1996, (August): 28-30.

[6] Proceedings of the Sixth International Symposium on Magnetic Bearings. Virginia. USA. 1998, (August): 5-7.

[7] Proceedings of the Seventh International Symposium on Magnetic Bearings. Zurich Switzerland. 2000, (August): 23-25.

[8] Proceedings of the Eighth International Symposium on Magnetic. Bearings Mito. Japan. 2002, (August): 26-28.

[9] Proceedings of the Ninth International Symposium on Magnetic Bearings. Kentucky. USA. 2004, (August): 3-6.

[10] The Maganetic Levitation Technical Committee of the institute of Electrical Engineers of Japan: "Magnetic Suspension Technology-Magnetic Levitation Systems and Magnetic Bearings". CORONA PUBLSHING Co. LTD. Japan, 1993.

[11] C. R. Knospe, E. G. Collins: "Special Issues on Magnetic Bearing Control", IEEE Trans. on Conteol Systems Technology. 1996, 4 (5).

[12] Gerhard Schweitzer, Hannes Bleuler, Alfons Traxler: "Active Magnetic Bearings-Basics, Properties and Applications of Active Magnetic Bearings", Vdf Hochschulverlag AG an der ETH Zurich, 1994.

[13] 虞烈. 可控磁悬浮转子系统. 北京：科学出版社，2003.

[14] 徐灏. 机械设计手册，第四卷. 2 版. 北京：机械工业出版社，2000.

[15] 卜炎. 实用轴承技术手册. 北京：机械工业出版社，2004.

[16] 晏磊，刘光军. 静电悬浮控制系统. 北京：国防工业出版社，2001.

[17] 《机械工程标准手册》编委会. 机械工程标准手册. 轴承卷. 北京：中国标准出版社，2002.

[18] 中国机械工业集团公司洛阳轴承研究所. 最新国内外轴承代号对照手册. 2 版. 北京：机械工业出版社，2006.

[19] 洛阳轴研科技股份有限公司. 全国滚动轴承产品样本. 2 版. 北京：机械工业出版社，2012

[20] 冯凯. 先进箔片气体动压轴承技术及其工程应用. 北京：科学出版社，2022.

HANDBOOK

OF

第8篇
起重运输机械零部件

篇主编 程文明

撰稿 程文明 须雷 孟文俊

审稿 蔡桂喜

MECHANICAL

DESIGN

修订说明

起重运输机械是广泛用于国民经济各部门进行物质生产和装卸搬运的重要设备，是国家装备制造业的一个重要分支。本篇包括起重机械零部件和输送机零部件两章，参照已颁布的有关起重运输机械零部件的国家和行业标准，介绍了起重运输机械零部件的分类、特点、工作原理和设计方法，方便读者进行设计和选型。

与第六版相比，主要修订和新增内容如下：

(1) 全面更新了相关国家标准和资料。

(2) 修订了带式输送机部分，更新了输送带宽、滚筒长度和滚筒直径之间的关系；修订了传动滚筒基本参数；修订了托辊直径和长度参数，删除了改向滚筒的相关内容，修订了槽形托辊、平行托辊和调心托辊的基本参数；修订了逆止器、清扫器、螺旋拉紧装置和输送带部分，将原有独立章节归入带式输送机部分；修订了链式输送机部分，修改了实心销轴输送链和空心销轴输送链参数的表达形式。

(3) 新增了轻型输送带的内容；补充了刮板输送机和埋刮板输送机的内容，新增了刮板型号以及不同类型的刮板所对应的基本参数；新增圆环链的主要型式以及链环尺寸的选择；新增圆环链尺寸计算和选型方法；新增链环连接的基本方式，给出了节距、链环个数、链的总长度等参数；新增中部槽的选用型式以及不同刮板输送机类型对应的槽宽；新增中部槽的选型方式与参数；增加了斗式提升机部分，新增了料斗的型式和对应的参数尺寸；增加了板式输送机部分，新增了链板宽度、中心距等内容；新增了台板标记方法，补充了台板的宽度选型；增加了螺旋输送机部分，新增了螺旋体的公称直径和螺距等内容；增加了圆盘给料机部分，新增了不同类型的给料槽；新增了不同给料槽的宽度；增加了臂式斗轮堆取料机部分，新增了斗轮的直径选择；新增了车轮直径和轨道中心距；新增了臂架的长度选择。

本篇由西南交通大学程文明、河南省矿山起重机有限公司须雷、太原科技大学孟文俊编写。中国科学院金属研究所蔡桂喜为本篇审稿。

CHAPTER 1

第1章 起重机械零部件

1 机构工作级别及分级举例（摘自 GB/T 3811—2008，GB/T 20863.1—2021）

1.1 机构的使用等级

机构的设计预期寿命，是指设计预期的该机构从开始使用起到预期更换或最终报废为止的总运转时间，它只是该机构实际运转小时数累计之和，而不包括工作中该机构的停歇时间。机构的使用等级是将该机构的总运转时间分成十个等级，以 T_0、T_1、T_2、…、T_9 表示，见表 8-1-1。

表 8-1-1 机构的使用等级

使用等级	总使用时间 t_T/h	机构运转频繁情况	使用等级	总使用时间 t_T/h	机构运转频繁情况
T_0	$t_T \leqslant 200$	很少使用	T_5	$3200 < t_T \leqslant 6300$	中等频繁使用
T_1	$200 < t_T \leqslant 400$		T_6	$6300 < t_T \leqslant 12500$	较频繁使用
T_2	$400 < t_T \leqslant 800$		T_7	$12500 < t_T \leqslant 25000$	频繁使用
T_3	$800 < t_T \leqslant 1600$		T_8	$25000 < t_T \leqslant 50000$	
T_4	$1600 < t_T \leqslant 3200$	不频繁使用	T_9	$50000 < t_T$	

第8篇

1.2 机构的载荷状态级别

机构的载荷状态级别表明了机构所受载荷的轻重情况。载荷状态分为 4 个级别，见表 8-1-2。

表 8-1-2 载荷状态级别

载荷状态级别	说　明	载荷状态级别	说　明
L1	机构很少承受最大载荷,一般承受较小载荷	L3	机构有时承受最大载荷,一般承受较大载荷
L2	机构较少承受最大载荷,一般承受中等载荷	L4	机构经常承受最大载荷

1.3 机构的工作级别

机构工作级别的划分，是将各个机构分别作为一个整体进行的关于其载荷大小程度及运转频繁情况的总的评价，它并不表示该机构中所有零部件都有与此相同的受载及运转情况。根据机构的 10 个使用等级和 4 个载荷状态级别，将机构单独作为一个整体进行分级的工作级别划分为 M1~M8 共 8 级，见表 8-1-3。

表 8-1-3　　　　工作级别

载荷状态级别	机构使用等级										载荷状态级别	机构使用等级									
	T_0	T_1	T_2	T_3	T_4	T_5	T_6	T_7	T_8	T_9		T_0	T_1	T_2	T_3	T_4	T_5	T_6	T_7	T_8	T_9
L1	M1	M1	M1	M2	M3	M4	M5	M6	M7	M8	L3	M1	M2	M3	M4	M5	M6	M7	M8	M8	M8
L2	M1	M1	M2	M3	M4	M5	M6	M7	M8	M8	L4	M2	M3	M4	M5	M6	M7	M8	M8	M8	M8

1.4　机构分级举例

1.4.1　流动式起重机机构分级举例

流动式起重机各机构单独作为整体的分级举例见表 8-1-4。

表 8-1-4　　　　流动式起重机机构分级

序号	机构名称		起重机整机工作级别	机构使用等级	机构载荷状态级别	机构工作级别
1	起升机构		A1	T_4	L1	M3
			A3	T_4	L2	M4
			A4	T_4	L3	M5
2	回转机构		A1	T_2	L2	M2
			A3	T_3	L2	M3
			A4	T_4	L2	M4
3	变幅机构		A1	T_2	L2	M2
			A3	T_3	L2	M3
			A4	T_3	L2	M3
4	臂架伸缩机构		A1	T_2	L1	M1
			A3	T_2	L2	M2
			A4	T_2	L2	M2
5	运行机构	轮胎式运行机构（仅在工作现场）	A1	T_2	L1	M1
			A3	T_2	L2	M2
			A4	T_2	L2	M2
		履带运行机构	A1	T_2	L1	M1
			A3	T_2	L2	M2
			A4	T_2	L2	M2

注：在空载状态下臂架伸缩机构做伸缩动作。

1.4.2　塔式起重机机构分级举例

塔式起重机各机构单独作为整体的分级举例见表 8-1-5。

表 8-1-5　　　　塔式起重机机构分级

序号	起重机的类别和使用情况	起重机整机工作级别	机构使用等级					机构载荷状态级别					机构工作级别				
			H	S	L	D	T	H	S	L	D	T	H	S	L	D	T
1(a)	很少使用的起重机	A1	T_1	T_1	T_1	T_1	T_1	L2	L3	L2	L2	L3	M1	M2	M1	M1	M2
1(b)	货场用起重机	A2	T_3	T_3	T_2	T_2	T_1	L1	L3	L1	L1	L3	M2	M4	M1	M1	M2
1(c)	钻井平台上维修用起重机	A3	T_3	T_3	T_2	T_2	T_1	L1	L3	L2	L2	L3	M2	M4	M2	M2	M2
1(d)	造船厂舾装起重机	A4	T_4	T_4	T_3	T_3	T_2	L2	L3	L2	L2	L3	M4	M5	M3	M3	M3
2(a)	建筑用快装式塔式起重机	A4	T_3	T_3	T_2	T_2	T_1	L2	L3	L3	L2	L3	M3	M4	M3	M2	M2
2(b)	建筑用非快装式塔式起重机	A4	T_4	T_4	T_3	T_3	T_2	L2	L3	L3	L2	L3	M4	M5	M4	M3	M3

续表

序号	起重机的类别和使用情况	起重机整机工作级别	机构使用等级					机构载荷状态级别					机构工作级别				
			H	S	L	D	T	H	S	L	D	T	H	S	L	D	T
2(c)	电站安装设备用的塔式起重机	A4	T_4	T_4	T_3	T_3	T_2	L2	L2	L2	L2	L3	M4	M4	M3	M3	M3
3(a)	船舶修理厂用塔式起重机	A4	T_4	T_4	T_3	T_3	T_5	L2	L3	L2	L2	L3	M4	M5	M3	M3	M6
3(b)	造船用起重机	A5	T_4	T_4	T_3	T_3	T_4	L3	L3	L3	L3	L3	M5	M5	M4	M4	M5
3(c)	抓斗起重机	A6	T_5	T_5	T_4	T_5	T_2	L3	L3	L3	L3	L3	M6	M6	M5	M6	M3

注：H——起升机构；S——回转机构；L——动臂俯仰变幅机构；D——小车运行变幅机构；T——大车（纵向）运行机构。

1.4.3 臂架起重机机构分级举例

臂架起重机各机构单独作为整体的分级举例见表 8-1-6。

表 8-1-6　　臂架起重机机构分级

序号	起重机的类别	起重机的使用情况	起重机整机工作级别	机构使用等级					机构载荷状态级别					机构工作级别				
				H	S	L	D	T	H	S	L	D	T	H	S	L	D	T
1	人力驱动起重机	很少使用	A1	T_1	T_1	T_1	T_2	T_2	L2	L2	L2	L1	L1	M1	M1	M1	M1	M1
2	车间电动悬臂起重机	很少使用	A2	T_2	T_2	T_1	T_1	T_2	L2	L2	L2	L2	L2	M2	M2	M1	M1	M2
3	造船用臂架起重机	不频繁较轻载使用	A4	T_5	T_4	T_4	T_4	T_5	L2	L2	L2	L2	L2	M5	M4	M4	M4	M5
4(a)	货场用吊钩起重机	不频繁较轻载使用	A4	T_4	T_4	T_3	T_4	T_4	L2	L2	L2	L2	L2	M4	M4	M3	M4	M4
4(b)	货场用抓斗或电磁盘起重机	较频繁中等载荷使用	A6	T_5	T_5	T_5	T_5	T_4	L3	L3	L3	L3	L3	M6	M6	M6	M6	M5
4(c)	货场用抓斗、电磁盘或集装箱起重机	频繁重载使用	A8	T_7	T_6	T_6	T_6	T_5	L3	L3	L3	L3	L3	M8	M7	M7	M7	M6
5(a)	港口装卸用吊钩起重机	较频繁中等载荷使用	A6	T_4	T_4	T_4	—	T_3	L3	L3	L2	—	L2	M5	M5	M4	—	M3
5(b)	港口装船用吊钩起重机	较频繁重载使用	A7	T_6	T_5	T_4	—	T_3	L3	L3	L3	—	L3	M7	M6	M5	—	M4
5(c)	港口装卸抓斗、电磁盘或集装箱用起重机	较频繁重载使用	A7	T_6	T_5	T_5	—	T_3	L3	L3	L3	—	L3	M7	M6	M6	—	M4
5(d)	港口装船用抓斗、电磁盘或集装箱起重机	较频繁重载使用	A8	T_7	T_6	T_6	—	T_3	L3	L3	L3	—	L3	M8	M7	M7	—	M4
6	铁路起重机	较少使用	A3	T_2	T_2	T_2	—	T_1	L3	L2	L3	—	L2	M3	M2	M3	—	M1

注：H——起升机构；S——回转机构；L——动臂俯仰变幅机构；D——小车运行变幅机构；T——大车（纵向）运行机构。

1.4.4 桥式和门式起重机机构分级举例

桥式和门式起重机机构单独作为整体的分级举例见表 8-1-7。

表 8-1-7　　　　桥式和门式起重机机构分级

序号	起重机的类别	起重机的使用情况	起重机整机工作级别	机构使用等级			机构载荷状态级别			机构工作级别		
				H	D	T	H	D	T	H	D	T
1	人力驱动的起重机（含手动葫芦起重机）	很少使用	A1	T_2	T_2	T_2	L1	L1	L1	M1	M1	M1
2	车间装配用起重机	较少使用	A3	T_2	T_2	T_2	L2	L1	L2	M2	M1	M2
3(a)	电站用起重机	很少使用	A2	T_2	T_2	T_3	L2	L1	L2	M2	M1	M3
3(b)	维修用起重机	较少使用	A3	T_2	T_2	T_2	L2	L1	L2	M2	M1	M2
4(a)	车间用起重机(含车间用电动葫芦起重机)	较少使用	A3	T_4	T_3	T_4	L1	L1	L1	M3	M2	M3
4(b)	车间用起重机(含车间用电动葫芦起重机)	不频繁较轻载使用	A4	T_4	T_3	T_4	L2	L2	L2	M4	M3	M4
4(c)	较繁忙车间用起重机(含车间用电动葫芦起重机)	不频繁中等载荷使用	A5	T_5	T_3	T_5	L2	L2	L2	M5	M3	M5
5(a)	货场用吊钩起重机(含货场用电动葫芦起重机)	较少使用	A3	T_4	T_3	T_4	L1	L1	L2	M3	M2	M4
5(b)	货场用抓斗或电磁盘起重机	较频繁中等载荷使用	A6	T_5	T_5	T_5	L3	L3	L3	M6	M6	M6
6(a)	废料场吊钩起重机	较少使用	A3	T_4	T_3	T_4	L2	L2	L2	M4	M3	M4
6(b)	废料场抓斗或电磁盘起重机	较频繁中等载荷使用	A6	T_5	T_5	T_5	L3	L3	L3	M6	M6	M6
7	桥式抓斗卸船机	频繁重载使用	A8	T_7	T_6	T_5	L3	L3	L3	M8	M7	M6
8(a)	集装箱搬运起重机	较频繁中等载荷使用	A6	T_5	T_5	T_5	L3	L3	L3	M6	M6	M6
8(b)	岸边集装箱起重机	较频繁重载使用	A7	T_6	T_6	T_5	L3	L3	L3	M7	M7	M6
9	冶金用起重机											
9(a)	换轧辊起重机	很少使用	A2	T_3	T_2	T_3	L3	L3	L3	M4	M3	M4
9(b)	料箱起重机	频繁重载使用	A8	T_7	T_5	T_7	L4	L4	L4	M8	M7	M8
9(c)	加热炉起重机	频繁重载使用	A8	T_6	T_6	T_6	L3	L4	L3	M7	M8	M7
9(d)	炉前兑铁水铸造起重机	较频繁重载使用	A6 ~ A7	T_7	T_5	T_5	L3	L3	L3	M7~M8	M6	M6
9(e)	炉后出钢水铸造起重机	较频繁重载使用	A7 ~ A8	T_7	T_6	T_6	L4	L3	L3	M8	M7	M6~M7
9(f)	板坯搬运起重机	较频繁重载使用	A7	T_6	T_5	T_6	L3	L4	L4	M7	M7	M8
9(g)	冶金流程在线的专用起重机	频繁重载使用	A8	T_6	T_6	T_7	L4	L3	L4	M8	M7	M8
9(h)	冶金流程线外用的起重机	较频繁中等载荷使用	A6	T_6	T_5	T_5	L2	L2	L3	M6	M5	M6
10	铸工车间用起重机	不频繁中等载荷使用	A5	T_5	T_4	T_5	L2	L2	L3	M5	M4	M5
11	锻造起重机	较频繁重载使用	A7	T_6	T_5	T_5	L3	L3	L3	M7	M6	M6
12	淬火起重机	较频繁中等载荷使用	A6	T_5	T_4	T_5	L3	L3	L3	M6	M5	M6
13	装卸桥	较频繁重载使用	A7	T_7	T_7	T_3	L4	L4	L2	M8	M8	M3

注：H——主起升机构；D——小车（横向）运行机构；T——大车（纵向）运行机构。

1.5 起重机新的分级方法

1.5.1 概述

我国将 ISO 4301-1：2016 等同转化为 GB/T 20863.1—2021《起重机　分级　第 1 部分：总则》，该标准将起重机的分级做了重新定义，分得更细。由于起重机零部件的选择计算都与分级有关，新的分级方法所对应的起重机零部件选择和计算方法的国际标准今后会逐渐颁布，故在此将新的分级方法与老的分级方法一起列出作为参考。但注意今后新的分级方法会逐渐替代老的方法。

起重机及其零部件的分级是基于使用工况，主要用以下参数表示：

1）起重机在规定的设计寿命期间应达到的总工作循环次数；

2）载荷谱系数，表示吊运不同载荷的相对频次；

3）平均位移。

1.5.2 起重机总工作循环次数

起重机总工作循环次数 C 对应的使用等级 U 见表 8-1-8。

表 8-1-8　　**起重机的使用等级**

使用等级	总工作循环次数，C	使用等级	总工作循环次数，C
U_0	$C \leqslant 1.6\times10^4$	U_5	$2.5\times10^5 < C \leqslant 5\times10^5$
U_1	$1.6\times10^4 < C \leqslant 3.15\times10^4$	U_6	$5\times10^5 < C \leqslant 1\times10^6$
U_2	$3.15\times10^4 < C \leqslant 6.3\times10^4$	U_7	$1\times10^6 < C \leqslant 2\times10^6$
U_3	$6.3\times10^4 < C \leqslant 1.25\times10^5$	U_8	$2\times10^6 < C \leqslant 4\times10^6$
U_4	$1.25\times10^5 < C \leqslant 2.5\times10^5$	U_9	$4\times10^6 < C \leqslant 8\times10^6$

1.5.3 载荷状态

起重机的载荷谱系数在表 8-1-9 中选取大于计算值的名义值 K_p。

表 8-1-9　　**载荷状态级别 Q_p 及载荷谱系数 K_p**

载荷状态级别 Q_p	载荷谱系数 K_p	使用情况说明
Q_p0	$K_p \leqslant 0.0313$	通常吊运较轻载荷，很少吊运额定起升载荷
Q_p1	$0.0313 < K_p \leqslant 0.0625$	
Q_p2	$0.0625 < K_p \leqslant 0.125$	通常吊运轻载荷，偶尔吊运额定起升载荷
Q_p3	$0.125 < K_p \leqslant 0.25$	通常吊运中等载荷，较频繁吊运额定起升载荷
Q_p4	$0.25 < K_p \leqslant 0.50$	通常吊运重载荷，频繁吊运额定起升载荷
Q_p5	$0.50 < K_p \leqslant 1.00$	通常吊运接近额定起升载荷的载荷

1.5.4 整机工作级别

根据表 8-1-8 规定的使用等级和表 8-1-9 规定的载荷状态级别，可得到起重机的整机工作级别，见表 8-1-10。

表 8-1-10　　**起重机的整机工作级别 A**

载荷状态级别 Q_p	载荷谱系数名义值 K_p（设计值）	起重机使用等级和总工作循环次数									
		U_0 1.6×10^4	U_1 3.15×10^4	U_2 6.3×10^4	U_3 1.25×10^5	U_4 2.5×10^5	U_5 5.0×10^5	U_6 1.0×10^6	U_7 2.0×10^6	U_8 4.0×10^6	U_9 8.0×10^6
Q_p0	0.0313	A03	A02	A01	A0	A1	A2	A3	A4	A5	A6
Q_p1	0.0625	A02	A01	A0	A1	A2	A3	A4	A5	A6	A7
Q_p2	0.1250	A01	A0	A1	A2	A3	A4	A5	A6	A7	A8
Q_p3	0.2500	A0	A1	A2	A3	A4	A5	A6	A7	A8	A9
Q_p4	0.5000	A1	A2	A3	A4	A5	A6	A7	A8	A9	A10
Q_p5	1.0000	A2	A3	A4	A5	A6	A7	A8	A9	A10	A11

当起重机的载荷状态级别 Q_p 和使用等级 U 未知，仅已知起重机的整机工作级别 A 时，应按表 8-1-11 规定的起重机满载工作循环次数 C_f 进行设计计算。

表 8-1-11　　基于工作级别的设计值

工作级别 A	设计的满载工作循环次数 $C_f, K_p=1$	工作级别 A	设计的满载工作循环次数 $C_f, K_p=1$
A03	500	A5	125000
A02	1000	A6	250000
A01	2000	A7	500000
A0	4000	A8	1000000
A1	8000	A9	2000000
A2	16000	A10	4000000
A3	31500	A11	8000000
A4	63000		

1.5.5　平均线位移

起升机构、小车和大车运行机构的平均线位移可划分为 10 个级别，见表 8-1-12。

表 8-1-12　　平均线位移级别 D 和设计值

平均线位移级别			平均线位移的范围 $\overline{X}_{lin}$ /m	平均线位移的设计值 /m
起升机构	小车运行机构	大车运行机构		
D_h0	D_t0	D_c0	$\overline{X}_{lin} \leqslant 0.63$	0.63
D_h1	D_t1	D_c1	$0.63<\overline{X}_{lin} \leqslant 1.25$	1.25
D_h2	D_t2	D_c2	$1.25<\overline{X}_{lin} \leqslant 2.50$	2.50
D_h3	D_t3	D_c3	$2.50<\overline{X}_{lin} \leqslant 5$	5
D_h4	D_t4	D_c4	$5<\overline{X}_{lin} \leqslant 10$	10
D_h5	D_t5	D_c5	$10<\overline{X}_{lin} \leqslant 20$	20
D_h6	D_t6	D_c6	$20<\overline{X}_{lin} \leqslant 40$	40
D_h7	D_t7	D_c7	$40<\overline{X}_{lin} \leqslant 80$	80
D_h8	D_t8	D_c8	$80<\overline{X}_{lin} \leqslant 160$	160
D_h9	D_t9	D_c9	$160<\overline{X}_{lin} \leqslant 320$	320

1.5.6　平均角位移

平均角位移的分级按表 8-1-13 的规定分为 6 个级别。

表 8-1-13　　平均角位移 $\overline{X}_{ang}$ 的级别 D_a

平均角位移级别	平均角位移 $\overline{X}_{ang}$	平均角位移级别	平均角位移 $\overline{X}_{ang}$
D_a0	$\overline{X}_{ang} \leqslant 11.25°$	D_a3	$45°<\overline{X}_{ang} \leqslant 90°$
D_a1	$11.25°<\overline{X}_{ang} \leqslant 22.5°$	D_a4	$90°<\overline{X}_{ang} \leqslant 180°$
D_a2	$22.5°<\overline{X}_{ang} \leqslant 45°$	D_a5	$180°<\overline{X}_{ang} \leqslant 360°$

1.5.7　起重机零部件和机构分级

典型零部件的分级可应用于系列起升机构、大车和小车运行机构或臂架变幅机构。同一起重机的各个零部件的分级可能会不同。

零部件的作业任务由以下参数决定：

1）零部件在设计寿命期内的总工作循环次数；

2）吊运不同载荷的相对频次（载荷谱、载荷状态）；

3）平均位移；

4）每次运动（例如定位）加速次数的平均值。

当使用工作级别的参数范围时，应以规定级别内参数的最大值作为设计依据。允许采用中间参数值，但应当明确具体的设计值，不能使用级别代替。

零部件的总工作循环次数可从起重机的工作循环中得出。

例如下列情况下，零部件的工作循环次数要少于起重机的工作循环次数：

1）卸船机臂架的俯仰；

2）流动式起重机或塔式起重机的安装/拆卸；

3）港口起重机从一个工作位置移动到另一个工作位置的运动。

在上述运行情况下，零部件设计寿命期内的总工作循环次数应按起重机总工作循环次数的一定数值或比例确定。

零部件的使用等级应按表 8-1-8 的规定执行。

载荷谱系数 K_{cp} 是确定起重机零部件作业任务的参数之一。载荷谱系数由每个零部件单独确定，表示在零部件工作循环次数内的载荷效应（应力）的变化。

对于起升机构，表示机构在运行期间的载荷变化情况。

对于大车或小车运行机构，表示不同的运输质量，包括有效起重量和自重。

载荷谱系数用来表征零部件承受的相对于最大载荷效应而言的特定量级载荷效应，以及对应的工作循环次数。

零部件的载荷谱系数和载荷状态级别应按 1.5.3 节的规定执行，并应将 K_p、Q_p 分别替代为 K_{cp}、Q_{cp}。

根据表 8-1-8 规定的使用等级和表 8-1-9 规定的载荷状态级别，可得到零部件的工作级别，见表 8-1-10。表中的 A 替代为 Ac。

起重机零部件的平均位移可按 1.5.5 节和 1.5.6 节的规定执行。

2 对机构的通用要求（摘自 GB/T 24809.1—2009）

2.1 设计准则

（1）总体设计与布置

起重机的总体设计与布置应考虑下列各项：

1）用户的要求；

2）机构的特殊功能及其用途；

3）机构的可靠性，以及机构故障引起的后果；

4）支承机构的结构位移；

5）避免出现运动失控，例如由电动机、离合器、制动器等传递力和力矩时应考虑有所限制；

6）避免产生不应有的或过度的振动；

7）避免出现过大的噪声；

8）有足够的操作空间并设有运动限制器与指示器，以便于对机构使用与控制；

9）零部件供应商有关选用和安装零部件的建议；

10）可维护性，即便于接近零部件进行维修；

11）零部件的互换性；

12）具有便于搬运用的吊耳和吊点；

13）为司机和维护人员留有通道；

14）环境条件和危险性。

(2) 零部件强度准则

选用机构零部件时，应利用最大载荷、载荷谱、载荷循环次数等参数来验证实际载荷情况是否符合相应的零部件额定性能参数。

2.2 动力

驱动机应是电动机、液压马达或气动马达或内燃机。

起重机的机构应具备能在设计规定的条件下对运动进行控制的足够的动力和扭矩，并应考虑到重力、惯性力、工作状态风力、摩擦力和机构的效率等因素的影响。

2.3 联轴器

(1) 一般规定

联轴器型式的选择应以机构的总体设计、使用以及为避免振动和产生不应有的反作用力所需的性能为依据。联轴器的校准应符合供货商说明书的要求。

必要时，旋转件应符合静平衡或动平衡要求。

(2) 离合器

当起升和变幅机构中采用楔块式离合器时，应设置一个防止故障的全机械锁或按能满足传递钢丝绳拉力 2 倍最大扭矩的要求进行设计。

干式摩擦离合器应防止雨水、油和润滑剂等液体的浸入。

离合器的布置应便于在必要时为补偿磨损量而进行调整。

考虑到脉冲频率和允许磨损量等因素，在任何工作温度下，离合器的最大允许扭矩应至少和工作期间出现的扭矩峰值相等。

2.4 制动器

起重机应设有能使每一由动力驱动的运动停住的装置。

紧急制动应采用断电时自动上闸的制动器。紧急制动器引起的减速度应与机构满载时的设计参数相适应。

用手或脚操作手动的工作制动器时，其操作力应符合 GB/T 24817.1 的规定。

如适用时，同类制动器可用于不同型式的制动。

(1) 起升制动器

摩擦式起升制动器应能将任何额定载荷和动态试验载荷停止和保持在起升范围内的任何位置。

在需要载荷紧急下降时，起升制动器应能手动松闸，以便在下降时保持对载荷的操控。载荷紧急下降应按说明书的规定进行，且应考虑制动器散热能力。

选用起升制动器的额定扭矩至少应是载荷扭矩的 1.5 倍。

用于搬运熔融金属或类似的危险物品的起重机，在构造上应能保证在力传递过程中某一零部件失效时防止载荷跌落。此要求可通过以下条件之一得到满足：

1) 采用冗余系统；

2) 在钢丝绳卷筒上装一安全制动器，并配一套冗余的钢丝绳传动；

3) 对于总起重量不大于 16t 的起重机，在设计起升机构时其工作级别应至少比实际作业条件所要求的高 2 级，并取 M5 为最小工作级别。

(2) 运行和回转制动器

运行和回转制动器应能在最不利的载荷条件下将起重机停住。

2.5 非工作状态的保持装置

机构不使用时，应使用制动器或锁紧装置（锁定装置）保持其位置不变。锁定装置的布置应能防止其被无意中接通或脱开。锁定装置接通后应能防止机构意外运动。

如果要求起重机在非工作状态具有“风向标”功能，则控制这种功能的装置应可从控制站进行操作。这种装置在下列情况下应能自动起作用：

1）起重机供电中断时；

2）起重机不使用时。

2.6 液压和气动系统

ISO 4413 和 GB/T 7932 中对液压和气动系统提出的通用性要求也适用于起重机。

液压系统及其控制装置的布置应保证无论对控制装置怎样组合操作都不会触发司机所不希望的任何一种动作，除非这种动作是为使安全或锁定装置起作用所必需的。

系统回路中应有下列安全装置：

1）液压和气动系统有压回路中应设安全阀限制回路中的最大压力；

2）防止在起重机任一承载回路中因软管、硬管或管件失效而引发危险后果的安全装置。

考虑动力源的故障和系统测试等因素，所有零部件和控制装置均应能对设计载荷进行搬运作业并保证起重机在正常、偶然及异常条件下安全运行。

所有零部件和（液压系统中的）工作液均应适合于起重机的用途和环境条件。

为了故障诊断的需要，应在系统中适当位置设压力检测点并在回路图中注明。

必要时，液压系统中应有排气装置。

系统中应防止出现会损坏制动器零部件和不经意地对其进行控制的背压。

液压缸的选用和设计应以典型工作循环中有效工作长度上的最大压缩和拉伸载荷为依据。应考虑可能达到的压强和流量、工作液的类型、密封件与活塞杆（刮油器）的类型与材料以及轴承规格等方面。

硬管、软管、管件、阀门和油路上通径面积应与油压和流量相匹配，使缺油和不当温升的现象减到最少。

臂架变幅机构应有备用棘轮棘爪装置或其他强迫锁定装置，以防止卷筒往臂架下落方向转动并能长时间地保持住额定载荷。该装置应能从司机室进行控制。

（1）液压油箱

液压油箱在作业过程中应使其油位保持在工作高度上并有一定的裕度，同时，应能在液压缸闭合时容纳所有从系统中流回的油液。油箱还应有足够的油液储量，以便使油液冷却到供货商规定的温度范围之内。

（2）过滤器

系统应设置过滤器以便持续不断地滤去液压油或气源中的杂质。

过滤器的选用和安装应便于对过滤介质进行更换而不必改动管路布置和从油箱中泄空油液。如制动器采用液压松闸，过滤器不应放在制动器回油管路中，否则过滤器可能会被堵塞并形成足以使制动器松闸的背压。

（3）安装

系统的安装应尽可能使外界影响（如大气条件、未经许可的干扰和机械性冲击等）不会对系统产生不利影响。此外，为避免因安装导致管路中引发应力，所有刚性管路的支承件应考虑有一定的弹性。

应采取一切实用的措施防止零部件装配和安装过程中落入污物，系统在检验前应彻底清理干净。

系统专用液压油的型号应永久性地清晰标注在油箱注油口上或在使用说明书中指明。其他型号的液压油均不能单独地或与规定型号的油液混合在一起使用。

每一台蓄能器上均应永久性地清晰标明其预充压力和充填介质。

2.7 齿轮传动

（1）强度要求

任何作业条件下产生的应力均不得超过许用应力。下列要求应得到满足：

1）避免由弹性变形和/或热变形产生超许用应力的应力；

2）优先采用静定结构和零部件，以便了解所产生的应力并确定其对其他零部件的作用。

（2）齿轮

齿轮应采用已证明其性能符合预定用途和使用寿命要求的材料制造。齿轮的尺寸应以额定扭矩、材料强度和驱动齿轮工作级别来计算确定。啮合类型不应使齿轮产生超过许用应力的应力。

在被驱动件惯性矩大于驱动件惯性矩的情况下应避免反向传动自锁。

（3）齿轮箱体

当齿轮装置在正常运转和维护保养期间构成危险时，应对其进行防护。

齿轮完全封闭在齿轮箱内时，箱体应能防止油液渗漏并用密封垫或合适的密封剂进行密封。

齿轮箱体的支承结构应能使箱体固定牢固，并防止其在运行中发生松动。

齿轮箱体结构应具有良好的刚性，确保在各种工作条件下齿轮轴的对准性和中心距均保持不变。

泄油塞、通气帽和油位指示器应便于接近。

齿轮箱体应设有吊耳。

对所有齿轮箱体来说，应特别注意确保对各齿轮和轴承进行适当的润滑。

（4）轴承及其支承结构

支承在轴承上的零件、该轴承本身及其支承结构的设计应确保不会因该轴承的失效导致起重机任何主要件或载荷的坠落。

2.8 对钢丝绳和链条驱动机构的要求

（1）钢丝绳驱动机构

钢丝绳驱动机构应按 GB/T 20863.1 规定，根据起升机构的作业要求和使用条件划分传动机构工作级别。

钢丝绳驱动的计算应按 GB/T 24811.1—2009 进行。

如设计不能省去这些钢丝绳驱动机构，则应考虑钢丝绳之间可能出现的载荷不均匀分布情况。

钢丝绳平衡装置的布置不应存在钢丝绳在平衡装置上移动时产生钢丝绳与平衡装置之间的滑动的情况。

① 卷筒。卷筒应采用已证明其性能符合规定用途和使用寿命要求的材料制造。

卷筒节圆直径应符合 GB/T 24811.1—2009 的规定。

当不可能使全部钢丝绳在卷筒上实现单层卷绕时，应采取特殊措施，确保在任何作业条件下钢丝绳均能正确地进行从一层往下一层（必要时加以导向）的卷绕。

带绳槽卷筒的设计应保证在钢丝绳绕出至极限位置时卷筒上仍留有 2 圈钢丝绳；对于单层卷绕的卷筒，在钢丝绳卷入至极限位置时卷筒上至少还留有 1 圈空绳槽。

卷筒的壁厚应由计算或试验确定。如不进行计算和试验，卷筒壁厚应增加磨损裕量。此裕量应考虑诸如材料硬度、环境和预定使用条件等因素。

设计钢丝绳卷筒时，应保证钢丝绳不会从卷筒端部绕出。

单层卷绕卷筒可采用端部法兰、带终端限位的排绳器或其他能防止钢丝绳挤住的限制器。

对于多层卷绕卷筒，至少应在每一处钢丝绳进入下一层的地方设置法兰。

法兰和其他侧边限制器应平整且超出最外层钢绳不应少于 1.5 倍钢丝绳直径。

绳槽的圆弧半径应不小于 0.525 倍钢丝绳名义直径。确定绳槽圆弧半径时，应考虑到钢丝绳直径公差。绳槽深度应不小于钢丝绳名义直径的 0.33 倍。关于获得最佳钢丝绳寿命的条件，可参见 GB/T 24811.1—2009 的附录 C。

绳槽表面应光滑，没有会损坏钢丝绳的缺陷；绳槽边缘应倒钝。

卷筒上的钢丝绳固定装置连同钢丝绳的两圈摩擦圈一起应能承受住不小于 2.5 倍的钢丝绳名义张力。进行验算时，钢丝绳和卷筒间摩擦系数假定不大于 0.1。

采用压板固定钢丝绳时应使用 2 个或更多个压板。钢丝绳在卷筒上的固定不应使所需的钢丝绳破断强度降低 20%。

钢丝绳固定装置应安全牢固并便于接近。如有两根或更多的钢丝绳从卷筒上绕出，应有能在固定端上调整钢丝绳长度的措施。

② 滑轮。滑轮应采用已证明其性能符合预定用途和使用寿命要求的材料制造。

滑轮节圆直径应符合 GB/T 24811.1—2009 的规定。

滑轮槽底横断面半径应能为所用规格的钢丝绳形成一个密切接触的鞍形面。绳槽圆弧半径应在钢绳名义直径0.525与0.63倍之间。绳槽应与两侧壁相切，两侧壁互相之间形成30°~60°的夹角并相对于绳槽中心线做对称布置。选定滑轮夹角大小时应考虑钢丝绳的最大偏斜角。有关最佳钢丝绳寿命的条件，可参见GB/T 24811.1—2009的附录C。

绳槽深度应不小于钢丝绳名义直径的1.5倍。

绳槽应经精加工至表面不存在会损伤钢丝绳的缺陷处。绳槽凸缘的锐边应倒钝，使钢丝绳便于入槽。

③ 钢丝绳。钢丝绳应按GB/T 24811.1—2009选取。

凡符合ISO 2408规定的钢丝绳结构都是适用的结构。

钢丝绳报废标准按GB/T 5972规定。

(2) 链条驱动机构

链条驱动机构应按GB/T 20863.1规定，根据起升机构的作业要求和使用条件划分工作级别。

驱动链轮和换向链轮的设计应避免链条弯曲应力超限。

驱动链轮、换向链轮、导链装置和链条互相之间在尺寸和材料方面都应匹配。

驱动链轮应为整体式结构。

必要时，链条驱动机构所有零件均应有防热辐射保护。

① 链条。钢质圆环链和滚子链的制造、试验和标记应符合GB/T 20947与ISO 4347的规定。

链条的最大破断拉力与设计拉力之比对于手动起升机构应≥4；对于动力驱动的起升机构应≥5。

② 导链装置。链条驱动机构应设有能确保链条在驱动轮和换向链轮上正确地通过并防止链条跳出、扭转及卡住的装置。

在链条驱动机构的工作区段和运行区段，链条啮入链轮处应设防护罩以防人员接触。

③ 链条固定装置。设计链条固定装置时，应使其能吸收2.5倍的链条名义张力且不发生永久变形。对于起升机构还应验证其所需的疲劳强度。

链条的空载端应固定住，使其不会被拉脱，这一防护装置应能可靠地吸收预计会产生的力。

链条固定装置上的螺栓连接应能防止突然松动，其拧紧情况应能检查。

2.9 转轴

转轴在设计上应能承受由弯曲、扭转或两者组合产生的全部应力。对于交变应力和引起应力集中的因素，诸如键槽、花键、截面变化等均应留出裕度。

2.10 对吊具的要求

吊具应按最大额定载荷进行设计。吊具的设计、材料和制造应避免疲劳断裂和脆性断裂的发生。

链条配用的锻造环眼起重吊钩应符合GB/T 24812或GB/T 24813的规定。应验证吊钩在按GB/T 5905.1的规定进行试验的过程中不产生永久变形。

如果吊钩带有安全闭锁装置，则此装置应为自闭型结构以便挡住钩腔，保持挂钩绳、链条等在松弛状态下不会脱出。吊钩组应具有保证其在设计规定的任何作业条件下均能下降的重量。

吊钩组应带有额定起重量的永久性标志。

2.11 制造与维护

各机构应按适用的工程图样制造并符合规定的公差要求。焊工应通过所规定的焊接类型的资格认定。高强度紧固件应正确地拧紧。必要时，在制造过程中应采用适当的工装，以确保零部件的校直对中满足工程图样的规定要求。修理工作应由经过资格审定的胜任人员按照制造厂的规定进行。

应采取措施按需要对齿轮以及对所有的轴承和轴颈进行润滑。除集中润滑点外，其他所有润滑点均应便于接近。

3　钢丝绳及绳具

3.1　钢丝绳（摘自 GB 8918—2006、GB/T 20118—2017）

重要用途钢丝绳（GB 8918—2006）适用于矿井提升、高炉卷扬、大型浇铸、石油钻井、大型吊装、繁忙起重、索道、地面缆车、船舶和海上设施等用途的圆股及异形股钢丝绳。

通用钢丝绳（GB/T 20118—2017）适用于光面和镀层碳素钢丝制造的各种结构钢丝绳。

3.1.1　分类

重要用途钢丝绳按其股的断面、股数和股外层钢丝的数目分类，见表 8-1-14；通用钢丝绳按其股数和股外层钢丝的数目分类，见表 8-1-15～表 8-1-17。如果需方没有明确要求某种结构的钢丝绳时，在同一组别内，结构的选择由供方自行确定。

表 8-1-14　　重要用途钢丝绳分类

组别	类别		分类原则	典型结构		直径范围/mm
				钢丝绳	股绳	
1	圆股钢丝绳	6×7	6 个圆股，每股外层丝可到 7 根，中心丝(或无)外捻制 1～2 层钢丝，钢丝等捻距	6×7 6×9W	(1+6) (3+3/3)	8～36 14～36
2		6×19	6 个圆股，每股外层丝 8～12 根，中心丝外捻制 2～3 层钢丝，钢丝等捻距	6×19S 6×19W 6×25Fi 6×26WS 6×31WS	(1+9+9) (1+6+6/6) (1+6+6F+12) (1+5+5/5+10) (1+6+6/6+12)	12～36 12～40 12～44 20～40 22～46
3		6×37	6 个圆股，每股外层丝 14～18 根，中心丝外捻制 3～4 层钢丝，钢丝等捻距	6×29Fi 6×36WS 6×37S(点线接触) 6×41WS 6×49SWS 6×55SWS	(1+7+7F+14) (1+7+7/7+14) (1+6+15+15) (1+8+8/8+16) (1+8+8+8/8+16) (1+9+9+9/9+18)	14～44 18～60 20～60 32～56 36～60 36～64
4		8×19	8 个圆股，每股外层丝 8～12 根，中心丝外捻制 2～3 层钢丝，钢丝等捻距	8×19S 8×19W 8×25Fi 8×26WS 8×31WS	(1+9+9) (1+6+6/6) (1+6+6F+12) (1+5+5/5+10) (1+6+6/6+12)	20～44 18～48 16～52 24～48 26～56
5		8×37	8 个圆股，每股外层丝 14～18 根，中心丝外捻制 3～4 层钢丝，钢丝等捻距	8×36WS 8×41WS 8×49SWS 8×55SWS	(1+7+7/7+14) (1+8+8/8+16) (1+8+8+8/8+16) (1+9+9+9/9+18)	22～60 40～56 44～64 44～64
6		18×7	钢丝绳中有 17 或 18 个圆股，每股外层丝 4～7 根，在纤维芯或钢芯外捻制 2 层股	17×7 18×7	(1+6) (1+6)	12～60 12～60
7		18×19	钢丝绳中有 17 或 18 个圆股，每股外层丝 8～12 根，钢丝等捻距，在纤维芯或钢芯外捻制 2 层股	18×19W 18×19S	(1+6+6/6) (1+9+9)	24～60 28～60

续表

组别	类别		分类原则	典型结构		直径范围/mm
				钢丝绳	股绳	
8	圆股钢丝绳	34×7	钢丝绳中有34~36个圆股，每股外层丝可到7根，在纤维芯或钢芯外捻制3层股	34×7 36×7	(1+6) (1+6)	16~60 20~60
9		35W×7	钢丝绳中有24~40个圆股，每股外层丝4~8根，在纤维芯或钢芯（钢丝）外捻制3层股	35W×7 24W×7	(1+6)	16~60
10	异形股钢丝绳	6V×7	6个三角形股，每股外层丝7~9根，三角形股芯外捻制1层钢丝	6V×18 6V×19	(/3×2+3/+9) (/1×7+3/+9)	20~36 20~36
11		6V×19	6个三角形股，每股外层丝10~14根，三角形股芯或纤维芯外捻制2层钢丝	6V×21 6V×24 6V×30 6V×34	(FC+9+12) (FC+12+12) (6+12+12) (/1×7+3/+12+12)	18~36 18~36 20~38 28~44
12		6V×37	6个三角形股，每股外层丝15~18根，三角形股芯外捻制2层钢丝	6V×37 6V×37S 6V×43	(/1×7+3/+12+15) (/1×7+3/+12+15) (/1×7+3/+15+18)	32~52 32~52 38~58
13		4V×39	4个扇形股，每股外层丝15~18根，纤维股芯外捻制3层钢丝	4V×39S 4V×48S	(FC+9+15+15) (FC+12+18+18)	16~36 20~40
14		6Q×19 +6V×21	钢丝绳中有12~14个股，在6个三角形股外，捻制6~8个椭圆股	6Q×19 +6V×21 6Q×33 +6V×21	外股(5+14) 内股(FC+9+12) 外股(5+13+15) 内股(FC+9+12)	40~52 40~60

注：1. 13组及11组中异形股钢丝绳中6V×21、6V×24结构仅为纤维绳芯，其余组别的钢丝绳，可由需方指定纤维芯或钢芯。

2. 三角形股芯的结构可以相互代替，或改用其他结构的三角形股芯，但应在订货合同中注明。

3. 钢丝绳的主要用途推荐，见表8-1-8。

表 8-1-15　通用钢丝绳分类（单层股钢丝绳）

类别（不含绳芯）	钢丝绳			外层股			
	股数	外层股数	股层数	钢丝数	外层钢丝数	钢丝层数	股捻制类型
4×19	4	4	1	15~26	7~12	2~3	平行捻
4×36	4	4	1	29~57	12~18	3~4	平行捻
6×7	6	6	1	5~9	4~8	1	单捻
6×12	6	6	1	12	12	1	单捻
6×15	6	6	1	15	15	1	单捻
6×19	6	6	1	15~26	7~12	2~3	平行捻
6×24	6	6	1	24	12~16	2~3	平行捻
6×36	6	6	1	29~57	12~18	3~4	平行捻
6×19M	6	6	1	12~19	9~12	2	多工序点接触
6×24M	6	6	1	24	12~16	2	多工序点接触
6×37M	6	6	1	27~37	16~18	3	多工序点接触
6×61M	6	6	1	45~61	18~24	4	多工序点接触
8×19M	8	8	1	12~19	9~12	2	多工序点接触
8×37M	8	8	1	27~37	16~18	3	多工序点接触
8×7	8	8	1	5~9	4~8	1	单捻
8×19	8	8	1	15~26	7~12	2~3	平行捻
8×36	8	8	1	29~57	12~18	3~4	平行捻

续表

类别（不含绳芯）	钢丝绳			外层股			
	股数	外层股数	股层数	钢丝数	外层钢丝数	钢丝层数	股捻制类型
异形股钢丝绳							
6×V7	6	6	1	7~9	7~9	1	单捻
6×V19	6	6	1	21~24	10~14	2	多工序点接触/平行捻
6×V37	6	6	1	27~33	15~18	2	多工序点接触/平行捻
6×V8	6	6	1	8~9	8~9	1	单捻
6×V25	6	6	1	15~31	9~18	2	平行捻
4×V39	4	4	1	39~48	15~18	3	多工序复合捻

注：1. 对于6×V8 和6×V25 三角股钢丝绳，其股芯是独立三角形股芯，所有股芯钢丝记为一根。当用1×7-3、3×2-3 或6/等股芯时，其股芯钢丝根数计算到钢丝绳股结构中。

2. 6×29F 结构钢丝绳归为6×36 类。

表 8-1-16　　通用钢丝绳分类（阻旋转圆股钢丝绳）

类别	钢丝绳			外层股			
	股数(芯除外)	外层股数	股层数	钢丝数	外层钢丝数	钢丝层数	股捻制类型
2 次捻制							
23×7	21~27	15~18	2	5~9	4~8	1	单捻
18×7	17~18	10~12	2	5~9	4~8	1	单捻
18×19	17~18	10~12	2	15~26	7~12	2~3	平行捻
18×19M	17~18	10~12	2	12~19	9~12	2	多工序点接触
35(W)×7	27~40	15~18	3	5~9	4~8	1	单捻
35(W)×19	27~40	15~18	3	15~26	7~12	2~3	平行捻
3 次捻制							
34(M)×7	34~36	17~18	3	5~9	4~8	1	单捻

注：4 股钢丝绳也可设计为阻旋转钢丝绳。

表 8-1-17　　通用钢丝绳分类（单股钢丝绳）

类别	钢丝数	外层钢丝数	钢丝层数
1×7	5~9	4~8	1
1×19	17~37	11~16	2~3
1×37	34~59	17~22	3~4
1×61	57~85	23~28	4~5

钢丝绳按捻法分为右交互捻、左交互捻、右同向捻和左同向捻四种，如图 8-1-1 所示。其中图 a 和图 b 绳与股捻向相反，图 c 和图 d 绳与股捻向相同。

(a) 右交互捻sZ

(b) 左交互捻zS

(c) 右同向捻zZ

(d) 左同向捻sS

图 8-1-1　钢丝绳按捻法分类

表 8-1-14 中，1~9 组钢丝绳可为交互捻和同向捻，其中 6~9 组多层圆股钢丝绳的内层绳捻法，由生产厂确定；13 组钢丝绳仅为交互捻；10~12 组和 14 组异形股钢丝绳为同向捻；14 组钢丝绳的内层与外层绳捻向应相反，且内层绳为同向捻。

表 8-1-15、表 8-1-16、表 8-1-17 中，多股钢丝绳应是右交互捻 sZ、左交互捻 zS、右同向捻 zZ、左同向捻 sS 之一，单股钢丝绳应是右捻 Z 或左捻 S 之一，钢丝绳的捻法应由需方确定。异形股钢丝绳应为同向捻（4×V39 类型应为交互捻）。阻旋转类别的钢丝绳内层绳捻法由供方确定，4×19、4×36、6×24M、6×37M、6×61M、6×12、6×15、6×24、8×37M 等类别应为交互捻。

钢丝绳特点及用途见表 8-1-18。

表 8-1-18 钢丝绳特点及用途

分类		特点	用途
按钢丝绳绕制次数分	单绕绳	由若干层钢丝绕同一绳芯绕制而成。这种钢丝绳挠性差、僵性最大,不能承受横向压力	不宜用作起重绳,适于作起重机的桅索、不运动的拉索及架空索道的承载索
		密封式钢丝绳是专门制造的一种特种构造的单绕绳,表面封闭光滑、耐磨、雨水不易浸入内部,横向承载能力强	用于缆索起重机与架空索道
	双绕绳	先由钢丝绕成股,再由股围绕绳芯绕成绳。这种钢丝绳的挠性受绳芯材料影响很大,比单绕绳挠性好	起重机中广泛应用
	三绕绳	由双绕钢丝绳再绕绳芯绕成的。比双绕绳挠性好,但制造工艺复杂,成本高,由于钢丝细,易磨损	起重机中不采用
按钢丝绳绕制方法分	同向捻	钢丝绕成股的方向和股捻成绳的方向相同称为同向捻,如绳股右捻称为右同向捻,绳股左捻称为左同向捻。这种钢丝绳钢丝之间接触较好,表面比较平滑,挠性好,磨损小,使用寿命较长。但是容易松散和扭转	在自由悬吊的起重机中不宜采用,在不怕松散的情况下有导轨时可以采用。通常用作牵引绳,不宜用作起升绳
	交互捻	钢丝绕成股的方向和股捻成绳的方向相反称为交互捻,如绳右捻,股左捻,称为右交互捻;绳左捻,股右捻,称为左交互捻。这种钢丝绳的缺点是僵性较大,使用寿命较低,但不容易松散和扭转	在起重机中广泛应用
	混合捻	钢丝绕成股的方向和股捻成绳的方向一部分相同,一部分相反,称为混合捻。混合捻具有同向捻和交互捻的特点,但制造困难	应用较少
按钢丝绳中丝与丝的接触状态分	点接触	这是普通钢丝绳,股内钢丝直径相等,内外各层之间钢丝捻距不同互相交叉,接触在交叉点上,丝间接触应力很高,易于磨损折断,使用寿命较低	现多被线接触绳所代替
	线接触	由不同直径钢丝捻制而成,股内各层之间钢丝全长上平行捻制,每层钢线螺距相等,钢丝之间呈线状接触,包括外粗式(S 型)、粗细式(W 型)及填充式(Fi 型)。这种钢丝绳消除了点接触的二次弯曲应力,能降低工作时总的弯曲应力,耐疲劳性能好。结构结构紧密,金属断面利用系数高。使用寿命长,比普通钢丝绳寿命高 1~2 倍	广泛应用,优先选用
	面接触	股内钢丝形状特殊,呈面状接触,密封式面接触钢丝绳表面光滑,抗蚀性和耐磨性均好,能承受大的横向力	用作索道的承载绳

续表

分类		特点	用途
按股绳截面分	圆股	股绳截面形状是圆形,制造方便	广泛应用
	异形股	股绳截面主要有三角形、椭圆和扁圆形。这种钢丝绳支撑表面比圆股钢丝绳大3~4倍,在卷筒上支撑点增加3~4倍。耐磨性强,不易产生断丝。钢丝绳结构密度大,在相同绳径和强度条件下,总破断拉力大于圆股钢丝绳。使用寿命比普通圆股钢丝绳约高3倍,制造复杂	逐渐广泛应用
	多股阻旋转	由两层绳股组成,这两层绳股的捻制方向相反,是采用旋转力矩平衡原理捻制而成的,钢丝绳受力时,其自由端不会发生旋转。在卷筒上支撑表面比较大,钢丝支撑点比普通钢丝绳增加3.33倍。有较大的抗挤压强度,使用时不易变形,总破断拉力大于普通钢丝绳	用于起升高度大且钢丝绳分支数少的起重机,如动臂起重机、竖井提升机
按钢丝绳绳芯分	有机芯(麻芯或棉芯)	具有较高挠性和弹性,不能耐高温,不能承受横向拉力(不宜缠绕在卷筒上),不能承受高温辐射	起重机少用
	纤维芯	具有较高挠性和弹性,不能耐高温,不能承受横向压力	起重机中广泛应用
	石棉芯	具有较高挠性和弹性,不能承受横向压力,可在高温条件下工作	用于高温环境下工作的起重机
	钢丝芯	强度较高,能承受高温和横向压力,但挠性较差。近来有采用螺旋金属管做绳芯,管中储有润滑油	适宜受冲击负荷、受热和受挤压条件下使用

3.1.2 钢丝绳标记代号

钢丝绳标记代号应按 GB/T 8706—2017《钢丝绳 术语、标记和分类》的标定执行。

钢丝绳的标记由下列内容组成(见图 8-1-2 示例)。

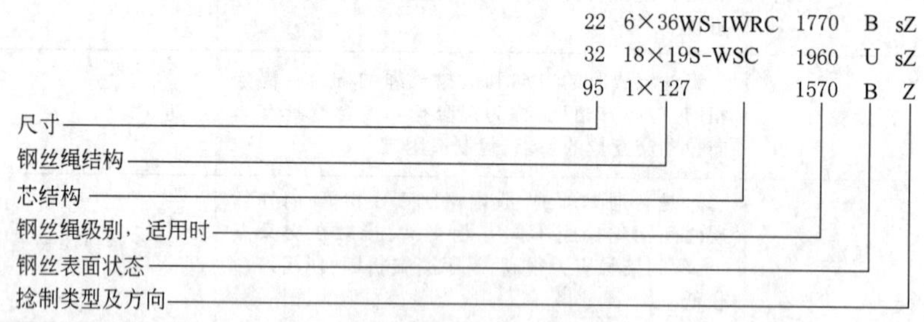

图 8-1-2 钢丝绳标记示例

钢丝、股和钢丝绳横截面形状代号见表 8-1-19。

表 8-1-19 横截面形状代号

横截面形状	代号		
	钢丝	股	钢丝绳
圆形	无代号	无代号	无代号
三角形	V	V	—
组合芯①	—	B	—

续表

横截面形状	代号		
	钢丝	股	钢丝绳
矩形	R	—	—
梯形	T	—	—
椭圆形	Q	Q	—
Z 形	Z	—	—
H 形	H	—	—
扁形或带形	—	P	—
压实形②	—	K	K
编织形	—	—	BR
扁形			P
——单线缝合	—	—	PS
——双线缝合	—	—	PD
——铆钉铆接	—	—	PN

① 代号 B 表示股芯由多根钢丝组合而成并紧接在股形状代号之后，例如一个由 25 根钢丝组成的带组合芯的三角股的标记为 V25B。

② 代号 K 表示股和钢丝绳结构成型经过一个附加的压实加工工艺，例如一个由 26 根钢丝组成的瓦西式压实圆股的标记为 K26WS。

普通类型的股结构代号应符合表 8-1-20 的规定。

表 8-1-20　普通类型的股结构代号

结构类型	代号	股结构示例
单捻	无代号	6 即(1-5) 7 即(1-6)
平行捻		
西鲁式	S	17S 即(1-8-8) 19S 即(1-9-9)
瓦林吞式	W	19W 即(1-6-6+6)
填充式	F	21F 即(1-5-5F-10) 25F 即(1-6-6F-12) 29F 即(1-7-7F-14) 41F 即(1-8-8-8F-16)
组合平行捻	WS	26WS 即(1-5-5+5-10) 31WS 即(1-6-6+6-12) 36WS 即(1-7-7+7-14) 41WS 即(1-8-8+8-16) 41WS 即(1-6/8-8+8-16) 46WS 即(1-9-9+9-18)
	SWS	49SWS 即(1-8-8-8+8-16) 55SWS 即(1-9-9-9+9-18)
	FS	37FS 即(1-6-6F-12-12) 43FS 即(1-7-7F-14-14) 49FS 即(1-8-8F-16-16)
	SFS	50SFS 即(1-7-7-7F-14-14) 64SFS 即(1-9-9-9F-18-18)
多工序捻		
点接触捻	M	19M 即(1-6/12) 37M 即(1-6/12/18)
复合捻①	N	35WN 即(1-6-6+6/16)

① N 是一个附加的代号并放在基本类型代号之后，例如复合西鲁式为 SN，复合瓦林吞式为 WN。

对于表 8-1-20 中没有包含的股结构的标记，应根据股中钢丝数和股的形状确定，其示例见表 8-1-21。

当股标记（用字母表示）不能充分准确地反映股结构时，可以采用从中心钢丝或股芯开始的详细股结构(用数字表示)。

表 8-1-21　　根据股中钢丝数确定股的标记示例

具体的股结构	股的标记
圆股-平行捻	
1-6-6F-12-12	37FS
1-7-7F-14-14	43FS
1-7-7-7F-14-14	50SFS
1-8-8F-16-16	49FS
1-6/8-8F-16-16	55FS(49FSB)
1-8-8-8+8-16	49SWS
1-6/8-8-8+8-16	55SWS(49SWSB)
1-9-9-9+9-18	55SWS
1-6/9-9F-18-18	61FS(55FSB)
1-9-9-9F-18-18	64SFS
圆股-复合捻	
1-7-7+7-14/20-20	76WSNS
1-9-9-9+9-18/24-24	103SWSNS
三角股	
V-8	V9
V-9	V10
V-12/12	V25
BUC-12/12(组合芯)	V25B
BUC-12/15	V28B
带纤维芯的股(如用于压实/锻打的 3 股和 4 股钢丝绳)	
FC-9/12	V21FC
FC-9/15(股芯为 12×P6:3×Q24FC 的椭圆股)	Q24FC
FC-12-12(纤维芯)	24FC
FC-15-15	30FC
FC-9/15-15	39FC
FC-9-15-15	V39FC
FC-8-8+8-16	40FC
FC-12/15-15	42FC
FC-12/18-18	48FC

单层股钢丝绳芯、平行捻密实钢丝绳中心和阻旋转钢丝绳中心组件的代号应符合表 8-1-22 规定。

第 8 篇

表 8-1-22　　单层股钢丝绳芯、平行捻密实钢丝绳中心和阻旋转钢丝绳中心组件代号

项目或组件	代号
单层钢丝绳	
纤维芯	FC
天然纤维芯	NFC
合成纤维芯	SFC
固态聚合物芯	SPC
钢芯	WC
钢丝股芯	WSC
独立钢丝绳芯	IWRC
压实股独立钢丝绳芯	IWRC(K)
聚合物包覆独立绳芯	EPIWRC
平行捻密实钢丝绳	
平行捻钢丝绳芯	PWRC
压实股平行捻钢丝绳芯	PWRC(K)
填充聚合物的平行捻钢丝绳芯	PWRC(EP)
阻旋转钢丝绳	
中心构件	
纤维芯	FC
钢丝股芯	WSC
压实钢丝股芯	KWSC

3.1.3　钢丝绳直径的计算与选择（摘自 GB/T 3811—2008）

起重机用钢丝绳应符合 GB/T 20118 的要求，优先选用线接触型钢丝绳。

当起重机进行危险物品装卸作业（如吊运液态熔融金属、高放射性或高腐蚀性物品等），或吊运大件物品、重要设备且起重机在使用时对人身安全及可靠性有较高要求时，应采用 GB 8918 中规定的钢丝绳。

（1）确定钢丝绳最大工作静拉力应考虑的因素

在起升机构中，钢丝绳最大工作静拉力是由起升载荷考虑滑轮组效率和承载分支数后确定，起升载荷是指起升质量的重力。起升质量包括允许起升的最大有效物品、取物装置（下滑轮组、吊钩、吊梁、抓斗、容器、起重电磁铁等）、悬挂挠性件及其他在升降中的设备质量。起升高度小于 50m 的起升钢丝绳的质量可以不计。在上极限位置若钢丝绳与铅垂线夹角大于 22.5°时，还需考虑由钢丝绳的倾斜引起的钢丝绳拉力的增大。

对于四绳（或双绳）抓斗，其闭合绳和支持绳载荷分配按如下规定：

如使用的系统能自动且快速地（例如采用启动式电控装置等）使用闭合绳和支持绳中的载荷平均分配，则闭合绳和支持绳各取总载荷的 66%；当采用直流或交流变频调速时，并保证抓斗离地时起升与闭合机构载荷准确协调共同承担者，则闭合绳和支持绳各取总载荷的 55%。

如使用的系统在起升过程中不能使闭合绳和支持绳中的载荷平均分配（在抓斗闭合及起升初期几乎由闭合绳承受载荷），则闭合绳取总载荷的 100%，支持绳取总载荷的 66%。

（2）C 系数法

该方法只适用于运动绳。选取的钢丝绳直径不应小于按式（8-1-1）计算的钢丝绳直径。

$$d_{min}=C\sqrt{S} \tag{8-1-1}$$

式中　d_{min}——钢丝绳最小直径，mm；

C——钢丝绳选择系数，$mm/\sqrt{N}$；

S——钢丝绳最大工作静拉力，N。

钢丝绳选择系数 C 取值与钢丝的公称抗拉强度和机构工作级别有关，见表 8-1-23。

表 8-1-23　钢丝绳的选择系数 C 和安全系数 n

	机构工作级别	选择系数 C 值							安全系数 n	
		钢丝公称抗拉强度 σ_t/N·mm^{-2}								
		1470	1570	1670	1770	1870	1960	2160	运动绳	静态绳
纤维芯钢丝绳	M1	0.081	0.078	0.076	0.073	0.071	0.070	0.066	3.15	2.5
	M2	0.083	0.080	0.078	0.076	0.074	0.072	0.069	3.35	2.5
	M3	0.086	0.083	0.080	0.078	0.076	0.074	0.071	3.55	3
	M4	0.091	0.088	0.085	0.083	0.081	0.079	0.075	4	3.5
	M5	0.096	0.093	0.090	0.088	0.085	0.083	0.079	4.5	4
	M6	0.107	0.104	0.101	0.098	0.095	0.093	0.089	5.6	4.5
	M7	0.121	0.117	0.114	0.110	0.107	0.105	0.100	7.1	5
	M8	0.136	0.132	0.128	0.124	0.121	0.118	0.112	9	5
钢芯钢丝绳	M1	0.078	0.075	0.073	0.071	0.069	0.067	0.064	3.15	2.5
	M2	0.080	0.077	0.075	0.073	0.071	0.069	0.066	3.35	2.5
	M3	0.082	0.080	0.077	0.075	0.073	0.071	0.068	3.55	3
	M4	0.087	0.085	0.082	0.080	0.078	0.076	0.072	4	3.5
	M5	0.093	0.090	0.087	0.085	0.082	0.080	0.076	4.5	4
	M6	0.103	0.100	0.097	0.094	0.092	0.090	0.085	5.6	4.5
	M7	0.116	0.113	0.109	0.106	0.103	0.101	0.096	7.1	5
	M8	0.131	0.127	0.123	0.120	0.116	0.114	0.108	9	5

注：1. 对于吊运危险物品的起重用钢丝绳，一般应按比设计工作级别高一级的工作级别选择表中的钢丝绳选择系数 C 和钢丝绳最小安全系数 n 值。对起升机构工作级别为 M7、M8 的某些冶金起重机和港口集装箱起重机等，在使用过程中能监控钢丝绳劣化损伤发展进程，保证安全使用，在保证一定寿命和及时更换钢丝绳的前提下，允许按稍低的工作级别选择钢丝绳；对冶金起重机最低安全系数不应小于 7.1，港口集装箱起重机主起升钢丝绳和小车曳引钢丝绳的最低安全系数不应小于 6。

伸缩臂架用的钢丝绳，安全系数不应小于 4。

2. 本表中给出的 C 值是根据起重机常用的钢丝绳 6×19W（S）型的最小破断拉力系数 k' 及只针对运动绳的安全系数用式（8-1-2）计算而得。对纤维芯（FC）钢丝绳 $k'=0.330$，对金属丝绳芯（IWRC）或金属丝股芯（WSC）钢丝绳 $k'=0.356$。

当钢丝绳的 k' 和 σ_t 值与表 8-1-23 不同时，则可根据工作级别从表 8-1-23 选择安全系数 n 值并根据所选择钢丝绳的 k' 和 σ_t 值按式（8-1-2）换算钢丝绳选择系数 C，然后再按式（8-1-1）选择绳径。

$$C=\sqrt{\frac{n}{k'\sigma_t}} \tag{8-1-2}$$

式中 n——钢丝绳的最小安全系数，按表 8-1-23 选取；

k'——钢丝绳最小破断拉力系数，见表 8-1-23 注；

σ_t——钢丝的公称抗拉强度，N/mm^2。

（3）最小安全系数法

本方法对运动绳和静态绳都适用。按与钢丝绳所在机构工作级别有关的安全系数选择钢丝绳直径，所选钢丝绳的整绳最小破断拉力应满足式（8-1-3）。

$$F_0 \geqslant Sn \tag{8-1-3}$$

式中 F_0——钢丝绳的整绳最小破断拉力，kN；

S——同式（8-1-1）；

n——同式（8-1-2）。

设计时，根据具体情况选择计算方法。

3.1.4 重要用途钢丝绳结构及力学性能表（摘自 GB/T 8918—2006）

第 1 组 6×7 类

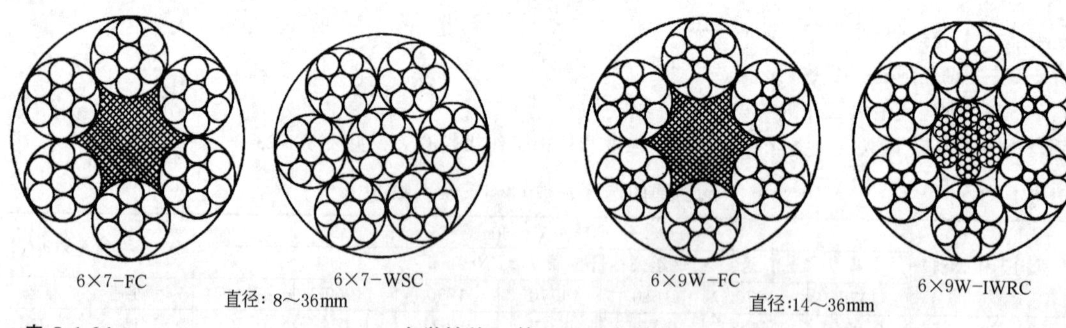

6×7-FC　6×7-WSC　直径：8～36mm

6×9W-FC　6×9W-IWRC　直径:14～36mm

表 8-1-24　力学性能（第 1 组 4 种结构）

钢丝绳公称直径		钢丝绳参考质量 /kg·$10^{-2}m^{-1}$			钢丝绳公称抗拉强度/MPa									
					1570		1670		1770		1870		1960	
					钢丝绳最小破断拉力/kN									
D /mm	允许偏差/%	天然纤维芯钢丝绳	合成纤维芯钢丝绳	钢芯钢丝绳	纤维芯钢丝绳	钢芯钢丝绳	纤维芯钢丝绳	钢芯钢丝绳	纤维芯钢丝绳	钢芯钢丝绳	纤维芯钢丝绳	钢芯钢丝绳	纤维芯钢丝绳	钢芯钢丝绳
8		22.5	22.0	24.8	33.4	36.1	35.5	38.4	37.6	40.7	39.7	43.0	41.6	45.0
9		28.4	27.9	31.3	42.2	45.7	44.9	48.6	47.6	51.5	50.3	54.4	52.7	57.0
10		35.1	34.4	38.7	52.1	56.4	55.4	60.0	58.8	63.5	62.1	67.1	65.1	70.4
11		42.5	41.6	46.8	63.1	68.2	67.1	72.5	71.1	76.9	75.1	81.2	78.7	85.1
12		50.5	49.5	55.7	75.1	81.2	79.8	86.3	84.6	91.5	89.4	96.7	93.7	101
13		59.3	58.1	65.4	88.1	95.3	93.7	101	99.3	107	105	113	110	119
14		68.8	67.4	75.9	102	110	109	118	115	125	122	132	128	138
16		89.9	88.1	99.1	133	144	142	153	150	163	159	172	167	180
18	+50	114	111	125	169	183	180	194	190	206	201	218	211	228
20		140	138	155	208	225	222	240	235	254	248	269	260	281
22		170	166	187	252	273	268	290	284	308	300	325	315	341
24		202	198	223	300	325	319	345	338	366	358	387	375	405
26		237	233	262	352	381	375	405	397	430	420	454	440	476
28		275	270	303	409	442	435	470	461	498	487	526	510	552
30		316	310	348	469	507	499	540	529	572	559	604	586	633
32		359	352	396	534	577	568	614	602	651	636	687	666	721
34		406	398	447	603	652	641	693	679	735	718	776	752	813
36		455	446	502	676	730	719	777	762	824	805	870	843	912

第 2 组 6×19 类

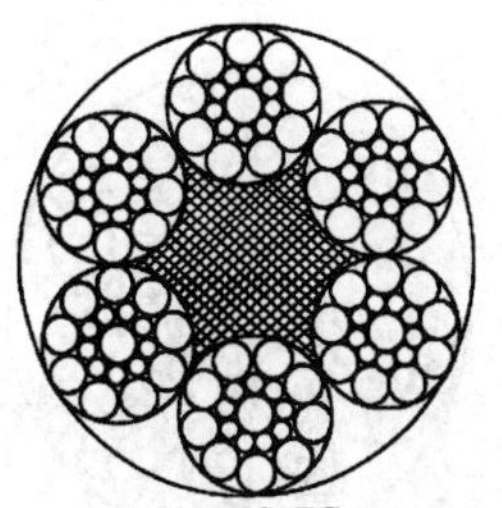
6×19S-FC

6×19S-IWRC

直径:12～36mm

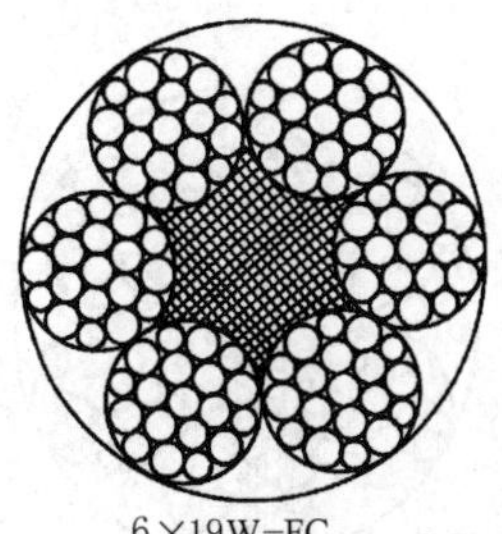
6×19W-FC

6×19S-IWRC

直径:12～40mm

表 8-1-25　　力学性能（第 2 组 4 种结构）

钢丝绳公称直径		钢丝绳参考质量/$kg \cdot 10^{-2}m^{-1}$			钢丝绳公称抗拉强度/MPa									
					1570		1670		1770		1870		1960	
					钢丝绳最小破断拉力/kN									
D/mm	允许偏差/%	天然纤维芯钢丝绳	合成纤维芯钢丝绳	钢芯钢丝绳	纤维芯钢丝绳	钢芯钢丝绳	纤维芯钢丝绳	钢芯钢丝绳	纤维芯钢丝绳	钢芯钢丝绳	纤维芯钢丝绳	钢芯钢丝绳	纤维芯钢丝绳	钢芯钢丝绳
12		53.1	51.8	58.4	74.6	80.5	79.4	85.6	84.1	90.7	88.9	95.9	93.1	100
13		62.3	60.8	68.5	87.6	94.5	93.1	100	98.7	106	104	113	109	118
14		72.2	70.5	79.5	102	110	108	117	114	124	121	130	127	137
16		94.4	92.1	104	133	143	141	152	150	161	158	170	166	179
18		119	117	131	168	181	179	193	189	204	200	216	210	226
20		147	144	162	207	224	220	238	234	252	247	266	259	279
22		178	174	196	251	271	267	288	283	304	299	322	313	338
24		212	207	234	298	322	317	342	336	363	355	383	373	402
26	+50	249	243	274	350	378	373	402	395	426	417	450	437	472
28		289	282	318	406	438	432	466	458	494	484	522	507	547
30		332	324	365	466	503	496	535	526	567	555	599	582	628
32		377	369	415	531	572	564	609	598	645	632	682	662	715
34		426	416	469	599	646	637	687	675	728	713	770	748	807
36		478	466	525	671	724	714	770	757	817	800	863	838	904
38		532	520	585	748	807	796	858	843	910	891	961	934	1010
40		590	576	649	829	894	882	951	935	1010	987	1070	1030	1120

第 2 组 6×19 类

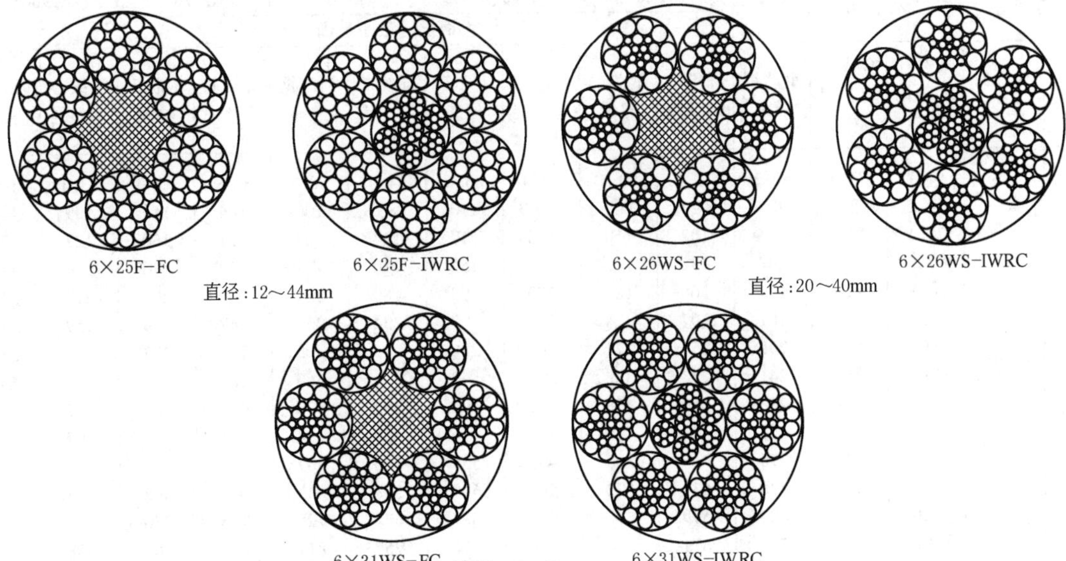
6×25F-FC　　6×25F-IWRC

直径:12～44mm

6×26WS-FC　　6×26WS-IWRC

直径:20～40mm

6×31WS-FC　　6×31WS-IWRC

直径:22～46mm

第 3 组 6×37 类

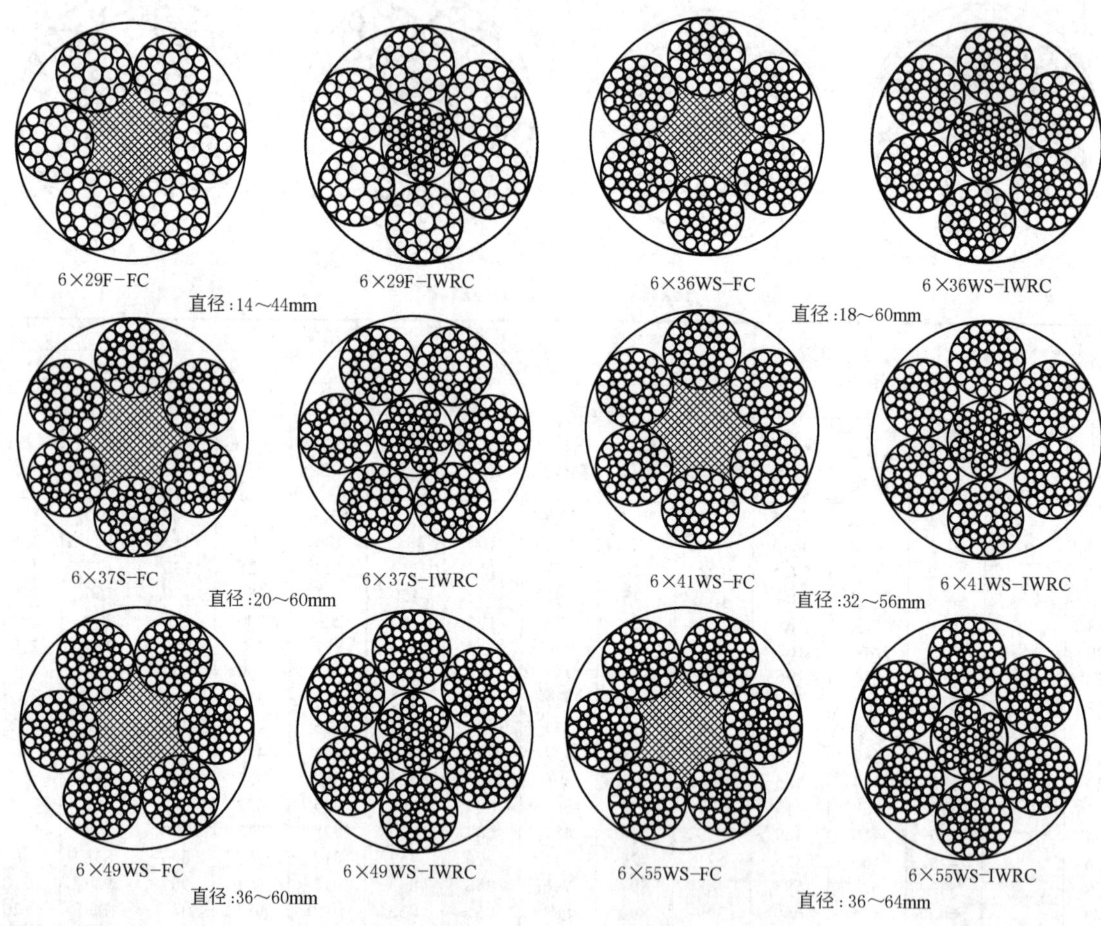

第8篇

表 8-1-26　　力学性能（第 2 组 6 种结构，第 3 组 12 种结构）

钢丝绳公称直径		钢丝绳参考质量 /kg·$10^{-2}$$m^{-1}$			钢丝绳公称抗拉强度/MPa									
					1570		1670		1770		1870		1960	
					钢丝绳最小破断拉力/kN									
D /mm	允许偏差/%	天然纤维芯钢丝绳	合成纤维芯钢丝绳	钢芯钢丝绳	纤维芯钢丝绳	钢芯钢丝绳	纤维芯钢丝绳	钢芯钢丝绳	纤维芯钢丝绳	钢芯钢丝绳	纤维芯钢丝绳	钢芯钢丝绳	纤维芯钢丝绳	钢芯钢丝绳
12	+50	54.7	53.4	60.2	74.6	80.5	79.4	85.6	84.1	90.7	88.9	95.9	93.1	100
13		64.2	62.7	70.6	87.6	94.5	93.1	100	98.7	106	104	113	109	118
14		74.5	72.7	81.9	102	110	108	117	114	124	121	130	127	137
16		97.3	95.0	107	133	143	141	152	150	161	158	170	166	179
18		123	120	135	168	181	179	193	189	204	200	216	210	226
20		152	148	167	207	224	220	238	234	252	247	266	259	279
22		184	180	202	251	271	267	288	283	305	299	322	313	338
24		219	214	241	298	322	317	342	336	363	355	383	373	402
26		257	251	283	350	378	373	402	395	426	417	450	437	472
28		298	291	328	406	438	432	466	458	494	484	522	507	547
30		342	334	376	466	503	496	535	526	567	555	599	582	628
32		389	380	428	531	572	564	609	598	645	632	682	662	715
34		439	429	483	599	646	637	687	675	728	713	770	748	807
36		492	481	542	671	724	714	770	757	817	800	863	838	904

续表

钢丝绳公称直径		钢丝绳参考质量/kg·10^{-2}m^{-1}			钢丝绳公称抗拉强度/MPa									
					1570		1670		1770		1870		1960	
					钢丝绳最小破断拉力/kN									
D/mm	允许偏差/%	天然纤维芯钢丝绳	合成纤维芯钢丝绳	钢芯钢丝绳	纤维芯钢丝绳	钢芯钢丝绳	纤维芯钢丝绳	钢芯钢丝绳	纤维芯钢丝绳	钢芯钢丝绳	纤维芯钢丝绳	钢芯钢丝绳	纤维芯钢丝绳	钢芯钢丝绳
38	+50	549	536	604	748	807	796	858	843	910	891	961	934	1010
40		608	594	669	829	894	882	951	935	1010	987	1070	1030	1120
42		670	654	737	914	986	972	1050	1030	1110	1090	1170	1140	1230
44		736	718	809	1000	1080	1070	1150	1130	1220	1190	1290	1250	1350
46		804	785	884	1100	1180	1170	1260	1240	1330	1310	1410	1370	1480
48		876	855	963	1190	1290	1270	1370	1350	1450	1420	1530	1490	1610
50		950	928	1040	1300	1400	1380	1490	1460	1580	1540	1660	1620	1740
52		1030	1000	1130	1400	1510	1490	1610	1580	1700	1670	1800	1750	1890
54		1110	1080	1220	1510	1630	1610	1730	1700	1840	1800	1940	1890	2030
56		1190	1160	1310	1620	1750	1730	1860	1830	1980	1940	2090	2030	2190
58		1280	1250	1410	1740	1880	1850	2000	1960	2120	2080	2240	2180	2350
60		1370	1340	1500	1870	2010	1980	2140	2100	2270	2220	2400	2330	2510
62		1460	1430	1610	1990	2150	2120	2290	2250	2420	2370	2560	2490	2680
64		1560	1520	1710	2120	2290	2260	2440	2390	2580	2530	2730	2650	2860

第 4 组 8×19 类

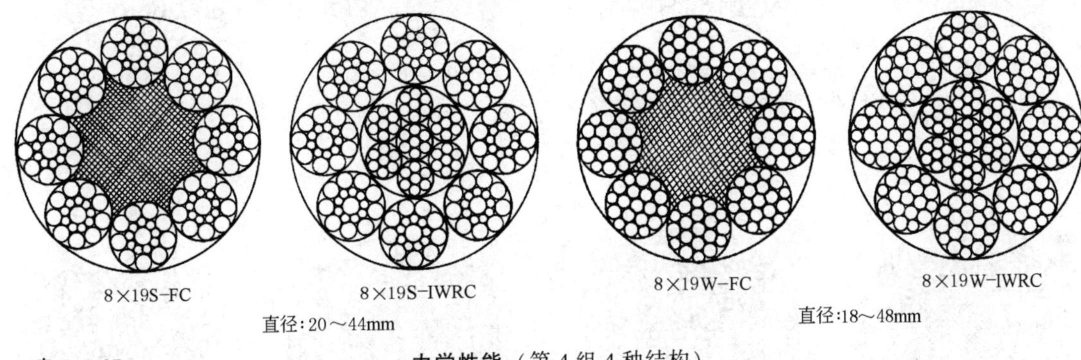

直径:20～44mm　　直径:18～48mm

表 8-1-27　　**力学性能**（第 4 组 4 种结构）

钢丝绳公称直径		钢丝绳参考质量/kg·10^{-2}m^{-1}			钢丝绳公称抗拉强度/MPa									
					1570		1670		1770		1870		1960	
					钢丝绳最小破断拉力/kN									
D/mm	允许偏差/%	天然纤维芯钢丝绳	合成纤维芯钢丝绳	钢芯钢丝绳	纤维芯钢丝绳	钢芯钢丝绳	纤维芯钢丝绳	钢芯钢丝绳	纤维芯钢丝绳	钢芯钢丝绳	纤维芯钢丝绳	钢芯钢丝绳	纤维芯钢丝绳	钢芯钢丝绳
18	+50	112	108	137	149	176	159	187	168	198	178	210	186	220
20		139	133	169	184	217	196	231	207	245	219	259	230	271
22		168	162	204	223	263	237	280	251	296	265	313	278	328
24		199	192	243	265	313	282	333	299	353	316	373	331	391
26		234	226	285	311	367	331	391	351	414	370	437	388	458
28		271	262	331	361	426	384	453	407	480	430	507	450	532
30		312	300	380	414	489	440	520	467	551	493	582	517	610
32		355	342	432	471	556	501	592	531	627	561	663	588	694
34		400	386	488	532	628	566	668	600	708	633	748	664	784
36		449	432	547	596	704	634	749	672	794	710	839	744	879
38		500	482	609	664	784	707	834	749	884	791	934	829	979
40		554	534	675	736	869	783	925	830	980	877	1040	919	1090
42		611	589	744	811	958	863	1020	915	1080	967	1140	1010	1200
44		670	646	817	891	1050	947	1120	1000	1190	1060	1250	1110	1310
46		733	706	893	973	1150	1040	1220	1100	1300	1160	1370	1220	1430
48		798	769	972	1060	1250	1130	1330	1190	1410	1260	1490	1320	1560

第 4 组 8×19 类和第 5 组 8×37 类

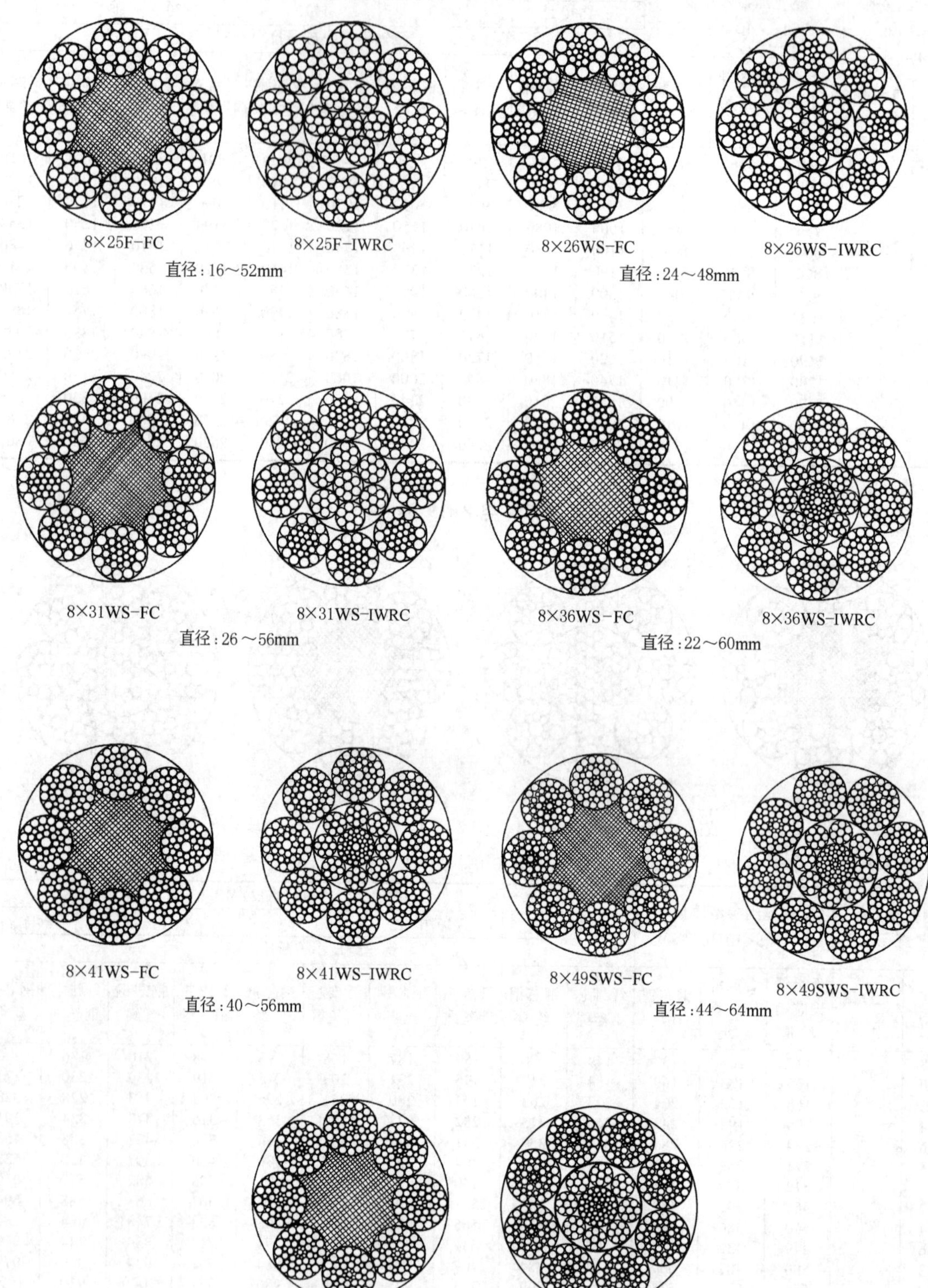
8×25F-FC
8×25F-IWRC
直径：16～52mm
8×26WS-FC
8×26WS-IWRC
直径：24～48mm
8×31WS-FC
8×31WS-IWRC
直径：26～56mm
8×36WS-FC
8×36WS-IWRC
直径：22～60mm
8×41WS-FC
8×41WS-IWRC
直径：40～56mm
8×49SWS-FC
8×49SWS-IWRC
直径：44～64mm
8×55WS-FC
8×55SWS-IWRC
直径：44～64mm

表 8-1-28 **力学性能**（第 4 组 6 种结构，第 5 组 8 种结构）

钢丝绳公称直径		钢丝绳参考质量/kg·$10^{-2}m^{-1}$			钢丝绳公称抗拉强度/MPa									
					1570		1670		1770		1870		1960	
					钢丝绳最小破断拉力/kN									
D/mm	允许偏差/%	天然纤维芯钢丝绳	合成纤维芯钢丝绳	钢芯钢丝绳	纤维芯钢丝绳	钢芯钢丝绳	纤维芯钢丝绳	钢芯钢丝绳	纤维芯钢丝绳	钢芯钢丝绳	纤维芯钢丝绳	钢芯钢丝绳	纤维芯钢丝绳	钢芯钢丝绳
16		91.4	88.1	111	118	139	125	148	133	157	140	166	147	174
18		116	111	141	149	176	159	187	168	198	178	210	186	220
20		143	138	174	184	217	196	231	207	245	219	259	230	271
22		173	166	211	223	263	237	280	251	296	265	313	278	328
24		206	198	251	265	313	282	333	299	353	316	373	331	391
26		241	233	294	311	367	331	391	351	414	370	437	388	458
28		280	270	341	361	426	384	453	407	480	430	507	450	532
30		321	310	392	414	489	440	520	467	551	493	582	517	610
32		366	352	445	471	556	501	592	531	627	561	663	588	694
34		413	398	503	532	628	566	668	600	708	633	748	664	784
36		463	446	564	596	704	634	749	672	794	710	839	744	879
38		516	497	628	664	784	707	834	749	884	791	934	829	979
40	$^{+5}_{0}$	571	550	696	736	869	783	925	830	980	877	1040	919	1090
42		630	607	767	811	958	863	1020	915	1080	967	1140	1010	1200
44		691	666	842	891	1050	947	1120	1000	1190	1060	1250	1110	1310
46		755	728	920	973	1150	1040	1220	1100	1300	1160	1370	1220	1430
48		823	793	1000	1060	1250	1130	1330	1190	1410	1260	1490	1320	1560
50		892	860	1090	1150	1360	1220	1440	1300	1530	1370	1620	1440	1700
52		965	930	1180	1240	1470	1320	1560	1400	1660	1480	1750	1550	1830
54		1040	1000	1270	1340	1580	1430	1680	1510	1790	1600	1890	1670	1980
56		1120	1080	1360	1440	1700	1530	1810	1630	1920	1720	2030	1800	2130
58		1200	1160	1460	1550	1830	1650	1940	1740	2060	1840	2180	1930	2280
60		1290	1240	1570	1660	1960	1760	2080	1870	2200	1970	2330	2070	2440
62		1370	1320	1670	1770	2090	1880	2220	1990	2350	2110	2490	2210	2610
64		1460	1410	1780	1880	2230	2000	2370	2120	2510	2240	2650	2350	2780

第 6 组 18×7 类

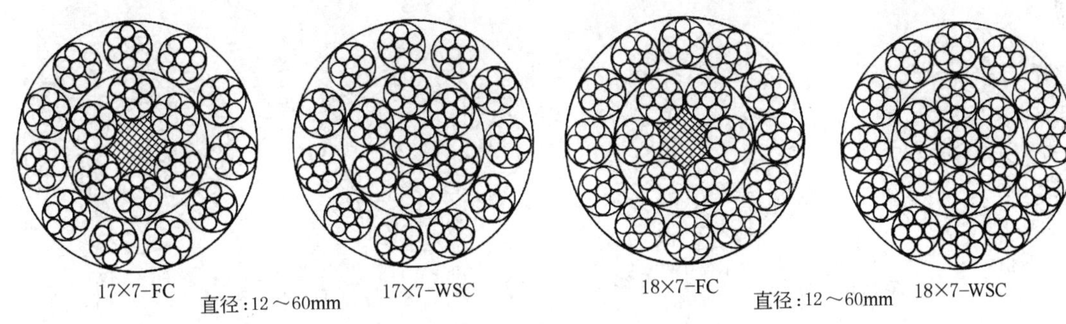

第 7 组 18×19 类

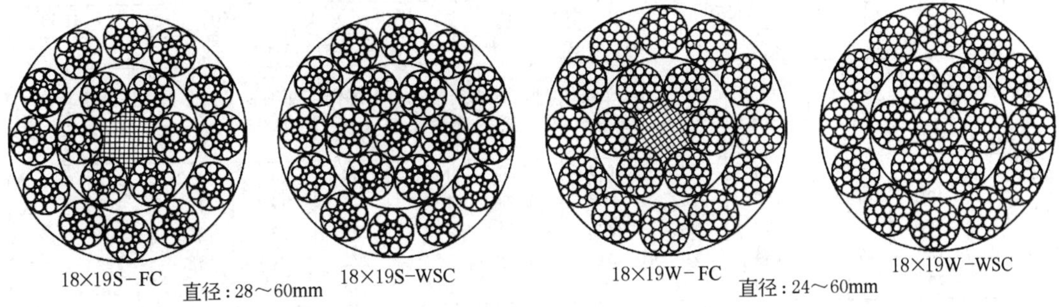

表 8-1-29　　　　力学性能（第 6 组 4 种结构，第 7 组 4 种结构）

钢丝绳公称直径		钢丝绳参考质量/kg·10^{-2}m^{-1}		钢丝绳公称抗拉强度/MPa									
				1570		1670		1770		1870		1960	
				钢丝绳最小破断拉力/kN									
D/mm	允许偏差/%	天然纤维芯钢丝绳	钢芯钢丝绳	纤维芯钢丝绳	钢芯钢丝绳	纤维芯钢丝绳	钢芯钢丝绳	纤维芯钢丝绳	钢芯钢丝绳	纤维芯钢丝绳	钢芯钢丝绳	纤维芯钢丝绳	钢芯钢丝绳
12	+50	56.2	61.9	70.1	74.2	74.5	78.9	79.0	83.6	83.5	88.3	87.5	92.6
13		65.9	72.7	82.3	87.0	87.5	92.6	92.7	98.1	98.0	104	103	109
14		76.4	84.3	95.4	101	101	107	108	114	114	120	119	126
16		99.8	110	125	132	133	140	140	149	148	157	156	165
18		126	139	158	167	168	177	178	188	188	199	197	208
20		156	172	195	206	207	219	219	232	232	245	243	257
22		189	208	236	249	251	265	266	281	281	297	294	311
24		225	248	280	297	298	316	316	334	334	353	350	370
26		264	291	329	348	350	370	371	392	392	415	411	435
28		306	337	382	404	406	429	430	455	454	481	476	504
30		351	387	438	463	466	493	494	523	522	552	547	579
32		399	440	498	527	530	561	562	594	594	628	622	658
34		451	497	563	595	598	633	634	671	670	709	702	743
36		505	557	631	667	671	710	711	752	751	795	787	833
38		563	621	703	744	748	791	792	838	837	886	877	928
40		624	688	779	824	828	876	878	929	928	981	972	1030
42		688	759	859	908	913	966	968	1020	1020	1080	1070	1130
44		755	832	942	997	1000	1060	1060	1120	1120	1190	1180	1240
46		825	910	1030	1090	1100	1160	1160	1230	1230	1300	1290	1360
48		899	991	1120	1190	1190	1260	1260	1340	1340	1410	1400	1480
50		975	1080	1220	1290	1290	1370	1370	1450	1450	1530	1520	1610
52		1050	1160	1320	1390	1400	1480	1480	1570	1570	1660	1640	1740
54		1140	1250	1420	1500	1510	1600	1600	1690	1690	1790	1770	1870
56		1220	1350	1530	1610	1620	1720	1720	1820	1820	1920	1910	2020
58		1310	1450	1640	1730	1740	1840	1850	1950	1950	2060	2040	2160
60		1400	1550	1750	1850	1860	1970	1980	2090	2090	2210	2190	2310

第 8 组 34×7 类

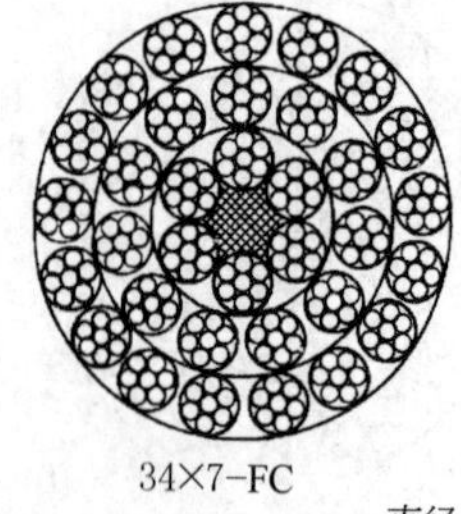
34×7-FC

34×7-IWRC

直径:16～60mm

36×7-FC

36×7-IWRC

直径:16～60mm

表 8-1-30　　　　力学性能（第 8 组 4 种结构）

钢丝绳公称直径		钢丝绳参考质量/kg·10^{-2}m^{-1}		钢丝绳公称抗拉强度/MPa									
				1570		1670		1770		1870		1960	
				钢丝绳最小破断拉力/kN									
D/mm	允许偏差/%	天然纤维芯钢丝绳	钢芯钢丝绳	纤维芯钢丝绳	钢芯钢丝绳	纤维芯钢丝绳	钢芯钢丝绳	纤维芯钢丝绳	钢芯钢丝绳	纤维芯钢丝绳	钢芯钢丝绳	纤维芯钢丝绳	钢芯钢丝绳
16	+50	99.8	110	124	128	132	136	140	144	147	152	155	160
18		126	139	157	162	167	172	177	182	187	193	196	202
20		156	172	193	200	206	212	218	225	230	238	241	249
22		189	208	234	242	249	257	264	272	279	288	292	302
24		225	248	279	288	296	306	314	324	332	343	348	359

续表

钢丝绳公称直径		钢丝绳参考质量/kg·$10^{-2}m^{-1}$		钢丝绳公称抗拉强度/MPa									
				1570		1670		1770		1870		1960	
				钢丝绳最小破断拉力/kN									
D/mm	允许偏差/%	天然纤维芯钢丝绳	钢芯钢丝绳	纤维芯钢丝绳	钢芯钢丝绳	纤维芯钢丝绳	钢芯钢丝绳	纤维芯钢丝绳	钢芯钢丝绳	纤维芯钢丝绳	钢芯钢丝绳	纤维芯钢丝绳	钢芯钢丝绳
26	+50	264	291	327	337	348	359	369	380	389	402	408	421
28		306	337	379	391	403	416	427	441	452	466	473	489
30		351	387	435	449	463	478	491	507	518	535	543	561
32		399	440	495	511	527	544	558	576	590	609	618	638
34		451	497	559	577	595	614	630	651	666	687	698	721
36		505	557	627	647	667	688	707	729	746	771	782	808
38		563	621	698	721	743	767	787	813	832	859	872	900
40		624	688	774	799	823	850	872	901	922	951	966	997
42		688	759	853	881	907	937	962	993	1020	1050	1060	1100
44		755	832	936	967	996	1030	1060	1090	1120	1150	1170	1210
46		825	910	1020	1060	1090	1120	1150	1190	1220	1260	1280	1320
48		899	991	1110	1150	1190	1220	1260	1300	1330	1370	1390	1440
50		975	1080	1210	1250	1290	1330	1360	1410	1440	1490	1510	1560
52		1050	1160	1310	1350	1390	1440	1470	1520	1560	1610	1630	1690
54		1140	1250	1410	1460	1500	1550	1590	1640	1680	1730	1760	1820
56		1220	1350	1520	1570	1610	1670	1710	1770	1810	1860	1890	1950
58		1310	1450	1630	1680	1730	1790	1830	1890	1940	2000	2030	2100
60		1400	1550	1740	1800	1850	1910	1960	2030	2070	2140	2170	2240

第 9 组 35×7 类

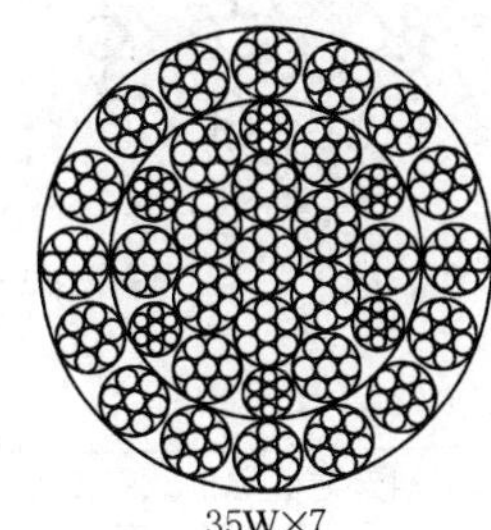
35W×7

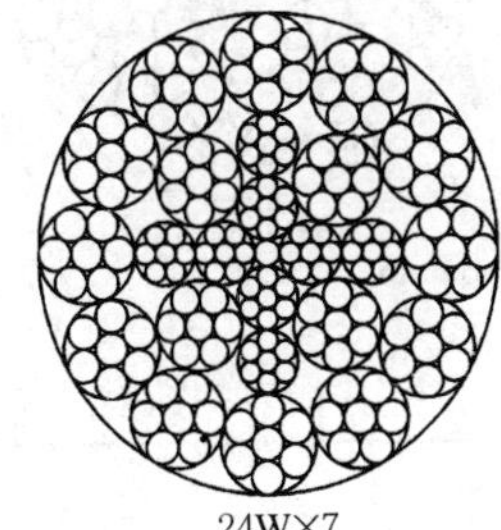
24W×7

直径:16～60mm

表 8-1-31 力学性能（第 9 组 2 种结构）

钢丝绳公称直径		钢丝绳参考质量/kg·$10^{-2}m^{-1}$	钢丝绳公称抗拉强度/MPa				
			1570	1670	1770	1870	1960
D/mm	允许偏差/%		钢丝绳最小破断拉力/kN				
16	+50	118	145	154	163	172	181
18		149	483	195	206	218	229
20		184	226	240	255	269	282
22		223	274	291	308	326	342
24		265	326	346	367	388	406
26		311	382	406	431	455	477
28		361	443	471	500	528	553

续表

钢丝绳公称直径		钢丝绳参考质量/kg·$10^{-2}m^{-1}$	钢丝绳公称抗拉强度/MPa				
			1570	1670	1770	1870	1960
D/mm	允许偏差/%		钢丝绳最小破断拉力/kN				
30	+50	414	509	541	573	606	635
32		471	579	616	652	689	723
34		532	653	695	737	778	816
36		596	732	779	826	872	914
38		664	816	868	920	972	1020
40		736	904	962	1020	1080	1130
42		811	997	1060	1120	1190	1240
44		891	1090	1160	1230	1300	1370
46		973	1200	1270	1350	1420	1490
48		1060	1300	1390	1470	1550	1630
50		1150	1410	1500	1590	1680	1760
52		1240	1530	1630	1720	1820	1910
54		1340	1650	1750	1860	1960	2060
56		1440	1770	1890	2000	2110	2210
58		1550	1900	2020	2140	2260	2370
60		1660	2030	2160	2290	2420	2540

第 10 组 6V×7 类

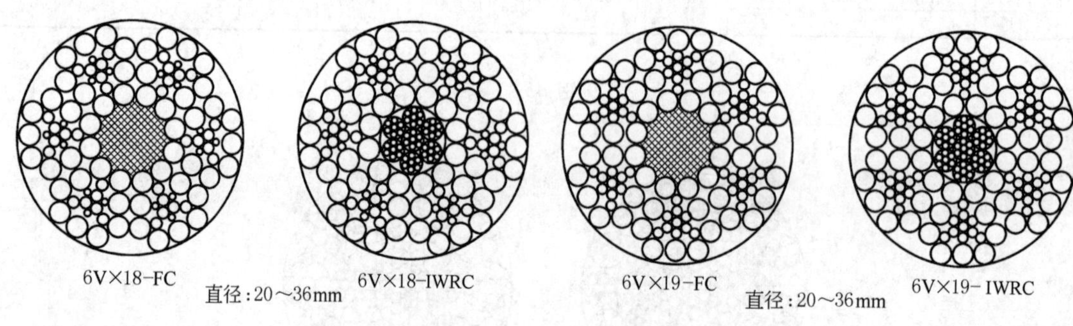

6V×18-FC　6V×18-IWRC　直径：20～36mm

6V×19-FC　6V×19- IWRC　直径：20～36mm

表 8-1-32　　**力学性能**（第 10 组 4 种结构）

钢丝绳公称直径		钢丝绳参考质量/kg·$10^{-2}m^{-1}$			钢丝绳公称抗拉强度/MPa									
					1570		1670		1770		1870		1960	
					钢丝绳最小破断拉力/kN									
D/mm	允许偏差/%	天然纤维芯钢丝绳	合成纤维芯钢丝绳	钢芯钢丝绳	纤维芯钢丝绳	钢芯钢丝绳	纤维芯钢丝绳	钢芯钢丝绳	纤维芯钢丝绳	钢芯钢丝绳	纤维芯钢丝绳	钢芯钢丝绳	纤维芯钢丝绳	钢芯钢丝绳
20	+60	165	162	175	236	250	250	266	266	282	280	298	294	312
22		199	196	212	285	302	303	322	321	341	339	360	356	378
24		237	233	252	339	360	361	383	382	406	404	429	423	449
26		279	273	295	398	422	423	449	449	476	474	503	497	527
28		323	317	343	462	490	491	521	520	552	550	583	576	612
30		371	364	393	530	562	564	598	597	634	631	670	662	702
32		422	414	447	603	640	641	681	680	721	718	762	753	799
34		476	467	505	681	722	724	768	767	814	811	860	850	902
36		534	524	566	763	810	812	861	860	913	909	965	953	1010

第 11 组 6V×19 类

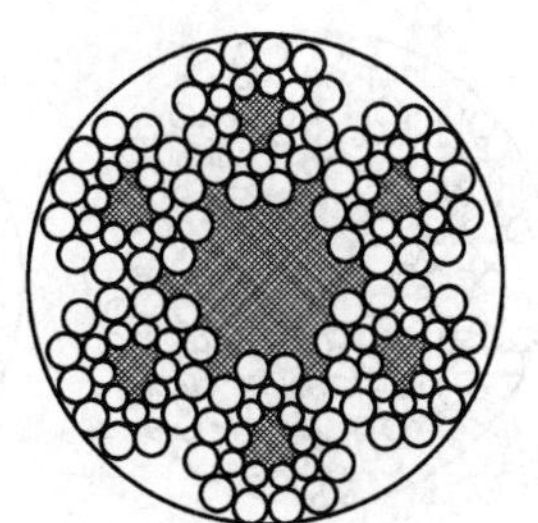
6V×21-7FC

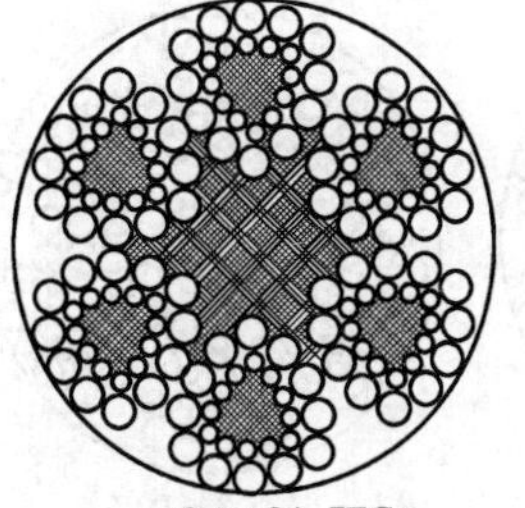
6V×24-7FC

直径:18~36mm

表 8-1-33　　力学性能（第 11 组 2 种结构）

钢丝绳公称直径		钢丝绳参考质量 /kg·$10^{-2}m^{-1}$		钢丝绳公称抗拉强度/MPa				
				1570	1670	1770	1870	1960
D/mm	允许偏差 /%	天然纤维芯钢丝绳	合成纤维芯	钢丝绳最小破断拉力/kN				
18	+60	121	118	168	179	190	201	210
20		149	146	208	221	234	248	260
22		180	177	252	268	284	300	314
24		215	210	300	319	338	357	374
26		252	247	352	374	396	419	439
28		292	286	408	434	460	486	509
30		335	329	468	498	528	557	584
32		382	374	532	566	600	634	665
34		431	422	601	639	678	716	750
36		483	473	674	717	760	803	841

第 11 组 6V×19 类

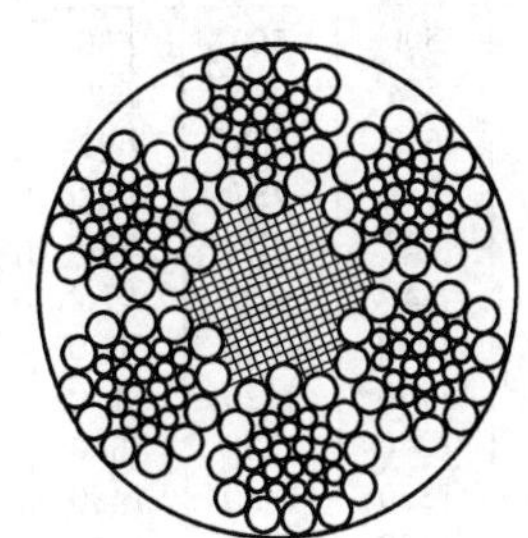
6V×30-FC

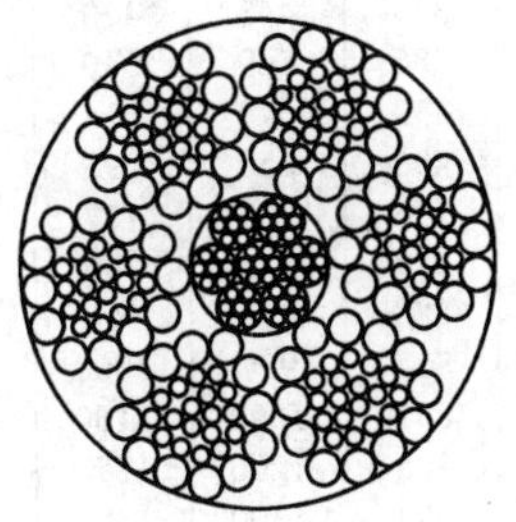
6V×30-IWRC

直径:20~38mm

表 8-1-34　　力学性能（第 11 组 2 种结构）

钢丝绳公称直径		钢丝绳参考质量 /kg·$10^{-2}m^{-1}$			钢丝绳公称抗拉强度/MPa									
					1570		1670		1770		1870		1960	
					钢丝绳最小破断拉力/kN									
D /mm	允许偏差/%	天然纤维芯钢丝绳	合成纤维芯钢丝绳	钢芯钢丝绳	纤维芯钢丝绳	钢芯钢丝绳	纤维芯钢丝绳	钢芯钢丝绳	纤维芯钢丝绳	钢芯钢丝绳	纤维芯钢丝绳	钢芯钢丝绳	纤维芯钢丝绳	钢芯钢丝绳
20	+60	162	159	172	203	216	216	230	229	243	242	257	254	270
22		196	192	208	246	261	262	278	278	295	293	311	307	326
24		233	229	247	293	311	312	331	330	351	349	370	365	388
26		274	268	290	344	365	366	388	388	411	410	435	429	456
28		318	311	336	399	423	424	450	450	477	475	504	498	528
30		365	357	386	458	486	487	517	516	548	545	579	572	606
32		415	407	439	521	553	554	588	587	623	620	658	650	690
34		468	459	496	588	624	625	664	663	703	700	743	734	779
36		525	515	556	659	700	701	744	743	789	785	833	823	873
38		585	573	619	735	779	781	829	828	879	875	928	917	973

第 11 组 6V×19 类和第 12 组 6V×37 类

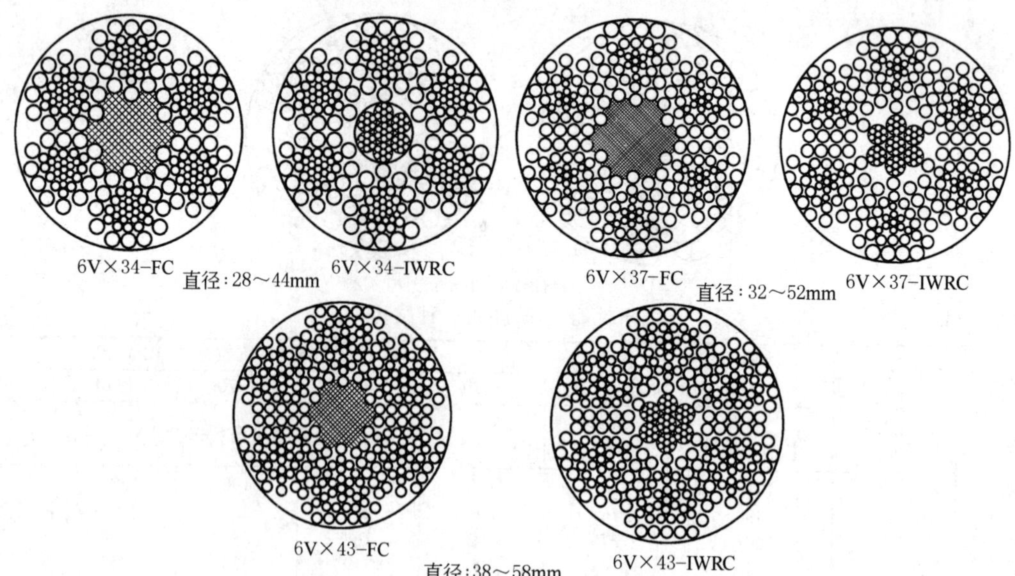

表 8-1-35 力学性能（第 11 组 2 种结构，第 12 组 4 种结构）

钢丝绳公称直径		钢丝绳参考质量 /kg·10^{-2}m^{-1}			钢丝绳公称抗拉强度/MPa									
					1570		1670		1770		1870		1960	
					钢丝绳最小破断拉力/kN									
D /mm	允许偏差/%	天然纤维芯钢丝绳	合成纤维芯钢丝绳	钢芯钢丝绳	纤维芯钢丝绳	钢芯钢丝绳	纤维芯钢丝绳	钢芯钢丝绳	纤维芯钢丝绳	钢芯钢丝绳	纤维芯钢丝绳	钢芯钢丝绳	纤维芯钢丝绳	钢芯钢丝绳
28	+60	318	311	336	443	470	471	500	500	530	528	560	553	587
30		364	357	386	509	540	541	574	573	609	606	643	635	674
32		415	407	439	579	614	616	653	652	692	689	731	723	767
34		468	459	496	653	693	695	737	737	782	778	826	816	866
36		525	515	556	732	777	779	827	826	876	872	926	914	970
38		585	573	619	816	866	868	921	920	976	972	1030	1020	1080
40		648	635	686	904	960	962	1020	1020	1080	1080	1140	1130	1200
42		714	700	757	997	1060	1060	1130	1120	1190	1190	1260	1240	1320
44		784	769	831	1090	1160	1160	1240	1230	1310	1300	1380	1370	1450
46		857	840	908	1200	1270	1270	1350	1350	1430	1420	1510	1490	1580
48		933	915	988	1300	1380	1390	1470	1470	1560	1550	1650	1630	1730
50		1010	993	1070	1410	1500	1500	1590	1590	1690	1680	1790	1760	1870
52		1100	1070	1160	1530	1620	1630	1720	1720	1830	1820	1930	1910	2020
54		1180	1160	1250	1650	1750	1750	1860	1860	1970	1960	2080	2060	2180
56		1270	1240	1350	1770	1880	1890	2000	2000	2120	2110	2240	2210	2350
58		1360	1340	1440	1900	2020	2020	2150	2140	2270	2260	2400	2370	2520

第 12 组 6V×37 类

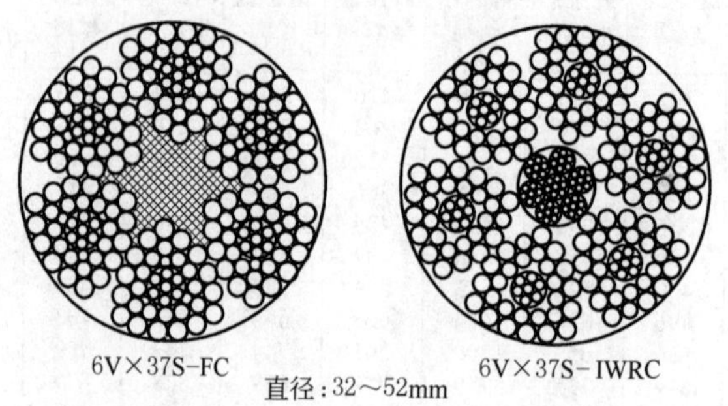

表 8-1-36 力学性能（第 12 组 2 种结构）

钢丝绳公称直径		钢丝绳参考质量/kg·10^{-2}m^{-1}			钢丝绳公称抗拉强度/MPa									
					1570		1670		1770		1870		1960	
					钢丝绳最小破断拉力/kN									
D/mm	允许偏差/%	天然纤维芯钢丝绳	合成纤维芯钢丝绳	钢芯钢丝绳	纤维芯钢丝绳	钢芯钢丝绳	纤维芯钢丝绳	钢芯钢丝绳	纤维芯钢丝绳	钢芯钢丝绳	纤维芯钢丝绳	钢芯钢丝绳	纤维芯钢丝绳	钢芯钢丝绳
32	+60	427	419	452	596	633	634	673	672	713	710	753	744	790
34		482	473	511	673	714	716	760	759	805	802	851	840	891
36		541	530	573	754	801	803	852	851	903	899	954	942	999
38		602	590	638	841	892	894	949	948	1010	1000	1060	1050	1110
40		667	654	707	931	988	991	1050	1050	1110	1110	1180	1160	1230
42		736	721	779	1030	1090	1090	1160	1160	1230	1220	1300	1280	1360
44		808	792	855	1130	1200	1200	1270	1270	1350	1340	1420	1410	1490
46		883	865	935	1230	1310	1310	1390	1390	1470	1470	1560	1540	1630
48		961	942	1020	1340	1420	1430	1510	1510	1600	1600	1700	1670	1780
50		1040	1020	1100	1460	1540	1550	1640	1640	1730	1730	1840	1820	1930
52		1130	1110	1190	1570	1670	1670	1780	1770	1880	1870	1990	1970	2090

第 13 组 4V×39 类

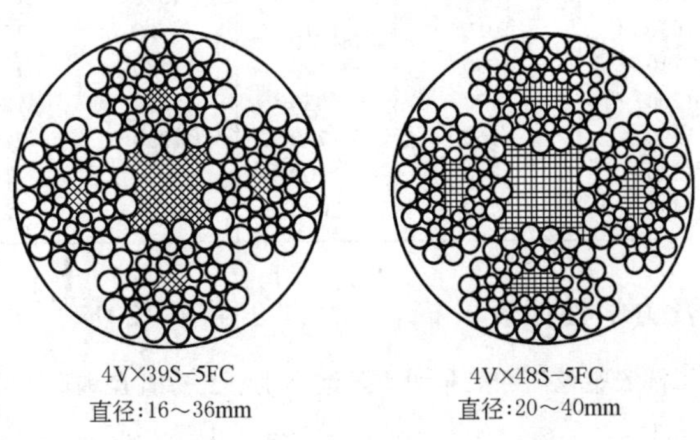

4V×39S-5FC 直径:16～36mm

4V×48S-5FC 直径:20～40mm

表 8-1-37 力学性能（第 13 组 2 种结构）

钢丝绳公称直径		钢丝绳参考质量/kg·10^{-2}m^{-1}		钢丝绳公称抗拉强度/MPa				
				1570	1670	1770	1870	1960
D/mm	允许偏差/%	天然纤维芯钢丝绳	合成纤维芯钢丝绳	钢丝绳最小破断拉力/kN				
16	+60	105	103	145	154	163	172	181
18		133	130	183	195	206	218	229
20		164	161	226	240	255	269	282
22		198	195	274	291	308	326	342
24		236	232	326	346	367	388	406
26		277	272	382	406	431	455	477
28		321	315	443	471	500	528	553
30		369	362	509	541	573	606	635
32		420	412	579	616	652	689	723
34		474	465	653	695	737	778	816
36		531	521	732	779	826	872	914
38		592	580	816	868	920	972	1020
40		656	643	904	962	1020	1080	1130

第 14 组 6Q×19+6V×21 类

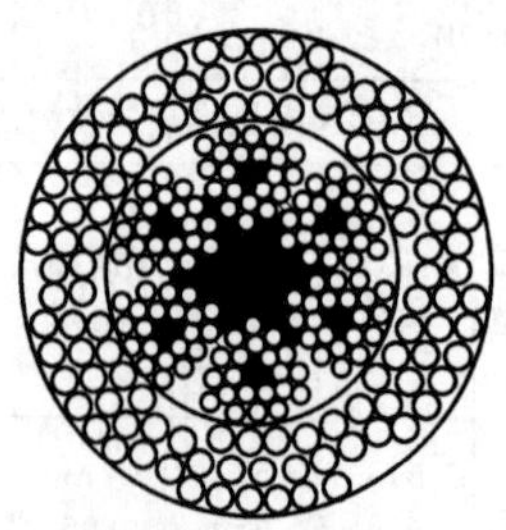

6Q×19+6V×21-7FC
直径:40～52mm

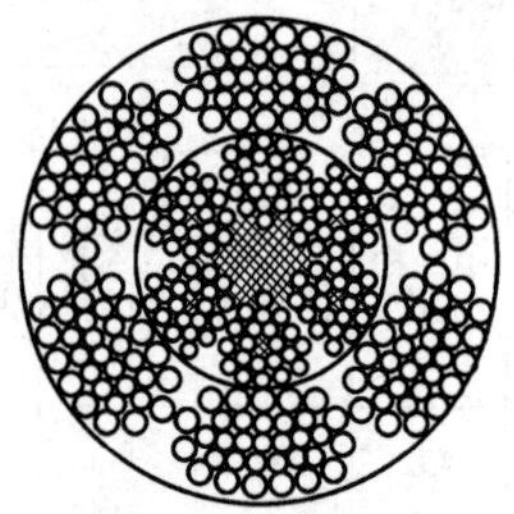

6Q×33+6V×21-7FC
直径:40～60mm

表 8-1-38　　**力学性能**（第 14 组 2 种结构）

钢丝绳公称直径		钢丝绳参考质量 /kg · 10^{-2} m^{-1}		钢丝绳公称抗拉强度/MPa				
				1570	1670	1770	1870	1960
D/mm	允许偏差 /%	天然纤维芯钢丝绳	合成纤维芯钢丝绳	钢丝绳最小破断拉力/kN				
40	+60	656	643	904	962	1020	1080	1130
42		723	709	997	1060	1120	1190	1240
44		794	778	1090	1160	1230	1300	1370
46		868	851	1200	1270	1350	1420	1490
48		945	926	1300	1390	1470	1550	1630
50		1030	1010	1410	1500	1590	1680	1760
52		1110	1090	1530	1630	1720	1820	1910
54		1200	1170	1650	1750	1860	1960	2060
56		1290	1260	1770	1890	2000	2110	2210
58		1380	1350	1900	2020	2140	2260	2370
60		1480	1450	2030	2160	2290	2420	2540

3.1.5　通用钢丝绳结构及力学性能表（摘自 GB/T 20118—2017）

表 8-1-39～表 8-1-70 给出了圆股钢丝绳和三角股钢丝绳类别、公称直径和最小破断拉力。

表 8-1-39　　**6×7 类钢丝绳**

典型结构图	典型结构				钢丝绳直径范围 /mm
6×7-FC　6×7-WSC	钢丝绳结构	股结构	外层钢丝数		
			总数	每股	
	6×7	1-6	36	6	2～44

钢丝绳公称直径 /mm	参考质量/ kg · 10^{-2} m^{-1}		钢丝绳级					
			1570		1770		1960	
			钢丝绳最小破断拉力/kN					
	纤维芯	钢芯	纤维芯	钢芯	纤维芯	钢芯	纤维芯	钢芯
2	1.40	1.55	2.08	2.25	2.35	2.54	2.6	2.81
3	3.16	3.48	4.69	5.07	5.29	5.72	5.86	6.33
4	5.62	6.19	8.34	9.02	9.40	10.2	10.4	11.3
5	8.78	9.68	13.0	14.1	14.7	15.9	16.3	17.6
6	12.6	13.9	18.8	20.3	21.2	22.9	23.4	25.3
7	17.2	19.0	25.5	27.6	28.8	31.1	31.9	34.5

续表

钢丝绳公称直径/mm	参考质量/kg·$10^{-2}$$m^{-1}$		钢丝绳级					
			1570		1770		1960	
			钢丝绳最小破断拉力/kN					
	纤维芯	钢芯	纤维芯	钢芯	纤维芯	钢芯	纤维芯	钢芯
8	22.5	24.8	33.4	36.1	37.6	40.7	41.6	45.0
9	28.4	31.3	42.2	45.7	47.6	51.5	52.7	57.0
10	35.1	38.7	52.1	56.4	58.8	63.5	65.1	70.4
11	42.5	46.8	63.1	68.2	71.1	76.9	78.7	85.1
12	50.5	55.7	75.1	81.2	84.6	91.5	93.7	101
13	59.3	65.4	88.1	95.3	99.3	107	110	119
14	68.8	75.9	102	110	115	125	128	138
16	89.9	99.1	133	144	150	163	167	180
18	114	125	169	183	190	206	211	228
20	140	155	208	225	235	254	260	281
22	170	187	252	273	284	308	315	341
24	202	223	300	325	338	366	375	405
26	237	262	352	381	397	430	440	476
28	275	303	409	442	461	498	510	552
32	359	396	534	577	602	651	666	721
36	455	502	676	730	762	824	843	912
40	562	619	834	902	940	1020	1041	1130
44	680	749	1010	1090	1140	1230	1260	1360

注：1. 直径为2~7mm的钢丝绳采用钢丝股芯（WSC），最小破断拉力系数为0.388。表中给出的钢芯是独立的钢丝绳芯（IWRC）的数据。

2. 钢丝最小破断拉力总和=钢丝绳最小破断拉力×1.134（纤维芯）或1.214（钢芯）。

表 8-1-40　6×19M 类钢丝绳

6×19M-FC　6×19M-IWRC

典型结构图

典型结构				钢丝绳直径范围/mm
钢丝绳结构	股结构	外层钢丝数		
		总数	每股	
6×19M	1-6/12	72	12	3~52

钢丝绳公称直径/mm	参考质量/kg·$10^{-2}$$m^{-1}$		钢丝绳级					
			1570		1770		1960	
			钢丝绳最小破断拉力/kN					
	纤维芯	钢芯	纤维芯	钢芯	纤维芯	钢芯	纤维芯	钢芯
3	3.16	3.60	4.34	4.69	4.89	5.29	5.42	5.86
4	5.62	6.40	7.71	8.34	8.69	9.40	9.63	10.4
5	8.78	10.0	12.0	13.0	13.6	14.7	15.0	16.3
6	12.6	14.4	17.4	18.8	19.6	21.2	21.7	23.4
7	17.2	19.6	23.6	25.5	26.6	28.8	29.5	31.9
8	22.5	25.6	30.8	33.4	34.8	37.6	38.5	41.6
9	28.4	32.4	39.0	42.2	44.0	47.6	48.7	52.7
10	35.1	40.0	48.2	52.1	54.3	58.8	60.2	65.1
11	42.5	48.4	58.3	63.1	65.8	71.1	72.8	78.7
12	50.5	57.6	69.4	75.1	78.2	84.6	86.6	93.7
13	59.3	67.6	81.5	88.1	91.8	99.3	102	110
14	68.8	78.4	94.5	102	107	115	118	128
16	89.9	102	123	133	139	150	154	167

续表

钢丝绳公称直径/mm	参考质量/kg·$10^{-2}m^{-1}$		钢丝绳级					
			1570		1770		1960	
			钢丝绳最小破断拉力/kN					
	纤维芯	钢芯	纤维芯	钢芯	纤维芯	钢芯	纤维芯	钢芯
18	114	130	156	169	176	190	195	211
20	140	160	193	208	217	235	241	260
22	170	194	233	252	263	284	291	315
24	202	230	278	300	313	338	347	375
26	237	270	326	352	367	397	407	440
28	275	314	378	409	426	461	472	510
32	359	410	494	534	556	602	616	666
36	455	518	625	676	704	762	780	843
40	562	640	771	834	869	940	963	1041
44	680	774	933	1010	1050	1140	1160	1260
48	809	922	1110	1200	1250	1350	1390	1500
52	949	1080	1300	1410	1470	1590	1630	1760

注：1. 直径为3~7mm的钢丝绳采用钢丝股芯（WSC），最小破断拉力系数为0.362。表中给出的钢芯是独立的钢丝绳芯（IWRC）的数据。

2. 钢丝最小破断拉力总和=钢丝绳最小破断拉力×1.226（纤维芯）或1.321（钢芯）。

表 8-1-41　　　　6×12类钢丝绳

6×12FC-FC
典型结构图

典型结构				钢丝绳直径范围/mm
钢丝绳结构	股结构	外层钢丝数		
		总数	每股	
6×12FC-FC	FC-12	72	12	6~52

钢丝绳公称直径/mm	参考质量/kg·$10^{-2}m^{-1}$	钢丝绳级	
		1570	1770
		钢丝绳最小破断拉力/kN	
6	9.04	11.8	13.3
7	12.3	16.1	18.1
8	16.1	21.0	23.7
9	20.3	26.6	30.0
10	25.1	32.8	37.0
11	30.4	39.7	44.8
12	36.1	47.3	53.3
13	42.4	55.5	62.5
14	49.2	64.3	72.5
16	64.3	84.0	94.7
18	81.3	106	120
20	100	131	148
22	121	159	179
24	145	189	213
26	170	222	250
28	197	257	290
32	257	336	379

注：钢丝最小破断拉力总和=钢丝绳最小破断拉力×1.136。

表 8-1-42 6×15 类钢丝绳

典型结构图	钢丝绳结构	股结构	外层钢丝数 总数	外层钢丝数 每股	钢丝绳直径范围/mm
6×15FC-FC 典型结构图	6×15FC-FC	FC-15	90	15	6~52

钢丝绳公称直径/mm	参考质量/kg·$10^{-2}m^{-1}$	钢丝绳级 1570	钢丝绳级 1770
		钢丝绳最小破断拉力/kN	
8	12.8	18.1	20.4
9	16.2	22.9	25.8
10	20.0	28.3	31.9
11	24.2	34.2	38.6
12	28.8	40.7	45.9
13	33.8	47.8	53.8
14	39.2	55.4	62.4
15	45.0	63.6	71.7
16	51.2	72.3	81.6
18	64.8	91.6	103
20	80.0	113	127
22	96.8	137	154
24	115	163	184
26	135	191	215
28	157	222	250
30	180	254	287
32	205	289	326

注：钢丝最小破断拉力总和=钢丝绳最小破断拉力×1.136。

表 8-1-43 6×24M 类钢丝绳

典型结构图	钢丝绳结构	股结构	外层钢丝数 总数	外层钢丝数 每股	钢丝绳直径范围/mm
6×24MFC-FC 典型结构图	6×24MFC-FC	FC-9/15	90	15	8~44

钢丝绳公称直径/mm	参考质量/kg·$10^{-2}m^{-1}$	钢丝绳级 1570	钢丝绳级 1770
		钢丝绳最小破断拉力/kN	
8	20.4	28.1	31.7
9	25.8	35.6	40.1
10	31.8	44.0	49.6
11	38.5	53.2	60.0
12	45.8	63.3	71.4
13	53.7	74.3	83.8
14	62.3	86.2	97.1

续表

钢丝绳公称直径/mm	参考质量/kg·$10^{-2}m^{-1}$	钢丝绳级	
		1570	1770
		钢丝绳最小破断拉力/kN	
15	71.6	98.9	112
16	81.4	113	127
18	103	142	161
20	127	176	198
22	154	213	240
24	183	253	285
26	215	297	335
28	249	345	389
30	286	396	446
32	326	450	507
36	412	570	642
40	509	703	793
44	616	851	959

注：钢丝最小破断拉力总和=钢丝绳最小破断拉力×1.150。

表 8-1-44　　6×37M 类钢丝绳

典型结构图	典型结构				钢丝绳直径范围/mm
	钢丝绳结构	股结构	外层钢丝数		
			总数	每股	
6×37M-FC　6×37M-IWRC	6×37M	1-6/12/18	108	18	5~60

钢丝绳公称直径/mm	参考质量/kg·$10^{-2}m^{-1}$		钢丝绳级					
			1570		1770		1960	
			钢丝绳最小破断拉力/kN					
	纤维芯	钢芯	纤维芯	钢芯	纤维芯	钢芯	纤维芯	钢芯
5	8.65	10.0	11.6	12.5	13.1	14.1	14.5	15.6
6	12.5	14.4	16.7	18.0	18.8	20.3	20.8	22.5
7	17.0	19.6	22.7	24.5	25.6	27.7	28.3	30.6
8	22.1	25.6	29.6	32.1	33.4	36.1	37.0	40.0
9	28.0	32.4	37.5	40.6	42.3	45.7	46.8	50.6
10	34.6	40.0	46.3	50.1	52.2	56.5	57.8	62.5
11	41.9	48.4	56.0	60.6	63.2	68.3	70.0	75.7
12	49.8	57.6	66.7	72.1	75.2	81.3	83.3	90.0
13	58.5	67.6	78.3	84.6	88.2	95.4	97.7	106
14	67.8	78.4	90.8	98.2	102	111	113	123
16	88.6	102	119	128	134	145	148	160
18	112	130	150	162	169	183	187	203
20	138	160	185	200	209	226	231	250
22	167	194	224	242	253	273	280	303
24	199	230	267	288	301	325	333	360
26	234	270	313	339	353	382	391	423
28	271	314	363	393	409	443	453	490

续表

钢丝绳公称直径/mm	参考质量/kg·10^{-2}m^{-1}		钢丝绳级					
			1570		1770		1960	
			钢丝绳最小破断拉力/kN					
	纤维芯	钢芯	纤维芯	钢芯	纤维芯	钢芯	纤维芯	钢芯
32	354	410	474	513	535	578	592	640
36	448	518	600	649	677	732	749	810
40	554	640	741	801	835	903	925	1000
44	670	774	897	970	1010	1090	1120	1210
48	797	922	1070	1150	1200	1300	1330	1440
52	936	1082	1250	1350	1410	1530	1560	1690
56	1090	1254	1450	1570	1640	1770	1810	1960
60	1250	1440	1670	1800	1880	2030	2080	2250

注：1. 直径为5~7mm的钢丝绳采用钢丝股芯（WSC），最小破断拉力系数为0.346。表中给出的钢芯是独立的钢丝绳芯（IWRC）的数据。

2. 钢丝最小破断拉力总和=钢丝绳最小破断拉力×1.249（纤维芯）或1.336（钢芯）。

表 8-1-45　　6×61M 类钢丝绳

6×61M-FC　　6×61M-IWRC

典型结构图

钢丝绳结构	股结构	外层钢丝数 总数	外层钢丝数 每股	钢丝绳直径范围/mm
6×61M	1-6/12/18/24	144	24	18~60

钢丝绳公称直径/mm	参考质量/kg·10^{-2}m^{-1}		钢丝绳级					
			1570		1770		1960	
			钢丝绳最小破断拉力/kN					
	纤维芯	钢芯	纤维芯	钢芯	纤维芯	钢芯	纤维芯	钢芯
18	117	129	144	156	162	175	180	194
20	144	159	178	192	200	217	222	240
22	175	193	215	232	242	262	268	290
24	208	229	256	277	288	312	319	345
26	244	269	300	325	339	366	375	405
28	283	312	348	377	393	425	435	470
32	370	408	455	492	513	555	568	614
36	468	516	576	623	649	702	719	777
40	578	637	711	769	801	867	887	960
44	699	771	860	930	970	1050	1070	1160
48	832	917	1020	1110	1150	1250	1280	1380
52	976	1080	1200	1300	1350	1460	1500	1620
56	1130	1250	1390	1510	1570	1700	1740	1880
60	1300	1430	1600	1730	1800	1950	2000	2160

注：钢丝最小破断拉力总和=钢丝绳最小破断拉力×1.301（纤维芯）或1.392（钢芯）。

表 8-1-46 **6×19 类钢丝绳**

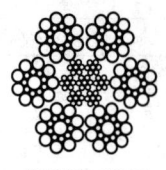

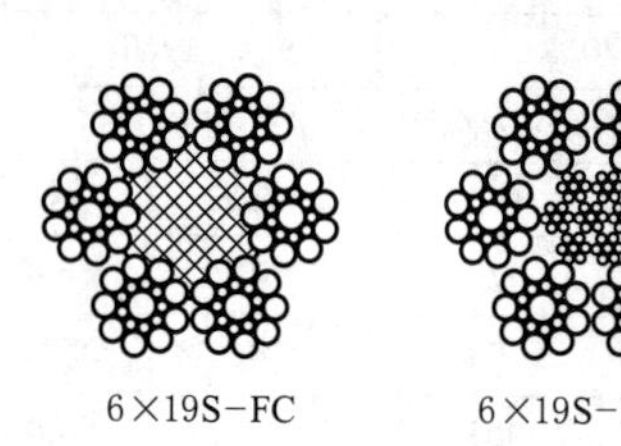

6×19S-FC　　6×19S-IWRC

典型结构图

典型结构				钢丝绳直径范围/mm
钢丝绳结构	股结构	外层钢丝数		
		总数	每股	
6×17S	1-8-8	48	8	6~36
6×19S	1-9-9	54	9	6~48
6×21S	1-10-10	60	10	8~52
6×21F	1-5-5F-10	60	10	8~52
6×26WS	1-5-5+5-10	60	10	8~52
6×19W	1-6-6+6	72	12	8~52
6×25F	1-6-6F-12	72	12	10~56

钢丝绳公称直径/mm	参考质量/$kg\cdot10^{-2}m^{-1}$		钢丝绳级							
			1570		1770		1960		2160	
			钢丝绳最小破断拉力/kN							
	纤维芯	钢芯	纤维芯	钢芯	纤维芯	钢芯	纤维芯	钢芯	纤维芯	钢芯
6	13.7	15	18.7	20.1	21.0	22.7	23.3	25.1	25.7	27.7
7	18.6	20.5	25.4	27.4	28.6	30.9	31.7	34.2	34.9	37.7
8	24.3	26.8	33.2	35.8	37.4	40.3	41.4	44.7	45.6	49.2
9	30.8	33.9	42.0	45.3	47.3	51.0	52.4	56.5	57.7	62.3
10	38.0	41.8	51.8	55.9	58.4	63.0	64.7	69.8	71.3	76.9
11	46.0	50.6	62.7	67.6	70.7	76.2	78.3	84.4	86.2	93.0
12	54.7	60.2	74.6	80.5	84.1	90.7	93.1	100	103	111
13	64.2	70.6	87.6	94.5	98.7	106	109	118	120	130
14	74.5	81.9	102	110	114	124	127	137	140	151
16	97.3	107	133	143	150	161	166	179	182	197
18	123	135	168	181	189	204	210	226	231	249
20	152	167	207	224	234	252	259	279	285	308
22	184	202	251	271	283	305	313	338	345	372
24	219	241	298	322	336	363	373	402	411	443
26	257	283	350	378	395	426	437	472	482	520
28	298	328	406	438	458	494	507	547	559	603
32	389	428	531	572	598	645	662	715	730	787
36	492	542	671	724	757	817	838	904	924	997
40	608	669	829	894	935	1010	1030	1120	1140	1230
44	736	809	1000	1080	1130	1220	1250	1350	1380	1490
48	876	963	1190	1290	1350	1450	1490	1610	1640	1770
52	1030	1130	1400	1510	1580	1700	1750	1890	1930	2080
56	1190	1310	1620	1750	1830	1980	2030	2190	2240	2410

注：钢丝最小破断拉力总和=钢丝绳最小破断拉力×1.214（纤维芯）或 1.308（钢芯）。

表 8-1-47 **6×24 类钢丝绳**

6×24FC-FC

典型结构图

典型结构				钢丝绳直径范围/mm
钢丝绳结构	股结构	外层钢丝数		
		总数	每股	
6×24SFC	FC-12-12	72	12	8~40
6×24WFC	FC-8-8+8	96	16	10~40

续表

钢丝绳公称直径/mm	参考质量/kg·$10^{-2}m^{-1}$	钢丝绳级	
		1570	1770
		钢丝绳最小破断拉力/kN	
8	21.2	29.2	33.0
9	26.8	37.0	41.7
10	33.1	45.7	51.5
11	40.1	55.3	62.3
12	47.7	65.8	74.2
13	55.9	77.2	87.0
14	64.9	89.5	101
15	74.5	103	116
16	84.7	117	132
18	107	148	167
20	132	183	206
22	160	221	249
24	191	263	297
26	224	309	348
28	260	358	404
30	298	411	464
32	339	468	527
36	429	592	668
40	530	731	824

注：钢丝最小破断拉力总和=钢丝绳最小破断拉力×1.150。

表 8-1-48　　6×36 类钢丝绳

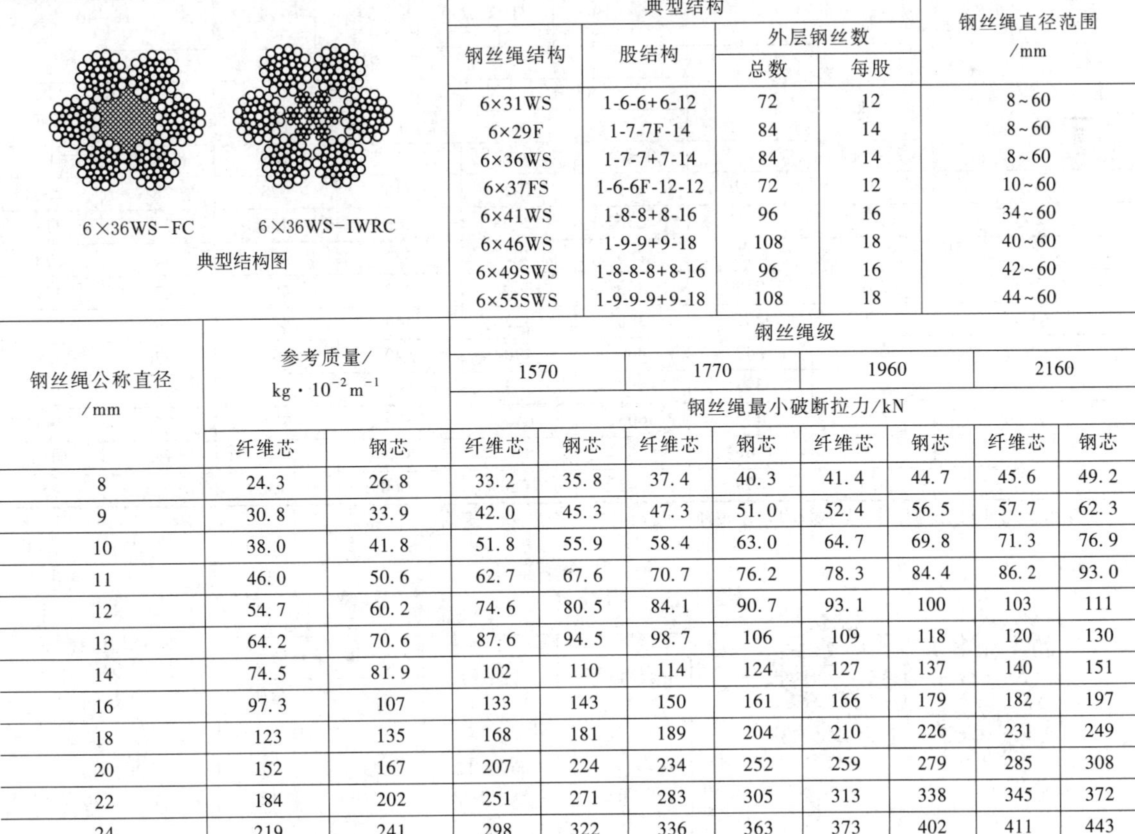

6×36WS-FC　　6×36WS-IWRC

典型结构图

钢丝绳结构	股结构	外层钢丝数 总数	外层钢丝数 每股	钢丝绳直径范围/mm
6×31WS	1-6-6+6-12	72	12	8~60
6×29F	1-7-7F-14	84	14	8~60
6×36WS	1-7-7+7-14	84	14	8~60
6×37FS	1-6-6F-12-12	72	12	10~60
6×41WS	1-8-8+8-16	96	16	34~60
6×46WS	1-9-9+9-18	108	18	40~60
6×49SWS	1-8-8-8+8-16	96	16	42~60
6×55SWS	1-9-9-9+9-18	108	18	44~60

钢丝绳公称直径/mm	参考质量/kg·$10^{-2}m^{-1}$		钢丝绳级							
			1570		1770		1960		2160	
			钢丝绳最小破断拉力/kN							
	纤维芯	钢芯	纤维芯	钢芯	纤维芯	钢芯	纤维芯	钢芯	纤维芯	钢芯
8	24.3	26.8	33.2	35.8	37.4	40.3	41.4	44.7	45.6	49.2
9	30.8	33.9	42.0	45.3	47.3	51.0	52.4	56.5	57.7	62.3
10	38.0	41.8	51.8	55.9	58.4	63.0	64.7	69.8	71.3	76.9
11	46.0	50.6	62.7	67.6	70.7	76.2	78.3	84.4	86.2	93.0
12	54.7	60.2	74.6	80.5	84.1	90.7	93.1	100	103	111
13	64.2	70.6	87.6	94.5	98.7	106	109	118	120	130
14	74.5	81.9	102	110	114	124	127	137	140	151
16	97.3	107	133	143	150	161	166	179	182	197
18	123	135	168	181	189	204	210	226	231	249
20	152	167	207	224	234	252	259	279	285	308
22	184	202	251	271	283	305	313	338	345	372
24	219	241	298	322	336	363	373	402	411	443

续表

钢丝绳公称直径/mm	参考质量/kg·$10^{-2}m^{-1}$		钢丝绳级							
			1570		1770		1960		2160	
			钢丝绳最小破断拉力/kN							
	纤维芯	钢芯	纤维芯	钢芯	纤维芯	钢芯	纤维芯	钢芯	纤维芯	钢芯
26	257	283	350	378	395	426	437	472	482	520
28	298	328	406	438	458	494	507	547	559	603
32	389	428	531	572	598	645	662	715	730	787
36	492	542	671	724	757	817	838	904	924	997
40	608	669	829	894	935	1010	1030	1120	1140	1230
44	736	809	1000	1080	1130	1220	1250	1350	1380	1490
48	876	963	1200	1290	1350	1450	1490	1610	1640	1770
52	1030	1130	1400	1510	1580	1700	1750	1890	1930	2080
56	1190	1310	1620	1750	1830	1980	2030	2190	2230	2410
60	1370	1500	1870	2010	2100	2270	2330	2510	2570	2770

注：钢丝最小破断拉力总和=钢丝绳最小破断拉力×1.214（纤维芯）或1.308（钢芯）。

表 8-1-49　　6×V7 类钢丝绳

6×V19-FC　　6×V19-IWRC

典型结构图

典型结构				钢丝绳直径范围/mm
钢丝绳结构	股结构	外层钢丝数		
		总数	每股	
6×V18 6×V19	/3×2-3/-9 /1×7-3/-9	54 54	9 9	18~40 18~40

钢丝绳公称直径/mm	参考质量/kg·$10^{-2}m^{-1}$		钢丝绳级					
			1570		1770		1960	
			钢丝绳最小破断拉力/kN					
	纤维芯	钢芯	纤维芯	钢芯	纤维芯	钢芯	纤维芯	钢芯
18	133	142	191	202	215	228	238	253
20	165	175	236	250	266	282	294	312
22	199	212	285	302	321	341	356	378
24	237	252	339	360	382	406	423	449
26	279	295	398	422	449	476	497	527
28	323	343	462	490	520	552	576	612
30	371	393	530	562	597	634	662	702
32	422	447	603	640	680	721	753	799
36	534	566	763	810	860	913	953	1010
40	659	699	942	1000	1060	1130	1180	1250

注：钢丝最小破断拉力总和=钢丝绳最小破断拉力×1.156（纤维芯）或1.191（钢芯）。

表 8-1-50　　6×V19 类钢丝绳

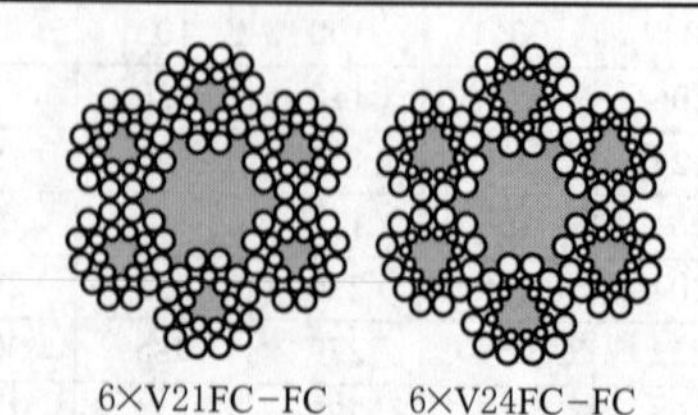

6×V21FC-FC　　6×V24FC-FC

典型结构图

典型结构				钢丝绳直径范围/mm
钢丝绳结构	股结构	外层钢丝数		
		总数	每股	
6×V21FC-FC 6×V24FC-FC	FC-9/12 FC-12-12	72 72	12 12	14~40 14~40

续表

钢丝绳公称直径/mm	参考质量/kg·$10^{-2}m^{-1}$	钢丝绳级		
		1570	1770	1960
		钢丝绳最小破断拉力/kN		
14	73.0	102	115	127
16	95.4	133	150	166
18	121	168	190	210
20	149	208	234	260
22	180	252	284	314
24	215	300	338	374
26	252	352	396	439
28	292	408	460	509
30	335	468	528	584
32	382	532	600	665
36	483	674	760	841
40	596	832	938	1040

注：钢丝最小破断拉力总和=钢丝绳最小破断拉力×1.177。

表 8-1-51　　6×V19 类钢丝绳

典型结构图	典型结构				钢丝绳直径范围/mm
	钢丝绳结构	股结构	外层钢丝数		
			总数	每股	
6×V30-FC　6×V30-IWRC 典型结构图	6×V30	/6/-12-12	72	12	18~44

钢丝绳公称直径/mm	参考质量/kg·$10^{-2}m^{-1}$		钢丝绳级					
			1570		1770		1960	
			钢丝绳最小破断拉力/kN					
	纤维芯	钢芯	纤维芯	钢芯	纤维芯	钢芯	纤维芯	钢芯
18	131	139	165	175	186	197	206	218
20	162	172	203	216	229	243	254	270
22	196	208	246	261	278	295	307	326
24	233	247	293	311	330	351	366	388
26	274	290	344	365	388	411	429	456
28	318	336	399	423	450	477	498	528
30	365	386	458	486	516	548	572	606
32	415	439	521	553	587	623	650	690
36	525	556	659	700	743	789	823	873
40	648	686	814	864	918	974	1020	1080
44	784	831	985	1040	1110	1180	1230	1300

注：钢丝最小破断拉力总和=钢丝绳最小破断拉力×1.177（纤维芯）或1.213（钢芯）。

表 8-1-52　　6×V19 类钢丝绳

典型结构图	典型结构				钢丝绳直径范围/mm
	钢丝绳结构	股结构	外层钢丝数		
			总数	每股	
6×V34-FC　6×V34-IWRC 典型结构图	6×V34	/1×7-3 /-12-12	72	12	24~48

续表

钢丝绳公称直径/mm	参考质量/kg·$10^{-2}m^{-1}$		钢丝绳级					
			1570		1770		1960	
			钢丝绳最小破断拉力/kN					
	纤维芯	钢芯	纤维芯	钢芯	纤维芯	钢芯	纤维芯	钢芯
24	233	247	326	345	367	389	406	431
26	274	290	382	405	431	457	477	506
28	318	336	443	470	500	530	553	587
30	365	386	509	540	573	609	635	674
32	415	439	579	614	652	692	723	767
36	525	556	732	777	826	876	914	970
40	648	686	904	960	1020	1080	1130	1200
44	784	831	1090	1160	1230	1310	1370	1450
48	933	988	1300	1380	1470	1560	1630	1720

注：钢丝最小破断拉力总和=钢丝绳最小破断拉力×1.177（纤维芯）或1.213（钢芯）。

表 8-1-53　　6×V37 类钢丝绳

6×V37-FC　6×V37-IWRC

典型结构图

钢丝绳结构	股结构	外层钢丝数 总数	外层钢丝数 每股	钢丝绳直径范围/mm
6×V37	/1×7-3/-12-15	90	15	24~56
6×V43	/1×7-3/-15-18	108	18	28~60

钢丝绳公称直径/mm	参考质量/kg·$10^{-2}m^{-1}$		钢丝绳级					
			1570		1770		1960	
			钢丝绳最小破断拉力/kN					
	纤维芯	钢芯	纤维芯	钢芯	纤维芯	钢芯	纤维芯	钢芯
24	233	247	326	345	367	389	406	431
26	274	290	382	405	431	457	477	506
28	318	336	443	470	500	530	553	587
30	365	386	509	540	573	609	635	674
32	415	439	579	614	652	692	723	767
36	525	556	732	777	826	876	914	970
40	648	686	904	960	1020	1080	1130	1200
44	784	831	1090	1160	1230	1310	1370	1450
48	933	988	1300	1380	1470	1560	1630	1720
52	1090	1160	1530	1620	1720	1830	1910	2020
56	1270	1340	1770	1880	2000	2120	2210	2350
60	1460	1540	2030	2160	2290	2430	2540	2700

注：钢丝最小破断拉力总和=钢丝绳最小破断拉力×1.177（纤维芯）或1.213（钢芯）。

表 8-1-54　　6×V37 类钢丝绳

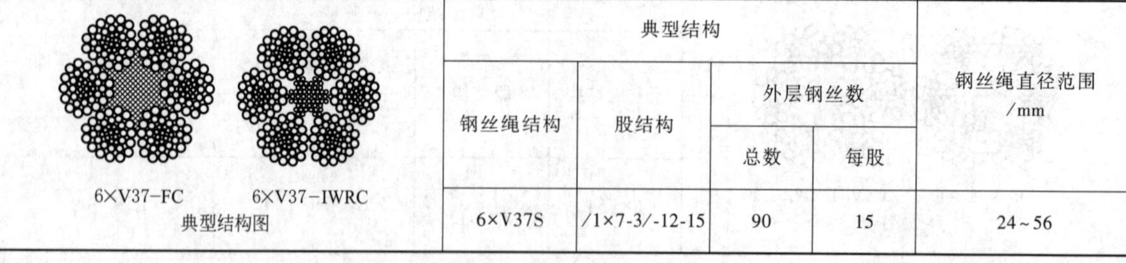

6×V37-FC　6×V37-IWRC

典型结构图

钢丝绳结构	股结构	外层钢丝数 总数	外层钢丝数 每股	钢丝绳直径范围/mm
6×V37S	/1×7-3/-12-15	90	15	24~56

续表

钢丝绳公称直径/mm	参考质量/kg·$10^{-2}m^{-1}$		钢丝绳级					
			1570		1770		1960	
			钢丝绳最小破断拉力/kN					
	纤维芯	钢芯	纤维芯	钢芯	纤维芯	钢芯	纤维芯	钢芯
24	240	255	335	356	378	401	419	444
26	282	299	394	415	444	471	491	521
28	327	346	456	484	515	546	570	605
30	375	398	524	556	591	627	654	694
32	427	452	596	633	672	713	744	790
36	541	573	754	801	851	903	942	999
40	667	707	931	988	1050	1114	1160	1230
44	808	855	1130	1200	1270	1348	1410	1490
48	961	1020	1340	1420	1510	1600	1670	1780
52	1130	1190	1570	1670	1770	1880	1970	2090
56	1310	1390	1830	1940	2060	2180	2280	2420

注：钢丝最小破断拉力总和=钢丝绳最小破断拉力×1.177（纤维芯）或 1.213（钢芯）。

表 8-1-55　　6×V8 类钢丝绳

6×V10-FC 典型结构图	典型结构				钢丝绳直径范围/mm
	钢丝绳结构	股结构	外层钢丝数		
			总数	每股	
	6×V10	▲-9	54	9	20~32

钢丝绳公称直径/mm	参考质量/kg·$10^{-2}m^{-1}$	钢丝绳级		
		1570	1770	1960
		钢丝绳最小破断拉力/kN		
20	170	227	256	284
22	206	275	310	343
24	245	327	369	409
26	287	384	433	480
28	333	446	502	556
30	383	512	577	639
32	435	582	656	727

注：钢丝最小破断拉力总和=钢丝绳最小破断拉力×1.156（纤维芯）。

表 8-1-56　　6×V25 类钢丝绳

6×V28B-FC 典型结构图	典型结构				钢丝绳直径范围/mm
	钢丝绳结构	股结构	外层钢丝数		
			总数	每股	
	6×V25B 6×V28B 6×V31B	▲-12-12 ▲-12-15 ▲-12-18	72 90 108	12 15 18	24~44 24~56 26~60

钢丝绳公称直径/mm	参考质量/kg·$10^{-2}m^{-1}$	钢丝绳级		
		1570	1770	1960
		钢丝绳最小破断拉力/kN		
24	245	317	358	396
26	287	373	420	465

续表

钢丝绳公称直径/mm	参考质量/kg·$10^{-2}m^{-1}$	钢丝绳级		
		1570	1770	1960
		钢丝绳最小破断拉力/kN		
28	333	432	487	539
30	383	496	559	619
32	435	564	636	704
36	551	714	805	892
40	680	882	994	1100
44	823	1070	1200	1330
48	979	1270	1430	1580
52	1150	1490	1680	1860
56	1330	1730	1950	2160
60	1530	1980	2240	2480

注：钢丝最小破断拉力总和=钢丝绳最小破断拉力×1.176。

表 8-1-57　　8×7 类钢丝绳

典型结构图	典型结构				钢丝绳直径范围/mm
	钢丝绳结构	股结构	外层钢丝数		
			总数	每股	
8×7-FC　8×7-IWRC	8×7	1-6	48	6	6~36

钢丝绳公称直径/mm	参考质量/kg·$10^{-2}m^{-1}$		钢丝绳级					
			1570		1770		1960	
			钢丝绳最小破断拉力/kN					
	纤维芯	钢芯	纤维芯	钢芯	纤维芯	钢芯	纤维芯	钢芯
6	11.8	14.1	16.4	20.3	18.5	22.9	20.5	25.3
7	16.0	19.2	22.4	27.6	25.2	31.1	27.9	34.5
8	20.9	25.0	29.2	36.1	33.0	40.7	36.5	45.0
9	26.5	31.7	37.0	45.7	41.7	51.5	46.2	57.0
10	32.7	39.1	45.7	56.4	51.5	63.5	57.0	70.4
11	39.6	47.3	55.3	68.2	62.3	76.9	69.0	85.1
12	47.1	56.3	65.8	81.2	74.2	91.5	82.1	101
13	55.3	66.1	77.2	95.3	87.0	107	96.4	119
14	64.1	76.6	89.5	110	101	125	112	138
16	83.7	100	117	144	132	163	146	180
18	106	127	148	183	167	206	185	228
20	131	156	183	225	206	254	228	281
22	158	189	221	273	249	308	276	341
24	188	225	263	325	297	366	329	405
26	221	264	309	381	348	430	386	476
28	256	307	358	442	404	498	447	552
32	335	400	468	577	527	651	584	721
36	424	507	592	730	668	824	739	912

注：1. 直径为 6~7mm 的钢丝绳采用钢丝股芯（WSC），最小破断拉力系数为 0.404。表中给出的钢芯是独立的钢丝绳芯（IWRC）的数据。

2. 钢丝最小破断拉力总和=钢丝绳最小破断拉力×1.214（纤维芯）或 1.360（钢芯）。

第8篇

表 8-1-58 **8×19 类钢丝绳**

8×19S-FC 8×19S-IWRC

典型结构图

钢丝绳结构	股结构	外层钢丝数 总数	外层钢丝数 每股	钢丝绳直径范围 /mm
8×17S	1-8-8	64	8	8~36
8×19S	1-9-9	72	9	8~52
8×21F	1-5-5F-10	80	10	8~52
8×26WS	1-5-5+5-10	80	10	12~52
8×19W	1-6-6+6	96	12	12~52
8×25F	1-6-6F-12	96	12	12~60

钢丝绳公称直径 /mm	参考质量/ $kg\cdot10^{-2}m^{-1}$		钢丝绳级 / 钢丝绳最小破断拉力/kN							
			1570		1770		1960		2160	
	纤维芯	钢芯	纤维芯	钢芯	纤维芯	钢芯	纤维芯	钢芯	纤维芯	钢芯
8	22.8	27.8	29.4	34.8	33.2	39.2	36.8	43.4	40.5	47.8
9	28.9	35.2	37.3	44.0	42.0	49.6	46.5	54.9	51.3	60.5
10	35.7	43.5	46.0	54.3	51.9	61.2	57.4	67.8	63.3	74.7
11	43.2	52.6	55.7	65.7	62.8	74.1	69.5	82.1	76.6	90.4
12	51.4	62.6	66.2	78.2	74.7	88.2	82.7	97.7	91.1	108
13	60.3	73.5	77.7	91.8	87.6	103	97.1	115	107	126
14	70.0	85.3	90.2	106	102	120	113	133	124	146
16	91.4	111	118	139	133	157	147	174	162	191
18	116	141	149	176	168	198	186	220	205	242
20	143	174	184	217	207	245	230	271	253	299
22	173	211	223	263	251	296	278	328	306	362
24	206	251	265	313	299	353	331	391	365	430
26	241	294	311	367	351	414	388	458	428	505
28	280	341	361	426	407	480	450	532	496	586
32	366	445	471	556	531	627	588	694	648	765
36	463	564	596	704	672	794	744	879	820	969
40	571	696	736	869	830	980	919	1090	1010	1200
44	691	842	891	1050	1000	1190	1110	1310	1230	1450
48	823	1000	1060	1250	1190	1410	1320	1560	1460	1720
52	965	1180	1240	1470	1400	1660	1550	1830	1710	2020
56	1120	1360	1440	1700	1630	1920	1800	2130	1980	2340
60	1290	1570	1660	1960	1870	2200	2070	2440	2280	2690

注：钢丝最小破断拉力总和=钢丝绳最小破断拉力×1.214（纤维芯）或1.360（钢芯）。

表 8-1-59 **8×36 类钢丝绳**

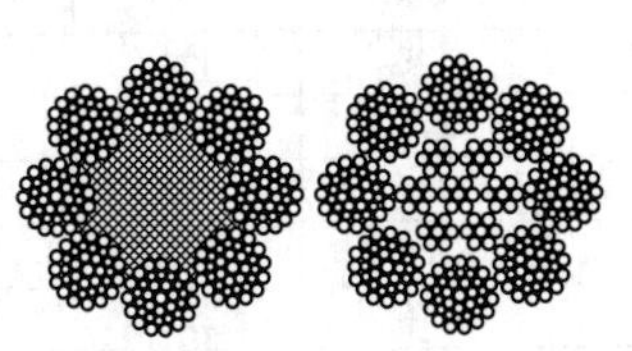

8×36WS-FC 8×36WS-IWRC

典型结构图

钢丝绳结构	股结构	外层钢丝数 总数	外层钢丝数 每股	钢丝绳直径范围 /mm
8×31WS	1-6-6+6-12	72	12	10~60
8×29F	1-7-7F-14	84	14	10~60
8×36WS	1-7-7+7-14	84	14	12~60
8×37FS	1-6-6F-12-12	72	12	12~60
8×41WS	1-8-8+8-16	96	16	34~60
8×46WS	1-9-9+9-18	108	18	40~60
8×49SWS	1-8-8-8+8-16	96	16	42~60
8×55SWS	1-9-9-9+9-18	108	18	44~60

续表

钢丝绳公称直径/mm	参考质量/kg·10^{-2}m^{-1}		钢丝绳级							
			1570		1770		1960		2160	
			钢丝绳最小破断拉力/kN							
	纤维芯	钢芯	纤维芯	钢芯	纤维芯	钢芯	纤维芯	钢芯	纤维芯	钢芯
12	51.4	62.6	66.2	78.2	74.7	88.2	82.7	97.7	91.1	108
13	60.3	73.5	77.7	91.8	87.6	103	97.1	115	107	126
14	70.0	85.3	90.2	106	102	120	113	133	124	146
16	91.4	111	118	139	133	157	147	174	162	191
18	116	141	149	176	168	198	186	220	205	242
20	143	174	184	217	207	245	230	271	253	299
22	173	211	223	263	251	296	278	328	306	362
24	206	251	265	313	299	353	331	391	365	430
26	241	294	311	367	351	414	388	458	428	505
28	280	341	361	426	407	480	450	532	496	586
32	366	445	471	556	531	627	588	694	648	765
36	463	564	596	704	672	794	744	879	820	969
40	571	696	736	869	830	980	919	1090	1010	1200
44	691	842	891	1050	1000	1190	1110	1310	1230	1450
48	823	1000	1060	1250	1190	1410	1320	1560	1460	1720
52	965	1180	1240	1470	1400	1660	1550	1830	1710	2020
56	1120	1360	1440	1700	1630	1920	1800	2130	1980	2340
60	1290	1570	1660	1960	1870	2200	2070	2440	2280	2690

注：钢丝最小破断拉力总和=钢丝绳最小破断拉力×1.226（纤维芯）或1.374（钢芯）。

表 8-1-60　　8×19M 和 8×37M 类钢丝绳

8×37M－FC　8×37M－IWRC

典型结构图

典型结构				钢丝绳直径范围/mm
钢丝绳结构	股结构	外层钢丝数		
		总数	每股	
8×19M 8×37M	1-6/12 1-6/12/18	96 144	12 18	10～52 16～60

钢丝绳公称直径/mm	参考质量/kg·10^{-2}m^{-1}		钢丝绳级					
			1570		1770		1960	
			钢丝绳最小破断拉力/kN					
	纤维芯	钢芯	纤维芯	钢芯	纤维芯	钢芯	纤维芯	钢芯
10	35.6	42.0	41.0	48.7	46.2	54.9	51.2	60.8
11	43.1	50.8	49.6	58.9	55.9	66.4	61.9	73.5
12	51.3	60.5	59.0	70.1	66.5	79.0	73.7	87.5
13	60.2	71.0	69.3	82.3	78.1	92.7	86.5	103
14	69.8	82.3	80.3	95.4	90.5	108	100	119
16	91.1	108	105	125	118	140	131	156
18	115	136	133	158	150	178	166	197
20	142	168	164	195	185	219	205	243
22	172	203	198	236	224	266	248	294
24	205	242	236	280	266	316	295	350
26	241	284	277	329	312	371	346	411
28	279	329	321	382	362	430	401	476
32	365	430	420	498	473	562	524	622
36	461	544	531	631	599	711	663	787

续表

钢丝绳公称直径/mm	参考质量/kg·$10^{-2}m^{-1}$		钢丝绳级					
			1570		1770		1960	
			钢丝绳最小破断拉力/kN					
	纤维芯	钢芯	纤维芯	钢芯	纤维芯	钢芯	纤维芯	钢芯
40	570	672	656	779	739	878	818	972
44	689	813	793	942	894	1060	990	1180
48	820	968	944	1120	1060	1260	1180	1400
52	963	1140	1110	1320	1250	1480	1380	1640
56	1120	1320	1280	1530	1450	1720	1600	1900
60	1280	1510	1470	1750	1660	1970	1840	2190

注：钢丝最小破断拉力总和=钢丝绳最小破断拉力×1.360（纤维芯）或1.390（钢芯）。

表 8-1-61　23×7 类钢丝绳

典型结构图	典型结构				钢丝绳直径范围/mm
	钢丝绳结构	股结构	外层钢丝数		
			总数	每股	
15×7-IWRC　16×7-IWRC 典型结构图	15×7 16×7	1-6 1-6	90 96	6 6	14~52 18~56

钢丝绳公称直径/mm	参考质量/kg·$10^{-2}m^{-1}$	钢丝绳级			
		1570	1770	1960	2160
		钢丝绳最小破断拉力/kN			
14 16 18 20 22 24 26 28 32 36 40 44 48 52 56	92	111	125	138	152
	120	145	163	181	199
	152	183	206	229	252
	188	226	255	282	311
	227	274	308	342	376
	271	326	367	406	448
	318	382	431	477	526
	368	443	500	553	610
	423	509	573	635	700
	481	579	652	723	796
	609	732	826	914	1010
	752	904	1020	1130	1240
	910	1090	1230	1370	—
	1080	1300	1470	1630	—
	1270	1530	1720	1910	—
	1470	1770	2000	2210	—

注：钢丝最小破断拉力总和=最小破断拉力×1.316。

表 8-1-62　18×7 类和 18×19 类钢丝绳

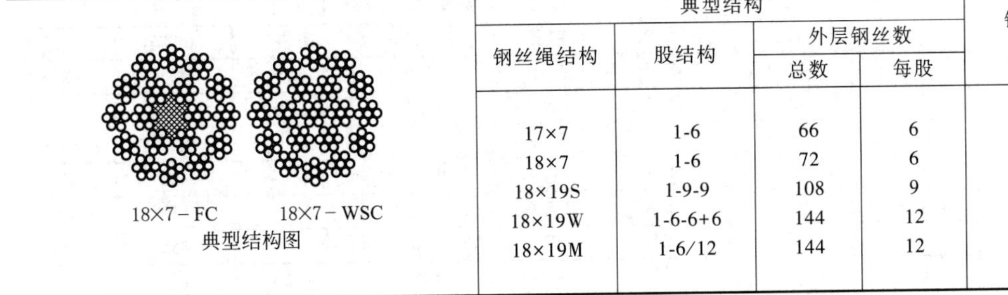

典型结构图	典型结构				钢丝绳直径范围/mm
	钢丝绳结构	股结构	外层钢丝数		
			总数	每股	
18×7-FC　18×7-WSC 典型结构图	17×7 18×7 18×19S 18×19W 18×19M	1-6 1-6 1-9-9 1-6-6+6 1-6/12	66 72 108 144 144	6 6 9 12 12	6~52 6~60 14~60 14~60 14~60

续表

钢丝绳公称直径/mm	参考质量/kg·$10^{-2}m^{-1}$		钢丝绳级							
			1570		1770		1960		2160	
			钢丝绳最小破断拉力/kN							
	纤维芯	钢芯	纤维芯	钢芯	纤维芯	钢芯	纤维芯	钢芯	纤维芯	钢芯
6	14.0	15.5	17.5	18.5	19.8	20.9	21.9	23.1	24.1	25.5
7	19.1	21.1	23.8	25.2	26.9	28.4	29.8	31.5	32.8	34.7
8	25.0	27.5	31.1	33.0	35.1	37.2	38.9	41.1	42.9	45.3
9	31.6	34.8	39.4	41.7	44.4	47.0	49.2	52.1	54.2	57.4
10	39.0	43.0	48.7	51.5	54.9	58.1	60.8	64.3	67.0	70.8
11	47.2	52.0	58.9	62.3	66.4	70.2	73.5	77.8	81.0	85.7
12	56.2	61.9	70.1	74.2	79.0	83.6	87.5	92.6	96.4	102
13	65.9	72.7	82.3	87.0	92.7	98.1	103	109	113	120
14	76.4	84.3	95.4	101	108	114	119	126	131	139
16	100	110	125	132	140	149	156	165	171	181
18	126	139	158	167	178	188	197	208	217	230
20	156	172	195	206	219	232	243	257	268	283
22	189	208	236	249	266	281	294	311	324	343
24	225	248	280	297	316	334	350	370	386	408
26	264	291	329	348	371	392	411	435	453	479
28	306	337	382	404	430	455	476	504	525	555
30	351	387	438	463	494	523	547	579	603	638
32	399	440	498	527	562	594	622	658	686	725
36	505	557	631	667	711	752	787	833	868	918
40	624	688	779	824	878	929	972	1030	1070	1130
44	755	832	942	997	1060	1120	1180	1240	1300	1370
48	899	991	1120	1190	1260	1340	1400	1480	1540	1630
52	1050	1160	1320	1390	1480	1570	1640	1740	1810	1920
56	1220	1350	1530	1610	1720	1820	1910	2020	2100	2220
60	1400	1550	1750	1850	1980	2090	2190	2310	2410	2550

注：钢丝最小破断拉力总和=最小破断拉力×1.283。

表 8-1-63　　34（M）×7 类钢丝绳

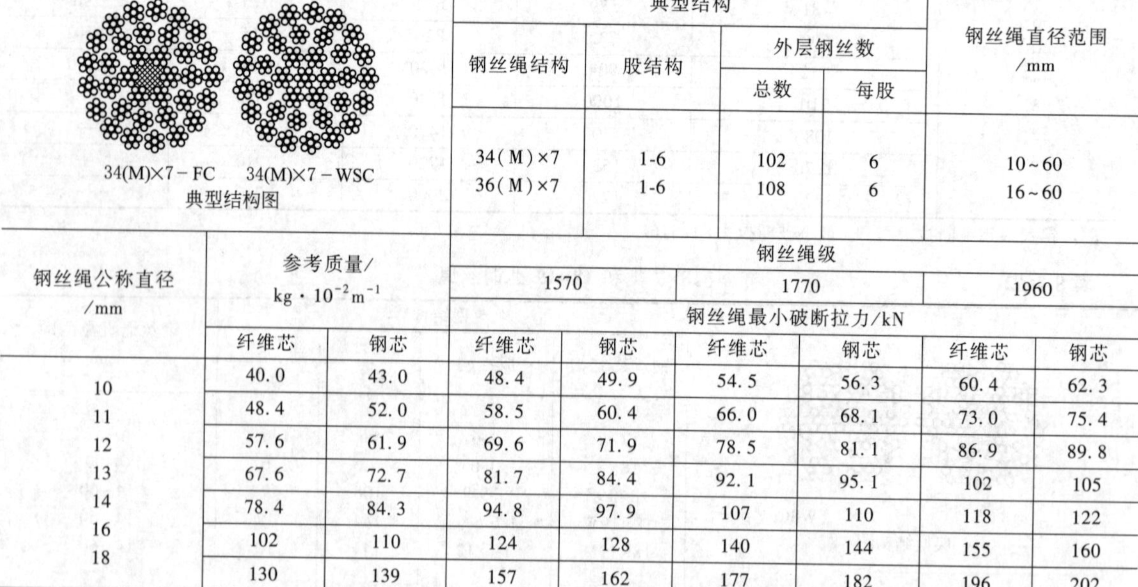

典型结构图	典型结构				钢丝绳直径范围/mm
	钢丝绳结构	股结构	外层钢丝数		
			总数	每股	
34(M)×7－FC　34(M)×7－WSC	34(M)×7 36(M)×7	1-6 1-6	102 108	6 6	10~60 16~60

钢丝绳公称直径/mm	参考质量/kg·$10^{-2}m^{-1}$		钢丝绳级					
			1570		1770		1960	
			钢丝绳最小破断拉力/kN					
	纤维芯	钢芯	纤维芯	钢芯	纤维芯	钢芯	纤维芯	钢芯
10	40.0	43.0	48.4	49.9	54.5	56.3	60.4	62.3
11	48.4	52.0	58.5	60.4	66.0	68.1	73.0	75.4
12	57.6	61.9	69.6	71.9	78.5	81.1	86.9	89.8
13	67.6	72.7	81.7	84.4	92.1	95.1	102	105
14	78.4	84.3	94.8	97.9	107	110	118	122
16	102	110	124	128	140	144	155	160
18	130	139	157	162	177	182	196	202

续表

钢丝绳公称直径/mm	参考质量/kg·$10^{-2}m^{-1}$		钢丝绳级					
			1570		1770		1960	
			钢丝绳最小破断拉力/kN					
	纤维芯	钢芯	纤维芯	钢芯	纤维芯	钢芯	纤维芯	钢芯
	160	172	193	200	218	225	241	249
20	194	208	234	242	264	272	292	302
22	230	248	279	288	314	324	348	359
24	270	291	327	337	369	380	408	421
26	314	337	379	391	427	441	473	489
28	360	387	435	449	491	507	543	561
32	410	440	495	511	558	576	618	638
36	518	557	627	647	707	729	782	808
40	640	688	774	799	872	901	966	997
44	774	832	936	967	1060	1090	1170	1210
48	922	991	1110	1150	1260	1300	1390	1440
52	1080	1160	1310	1350	1470	1520	1630	1690
56	1250	1350	1520	1570	1710	1770	1890	1950
60	1440	1550	1740	1800	1960	2030	2170	2240

注：钢丝最小破断拉力总和=最小破断拉力×1.334。

表 8-1-64　35（W）×7 和 35（W）×19 类钢丝绳

35(W)×7
典型结构图

典型结构		外层钢丝数		钢丝绳直径范围/mm
钢丝绳结构	股结构	总数	每股	
35(W)×7	1-6	96	6	10~56
40(W)×7	1-6	108	6	28~60
35(W)×19S	1-9-9	144	9	36~60
35(W)×19W	1-6-6/6	192	12	36~60

钢丝绳公称直径/mm	参考质量/kg·$10^{-2}m^{-1}$	钢丝绳级			
		1570	1770	1960	2160
		钢丝绳最小破断拉力/kN			
10	46.0	56.5	63.7	70.6	75.6
11	55.7	68.4	77.1	85.4	91.5
12	66.2	81.4	91.8	102	109
13	77.7	95.5	108	119	128
14	90.2	111	125	138	148
16	118	145	163	181	194
18	149	183	206	229	245
20	184	226	255	282	302
22	223	274	308	342	366
24	265	326	367	406	435
26	311	382	431	477	511
28	361	443	500	553	593
30	414	509	573	635	680
32	471	579	652	723	774
36	596	732	826	914	980
40	736	904	1020	1130	1210
44	891	1090	1230	1370	1460
48	1060	1300	1470	1630	1740
52	1240	1530	1720	1910	2040
56	1440	1770	2000	2210	2370
60	1660	2030	2290	2540	2720

注：钢丝最小破断拉力总和=最小破断拉力×1.287。

第8篇

表 8-1-65　　4×19 和 4×36 类钢丝绳

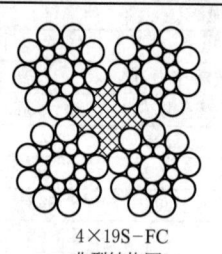

4×19S-FC
典型结构图

典型结构				钢丝绳直径范围/mm
钢丝绳结构	股结构	外层钢丝数		
		总数	每股	
4×19S	1-9-9	36	9	8~26
4×25F	1-6-6F-12	48	12	8~32
4×26WS	1-5-5+5-10	40	10	8~32
4×31WS	1-6-6+6-12	48	12	8~32
4×36WS	1-7-7+7F-14	56	14	10~36

钢丝绳公称直径/mm	参考质量/kg·$10^{-2}m^{-1}$	钢丝绳级		
		1570	1770	1960
		钢丝绳最小破断拉力/kN		
8	26.2	36.2	40.8	45.2
9	33.2	45.8	51.6	57.2
10	41.0	56.5	63.7	70.6
11	49.6	68.4	77.1	85.4
12	59.0	81.4	91.8	102
13	69.3	95.5	108	119
14	80.4	111	125	138
16	105	145	163	181
18	133	183	206	229
20	164	226	255	282
22	198	274	308	342
24	236	326	367	406
26	277	382	431	477
28	321	443	500	553
30	369	509	573	635
32	420	579	652	723
36	531	732	826	914

注：钢丝最小破断拉力总和=最小破断拉力×1.191。

表 8-1-66　　4×V39 类钢丝绳

4×V39FC-FC
典型结构图

典型结构				钢丝绳直径范围/mm
钢丝绳结构	股结构	外层钢丝数		
		总数	每股	
4×V39FC	FC-9/15-15	60	15	10~44
4×V48SFC	FC-12/8-18	72	18	16~48

钢丝绳公称直径/mm	参考质量/kg·$10^{-2}m^{-1}$	钢丝绳级		
		1570	1770	1960
		钢丝绳最小破断拉力/kN		
10	41.0	56.5	63.7	70.6
11	49.6	68.4	77.1	85.4
12	59.0	81.4	91.8	102
13	69.3	95.5	108	119
14	80.4	111	125	138
16	105	145	163	181
18	133	183	206	229

续表

钢丝绳公称直径/mm	参考质量/kg·$10^{-2}m^{-1}$	钢丝绳级		
		1570	1770	1960
		钢丝绳最小破断拉力/kN		
20	164	226	255	282
22	198	274	308	342
24	236	326	367	406
26	277	382	431	477
28	321	443	500	553
30	369	509	573	635
32	420	579	652	723
36	531	732	826	914
40	656	904	1020	1130
44	794	1090	1230	1370
48	945	1300	1470	1630

注：钢丝最小破断拉力总和=最小破断拉力×1.191。

表 8-1-67　　1×7 单股钢丝绳

钢丝绳公称直径/mm	参考质量/kg·$10^{-2}m^{-1}$	公称金属横截面积/mm^2	钢丝绳级		
			1570	1770	1960
			钢丝绳最小破断拉力/kN		
0.6	0.19	0.22	0.31	0.34	0.38
1.2	0.75	0.86	1.22	1.38	1.52
1.5	1.17	1.35	1.91	2.15	2.38
1.8	1.69	1.94	2.75	3.10	3.43
2	2.09	2.40	3.39	3.82	4.23
3	4.70	5.40	7.63	8.60	9.53
4	8.35	9.60	13.6	15.3	16.9
5	13.1	15.0	21.2	23.9	26.5
6	18.8	21.6	30.5	34.4	38.1
7	25.6	29.4	41.5	46.8	51.9
8	33.4	38.4	54.3	61.2	67.7
9	42.3	48.6	68.7	77.4	85.7
10	52.2	60.0	84.8	95.6	106
11	63.2	72.6	103	116	128
12	75.2	86.4	122	138	152

注：钢丝最小破断拉力总和=最小破断拉力×1.111。

表 8-1-68　　1×19 单股钢丝绳

钢丝绳公称直径/mm	参考质量/kg·$10^{-2}m^{-1}$	公称金属横截面积/mm^2	钢丝绳级		
			1570	1770	1960
			钢丝绳最小破断拉力/kN		
1	0.51	0.59	0.83	0.94	1.04
2	2.03	2.35	3.33	3.75	4.16
3	4.56	5.29	7.49	8.44	9.35
4	8.11	9.41	13.3	15.0	16.6
5	12.7	14.7	20.8	23.5	26.0
6	18.3	21.2	30.0	33.8	37.4
7	24.8	28.8	40.8	46.0	50.9
8	32.4	37.6	53.3	60.0	66.5
9	41.1	47.6	67.4	76.0	84.1
10	50.7	58.8	83.2	93.8	104
11	61.3	71.1	101	114	126

续表

钢丝绳公称直径/mm	参考质量/kg·$10^{-2}m^{-1}$	公称金属横截面积/mm^2	钢丝绳级		
			1570	1770	1960
			钢丝绳最小破断拉力/kN		
12	73.0	84.7	120	135	150
13	85.7	99.4	141	159	176
14	99.4	115	163	184	204
15	114	132	187	211	234
16	130	151	213	240	266
18	164	191	270	304	337
20	203	236	333	375	416

注：钢丝最小破断拉力总和=最小破断拉力×1.111。

表 8-1-69　　1×37 单股钢丝绳

钢丝绳公称直径/mm	参考质量//kg·$10^{-2}m^{-1}$	公称金属横截面积mm^2	钢丝绳级		
			1570	1770	1960
			钢丝绳最小破断拉力/kN		
1.4	0.98	1.14	1.51	1.70	1.97
2.1	2.21	2.56	3.39	3.82	4.43
3	4.51	5.23	7.23	8.16	9.03
4	8.02	9.31	12.9	14.5	16.1
5	12.5	14.5	20.1	22.7	25.1
6	18.0	20.9	28.9	32.6	36.1
7	24.5	28.5	39.4	44.4	49.2
8	32.1	37.2	51.4	58.0	64.2
9	40.6	47.1	65.1	73.4	81.3
10	50.1	58.2	80.4	90.6	100
11	60.6	70.4	97.3	110	121
12	72.1	83.8	116	130	145
13	84.7	98.3	136	153	170
14	98.2	114	158	178	197
15	113	131	181	204	226
16	128	149	206	232	257
18	162	188	260	294	325
20	200	233	322	362	401
22	242	282	389	439	484
24	289	335	463	522	576
26	339	393	543	613	676
28	393	456	630	710	784

注：钢丝最小破断拉力总和=最小破断拉力×1.136。

表 8-1-70　　1×61 单股钢丝绳

钢丝绳公称直径/mm	参考质量/kg·$10^{-2}m^{-1}$	公称金属横截面积/mm^2	钢丝绳级		
			1570	1770	1960
			钢丝绳最小破断拉力/kN		
16	125	154	205	231	256
17	141	173	231	261	289
18	158	194	259	292	324
19	176	217	289	326	361
20	195	240	320	361	400
22	236	290	388	437	484
24	281	345	461	520	576
26	329	405	541	610	676
29	382	470	673	759	841

续表

钢丝绳公称直径/mm	参考质量/kg·$10^{-2}m^{-1}$	公称金属横截面积/mm^2	钢丝绳级		
			1570	1770	1960
			钢丝绳最小破断拉力/kN		
30	438	540	721	812	900
32	499	614	820	924	1020
34	563	693	926	1040	1160
36	631	777	1040	1170	1290

注：钢丝最小破断拉力总和=最小破断拉力×1.176。

3.1.6 重要用途钢丝绳主要用途推荐表（摘自 GB/T 8918—2006）

表 8-1-71 钢丝绳主要用途推荐表

用途	名称	结构	备注
立井提升	三角股钢丝绳	6V×37S 6V×37 6V×34 6V×30 6V×43 6V×21	
	线接触钢丝绳	6×19S 6×19W 6×25Fi 6×29Fi 6×26WS 6×31WS 6×36WS 6×41WS	推荐同向捻
	多层股钢丝绳	18×7 17×7 35W×7 24W×7	用于钢丝绳罐道的立井
		6Q×19+6V×21 6Q×33+6V×21	
开凿立井提升（建井用）	多层股钢丝绳及异形股钢丝绳	6Q×33+6V×21 17×7 18×7 34×7 36×7 6Q×19+6V×21 4V×39S 4V×48S 35W×7 24W×7	
立井平衡绳	钢丝绳	6×37S 6×36WS 4V×39S 4V×48S	仅适用于交互捻
	多层股钢丝绳	17×7 18×7 34×7 36×7 35W×7 24W×7	仅适用于交互捻
斜井提升(绞车)	三角股钢丝绳	6V×18 6V×19	
	钢丝绳	6×7 6×9W	推荐同向捻
高炉卷扬	三角股钢丝绳	6V×37S 6V×37 6V×30 6V×34 6V×43	
	线接触钢丝绳	6×19S 6×25Fi 6×29Fi 6×26WS 6×31WS 6×36WS 6×41WS	
立井罐道及索道	三角股钢丝绳	6V×18 6V×19	
	多层股钢丝绳	18×7 17×7	推荐同向捻
露天斜坡卷扬	三角股钢丝绳	6V×37S 6V×37 6V×30 6V×34 6V×43	
	线接触钢丝绳	6×36WS 6×37S 6×41WS 6×49SWS 6×55SWS	推荐同向捻
石油钻井	线接触钢丝绳	6×19S 6×19W 6×25Fi 6×29Fi 6×26WS 6×31WS 6×41WS	也可采用钢芯
钢绳牵引胶带运输机、索道及地面缆车	线接触钢丝绳	6×19S 6×19W 6×25Fi 6×29Fi 6×26WS 6×31WS 6×36WS 6×41WS	推荐同向捻 6×19W 不适合索道
挖掘机（电铲卷扬）	线接触钢丝绳	6×19S+IWR 6×19W+IWR 6×25Fi+IWR 6×29Fi+IWR 6×26WS+IWR 6×31WS+IWR 6×36WS+IWR 6×49SWS+IWR 6×55SWS+IWR 35W×7 24W×7	推荐同向捻
	三角股钢丝绳	6V×37S 6V×37 6V×30 6V×34 6V×43	
起重机 大型浇铸吊车	线接触钢丝绳	6×19S+IWR 6×19W+IWR 6×25Fi+IWR 6×36WS+IWR 6×41WS+IWR	
起重机 港口装卸、水利工程及建筑用塔式起重机	多层股钢丝绳	18×19S 18×19W 34×7 36×7 35W×7 24W×7	
	四股扇形股钢丝绳	4V×39S 4V×48S	
起重机 繁忙起重及其他重要用途	线接触钢丝绳	6×19S 6×19W 6×25Fi 6×29Fi 6×26WS 6×31WS 6×36WS 6×37S 6×41WS 6×49SWS 6×55SWS 8×19S 8×19W 8×25Fi 8×26WS 8×31WS 8×36WS 8×41WS 8×49SWS 8×55SWS	
	四股扇形股钢丝绳	4V×39S 4V×48S	

续表

用途	名称	结构	备注
热移钢机(轧钢厂推钢台)	线接触钢丝绳	6×19S+IWR　6×19W+IWR　6×25Fi+IWR 6×29Fi+IWR 6×31WS+IWR　6×37S+IWR 6×36WS+IWR	
船舶装卸	线接触钢丝绳	6×19W　6×25Fi　6×29Fi　6×31WS 6×36WS　6×37S	镀锌
	多层股钢丝绳	18×19S　18×19W　34×7　36×7　35W×7　24W×7	
	四股扇形股钢丝绳	4V×39S　4V×48S	
拖船、货网	钢丝绳	6×31WS　6×36WS　6×37S	镀锌
船舶张拉桅杆吊桥	钢丝绳	6×7+IWS　6×19S+IWR	镀锌
打捞沉船	钢丝绳	6×31WS　6×36WS　6×37S　6×41WS　6×49SWS 6×55SWS　8×19S　8×19W　8×31WS　8×36WS 8×41WS　8×49SWS　8×55SWS	镀锌

注：1. 腐蚀是主要报废原因时，应采用镀锌钢丝绳。

2. 钢丝绳工作时，终端不能自由旋转，或虽有反拨力，但不能相互纠合在一起的工作场合，应采用同向捻钢丝绳。

3. 新标准钢丝绳结构与芯结构的代号之间由原先的“+”改为“-”，钢丝股芯代号由原先的“IWS”改为“WSC”，独立钢丝绳芯代号由原先的“IWR”改为“IWRC”。

3.1.7　密封钢丝绳（摘自 YB/T 5295—2010）

主要用途：适用于客运索道承载索、货运索道承载索、缆索起重机承载索、挖掘机绷绳、吊桥主索、矿井罐道等场合使用的密封钢丝绳。

分类：按用途分为客运索道用密封钢丝绳（客运索道承载索、货运索道承载索、缆索起重机主索、吊桥主索）和其他用途密封钢丝绳（包括矿井罐道、挖掘机绷绳等）。密封钢丝绳按结构分为半密封和一至五层全密封六种，绳芯结构可采用点接触、点线接触、线接触、压实股结构形式。如果需方没有明确要求密封钢丝绳结构时，结构由供方确定。密封钢丝绳按钢丝表面状态分光面（U）和镀锌（Zn）两种。密封钢丝绳捻向按最外层钢丝捻向确定，分为左捻（S）和右捻（Z）两种。如需方无要求，按右捻供货。

标记示例：

密封钢丝绳的标记由中心向外层标记，其格式如下：

公称直径-表面状态-WSC-n_1Z+n_2Z+n_3Z+n_4Z+n_5Z-抗拉强度-捻向-标准号

其中，n_1，n_2，n_3，n_4，n_5 为相应层别 Z 形钢丝的根数（根数由供方确定）。

① 公称直径为 20mm，由一层 Z 形钢丝和线接触（1×25Fi）绳芯构成，抗拉强度级别为 1470MPa 的右捻镀锌密封钢丝绳标记为：

密封钢丝绳 20Zn-WSC(1×25Fi)+18Z-1470Z　YB/T 5295—2010

② 公称直径为 60mm，由三层 Z 形钢丝和点接触（1×37）绳芯构成，抗拉强度级别为 1370MPa 的左捻光面密封钢丝绳标记为：

密封钢丝绳　60U-WSC(1×37)+22Z+26Z+33Z-1370S　YB/T 5295—2010

表 8-1-72　　客运索道用密封钢丝绳结构及破断力

类别	钢丝绳公称直径/mm	参考质量/kg·10^2m^{-1}	钢丝绳公称抗拉强度/MPa				
			1370	1470	1570	1670	1770
			最小钢丝破断拉力总和/kN				
WSC+n_1Z 一层Z形	22	278	463	497	531	564	605
	24	331	511	598	639	679	720
	26	388	647	694	741	788	835
	28	451	751	806	860	915	970
	30	518	862	925	988	1050	1113
	32	589	980	1051	1123	1194	1266
	34	664	1107	1188	1259	1349	1430
	36	745	1240	1330	1421	1511	1602

续表

类别	钢丝绳公称直径/mm	参考质量/kg·10^2m^{-1}	钢丝绳公称抗拉强度/MPa				
			1370	1470	1570	1670	1770
			最小钢丝破断拉力总和/kN				
WSC+n_1Z+n_2Z 二层Z形	28	470	767	823	879	935	991
	30	538	881	945	1010	1074	1138
	32	609	1001	1075	1148	1221	1294
	34	692	1132	1214	1297	1397	1462
	36	782	1269	1361	1454	1546	1639
	38	871	1311	1517	1620	1723	1827
	40	958	1566	1680	1795	1909	2023
	42	1040	1726	1852	1978	2104	2230
	44	1140	1852	1987	2122	2258	2393
	46	1259	2070	2221	2372	2523	2674
WSC+n_1Z+n_2Z+n_3Z 三层Z形	46	1240	2082	2234	2386	2538	2690
	48	1360	2267	2433	2598	2764	2929
	50	1460	2461	2640	2820	2999	3179
	52	1640	2661	2855	3049	3243	3437
	54	1750	2869	3078	3288	3497	3706
	56	1870	3087	3312	3547	3763	3988
	58	2002	3312	2554	3795	4037	4279
WSC+n_1Z+n_2Z+n_3Z+n_4Z 四层Z形	58	2010	3278	3518	3757	3996	4236
	60	2130	3507	3763	4019	4275	4531
	62	2270	3746	4019	4292	4566	4839
	64	2430	3991	4282	4573	4865	5156
	66	2570	4244	4554	4864	5174	5484
	68	2710	4505	4835	5164	5493	5822
	70	2860	4774	5123	5471	5820	6168
WSC+n_1Z+n_2Z+n_3Z+n_4Z+n_5Z 五层Z形	60	2148	3524	3781	4038	4295	4552
	62	2284	3762	4037	4311	4586	4860
	64	2435	4009	4301	4594	4886	5179
	66	2589	4263	4575	4886	5197	5508
	68	2745	4525	4855	5186	5516	5846
	70	2889	4795	5145	5495	5845	6195

注：密封钢丝绳的最小破断拉力=最小钢丝破断拉力总和×0.86。

第8篇

表 8-1-73　　　　　　　　　　其他用途密封钢丝绳结构及破断力

类　别	钢丝绳公称直径/mm	参考质量/kg·10^{-2}m^{-1}	钢丝绳公称抗拉强度/MPa			
			1270	1370	1470	1570
			最小钢丝破断拉力总和/kN			
WSC+n_1H-n_1Φ 一层圆形及X形	20	225	347	376	402	431
	22	271	420	450	486	516
	24	322	499	536	578	614
	26	367	586	612	679	702
	28	426	680	706	787	809
	30	476	781	792	851	908
	32	557	888	949	1028	1088
	34	623	1003	1020	1094	1169
	36	693	1124	1131	1211	1296
	38	771	1252	1272	1366	1457
	40	864	1388	1437	1541	1647
	42	936	1394	1502	1610	1721
	44	1030	1544	1665	1787	1908
	46	1110	1664	1789	1926	2050
	48	1231	1812	1944	2098	2244
	50	1324	1966	2123	2276	2433

注：密封绳最小破断拉力=最小钢丝破断拉力总和×0.88。

表 8-1-74　　　　　　　　　　其他用途密封钢丝绳结构及破断力

类　别	钢丝绳公称直径/mm	参考质量/kg·10^{-2}m^{-1}	钢丝绳公称抗拉强度/MPa				
			1180	1270	1370	1470	1570
			最小钢丝破断拉力总和/kN				
WSC+n_1Z 一层Z形	16	141	202	217	234	251	268
	18	178	255	274	296	318	339
	20	220	315	339	366	392	419
	22	266	381	410	443	475	507
	24	316	454	488	526	564	603
	26	371	532	573	618	663	708
	28	430	617	664	717	769	821
	30	494	709	763	823	883	944
	32	562	806	867	936	1004	1072
	34	634	910	979	1056	1133	1210
	36	712	1020	1099	1185	1272	1358
	38	793	1135	1222	1318	1414	1511
	40	878	1258	1354	1460	1567	1674
	42	968	1387	1493	1610	1728	1845
WSC+n_1Z+n_2Z 二层Z形	24	322	462	496	536	575	614
	26	378	542	583	629	675	721
	28	438	628	676	729	782	835
	30	503	721	776	837	898	959
	32	572	820	883	952	1022	1091
	34	646	926	997	1075	1154	1232
	36	724	1038	1118	1206	1294	1382
	38	807	1157	1246	1344	1442	1540
	40	894	1282	1379	1488	1596	1705
	42	985	1413	1521	1641	1761	1881
	44	1074	1542	1660	1790	1921	2052
	46	1178	1690	1819	1963	2107	2250
	48	1286	1840	1980	2136	2292	2448
	50	1395	1996	2149	2318	2487	2656
	52	1509	2159	2324	2507	2690	2873

续表

类别	钢丝绳公称直径/mm	参考质量/kg·10^{-2}m^{-1}	钢丝绳公称抗拉强度/MPa				
			1180	1270	1370	1470	1570
			最小钢丝破断拉力总和/kN				
WSC+n_1Z+n_2Z+n_3Z 三层Z形	48	1310	1878	2022	2180	2340	2499
	50	1421	2038	2193	2366	2539	2711
	52	1538	2204	2372	2559	2746	2933
	54	1657	2377	2558	2759	2961	3162
	56	1782	2566	2751	2967	3184	3401
	58	1912	2742	2951	3184	3416	3649
	60	2046	2935	3158	3407	3656	3905
	62	2184	3133	3372	3637	3903	4168
	64	2328	3339	3594	3877	4160	4443
	66	2474	3550	3821	4122	4423	4724
	68	2626	3769	4056	4375	4695	5014
	70	2783	3994	4298	4637	4975	5314
WSC+n_1Z+n_2Z+n_3Z+n_4Z 四层Z形	56	1803	2574	2751	2968	3185	3401
	58	1934	2761	2951	3184	3416	3648
	60	2069	2954	3158	3407	3656	3904
	62	2210	3155	3372	3638	3903	4169
	64	2354	3361	3593	3876	4159	4442
	66	2504	3575	3822	4123	4423	4724
	68	2658	3795	4057	4376	4696	5015
	70	2817	4021	4299	4637	4976	5314
	72	2981	4225	4547	4905	5263	5622
	74	3149	4463	4803	5182	5560	5938
	76	3321	4708	5067	5466	5868	6263
	78	3498	4959	5337	5757	6177	6597
	80	3680	5216	5614	6056	6498	6940
WSC+n_1Z+n_2Z+n_3Z+n_4Z+n_5Z 五层Z形	60	2093	2968	3194	3446	3697	3949
	62	2235	3169	3411	3679	3948	4216
	64	2381	3377	3634	3920	4207	4493
	66	2532	3591	3865	4193	4474	4778
	68	2688	3812	4103	4426	4749	5072
	70	2849	4039	4348	4690	5032	5375
	72	2981	4273	4599	4962	5324	5686
	74	3149	4514	4858	5241	5624	6006
	76	3321	4761	5125	5528	5932	6335
	78	3498	5015	5398	5823	6248	6673
	80	3680	5276	5678	6125	6572	7020

注：密封钢丝绳的最小破断拉力=最小钢丝破断拉力总和×0.86。

3.1.8 不锈钢丝绳（摘自 GB/T 9944—2015）

主要用途：适用于仪表和机械传动、拉索、吊索、减振器减振等使用场合。

钢丝绳按结构分类，其典型结构见表 8-1-75。

表 8-1-75 钢丝绳分类

类别	结构		公称直径/mm
	钢丝绳	股绳	
1×3	1×3	0-3	0.15~0.65
1×7	1×7	1-6	0.15~6.0
1×19	1×19	1-6-12	0.6~6.0

续表

类　别	结　构		公称直径/mm
	钢 丝 绳	股　绳	
3×7	3×7	1-6	0.7～1.2
6×7	6×7	1-6	0.45～8.0
6×19(a)	6×19S 6×19W 6×25Fi 6×26WS 6×31WS	1-9-9 1-6-6+6 1-6-6F-12 1-5-5+5-10 1-6-6+6-12	6.0～35.0
6×19(b)	6×19	1-6-12	1.5～30.0
8×19	8×19S 8×19W 8×25Fi 8×26WS 8×31WS	1-9-9 1-6-6+6 1-6-6F-12 1-5-5+5-10 1-6-6+6-12	8.0～35.0

钢丝绳的力学性能见表 8-1-76 和表 8-1-77。

表 8-1-76　　　　**钢丝绳力学性能 1**

结构	公称直径/mm	允许偏差/mm	最小破断拉力/kN		参考质量 /kg · $10^{-2}m^{-1}$
			12Cr18Ni9 06Cr19Ni10	06Cr17Ni12Mo2	
1×3	0.15 0.25 0.35 0.45	+0.03 0	0.022 0.056 0.113 0.185	—	0.012 0.029 0.055 0.089
	0.55 0.65	+0.06 0	0.284 0.393	—	0.135 0.186
1×7	0.15 0.25 0.30 0.35 0.40 0.45	+0.03 0	0.025 0.063 0.093 0.127 0.157 0.200	—	0.011 0.031 0.044 0.061 0.080 0.100
	0.50 0.60 0.70	+0.06 0	0.255 0.382 0.540	0.231 0.333 0.445	0.125 0.180 0.245
	0.80 0.90 1.0	+0.08 0	0.667 0.823 1.00	0.588 0.736 0.910	0.327 0.400 0.500
	1.2 1.5	+0.10 0	1.32 2.26	1.21 2.05	0.70 1.18
	2.0	+0.20 0	4.02	3.63	2.1
	2.5	+0.25 0	6.13	5.34	3.27
	3.0	+0.30 0	8.83	7.7	4.71
	3.5	+0.35 0	11.6	9.81	6.67
	4.0	+0.40 0	15.1	12.7	8.34

续表

结构	公称直径/mm	允许偏差/mm	最小破断拉力/kN		参考质量 /kg · $10^{-2}m^{-1}$
			12Cr18Ni9 06Cr19Ni10	06Cr17Ni12Mo2	
1×7	5.0	+0.50 0	22.8	19.2	13.1
	6.0	+0.60 0	33.0	27.8	18.9
1×19	0.60 0.70 0.80	+0.08 0	0.343 0.470 0.617	—	0.175 0.240 0.310
	0.90	+0.09 0	0.774	—	0.39
	1.0	+0.10 0	0.95	0.814	0.5
	1.2 1.5	+0.12 0	1.27 2.25	1.17 1.81	0.7 1.1
	2.0	+0.20 0	3.82	3.24	2.0
	2.5	+0.25 0	5.58	5.1	3.13
	3.0	+0.30 0	8.03	7.31	4.50
	3.5	+0.35 0	10.6	9.32	6.13
	4.0	+0.40 0	13.9	12.2	8.19
	5.0	+0.50 0	21.0	17.8	12.9
	6.0	+0.60 0	30.4	25.5	18.5
3×7	0.70 0.80	+0.08 0	0.323 0.488	—	0.182 0.238
	1.0 1.2	+0.12 0	0.686 0.931	—	0.375 0.540
6×7-WSC	0.45 0.50 0.60 0.70 0.80 0.90	+0.09 0	0.142 0.176 0.253 0.345 0.461 0.539	— — — — 0.384 0.485	0.08 0.12 0.15 0.20 0.26 0.32
	1.0 1.2 *	+0.15 0	0.637 1.200	0.599 0.915	0.40 0.65
	1.5 1.6 * 1.8 2.0	+0.20 0	1.67 2.15 2.25 2.94	1.47 1.63 1.94 2.55	0.93 1.20 1.35 1.65
	2.4 * 3.0 3.2	+0.30 0	4.10 6.37 7.15	3.45 5.39 6.14	2.40 3.70 4.20
	3.5 4.0 4.5	+0.40 0	7.64 9.51 12.10	6.81 8.90 11.30	5.10 6.50 8.30

续表

结构	公称直径/mm	允许偏差/mm	最小破断拉力/kN		参考质量 /kg · $10^{-2}m^{-1}$
			12Cr18Ni9 06Cr19Ni10	06Cr17Ni12Mo2	
6×7-WSC	5.0	+0.50 0	14.7	13.9	10.5
	6.0 8.0	+0.60 0	18.6 40.6	18.6 35.6	15.1 26.6
6×19-WSC	1.5 1.6	+0.20 0	1.63 1.85	1.37 1.56	0.93 1.12
	2.4 * 3.2 *	+0.30 0	4.10 7.85	3.52 6.08	2.60 4.30
	4.0 * 4.8 * 5.0 5.6 * 6.0 6.4 *	+0.40 0	10.7 16.5 17.4 22.3 23.5 28.5	9.51 13.69 14.90 18.60 20.80 23.70	6.70 9.70 10.50 12.80 14.90 16.40
	7.2 *	+0.50 0	34.7	29.9	20.8
	8.0 *	+0.56 0	40.1	36.1	25.8
	9.5 *	+0.66 0	53.4	47.9	36.2
6×19-IWRC	11.0	+0.76 0	72.5	64.3	53.0
	12.7	+0.84 0	101	85.7	68.2
	14.3	+0.91 0	127	109	87.8
	16.0	+0.99 0	156	135	106
	19.0	+1.14 0	221	192	157
	22.0	+1.22 0	295	249	213
	25.4	+1.27 0	380	321	278
	28.5	+1.37 0	474	413	357
	30.0	+1.50 0	499	448	396

注：表中带“*”的钢丝绳（12Cr18Ni9、06Cr19Ni10 材质）规格适用于飞机操纵用钢丝绳。

表 8-1-77　　钢丝绳力学性能 2

结构	公称直径/mm	允许偏差/mm	最小破断拉力/kN 12Cr18Ni9 06Cr19Ni10	参考质量 /kg · $10^{-2}m^{-1}$
6×19S 6×19W 6×25Fi 6×26WS 6×31WS	6.0 7.0	+0.42 0	23.9 32.6	15.4 20.7
	8.0 8.75 9.0 10.0	+0.56 0	42.6 54.0 54.0 63.0	27.0 32.4 34.2 42.2

续表

结构	公称直径/mm	允许偏差/mm	最小破断拉力/kN 12Cr18Ni9 06Cr19Ni10	参考质量 /kg·$10^{-2}m^{-1}$
6×19S 6×19W 6×25Fi 6×26WS 6×31WS	11.0 12.0	+0.66 0	76.2 85.6	53.1 60.8
	13.0 14.0 16.0	+0.82 0	106 123 161	71.4 82.8 108.0
	18.0 20.0	+1.10 0	192 237	137 168
	22.0 24.0	+1.20 0	304 342	216 241
	26.0 28.0	+1.40 0	401 466	282 327
	30.0 32.0	+1.60 0	503 572	376 428
	35.0	+1.75 0	687	512
8×19S 8×19W 8×25Fi 8×26WS 8×31WS	8.0 8.75 9.0 10.0	+0.56 0	42.6 54.0 54.0 61.2	28.3 33.9 35.8 44.2
	11.0 12.0	+0.66 0	74.0 83.3	53.5 63.7
	13.0 14.0 16.0	+0.82 0	103 120 156	74.8 86.7 113.0
	18.0 20.0	+1.10 0	187 231	143 176
	22.0 24.0	+1.20 0	296 332	219 252
	26.0 28.0	+1.40 0	390 453	296 343
	30.0 32.0	+1.60 0	489 556	392 445
	35.0	+1.75 0	651	533

注：1. 8.75mm 钢丝绳主要用于电气化铁路接触网滑轮补偿装置。
2. 公称直径≤8.0mm 为钢丝股芯，≥8.75mm 为钢丝绳绳芯。

不锈钢丝绳结构示意见图 8-1-3。

(a)1×3

(b)1×7

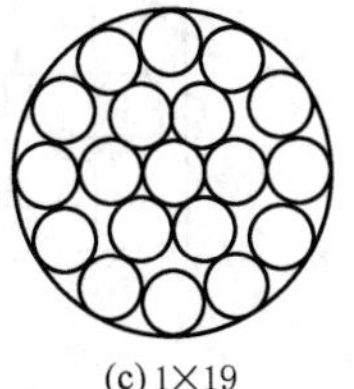
(c)1×19

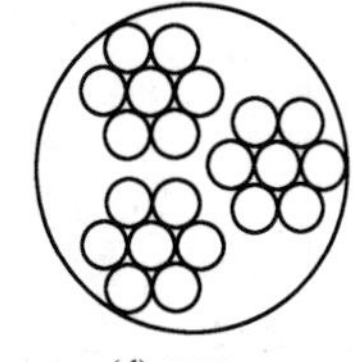
(d)3×7

图 8-1-3

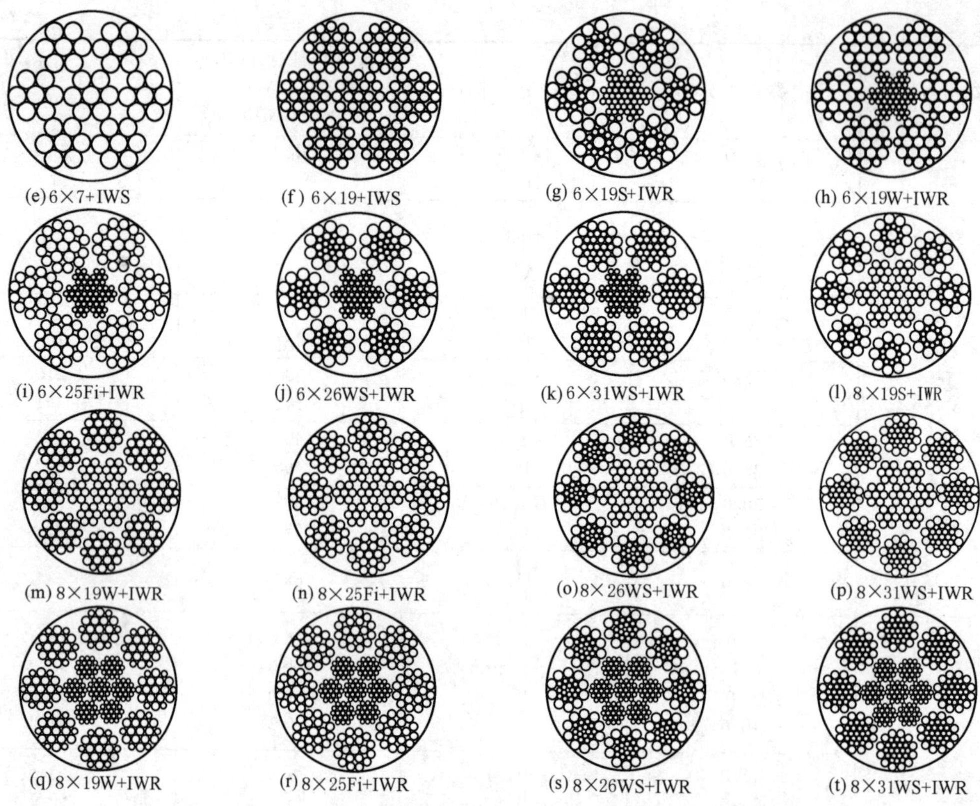

图 8-1-3 不锈钢丝绳结构示意

注：新标准钢丝绳结构与芯结构的代号之间由原先的“+”改为“-”，钢丝股芯代号由原先的“IWS”改为“WSC”，独立钢丝绳芯代号由原先的“IWR”改为“IWRC”。

3.2 绳具

3.2.1 钢丝绳夹（摘自 GB/T 5976—2006）

（1）主要用途

适用于起重机、矿山运输、船舶和建筑业等重型工况使用的 GB/T 8918—2006、GB/T 20118—2017 中圆股钢丝绳的绳端固定或连接的场合。

钢丝绳夹的规格尺寸见表 8-1-78。

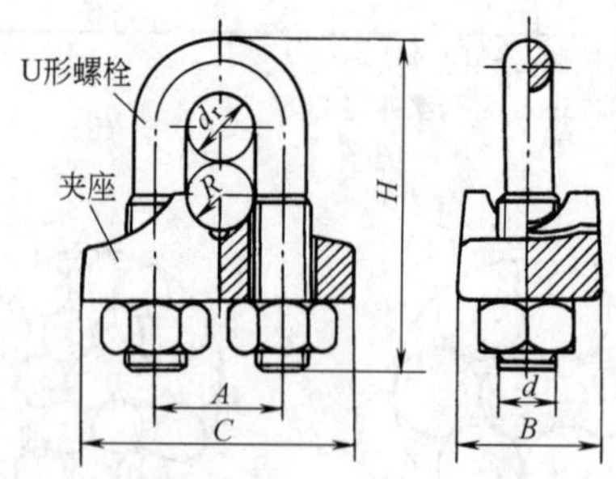

标记示例：

钢丝绳为右捻 6 股，规格为 20（钢丝绳公称直径 d_r>18～20mm），夹座材料为 KTH350-10 的钢丝绳夹，标记为：

绳夹 GB/T 5976-20KTH

钢丝绳为左捻 6 股时，标记为：

绳夹 GB/T 5976-20 左 KTH

表 8-1-78 钢丝绳夹规格尺寸

绳夹规格（钢丝绳公称直径）d_r/mm	尺寸/mm						螺母直径（GB/T 41—2016）d	单组质量/kg
	适用钢丝绳公称直径	A	B	C	R	H		
6	6	13.0	14	27	3.5	31	M6	0.034
8	>6~8	17.0	19	36	4.5	41	M8	0.073
10	>8~10	21.0	23	44	5.5	51	M10	0.140
12	>10~12	25.0	28	53	6.5	62	M12	0.243
14	>12~14	29.0	32	61	7.5	72	M14	0.372
16	>14~16	31.0	32	63	8.5	77	M14	0.402
18	>16~18	35.0	37	72	9.5	87	M16	0.601
20	>18~20	37.0	37	74	10.5	92	M16	0.624
22	>20~22	43.0	46	89	12.0	108	M20	1.122
24	>22~24	45.5	46	91	13.0	113	M20	1.205
26	>24~26	47.5	46	93	14.0	117	M20	1.244
28	>26~28	51.5	51	102	15.0	127	M22	1.605
32	>28~32	55.5	51	106	17.0	136	M22	1.727
36	>32~36	61.5	55	116	19.5	151	M24	2.286
40	>36~40	69.0	62	131	21.5	168	M27	3.133
44	>40~44	73.0	62	135	23.5	178	M27	3.470
48	>44~48	80.0	69	149	25.5	196	M30	4.701
52	>48~52	84.5	69	153	28.0	205	M30	4.897
56	>52~56	88.5	69	157	30.0	214	M30	5.075
60	>56~60	98.5	83	181	32.0	237	M36	7.921

注：1. 夹座和 U 形螺栓的材料应符合表 8-1-79 的规定。

2. 夹座的绳槽表面有右旋钢丝绳用和左旋钢丝绳用的区分。常用夹座绳槽表面以配合捻向为右旋 6 圆股钢丝绳为宜，如要求与其他结构的钢丝绳配合使用，订货时提出诸如钢丝绳股数、股型、捻向等特殊要求。

表 8-1-79 钢丝绳夹材料

零件名称		材料
夹座	锻造	GB/T 700—2006 规定的 Q235B
	铸造	GB/T 1348—2019 规定的 QT450-10
		GB/T 9440—2010 规定的 KTH350-10
		GB/T 11352—2009 规定的 ZG270-500
U 形螺栓		GB/T 700—2006 规定的 Q235B

注：1. 允许采用性能不低于表中的材料代用。

2. 当绳夹用于起重机上时，支座材料推荐采用 Q235-B 钢或 ZG270-500 制造。

（2）钢丝绳夹使用方法

1）钢丝绳夹的布置。钢丝绳夹应按图 8-1-4 所示把夹座扣在钢丝绳的工作段上，U 形螺栓扣在钢丝绳的尾

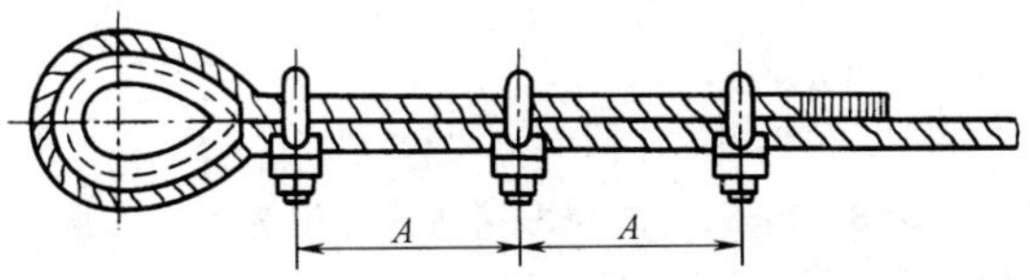

图 8-1-4 钢丝绳夹的布置示例

段上。钢丝绳夹不得在钢丝绳上交替布置。

2）钢丝绳夹的数量。GB/T 5976—2006 规定的适用场合，每一连接处所需钢丝绳夹的最少数量，推荐如表 8-1-80 所示。

表 8-1-80　　钢丝绳夹的最少数量

绳夹公称规格（钢丝绳公称直径）d_r/mm	钢丝绳夹的最少数量/组	绳夹规格（钢丝绳公称直径）d_r/mm	钢丝绳夹的最少数量/组
≤18	3	>36～44	6
>18～26	4	>44～60	7
>26～36	5		

3）钢丝绳夹间的距离。钢丝绳夹间的距离 A 等于 6～7 倍钢丝绳直径。

4）绳夹固定处的强度。绳夹按上述固定方法正确布置和夹紧，夹座按图 8-1-4 中所示置于钢绳较长部位。固定处的强度至少为钢丝绳自身强度的 80%。绳夹在实际使用中，受载一两次以后应检查，在多数情况下，螺母需要进一步拧紧。

5）钢丝绳夹的紧固方法。紧固绳夹时须考虑每个绳夹的合理受力，离套环最远处的绳夹不得首先单独紧固。离套环最近处的绳夹（第一个绳夹）应尽可能地靠紧套环，但仍须保证绳夹的正确拧紧，不得损坏钢丝绳的外层钢丝。

3.2.2　钢丝绳用楔形接头（摘自 GB/T 5973—2006）

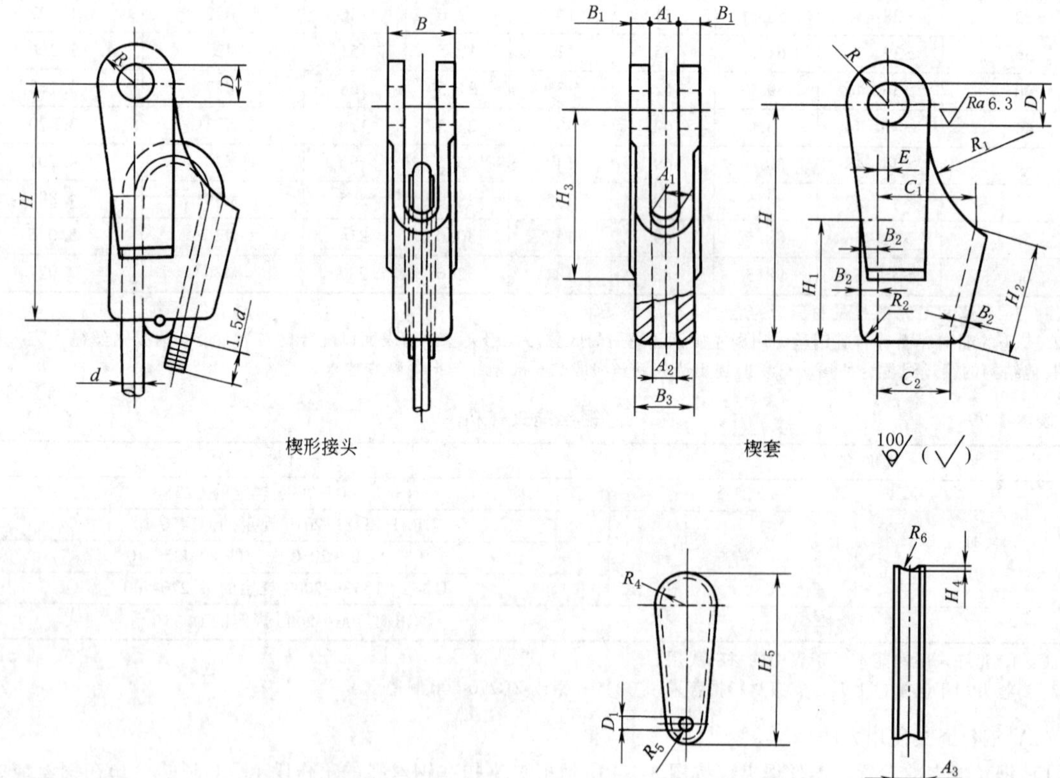

楔形接头　　楔套　　楔

材料：楔套为 ZG270-500；楔为 HT200

标记示例：

规格为 20（钢丝绳公称直径 d>18～20mm）的楔形接头，标记为：楔形接头　GB/T 5973-20；楔套，标记为：楔套 GB/T 5973-20；楔，标记为：楔 GB/T 5973-20。

表 8-1-81　　　　楔形接头尺寸

规格(钢丝绳公称直径) d/mm	楔套尺寸/mm																						
	A_1		A_2		B	B_1	B_2	B_3	C_1		C_2		D (H10)	E	H	H_1	H_2	H_3	R	R_1	R_2	单件质量/kg
	基本尺寸	极限偏差	基本尺寸	极限偏差					基本尺寸	极限偏差	基本尺寸	极限偏差										
6	13	+1.0 0	11	+1.0 0	29	8	7	25	30	+1.0 0	20.5	+1.0 0	16	3.0	105	45	43.0	60	16	40	2	0.452
8	15		13		31	8	7	27	39		27.0		18	3.5	125	55	51.0	80	25	50	2	0.623
10	18		16		38	10	8	30	49		32.5		20	4.5	150	75	71.0	100	25	60	3	0.802
12	20		18		44	12	10	36	58		40.5		25	5.5	180	80	75.0	110	30	70	3	1.309
14	23		21		51	14	13	41	69		50.5		30	6.5	185	85	79.0	140	35	80	3	1.708
16	26	+1.5 0	24	+1.5 0	60	17	15	48	77	+1.5 0	56.5	+1.5 0	34	7.5	195	95	88.0	140	42	90	4	2.379
18	28		26		64	18	17	52	87		65.5		36	8.5	195	100	92.0	150	44	100	4	2.948
20	30		28		72	21	18	58	93		68.0		38	9.5	220	115	107.0	160	50	110	4	3.939
22	32		29		76	22	22	64	104		80.0		40	10.5	240	115	107.0	180	52	120	5	4.571
26	38		35		92	27	25	76	120		92.5		55	12.5	280	130	118.0	210	65	140	6	7.153
28	40		36		94	27	25	78	129		93.0		55	13.5	320	165	154.0	230	70	155	6	9.906
32	44	+2.0 0	40	+2.0 0	110	33	27	84	146	+2.0 0	104.0	+2.0 0	65	15.0	360	190	180.0	270	77	175	7	12.948
36	48		44		122	37	32	96	166		120.5		70	17.0	390	210	195.0	280	85	195	7	16.848
40	55		51		145	45	32	103	184		125.5		75	19.0	470	260	246.0	340	90	210	8	23.665

规格(钢丝绳公称直径) d/mm	楔尺寸/mm								G/mm	断裂载荷/kN	许用载荷/kN	单组质量/kg
	A_3	H_4	H_5	R_4	R_5	R_6	D_1	单件质量/kg				
6	9	2	65	12	6.5	3.5	2	0.133	41	12	4	0.59
8	11	2	79	15	8.0	4.5		0.179	47	21	7	0.80
10	12	3	98	18	9.5	5.5		0.242	53	32	11	1.04
12	14	3	111	21	11.5	6.5		0.421	70	48	16	1.73
14	15	4	120	24	14.0	7.5	3.2	0.632	67	66	22	2.34
16	17	4	136	26	14.5	9.0		0.889	59	85	28	3.27
18	19	5	142	30	18.5	10.0		1.045	55	108	36	4.00
20	21	5	161	31	17.0	11.0		1.513	59	135	45	5.45
22	23	5	166	35	22.0	12.0	4	1.794	76	168	56	6.37
24	25	6	180	37	22.0	13.0		2.387	81	190	63	8.32
26	28	6	192	39	23.0	14.0		3.011	88	215	75	10.16
28	30	7	229	42	21.5	15.0		4.064	88	270	90	13.97
32	34	7	259	47	24.5	17.5	5	4.992	97	336	112	17.94
36	38	8	286	54	29.5	19.5		6.178	102	450	150	23.03
40	42	8	341	58	26.5	21.5		8.689	121	540	180	32.35

注：1. 表中许用载荷和断裂载荷是楔套材料采用 GB/T 11352—2009 中规定的 ZG270-500 铸钢件，楔的材料采用不低于 GB/T 9439—2023 中规定的 HT200 灰铸铁件确定的。当采用较好材料时，表中的许用载荷和断裂载荷允许适当提高。楔套和楔需进行退火处理，消除其内应力，还需进行防锈处理。

2. 表中尺寸 G 为参考尺寸（未在图中标出）。

3. 楔形接头使用时应合理安全，与钢丝绳的连接方法应如图所示。

4. 楔形接头适用于各类起重机上的，符合 GB/T 8918—2006、GB/T 20118—2017 规定的圆股钢丝绳的绳端固定或连接场合。

3.2.3 钢丝绳铝合金压制接头（摘自 GB/T 6946—2008）

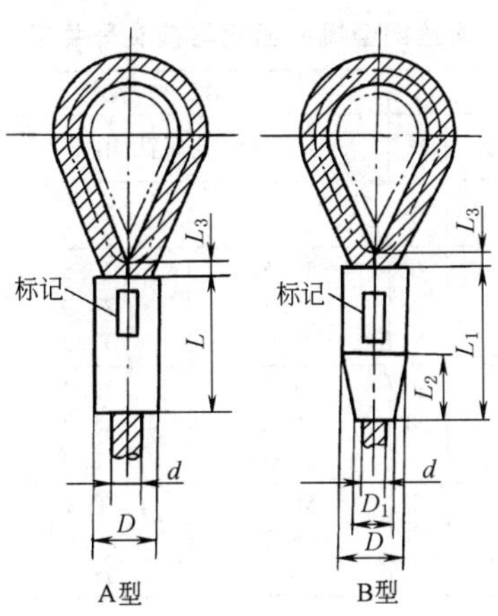

材料：3A21H112（此种材料只能用在吊装索具上）或5A02H112铝，必须附有质量证明书

标记示例：

直径为16mm的钢丝绳，按钢丝绳截面积选用18号圆柱锥端铝合金压制接头，标记为：接头 TLB18-16 ××

型号表示方法：

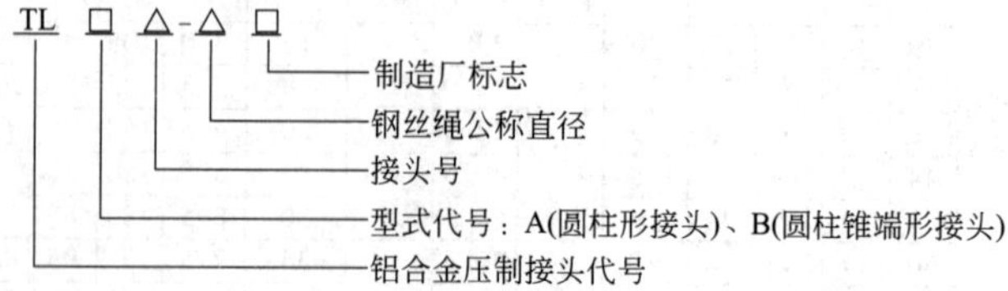

表 8-1-82 接头基本参数 mm

接头号	D 基本尺寸	D 极限偏差	D_{1min}	L_{min}	L_{1min}	L_{2max}	$L_3\approx$	压制力(参考值)/kN
6	13	+0.35 0	—	30	—	—	3	300
7	15		—	34	—	—	4	350
8	17		—	38	42	—	4	400
9	19	+0.40 0	15	44	48	20	5	450
10	21		16	49	53	22	5	500
11	23		18	54	75	24	6	600
12	25	+0.50 0	19	59	75	27	6	700
13	27		21	64	75	29	7	800
14	29		22	69	75	31	7	1000
16	33	+0.60 0	25	78	83	35	8	1200
18	37		28	88	90	40	9	1400
20	41		31	98	110	44	10	1600
22	45	+0.80 0	34	108	115	49	11	1800
24	49		37	118	126	53	12	2000
26	54		41	127	142	57	13	2250
28	58	+1.0 0	44	137	150	62	14	2550
30	62		47	147	155	66	15	2950
32	66		50	157	176	71	16	3400
34	70	+1.5 0	53	167	180	75	17	3800
36	74		56	176	185	79	18	4300
38	78		59	186	205	84	19	4800
40	82	+2.0 0	62	196	210	88	20	5300
44	90		68	215	228	96	22	6200
48	98		74	235	248	106	24	7300
52	106	+2.0 0	80	255	270	114	26	8600
56	114		86	275	290	124	28	10000
60	124		93	295	315	132	30	12000
65	135		102	360	—	144	33	15300

表 8-1-83 钢丝绳金属截面积与接头号关系 mm^2

钢丝绳公称直径 d/mm	第一种情况 钢丝绳金属截面积 >	≤	接头号	第二种情况 钢丝绳金属截面积 >	≤	接头号	第三种情况 钢丝绳金属截面积 >	≤	接头号
6	11.9	16.5	6	16.5	20.5	7	20.5	25.9	8
7	13.9	19.2	7	19.2	23.9	8	23.9	30.0	9
8	18.1	25.0	8	25.0	31.2	9	31.2	39.2	10
9	22.9	31.7	9	31.7	39.4	10	39.4	49.6	11
10	28.3	39.2	10	39.2	48.7	11	48.7	61.3	12
11	34.2	47.5	11	47.5	58.9	12	58.9	74.1	13
12	40.7	56.6	12	56.6	70.1	13	70.1	88.2	14
13	47.8	66.2	13	66.2	82.3	14	82.3	104.0	16
14	55.4	76.8	14	76.8	95.4	16	95.4	120.0	18

续表

钢丝绳公称直径 d/mm	第一种情况			第二种情况			第三种情况		
	钢丝绳金属截面积		接头号	钢丝绳金属截面积		接头号	钢丝绳金属截面积		接头号
	>	≤		>	≤		>	≤	
16	72.4	100.0	16	100.0	125.0	18	125.0	157.0	20
18	91.6	127.0	18	127.0	158.0	20	158.0	199.0	22
20	113.0	157.0	20	157.0	195.0	22	195.0	245.0	24
22	137.0	189.0	22	189.0	236.0	24	236.0	296.0	26
24	163.0	226.0	24	226.0	280.0	26	280.0	353.0	28
26	191.0	265.0	26	265.0	329.0	28	329.0	414.0	30
28	222.0	308.0	28	308.0	382.0	30	382.0	480.0	32
30	254.0	352.0	30	352.0	438.0	32	438.0	551.0	34
32	290.0	401.0	32	401.0	499.0	34	499.0	627.0	36
34	327.0	454.0	34	454.0	563.0	36	563.0	708.0	38
36	366.0	509.0	36	509.0	631.0	38	631.0	794.0	40
38	408.0	565.0	38	565.0	703.0	40	703.0	884.0	44
40	452.0	630.0	40	630.0	780.0	44	780.0	980.0	48
44	547.0	760.0	44	760.0	942.0	48	942.0	1185.0	52
48	651.0	904.0	48	904.0	1121.0	52	1121.0	1411.0	56
52	764.0	1061.0	52	1061.0	1316.0	56	1316.0	1656.0	60
56	886.0	1231.0	56	1231.0	1526.0	60	—	—	—
60	1017.0	1413.0	60	—	—	—	—	—	—

注：接头号的选取与钢丝绳公称直径及金属截面积有关。按表中钢丝绳公称直径，再根据钢丝绳金属截面积选取接头号。介于表中钢丝绳公称直径系列之间的钢丝绳，应按下列原则选取。

1. 直径为6~14mm，所选用的钢丝绳公称直径按小数位四舍五入选取。例如：ϕ9.3mm 选取 ϕ9mm。

2. 在直径大于14~40mm 范围内，所选用的钢丝绳公称直径与表中钢丝绳公称直径之差小于1mm时，选取系列小值；当直径差大于或等于1mm时，选取系列大值。例如：ϕ22.5mm 选取 ϕ22mm，ϕ31mm 选取 ϕ32mm。

3. 在直径大于40~65mm 范围内，所选用的钢丝绳公称直径与表中钢丝绳公称直径之差小于或等于2mm时，选取系列小值；当直径差大于2mm时，选取系列大值。例如：ϕ46mm 选取 ϕ44mm，ϕ47.5mm 选取 ϕ48mm。

适用范围：适用于直径6~65mm，公称抗拉强度不大于1870MPa的GB/T 8918和GB/T 20118中规定的圆股钢丝绳的接头，不适用于单股和异形股钢丝绳的接头。

使用条件：① 接头在使用中不允许受弯；

② 接头工作环境温度范围为-40~+150℃。

质量要求：① 接头所使用的扁椭圆管用超声波探伤检查管的内部缺陷，不允许有缩孔、裂纹、分层、夹渣等；

② 接头表面应光滑、无裂纹、飞边和毛刺；

③ 采用套环时，包络套环的钢丝绳不得有松股现象，应贴合紧密、平整，在加压之后接头基本参数应满足表8-1-82的规定；

④ 当无套环时，接头到绳套内边的距离必须大于或等于3倍的吊钩宽度或15倍钢丝绳直径；

⑤ 钢丝绳端部应超出接头（1.0~1.5）d；

⑥ 接头合模错移量：径向不得超过0.5mm，轴向不得超过1mm；

⑦ 接头强度应能承受钢丝绳最小破断拉力90%的静载荷以及承受钢丝绳最小破断拉力15%~30%的冲击载荷。

3.2.4 钢丝绳用普通套环（摘自GB/T 5974.1—2006）

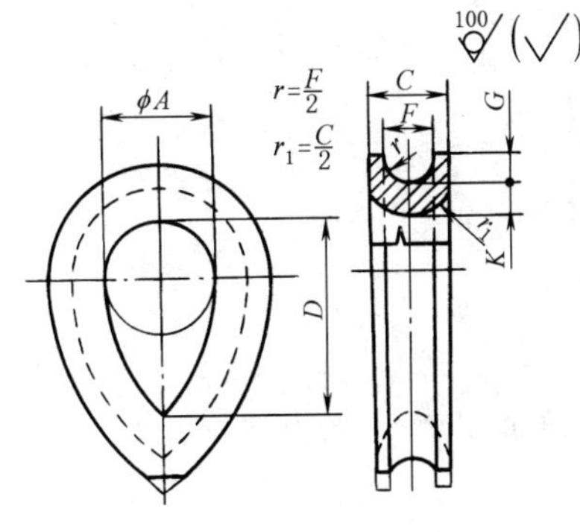

材料：Q235B、15、35

标记示例：规格为16（钢丝绳公称直径 d>14~16mm）通套环，标记为：

套环 GB/T 5974.1-16

表 8-1-84　　钢丝绳用普通套环尺寸

套环规格（钢丝绳公称直径）d/mm	尺寸/mm										单件质量/kg
	F	C		A		D		G (min)	K		
		基本尺寸	极限偏差	基本尺寸	极限偏差	基本尺寸	极限偏差		基本尺寸	极限偏差	
6	6.7±0.2	10.5	0 -1.0	15	+1.5 0	27	+2.7 0	3.3	4.2	0 -0.1	0.032
8	8.9±0.3	14.0	0 -1.4	20	+2.0 0	36	+3.6 0	4.4	5.6	0 -0.2	0.075
10	11.2±0.3	17.5		25		45		5.5	7.0		0.150
12	13.4±0.4	21.0		30		54		6.6	8.4		0.250
14	15.6±0.5	24.5		35		63		7.7	9.8		0.393
16	17.8±0.6	28.0	0 -2.8	40	+4.0 0	72	+7.2 0	8.8	11.2	0 -0.4	0.605
18	20.1±0.6	31.5		45		81		9.9	12.6		0.867
20	22.3±0.7	35.0		50		90		11.0	14.0		1.205
22	24.5±0.8	38.5		55		99		12.1	15.4		1.563
24	26.7±0.9	42.0	0 -3.4	60	+4.8 0	108	+8.6 0	13.2	16.8	0 -0.6	2.045
26	29.0±0.9	45.5		65		117		14.3	18.2		2.620
28	31.2±1.0	49.0		70		126		15.4	19.6		3.290
32	35.6±1.2	56.0		80		144		17.6	22.4		4.854
36	40.1±1.3	63.0	0 -4.4	90	+6.0 0	162	+11.3 0	19.8	25.2	0 -0.8	6.972
40	44.5±1.5	70.0		100		180		22.0	28.0		9.624
44	49.0±1.6	77.0		110		198		24.2	30.8		12.808
48	53.4±1.8	84.0		120		216		26.4	33.6		16.595
52	57.9±1.9	91.0	0 -5.5	130	+7.8 0	234	+14.0 0	28.6	36.4	0 -1.1	20.945
56	62.3±2.1	98.0		140		252		30.8	39.2		26.310
60	66.8±2.2	105.0		150		270		33.0	42.0		31.396

注：1. 适用于 GB/T 8918—2006 和 GB/T 20118—2017 中规定的圆股钢丝绳。
2. 套环的最大承载能力应不低于公称抗拉强度为 1770MPa 的圆股钢丝绳最小破断拉力的 32%。
3. 使用时，套环所采用的锁轴直径不得小于钢丝绳直径的 2 倍。
4. 套环成形后应光滑平整，不得有损害钢绳的裂纹等缺陷。
5. 套环表面应进行热浸镀锌，镀层质量不低于 120g/m^2。

3.2.5　钢丝绳用重型套环（摘自 GB/T 5974.2—2006）

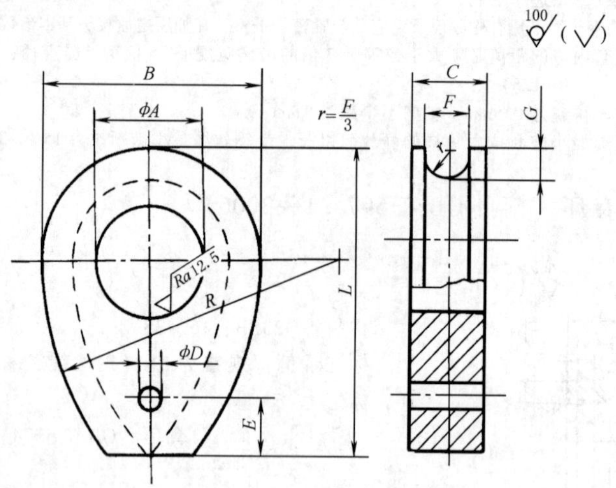

材料：见注 2

标记示例：规格为 16（钢丝绳公称直径 d>14~16mm），可锻铸铁制成的重型套环标记为：

套环　GB/T 5974.2-16KTH

表 8-1-85 钢丝绳用重型套环尺寸

套环规格（钢丝绳公称直径）d/mm	尺寸/mm														单件质量/kg
	F	C		A		B		L		R		G（min）	D	E	
		基本尺寸	极限偏差	基本尺寸	极限偏差	基本尺寸	极限偏差	基本尺寸	极限偏差	基本尺寸	极限偏差				
8	8.9±0.3	14.0	0 −1.4	20	+0.149 +0.065	40	±2	56	±3	59	+3 0	6.0	5	20	0.08
10	11.2±0.3	17.5		25		50		70		74		7.5			0.17
12	13.4±0.4	21.0		30		60		84		89		9.0			0.32
14	15.6±0.5	24.5		35	+0.180 +0.080	70		98		104		10.5			0.50
16	17.8±0.6	28.0	0 −2.8	40		80	±4	112	±6	118	+6 0	12.0			0.78
18	20.1±0.6	31.5		45		90		126		133		13.5			1.14
20	22.3±0.7	35.0		50		100		140		148		15.0	10	30	1.41
22	24.5±0.8	38.5		55	+0.220 +0.100	110		154		163		16.5			1.96
24	26.7±0.9	42.0	0 −3.4	60		120	±6	168	±9	178	+9 0	18.0			2.41
26	29.0±0.9	45.5		65		130		182		193		19.5			3.46
28	31.2±1.0	49.0		70		140		196		207		21.0			4.30
32	35.6±1.2	56.0		80		160		224		237		24.0			6.46
36	40.1±1.3	63.0	0 −4.4	90	+0.260 +0.120	180	±9	252	±13	267	+13 0	27.0			9.77
40	44.5±1.5	70.0		100		200		280		296		30.0			12.94
44	49.0±1.6	77.0		110		220		308		326		33.0	15	45	17.02
48	53.4±1.8	84.0		120		240		336		356		36.0			22.75
52	57.9±1.9	91.0	0 −5.5	130		260	±13	364	±18	385	+19 0	39.0			28.41
56	62.3±2.1	98.0		140	+0.305 +0.145	280		392		415		42.0			35.56
60	66.8±2.2	105.0		150		300		420		445		45.0			48.35

注：1. 适用于 GB 8918—2006、GB/T 20118—2017 中规定的圆股钢丝绳。

2. 套环的材料：套环规格 d=8～32mm，材料为可锻铸铁 KTH370-12；套环规格 d=36～60mm，材料为球墨铸铁 QT450-10 和铸钢 ZG270-500。

3. 套环的最大承载能力应不低于公称抗拉强度为 1870MPa 圆股钢丝绳的最小破断拉力。

4. 同表 8-1-84 注 4。套环是否进行防护处理，供需双方协商。

第8篇

3.2.6 索具套环（摘自 CB/T 33—1999）

钢索套环

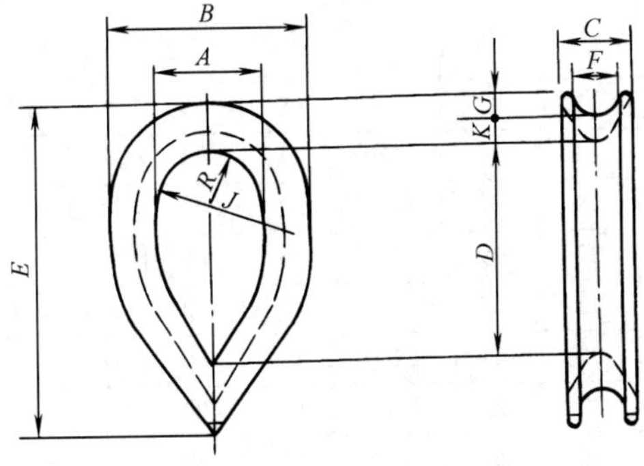

材料：Q255A

标记示例：

钢索直径为 6mm 的钢索套环标记为：

套环 WT6 CB/T 33—1999

表 8-1-86　　**索具套环**　　mm

型号	钢索直径	套环的许用负荷/kN(tf)	A	B	C	D	E	F	G	J	K	R	质量/kg
WT4	4	1.67(0.17)	10.0	19.0	6.0	20	32	4.4	2.5	14	2.0	4.4	0.011
WT5	5	2.45(0.25)	12.5	23.5	7.5	25	40	5.5	3.0	17	2.5	5.5	0.019
WT6	6	3.43(0.35)	15.0	28.0	9.0	30	47	6.6	3.5	20	3.0	6.6	0.034
WT8	8	6.27(0.64)	20.0	37.0	12.0	40	63	8.8	4.5	27	4.0	8.8	0.074
WT10	9~10	9.80(1.00)	25.0	46.0	15.0	50	79	11.0	5.5	34	5.0	11.0	0.132
WT12	11~12	14.70(1.50)	30.0	56.0	18.0	60	95	13.0	7.0	41	6.0	13.0	0.212
WT14	13~14	19.60(2.00)	35.0	65.0	21.0	70	111	15.0	8.0	48	7.0	15.0	0.311
WT16	16	26.46(2.70)	40.0	74.0	24.0	80	126	18.0	9.0	54	8.0	18.0	0.514
WT18	18	33.32(3.40)	45.0	83.0	27.0	90	142	20.0	10.0	61	9.0	20.0	0.938
WT20	20	40.18(4.10)	50.0	92.0	30.0	100	158	22.0	11.0	68	10.0	22.0	1.320
WT22	22	49.00(5.00)	55.0	101.0	33.0	110	174	24.0	12.0	75	11.0	24.0	1.750
WT25	24	63.70(6.50)	62.0	115.0	38.0	125	198	28.0	14.0	85	12.0	28.0	2.550
WT28	26~28	80.36(8.20)	70.0	129.0	42.0	140	221	31.0	15.5	95	14.0	31.0	3.530
WT32	32	104.86(10.70)	80.0	147.0	48.0	160	253	35.0	17.5	109	16.0	35.0	5.150
WT36	36	132.30(13.50)	90.0	166.0	54.0	180	284	40.0	20.0	122	18.0	40.0	7.250
WT40	40	166.60(17.00)	100.0	184.0	60.0	200	316	44.0	22.0	136	20.0	44.0	10.430
WT45	44	205.80(21.00)	112.0	207.0	68.0	225	356	50.0	25.0	153	22.5	50.0	14.810
WT50	48	264.60(27.00)	125.0	231.0	75.0	250	395	55.0	28.0	170	25.0	56.0	21.940
WT56	52~56	323.40(33.00)	140.0	258.0	84.0	280	442	62.0	31.0	190	28.0	62.0	30.240
WT63	60	392.00(40.00)	158.0	291.0	94.0	315	498	69.0	35.0	214	31.5	69.0	40.040

纤维索套环

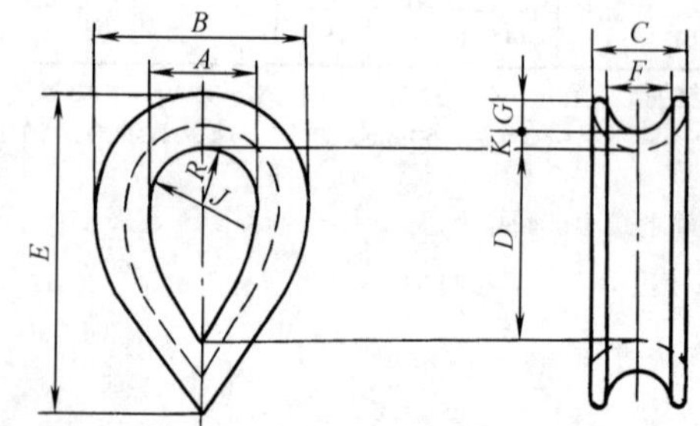

材料：Q255A

标记示例：

纤维索直径为 22mm 的纤维索套环标记为：

套环 FT22 CB/T 33—1999

表 8-1-87　　**纤维索套环尺寸**　　mm

型号	纤维索直径	套环许用负荷/kN(tf)	A	B	C	D	E	F	G	J	K	R	质量/kg
FT6	6	0.78(0.08)	11	21	8.4	18	30	6.6	3.0	8.4	2.0	4.8	0.014
FT8	7~8	1.37(0.14)	14	26	11.0	24	40	8.8	4.0	11.0	2.0	6.4	0.033
FT10	9~10	2.06(0.21)	18	32	14.0	30	50	11.0	4.5	14.0	2.5	8.0	0.056
FT12	11~12	2.94(0.30)	22	39	17.0	36	60	13.0	5.5	17.0	3.0	9.6	0.089
FT14	13~14	3.92(0.40)	25	45	20.0	42	70	15.0	6.5	20.0	3.5	11.2	0.129
FT16	16	4.90(0.50)	29	51	22.0	48	80	18.0	7.0	22.0	4.0	12.8	0.172
FT18	18	6.37(0.65)	32	57	25.0	54	90	20.0	8.0	25.0	4.5	14.4	0.251
FT20	20	7.84(0.80)	36	64	28.0	60	100	22.0	9.0	28.0	5.0	16.0	0.345
FT22	22	9.80(1.00)	40	71	31.0	66	110	24.0	10.0	31.0	5.5	18.0	0.497
FT25	24	11.76(1.20)	45	79	35.0	75	125	28.0	11.0	35.0	6.0	20.0	0.725
FT28	26~28	14.70(1.50)	50	90	39.0	84	140	31.0	13.0	39.0	7.0	23.0	1.080
FT32	30~32	18.62(1.90)	58	102	45.0	96	160	35.0	14.0	45.0	8.0	26.0	1.560

续表

型号	纤维索直径	套环许用负荷/kN(tf)	A	B	C	D	E	F	G	J	K	R	质量/kg
FT36	34~36	24.50(2.50)	65	115	50.0	108	180	40.0	16.0	50.0	9.0	29.0	2.150
FT40	38~40	31.36(3.20)	72	128	56.0	120	200	44.0	18.0	56.0	10.0	32.0	3.250
FT45	44	38.22(3.90)	81	143	63.0	135	225	50.0	20.0	63.0	11.0	36.0	4.320
FT50	48	47.04(4.80)	90	159	70.0	150	250	55.0	22.0	70.0	12.5	40.0	5.750
FT56	52~56	58.80(6.00)	101	179	78.0	168	280	62.0	25.0	78.0	14.0	45.0	8.100
FT63	60	73.50(7.50)	113	201	88.0	189	315	69.0	28.0	88.0	16.0	51.0	11.240
FT70	64~68	88.20(9.00)	126	225	98.0	210	350	77.0	32.0	98.0	17.5	56.0	14.950
FT80	72.76~80	107.80(11.00)	114	256	112.0	240	400	88.0	36.0	112.0	20.0	64.0	20.820
FT90	88	137.20(14.00)	162	287	126.0	270	450	99.0	40.0	126.0	22.5	72.0	30.210
FT100	96	176.40(18.00)	180	320	140.0	300	500	110.0	45.0	140.0	25.0	80.0	46.310

3.2.7 一般起重用 D 形和弓形锻造卸扣（摘自 GB/T 25854—2010）

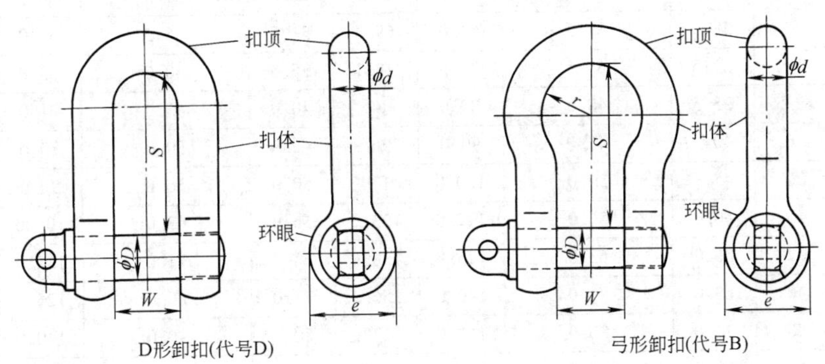

D形卸扣(代号D)　　弓形卸扣(代号B)

材料：见表 8-1-88 注 3

标记示例：

销轴为 W 型、极限工作载荷为 20t 的 M4 级 D 形卸扣应标记为：

卸扣 GB/T 25854-4-DWZO

型号表示方法：

卸扣 GB/T 25854-□-□ □ □

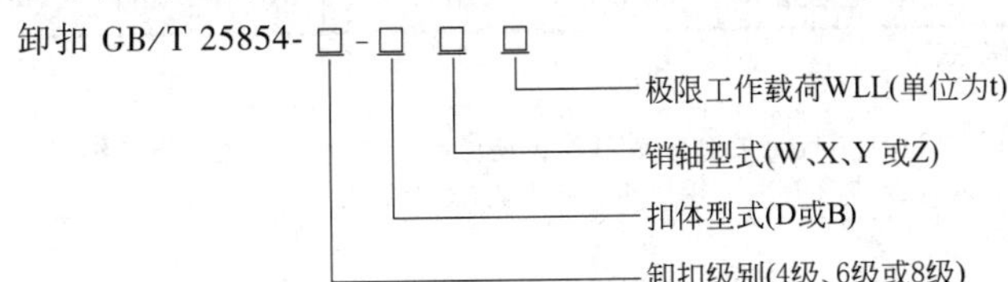

销轴的几种型式

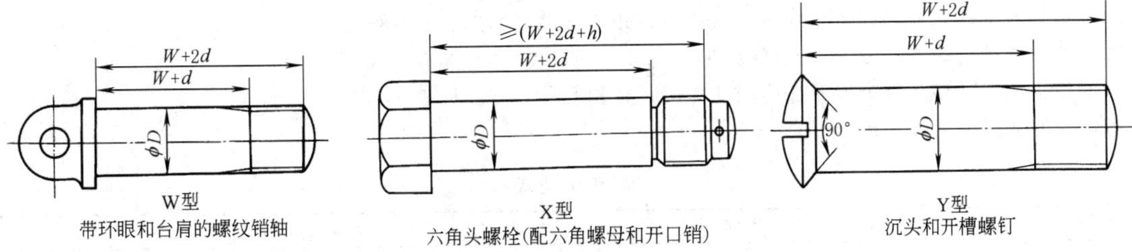

W型
带环眼和台肩的螺纹销轴
X型
六角头螺栓(配六角螺母和开口销)
Y型
沉头和开槽螺钉

Z 型：根据型号表示方法，采用其他形式的销轴均以 Z 型表示。

表 8-1-88　　　　**D 形和弓形锻造卸扣尺寸**

极限工作载荷 WLL/t			D 形卸扣的尺寸/mm					弓形卸扣的尺寸/mm					
卸扣级别			d	D	W	S	e	d	D	W	$2r$	S	e
4 级	6 级	8 级	(max)	(max)	(min)	(min)	(max)	(max)	(max)	(min)	(min)	(min)	(max)
0.32	0.50	0.63	8.0	9.0		18.0	19.8	9.0	10.0		16.0	22.4	22
0.40	0.63	0.8	9.0	10.0		20.0	22.0	10.0	11.2		18.0	25.0	24.64
0.50	0.8	1	10.0	11.2		22.4	24.64	11.2	12.5		20.0	28.0	27.5
0.63	1	1.25	11.2	12.5		25.0	27.5	12.5	14.0		22.4	31.5	30.8
0.8	1.25	1.6	12.5	14.0		28.0	30.8	14.0	16.0		25.0	35.5	35.2
1	1.6	2	14.0	16.0		31.5	35.2	16.0	18.0		28.0	40.0	39.6
1.25	2	2.5	16.0	18.0		35.5	39.6	18.0	20.0		31.5	45.0	44
1.6	2.5	3.2	18.0	20.0		40.0	44	20.0	22.4		35.5	50.0	49.28
2	3.2	4	20.0	22.4		45.0	49.28	22.4	25.0		40.0	56.0	55
2.5	4	5	22.4	25.0		50.0	55	25.0	28.0		45.0	63.0	61.8
3.2	5	6.3	25.0	28.0		56.0	61.8	28.0	31.5		50.0	71.0	69.3
4	6.3	8	28.0	31.5		63.0	69.3	31.5	35.5		56.0	80.0	78.1
5	8	10	31.5	35.5		71.0	78.1	35.5	40.0		63.0	90.0	88
6.3	10	12.5	35.5	40.0		80.0	88	40.0	45.0		71.0	100.0	99
8	12.5	16	40.0	45.0		90.0	99	45.0	50.0		80.0	112.0	110
10	16	20	45.0	50.0		100.0	110	50.0	56.0		90.0	125.0	123.2
12.5	20	25	50.0	56.0		112.0	123.2	56.0	63.0		100.0	140.0	138.6
16	25	32	56.0	63.0		125.0	138.6	63.0	71.0		112.0	160.0	156.2
20	32	40	63.0	71.0		140.0	156.2	71.0	80.0		125.0	180.0	176
25	40	50	71.0	80.0		160.0	178	80.0	90.0		140.0	200.0	198
32	50	63	80.0	90.0		180.0	198	90.0	100.0		160.0	224.0	220
40	63	80*	90.0	100.0		200.0	220	100.0	112.0		180.0	250.0	246.4
50	80	100*	100.0	112.0		224.0	246.4	112.0	125.0		200.0	280.0	275
63	100	—	112.0	125.0		250.0	275	125.0	140.0		224.0	315.0	308.0
80	—	—	125.0	140.0		280.0	308	140.0	160.0		250.0	355.0	352.0
100	—	—	140.0	160.0		315.0	352.0	160.0	180.0		280.0	400.0	396.0

注：1. 卸扣级别中带 * 标记的，弓形卸扣没有此级别。

2. X 型中 h 为螺母厚度。

3. 卸扣的材质：镇静钢。6 级卸扣钢材除符合 GB/T 13304.1 规定的合金成分外，还应至少含有元素镍、铬、钼三者中之一。8 级卸扣除符合 GB/T 13304.1 规定的合金成分外，还应至少含有元素镍、铬、钼三者中的两种。

4. 卸扣的热处理要求应按 GB/T 25854—2010 进行。

3.2.8　索具螺旋扣（摘自 CB/T 3818—2013）

（1）螺旋扣的分类

螺旋扣分为开式索具螺旋扣和旋转式索具螺旋扣两种类型，见表 8-1-89。

螺旋扣按两端连接方式分为 UU、OO、OU、CC、CU、CO 六种型式，见表 8-1-89。

螺旋扣按螺旋套型式分为模锻螺旋扣和焊接螺旋扣两种类型，见表 8-1-89。

螺旋扣按强度分为 M、P、T 三个等级。

表 8-1-89　　　　**螺旋扣型式**

类型	型式	名称	螺旋扣型式简图
开式索具螺旋扣	KUUD	开式 UU 型螺杆模锻螺旋扣	

续表

类型	型式	名称	螺旋扣型式简图
开式索具螺旋扣	KUUH	开式 UU 型螺杆焊接螺旋扣	
	KOOD	开式 OO 型螺杆模锻螺旋扣	
	KOOH	开式 OO 型螺杆焊接螺旋扣	
	KOUD	开式 OU 型螺杆模锻螺旋扣	
	KOUH	开式 OU 型螺杆焊接螺旋扣	
	KCCD	开式 CC 型螺杆模锻螺旋扣	
	KCUD	开式 CU 型螺杆模锻螺旋扣	
	KCOD	开式 CO 型螺杆模锻螺旋扣	
旋转式索具螺旋扣	ZCUD	旋转式 CU 型螺杆模锻螺旋扣	
	ZUUD	旋转式 UU 型螺杆模锻螺旋扣	

(2) 螺旋扣的结构和尺寸

KUUD 型和 KUUH 型螺旋扣的结构型式和主要尺寸按图 8-1-5 及表 8-1-90 的规定。

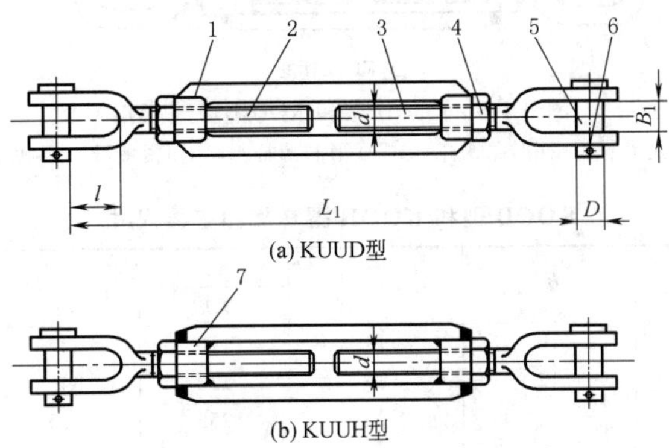

图 8-1-5 KUUD 型和 KUUH 型螺旋扣

1—模锻螺旋套；2—U 形左螺杆；3—U 形右螺杆；4—锁紧螺母；5—光直销（也可采用螺栓销）；6—开口销；7—焊接螺旋套

表 8-1-90　**KUUD 型和 KUUH 型螺旋扣主要尺寸**　mm

螺杆螺纹规格 d		B_1	D	l	L_1		质量/kg	
KUUD 型	KUUH 型				最短	最长	KUUD 型	KUUH 型
M6	—	10	6	16	155	230	0.2	—
M8	—	12	8	20	210	325	0.4	—
M10	—	14	10	22	230	340	0.5	—
M12	—	16	12	27	280	420	0.9	—
M14	—	18	14	30	295	435	1.1	—
M16	—	22	16	34	335	525	1.8	—
M18	—	25	18	38	375	540	2.3	—
M20	—	27	20	41	420	605	3.1	—
M22	M22	30	23	44	445	630	3.7	4.1
M24	M24	32	26	52	505	720	5.8	6.2
M27	M27	38	30	61	545	755	6.9	7.3
M30	M30	44	32	69	635	880	11.4	12.1
M36	M36	49	38	73	650	900	14.1	15.1
—	M39	52	41	78	720	985	—	21.3
—	M42	60	45	86	760	1025	—	24.4
—	M48	64	50	94	845	1135	—	35.9
—	M56	68	57	104	870	1160	—	43.8
—	M60	72	61	109	940	1250	—	57.2
—	M64	75	65	113	975	1280	—	65.8
—	M68	89	71	106	1289	1639	—	112.7
—	Tr70	85	90	—	1300	1700	—	135.0
—	Tr80	95	100	—	1400	1850	—	180.0
—	Tr90	106	110	—	1500	2000	—	244.0
—	Tr100	115	120	—	1700	2250	—	280.0
—	Tr120	118	123	—	1800	2400	—	330.0

KOOD 型和 KOOH 型螺旋扣的结构型式和主要尺寸按图 8-1-6 及表 8-1-91 的规定。

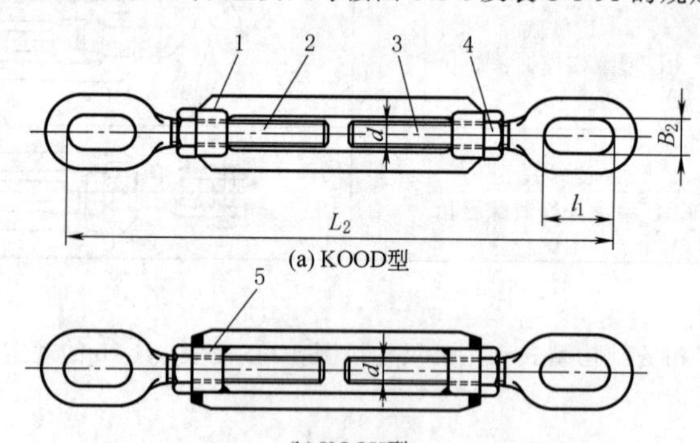

图 8-1-6　KOOD 型和 KOOH 型螺旋扣

1—模锻螺旋套；2—O 形左螺杆；3—O 形右螺杆；4—锁紧螺母；5—焊接螺旋套

表 8-1-91　**KOOD 型和 KOOH 型螺旋扣主要尺寸**　mm

螺杆螺纹规格 d		B_2	l_1	L_2		质量/kg	
KOOD 型	KOOH 型			最短	最长	KOOD 型	KOOH 型
M6	—	10	19	170	245	0.2	—
M8	—	12	24	230	345	0.3	—
M10	—	14	28	255	365	0.4	—
M12	—	16	34	310	450	0.7	—
M14	—	18	40	325	465	0.9	—

续表

螺杆螺纹规格 d		B_2	l_1	L_2		质量/kg	
KOOD 型	KOOH 型			最短	最长	KOOD 型	KOOH 型
M16	—	22	47	390	560	1.6	—
M18	—	25	55	415	580	1.8	—
M20	—	27	60	470	655	2.6	—
M22	M22	30	70	495	680	2.9	3.4
M24	M24	32	80	575	785	4.8	5.2
M27	M27	36	90	610	820	5.5	6.0
M30	M30	40	100	700	950	9.8	10.5
M36	M36	44	105	730	975	11.6	12.5
—	M39	49	120	820	1085	—	18.1
—	M42	52	130	855	1120	—	19.1
—	M48	58	140	940	1230	—	29.9
—	M56	65	150	970	1260	—	35.9
—	M60	70	170	1085	1390	—	46.2
—	M64	75	180	1130	1435	—	57.3
—	M68	83	178	1447	1797	—	91.0
—	Tr70	85	—	1300	1700	—	105.0
—	Tr80	95	—	1400	1850	—	150.0
—	Tr90	106	—	1500	2000	—	220.0
—	Tr100	115	—	1700	2250	—	255.0
—	Tr120	118	—	1800	2400	—	295.0

KOUD 型和 KOUH 型螺旋扣的结构型式和主要尺寸按图 8-1-7 及表 8-1-92 的规定。

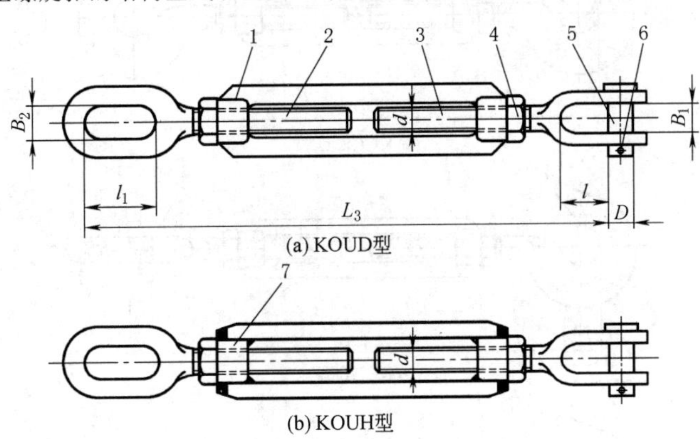

图 8-1-7　KOUD 型和 KOUH 型螺旋扣

1—模锻螺旋套；2—O 形左螺杆；3—U 形右螺杆；4—锁紧螺母；5—光直销（也可采用螺栓销）；6—开口销；7—焊接螺旋套

表 8-1-92　　KOUD 型和 KOUH 型螺旋扣主要尺寸　　mm

螺杆螺纹规格 d		B_1	B_2	D	l	l_1	L_3		质量/kg	
KOUD 型	KOUH 型						最短	最长	KOUD 型	KOUH 型
M6	—	10	10	6	16	19	160	235	0.3	—
M8	—	12	12	8	20	24	220	335	0.4	—
M10	—	14	14	10	22	28	240	355	0.5	—
M12	—	16	16	12	27	34	295	435	0.8	—
M14	—	18	18	14	30	40	310	450	1.0	—
M16	—	22	22	16	34	47	375	540	1.7	—
M18	—	25	25	18	38	55	395	560	2.0	—
M20	—	27	27	20	41	60	445	630	2.8	—

续表

螺杆螺纹规格 d		B_1	B_2	D	l	l_1	L_3		质量/kg	
KOUD 型	KOUH 型						最短	最长	KOUD 型	KOUH 型
M22	M22	30	30	23	44	70	470	655	3.3	3.8
M24	M24	32	32	26	52	80	540	775	5.3	5.7
M27	M27	38	36	30	61	90	575	790	6.2	6.7
M30	M30	44	40	32	69	100	665	915	10.6	11.3
M36	M36	49	44	38	73	105	690	940	12.8	13.7
—	M39	52	49	41	78	120	770	1035	—	19.3
—	M42	60	52	45	86	130	810	1075	—	21.8
—	M48	64	58	50	94	140	890	1180	—	32.9
—	M56	68	65	57	104	150	920	1210	—	40.9
—	M60	72	70	61	109	170	1010	1320	—	52.1
—	M64	75	75	65	113	180	1055	1360	—	61.5
—	M68	89	83	71	106	178	1369	1719	—	101.8
—	Tr70	85	85	90	—	—	1300	1700	—	115.0
—	Tr80	95	95	100	—	—	1400	1850	—	165.0
—	Tr90	106	106	110	—	—	1500	2000	—	235.0
—	Tr100	115	115	120	—	—	1700	2250	—	265.0
—	Tr120	118	118	123	—	—	1800	2400	—	315.0

KCCD 型、KCUD 型和 KCOD 型螺旋扣的结构型式和主要尺寸按图 8-1-8 及表 8-1-93 的规定。

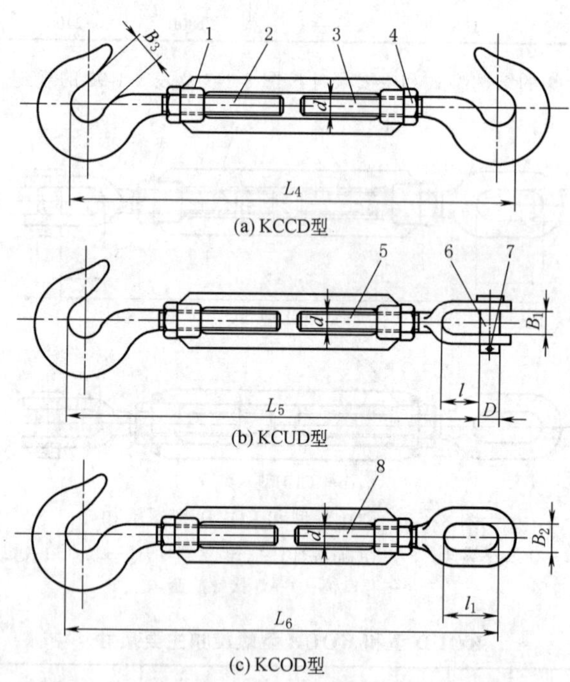

图 8-1-8 KCCD 型、KCUD 型和 KCOD 型螺旋扣

1—模锻螺旋套；2—C 形左螺杆；3—C 形右螺杆；4—锁紧螺母；5—U 形右螺杆；6—光直销（也可采用螺栓销）；7—开口销；8—O 形右螺杆

表 8-1-93　　KCCD 型、KCUD 型和 KCOD 型螺旋扣主要尺寸　　mm

螺杆螺纹规格 d	B_1	B_2	B_3	D	l	l_1	L_4		L_5		L_6		质量/kg		
							最短	最长	最短	最长	最短	最长	KCCD	KCUD	KCOD
M6	10	10	8	6	16	19	160	235	160	235	165	240	0.2	0.2	0.2
M8	12	12	13	8	20	24	250	360	230	340	240	350	0.4	0.4	0.5

第8篇

续表

螺杆螺纹规格 d	B_1	B_2	B_3	D	l	l_1	L_4		L_5		L_6		质量/kg		
							最短	最长	最短	最长	最短	最长	KCCD	KCUD	KCOD
M10	14	14	16	10	22	28	270	385	250	365	260	375	0.6	0.5	0.7
M12	16	16	18	12	27	34	320	460	300	440	315	455	1.0	1.0	1.2
M14	18	18	20	14	30	40	330	470	315	455	330	470	1.2	1.1	1.3
M16	22	22	24	16	34	47	390	560	375	545	390	560	2.0	1.9	2.2

ZCUD 型螺旋扣的结构型式和主要尺寸按图 8-1-9 及表 8-1-94 的规定。

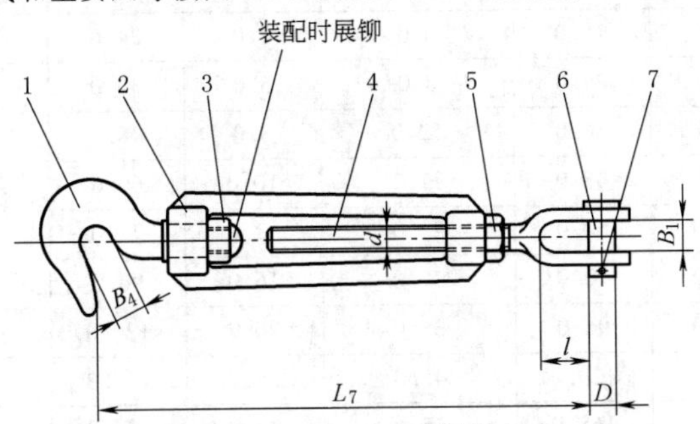

图 8-1-9　ZCUD 型螺旋扣

1—C 形钩子；2—模锻螺旋套；3—圆螺母；4—U 形螺杆；5—锁紧螺母；6—光直销（也可采用螺栓销）；7—开口销

表 8-1-94　　**ZCUD 型螺旋扣主要尺寸**　　mm

螺杆螺纹规格 d	B_1	B_4	D	l	L_7		质量/kg
					最短	最长	
M8	12	10	8	16	185	265	0.4
M10	14	11	10	20	200	285	0.5
M12	16	12	12	22	240	330	0.9
M14	18	16	14	27	300	420	1.3
M16	22	20	16	30	315	440	1.8

ZUUD 型螺旋扣的结构型式和主要尺寸按图 8-1-10 及表 8-1-95 的规定。

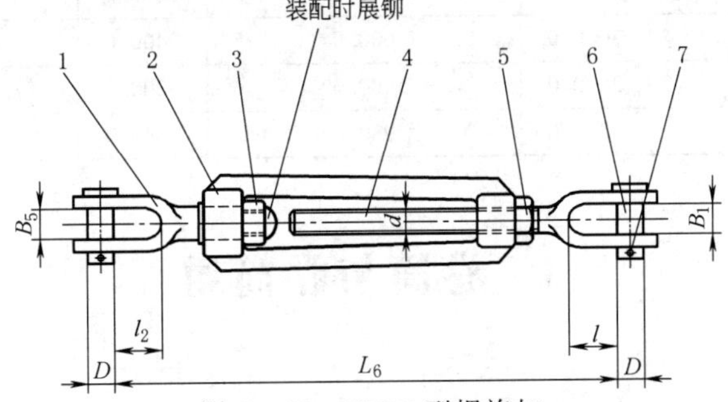

图 8-1-10　ZUUD 型螺旋扣

1—U 形叉子；2—模锻螺旋套；3—圆螺母；4—U 形螺杆；5—锁紧螺母；6—光直销（也可采用螺栓销）；7—开口销

表 8-1-95　　**ZUUD 型螺旋扣主要尺寸**　　mm

螺杆螺纹规格 d	B_1	B_5	D	l	l_2	L_6		质量/kg
						最短	最长	
M8	12	12	8	16	16	190	270	0.4
M10	14	14	10	20	20	210	295	0.5
M12	16	16	12	22	24	245	335	0.9
M14	18	18	14	27	29	305	425	1.2
M16	22	22	16	30	35	325	450	1.6

(3) 螺旋扣强度

表 8-1-96　　螺旋扣安全工作负荷和最小破断负荷　　kN

螺杆螺纹规格	螺旋扣产品强度等级							
	M 级			P 级			T 级	
	安全工作负荷 SWL		最小破断负荷	安全工作负荷 SWL		最小破断负荷	安全工作负荷 SWL	最小破断负荷
	起重、绑扎	救生		起重、绑扎	救生		起重、绑扎、救生	
M6	1.2	0.8	4.8	1.6	1.0	6.0	2.3	12.0
M8	2.5	1.6	9.6	4.0	2.5	15.0	4.9	25.0
M10	4.0	2.5	15.0	6.0	4.0	24.0	6.3	32.0
M12	6.0	4.0	24.0	8.0	5.0	30.0	10.1	51.0
M14	9.0	6.0	36.0	12.0	8.0	48.0	13.8	69.0
M16	12.0	8.0	48.0	17.0	10.0	60.0	18.9	95.0
M18	17.0	10.0	60.0	21.0	12.0	72.0	23.1	116.0
M20	21.0	12.0	72.0	27.0	16.0	96.0	29.4	147.0
M22	27.0	16.0	96.0	35.0	20.0	120.0	36.4	182.0
M24	35.0	20.0	120.0	45.0	25.0	150.0	47.6	238.0
M27	45.0	28.0	168.0	55.0	34.0	204.0	62.0	310.0
M30	55.0	35.0	210.0	65.0	43.0	258.0	75.7	378.0
M36	75.0	50.0	300.0	95.0	63.0	378.0	110.3	551.0
M39	95.0	60.0	360.0	120.0	75.0	450.0	131.7	658.0
M42	105.0	70.0	420.0	127.0	85.0	510.0	145.3	726.0
M48	140.0	90.0	540.0	158.0	110.0	660.0	164.4	822.0
M56	174.0	115.0	690.0	206.0	140.0	840.0	228.4	1142.0
M60	210.0	125.0	750.0	239.0	160.0	960.0	266.7	1333.0
M64	235.0	160.0	960.0	272.0	200.0	1200.0	301.5	1508.0
M68	268.0	185.0	1110.0	310.0	235.0	1410.0	333.4	1667.0
Tr70	300.0		1200.0	350.0		1400.0	400.0	1600.0
Tr80	400.0		1600.0	500.0		2000.0	550.0	2200.0
Tr90	500.0		2000.0	600.0		2400.0	700.0	2800.0
Tr100	700.0		2800.0	800.0		3200.0	900.0	3600.0
Tr120	800.0		3200.0	980.0		3920.0	1100.0	4400.0

4　卷筒与卷筒组

4.1　卷筒几何尺寸

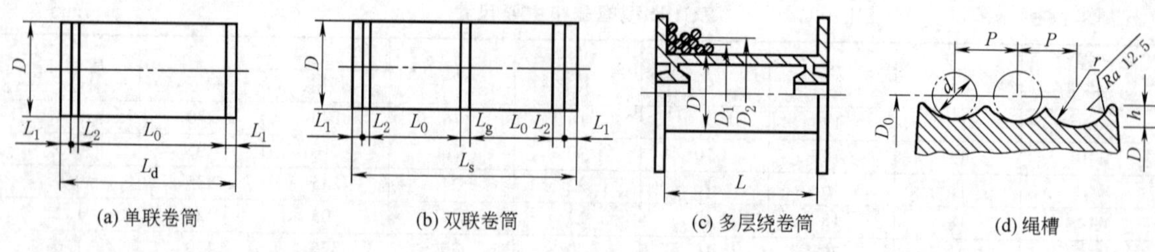

(a) 单联卷筒　(b) 双联卷筒　(c) 多层绕卷筒　(d) 绳槽

表 8-1-97 **卷筒几何尺寸计算** mm

名称		计算公式	符号意义
卷筒名义直径 D		$D=(h_1-1)d$	D——卷筒名义直径(卷筒槽底直径),多层绕卷筒取下限值 d——钢丝绳直径 h_1——筒绳直径比,由表 8-1-98 选取 H_{max}——最大起升高度 m——滑轮组倍率 $D_0=D+d$——卷筒计算直径,由钢丝绳中心算起的卷筒直径 z_1——固定钢丝绳的安全圈数,$z_1\geqslant 2\sim3$ L_1——无绳槽卷筒端部尺寸,由结构需要确定 L_2——固定钢丝绳所需的长度,$L_2=3P$ L_g——中间光滑部分长度,根据钢丝绳允许偏角确定 l——多层卷绕钢丝绳总长度,$l=H_{max}m$ n——多层卷绕圈数 P——绳槽节距 P'——多层绕卷筒绳槽节距
绳槽半径 r	标准槽	$r=(0.53\sim0.6)d$	
绳槽深度 h	标准槽	$h=(0.25\sim0.4)d$	
	深槽	$h=(0.6\sim0.9)d$	
绳槽节距 P	标准槽	$P=d+(2\sim4)$ mm	
	深槽	$P=d+(6\sim8)$ mm	
卷筒上有螺旋槽部分长度 L_0		$L_0=\left(\dfrac{H_{max}m}{\pi D_0}+z_1\right)P$	
卷筒长度	单层单联卷筒长度 L_d	$L_d=L_0+2L_1+L_2$	
	单层双联卷筒长度 L_s	$L_s=2(L_0+L_1+L_2)+L_g$	
	多层绕卷筒长度 L	$L=\dfrac{1.1lP'}{n\pi(D+nd)}$ $P'=(1.1\sim1.2)d$	
卷筒壁厚 δ	铸钢卷筒	$\delta=d$	
	铸铁卷筒	$\delta=0.02D+(6\sim10)$ mm; 不宜小于 12mm	
	焊接卷筒	$\delta\approx0.8d$	

表 8-1-98 **筒绳直径比 h_1**(摘自 GB/T 3811—2008)

机构工作级别	h_1	机构工作级别	h_1
M1	11.2	M5	18
M2	12.5	M6	20
M3	14	M7	22.4
M4	16	M8	25

注:1. 采用抗扭转钢丝绳时,h_1 值按比机构工作级别高一级的值选取。

2. 对于流动式起重机及某些水工工地用的臂架起重机,建议取 $h_1=16$,与工作级别无关。

4.2 卷筒强度计算

表 8-1-99 **卷筒强度计算**

	应力	卷筒壁内表面最大压应力 σ_1	卷筒壁内表面最大压应力 σ_1 由弯矩产生的拉应力 σ_2
强度计算	条件	$L\leqslant3D$	$L>3D$
	公式	$\sigma_1=A_1A_2\dfrac{S_{max}}{\delta P}\leqslant\sigma_{yP}$(MPa)	$\sigma_1=A_1A_2\dfrac{S_{max}}{\delta P}\leqslant\sigma_{yP}$(MPa) $\sigma_2=\dfrac{M_{max}}{W}\leqslant\sigma_{1P}$(MPa)
	符号意义	A_1——与卷筒层数有关的系数 卷筒层数 n: 1, 2, 3, ≥4 系数 A_1: 1, 1.4, 1.8, 2 A_2——应力减小系数,一般取 $A_2=0.75$ S_{max}——钢丝绳最大拉力,N P——卷筒绳槽节距,mm δ——卷筒壁厚,mm σ_{yP}——许用压应力,MPa 钢:$\sigma_{yP}=\dfrac{\sigma_s}{2}$,$\sigma_s$——屈服强度 铸铁:$\sigma_{yP}=\dfrac{\sigma_y}{5}$,$\sigma_y$——抗压强度	M_{max}——由钢丝绳最大拉力引起卷筒的最大弯矩,N·mm W——抗弯截面模数, $W=\dfrac{0.1\ (D^4-D_n^4)}{D}$,mm³ D——卷筒绳槽底径,mm D_n——卷筒内径,mm,$D_n=D-2\delta$ σ_{1P}——许用拉应力,MPa 钢:$\sigma_{1P}=\dfrac{\sigma_s}{2.5}$,$\sigma_s$——屈服强度 铸铁:$\sigma_{1P}=\dfrac{\sigma_b}{6}$,$\sigma_b$——抗拉强度
	合成应力	$\sigma=\sigma_1$	$\sigma=\sigma_2+\dfrac{\sigma_{1P}}{\sigma_{yP}}\sigma_1\leqslant\sigma_{1P}$

续表

稳定性验算	条件	$D \geq 1200$mm, $L>2D$ 的大尺寸卷筒，需对卷筒壁进行稳定性验算
	失去稳定时的临界压力	钢卷筒：$p_W = 52500\dfrac{\delta^3}{r^3}$(MPa)；铸铁卷筒：$p_W = (25000 \sim 32500)\dfrac{\delta^3}{r^3}$(MPa)
	卷筒壁单位压力	$p = \dfrac{2S_{max}}{DP}$(MPa)
	稳定性系数	$K = \dfrac{p_W}{p} \geq 1.3 \sim 1.5$
	符号意义	r——卷筒绳槽底半径，mm，$r = \dfrac{D}{2}$，其他符号同强度计算的符号

注：卷筒在钢丝绳拉力作用下，产生压缩、弯曲和扭转应力，其中压缩应力最大。当 $L \leq 3D$ 时，弯曲和扭转的合成应力不超过压缩应力的 10%~15%，即计算压应力即可。当 $L>3D$ 时，要考虑弯曲应力。

4.3 钢丝绳在卷筒上固定的计算

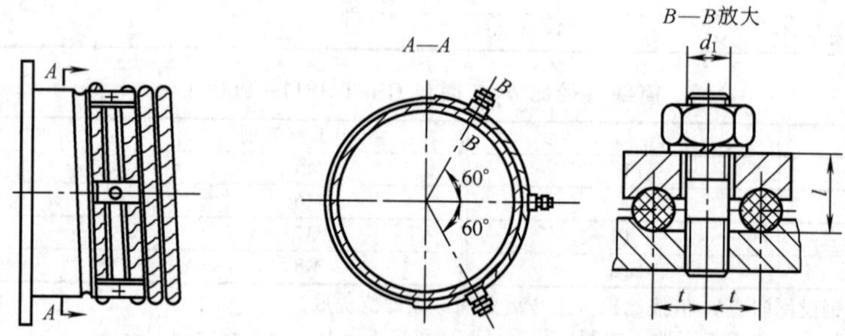

表 8-1-100 用压板固定的计算

名　称	钢丝绳固定处拉力/N	螺栓扣紧力/N		螺栓的合成应力/MPa
		压板槽为半圆形	压板槽为梯形	
公式	$S = \dfrac{S_{max}}{e^{\mu\alpha}}$	$N = \dfrac{S}{2\mu}$	$N = \dfrac{S}{\mu + \mu_1}$	$\sigma = \dfrac{4N}{Z\pi d_1^2} + \dfrac{SL}{0.1Zd_1^3} \leq \sigma_{1P}$
简式	当 $\alpha = 3\pi$ 时，$S = 0.22S_{max}$ 当 $\alpha = 4\pi$ 时，$S = 0.134S_{max}$	$N = 3.1S$	$N = 2.8S$	
符号意义	S_{max}——钢丝绳最大拉力，N； μ——钢丝绳与光卷筒间的摩擦因数，通常 $\mu = 0.16$； α——安全圈（通常为 2~3 圈）在卷筒上的包角； e——自然对数的底数，e = 2.718282； μ_1——压板与钢丝绳间的换算摩擦因数，$\mu_1 = \dfrac{\mu}{\sin\beta + \mu\cos\beta}$； β——压板槽的斜面角，一般 $\beta = 45°$； Z——螺栓数量； L——钢丝绳拉力对螺栓根部的作用力臂；可近似取 $L = \dfrac{\delta + d}{2}$； δ——卷筒壁厚，mm； d——钢丝绳直径，mm； d_1——螺纹内径，mm； σ_{1P}——螺栓许用应力；$\sigma_{1P} = \dfrac{0.8\sigma_s}{1.5}$； 对于 Q235，$\sigma_{1P} = 100 \sim 200$MPa； 35 钢，$\sigma_{1P} = 120 \sim 140$MPa			

注：钢丝绳进出卷筒的偏斜角本表未列计算，可按《起重机设计规范》（GB/T 3811—2008）选取如下：

（1）钢丝绳绕进或绕出卷筒时钢丝绳偏离螺旋槽两侧的角度推荐不大于 3.5°。

（2）对于光卷筒无绳槽多层缠绕卷筒，当未采用排绳器时钢丝绳中心线与卷筒轴垂直平面的偏离角度推荐不大于 1.7°。

4.4 钢丝绳用压板（摘自 GB/T 5975—2006）

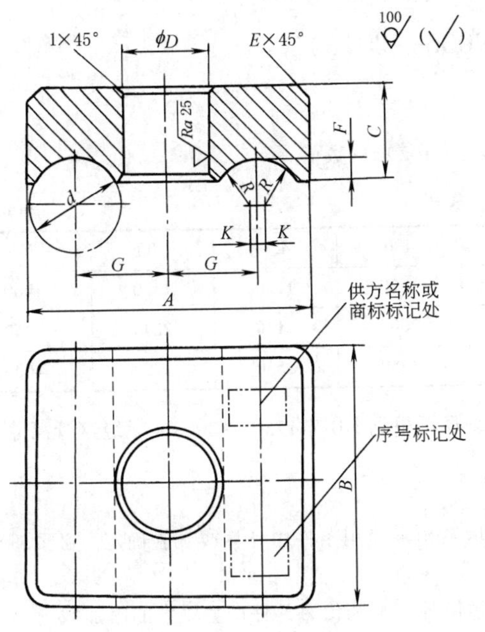

材料：Q235B

标记示例

序号为 4（钢丝绳公称直径 d>14～17mm）的标准槽压板标记为：

压板　GB/T 5975-4

序号为 4（钢丝绳公称直径 d>14～17mm）的深槽压板标记为：

压板　GB/T 5975-4 深

表 8-1-101　　**钢丝绳用压板**

压板序号	尺寸/mm														压板螺栓直径	单件质量/kg	
	适用钢丝绳公称直径 d	A		B	C	D	E	F	G		K	R				标准槽	深槽
		标准槽	深槽						标准槽	深槽		基本尺寸	极限偏差				
1	>6～8	25	29	25	8	9	1	2.0	8.0	10.0	1.0	4.0	+0.1 0		M8	0.03	0.04
2	>8～11	35	39	35	12	11	1	3.0	11.5	13.5	1.5	5.0			M10	0.10	0.12
3	>11～14	45	51	45	16	15	2	3.5	14.5	17.5	1.5	7.0			M14	0.22	0.25
4	>14～17	55	66	50	18	18	2	4.0	17.5	21.5	1.5	8.5	+0.2 0		M16	0.32	0.37
5	>17～20	65	73	60	20	22	3	5.0	21.0	25.0	1.0	10.0			M20	0.48	0.55
6	>20～23	75	85	60	20	22	4	6.0	24.5	29.5	1.5	11.5			M20	0.55	0.65
7	>23～26	85	95	70	25	26	4	6.5	28.0	33.0	1.0	13.0			M24	0.91	1.05
8	>26～29	95	105	70	25	30	5	7.0	31.5	36.5	1.5	14.5	+0.3 0		M27	0.99	1.12
9	>29～32	105	117	80	30	33	5	8.0	34.5	40.5	1.5	16.0			M30	1.52	1.75
10	>32～35	115	129	90	35	33	6	9.0	38.0	45.0	1.0	17.5			M30	2.23	2.58
11	>35～38	125	141	90	35	39	6	10.0	40.5	48.5	1.5	19.0			M36	2.29	2.69
12	>38～41	135	153	100	40	45	8	11.0	44.0	53.0	1.0	20.5			M42	3.17	3.74
13	>41～44	145	163	110	40	45	8	12.0	47.5	56.5	1.5	22.0			M42	3.82	4.44
14	>44～47	155	175	110	50	45	8	13.0	51.5	61.5	1.5	23.5			M42	5.25	6.12
15	>47～52	170	189	125	50	52	10	13.0	56.0	65.0	2.0	26.0			M48	6.69	7.57
16	>52～56	180	—	135	50	52	10	14.0	60.0	—	2.0	28.0			M48	8.10	—
17	>56～60	190	—	145	55	52	10	15.0	64.0	—	2.0	30.0			M48	9.20	—

注：GB/T 5975—2006 适用于起重机卷筒上所使用的 GB 8918—2008、GB/T 20118—2017 中规定的圆股钢丝绳的绳端固定。

4.5 起重机卷筒

4.5.1 卷筒尺寸和卷筒绳槽（摘自 JB/T 9006—2013）

（1）卷筒尺寸

① 卷筒直径 D 应根据表 8-1-97 中计算，并宜优先选取表 8-1-102 中的数值。

表 8-1-102　　卷筒直径（D）系列　　mm

200	250	280	315	355	400	450	500	560
630	710	800	900	1000	1120	1250	1320	1400
1500	1600	1700	1800	1900	2000	2120	2240	2360
2500	2650	2800	3000	3150	3350	3550	3750	4000

推荐直径小于 500mm 的卷筒采用无缝钢管加工而成，其直径可根据 GB/T 17395—2008《无缝钢管尺寸、外形、重量及允许偏差》中无缝钢管的规格确定。

② 卷筒长度应根据表 8-1-97 中计算确定。

③ 卷筒的壁厚应根据不同材料、结构型式、工作级别环境及预定使用条件由计算或试验确定。必要时，考虑增加磨损裕量。

若壁厚的公差（或不均匀性）偏大，导致对较高转速的卷筒的支承和传力部件产生较大的附加载荷，乃至影响卷筒的强度、刚度和起升机构起重量限制器或称量装置的系统精度时，卷筒应进行静平衡试验和检测。卷筒静平衡等级宜满足 GB/T 9239.1—2006 中规定的 G16 及以上等级。对不平衡补偿建议采用配平衡的方法进行。

（2）卷筒绳槽

卷筒绳槽的槽底半径 r，按（0.53~0.6）d（d 为钢丝绳直径）确定。绳槽型式分为标准槽和加深槽两种。卷筒绳槽断面尺寸应符合表 8-1-103 的规定，一般情况应采用标准槽，当钢丝绳有脱槽危险以及高速传动机构中使用的卷筒，宜采用加深槽。

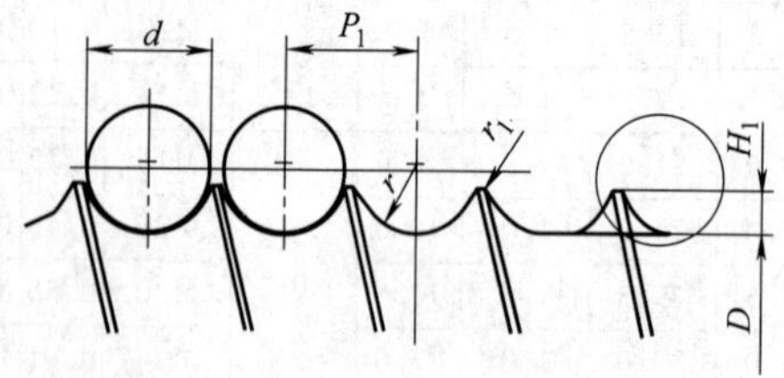

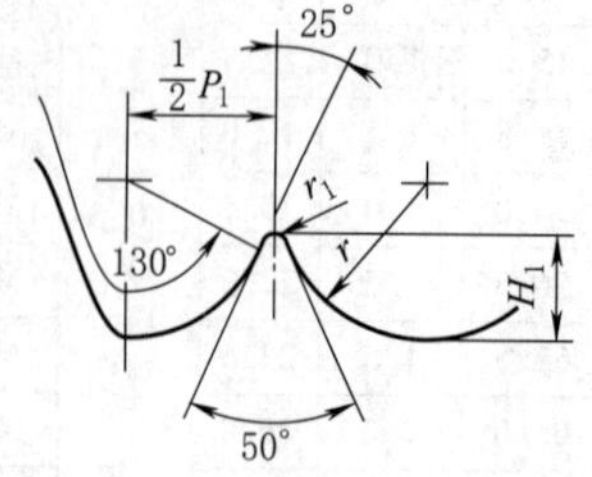

标准槽形

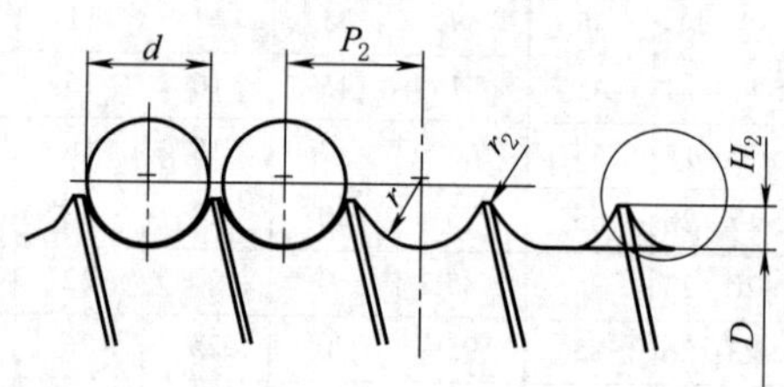

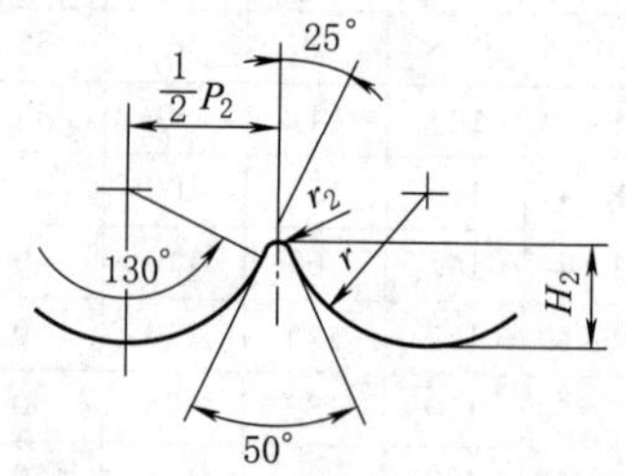

加深槽形

表 8-1-103　　卷筒绳槽尺寸　　mm

钢丝绳公称直径 d	槽底半径		标准槽形			加深槽形		
	r	极限偏差	P_1	$H_{1\min}$	$r_{1\min}$	P_2	$H_{2\min}$	$r_{2\min}$
6	3.2	+0.1	7.0	2.2	0.5	—	—	0.3
>6~7	3.7		8.0	2.5				
>7~8	4.2		9.0	2.8		11	5.0	
>8~9	5.0		10.5	3.3		12		
>9~10	5.5	+0.2	12.0	3.8	0.8	14	6.0	0.5
>10~11	6.0		13.0	4.2		15	6.5	
>11~12	6.5		14.0	4.5		16	7.0	
>12~13	7.0		15.0	4.8		18	8.0	
>13~14	7.5		16.0	5.0		19	8.5	
>14~15	8.0		17.0	5.5		20	9.0	
>15~16	8.5		18.0	6.0		21	9.5	
>16~17	9.0		19.0	6.5		23	10.5	
>17~18	9.5		20.0			24	11.0	
>18~19	10.0		21.0	7.0		25	11.5	
>19~20	10.5		22.0	7.5		26	12.0	
>20~21	11.0		24.0	8.0		28	13.0	
>21~22	12.0		25.0	8.5		29		
>22~23	12.5		26.0	9.0		31	14.0	
>23~24	13.0		27.0			32	14.5	
>24~25	13.5		28.0	9.5		33	15.0	
>25~26	14.0		29.0	10.0		34	16.0	
>26~27	15.0		30.0			36	16.5	
>27~28			32.0	10.5		37	17.0	
>28~29	16.0	+0.4	33.0	11.0	1.3	38		0.8
>29~30			34.0	11.5		39	18.0	
>30~31	17.0		35.0			41	18.5	
>31~32			36.0	12.0		42	19.0	
>32~33	18.0		37.0	12.5		44	20.0	
>33~34			38.0	13.0				
>34~35	19.0		39.0			46	21.0	
>35~36			40.0	13.5		47		
>36~37	20.0		41.0	14.0		48	22.0	
>37~38			42.0	14.5	1.6	50	23.0	1.3
>38~39	21.0		44.0	15.0		52	24.0	
>39~40								
>40~41	22.0		45.0	15.0		54	25.0	
>41~42	23.0		47.0	16.0		55		
>42~43			48.0	16.5		56	26.0	
>43~44	24.0		49.0	16.5		58		
>44~45			50.0	17.0	2.0	60	27.0	1.6
>45~46	25.0		52.0	17.5		62	28.0	
>46~47			53.0	18.5		63		
>47~48	26.0		54.0			64	29.0	
>48~50	27.0		56.0	19.0		65		
>50~52	28.0		58.0	19.5		—	—	—
>52~54	29.0		60.0	21.0				
>54~56	30.0		63.0		2.5			
>56~58	31.0		64.0	22.0				
>58~60	32.0		67.0	23.0	3.0			

4.5.2 卷筒组装型式和典型结构型式示例（摘自 JB/T 9006—2013）

（1）按制造工艺分

① 铸造卷筒（部分典型结构型式见表 8-1-104 中的图 c 和图 d，部分典型结构组装型式见图 a 和图 b）。

② 焊接卷筒（部分典型结构型式见表 8-1-104 中的图 k～图 p，部分典型结构组装型式见图 e～图 j）。

注：典型结构组装结构型式是卷筒典型结构型式的上一级部件。

（2）按卷筒轴的布置型式分

① 长轴式卷筒（部分典型结构组装型式见表 8-1-104 中的图 a、图 b 和图 e、图 f）。

② 短轴式卷筒（部分典型结构组装型式见表 8-1-104 中的图 g～图 j）。

表 8-1-104　　卷筒的部分典型结构组装型式和部分典型结构型式示例

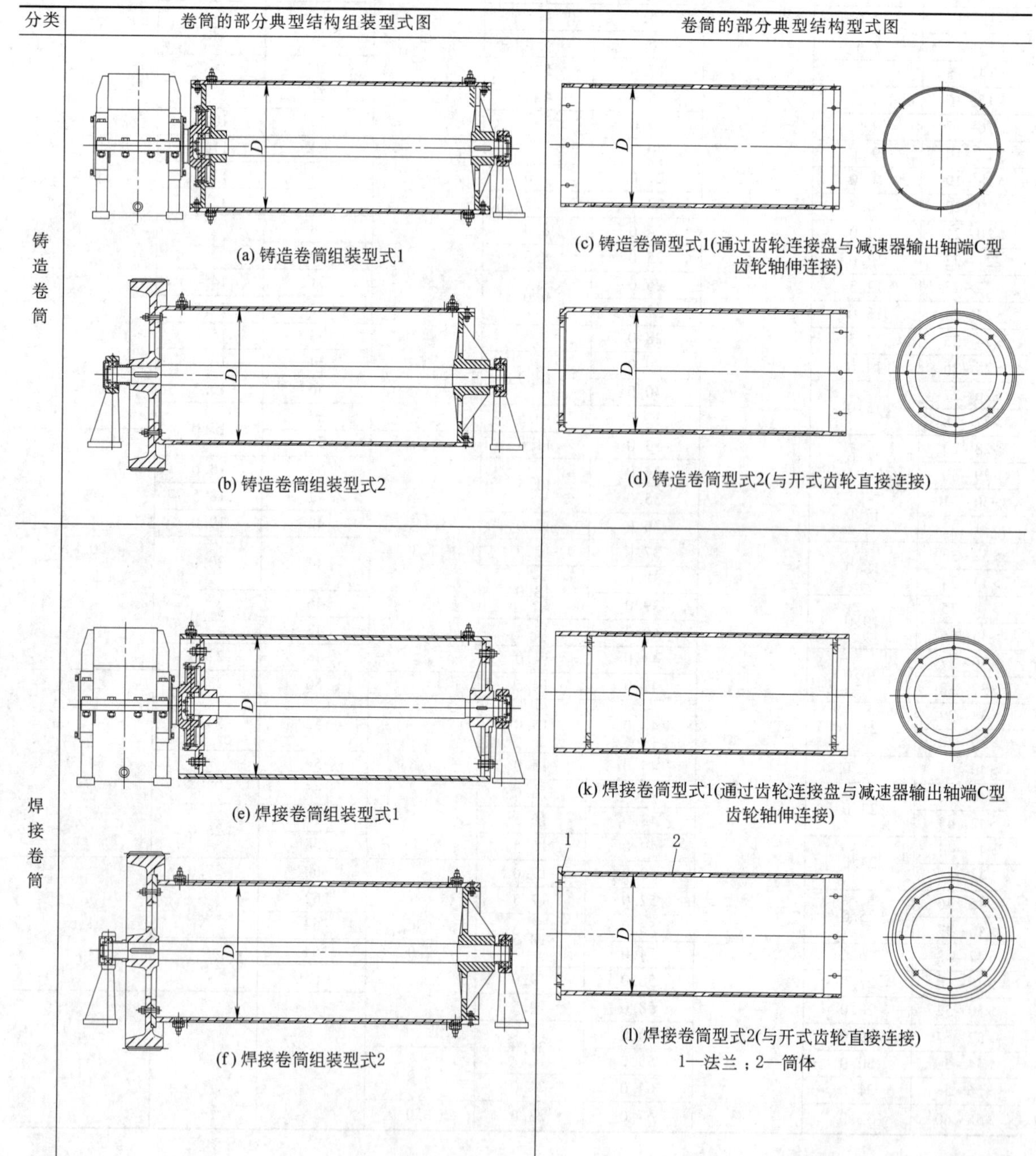

分类
卷筒的部分典型结构组装型式图
卷筒的部分典型结构型式图
铸造卷筒
焊接卷筒
D
1
2

(a) 铸造卷筒组装型式1

(b) 铸造卷筒组装型式2

(c) 铸造卷筒型式1(通过齿轮连接盘与减速器输出轴端C型齿轮轴伸连接)

(d) 铸造卷筒型式2(与开式齿轮直接连接)

(e) 焊接卷筒组装型式1

(f) 焊接卷筒组装型式2

(k) 焊接卷筒型式1(通过齿轮连接盘与减速器输出轴端C型齿轮轴伸连接)

(l) 焊接卷筒型式2(与开式齿轮直接连接)

1—法兰；2—筒体

续表

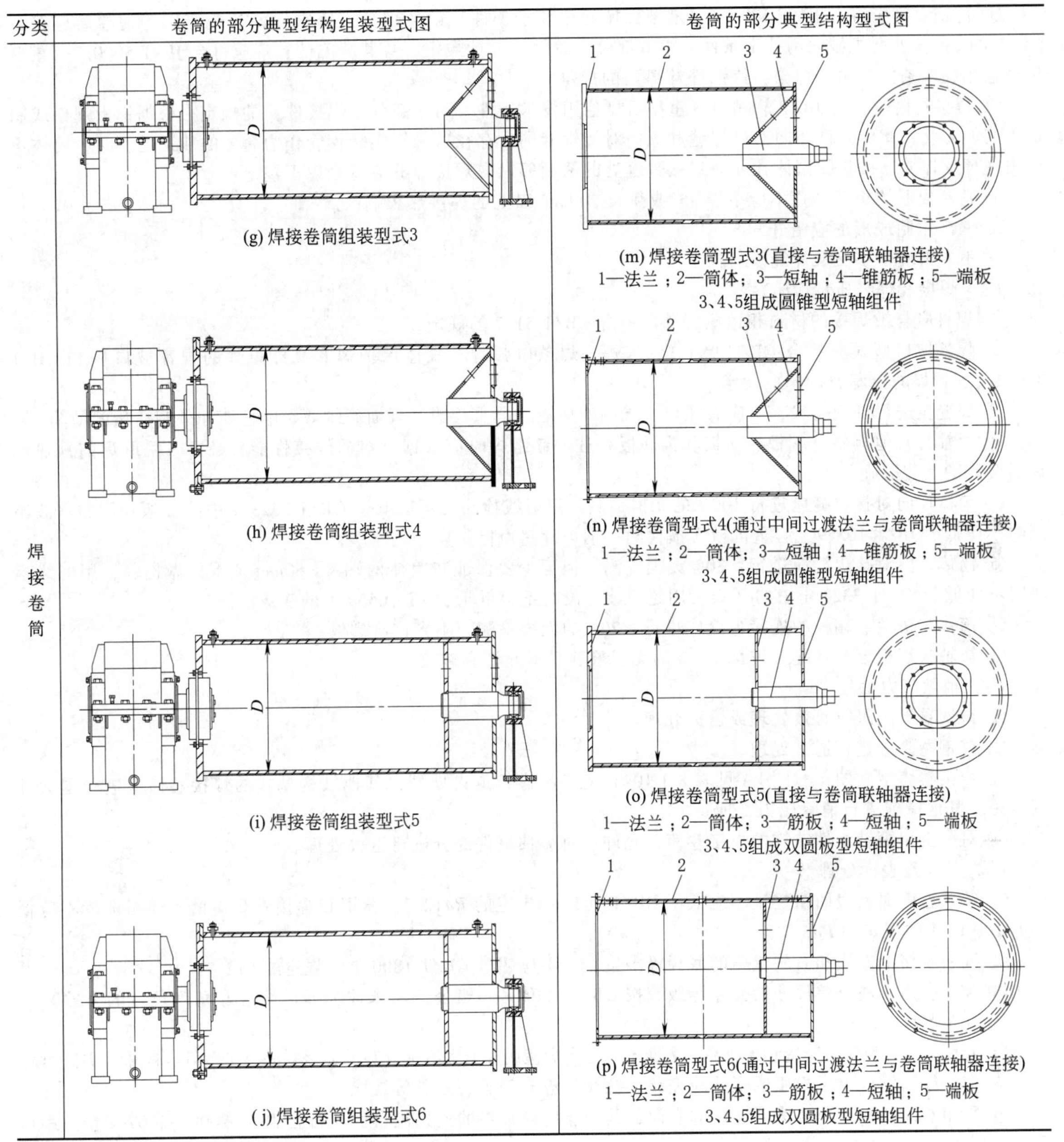

(g) 焊接卷筒组装型式3

(h) 焊接卷筒组装型式4

(i) 焊接卷筒组装型式5

(j) 焊接卷筒组装型式6

(m) 焊接卷筒型式3(直接与卷筒联轴器连接)
1—法兰；2—筒体；3—短轴；4—锥筋板；5—端板
3、4、5组成圆锥型短轴组件

(n) 焊接卷筒型式4(通过中间过渡法兰与卷筒联轴器连接)
1—法兰；2—筒体；3—短轴；4—锥筋板；5—端板
3、4、5组成圆锥型短轴组件

(o) 焊接卷筒型式5(直接与卷筒联轴器连接)
1—法兰；2—筒体；3—筋板；4—短轴；5—端板
3、4、5组成双圆板型短轴组件

(p) 焊接卷筒型式6(通过中间过渡法兰与卷筒联轴器连接)
1—法兰；2—筒体；3—筋板；4—短轴；5—端板
3、4、5组成双圆板型短轴组件

4.5.3 卷筒技术要求（摘自 JB/T 9006—2013）

（1）材料

① 铸铁卷筒材料的力学性能不应低于 GB/T 9439—2023《灰铸铁件》表 1 中规定的 HT200 灰铸铁，铸钢卷筒材料的力学性能不应低于 GB/T 11352—2009《一般工程用铸造碳钢件》表 2 中规定的 ZG270~500 铸钢。

② 推荐焊接卷筒钢板（包括用无缝钢管做筒体）材料的力学性能不应低于 GB/T 700—2006《碳素结构钢》表 2 中规定的 Q235B，也可以采用力学性能和焊接性能均不低于上述材料的其他材料。

③ 焊接卷筒短轴材料的力学性能不应低于正火状态下硬度为 140~180HBW 的 35 钢，也可以采用力学性能和焊接性能均不低于上述材质的其他材料。

④ 短轴材料应进行化学成分检验、硬度检验和超声波无损探伤检验，无损探伤检验质量等级应达到 JB/T 5000.15—2007《重型机械通用技术条件　第 15 部分：锻钢件无损探伤》表 7 中的Ⅲ级。

（2）筒体

① 铸铁卷筒应符合 JB/T 5000.4《重型机械通用技术条件　第 4 部分：铸铁件》的规定。铸钢卷筒应符合 JB/T 5000.6《重型机械通用技术条件　第 6 部分：铸钢件》的规定，且其缺陷的补焊应符合 JB/T 5000.7《重型机械通用技术条件　第 7 部分：铸钢件补焊》的规定。

② 焊接卷筒应符合 JB/T 5000.3《重型机械通用技术条件　第 3 部分：焊接件》的规定。根据钢板规格或制造工艺的需要，筒体允许环向对接焊缝和纵向对接焊缝同时存在。采用无缝钢管作为筒体的加工毛坯时，筒体不应出现环形焊缝。接长的筒体在环向对接焊缝处的两相邻纵向对接焊缝应符合以下规定：

a. 卷制成形的错开位置不应小于 45°或弧长 200mm 以上的焊接热影响区。

b. 两半压制成形的应错开 90°。

c. 不应出现十字交叉焊缝。

（3）焊接及焊缝质量检验

① 焊材应与被焊接的材料相适应，并应符合 GB/T 5117 的规定。

② 焊缝坡口型式应符合 GB/T 985.1《气焊、焊条电弧焊、气体保护焊和高能束焊的推荐坡口》和 GB/T 985.2《埋弧焊的推荐坡口》的规定。

③ 焊缝应进行外观检验，不应有弧坑、飞溅、熔渣、严重咬边、表面裂纹等影响性能和外观质量的缺陷。

④ 短轴与其他板件（端板、筋板和锥筋板）往一起组焊时应根据材料的焊接性能，必要时采取焊前预热和焊后缓冷的工艺措施。

⑤ 筒体环向对接焊缝应进行 100%的无损检测；用射线检测时不应低于 GB/T 3323.1 中的 B 级；用超声波检测时不应低于 JB/T 10559《起重机械无损检测　钢焊缝超声检测》中的 1 级。

⑥ 筒体纵向对接焊缝应进行≥20%无损检测，但至少要保证在筒体两端各 160mm 范围内做检验；用射线检测时不应低于 GB/T 3323.1 中的 B 级；用超声波检测时不应低于 JB/T 10559 中的 3 级。

⑦ 筒体与法兰、端板的连接焊缝应进行≥20%的无损检测，不允许有裂纹。

⑧ 短轴与端板连接焊缝应进行 100%的无损检验，不允许有裂纹。

（4）消除应力处理

① 铸铁卷筒应进行时效处理或退火处理。

② 铸钢卷筒应进行退火处理。

③ 焊接卷筒型式图 k 和图 l（见表 8-1-104）允许不进行退火处理，其他结构型式的焊接卷筒应进行退火处理或采取其他措施进行消除应力处理。

④ 对圆锥型短轴组件结构的焊接卷筒，允许只对短轴组件部分进行退火处理。

（5）外观及表面处理

① 铸铁卷筒绳槽表面粗糙度不应低于 GB/T 1031 中规定的 *Ra*12.5，铸钢和焊接卷筒绳槽表面粗糙度不应低于 GB/T 1031 中规定的 *Ra*6.3。

② 同一卷筒上左旋和右旋绳槽的底径极限偏差，不应超过 GB/T 1800.1 中规定的 h12。

③ 加工表面未注公差尺寸的公差等级应按 GB/T 1804《一般公差　未注公差的线性和角度尺寸的公差》中的 m 级（中等级）。

④ 卷筒不应有裂纹。铸造卷筒成品的表面不应有影响使用性能和有损外观的显著缺陷（如气孔、疏松、夹渣等）。

⑤ 铸造卷筒钢丝绳压板用的螺孔应完整，螺纹不应有破碎、断裂等缺陷。

⑥ 采用卷筒联轴器与减速器连接的卷筒，其与卷筒联轴器的连接配合面应符合 JB/T 7009—2007《卷筒用球面滚子联轴器》中的配合技术要求。

⑦ 卷筒加工后需配合的部位应涂抗腐蚀的防锈油，其余应涂防锈漆。

（6）形位公差

卷筒上配合圆孔的圆度 t_1、同轴度 Φt_2、左右螺旋槽的径向圆跳动 t_3 以及端面圆跳动 t_4，不得大于 GB/T 1184《形状和位置公差　未注公差值》中的下列值：

$t_1 \leqslant$ 配合孔的公差带/2；

Φt_2 不低于 8 级；

$t_3 = D/1000 \leqslant 1.0$；

t_4 不低于 8 级。

（7）使用条件

① 使用环境温度为-20～+40℃，超出该范围由用户与制造商协商解决。

② 钢丝绳绕进或绕出卷筒时，其钢丝绳中心线偏离螺旋槽中心线两侧的角度不应大于 3.5°；对大起升高度

及 D/d 值较大的卷筒，其钢丝绳偏离螺旋槽中心线的允许偏斜角应由计算确定。

③ 对于无绳槽多层卷绕卷筒，当未采用排绳装置时钢丝绳中心线与卷筒轴垂直平面的偏离角度不应大于 1.7°。

(8) 卷筒的修复及报废

① 铸造卷筒出现影响性能的表面缺陷（如：裂纹等）时，应报废。

② 焊接卷筒出现影响性能的裂纹时，应采取焊补措施；如不能修复，应报废。

③ 绳槽槽底壁厚磨损达原设计壁厚的 20%时，应报废。

(9) 其他

① 钢丝绳在卷筒上应能按顺序整齐排列。只缠绕一层钢丝绳的卷筒，应做出螺旋形槽。用于多层缠绕的卷筒，应采用使用排绳装置或便于钢丝绳自动转层缠绕的凸缘导板结构等措施。

② 多层缠绕的卷筒，应有防止钢丝绳从端部滑落的凸缘。当钢丝绳全部缠绕在卷筒后，凸缘超出缠绕钢丝绳外表面的高度不应小于钢丝绳直径的 1.5 倍（对塔式起重机是钢丝绳直径的 2 倍）。

③ 用于电动葫芦的卷筒，推荐采用焊接的方法制作。

④ 钢丝绳在卷筒上绳端的固定应符合 GB/T 3811—2008《起重机设计规范》和 GB/T 5975《钢丝绳用压板》的规定。

4.6 卷筒组系列和主要零件尺寸

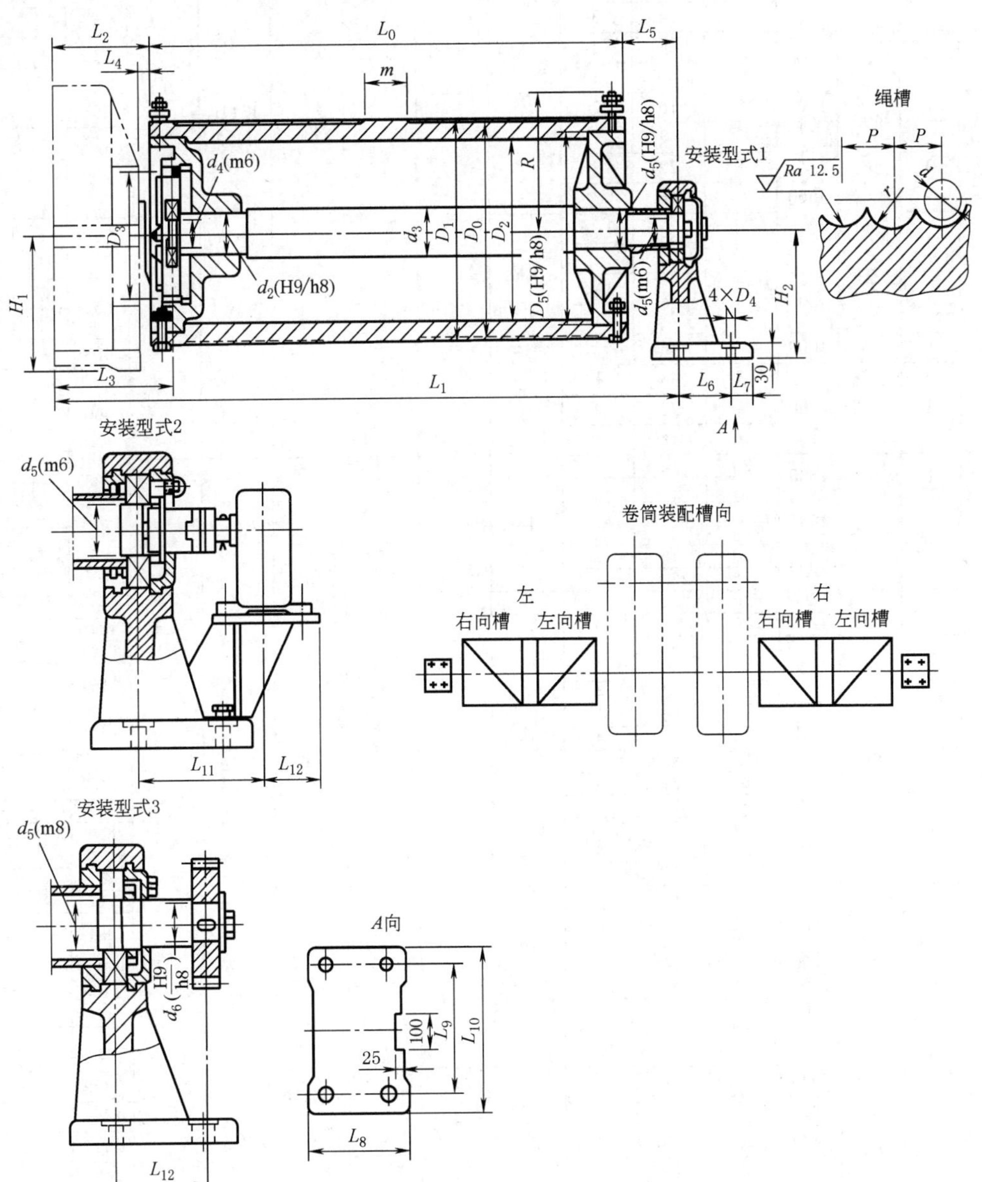

表 8-1-105 齿轮连接盘式卷筒组系列

型号		规格 D_0	规格 L_0	起重量/t	最大起升高度/m	滑轮组倍率	钢绳直径 d/mm	型式	槽向	相配的减速器	轴承型号	轴承数量	质量/kg	备注
T153	1	300	1000	5	16	2	11	2	左右	ZQ-400	1608/1313	1/1	264	中级
T143	1												254	
	2		1500		24		11	1					344	
	3		2000		34								434	
T144	1	400	1000		16		14			ZQ-500	1311/1313	1/1	339	重级
	2												340	电磁
	3		1500	3	43	1							456	中级
				5	22	2								
				10	16	3								中、重级
	4		2000	3	50	1							564	
				5	36	2								
				10	24	3								
	5		2500	5	46	2							682	
				10	30	3								
T154	1		1000	5	16	2		2					408	重级
	2		1500	3	43	1							460	
				5	22	2								
				10	16	3								
	3			5	22	3~5	16						520	抓斗开闭用
						1								抓斗升降用
	4		2000		36	3~5							651	抓斗开闭用
						1								抓斗升降用
T149	1		1000		16	2	14	3					408	
	2		1500	3	43	1							460	
				5	22	2								
				10	16	3								
T145	1	500	1500	20	12	4	18	1	左右	ZQ-650	1616	2	788	中、重级
				15	16	3								
	2		1485	10	22	2							777	
	3		2000	20	16	2							972	
				15	22.5	3								
	4		1500	10	22		14						780	
	5		1200	16	12		18						660	
	6		2500	15	32		16						1194	
	7				30		18						1164	
				20	22	4								
	8		2800	15	30	3							1276	
				20	22	4								
	9		3800	15	42	3							1650	
				20	32	4								
	10		1000	7.5+7.5	14	2							593	
T155	1		1500	10	20	3~5	19.5	2					884	抓斗升降、开闭用
	2			20	12	4	18						789	
				15	16	3								
	3		1200	5	15	3~5	16						752	抓斗升降、开闭用
	4		2000	20	16	4	18						981	
				15	22	3								
	5		1000	7.5+7.5	14	2							595	
	6		2000	10	34	3~5	19.5						1106	抓斗升降、开闭用
T171	1		1200	16	12	3	18						648	
	2		1500	20		4							760	
	3		1300	16		3			右				685	仅用于单梁重级
T208		650	2000	30	17	4	21	1	左右	ZQ-850	3522		1379	
T209		700	1860	15	30	3~5	23.5	2					1843	抓斗用
T211		800	1800	20	26		27			ZQ-1000			2217	抓斗用
T210			2000	50	13	5	24	1					2484	

第8篇

表 8-1-106 **齿轮连接盘式卷筒组尺寸**

型号		起重量/t	规格		尺寸/mm																											
			D_0	L_0	m	P	r	D_1	D_2	D_3	D_4	D_5	d	d_2	d_3	d_4	d_5	d_6	L_1	L_2	L_3	L_4	L_5	L_6	L_7	L_8	L_9	L_{10}	L_{11}	L_{12}	R	H_1/H_2
T153	1			1000	38														1288				100						210	100		
T143	1					13	7	308	265	168		275	40	75	80	75	65		1318	188	207.5	33									180	250
	2	5	300	1500	82														1818				130									
	3			2000	38														2318													
T144	1			1000	48														1330	200		25										
	2																		1368.5													
	3	3			250																											
		5		1500	150														1868.5										—	—		
		10			50																											
	4	3			250																											
		5		2000	150	16	8	409											2363.5													
		10			50						22													140	35	220	300	370				
	5			2500															2868.5													
T154	1	5		1000	48				365	224		370	55	75	90	85	65		1368.5	228.5	238.5	53.5	140								235	300
	2	3	400		250																											
		5		1500	150														1868.5													
		10			50																								206	89		
	3				250	22	9	418																								
	4	5		2000															2368.5													
T149	1			1000	48														1368.5													
	2	3			250																											
		5		1500	150	16	8	409										45	1868.5										100	—		
		10			50																											

续表

型号		起重量/t	规格 D0	L0	m	P	r	尺寸/mm D1	D2	D3	D4	D5	d	d2	d3	d4	d5	d6	L1	L2	L3	L4	L5	L6	L7	L8	L9	L10	L11	L12	R	H1/H2
T145	1	15	500	1500	120	20	10	512	456	330	22	465	80	95	110	105	80		1895	250	310	15	145	210	40	310	355	435	—	—	325	320
		20																														
	2	10		1485	105															265		30										
		15																														
	3	15		2000	120														2395	250		15										
		20																														
	4	10		1500	50	16	8	509											1910	265		30										
	5	16		1200	50	20	10	512											1610													
	6	15		2500	120	18	19	511											2910													
	7	15				20	10	512																								
		20																														
	8	15		2800	400														3210													
		20																														
	9	15		3800															4210													
		20																														
	10	7.5		1000	50														1395	250		15										
		7.5																														
T155	1	10		1500	300	26		524											1895										230	100		
	2	15			120	20		512																								
		20																														
	3	5		1200	200	22	9	522											1595													
					330																											
	4	15		2000	120	20	10	512											2395	265		30	130									
		20																														
	5	7.5		1000	50														1395	250		15	145									
		7.5																														
	6	10		2000	300	26		524											2395													
T171	1	16		1200	80	20		512											1535	265		30	70								316	
	2	20		1500	120														1835													
	3	16		1300	80														1635													
T208		30	650	2000	150	24	11.5	664	590	432		600	100	120	130	120	110		2420	320	363		10	200	50	320	410	500	—	—	402	400
T209		15	700	1860	400	32	13	728	640			650							2320				140						230	100	434	
T211		20	800	1800		36	15	832	740	480		750		130	140	130			2300	350	442	20	150								486	
T210		50		2000	350	26	13	816			26								2450				100				460	550	—	—	478	400/460

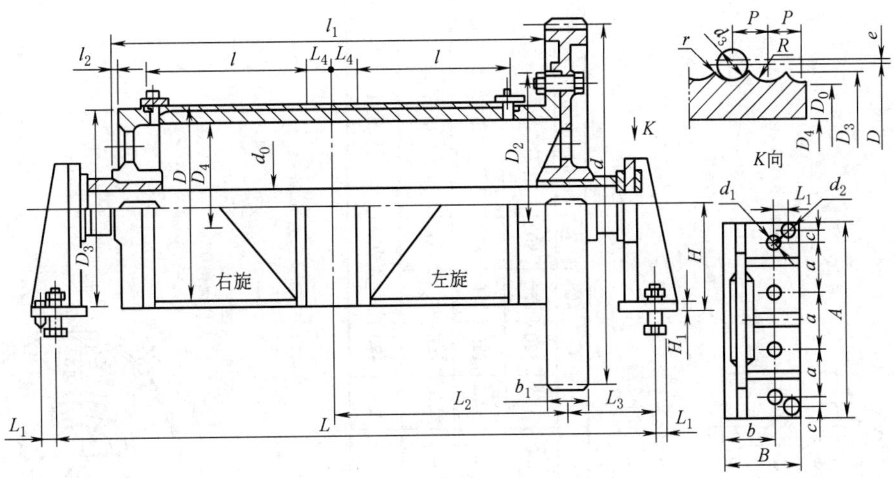

表 8-1-107　　周边大齿轮式卷筒组系列尺寸　　mm

D	d'（节圆）	D_2（H9/h9）	D_3	D_4	D_0（h9）	$d_{0\ -0.05}^{\ \ 0}$	L	L_1	L_2	L_3	L_4	l	l_1	l_2	H	H_1	A	B
300	644	450	295	259	289	45	984	20	395.5	126	39.5	286	760	10	170	12	260	100
300	664	450	295	251	287	55	1092	20	445.5	131	42.5	330	860	10	170	12	260	100
400	828	580	392.5	344	382.5	65	1231	20	496.5	154	51.5	357	960	10	215	16	320	110
400	870	580	390	338	380	75	1278	20	517	159	53	374	1000	10	215	16	320	110
400	1044	580	388.5	322	376.5	80	1483	20	624.5	164	60.5	459	1200	10	265	16	370	110
600	1032	800	588.5	530	578.5	85	1622	30	691.5	171	58.5	528	1330	10	315	20	370	120
600	1232	800	588.5	530	578.5	95	2302	30	1033	176	58.5	864	2000	15	315	20	370	120
800	1312	1020	790	722	774	105	2375	30	1025	220	64.5	812	2000	15	315	28	370	120
800	1376	1020	787.5	713	771.5	110	2555	30	1115	220	69	899	2180	15	315	28	370	120
800	1512	1020	787.5	703	767.5	120	2725	30	1205	220	73.5	986	2350	15	315	28	420	120
1000	1760	1240	989	883	963	140	2792	40	1225	261	85	960	2350	10	315	30	540	170
1000	1760	1240	989	883	963	140	3272	40	1465	261	85	1200	2830	10	315	30	540	170

D	a	b	c	e	d_1	d_2	d_3	P	R	r	齿轮			质量/kg	起重量/t	起升高度/m	速度/m·min^{-1}
											b_1	模数	齿数				
300	65	70	15	1.5	14	8	11	13	7	1	70	7	92	218.5	5	8~13	2.2
300	65	70	15	1.5	18	8	13	15	8	1.25	80	8	83	299	8	8~13	2.2
400	85	90	15	1.25	18	10	17.5	21	10	3	100	9	92	532	12.5	8~13	2.2
400	85	90	15	1.75	18	10	20	22	11.5	1.5	110	10	87	673	16	8~13	2.2
400	85	90	15	1.75	18	10	23.5	27	13.5	2	120	12	87	866.3	25	8~13	2.2
600	100	110	15	1.75	22	13	21.5	24	12.5	4	130	12	86	1113	40	8~13	1.8
600	100	110	15	1.5	22	13	21.5	24	12.5	4	140	14	88	1713	63	10~16	1.2
800	100	110	15	1.5	26	13	26	28	14.5	2.5	170	16	82	2642	80	10~16	1.8
800	100	110	15	1.25	26	13	28.5	31	15.5	3	170	16	86	2976	100	10~16	1.4
800	125	110	15	1.75	26	13	32.5	34	18	3	170	18	84	3771	1325	10~16	1.1
1000	150	160	20	1.5	33	13	37	40	20	3	200	20	88	5373	160	10~16	1.5
1000	150	160	20	1.5	33	13	37	40	20	3	200	20	88	5943	200	10~16	1.1

注：1. 本设备用于启闭闸门，所用钢丝绳均为 6×19+1。

2. 起重量 5~20t 可以手摇、电动两用。D=1000mm 时为双驱动。

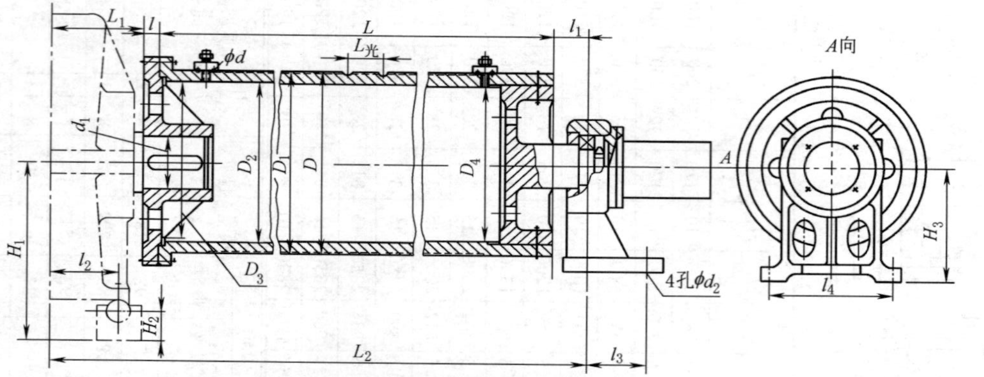

表 8-1-108

短轴式卷筒组系列尺寸

mm

起重量/t	起升高度/m	钢丝绳直径 d	D	D_1	D_2	$D_3=D_4$	d_1	d_2	H_1	H_2	H_3	L	L_1	L_2	l	l_1	l_2	l_3	l_4	$L_{光}$	配用减速器的中心距
5	20	11	350	358	314	322	80	17	390	65	270	1230	200	1515	25	60	155	120	250	80	500
8	16	14																			
8	24	14	350	358	314	322	80	17	390	65	270	1700	200	1985	25	60	155	120	250	80	500
12.5	16																				
16	18	16	500	510	455	464	110	21	425	65	320	1700	265	2065	30	70	205	150	330	150	650
20	14																				
32	16	19.5	600	614	545	560	130	25	530	80	380	2100	325	2545	40	80	260	380	380	200	850
50	12	21.5																			

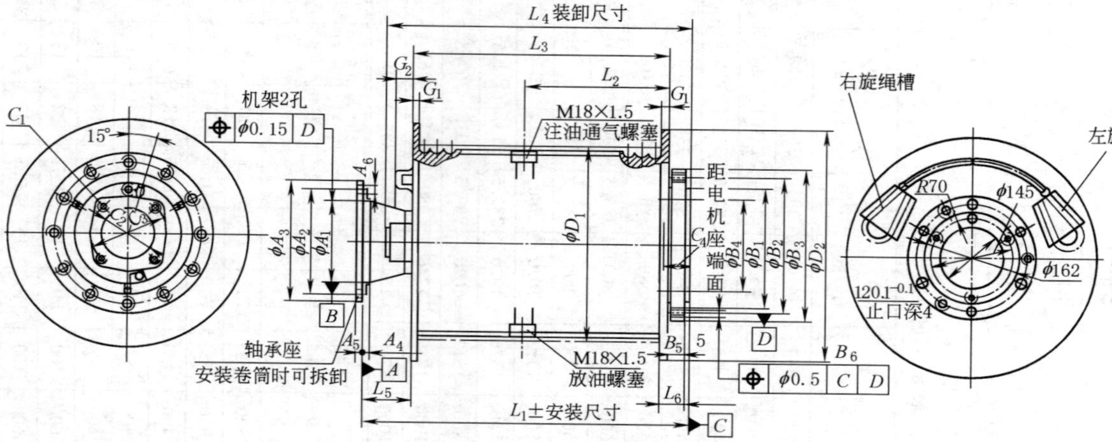

表 8-1-109　　内藏行星齿轮式卷筒组系列尺寸

减速器型号	输出转矩/N·m		单绳拉力（第一层）	左法兰						右法兰						卷筒													
																D_1		D_2		L_1		L_2	L_3		L_4	L_5	L_6	G_1	G_2
	T_{nom}	T_{max}	F_{nom}/N	A_1	A_2	A_3	A_4	A_5	A_6	B_1	B_2	B_3	B_4	B_5	B_6	最小	现有	最小	现有	最小	现有		最小	现有					
J_1-33	3300	5300	21200	150	175	200	8	15	11	240	265	290	210	18	12×M10	310											23	15	
J_1-40	4000	6400	25800	150	175	200	8	15	11	240	265	290	210	18	12×M10	310	312		440		440	190		335	387	85	23	15	20
J_1-55	5500	8800	30600	150	175	200	8	15	11	260	285	310	230	20	12×M12	360											25	15	
J_1-70	7000	11100	38900	175	200	225	10	15	11	260	285	3100	230	20	12×M12	360	360		480		525	277		435	505	65	25	15	25
J_1-90	9000	14300	50000	175	200	225	10	15	11	300	330	360	260	20	18×M16	360	360		524		540	291		455	519	60	25	16	32
J_1-115	11500	18300	63900	175	200	225	10	15	11	300	330	360	260	25	18×M16	360											25	16	
J_1-140	14000	22200	73300	200	230	260	12	18	14	330	370	400	280	25	18×M16	380	385		520		570	307		475	545	65	30	16	32
J_1-170	17000	27000	78700	200	230	260	12	18	14	330	370	400	280	25	18×M16	430			620		790	345		695	763	65	30	17	34
J_1-200	20000	31800	88900	200	230	260	12	18	14	360	400	430	295	25	18×M20	450											30	19	
J_1-240	24000	38100	106700	230	260	290	15	25	18	360	400	430	295	25	8×M20	450											30	19	
J_1-280	28000	44400	116700	230	260	290	15	25	18	385	425	465	360	30	18×M20	480											35	22	
J_1-340	34000	54000	141700	230	260	29	15	25	18	385	425	465	360	30	18×M20	480											35	22	

注：尺寸 C_1～C_4 按所配用电机而定。

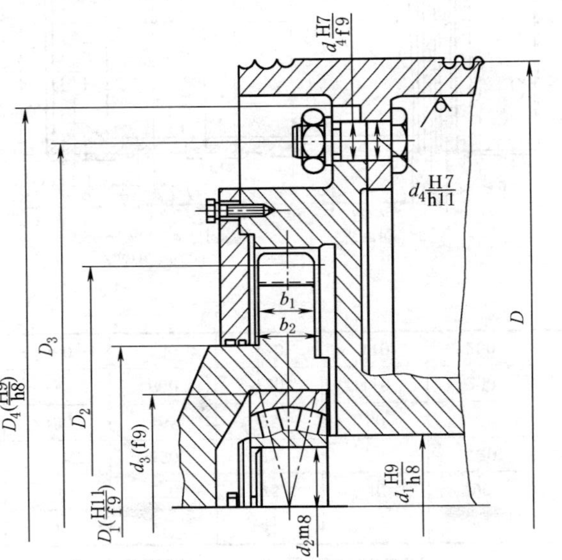

第8篇

表 8-1-110　齿轮连接盘与减速器卷筒的配合及尺寸

mm

卷筒直径 D	模数 m	齿数 z	D_1	D_2	D_3	D_4	d_1	d_2	d_3	d_4	b_1	b_2	配用减速器的中心距
300	3	56	135	168	240	270	75	40	90	17	25	32	400
400	4	56	170	224	315	350	75	55	120	17	35	42	500
500	6	56	260	336	430	465	95	80	170	17	40	47	650
650	8	54	260	432	555	600	120	110	200	25	50	57	850
800	10	48	280	480	660	730	130	110	200	32	60	72	1000

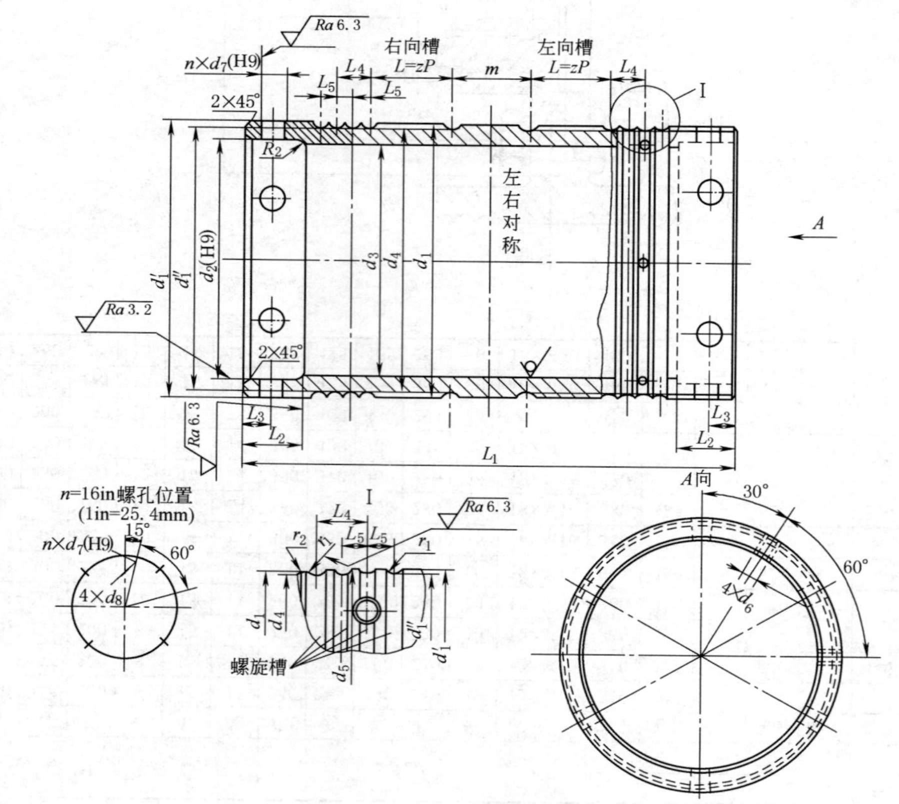

表 8-1-111 卷筒 mm

规格	d_1	d_1'	d_1''	d_2	d_3	d_4	d_5	d_6	$n\times d_7$(H9)	m	L_1	L_2	L_3	L_4	L_5	r_1	r_2	质量/kg	备注
φ300×1000	308	308		275	265	300	304	12	12×17	38	1000	60	19.5	26	12.5	6	0.7	140	
φ300×1500										82	1500							210	
φ300×2000										38	2000				13			280	
φ400×1000	409	409		370	365	400	405	14		48	1000	98.5	56.5	32	16	8		186	
φ400×1000												70	28	32	16	8	0.7	186	
φ400×1500	409	409		370	365	400	405	14		250	1500	70	28	32	16	8	0.7	280	3t 用
										150									5t 用
										50									10t 用
	418	—	409							250				38		9	2	317	抓斗开闭及起升用
φ400×2000	409	409									2000			32		8		372	3t 用
										150									5t 用
										50									10t 用
										250								423	
φ400×2500	409	409		370	365	400	405	14	12×17	50	2500	70	28	32	16	8	0.7	465	5t 及 10t 用
φ500×1000	512	512		465	456	500	508	20	16×17		1000	92	45	40	20	10	2	313	
φ500×1200	518	518					514			330	1200			44		9		455	开闭 $m=330$
										200									起降 $m=200$
	512	512					508			80	2000	77	30	40		10	1.5	355	
φ500×1300											1300							385	
φ500×1485										105	1480						1	460	10t 及 15t 用
										120								470	
φ500×1500	509	512		465	456	500	505	20	16×17	50	1500	77	30	36	20	8	1.4	450	
	524	524					520			300		92	45	45			2	565	
φ500×2000	512	512					508			120	1200	77	30	10		10	1.5	445	
											2000	92	45				2	626	15t 及 20t 用
												77	30						
	524	524					520			300		92	15	45		9		750	
φ500×2500	512	512					507			120	2500	77	30	40		10	1	780	
							508										1.5	760	15t 及 20t 用
φ500×2800										400	2800							850	
φ500×3800											3800							1150	15t 及 20t 用
φ650×2000	664	664		600	590	650	658	24	16×25	150	2000	100	45	48	24	11.5	1	939.7	
φ700×1860	728	728		650	640	700	722			400	1800	120	47	64	32	13	3	1380	
φ800×1800	832	832		750	740	800	826		16×28		1800		55	72	36	15		1450	
φ800×2000	816	816					810			350	2000			56	28	13	1.5	1760	

注：最大起升高度时，固定钢丝绳部分按直槽加工，其余按螺旋槽加工；图中双点画线部分为自钢绳固定部分开始向卷筒两端按 d_1'' 加工，而不按 d_1' 加工。

第 8 篇

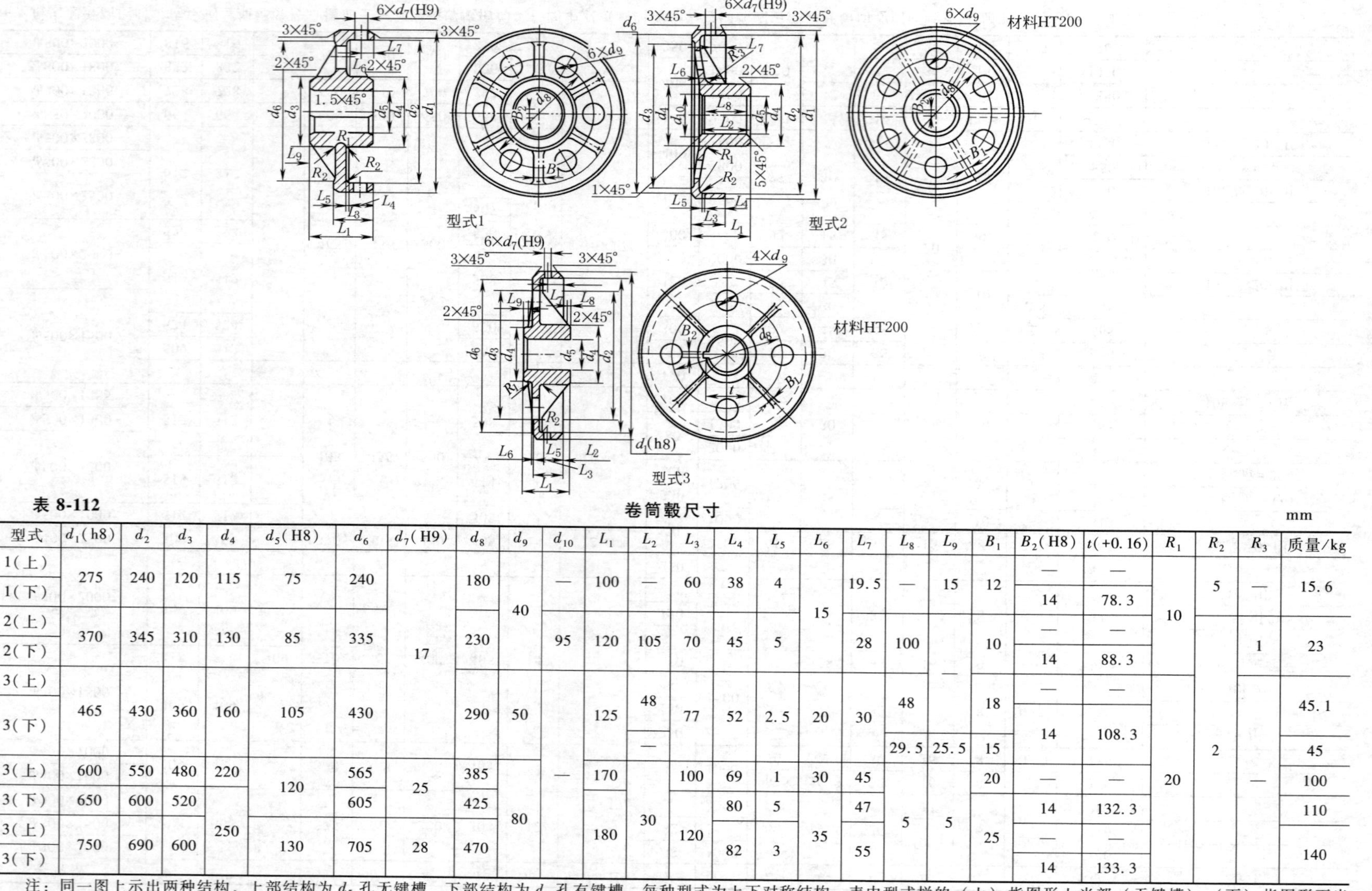

表 8-112

卷筒毂尺寸

mm

型式	d_1(h8)	d_2	d_3	d_4	d_5(H8)	d_6	d_7(H9)	d_8	d_9	d_{10}	L_1	L_2	L_3	L_4	L_5	L_6	L_7	L_8	L_9	B_1	B_2(H8)	t(+0.16)	R_1	R_2	R_3	质量/kg
1(上)	275	240	120	115	75	240	17	180	40	—	100	—	60	38	4	15	19.5	—	15	12	—	—	10	5	—	15.6
1(下)																					14	78.3				
2(上)	370	345	310	130	85	335		230		95	120	105	70	45	5		28	100	—	10	—	—		2	1	23
2(下)																					14	88.3				
3(上)	465	430	360	160	105	430		290	50	—	125	48	77	52	2.5	20	30	48		18	—	—	20		—	45.1
3(下)																					14	108.3				
												—						29.5	25.5	15						45
3(上)	600	550	480	220	120	565	25	385	80		170	30	100	69	1	30	45	5	5	20	—	—				100
3(下)	650	600	520	250		605		425			180		120	80	5	35	47			25	14	132.3				110
3(上)	750	690	600		130	705	28	470						82	3		55				—	—				140
3(下)																					14	133.3				

注：同一图上示出两种结构，上部结构为 d_5 孔无键槽，下部结构为 d_5 孔有键槽，每种型式为上下对称结构，表中型式栏的（上）指图形上半部（无键槽），（下）指图形下半部（有键槽）。

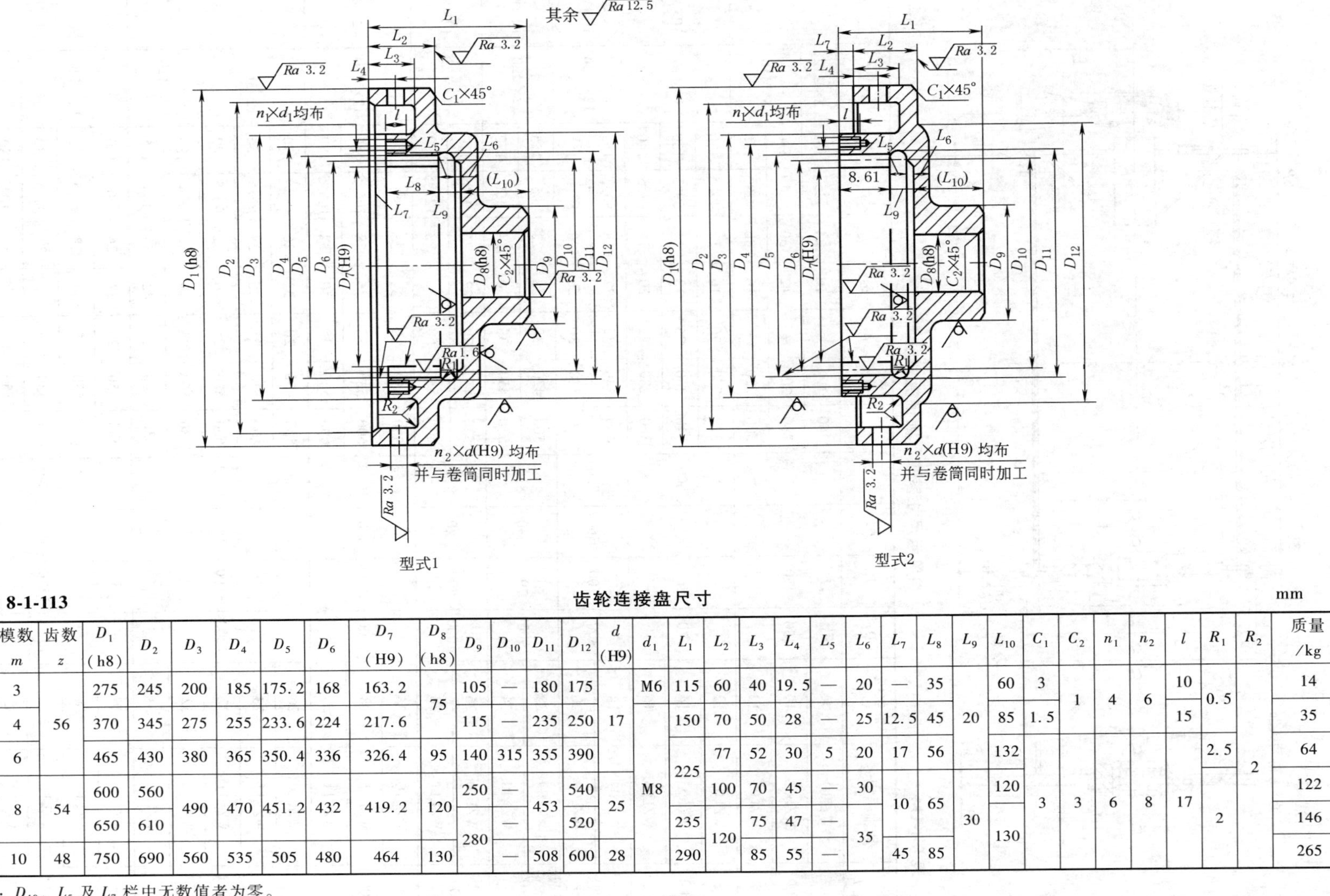

型式1　　型式2

表 8-1-113　　**齿轮连接盘尺寸**　　mm

型式	模数 m	齿数 z	D_1 (h8)	D_2	D_3	D_4	D_5	D_6	D_7 (H9)	D_8 (h8)	D_9	D_{10}	D_{11}	D_{12}	d (H9)	d_1	L_1	L_2	L_3	L_4	L_5	L_6	L_7	L_8	L_9	L_{10}	C_1	C_2	n_1	n_2	l	R_1	R_2	质量 /kg
1	3		275	245	200	185	175.2	168	163.2	75	105	—	180	175		M6	115	60	40	19.5	—	20	—	35		60	3	1	4	6	10	0.5		14
2	4	56	370	345	275	255	233.6	224	217.6		115	—	235	250	17		150	70	50	28	—	25	12.5	45	20	85	1.5				15			35
	6		465	430	380	365	350.4	336	326.4	95	140	315	355	390			225	77	52	30	5	20	17	56		132						2.5	2	64
1	8	54	600	560	490	470	451.2	432	419.2	120	250	—	453	540	25	M8		100	70	45	—	30	10	65	30	120	3	3	6	8	17	2		122
			650	610							280	—		520			235	120	75	47	—	35				130								146
	10	48	750	690	560	535	505	480	464	130		—	508	600	28		290		85	55	—		45	85										265

注：D_{10}、L_5 及 L_7 栏中无数值者为零。

第 8 篇

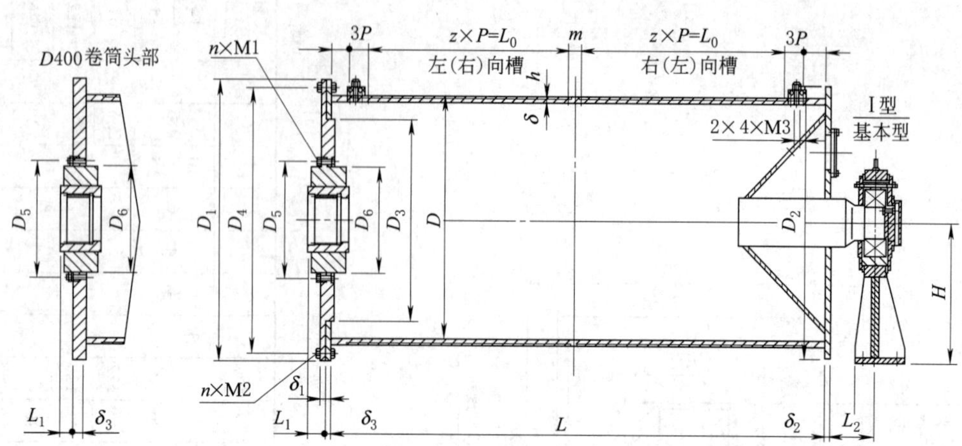

表 8-1-114 **卷筒组尺寸参数**（圆锥板型短轴式） mm

卷筒直径 D	联轴器型号	钢丝绳规格	D_1	D_2	D_3	D_4	D_5	D_6	δ_1	δ_2	δ_3	L_1	L_2	n×M1	n×M2
400	WZL01	8	450	450	—	—	260	190	—	10	24	25	130	8×M12	—
	WZL02	10					280	200	—	12	30	24	130	8×M16	
	WZL03	12					300	220	—	16	30	28	130		
500	WZL04	12	670	560	450	600	320	240	20	16	12	49.5	130	8×M16	10×M20
	WZL05	14					340	260	25	18	14	69.5	130		
	WZL06	16					360	280	25	20	16	73.5	140		
630	WZL07	18	800	700	560	730	400	340	25	22	18	83.5	155	12×M20	10×M20
	WZL08	20					450	380	30	26	20	87.5	155		
710	WZL09	22	900	790	630	830	500	420	30	28	22	95	155	12×M20	12×M20
	WZL10	24					530	450	30	30	24	100	170		
800	WZL10	26	1000	890	720	930	530	450	30	32	26	100	170	12×M20	12×M20
	WZL11	28					600	530	50	36	28	121.5	180		
900	WZL10	26	1100	1000	810	1020	530	450	20	32	26	90	170	12×M20	12×M24
	WZL11	28					600	530	35	36	28	106.5	180		
	WZL11	32					600	530	35	40	32	106.5	180		
1000	WZL10	26	1200	1100	910	1120	530	450	20	32	26	90	170	12×M20	12×M24
	WZL11	28					600	530	25	36	28	96.5	180		
	WZL11	32					600	530	25	40	32	96.5	180		
	WZL12	32					630	560	25	40	32	104	180	24×M20	
	WZL12	34					630	560	25	42	34	104	195		
1120	WZL10	26	1320	1220	1020	1240	530	450	20	32	26	90	170	12×M20	12×M24
	WZL11	28					600	530	25	36	28	96.5	180		
	WZL11	32					600	530	25	40	32	96.5	180		
	WZL12	32					630	560	25	40	32	104	180	24×M20	
	WZL12	34					630	560	25	42	34	104	195		

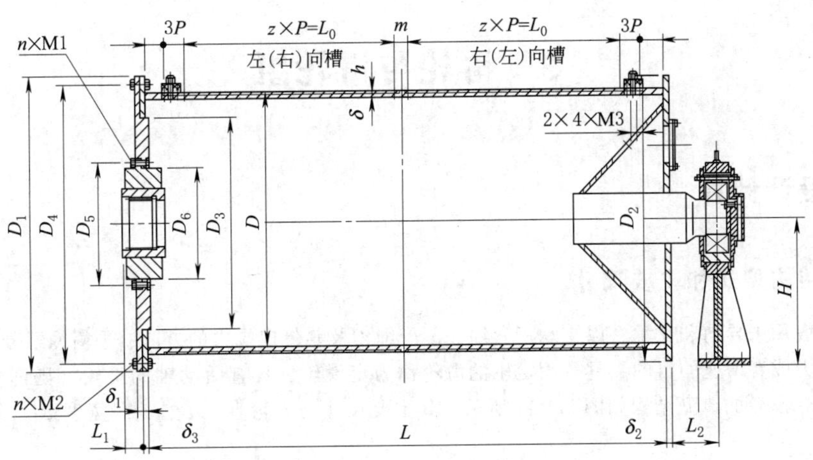

表 8-1-115　卷筒组尺寸参数（双圆板型短轴式） mm

卷筒直径 D	联轴器型号	钢丝绳规格	D_1	D_2	D_3	D_4	D_5	D_6	δ_1	δ_2	δ_3	L_1	L_2	n×M1	n×M2
1250	WZL10	26	1450	1360	1150	1670	530	450	20	26	26	90	170	12×M20	16×M24
	WZL11	28					600	530	25	28	28	96.5	180	12×M20	
	WZL11	32					600	530	25	32	32	96.5	180	12×M20	
	WZL12	32					630	560	25	36	36	104	180	24×M20	
	WZL12	36					630	560	25	36	36	104	195	24×M20	
	WZL13	36					660	600	35	36	36	110.5	205	24×M24	
1320	WZL11	32	1520	1430	1220	1440	600	530	25	32	32	96.5	180	12×M20	16×M24
	WZL12	32					630	560	25	32	32	104	180	24×M20	
	WZL12	36					630	560	25	36	36	104	195	24×M20	
	WZL13	36					660	600	35	36	36	110.5	205	24×M24	
1400	WZL11	28	1600	1510	1290	1520	600	530	25	28	28	96.5	180	12×M20	16×M24
	WZL12	32					630	560	25	32	32	104	180	24×M20	
	WZL12	36					630	560	25	36	36	104	195	24×M20	
	WZL13	36					660	600	35	36	36	110.5	205	24×M24	
1500	WZL11	28	1700	1620	1390	1620	600	530	25	28	28	96.5	180	12×M20	16×M24
	WZL12	32					630	560	25	32	32	104	180	24×M20	
	WZL13	32					660	600	35	32	32	110.5	195	24×M24	
	WZL12	36					630	560	25	36	36	104	195	24×M20	
	WZL13	36					660	600	35	36	36	110.5	180	24×M24	
1600	WZL11	28	1800	1720	190	1720	600	530	25	28	28	96.5	180	12×M20	18×M24
	WZL12	32					630	560	25	32	32	104	180	24×M20	
	WZL13	32					660	600	35	32	32	110.5	180	24×M24	
	WZL12	36					630	560	25	36	36	104	195	24×M20	
	WZL13	36					660	600	35	36	36	110.5	195	24×M24	
	WZL14	38					730	670	35	38	38	123	205	24×M24	
1800	WZL12	32	2000	1920	1680	1920	630	560	25	32	32	104	180	24×M20	20×M24
	WZL13	32					660	600	35	32	32	110.5	180	24×M24	
	WZL13	36					660	600	35	36	36	110.5	195	24×M24	
	WZL14	38					730	670	35	38	38	123	20	24×M24	
	WZL15	40					800	730	35	40	40	134.5	210	24×M24	

5 滑轮与滑轮组

5.1 滑轮设计计算

5.1.1 滑轮结构型式和主要尺寸

绳索滑轮一般用来导向和支承，以支承钢丝绳、改变绳索及其传递拉力的方向、平衡绳索分支的拉力、组成滑轮组以达到省力或者增速的目的。具有固定轴的滑轮称为定滑轮，具有活动轴的滑轮（随绳索串动改变其位置）称为动滑轮。滑轮的典型结构如图 8-1-11 所示，其主要尺寸是滑轮直径 D、轮毂宽度 B_1、轮缘宽度 B 和绳槽尺寸。

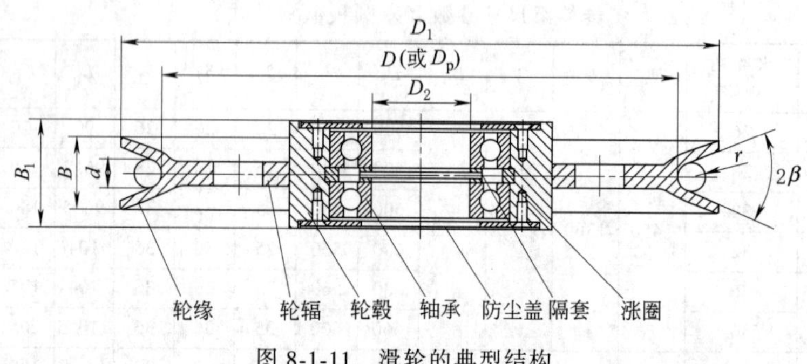

图 8-1-11　滑轮的典型结构

滑轮按照制造工艺分为（图 8-1-12）：铸造滑轮、焊接滑轮、双幅板压制滑轮、轧制滑轮。承受载荷不大的小尺寸滑轮（D<350mm）一般制成实体的滑轮，受大载荷的滑轮一般铸成带筋和孔或带轮辐的结构，大型滑轮（D>800mm）一般用型钢或钢板焊接结构。双幅板压制滑轮是将钢板坯料压制成带有二分之一绳槽的两片轮辐，再通过胀管铆接技术将两片轮辐连为一体，在轮缘绳槽中镶有工程塑料护绳环，可大大提高钢丝绳使用寿命，这种滑轮兼有铸造尼龙滑轮和轧制滑轮的优点。轧制滑轮具有切削加工量少、制造工效高等特点。

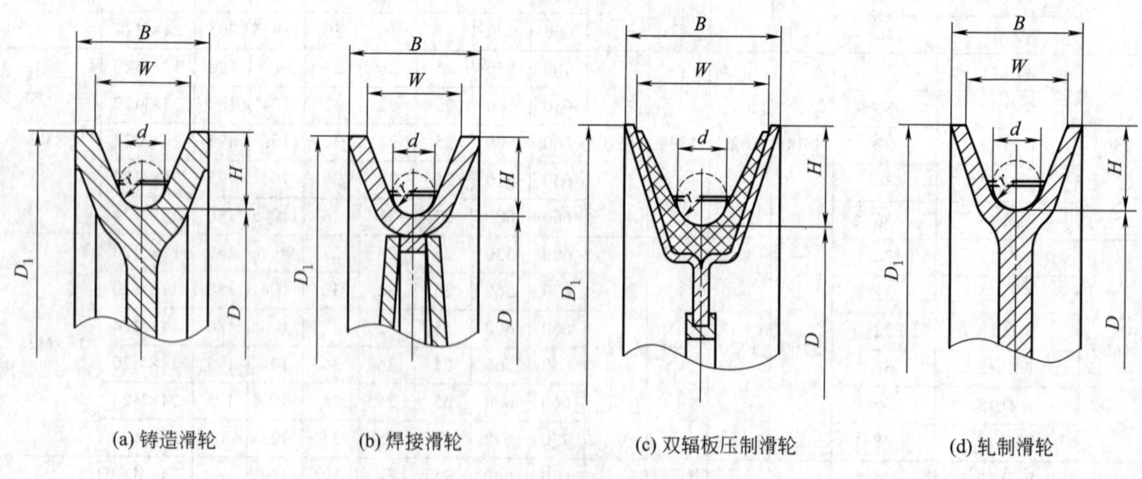

图 8-1-12　滑轮型式及绳槽断面

滑轮按采用轴承型式分为（图 8-1-13）：深沟球轴承型、圆柱滚子轴承型、双列满装圆柱滚子轴承型、滑动轴承型。受力不大的滑轮直接安装在心轴上使用，受有较大载荷的滑轮则装在滑动轴承（轴套材料采用青铜或粉末冶金等）或滚动轴承上，后者一般用在转速较高、载荷大的情况下。

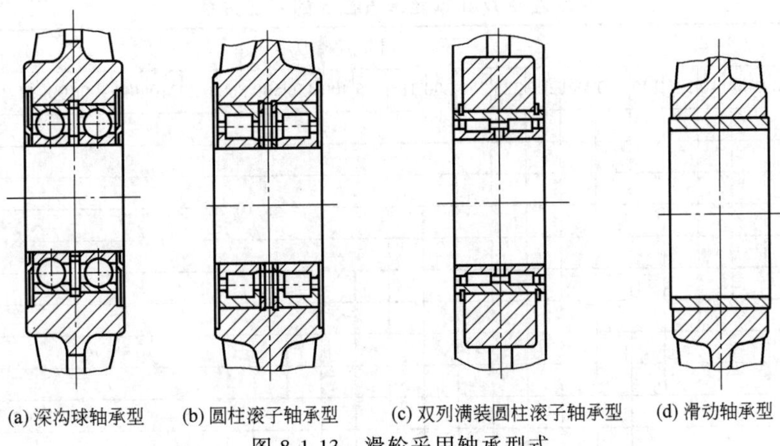

(a) 深沟球轴承型　(b) 圆柱滚子轴承型　(c) 双列满装圆柱滚子轴承型　(d) 滑动轴承型

图 8-1-13　滑轮采用轴承型式

5.1.2　滑轮材料（摘自 GB/T 27546—2011）

表 8-1-116　　滑轮材料的力学性能

序号	滑轮组成及零件名称		材料要求
1	轮毂、轮辐、轮缘、绳衬	铸造滑轮	铸钢材料的力学性能不应低于 GB/T 11352—2009 表 2 中的 ZG270-500 铸铁材料的力学性能不应低于 GB/T 9439—2023 表 1 中的 HT200 球墨铸铁材料的力学性能不应低于 GB/T 1348—2019 表 1 中的 QT400-18
		轧制滑轮	结构钢材料的力学性能不应低于 GB/T 700—2006 表 2 中的 Q235B
		焊接滑轮	结构钢材料的力学性能不应低于 GB/T 700—2006 表 2 中的 Q235B
		双辐板压制滑轮	轮毂铸铁材料的力学性能不应低于 GB/T 9439—2023 表 1 中的 HT200 轮辐结构钢材料的力学性能不应低于 GB/T 700—2006 表 2 中的 Q235B
2	连接管	双辐板压制滑轮	结构钢材料的力学性能不应低于 GB/T 700—2006 表 2 中的 Q235B
3	涨圈		结构钢材料的力学性能不应低于 GB/T 699—2015 表 2 中的 45 钢
4	防尘盖		结构钢材料的力学性能不应低于 GB/T 700—2006 表 2 中的 Q235
5	隔套		铸铁材料的力学性能不应低于 GB/T 9439—2023 表 1 中的 HT200

通常铸铁滑轮适用于工作级别 M4 以下的机构，钢制滑轮用于工作级别 M4 以上的机构。

5.1.3　滑轮主要尺寸计算和强度验算

（1）滑轮直径 D

$$D=(h-1)d$$

式中　d——钢丝绳公称直径，mm；

h——滑轮和平衡滑轮的卷绕直径与钢丝绳直径之比值，分别为 h_2、h_3，其值不应小于表 8-1-117 的规定值。

表 8-1-117　　轮绳直径比（摘自 GB/T 3811—2008）

机构工作级别	滑轮 h_2	平衡滑轮 h_3	机构工作级别	滑轮 h_2	平衡滑轮 h_3
M1	12.5	11.2	M5	20	14
M2	14	12.5	M6	22.4	16
M3	16	12.5	M7	25	16
M4	18	14	M8	28	18

注：1. 采用抗扭转钢丝绳时，h 值按比机构工作级别高一级的值选取。

2. 对于流动式起重机及某些水工工地用的臂架起重机，建议取 $h=18$，与工作级别无关。

3. 臂架伸缩机构滑轮的 h_2 值，可选为卷筒的 h_1 值（表 8-1-98）。

4. 桥式和门式起重机，取 $h_3=h_2$。

滑轮直径 D 和钢丝绳直径 d 的匹配关系见表 8-1-118。表中以黑框线包络的区域为最常使用的匹配范围。

表 8-1-118　　滑轮直径 *D* 和钢丝绳直径 *d* 的匹配关系　　mm

钢丝绳直径 *d*	滑轮直径 *D*																												
	70	80	90	100	110	125	140	160	180	200	225	250	280	315	355	400	450	500	560	630	710	800	900	1000	1120	1250	1400	1600	1800
6																													
>6~7																													
>7~8																													
>8~9																													
>9~10																													
>10~11																													
>11~12																													
>12~13																													
>13~14																													
>14~15																													
>15~16																													
>16~17																													
>17~18																													
>18~19																													
>19~20																													
>20~21																													
>21~22																													
>22~24																													
>24~25																													
>25~26																													
>26~28																													
>28~30																													
>30~32																													
>32~33																													
>33~35																													
>35~37																													
>37~39																													
>39~41																													
>41~43																													
>43~45																													
>45~46																													
>46~47																													
>47~48.5																													
>48.5~50																													
>50~52																													
>52~54.5																													
>54.5~56																													
>56~58																													

(2) 轮毂宽度 B_1

通常：

$$B_1=(1.5\sim1.8)D_2$$

式中　D_2——滑轮轴直径，mm，一般在 25，30，35，40，45，50，55，60，65，70，75，80，90，100，110，120，130，140，150，160，170，180，190，200，220，240 中选取。

(3) 绳槽尺寸

滑轮绳槽断面的基本尺寸（见图 8-1-12）应符合表 8-1-119 的规定。

表 8-1-119 **滑轮绳槽断面的基本尺寸** mm

钢丝绳直径 d	槽底半径 r			槽高 H	槽宽 W	轮缘宽 B			
	基本尺寸	极限偏差				铸造滑轮	轧制滑轮	焊接滑轮	双辐板压制滑轮
		铸造	其他						
6	3.3	+0.2	—	12.5	15	22	—	—	—
>6~7	3.8			15.0	17	26			
>7~8	4.3				18				
>8~9	5.0			17.5	21	32			
>9~10	5.5				22				
>10~11	6.0	+0.3	+0.90	20.0	25	36	37	34	43
>11~12	6.5								
>12~13	7.0			22.5	28	40			
>13~14	7.5			25.0	31	45			
>14~15	8.2						50	44	57
>15~16	9.0	+0.4		27.5	35	50			
>16~17	9.5			30.0	38	53			
>17~18	10.0								
>18~19	10.5		+1.10	32.5	41	56			
>19~20	11.0			35	44	60	60	53	67
>20~21	11.5								
>21~22	12.0				45	63			
>22~23	12.5				46				
>23~24	13.0			37.5	48	67			
>24~25	13.5			40.0	51	71	73	68	82
>25~26	14.0				52				
>26~28	15.0				53	75			
>28~30	16.0	+0.8		45.0	59	85			
>30~32	17.0				61		92	84	95
>32~34	18.0		+1.3	50.0	66	90			
>34~36	19.0			55.0	72	100			106
>36~38	20.0				73				
>38~39	21.0			60.0	78	105	104	102	120
>39~41	22.0				79				
>41~43	23.0			65.0	84	115			
>43~45	24.0		+1.5		86		123	122	—
>45~46	25.0			67.5	90	120			
>46~47	25.0			70.0	92	125			
>47~48.5	26.0				94				
>48.5~50	27.0			72.5	96	130			
>50~52	28.0	+0.8	+1.5	75.0	99	130	135	—	—
>52~54.5	29.0			77.5	103	140			
>54.5~56	30.0			80.0	106				
>56~58	31.0			82.5	110	150			

(4) 其他尺寸

绳槽两侧面夹角 $2\beta \approx 30° \sim 90°$，一般为 $35° \sim 45°$。

钢丝绳绕进或绕出滑轮槽时的最大偏斜角（即钢丝绳中心线和与滑轮轴垂直的平面之间的夹角）不应大于 5°。

(5) 滑轮强度验算

小型铸造滑轮的强度尺寸取决于铸造工艺条件，一般不进行强度计算。对于大尺寸焊接滑轮必须进行强度验算（见表 8-1-120）。

表 8-1-120　　大尺寸焊接滑轮强度验算

计算简图	项目		公式	符号意义
	计算假定		假定轮缘是多支点梁，绳索拉力 S 使轮缘产生弯曲	S——绳索拉力，N γ——绳索在滑轮上包角的圆心角 l——两轮辐间的轮缘弧长，mm W——轮缘抗弯断面系数，mm^3 σ_{wP}——许用弯曲应力，对于 Q235 型钢应小于 100MPa F——辐条断面积，mm^2 ϕ——断面折减系数，见第 1 篇第 1 章 $\sigma_{\gamma P}$——许用压应力，对于 Q235 钢大约为 100MPa
	绳索拉力的合力		$P=2S\sin\dfrac{\gamma}{2}$(N)	
	轮缘	最大弯矩	$M_{max}=\dfrac{Pl}{16}$(N·mm)	
		最大弯曲应力	$\sigma_{max}=\dfrac{Sl}{8W}\sin\dfrac{\gamma}{2}<\sigma_{wP}$(MPa)	
	辐条内压应力		当 P 力方向与辐条中心线重合时，辐条中产生的压应力最大 $\sigma_{\gamma}=\dfrac{2S\sin\dfrac{\gamma}{2}}{\varphi F}<\sigma_{\gamma P}$(MPa)	

5.1.4　滑轮技术要求（摘自 GB/T 27546—2011）

（1）焊接及焊缝

焊接滑轮和轧制滑轮应符合下列要求。

① 焊材应与被焊接的材料相适应，并应符合 GB/T 5117 的规定。

② 焊缝坡口型式应符合 GB/T 985.1 和 GB/T 985.2 的规定。

③ 焊缝应进行外观检验，不应有弧坑、飞溅、熔渣、严重咬边、表面裂纹等影响性能及外观质量的缺陷。

（2）外观及表面处理

① 滑轮绳槽表面粗糙度，对采用机械加工方法制造的绳槽表面不应低于 GB/T 1031 中的 Ra12.5μm，对采用轧制和压制的绳槽表面不应低于 GB/T 1031 中的 Ra25μm，滑轮安装轴承内孔的表面粗糙度不应低于 Ra3.2μm，其他未注加工表面粗糙度不应低于 GB/T 1031 中的 Ra25μm。

② 滑轮的机械加工面和隔环等外露部位应涂防锈油，非加工面应进行涂装。

③ 铸造滑轮、焊接滑轮和轧制滑轮应进行消除应力处理。

④ 焊接滑轮轮槽表面滚压后应无伤痕，除去氧化皮。

⑤ 双辐板压制部分应光滑、平整，无皱纹、裂纹和毛刺。

⑥ 铸件的加工表面不应有砂眼、气孔、缩孔、裂纹和疏松等缺陷，非加工表面不应有影响强度的缺陷。

（3）装配

① 所有零件检验合格后，才能进行装配。

② 装配好的滑轮应转动灵活。

（4）极限与配合

① 滑轮体与轴承外径配合公差推荐为 M7 或 P7。

② 槽底半径 r 的极限偏差应符合表 8-1-119 的规定。其他尺寸极限偏差，对铸造滑轮为 h14，对其他滑轮应符合表 8-1-121 的规定。

表 8-1-121　　滑轮尺寸极限偏差　　mm

滑轮直径 D		宽度 B		外圆 D_1	
基本尺寸	极限偏差	基本尺寸	极限偏差	基本尺寸	极限偏差
160~400	+2.5	≤50	+2	≤250	-1.0
>400~600	+3.0			>250~500	-1.2
>600~800	+4.0	≤76	+3	>500~1000	-1.6
>800~1000	+5.0			>1000~1200	-2.0
>1000~1200	+6.0	≤108	+4	>1200~1500	-2.5
>1200~1500	+7.0			>1500~1800	-3.0
>1500~1800	+8.0	≤150	+5	>1800~2000	-3.5

(5) 几何公差

滑轮的几何公差见表 8-1-122。

表 8-1-122 **滑轮的几何公差** mm

种类	符号	项目	符号说明	允许的几何公差
形状	⌭	圆柱度	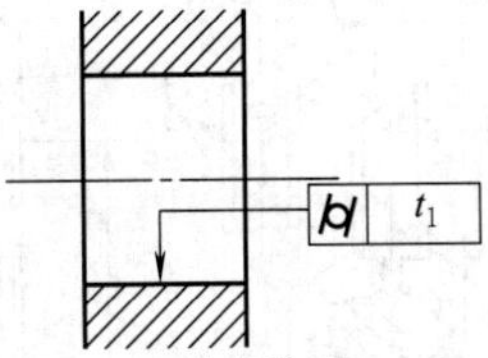 轮毂孔 [⌭ t_1]	圆柱度公差 t_1： t_1 = 轮毂孔的公差带/2
	⌒	线轮廓度	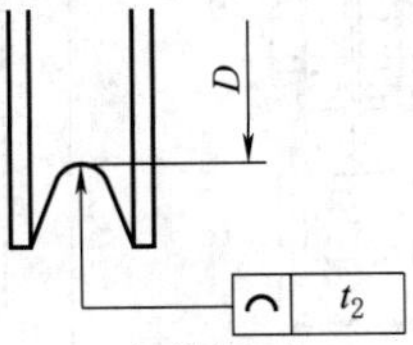 绳槽断面 [⌒ t_2]	绳槽半径公差带内的线轮廓度公差 t_2： t_2 ≤ 绳槽半径极限偏差
位置	↗	绳槽底圆跳动	[↗ t_3 A]	绳槽底圆跳动公差 t_3： 铸造滑轮 $t_3=D/1000 \leq 1.0$ 其他滑轮 $t_3=2.5D/1000$
	↗	绳槽侧向圆跳动	[↗ t_4]	见下表

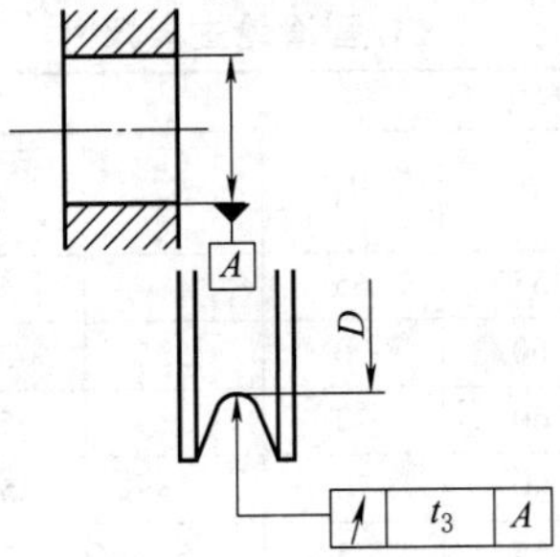

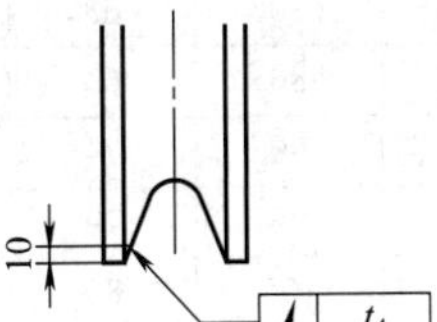

D	t_4
≤250	2.0
>250~500	2.5
>500~1000	3.0
>1000~1200	4.0
>1200~1500	5.0
>1500~1800	6.0

5.2 滑轮系列尺寸

5.2.1 铸造滑轮

按结构和使用要求不同分为 6 种。

A 型和 B 型为严密密封式，带有滚动轴承。A 型有内轴套，B 型无内轴套。用于工作条件恶劣的环境中。

C 型和 D 型为较严密密封式，带有滚动轴承。C 型有内轴套，D 型无内轴套。

E 型为一般密封式，带有滚动轴承而无内轴套。

F 型为带有滑动轴承的滑轮，用于转速较低的地方。

带滚动轴承的滑轮按所带轴承的类型不同分为Ⅰ型（向心球轴承）和Ⅱ型（圆柱滚子轴承）。

起重机用得较多的是 C 型、D 型和 E 型。E 型滑轮的结构和主要尺寸见表 8-1-123。

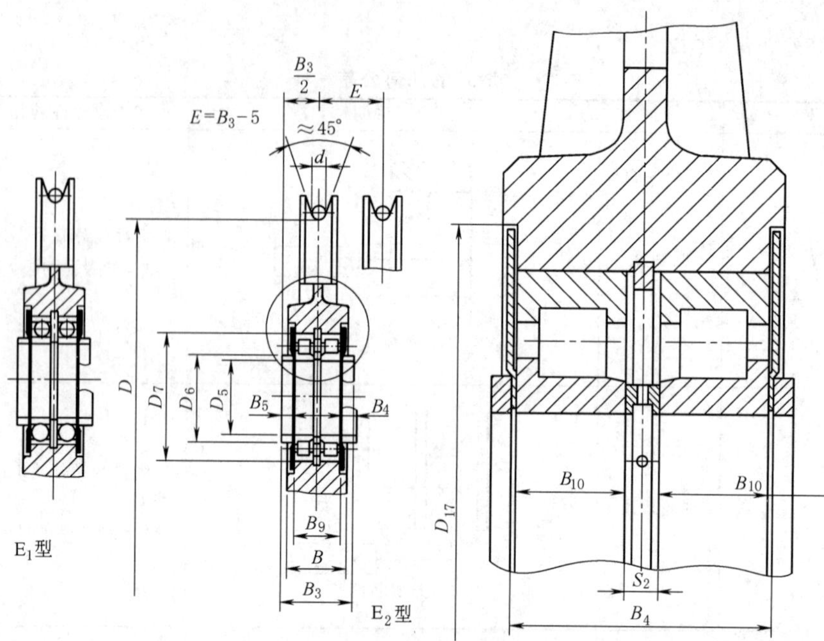

表 8-1-123　　**E 型滑轮主要尺寸**　　mm

尺寸									滚动轴承型号		
D_5	D_6	D_7	D_{17}	B	B_3	B_4	B_9	S_2	E_1 型按 GB/T 276	E_2 型按 GB/T 283	B_{10}
45	60	85	110	55	65	48	45	7	209	42209	19
50	60	90	115	60	70	53	50	10	210	42210	20
55	70	100	125	60	70	53	50	8	211	42211	21
60	70	110	135	60	70	53	50	6	212	42212	22
65	80	120	150	65	75	58	55	9	213	42213	23
70	80	125	155	65	75	58	55	7	214	42214	24
75	90	130	160	70	80	63	60	10	215	42215	25
80	100	140	170	70	80	63	60	8	216	42216	26
90	110	160	190	80	90	74	70	10	218	42218	30
100	120	180	210	85	95	79	75	7	220	42220	34
110	130	200	230	95	105	89	85	9	222	42222	38
120	140	215	245	100	110	94	90	10	224	42224	40
130	150	230	265	100	110	94	90	10	226	42226	40
140	160	250	285	100	110	94	90	6	228	42228	42
150	170	270	305	110	120	104	100	10	230	42230	45
160	180	290	325	115	125	109	105	9	232	42232	48
170	190	310	345	125	135	119	115	11	234	42234	52
180	200	320	355	125	135	119	115	11	236	42236	52
190	220	340	375	130	140	124	120	10	238	42238	55
200	220	360	395	135	145	129	125	9	240	42240	58
220	240	400	445	150	160	144	140	10	244	42240	65

5.2.2　焊接滑轮

焊接滑轮通常用钢板和型钢焊接而成，其重量可比同级铸钢滑轮轻 30%～50%。起重机常用的焊接滑轮结构和主要尺寸见表 8-1-124。

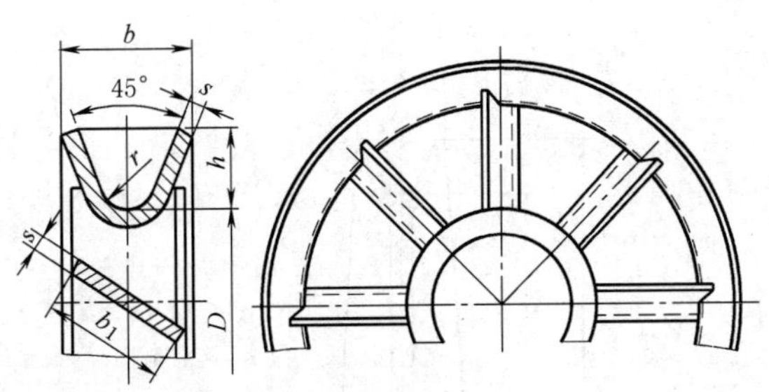

表 8-1-124　　**焊接滑轮主要尺寸**　　mm

钢丝绳直径 d	D	h	s	b	r	b_1
18～23	400 630	36	10	66	12.5	60
>23～28	450 630 710	45	12	80	15.5	70
>28～35	500 700	50		88	18.5	80

5.2.3　双幅板压制滑轮

双幅板压制滑轮的幅板由两片 4～8mm 厚的钢板压制而成，并用膨胀铆钉和过盈配合使滑轮轮壳连成一体，滑轮自重仅为铸钢滑轮的 1/3。滑轮绳槽内镶装铸型尼龙衬垫（护绳环），能显著延长钢丝绳使用寿命。双幅板压制滑轮的结构和主要尺寸见表 8-1-125。

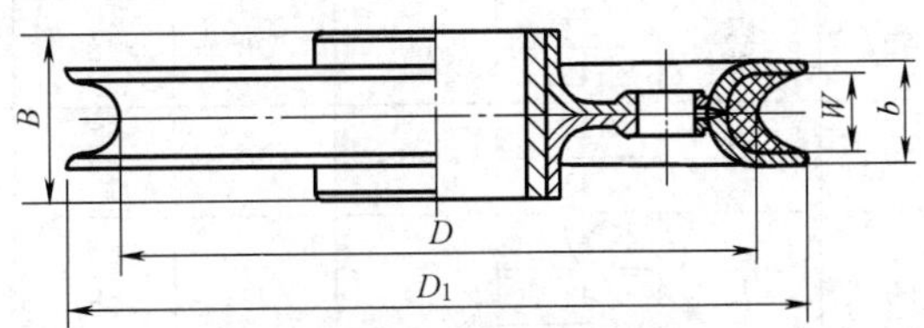

表 8-1-125　　**双幅板压制滑轮主要尺寸**

钢丝绳直径 d/mm	主要尺寸/mm					推荐轴承型号	参考质量/kg（未含轴承质量）
	D	D_1	b	W	B		
10 以下	195	260	40	25	60～70	211	8.0
>10～14	300	360	50	30	74～80	211～214	8.8～9.5
>14～19	350	410	50	38	82～100	216～219	16～18.5
>19～23.5	450	520	60	48	106～120	219～224	26.5～30
>23.5～30	560	650	75	58	122～135	226～232	44～50
>30～37	710	820	92	72	136～140	42232～42238	75.5～105
>37～43	800	925	105	82	142～170		96.5～105
>43～50	900	1050	125	100	172～180	42232～42238	177～185
	1000	1200	130	105	170～210	42232～42248	250～260
	1200	1350	135	110	190～220		330～340
	1400	1500	140	115	220～260		410～420
	1600	1700	145	125	260～280		480～490
	1800	1950	150	125	260～280		560～575
	2000	2200	160	135	260～280		630～645

5.2.4　轧制滑轮

轧制滑轮具有切削加工量少、制造工效高等特点，其结构和主要尺寸见表 8-1-126。

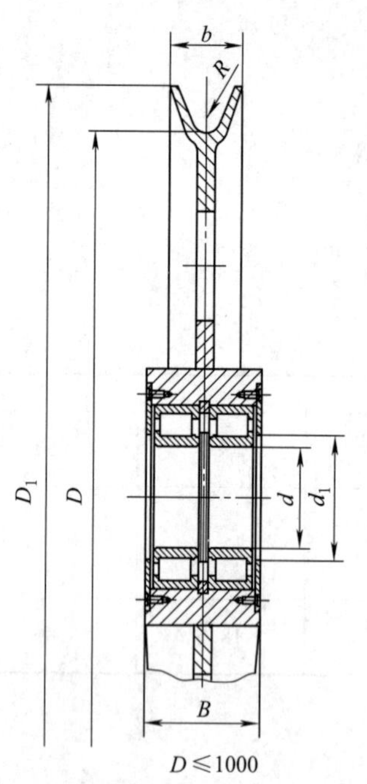

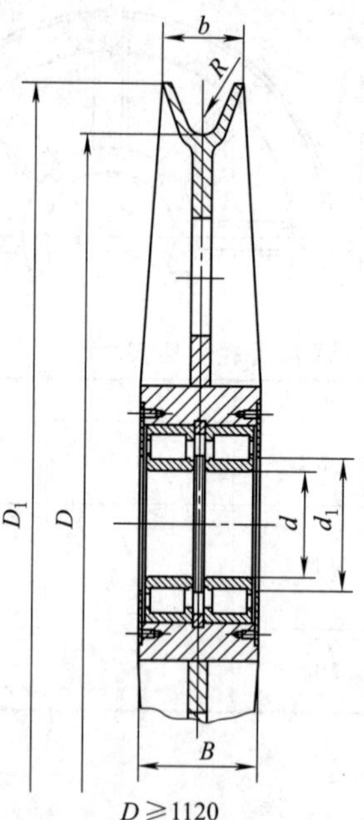

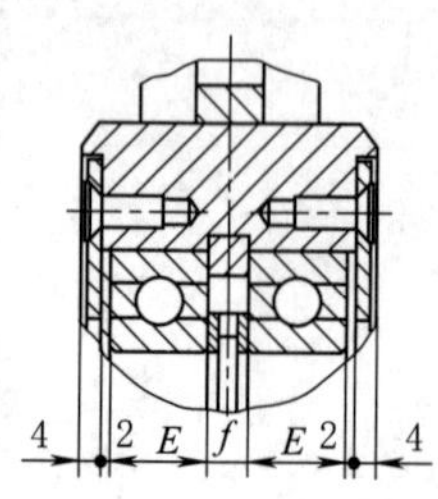

深沟球轴承60000型

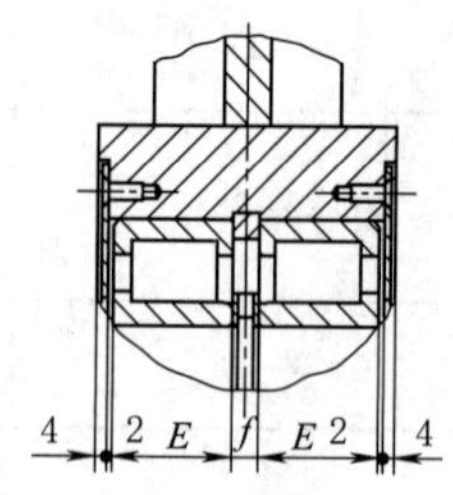

圆柱滚子轴承NJ型

表 8-1-126 **轧制滑轮主要尺寸** mm

D	D_1	R	d	d_1	b	B	E	f	轴承型号	适用钢丝绳	质量/kg
225	265	6.5	50	62	37	60	20	8	6210	10~12	9.77
	275	8			43					12~14	10.40
250	290	6.5	50	62	37	60	20	8	6210	10~12	10.87
	300	8			43					12~14	11.57
280	320	6.5	60	72	37	64	22	8	6212	10~12	13.50
	330	8			43					12~14	14.27
	340	10			50					14~18	16.16
315	355	6.5	50	62	37	60	20	8	6210	10~12	14.09
	365	8	60	72	43	64	22		6212	12~14	16.40
355	415	10	70	87	50	68	24	8	6214	14~18	20.05
	425	12			60					18~22	26.14
400	450	8	70	87	43	68	24	8	6214	12~14	24.87
	460	10	80	97	50	72	26		6216	14~18	27.12
450	510	10	90	107	50	80	30	8	6218	14~18	33.88
	520	12			60					18~22	38.96
	540	15	90	107	73	80	30	8	6218	22~28	46.93
			150	172		114	45	12	NJ230E		81.10
500	560	10	80	97	50	72	26	8	6216	14~18	34.24
	570	12	100	122	60	90	34	10	6220	18~22	48.10
			160	182		120	48	12	NJ232E		87.67
560	630	12	90	107	60	80	30	8	6218	18~22	50.15
	650	15			73					22~28	59.88
			200	232		140	58	12	NJ240E		140.36
	670	19	90	107	90	100	40	8	NJ2218E	28~36	81.49
			200	232		140	58	12	NJ240E		151.01
630	700	12	100	122	60	90	34	10	6220	18~22	62.39
			130	152		102	40		6226		76.39
			160	182		120	48	12	NJ232E		102.86

续表

D	D_1	R	d	d_1	b	B	E	f	轴承型号	适用钢丝绳	质量/kg
630	720	15	120	142	73	102	40	10	6224	22~28	84.85
			150	172		114	45	12	NJ230E		105.28
			180	202		128	52		NJ236E		127.27
	740	19	160	182	90	120	48	12	NJ232E	28~36	129.28
710	780	12	100	122	62	90	34	10	6220	18~22	81.07
						114	46		NJ2220E		89.81
			130	152		102	40		6226		92.98
			160	182		120	48	12	NJ232E		118.90
	800	15	100	122	73	114	46	10	NJ2220E	22~28	94.77
			120	142		102	40		6224		97.30
			150	172		114	45	12	NJ230E		117.51
			180	202		128	52		NJ236E		140.21
			200	232		140	58		NJ240E		163.48
	820	19	100	122	90	114	46	10	NJ2220E	28~36	114.42
			140	162		106	42		6228		123.24
			170	192		128	52	12	NJ234E		153.23
			200	232		140	58		NJ240E		178.35
			240	272		168	72		NJ248E		241.17
800	890	15	120	142	75	102	40	10	6224	22~28	119.44
			150	172		114	45	12	NJ230E		140.43
			180	202		128	52		NJ236E		162.63
	910	19	140	162	90	106	42	10	6228	28~36	139.59
			170	192		128	52	12	NJ234E		170.93
			200	232		140	58		NJ240E		196.85
	926	22	220	252	103	154	65	12	NJ244E	34~42	250.97
			240	272		168	72		NJ248E		295.77
900	990	15	120	142	77	102	40	10	6224	22~28	148.56
			150	172		114	45	12	NJ230E		170.93
			180	202		128	52		NJ236E		192.21
	1010	19	110	132	92	128	53	10	NJ2222E	28~36	173.31
			140	162		106	42		6228		173.64
			170	192		128	52	12	NJ234E		202.45
			200	232		140	58		NJ240E		229.22
			240	272		168	72		NJ248E		292.27
	1026	22	220	252	103	154	65	12	NJ244E	34~42	276.51
			240	272		168	72		NJ248E		322.34
1000	1110	19	140	162	92	106	42	10	6228	28~36	197.37
			170	192		128	52	12	NJ234E		227.58
			200	232		140	58		NJ240E		255.96
	1126	22	220	252	103	154	65	12	NJ244E	34~42	303.74
			240	272		168	72		NJ248E		350.19
1120	1230	19	140	162	92	106	42	10	6228	28~36	258.79
			170	192		128	52	12	NJ234E		295.78
			200	232		140	58		NJ240E		325.28
	1246	22	220	252	105	154	65	12	NJ244E	34~42	377.19
			240	272		168	72		NJ248E		438.76

续表

D	D_1	R	d	d_1	b	B	E	f	轴承型号	适用钢丝绳	质量/kg
1250	1376	22	220	252	105	154	65	12	NJ244E	34~42	429.88
			240	272		168	72		NJ248E		477.31
1400	1526	22	220	252	105	154	65	12	NJ244E	34~42	492.19
			240	272		168	72		NJ248E		540.91

标记示例：

钢丝绳直径 26mm，滑轮直径 $D=630$mm，滑轮槽底半径 $R=15$mm（适用钢丝绳直径 22~28mm）和滑轮轴直径 $d=180$mm 的轧制滑轮，标记为：

滑轮 D630×R15-d180

型号意义：

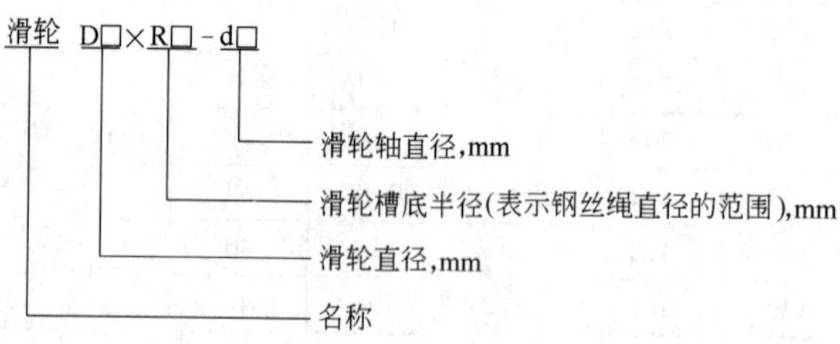

5.3 滑轮组设计计算

5.3.1 滑轮组型式

由一根挠性件依次绕过若干动滑轮和定滑轮而组成的联合装置，称为滑轮组。在起重机械中广泛应用倍率滑轮组。按工作原理，滑轮组分为省力和增速两种，见表 8-1-127。

表 8-1-127 省力和增速滑轮组

名称	简图	挠性件自由端		符号意义
		牵引力	牵引速度	
省力滑轮组	P, v_s, P P P P, m=4, 卷筒, v_h, Q	$P=\dfrac{Q}{m}$	$v_s=mv_h$	P——挠性件自由端牵引力,N Q——起重量的重力,N m——滑轮组倍率,单联滑轮组 $m=n$,双联滑轮组 $m=\dfrac{n}{2}$ n——悬挂物品挠性件分支数 v_s——挠性件自由端牵引速度,m/min v_h——动滑轮组的速度,m/min
增速滑轮组	v_s, Q, Q Q Q Q, P, v_h, 卷筒	$P=Qm$	$v_s=\dfrac{v_h}{m}$	

省力滑轮组用于起升物品，它的挠性件的自由端经过导向滑轮或者直接上绞车卷筒。增速滑轮组用于液力和气力升降机中，力求减小活塞的行程和速度。

在构造型式上，滑轮组有单联和双联两种，如图 8-1-14 所示。

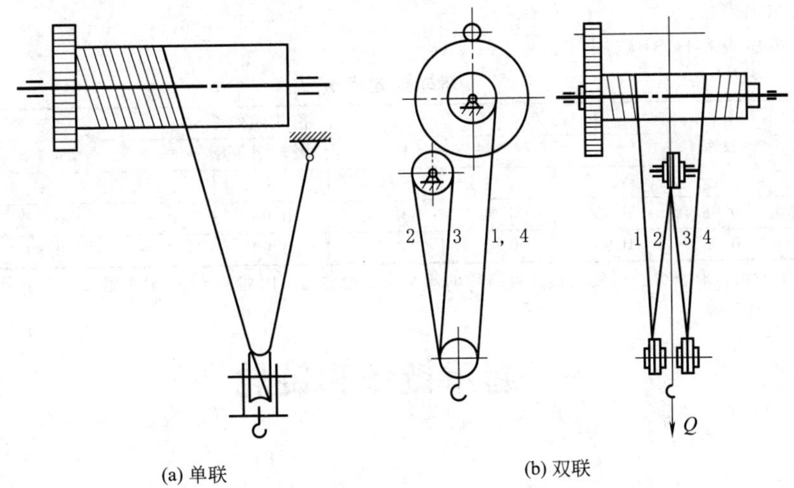

(a) 单联　　(b) 双联

图 8-1-14　滑轮组简图

从单联滑轮组绕出的挠性件只有一个分支是自由端进行牵引，如果不经导向滑轮而直接通向卷筒，就会使起重的物品在垂直移动的同时，伴随水平移动，也就是使物品做斜线移动。单联滑轮组主要用于不用卷筒的单独滑轮组起重工具或用于装有导向滑轮的起重机中（如运行式动臂起重机等），或对尺寸要求特别紧凑的滑车中。双联滑轮组是由两个单联滑轮组组成，但挠性件可以是共同的，它绕过两个单联滑轮组间的均衡滑轮。当挠性件的两根分支的张力有差别时，均衡滑轮在心轴上转动，使两根分支的张力达到平衡。双联滑轮组主要用在无需安装导向滑轮的起重机中，如桥式起重机的起升机构。通常单联滑轮组多与多层绕卷筒配合使用，双联滑轮组多与单层绕双联卷筒并用。

5.3.2　滑轮组倍率选定

滑轮组倍率的选定，对于起升机构的总体尺寸影响较大，倍率增大，则钢丝绳分支拉力减小，钢丝绳直径、滑轮和卷筒直径都减小，在起升速度不变时，需提高卷筒转数，即减小机构传动比。但倍率过大，会使滑轮组本身体积和重量增大，同时也会降低效率，加速钢丝绳的磨损。

起重量小时，选用小的倍率，随着起重量的增大，倍率相应提高。倍率增大，起升速度相应减小。门、桥式起重机常用的双联滑轮组倍率见表 8-1-128，门座起重机常用的双联滑轮组倍率见表 8-1-129，流动式起重机常用的单联滑轮组倍率见表 8-1-130。通常门座起重机的机房空间大，可以采用较大直径的卷筒，因而表中同级起重量的倍率比其他类型起重机要小。

表 8-1-128　　门、桥式起重机常用双联滑轮组倍率

额定起重量 Q/t	3	5	8	12.5	16	20	32	50	80	100	125	160	200	250
倍率 m	1	2	2	3	3	4	4	5	5	6	6	6	8	8

表 8-1-129　　门座起重机常用双联滑轮组倍率

额定起重量 Q/t	5	10	16	25	32	40	63	100	150	200
倍率 m	1	1	1	1	1 或 2	4	4	4	4	4

表 8-1-130　　流动式起重机常用单联滑轮组倍率

额定起重量 Q/t	3	5	8	12	16	25	40	65	100
倍率 m	2	3	4~6	6	6~8	8~10	10	12~16	16~20

5.3.3　滑轮组效率计算

滑轮组效率与滑轮效率和滑轮组倍率有关，可由下式计算：

$$\eta=\frac{1-\eta_0^m}{m(1-\eta_0)}$$

式中　η_0——滑轮效率；

m——滑轮组倍率。

滑轮组效率也可由表 8-1-131 选用。

表 8-1-131　　滑轮组效率 η

轴承类型	滑轮效率 η_0	滑轮组效率 η						
		滑轮组倍率 m						
		2	3	4	5	6	8	10
滚动轴承	0.98	0.99	0.98	0.97	0.96	0.95	0.93	0.92
滑动轴承	0.96	0.98	0.95	0.93	0.90	0.88	0.84	0.80

注：倍率为 2 的滑轮组只有一个动滑轮，由于动滑轮的效率高于定滑轮，因此 $m=2$ 的滑轮组效率高于滑轮效率。

6　起重链条和链轮

6.1　概述

起重机械中应用的链条有环形焊接链（简称焊接链）和片式关节链（简称片式链）。

与钢丝绳相比，焊接链有以下优点：

① 挠性好，可用较小直径的链轮和卷筒，由载荷产生的驱动机构的力矩较小，传动比也较小，传动机构外形尺寸小。

② 比较耐腐蚀。

其缺点如下：

① 由于有焊接点，有突然断裂的可能，安全可靠性差，不耐冲击。

② 同样载重量下，比钢丝绳重。

③ 不能用于高速，通常速度 $v<0.1$m/s（用于星轮），$v<1$m/s（用于光滑卷筒）。

④ 链条在运动中经常产生滑移和摩擦，易磨损。

片式关节链是白薄钢片以销轴铰接而成的一种链条。片式关节链的优点：挠性较焊接链更好，比较可靠，运动较平稳，$v\leqslant0.25$m/s（可达 1m/s）。缺点：有方向性，横向无挠性，比钢丝绳重，与焊接链重量差不多，成本高，对灰尘和锈蚀较敏感。

起重链条（简称起重链）用于起重量小、起升高度小、起升速度低的起重机械。

为了携带和拆卸方便，链条的端部链节用可拆卸链环。

6.2　起重链的选择

焊接链和片式关节链选择计算方法相同。根据最大工作载荷及安全系数计算链条的破坏载荷 S_p，以 S_p 来选择链条。

$$S_p\geqslant S_{max}n\ (\mathrm{N})$$

式中　S_p——破坏载荷，N；

S_{max}——链条最大工作载荷，N；

n——安全系数，按表 8-1-132 选取。

表 8-1-132　　安全系数 n 值

链条种类	焊接链						片式链	
用途	光滑卷筒或滑轮		链轮		捆绑物品	吊钩用(带小钩、小环等)	速度 v/m·s^{-1}	
驱动方式	手动	机动	手动	机动			<1	1~1.5
n	3	6	4	8	6	5	6	8

第8篇

6.3 链条类型

6.3.1 起重用短环链（T 级高精度葫芦链）（摘自 GB/T 20947—2007）

该标准规定了手动葫芦或动力驱动环链葫芦用 T 级（T 型、DAT 型和 DT 型）高精度葫芦链的要求。

不同类型葫芦链的使用状态如下：

T 型：工况不考虑磨损情况的手动葫芦或低速动力环链葫芦，在-40～+200℃温度下使用。

DAT 型：耐磨性要求链条有更长寿命的重载高速动力驱动环链葫芦，在-20～+200℃温度下使用。

DA 型：磨损情况下的动力驱动环链葫芦，在-10～+200℃温度下使用。

钢材应为镇静钢，具有低温韧性和足够的冲击韧性，并应含有足量的合金元素。钢材的晶粒度按 ISO 643《钢铁素体或奥氏体晶粒度显微金相测定法》进行试验时，达到奥氏体 5 级晶粒度或更细的品级。链条在经受制造验证之前，都应在高于 Ac3 点的温度进行淬火或渗碳淬火，以及回火处理。焊接影响长度 e 在连环中心的任何一侧均不得超过 $0.6d_n$（见表 8-1-133）。

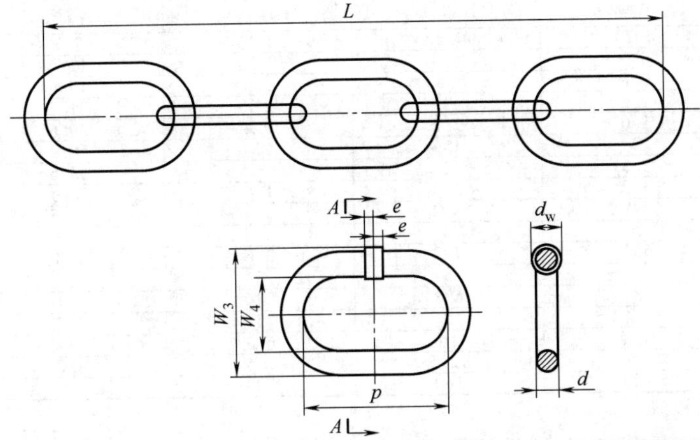

L—多环节距长度；p—节距（内长）；d—非焊缝处测得的材料直径；d_w—焊缝处测得的材料直径；e—链环中部任何一侧的焊接影响长度；W_3—焊缝处的外宽；W_4—焊缝处的内宽

表 8-1-133　起重用短环链（T 级高精度葫芦链）优选尺寸与链条质量　mm

直径		节距		焊缝处宽度		计量长度 $11\times p_n$		焊缝直径	参考质量
名义 d_n	公差	名义 p_n	公差	内宽 W_4 min	外宽 W_3 max	名义	公差	d_w max	/kg·m^{-1}
3	±0.2	9	$^{+0.18}_{0}$	3.6	10.2	99	$^{+0.5}_{0}$	3.3	—
4	±0.2	12	$^{+0.25}_{0}$	4.8	13.6	132	$^{+0.6}_{0}$	4.3	0.35
5	±0.2	15	$^{+0.3}_{0}$	6	17	165	$^{+0.8}_{0}$	5.4	0.54
6.3	±0.2	19	$^{+0.4}_{0}$	7.2	20.4	209	$^{+1}_{0}$	6.5	0.8
7.1	±0.3	21	$^{+0.4}_{0}$	8.4	23.8	231	$^{+1.1}_{0}$	7.6	1.1
8	±0.3	24	$^{+0.5}_{0}$	9.6	27.2	264	$^{+1.3}_{0}$	8.6	1.4
9	±0.4	27	$^{+0.5}_{0}$	10.8	30.6	297	$^{+1.4}_{0}$	9.7	1.8
10	±0.4	30	$^{+0.6}_{0}$	12	34	330	$^{+1.6}_{0}$	10.8	2.2
11.2	±0.4	34	$^{+0.7}_{0}$	13.2	37.4	374	$^{+1.8}_{0}$	11.9	2.7
12.5	±0.5	38	$^{+0.8}_{0}$	14.4	40.8	418	$^{+2.0}_{0}$	13	3.1
13	±0.5	39	$^{+0.8}_{0}$	15.6	44.2	429	$^{+2.1}_{0}$	14	3.7
14	±0.6	42	$^{+0.8}_{0}$	16.8	47.6	462	$^{+2.2}_{0}$	15.1	4.3
16	±0.6	48	$^{+0.9}_{0}$	19.2	54.5	528	$^{+2.5}_{0}$	17.3	5.6

续表

直径		节距		焊缝处宽度		计量长度 $11\times p_n$		焊缝直径	参考质量
名义 d_n	公差	名义 p_n	公差	内宽 W_4 min	外宽 W_3 max	名义	公差	d_w max	/kg · m^{-1}
18	±0.9	54	+1.0 0	21.6	61.2	594	+2.9 0	19.4	7
20	±1	60	+1.2 0	24	68	660	+3.2 0	21.6	8.7
22	±1.1	66	+1.3 0	26.4	74.8	726	+3.5 0	23.8	10.5

注：1. 环链名义节距 p_n 以 $3d_n$ 作为基础，最大名义值为 $3.2d_n$；在焊缝处最小宽度 $W_4=1.2d_n$；在焊缝处最大宽度 $W_3=3.4d_n$。

2. 节距 p_n 或多环节距长度 L 的允许公差的百分比按公差公式计标：$(1.65/n+0.33)\%$，式中，n 为链环数（$n=11$ 为标准计量长度）。对单环节距和标准计量长度，常把公差分成+2/3 和−1/3。

吊链的力学性能应符合表 8-1-134 中的规定。

表 8-1-134　　吊链力学性能

名义直径 d_n /mm	极限工作载荷(WLL) /t			制造验证力(MPF) min /kN	破断力(BF) min /kN
	T 型	DAT 型	DT 型		
3	0.28	0.22	0.14	7.1	11.3
4	0.5	0.4	0.25	12.6	20.1
5	0.8	0.63	0.4	19.6	31.4
6.3	1.2	1	0.63	31.2	49.9
7.1	1.6	1.2	0.8	39.6	63.3
8	2	1.6	1	50.4	80.4
9	2.5	2	1.25	63.6	102
10	3.2	2.5	1.6	78.5	126
11.2	4	3.2	2	98.5	158
12.5	5	4	2.5	123	196
13	5.3	4.2	2.6	133	212
14	6	5	3	154	246
16	8	6.3	4	201	322
18	10	8	5	254	407
20	12.5	10	6.3	314	503
22	15	12.5	7.5	380	608
平均应力/N · mm^{-2}	200	160	100		

6.3.2　起重用钢制短环链和中等精度吊链（4 级不锈钢）（摘自 GB/T 24814—2023）

GB/T 24814—2023 规定了起重用中等精度 4 级不锈钢吊链的技术要求，适用于名义直径（d_n）为 4~22mm 的链条。该链条是名义节距 $p_n=3d_n$，经过焊接、固溶退火和试验的圆钢短环链。使用环境温度为−100~+400℃，并符合 ISO 1834 规定的验收总则。

所用钢应为含钼的奥氏体不锈钢，并应抗晶间腐蚀，例如符合 ISO 15510 的 ISO 名称为 X6CrNiMoTi17-12-2 和 ISO 编号为 4571-316-Ⅰ的钢材。

固溶退火后，当使用温度为+400℃且钢中碳含量极低时，不太可能发生晶间腐蚀。为避免在恶劣的使用条件下和钢中碳含量较高的情况下发生这种腐蚀，建议对含元素钛的材料进行稳定化处理。

所有吊链在进行制造验证力试验之前，应根据 ISO 16143-2 在 1020~1120℃温度范围内进行固溶退火，并迅速用水冷却。

为了增强耐腐蚀性能，吊链应在热处理后进行酸洗钝化处理，以获得恒定光滑的表面。

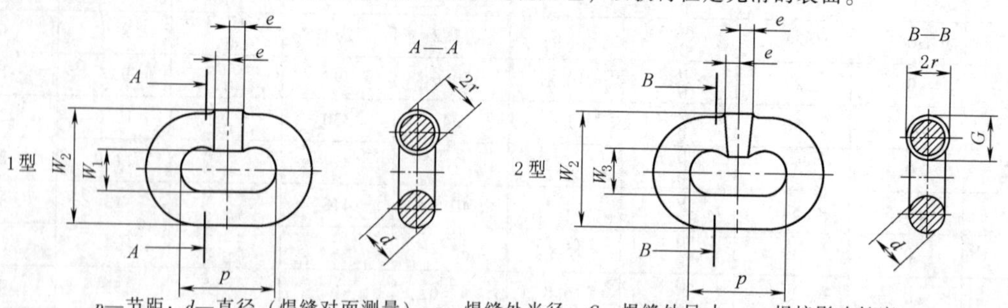

p—节距；d—直径（焊缝对面测量）；r—焊缝处半径；G—焊缝处尺寸；e—焊接影响长度；W_1—焊缝处的内宽；W_2—焊缝处的外宽；W_3—非焊缝区域的内宽

第8篇

表 8-1-135　起重用钢制短环链和中等精度吊链（4 级不锈钢）优选尺寸与链条质量　mm

直径 d		节距 p		宽度			焊缝尺寸		链条质量 /kg · m^{-1}
名义直径 d_n	公差	名义节距 p_n	公差	1 型内宽 W_1 min	1 型和 2 型外宽 W_2 max	2 型内宽 W_3 min	1 型和 2 型 $2r$ max	2 型 G max	
4	±0.2	12	±0.4	5.2	14.8	5.0	4.4	5.0	0.36
6	±0.3	18	±0.5	7.8	22.2	7.5	6.6	7.5	0.80
8	±0.3	24	±0.7	10.4	29.6	10.0	8.8	10.0	1.4
10	±0.4	30	±0.9	13.0	37.0	12.5	11.0	12.5	2.2
13	±0.5	39	±1.2	16.9	48.1	16.3	14.3	16.3	3.8
16	±0.6	48	±1.4	20.8	59.2	20.0	17.6	20.0	5.7
18	±0.7	54	±1.6	23.4	66.6	22.5	19.8	22.5	7.2
20	±0.8	60	±1.8	26.0	74.0	25.0	22.0	25.0	8.9
22	±0.9	66	±2.0	28.6	81.4	27.5	24.2	27.5	11

吊链的力学性能应符合表 8-1-136 中的规定。

表 8-1-136　吊链力学性能

名义直径 d_n /mm	极限工作载荷 WLL /t	制造验证力(MPF) F_{MP}(min) /kN	破断力(BF) F_B(min) /kN	弯曲度 f(min) /mm
4	0.25	5.0	10.0	3.2
6	0.56	11.2	22.4	4.8
8	1.00	20.0	40.0	6.4
10	1.60	31.5	63.0	8
13	2.65	53.0	106	10
16	4.00	80.0	160	13
18	5.00	100	200	14
20	6.30	125	250	16
22	7.50	150	300	18

6.3.3 起重用短环链和吊链（6 级普通精度链）（摘自 GB/T 24815—2009）

GB/T 24815—2009 规定了起重机和吊链用以及一般起重用 6 级普通精度链的要求，适用于名义尺寸为 5~45mm 的链条。

钢材应为镇静钢，可焊性好，并应含有足够量的合金元素，以确保链条在经过适当的热处理后的力学性能。钢材的晶粒度按照 GB/T 6394—2017《金属平均晶粒度测定方法》中规定的截点法规定进行试验时，应达到奥氏体 5 级晶粒度或更细的品级。所有链条在经受验证力前应进行淬火和回火处理。

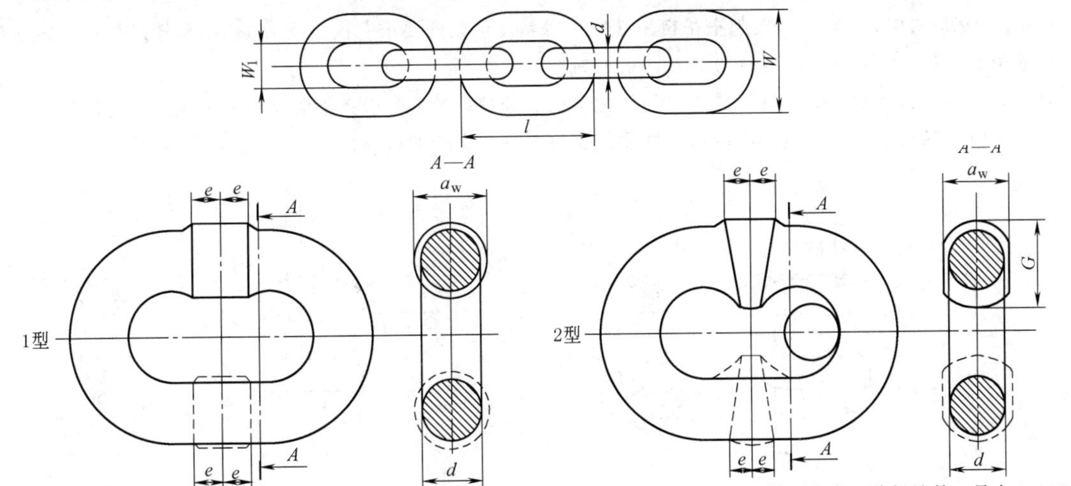

l—链环外长（最小 $4.75d_n$，最大 $5d_n$）；W—链环外宽（除焊缝外，最大 $3.5d_n$）；W_1—链环内宽（除焊缝外，最小 $1.25d_n$）；d_n—名义尺寸（材料的名义直径）；d_m 一焊缝外测得的材料直径，$d_n<18$mm 时 $d_m=d_{n-6\%}^{+2\%}$，$d_n\geq18$mm 时 $d_m=d_n\pm5\%$；d_w 一焊缝处测得的材料直径（1 型）或垂直于链环平面的焊缝尺寸（2 型），1 型：$d_w=d_m+_0^{0.10d_n}$，2 型：$d_w=d_m+_0^{0.20d_n}$；G—其他平面上的尺寸（2 型焊接链），$G=d_m+_0^{0.35d_n}$；e 一链环中部任一侧的焊接影响长度，对所有焊缝：$e\leq0.6d_n$

第 8 篇

表 8-1-137　　起重用短环链和吊链（6 级普通精度链）优选尺寸与极限工作载荷　　mm

名义尺寸 d_n	直径公差 (d_m-d_n)	焊缝公差 max			链环极限外长 l		非焊缝处外宽 W	非焊缝处内宽 W_1	验证力 /kN	最小破断力 /kN	极限工作载荷 /t
		1 型	2 型		max	min	max	min			
		(d_w-d_m)	(d_w-d_m)	$(G-d_m)$	$(5d_n)$	$(4.75d_n)$	$(3.5d_n)$	$(1.25d_n)$			
5	+0.10 −0.30	0.5	1.0	1.75	25	24	18	6.3	12.4	24.8	0.63
6.3	+0.13 −0.38	0.63	1.26	2.2	32	30	22	7.9	19.7	39.4	1.0
7.1	+0.14 −0.43	0.71	1.42	2.5	36	34	25	8.9	25	50	1.25
8	+0.16 −0.48	0.8	1.6	2.8	40	38	28	10	31.7	63.4	1.6
9	+0.18 −0.54	0.9	1.8	3.15	45	43	32	11.3	40.1	80.2	2.0
10	+0.20 −0.60	1.0	2.0	3.5	50	47	35	12.5	49.5	99	2.5
11.2	+0.22 −0.67	1.12	2.24	3.9	56	53	39	14	63	126	3.2
12.5	+0.25 −0.75	1.25	2.5	4.4	63	59	44	15.7	79	158	4.0
14	+0.28 −0.84	1.4	2.8	4.9	70	66	49	18	99	198	5.0
16	+0.32 −0.96	1.6	3.2	5.6	80	76	56	20	127	254	6.3
18	±0.90	1.8	3.6	6.3	90	85	63	23	161	322	8.0
20	±1.0	2.0	4.0	7.0	100	95	70	25	198	396	10.0
22.4	±1.1	2.24	4.48	7.85	112	106	78	28	249	498	12.5
25	±1.25	2.5	5.0	8.75	125	119	88	32	314	628	16.0
28	±1.4	2.8	5.6	9.8	140	133	98	35	393	786	20.0
32	±1.6	3.2	6.4	11.2	160	152	112	40	507	1014	25.0
36	±1.8	3.6	7.2	12.6	180	171	126	45	642	1284	32.0
40	±2.0	4.0	8.0	14.0	200	190	140	50	792	1584	40.0
45	±2.25	4.5	9.0	15.75	225	214	158	57	1002	2004	50.0

6.3.4　一般起重用钢制短环链和吊链（8 级中等精度链条）（摘自 GB/T 24816—2017）

GB/T 24816—2017 规定了一般起重吊链用 8 级中等精度链条的要求。该链条（$3d_n$）是经过焊接、热处理和试验的钢制短环链，并符合 ISO 1834 规定的验收总则。

钢材应由电炉或吹氧转炉冶炼而成，以便经适当的热处理后的成品链条能满足该标准规定的力学性能，并具有足够的低温延展性、韧性和抗冲击载荷的性能。钢材应具有良好的可焊性。

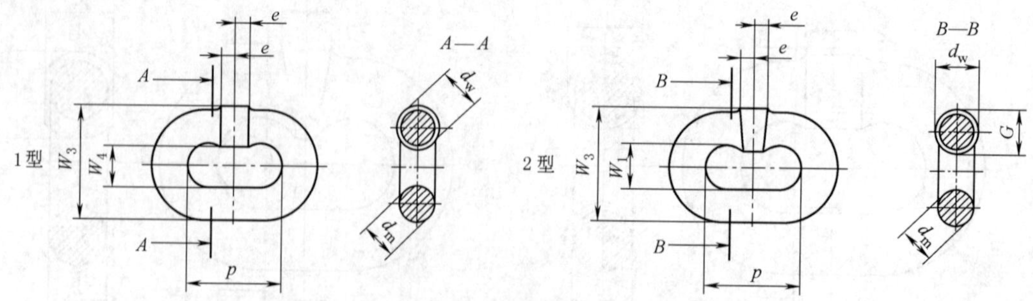

p—节距（链条内长）；d_m—非焊缝处测得的材料直径；d_w—焊缝处测得的材料直径（1 型焊接链）或垂直链环平面的焊接尺寸（2 型焊接链），1 型：$d_w \leqslant 10\% d_n$，2 型：焊缝处 $d_w \leqslant 10\% d_n$，其他处 $d_w \leqslant 25\% d_n$；G—其他平面上的尺寸（2 型焊接链）；e—链环中部任何一侧的焊接影响长度，$e \leqslant 0.6d_n$；W_1—焊缝外的内宽（2 型）；W_3—焊缝处的外宽（1 型和 2 型）；W_4—焊缝处的内宽（1 型）

表 8-1-138　一般起重用钢制短环链和吊链（8 级中等精度链条）优选尺寸和链条质量　mm

名义尺寸		节距		宽度			焊缝直径		链条质量 /kg·m^{-1}
d_n	公差	p_n	公差	2 型内宽 w_1 min	1、2 型外宽 w_3 max	1 型内宽 w_4 min	1、2 型 d_w max	2 型 G max	
4	+0.08 -0.24	12	±0.4	5.0	14.8	5.2	4.4	5.0	0.36
6	+0.12 -0.36	18	±0.5	7.5	22.2	7.8	6.6	7.5	0.80
7	+0.14 -0.42	21	±0.6	8.8	25.9	9.1	7.7	8.8	1.10
8	+0.16 -0.48	24	±0.7	10.0	29.6	10.4	8.8	10.0	1.40
10	+0.20 -0.60	30	±0.9	12.5	37.0	13.0	11.0	12.5	2.20
13	+0.26 -0.78	39	±1.2	16.3	48.1	16.9	14.3	16.3	3.80
16	+0.32 -0.96	48	±1.4	20.0	59.2	20.8	17.6	20.0	5.70
18	±0.9	54	±1.6	22.5	66.6	23.4	19.8	22.5	7.20
19	±0.95	57	±1.7	23.8	70.3	24.7	20.9	23.8	8.10
20	±1.0	60	±1.8	25.0	74.0	26.0	22.0	25.0	8.90
22	±1.1	66	±2.0	27.5	81.4	28.6	24.2	27.5	11.00
26	±1.3	78	±2.3	32.5	96.2	33.8	28.6	32.5	15.00
28	±1.4	84	±2.5	35.0	104.0	36.4	30.8	35.0	17.00
32	±1.6	96	±2.9	40.0	118.0	41.6	35.2	40.0	23.00
36	±1.8	108	±3.2	45.0	133.0	46.8	39.6	45.0	29.00
40	±2.0	120	±3.6	50.0	148.0	52.0	44.0	50.0	36.00
45	±2.25	135	±4.1	56.3	167.0	58.5	49.5	56.3	45.00

吊链的极限工作载荷和试验要求见表 8-1-139。

表 8-1-139　极限工作载荷和试验要求

名义尺寸 d_n /mm	极限工作载荷 (WLL) /t	制造验证力(MPF)，F_{MP} min /kN	破断力(BF)，F_B min /kN	弯曲度 f min /mm
4	0.5	13	20	3.2
6	1.12	28	45	4.8
7	1.5	38	62	5.6
8	2	50	80	6.4
10	3.15	79	130	8
13	5.3	130	210	10
16	8	200	320	13
18	10	250	410	14
19	11.5	280	450	15
20	12.5	310	500	16
22	15	380	610	18
26	21.2	530	850	21
28	25	620	990	22
32	31.5	800	1300	26
36	40	1000	1600	29
40	50	1300	2000	32
45	63	1600	2500	36

6.3.5 板式链、连接环及槽轮（摘自 GB/T 6074—2006）

该标准规定了一般提升用板式链条的技术特性、槽轮和连接环的形状。内容包括尺寸、互换性极限、链长测量、预拉和最小抗拉强度。该标准中的规定不适用于8×8的板数组合。

（1）板式链（链条）

该标准包括了两种系列的链条：一种是由GB/T 1243A（ISO 606A）系列和美国ASME B29.8标准派生出来的，这一系列由符号LH或BL标记，尺寸见表8-1-140；另一个系列由GB/T 1243B（ISO 606B）系列派生出来的，它们由符号LL标记，尺寸见表8-1-141。

链号由两个字母和四位数字组成（见表8-1-140、表8-1-141）：两个字母为型号代号，前两位数字表示链条节距，它是3.175mm（1/16 in）的倍数，后两位数字表示链板组合（外链板数目和内链板数目的组合）。

标记示例：

① 由GB/T 1243 08B派生出的公称节距为12.7mm，包含各2片内外链板的板式链标号如下：

LL0822

② 由GB/T 1243 12A（ASME 60号链条）派生出的公称节距为19.05mm，包含3片外链板和4片内链板的板式链标号如下：

LH1234［BL634］

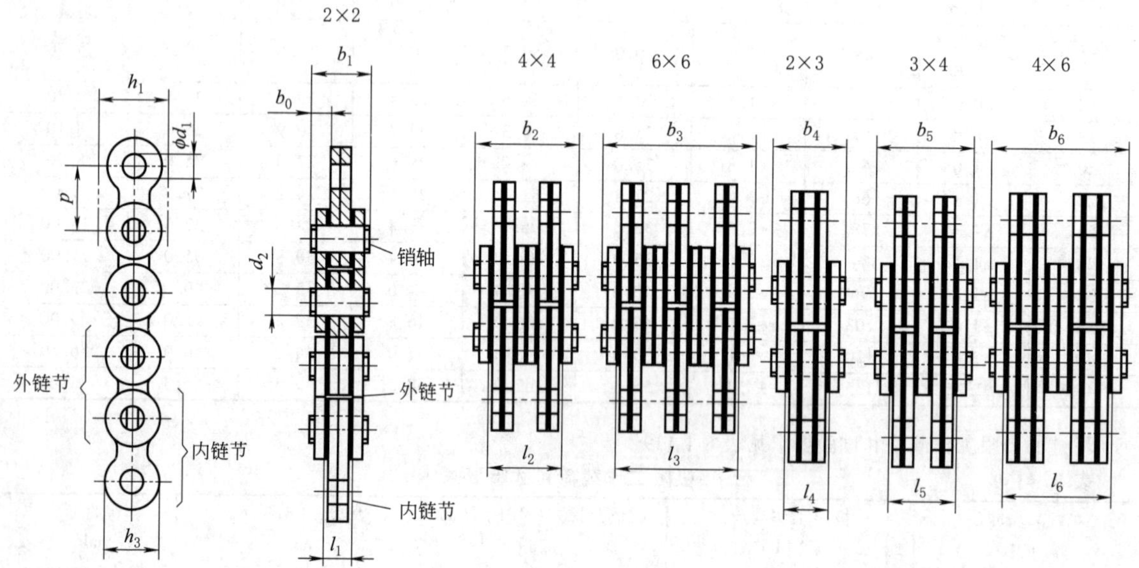

链条的板数组合型式和尺寸代号

表 8-1-140　**LH系列链条主要尺寸、测量力和抗拉强度**

链号	ASME 链号	节距 p (nom) /mm	板数组合	链板厚度 b_0 (max)	内链板孔径 d_1 (min)	销轴直径 d_2 (max)	链条通道高度 $h_1$① (min)	链板高度 h_3 (max)	铆接销轴高度 b_1~b_6 (max)	外链节内宽 l_1~l_6 (min)	测量力 /N	抗拉强度 (min) /kN
				mm								
LH0822②	BL422	12.7	2×2	2.08	5.11	5.09	12.32	12.07	11.1	4.2	222	22.2
LH0823	BL423	12.7	2×3	2.08	5.11	5.09	12.32	12.07	13.2	6.3	222	22.2
LH0834	BL434	12.7	3×4	2.08	5.11	5.09	12.32	12.07	17.4	10.4	334	33.4
LH0844②	BL444	12.7	4×4	2.08	5.11	5.09	12.32	12.07	19.6	12.4	445	44.5
LH0846	BL446	12.7	4×6	2.08	5.11	5.09	12.32	12.07	23.8	16.6	445	44.5
LH0866	BL466	12.7	6×6	2.08	5.11	5.09	12.32	12.07	28	21	667	66.7
LH1022②	BL522	15.875	2×2	2.48	5.98	5.96	15.34	15.09	12.9	4.9	334	33.4
LH1023	BL523	15.875	2×3	2.48	5.98	5.96	15.34	15.09	15.4	7.4	334	33.4
LH1034	BL534	15.875	3×4	2.48	5.98	5.96	15.34	15.09	20.4	12.3	489	48.9

续表

链号	ASME 链号	节距 p (nom) /mm	板数组合	链板厚度 b_0 (max)	内链板孔径 d_1 (min)	销轴直径 d_2 (max)	链条通道高度 h_1[①] (min)	链板高度 h_3 (max)	铆接销轴高度 $b_1 \sim b_6$ (max)	外链节内宽 $l_1 \sim l_6$ (min)	测量力 /N	抗拉强度 (min) /kN
				mm								
LH1044[②]	BL544	15.875	4×4	2.48	5.98	5.96	15.34	15.09	22.8	14.7	667	66.7
LH1046	BL546	15.875	4×6	2.48	5.98	5.96	15.34	15.09	27.7	19.5	667	66.7
LH1066	BL566	15.875	6×6	2.48	5.98	5.96	15.34	15.09	32.7	24.6	1000	100.1
LH1222[②]	BL622	19.05	2×2	3.3	7.96	7.94	18.34	18.11	17.4	6.6	489	48.9
LH1223	BL623	19.05	2×3	3.3	7.96	7.94	18.34	18.11	20.8	9.9	489	48.9
LH1234	BL634	19.05	3×4	3.3	7.96	7.94	18.34	18.11	27.5	16.5	756	75.6
LH1244[②]	BL644	19.05	4×4	3.3	7.96	7.94	18.34	18.11	30.8	19.8	979	97.9
LH1246	BL646	19.05	4×6	3.3	7.96	7.94	18.34	18.11	37.5	26.4	979	97.9
LH1266	BL666	19.05	6×6	3.3	7.96	7.94	18.34	18.11	44.2	33.2	1468	146.8
LH1622[②]	BL822	25.4	2×2	4.09	9.56	9.54	24.38	24.13	21.4	8.2	845	84.5
LH1623	BL823	25.4	2×3	4.09	9.56	9.54	24.38	24.13	25.5	12.3	845	84.5
LH1634	BL834	25.4	3×4	4.09	9.56	9.54	24.38	24.13	33.8	20.5	1290	129.0
LH1644[②]	BL844	25.4	4×4	4.09	9.56	9.54	24.38	24.13	37.9	24.6	1690	169.0
LH1646	BL846	25.4	4×6	4.09	9.56	9.54	24.38	24.13	46.2	32.7	1690	169.0
LH1666	BL866	25.4	6×6	4.09	9.56	9.54	24.38	24.13	54.5	41.1	2536	253.6
LH2022[②]	BL1022	31.75	2×2	4.9	11.14	11.11	30.48	30.18	25.4	9.8	1156	115.6
LH2023	BL1023	31.75	2×3	4.9	11.14	11.11	30.48	30.18	30.4	14.8	1156	115.6
LH2034	BL1034	31.75	3×4	4.9	11.14	11.11	30.48	30.18	40.3	24.5	1824	182.4
LH2044[②]	BL1044	31.75	4×4	4.9	11.14	11.11	30.48	30.18	45.2	29.5	2313	231.3
LH2046	BL1046	31.75	4×6	4.9	11.14	11.11	30.48	30.18	55.1	39.4	2313	231.3
LH2066	BL1066	31.75	6×6	4.9	11.14	11.11	30.48	30.18	65	49.2	3470	347
LH2422[②]	BL1222	38.1	2×2	5.77	12.74	12.71	36.55	36.2	29.7	11.6	1512	151.2
LH2423	BL1223	38.1	2×3	5.77	12.74	12.71	36.55	36.2	35.5	17.4	1512	151.2
LH2434	BL1234	38.1	3×4	5.77	12.74	12.71	36.55	36.2	47.1	28.9	2446	244.6
LH2444[②]	BL1244	38.1	4×4	5.77	12.74	12.71	36.55	36.2	52.9	34.4	3025	302.5
LH2446	BL1246	38.1	4×6	5.77	12.74	12.71	36.55	36.2	64.6	46.3	3025	302.5
LH2466	BL1266	38.1	6×6	5.77	12.74	12.71	36.55	36.2	76.2	57.9	4537	453.7
LH2822[②]	BL1422	44.45	2×2	6.6	14.31	14.29	42.67	42.24	33.6	13.2	1913	191.3
LH2823	BL1423	44.45	2×3	6.6	14.31	14.29	42.67	42.24	40.2	19.7	1913	191.3
LH2834	BL1434	44.45	3×4	6.6	14.31	14.29	42.67	42.24	53.4	32.7	3158	315.8
LH2844[②]	BL1444	44.45	4×4	6.6	14.31	14.29	42.67	42.24	60.0	39.1	3826	382.6
LH2846	BL1446	44.45	4×6	6.6	14.31	14.29	42.67	42.24	73.2	52.3	3826	382.6
LH2866	BL1466	44.45	6×6	6.6	14.31	14.29	42.67	42.24	86.4	65.5	5783	578.3
LH3222[②]	BL1622	50.8	2×2	7.52	17.49	17.46	48.74	48.26	40.0	15.0	2891	289.1
LH3223	BL1623	50.8	2×3	7.52	17.49	17.46	48.74	48.26	46.6	22.5	2891	289.1
LH3234	BL1634	50.8	3×4	7.52	17.49	17.46	48.74	48.26	61.8	37.5	4404	440.4
LH3244[②]	BL1644	50.8	4×4	7.52	17.49	17.46	48.74	48.26	69.3	44.8	5783	578.3
LH3246	BL1646	50.8	4×6	7.52	17.49	17.46	48.74	48.26	84.5	59.9	5783	578.3
LH3266	BL1666	50.8	6×6	7.52	17.49	17.46	48.74	48.26	100.0	75.0	8674	867.4
LH4022[②]	BL2022	63.5	2×2	9.91	23.84	23.81	60.88	60.33	51.8	19.9	4337	433.7
LH4023	BL2023	63.5	2×3	9.91	23.84	23.81	60.88	60.33	61.7	29.8	4337	433.7
LH4034	BL2034	63.5	3×4	9.91	23.84	23.81	60.88	60.33	81.7	49.4	6494	649.4
LH4044[②]	BL2044	63.5	4×4	9.91	23.84	23.81	60.88	60.33	91.6	59.1	8674	867.4
LH4046	BL2046	63.5	4×6	9.91	23.84	23.81	60.88	60.33	111.5	78.9	8674	867.4
LH4066	BL2066	63.5	6×6	9.91	23.84	23.81	60.88	60.33	131.4	99.0	13011	1301.1

① 链条通道高度是装配好的链条应能通过的最小高度。

② 与具有相同节距和相同最小抗拉强度的非偶数组合的链条相比，这些链条已经降低了疲劳强度和磨损寿命。当选择特殊应用的链条时应引起注意。

表 8-1-141　　LL 系列链条主要尺寸、测量力和抗拉强度

链号	节距 p (nom) /mm	板数组合	链板厚度 b_0(max)	内链板孔径 d_1 (min)	销轴直径 d_2(max)	链条通道高度 $h_1$①(min)	链板高度 h_3 (max)	铆接销轴高度 $b_1 \sim b_3$ (max)	外链节内宽 $l_1 \sim l_3$ (min)	测量力 /N	抗拉强度 (min)/kN
			mm								
LL0822		2×2						8.5	3.1	180	18
LL0844	12.7	4×4	1.55	4.46	4.45	11.18	10.92	14.6	9.1	360	36
LL0866		6×6						20.7	15.2	540	54
LL1022		2×2						9.3	3.4	220	22
LL1044	15.875	4×4	1.65	5.09	5.08	13.98	13.72	16.1	10.1	440	44
LL1066		6×6						22.9	16.8	660	66
LL1222		2×2						10.7	3.9	290	29
LL1244	19.05	4×4	1.9	5.73	5.72	16.39	16.13	18.5	11.6	580	58
LL1266		6×6						26.3	19.0	870	87
LL1622		2×2						17.2	6.2	600	60
LL1644	25.4	4×4	3.2	8.3	8.28	21.34	21.08	30.2	19.4	1200	120
LL1666		6×6						43.2	31.0	1800	180
LL2022		2×2						20.1	7.2	950	95
LL2044	31.75	4×4	3.7	10.21	10.19	26.68	26.42	35.1	22.4	1900	190
LL2066		6×6						50.1	36.0	2850	285
LL2422		2×2						28.4	10.2	1700	170
LL2444	38.1	4×4	5.2	14.65	14.63	33.73	33.4	49.4	30.6	3400	340
LL2466		6×6						70.4	51.0	5100	510
LL2822		2×2						34	12.8	2000	200
LL2844	44.45	4×4	6.45	15.92	15.9	37.46	37.08	60	38.4	4000	400
LL2866		6×6						86	64.0	6000	600
LL3222		2×2						35	12.8	2600	260
LL3244	50.8	4×4	6.45	17.83	17.81	42.72	42.29	61	38.4	5200	520
LL3266		6×6						87	64.0	7800	780
LL4022		2×2						44.7	16.2	3600	360
LL4044	63.5	4×4	8.25	22.91	22.89	53.49	52.96	77.9	48.6	7200	720
LL4066		6×6						111.1	81.0	10800	1080
LL4822		2×2						56.1	20.2	5600	560
LL4844	76.2	4×4	10.3	29.26	29.24	64.52	63.88	97.4	60.6	11200	1120
LL4866		6×6						138.9	101.0	16800	1680

① 链条通道高度是装配好的链条应能通过的最小高度。

注：由不同制造商制造的链条绝不能放在同一应用场合中一起使用。

第8篇

（2）连接环

1）型式和尺寸　板式链连接环有两种基本型式：内连接环和外连接环。用于 LH 系列和 LL 系列板式链终端连接环的尺寸见表 8-1-142 和表 8-1-143。

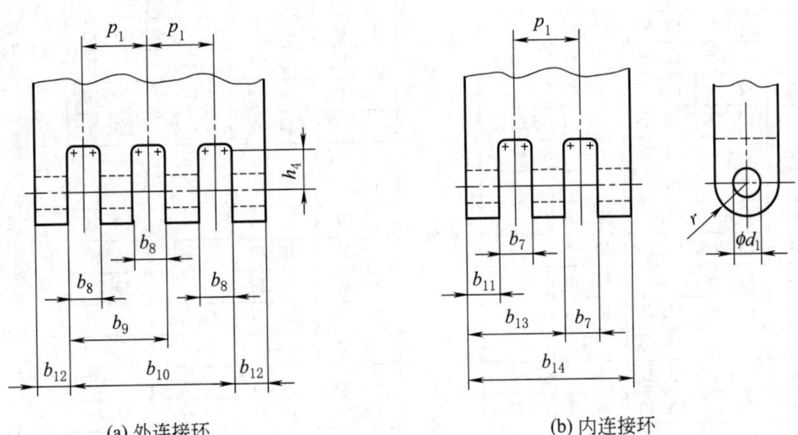

(a) 外连接环　　(b) 内连接环

表 8-1-142　　LH 系列连接环尺寸　　mm

链号	ASME 链号	b_7	b_8	b_9	b_{10}	b_{12} (min)	b_{11} (max)	b_{13} (max)	b_{14} (max)	p_1 (nom)	d_1 (min)	h_4 (min)	r (max)
		H12①											
LH0822	BL422	—	4.41	—	—	3.12	4.03	—	—	—	5.11	6.35	6.35
LH0823	BL423	—	6.53	—	—		6.05	—	—	—			
LH0834	BL434	2.21	4.33	10.68	—		4.03	10.20	—	6.35			
LH0844	BL444	4.41	4.41	12.89	—		4.03	12.25	—	8.47			
LH0846	BL446	4.41	6.53	17.12	—		6.05	16.32	—	10.59			
LH0866	BL466	4.41	4.41	12.89	21.36		4.03	12.25	20.47	8.47			
LH1022	BL522	—	5.24	—	—	3.72	4.80	—	—	—	5.98	7.92	7.92
LH1023	BL523	—	7.76	—	—		7.20	—	—	—			
LH1034	BL534	2.62	5.14	12.69	—		4.80	12.12	—	7.55			
LH1044	BL544	5.24	5.24	15.31	—		4.80	14.56	—	10.07			
LH1046	BL546	5.24	7.76	20.35	—		7.20	19.40	—	12.59			
LH1066	BL566	5.24	5.24	15.31	25.38		4.80	14.56	24.31	10.07			
LH1222	BL622	—	6.96	—	—	4.95	6.41	—	—	—	7.96	9.53	9.53
LH1223	BL623	—	10.31	—	—		9.61	—	—	—			
LH1234	BL634	3.48	6.83	16.88	—		6.41	16.18	—	10.05			
LH1244	BL644	6.96	6.96	20.36	—		6.41	19.43	—	13.40			
LH1246	BL646	6.96	10.31	27.06	—		9.61	25.89	—	16.75			
LH1266	BL666	6.96	6.96	20.36	33.76		6.41	19.43	32.45	13.40			
LH1622	BL822	—	8.59	—	—	6.13	7.93	—	—	—	9.56	12.70	12.70
LH1623	BL823	—	12.73	—	—		11.89	—	—	—			
LH1634	BL834	4.29	8.43	20.86	—		7.93	19.97	—	12.42			
LH1644	BL844	8.59	8.59	25.15	—		7.93	23.98	—	16.56			
LH1646	BL846	8.59	12.73	33.43	—		11.89	31.96	—	20.70			
LH1666	BL866	8.59	8.59	25.15	41.71		7.93	23.98	40.04	16.56			
LH2022	BL1022	—	10.26	—	—	7.35	9.48	—	—	—	11.14	15.88	15.88
LH2023	BL1023	—	15.21	—	—		14.22	—	—	—			
LH2034	BL1034	5.13	10.08	24.93	—		9.48	23.86	—	14.85			
LH2044	BL1044	10.26	10.26	30.06	—		9.48	28.65	—	19.80			
LH2046	BL1046	10.26	15.21	39.96	—		14.22	38.18	—	24.75			
LH2066	BL1066	10.26	10.26	30.06	49.86		9.48	28.65	47.82	19.80			

续表

链号	ASME链号	b_7	b_8	b_9	b_{10}	b_{12}	b_{11}	b_{13}	b_{14}	p_1	d_1	h_4	r
		H12[①]				(min)	(max)	(max)	(max)	(nom)	(min)	(min)	(max)
LH2422	BL1222	—	12.05	—	—	8.66	11.16	—	—	—	12.74	19.05	19.05
LH2423	BL1223	—	17.87	—	—		16.74	—	—	—			
LH2434	BL1234	6.02	11.84	29.31	—		11.16	28.05	—	17.46			
LH2444	BL1244	12.05	12.05	35.33	—		11.16	33.68	—	23.28			
LH2446	BL1246	12.05	17.87	46.97	—		16.74	44.89	—	29.10			
LH2466	BL1266	12.05	12.05	35.33	58.61		11.16	34.68	56.20	23.28			
LH2822	BL1422	—	13.76	—	—	9.90	12.76	—	—	—	14.31	22.23	22.23
LH2823	BL1423	—	20.41	—	—		19.13	—	—	—			
LH2834	BL1434	6.88	13.53	33.48	—		12.76	32.04	—	19.95			
LH2844	BL1444	13.76	13.76	40.36	—		12.76	38.47	—	26.60			
LH2846	BL1446	13.76	20.41	53.66	—		19.13	51.28	—	33.25			
LH2866	BL1466	13.76	13.76	40.36	66.97		12.76	38.47	64.18	26.60			
LH3222	BL1622	—	15.65	—	—	11.28	14.53	—	—	—	17.49	25.40	25.40
LH3223	BL1623	—	23.22	—	—		21.80	—	—	—			
LH3234	BL1634	7.82	15.40	38.11	—		14.53	36.48	—	22.71			
LH3244	BL1644	15.65	15.65	45.93	—		14.53	43.80	—	30.28			
LH3246	BL1646	15.65	23.22	61.07	—		21.80	58.38	—	37.85			
LH3266	BL1666	15.65	15.65	45.93	76.22		14.53	43.80	73.07	30.28			
LH4022	BL2022	—	20.53	—	—	14.86	19.19	—	—	—	23.84	31.75	31.75
LH4023	BL2023	—	30.49	—	—		28.78	—	—	—			
LH4034	BL2034	10.27	20.23	50.11	—		19.19	48.11	—	29.88			
LH4044	BL2044	20.53	20.53	60.37	—		19.19	57.76	—	39.84			
LH4046	BL2046	20.53	30.49	80.30	—		28.78	76.99	—	49.80			
LH4066	BL2066	20.53	20.53	60.37	100.22		19.19	57.76	96.33	39.84			

① 公差 H12 是根据 GB/T 1800.1 确定的。

表 8-1-143　　LL 系列连接环尺寸

mm

链号	b_7	b_8	b_9	b_{10}	b_{12}	b_{11}	b_{13}	b_{14}	p_1	d_1	h_4	r
	H12[①]				(min)	(max)	(max)	(max)	(nom)	(min)	(min)	(max)
LL0822	—	3.35	—	—	2.33	2.97	—	—	6.35	4.46	6	6.35
LL0844	3.35		—	—			9.07	—				
LL0866	3.35		9.71	16.06			9.07	15.17				
LL1022	—	3.58	—	—	2.48	3.14	—	—	6.75	5.09	8	7.92
LL1044	3.58		—	—			9.58	—				
LL1066	3.58		10.33	17.08			9.58	16.01				
LL1222	—	4.16	—	—	2.85	3.61	—	—	7.80	5.73	9	9.52
LL1244	4.16		—	—			11.03	—				
LL1266	4.16		11.96	19.76			11.03	18.45				
LL1622	—	6.81	—	—	4.8	6.15	—	—	13	8.3	12	12.7
LL1644	6.81		—	—			18.64	—				
LL1666	6.81		19.81	31.81			18.64	31.14				
LL2022	—	7.86	—	—	5.55	7.08	—	—	15	10.21	14	15.88
LL2044	7.86		—	—			21.45	—				
LL2066	7.86		22.86	37.86			22.45	35.82				
LL2422	—	10.91	—	—	7.8	10.02	—	—	21	14.65	18	19.05
LL2444	10.91		—	—			30.26	—				
LL2466	10.91		31.91	52.91			30.26	50.50				
LL2822	—	13.46	—	—	9.68	12.46	—	—	26	15.92	20	22.2
LL2844	13.46		—	—			37.57	—				
LL2866	13.46		39.46	65.47			37.57	62.68				

第8篇

续表

链号	b_7	b_8	b_9	b_{10}	b_{12} (min)	b_{11} (max)	b_{13} (max)	b_{14} (max)	p_1 (nom)	d_1 (min)	h_4 (min)	r (max)
	H12①											
LL3222	—		—	—			—	—				
LL3244	13.51	13.51	—	—	9.68	12.39	37.38	—	26	17.83	23	25.4
LL3266	13.51		39.51	65.52			37.38	62.37				
LL4022	—		—	—			—	—				
LL4044	17.21	17.21	—	—	12.38	15.87	47.80	—	33.2	22.91	28	31.75
LL4066	17.21		50.41	83.62			47.80	79.73				
LL4822	—		—	—			—	—				
LL4844	21.41	21.41	—	—	15.45	19.84	59.72	—	41.4	29.26	34	38.1
LL4866	21.41		62.82	104.2			59.72	99.60				

① 公差 H12 是根据 GB/T 1800.1 确定的。

2）连接环和销轴的强度　连接环和用于固定链条的销轴应能承受至少和链条一样的最小抗拉强度。

3）链长调整　当板式链多排应用时，就必须补偿在不同链排之间存在的长度误差。通常使用长度调节器，将其装在固定装置上，其长度调节能力至少等于一个链条节距。

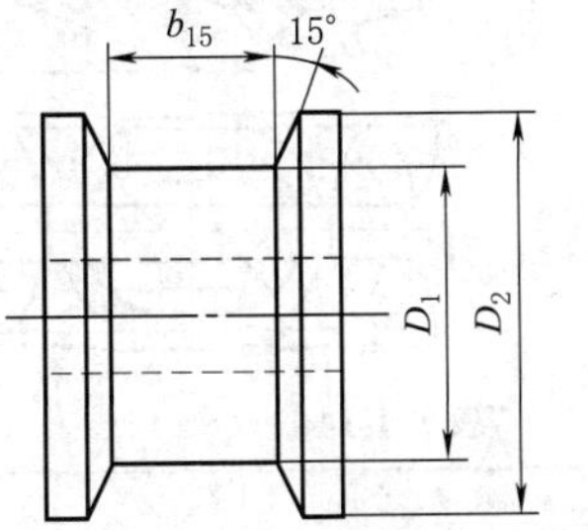

（3）槽轮

槽轮尺寸由下列公式设计计算，如图 8-1-15 所示。

图 8-1-15　槽轮

1）最小槽轮直径：

$$D_1 = 5 \times \text{链条公称节距}$$

假如有试验根据，可以采用更小的槽轮直径。

2）最小轮缘内宽：

$$b_{15} = 1.05 \times \text{铆接销轴高度}$$

3）最小轮缘直径：

$$D_{2_{\min}} = D_1 + h_3$$

尺寸 h_3 和铆接销轴高度（尺寸 $b_1 \sim b_6$）见表 8-1-140 或表 8-1-141。

6.4 焊接链的滑轮、卷筒与链轮

6.4.1 焊接链的滑轮

焊接链的滑轮一般由铸铁制成，结构与钢丝绳滑轮相仿，为了使链条与滑轮接触良好，滑轮轮缘制成槽形的，槽形两侧有的带边，有的不带边，其结构尺寸见图 8-1-16。滑轮直径按驱动情况确定，一般取：手动 $D>20d$；机动 $D>30d$（d 为链环圆钢直径）。

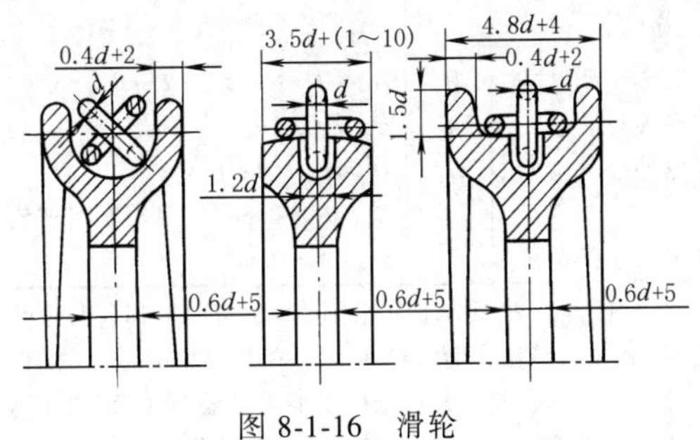

图 8-1-16　滑轮

6.4.2 焊接链的卷筒

焊接链的卷筒和链轮用来传递转矩。焊接链卷筒材料和结构与钢丝绳卷筒基本一样。卷筒有表面为光面和带槽的两种，卷筒面上链环槽的尺寸关系如图 8-1-17 所示。焊接链在卷筒上的固定方法见图 8-1-18。

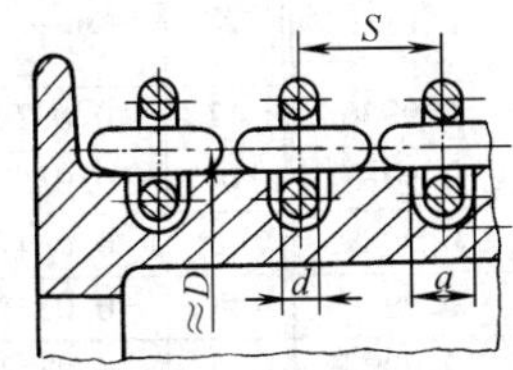

图 8-1-17　卷筒面上的链环槽

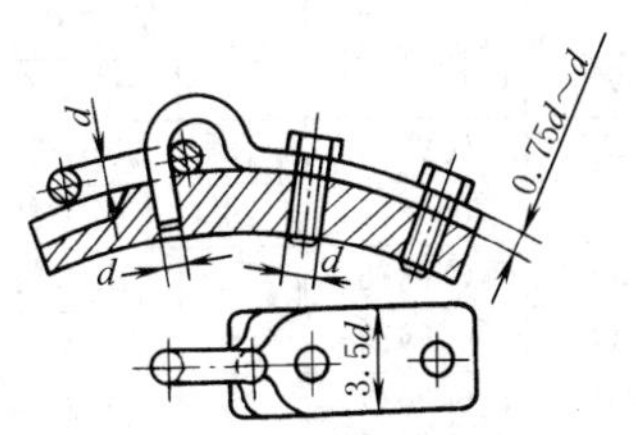

图 8-1-18　链的固定

$$a = 1.2d$$
$$S = 3.5d + (2 \sim 3)$$

6.4.3 焊接链的链轮

焊接链链轮轮缘表面除有凹槽外尚带有驱动齿（由轮槽两边向内的突起），齿数一般不少于 4 个。焊接链链轮一般由铸铁（HT150 等）制造，大载荷链轮用铸钢制造。焊接链链轮的计算见表 8-1-144。

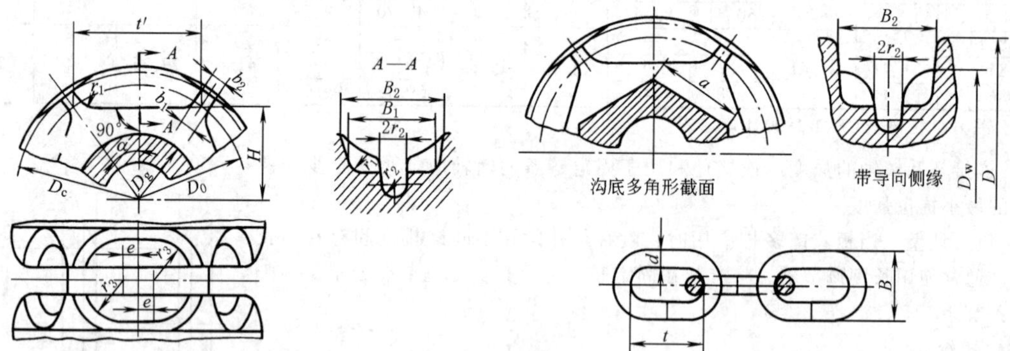

表 8-1-144　　焊接链链轮的计算　　mm

参数名称	代号	计算公式
链轮上窝眼数	Z	最少窝眼数不少于 4
中心夹角的半角	α	$\alpha = \dfrac{180°}{Z}$
链轮节距	t'	$t' = D_0 \sin\alpha$
链轮节圆直径	D_0	$D_0 = \sqrt{\left(\dfrac{t}{\sin\dfrac{\alpha}{2}}\right)^2 + \left(\dfrac{d}{\cos\dfrac{\alpha}{2}}\right)^2}$
		$D_0 = \dfrac{t}{\sin\dfrac{\alpha}{2}}$（$Z \geqslant 12$ 时）
沟底圆直径	D_g	$D_g = D_0 - (1.2 \sim 1.25)B$
沟底多角形边长	a	$a = D_g \tan\alpha$
链轮外径	D_w	$D_w = D_0 - (1 \sim 1.3)d$
		$D_w = D_0 + 0.5d$（用于滑车组链轮）
齿顶圆直径	D_c	$D_c = D_0 + 0.6d$

参数名称	代号	计算公式
导向侧缘直径	D	$D = D_w + 1.2B$
窝眼槽底宽度	B_1	$B_1 = 1.1B$
窝眼槽顶宽度	B_2	$B_2 = (1.2 \sim 1.3)B$
齿根宽	b_1	$b_1 = t - 2.2d$
齿顶宽	b_2	$b_2 = t - 2.5d$
齿根半径	r_1	$r_1 = 0.5d$
沟底半径	r_2	$r_2 = 0.6d$
窝眼槽半径	r_3	$r_3 = 0.5B_1$
r_3 圆心位置	e	$e = 0.45(t + 2d - B)$
窝眼槽底平面到中心距离	H	$H = 0.5\left(t\cot\dfrac{\alpha}{2} - d\tan\dfrac{\alpha}{2}\right) - 0.5d$
		$H = 0.5\left[\sqrt{D_0^2 - (t+d)^2} - d\right]$（$Z \geqslant 12$ 时）

注：1. D_0、H 及 t' 计算精确度达 0.1mm，其余尺寸可圆整到标准直径或长度尺寸。
2. $Z>4$ 的链轮，窝眼槽半径 r_3 在距链轮中心 H 的地方。
3. $Z>12$ 的链轮，窝眼槽底平面可做成圆弧面，圆弧面半径 $R=H$。
链轮窝眼数：一般 $Z=7 \sim 23$，亦可选用 $Z=18$，20，23，26，28，30，32，34，36，38，40，42，44，46，48，50，52。
4. $\sin\dfrac{\alpha}{2}$ 和 $\cos\dfrac{\alpha}{2}$ $\left(即 \sin\dfrac{90°}{Z} 和 \cos\dfrac{90°}{Z}\right)$ 的数值见表 8-1-145。

表 8-1-145　　$\sin\dfrac{90°}{Z}$ 和 $\cos\dfrac{90°}{Z}$ 数值

Z	$\sin\frac{90°}{Z}$	$\cos\frac{90°}{Z}$	Z	$\sin\frac{90°}{Z}$	$\cos\frac{90°}{Z}$	Z	$\sin\frac{90°}{Z}$	$\cos\frac{90°}{Z}$	Z	$\sin\frac{90°}{Z}$	$\cos\frac{90°}{Z}$
7	0.2224	0.9749	18	0.0872	0.9961	30	0.0523	0.9986	42	0.0374	0.9993
8	0.1951	0.9807	20	0.0785	0.9969	32	0.0491	0.9987	44	0.0357	0.9993
10	0.1564	0.9876	23	0.0683	0.9976	34	0.0462	0.9989	46	0.0341	0.9994
12	0.1305	0.9914	24	0.0654	0.9978	36	0.0436	0.9990	48	0.0337	0.9994
14	0.1120	0.9937	26	0.0604	0.9981	38	0.0413	0.9991	50	0.0314	0.9995
16	0.0980	0.9951	28	0.0561	0.9984	40	0.0393	0.9992			

7 吊钩和吊耳

7.1 起重吊钩（摘自 GB/T 10051.1—2010）

该标准适用于钩号为 006~250 的起重机械用锻造吊钩，其他规格的吊钩可参照使用，不适用于铸造吊钩。

7.1.1 力学性能

吊钩按其力学性能分为 5 个强度等级，见表 8-1-146。

表 8-1-146 **吊钩的 5 个强度等级**

强度等级	结构钢					调质钢		
	上屈服强度 R_{eH} 或延伸强度 $R_{p0.2}$/MPa	冲击吸收功 A_{kv}(ISO-V) /J				上屈服强度 R_{eH} 或延伸强度 $R_{p0.2}$/MPa	冲击吸收功 A_{kv}(ISO-V) /J	
		+20℃		-20℃			+20℃	-20℃
		纵向	横向	纵向	横向		纵向	纵向
M	235					—	—	—
P	315	(55)	(31)	39	21	—	—	—
(S)	390					390	(35)	27
T	—	—				490	(35)	27
(V)	—	—				620	(30)	27

注：1. 尽量避免采用括号内的强度等级。

2. 括号中所给的冲击吸收功值仅供参考，冲击功试验应在-20℃下进行。

7.1.2 起重量

在不同的强度等级和机构工作级别下，各吊钩的起重量见表 8-1-147。

按照 GB/T 3811 的规定表中未列入小于 0.1t 和大于 500t 的起重量，如需要可按 R10 优先数系延伸。

表 8-1-147 **吊钩的起重量**

强度等级	机构工作级别(按 GB/T 3811)									
M	—	—	—	—	M3	M4	M5	M6	M7	M8
P	—	—	—	M3	M4	M5	M6	M7	M8	—
(S)	—	—	M3	M4	M5	M6	M7	M8	—	—
T	—	M3	M4	M5	M6	M7	—	—	—	—
(V)	M3	M4	M5	M6	M7	—	—	—	—	—
钩号	起重量/t									
006	0.32	0.25	0.2	0.16	0.125	0.1	—	—	—	—
010	0.5	0.4	0.32	0.25	0.2	0.16	0.125	0.1	—	—
012	0.63	0.5	0.4	0.32	0.25	0.2	0.16	0.125	0.1	—
020	1	0.8	0.63	0.5	0.4	0.32	0.25	0.2	0.16	0.125
025	1.25	1	0.8	0.63	0.5	0.4	0.32	0.25	0.2	0.16
04	2	1.6	1.25	1	0.8	0.63	0.5	0.4	0.32	0.25
05	2.5	2	1.6	1.25	1	0.8	0.63	0.5	0.4	0.32
08	4	3.2	2.5	2	1.6	1.25	1	0.8	0.63	0.5
1	5	4	3.2	2.5	2	1.6	1.25	1	0.8	0.63
1.6	8	6.3	5	4	3.2	2.5	2	1.6	1.25	1
2.5	12.5	10	8	6.3	5	4	3.2	2.5	2	1.6
4	20	16	12.5	10	8	6.3	5	4	3.2	2.5
5	25	20	16	12.5	10	8	6.3	5	4	3.2
6	32	25	20	16	12.5	10	8	6.3	5	4
8	40	32	25	20	16	12.5	10	8	6.3	5

续表

钩号	起重量/t									
10	50	40	32	25	20	16	12.5	10	8	6.3
12	63	50	40	32	25	20	16	12.5	10	8
16	80	63	50	40	32	25	20	16	12.5	10
20	100	80	63	50	40	32	25	20	16	12.5
25	125	100	80	63	50	40	32	25	20	16
32	160	125	100	80	63	50	40	32	25	20
40	200	160	125	100	80	63	50	40	32	25
50	250	200	160	125	100	80	63	50	40	32
63	320	250	200	160	125	100	80	63	50	40
80	400	320	250	200	160	125	100	80	63	50
100	500	400	320	250	200	160	125	100	80	63
125	—	500	400	320	250	200	160	125	100	80
160	—	—	500	400	320	250	200	160	125	100
200	—	—	—	500	400	320	250	200	160	125
250	—	—	—	—	500	400	320	250	200	160

注：1. 机构工作级别低于 M3 的按 M3 考虑。

2. T、V 级强度等级的吊钩不推荐用于冶金起重机。

7.1.3 应力计算

吊钩结构形状有直柄单钩和直柄双钩，按表 8-1-148 计算的应力值如图 8-1-19～图 8-1-21 所示。

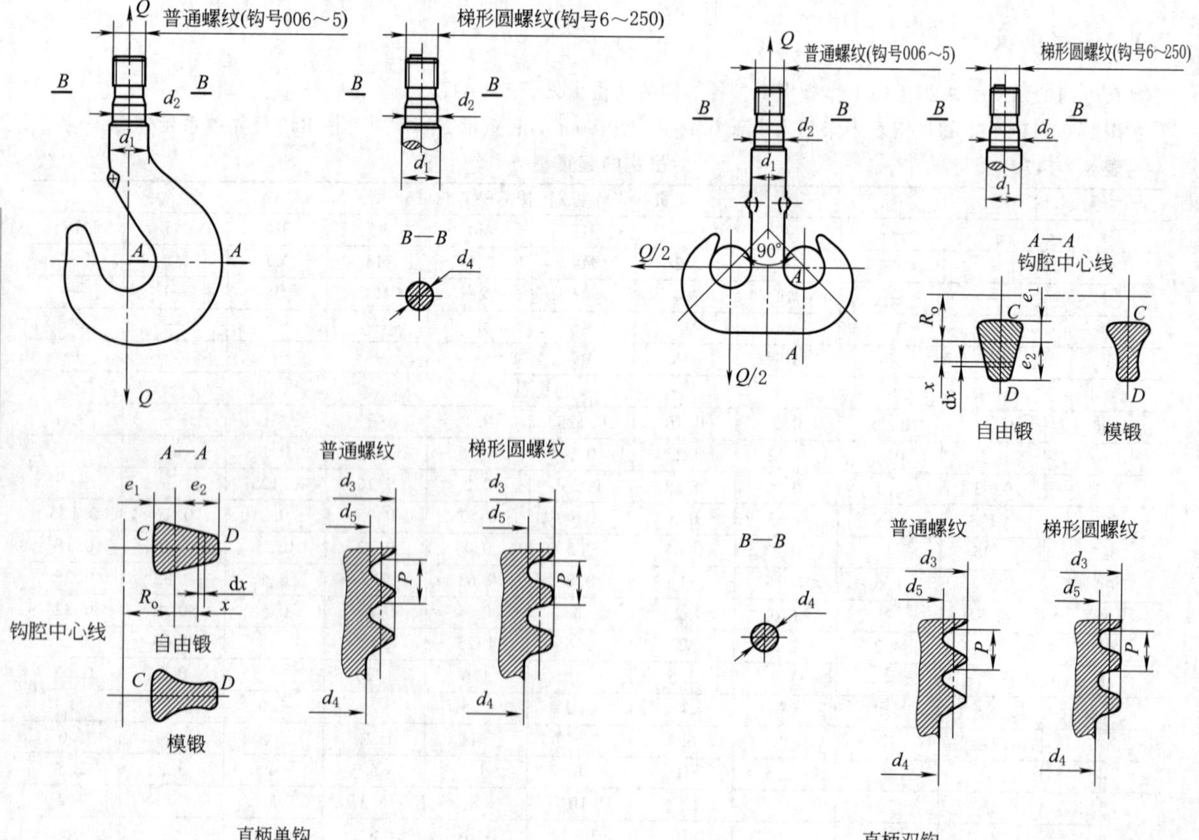

表 8-1-148 **吊钩应力计算**

截面位置及应力种类		计算公式	符号意义
主弯曲截面 A—A 的边界应力(假定:单钩载荷作用于一根铅垂的钢丝绳上,作用线通过吊钩截面形心连线的曲率中心;双钩载荷作用于两根成 90°角的钢丝绳上)	单钩	$\sigma_C=\frac{Q}{FK_B}\times\frac{e_1}{R_o-e_1}$ $\sigma_D=\left\|-\frac{Q}{FK_B}\times\frac{e_2}{R_o+e_2}\right\|$	σ_C——C 点拉应力,MPa σ_D——D 点压应力,MPa Q——按表 8-1-147 的起重量换算出的起升力,N F——截面面积,mm^2 e_1——截面重心至内缘距离,mm e_2——截面重心至外缘距离,mm K_B——依截面形状定的曲梁系数,$K_B=-\frac{1}{F}\int_{-e_2}^{e_1}\frac{x}{R_o+x}dF$ x——计算 K_B 值的自变量 dF——微分面积 R_o——截面重心轴线至钩腔中心线距离,mm σ_E——拉应力,MPa τ——切应力,MPa d_4——颈部直径,mm d_5——外螺纹小径,mm P——螺距,mm
	双钩	$\sigma_C=\frac{Q}{2FK_B}\times\frac{e_1}{R_o-e_1}$ $\sigma_D=\left\|-\frac{Q}{2FK_B}\times\frac{e_2}{R_o+e_2}\right\|$	
钩柄部最小截面 B—B 的拉应力(忽略各种缺口的应力集中)	单、双钩	$\sigma_E=\frac{4Q}{\pi d_4^2}$	
钩柄部螺纹的切应力(假定第一圈螺纹承受有效载荷的一半,剪切面的高度为螺距的一半)		$\tau=\frac{Q}{\pi d_5 P}$	

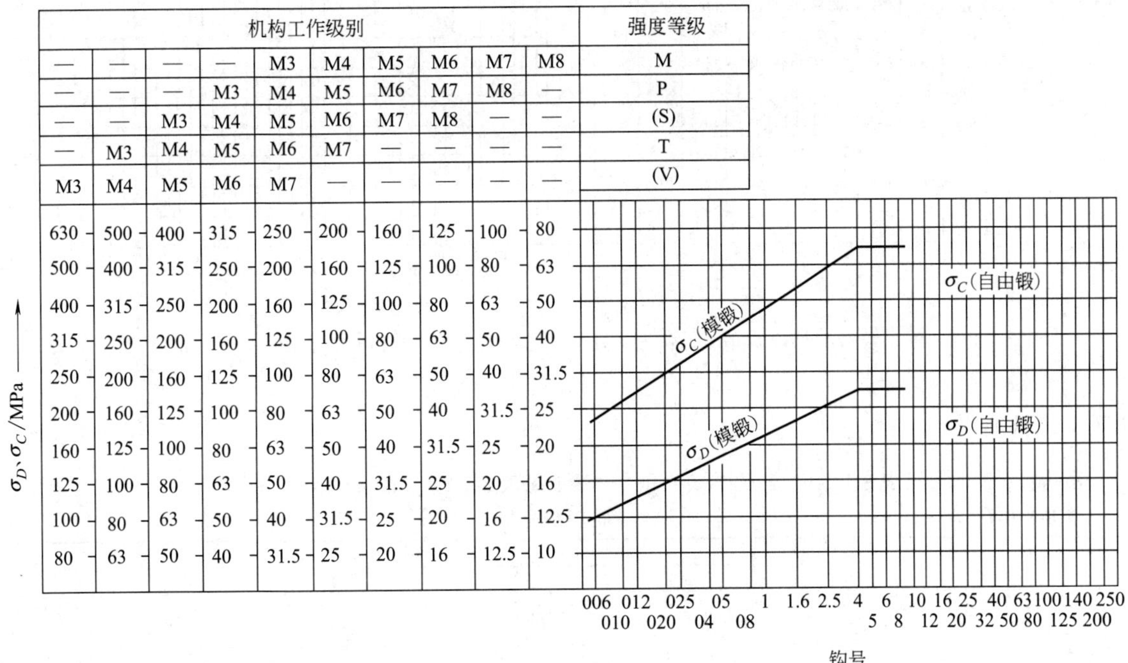

机构工作级别
强度等级
— — — — M3 M4 M5 M6 M7 M8 M
— — — M3 M4 M5 M6 M7 M8 — P
— — M3 M4 M5 M6 M7 M8 — — (S)
— M3 M4 M5 M6 M7 — — — — T
M3 M4 M5 M6 M7 — — — — — (V)
630 500 400 315 250 200 160 125 100 80
500 400 315 250 200 160 125 100 80 63
400 315 250 200 160 125 100 80 63 50
315 250 200 160 125 100 80 63 50 40
250 200 160 125 100 80 63 50 40 31.5
200 160 125 100 80 63 50 40 31.5 25
160 125 100 80 63 50 40 31.5 25 20
125 100 80 63 50 40 31.5 25 20 16
100 80 63 50 40 31.5 25 20 16 12.5
80 63 50 40 31.5 25 20 16 12.5 10
σ_D、σ_C/MPa
σ_C(模锻)
σ_C(自由锻)
σ_D(模锻)
σ_D(自由锻)
006 012 025 05 1 1.6 2.5 4 6 10 16 25 40 63 100 140 250
010 020 04 08 5 8 12 20 32 50 80 125 200
钩号

图 8-1-19 单钩应力值 σ_C 和 σ_D(只用于 GB/T 10051.5 规定的尺寸)

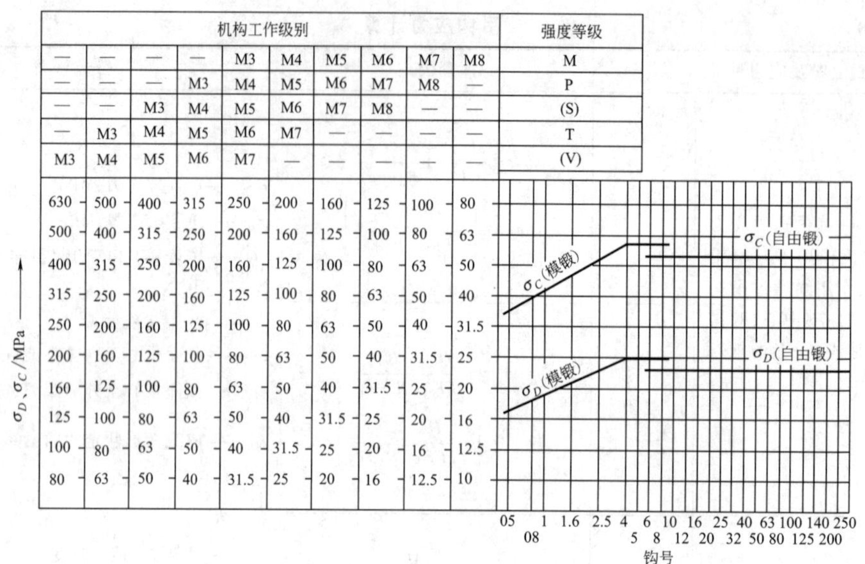

图 8-1-20　双钩应力值 σ_C 和 σ_D（只用于 GB/T 10051.7 规定的尺寸）

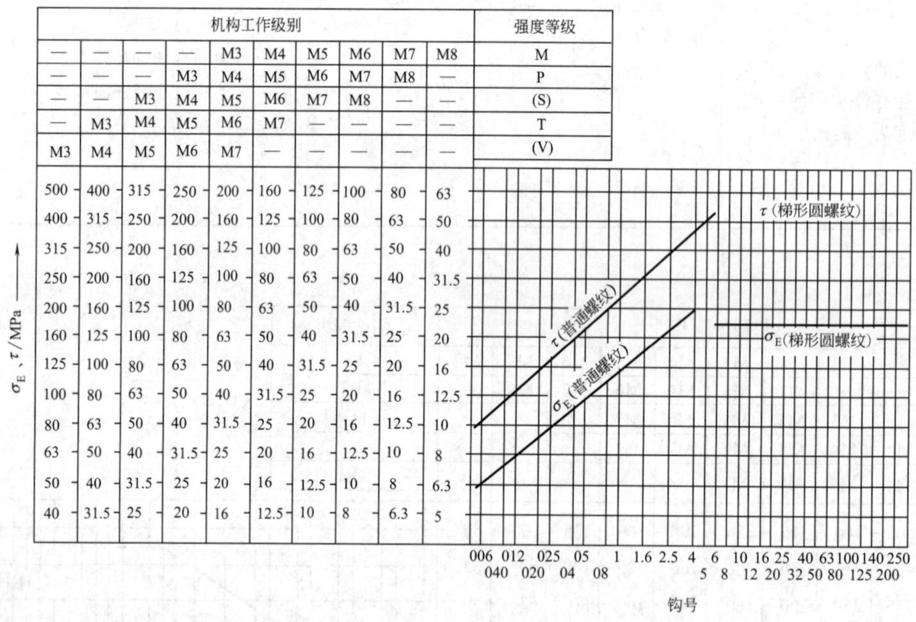

图 8-1-21　单、双钩柄部应力值 σ_E 和 τ（只用于 GB/T 10051.5 和 GB/T 10051.7 规定的尺寸）

7.1.4　材料

吊钩材料的牌号见表 8-1-149，其化学成分和力学性能见表 8-1-150～表 8-1-153。

表 8-1-149　　　　**材料牌号**

钩号	柄部直径 d_1/mm	强度等级				
		M	P	(S)	T	(V)
006～1.6	14～36	Q345qD	Q345qD	Q420qD 或 35CrMo	35CrMo	35CrMo
2.5～40	42～150					34Cr2Ni2Mo
50～250	170～375		Q420qD	35CrMo	34Cr2Ni2Mo	30Cr2Ni2Mo

注：当采用 JB/T 6396 中规定的材料时，材料中 Alt 的含量≥0.020，或用其他形式证明钢材中的氮被固化。

表 8-1-150　　桥梁用结构钢（热机械轧制）化学成分（摘自 GB/T 714—2015）　　%

材料牌号	C	Si	Mn	Nb	V	Ti	Als	Cr
	不大于						不大于	
Q345qD	0.14	0.55	0.90~1.60	0.010~0.090	0.010~0.080	0.006~0.030	0.010~0.045	0.30
Q420qD	0.11		1.00~1.70					0.50
材料牌号	Ni	Cu	Mo	N	P	S	B	H
	不大于							
Q345qD	0.30	0.30	—	0.0080	0.025	0.020	0.0005	0.0002
Q420qD			0.20					

表 8-1-151　　合金结构钢锻件化学成分（摘自 JB/T 6396—2006）　　%

材料牌号	C	Si	Mn	P	S	Cr	Ni	Mo
35CrMo	0.32~0.40	0.17~0.37	0.40~0.70	≤0.035	≤0.035	0.80~1.10	—	0.15~0.25
30Cr2Ni2Mo	0.26~0.34		0.30~0.60			1.80~2.20	1.80~2.20	0.30~0.50
34Cr2Ni2Mo	0.30~0.38		0.40~0.70			1.40~1.70	1.40~1.70	0.15~0.30

表 8-1-152　　桥梁用结构钢力学性能（摘自 GB/T 714—2015）

材料牌号	拉伸试验					冲击试验	
	下屈服强度 R_{eL}/MPa			抗拉强度 R_m/ MPa	断后伸长率 A/%	温度/℃	冲击吸收能量 KV_2/J
	厚度/mm						
	≤50	>50~100	>100~150				
	不小于						不小于
Q345qD	345	335	305	490	20	-20	120
Q420qD	420	410	—	540	19		

注：1. 当屈服不明显时，可测量 $R_{p0.2}$ 代替屈服强度。

2. 拉伸试验取横向试样。

3. 冲击试验取纵向试样。

表 8-1-153　　大型合金结构钢锻件力学性能（摘自 JB/T 6396—2006）

材料牌号	热处理状态	截面尺寸/mm	R_m/ MPa ≥	$R_{p0.2}$(R_{Cl})/MPa≥	A_5/% ≥	Z/% ≥	A_{KU}(A_{KV})/J ≥	A_{KDVM}/J ≥	HB
35CrMo	调质	≤100	735	(540)	15	45	47	—	217~269
		101~300	685	(490)	15	45	39		207~255
		301~500	635	(440)	15	35	31		196~255
		501~800	590	(390)	12	30	23		176~241
30Cr2Ni2Mo	调质	≤100	1100~1300	900	10	45	(35)	40	325~369
		101~160	1000~1200	800	11	50	(45)	50	302~341
		161~250	900~1100	700	12	50	(45)	50	269~321
		251~500	830~980	635	12	—	—	45	250~302
		501~1000	780~930	590	12	—	—	45	229~286
34Cr2Ni2Mo	调质	≤100	1000~1200	800	11	50	(45)	50	302~341
		101~160	900~1100	700	12	55	(45)	50	269~321
		161~250	800~950	600	13	55	(45)	50	241~302
		251~500	740~890	540	14	—	—	41	225~269
		501~1000	690~840	490	15	—	—	41	207~255

注：1. 冲击功有两种以上试验方法时，任选一种检验。

2. 当要求锻件做力学性能测定时，其硬度只作为参考，不作为验收依据。

3. 当锻件做三个冲击时，允许其中一个试样单值低于规定值，但不得低于规定值的 70%，三个试样单值的算术平均值不得低于规定值。

7.1.5　直柄单钩（摘自 GB/T 10051.5—2010）

单钩的结构型式和锻造方式分为四种：LM 型、LMD 型、LY 型和 LYD 型（图 8-1-22）。LM 型和 LY 型不带凸耳，LMD 型和 LYD 型带凸耳。LM 型和 LMD 型为模锻，LY 型和 LYD 型为自由锻。

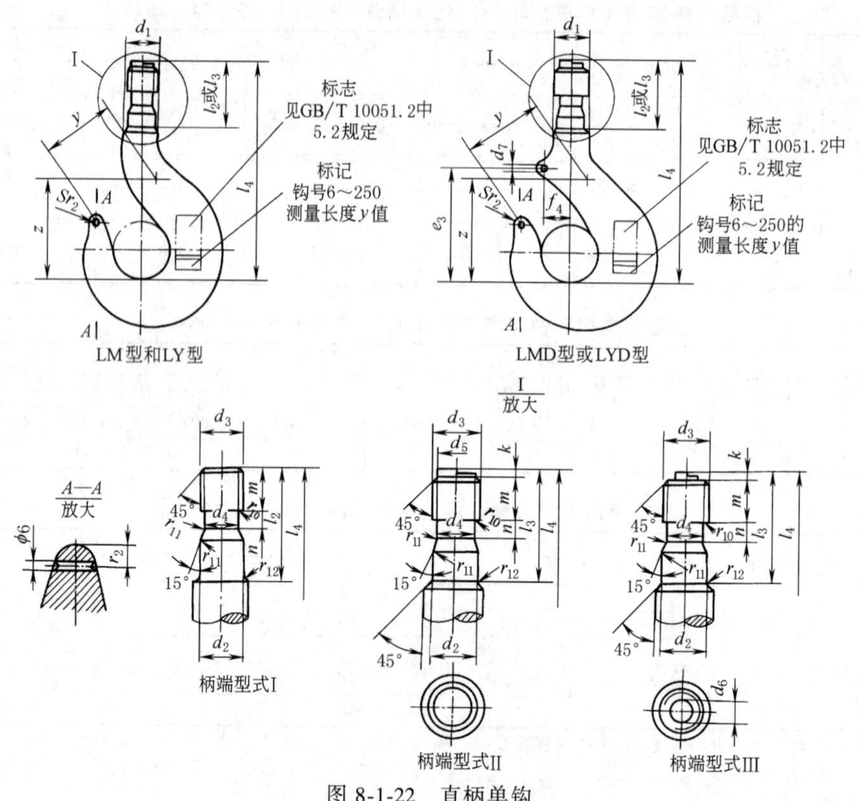

图 8-1-22　直柄单钩

标记示例：

钩号 006、强度等级 M 的不带凸耳模锻直柄单钩，标记为：直柄单钩　LM006-M　GB/T 10051.5

钩号 250、强度等级 T 的带凸耳自由锻直柄单钩，标记为：直柄单钩　LYD250-T　GB/T 10051.5

型号说明：

L Y D 250-T

- 强度等级 M，P，S，T，V
- 钩号006～250
- 带凸耳D；不带凸耳不表示
- 模锻M；自由锻Y
- 螺纹柄

说明：

① A—A 剖面中钩号 6~250 的直柄单钩见表 8-1-156，应压入 $\phi6$ 不锈钢圆柱销。②轻小型起重设备用的 006~5 号直柄单钩，柄端为型式Ⅰ；起重机械和轻小型起重设备用的 6~32 号为型式Ⅱ；起重机械用的 40~250 号为型式Ⅲ。③表面粗糙度见表 8-1-154。④普通螺纹公差带为 GB/T 197 中的 6g。⑤梯形圆螺纹螺母旋合后螺纹应均匀接触，无载荷时，其接触面应不小于 50%。⑥单钩钩柄中心线应与钩腔中心线重合，其偏移量不大于表 8-1-155 的规定。

表 8-1-154　表面粗糙度

部　　位	表面粗糙度 Ra/μm
d_4，r_{10}，r_{11}	3.2
梯形圆螺纹	6.3
其余加工面	12.5

表 8-1-155　钩柄中心线与钩腔中心线偏移量允许值　mm

钩　号	≤10	12~20	25~80	>100
偏移量	2	3	4	6

表 8-1-156　直柄单钩尺寸　mm

钩号	d_1	d_2	普通螺纹或梯形圆螺纹 d_3	d_4	d_5	d_6	d_7	e_3	f_4	l_2 或 l_3	l_4	m	n	k	r_{10}	r_{11}	r_{12}	y	z
006	14	10	M10	7.5	—	—	3.2	52	11.5	30.5	97.5	9	4.5	—	1	2.5	2	—	—
010	16	12	M12	9	—	—	3.2	60	13	32.5	106	11	5	—	1.2	3	2	—	—
012								63	14	32.5	112	11	5	—	1.2	3	2	—	—
020	20	16	M16	12.5	—	—	4.2	70	16	41.5	135.5	15	6	—	1.2	3	2	—	—
025								74	17	41.5	141.5	15	6	—	1.2	3	2	—	—

续表

钩号	d_1	d_2	普通螺纹或梯形圆螺纹 d_3	d_4	d_5	d_6	d_7	e_3	f_4	l_2 或 l_3	l_4	m	n	k	r_{10}	r_{11}	r_{12}	y	z
04	24	20	M20	16	—	—	5.2	83	19	46	152.5	18	7.5	—	1.6	4	2	—	—
05								89	20	46	164	18	7.5	—	1.6	4	2	—	—
08	30	24	M24	19.5	—	—	6.2	100	22	55	183	22	9	—	2	5	3	—	—
1								105	23	55	194	22	9	—	2	8	3		
1.6	36	30	M30	24.5	—	—	6.2	118	26	68	221	27	10	—	2	10	3	—	—
2.5	42	36	M36	30	—	—	10.2	132	30	83	250	32	10	—	2	10	3	—	—
4	48	42	M42	35.5	—	—	10.2	148	33	93	281.5	36	15	—	3	10	3	—	—
5	53	45	M45	38.5	—	—	10.2	165	37	103	314.5	40	15	—	3	10	3	—	—
6	60	50	TY50×6	42	43.4	—	10.2	185	41	112	375	45	20	10	4	14	3	130	160
8	67	56	TY56×6	48	49.4	—	12.2	210	46	122	413	50	20	10	4	16	3	145	180
10	75	64	TY64×8	54	55.2	—	12.2	221	34	135	446	56	25	10	4	18	3	160	200
12	85	72	TY72×8	62	63.2	—	16.2	252	37	157	504.5	63	25	12	4	20	3	180	220
16	95	80	TY80×10	68	69	—	16.2	280	42	170	576	71	30	12	6	22	3	200	250
20	106	90	TY90×10	78	79	—	20.2	330	48	187	645	80	30	12	6	25	3	225	280
25	118	100	TY100×12	85	86.8	—	20.2	360	54	207	716	90	40	12	6	28	3	255	315
32	132	110	TY110×12	95	96.8	—	20.2	400	60	232	788	100	40	12	6	32	3	290	350
40	150	125	TY125×14	108	109.6	80	25.3	447	68	257	885	112	45	12	8	36	3	320	395
50	170	140	TY140×16	120	122.4	90	25.3	485	75	280	969	125	50	12	10	40	5	355	445
63	190	160	TY160×18	138	140.2	100	25.3	550	83	322	1100	140	55	12	10	45	5	400	495
80	212	180	TY180×20	156	158	120	25.3	598	88	357	1245	160	60	12	12	50	5	450	565
100	236	200	TY200×22	173	175.8	140	30.3	688	100	402	1388	180	70	12	12	56	5	505	635
125	265	225	TY225×24	196	198.6	160	30.3	750	108	465	1565	200	80	15	12	63	5	570	710
160	300	250	TY250×28	217	219.2	180	30.3	825	117	510	1761	225	90	15	15	70	5	640	800
200	335	280	TY280×32	242	244.8	200	30.3	900	124	613	2012	250	100	15	18	80	5	720	900
250	375	320	TY320×36	278	280.4	240	30.3	980	134	690	2272	280	110	15	20	90	5	810	1015

注：M 为普通螺纹 GB/T 193，TY 为梯形圆螺纹代号，梯形圆螺纹见表 8-1-157。

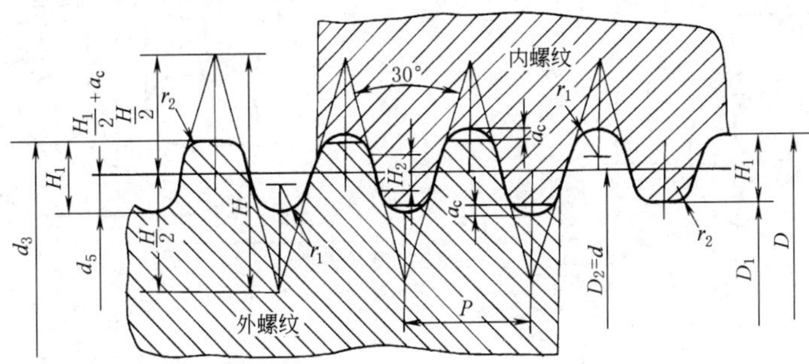

标记示例：

公称直径 80mm，螺距 10mm 的梯形圆螺纹，标记为：TY80×10

$P\approx\frac{d_3}{9}$—螺距；d_5—外螺纹小径；d（D_2）—螺纹中径；H—原始三角形高度；H_1—基本牙型高度；H_2—接触高度；D—内螺纹大径；D_1—内螺纹小径；a_c—允许最大径向间隙；d_3—外螺纹大径；W—螺纹心部截面积

$H=1.866P$；　　$a_c=0.05P$；

$H_1=0.55P$；　　$r_1=0.22104P$；

$H_2=0.27234P$；　　$r_2=0.15359P$

表 8-1-157　　直柄吊钩用梯形圆螺纹尺寸及轴向间隙　　mm

钩柄 d_3 (c11)	钩柄 P	钩柄 d_5 (c11)	钩柄 W /mm²	钩柄与螺母 $d(D_2)$	钩柄与螺母 H_1	钩柄与螺母 H_2	钩柄与螺母 r_1	钩柄与螺母 r_2	螺母 D (C11)	螺母 D_1 (C11)	轴向间隙
50	6	43.4	1479	47	3.3	1.634	1.326	0.922	50.6	44	≤0.1
56		49.4	1917	53					56.6	50	
64	8	55.2	2393	60	4.4	2.179	1.768	1.229	64.8	56	
72		63.2	3137	68					72.8	64	
80	10	69	3739	75	5.5	2.723	2.210	1.536	81	70	≤0.2
90		79	4902	85					91	80	

续表

钩柄				钩柄与螺母					螺母		轴向间隙
d_3 (c11)	P	d_5 (c11)	W /mm^2	$d(D_2)$	H_1	H_2	r_1	r_2	D (C11)	D_1 (C11)	
100	12	86.8	5917	94	6.6	3.268	2.652	1.843	101.2	88	≤0.2
110		96.8	7359	104					111.2	98	
125	14	109.6	9434	118	7.7	3.813	3.095	2.150	126.4	111	≤0.3
140	16	122.4	11767	132	8.8	4.357	3.537	2.457	141.6	124	
160	18	140.2	15438	151	9.9	4.902	3.979	2.765	161.8	142	
180	20	158	19607	170	11	5.447	4.421	3.072	182	160	
200	22	175.8	24273	189	12.1	5.991	4.863	3.379	202.2	178	
225	24	198.6	30977	213	13.2	6.536	5.305	3.686	227.4	201	
250	28	219.2	37737	236	15.4	7.626	6.189	4.301	252.8	222	
280	32	244.8	47067	264	17.6	8.715	7.073	4.915	283.2	248	
320	36	280.4	61751	302	19.8	9.804	7.957	5.529	323.6	284	

7.1.6 直柄双钩（摘自 GB/T 10051.7—2010）

双钩的结构型式和锻造方式同样分为四种：LM 型、LMD 型、LY 型和 LYD 型（图 8-1-23）。

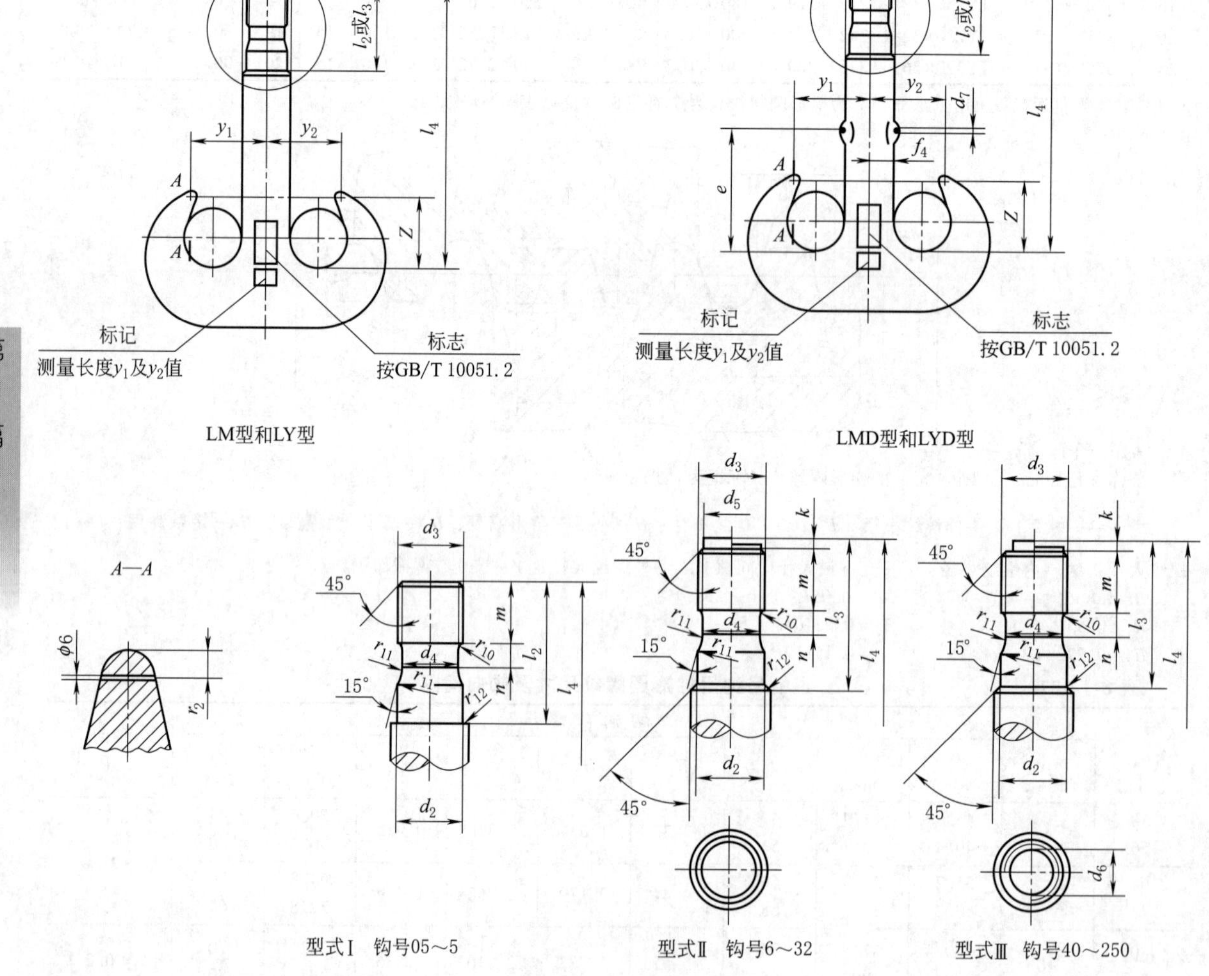

图 8-1-23 直柄双钩

第8篇

标记示例：

钩号为 10、强度等级为 M 的不带凸耳模锻直柄双钩：直柄双钩　LM10-M　GB/T 10051.7

钩号为 12、强度等级为 P 的带凸耳自由锻直柄双钩：直柄双钩　LYD12-P　GB/T 10051.7

型号说明：

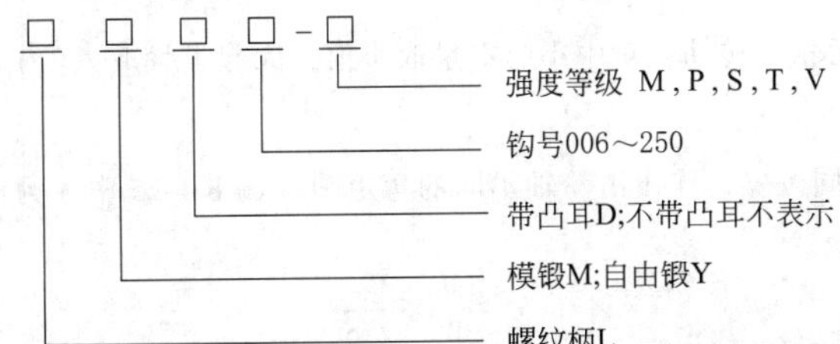

说明：①$A—A$ 剖面中钩号 6～250 的直柄双钩见表 8-1-158，应压入 $\phi6$ 不锈钢圆柱销。②轻小型起重设备用的 05～5 号双钩，柄端为型式Ⅰ；起重机械和轻小型起重设备用的 6～32 号为型式Ⅱ；起重机械用的 40～250 号为型式Ⅲ。③表面粗糙度见表 8-1-154。④普通螺纹公差带为 GB/T 197 中的 6g。⑤梯形圆螺纹螺母旋合后螺纹应均匀接触，无载荷时，其接触面应不小于 50%。

表 8-1-158　　直柄双钩尺寸　　mm

钩号	d_1	d_2	普通螺纹或梯形圆螺纹			d_6	d_7	e	f_4	l_2	l_3	l_4	m	n	k	r_{10}	r_{11}	r_{12}	$y_1=y_2$	Z
			d_3	d_4	d_5															
05	24	20	M20	16	—	—	5.2	80	14	46	—	159.5	18	7.5		1.6	4	2	—	—
08	30	24	M24	19.5	—	—	5.2	83	16	55	—	178	22	9		2	5	3	—	—
1	30	24	M24	19.5	—	—	6.2	96	16	55	—	189	22	9		2	8	3	—	—
1.6	36	30	M30	24.5	—	—	6.2	100	20	68	—	215.5	27	10		2	10	3	—	—
2.5	42	36	M36	30	—	—	6.2	112	22	83	—	243.5	32	10		2	10	3	—	—
4	48	42	M42	35.5	—	—	10.2	124	25	93	—	274	36	15		3	10	3	—	—
5	53	45	M45	38.5	—	—	10.2	143	30	103	—	306	40	15		3	10	3	—	—
6	60	50	TY50×6	42	43.4	—	10.2	160	34	—	112	365.5	45	20	10	4	14	3	93	85
8	67	56	TY56×6	48	49.4	—	10.2	182	38	—	122	403	50	20	10	4	16	3	104.5	95
10	75	64	TY64×8	54	55.2	—	12.2	192	42	—	135	435	56	25	10	4	18	3	117.5	107
12	85	72	TY72×8	62	63.2	—	12.2	210	48	—	157	492	63	25	12	4	20	3	132.5	120
16	95	80	TY80×10	68	69	—	16.2	237	53	—	170	562	71	30	12	6	22	3	148.5	135
20	106	90	TY90×10	78	79	—	16.2	265	59	—	187	628	80	30	12	6	25	3	165.5	150.5
25	118	100	TY100×12	85	86.8	—	20.2	315	66	—	207	696	90	40	12	6	28	3	185	168
32	132	110	TY110×12	95	96.8	—	20.2	335	74	—	232	768	100	40	12	6	32	3	207	189
40	150	125	TY125×14	108	109.6	80	20.2	375	84	—	257	863	112	45	12	8	36	3	233	212
50	170	140	TY140×16	120	122.4	90	25.3	420	95	—	280	944	125	50	12	10	40	5	265	240
63	190	160	TY160×18	138	140.2	100	25.3	460	106	—	322	1072	140	55	12	10	45	5	297	270
80	212	180	TY180×20	156	158	120	25.3	515	119	—	357	1212	160	60	12	12	50	5	331	300
100	236	200	TY200×22	173	175.8	140	25.3	575	132	—	402	1351	180	70	12	12	56	5	370	336
125	265	225	TY225×24	196	198.6	160	30.3	645	148	—	465	1522	200	80	15	12	63	5	414.5	376
160	300	250	TY250×28	217	219.2	180	30.3	725	168	—	510	1714	225	90	15	15	70	5	466	422
200	335	280	TY280×32	242	244.8	200	30.3	800	188	—	613	1962	250	100	15	18	80	5	522.5	475
250	375	320	TY320×36	278	280.4	240	30.3	875	210	—	690	2217	280	110	15	20	90	5	587.5	535

注：M 为普通螺纹 GB/T 196；TY 为梯形圆螺纹代号，梯形圆螺纹见表 8-1-157。

7.2　吊钩组及其零件计算

7.2.1　吊钩组零件计算方法

吊钩组由吊钩、吊钩螺母、推力轴承、吊钩横梁、滑轮、滑轮轴承、吊钩拉板等零件组成。

(1) 吊钩横梁计算

吊钩横梁计算简图如图 8-1-24 所示。

中间截面 $A—A$ 的最大弯曲应力：

$$\sigma=\frac{M}{W}=\frac{1.5Ql}{(B-d)h^2}\leqslant\frac{\sigma_s}{2.5}$$

轴孔 d_1 的平均挤压应力：

$$\sigma_{bs}=\frac{Q}{2d_1\delta}\leqslant[\sigma_{bs}]$$

式中　M——吊钩横梁中部弯矩；

W——吊钩横梁中部抗弯截面（中间截面）模量；

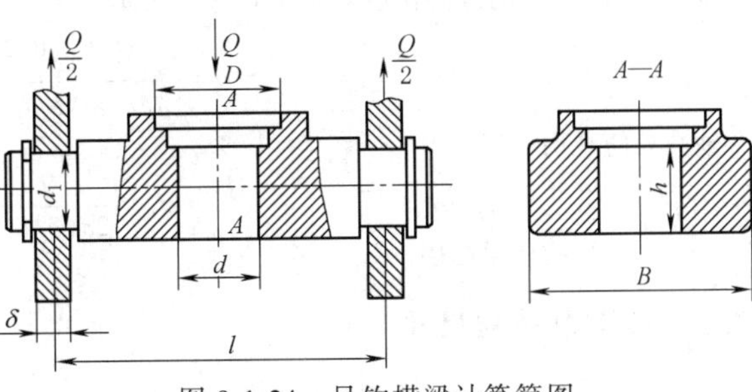

图 8-1-24　吊钩横梁计算简图

σ_s——吊钩横梁材料屈服应力；

$[\sigma_{bs}]$——吊钩横梁材料许用挤压应力。

$[\sigma_{bs}]=\frac{\sigma_s}{6}\sim\frac{\sigma_s}{5}$（工作时有相对转动，对中小起重量取小值，大起重量取大值）。

$[\sigma_{bs}]=\frac{\sigma_s}{4}\sim\frac{\sigma_s}{3}$（工作时无相对转动，对中小起重量取小值，大起重量取大值）。

（2）滑轮轴计算

根据拉板在滑轮轴上的不同位置，作出滑轮轴不同的弯矩图（图 8-1-25 中 S 为滑轮钢丝绳拉力的合力），最大弯曲应力：

$$\sigma=\frac{M}{W}\leqslant\frac{\sigma_s}{2.5}$$

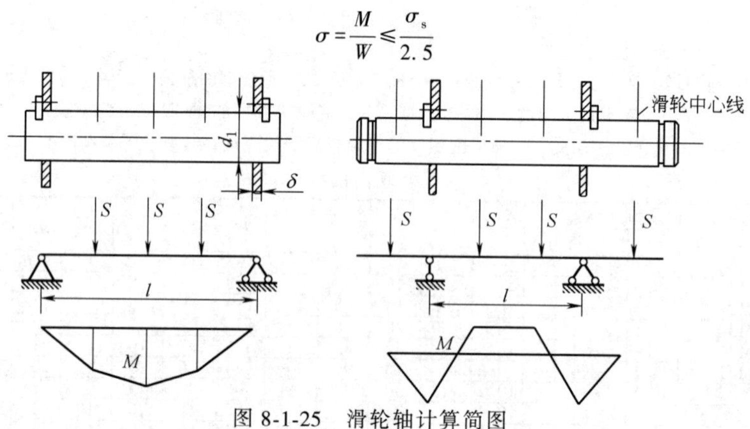

图 8-1-25　滑轮轴计算简图

（3）拉板的计算

拉板上有轴孔的水平截面 A—A 和垂直截面 B—B 为危险截面（图 8-1-26）。水平截面 A—A 的内侧孔边最大拉应力为：

$$\sigma_t=\frac{Q\alpha_j}{2(b-d)(\delta+\delta')}\leqslant\frac{\sigma_s}{1.7}$$

式中　α_j——应力集中系数，见图 8-1-27。

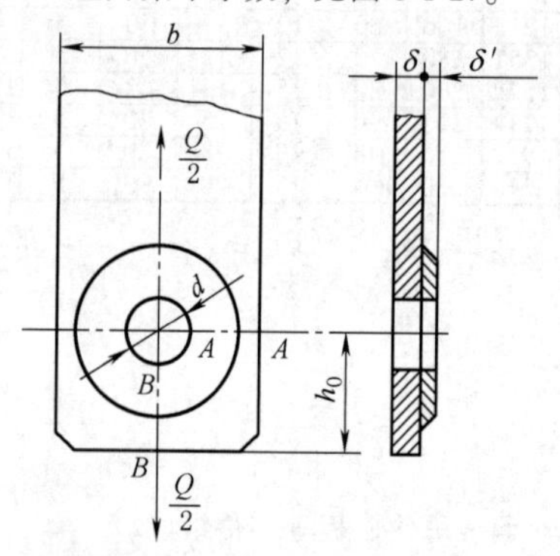

图 8-1-26　拉板的计算截面

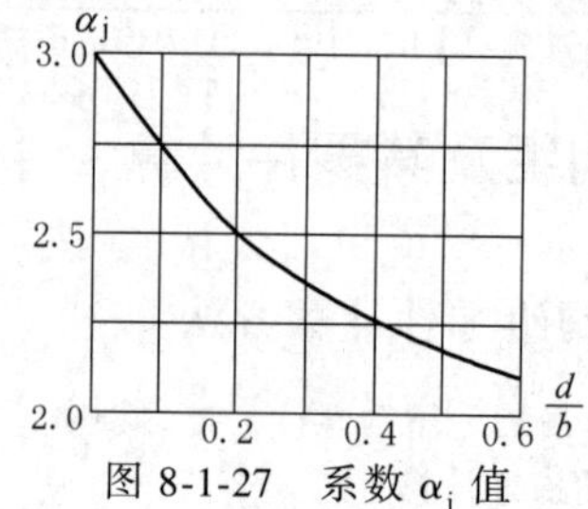

图 8-1-27　系数 α_j 值

垂直截面 B—B 的内侧孔边最大拉应力（切向）：

$$\sigma=\frac{Q(h_0^2+0.25d^2)}{2d(\delta+\delta')(h_0^2-0.25d^2)}\leqslant\frac{\sigma_s}{3}$$

轴孔处的平均挤压应力：

$$\sigma_{bs}=\frac{Q}{2d(\delta+\delta')}\leqslant[\sigma_{bs}]$$

$[\sigma_{bs}]$ 与吊钩横梁相同。

7.2.2　吊钩组系列尺寸

单钩式吊钩组可分为短钩型和长钩型（图 8-1-28 中 a、b）。短钩型吊钩组吊钩横梁位于滑轮轴下方，吊钩直

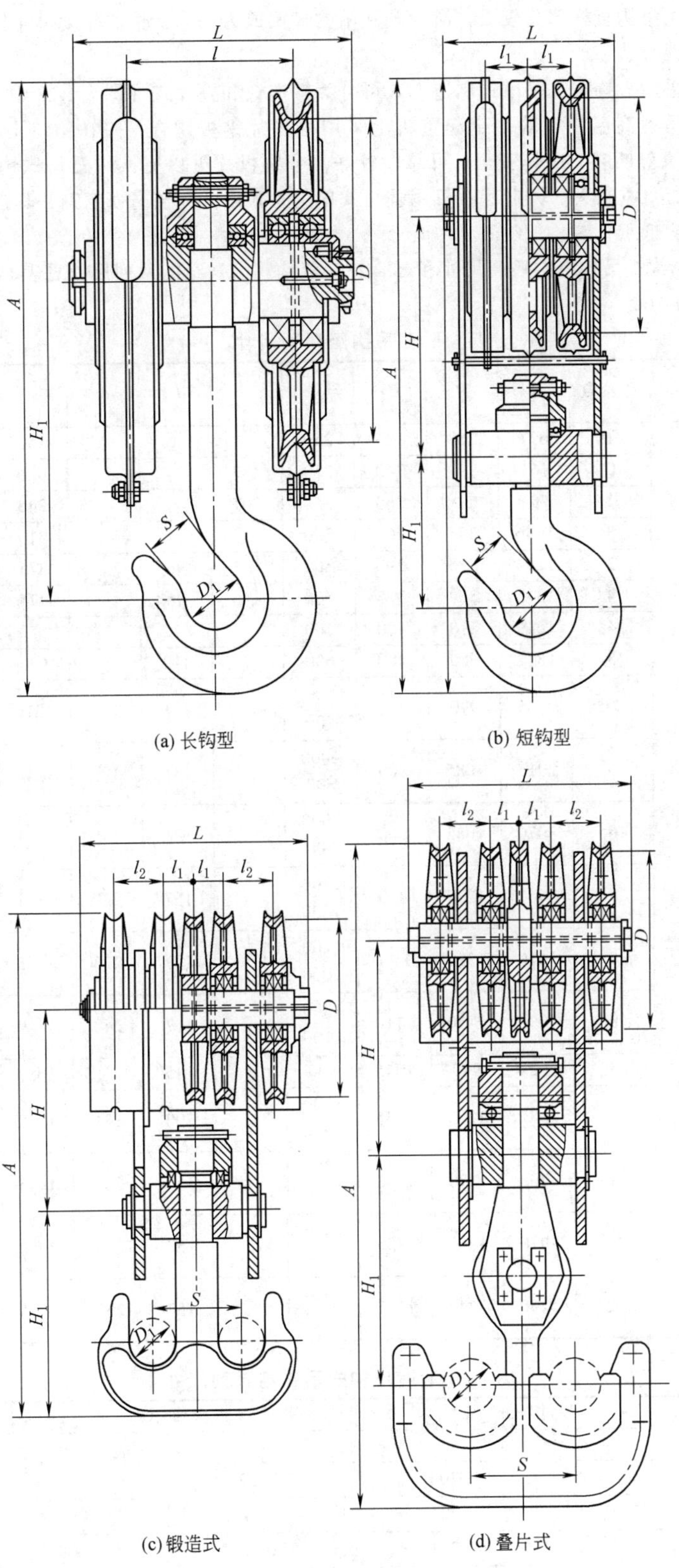

图 8-1-28 吊钩组系列尺寸图

杆部分较短，滑轮组轴向尺寸较小，钢绳偏角较小，钢绳分支数的奇偶不受限制，应用较多，缺点是整体高度尺寸较大。长钩型吊钩组吊钩直杆部分较长，滑轮轴和吊钩横梁成为一体，整体高度尺寸较小，但滑轮组轴向尺寸较大，钢绳分支数为偶数。

双钩式吊钩组均采用短钩型，按吊钩制造方式可分为锻造式和叠片式（图 8-1-28 中 c、d）。吊钩常用模锻制造，但在大起重量或吊运高温物料的冶金起重机上采用由多片钢板铆合，并在钩口上设置护垫的叠片式吊钩（板钩），它不会整体突然断裂，工作安全，可靠性较好，个别板片可以更换。叠片式钩只能制成矩形截面，钩体材料不能充分利用，自重较大。铸造起重机用叠片式单钩宜采用低合金高强度钢，其强度计算中相应于钢材的屈服点的安全系数不应低于 2.5。

3~50t T 形截面单钩式吊钩组的系列尺寸和 80~250t 双钩式吊钩组的系列尺寸见表 8-1-159，锻造单钩式吊钩组的系列尺寸见表 8-1-160。

表 8-1-159　　吊钩组系列尺寸　　mm

起重量/t	吊钩型式		滑轮数	A	H	H_1	D	l	l_1	l_2	L	D_1	S	自重/kg
3	单钩	短钩型	1	697	265	135	250				150	55	44	
5		长钩型	2	661		340	350	187			320	70	55	82
8			2	707		360	350	207			340	85	70	90
12.5		短钩型	3	1036	395	260	350		77		310	110	88	161
16			3	1294	520	290	500		96		375	120	100	296
20			4	1345	520	315	500		96		475	140	112	364
32			4	1649	610	420	600		112		558	170	140	697
50			5	1817	650	480	600		112		690	220	176	1050
80	双钩	锻造式	6	2635	990	745	800 700		131	195	1316	250	450	
100			6	2915	1085	800	1000 800		131	195	1411	280	500	
125			6	3070	1085	800	1000 800		131	195	1411	300	620	
160			6	3460	1270	850	1200 1000		157	220	1311	350	690	
200			8	3610	1330	890	1200 1000		157	226	1645	350	710	
250			8	4095	1430	1110	1300 1100		157	240	1670	400		10334
100		叠片式	5	3020	980	1045	800		145	244.5	1080	250	1300	4281
125			6	3385	1090	1145	1000 800		200	131	1370	300	1400	
150			8	3703	1170	1248	1000 800		157	250	1685	350	1500	
200			10	3970	1200	1435	1000 800		157	250	2000	350	1500	11376
250			12	4290	1240	1615	1000 800		157	250	2315	400	1700	13945

表 8-1-160　　3~50t 锻造单钩式吊钩组系列尺寸

名称	尺寸/mm		轴承		自重/kg
	$D_{滑轮罩}$	A	型号	数量	
3t 吊钩组	390	700	8210	1	65
5t 吊钩组	530	721	8210/213	1/4	99
5t 吊钩组	530	721	8210/213	1/4	102.1
10t 吊钩组	650	1220	8217/220	1/4	246.27
10t 吊钩组	540	1085	8217/218	1/4	219

第 8 篇

续表

名称	尺寸/mm		轴承		自重/kg
	$D_{滑轮罩}$	A	型号	数量	
15t 吊钩组	650	1267	8220/220	1/4	329.65
15t 吊钩组	650	1267	8220/220	1/4	322.8
20t 吊钩组	650	1434	8224/220	1/8	467.54
30t 吊钩组	780	1730	8228/226	1/8	847.92
50t 吊钩组	940	2110	8236/42228	1/8	1420

7.3 焊接吊耳（摘自 GB/T 35981—2018）

GB/T 35981—2018 适用于冶金设备用焊接吊耳制作，包括设备运输吊耳、设备安装吊耳和设备制造中工艺过程起吊用吊耳。

吊耳材料应优先选用 Q235B，必要时可选用 Q345B；在低温环境下使用应考虑选用 Q235D 或 Q235E，必要时选用 Q345D 或 Q345E。

用于制作吊耳的材料应经过 UT 检测，检测结果应符合 GB/T 2970—2016 的Ⅱ级。

采用 4 个吊耳起吊时，无论选择何种结构的吊耳，其总公称吊重均应按工件质量的 2 倍选取。公称吊重为单个吊耳在正常使用条件下承受的最大质量。吊耳应位于工件重心上方不小于 500 mm，起吊工件时钢丝绳和水平面的夹角应不小于 60°。

7.3.1 A 型吊耳

A 型吊耳适用于垂直吊装，其型号及其公称吊重、尺寸见表 8-1-161。

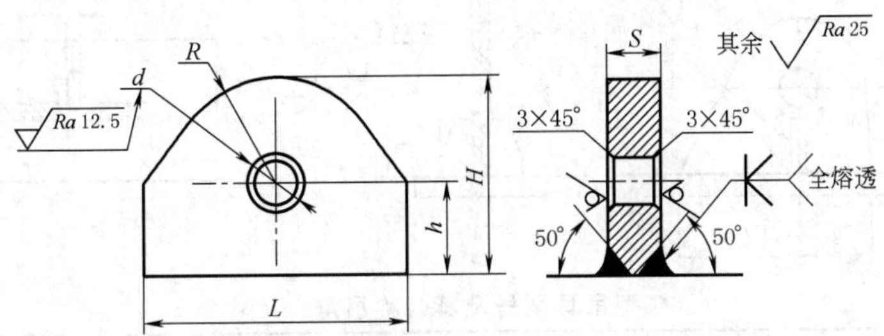

表 8-1-161　　A 型吊耳型号及其公称吊重、尺寸

型号	公称吊重/t	L/mm	H/mm	h/mm	d/mm	R/mm	S/mm
A03	3	110	100	50	32	55	16
A05	5	160	120	60	40	80	20
A10	10	220	160	80	50	100	30
A20	20	260	220	110	70	120	48
A30	30	320	240	120	85	140	60
A50	50	400	300	150	105	170	80
A80	80	500	360	180	130	200	100

7.3.2 B 型吊耳

B 型吊耳适用于焊接处工件壁较薄（工件壁小于等于 20mm），承载力弱的垂直吊装，其型号及其公称吊重、尺寸见表 8-1-162。

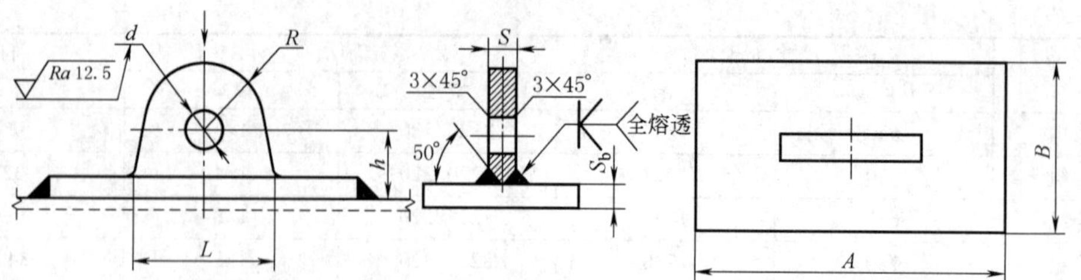

表 8-1-162　　B 型吊耳型号及其公称吊重、尺寸

型号	公称吊重 /t	L /mm	h /mm	d /mm	R /mm	S /mm	A×B /mm×mm	S_b /mm
B02	2	120	60	25	40	10	280×140	S
B03	3	150	65	30	50	12	340×170	
B05	5	180	80	36	62	16	440×220	
B08	8	200	100	45	80	22	500×250	
B10	10	220	110	50	85	25	560×280	
B15	15	260	130	60	100	36	600×300	0.8S
B20	20	280	150	66	110	42	600×300	
B30	30	320	180	82	130	56	720×360	

7.3.3　C 型吊耳

C 型吊耳适用于侧向受力的垂直吊装，其型号及其公称吊重、尺寸见表 8-1-163。

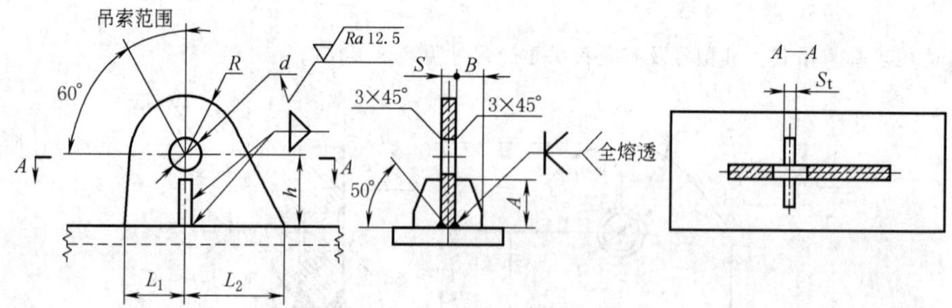

表 8-1-163　　C 型吊耳型号及其公称吊重、尺寸

型号	公称吊重 /t	L_1 /mm	L_2 /mm	h /mm	d /mm	R /mm	S /mm	筋板 A /mm	筋板 B /mm	筋板 S_t /mm
C02	2	60	100	40	25	40	10			0.8S
C03	3	60	120	45	30	50	14			
C05	5	70	140	95	36	62	18	50	40	
C08	8	90	170	115	45	80	22	65	50	
C10	10	100	180	130	50	85	26	80	60	
C15	15	120	180	135	60	100	36	80	60	
C20	20	130	200	145	66	110	48	85	65	
C30	30	160	240	170	82	130	60	100	75	

8　起重抓斗和吊具

8.1　起重抓斗（摘自 JB/T 13481—2018）

该标准适用于一般环境使用的起重机用抓斗。该标准不适用于易燃易爆、可燃性气体、粉尘及有腐蚀性气体

环境以及核辐射环境、有毒气体环境条件下使用的起重机用抓斗。

8.1.1 起重抓斗的型式

① 抓斗按抓取物料容重分为：

1）特轻型抓斗，物料容重（t/m^3）：<0.8；

2）轻型抓斗，物料容重（t/m^3）：0.8~1.2；

3）中型抓斗，物料容重（t/m^3）：> 1.2~2.0；

4）重型抓斗，物料容重（t/m^3）：>2.0~2.8；

5）特重型抓斗，物料容重（t/m^3）：>2.8。

② 抓斗按控制方式和斗体结构型式分类如表 8-1-164 所示。

表 8-1-164　　抓斗结构型式

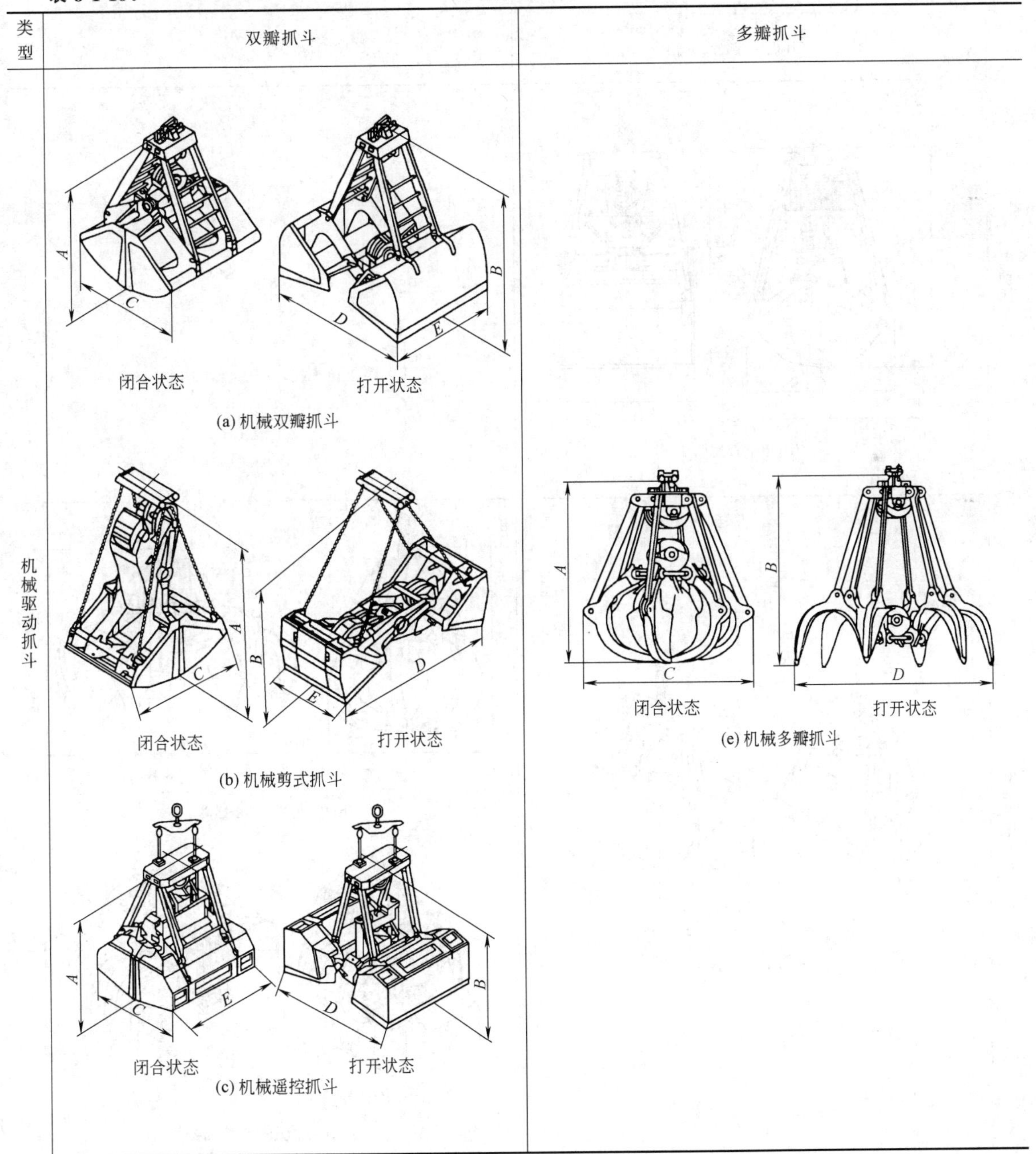

(a) 机械双瓣抓斗

(b) 机械剪式抓斗

(c) 机械遥控抓斗

(e) 机械多瓣抓斗

续表

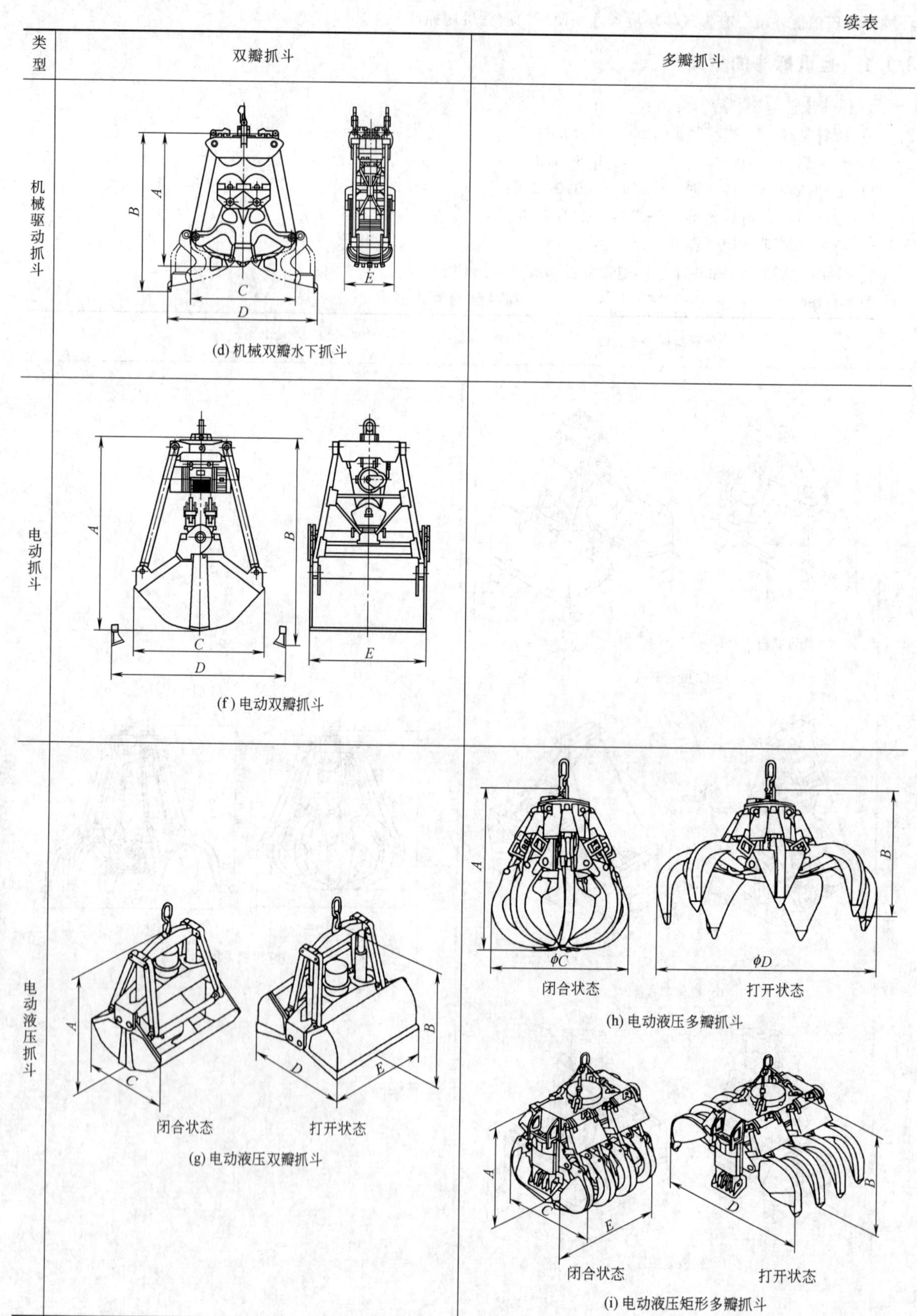

类型
双瓣抓斗
多瓣抓斗
机械驱动抓斗
电动抓斗
电动液压抓斗
闭合状态
打开状态
闭合状态
打开状态
闭合状态
打开状态

(d) 机械双瓣水下抓斗

(f) 电动双瓣抓斗

(g) 电动液压双瓣抓斗

(h) 电动液压多瓣抓斗

(i) 电动液压矩形多瓣抓斗

8.1.2 起重抓斗的性能要求

① 抓斗的基本参数包括抓斗额定吨位、物料容量、物料堆积角、物料粒度、理论斗容、钢丝绳直径、滑轮直径、电动机功率、抓斗自重等，抓斗基本参数的选择和抓斗所抓取的物料特性相关。

② 对于双瓣斗体应符合：斗体闭合后，两刃口接触面允许间隙不应大于 2mm；斗体闭合后，两斗体刃口侧壁允许错位不应大于 4mm。

③ 对于双瓣水下斗体应符合：斗体闭合后，两刃口接触面允许间隙不应大于 10mm；斗体闭合后，两斗体刃口侧壁允许错位不应大于 15mm。

④ 对于多瓣斗体应符合：斗体闭合后，斗尖接触面允许高低差不应超出±15mm。

⑤ 抓斗整机外形尺寸的偏差要求应符合表 8-1-165 的规定。

表 8-1-165　　抓斗整机外形尺寸的极限偏差　　mm

序号	抓斗类型	外形尺寸允许偏差				
		A	*B*	*C*	*D*	*E*
1	机械双瓣抓斗	±50	±50	±50	±50	±10
2	机械多瓣抓斗	±50	±50	±50	±50	不适用
3	机械剪式抓斗	±100	±100	±100	±100	±10
4	机械遥控抓斗	±50	±50	±50	±50	±10
5	机械双瓣水下抓斗	±100	±100	±100	±100	±20
6	电动双瓣抓斗	±50	±50	±50	±50	±10
7	电动液压双瓣抓斗	±50	±50	±50	±50	±10
8	电动液压多瓣抓斗	±50	±50	±50	±50	不适用
9	电动液压矩形多瓣抓斗	±50	±50	±50	±50	±10

注：外形尺寸 *A*、*B*、*C*、*D*、*E* 见表 8-1-164 中图。

8.1.3 起重抓斗的材料要求

① 抓斗结构件材料的力学性能不应低于 GB/T 1591—2018 规定的 Q355B 钢。

② 主要承载连接销轴材料的力学性能不应低于 GB/T 699—2015 规定的 45 钢，且材料应进行适当的热处理。

③ 斗刃口应具有较好的可焊性及耐磨性，表面硬度不应低于 300HBW。

④ 斗尖（斗齿）应使用耐磨材料，硬度不应低于 450HBW 或耐磨合金铸造件。

⑤ 滑轮材料的力学性能应符合 GB/T 27546—2011 中 5.1 的规定，允许使用满足使用要求的其他材料的滑轮。

⑥ 钢丝绳用锲形接头应符合 GB/T 5973 的规定。允许楔套采用钢材制造，连接强度不应小于钢丝绳破断力的 75%。

⑦ 铸件质量及力学性能应符合 GB/T 37400.6—2019 的规定。

⑧ 锻件质量及力学性能应符合 GB/T 17107 的规定。

8.1.4 起重抓斗的液压系统要求

① 抓斗液压系统的额定工作压力不应高于液压泵额定工作压力的 85%。

② 液压系统不应有渗漏现象。

③ 液压系统应运转灵活，密封性好，工作正确可靠。

④ 软管敷设时，应尽量减小扭曲度，弯曲半径不宜小于推荐的最小值，避免软管外皮产生接触磨损。

⑤ 液压油缸应运行平稳，无卡阻和异常现象。

⑥ 液压油的品质不应低于 JB/T 10607—2006 规定的 HM 级。油液的污染度不应低于 GB/T 14039—2002 规定的-/16/13 级。

⑦ 液压系统除应符合上述的规定，还应在空载试验 3h 后，满足以下要求：

——断电 2min 后，保压压降不应高于系统额定压力的 20%；

——液压油温升不应超过 35℃；

——液压系统最高工作油温不应超过 80℃。

8.1.5 起重抓斗的安全要求

① 电动机的防护等级不应低于 GB/T 4942—2021 规定的 IP54，绝缘等级不应低于 GB/T 11021—2014 规定的 F 级。

② 对于电动抓斗、电动液压抓斗，电缆连接部位应设置防止电缆接头直接承受拉力而损坏的保护装置。

③ 滑轮应有防止钢丝绳脱出绳槽的措施。在滑轮罩的侧板和圆弧顶板等部位与滑轮的间隙不宜超过钢丝绳直径的 20%。

④ 抓斗应有斗体极限位置的限位措施。

⑤ 抓斗滑轮名义直径和钢丝绳直径之比不应小于 18。

8.2 起重吊具（摘自 GB/T 41098—2021）

该标准规定了适用于起重机、葫芦和手动起重设备的可分吊具的安全要求，包括钢板夹钳、真空吸盘［非动力真空吸盘、动力式真空吸盘（泵，文丘里管，涡轮）］、起重电磁铁（蓄电池供电和主电源供电）、起重永磁铁、电控永磁铁、挂梁、C 型钩、起重叉、夹钳等。

该标准没有规定下列附加要求：由于卫生原因，直接接触食品或药品的起重吊具所需的高等级清洁度；因搬运有害材料（例如：爆炸物、热熔物、辐射材料）导致的危险；在爆炸性环境下操作导致的危险；噪声危害；电气危害；由于液压和气动元件造成的危害。

该标准不适用于提升人员的吊具。不适用于吊索、钢（铁）水包、内涨式吊具、吊斗、双瓣抓斗或多瓣抓斗、集装箱吊具。

8.2.1 起重吊具的一般要求

（1）吊具机械承载件的机械强度要求

① 吊具的设计应能承受 3 倍于额定载荷的静载荷，即使发生了永久变形，也不释放载荷；

② 吊具的设计应能承受 2 倍于额定载荷的静载荷，而不会发生永久变形。

吊具至少应能在倾斜角度为 6°的倾斜状态下正常工作。对设计为倾斜作业的吊具，至少应能在比工作角度大 6°的倾斜状态下正常工作。

（2）吊具的疲劳强度要求

疲劳强度的验证应按 ISO 8686 的规定在起重吊具工作级别的基础上进行，工作级别应标记在起重吊具上或与额定载荷一起记录在文件上。

疲劳评定中使用的应力范围应以如下的最大载荷为基础：

① 垂直力是与额定载荷相关的重力加上起重吊具的自重之和，乘以适用于该起重吊具的动载系数后得到的力。该动载系数应由制造商在设计文件中确定。

② 水平力是指一种可以同时施加在起重装置或提升载荷上，并在垂直方向上产生动载效应的水平作用力。

在正常的工作循环中，除非起重吊具的自重大于额定载荷的 20%，并且起重吊具的重力没有作用在提升的载荷上或地面上，否则应力范围中的最小应力取 0。

结构细部极限疲劳强度的计算应符合 ISO 8686 和 ISO 20332 中的要求。

（3）吊具的把手要求

需要手动导向的吊具应装有把手，避免手指受伤。如果产品上有自带的手柄，则不用再安装把手。

（4）吊具的存放稳定性

结束使用后，吊具应能取下，并稳定存放。吊具向任何方向倾斜 10°都不会翻倒，则认为是稳定的。可以通过吊具的形状或增加辅助设备（例如支架）来保证。

8.2.2 各种吊具的具体要求

（1）钢板夹钳

在制造商规定的条件下，不能意外地释放载荷。

钢板夹钳在运送竖直悬吊的板材时，应配有一个装置，以免在放下时载荷意外掉落。

防止载荷滑动的设计系数不应小于2。

钢板夹钳的最小工作载荷不应大于额定载荷的5%。

由多个夹钳同时吊运载荷时，应考虑到用每个夹钳的额定载荷来分担可以预见的载荷份额（包括由载荷的刚度导致的不平均的分担）。

钢板夹钳与起重机或中间设备的连接方法，应保证力的作用线与钢板夹钳轴线一致。在设计不能满足上述要求的情况下，应提供相应标记和/或在操作规程中来明确如何连接。

(2) 真空吸盘

在工作范围结束时和在下落范围开始时，在所有预计的倾斜角度下真空吸盘的设计应吸起至少相当于2倍额定载荷的载荷。应能在倾斜角度为6°的倾斜状态下正常工作。

应提供方法来避免真空损失导致的风险。采用方法应符合如下规定：

① 对于带有真空泵的真空吸盘：需要有真空蓄能器，真空蓄能器和泵之间安装单向阀，单向阀尽可能地靠近真空蓄能器；

② 对于带有文丘里管系统的真空吸盘：需要有压力蓄能器或真空蓄能器，真空蓄能器和文丘里管系统之间安装单向阀，单向阀尽可能地靠近真空蓄能器；

③ 对于涡轮真空吸盘：需要辅助电池或额外的飞轮件；

④ 对于非动力式真空吸盘：需要储备冲程，至少等于活塞总冲程的5%。

真空吸盘的形状应与所吸持的载荷相匹配。当多个吸盘与挂梁一起使用时，布局和额定载荷应与设定的载荷相匹配。考虑到载荷和挂梁的刚度，每个吸盘分担的载荷不应超过其额定载荷。

(3) 起重磁铁

磁铁的形状应与所吸持的载荷相匹配。当多个电磁铁与挂梁一起使用时，布局和额定载荷应与设定的载荷相匹配。考虑到载荷和挂梁的刚度，每个磁铁分担的载荷不应超过其额定载荷。

在制造商规定的条件下，起重电磁铁应提供至少相当于2倍（蓄电池供电、主电源供电）或3倍（起重永磁铁、电控永磁铁）额定载荷的拉脱力。

(4) C型钩

悬挂的空载C型钩，下臂与水平面的角度应在5°以内，以便于装载。

应采用以下方法来避免整个或部分载荷从下臂滑落：

① C型钩在装载位置的水平方向有一个大于或等于5°的向上倾斜角度；

② 对于要搬运单个钢卷的C型钩，带载后下臂保持水平或上倾斜；

③ 将C型钩的开口用链条、带子或挡杆封死；

④ 一个夹紧系统来保障载荷安全；

⑤ 在下臂上装一个端部挡块。

(5) 起重叉

悬挂的空载起重叉，叉臂与水平面的角度在5°以内，以便于装载。

在预期的载荷范围和载荷重心位置内，叉臂应向上倾斜，与水平面的角度大于或等于5°，以免载荷从叉臂滑落。

起重叉在暴露区搬运松散材料（例如，砖块和瓷砖）时，应安装辅助直接保持装置（例如，网、笼子）。辅助直接保持装置应能避免整个载荷或载荷松散部分的释放。搬运松散材料（例如，砖块和瓷砖）时，辅助直接保持装置（例如，网或笼子）的侧边和底部不应有能通过50mm的球体的开口。辅助直接保持装置推荐为自动激活型式。装有上述要求的辅助直接保持装置的起重叉，应能在4个水平方向承载相当于50%额定载荷的均布载荷。

在暴露区使用起重叉搬运成组载荷（例如，塑料包裹的托盘式载荷）时，应有一个固定装置（例如，链条、带子或档杆），避免成组载荷从叉臂滑落。装有上述要求的固定装置的起重叉，应能承载相当于50%额定载荷的均布载荷。

(6) 挂梁

挂梁与起重机的连接：为移动或拆除挂梁而制作的所有连接部件在起升之前要确保固定，以防止连接的意外分开。应提供方法来避免在存放、连接或脱开起重机的过程中意外的运动和对挂梁吊挂部分的损坏。

挂梁载荷的固定：挂梁的载荷安全保护装置沿横梁移动时，应采取措施防止其脱落。挂梁的载荷安全保护装置沿横梁移动时，应采取措施使其固定在支撑载荷的位置。手动定位的载荷安全保护装置的状态应是吊装工可见的。

挂梁的结构：当挂梁设计允许倾斜使用时，制造商应指明其与水平方向允许的最大倾斜角度。当挂梁设计为水平使用时，其设计应能容许与水平方向有最大 6°的倾斜角。负载时，该结构应有使活动部件定位的装置。这些装置应在挂梁达到允许的最大倾斜角后再倾斜 6°时依然有效。当这些装置依靠摩擦力工作时，设计系数不应小于 2。当自由活动会带来危险时，装有旋转或翻转机构的挂梁应配有一个制动装置使载荷固定在指定位置。

(7) 夹钳

为避免载荷滑动，依靠摩擦支持载荷的夹钳的支持力应至少是额定载荷的 2 倍。

由摩擦提供支持力的夹钳，如果厚度的范围不是从 0 开始的，则为了能够弥补制造公差、弹性变形等（对支持力的影响），在规定的最小厚度以下需要一个安全范围，在安全范围内，支持力不低于 2 倍的额定载荷。

如果夹钳通过摩擦来夹持，夹紧机构的设计应确保在载荷变形（例如，表面挤压、弹性和塑性变形）时仍然保持夹紧力。这可以通过诸如由重力作用的剪刀式机构或压力补偿装置（例如，弹簧、液压蓄能器）等实现。通过液压或气压维持载荷的夹钳应装有一个装置来补偿降至工作压力之下的压力。

对于不是自动闭合的夹钳，释放载荷应由双动作控制来操控。如果在载荷放置地面以前不可能被释放或在禁止区时，无此要求。

暴露区使用的夹钳应有直接保持装置或在适当位置安装辅助直接保持装置（例如吊索、网、笼子）。直接保持装置或辅助直接保持装置应能避免释放整个载荷或载荷松散部分。搬运松散材料（例如，砖块和瓷砖）时，直接保持装置或辅助直接保持装置的侧边和底部不应有能通过 50mm 的球体的开口。辅助直接保持装置推荐为自动激活型式。

搬运松散材料时，直接保持装置或辅助直接保持装置应能在 4 个水平方向承载相当于 50%额定载荷和垂直方向承载相当于 200%额定载荷的均布载荷。

8.3 梁式吊具（摘自 GB/T 26079—2010）

该标准适用于起重机吊钩下的吊运用梁式吊具，包括一字型吊具、工字型吊具、双层型吊具、门型吊具、C 型吊具、多翼型吊具和井字型吊具等。

8.3.1 梁式吊具的类型

表 8-1-166 梁式吊具的类型

分类	类别代号	吊具结构	梁体结构
一字型吊具	Y	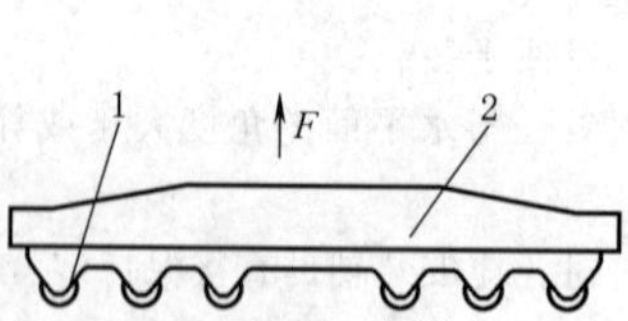 1 F 2 1—滑轮；2—梁体	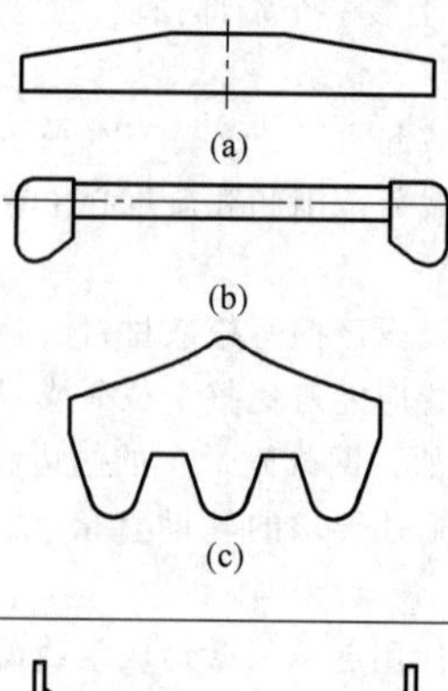 (a) (b) (c)
工字型吊具	G	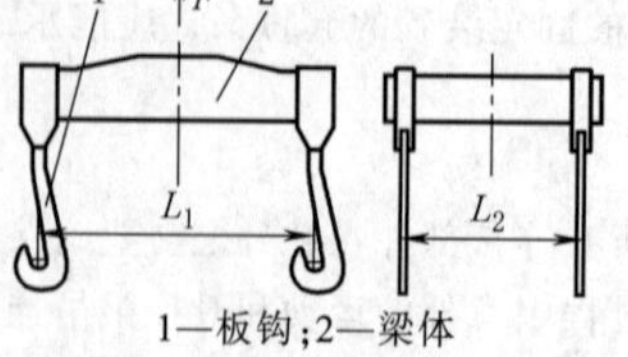 1 F 2 L_1 L_2 1—板钩；2—梁体	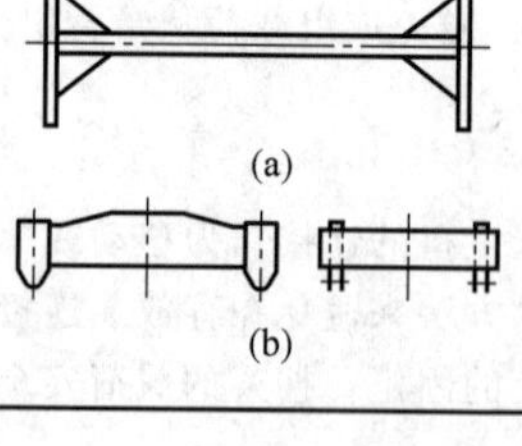 (a) (b)

续表

分类	类别代号	吊具结构	梁体结构
双层型吊具	S	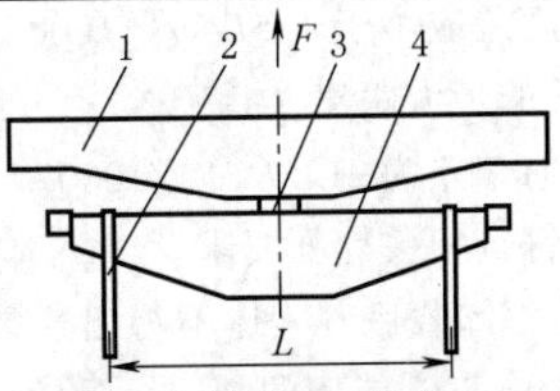 1—上层梁;2—吊索;3—连接轴;4—下层梁	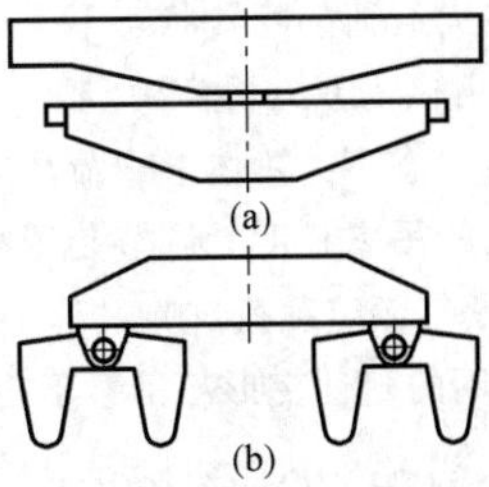 (a) (b)
门型吊具	M	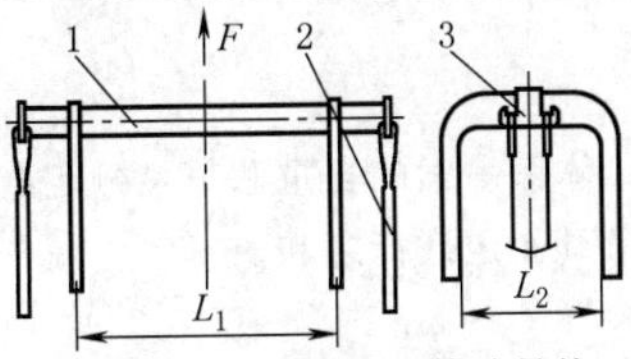 1—梁体;2—吊索;3—锻造吊钩	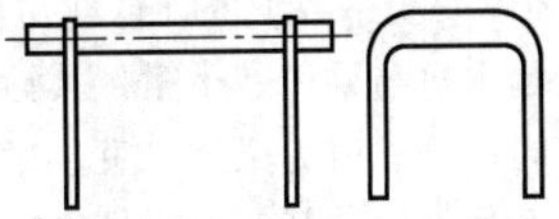
C型吊具	C_D	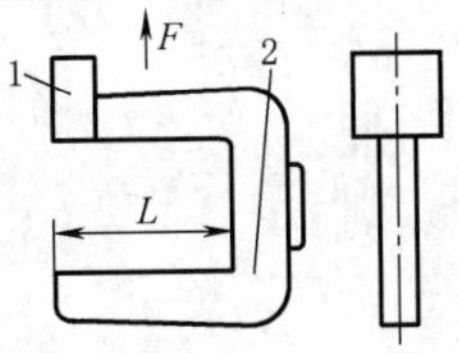 1—配重;2—梁体;下标 D—单卷吊具	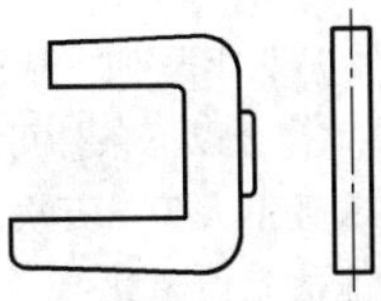
	C_S	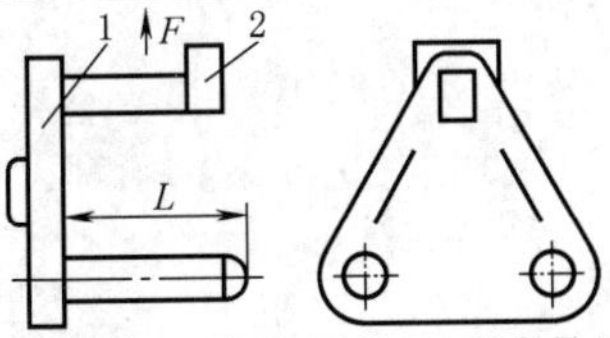 1—梁体;2—配重;下标 S—双卷吊具	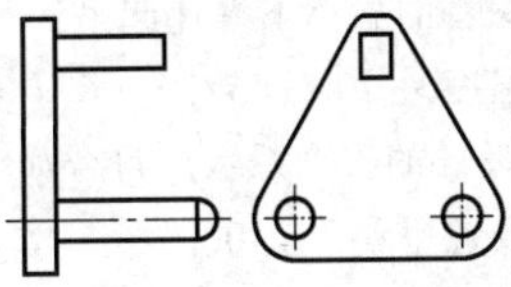
多翼型吊具	D_n	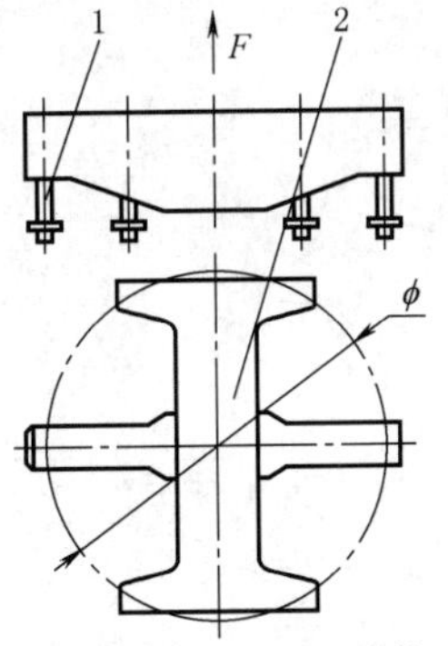 1—起重螺杆组件;2—梁体;下标 n—翼梁个数	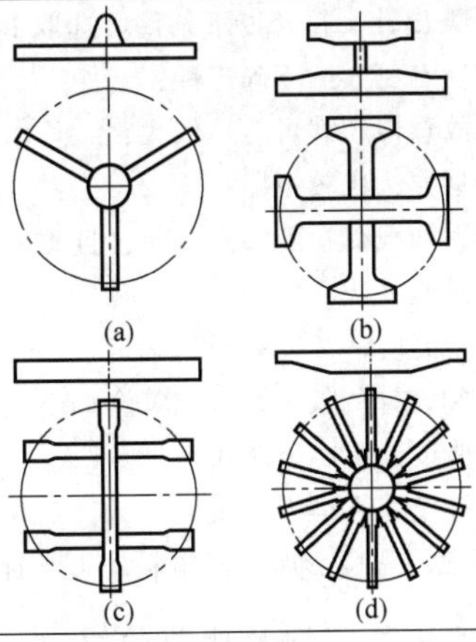 (a) (b) (c) (d)
井字型吊具	J	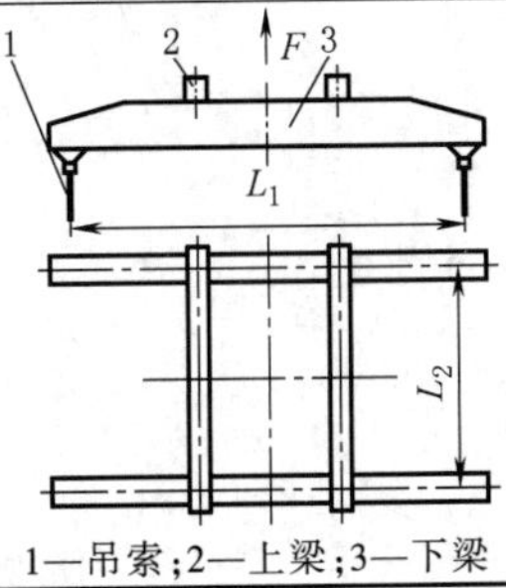 1—吊索;2—上梁;3—下梁	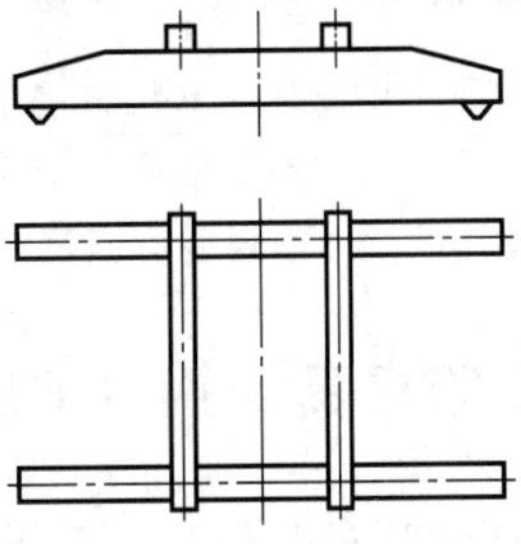

8.3.2 梁式吊具的性能要求

① 吊具在无载荷、悬置状态下，梁体上载荷吊点的高度差应小于 $1.5L(\phi)/1000$。当使用方对吊点高度差有特殊要求时，由供需双方协商确定。$L(\phi)$ 为载荷吊点中心的最大距离。

② 无载荷状态下，梁体上载荷吊点的距离，在水平方向偏差为 $\pm1.5L(\phi)/1000$。

③ 吊具上的吊索长度无调节装置时，肢间的长度差应符合相关标准要求。

④ 在 1.25 倍额定载荷试验过程中，梁体不得失去稳定。卸载后，梁体不得出现裂纹、漆膜脱落、连接松动和影响正常使用的塑性变形；吊索不得出现裂纹、断丝等影响正常使用的缺陷；滑轮应转动灵活。

8.3.3 梁式吊具的计算载荷

吊具在强度安全系数下的计算载荷应符合如下规定：

① 连接起重机与梁体的吊索，其计算载荷为梁体、梁体下吊索的自重和吊具额定载荷之和。

② 梁体的计算载荷为梁体自重、梁体下吊索重量和吊具额定载荷之和。

③ 梁体下吊索的计算载荷为吊具额定载荷。

8.3.4 梁体强度安全系数

安全系数应依据设计类别进行选取。

1）A 类设计。符合以下条件可选取 A 类设计：

① 使用周期次数不大于 2 万次；

② 极少量的非故意性超载；

③ 最大动载荷不超过额定载荷的 50%，且概率不超过 1%；

④ 在指挥者的指挥下慢速起吊；

⑤ 使用温度>-20～+65℃。

2）A 类设计的安全系数应符合如下规定：

① 弯曲设计不小于 2.0。

② 连接设计不小于 2.4（注：连接包括焊接连接和紧固件连接）。

3）B 类设计。符合以下条件可选取 B 类设计：

① 载荷有更大的不确定性；

② 非故意性超载可能性较大；

③ 搬运方法比较粗糙；

④ 最大动载荷达到额定载荷，且概率不超过 1%；

⑤ 起吊速度快；

⑥ 使用温度>-20～+65℃。

4）B 类设计的安全系数应符合如下规定：

① 弯曲设计不小于 3.0。

② 连接设计不小于 3.6。

5）当使用温度影响吊具材料的力学性能或超出 A 类设计、B 类设计的规定时，强度安全系数应适当调整。

8.3.5 梁体稳定性及疲劳验算

① 受轴向压力的梁体，其稳定安全系数为 5.0。

② A 类设计的梁体不需要疲劳验算。

③ B 类设计的梁体需要疲劳验算时，按照 GB 50017—2017 的规定。

8.4 集装箱吊具（摘自 GB/T 3220—2011）

该标准适用于固定式和伸缩式单箱集装箱吊具，其他类型集装箱吊具可参照使用。

8.4.1 集装箱吊具的型号和主要尺寸

集装箱吊具的基本类型如下：

① 固定式集装箱吊具：无专用伸缩动力装置，集装箱吊具几何尺寸不变；

② 伸缩式集装箱吊具：装有机械式或液压式伸缩机构，能在 6.10m 和大于 6.10m 相关范围内进行伸缩调节。

集装箱吊具的型号和主要尺寸如表 8-1-167 所示。

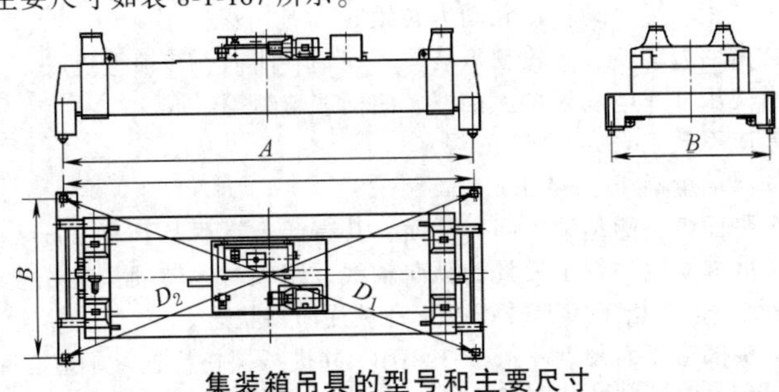

表 8-1-167　　集装箱吊具的型号和主要尺寸

集装箱型号 /ft[①]	吊具型号	吊具额定起重量 /kg	转锁中心距的尺寸和极限偏差 /mm		对角转锁中心距差值 $K=D_1-D_2$[③] /mm
			A	B	
45[③]	JD-45	30500	13509±3	2259^{+1}_{-2}	19
40	JD-40		11985±3		19
30	JD-30		8918±3		16
20	JD-20		5853±3		13
10	JD-10	10500	3807±3		6

① 1ft=0.3048m。

② D_1、D_2 为转锁对角中心距。

③ 45ft 集装箱一般在长边为 11985mm（40ft）处有角件，可以采用 JD-40 型吊具进行装卸。

8.4.2 集装箱吊具的基本要求

① 集装箱吊具的设计应符合 GB/T 3811 的规定。

② 集装箱吊具应能装卸符合 GB/T 1413 规定的国际集装箱。

③ 集装箱吊具主要技术参数见表 8-1-168。

表 8-1-168　　集装箱吊具主要技术参数

项目		额定载荷 /t		
		30.5	35[①]、40[①]	50[①]、61[①]
转锁装置	开锁时间(0°~90°)/s	≤1.5		
伸缩装置	伸缩时间/s	≤30		
	适用集装箱尺寸/ft	20、(30)、40、(45)		
导板装置	作用时间(180°)/s	5~7		
质量/t		≤8.2	≤9	≤10

① 集装箱吊具额定载荷超过 30.5t 的为非标数值，主要考虑起吊部分非标箱和舱盖板的需要，该数值可由用户根据实际需要选定。

8.4.3 集装箱吊具的材料

① 主要零件（转锁、顶杆）的材料应有材料生产厂的合格证书。

② 集装箱吊具的承载结构件选用材质的屈服极限应不低于 GB/T 1591 中规定的 235MPa。钢材在使用前应进行表面除锈处理。

③ 转锁应选用材质屈服极限不低于 450MPa 的优质钢材制造。

8.4.4 集装箱吊具的结构件

① 焊接用的焊条、焊丝与焊剂应符合 GB/T 5117、GB/T 5118 的规定，并应与被焊结构件的材料相匹配。

② 焊缝坡口型式应符合 GB/T 985.1 和 GB/T 985.2 的规定。

③ 受力结构件的对接焊缝质量不低于 GB/T 11345 中规定的 I 级。

④ 构件的焊接接头和焊缝外形尺寸应符合 GB/T 985.1 的规定，所有焊缝均不应有漏焊、烧穿、裂纹、未焊

透、熔瘤、咬边、夹渣等影响性能和外观质量的缺陷。

⑤ 焊接后框架的弯曲、拱翘均不超过吊具长、宽方向转锁中心距的 1.5‰。

⑥ 用于连接金属结构件的高强度螺栓、螺母、垫圈应符合 GB/T 1228~1230 的规定。

⑦ 伸缩吊具本体的伸缩臂或横梁处应设有可对大宗件货进行装卸用的吊耳。

8.4.5 集装箱吊具的转锁装置

① 转锁装置可分为人工转锁、半自动转锁和动力转锁。

② 半自动转锁装置通常由助力弹簧、棘轮棘爪装置、转轴、曲柄、转锁等组成。

③ 动力转锁装置主要由液压缸或电动推杆、推杆、曲柄、转锁等组成。

④ 转锁位置尺寸和公差应不低于表 8-1-167 的规定。

⑤ 转锁的头部轴心线的浮动量不小于±4 mm。

⑥ 整个框架应在同一水平面内，测量锁头同一平面，其高低允差不大于 10 mm。

⑦ 开锁时，转锁头的长度方向应平行于吊具的纵向轴线。闭锁时，转锁头的长度方向应垂直于吊具的纵向轴线。开闭锁应有明确的机械或电气指示表明转锁处于开锁或闭锁状态。

⑧ 转锁应进行热处理，头部工作面硬度不低于 320HB，并进行探伤检查，不应有裂纹，并不应修补。

⑨ 转锁应按 GB 6067.1 的规定沿其工作时受力的方向进行拉伸试验，不应有永久性变形。

⑩ 转锁装置应易于装配、检查、保养、更换。

8.4.6 集装箱吊具的导板装置

① 导板装置主要由导板、传动部件及动力装置组成，导板可分为翻转导板和固定导板。

② 翻转导板翻转幅度不小于 180°。

③ 单个导板下压时转矩不小于 1200N · m。

④ 翻转导板抬起后，其外形尺寸不应超出转锁箱的边界尺寸。

⑤ 翻转导板装置应纠正不大于 220mm 吊具中心线与集装箱中心线的偏离。

8.4.7 集装箱吊具的伸缩装置

① 吊具的伸缩装置主要由伸缩梁、动力装置和传动装置组成。

② 吊具伸缩应平稳，无阻滞现象。

③ 在伸缩梁和固定梁滑动面之间应装减磨衬板或滚轮。

④ 伸缩附加摩擦阻力系数宜取 1.2~1.5。

⑤ 在额定载荷作用下，伸缩梁的挠度值 Y_L 不大于 $L_c/700$（L_c 为悬臂有效工作长度）。

⑥ 伸缩装置用的链条应符合设计要求与 GB/T 3811 规定

⑦ 每段链条应能互换，伸缩链条与结构连接处应装可调整装置。

⑧ 链条的安全系数应不低于 GB 6067.1 规定的起重链安全系数。

8.4.8 集装箱吊具的液压系统

① 液压系统应符合 GB/T 3766 的规定，液压系统装配前，接头、管路及通道应清洗干净，不应有任何污物存在；装配后，应对系统进行清洗，并将清洗油液排净。

② 主要液压元件应附有制造厂的合格证明材料。

③ 液压系统管路应抗振、抗冲击、无渗漏。

④ 安装于吊具上的液压系统应采取减振措施。

⑤ 液压系统每运行间隔 1000 h，应检查滤芯和液压油，不合格的应予以更换。

⑥ 液压油泵和电机的安装应易于安装检查和更换。

8.4.9 集装箱吊具的安全联锁

① 当吊具四个转锁完全插入集装箱顶部的四个角件孔后，才能进行开锁或闭锁动作。

② 当吊具将集装箱吊离支承面时，转锁不能动作。

③ 每个转锁均应有机械安全保护顶销装置实现上述两条要求。

④ 动力转锁吊具在四个转锁打开或关闭未完全到位时，应提供使起重机不应运行的信号。

⑤ 当吊起集装箱时，吊具伸缩梁不应有伸缩动作。

9 车轮及安全装置

9.1 车轮

9.1.1 车轮的校验计算（摘自 GB/T 3811—2008）

车轮应根据等效工作轮压进行疲劳强度校验计算，应根据最大轮压进行静强度校验计算。

表 8-1-169 **车轮的校验计算**

名称	计算载荷	车轮的疲劳强度校验	车轮的静强度校验
公式	$P_{mean\,Ⅰ、Ⅱ}=\dfrac{P_{min\,Ⅰ、Ⅱ}+2P_{max\,Ⅰ、Ⅱ}}{3}$	$P_{mean}\leqslant KDLC$	$P_{max}\leqslant 1.9KDL$
符号意义	$P_{mean\,Ⅰ}$——无风正常工作起重机的等效工作轮压，N $P_{mean\,Ⅱ}$——有风正常工作起重机的等效工作轮压，N $P_{min\,Ⅰ、Ⅱ}$——按载荷情况Ⅰ或载荷情况Ⅱ，起重机空载确定的所验算车轮的最小轮压，N $P_{max\,Ⅰ、Ⅱ}$——按载荷情况Ⅰ或载荷情况Ⅱ，起重机满载确定的所验算车轮的最大轮压，N P_{mean}——等效工作轮压，取 $P_{mean\,Ⅰ}$ 和 $P_{mean\,Ⅱ}$ 两者之中的大者 P_{max}——最大轮压（包括考虑动载或静载试验的载荷），指在载荷情况Ⅰ、Ⅱ、Ⅲ中最不利状态和位置下最大轮压的较大者，N 载荷情况Ⅰ——无风正常工作情况 载荷情况Ⅱ——有风正常工作情况 载荷情况Ⅲ——特殊载荷作用的情况	K——车轮的许用比压，N/mm^2，钢质车轮按表 8-1-170 选取；对于具有凸起承压面的轨道或车轮，许用比压 K 可增加 10%，因为这能改善轮轨的接触 D——车轮的踏面直径，mm L——车轮与轨道承压面的有效接触宽度，mm C——计算系数： 进行车轮踏面疲劳校验时，$C=C_1C_2$； 进行车轮踏面静强度校验时，$C=C_{max}$ C_1——转速系数，按表 8-1-171 或表 8-1-172 选取 C_2——工作级别系数，按表 8-1-173 选取 $C_{max}=C_{1max}C_{2max}$，取 $C_{max}=1.9$	

表 8-1-170 **车轮的许用比压 K** N·mm^{-2}

车轮材料的抗拉强度 R_m	轨道材料最小抗拉强度	许用比压 K	车轮材料的抗拉强度 R_m	轨道材料最小抗拉强度	许用比压 K
$R_m>500$	350	5.0	$R_m>800$	510	7.2
$R_m>600$	350	5.6	$R_m>900$	600	7.8
$R_m>700$	510	6.5	$R_m>1000$	700	8.5

注：R_m 为车轮或滚轮材料未热处理时的抗拉强度（R_m 值泛指所有采用的车轮材料，包括铸造、锻造或轧制钢和球墨铸铁等，若材料采用合金结构钢时，很难取到热处理前的 R_m 值，故建议按合金结构钢标准规定的 R_m 取值。对翼缘板上运行车轮进行计算时，考虑两者的匹配关系，许用比压 K 值不宜取得太小，建议取 $K=3.8\sim5$N/mm^2，甚至更小些）。

表 8-1-171 **车轮转速系数 C_1**

车轮转速 n/r·min^{-1}	C_1	车轮转速 n/r·min^{-1}	C_1	车轮转速 n/r·min^{-1}	C_1
200	0.66	50	0.94	16	1.09
160	0.72	45	0.96	14	1.10
125	0.77	40	0.97	12.5	1.11
112	0.79	35.5	0.99	11.2	1.12
100	0.82	31.5	1.00	10	1.13
90	0.84	28	1.02	8	1.14
80	0.87	25	1.03	6.3	1.15
71	0.89	22.4	1.04	5.6	1.16
63	0.91	20	1.06	5	1.17
56	0.92	18	1.07		

表 8-1-172　**车轮直径、运行速度与转速系数 C_1**

车轮直径/mm	运行速度/m·min^{-1}														
	10	12.5	16	20	25	31.5	40	50	63	80	100	125	160	200	250
200	1.09	1.06	1.03	1.00	0.97	0.94	0.91	0.87	0.82	0.77	0.72	0.66	—	—	—
250	1.11	1.09	1.06	1.03	1.00	0.97	0.94	0.91	0.87	0.82	0.77	0.72	0.66	—	—
315	1.13	1.11	1.09	1.06	1.03	1.00	0.97	0.94	0.91	0.87	0.82	0.77	0.72	0.66	—
400	1.14	1.13	1.11	1.09	1.06	1.03	1.00	0.97	0.94	0.91	0.87	0.82	0.77	0.72	0.66
500	1.15	1.14	1.13	1.11	1.09	1.06	1.03	1.00	0.97	0.94	0.91	0.87	0.82	0.77	0.72
630	1.17	1.15	1.14	1.13	1.11	1.09	1.06	1.03	1.00	0.97	0.94	0.91	0.87	0.82	0.77
710	—	1.16	1.14	1.13	1.12	1.1	1.07	1.04	1.02	0.99	0.96	0.92	0.89	0.84	0.79
800	—	1.17	1.15	1.14	1.13	1.11	1.09	1.06	1.03	1.00	0.97	0.94	0.91	0.87	0.82
900	—	—	1.16	1.14	1.13	1.12	1.1	1.07	1.04	1.02	0.99	0.96	0.92	0.89	0.84
1000	—	—	1.17	1.15	1.14	1.13	1.11	1.09	1.06	1.03	1.00	0.97	0.94	0.91	0.87

表 8-1-173　**工作级别系数 C_2**

车轮所在机构工作级别	C_2	车轮所在机构工作级别	C_2
M1、M2	1.25	M6	0.90
M3、M4	1.12	M7、M8	0.80
M5	1.00		

9.1.2　车轮允许轮压

表 8-1-174　**车轮允许轮压**　kN

车轮直径 D/mm	匹配轨道	最大静轮压 [P_{Imax}]	最大工作轮压 [P_{max}]	机构运行速度 v=20m/min					机构运行速度 v=25m/min					机构运行速度 v=31.5m/min				
				允许轮压 P_{cp}														
				M3	M4	M5	M6	~M8	M3	M4	M5	M6	~M8	M3	M4	M5	M6	~M8
250	P24		90	84	75	67	61	54	82	73	65	59	52	79	71	63	57	51
	P43		140	132	118	105	95	84	126	115	102	92	82	123	110	99	89	79
	QU70		170	148	133	118	107	95	143	128	114	103	92	139	125	111	100	89
315	P24		120	108	97	87	78	69	105	94	84	75	67	102	91	82	73	65
	P43		190	170	152	136	122	108	165	147	132	118	105	161	144	129	116	103
	QU70		210	190	171	152	137	122	185	166	148	134	119	179	161	143	129	115
	QU80		240	210	189	168	152	135	204	183	163	147	131	198	177	158	143	127
400	P43		250	222	199	178	160	142	216	193	173	155	138	210	188	168	151	134
	QU70		280	248	222	198	179	159	240	216	192	173	154	234	210	187	169	150
	QU80		300	273	245	218	197	175	265	238	212	191	170	258	231	206	186	165
	QU100		400	359	322	287	259	230	349	313	279	252	224	339	304	271	244	217
500	P43		320	283	254	227	204	181	278	249	223	200	178	271	243	217	195	173
	QU70		350	315	283	252	227	202	310	278	248	224	199	302	270	241	217	193
	QU80	420	390	348	312	278	251	223	342	306	273	246	219	332	297	265	329	212
	QU100	560	510	457	409	365	329	292	448	401	358	323	287	435	390	348	314	279
	QU120	690	630	564	506	451	406	361	554	497	443	399	355	539	483	431	388	345
630	QU100	710	650	584	524	467	421	374	574	515	459	414	368	564	506	451	406	361
	QU120	890	810	724	649	579	522	464	712	638	569	513	456	699	627	559	504	448

续表

车轮直径 D/mm	匹配轨道	最大静轮压 $[P_{\mathrm{Imax}}]$	最大工作轮压 $[P_{\max}]$	机构运行速度 v=20m/min					机构运行速度 v=25m/min					机构运行速度 v=31.5m/min				
				允许轮压 P_{cp}														
				M3	M4	M5	M6	~M8	M3	M4	M5	M6	~M8	M3	M4	M5	M6	~M8
710	QU100	810	740	659	591	527	475	422	653	585	522	470	418	642	575	513	462	411
	QU120	1000	910	815	731	652	587	522	808	724	646	582	517	794	712	635	572	508
800	QU100	920	840	749	671	599	530	480	743	666	594	535	476	729	653	583	525	467
	QU120	1130	1040	925	829	740	666	592	918	823	734	661	588	902	808	721	649	577

车轮直径 D/mm	匹配轨道	机构运行速度 v=40m/min					机构运行速度 v=50m/min					机构运行速度 v=63m/min				
		允许轮压 P_{cp}														
		M3	M4	M5	M6	~M8	M3	M4	M5	M6	~M8	M3	M4	M5	M6	~M8
250	P24	76	68	61	55	49	73	66	59	53	47	70	62	56	50	44
	P43	118	106	95	85	76	115	103	92	82	73	110	98	88	79	70
	QU70	135	121	108	98	87	130	117	104	94	84	125	112	100	90	80
315	P24	98	88	79	71	63	96	86	77	69	61	92	82	74	66	59
	P43	156	140	125	112	100	151	135	121	108	96	146	131	117	105	93
	QU70	174	156	139	126	112	169	152	135	122	108	164	147	131	118	105
	QU80	193	173	154	139	124	187	167	149	135	120	180	162	144	130	116
400	P43	205	183	164	147	131	198	178	159	143	127	192	172	154	138	123
	QU70	227	203	181	163	145	220	198	176	159	141	214	192	171	154	137
	QU80	250	224	200	180	160	243	218	194	175	156	235	211	188	170	151
	QU100	329	295	263	237	211	320	287	256	231	205	310	278	248	224	199
500	P43	263	236	211	189	168	256	229	205	184	164	247	221	198	178	158
	QU70	293	263	234	211	188	284	255	227	205	182	277	248	221	199	177
	QU80	323	289	258	233	207	313	280	250	225	200	304	273	243	219	195
	QU100	423	379	338	305	271	410	368	328	296	263	399	358	319	288	256
	QU120	524	470	419	378	336	508	455	406	366	325	493	442	394	355	316
630	QU100	548	491	438	395	351	533	478	426	384	341	517	463	413	372	331
	QU120	679	609	543	489	435	660	592	528	476	423	640	574	512	461	410
710	QU100	624	559	499	450	400	607	544	485	437	388	594	532	475	428	380
	QU120	773	693	618	557	495	750	672	600	540	480	737	660	589	531	472
800	QU100	717	642	573	516	459	697	624	557	502	446	677	606	541	487	433
	QU120	885	793	708	638	567	860	771	688	620	551	837	750	669	603	536

车轮直径 D/mm	匹配轨道	机构运行速度 v=80m/min					机构运行速度 v=100m/min					机构运行速度 v=125m/min				
		允许轮压 P_{cp}														
		M3	M4	M5	M6	~M8	M3	M4	M5	M6	~M8	M3	M4	M5	M6	~M8
250	P24	66	59	53	47	42	62	56	50	45	40	57	51	46	41	36
	P43	103	92	83	74	66	97	87	78	70	62	91	81	73	65	58
	QU70	118	106	94	85	76	110	99	88	80	71	104	93	83	75	67
315	P24	88	79	71	63	56	83	75	67	60	53	78	70	63	56	50
	P43	140	125	112	100	89	131	117	105	94	84	123	110	99	89	79
	QU70	157	140	125	113	100	148	133	118	107	95	139	125	111	100	89
	QU80	173	155	138	125	111	163	146	130	117	104	153	137	122	110	98
400	P43	186	166	149	134	119	177	159	142	127	113	167	150	134	120	107
	QU70	207	185	165	149	132	198	177	158	143	127	187	167	149	135	120
	QU80	228	204	182	164	146	218	195	174	157	140	205	184	164	148	132
	QU100	300	269	240	216	192	287	257	229	207	184	270	242	216	195	173
500	P43	240	215	192	172	153	232	208	186	167	148	222	199	178	160	142
	QU70	268	240	214	193	172	259	232	207	187	166	248	222	198	179	159
	QU80	294	264	235	212	188	285	256	228	206	183	273	245	218	197	175
	QU100	387	347	309	279	248	374	335	299	270	240	358	321	286	258	229
	QU120	478	428	382	344	306	463	415	370	333	296	443	397	354	319	284

续表

车轮直径 D/mm	匹配轨道	机构运行速度 v=80m/min					机构运行速度 v=100m/min					机构运行速度 v=125m/min				
		允许轮压 P_{cp}														
		M3	M4	M5	M6	~M8	M3	M4	M5	M6	~M8	M3	M4	M5	M6	~M8
630	QU100	502	450	401	361	321	487	436	389	351	312	470	422	376	339	301
	QU120	622	557	497	448	398	603	540	482	434	386	583	522	466	420	373
710	QU100	577	517	461	415	369	560	502	448	404	359	537	481	429	387	344
	QU120	714	640	571	514	457	693	621	554	499	444	663	594	530	477	424
800	QU100	657	588	525	473	420	638	572	510	459	408	618	554	494	445	396
	QU120	812	727	649	585	520	788	706	630	567	504	764	685	611	550	489

车轮直径 D/mm	匹配轨道	机构运行速度 v=160m/min				
		允许轮压 P_{cp}				
		M3	M4	M5	M6	~M8
250	P24	52	47	42	37	33
	P43	83	75	67	60	53
	QU70	95	86	76	69	61
315	P24	73	66	59	53	47
	P43	115	103	92	82	73
	QU70	129	116	103	93	83
	QU80	143	128	114	103	92
400	P43	157	141	126	113	100
	QU70	175	157	140	126	112
	QU80	193	173	154	139	124
	QU100	254	228	203	183	163

车轮直径 D/mm	匹配轨道	机构运行速度 v=160m/min				
		允许轮压 P_{cp}				
		M3	M4	M5	M6	~M8
500	P43	210	188	168	151	134
	QU70	234	210	187	169	150
	QU80	257	230	205	185	164
	QU100	337	302	269	243	216
	QU120	417	373	333	300	267
630	QU100	450	404	360	324	288
	QU120	558	500	446	402	357
710	QU100	519	465	415	374	332
	QU120	643	576	514	463	412
800	QU100	598	536	478	431	383
	QU120	739	661	591	532	473

注：1. 车轮材料 60Mn。

2. 起重机轨道材料（摘自 GB/T 3811—2008）：

轻轨推荐用力学性能不低于 GB/T 11264 中的 55Q；

铁路用热轧钢轨推荐用力学性能不低于 GB/T 2585 中的 U71Mn；

起重机钢轨推荐用力学性能不低于 YB/T 5055 中的 U71Mn；

当采用其他型钢、方钢、扁钢等做轨道时，应注意其材质和硬度的实际情况，必要时可降低轮压，以保证有足够的使用寿命。

9.1.3 车轮组尺寸

（1）桥门式起重机车轮组尺寸

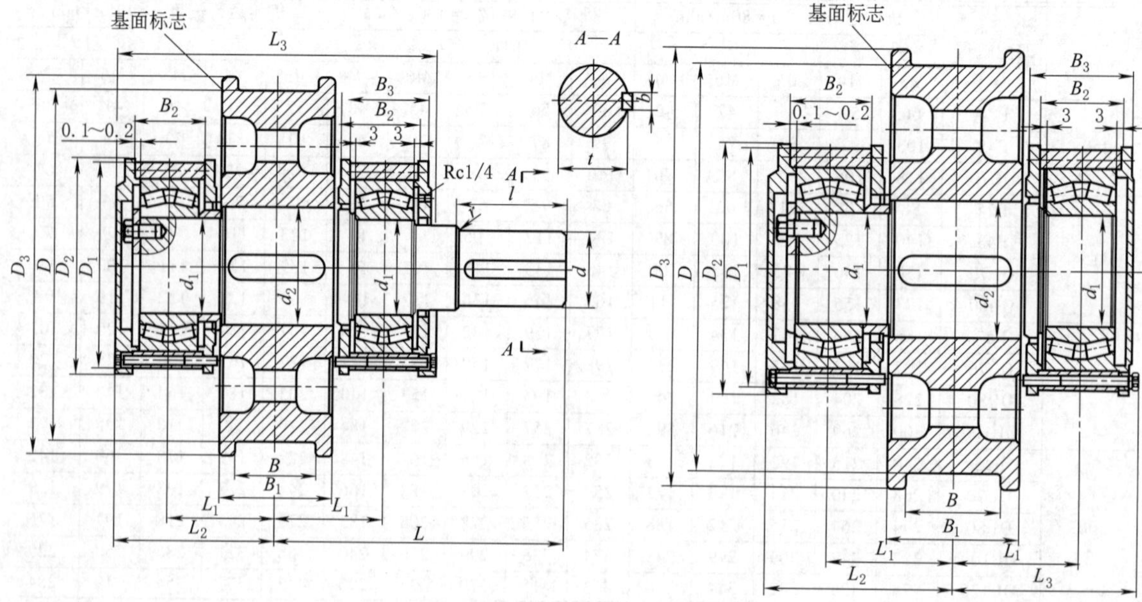

表 8-1-175　　桥门式起重机车轮组尺寸　　mm

<table>
<tr><th rowspan="2">轮径 D (h9)</th><th rowspan="2">匹配轨道</th><th rowspan="2">D_1 (h7)</th><th rowspan="2">D_2</th><th rowspan="2">D_3</th><th rowspan="2">d (s6)</th><th rowspan="2">d_1 (m6)</th><th rowspan="2">d_2 (H7)</th><th rowspan="2">B</th><th rowspan="2">B_1</th><th rowspan="2">B_2</th><th rowspan="2">B_3</th><th rowspan="2">L</th><th rowspan="2">L_1</th><th rowspan="2">L_2</th><th rowspan="2">L_3</th><th rowspan="2">l</th><th rowspan="2">t</th><th rowspan="2">b</th><th colspan="2">质量/kg</th></tr>
<tr><th>主动</th><th>从动</th></tr>
<tr><td rowspan="2">250</td><td>P24</td><td rowspan="2">175</td><td rowspan="2">185</td><td rowspan="2">280</td><td rowspan="2">60</td><td rowspan="2">70</td><td>90</td><td>75</td><td>125</td><td rowspan="2">50</td><td rowspan="2">80</td><td rowspan="2">310</td><td rowspan="2">130</td><td rowspan="2">181</td><td rowspan="2">181</td><td rowspan="4">105</td><td rowspan="2">64</td><td rowspan="3">18</td><td>82</td><td>79</td></tr>
<tr><td>P43、QU70</td><td>90</td><td>95</td><td>145</td><td>87</td><td>84</td></tr>
<tr><td rowspan="3">315</td><td>P24</td><td rowspan="2">210</td><td rowspan="2">220</td><td rowspan="3">355</td><td>65</td><td>80</td><td>100</td><td>75</td><td>125</td><td rowspan="2">60</td><td rowspan="2">90</td><td rowspan="2">360</td><td rowspan="2">135</td><td>191</td><td rowspan="2">191</td><td>69</td><td>133</td><td>128</td></tr>
<tr><td>P43、QU70</td><td>70</td><td>90</td><td>110</td><td>95</td><td>145</td><td>192</td><td>74.5</td><td>20</td><td>144</td><td>138</td></tr>
<tr><td>QU80</td><td rowspan="2">230</td><td rowspan="2">240</td><td rowspan="2">80</td><td rowspan="2">100</td><td>120</td><td>110</td><td>160</td><td rowspan="2">66</td><td rowspan="2">96</td><td rowspan="4">400</td><td>145</td><td>205</td><td>204</td><td rowspan="4">130</td><td rowspan="2">85</td><td rowspan="2">22</td><td>163</td><td>154</td></tr>
<tr><td rowspan="4">400</td><td>P43</td><td rowspan="4">450</td><td>120</td><td>95</td><td>145</td><td rowspan="3">150</td><td>210</td><td>209</td><td>200</td><td>191</td></tr>
<tr><td>QU70</td><td rowspan="3">265</td><td rowspan="3">275</td><td rowspan="2">90</td><td rowspan="4">120</td><td>145</td><td>100</td><td>150</td><td rowspan="4">78</td><td rowspan="4">108</td><td rowspan="2">220</td><td rowspan="2">215</td><td rowspan="2">95</td><td rowspan="2">25</td><td>235</td><td>222</td></tr>
<tr><td>QU80</td><td>145</td><td>110</td><td>160</td><td>245</td><td>232</td></tr>
<tr><td>QU100</td><td rowspan="4">100</td><td>150</td><td>130</td><td>180</td><td rowspan="4">450</td><td>165</td><td>235</td><td>230</td><td rowspan="7">165</td><td rowspan="4">106</td><td rowspan="5">28</td><td>262</td><td>246</td></tr>
<tr><td rowspan="5">500</td><td>P43</td><td rowspan="4">280</td><td rowspan="4">290</td><td rowspan="5">550</td><td>150</td><td>100</td><td>150</td><td rowspan="3">155</td><td>225</td><td>219</td><td>284</td><td>268</td></tr>
<tr><td>QU70</td><td rowspan="3">130</td><td>160</td><td>100</td><td>150</td><td rowspan="3">84</td><td rowspan="3">114</td><td rowspan="2">228</td><td rowspan="2">222</td><td>300</td><td>283</td></tr>
<tr><td>QU80</td><td>160</td><td>110</td><td>160</td><td>315</td><td>298</td></tr>
<tr><td>QU100</td><td>110</td><td>170</td><td>130</td><td>180</td><td rowspan="2">460</td><td rowspan="2">180</td><td>253</td><td>247</td><td>116</td><td>360</td><td>341</td></tr>
<tr><td>QU120</td><td>300</td><td>310</td><td>110</td><td>140</td><td>180</td><td>150</td><td>200</td><td>88</td><td>118</td><td>257</td><td>249</td><td>116</td><td>28</td><td>405</td><td>387</td></tr>
<tr><td rowspan="2">630</td><td>QU100</td><td rowspan="2">380</td><td rowspan="2">395</td><td rowspan="2">680</td><td>120</td><td>160</td><td>190</td><td>130</td><td>190</td><td rowspan="4">106</td><td rowspan="4">142</td><td rowspan="2">540</td><td rowspan="2">195</td><td>280</td><td rowspan="2">280</td><td>127</td><td rowspan="3">32</td><td>605</td><td>573</td></tr>
<tr><td>QU120</td><td rowspan="2">130</td><td rowspan="2">170</td><td>200</td><td>150</td><td>210</td><td>282</td><td rowspan="5">200</td><td rowspan="2">137</td><td>656</td><td>617</td></tr>
<tr><td rowspan="2">710</td><td>QU100</td><td rowspan="2">410</td><td rowspan="2">425</td><td rowspan="2">760</td><td>200</td><td>130</td><td>190</td><td rowspan="2">560</td><td rowspan="2">200</td><td>287</td><td rowspan="2">285</td><td>749</td><td>709</td></tr>
<tr><td>QU120</td><td rowspan="2">140</td><td rowspan="2">190</td><td>230</td><td>150</td><td>210</td><td>292</td><td rowspan="2">148</td><td rowspan="3">36</td><td>813</td><td>766</td></tr>
<tr><td rowspan="2">800</td><td>QU100</td><td rowspan="2">440</td><td rowspan="2">460</td><td rowspan="2">850</td><td>230</td><td>130</td><td>190</td><td rowspan="2">118</td><td rowspan="2">160</td><td rowspan="2">600</td><td rowspan="2">210</td><td>308</td><td rowspan="2">308</td><td>921</td><td>868</td></tr>
<tr><td>QU120</td><td>150</td><td>200</td><td>235</td><td>150</td><td>210</td><td>308</td><td>158</td><td>993</td><td>938</td></tr>
</table>

（2）CD、MD 电动葫芦车轮组尺寸

主动车轮组

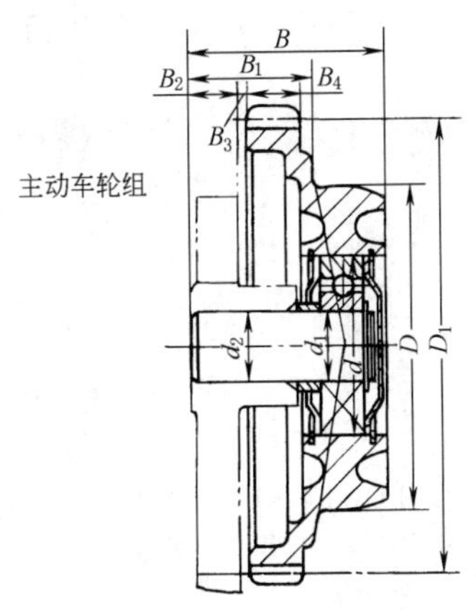

从动车轮组

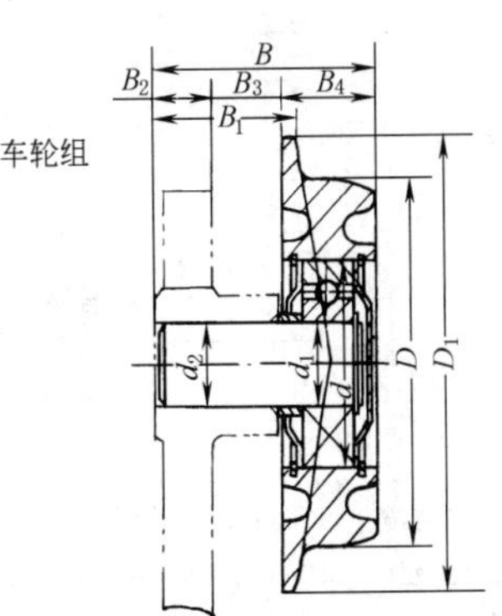

表 8-1-176　　CD、MD 电动葫芦车轮组尺寸　　mm

电动葫芦吨位系列/t	D	D_1	d (K7)	d_1 (h6)	d_2 $\left(\frac{S7}{h6}\right)$	B	B_1	B_2	B_3	B_4	质量/kg	适用轨道(GB/T 706—2016)
主动车轮组												
0.5~1	110	159	62	25	25	69	43	15	4	20	1.38	I16~I28b
2~3	130	177	100	35	35	80	50	19	4	22	9.2	I20a~I32c
5~10	154	196	110	40	40	97	60	23	4	28	13.6	I25a~I63c
从动车轮组												
0.1~0.25	80	100	35	17	17	50.2	14.6	7	3.6	25	2.35	I10~I20b
0.5~1	110	130	62	25	25	69	43	15	24	30	5.18	I16~I28b
2~3	130	155	100	35	35	80	50	19	21	40	8.2	I20a~I32c
5~10	154	180	110	40	40	97	60	23	32	45	11.4	I25a~I63c

注：CD、MD 型电动葫芦的走轮轮数与最大轮压见表 8-1-177，供选用车轮组时参考。

表 8-1-177　　走轮轮数与最大轮压匹配

起重量/t	0.1	0.25	0.5			1						2					
起升高度/m	3	3	6	9	12	6	9	12	18	24	30	6	9	12	18	24	30
走轮轮数	4	4	4	4	6	4	4	6	6	6	6	4	4	6	6	6	6
最大轮压/kN	0.5	1.1	3.18	3.8	3.15	6.5	7.55	3.8	3.5	3	2.9	9.35	7.75	8.2	8.05	8.6	8.85

起重量/t	3						5						10
起升高度/m	6	9	12	18	24	30	6	9	12	18	24	30	19~30
走轮轮数	4	4	6	6	6	6	4	4	6	6	6	6	8
最大轮压/kN	17.35	20.25	16.5	15.15	14	13.4	34.2	38.05	26.7	24.15	22.85	22.1	20

9.1.4　起重机车轮型式与尺寸、踏面形状和尺寸与钢轨的匹配（摘自 JB/T 6392—2008）

（1）起重机车轮型式与尺寸

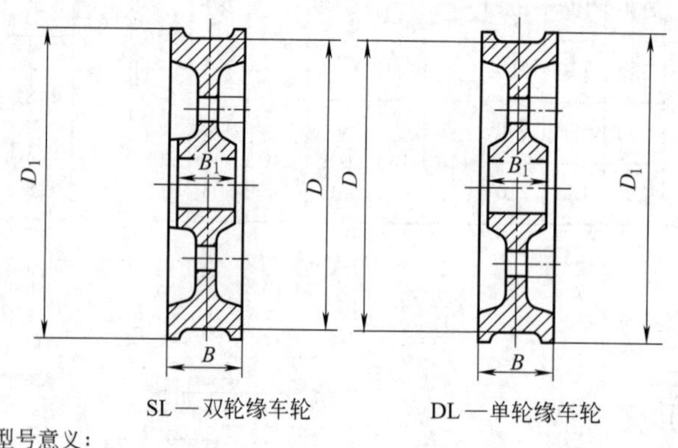

SL—双轮缘车轮　　DL—单轮缘车轮

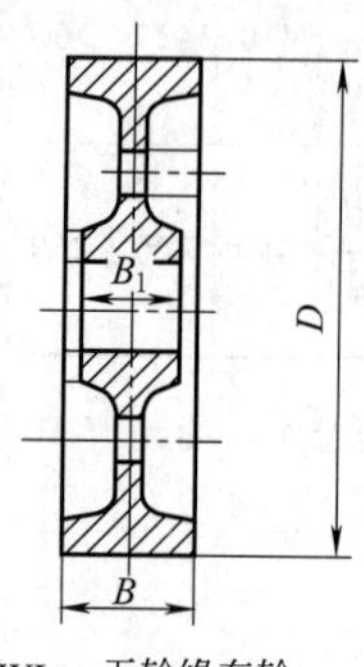

WL—无轮缘车轮

型号意义：

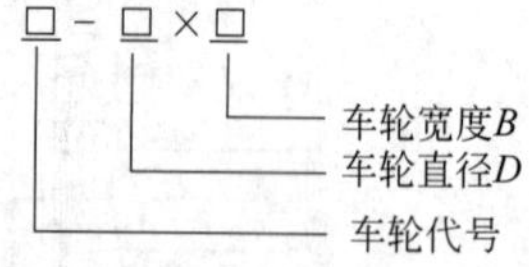

标记示例：

a. 直径 D=710mm，轮宽 B=155mm 的双轮缘车轮，标记为：车轮　SL-710×155 JB/T 6392

b. 直径 D=315mm，轮宽 B=110mm 的单轮缘车轮，标记为：车轮　DL-315×110 JB/T 6392

c. 直径 D=630mm，轮宽 B=145mm 的无轮缘车轮，标记为：车轮　WL-630×145 JB/T 6392

表 8-1-178　　车轮基本尺寸　　mm

D	D_1	B	B_1
100	130	80～100	95～100
125	140	80～100	95～100
160	190	90～100	95～100
200	230	95～100	95～100
250	280	95～140	95～140
315	350	95～210	95～210
400	440	105～210	105～210
500	540	105～210	105～210
630	680	120～210	120～210
710	760	140～210	140～210
800	850	140～210	140～210
900	950	145～220	140～220
1000	1060	145～220	140～220
(1250)	1310	145～220	140～220

注：本表中的基本参数（除括号内）宜优先使用。

(2) 踏面形状和尺寸与钢轨的匹配

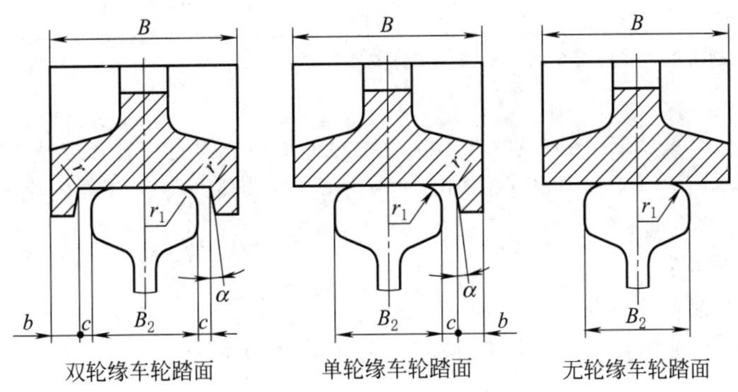

表 8-1-179　　踏面尺寸与配用钢轨（轨道）　　mm

$B \geqslant$	90/95	95/100	100/105	110/110	120/120	135/145	135/145	135/145	140/150	140/150	135/145	155/160	185/190	205/210
B_2	32.1	38.1	42.86	50.8	60.33	68	70	70	73	75	70	80	100	120
$c \geqslant$	7.5/9.5	7.5/9.5	7.5/9.5	7.5/9.5	7.5/9.5	7.5/12.5	7.5/12.5	7.5/12.5	7.5/12.5	7.5/12.5	7.5/12.5	7.5/15	12.5/15	12.5/15
$b \geqslant$	20	20	20	20	20	25	25	25	25	25	25	25/30	25/30	25/30
α	6°	6°	6°	6°	6°	6°	6°	6°	6°	6°	10°	10°	10°	10°
$r \leqslant$	5	5	5	5	5	10	10	10	10	10	5	5	5	5

续表

r_1	6.35	6.35	7.94	7.94	7.94	13	13	13	13	15	6	8	8	8
轨道	9kg/m	12kg/m	15kg/m	22kg/m	30kg/m	38kg/m	43kg/m	50kg/m	60kg/m	75kg/m	QU 70	QU 80	QU 100	QU 120

注：1. 表中 B 值和 c 值分子用于小车车轮，分母用于大车车轮。

2. 9kg/m、12kg/m、15kg/m、22kg/m、30kg/m 轻轨按照 GB/T 11264 选取。

3. 38kg/m、43kg/m、50kg/m、60kg/m、75kg/m 热轧钢轨按照 GB/T 2585—2021 选取。

4. QU70、QU80、QU100、QU120 起重机钢轨按照 YB/T 5055—2014 选取。

5. 钢轨可以采用方钢，方钢顶部宽度为 B_2，边缘圆角为 r_1 时，对于车轮 $B=B_2+2(b+c)$，$r=r_1-2$，$r\geqslant 2$。

（3）车轮技术要求

1）材料：

① 轧制车轮应选用力学性能不低于 GB/T 699 中规定的 60 钢的材料。

② 踏面直径不大于 400mm 的锻造车轮应选用力学性能不低于 GB/T 699 中规定的 55 钢的材料；直径大于 400mm 的锻造车轮应选用力学性能不低于 60 钢的材料。

③ 铸钢车轮应选用力学性能不低于 GB/T 11352 中规定的 ZG340-640 钢的材料。

2）热处理：

① 任何加工方法制造的车轮都应进行消除内应力（如影响使用性能的热应力）处理。铸钢车轮在机加工之前应进行退火以消除内应力，并要清砂、切割浇冒口，检验质量缺陷。

② 轮辋应进行表面淬火，淬火前进行细化组织处理。热处理后，车轮表面状态宜符合表 8-1-180 的规定。

表 8-1-180　　车轮表面状态要求

车轮踏面直径/mm	踏面和轮缘内侧面硬度 HBW	淬硬层 260HBW 处深度/mm
100~200	300~380	≥5
>200~400		≥15
>400		≥20

注：根据起重机具体使用工况，允许选用硬度更高或更低的车轮。

3）精度：

① 车轮踏面直径的尺寸偏差不应低于 GB/T 1800.1—2020 中规定的 h9。轴孔直径的尺寸偏差不应低于 H7。

② 车轮踏面和基准端面（其上加工出深 1.5mm 的 V 形沟槽作标记）相对于孔轴线的径向及端面圆跳动不应低于 GB/T 1184—1996 中规定的 8 级。

4）成品车轮的表面质量：

① 车轮表面不应有目测可见的裂纹。

② 铸造车轮表面的砂眼、气孔、夹渣等缺陷应符合表 8-1-181 的规定。

表 8-1-181　　铸造车轮表面缺陷要求

mm

缺陷位置	缺陷当量直径	缺陷深度	缺陷数量	缺陷间距
端面及非切削加工面	≤5	≤δ/5,最大为 10	≤4	≥10
踏面及轮缘内侧面	D≤500:≤1	≤3	≤3	≥50
	D>500:≤1.5			

注：δ 为缺陷处壁厚；D 为车轮踏面直径。

③ 车轮踏面和轮缘内侧面的表面粗糙度按 GB/T 1031—2009 的规定为 Ra6.3，轴孔表面粗糙度为 Ra3.2。

④ 车轮踏面和轮缘内侧面上的缺陷不允许焊补。

⑤ 车轮的切削加工表面应涂防锈油，其他表面均应涂防锈漆。

5）成品车轮的内部质量：

对于铸造车轮，其质量应符合 JB/T 5000.14—2007 中的 2 级规定。对于锻造、轧制车轮，其质量应符合 JB/T 5000.15—2007 中Ⅲ级的规定。

第8篇

9.1.5 CD、MD电动葫芦用钢轮

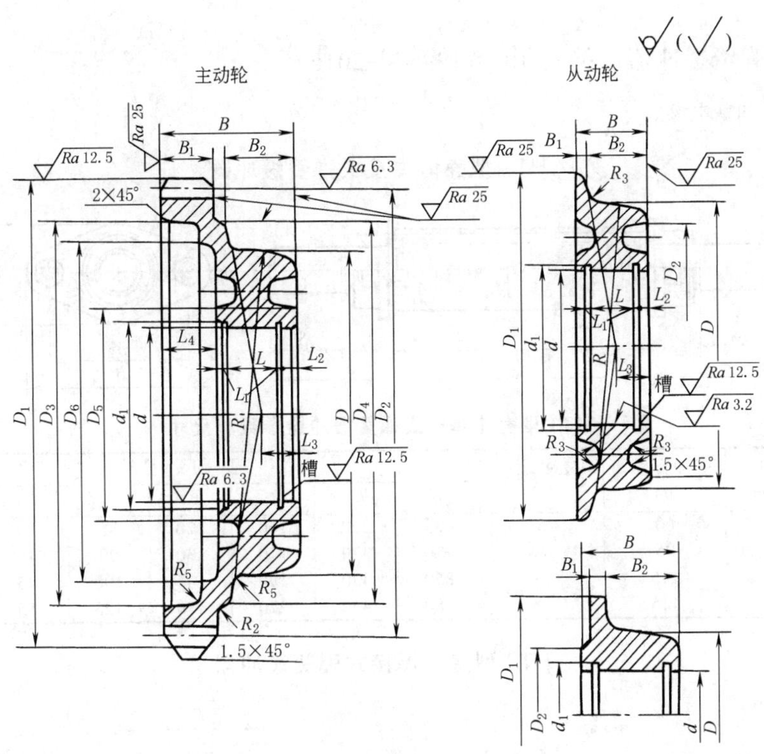

材料：45 钢

调质硬度 235~260HB

表 8-1-182　齿的参数

电动葫芦吨位系列/t	模数 m/mm	齿数 z	压力角 α/(°)	变位系数 ξ	刀具移位量 x/mm
0.1~1	3	53	20°	—	—
2~3	3	59		-0.4	-1.2
5~10	4	49		-0.4	-1.6

表 8-1-183　钢轮尺寸　mm

主　动　轮

电动葫芦吨位系列	D	D_1 (h10)	D_2	D_3	D_4	D_5	D_6	d (K7)	d_1	B	B_1	B_2	L	L_1	L_2	L_3	L_4	R	质量/kg
0.5~1	113.5	162.6	159	137	130	75	115	62	65	50	20	26	19+0.28	2.2+0.25	3.8	15	20	125	2.1
2~3	134	180.6	177	155	155	117	140	100	103.5	57	22	30	27+0.28	3.2+0.25	3	18	17	144	2.95
5~10	154	200.8	196	165	180	—	—	110	114	70	28	37	29+0.28	4.2+0.3	3.8	23	25	167	4.5

从　动　轮

电动葫芦吨位系列	D	D_1	D_2	d (K7)	d_1	B	B_1	B_2	L	L_1	L_2	L_3	R	质量/kg
0.1~0.25	83	100	76	62	37	25	4	20	12+0.43	1.6+0.2	2	12.5	91.5	0.55
0.5~1	113.5	130	—	62	65	30	4	26	19+0.28	2.2+0.25	3.8	15	125	1.0
2~3	134	155	117	100	103.5	40	7	30	27+0.28	3.2+0.25	3	18	144	2.2
5~10	154	180	—	110	114	45	8	37	29+0.28	4.2+0.25	3.8	23	167	3.45

9.2 缓冲器

9.2.1 起重机弹簧缓冲器（摘自 JB/T 12987—2016）

（1）结构型式和基本参数

HT1 型壳体焊接式弹簧缓冲器

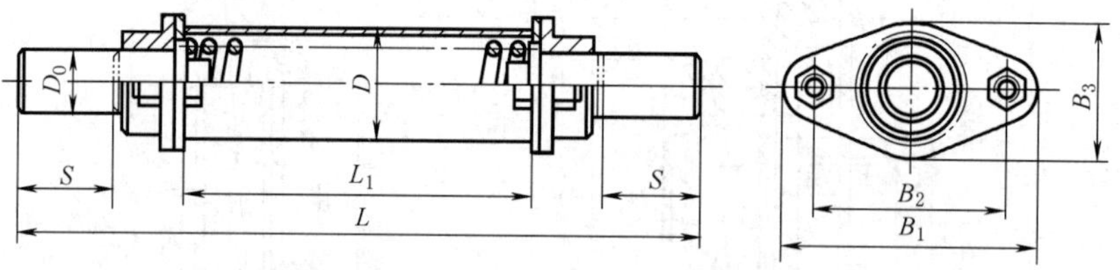

表 8-1-184　**HT1 型壳体焊接式弹簧缓冲器参数和尺寸**

型　号	缓冲容量 U /kN·m	缓冲行程 S /mm	缓冲力 F /kN	主　要　尺　寸/mm							质量 /kg
				L	L_1	B_1	B_2	B_3	D_0	D	
HT1-16	0.15	60	5	435	220	160	120	85	40	70	12.6
HT1-40	0.38	95	8	720	370	170	130	90	45	76	17.0
HT1-63	0.63	115	11	850	420	190	145	100	45	89	26.0
HT1-100	1.00	115	18	880	450	220	170	125	55	114	34.0

HT2 型底座焊接式弹簧缓冲器

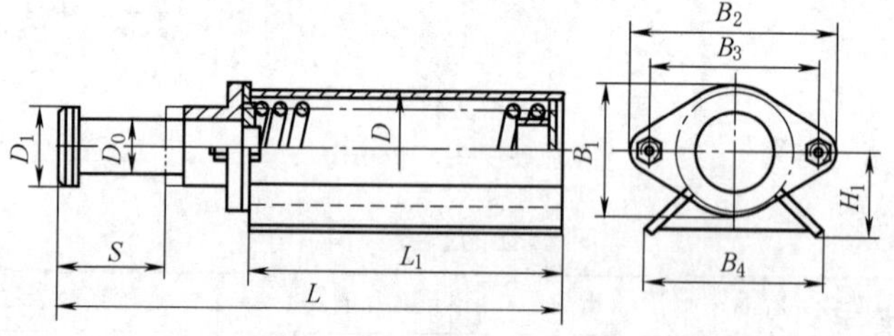

表 8-1-185　**HT2 型底座焊接式弹簧缓冲器参数和尺寸**

型　号	缓冲容量 U /kN·m	缓冲行程 S /mm	缓冲力 F /kN	主　要　尺　寸/mm										质量 /kg
				L	L_1	B_1	B_2	B_3	B_4	D_0	D	D_1	H_1	
HT2-100	1.00	135	15	630	400	165	265	215	200	70	146	100	90	31.5
HT2-160	1.45	145	20	750	520	160	265	215	200	70	140	100	90	41.3
HT2-250	2.30	125	37	800	575	165	265	215	200	80	146	110	90	53.1
HT2-315	3.40	150	45	820	575	215	320	265	230	80	194	110	115	78.6
HT2-400	3.85	135	57	710	475	265	375	320	280	100	245	130	140	92.2
HT2-500	4.80	145	66	860	610	245	345	290	255	100	219	130	135	97.7
HT2-630	6.30	150	88	870	610	270	375	320	280	100	245	130	140	122.7

HT3 型端部安装式弹簧缓冲器

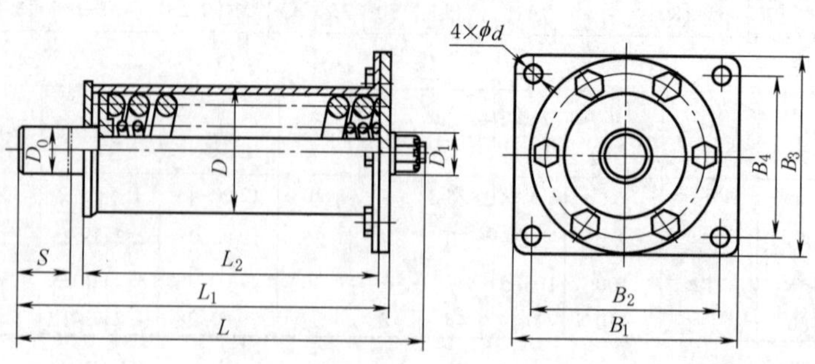

表 8-1-186　　　　HT3 型端部安装式弹簧缓冲器参数和尺寸

型　号	缓冲容量 U /kN·m	缓冲行程 S /mm	缓冲力 F /kN	主　要　尺　寸/mm											质量 /kg
				L	L_1	L_2	B_1	B_2	B_3	B_4	D_0	D	D_1	d	
HT3-630	6.3	150	88	885	810	615	420	350	375	305	90	245	105	35	145.8
HT3-800	8.0	143	108	900	820	620	520	450	380	310	110	273	135	35	176.9
HT3-1000	9.0	135	131	830	750	560	520	450	450	390	120	325	135	35	204.6
HT3-1250	11.0	135	165	830	750	560	520	450	450	390	120	325	135	42	231.3
HT3-1600	16.0	120	273	980	900	730	780	700	480	400	120	325	135	42	338.0
HT3-2000	21.5	150	293	1140	1050	820	780	700	480	400	120	325	135	42	393.8

注：1. HT3-1250 为内外弹簧组合。
2. HT3-1600 和 HT3-2000 为内外弹簧两段串联组合。

HT4 型中部安装式弹簧缓冲器

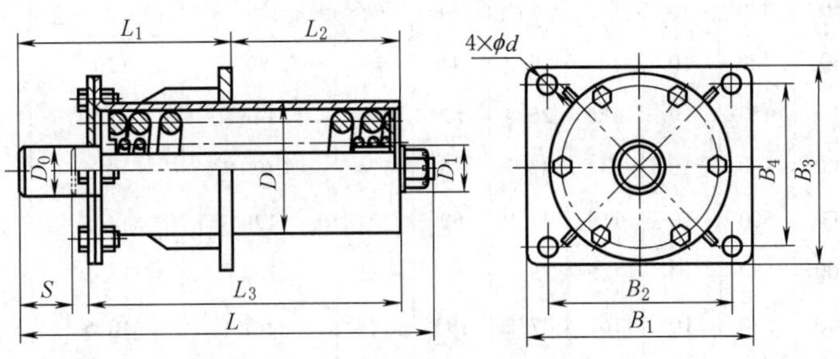

表 8-1-187　　　　HT4 型中部安装式弹簧缓冲器参数和尺寸

型　号	缓冲容量 U /kN·m	缓冲行程 S /mm	缓冲力 F /kN	主　要　尺　寸/mm												质量 /kg
				L	L_1	L_2	L_3	B_1	B_2	B_3	B_4	D_0	D	D_1	d	
HT4-800	8.0	143	108	910	400	430	640	520	450	380	310	110	273	135	35	180.9
HT4-1000	9.0	135	131	840	400	360	580	520	450	450	390	120	325	135	35	208.6
HT4-1250	11.0	135	165	840	400	360	580	520	450	450	390	120	325	135	42	235.3
HT4-1600	16.0	120	273	1010	400	530	750	780	700	480	400	120	325	135	42	342.0
HT4-2000	21.5	150	293	1140	450	600	840	780	700	480	400	120	325	135	42	397.8

注：1. HT4-1250 为内外弹簧组合。
2. HT4-1600 和 HT4-2000 为内外弹簧两段串联组合。

（2）型号及标记示例

1）型号意义：

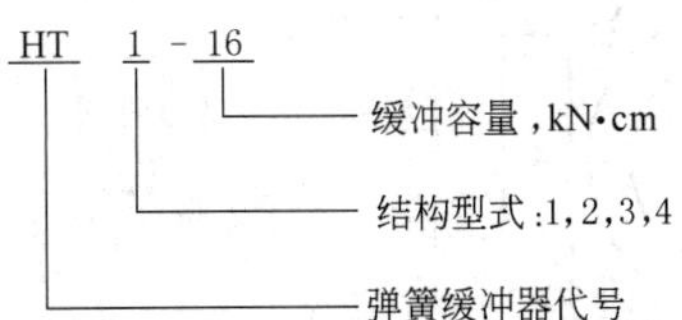

2）标记示例：缓冲容量 $U=0.38\text{kN}\cdot\text{m}$，结构型式为 1 型的弹簧缓冲器，标记为：

缓冲器　HT1-40

第8篇

(3) 缓冲器弹簧

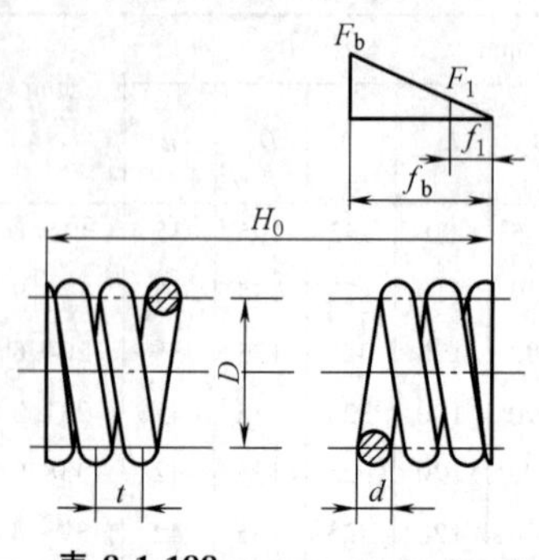

f_1——弹簧安装变形量；
D_{Xmax}——最大芯轴直径；
D_{Tmin}——最小套筒直径

技术要求：

1. 弹簧的技术要求应符合 GB/T 23934—2015 中规定的 2 级精度。
2. 弹簧的材料应采用不低于 GB/T 1222—2016 中规定的 60Si2MnA 的性能的材料。

表 8-1-188　　缓冲器弹簧参数和尺寸

缓冲器型号	主要尺寸/mm								弹簧刚度 F'	有效圈数	单件质量	备注
	d	D	H_0	f_1	f_b	t	D_{Xmax}	D_{Tmin}	/N · mm^{-1}	n	/kg	
HT1-16	10	45	220	5	65	14.5	31	59	75	14.5	1.4	
HT1-40	12	50	370	10	105	17	34	66	79	21	3.2	
HT1-63	14	60	420	10	126	20.3	41	79	89	20	5.4	
HT1-100	18	75	450	10	126	25.4	52	98	146	17	8.6	
HT2-100	18	100	380	10	144	33.3	76	124	100	10.5	7.5	
HT2-160	20	95	500	10	154	31.9	69	121	129	14.5	11.7	
HT2-250	25	100	550	10	135	35	69	131	269	14.5	19.7	
HT2-315	30	140	550	10	161	47.2	103	177	281	10.5	29.3	
HT2-400	35	180	450	10	145	60	136	224	396	6.5	34.2	
HT2-500	35	150	580	10	155	51.5	108	192	423	10.5	42.7	
HT2-630 HT3-630	40	170	580	10	160	56.8	121	219	548	9.5	58.0	
HT3-800 HT4-800	45	190	580	10	153	62.9	135	245	703	8.5	74.5	
HT3-1000 HT4-1000	50	220	520	10	145	72.3	159	281	903	6.5	85.2	
HT3-1250	50	220	520	10	145	72.3	159	281	903	6.5	85.2	内外弹簧组合
HT4-1250	25	110	500	10	163	38	79	141	235	12.5	18.6	
HT3-1600	60	220	335	5	65	78.5	150	305	3477	3.5	75.8	内外弹簧串联组合
HT4-1600	30	120	320	5	69.8	42	84	156	721	6.5	16.7	
HT3-2000	60	220	380	5	80	80	150	305	3042	4.0	83.5	
HT4-2000	30	120	360	5	80.1	42	84	156	625	7.5	18.8	

9.2.2 起重机橡胶缓冲器（摘自 JB/T 12988—2016）

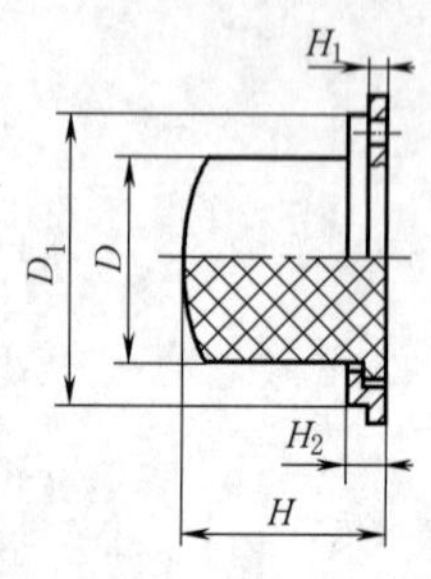

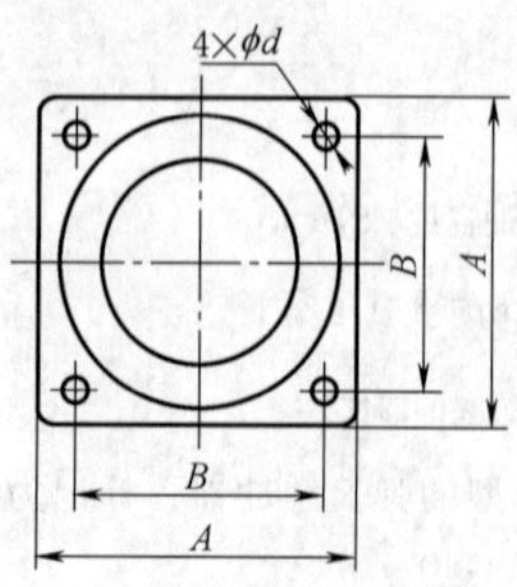

标记示例：

缓冲容量 $U=0.40$kN · m 的橡胶缓冲器，标记为：

缓冲器 HX-40

型号意义：

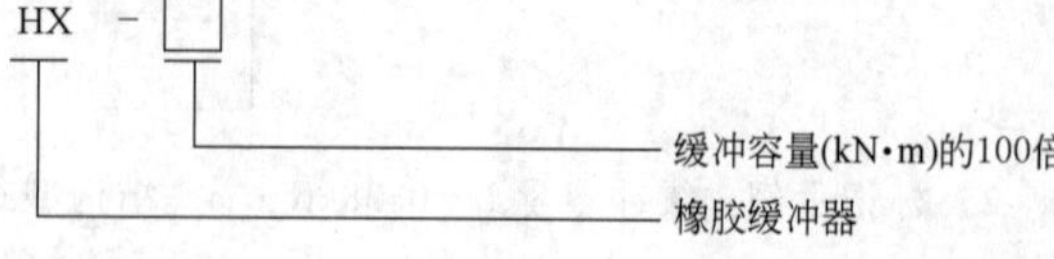

表 8-1-189　　橡胶缓冲器参数和尺寸

型　号	缓冲容量 U /kN·m	缓冲行程 S /mm	缓冲力 F /kN	主要尺寸/mm D	D_1	H	H_1	H_2	A	B	d	质量/kg ≈
HX-10	0.10	22	16	50	71	50	5	8	80	63	7	0.36
HX-16	0.16	25	19	56	80	56	5	10	90	71	7	0.48
HX-25	0.25	28	28	67	90	67	6	12	100	80	7	0.70
HX-40	0.40	32	40	80	112	80	6	14	125	100	12	1.34
HX-63	0.63	40	50	90	125	90	6	16	140	112	12	2.13
HX-80	0.80	45	63	100	140	100	8	18	160	125	14	2.70
HX-100	1.00	50	75	112	160	112	8	20	180	140	14	3.68
HX-160	1.60	56	95	125	180	125	8	22	200	160	18	5.00
HX-250	2.50	63	118	140	200	140	8	25	224	180	18	6.50
HX-315	3.15	71	160	160	224	160	10	28	250	200	18	9.18
HX-400	4.00	80	200	180	250	180	10	32	280	224	18	12.00
HX-630	6.30	90	250	200	280	200	10	36	315	250	24	16.18
HX-1000	10.00	100	300	224	315	224	12	40	355	280	24	25.00
HX-1600	16.00	112	425	250	355	250	12	45	400	315	24	34.00
HX-2000	20.00	125	500	280	400	280	12	50	450	355	24	48.20
HX-2500	25.00	140	630	315	450	315	12	56	500	400	24	64.80

橡胶弹性体结构型式、尺寸及技术要求

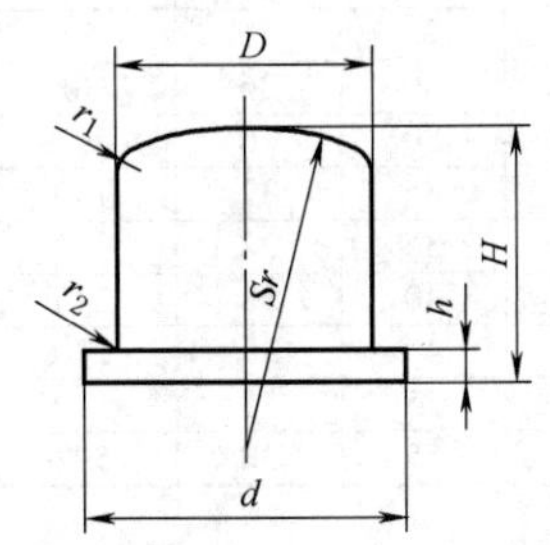

技术要求：

1. 在环境温度为-20~40℃时，缓冲器应能正常工作。
2. 橡胶弹性体不宜在强酸、强碱环境下工作。
3. 橡胶弹性体选用的胶料，其物理力学性能应符合下列指标：

邵尔 A 硬度 67±4；断裂拉伸强度≥18MPa；拉断伸长率≥450%；拉断永久变形≤20%；热空气加速老化（70℃，72h）下，断裂拉伸强度变化率和拉断伸长率变化率≥-20%。

4. 橡胶弹性体不得有离层、裂纹、海绵状、缺胶、欠硫等现象，其表面不应有气泡、明疤、凹痕等影响使用性能和美观的缺陷。

表 8-1-190　　橡胶弹性体尺寸及极限偏差

型　号	尺寸/mm D	d	H	h	Sr	r_1	r_2	质量/kg ≈
HX-10	50	63	50	5	63	3	2	0.14
HX-16	56	71	56	6	71	4	2	0.20
HX-25	67	80	67	7	80	5	2	0.33
HX-40	80	100	80	8	100	6	2	0.56
HX-63	90	112	90	10	112	7	3	0.80
HX-80	100	125	100	12	125	8	3	1.12
HX-100	112	140	112	14	140	9	3	1.59
HX-160	125	160	125	16	160	10	3	2.23
HX-250	140	180	140	18	180	12	4	3.20
HX-315	160	200	160	20	200	14	4	4.60
HX-400	180	224	180	22	224	16	4	6.56
HX-630	200	250	200	25	250	18	4	7.74
HX-1000	224	280	224	28	280	20	5	12.20
HX-1600	250	315	250	32	315	22	5	17.72
HX-2000	280	355	280	36	355	25	5	24.70
HX-2500	315	400	315	40	400	28	5	34.96

橡胶弹性体极限偏差/mm	尺寸	≤10	>10~20	>20~30	>30~50	>50~80	>80~120	>120~180	>180~250	>250
	极限偏差	±0.50	±0.60	±0.80	±1.00	±1.20	±1.40	±1.80	±2.40	尺寸的±1%

9.2.3 起重机用液压缓冲器（摘自 JB/T 7017—1993）

（1）结构型式和基本参数

HYGD 高频度单向型液压缓冲器

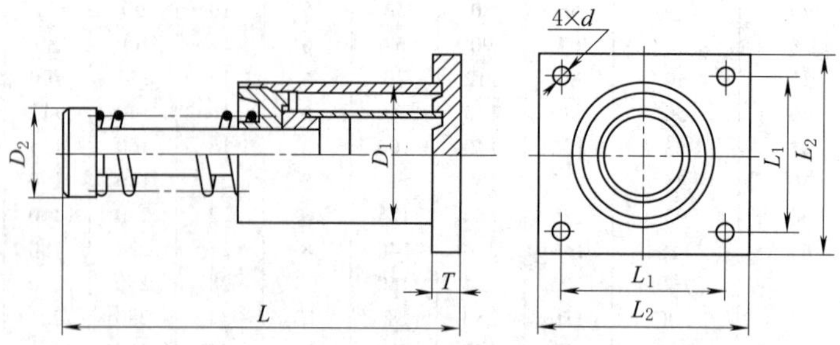

表 8-1-191 **HYGD 高频度单向型液压缓冲器参数和尺寸**

型号	缓冲容量 W/kN·m	缓冲行程 S/mm	缓冲力 F/kN	主要尺寸/mm							质量 /kg
				D_1	D_2	L	L_1	L_2	T	d	
HYGD2-60	2.5	60	45	127	62	280	125	160	16	13	12
HYGD4-90	4.0	90	45	127	62	355	125	160	16	13	13
HYGD6-80	5.6	80	70	159	80	360	155	200	20	17	22
HYGD8-110	8.0	110	75	159	80	440	155	200	20	17	25
HYGD12-90	12.5	90	140	203	100	430	195	250	25	21	46
HYGD18-120	18	120	150	203	100	520	195	250	25	21	50
HYGD25-130	25	130	200	245	125	580	230	285	30	26	80
HYGD40-180	40	180	230	245	125	720	230	285	30	26	88
HYGD56-200	56	200	280	299	170	760	280	360	35	32	146
HYGD80-270	80	270	300	299	170	945	280	360	35	32	162
HYGD125-220	125	220	570	351	205	880	350	430	40	38	245
HYGD180-320	180	320	570	351	205	1140	350	430	40	38	270
HYGD250-270	250	270	950	485	248	1080	450	560	55	38	520
HYGD355-350	355	350	1020	485	248	1345	450	560	55	38	592

HYDD 低频度单向型液压缓冲器

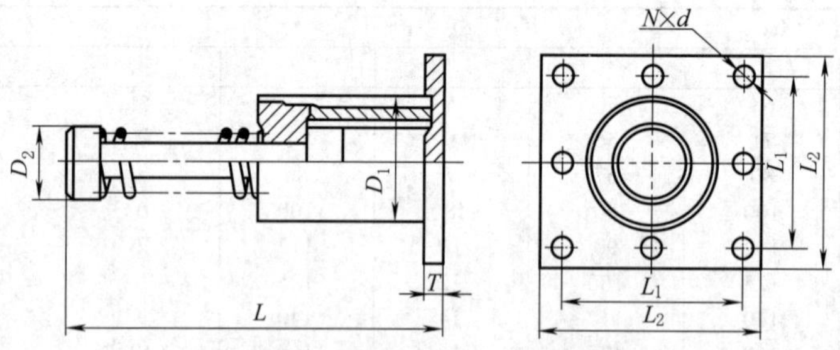

表 8-1-192 **HYDD 低频度单向型液压缓冲器参数和尺寸**

型号	缓冲容量 W/kN·m	缓冲行程 S/mm	缓冲力 F/kN	主要尺寸/mm							质量 /kg
				D_1	D_2	L	L_1	L_2	T	$N\times d$	
HYDD4-50	4.0	50	80	92	60	240	100	130	16	4×14	6
HYDD7-100	7.1	100	75	92	90	360	100	130	16	4×14	11
HYDD10-70	10	70	150	130	80	295	130	170	20	4×22	15
HYDD16-150	16	150	110	130	100	430	130	170	28	4×22	18
HYDD25-80	25	80	315	170	100	360	170	220	22	4×28	37
HYDD31.5-150	31.5	150	210	170	100	550	170	220	22	4×28	45
HYDD40-100	40	100	400	191	120	440	190	250	25	4×34	47
HYDD50-150	50	150	355	191	120	610	190	250	25	4×34	60
HYDD63-100	63	100	630	258	140	505	350	410	36	8×28	130

续表

型号	缓冲容量 W/kN·m	缓冲行程 S/mm	缓冲力 F/kN	主要尺寸/mm							质量 /kg
				D_1	D_2	L	L_1	L_2	T	$N \times d$	
HYDD100-200	100	200	500	258	160	750	350	410	36	8×28	160
HYDD140-150	140	150	935	300	180	650	400	460	40	8×28	190
HYDD200-250	200	250	800	300	230	920	400	460	40	8×28	250
HYDD250-250	250	250	1000	356	230	1020	480	580	60	8×40	430
HYDD315-400	315	400	800	356	280	1432	480	580	60	8×40	500

HYDS 低频度双向型液压缓冲器

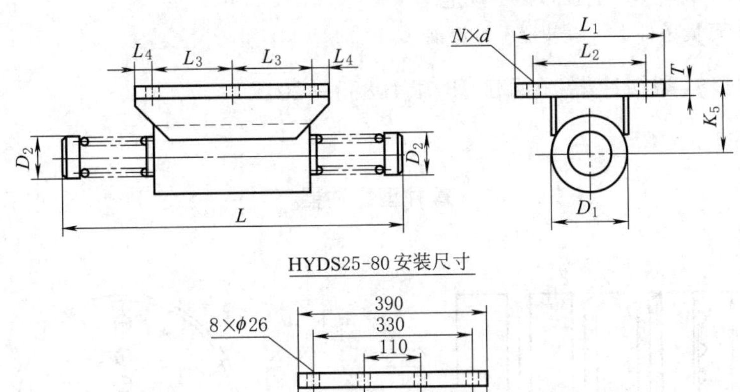

HYDS25-80 安装尺寸

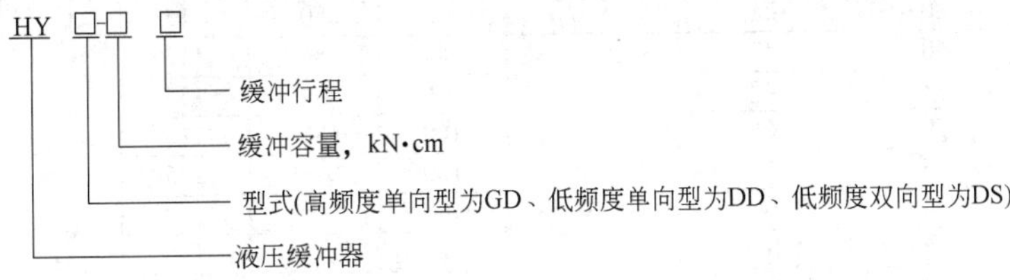

表 8-1-193　**HYDS 低频度双向型液压缓冲器参数和尺寸**

型号	缓冲容量 W /kN·m	缓冲行程 S/mm	缓冲力 F/kN	主要尺寸/mm										质量 /kg
				D_1	D_2	L	L_1	L_2	L_3	L_4	K_5	T	$N \times d$	
HYDS4-50	4.0	50	80	92	55	400	180	140	100	20	80	15	6×16	15
HYDS10-70	10	70	150	130	80	400	230	180	110	25	120	20	6×24	30
HYDS25-80	25	80	315	170	100	640	320	260	—	—	150	30	8×26	70

(2) 型号及标记示例

1) 型号意义：

```
HY □-□ □
   │ │  └── 缓冲行程
   │ └──── 缓冲容量，kN·cm
   └────── 型式(高频度单向型为GD、低频度单向型为DD、低频度双向型为DS)
└───────── 液压缓冲器
```

2) 标记示例：

高频度单向型液压缓冲器，缓冲容量为 8.0kN·m，缓冲行程为 110mm，标记为：HYGD8-110。

低频度单向型液压缓冲器，缓冲容量为 4.0kN·m，缓冲行程为 50mm，标记为：HYDD4-50。

低频度双向型液压缓冲器，缓冲容量为 4.0kN·m，缓冲行程为 50mm，标记为：HYDS4-50。

(3) 技术要求

1) 环境条件。缓冲器在下列条件下应能正常工作：

① 环境温度 -20～+50℃；

② 缓冲器活塞杆轴心线与碰撞物运行方向的夹角应小于 2°；

③ 缓冲器撞头与碰撞挡板的夹角应小于 2°。

2) 材料。主要零件材料要求应符合表 8-1-194 的规定，其力学性能不低于相应标准的规定；允许采用性能相当或较高的材料。

表 8-1-194　　液压缓冲器主要零件材料要求

零件名称		材料牌号	标准
壳体	铸钢件	ZG230-450	GB/T 11352
	焊接件	Q235A	GB/T 700
缸套		45	GB/T 699
撞头			
撞杆			
弹簧		60Si2Mn	GB/T 1222

3）缓冲器的外部表面应无明显毛刺、黏砂和焊接缺陷，除配合表面外所有金属零件均应有防腐保护层。

4）弹簧技术要求应符合 GB/T 1239.2 的规定。

5）在 1）规定的环境条件下，缓冲器不得渗油。

9.2.4　起重机用聚氨酯缓冲器（摘自 JB/T 10833—2017）

（1）结构型式和基本参数

螺柱型缓冲器

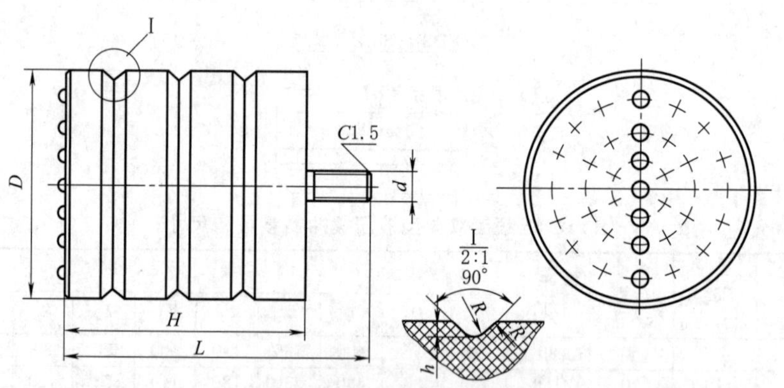

表 8-1-195　　螺柱型缓冲器参数和尺寸

序号	基本参数				主要尺寸/mm					
	缓冲容量 U /kN·m	缓冲行程 S /mm	缓冲力 F /kN	缓冲系数	D	H	L	d	h	R
1	0.3	60	28	5.6	63	80	115		3	2
2	0.4	60	42		80	80	115		4	2.5
3	0.5	75	42		80	100	135		4	2.5
4	0.6	60	66		100	80	115		5	3
5	0.8	75	66		100	100	135		5	3
6	1.0	94	66		100	125	160	M16	5	3
7	1.2	75	103		125	100	135		6	4
8	1.5	94	103		125	125	160		6	4
9	2.0	120	103		125	160	195		6	4
10	2.5	94	169		160	125	160		8	5
11	3.2	120	169	6.3	160	160	195		8	5
12	4.0	150	169		160	200	235		8	5
13	5.0	120	265		200	160	205		10	6
14	6.3	150	265		200	200	245	M20	10	6
15	7.9	188	265		200	250	295		10	6
16	9.8	150	414		250	200	245		12.5	8
17	12.3	188	414		250	250	295		12.5	8
18	15.7	240	414		250	320	365	M24	12.5	8
19	20.1	188	675		315	250	295		16	10
20	25.7	240	675		315	320	365		16	10

注：缓冲器的缓冲槽数量，当 $H/D\approx0.75$ 时为 2，当 $H/D\approx1$ 时为 3，当 $H/D\approx1.25$ 时为 4。

压板型缓冲器

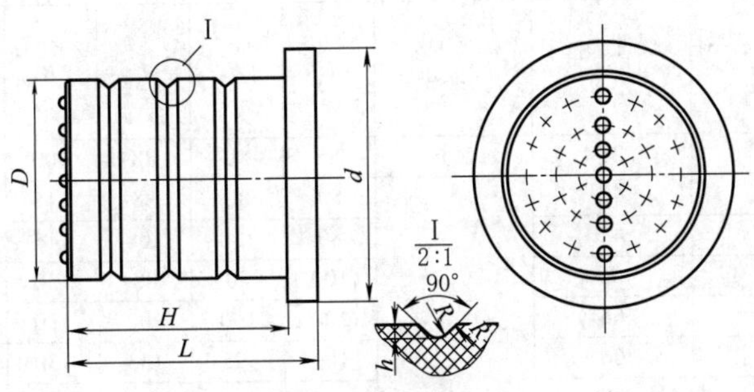

表 8-1-196　　压板型缓冲器参数和尺寸

序号	基本参数				主要尺寸/mm					
	缓冲容量 U /kN·m	缓冲行程 S /mm	缓冲力 F /kN	缓冲系数	D	H	L	d	h	R
1	0.4	60	42	6.3	80	80	95	110	4	2.5
2	0.5	75	42		80	100	115	110	4	2.5
3	0.8	75	66		100	100	115	130	5	3
4	1.0	94	66		100	125	140	130	5	3
5	1.5	94	103		125	125	140	160	6	4
6	2.0	120	103		125	160	175	160	6	4
7	3.2	120	169		160	160	180	200	8	5
8	4.0	150	169		160	200	220	200	8	5
9	6.3	150	265		200	200	220	240	10	6
10	7.9	188	265		200	250	270	240	10	6
11	12.3	188	414		250	250	270	300	12.5	8
12	15.7	240	414		250	320	345	300	12.5	8
13	25.7	240	675		315	320	345	370	16	10
14	32.2	300	675		315	400	425	370	16	10

注：缓冲器的缓冲槽数量，当 $H/D\approx0.75$ 时为 2，当 $H/D\approx1$ 时为 3，当 $H/D\approx1.25$ 时为 4。

法兰盘型缓冲器

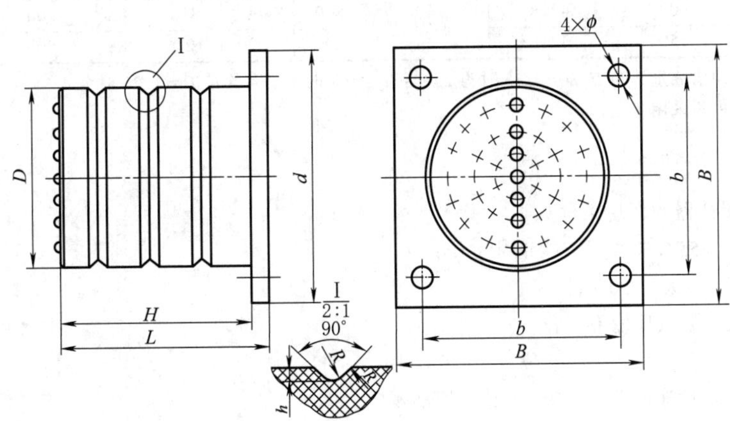

表 8-1-197 **法兰盘型缓冲器参数和尺寸**

序号	基本参数				主要尺寸/mm							
	缓冲容量 *U* /kN·m	缓冲行程 *S* /mm	缓冲力 *F* /kN	缓冲系数	*D*	*H*	*L*	*B*	*b*	*ϕ*	*h*	*R*
1	0.3	60	28	5.6	65	80	88	100	70	12	3	2
2	0.4	60	42	6.3	80	80	88	115	85		4	2.5
3	0.5	75	42		80	100	108	115	85		4	2.5
4	0.6	60	66		100	80	88	130	100	14	5	3
5	0.8	75	66		100	100	108	130	100		5	3
6	1.0	90	66		100	125	133	130	100		5	3
7	1.2	75	103		125	100	110	165	130		6	4
8	1.5	94	103		125	125	135	165	130		6	4
9	2.0	120	103		125	160	170	165	130		6	4
10	2.5	94	169		160	125	135	200	160	18	8	5
11	3.2	120	169		160	160	170	200	160		8	5
12	4.0	150	169		160	200	210	200	160		8	5
13	5.0	120	265		200	160	172	250	200		10	6
14	6.3	150	265		200	200	212	250	200		10	6
15	7.9	188	265		200	250	262	250	200		10	6
16	9.8	150	414		250	200	212	320	250	22	12.5	8
17	12.3	188	414		250	250	262	320	250		12.5	8
18	15.7	240	414		250	320	332	320	250		12.5	8
19	20.1	188	675		315	250	264	400	315		16	10
20	25.7	240	675		315	320	334	400	315		16	10
21	32.2	300	675		315	400	414	400	315		16	10
22	36.2	337	675		315	450	464	400	315		16	10
23	37.7	225	1054		400	300	314	460	370		20	12.5
24	56.5	337	1054		400	450	464	460	370		20	12.5
25	65.3	337	1218		(430)	450	464	460	370		20	14
26	69.7	360	1218		(430)	480	494	460	370		20	14
27	72.6	375	1218		(430)	500	514	460	370		20	14
28	88.3	337	1647		500	450	464	640	500	24	25	16
29	98.1	375	1647		500	500	514	640	500		25	16
30	121.5	465	1647		500	620	634	640	500		25	16
31	155.5	375	2617		630	500	516	700	550	26	30	20
32	195.7	472	2617		630	630	646	700	550		30	20
33	316.1	472	4218		800	630	646	880	800		40	25
34	401.8	600	4218		800	800	816	880	800		40	25
35	502.3	750	4218		800	1000	1016	880	800		40	25

注：1. 缓冲器的缓冲槽数量，当 $H/D\approx0.75$ 时为 2，当 $H/D\approx1$ 时为 3，当 $H/D\approx1.25$ 时为 4。
2. 括号内的尺寸不推荐采用。

（2）技术要求

1）环境条件。缓冲器的环境条件如下：

① 环境温度-20～+55℃条件下应能正常工作；

② 环境相对湿度：不大于 90%；

③ 不适合在强酸、强碱环境下工作。

2）材料。

① 聚氨酯材料性能应符合表 8-1-198 中相应标准规定。

表 8-1-198　聚氨酯材料性能指标

项目	指标	执行标准
密度/$g \cdot cm^{-3}$	0.50~0.65	GB/T 6343
硬度(邵氏 A)	60~80	GB/T 2411
50%压缩强度/MPa	1.0~2.5	GB/T 1041
扯断伸长率/%	≥520	GB/T 528
断裂拉伸强度/MPa	≥25	

② 螺柱型缓冲器的螺柱应不低于螺纹性能等级 4.6 级、压板型和法兰盘型缓冲器的底座材质应不低于 GB/T 700 中 Q235 钢。

3）缓冲器的外部表面应光滑，无明显收缩、裂纹、飞边、毛刺等缺陷。

4）缓冲器弹性体主要尺寸极限偏差应符合表 8-1-199 的规定。

表 8-1-199　弹性体主要尺寸极限偏差

尺寸	≤10	>10~20	>20~30	>30~50	>50~80	>80~120	>120~180	>180~250	>250
极限偏差	±0.50	±0.60	±0.80	±1.00	±1.20	±1.40	±1.80	±2.40	尺寸的±1%

9.3　棘轮逆止器

棘轮逆止器一般用来作为机械中防止逆转的止逆装置或供间歇传动用，在某些低速、手动操纵的卷扬机上使用。

棘轮的齿形已经标准化。齿距 t 根据齿顶圆来考虑。棘轮的齿数通常在 6~30 的范围内选取，但有特殊用途时，可以更少或更多些，齿数愈多，冲击愈小，但尺寸较大。为了减少冲击，可以装设两个或多个棘爪。

设计齿形时，要保证棘爪啮合性能可靠，通常将棘轮工作齿面做成与棘轮半径成夹角 φ，$\varphi=15°\sim20°$，见图 8-1-29。图中：P 为棘轮圆周力，$P=\dfrac{2T}{D}$，N；D 为棘轮直径，$D=zm$，mm。符号含义见 8.3.1 节。

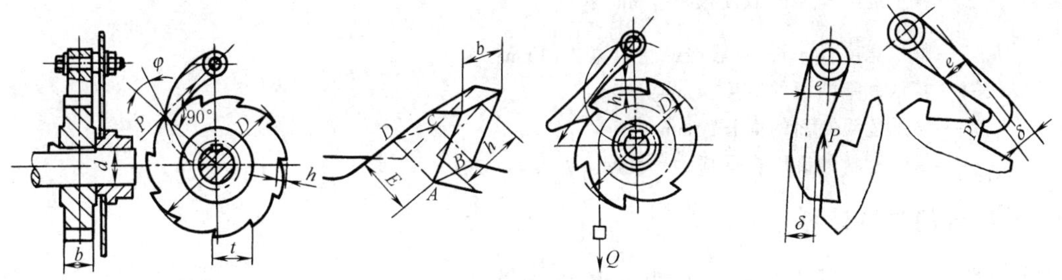

图 8-1-29　棘轮

9.3.1　棘轮齿的强度计算

棘轮模数按齿受弯曲来确定：

$$m=1.75\sqrt[3]{\frac{T}{z\psi_m\sigma_{bp}}}$$

式中　$m=\dfrac{t}{\pi}$——棘轮模数，mm，m 应取 6、8、10、14、16、18、20、22、24、26、30，其中 t 为齿距，mm；

T——棘轮轴所受的转矩，N·mm；

z——棘轮的齿数，见表 8-1-200；

$\psi_m=\dfrac{b}{m}$——齿宽系数，见表 8-1-201，其中 b 为齿宽，mm；

σ_{bp}——棘轮齿材料的许用弯曲应力，MPa，见表 8-1-201。

棘轮模数按齿受挤压进行验算：

$$m \geqslant \sqrt{\frac{2T}{z\psi_m p_p}}$$

式中 p_p——许用单位线压力，N/mm，见表 8-1-201。

表 8-1-200 　　**棘轮齿数表**

机械类型	齿条式顶重机	蜗轮蜗杆滑车	棘轮停止器	带棘轮的制动器
齿数 z	6~8	6~8	12~20	16~25

表 8-1-201 　　**许用弯曲应力、许用单位线压力及齿宽系数**

棘爪、棘轮材料	HT150	ZG 270-500 ZG 310-570	Q 235	45
齿宽系数 $\psi_m=\frac{b}{m}$	1.5~6.0	1.5~4.0	1.0~2.0	1.0~2.0
许用单位线压力 p_p/N·mm^{-1}	150	300	350	400
许用弯曲应力 σ_{bp}/MPa	30	80	100	120

9.3.2 棘爪的强度计算

棘爪的回转中心，一般选在圆周力 P 的作用线方向，棘爪长度通常取 $2t$。

棘爪可制成直头形的或钩头形的（图 8-1-29），对直头形的棘爪应按受偏心压缩来进行强度计算；对钩头形的棘爪则应按受偏心拉伸来计算。基本计算公式如下：

$$\sigma_w=\frac{M_w}{W}+\frac{P}{F}\leqslant\sigma_{bp}$$

式中 $M_w=Pe$——弯矩，N·mm，其中 e 见图 8-1-29；

$W=\frac{b_1\delta^2}{6}$——棘爪危险断面的截面模量，mm^3；

b_1——棘爪宽度，mm，一般比棘轮齿宽 2~3mm；

δ——棘爪危险断面的厚度，mm；

$F=b_1\delta$——棘爪危险断面的面积，mm^2；

σ_{bp}——棘爪材料的许用弯曲应力，MPa，见表 8-1-201。

9.3.3 棘爪轴的强度计算

棘爪轴（图 8-1-30），为悬臂梁受弯曲作用。由下式计算：

$$d_1=2.2\sqrt[3]{\frac{P}{\sigma_{bp}}\left(\frac{1}{2}b_1+b_2\right)}$$

或

$$d_1=2.71\sqrt[3]{\frac{T}{zm\sigma_{bp}}\left(\frac{b_1}{2}+b_2\right)}$$

式中 d_1——棘爪轴为实心轴时的直径，mm；

σ_{bp}——棘爪轴材料的许用弯曲应力，MPa，见表 8-1-201。

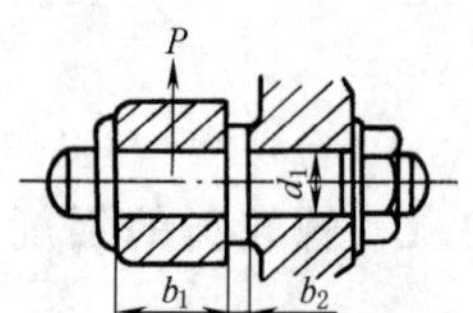

图 8-1-30　棘爪轴

9.3.4 棘轮齿形与棘爪端的外形尺寸及画法

图 8-1-31 所示为棘轮齿形的画法，其步骤如下：由轮中心以 $R=\frac{mz}{2}$ 为半径画顶圆 NN，再以 R-h（齿高 $h=0.75m$）为半径画根圆 SS。用齿距 t 将圆周 NN 分成 z 等份。自任一等分点 A 作弦 $AB=a=m$ 并连接弦 BC。过 BC 之中点作垂线 LM，再由 C 点作直线 CK，与 BC 弦成 30°角并交 LM 线于 O 点。以 O 点为圆心，以 OC 为半径作

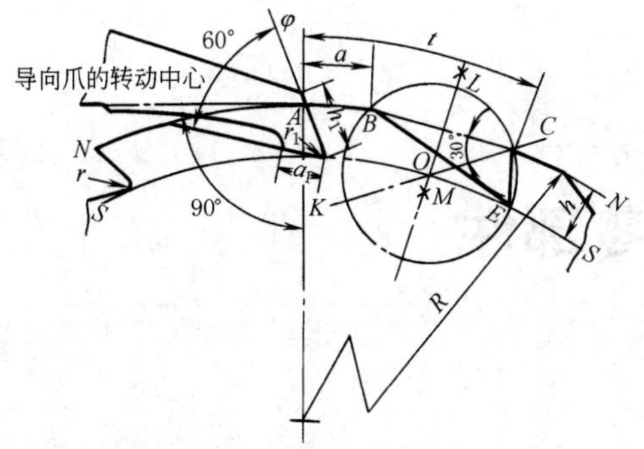

图 8-1-31　棘轮齿形的画法

圆，与根圆 SS 交于 E 点。连接 CE，此即为棘轮齿工作面之方向。再连接 EB 后，便得到全部齿形。角 CEB 为 60°。

棘轮齿形与棘爪端的外形尺寸如表 8-1-202 所示。

表 8-1-202　**棘轮齿形与棘爪端的外形尺寸**　mm

<table>
<tr><th rowspan="2">m</th><th colspan="4">棘　轮</th><th colspan="3">棘　爪</th></tr>
<tr><th>t</th><th>h</th><th>a</th><th>r</th><th>h_1</th><th>a_1</th><th>r_1</th></tr>
<tr><td>6</td><td>18.85</td><td>4.5</td><td>6</td><td rowspan="12">1.5</td><td>6</td><td rowspan="2">4</td><td rowspan="12">2</td></tr>
<tr><td>8</td><td>25.13</td><td>6</td><td>8</td><td>8</td></tr>
<tr><td>10</td><td>31.42</td><td>7.5</td><td>10</td><td>10</td><td rowspan="2">6</td></tr>
<tr><td>12</td><td>37.70</td><td>9</td><td>12</td><td>12</td></tr>
<tr><td>14</td><td>43.98</td><td>10.5</td><td>14</td><td rowspan="2">14</td><td rowspan="2">8</td></tr>
<tr><td>16</td><td>50.27</td><td>12</td><td>16</td></tr>
<tr><td>18</td><td>56.55</td><td>13.5</td><td>18</td><td>16</td><td rowspan="2">12</td></tr>
<tr><td>20</td><td>62.83</td><td>15</td><td>20</td><td>18</td></tr>
<tr><td>22</td><td>69.12</td><td>16.5</td><td>22</td><td rowspan="2">20</td><td rowspan="3">14</td></tr>
<tr><td>24</td><td>75.40</td><td>18</td><td>24</td></tr>
<tr><td>26</td><td>81.68</td><td>19.5</td><td>26</td><td>22</td></tr>
<tr><td>30</td><td>94.25</td><td>22.5</td><td>30</td><td>25</td><td>16</td></tr>
</table>

CHAPTER 2

第2章 输送机零部件

1 带式输送机

带式输送机基本构成为机架、清扫器、滚筒、输送带、托辊、导料槽、逆止器、拉紧装置和驱动装置等，其中滚筒、托辊、逆止器、清扫器、拉紧装置和输送带都是带式输送机关键性零部件，分别在以下每小节展示。

1.1 滚筒

滚筒是用于支撑并带动输送带，保证输送带的稳定运行的装置。常见的滚筒有三种：传动滚筒、改向滚筒和电动滚筒，三种不同形式的滚筒直径都应符合表 8-2-1 的规定。

表 8-2-1 输送机的滚筒直径 mm

滚筒直径	114、120、160、200、250、315、400、500、630、800、1000、1250、1400、1600、1800、2000、2200、2400

输送机输送带宽、滚筒长度和滚筒直径之间的关系见表 8-2-2。

表 8-2-2 输送带宽、滚筒长度和滚筒直径之间的关系 mm

带宽 B	滚筒长度 L	滚筒直径 D
200	260	114,120,160,200,250
250	320	
300	400	200,250,315,400
400	500	200,250,315,400,500
500	600	
650	750	200,250,315,400,500,630,800
800	950	200,250,315,400,500,630,800,1000,1250,1400
1000	1150	250,315,400,500,630,800,1000,1250,1400,1600,1800
1200	1400	
1400	1600	
1600	1800	315,400,500,630,800,1000,1250,1400,1600,1800,2000
1800	2000	
2000	2200	500,630,800,1000,1250,1400,1600,1800,2000
2200	2500	
2400	2800	
2600	3000	630,800,1000,1250,1400,1600,1800,2000,2200
2800	3200	
3000	3400	800,1000,1250,1400,1600,1800,2000,2200,2400

注：滚筒直径 D 是不包括包层厚度在内的名义滚筒直径，与带宽组合为推荐值。

各种帆布带允许的最小传动滚筒直径见表 8-2-3。

表 8-2-3 各种帆布带允许的最小传动滚筒直径 mm

<table>
<tr><th>型号</th><th>3</th><th>4</th><th>5</th><th>6</th><th>7</th><th>8</th></tr>
<tr><td>CC-56、NN-100</td><td>500</td><td>500</td><td>630</td><td>800</td><td>1000</td><td>1000</td></tr>
<tr><td>NN-150、EP-100</td><td>500</td><td>500</td><td>630</td><td>800</td><td></td><td></td></tr>
<tr><td>NN-200～NN-300</td><td rowspan="2">500</td><td rowspan="2">630</td><td rowspan="2">800</td><td rowspan="2">1000</td><td rowspan="2"></td><td rowspan="2"></td></tr>
<tr><td>EP-200～EP-300</td></tr>
</table>

1.1.1 传动滚筒

传动滚筒是将驱动装置的动力，通过摩擦力传递给输送带使之运行的部件。其结构型式有三种：钢板焊接光面滚筒适合于环境干燥、输送带张力小、输送距离短的场合；胶面滚筒适合于环境潮湿、输送带张力较小、输送距离较短的场合；铸焊结构胶面滚筒适合于环境潮湿、输送带张力较大、输送距离长的场合。

传动滚筒选用时，主要考虑滚筒结构型式、直径、筒体长度及载荷条件。

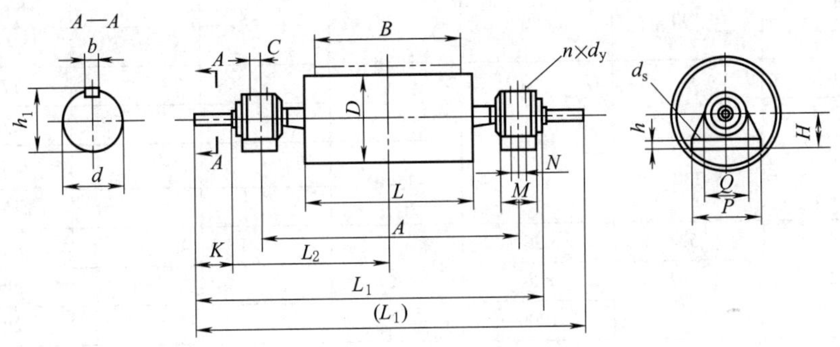

(L_1)—双出轴安装尺寸

表 8-2-4 传动滚筒基本参数

<table>
<tr><th rowspan="2">B/mm</th><th rowspan="2">许用转矩
/kN·m</th><th rowspan="2">许用合力
/kN</th><th rowspan="2">D/mm</th><th rowspan="2">轴承
型号</th><th colspan="2">光　面</th><th colspan="2">胶　面</th></tr>
<tr><th>转动惯量
/kg·m²</th><th>质量
/kg</th><th>转动惯量
/kg·m²</th><th>质量
/kg</th></tr>
<tr><td>500</td><td>2.7</td><td>49</td><td rowspan="2">500</td><td rowspan="3">1316</td><td>5</td><td>250</td><td>6</td><td>264</td></tr>
<tr><td rowspan="4">650</td><td>3.5</td><td rowspan="2">40</td><td>6.5</td><td>280</td><td>7.8</td><td>298</td></tr>
<tr><td>4.1</td><td>630</td><td>16.3</td><td>324</td><td>18.5</td><td>347</td></tr>
<tr><td>6.3</td><td>59</td><td>500</td><td rowspan="5">3520</td><td>6.5</td><td>376</td><td>7.8</td><td>393</td></tr>
<tr><td>7.3</td><td>80</td><td>630</td><td>16.3</td><td>429</td><td>18.5</td><td>451</td></tr>
<tr><td rowspan="11">800</td><td>4.1</td><td>40</td><td>500</td><td>7.8</td><td>432</td><td>9.8</td><td>453</td></tr>
<tr><td>6.0</td><td rowspan="2">50</td><td>630</td><td>19.5</td><td>492</td><td>23.5</td><td>521</td></tr>
<tr><td>7.0</td><td>800</td><td></td><td></td><td>25</td><td>782</td></tr>
<tr><td rowspan="2">12</td><td rowspan="2">80</td><td>630</td><td rowspan="2">3524</td><td>23.8</td><td>752</td><td>29.5</td><td>776</td></tr>
<tr><td>800</td><td></td><td></td><td>58</td><td>887</td></tr>
<tr><td>20</td><td rowspan="2">100</td><td rowspan="2">630</td><td rowspan="4">3528</td><td>28.5</td><td>844</td><td>32</td><td>920</td></tr>
<tr><td>2×16</td><td></td><td></td><td>32</td><td>967</td></tr>
<tr><td>20</td><td rowspan="2">110</td><td rowspan="4">800</td><td></td><td></td><td>66.3</td><td>1095</td></tr>
<tr><td>2×16</td><td></td><td></td><td>66.3</td><td>1143</td></tr>
<tr><td>32</td><td rowspan="2">160</td><td rowspan="2">3532</td><td></td><td></td><td>67.5</td><td>1253</td></tr>
<tr><td>2×23</td><td></td><td></td><td>67.5</td><td>1287</td></tr>
</table>

续表

B/mm	许用转矩 /kN·m	许用合力 /kN	D/mm	轴承型号	光面		胶面	
					转动惯量 /kg·m^2	质量 /kg	转动惯量 /kg·m^2	质量 /kg
1000	6.0	40	630	3520			26.5	585
	12	73	630	3524			38.3	857
			800				78.7	964
		80	1000				164.8	1162
	20	110	800	3528			80.3	1168
	2×16						80.3	1216
	20	110	1000				166.5	1408
	2×16						166.5	1456
	27	160	800	3532			81.8	1376
	2×22						81.8	1410
	27	180	1000				168.3	1617
	2×22						168.3	1651
	40	190	800	3536			83.3	1691
	2×35						83.3	1744
	40	210	1000				170	1928
	2×35						170	1981
	52	330		3540			215.3	2585
	2×42						215.3	2677
1200	12	52	630	3524			46.5	967
		80	800				96	1059
			1000				200	1307
	20	85	630	3528			47.3	1156
	2×16						47.3	1204
	20	110	800				97.8	1297
	2×16						97.8	1345
	20		1000	3528			202.5	1567
	2×16						202.5	1615
1400	27	140	800	3532			99.5	1520
	2×22						99.5	1554
	27	160	1000				204.8	1780
	2×22						204.8	1818
	40	180	800	3536			101.3	1928
	2×32						101.3	1981
	40	210	1000				207	2173
	2×32						207	2226
	52	230	800	3540			118.3	2393
	2×42						118.3	2484
	52	290	1000				262	2813
	2×42						262	2903
	66	330		3544			283	3234
	2×50						283	3329

第8篇

续表

B/mm	许用转矩 /kN·m	许用合力 /kN	D/mm	轴承型号	光面 转动惯量 /kg·m²	光面 质量 /kg	胶面 转动惯量 /kg·m²	胶面 质量 /kg
1400	20	100	800	3528			111.8	1417
	2×16						111.8	1465
	20		1000				202.5	1720
	2×16						202.5	1768
	27	130	800	3532			113.8	1530
	2×22						113.8	1564
	27	160	1000				204.8	1919
	2×22						204.8	1953
	40	170	800	3536			115.8	2004
	2×32						115.8	2057
	40	210	1000				236.5	2287
	2×32						236.5	2339
	52		800	3540			135.3	2553
	2×42						135.3	2632
	52	260	1000				299.5	2994
	2×42						299.5	3082
	66	300		3544			300	3456
	2×50						300	3551

注：Y—右单出轴；Z—左单出轴；S—双出轴。

表 8-2-5 基本尺寸 mm

B	D	A	L	L_1	L_2	K	M	N	Q	P	H	h	h_1	d	b	d_s	C	$n\times d_y$
500	500	850	600	1114	495	140	70	—	350	410	120	33	74.5	70	20	M20	22	2×M8×1
650	630	1000	750	1264	570													
	500			1324	590	170	80	—	380	460	135	46	95	90	25	M24	26	4×M8×1
	630																	
	500	1050		1419	615	210	110	—	440	520	155		116	110	28		32	
	630																	
800	500	1300	950	1624	740	170	80	—	380	460	135	46	95	90	25	M24	26	4×M8×1
	630																	
	800																	
	630			1669		210	110	—	440	530	155		116	110	28	M30	32	
	800																	
	630			1724	750	250	120	—	480	570	170	63	137	130	32	M30	37	
				2000	1500													
	800			1724	750													
				2000	1500													
		1400		1839	800		200	105	520	640	200	60	158	150	36		43	4×M10×1
				2100	1600													

第8篇

续表

B	D	A	L	L_1	L_2	K	M	N	Q	P	H	h	h_1	d	b	d_s	C	$n\times d_y$
1000	630	1500	1150	1824	840	170	80	—	440	530	155	46	95	90	25	M24	26	4×M8×1
	800			1869		210	110	—	440	530	155		116	110	28		32	
	1000																	
	630			1924	850	250	120	—	480	570	170	63	137	130	32	M30	37	
				2300	1700													
	800			1924	850													
				2300	1700													
	1000			1924	850													
				2300	1700													4×M10×1
	800	1600		2039	900		200	105	520	640	200	60	158	150	36		43	
				2300	1800													
1000	1000	1600	1150	2039	900	250	200	105	520	640	200	60	158	150	36	M30	43	4×M10×1
				2300	1800													
	800			2110	910	300	220	120	570	700	220	70	179	170	40		46	
				2420	1820													
	1000			2110	910													
				2420	1820													
	800	1650		2278	975	350	240	140	640	780	240	75	200	190	45		60	
				2650	1950													
	1000			2278	975													
				2650	1950													
1200	630	1750	1400	2129	975	210	110	—	440	530	155	46	116	110	28	M24	32	4×M8×1
	800																	
	1000																	
	630			2174		250	120	—	480	570	170	63	137	130	32	M30	37	
				2450	1950													
	800			2174	975													
				2450	1950													
	1000			2174	975													
1200	1000	1850		2450	1950		200	105	520	640	200	60	158	150	36		43	4×M10×1
	800			2289	1025													
				2550	2050													
	1000			2289	1025													
				2550	2050													
	800			2360	1035	300	220	120	570	700	220	70	179	179	40		46	
				2670	2070													

第8篇

续表

B	D	A	L	L_1	L_2	K	M	N	Q	P	H	h	h_1	d	b	d_s	C	$n \times d_y$
1200	1000	1850	1400	2360	1035	300	220	120	570	700	220	70	179	170	40	M30	46	4×M10×1
				2670	2070													
	800	1900		2528	1100	350	240	140	640	780	240	75	200	190	45		60	
				2900	2200													
	1000			2528	1100													
				2900	2200													
				2533	1100		250		720	880	270	80	210	200	45	M36	65	
				2900	2200													
1400	800	2050	1600	2474	1125	250	120	—	480	570	170	63	137	130	32	M30	37	4×M8×1
				2750	2250													
	1000			2474	1125													
				2750	2250													
	800			2489	1125		200	105	520	640	200	60	158	150	36		43	4×M10×1
				2750	2250													
	1000			2489	1125													
				2750	2250													
	800			2560	1135	300	220	120	570	700	220	70	179	170	40		46	
				2870	2270													
	1000			2560	1135													
				2870	2270													
	800	2100		2728	1200	350	240	140	640	780	240	75	200	190	45		60	
				3100	2400													
	1000			2728	1200													
				3100	2400													
				2733	1200		250		720	880	270	80	210	200		M36	65	
				3100	2400													

1.1.2 电动滚筒（摘自 JB/T 7330—2018）

电动滚筒是一种将电机和减速机构或将减速机构置于滚筒体内的驱动装置，其结构紧凑、外形尺寸小，适用于短距离及较小功率的单机驱动带式输送机。

选用电动滚筒应遵循以下原则：

① 按照主机的实际工况条件，确定电动滚筒功率。

② 按照主机的结构安装尺寸、电动滚筒功率及输送带与滚筒直径间的关系选取最小滚筒直径。

③ 按照主机的输送能力、输送带宽度或电动滚筒功率及滚筒直径，确定电动滚筒线速度。

④ 电动滚筒筒体长通常应大于输送带宽度 100~200mm。

⑤ 电动滚筒通常工作的环境温度为-20~+40℃，海拔高度不超过 1000m，输送物料温度不超过 60℃。如工作环境条件与上述条件不符，应选用相应的耐热、耐寒等特种电动滚筒。

⑥ 限制一个方向旋转时，应选用带逆止器的电动滚筒。

⑦ 要求断电立即停机时，应选用带电磁制动器的电动滚筒。

⑧ 在隔爆、防腐等特殊条件下工作时，应选用隔爆、防腐型电动滚筒。

(1) 电动滚筒系列选用表

表 8-2-6

滚筒规格 B、D	电动机功率 P/kW	带速 v/m·s^{-1}	输出转矩 M/N·m	最大张力 F_1/N
5050 6550 8050	2.2	0.80	640	2585
		1.00	517	2068
		1.25	413	1654
		1.60	323	1293
		2.00	258	1034
	3.0	0.80	881	3525
		1.00	705	2820
		1.25	564	2256
		1.60	440	1763
		2.00	352	1410
		2.50	282	1128
	4.0	0.80	1175	4700
		1.00	940	3760
		1.25	752	3008
		1.60	587	2350
		2.00	470	1880
		2.50	376	1504
	5.5	0.80	1616	6463
		1.00	1292	5170
		1.25	1034	4136
		1.60	808	3231
		2.00	646	2585
		2.50	517	2068
		3.15	410	1616
6550 8050	7.5	0.80	2203	8695
		1.00	1762	6956
		1.25	1410	5565
		1.60	1101	4348
		2.00	881	3478
		2.50	705	2782
		3.15	559	2174
		4.00	440	1739
	11	0.80	3232	12926
		1.00	2585	10340
		1.25	2068	8272
		1.60	1616	6463
		2.00	1292	5170
		2.50	1034	4136
		3.15	820	3231
		0.80	3232	12926
8050	15	0.80	4407	17625
		1.00	3525	14100
		1.25	2821	11280
		1.60	2203	8813
		2.00	1762	7050
		2.50	1410	5640
		3.15	1119	4406
6563 8063 10063	3	0.80	1110	3525
		1.00	888	2820
		1.25	710	2256

续表

滚筒规格 B、D	电动机功率 P/kW	带速 v/m·s^{-1}	输出转矩 M/N·m	最大张力 F_1/N
6563 8063 10063	3	1.60	555	1763
		2.00	444	1410
		2.50	355	1128
		3.15	282	895
6563 8063 10063 12063	4	0.80	1480	4700
		1.00	1184	3760
		1.25	947	3008
		1.60	740	2350
		2.00	592	1880
		2.50	473	1504
		3.15	376	1194
	5.5	0.80	2036	6463
		1.00	1628	5170
		1.25	1303	4136
		1.60	1018	3231
		2.00	814	2585
		2.50	651	2068
		3.15	517	1616
	7.5	0.80	2776	8695
		1.00	2221	6956
		1.25	1776	5565
		1.60	1388	4348
		2.00	1110	3478
		2.50	888	2782
		3.15	705	2174
	11	0.80	4072	12925
		1.00	3256	10340
		1.25	2605	8272
		1.60	2036	6463
		2.00	1628	5170
		2.50	1302	4136
		3.15	1034	3231
		4.00	814	2585
8063 10063 12063	15	1.00	4442	14100
		1.25	3553	11280
		1.60	2775	8813
		2.00	2221	7050
		2.50	1776	5640
		3.15	1410	4406
		4.00	1110	3525
8063 10063 12063 14063	18.5	1.00	5479	17390
		1.25	4383	13912
		1.60	3424	10869
		2.00	2739	8695
		2.50	2191	6956
		3.15	1739	5434
	22	1.00	6515	20680
		1.25	5212	16544
		1.60	4072	12925
		2.00	3257	10340
		2.50	2606	8272
		3.15	2068	6463

续表

滚筒规格 B、D	电动机功率 P/kW	带速 v/m·s^{-1}	输出转矩 M/N·m	最大张力 F_1/N
8063 10063 12063 14063	30	1.25	7107	22560
		1.60	5551	17625
		2.00	4442	14100
		2.50	3553	11280
		3.15	2820	8813
10063 12063 14063	37	1.60	6849	21738
		2.00	5479	17390
		2.50	4383	13912
		3.15	3479	10869
14063	45	1.60	8859	26438
		2.00	7087	21250
		2.50	5670	16920
		3.15	4500	13429
8080 10080 12080 14080	5.5	1.00	2068	5170
		1.25	1654	4136
		1.60	1292	3231
		2.00	1034	2585
		2.50	827	2068
		3.15	656	1616
	7.5	1.00	2820	6956
		1.25	2256	5565
		1.60	1762	4348
		2.00	1410	3478
		2.50	1128	2782
		3.15	895	2174
	11	1.00	4136	10340
		1.25	3309	8272
		1.60	2585	6463
		2.00	2067	5170
		2.50	1654	4136
		3.15	1313	3231
	15	1.00	5640	14100
		1.25	4512	11280
		1.60	3525	8813
		2.00	2820	7050
		2.50	2256	5640
		3.15	1790	4406
	18.5	1.00	6956	17390
		1.25	5565	13912
		1.60	4347	10869
		2.00	3478	8695
		2.50	2782	6956
		3.15	2268	5434
		4.00	1739	4348
	22	1.25	6618	16544
		1.60	5170	12925
		2.00	4136	10340
		2.50	3309	8272
		3.15	2628	6463
		4.00	2068	5170

续表

滚筒规格 B、D	电动机功率 P/kW	带速 v/m·s^{-1}	输出转矩 M/N·m	最大张力 F_1/N
10080 12080 14080	30	1.60	7050	17625
		2.00	5640	14100
		2.50	4512	11280
		3.15	3581	8813
		4.00	2820	7050
	37	1.25	11130	27824
		1.60	8695	21738
		2.00	6956	17390
		2.50	5565	13912
		3.15	4416	10869
		4.00	3478	8695
	45	1.60	10575	26438
		2.00	8468	21250
		2.50	6768	16920
		3.15	5371	13429
		4.00	4230	10575
	55	1.60	12925	32313
		2.00	10340	25850
		2.50	8272	20680
100100 120100 140100	37	1.25	13911	27824
		1.60	10868	21738
		2.00	8694	17390
		2.50	6955	13912
		3.15	5520	10869
	45	4.00	4347	8695
		1.25	16919	33840
		1.60	13218	26438
		2.00	10574	21250
		2.50	8459	16920
		3.15	6714	13429
		4.00	5625	10575
	55	1.25	20681	41360
		1.60	16157	32313
		2.00	12925	25850
		2.50	10340	20680
		3.15	8206	16413
		4.00	6875	12925

注：1. 表中“滚筒规格 B、D”一栏中的数字，前两位或三位数字表示带宽、直径，单位均为 cm。

2. 选用电动滚筒时，应尽量考虑表中的输出转矩及最大张力。

（2）电动滚筒安装尺寸

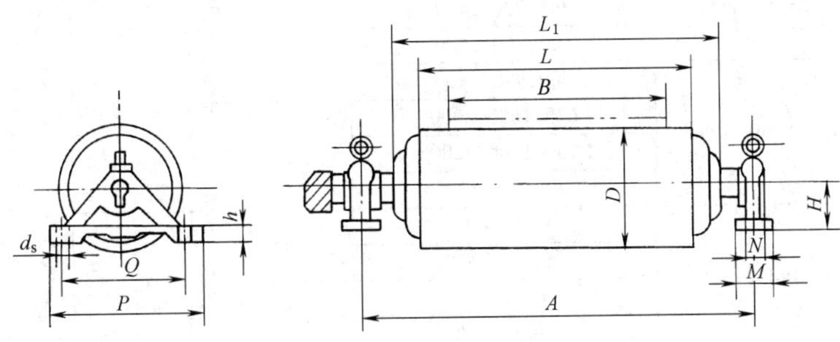

表 8-2-7

mm

D	B	A	L	H	M	N	P	Q	h	L_1	d_s
500	500	850	620	100	70	—	340	280	35	748	ϕ27
	650	1000	750	120	90	—	340	280	35	900	ϕ27
	800	1300	950	120	90	—	340	280	35	1100	ϕ27
630	650	1000	750	120	90	—	340	280	35	868	ϕ27
	800	1300	950	140	130	80	400	330	35	1068	ϕ27
	1000	1500	1150	140	130	80	400	330	35	1268	ϕ27
	1200	1750	1400	160	160	90	440	360	50	1514	ϕ34
	1400	2000	1600	160	160	90	440	360	50	1720	ϕ34
	800	1300	950	140	130	80	400	330	35	1068	ϕ27
800	1000	1500	1150	140	145	80	400	330	35	1268	ϕ27
	1200	1750	1400	160	160	90	440	360	50	1514	ϕ34
	1400	2000	1600	160	160	90	440	360	50	1720	ϕ34
	1000	1500	1150	140	145	80	400	330	35	1268	ϕ27
1000	1200	1750	1400	160	160	90	440	360	50	1514	ϕ34
	1400	2000	1600	160	160	90	440	360	50	1720	ϕ34

1.2 托辊（摘自 GB/T 10595—2017）

托辊是用于支承输送带及输送带上所承载的物料，保证输送带稳定运行的装置。其种类主要有槽形托辊、缓冲托辊、平行托辊和调心托辊等。

托辊的基本参数与尺寸应符合表 8-2-8 的规定。

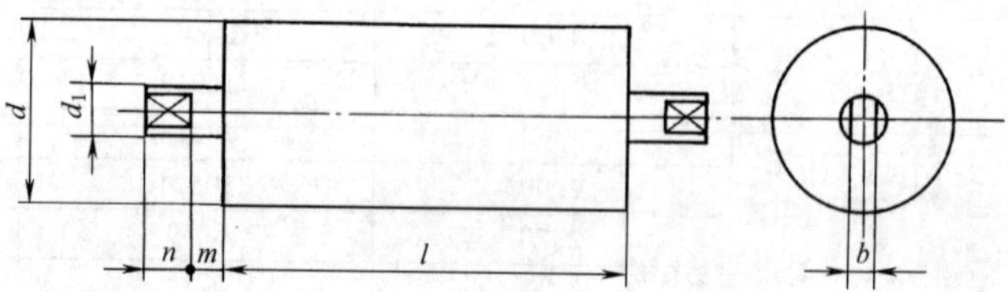

表 8-2-8

mm

带宽 B	辊子直径 d	辊子长度 l	d_1	b	n	m
200	50,63.5,76	262	20	14	10	4
250		320				
300	63.5,76,89	160,380				
400		160,250,500				
500		200,315,600				
650	76,89,102,108	250,380,750				
800	89,102,108,127,133	315,465,950	25	18		
1000	108,127,133,152,159	380,600,1150			12	
1200		465,700,1400	30	22		
1400		530,800,1600				
1600	133,152,159,168,194	600,900,1800				
1800		670,1000,2000	35			
2000		750,1100,2200				
2200		800,1250				
2400	159,168,194,219	900,1400	45	32		
2600		950,1500				
2800		1050,1600	50			
3000		1125,1700				

1.2.1 槽形托辊

用于承载分支输送散状物料，分为支架式和吊挂式两种，常用槽角为30°。

(1) 35°槽形托辊

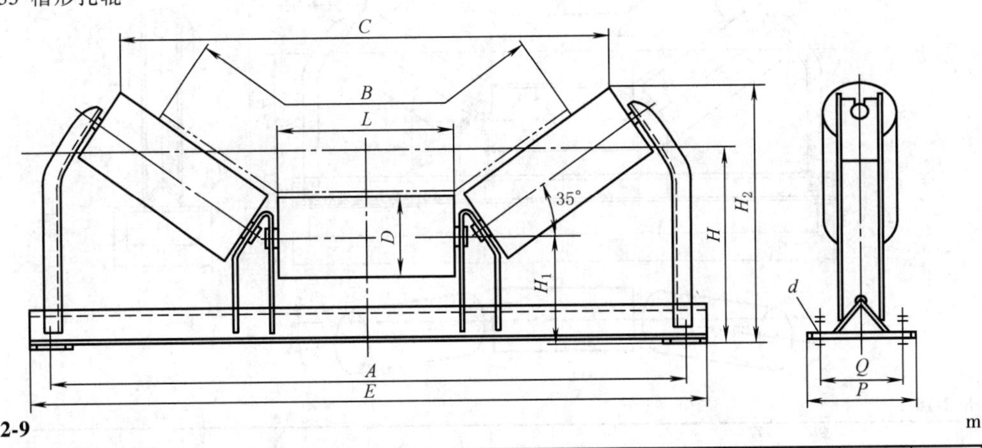

表 8-2-9

mm

带宽 B	辊子 D	辊子 L	辊子 图号	辊子 轴承型号	A	E	C	H	H_1	H_2	P	Q	d	质量/kg
500	63.5	200	G102	6203/C4	740	800	569	200	119	272	170	130	M12	12.5
	76		G202	6204/C4			565	210	122	284				14.9
	89		G302				559	220	135.5	298				15.8
650	76	250	G203		890	950	698	225	122	312				16.6
	89		G303				691	235	135.5	327				17.1
	108		G403	6205/C4			683	265	146	346				21.3
800	89	315	G304	6204/C4	1090	1150	862	245	135.5	364				22.1
	108		G404	6205/C4			855	270	146	383				26.7
	133		G504	6305/C4			840	305	159.5	407				33.2
1000	108	380	G405	6205/C4	1290	1350	1037	300	159	437	220	170	M16	38.0
	133		G505	6305/C4			1022	325	173.5	461				45.5
	159		G605	6306/C4			1017	370	190.5	490				57.1
1200	108	465	G406	6205/C4	1540	1600	1261	335	176	502	260	200		50.5
	133		G506	6305/C4			1247	360	190.5	527				59.2
	159		G606	6306/C4			1242	390	207.5	556				72.4
1400	108	530	G408	6205/C4	1740	1800	1433	350	184	548	280	220		56.2
	133		G508	6305/C4			1418	380	198.5	573				65.7
	159		G608	6306/C4			1413	410	215.5	602				87.8
保留品种														
800	108	315	GP2103	6204/C4	1090	1150		270	146	385	170	130	M12	24.3
1000		380	GP2304	6305/C4	1290	1350		300	159	437	220	170	M16	38.7
	133		GP3204	6205/C4				325	173.5	462				43.5
1200	108	465	GP2305	6305/C4	1540	1600		335	176	503	260	200		51.2
			GP2405	6306/C4										55.1
	133		GP3205	6205/C4				360	190.5	528				57.5
			GP3405	6306/C4										63.5
	159		GP4205	6205/C4				390	207.5	557				65.1
			GP4305	6305/C4										66.4
1400	108	530	GP2306		1740	1800		350	184	548	280	220		56.6
			GP2406	6306/C4										68.8
	133		GP3406					380	198.5	573				78.3
	159		GP4306	6305/C4				410	215.5	603				74.8

注：1. 与中间架连接的紧固件包括在本部件内。

2. 辊子图号来源于参考文献［8］；G代表光面滚筒、无G代表胶面滚筒、P代表部分是轴承座、无P代表整体是轴承座。

(2) 35°槽形前倾托辊

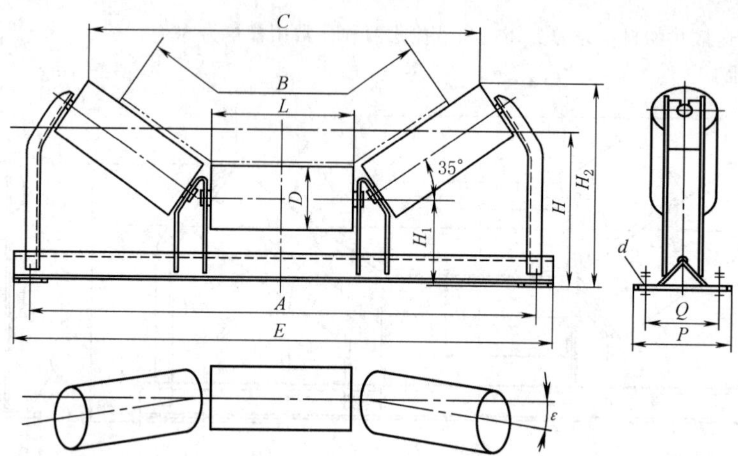

表 8-2-10

mm

带宽 B	辊子 D	辊子 L	辊子 图号	辊子 轴承型号	A	E	C	H	H_1	H_2	ε	P	Q	d	质量/kg
500	63.5	200	G102	6203/C4	740	800	569	200	119	272	1°30′	170	130	M12	12.5
	76		G202	6204/C4			565	210	122	284					14.9
	89		G302				559	220	135.5	298					15.8
650	76	250	G203		890	950	698	225	122	312	1°26′				16.6
	89		G303				691	235	135.5	327					17.1
	108		G403	6205/C4			683	265	146	346					21.3
800	89	315	G304	6204/C4	1090	1150	862	245	135.5	364	1°20′				22.1
	108		G404	6205/C4			855	270	146	383					26.7
	133		G504	6305/C4			840	305	159.5	407					33.2
1000	108	380	G405	6205/C4	1290	1350	1037	300	159	437	1°23′	220	170	M16	38.0
	133		G505	6305/C4			1022	325	173.5	461					45.5
	159		G605	6306/C4			1017	370	190.5	490					57.1
1200	108	465	G406	6205/C4	1540	1600	1261	335	176	502		260	200		50.5
	133		G506	6305/C4			1247	360	190.5	527					59.2
	159		G606	6306/C4			1242	390	207.5	556	1°22′				72.4
1400	108	530	G408	6205/C4	1740	1800	1433	350	184	548	1°25′	280	220		56.2
	133		G508	6305/C4			1418	380	198.5	573					65.7
	159		G608	6306/C4			1413	410	215.5	602					87.8
保留品种															
800	108	315	GP2103	6204/C4	1090	1150		270	146	385	1°20′	170	130	M12	24.3
1000		380	GP2304	6305/C4	1290	1350		300	159	437	1°23′	220	170	M16	38.7
	133		GP3204	6205/C4				325	173.5	462					43.5
1200	108	465	GP2305	6305/C4	1540	1600		335	176	503		260	200		51.2
			GP2405	6306/C4											55.1
	133		GP3205	6205/C4				360	190.5	528					57.5
			GP3405	6306/C4											63.5
	159		GP4205	6205/C4				390	207.5	557					65.1
			GP4305	6305/C4											66.4
1400	108	530	GP2306		1740	1800		350	184	548	1°25′	280	220		56.6
			GP2406	6306/C4											68.8
	133		GP3406					380	198.5	573					78.3
	159		GP4306	6305/C4				410	215.5	603					74.8

注：1. 与中间架连接的紧固件包括在本装配件内。

2. H 为输送带理论高度。

3. 辊子图号来源于参考文献［8］；G 代表光面滚筒、无 G 代表胶面滚筒、P 代表部分是轴承座、无 P 代表整体是轴承座。

第 8 篇

1.2.2 平行托辊

平行托辊分为平行上托辊和平行下托辊两种。平行上托辊用于承载分支，支承输送带及其上的货物；平行下托辊用于回程分支，支承输送带。

(1) 平行上托辊

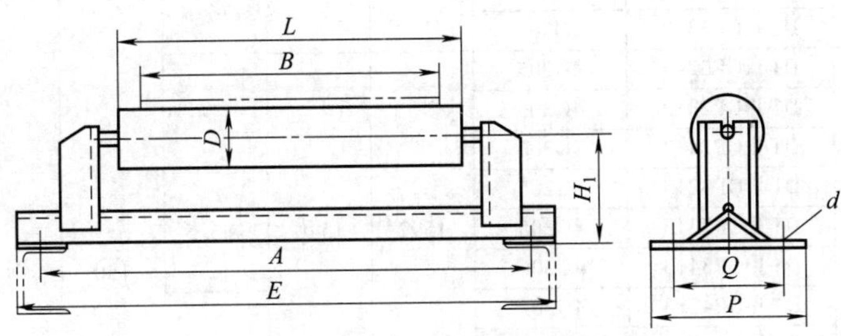

表 8-2-11　　平行上托辊的基本参数与尺寸　　mm

带宽 B	辊子				A	E	H_1	P	Q	d	质量/kg
	D	L	图号	轴承							
550	89	600	DTⅡGP1107	4G204	740	800	175.5	170	130	M12	11.6
650		750	DTⅡGP1109		890	950	190.5				13.7
800	89	950	DTⅡGP1211	4G205	1090	1150	200.5				19.0
	108		DTⅡGP2311	4G305			216				20.9
1000		1150	DTⅡGP2312		1290	1350	246	220	170	M16	31.9
	133		DTⅡGP3312				258.5				37.2
1200	108	1400	DTⅡGP2313		1540	1600	281	260	200		40.9
	133		DTⅡGP3313				293.5				52.1
	159		DTⅡGP4313				310.5				56.7
1400	108	1600	DTⅡGP2314		1740	1800	296	280	220		52.7
	133		DTⅡGP3314				313.5				59.6
	159		DTⅡGP4314				330.5				63.1

注：同表 8-2-10。

(2) 平行下托辊

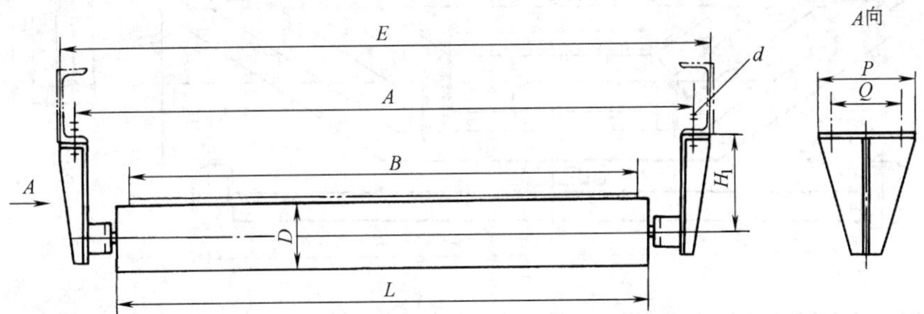

表 8-2-12　　平行下托辊的基本参数与尺寸　　mm

带宽 B	辊子				E	A	H_1	P	Q	d	质量/kg
	D	L	图号	轴承							
500	89	600	DTⅡGP1107	4G204	792	740	100	145	90	M12	10.4
650		750	DTⅡGP1109		942	890					11.8
800		950	DTⅡGP1111		1142	1090	144.5				14.3
			DTⅡGP1211	4G205							15.8
	108		DTⅡGP2111	4G204			154				16.0
			DTⅡGP2211	4G205							17.4
			DTⅡGP2311	4G305							17.8

续表

带宽 *B*	辊子				*E*	*A*	H_1	*P*	*Q*	*d*	质量 /kg
	D	*L*	图号	轴承							
1000	108	1150	DTⅡGP2212	4G205	1342	1290	164	150	90	M16	19.2
			DTⅡGP2312	4G305							20.8
	133		DTⅡGP3212	4G205			176.5				25.7
			DTⅡGP3312	4G305							26.1
1200	108	1400	DTⅡGP2213	4G205	1592	1540	174				20.7
			DTⅡGP2313	4G305							23.6
			DTⅡGP2413	4G306							26.6
	133		DTⅡGP3213	4G205			186.5				30.0
			DTⅡGP3313	4G305							30.3
			DTⅡGP3413	4G306							32.1
	159		DTⅡGP4213	4G205			199.5				36.6
			DTⅡGP4313	4G305							37.0
			DTⅡGP4413	4G306							40.5
1400	108	1600	DTⅡGP2314	4G305	1800	1740	184				19.8
			DTⅡGP2414	4G306							29.6
	133		DTⅡGP3314	4G305			196.5				33.9
			DTⅡGP3414	4G306							36.8
	159		DTⅡGP4314	4G305			209.5				41.5
			DTⅡGP4414	4G306							45.2

注：1. 与中间架连接的紧固件包括在本装配图内。

2. 辊子图号来源于参考文献［8］；DTⅡ代表DTⅡ型带式输送机、G代表光面滚筒、无G代表胶面滚筒、P代表部分是轴承座、无P代表整体是轴承座。

1.2.3 调心托辊

（1）摩擦上调心托辊

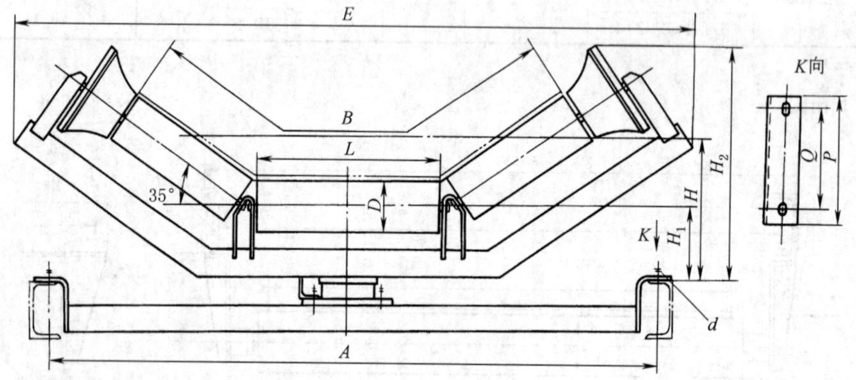

表 8-2-13

mm

带宽 *B*	*D*	*L*	*H*	H_1	H_2	*E*	*A*	*P*	*Q*	*d*	轴承型号	质量 /kg
500	89	200	220	135.5	346.5	936	740	170	130	M12	4G204	48.4
650		250	235		375	1069	890					51.7
800		315	245		400	1203	1090					58.0
	108		270	146	440	1260					4G205	73.1
1000		380	300	159	487.5	1456	1290	220	170	M16	4G305	87.2
	133		325	173.5	505	1492						107

注：与中间架连接的紧固件包括在本装配图内。

(2) 锥形上调心托辊

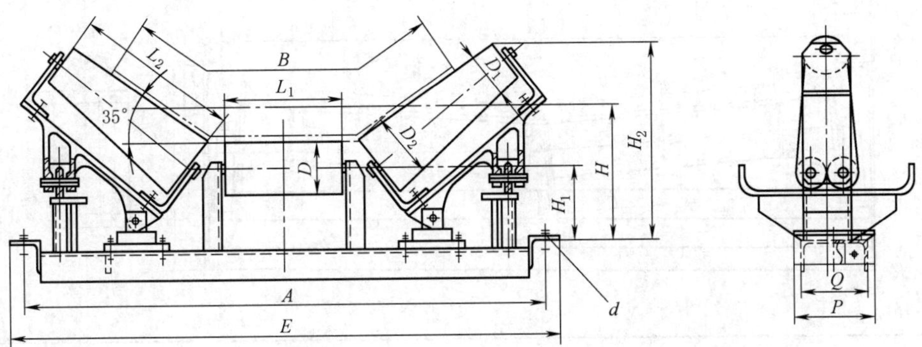

表 8-2-14

mm

带宽 B	辊子				D_1	D_2	L_2	A	E	H	H_1	H_2	P	Q	d	质量 /kg
	D	L_1	图号	轴承												
800	108	250	G403	6205/C4	89	133	340	1090	1150	270	146	395	170	130	M12	70.9
	133		G503	6305/C4	108	159				296	159.6	422			M16	71.1
1000	133	315	G504	6305/C4			415	1290	1350	325	173.5	478	220	170		72.9
	159		G604	6306/C4						355	190.5	508				91.5
1200	133	380	G505	6305/C4		176	500	1540	1600	360	190.5	548	260	200		105.5
	159		G605	6306/C4	133	194				390	207.5	578				109.4
1400	133	465	G506	6305/C4	108	176	550	1740	1800	380	198.5	584	280	220		99.7
	159		G606	6306/C4	133	194				410	215.5	615				110.0

注：1. 与中间架连接的紧固件包括在本装配图内。

2. 同表 8-2-10。

(3) 摩擦上平调心托辊

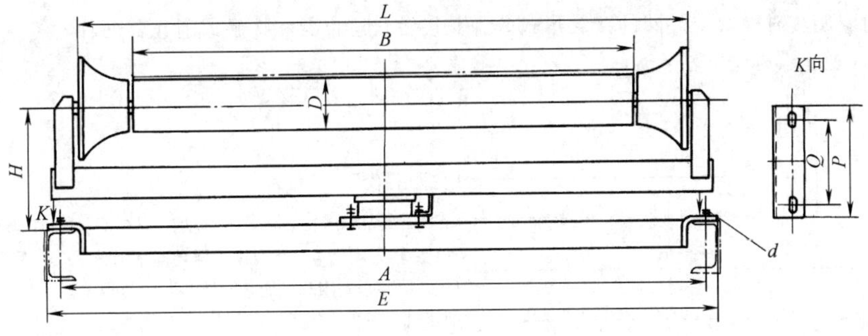

表 8-2-15

mm

带宽 B	D	L	E	H	A	P	Q	d	轴承型号	质量 /kg
500	89	690	800	175.5	740	170	130	M12	4G204	45.2
650		840	950	190.5	890					48.6
800		990	1150	200.5	1090				4G205	55.0
1000	108	1226	1350	246.0	1290	220	170	M16	4G306	76.3

注：与中间架连接的紧固件包括在本装配图内。

第8篇

（4）摩擦下调心托辊

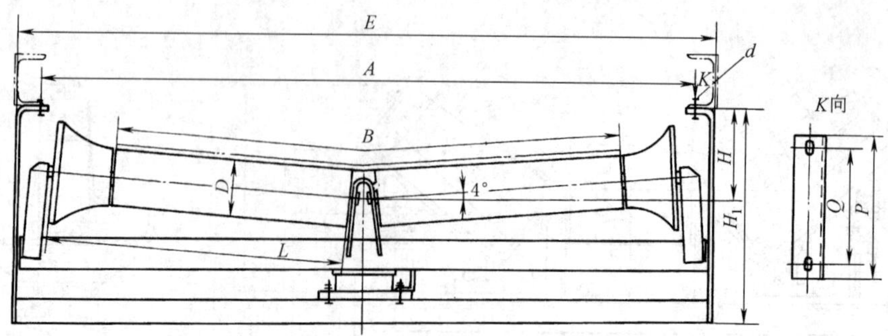

表 8-2-16

mm

带宽 B	D	L	H	H_1	E	A	P	Q	d	轴承型号	质量/kg
500	89	323	100	334	840	740	130	90	M12	4G204	50.5
650		398		328	990	890					54.4
800		473	144.5	367.5	1150	1090					60.3
	108	488	154	396	1176					4G205	73.8
		590	164	411	1376	1290			M16	4G305	86.2
1000	133		176.5	443.5							104.4

注：与中间架连接的紧固件包括在本装配图内。

1.3 逆止器（摘自 JB/T 9015—2011）

带式输送机中的逆止器是为了防止倾斜带式输送机有载停车时发生倒转或顺滑现象，经对制动力矩的核算，视具体情况增设的逆止或制动装置。

1.3.1 型式、基本参数和尺寸

（1）型式

按逆止器内圈旋转时楔块与外圈的接触形式分为非接触式逆止器和接触式逆止器两种。

1）非接触式逆止器标记方法：

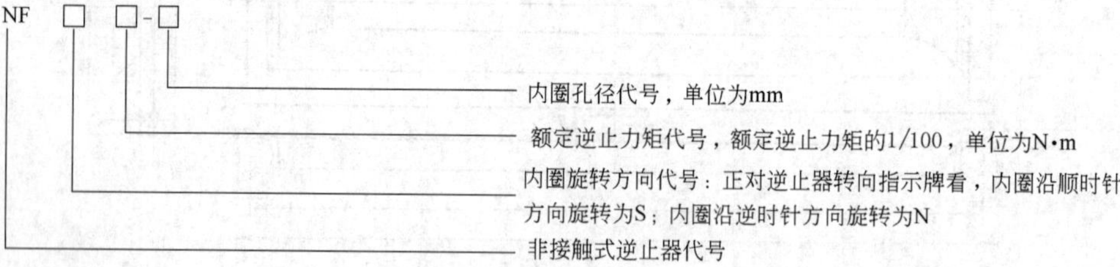

标记示例：

额定逆止力矩为 2500N · m，内圈孔径为 65mm，内圈沿顺时针方向旋转的非接触式逆止器，其标记为：逆止器 NFS25-65 JB/T 9015—2011。

2）接触式逆止器标记方法：

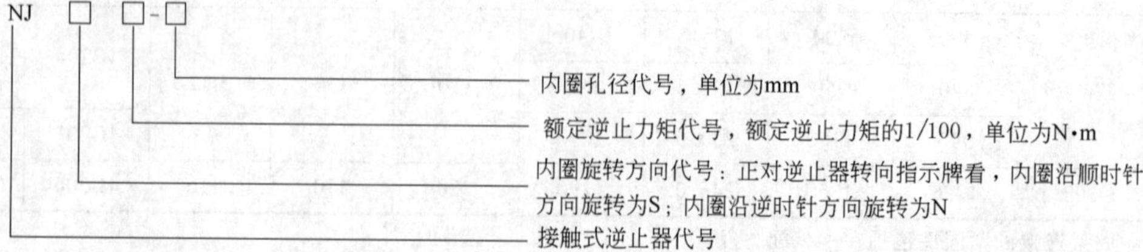

标记示例：

额定逆止力矩为 25000N·m，内圈孔径为 140mm，内圈沿逆时针方向旋转的接触式逆止器，其标记为：逆止器 NJN250-140 JB/T 9015—2011。

（2）基本参数

表 8-2-17 额定逆止力矩 N·m

非接触式额定逆止力矩	1000、1600、2500、4000、6300、8000、10000、12500、16000、20000、25000
接触式额定逆止力矩	10000、16000、25000、40000、63000、100000、160000、200000、250000、315000、500000、710000

表 8-2-18 内圈最高转速

逆止器类别	额定逆止力矩/N·m	内圈最高转速/$r \cdot min^{-1}$
非接触式逆止器	≤12500	1500
	>12500	1000
接触式逆止器	10000	150
	16000~40000	100
	63000	80
	100000~710000	50

表 8-2-19 阻力矩 N·m

逆止器类别	额定逆止力矩	阻力矩
非接触式逆止器	1000~4000	2.0
	6300~10000	3.15
	12500、16000	4.5
	20000、25000	5.6
接触式逆止器	10000	16
	16000	20
	25000	36
	40000	45
	63000	71
	100000	90
	160000	100
	200000	112
	250000	140
	315000	160
	500000	220
	710000	250

表 8-2-20 非接触式逆止器内圈最小非接触转速

额定逆止力矩/N·m	1000、1600	2500、4000	6300~10000	12500、16000	20000、25000
最小非接触转速/$r \cdot min^{-1}$	450	425	400	375	350

1.3.2 非接触式逆止器

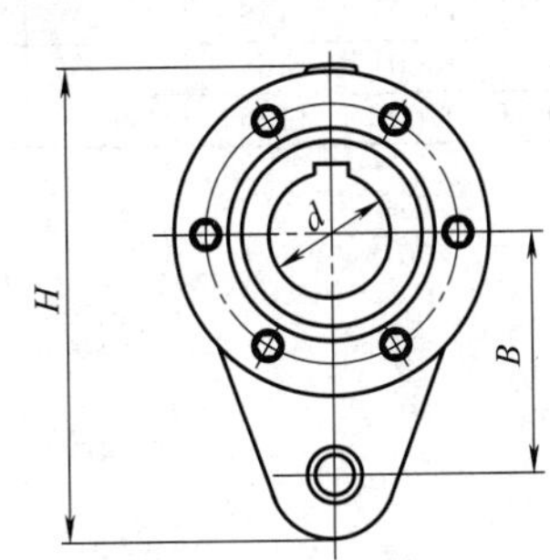

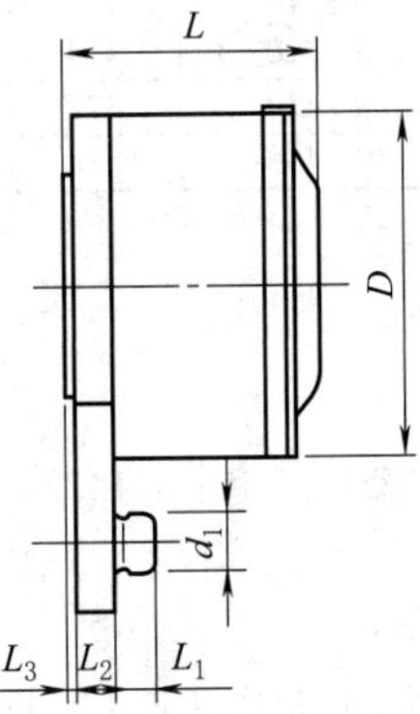

表 8-2-21

mm

额定逆止力矩/N·m	d	D	d_1	H	B	L	L_1	L_2	L_3
1000	40~50	190	28	308	150	162	25	20	5
1600	45~60	208	32	335	160	167	25	22	5
2500	50~70	230	38	380	170	172	25	25	5
4000	60~80	245	42	393	185	183	28	30	5
6300	70~90	260	45	415	195	196	30	35	5
8000	80~100	275	48	443	210	200	35	35	5
10000	90~110	295	52	475	225	238	35	45	5
12500	100~130	330	58	525	250	262	40	50	8
16000	110~140	360	62	565	270	273	40	55	8
20000	120~150	405	65	620	300	275	50	58	8
25000	130~160	440	70	675	335	285	50	63	8

1.3.3 接触式逆止器

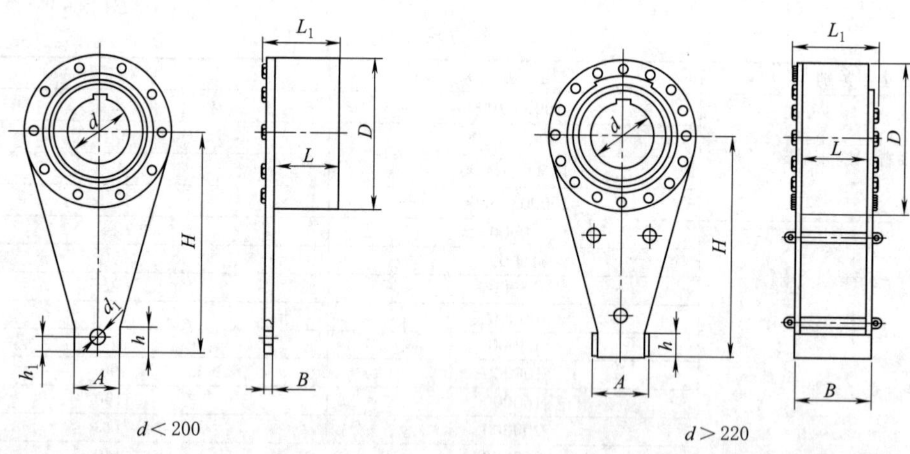

表 8-2-22

mm

额定逆止力矩/N·m	d	A	B	D	H	h	d_1	h_1	L	L_1
10000	90~110	110	12	270	425	60	26	40	110	141
16000	100~130	120	12	320	506	65	26	40	130	161
25000	120~160	120	20	360	612	65	30	40	140	183
40000	160~200	130	20	430	623	70	40	40	160	207
63000	160~220	238	259	500	820	80	—	—	230	303
100000	180~250	288	323	600	1000	100	—	—	290	367
160000	200~270	298	323	650	1100	110	—	—	290	367
200000	230~300	356	335	780	1300	135	—	—	290	392
250000	250~320	386	345	850	1500	135	—	—	320	412
315000	250~320	414	360	930	1600	135	—	—	360	426
500000	320~420	474	484	1030	1800	165	—	—	450	550
710000	350~450	526	494	1090	2000	165	—	—	480	574

1.4 清扫器

带式输送机中的清扫器通常用于清扫输送带上黏附的物料。

1.4.1 头部清扫器

头部清扫器为重锤刮板式结构，装于卸料滚筒处，清扫输送带工作面上的粘料。

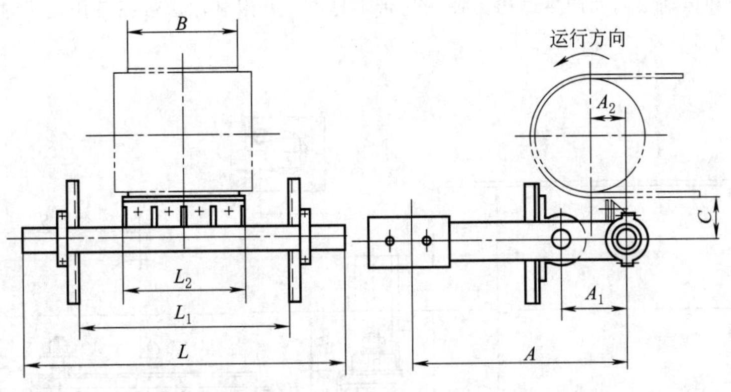

表 8-2-23

mm

<table>
<tr><th>B</th><th>L</th><th>LL_1</th><th>L_2</th><th>A</th><th>A_1</th><th>A_2</th><th>C</th><th>质量/kg</th></tr>
<tr><td>500</td><td>990</td><td>680</td><td>520</td><td rowspan="2">530</td><td rowspan="6">200</td><td rowspan="6">≥60</td><td rowspan="6">120</td><td>61.2</td></tr>
<tr><td>650</td><td>1140</td><td>830</td><td>680</td><td>64.4</td></tr>
<tr><td>800</td><td>1360</td><td>1050</td><td>840</td><td rowspan="2">580</td><td>64.8</td></tr>
<tr><td>1000</td><td>1560</td><td>1250</td><td>1040</td><td>72.9</td></tr>
<tr><td>1200</td><td>1810</td><td>1500</td><td>1240</td><td rowspan="2">630</td><td>78.0</td></tr>
<tr><td>1400</td><td>2010</td><td>1700</td><td>1440</td><td>82.6</td></tr>
</table>

注：刮板的厚度均为 10mm。

1.4.2 空段清扫器

空段清扫器装在尾部滚筒前下分支输送带的非工作面，或垂直重锤拉紧装置进入边的改向滚筒处，用以清扫输送带非工作面的物料。

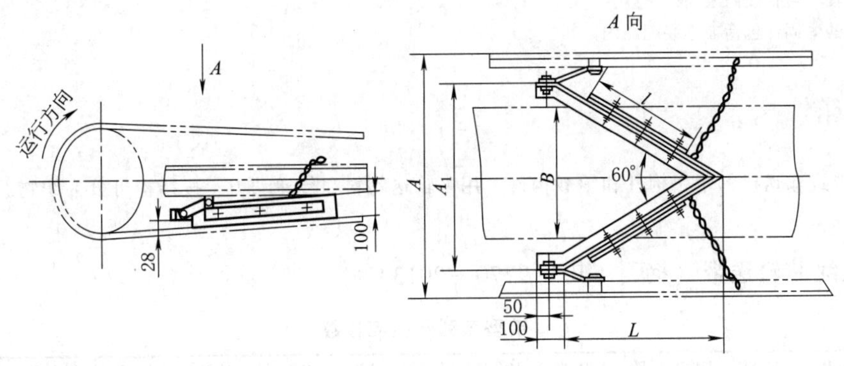

表 8-2-24

mm

B	A	A_1	L	l	质量 /kg
500	800	620	537	430	15.2
650	950	770	667	580	17.9
800	1150	970	840	770	22.3
1000	1350	1170	1013	980	24.0
1200	1600	1420	1230	1220	27.8
1400	1810	1630	1412	1430	30.9

1.5 螺旋拉紧装置

螺旋拉紧装置适用于长度较短的带式输送机，国际上一般限定不大于 30m。其主要目的是使输送带具有足够的张力，保证输送带和传动滚筒间产生摩擦力使输送带不打滑，并限制输送带在各托辊间的垂度，使输送机正常运行。

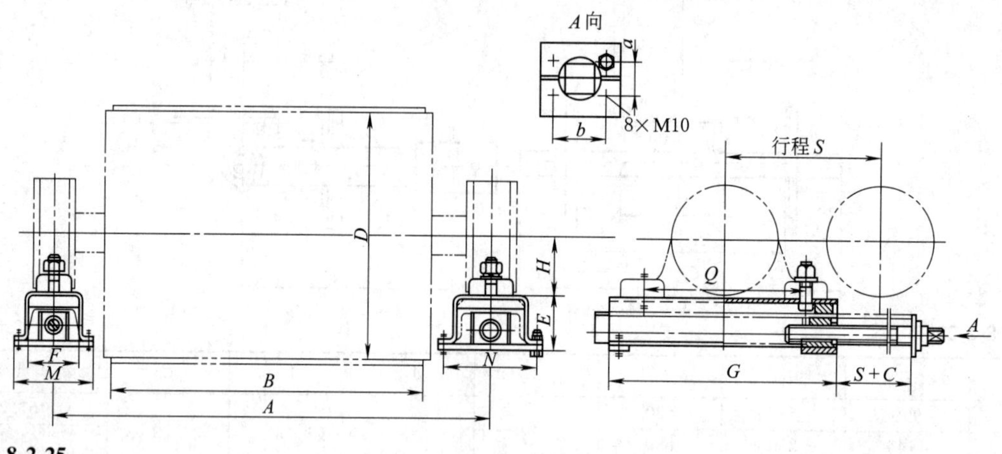

表 8-2-25

mm

B	D	A	H	E	F	M	N	Q	G	a	b	C	质量/kg		
													S500	S800	S1000
500	400	850	90	85	100	182	150	260	390	28	45	180	31.9	33.4	34.3
650		1000	120					350	480				35.0	37.9	39.8
800		1300	135	95	120	202	170	380	516	32	50		48.1	54.0	56.1
1000	500	1500	155	102	140	228	196	440	576				61.8	66.8	69.8
1200		1750		145	174	264	232			55	55	190	84.7	91.8	96.6
1400	630	1950											84.7	91.8	96.6

注：1. 每种带宽有三种行程，即 S=500mm、800mm、1000mm，订货时应注明。

2. 本拉紧装置不包括改向滚筒。

3. 改向滚筒的紧固件包括在本装配图内。

1.6 输送带

输送带是带式输送机的牵引构件和承载构件，用来输送物料和传递动力，按结构可分为织物芯输送带和钢丝绳芯输送带。

1.6.1 钢丝绳芯输送带（摘自 GB/T 9770—2013）

表 8-2-26 带型系列及相应参数

带型号	500	630	800	1000	1250	1400	1600	1800	2000	2250	2500	2800	3150	3500	4000	4500	5000	5400	6300	7000	7500
最小拉断强度 K_{Nmin} /N · mm^{-1}	500	630	800	1000	1250	1400	1600	1800	2000	2250	2500	2800	3150	3500	4000	4500	5000	5400	6300	7000	7500
钢丝绳最大直径 d_{max} /mm	3.0	3.0	3.5	4.0	4.5	5.0	5.0	5.6	6.0	5.6	7.2	7.2	8.1	8.6	8.9	9.7	10.9	11.3	12.8	13.5	15.0
钢丝绳最小拉断力 F_{bmin} /kN	7.6	7.0	8.9	12.9	16.1	20.6	20.6	25.5	25.6	26.2	40.0	39.6	50.5	56.0	63.5	76.3	91.0	98.2	130.4	142.4	166.7
钢丝绳间距 t/mm	14.0	10.0	10.0	12.0	12.0	14.0	12.0	13.5	12.0	11.0	15.0	13.5	15.0	15.0	15.0	16.0	17.0	17.0	19.5	19.5	21.0
覆盖层最小厚度 s_{min}/mm	4.0	4.0	4.0	4.0	4.0	4.0	4.0	4.0	4.0	4.0	5.0	5.0	5.5	6.0	6.5	7.0	7.5	8.0	10.0	10.0	10.0

表 8-2-27 带的宽度系列对应的钢丝绳根数

带宽 *B* /mm	极限偏差 /mm	钢丝绳根数 *n*																				
500	+10/−5	33	45	45	39	39	34	39														
650	+10/−7	44	60	60	51	51	45	51	46	52	56	41	46	41	41	41	39	36				
800	+10/−8	54	75	75	63	63	55	63	57	63	69	50	57	50	50	51	48	45	45			
1000	±10	68	95	95	79	79	68	79	71	79	86	64	71	64	64	64	59	55	55			
1200	±10	83	113	113	94	94	82	94	85	94	104	76	85	76	77	77	71	66	66	58	59	54
1400	±12	96	133	133	111	111	97	111	100	111	122	89	99	89	90	90	84	78	78	68	69	64
1600	±12	111	151	151	126	126	111	126	114	126	140	101	114	101	104	104	96	90	90	78	80	73
1800	±14	125	171	171	143	143	125	143	129	143	159	114	128	114	117	117	109	102	102	89	90	83
2000	±14	139	191	191	159	159	139	159	144	159	177	128	143	128	130	130	121	113	113	99	100	92
2200	±15	153	211	211	176	176	154	176	159	176	195	141	158	141	144	144	134	125	125	109	110	102
2400	±15	167	231	231	193	193	168	193	174	193	213	155	173	155	157	157	146	137	137	119	119	110
2600	±15	181	251	251	209	209	182	209	189	209	231	168	188	168	170	170	159	149	149	129	129	120
2800	±15	196	271	271	226	226	197	226	203	226	249	181	202	181	183	183	171	161	161	139	139	129
3000	±15	210	291	291	243	243	211	243	218	243	268	195	217	195	195	195	183	172	172	149	149	139
3200	±15	224	311	311	260	260	225	260	233	260	286	208	232	208	208	208	196	184	184	160	160	149

表 8-2-28 覆盖层性能

等级代号	拉伸强度/MPa ≥	扯断伸长率/% ≥	磨耗量/mm^3 ≤
H	24	450	120
D	18	400	100
L	15	350	200

注：D——用于输送高磨损性物料；H——用于输送对带有强烈损害的尖利磨损性物料；L——用于输送中度磨损性物料。

1.6.2 织物芯输送带

(1) 输送带的宽度及容许极限偏差（摘自 GB/T 4490—2021）

表 8-2-29 有端输送带的公称宽度及极限偏差 mm

公称宽度	极限偏差	公称宽度	极限偏差
300	±5	1600	±16
400	±5	1800	±18
500	±5	2000	±20
600	±6	2200	±22
650	±6.5	2400	±24
800	±8	2600	±26
1000	±10	2800	±28
1200	±12	3000	±30
1400	±14	3200	±32

(2) 长度极限偏差（摘自 GB/T 4490—2021）

表 8-2-30 环形输送带的长度极限偏差

长度/m	极限偏差/mm
≤15	±50
>15 但是≤20	±75
>20	±0.5%×带长(带长精确到 m)

(3) 全厚度拉伸强度

带的纵向全厚度拉伸强度值应不小于指定带型号在表 8-2-31 中所示值，最小全厚度拉伸强度的数值（N/mm）= 指定带型号。

表 8-2-31　　织物芯输送带的最小全厚度拉伸强度　　$N \cdot mm^{-1}$

指定带型号	160	200	250	315	400	500	630
	800	1000	1250	1600	2000	2500	3150

表 8-2-32　　有端输送带的长度极限偏差

带交货条件	极限偏差（交货长度和订货长度间的最大容许差）	
由一段组成	$^{+2.5\%}_{0}$	
由若干段组成	每单根长度或每段长度±5%	各段长度之和$^{+2.5\%}_{0}$

(4) 强度规格

表 8-2-33　　输送带的强度规格　　$N \cdot mm^{-1}$

强度规格	160、200、250、315、400、500、630、800、1000、1250、1600、2000、2500、3150、3500、4000

管带的名义管径用“d_g”来表示，实际管径用“d_s”来表示，名义管径对应的实际管径和宽度规格见表 8-2-34。

表 8-2-34　　名义管径对应的实际管径和带宽　　mm

名义管径 d_g	100	150	200	250	300	350	400	450	500	560	600	630	700	800	850
实际管径 d_s	103	166	218	285	308	361	457	489	535	582	637	665	724	808	865
带宽 B	380	580	780	1000	1100	1300	1600	1700	1850	2000	2250	2350	2550	2800	3000

1.6.3 轻型输送带（摘自 GB/T 23677—2017）

(1) 总厚度规格

表 8-2-35

厚度	0.5、0.8、1.0、1.3、1.6、2.0、2.5、3.0、4.0、5.0、5.6、6.3、8.0
备注	超出 *R*10 系列的规格可由双方商定

(2) 标记实例

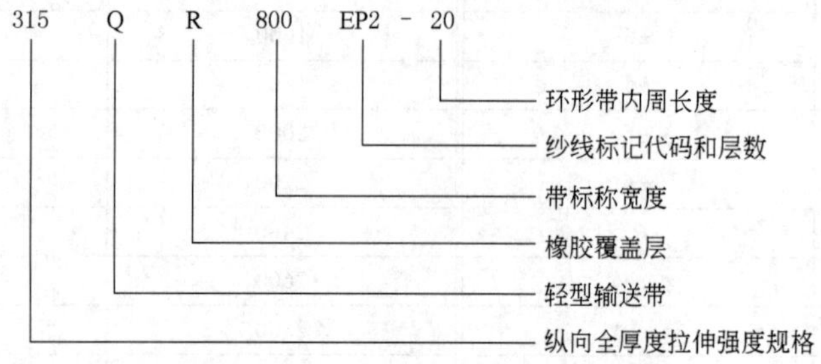

2　刮板输送机

刮板输送机基本构成为刮板、链轮、链条、底槽和中部槽等。

2.1　刮板

(1) 刮板的型号结构

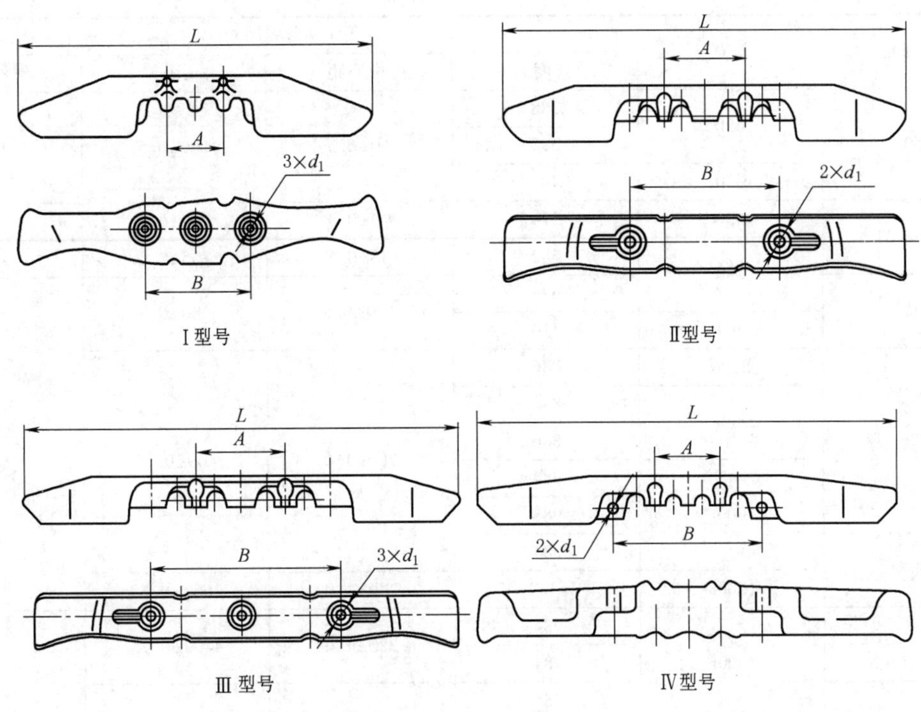

图 8-2-1　刮板的型号结构

（2）刮板的基本参数

Ⅰ型刮板的基本参数应符合表 8-2-36。

表 8-2-36　　**Ⅰ型刮板的基本参数**　　mm

<table>
<tr><th rowspan="2">圆环链规格</th><th rowspan="2">槽宽</th><th colspan="4">刮板尺寸</th></tr>
<tr><th>长度 L</th><th>链中心距 A</th><th>孔距 B</th><th>螺栓孔 d_1</th></tr>
<tr><td>22×86</td><td>630</td><td>574</td><td>110±0.5</td><td>220±0.5</td><td rowspan="12">26</td></tr>
<tr><td rowspan="6">26×92</td><td>630</td><td>577</td><td rowspan="5">120±0.5</td><td rowspan="5">240±0.5</td></tr>
<tr><td rowspan="2">730</td><td>666</td></tr>
<tr><td>674</td></tr>
<tr><td rowspan="3">764</td><td>708</td></tr>
<tr><td>710</td></tr>
<tr><td>710</td><td>140±0.5</td><td>275±0.5</td></tr>
<tr><td rowspan="6">30×108</td><td>730</td><td>674</td><td rowspan="3">130±0.5</td><td rowspan="3">260±0.5</td></tr>
<tr><td rowspan="2">764</td><td>708</td></tr>
<tr><td>710</td></tr>
<tr><td>830</td><td rowspan="2">764</td><td rowspan="2">140±0.5</td><td rowspan="2">275±0.5</td></tr>
<tr><td>780n</td></tr>
<tr><td rowspan="2">770n</td><td>758</td><td rowspan="2">180±0.5</td><td rowspan="2">348±0.5</td><td>28</td></tr>
<tr><td rowspan="3">34×126</td><td>754</td><td rowspan="2">33</td></tr>
<tr><td>800n</td><td>786</td><td>160±0.5</td><td>320±0.5</td></tr>
<tr><td>930n</td><td>915</td><td>200±0.5</td><td>400±0.5</td><td>26</td></tr>
</table>

注：槽宽数值后加 n 的表示槽内宽。

Ⅱ、Ⅲ、Ⅳ型刮板的基本参数应符合表 8-2-37。

第 8 篇

表 8-2-37 **Ⅱ、Ⅲ、Ⅳ型刮板的基本参数** mm

<table>
<tr><th rowspan="2">圆环链规格</th><th rowspan="2">槽宽</th><th colspan="4">刮板尺寸</th></tr>
<tr><th>长度 L</th><th>链中心距 A</th><th>孔距 B</th><th>螺栓孔 d_1</th></tr>
<tr><td rowspan="3">14×50</td><td rowspan="2">420</td><td>388</td><td rowspan="3">60±0.5</td><td rowspan="3">160±0.5</td><td rowspan="3">17.5</td></tr>
<tr><td>390</td></tr>
<tr><td>520</td><td>486</td></tr>
<tr><td rowspan="2">22×86</td><td>630</td><td>574</td><td>90±0.5</td><td>250±0.5</td><td>26</td></tr>
<tr><td rowspan="2">730</td><td>682</td><td>85±0.5</td><td>235±0.5</td><td>22</td></tr>
<tr><td rowspan="2">26×92</td><td>674</td><td rowspan="2">100±0.5</td><td rowspan="2">280±0.5</td><td rowspan="9">26</td></tr>
<tr><td>764</td><td>710</td></tr>
<tr><td rowspan="5">34×126</td><td>800n</td><td>786</td><td rowspan="6">200±1.0</td><td rowspan="6">400±0.75</td></tr>
<tr><td rowspan="2">900n</td><td>884</td></tr>
<tr><td>886</td></tr>
<tr><td rowspan="3">1000n</td><td>984</td></tr>
<tr><td>988</td></tr>
<tr><td rowspan="2">38×137</td><td>984</td></tr>
<tr><td>1200n</td><td>1184</td><td>240±1.0</td><td>4600±0.75</td></tr>
<tr><td>42×146</td><td rowspan="3">1000n</td><td>984</td><td rowspan="2">220±1.0</td><td rowspan="2">4400±0.75</td><td rowspan="4">33</td></tr>
<tr><td>42×152</td><td>984</td></tr>
<tr><td rowspan="2">48×152</td><td>984</td><td rowspan="2">280±1.0</td><td rowspan="2">520±0.75</td></tr>
<tr><td>1200n</td><td>1184</td></tr>
</table>

2.2 链轮和链条（摘自 GB/T 24503—2009、GB/T 12718—2009）

刮板输送机和矿用刮板输送机的链条型式主要以圆环链为主。

链轮型式分为整体式链轮、部分式链轮和镶嵌式链轮。

(1) 链轮

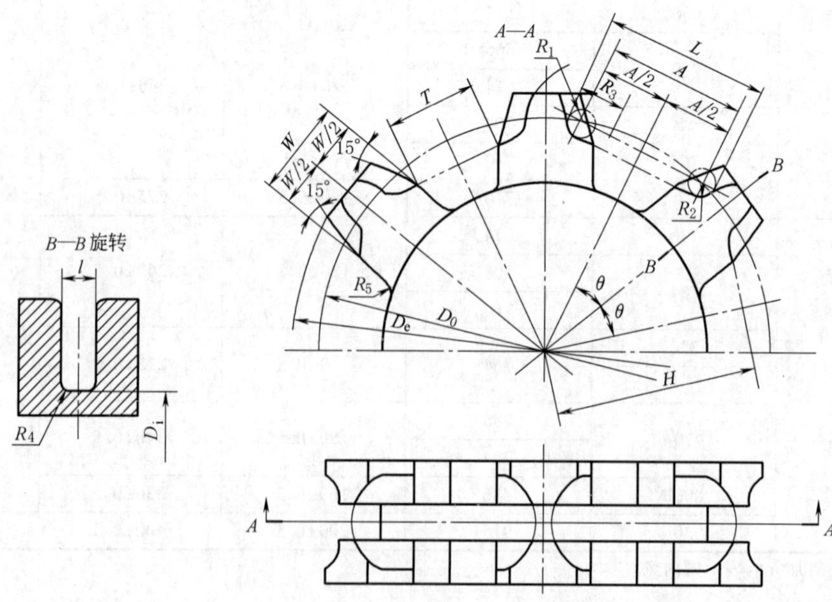

第8篇

表 8-2-38 链轮尺寸 mm

圆环链规格 $d \times P$	齿数 N	节圆直径 D_0	外径 D_e	立槽直径 D_i	立槽宽度 l	齿形圆半径 R_1	齿根圆半径 R_2	链窝平面圆弧半径 R_3	立环槽圆弧半径 R_4	短齿根圆半径 R_5	链轮中心到底面的距离 H	链窝长度 L	齿厚 W	链窝中心距 A
10×40	5	130	150	82	14	25	5		5	5	55	63	37	53
	6	155	175	108							68.5			
	7	180	200	134							81.5			
	8	205	225	159							94.5			
	9	230	250	185							107.5			
	10	256	276	210							120.5			
14×50	5	162	190	100	20	29	7	25	7	7	67.5	82	46	68
	6	193	221	132							84.5			
	7	225	253	164							101			
	8	256	284	156							117.5			
	9	288	316	227							133.5			
	10	320	348	259							149.5			
18×64	5	208	244	129	25	37	9	30	9	9	86.5	105	60	87
	6	248	284	170							108			
	7	288	324	210							129			
	8	328	364	250							150			
	9	369	405	292							171			
22×86	5	279	323	179	30	53	11	38	11	11	118	136	81	114
	6	333	377	234							146.5			
	7	387	431	289							175			
	8	441	485	344							203			
	9	495	539	398							231			
24×86	5	279	327	178	32	50	12	40	12	12	116.5	140	81	116
	6	333	381	233							145.5			
	7	387	435	288							173.5			
	8	441	489	342							202			
	9	495	543	397							229.5			
26×92	5	299	350	183	35	53	13	45	13	13	124.5	151	86	125
	6	356	428	242							155			
	7	414	466	300							185.5			
	8	472	524	359							215.5			
	9	530	582	418							245.5			
30×108	5	351	411	218	40	63	15	50	15	15	146	176	101	146
	6	418	478	287							182.5			
	7	486	546	356							218			
	8	554	614	425							253.5			
	9	623	683	494							288.5			
34×126	5	409	477	263	44	75	17	55	17	17	171	204	117	170
	6	488	556	343							213.5			
	7	567	635	423							255			
	8	647	715	504							296			
	9	726	794	584							337			
38×137	5	445	521	285	50	80	19	60.5	19	19	185.5	223	128	185
	6	531	531	372							231.5			
	7	617	693	460							276.5			
	8	703	779	547							321.5			
	9	790	866	634							366			

续表

圆环链规格 $d\times P$	齿数 N	节圆直径 D_0	外径 D_e	立槽直径 D_i	立槽宽度 l	齿形圆半径 R_1	齿根圆半径 R_2	链窝平面圆弧半径 R_3	立环槽圆弧半径 R_4	短齿根圆半径 R_5	链轮中心到底面的距离 H	链窝长度 L	齿厚 W	链窝中心距 A
42×146	5 6 7 8 9	474 566 657 750 842	558 650 741 834 926	300 393 486 579 672	54	83	21	66.5	21	21	196.5 245.5 294 341.5 389	241	136	199
42×152	5 6 7 8 9	494 589 684 780 876	578 673 768 864 960	318 416 512 610 706	54	89	21	66.5	21	21	206 257 307 356.5 406	247.5	142	205.5
42×146	5 6 7 8 9	475 566 668 750 842	559 650 742 834 926	318 411 501 597 690	54	83	21	66	21	21	197 246 294 342 389.5	241	137	199
48×152	5 6 7 8 9	495 590 685 781 877	591 686 781 877 973	321 421 518 615 712	62	80	24	80	24	24	202 253.5 300.5 353.5 403	259	143	211
52×170	5 6 7 8 9	563 669 766 873 980	657 763 870 977 1084	378 486 596 703 811	68	92	26	86	26	26	227.5 284.5 340.5 396 451.5	287	160	235
56×187	5 6 7 8 9	608 726 843 961 1079	720 837 955 1073 1191	425 544 663 782 901	74	103	28	91	28	28	230.5 313.5 375.5 436.5 497.5	313	176	257
60×197	5 6 7 8 9	641 764 888 1012 1137	761 884 1008 1132 1257	451 576 702 827 953	80	107	30	98	30	30	263.5 329.5 394.5 450.5 523.5	332	185	272

注：d 和 P 含义见表 8-2-39。

表 8-2-39　　　　链轮的尺寸计算

名称	符号	计算公式
圆环链公称直径/mm	d	$d=m\times z$ 式中　m——模数 z——齿数
圆环链公称节距/mm	P	$P=\frac{\pi m}{2}$
圆环链最大外宽/mm	b	$b=\frac{\pi m}{2}$
链轮齿数/mm	N	$N=\frac{\pi d}{P}$

第8篇

续表

名称	符号	计算公式
链轮节距角/(°)	θ	$\theta=\dfrac{360°}{2N}$
链轮节圆直径/mm	D_0	$D_0=\sqrt{\left(\dfrac{P}{\sin\dfrac{90°}{N}}\right)^2+\left(\dfrac{d}{\cos\dfrac{90°}{N}}\right)^2}$
链轮外径/mm	D_e	$D_e=d_0+2d$
链轮立环立槽直径/mm	D_i	$D_i=\dfrac{P}{\tan\dfrac{90°}{N}}+d\tan\dfrac{90°}{N}-B-\Delta$ 式中 B——标准圆环链按圆环链最大外宽 b 选用，扁平链按扁平环圆环外宽选用 Δ——按表 GB/T 24503—2009 A.1 选用
链轮立环立槽宽度/mm	l	$l=d'+\delta$ 式中 d'——标准圆环链按圆环链公称直径 d 选用，扁平链按扁平环圆环厚度选用 δ——按表 GB/T 24503—2009 A.1 选用
齿根圆半径/mm	R_2	$R_2=0.5d$
链窝长度/mm	L	$L=1.075P+2d$
链窝平面圆弧半径/mm	R_3	R_3 值等于扁平链环圆弧部分的最大外圆半径。圆心在扁平链环中心线上，此中心线平行扁平链环平面，距链轮中心的距离为 $H+0.5d$
链轮中心至链窝底平面的距离/mm	H	$H=0.5\left(\dfrac{P}{\tan\dfrac{90°}{N}-d\tan\dfrac{90°}{N}}\right)-0.5d$
齿厚/mm	W	$W=(2H+d)\sin\dfrac{180°}{N}-A\cos\dfrac{180°}{N}+d$ 式中 A——链窝中心距
链窝中心距/mm	A	$A=1.075P+d$
齿形圆半径/mm	R_1	$R_1=P-1.5d$
立环槽圆弧半径/mm	R_4	$R_4=0.5d$
齿根圆半径/mm	R_5	$R_5=0.5d$
链窝间隙/mm	T	限制 w 的最大值能保证圆环链在链窝中得到足够的支承，也能保证开口式连接环和刮板在链窝中有足够的间隙，但在某些重载情况下，平链环的支承面积有必要增加时，用户和生产企业商定可以规定 t 尺寸，而调整 w 之值

（2）链条

1）标记方法。链条的标记方法规定如下：

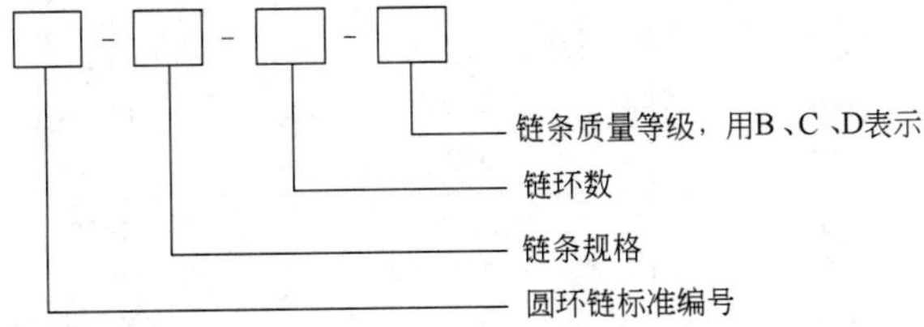

2）链环尺寸。链环的基本尺寸应符合表 8-2-40 规定。

第8篇

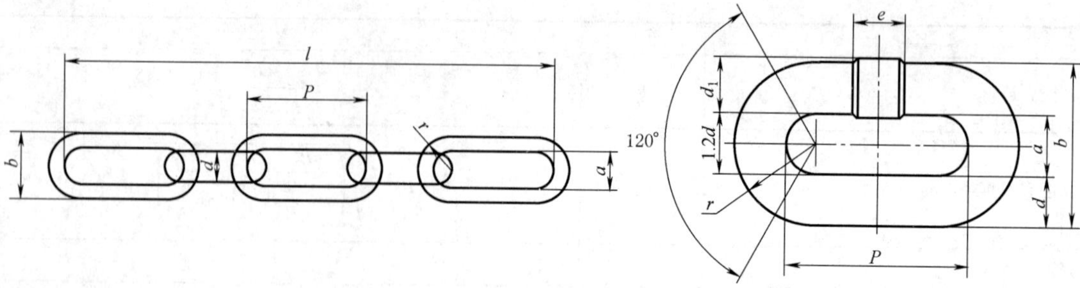

表 8-2-40　　　　　　　　　　　　链环尺寸　　　　　　　　　　　　mm

链环直径 d		节距 P		宽度		圆弧半径 r		焊接处尺寸		单位长度质量 /kg·m^{-1}
尺寸	极限偏差	尺寸	极限偏差	内宽 a_{min}	外宽 b_{max}	尺寸	极限偏差	直径 d_{1max}	长度 e	
10	±0.4	40	±0.5	12	34	15	$^{+2}_{0}$	10.8	7.1	1.9
14	±0.4	50	±0.5	17	48	22	$^{+2}_{0}$	15	10	4.0
18	±0.5	64	±0.6	21	60	28	$^{+2}_{0}$	19.5	13	6.6
22	±0.7	86	±0.9	26	74	34	$^{+2}_{0}$	23.5	15.5	9.5
24	±0.8	86	±0.9	28	79	37	$^{+2}_{0}$	26	17	11.6
26	±0.8	92	±0.9	30	86	40	$^{+2}_{0}$	28	18	13.7
30	±0.9	108	±1.0	34	98	46	$^{+2}_{0}$	32.5	21	18.0
34	±1.0	126	±1.2	38	109	52	$^{+2}_{0}$	36.5	23.8	22.7
38	±1.1	137	±1.4	42	121	58	$^{+2}_{0}$	41	27	29
42	±1.3	152	±1.5	46	133	64	$^{+2}_{0}$	45	30	35.3

注：1. 链环直边直径系指同一截面相互垂直两个方向的测量值之平均值。
2. 链环最小内宽 a 和最大外宽 b 在焊接部位以外的直边宽度上测量。
3. 圆弧半径 r 在 1.2d 与 120°角相夹的圆弧区域内测量。

链条选取长度应按照表 8-2-41 规定。

表 8-2-41　　　　　　　　　　　　链条长度　　　　　　　　　　　　mm

圆环链规格	长度 l			
	链环数		尺寸	
	大于	至	大于	至
18×64	31	79	1984	5056
	79	159	5056	10176
	159	319	10176	20416
	319	389	20416	24869
22×86	26	59	1978	5074
	59	119	5074	10234
	119	239	10234	20554
	239	299	20554	25714

第8篇

续表

圆环链规格	长度			
	链环数		尺寸	
	大于	至	大于	至
24×86	23	59	1978	5074
	59	119	5074	10234
	119	239	10234	20554
	239	299	20554	25714
26×92	21	49	1932	4508
	49	99	4508	9108
	99	199	9108	18308
	199	249	18308	22908
30×108	19	49	2052	5292
	49	99	5292	10692
	99	169	10692	18252
	169	199	18252	21492
34×126	15	39	1890	4914
	39	79	4914	9954
	79	143	9954	18018
	143	167	18018	21042
38×137	15	39	2055	5343
	39	79	5343	10823
	79	143	10823	19591
	143	167	19591	22879
42×152	15	39	2200	5928
	39	79	5928	12008
	79	143	12008	21736
	143	167	21736	25384

2.3 中部槽（摘自 MT/T 105—2006、MT/T 183—1988）

（1）刮板输送机的中部槽型式

中部槽型式分为Ⅰ型、Ⅱ型和Ⅲ型。

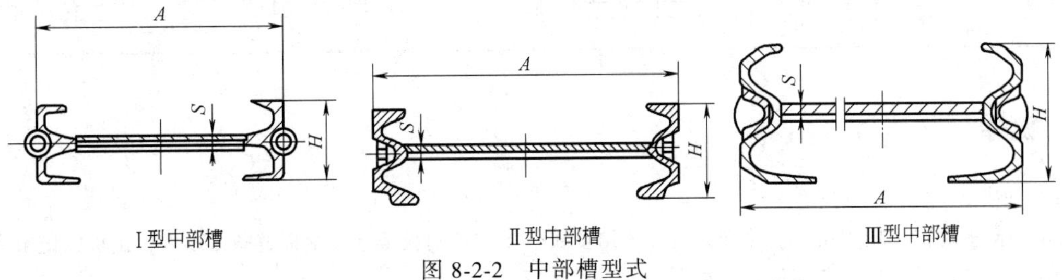

图 8-2-2 中部槽型式

（2）刮板输送机的中部槽宽度

刮板输送机的中部槽宽度应符合表 8-2-42 规定。

表 8-2-42

机型	槽宽/mm
轻型刮板输送机	280、320、420、520、620、630
中型刮板输送机	630、730、764
重型刮板输送机	730、764、830、960、1000、1100
超重型刮板输送机	1000、1100、1200、1250、1350、1400、1500

(3) 中部槽高度

中部槽高度应符合表 8-2-43。

表 8-2-43 **中部槽高度** mm

中部槽高度 H	100、120、130、160、200、250、280、320、400、500、600、700、800

3 埋刮板输送机（摘自 GB/T 10596—2021、JB/T 9154—2008）

埋刮板输送机的关键性零部件有：刮板、链条、链轮和中部槽等。

3.1 刮板

埋刮板输送机的刮板型式分为 T 型、V 型、U 型、B 型、O 型、L 型和 H 型，具体见表 8-2-44。

表 8-2-44

刮板型式	图示	刮板型式	图示
T 型	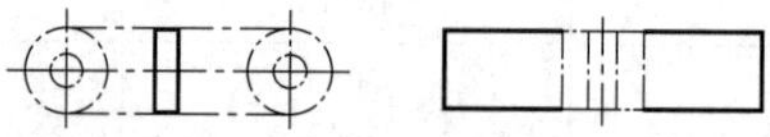	O 型	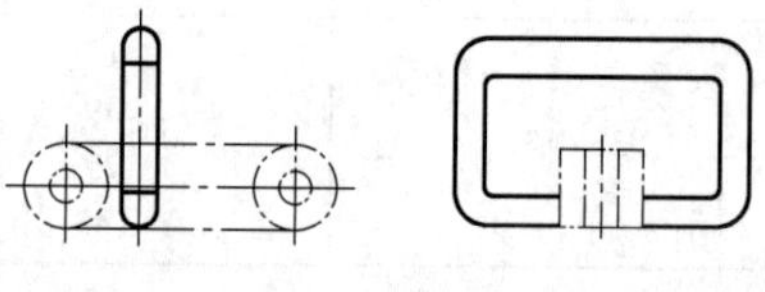
V 型	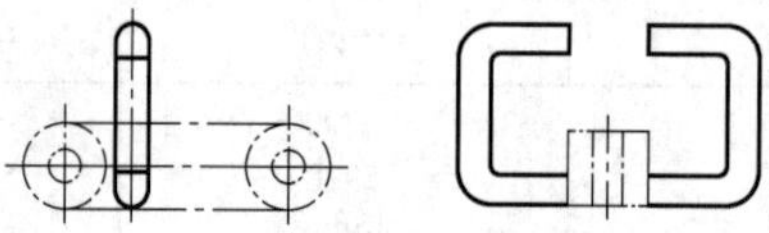	L 型	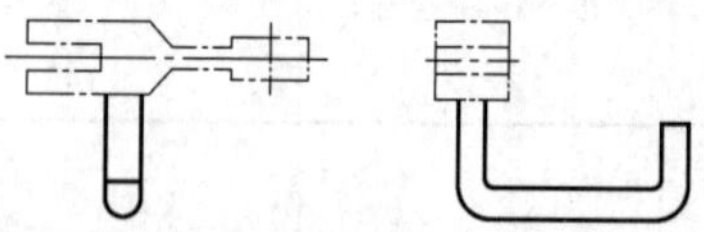
U 型	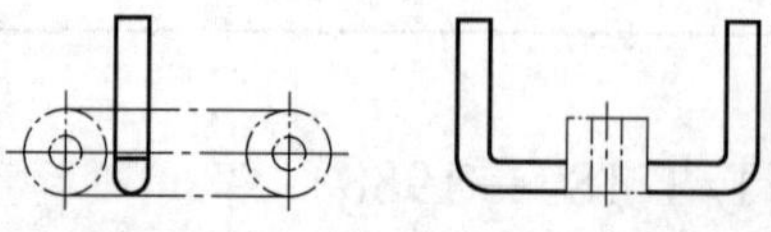	H 型	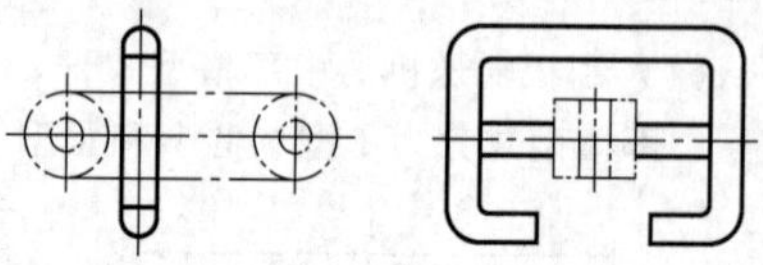
B 型	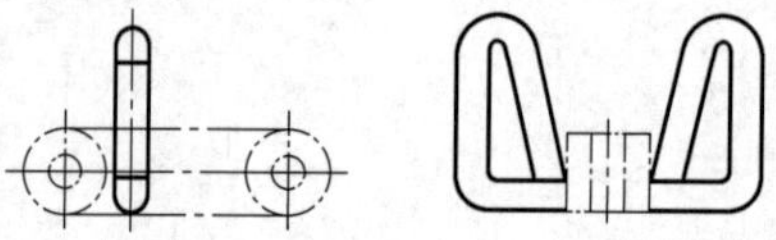		

3.2 链条

(1) 结构型式

链节与刮板可以采用焊接、栓接和铆接方式结合成一体形成刮板链条，刮板链条可以由带刮板的链节和不带刮板的链节组合连接而成，基本型式应符合表 8-2-45 规定。

表 8-2-45

链条型式	图示
模锻链	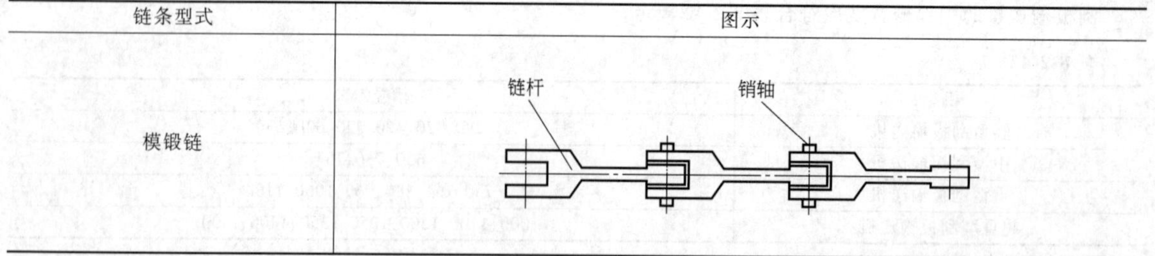

续表

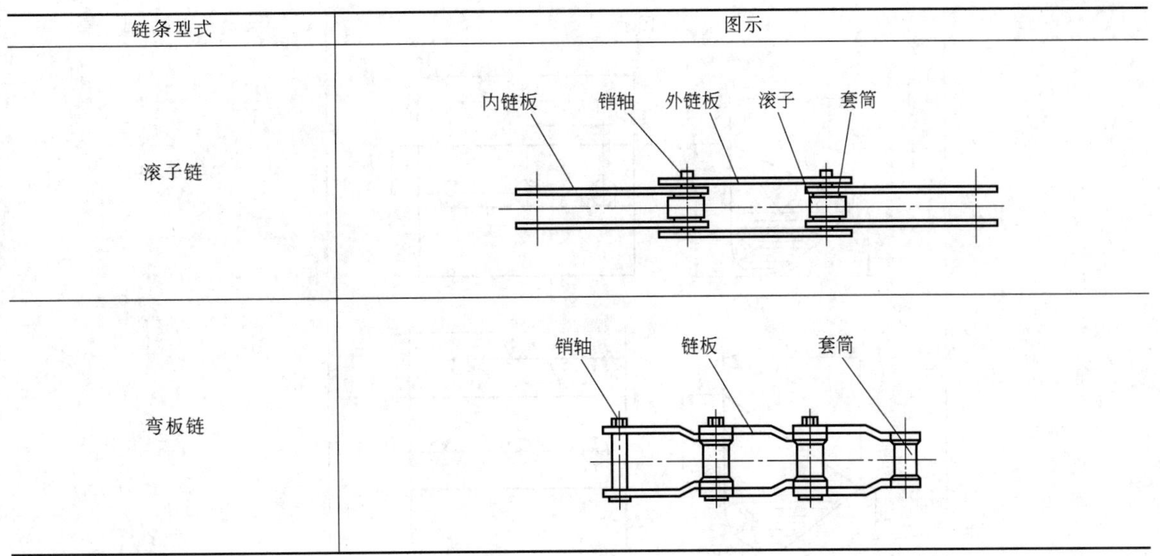

(2) 标记方法

链条的标记方法规定如下：

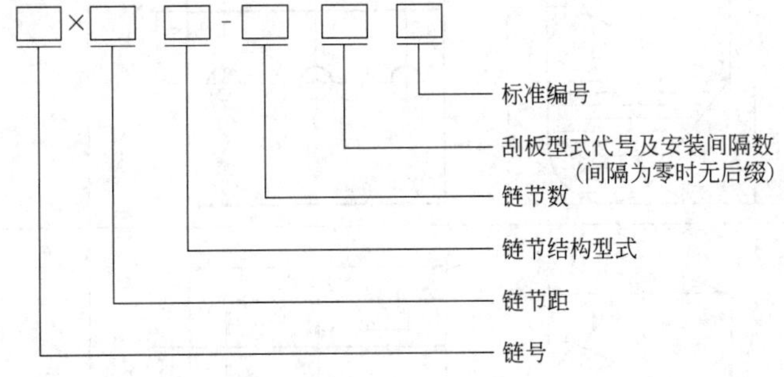

4 斗式提升机（摘自 JB/T 3926—2014）

斗式提升机由料斗、驱动装置、顶部和底部滚筒（或链轮）、胶带（或牵引链条）、张紧装置和机壳等组成，其中最重要的零部件就是料斗。

(1) 料斗型式

料斗型式分为 Q 型、H 型、Zd 型、Sd 型、Zg 型、Sg 型、Zh 型、Sh 型、J 型、T 型和 Tg 型，具体见表 8-2-46 表示。

表 8-2-46

料斗型式	图示	参数尺寸所对应表号
Q 型	a, b, e, $n\times f$, f, d, j, h_1, h_2, R	表 8-2-47

续表

料斗型式	图示	参数尺寸所对应表号
H 型	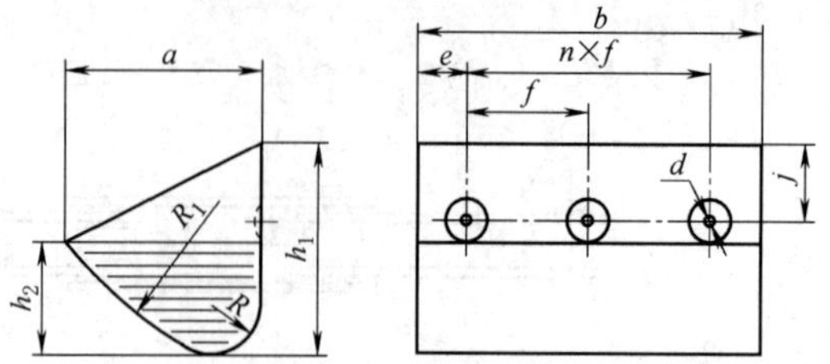	表 8-2-48
Zd 型	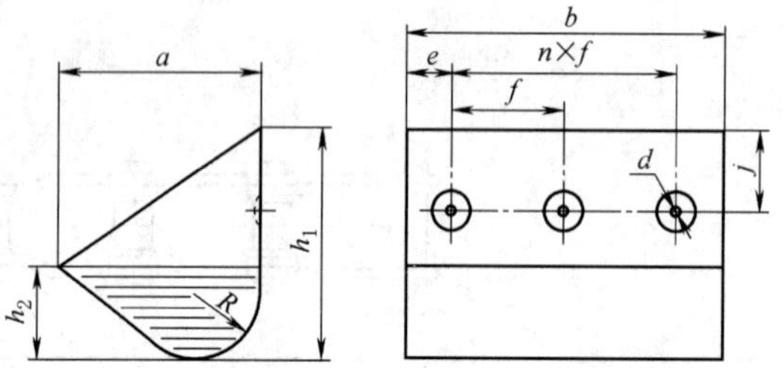	表 8-2-49
Sd 型	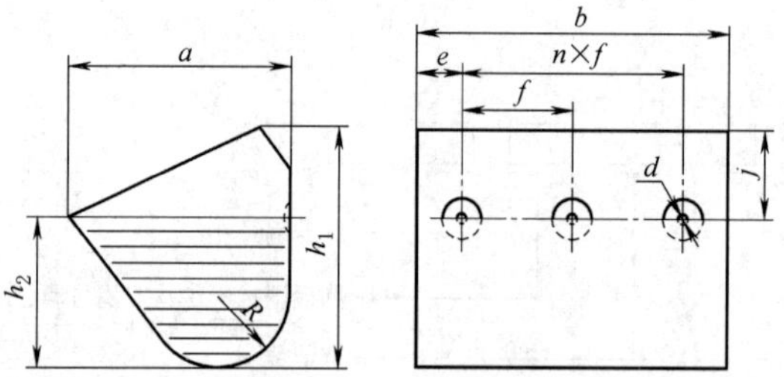	表 8-2-50
Zg 型	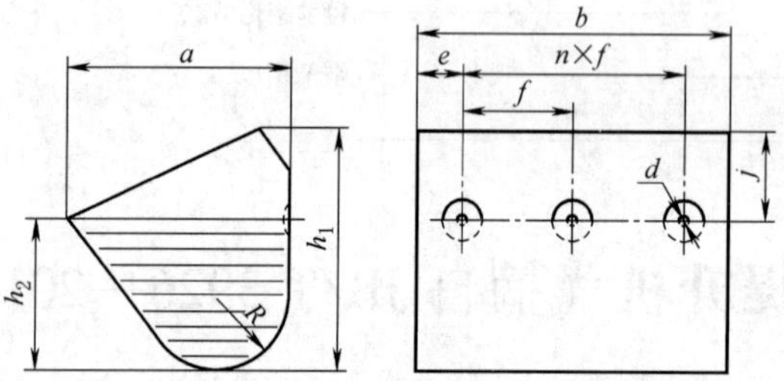	表 8-2-51
Sg 型	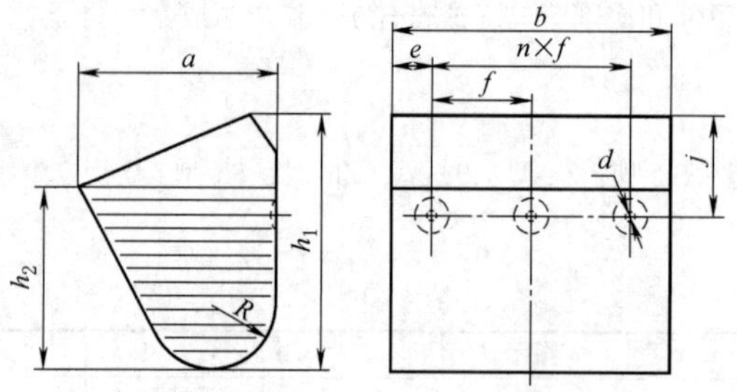	表 8-2-52
Zh 型	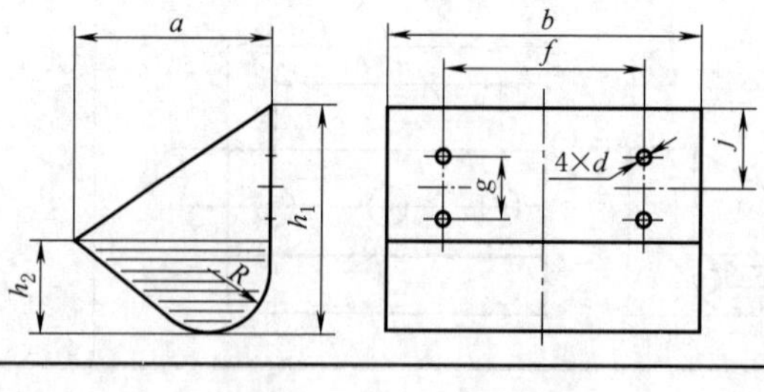	表 8-2-53

续表

料斗型式	图示	参数尺寸所对应表号
Sh 型	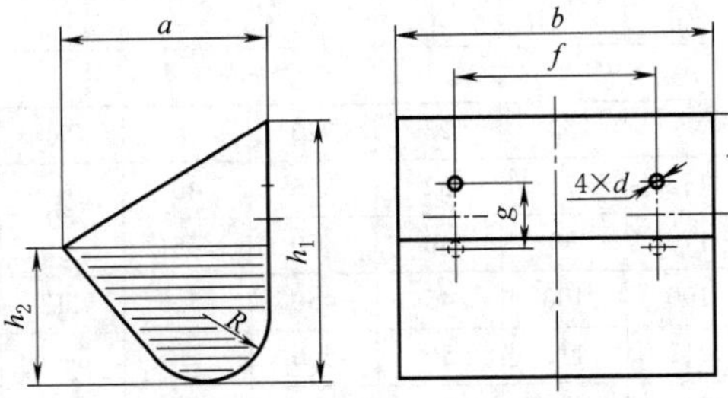	表 8-2-54
J 型	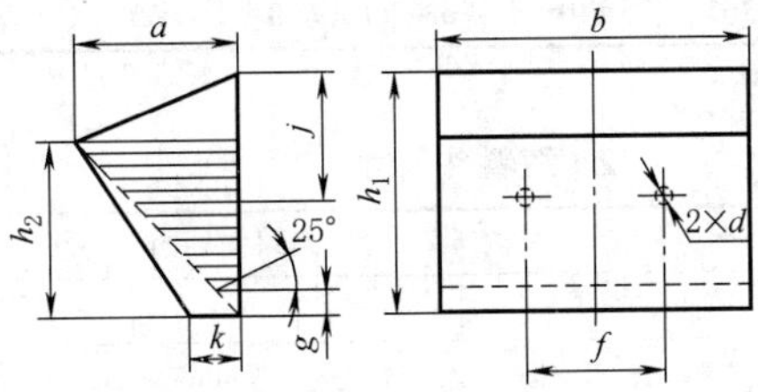	表 8-2-55
T 型	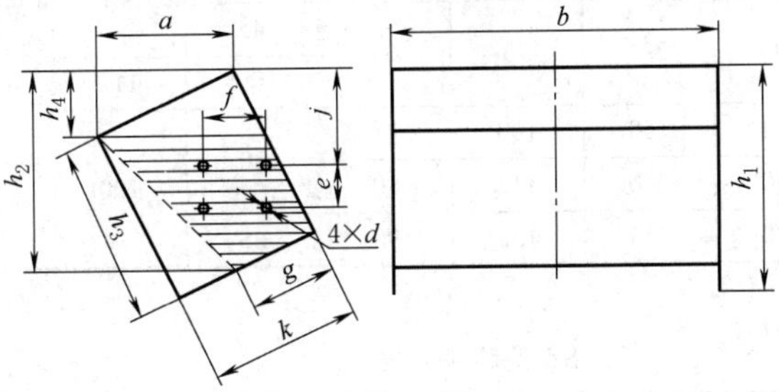	表 8-2-56
Tg 型	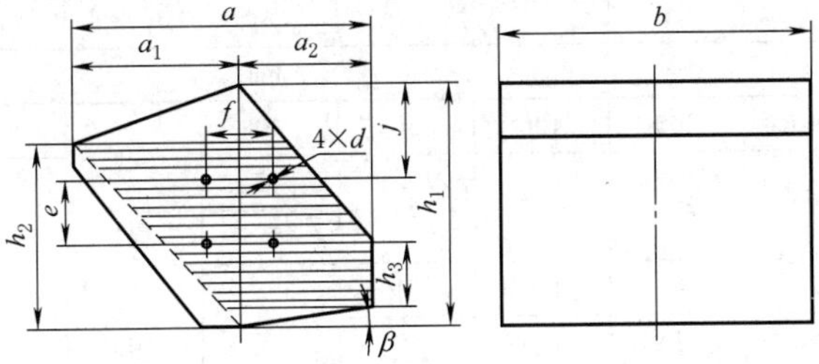	表 8-2-57

（2）料斗参数尺寸

表 8-2-47 **Q 型料斗尺寸**

料斗型号	斗宽 /mm	斗容 /L	尺寸								
			a	h_1	h_2	*R*	*e*	*f*	*d*	*n*	*j*
			mm								
Q100	100	0.15	90	80	28	23	25	50	7	1	28
Q160	160	0.49	125	112	40	32	40	80	9.5		40
Q250	250	1.22	160	140	50	40	45		11.5	2	50
Q315	315	1.93	180	160	56	45	45.5	112			56
Q400	400	3.07	200	180	63	50	50	100		3	63
Q500	500	4.84	224	200	71	56			14	4	71

注：斗容为计算斗容，按图示阴影部分计算。

表 8-2-48　　**H 型料斗尺寸**

<table>
<tr><th rowspan="3">料斗型号</th><th rowspan="3">斗宽/mm</th><th rowspan="3">斗容/L</th><th colspan="10">尺　寸</th></tr>
<tr><th>a</th><th>h_1</th><th>h_2</th><th>R</th><th>R_1</th><th>e</th><th>f</th><th>d</th><th>n</th><th>j</th></tr>
<tr><th colspan="10">mm</th></tr>
<tr><td>H100</td><td>100</td><td>0.3</td><td>90</td><td>95</td><td>50</td><td>23</td><td>225</td><td>25</td><td>50</td><td>7</td><td rowspan="2">1</td><td>36</td></tr>
<tr><td>H160</td><td>160</td><td>0.96</td><td>125</td><td>132</td><td>71</td><td>32</td><td>315</td><td>40</td><td rowspan="2">80</td><td>9.5</td><td>50</td></tr>
<tr><td>H250</td><td>250</td><td>2.43</td><td>160</td><td>170</td><td>90</td><td>40</td><td>400</td><td>45</td><td rowspan="3">11.5</td><td rowspan="2">2</td><td>63</td></tr>
<tr><td>H315</td><td>315</td><td>3.83</td><td>180</td><td>190</td><td>100</td><td>45</td><td>450</td><td>45.5</td><td>112</td><td>71</td></tr>
<tr><td>H400</td><td>400</td><td>6.05</td><td>200</td><td>212</td><td>112</td><td>50</td><td>500</td><td rowspan="2">50</td><td rowspan="3">100</td><td>3</td><td>80</td></tr>
<tr><td>H500</td><td>500</td><td>9.45</td><td>224</td><td>236</td><td>125</td><td>56</td><td>560</td><td rowspan="2">14</td><td>4</td><td>90</td></tr>
<tr><td>H630</td><td>600</td><td>14.9</td><td>250</td><td>265</td><td>140</td><td>63</td><td>630</td><td>65</td><td>5</td><td>100</td></tr>
</table>

注：斗容为计算斗容，按图示阴影部分计算。

表 8-2-49　　**Zd 型料斗尺寸**

<table>
<tr><th rowspan="3">料斗型号</th><th rowspan="3">斗宽/mm</th><th rowspan="3">斗容/L</th><th colspan="9">尺　寸</th></tr>
<tr><th>a</th><th>h_1</th><th>h_2</th><th>R</th><th>e</th><th>f</th><th>d</th><th>n</th><th>j</th></tr>
<tr><th colspan="9">mm</th></tr>
<tr><td>Zd160</td><td>160</td><td>1.2</td><td>160</td><td>180</td><td>71</td><td>50</td><td>40</td><td rowspan="2">80</td><td>9.5</td><td>1</td><td>63</td></tr>
<tr><td>Zd250</td><td>250</td><td>3.0</td><td rowspan="2">200</td><td rowspan="2">224</td><td rowspan="2">90</td><td rowspan="2">63</td><td>45</td><td rowspan="3">11.5</td><td rowspan="2">2</td><td rowspan="2">80</td></tr>
<tr><td>Zd315</td><td>315</td><td>3.75</td><td>45.5</td><td>112</td></tr>
<tr><td>Zd400</td><td>400</td><td>5.93</td><td>224</td><td>250</td><td>100</td><td>71</td><td rowspan="2">50</td><td rowspan="3">100</td><td>3</td><td>90</td></tr>
<tr><td>Zd500</td><td>500</td><td>9.29</td><td>250</td><td>280</td><td>112</td><td>80</td><td rowspan="2">14</td><td>4</td><td>100</td></tr>
<tr><td>Zd630</td><td>630</td><td>14.6</td><td>280</td><td>315</td><td>125</td><td>90</td><td>65</td><td>5</td><td>112</td></tr>
</table>

注：斗容为计算斗容，按图示阴影部分计算。

表 8-2-50　　**Sd 型料斗尺寸**

<table>
<tr><th rowspan="3">料斗型号</th><th rowspan="3">斗宽/mm</th><th rowspan="3">斗容/L</th><th colspan="9">尺　寸</th></tr>
<tr><th>a</th><th>h_1</th><th>h_2</th><th>R</th><th>e</th><th>f</th><th>d</th><th>n</th><th>j</th></tr>
<tr><th colspan="9">mm</th></tr>
<tr><td>Sd160</td><td>160</td><td>1.88</td><td>160</td><td>200</td><td>106</td><td>50</td><td>40</td><td rowspan="2">80</td><td>9.5</td><td>1</td><td>75</td></tr>
<tr><td>Sd250</td><td>250</td><td>4.59</td><td rowspan="2">200</td><td rowspan="2">250</td><td rowspan="2">132</td><td rowspan="2">63</td><td>45</td><td rowspan="3">11.5</td><td rowspan="2">2</td><td rowspan="2">95</td></tr>
<tr><td>Sd315</td><td>315</td><td>5.90</td><td>45.5</td><td>112</td></tr>
<tr><td>Sd400</td><td>400</td><td>9.38</td><td>224</td><td>280</td><td>150</td><td>71</td><td rowspan="2">50</td><td rowspan="3">100</td><td>3</td><td>106</td></tr>
<tr><td>Sd500</td><td>500</td><td>14.9</td><td>250</td><td>315</td><td>170</td><td>80</td><td rowspan="2">14</td><td>4</td><td>118</td></tr>
<tr><td>Sd630</td><td>630</td><td>23.5</td><td>280</td><td>355</td><td>190</td><td>90</td><td>65</td><td>5</td><td>132</td></tr>
</table>

注：斗容为计算斗容，按图示阴影部分计算。

表 8-2-51　　**Zg 型料斗尺寸**

<table>
<tr><th rowspan="3">料斗型号</th><th rowspan="3">斗宽/mm</th><th rowspan="3">斗容/L</th><th colspan="9">尺　寸</th></tr>
<tr><th>a</th><th>h_1</th><th>h_2</th><th>R</th><th>e</th><th>f</th><th>d</th><th>n</th><th>j</th></tr>
<tr><th colspan="9">mm</th></tr>
<tr><td>Zg250</td><td>250</td><td>4.59</td><td>200</td><td>210</td><td>132</td><td>63</td><td>45</td><td>80</td><td rowspan="4">12</td><td rowspan="2">2</td><td>80</td></tr>
<tr><td>Zg315</td><td>315</td><td>7.39</td><td>224</td><td>240</td><td>150</td><td>71</td><td>45.5</td><td>112</td><td>90</td></tr>
<tr><td>Zg400</td><td>400</td><td>11.9</td><td>250</td><td>265</td><td>170</td><td>80</td><td rowspan="2">50</td><td rowspan="3">100</td><td>3</td><td>100</td></tr>
<tr><td>Zg500</td><td>500</td><td>18.7</td><td>280</td><td>300</td><td>190</td><td>90</td><td>4</td><td>110</td></tr>
<tr><td>Zg630</td><td>630</td><td>29.4</td><td>315</td><td>335</td><td>212</td><td>100</td><td>65</td><td>14</td><td>5</td><td>130</td></tr>
</table>

注：斗容为计算斗容，按图示阴影部分计算。

第8篇

表 8-2-52　　Sg 型料斗尺寸

<table>
<tr><th rowspan="3">料斗
型号</th><th rowspan="3">斗宽
/mm</th><th rowspan="3">斗容
/L</th><th colspan="9">尺　寸</th></tr>
<tr><th>a</th><th>h_1</th><th>h_2</th><th>R</th><th>e</th><th>f</th><th>d</th><th>n</th><th>j</th></tr>
<tr><th colspan="9">mm</th></tr>
<tr><td>Sg250</td><td>250</td><td>6.48</td><td>200</td><td>250</td><td>180</td><td>63</td><td>45</td><td>80</td><td rowspan="4">12</td><td rowspan="2">2</td><td>100</td></tr>
<tr><td>Sg315</td><td>315</td><td>10.2</td><td>224</td><td>280</td><td>200</td><td>71</td><td>45.5</td><td>112</td><td>110</td></tr>
<tr><td>Sg400</td><td>400</td><td>16.2</td><td>250</td><td>315</td><td>224</td><td>80</td><td rowspan="2">50</td><td rowspan="3">100</td><td>3</td><td>120</td></tr>
<tr><td>Sg500</td><td>500</td><td>25.4</td><td>280</td><td>355</td><td>250</td><td>90</td><td>4</td><td>135</td></tr>
<tr><td>Sg630</td><td>630</td><td>40.1</td><td>315</td><td>400</td><td>280</td><td>100</td><td>65</td><td>14</td><td>5</td><td>150</td></tr>
</table>

注：斗容为计算斗容，按图示阴影部分计算。

表 8-2-53　　Zh 型料斗尺寸

<table>
<tr><th rowspan="3">料斗
型号</th><th rowspan="3">斗宽
/mm</th><th rowspan="3">斗容
/L</th><th colspan="8">尺　寸</th></tr>
<tr><th>a</th><th>h_1</th><th>h_2</th><th>R</th><th>j</th><th>d</th><th>f</th><th>g</th></tr>
<tr><th colspan="8">mm</th></tr>
<tr><td>Zh315</td><td>315</td><td>3.75</td><td>200</td><td>224</td><td>90</td><td>63</td><td>80</td><td rowspan="2">14</td><td>200</td><td rowspan="2">64</td></tr>
<tr><td>Zh400</td><td>400</td><td>5.93</td><td>224</td><td>250</td><td>100</td><td>71</td><td>90</td><td>250</td></tr>
<tr><td>Zh500</td><td>500</td><td>9.29</td><td>250</td><td>280</td><td>112</td><td>80</td><td>100</td><td rowspan="2">18</td><td>315</td><td rowspan="2">86</td></tr>
<tr><td>Zh630</td><td>630</td><td>14.6</td><td>280</td><td>315</td><td>125</td><td>90</td><td>112</td><td>400</td></tr>
<tr><td>Zh800</td><td>800</td><td>23.3</td><td>315</td><td>355</td><td>140</td><td>100</td><td>125</td><td rowspan="2">22</td><td>500</td><td rowspan="2">92</td></tr>
<tr><td>Zh1000</td><td>1000</td><td>37.6</td><td>355</td><td>400</td><td>160</td><td>112</td><td>140</td><td>630</td></tr>
</table>

注：斗容为计算斗容，按图示阴影部分计算。

表 8-2-54　　Sh 型料斗尺寸

<table>
<tr><th rowspan="3">料斗
型号</th><th rowspan="3">斗宽
/mm</th><th rowspan="3">斗容
/L</th><th colspan="8">尺　寸</th></tr>
<tr><th>a</th><th>h_1</th><th>h_2</th><th>R</th><th>j</th><th>d</th><th>f</th><th>g</th></tr>
<tr><th colspan="8">mm</th></tr>
<tr><td>Sh315</td><td>315</td><td>5.90</td><td>200</td><td>250</td><td>132</td><td>63</td><td>95</td><td rowspan="2">14</td><td>200</td><td rowspan="2">64</td></tr>
<tr><td>Sh400</td><td>400</td><td>9.38</td><td>224</td><td>280</td><td>150</td><td>71</td><td>106</td><td>250</td></tr>
<tr><td>Sh500</td><td>500</td><td>14.9</td><td>250</td><td>315</td><td>170</td><td>80</td><td>118</td><td rowspan="2">18</td><td>315</td><td rowspan="2">86</td></tr>
<tr><td>Sh630</td><td>630</td><td>23.5</td><td>280</td><td>355</td><td>190</td><td>90</td><td>132</td><td>400</td></tr>
<tr><td>Sh800</td><td>800</td><td>37.3</td><td>315</td><td>400</td><td>212</td><td>100</td><td>150</td><td rowspan="2">22</td><td>500</td><td rowspan="2">92</td></tr>
<tr><td>Sh1000</td><td>1000</td><td>58.3</td><td>355</td><td>450</td><td>236</td><td>112</td><td>170</td><td>630</td></tr>
</table>

注：斗容为计算斗容，按图示阴影部分计算。

表 8-2-55　　J 型料斗尺寸

<table>
<tr><th rowspan="3">料斗
型号</th><th rowspan="3">斗宽
/mm</th><th rowspan="3">斗容
/L</th><th rowspan="3">链条破断
载荷
/kN</th><th colspan="8">尺　寸</th></tr>
<tr><th>a</th><th>h_1</th><th>h_2</th><th>d</th><th>f</th><th>g</th><th>j</th><th>k</th></tr>
<tr><th colspan="8">mm</th></tr>
<tr><td rowspan="2">J250</td><td rowspan="2">250</td><td rowspan="2">2.17</td><td>112</td><td rowspan="2">130</td><td rowspan="2">190</td><td rowspan="2">138</td><td rowspan="2">13</td><td>110</td><td rowspan="2">20</td><td rowspan="2">100</td><td rowspan="2">40</td></tr>
<tr><td>160</td><td>120</td></tr>
</table>

注：斗容为计算斗容，按图示阴影部分计算。

表 8-2-56　　T 型料斗尺寸

<table>
<tr><th rowspan="3">料斗
型号</th><th rowspan="3">斗宽
/mm</th><th rowspan="3">斗容
/L</th><th rowspan="3">链条破断
载荷
/kN</th><th colspan="11">尺　寸</th></tr>
<tr><th>a</th><th>h_1</th><th>h_2</th><th>h_3</th><th>h_4</th><th>d</th><th>e</th><th>f</th><th>g</th><th>j</th><th>k</th></tr>
<tr><th colspan="11">mm</th></tr>
<tr><td rowspan="2">T315</td><td rowspan="2">315</td><td rowspan="2">4.55</td><td>112</td><td rowspan="2">130</td><td rowspan="2">216</td><td rowspan="2">190</td><td rowspan="2">172</td><td rowspan="2">60</td><td rowspan="2">9</td><td rowspan="3">42</td><td rowspan="3">70</td><td rowspan="2">84</td><td rowspan="2">70</td><td rowspan="2">150</td></tr>
<tr><td>160</td></tr>
<tr><td rowspan="2">T400</td><td rowspan="2">400</td><td rowspan="2">8.86</td><td>160</td><td rowspan="2">160</td><td rowspan="2">266</td><td rowspan="2">235</td><td rowspan="2">213</td><td rowspan="2">75</td><td rowspan="2">12</td><td rowspan="2">100</td><td rowspan="2">125</td><td rowspan="2">177</td></tr>
<tr><td>224</td><td rowspan="2">50</td><td rowspan="2">84</td></tr>
<tr><td rowspan="2">T500</td><td rowspan="2">500</td><td rowspan="2">18.7</td><td>224</td><td rowspan="2">210</td><td rowspan="2">348</td><td rowspan="2">305</td><td rowspan="2">278</td><td rowspan="2">95</td><td rowspan="2">14</td><td rowspan="2">125</td><td rowspan="2">150</td><td rowspan="2">230</td></tr>
<tr><td>315</td><td>80</td><td>92</td></tr>
</table>

续表

料斗型号	斗宽/mm	斗容/L	链条破断载荷/kN	尺寸										
				a	h_1	h_2	h_3	h_4	d	e	f	g	j	k
				mm										
T630	630	36.8	315	260	438	385	348	125	18	80	92	162	185	290
			450							90	120			
T800	800	74.8	450	330	552	485	438	155	24			205	225	365
			630							100	132			
T1000	1000	151	630	420	700	615	556	195	30			264	270	465
			900							112	150			

注：斗容为计算斗容，按图示阴影部分计算。

表 8-2-57　Tg 型料斗尺寸

料斗型号	斗宽/mm	斗容/L	链条破断载荷/kN	尺寸										
				a	a_1	a_2	h_1	h_2	h_3	d	e	f	j	β
				mm										(°)
Tg250	250	11.3	224	355	195	160	285	200	90	14	70	66	115	8
			315											
Tg315	315	26.2	315	475	265	210	380	280	120	18	100	105	150	
			450											
Tg400	400	33.2	450											
			630											
Tg500	500	59.8	630	560	310	250	480	335	160	18	125	130	185	
			750											
Tg630	630	75.4	750											
			900											
Tg800	800	146	1000	690	375	315	580	420	175	22	150	170	230	
			1250											
Tg1000	1000	183	1250											
			1600											
Tg1250	1250	308	1600	800	440	360	675	490	210	24	175	185	265	10
			2000											
Tg1400	1400	345	1600											
			2000											

注：斗容为计算斗容，按图示阴影部分计算。

第8篇

5　平板式输送机

平板输送机主要由驱动装置、机架、护板、支架、履板、链板和台板组成。

5.1　链板

链板宽度应符合表 8-2-58 的要求。

表 8-2-58

链板宽度 B/mm	中心距/m	给料速度/m·s^{-1}
1000	4~20	0.02~0.20
1250		
1600	6~18	
1800		
2000		

续表

链板宽度 B /mm	中心距 /m	给料速度 /m · s^{-1}
2500	8~16	0.03~0.20
3150	8~12.5	
3600		0.05~0.20
4000		

注：1. 链板宽度指链板槽板之间的有效宽度。
2. 中心距指头、尾轮之间的延长投影的距离。

5.2 台板（摘自 JB/T 7014—2008）

（1）型号

台板的标记方法规定如下：

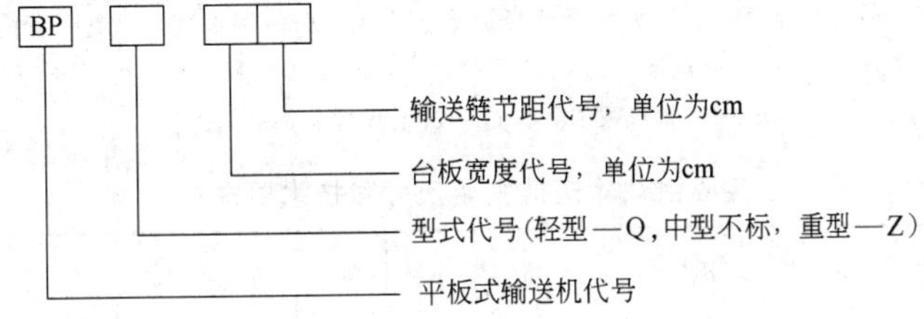

（2）台板宽度

台板宽度应符合表 8-2-59 的要求。

表 8-2-59　台板宽度　mm

台板宽度	160、200、250、315、400、500、630、800、1000、1250、1600、2000、2500、3150

6　链式输送机

链式输送机是利用链条牵引、承载，或由链条上安装的板条、金属网带和辊道等承载物料的输送机，其中最关键的零部件为链条与链轮。

表 8-2-60　几种常用输送链的特点及应用范围

名称	标准	特点及应用范围
长节距输送链	GB/T 8350—2008	适用于输送和机械装卸
输送用平顶链	GB/T 4140—2003	适用于输送瓶、罐、盒等轻型物品
带附件短节距精密滚子链	GB/T 1243—2006	适用于小型输送机输送轻型物品
双节距精密滚子链	GB/T 5269—2008	适用于转动功率小、速度低和中心距长的输送装置

6.1 长节距输送链（摘自 GB/T 8350—2008）

6.1.1 链条

为了在一封闭链条中获得奇数链节，需要使用一个弯板链节（过渡链节）。

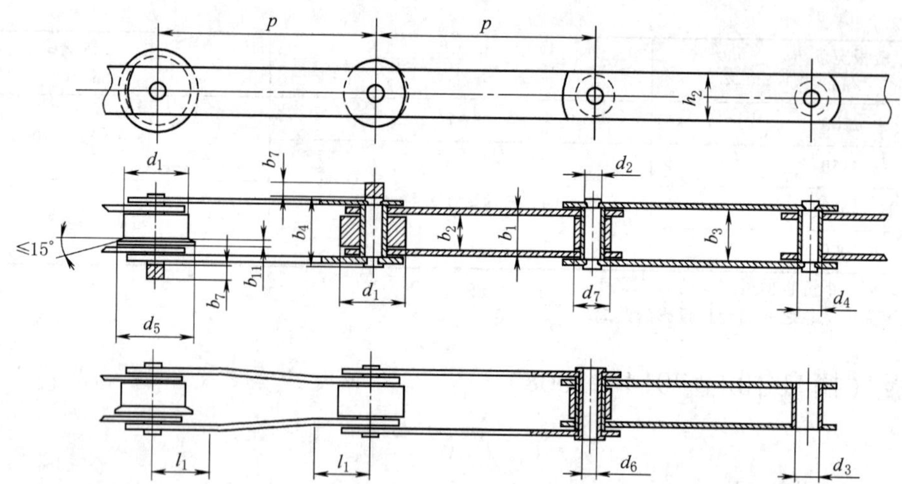

b_1—内链节内宽；b_2—内链节外宽；b_3—外链节内宽；b_4—销轴长度；b_7—销轴止锁端加长量；b_{11}—带边滚子边缘宽度；d_1—大滚子或带边滚子直径；d_2—销轴直径；d_3—套筒孔径；d_4—套筒外径；d_5—带边滚子边缘直径；d_6—空心销轴内径；d_7—小滚子直径；h_2—链板高度；l_1—过渡链节尺寸；p—节距

表 8-2-61　实心销轴输送链主要尺寸和技术要求

链号（基本）	抗拉强度（min）	d_1（max）	节距 p	d_4（max）	h_2（max）	b_1（min）	b_2（max）	b_3（min）	b_4（max）	b_7（max）	l_1（min）	d_5（max）	b_{11}（max）	d_7（max）	测量力
	kN	mm													kN
M20	20	25	40、50、63、80、100、125、160	9	19	16	22	22.2	35	7	12.5	32	3.5	12.5	0.4
M28	28	30	50、63、80、100、125、160、200	10	21	18	25	25.2	40	8	14	36	4	15	0.56
M40	40	36	63、80、100、125、160、200、250	12.5	26	20	28	28.3	45	9	17	42	4.5	18	0.8
M56	56	42	63、80、100、125、160、200、250	15	31	24	33	33.3	52	10	20.5	50	5	21	1.12
M80	80	50	80、100、125、160、200、250、315	18	36	28	39	39.4	62	12	23.5	60	6	25	1.6
M112	112	60	80、100、125、160、200、250、315	21	41	32	45	45.5	73	14	27.5	70	7	30	2.24
M160	160	70	100、125、160、200、250、315、400	25	51	37	52	52.5	85	16	34	85	8.5	36	3.2
M224	224	85	125、160、200、250、315、400、500	30	62	43	60	60.6	98	18	40	100	10	42	4.5
M315	315	100	160、200、250、315、400、500、630	36	72	48	70	70.7	112	21	47	120	12	50	6.3
M450	450	120	200、250、315、400、500、630、800	42	82	56	82	82.8	135	25	55	140	14	60	9
M630	630	140	250、315、400、500、630、800、1000	50	103	66	96	97	154	30	66.5	170	16	70	12.5
M900	900	170	250、315、400、500、630、800、1000	60	123	78	112	113	180	37	81	210	18	85	18

注：1. 节距 p 是理论参考尺寸，用来计算链长和链轮尺寸，而不是用作检验链节的尺寸。

2. 过渡链节尺寸 l_1 决定最大链板长度和对铰链轨迹的最小限制。

表 8-2-62　　空心销轴输送链主要尺寸和技术要求

链号（基本）	抗拉强度（min）	d_1（max）	节距 p	d_2（max）	d_3（min）	d_4（max）	h_2（max）	b_1（min）	b_2（max）	b_3（min）	b_4（max）	b_7（max）	l_1（min）	d_5（max）	b_{11}（max）	d_6（min）	d_7（max）	测量力
	kN	mm																kN
MC28	28	36	63、80、100、125、160	13	13.1	17.5	26	20	28	28.3	42	10	17.0	42	4.5	8.2	25	0.56
MC56	56	50	80、100、125、160、200、250	15.5	15.6	21.0	36	24	33	33.3	48	13	23.5	60	5	10.2	30	1.12
MC112	112	70	100、125、160、200、250、315	22	22.2	29.0	51	32	45	45.5	67	19	34.0	85	7	14.3	42	2.24
MC224	224	100	100、125、160、200、250、315、400、500	31	31.2	41.0	72	43	60	60.6	90	24	47.0	120	10	20.3	60	4.50

注：同表 8-2-61。

6.1.2 附件

（1）K 型附件

K 型附件又分为 K1 型、K2 型、K3 型，安装尺寸见表 8-2-63。

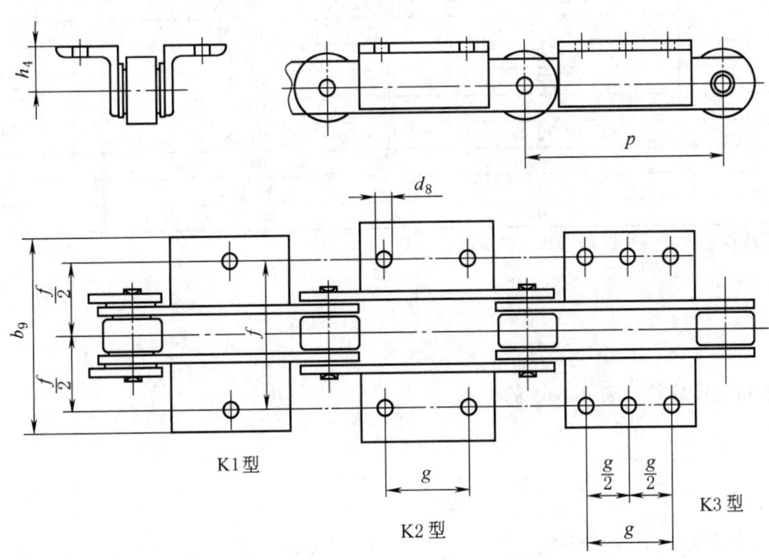

b_9—腹板横向外宽；g—附板孔中心线之间的纵向距离（纵向孔中心距）；d_8—附板孔直径；h_4—附板平台高度；f—附板孔中心线之间的横向距离；p—节距

表 8-2-63　　K 型附板尺寸　　mm

链号	d_8	h_4	f	b_9（max）	孔距					
					短		中		长	
					p①（min）	g	p①（min）	g	p①（min）	g
M20	6.6	16	54	84	63	20	80	35	100	50
M28	9.0	20	64	100	80	25	100	40	125	65
M40	9.0	25	70	112	80	20	100	40	125	65
M56	11.0	30	88	140	100	25	125	50	160	85
M80	11.0	35	96	160	125	50	160	85	200	125
M112	14.0	40	110	184	125	35	160	65	200	100
M160	14.0	45	124	200	160	50	200	85	250	145

续表

链号	d_8	h_4	f	b_9 (max)	孔距					
					短		中		长	
					p①(min)	g	p①(min)	g	p①(min)	g
M224	18.0	55	140	228	200	65	250	125	315	190
M315	18.0	65	160	250	200	50	250	100	315	155
M450	18.0	75	180	280	250	85	315	155	400	240
M630	24.0	90	230	380	315	100	400	190	500	300
M900	30.0	110	280	480	315	65	400	155	500	240
MC28	9.0	25	70	112	80	20	100	40	125	65
MC56	11.0	35	88	152	125	50	160	85	200	125
MC112	14.0	45	110	192	160	50	200	85	250	145
MC224	18.0	65	140	220	200	50	250	100	315	155

① 对应纵向孔中心距 g 的最小链条节距。

(2) 加高链板

加高链板的高度 h_6，其值见表 8-2-64。其他的规定（包括抗拉强度）见表 8-2-61 和表 8-2-62。

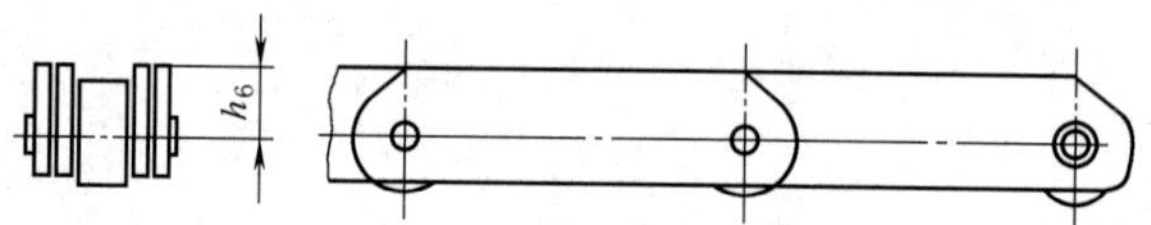

表 8-2-64　　加高链板尺寸

mm

链号	h_6	链号	h_6
M20	16	M315	65
M28	20	M450	80
M40	22.5	M630	90
M56	30	M900	120
M80	32.5	MC28	22.5
M112	40	MC56	32.5
M160	45	MC112	45
M224	60	MC224	65

注：包括抗拉强度及其他所有的数据都与基本链板数据一样。

6.1.3 链轮

(1) 基本参数

链轮的基本参数和直径应符合表 8-2-65 的要求。

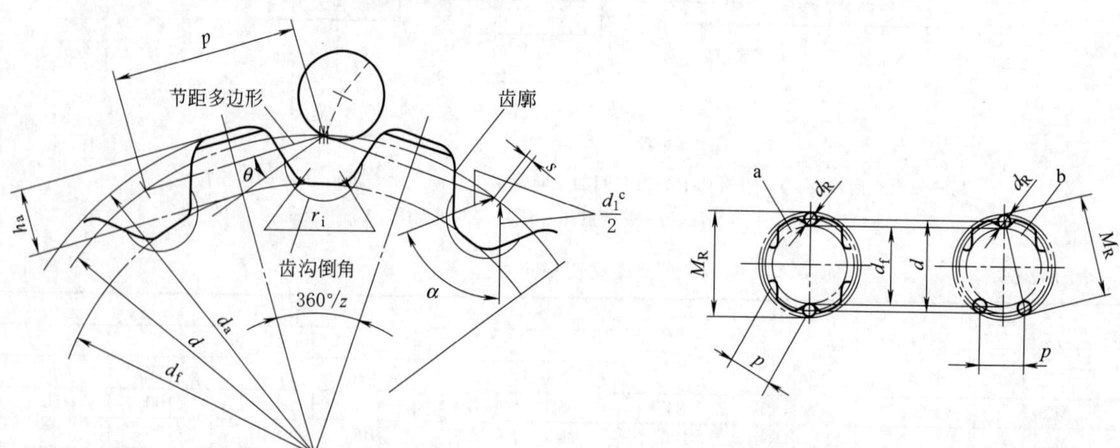

b_a—齿边倒角宽［见 (3)］；d_R—量柱直径；r_i—齿沟圆弧半径；b_f—齿宽［见 (3)］；d_1—滚子直径；r_x—最小齿边倒圆半径［见 (3)］；b_g—齿根部最小倒角宽度［见 (3)］；s—齿槽中心分离量；d—分度圆直径；z—齿数；d_a—齿顶圆直径；M_R—跨柱测量距；α—齿沟角；d_f—齿根圆直径；p—弦节距，等于链条节距；θ—压力角；d_g—最大齿侧凸缘直径［见 (3)］；r_a—齿侧凸缘圆角半径［见 (3)］；a—偶数齿；b—奇数齿；c—根据不同滚子类型，d_1 可由 d_4 或 d_7 替换，对非滚子链条，用套筒代替滚子

表 8-2-65　　直径与跨柱测量距计算方法

<table>
<tr><th colspan="3">名称</th><th>计算公式</th><th>说明</th></tr>
<tr><td rowspan="2">基本参数</td><td rowspan="2">配用链条参数</td><td>节距 p</td><td colspan="2">见表 8-2-61 和表 8-2-62</td></tr>
<tr><td>滚子外径 d_1 (d_4、d_7)</td><td colspan="2">见表 8-2-61 和表 8-2-62</td></tr>
<tr><td rowspan="5">直径与跨柱测量距</td><td colspan="2">分度圆直径 d</td><td>$d=\frac{p}{\sin(180°/z)}$</td><td>表 8-2-66 给出了以单位节距表示的常用齿数范围的分度圆直径</td></tr>
<tr><td colspan="2">齿顶圆直径 d_a</td><td>$d_{amax}=d+d_1$</td><td></td></tr>
<tr><td colspan="2">量柱直径 d_R</td><td>$d_R=d_1$、d_4或 d_7</td><td>其极限偏差为$^{+0.01}_{0}$ mm</td></tr>
<tr><td colspan="2">齿根圆直径 d_f</td><td>$d_{fmax}=d-d_1$</td><td>d_1 可由 d_4 或 d_7 替换,公差带按 h11</td></tr>
<tr><td colspan="2">跨柱测量距 M_R</td><td>对于偶数齿的链轮:
$M_R=d+d_{Rmin}$
对于奇数齿的链轮:
$M_R=d\cos(90°/z)+d_{Rmin}$</td><td>跨柱测量距的极限偏差与相应齿根圆直径的极限偏差相同</td></tr>
</table>

表 8-2-66　　分度圆直径　　mm

齿数 z	单位节距分度圆直径① d	齿数 z	单位节距分度圆直径① d	齿数 z	单位节距分度圆直径① d
6	2.0000	18	5.7588	30	9.5668
$6_{1/2}$	2.1519	$18_{1/2}$	5.9171	$30_{1/2}$	9.7256
7	2.3048	19	6.0755	31	9.8845
$7_{1/2}$	2.4586	$19_{1/2}$	6.2340	$31_{1/2}$	10.0434
8	2.6131	20	6.3925	32	10.2023
$8_{1/2}$	2.7682	$20_{1/2}$	6.5509	$32_{1/2}$	10.3612
9	2.9238	21	6.7095	33	10.5201
$9_{1/2}$	3.0798	$21_{1/2}$	6.8681	$33_{1/2}$	10.6790
10	3.2361	22	7.0266	34	10.8380
$10_{1/2}$	3.3927	$22_{1/2}$	7.1853	$34_{1/2}$	10.9969
11	3.5494	23	7.3439	35	11.1558
$11_{1/2}$	3.7065	$23_{1/2}$	7.5026	$35_{1/2}$	11.3148
12	3.8637	24	7.6613	36	11.4737
$12_{1/2}$	4.0211	$24_{1/2}$	7.8200	$36_{1/2}$	11.6327
13	4.1786	25	7.9787	37	11.7916
$13_{1/2}$	4.3362	$25_{1/2}$	8.1375	$37_{1/2}$	11.9506
14	4.4940	26	8.2962	38	12.1095
$14_{1/2}$	4.6518	$26_{1/2}$	8.4550	$38_{1/2}$	12.2685
15	4.8097	27	8.6138	39	12.4275
$15_{1/2}$	4.9677	$27_{1/2}$	8.7726	$39_{1/2}$	12.5865
16	5.1258	28	8.9314		
$16_{1/2}$	5.2840	$28_{1/2}$	9.0902	40	12.7455
17	5.4422	29	9.2491		
$17_{1/2}$	5.6005	$29_{1/2}$	9.4080		

① 实际链轮的分度圆直径为表中值乘以链条节距值。

(2) 齿槽形状

链轮的齿槽形状由齿廓齿顶段、工作段和齿沟圆弧光滑连接而成。齿槽形状应根据表 8-2-67 规定定义。

表 8-2-67　　齿槽形状规定

名　称	计算公式或说明
工作面	工作面是链轮齿的有效工作部分。工作面是两个滚子与齿面接触线之间的区域,即其中一个滚子的中心线位于分度圆上,另一个滚子的中心线位于直径等于$\frac{p+0.25d_2}{\sin(180°/z)}$的圆周上,这不包括由于齿高的限制而使这个圆周减小的情况

续表

名 称	计算公式或说明
压力角 θ	压力角是由链节的节距线与链轮工作面和滚子接触点的法线之间形成的夹角。在工作表面任何接触点的压力角应与表 8-2-68 一致
齿根圆直径以上的齿高 h_a	$h_a=\frac{d_a-d_f}{2}$ 当 K 型附板的平台上装有板条时，链节就成为了桥梁，此时齿顶高度不应超过分度圆弦线 $0.8h_4$，h_4 是附件平台高度，其值见表 8-2-63
齿槽中心分离量 s	对于非机加工齿链轮 $s_{min}=0.04p$ 对于机加工齿链轮 $s_{min}=0.08d_1$
最大齿沟圆弧半径 r_i	根据滚子的不同类型 $r_{imax}=\frac{d_1}{2}$或$\frac{d_4}{2}$或$\frac{d_7}{2}$
齿形	不论齿沟圆弧半径的大小，也不管齿形是直线的还是曲线的，根据滚子类型的不同，从节距线与齿沟中心分离量尺寸线的交点到齿面之间的距离应等于$\frac{d_1}{2}$或$\frac{d_4}{2}$或$\frac{d_7}{2}$，沿齿沟角尺寸线方向测量
齿沟角 α/(°)	$\alpha_{max}=140°-\frac{90°}{z}$ 、$\alpha_{min}=120°-\frac{90°}{z}$

注：d_2——销轴直径。

表 8-2-68　　压力角

齿数 z	压力角		齿数 z	压力角	
	min	max		min	max
6 或 7 8 或 9	7° 9°	10° 12°	14 或 15 16 或 19	16° 18°	20° 22°
10 或 11 12 或 13	12° 14°	15° 17°	20 或 27 28 以上	20° 23°	25° 28°

（3）剖面齿廓

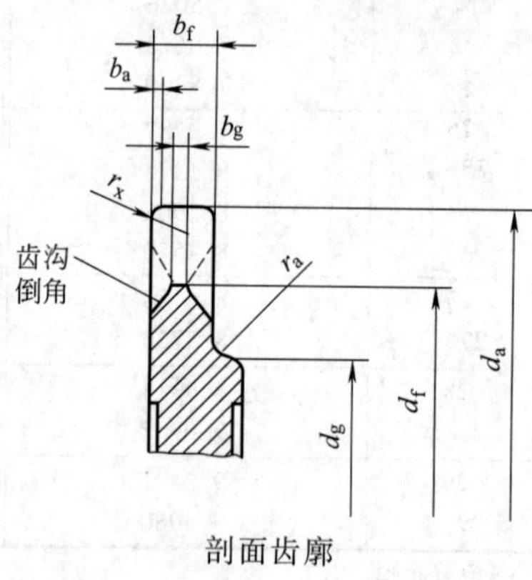

剖面齿廓

表 8-2-69

名 称	计算公式或说明
齿 宽 b_f	对于非带边滚子： $b_{fmax}=0.9b_1-1(mm)$ $b_{fmin}=0.87b_1-1.7(mm)$ 对于带边滚子： $b_{fmax}=0.9(b_1-b_{11})-1(mm)$ $b_{fmin}=0.87(b_1-b_{11})-1.7(mm)$

续表

名　　称	计算公式或说明
最小齿边倒圆半径 r_x	$r_x=1.6b_1$
公称齿边倒角宽 b_a	$b_a=0.16b_1$
齿根部最小倒角宽度 b_g	$b_g=0.25b_f$ 注：在特殊操作条件下，被运送的材料可能被堆积在滚子和轮齿之间，为防止发生故障，可将齿沟部倒角
最大齿侧凸缘直径 d_g	$d_g=p\cot\dfrac{180°}{z}-h_2-2r_{aact}$ r_{aact}——实际的齿侧凸缘圆角半径

注：b_1 和 b_{11} 见表 8-2-61 和表 8-2-62。

（4）径向与轴向跳动

表 8-2-70

非机加工齿	机加工齿
$0.005d_f$ 或 1.5mm，选两者中之大值，但最大不得超过 2mm	按($0.001d_f+0.1$)mm 计算，或取 0.2mm，选两者中之大值，但最大不得超过 2mm

6.2 输送用平顶链（摘自 GB/T 4140—2003、JB/T 10867—2008）

6.2.1 链条

标准输送用平顶链有两种型式：单铰链式和双铰链式。

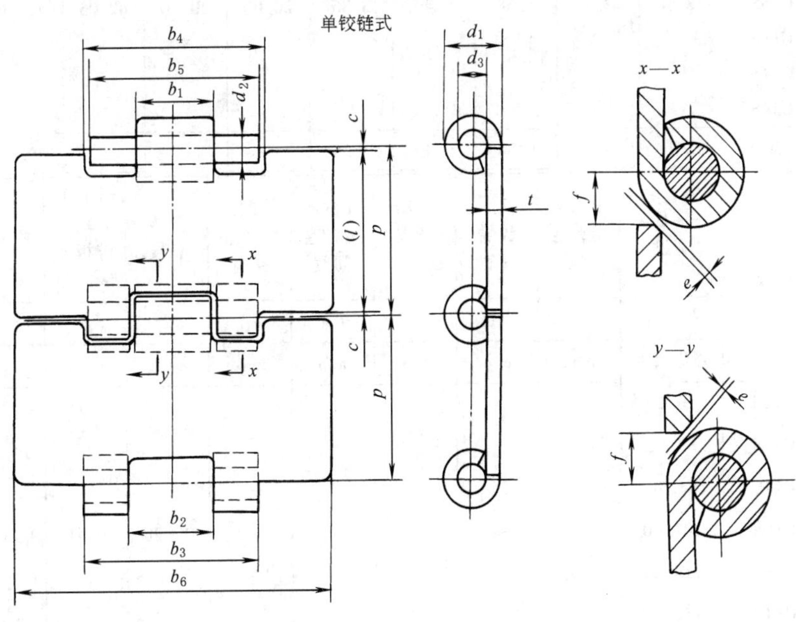

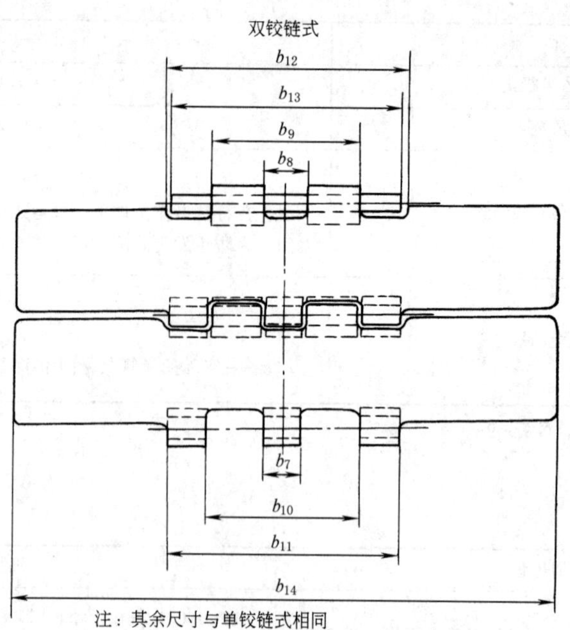

注：其余尺寸与单铰链式相同

表 8-2-71　　标准输送用平顶链基本参数

mm

型式	链号	节距	铰卷外径	销轴直径	活动铰卷孔径	链板厚度	活动铰卷宽度	固定铰卷内宽	固定铰卷外宽	链板凹槽总宽	销轴长度	链板宽度
		p	d_1	d_2	d_3	t	b_1	b_2	b_3	b_4, b_{12}	b_5, b_{13}	b_6, b_{14}
			max	max	min	max	max	min	max	min	max	max
单铰链	C12S	38.10	13.13	6.38	6.40	3.35	20.00	20.10	42.05	42.10	42.60	77.20
	C13S											83.60
	C14S											89.90
	C16S											102.60
	C18S											115.30
	C24S											153.40
	C30S											191.50
双铰链	C30D	38.10	13.13	6.38	6.40	3.35	—	—	—	80.60	81.00	191.50

型式	链号	链板宽度	中央固定铰卷宽度	活动铰卷间宽	活动铰卷跨宽	外侧固定铰卷间宽	外侧固定铰卷跨宽	链板长度	铰卷轴心线与链板外缘间距	铰链间隙		测量载荷	抗拉强度 Q
		b_6, b_{14}	b_7	b_8	b_9	b_{10}	b_{11}	(l)	c	e	f	/N	
		公称尺寸	max	min	max	min	max		min	min	min		min
单铰链	C12S	76.20	—	—	—	—	—	37.28	0.41	0.41	5.90	碳钢	
	C13S	82.60										200	10000
	C14S	88.90										一级耐蚀钢	
	C16S	101.60										160	8000
	C18S	114.39											
	C24S	152.40										二级耐蚀钢	
	C30S	190.50										120	6250

续表

型式	链号	链板宽度	中央固定铰卷宽度	活动铰卷间宽	活动铰卷跨宽	外侧固定铰卷间宽	外侧固定铰卷跨宽	链板长度	铰卷轴心线与链板外缘间距	铰链间隙		测量载荷	抗拉强度 Q
		b_6,b_{14}	b_7	b_8	b_9	b_{10}	b_{11}	(l)	c	e	f	/N	
		公称尺寸	max	min	max	min	max	min					min
双铰链	C30D	190.50	13.50	13.70	53.50	53.60	80.50	37.28	0.41	0.14	5.90	碳钢	
												400	20000
												一级耐蚀钢	
												320	16000
												二级耐蚀钢	
												250	12500

注：1. 平顶链链号中 C 后面的数字是表示链板宽度的代号，它乘以 25.4/4mm 等于链板宽度的公称尺寸。字母 S 表示单铰链，D 表示双铰链。

2. 节距 p 是一个理论计算尺寸，不适用于检验链节的尺寸。

3. 链板长（l）为参考值。

4. 一级耐蚀钢和二级耐蚀钢的划分，仅与耐蚀钢相应的抗拉强度有关，有关钢的耐蚀性能详情，请向制造厂咨询。

6.2.2 链轮

（1）基本参数与直径尺寸

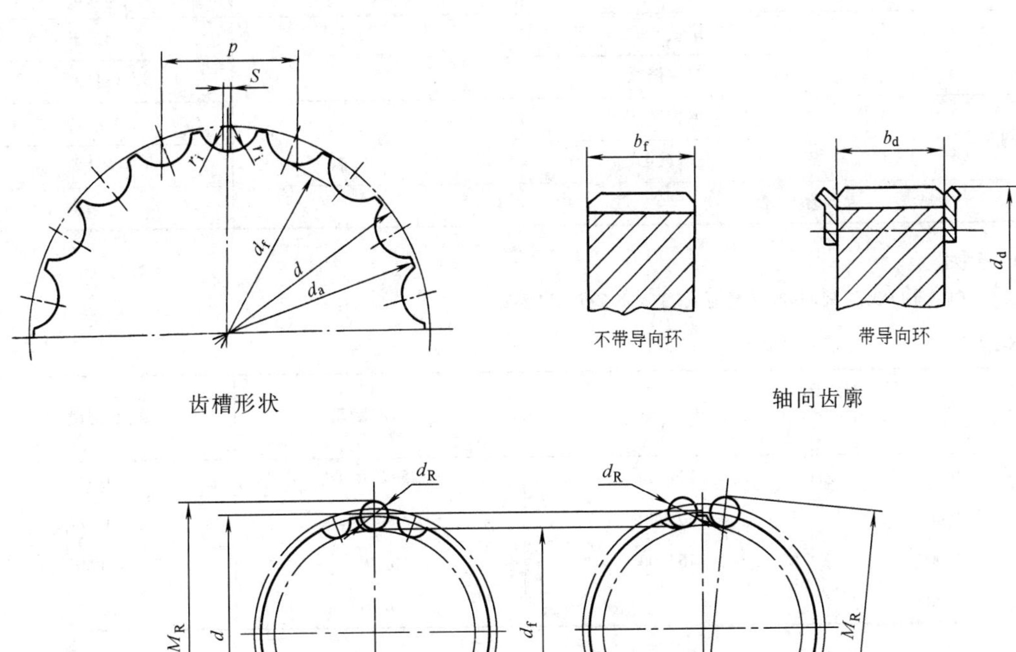

齿槽形状

轴向齿廓

表 8-2-72

mm

名　称	计 算 方 法	备　注
分度圆直径 d	$d=\dfrac{p}{\sin\dfrac{180°}{z}}$	p 值见表 8-2-71
齿顶圆直径 d_a	$d_a=d\cos\dfrac{180°}{z}+6.35$	
齿根圆直径 d_{fmax}	$d_{fmax}=d-d_1$	
有效齿数 z	单切齿 $z=z_1$ 双切齿 $z=\dfrac{1}{2}z_1$	z_1 为实际齿数，优先选用 17、19、21、25、27、29、31、35
跨柱测量距 M_R	z_1 为奇数时：$M_R=d\cos\dfrac{90°}{z_1}+d_R$ z_1 为偶数时：$M_R=d+d_R$	量柱直径 $d_R=d_1$

（2）齿槽形状及轴向齿廓

链轮的齿槽形状及轴向齿廓的尺寸应符合表 8-2-73 的规定。

表 8-2-73

mm

名　称		代　号	数　值
齿沟圆弧半径		r_i	6.63
齿沟中心分离量		S	2.00
齿宽	单铰链式	b_f	42.5
	双铰链式		81.3
导向环间宽	单铰链式	b_d	$b_d \geqslant b_3$ 或 b_5
	双铰链式		$b_d \geqslant b_{11}$ 或 b_{13}
导向环外径		d_d	$d_d \leqslant d_a$

第8篇

（3）链轮公差

齿根圆对孔轴心线的圆跳动公差应符合表 8-2-74 的规定。

表 8-2-74

mm

齿 根 圆 直 径		径向圆跳动	端面圆跳动
大　于	至		
0	177.80	$0.25+0.001d_f$	0.51
177.80	508.00	$0.25+0.001d_f$	$0.003d_f$
508.00	762.00	0.76	$0.003d_f$
762.00		0.76	2.29

6.3　短节距精密滚子链（摘自 GB/T 1243—2006）

6.3.1　链条

链条尺寸应符合表 8-2-77 及表 8-2-78 的规定。规定的最大和最小尺寸可保证由不同链条厂生产的链条的链节具有互换性，它们代表了互换性的极限，而不是制造链条时的公差。

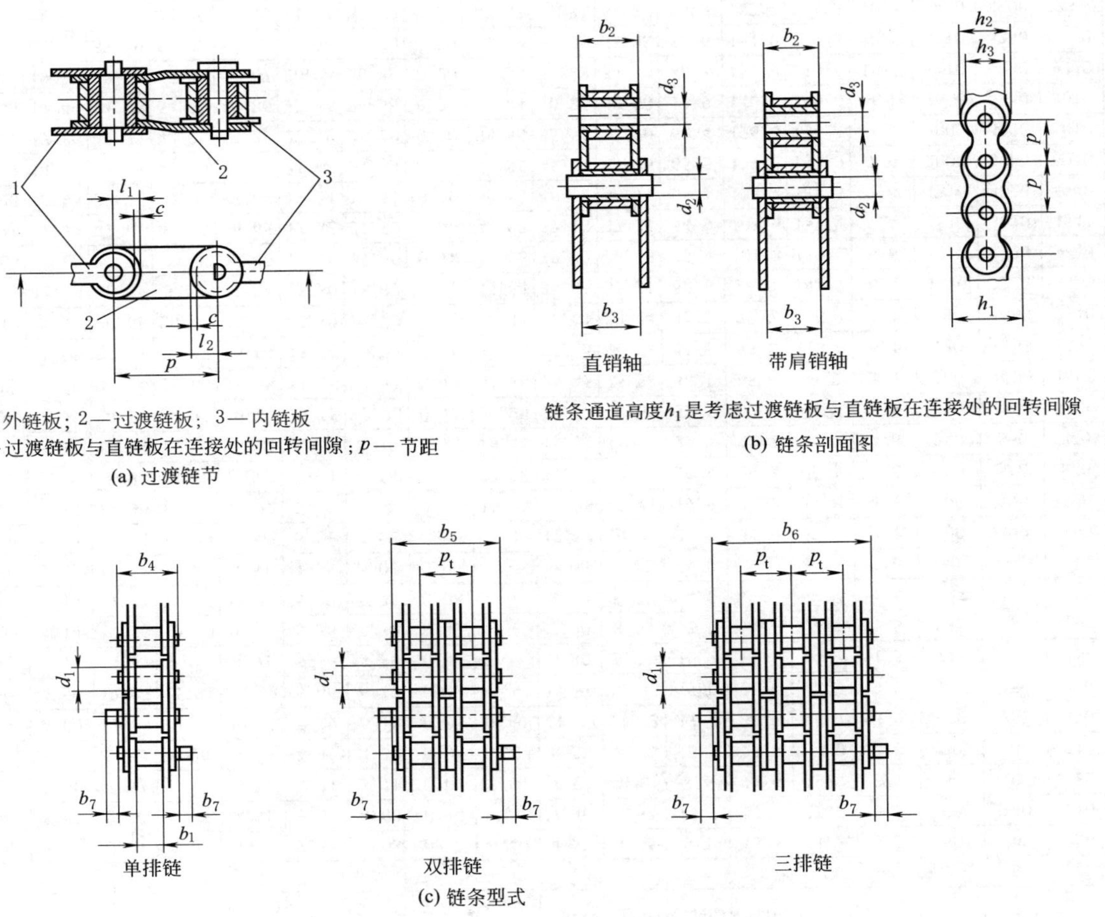

1—外链板；2—过渡链板；3—内链板
c—过渡链板与直链板在连接处的回转间隙；p—节距
(a) 过渡链节

链条通道高度h_1是考虑过渡链板与直链板在连接处的回转间隙
(b) 链条剖面图

(c) 链条型式

表 8-2-75

链条主要尺寸、测量力、抗拉强度及动载强度

链号[①]	节距 p (nom)	滚子直径 d_1 (max)	内节内宽 b_1 (min)	销轴直径 d_2 (max)	套筒孔径 d_3 (min)	链条通道高度 h_1 (min)	内链板高度 h_2 (max)	外或中链板高度 h_3 (max)	过渡链节尺寸[②]			排距 p_t	内节外宽 b_2 (max)	外节内宽 b_3 (min)	销轴长度			止锁件附加宽度[③] b_7 (max)	测量力			抗拉强度 F_u			动载强度[④] 单排 F_d (min)
									l_1 (min)	l_2 (min)	c				单排 b_4 (max)	双排 b_5 (max)	三排 b_6 (max)		单排	双排	三排	单排 (min)	双排 (min)	三排 (min)	
	mm																		N			kN			N
04C	6.35	3.30[⑤]	3.10	2.31	2.34	6.27	6.02	5.21	2.65	3.08	0.10	6.40	4.80	4.85	9.1	15.5	21.8	2.5	50	100	150	3.5	7.0	10.5	630
06C	9.525	5.08[⑤]	4.68	3.60	3.62	9.30	9.05	7.81	3.97	4.60	0.10	10.13	7.46	7.52	13.2	23.4	33.5	3.3	70	140	210	7.9	15.8	23.7	1410
05B	8.00	5.00	3.00	2.31	2.36	7.37	7.11	7.11	3.71	3.71	0.08	5.64	4.77	4.90	8.6	14.3	19.9	3.1	50	100	150	4.4	7.8	11.1	820
06B	9.525	6.35	5.72	3.28	3.33	8.52	8.26	8.26	4.32	4.32	0.08	10.24	8.53	8.66	13.5	23.8	34.0	3.3	70	140	210	8.9	16.9	24.9	1290
08A	12.70	7.92	7.85	3.98	4.00	12.33	12.07	10.42	5.29	6.10	0.08	14.38	11.17	11.23	17.8	32.3	46.7	3.9	120	250	370	13.9	27.8	41.7	2480
08B	12.70	8.51	7.75	4.45	4.50	12.07	11.81	10.92	5.66	6.12	0.08	13.92	11.30	11.43	17.0	31.0	44.9	3.9	120	250	370	17.8	31.1	44.5	2480
081	12.70	7.75	3.30	3.66	3.71	10.17	9.91	9.91	5.36	5.36	0.08	—	5.80	5.93	10.2	—	—	1.5	125	—	—	8.0	—	—	
083	12.70	7.75	4.88	4.09	4.14	10.56	10.30	10.30	5.36	5.36	0.08	—	7.90	8.03	12.9	—	—	1.5	125	—	—	11.6	—	—	
084	12.70	7.75	4.88	4.09	4.14	11.41	11.15	11.15	5.77	5.77	0.08	—	8.80	8.93	14.8	—	—	1.5	125	—	—	15.6	—	—	
085	12.70	7.77	6.25	3.60	3.62	10.17	9.91	8.51	4.35	5.03	0.08	—	9.06	9.12	14.0	—	—	2.0	80	—	—	6.7	—	—	1340
10A	15.875	10.16	9.40	5.09	5.12	15.35	15.09	13.02	6.61	7.62	0.10	18.11	13.84	13.89	21.8	39.9	57.9	4.1	200	390	590	21.8	43.6	65.4	3850
10B	15.875	10.16	9.65	5.08	5.13	14.99	14.73	13.72	7.11	7.62	0.10	16.59	13.28	13.41	19.6	36.2	52.8	4.1	200	390	590	22.2	44.5	66.7	3330
12A	19.05	11.91	12.57	5.96	5.98	18.34	18.10	15.62	7.90	9.15	0.10	22.78	17.75	17.81	26.9	49.8	72.6	4.6	280	560	840	31.3	62.6	93.9	5490
12B	19.05	12.07	11.68	5.72	5.77	16.39	16.13	16.13	8.33	8.33	0.10	19.46	15.62	15.75	22.7	42.2	61.7	4.6	280	560	840	28.9	57.8	86.7	3720
16A	25.40	15.88	15.75	7.94	7.96	24.39	24.13	20.83	10.55	12.20	0.13	29.29	22.60	22.66	33.5	62.7	91.9	5.4	500	1000	1490	55.6	111.2	166.8	9550
16B	25.40	15.88	17.02	8.28	8.33	21.34	21.08	21.08	11.15	11.15	0.13	31.88	25.45	25.58	36.1	68.0	99.9	5.4	500	1000	1490	60.0	106.0	106.0	9530
20A	31.75	19.05	18.90	9.54	9.56	30.48	30.17	26.04	13.16	15.24	0.15	35.76	27.45	27.51	41.1	77.0	113.0	6.1	780	1560	2340	87.0	174.0	261.0	14600
20B	31.75	19.05	19.56	10.19	10.24	26.68	26.42	26.42	13.89	13.89	0.15	36.45	29.01	29.14	43.2	79.7	116.1	6.1	780	1560	2340	95.0	170.0	250.0	13500
24A	38.10	22.23	25.22	11.11	11.14	36.55	36.2	31.24	15.80	18.27	0.18	45.44	35.45	35.51	50.8	96.3	141.7	6.6	1110	2220	3340	125.0	250.0	375.0	20500
24B	38.10	25.40	25.40	14.63	14.68	33.73	33.4	33.40	17.55	17.55	0.18	48.36	37.92	38.05	53.4	101.8	150.2	6.6	1110	2220	3340	160.0	280.0	425.0	19700
28A	44.45	25.40	25.22	12.71	12.74	42.67	42.23	36.45	18.42	21.32	0.20	48.87	37.18	37.24	54.9	103.6	152.4	7.4	1510	3020	4540	170.0	340.0	510.0	27300
28B	44.45	27.94	30.99	15.90	15.95	37.46	37.08	37.08	19.51	19.51	0.20	59.56	46.58	46.71	65.1	124.7	184.3	7.4	1510	3020	4540	200.0	360.0	530.0	27100
32A	50.80	28.58	31.55	14.29	14.31	48.74	48.26	41.68	21.04	24.33	0.20	58.55	45.21	45.26	65.5	124.2	182.9	7.9	2000	4000	6010	223.0	446.0	669.0	34800
32B	50.80	29.21	30.99	17.81	17.86	42.72	42.29	42.29	22.20	22.20	0.20	58.55	45.57	45.70	67.4	126.0	184.5	7.9	2000	4000	6010	250.0	450.0	670.0	29900
36A	57.15	35.71	35.48	17.46	17.49	54.86	54.30	46.86	23.65	27.36	0.20	65.84	50.85	50.90	73.9	140.0	206.0	9.1	2670	5340	8010	281.0	562.0	843.0	44500
40A	63.50	39.68	37.85	19.85	19.87	60.93	60.33	52.07	26.24	30.36	0.20	71.55	54.88	54.94	80.3	151.9	223.5	10.2	3110	6230	9340	347.0	694.0	1041.0	53600
40B	63.50	39.37	38.10	22.89	22.94	53.49	52.96	52.96	27.76	27.76	0.20	72.29	55.75	55.88	82.6	154.9	227.2	10.2	3110	6230	9340	355.0	630.0	950.0	41800
48A	76.20	47.63	47.35	23.81	23.84	73.13	72.39	62.49	31.45	36.40	0.20	87.83	67.81	67.87	95.5	183.4	271.3	10.5	4450	8900	13340	500.0	1000.0	1500.0	73100
48B	76.20	48.26	45.72	29.24	29.29	64.52	63.88	63.88	33.45	33.45	0.20	91.21	70.56	70.69	99.1	190.4	281.6	10.5	4450	8900	13340	560.0	1000.0	1500.0	63600
56B	88.90	53.98	53.34	34.32	34.37	78.64	77.85	77.85	40.61	40.61	0.20	106.60	81.33	81.46	114.6	221.2	327.8	11.7	6090	12190	20000	850.0	1600.0	2240.0	88900

续表

链号[1]	节距 p (nom)	滚子直径 d_1 (max)	内节内宽 b_1 (min)	销轴直径 d_2 (max)	套筒孔径 d_3 (min)	链条通道高度 h_1 (min)	内链板高度 h_2 (max)	外或中链板高度 h_3 (max)	过渡链节尺寸[2]			排距 p_t	内节外宽 b_2 (max)	外节内宽 b_3 (min)	销轴长度			止锁件附加宽度[3] b_7 (max)	测量力			抗拉强度 F_u			动载强度[4] 单排 F_d (min)
									l_1 (min)	l_2 (min)	c				单排 b_4 (max)	双排 b_5 (max)	三排 b_6 (max)		单排	双排	三排	单排 (min)	双排 (min)	三排 (min)	
	mm																		N			kN			N
64B	101.60	63.50	60.96	39.40	39.45	91.08	90.17	90.17	47.07	47.07	0.20	119.89	92.02	92.15	130.9	250.8	370.7	13.0	7960	15920	27000	1120.0	2000.0	3000.0	106900
72B	114.30	72.39	68.58	44.48	44.53	104.67	103.63	103.63	53.37	53.37	0.20	136.27	103.81	130.94	147.4	283.7	420.0	14.3	10100	20190	33500	1400.0	2500.0	3750.0	132700

① 重载系列链条详见表 8-2-76。

② 对于高应力使用场合，不推荐使用过渡链节。

③ 止锁件的实际尺寸取决于其类型，但都不应超过规定尺寸，使用者应从制造商处获取详细资料。

④ 动载强度值不适用于过渡链节、连接链节或带有附件的链条；双排链和三排链的动载试验不能用单排链的值按比例套用；动载强度值是基于 5 个链节的试样，不含 36A、40A、40B、48A、48B、56B、64B、72B，这些链条是基于 3 个链节的试样。

⑤ 套筒直径。

表 8-2-76　　ANSI 重载系列链条主要尺寸、测量力、抗拉强度及动载强度

链号[1]	节距 p (nom)	滚子直径 d_1 (max)	内节内宽 b_1 (min)	销轴直径 d_2 (max)	套筒孔径 d_3 (min)	链条通道高度 h_1 (min)	内链板高度 h_2 (max)	外或中链板高度 h_3 (max)	过渡链节尺寸[2]			排距 p_t	内节外宽 b_2 (max)	外节内宽 b_3 (min)	销轴长度			止锁件附加宽度[3] b_7 (max)	测量力			抗拉强度 F_u			动载强度[4] 单排 F_d (min)
									l_1 (min)	l_2 (min)	c				单排 b_4 (max)	双排 b_5 (max)	三排 b_6 (max)		单排	双排	三排	单排 (min)	双排 (min)	三排 (min)	
	mm																		N			kN			N
60H	19.05	11.91	12.57	5.96	5.98	18.34	18.10	15.62	7.90	9.15	0.10	26.11	19.43	19.48	30.2	56.3	82.4	4.6	280	560	840	31.3	62.6	93.9	6330
80H	25.40	15.88	15.75	7.94	7.96	24.39	24.13	20.83	10.55	12.20	0.13	32.59	24.28	24.33	37.4	70.0	102.6	5.4	500	1000	1490	55.6	112.2	166.8	10700
100H	31.75	19.05	18.90	9.54	9.56	30.48	30.17	26.04	13.16	15.24	0.15	39.09	29.10	29.16	44.5	83.6	122.7	6.1	780	1560	2340	87.0	174.0	261.0	16000
120H	38.10	22.23	25.22	11.11	11.14	36.55	36.2	31.24	15.80	18.27	0.18	48.87	37.18	37.24	55.0	103.9	152.8	6.6	1110	2220	3340	125.0	250.0	375.0	22200
140H	44.45	25.40	25.22	12.71	12.74	42.67	42.23	36.45	18.42	21.32	0.20	52.20	38.86	38.91	59.0	111.2	163.4	7.4	1510	3020	4540	170.0	340.0	510.0	29200
160H	50.80	28.58	31.55	14.29	14.31	48.74	48.26	41.66	21.04	24.33	0.20	61.90	46.88	46.94	69.4	131.3	193.2	7.9	2000	4000	6010	223.0	446.0	699.0	36900
180H	57.15	35.71	35.48	17.46	17.49	54.86	54.30	46.86	23.65	27.36	0.20	69.16	52.50	52.55	77.3	146.5	215.7	9.1	2670	5340	8010	281.0	562.0	843.0	46900
200H	63.50	39.68	37.85	19.85	19.87	60.93	60.33	52.07	26.24	30.36	0.20	78.31	58.29	58.34	87.1	165.4	243.7	10.2	3110	6230	9340	347.0	694.0	1041.0	58700
240H	76.20	47.63	47.35	23.81	23.84	73.13	72.39	62.49	31.45	36.40	0.20	101.22	74.54	74.60	111.4	212.6	313.8	10.5	4450	8900	13340	500.0	1000.0	1500.0	84400

① 标准系列链条详见表 8-2-75。

② 对于高应力使用场合，不推荐使用过渡链节。

③ 止锁件的实际尺寸取决于其类型，但都不应超过规定尺寸，使用者应从制造商处获取详细资料。

④ 动载强度值不适用于过渡链节、连接链节或带有附件的链条；双排链和三排链的动载试验不能用单排链的值按比例套用；动载强度值是基于 5 个链节的试样，不含 180H、200H、240H，这些链条是基于 3 个链节的试样。

6.3.2 附件

（1）K 型附板

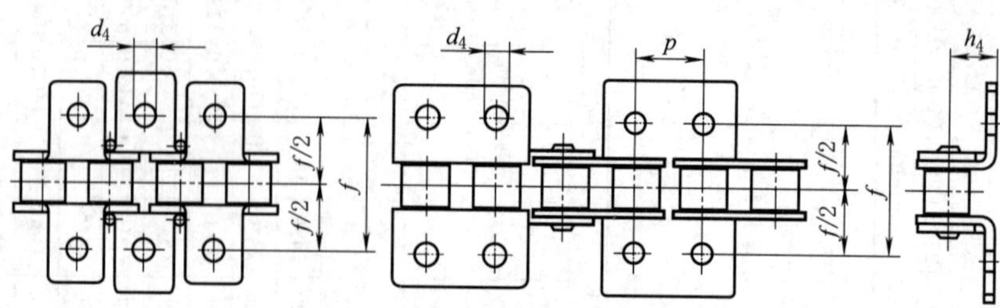

表 8-2-77 **K 型附板尺寸** mm

链号	附板平台高 h_4	板孔直径 d_4 (min)	孔中心间横向距离 f
06C	6.4	2.6	19.0
08A	7.9	3.3	25.4
08B	8.9	4.3	
10A	10.3	5.1	31.8
10B		5.3	
12A	11.9	5.1	38.1
12B	13.5	6.4	
16A	15.9	6.6	50.8
16B		6.4	
20A	19.8	8.2	63.5
20B		8.4	
24A	23.0	9.8	76.2
24B	26.7	10.5	
28A	28.6	11.4	88.9
28B		13.1	
32A	31.8	13.1	101.6
32B			
40A	42.9	16.3	127.0

注：1. p 见表 8-2-75。

2. K 型附板既可装在外链节，也可装在内链节。

3. K1 和 K2 型附板可以相同，区别是 K1 型附板中心有一个孔。

4. K2 型附板不能逐节安装。

（2）M 型附板

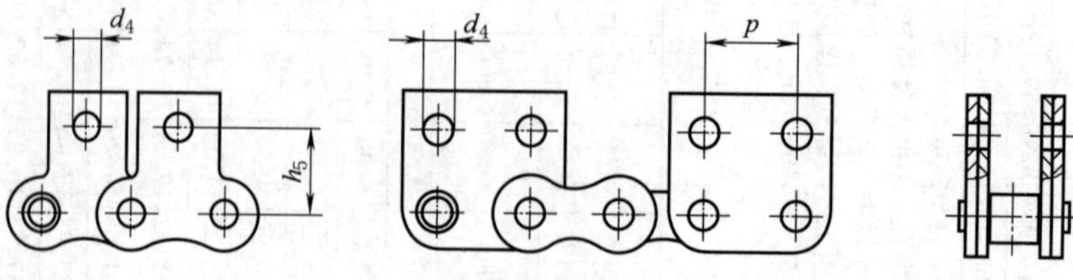

表 8-2-78 **M 型附板尺寸** mm

链号	附板孔与链板中心的距离 h_5	板孔直径 d_4 (min)
06C	9.5	2.6
08A	12.7	3.3
08B	13.0	4.3

续表

链号	附板孔与链板中心的距离 h_5	板孔直径 d_4 (min)
10A	15.9	5.1
10B	16.5	5.3
12A	18.3	5.1
12B	21.0	6.4
16A	24.6	6.6
16B	23.0	6.4
20A	31.8	8.2
20B	30.5	8.4
24A	36.5	9.8
24B	36.0	10.5
28A	44.4	11.4
32A	50.8	13.1
40A	63.5	16.3

注：1. p 见表 8-2-75。

2. M 型附板既可装在外链节，也可装在内链节。

3. M1 和 M2 型附板可以相同，区别是 M1 型附板中心有一个孔。

4. M2 型附板不推荐逐节安装。

（3）加长销轴

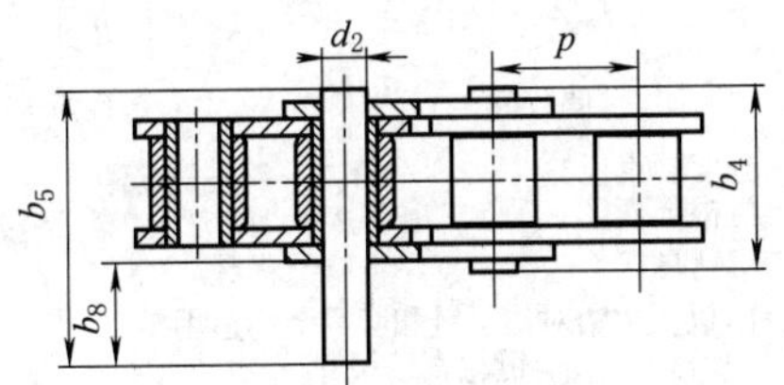

X型加长销轴(基于双排链销轴)

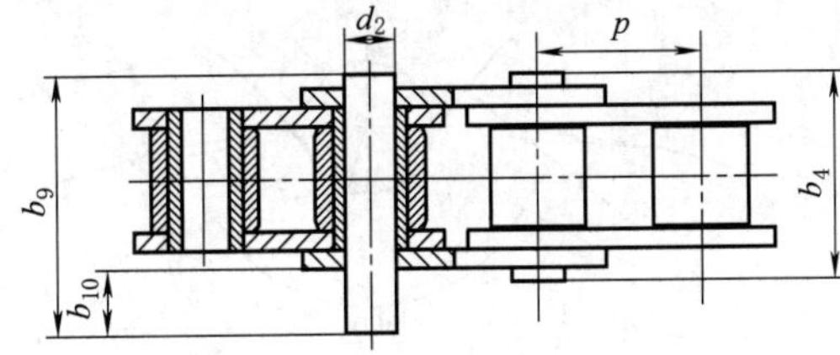

Y型加长销轴(通常用于"A"系列链条)

表 8-2-79 **加长销轴尺寸** mm

链 号	X 型加长销轴		Y 型加长销轴		X 型和 Y 型销轴直径
	b_8 (max)	b_5 (max)	b_{10} (max)	b_9 (max)	d_2 (max)
05B	7.1	14.3	—	—	2.31
06C	12.3	23.4	10.2	21.9	3.60
06B	12.2	23.8	—	—	3.28
08A	16.5	32.3	10.2	26.3	3.98
08B	15.5	31.0	—	—	4.45
10A	20.6	39.9	12.7	32.6	5.09
10B	18.5	36.2	—	—	5.08
12A	25.7	49.8	15.2	40.0	5.96
12B	21.5	42.2	—	—	5.72
16A	32.2	62.7	20.3	51.7	7.94
16B	34.5	68.0	—	—	8.28
20A	39.1	77.0	25.4	63.8	9.54

续表

链 号	X 型加长销轴		Y 型加长销轴		X 型和 Y 型销轴直径
	b_8 (max)	b_5 (max)	b_{10} (max)	b_9 (max)	d_2 (max)
20B	39.4	79.7	—	—	10.19
24A	48.9	96.3	30.5	78.6	11.11
24B	51.4	101.8	—	—	14.63
28A	—	—	35.6	87.5	12.71
32A	—	—	40.60	102.6	14.29

注：1. 尺寸 b_4 和 p 见表 8-2-75。

2. Y 型加长销轴 b_{10}，b_9 可选择使用，通常用在“A”系列链条。

6.3.3 链轮

（1）基本参数与直径尺寸

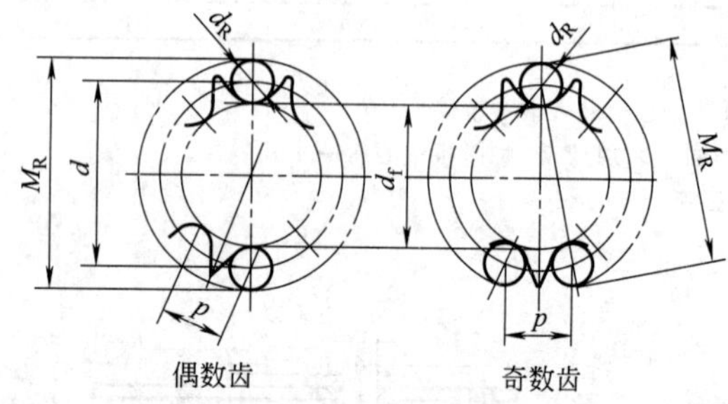

d—分度圆直径；d_f—齿根圆直径；d_R—量柱直径；M_R—跨柱测量距；p—弦节距，等于链条节距；z—齿数

注：以上术语对滚子链和套筒链均适用

链轮直径尺寸

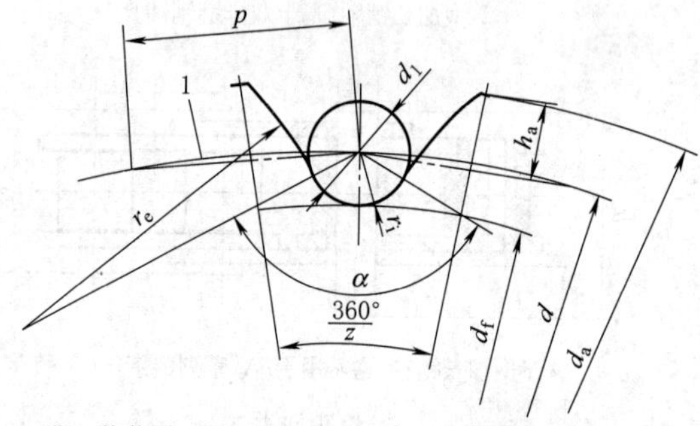

1—节距多边形；p—弦节距，等于链条节距；d—分度圆直径；r_e—齿槽圆弧半径；d_1—最大滚子直径；r_i—齿沟圆弧半径；d_a—齿顶圆直径；z—齿数；d_f—齿根圆直径；α—齿沟角；h_a—节距多边形以上的弦齿高

齿槽形状

表 8-2-80

名　称	计算方法	说　明
分度圆直径 d	$d=\dfrac{p}{\sin\dfrac{180°}{z}}$	本表给出了单位节距的分度圆直径，它是链轮齿数的函数
量柱直径 d_R	$d_R=d_1$	见上图，极限偏差 $^{+0.01}_{0}$ mm
齿根圆直径 d_f	$d_f=d-d_1$	
跨柱测量距 M_R	z 为偶数时 $M_R=d+d_{Rmin}$ z 为奇数时 $M_R=d\cos(90°/z)+d_{Rmin}$	

续表

齿数 *z*	单位节距 分度圆直径	齿数 *z*	单位节距 分度圆直径	齿数 *z*	单位节距 分度圆直径
9	2.9238	51	16.2441	93	29.6084
10	3.2361	52	16.5622	94	29.9267
11	3.5494	53	16.8803	95	30.2449
12	3.8637	54	17.1984	96	30.5632
13	4.1786	55	17.5166	97	30.8815
14	4.4940	56	17.8347	98	31.1997
15	4.8097	57	18.1529	99	31.5180
16	5.1258	58	18.4710	100	31.8362
17	5.4422	59	18.7892	101	32.1545
18	5.7588	60	19.1073	102	32.4727
19	6.0755	61	19.4255	103	32.7910
20	6.3925	62	19.7437	104	33.1093
21	6.7095	63	20.0619	105	33.4275
22	7.0266	64	20.3800	106	33.7458
23	7.3439	65	20.6982	107	34.0640
24	7.6613	66	21.0164	108	34.3823
25	7.9787	67	21.3346	109	34.7006
26	8.2962	68	21.6528	110	35.0188
27	8.6138	69	21.9710	111	35.3371
28	8.9314	70	22.2892	112	35.6654
29	9.2491	71	22.6074	113	35.9737
30	9.5668	72	22.9256	114	36.2919
31	9.8845	73	23.2438	115	36.6102
32	102.23	74	23.2620	116	36.9285
33	10.5201	75	23.8802	117	37.2467
34	10.8380	76	24.1985	118	37.5650
35	11.1558	77	24.6167	119	37.8833
36	11.4737	78	24.3349	120	38.2016
37	11.7916	79	25.1531	121	38.5198
38	12.1096	80	25.4713	122	38.8381
39	12.4275	81	25.7896	123	39.5164
40	12.7455	82	26.1078	124	39.4746
41	13.0635	83	26.4260	125	39.7929
42	13.3815	84	26.7443	126	40.1112
43	13.6995	85	27.0625	127	40.4295
44	14.0176	86	27.3807	128	40.4748
45	14.3356	87	27.6990	129	41.0660
46	14.6537	88	28.0172	130	41.3843
47	14.9717	89	28.3355	131	41.7026
48	15.2898	90	28.6537	132	42.0209
49	15.6079	91	28.9719	133	42.3391
50	15.9260	92	29.2902	134	42.6574

续表

齿数 z	单位节距分度圆直径	齿数 z	单位节距分度圆直径	齿数 z	单位节距分度圆直径
135	42.9757	141	44.8854	147	46.7951
136	43.2940	142	45.2037	148	47.1134
137	43.6123	143	45.5220	149	47.4317
138	43.9306	144	45.8403	150	47.7500
139	44.2488	145	46.1585		
140	44.5671	146	46.4768		

齿根圆直径极限偏差	齿根圆直径/mm	极限偏差/mm
	$d_f \leqslant 127$	$^{0}_{-0.25}$
	$127 < d_f \leqslant 250$	$^{0}_{-0.30}$
	$d_f > 250$	h11

齿槽	名称	计算公式	
		最小齿槽形状	最大齿槽形状
	齿面圆弧半径 r_e/mm	$r_{emax}=0.12d_1(z+2)$	$r_{emin}=0.008d_1(z^2+180)$
	齿沟圆弧半径 r_i/mm	$r_{imin}=0.505d_1$	$r_{imax}=0.505d_1+0.069\cdot\sqrt[3]{d_1}$
	齿沟角 α/(°)	$\alpha_{max}=140°-\frac{90°}{z}$	$\alpha_{min}=120°-\frac{90°}{z}$
	链轮的实际齿槽形状,应符合齿槽形状图和本表的规定。最大和最小齿槽形状决定了齿槽形状的极限,用切齿或等效加工方法得到的实际齿槽形状应位于最大和最小齿槽圆弧半径之间,并在对应的定位圆弧角处与滚子定位圆弧平滑连接		

齿顶圆直径和齿高	名称	计算公式	
		最大值	最小值
	齿顶圆直径 d_a/mm	$d_{amax}=d+1.25p-d_1$	$d_{amin}=d+p\left(1-\frac{1.6}{z}\right)-d_1$
	节距多边形以上的弦齿高 h_a/mm	$h_{amax}=0.625p-0.5d_1+\frac{0.8p}{z}$	$h_{amin}=0.5(p-d_1)$

注：d_{amax} 和 d_{amin} 都可用于最大和最小齿槽形状。d_{amax} 的极限由刀具来限制。h_{amax} 对应于 d_{amax}，h_{amin} 对应于 d_{amin}。

(2) 剖面齿廓

链轮的剖面齿廓，应符合表 8-2-81 的规定。

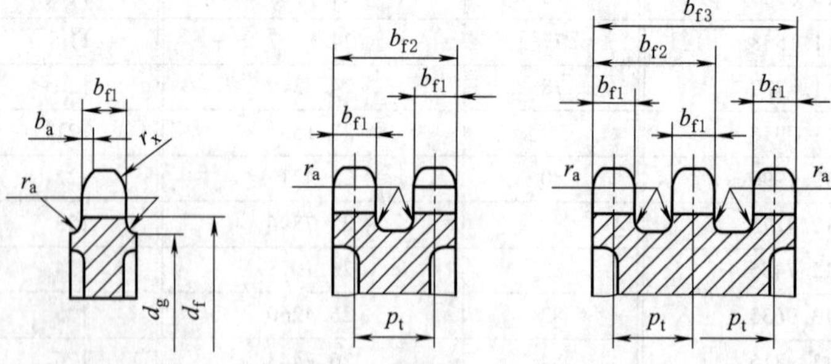

b_a—齿边倒角宽；d_g—最大齿侧凸缘直径；b_{f1}—齿宽；p_t—链条排距；
b_{f2} 和 b_{f3}—齿全宽；r_a—齿侧凸缘圆角半径；d_f—齿根圆直径；r_x—齿侧半径

表 8-2-81

弦节距	链轮	计算公式	备注
$p \leqslant 12.7$mm	单排链轮	$b_{f1}=0.93b_1$;h14	四排以上链轮的公式可以由用户和制造商之间协议后使用
	双排和三排链轮	$b_{f1}=0.91b_1$;h14	
	四排以上链轮	$b_{f1}=0.88b_1$;h14	
$p>12.7$mm	单排链轮	$b_{f1}=0.95b_1$;h14	
	双排和三排链轮	$b_{f1}=0.93b_1$;h14	

续表

	项目	链号	计算公式
其他尺寸	齿全宽 b_{f2} 和 b_{f3}	所有链条	(链条排数-1)×p_t+b_{f1}
	齿侧半径 r_{xnom}		$r_{xnom}=p$
	齿边倒角宽 b_{anom}	081,083,084,085	$b_{anom}=0.06p$
		所有其他链条	$b_{anom}=0.13p$
	最大齿侧凸缘直径	04C 和 06C	$d_g=p\cot\frac{180°}{z}-1.05h_2-1.00-2r_a$
		所有其他链条	$d_g=p\cot\frac{180°}{z}-1.04h_2-0.76$(mm)

(3) 径向跳动和轴向跳动

表 8-2-82

项目	要　求
径向跳动	在轴孔和齿根圆之间的径向圆跳动量的指示器读数值不应大于下列两值中较大的数值:$(0.0008d_f+0.08)$mm,或 0.15mm,最大可达 0.76mm
轴向跳动	以轴孔和齿部侧面的平面部分为参考测得的轴向跳动指示器读数值不应超过下列计算值:$(0.0009d_f+0.08)$mm,最大可达 1.14mm。对于焊接链轮,如果上式计算值较小,可以采用 0.25mm

(4) 轮齿的节距精度、齿数与轴孔公差

表 8-2-83

项目	要　求
轮齿的节距精度	轮齿的节距精度很重要,用户应向制造商详细咨询
轮齿的齿数	GB/T 1243—2006 主要应用的齿数范围为 9~150 齿。优选齿数为:17,19,21,23,25,38,57,76,95 和 114
轮齿的轴孔公差	轴孔公差应是 H8,除非用户与制造商之间另有协议(见 GB/T 1800.2、GB/T 1800.1、GB/T 1803)

6.4 双节距精密滚子链(摘自 GB/T 5269—2008)

6.4.1 链条

链条尺寸应符合图示和表 8-2-84 及表 8-2-85 的规定。规定的最大和最小尺寸可保证由不同链条厂生产的链条的链节具有互换性,它们代表了互换性的极限,而不是制造链条时的公差。

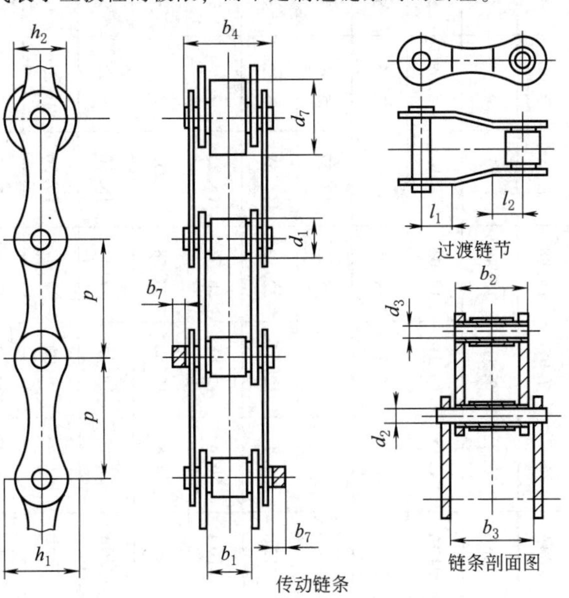

表 8-2-84　　传动链条主要尺寸、测量力和抗拉强度

链号	节距 p	小滚子直径[①] d_1 (max)	大滚子直径[①] d_7 (max)	内链节内宽 b_1 (min)	销轴直径 d_2 (max)	套筒内径 d_3 (min)	链条通道高度 h_1 (min)	链板高度 h_2 (max)	过渡链板尺寸[②] l_1 (min)	内链节外宽 b_2 (max)	外链节内宽 b_3 (min)	销轴长度 b_4 (max)	销轴止锁端加长量[③] (max)	测量力	抗拉强度 (min)
	mm													N	kN
208A	25.4	7.92	15.88	7.85	3.98	4.00	12.33	12.07	6.9	11.17	11.31	17.8	3.9	120	13.9
208B	25.4	8.51	15.88	7.75	4.45	4.50	12.07	11.81	6.9	11.30	11.43	17.0	3.9	120	17.8
210A	31.75	10.16	19.05	9.40	5.09	5.12	15.35	15.09	8.4	13.84	13.97	21.8	4.1	200	21.8
210B	31.75	10.16	19.05	9.65	5.08	5.13	14.99	14.73	8.4	13.28	13.41	19.6	4.1	200	22.2
212A	38.1	11.91	22.23	12.57	5.96	5.98	18.34	18.10	9.9	17.75	17.88	26.9	4.6	280	31.3
212B	38.1	12.07	22.23	11.68	5.72	5.77	16.39	16.13	9.9	15.62	15.75	22.7	4.6	280	28.9
216A	50.8	15.88	28.58	15.75	7.94	7.96	24.39	24.13	13	22.60	22.74	33.5	5.4	500	55.6
216B	50.8	15.88	28.58	17.02	8.28	8.33	21.34	21.08	13	25.45	25.58	36.1	5.4	500	60.0
220A	63.5	19.05	39.67	18.90	9.54	9.56	30.48	30.17	16	27.45	27.59	41.1	6.1	780	87.0
220B	63.5	19.05	39.67	19.56	10.19	10.24	26.68	26.42	16	29.01	29.14	43.2	6.1	780	95.0
224A	76.2	22.23	44.45	25.22	11.11	11.14	36.55	36.20	19.1	35.45	35.59	50.8	6.6	1110	125.0
224B	76.2	25.4	44.45	25.40	14.63	14.68	33.73	33.40	19.1	37.92	38.05	53.4	6.6	1110	160.0
228B	88.9	27.94	—	30.99	15.90	15.95	37.46	37.08	21.3	46.58	46.71	65.1	7.4	1510	200.0
232B	101.6	29.21	—	30.99	17.81	17.86	42.72	42.29	24.4	45.57	45.70	67.4	7.9	2000	250.0

① 大滚子链条在链号后加 L，它主要用于输送，但有时也用于传动。

② 对于繁重的工况，不推荐使用过渡链节。

③ 实际尺寸取决于止锁件的型式，但不得超过所给尺寸，详细资料应从链条制造商处得到。

表 8-2-85　　输送链条主要尺寸、测量力和抗拉强度

链号[①]	节距 p	小滚子直径 d_1 (max)	大滚子直径 d_7 (max)	内链节内宽 b_1 (min)	销轴直径 d_2 (max)	套筒内径 d_3 (min)	链条通道高度 h_1 (min)	链板高度 h_2 (max)	过渡链板尺寸[②] l_1 (min)	内链节外宽 b_2 (max)	外链节内宽 b_3 (min)	销轴长度 b_4 (max)	销轴止锁端加长量[③] (max)	测量力	抗拉强度 (min)
	mm													N	kN
C208A	25.4	7.92	15.88	7.85	3.98	4.00	12.33	12.07	6.9	11.17	11.31	17.8	3.9	120	13.9
C208B	25.4	8.51	15.88	7.75	4.45	4.50	12.07	11.81	6.9	11.30	11.43	17.0	3.9	120	17.8
C210A	31.75	10.16	19.05	9.40	5.09	5.12	15.35	15.09	8.4	13.84	13.97	21.8	4.1	200	21.8
C210B	31.75	10.16	19.05	9.65	5.08	5.13	14.99	14.73	8.4	13.28	13.41	19.6	4.1	200	22.2
C212A	38.1	11.91	22.23	12.57	5.96	5.98	18.34	18.10	9.9	17.75	17.88	26.9	4.6	280	31.3
C212A-H	38.1	11.91	22.23	12.57	5.96	5.98	18.34	18.10	9.9	19.43	19.56	30.2	4.6	280	31.3
C212B	38.1	12.07	22.23	11.68	5.72	5.77	16.39	16.13	9.9	15.62	15.75	22.7	4.6	280	28.9
C216A	50.8	15.88	28.58	15.75	7.94	7.96	24.39	24.13	13	22.60	22.74	33.5	5.4	500	55.6
C216A-H	50.8	15.88	28.58	15.75	7.94	7.96	24.39	24.13	13	24.28	24.41	37.4	5.4	500	55.6
C216B	50.8	15.88	28.58	17.02	8.28	8.33	21.34	21.08	13	25.45	25.58	36.1	5.4	500	60.0
C220A	63.5	19.05	39.67	18.90	9.54	9.56	30.48	30.17	16	27.45	27.59	41.1	6.1	780	87.0
C220A-H	63.5	19.05	39.67	18.90	9.54	9.56	30.48	30.17	16	29.11	29.24	44.5	6.1	780	87.0
C220B	63.5	19.05	39.67	19.56	10.19	10.24	26.68	26.42	16	29.01	29.14	43.2	6.1	780	95.0
C224A	76.2	22.23	44.45	25.22	11.11	11.14	36.55	36.20	19.1	35.45	35.59	50.8	6.6	1110	125.0
C224A-H	76.2	22.23	44.45	25.22	11.11	11.14	36.55	36.20	19.1	37.18	37.31	55.0	6.6	1110	125.0
C224B	76.2	25.4	44.45	25.40	14.63	14.68	33.73	33.40	19.1	37.92	38.05	53.4	6.6	1110	160.0
C232A-H	101.6	28.58	57.15	31.55	14.29	14.31	48.74	48.26	25.2	46.88	47.02	69.4	7.9	2000	222.4

① 链号是从表 8-2-84 中的基本链号派生出来的，前缀加字母 C 表示输送链，字尾加 S 表示小滚子链、L 表示大滚子链、H 表示重载链条。

② 重载应用场合，不推荐使用过渡链节。

③ 实际尺寸取决于止锁件的型式，但不得超过所给尺寸，详细资料应从链条制造商处得到。

注：带大滚子链条的基本尺寸与表 8-2-84 相同，其链板通常是直边的（不是曲边的）。

6.4.2 附件

(1) K 型附板

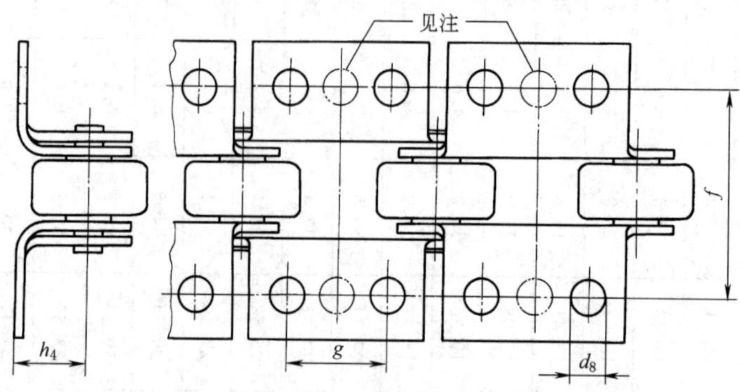

注：K 型附板带有两个孔；K1 附板只在中间开一个孔

表 8-2-86　　**K 型附板尺寸**　　mm

链号	附板平台高度 h_4	附板孔中心线之间横向距离 f	最小孔径 d_8	附板孔中心线之间纵向距离 g
C208A	9.1	25.4	3.3	9.5
C208B	9.1	25.4	4.3	12.7
C210A	11.1	31.8	5.1	11.9
C210B	11.1	31.8	5.3	15.9
C212A	14.7	42.9	5.1	14.3
C212A-H	14.7	42.9	5.1	14.3
C212B	14.7	38.1	6.4	19.1
C216A	19.1	55.6	6.6	19.1
C216A-H	19.1	55.6	6.6	19.1
C216B	19.1	50.8	6.4	25.4
C220A	23.4	66.6	8.2	23.8
C220A-H	23.4	66.6	8.2	23.8
C220B	23.4	63.5	8.4	31.8
C224A	27.8	79.3	9.8	28.6
C224A-H	27.8	79.3	9.8	28.6
C224B	27.8	76.2	10.5	38.1
C232A-H	36.5	104.7	13.1	38.1

注：重载链条链号标以后缀 H。

(2) M1 型和 M2 型附板

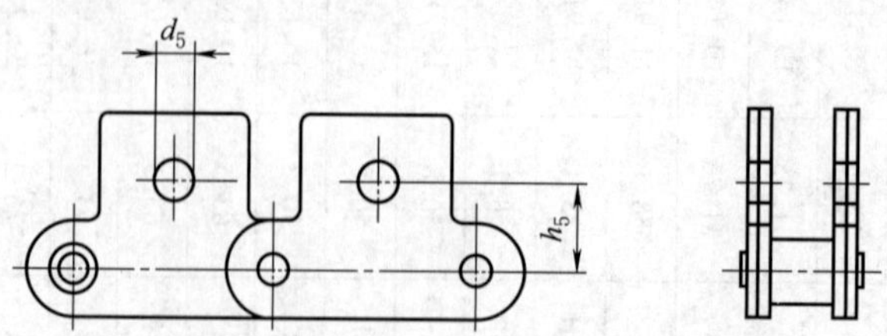

注：M1 型附板既可放在内链板上，也可放在外链板上

M1 型附板

第 8 篇

表 8-2-87 **M1 型附板尺寸** mm

链号	附板孔至链条中心线高度 h_5	最小孔径 d_5
C208A	11.1	5.1
C208B	13.0	4.3
C210A	14.3	6.6
C210B	16.5	5.3
C212A	17.5	8.2
C212A-H	17.5	8.2
C212B	21.0	6.4
C216A	22.2	9.8
C216A-H	22.2	9.8
C216B	23.0	6.4
C220A	28.6	13.1
C220A-H	28.6	13.1
C220B	30.5	8.4
C224A	33.3	14.7
C224A-H	33.3	14.7
C224B	36.0	10.5
C232A-H	44.5	19.5

注：重载链条链号标以后缀 H。

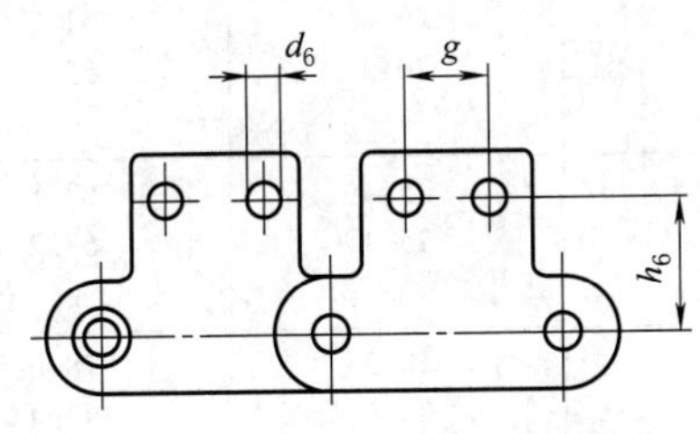

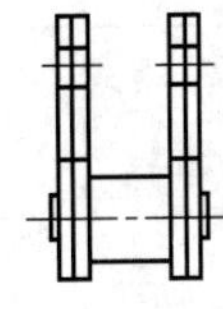

M2 型附板

表 8-2-88 **M2 型附板尺寸** mm

链号	附板孔至链条中心线高度 h_6	最小孔径 d_6	附板孔中心线之间纵向距离 g
C208A	13.5	3.3	9.5
C208B	13.7	4.3	12.7
C210A	15.9	5.1	11.9
C210B	16.5	5.3	15.9
C212A	19.0	5.1	14.3
C212A-H	19.0	5.1	14.3
C212B	18.5	6.4	19.1
C216A	25.4	6.6	19.1
C216A-H	25.4	6.6	19.1
C216B	27.4	6.4	25.4
C220A	31.8	8.2	23.8
C220A-H	31.8	8.2	23.8
C220B	33.0	8.4	31.8
C224A	37.3	9.8	28.6
C224A-H	37.3	9.8	28.6
C224B	42.7	10.5	38.1
C232A-H	50.8	13.1	38.1

注：重载链条链号标以后缀 H。

(3) 加长销轴

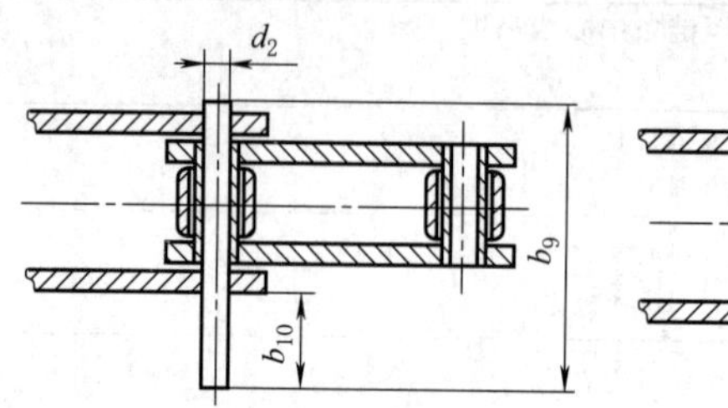

X型加长销轴(双排链销轴)

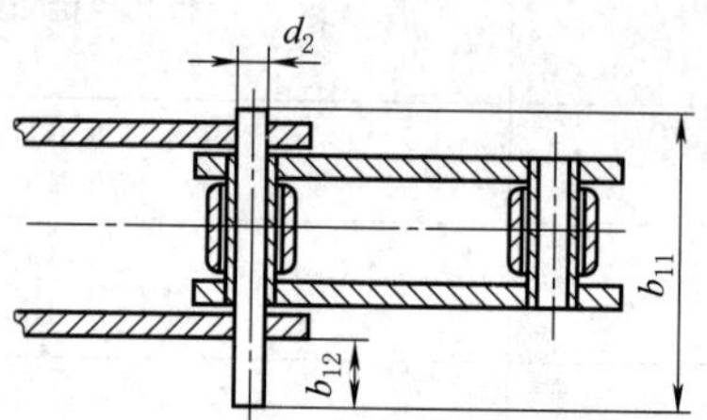

Y型加长销轴(通常用于“A”系列链条)

表 8-2-89 **加长销轴尺寸**

mm

链号	X 型销轴加长量		Y 型销轴加长量		销轴直径
	b_{10} (max)	b_9 (max)	b_{12} (max)	b_{11} (max)	d_2 (max)
C208A	—	—	10.2	26.3	3.98
C208B	15.5	31.0	—	—	4.45
C210A	—	—	12.7	32.6	5.09
C210B	18.5	36.2	—	—	5.08
C212A	—	—	15.2	40.0	5.96
C212A-H	—	—	15.2	43.3	5.96
C212B	21.5	42.2	—	—	5.72
C216A	—	—	20.3	51.7	7.94
C216A-H	—	—	20.3	55.3	7.94
C216B	34.5	68.0	—	—	8.28
C220A	—	—	25.4	63.8	9.54
C220A-H	—	—	25.4	67.2	9.54
C220B	39.4	79.7	—	—	10.19
C224A	—	—	30.5	78.6	11.11
C224A-H	—	—	30.5	82.4	11.11
C224B	51.4	101.8	—	—	14.63
C232A-H	—	—	40.6	106.3	14.29

注：重载链条链号标以后缀 H。

第8篇

6.4.3 链轮

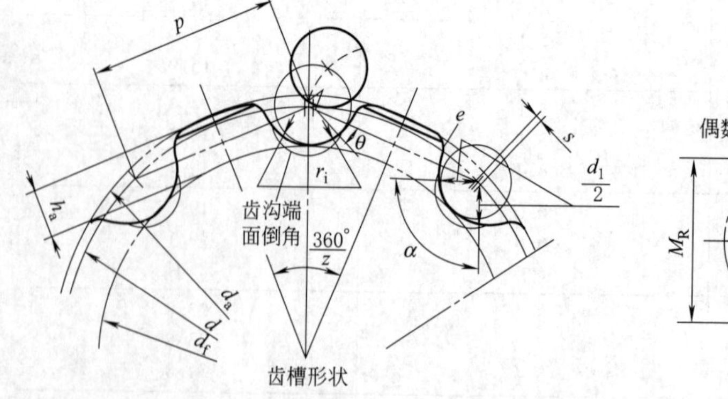

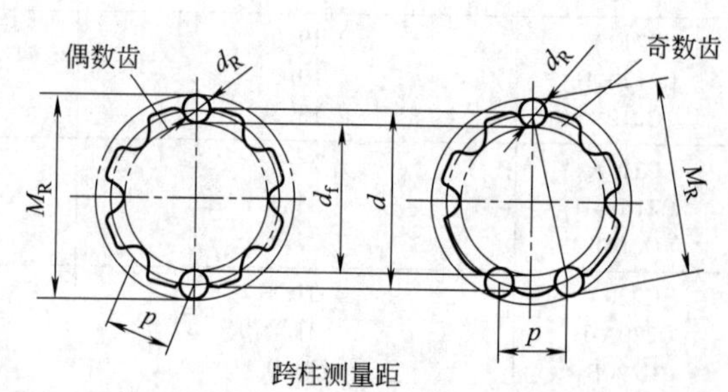

表 8-2-90

名称	计算公式	备注
分度圆直径 d	$d=\dfrac{p}{\sin\dfrac{180°}{z}}$	表 8-2-91 中按齿数给出了单位节距的分度圆直径

续表

名称	计算公式	备注
量柱直径 d_R	$d_R = d_1{}^{+0.01}_{0}$	
齿根圆直径 d_f	$d_f = d - d_1$	齿根圆直径极限偏差见表 8-2-92
跨柱测量距 M_R	对偶数齿链轮： $M_R = d + d_{Rmin}$ 对奇数齿的单切齿链轮： $M_R = d\cos\dfrac{90°}{z} + d_{Rmin}$ 对奇数齿的双切齿链轮： $M_R = d\cos\dfrac{90°}{z_1} + d_{Rmin}$	
齿顶圆直径 d_a	$d_{amax} = d + 0.625p - d_1$ $d_{amin} = d + p\left(0.5 - \dfrac{0.4}{z}\right) - d_1$	必须注意 d_{amin} 和 d_{amax} 无论对最小或是最大的齿槽形状都可采用，其受到的限制是刀具受最大加工直径的限制
分度圆弦齿高 h_a	$h_{amax} = p\left(0.3125 + \dfrac{0.8}{z}\right) - 0.5d_1$ $h_{amin} = p\left(0.25 + \dfrac{0.6}{z}\right) - 0.5d_1$	h_a 是为简化放大齿形图的绘制而引入的辅助尺寸。h_{amax} 对应于 d_{amax}，h_{amin} 对应于 d_{amin}

表 8-2-91　分度圆直径　mm

齿数 z	单位节距分度圆直径 d	齿数 z	单位节距分度圆直径 d	齿数 z	单位节距分度圆直径 d	齿数 z	单位节距分度圆直径 d	齿数 z	单位节距分度圆直径 d
5	1.7013	17	5.4422	29	9.2491	41	13.0635	53	16.8803
5½	1.8496	17½	5.6005	29½	9.4080	41½	13.2225	53½	17.0393
6	2	18	5.7588	30	9.5668	42	13.3815	54	17.1984
6½	2.1519	18½	5.9171	30½	9.7256	42½	13.5405	54½	17.3575
7	2.3048	19	6.0755	31	9.8845	43	13.6995	55	17.5166
7½	2.4586	19½	6.234	31½	10.0434	43½	13.8585	55½	17.6756
8	2.6131	20	6.3925	32	10.2023	44	14.0176	56	17.8347
8½	2.7682	20½	6.5509	32½	10.3612	44½	14.1765	56½	17.9938
9	2.9238	21	6.7095	33	10.5201	45	14.3356	57	18.1529
9½	3.0798	21½	6.8681	33½	10.679	45½	14.4946	57½	18.3119
10	3.2361	22	7.0266	34	10.838	46	14.6537	58	18.471
10½	3.3927	22½	7.1853	34½	10.9969	46½	14.8127	58½	18.6301
11	3.5494	23	7.3439	35	11.1558	47	14.9717	59	18.7892
11½	3.7065	23½	7.5026	35½	11.3148	47½	15.1308	59½	18.9482
12	3.8637	24	7.6613	36	11.4737	48	15.2898	60	19.1073
12½	4.0211	24½	7.82	36½	11.6327	48½	15.4488	60½	19.2665
13	4.1786	25	7.9787	37	11.7916	49	15.6079	61	19.4255
13½	4.3362	25½	8.1375	37½	11.9506	49½	15.7669	61½	19.5847
14	4.494	26	8.2692	38	12.1096	50	15.926	62	19.7437
14½	4.6518	26½	8.455	38½	12.2685	50½	16.085	62½	19.9029
15	4.8097	27	8.6138	39	12.4275	51	16.2441	63	20.0619
15½	4.9677	27½	8.7726	39½	12.5865	51½	16.4031	63½	20.221
16	5.1258	28	8.9314	40	12.7455	52	16.5622	64	20.38
16½	5.284	28½	9.0902	40½	12.9045	52½	16.7212	64½	20.5393

续表

齿数 z	单位节距分度圆直径 d	齿数 z	单位节距分度圆直径 d	齿数 z	单位节距分度圆直径 d	齿数 z	单位节距分度圆直径 d	齿数 z	单位节距分度圆直径 d
65	20.6992	67½	21.4939	70	22.2892	72½	23.0849	75	23.8802
65½	20.8575	68	21.6528	70½	22.4485	73	23.2438		
66	21.0164	68½	21.8121	71	22.6074	73½	23.4031		
66½	21.1757	69	21.971	71½	22.7667	74	23.562		
67	21.3346	69½	22.1303	72	22.9256	74½	23.7213		

表 8-2-92　　齿根圆直径极限偏差　　mm

齿根圆直径 d_f	上偏差	下偏差
$d_f \leqslant 127$	0	-0.25
$127 < d_f \leqslant 250$	0	-0.30
$d_f > 250$	H11(见 GB/T 1800.1)	

6.4.4　齿槽形状

用切削或等同方法加工而成的实际齿槽形状，其齿廓应位于最小齿廓半径和最大齿廓半径之间，并与链轮上的滚子定位齿沟圆弧曲线圆滑过渡连接。

表 8-2-93

名称	计算公式	
	最小齿槽形状	最大齿槽形状
齿面圆弧半径 r_e/mm	$r_{emax}=0.12d_1(z+2)$	$r_{emin}=0.008d_1(z^2+180)$
齿沟圆弧半径 r_i/mm	$r_{imin}=0.505d_1$	$r_{imax}=0.505d_1+0.069\sqrt[3]{d_1}$
齿沟角 α/(°)	$\alpha_{max}=140°-90°/z$	$\alpha_{min}=120°-90°/z$
齿宽 b_f	$b_f=0.95b_1$:h14 (注:经用户与制造厂协商也可用 $b_f=0.93b_1$:h14)	
齿边倒角宽 b_{anom}	$b_{anom}=0.065p$	
最大齿侧凸缘直径	$d_g=p\cot\dfrac{180°}{z}-1.05h_2-1.00-2r_a, r_a\approx0.15h_2$	
齿侧倒角半径 r_{xnom}	$r_{xnom}=0.5p$	

第8篇

6.4.5　径向跳动和轴向跳动

表 8-2-94

项目	要　求
径向跳动	以轴孔和齿根圆作为参考,将链轮回转一周,测得的链轮齿根圆径向跳动量不应超过大于下列两数值中的较大数值:$(0.0008d_f+0.08)$mm,或 0.15mm,最大到 0.76mm
轴向跳动	以轴孔和链轮齿侧平面部分作为参考,将链轮回转一周,测得的链轮轴向跳动量不应超过下列数值:$(0.0009d_f+0.08)$mm,最大可达 1.14mm。对于装配(或焊接)结构的链轮,如果上式计算值较小,可以采用 0.25mm 作为最小值

6.4.6　轮齿的节距精度、齿数与轴孔公差

表 8-2-95

项目	要　求
轮齿的节距精度	轮齿的节距精度很重要,用户应向制造商详细咨询
轮齿的孔径公差	除非用户与制造商之间另有协议,轴孔公差应是 H8

7　螺旋输送机（摘自 JB/T 7679—2019）

螺旋输送机的组成一般有动力源（电动机或内燃机等）、减速器（又称减速箱）、螺旋体、螺旋槽以及相应的机座，其中，螺旋体为最关键的零部件。

（1）螺旋公称直径

表 8-2-96　　螺旋公称直径　　mm

螺旋公称直径 D	100、125、160、200、250、315、400、500、630、800、1000、1250、1600、2000

（2）螺距

表 8-2-97　　螺距　　mm

螺距 S	100、125、160、200、250、315、355、400、450、500、560、630、800、1000

8　圆盘给料机（摘自 JB/T 4255—2013、JB/T 7555—2008、JB/T 8114—2008）

圆盘给料机由给料槽、驱动装置、给料机本体、计量用带式输送机和计量装置组成，其中，给料槽为关键性零部件。

（1）普通给料槽宽度

表 8-2-98　　给料槽宽度　　mm

给料槽宽度	400、500、630、700、800、900、1000、1100、1250、1300、1500、1600、1800、2000

（2）中型给料槽宽度

表 8-2-99　　中型给料槽宽度

中型给料槽宽度 /mm	中心距/mm	给料速度 /m·s^{-1}
800	3000、3500、4500、5000、6000、9000、12000、15000	0.03~0.25
1000	3000、4500、5000、6000、8000、9000、12000、15000、18000	
1250	3000、3500、4500、5500、6000、7500、9000、12000、15000、18000	
1400	3000、3500、4000、4500、6000、6500、9000、12000、15000、18000	0.02~0.20
1500	4000、6000、6500、10000、16000	
1600	4500、5000、6000、9000、12000、15000、16000、18000	
1800	4500、6000、9000、12000、15000、18000	0.01~0.20
2000		
2200		0.01~0.16
2500		

注：1. 给料槽宽度指给料槽槽板之间有效宽度。

2. 中心距指头尾轮轴线之间的距离。

（3）轻型给料槽宽度

表 8-2-100　　轻型给料槽宽度

中型给料槽宽度 /mm	中心距/mm	给料速度 /m·s^{-1}
500	2000、3000、4500、6000、9000、12000、15000	0.05~0.40
630	3000、4500、6000、9000、12000、15000	0.04~0.40

续表

中型给料槽宽度/mm	中心距/mm	给料速度/m·s^{-1}
800	3000、4500、6000、9000、12000、15000、18000	0.04～0.40
1000		0.03～0.40
1250		

注：1. 给料槽宽度指给料槽槽板之间有效宽度。

2. 中心距指头尾轮轴线之间的距离。

9　臂式斗轮堆取料机（摘自 JB/T 14695—2021）

悬臂斗轮堆取料机主要由斗轮机构、车轮、臂架、轨道等部件组成。

（1）斗轮直径

表 8-2-101　　斗轮直径　　m

斗轮直径 D	4、4.5、5、5.5、6、6.5、7、7.5、8、8.5、9、10、11、12

（2）回转半径

表 8-2-102　　回转半径　　m

回转半径 R	20、25、30、35、40、45、50、55、60、65

（3）车轮直径

表 8-2-103　　车轮直径　　mm

车轮直径	500、630、710、800、900、1000

（4）轨道中心距

表 8-2-104　　轨道中心距　　m

轨道中心距	4.5、5、6、7、8、9、10、11、12、13、14、15

注：1. 正三支点运行机构的轨道中心距 S 一般取设备回转半径的 1/6 到 1/5。

2. 侧三支点运行机构的轨道中心距 S 一般取设备回转半径的 1/4。

3. 四轨道运行机构的轨道中心距 S 一般按照双方约定执行。

（5）带式输送机带速

表 8-2-105　　带式输送机带速　　m/s

带式输送机带速	1.6、2.0、2.5、3.15、4、4.5、5、5.5、6.3

（6）臂架长度

表 8-2-106　　臂架长度　　m

臂架长度	20、25、30、35、40、45、50、55、60

注：臂架长度超过上述范围时，可由供需双方根据设计船型、设计水位以及码头断面另行约定。

参 考 文 献

[1] 杨长骙. 起重机械. 北京：机械工业出版社，1986.

[2] 中国农业机械化科学研究院. 农业机械设计手册. 下册. 北京：机械工业出版社. 1973.

[3] 《起重机设计手册》编写组. 起重机设计手册. 北京：机械工业出版社，1987.

[4] 张质文，王金诺，程文明等. 起重机设计手册. 北京：中国铁道出版社，2013.

[5] 北京起重运输机械设计研究院. 起重运输机械产品选用手册. 北京：机械工业出版社，2009.

[6] 成大先. 机械设计手册. 第六版. 第2卷. 北京：化学工业出版社，2016.

[7] 《运输机械设计选用手册》编辑委员会. 运输机械设计选用手册・上册. 北京：化学工业出版社，2017.

[8] 北京起重运输机械研究所编. DTⅡ（A）型带式输送机设计手册. 第2版. 北京：冶金工业出版社，2021.

[9] 王鹰. 连续输送机械设计手册. 北京：中国铁道出版社，2009.

[10] GB/T 3811—2008. 起重机设计规范.

[11] GB/T 10595—2017. 带式输送机.

[12] JB/T 7330—2018. 电动滚筒.

[13] JB/T 9015—2011. 带式输送机用逆止器.

[14] GB/T 33092—2016. 皮带运输机清扫器聚氨酯刮刀.

[15] JB/T 3730—2019. 带式输送机 液压拉紧装置

[16] GB/T 9770—2013. 普通用途钢丝绳芯输送带

[17] GB/T 4490—2021. 织物芯输送带 宽度和长度.

[18] GB/T 23677—2017. 轻型输送带.

[19] MT/T 323—1993. 中双链刮板输送机用刮板.

[20] GB/T 12718—2009. 矿用高强度圆环链.

[21] GB/T 24503—2009. 矿用圆环链驱动链轮.

[22] MT/T 105—2006. 刮板输送机通用技术条件.

[23] MT/T 183—1988. 刮板输送机中部槽.

[24] GB/T 10596—2021. 埋刮板输送机.

[25] JB/T 9154—2008. 埋刮板输送机用链条、刮板和链轮.

[26] JB/T 3926—2014. 垂直斗式提升机.

[27] JB/T 7014—2008. 平板式输送机.

[28] GB/T 8350—2008. 输送链、附件和链轮.

[29] GB/T 4140—2003. 输送用平顶链和链轮.

[30] JB/T 10867—2008. 输送用塑料平顶链和链轮.

[31] GB/T 1243—2006. 传动用短节距精密滚子链、套筒链、附件和链轮.

[32] GB/T 5269—2008. 传动与输送用双节距精密滚子链、附件和链轮.

[33] JB/T 7679—2019. 螺旋输送机.

[34] JB/T 12636—2016. 无轴螺旋输送机.

[35] JB/T 4255—2013. 中、轻型板式给料机.

[36] JB/T 7555—2008. 惯性振动给料机.

[37] JB/T 8114—2008. 电磁振动给料机.

[38] GB/T 14695—2021. 臂式斗轮堆取料机 型式和基本参数.

[39] JB/T 4149—2022. 臂式斗轮堆取料机.

[40] JB/T 10380—2013. 圆管带式输送机.

[41] JB/T 7854—2008. 气垫带式输送机.

[42] JB/T 12919—2016. 成件物品用轻型带式输送机.

HANDBOOK

OF

第9篇
操作件、小五金及管件

篇主编 窦建清

撰稿 窦建清 王逸琨 陈志敏 张东 王彦彩

审稿 陈清阳

MECHANICAL

DESIGN

修订说明

与第六版相比，本篇主要修订和新增内容如下：

（1）将原“操作件及小五金件”“管件”两个章节扩编为“操作件”“小五件”“管道和管件”三章；将原“弹簧”篇中第20章波纹管的内容整合到本篇第3章第7节，并扩充相关内容。

（2）全面更新了相关国家标准和资料，并把每章中涉及的国标进行列表总结。

（3）每章增加一节概述，并对有关术语和定义进行解释。

（4）五金件单独成章，共涵盖7个大类、26个小类、59个产品明细，内容包括：建筑门窗及家具五金件、建筑和一般民用锁具、工业机柜用锁具、拉手类五金件、厨卫五金产品、搭扣类五金件、橡胶轮和地脚。对铰链、合页进行了对比说明，并丰富了合页及铰链内容，尤其是增加了钣金机柜用铰链的介绍；在厨卫五金产品一节中详细介绍了陶瓷阀芯的结构。

（5）管道及管件部分，扩充了钢制法兰盘的种类和规格，对国标中的表格进行了归纳整合；介绍了多种波纹管的知识和应用说明；新增聚氯乙烯类塑料管道和管件（PVC系列）、聚乙烯类塑料管道和管件（PE系列）、聚丙烯类（PP）塑料管道和管件、聚丁烯类塑料管道（PB系列）等塑料管材管件；新增搭接焊铝塑复合管和对接焊铝塑复合管管材及管件；新增碳钢卡压式管件（GB/T 27891—2011）、卡压管件用管道、不锈钢卡压式管件与薄壁不锈钢管（GB/T 19228.1—2011）；新增铜管接头类卡压式管件（GB/T 11618.2—2008）。

参加本篇编写的有：北京普道智成科技有限公司窦建清，北京戴乐克工业锁具有限公司王逸琨、陈志敏、张东，同方威视技术股份有限公司王彦彩。北京戴乐克工业锁具有限公司提供了工业锁具、铰链、拉手、脚轮、脚杯等资料，宁波埃美柯阀门有限公司提供了阀门水嘴技术资料。

本篇由太原重工股份有限公司陈清阳审稿。

CHAPTER 1

第1章 操作件

1 概　　述

1.1 操作件概述

操作件主要是指机床等加工设备上用的手柄、手轮及其配套组件等。最常见的操作件有：手柄、手柄球、手柄套、手柄杆、手柄座、手轮、把手、嵌套等。该系列操作件执行的是表 9-1-1 所列中国机械行业推荐标准。

表 9-1-1　　操作件执行的行业标准汇总

标准号	标准名称及序列号	标准变革历史	备注说明
JB/T7270. X—2014	X＝1～12,共 12 个标准,各种手柄	1994 年第一版,2014 年修版	各标准中有自己的标注方法,可以不考虑 JB/T 7276—2014 标准,且该标准的说明和实际标注有冲突
JB/T 7271. X—2014	X＝1～6,共 6 个标准,各种手柄球和套	1994 年第一版,2014 年修版	
JB/T 7272. X—2014	X＝1～4,共 4 标准,各种手柄座	1994 年第一版,2014 年修版	
JB/T 7273. X—2014	X＝1～11,共 11 个标准,各种手轮	1994 年第一版,2014 年修版	
JB/T 7274. X—2014	X＝1～8,共 8 个标准,各种把手	1994 年第一版,2014 年修版	
JB/T 7275—2014	各种嵌套	1994 年第一版,2014 年修版	
JB/T 7276—2014	操作件标记方法	1994 年第一版,2014 年修版	
JB/T 7277—2014	操作件技术条件	1994 年第一版,2014 年修版	

1.2 操作件技术要求（摘自 JB/T 7277—2014）

1.2.1 材料

操作件所用的 35 钢和 Q235-A 应分别符合 GB/T 699《优质碳素结构钢》和 GB/T 700《碳素结构钢》的规定；铸铝 ZL102 应符合 GB/T 1173《铸造铝合金》的规定；铸铁 HT200 应符合 GB/T 9439《灰铸铁件》的规定。

塑料牌号根据使用要求选择，推荐采用增强树脂。允许采用性能要求不低于增强型树脂的其他材料制造。

1.2.2 表面质量

操作件表面必须光滑，色泽均匀，电镀层表面结晶细致，不允许有泛点、脱壳、发花、烧黑、针孔等缺陷。非电镀表面不允许有明显的发黄，镀铬抛光件表面应光亮。喷砂镀铬件表面不允许有明显的色泽不一致。铸件不允许有裂纹、气孔、砂眼、疏松、夹杂等缺陷。塑料件不允许有夹生、夹杂、起泡、变形、流痕、裂缝等缺陷。

1.2.3 尺寸和形位公差

① 产品的尺寸公差按产品标准中的规定，形位公差是对金属件的要求，塑料件的形位公差由制造厂控制。

② 手柄支承面对装配轴、孔的轴线垂直度见表 9-1-2。

表 9-1-2　　手柄垂直度　　mm

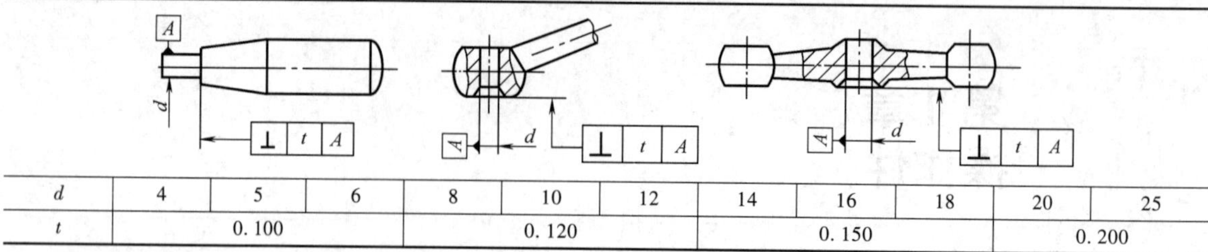

d	4	5	6	8	10	12	14	16	18	20	25
t		0.100			0.120			0.150		0.200	

③ 手柄座下平面的平面度及下平面对孔轴线的垂直度见表 9-1-3。

表 9-1-3　　手柄座平面度及垂直度　　mm

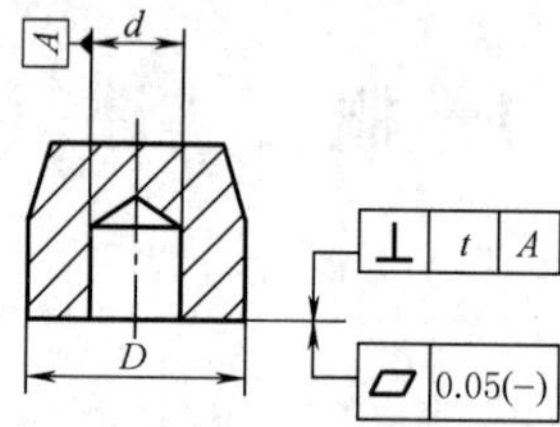

D	>10~16	>16~25	>25~40	>40~63	>63~100
t	0.100	0.120	0.150	0.200	0.250

④ 手轮轮缘端面及外径 D 对孔 d 轴线的圆跳动和手轮 D_1 对 D、d_2 对 d 的同轴度见表 9-1-4。

表 9-1-4　　手轮圆跳动和同轴度　　mm

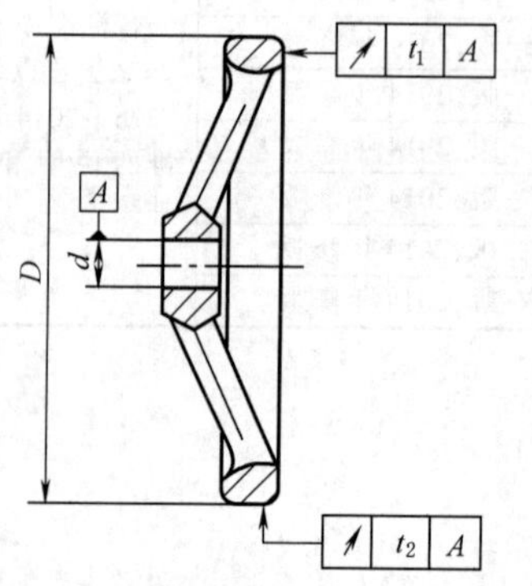

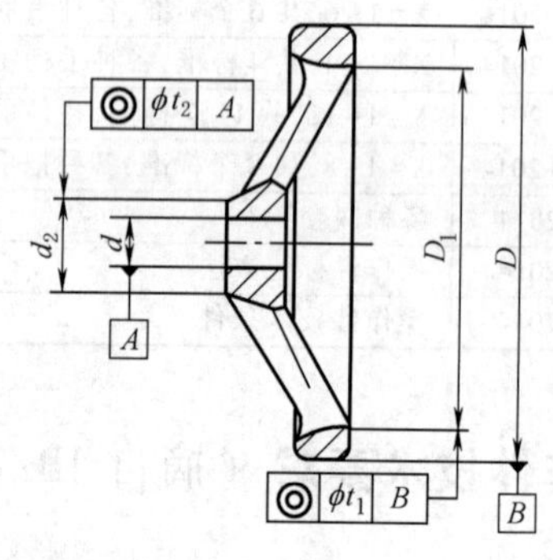

D	≤160	200~320	400~630
t_1	0.400	0.500	0.600
t_2	0.200	0.300	0.400
ϕt_1	2.0	4.0	6.0
d	≤16	18~28	32~45
ϕt_2	2.0	3.0	4.0

1.3 标注说明

行业标准规定的操作件共有 6 大类，39 个小类，每个小类中又有不同尺寸规格、不同连接方式和不同材料等多种具体型号，而且随着新材料和工艺的不断发展，未来还会有更多种类的操作件。它们的标注方式基本相同，都采用如下标注形式。

一般标注方式为：

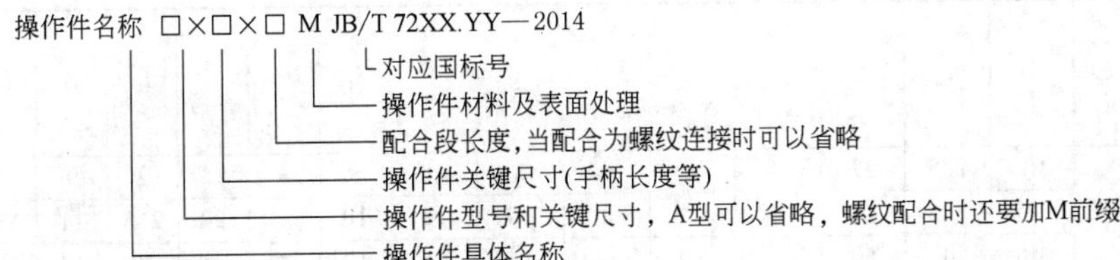

为简化注释，当型式、材料、表面处理在相应操作件中只有一种时允许省略。

当型式、材料、表面处理在相应操作件中有两种以上时允许省略一种。省略的材料为钢，省略的型式为 A，省略的表面处理为喷砂镀铬。

常用的表面处理方法和对应的标记是：喷砂镀铬（PS/D. Cr）；镀铬抛光（D. L_3Cr）；氧化（H. Y）；阳极氧化（D. Y）。

2 手 柄

目前 JB/T 7270 标准把手柄共分成 12 个小类，见表 9-1-5。

表 9-1-5 手柄分类

序号	标准号	名称	备注
1	JB/T 7270. 1—2014	手柄	材料：35 钢；Q235-A
2	JB/T 7270. 2—2014	曲面手柄	材料：35 钢；Q235-A
3	JB/T 7270. 3—2014	直手柄	材料：35 钢；Q235-A
4	JB/T 7270. 4—2014	旋转小手柄	组合件，手柄体材料：35 钢；Q235-A；ZL102；塑料
5	JB/T 7270. 5—2014	转动小手柄	组合件，手柄体材料：35 钢；塑料
6	JB/T 7270. 6—2014	曲面转动手柄	组合件，手柄体材料：35 钢
7	JB/T 7270. 7—2014	锥端手柄	材料：35 钢；Q235-A
8	JB/T 7270. 8—2014	球头手柄	材料：35 钢；Q235-A
9	JB/T 7270. 9—2014	单柄对重手柄	组合件，手柄体材料：35 钢；Q235A，可以配多种手柄
10	JB/T 7270. 10—2014	双柄对重手柄	组合件，手柄体材料：35 钢；Q235A，可以配多种手柄
11	JB/T 7270. 11—2014	可折手柄	组合件，手柄套材料：塑料
12	JB/T 7270. 12—2014	可调定位手柄	组合件，手柄体材料：锌合金、滑套 35 钢

2.1 手柄（摘自 JB/T 7270. 1—2014）

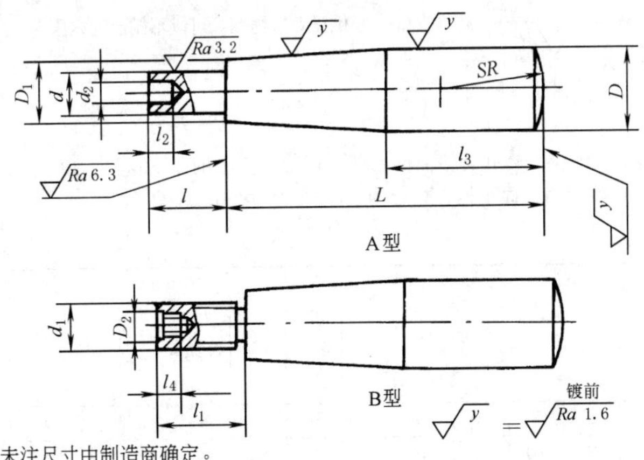

说明：未注尺寸由制造商确定。

注：$\sqrt{}$ = 镀前 $\sqrt{Ra\ 1.6}$。　a—经供需双方协商，可以不制出内六角

材料：35 钢；Q235-A。

标记示例

A 型，$d=6$，$L=50$，$l=10$，35 钢，喷砂镀铬手柄，标记为：手柄 6×50×10　JB/T 7270. 1

B 型，$d_1=$M6，$L=50$，35 钢，喷砂镀铬手柄，标记为：手柄 BM6×50　JB/T 7270. 1

第9篇

表 9-1-6

mm

d 基本尺寸	d 极限偏差 js7	d_1	d_2	L	l					l_1	l_2	l_3 参考	l_4	D	D_1	SR	每件质量 /kg≈
4	±0.006	M4	2.5	32	—	—	6	8	10	8	3	16	2	9	7	12	0.015
5		M5	3.5	40			8	10	12	10	4	20	2.5	11	8	14	0.025
6		M6	4	50		10	12	14	16	12		25	3	13	10	16	0.047
8	±0.007	M8	5.5	63	12	14	16	18	20	14		32	4	16	12	20	0.087
10		M10	7	80	16	18	20	22	25	16	5	40	5	20	15	25	0.175
12	±0.009	M12	9	100	20	22	25	28	32	18	6	50	6	25	18	32	0.262
16		M16	12	112	22	25	28	32	36	20	8	56	8	32	22	40	0.492

2.2 曲面手柄（摘自 JB/T 7270.2—2014）

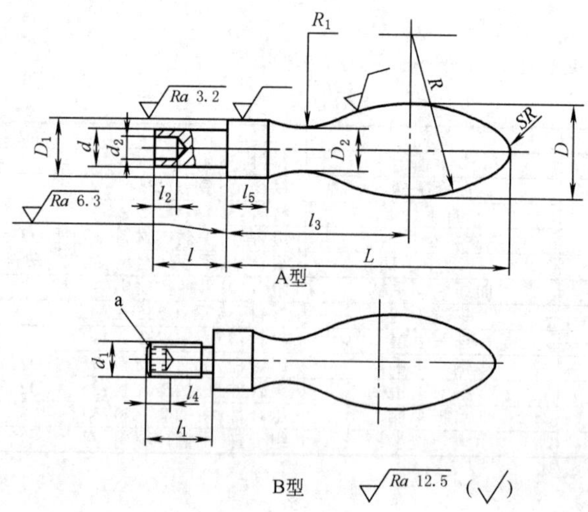

说明：未注尺寸由制造商确定。

注：$\sqrt{\ } = \sqrt{Ra\ 1.6}$（镀前）。　a—经供需双方协商，可以不制出内六角

材料：35 钢；Q235-A。

标记示例

A 型，d=6mm，L=50mm，l=12mm，35 钢，喷砂镀铬曲面手柄，标记为：手柄 6×50×12　JB/T 7270.2

B 型，d_1=M6，L=50mm，35 钢，喷砂镀铬曲面手柄，标记为：手柄 BM6×50　JB/T 7270.2

表 9-1-7

mm

d 基本尺寸	d 极限偏差 js7	d_1	d_2	L	l					l_1	l_2	l_3 参考	l_4	l_5 参考	D	D_1	D_2	R	R_1	SR	每件质量 /kg≈
4	±0.006	M4	2.5	32	—	—	6	8	10	8	3	20	2	4	10	7	5	20	9.5	2	0.012
5		M5	3.5	40			8	10	12	10	4	25	2.5	5	13	8	6.5	24	14.5	2.5	0.027
6		M6	4	50		10	12	14	16	12		32	3	7	16	10	8	28	19	3	0.049
8	±0.007	M8	5.5	63	12	14	16	18	20	14		39	4	8	20	12	10	41	21		0.085
10		M10	7	80	16	18	20	22	25	16	5	49	5	10	25	15	13	50	29	4	0.18
12	±0.009	M12	9	100	20	22	25	28	32	18	6	60	6	13	32	18	16	63	40	4.5	0.36
16		M16	12	112	22	25	28	32	36	20	8	70	8	14	36	22	18	68	41	7	0.51

2.3 直手柄（摘自 JB/T 7270.3—2014）

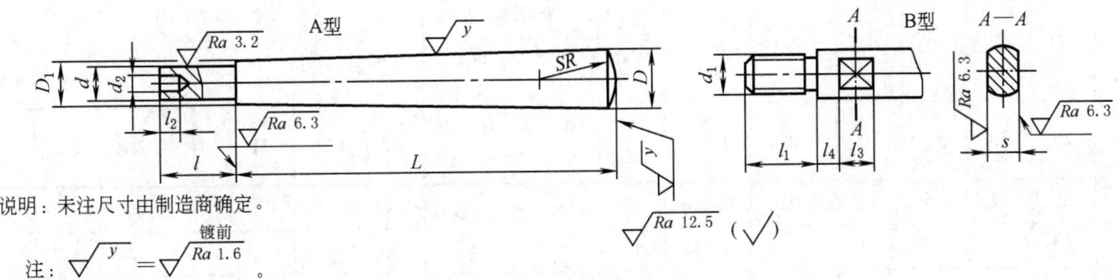

说明：未注尺寸由制造商确定。

$\sqrt{Ra\ 12.5}$ ($\sqrt{}$)

注：$\sqrt{y}$ = 镀前 $\sqrt{Ra\ 1.6}$。

手柄材料：35 钢；Q235-A。

标记示例

A 型，d=6mm，L=63mm，l=10mm，35 钢，喷砂镀铬直手柄的标记为：手柄 6×63×10　JB/T 7270.3

B 型，d_1=M6，L=63mm，35 钢，喷砂镀铬直手柄的标记为：手柄 BM6×63　JB/T 7270.3

表 9-1-8 mm

d 基本尺寸	d 极限偏差 js7	d_1	d_2	L	l			l_1	D	D_1	l_2	l_3 参考	l_4 参考	s 基本尺寸	s 极限偏差 h13	每件质量 /kg≈
4	±0.006	M4	2.5	40	5	6	8	8	7	5	3	6	4	4	0 -0.180	0.010
5		M5	3.5	50	6	8	10	10	8	6	4			5		0.015
6		M6	4	63	8	10	12	12	10	8				6		0.032
8	±0.007	M8	5.5	80	10	12	16	14	13	10		8	6	8	0 -0.220	0.065
10		M10	7	100	12	16	20	16	16	12	5			10		0.125
12	±0.009	M12	9	125	16	20	25	18	20	16	6	10	8	13	0 -0.270	0.260
16		M16	12	160	20	25	32	20	25	20	8			16		0.510
20	±0.010	M20	16	200	25	32	40	25	32	25	10	12	10	21	0 -0.330	1.078

2.4 转动小手柄（摘自 JB/T 7270.4—2014）

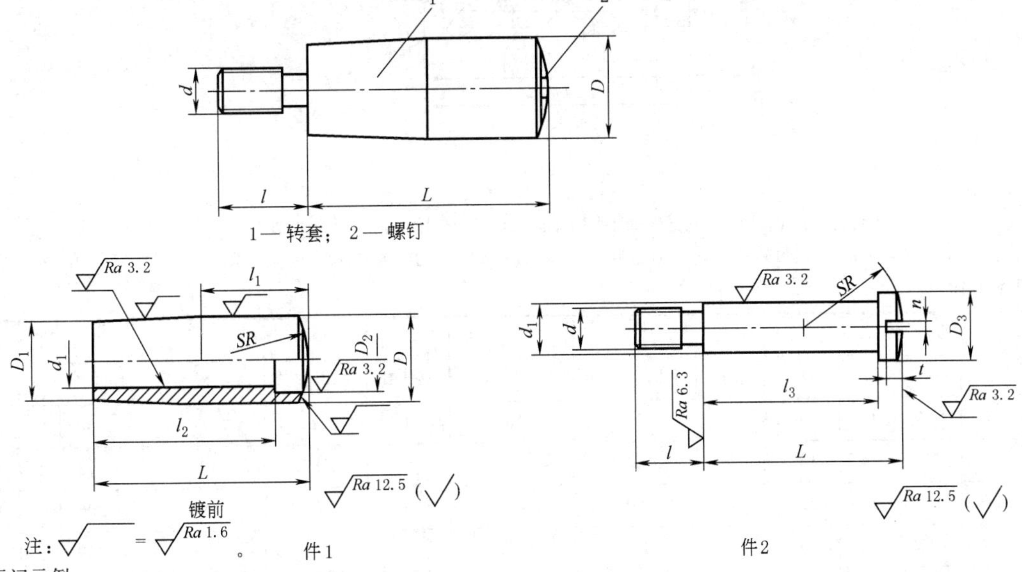

1—转套；2—螺钉

注：$\sqrt{}$ = 镀前 $\sqrt{Ra\ 1.6}$。　件1　件2

标记示例

d=M8，L=40mm，35 钢，氧化转动小手柄，标记为：手柄 M8×40　JB/T 7270.4

d=M8，L=40mm，塑料转动小手柄，标记为：手柄 M8×40-塑　JB/T 7270.4

材料：35 钢；Q235-A；ZL102；塑料。

表 9-1-9

mm

主要尺寸					每套质量/kg≈		d_1			l_1	l_2	L_3	SR参考	n	t	D_2、D_3
							基本尺寸	极限偏差								
d	L	l	D	D_1	钢	塑料		转套 H11	螺钉 d11							
M5	25	10	12	10	0.020	0.009	6	+0.075 0	-0.030 -0.105	12	20	21	14	1.2	2.0	8
M6	32	12	14	12	0.036	0.016	8	+0.090 0	-0.040 -0.130	16	27	28	16	1.6	2.5	10
M8	40	14	16	14	0.068	0.031	10			20	34	35	20	2	3.0	12
M10	50	16	20	16	0.109	0.057	12	+0.110 0	-0.050 -0.160	25	43	44	25	2.5	3.5	16

2.5 转动手柄（摘自 JB/T 7270.5—2014）

2.5.1 手柄

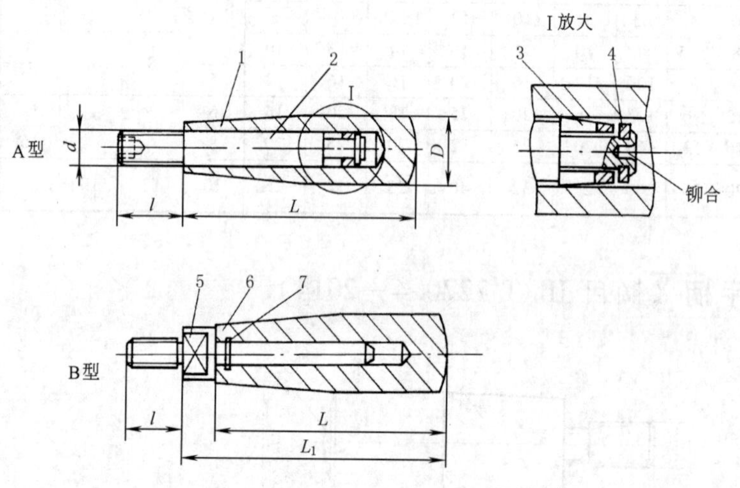

标记示例

A 型，d=M6，L=50mm，35 钢，喷砂镀铬转动手柄，标记为：手柄 M6×50 JB/T 7270.5

B 型，d=M6，L=50mm，塑料转动手柄，标记为：手柄 BM6×50-塑 JB/T 7270.5

表 9-1-10

mm

主要尺寸					件号	1,6	2,5	3	4	7	每套质量/kg≈	
d	L	L_1	l	D	名称	手柄套 A、B	手柄杆 A、B	弹性套	平垫圈①	钢丝挡圈②	钢	塑料
M6	50	—	12	16	规格	50	M6	4	2	—	0.069	0.020
M8	63	71	14	18		63	M8	5	2.5	7	0.113	0.036
M10	80	90	16	22		80	M10	6	3	8	0.205	0.067
M12	100	112	18	25		100	M12	8	4	10	0.269	0.102
M16	112	126	20	32		112	M16	10	6	14	0.505	0.184

① 按 GB/T 97.1。

② 按 GB/T 895.1。

第9篇

2.5.2 手柄套（件 1）

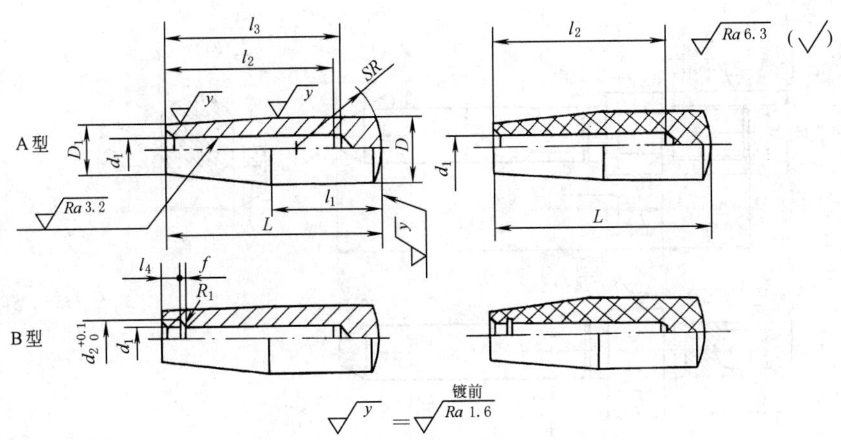

材料：35 钢；Q235-A；塑料。

表 9-1-11

mm

L	D	D_1	d_1 基本尺寸 A 型	d_1 基本尺寸 B 型	d_1 极限偏差 H11 A 型	d_1 极限偏差 H11 B 型	d_2	l_1	l_2 A 型	l_2 B 型	l_3 A 型	l_3 B 型	l_4	f	R_1	SR
50	16	12	6	—	+0.075 0		—	25	40	—	42	—	—			20
63	18	14	8	7	+0.090 0		7.4	32	50	45	52	50	3	0.8	0.4	25
80	22	16	10	8			8.5	40	60	55	65	60	3.5			28
100	25	18	12	10	+0.110 0	+0.090 0	10.5	50	75	65	80	70	4.5			32
112	32	22	16	14	+0.110 0		14.6	60	85	80	90	85	5.5	1	0.5	40

2.5.3 A 型手柄杆（件 2）

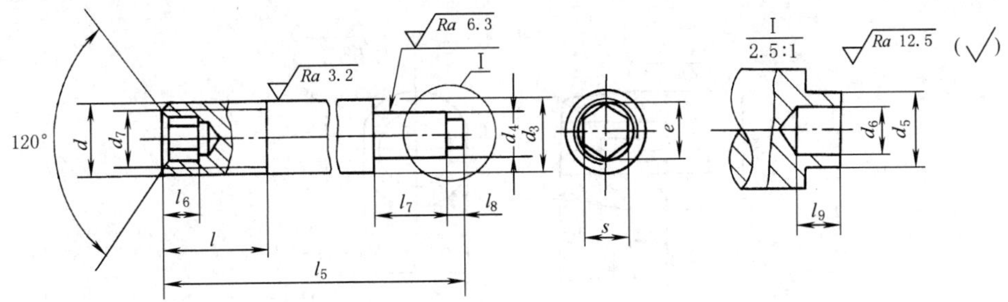

材料：35 钢。

表 9-1-12

mm

d	l	d_3 基本尺寸	d_3 极限偏差 d11	d_4	d_5	d_6	d_7	l_5	l_6	l_7	l_8	l_9	e	s
M6	12	6	−0.030 −0.105	3.5	2	1	4	50	3	7	1.5	1	3.5	3
M8	14	8	−0.040 −0.130	4.5	2.5	1.5	5	60	4	9		1.5	4.6	4
M10	16	10		5.5	3	2	6.3	70	5	11	2	2	5.8	5
M12	18	12	−0.050 −0.160	7.5	4	2.5	7.5	90	6	13		2.5	6.9	6
M16	20	16		9.5	6	4.5	9.8	100	8	15	2.5	4.5	9.2	8

2.5.4 B 型手柄杆（件 5）

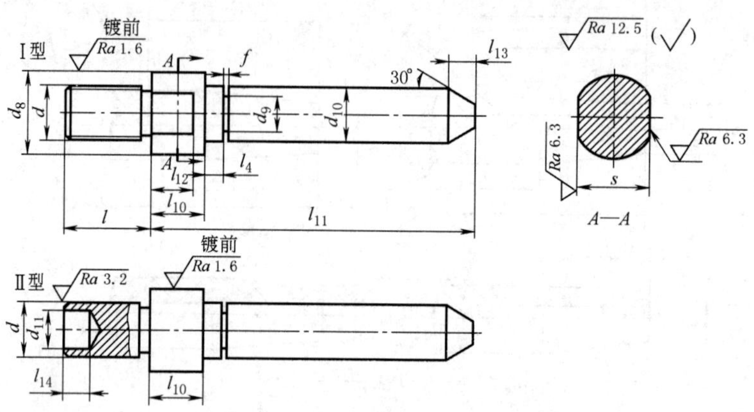

材料：35 钢。

表 9-1-13

mm

d			d_8	d_9	d_{10}		d_{11}	l		l_4	l_{10}	l_{11}	l_{12}	l_{13}	l_{14}	f	R_1	s	
Ⅰ型	Ⅱ型 基本尺寸	Ⅱ型 极限偏差 Js7			基本尺寸	极限偏差 d11		Ⅰ型	Ⅱ型									基本尺寸	极限偏差 h13
M8	8	±0.007	13	5.4	7	-0.040 -0.130	5.5	14	20	3	8	50	6	4	4	0.8	0.4	10	0 -0.220
M10	10		15	6.4	8		7	16	25	3.5	10	60	8	5	5			13	
M12	12	±0.009	18	8.4	10		9	18	32	4.5	12	75	10		6	1		16	0 -0.270
M16	—	—	21	12	14	-0.050 -0.160	—	20	—	5.5	14	92	12		—		0.5		

注：B 型手柄杆Ⅱ型用于单柄对重手柄。

2.5.5 弹性套（件 3）

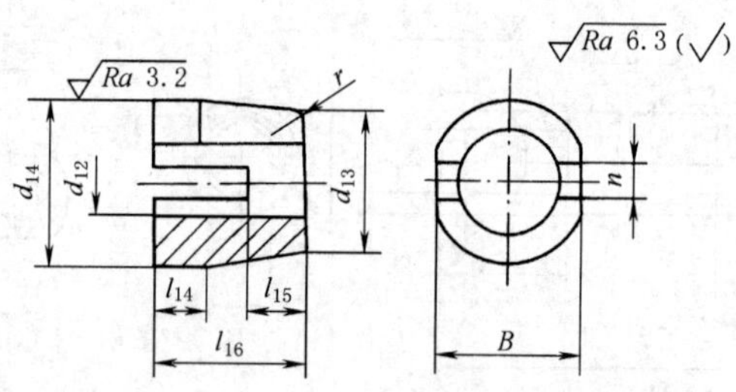

材料：65Mn；表面硬度：42HRC。

表 9-1-14

mm

d_{12}	d_{13}	d_{14} 基本尺寸	d_{14} 极限偏差 h11	B	l_{15}	l_{16}	n	r
4	6	6.20	0 -0.090	5.5	2	6	1	0.5
5	8	8.25		7.5		8		
6	10	10.25	0 -0.110	9.5	3	10	1.2	1
8	12	12.30		11.5		12		
10	16	16.30		14.5		14	1.5	

第 9 篇

2.6 曲面转动手柄（摘自 JB/T 7270.6—2014）

2.6.1 手柄

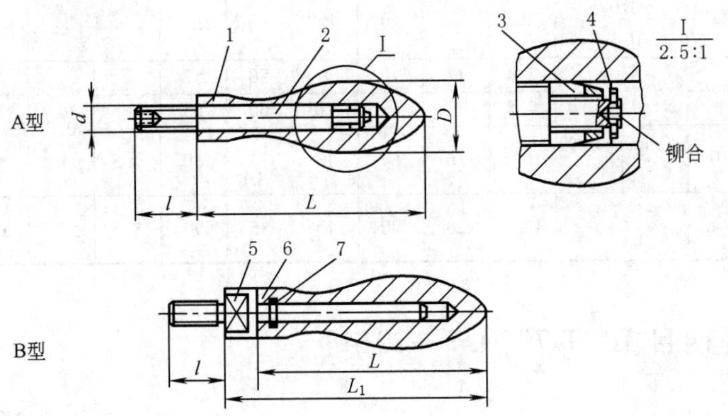

1，6—手柄套；2，5—手柄杆；3—弹性套；4—平垫圈；7—钢丝挡圈

标记示例

A 型，d=M8，L=63，35 钢，喷砂镀铬曲面转动手柄，标记为：手柄 M8×63 JB/T 7270.6

B 型，d=M8，L=63，35 钢，喷砂镀铬曲面转动手柄，标记为：手柄 BM8×63 JB/T 7270.6

表 9-1-15　　曲面转动手柄规格型号　　mm

主要尺寸					件号	1,6	2,5	3	4	7	每套质量 /kg≈
					名称	手柄套 A、B	手柄杆 A、B	弹性套	平垫圈	钢丝挡圈	
d	L	l	L_1	D	标准号	—	JB/T 7270.5		GB 97.1	GB 895.1	
M6	50	12	—	16	规格	50	M6	4	2	—	0.041
M8	63	14	71	20		63	M8	5	2.5	7	0.081
M10	80	16	90	25		80	M10	6	3	8	0.171
M12	100	18	112	32		100	M12	8	4	10	0.331
M16	112	20	126	36		112	M16	10	6	14	0.750

2.6.2 手柄套（件 1，6）

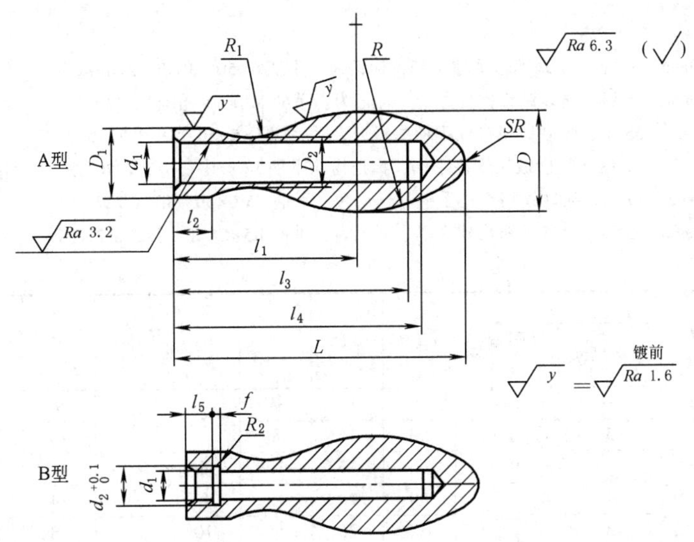

材料：35 钢；Q235-A。

表 9-1-16 **手柄套规格型号**

mm

L	D	D_1	d_1 基本尺寸 A	d_1 基本尺寸 B	d_1 极限偏差 H11 A	d_1 极限偏差 H11 B	d_2	D_2	l_1 ≈	l_2	l_3	l_4	l_5	f	R	R_1	R_2	SR ≈
50	16	11	6	—	+0.075 0		—	9	32	7	40	42	—		31	21	—	3
63	20	14	8	7	+0.090 0		7.4	11	40	8	50	52	3	0.8	41	26	0.4	3.5
80	25	16	10	8			8.5	13	50	10	60	65	3.5		50	29		5
100	32	20	12	10	+0.110 0	+0.090 0	10.5	16	64	13	75	80	4.5		55	40		6
112	36	22	16	14	+0.110 0		14.6	20	70	14	85	90	5.5	1	68	41	0.5	7

2.7 锥柱手柄（摘自 JB/T 7270.7—2014）

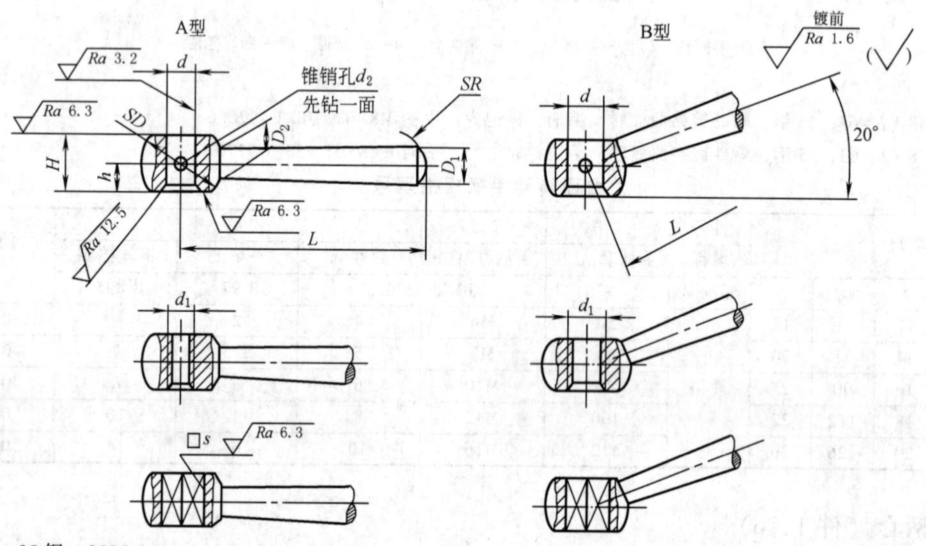

材料：35 钢；Q235-A。

标记示例

A 型，d=6mm，L=50mm，35 钢，喷砂镀铬锥柱手柄，标记为：手柄 6×50　JB/T 7270.7

A 型，d_1=M6，L=50mm，35 钢，喷砂镀铬锥柱手柄，标记为：手柄 M6×50　JB/T 7270.7

A 型，s=5mm，L=50mm，35 钢，喷砂镀铬锥柱手柄，标记为：手柄 5×5×50　JB/T 7270.7

B 型，d=6mm，L=50mm，35 钢，喷砂镀铬锥柱手柄，标记为：手柄 B6×50　JB/T 7270.7

B 型，d_1=M6，L=50mm，35 钢，喷砂镀铬锥柱手柄，标记为：手柄 BM6×50　JB/T 7270.7

B 型，s=5mm，L=50mm，35 钢，喷砂镀铬锥柱手柄，标记为：手柄 B5×5×50　JB/T 7270.7

表 9-1-17

mm

d 基本尺寸	d 极限偏差 H8	d_1	s 基本尺寸	s 极限偏差 H13	L	SD	D_1	D_2	d_2	H	h	SR	每件质量 /kg≈
5	+0.018 0	M5	—	—	40	12	7	5	2	9	4.5	10	0.013
6		M6	5	+0.18 0	50	14	8			10	5		0.021
8	+0.022 0	M8	5.5		63	16	10	6	3	11		12	0.037
10		M10	7	+0.22 0	80	20	12	8		14	6.5	16	0.068
12	+0.027 0	M12	8		100	26	15	10	4	18	8.5	20	0.127
16		M16	10		125	32	18	12	5	22	10	25	0.252

续表

d		d_1	s		L	SD	D_1	D_2	d_2	H	h	SR	每件质量 /kg≈
基本尺寸	极限偏差 H8		基本尺寸	极限偏差 H13									
20	+0.033	M20	13	+0.27	160	40	22	16	6	28	13	32	0.447
25	0	M24	18	0	200	50	28	20	8	36	17	40	0.856

2.8 球头手柄（摘自 JB/T 7270.8—2014）

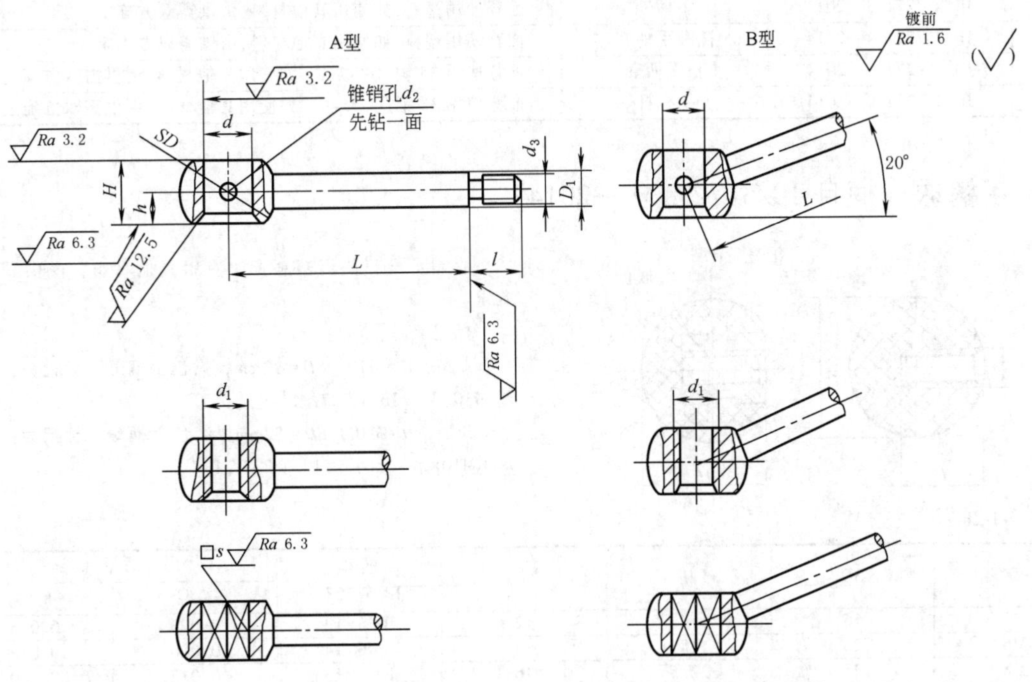

材料：35 钢；Q235-A。

标记示例

A 型，$d=8$mm，$L=50$mm，35 钢，喷砂镀铬球头手柄，标记为：手柄 8×50 JB/T 7270.8

A 型，$d_1=$M8，$L=50$mm，35 钢，喷砂镀铬球头手柄，标记为：手柄 M8×50 JB/T 7270.8

A 型，$s=5.5$mm，$L=50$mm，35 钢，喷砂镀铬球头手柄，标记为：手柄 5.5×5.5×50 JB/T 7270.8

B 型，$d=8$mm，$L=50$mm，35 钢，喷砂镀铬球头手柄，标记为：手柄 B8×50 JB/T 7270.8

B 型，$d_1=$M8，$L=50$mm，35 钢，喷砂镀铬球头手柄，标记为：手柄 BM8×50 JB/T 7270.8

B 型，$s=5.5$mm，$L=50$mm，35 钢，喷砂镀铬球头手柄，标记为：手柄 B5.5×5.5×50 JB/T 7270.8

表 9-1-18 mm

d		d_1	s		L	SD	D_1	d_2	d_3	l	H	h	每件质量 /kg≈	相配圆锥销 GB/T 117
基本尺寸	极限偏差 H8		基本尺寸	极限偏差 H13										
8	+0.022 0	M8	5.5	+0.18 0	50	16	6	3	M5	8	11	5	0.022	3×20
10		M10	7	+0.22 0	63	20	8		M6	10	14	6.5	0.046	
12	+0.027 0	M12	8		80	26	10	4	M8	12	18	8.5	0.091	4×25
16		M16	10		100	32	12	5	M10	14	22	10	0.170	5×32
20	+0.033 0	M20	13	+0.27 0	125	40	16	6	M12	16	28	13	0.353	6×40
25		M24	18		160	50	20	8	M16	20	36	17	0.742	8×50

3 手柄球与手柄套

目前 JB/T 7271 标准把手柄球与手柄套共分成 6 个小类，共有 6 个国标，见表 9-1-19。

表 9-1-19 手柄球与手柄套分类表

序号	标准号	名称	备注
01	JB/T 7271.1—2014	手柄球	推荐使用塑料。如使用其他材料，由供需双方确定
02	JB/T 7271.2—2014	指示手柄球	组合件；推荐材料：顶盖使用 372 树脂；指示片使用铝片；球体使用塑料；嵌件使用尼龙。如使用其他材料，由供需双方确定
03	JB/T 7271.3—2014	手柄套	推荐使用塑料，如使用其他材料，由供需双方确定
04	JB/T 7271.4—2014	椭圆手柄套	推荐使用塑料，如使用其他材料，由供需双方确定
05	JB/T 7271.5—2014	长手柄套	推荐使用 35 钢、Q235-A。如使用其他材料，由供需双方确定
06	JB/T 7271.6—2014	手柄杆	推荐使用 35 钢、Q235-A。如使用其他材料，由供需双方确定

3.1 手柄球（摘自 JB/T 7271.1—2014）

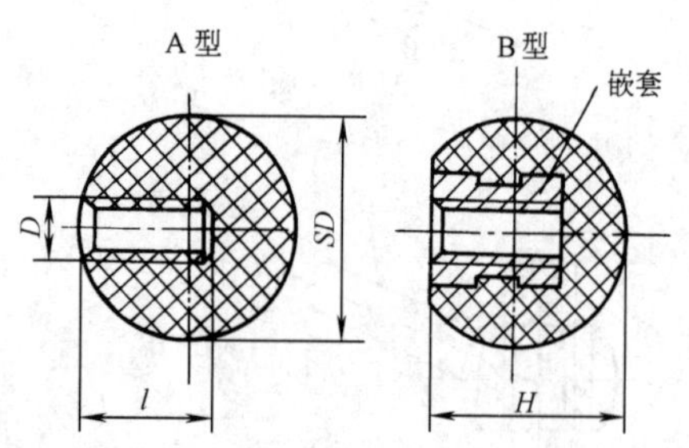

材料：推荐使用塑料。如使用其他材料，由供需双方确定。

标记示例

A 型，D=M10，SD=32mm，黑色手柄球，标记为：手柄球 M10×32 JB/T 7271.1

B 型，D=M10，SD=32mm，红色手柄球，标记为：手柄球 BM10×32（红） JB/T 7271.1

表 9-1-20

mm

D	SD	H	l	嵌套 JB/T 7275	每件质量/kg≈ A 型	B 型
M5	16	14	12	BM5×12	0.003	0.006
M6	20	18	14	BM6×14	0.006	0.012
M8	25	22.5	16	BM8×16	0.012	0.020
M10	32	29	20	BM10×20	0.024	0.043
M12	40	36	25	BM12×25	0.046	0.086
M16	50	45	32	BM16×32	0.063	0.135
M20	63	56	40	BM20×36	0.092	0.198

3.2 手柄套（摘自 JB/T 7271.3—2014）

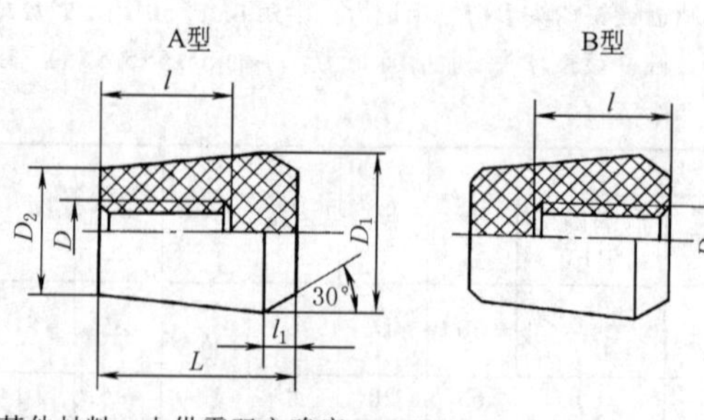

材料：推荐使用塑料。如使用其他材料，由供需双方确定。

标记示例

A 型，D=M12，L=40mm，黑色手柄套，标记为：手柄套 M12×40 JB/T 7271.3

A 型，D=M12，L=40mm，红色手柄套，标记为：手柄套 M12×40（红）JB/T 7271.3

B 型，D=M12，L=40mm，黑色手柄套，标记为：手柄套 BM12×40 JB/T 7271.3

第9篇

表 9-1-21 mm

D	L	D_1	D_2	l	l_1	每件质量/kg≈
M5	16	12	9	12	3	0.002
M6	20	16	12	14		0.004
M8	25	20	15	16	4	0.007
M10	32	25	20	20	5	0.015
M12	40	32	25	25	6	0.030
M16	50	40	32	32	7	0.062
M20	63	50	40	40	8	0.085

3.3 椭圆手柄套（摘自 JB/T 7271.4—2014）

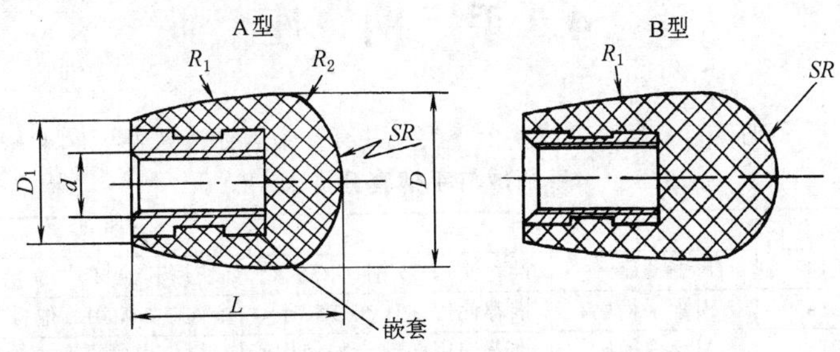

材料：推荐使用塑料。如使用其他材料，由供需双方确定。

标记示例

A 型，d=M8，L=25mm，黑色椭圆手柄套，标记为：手柄套 M8×25 JB/T 7271.4

A 型，d=M8，L=25mm，红色椭圆手柄套，标记为：手柄套 M8×25（红）JB/T 7271.4

B 型，d=M8，L=32mm，黑色椭圆手柄套，标记为：手柄套 BM8×32 JB/T 7271.4

B 型，d=M8，L=32mm，红色椭圆手柄套，标记为：手柄套 BM8×32（红）JB/T 7271.4

表 9-1-22 mm

d	L		D	D_1	SR(参考)		R_1(参考)		R_2(参考)	嵌套 JB/T 7275	每件质量/kg≈
	A 型	B 型			A 型	B 型	A 型	B 型			
M5	16	20	12	12	10	7.5	40	60	3	BM5×12	0.006
M6	20	25	16	14	12	8.5	45	110	4	BM6×14	0.012
M8	25	32	20	16	14	10	50	120	5	BM8×16	0.020
M10	32	40	25	20	16	12.5	70	170	6	BM10×20	0.043
M12	40	50	32	25	18	16	90	200	8	BM12×25	0.086
M16	50	63	40	30	22	20	110	220	12	BM16×32	0.135
M20	63	80	50	35	30	24	130	230	16	BM20×36	0.198

3.4 长手柄套（摘自 JB/T 7271.5—2014）

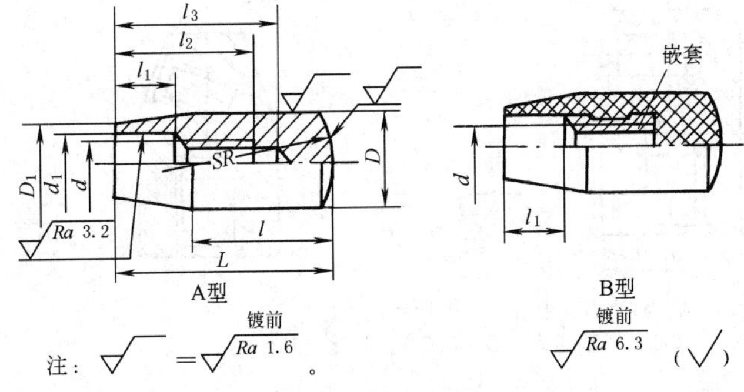

材料：推荐使用 35 钢；Q235-A。如使用其他材料，由供需双方确定。

标记示例

A 型，d=M8，L=40mm，35 钢，喷砂镀铬长手柄套，标记为：手柄套 M8×40 JB/T 7271.5

B 型，d=M8，L=40mm，塑料长手柄套，标记为：手柄套 BM8×40 JB/T 7271.5

表 9-1-23

mm

d	L	D	D_1	d_1	l	l_1	l_2	l_3	SR（参考）	嵌套 JB/T 7275	每件质量/kg≈	
											A 型	B 型
M5	32	14	10	7	16	8	20	24	16	BM5×12	0.029	0.009
M6	36	16	12	9	20	10	22	27	20	BM6×14	0.042	0.014
M8	40	18	14	11	25	12	26	31	25	BM8×16	0.059	0.020
M10	50	22	16	13	32	14	32	39	28	BM10×20	0.100	0.039
M12	60	28	22	18	36	18	36	45	36	BM12×25	0.175	0.075
M16	70	32	26	22	40	22	45	55	40	BM16×32	0.300	0.132
M20	80	40	32	28	45	28	56	68	50	BM20×36	0.513	0.209

4 手 柄 座

目前 JB/T 7272 标准把手柄球与手柄套分成 4 个小类，共有 4 个国标，见表 9-1-24。

表 9-1-24　　手柄球与手柄套分类表

序号	标准号	名称	备注
01	JB/T 7272.1—2014	手柄座	推荐使用 35 钢、Q235-A。如使用其他材料，由供需双方确定
02	JB/T 7272.2—2014	锁紧手柄座	推荐使用 HT200、35 钢、Q235-A。如使用其他材料，由供需双方确定
03	JB/T 7272.3—2014	圆盘手柄座	推荐使用塑料。如使用其他材料，由供需双方确定
04	JB/T 7272.4—2014	定位手柄座	推荐使用塑料。如使用其他材料，由供需双方确定

4.1 手柄座（摘自 JB/T 7272.1—2014）

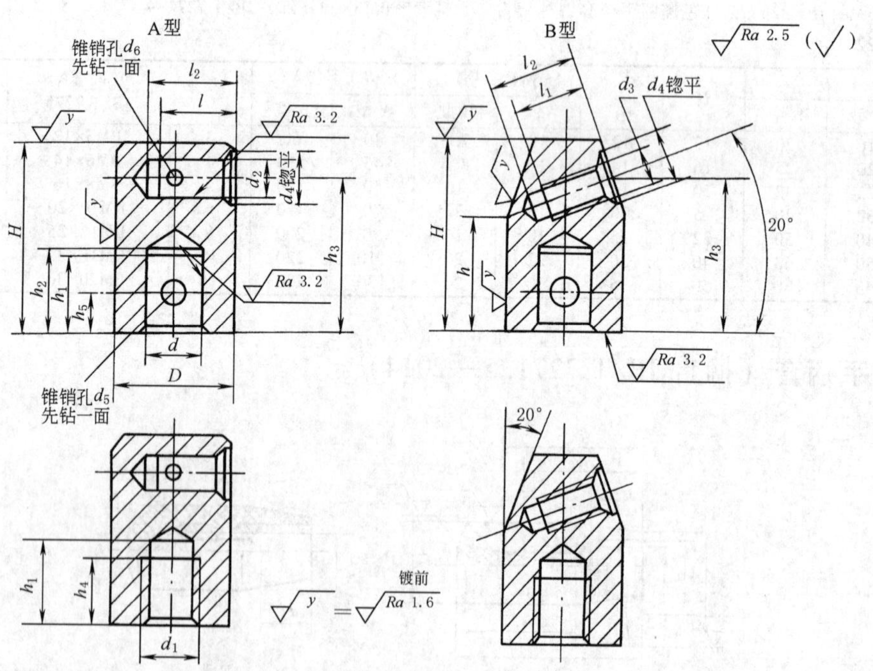

材料：推荐使用 35 钢；Q235-A。如使用其他材料，由供需双方确定。

表面处理：喷砂镀铬（PS/D · Cr）；镀铬抛光（D · L_3Cr）；氧化（H · Y）。

标记示例

A 型，d=20mm，D=40mm，35 钢，喷砂镀铬手柄座，标记为：手柄座 20×40　JB/T 7272.1

A 型，d_1=M20，D=40mm，35 钢，喷砂镀铬手柄座，标记为：手柄座 M20×40　JB/T 7272.1

B 型，d=20mm，D=40mm，35 钢，喷砂镀铬手柄座，标记为：手柄座 B20×40　JB/T 7272.1

B 型，d_1=M20，D=40mm，35 钢，喷砂镀铬手柄座，标记为：手柄座 BM20×40　JB/T 7272.1

表 9-1-25

mm

<table>
<tr><td rowspan="2">d</td><td>基本尺寸</td><td>12</td><td>16</td><td>20</td><td>25</td></tr>
<tr><td>极限偏差 H8</td><td colspan="2">+0.027
0</td><td colspan="2">+0.033
0</td></tr>
<tr><td colspan="2">d_1</td><td>M12</td><td>M16</td><td>M20</td><td>M24</td></tr>
<tr><td colspan="2">D</td><td>26</td><td>32</td><td>40</td><td>50</td></tr>
<tr><td rowspan="2">d_2</td><td>基本尺寸</td><td>8</td><td>10</td><td>12</td><td>16</td></tr>
<tr><td>极限偏差 H8</td><td colspan="2">+0.022
0</td><td colspan="2">+0.027
0</td></tr>
<tr><td colspan="2">H</td><td>40</td><td>50</td><td>63</td><td>76</td></tr>
<tr><td colspan="2">d_3</td><td>M8</td><td>M10</td><td>M12</td><td>M16</td></tr>
<tr><td colspan="2">d_4</td><td>11</td><td>13</td><td>17</td><td>21</td></tr>
<tr><td colspan="2">d_5</td><td>5</td><td colspan="2">6</td><td>8</td></tr>
<tr><td colspan="2">d_6</td><td colspan="2">3</td><td>4</td><td>5</td></tr>
<tr><td colspan="2">$l;h_1$</td><td>16</td><td>20</td><td>25</td><td>32</td></tr>
<tr><td colspan="2">$l_1;h_4$</td><td>14</td><td>18</td><td>22</td><td>28</td></tr>
<tr><td colspan="2">$l_2;h_2$</td><td>19</td><td>24</td><td>29</td><td>36</td></tr>
<tr><td colspan="2">h</td><td>24</td><td>32</td><td>38</td><td>50</td></tr>
<tr><td colspan="2">h_3</td><td>32</td><td>40</td><td>50</td><td>63</td></tr>
<tr><td colspan="2">h_5</td><td>8</td><td>10</td><td>12</td><td>16</td></tr>
<tr><td rowspan="2">每件质量
/kg≈</td><td>A 型</td><td>0.121</td><td>0.227</td><td>0.465</td><td>0.937</td></tr>
<tr><td>B 型</td><td>0.104</td><td>0.195</td><td>0.417</td><td>0.835</td></tr>
<tr><td colspan="2">相配圆锥销 GB/T 117</td><td>5×25
3×25</td><td>6×32
3×32</td><td>6×40
4×40</td><td>8×50
5×50</td></tr>
</table>

4.2 圆盘手柄座（摘自 JB/T 7272.3—2014）

材料：推荐使用 HT200；35 钢、Q235-A。如使用其他材料，由供需双方确定。

表面处理：喷砂镀铬（PS/D · Cr）；镀铬抛光（D · L_3Cr）；氧化（H · Y）。

标记示例

A 型，d=10mm，D=40mm，HT200，喷砂镀铬圆盘手柄座，标记为：手柄座 10×40 JB/T 7272.3

B 型，d=10mm，D=40mm，HT200，喷砂镀铬圆盘手柄座，标记为：手柄座 B10×40 JB/T 7272.3

C 型，d=10mm，D=40mm，HT200，喷砂镀铬圆盘手柄座，标记为：手柄座 C10×40 JB/T 7272.3

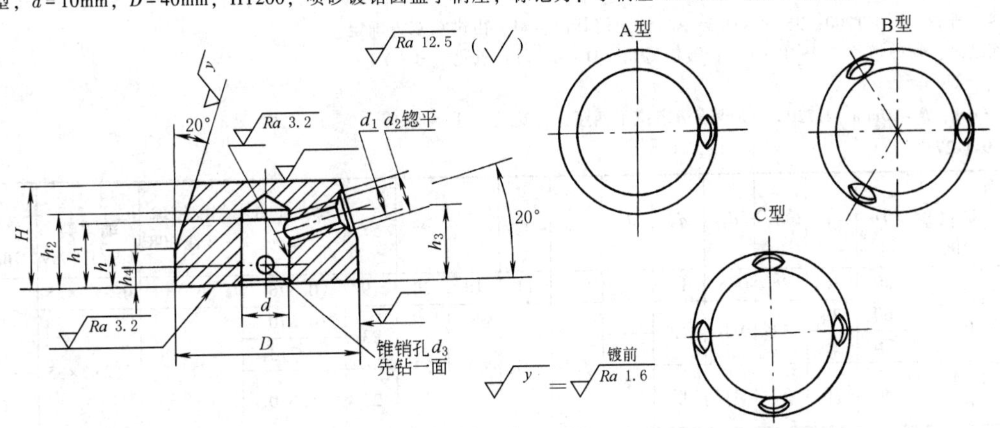

表 9-1-26

mm

d 基本尺寸	10	12	16	18	22
d 极限偏差 H8	+0.022 0	+0.027 0			+0.033 0
D	40	50	60	70	80
H	22	26	32		36
d_1	M6	M8	M10		M12
d_2	9	11	13		17
d_3	4	5		6	
h	8	11	13		
h_1	14	18	21		24
h_2	16	20	23		26
h_3	15	19	23		25
h_4	4	6			
每件质量/kg≈	0.173	0.331	0.581	0.724	1.081
相配圆锥销 GB/T 117	4×40	5×50	5×60	6×70	6×80

4.3 定位手柄座（摘自 JB/T 7272.4—2014）

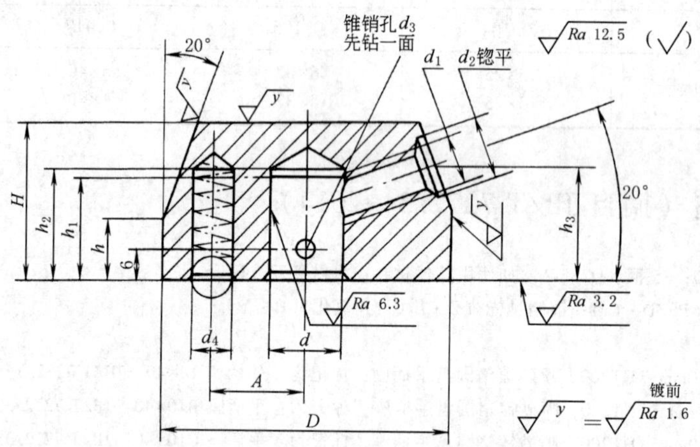

材料：推荐使用 HT200；35 钢、Q235-A。如使用其他材料，由供需双方确定。

表面处理：喷砂镀铬（PS/D · Cr）；镀铬抛光（D · L_3Cr）；氧化（H · Y）。

标记示例

d=16mm，D=60mm，HT200，喷砂镀铬定位手柄座，标记为：手柄座 16×60 JB/T 7272.4

表 9-1-27

mm

d 基本尺寸	d 极限偏差 H8	D	A	H	d_1	d_2	d_3	d_4	h	h_1	h_2	h_3	每件质量 /kg≈	相配钢球 GB/T 308	相配压缩弹簧 GB/T 2089	相配圆锥销 GB/T 117
12	+0.027 0	50	16	26	M8	11	5	6.7	11	18	20	19	0.326	6.5	0.8×5×25	5×50
16		60	20	32	M10	13		8.5	13	21	23	23	0.570	8	1.2×7×35	5×60
18		70	25				6						0.713			6×70
22	+0.033 0	80	30	36	M12	17						25	1.070			6×80

5 手　　轮

JB/T 7273 系列标准共包含 11 种手轮，详见表 9-1-28。

表 9-1-28　　手轮国家标准统计表

序号	标准号	名称	备注
1	JB/T 7273.1—2014	小波纹手轮	材料:推荐使用 ZL102、塑料,如使用其他材料,由供需双方确定
2	JB/T 7273.2—2014	小手轮	材料:推荐使用塑料,如使用其他材料,由供需双方确定
3	JB/T 7273.3—2014	手轮	材料:推荐使用 HT200、塑料,如使用其他材料,由供需双方确定
4	JB/T 7273.4—2014	波纹手轮	材料:推荐使用 HT200、塑料,如使用其他材料,由供需双方确定
5	JB/T 7273.5—2014	圆轮缘手轮	材料:推荐使用 HT200、塑料,如使用其他材料,由供需双方确定
6	JB/T 7273.6—2014	波纹圆轮缘手轮	材料:推荐使用 HT200、塑料,如使用其他材料,由供需双方确定
7	JB/T 7273.7—2014	内波纹手轮	手轮体材料:推荐塑料,手柄可折叠,可折手柄 JB/T 7270.11
8	JB/T 7273.8—2014	背面波纹手轮	手轮体材料:推荐塑料,转动手柄 JB/T 7270.5
9	JB/T 7273.9—2014	辐条手轮	手轮体材料:推荐塑料或锌合金,转动手柄 JB/T 7270.5
10	JB/T 7273.10—2014	带可折手柄的辐条手轮	手轮体材料:推荐塑料或锌合金,转动手柄 JB/T 7270.11
11	JB/T 7273.11—2014	直辐条圆轮缘手轮	材料:推荐使用 HT200、塑料,如使用其他材料,由供需双方确定

5.1 小波纹手轮（摘自 JB/T 7273.1—2014）

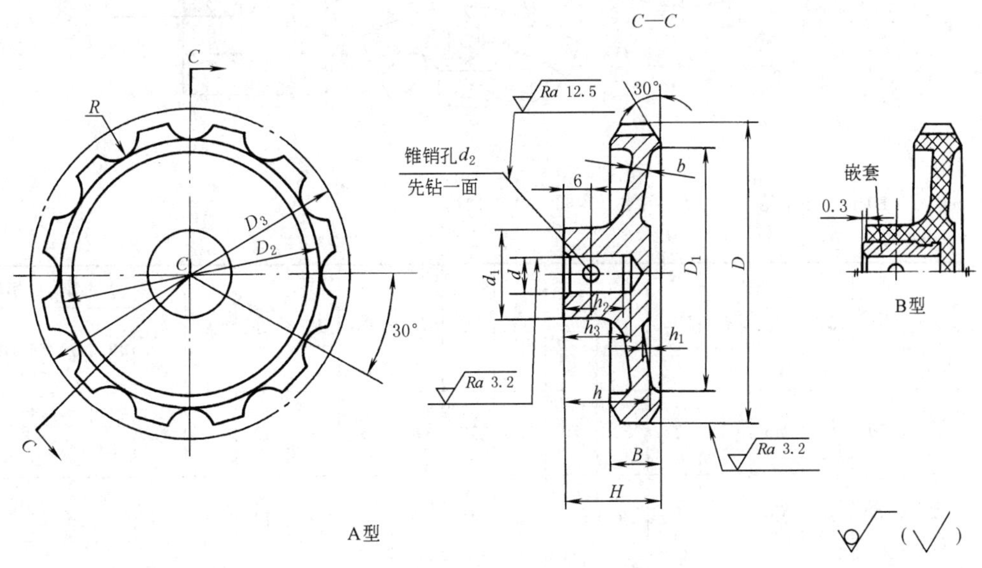

标记示例

A 型，d=10mm，D=80mm，ZL102，阳极氧化小波纹手轮，标记为：手轮 10×80　JB/T 7273.1

B 型，d=10mm，D=80mm，塑料小波纹手轮，标记为：手轮 B10×80　JB/T 7273.1

表 9-1-29

mm

d 基本尺寸	d 极限偏差 H8	D	D_1	D_2	D_3	d_1	d_2	H	h	h_1	h_2	h_3	R	B	b	嵌套 JB/T 7275	每件质量/kg≈ 铝合金	每件质量/kg≈ 塑料	相配圆锥销 GB/T 117
6	+0.018 0	50	40	45	58	16	2	16	15	1	10	12	6	8	3	6×12	0.055	0.039	2×16
8	+0.022 0	63	50	55	68	18	3	20	19	1.6	12	14		10	4	8×14	0.071	0.059	3×18
10		80	63	70	88	22		24	21		14	16	8	12		10×16	0.099	0.082	3×22
12	+0.027 0	100	80	90	112	28	4	28	23	2	16	18	10	14	5	12×18	0.234	0.194	4×28
		125	100	112	140	36		32	25		18	20	12	16		12×20	0.414	0.250	4×32

5.2 小手轮（摘自 JB/T 7273.2—2014）

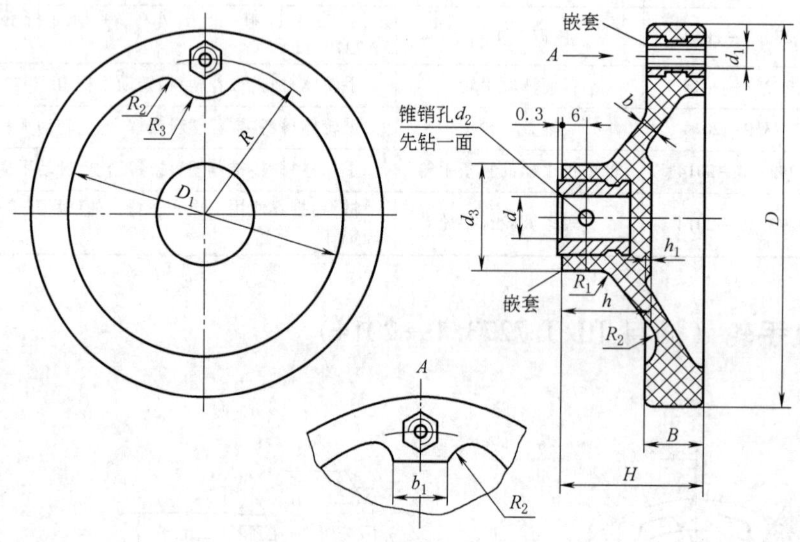

标记示例

d=10mm，D=80mm，小手轮，标记为：手轮 10×80　JB/T 7273.2

表 9-1-30

mm

d 基本尺寸	d 极限偏差 H8	D	D_1	d_1	d_2	d_3	H	h	h_1	R	R_1	R_2	R_3	B	b	b_1	嵌套 JB/T 7275	相配圆锥销 GB/T 117
10	+0.022 0	80	63	M5	3	22	32	20	1.6	32	6	5	8	12	4	12	10×16 BM5×12	3×22
12	+0.027 0	100	80	M6	4	28	36	22	2	40	7	6	9	14	5	14	12×18 M6×14	4×28
		125	100	M8			40			50	8		10	16		16	12×18 BM8×16	4×28

5.3 手轮（摘自 JB/T 7273.3—2014）

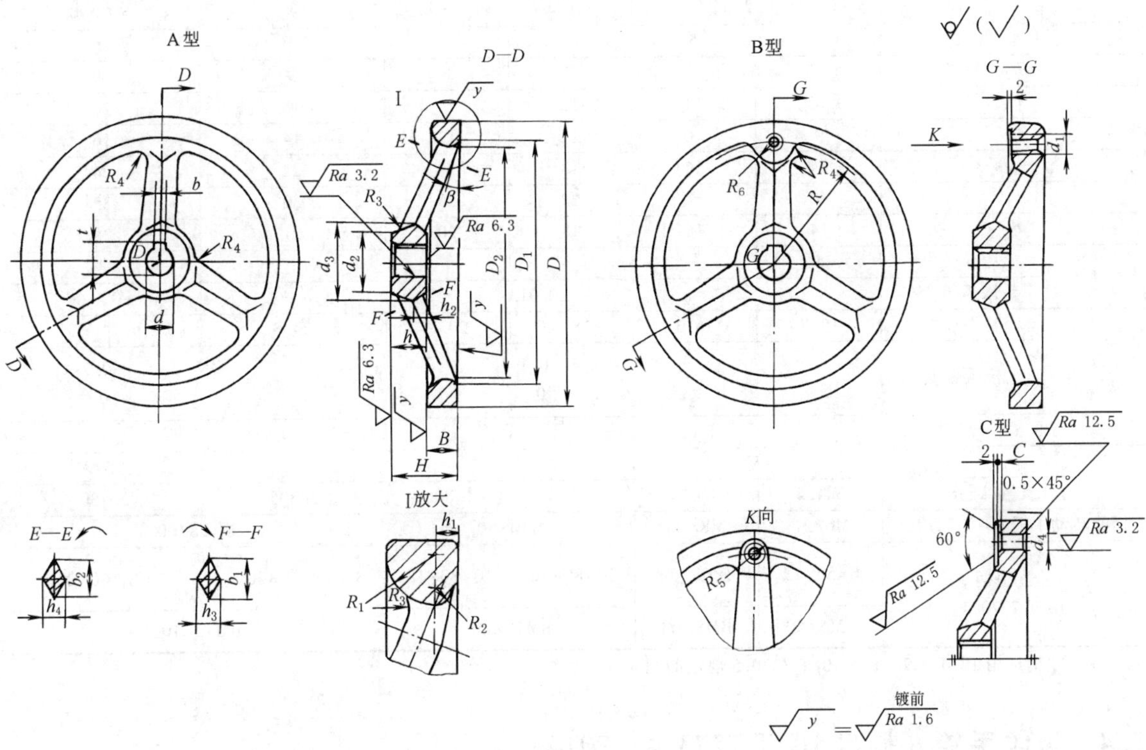

标记示例

A 型，$d=16$，$D=160$，喷砂镀铬手轮，标记为：手轮 16×160　JB/T 7273.3

B 型，$d=16$，$D=160$，喷砂镀铬手轮，标记为：手轮 B16×160　JB/T 7273.3

C 型，$d=16$，$D=160$，喷砂镀铬手轮，标记为：手轮 C16×160　JB/T 7273.3

表 9-1-31　　mm

<table>
<tr><td rowspan="2">d</td><td>基本尺寸</td><td>12</td><td>14</td><td>16</td><td>18</td><td>22</td><td colspan="2">25</td><td>28</td></tr>
<tr><td>极限偏差
H8</td><td colspan="4">+0.027
0</td><td colspan="4">+0.033
0</td></tr>
<tr><td colspan="2">D</td><td>100</td><td>125</td><td>160</td><td>200</td><td colspan="2">250</td><td colspan="2">320</td></tr>
<tr><td colspan="2">D_1</td><td>86</td><td>107</td><td>138</td><td>176</td><td colspan="2">222</td><td colspan="2">288</td></tr>
<tr><td colspan="2">D_2</td><td>76</td><td>97</td><td>128</td><td>164</td><td colspan="2">210</td><td colspan="2">276</td></tr>
<tr><td colspan="2">d_1</td><td>M6</td><td>M8</td><td colspan="2">M10</td><td colspan="4">M12</td></tr>
<tr><td colspan="2">d_2</td><td>22</td><td>28</td><td>32</td><td>36</td><td colspan="2">45</td><td colspan="2">55</td></tr>
<tr><td colspan="2">d_3</td><td>30</td><td>38</td><td>42</td><td>48</td><td colspan="2">58</td><td colspan="2">72</td></tr>
<tr><td rowspan="2">d_4</td><td>基本尺寸</td><td>6</td><td>8</td><td colspan="2">10</td><td colspan="4">12</td></tr>
<tr><td>极限偏差
H8</td><td>+0.018
0</td><td colspan="3">+0.022
0</td><td colspan="4">+0.027
0</td></tr>
<tr><td colspan="2">R</td><td>40</td><td>52</td><td>68</td><td>88</td><td colspan="2">110</td><td colspan="2">145</td></tr>
<tr><td colspan="2">R_1</td><td>9</td><td>11</td><td>13</td><td>14</td><td colspan="2">16</td><td colspan="2">18</td></tr>
<tr><td colspan="2">R_2</td><td colspan="3">4</td><td colspan="5">5</td></tr>
<tr><td colspan="2">R_3</td><td colspan="2">5</td><td colspan="2">6</td><td colspan="2">8</td><td colspan="2">10</td></tr>
<tr><td colspan="2">R_4</td><td>3</td><td>4</td><td colspan="2">5</td><td colspan="4">6</td></tr>
<tr><td colspan="2">R_5</td><td>5</td><td>6</td><td colspan="2">8</td><td colspan="4">10</td></tr>
<tr><td colspan="2">R_6</td><td>7</td><td>8</td><td colspan="2">10</td><td colspan="4">12</td></tr>
<tr><td colspan="2">H</td><td>32</td><td>36</td><td>40</td><td>45</td><td colspan="2">50</td><td colspan="2">55</td></tr>
</table>

续表

h	基本尺寸	18		20	25	28	32	
	极限偏差 h13	0 -0.270		0 -0.330			0 -0.390	
h_1		5			6			
h_2		6		7	8	9	10	
h_3		10	11	12	14	18	20	
h_4		9	10	11	12	14	16	
B		14	16	18	20	22	24	
b_1		16	18	22	26	30	35	
b_2		14	16	18	20	21	28	
b	基本尺寸	4	5		6		8	
	极限偏差 JS9	±0.015					±0.018	
t	基本尺寸	13.8	16.3	18.3	20.8	24.8	28.3	31.3
	极限偏差	+0.1 0					+0.2 0	
C		1			1.5			
β		15°		10°			5°	
每件质量/kg≈		0.425	0.660	1.160	1.806	2.805	5.730	
相配转动手柄 JB/T 7270.5		M6×50	M8×63	M10×80		M12×100		
相配手柄 JB/T 7270.1		6×50×12	8×63×14	10×80×16	10×80×18	12×100×20	12×100×22	
		BM6×50	BM8×63	BM10×80		BM12×100		

注：手柄选用 JB/T 7270.1 及 JB/T 7270.5 规定的相应规格。

5.4 波纹手轮（摘自 JB/T 7273.4—2014）

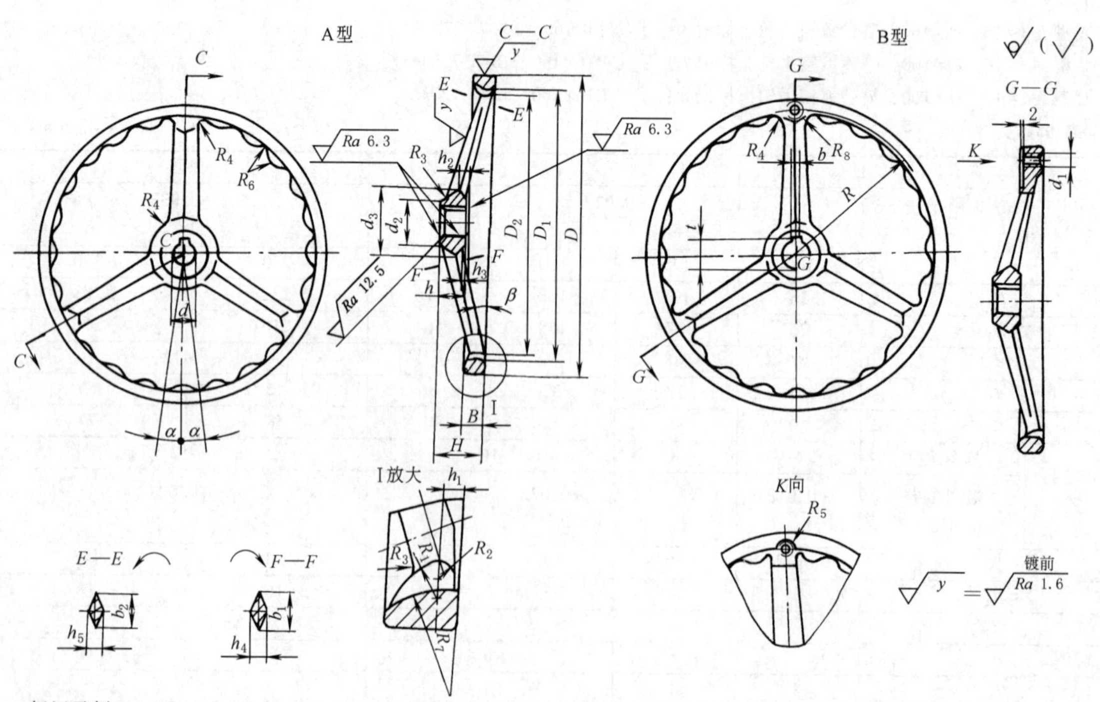

标记示例

A 型，$d=18$，$D=200$，喷砂镀铬波纹手轮，标记为：手轮 18×200 JB/T 7273.4

B 型，$d=18$，$D=200$，喷砂镀铬波纹手轮，标记为：手轮 B18×200 JB/T 7273.4

第9篇

表 9-1-32 mm

<table>
<tr><td rowspan="2">d</td><td>基本尺寸</td><td>18</td><td>22</td><td colspan="2">25</td><td>28</td><td>32</td><td colspan="2">35</td><td>40</td><td>45</td></tr>
<tr><td>极限偏差
H8</td><td>+0.027
0</td><td colspan="4">+0.033
0</td><td colspan="5">+0.039
0</td></tr>
<tr><td colspan="2">D</td><td>200</td><td colspan="2">250</td><td colspan="2">320</td><td colspan="2">400</td><td colspan="2">500</td><td>630</td></tr>
<tr><td colspan="2">D_1</td><td>176</td><td colspan="2">222</td><td colspan="2">288</td><td colspan="2">364</td><td colspan="2">462</td><td>588</td></tr>
<tr><td colspan="2">D_2</td><td>164</td><td colspan="2">210</td><td colspan="2">276</td><td colspan="2">352</td><td colspan="2">448</td><td>574</td></tr>
<tr><td colspan="2">d_1</td><td>M10</td><td colspan="4">M12</td><td colspan="5">—</td></tr>
<tr><td colspan="2">d_2</td><td>36</td><td colspan="2">45</td><td colspan="2">55</td><td colspan="2">65</td><td colspan="2">75</td><td>85</td></tr>
<tr><td colspan="2">d_3</td><td>48</td><td colspan="2">58</td><td colspan="2">72</td><td colspan="2">85</td><td colspan="2">95</td><td>105</td></tr>
<tr><td colspan="2">R</td><td>88</td><td colspan="2">110</td><td colspan="2">145</td><td colspan="2">—</td><td colspan="2">—</td><td>—</td></tr>
<tr><td colspan="2">R_1</td><td>20</td><td colspan="2">22</td><td colspan="2">23</td><td colspan="2">26</td><td colspan="2">28</td><td>32</td></tr>
<tr><td colspan="2">R_2</td><td colspan="7">5</td><td colspan="3">6</td></tr>
<tr><td colspan="2">R_3</td><td>6</td><td colspan="2">8</td><td colspan="2">10</td><td colspan="2">12</td><td colspan="3">16</td></tr>
<tr><td colspan="2">R_4</td><td>5</td><td colspan="4">6</td><td colspan="5">8</td></tr>
<tr><td colspan="2">R_5</td><td>8</td><td colspan="4">10</td><td colspan="5">—</td></tr>
<tr><td colspan="2">$R_6\approx$</td><td>16</td><td colspan="2">16.5</td><td colspan="6">16</td><td>20</td></tr>
<tr><td colspan="2">R_7</td><td>30</td><td colspan="2">29</td><td colspan="2">30</td><td colspan="2">30</td><td colspan="2">34</td><td>36</td></tr>
<tr><td colspan="2">R_8</td><td>10</td><td colspan="4">12</td><td colspan="5">—</td></tr>
<tr><td colspan="2">H</td><td>45</td><td colspan="2">50</td><td colspan="2">55</td><td colspan="2">65</td><td colspan="2">70</td><td>75</td></tr>
<tr><td rowspan="2">h</td><td>基本尺寸</td><td>25</td><td colspan="2">28</td><td colspan="2">32</td><td colspan="2">40</td><td colspan="2">45</td><td>50</td></tr>
<tr><td>极限偏差 h13</td><td colspan="3">0
-0.33</td><td colspan="7">0
-0.39</td></tr>
<tr><td colspan="2">h_1</td><td colspan="7">6</td><td colspan="3">7</td></tr>
<tr><td colspan="2">h_2</td><td>8</td><td colspan="2">9</td><td colspan="2">10</td><td colspan="2">12</td><td colspan="2">14</td><td>16</td></tr>
<tr><td colspan="2">h_3</td><td colspan="5">2</td><td colspan="4">3</td><td>5</td></tr>
<tr><td colspan="2">h_4</td><td>14</td><td colspan="2">18</td><td colspan="2">20</td><td colspan="2">22</td><td colspan="2">24</td><td>26</td></tr>
<tr><td colspan="2">h_5</td><td>12</td><td colspan="2">14</td><td colspan="4">16</td><td colspan="2">18</td><td>20</td></tr>
<tr><td colspan="2">B</td><td>20</td><td colspan="2">22</td><td colspan="2">24</td><td colspan="2">26</td><td colspan="2">28</td><td>30</td></tr>
<tr><td colspan="2">b_1</td><td>26</td><td colspan="2">30</td><td colspan="2">35</td><td colspan="2">38</td><td colspan="2">42</td><td>45</td></tr>
<tr><td colspan="2">b_2</td><td>20</td><td colspan="2">24</td><td colspan="2">28</td><td colspan="2">30</td><td colspan="2">32</td><td>35</td></tr>
<tr><td rowspan="2">b</td><td>基本尺寸</td><td colspan="3">6</td><td colspan="2">8</td><td colspan="2">10</td><td colspan="2">12</td><td>14</td></tr>
<tr><td>极限偏差 JS9</td><td colspan="3">±0.015</td><td colspan="4">±0.018</td><td colspan="3">±0.0215</td></tr>
<tr><td rowspan="2">t</td><td>基本尺寸</td><td>20.8</td><td>24.8</td><td colspan="2">28.3</td><td>31.3</td><td>35.3</td><td colspan="2">38.3</td><td>43.3</td><td>48.8</td></tr>
<tr><td>极限偏差</td><td colspan="3">+0.1
0</td><td colspan="7">+0.2
0</td></tr>
<tr><td colspan="2">β</td><td colspan="3">10°</td><td colspan="2">5°</td><td colspan="5">—</td></tr>
<tr><td colspan="2">α</td><td>12°30′</td><td colspan="2">10°</td><td colspan="2">7°30′</td><td colspan="2">6°</td><td colspan="2">5°</td><td>4°</td></tr>
<tr><td colspan="2">轮辐数</td><td colspan="5">3</td><td colspan="5">5</td></tr>
<tr><td colspan="2">每件质量/kg≈</td><td>2.027</td><td colspan="2">3.150</td><td colspan="2">5.730</td><td colspan="2">8.693</td><td colspan="2">12.631</td><td>21.615</td></tr>
<tr><td colspan="2">相配转动手柄(JB/T 7270.5)</td><td>M10×80</td><td colspan="4">M12×100</td><td colspan="5">—</td></tr>
</table>

注：手柄选用 JB/T 7270.5 规定的相应规格。

6 把 手

JB/T 7274 系列标准将把手分为 8 个类别，详见表 9-1-33。

表 9-1-33 **把手国家标准统计表**

序号	标准号	名称	备注
1	JB/T 7274.1—2014	把手	材料：推荐材料 35 钢、塑料，如使用其他材料，由供需双方确定
2	JB/T 7274.2—2014	压花把手	材料：推荐材料塑料，如使用其他材料，由供需双方确定
3	JB/T 7274.3—2014	十字把手	材料：推荐材料塑料，如使用其他材料，由供需双方确定
4	JB/T 7274.4—2014	星形把手	材料：推荐材料塑料，如使用其他材料，由供需双方确定
5	JB/T 7274.5—2014	定位把手	材料：推荐使用 HT200；35 钢；Q235-A，如使用其他材料，由供需双方确定
6	JB/T 7274.6—2014	T 形把手	把手推荐材料塑料，嵌件推荐 Q235-A，如使用其他材料，由供需双方确定
7	JB/T 7274.7—2014	方形把手	材料：推荐材料塑料，如使用其他材料，由供需双方确定
8	JB/T 7274.8—2014	三角箭形把手	推荐材料：把手：塑料，嵌件：Q235-A，装饰片：铝片；如使用其他材料，由供需双方确定

6.1 把手（摘自 JB/T 7274.1—2014）

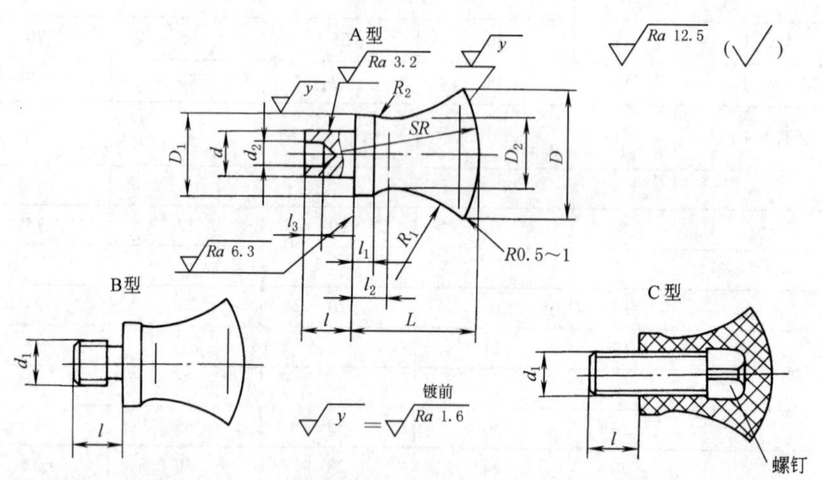

标记示例

A 型，d=8mm，D=25mm，35 钢，喷砂镀铬把手，标记为：把手 8×25 JB/T 7274.1

B 型，d_1=M8，D=25mm，35 钢，喷砂镀铬把手，标记为：把手 8×25 JB/T 7274.1

C 型，d_1=M8，D=25mm，塑料把手，标记为：把手 CM8×25 JB/T 7274.1

表 9-1-34

mm

d			d_1	d_2	D	D_1	D_2	L	l	l_1	l_2	l_3	SR	R_1	R_2	相配螺钉 GB/T 821	每件质量/kg≈	
基本尺寸	极限偏差 js7																钢	塑料
5	±0.006		M5	3.5	16	10	8	16	6	3	5	3	20	12	1	M5×12	0.018	0.004
6			M6	4	20	12	10	20	8		6	4	25	15		M6×16	0.025	0.007
8	±0.007		M8	5.5	25	16	13	25	10	4	7		32	20	1.5	M8×25	0.050	0.015
10			M10	7	32	20	16	32	12	5	10	5	40	24	2	M10×30	0.100	0.027
12	±0.009		M12	9	40	25	20	40	16	6	13	6	50	28	2.5	M12×40	0.200	0.056

6.2 压花把手（摘自 JB/T 7274.2—2014）

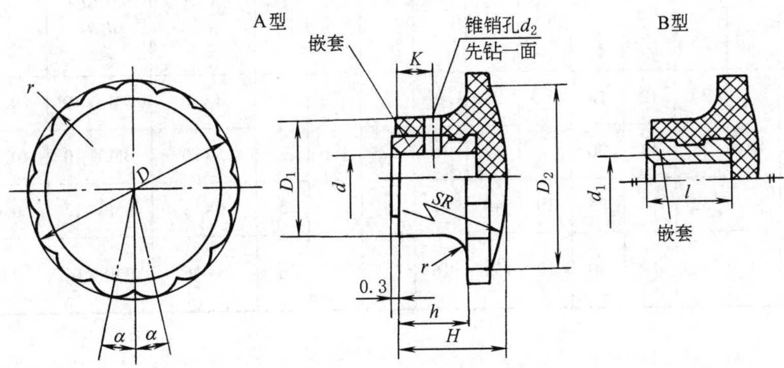

标记示例

A 型，d=10mm，D=40mm，压花把手，标记为：把手 10×40　JB/T 7274.2

B 型，d_1=M10，D=40mm，压花把手，标记为：把手 BM10×40　JB/T 7274.2

表 9-1-35

mm

d 基本尺寸	d 极限偏差 H8	d_1	d_2	D	D_1	D_2	H	h	SR	r	K	α	嵌套 JB/T 7275 A 型 d×l	嵌套 JB/T 7275 B 型 d_1×l	每件质量 /kg≈	相配圆锥销 GB/T 117
6	+0.018 0	M6	2	25	16	22	16	10	40	3	5	15°	6×12	BM6×12	0.007	2×16
8	+0.022 0	M8	3	32	18	28	18	12	50	4	6		8×14	BM8×14	0.018	3×18
10		M10		40	22	35	20	14	60	5	7	12°	10×16	BM10×16	0.032	3×22
12	+0.027 0	M12		50	28	45	25	16	80		8	10°	12×20	BM12×20	0.048	3×28

6.3 十字把手（摘自 JB/T 7274.3—2014）

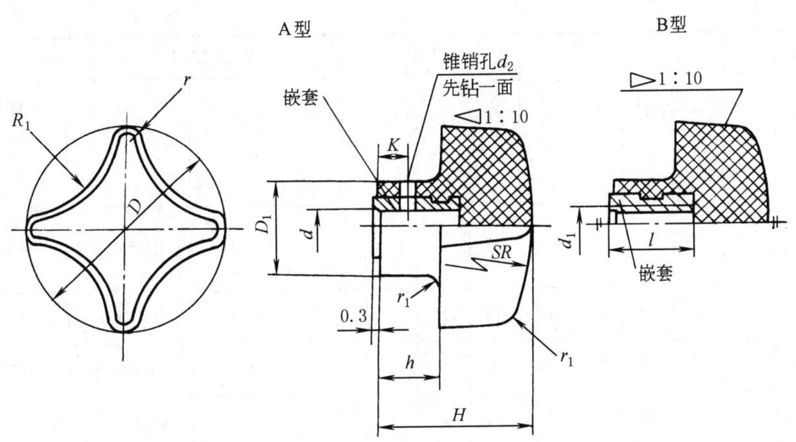

标记示例

A 型，d=8mm，D=40mm，十字把手，标记为：把手 8×40　JB/T 7274.3

B 型，d_1=M8，D=40mm，十字把手，标记为：把手 BM8×40　JB/T 7274.3

第9篇

表 9-1-36

mm

d 基本尺寸	d 极限偏差 H8	d_1	d_2	D	D_1	H	h	SR	R_1	r	r_1	K	嵌套 JB/T 7275 A 型 $d×l$	嵌套 JB/T 7275 B 型 $d_1×l$	每件质量 /kg≈	相配圆锥销 GB/T 117
4	+0.018 0	M4	2	20	12	18	8	25	8	2	1.6	4	4×10	BM4×10	0.005	2×12
5		M5		25	14	20		32	10	2.5			5×10	BM5×10	0.008	2×14
6		M6		32	16	25	10	40	12	3		5	6×12	BM6×12	0.015	2×16
8	+0.022 0	M8	3	40	18	30	12	50	16	3.5	2	6	8×16	BM8×16	0.022	3×18

6.4 星形把手（摘自 JB/T 7274.4—2014）

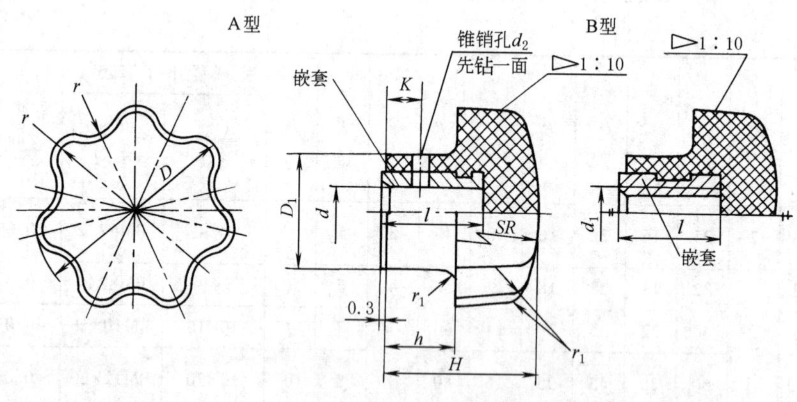

标记示例

A 型，$d=10$mm，$D=40$mm，星形把手，标记为：把手 10×40　JB/T 7274.4

B 型，$d_1=$M10，$D=40$mm，星形把手，标记为：把手 BM10×40　JB/T 7274.4

表 9-1-37

mm

d 基本尺寸	d 极限偏差 H8	d_1	d_2	D	D_1	H	h	SR	r	r_1	K	嵌套 JB/T 7275 A 型 $d×l$	嵌套 JB/T 7275 B 型 $d_1×l$	每件质量 /kg≈	相配圆锥销 GB/T 117
6	+0.018 0	M6	2	25	16	20	10	32	4	1.6	5	6×12	BM6×12	0.015	2×16
8	+0.022 0	M8	3	32	18	25	12	40	5	2	6	8×16	BM8×16	0.024	3×18
10		M10		40	22	30	14	50	6		7	10×20	BM10×20	0.035	3×22
12		M12	4	50	28	35	16	60	8		8	12×25	BM12×25	0.069	3×28
16	+0.027 0	M16		63	32	40	18	80	10	2.5	10	16×30	BM16×30	0.111	4×32

6.5 定位把手（摘自 JB/T 7274.5—2014）

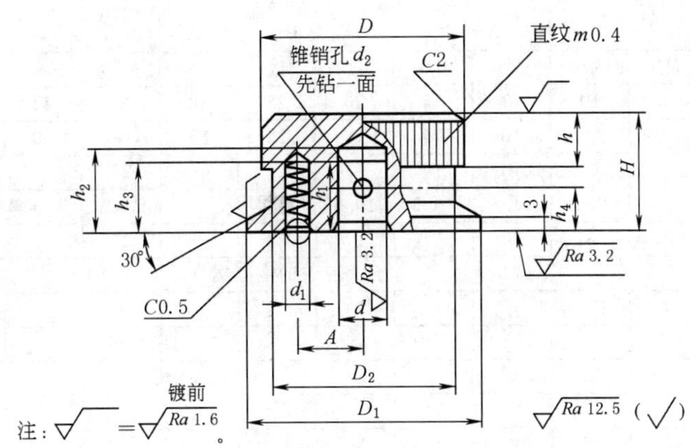

标记示例

d=12mm，D=50mm，HT200，喷砂镀铬定位把手，标记为：

把手 12×50　JB/T 7274.5

表 9-1-38　　mm

<table>
<tr><th colspan="2">d</th><th rowspan="2">d_1</th><th rowspan="2">d_2</th><th rowspan="2">D</th><th rowspan="2">D_1</th><th rowspan="2">D_2</th><th rowspan="2">H</th><th rowspan="2">h</th><th rowspan="2">h_1</th><th rowspan="2">h_2</th><th rowspan="2">h_3</th><th rowspan="2">h_4</th><th rowspan="2">A</th><th rowspan="2">每件质量/kg≈</th><th rowspan="2">相配钢球 GB/T 308</th><th rowspan="2">相配压缩弹簧 GB/T 2089</th></tr>
<tr><th>基本尺寸</th><th>极限偏差 H8</th></tr>
<tr><td>10</td><td>+0.022
0</td><td rowspan="2">6.7</td><td>4</td><td>40</td><td>48</td><td>38</td><td>26</td><td>12</td><td>14</td><td>18</td><td rowspan="2">18</td><td>10</td><td>14</td><td>0.295</td><td rowspan="2">6.5</td><td rowspan="2">0.8×5×25</td></tr>
<tr><td>12</td><td rowspan="3">+0.027
0</td><td rowspan="2">5</td><td>50</td><td>58</td><td>45</td><td>30</td><td>14</td><td>18</td><td>20</td><td rowspan="3">11</td><td>16</td><td>0.495</td></tr>
<tr><td>16</td><td rowspan="2">8.5</td><td>60</td><td>68</td><td>55</td><td>32</td><td>16</td><td rowspan="2">21</td><td rowspan="2">23</td><td rowspan="2">21</td><td>20</td><td>0.800</td><td rowspan="2">8</td><td rowspan="2">1.2×6×35</td></tr>
<tr><td>18</td><td>6</td><td>70</td><td>78</td><td>65</td><td>34</td><td>18</td><td>25</td><td>1.105</td></tr>
</table>

7　嵌套（摘自 JB/T 7275—2014）

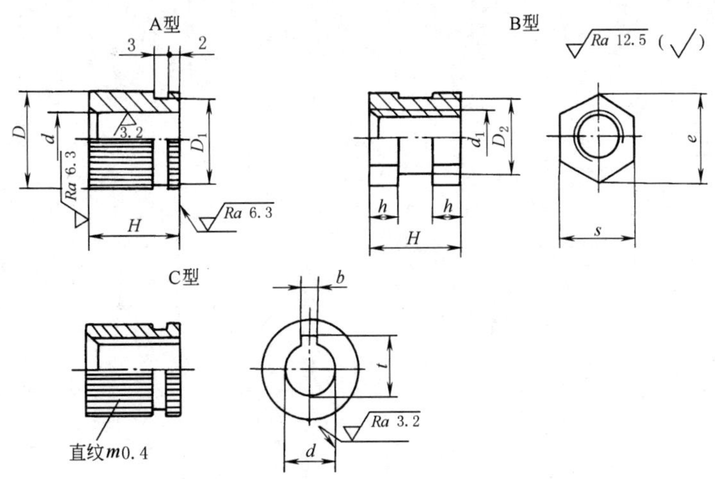

材料：Q235-A。

标记示例

A 型，d=12mm，H=20mm，嵌套，标记为：嵌套 12×20　JB/T 7275

B 型，d_1=M12，H=20mm，嵌套，标记为：嵌套 BM12×20　JB/T 7275

C 型，d=12mm，H=20mm，嵌套，标记为：嵌套 C12×20　JB/T 7275

第9篇

表 9-1-39

mm

d	基本尺寸	4	5	6	8	10	12	16	18	—	22	25	28	32
	极限偏差 H8	+0.018 0			+0.022 0		+0.027 0			—	+0.033 0			+0.039 0
d_1		M4	M5	M6	M8	M10	M12	M16	—	M20	—			
D		6	8	10	12	16	20	25	28	—	32	36	40	45
D_1		5	7	9	10	14	18	22	25	—	30	34	38	42
D_2		5.5	7	8	10	14	17	22	—	27	—			
e		6.3	8.1	9.2	11.5	16.2	19.6	25.4	—	31.2	—			
s		5.5	7	8	10	14	17	22	—	27	—			
H	h	有效的嵌套宽度												
10	3	√	√											
12	4		√	√										
14	4.5			√	√									
16	5				√	√								
18	6					√	√							
20	6.5					√	√	√	√	√	√	√	√	√
25	8						√	√	√	√	√	√	√	√
28	9							√	√	√	√	√	√	√
30	10							√	√	√	√	√	√	√
32	11							√	√	√	√	√	√	√
36	12								√	√	√	√	√	√
b	基本尺寸	—		2		3	4	5	6	—	6	8		10
	极限偏差 JS9			±0.0125			±0.015					±0.018		
t	基本尺寸	—		7	9	11.4	13.8	18.3	20.8	—	24.8	28.3	31.3	35.3
	极限偏差			+0.1 0								+0.2 0		

第2章 小五金

1 概 述

五金大多数时候指金、银、铜、铁、锡五种金属的各种制成品，分为大五金和小五金两大类。小五金主要指安装在建筑物或家具上的金属器件和某些小工具的统称，按用途可大致分为五金工具、五金零部件、日用五金、建筑五金、家具五金以及安防用品等，如螺钉、弹簧、各种铰链、门锁等。由于科学技术的进步，小五金种类繁多，限于本手册的篇幅要求，本章只列出最常用的小五金产品，其他产品可以查专业资料。

现代日用五金产品种类繁多，按其与吃、穿、住、行、用的关系，主要分为厨房设备、锅、餐具、刀剪、手缝针、拉链、取暖炉、汽灯、电筒、锁、燃气热水器、剃须刀、打火机等。

五金工具包括各种手动工具、电动工具、气动工具、切割工具、汽保工具、农用工具、起重工具、测量工具、工具机械、切削工具、工夹具、刀具、模具、刃具、砂轮、钻头、抛光机、工具配件、量具刃具、油漆工具、磨具磨料等。

2 建筑门窗及家具五金件

建筑门窗五金件是指安装在建筑物门窗上的各种金属和非金属配件的统称，在门窗启闭时起辅助作用。表面一般经镀覆或涂覆处理，具有坚固、耐用、灵活、经济、美观等特点。建筑门窗五金件可按用途分为建筑门锁、执手、撑挡、合页、铰链、闭门器、拉手、插销、窗钩、防盗链、感应启闭装置等。2017 年，由住房和城乡建设部主导的修订版《建筑门窗五金件》2017 版共包括十一个种类，对它们的标准号、定义、标记说明和标记实例等列于表 9-2-1 中（限于篇幅要求，表 9-2-1 中的部分五金件不做具体介绍）。

2.1 合页（铰链）

合页（Hinge），又名活页，正式名称为铰链。一般组成为两折式，是用来连接两个固体并允许两者之间做相对转动的机械装置。合页分普通合页和建筑门窗合页，普通合页用于橱柜门、窗、门等。目前合页执行的标准包括：QB/T 4595—2013《合页》系列标准和 JG/T 125—2017《建筑门窗五金件　合页（铰链）》标准。工业系统用的合页没有专门的标准，一般参照这两个标准执行。表 9-2-2 是常见合页标准及说明。

合页和铰链的区别：

第一，结构上不同。合页属于带转轴结构，一般由铁、铜、不锈钢等材质合成；铰链通常是一个四连杆或六连杆的结构，也有其他的类似结构模式。

第二，功能上不尽相同。合页能实现的功能铰链都能实现，合页只能做旋转运动，铰链既可以转动，还可以平动。

第三，使用场景不进相同。合页主要是用于门窗中，铰链更多的是在橱柜等家具中使用，有的特殊情况下是必须使用合页，如超大平开窗对受力有较大要求，最好是用合页。

表 9-2-1 常用建筑门窗五金件定义说明

名称	标准号	定义	标记	标记示例
传动机构执手	JG/T 124—2017	实现门窗扇启闭的操纵装置，包括驱动传动锁闭器、多点锁闭器。分为带定位功能的执手和不带定位功能的执手	□ □-□-□ JG/T 124—2017 主参数代号，方轴/拨叉长度 主参数代号，基体宽度 功能代号(DD=带定位；BD=不带定位) 名称代号(FZ=方轴型；BZ=拨叉型)	方轴插入式执手，带定位功能，基座宽度 28mm，方轴长度 31mm FZ DD-28-31 JG/T124—2017
合页（铰链）	JG/T 125—2017	用于连接门窗框和门窗扇，支撑门窗扇，实现门窗扇向室内或室外产生旋转的装置 明装式合页（铰链）：在门窗扇关闭状态下有外露部分的合页 隐藏式合页（铰链）：在门窗扇关闭状态下无外露部分的合页	门用合页（铰链）标记方法： MJ-□-□-□ JG/T 125—2017 使用频率代号(≥万次，Ⅰ-20、Ⅱ-10、Ⅲ-2.5) 承重级别代号(kg数) 安装形式代号(MZ=明装；YC=隐藏) 门用合页(铰链) 窗用合页（铰链）标记方法： CJ-□-□-□ JG/T 125—2017 使用频率代号(≥万次，Ⅰ-20、Ⅱ-10、Ⅲ-2.5) 承重级别代号 安装形式代号代号(MZ=明装；YC=隐藏) 窗用合页(铰链)	一组承重为 120kg，使用频率较高的门用明装式合页（铰链），标记：MJ-MZ-120-Ⅰ JG/T 125—2017 一组承重为 80kg，使用频率较低的窗用明装式合页（铰链），标记：CJ-MZ-80-Ⅱ JG/T 125—2017 一组承重为 60kg，窗用隐藏式合页（铰链）标记： CJ-YC-60-Ⅲ JG/T 125—2017
传动锁闭器	JG/T 126—2017	在窗扇上通过连杆连接多个圆柱形锁点，在旋转把手的操作下，使传动锁闭器上若干锁柱同时移动，锁柱滑入固定在窗框上的锁体中，从而实现对门窗的多点锁闭作用	齿轮式 M(C)CQ 和连杆式 M(C)LQ； □ □-□-□ JG/T 126—2017 主参数代号：锁点数 使用频次代号：万次，Ⅰ-20、Ⅱ-2.5 构造代号：WS=无锁舌；YS=有锁舌 名称代号：M(C)CQ=门(窗)齿轮式；M(C)LQ=门(窗)连杆式	3 个锁点的门用齿轮驱动式、有锁舌、反复启闭为 20 万次的传动锁闭器，标记为： MCQ YS-Ⅰ-3 JG/T 126—2017 2 个锁点的窗用连杆驱动式、无锁舌、反复启闭为 2.5 万次的传动锁闭器，标记为： CLQ YS-Ⅱ-2 JG/T 126—2017

续表

名称	标准号	定义	标记	标记示例
滑撑	JG/T 127—2017	用于连接窗框和窗扇，支撑窗扇，实现室外产生旋转并同时平移开启的多杆件装置	□ □-□ JG/T 127—2017 滑槽长度(mm) 承重质量(kg) 产品代号：PCH＝外平开窗用型、SCH＝外开上悬窗用型	承载质量为28kg，滑槽长度为305mm的外平开窗用滑撑，其标记为： PCH 28-305 JG/T 127—2017
撑挡	JG/T 128—2017	限制活动扇开启角度的装置，又称限位器、开启限位器 锁定式撑挡：通过机械卡位固定窗扇开启角度的撑挡 摩擦式撑挡：通过摩擦锁紧构造限制窗扇开启角度的撑挡	□-□ □ □ JG/T 128—2017 规格代号：支撑部件长度，mm 锁定力产生原理代号：MC=摩擦式、SD=锁定式 适用窗型代号：NP=内平开、WX=外开上悬窗、NX=内开下悬 产品代号：CD(撑挡)	支撑部件最大长度200mm的内平开窗用有可调功能摩擦式撑挡： CD-NP KT MC 200 JG/T 128—2017 支撑部件最小长度200mm的外开上旋窗用无可调功能锁定式撑挡： CD-WX-WT SD 200 JG/T 128—2017
滑轮	JG/T 129—2017	承受门窗扇质量，并能在外力的作用下，通过滚动使门窗扇沿轨道做往复运动的装置	□ □-□ JG/T 129—2017 材料代号：J＝金属、F＝非金属 承重质量代号(kg) 名称代号：MHL＝门滑轮、MDL＝门吊轮、CHL＝窗滑轮	一套最大承重质量为60kg的窗用金属滑轮标记为： CHL 60-J JG/T 129—2017
单点锁闭器	JG/T 130—2017	通过操作，实现推拉门窗单一位置锁闭的装置	□ □ JG/T 130—2017 结构形式代号：Ⅰ=直线运动型；Ⅱ=沿结构中心旋转运动型；Ⅲ=沿某转轴旋转型 名称代号：TYB	单点锁闭器结构形式代号Ⅰ，标记为： TYB Ⅰ JG/T 130—2017

续表

名称	标准号	定义	标记	标记示例
旋压执手	JG/T 213—2017	通过转动手柄，实现窗启闭、锁定功能的装置	□ □ JG/T 213—2017 主参数：旋压高度(mm) 名称代号：XZ旋压执手	一款旋压高度为 8mm 的旋压执手，标记为： XZ 8 JG/T 213—2017
插销	JG/T 214—2017	具有双扇平开门窗扇锁闭功能的装置。有单动插销和联动插销之分，实现单向锁闭功能的为单独插销；能同时实现双向锁闭功能的为联动插销	□▪□ □ □-□ JG/T 214—2017 有效搭接量 插销总行程 性能级别代号：Ⅰ、Ⅱ 锁闭功能代号：D=单动；L=联动 产品代号(CX插销)	单动插销，性能级别Ⅰ，总行程 22mm，有效搭接量 8mm 的插销标记为： CX ■ D Ⅰ 22-8 JG/T 214—2017
多点锁闭器	JG/T 215—2017	通过操作，对推拉门窗实现多点锁闭功能的装置	□ □ JG/T 215—2017 主参数：锁点数 名称代号：CDB=齿轮驱动、LDB=连杆驱动	2 个锁点的齿轮驱动式多点锁闭器，标记为： CDB 2 JG/T 215—2017
双面执手	JG/T 393—2012	执手分别安装在门扇的两面，且均可实现驱动锁闭装置的一套组合部件	SMZS □-□-□-□ JG/T 393—2012 使用频率：Ⅰ=低频非公共区域；Ⅱ=高频公共区域 结构形式代号：JD、JW 执手形式代号：G=双面杆形；Q=一面球形；H=一面杆型，另一面球形 适应环境代号：N=室内用；W=室外用	安装在室外环境，操作部位双面执手为杆型，两侧均带回位装置、公共区域门用的双面执手，标记为： SMZS W-G-JD-Ⅱ JG/T 393—2012

表 9-2-2　　常见合页标准及说明（QB/T 4595. X—2013 系列标准）

序号	标准号	名称	代号	备注
1	QB/T 4595. 1—2013	普通轻型合页	A、B	原标准 QB/T 3874—1999 作废。所有合页的基本形式,不分左右
2	QB/T 4595. 2—2013	轻型合页	C	原标准 QB/T 3875—1999 作废。合页板比普通合页薄而窄,适用于一些轻型的门窗或家具,不分左右
3	QB/T 4595. 3—2013	抽芯型合页	D	原标准 QB/T 3876—1999 作废。轴心销子可以随意抽出。抽出后,门板或窗扇可以取下,合页板分别保留在门板或窗扇上,便于擦洗或翻新
4	QB/T 4595. 4—2013	H 型合页	H	原标准 QB/T 3877—1999 作废。属于抽芯合页的一种,但使用起来不如抽芯合页方便
5	QB/T 4595. 5—2013	T 型合页	T	原标准 QB/T 3878—1999 作废。结构结实,受力大,适用于较宽较重的门板或窗扇
6	QB/T 4595. 6—2013	双袖型合页	G	原标准 QB/T 3879—1999 作废。与抽芯活页功能相似,但芯轴固定在其中一个叶片上,该叶片一般安装在上部,分左右型。因像袖筒而得名

注：这六种合页的标记方法为：X□□，X 是合页代号，后两位数字是活页长度英寸值的 10 倍数。

选用合页（铰链）注意事项：

1）要保证所选合页（铰链）的机械承重和强度满足使用要求。

2）要保证门扇的旋转方向和开度（左、右、上、下）。

3）便于合页（铰链）自身的安装及门扇和窗的安装和拆卸。

4）安装效果的美观度［合页（铰链）是否可见］。

5）噪声、开合力度、使用寿命等影响使用效果和寿命的因素。

图 9-2-1 是几款常见合页。

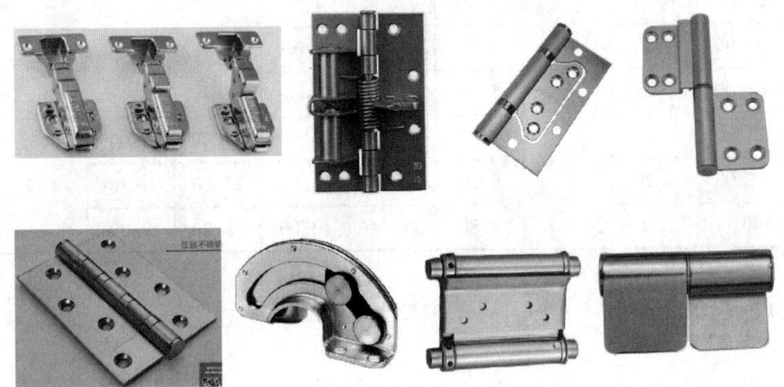

图 9-2-1　几种常见合页

2.1.1　普通型合页（摘自 QB/T 4595. 1—2013）

普通合页是基本型的，是其他各种改进型合页的基础。

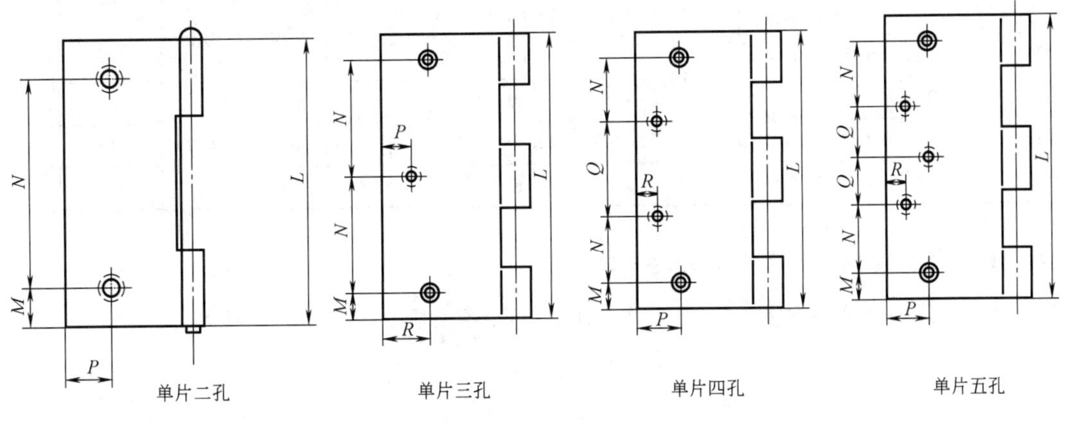

表 9-2-3

mm

规格型号	$L_{-0.76}^{0}$ 英制	$L_{-0.76}^{0}$ 公制	合页厚度 *T* ±0.20	*M*	*N* ±0.13	*P*	*Q*	*R*	螺钉孔数/P	适应门质量/kg	门扇宽度 ±0.38
A35	88.90	89.00	2.50	9.02	35.43	9.14	—	17.5	3×2	20	914
A40	101.60	100.00	3.00	13.00	25.50	19.05	24.60	9.53	4×2	27	
A45	114.30	110.00		12.90	28.58	25.40	31.34	9.53		34	
A50	127.00	125.00		12.90	31.75	25.40	37.70	9.53		45	
A60	152.40	150.00		12.70	32.54	23.80	30.96	9.53	5×2	57	
B45	114.30	110.00	3.50	12.9	28.58	25.4	31.34	9.53	4×2	68	914
B50	127.00	125.00		12.9	31.75	25.4	37.7	9.53		79	
B60	152.40	150.00	4.00	12.7	32.54	23.8	30.96	9.53	5×2	104	
B80	203.20	200.00	4.5						7×2	135	

注：系列编号中 A 为中型合页，B 为重型合页，后面两个数字表示合页长度（英寸数值的 10 倍）。

2.1.2 轻型合页（摘自 QB/T 4595.2—2013）

表 9-2-4

mm

规格型号	*L* 英制	*L* 公制	合页厚度 *T* 基本尺寸	合页厚度 *T* 极限偏差	*M*	*N*	*P*	*Q*	*R*	螺钉孔数/P	适应门质量/kg	门扇宽度
C10	25.40		0.70	0 -0.1	3.50	18.00	4.00	—		2×2	12	400
C15	38.10		0.80		5.50	27.00	4.50					
C20	50.80	50.00	1.00		7.00	16.00	6.00			3×2	15	
C25	63.50	65.00	1.10		5.00	25.00	7.00					
C30	76.20	75.00			9.50	15.00	13.00	27.00	8.00	4×2	18	
C35	88.90	90.00	1.20		9.50	21.50	13.00	27.00	10.00		20	
C40	101.60	100.00	1.30		8.80	28.00	13.00	28.00	8.00		22	

2.1.3 抽芯型合页（摘自 QB/T 4595.3—2013）

表 9-2-5

mm

规格型号	*L* 英制	*L* 公制	合页厚度 *t* 基本尺寸	合页厚度 *t* 极限偏差	*M*	*N*	*P*	*Q*	*R*	螺钉孔数/P	适应门质量/kg	门扇宽度
D15	38.10		1.20	±0.10	6.00	36.00	6.50	—	—	2×2	12	400
D20	50.80	50.00	1.30		7.00	18.00	7.50		9.00	3×2		
D25	63.50	65.00	1.40		9.50	23.00	7.00				15	
D30	76.20	75.00	1.60			15.00	13.00	27.00	8.00	4×2	18	
D35	88.90	90.00				21.50			10.00		20	
D40	101.60	100.00	1.80		9.00	28.00		28.00	8.00		22	

2.1.4 H 型合页（摘自 QB/T 4595.4—2013）

因合页的形状像大写的英文字母 H，所以称为 H 型合页，它是抽芯型合页的一个种类。

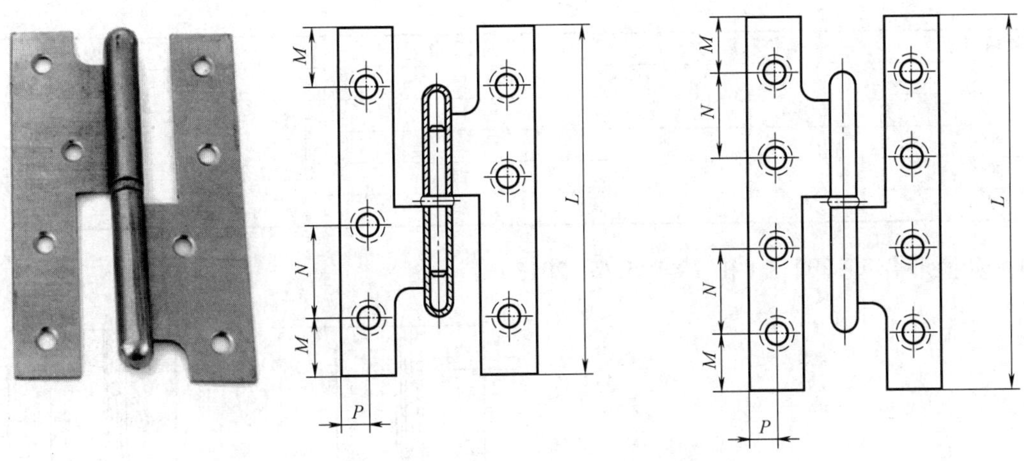

表 9-2-6

mm

规格型号	L	合页厚度 T		M	N	P	螺钉孔数/P	适应门质量 /kg	门扇宽度
		基本尺寸	极限偏差						
H30	80.00	2.00	0 -0.10	8.00	22.00	7.00	3×2	15	610
H40	95.00				27.50			18	
H45	110.00			9.00	33.00	7.50		20	
H55	140.00	2.50		10.00	40.00		4×2	27	

2.1.5 T 型合页（摘自 QB/T 4595.5—2013）

T 型合页有普通型、三叉型及四叉型。

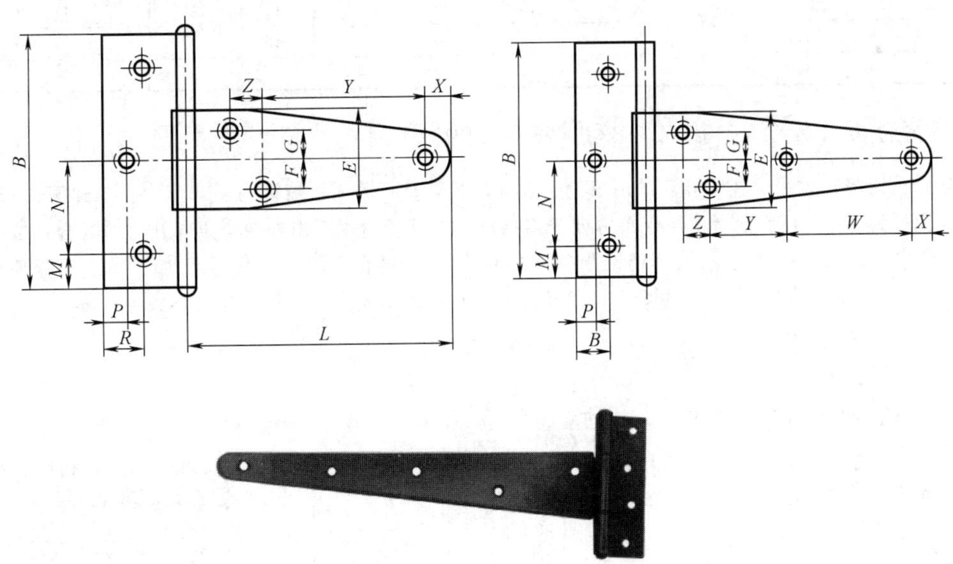

表 9-2-7

mm

规格型号	L		B	合页厚度 T		M	N	P	R	X	Y	W	Z	E	F	G
	英制	公制		基本尺寸	极限偏差											
T30	76.20	75.00	63.50	1.40	±0.10	8.00	23.75	7.00	9.00	9.00	41.00	—	12.00	26.00	5.00	6.50
T40	101.60	100.00	63.50								63.00	—	14.00		5.30	
T50	127.00	125.00	70.00	1.50			27.00			11.00	35.00	50.00		28.00	5.60	
T60	152.04	150.00	70.00								45.00	63.00	18.00		5.80	6.70
T80	203.20	20.000	73.00	1.80		9.00	27.5	8.00	10.00	12.00	68.00	87.00	19.00	32.00	6.80	

续表

规格型号	螺钉孔数/P	适应门质量 /kg	门扇宽度
T30	3+3	15	610
T40		18	
T50	4+3	20	
T60		27	
T80		34	

2.1.6 双袖形合页（摘自 QB/T 4595.6—2013）

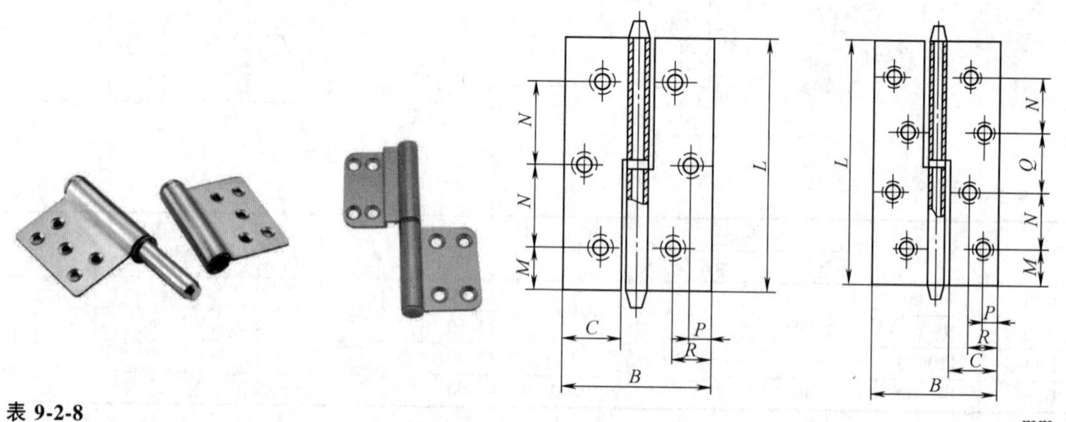

表 9-2-8

mm

规格型号	L	B	合页厚度 T		M	N	P	Q	R	C	螺钉孔数/P	适应门质量 /kg	门扇宽度
			基本尺寸	极限偏差									
G30	75	60	1.5	±0.1	9	28.5	8	—	15	23	3×2	15	400
G40	100	70			9.5	40.5	9		17	28		18	
G50	125	85	1.8		13	33	10	33	15	33	4×2	20	
G60	150	95	2		15	40	10	40	17	38		22	

2.1.7 弹簧合页（铰链）（摘自 QB/T 1738—1993）

弹簧合页（铰链）常用于经常开启的门窗上，在开启后能自行关闭。按结构形式分为：单弹簧（代号为 D）和双弹簧（代号为 S）合页，前者适用于单方向开启的场合，后者适用于内外两个方向开启的场合；按叶片材料分为：普通碳素钢制品（代号为 P）、不锈钢制品（代号为 B）、铜合金制品（代号为 T）；按表面处理分为：涂漆（代号为 Q）、涂塑（代号为 S）、电镀锌（代号为 D）和表面不处理。规格型号及参数见表 9-2-10。

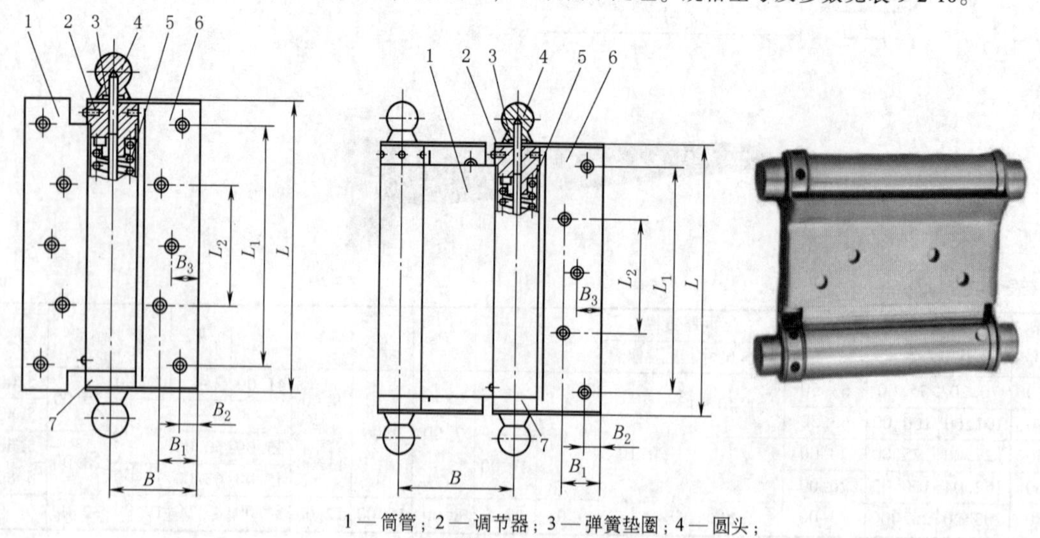

1 — 筒管；2 — 调节器；3 — 弹簧垫圈；4 — 圆头；
5 — 弹簧；6 — 页片；7 — 底座

表 9-2-9

mm

<table>
<tr><th rowspan="4">规格</th><th colspan="15">弹簧合页尺寸格</th><th colspan="2">配用木螺钉</th></tr>
<tr><th colspan="4">长度 L</th><th colspan="4">宽度 B</th><th rowspan="3">B_1</th><th rowspan="3">B_2</th><th rowspan="3">B_3</th><th rowspan="3">厚度 T</th><th rowspan="3">筒管壁厚</th><th rowspan="3">弹簧直径</th><th rowspan="3">弹簧扭转角 /(°)</th><th rowspan="3">规格</th><th rowspan="3">数量 /个</th></tr>
<tr><th colspan="2">Ⅰ型</th><th colspan="2">Ⅱ型</th><th colspan="2">单弹簧</th><th colspan="2">双弹簧</th></tr>
<tr><th>基本尺寸</th><th>极限偏差</th><th>基本尺寸</th><th>极限偏差</th><th>基本尺寸</th><th>极限偏差</th><th>基本尺寸</th><th>极限偏差</th></tr>
<tr><td>75</td><td>76</td><td>±0.95</td><td>75</td><td>±0.95</td><td>36</td><td rowspan="4">±1.95</td><td>48</td><td>±1.95</td><td>13</td><td>8</td><td>—</td><td rowspan="2">1.8</td><td rowspan="2">1.00</td><td>2.50</td><td>260</td><td rowspan="2">ST3.5×25</td><td rowspan="3">8</td></tr>
<tr><td>100</td><td>102</td><td>±1.15</td><td>100</td><td>±1.15</td><td>39</td><td>56</td><td rowspan="3">±2.3</td><td>16</td><td rowspan="2">9</td><td>—</td><td>3.00</td><td>300</td></tr>
<tr><td>125</td><td>127</td><td>±1.25</td><td>125</td><td>±1.25</td><td>45</td><td>64</td><td>19</td><td>—</td><td rowspan="2">2.0</td><td rowspan="2">1.20</td><td>3.20</td><td>330</td><td rowspan="3">ST4.2×30</td></tr>
<tr><td>150</td><td>152</td><td>±1.25</td><td>150</td><td>±1.25</td><td>50</td><td>64</td><td>20</td><td>10</td><td>15</td><td>3.50</td><td>360</td><td rowspan="3">10</td></tr>
<tr><td>200</td><td>203</td><td>±1.45</td><td>200</td><td>±1.45</td><td>71</td><td>±2.3</td><td>95</td><td rowspan="2">±2.7</td><td rowspan="2">32</td><td rowspan="2">14</td><td rowspan="2">23</td><td rowspan="2">2.4</td><td rowspan="2">2.00</td><td>4.50</td><td>430</td></tr>
<tr><td>250</td><td>254</td><td>±1.45</td><td>250</td><td>±0.95</td><td colspan="2">—</td><td>95</td><td>5.00</td><td>460</td><td>ST4.8×50</td></tr>
</table>

注：Ⅰ型、Ⅱ型在国标中没有解释和注明，应该按长度单位制的区别，Ⅰ型是向英制单位靠齐，Ⅱ型是国际单位制。

其代号及标记形式如下：

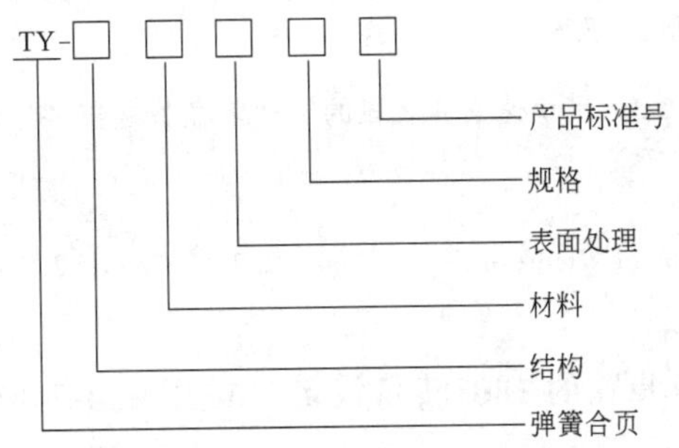

标记示例

普通碳素钢制造、表面涂漆、规格为 150mm 的Ⅰ型双弹簧合页 标记为：弹簧合页 TY-SPQ 150 Ⅰ QB/T 1738

2.2 钣金及工业设备用铰链

QB/T 4595.1～QB/T 4595.6 介绍的是民用建筑门窗及部分轻工产品用铰链（合页），JG/T 125-2017 介绍的也是建筑门窗用铰链。随着机械设备的发展，机械产品外壳和工业机柜等钣金产品上的铰链越来越多。

2.2.1 带自锁紧装置的钣金件用铰链

带快速安装装置的 180°转角铰链（戴乐克 4-150SL 铰链）。用于折边 20mm 外装门，不需要安装工具，带卡压座部分安装在门框上，安装在门板上的转动部分靠可拔插的圆柱固定。图 9-2-2 是铰链安装效果图，图 9-2-3

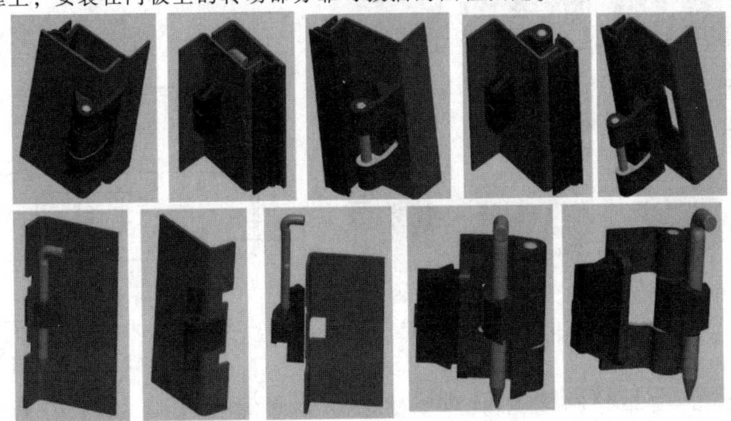

图 9-2-2 带快速安装装置的 180°转角铰链

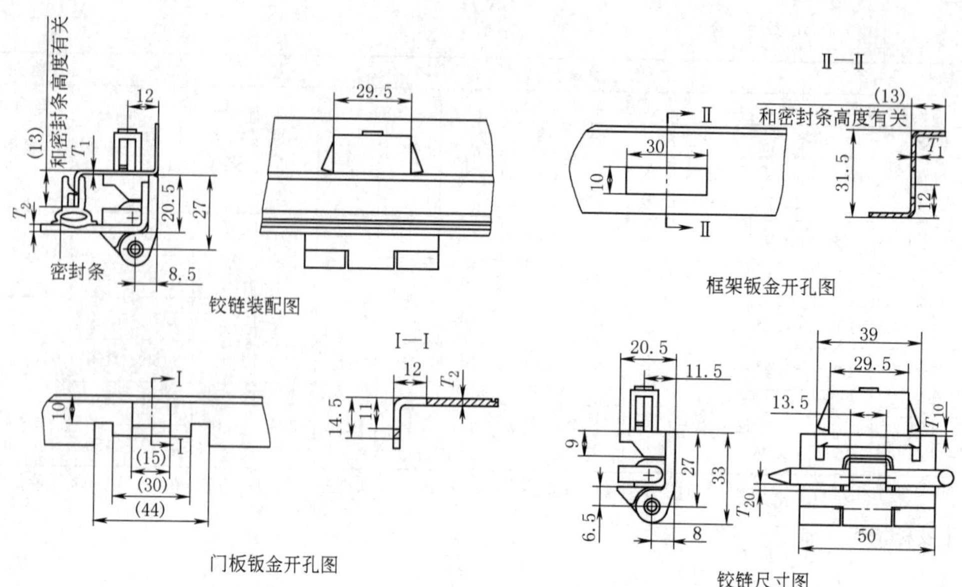

图 9-2-3　带快速安装装置的 180°转角铰链安装尺寸图

是铰链安装及开孔尺寸图。

本系列铰链适用的板厚为：1.2～1.7mm；1.7～2.2mm；2.2～2.7mm；2.7～3.2mm，在选型时要根据板厚合理选用。

2.2.2　带双卡压式快速安装装置的 180°转角铰链（戴乐克 4-246SL、249SL）

这种铰链的门框侧和门板侧的铰链板都是通过快速卡压机构固定的，铰链旋转角度最大可达 180°，两个压紧件的中心是 25mm，如图 9-2-4 所示：图中，$H_1+H_2+W=25$，T_1、T_2 可以相同，也可以不同，但变化范围要在快速固定装置允许的范围内。其安装和开孔尺寸图如图 9-2-5 所示。

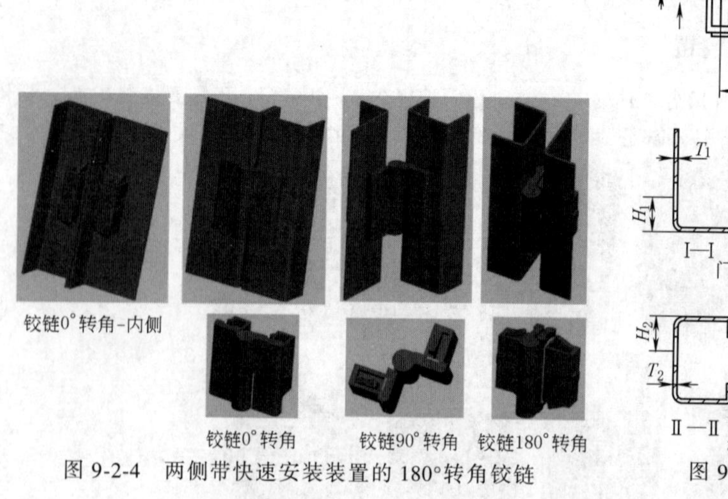

图 9-2-4　两侧带快速安装装置的 180°转角铰链

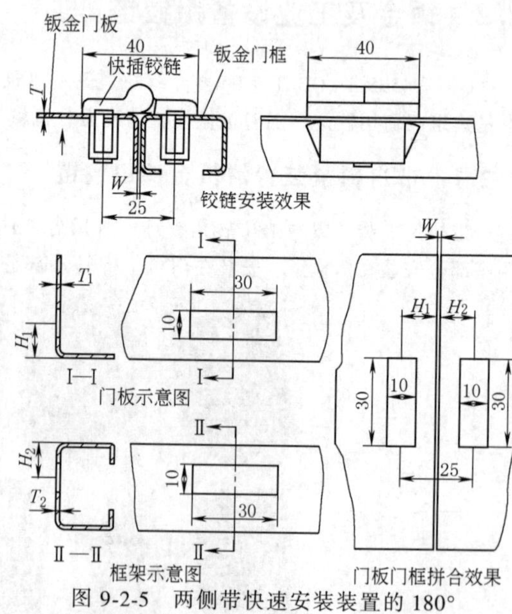

图 9-2-5　两侧带快速安装装置的 180°转角铰链安装和开孔尺寸图

该系列铰链还发展出一侧带快速安装结构、另一侧为螺柱（铰链带螺柱）或螺钉固定的结构形式，其形状和开孔图见图 9-2-6，尺寸数据见表 9-2-10。

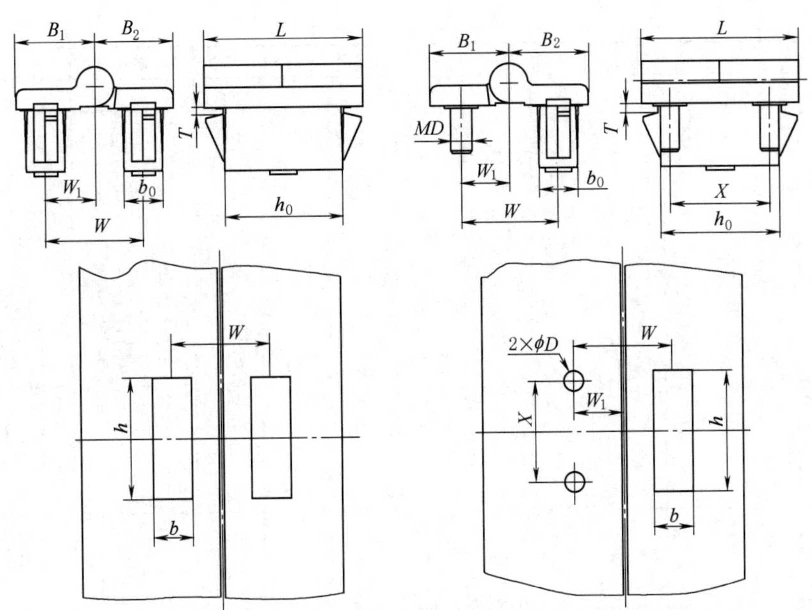

图 9-2-6　带快速安装装置的 180°转角铰链尺寸和开孔图

表 9-2-10　　快速安装铰链尺寸和安装孔及板厚（夹紧尺寸）数据　　mm

<table>
<tr><th rowspan="2">型号</th><th colspan="3">外形尺寸</th><th colspan="6">开孔尺寸</th><th>夹紧尺寸</th><th rowspan="2">图片</th></tr>
<tr><th>B_1</th><th>B_2</th><th>L</th><th>h</th><th>b</th><th>W</th><th>W_1</th><th>X</th><th>ϕD</th><th>T</th></tr>
<tr><td>4-246.01SL</td><td colspan="2" rowspan="2">20</td><td rowspan="2">40</td><td rowspan="2">30</td><td rowspan="2">10</td><td rowspan="2">25</td><td rowspan="2">12.5</td><td colspan="2">—</td><td rowspan="2">0.7~1.2
1.2~1.7
1.7~2.2
2.2~2.7
2.7~3.2</td><td></td></tr>
<tr><td>4-246.02SL</td><td>25</td><td>5.3</td><td></td></tr>
<tr><td>4-249.01SL</td><td colspan="2">11</td><td rowspan="5">30</td><td rowspan="5">25</td><td rowspan="5">5.4</td><td>14</td><td>7</td><td colspan="2" rowspan="3">—</td><td rowspan="5">0.6~0.9
0.8~1.1
1.2~1.5
1.8~2.1
2.2~2.5</td><td rowspan="3"></td></tr>
<tr><td>4-249.02SL</td><td colspan="2">17</td><td>26</td><td>13</td></tr>
<tr><td>4-249.03SL</td><td>11</td><td rowspan="2">17</td><td>20</td><td>7</td></tr>
<tr><td>4-249.04SL</td><td rowspan="2">14</td><td>22</td><td>9</td><td rowspan="2">16</td><td>4.5</td><td rowspan="2"></td></tr>
<tr><td>4-249.05SL</td><td>11</td><td>16</td><td>9</td><td>6.5</td></tr>
<tr><td>4-250.01SL</td><td colspan="2" rowspan="3">20</td><td rowspan="3">40</td><td rowspan="3">30</td><td rowspan="3">10</td><td rowspan="3">25</td><td rowspan="3">12.55</td><td colspan="2">—</td><td rowspan="3">1.2~1.7
1.7~2.2
2.2~2.7
2.7~3.2</td><td></td></tr>
<tr><td>4-250.02SL</td><td rowspan="2">25</td><td rowspan="2">5.3</td><td></td></tr>
<tr><td>4-250.03SL</td><td></td></tr>
</table>

第9篇

续表

型号	外形尺寸			开孔尺寸						夹紧尺寸	图片
	B_1	B_2	L	h	b	W	W_1	X	ϕD	T	
4-260. 01SL								—			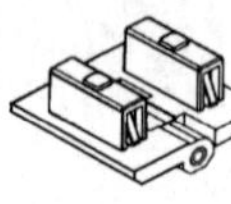
4-260. 02SL	25		50	30	10	30	15	30	6. 5	1. 2~1. 7 1. 7~2. 2 2. 2~2. 7 2. 7~3. 2	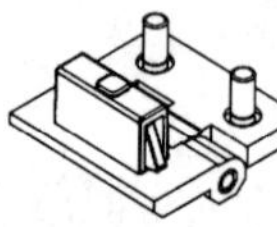
4-260. 03SL											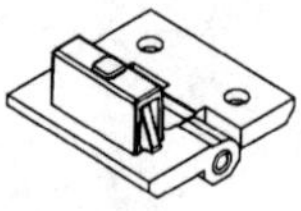
4-264. 01SL	38	25	50	30	10	43	28	30	6. 5	1. 2~1. 7 1. 7~2. 2 2. 2~2. 7 2. 7~3. 2	
4-264. 02SL											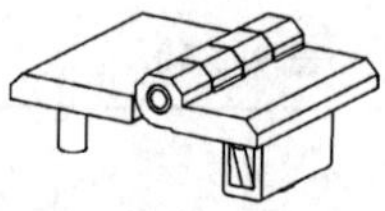
4-270. 01SL								—			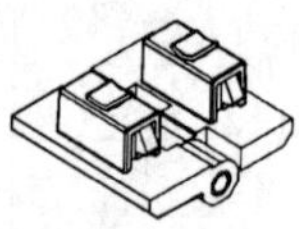
4-270. 02SL	30		60	30	15	36	18	36	8. 5	1. 2~1. 7 1. 7~2. 2 2. 2~2. 7 2. 7~3. 2	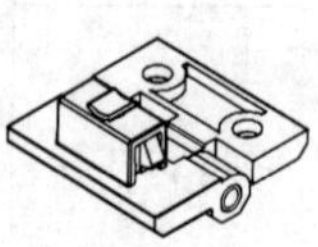
4-270. 03SL											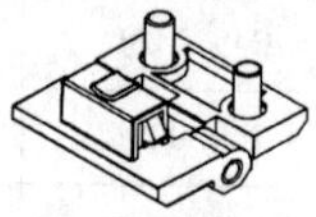
4-274SL	60	30	60	30	15	63	45	36	8. 5	1. 2~1. 7 1. 7~2. 2 2. 2~2. 7 2. 7~3. 2	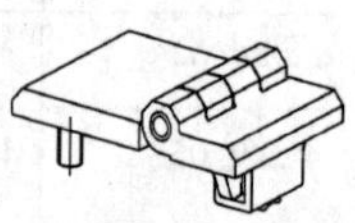
4-275SL	60	30	60	30	15	63	46	36	8. 5		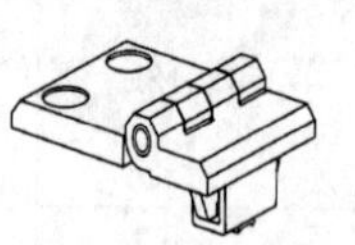

2. 2. 3 活动部分焊接固定铰链（戴乐克 4-264S 铰链）

焊接型铰链的活动部分焊接在门板上，转轴座部分通过螺钉固定在边框上，这种铰链的转轴分为上下两部分，是可以从铰链叶片中拆卸下来的。关闭时铰链不可见，属于隐藏式铰链。螺钉固定和焊接固定的隐藏式铰链及其尺寸见图 9-2-7 和图 9-2-8。

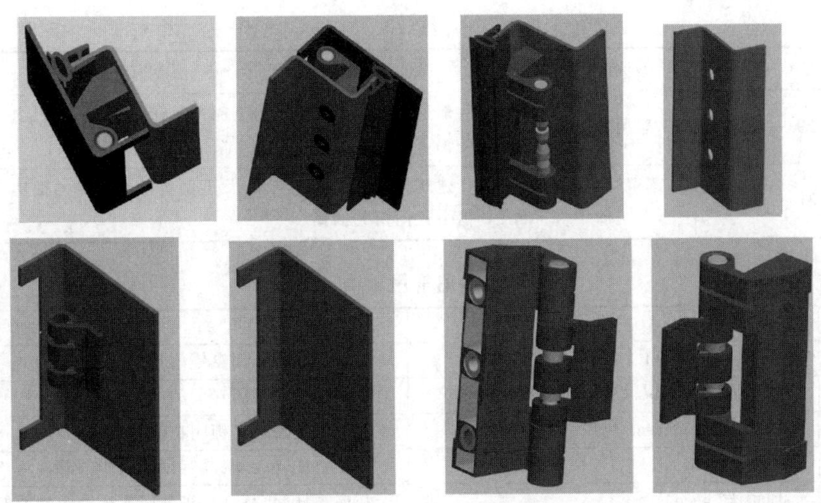

图 9-2-7 螺钉固定和焊接固定的隐藏式铰链

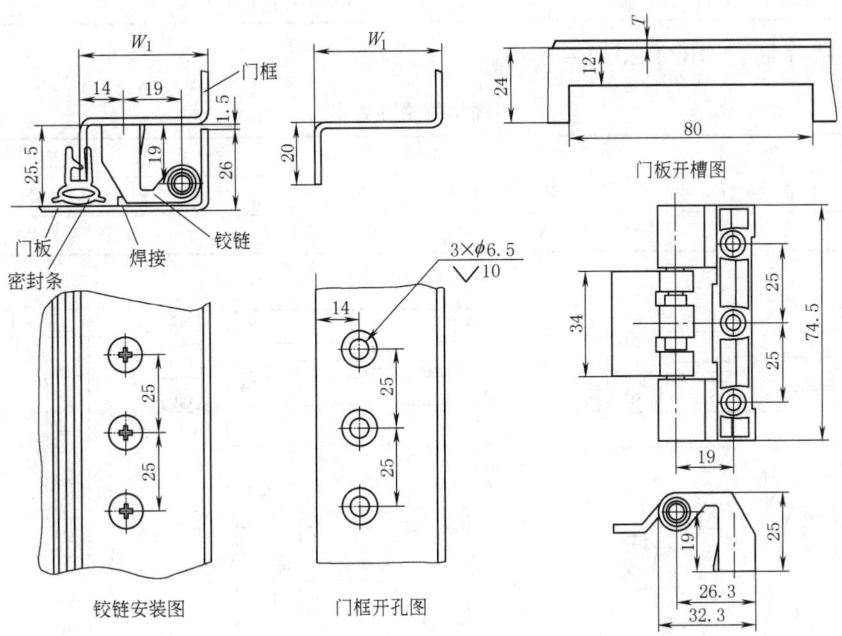

图 9-2-8 螺钉固定和焊接固定的隐藏式铰链尺寸图

2.3 插销

插销一般由插销杆、插销座、插销体和驱动部分组成。目前国内关于插销类产品还没有国家标准，只有行业标准，有关插销的标准见表 9-2-11。插销常用术语见表 9-2-12。

表 9-2-11　　插销标准汇总表

序号	标准代号	标准名称	说明
1	QB/T 2032—2013	钢插销	轻工行业标准，共有 5 种形式，从材料、功能、产品形式、安装 4 个方面进行了分类。适用于建筑门窗及橱柜门定位和锁闭用的金属插销
2	QB/T 3885—1999	铝合金门插销	轻工行业标准，由 GB/T 9297—1988 转化而成。定义了台阶式、平板式 2 种形式的插销。适用于装置在铝合金平开门、弹簧门上的插销

续表

序号	标准代号	标准名称	说明
3	CB/T 291—1999	船用带舌插销	船舶行业标准。由 GB/T 3473—1983 转化而来，共有 A、B 两种形式插销
4	JG/T 214—2017	建筑门窗五金件插销	建筑行业标准。定义了Ⅰ、Ⅱ两类性能等级的插销，适用于装建筑双扇平开门窗的插销

表 9-2-12　插销常用术语

序号	术语	术语定义
1	插销(shoot bolt)	具有双扇平开门窗锁闭功能的装置
2	单动插销(single action shoot bolt)	能实现单向锁闭功能的插销
3	联动插销(connected shoot bolt)	能同时实现双向锁闭功能的插销
4	插销杆(shoot)	插销中往复运动，具有锁闭功能的部件
5	插销座(keep)	与插销杆配合使用，实现门窗扇锁闭功能的部件
6	插销体(bolt body)	安装于门扇窗挺，传递插销杆与驱动部件载荷的壳体
7	驱动部件(driving part)	驱动插销杆运动的部件

2.3.1　钢插销（摘自 QB/T 2032—2013）

表 9-2-13　插销规格分类

分类	材料					功能		产品形式				安装方式	
名称	铜合金	铝合金	锌合金	不锈钢	碳钢	联动	单动	普通	封闭	蝴蝶	翻窗	明装	暗装
代号	1	2	3	5	8	1	2	1	2	4	5	A	B

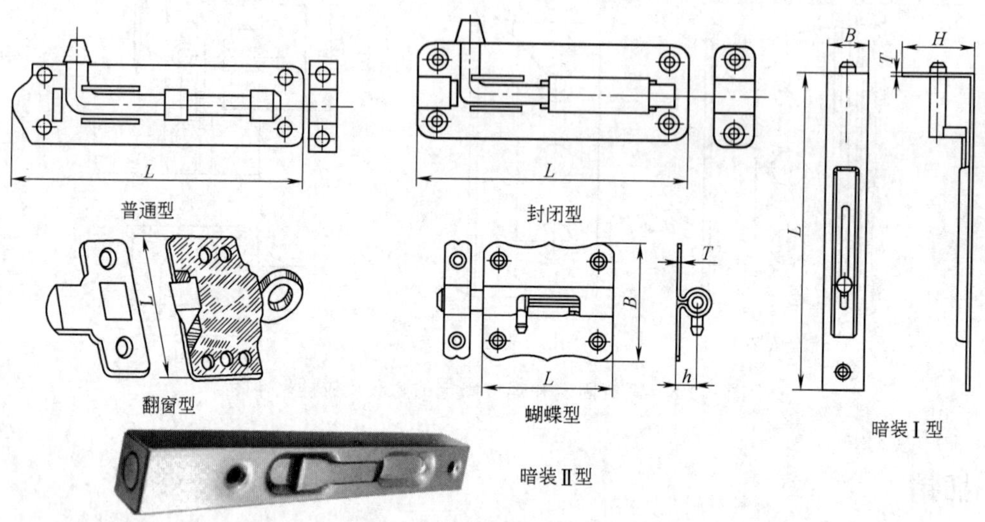

图 9-2-9　几种常用钢插销

表 9-2-14　钢插销规格型号及数据　　mm

规格	插板宽度 B					插板厚度(深度)T			插杆直径	插板深度	销舌深度	配用木螺钉(直径×长度×数量)				
	普通	封闭	蝴蝶	暗插	翻窗	普通	封闭	蝴蝶	蝴蝶	暗插	翻窗	普通	封闭	蝴蝶	暗插	翻窗
30	×	×	×	×	43	×	×	×	×		9	×	×	×	×	3.5×18×6
35					36						11					3.5×20×6
40	×	×	35	×	×	×	×	1.2	7		×	×	×	3.5×18×6	×	×
45			×		48			×	×		12			×		3.5×22×6

续表

<table>
<tr><td rowspan="2">规格</td><td colspan="5">插板宽度 B</td><td colspan="3">插板厚度（深度）T</td><td>插杆直径</td><td>插板深度</td><td>销舌深度</td><td colspan="5">配用木螺钉（直径×长度×数量）</td></tr>
<tr><td>普通</td><td>封闭</td><td>蝴蝶</td><td>暗插</td><td>翻窗</td><td>普通</td><td>封闭</td><td>蝴蝶</td><td>蝴蝶</td><td>暗插</td><td>翻窗</td><td>普通</td><td>封闭</td><td>蝴蝶</td><td>暗插</td><td>翻窗</td></tr>
<tr><td>50</td><td>×</td><td>×</td><td>44</td><td>×</td><td>×</td><td>×</td><td>×</td><td>1.2</td><td>8</td><td></td><td>×</td><td>×</td><td>×</td><td>3.5×18×6</td><td>×</td><td rowspan="6">×</td></tr>
<tr><td>100</td><td rowspan="5">28</td><td rowspan="2">29</td><td>×</td><td>×</td><td>×</td><td>1</td><td>1.0</td><td>×</td><td></td><td>×</td><td>×</td><td>3×16×6</td><td>3.5×16×6</td><td>×</td><td>×</td></tr>
<tr><td>150</td><td rowspan="2">×</td><td>20</td><td rowspan="2">×</td><td rowspan="4">1.2</td><td rowspan="2">1.2</td><td rowspan="2">×</td><td></td><td>35</td><td rowspan="2">×</td><td rowspan="2">3×18×8</td><td>3.5×16×8</td><td rowspan="2">×</td><td rowspan="2">3.5×18×5</td></tr>
<tr><td>200</td><td>36</td><td>20</td><td></td><td>40</td><td>4×18×8</td></tr>
<tr><td>250</td><td rowspan="2">×</td><td rowspan="2">×</td><td>22</td><td rowspan="2">×</td><td rowspan="2">×</td><td rowspan="2">×</td><td></td><td>45</td><td rowspan="2">×</td><td rowspan="2">3×18×8</td><td rowspan="2">×</td><td rowspan="2">×</td><td rowspan="2">4×25×5</td></tr>
<tr><td>300</td><td>25</td><td></td><td>50</td></tr>
</table>

说明：×表示没有该规格型号插销。

2.3.2 铝合金门插销（摘自 QB/T 3885—1999）

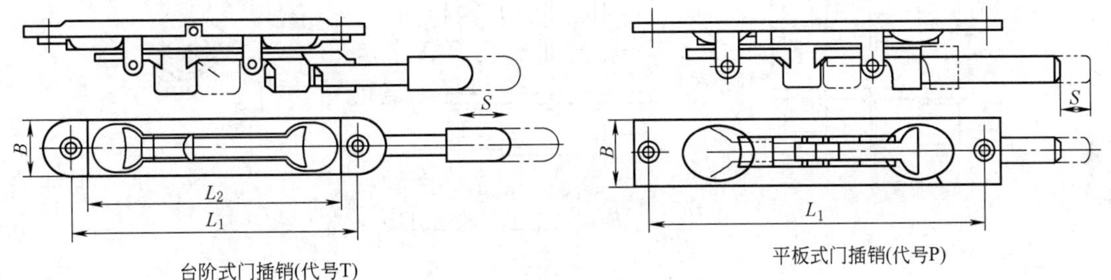

图 9-2-10 铝合金门插销

表 9-2-15 mm

<table>
<tr><td colspan="2">行程
S</td><td colspan="2">宽度
B</td><td colspan="2">孔距 L_1</td><td colspan="2">台阶 L_2</td></tr>
<tr><td colspan="2"></td><td colspan="2"></td><td>基本尺寸</td><td>极限偏差</td><td>基本尺寸</td><td>极限偏差</td></tr>
<tr><td colspan="2" rowspan="2">>16</td><td colspan="2">22</td><td>130</td><td rowspan="2">±0.20</td><td rowspan="2">110</td><td rowspan="2">±0.25</td></tr>
<tr><td colspan="2">25</td><td>155</td></tr>
<tr><td colspan="4">产品形式代号分类</td><td colspan="4">产品材料分类代号</td></tr>
<tr><td colspan="2">平板式</td><td colspan="2">台阶式</td><td colspan="2">锌合金</td><td colspan="2">铜</td></tr>
<tr><td colspan="2">P</td><td colspan="2">T</td><td colspan="2">ZZn</td><td colspan="2">ZH</td></tr>
</table>

产品标记形式

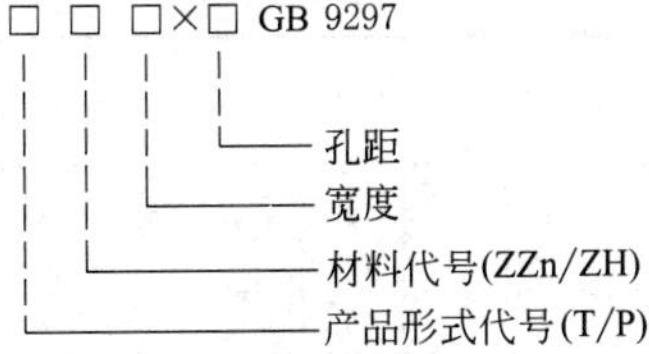

孔距 $L_1=130$mm、宽度 $B=22$mm 的台阶式锌合金插销标记为：

插销 TZZn22×130 GB 9297

2.3.3 船用 A 型、B 型插销（摘自 CB/T 291—1999）

船用插销是对于可经常拆卸插销的总称，不是只能应用在船舶上的插销。这种插销在把销杆插入销孔时，销舌通过转轴隐藏到销杆的开槽中，当销杆穿过销孔后，销舌从销杆的槽中自动脱落下来，起到防止销杆从销孔中脱落的作用。当要拆下插销时，用手轻轻一推，把销舌推回销杆槽中就很方便地把销杆从销孔中拔出了。A 型产品的被销锁结构的销杆孔底面和销舌之间存在一定距离，当被锁物体处于颠簸状态或旋转状态时，销杆会在销孔中窜动，轻者会带来噪声污染，重者有可能造成被销锁物品错位甚至损坏。B 型产品销舌和被锁物体的底面距离很小，销杆在销孔中的窜动量很小，可以在低频颠簸状态或旋转状态下使用。图 9-2-11 是 A 型和 B 型船用插销的工作过程对比。

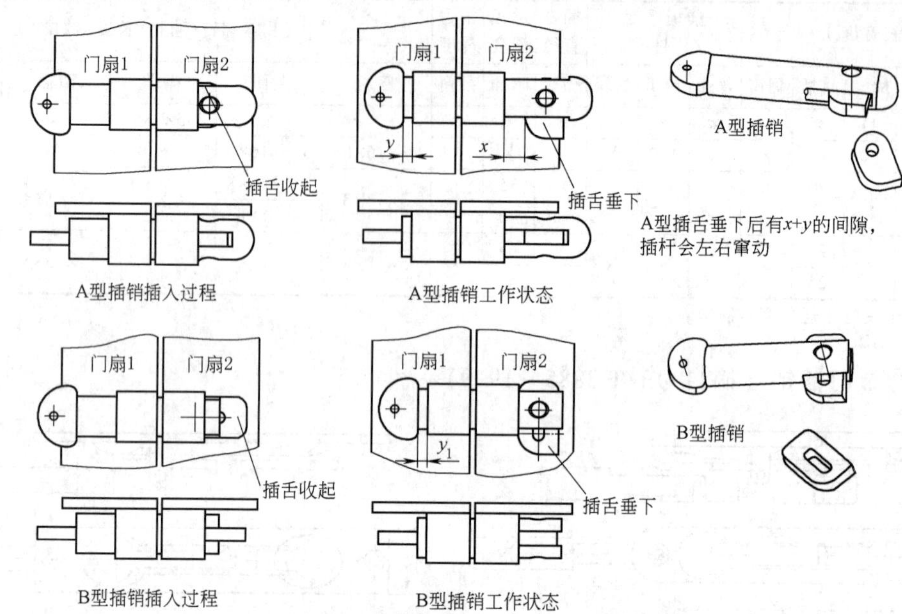

图 9-2-11 船用插销工作状态对比

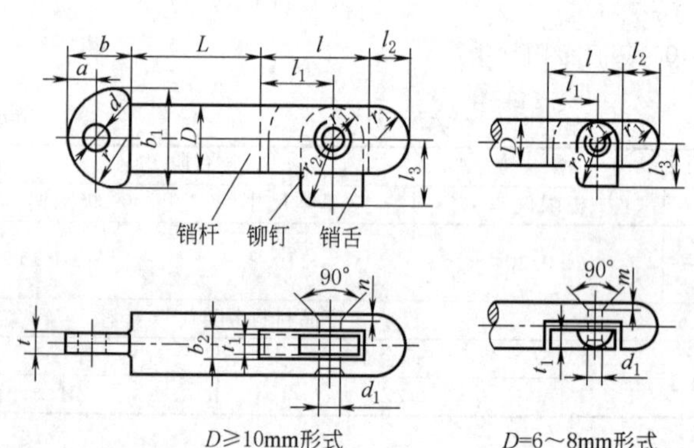

图中销舌向左和向上旋转时，销舌可以隐藏到销杆当中，松开手后，销舌会自动下垂。销舌下垂后和被锁定物之间的距离较大，容易窜动

表 9-2-16　　船用 A 型带舌插销尺寸　　mm

D 尺寸	D 公差	a	b	b_1	b_2	d	d_1	l	l_1	l_2	n	r	r_1	r_2/l_3	t	t_1	L				
6	0 −0.18	3	6	10	—	3	2	11	7	5	1.0	5	3	6	2	2.75	12	15	18	20	25
8	0 −0.22	4	8	12	—	4	3	14	9	6	1.2	6	4	8	3	3.75	18	20	25	30	35
10		4	10	14	4	4	3	18	12	7	1.2	7	5	10	3	3.5	20	25	30	35	40
12	0 −0.27	5	12	18	5	5	4	21	14	8	1.6	9	6	12	4	4.5	25	30	35	40	45
14		6	14	20	5	6	4	24	16	9	1.6	10	7	14	4	4.5	30	35	40	45	50
16		6	16	24	6	6	5	28	18	10	2.0	12	8	16	5	5.5	35	40	45	50	55
18		7	18	26	6	7	5	30	20	11	2.0	13	9	18	5	5.5	40	45	50	55	60
20	0 −0.33	8	20	30	7	8	6	34	22	12	2.4	15	10	20	6	6.5	45	50	55	60	65
22		9	22	32	7	9	7	36	24	13	2.4	16	11	22	7	7.5	50	55	65	75	85
25		10	25	38	8	10	8	40	26	14	3.2	19	12.5	24	8	8.5	55	60	70	80	90
28		11	28	42	8	11	8	45	30	16	3.2	21	14	28	8	8.5	60	65	75	85	95
30		12	30	44	8	12	9	48	32	17	4	22	15	30	9	9.5	65	70	80	90	100
35	0 −0.39	14	35	52	9	14	10	58	38	19	4	26	17.5	36	10	10.5	75	85	100	115	130
40		16	40	60	9	16	12	65	42	22	6	30	20	40	12	12.5	85	95	11	125	140

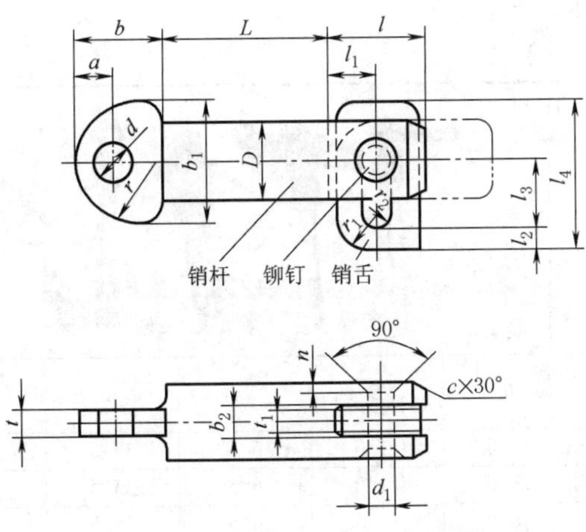

图中销舌先向上再向右旋转时，销舌可以隐藏到销杆当中，销杆可以穿过被锁物的孔，当销舌完全穿过锁孔并松开手时，再把销舌拨到下垂状态，销舌就可以锁住被锁物。销舌下垂后和被锁定物之间的距离很小，窜动量很小

表 9-2-17　　船用 B 型带舌插销尺寸　　mm

D 尺寸	D 公差	a	b	b_1	b_2	c	d	d_1	l	l_1	l_2	l_3	l_4	n	r	r_1	r_2	t	t_1	L				
10	0 −0.22	4	10	14	4	2	4	3	12	6	3	8.5	20	1.2	7	5	2	3	3	20	25	30	35	40
12	0 −0.27	5	12	18	5	2	5	4	14	7	3.5	10.5	24	1.6	9	6	2.5	4	4	25	30	35	40	45
14		6	14	20	5	3	6	4	16	8	4.5	11.5	27	1.6	10	7	2.5	4	4	30	35	40	45	50
16		6	16	24	6	3	6	5	19	9	5	13	30	2.0	12	8	3	5	5	35	40	45	50	55
18		7	18	26	6	3	7	5	21	10	6	14	33	2.0	13	9	3	5	5	40	45	50	55	60
20	0 −0.33	8	20	30	7	4	8	6	23	11	6.5	15.5	36	2.4	15	10	3.5	6	6	45	50	55	60	65
22		9	22	32	7	4	9	6	26	12	7.5	18.5	39	2.4	16	11	3.5	7	6	50	55	65	75	85
25		10	25	38	8	4	10	8	29	13.5	8	19	44	3.2	19	12.5	4.5	8	7	55	60	70	80	90
28		11	28	42	8	5	11	8	32	15	9.5	20.5	48	3.2	21	14	4.5	8	7	60	65	75	85	95
30		12	30	44	8	5	12	9	34	16	9.5	22.5	51	4	22	15	5.5	9	7	65	70	80	90	100
35	0 −0.39	14	35	52	9	6	14	10	39	18.5	12	25	59	4	26	17.5	5.5	10	8	75	85	100	115	130
40		16	40	60	9	7	16	12	44	21	13.5	28.5	66	6	30	20	6.5	12	8	85	95	11	125	140

2.3.4　快卸插销（摘自 HB 3163—2000）

快卸插销是一种带限位钢珠的钢制插销，其插杆是厚壁空心钢管，钢管内部有弹性机构，当把顶部按钮按下时，钢珠会缩回到销杆内部，销杆可以通过销孔，当销杆头部到达销孔底部并探出销孔时，松开按钮，钢珠在内部弹性机构的作用下弹出销杆并卡在销杆中，从而把销杆限制在销孔中；当要拔出销杆时，通过按压销杆顶部的按钮，把钢珠收回销杆内，失去约束的销杆就很容易从销孔中拔出了。该类产品没有国标，目前可以参考国防科学技术工业委员会发布的国家航空行业标准 HB 3163—2000 快卸销。

根据使用场景的不同，销杆尾部有不同的结构形式，常见的有圆柱头、L 形和 T 形等结构形式，有些型号为了防止拆卸时丢失，还在尾部增加了固定绳索装置。图 9-2-12 是这种插销的结构原理和工作说明。

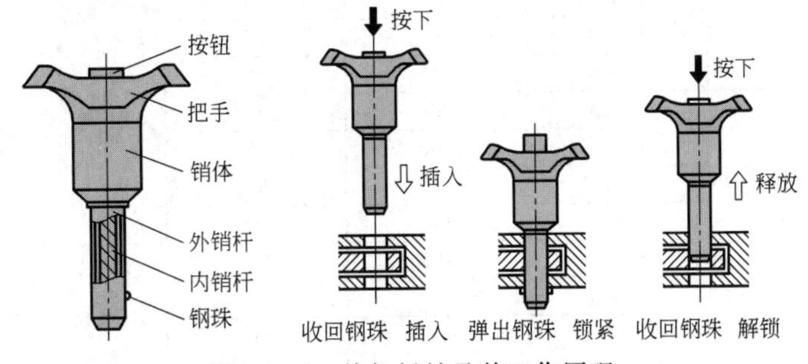

图 9-2-12　快卸插销及其工作原理

表 9-2-18 中总结了几种形式的快卸插销和常见规格尺寸。

表 9-2-18

mm

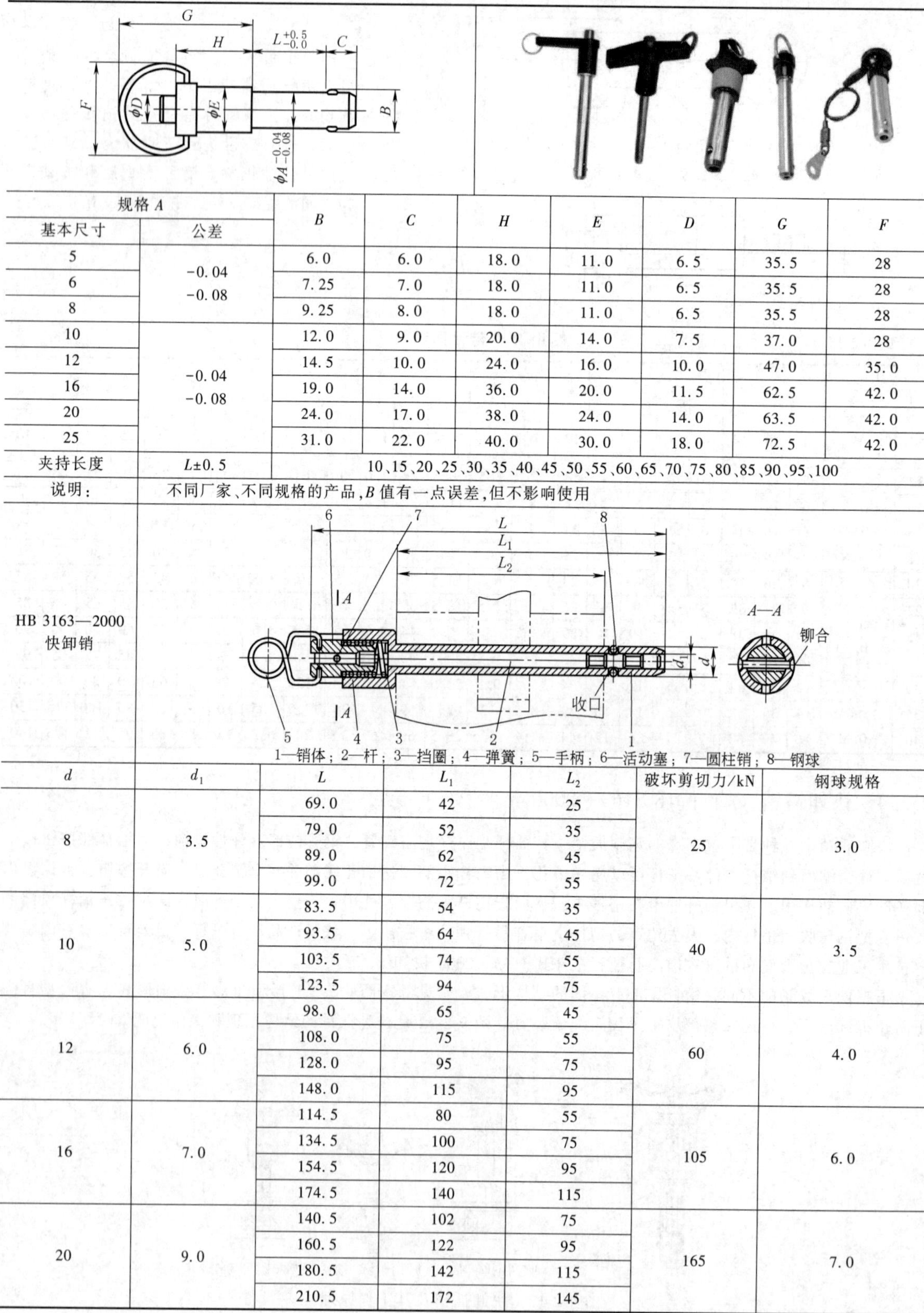

规格 A 基本尺寸	公差	B	C	H	E	D	G	F
5	-0.04 -0.08	6.0	6.0	18.0	11.0	6.5	35.5	28
6		7.25	7.0	18.0	11.0	6.5	35.5	28
8		9.25	8.0	18.0	11.0	6.5	35.5	28
10	-0.04 -0.08	12.0	9.0	20.0	14.0	7.5	37.0	28
12		14.5	10.0	24.0	16.0	10.0	47.0	35.0
16		19.0	14.0	36.0	20.0	11.5	62.5	42.0
20		24.0	17.0	38.0	24.0	14.0	63.5	42.0
25		31.0	22.0	40.0	30.0	18.0	72.5	42.0
夹持长度	L±0.5	10、15、20、25、30、35、40、45、50、55、60、65、70、75、80、85、90、95、100						
说明：	不同厂家、不同规格的产品，B 值有一点误差，但不影响使用							

HB 3163—2000 快卸销

1—销体；2—杆；3—挡圈；4—弹簧；5—手柄；6—活动塞；7—圆柱销；8—钢球

d	d_1	L	L_1	L_2	破坏剪切力/kN	钢球规格
8	3.5	69.0	42	25	25	3.0
		79.0	52	35		
		89.0	62	45		
		99.0	72	55		
10	5.0	83.5	54	35	40	3.5
		93.5	64	45		
		103.5	74	55		
		123.5	94	75		
12	6.0	98.0	65	45	60	4.0
		108.0	75	55		
		128.0	95	75		
		148.0	115	95		
16	7.0	114.5	80	55	105	6.0
		134.5	100	75		
		154.5	120	95		
		174.5	140	115		
20	9.0	140.5	102	75	165	7.0
		160.5	122	95		
		180.5	142	115		
		210.5	172	145		

2.4 窗用小附件

2.4.1 窗钩（摘自 QB/T 1106—1991）

一套窗钩是由挂钩和两个羊眼组成的，其中，一个羊眼和挂钩组成一个整体固定在窗框上，另一个羊眼固定在窗扇上，窗钩上的挂钩钩在羊眼里，把窗扇固定住。

产品按钢丝直径的大小，分为普通型（P 型）窗钩和粗型（C 型）窗钩。

标记示例

长度为 65mm 的普通型窗钩，标记为：窗钩 P65 QB/T 1106

长度为 125mm 的粗型窗钩，标记为：窗钩 C125 QB/T 1106

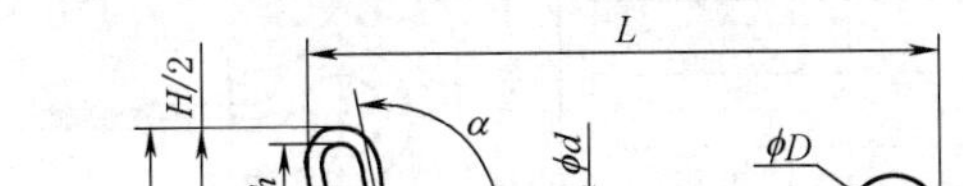
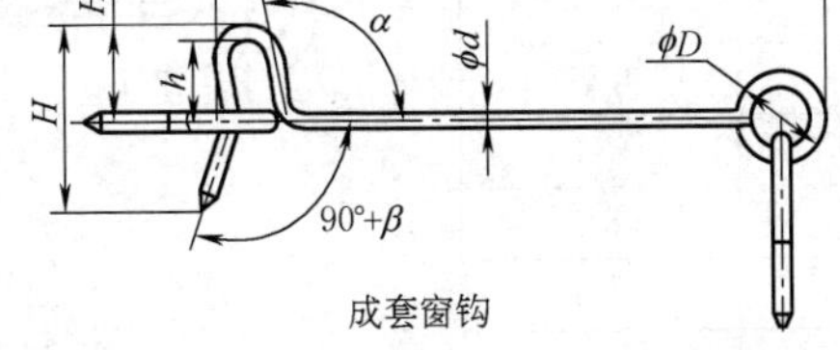

成套窗钩

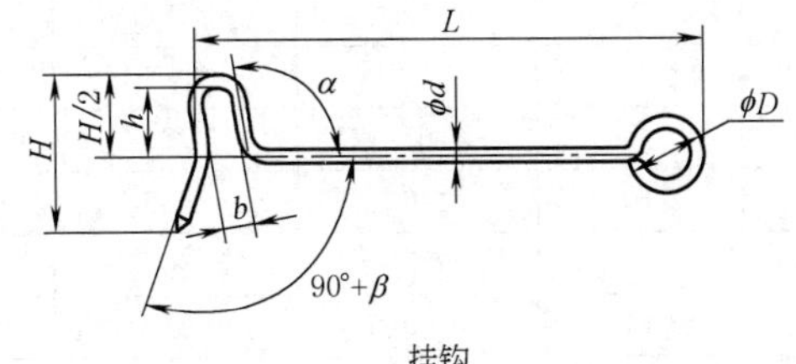

挂钩

表 9-2-19　mm

项目 \ 规格		普通型										粗型				
		P40	P50	P65	P75	P100	P125	P150	P200	P250	P300	C75	C100	C125	C150	C200
d	公称尺寸	2.5			3.2		4		4.5	5		4		4.5		5
	极限偏差	±0.04					±0.05					±0.04		±0.05		
L	公称尺寸	40	50	65	75	100	125	150	200	250	300	75	100	125	150	200
	极限偏差	±0.30	±0.95			±1.10	±1.25		±1.45		±1.60	±0.95	±1.10	±1.25		±1.45
D	公称尺寸	10			12		15		17	18.5		15		17		18.5
	极限偏差	±0.75			±0.90					±1.05		±0.90				±1.05
H	公称尺寸	18			22		28		32	35		28		32		35
	极限偏差	±0.90			±1.05					±1.25		±1.05		±1.25		
h	公称尺寸	9			11		14		16	17.5		14		16		17.5
	极限偏差	±0.45			±0.55											
b	公称尺寸	d+1														
	极限偏差	+0.75														
α		100°±5°														
β		200°±5°														

2.4.2 羊眼（摘自 QB/T 1106—1991）

羊眼既可以和窗钩配合使用，也可以作为其他封闭式挂钩使用。

表 9-2-20　mm

项目 \ 规格		普通型										粗型				
		P40	P50	P65	P75	P100	P125	P150	P200	P250	P300	C75	C100	C125	C150	C200
d	公称尺寸	2.5			3.2		4		4.5	5		4		4.5		5
	极限偏差	±0.04					±0.05					±0.04		±0.05		
D	公称尺寸	10			12		15		17	18.5		15		17		18.5
	极限偏差	±0.75			±0.75					±1.05		±0.90				±1.05
L_1	公称尺寸	22			25	30	35		40	45		35		40		45
	极限偏差	±0.65					±0.80									
L_0	公称尺寸	8			9		13		15	17		13		15		17
	极限偏差	±0.90			±1.0		±1.1									

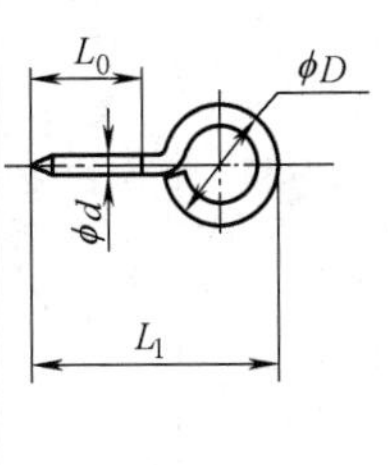

2.4.3 灯钩

用来挂灯具和其他物件的五金件称为灯钩。

表 9-2-21 mm

规格	号码	各部尺寸				
		L	D	d	螺距	
35	3	35	13	2.5	1.15	
40	4	40	14.5	2.8	1.25	
45	5	45	16	3.1	1.4	
50	6	50	17.5	3.4	1.6	
55	7	55	19	3.7	1.7	
60	8	60	20.5	4.0	1.8	
65	9	65	22	4.3	1.95	
70	10	70	24.5	4.6	2.1	
80	12	80	30	5.2	2.3	
90	14	90	35	5.8	2.5	
105	16	105	41	6.4	2.8	
115	18	115	46	8.4	3.175	

3 建筑和一般民用锁

3.1 建筑和民用锁分类

锁一般定义为：置于可启闭的器物上，用来防止器物的开启；通过钥匙或暗码（如字码机构、时间机构、自动释放开关、磁性螺线管等）实现打开的扣件。按使用性质分为建筑和民用用锁、工业用锁和特殊行业用锁。建筑用锁主要用来锁闭各种门窗，工业用锁涉及各种工业设备，种类繁杂。建筑和民用用锁主要有：挂锁、外装门锁、插芯门锁、球形门锁、自行车锁等；工业用锁有：汽车锁、飞机锁、船用锁、列车锁、摩托车锁、设备和仪表仪器锁、消防用锁、电器开关锁、汽车油箱锁等；特殊行业用锁：刑具锁、邮电用锁、保险用锁等。

目前我国锁具标准主要有：GB 21556—2008 锁具安全通用技术条件、QB/T 2473—2017 外装门锁；QB/T 2474—2017 插芯门锁、QB/T 2476—2017 球形门锁等；考核锁具的主要技术指标有：保密度，锁具具有保密性能的可靠程度；牢固度，锁具具有抗外力破坏能力的程度；灵活度，锁具使用时的灵敏程度；耐用度，锁具使用寿命等。锁具分类及说明见表 9-2-22。

表 9-2-22 锁具分类及说明

型号	定义	分类方法	图片
挂锁	以挂的形式锁住物件(物体)的锁	(1)按锁体尺寸(mm)分类:30、35、40、45、50、60、70 (2)按锁梁高度分类:标准型、4cm型、6cm型、9cm型锁梁 (3)按锁芯和钥匙类型分为:梅花挂锁,十字挂锁,原子挂锁,感应挂锁,磁性挂锁,叶片挂锁,奥迪挂锁 (4)按开锁方式分为:顶开挂锁、直开挂锁、横开挂锁、横梁挂锁、密码挂锁、双开挂锁	

续表

型号	定义	分类方法	图片
家具锁	适用在各类家具上的锁	(1)按锁的结构分为:弹子锁、叶片锁、密码锁 (2)按锁头直径(mm)分为:12、16、18、19、22、28	
自行车锁	用于锁闭自行车车轮的锁	(1)按锁的结构分为:蟹钳形锁、链形锁、U形锁、折迭锁等 (2)按锁芯结构分为:弹子锁、叶片锁、密码锁 (3)随着技术的进步,最近几年还有具有联网功能的智能电子锁	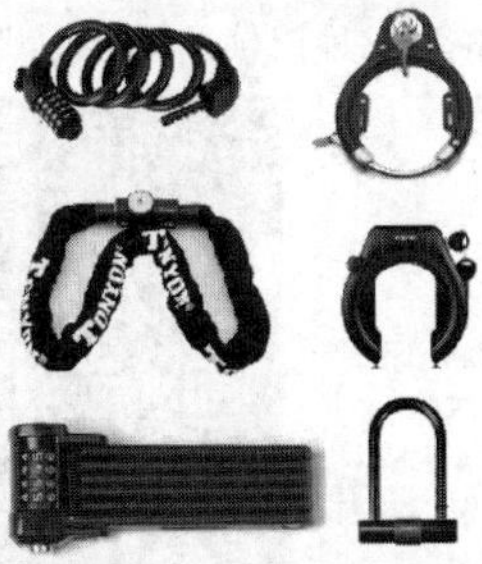
外装门锁	锁体安装在门挺表面上的锁	(1)按锁舌数量分为:单舌锁、双舌锁、单斜舌锁 (2)按锁芯分为:单排弹子锁、多排弹子锁、叶片锁 (3)按呆舌形状分为:方形呆舌、圆柱形呆舌 (4)按开门方向分为:左内开、左外开、右内开、右外开	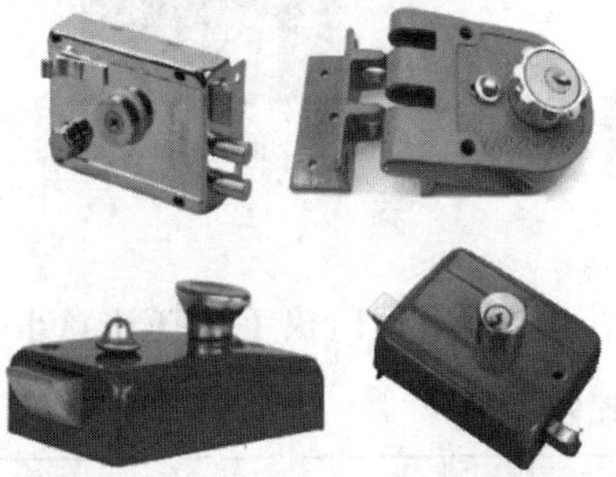
插芯门锁	锁体插嵌安装在门挺中,其附件组装在门上的锁	(1)按锁舌数量和分布分为:单点锁、多点联动锁 (2)按开锁程度分为:一挡开锁、二挡开锁 (3)按锁芯和钥匙分为:钥匙锁、电子锁 (4)按开门方向分为:内开、外开	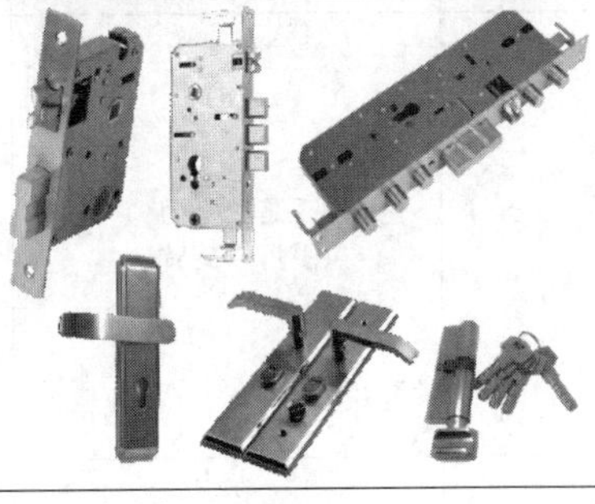
球形门锁	锁体插嵌安装在门挺中,开关机构安装在执手(包括球形或弯形)上的锁	(1)按锁舌数量分为:单舌锁、双舌锁、钩型锁 (2)按锁芯分为:单排弹子锁、多排弹子锁、叶片锁 (3)按安全性分为:A级、B级 (4)按使用环境分为:大门锁、房间门锁、壁橱门锁、浴室门锁、厕所门锁 (5)按执手形式分为:球形执手、改进型执手	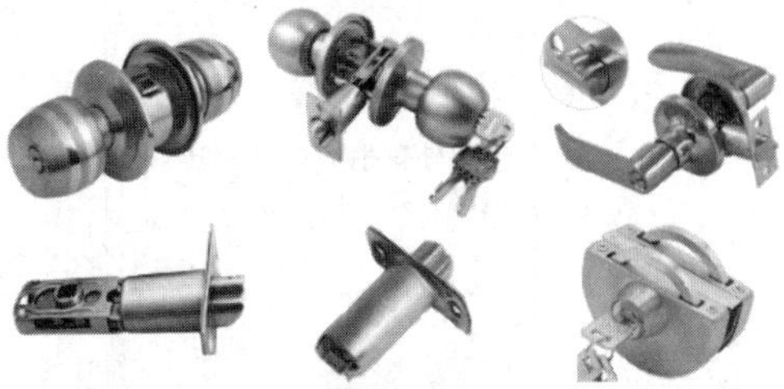
电子锁	用电子信息实现开启的各种门锁	(1)按结构分为:插芯电子锁、外装电子锁 (2)按锁闭类型分为:机械型电子锁,电磁类电子锁 (3)按开锁方式分为:指纹锁、遥控锁、密码锁、磁卡锁 随着技术的进步,电子锁的开锁方式会有多种,一种锁就有多种打开方式	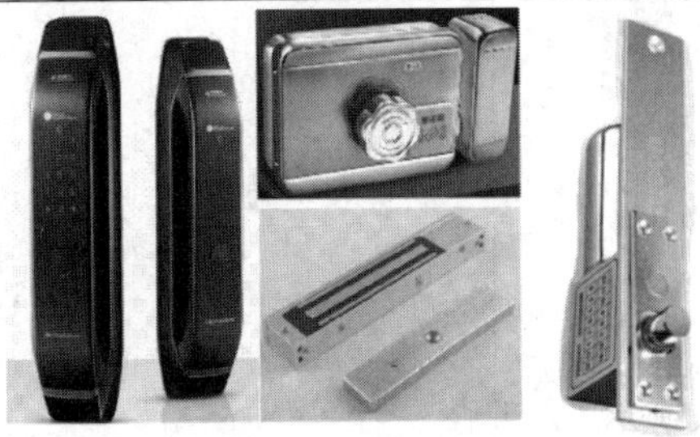

3.2 常见门锁的选用原则安装开孔尺寸和注意事项

由于国标中没有规定各种门锁的尺寸和锁舌数，因此各种锁的安装尺寸不尽相同，在选择门锁时首先要满足使用需求，其次是要满足门的门框和门挺尺寸及材质要求，还要考虑门的开启方向（左侧外开、左侧内开、右侧外开、右侧内开）。有的门锁在安装时，通过调节活动斜舌的方向可以改变锁的启闭方向（内开/外开），外装锁只在门挺上开锁芯孔即可安装，球形锁除了要开锁芯孔外，还要开锁舌孔；插芯门锁整个锁体都要安装在门挺中。图 9-2-13 为三种门锁的安装方式。

插芯门锁　　球形门锁　　外装门锁

图 9-2-13　三种门锁的安装方式

3.2.1 插芯门锁门执手选择注意事项

表 9-2-23

执手类型	特点及性能	开门和锁闭功能说明	图片
单活型	外执手是固定的 内执手可以旋转	外执手不能开门 内执手可以开活动斜舌	室外
双活型	内外执手都可以旋转，外出时必须用钥匙锁门	内外执手都可以开活动斜舌	室外
单活双快型	内外执手都是可以旋转的	室外把手可以上提锁门，但不能开门 室内把手既可以上提锁门，又可以下压开门	室外

续表

执手类型	特点及性能	开门和锁闭功能说明	图片
双活双快型	内外执手都是可以旋转的。一般用在带离合功能的电子锁上	室内外把手既可以上提锁门,又可以在没用钥匙锁闭的情况下开门 如果是纯机械锁,室外必须用钥匙锁门才可以	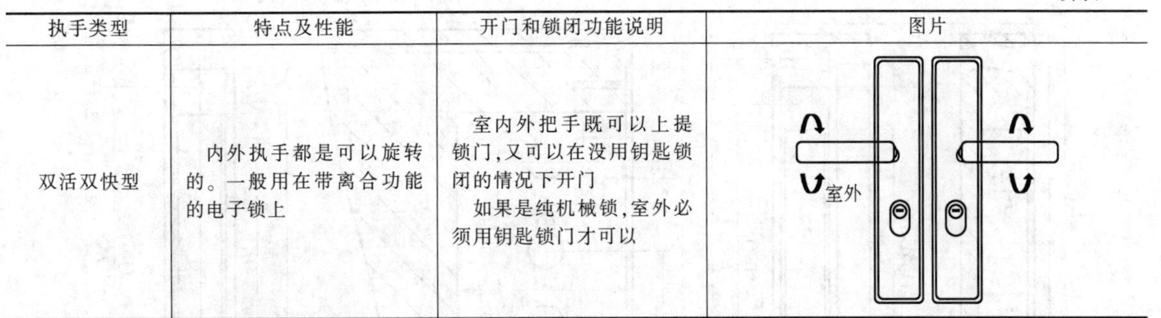

3.2.2 门挺和门框开孔尺寸

各种锁具在安装时都要满足锁的保密度、牢固度和灵活度要求，要保证锁舌能自由伸缩和全部打开，保证锁舌在门挺上的位置和门框上的位置对齐、锁舌全部缩回后不能超过门挺边缘，锁边加固板不能超过门挺侧面。为满足开锁舒适性，锁芯钥匙孔距地面的距离一般都是 900mm。图 9-2-14 是一般外装门锁门挺开孔图；图 9-2-15（a）是球形门锁门挺开孔图，图 9-2-15（b）是门框开孔图；图 9-2-16（a）是插芯锁门挺开孔图，图 9-2-16（b）是门框开孔图。对于带多点联动功能的插芯门锁，在门挺内开孔时还要考虑联动装置的安装位置。

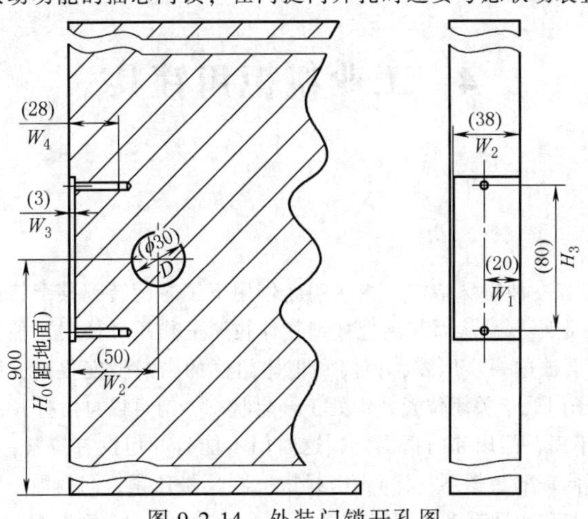

图 9-2-14　外装门锁开孔图

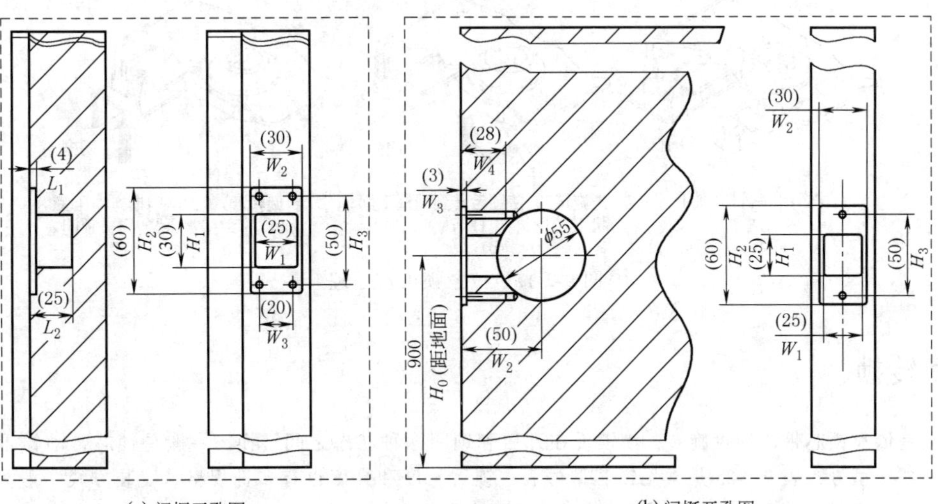

图 9-2-15　球形门锁安装开孔图

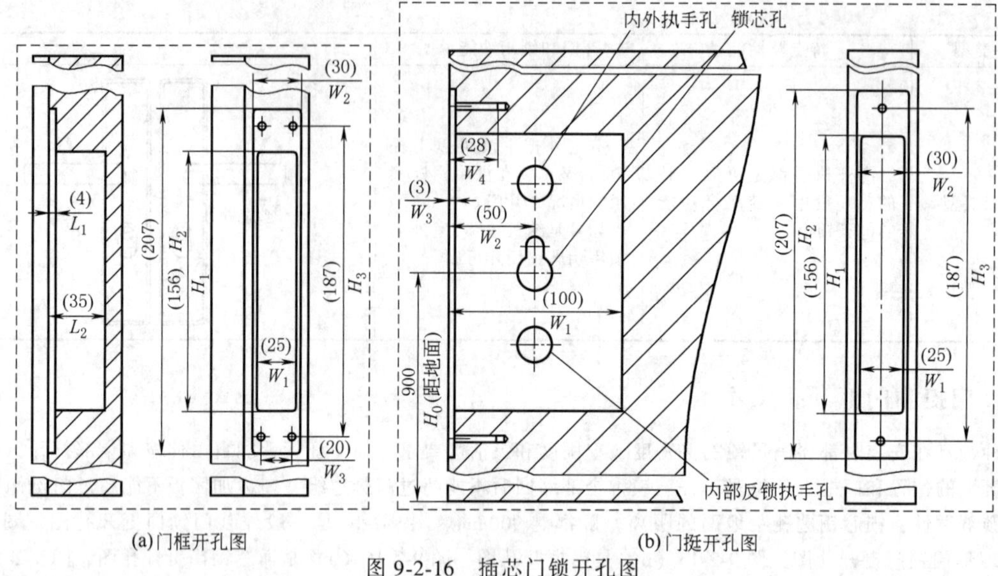

(a)门框开孔图 (b)门挺开孔图

图 9-2-16 插芯门锁开孔图

4 工业机柜用锁具

4.1 拉紧锁

拉紧锁的工作原理：锁芯有一种特殊结构，当在钥匙作用下锁芯旋转到某个特定位置时，在弹簧等弹性体的作用下，锁舌会沿轴向收缩一定距离，从而起到把被锁物体拉紧的作用。使用这种锁来锁闭机柜的柜门，柜门和门框的结合更加严密，密封圈会被进一步压缩，柜门和柜体门框的密封性能提高，防水防尘可以达到 IP65 级别。如图 9-2-17 所示，图（a）柜子门处于关闭位置，锁处于开启状态，门可以自由打开；图（b）锁芯旋转 90°，锁舌跟着旋转 90°，锁舌转到门框下面，门扇和门框固定，这时门不能打开但没有拉紧；再转动锁芯 90°，锁舌不再旋转，只向前移动一定距离（不同锁的数据不一样），密封垫（圈）被压紧，门扇被牢固锁闭。这种锁一般都有左开型和右开型两种开启方向，锁芯和钥匙有多种型式供选择。图 9-2-18 是另一种拉紧锁的工作原理和结构尺寸图。

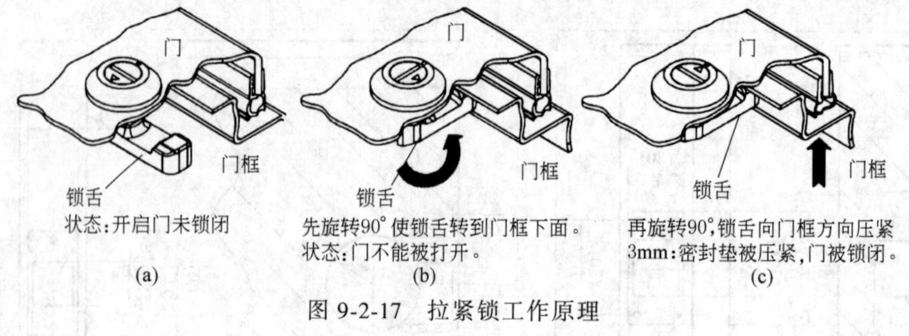

(a) (b) (c)

图 9-2-17 拉紧锁工作原理

4.2 回转锁

回转锁是依靠锁芯带动锁舌旋转，使锁舌在开启和锁闭两种状态之间转换，一般是锁芯带动锁舌旋转 90°。锁芯有多种规格型号，表 9-2-25 是常见锁芯型号表，锁舌长度和高度也有多种规格。安装方式一般为开孔式安装（锁孔为方圆孔或扁圆孔），从前面把锁体插入开孔内，从内部用锁紧螺母把锁体和门扇板固定住，这种锁可以安装在大多数机械设备上，可以是旋转门也可以是脱落门。图 9-2-19 是锁体安装过程示意图。

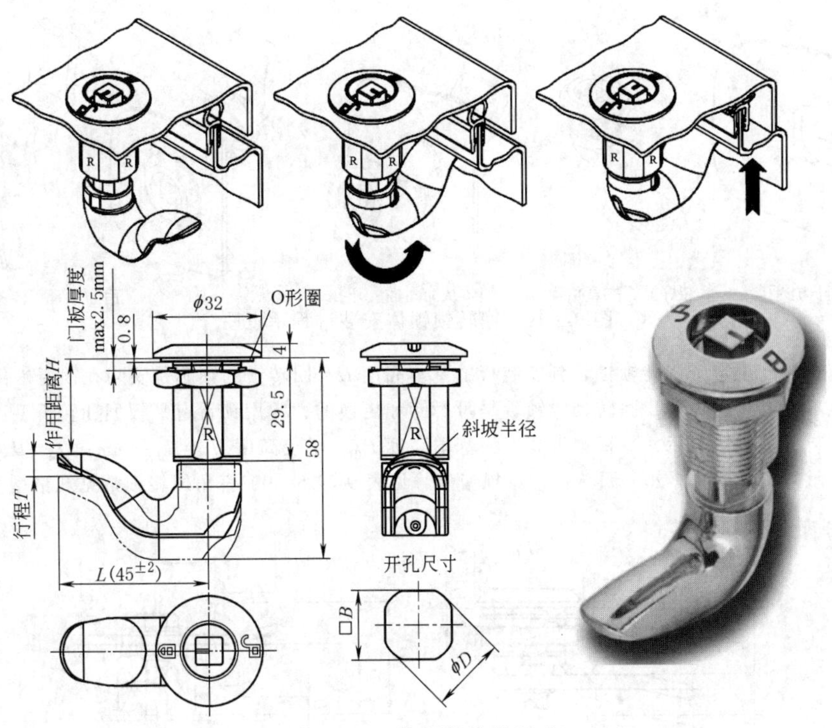

图 9-2-18　拉紧锁结构尺寸

表 9-2-24　　mm

锁芯类型(钥匙形状)		作用距离 H	锁舌长 L	行程 T	开孔尺寸 B	开孔尺寸 D	门旋向 右开	门旋向 左开	形状图片
斜坡型锁舌	正方形 8mm	22、24、26、28、38	45	6.5	20.1	22.5	有	有	
	三角形 8mm	22、24、26、28、38					有	有	
	圆锥正方形带锯齿片	22、24、26、28、38					有	有	
平面折弯锁舌	正方形 7mm、8mm	18、21.5、27	30	6	21.6	24	有	有	$21.6^{+0.2}_{0}$ $\phi24^{+0.3}_{0}$
		20、21.5	45						
	三角形 7mm、8mm、10mm	18、21.5、27	30	6	21.6	24			
		20、21.5	45						
	双牙形 3mm 柱	18、21.5、27	30	6	21.6	24			
		20、21.5	45						
	双牙形 5mm 柱	18、21.5、27	30	6	21.6	24			
		20、21.5	45						
	一字槽 2×4	18、21.5、27	30	6	21.6	24			
		20、21.5	45						
可调高度圆柱锁舌	正方形 7mm、8mm	0~37 / 21~34 / 24~60 / 45~60	42/35.5①	6.5	20.1	22.5	有	有	
	三角形 7mm、8mm								
	双牙形 3mm 柱								
	双牙形 5mm 柱								
	外六角形 10mm								

① 35.5 是锁中心到调节杠中心距离。

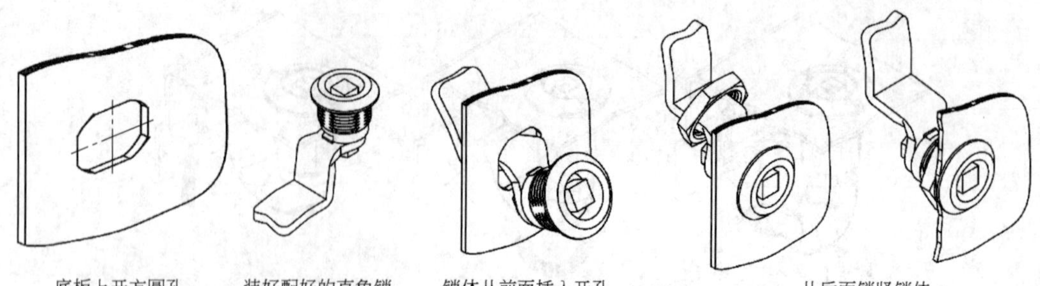

图 9-2-19　回转锁锁体安装过程示意图

回转锁的锁壳高度决定了回转锁锁舌到安装板的基本高度 H，回转锁的锁芯是安装在锁壳内部的，同一种锁壳的锁可以更换不同形状的锁芯。回转锁的锁舌是可拆卸和更换的，常用锁舌有平板型和转折型，转折性锁舌可以正装也可以反装。一般情况下，平板锁舌高度为基本高度 H_0，正装高度 $H_1=H_0-6\text{mm}$；$H_2=H_0+6\text{mm}$。回转锁锁舌安装及调整示意图见图 9-2-20，回转锁常见规格型号见表 9-2-25，90°直角回转锁常见规格型号见表 9-2-26。

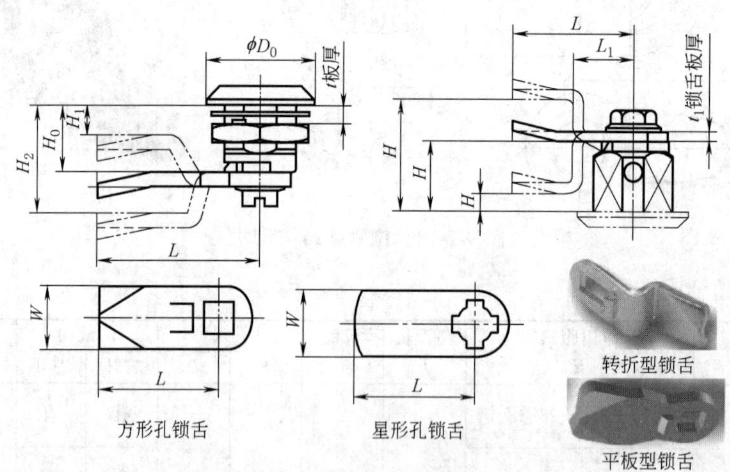

图 9-2-20　回转锁锁舌安装及调整示意图

表 9-2-25　　**回转锁常见锁芯型号**

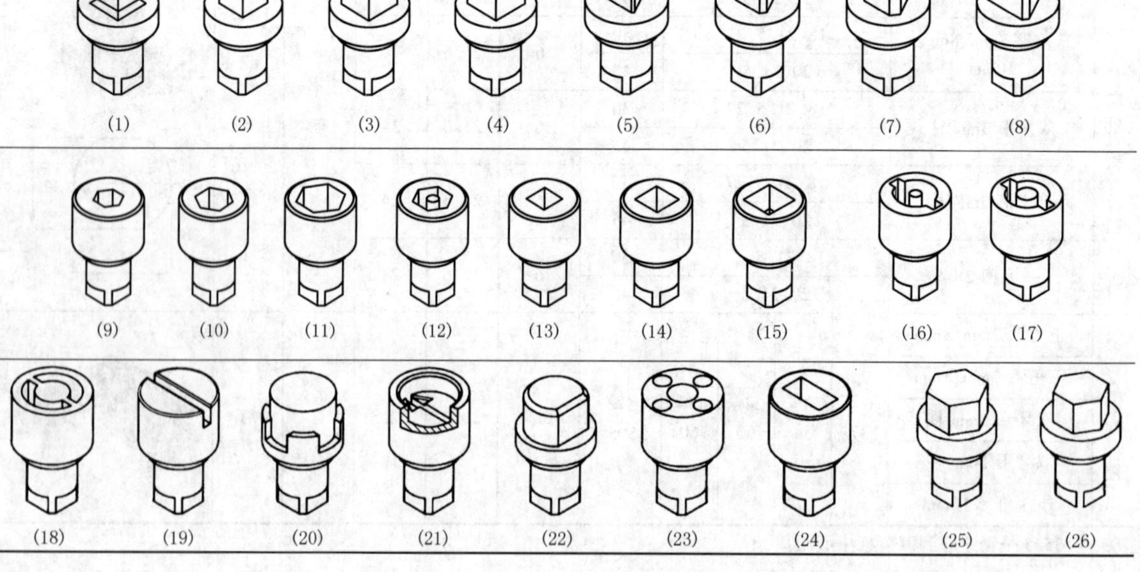

第9篇

续表

序号	(1)	(2)	(3)	(4)	(5)	(6)	(7)
名称	正方形 6mm	正方形 7mm	正方形 8mm	正方形 8mm 一字槽	三角形 6.5mm	三角形 7mm	三角形 8mm
序号	(8)	(9)	(10)	(11)	(12)	(13)	(14)
名称	三角形 9mm EDF	内六角 6mm	内六角 8mm	内六角 10mm	内六角 5/6″3mm 柱	内四角 6mm	内四角 7mm
序号	(15)	(16)	(17)	(18)	(19)	(20)	(21)
名称	内四角 8mm	双牙形 3mm 柱	双牙形 5mm 柱	奔驰形	一字槽形 2mm×4mm	皇冠形	防硬币形
序号	(22)	(23)	(24)		(25)	(26)	
名称	弦月型	菲亚特形	GDF 法国式 10mm×5mm		外六角 7/16in	外六角 10mm	

表 9-2-26　　90°直角回转锁常见规格型号　　mm

序号	锁芯规格	锁舌长度 L,高度 H	备注	开孔尺寸	对应图片
1	一字槽 2×4	H=7.5、13.5、16.5 L=24		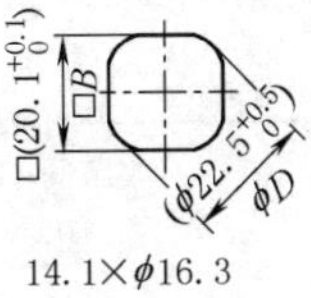 14.1×ϕ16.3	
2	十字槽(菲亚特锁芯)	H=18、20、22、24、28 L=35/45		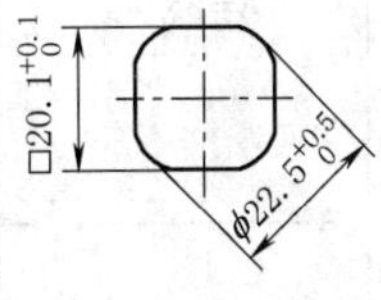 20.1×ϕ22.5	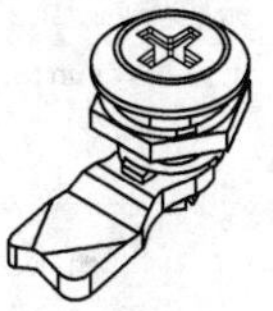
3	双牙 3mm 柱, 双牙 5mm 柱, 正方形 8mm, 三角形 8mm, 一字槽 2×4	H=18、20、22、24、28 L=45	共有 25 种规格	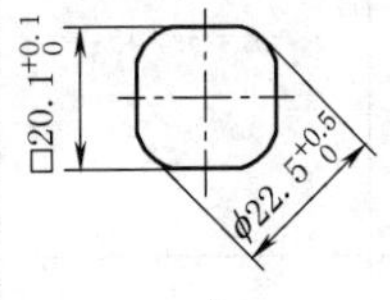 20.1×ϕ22.5	
4	(翼形) 无锁芯, 标准齿, 不同齿	H=7.5、13.5、19.5 L=24	有普通螺母和接地螺母之分	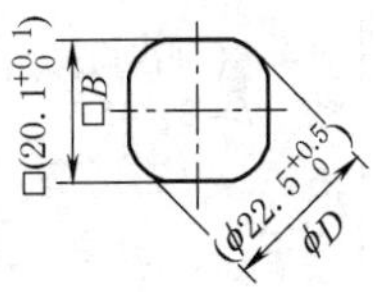 14.1×ϕ16.3	
5	(一字槽钥匙) 标准锁芯, 不同齿	H=7.5、13.5、19.5 L=24		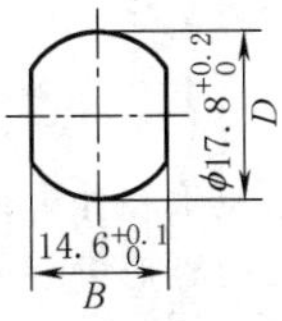 14.6×ϕ17.8	

续表

序号	锁芯规格	锁舌长度 L,高度 H	备注	开孔尺寸	对应图片
6	正方形 6mm, 三角形 6mm, 一字槽 1.5×4, 内六角 4mm, 内六角 6mm, 翼形把手	H=7.5、13.5、19.5 L=24	有普通螺母和接地螺母之分(共有 6×3×2=36 种规格)	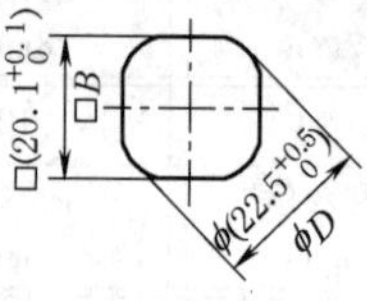 □(20.1$^{+0.1}_{0}$) □B $\phi(22.5^{+0.5}_{0})$ ϕD 14.1×ϕ16.3	
7	正方形 6mm, 正方形 7mm, 正方形 8mm, 三角形 7mm, 三角形 8mm, 双牙形 3mm, 双牙形 5mm	H=6、12、18 L=35/45	有普通螺母和接地螺母之分(共有 7×3×2×2=84 种规格)	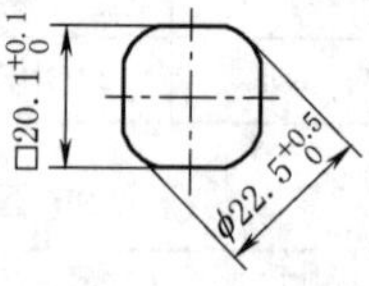 □20.1$^{+0.1}_{0}$ $\phi22.5^{+0.5}_{0}$ 20.1×ϕ22.5	
8	(T 形把手锁芯) 不带锁芯, 不同齿锁芯, 标准齿, 正方形 8mm	H=18(基准高度) L=35/45	把手高 40mm,宽 86mm(共有 4×2×3=24 种规格)	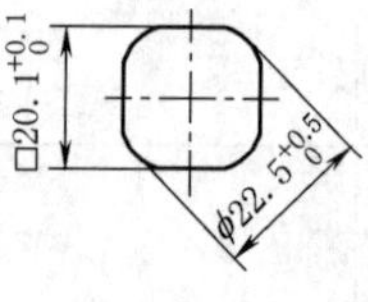 □20.1$^{+0.1}_{0}$ $\phi22.5^{+0.5}_{0}$ 20.1×ϕ22.5	
9	密码锁芯	H=18(基准高度) L=35/45		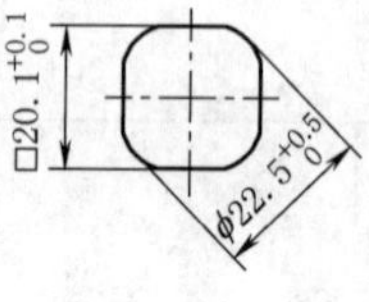 □20.1$^{+0.1}_{0}$ $\phi22.5^{+0.5}_{0}$ 20.1×ϕ22.5	
10	(L 形把手) 不带锁芯, 不同齿锁芯, 标准齿锁芯, 按钮, 正方形 6mm、7mm、8mm, 双牙形 3mm、5mm 柱, 三角形 7mm、8mm, 一字槽 2mm×4mm, 防硬币形	H=18(基准高度) L=35/45	把手高 38mm,长 105mm(共有 9×2×3=54 种规格)	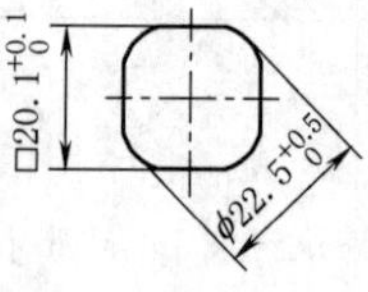 □20.1$^{+0.1}_{0}$ $\phi22.5^{+0.5}_{0}$ 20.1×ϕ22.5	

4.3 拉手锁

拉手锁是一种无钥匙锁，是拉手和挂钩锁的组合，拉手可绕固定轴抬起一定角度，当拉手抬起来时，挂钩锁的挂钩被拉动并向外旋转和槽口边缘形成一定距离，从而可以把挂钩和槽口脱开，实现被固定物体从槽口脱离的功能。该拉手锁可以通过螺钉固定在需要锁紧的物体的前面板上，平时抽拉物体时起把手（拉手）的作用，当往机柜内推把手（固定把手的物体）到达接触位置时，挂钩会自动滑落到槽口中并在弹簧的作用下钩紧槽口内表面，从而起到锁紧的功能。图 9-2-21 是拉手锁安装在设备面板和机柜规定板上的示意图，图 9-2-22 是拉手锁尺寸和开孔图，图 9-2-23 是拉手锁松开和锁闭状态示意图。图 9-2-24 是带预装拉紧卡扣的拉手锁，这种拉手锁不需要紧固螺钉，把预装拉紧卡扣装到开好的方形锁孔中实现快速安装。

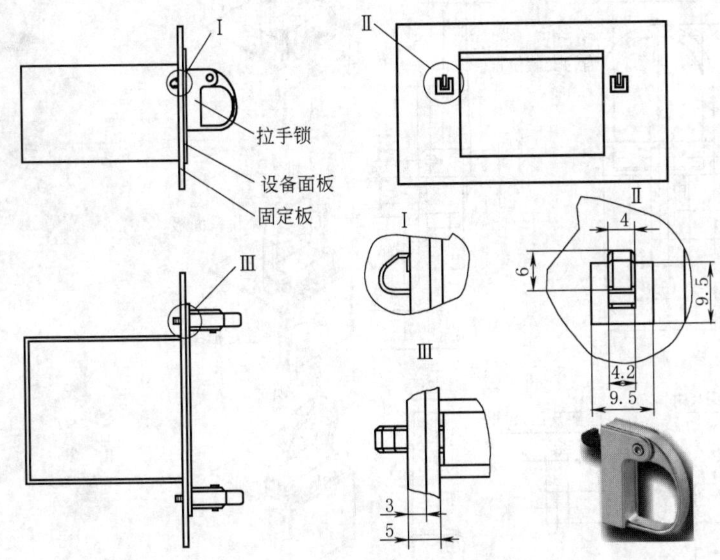

图 9-2-21　拉手锁安装在设备面板和机柜固定板上示意图

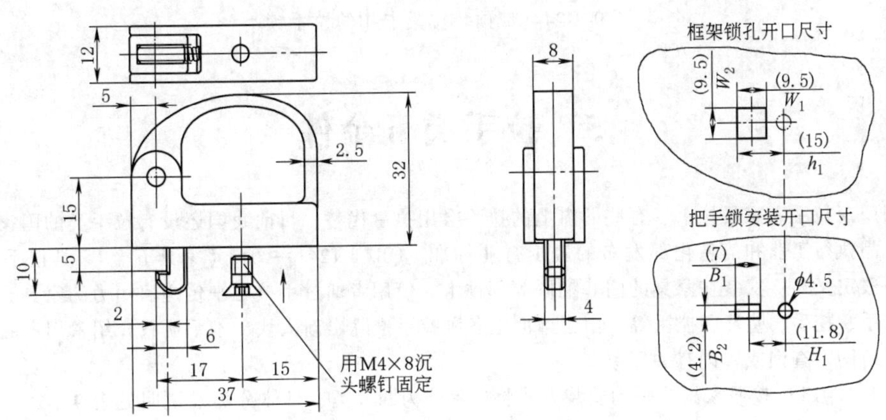

图 9-2-22　拉手锁尺寸和开孔图

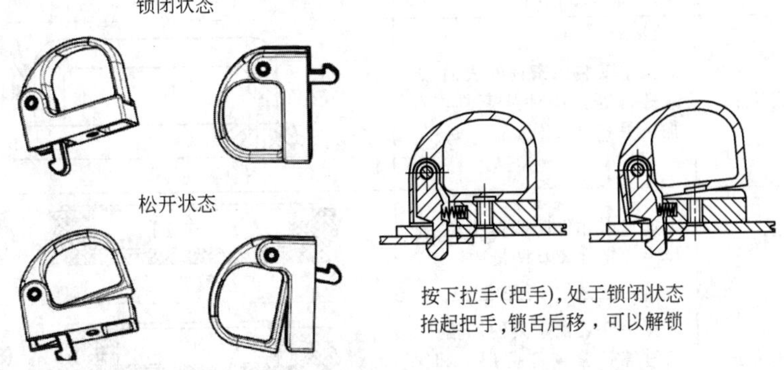

图 9-2-23　拉手锁锁闭和松开工作原理示意图

第9篇

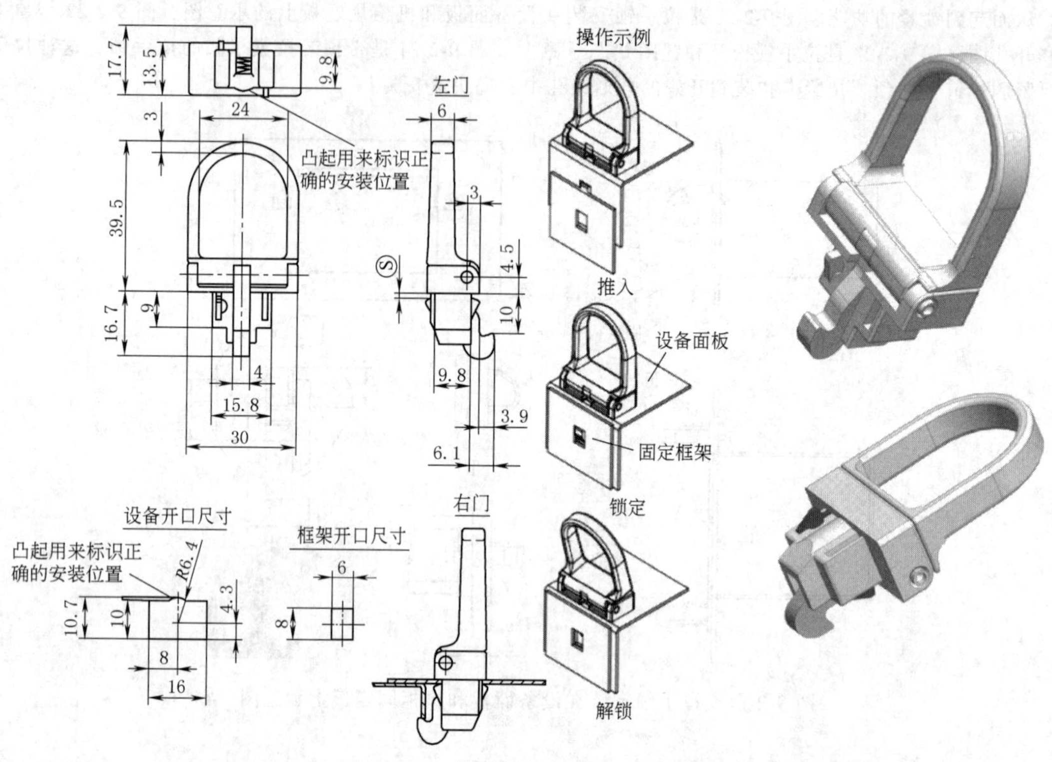

图 9-2-24　带预装拉紧卡扣的拉手锁

5　拉手类五金件

拉手分为门窗拉手和家具拉手，有些门窗上的拉手会用执手代替，目前我国还没有拉手类的国家标准，家具上的拉手类产品执行工业和信息化部发布的轻工行业标准：QB/T 1241—2013《家具五金 家具拉手安装尺寸》。家具拉手的一般定义是：安装在家具的门和抽屉等部件上，使用者通过手接触来传递启闭力的家具五金配件，其表现形式有拉手、挖手、坠环和捏手等。由于市面上各种拉手推陈出新太快，本手册只介绍常用产品，其他形状和规格的产品请网上查询或咨询有关厂家。

QB/T 1241—2013 中按照家具拉手的安装方式将拉手分为四大类，具体分类及说明见表 9-2-27。表 9-2-28 是明装家具拉手安装尺寸；表 9-2-29 是暗装（嵌入式）家具拉手安装尺寸；表 9-2-30 是封边式拉手安装尺寸。

表 9-2-27　　家具拉手四种安装形式（摘自 QB/T 1241—2013）

序号	分类	说明	示意图
1	表面安装式拉手	拉手安装在家具外表面，通过螺钉等紧固件从家具内部把拉手和家具固定在一起	五金拉手 家具部件
2	嵌入安装式拉手	通过卡扣等防脱落措施，把拉手固定在家具凹槽中	嵌入式拉手 家具
3	组合安装式拉手	拉手安装在家具的凹槽中，通过螺钉紧固件把把手和家具面板固定在一起	嵌入面装拉手 家具

续表

序号	分类	说明	示意图
4	封边式拉手	安装在家具的边缘，依靠卡扣、榫卯等结构防脱落的一种拉手。拉手外部样式有多种风格	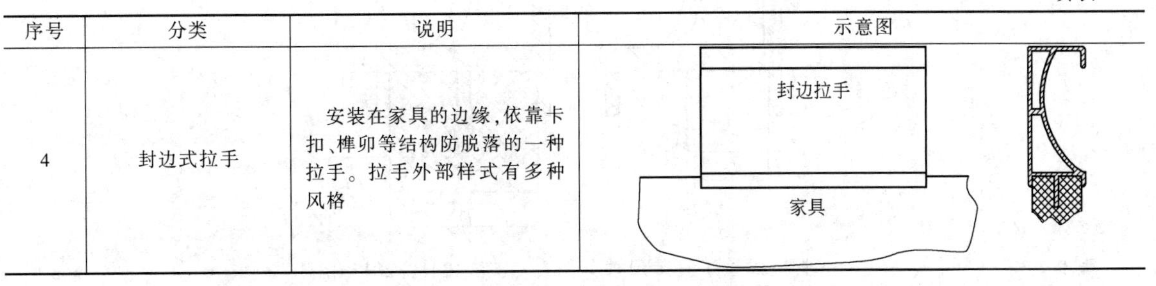

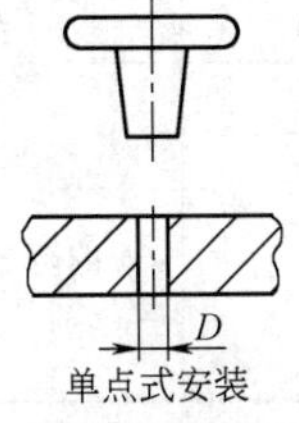

单点式安装

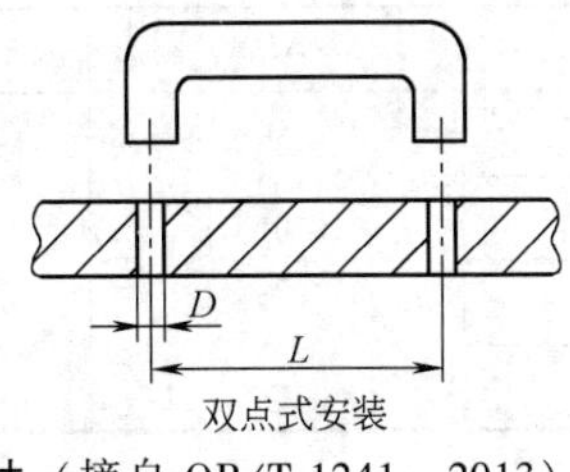

双点式安装

表 9-2-28　明装家具拉手安装尺寸（摘自 QB/T 1241—2013）　mm

D	$\phi 5^{+0.3}_{0}$					
L	16	20、25	32*、40、48	64*、70、80	90、96*、112	128*、144、160*、176
ΔL	$^{+0.4}_{0}$	$^{+0.5}_{0}$	$^{+0.6}_{0}$	$^{+0.7}_{0}$	$^{+0.9}_{0}$	$^{+1.0}_{0}$

注：1. "*"尺寸为优先选用尺寸。

2. 长度系列 L，必要时可以按 32mm 向上递增。

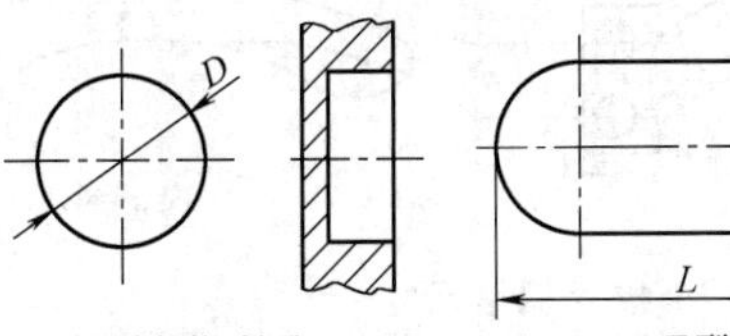

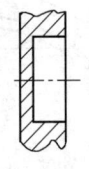

Ⅰ型安装（钻孔）　Ⅱ型安装（铣槽）

表 9-2-29　暗装（嵌入式）**家具拉手在家具上的安装孔尺寸及公差**（摘自 QB/T 1241—2013）　mm

钻孔	铣槽						
$D\pm\Delta D$	$L\pm\Delta L$						$R\pm\Delta R$
$16^{+0.4}_{0}$	$^{*}48^{+0.6}_{0}$	$56^{+0.7}_{0}$	$64^{+0.7}_{0}$	$^{*}80^{+0.7}_{0}$	$96^{+0.9}_{0}$	$^{*}112^{+0.9}_{0}$	$8^{+0.4}_{0}$
$25^{+0.5}_{0}$	$^{*}57^{+0.7}_{0}$	$65^{+0.7}_{0}$	$73^{+0.7}_{0}$	$^{*}89^{+0.9}_{0}$	$105^{+0.9}_{0}$	$^{*}121^{+1.0}_{0}$	$12.5^{+0.4}_{0}$
$30^{+0.6}_{0}$	$^{*}62^{+0.7}_{0}$	$70^{+0.7}_{0}$	$78^{+0.7}_{0}$	$^{*}94^{+0.9}_{0}$	$110^{+0.9}_{0}$	$^{*}126^{+1.0}_{0}$	$15^{+0.4}_{0}$
$35^{+0.6}_{0}$	$^{*}67^{+0.7}_{0}$	$75^{+0.7}_{0}$	$83^{+0.9}_{0}$	$^{*}99^{+0.9}_{0}$	$115^{+0.9}_{0}$	$^{*}131^{+1.0}_{0}$	$17.5^{+0.4}_{0}$

注："*"尺寸为优先选用尺寸。

表面固定和嵌入式组合安装式拉手的安装形式见图 9-2-25。

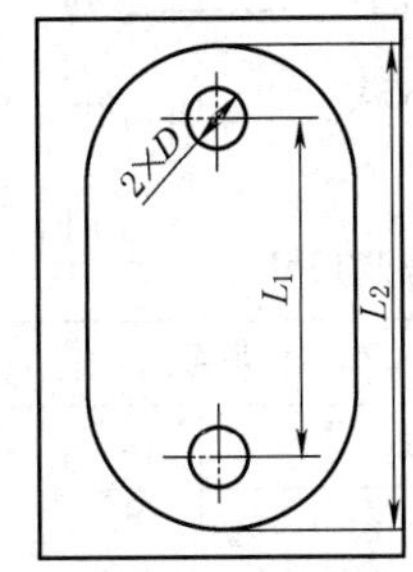

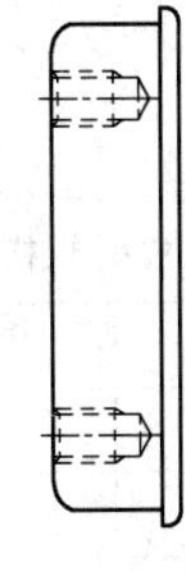

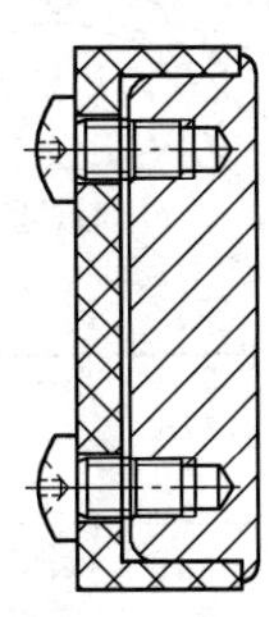

(a) 家具上的安装孔　(b) 组合安装式家具拉手　(c) 安装后

图 9-2-25　表面固定嵌入式拉手

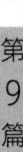

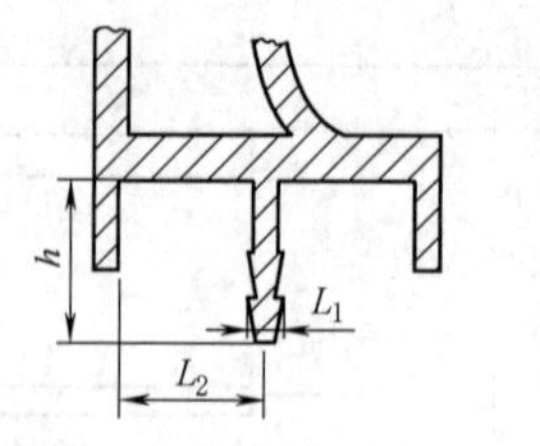

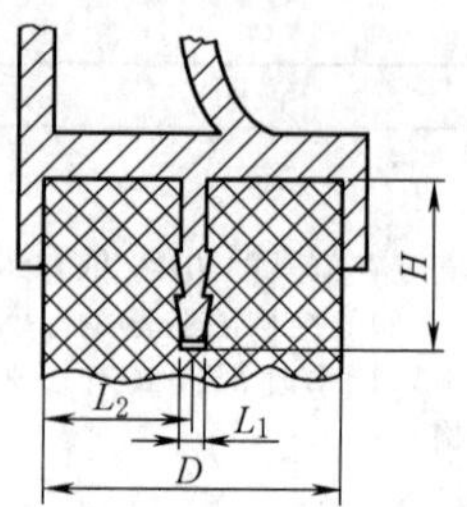

表 9-2-30　　封边式拉手安装尺寸（摘自 QB/T 1241—2013）　　mm

$D\pm\Delta D$	L_2	ΔL_1	ΔL_2	H	ΔH
$16^{+0.5}_{0}$	8	$^{+0.3}_{0}$	±0.3	h+0.5（h 的范围为 7~9）	$^{+0.3}_{0}$
$18^{+0.5}_{0}$	9				
$20^{+0.5}_{0}$	10				
$22^{+0.5}_{0}$	11				

5.1　抽屉拉手

安装在家具抽屉前面板上的拉手有多种材质和样式及安装方式可供用户选择，常见的材质有铜、铜镀其他金属、高分子塑料、木质，这种把手一般尺寸都比较小。

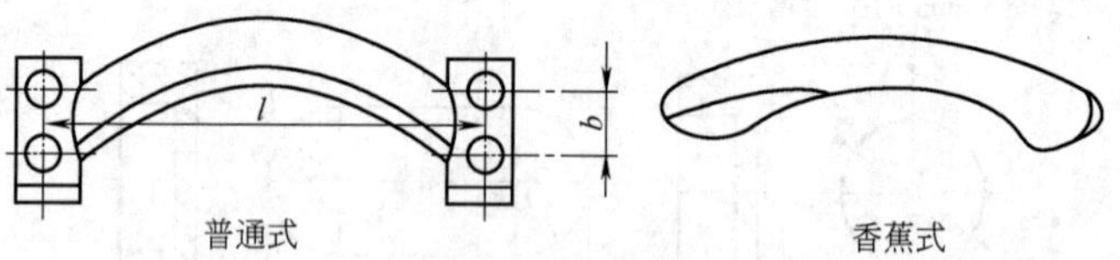

普通式　　香蕉式

表 9-2-31　　小拉手规格尺寸　　mm

拉手品类		普通式				香蕉式		
长度		75	100	125	150	90	100	130
螺孔中心距	l	65	88	108	131	60	75	90
	b	10	14	18	21.5	—		
配用螺钉（参考）	品种	沉头木螺钉				盘头螺钉		
	直径×长度	3×16	3.5×20	3.5×20	4×25	M3.5×25		
	数目	4	4	4	4	2		

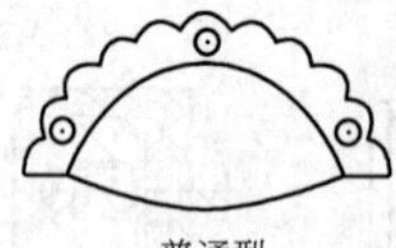

普通型

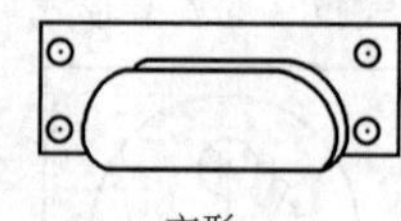

方形

表 9-2-32　　蟹壳型拉手规格型号及尺寸　　mm

拉手品类		普通型		方形
长度		65	80	90
配用木螺钉	直径×长度	3×16	3.5×20	3.5×20
	数目	3	3	4

5.2 柜门拉手

柜子门拉手种类繁多，有表面安装内部固定或外部固定型，有嵌入式安装型，也有隐藏式拉手（不用时隐藏在柜门中，使用时拉出把手）。桥式拉手属于表面安装拉手。

5.2.1 桥式拉手

因把手形状和横跨在河面上的桥相似而得名。

表 9-2-33 平装外固定桥型拉手规格尺寸（戴乐克 6-1000） mm

图纸	图像	规格型号及说明

规格尺寸 6-1000

L	150	122
L_1	170	142
L_2	126	98
H	50	50/41

说明：安装螺钉有 M5/M6 两种规格；带螺纹孔装饰盖（而且有多种颜色可选）
材料：PA
颜色：黑色

规格尺寸 6-1031

L	150	122
L_1	170	142
L_2	120	98
H	52	40
H_1	13	12
H_2	42	32
B	28	26
B_1	26	24
S	10	8

安装螺钉有 M5/M6，六角/沉头两种规格
材料：PA 颜色：黑色

规格尺寸 6-1102

L	L_1	L_2	H	H_1
112	126	98	55	41
128	142	114		
160	174	146		
192	206	178		
300	314	286		

安装螺钉 M8
材料：铝（阳极氧化-银色）

续表

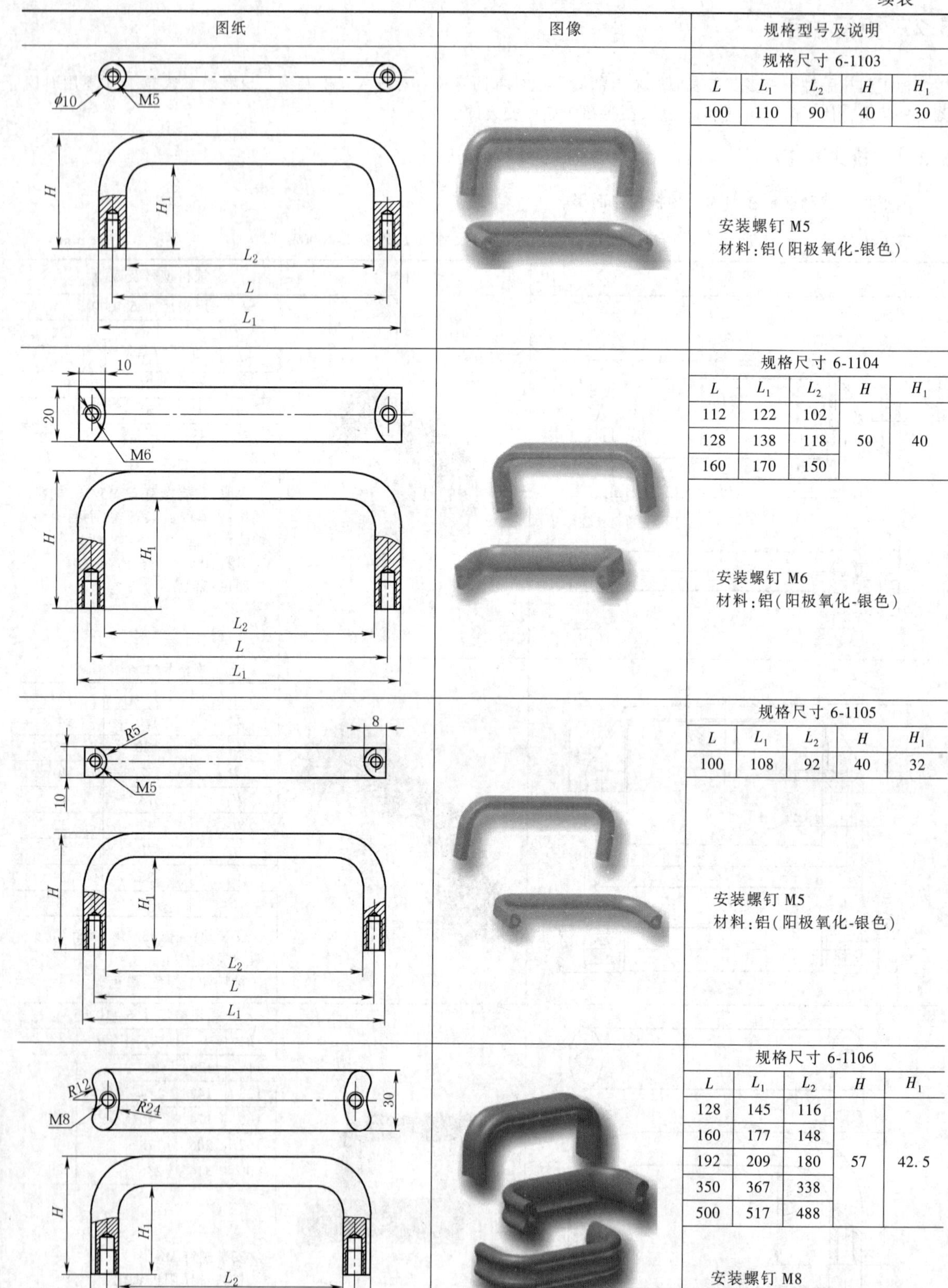

规格尺寸 6-1103

L	L_1	L_2	H	H_1
100	110	90	40	30

安装螺钉 M5
材料:铝(阳极氧化-银色)

规格尺寸 6-1104

L	L_1	L_2	H	H_1
112	122	102	50	40
128	138	118		
160	170	150		

安装螺钉 M6
材料:铝(阳极氧化-银色)

规格尺寸 6-1105

L	L_1	L_2	H	H_1
100	108	92	40	32

安装螺钉 M5
材料:铝(阳极氧化-银色)

规格尺寸 6-1106

L	L_1	L_2	H	H_1
128	145	116	57	42.5
160	177	148		
192	209	180		
350	367	338		
500	517	488		

安装螺钉 M8
材料:铝(阳极氧化-银色)

第9篇

续表

<table>
<tr><th>图纸</th><th>图像</th><th>规格型号及说明</th></tr>
<tr><td>9.5
6.4
M4
H
H_1
L_2
L
L_1</td><td></td><td>规格尺寸 6-1107
<table>
<tr><th>L</th><th>L_1</th><th>L_2</th><th>H</th><th>H_1</th></tr>
<tr><td>30</td><td>37</td><td>23</td><td>27</td><td>20</td></tr>
</table>
安装螺钉 M4
材料:铝(阳极氧化-银色)
适用于计算机行业 19″机柜</td></tr>
<tr><td>ϕ7
M4
H
H_1
L_2
L
L_1</td><td></td><td>规格尺寸 6-1108
<table>
<tr><th>L</th><th>L_1</th><th>L_2</th><th>H</th><th>H_1</th></tr>
<tr><td>30</td><td>37</td><td>23</td><td rowspan="4">26</td><td rowspan="4">19</td></tr>
<tr><td>64</td><td>71</td><td>57</td></tr>
<tr><td>96</td><td>103</td><td>89</td></tr>
<tr><td>128</td><td>135</td><td>121</td></tr>
</table>
安装螺钉 M4
材料:铝(阳极氧化-银色)
适用于计算机行业 19″机柜</td></tr>
</table>

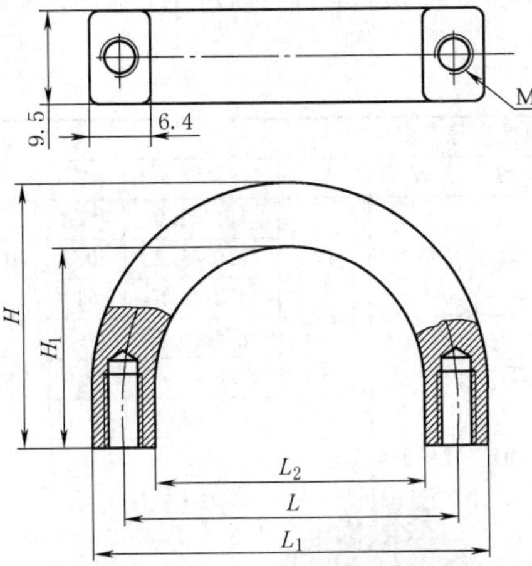

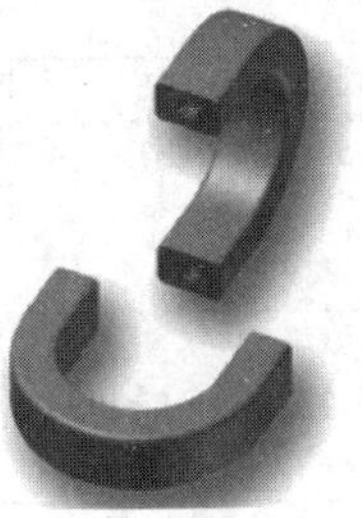

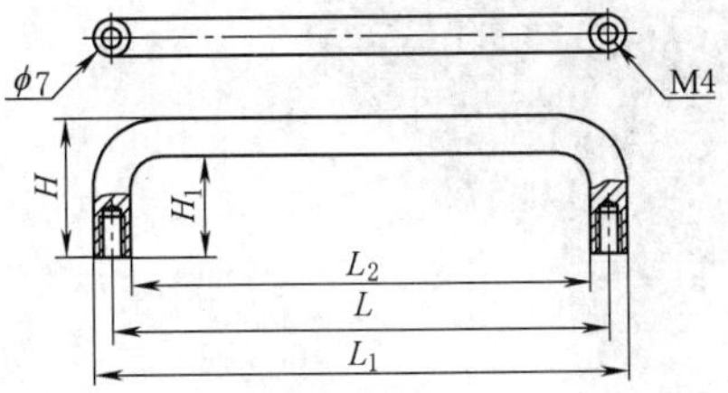

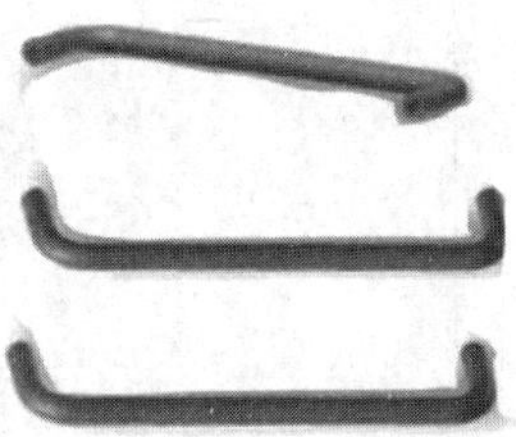

5.2.2 隐藏式拉手

隐藏式拉手是平时拉手隐藏在台面门板（设备面板）内，当使用时通过轻轻触碰等操作可以用手握住把手，从而把抽屉等从家具/设备中拉出的一类拉手的总称。

图 9-2-26 是一款平装隐藏式拉手，可以加装锁芯，可打开 60°或 80°，深度不大，可垂直或水平使用。由于有防振橡胶垫减振作用，此拉手可用在特殊场合如车辆中。

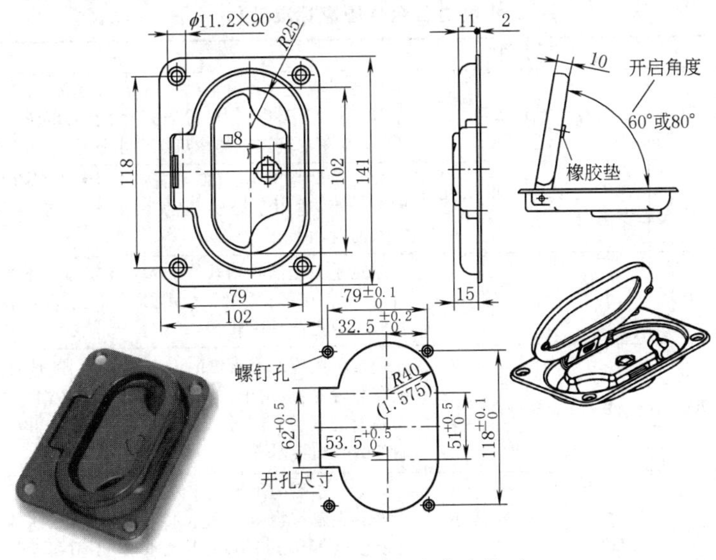

图 9-2-26 一款平装隐藏式拉手

5.2.3 暗装式拉手

暗装式拉手是一种带自卡紧装置的拉手，常常安装在洗衣机、冰箱等只在搬运时需要把手的设备上，依靠把手上的卡紧机构，只需在机身（薄门板）上开个矩形孔即可安装。

表 9-2-34

mm

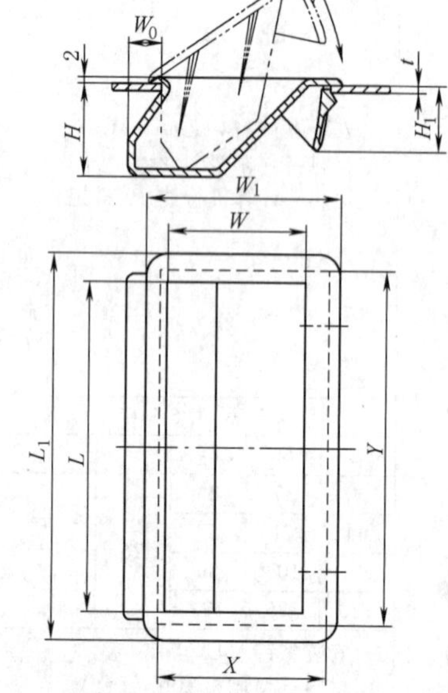

规格型号及安装尺寸									
W	L	W_1	L_1	H	H_1	W_0	t	X	Y
40.3	94	57	110	26	18.7	10	1.5~2.0	49.6	100
							2.0~3.2	50.3	
							3.2~3.5	51	
28.7	80	41	94	15.5	13.5	5	0.75~0.79	34.8	85
							0.8~1.4	35.0	
							1.5~2.2	36.0	

自固定 材料 PA 黑色

6 厨卫五金产品

厨房和卫生间及类似场合使用的五金产品统称为厨卫五金产品，这类五金件种类非常多，本手册只介绍常用的各种水嘴（水龙头）、淋浴花洒等常用冷热水五金件。目前，我国在厨卫五金产品及冷热水水嘴方面的国家标准见表 9-2-35。

表 9-2-35 水嘴类五金件国家标准汇总

序号	国标号	国标名称	说明
1	GB/T 18145—2014	陶瓷片密封水嘴	规定了陶瓷片密封水嘴的术语和定义、分类及命名、材料、配套装置等；适用于工作压力（静压）不大于 1.0MPa，供水温度 4~90℃ 条件下，安装在建筑物内的冷热水供水管路上的各种水嘴
2	GB/T 23447—2009	卫生洁具 淋浴用花洒	规定了淋浴用花洒（简称花洒）的术语和定义、技术要求、材料、试验方法等；适用于公称压力不大于 0.05~0.5MPa，水温度不超过 70℃ 的花洒
3	GB/T 23448—2019	卫生洁具 软管	规定了卫生洁具用软管的术语和定义、分类与代号、技术要求、材料、试验方法等；适用于公称压力不大于 1.0MPa，供水温度不超过 90℃ 的卫生洁具用软管
4	GB/T 24293—2009	数控恒温水嘴	规定了数控恒温水嘴的术语和定义、分类和标记，使用条件、材料、配套装置等；适用于公称压力不大于 0.6MPa，热水温度不高于 85℃，安装盥洗室、厨房、医院、宾馆等使用场所，出水口温度受预设温度控制的数控恒温水嘴
5	GB/T 25501—2019	水嘴用水效率限定值	规定了水嘴的用水效率限定值、节水评价、用水效率等级等。适用于安装在建筑物内的冷热水供水管路上，供水压力不大于 1.0MPa，介质温度不高于 90℃ 的普通水嘴，不适用于浴缸用水嘴、淋浴水嘴、洗衣机水嘴和温控水嘴

续表

序号	国标号	国标名称	说明
6	GB/T 33733—2017	厨卫五金产品术语与分类	规定了厨房和卫生间及类似场合使用的五金产品的术语、定义及分类。适用于厨卫五金产品的设计、生产、贸易、质量检验、科学研究、教学研究等
7	QB/T 1334—2013	水嘴通用技术条件	规定了水嘴(水龙头)的术语和定义、材料、配套装置等;适应于DN15、DN20、DN25,公称压力不大于1.0MPa,供水温度5~90℃条件下,安装在建筑物内的冷热水供水管路上的各种水嘴
8	QB/T 2806—2017	温控水嘴	规定了温控水嘴(水龙头)的术语和定义、分类及命名,使用条件、材料、配套装置等;适应于普通水压不大于0.5MPa,高水压不大于2MPa,冷水温度4~29℃,热水温度45~85℃条件下,安装在盥洗室、厨房等卫生设施上,出水口温度自动受预选温度控制的冷热水混合水嘴
9	QB/T 5524—2020	水嘴用阀芯	规定了水嘴用阀芯的术语和定义、分类、材料、要求、试验方法等。适用于安装在水嘴中,工作压力(静压)不大于1.0MPa,供水温度4~90℃条件下的各类阀芯(不包括恒温阀芯和恒压阀芯)
10	CJ/T 194—2014	非接触式给水器具	城镇建设行业标准。规定了由非接触感应式电动阀门控制的给水器具的术语和定义、产品分类、工作条件、材料、试验方法等。适用于非接触式给水器具的制造和检验
11	T/ZZB 1792—2020	水嘴用陶瓷阀芯	浙江省团体标准。规定了水嘴用陶瓷阀芯的术语和定义、分类、技术要求、基本要求、试验方法等。适用于安装在水嘴中,工作压力(静压)不大于1.0MPa,供水温度4~90℃条件下的陶瓷阀芯

陶瓷片密封水嘴是以陶瓷片为密封元件，利用陶瓷片的相对运动实现通水、关断及调节出水口流量和/或温度的一种终端装置。

花洒是一种以淋浴为目的的能使水以小水滴或喷射状发散流出的装置。它一般包含一个喷头、一个固定点或可转动的手柄或软管、流量控制装置等其他部件，可分为手持式和固定式两种。

表 9-2-36　　水嘴分类

序号	分类方法	类型	说明
1	按启闭控制部件数量分类	单柄水嘴	由一个手柄或手轮控制流量或兼有出水温度调节
		双柄水嘴	由两个手柄或手轮控制流量或兼有出水温度调节
2	按控制进水管的数量分类	单控水嘴	水嘴控制一路(冷水或热水)供水管路
		双控水嘴	水嘴控制两路(冷水或热水)供水管路
3	按用途分类	普通洗涤水嘴	用于一般清洗用途(洗手、洗墩布等)的单柄单控水嘴
		洗面器水嘴	安装在洗脸盆上的水嘴的统称
		厨房水嘴	安装在厨房水槽上的水嘴的统称
		浴缸/淋浴水嘴	安装在浴缸和淋浴间的水嘴的统称
		净身器水嘴	安装在净身器上,出水口方向可以调整的水嘴
		洗衣机水嘴	为安装洗衣机进水管而设计的一种带有止退装置的水嘴
4	按水嘴阀体材料分类	铜合金水嘴	阀体材料为铜合金,表面可以电镀不同保护层
		不锈钢水嘴	阀体材料为304不锈钢
		塑料水嘴	阀体材料为高密度塑料材料
5	按安装方式分类	壁式明装水嘴	供水管沿墙壁敷设,水嘴安装在管道上
		壁式暗装水嘴	供水管隐藏在墙壁内,只预留安装螺纹孔的安装方式
		台式安装水嘴	台面上预留安装孔,水嘴带螺纹部分穿过安装孔,依靠紧定螺母把水嘴固定在台面上
6	按流量分类	节水型水嘴	比普通水嘴更节水的水嘴
		普通型水嘴	按标准流量设计的水嘴
7	按控温方式分类	机械控温	通过机械装置调节冷热水进口开度达到调节水温目的的水嘴
		数控控温	通过电动装置调节冷热水进口开度达到调节水温目的的水嘴
8	按使用压力分类	普通水压	0.1~0.5MPa(超过0.5MPa应加装减压阀)
		高水压	0.1~2.0MPa(建议在0.3~1.5MPa时使用)

6.1 水龙头/水嘴及附件

6.1.1 普通水嘴

普通水嘴有螺旋升降型、陶瓷片密封型、球阀芯型和旋塞型几种阀芯结构，目前市面上以陶瓷片密封型水嘴为主流产品。普通水嘴的基本规格尺寸如表 9-2-37 所示。另外，市场上还有一些功能性水嘴，如主要用于洗墩布等需要出水口离墙面远一点的加长型水嘴；为方便快速连接洗衣机给水管（上水管）而形成洗衣机专用水嘴；为了过滤自来水中的杂质，还有一部分带过滤网的水嘴。为了美观，水嘴的把手有多种样式。图 9-2-27 是陶瓷片密封式普通水嘴结构图；图 9-2-28（a）和 图 9-2-28（b）是几种常见的普通水嘴外形；图 9-2-29 是带接水嘴的普通水嘴（洗衣机水嘴）外形图。

表 9-2-37 普通水嘴规格 mm

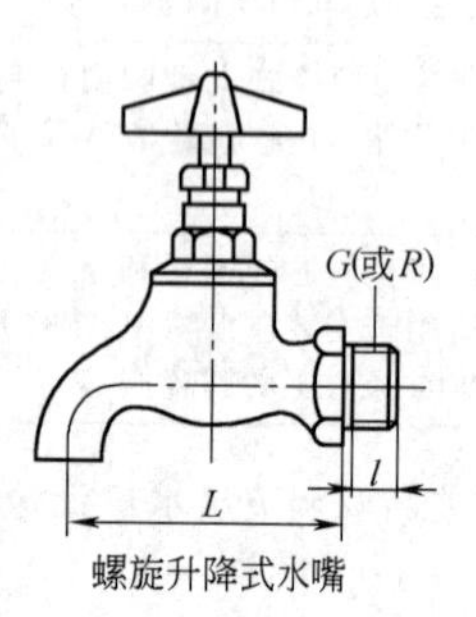

螺旋升降式水嘴

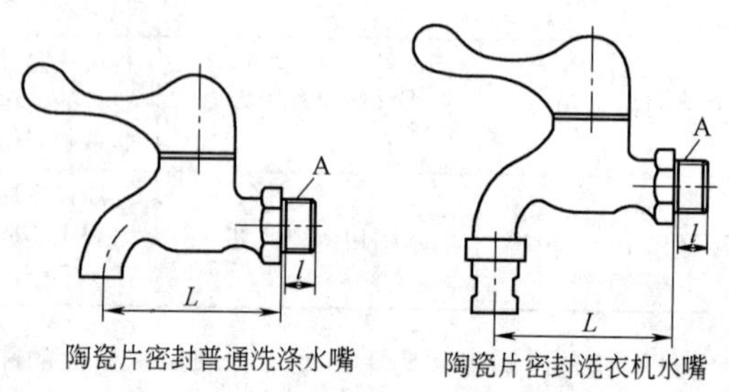

陶瓷片密封普通洗涤水嘴　陶瓷片密封洗衣机水嘴

A 是接口螺纹，有：G、R_1 或 R_2 三种形式

公称通径 DN	螺纹代号	螺纹有效长度 l min		阀体有效长度 L min
		圆柱管螺纹	圆锥管螺纹	
15	½	10	11.4	55
20	¾	12	12.7	70
25	1	14	14.5	80

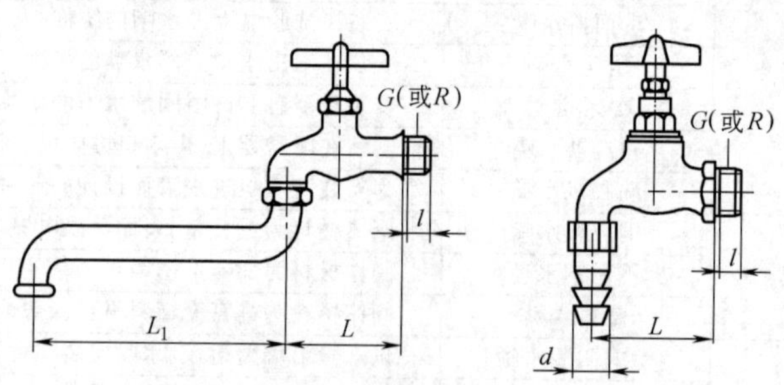

表 9-2-38 壁式明装接管单孔式水嘴规格 mm

公称通径 DN	螺纹代号	螺纹有效长度 l min		L_1 min	L min	d
		圆柱管螺纹	圆锥管螺纹			
15	½	10	11.4	170	55	15
20	¾	12	12.7		70	21
25	1	14	14.5		80	28

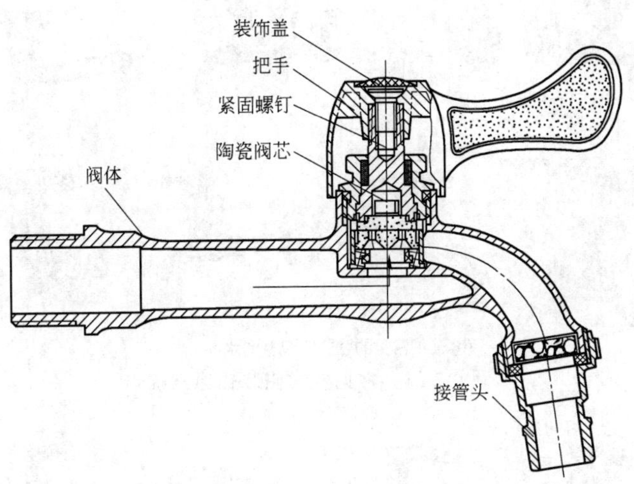

图 9-2-27 陶瓷片密封式普通水嘴结构

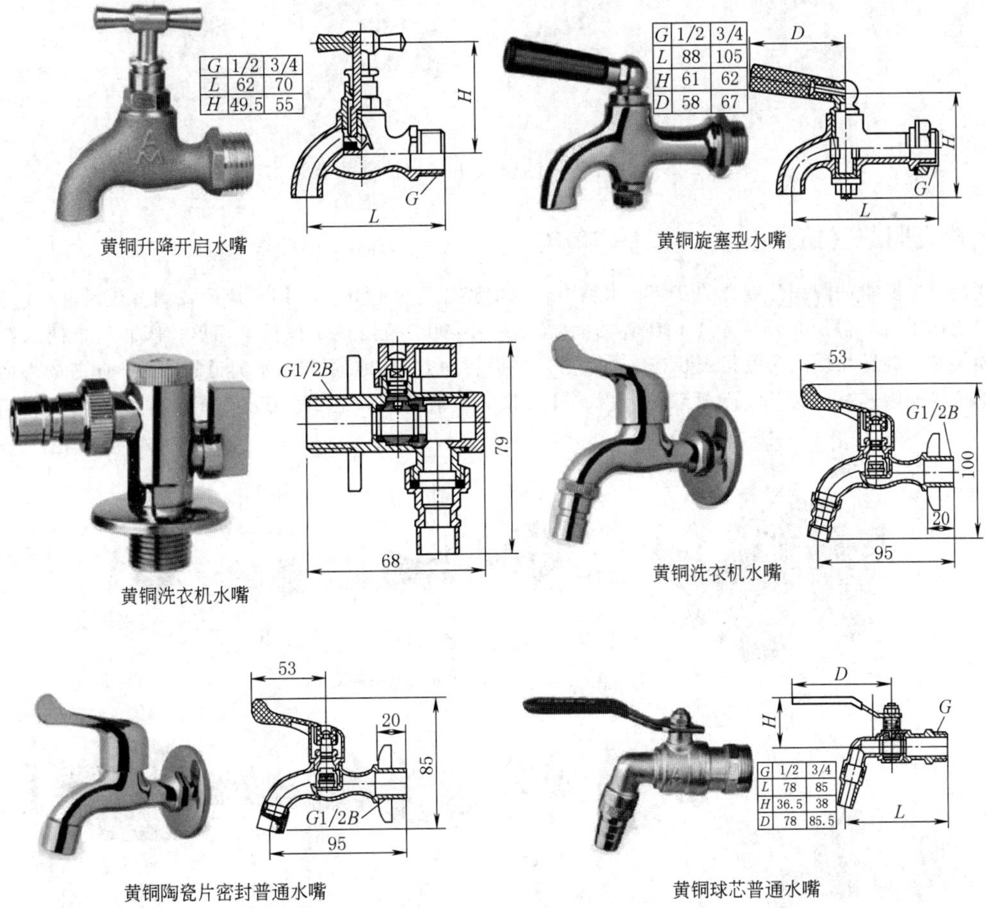

G	1/2	3/4
L	62	70
H	49.5	55

黄铜升降开启水嘴

G	1/2	3/4
L	88	105
H	61	62
D	58	67

黄铜旋塞型水嘴

黄铜洗衣机水嘴

黄铜洗衣机水嘴

黄铜陶瓷片密封普通水嘴

G	1/2	3/4
L	78	85
H	36.5	38
D	78	85.5

黄铜球芯普通水嘴

(a) 几种常见的壁式明装普通水嘴及尺寸(单位:mm)

图 9-2-28

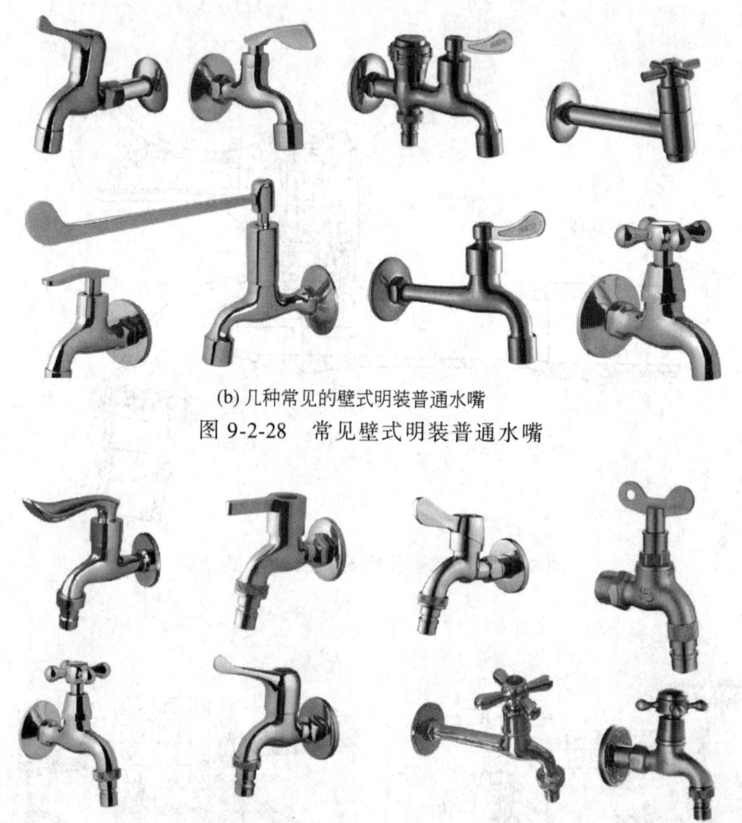

(b) 几种常见的壁式明装普通水嘴

图 9-2-28　常见壁式明装普通水嘴

图 9-2-29　几种常见的壁式明装带接管头普通水嘴

6.1.2　陶瓷阀芯（摘自 QB/T 5524—2020）

由满足卫生要求的陶瓷片制造的安装在水嘴中，以陶瓷片为密封元件，用于启闭或调节流量和/或温度的装置，一般工作压力（静压）不大于 1.0MPa，供水温度在 4~90℃范围内。包括单柄单控阀芯、单柄双控阀芯和旋转切换阀芯。旋转切换阀芯是指安装在水嘴下游以平面转动方式切换不同出水通道的阀芯。阀芯的寿命一般要求是：单柄单控阀芯≥50 万次，单柄双控阀芯≥14 万次，旋转切换阀芯≥6 万次。图 9-2-30 是陶瓷阀芯外形和

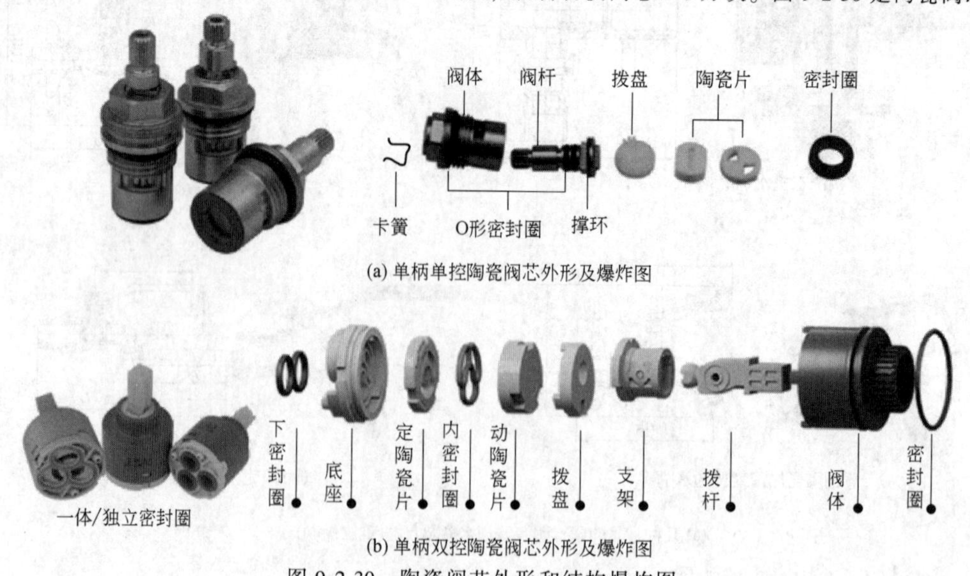

(a) 单柄单控陶瓷阀芯外形及爆炸图

(b) 单柄双控陶瓷阀芯外形及爆炸图

图 9-2-30　陶瓷阀芯外形和结构爆炸图

结构爆炸图。陶瓷阀芯是依靠定阀片和动阀片（陶瓷片）之间的相对运动实现对进出水流量和温度的控制的。单控阀芯的动陶瓷片只能在阀杆带动拨盘时做平面旋转运动，当动阀片把定阀片上的孔完全封死后，停止出水，关闭水嘴；当阀杆带动拨盘反转时，动阀片离开定阀片上的出水口，随着开度的增大，水流量由小变大，逐渐达到最大值。双控阀芯的动陶瓷片比阀芯底座直径小，它在阀芯内部除了可以做平面旋转运动外，还可以前后移动；当抬起或放下拨杆时，动陶瓷片可以移动 α 角位移，从而密封/打开出水口，实现打开/关闭水嘴的操作；当动阀片处于打开状态时，它又能在阀杆带动拨盘旋转时做平面旋转运动，实现对冷热水进水孔径的开度控制，从而实现对出水水温的调整和控制。单柄双控阀芯在安装到水嘴（治具）中时，依靠底部的定位脚来保证位置正确。目前我国国标规定有平脚阀芯和高脚阀芯两种结构形式，图 9-2-31 是平脚陶瓷阀芯结构图。

表 9-2-39　　平脚阀芯尺寸　　mm

规格/D_1	参数尺寸							
	H_1	H_2	H_3	H_4	H_5	D_2	D_3	D_4
25	48	23.5	20.8	12.0	2~3	$18.5^{+0.2}_{0}$	9.0×9.0	3.0
30	51.0	25.0	23.5	12.0		$21.5^{+0.2}_{0}$	9.0×9.0	4.0
35	56.5	27.7	24.0	12.0		$23.5^{+0.2}_{0}$	9.0×9.0	4.7
40	62	30.0	27.3	16		$25.5^{+0.2}_{0}$	10.4×10.0	5.0
规格/D_1	参数尺寸							
	D_5	d_1	d_2	d_3	d_4	d_5	d_6	α/(°)
25	0	16.0	9.0	5.0	4.6	5.0	3.5	23~25
30	0	18.0	12.0	8.0	4.5	5.0	5.0	
35	0	18.0	14.0	10.0	5.0	8.0	5.0	
40	1.6	24.0	14.0	10.0	6.5	8.0	7.5	

注：1. H_1、H_2 的公差为 0.2。

2. H_3、H_4、D_3、D_4、d_1、d_2、d_3、d_4、d_5、d_6 的公差为 0.1。

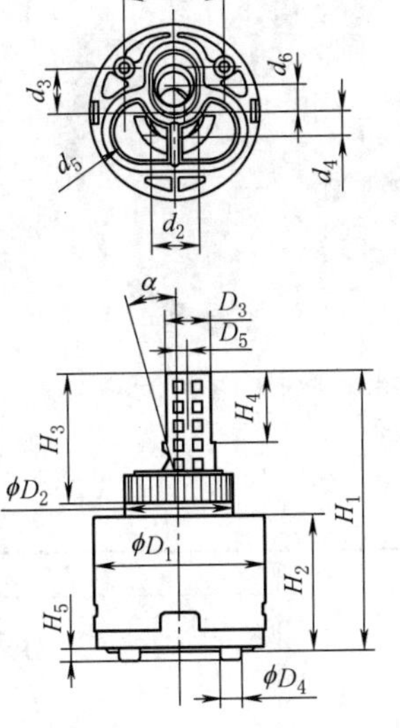

D_1—规格(阀芯外径)；D_2—外壳外径；D_3—手柄尺寸；D_4—定位脚直径；D_5—手柄偏心距；α—手柄偏移角度；H_1—阀芯总长；H_2—外壳长度；H_3—旋转中心高度；D_4—手柄定位长度；D_5—定位脚高度；d_1—定位脚距离；d_2—进水孔距离；d_3—定位脚中心距；d_4—进水孔中心距；d_5—进水孔尺寸；d_6—出水孔中心距

图 9-2-31　平脚陶瓷阀芯结构图

6.2　洗面器水嘴和洗菜盆水嘴（洗涤水嘴）

洗面器水嘴是指装在洗面器台面上供人洗漱的一类水嘴，基本都是明装在洗面器上，水嘴的进水管道从上面插入洗面器上预留的孔中，通过进水管上的固定螺母和洗面器固定。常见的结构形式见表 9-2-40，目前我国单管双控水嘴进水管接口螺纹规格基本都是 G¼。图 9-2-32 是目前市场上常见的洗面器水嘴图片。

第9篇

表 9-2-40　　四种常见的明装洗面器水嘴

单柄单控水嘴（单孔）	单柄双控水嘴（单孔）	单柄双控水嘴（双孔）	双柄双控水嘴（双孔）
G(或R)　D　H_1　h　L　H	L　h　≤35　≥350　G(或R)	L　h　H　H_1　G(或R)　C	h　H_1　H　G(或R)　L　C
只有一个进水管接口，只能单供冷水（或热水）	只需要一个安装孔，可以同时接冷热水管，但水嘴容易旋转，安装固定不方便（不是所有规格都带提拉排水装置）	两个独立的进水管分别安装在两个孔中，使用双¼外螺纹连接软管连接，安装比较方便（不是所有规格都带提拉排水装置）	两个独立的进水管分别安装在两个孔中，使用双¼内螺纹连接软管连接，安装比较方便。使用时需要分别打开冷热水手柄，操作不太方便

公称直径 DN	螺纹代号	H（≥）	H_1（≤）	h（≥）	D（≥）	L（≥）	C
15	1/2	48	8	25	40	65	100、150、200

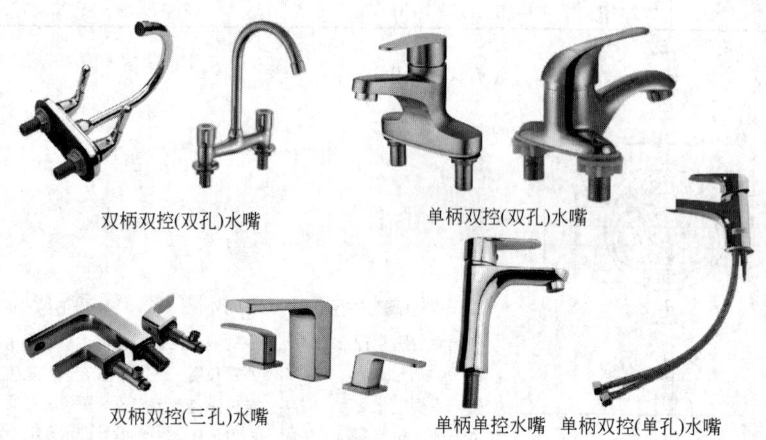

图 9-2-32　常见洗面器水嘴

表 9-2-41　　几种常见的明装洗涤水嘴

单柄单控水嘴（单孔）	单柄双控水嘴（双孔）	双柄双控水嘴
G(或R)　l　100 壁式明装水嘴	L　l　E　G(或R)　C 壁式明装水嘴	E　D　L　G(或R)　C　l 壁式明装水嘴

续表

单柄单控水嘴(单孔)	单柄双控水嘴(双孔)	双柄双控水嘴

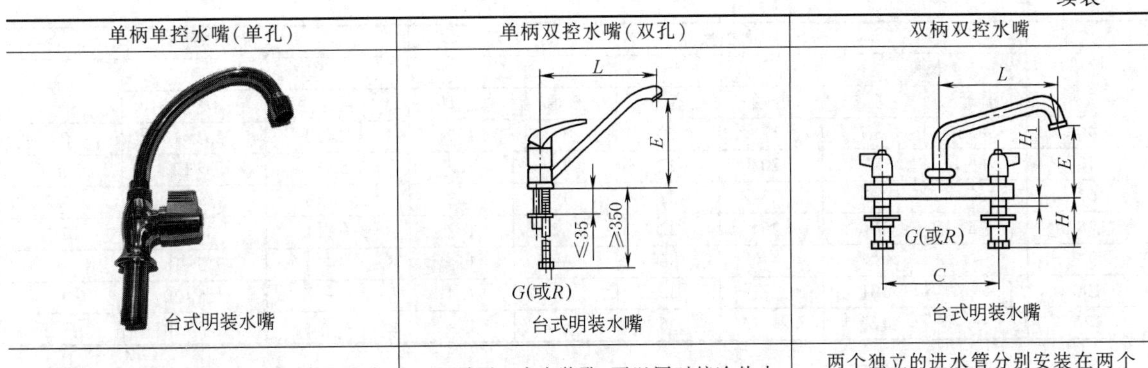

只有一个进水管接口,只能单供冷水(或热水)	只需要一个安装孔,可以同时接冷热水管,但水嘴容易旋转,安装固定不方便	两个独立的进水管分别安装在两个孔中,使用双¼内螺纹连接软管连接,安装比较方便

安装方式	公称直径 DN	螺纹代号	$l(\geqslant)$	$H_1(\leqslant)$	$H(\geqslant)$	$E(\geqslant)$	$L(\geqslant)$	C
台式	15	1/2	13	8	48	25	170	100、150、200
壁式	15	1/2	13	8	48	25	170	140~160(带偏心管可超出此范围)

洗菜盆水嘴（洗涤水嘴）分为壁式明装和台式明装两种类型，壁式明装是指冷热水出水口以内螺纹的形式埋在墙壁里，出水口和墙面垂直，1/2（大多数类型）水嘴上的外螺纹直接拧到墙面内的水管上，形成洗涤系统。台式明装水嘴指的是水嘴安装在台面上（台面有水嘴水管安装孔），通过软管把冷热水和水嘴连接起来形成的洗涤系统。洗涤水嘴有单柄单控、单柄双控等结构形式。有些水嘴虽然是单柄双控结构，但控制手柄和出水口的是两个分离的零件，这种水嘴的出水口有时是可伸缩的。洗涤水嘴和洗面器水嘴最大的区别是洗涤水嘴的出水口比较高、比较长且大多数可以旋转。

7　搭扣类五金件

固定于箱门及相邻壁板上使箱门处于规定开启角度的零件。称为箱门搭扣件，分为扣栓和扣座两个部分。目前我国搭扣执行的航天工业总公司制定的航天工业标准 QJ 615A-98《包装箱附件 搭扣锁》，搭扣的一般定义是：搭扣是一种五金件，它一般由两部分组成，分别安装在两个零件上，当锁紧后可以使两个零件（箱体/箱盖，机柜/面板）固定在一个锁定位置，在解锁后两个零件还可以分开。本手册后面介绍的是戴乐克公司的产品。目前常见的搭扣标准有：

DIN 13235—1992　快速装卸搭扣
DIN 81314—2004　船用门锁的搭扣板和锁角
DIN 81320—1977　通道上活门用搭扣
DIN 81416—1977　设备用轻型搭扣
DIN 81415—1977　设备用搭扣
DIN 83104—1985　重型船门和舱口盖的窗搭闩的搭扣
QJ 615A—1998　包装箱附件 搭扣锁
QJ 3054—1998　包装箱附件 板盖搭扣锁

7.1　暗箱扣（锁扣）

装在门、箱子、柜子、抽屉上供挂锁使用的一种比较传统、简单的五金件。

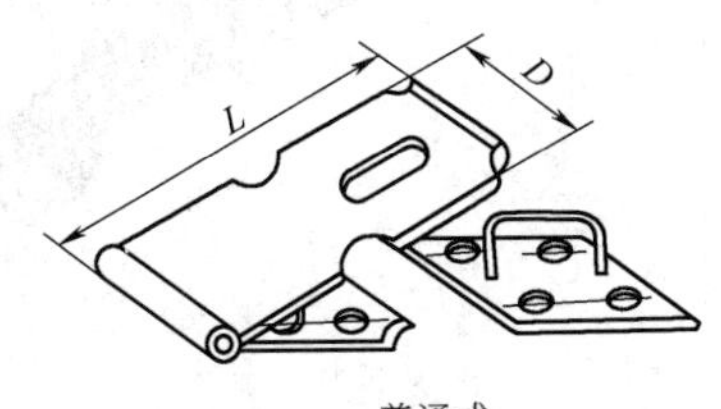

普通式

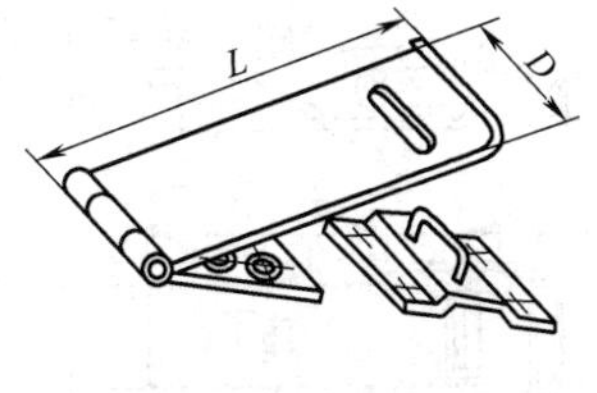

宽式

表 9-2-42

mm

规格	面板尺寸						沉头木螺钉		
	长度		宽度		厚度		直径×长度		数量
	普通	宽型	普通	宽型	普通	宽型	普通	宽型	
40	38.5	38	17	20	1	1.2	2.5×10	2.5×10	7
50	55	52	20	27	1	1.2	2.5×10	3×12	7
65	67	65	23	32	1	1.2	2.5×10	3×14	7
75	75	78	25	32	1.2	1.2	3.0×14	3×16	7
90	—	88	—	36	—	1.4	—	3.5×18	7
100	—	101	—	36	—	1.4	—	3.5×20	7
125	—	127	—	36	—	1.4	—	3.5×20	7

7.2 搭扣

7.2.1 带自锁装置的不锈钢搭扣

表 9-2-43

mm

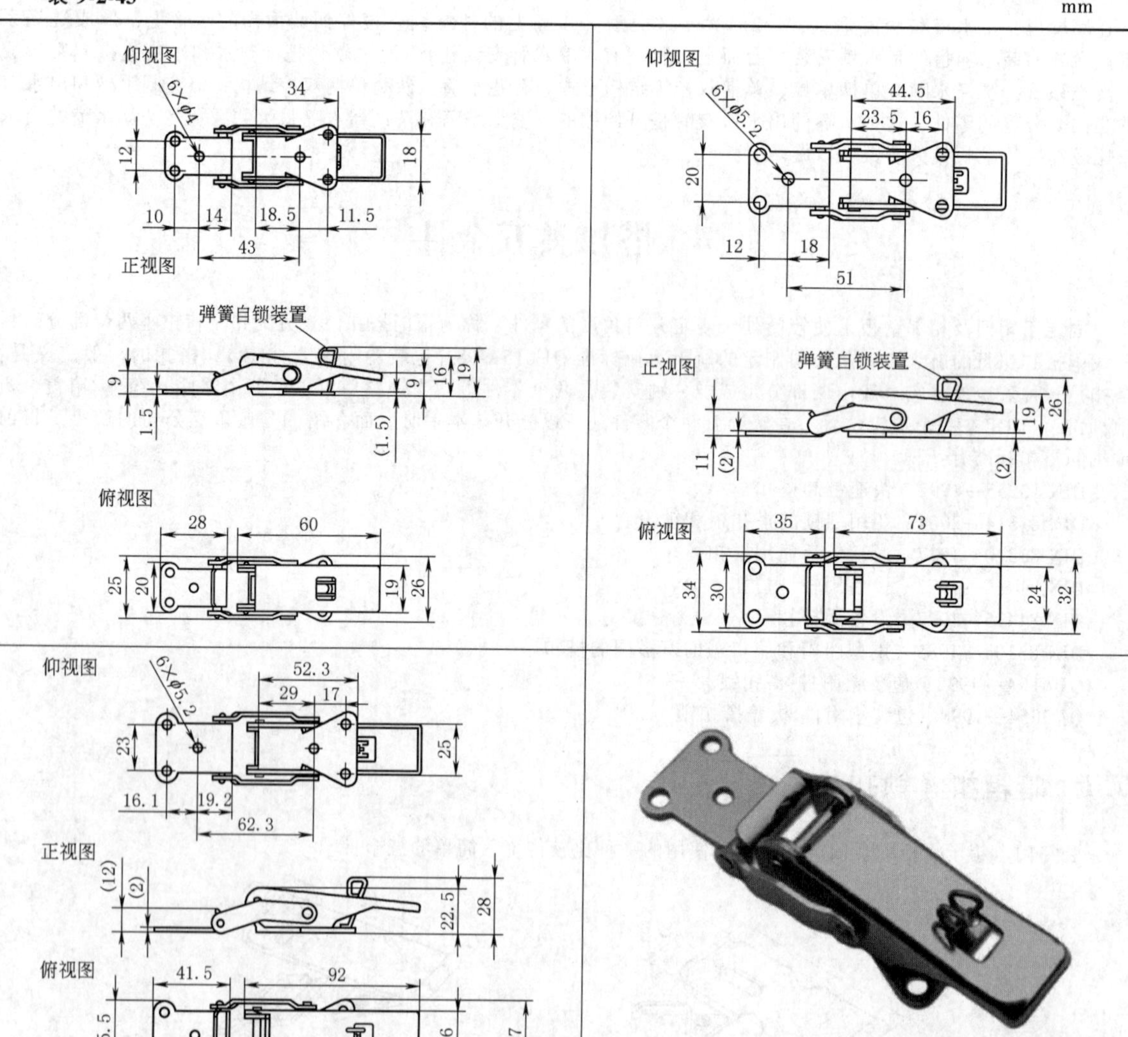

7.2.2 带弹簧胀紧装置的自锁不锈钢搭扣

表 9-2-44 mm

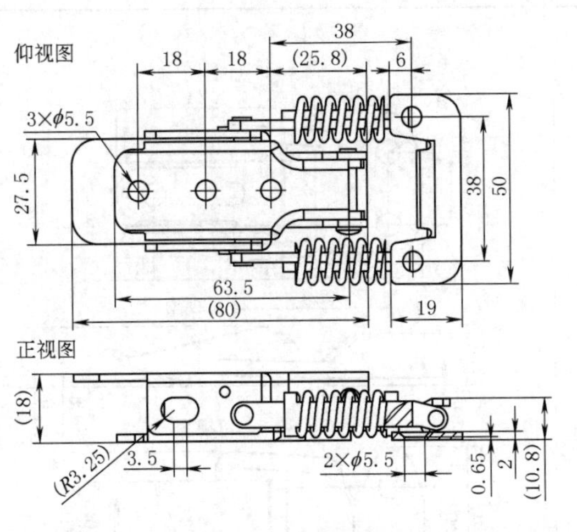

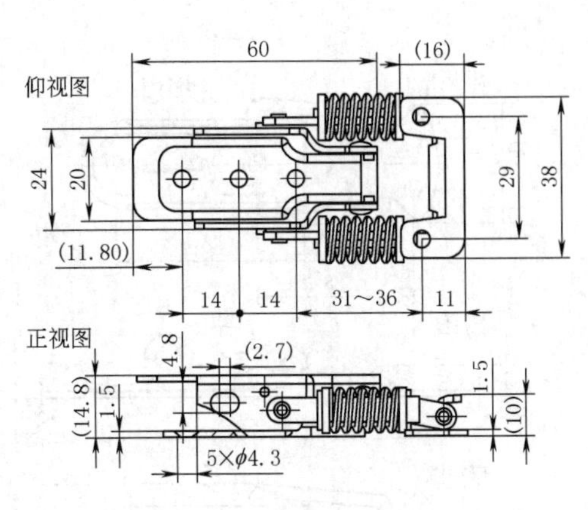

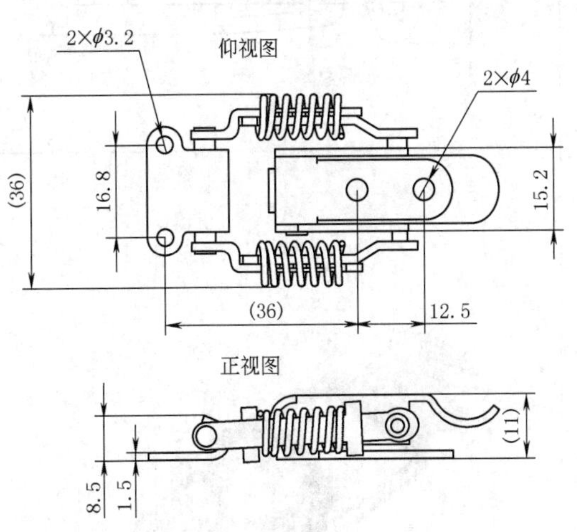

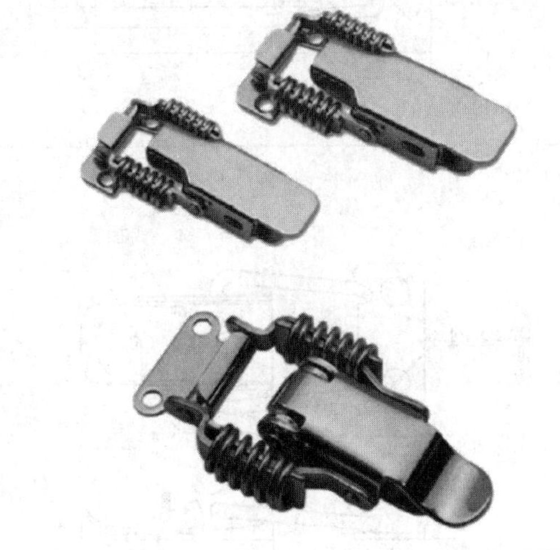

7.2.3 挂钩隐藏式安装的自锁不锈钢搭扣

表 9-2-45 mm

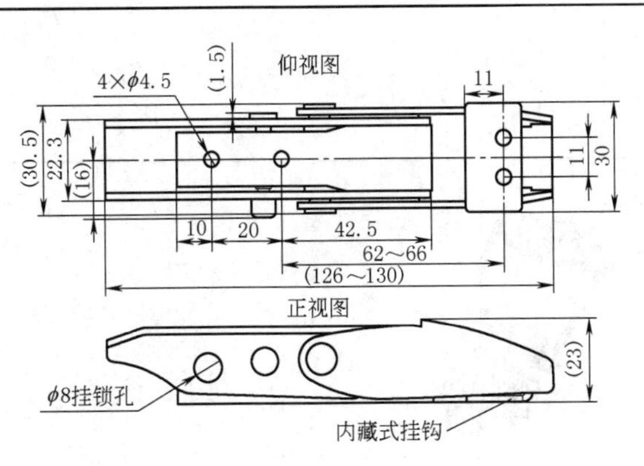

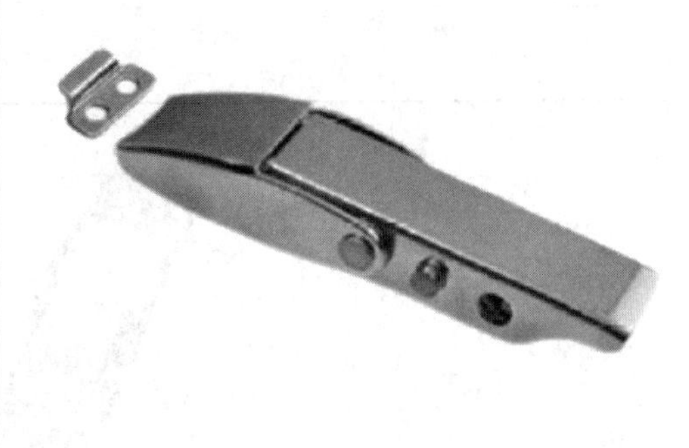

7.2.4 圆柱环形锁扣的不锈钢搭扣

表 9-2-46

mm

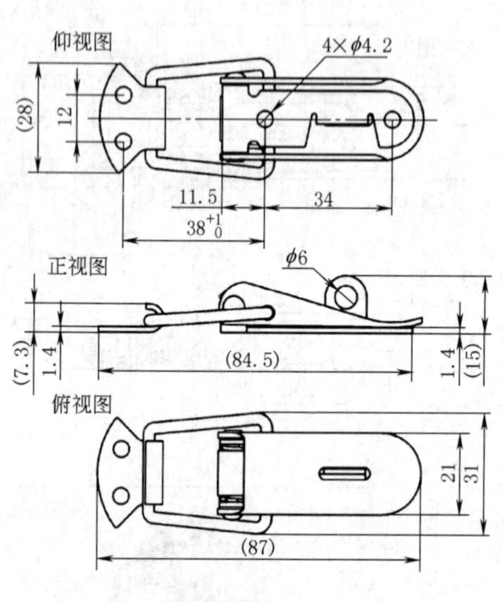

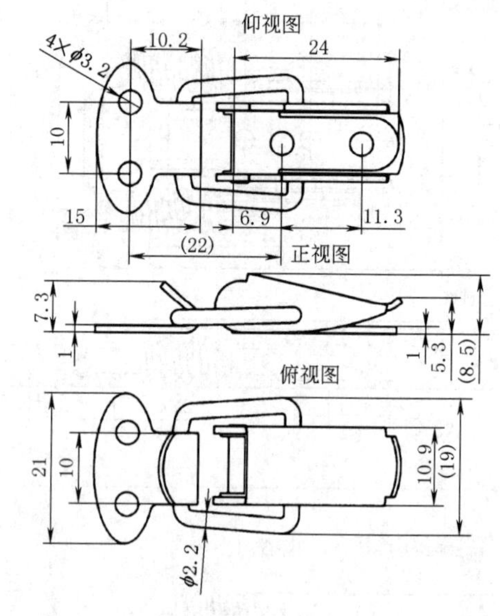

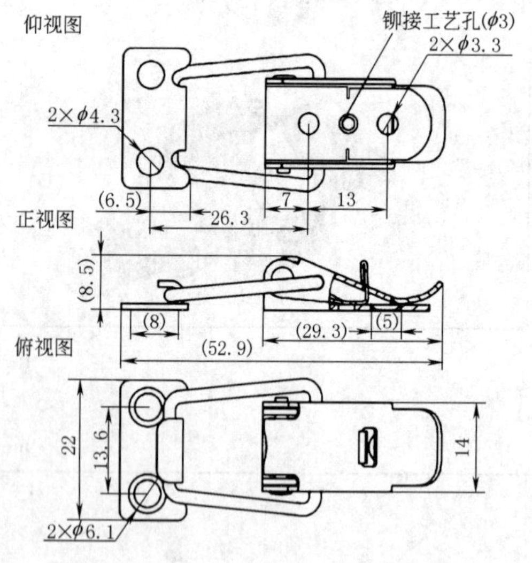

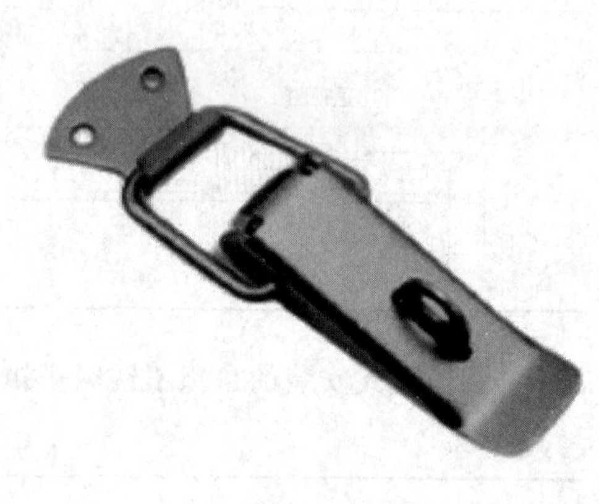

表 9-2-47 圆柱环形（异形）锁扣的不锈钢搭扣 mm

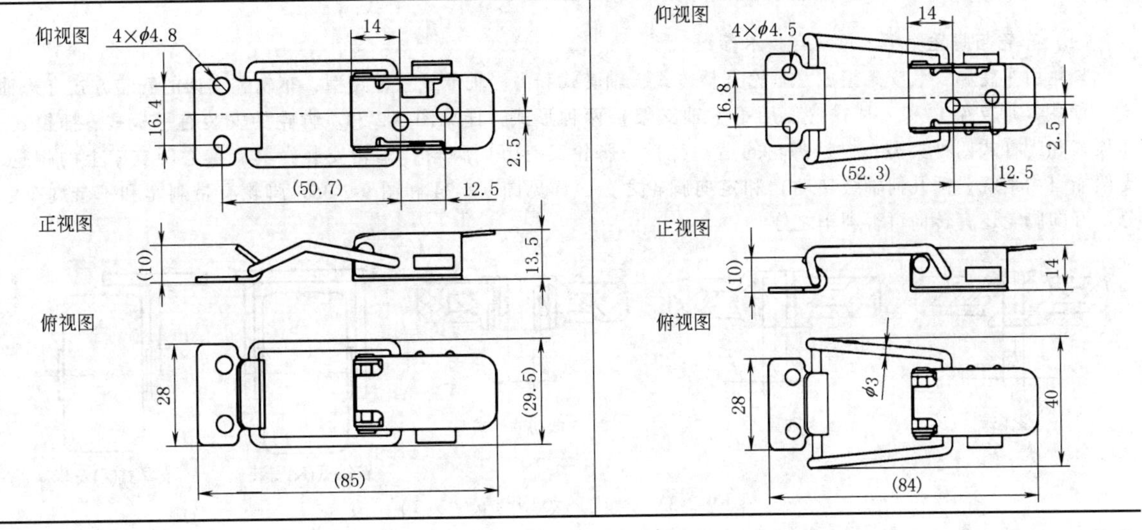

8 橡胶轮和地脚

8.1 常见脚轮

8.1.1 橡胶轮

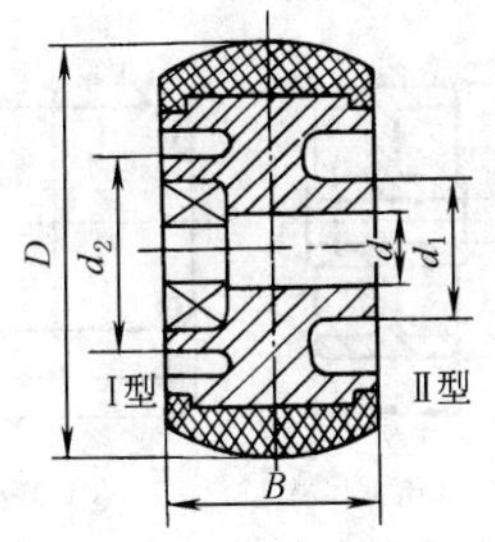

标记示例

轴孔 $d=16$mm 的 4″实芯橡胶轮，标记为：4″实芯橡胶轮或 100×16 实芯橡胶轮

表 9-2-48 mm

规格	D	B	d	Ⅰ型		Ⅱ型	
				d_2	质量/kg	d_1	质量/kg
2″	50	28	6	—	—	12	0.08
3″	75	37	10	—	—	20	0.3
4″	100	40	16	—	—	32	0.86
5″	125	46	16	—	—	34	1.35
6″	150	48	20	—	—	36	1.7
7″	175	50	25	—	—	44	2
8″	200	51	25	68	3.7	48	3.2
10″	250	51	25	72	5.3	55	5
12″	300	67	32	78	10	66	9.5
14″	350	90	38	90	19	—	—

注：1. 适用于一般短途慢速用的手推车、拖车和电动车。

2. 所列尺寸均为实测近似值，轴孔 d 在设计选用时可以适当加大。

3. 实芯橡胶轮的轮胎由天然橡胶或合成橡胶制成，铁芯材料为灰铸铁。

4. Ⅰ型（俗称大搭子）可以装滚动轴承（参考 60000 型）。

8.1.2 工业脚轮和车轮（摘自 GB/T 14687—2011）

（1）车轮与脚轮类型、尺寸与技术参数

脚轮由车轮和安装支架组成，车轮有整体式、轴套式和内嵌轴承式三种类型，车轮和支架的安装方式有跨轴式（使用叉形支架）和支耳式（使用丁字轴支架）两种形式，详见图 9-2-33。脚轮的安装有平板式、插销式、孔顶式和螺杆式四种类型；根据脚轮的运动特性，脚轮又有万向脚轮（车轮安装在具有偏心距支架上的脚轮，支架能自由地绕铅锤几何轴线转动）和定向脚轮之分，详见图 9-2-34 和图 9-2-35。脚轮有带刹车和不带刹车之分，万向脚轮还有转向可否刹车之分。

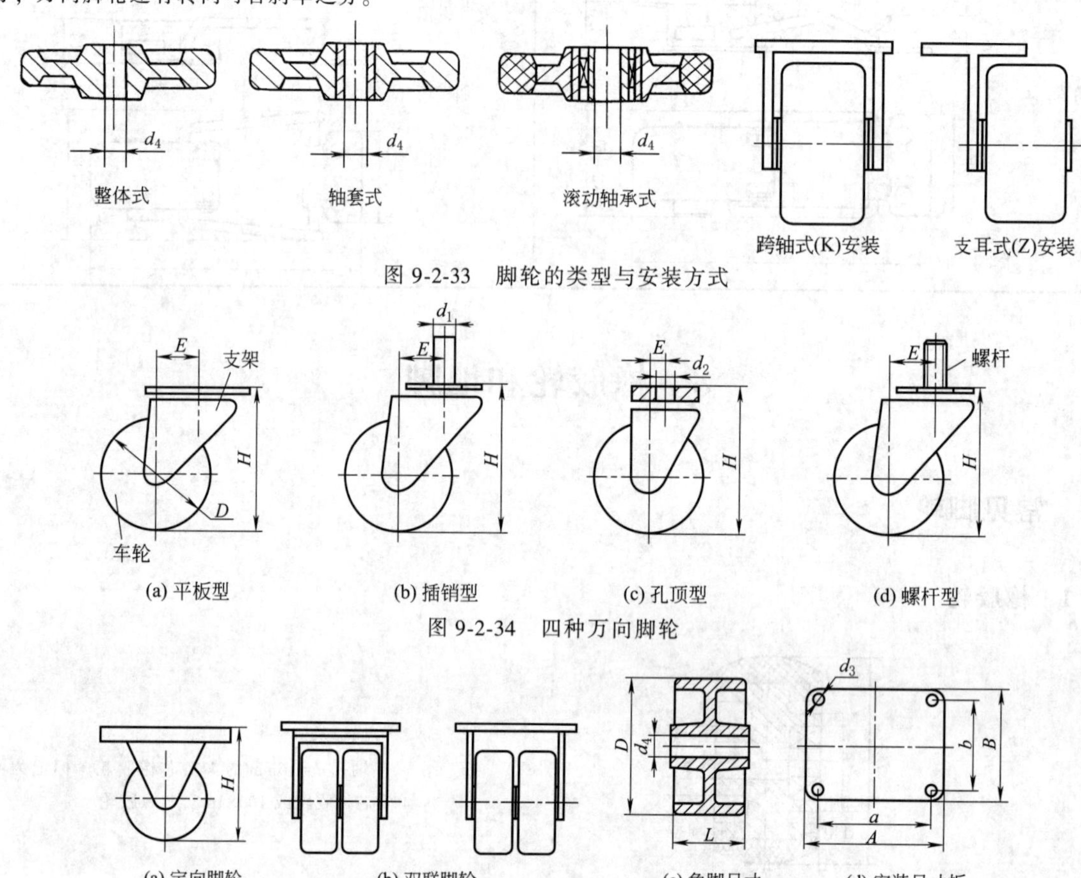

图 9-2-33 脚轮的类型与安装方式

图 9-2-34 四种万向脚轮

图 9-2-35 定向脚轮与双联脚轮和脚轮及安装板尺寸

表 9-2-49 车轮与脚轮以及安装板尺寸及额定载荷 mm

<table>
<tr><th rowspan="3">D</th><th rowspan="3">L</th><th rowspan="3">H</th><th colspan="2" rowspan="2">E</th><th rowspan="3">d_1</th><th rowspan="3">d_2</th><th rowspan="3">$a \times b \times d_3 \times A \times B$</th><th colspan="3">A 级</th><th colspan="3">B 级</th><th colspan="3">C 级</th><th colspan="3">D 级</th></tr>
<tr><th colspan="2">d_4</th><th rowspan="2">W(N)</th><th colspan="2">d_4</th><th rowspan="2">W(N)</th><th colspan="2">d_4</th><th rowspan="2">W(N)</th><th colspan="2">d_4</th><th rowspan="2">W(N)</th></tr>
<tr><th>max</th><th>min</th><th>K</th><th>Z</th><th>K</th><th>Z</th><th>K</th><th>Z</th><th>K</th><th>Z</th></tr>
<tr><td rowspan="2">50</td><td>20</td><td rowspan="2">70</td><td rowspan="2">30</td><td rowspan="2">10</td><td rowspan="8">10
12</td><td rowspan="5">8
10</td><td rowspan="2">40×30×5×55×45
55×40×7×75×65</td><td>7</td><td rowspan="10">—</td><td>250</td><td rowspan="3">8</td><td rowspan="10">—</td><td>300</td><td rowspan="3">8</td><td rowspan="10">—</td><td>400</td><td rowspan="3">8</td><td rowspan="10">—</td><td>500</td></tr>
<tr><td>25</td><td>8</td><td rowspan="2">300</td><td rowspan="2">400</td><td rowspan="2">500</td><td rowspan="2">630</td></tr>
<tr><td rowspan="3">63</td><td>20</td><td rowspan="3">85</td><td rowspan="3">38</td><td rowspan="3">13</td><td rowspan="3">55×40×7×75×65
80×60×9×115×85</td><td>7</td></tr>
<tr><td>25</td><td>8</td><td>400</td><td rowspan="4">10</td><td>500</td><td rowspan="4">10</td><td>630</td><td rowspan="4">10</td><td>800</td></tr>
<tr><td>30</td><td>10</td><td>500</td><td>630</td><td>800</td><td>1000</td></tr>
<tr><td rowspan="3">75</td><td>20</td><td rowspan="3">103</td><td rowspan="3">35</td><td rowspan="3">15</td><td rowspan="3">10
12</td><td rowspan="3">38×38×7×60×60
55×40×7×75×65
80×60×9×115×85</td><td>8</td><td rowspan="2">400</td><td rowspan="2">500</td><td rowspan="2">630</td><td rowspan="2">800</td></tr>
<tr><td>25</td><td>10</td></tr>
<tr><td>30</td><td>12</td><td>500</td><td>12</td><td>630</td><td>12</td><td>800</td><td>12</td><td>1000</td></tr>
<tr><td rowspan="2">80</td><td>20</td><td rowspan="2">106</td><td rowspan="2">48</td><td rowspan="2">16</td><td>10</td><td>12</td><td>55×40×7×75×65</td><td>8</td><td rowspan="2">400</td><td>8</td><td rowspan="2">500</td><td rowspan="2">10</td><td rowspan="2">630</td><td rowspan="2">10</td><td rowspan="2">800</td></tr>
<tr><td>25</td><td>12</td><td>16</td><td>80×60×9×115×85</td><td>10</td><td>10</td></tr>
</table>

续表

D	L	H	E		d_1	d_2	$a \times b \times d_3 \times A \times B$	A 级			B 级			C 级			D 级		
								d_4		W(N)	d_4		W(N)	d_4		W(N)	d_4		W(N)
			max	min				K	Z		K	Z		K	Z		K	Z	
80	30	106	48	16	10	12	105×80×11×145×110	10	—	500	10	—	630	10	—	630	10	—	1000
	37.5				12	16	105×80×11×145×110	12			12			12		800	12		
100	25	125	60	20	16 20	12 16	80×60×9×115×85 105×80×11×145×110	10		400	10		500	10		630	10		800
	30									500			630			800			1000
	37.5									630			800			1000			1250
	40												1000			1600			2000
	50							15	15	800	15	15	1250	15	20	2000	15	20	3200
125	25	150	75	25	16 20		80×60×9×115×85 105×80×11×145×110	12	—	500	12	—	630	12	—	800	12	—	1000
	30								15	630		15	800		15	1000		15	1250
	37.5							15	20	800	15	20	1000	15	20	1250	15	20	1600
	40												1250			1600			2000
	50							20	25	1000	20	25	1600	20	25	2000	20	25	4000
	60									1250			2000			3200			5000
150 160	30	185	90	32	20 24	12 16	80×60×9×115×85 105×80×11×145×110 140×105×14×175×140	12	15	800	12	15	1000	12	15	1250	12	15	1600
	37.5							20	20	1000	20	20	1250	20	20	1600	20	20	2000
	40												1600			2000			2500
	50								25	1250		25	2000		25	3200		30	5000
	60	195							25	1600		25	2500		25	4000		30	6300
	75									2000			3200		30	5000		35	8000
200	37.5	235	120	40	20 24	16	105×80×11×145×110 140×105×14×175×140 160×120×16×200×160 210×160×18×225×205		20	1250		20	1600		20	2000		20	2500
	40												2000		25	2500		25	3200
	50								25	1600		25	2500			4000		30	6300
	60				—	—				2000			3200		30	5000		35	8000
	75							25	30	2500	25	30	4000	25	35	6300	25	40	10000
	105							—		3200	—		5000	—	40	8000	—	50	12500
250	50	300	150	50			140×105×14×175×140 160×120×16×200×160 210×160×18×225×205	25	25	2000	25	25	2000	25	30	5000	25	35	8000
	60									2500			2500			6300		40	10000
	75								30	3200		30	3200		40	8000		50	12500
	105							—		4000	—		4000	—		10000	—		16000
300	50	340	180	60				25	25	2000	25	25	3200	25	30	5000	25	35	8000
	60									2500			4000			6300		40	10000
	75								30	4000		35	6300		40	10000		50	16000
	105							—	35	5000	—	40	8000	—	50	12500	—		20000
350	50	—	—	—	—	—	—	25	25	2000	25	25	3200	25	30	5000	25	35	8000
	60									2500			4000			6300		40	10000
	75								30	4000		35	6300		40	10000		50	16000
	105							—	35	5000	—	40	8000	—	50	12500	—		20000
400	50							25	25	2500	25	25	4000	25	30	6300	25	40	10000
	60									3200		30	5000		35	8000		50	12500
	75								30	4000		35	6300		40	10000			16000
	105							—	35	5000	—	40	8000	—	50	12500	—		20000
500	75							25			25			25			25		
	105							—		6300	—		10000	—		16000	—	60	25000

注：1. W 为额定载荷。

2. K 为跨轴式，Z 为支耳式。

3. D 为轮径，L 为轮宽，H 为安装高度，E 为偏心距，d_1 为插销直径，d_2 为中套孔直径，d_3 为平板安装孔直径，d_4 为轮子中心孔直径。

4. 本标准适用于工业车辆及仪器设备的非动力驱动的移动用车轮和脚轮。不适用于家具、旅行箱等。

5. 车轮及支架的材料见表 9-2-50。

6. 脚轮分软质轮和硬质轮，软质轮为轮胎邵氏硬度小于 90HA 的车轮，硬质轮为轮胎邵氏硬度不小于 90HA 的车轮。

（2）型号表示方法

1）脚轮支架组件型号编制方法为：

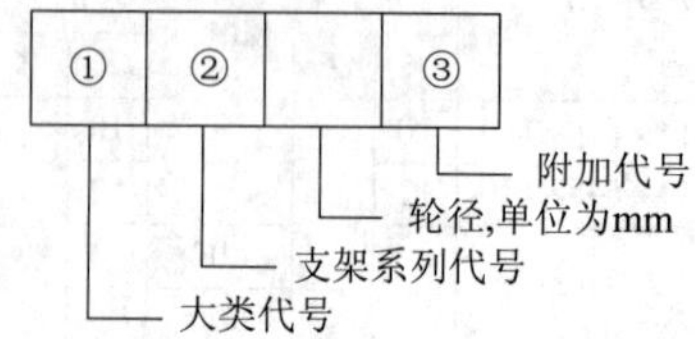

2）车轮组件型号编制方法为：

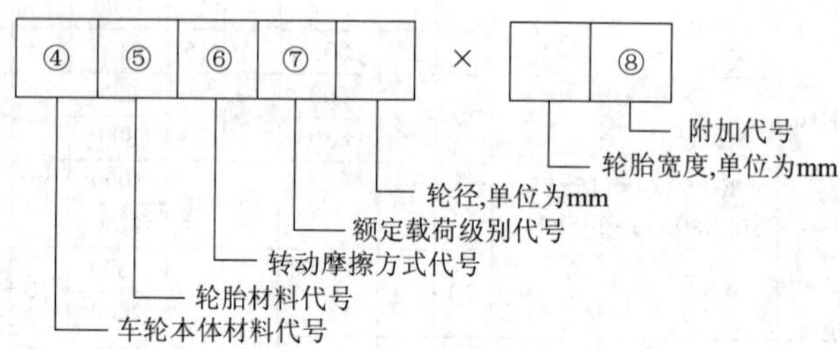

3）脚轮型号编制方法为：

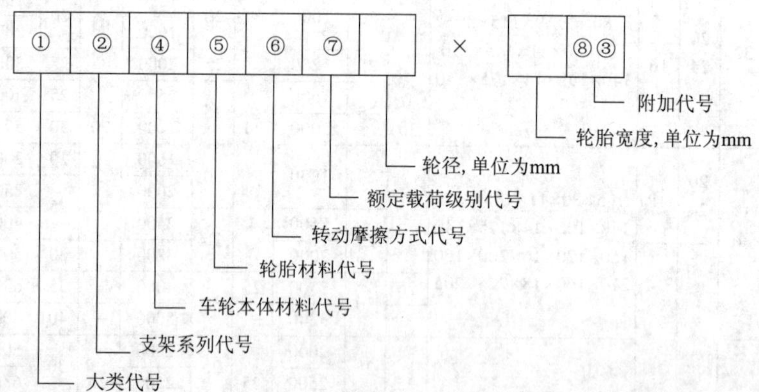

4）型号中有关代号的含义见表 9-2-50。

表 9-2-50　　型号中有关代号的含义

序号	代号名称	代号含义	特例
①	大类代号	P—导向平板型；L—导向螺杆型；C—导向插销型；G—导向孔顶型；D—定向；U—无轴型；T—特型	
②	支架系列代号	A～L—冲压式；M～R—焊接式；S～V—注塑式；W～Z—铸锻式	
③	（支架）附加代号	共三位 第 1 位：罗马数字—同种支架系列的不同小类 第 2 位：Z—单制动；S—双制动 第 3 位：阿拉伯数字—同种制动方式的不同小类	
④	车轮本体材料代号	0—与轮胎材料相同；1—冲压件；2—尼龙；3—聚丙烯；4—铸铁；6—ABS；7—铸铝；8—聚苯乙烯；9—酚醛	00—冲压轮毂外装充气轮胎
⑤	轮胎材料代号	0—与本体材料相同；1—再生橡胶；2—天然橡胶；3—丁腈橡胶；4—热塑性橡胶；5—尼龙；6—热塑性聚氨酯；7—浇注型聚氨酯；8—导电橡胶；9—耐热材料	
⑥	转动摩擦方式代号	0—特尔灵轴承；1—整体式；2—轴套式；3—滚针轴承；4—球轴承；5—圆柱滚子轴承；6—推力球轴承；7—圆锥滚子轴承	
⑦	额定载荷级别代号	分 A、B、C、D 四级，逐级递增	
⑧	（车轮）附加代号	A、B、…，表示异型	D 表示双轮

注：特尔灵轴承即车轮孔中从孔两端各装入带凸台的滑动轴套的结构。

8.1.3 几种常用脚轮规格型号（戴乐克产品）

4英寸尼龙脚轮

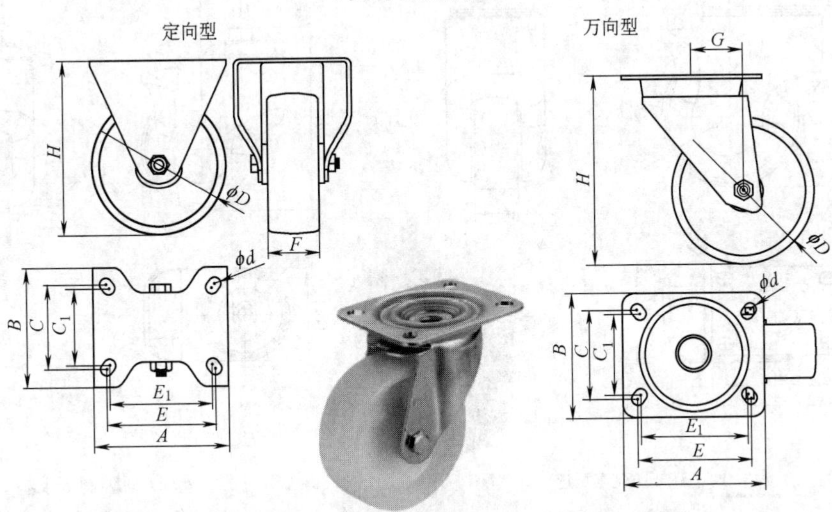

表 9-2-51　　　　mm

类型	滚轮尺寸		总高度	安装板尺寸		安装孔尺寸			偏心距	最大承载	是否有刹车
	直径 D	宽度 F	H	A	B	$E\times C$	$E_1\times C_1$	开孔 d	G	/kg	
定向	100	37	125	100	85	80×60	76×55	φ9×12	/	150	否
万向	100	37	125	100	85	80×60	76×55	φ9×12	38	150	有

中小型轻载脚轮

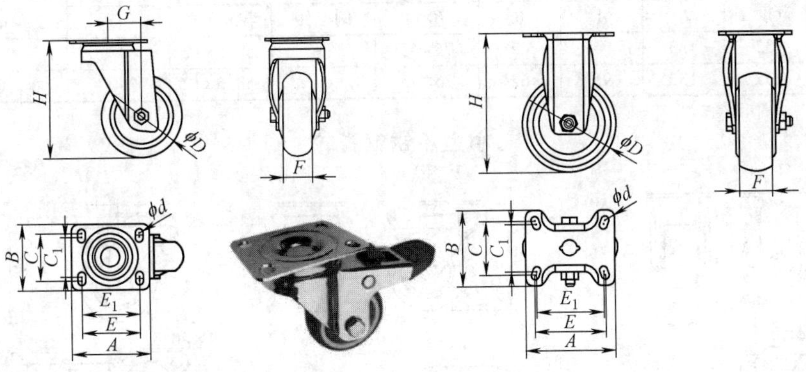

表 9-2-52　　　　mm

类型	滚轮尺寸		总高度	安装板尺寸		安装孔尺寸			偏心距	最大承载	是否有刹车
	直径 D	宽度 F	H	A	B	$E\times C$	$E_1\times C_1$	开孔 d	G	/kg	
定向	25.5	12.5	38	38	30	29×21	—	φ4	/	10	否
	31.5	12	44	39	33	29.5×24	—	φ4		15	
	50	20	76	60.5	49.5	46×35	45×30	φ6.5×9		25	
	63.5	22	91	70	51	53×36	52×30	φ6.5×9.5		35	
	75	25	103.5	73	60	55×43	53.5×35	φ8×12		43	
万向	25.5	12.5	38	38	30	29×21	—	φ4	15	10	是/否
	31.5	12	44	39	33	29.5×24	—	φ4	15	15	是/否
	50	20	76	60.5	49.5	46×35	45×30	φ6.5×9	25	25	是**/否
	63.5	22	91	70	51	53×36	52×30	φ6.5×9.5	25	35	是**/否
	75	25	103.5	73	60	55×43	53.5×35	φ8×12	32	43	是**/否

注：万向型每种规格都有带刹车和不带刹车的型号，带＊＊的是双刹车，可同时制动滚动轮和脚轮转向。

新村医疗静音脚轮

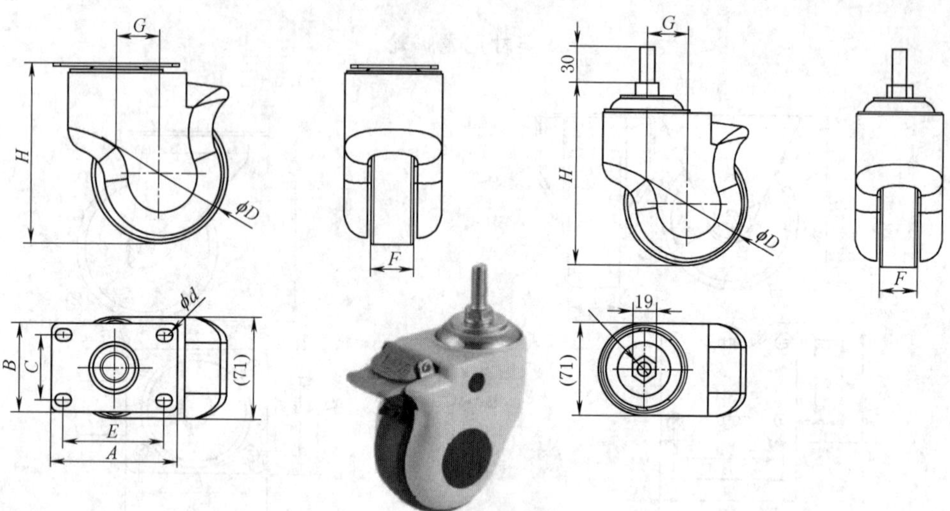

万向型(刹车可选)

丝杆万向型(刹车可选)

表 9-2-53

mm

类型	滚轮尺寸		总高度	安装板尺寸		安装孔尺寸			偏心距	最大承载	是否有
	直径 D	宽度 F	H	A	B	$E\times C$	螺杆直径	螺杆高度	G	/kg	刹车
丝杆万向	100	32	142	—	—	—	M12	30	40	90	否
											是
	75	23	147	—	—	—	M12	30	36	75	否
											是
底板万向	滚轮尺寸		总高度	安装板尺寸		安装孔尺寸			偏心距	最大承载	是否有
	直径 D	宽度 F	H	A	B	$E\times C$	偏心距	最大承载	G	/kg	刹车
	100	32	133	95	62	75×45	—	φ8.5×12	40	90	是
	100	32	133	95	62	75×45	—	φ8.5×12	40	90	否

小型不锈钢脚轮

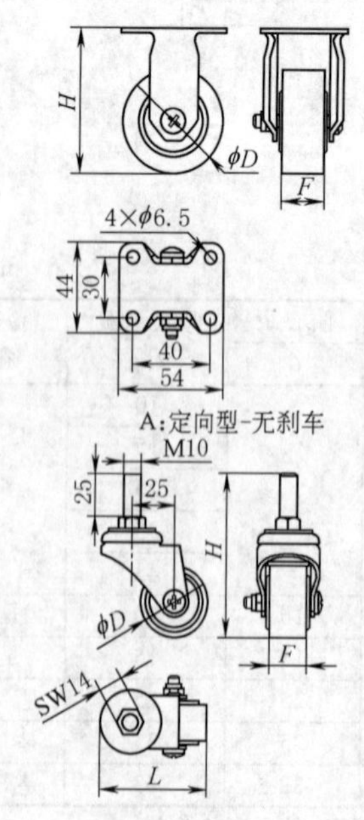

A:定向型-无刹车

D:丝杆万向型-无刹车

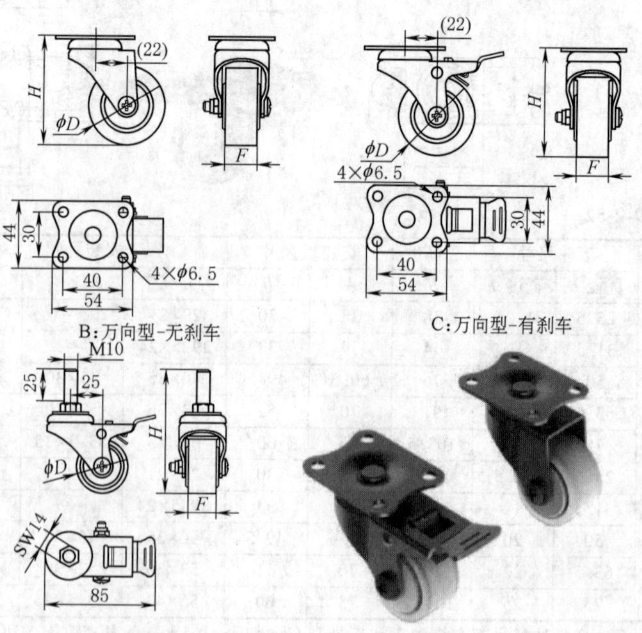

B:万向型-无刹车

C:万向型-有刹车

E:丝杆万向型-有刹车

表 9-2-54　　mm

类型	对应图形	滚轮材质	滚轮颜色	变动尺寸				最大承载/kg	是否有刹车
				D	*F*	*H*	*L*		
定向	A	PA	白色	40	20.5	61.5	—	20	否
		PA	白色	51	22	70		25	
		PU	绿色	40	20.5	61.5		15	
		PU	绿色	51	22	70		20	
		TPR	深灰色	40	20.5	61.5		15	
		TPR	深灰色	51	22	70		20	
万向	B	PA	白色	40	20.5	60	—	20	否
		PA	白色	51	22	70.5		25	
		PU	绿色	40	20.5	60		15	
		PU	绿色	51	22	70.5		20	
		TPR	深灰色	40	20.5	60		15	
		TPR	深灰色	51	22	70.5		20	
万向	C	PA	白色	40	20.5	60	—	20	是
		PA	白色	51	22	70.5		25	
		PU	绿色	40	20.5	60		15	
		PU	绿色	51	22	70.5		20	
		TPR	深灰色	40	20.5	60		15	
		TPR	深灰色	51	22	70.5		20	
丝杠万向	D	PA	白色	40	21	92.5	42	20	否
		PA	白色	51	22	101	47.5	25	
		PU	绿色	40	21	92.5	42	15	
		PU	绿色	51	22	101	47.5	20	
		TPR	深灰色	40	21	92.5	42	15	
		TPR	深灰色	51	22	101	47.5	20	
丝杠万向	E	PA	白色	40	21	92	—	20	是
		PA	白色	51	22	101		25	
		PU	绿色	40	21	92		15	
		PU	绿色	51	22	101		20	
		TPR	深灰色	40	21	92		15	
		TPR	深灰色	51	22	101		20	

4 英寸尼龙脚轮

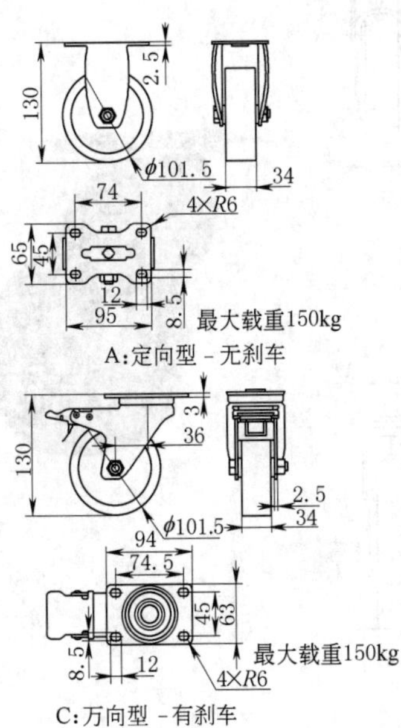

A:定向型 - 无刹车

C:万向型 - 有刹车

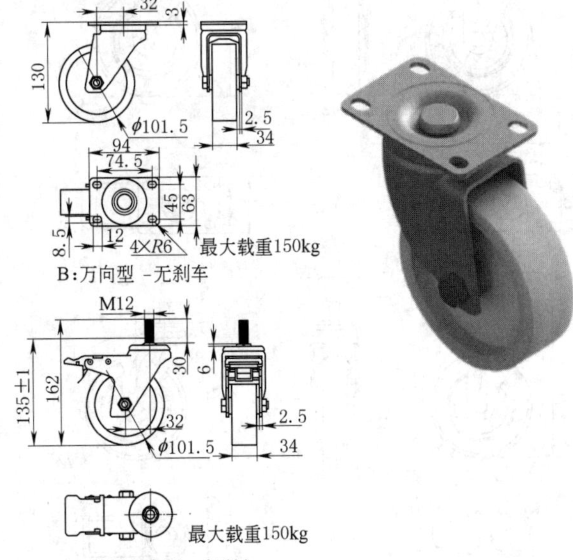

B:万向型 - 无刹车

D:丝杆万向型 - 有刹车

表 9-2-55

mm

类型	对应图形	滚轮材质	滚轮颜色	最大承载/kg	是否有刹车
定向	A	PA	白色	150	否
万向	B	PA	白色	150	否
万向	C	PA	白色	150	是
丝杆万向	D	PA	白色	150	是

低重心脚轮

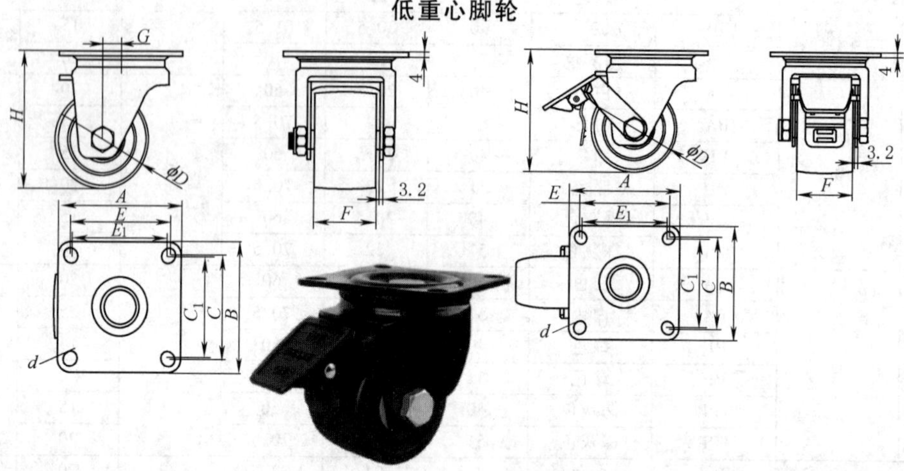

表 9-2-56

mm

类型	滚轮尺寸		总高度	安装板尺寸		安装孔尺寸			偏心距	最大承载	是否有
	直径 D	宽度 F	H	A	B	$E\times C$	$E_1\times C_1$	开孔 d	G	/kg	刹车
万向	50	38	78	84	84	63.5×63.5	52×52	ϕ8.5×17	13	200	否
	50	38	125	84	84	63.5×63.5	52×52	ϕ8.5×17	13	200	有
	64	50	94	100	100	80×80	78×78	ϕ11×12.5	18	300	否
	64	50	94	100	100	80×80	78×78	ϕ11×12.5	18	300	有
	75	50	105.5	100	100	80×80	78×78	ϕ11×12.5	16	500	否
	75	50	105.5	100	100	80×80	78×78	ϕ11×12.5	16	500	有

4~5 英寸医疗脚轮

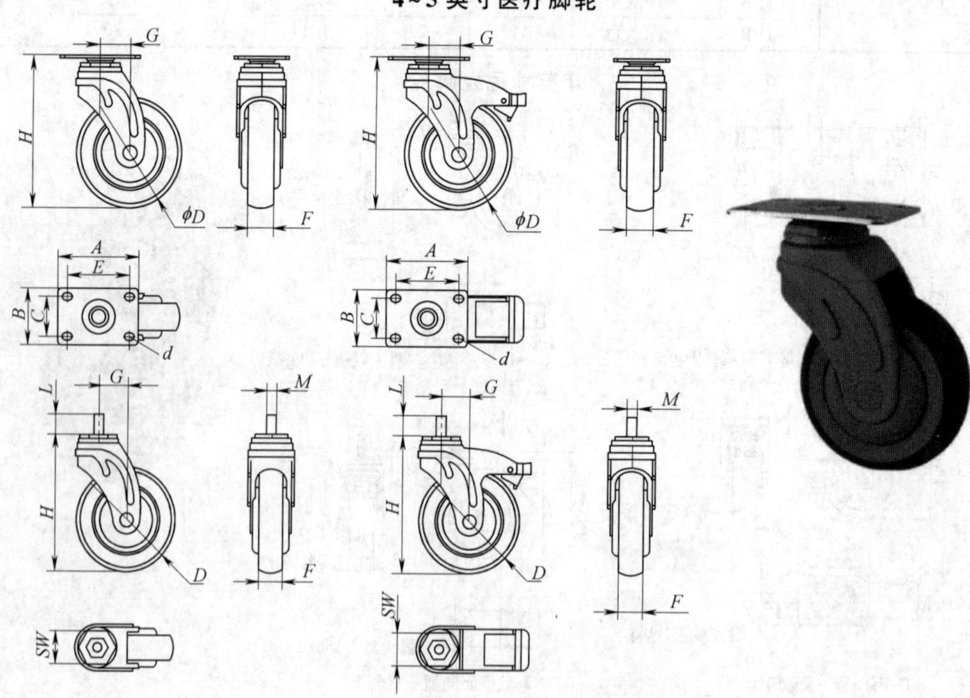

第9篇

表 9-2-57 mm

类型	滚轮尺寸		总高度	安装板尺寸		安装孔尺寸			偏心距	最大承载/kg	是否有刹车
	直径 D	宽度 F	H	A	B	$E\times C$	$E_1\times C_1$	开孔 d	G		
万向	100	32	148	94.5	64.5	73.5×45	—	ϕ8.5×11	36	80	否
	125	32	173	94.5	64.5	73.5×45	—	ϕ8.5×11	36	100	否
	125	33	173	94.5	64.5	73.5×45	—	ϕ8.5×11	36	100	有
丝杠万向	滚轮尺寸		总高度	丝杠有效长度		丝杆规格		扳手开口	偏心距	最大承载/kg	是否有刹车
	直径 D	宽度 F	H	L		M		SW	G		
	100	32	140	25		M12		41	36	80	否
	125	32	165	25		M12		41	36	100	否
	125	32	165	25		M12		41	36	100	有

2 英寸尼龙脚轮

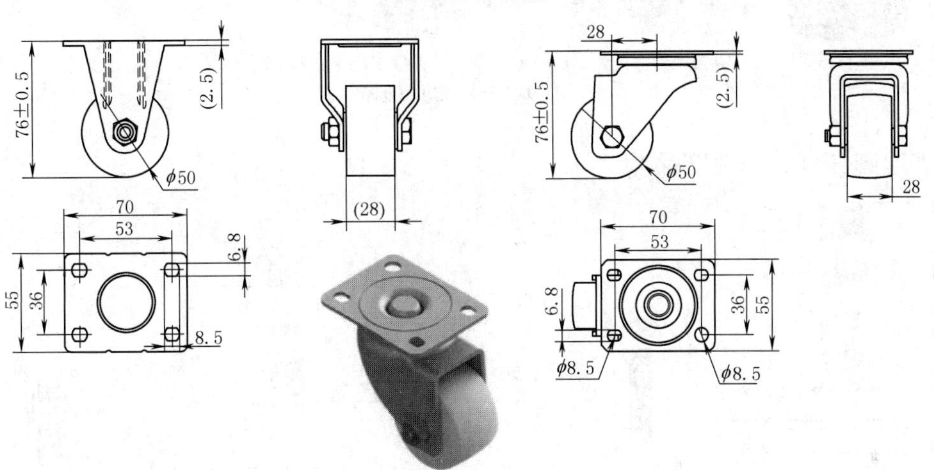

表 9-2-58 mm

类型	支架材料	滚轮材质	滚轮颜色	最大承载/kg	是否有刹车
定向	钢·镀锌	PA	白色	150	否
万向	钢·镀锌	PA	白色	150	否

8.2 脚杯

脚杯，又称地脚、调节脚座，通常由螺杆和底盘组成，通过螺纹的旋转调节设备高度的一种常用的机械零部件，主要用于设备的水平调整。通常称为：脚轮调整块、水平调节脚座。主要用于一般设备、印刷机械、纺织机械、包装机械、医疗器械、石油化工设备、物流输送线体等。图 9-2-36 是常见脚杯。

根据使用条件和安装位置的不同，分为全金属型脚杯、金属加橡胶垫型脚杯、橡胶底座型脚杯；根据支承杆是否固定又分为固定性和万向型脚杯。在某些需要固定的场合，脚杯底座上还预留了固定螺栓孔，以便把脚杯和底面固定在一起，提高设备的稳定性。

对大型设备还有重型脚杯。相比于普通脚杯，重型脚杯主要应用在大型或超大型的精密机械中，由于需要承受巨大的重量，重型脚杯的选材和制作工艺流程要求也会更加严苛。重型脚杯的底盘设计厚实、稳定、可靠，主要目的就是应对大型设备的重量以及保持设备的稳定性。

选择脚杯的依据如下。

① 承重能力（除了脚杯自身的承重能力，还要考虑基础的承重能力，也就是脚杯底座的尺寸）：决定连接螺杆的直径。

② 安装空间大小：决定脚杯螺杆的长度。

③ 对防振和防滑的要求：选择全金属型、金属带橡胶垫型或纯橡胶（尼龙）型。

万向型
橡胶(尼龙)座型
金属座加橡胶垫型
纯金属型
零部件拆分效果
重型减振型
金属带固定孔型
带固定孔金属冲压型

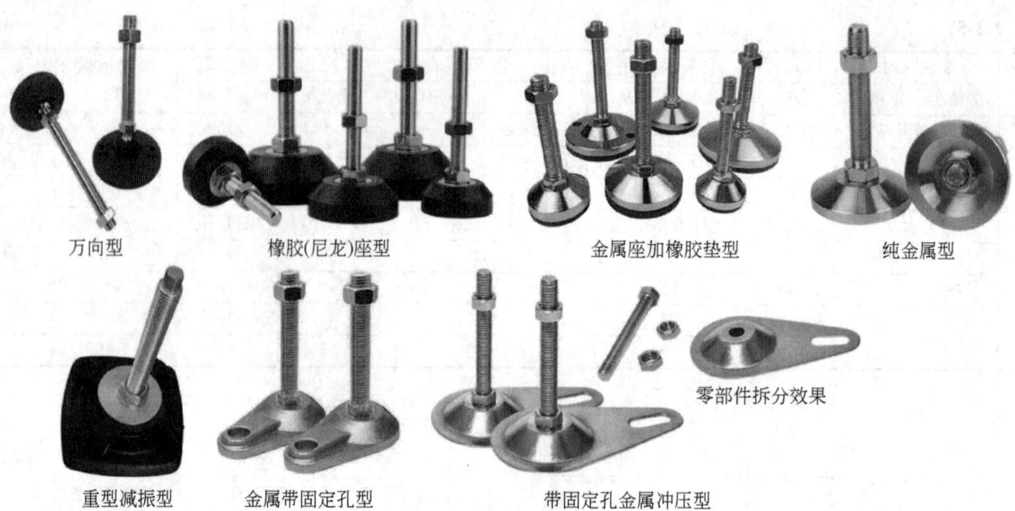

图 9-2-36　常见脚杯

8.2.1　普通脚杯（戴乐克产品）

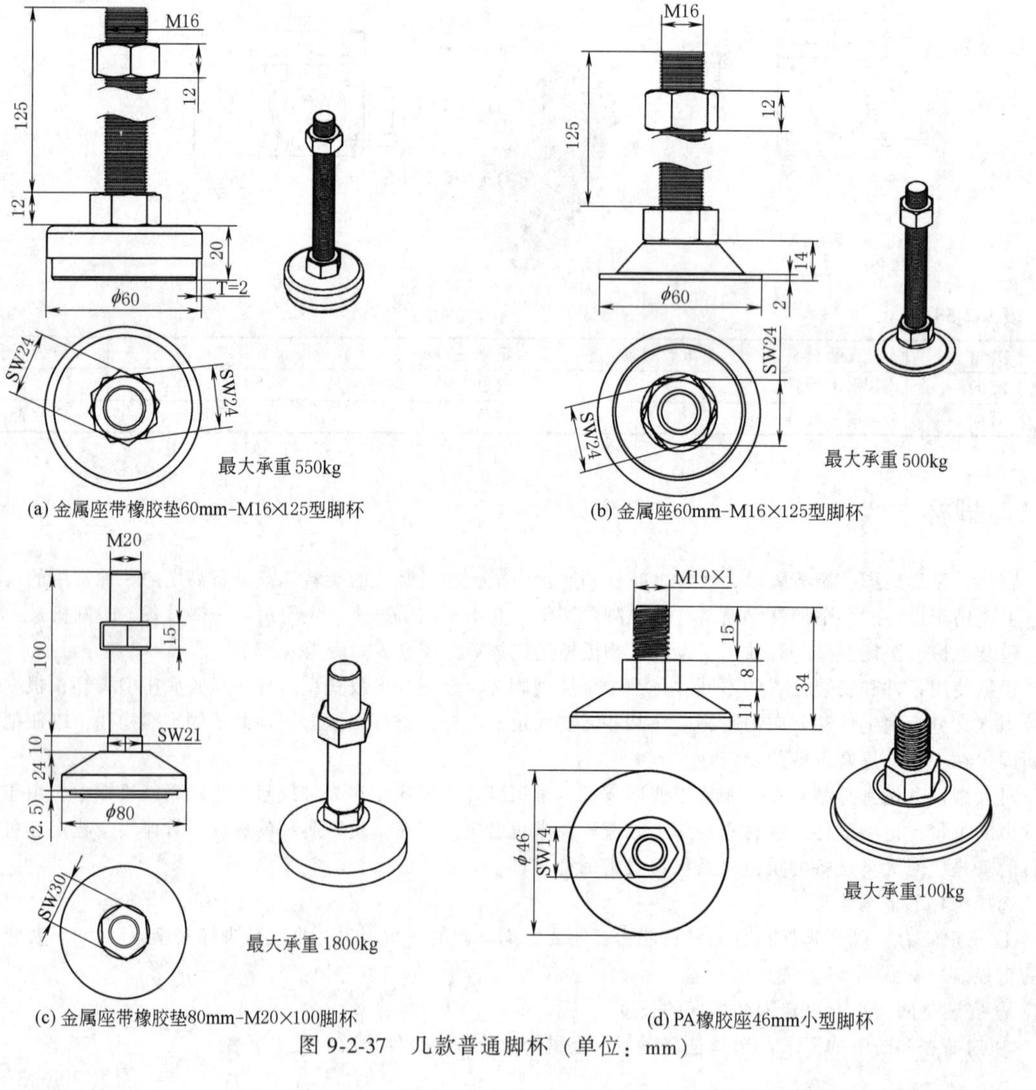

M16
125
12
12
20
T=2
φ60
SW24
SW24
最大承重 550kg
(a) 金属座带橡胶垫60mm-M16×125型脚杯
M16
125
12
14
2
φ60
SW24
SW24
最大承重 500kg
(b) 金属座60mm-M16×125型脚杯
M20
100
15
10
24
(2.5)
SW21
φ80
SW30
最大承重 1800kg
(c) 金属座带橡胶垫80mm-M20×100脚杯
M10×1
15
8
11
34
φ46
SW14
最大承重100kg
(d) PA橡胶座46mm小型脚杯

图 9-2-37　几款普通脚杯（单位：mm）

8.2.2 万向脚杯（戴乐克产品）

万向脚杯由于受力均衡、承载性强，又称为万向承重脚杯，它可以实现 360°自由旋转；±25°的倾斜角度使得调节更加灵活、精细，以确保脚杯与地板的最佳接触；抓地更牢，设备更稳，同时也降低了设备因安放不稳导致的晃动和倾倒的风险。

万向脚杯更加节省空间，可以将脚杯安装在更靠近设备边缘的位置，这对于生产线彼此相邻的设备尤其有利。脚杯底座采用 PA 材质，十分牢固、稳定。为防止脚杯滑动，对脚垫进行了针对性设计，设备运作时产生的一部分振动会被脚垫吸收，也保护地板免受磨损。

这种脚杯组装和调整螺栓方便，根据需要，同一种底座可以更换不同高度的螺栓；安装调试比固定脚杯简单、易操作，使用标准扳手即可实现对支承柱长度的调节。表 9-2-59 是戴乐克万向脚杯规格型号。图 9-2-38 为几款万向脚杯。

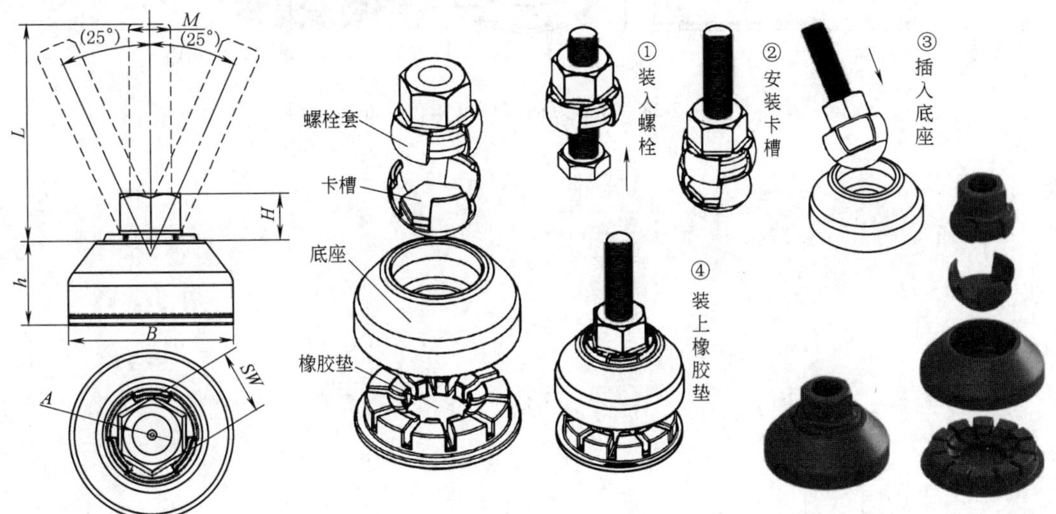

表 9-2-59 mm

尺寸参数						配置	最大承载
H	B	SW	h	A	M	有无橡胶垫	/kg
14	ϕ50	19	22.2	ϕ9.9	M10	无	1300
14	ϕ50	19	24.7	ϕ9.9	M10	有	1300
14	ϕ50	19	22.2	ϕ11.9	M12	无	1300
14	ϕ50	19	24.7	ϕ11.9	M12	有	1300
18	ϕ65	24	25.2	ϕ16	M16	无	2700
18	ϕ65	24	27	ϕ16	M16	有	2700
25	ϕ83	30	30.7	ϕ20	M20	无	4000
25	ϕ83	30	32.5	ϕ20	M120	有	4000

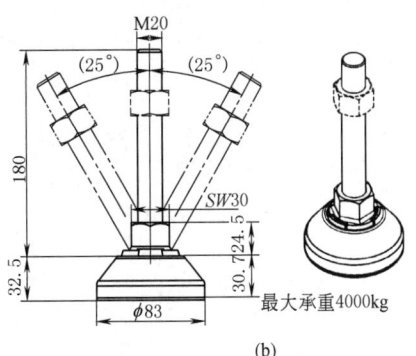

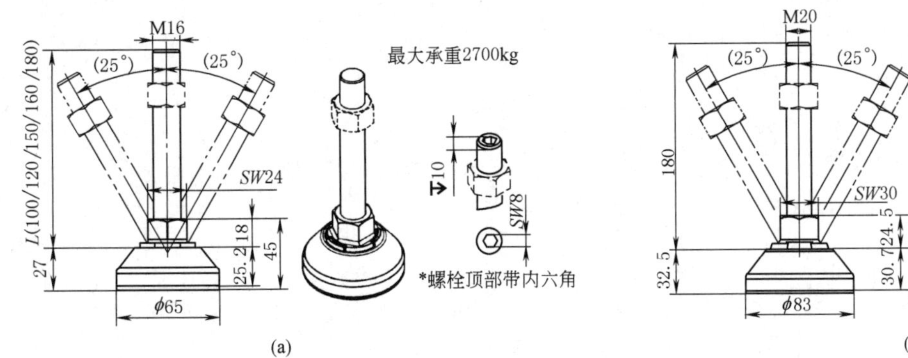

图 9-2-38

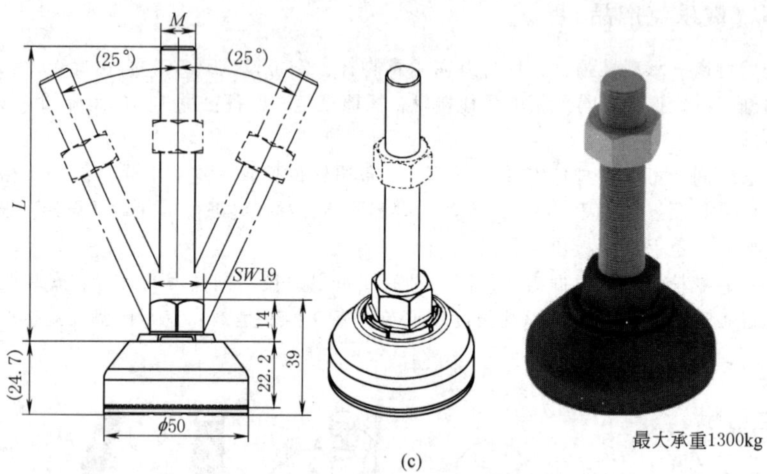

(c)

图 9-2-38　几款万向脚杯（单位：mm）

CHAPTER 3

第3章 管道和管件

1 概　　述

管道是由管道组成件和管道支承件组成的管路系统。管道组成件是用于连接或装配管道的元件，包括管子、法兰、垫片、紧固件、阀门及各种接头、伸缩膨胀装置、稳压装置、疏水器、过滤器和分离器等；管道支承件是管道安装件和附着件的总称，其中，安装件是将负荷从管子或管道附着件上传递到承重结构或设备上的元件，如吊杆、弹簧支吊架、斜拉杆、支承杆、鞍座、垫板、拖座、吊（支）耳、吊夹、紧固夹板和裙式管座及混凝土基础等。

管道工程由若干管路系统组成。在管道工程中，根据管道材质的不同、管内输送介质的不同、施工条件的不同等诸多因素，通过螺纹连接、法兰连接、焊接连接、承插连接等连接方式，将管子、管件、阀门等连接起来，形成完整的管路系统。

管道工程所用的管材种类很多，可分为金属管和非金属管。金属管按材料的不同可分为碳素钢管、合金钢钢管、不锈钢管、铸铁管、有色金属管等；按制造方法的不同可分为无缝钢管、焊接钢管。非金属管可分为塑料管、玻璃钢管、陶瓷管等。

管道工程中使用的管道组成件有金属件和非金属件，规格、等级各异，为了使它们科学合理地组合在一起，在规格、类型和质量上有统一的技术标准，目的是统一产品的设计、制造和供应，便于生产和使用。在这些技术标准中，管道元件的公称通径和公称压力是两个最基本的标准。

限于手册的篇幅，本章重点介绍钢制工业管道及有关管件、部分工民建筑用管道及管件，包括铝塑复合管、波纹管、PEX 管、PPR 管、薄壁碳钢管和薄壁不锈钢管等，以及卡压式管件、环压式不锈钢管件、滑紧卡套冷扩式管件。液压系统中常用的卡套式管件和扩口式管件在本手册的第 20 篇有详细介绍，本章只列出目前两种管件的所有名称和国标。

1.1 管道分类

管道的分类方法有各种不同的维度，可以根据用途分为工业管道和工民建筑安装管道。在这两大类管道系统中，还可以根据管道材质、温度、压力、输送介质的特性等进行分类。表 9-3-1 是常用管道分类（关于管道更详细的分类，请查阅《压力管道安装单位资格认可实施细则》中的规定）。管道的连接方式一般有：法兰连接、螺纹（丝扣）连接、焊接连接（管道焊接）、承插连接。

表 9-3-1　　管道分类

分类依据	分类结果		
按用途分类	工业管道	工艺管道	直接为产品生产输送各种物料介质的管道
		辅助管道	为生产输送辅助材料、间接为生产服务的管道
	建筑安装管道	在工业和民用建筑中输送各种介质的管道。如(冷热水)给水管道、排水管道、采暖空调(供冷/供热)管道、消防管道、燃气管道等	

续表

分类依据	分类结果	
按管道材料分类	金属管道	各种金属管道的总称。如:碳钢、合金钢、不锈钢、铜铝等有色金属管、特种金属材料管
	非金属管道	各种塑料管、钢筋混凝土
	复合材料管道	铝塑复合管、金属衬塑料管、钢塑复合管等
按使用温度分类	低温管道	工作介质温度≤-40℃
	常温管道	-40℃ < 工作介质温度≤120℃
	中温管道	120℃ < 工作介质温度≤450℃
	高温管道	工作介质温度>450℃
按介质压力 P 分类	真空管道	$P<0\text{MPa}$
	低压管道	$0\text{MPa}\leqslant P\leqslant 1.6\text{MPa}$
	中压管道	$1.6\text{MPa}<P\leqslant 10\text{MPa}$
	高压管道	$10\text{MPa}<P\leqslant 100\text{MPa}$
	超高压管道	$P>100\text{MPa}$
按介质性质分类	汽水介质管道	过热蒸汽、饱和蒸汽、冷热水等不可燃的惰性介质,以及压缩空气、氮气、冷却气体和不可燃的气体,这些介质对管材没有特殊的要求,主要应根据工作压力和工作温度来选材,保证管道具有足够的机械强度和耐热稳定性
	腐蚀性介质管道	硫酸、硝酸、盐酸、苛性碱、硫化物等介质要求管材具有耐腐蚀的化学稳定性。通常按介质对材料的腐蚀速度,分为三类: (1)低(弱)腐蚀性介质:对材料的腐蚀速度不超过 0.1mm/年; (2)中腐蚀性介质:对材料的腐蚀速度为 0.1~1mm/年; (3)高(强)腐蚀性介质:对材料的腐蚀速度超过 1mm/年
	化学危险品介质管道	有毒介质(如氯、氰化钾、氨、沥青、煤焦油等)、可燃与易爆介质(如油品油气、水煤气、氢气、乙炔、甲醇等),以及窒息性、刺激性、易挥发性介质,输送这类介质的管道除应保证足够的机械强度外,还应密封性好并设置必要的安全装置
	易凝固沉淀介质管道	重油、沥青在输送过程中会产生凝固现象,苯、尿素溶液易析出结晶沉淀物。输送这类介质的管道应采取相应的措施,以保证管道的正常运行
	生活饮用水、纯净水、食品饮料管道	纯净水、饮料酒类、液态奶制品、食用油生产输送等直接和人们生活相关的管道系统。除了保证足够的机械强度外,还应保证重金属离子不超标、没有污染等
金属管道按加工方法分类	无缝管	钢坯或实心管胚穿孔,经过热轧或冷轧等处理加工制作而成
	焊接管	钢板或带钢弯曲焊接而成

管道分结构用管道和工程用管道，本章介绍的都是工程用管道。

依据 GB/T 28708—2012《管道工程用无缝及焊接钢管尺寸选用规定管》，管表号及与管件连接的钢管壁厚对应关系见表 9-3-2。

表 9-3-2 **管表号与钢管壁厚的对应关系** mm

公称尺寸		钢管外径	管表号① 钢管壁厚																	
DN	NPS	A	Sch5	Sch10	Sch20	Sch30	Sch40	Sch60	Sch80	Sch100	Sch120	Sch140	Sch160	Sch5S	Sch10S	Sch40S	Sch80S	STD	XS	XXS
10	3/8	17.1	—	1.65	—	1.85	2.31	—	3.20	—	—	—	—	—	1.65	2.31	3.20	2.31	3.20	
15	½	21.3	1.65	2.11	—	2.41	2.77	—	3.73	—	—	—	4.78	1.65	2.11	2.77	3.73	2.77	3.73	7.47
20	¾	26.9②	1.65	2.11	—	2.41	2.87	—	3.91	—	—	—	5.56	1.65	2.11	2.87	3.91	2.87	3.91	7.82
25	1	33.7③	1.65	2.77	—	2.90	3.38	—	4.55	—	—	—	6.35	1.65	2.77	3.38	4.55	3.38	4.55	9.09
32	1¼	42.4④	1.65	2.77	—	2.97	3.56	—	4.85	—	—	—	6.35	1.65	2.77	3.56	4.85	3.56	4.85	9.70
40	1½	48.3	1.65	2.77	—	3.18	3.68	—	5.08	—	—	—	7.14	1.65	2.77	3.68	5.08	3.68	5.08	10.15
50	2	60.3	1.65	2.77	—	3.18	3.91	—	5.54	—	—	—	8.74	1.65	2.77	3.91	5.54	3.91	5.54	11.07
65	2½	76.1⑤	2.11	3.05	—	4.78	5.16	—	7.01	—	—	—	9.53	2.11	3.05	5.16	7.01	5.16	7.01	14.02
80	3	88.9	2.11	3.05	—	4.78	5.49	—	7.62	—	—	—	11.13	2.11	3.05	5.49	7.62	5.49	7.62	15.24
100	4	114.3	2.11	3.05	—	4.78	6.02	—	8.56	—	11.13	—	13.49	2.11	3.05	6.02	8.56	6.02	8.56	17.12
125	5	139.7⑥	2.77	3.40	—	—	6.55	—	9.53	—	12.70	—	15.88	2.77	3.40	6.55	9.53	6.55	9.53	19.05
150	6	168.3	2.77	3.40	—	—	7.11	—	10.97	—	14.27	—	18.26	2.77	3.40	7.11	10.97	7.11	10.97	21.95
200	8	219.1	2.77	3.76	6.35	7.04	8.18	10.31	12.70	15.09	18.26	20.62	23.01	2.77	3.76	8.18	12.70	8.18	12.70	22.23
250	10	273.0	3.40	4.19	6.35	7.80	9.27	12.70	15.09	18.26	21.44	25.40	28.58	3.40	4.19	9.27	12.70	9.27	12.70	25.40
300	12	323.9⑦	3.96	4.57	6.35	8.38	10.31	14.27	17.48	21.44	25.40	28.58	33.32	3.96	4.57	9.53	12.70	9.53	12.70	25.40
350	14	355.6	3.96	6.35	7.92	9.53	11.13	15.09	19.05	23.83	27.79	31.75	35.71	3.96	4.78	9.53	12.70	9.53	12.70	—
400	16	406.4	4.19	6.35	7.92	11.13	12.70	16.66	21.44	26.19	30.96	36.53	40.49	4.19	4.78	9.53	12.70	9.53	12.70	—
450	18	457	4.19	6.35	7.92	12.70	14.27	19.05	23.83	29.36	34.93	39.67	45.24	4.19	4.78	9.53	12.70	9.53	12.70	—
500	20	508	4.78	6.35	9.53	12.70	15.09	20.62	26.19	32.54	38.10	44.45	50.01	4.78	5.54	9.53	12.70	9.53	12.70	—
550	22	559	4.78	6.35	9.53	14.27	—	22.23	28.58	34.93	41.28	47.63	53.98	4.78	5.54	—	—	9.53	12.70	—
600	24	610	5.54	6.35	9.53	—	17.48	24.61	30.96	38.89	46.02	52.37	59.54	5.54	6.35	9.53	12.70	9.53	12.70	—
650	26	660	—	7.92	12.70	15.88	—	—	—	—	—	—	—	—	—		—	9.53	12.70	—
700	28	711	—	7.92	12.70	15.88	—	—	—	—	—	—	—	—	—		—	9.53	12.70	—
750	30	762	6.35	7.92	12.70	15.88	—	—	—	—	—	—	—	6.35	7.92		—	9.53	12.70	—
800	32	813	—	7.92	12.70	15.88	17.48	—	—	—	—	—	—	—	—		—	9.53	12.70	—
850	34	864	—	7.92	12.70	15.88	17.48	—	—	—	—	—	—	—	—	—	—	9.53	12.70	—
900	36	914	—	7.92	12.70	15.88	19.05	—	—	—	—	—	—	—	—	—	—	9.53	12.70	—
950	38	965	—	—	—	—	—	—	—	—	—	—	—	—	—	—	—	9.53	12.70	—
1000	40	1016	—	—	—	—	—	—	—	—	—	—	—	—	—	—	—	9.53	12.70	—
1050	42	1067	—	—	—	—	—	—	—	—	—	—	—	—	—	—	—	9.53	12.70	—
1100	44	1118	—	—	—	—	—	—	—	—	—	—	—	—	—	—	—	9.53	12.70	—
1150	46	1168	—	—	—	—	—	—	—	—	—	—	—	—	—	—	—	9.53	12.70	—
1200	48	1219	—	—	—	—	—	—	—	—	—	—	—	—	—	—	—	9.53	12.70	—

①管表号（SCH）后缀加 S 者，仅用于奥氏体不锈钢管。
② 美国 ASME 标准的钢管外径 A 是 26.7mm。
③ 美国 ASME 标准的钢管外径 A 是 33.4mm。
④ 美国 ASME 标准的钢管外径 A 是 42.2mm。
⑤ 美国 ASME 标准的钢管外径 A 是 73.0mm。
⑥ 美国 ASME 标准的钢管外径 A 是 141.3mm。
⑦ 美国 ASME 标准的钢管外径 A 是 323.8mm。

注：1. 美标以管重量表示管壁厚的方法：STD 为标准管壁厚系列代号，XS 为加强管壁厚系列代号，XXS 为特加强管壁厚系列代号。
2. 管表号（Sch）是设计压力与设计温度下，材料的许用应力的比值乘以 1000 并经圆整后的数值，由管表号可推算出压力，即

$$Sch=\frac{p}{[\sigma]^t}\times 1000$$

式中 p—设计压力，MPa；
$[\sigma]^t$—设计温度下材料的许用应力，MPa。

1.2 管件分类

在管道系统中起连接、控制、变向、分流、密封、支承等作用的零部件统称为管件。由于管道系统形状各异、简繁不同，因此管件的种类很多。常见的管件有弯头、三通、四通、异径管接头、对接管接头、法兰、管帽、过桥、各种阀门等。管件的分类方法也很多，可以根据用途、材料、加工工艺等不同维度进行分类。

表 9-3-3　　管件分类

分类依据	分类结果	
按用途分类	管道延长直管对接接头	活接头、管箍、外丝(对丝)、外丝直通接头、内丝直通接头、各种法兰盘
	改变管路走向的管件	弯头(90°弯头、45°弯头)、弯管
	增加管路分支的管件	三通、四通、分水器
	改变管道直径的管件	异径管、异径管箍、异径短接、内外丝接头
	封闭管端用管件	管帽、堵头(丝堵)、封头、盲板法兰等
	流量调节和开闭管路以及保障管路系统安全的管件	各种阀门(球阀、闸阀、截止阀、调节阀、电磁阀)、减压阀、平衡阀、疏水阀、排气阀、安全阀等
	用于管路密封的管件	垫片、生料带、麻皮、填料、密封圈等
	用于管路固定的管件	卡环、拖钩、吊环、支架等
按材料分类	钢制管件	焊接管件、螺纹管件、锻制管件
	不锈钢管件	不锈钢材质的金属管件(焊接、螺纹管件)
	塑料管件	以各种塑料为主原料加工而成的管件、塑料管件、PPR 管件、PE 系列管件、ABS 管件、PVC 管件等
	铜管件	由铜作为主材料生产的管件
	热镀锌管件	热镀锌管件指的是对管件进行了镀锌的处理
	铸铁管件	通过铸造加工形成的一类管件
	橡胶管件	以橡胶为主原料生产的管件
	石墨管件	主要采用模压方法制造,即天然或人造石墨粉加一定量热固性树脂于常温或加温常压或加压条件下模压成型后,经少量机械加工,并经浸渍热处理制得,主要用于输送腐蚀性介质,与管子连接方法有粘接、螺纹连接、凸缘或对外开环加活套法兰等方式
按连接方式分类	焊接管件	通过焊接方法才能和管道连接起来的管件
	螺纹连接管件(丝扣)	管件上带有内螺纹或外螺纹、通过螺纹和管道连接并密封的管件
	卡压式管件	带有特种密封圈的承口管件、管道插入承口中用专用工具压紧管口而起密封和紧固作用的管件
	卡套式管件	由接头体、卡套和螺母组成的一种管件,卡套套在钢管上插入接头体的锥形孔中,在旋紧螺母的过程中,卡套后部卡在钢管壁上起止退作用,同时卡套的前刃口卡入钢管壁内,在接头体、卡套和螺母的共同作用下起到密封作用
	扩口式管件	由带特殊锥角的接头体和螺母组成的管件,使用时先把与之配套的管子进行扩口处理,扩口后的管子套在接头体的锥面上,在螺母的作用下,管子扩口面和接头体锥面紧密结合,起到密封和固定的作用
	卡箍式管件	卡箍式管件是一种带沟槽和密封圈的管件。卡箍式管件分为两大类,一类用在带沟槽的对接头之间,起快速紧箍连接作用,另一类是内密封机械紧固管件,由带密封圈的接头体、卡箍(开口环或闭环)和螺母组成,当管子(有一定塑性变形能力的非全金属管)经扩口后插入带密封圈的接头体,把卡箍推到接头体和管子结合位置,在螺母的旋压作用下,卡箍把管子紧固在接头体上起密封作用,同时和螺母卡紧,起到固定和防松作用
	滑紧卡套冷扩式管件	主要用于 PEX 管的一种内密封型机械密封管件
	热熔式塑料管件	通过加热使材料达到软化点,在外力作用下,管道和管件结合,冷却后管道和管件实现连接和密封。分为热熔承插连接管件和电熔连接管件

续表

分类依据	分类结果	
按连接方式分类	自锁止退密封管件	一种承插式管件,管道插入带密封圈的承插口底部后,管件上的止退弹簧圈的齿片卡入管道外壁起止退作用。在密封圈和止退弹簧圈的共同作用下,起到密封和固定作用。当用专用工具把弹簧圈压缩后,弹簧圈上的齿片又从管壁中脱出,从而很容易地把管道和管件分离
按在管道中可否形变分类	刚性管件	在管路中不能伸缩和变形的管件,大多数管件都属于刚性管件
	柔性管件	在管路中可以伸缩或翘曲的管件。如膨胀节、波纹软管、橡胶管件等

表 9-3-4　　常用管件种类及代号

品种		代号									
		钢制对焊管件		卡压式管件						锻制金属管件	
		GB/T 12459—2017		碳钢 GB/T 27891—2011		不锈钢 GB/T 19228.1—2008		铜 GB/T 11618.2—2008		Gb/T 14183—2021	
		无缝管件	焊接管件	A 型	B 型	A 型	B 型	A 型	B 型	承插焊管件	螺纹管件
45°弯头	长半径	45EL	W45EL	A 45E	B 45E	45E-A	45E-B	A 45E	B 45E	SW-45E	THD-45E
	3D	45E3D	W45E3D	—		—		—		—	—
90°弯头	长半径	90EL	W90EL	A 90E	B 90E	90E-A	90E-B	A 90E	B 90E	SW-90E	THD-90E
	长半径异径	90ELR	W90ELR	—		—		—		—	—
	短半径	90ES	W90ES	—		—		—		—	—
	3D	90E3D	W90E3D	—		—		—		—	—
180°弯头	长半径	180EL	W180EL	—		—		—		—	—
	短半径	180ES	W180ES	—		—		—		—	—
异径管（大小头）	同心	RC	WRC	—		—		—		—	—
	偏心	RE	WRE	—		—		—		—	—
等径接头		—	—	SC		C(S)		SC		—	—
异径接头		—	—	—	RC	C(R)-A	—	—		—	—
三通	等径	TS	—	ST		T(S)		ST		SW-T	THD-T
	异径	TR	WTR	RT		T(R)		RT		—	—
	45°	—	—	—		—		—		SW-45T	—
四通	等径	CRS	WCRS	—		—		—		SW-CR	THD-CR
	异径	CRR	WCRR	—		—		—		—	—
管帽	—	C	WC	CAP		CAP		CAP		SW-C	THD-C
翻边短节	长型	LJL	WLJL	—		—		—		—	—
	短型	LJS	WLJS	—		—		—		—	—
内螺纹转换接头		—	—	FTC		ITC		FTC		—	—
外螺纹转换接头		—	—	ETC		ETC		ETC		—	—
同心双口管箍		—	—	—		—		—		SW-FCC	THD-FCC
偏心双口管箍		—	—	—		—		—		SW-FCE	THD-FCE
平口单口管箍		—	—	—		—		—		SW-HCP	THD-HCP
坡口单口管箍		—	—	—		—		—		SW-HCB	THD-HCB
加长单口管箍		—	—	—		—		—		—	THD-CPT
方头管塞		—	—	—		—		—		—	THD-SHP
六角头管塞		—	—	—		—		—		—	THD-HHP
圆头管塞		—	—	—		—		—		—	THD-RHP
六角头内外螺纹接头		—	—	—		—		—		—	THD-HHB
无头内外螺纹接头		—	—	—		—		—		—	THD-FB
六角双螺纹接头		—	—	—		—		—		—	THD-HNC
平头螺纹短接		—	—	—		—		—		—	THD-PNBE
单头螺纹短接		—	—	—		—		—		—	THD-PNOE

卡套式管接头由接头体、卡套和螺母组成，卡套套在钢管上插入接头体的锥形孔中。在旋紧螺母的过程中，卡套后部卡在钢管壁上起止退作用，同时卡套的前刃口卡入钢管壁内，在接头体、卡套和螺母的共同作用下起到密封作用。主要用于管子外径为 4~42mm、最大工作压力为 10~63MPa 的液压流体传动和一般用途的管路系统。

扩口式管接头由接头体和螺母组成，使用时先把与之配套的管子进行扩口处理，扩口后的管子套在接头体的锥面上，在螺母的作用下，管子扩口面和接头体锥面紧密结合，起到密封和固定的作用。主要用于管子外径为 4~34mm、最大工作压力为 3.5~16MPa 的液压流体传动和一般用途的管路系统。

由于本手册第 5 卷 20 篇液压传动与控制部分会详细介绍这两种管件，本节只在表 9-3-5 中列出该两种管件的相关国家标准。

表 9-3-5　卡套式和扩口式管接头国家标准一览表

序号	卡套式管接头		扩口式管接头	
	国标号	国标名称	国标号	国标名称
1	GB/T 3733—2008	卡套式端直通管接头	GB/T 5625—2008	扩口式端直通管接头
2	GB/T 3734—2008	卡套式锥螺纹直通管接头	GB/T 5626—2008	扩口式锥螺纹直通管接头
3	GB/T 3735—2008	卡套式端直通长管接头	GB/T 5627—2008	扩口式锥螺纹长管接头
4	GB/T 3736—2008	卡套式锥螺纹长管接头	GB/T 5628—2008	扩口式直通管接头
5	GB/T 3737—2008	卡套式直通管接头	GB/T 5629—2008	扩口式锥螺纹弯通管接头
6	GB/T 3738—2008	卡套式可调向端弯通管接头	GB/T 5630—2008	扩口式弯通管接头
7	GB/T 3739—2008	卡套式锥螺纹弯通管接头	GB/T 5631—2008	扩口式可调向端弯通管接头
8	GB/T 3740—2008	卡套式弯通管接头	GB/T 5632—2008	扩口式组合弯通管接头
9	GB/T 3741—2008	卡套式可调向端三通管接头	GB/T 5633—2008	扩口式可调向端三通管接头
10	GB/T 3742—2008	卡套式锥螺纹三通管接头	GB/T 5634—2008	扩口式组合弯通三通管接头
11	GB/T 3743—2008	卡套式可调向端弯通三通管接头	GB/T 5635—2008	扩口式锥螺纹三通管接头
12	GB/T 3744—2008	卡套式锥螺纹弯通三通管接头	GB/T 5637—2008	扩口式可调向端弯通三通管接头
13	GB/T 3745—2008	卡套式三通管接头	GB/T 5638—2008	扩口式组合三通管接头
14	GB/T 3746—2008	卡套式四通管接头	GB/T 5639—2008	扩口式三通管接头
15	GB/T 3747—2008	卡套式焊接管接头	GB/T 5641—2008	扩口式四通管接头
16	GB/T 3748—2008	卡套式过板直通管接头	GB/T 5642—2008	扩口式焊接管接头
17	GB/T 3749—2008	卡套式过板弯通管接头	GB/T 5643—2008	扩口式过板直通管接头
18	GB/T 3750—2008	卡套式铰链管接头	GB/T 5644—2008	扩口式过板弯通管接头
19	GB/T 3751—2008	卡套式压力表管接头	GB/T 5645—2008	扩口式压力表管接头
20	GB/T 3752—2008	卡套式组合弯通管接头	GB/T 5646—2008	扩口式管接头管套
21	GB/T 3753—2008	卡套式组合三通管接头	GB/T 5647—2008	扩口式管接头用 A 型螺母
22	GB/T 3754—2008	卡套式锥密封组合弯通管接头	GB/T 5648—2008	扩口式管接头用 B 型螺母
23	GB/T 3755—2008	卡套式锥密封组合三通管接头	GB/T 5650—2008	扩口式管接头空心螺栓
24	GB/T 3756—2008	卡套式锥密封组合直通管接头	GB/T 5651—2008	扩口式管接头用密合垫
25	GB/T 3757—2008	卡套式过板焊接管接头	GB/T 5652—2008	扩口式管接头扩口端尺寸
26	GB/T 3758—2008	卡套式管接头用锥密封焊接接管	GB/T 5653—2008	扩口式管接头技术条件
27	GB/T 3759—2008	卡套式管接头用连接螺母	GB/T 5644—2008	扩口式过板弯通管接头
28	GB/T 3760—2008	卡套式管接头用锥密封堵头	GB/T 5645—2008	扩口式压力表管接头
29	GB/T 3763—2008	管接头用六角薄螺母	GB/T 5646—2008	扩口式管接头管套
30	GB/T 3764—2008	卡套	GB/T 5647—2008	扩口式管接头用 A 型螺母
31	GB/T 3765—2008	卡套式管接头技术条件	GB/T 5648—2008	扩口式管接头用 B 型螺母
32			GB/T 5650—2008	扩口式管接头空心螺栓
33			GB/T 5651—2008	扩口式管接头用密合垫
34			GB/T 5652—2008	扩口式管接头扩口端尺寸
35			GB/T 5653—2008	扩口式管接头技术条件

2 钢制管件的结构形式及尺寸

2.1 钢制对焊管件（摘自 GB/T 12459—2017）

2.1.1 等径弯头

等径弯头有45°、90°、180°三大类，45°弯头又有长半径和3D两个小类，90°弯头有长半径、短半径和3D三个小类，180°弯头有长半径、短半径两个小类；而且对Ⅰ系列、Ⅱ系列，其端面到背部的高度值 K 不同。同一规格的弯头，如以短半径为基准1，则长半径约1.5，3D约3。

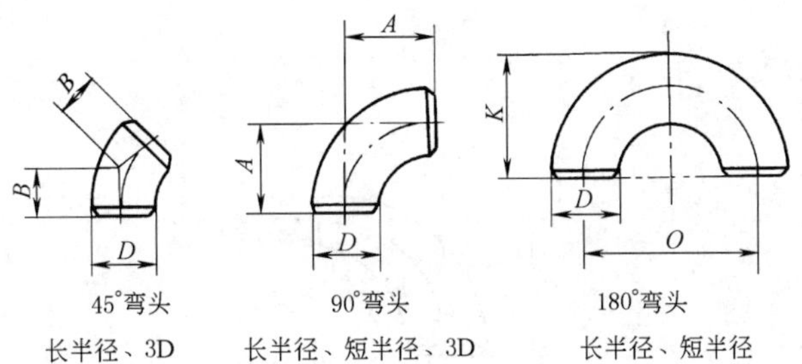

45°弯头 长半径、3D　　90°弯头 长半径、短半径、3D　　180°弯头 长半径、短半径

表 9-3-6　　mm

公称尺寸		坡口处外径 D		中心至端面尺寸					中心至中心尺寸		背面至端面尺寸			
				45°弯头 B		90°弯头 A			180°弯头 O		180°弯头 K			
											长半径		短半径	
DN	NPS	Ⅰ系列	Ⅱ系列	长半径	3D	长半径	短半径	3D	长半径	短半径	Ⅰ系列	Ⅱ系列	Ⅰ系列	Ⅱ系列
15	½	21.3	18	16	—	38	—	—	76	—	48	47	—	—
20	¾	26.9	25	19	24	38	—	57	76	—	51	51	—	—
25	1	33.7	32	22	31	38	25	76	76	51	56	54	41	41
32	1¼	42.4	38	25	39	48	32	95	95	64	70	67	52	51
40	1½	48.3	45	29	47	57	38	114	114	76	83	80	62	61
50	2	60.3	57	35	63	76	51	152	152	102	106	105	81	79
65	2½	73.0	76	44	79	95	64	190	190	127	132	133	100	102
80	3	88.9	89	51	95	114	76	229	229	152	159	159	121	121
90	3½	101.6	—	57	111	133	89	267	267	178	184	—	140	—
100	4	114.3	108	64	127	152	102	305	305	203	210	206	159	156
125	5	141.3	133	79	157	190	127	381	381	254	262	257	197	194
150	6	168.3	159	95	189	229	152	457	457	305	313	308	237	232
200	8	219.1	219	127	252	305	203	610	610	406	414	414	313	313
250	10	273.0	273	159	316	381	254	762	762	508	518	518	391	391
300	12	323.9	325	190	378	457	305	914	914	610	619	620	467	467
350	14	355.6	377	222	441	533	356	1067	1067	711	711	722	533	544
400	16	406.4	426	254	505	610	406	1219	1219	813	813	823	610	619
450	18	457.0	480	286	568	686	457	1372	1372	914	914	925	686	697
500	20	508.0	530	318	632	762	508	1524	1524	1016	1016	1026	762	773
550	22	559	—	343	694	838	559	1676	1676	1118	1118	—	838	—
600	24	610	630	381	757	914	610	1829	1829	1219	1219	1219	914	925
650	26	660	—	406	821	991	—	1981	—	—	—	—	—	—
700	28	711	720	438	883	1067	—	2134	—	—	—	—	—	—
750	30	762	—	470	947	1143	—	2286	—	—	—	—	—	—
800	32	813	820	502	1010	1219	—	2438	—	—	—	—	—	—
850	34	864	—	533	1073	1295	—	2591	—	—	—	—	—	—
900	36	914	—	565	1135	1372	—	2743	—	—	—	—	—	—
950	38	965	—	600	1200	1448	—	2896	—	—	—	—	—	—

续表

公称尺寸		坡口处外径 D		中心至端面尺寸					中心至中心尺寸		背面至端面尺寸			
				45°弯头 B		90°弯头 A			180°弯头 O		180°弯头 K			
DN	NPS	Ⅰ系列	Ⅱ系列	长半径	3D	长半径	短半径	3D	长半径	短半径	长半径		短半径	
											Ⅰ系列	Ⅱ系列	Ⅰ系列	Ⅱ系列
1000	40	1016	—	632	1264	1524	—	3048	—	—	—	—	—	—
1050	42	1067	—	660	1326	1600	—	3200	—	—	—	—	—	—
1100	44	1118	—	695	1389	1676	—	3353	—	—	—	—	—	—
1150	46	1168	—	727	1453	1753	—	3505	—	—	—	—	—	—
1200	48	1219	—	759	1516	1829	—	3658	—	—	—	—	—	—
1300	52	1321	—	821	1641	1981	—	3962	—	—	—	—	—	—
1400	56	1422	—	884	1768	2134	—	4267	—	—	—	—	—	—
1500	60	1524	—	947	1894	2286	—	4572	—	—	—	—	—	—

2.1.2 90°长半径异径弯头

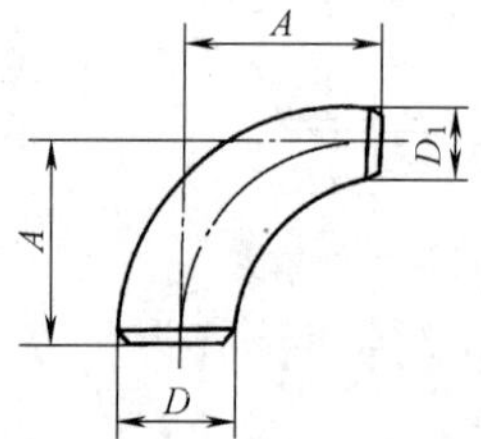

表 9-3-7

mm

公称尺寸		坡口处外径				中心至端面尺寸	公称尺寸		坡口处外径				中心至端面尺寸
		D		D_1					D		D_1		
DN	NPS	Ⅰ系列	Ⅱ系列	Ⅰ系列	Ⅱ系列	A	DN	NPS	Ⅰ系列	Ⅱ系列	Ⅰ系列	Ⅱ系列	A
50×25	2×1	60.3	57	33.7	32	76	250×125	10×5	273.0	273	141.3	133	381
50×32	2×1¼	60.3	57	42.4	38	76	250×150	10×6	273.0	273	168.3	159	381
50×40	2×1½	60.3	57	48.3	45	76	250×200	10×8	273.0	273	219.1	219	381
65×32	2½×1¼	73.0	76	42.4	38	95	300×150	12×6	323.9	325	168.3	159	457
65×40	2½×1½	73.0	76	48.3	45	95	300×200	12×8	323.9	325	219.1	219	457
65×50	2½×2	73.0	76	60.3	57	95	300×250	12×10	323.9	325	273.0	273	457
80×40	3×1½	88.9	89	48.3	45	114	350×200	14×8	355.6	377	219.1	219	533
80×50	3×2	88.9	89	60.3	57	114	350×250	14×10	355.6	377	273.0	273	533
80×65	3×2½	88.9	89	73.0	76	114	350×300	14×12	355.6	377	323.9	325	533
90×50	3½×2	101.6	—	60.3	—	133	400×250	16×10	406.4	426	273.0	273	610
90×65	3½×2½	101.6	—	73.0	—	133	400×300	16×12	406.4	426	323.9	325	610
90×80	3½×3	101.6	—	88.9	—	133	400×350	16×14	406.4	426	355.6	377	610
100×50	4×2	114.3	108	60.3	57	152	450×250	18×10	457.0	480	273.0	273	686
100×65	4×2½	114.3	108	73.0	76	152	450×300	18×12	457.0	480	323.9	325	686
100×80	4×3	114.3	108	88.9	89	152	450×350	18×14	457.0	480	355.6	377	686
100×90	4×3½	114.3	108	101.6	—	152	450×400	18×16	457.0	480	406.4	426	686
125×65	5×2½	141.3	133	73.0	76	190	500×250	20×10	508.0	530	273.0	273	762
125×80	5×3	141.3	133	88.9	89	190	500×300	20×12	508.0	530	323.9	325	762
125×90	5×3½	141.3	—	101.6	—	190	500×350	20×14	508.0	530	355.6	377	762
125×100	5×4	141.3	133	114.3	108	190	500×400	20×16	508.0	530	406.4	426	762
150×80	6×3	168.3	159	88.9	89	229	500×450	20×18	508.0	530	457.0	480	762
150×90	6×3½	168.3	—	101.6	—	229	600×300	24×12	610.0	630	323.9	325	914
150×100	6×4	168.3	159	114.3	108	229	600×350	24×14	610.0	630	355.6	377	914
150×125	6×5	168.3	159	141.3	133	229	600×400	24×16	610.0	630	406.4	426	914
200×100	8×4	219.1	219	114.3	108	305	600×450	24×18	610.0	630	457.0	480	914
200×125	8×5	219.1	219	141.3	133	305	600×500	24×20	610.0	630	508.0	530	914
200×150	8×6	219.1	219	168.3	159	305	600×550	24×22	610.0	—	559.0	—	914

2.1.3 异径接头（大小头）

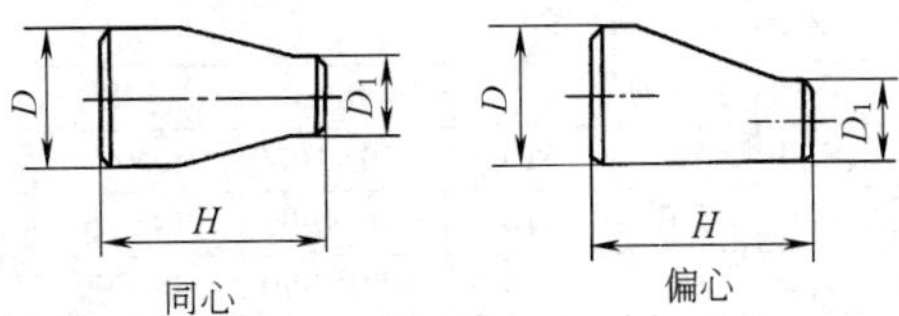

同心　　偏心

表 9-3-8　　mm

公称尺寸		端部外径				长度 H
		大端 D		小端 D_1		
DN	NPS	Ⅰ系列	Ⅱ系列	Ⅰ系列	Ⅱ系列	
20×10	3/4×3/8	26.9	25	17.3	18	38
20×15	3/4×1/2	26.9	25	21.3	18	38
25×15	1×1/2	33.7	32	21.3	18	51
25×20	1×3/4	33.7	32	26.9	18	51
32×15	1¼×1/2	42.4	38	21.3	18	51
32×20	1¼×3/4	42.4	38	26.9	25	51
32×25	1¼×1	42.4	38	33.7	32	51
40×15	1½×1/2	48.3	45	21.3	18	64
40×20	1½×3/4	48.3	45	26.9	25	64
40×25	1½×1	48.3	45	33.7	32	64
40×32	1½×1¼	48.3	45	42.4	38	64
50×20	2×3/4	60.3	57	26.9	25	76
50×25	2×1	60.3	57	33.7	32	76
50×32	2×1¼	60.3	57	42.4	38	76
50×40	2×1½	60.3	57	48.3	45	76
65×25	2½×1	73.0	76	33.7	32	89
65×32	2½×1¼	73.0	76	42.4	38	89
65×40	2½×1½	73.0	76	48.3	45	89
65×50	2½×2	73.0	76	60.3	57	89
80×32	3×1¼	88.9	89	42.4	38	89
80×40	3×1½	88.9	89	48.3	45	89
80×50	3×2	88.9	89	60.3	57	89
80×65	3×2½	88.9	89	73.0	76	89
90×32	3½×1¼	101.6	—	42.4	—	102
90×40	3½×1½	101.6	—	48.3	—	102
90×50	3½×2	101.6	—	60.3	—	102
90×65	3½×2½	101.6	—	73.0	—	102
90×80	3½×3	101.6	—	88.9	—	102
100×40	4×1½	114.3	108	48.3	45	102
100×50	4×2	114.3	108	60.3	57	102
100×65	4×2½	114.3	108	73.0	76	102
100×80	4×3	114.3	108	88.9	89	102
100×90	4×3½	114.3	—	101.6	—	102
125×50	5×2	141.3	133	60.3	57	127
125×65	5×2½	141.3	133	73.0	76	127
125×80	5×3	141.3	133	88.9	89	127
125×90	5×3½	141.3	—	101.6	—	127
125×100	5×4	141.3	133	114.3	108	127
150×65	6×2½	168.3	159	73.0	76	140
150×80	6×3	168.3	159	88.9	89	140
150×90	6×3½	168.3	—	101.6	—	140
150×100	6×4	168.3	159	114.3	108	140
150×125	6×5	168.3	159	141.3	133	140
200×90	8×3½	219.1	—	101.6	—	152
200×100	8×4	219.1	219	114.3	108	152
200×125	8×5	219.1	219	141.3	133	152
200×150	8×6	219.1	219	168.3	159	152
250×100	10×4	273.0	273	114.3	108	178
250×125	10×5	273.0	273	141.3	133	178
250×150	10×6	273.0	273	168.3	159	178
250×200	10×8	273.0	273	219.1	219	178
300×125	12×5	323.9	325	141.3	133	203
300×150	12×6	323.9	325	168.3	159	203
300×200	12×8	323.9	325	219.1	219	203
300×250	12×10	323.9	325	273.0	273	203
350×150	14×6	355.6	377	168.3	159	330
350×200	14×8	355.6	377	219.1	219	330
350×250	14×10	355.6	377	273.0	273	330
350×300	14×12	355.6	377	323.9	325	330
400×200	16×8	406.4	426	219.1	219	356
400×250	16×10	406.4	426	273.0	273	356
400×300	16×12	406.4	426	323.9	325	356
400×350	16×14	406.4	426	355.6	377	356
450×250	18×10	457.0	480	273.0	273	381
450×300	18×12	457.0	480	323.9	325	381
450×350	18×14	457.0	480	355.6	377	381
450×400	18×16	457.0	480	406.4	426	381
500×300	20×12	508.0	530	323.9	325	508
500×350	20×14	508.0	530	355.6	377	508
500×400	20×16	508.0	530	406.4	426	508
500×450	20×18	508.0	530	457.0	480	508
550×350	22×14	559.0	—	355.6	—	508
550×400	22×16	559.0	—	406.4	—	508
550×450	22×18	559.0	—	457.0	—	508
550×500	22×20	559.0	—	508.0	—	508
600×400	24×16	610.0	630	406.4	426	508
600×450	24×18	610.0	630	457.0	480	508
600×500	24×20	610.0	630	508.0	530	508
600×550	24×22	610.0	—	559.0	—	508
650×450	26×18	660.0	—	457.0	—	610
650×500	26×20	660.0	—	508.0	—	610
650×550	26×22	660.0	—	559.0	—	610

续表

公称尺寸		端部外径				长度 H	公称尺寸		端部外径				长度 H
		大端 D		小端 D_1					大端 D		小端 D_1		
DN	NPS	Ⅰ系列	Ⅱ系列	Ⅰ系列	Ⅱ系列		DN	NPS	Ⅰ系列	Ⅱ系列	Ⅰ系列	Ⅱ系列	
650×600	26×24	660.0	—	610.0	—	610	1050×1000	42×40	1067	—	1016	—	610
700×500	28×20	711.0	720	508.0	530	610	1100×900	44×36	1118	—	914	—	610
700×550	28×22	711.0	—	559.0	—	610	1100×950	44×38	1118	—	965	—	610
700×600	28×24	711.0	720	610.0	630	610	1100×1000	44×40	1118	—	1016	—	610
700×650	28×26	711.0	—	660.0	—	610	1100×1050	44×42	1118	—	1067	—	610
750×550	30×22	762.0	—	559.0	—	610	1150×950	46×38	1168	—	965	—	711
750×600	30×24	762.0	—	610.0	—	610	1150×1000	46×40	1168	—	1016	—	711
750×650	30×26	762.0	—	660.0	—	610	1150×1050	46×42	1168	—	1067	—	711
750×700	30×28	762.0	—	711.0	—	610	1150×1100	46×44	1168	—	1118	—	711
800×600	32×24	813.0	820	610.0	630	610	1200×1000	48×40	1219	—	1016	—	711
800×650	32×26	813.0	—	660.0	—	610	1200×1050	48×42	1219	—	1067	—	711
800×700	32×28	813.0	820	711.0	720	610	1200×1100	48×44	1219	—	1118	—	711
850×650	34×26	864	—	660	—	610	1200×1150	48×46	1219	—	1168	—	711
850×700	34×28	864	—	711	—	610	1300×600	52×24	1321	—	610	—	711
850×750	34×30	864	—	762	—	610	1300×750	52×30	1321	—	762	—	711
850×800	34×32	864	—	813	—	610	1300×900	52×36	1321	—	914	—	711
900×650	36×26	914	—	660	—	610	1300×1000	52×40	1321	—	1016	—	711
900×700	36×28	914	—	711	—	610	1300×1050	52×42	1321	—	1067	—	711
900×750	36×30	914	—	762	—	610	1300×1100	52×44	1321	—	1118	—	711
900×800	36×32	914	—	813	—	610	1300×1200	52×48	1321	—	1219	—	711
900×850	36×34	914	—	864	—	610	1400×600	56×24	1422	—	610	—	711
950×650	38×26	965	—	660	—	610	1400×750	56×30	1422	—	762	—	711
950×700	38×28	965	—	711	—	610	1400×900	56×36	1422	—	914	—	711
950×750	38×30	965	—	762	—	610	1400×1000	56×40	1422	—	1016	—	711
950×800	38×32	965	—	813	—	610	1400×1050	56×42	1422	—	1067	—	711
950×850	38×34	965	—	864	—	610	1400×1100	56×44	1422	—	1118	—	711
950×900	38×36	864	—	660	—	610	1400×1200	56×48	1422	—	1219	—	711
1000×750	40×30	1016	—	762	—	610	1400×1300	56×52	1422	—	1321	—	711
1000×800	40×32	1016	—	813	—	610	1500×750	60×30	1524	—	762	—	711
1000×850	40×34	1016	—	864	—	610	1500×900	60×36	1524	—	914	—	711
1000×900	40×36	1016	—	914	—	610	1500×1000	60×40	1524	—	1016	—	711
1000×950	40×38	1016	—	965	—	610	1500×1050	60×42	1524	—	1067	—	711
1050×750	42×30	1067	—	762	—	610	1500×1100	60×44	1524	—	1118	—	711
1050×800	42×32	1067	—	813	—	610	1500×1200	60×48	1524	—	1219	—	711
1050×850	42×34	1067	—	864	—	610	1500×1300	60×52	1524	—	1321	—	711
1050×900	42×36	1067	—	914	—	610	1500×1400	60×56	1524	—	1422	—	711
1050×950	42×38	1067	—	965	—	610							

注：由于 DN 值和 NPS 的对应关系是恒定的，本表及以后各表不再列出 NPS 值。

2.1.4 等径三通和等径四通

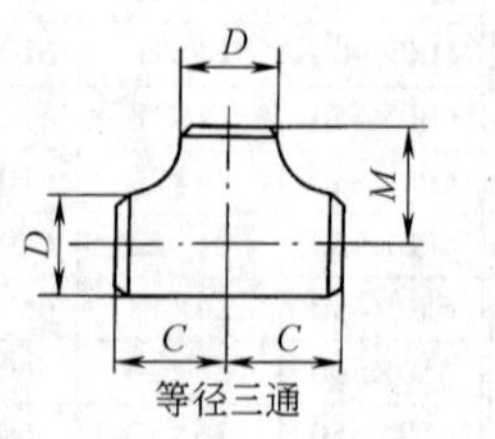

等径三通

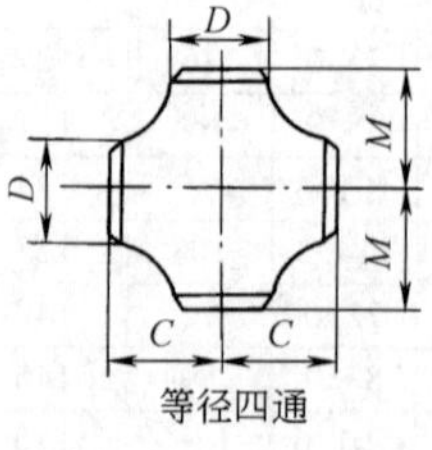

等径四通

表 9-3-9 mm

公称尺寸		坡口处外径 D		中心至端面尺寸		公称尺寸		坡口处外径 D		中心至端面尺寸	
DN	NPS	Ⅰ系列	Ⅱ系列	主管 C	支管 M[①,②]	DN	NPS	Ⅰ系列	Ⅱ系列	主管 C	支管 M[①,②]
15	½	21.3	18	25	25	500	20	508.0	530	381	381
20	¾	26.9	25	29	29	550	22	559.0	—	419	419
25	1	33.7	32	38	38	600	24	610.0	630	432	432
32	1¾	42.4	38	48	48	650	26	660.0	—	495	495
40	1½	48.3	45	57	57	700	28	711.0	720	521	521
50	2	60.3	57	64	64	750	30	762.0	—	559	559
65	2½	73.0	76	76	76	800	32	813.0	820	597	597
80	3	88.9	89	86	86	850	34	864	—	635	635
90	3½	101.6	—	95	95	900	36	914	—	673	673
100	4	114.3	108	105	105	950	38	965	—	711	711
125	5	141.3	133	124	124	1000	40	1016	—	749	749
150	6	168.3	159	143	143	1050	42	1067	—	762	762
200	8	219.1	219	178	178	1100	44	1118	—	813	813
250	10	273.0	273	216	216	1150	46	1168	—	851	851
300	12	323.9	325	254	254	1200	48	1219	—	889	889
350	14	355.6	377	279	279	1300	52	1312	—	978	978
400	16	406.4	426	305	305	1400	56	1422	—	1054	1054
450	18	457.0	480	343	343	1500	60	1524	—	1118	1118

①DN650 及以上的三通和四通，推荐但并不要求采用出口尺寸 M。

② 尺寸 M 适用于 DN600 及以下的四通。

2.1.5 异径三通和异径四通

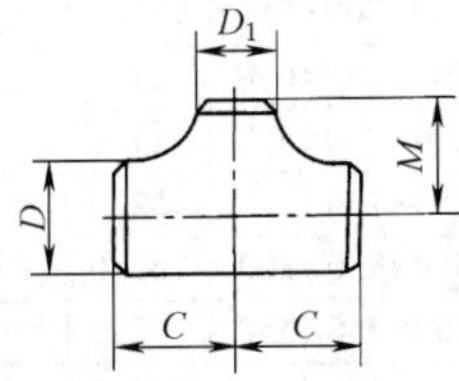

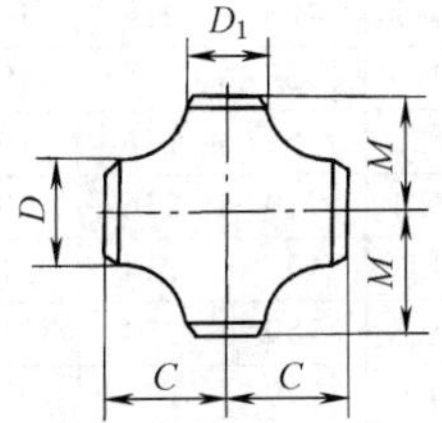

表 9-3-10 mm

公称尺寸 DN	坡口处外径				中心至端面尺寸		公称尺寸 DN	坡口处外径				中心至端面尺寸	
	主管 D		支管 D_1		主管 C	支管 M		主管 D		支管 D_1		主管 C	支管 M
	Ⅰ系列	Ⅱ系列	Ⅰ系列	Ⅱ系列				Ⅰ系列	Ⅱ系列	Ⅰ系列	Ⅱ系列		
15×15×8	21.3	18	13.7	10	25	25	50×50×32	60.3	57	42.4	38	64	57
15×15×10	21.3	18	17.3	14	25	25	50×50×40	60.3	57	48.3	45	64	60
20×20×10	26.9	25	17.3	14	29	29	65×65×25	73.0	76	33.7	32	76	57
20×20×15	26.9	25	21.3	18	29	29	65×65×32	73.0	76	42.4	38	76	64
32×32×15	42.4	38	21.3	18	48	48	65×65×40	73.0	76	48.3	45	76	67
32×32×20	42.4	38	26.9	25	48	48	65×65×50	73.0	76	60.3	57	76	70
32×32×25	42.4	38	33.7	32	48	48	80×80×32	88.9	89	42.4	38	86	70
40×40×15	48.3	45	21.3	18	57	57	80×80×40	88.9	89	48.3	45	86	73
40×40×20	48.3	45	26.9	25	57	57	80×80×50	88.9	89	60.3	57	86	76
40×40×25	48.3	45	33.7	32	57	57	80×80×65	88.9	89	73.0	76	86	83
40×40×32	48.3	45	42.4	38	57	57	90×90×40	101.6	—	48.3	—	95	79
50×50×20	60.3	57	26.9	25	64	44	90×90×50	101.6	—	60.3	—	95	83
50×50×25	60.3	57	33.7	32	64	51	90×90×65	101.6	—	73.0	—	95	89

续表

公称尺寸 DN	坡口处外径				中心至端面尺寸		公称尺寸 DN	坡口处外径				中心至端面尺寸	
	主管 D		支管 D_1		主管 C	支管 M		主管 D		支管 D_1		主管 C	支管 M
	Ⅰ系列	Ⅱ系列	Ⅰ系列	Ⅱ系列				Ⅰ系列	Ⅱ系列	Ⅰ系列	Ⅱ系列		
90×90×80	101.6	—	88.9	—	95	92	500×500×450	508.0	530	457.0	480	381	368
100×100×40	114.3	108	48.3	45	105	86	600×600×250	610.0	630	273.0	273	432	384
100×100×50	114.3	108	60.3	57	105	89	600×600×300	610.0	630	323.9	325	432	397
100×100×65	114.3	108	73.0	76	105	95	600×600×350	610.0	630	355.6	377	432	406
100×100×80	114.3	108	88.9	89	105	98	600×600×400	610.0	630	406.4	426	432	406
100×100×90	114.3	—	101.6	—	105	102	600×600×450	610.0	630	457.0	480	432	419
125×125×50	141.3	133	60.3	57	124	105	600×600×500	610.0	630	508.0	530	432	432
125×125×65	141.3	133	73.0	76	124	108	600×600×550	610.0	—	559.0	—	432	432
125×125×80	141.3	133	88.9	89	124	111	650×650×300	660.0	—	323.9	—	495	422
125×125×90	141.3	—	101.6	—	124	114	650×650×350	660.0	—	355.6	—	495	432
125×125×100	141.3	133	114.3	108	124	117	650×650×400	660.0	—	406.4	—	495	432
150×150×65	168.3	159	73.0	76	143	121	650×650×450	660.0	—	457.0	—	495	444
150×150×80	168.3	159	88.9	89	143	124	650×650×500	660.0	—	508.0	—	495	457
150×150×90	168.3	—	101.6	—	143	127	650×650×550	660.0	—	559.0	—	495	470
150×150×100	168.3	159	114.3	108	143	130	650×650×600	660.0	—	610.0	—	495	483
150×150×125	168.3	159	141.3	133	143	137	700×700×300	711.0	720	323.9	325	521	448
200×200×90	219.1	—	101.6	—	178	152	700×700×350	711.0	720	355.6	377	521	457
200×200×100	219.1	219	114.3	108	178	156	700×700×400	711.0	720	406.4	426	521	457
200×200×125	219.1	219	141.3	133	178	162	700×700×450	711.0	720	457.0	480	521	470
200×200×150	219.1	219	168.3	159	178	168	700×700×500	711.0	720	508.0	530	521	483
250×250×100	273.0	273	114.3	108	216	184	700×700×550	711.0	—	559.0	—	521	495
250×250×125	273.0	273	141.3	133	216	191	700×700×600	711.0	720	610.0	630	521	508
250×250×150	273.0	273	168.3	159	216	194	700×700×650	711.0	—	660.0	—	521	521
250×250×200	273.0	273	219.1	219	216	208	750×750×250	762.0	—	273.0	—	559	460
300×300×125	323.9	325	141.3	133	254	216	750×750×300	762.0	—	323.9	—	559	473
300×300×150	323.9	325	168.3	159	254	219	750×750×350	762.0	—	355.6	—	559	483
300×300×200	323.9	325	219.1	219	254	229	750×750×400	762.0	—	406.4	—	559	483
300×300×250	323.9	325	273.0	273	254	241	750×750×450	762.0	—	457.0	—	559	495
350×350×150	355.6	377	168.3	159	279	238	750×750×500	762.0	—	508.0	—	559	508
350×350×200	355.6	377	219.1	219	279	248	750×750×550	762.0	—	559.0	—	559	521
350×350×250	355.6	377	273.0	273	279	257	750×750×600	762.0	—	610.0	—	559	533
350×350×300	355.6	377	323.9	325	279	270	750×750×650	762.0	—	660.0	—	559	546
400×400×150	406.4	426	168.3	159	305	264	750×750×700	762.0	—	711.0	—	559	546
400×400×200	406.4	426	219.1	219	305	273	800×800×350	813.0	820	355.6	377	597	508
400×400×250	406.4	426	273.0	273	305	283	800×800×400	813.0	820	406.4	426	597	508
400×400×300	406.4	426	323.9	325	305	295	800×800×450	813.0	820	457.0	480	597	521
400×400×350	406.4	426	355.6	377	305	305	800×800×500	813.0	820	508.0	530	597	533
450×450×200	457.0	480	219.1	219	343	298	800×800×550	813.0	—	559.0	—	597	546
450×450×250	457.0	480	273.0	273	343	308	800×800×600	813.0	820	610.0	630	597	559
450×450×300	457.0	480	323.9	325	343	321	800×800×650	813.0	—	660.0	—	597	572
450×450×350	457.0	480	355.6	377	343	330	800×800×700	813.0	820	711.0	720	597	572
450×450×400	457.0	480	406.4	426	343	330	800×800×750	813.0	—	762.0	—	597	584
500×500×200	508.0	530	219.1	219	381	324	850×850×400	864	—	406.4		635	533
500×500×250	508.0	530	273.0	273	381	333	850×850×450	864	—	457		635	546
500×500×300	508.0	530	323.9	325	381	346	850×850×500	864	—	508	—	635	559
500×500×350	508.0	530	355.6	377	381	356	850×850×550	864	—	559	—	635	572
500×500×400	508.0	530	406.4	426	381	356	850×850×600	864	—	610	—	635	584

第9篇

续表

公称尺寸 DN	坡口处外径				中心至端面尺寸	
	主管 D		支管 D_1		主管 C	支管 M
	Ⅰ系列	Ⅱ系列	Ⅰ系列	Ⅱ系列		
850×850×650	864	—	660	—	635	597
850×850×700	864	—	711	—	635	597
850×850×750	864	—	762	—	635	610
850×850×800	864	—	813	—	635	622
900×900×400	914	—	406.4	—	673	559
900×900×450	914	—	457	—	673	572
900×900×500	914	—	508	—	673	584
900×900×550	914	—	559	—	673	597
900×900×600	914	—	610	—	673	610
900×900×650	914	—	660	—	673	622
900×900×700	914	—	711	—	673	622
900×900×750	914	—	762	—	673	635
900×900×800	914	—	813	—	673	648
900×900×850	914	—	864	—	673	660
950×950×450	965	—	457	—	711	597
950×950×500	965	—	508	—	711	610
950×950×550	965	—	559	—	711	622
950×950×600	965	—	610	—	711	635
950×950×650	965	—	660	—	711	648
950×950×700	965	—	711	—	711	648
950×950×750	965	—	762	—	711	673
950×950×800	965	—	813	—	711	686
950×950×850	965	—	864	—	711	698
950×950×900	965	—	914	—	711	711
1000×1000×450	1016	—	457	—	749	622
1000×1000×500	1016	—	508	—	749	635
1000×1000×550	1016	—	559	—	749	648
1000×1000×600	1016	—	610	—	749	660
1000×1000×650	1016	—	660	—	749	673
1000×1000×700	1016	—	711	—	749	673
1000×1000×750	1016	—	762	—	749	698
1000×1000×800	1016	—	813	—	749	711
1000×1000×850	1016	—	864	—	749	724
1000×1000×900	1016	—	914	—	749	737
1000×1000×950	1016	—	965	—	749	749
1050×1050×400	1067	—	406.4	—	762	635
1050×1050×450	1067	—	457	—	762	648
1050×1050×500	1067	—	508	—	762	660
1050×1050×550	1067	—	559	—	762	660
1050×1050×600	1067	—	610	—	762	660
1050×1050×650	1067	—	660	—	762	698
1050×1050×700	1067	—	711	—	762	698
1050×1050×750	1067	—	762	—	762	711
1050×1050×800	1067	—	813	—	762	711
1050×1050×850	1067	—	864	—	762	711
1050×1050×900	1067	—	914	—	762	711
1050×1050×950	1067	—	965	—	762	711
1050×1050×1000	1067	—	1016	—	762	711
1100×1100×500	1118	—	508	—	813	686
1100×1100×550	1118	—	559	—	813	686
1100×1100×600	1118	—	610	—	813	698
1100×1100×650	1118	—	660	—	813	698
1100×1100×700	1118	—	711	—	813	698
1100×1100×750	1118	—	762	—	813	711
1100×1100×800	1118	—	813	—	813	711
1100×1100×850	1118	—	864	—	813	724
1100×1100×900	1118	—	914	—	813	724
1100×1100×950	1118	—	965	—	813	737
1100×1100×1000	1118	—	1016	—	813	749
1100×1100×1050	1118	—	1067	—	813	762
1150×1150×550	1168	—	559	—	851	724
1150×1150×600	1168	—	610	—	851	724
1150×1150×650	1168	—	660	—	851	737
1150×1150×700	1168	—	711	—	851	737
1150×1150×750	1168	—	762	—	851	737
1150×1150×800	1168	—	813	—	851	749
1150×1150×850	1168	—	864	—	851	749
1150×1150×900	1168	—	914	—	851	762
1150×1150×950	1168	—	965	—	851	762
1150×1150×1000	1168	—	1016	—	851	775
1150×1150×1050	1168	—	1067	—	851	787
1150×1150×1100	1168	—	1118	—	851	800
1200×1200×550	1219	—	559	—	889	737
1200×1200×600	1219	—	610	—	889	737
1200×1200×650	1219	—	660	—	889	762
1200×1200×700	1219	—	711	—	889	762
1200×1200×750	1219	—	762	—	889	762
1200×1200×800	1219	—	813	—	889	787
1200×1200×850	1219	—	864	—	889	787
1200×1200×900	1219	—	914	—	889	787
1200×1200×950	1219	—	965	—	889	813
1200×1200×1000	1219	—	1016	—	889	813
1200×1200×1050	1219	—	1067	—	889	813
1200×1200×1100	1219	—	1118	—	889	838
1200×1200×1150	1219	—	1168	—	889	838
1300×1300×600	1321	—	610	—	978	794
1300×1300×750	1321	—	762	—	978	832
1300×1300×900	1321	—	914	—	978	864
1300×1300×1000	1321	—	1016	—	978	870
1300×1300×1050	1321	—	1067	—	978	876
1300×1300×1100	1321	—	1118	—	978	892
1300×1300×1200	1321	—	1219	—	978	908
1400×1400×600	1422	—	610	—	1054	857
1400×1400×750	1422	—	762	—	1054	857

续表

公称尺寸DN	坡口处外径				中心至端面尺寸		公称尺寸DN	坡口处外径				中心至端面尺寸	
	主管 D		支管 D_1		主管	支管		主管 D		支管 D_1		主管	支管
	Ⅰ系列	Ⅱ系列	Ⅰ系列	Ⅱ系列	C	M		Ⅰ系列	Ⅱ系列	Ⅰ系列	Ⅱ系列	C	M
1400×1400×900	1422	—	914	—	1054	902	1500×1500×900	1524	—	914	—	1118	965
1400×1400×1050	1422	—	1067	—	1054	927	1500×1500×1050	1524	—	1067	—	1118	991
1400×1400×1100	1422	—	1118	—	1054	934	1500×1500×1200	1524	—	1219	—	1118	1016
1400×1400×1200	1422	—	1219	—	1054	940	1500×1500×1300	1524	—	1321	—	1118	1022
1400×1400×1300	1422	—	1321	—	1054	959	1500×1500×1400	1524	—	1422	—	1118	1041
1500×1500×750	1524	—	762	—	1118	914							

注：1. DN350 及以上的三通和四通，推荐但并不要求采用出口尺寸 M。

2. 主管在 DN1300 及其以上的，仅限于异径三通，不包括异径四通。

2.1.6 管帽

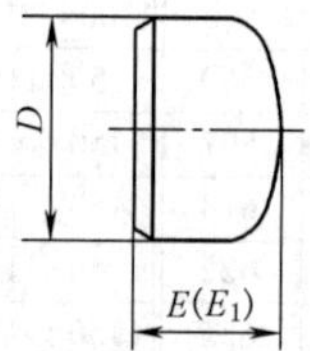

表 9-3-11

mm

公称尺寸		坡口处外径 D		前面至端面尺寸		尺寸为 E 时的限制壁厚	公称尺寸		坡口处外径 D		前面至端面尺寸		尺寸为 E 时的限制壁厚
DN	NPS	Ⅰ系列	Ⅱ系列	E	E_1		DN	NPS	Ⅰ系列	Ⅱ系列	E	E_1	
15	½	21.3	18	25	25	4.57	500	20	508	530	229	254	12.7
20	¾	26.9	25	25	25	3.81	550	22	559	—	254	254	12.7
25	1	33.7	32	38	38	4.57	600	24	610	630	267	305	12.7
32	1¾	42.4	38	38	38	4.83	650	26	660	—	267	—	—
40	1½	48.3	45	38	38	5.08	700	28	711	720	267	—	—
50	2	60.3	57	38	44	5.59	750	30	762	—	267	—	—
65	2½	73.0	76	38	51	7.0	800	32	813	820	267	—	—
80	3	88.9	89	51	64	7.6	850	34	864	—	305	—	—
90	3½	101.6	—	64	76	8.1	900	36	914	—	305	—	—
100	4	114.3	108	64	76	8.6	950	38	965	—	305	—	—
125	5	141.3	133	76	89	9.5	1000	40	1016	—	305	—	—
150	6	168.3	159	89	102	11.0	1050	42	1067	—	305	—	—
200	8	219.1	219	102	127	12.7	1100	44	1118	—	343	—	—
250	10	273.0	273	127	152	12.7	1150	46	1168	—	343	—	—
300	12	323.9	325	152	178	12.7	1200	48	1219	—	343	—	—
350	14	355.6	377	165	191	12.7	1300	52	1312	—	368	—	—
400	16	406.4	426	178	203	12.7	1400	56	1422	—	406	—	—
450	18	457	480	203	229	12.7	1500	60	1524	—	419	—	—

注：1. 管帽的头部形状为椭圆形。半椭圆部分的长度应不小于管帽内径的 1/4。

2. 当管帽的公称壁厚小于或等于限制厚度时，采用 E 值；当管帽的公称壁厚大于限制厚度时，采用 E_1 值。

2.1.7 翻边短节

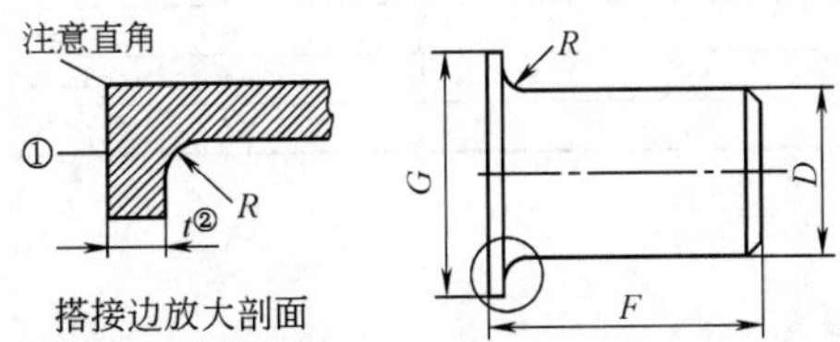

① 密封面表面粗糙度应符合 GB/T 9124.1 或 ASME B16.5 对突面法兰的规定。

② 搭接边的厚度 t 应不小于钢管公称壁厚。

表 9-3-12

mm

公称尺寸		短节外径 D		接管长度①② F		圆角半径③	搭接边外径④
DN	NPS	max	min	长型	短型	R	G
15	1/2	22.8	20.5	76	51	3	35
20	3/4	28.1	25.9	76	51	3	43
25	1	35.0	32.6	102	51	3	51
32	1¾	43.6	41.4	102	51	5	64
40	1½	49.9	47.5	102	51	6	73
50	2	62.4	59.5	152	64	8	92
65	2½	75.3	72.2	152	64	8	105
80	3	91.3	88.1	152	64	10	127
90	3½	104.0	100.8	152	76	10	140
100	4	116.7	113.5	152	76	11	157
125	5	144.3	140.5	203	76	11	186
150	6	171.3	167.5	203	89	13	216
200	8	222.1	218.3	203	102	13	270
250	10	277.2	272.3	254	127	13	324
300	12	328.0	323.1	254	152	13	381
350	14	359.9	354.8	305	152	13	413
400	16	411.0	405.6	305	152	13	470
450	18	462	456	305	152	13	533
500	20	514	507	305	152	13	584
550	22	565	558	305	152	13	641
600	24	616	609	305	152	13	692

① 当短型翻边短节用于 Class300 和 Class600 的较大法兰以及大于或等于 Class900 的大部分规格的法兰时，或当长型翻边短节用于 Class1500 和 Class2500 的较大法兰时，为了避免法兰影响焊接，可能需要增加接管的长度。长度增加量由制造商与采购方双方协商。

② 当采用榫槽面和凹凸密封面时，必须增加搭接边的厚度。增加厚度应附加（不包括）在基本长度 F 上。

③ 这些尺寸应与 GB/T 9118 中松套法兰的圆角半径相符合。

④ 该尺寸与 GB/T 9118 中表示的标准机加工面相符合。搭接边的背面应进行机加工，使其与安装表面一致。当采用环连接密封面时，使用 GB/T 9118 中给出的尺寸 K。

注：1. 公差见表 9-3-14。

2. 使用条件和连接结构通常决定对短节的长度要求，因此，在订货时采购方必须规定是长型或短型短节。

2.1.8 对焊管件的焊接坡口

除非另有规定，管件端部应加工焊接坡口，其尺寸和形状应符合图 9-3-1 和表 9-3-13 的规定。

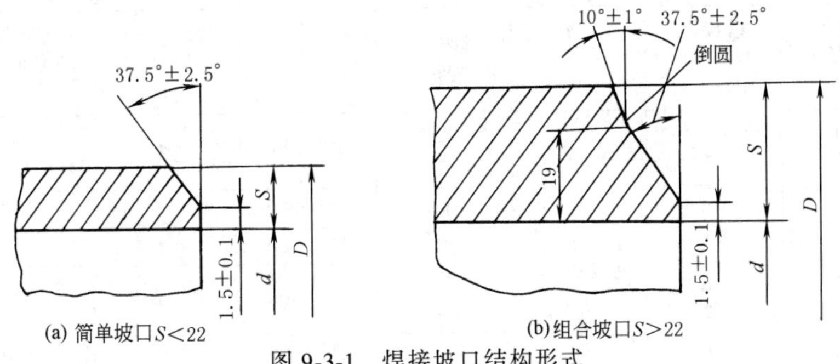

图 9-3-1 焊接坡口结构形式

D—端部外径；d—端部内径；S—管件的公称壁厚

第9篇

表 9-3-13　　对焊管件焊接坡口形式

公称壁厚 t/mm	端部坡口制备
<2	直角或轻微倒角由制造商确定
3~22	简单坡口,如图 9-3-3(a)所示
>22	组合坡口,如图 9-3-3(b)所示

2.1.9　管件的尺寸公差

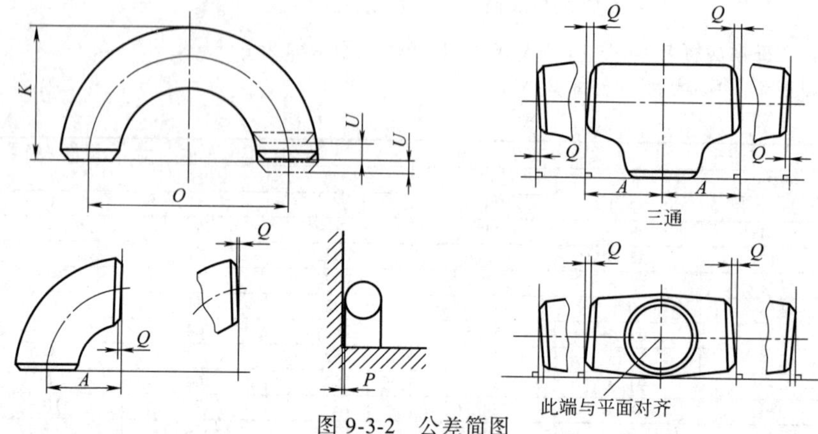

图 9-3-2　公差简图

表 9-3-14

mm

所有管件			中心至端部尺寸		异径接头和翻边短节 F、H	管帽总长 E	180°弯头	
公称尺寸 DN	坡口处外径①、④ D	端部内径①、②、③	90°和 45°长短半径弯头及三通 A、B、C、M	3D 半径弯头 A、B			中心至中心尺寸 O	背部至端面尺寸 K
15~65	+1.6 −0.8	±0.8	±2	±3	±2	±3	±6	±6
80~90	±1.6	±1.6	±2	±3	±2	±3	±6	±6
100	±1.6	±1.6	±2	±3	±2	±3	±6	±6
125~200	+2.4 −1.6	±1.6	±2	±3	±2	±6	±6	±6
250~450	+4.0 −3.2	±3.2	±2	±3	±2	±6	±10	±6
500~600	+6.4 −4.8	±4.8	±2	±3	±2	±6	±10	±6
650~750	+6.4 −4.8	±4.8	±3	±6	±5	±10	—	—
800~1200	+6.4 −4.8	±4.8	±5	±6	±5	±10	—	—
1300~1500	+6.4 −4.8	±4.8	±6.4	±10	±10	±10	—	—

公称尺寸 DN	翻边短节			
	搭接边外径 G	搭接边圆角半径 R	短节外径 D	搭接边厚度
15~65	0 −1	0 −1	极限尺寸见表 9-3-12	+1.6 0
80~90	0 −1	0 −1		+1.6 0
100	0 −1	0 −2		+1.6 0
125~200	0 −1	0 −2		+1.6 0

公称尺寸 DN	形位公差		
	弯头、三通、异径接头 Q	90°和 45°弯头、三通 P	180°弯头 U
15~100	1	2	1
125~200	2	4	1
250~300	3	5	2
350~400	3	6	2
450~600	4	10	2
650~750	5	10	—

第9篇

续表

公称尺寸 DN	翻边短节				公称尺寸 DN	形位公差		
	搭接边外径 *G*	搭接边圆角半径 *R*	短节外径 *D*	搭接边厚度		弯头、三通、异径接头 *Q*	90°和 45°弯头、三通 *P*	180°弯头 *U*
250~450	$_{-2}^{0}$	$_{-2}^{0}$		$_{0}^{+3.2}$	800~1050	5	13	—
500~600	$_{-2}^{0}$	$_{-2}^{0}$		$_{0}^{+3.2}$	1100~1200	5	19	—
					1300~1500	5	19	—

① 圆度为正负偏差绝对值之和。
② 端部内径和公称壁厚由采购方指定。
③ 除非采购方另有规定，这些公差适用于公称内径等于公称外径减去两倍公称壁厚的场合。
④ 当需要增加管件壁厚以满足抗内压要求时，该公差可能不适用于成形管件的局部区域。
注：*B*—45°弯头中心至端面的距离；*C*—三通、四通的分支出口轴心线至中心体端面的距离；*M*—三通、四通本体中心线至支管端面的距离。

2.2 锻制承插焊和螺纹管件（摘自 GB/T 14383—2021）

2.2.1 管件级别（压力等级）

承插焊管件的级别（Class）分为 3000、6000 和 9000，螺纹管件的级别分为 2000、3000 和 6000；与之适配的管子壁厚等级见表 9-3-15。

表 9-3-15　　管件级别和与之适配的管子壁厚等级的关系

连接形式	级别代号(Class)	适配的管子壁厚等级	连接形式	级别代号(Class)	适配的管子壁厚等级
承插焊(SW)	3000	Sch80、XS	螺纹(THD)	2000	Sch80、XS
	6000	Sch160		3000	Sch160
	9000	XXS		6000	XXS

注：本表并未限制与管件连接时使用更厚或更薄的管子。实际使用的管子可以比本表所示的更厚或更薄。当使用更厚的钢管时，管件的强度决定承压能力；当使用更薄的钢管时，钢管的强度决定承压能力。

2.2.2 特殊的连接形式

1）管件可以制成承插焊和螺纹组合的端部连接形式。对于这种组合的端部连接形式，应按表 9-3-15 中低级别的一端确定管件级别。

2）经供需双方同意，可制成带其他螺纹形式或其他连接形式的管件；除此之外，管件应符合 GB/T 14383—2021 其他条款的规定。

2.2.3 接管尺寸

1）与管件连接的钢管尺寸见 GB/T 14383—2021 附录 A。钢管外径分为Ⅰ、Ⅱ两个系列，Ⅰ系列外径为推荐使用的钢管外径。当选用Ⅱ外径时，应在订货内容中加注Ⅱ，制造商应按Ⅱ系列外径确定承插孔径和流通孔径；除此之外，管件的其余尺寸应符合 GB/T 14383—2021 的规定。

2）Ⅱ系列的外径不适用于螺纹管件。

2.2.4 形状、尺寸和公差

（1）承插焊管件

1）承插焊管件端部凸缘的锻造圆角在经过端部平面的加工后，所要求的焊接平面宽度及要求的焊接间隙见图 9-3-3。

2）承插焊管件端部平面应与承插孔轴向垂直。

3）承插焊管件的尺寸偏差应符合表 9-3-16 的规定；形状和尺寸应符合表 9-3-17、表 9-3-18 的规定。

（2）螺纹管件

1）螺纹管件的形状和尺寸应符合表 9-3-19～表 9-3-23 的规定，尺寸偏差应符合表 9-3-16 的规定。

2）螺纹管件的螺纹应符合 GB/T 12716—2011 标准中的60°圆锥管螺纹（NPT）的规定。螺纹短接分为 W-1、W-2 和 W-3 三种长度类型。

3）管件的螺纹端部应进行倒角，以便于连接和保护螺纹。对于内螺纹，倒角直径不应大于螺纹大径，深度不应小于螺距的 1/2，并与螺纹轴向呈约 45°的夹角；对于外螺纹，倒角应与螺纹轴向呈 30°～45°的夹角。所有倒角应与螺纹同轴。相关表格中规定的螺纹测量长度包括了倒角的深度。

4）当采购方指定采用其他螺纹形式时，应在订单中注明螺纹形式和标准编号。

（3）管件的公差

表 9-3-16　　承插焊管件和螺纹管件公差　　mm

公称尺寸	承插焊管件							
	所有管件		弯头、三通和四通	双承口管箍	单承口管箍	加长单承口管箍		
DN	承插孔径 *B*	流通孔径 *D*	中心至承插孔底 *A*、*H*	承插孔底至端面 *E*	承插孔底至端面 *F*	端面至端面 *M*	加长外形 *N*	加长长度 *Q*
6～8	$^{+0.4}_{0}$	$^{+1.5}_{0}$	±1.0	±1.0	±1.0	$^{+0.8}_{0}$	$^{+1.5}_{0}$	±0.8
10～20	$^{+0.4}_{0}$	$^{+1.5}_{0}$	±1.5	±3.0	±1.5	$^{+0.8}_{0}$	$^{+1.5}_{0}$	±0.8
25～40	$^{+0.4}_{0}$	$^{+1.5}_{0}$	±2.0	±4.0	±2.0	$^{+0.8}_{0}$	$^{+1.5}_{0}$	±0.8
50	$^{+0.5}_{0}$	$^{+1.5}_{0}$	±2.0	±4.0	±2.0	$^{+1.5}_{0}$	$^{+1.5}_{0}$	±0.8
65～100	$^{+0.5}_{0}$	$^{+3.0}_{0}$	±2.5	±5.0	±2.5	$^{+1.5}_{0}$	$^{+1.5}_{0}$	±0.8

公称尺寸	螺纹管件					
	弯头三通和四通	双螺口和单螺口管箍	加长单螺口管箍			
DN	中心至端面 *A*、*J*	端面至端面 *W*、*W*/2	大端外径 *E*	端面至端面 *M*	加长外径 *N*	加长长度 *Q*
6～8	±1.0	±1.0	$^{+1.5}_{0}$	$^{+0.8}_{0}$	$^{+1.5}_{0}$	±0.8
10～20	±1.5	±1.5	$^{+1.5}_{0}$	$^{+0.8}_{0}$	$^{+1.5}_{0}$	±0.8
25～40	±2.0	±2.0	$^{+1.5}_{0}$	$^{+0.8}_{0}$	$^{+1.5}_{0}$	±0.8
50	±2.0	±2.0	$^{+1.5}_{0}$	$^{+1.5}_{0}$	$^{+1.5}_{0}$	±0.8
65～100	±2.5	±2.5	$^{+1.5}_{0}$	$^{+1.5}_{0}$	$^{+1.5}_{0}$	±0.8

承插焊管件的承插孔径和流通孔径应同轴，其同轴度公差为 0.8mm。相对的两承插孔应同轴，其同轴度公差为 1.5mm。

承插焊管件的承插孔径和流通孔径的轴线应重合，其直线度的最大允许值为 200mm 内 1mm。

螺纹管件的流通孔径与螺纹的轴线应重合，其直线度的最大允许值为 200mm 内 1mm。

端部凸缘：承插管件和螺纹管件中的弯头、三通和四通的端部凸缘宜如对应图纸所示，在分叉处部分重叠。

承插焊管件——45°弯头、90°弯头、三通和四通

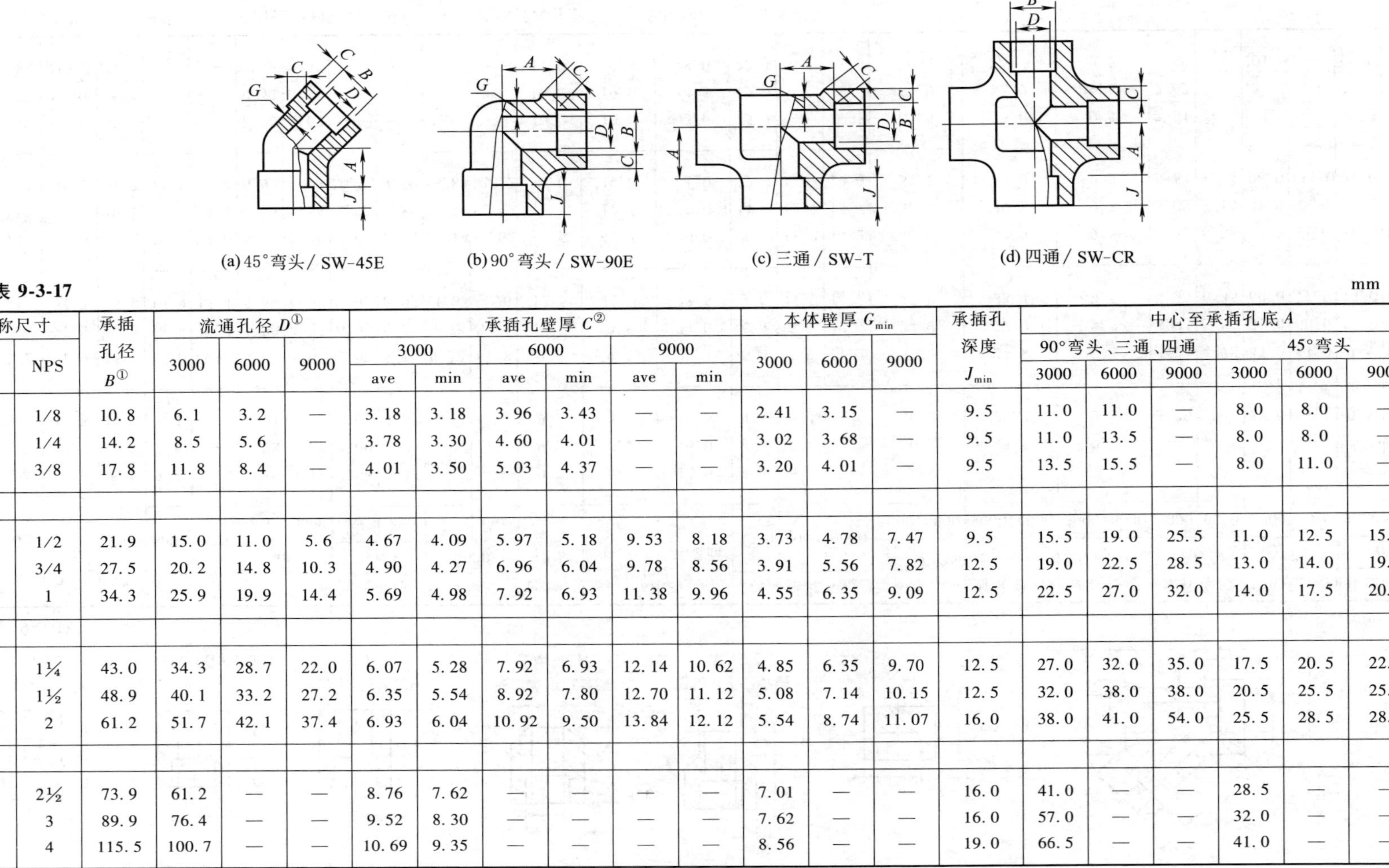

(a) 45°弯头 / SW-45E　(b) 90°弯头 / SW-90E　(c) 三通 / SW-T　(d) 四通 / SW-CR

表 9-3-17

mm

公称尺寸		承插孔径 B①	流通孔径 D①			承插孔壁厚 C②						本体壁厚 G_{min}			承插孔深度 J_{min}	中心至承插孔底 A					
						3000		6000		9000						90°弯头、三通、四通			45°弯头		
DN	NPS		3000	6000	9000	ave	min	ave	min	ave	min	3000	6000	9000		3000	6000	9000	3000	6000	9000
6	1/8	10.8	6.1	3.2	—	3.18	3.18	3.96	3.43	—	—	2.41	3.15	—	9.5	11.0	11.0	—	8.0	8.0	—
8	1/4	14.2	8.5	5.6	—	3.78	3.30	4.60	4.01	—	—	3.02	3.68	—	9.5	11.0	13.5	—	8.0	8.0	—
10	3/8	17.8	11.8	8.4	—	4.01	3.50	5.03	4.37	—	—	3.20	4.01	—	9.5	13.5	15.5	—	8.0	11.0	—
15	1/2	21.9	15.0	11.0	5.6	4.67	4.09	5.97	5.18	9.53	8.18	3.73	4.78	7.47	9.5	15.5	19.0	25.5	11.0	12.5	15.5
20	3/4	27.5	20.2	14.8	10.3	4.90	4.27	6.96	6.04	9.78	8.56	3.91	5.56	7.82	12.5	19.0	22.5	28.5	13.0	14.0	19.0
25	1	34.3	25.9	19.9	14.4	5.69	4.98	7.92	6.93	11.38	9.96	4.55	6.35	9.09	12.5	22.5	27.0	32.0	14.0	17.5	20.5
32	1¼	43.0	34.3	28.7	22.0	6.07	5.28	7.92	6.93	12.14	10.62	4.85	6.35	9.70	12.5	27.0	32.0	35.0	17.5	20.5	22.5
40	1½	48.9	40.1	33.2	27.2	6.35	5.54	8.92	7.80	12.70	11.12	5.08	7.14	10.15	12.5	32.0	38.0	38.0	20.5	25.5	25.5
50	2	61.2	51.7	42.1	37.4	6.93	6.04	10.92	9.50	13.84	12.12	5.54	8.74	11.07	16.0	38.0	41.0	54.0	25.5	28.5	28.5
65	2½	73.9	61.2	—	—	8.76	7.62	—	—	—	—	7.01	—	—	16.0	41.0	—	—	28.5	—	—
80	3	89.9	76.4	—	—	9.52	8.30	—	—	—	—	7.62	—	—	16.0	57.0	—	—	32.0	—	—
100	4	115.5	100.7	—	—	10.69	9.35	—	—	—	—	8.56	—	—	19.0	66.5	—	—	41.0	—	—

① 当选用Ⅱ系列的钢管时，其承插孔径和流通孔径应按Ⅱ系列钢管尺寸配制，其余尺寸应符合标准规定。

② 承插孔周边的平均壁厚不应小于平均值，局部允许达到最小值。

承插焊管件——管箍和管帽

同心双承口管箍 SW-FCC

偏心双承口管箍 SW-FCE

平口单承口管箍 SW-HC

坡口单承口管箍 SW-HCB

加长单承口管箍 SW-CPT

管帽 SW-C

表 9-3-18

mm

公称尺寸		承插孔径 B①	流通孔径 D①			承插孔壁厚 C②						承插孔深度 J_{min}	承插孔底距离 E	承插孔底至端面 F	顶部厚度 K_{min}			端面至端面 M	加长外径 N	加长长度 Q	本体壁厚 G		中心至承插孔底距离			
						3000		6000		9000													A		H	
DN	NPS		3000	6000	9000	ave	min	ave	min	ave	min				3000	6000	9000	3000/6000	3000/6000	3000/6000	3000	6000	3000	6000	3000	6000
6	⅛	10.8	6.1	3.2	—	3.18	3.18	3.96	3.43	—	—	9.5	6.5	16.0	4.8	6.4	—	—	—	—	—	—	—	—	—	—
8	¼	14.2	8.5	5.6	—	3.78	3.30	4.60	4.01	—	—	9.5	6.5	16.0	4.8	6.4	—	30.2	17.5	9.5	—	—	—	—	—	—
10	⅜	17.8	11.8	8.4	—	4.01	3.50	5.03	4.37	—	—	9.5	6.5	17.5	4.8	6.4	—	30.2	20.7	9.5	3.20	—	37.0	—	9.5	—
15	1/2	21.9	15.0	11.0	5.6	4.67	4.09	5.97	5.18	9.53	8.18	9.5	9.5	22.5	6.4	7.9	11.2	33.4	23.8	9.5	3.73	4.78	41.0	51.0	9.5	11.0
20	3/4	27.5	20.2	14.8	10.3	4.90	4.27	6.96	6.04	9.78	8.56	12.5	9.5	24.0	6.4	7.9	12.7	34.9	27.0	9.5	3.91	5.56	51.0	60.0	11.0	13.0
25	1	34.3	25.9	19.9	14.4	5.69	4.98	7.92	6.93	11.38	9.96	12.5	12.5	28.5	9.6	11.2	14.2	42.9	33.4	9.5	4.55	6.35	60.0	71.0	13.0	16.0
32	1¼	43.0	34.3	28.7	22.0	6.07	5.28	7.92	6.93	12.14	10.62	12.5	12.5	30.0	9.6	11.2	14.2	47.6	42.9	9.5	4.85	6.35	71.0	81.0	16.0	17.0
40	1½	48.9	40.1	33.2	27.2	6.35	5.54	8.92	7.80	12.70	11.12	12.5	12.5	32.0	11.2	12.7	15.7	50.8	49.2	9.5	5.08	7.14	81.0	98.0	17.0	21.0
50	2	61.2	51.7	42.1	37.4	6.93	6.04	10.92	9.50	13.84	12.12	16.0	19.0	41.0	12.7	15.7	19.0	57.2	61.9	9.5	5.54	8.74	98.0	151.0	21.0	30.0
65	2½	73.9	61.2	—	—	8.76	7.62	—	—	—	—	16.0	19.0	43.0	15.7	—	—	63.5	73.0	9.5	7.01	—	151.0	—	30.0	—
80	3	89.9	76.4	—	—	9.52	8.30	—	—	—	—	16.0	19.0	44.5	19.0	—	—	69.9	88.9	9.5	7.62	—	184.0	—	57.0	—
100	4	115.5	100.7	—	—	10.69	9.35	—	—	—	—	19.0	19.0	48.0	22.4	—	—	76.2	114.3	9.5	8.56	—	201.0	—	66.0	—

① 当选用Ⅱ系列的钢管时，其承插孔径和流通孔径应按Ⅱ系列钢管尺寸配制，其余尺寸应符合标准规定。

② 承插孔周边的平均壁厚不应小于平均值，局部允许达到最小值。

螺纹管件——45°弯头、90°弯头、三通和四通

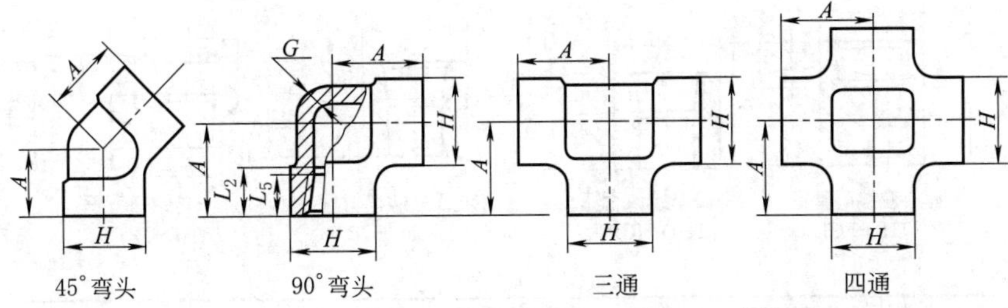

表 9-3-19

mm

公称尺寸 DN	螺纹尺寸代号 NPT	中心至端面 A						端部外径 H			本体壁厚 G_{min}			完整螺纹长度 L_{5min}	有效螺纹长度 L_{2min}
		90°弯头、三通和四通			45°弯头										
		2000	3000	6000	2000	3000	6000	2000	3000	6000	2000	3000	6000		
6	⅛	21	21	25	17	17	19	22	22	25	3.18	3.18	6.35	6.4	6.7
8	¼	21	25	28	17	19	22	22	25	33	3.18	3.30	6.60	8.1	10.2
10	⅜	25	28	33	19	22	25	25	33	38	3.18	3.51	6.98	9.1	10.4
15	½	28	33	38	22	25	28	33	38	46	3.18	4.09	8.15	10.9	13.6
20	¾	33	38	44	25	28	33	38	46	56	3.8	4.32	8.53	12.7	13.9
25	1	38	44	51	28	33	35	46	56	62	3.68	4.98	9.93	14.7	17.3
32	1¼	44	51	60	33	35	43	56	62	75	3.89	5.28	10.59	17.0	18.0
40	1½	51	60	64	35	43	44	62	75	84	4.01	5.56	11.07	17.8	18.4
50	2	60	64	83	43	44	52	75	84	102	4.27	7.14	12.09	19.0	19.2
65	2½	76	83	95	52	52	64	92	102	121	5.61	7.65	15.29	23.6	28.9
80	3	86	95	106	64	64	79	109	121	146	5.99	8.84	16.64	25.9	30.5
100	4	106	114	114	79	79	79	146	152	152	6.55	11.18	18.97	27.7	33.0

螺纹管件——内外螺纹 90°弯头

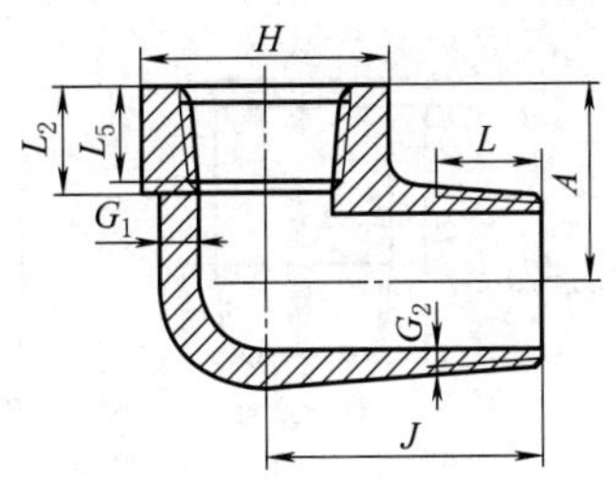

表 9-3-20

mm

公称尺寸 DN	螺纹尺寸代号 NPT	中心至内螺纹端面 A①		中心至外螺纹端面 J		端部外径 H②		本体壁厚 G_{1min}		本体壁厚 G_{2min}③		内螺纹完整长度 L_{5min}	内螺纹有效长度 L_{2min}	外螺纹长度 L_{min}
		3000	6000	3000	6000	3000	6000	3000	6000	3000	6000			
6	⅛	19	22	25	32	19	25	3.18	5.08	2.74	4.22	6.4	6.7	10
8	¼	22	25	32	38	25	32	3.30	5.66	3.22	5.28	8.1	10.2	11
10	⅜	25	28	38	41	32	38	3.51	6.98	3.50	5.59	9.1	10.4	13
15	½	28	35	41	48	38	44	4.09	8.15	4.16	6.53	10.9	13.6	14
20	¾	35	44	48	57	44	51	4.32	8.53	4.88	6.86	12.7	13.9	16
25	1	44	51	57	66	51	62	4.98	9.93	5.56	7.95	14.7	17.3	19
32	1¼	51	54	66	71	62	70	5.28	10.59	5.56	8.48	17.0	18.0	21
40	1½	54	64	71	84	70	84	5.56	11.07	6.25	8.89	17.8	18.4	21
50	2	64	83	84	105	84	102	7.14	12.09	7.64	9.70	19.0	19.2	22

① 制造商也可以选择使用表 9-3-19 中 90°弯头的 A 尺寸。
② 制造商也可以选择使用表 9-3-19 中的 H 尺寸。
③ 加工螺纹前的壁厚。

螺纹管件（管箍和管帽）

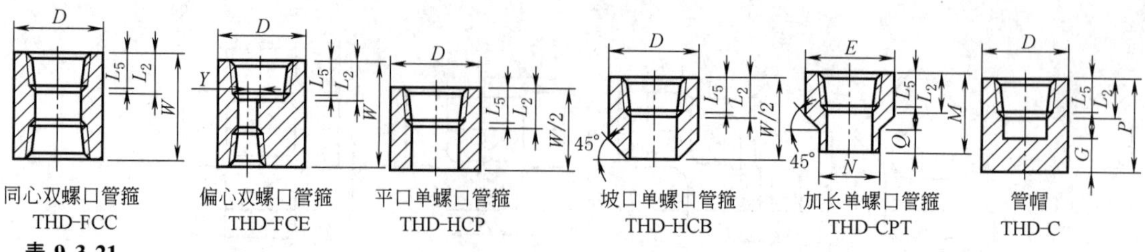

同心双螺口管箍 THD-FCC　偏心双螺口管箍 THD-FCE　平口单螺口管箍 THD-HCP　坡口单螺口管箍 THD-HCB　加长单螺口管箍 THD-CPT　管帽 THD-C

表 9-3-21

mm

公称尺寸 DN	螺纹尺寸代号 NPT	端面至端面 W		端面至端面 P		外径 D		顶部厚度 G_{min}		大端外径 E		端面至端面 M	加长外径 N	加长长度 Q	完整螺纹长度 L_{5min}	有效螺纹长度 L_{2min}
		3000	6000	3000	6000	3000	6000	3000	6000	3000	6000					
6	⅛	32		19	—	16	22	4.8	—	—	—	—	—	—	6.4	6.7
8	¼	35		25	27	19	25	4.8	6.4	23.8	25.4	30.2	17.5	9.5	8.1	10.2
10	⅜	38		25	27	22	32	4.8	6.4	27.0	31.8	30.2	20.7	9.5	9.1	10.4
15	½	48		32	33	28	38	6.4	7.9	33.4	38.1	33.4	23.8	9.5	10.9	13.6
20	¾	51		37	38	35	44	6.4	7.9	38.1	44.5	34.9	27.0	9.5	12.7	13.9
25	1	60		41	43	44	57	9.7	11.2	46.1	87.2	42.9	33.4	9.5	14.7	17.3
32	1¼	67		44	46	57	64	9.7	11.2	55.6	63.5	47.6	42.9	9.5	17.0	18.0
40	1½	79		44	48	64	76	11.2	12.7	63.5	76.2	50.8	49.2	9.5	17.8	18.4
50	2	86		48	51	76	92	12.7	15.7	79.4	92.1	57.2	61.9	9.5	19.0	19.2
65	2½	92		60	64	92	108	15.7	19.0	92.1	108.0	63.5	73.0	9.5	23.6	28.9
80	3	108		65	68	108	127	19.0	22.4	111.1	127.0	69.9	88.9	9.5	25.9	30.5
100	4	121		68	75	140	159	22.4	28.4	141.3	158.8	76.2	114.3	9.5	27.7	33.0

注：偏心管件偏心距 Y 的解释见本节“（5）偏心异径管件的偏心距”。

螺纹管件（管塞和内外螺纹接头）

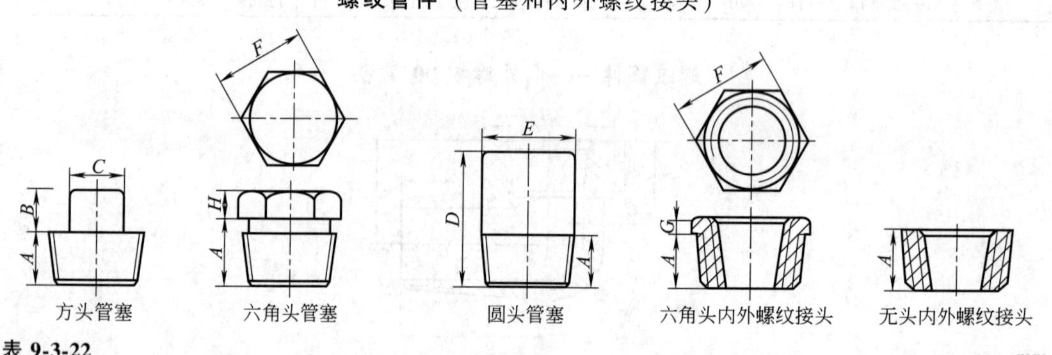

方头管塞　六角头管塞　圆头管塞　六角头内外螺纹接头　无头内外螺纹接头

表 9-3-22

mm

公称尺寸 DN	螺纹尺寸代号 NPT	螺纹长度 A_{min}	方头高度 B_{min}	方头对边宽度 C_{min}	圆头直径 E	总长 D_{min}	六角头厚度 H_{min}	六角头厚度 G_{min}	六角头对边宽度 F
6	⅛	10	6	7	10	35	6	—	11
8	¼	11	6	10	14	41	6	3	16
10	⅜	13	8	11	18	41	8	4	18
15	½	14	10	14	21	44	8	5	22
20	¾	16	11	16	27	44	10	6	27
25	1	19	13	21	33	51	10	6	36
32	1¼	21	14	24	43	51	14	7	46
40	1½	21	16	28	48	51	16	8	50
50	2	22	18	32	60	64	18	9	65
65	2½	27	19	36	73	70	19	10	75
80	3	28	21	41	89	70	21	10	90
100	4	32	25	65	114	76	25	13	115

注：内螺纹接头不应使用在可能受到内部压力以外载荷的受力情况；表中管件无压力等级区分。

螺纹管件（六角双螺纹接头和螺纹短节）

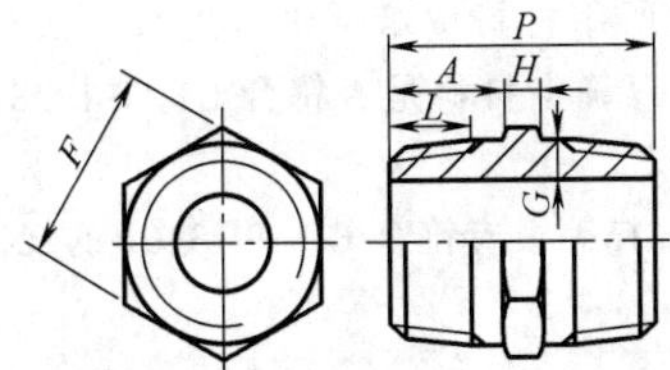

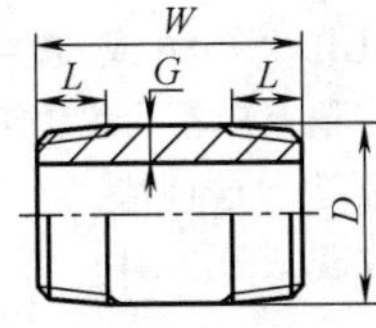

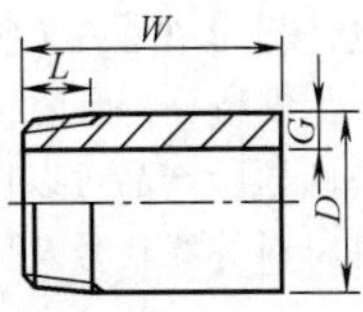

表 9-3-23 mm

公称尺寸 DN	螺纹尺寸代号 NPT	六角厚度 H_{min}	六角对边宽度 F	单边长度 A_{min}	端面至端面 P_{min}	本体厚度 $G_{min}^{①}$			端面至端面 W_{min}			外径 D_{min}	外螺纹长度 L_{min}
		2000/3000/6000	2000/3000/6000	2000/3000/6000	2000/3000/6000	2000	3000	6000	2000/3000/6000 W-1	W-2	W-3		
6	⅛	6	11	15	36	2.41	3.15	4.83	50	75	100	10.2	10
8	¼	6	16	16	38	3.02	3.68	6.05	50	75	100	13.5	11
10	⅜	8	18	18	44	3.20	4.01	6.40	50	75	100	17.2	13
15	½	8	22	20	48	3.73	4.78	7.47	50	75	100	21.3	14
20	¾	10	27	22	54	3.91	5.56	7.82	50	75	100	26.9	16
25	1	10	36	25	60	4.55	6.35	9.09	50	75	100	33.7	19
32	1¼	12	46	27	66	4.85	6.35	9.70	75	100	150	42.4	21
40	1½	16	50	27	70	5.08	7.14	10.15	75	100	150	48.3	21
50	2	18	65	28	74	5.54	8.74	11.07	75	100	150	60.3	22
65	2½	19	75	35	89	7.01	9.53	14.02	100	150	200	73.0	27
80	3	21	90	36	93	7.62	11.13	15.24	100	150	200	88.9	28
100	4	25	115	40	105	8.56	13.49	17.12	100	150	200	114.3	32

① 加工螺纹前的壁厚。

（4）异径管件的尺寸

1）除六角双螺纹接头以外，异径管件应具有与其大端的等径管件相同的外形尺寸。异径管件小端的承插孔径、承插孔深度和螺纹长度应按小端公称尺寸对应的尺寸规定。异径管件的流通孔径应按小端公称尺寸对应的尺寸规定。

2）异径管件尺寸的表示方法如下：

① 对于有两个接管尺寸的管件，首先给出大端的公称尺寸，然后给出小端的公称尺寸；

② 对于三通，首先给出主管大端的公称尺寸，其次给出与主管大端相对一端的公称尺寸，最后给出支管端的公称尺寸，见图 9-3-3（a）；

③ 对于四通，首先给出最大端的公称尺寸，其次给出与最大端相对一端的公称尺寸，第三给出另外两端中较大一端的公称尺寸，最后给出剩余一端的公称尺寸，见图 9-3-3（b）。

DN20
DN32
DN40

(a) 三通DN40×20×32

DN20
DN32
DN15
DN40

(b) 四通DN40×20×32×15

图 9-3-3 异径三通和四通公称尺寸的表示方法

（5）偏心异径管件的偏心距

偏心异径管件的偏心距 Y 等于大端连接钢管内半径（$d_1/2$）与小端连接钢管内半径（$d_2/2$）的差值，详见图 9-3-4。

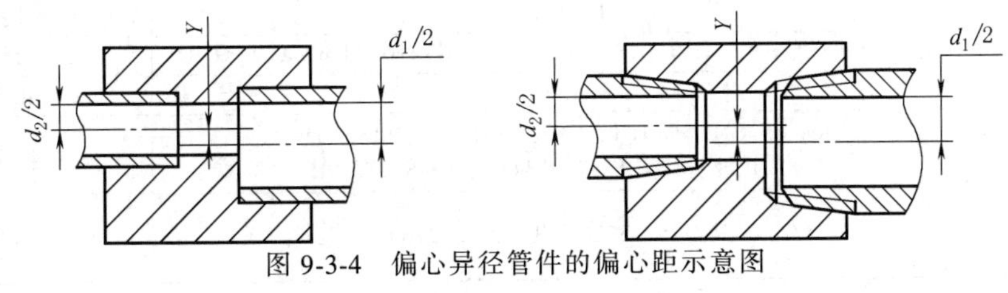

图 9-3-4 偏心异径管件的偏心距示意图

2.2.5 材料

1）制造管件的常用原材料为镇静钢的锻件或棒材。制造商应对所用材料按熔炼炉号进行一次化学成分分析，分析方法按 GB/T 223（所有部分）、GB/T 4386 或 GB/T 11170，以确定材料是否符合 GB/T 14383—2021 之表 12 的要求，成品分析时的化学成分允许偏差应符合 GB/T 222 的规定。

2）空心圆柱状产品可以用无缝钢管制造。这种情况下，管件的材料等级应符合 GB/T 13401 的规定。

3）管件材料等级代号及所代表的意义见表 9-3-24。

表 9-3-24　管件材料等级代号及意义

等级代号	英文内容	中文意义	后接数字(＊＊＊)意义	后缀字母意义(如有)
CF＊＊＊(K)	Carbon steel fitting	碳素钢管件	管件的最低抗拉强度	K 代表该等级需要保证 20℃时的冲击试验合格
AF＊＊＊(G)	Alloy steel fitting	合金钢管件	采用了行业内熟悉的特征数字	G 代表该等级具有较高的拉伸性能
LF＊＊＊(KX)	Low temperature steel fitting	低温用钢管件	管件的最低抗拉强度	K1、K2、K3 和 K4 分别代表最低使用温度为－20℃、－46℃、－100℃和－196℃
SF＊＊＊(X)	Stainless steel fitting	不锈钢管件	采用了行业内熟悉的特征数字	L、H 分别代表较低和较高的碳含量

2.2.6 热处理

1）通常情况下，对于冷成形或热成形的碳素钢、低合金钢和不锈钢等铁基材料的管件，应按不同的材料要求进行退火、正火、正火加回火、固溶或固溶加稳定化等方式的热处理。当制造条件满足下列要求时，可不进行热处理。除本条以外的金属材料制造的管件，其热处理由供需双方商定。

① 碳素钢管件的终锻温度不低于 700℃的（不包括低温用钢中的碳素钢管件）；

② 直接用棒材或无缝管切削加工制造的管件，且材料出厂时已经过热处理或碳素钢材料为热轧状态。

2）对于需要进行热处理的管件，如果订货技术要求或相关材料标准对热处理有规定的，应按订货技术要求或相关材料标准的规定进行；如果订货技术要求或相关材料标准没有对热处理做出规定，制造商应制定相应的热处理工艺。不论何种情况，制造商均应对所采用的热处理工艺进行评定，以验证所采用的热处理工艺满足材料的性能要求；并且制造商应保存热处理工艺评定文件，需要时提供给采购方查验，以证明所采用的热处理工艺的正确性。

3）在锻制成型后和热处理之前，锻件应冷却到低于相变区的温度。

4）对于材料等级为 SF304、SF304L、SF316、SF316L 的锻件，在终锻温度不低于 1040℃时，可在终锻后快速入水冷却，以替代固溶处理。

5）如果没有另外规定，常用材料的热处理要求可按表 9-3-25。

表 9-3-25　常用材料的热处理要求

材料类别	材料等级	热处理方式
碳素钢	CF145、CF145K	正火或退火
	CF485、CF485K	正火或正火+回火
低温用钢	LF415K1、LF415K2、LF485K2	正火或正火+回火
	LF450K3	正火、正火+回火或淬火+回火
	LF680K4	正火+回火或淬火+回火
合金钢	AF11、AF11G、AF12、AF2G、AF14、AF22、AF22G、AF5、AF5G、AF9、AF9G	退火或正火+回火
	AF91	正火+回火
奥氏体不锈钢	SF304、SF304L、SF304H、SF310、SF316、SF316L、SF316H、SF321、SF321H、SF347、SF347H、SF348、SF348H	固溶处理
奥氏体-铁素体双相不锈钢	SF2225、SF2205、SF2507、SF2760	固溶处理

2.2.7 管件标志及示例

每个管件均应采用锻出凸字、低应力钢印、雕刻、喷码或电蚀等永久性标志的方法，在管件的端部凸缘或凸出位置标出清晰可见的标志；圆柱状管件应标记在外径且在安装后标志不会消失的部位。当采用钢印标志时，不应使印迹侵入管件最小壁厚。

管件标志应包括以下内容：

a）制造商名称或商标

b）材料等级

c）产品编号或原材料熔炼炉号

d）压力等级

e）公称尺寸（Ⅰ系列外径不需要加注，Ⅱ系列尺寸要加注Ⅱ）或螺纹尺寸代号；螺纹短节还应标明端面至端面的长度类型代号

f）品种代号

g）合同要求的其他内容

例 1：材料等级为 CF415、压力等级为 3000、公称尺寸为 DN40×40 的承插焊 45°弯头标志为：

制造商名称或商标 CF415 产品编号或材料熔炼炉号 3000 DN40 SW-45E

例 2：材料等级为 AF11、压力等级为 3000、公称尺寸为 DN40×25 的Ⅱ系列外径的偏心双承口管箍标志为：

制造商名称或商标 AF11 产品编号或材料熔炼炉号 3000 DN40×25-Ⅱ SW-FCE

例 3：材料等级为 LF485K2、冲击试验温度为-50℃、压力等级为 6000、公称尺寸为 DN40×20×32×15 的螺纹四通标志为：

制造商名称或商标 LF485K2 S050 产品编号或材料熔炼炉号 6000 DN40×20×32×15 THD-CR

例 4：材料等级为 SF304/304L、压力等级为 2000、螺纹代号为 NPT1½、长度类型为 W-2 的双头螺纹短节标志为：

制造商名称或商标 SF304/304L 产品编号或材料熔炼炉号 2000 NPT 1½ W-2 THD-PNBE

2.2.8 与管件连接的钢管尺寸

表 9-3-26　　钢管外径和壁厚（摘自 GB/T 14383—2021）　　mm

公称尺寸		外径		公称壁厚			
DN	NPS	Ⅰ系列	Ⅱ系列	XS	Sch80	Sch160	XXS
6	⅛	10.3	—	2.41	2.41	3.15	4.83
8	¼	13.5	—	3.02	3.02	3.68	6.05
10	⅜	17.2	14	3.20	3.20	4.01	6.40
15	½	21.3	18	3.73	3.73	4.78	7.47
20	¾	26.9	25	3.91	3.91	5.56	7.82
25	1	33.7	32	4.55	4.55	6.35	9.09
32	1¼	42.4	38	4.85	4.85	6.35	9.70
40	1½	48.3	45	5.08	5.08	7.14	10.15
50	2	60.3	57	5.54	5.54	8.74	11.07
65	2½	73.0	76	7.01	7.01	9.53	14.02
80	3	88.9	89	7.62	7.62	11.13	15.24
100	4	114.3	108	8.56	8.56	13.49	17.12

注：1. 除 DN6~DN10（NPS 1/8~NPS 3/8）Sch160 和 XXS 的钢管壁厚值为本表规定外，其余数值与 GB/T 28708 相同。

2. 本标准并不限制采用本表以外的接管壁厚；采用本表以外的接管壁厚，当使用壁厚更厚的钢管时，管件的强度决定了系统的承压能力，当使用壁厚更薄的钢管时，钢管的强度决定了系统的承压能力。

3 真空法兰（摘自 GB/T 6070—2007）

本节介绍的真空法兰适用于低、中、高真空设备用的固定法兰、活套法兰和卡钳法兰的尺寸，其尺寸在三者间可互换。

3.1 有关规定

1）法兰尺寸是加工成型的尺寸，不包括加工余量。在表 9-3-30 和表 9-3-31 中的公称通径为 10~40mm 的法兰与 GB/T 4982—2003 相配合一致。

2）法兰用材料一般为 Q235A 或 20 钢，要求无磁或用于腐蚀介质的用奥氏体不锈钢。选用其他材料时应满足 GB/T 6070 附录 A 法兰线密封载荷和焊接的要求。

3）公称通径都符合 GB/T 321—2005 中 R10 系列。

4）螺栓孔直径 C 的值由螺栓直径 d 得到，与 GB/T 5277—1985 中间系列一致。

5）法兰配合面是一个环形平面，其表面粗糙度和平面度要求要保证连接处的密封性。

6）最小的密封面由 D、D_2、D_3 值决定。

7）固定法兰和活套法兰的外径 D_1 应符合：按 GB/T 5286—2001 选用平垫圈，平垫圈外径不能超出法兰外圆周线的范围。

8）螺栓孔位置按图 9-3-5 所示排列，α 角由螺栓孔数 n 决定，n 根据 GB/T 6070 附录 A 中所列出的线密封载荷及给定的螺栓应力得出。

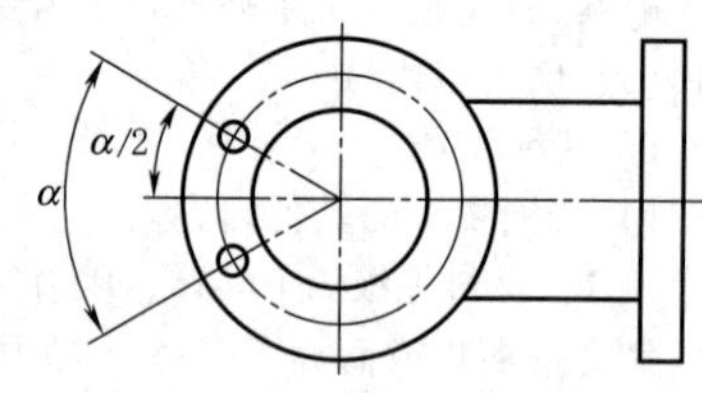

图 9-3-5　螺栓孔位置

9）考虑因所用夹紧装置的差异，夹紧装置接触面的最大直径由 D_4 决定。

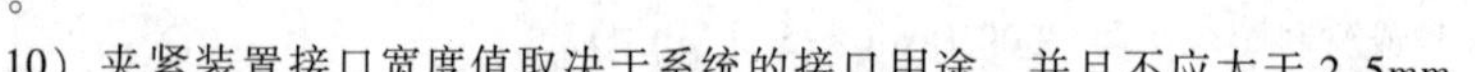

10）夹紧装置接口宽度值取决于系统的接口用途，并且不应大于 2.5mm。

3.2 配合尺寸

表 9-3-27~表 9-3-29 给出的一系列配合符号的尺寸，符合 GB/T 1800.1—2009、GB/T 1800.2—2009 的规定。

固定法兰

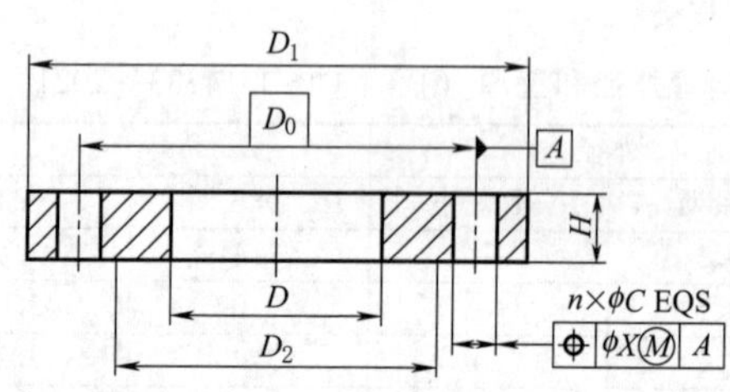

表 9-3-27

mm

公称尺寸 DN	D	D_0	D_1	D_2	H js16	C H13	X	螺栓	
								d	n
10	12.2	40	55	30	8	6.6	0.6	6	4
16	17.2	45	60	35	8	6.6	0.6	6	4
20	22.2	50	65	40	8	6.6	0.6	6	4
25	26.2	55	70	45	8	6.6	0.6	6	4
32	34.2	70	90	55	8	9	1	8	4
40	41.2	80	100	65	12	9	1	8	4
50	52.2	90	110	75	12	9	1	8	4
63	70	110	130	95	12	9	1	8	4
80	83	125	145	110	12	9	1	8	8
100	102	145	165	130	12	9	1	8	8
125	127	175	200	155	16	11	1	10	8
160	153	200	225	180	16	11	1	10	8
200	213	260	285	240	16	11	1	10	12
250	261	310	335	290	16	11	1	10	12
320	318	395	425	370	20	14	2	12	12
400	400	480	510	450	20	14	2	12	16

续表

公称尺寸 DN	D	D_0	D_1	D_2	H js16	C H13	X	螺栓	
								d	n
500	501	580	610	550	20	14	2	12	16
630	651	720	750	690	24	14	2	12	20
800	800	890	920	860	24	14	2	12	24
1000	1000	1090	1120	1060	24	14	2	12	32
1250	1250	1404	1440	1340	28	19	2.5	16	32
1600	1600	1755	1790	1705	30	19	2.5	16	32
1800	1800	1940	1980	1920	32	24	2.5	20	32
2000	2000	2205	2245	2140	32	24	2.5	20	32

卡钳法兰

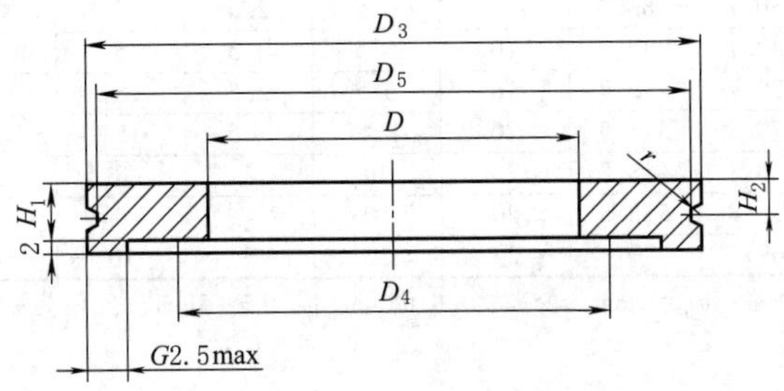

表 9-3-28 mm

公称尺寸 DN	D	H_1 js16	H_2 H14	r B10	D_3 h11	D_4	D_5 h11
10	12.2	6	3	1	30	15	28
16	17.2	6	3	1	35	20	33
20	22.2	6	3	1	40	25	38
25	26.2	6	3	1	45	30	43
32	34.2	6	3	1	55	40	53
40	41.2	10	5	1.5	65	50	62
50	52.2	10	5	1.5	75	60	72
63	70	10	5	1.5	95	80	92
80	83	10	5	1.5	110	95	107
100	102	10	5	1.5	130	115	127
125	127	10	5	2.5	155	140	150
160	153	10	5	2.5	180	165	175
200	213	10	5	2.5	240	225	235
250	261	10	5	2.5	290	275	285
320	318	15	7.5	2.5	370	355	365
400	400	15	7.5	4	450	435	442
500	501	15	7.5	4	550	535	542
630	651	20	10	5	690	660	680

活套法兰

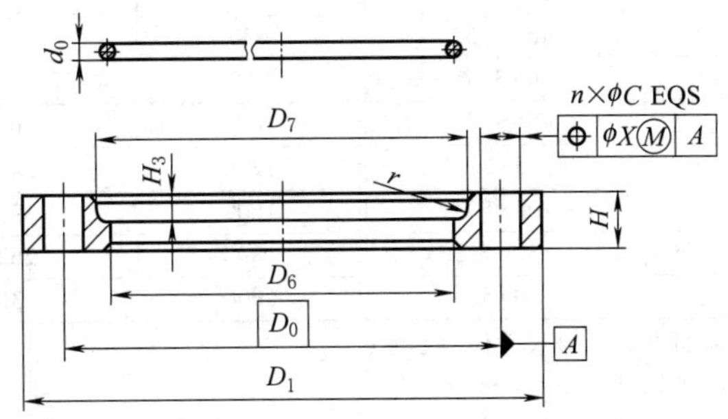

表 9-3-29 mm

公称尺寸 DN	D_0	D_1	D_6 H11	D_7 H14	H js16	H_3	r B10	d_0[1]	C H13	X	螺栓	
											d	n
10	40	55	30.1	32.1	8	3	1	2	6.6	0.6	6	4
16	45	60	35.1	37.1	8	3	1	2	6.6	0.6	6	4
20	50	65	40.1	42.1	8	3	1	2	6.6	0.6	6	4
25	55	70	45.1	47.1	8	3	1	2	6.6	0.6	6	4
32	70	90	55.5	57.5	8	3	1	2	9	1	8	4
40	80	100	65.5	68.5	12	5.5	1.5	3	9	1	8	4
50	90	110	75.5	78.5	12	5.5	1.5	3	9	1	8	4
63	110	130	95.5	98.5	12	5.5	1.5	3	9	1	8	4
80	125	145	110.5	113.5	12	5.5	1.5	3	9	1	8	8
100	145	165	130.5	133.5	12	5.5	1.5	3	9	1	8	8
125	175	200	155.7	160.7	16	6.5	2.5	5	11	1	10	8
160	200	225	180.7	185.7	16	6.5	2.5	5	11	1	10	8
200	260	285	240.7	245.7	16	6.5	2.5	5	11	1	10	12
250	310	335	290.7	295.7	16	6.5	2.5	5	11	1	10	12
320	395	425	370.8	375.8	20	8.5	2.5	5	14	2	12	12
400	480	510	450.8	458.8	20	10	4	8	14	2	12	16
500	580	610	550.8	558.8	20	10	4	8	14	2	12	16
630	720	750	691	701	24	12	5	10	14	2	12	20

① 卡环直径 d_0 建议用下列公差：$d_0=2$mm，公差为±0.02mm；$d_0=3\sim5$mm，公差为±0.025mm；$d_0=8\sim10$mm，公差为±0.030mm。

3.3 法兰线密封载荷（摘自 GB/T 6070—2007）

在下列使用条件下，法兰的线密封载荷为 δ 值（见图 9-3-6 和表 9-3-30）。

$$\delta=\frac{200nS}{\pi(d_1+d_2)}$$

式中 δ——n 个螺栓以 200N/mm² 应力均布施压在胶圈上的线密封载荷，N/mm；

n——螺栓数目；

S——螺栓截面面积，mm²；

d_1——密封圈内径，mm；

d_2——密封圈压缩前截面直径，mm。

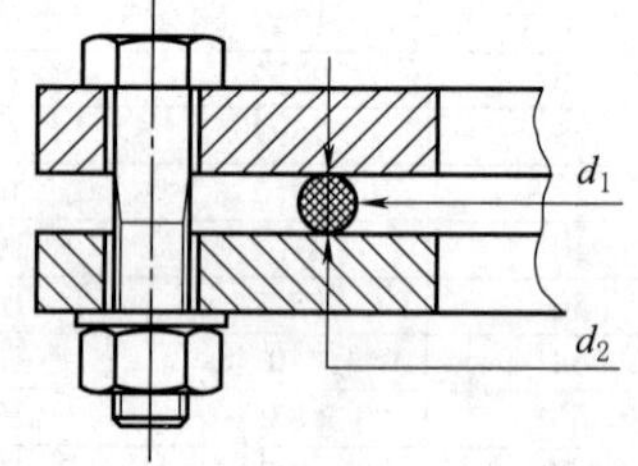

图 9-3-6 1 个螺栓与 O 形圈组合

表 9-3-30 法兰线密封载荷及对应 O 形圈

公称尺寸 DN/mm	δ[2] 常用值 /N·mm⁻¹	采用 O 形圈 GB/T 3452.1	公称尺寸 DN/mm	δ[2] 常用值 /N·mm⁻¹	采用 O 形圈 GB/T 3452.1
10	273.18	15×2.65	200	188.24	218×5.3
16	212.88	20×2.65	250	155.51	265×5.3
20	174.38	25×2.65	320	185.31	325×5.3
25	147.67	30×2.65	400	194.77	412×7
32	214.28	38.5×2.65	500	156.34	515×7
40	185.06	45×2.65	630	153.20	658.88×6.99[1]
50	148.07	56×3.55	800	149.83	810×7[1]
63	112.26	75×3.55	1000	160.49	1010×7[1]
80	193.69	87.5×3.55	1250	240.97	1260×10[1]
100	158.45	106×5.3	1600	188.91	1610×10[1]
125	204.10	132×5.3	1800	262.52	1810×12[1]
160	169.52	160×5.3	2000	236.55	2010×12[1]

① 在 GB/T 3452.1—2005 中没有此规格，该尺寸作为参考。
② 该值作为指导用，根据所选用密封圈的不同而不同。

3.4 密封槽结构及法兰连接形式（摘自 GB/T 6070—2007）

（1）密封槽结构形式及尺寸要求

密封槽结构形式为法兰开槽或平法兰加内定位圈用圆形密封圈密封。密封槽应开在迎着气流方向的法兰平面上。密封槽所用密封圈规格见表 9-3-30，密封槽尺寸见表 9-3-31。内定位圈所用密封圈截面直径分别为 5.3mm、7mm、10mm 三种规格，内定位圈尺寸见表 9-3-31。

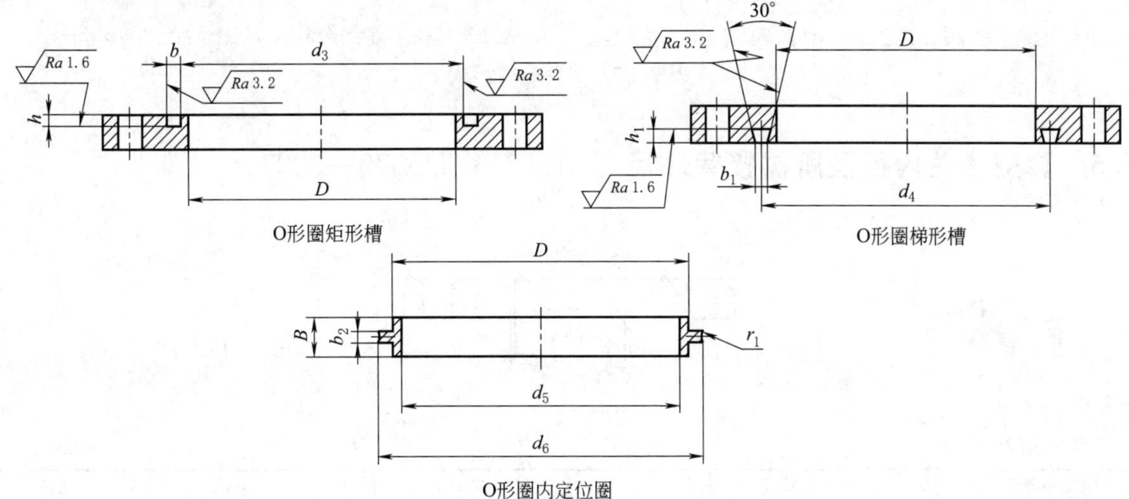

O形圈矩形槽　　O形圈梯形槽

O形圈内定位圈

表 9-3-31　　密封槽、内定位圈尺寸　　mm

公称尺寸 DN	D	矩形密封槽					梯形密封槽					内定位圈				
		d_3	b		h		d_4	b_1		h_1		d_5 max	d_6	b_2	B	r_1
			尺寸	公差	尺寸	公差		尺寸	公差	尺寸	公差					
10	12.2	15	2.7	$^{+0.1}_{0}$	2	$^{0}_{-0.1}$	18	2.4	$^{+0.1}_{0}$	1.9	$^{0}_{-0.1}$	10	15.3	3.9	8	2.6
16	17.2	20	2.7		2		23	2.4		1.9		16	18.5	3.9	8	2.6
20	22.2	25	2.7		2		28	2.4		1.9		20	25	3.9	8	2.6
25	26.2	30	2.7		2		33	2.4		1.9		25	28.5	3.9	8	2.6
32	34.2	39	2.7		2		42	2.4		1.9		32	36.5	3.9	8	2.6
40	41.2	45	2.7		2		48	2.4		1.9		40	43	3.9	8	2.6
50	52.2	56	3.6		2.6		60	3.2		2.6		50	55	3.9	8	2.6
63	70	76	3.6		2.6		80	3.2		2.6		67	76	3.9	8	2.6
80	83	88	3.6		2.6		92	3.2		2.6		80	88	3.9	8	2.6
100	102	107	5.3	$^{+0.2}_{0}$	4	$^{0}_{-0.2}$	113	4.8	$^{+0.2}_{0}$	4	$^{0}_{-0.2}$	99	107	3.9	8	2.6
125	127	133	5.3		4		140	4.8		4		124	132	3.9	8	2.6
160	153	161	5.3		4		168	4.8		4		150	159	3.9	8	2.6
200	213	220	5.3		4		226	4.8		4		210	219	3.9	8	2.6
250	261	268	5.3		4		274	4.8		4		258	267	3.9	8	2.6
320	318	328	5.3		4		334	4.8		4		314	328	5.6	12	3.5
400	400	415	7		5.2		422	6.3		5.2		396	409	5.6	12	3.5
500	501	518	7		5.2		525	6.3		5.2		496	511	5.6	12	3.5
630	651	663	7		5.2		670	6.3		5.2		646	663	5.6	12	3.5
800	800	815	7		5.2		822	6.3		5.2		796	815	5.6	12	3.5
1000	1000	1015	7		5.2		1022	6.3		5.2		996	1010	5.6	12	3.5
1250	1250	1265	10	$^{+0.3}_{0}$	7.5	$^{0}_{-0.3}$	1275	9	$^{+0.3}_{0}$	7.5	$^{0}_{-0.3}$	1246	1265	7.8	15	5
1600	1600	1616	10		7.5		1626	9		7.5		1596	1615	7.8	15	5
1800	1800	1816	12		7.5		1826	11		9.5		1796	1815	7.8	15	5
2000	2000	2016	12		7.5		2026	11		9.5		1996	2015	7.8	15	5

(2) 法兰连接形式（见图 9-3-7）

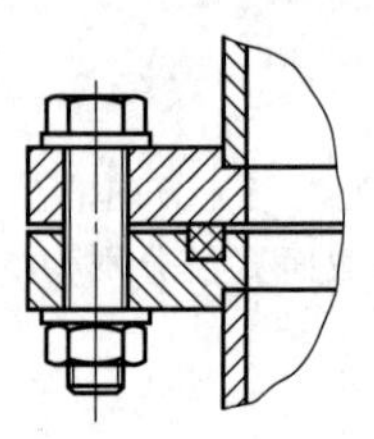
(a) 固定法兰与固定法兰连接

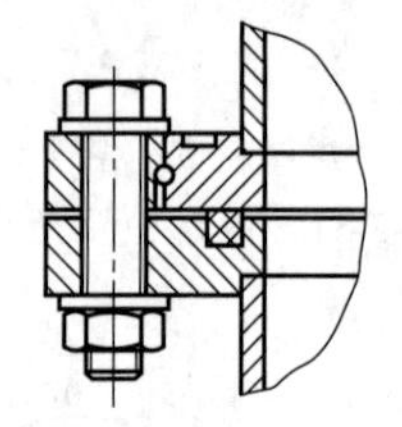
(b) 固定法兰与活套法兰连接

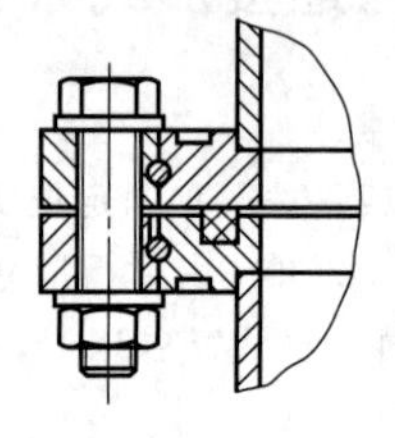
(c) 活套法兰与活套法兰连接

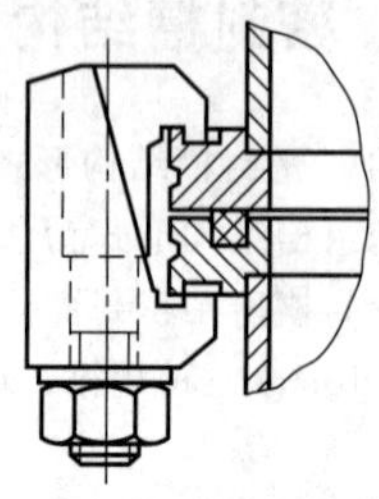
(d) 活套法兰用钩头螺栓连接

图 9-3-7　法兰连接形式

3.5　真空法兰内径及所需接管外径（摘自 GB/T 6070—2007）

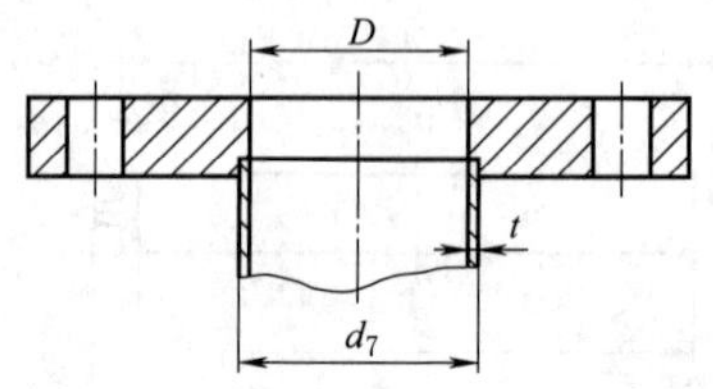

表 9-3-32

mm

公称尺寸 DN	D	$d_7$①	t①	公称尺寸 DN	D	$d_7$①	t①
10	12.2	16	2	200	213	219	3
16	17.2	20	2	250	261	267②	3
20	22.2	25	2	320	318	325	3
25	26.2	30	2	400	400	406	3
32	34.2	38	2	500	501	509②	4
40	41.2	45	2	630	651	660②	5
50	52.2	57	3	800	800	812②	6
63	70	76	3	1000	1000	1016②	8
80	83	89	3	1250	1250	1274②	12
100	102	108	3	1600	1600	1628②	14
125	127	133	3	1800	1800	1832②	16
160	153	159	3	2000	2000	2036②	18

① d_7、t 数值取自 GB/T 17395，作为指导用。
② 在 GB/T 17395 中没有此规格，该尺寸作为参考。

4　钢制管法兰（摘自 GB/T 9124.1~9124.2—2019）

钢制管法兰的国标由 GB/T 9112~9224—2010 系列的 13 个标准，整合成 GB/T 9124.1—2019《钢制管法兰 第 1 部分：PN 系列》和 GB/T 9124.2—2019《钢制管法兰 第 2 部分：Class 系列》2 项标准，本手册摘自这两个标准。

4.1　钢制管法兰类型及代号

(1) 公称压力

公称压力 PN 系列有 12 个压力等级，Class 标记的有 6 个压力等级。

PN 系列：PN2.5、PN6、PN10、PN16、PN25、PN40、PN100、PN160、PN250、PN320、PN400。

Class 系列：Class150、Class300、Class600、Class900、Class1500、Class2500。

（2）公称尺寸与钢管外径

PN 系列用 DN 标识定义了 39 个规格，Class 系列用 DN（NPS）标识定义了 20 个规格，管法兰的公称尺寸及对应的钢管外径尺寸见表 9-3-33。

表 9-3-33　　管法兰公称尺寸和钢管外径　　mm

用 PN 标记的法兰						用 Class 标记的法兰		
公称尺寸 DN	钢管外径(PN2.5~160)		钢管外径(PN250~400)			公称尺寸		钢管外径
	系列Ⅰ	系列Ⅱ	PN250	PN300	PN400	NPS	DN	系列Ⅰ
10	17.2	14	17.2	17.2	17.2	—	—	—
15	21.3	18	21.3	21.3	26.9	1/2	15	21.3
20	26.9	25	26.9	26.9	33.7	3/4	20	26.9
25	33.7	32	33.7	33.7	42.4	1	25	33.7
32	42.4	38	42.4	42.4	48.3	1¼	32	42.4
40	48.3	45	48.3	48.3	60.3	1½	40	48.3
50	60.3	57	60.3	63.5	76.1	2	50	60.3
65	73.0	76	76.1	88.9	101.6	2½	65	73.0
80	88.9	89	106.1	101.6	114.3	3	80	88.9
100	114.3	108	127.0	133.0	139.7	4	100	114.3
125	141.3	133	152.4	168.3	193.7	5	125	141.3
150	168.3	159	177.8	193.7	219.1	6	150	168.3
200	219.1	219	244.5	244.5	273.0	8	200	219.1
250	273.0	273	298.5	323.9	—	10	250	273.0
300	323.9	325	—	—	—	12	300	323.9
350	355.6	377	—	—	—	14	350	355.6
400	406.4	426	—	—	—	16	400	406.4
450	457	480	—	—	—	18	450	457
500	508	530	—	—	—	20	500	508
—	—	—	—	—	—	22	550	559
600	610	630	—	—	—	24	600	610
700	711	720	—	—	—	—	—	—
800	813	820	—	—	—	—	—	—
900	914	920	—	—	—	—	—	—
1000	1016	1020	—	—	—	—	—	—
1200	1219	1220	—	—	—	—	—	—
1400	1422	1420	—	—	—	—	—	—
1600	1625	1620	—	—	—	—	—	—
1800	1829	1820	—	—	—	—	—	—
2000	2032	2020	—	—	—	—	—	—
2200	2235	2220	—	—	—	—	—	—
2400	2438	2420	—	—	—	—	—	—
2600	2642	2620	—	—	—	—	—	—
2800	2845	2820	—	—	—	—	—	—
3000	3048	3020	—	—	—	—	—	—
3200	3251	3220	—	—	—	—	—	—
3400	3454	3420	—	—	—	—	—	—
3600	3658	3620	—	—	—	—	—	—
3800	3861	3820	—	—	—	—	—	—
4000	4064	4020	—	—	—	—	—	—

注：NPS 是美标用英寸表示的公称管径符号。

(3) 法兰类型及代号

表 9-3-34　　PN 及 Class 标记法兰的类型及代号

PN 标记的法兰类型及代号			
法兰类型	整体法兰	带颈螺纹法兰	对焊法兰
法兰类型代号	IF	Th	WN
法兰简图 EN1092-1 代号	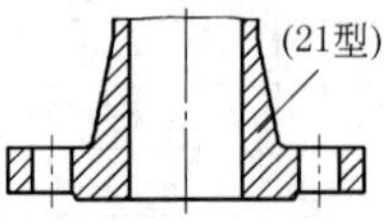 (21型)	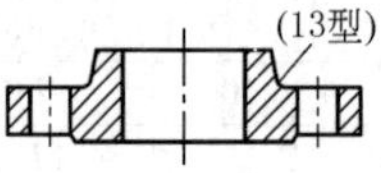 (13型)	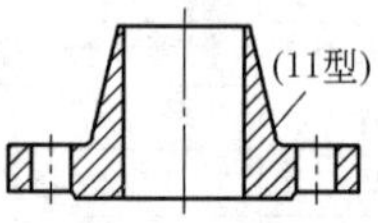 (11型)
法兰类型	带颈平焊法兰	带颈承插焊法兰	板式平焊法兰
法兰类型代号	SO	SW	PL
法兰简图 EN1092-1 代号	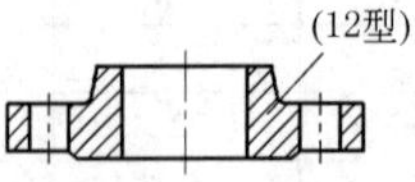 (12型)	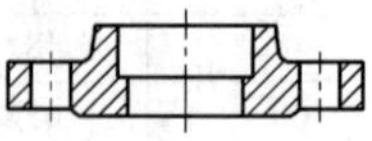	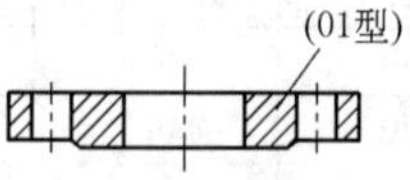 (01型)
法兰类型	A 型对焊环板式松套法兰	B 型对焊环板式松套法兰	平焊环板式松套法兰
法兰类型代号	PL/W-A	PL/W-B	PL/C
法兰简图 EN1092-1 代号	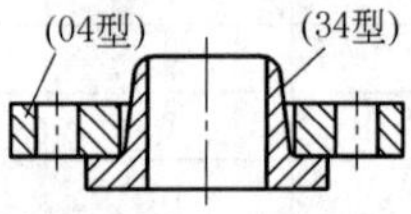 (04型) (34型)	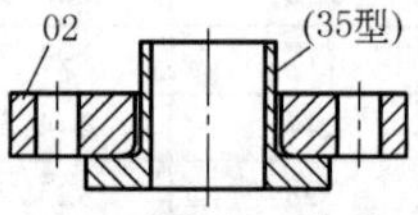 02 (35型)	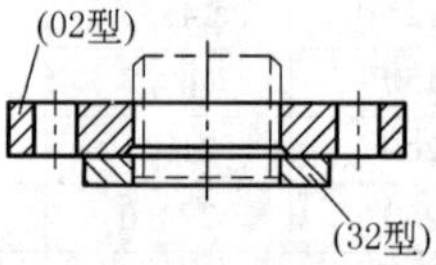 (02型) (32型)
法兰类型	管端翻边板式松套法兰	翻边短节板式松套法兰	法兰盖
法兰类型代号	PL/P-A	PL/P-B	BL
法兰简图 EN1092-1 代号	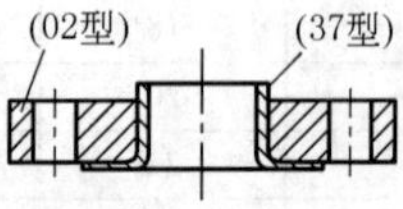 (02型) (37型)	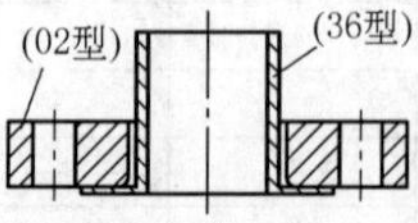 (02型) (36型)	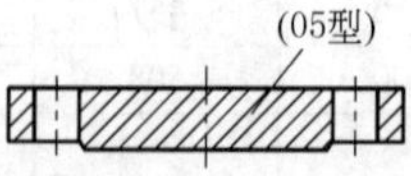 (05型)
Class 标记的法兰类型及代号			
法兰类型	整体法兰	带颈螺纹法兰	对焊法兰
法兰类型代号	IF	Th	WN
法兰简图	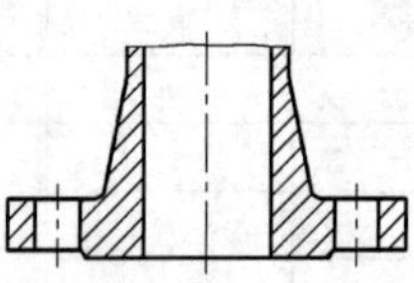	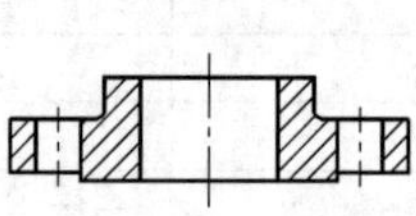	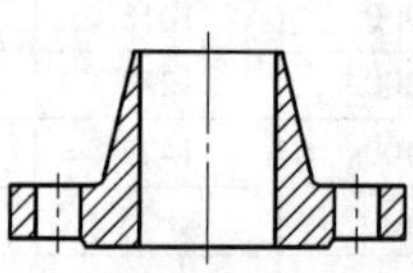
法兰类型	带颈平焊法兰	带颈承插焊法兰	对焊环带颈松套法兰
法兰类型代号	SO	SW	LHL
法兰简图	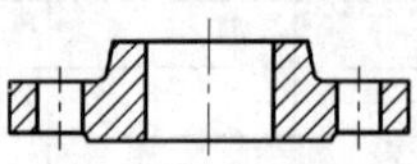	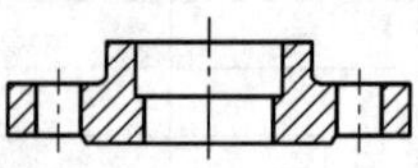	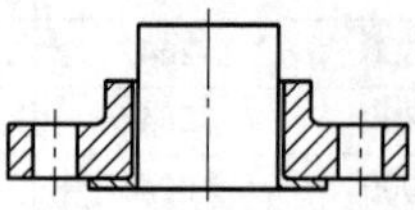
法兰类型	法兰盖		
法兰类型代号	BL		
法兰简图	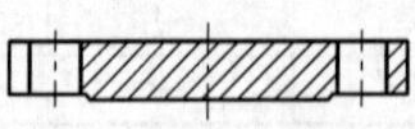		

（4）PN 标记的法兰类型及适用范围

表 9-3-35　　PN 标记的法兰类型及适用范围（摘自 GB/T 9124.1—2019）

法兰类型	密封面形式	公称压力 PN											
		2.5	6	10	16	25	40	63	100	160	250	320	400
整体法兰（IF）	平面(FF)	DN10～DN2000	DN10～DN2000	DN10～DN2000	DN10～DN2000	DN10～DN2000	DN10～DN600	—	—	—	—	—	—
	突面(RF)							DN10～DN400	DN10～DN350	DN10～DN300	DN10～DN300	DN10～DN250	DN10～DN200
	凹凸面(MF)	—	—										
	榫槽面(TG)	—	—					—	—	—	—	—	—
	O 形圈面(OSG)	—	—										
	环连接面(RJ)	—	—	—	—	—	—	DN15～DN400	DN15～DN350	DN15～DN300	DN15～DN300	DN15～DN250	DN15～DN200
带颈螺纹法兰(Th)	平面(FF)	—	DN10～DN150	DN10～DN150	DN10～DN150	DN10～DN150	DN10～DN150	—	—	—	—	—	—
	突面(RF)	DN10～DN150						DN10～DN150	DN10～DN150	—	—	—	—
对焊法兰（WN）	平面(FF)	DN10～DN4000	DN10～DN3600	DN10～DN3000	DN10～DN2000	DN10～DN1000	DN10～DN600	—	—	—	—	—	—
	突面(RF)							DN10～DN400	DN10～DN350	DN10～DN300	DN10～DN250	DN10～DN250	DN10～DN200
	凹凸面(MF)	—	—										
	榫槽面(TG)	—	—										
	O 形圈面(OSG)	—	—					—	—	—	—	—	—
	环连接面(RJ)	—	—	—	—	—	—						
带颈平焊法兰(SO)	平面(FF)	—	DN10～DN300	DN10～DN600	DN10～DN1000	DN10～DN600	DN10～DN600	—	—	—	—	—	—
	突面(RF)	—						DN10～DN600	DN10～DN150	DN10～DN150	—	—	—
	凹凸面(MF)	—	—								—	—	—
	榫槽面(TG)	—	—								—	—	—
	O 形圈面(OSG)	—	—					—	—	—	—	—	—
带颈承插焊法兰(SW)	平面(FF)	—	—	—	DN10～DN50	DN10～DN50	DN10～DN50	—	—	—	—	—	—
	突面(RF)	—	—	—				DN10～DN50	DN10～DN50	—	—	—	—
	凹凸面(MF)	—	—	—						—	—	—	—
	榫槽面(TG)	—	—	—						—	—	—	—
	O 形圈面(OSG)	—	—	—				—	—	—	—	—	—
	环连接面(RJ)	—	—	—	—	—	—	DN10～DN50	DN10～DN50	—	—	—	—
板式平焊法兰(PL)	平面(FF)	DN10～DN1200	DN10～DN2000	DN10～DN1200	DN10～DN1000	DN10～DN800	DN10～DN400	—	—	—	—	—	—
	突面(RF)							DN10～DN400	DN10～DN350	—	—	—	—
A 型对焊板式松套法兰(PL/W-A)	突面(RF)	—	—	DN10～DN600	DN10～DN600	DN10～DN600	DN10～DN600	—	—	—	—	—	—
	凹凸面(MF)	—	—					—	—	—	—	—	—
	榫槽面(TG)	—	—					—	—	—	—	—	—
	O 形圈面(OSG)	—	—					—	—	—	—	—	—
B 型对焊板式松套法兰(PL/W-B)	突面(RF)	DN10～DN1000	DN10～DN1200	DN10～DN1200	DN10～DN1000	DN10～DN800	DN10～DN400	—	—	—	—	—	—
平焊环板式松套法兰(PL/C)	突面(RF)	DN10～DN600	DN10～DN600	DN10～DN600	DN10～DN600	DN10～DN600	DN10～DN600	—	—	—	—	—	—
	凹凸面(MF)	—	—					—	—	—	—	—	—
	榫槽面(TG)	—	—					—	—	—	—	—	—
	O 形圈面(OSG)	—	—					—	—	—	—	—	—
管端翻边板式松套法兰(PL/P-A)	突面(RF)	DN10～DN200	DN10～DN200	DN10～DN200	DN10～DN200	—	—	—	—	—	—	—	—
翻边短节板式松套法兰(PL/P-B)	突面(RF)	DN10～DN500	DN10～DN500	DN10～DN400	DN10～DN400	—	—	—	—	—	—	—	—

第 9 篇

续表

法兰类型	密封面形式	公称压力 PN											
		2.5	6	10	16	25	40	63	100	160	250	320	400
法兰盖(BL)	平面(FF)	DN10~DN1200	DN10~DN2000	DN10~DN1200	DN10~DN1000	DN10~DN600	DN10~DN600	—	—	—	—	—	—
	突面(RF)							DN10~DN400	DN10~DN350	DN10~DN300	DN10~DN250	DN10~DN250	DN10~DN200
	凹凸面(MF)	—	—										
	榫槽面(TG)	—	—					—	—	—	—	—	—
	O形圈面(OSG)	—	—										
	环连接面(RJ)	—	—	—	—	—	—	DN10~DN400	DN10~DN350	DN10~DN300	DN10~DN250	DN10~DN250	DN10~DN200

(5) Class标记的法兰类型及适用范围

表 9-3-36　Class标记的法兰类型及适用范围

法兰类型	密封面形式	公称压力 Class					
		150	300	600	900	1500	2500
整体法兰(IF)	平面(FF)	DN15~DN600	—	—	—	—	—
	突面(RF)		DN15~DN600	DN15~DN600	DN15~DN600	DN15~DN600	DN15~DN300
	凹凸面(MF)	—					
	榫槽面(TG)	—					
	O形圈面(OSG)	—					
	环连接面(RJ)	DN15~DN600					
带颈螺纹法兰(Th)	突面(RF)	DN15~DN600	DN15~DN600	DN15~DN600	DN15~DN600	DN15~DN65	DN15~DN65
对焊法兰(WN)	平面(FF)	DN15~DN600	—	—	—	—	—
	突面(RF)		DN15~DN600	DN15~DN600	DN15~DN600	DN15~DN600	DN15~DN300
	凹凸面(MF)						
	榫槽面(TG)						
	环连接面(RJ)						
带颈平焊法兰(SO)	平面(FF)	DN15~DN600	—	—	—	—	—
	突面(RF)		DN15~DN600	DN15~DN600	DN15~DN600	DN15~DN65	—
	凹凸面(MF)	—					—
	榫槽面(TG)	—					—
	环连接面(RJ)	DN15~DN600					—
带颈承插焊法兰(SW)	平面(FF)	DN15~DN80	—	—	—	—	—
	突面(RF)		DN15~DN80	DN15~DN80	DN15~DN65	DN15~DN65	—
	凹凸面(MF)	—					—
	榫槽面(TG)	—					—
	环连接面(RJ)	DN15~DN80					—
对焊环带颈松套法兰(LHL)	突面(RF)	DN15~DN600	DN15~DN600	DN15~DN600	DN15~DN600	DN15~DN600	DN15~DN300
	环连接面(RJ)						
法兰盖(BL)	平面(FF)	DN15~DN600	—	—	—	—	—
	突面(RF)		DN15~DN600	DN15~DN600	DN15~DN600	DN15~DN600	DN15~DN300
	凹凸面(MF)	—					
	榫槽面(TG)	—					
	环连接面(RJ)	DN15~DN600					

(6) 密封面形式代号、粗糙度及尺寸

法兰的连接密封面应进行机械加工，加工表面粗糙度应符合表 9-3-37 的规定。用户有特殊要求，应在订货合同中注明。

环连接密封面法兰环槽密封面的硬度应高于所配合的金属环垫的硬度。

对于全平面（FF）、突面（RF）和凹凸面（MF）法兰，密封面一般加工成锯齿形的同心圆或螺旋齿槽，加工刀具的圆角半径应不小于 1.5mm，同心圆或螺旋齿槽的深度约为 0.05mm，节距约为 0.50～0.56mm，对于 Class 标记的凹凸面（MF）法兰，也可以加工成光面。

表 9-3-37　　密封面形式及代号和表面粗糙度（摘自 GB/T 9124.1—2019）

<table>
<tr><th colspan="2" rowspan="2">密封面形式</th><th colspan="2" rowspan="2">代号</th><th rowspan="2">EN 标准代号</th><th colspan="2">Ra/μm</th><th colspan="2">Rz/μm</th><th rowspan="2">简　图</th></tr>
<tr><th>最小</th><th>最大</th><th>最小</th><th>最大</th></tr>
<tr><td colspan="2">平面</td><td colspan="2">FF</td><td>A</td><td>3.2</td><td>6.3</td><td>12.5</td><td>50</td><td> 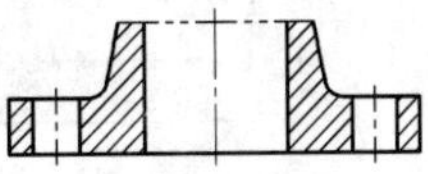</td></tr>
<tr><td colspan="2">突面</td><td colspan="2">RF</td><td>B</td><td>3.2</td><td>6.3</td><td>12.5</td><td>50</td><td> 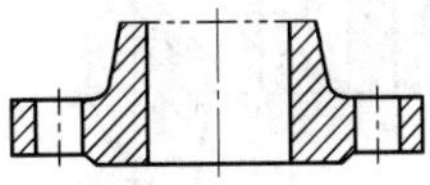</td></tr>
<tr><td rowspan="2">凹凸面</td><td>凸面</td><td rowspan="2">MF</td><td>M</td><td>E</td><td rowspan="2">3.2</td><td rowspan="2">6.3</td><td rowspan="2">12.5</td><td rowspan="2">50</td><td> 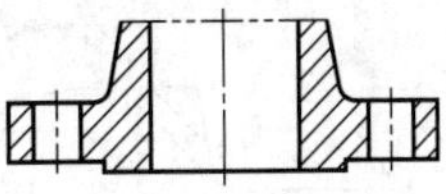</td></tr>
<tr><td>凹面</td><td>F</td><td>F</td><td> 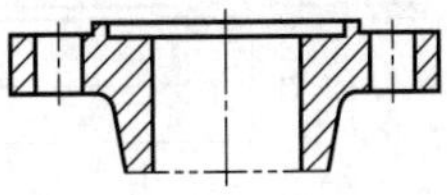</td></tr>
<tr><td rowspan="2">榫槽面</td><td>榫面</td><td rowspan="2">TG</td><td>T</td><td>C</td><td rowspan="2">0.8</td><td rowspan="2">3.2</td><td rowspan="2">3.2</td><td rowspan="2">12.5</td><td> 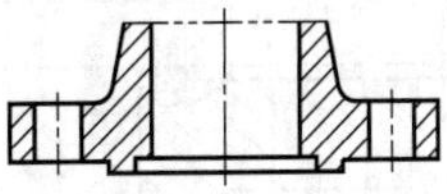</td></tr>
<tr><td>槽面</td><td>G</td><td>D</td><td> 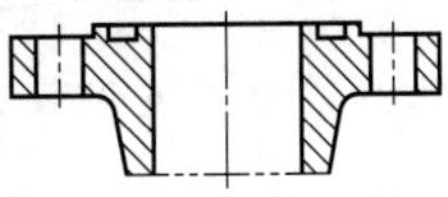</td></tr>
<tr><td rowspan="2">O 形圈面</td><td>O 形圈凸面</td><td rowspan="2">OSG</td><td>OS</td><td>G</td><td rowspan="2">0.8</td><td rowspan="2">3.2</td><td rowspan="2">3.2</td><td rowspan="2">12.5</td><td> 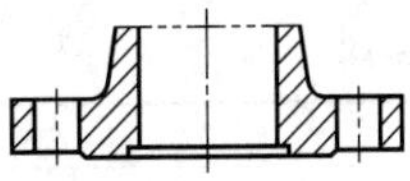</td></tr>
<tr><td>O 形圈槽面</td><td>OG</td><td>H</td><td> 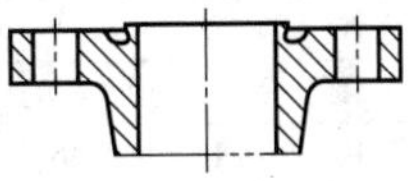</td></tr>
<tr><td colspan="2">环连接面</td><td colspan="2">RJ</td><td>—</td><td>0.4</td><td>1.6</td><td>—</td><td>—</td><td> 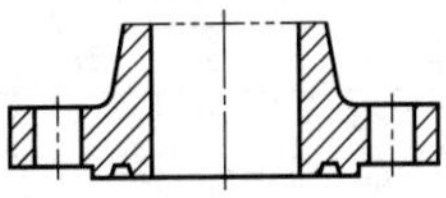</td></tr>
</table>

法兰密封面尺寸标示见图 9-3-8，法兰密封面尺寸见表 9-3-38。

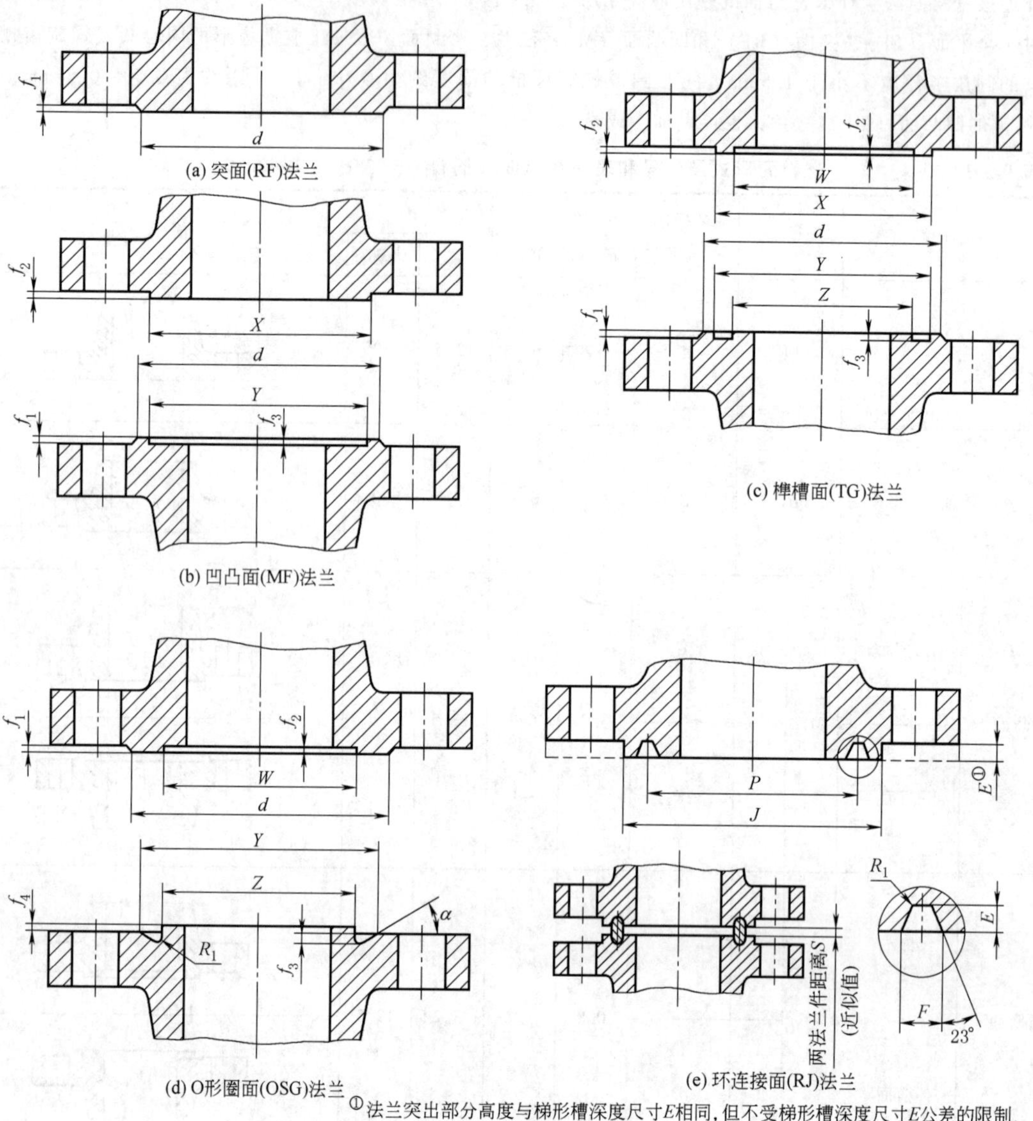

(a) 突面(RF)法兰

(b) 凹凸面(MF)法兰

(c) 榫槽面(TG)法兰

(d) O形圈面(OSG)法兰

(e) 环连接面(RJ)法兰

① 法兰突出部分高度与梯形槽深度尺寸E相同，但不受梯形槽深度尺寸E公差的限制，允许采用如虚线所示轮廓的全平面形式

图 9-3-8　法兰密封面尺寸标识

表 9-3-38　　**法兰密封面尺寸**（摘自 GB/T 9124.1—2019）　　mm

公称尺寸 DN	公称压力						f_1	f_2	f_3	f_4	W	X	Y	Z	α ≈	R_1
	PN2.5	PN6	PN10	PN16	PN25	≥PN40										
	d															
10	35	35	40	40	40	40	2	4.5	4.0	2.0	24	34	35	23	—	2.5
15	40	40	45	45	45	45					29	39	40	28	—	
20	50	50	58	58	58	58					36	50	51	35	41°	
25	60	60	68	68	68	68					43	57	58	42		
32	70	70	78	78	78	78					51	65	66	50		
40	80	80	88	88	88	88	3				61	75	76	60		
50	90	90	102	102	102	102					73	87	88	72		
65	110	110	122	122	122	122					95	109	110	94		
80	128	128	138	138	138	138					106	120	121	105		

第9篇

续表

公称尺寸 DN	公称压力						f_1	f_2	f_3	f_4	W	X	Y	Z	α ≈	R_1
	PN2.5	PN6	PN10	PN16	PN25	≥PN40										
	d															
100	148	148	158	158	162	162	3	5.0	4.5	2.5	129	149	150	128	32°	3
125	178	178	188	188	188	188					155	175	176	154		
150	202	202	212	212	218	218					183	203	204	182		
200	258	258	268	268	278	285					239	259	260	238		
250	312	312	320	320	335	345					292	312	313	291		
300	365	365	370	378	395	410	4				343	363	364	342		
350	415	415	430	438	450	465		5.5	5.0	3.0	395	421	422	394	27°	3.5
400	465	465	482	490	505	535					447	473	474	446		
450	520	520	532	550	555	560					497	523	524	496		
500	570	570	585	610	615	615	5				549	575	576	548		
600	670	670	685	725	720	735					649	675	676	648		
700	775	775	800	795	820	840					751	777	778	750		
800	880	880	905	900	930	960					856	882	883	855		
900	980	980	1005	1000	1030	1070					961	987	988	960		
1000	1080	1080	1110	1115	1140	1180		6.5	6.0	4.0	1062	1092	1094	1060	27°	4
1200	1280	1295	1330	1330	1350	1380					1262	1292	1294	1260		
1400	1480	1510	1535	1530	1560	1600					1462	1492	1494	1460		
1600	1690	1710	1760	1750	1780	1815					1662	1692	1694	1660		
1800	1890	1920	1960	1950	1985	—					1862	1892	1894	1860		
2000	2090	2125	2170	2150	2210						2062	2092	2094	2060		
2200	2295	2335	2370	—	—			—								
2400	2495	2545	2570													
2600	2695	2750	2780													
2800	2910	2960	3000													
3000	3110	3160	3210													
3200	3310	3370	—													
3400	3510	3580														
3600	3270	3790														
3800	3920	—														
4000	4120															

表 9-3-39　　用 PN 标记的法兰环连接面尺寸（摘自 GB/T 9124.1—2019）　　mm

公称尺寸 DN	PN63						PN100						PN160					
	J_{min}	P	E	F	R_{1max}	S	J_{min}	P	E	F	R_{1max}	S	J_{min}	P	E	F	R_{1max}	S
15	55	35	6.5	9	0.8	5	55	35	6.5	9	0.8	5	58	35	6.5	9	0.8	5
20	68	45	6.5	9	0.8	5	68	45	6.5	9	0.8	5	70	45	6.5	9	0.8	5
25	78	50	6.5	9	0.8	5	78	50	6.5	9	0.8	5	80	50	6.5	9	0.8	5
32	86	65	6.5	9	0.8	5	88	65	6.5	9	0.8	5	86	65	6.5	9	0.8	5
40	102	75	6.5	9	0.8	5	102	75	6.5	9	0.8	5	102	75	6.5	9	0.8	5
50	112	85	8	12	0.8	7	116	85	8	12	0.8	7	118	95	8	12	0.8	7
65	136	110	8	12	0.8	7	140	110	8	12	0.8	7	142	110	8	12	0.8	7
80	146	115	8	12	0.8	7	150	115	8	12	0.8	7	152	130	8	12	0.8	7
100	172	145	8	12	0.8	7	176	145	8	12	0.8	7	178	160	8	12	0.8	7
125	208	175	8	12	0.8	7	212	175	8	12	0.8	7	215	190	8	12	0.8	7
150	245	205	8	12	0.8	7	250	205	8	12	0.8	7	255	205	10	14	0.8	9
200	306	265	8	12	0.8	7	312	265	8	12	0.8	7	322	275	11	17	0.8	8
250	362	320	8	12	0.8	7	376	320	8	12	0.8	7	388	330	11	17	0.8	8
300	422	375	8	12	0.8	7	448	375	8	12	0.8	7	458	380	11	23	0.8	9
350	475	420	8	12	0.8	7	505	420	11	17	0.8	8	—	—	—	—	—	—
400	540	480	8	12	0.8	7	—	—	—	—	—	—	—	—	—	—	—	—

续表

公称尺寸 DN	PN250						PN320						PN400					
	J_{min}	P	E	J_{min}	P	E	J_{min}	P	E	J_{min}	P	E	J_{min}	P	E	J_{min}	P	E
15	70	40	6.5	9	0.8	5	70	40	6.5	9	0.8	5	70	40	6.5	9	0.8	5
25	82	50	6.5	9	0.8	5	82	50	6.5	9	0.8	5	82	50	6.5	9	0.8	5
40	108	75	6.5	9	0.8	5	108	75	6.5	9	0.8	5	108	75	6.5	9	0.8	5
50	122	95	8	12	0.8	7	122	95	8	12	0.8	7	122	95	8	12	0.8	7
65	152	110	8	12	0.8	7	152	110	8	12	0.8	7	152	110	8	12	0.8	7
80	166	135	8	12	0.8	7	166	135	8	12	0.8	7	166	135	8	12	0.8	7
100	198	160	8	12	0.8	7	198	160	8	12	0.8	7	198	160	8	12	0.8	7
125	238	195	8	12	0.8	7	238	195	8	12	0.8	7	238	195	8	12	0.8	7
150	278	210	10	14	0.8	9	278	210	10	14	0.8	9	278	210	10	14	0.8	9
200	346	275	11	17	0.8	8	346	275	11	17	0.8	8	346	275	11	17	0.8	8
250	438	330	11	17	0.8	8	438	330	11	17	0.8	8	—	—	—	—	—	—

4.2 整体钢制管法兰（IF）的型式和尺寸（摘自 GB/T 9124.1—2019）

整体钢制管法兰的形式应符合图 9-3-9~图 9-3-11 的规定，法兰密封面尺寸应符合表 9-3-38 和表 9-3-39 的规定，法兰其他尺寸应符合表 9-3-40~表 9-3-42 的规定。

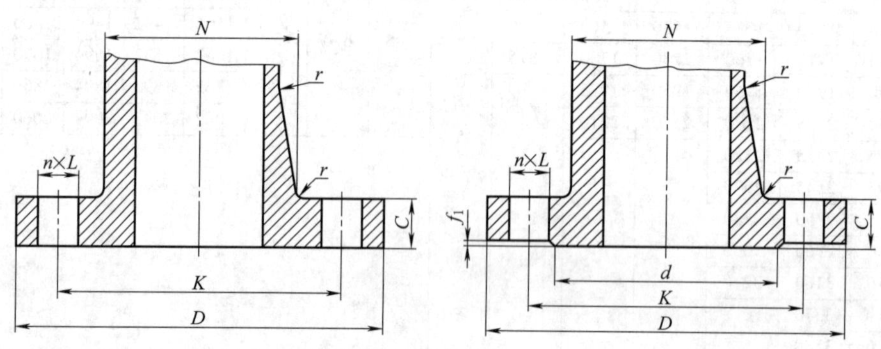

图 9-3-9　平面（FF）整体钢制管法兰和突面（RF）整体钢制管法兰

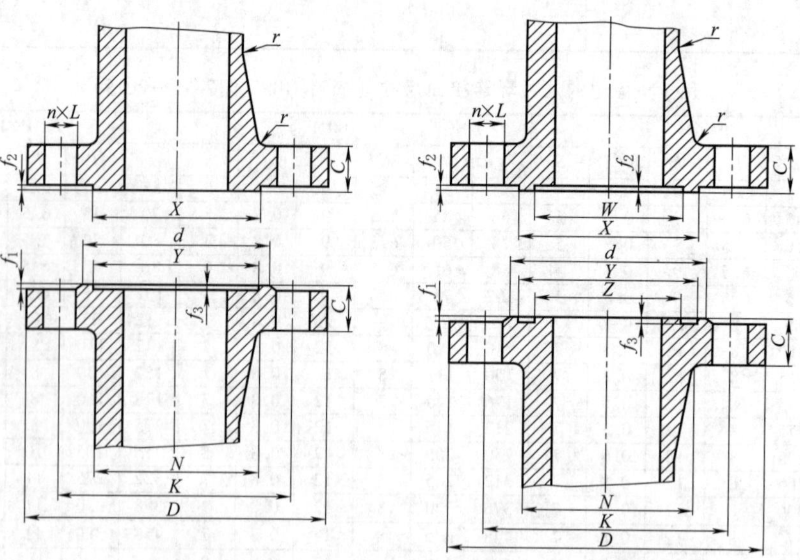

图 9-3-10　凹凸面（MF）整体钢制管法兰和榫槽面（TG）整体钢制管法兰

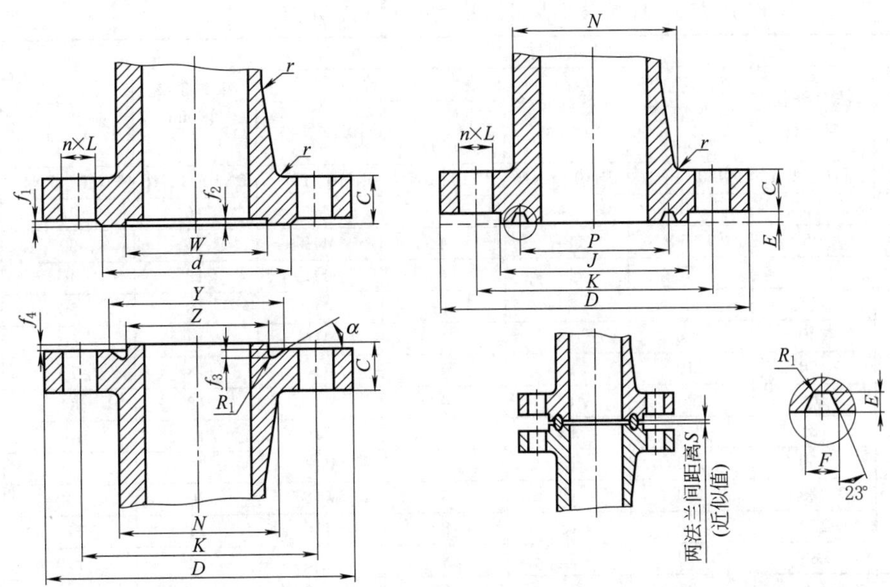

图 9-3-11　O 形圈面（OSG）整体钢制管法兰和环连接面（RJ）整体钢制管法兰

表 9-3-40　　PN2.5 和 PN6 整体钢制管法兰尺寸（摘自 GB/T 9124.1—2019）

公称尺寸 DN	连接尺寸										法兰厚度 C/mm		法兰颈			
	法兰外径 D/mm		螺栓孔中心圆直径 K/mm		螺栓孔直径 L/mm		螺栓						N/mm		r/mm	
							数量 n/个		螺纹规格							
	PN2.5	PN6	PN2.5	PN6	PN2.5	PN6	PN2.5	PN6	PN2.5	PN6	PN2.5	PN6	PN2.5	PN6	PN2.5	PN6
10	75		50		11		4		M10		12		20		4	
15	80		55		11		4		M10		12		26		4	
20	90		65		11		4		M10		14		34		4	
25	100		75		11		4		M10		14		44		4	
32	120		90		14		4		M12		14		54		6	
40	130		100		14		4		M12		14		64		6	
50	140		110		14		4		M12		14		74		6	
65	160		130		14		4		M12		14		94		6	
80	190		150		18		4		M16		15		110		8	
100	210		170		18		4		M16		16		130		8	
125	240		200		18		8		M16		18		160		8	
150	265		225		18		8		M16		18		182		10	
200	320		280		18		8		M16		20		238		10	
250	375		335		18		12		M16		22		284		12	
300	440		395		22		12		M20		22		342		12	
350	490		445		22		12		M20		22		392		12	
400	540		495		22		16		M20		22		442		12	
450	595		550		22		16		M20		22		494		12	
500	645		600		22		20		M20		24		544		12	
600	755		705		26		20		M24		30		642		12	
700	860		810		26		24		M24		30		746		12	
800	975		920		30		24		M27		30		850		12	
900	1075		1020		30		24		M27		30		950		12	
1000	1175		1120		30		28		M27		30		1050		16	
1200	1375	1405	1320	1340	30	33	32		M27	M30	32	42	1264		16	
1400	1575	1630	1520	1560	30	36	36		M27	M33	38	56	1480		16	
1600	1790	1830	1730	1760	30	36	40		M27	M33	46	63	1680		16	
1800	1990	2045	1930	1970	30	39	44		M27	M36	46	69	1878		16	
2000	2190	2265	2130	2180	30	42	48		M27	M39	50	74	2082		16	

表 9-3-41　　PN10 与 PN16 整体钢制管法兰尺寸（摘自 GB/T 9124.1—2019）　　mm

公称尺寸 DN	连接尺寸										法兰厚度 C/mm		法兰颈			
	法兰外径 D/mm		螺栓孔中心圆直径 K/mm		螺栓孔直径 L/mm		螺栓						N/mm		r/mm	
							数量 n/个		螺纹规格							
	PN10	PN16	PN10	PN16	PN10	PN16	PN10	PN16	PN10	PN16	PN10	PN16	PN10	PN16	PN10	PN16
10	90		60		14		4		M12		16		28		4	
15	95		65		14		4		M12		16		32			
20	105		75		14		4		M12		18		40			
25	115		85		14		4		M12		18		50			
32	140		100		18		4		M16		18		60		6	
40	150		110		18		4		M16		18		70			
50	165		125		18		4		M16		18		84			
65	185		145		18		8		M16		18		104			
80	200		160		18		8		M16		20		120			
100	220		180		18		8		M16		20		140		8	
125	250		210		18		8		M16		22		170			
150	285		240		22		8		M20		22		190		10	
200	340		295		22		8		M20		24		246			
250	395	405	350	355	22	26	12		M20	M24	26	26	298	296	12	
300	445	460	400	410	22	26	12		M20	M24	26	28	348	350		
350	505	520	460	470	22	26	16		M20	M24	26	30	408	410		
400	565	580	515	525	26	30	16		M24	M27	26	32	456	458		
450	615	640	565	585	26	30	20		M24	M27	28	40	502	516		
500	670	715	620	650	26	33	20		M24	M30	28	44	559	576		
600	780	840	725	770	30	36	20		M27	M33	34	54	658	690		
700	895	910	840	840	30	36	24		M27	M33	35	58	772	760		
800	1015	1025	950	950	33	39	24		M30	M36	38	62	876	862		
900	1115	1125	1050	1050	33	39	28		M30	M36	38	64	976	962		
1000	1230	1255	1160	1170	36	42	28		M33	M39	44	68	1080	1076	16	
1200	1455	1485	1380	1390	39	48	32		M36	M45	55	78	1292	1282		
1400	1675	1685	1590	1590	42	48	36		M39	M45	65	84	1496	1482		
1600	1915	1930	1820	1820	48	56	40		M45	M52	75	102	1712	1696		
1800	2115	2130	2020	2020	48	56	44		M45	M52	85	110	1910	1896		
2000	2325	2345	2230	2230	48	62	48		M45	M56	90	124	2120	2100		

注：对于铸铁法兰和铜合金法兰，该规格的法兰可能是 4 个螺栓孔的，因此，当制造厂和用户协商同意后，与铸铁法兰和铜合金法兰配对使用的钢制法兰可以采用 4 个螺栓孔。

表 9-3-42　　PN25 和 PN40 整体钢制管法兰尺寸（摘自 GB/T 9124.1—2019）　　mm

公称尺寸 DN	连接尺寸										法兰厚度 C/mm		法兰颈			
	法兰外径 D/mm		螺栓孔中心圆直径 K/mm		螺栓孔直径 L/mm		螺栓						N/mm		r/mm	
							数量 n/个		螺纹规格							
	PN25	PN40	PN25	PN40	PN25	PN40	PN25	PN40	PN25	PN40	PN25	PN40	PN25	PN40	PN25	PN40
10	90		60		14		4		M12		16		28		4	
15	95		65		14		4		M12		16		32			
20	105		75		14		4		M12		18		40			
25	115		85		14		4		M12		18		50			
32	140		100		18		4		M16		18		60		6	
40	150		110		18		4		M16		18		70			
50	165		125		18		4		M16		20		84			
65	185		145		18		8		M16		22		104			

续表

公称尺寸 DN	连接尺寸										法兰厚度 C/mm		法兰颈			
	法兰外径 D/mm		螺栓孔中心圆直径 K/mm		螺栓孔直径 L/mm		螺栓						N/mm		r/mm	
							数量 n/个		螺纹规格							
	PN25	PN40	PN25	PN40	PN25	PN40	PN25	PN40	PN25	PN40	PN25	PN40	PN25	PN40	PN25	PN40
80	200		160		18		8		M16		24		120			
100	235		190		22		8		M20		24		142		8	
125	270		220		26		8		M24		26		162			
150	300		250		26		8		M24		28		192		10	
200	360	375	310	320	26	30	12		M24	M27	30	34	252	254		
250	425	450	370	385	30	33	12		M27	M30	32	38	304	312		
300	485	515	430	450	30	33	16		M27	M30	34	42	364	378		
350	555	580	490	510	33	36	16		M30	M33	38	46	418	432		
400	620	660	550	585	36	39	16		M33	M36	40	50	472	498	12	
450	670	685	600	610	36	39	20		M33	M36	46	57	520	522		
500	730	755	660	670	36	42	20		M33	M39	48	57	580	576		
600	845	890	770	795	39	48	20		M36	M45	58	72	684	686		
700	960		875		42		24		M39		60		780			
800	1085	—	990	—	48	—	24	—	M45	—	66	—	882		12	—
900	1185		1090		48		28		M45		70		982			
1000	1320		1210		56		28		M52		74		1086		16	

4.3 带颈螺纹钢制管法兰（Th）

用 PN 标记的带颈螺纹钢制管法兰的形式应符合图 9-3-12 的规定，法兰密封面尺寸应符合表 9-3-38 的规定，法兰其他尺寸应符合表 9-3-43～表 9-3-45 的规定。

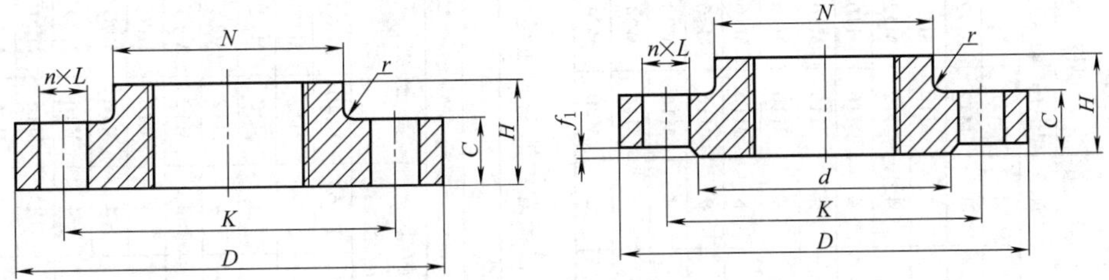

图 9-3-12　带颈螺纹钢制管法兰

表 9-3-43　　PN6 和 PN10 带颈螺纹钢制管法兰尺寸（摘自 GB/T 9124.1—2019）　　mm

公称尺寸 DN	钢管外径 A/mm	连接尺寸										密封面				法兰厚度 C/mm		法兰高度 H/mm		法兰颈			
		法兰外径 D/mm		螺栓孔中心圆直径 K/mm		螺栓孔直径 L/mm		螺栓				d/mm		f_1/mm						N/mm		r/mm	
								数量 n/个		螺纹规格													
		PN6	PN10	PN6	PN10	PN6	PN10	PN6	PN10	PN6	PN10	PN6	PN10	PN6	PN10	PN6	PN10	PN6	PN10	PN6	PN10	PN6	PN10
10	17.2	75	90	50	60	11	14	4	4	M10	M12	35	40	2	2	12	16	20	22	25	30	4	4
15	21.3	80	95	55	65	11	14	4	4	M10	M12	40	45	2	2	12	16	20	22	30	35	4	4
20	26.9	90	105	65	75	11	14	4	4	M10	M12	50	58	2	2	14	18	24	26	40	45	4	4
25	33.7	100	115	75	85	11	14	4	4	M10	M12	60	68	2	2	14	18	24	28	50	52	4	4
32	42.4	120	140	90	100	14	18	4	4	M12	M16	70	78	2	2	14	18	26	30	60	60	6	6
40	48.3	130	150	100	110	14	18	4	4	M12	M16	80	88	3	3	14	18	26	32	70	70	6	6
50	60.3	140	165	110	125	14	18	4	4	M12	M16	90	102	3	3	14	18	28	28	80	84	6	6
65	73.0	160	185	130	145	14	18	4	8	M12	M16	110	122	3	3	14	18	32	32	100	104	6	6
80	88.9	190	200	150	160	18	18	4	8	M16	M16	128	138	3	3	16	20	34	34	110	118	8	6
100	114.3	210	220	170	180	18	18	4	8	M16	M16	148	158	3	3	16	20	40	40	130	140	8	8
125	141.3	240	250	200	210	18	18	8	8	M16	M16	178	188	3	3	18	22	44	44	160	168	8	8
150	168.3	265	285	225	240	18	22	8	8	M16	M20	202	212	3	3	18	22	44	44	185	195	10	10

表 9-3-44　**PN16、PN25 带颈螺纹钢制管法兰尺寸**（摘自 GB/T 9124.1—2019）

mm

公称尺寸 DN	钢管外径 A/mm	连接尺寸 法兰外径 D/mm		螺栓孔中心圆直径 K/mm		螺栓孔直径 L/mm		螺栓 数量 n/个		螺纹规格		密封面 d/mm		f_1/mm		法兰厚度 C/mm		法兰高度 H/mm		法兰颈 N/mm		r/mm	
		PN16	PN25	PN16	PN25	PN16	PN25	PN16	PN25	PN16	PN25	PN16	PN25	PN16	PN25	PN16	PN25	PN16	PN25	PN16	PN25	PN16	PN25
10	17.2	90	90	60	60	14	14	4	4	M12	M12	40	40	2	2	16	16	22	22	30	30	4	4
15	21.3	95	95	65	65	14	14	4	4	M12	M12	45	45	2	2	16	16	22	22	35	35	4	4
20	26.9	105	105	75	75	14	14	4	4	M12	M12	58	58	2	2	18	18	26	26	45	45	4	4
25	33.7	115	115	85	85	14	14	4	4	M12	M12	68	68	2	2	18	18	28	28	52	52	4	4
32	42.4	140	140	100	100	18	18	4	4	M16	M16	78	78	2	2	18	18	30	30	60	60	6	6
40	48.3	150	150	110	110	18	18	4	4	M16	M16	88	88	3	3	18	18	32	32	70	70	6	6
50	60.3	165	165	125	125	18	18	4	4	M16	M16	102	102	3	3	18	20	28	34	84	84	6	6
65	73.0	185	185	145	145	18	18	8	8	M16	M16	122	122	3	3	18	22	32	38	104	104	6	6
80	88.9	200	200	160	160	18	18	8	8	M16	M16	138	138	3	3	20	24	34	40	118	118	6	8
100	114.3	220	235	180	190	18	22	8	8	M16	M20	158	162	3	3	20	24	40	44	140	145	8	8
125	141.3	250	270	210	220	18	26	8	8	M16	M24	188	188	3	3	22	26	44	48	168	170	8	8
150	168.3	285	300	240	250	22	26	8	8	M20	M24	212	218	3	3	22	28	44	52	195	200	10	10

表 9-3-45　**PN40、PN63 带颈螺纹钢制管法兰尺寸**（摘自 GB/T 9124.1—2019）

mm

公称尺寸 DN	钢管外径 A/mm	连接尺寸 法兰外径 D/mm		螺栓孔中心圆直径 K/mm		螺栓孔直径 L/mm		螺栓 数量 n/个		螺纹规格		密封面 d/mm		f_1/mm		法兰厚度 C/mm		法兰高度 H/mm		法兰颈 N/mm		r/mm	
		PN40	PN63	PN40	PN63	PN40	PN63	PN40	PN63	PN40	PN63	PN40	PN63	PN40	PN63	PN40	PN63	PN40	PN63	PN40	PN63	PN40	PN63
10	17.2	90	100	60	70	14	14	4	4	M12	M12	40	40	2	2	16	20	22	28	30	40	4	4
15	21.3	95	105	65	75	14	14	4	4	M12	M12	45	45	2	2	16	20	22	28	35	43	4	4
20	26.9	105	130	75	90	14	18	4	4	M12	M16	58	58	2	2	18	20	26	30	45	52	4	4
25	33.7	115	140	85	100	14	18	4	4	M12	M16	68	68	2	2	18	24	28	32	52	60	4	4
32	42.4	140	155	100	110	18	22	4	4	M16	M20	78	78	2	2	18	24	30	32	60	68	6	6
40	48.3	150	170	110	125	18	22	4	4	M16	M20	88	88	3	3	18	26	32	34	70	80	6	6
50	60.3	165	180	125	135	18	22	4	4	M16	M20	102	102	3	3	20	26	34	36	84	90	6	6
65	73.0	185	205	145	160	18	22	8	8	M16	M20	122	122	3	3	22	26	38	40	104	112	6	6
80	88.9	200	215	160	170	18	22	8	8	M16	M20	138	138	3	3	24	28	40	44	118	125	6	8
100	114.3	235	250	190	200	22	26	8	8	M20	M24	162	162	3	3	24	30	44	52	145	152	8	8
125	141.3	270	295	220	240	26	30	8	8	M24	M27	188	188	3	3	26	34	48	56	170	185	8	8
150	168.3	300	345	250	280	26	33	8	8	M24	M30	218	218	3	3	28	36	52	60	200	215	10	10

4.4 对焊钢制管法兰（WN）

用 PN 标记的对焊钢制管法兰的型式应符合图 9-3-13～图 9-3-15 的规定，法兰密封面尺寸应符合表 9-3-38 和表 9-3-39 的规定，法兰其他尺寸应符合表 9-3-46～表 9-3-48 的规定，表中法兰颈部厚度尺寸 S 为最小值，实际尺寸应根据用户要求或钢管尺寸确定。

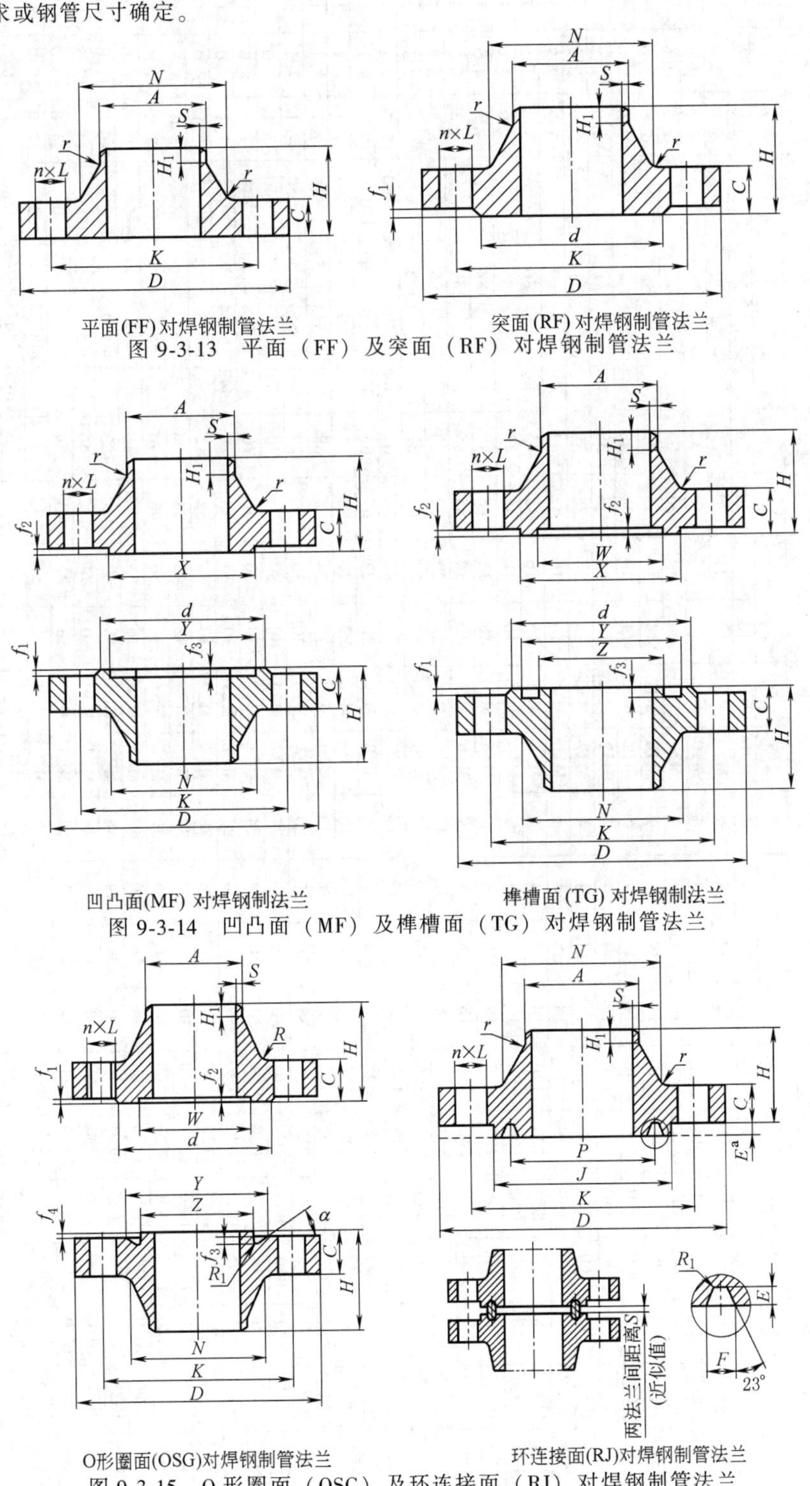

图 9-3-13　平面（FF）及突面（RF）对焊钢制管法兰

图 9-3-14　凹凸面（MF）及榫槽面（TG）对焊钢制管法兰

图 9-3-15　O 形圈面（OSG）及环连接面（RJ）对焊钢制管法兰

表 9-3-46　　PN2.5、PN6 对焊钢制管法兰尺寸（摘自 GB/T 9124.1—2019）　　mm

公称尺寸 DN	法兰焊端外径（钢管外径）A/mm 系列Ⅰ	系列Ⅱ	法兰外径 D/mm		螺栓孔中心圆直径 K/mm		螺栓孔直径 L/mm		螺栓 数量 n/个		螺纹规格		法兰厚度 C/mm		法兰高度 H/mm		法兰颈 N/mm 系列Ⅰ	系列Ⅱ	系列Ⅰ	系列Ⅱ	S_{min}/mm		H_1/mm		r/mm
	2.5	6	2.5	6	2.5	6	2.5	6	2.5	6	2.5	6	2.5	6	2.5	6	2.5		6		2.5	6	2.5	6	2.5/6
10	17.2	14	75	75	50	50	11	11	4	4	M10	M10	12	12	28	28	26				2.0	2.0	6	6	4
15	21.3	18	80	80	55	55	11	11	4	4	M10	M10	12	12	30	30	30				2.0	2.0	6	6	4
20	26.9	25	90	90	65	65	11	11	4	4	M10	M10	14	14	32	32	38				2.3	2.3	6	6	4
25	33.7	32	100	100	75	75	11	11	4	4	M10	M10	14	14	35	35	42				2.6	2.6	6	6	4
32	42.4	38	120	120	90	90	14	14	4	4	M12	M12	14	14	35	35	55				2.6	2.6	6	6	6
40	48.3	45	130	130	100	100	14	14	4	4	M12	M12	14	14	38	38	62				2.6	2.6	7	7	6
50	60.3	57	140	140	110	110	14	14	4	4	M12	M12	14	14	38	38	74				2.9	2.9	8	8	6
65	73.0	76	160	160	130	130	14	14	4	4	M12	M12	14	14	38	38	88				2.9	2.9	9	9	6
80	88.9	89	190	190	150	150	18	18	4	4	M16	M16	16	16	42	42	102				3.2	3.2	10	10	8
100	114.3	108	210	210	170	170	18	18	4	4	M16	M16	16	16	45	45	130				3.6	3.6	10	10	8
125	141.3	133	240	240	200	200	18	18	8	8	M16	M16	18	18	48	48	155				4.0	4.0	10	10	8
150	168.3	159	265	265	225	225	18	18	8	8	M16	M16	18	18	48	48	184				4.5	4.5	12	12	10
200	219.1	219	320	320	280	280	18	18	8	8	M16	M16	20	20	55	55	236				6.3	6.3	15	15	10
250	273.0	273	375	375	335	335	18	18	12	12	M16	M16	22	22	60	60	290				6.3	6.3	15	15	12
300	323.9	325	440	440	395	395	22	22	12	12	M20	M20	22	22	62	62	342				7.1	7.1	15	15	12
350	355.6	377	490	490	445	445	22	22	12	12	M20	M20	22	22	62	62	385	390	385	390	7.1	7.1	15	15	12
400	406.4	426	540	540	495	495	22	22	16	16	M20	M20	22	22	65	65	438	440	438	440	7.1	7.1	15	15	12
450	457	480	595	595	550	550	22	22	16	16	M20	M20	22	22	65	65	492	494	492	494	7.1	7.1	15	15	12
500	508	530	645	645	600	600	22	22	20	20	M20	M20	24	24	68	68	538	545	538	545	7.1	7.1	15	15	12
600	610	630	755	755	705	705	26	26	20	20	M24	M24	30	30	70	70	640	650	640	650	7.1	7.1	16	16	12
700	711	720	860	860	810	810	26	26	24	24	M24	M24	30	30	76	76	740	740	740	740	7.1	8.0	16	16	12
800	813	820	975	975	920	920	30	30	24	24	M27	M27	30	30	76	76	842	844	842	844	7.1	8.0	16	16	12
900	914	920	1075	1075	1020	1020	30	30	24	24	M27	M27	30	34	78	78	942	944	942	944	7.1	8.0	16	16	12
1000	1016	1020	1175	1175	1120	1120	30	30	28	28	M27	M27	30	38	82	82	1045		1045		7.1	8.0	16	16	16
1200	1219	1220	1375	1405	1320	1340	30	33	32	32	M27	M30	32	42	94	104	1245		1248		8.0	8.8	16	20	16
1400	1422	1420	1575	1630	1520	1560	30	36	36	36	M27	M33	38	56	96	114	1445		1452		8.0	8.8	16	20	16
1600	1626	1620	1790	1830	1730	1760	30	36	40	40	M27	M33	46	63	102	119	1645		1655		8.8	10.0	20	20	16
1800	1829	1820	1990	2045	1930	1970	30	39	44	44	M27	M36	46	69	110	133	1845		1855		10.0	11.0	20	20	16
2000	2032	2020	2190	2265	2130	2180	30	42	48	48	M27	M39	50	74	122	146	2045		2058		11.0	12.5	22	25	16
2200	2235	2220	2405	2475	2340	2390	33	42	52	52	M30	M39	56	81	129	154	2248		2260		11.0	14.0	25	25	18
2400	2438	2420	2605	2685	2540	2600	33	42	56	56	M30	M39	62	87	143	168	2448		2462		11.0	15.0	25	25	18
2600	2642	2620	2805	2905	2740	2810	33	48	60	60	M30	M30	64	64	148	175	2660	2648	2680	2665	11.0	16.0	25	25	18
2800	2845	2820	3030	3115	2960	3020	36	48	64	64	M33	M33	74	74	161	188	2860	2848	2880	2865	11.0	17.0	25	30	18
3000	3048	3020	3280	3315	3160	3220	36	48	68	68	M33	M33	80	80	170	192	3070	3050	3090	3068	11.0	20.0	25	30	18
3200	3251	3220	3430	3525	3360	3430	36	48	72	72	M33	M33	84	84	180	202	3270	3250	3300	3272	11.0	20.0	25	30	20
3400	3454	3420	3630	3735	3560	3640	36	48	76	76	M33	M33	90	90	194	214	3475	3450	3500	3475	11.0	22.0	28	35	20
3600	3658	3620	3840	3970	3770	3860	36	56	80	80	M33	M33	96	96	201	229	3680	3652	3710	3678	11.0	22.0	28	35	20
3800	3681	3820	3045	—	3970		39	—	80	—	M36	—	102	—	212	—	3800	3852	—		11.0	—	28	—	20
4000	4064	4020	4245		4170		39		84		M36		106		226		4085	4052			11.0		28		20

表 9-3-47　PN10、PN16 对焊钢制管法兰尺寸（摘自 GB/T 9124.1—2019）　mm

公称尺寸 DN	法兰焊端外径(钢管外径) A/mm 系列Ⅰ	法兰焊端外径(钢管外径) A/mm 系列Ⅱ	连接尺寸 法兰外径 D/mm		连接尺寸 螺栓孔中心圆直径 K/mm		连接尺寸 螺栓孔直径 L/mm		连接尺寸 螺栓 数量 n/个		连接尺寸 螺栓 螺纹规格		法兰厚度 C/mm		法兰高度 H/mm		法兰颈 N/mm 系列Ⅰ	法兰颈 N/mm 系列Ⅱ	法兰颈 N/mm 系列Ⅰ	法兰颈 N/mm 系列Ⅱ	法兰颈 S_{min}/mm		法兰颈 H_1/mm		法兰颈 r/mm
	10	16	10	16	10	16	10	16	10	16	10	16	10	16	10	16	10		16		10	16	10	16	10/16
10	17.2	14	90	90	60	50	14	14	4	4	M12	M12	16	16	35	35	28		28		2.0	2.0	6	6	4
15	21.3	18	95	95	65	55	14	14	4	4	M12	M12	16	16	38	38	32		32		2.0	2.0	6	6	4
20	26.9	25	105	105	75	65	14	14	4	4	M12	M12	18	18	40	40	40		40		2.3	2.3	6	6	4
25	33.7	32	115	115	85	75	14	14	4	4	M12	M12	18	18	40	40	46		46		2.6	2.6	6	6	4
32	42.4	38	140	140	100	90	18	18	4	4	M16	M16	18	18	42	42	56		56		2.6	2.6	6	6	6
40	48.3	45	150	150	110	100	18	18	4	4	M16	M16	18	18	45	45	64		64		2.6	2.6	7	7	6
50	60.3	57	165	165	125	110	18	18	4	4	M16	M16	18	18	45	45	74		74		2.9	2.9	8	8	6
65	73.0	76	185	185	145	130	18	18	8[a]	8[a]	M16	M16	18	18	45	45	92		92		2.9	2.9	10	10	6
80	88.9	89	200	200	160	150	18	18	8	8	M16	M16	20	20	50	50	105		105		3.2	3.2	10	10	6
100	114.3	108	220	220	180	170	18	18	8	8	M16	M16	20	20	52	52	131		131		3.6	3.6	12	12	8
125	141.3	133	250	250	210	200	18	18	8	8	M16	M16	22	22	55	55	156		156		4.0	4.0	12	12	8
150	168.3	159	285	285	240	225	22	22	8	8	M20	M20	22	22	55	55	184		184		4.5	4.5	12	12	10
200	219.1	219	340	340	295	280	22	22	8	12	M20	M20	24	24	62	62	234		235		6.3	6.3	16	16	10
250	273.0	273	395	405	350	405	22	26	12	12	M20	M24	26	26	68	70	292		292		6.3	6.3	16	16	12
300	323.9	325	445	460	400	460	22	26	12	12	M20	M24	26	28	68	78	342		344		7.1	7.1	16	16	12
350	355.6	377	505	520	460	520	22	26	16	16	M20	M24	26	30	68	82	385	400	390	400	7.1	8.0	16	16	12
400	406.4	426	565	580	515	580	26	30	16	16	M24	M27	26	32	72	85	440	445	445	450	7.1	8.0	16	16	12
450	457	480	615	640	565	640	26	30	20	20	M24	M27	28	34	72	83	488	500	490	506	7.1	8.0	16	16	12
500	508	530	670	715	620	715	26	33	20	20	M24	M30	28	36	75	84	542	550	548	559	7.1	8.0	16	16	12
600	610	630	780	840	725	840	30	36	20	20	M27	M33	30	40	82	88	642	650	670	670	8.0	10.0	18	18	12
700	711	720	895	910	840	910	30	36	24	24	M27	M33	35	40	85	104	746		755	755	8.8	10.0	18	18	12
800	813	820	1015	1025	950	1025	33	39	24	24	M30	M36	38	41	96	108	850		855	855	8.8	12.5	18	20	12
900	914	920	1115	1125	1050	1125	33	39	28	28	M30	M36	38	48	99	118	950		955	958	12.5	12.5	20	20	12
1000	1016	1020	1230	1255	1160	1255	36	42	28	28	M33	M39	44	59	105	137	1052		1058	1060	12.5	12.5	20	22	16
1200	1219	1220	1455	1485	1380	1485	39	48	32	32	M36	M45	55	78	132	160	1256		1262		12.5	14.2	25	30	16
1400	1422	1420	1675	1685	1590	1685	42	48	36	36	M39	M45	65	84	143	177	1460		1465		14.2	16.0	25	30	16
1600	1626	1620	1915	1930	1820	1930	48	56	40	40	M45	M52	75	102	159	204	1666		1668		16.0	17.5	25	35	16
1800	1829	1820	2115	2130	2020	2130	48	56	44	44	M45	M52	85	110	175	218	1868		1870		17.5	20.0	30	35	16
2000	2032	2020	2325	2345	2230	2345	48	62	48	48	M45	M56	90	124	186	238	2072		2070		17.5	22.0	30	40	16
2200	2235	2220	2550		2440		56		52		M52		100		202		2275				20.0		35		18
2400	2438	2420	2760		2650		56		56		M52		110		218		2478				22.2		35		18
2600	2642	2620	2960	—	2850	—	56	—	60	—	M52	—	110	—	224	—	2700	2680	—		25.0	—	40	—	18
2800	2845	2820	3180		3070		56		64		M52		124		244		2900	2882			25.0		40		18
3000	3048	3020	3405		3290		62		68		M52		132		257		3110	3085			32.0		45		18

表 9-3-48　　PN25、PN40 对焊钢制管法兰尺寸（摘自 GB/T 9124.1—2019）　　mm

<table>
<tr><th rowspan="4">公称尺寸 DN</th><th colspan="2" rowspan="2">法兰焊端外径（钢管外径）A/mm</th><th colspan="10">连接尺寸</th><th colspan="2" rowspan="3">法兰厚度 C/mm</th><th colspan="2" rowspan="3">法兰高度 H/mm</th><th colspan="9">法兰颈</th></tr>
<tr><th colspan="2" rowspan="2">法兰外径 D/mm</th><th colspan="2" rowspan="2">螺栓孔中心圆直径 K/mm</th><th colspan="2" rowspan="2">螺栓孔直径 L/mm</th><th colspan="4">螺栓</th><th colspan="4">N/mm</th><th colspan="2" rowspan="2">S_{min}/mm</th><th colspan="2" rowspan="2">H_1/mm</th><th rowspan="2">r/mm</th></tr>
<tr><th>系列Ⅰ</th><th>系列Ⅱ</th><th colspan="2">数量 n/个</th><th colspan="2">螺纹规格</th><th>系列Ⅰ</th><th>系列Ⅱ</th><th>系列Ⅰ</th><th>系列Ⅱ</th></tr>
<tr><th>25</th><th>40</th><th>25</th><th>40</th><th>25</th><th>40</th><th>25</th><th>40</th><th>25</th><th>40</th><th>25</th><th>40</th><th>25</th><th>40</th><th>25</th><th>40</th><th colspan="2">25</th><th colspan="2">40</th><th>25</th><th>40</th><th>25</th><th>40</th><th>25/40</th></tr>
<tr><td>10</td><td>17.2</td><td>14</td><td colspan="2">90</td><td colspan="2">60</td><td colspan="2" rowspan="4">14</td><td colspan="2" rowspan="4">4</td><td colspan="2" rowspan="4">M12</td><td colspan="2" rowspan="2">16</td><td colspan="2">35</td><td colspan="4">28</td><td colspan="2" rowspan="2">2.0</td><td colspan="2" rowspan="5">6</td><td rowspan="4">4</td></tr>
<tr><td>15</td><td>21.3</td><td>18</td><td colspan="2">95</td><td colspan="2">65</td><td colspan="2">38</td><td colspan="4">32</td></tr>
<tr><td>20</td><td>26.9</td><td>25</td><td colspan="2">105</td><td colspan="2">75</td><td colspan="2" rowspan="2">18</td><td colspan="2">40</td><td colspan="4">40</td><td colspan="2">2.3</td></tr>
<tr><td>25</td><td>33.7</td><td>32</td><td colspan="2">115</td><td colspan="2">85</td><td colspan="2">40</td><td colspan="4">46</td><td colspan="2" rowspan="3">2.6</td></tr>
<tr><td>32</td><td>42.4</td><td>38</td><td colspan="2">140</td><td colspan="2">100</td><td colspan="2" rowspan="5">18</td><td colspan="2" rowspan="3">4</td><td colspan="2" rowspan="3">M16</td><td colspan="2" rowspan="2">18</td><td colspan="2">42</td><td colspan="4">56</td><td rowspan="4">6</td></tr>
<tr><td>40</td><td>48.3</td><td>45</td><td colspan="2">150</td><td colspan="2">110</td><td colspan="2">45</td><td colspan="4">64</td><td colspan="2">7</td></tr>
<tr><td>50</td><td>60.3</td><td>57</td><td colspan="2">165</td><td colspan="2">125</td><td colspan="2">20</td><td colspan="2">48</td><td colspan="4">75</td><td colspan="2" rowspan="2">2.9</td><td colspan="2">8</td></tr>
<tr><td>65</td><td>73.0</td><td>76</td><td colspan="2">185</td><td colspan="2">145</td><td colspan="2" rowspan="5">8</td><td colspan="2" rowspan="2">M16</td><td colspan="2">22</td><td colspan="2">52</td><td colspan="4">90</td><td colspan="2">10</td></tr>
<tr><td>80</td><td>88.9</td><td>89</td><td colspan="2">200</td><td colspan="2">160</td><td colspan="2" rowspan="2">24</td><td colspan="2">58</td><td colspan="4">105</td><td>3.2</td><td>3.2</td><td colspan="2" rowspan="4">12</td><td rowspan="3">8</td></tr>
<tr><td>100</td><td>114.3</td><td>108</td><td colspan="2">235</td><td colspan="2">190</td><td colspan="2">22</td><td colspan="2">M20</td><td colspan="2">65</td><td colspan="4">134</td><td>3.6</td><td>3.6</td></tr>
<tr><td>125</td><td>141.3</td><td>133</td><td colspan="2">270</td><td colspan="2">220</td><td colspan="2" rowspan="2">26</td><td colspan="2" rowspan="2">M24</td><td colspan="2">26</td><td colspan="2">68</td><td colspan="4">162</td><td>4.0</td><td>4.0</td></tr>
<tr><td>150</td><td>168.3</td><td>159</td><td colspan="2">300</td><td colspan="2">250</td><td colspan="2">28</td><td colspan="2">75</td><td colspan="4">192</td><td>4.5</td><td>4.5</td><td>10</td></tr>
<tr><td>200</td><td>219.1</td><td>219</td><td>360</td><td>375</td><td>310</td><td>320</td><td>26</td><td>30</td><td colspan="2" rowspan="2">12</td><td>M24</td><td>M27</td><td>30</td><td>34</td><td>80</td><td>88</td><td colspan="4">244</td><td>6.3</td><td>6.3</td><td colspan="2">16</td><td>10</td></tr>
<tr><td>250</td><td>273.0</td><td>273</td><td>425</td><td>450</td><td>370</td><td>385</td><td rowspan="2">30</td><td rowspan="2">33</td><td rowspan="2">M27</td><td rowspan="2">M30</td><td>32</td><td>38</td><td>88</td><td>105</td><td colspan="2">298</td><td colspan="2">306</td><td>7.1</td><td>7.1</td><td colspan="2" rowspan="2">18</td><td rowspan="2">12</td></tr>
<tr><td>300</td><td>323.9</td><td>325</td><td>485</td><td>515</td><td>430</td><td>450</td><td colspan="2" rowspan="3">16</td><td>34</td><td>42</td><td>92</td><td>115</td><td colspan="2">352</td><td colspan="2">362</td><td>8.0</td><td>8.0</td></tr>
<tr><td>350</td><td>355.6</td><td>377</td><td>555</td><td>580</td><td>490</td><td>510</td><td>33</td><td>36</td><td>M30</td><td>M33</td><td>38</td><td>46</td><td>100</td><td>125</td><td>398</td><td>406</td><td>408</td><td>418</td><td>8.0</td><td>8.8</td><td colspan="2" rowspan="6">20</td><td rowspan="6">12</td></tr>
<tr><td>400</td><td>406.4</td><td>426</td><td>620</td><td>660</td><td>550</td><td>585</td><td rowspan="3">36</td><td rowspan="2">39</td><td>M33</td><td>M36</td><td>40</td><td>50</td><td>110</td><td>135</td><td>452</td><td>464</td><td>462</td><td>480</td><td>8.8</td><td>11.0</td></tr>
<tr><td>450</td><td>457</td><td>480</td><td>670</td><td>685</td><td>600</td><td>610</td><td colspan="2" rowspan="4">20</td><td rowspan="2">M33</td><td>M36</td><td>46</td><td>57</td><td>110</td><td>135</td><td>500</td><td>514</td><td>500</td><td>530</td><td>8.8</td><td>12.5</td></tr>
<tr><td>500</td><td>508</td><td>530</td><td>730</td><td>755</td><td>660</td><td>670</td><td>42</td><td>M39</td><td>48</td><td>57</td><td>125</td><td>140</td><td>558</td><td>570</td><td>562</td><td>580</td><td>10.0</td><td>14.2</td></tr>
<tr><td>600</td><td>610</td><td>630</td><td>845</td><td>890</td><td>770</td><td>795</td><td>39</td><td>48</td><td>M36</td><td>M45</td><td>48</td><td>72</td><td>125</td><td>150</td><td>660</td><td>670</td><td>666</td><td>686</td><td>11.0</td><td>16.0</td></tr>
<tr><td>700</td><td>711</td><td rowspan="4">—</td><td>960</td><td rowspan="4">—</td><td>875</td><td rowspan="4">—</td><td>42</td><td rowspan="4">—</td><td>24</td><td rowspan="4">—</td><td>M39</td><td rowspan="4">—</td><td>50</td><td rowspan="4">—</td><td>129</td><td rowspan="4">—</td><td>760</td><td>766</td><td rowspan="4">—</td><td rowspan="4">—</td><td>14.2</td><td rowspan="4">—</td><td>20</td><td rowspan="4">—</td><td>12</td></tr>
<tr><td>800</td><td>813</td><td>1085</td><td>990</td><td rowspan="2">48</td><td>24</td><td>M45</td><td>53</td><td>138</td><td>864</td><td>874</td><td>16.0</td><td>24</td><td>12</td></tr>
<tr><td>900</td><td>914</td><td>1185</td><td>1090</td><td>28</td><td>M45</td><td>57</td><td>148</td><td>968</td><td>974</td><td>17.5</td><td>24</td><td>12</td></tr>
<tr><td>1000</td><td>1016</td><td>1330</td><td>1210</td><td>56</td><td>28</td><td>M52</td><td>63</td><td>160</td><td>1070</td><td>1074</td><td>20.0</td><td>24</td><td>16</td></tr>
</table>

4.5 带颈平焊钢制管法兰（SO）

用 PN 标记的带颈平焊钢制管法兰的形式应符合图 9-3-16～图 9-3-18 的规定，法兰密封面尺寸应符合表 9-3-38 的规定，法兰其他尺寸应符合表 9-3-49 和表 9-3-50 的规定。

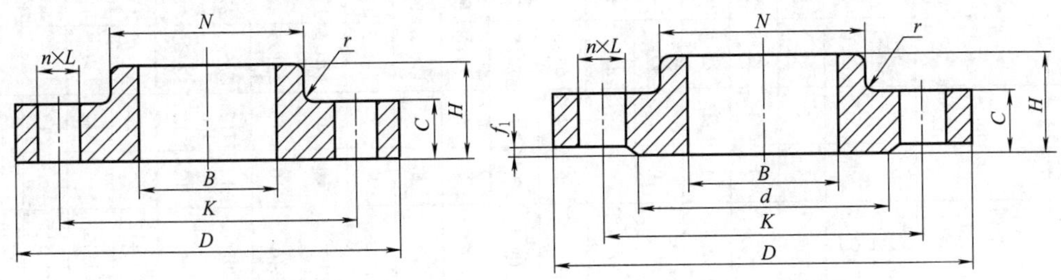

图 9-3-16 平面（FF）及突面（RF）带颈平焊钢制管法兰

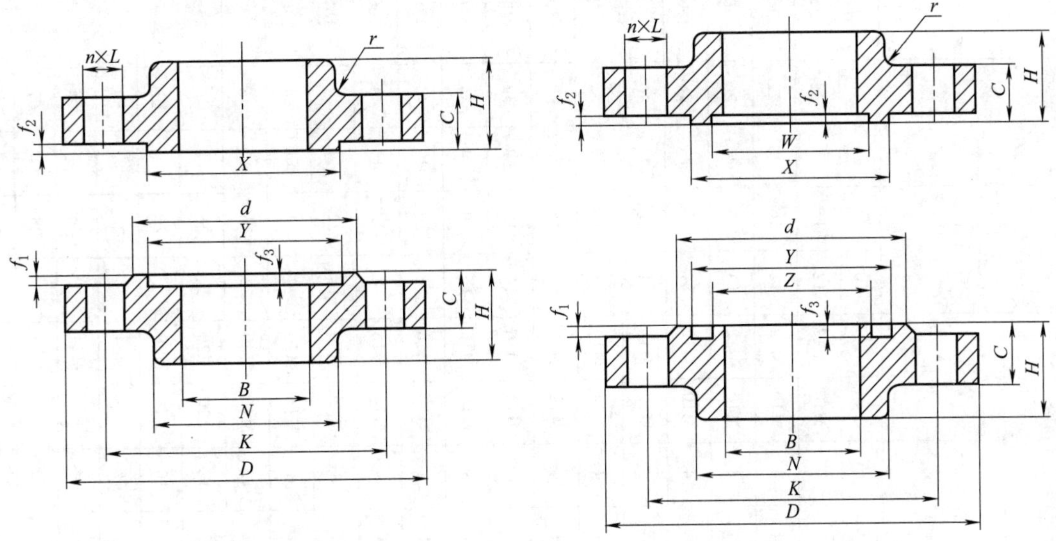

图 9-3-17 凹凸面（MF）及榫槽面（TG）带颈平焊钢制管法兰

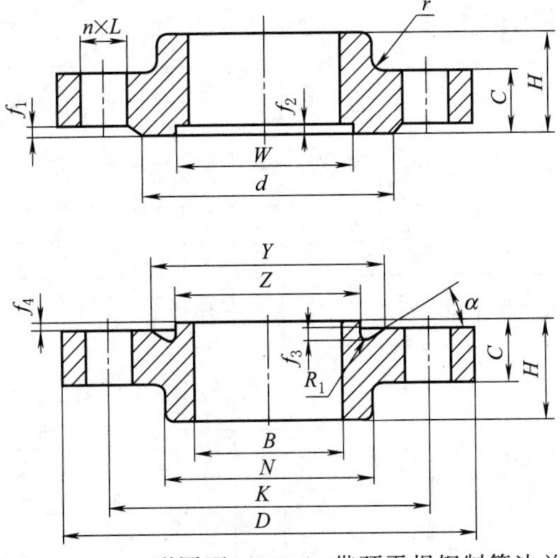

图 9-3-18 O 形圈面（OSG）带颈平焊钢制管法兰

表 9-3-49　PN6、PN10 带颈平焊钢制管法兰尺寸（摘自 GB/T 9124.1—2019）

mm

公称尺寸 DN	法兰焊端外径（钢管外径）A/mm		连接尺寸												法兰厚度 C/mm		法兰高度 C/mm		法兰颈									
			法兰外径 D/mm		螺栓孔中心圆直径 K/mm		螺栓孔直径 L/mm		螺栓										N/mm				r/mm		法兰内径			
									数量 n/个		螺纹规格														系列Ⅰ		系列Ⅱ	
	系列Ⅰ	系列Ⅱ																	系列Ⅰ	系列Ⅱ	系列Ⅰ	系列Ⅱ						
	10	16	10	16	10	16	10	16	10	16	10	16	10	16	10	16	10		16		10	16	10	16	10	16
10	17.2	14	75	90	50	60	11	14	4	4	M10	M12	12	16	20	22	25		30		4	4	18.0	18.0	15	15
15	21.3	18	80	95	55	65	11	14	4	4	M10	M12	12	16	20	22	30		35		4	4	22.0	22.0	19	19
20	26.9	25	90	105	65	75	11	14	4	4	M10	M12	14	18	24	26	40		45		4	4	27.5	27.5	26	26
25	33.7	32	100	115	75	85	11	14	4	4	M10	M12	14	18	24	28	50		52		4	4	34.5	34.5	33	33
32	42.4	38	120	140	90	100	14	18	4	4	M12	M16	14	18	26	30	60		60		6	6	43.5	43.5	39	39
40	48.3	45	130	150	100	110	14	18	4	4	M12	M16	14	18	26	32	70		70		6	6	49.5	49.5	46	46
50	60.3	57	140	165	110	125	14	18	4	4	M12	M16	14	18	28	28	80		84		6	6	61.5	61.5	59	59
65	73.0	76	160	185	130	145	14	18	4	8[a]	M12	M16	14	18	32	32	100		104		6	6	77.5	77.5	78	78
80	88.9	89	190	200	150	160	18	18	4	8	M16	M16	16	20	34	34	110		118		8	6	90.5	90.5	91	91
100	114.3	108	210	220	170	180	18	18	4	8	M16	M16	16	20	40	40	130		140		8	8	116.0	116.0	110	110
125	141.3	133	240	250	200	210	18	18	8	8	M16	M16	18	22	44	44	160		168		8	8	141.5	141.5	135	135
150	168.3	159	265	285	225	240	18	22	8	8	M16	M20	18	22	44	44	185		195		10	10	170.5	170.5	161	161
200	219.1	219	320	340	280	295	18	22	8	8	M16	M20	20	24	44	44	240		246		10	10	221.5	221.5	222	222
250	273.0	273	375	395	335	350	18	22	12	12	M16	M20	22	26	44	46	295		298		12	12	276.5	276.5	276	276
300	323.9	325	440	445	395	400	22	22	12	12	M20	M20	22	26	44	46	355		350		12	12	327.5	327.5	328	328
350	355.6	377		505		460		22		16		M20		26		53			400	412		12		359.5		381
400	406.4	426		565		515		26		16		M24		26		57			456	465		12		411.0		430
450	457	480		615		565		26		20		M24		28		63			502	515		12		462.0		485
500	508	530		670		620		26		20		M24		28		67			559	570		12		513.5		535
600	610	630		780		725		30		20		M27		28		75			658	670		12		616.5		636

表 9-3-50　PN16、PN25 带颈平焊钢制管法兰（摘自 GB/T 9124.1—2019）　mm

公称尺寸 DN	法兰焊端外径（钢管外径）A/mm		连接尺寸										法兰厚度 C/mm		法兰高度 C/mm		法兰颈									
			法兰外径 D/mm		螺栓孔中心圆直径 K/mm		螺栓孔直径 L/mm		螺栓								N/mm				r/mm		法兰内径			
									数量 n/个		螺纹规格						系列Ⅰ	系列Ⅱ	系列Ⅰ	系列Ⅱ			系列Ⅰ		系列Ⅱ	
	系列Ⅰ	系列Ⅱ																								
	16	25	16	25	16	25	16	25	16	25	16	25	16	25	16	25	16		25		16	25	16	25	16	25
10	17.2	14	90	90	60	60	14	14	4	4	M12	M12	16	16	22	22	30		30		4	4	18.0	18.0	15	15
15	21.3	18	95	95	65	65	14	14	4	4	M12	M12	16	16	22	22	35		35		4	4	22.0	22.0	19	19
20	26.9	25	105	105	75	75	14	14	4	4	M12	M12	18	18	26	26	45		45		4	4	27.5	27.5	26	26
25	33.7	32	115	115	85	85	14	14	4	4	M12	M12	18	18	28	28	52		52		4	4	34.5	34.5	33	33
32	42.4	38	140	140	100	100	18	18	4	4	M16	M16	18	18	30	30	60		60		6	6	43.5	43.5	39	39
40	48.3	45	150	150	110	110	18	18	4	4	M16	M16	18	18	32	32	70		70		6	6	49.5	49.5	46	46
50	60.3	57	165	165	125	125	18	18	4	4	M16	M16	18	20	28	34	84		84		6	6	61.5	61.5	59	59
65	73.0	76	185	185	145	145	18	18	8[a]	8	M16	M16	18	22	32	38	104		104		6	6	77.5	77.5	78	78
80	88.9	89	200	200	160	160	18	18	8	8	M16	M16	20	24	34	40	118		118		6	8	90.5	90.5	91	91
100	114.3	108	220	235	180	190	18	22	8	8	M16	M20	20	24	40	44	140		145		8	8	116.0	116.0	110	110
125	141.3	133	250	270	210	220	18	26	8	8	M16	M24	22	26	44	48	168		170		8		141.5	141.5	135	135
150	168.3	159	285	300	240	250	22	26	8	8	M20	M24	22	28	44	52	195		200		10		170.5	170.5	161	161
200	219.1	219	340	360	295	310	22	26	12	12	M20	M24	24	30	44	52	246		256		10		221.5	221.5	222	222
250	273.0	273	405	425	355	370	26	30	12	12	M24	M27	26	32	46	60	298		310		12		276.5	276.5	276	276
300	323.9	325	460	485	410	430	26	30	12	16	M24	M27	28	34	46	67	350		364		12		327.5	327.5	328	328
350	355.6	377	520	555	470	490	26	33	16	16	M24	M30	30	38	57	72	400	412	424	430	12		359.0	359.5	381	381
400	406.4	426	580	620	525	550	30	36	16	16	M27	M33	32	40	63	78	456	470	478	492	12		411.0	411.0	430	430
450	457	480	640	670	585	600	30	36	20	20	M27	M33	34	46	68	84	502	525	522	539	12		462.0	462.0	485	485
500	508	530	715	730	650	660	33	36	20	20	M30	M33	36	48	73	90	559	581	576	594	12		513.5	513.5	535	535
600	610	630	840	845	770	770	36	39	20	20	M33	M36	40	58	83	100	658	678	686	704	12		616.5	616.5	636	636
700	711	720	910		840		36		24		M33		40		83		760	769			12		718.0		726	
800	813	820	1025		950		39		24		M36		41		90		864	871			12		820.0		826	
900	914	920	1125		1050		39		28		M36		48		94		968	974			12		921.0		927	
1000	1016	1020	1225		1170		42		28		M39		59		100		1072	1076			16		1023		1027	

第9篇

4.6 带颈承插焊钢制管法兰（SW）

用 PN 标记的带颈承插焊钢制管法兰的形式应符合图 9-3-19～图 9-3-21 的规定，法兰密封面尺寸应符合表 9-3-38 和表 9-3-39 的规定，法兰其他尺寸应符合表 9-3-51～表 9-3-54 的规定。

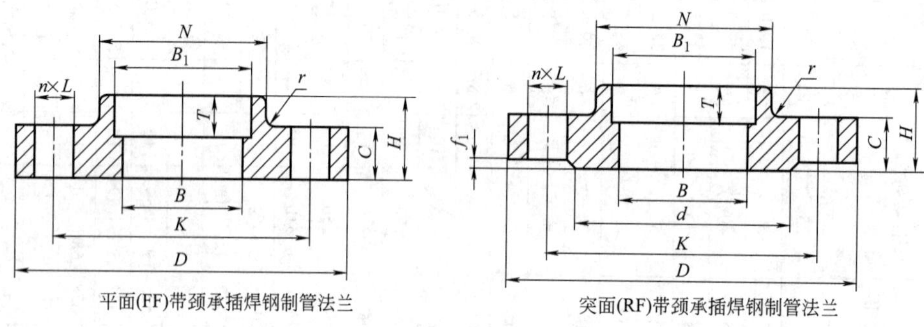

平面(FF)带颈承插焊钢制管法兰　　突面(RF)带颈承插焊钢制管法兰

图 9-3-19　平面（FF）及突面（RF）带颈承插焊钢制管法兰

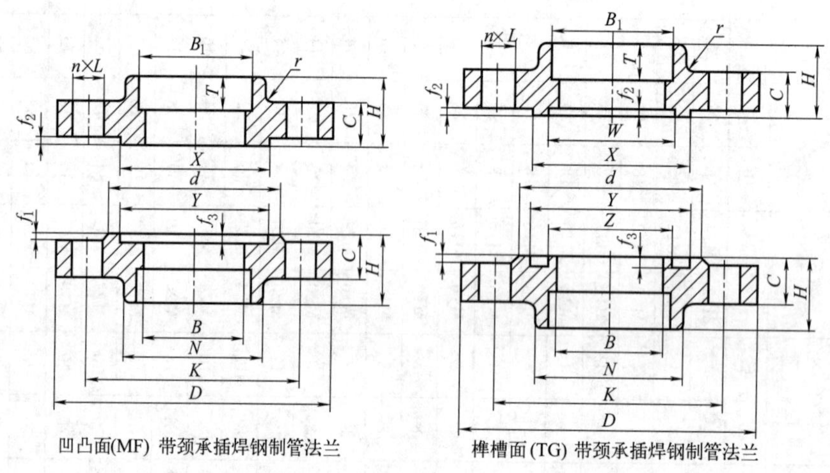

凹凸面(MF) 带颈承插焊钢制管法兰　　榫槽面 (TG) 带颈承插焊钢制管法兰

图 9-3-20　凹凸面（MF）及榫槽面（TG）带颈承插焊钢制管法兰

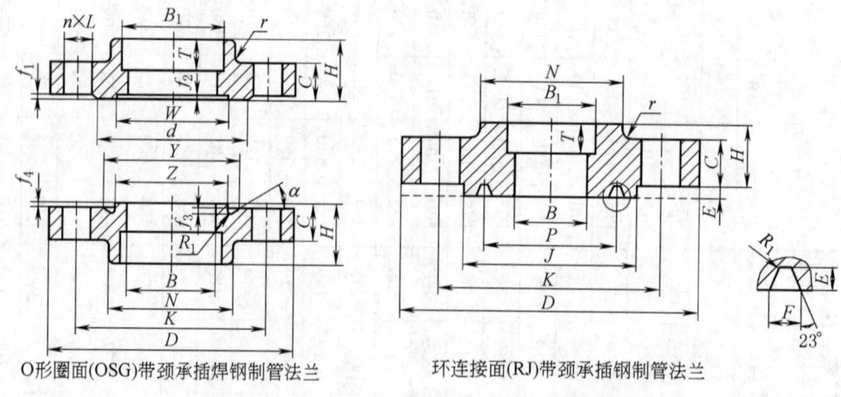

O形圈面(OSG)带颈承插焊钢制管法兰　　环连接面(RJ)带颈承插钢制管法兰

图 9-3-21　O 形圈面（OSG）及环边接面（RJ）带颈承插焊钢制管法兰

表 9-3-51　　PN10、PN16 带颈承插焊钢制管法兰

公称尺寸 DN /mm	钢管外径 A/mm		连接尺寸					法兰厚度 C /mm	法兰高度 H /mm	法兰颈		法兰内径 B /mm		承插孔		
			法兰外径 D /mm	螺栓孔中心圆直径 K/mm	螺栓孔直径 L /mm	螺栓				N /mm	r /mm			B_1/mm		T/mm
	系列Ⅰ	系列Ⅱ				数量 n/个	螺纹规格					系列Ⅰ	系列Ⅱ	系列Ⅰ	系列Ⅱ	
10	17.2	14	90	60	14	4	M12	16	22	30	4	11.5	9	18	15	9
15	21.3	18	95	65	14	4	M12	16	22	35	4	15	12	22	19	10
20	26.9	25	105	75	14	4	M12	18	26	45	4	21	19	27.5	26	11
25	33.7	32	115	85	14	4	M12	18	28	52	4	27	26	34.5	33	13
32	42.4	38	140	100	18	4	M16	18	30	60	6	35	30	43.5	39	14
40	48.3	45	150	110	18	4	M16	18	32	70	6	41	37	49.5	46	16
50	60.3	57	165	125	18	4	M16	18	28	84	6	52	49	61.5	59	17

注：公称尺寸 DN10～DN40 的法兰使用 PN40 法兰的尺寸。

表 9-3-52　　PN25、PN40 带颈承插焊钢制管法兰　　mm

公称尺寸 DN /mm	钢管外径 A		连接尺寸					法兰厚度 C /mm	法兰高度 H /mm	法兰颈		法兰内径 B /mm		承插孔		
			法兰外径 D/mm	螺栓孔中心圆直径 K/mm	螺栓孔直径 L /mm	螺栓				N /mm	r /mm			B_1/mm		T/mm
	系列Ⅰ	系列Ⅱ				数量 n/个	螺纹规格					系列Ⅰ	系列Ⅱ	系列Ⅰ	系列Ⅱ	
10	17.2	14	90	60	14	4	M12	16	22	30	4	11.5	9	18	15	9
15	21.3	38	95	65	14	4	M12	16	22	35	4	15	12	22	19	10
20	26.9	25	105	75	14	4	M12	18	26	45	4	21	19	27.5	26	11
25	33.7	32	115	85	14	4	M12	18	28	52	4	27	26	34.5	33	13
32	42.4	38	140	100	18	4	M16	18	30	60	6	35	30	43.5	39	14
40	48.3	45	150	110	18	4	M16	18	32	70	6	41	37	49.5	46	16
50	60.3	57	165	125	18	4	M16	20	34	84	6	52	49	61.5	59	17

表 9-3-53　　PN63 带颈承插焊钢制管法兰　　mm

公称尺寸 DN /mm	钢管外径 A/mm		连接尺寸					法兰厚度 C /mm	法兰高度 H /mm	法兰颈		法兰内径 B /mm		承插孔		
			法兰外径 D/mm	螺栓孔中心圆直径 K/mm	螺栓孔直径 L /mm	螺栓				N /mm	r /mm			B_1/mm		T/mm
	系列Ⅰ	系列Ⅱ				数量 n/个	螺纹规格					系列Ⅰ	系列Ⅱ	系列Ⅰ	系列Ⅱ	
10	17.2	14	100	70	14	4	M12	20	28	40	4	11.5	9	18	15	9
15	21.3	38	105	75	14	4	M12	20	28	43	4	15	12	22	19	10
20	26.9	25	130	90	18	4	M16	22	30	52	4	21	19	27.5	26	11
25	33.7	32	140	100	18	4	M16	24	32	60	4	27	26	34.5	33	13
32	42.4	38	155	110	22	4	M20	24	32	68	6	35	30	43.5	39	14
40	48.3	45	170	125	22	4	M20	26	34	80	6	41	37	49.5	46	16
50	60.3	57	180	135	22	4	M20	26	36	90	6	52	49	61.5	59	17

表 9-3-54　　PN100 带颈承插焊钢制管法兰　　mm

公称尺寸 DN /mm	钢管外径 A/mm		连接尺寸					法兰厚度 C /mm	法兰高度 H /mm	法兰颈		法兰内径 B /mm		承插孔		
			法兰外径 D/mm	螺栓孔中心圆直径 K/mm	螺栓孔直径 L /mm	螺栓				N /mm	r /mm			B_1/mm		T/mm
	系列Ⅰ	系列Ⅱ				数量 n/个	螺纹规格					系列Ⅰ	系列Ⅱ	系列Ⅰ	系列Ⅱ	
10	17.2	14	100	70	14	4	M12	20	28	40	4	11.5	9	18	15	9
15	21.3	38	105	75	14	4	M12	20	28	43	4	15	12	22	19	10
20	26.9	25	130	90	18	4	M16	22	30	52	4	21	19	27.5	26	11
25	33.7	32	140	100	18	4	M16	24	32	60	4	27	26	34.5	33	13
32	42.4	38	155	110	22	4	M20	24	32	68	6	35	30	43.5	39	14
40	48.3	45	170	125	22	4	M20	26	34	80	6	41	37	49.5	46	16
50	60.3	57	195	145	26	4	M24	28	36	95	6	52	49	61.5	59	17

4.7 板式平焊钢制管法兰（PL）

用 PN 标记的板式平焊钢制管法兰的形式应符合见图 9-3-22 的规定，法兰其他尺寸应符合表 9-3-55～表 9-3-57 的规定。

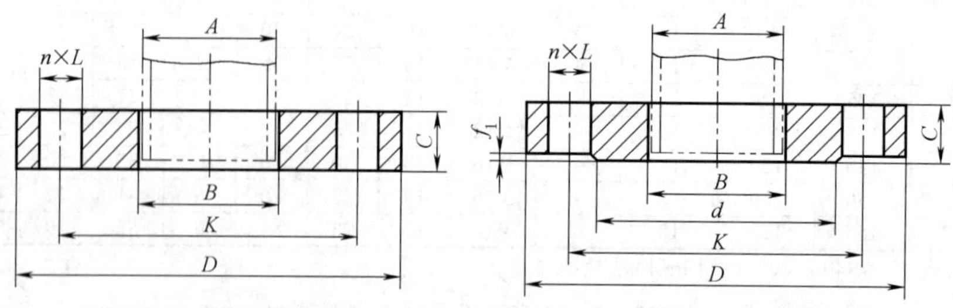

图 9-3-22 板式平焊钢制管法兰

表 9-3-55 PN2.5、PN2.5 板式平焊钢制管法兰尺寸（摘自 GB/T 9124.1—2019） mm

公称尺寸 DN /mm	法兰焊端外径（钢管外径）A/mm		连接尺寸										法兰厚度 C/mm		密封面				法兰内径 B/mm			
			法兰外径 D/mm		螺栓孔中心圆直径 K/mm		螺栓孔直径 L/mm		螺栓						d/mm		f_1/mm		系列Ⅰ		系列Ⅱ	
									数量 n/个		螺纹规格											
	系列Ⅰ	系列Ⅱ	2.5	6	2.5	6	2.5	6	2.5	6	2.5	6	2.5	6	2.5	6	2.5	6	2.5	6	2.5	6
10	17.2	14	75	75	50	50	11	11	4	4	M10	M10	12	12	35	35	2	2	18.0	18.0	15	15
15	21.3	18	80	80	55	55	11	11	4	4	M10	M10	12	12	40	40	2	2	22.0	22.0	19	19
20	26.9	25	90	90	65	65	11	11	4	4	M10	M10	14	14	50	50	2	2	27.5	27.5	26	26
25	33.7	32	100	100	75	75	11	11	4	4	M10	M10	14	14	60	60	2	2	34.5	34.5	33	33
32	42.4	38	120	120	90	90	14	14	4	4	M12	M12	16	16	70	70	2	2	43.5	43.5	39	39
40	48.3	45	130	130	100	100	14	14	4	4	M12	M12	16	16	80	80	3	3	49.5	49.5	46	46
50	60.3	57	140	140	110	110	14	14	4	4	M12	M12	16	16	90	90	3	3	61.5	61.5	59	59
65	73.0	76	160	160	130	130	14	14	4	4	M12	M12	16	16	110	110	3	3	75.0	75.0	78	78
80	88.9	89	190	190	150	150	18	18	4	4	M16	M16	18	18	128	128	3	3	90.5	90.5	91	91
100	114.3	108	210	210	170	170	18	18	4	4	M16	M16	18	18	148	148	3	3	116.0	116.0	110	110
125	141.3	133	240	240	200	200	18	18	8	8	M16	M16	20	20	178	178	3	3	143.5	143.5	135	135
150	168.3	159	265	265	225	225	18	18	8	8	M16	M16	20	20	202	202	3	3	170.5	170.5	161	161
200	219.1	219	320	320	280	280	18	18	8	8	M16	M16	22	22	258	258	3	3	221.5	221.5	222	222
250	273.0	273	375	375	335	335	18	18	12	12	M16	M16	24	24	312	312	3	3	276.5	276.5	276	276
300	323.9	325	440	440	395	395	22	22	12	12	M20	M20	24	24	365	365	4	4	327.5	327.5	328	328
350	355.6	377	490	490	445	445	22	22	12	12	M20	M20	26	26	415	415	4	4	359.5	359.5	380	380
400	406.4	426	540	540	495	495	22	22	16	16	M20	M20	28	28	465	465	4	4	411.0	411.0	430	430
450	457	480	595	595	550	550	22	22	16	16	M20	M20	30	30	520	520	4	4	462.0	462.0	484	484
500	508	530	645	645	600	600	22	22	20	20	M20	M20	30	30	570	570	4	4	513.5	513.5	534	534
600	610	630	755	755	705	705	26	26	20	20	M24	M24	32	32	670	670	5	5	616.5	616.5	634	634
700	711	720	860	860	810	810	26	26	24	24	M24	M24	40	40	775	775	5	5	715	715	724	724
800	813	820	975	975	920	920	30	30	24	24	M27	M27	44	44	880	880	5	5	817	817	824	824
900	914	920	1075	1075	1020	1020	30	30	24	24	M27	M27	48	48	980	980	5	5	918	918	924	924
1000	1016	1020	1175	1175	1120	1120	30	30	28	28	M27	M27	52	52	1080	1080	5	5	1020	1020	1024	1024
1200	1219	1220	1375	1405	1320	1340	30	33	32	32	M27	M30	60	60	1280	1295	5	5	1223	1223	1224	1224
1400	1420	1420	—	1675	—	1560	—	36	—	36	—	M33	—	72	—	1510	—	5	—	1426	—	1424
1600	1620	1620	—	1915	—	1760	—	36	—	40	—	M33	—	80	—	1710	—	5	—	1630	—	1624
1800	1820	1820	—	2115	—	1970	—	39	—	44	—	M36	—	88	—	1920	—	5	—	1833	—	1824
2000	2032	2020	—	2325	—	2180	—	42	—	48	—	M39	—	96	—	2125	—	5	—	2036	—	2024

表 9-3-56　PN10、PN6 板式平焊钢制管法兰尺寸（摘自 GB/T 9124.1—2019）　mm

公称尺寸 DN	法兰焊端外径（钢管外径）A/mm		连接尺寸										法兰厚度 C/mm		密封面				法兰内径 B/mm			
			法兰外径 D/mm		螺栓孔中心圆直径 K/mm		螺栓孔直径 L/mm		螺栓						d/mm		f_1/mm		系列Ⅰ		系列Ⅱ	
									数量 n/个		螺纹规格											
	系列Ⅰ	系列Ⅱ	10	16	10	16	10	16	10	16	10	16	10	16	10	16	10	16	10	16	10	16
10	17.2	14	90	90	60	60	14	14	4	4	M12	M12	14	14	40	40	2	2	18.0	18.0	15	15
15	21.3	18	95	95	65	65	14	14	4	4	M12	M12	14	14	45	45	2	2	22.0	22.0	19	19
20	26.9	25	105	105	75	75	14	14	4	4	M12	M12	16	16	58	58	2	2	27.5	27.5	26	26
25	33.7	32	115	115	85	85	14	14	4	4	M12	M12	16	16	68	68	2	2	34.5	34.5	33	33
32	42.4	38	140	140	100	100	18	18	4	4	M16	M16	18	18	78	78	2	2	43.5	43.5	39	39
40	48.3	45	150	150	110	110	18	18	4	4	M16	M16	18	18	88	88	3	3	49.5	49.5	46	46
50	60.3	57	165	165	125	125	18	18	4	4	M16	M16	20	20	102	102	3	3	61.5	61.5	59	59
65	73.0	76	185	185	145	145	18	18	8	8	M16	M16	20	20	122	122	3	3	75.0	75.0	78	78
80	88.9	89	200	200	160	160	18	18	8	8	M16	M16	20	20	138	138	3	3	90.5	90.5	91	91
100	114.3	108	220	220	180	180	18	18	8	8	M16	M16	22	22	158	158	3	3	116.0	116.0	110	110
125	141.3	133	250	250	210	210	18	18	8	8	M16	M16	22	22	188	188	3	3	143.5	143.5	135	135
150	168.3	159	285	285	240	240	22	22	8	8	M20	M20	24	24	212	212	3	3	170.5	170.5	161	161
200	219.1	219	340	340	295	295	22	22	8	12	M20	M20	24	26	268	268	3	3	221.5	221.5	222	222
250	273.0	273	395	405	350	355	22	26	12	12	M20	M24	26	29	320	320	3	3	276.5	276.5	276	276
300	323.9	325	445	460	400	410	22	26	12	12	M20	M24	26	32	370	378	4	4	327.5	327.5	328	328
350	355.6	377	505	520	460	470	22	26	16	16	M20	M24	30	35	430	438	4	4	359.5	359.5	380	380
400	406.4	426	565	580	515	525	26	30	16	16	M24	M27	32	38	482	490	4	4	411.0	411.0	430	430
450	457	480	615	640	565	585	26	30	20	20	M24	M27	36	42	532	550	4	4	462.0	462.0	484	484
500	508	530	670	715	620	650	26	33	20	20	M24	M30	38	46	585	610	4	4	513.5	513.5	534	534
600	610	630	780	840	725	770	30	36	20	20	M27	M33	42	55	685	725	5	5	616.5	616.5	634	634
700	711	720	895	910	840	840	30	36	24	24	M27	M33	50	63	800	795	5	5	715	715	724	724
800	813	820	1015	1025	950	950	33	39	24	24	M30	M36	56	74	905	900	5	5	817	817	824	824
900	914	920	1115	1125	1050	1050	33	39	28	28	M30	M36	62	82	1005	1000	5	5	918	918	924	924
1000	1016	1020	1230	1255	1160	1170	36	42	28	28	M33	M39	70	90	1110	1115	5	5	1020	1020	1024	1024
1200	1219	1220	1455	1485	1380	1390	39	48	32	32	M36	M45	83	95	1330	1330	5	5	1223	1223	1224	1224
1400	1420	1420	1675	1685	1590	1590	42	48	36	36	M39	M45	90	103	1535	1530	5	5	1426	1426	1424	1424
1600	1620	1620	1915	1930	1820	1820	48	56	40	40	M45	M52	100	115	1760	1750	5	5	1630	1630	1624	1624
1800	1820	1820	2115	2130	2020	2020	48	56	44	44	M45	M52	110	126	1960	1950	5	5	1833	1833	1824	1824
2000	2032	2020	2325	2345	2230	2320	48	62	48	48	M45	M56	120	138	2170	2150	5	5	2036	2036	2024	2024

表 9-3-57　PN25、PN40 板式平焊钢制管法兰尺寸（GB/T 9124.1—2019）　mm

公称尺寸 DN /mm	法兰焊端外径（钢管外径）A/mm		连接尺寸										法兰厚度 C/mm		密封面				法兰内径 B/mm			
			法兰外径 D/mm		螺栓孔中心圆直径 K/mm		螺栓孔直径 L/mm		螺栓						d/mm		f_1/mm		系列Ⅰ		系列Ⅱ	
									数量 n/个		螺纹规格											
	系列Ⅰ	系列Ⅱ	25	40	25	40	25	40	25	40	25	40	25	40	25	40	25	40	25	40	25	40
10	17.2	14	90	90	60	60	14	14	4	4	M12	M12	14	14	40	40	2	2	18.0	18.0	15	15
15	21.3	18	95	95	65	65	14	14	4	4	M12	M12	14	14	45	45	2	2	22.0	22.0	19	19
20	26.9	25	105	105	75	75	14	14	4	4	M12	M12	16	16	58	58	2	2	27.5	27.5	26	26
25	33.7	32	115	115	85	85	14	14	4	4	M12	M12	16	16	68	68	2	2	34.5	34.5	33	33
32	42.4	38	140	140	100	100	18	18	4	4	M16	M16	18	18	78	78	2	2	43.5	43.5	39	39
40	48.3	45	150	150	110	110	18	18	4	4	M16	M16	18	18	88	88	3	3	49.5	49.5	46	46
50	60.3	57	165	165	125	125	18	18	4	4	M16	M16	20	20	102	102	3	3	61.5	61.5	59	59
65	73.0	76	185	185	145	145	18	18	8	8[a]	M16	M16	22	22	122	122	3	3	75.0	75.0	78	78
80	88.9	89	200	200	160	160	18	18	8	8	M16	M16	24	24	138	138	3	3	90.5	90.5	91	91
100	114.3	108	235	235	190	190	22	22	8	8	M20	M20	26	26	162	162	3	3	116.0	116.0	110	110
125	141.3	133	270	270	220	220	26	26	8	8	M24	M24	28	28	188	188	3	3	143.5	143.5	135	135
150	168.3	159	300	300	250	250	26	26	8	8	M24	M24	30	30	218	218	3	3	170.5	170.5	161	161
200	219.1	219	360	375	310	320	26	30	12	12	M24	M27	32	36	278	285	3	3	221.5	221.5	222	222
250	273.0	273	425	450	370	385	30	33	12	12	M27	M30	35	42	335	345	3	3	276.5	276.5	276	276
300	323.9	325	485	515	430	450	30	33	16	12	M27	M30	38	52	395	410	4	4	327.5	327.5	328	328
350	355.6	377	555	580	490	510	33	36	16	16	M30	M33	42	58	450	465	4	4	359.5	359.5	380	380
400	406.4	426	620	660	550	585	36	39	16	16	M33	M36	48	65	505	535	4	4	411.0	411.0	430	430
450	457	480	670	685	600	610	36	39	20	20	M33	M36	54	66	555	560	4	4	462.0	462.0	484	484
500	508	530	730	755	660	670	36	42	20	20	M33	M39	58	72	615	615	4	4	513.5	513.5	534	534
600	610	630	845	890	770	795	39	48	20	20	M36	M45	68	84	720	735	5	5	616.5	616.5	634	634
700	711	720	960		875		42		24		M39		85		820		5		715		724	
800	813	820	1085		990		48		24		M45		95		930		5		817		824	

第9篇

4.8 A型对焊环板式松套钢制管法兰（PL/W-A）

用PN标记的A型对焊环板式松套钢制管法兰的形式应符合见图9-3-23的规定，法兰密封面尺寸应符合表9-3-38的规定，法兰其他尺寸应符合表9-3-58和表9-3-59的规定。当用户选用的S值不同于表中数值时，应在订货时注明。

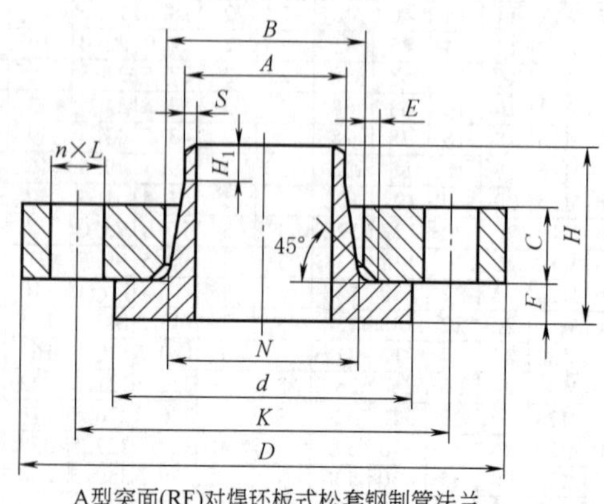

A型突面(RF)对焊环板式松套钢制管法兰

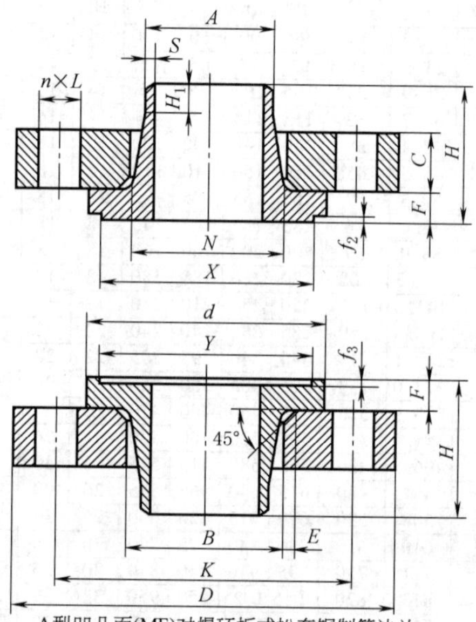

A型凹凸面(MF)对焊环板式松套钢制管法兰

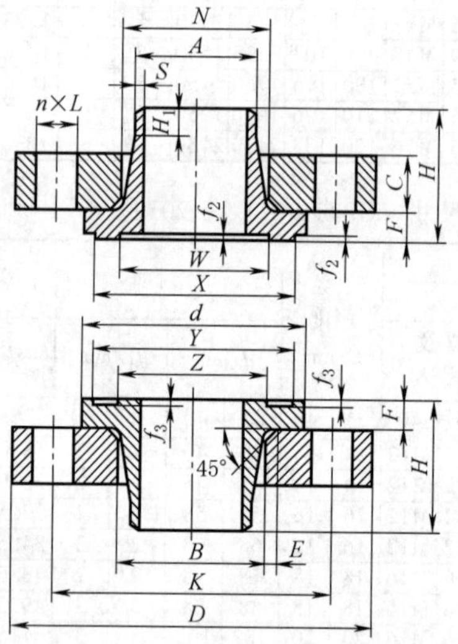

A型榫槽面(TG)对焊环板式松套钢制管法兰

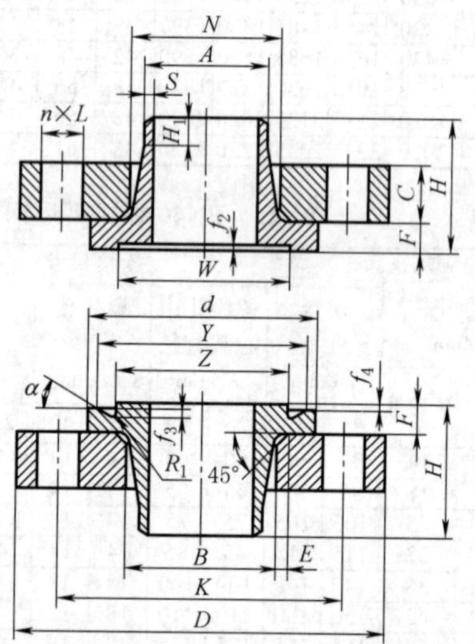

A型O形圈面(OSG)对焊环板式松套钢制管法兰

图9-3-23 对焊环板式松套钢制管法兰

表9-3-58 **PN10 A型对焊环板式松套钢制管法兰**

公称尺寸DN/mm	法兰焊端外径（钢管外径）A/mm		连接尺寸			螺栓		法兰厚度C/mm	法兰内径B/mm		E/mm	对焊环						
	系列Ⅰ	系列Ⅱ	法兰外径D/mm	螺栓孔中心圆直径K/mm	螺栓孔直径L/mm	数量n/个	螺纹规格		系列Ⅰ	系列Ⅱ		外径d/mm	N/mm 系列Ⅰ	N/mm 系列Ⅱ	F/mm	H_1/mm	H/mm	S/mm
10	17.2	14	90	60	14	4	M12	14	31	31	3	40	28	28	12	6	35	1.8
15	21.3	18	95	65	14	4	M12	14	35	35	3	45	32	32	12	6	38	2.0
20	26.9	25	105	75	14	4	M12	16	42	42	4	58	40	40	14	6	40	2.6

续表

公称尺寸 DN /mm	法兰焊端外径（钢管外径）A/mm		连接尺寸					法兰厚度 C/mm	法兰内径			对焊环						
	系列Ⅰ	系列Ⅱ	法兰外径 D/mm	螺栓孔中心圆直径 K/mm	螺栓孔直径 L/mm	螺栓 数量 n/个	螺栓 螺纹规格		B/mm 系列Ⅰ	B/mm 系列Ⅱ	E/mm	外径 d/mm	N/mm 系列Ⅰ	N/mm 系列Ⅱ	F/mm	H_1/mm	H/mm	S/mm
25	33.7	32	115	85	14	4	M12	16	49	49	4	68	46	46	14	6	40	2.6
32	42.4	38	140	100	18	4	M16	18	59	59	5	78	56	56	14	6	42	2.6
40	48.3	45	150	110	18	4	M16	18	67	67	5	88	64	64	14	7	45	2.6
50	60.3	57	165	125	18	4	M16	20	77	77	5	102	74	74	16	8	45	2.9
65	73.0	76	185	145	18	8①	M16	20	96	96	6	122	92	92	16	10	45	2.9
80	88.9	89	200	160	18	8	M16	20	108	114	6	138	105	110	16	10	50	3.2
100	114.3	108	220	180	18	8	M16	22	134	134	6	162	131	130	18	12	52	3.6
125	141.3	133	250	210	18	8	M16	22	162	162	6	188	156	158	18	12	55	4.0
150	168.3	159	285	240	22	8	M20	24	188	188	6	212	184	184	20	12	55	4.5
200	219.1	219	340	295	22	8	M20	24	240	240	6	268	234	234	20	16	62	6.3
250	273.0	273	395	350	22	12	M20	26	294	294	8	320	292	288	22	16	68	6.3
300	323.9	325	445	400	22	12	M20	26	348	348	8	370	342	342	22	16	68	7.1
350	355.6	377	505	460	22	16	M20	30	400	410	8	430	385	400	22	16	68	7.1
400	406.4	426	565	515	26	16	M24	32	450	455	8	482	440	445	24	16	72	7.1
450	457	480	615	565	26	20	M24	36	498	510	8	562	488	500	24	16	72	7.1
500	508	530	670	620	26	20	M24	38	550	560	8	585	542	550	26	16	75	7.1
600	610	630	780	725	30	20	M27	42	650	660	8	685	642	650	26	18	80	—

① 对于铸铁法兰和铜合金法兰，该规格的法兰可能是 4 个螺栓孔的，因此，制造厂和用户协商同意后，与铸铁法兰和铜合金法兰配对使用的钢制法兰可以采用 4 个螺栓孔。

注：公称尺寸 DN10~DN40 的法兰使用 PN40 法兰的尺寸；公称尺寸 DN50~DN150 的法兰使用 PN16 法兰的尺寸。

表 9-3-59　PN16 A 型对焊环板式松套钢制管法兰

公称尺寸 DN /mm	法兰焊端外径（钢管外径）A/mm		连接尺寸					法兰厚度 C/mm	法兰内径			对焊环						
	系列Ⅰ	系列Ⅱ	法兰外径 D/mm	螺栓孔中心圆直径 K/mm	螺栓孔直径 L/mm	螺栓 数量 n/个	螺栓 螺纹规格		B/mm 系列Ⅰ	B/mm 系列Ⅱ	E/mm	外径 d/mm	N/mm 系列Ⅰ	N/mm 系列Ⅱ	F/mm	H_1/mm	H/mm	S/mm
10	17.2	14	90	60	14	4	M12	14	31	31	3	40	28	28	12	6	35	1.8
15	21.3	18	95	65	14	4	M12	14	35	35	3	45	32	32	12	6	38	2.0
20	26.9	25	105	75	14	4	M12	16	42	42	4	58	40	40	14	6	40	2.6
25	33.7	32	115	85	14	4	M12	16	49	49	4	68	46	46	14	6	40	2.6
32	42.4	38	140	100	18	4	M16	18	59	59	5	78	56	56	14	6	42	2.6
40	48.3	45	150	110	18	4	M16	18	67	67	5	88	64	64	14	7	45	2.6
50	60.3	57	165	125	18	4	M16	20	77	77	5	102	74	74	16	8	45	2.9
65	73.0	76	185	145	18	8①	M16	20	96	96	6	122	92	92	16	10	45	2.9
80	88.9	89	200	160	18	8	M16	20	108	114	6	138	105	110	16	10	50	3.2
100	114.3	108	220	180	18	8	M16	22	134	134	6	158	131	130	18	12	52	3.6
125	141.3	133	250	210	18	8	M16	22	162	162	6	188	156	158	18	12	55	4.0
150	168.3	159	285	240	22	8	M20	24	188	188	6	212	184	184	20	12	55	4.5
200	219.1	219	340	295	22	12	M20	26	240	240	6	268	235	234	20	16	62	6.3
250	273.0	273	405	355	26	12	M24	—	294	294	8	320	292	288	22	16	70	6.3
300	323.9	325	460	410	26	12	M24	—	348	348	8	378	344	342	24	16	78	7.1
350	355.6	377	520	470	26	16	M24	—	400	410	8	438	390	400	26	16	82	8.0
400	406.4	426	580	525	30	16	M27	—	454	460	8	490	445	450	28	16	85	8.0
450	457	480	640	585	30	20	M27	—	500	516	8	550	490	506	30	16	83	8.0
500	508	530	715	650	33	20	M30	—	556	569	8	610	548	559	32	16	84	8.0
600	610	630	840	770	36	20	M33	—	660	670	8	725	670	660	30	18	88	8.8

① 对于铸铁法兰和铜合金法兰，该规格的法兰可能是 4 个螺栓孔的，因此，当制造厂和用户协商同意后，与铸铁法兰和铜合金法兰配对使用的钢制法兰可以采用 4 个螺栓孔。

注：公称尺寸 DN10~DN40 的法兰使用 PN40 法兰的尺寸；公称尺寸 DN50~DN150 的法兰使用 PN16 法兰的尺寸。

4.9 B 型对焊环板式松套钢制管法兰（PL/W-B）

用 PN 标记的 B 型对焊环板式松套钢制管法兰的形式应符合图 9-3-24 的规定，法兰密封面尺寸应符合表 9-3-38 的规定，法兰其他尺寸应符合表 9-3-60～表 9-3-62 的规定。当用户选用的 S 值不同于表中数值时，应在订货时注明。注：本部分新版国标内容不全（缺少对焊环 d）。

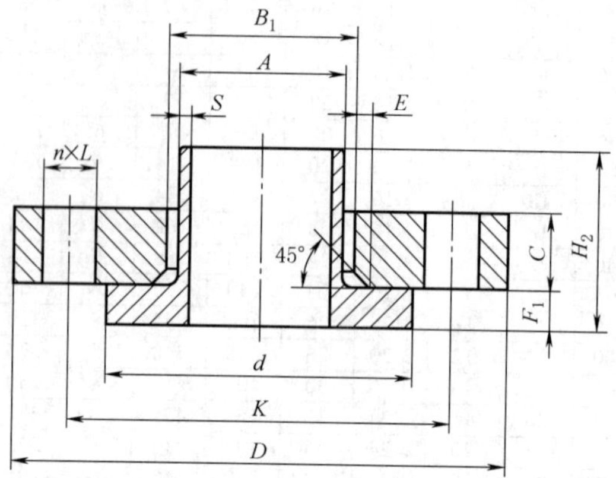

B型突面(RF)对焊环板式松套钢制管法兰

图 9-3-24　B 型对焊环板式松套钢制管法兰

表 9-3-60　　PN2.5 B 型对焊环板式松套钢制管法兰

公称尺寸 DN /mm	法兰焊端外径（钢管外径）A/mm		连接尺寸					法兰厚度 C/mm	法兰内径			对焊环			
			法兰外径 D/mm	螺栓孔中心圆直径 K/mm	螺栓孔直径 L/mm	螺栓			B_1/mm		E/mm	外径② d/mm	F_1/mm	H_2/mm	S/mm
	系列Ⅰ	系列Ⅱ				数量 n/个	螺纹规格		系列Ⅰ	系列Ⅱ					
10	17.2	14	75	50	11	4	M10	12	21	18	3	35	5	28	3
15	21.3	18	85	55	11	4	M10	12	25	22	3	40	5	30	3
20	26.9	25	90	65	11	4	M10	14	31	29	4	50	6	32	3
25	33.7	32	100	75	11	4	M10	14	38	36	4	60	7	35	3
32	42.4	38	120	90	14	4	M12	16	46	42	5	70	8	35	3
40	48.3	45	130	100	14	4	M12	16	53	49	5	80	8	35	3
50	60.3	57	140	110	14	4	M12	16	65	61	5	90	8	38	3
65	73.0	76	160	130	14	4	M12	16	81	81	6	110	8	38	4
80	88.9	89	190	150	18	4	M16	18	94	94	6	128	10	42	4
100	114.3	108	210	170	18	4	M16	18	120	113	6	148	10	45	4
125	141.3	133	240	200	18	8	M16	20	147	138	6	178	10	48	5
150	168.3	159	265	225	18	8	M16	20	174	164	6	202	10	48	6
200	219.1	219	320	280	18	8	M16	22	226	226	6	258	11	55	6
250	273.0	273	375	335	18	12	M16	24	281	281	8	312	12	60	8
300	323.9	325	440	395	22	12	M20	24	333	333	8	365	12	62	8
350	355.6	377	490	445	22	12	M20	26	365	386	8	415	13	62	8
400	406.4	426	540	495	22	16	M20	28	416	435	8	465	14	65	8
450	457	480	595	550	22	16	M20	30	467	490	8	520	15	65	8
500	508	530	645	600	22	20	M20	30	519	540	8	570	16	68	8
600	610	630	755	705	26	20	M24	32	622	640	8	670	16	70	8
700	711	720	860	810	26	24	M24	40	721	730	4①	775	16	70	8
800	813	820	975	920	30	24	M27	44	824	830	4①	880	16	70	10
900	914	920	1075	1020	30	24	M27	48	926	930	4①	980	16	70	10
1000	1016	1020	1175	1120	30	28	M27	52	1028	1030	4①	1080	18	70	12

① 为国标数据，但和常规顺序有出入，请慎重，加工时以倒角不妨碍配合为原则。

② 原国标中没有尺寸，本表中的尺寸引自表 9-3-41 中的法兰密封面尺寸。

注：公称尺寸 DN10～DN1000 的法兰使用 PN6 法兰的尺寸。

表 9-3-61　　　　PN6 B 型对焊环板式松套钢制管法兰

公称尺寸DN/mm	法兰焊端外径（钢管外径）A/mm		连接尺寸					法兰厚度C/mm	法兰内径			对焊环			
			法兰外径D/mm	螺栓孔中心圆直径K/mm	螺栓孔直径L/mm	螺栓			B_1/mm		E/mm	外径[②] d/mm	F_1/mm	H_2/mm	S/mm
	系列Ⅰ	系列Ⅱ				数量n/个	螺纹规格		系列Ⅰ	系列Ⅱ					
10	17.2	14	75	50	11	4	M10	12	21	18	3	35	5	28	3
15	21.3	18	85	55	11	4	M10	12	25	22	3	40	5	30	3
20	26.9	25	90	65	11	4	M10	14	31	29	4	50	6	32	3
25	33.7	32	100	75	11	4	M10	14	38	36	4	60	7	35	3
32	42.4	38	120	90	14	4	M12	16	46	42	5	70	8	35	3
40	48.3	45	130	100	14	4	M12	16	53	49	5	80	8	38	3
50	60.3	57	140	110	14	4	M12	16	65	61	5	90	8	38	3
65	73.0	76	160	130	14	4	M12	16	81	81	6	110	8	38	4
80	88.9	89	190	150	18	4	M16	18	94	94	6	128	10	42	4
100	114.3	108	210	170	18	4	M16	18	120	113	6	148	10	45	4
125	141.3	133	240	200	18	8	M16	20	147	138	6	178	10	48	5
150	168.3	159	265	225	18	8	M16	20	174	164	6	202	10	48	6
200	219.1	219	320	280	18	8	M16	22	226	226	6	258	11	55	6
250	273.0	273	375	335	18	12	M16	24	281	281	8	312	12	60	8
300	323.9	325	440	395	22	12	M20	24	333	333	8	365	12	62	8
350	355.6	377	490	445	22	12	M20	26	365	386	8	415	13	62	8
400	406.4	426	540	495	22	16	M20	28	416	435	8	465	14	65	8
450	457	480	595	550	22	16	M20	30	467	490	8	520	15	65	8
500	508	530	645	600	22	20	M20	30	519	540	8	570	16	68	8
600	610	630	755	705	26	20	M24	32	622	640	8	670	16	70	8
700	711	720	860	810	26	24	M24	40	721	730	4[①]	775	16	70	8
800	813	820	975	920	30	24	M27	44	824	830	4[①]	880	16	70	10
900	914	920	1075	1020	30	24	M27	48	926	930	4[①]	980	16	70	10
1000	1016	1020	1175	1120	30	28	M27	52	1028	1030	4[①]	1080	18	70	12
1200	1219	1220	1405	1340	33	32	M30	60	1234	1234	5	1295	20	90	14

① 为国标数据，但和常规顺序有出入，请慎重，加工时以倒角不妨碍配合为原则。

② 原国标中没有尺寸，本表中的尺寸引自表 9-3-41 中的法兰密封面尺寸。

表 9-3-62　　　　PN10 B 型对焊环板式松套钢制管法兰

公称尺寸DN/mm	法兰焊端外径（钢管外径）A/mm		连接尺寸					法兰厚度C/mm	法兰内径			对焊环			
			法兰外径D/mm	螺栓孔中心圆直径K/mm	螺栓孔直径L/mm	螺栓			B_1/mm		E/mm	外径[②] d/mm	F_1/mm	H_2/mm	S/mm
	系列Ⅰ	系列Ⅱ				数量n/个	螺纹规格		系列Ⅰ	系列Ⅱ					
10	17.2	14	90	60	14	4	M12	14	21	18	3	40	5	35	3
15	21.3	18	95	65	14	4	M12	14	25	22	3	45	5	38	3
20	26.9	25	105	75	14	4	M12	16	31	29	4	58	6	40	3
25	33.7	32	115	85	14	4	M12	16	38	36	4	68	7	40	3
32	42.4	38	140	100	18	4	M16	18	47	42	5	78	8	42	3
40	48.3	45	150	110	18	4	M16	18	53	49	5	88	8	45	3
50	60.3	57	165	125	18	4	M12	20	65	61	5	102	8	45	3
65	73.0	76	185	145	18	8[①]	M12	20	81	81	6	122	8	45	4
80	88.9	89	200	160	18	8	M16	20	94	94	6	138	10	50	4
100	114.3	108	220	180	18	8	M16	22	120	113	6	158	10	52	4
125	141.3	133	250	210	18	8	M16	22	147	138	6	188	10	55	5
150	168.3	159	285	240	22	8	M20	24	174	164	6	212	10	55	6
200	219.1	219	340	295	22	8	M20	24	226	226	6	268	11	62	6
250	273.0	273	395	350	22	12	M20	26	281	281	8	320	12	68	8
300	323.9	325	445	400	22	12	M20	26	333	333	8	370	12	68	8
350	355.6	377	505	460	22	16	M20	30	365	386	8	430	13	68	8
400	406.4	426	565	515	26	16	M24	32	416	435	8	482	14	72	8
450	457	480	615	565	26	16	M24	36	467	490	8	532	15	72	8
500	508	530	670	620	26	20	M24	38	519	540	8	585	16	75	8
600	610	630	780	725	30	20	M27	42	622	640	8	685	18	80	10
700	711	720	895	840	30	24	M27	50	721	730	8	800	20	80	10
800	813	820	1015	950	33	24	M30	56	824	830	8	905	20	80	12

续表

公称尺寸 DN /mm	法兰焊端外径（钢管外径）A/mm		连接尺寸					法兰厚度 C/mm	法兰内径			对焊环			
			法兰外径 D/mm	螺栓孔中心圆直径 K/mm	螺栓孔直径 L/mm	螺栓			B_1/mm		E/mm	外径② d/mm	F_1/ mm	H_2/ mm	S/ mm
	系列Ⅰ	系列Ⅱ				数量 n/个	螺纹规格		系列Ⅰ	系列Ⅱ					
900	914	920	1115	1050	33	28	M30	62	926	930	8	1005	22	90	12
1000	1016	1020	1230	1160	36	28	M33	70	1028	1030	8	1110	24	95	12
1200	1219	1220	1455	1380	39	32	M36	83	1234	1234	8	1330	26	115	16

① 对于铸铁法兰和铜合金法兰，该规格的法兰可能是 4 个螺栓孔的，因此，制造厂和用户协商同意后，与铸铁法兰和铜合金法兰配对使用的钢制法兰可以采用 4 个螺栓孔。

② 原国标中没有尺寸，本表中的尺寸引自表 9-3-41 中的法兰密封面尺寸。

注：公称尺寸 DN10～DN40 的法兰使用 PN40 法兰的尺寸，DN50～DN150 的法兰使用 PN16 法兰的尺寸。

4.10 平焊环板式松套钢制管法兰（PL/C）

用 PN 标记的平焊环板式松套钢制管法兰的型式应符合图 9-3-25 的规定，法兰密封面尺寸应符合表 9-3-38 的规定，法兰其他尺寸应符合表 9-3-63～表 9-3-65 的规定。

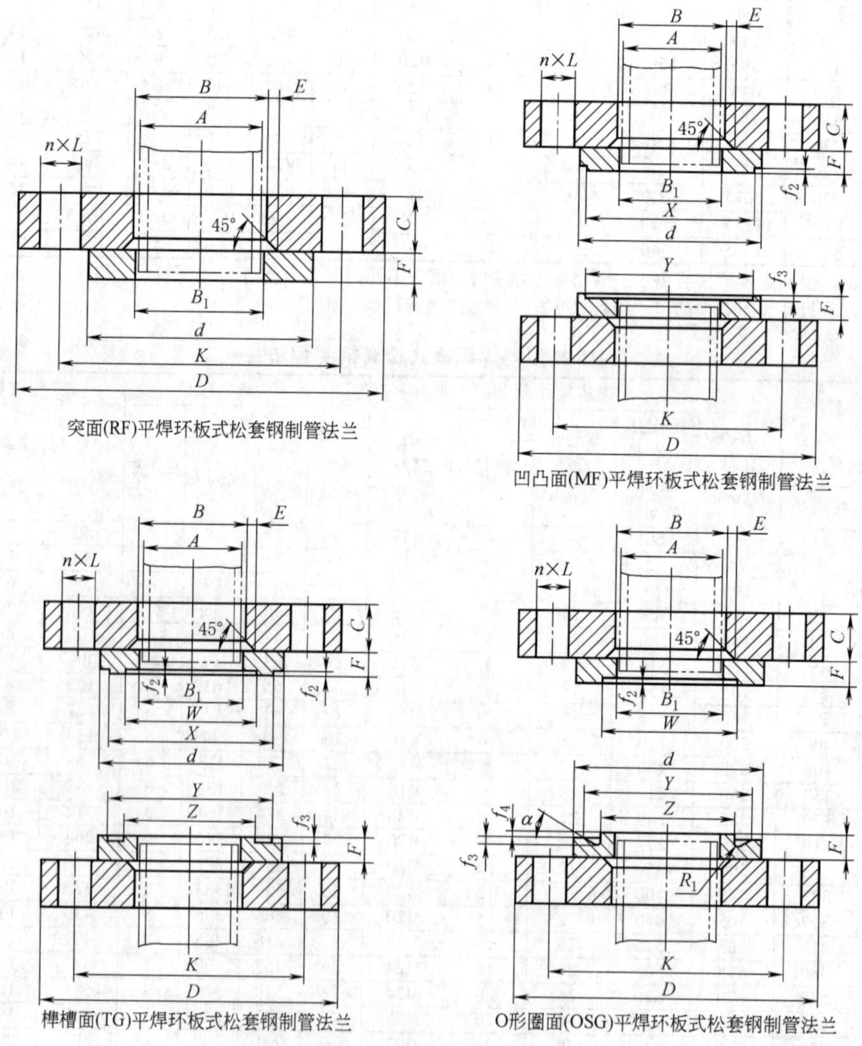

图 9-3-25 平焊环板式松套钢制管法兰

表 9-3-63　　**PN2.5 平焊环板式松套钢制管法兰**

公称尺寸 DN /mm	法兰焊端外径（钢管外径）A/mm 系列Ⅰ	系列Ⅱ	连接尺寸 法兰外径 D/mm	螺栓孔中心圆直径 K/mm	螺栓孔直径 L/mm	螺栓 数量 n/个	螺纹规格	法兰厚度 C/mm	法兰内径 B/mm 系列Ⅰ	系列Ⅱ	E/mm	平焊环 外径 d/mm	内径 B_1/mm 系列Ⅰ	系列Ⅱ	厚度 F/mm
10	17.2	14	75	50	11	4	M10	12	21	18	3	35	18.0	15	10
15	21.3	18	85	55	11	4	M10	12	25	22	3	40	22.0	19	10
20	26.9	25	90	65	11	4	M10	14	31	29	4	50	27.5	26	10
25	33.7	32	100	75	11	4	M10	14	38	36	4	60	34.5	33	10
32	42.4	38	120	90	14	4	M12	16	46	42	5	70	43.5	39	10
40	48.3	45	130	100	14	4	M12	16	53	50	5	80	49.5	46	10
50	60.3	57	140	110	14	4	M12	16	65	62	5	90	61.5	59	12
65	73.0	76	160	130	14	4	M12	16	81	81	6	110	75.0	78	12
80	88.9	89	190	150	18	4	M16	18	94	94	6	128	90.5	91	12
100	114.3	108	210	170	18	4	M16	18	120	114	6	148	116.0	110	14
125	141.3	133	240	200	18	8	M16	20	147	139	6	178	143.5	135	14
150	168.3	159	265	225	18	8	M16	20	174	165	6	202	170.5	161	14
200	219.1	219	320	280	18	8	M16	22	226	226	6	258	221.5	222	16
250	273.0	273	375	335	18	12	M16	24	281	281	8	312	276.5	276	18
300	323.9	325	440	395	22	12	M20	24	333	334	8	365	327.5	328	18
350	355.6	377	490	445	22	12	M20	26	365	386	8	415	359.5	381	18
400	406.4	426	540	495	22	16	M20	28	416	435	8	465	411.0	430	20
450	457	480	595	550	22	16	M20	30	467	490	8	520	462.0	485	20
500	508	530	645	600	22	20	M20	30	519	541	8	570	513.5	535	22
600	610	630	755	705	26	20	M24	32	622	642	8	670	616.5	636	22

表 9-3-64　　**PN6 平焊环板式松套钢制管法兰**

公称尺寸 DN /mm	法兰焊端外径（钢管外径）A/mm 系列Ⅰ	系列Ⅱ	连接尺寸 法兰外径 D/mm	螺栓孔中心圆直径 K/mm	螺栓孔直径 L/mm	螺栓 数量 n/个	螺纹规格	法兰厚度 C/mm	法兰内径 B/mm 系列Ⅰ	系列Ⅱ	E/mm	平焊环 外径 d/mm	内径 B_1/mm 系列Ⅰ	系列Ⅱ	厚度 F/mm
10	17.2	14	75	50	11	4	M10	12	21	18	3	35	18.0	15	10
15	21.3	18	85	55	11	4	M10	12	25	22	3	40	22.0	19	10
20	26.9	25	90	65	11	4	M10	14	31	29	4	50	27.5	26	10
25	33.7	32	100	75	11	4	M10	14	38	36	4	60	34.5	33	10
32	42.4	38	120	90	14	4	M12	16	46	42	5	70	43.5	39	10
40	48.3	45	130	100	14	4	M12	16	53	50	5	80	49.5	46	10
50	60.3	57	140	110	14	4	M12	16	65	62	5	90	61.5	59	12
65	73.0	76	160	130	14	4	M12	16	81	81	6	110	75.0	78	12
80	88.9	89	190	150	18	4	M16	18	94	94	6	128	90.5	91	12
100	114.3	108	210	170	18	4	M16	18	120	114	6	148	116.0	110	14
125	141.3	133	240	200	18	8	M16	20	147	139	6	178	143.5	135	14
150	168.3	159	265	225	18	8	M16	20	174	165	6	202	170.5	161	14
200	219.1	219	320	280	18	8	M16	22	226	226	6	258	221.5	222	16
250	273.0	273	375	335	18	12	M16	24	281	281	8	312	276.5	276	18
300	323.9	325	440	395	22	12	M20	24	333	334	8	365	327.5	328	18
350	355.6	377	490	445	22	12	M20	26	365	386	8	415	359.5	381	18
400	406.4	426	540	495	22	16	M20	28	416	435	8	465	411.0	430	20
450	457	480	595	550	22	16	M20	30	467	490	8	520	462.0	485	20
500	508	530	645	600	22	20	M20	30	519	541	8	570	513.5	535	22
600	610	630	755	705	26	20	M24	32	622	642	8	670	616.5	636	22

表 9-3-65　　**PN10 平焊环板式松套钢制管法兰**

公称尺寸DN/mm	法兰焊端外径（钢管外径）A/mm		连接尺寸					法兰厚度C/mm	法兰内径			平焊环			
			法兰外径D/mm	螺栓孔中心圆直径K/mm	螺栓孔直径L/mm	螺栓			B/mm		E/mm	外径d/mm	内径 B_1/mm		厚度F/mm
	系列Ⅰ	系列Ⅱ				数量n/个	螺纹规格		系列Ⅰ	系列Ⅱ			系列Ⅰ	系列Ⅱ	
10	17.2	14	90	60	14	4	M12	14	21	18	3	40	18.0	15	12
15	21.3	18	95	65	14	4	M12	14	25	22	3	45	22.0	19	12
20	26.9	25	105	75	14	4	M12	16	31	29	4	58	27.5	26	14
25	33.7	32	115	85	14	4	M12	16	38	36	4	68	34.5	33	14
32	42.4	38	140	100	18	4	M16	18	47	42	5	78	43.5	39	14
40	48.3	45	150	110	18	4	M16	18	53	50	5	88	49.5	46	14
50	60.3	57	165	125	18	4	M16	20	65	62	5	102	61.5	59	16
65	73.0	76	185	145	18	8①	M16	20	81	81	6	122	75.0	78	16
80	88.9	89	200	160	18	8	M16	20	94	94	6	138	90.5	91	16
100	114.3	108	220	180	18	8	M16	22	120	114	6	158	116.0	110	18
125	141.3	133	250	210	18	8	M16	22	147	139	6	188	143.5	135	18
150	168.3	159	285	240	22	8	M20	24	174	165	6	212	170.5	161	20
200	219.1	219	340	295	22	8	M20	24	226	226	6	268	221.5	222	20
250	273.0	273	395	350	22	12	M20	26	281	281	8	320	276.5	276	22
300	323.9	325	445	400	22	12	M20	26	333	334	8	370	327.5	328	22
350	355.6	377	505	460	22	16	M20	30	365	386	8	430	359.5	381	22
400	406.4	426	565	515	26	16	M24	32	416	435	8	482	411.0	430	24
450	457	480	615	565	26	20	M24	36	467	490	8	532	462.0	485	24
500	508	530	670	620	26	20	M24	38	519	541	8	585	513.5	535	26
600	610	630	780	725	30	20	M27	42	622	642	8	685	616.5	636	26

① 对于铸铁法兰和铜合金法兰，该规格的法兰可能是 4 个螺栓孔的，因此，当制造厂和用户协商同意后，与铸铁法兰和铜合金法兰配对使用的钢制法兰可以采用 4 个螺栓孔。

注：公称尺寸 DN10～DN40 的法兰使用 PN40 法兰的尺寸；公称尺寸 DN50～DN150 的法兰使用 PN16 法兰的尺寸。

4.11　管端翻边板式松套钢制管法兰（PL/P-A）

用 PN 标记的管端翻边板式松套钢制管法兰的形式应符合图 9-3-26 的规定，法兰密封面尺寸应符合表 9-3-38 和表 9-3-39 的规定，法兰其他尺寸应符合表 9-3-66～表 9-3-68 的规定。

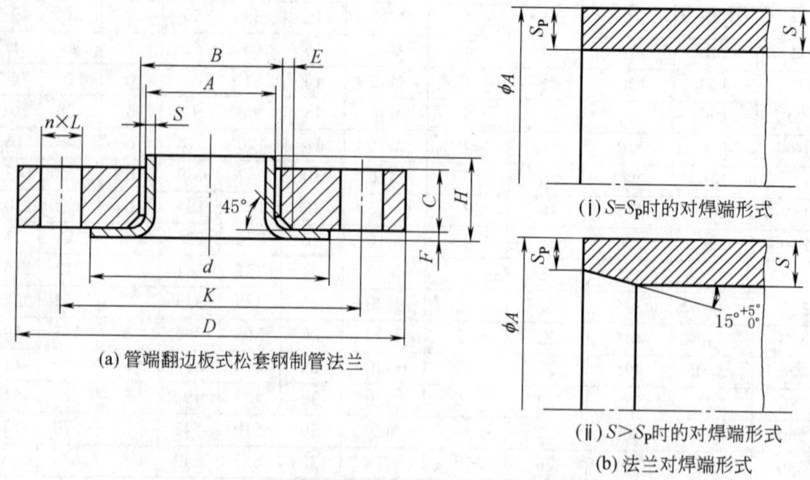

图 9-3-26　管端翻边板式对焊松套钢制管法兰

表 9-3-66　　PN2.5 和 PN6 管端翻边板式松套钢制管法兰

公称尺寸DN/mm	法兰焊端外径(钢管外径) A/mm		连接尺寸			螺栓		法兰厚度 C/mm	法兰内径 B/mm		E/mm	管端翻边				
	系列Ⅰ	系列Ⅱ	法兰外径 D/mm	螺栓孔中心圆直径 K/mm	螺栓孔直径 L/mm	数量 n/个	螺纹规格		系列Ⅰ	系列Ⅱ		外径 d/mm	H/mm	F/mm	S/mm	S_P/mm
10	17.2	14	75	50	11	4	M10	12	21	18	3	35	7	2.5	2.0	2.0
15	21.3	18	85	55	11	4	M10	12	25	22	3	40	7	2.5	2.0	2.0
20	26.9	25	90	65	11	4	M10	14	31	29	4	50	8	3	2.0	2.0
25	33.7	32	100	75	11	4	M10	14	38	36	4	60	10	3	2.0	2.0
32	42.4	38	120	90	14	4	M12	16	46	42	5	70	12	3	2.0	2.0
40	48.3	45	130	100	14	4	M12	16	53	50	5	80	15	3	2.0	2.0
50	60.3	57	140	110	14	4	M12	16	65	62	5	90	20	3	2.0	2.0
65	73.0	76	160	130	14	4	M12	16	78	81	6	110	20	4	2.0	2.0
80	88.9	89	190	150	18	4	M16	18	94	94	6	128	25	4	2.0	2.0
100	114.3	108	210	170	18	4	M16	18	120	114	6	148	25	4	3.2	3.2
125	141.3	133	240	200	18	8	M16	20	147	139	6	178	25	4	3.2	3.2
150	168.3	159	265	225	18	8	M16	20	174	165	6	202	25	4	3.5	3.2
200	219.1	219	320	280	18	8	M16	22	226	226	6	258	30	4	4.5	3.2

注：可以根据计算确定法兰厚度。

表 9-3-67　　PN10 管端翻边板式松套钢制管法兰

公称尺寸DN/mm	法兰焊端外径(钢管外径) A/mm		连接尺寸			螺栓		法兰厚度 C/mm	法兰内径 B/mm		E/mm	管端翻边				
	系列Ⅰ	系列Ⅱ	法兰外径 D/mm	螺栓孔中心圆直径 K/mm	螺栓孔直径 L/mm	数量 n/个	螺纹规格		系列Ⅰ	系列Ⅱ		外径 d/mm	H/mm	F/mm	S/mm	S_P/mm
10	17.2	14	90	60	14	4	M12	14	21	18	3	40	7	2.5	2.0	2.0
15	21.3	18	95	65	14	4	M12	14	25	22	3	45	7	2.5	2.0	2.0
20	26.9	25	105	75	14	4	M12	16	31	29	4	58	8	3	2.0	2.0
25	33.7	32	115	85	14	4	M12	16	38	36	4	68	10	3	2.0	2.0
32	42.4	38	140	100	18	4	M16	18	47	42	5	78	12	3	2.0	2.0
40	48.3	45	150	110	18	4	M16	18	53	50	5	88	15	3	2.0	2.0
50	60.3	57	165	125	18	4	M16	20	65	62	5	102	20	4	2.0	2.0
65	73.0	76	185	145	18	8①	M16	20	78	81	6	122	20	4	2.0	2.0
80	88.9	89	200	160	18	8	M16	20	94	94	6	138	25	4	2.0	2.0
100	114.3	108	220	180	18	8	M16	22	120	114	6	158	25	4	3.2	3.2
125	141.3	133	250	210	18	8	M16	22	147	139	6	188	25	4	3.2	3.2
150	168.3	159	285	240	22	8	M20	24	174	165	6	212	25	4	3.5	3.2
200	219.1	219	340	295	22	8	M20	24	226	226	6	268	30	4	4.5	3.2

① 对于铸铁法兰和铜合金法兰，该规格的法兰可能是 4 个螺栓孔的，因此，制造厂和用户协商同意后，与铸铁法兰和铜合金法兰配对使用的钢制法兰可以采用 4 个螺栓孔。

注：公称尺寸 DN10~DN40 的法兰使用 PN40 法兰的尺寸；公称尺寸 DN50~DN150 的法兰使用 PN16 法兰的尺寸。

表 9-3-68　　PN16 管端翻边板式松套钢制管法兰

公称尺寸DN/mm	法兰焊端外径(钢管外径) A/mm		连接尺寸			螺栓		法兰厚度 C/mm	法兰内径 B/mm		E/mm	管端翻边				
	系列Ⅰ	系列Ⅱ	法兰外径 D/mm	螺栓孔中心圆直径 K/mm	螺栓孔直径 L/mm	数量 n/个	螺纹规格		系列Ⅰ	系列Ⅱ		外径 d/mm	H/mm	F/mm	S/mm	S_P/mm
10	17.2	14	90	60	14	4	M12	14	21	18	3	40	7	2.5	2.0	2.0
15	21.3	18	95	65	14	4	M12	14	25	22	3	45	7	2.5	2.0	2.0
20	26.9	25	105	75	14	4	M12	16	31	29	4	58	8	3	2.0	2.0
25	33.7	32	115	85	14	4	M12	16	38	36	4	68	10	3	2.0	2.0
32	42.4	38	140	100	18	4	M16	18	47	42	5	78	12	3	2.0	2.0
40	48.3	45	150	110	18	4	M16	18	53	50	5	88	15	3	2.0	2.0
50	60.3	57	165	125	18	4	M16	20	65	62	5	102	20	4	2.0	2.0
65	73.0	76	185	145	18	8	M16	20	78	81	6	122	20	4	2.0	2.0

续表

公称尺寸 DN /mm	法兰焊端外径（钢管外径）A/mm		连接尺寸					法兰厚度 C/mm	法兰内径 B/mm		E/mm	管端翻边				
	系列Ⅰ	系列Ⅱ	法兰外径 D/mm	螺栓孔中心圆直径 K/mm	螺栓孔直径 L/mm	螺栓 数量 n/个	螺栓 螺纹规格		系列Ⅰ	系列Ⅱ		外径 d/mm	H/mm	F/mm	S/mm	S_P/mm
80	88.9	89	200	160	18	8	M16	20	94	94	6	138	25	4	2.0	2.0
100	114.3	108	220	180	18	8	M16	22	120	114	6	158	25	4	3.2	3.2
125	141.3	133	250	210	18	8	M16	22	147	139	6	188	25	4	3.5	3.2
150	168.3	159	285	240	22	8	M20	24	174	165	6	212	25	4	4.5	3.2
200	219.1	219	340	295	22	12	M20	26	226	226	6	268	30	4	5.6	3.2

4.12 翻边短节环板式松套钢制管法兰（PL/P-B）

用 PN 标记的翻边短节板式松套钢制管法兰的形式应符合图 9-3-27 的规定，法兰密封面尺寸应符合表 9-3-38 和表 9-3-39 的规定，法兰其他尺寸应符合表 9-3-69～表 9-3-71 的规定。

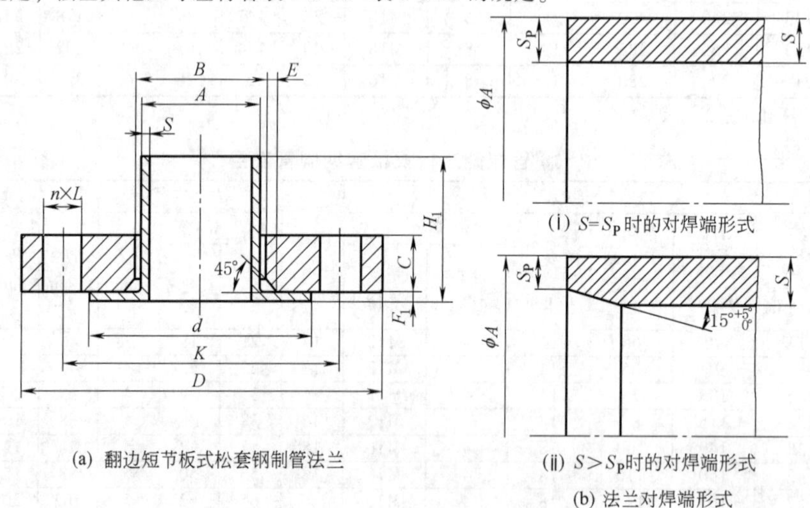

(a) 翻边短节板式松套钢制管法兰

(ⅰ) $S=S_P$时的对焊端形式

(ⅱ) $S>S_P$时的对焊端形式

(b) 法兰对焊端形式

图 9-3-27 翻边短节板式松套钢制管法兰

表 9-3-69 PN2.5 和 PN6 翻边短节板式松套钢制管法兰

公称尺寸 DN	法兰焊端外径（钢管外径）A/mm		连接尺寸					法兰厚度 C/mm	法兰内径 B/mm		E/mm	翻边短节				
	系列Ⅰ	系列Ⅱ	法兰外径 D	螺栓孔中心圆直径 K/mm	螺栓孔直径 L/mm	螺栓 数量 n/个	螺栓 螺纹规格		系列Ⅰ	系列Ⅱ		外径 d/mm	H_1/mm	F_1/mm	S/mm	S_P/mm
10	17.2	14	75	50	11	4	M10	12	21	18	3	35	35	2	2.0	2.0
15	21.3	18	85	55	11	4	M10	12	25	22	3	40	38	2	2.0	2.0
20	26.9	25	90	65	11	4	M10	14	31	29	4	50	40	2.5	2.6	2.6
25	33.7	32	100	75	11	4	M10	14	38	36	4	60	40	2.5	2.6	2.6
32	42.4	38	120	90	14	4	M12	16	46	42	5	70	42	3	3.2	3.2
40	48.3	45	130	100	14	4	M12	16	53	50	5	80	45	3	3.2	3.2
50	60.3	57	140	110	14	4	M12	16	65	62	5	90	45	3	3.2	3.2
65	73.0	76	160	130	14	4	M12	16	78	81	6	110	45	3	3.2	3.2
80	88.9	89	190	150	18	4	M16	18	94	94	6	128	50	3	3.2	3.2
100	114.3	108	210	170	18	4	M16	18	120	114	6	148	52	4	3.2	3.2
125	141.3	133	240	200	18	8	M16	20	147	139	6	178	55	4	4.0	3.2
150	168.3	159	265	225	18	8	M16	20	174	165	6	202	55	5	5.0	3.2
200	219.1	219	320	280	18	8	M16	22	226	226	6	258	62	5	5.0	3.2
250	273.0	273	375	335	18	12	M16	24	281	281	8	312	68	8	8.0	3.2
300	323.9	325	440	395	22	12	M20	24	333	333	8	365	68	8	8.0	3.2
350	355.6	377	490	445	22	12	M20	26	365	386	8	415	68	8	8.0	3.2
400	406.4	426	540	495	22	16	M20	28	416	436	8	465	72	8	8.0	3.2
450	457	480	595	550	22	16	M20	30	467	506	8	520	72	8	8.0	3.2
500	508	530	645	600	22	20	M20	30	519	559	8	570	75	8	8.0	3.2

第9篇

表 9-3-70　　PN10 翻边短节板式松套钢制管法兰

公称尺寸 DN	法兰焊端外径（钢管外径）A/mm		连接尺寸					法兰厚度 C/mm	法兰内径			翻边短节				
			法兰外径 D/mm	螺栓孔中心圆直径 K/mm	螺栓孔直径 L/mm	螺栓			B/mm		E/mm	外径 d/mm	H_1/mm	F_1/mm	S/mm	S_P/mm
	系列Ⅰ	系列Ⅱ				数量 n/个	螺纹规格		系列Ⅰ	系列Ⅱ						
10	17.2	14	90	60	14	4	M12	14	21	18	3	40	35	2	2.0	2.0
15	21.3	18	95	65	14	4	M12	14	25	22	3	45	38	2	2.0	2.0
20	26.9	25	105	75	14	4	M12	16	31	29	4	58	40	2.5	2.6	2.6
25	33.7	32	115	85	14	4	M12	16	38	36	4	68	40	2.5	2.6	2.6
32	42.4	38	140	100	18	4	M16	18	47	42	5	78	42	3	3.2	3.2
40	48.3	45	150	110	18	4	M16	18	53	50	5	88	45	3	3.2	3.2
50	60.3	57	165	125	18	4	M16	20	65	62	5	102	45	3	3.2	3.2
65	73.0	76	185	145	18	8①	M16	20	78	81	6	122	45	3	3.2	3.2
80	88.9	89	200	160	18	8	M16	20	94	94	6	138	50	3	3.2	3.2
100	114.3	108	220	180	18	8	M16	22	120	114	6	158	52	4	3.2	3.2
125	141.3	133	250	210	18	8	M16	22	147	139	6	188	55	4	4.0	3.2
150	168.3	159	285	240	22	8	M20	24	174	165	6	212	55	4	5.0	3.2
200	219.1	219	340	295	22	8	M20	24	226	226	6	268	62	5	5.0	3.2
250	273.0	273	395	350	22	12	M20	26	281	281	8	320	68	8	8.0	3.2
300	323.9	325	445	400	22	12	M20	26	333	333	8	370	68	8	8.0	3.2
350	355.6	377	505	460	22	16	M20	30	365	386	8	430	68	8	8.0	3.2
400	406.4	426	565	515	26	16	M24	32	416	436	8	482	72	8	8.0	3.2

① 对于铸铁法兰和铜合金法兰，该规格的法兰可能是 4 个螺栓孔的，因此，制造厂和用户协商同意后，与铸铁法兰和铜合金法兰配对使用的钢制法兰可以采用 4 个螺栓孔。

注：公称尺寸 DN10~DN150 的法兰使用 PN16 法兰的尺寸。

表 9-3-71　　PN16 翻边短节板式松套钢制管法兰

公称尺寸 DN	法兰焊端外径（钢管外径）A/mm		连接尺寸					法兰厚度 C/mm	法兰内径			翻边短节				
			法兰外径 D/mm	螺栓孔中心圆直径 K/mm	螺栓孔直径 L/mm	螺栓			B/mm		E/mm	外径 d/mm	H_1/mm	F_1/mm	S/mm	S_P/mm
	系列Ⅰ	系列Ⅱ				数量 n/个	螺纹规格		系列Ⅰ	系列Ⅱ						
10	17.2	14	90	60	14	4	M12	14	21	18	3	40	35	2	2.0	2.0
15	21.3	18	95	65	14	4	M12	14	25	22	3	45	38	2	2.0	2.0
20	26.9	25	105	75	14	4	M12	16	31	29	4	58	40	2.5	2.6	2.6
25	33.7	32	115	85	14	4	M12	16	38	36	4	68	40	2.5	2.6	2.6
32	42.4	38	140	100	18	4	M16	18	47	42	5	78	42	3	3.2	3.2
40	48.3	45	150	110	18	4	M16	18	53	50	5	88	45	3	3.2	3.2
50	60.3	57	165	125	18	4	M16	20	65	62	5	102	45	3	3.2	3.2
65	73.0	76	185	145	18	8①	M16	20	78	81	6	122	45	3	3.2	3.2
80	88.9	89	200	160	18	8	M16	20	94	94	6	138	50	3	3.2	3.2
100	114.3	108	220	180	18	8	M16	22	120	114	6	158	52	4	3.2	3.2
125	141.3	133	250	210	18	8	M16	22	147	139	6	188	55	4	4.0	3.2
150	168.3	159	285	240	22	8	M20	24	174	165	6	212	55	4	5.0	3.2
200	219.1	219	340	295	22	12	M20	26	226	226	6	268	62	5	6.0	3.2
250	273.0	273	405	355	26	12	M24	29	281	281	8	320	68	8	10.0	3.2
300	323.9	325	460	410	26	12	M24	32	333	333	8	378	68	8	10.0	4.0
350	355.6	377	520	470	26	16	M24	35	365	386	8	438	68	8	10.0	4.0
400	406.4	426	580	525	30	16	M27	38	416	436	8	490	72	8	10.0	4.0

① 对于铸铁法兰和铜合金法兰，该规格的法兰可能是 4 个螺栓孔的，因此，制造厂和用户协商同意后，与铸铁法兰和铜合金法兰配对使用的钢制法兰可以采用 4 个螺栓孔。

4.13 钢制管法兰盖（BL）

用 PN 标记的钢制管法兰盖的形式应符合图 9-3-28 的规定，法兰密封面尺寸应符合表 9-3-38 和表 9-3-39 的规定，其他尺寸应符合表 9-3-72 的规定。

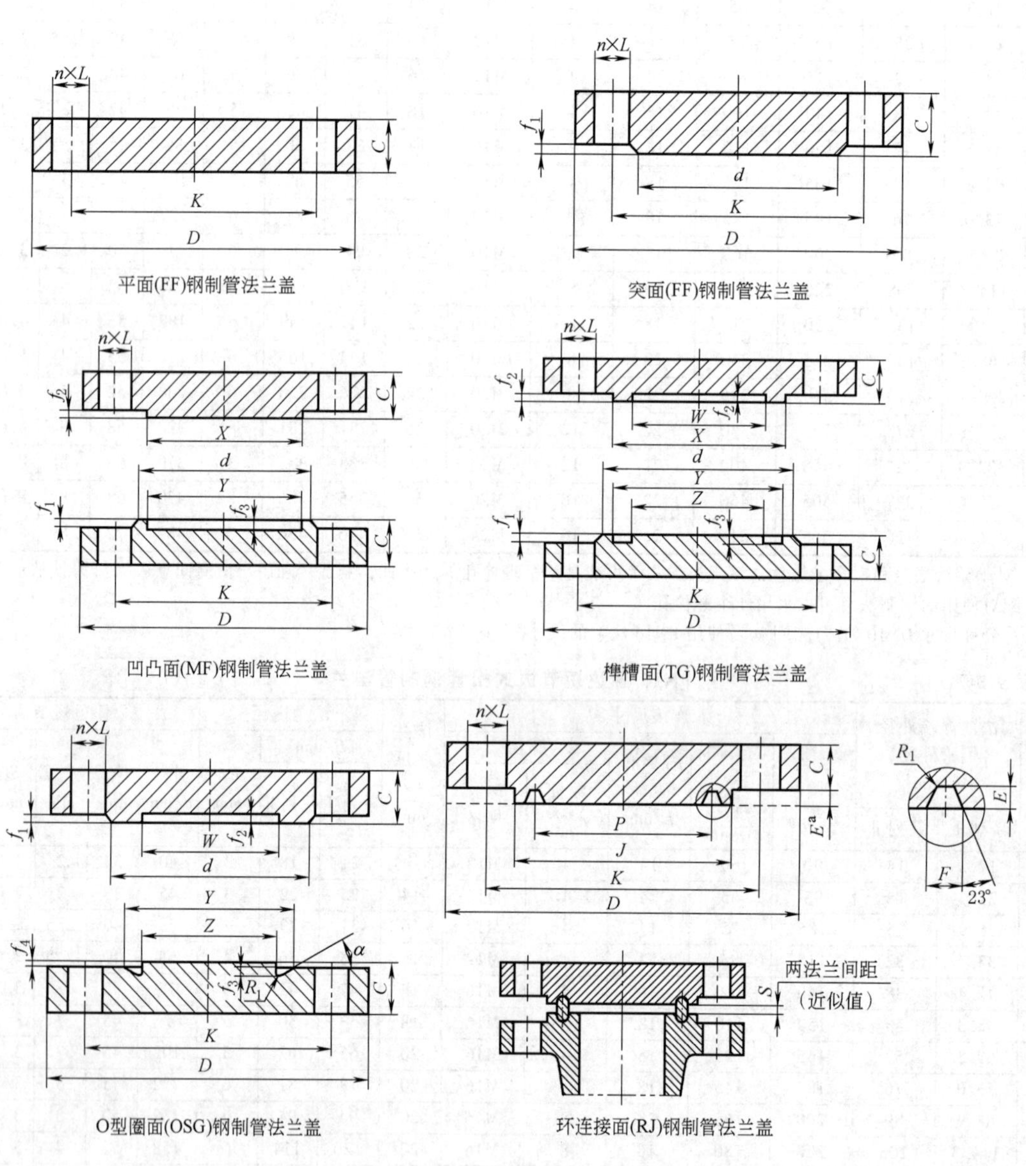

图 9-3-28　钢制管法兰盖

表 9-3-72

钢制管法兰盖

公称尺寸 DN	法兰外径 D/mm						螺栓孔中心圆直径 K/mm						螺栓孔直径 L/mm						螺栓 数量 n/个						螺栓 螺纹规格						法兰盖厚度 C/mm					
	2.5	6	10	16	25	40	2.5	6	10	16	25	40	2.5	6	10	16	25	40	2.5	6	10	16	25	40	2.5	6	10	16	25	40	2.5	6	10	16	25	40
10	75	90					50	60					11		14				4						M10		M12				12		16			
15	80	95					55	65																												
20	90	105					65	75																							14		18			
25	100	115					75	85																												
32	120	140					90	100					14		18										M12		M16				14		18			
40	130	150					100	110																												
50	140	165					110	125																									18		20	
65	160	185					130	145											4		8				M12		M16				14		18		22	
80	190	200					150	160					18		18										M16						16		20		24	
100	210	220		235			170	180		190					18		22		4		8				M16		M16		M20		16		20		24	
125	240	250		270			200	210		220							26		8										M24		18		22		26	
150	265	285		300			225	240		250					22												M20		M24		18		22		28	
200	320	340		360	375		280	295		310	320						26	30	8			12							M24	M27	20		24		30	36
250	375	395	405	425	450		335	350		370	385				22	26	30	33	12								M20	M24	M27	M30	22		26		32	38
300	440	445	460	485	515		395	400	410	430	450		22		22	26	30	33	12				16	16	M20		M20	M24	M27	M30	22		26	28	34	42
350	490	505	520	555	580		445	460	470	490	510				22	26	33	36	12	16									M30	M33	22		26	30	38	46
400	540	565	580	620	660		495	515	525	550	585				26	30	36	39	16								M24	M27	M33	M36	22		26	32	40	50
450	595	615	640	670	685		550	565	585	600	610				26	30	36	39	16	20											24		28	40	50	57
500	645	670	715	730	755		600	620	650	660	670				26	33	36	42	20									M30	M33	M39	24		28	44	51	57
600	755	780	840	845	890		705	725	770	770	795		26		30	36	39	48							M24		M27	M33	M35	M45	30		34	54	66	72
700	860	895	910				810	840	840						30	36			24												40		38	58		
800	975	1015	1025				920	950	950				30		33	39									M27		M30	M36			44		48[b]	62		
900	1075	115	1125				1020	1050	1050						33	39			24		28	28									48		50	64		
1000	1175	1230	1255				1120	1160	1170						36	42			28								M33	M39			52		54	68		
1200	1375	1405	1455	1485	—	—	1320	1340	1380	1390	—	—	30	33	39	48	—	—	32				—	—	M27	M30	M36	M45	—	—	52	60	66	86	—	—
1400	—	1630	1675	1685			—	1560	1590	1590			—	36	42	48			—	36					—	M33	M39				—	68	72	94		
1600		1830	1915	1930				1760	1820	1820				36	48	56				40							M45	M52				76	82	112		
1800		2045	2115	2130				1970	2020	2020				39	48	56				44						M36						84	92	121		
2000		2265	2325	2345				2180	2230	2230				42	48	59				48						M39	M45	M56				92	110	136		

4.14 对焊环带颈松套钢制管法兰（LHL）（摘自 GB/T 9124.2—2019）

本部分只规定公称压力用 Class 标记的对焊环带颈松套钢制管法兰的类型、尺寸、技术要求和标记。本标准适用于公称压力 Class150～Class2500 的管法兰。

（1）法兰密封面形式适用的公称压力及公称尺寸范围

表 9-3-73　用 Class 标记的对焊环带颈松套钢制管法兰的密封面形式及适用的公称压力和公称尺寸范围

密封面型式	公称压力 Class					
	150	300	600	900	1500	2500
突面（RF）	NPS½（DN15）～NPS24（DN600）					NPS½（DN15）～NPS12（DN300）
环连接面（RJ）	NPS1（DN25）～NPS24（DN600）	NPS½（DN15）～NPS24（DN600）				NPS½（DN15）～NPS12（DN300）

（2）用 Class 标记的对焊环带颈松套钢制管法兰类型与尺寸

用 Class 标记的对焊环带颈松套钢制管法兰类型见图 9-3-29，法兰密封面的尺寸见表 9-3-38 和表 9-3-39，其他尺寸见表 9-3-74～表 9-3-80。

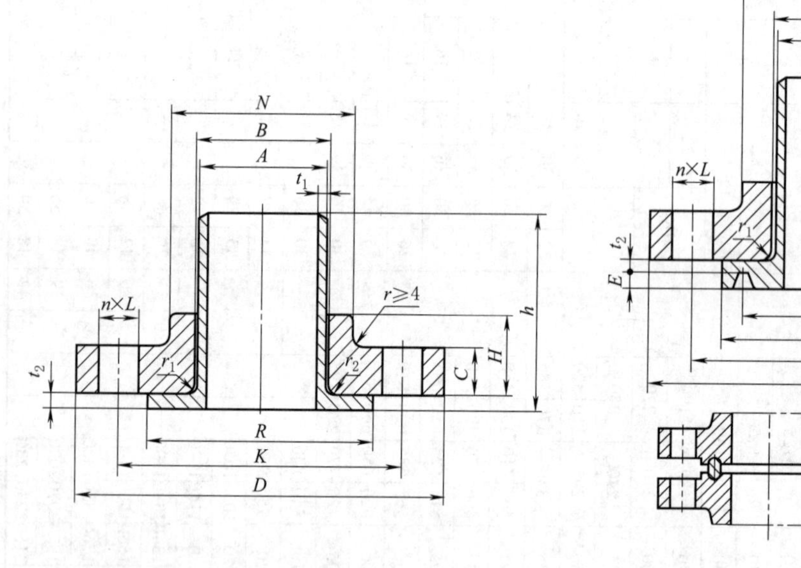

突面(RF)对焊环带颈松套钢制管法兰

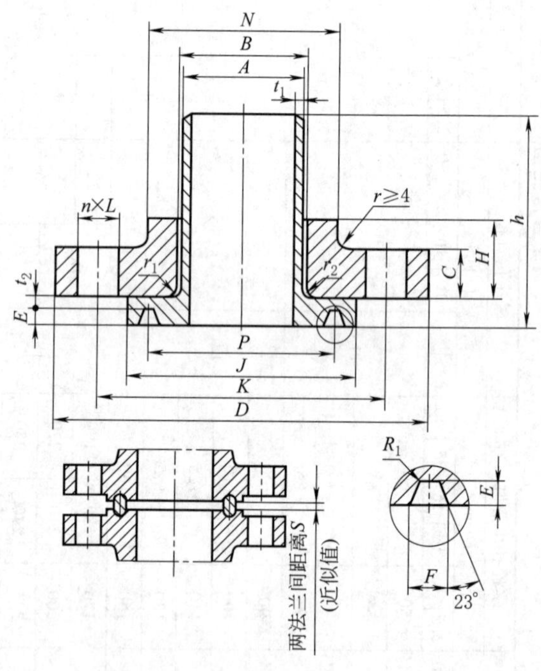

环连接面(RJ)对焊环带颈松套钢制管法兰

图 9-3-29　突面（RF）及环连接面（RJ）对焊环带颈松套钢制管法兰

注：t_1 为短节壁厚，一般为钢管壁厚；t_2 应不小于钢管最小壁厚

表 9-3-74　用 Class 标记的环连接面的法兰密封面尺寸　mm

公称尺寸		Class150							Class300						
NPS	DN	环号	J_{min}	P	E	F	R_{1max}	S	环号	J_{min}	P	E	F	R_{1max}	S
½	15	—	—	—	—	—	—	—	R11	50.5①	34.14	5.54	7.14	0.8	3
¾	20	—	—	—	—	—	—	—	R13	63.5①	42.88	6.35	8.74	0.8	4
1	25	R15	63.0①	47.63	6.35	8.74	0.8	4	R16	69.5①	50.80	6.35	8.74	0.8	4
1¼	32	R17	72.5①	57.15	6.35	8.74	0.8	4	R18	79.0①	60.33	6.35	8.74	0.8	4
1½	40	R19	82.0①	65.07	6.35	8.74	0.8	4	R20	90.5	68.27	6.35	8.74	0.8	4

续表

公称尺寸		Class150							Class300						
NPS	DN	环号	J_{min}	P	E	F	R_{1max}	S	环号	J_{min}	P	E	F	R_{1max}	S
2	50	R22	101①	82.55	6.35	8.74	0.8	4	R23	108	82.55	7.92	11.91	0.8	6
2½	65	R25	120①	101.60	6.35	8.74	0.8	4	R26	127	101.60	7.92	11.91	0.8	6
3	80	R29	133	114.30	6.35	8.74	0.8	4	R31	146	123.83	7.92	11.91	0.8	6
4	100	R36	171	149.23	6.35	8.74	0.8	4	R37	175	149.23	7.92	11.91	0.8	6
5	125	R40	193①	171.45	6.35	8.74	0.8	4	R41	210	180.98	7.92	11.91	0.8	6
6	150	R43	219	193.68	6.35	8.74	0.8	4	R45	241	211.12	7.92	11.91	0.8	6
8	200	R48	273	247.65	6.35	8.74	0.8	4	R49	302	269.88	7.92	11.91	0.8	6
10	250	R52	330	304.80	6.35	8.74	0.8	4	R53	356	323.85	7.92	11.91	0.8	6
12	300	R56	405①	381.00	6.35	8.74	0.8	4	R57	413	381.00	7.92	11.91	0.8	6
14	350	R59	425	396.88	6.35	8.74	0.8	3	R61	457	419.10	7.92	11.91	0.8	6
16	400	R64	483	454.03	6.35	8.74	0.8	3	R65	508	469.90	7.92	11.91	0.8	6
18	450	R68	546	517.53	6.35	8.74	0.8	3	R69	575	533.40	7.92	11.91	0.8	6
20	500	R72	597	558.80	6.35	8.74	0.8	3	R73	635	584.20	9.53	13.49	1.5	6
24	600	R76	711	673.10	6.35	8.74	0.8	3	R77	749	692.15	11.13	16.66	1.5	6

公称尺寸		Class600							Class900						
NPS	DN	环号	J_{min}	P	E	F	R_{1max}	S	环号	J_{min}	P	E	F	R_{1max}	S
½	15	R11	50.5①	34.14	5.54	7.14	0.8	3	R12	60.5	39.67	6.35	8.74	0.8	4
¾	20	R13	63.5	42.88	6.35	8.74	0.8	4	R14	66.5	44.45	6.35	8.74	0.8	4
1	25	R16	69.5①	50.80	6.35	8.74	0.8	4	R16	71.5	50.80	6.35	8.74	0.8	4
1¼	32	R18	79.0①	60.33	6.35	8.74	0.8	4	R18	81.0	60.33	6.35	8.74	0.8	4
1½	40	R20	90.5	68.27	6.35	8.74	0.8	4	R20	92.0	68.27	6.35	8.74	0.8	4
2	50	R23	108	82.55	7.92	11.91	0.8	5	R24	124	95.25	7.92	11.91	0.8	3
2½	65	R26	127	101.60	7.92	11.91	0.8	5	R27	137	107.95	7.92	11.91	0.8	3
3	80	R31	146	123.83	7.92	11.91	0.8	5	R31	156	123.83	7.92	11.91	0.8	4
4	100	R37	175	149.23	7.92	11.91	0.8	5	R37	181	149.23	7.92	11.91	0.8	4
5	125	R41	210	180.98	7.92	11.91	0.8	5	R41	216	180.98	7.92	11.91	0.8	4
6	150	R45	241	211.12	7.92	11.91	0.8	5	R45	241	211.12	7.92	11.91	0.8	4
8	200	R49	302	269.88	7.92	11.91	0.8	5	R49	308	269.88	7.92	11.91	0.8	4
10	250	R53	356	323.85	7.92	11.91	0.8	5	R53	362	323.85	7.92	11.91	0.8	4
12	300	R57	413	381.00	7.92	11.91	0.8	5	R57	419	381.00	7.92	11.91	0.8	4
14	350	R61	457	419.10	7.92	11.91	0.8	5	R62	467	419.10	11.13	16.66	1.5	4
16	400	R65	508	469.90	7.92	11.91	0.8	5	R66	524	469.90	11.13	16.66	1.5	4
18	450	R69	575	533.40	7.92	11.91	0.8	5	R70	594	533.40	12.70	19.84	1.5	5
20	500	R73	635	584.20	9.53	13.49	1.5	5	R74	648	584.20	12.70	19.84	1.5	5
24	600	R77	749	692.15	11.13	16.66	1.5	6	R78	772	692.15	15.88	26.97	2.4	6

公称尺寸		Class1500							Class2500						
NPS	DN	环号	J_{min}	P	E	F	R_{1max}	S	环号	J_{min}	P	E	F	R_{1max}	S
½	15	R12	60.5	39.67	6.35	8.74	0.8	4	R13	65.0	42.88	6.35	8.74	0.8	4
¾	20	R14	66.5	44.45	6.35	8.74	0.8	4	R16	73.0	50.80	6.35	8.74	0.8	4
1	25	R16	71.5	50.80	6.35	8.74	0.8	4	R18	82.5	60.33	6.35	8.74	0.8	4
1¼	32	R18	81.0	60.33	6.35	8.74	0.8	4	R21	101①	72.23	7.92	11.91	0.8	3
1½	40	R20	92.0	68.27	6.35	8.74	0.8	4	R23	114	82.55	7.92	11.91	0.8	3
2	50	R24	124	95.25	7.92	11.91	0.8	3	R26	133	101.6	7.92	11.91	0.8	3
2½	65	R27	137	107.95	7.92	11.91	0.8	3	R28	149	111.13	9.53	13.49	1.5	3
3	80	R35	168	136.58	7.92	11.91	0.8	3	R32	168	127.00	9.53	13.49	1.5	3
4	100	R39	194	161.93	7.92	11.91	0.8	3	R38	203	157.18	11.13	16.66	1.5	4
5	125	R44	229	193.68	7.92	11.91	0.8	3	R42	241	1.50	12.70	19.84	1.5	4
6	150	R46	248	211.14	9.53	13.49	1.5	3	R47	279	228.60	12.70	19.84	1.5	4
8	200	R50	318	269.88	11.13	16.66	1.5	4	R51	340	279.40	14.27	23.01	1.5	5
10	250	R54	371	328.85	11.13	16.66	1.5	4	R55	425	342.90	17.48	30.18	2.4	6

续表

公称尺寸		Class1500							Class2500						
NPS	DN	环号	J_{min}	P	E	F	R_{1max}	S	环号	J_{min}	P	E	F	R_{1max}	S
12	300	R58	438	381.00	14.27	23.01	1.5	5	R60	495	406.40	17.48	33.32	2.4	8
14	350	R63	489	419.10	15.88	26.97	2.4	6	—	—	—	—	—	—	—
16	400	R67	546	449.90	17.48	30.18	2.4	8	—	—	—	—	—	—	—
18	450	R71	613	533.40	17.48	30.18	2.4	8	—	—	—	—	—	—	—
20	500	R75	673	584.20	17.48	33.32	2.4	10	—	—	—	—	—	—	—
24	600	R79	794	692.15	20.62	36.53	2.4	11	—	—	—	—	—	—	—

① 本标准从 ASME B16.5—2009 标准的英制螺栓孔径转换成公制螺栓孔径，导致 J 尺寸与螺栓孔径有干涉。为了避免干涉，对 J 尺寸数据做了适当的调整，调整后的 J 尺寸与 ASME B16.5—2009 标准略有差异。

表 9-3-75　　Class150 对焊环带颈松套钢制管法兰

公称尺寸		钢管外径 A/mm	连接尺寸					密封面直径 R/mm	法兰厚度 C/mm	法兰高度 H/mm	法兰颈部直径 N/mm	法兰内径 B_{min}/mm	r_1/mm	r_2/mm	对焊环高度 h/mm
			法兰外径 D/mm	螺栓孔中心圆直径 K/mm	螺栓孔直径 L/mm	螺栓									
NPS	DN					数量 n/个	螺纹规格								
½	15	21.3	90	60.3	16	4	M14	34.9	11.2	16	30	22.9	3	3	50
¾	20	26.9	100	69.9	16	4	M14	42.9	12.7	16	38	28.2	3	3	50
1	25	33.7	110	79.4	16	4	M14	50.8	14.3	17	49	34.9	3	3	50
1¼	32	42.4	115	88.9	16	4	M14	63.5	15.9	21	59	43.7	5	5	50
1½	40	48.3	125	98.4	16	4	M14	73.0	17.5	22	65	50.0	6	6	50
2	50	60.3	150	120.7	19	4	M16	92.1	19.1	25	78	62.5	8	8	65
2½	65	73.0	180	139.7	19	4	M16	104.8	22.3	29	90	78.5	8	8	65
3	80	88.9	190	152.4	19	4	M16	127.0	23.9	30	108	91.4	10	10	65
4	100	114.3	230	190.5	19	8	M16	157.2	23.9	33	135	116.8	11	11	75
5	125	141.3	255	215.9	22	8	M20	185.7	23.9	36	164	144.4	11	11	75
6	150	168.3	280	241.3	22	8	M20	215.9	25.4	40	192	171.4	13	13	90
8	200	219.1	345	298.5	22	8	M20	269.9	28.6	44	246	222.2	13	13	100
10	250	273.0	405	362.0	26	12	M24	323.8	30.2	49	305	277.4	13	13	125
12	300	323.9	485	431.8	26	12	M24	381.0	31.8	56	365	328.2	13	13	150
14	350	355.6	535	476.3	29	12	M27	412.8	35.0	79	400	360.2	13	13	150
16	400	406.4	595	539.8	29	16	M27	469.9	36.6	87	457	411.2	13	13	150
18	450	457	635	577.9	32	16	M30	533.4	39.7	97	505	462.3	13	13	150
20	500	508	700	635.0	32	20	M30	584.2	42.9	103	559	514.4	13	13	150
22	550	559	750	692.2	35	20	M33	641.4	46.1	108	610	565.2	13	13	150
24	600	610	815	749.3	35	20	M33	692.2	47.7	111	663	616.0	13	13	150

注：翻边短节的圆环外径尺寸和表 9-3-39 中的密封面尺寸 J 相同。

表 9-3-76　　Class300 对焊环带颈松套钢制管法兰

公称尺寸		钢管外径 A/mm	连接尺寸					密封面直径 R/mm	法兰厚度 C/mm	法兰高度 H/mm	法兰颈部直径 N/mm	法兰内径 B_{min}/mm	r_1/mm	r_2/mm	对焊环高度 h/mm
			法兰外径 D/mm	螺栓孔中心圆直径 K/mm	螺栓孔直径 L/mm	螺栓									
NPS	DN					数量 n/个	螺纹规格								
½	15	21.3	95	56.7	16	4	M14	34.9	14.3	22	38	22.9	3	3	50
¾	20	26.9	115	82.6	19	4	M16	42.9	15.9	25	48	28.2	3	3	50
1	25	33.7	125	88.9	19	4	M16	50.8	17.5	27	54	34.9	3	3	50
1¼	32	42.4	135	98.4	19	4	M16	63.5	19.1	27	64	43.7	5	5	50
1½	40	48.3	155	114.3	22	4	M20	73.0	20.7	30	70	50.0	6	6	50
2	50	60.3	165	127.0	19	8	M16	92.1	22.3	33	84	62.5	8	8	65
2½	65	73.0	190	149.2	22	8	M20	104.8	25.4	38	100	78.5	8	8	65
3	80	88.9	210	168.3	22	8	M20	127.0	28.6	43	117	91.4	10	10	65
4	100	114.3	255	200.0	22	8	M20	157.2	31.8	48	146	116.8	11	11	75
5	125	141.3	280	235.0	22	8	M20	185.7	35.0	51	178	144.4	11	11	75
6	150	168.3	320	269.9	22	12	M20	215.9	36.6	52	206	171.4	13	13	90
8	200	219.1	380	330.2	26	12	M24	269.9	41.3	62	260	222.2	13	13	100

续表

公称尺寸 NPS	公称尺寸 DN	钢管外径 A/mm	连接尺寸 法兰外径 D/mm	螺栓孔中心圆直径 K/mm	螺栓孔直径 L/mm	螺栓 数量 n/个	螺栓 螺纹规格	密封面直径 R/mm	法兰厚度 C/mm	法兰高度 H/mm	法兰颈部直径 N/mm	法兰内径 B_{min}/mm	r_1/mm	r_2/mm	对焊环高度 h/mm
10	250	273.0	445	387.4	29	16	M27	323.8	47.7	95	321	277.4	13	13	250
12	300	323.9	520	450.8	32	16	M30	381.0	50.8	102	375	328.2	13	13	250
14	350	355.6	585	514.4	32	20	M30	412.8	54.0	111	425	360.2	13	13	300
16	400	406.4	650	571.5	35	20	M33	469.9	57.2	121	483	411.2	13	13	300
18	450	457	710	628.6	35	24	M33	533.4	60.4	130	533	462.3	13	13	300
20	500	508	775	685.8	35	24	M33	584.2	63.5	140	587	514.4	13	13	300
22	550	559	840	743.0	42	24	M39	641.4	66.7	145	640	565.2	13	13	300
24	600	610	915	812.8	42	24	M39	692.2	69.9	152	702	616.0	13	13	300

注：翻边短节的圆环外径尺寸和表 9-3-39 中的密封面尺寸 J 相同。

表 9-3-77　　Class600 对焊环带颈松套钢制管法兰

公称尺寸 NPS	公称尺寸 DN	钢管外径 A/mm	连接尺寸 法兰外径 D/mm	螺栓孔中心圆直径 K/mm	螺栓孔直径 L/mm	螺栓 数量 n/个	螺栓 螺纹规格	密封面直径 R/mm	法兰厚度 C/mm	法兰高度 H/mm	法兰颈部直径 N/mm	法兰内径 B_{min}/mm	r_1/mm	r_2/mm	对焊环高度 h/mm
½	15	21.3	95	66.7	16	4	M14	34.9	14.3	22	38	22.9	3	3	50
¾	20	26.9	115	82.6	19	4	M16	42.9	15.9	25	48	28.2	3	3	65
1	25	33.7	125	88.9	19	4	M16	50.8	17.5	27	54	34.9	3	3	65
1¼	32	42.4	135	98.4	19	4	M16	63.5	20.7	29	64	43.7	5	5	65
1½	40	48.3	155	114.3	22	4	M20	73.0	22.3	32	70	50.0	6	6	75
2	50	60.3	165	127.0	19	8	M16	92.1	25.4	37	84	62.5	8	8	75
2½	65	73.0	190	149.2	22	8	M20	104.8	28.6	41	100	78.5	8	8	90
3	80	88.9	210	168.3	22	8	M20	127.0	31.8	46	117	91.4	10	10	100
4	100	114.3	275	215.9	26	8	M24	157.2	38.1	54	152	116.8	11	11	125
5	125	141.3	330	266.7	29	8	M27	185.7	44.5	60	189	144.4	11	11	150
6	150	168.3	355	292.1	29	12	M27	215.9	47.7	67	222	171.4	13	13	175
8	200	219.1	420	349.2	32	12	M30	269.9	55.6	76	273	222.2	13	13	190
10	250	273.0	510	431.8	35	16	M33	323.8	63.5	111	343	277.4	13	13	200
12	300	323.9	560	489.0	35	20	M33	381.0	66.7	117	400	328.2	13	13	250
14	350	355.6	605	527.0	39	20	M36	412.8	69.9	127	432	360.2	13	13	300
16	400	406.4	685	603.2	42	20	M39	469.9	76.2	140	495	411.2	13	13	300
18	450	457	745	654.0	45	20	M42	533.4	82.6	152	546	462.3	13	13	300
20	500	508	815	723.9	45	24	M42	584.2	88.9	165	610	514.4	13	13	300
22	550	559	870	777.7	48	24	M45	641.4	95.2	175	663	565.2	13	13	300
24	600	610	940	838.2	51	24	M48	692.2	101.6	184	718	616.0	13	13	300

注：翻边短节的圆环外径尺寸和表 9-3-39 中的密封面尺寸 J 相同。

表 9-3-78　　Class900 对焊环带颈松套钢制管法兰

公称尺寸 NPS	公称尺寸 DN	钢管外径 A/mm	连接尺寸 法兰外径 D/mm	螺栓孔中心圆直径 K/mm	螺栓孔直径 L/mm	螺栓 数量 n/个	螺栓 螺纹规格	密封面直径 R/mm	法兰厚度 C/mm	法兰高度 H/mm	法兰颈部直径 N/mm	法兰内径 B_{min}/mm	r_1/mm	r_2/mm	对焊环高度 h/mm
½	15	21.3	120	82.6	22	4	M20	34.9	22.3	32	38	22.9	3	3	75
¾	20	26.9	130	88.9	22	4	M20	42.9	25.4	35	44	28.2	3	3	75
1	25	33.7	150	101.6	26	4	M24	50.8	28.6	41	52	34.9	3	3	90
1¼	32	42.4	160	111.1	26	4	M24	63.5	28.6	41	64	43.7	5	5	90
1½	40	48.3	180	123.8	29	4	M27	73.0	31.8	44	70	50.0	6	6	90
2	50	60.3	215	165.1	26	8	M24	92.1	38.1	57	105	62.5	8	8	125
2½	65	73.0	245	190.5	29	8	M27	104.8	41.3	64	124	78.5	8	8	150
3	80	88.9	240	190.5	26	8	M24	127.0	38.1	54	127	91.4	10	10	125
4	100	114.3	290	235.0	32	8	M30	157.2	44.5	70	159	116.8	11	11	175
5	125	141.3	350	279.4	35	8	M33	185.7	50.8	79	190	144.4	11	11	200
6	150	168.3	380	317.5	32	12	M30	215.9	55.6	86	235	171.4	13	13	200
8	200	219.1	470	393.7	39	12	M36	269.9	63.5	114	298	222.2	13	13	200

续表

公称尺寸		钢管外径 A/mm	连接尺寸					密封面直径 R/mm	法兰厚度 C/mm	法兰高度 H/mm	法兰颈部直径 N/mm	法兰内径 B_{min}/mm	r_1/mm	r_2/mm	对焊环高度 h/mm
NPS	DN		法兰外径 D/mm	螺栓孔中心圆直径 K/mm	螺栓孔直径 L/mm	螺栓 数量 n/个	螺栓 螺纹规格								
10	250	273.0	545	469.0	39	16	M36	323.8	69.9	127	368	277.4	13	13	250
12	300	323.9	610	533.4	39	20	M36	381.0	79.4	143	419	328.2	13	13	250
14	350	355.6	640	558.8	42	20	M39	412.8	85.8	156	451	360.2	13	13	300
16	400	406.4	705	616.0	45	20	M42	469.9	88.9	165	508	411.2	13	13	300
18	450	457	785	685.8	51	20	M48	533.4	101.6	190	565	462.3	13	13	300
20	500	508	855	749.3	55	20	M52	584.2	108.0	210	622	514.4	13	13	300
24	600	610	1040	901.7	67	20	M64	692.2	139.7	267	749	616.0	13	13	350

注：翻边短节的圆环外径尺寸和表 9-3-39 中的密封面尺寸 J 相同。

表 9-3-79　　Class1500 对焊环带颈松套钢制管法兰

公称尺寸		钢管外径 A/mm	连接尺寸					密封面直径 R/mm	法兰厚度 C/mm	法兰高度 H/mm	法兰颈部直径 N/mm	法兰内径 B_{min}/mm	r_1/mm	r_2/mm	对焊环高度 h/mm
NPS	DN		法兰外径 D/mm	螺栓孔中心圆直径 K/mm	螺栓孔直径 L/mm	螺栓 数量 n/个	螺栓 螺纹规格								
½	15	21.3	120	82.6	22	4	M20	34.9	22.3	32	38	22.9	3	3	75
¾	20	26.9	130	88.9	22	4	M20	42.9	25.4	35	44	28.2	3	3	75
1	25	33.7	150	101.6	26	4	M24	50.8	28.6	41	52	34.9	3	3	90
1¼	32	42.4	160	111.1	26	4	M24	63.5	28.6	41	64	43.7	5	5	90
1½	40	48.3	180	123.8	29	4	M27	73.0	31.8	44	70	50.0	6	6	90
2	50	60.3	215	165.1	26	8	M24	92.1	38.1	57	105	62.5	8	8	125
2½	65	73.0	245	190.5	29	8	M27	104.8	41.3	64	124	78.5	8	8	150
3	80	88.9	265	203.2	32	8	M30	127.0	47.7	73	133	91.4	10	10	150
4	100	114.3	310	241.3	35	8	M33	157.2	54.0	90	162	116.8	11	11	200
5	125	141.3	375	292.1	42	8	M39	185.7	73.1	105	197	144.4	11	11	200
6	150	168.3	395	317.5	39	12	M36	215.9	82.6	119	229	171.4	13	13	250
8	200	219.1	485	393.7	45	12	M42	269.9	92.1	143	292	222.2	13	13	250
10	250	273.0	585	482.6	51	12	M48	323.8	108.0	178	368	277.4	13	13	300
12	300	323.9	675	571.5	55	16	M52	381.0	123.9	219	451	328.2	13	13	300
14	350	355.6	750	635.0	60	16	M56	412.8	133.4	241	495	360.2	13	13	350
16	400	406.4	825	704.8	67	16	M64	469.9	146.1	260	552	411.2	13	13	350
18	450	457	915	774.7	73	16	M70	533.4	162.0	275	597	462.3	13	13	350
20	500	508	985	831.8	79	16	M76	584.2	177.8	292	641	541.4	13	13	400
24	600	610	1170	990.6	93	16	M90	692.2	203.2	330	762	616.0	13	13	400

注：翻边短节的圆环外径尺寸和表 9-3-39 中的密封面尺寸 J 相同。

表 9-3-80　　Class2500 对焊环带颈松套钢制管法兰

公称尺寸		钢管外径 A/mm	连接尺寸					密封面直径 R/mm	法兰厚度 C/mm	法兰高度 H/mm	法兰颈部直径 N/mm	法兰内径 B_{min}/mm	r_1/mm	r_2/mm	对焊环高度 h/mm
NPS	DN		法兰外径 D/mm	螺栓孔中心圆直径 K/mm	螺栓孔直径 L/mm	螺栓 数量 n/个	螺栓 螺纹规格								
½	15	21.3	135	88.9	22	4	M20	34.9	30.2	40	43	22.9	3	3	90
¾	20	26.9	140	95.2	22	4	M20	42.9	31.8	43	51	28.2	3	3	90
1	25	33.7	160	108.0	26	4	M24	50.8	35.0	48	57	34.9	3	3	90
1¼	32	42.4	185	130.2	29	4	M27	63.5	38.1	52	73	43.7	5	5	125
1½	40	48.3	205	146.0	32	4	M30	73.0	44.5	60	79	50.0	6	6	150
2	50	60.3	235	171.4	29	8	M27	92.1	50.9	70	95	62.5	8	8	150
2½	65	73.0	265	196.8	32	8	M30	104.8	57.2	79	114	75.4	8	8	200
3	80	88.9	305	228.6	35	8	M33	127.0	66.7	92	133	91.4	10	10	200
4	100	114.3	355	273.0	42	8	M39	157.2	76.2	108	165	116.8	11	11	250
5	125	141.3	420	323.8	48	8	M45	185.7	92.1	130	203	144.4	11	11	300
6	150	168.3	485	368.3	55	8	M52	215.9	108.0	152	235	171.4	13	13	350
8	200	219.1	550	438.2	55	12	M52	269.9	127.0	178	305	222.2	13	13	400
10	250	273.0	675	539.8	67	12	M64	323.8	165.1	229	375	277.4	13	13	450
12	300	323.9	760	619.1	73	16	M70	381.0	184.2	254	441	328.2	13	13	550

注：翻边短节的圆环外径尺寸和表 9-3-39 中的密封面尺寸 J 相同。

（3）标记及标记示例

1）标记

对焊环带颈松套钢制管法兰应按下列规定进行标记：

公称尺寸 - 公称压力 法兰类型代号 密封面形式代号 管标号（可省略） 材料代号 标准号

2）标记示例

示例 1：公称尺寸 DN150、公称压力 Class900、环连接面（RJ）对焊环带颈松套钢制管法兰（LHL）、管标号 Sch120、材料为 06Cr17Ni12Mo2，其标记为：

法兰 DN500-Class900 LHL RJ Sch120 06Cr17Ni12Mo2 GB/T 9124. 2

4. 15 钢制管法兰的技术条件（摘自 GB/T 9124. 1—2019）

4. 15. 1 材料

1）PN 标记的钢制管法兰用材料应符合表 9-3-81 的规定；Class 标记的钢制管法兰用材料（本节未编入，见 GB/T 9124. 2—2019）。法兰材料的化学成分、力学性能、使用温度和其他技术要求应符合表 9-3-81 中有关标准的规定。

2）管法兰用锻件（包括锻轧件）的级别及其技术要求参照 NB/T 47008～NB/T 47010，并且应符合如下规定。

① 公称压力为 PN2. 5～PN16 的法兰用低碳钢和奥氏体不锈钢锻件，允许采用Ⅰ级锻件。

② 符合下列情况之一者，法兰用锻件应符合Ⅲ级或Ⅲ级以上锻件的要求：

a. 公称压力为大于或等于 PN100 的法兰用锻件；

b. 公称压力为大于或等于 PN63 的法兰用铬钼钢锻件；

c. 公称压力为大于或等于 PN63 且工作温度小于或等于-20℃的法兰用铁素体钢锻件。

③ 其他法兰用锻件应符合Ⅱ级或Ⅱ级以上锻件的要求。

3）本部分没有涉及法兰材料的选用准则，用户应考虑材料在实际使用过程中性能变坏的可能性。用户应该注意碳化物相转变成石墨，铁素体材料的过分氧化，奥氏体材料对晶间腐蚀的敏感性等问题。

4）当使用条件对材料具有某些特定的要求时，如需要材料进行特定的热处理，则用户应在订货合同中说明。

5）材料的力学性能应从代表材料的最终热处理状态的试样中获得。

表 9-3-81　　PN 标记的钢制管法兰用材料

材料组别	锻件		板材		铸件		钢管	
	材料牌号	标准	材料牌号	标准	材料牌号	标准	材料牌号	标准
1E0	—	—	Q235A Q235B	GB/T 700	—	—	—	—
			A 级钢	GB 712				
2E0	20	NB/T 47008	20	GB/T 711	WCA	GB/T 12229	—	—
			Q245R	GB/T 713				
	09MnNiD	JB 4727	09MnNiDR	GB/T 3531	LCA	JB/T 7248	—	—
3E0	A105	GB/T 12228	Q345R	GB/T 713	WCB	GB/T 12229	—	—
	16Mn	NB/T 47008						
	—	—	Q370R	GB/T 713				
	16MnD	NB/T 47009	16MnDR	GB/T 3531	LCB	JB/T 7248	—	—
3E1	—	—	—	—	WCC	GB/T 12229	—	—
4E0	20MnMo	NB/T 47008	—	—	WC1	JB/T 5263	—	—
					ZG19MoG	GB/T 16253	—	—
	20MnMoD	NB/T 47009	—	—	—	—	—	—
5E0	15CrMo	NB/T 47008	15CrMoR	GB/T 713	ZG15Cr1MoG	GB/T 16253	—	—
					WC6	JB/T 5263	—	—
5E1	12CrMoV	NB/T 47008	12CrMoVR	GB/T 713	ZG20Cr1MoV	JB/T 9635	—	—
6E0	12Cr2Mo1	NB/T 47008	12Cr2Mo1R	GB/T 713	ZG12Cr2Mo1G	GB/T 16253	—	—
					WC9	JB/T 5263	—	—
6E1	12Cr5Mo	NB/T 47008	—	—	ZG16Cr5MoG	GB/T 16253	—	—
7E0	—	—	—	—	LCC	JB/T 7248	—	—

续表

材料组别	锻件		板材		铸件		钢管	
	材料牌号	标准	材料牌号	标准	材料牌号	标准	材料牌号	标准
7E2	08MnNiCrMoVD	NB/T 47009	—	—	ZG24Ni2MoD	GB/T 16253	—	—
	—	—	—	—	LC2	JB/T 7248	—	—
7E3	—	—	—	—	LC3	JB/T 7248	—	—
	—	—	—	—	LC4	JB/T 7248	—	—
	—	—	—	—	LC9	JB/T 7248	—	—
9E1	10CrMo1VNbN	NB/T 47008	—	—	C12A	JB/T 5263	—	—
					ZG14Cr9Mo1G	GB/T 16253		
10E0	022Cr19Ni10	NB/T 47010	022Cr19Ni10	GB/T 4237	CF3	GB/T 12230	00Cr19Ni10	GB/T 14976
10E1	—	—	022Cr19Ni10N	GB/T 4237	—	—	00Cr18Ni10N	GB/T 14976
11E0	06Cr19Ni10	NB/T 47010	06Cr19Ni10	GB/T 4237	CF8	GB/T 12230	0Cr18Ni9	GB/T 14976
12E0	06Cr18Ni11Ti	NB/T 47010	06Cr18Ni11Ti	GB/T 4237	ZG08Cr18Ni9Ti	GB/T 12230	0Cr18Ni10Ti	GB/T 14976
	—	—	06Cr18Ni11Nb	GB/T 4237	ZG08Cr20Ni10-Nb	GB/T 16253	0Cr18Ni11Nb	GB/T 14976
13E0	022Cr17Ni14-Mo2	NB/T 47010	022Cr17Ni1-2Mo2	GB/T 4237	CF3M	GB/T 12230	00Cr17Ni14-Mo2	GB/T 14976
	—	—	022Cr19Ni13-Mo3	GB/T 4237	ZG03Cr19Ni11-Mo2	GB/T 16253	00Cr19Ni13-Mo3	GB/T 14976
					ZG03Cr19-Ni11Mo3	GB/T 16253		
	—	—	015Cr21Ni26-Mo5Cu2	GB/T 4237	—	—	—	—
13E1	—	—	022Cr17Ni12-Mo2N	GB/T 4237	—	—	00Cr17Ni13-Mo2N	GB/T 14976
	—	—	022Cr19Ni16-Mo5N	GB/T 4237	—	—	—	—
14E0	06Cr17Ni12Mo2	NB/T 47010	06Cr17Ni12-Mo2	GB/T 4237	CF8M	GB/T 12230	0Cr17Ni12Mo2	GB/T 14976
					ZG07Cr19-Ni11Mo2	GB/T 16253		
	—	—	06Cr19Ni-13Mo3	GB/T 4237	ZG07Cr19Ni-11Mo3	GB/T 16253	0Cr19Ni-13Mo3	GB/T 14976
15E0	06Cr17Ni12-Mo2Ti	NB/T 47010	06Cr17Ni-12Mo2Ti	GB/T 4237	ZG08Cr18Ni12Mo2Ti	GB/T 12230	0Cr18Ni12-Mo2Ti	GB/T 14976
	—	—	06Cr17Ni12-Mo2Nb	GB/T 4237	ZG08Cr19Ni11Mo2Nb	GB/T 12230	—	—
16E0	—	—	022Cr22Ni-5Mo3N	GB/T 4237	—	—	—	—
	—	—	022Cr23Ni5-Mo3N	GB/T 4237	—	—	—	—

4.15.2 压力-温度额定值

1）PN标记的法兰压力-温度额定值应符合表9-3-82～表9-3-87的规定。表中带灰色低温的部分的最大允许工作压力已考虑了材料用于该温度时的100000h的蠕变。法兰材料的适用压力、温度范围还应遵循相关标准、规范的规定。

2）Class标记的法兰压力-温度额定值未编入本节，见GB/T 9214.2—2019。

3）根据压力-温度额定值确定不同材料在不同使用温度下的最大允许工作压力，对于中间温度，允许用线性内插法确定在该温度下法兰的最大允许工作压力，对于特殊的材料，其压力-温度额定值根据设计的规定。

4）如果一对法兰连接中的两个法兰的压力-温度额定值不相同，这对法兰的压力-温度额定值由两个法兰中较低的一个所决定。

5）法兰连接由法兰、垫片和紧固件等三个相互分离、相互独立而又相互关联的元件组装而成，法兰连接还受装配的影响。在选用这些元件时必须进行严格的控制，使法兰连接具有良好的密封性。为了使法兰连接在使用中获得良好的密封性能，需要采取一些特殊的技术，如控制紧固件的预紧力等。

6）法兰在低温下的最大允许工作压力不应大于常温时的最大允许工作压力。

7）用于高温或者低温下的法兰，应该考虑连接管道和设备因温度变化而产生的力和力矩会引起法兰泄漏的危险。用于高温下的法兰，随着使用温度的升高，法兰、螺栓和垫片将会逐渐松弛，螺栓的载荷随之逐渐降低，法兰的密封性能相应地逐渐下降。用于低温下的法兰，尤其是一些含碳的钢法兰，其韧性显著降低，在这种情况下，法兰有可能无法安全地承受冲击载荷、应力和温度突变，或者会产生高的应力集中。因此，要求根据有关标准测试材料在低温下的冲击性能，以保证法兰在低温下的安全使用。

8）压力-温度额定值的确定方法参见 GB/T 9214. 1—2019 之附录 E。

表 9-3-82　　PN2. 5 法兰的压力-温度额定值

材料组别	温度/℃																							
	常温	100	150	200	250	300	350	400	450	460	470	480	490	500	510	520	530	540	550	560	570	580	590	600
	最大允许工作压力/MPa																							
1E0	0. 25	0. 20	0. 19	0. 18	0. 16	0. 15	—	—	—	—	—	—	—	—	—	—	—	—	—	—	—	—	—	—
2E0	0. 25	0. 20	0. 19	0. 18	0. 16	0. 15	0. 12	0. 09	—	—	—	—	—	—	—	—	—	—	—	—	—	—	—	—
3E0	0. 25	0. 23	0. 22	0. 20	0. 19	0. 17	0. 16	0. 14	0. 08	—	—	—	—	—	—	—	—	—	—	—	—	—	—	—
3E1	0. 25	0. 25	0. 25	0. 25	0. 24	0. 22	0. 20	0. 18	0. 10	—	—	—	—	—	—	—	—	—	—	—	—	—	—	—
4E0	0. 25	0. 25	0. 25	0. 25	0. 24	0. 21	0. 20	0. 18	0. 17	0. 16	0. 14	0. 13	0. 12	0. 11	0. 08	0. 07	0. 05	—	—	—	—	—	—	—
5E0	0. 25	0. 25	0. 25	0. 25	0. 25	0. 25	0. 23	0. 22	0. 21	0. 20	0. 19	0. 18	0. 17	0. 16	0. 13	0. 11	0. 09	0. 07	0. 05	0. 04	0. 03	—	—	—
5E1	0. 25	0. 25	0. 25	0. 25	0. 23	0. 22	0. 21	0. 20	0. 19	. 19	0. 18	0. 18	0. 18	0. 17	0. 16	0. 15	0. 14	0. 12	0. 11	0. 10	0. 09			
6E0	0. 25	0. 25	0. 25	0. 25	0. 25	0. 25	0. 24	0. 23	0. 22	0. 20	0. 19	0. 18	0. 17	0. 16	0. 11	0. 12	0. 10	0. 09	0. 08	0. 06	0. 06	0. 05	0. 04	0. 04
6E1	0. 25	0. 25	0. 25	0. 25	0. 25	0. 25	0. 25	0. 25	0. 25	0. 25	0. 25	0. 21	0. 17	0. 13	0. 11	0. 09	0. 08	0. 07	0. 05	0. 05	0. 04	—	—	—
9E1	0. 25	0. 25	0. 25	0. 25	0. 25	0. 25	0. 25	0. 25	0. 25	0. 25	0. 25	0. 25	0. 25	0. 25	0. 25	0. 25	0. 23	0. 21	0. 19	0. 17	0. 15	0. 14	0. 12	0. 11
10E0	0. 25	0. 21	0. 19	0. 17	0. 16	0. 15	0. 14	0. 13	0. 13	0. 13	0. 13	0. 12	0. 12	0. 12	0. 12	0. 11	0. 11	0. 10	0. 10	0. 10	0. 09	0. 08	0. 07	0. 07
10E1	0. 25	0. 25	0. 25	0. 22	0. 20	0. 19	0. 19	0. 18	0. 18	0. 18	0. 18	0. 17	0. 17	0. 17	—	—	—	—	—	—	—	—	—	—
11E0	0. 25	0. 22	0. 20	0. 18	0. 17	0. 16	0. 15	0. 14	0. 14	0. 14	0. 14	0. 14	0. 14	0. 14	0. 13	0. 12	0. 11	0. 10	0. 10	0. 10	0. 09	0. 08	0. 07	0. 07
12E0	0. 25	0. 25	0. 23	0. 22	0. 21	0. 19	0. 19	0. 18	0. 18	0. 18	0. 18	0. 17	0. 17	0. 17	0. 17	0. 17	0. 16	0. 16	0. 16	0. 15	0. 14	0. 12	0. 11	0. 10
13E0	0. 25	0. 23	0. 21	0. 19	0. 18	0. 17	0. 16	0. 16	0. 15	0. 15	0. 15	0. 15	0. 15	0. 15	—	—	—	—	—	—	—	—	—	—
13E1	0. 25	0. 24	0. 22	0. 19	0. 18	0. 17	0. 17	0. 16	0. 16	0. 16	0. 16	0. 15	0. 15	0. 15	—	—	—	—	—	—	—	—	—	—
14E0	0. 25	0. 25	0. 22	0. 21	0. 19	0. 18	0. 17	0. 17	0. 16	0. 16	0. 16	0. 16	0. 16	0. 16	0. 16	0. 16	0. 16	0. 16	0. 16	0. 16	0. 15	0. 15	0. 15	0. 14
15E0	0. 25	0. 25	0. 24	0. 23	0. 22	0. 20	0. 20	0. 19	0. 19	0. 19	0. 19	0. 18	0. 18	0. 18	0. 18	0. 18	0. 18	0. 18	0. 18	0. 18	0. 18	0. 16	0. 15	0. 13
16E0	0. 25	0. 25	0. 25	0. 25	0. 25	—	—	—	—	—	—	—	—	—	—	—	—	—	—	—	—	—	—	—

表 9-3-83　　PN6 法兰的压力-温度额定值

材料组别	温度/℃																							
	常温	100	150	200	250	300	350	400	450	460	470	480	490	500	510	520	530	540	550	560	570	580	590	600
	最大允许工作压力/MPa																							
1E0	0. 60	0. 46	0. 46	0. 43	039	0. 35	—	—	—	—	—	—	—	—	—	—	—	—	—	—	—	—	—	—
2E0	0. 60	0. 49	0. 46	0. 43	0. 39	0. 35	. 30	0. 21	—	—	—	—	—	—	—	—	—	—	—	—	—	—	—	—
3E0	0. 60	0. 55	0. 52	0. 50	0. 45	0. 41	0. 38	0. 35	0. 19	—	—	—	—	—	—	—	—	—	—	—	—	—	—	—
3E1	0. 60	0. 60	0. 60	0. 60	0. 58	0. 52	0. 48	0. 44	0. 24	—	—	—	—	—	—	—	—	—	—	—	—	—	—	—
4E0	0. 60	0. 60	0. 60	0. 60	0. 58	0. 51	0. 48	0. 44	0. 41	0. 38	0. 35	0. 32	0. 29	0. 26	0. 21	0. 16	0. 13	—	—	—	—	—	—	—
5E0	0. 60	0. 60	0. 60	0. 60	0. 60	0. 60	0. 57	0. 54	0. 50	0. 48	0. 45	0. 43	0. 40	0. 39	0. 33	0. 26	0. 22	0. 17	0. 14	0. 11	0. 09	—	—	—
5E1	0. 60	0. 60	0. 60	0. 60	0. 56	0. 52	0. 50	0. 48	0. 46	0. 45	0. 44	0. 43	0. 42	0. 41	0. 40	0. 37	0. 33	0. 29	0. 25	0. 23	0. 21	—	—	—
6E0	0. 60	0. 60	0. 60	0. 60	0. 60	0. 60	0. 58	0. 55	0. 52	0. 50	0. 47	0. 44	0. 41	0. 38	0. 33	0. 29	0. 25	0. 22	0. 19	0. 16	0. 14	0. 12	0. 10	0. 9
6E1	0. 60	0. 60	0. 60	0. 60	0. 60	0. 60	0. 60	0. 60	0. 60	0. 60	0. 60	0. 50	0. 41	0. 32	0. 27	0. 23	0. 20	0. 16	0. 14	0. 12	0. 10	—	—	—
9E1	0. 60	0. 60	0. 60	0. 60	0. 60	0. 60	0. 60	0. 60	0. 60	0. 60	0. 60	0. 60	0. 60	0. 60	0. 60	0. 60	0. 57	0. 52	0. 47	0. 42	0. 38	0. 34	0. 30	0. 26
10E0	0. 60	0. 50	0. 46	0. 42	0. 39	0. 36	0. 34	0. 33	0. 32	0. 32	0. 32	0. 31	0. 31	0. 31	0. 30	0. 29	0. 28	0. 27	0. 26	0. 24	0. 22	0. 20	0. 18	0. 16
10E1	0. 60	0. 60	0. 60	0. 53	0. 50	0. 47	0. 46	0. 44	0. 43	0. 43	0. 43	0. 42	0. 42	0. 42	0. 42	—	—	—	—	—	—	—	—	—
11E0	0. 60	0. 54	0. 49	0. 44	0. 41	0. 38	0. 36	0. 35	0. 35	0. 35	0. 35	0. 34	0. 34	0. 34	0. 33	0. 32	0. 30	0. 28	0. 26	0. 24	0. 22	0. 20	0. 18	0. 16
12E0	0. 60	0. 59	0. 56	0. 53	0. 50	0. 47	0. 46	0. 44	0. 43	0. 43	0. 43	0. 42	0. 42	0. 42	0. 42	0. 41	0. 41	0. 40	0. 40	0. 36	0. 33	0. 30	0. 27	0. 24
13E0	0. 60	0. 56	0. 51	0. 47	0. 44	0. 41	0. 39	0. 38	0. 37	0. 37	0. 37	0. 36	0. 36	0. 36	—	—	—	—	—	—	—	—	—	—
13E1	0. 60	0. 57	0. 52	0. 47	0. 44	0. 41	0. 40	0. 39	0. 38	0. 38	0. 38	0. 37	0. 37	0. 37	—	—	—	—	—	—	—	—	—	—
14E0	0. 60	0. 60	0. 54	0. 50	0. 47	0. 44	0. 42	0. 41	0. 40	0. 40	0. 40	0. 39	0. 39	0. 39	0. 39	0. 39	0. 39	0. 39	0. 39	0. 38	0. 38	0. 37	0. 37	0. 33
15E0	0. 60	0. 60	0. 58	0. 56	0. 53	0. 50	0. 48	0. 46	0. 46	0. 46	0. 46	0. 45	0. 45	0. 45	0. 45	0. 45	0. 44	0. 44	0. 44	0. 44	0. 44	0. 40	0. 36	0. 33
16E0	0. 60	0. 60	0. 60	0. 60	0. 60	—	—	—	—	—	—	—	—	—	—	—	—	—	—	—	—	—	—	—

表 9-3-84 **PN10 法兰的压力-温度额定值**

材料组别	温度/℃																							
	常温	100	150	200	250	300	350	400	450	460	470	480	490	500	510	520	530	540	550	560	570	580	590	600
	最大允许工作压力/MPa																							
1E0	1.00	0.81	0.77	0.71	0.65	0.59	—	—	—	—	—	—	—	—	—	—	—	—	—	—	—	—	—	—
2E0	1.00	0.81	0.77	0.71	0.65	0.59	0.50	0.35	—	—	—	—	—	—	—	—	—	—	—	—	—	—	—	—
3E0	1.00	0.92	0.88	0.83	0.76	0.69	0.64	0.59	0.32	—	—	—	—	—	—	—	—	—	—	—	—	—	—	—
3E1	1.00	1.00	1.00	1.00	0.97	0.88	0.80	0.73	0.40	—	—	—	—	—	—	—	—	—	—	—	—	—	—	—
4E0	1.00	1.00	1.00	1.00	0.97	0.85	0.80	0.74	0.69	0.64	0.59	0.54	0.49	0.44	0.35	0.28	0.22	—	—	—	—	—	—	—
5E0	1.00	1.00	1.00	1.00	1.00	1.00	0.95	0.90	0.84	0.80	0.76	0.72	0.68	0.65	0.55	0.44	0.37	0.29	0.23	0.19	0.15	—	—	—
5E1	1.00	1.00	1.00	1.00	0.93	0.88	0.84	0.80	0.77	0.76	0.74	0.73	0.71	0.69	0.68	0.61	0.55	0.49	0.43	0.39	0.34	—	—	—
6E0	1.00	1.00	1.00	1.00	1.00	1.00	0.97	0.92	0.88	0.83	0.78	0.73	0.69	0.64	0.56	0.49	0.42	0.37	0.32	0.27	0.24	0.20	0.18	0.16
6E1	1.00	1.00	1.00	1.00	1.00	1.00	1.00	1.00	1.00	1.00	1.00	0.84	0.69	0.53	0.45	0.38	0.33	0.28	0.23	0.20	0.17	—	—	—
9E1	1.00	1.00	1.00	1.00	1.00	1.00	1.00	1.00	1.00	1.00	1.00	1.00	1.00	1.00	1.00	1.00	0.95	0.87	0.79	0.71	0.63	0.57	0.50	0.44
10E0	1.00	0.86	0.77	0.70	0.65	0.60	0.57	0.55	0.53	0.52	0.52	0.51	0.51	0.51	0.49	0.47	0.45	0.44	0.43	0.40	0.37	0.34	0.30	0.28
10E1	1.00	1.00	1.00	0.89	0.83	0.79	0.76	0.74	0.72	0.72	0.71	0.71	0.70	0.70	—	—	—	—	—	—	—	—	—	—
11E0	1.00	0.90	0.81	0.74	0.69	0.64	0.61	0.59	0.58	0.58	0.58	0.57	0.57	0.57	0.54	0.51	0.48	0.46	0.43	0.40	0.37	0.34	0.30	0.28
12E0	1.00	1.00	0.93	0.88	0.84	0.79	0.76	0.74	0.72	0.72	0.71	0.71	0.70	0.70	0.69	0.69	0.68	0.68	0.67	0.61	0.56	0.50	0.45	0.40
13E0	1.00	0.94	0.86	0.79	0.74	0.69	0.66	0.64	0.62	0.62	0.61	0.61	0.60	0.60	—	—	—	—	—	—	—	—	—	—
13E1	1.00	0.96	0.87	0.78	0.73	0.69	0.67	0.64	0.63	0.63	0.62	0.62	0.61	0.61	—	—	—	—	—	—	—	—	—	—
14E0	1.00	1.00	0.90	0.84	0.79	0.74	0.71	0.68	0.67	0.67	0.67	0.66	0.66	0.66	0.66	0.66	0.65	0.65	0.65	0.64	0.63	0.62	0.61	0.56
15E0	1.00	1.00	0.98	0.93	0.88	0.83	0.80	0.78	0.76	0.76	0.76	0.75	0.75	0.75	0.75	0.75	0.74	0.74	0.74	0.74	0.73	0.67	0.60	0.55
16E0	1.00	1.00	1.00	1.00	1.00	—	—	—	—	—	—	—	—	—	—	—	—	—	—	—	—	—	—	—

表 9-3-85 **PN16 法兰的压力-温度额定值**

材料组别	温度/℃																							
	常温	100	150	200	250	300	350	400	450	460	470	480	490	500	510	520	530	540	550	560	570	580	590	600
	最大允许工作压力/MPa																							
1E0	1.60	1.30	1.23	1.14	1.04	0.94	—	—	—	—	—	—	—	—	—	—	—	—	—	—	—	—	—	—
2E0	1.60	1.30	1.23	1.14	1.04	0.94	0.80	0.56	—	—	—	—	—	—	—	—	—	—	—	—	—	—	—	—
3E0	1.60	1.48	1.40	1.33	1.21	1.10	1.02	0.95	0.52	—	—	—	—	—	—	—	—	—	—	—	—	—	—	—
3E1	1.60	1.60	1.60	1.60	1.56	1.40	1.29	1.18	0.64	—	—	—	—	—	—	—	—	—	—	—	—	—	—	—
4E0	1.60	1.60	1.60	1.60	1.56	1.37	1.29	1.19	1.10	1.02	0.94	0.86	0.78	0.70	0.56	0.44	0.35	—	—	—	—	—	—	—
5E0	1.60	1.60	1.60	1.60	1.60	1.60	1.52	1.44	1.34	1.28	1.21	1.15	1.08	1.01	0.88	0.71	0.59	0.46	0.37	0.30	0.25	—	—	—
5E1	1.60	1.60	1.60	1.60	1.49	1.40	1.34	1.28	1.23	1.21	1.18	1.16	1.14	1.11	1.08	0.98	0.88	0.78	0.68	0.63	0.55			
6E0	1.60	1.60	1.60	1.60	1.60	1.60	1.56	1.48	1.40	1.33	1.25	1.18	1.10	1.02	0.89	0.78	0.68	0.59	0.51	0.44	0.38	0.33	0.28	0.25
6E1	1.60	1.60	1.60	1.60	1.60	1.60	1.60	1.60	1.60	1.60	1.60	1.35	1.10	0.86	0.73	0.61	0.53	0.44	0.38	0.32	0.28	—	—	—
9E1	1.60	1.60	1.60	1.60	1.60	1.60	1.60	1.60	1.60	1.60	1.60	1.60	1.60	1.60	1.60	1.60	1.53	1.39	1.26	1.14	1.02	0.91	0.80	0.71
10E0	1.60	1.37	1.23	1.12	1.04	0.96	0.92	0.88	0.85	0.85	0.84	0.84	0.83	0.83	0.81	0.79	0.76	0.73	0.70	0.64	0.59	0.54	0.49	0.44
10E1	1.60	1.60	1.60	1.42	1.33	1.27	1.22	1.18	1.16	1.15	1.14	1.14	1.13	1.13	—	—	—	—	—	—	—	—	—	—
11E0	1.60	1.45	1.31	1.19	1.10	1.02	0.98	0.95	0.93	0.93	0.92	0.92	0.91	0.91	0.87	0.83	0.78	0.74	0.70	0.64	0.59	0.54	0.49	0.44
12E0	1.60	1.58	1.49	1.41	1.34	1.27	1.22	1.18	1.16	1.16	1.15	1.15	1.14	1.13	1.12	1.11	1.10	1.09	1.08	0.98	0.89	0.81	0.73	0.65
13E0	1.60	1.51	1.37	1.27	1.19	1.10	1.05	1.02	1.00	1.00	0.99	0.98	0.97	0.97	—	—	—	—	—	—	—	—	—	—
13E1	1.60	1.53	1.39	1.24	1.17	1.10	1.07	1.03	1.01	1.01	1.00	1.00	0.99	0.98	—	—	—	—	—	—	—	—	—	—
14E0	1.60	1.60	1.45	1.34	1.27	1.18	1.14	1.09	1.07	1.07	1.06	1.06	1.05	1.05	1.05	1.05	1.04	1.04	1.04	1.03	1.01	1.00	0.99	0.89
15E0	1.60	1.60	1.56	1.49	1.41	1.33	1.28	1.24	1.22	1.22	1.21	1.21	1.20	1.20	1.20	1.20	1.19	1.19	1.19	1.18	1.17	1.07	0.97	0.88
16E0	1.60	1.60	1.60	1.60	1.60	—	—	—	—	—	—	—	—	—	—	—	—	—	—	—	—	—	—	—

表 9-3-86　　**PN 25 法兰的压力-温度额定值**

材料组别	温度/℃																							
	常温	100	150	200	250	300	350	400	450	460	470	480	490	500	510	520	530	540	550	560	570	580	590	600
	最大允许工作压力/MPa																							
1E0	—	—	—	—	—	—	—	—	—	—	—	—	—	—	—	—	—	—	—	—	—	—	—	—
2E0	2.50	2.03	1.93	1.78	1.63	1.18	1.25	0.88	—	—	—	—	—	—	—	—	—	—	—	—	—	—	—	—
3E0	2.50	2.32	2.20	2.08	1.90	1.72	1.60	1.48	0.82	—	—	—	—	—	—	—	—	—	—	—	—	—	—	—
3E1	2.50	2.50	2.50	2.50	2.44	2.20	2.02	1.84	1.01	—	—	—	—	—	—	—	—	—	—	—	—	—	—	—
4E0	2.50	2.50	2.50	2.50	2.44	2.14	2.02	1.86	1.72	1.60	1.47	1.35	1.23	1.10	0.88	7.0	0.55	—	—	—	—	—	—	—
5E0	2.50	2.50	2.50	2.50	2.50	2.50	2.38	2.25	2.10	2.00	1.90	1.80	1.70	1.63	1.38	1.11	0.92	0.72	0.58	0.47	0.39	—	—	—
5E1	2.50	2.50	2.50	2.50	2.33	2.21	2.11	2.01	1.96	1.93	1.89	1.86	1.82	1.79	1.76	1.57	1.37	1.23	1.08	0.98	0.88	—	—	—
6E0	2.50	2.50	2.50	2.50	2.50	2.50	2.44	2.32	2.20	2.08	1.96	1.84	1.72	1.60	1.40	1.22	1.07	0.92	0.80	0.69	0.60	0.52	0.45	0.40
6E1	2.50	2.50	2.50	2.50	2.50	2.50	2.50	2.50	2.50	2.50	2.50	2.12	1.73	1.34	1.14	0.96	0.83	0.70	0.59	0.51	0.44	—	—	—
9E1	2.50	2.50	2.50	2.50	2.50	2.50	2.50	2.50	2.50	2.50	2.50	2.50	2.50	2.50	2.50	2.50	2.39	2.17	1.97	1.78	1.59	1.42	1.26	1.11
10E0	2.50	2.15	1.92	1.75	1.63	1.51	1.44	1.38	1.33	1.32	1.31	1.30	1.29	1.29	1.25	1.21	1.17	1.13	1.09	1.01	0.92	0.85	0.77	0.70
10E1	2.50	2.50	2.50	2.22	2.08	1.98	1.91	1.85	1.81	1.80	1.79	1.78	1.77	1.77	—	—	—	—	—	—	—	—	—	—
11E0	2.50	2.27	2.04	1.86	1.72	1.60	1.53	1.48	1.45	1.45	1.44	1.43	1.42	1.42	1.36	1.30	1.23	1.16	1.09	1.01	0.92	0.85	0.77	0.70
12E0	2.50	2.47	2.33	2.21	2.10	1.98	1.91	1.85	1.81	1.81	1.80	1.79	1.78	1.77	1.76	1.75	1.73	1.71	1.69	1.53	1.40	1.27	1.14	1.02
13E0	2.50	2.36	2.15	1.98	1.86	1.72	1.65	1.60	1.56	1.56	1.55	1.54	1.53	1.52	—	—	—	—	—	—	—	—	—	—
14E0	2.50	2.50	2.27	2.10	1.98	1.85	1.78	1.71	1.68	1.68	1.67	1.66	1.65	1.65	1.65	1.64	1.64	1.63	1.63	1.60	1.58	1.56	1.54	1.40
15E0	2.50	2.50	2.45	2.33	2.21	2.08	2.01	1.95	1.91	1.91	1.90	1.89	1.88	1.88	1.88	1.87	1.87	1.86	1.86	1.85	1.83	1.67	1.52	1.38
16E0	2.50	2.50	2.50	2.50	2.50	—	—	—	—	—	—	—	—	—	—	—	—	—	—	—	—	—	—	—

表 9-3-87　　**PN40 法兰的压力-温度额定值**

材料组别	温度/℃																							
	常温	100	150	200	250	300	350	400	450	460	470	480	490	500	510	520	530	540	550	560	570	580	590	600
	最大允许工作压力/MPa																							
1E0	—	—	—	—	—	—	—	—	—	—	—	—	—	—	—	—	—	—	—	—	—	—	—	—
2E0	4.00	3.24	3.08	2.84	2.60	2.36	2.00	1.40	—	—	—	—	—	—	—	—	—	—	—	—	—	—	—	—
3E0	4.00	3.71	3.52	3.33	3.04	2.76	2.57	2.38	1.31	—	—	—	—	—	—	—	—	—	—	—	—	—	—	—
3E1	4.00	4.00	4.00	4.00	3.90	3.52	3.23	2.95	1.61	—	—	—	—	—	—	—	—	—	—	—	—	—	—	—
4E0	4.00	4.00	4.00	4.00	3.90	3.42	3.23	2.99	2.76	2.56	2.36	2.16	1.97	1.77	1.40	1.12	0.89	—	—	—	—	—	—	—
5E0	4.00	4.00	4.00	4.00	4.00	4.00	3.80	3.60	3.37	3.20	3.04	2.88	2.72	2.60	2.20	1.79	1.48	1.16	0.93	0.76	0.62	—	—	—
5E1	4.00	4.00	4.00	4.00	3.76	3.60	3.44	3.29	3.14	3.08	3.01	2.95	2.88	2.81	2.74	2.45	2.16	1.96	1.76	1.57	1.37	—	—	—
6E0	4.00	4.00	4.00	4.00	4.00	4.00	3.90	3.71	3.52	3.33	3.14	2.95	2.76	2.57	2.24	1.96	1.71	1.48	1.29	1.10	0.97	0.83	0.72	0.64
6E1	4.00	4.00	4.00	4.00	4.00	4.00	4.00	4.00	4.00	4.00	4.00	3.39	2.77	2.15	1.82	1.54	1.33	1.12	0.95	0.81	0.70	—	—	—
9E1	4.00	4.00	4.00	4.00	4.00	4.00	4.00	4.00	4.00	4.00	4.00	4.00	4.00	4.00	4.00	4.00	3.82	3.48	3.16	2.85	2.55	2.28	2.01	1.79
10E0	4.00	3.44	3.08	2.80	2.60	2.41	2.30	2.20	2.14	2.13	2.12	2.11	2.09	2.07	2.01	1.95	1.89	1.83	1.75	1.61	1.48	1.37	1.23	1.12
10E1	4.00	4.00	4.00	3.56	3.33	3.18	3.06	2.97	2.90	2.89	2.88	2.86	2.84	2.83	—	—	—	—	—	—	—	—	—	—
11E0	4.00	3.63	3.27	2.99	2.76	2.57	2.45	2.38	2.33	2.32	2.31	2.30	2.29	2.28	2.18	2.08	1.98	1.87	1.75	1.61	1.48	1.37	1.23	1.12
12E0	4.00	4.00	3.73	3.54	3.37	3.18	3.06	2.97	2.90	2.89	2.88	2.87	2.85	2.83	2.81	2.79	2.76	2.73	2.70	2.45	2.24	2.03	1.82	1.63
13E0	4.00	3.79	3.44	3.18	2.99	2.76	2.64	2.57	2.50	2.49	2.48	2.47	2.45	2.43	—	—	—	—	—	—	—	—	—	—
13E1	4.00	3.82	3.47	3.11	2.93	2.76	2.67	2.58	2.52	2.51	2.50	2.49	2.47	2.45	—	—	—	—	—	—	—	—	—	—
14E0	4.00	4.00	3.63	3.37	3.18	2.97	2.85	2.74	2.69	2.68	2.67	2.66	2.65	2.64	2.64	2.63	2.62	2.61	2.60	2.57	2.54	2.50	2.47	2.24
15E0	4.00	4.00	3.92	3.73	3.54	3.33	3.21	3.12	3.06	3.05	3.04	3.03	3.02	3.00	3.00	3.00	2.99	2.99	2.99	2.96	2.93	2.68	2.43	2.20
16E0	4.00	4.00	4.00	4.00	4.00	—	—	—	—	—	—	—	—	—	—	—	—	—	—	—	—	—	—	—

4.15.3　尺寸公差

用 PN 标记的法兰尺寸公差应符合表 9-3-88 的规定，未注公差的加工尺寸的公差按照 GB/T 1804—2000 粗糙 c 级的规定。用 Class 标记的法兰尺寸公差未编入本节，详见标准 GB/T 9124.2—2019。

表 9-3-88　　用 PN 标记的法兰尺寸公差

<table>
<tr><th>项目</th><th>法兰类型</th><th>尺寸范围</th><th colspan="2">尺寸公差/mm</th></tr>
<tr><td rowspan="5">法兰颈部外径 A</td><td rowspan="3">对焊法兰(WN)
A 型对焊环板式松套法兰(PL/W-A)</td><td>≤DN 125</td><td colspan="2">+3.0
0</td></tr>
<tr><td>DN 150~DN 1200</td><td colspan="2">+4.5
0</td></tr>
<tr><td>≥DN 1400</td><td colspan="2">+6.0
0</td></tr>
<tr><td rowspan="2">B 型对焊环板式松套法兰(PL/W-B)
翻边短节板式松套法兰(PL/P-B)
管端翻边板式松套法兰(PL/P-A)</td><td>≤DN 150</td><td colspan="2">±0.75%,最小为±0.3</td></tr>
<tr><td>≥DN 200</td><td colspan="2">±1%,最大为±3.0</td></tr>
<tr><td rowspan="4">孔径 B</td><td rowspan="4">板式平焊法兰(PL)
A 型对焊环板式松套法兰(PL/W-A)
B 型对焊环板式松套法兰(PL/W-B)
带颈平焊法兰(SO)
平焊环板式松套法兰(PL/C)
管端翻边板式松套法兰(PL/P-A)
翻边短节板式松套法兰(PL/P-B)</td><td>≤DN 100</td><td colspan="2">+0.5
0</td></tr>
<tr><td>DN 125~DN 400</td><td colspan="2">+1.0
0</td></tr>
<tr><td>DN 450~DN 600</td><td colspan="2">+1.5
0</td></tr>
<tr><td>≥DN 700</td><td colspan="2">+3.0
0</td></tr>
<tr><td rowspan="8">法兰颈部厚度 S</td><td rowspan="4">对焊法兰(WN)
A 型对焊环板式松套法兰(PL/W-A)</td><td></td><td>颈部内外均加工</td><td>颈部内外至少一面未加工</td></tr>
<tr><td>≤DN 100</td><td>+1.0
0</td><td>+2.0
0</td></tr>
<tr><td>DN 125~DN400</td><td>+1.5
0</td><td>+2.5
0</td></tr>
<tr><td>≥DN450</td><td>+2.0
0</td><td>+3.5
0</td></tr>
<tr><td rowspan="2">B 型对焊环板式松套法兰(PL/W-B)</td><td>S≤8</td><td colspan="2">+15%
-10%</td></tr>
<tr><td>S>8</td><td colspan="2">+15%
-5%</td></tr>
<tr><td rowspan="2">管端翻边板式松套法兰(PL/P-A)
翻边短节板式松套法兰(PL/P-B)</td><td>≤DN600</td><td colspan="2">+15%
-12.5%</td></tr>
<tr><td>≥DN700</td><td colspan="2">+15%
-0.5</td></tr>
<tr><td rowspan="2">对焊端壁厚 S_p</td><td rowspan="2">B 型对焊环板式松套法兰(PL/W-B)
翻边短节板式松套法兰(PL/P-B)
管端翻边板式松套法兰(PL/P-A)</td><td>S≤6</td><td colspan="2">+1.0
0</td></tr>
<tr><td>S>6</td><td colspan="2">+2.0
0</td></tr>
<tr><td rowspan="11">法兰外径 D</td><td rowspan="6">整体法兰(IF)</td><td>≤DN250</td><td colspan="2">±4.0</td></tr>
<tr><td>DN300~DN500</td><td colspan="2">±5.0</td></tr>
<tr><td>DN600~DN800</td><td colspan="2">±6.0</td></tr>
<tr><td>DN900~DN1200</td><td colspan="2">±7.0</td></tr>
<tr><td>DN1400~DN1600</td><td colspan="2">±8.0</td></tr>
<tr><td>DN1800~DN2000</td><td colspan="2">±10.0</td></tr>
<tr><td rowspan="5">其他型式法兰</td><td>≤DN150</td><td colspan="2">±2.0</td></tr>
<tr><td>DN200~DN500</td><td colspan="2">±3.0</td></tr>
<tr><td>DN600~DN1200</td><td colspan="2">±5.0</td></tr>
<tr><td>DN1400~DN1800</td><td colspan="2">±7.0</td></tr>
<tr><td>≥DN 2000</td><td colspan="2">±10.0</td></tr>
<tr><td rowspan="3">法兰高度 H</td><td rowspan="3">所有带颈法兰</td><td>≤DN 80</td><td colspan="2">±1.5</td></tr>
<tr><td>DN 100~DN 250</td><td colspan="2">±2.0</td></tr>
<tr><td>≥DN 300</td><td colspan="2">±3.0</td></tr>
</table>

续表

项目	法兰类型	尺寸范围	尺寸公差/mm
法兰颈部直径 N	对焊法兰(WN) (表面已机械加工)	N≤120	0 -1.0
		120<N≤400	0 -1.2
		400<N≤1000	+1.5 0
		1000<N≤2000	+2.5 0
		DN>2000	+4.0 0
	对焊法兰(WN) (表面未机械加工)	N≤120	0 -1.0
		120<N≤400	0 -2.0
		400<N≤1000	+4.0 0
		1000<N≤2000	+6.0 0
		DN>2000	+8.0 0
	整体法兰(IF) A型对焊环板式松套法兰(PL/W-A) (表面未机械加工)	≤DN50	0 -2.0
		DN65~DN150	0 -4.0
		DN200~DN300	0 -6.0
		DN350~DN650	0 -8.0
		DN700~DN4000	0 -10.0
	整体法兰(IF) A型对焊环板式松套法兰(PL/W-A) (表面已机械加工)	≤DN50	+1.0 0
		DN65~DN150	+1.5 0
		DN200~DN300	+2.0 0
		DN350~DN650	+2.5 0
		DN700~DN4000	+3 0
	带颈平焊法兰(SO) 带颈螺纹法兰(Th)	≤DN 50	+1.0 0
		DN65~DN150	+2.0 0
		DN200~DN300	+4.0 0
		DN350~DN650	+8.0 0
		DN700~DN1200	+12.0 0

续表

项目	法兰类型	尺寸范围	尺寸公差/mm
法兰颈部直径 N	带颈平焊法兰(SO) 带颈螺纹法兰(Th)	DN1400~DN1800	+16.0 0
		DN≥2000	+20.0 0
法兰颈部直径 N	带颈平焊法兰(SO) 带颈螺纹法兰(Th)	DN200~DN300	+4.0 0
		DN350~DN600	+8.0 0
		DN700~DN1200	+12.0 0
		DN1400~DN1800	+16.0 0
		≥DN 200	+20.0 0
环厚度 F、F_1	B型对焊环板式松套法兰(PL/W-B) (两侧已机械加工)	F≤18mm	±1.0
		F>18mm	±1.5
	B型对焊环板式松套法兰(PL/W-B) (仅一侧机械加工或未机械加工)	F≤18mm	+2.0 -1.3
		F>18mm	+4.0 -1.5
	翻边短节板式松套法兰(PL/P-B)	F≤18mm	±10%
	管端翻边板式松套法兰(PL/P-A)	F≤5mm	±0.2
		F>5mm	±0.3
	平焊环板式松套法兰(PL/C) A型对焊环板式松套法兰(PL/W-A) (两侧均机械加工)	F≤18mm	+1.0 -1.3
		F>18mm	±1.5
	平焊环板式松套法兰(PL/C) A型对焊环板式松套法兰(PL/W-A) (仅一侧机械加工)	F≤18mm	+2.0 -1.3
		18mm<F≤30mm	+3.0 -1.5
		F>30mm	+4.0 -1.5
法兰厚度 C	两侧均机械加工 的所有型式法兰	C≤18mm	+1.0 -1.3
		18mm<C≤50mm	±1.5
		C>50mm	±2.0
	只加工一侧的所有法兰 两侧均未加工的松套法兰	C≤18mm	+2.0 -1.3
		18mm<C≤50mm	+4.0 -1.5
		C>50mm	+7.0 -2.0
法兰密封面尺寸 d	所有型式法兰	≤DN 250	+2.0 -1.0
		≥DN 300	+3.0 -1.0
法兰密封面尺寸 f_1	所有型式法兰 (密封面型式为突面、凹面、槽面)	≤DN32 f_1=2mm	0 -1
		DN40~DN250 f_1=3mm	0 -2
		DN300~DN500 f_1=4mm	0 -3

续表

<table>
<tr><th colspan="2">项目</th><th colspan="2">法兰类型</th><th colspan="2">尺寸范围</th><th>尺寸公差/mm</th></tr>
<tr><td rowspan="10">法兰密封面尺寸</td><td>f_1</td><td colspan="2">所有型式法兰
（密封面型式为突面、凹面、槽面）</td><td>≥DN 600</td><td>f_1 = 5mm</td><td>0
-4</td></tr>
<tr><td>f_2</td><td colspan="2">所有型式法兰
（密封面形式为榫面、凸面、O 形圈凸面）</td><td colspan="2">所有尺寸</td><td>+0.5
0</td></tr>
<tr><td rowspan="2">f_3</td><td colspan="2">所有型式法兰（槽面、凹面）</td><td colspan="2">所有尺寸</td><td>+0.5
0</td></tr>
<tr><td colspan="2">所有型式法兰（O 形圈槽面）</td><td colspan="2">所有尺寸</td><td>+0.2
0</td></tr>
<tr><td>f_4</td><td colspan="2">所有型式法兰（O 形圈槽面）</td><td colspan="2">所有尺寸</td><td>+0.5
0</td></tr>
<tr><td>W</td><td colspan="2">所有型式法兰</td><td colspan="2">所有尺寸</td><td>+0.5
0</td></tr>
<tr><td>X</td><td colspan="2">所有型式法兰</td><td colspan="2">所有尺寸</td><td>0
-0.5</td></tr>
<tr><td>Y</td><td colspan="2">所有型式法兰</td><td colspan="2">所有尺寸</td><td>+0.5
0</td></tr>
<tr><td>Z</td><td colspan="2">所有型式法兰</td><td colspan="2">所有尺寸</td><td>0
-0.5</td></tr>
<tr><td colspan="2" rowspan="3">螺栓孔中心圆直径 K</td><td colspan="2" rowspan="3">所有型式法兰</td><td rowspan="3">螺栓规格</td><td>≤M24</td><td>±1.0</td></tr>
<tr><td>M27~M45</td><td>±1.5</td></tr>
<tr><td>≥M48</td><td>±2.0</td></tr>
<tr><td colspan="2" rowspan="3">螺栓孔直径 L</td><td colspan="2" rowspan="3">所有型式法兰</td><td rowspan="3">螺栓规格</td><td>≤M24</td><td>+1.0
0</td></tr>
<tr><td>M27~M45</td><td>+2.5
0</td></tr>
<tr><td>≥M48</td><td>+4.0
0</td></tr>
<tr><td colspan="2" rowspan="3">相邻两螺栓孔的弦距</td><td colspan="2" rowspan="3">所有型式法兰</td><td rowspan="3">螺栓规格</td><td>≤M24</td><td>±1.0</td></tr>
<tr><td>M27~M45</td><td>±1.5</td></tr>
<tr><td>≥M48</td><td>±2.0</td></tr>
<tr><td colspan="2" rowspan="2">机加工面的同轴度公差</td><td colspan="2" rowspan="2">所有型式法兰</td><td colspan="2">≤DN 65</td><td>1.0</td></tr>
<tr><td colspan="2">≥DN 80</td><td>2.0</td></tr>
<tr><td colspan="2" rowspan="2">密封面与螺栓支承面的夹角</td><td rowspan="2">所有型式法兰</td><td>机加工的螺栓支承面</td><td colspan="2">所有尺寸</td><td>1°</td></tr>
<tr><td>未机加工的螺栓支承面</td><td colspan="2">所有尺寸</td><td>2°</td></tr>
</table>

4.15.4 紧固件及垫片

（1）紧固件

1）法兰用紧固件的选用应符合 GB/T 9125—2020 的规定。用户应根据法兰的压力、温度、材料和所选择的垫片来选择紧固件材料，以保证法兰连接在预期操作条件下的密封性能。

2）材料的屈服强度值大于等于 640MPa 的螺栓为高强度螺栓，高强度螺栓一般可用于任何压力级的法兰连接。屈服强度小于等于 206MPa 的螺栓为低强度螺栓，低强度螺栓一般仅能用于公称压力不大于 PN63 及 Class 300 的法兰连接，用低强度碳钢螺栓连接的法兰一般不用于 200℃以上的温度或-29℃以下的温度，如果低强度螺栓要用于上述规定范围以外的法兰连接，需要进行验算确认。介于高强度螺栓与低强度螺栓之间的螺栓为中强度螺栓。

（2）垫片

1）垫片材料应符合有关标准的规定。用户应负责垫片材料的选用，所选材料应能够承受螺栓载荷而不会被压坏，并适用于操作条件。如果系统的试验压力高于本标准的规定时，要特别注意垫片材料的选择。

2）垫片应满足法兰连接在工作条件下的密封性能。

4.15.5 焊接端类型及尺寸（摘自 GB/T 9124.1—2019）

（1）对焊连接端的型式及尺寸

1）用 PN 标记的对焊法兰（WN）及 A 型对焊环板式松套法兰（LPC）的对焊连接端应符合图 9-3-30。当法兰颈部厚度 $S \leqslant 3$mm 时，法兰的对焊端部为直角。当法兰颈部厚度 3mm<S<22mm 时，法兰的对焊端应符合图 9-3-30（a）的规定。当法兰颈部厚度 $S \geqslant 22$mm 时，法兰的对焊端部应符合图 9-3-30（b）的规定。当法兰颈部厚度 S 大于管子壁厚 t 时，法兰的对焊端应符合图 9-3-30（c）的规定。

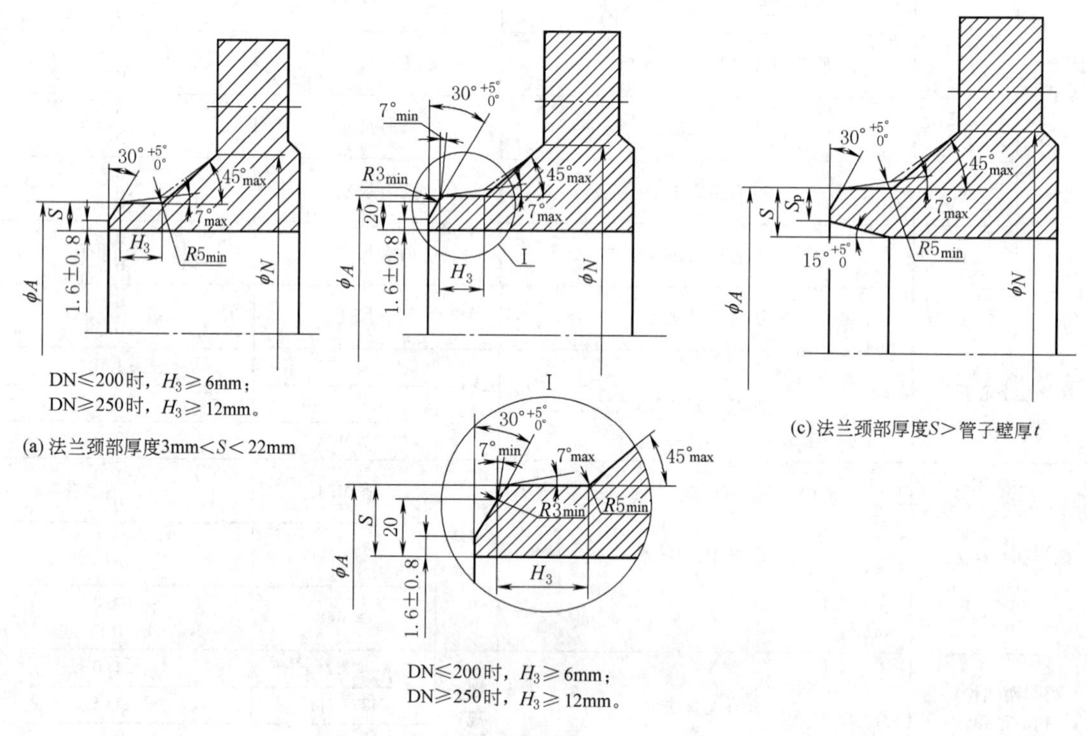

DN≤200时，$H_3 \geqslant 6$mm；
DN≥250时，$H_3 \geqslant 12$mm。
(a) 法兰颈部厚度3mm<S<22mm
DN≤200时，$H_3 \geqslant 6$mm；
DN≥250时，$H_3 \geqslant 12$mm。
(b) 法兰颈部厚度$S \geqslant 22$mm
(c) 法兰颈部厚度S>管子壁厚t

图 9-3-30　用 PN 标记的法兰对焊连接端的类型及尺寸

2）用 PN 标记的对焊法兰的对焊端壁厚见表 9-3-89。

表 9-3-89　用 PN 标记的对焊法兰的对焊端壁厚　mm

公称尺寸 DN	焊端外径（钢管外径）A	PN2.5		PN6		PN10		PN16		PN25		PN40		PN63		PN100	
		S	S_p	S	S_p	S	S_p	S	S_p	S	S_p	S	S_p	S	S_p	S	S_p
10	17.2	2.0	2.0	2.0	2.0	2.0	2.0	2.0	2.0	2.0	2.0	2.0	2.0	2.0	2.0	2.0	2.0
15	21.3	2.0	2.0	2.0	2.0	2.0	2.0	2.0	2.0	2.0	2.0	2.0	2.0	2.0	2.0	2.0	2.0
20	26.9	2.3	2.3	2.3	2.3	2.3	2.3	2.3	2.3	2.3	2.3	2.3	2.3	2.6	2.6	2.6	2.6
25	33.7	2.6	2.6	2.6	2.6	2.6	2.6	2.6	2.6	2.6	2.6	2.6	2.6	2.6	2.6	2.6	2.6
32	42.4	2.6	2.6	2.6	2.6	2.6	2.6	2.6	2.6	2.6	2.6	2.6	2.6	2.9	2.9	2.9	2.9
40	48.3	2.6	2.6	2.6	2.6	2.6	2.6	2.6	2.6	2.6	2.6	2.6	2.6	2.9	2.9	2.9	2.9
50	60.3	2.9	2.9	2.9	2.9	2.9	2.9	2.9	2.9	2.9	2.9	2.9	2.9	2.9	2.9	3.2	3.2
65	73.0	2.9	2.9	2.9	2.9	2.9	2.9	2.9	2.9	2.9	2.9	2.9	2.9	3.2	3.2	3.6	3.6
80	88.9	3.2	3.2	3.2	3.2	3.2	3.2	3.2	3.2	3.2	3.2	3.2	3.2	3.6	3.6	4.0	4.0
100	114.3	3.6	3.6	3.6	3.6	3.6	3.6	3.6	3.6	3.6	3.6	3.6	3.6	4.0	4.0	5.0	5.0
125	141.3	4.0	4.0	4.0	4.0	4.0	4.0	4.0	4.0	4.0	4.0	4.0	4.0	4.5	4.5	6.3	6.3

续表

公称尺寸 DN	焊端外径（钢管外径）A	PN2.5		PN6		PN10		PN16		PN25		PN40		PN63		PN100	
		S	S_p	S	S_p	S	S_p	S	S_p	S	S_p	S	S_p	S	S_p	S	S_p
150	168.3	4.5	4.5	4.5	4.5	4.5	4.5	4.5	4.5	4.5	4.5	4.5	4.5	5.6	5.6	7.1	7.1
200	219.1	6.3	6.3	6.3	6.3	6.3	6.3	6.3	6.3	6.3	6.3	6.3	6.3	7.1	7.1	10.0	10.0
250	273.0	6.3	6.3	6.3	6.3	6.3	6.3	6.3	6.3	7.1	7.1	7.1	7.1	8.8	8.8	12.5	12.5
300	323.9	7.1	7.1	7.1	7.1	7.1	7.1	7.1	7.1	8.0	8.0	8.0	8.0	11.0	11.0	14.2	14.2
350	355.6	7.1	7.1	7.1	7.1	7.1	7.1	8.0	8.0	8.0	8.0	8.8	8.8	12.5	12.5	16.0	16.0
400	406.4	7.1	7.1	7.1	7.1	7.1	7.1	8.0	8.0	8.8	8.8	11.0	11.0	14.2	14.2		
450	457	7.1	7.1	7.1	7.1	7.1	7.1	8.8	8.0	8.8	8.8	12.5	12.5	—	—	—	—
500	508	7.1	7.1	7.1	7.1	7.1	7.1	8.8	8.0	10.0	10.0	14.2	14.2	—	—	—	—
600	610	7.1	7.1	7.1	7.1	8.0	7.1	11.0	8.8	12.5	11.0	16.0	16.0	—	—	—	—
700	711	7.1	7.1	8.0	7.1	8.8	8.0	11.0	8.8	14.2	12.5	—	—	—	—	—	—
800	813	7.1	7.1	8.0	7.1	8.8	8.0	12.5	10.0	16.0	14.2	—	—	—	—	—	—
900	914	7.1	7.1	8.0	7.1	12.5	10.0	12.5	10.0	17.5	16.0	—	—	—	—	—	—
1000	1016	7.1	7.1	8.0	7.1	12.5	10.0	12.5	10.0	20.0	17.5	—	—	—	—	—	—
1200	1422	8.0	7.1	8.8	8.0	12.5	11.0	14.2	12.5	—	—	—	—	—	—	—	—
1400	1829	8.0	7.1	8.8	8.0	14.2	12.5	16.0	14.2	—	—	—	—	—	—	—	—
1600	2032	8.0	8.0	10.0	9.0	16.0	14.2	17.5	16.0	—	—	—	—	—	—	—	—
1800	2235	10.0	10.0	11.0	10.0	17.5	16.0	20.0	17.5	—	—	—	—	—	—	—	—
2000	2642	11.0	10.0	12.5	11.0	17.5	16.0	22.0	20.0	—	—	—	—	—	—	—	—
2200	2845	11.0	10.0	14.0	12.5	20.0	18.0	—	—	—	—	—	—	—	—	—	—
2400	2438	11.0	10.0	15.0	14.2	22.2	20.0	—	—	—	—	—	—	—	—	—	—
2600	2642	11.0	10.0	16.0	14.2	25.0	22.2	—	—	—	—	—	—	—	—	—	—
2800	2845	11.0	10.0	17.0	16.0	25.0	22.2	—	—	—	—	—	—	—	—	—	—
3000	3048	11.0	10.0	20.0	16.0	32.0	24.0	—	—	—	—	—	—	—	—	—	—
3200	3251	11.0	10.0	20.0	16.0	—	—	—	—	—	—	—	—	—	—	—	—
3400	3454	11.0	10.0	22.0	17.5	—	—	—	—	—	—	—	—	—	—	—	—
3600	3658	11.0	10.0	22.0	17.5	—	—	—	—	—	—	—	—	—	—	—	—
3800	3861	11.0	10.0	—	—	—	—	—	—	—	—	—	—	—	—	—	—
4000	4064	11.0	10.0	—	—	—	—	—	—	—	—	—	—	—	—	—	—

3）用 PN 标记的 B 型对焊环板式松套法兰对焊端型式见图 9-3-31，对焊端的壁厚见表 9-3-90。

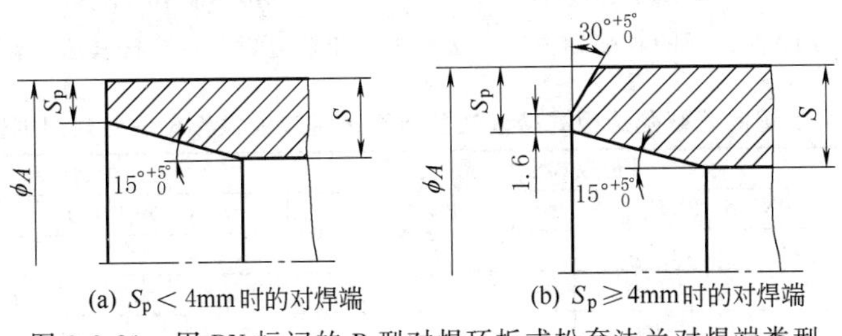

(a) $S_p < 4$mm时的对焊端　　(b) $S_p \geqslant 4$mm时的对焊端

图 9-3-31　用 PN 标记的 B 型对焊环板式松套法兰对焊端类型

表 9-3-90　用 PN 标记的 B 型对焊环板式松套法兰对焊端的壁厚　mm

公称尺寸 DN	焊端外径（钢管外径）A	PN2.5		PN6		PN10		PN16		PN25		PN40	
		S	S_p	S	S_p	S	S_p	S	S_p	S	S_p	S	S_p
10	17.2	3.0	2.0	3.0	2.0	3.0	2.0	3.0	2.0	3.0	2.0	3.0	2.0
15	21.3	3.0	2.0	3.0	2.0	3.0	2.0	3.0	2.0	3.0	2.0	3.0	2.0
20	26.9	3.0	2.0	3.0	2.0	3.0	2.0	3.0	2.0	3.0	2.0	3.0	2.0
25	33.7	3.0	2.0	3.0	2.0	3.0	2.0	3.0	2.0	3.0	2.0	3.0	2.0
32	42.4	3.0	2.0	3.0	2.0	3.0	2.0	3.0	2.0	3.0	2.0	3.0	2.0

第9篇

续表

公称尺寸 DN	焊端外径（钢管外径）A	PN2.5		PN6		PN10		PN16		PN25		PN40	
		S	S_p	S	S_p	S	S_p	S	S_p	S	S_p	S	S_p
40	48.3	3.0	2.0	3.0	2.0	3.0	2.0	3.0	2.0	3.0	2.0	3.0	2.0
50	60.3	3.0	2.0	3.0	2.0	3.0	2.0	3.0	2.0	4.0	2.6	4.0	2.6
65	73.0	4.0	2.0	4.0	2.0	4.0	2.0	4.0	2.0	5.0	2.6	5.0	2.6
80	88.9	4.0	2.0	4.0	2.0	4.0	2.0	4.0	2.0	6.0	2.6	6.0	2.6
100	114.3	4.0	2.0	4.0	2.0	4.0	2.0	4.0	2.0	6.0	3.2	6.0	3.2
125	141.3	5.0	2.0	5.0	2.0	5.0	2.0	5.0	2.0	6.0	3.2	6.0	3.2
150	168.3	6.0	2.0	6.0	2.0	6.0	2.0	6.0	2.0	8.0	3.2	8.0	4.0
200	219.1	6.0	2.6	6.0	2.6	6.0	2.6	6.0	2.6	8.0	3.2	10.	5.0
250	273.0	8.0	3.2	8.0	3.2	8.0	3.2	8.0	3.2	10.0	5.0	12.0	6.3
300	323.9	8.0	3.2	8.0	3.2	8.0	3.2	10.0	4.0	10.0	6.3	12.0	8.0
350	355.6	8.0	3.2	8.0	3.2	8.0	3.2	10.0	4.0	12.0	6.3	14.0	8.0
400	406.4	8.0	3.2	8.0	3.2	8.0	3.2	12.0	5.0	14.0	8.0	16.0	10.0
450	457	8.0	3.6	8.0	3.6	8.0	3.6	12.0	5.0	15.0	8.0	—	—
500	508	8.0	4.0	8.0	4.0	8.0	4.0	12.0	6.3	16.0	10.0	—	—
600	610	8.0	5.0	8.0	5.0	10.0	5.0	12.0	8.0	18.0	10.0	—	—
700	711	8.0	5.0	8.0	5.0	10.0	6.3	14.0	8.0	20.0	14.2	—	—
800	813	10.0	6.3	10.0	6.3	12.0	6.3	16.0	10.0	20.0	14.2	—	—
900	914	10.0	6.3	10.0	6.3	12.0	8.0	18.0	10.0	—	—	—	—
100	1016	12.0	8.0	12.0	8.0	12.0	8.0	18.0	10.0	—	—	—	—
1200	1219	14.0	10.0	14.0	10.0	16.0	10.0	—	—	—	—	—	—

4）用PN标记的管端翻边板式松套法兰和翻边短节板式松套法兰对焊端类型见图9-3-32，对焊端的壁厚见表9-3-91。

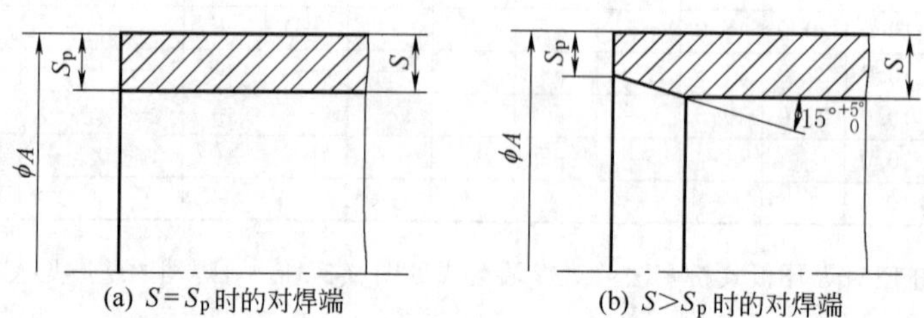

(a) $S=S_p$时的对焊端　　(b) $S>S_p$时的对焊端

图9-3-32　用PN标记的管端翻边板式松套法兰和翻边短节板式松套法兰对焊端类型

表9-3-91　用PN标记的管端翻边板式松套法兰和翻边短节板式松套法兰对焊端壁厚　mm

公称尺寸 DN	焊端外径（钢管外径）A	管端翻边板式松套法兰				翻边短节板式松套法兰			
		PN2.5~PN10		PN16		PN2.5~PN10		PN16	
		S	S_p	S	S_p	S	S_p	S	S_p
10	17.2	2.0	2.0	2.0	2.0	2.0	2.0	2.0	2.0
15	21.3	2.0	2.0	2.0	2.0	2.0	2.0	2.0	2.0
20	26.9	2.0	2.0	2.0	2.0	2.6	2.6	2.6	2.6
25	33.7	2.0	2.0	2.0	2.0	2.6	2.6	2.6	2.6
32	42.4	2.0	2.0	2.0	2.0	3.2	3.2	3.2	3.2
40	48.3	2.0	2.0	2.0	2.0	3.2	3.2	3.2	3.2
50	60.3	2.0	2.0	2.0	2.0	3.2	3.2	3.2	3.2
65	73.0	2.0	2.0	2.0	2.0	3.2	3.2	3.2	3.2
80	88.9	2.0	2.0	2.0	2.0	3.2	3.2	3.2	3.2
100	114.3	3.2	3.2	3.2	3.2	3.2	3.2	3.2	3.2
125	141.3	3.2	3.2	3.5	3.2	4.0	3.2	4.0	3.2
150	168.3	3.5	3.2	4.5	3.2	5.0	3.2	5.0	3.2

续表

公称尺寸DN	焊端外径(钢管外径)A	管端翻边板式松套法兰				翻边短节板式松套法兰			
		PN2.5~PN10		PN16		PN2.5~PN10		PN16	
		S	S_p	S	S_p	S	S_p	S	S_p
200	219.1	4.5	3.2	5.6	3.2	5.0	3.2	6.0	3.2
250	273.0	—	—	—	—	8.0	3.2	10.0	3.2
300	323.9	—	—	—	—	8.0	3.2	10.0	4
350	355.6	—	—	—	—	8.0	3.2	10.0	4
400	406.4	—	—	—	—	8.0	3.2	10.0	4
450	457	—	—	—	—	8.0	3.2	—	—
500	508	—	—	—	—	8.0	3.2	—	—

(2) 钢制管法兰和钢管的焊接接头及焊缝要求

1) 板式平焊法兰和平焊环板式松套法兰

板式平焊法兰及平焊环板式松套法兰与钢管的焊接连接应符合图 9-3-33 (a) 的规定。对于采用厚壁管的低压法兰，可以适当降低焊缝高度 f_1，但 f_1 不应小于钢管厚度 t。

2) 带颈平焊法兰

带颈平焊法兰与钢管的焊接连接应符合图 9-3-33 (b) 的规定。对于采用厚壁管的低压法兰，可以适当降低焊缝高度 f_1，但 f_1 不应小于钢管厚度 t。

3) 承插焊法兰

承插焊法兰与钢管的焊接连接应符合图 9-3-33 (c) 的规定。对于采用厚壁管的低压法兰，可以适当降低焊缝高度 f_1，但 f_1 不应小于钢管厚度 t。

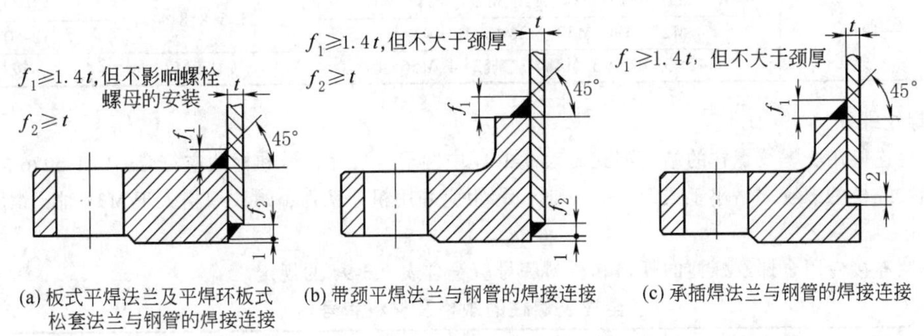

图 9-3-33 钢制管法兰和钢管的焊接接头及焊缝要求

5 钢制管法兰连接用紧固件（摘自 GB/T 9125.1—2020）

GB/T 9125《钢制管法兰连接用紧固件》分为两个部分：第 1 部分：PN 系列；第 2 部分：Class 系列。限于手册篇幅，本节只介绍 PN 系列。GB/T 9125 的第 1 部分规定了 PN 系列钢制管法兰连接用紧固件的结构形式、尺寸和公差、材料、制造和热处理、检验和验收、产品质量证明书、标记和标志、防护和包装的要求。本部分适用于 GB/T 9124.1—2019 中规定的钢制管法兰连接用紧固件（包括六角头螺栓、等长双头螺柱、全螺纹螺柱和螺母）。

5.1 紧固件的结构型式、尺寸和公差

(1) 六角头螺栓

1) 管法兰连接用六角头螺栓的类型和尺寸应符合 GB/T 5782—2016 的规定，尺寸代号和标注应符合 GB/T 5276—2015 的规定。

2）六角头螺栓的螺纹规格小于或等于 M33 时，螺距应采用粗牙系列；尺寸应符合 GB/T 5782—2016 的规定，螺纹规格大于 M33 时，螺距应采用细牙系列，尺寸应符合 GB/T 5785—2016 的规定；六角头螺栓的螺纹规格及性能等级应符合表 9-3-92 的规定。

表 9-3-92　　六角头螺栓的螺纹规格和性能等级

标准	螺纹规格	性能等级	
		碳钢或合金钢	不锈钢
GB/T 5782—2016	M10、M12、M14、M16、M20、M24、	5.6、8.8	A2-70、A4-70
	M27、M30、M33		A2-50、A4-50
GB/T 5785—2016	M36×3、M39×3	5.6、8.8	A2-50、A4-50
	M42×3、M45×3、M48×3、M52×4、M56×4	按协议	按协议

（2）等长双头螺柱

1）管法兰连接用等长双头螺柱的类型和尺寸应符合 GB/T 901—1988 的规定，尺寸代号和标注应符合 GB/T 5276—2015 的规定。

2）等长双头螺柱的螺纹规格小于或等于 M33 时，螺距应采用粗牙系列；螺纹规格大于 M33 时，螺距应采用细牙系列，尺寸应符合 GB/T 901—1988 的规定；螺纹规格为 M45×3 时，有效螺纹长度 b 为 102mm；螺纹规格为 M52×4 时，有效螺纹长度 b 为 116mm。

3）管法兰连接用等长双头螺柱的螺纹规格及性能等级及常用材料牌号应符合表 9-3-93 的规定。

表 9-3-93　　等长双头螺柱的螺纹规格和性能等级及材料牌号

标准	螺纹规格	性能等级	
		碳钢或合金钢	不锈钢
GB/T 901—1988	M10、M12、M14、M16、M20、M24、	5.6、8.8	A2-70、A4-70
	M27、M30、M33、M36×3、M39×3		A2-50、A4-50
	M42×3、M45×3、M48×3、M52×4、M56×4	按协议	按协议

（3）全螺纹螺柱

1）管法兰连接用全螺纹螺柱的结构型式见表 9-3-94 中图形，尺寸代号和标注应符合 GB/T 5276 的规定。

2）全螺纹螺柱的螺纹规格小于或等于 M33 时，螺距应采用粗牙系列；螺纹规格大于 M33 时，螺距应采用细牙系列。

3）管法兰连接专用全螺纹螺柱的规格和材料牌号应符合表 9-3-94 的规定。

表 9-3-94　　全螺纹螺柱的规格及材料牌号

螺纹规格	材料牌号
M10、M12、M14、M16、M20、M24、M27、M30、M33、M36×3、M39×3、M42×3、M45×3、M48×3、M52×4、M56×4	Q235A、35、40MnB、40MnVB、40Cr、30CrMoA、35CrMoA、42CrMoA、35CrMoVA、25Cr2MoVA、40CrNiMoA、12Cr5Mo、20Cr13、06Cr19Ni10、06Cr18Ni11Ti

（4）六角螺母

1）六角螺母的结构型式见图 9-3-34，六角螺母的尺寸应符合表 9-3-95 的规定。

2）六角螺母的规格、性能等级和材料牌号应符合表 9-3-96 的规定。

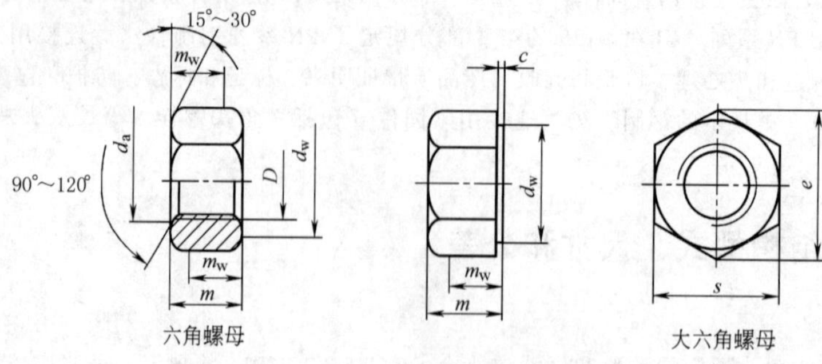

图 9-3-34　六角螺母及大六角螺母

表 9-3-95 管法兰用六角螺母尺寸（摘自 GB /T 6170—2015，GB/T 6175—2016） mm

D			M10	M12	M14	M16	M20	M24	M27	M30
P^{a}			1.5	1.75	2	2	2.5	3	3	3.5
d_a	max		10.80	13.00	15.10	17.30	21.60	25.90	29.10	32.40
	min		10.0	12.00	14.00	16.00	20.00	24.00	27.00	30.00
d_w min			14.60	16.60	19.60	22.5	27.70	33.30	38.00	42.80
e min			17.77	20.03	23.36	26.75	32.95	39.55	45.20	50.85
m	1 型	max	8.40	10.8	12.80	14.8	18.00	21.50	23.80	25.60
		min	8.04	10.37	12.10	14.10	16.90	20.20	22.50	24.30
	2 型	max	9.30	12.00	14.10	16.40	19.4	23.90	26.70	28.60
		min	8.94	11.57	13.40	15.70	20.30	22.60	25.40	27.30
m_w	1 型	min	6.40	8.30	9.70	11.30	13.50	16.20	18.00	19.40
	2 型	min	7.15	9.25	10.70	12.60	15.20	18.10	20.32	21.80
s	max		16.00	18.00	21.00	24.00	30.00	36.00	41.00	46.00
	min		15.73	17.73	20.67	23.67	29.16	35.00	40.00	45.00
D			M33	M36	M39	M42	M45	M48	M52	M56
P^{a}			3.5	3	3	3	3	3	4	4
d_a	max		35.60	38.90	42.10	45.40	48.60	51.80	56.20	60.50
	min		33.00	36.00	39.00	42.00	45.00	48.00	52.00	56.00
d_w min			46.60	51.10	55.90	60.00	64.70	69.50	74.20	78.70
e min			55.37	60.79	66.44	71.30	76.95	82.60	88.25	93.56
m	1 型	max	28.70	31.00	33.40	34.00	36.00	38.00	42.00	45.00
		min	27.40	29.40	31.80	32.40	34.40	36.40	40.40	43.40
	2 型	max	32.50	34.70	39.50	42.50	45.50	48.50	52.50	56.50
		min	30.90	33.10	37.90	40.90	43.90	46.90	50.60	54.60
m_w	1 型	min	21.90	23.50	25.40	25.90	27.50	29.10	32.30	34.70
	2 型	min	24.72	26.48	30.32	32.72	35.12	37.52	40.48	43.68
s	max		50.00	55.00	60.00	65.00	70.00	75.00	80.00	85.00
	min		49.00	53.80	58.80	63.10	68.10	73.10	78.10	82.80

注：1 型是 1 型六角螺母（GB/T 6170—2015），2 型是 2 型六角螺母（GB/T 6175—2016）。

表 9-3-96 六角螺母的规格、性能等级和材料牌号

型式	螺纹规格	性能等级		材料牌号
		碳钢或合金钢	不锈钢	
1 型六角螺母	M10、M12、M14、M16、M20、M24	6、8	A2-70、A4-70	—
	M27、M30、M33、M36×3、M39×3		A2-50、A4-50	
	M42×3、M45×3、M48×3、M52×3、M56×4	按协议	按协议	
2 型六角螺母	M12、M14、M16、M20、M24、M27、M30、M33、M36×3、M39×3、M42×3、M45×3、M48×3、M52×4、M56×4	—		Q235A、25、35、40MnB、35CrMoA、35CrMoVA、25Cr2MoVA、40CrNiMoA 12Cr5Mo、20Cr13、06Cr19Ni10、06Cr17Ni12Mo2、06Cr18Ni11Ti

5.2 紧固件材料及力学性能

一般规定

1）紧固件原材料应有质量证明书，并应进行化学成分分析，对于同一钢号、同一冶炼炉号、同一断面尺寸、同一热处理条件的紧固件原材料的抽检数量应为每批 1%，且不应少于 1 件。

2）经热处理或应变硬化后的毛坯应进行力学性能分析，并应符合下列规定：

a）同一钢号、同一冶炼炉号、同一断面尺寸、同一热处理条件和同期制造的毛坯组成一批，抽检数量应为每批 1%，且不应少于 1 件。

b）试样的取样方向应为纵向。毛坯直径小于或等于 40mm 时，试样的纵轴应位于毛坯的中心；毛坯直径大于 40mm 时，试样的纵轴应位于毛坯半径的 1/2 处。

c）全螺纹螺柱用毛坯每件取一个拉伸试样。拉伸试验应符合 GB/T 228.1—2021 的规定。拉伸试验结果应符合表 9-3-134 的规定。

d）拉伸试验结果不合格时，应从同一毛坯中再取 2 个拉伸试样进行复检，测定全部 3 项性能。试验结果若有一项不合格，则该批毛坯判为不合格。

e）判为不合格的整批毛坯应重新进行热处理，再按上述程序重新进行试验。

3）使用温度低于或等于-20℃的紧固件材料，应进行低温夏比冲击试验，冲击试验的要求应符合相关标准的规定。

4）全螺纹螺柱和 2 型螺母的毛坯应按批进行硬度试验，每批抽取不应少于 3 件。

5）六角头螺栓、等长双头螺柱的材料和力学性能应符合 GB/T 3098.1—2010 或 GB/T 3098.6—2023 的规定。

6）全螺纹螺柱的材料和力学性能应符合表 9-3-97 的规定。

表 9-3-97　　全螺纹螺柱的材料和力学性能（摘自 GB/T 9125.1—2020）

材料			力学性能				硬度 HBW
统一数字代号	材料牌号	标准	规格	R_m	$R_{el}(R_{p0.2})$	A	
				MPa		%	
U12352	Q235A	GB/T 700	≤M20	≥375	≥235	≥26	—
U20352	35	GB/T 699	≤M20	≥530	≥315	≥20	234～285
			M24～M27	≥510	≥295		
A71402	40MnB	GB/T 3077	≤M22	≥805	≥685	≥14	≤207
			M24～M36	≥765	≥635		
A71402	40MnVB	GB/T 3077	≤M22	≥835	≥735	≥13	≤207
			M24～M36	≥805	≥685		
A20402	40Cr	GB/T 3077	≤M22	≥805	≥685	≥14	≤207
			M24～M36	≥765	≥635		
A30302	30CrMoA	GB/T 3077	≤M22	≥835	≥735	≥16	234～285
			M24～M56	≥660	≥500		
A30352	35CrMoA	GB/T 3077	≤M22	≥835	≥735	≥14	269～321
			M24～M56	≥805	≥685		234～285
A30422	42CrMo	GB/T 3077	≤M56	≥860	≥720	≥16	255～321
A31352	35CrMoVA	GB/T 3077	M52～M56	≥835	≥735	≥13	269～321
A31252	25Cr2MoVA	GB/T 3077	≤M48	≥835	≥735	≥14	269～321
			M52～M56	≥805	≥685		245～277
A50402	40CrNiMoA	GB/T 3077	M52～M56	≥930	≥825	≥13	≤269
S45110	12Cr5Mo	GB/T 1221	≤M48	≥590	≥390	≥18	—
S42020	20Cr13	GB/T 1220	≤M27	≥640	≥440	≥20	—
S30408	06Cr19Ni10	GB/T 1220	≤M48	≥520	≥205	≥40	≤187
S31608	06Cr17Ni12Mo2	GB/T 1220	≤M48	≥520	≥205	≥40	≤187
S32168	06Cr18Ni11Ti	GB/T 1220	≤M48	≥520	≥205	≥40	≤187

7）1 型螺母的材料和力学性能应符合 GB/T 3098.2—2015 或 GB/T 3098.15—2023 的规定。

8）2 型螺母的材料及硬度应符合表 9-3-98 的规定。

表 9-3-98　　2 型螺母的材料和硬度（摘自 GB/T 9125.1—2020）

螺母材料			规格	硬度 HBW
统一数字代号	材料牌号	标准		
U12352	Q235A	GB/T 700	≤M20	—
U20252	25	GB/T 699	M10～M27	—
U20352	35	GB/T 699	M10～M27	234～285
U21402	40Mn	GB/T 699	M10～M36	≤229
A30302	30CrMoA	GB/T 3077	M10～M56	234～321
A30352	35CrMoA	GB/T 3077	M10～M56	234～321

续表

螺母材料			规格	硬度 HBW
统一数字代号	材料牌号	标准		
A31352	35CrMoVA	GB/T 3077	M10~M56	269~321
A31252	25Cr2MoVA	GB/T 3077	M10~M56	234~321
A50402	40CrNiMoA	GB/T 3077	M10~M56	≤269
S45110	12Cr5Mo	GB/T 1221	M10~M48	—
S42020	20Cr13	GB/T 1220	M10~M27	—
S30408	06Cr19Ni10	GB/T 1220	M10~M48	≤187
S31608	06Cr17Ni12Mo2	GB/T 1220	M10~M48	≤187
S32168	06Cr18Ni11Ti	GB/T 1220	M10~M48	≤187

5.3 紧固件的热处理

1）六角头螺栓或等长双头螺柱的热处理应符合 GB/T 3098.1—2010 或 GB/T 3098.6—2023 的规定。

2）全螺纹螺柱的热处理应符合表 9-3-99 的规定。

3）1 型螺母的热处理应符合 GB/T 3098.2—2015 或 GB/T 3098.15—2023 的规定。

4）2 型螺母的热处理应符合表 9-3-100 的规定。

表 9-3-99　全螺纹螺柱的热处理

统一数字代号	材料牌号	标准号	热处理工艺	备注
U12352	Q235A	GB/T 700	热轧	—
U20352	35	GB/T 699	正火	—
A71402	40MnB	GB/T 3077	调质	回火温度≥550℃
A71402	40MnVB	GB/T 3077	调质	回火温度≥550℃
A20402	40Cr	GB/T 3077	调质	回火温度≥550℃
A30302	30CrMoA	GB/T 3077	调质	回火温度≥600℃
A30352	35CrMoA	GB/T 3077	调质	回火温度≥560℃
A30422	42CrMo	GB/T 3077	调质	回火温度≥580℃
A31352	35CrMoVA	GB/T 3077	调质	回火温度≥600℃
A31252	25Cr2MoVA	GB/T 3077	调质	回火温度≥620℃
A50402	40CrNiMoA	GB/T 3077	调质	回火温度≥520℃
S45110	12Cr5Mo	GB/T 1221	调质	回火温度≥650℃
S42020	20Cr13	GB/T 1220	调质	—
S30408	06Cr19Ni10	GB/T 1220	固溶	—
S31608	06Cr17Ni12Mo2	GB/T 1220	固溶	—
S32168	06Cr18Ni11Ti	GB/T 1220	固溶	—

表 9-3-100　2 型螺母的热处理

统一数字代号	材料牌号	标准号	热处理工艺	备注
U12352	Q235A	GB/T 700	热轧	—
U20252	25	GB/T 699	正火	—
U20352	35	GB/T 699	正火	—
U21402	40MnB	GB/T 699	正火	—
A30302	30CrMoA	GB/T 3077	调质	回火温度≥600℃
A30352	35CrMoA	GB/T 3077	调质	回火温度≥560℃
A31352	35CrMoVA	GB/T 3077	调质	回火温度≥600℃
A31252	25Cr2MoVA	GB/T 3077	调质	回火温度≥620℃
A50402	40CrNiMoA	GB/T 3077	调质	回火温度≥520℃
S45110	12Cr5Mo	GB/T 1221	调质	回火温度≥650℃
S42020	20Cr13	GB/T 1220	调质	—
S30408	06Cr19Ni10	GB/T 1220	固溶	—
S31608	06Cr17Ni12Mo2	GB/T 1220	固溶	—
S32168	06Cr18Ni11Ti	GB/T 1220	固溶	—

5.4 标记

（1）标记规则

紧固件的标记应符合下列规定。

产品名称	GB/T 9125.1	螺纹规格和公称长度	材料牌号或性能等级	螺母标记形式代号

（2）标记示例

示例1：螺纹规格为M20、公称长度为100mm、性能等级为8.8级的六角头螺栓的标记

六角头螺栓　GB/T 9125.1　M20×100　8.8

示例2：螺纹规格为M16、公称长度为100mm、材料牌号为35CrMoA的全螺纹螺柱的标记：

全螺纹螺柱　GB/T 9125.1　M16×100　35CrMoA

示例3：螺纹规格为M36×3、公称长度为200mm、性能等级为A2-50的等长双头螺柱的标记：

等长双头螺柱　GB/T 9125.1　M36×3×200　A2-50

示例4：螺纹规格为M20、性能等级为8级的1型六角螺母的标记：

螺母　GB/T 9125.1　M20 8 1型

示例5：螺纹规格为M56×4，材料牌号为35CrMoA的2型六角螺母的标记：

螺母　GB/T 9125.1　M56×4　35CrMoA 2型

说明：虽然1型六角螺母的尺寸和GB/T 6170—2015的规定一致、2型六角螺母的尺寸和GB/T 6175—2016相同，但在法兰连接应用条件下，应执行《钢制管法兰连接用紧固件》GB/T 9125.1—2020标准。

5.5 紧固件长度计算方法（摘自GB/T 9125.1—2020）

1）对焊钢制管法兰、板式平焊钢制管法兰、带颈平焊钢制管法兰、带颈承插焊钢制管法兰或带颈螺纹钢制管法兰用紧固件长度的计算宜符合下列规定。

① 法兰面密封型式为平面或突面时，六角头螺栓的长度计算可按式（9-3-1）计算，螺柱的长度可按式（9-3-2）计算。

$$l=2(C+C')+m+z+l'+T \tag{9-3-1}$$

$$l_f=2(C+C')+2m+2z+l_f'+T \tag{9-3-2}$$

② 法兰面密封的型式为凹凸面或榫槽面时，六角头螺栓的长度计算可按式（9-3-3）计算，螺柱的长度可按式（9-3-4）计算。

$$l=2(C+C')-f_3+m+z+l'+T \tag{9-3-3}$$

$$l_f=2(C+C')-f_3+2m+2z+l_f'+T \tag{9-3-4}$$

③ 法兰面密封的型式为环连接面时，螺柱的长度可按式（9-3-5）计算。

$$l_f=2(C+C'+E)+S+2m+2z+l_f' \tag{9-3-5}$$

2）松套钢制管法兰用紧固件长度的计算宜符合下列规定

① 法兰面密封的型式为突面时，六角头螺栓的长度计算可按式（9-3-6）计算，螺柱的长度可按式（9-3-7）计算。

$$l=2(C+C'+F+F')+m+z+l'+T \tag{9-3-6}$$

$$l_f=2(C+C'+F+F')+2m+2z+l_f'+T \tag{9-3-7}$$

② 法兰面密封的型式为凹凸面或榫槽面时，六角头螺栓的长度计算可按式（9-3-8）计算，螺柱的长度可按式（9-3-9）计算。

$$l=2(C+C'+F+F')-f_3+m+z+l'+T \tag{9-3-8}$$

$$l_f=2(C+C'+F+F')-f_3+2m+2z+l_f'+T \tag{9-3-9}$$

式中　l——六角头螺栓的长度，mm；

l_f——螺柱的长度，mm；

C——法兰厚度，数值按相应的法兰标准确定，mm；

C'——法兰厚度偏差，数值按相应的法兰标准确定，mm；

m——螺母最大厚度，mm；

z——紧固件倒角端长度，mm；

l'——螺栓的长度偏差，mm；

l_f'——螺柱的长度偏差，mm；

T——垫片厚度，mm；

f_3——凹面或槽面的深度，mm；

E——环连接面法兰凸台的高度，mm；

S——两环连接面法兰间的距离，mm；

F——环板的厚度，mm；

F'——环板厚度偏差，mm。

3）有关计算参数的选取

① 法兰的厚度和厚度偏差、环板的厚度和厚度偏差应根据 GB/T 9124. 1—2019 的规定选取。

② 凹面或槽面的深度或环连接面法兰凸台的高度应根据 GB/T 9124. 1—2019 的规定选取。

③ 两片环连接面法兰间的近似距离按表 9-3-101 的规定选取。

表 9-3-101　用 PN 标记的环连接面法兰间的近似距离　mm

公称尺寸	环连接面法兰间的近似距离 S					
	PN63	PN100	PN160	PN250	PN320	PN400
15	5	5	5	5	5	5
20	5	5	5	5	5	5
25	5	5	5	5	5	5
32	5	5	5	5	5	5
40	5	5	5	5	5	5
50	7	7	7	7	7	7
65	7	7	7	7	7	7
80	7	7	7	7	7	7
100	7	7	7	7	7	7
125	7	7	7	7	7	7
150	7	7	9	9	9	9
200	7	7	8	8	8	8
250	7	7	8	8	8	—
300	7	7	9	—	—	—
350	7	8	—	—	—	—
400	7	—	—	—	—	—

注：小于 PN63 的系列原标准没有法兰间近似距离的数据。

④ 紧固件倒角端长度按表 9-3-102 选取。

表 9-3-102　螺母倒角端长度　mm

螺纹规格	M10	M12	M14	M16	M20	M24	M27	M30	M33	M36×3	M39×3	M42×3	M45×3	M48×3	M52×4	M56×4
z	1. 5	1. 75	2	2	2. 5	3	3	3. 5	3. 5	4. 0	4. 5	5. 0	5. 0	5. 0	5. 0	—

⑤ 六角头螺栓或螺柱的长度偏差可按表 9-3-103 选取。

表 9-3-103　长度偏差　mm

六角头螺栓或螺柱的长度 l/l_f	长度偏差 l'/l_f'	六角头螺栓或螺柱的长度 l/l_f	长度偏差 l'/l_f'
$30<l\leqslant50$	±0. 5	$250<l\leqslant315$	±2. 6
$50<l\leqslant80$	±0. 6	$315<l\leqslant400$	±2. 85
$80<l\leqslant120$	±0. 7	$400<l\leqslant500$	±3. 15
$120<l\leqslant150$	±0. 8	$500<l\leqslant630$	±3. 5
$150<l\leqslant180$	±2	$630<l\leqslant800$	±4
$180<l\leqslant250$	±2. 3	—	—

6　管法兰连接用垫片

管法兰连接用垫片如管法兰用非金属平垫片（GB/T 9126—2008）、管法兰缠绕式垫片 第 1 部分：PN 系列（GB/T 4622. 1—2022）、管法兰用缠绕式垫片 第 2 部分：Class 系列（GB/T 4622. 2—2022）、管法兰缠绕式垫技术条件（GB/T 4622. 3—2008）、管法兰用金属环垫片（GB/T 9128—2003）、管法兰用金属包覆垫片（GB/T 15601—2013）等，见本手册第 11 篇。

7 波 纹 管

波纹管是一类应用广泛的产品，不同行业、不同工况对波纹管的性能和指标要求不同，常见的波纹管和波纹管制品国家标准列表于表 9-3-104。

表 9-3-104　　波纹管和波纹制品常用国家标准

序号	国标号	国标名称	适应范围
1	JB/T 6169—2006	金属波纹管	规定了金属环形波纹管的分类原则、系列划分原则和使用性能的基本要求及试验方法。适用于在仪器仪表及传感器中使用的波纹管(敏感类波纹管);也适用于各类补偿器中使用的波纹管、密封隔离器件、弹性支承器件、减振器以及挠性连接器中使用的波纹管(通用类波纹管)
2	GB/T 12777—2019	金属波纹管膨胀节通用技术条件	规定了金属波纹管膨胀节的术语和定义、分类和标记、材料、尺寸和偏差、设计、制造、检验和试验 、检验规则、标志、包装、运输和储存、选型、安装使用要求和安全建议 适应于安装在管道中其挠性元件为金属波纹管膨胀节的设计、制造、检验、选型、安装使用
3	GB/T 35990—2018	压力管道用金属波纹管膨胀节	规定了压力管道用金属波纹管膨胀节的术语和定义,资格与职责、分类、典型应用、材料、设计、制造、要求、试验方法检验规则,以及标志、包装、运输和储存 适用于压力管道用整体成型的波纹管金属波纹管膨胀节
4	GB/T 35979—2018	金属波纹管膨胀节选用、安装、使用、维护技术规范	规定了金属波纹管膨胀节的典型应用、运输、储存、安装、使用维护、安装有金属波纹管膨胀节的管路系统的修改或变更事项和确认 适用于安装有金属波纹管膨胀节的各种管道系统
5	GB/T 28713.2—2012	管壳式热交换器用强化传热元件 第 2 部分:不锈钢波纹管	规定了管壳式热交换器用奥氏体不锈钢波纹管的基本参数及技术要求 适用于公称压力不大于 4.0MPa,工作温度高于-20℃、低于 450℃,工作介质适合奥氏体不锈钢的场合
6	GB/T 34567—2017	冷弯波纹钢管	规定了冷弯波纹钢管和冷弯波纹钢板件的术语、定义和符号、材料、分类、型号、连接方式及表示方法、规格及尺寸允许偏差、技术要求、试验方法、检验规则、标志、质量证明书及运输等 适用于市政管网、桥涵、隧道、塔基桩基、水利设施、仓储、军用设施等工程用冷弯波纹钢管和冷弯波纹钢板件
7	GB/T 14525—2010	波纹金属软管通用技术条件	规定了波纹金属软管的术语和定义、分类、要求、检验方法、检验规则、标志、包装、运输和储存等 适用于管道系统中为补偿位移和安装偏差、吸收振动及降低噪声所采用的波纹金属软管
8	GB/T 15700—2008	聚四氟乙烯波纹补偿器	规定了聚四氟乙烯波纹补偿器的分类与标记、材料、要求、试验方法、检验规则及标志、包装、运输和储存 适用于安装在管道或设备中用于补偿管道与设备的热位移及吸振降噪而采用的耐腐蚀的聚四氟乙烯波纹补偿器
9	GB/T 41317—2022	燃气用具连接用不锈钢波纹软管	规定了使用 GB/T 13611 规定的城镇燃气的燃气用具连接用不锈钢波纹软管的分类、规格和型号、要求、试验方法、检验规则及标志、包装、运输和储存 用于公称直径不大于 DN32,最大工作压力 0.01MPa,与燃气燃烧器具或燃气设备相连接的不锈钢波纹软管
10	GB/T 41486—2022	生活饮用水管道用波纹金属软管	规定了生活饮用水管道用波纹软管的术语和定义、产品结构和规格、要求、检验方法、检验规则、标志、包装、运输、储存和安装 适用于生活饮用水管道系统中为补偿位移、安装偏差、地面沉降、吸收振动及降低噪声所采用的波纹金属软管,其公称尺寸范围为 DN50~DN400,工作温度不大于 80℃,设计压力不大于 1.6MPa。公称尺寸小于 DN50 及其他工况的生活饮用水管道可以参照执行
11	GB/T 26002—2010	燃气输送用不锈钢波纹软管及管件	规定了燃气输送用不锈钢波纹软管及管件的产品分类和型号、要求、试验方法、检验规则及标志、包装、运输和储存。适用于公称直径 DN10~DN50,公称压力不大于 0.2MPa 的软管及管件

续表

序号	国标号	国标名称	适应范围
12	GB/T 18615—2002	波纹金属软管用非合金钢和不锈钢接头	规定了管道工程常用的波纹金属软管用非合金钢和不锈钢接头的型式、尺寸和技术要求 适用于多种用途,当使用其他型式的接头时,其型式、尺寸和技术要求应由用户和制造商协商确定
13	GB/T 18616—2002	爆炸性环境保护电缆用的波纹金属软管	规定了在爆炸或有火灾危险的环境中,作为电线电缆保护管用波纹金属软管的材料、制造、尺寸、性能、检验与试验、供货技术条件及标记。这种软管可用作静态保护管,也允许在电缆不常移动、偶尔移动或每周移动少于一次的场合下用作保护管
14	GB/T 30092—2013	高压组合电器用金属波纹管补偿器	规定了高压组合电器用金属波纹管补偿器的产品分类、要求、试验方法、检验规则及标注、包装和储存 适用于高压组合电器用金属波纹管补偿器
15	GB/T 19472. 1—2019	埋地用聚乙烯(PE)结构壁管道系统第 1 部分:聚乙烯双壁波纹管材	规定了埋地用聚乙烯(PE)双壁波纹管材的术语和定义、符号和缩略语、材料、产品分类与标记、管材结构与连接方式、要求、试验方法、检验规则和标志、运输、储存 适用于长期使用温度在 45℃ 以下的埋地排水、排污和通信护套管用管材。在对材料的耐化学性和耐温性评价后也可用于埋地工业排水排污管材
16	GB/T 19647—2005	农田排水用塑料单壁波纹管	规定了农田排水用塑料单壁波纹管的产品规格、材料、技术要求、试验方法、检验规则、标志、运输和储存 适用于经挤出、吹塑、成波、定型打孔或不打孔而成的单壁波纹管
17	JG/T 225—2020	预应力混凝土用金属波纹管	规定了预应力混凝土用金属波纹管的分类与标记、要求、试验方法等 适用于以镀锌或非镀锌低碳钢带螺旋折叠咬口制成,表面呈波纹轮廓,用于后张法预应力混凝土结构或构件中预留孔道的金属管
18	JB/T 10507—2005	阀门用金属波纹管	规定了阀门用金属波纹管及其组件的术语和定义、分类与标记、试验方法、检验规则等 适用于截止阀、闸阀用波纹管及其组件,只适用于阀门用金属波纹管
19	JB/T 11620—2013	核级阀门用金属波纹管	规定了核级阀门用金属波纹管及其组件的术语和定义、分类与标记、试验方法,检验规则等 适用于核级截止阀、闸阀用波纹管及其组件,不适用于非金属或用低熔点材料制造的波纹管
20	JB/T 6171—2013	多层金属波纹管膨胀节	规定了多层金属波纹管膨胀节的术语和定义、产品分类、要求、标记、试验方法,检验规则等 适用于多层金属波纹管膨胀节
21	JT/T 529—2004	预应力混凝土桥梁用塑料波纹管	规定了预应力混凝土桥梁用塑料波纹管产品的分类、技术要求、标志、试验方法,检验规则等 适用于以高密度聚乙烯树脂(HDPE)或聚丙烯为主要原料,经热熔挤出成型的预应力混凝土桥梁用塑料波纹管
22	NB/T 20416—2017	压水堆核电厂核级金属波纹管膨胀节设计制造规范	规定了压水堆核电厂核级金属波纹管膨胀节的设计、制造、检验及包装运输和储存等要求 适用于压水堆核电厂核级管道、机械贯穿件用金属波纹管膨胀节
23	TB/T 2726—2008	机车、动车用柴油机进排气波纹管组件	规定了机车、动车用柴油机进排气波纹管组件的术语、产品分类、技术要求、试验方法及检验规则等要求 适用于机车、动车用柴油机进排气波纹管组件的设计、制造和验收

7.1 波纹管的定义

波纹管的定义比较混乱，不同的标准和行业有不同的定义，目前比较统一的定义有如下几种：

① 母线呈波纹状的管状壳体（GB/T 14525—2010），根据波纹的不同，波纹管又分为螺旋波纹管和环形波纹管。波纹呈螺旋状的波纹管称为螺旋波纹管，波纹呈闭合圆环状的波纹管称为环形波纹管。见图 9-3-35。

② GB/T 12777—2019 对圆形波纹管的定义是：膨胀节中有一个或多个圆形波纹及端部直边段组成的圆形挠性元件。

③ GB/T 35990—2018 对波纹管的定义是：由一个或多个波纹和直边段构成的柔性元件。

波纹管是具有多个横向波纹的圆柱形薄壁折皱壳体。

波纹管是一种压力弹性元件，其形状是一个具有波纹的金属薄管。工作时，一般将开口端固定，内壁在承受压力、轴向力、横向力或弯矩的作用后，封闭的自由端将产生轴向伸长、缩短或弯曲。波纹管具有很高的灵敏度和多种使用功能，广泛应用于精密机械与仪器仪表中。

④《冷弯波纹钢管》GB/T 34567—2017 中还定义了螺旋波纹钢管、环形波纹钢管、拼装波纹钢管。

螺旋波纹钢管：钢带经轧波及螺旋锁缝咬合制成的，具有完整截面的钢管。

环形波纹钢管：钢板或者钢带经焊接后冷弯加工制成环形波纹，具有圆形截面的钢管。

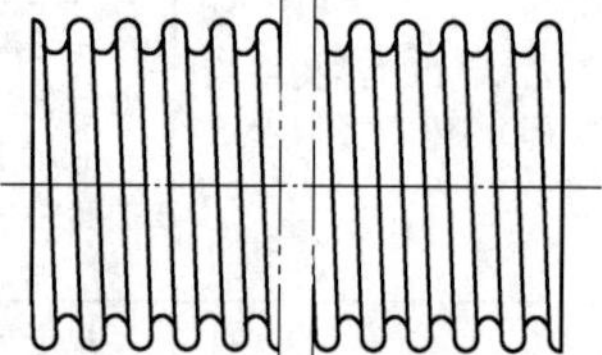
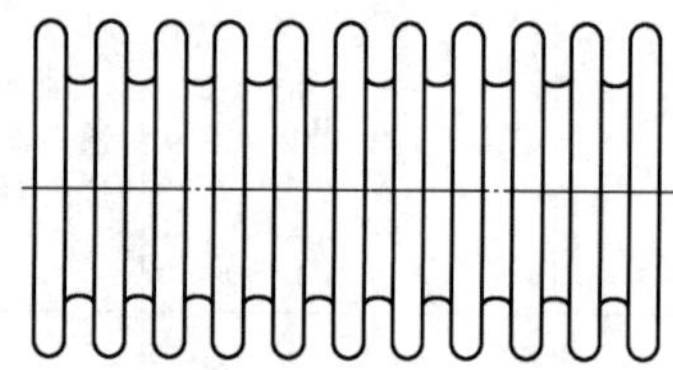

图 9-3-35　螺旋形和环形波纹管

拼装波纹钢管：由波纹钢板件通过高强螺栓拼接成不同截面（闭合或不闭合）的钢管。

7.2 波纹管的类型、用途及加工方法（摘自 GB/T 14525—2010）

7.2.1 波纹管的种类和用途

随着技术的进步，波纹管的种类用途和加工方法越来越多，一般可以按表 9-3-105 进行分类。

表 9-3-105　　波纹管分类

分类依据	分类描述	分类结果
用途	利用其弹性和恢复功能使用的波纹管	各种波纹管传感器
	缓冲各种变形和热胀冷缩及降噪减振作用的波纹管	各种膨胀节
	具有抗腐蚀性，能缓冲各种变形及具有一定的抗爆性能	作为保护电缆用的波纹软管
	具有不定长度、易于加工接头且具有一定承压能力，有抗弯曲、延伸功能，减振减噪等	生活饮用水输送用波纹管；城市煤气、液化天然气输送波纹管 各种卫生洁具用波纹软管
	抗变形、施工方便，可以施加预应力而作为结构用的波纹管	波纹金属管、桥涵用波纹钢板件
	施工方便、具有延展性	城市和工业排水、农业灌溉用水管、电线电缆埋地保护管
材料	生活用水、保护防护、传感器、工程	不锈钢、塑料、铜、冷轧钢板（镀锌）、锡青铜、铍青铜等
波纹分布形式	波纹沿轴线的分布	环形波纹管、螺旋波纹管
波纹的形式	单个波纹的截面形式	U 形、Ω 形、C 形、V 形、阶梯形、矩形
管坯类型	无缝管还是拼焊管（波纹板拼接）	无缝波纹管、拼焊波纹管、拼接波纹管

无缝波纹管如图 9-3-36 所示，按截面形状可分为 U 形、C 形、Ω 形、V 形和阶梯形。U 形、C 形波纹管在液压成形后一般不需要经过整形或稍加整形后即可使用，其刚度大，灵敏度低，非线性误差大，故多用作隔离元件或挠性接头；Ω 形多用不锈钢材料制造；V 形波纹节距小，波数多，在获得同样位移的情况下，所占体积小，故

常用作体积补偿元件；阶梯形制造复杂，应用较少。

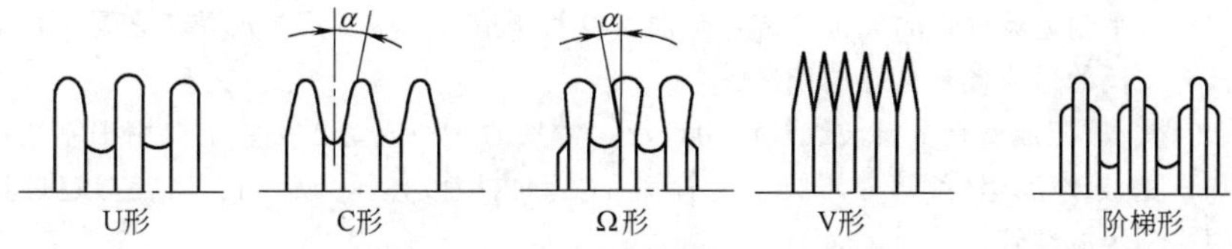

图 9-3-36　无缝波纹管的截面形状

无缝波纹管多采用液压成形方法制造，少数采用电沉积和化学沉积方法制造。后两种方法制造的波纹管一般尺寸较小，刚度较小。

焊接波纹管是用板材膜片冲压成形，然后沿其内外轮廓焊接而成的。焊接波纹管的膜片可以有很多种结构形式，如图 9-3-37 所示。

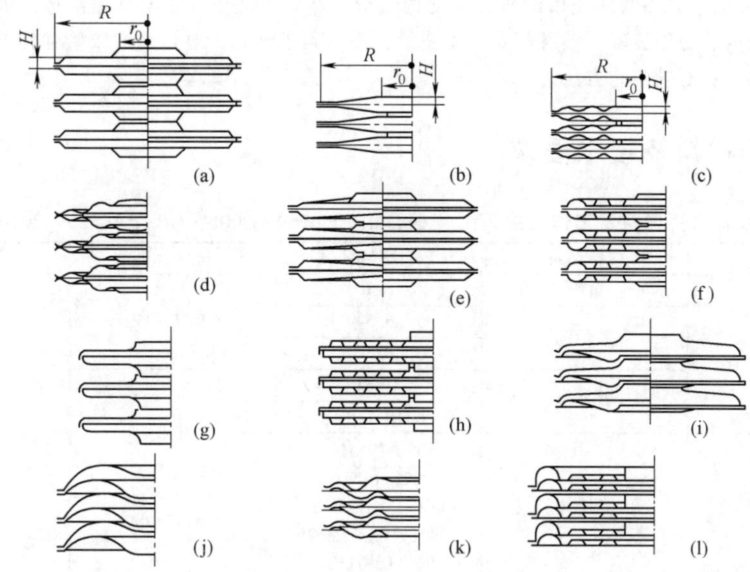

图 9-3-37　焊接波纹管的类型

焊接波纹管可以分为两大类：对称截面波纹管［图 9-3-37（a）~（h）］和重叠波纹管［图 9-3-37（i）~（l）］。

焊接波纹管主要有下列用途：

① 作为压力敏感元件。例如在压力式温度变送中作敏感元件，在气动遥控测量机构中作测量元件。

② 作为补偿元件，利用波纹管的体积可变性，补偿仪器的温度误差。例如在浮子陀螺仪中作液体热膨胀补偿器。

③ 作密封、隔离元件。例如在远距离压力计中作隔离元件，或作支承的隔离密封。

7.2.2　波纹管加工方法

波纹管加工方式分为两大类：一类是先加工出管坯（基管），在管坯（基管）上加工出波纹形成波纹管；另一类是先用板材做成波纹状基础，再用焊接或拼接工艺做成波纹管，用于制作各种传感传导功能的波纹管，都是采用焊接工艺；对于用在市政管网、桥涵、隧道、塔基桩基、水利设施、仓储、军用设施等工程用冷弯波纹钢管和冷弯波纹钢板件，则可以用焊接也可以用紧固件拼接。

管坯可以是无缝金属管，也可以是带纵焊缝的焊接管，但不可以有环焊缝。根据直径不同，管坯允许有多条纵焊缝，但两条相邻焊缝的间距应大于 200mm。表 9-3-106 是管坯允许的纵焊缝条数。管坯纵焊缝可以采用自动氩弧焊（TIG）、等离子焊、激光焊或电子束焊。焊缝表面一般呈银白色、金黄色，也可呈浅蓝色。管坯纵焊缝的凹陷及余高不应超过壁厚的 10%。

表 9-3-106　　　　波纹管坯纵焊缝允许条数

公称直径 DN/mm	≤250	>250~600	>600~1200	>1200~1800	>1800~2400	>2400~3000	>3000~4000
焊缝数	0~1	≤2	≤4	≤6	≤8	≤10	≤13

焊好管坯后，波纹管可以采用液压成型、聚氨酯成型（橡胶成型）、旋压成型或机械成型等加工方法等加工成型。其中，波纹成型是制造波纹管的关键工艺，金属波纹管制造行业中常用的成熟工艺是液压成型和机械成型两种工艺，它们具有广泛的适应性和良好的工艺性。

1）液压成型工艺：液压成型是金属波纹管应用广泛、常见的一种成型方法。主要用来制造环形波纹管，可成型壁厚 0.08~4mm 的波纹管。波纹管液压成型是管坯在受到内壁液体压力作用，当应力超过材料的屈服强度后，在专用模具内成型为波纹管。

2）机械成型工艺：波纹管的机械成型包括旋压成型、滚压成型和机械膨胀等工艺方法。一般来说，机械成型具有工艺简单、工装制造容易、生产效率高等优点。同时也存在产品制作比较粗糙、性能不高等缺点。它较多应用于螺旋波纹管、波纹膨胀节、大直径厚壁波纹管的制造。

3）聚氨酯橡胶成型工艺：橡胶成型工艺是胀形工艺的一种。它是以橡胶为成形凸模，在压力作用下橡胶凸模变形，把管坯按凹模型腔成型波纹管。成型方式通常是单波连续成型。

4）机械液压成型：它是将管坯先用滚压方法向内滚形，然后用液压方法向外胀形形成波纹管的成型方法。机械液压成形的波纹管，由于波峰、波谷都参加了变形，都达到了强化，对提高波纹管弹性起到了良好的作用，是制造深波波纹管的一种有效工艺方法。

7.3 波纹管的材料及技术要求

表 9-3-107　波纹管常用材料及工作温度范围（摘自 JB/T 6169—2006，GB/T 14525—2010）

序号	材料种类	材料名称	牌号	材料标准	工作温度范围/℃
1	铜合金	黄铜	H80	GB/T 2059	-60~+100
		锡青铜	QSn6.5-0.1		
			QSn6.5-0.1		
		铍青铜	QBe2	YS/T 323	
			QBe1.9		
2	不锈钢	奥氏体	06Cr19Ni10 022Cr19Ni10 06Cr17Ni12Mo2 022Cr17Ni12Mo2 06Cr18Ni11Ti	GB/T 3280 GB/T 3089	-196~+450
3	碳素钢	优质碳素钢	20、08F	GB/T 699	-196~+350
		普通碳素钢	Q235	GB/T 912	
4	合金钢	低合金钢	16Mn	GB/T 3274	>550
		高低合金钢	GH6169	GB/T 14992	
			NS111	GB/T 15010	
			NS321		
			Ni68Cu28Fe	—	
			00Cr16Ni75Mo2Ti		
	高弹性合金钢	铁基精密弹性合金	Ni36CrTiAl(3J1)	YB/T 5256	-60~+200
		恒弹性合金	3J53		

波纹管在不同温度下的允许最大工作压力按式（9-3-10）进行计算。

$$P_0 = K_2 \times P_s \tag{9-3-10}$$

式中　P_0——波纹管允许的最大工作压力，MPa；

K_2——波纹管的温度修正系数；

P_s——室温下设计压力，MPa。

材料在不同温度下的修正系数见表 9-3-108，表中未列出的材料可查阅相关资料。

表 9-3-108　波纹管材料温度修正系数（摘自 GB/T 14525—2010）

材料牌号	温度/℃												
	≤20	50	100	150	200	250	300	350	400	450	500	550	600
06Cr19Ni10	1	0.93	0.81	0.70	0.64	0.60	0.57	0.54	0.52	0.51	0.50	0.49	0.47

续表

材料牌号	温度/℃												
	≤20	50	100	150	200	250	300	350	400	450	500	550	600
022Cr19Ni10	1	0.93	0.81	0.70	0.64	0.60	0.57	0.54	0.51	0.50	0.49	0.47	0.47
06Cr17Ni12Mo2	1	0.93	0.83	0.72	0.66	0.63	0.60	0.55	0.53	0.52	0.51	0.50	0.50
022Cr17Ni12Mo2	1	0.93	0.83	0.72	0.66	0.62	0.59	0.56	0.55	0.53	0.51	0.50	0.50
06Cr18Ni11Ti	1	0.94	0.86	0.76	0.73	0.70	0.67	0.65	0.63	0.61	0.60	0.59	0.57
Q235B、20	1	0.98	0.90	0.89	0.86	0.82	0.76	0.73	0.70	0.41	0.24	—	—

7.4 波纹管尺寸系列

7.4.1 敏感类波纹管形式及尺寸

本尺寸系列适用于工业仪表中作为普通敏感元件、补偿元件以及密封、连接用的金属环形单层波纹管。作为敏感器件的波纹管常见的结构形式如图 9-3-38 所示。

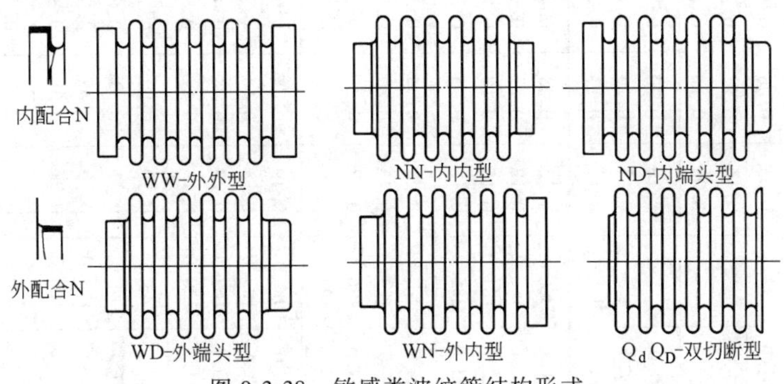

图 9-3-38 敏感类波纹管结构形式

根据波纹管和直管段（或接头）的接口配合形式不同，分为图 9-3-38 中的六种形式。内配合指的是配管插到波纹管端头内，外配合指的是配管插在波纹管外，D 代表波纹管的一头是端密封的，Q_d 指的是没有直壁的波谷端，Q_D 指的是没有直壁的波峰端。

图 9-3-39 是以 U 形波纹为代表的敏感性波纹管尺寸标注示意图，表 9-3-109 是敏感型波纹管尺寸和性能表（注：图中波距 q 的标注位置是为了便于测量，一般标注在两个波纹中间，波厚一般情况下为 1/2 波距+管坯壁厚）。

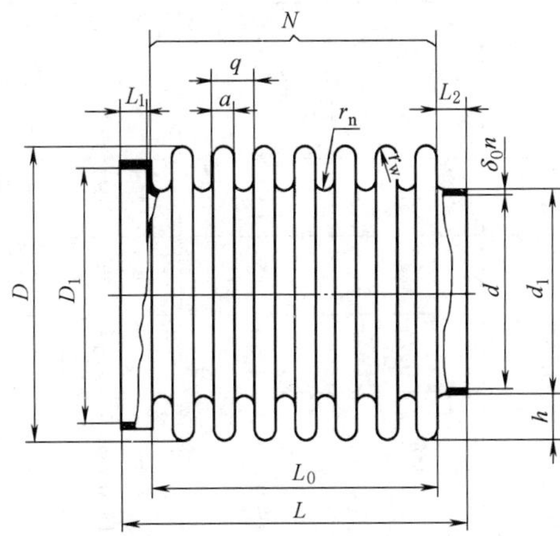

图 9-3-39 波纹管尺寸标注示意图

d—内径（通径）；D—外径；δ_0—波纹管单层壁厚；h—波高；q—波距；a—波厚；D_1—内配合直径；d_1—外配合直径；r_n—内波纹圆角半径；r_w—外波纹圆角半径；L—总长度（自由长度）；L_0—有效长度；L_1—内配合接口长度；L_2—外配合接口长度；N—波纹数；n—波纹管壁的层数

表 9-3-109　波纹管尺寸和基本参数（摘自 JB/T 6169—2006）

序号	内径 d IT15/2	外径 D IT16/2	波距 q	波厚 a	两端配合部分				壁厚	单波轴向刚度 N/mm				单波最大允许轴向位移				最大耐压力(内压)/MPa			
					内配合直径 D_1 H12	外配合直径 d_1 h12	配合长度 l 铜合金	配合长度 l 不锈钢	q_0	H80	QSn65-0.1	QBe2 QBe1.9	1Cr8Ni9Ti	H80	QSn65-0.1	QBe2 QBe1.9	1Cr8Ni9Ti	H80	QSn65-0.1	QBe2 QBe1.9	1Cr8Ni9Ti
1	4.0	6.0	0.8	0.48	5	4.35	3		0.06	72.8	70.2	84.6	—	0.07	0.08	0.13	—	1.41	1.68	3.22	—
2									0.08	156.0	150.0	181.0		0.05	0.06	0.10		1.81	2.14	4.10	
3	5.0	8.0	0.8	0.55	7	5.4	3		0.08	70.4	68.0	82.0	—	0.10	0.13	0.20	—	1.18	1.40	2.70	—
4									0.10	137.3	133.2	160.4		0.08	0.10	0.16		1.42	1.69	3.24	
5	6.0	10.0	1.0	0.65	8	6.4	3		0.08	43.0	41.5	50.0	—	0.16	0.20	0.30	—	0.92	1.09	2.10	—
6									0.10	85.8	82.8	99.8		0.13	0.16	0.25		1.10	1.30	2.50	
7									0.12	147.2	142.0	171.2		0.10	0.13	0.20		1.28	1.52	2.92	
8	8.0	12.0	1.2	0.75	10	8.5	3	3.5	0.08	33.0	32.0	38.5	57.0	0.23	0.28	0.40	0.19	0.74	0.88	1.70	2.3
9									0.10	61.5	59.5	71.8	106.2	0.18	0.22	0.35	0.15	0.90	1.05	2.00	2.75
10									0.12	105.0	101.5	122.0	181.0	0.15	0.18	0.29	0.12	1.05	1.25	2.40	3.25
11									0.14	166.0	160.0	193.0	286.0	0.12	0.15	0.24	0.10	1.15	1.40	2.70	3.65
12	10.0	15.0	1.8	1.10	13	10.5	3	3.5	0.10	47.5	46.0	55.5	81.8	0.29	0.35	0.58	0.24	0.84	1.00	1.93	2.60
13									0.12	78.0	75.5	91.0	124.0	0.25	0.30	0.50	0.21	1.01	1.20	2.30	3.10
14									0.14	120.0	116.0	139.5	206.5	0.17	0.21	0.34	0.14	1.18	1.41	2.70	3.65
15									0.16	176.0	170.0	205.0	303.0	0.10	0.12	0.20	0.08	1.34	1.60	3.08	4.18
16	11.0	18.0	2.0	1.15	16	11.5_0	3	3.5	0.10	35.0	34.0	41.0	60.0	0.39	0.48	0.61	0.32	0.64	0.77	1.50	2.00
17									0.12	62.0	60.0	72.4	107.0	0.33	0.40	-0.50	0.28	0.76	0.90	1.74	2.36
18									0.14	95.0	91.0	110.0	163.5	0.23	0.28	0.43	0.20	0.87	1.03	1.98	2.68
19									0.16	138.0	133.5	151.0	238.0	0.14	0.17	0.37	0.12	1.98	1.17	2.25	3.04
20	12.0	20.0	2.1	1.20	18	12.5_0	3	3.5	0.10	26.5	25.5	31.0	45.5	0.50	0.62	0.78	0.42	0.54	0.65	1.25	1.70
21									0.12	43.0	41.5	50.0	74.0	0.41	0.51	0.66	0.34	0.64	0.76	1.46	2.00
22									0.14	65.5	63.5	76.5	113.0	0.35	0.42	0.46	0.29	0.74	0.88	1.70	2.32
23									0.16	96.5	93.0	112.0	166.0	0.31	0.38	0.38	0.26	0.82	0.98	1.90	2.60
24	14.0	22.0	2.2	1.30	20	14.5_0	3.5	4.0	0.10	29.0	28.0	33.8	50.0	0.51	0.62	0.80	0.41	0.50	0.58	1.12	1.54
25									0.12	47.6	46.2	55.5	82.0	0.41	0.51	0.80	0.34	0.58	0.68	1.32	1.80
26									0.14	74.0	71.2	86.0	127.5	0.35	0.43	0.69	0.29	0.66	0.80	1.52	2.08
27									0.16	109.2	105.5	127.2	188.4	0.31	0.37	0.60	0.25	0.75	0.90	1.72	2.34
28	16.0	25.0	2.3	1.35	22	16.5_0	3.5	4.0	0.10	24.5	23.8	28.5	42.2	0.62	0.76	0.86	0.51	0.39	0.47	0.90	1.24
29									0.12	40.5	39.0	47.0	69.5	0.51	0.62	0.86	0.42	0.47	0.56	1.08	1.46
30									0.14	63.3	61.5	74.0	109.5	0.43	0.52	0.83	0.35	0.53	0.62	1.22	1.66
31									0.16	96.2	93.0	111.8	165.4	0.37	0.46	0.73	0.31	0.60	0.70	1.36	1.88

续表

序号	内径 d IT15/2	外径 D IT16/2	波距 q	波厚 a	两端配合部分				壁厚	单波轴向刚度 N/mm				单波最大允许轴向位移				最大耐压力(内压)/MPa			
					内配合直径 D_1 H12	外配合直径 d_1 h12	配合长度 l		q_0	H80	QSn65-0.1	QBe2 QBe1.9	1Cr8Ni9Ti	H80	QSn65-0.1	QBe2 QBe1.9	1Cr8Ni9Ti	H80	QSn65-0.1	QBe2 QBe1.9	1Cr8Ni9Ti
							铜合金	不锈钢													
32	18.0	28.0	2.6	1.50	25	18.5_0	3.5	4.0	0.10	19.2	18.6	22.4	33.0	0.77	0.94	1.00	0.60	0.35	0.42	0.80	1.10
33									0.12	31.5	30.5	36.8	53.8	0.63	0.78	1.00	0.53	0.42	0.50	0.96	1.30
34									0.14	49.5	47.6	60.2	85.2	0.54	0.66	1.00	0.45	0.48	0.56	1.10	1.50
35									0.16	73.0	70.5	85.0	127.6	0.47	0.58	0.92	0.39	0.54	0.64	1.24	1.68
36	22.0	32.0	3.0	1.70	28	22.5_0	3.5	4.0	0.10	17.8	17.2	20.6	31.1	0.94	1.15	1.17	0.78	0.30	0.35	0.70	0.95
37									0.12	30.5	29.7	35.6	54.4	0.78	0.96	1.17	0.65	0.36	0.44	0.84	1.15
38									0.14	48.5	47.0	56.5	84.8	0.66	0.81	1.17	0.55	0.42	0.50	0.96	1.30
39									0.16	72.6	70.5	84.6	125.5	0.58	0.71	1.12	0.48	0.47	0.56	1.08	1.48
40									0.18	103.0	100.0	120.0	181.0	0.51	0.62	0.99	0.42	0.52	0.62	1.20	1.64
41	24.0	36.0	3.2	1.80	32	24.5	3.5	4.0	0.10	16.8	15.2	19.5	29.0	1.08	1.26	1.26	0.90	0.25	0.30	0.58	0.80
42									0.12	27.5	26.8	32.0	47.5	0.94	1.15	1.26	0.78	0.30	0.36	0.70	0.95
43									0.14	42.4	41.0	49.2	73.0	0.76	0.94	1.26	0.63	0.35	0.42	0.82	1.10
44									0.16	63.5	60.4	72.5	107.5	0.67	0.82	1.26	0.55	0.40	0.48	0.90	1.20
45									0.18	88.5	85.5	103.0	152.5	0.58	0.72	1.14	0.48	0.44	0.54	1.02	1.30
46	25.0	38.0	3.2	1.80	34	25.5	3.5	4.0	0.12	18.8	18.2	22.0	32.5	1.04	1.26	1.26	0.86	0.28	0.32	0.64	0.85
47									0.14	29.5	23.5	34.5	50.5	0.88	1.08	1.26	0.73	0.32	0.38	0.72	0.98
48									0.16	43.5	42.0	50.8	75.0	0.77	0.95	1.26	0.64	0.36	0.44	0.84	1.12
49									0.18	62.0	60.0	72.4	107.0	0.68	0.84	1.26	0.56	0.40	0.48	0.92	1.25
50									0.20	86.0	83.0	100.0	148.0	0.61	0.74	1.18	0.50	0.44	0.53	1.00	1.36
51	28.0	40.0	3.4	2.00	36	28.5_0	4.0	5.0	0.12	22.8	22.0	26.5	39.0	1.08	1.26	1.26	0.90	0.28	0.32	0.64	0.86
52									0.14	35.0	34.0	41.0	60.5	0.92	1.13	1.26	0.76	0.32	0.38	0.72	1.00
53									0.16	51.5	50.0	60.0	88.8	0.80	0.98	1.26	0.66	0.36	0.44	0.84	1.14
54									0.18	72.5	70.0	84.5	125.0	0.71	0.87	1.26	0.58	0.40	0.48	0.94	1.26
55									0.20	100.0	96.5	116.0	171.8	0.63	0.78	1.26	0.53	0.42	0.50	1.00	1.35
56	32.0	46.0	3.6	2.10	40	32.5_0	4.0	5.0	0.12	17.0	16.0	20.0	30.2	1.28	1.35	1.35	1.06	0.22	0.25	0.51	0.70
57									0.14	26.2	25.2	30.5	46.2	1.09	1.34	1.35	0.90	0.24	0.30	0.60	0.82
58									0.16	40.0	38.0	45.8	68.6	0.96	1.17	1.35	0.79	0.30	0.36	0.70	0.94
59									0.18	56.0	54.0	65.2	97.8	0.84	1.04	1.35	0.70	0.34	0.40	0.76	1.06
60									0.20	77.8	75.0	90.6	135.0	0.76	0.93	1.35	0.63	0.37	0.44	0.85	1.16
61	35.0	50.0	3.8	2.20	45	35.5	4.0	5.0	0.12	15.8	15.2	18.4	27.2	1.42	1.44	1.44	1.18	0.20	0.24	0.46	0.62
62									0.14	24.8	23.8	28.8	42.5	1.21	1.44	1.44	1.00	0.22	0.27	0.52	0.70
63									0.16	36.6	35.2	42.6	63.0	1.05	1.29	1.44	0.87	0.25	0.30	0.59	0.80
64									0.18	51.6	49.8	60.0	89.0	0.93	1.14	1.44	0.77	0.28	0.34	0.66	0.90
65									0.20	70.6	68.2	82.2	121.8	0.84	1.03	1.44	0.69	0.32	0.38	0.72	1.00

续表

序号	内径 d IT15/2	外径 D IT16/2	波距 q	波厚 a	两端配合部分				壁厚	单波轴向刚度 N/mm				单波最大允许轴向位移				最大耐压力(内压)/MPa			
					内配合直径 D_1 H12	外配合直径 d_1 h12	配合长度 l 铜合金	配合长度 l 不锈钢	q_0	H80	QSn65-0.1	QBe2 QBe1.9	1Cr8Ni9Ti	H80	QSn65-0.1	QBe2 QBe1.9	1Cr8Ni9Ti	H80	QSn65-0.1	QBe2 QBe1.9	1Cr8Ni9Ti
66	37.0	55.0	4.2	2.40	50	38.0_{0}	4.0	5.0	0.14	15.5	15.0	18.0	26.6	1.51	1.62	1.62	1.25	0.20	0.24	0.48	0.64
67									0.16	23.0	21.6	26.0	38.5	1.32	1.62	1.62	1.10	0.24	0.28	0.54	0.74
68									0.18	31.8	30.6	37.0	55.0	1.16	1.42	1.62	0.96	0.26	0.32	0.60	0.82
69									0.20	44.0	42.5	51.0	75.5	1.04	1.28	1.62	0.86	0.28	0.34	0.66	0.90
70	40.0	60.0	4.5	2.50	55	40.5_{0}	4.0	5.0	0.14	14.6	14.2	17.0	25.6	1.80	1.80	1.80	1.59	0.18	0.22	0.42	0.58
71									0.16	21.8	21.2	25.5	38.4	1.66	1.80	1.80	1.37	0.20	0.24	0.48	0.64
72									0.18	31.0	30.0	36.0	54.4	1.47	1.80	1.80	1.22	0.22	0.28	0.52	0.72
73									0.20	42.4	41.2	49.4	74.5	1.32	1.62	1.80	1.10	0.25	0.30	0.58	0.80
74	48.0	70.0	5.0	2.80	65	49.0_{0}	4.5	6.0	0.16	15.3	14.8	17.8	26.3	2.00	2.00	2.00	2.00	0.17	0.20	0.38	0.52
75									0.18	21.5	21.7	25.0	37.0	2.00	2.00	2.00	1.80	0.18	0.22	0.44	0.60
76									0.20	29.0	28.0	33.8	50.5	1.94	2.00	2.00	1.61	0.20	0.24	0.48	0.64
77									0.22	38.2	37.0	44.8	66.0	1.75	2.00	2.00	1.45	0.22	0.28	0.52	0.72
78	55.0	80.0	5.4	3.00	75	56.0_{0}	4.5	6.0	0.16	14.0	13.5	16.5	24.0	2.16	2.16	2.16	2.16	0.14	0.17	0.32	0.44
79									0.18	19.5	18.5	22.5	33.0	2.16	2.16	2.16	2.16	0.16	0.18	0.35	0.48
80									0.20	26.0	25.0	30.0	44.5	2.16	2.16	2.16	1.98	0.18	0.20	0.40	0.54
81									0.22	33.6	32.5	39.5	58.0	2.16	2.16	2.16	1.80	0.18	0.22	0.42	0.58
82	65.0	90.0	5.8	3.50	85	66.0	5.0	7.0	0.16	14.2	13.6	16.4	24.4	2.05	2.05	2.05	2.05	0.12	0.16	0.30	0.40
83									0.18	19.2	18.5	22.4	33.2	2.05	2.05	2.05	2.05	0.14	0.18	0.34	0.45
84									0.20	26.5	25.4	30.6	45.5	2.05	2.05	2.05	2.05	0.16	0.20	0.36	0.50
85									0.25	49.0	47.5	57.0	84.5	1.95	1.95	2.05	1.62	0.20	0.24	0.46	0.62
86	75.0	100.0	6.0	3.60	95	76.0_{0}	5.0	7.0	0.16	26.8	26.0	31.2	46.2	2.16	2.16	2.16	2.16	0.10	0.12	0.24	0.32
87									0.18	43.5	42.0	50.2	75.0	2.16	2.16	2.16	1.74	0.14	0.15	0.30	0.40
88									0.20	77.5	75.0	90.0	133.5	1.65	2.03	2.16	1.37	0.16	0.20	0.35	0.50
89									0.25	123.5	119.0	143.5	212.5	1.38	1.70	2.16	1.14	0.20	0.24	0.45	0.60
90	95.0	125.0	7.5	4.50	115	96.5	6.0	8.0	0.30	87.5	—	—	151.0	2.15	—	—	1.80	0.15	—	—	0.50
91									0.40	186.0			320.5	1.60			1.30	0.20			0.62
92									0.50	344.0			593.0	1.26			1.05	0.25			0.80
93	120.0	160.0	10.0	6.00	150	121.5_{0}	6.0	8.0	0.30	59.0	—	—	102.0	3.60	—	—	3.25	0.12	—	—	0.40
94									0.40	120.0			207.0	2.92			2.42	0.18			0.55
95									0.50	219.0			377.0	2.31			1.92	0.20			0.65
96	150.0	200.0	12.0	7.00	185	151.5	6.0	8.0	0.30	45.0	—	—	77.5	4.50	—	—	4.50	0.10	—	—	0.30
97									0.40	85.0			146.0	4.10			3.40	0.12			0.40
98									0.50	149.5			257.5	3.28			2.72	0.15			0.50

7.4.2 通用波纹管的形式及尺寸

以U形波纹管为代表的通用波纹管的结构形式如图9-3-40所示，图中两端的直管段只是示意。不是所有波纹管都有直管段。随着连续橡胶（聚氨酯）胀形工艺的成熟和推广，连续无接头波纹管越来越多，几十米至数百米成卷供应的波纹管已经商品化。

U形波纹管的波峰和波谷的内径是相等的，在不考虑管坯厚度变化的情况下，波距与波纹管波峰、波谷内径和壁厚之间的关系如下：

$$r_n = r_w \geqslant (4+n)\delta_0 \tag{9-3-11}$$

$$q = 2(r_n + r_w + \delta_0) = (18+4n)\delta_0 \tag{9-3-12}$$

当 $n=1$ 时，

$$q = 22\delta_0 \tag{9-3-13}$$

式中 r_w——波纹管波峰内半径，mm；

r_n——波纹管波谷内半径，mm；

δ_0——管坯壁厚，mm。

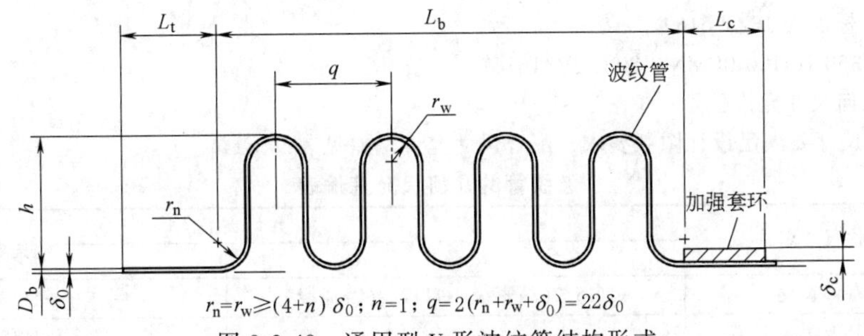

图9-3-40 通用型U形波纹管结构形式

表9-3-110 通用波纹管壁厚和波距关系 mm

壁厚	波纹半径	波距	壁厚	波纹半径	波距	壁厚	波纹半径	波距	壁厚	波纹半径	波距
0.1	0.5	2.2	0.16	0.8	3.52	0.22	1.1	4.84	0.28	1.4	6.16
0.11	0.55	2.42	0.17	0.85	3.74	0.23	1.15	5.06	0.29	1.45	6.38
0.12	0.6	2.64	0.18	0.9	3.96	0.24	1.2	5.28	0.30	1.5	6.6
0.13	0.65	2.86	0.19	0.95	4.18	0.25	1.25	5.5	0.35	1.75	7.7
0.14	0.7	3.08	0.2	1	4.4	0.26	1.3	5.72	0.40	2	8.8
0.15	0.75	3.3	0.21	1.05	4.62	0.27	1.35	5.94	0.50	2.5	11

7.4.3 波纹管的标记和检验（摘自JB/T 6169—2006）

（1）敏感类波纹管的标记

标记组成：

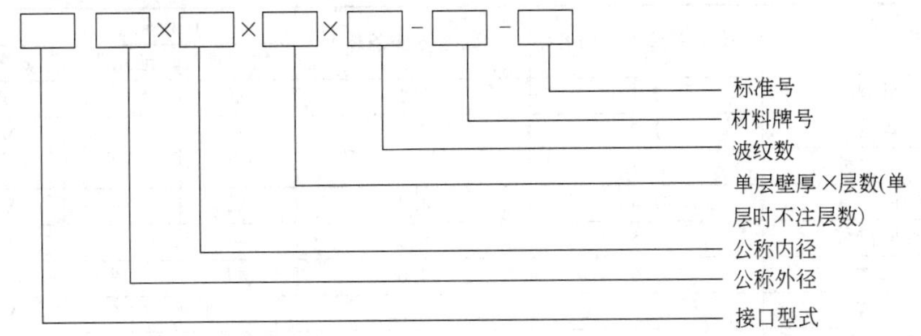

标记示例：

波纹管接口形式为WW，公称外径 D 为22mm，公称内径 d 为14mm，单层壁厚 δ_0 为0.1mm，共一层，波纹数 N 为10，材料为QSn6.5-0.1，标准为JB/T 6169。

标记为：WW 22×14×0.1×10-QSn6.5-0.1-JB/T6169

（2）通用类波纹管标记

标记组成：

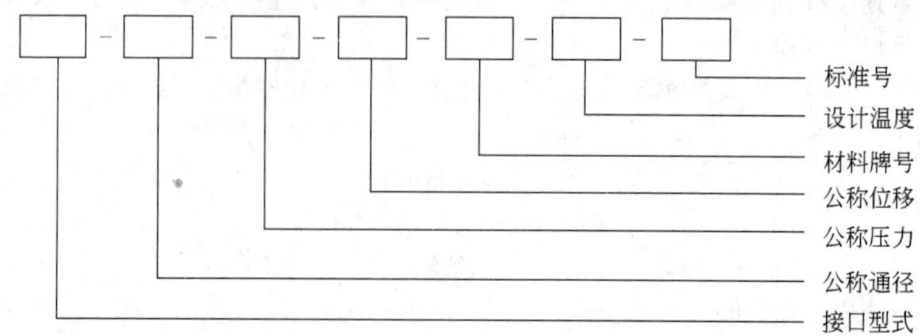

标记示例：

波纹管接口形式为 WW，公称通径 D 为 350mm，公称压力为 1.6MPa，公称位移为 100mm，材料为 0Cr8Ni9，设计温度为 80℃，标准为 JB/T 6169。

标记为：WW 350-16-100-0Cr8Ni9-80℃-JB/T6169

（3）波纹管几何尺寸允许偏差

波纹管的几何尺寸要满足设计图纸要求，配合尺寸允许偏差见表 9-3-111。

表 9-3-111　　波纹管的几何尺允许偏差

序号	公称尺寸名称	允许偏差	
		敏感类	通用类
1	有效长度	±IT15/2(精密级)±IT17/2(普通级)	±IT18/2
2	波距	—	±IT18/2
3	内径(通径)	±IT15/2	±IT18/2
4	外径	±IT16/2	±IT18/2(波高)
5	接口直径	H12;h12	H13;h13
6	接口长度	±IT17/2	±IT18/2
7	接口端面对轴线垂直度	无视觉可分辨的不垂直现象	1%L($L\leqslant d$)； 1%d($L>d$) 且不大于 3mm
8	两端面接口圆心同轴度	无视觉可分辨的不同轴现象	2mm($d\leqslant 200$)； 1%d($L<d\leqslant 500$) 5mm($d>500$)

（4）波纹管出厂检验和形式检验项目

供方和需方交付时的检验项目见表 9-3-112，检验数量为 100%，该表为基本检验项目，供需双方协商后可增减项目。

表 9-3-112　　波纹管出厂检验、型式试验检验项目（摘自 GB/T 6169—2006）

检验顺序	检验项目	技术要求条款内容	试验方法条款	出厂检验		型式试验	
				敏感类	通用类	敏感类	通用类
1	外观	7.1	8.1	√	√	√	√
2	焊缝	7.2	8.2	√	√	√	√
3	几何尺寸	7.3	8.3	√	√	√	√
4	轴向刚度	7.4	8.4	√	—	√	√
5	轴向位移	7.5	8.5	—	—	√	√
6	密封性	7.6	8.6	√①	√①	√①	√①
7	压力试验	7.7	8.7.1	—	√	√	√
8	稳定性	7.7	8.7.2	—	—	—	√
9	工作寿命	7.8	8.8	—	—	√	√

① 具体试验技术条款根据技术文件规定。

注：“√”表示试验“—”表示不试验。

7.5 波纹金属软管

7.5.1 波纹金属软管的定义和分类

波纹金属软管是波纹管、网套和接头的组合体或者波纹管和接头的组合体。不同的使用场合，接头的形式不同，一般有球面型、锥面性、平面活接头型、快速接头型、管螺纹型、法兰型和接管型。图 9-3-41 是一种法兰型波纹金属软管。

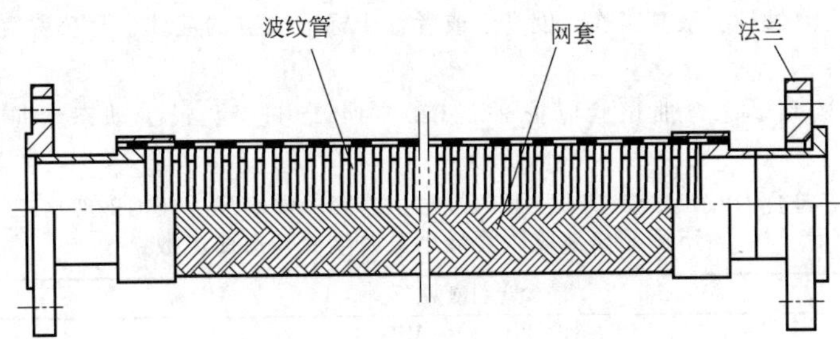

图 9-3-41 法兰型波纹金属软管

软管的公称尺寸范围为 DN4~DN800，室温下的设计压力 P_s（简称设计压力）范围为 $P_s \leq 35.0$MPa。常用波纹软管规格见表 9-3-113。

表 9-3-113 常用波纹软管规格（摘自 GB/T 14525—2010）

公称尺寸	设计压力 P_s/MPa													
DN	0.6	1.0	1.6	2.0	2.5	4.0	5.0	6.3	10.0	15.0	20.0	25.0	32.0	35.0
4	○	○	○	○	○	○	○	○	○	○	○	○	○	○
6	○	○	○	○	○	○	○	○	○	○	○	○	—	—
8	○	○	○	○	○	○	○	○	○	○	○	○	—	—
10	○	○	○	○	○	○	○	○	○	○	○	○	—	—
(12)	○	○	○	○	○	○	○	○	○	○	○	○	—	—
15	○	○	○	○	○	○	○	○	○	○	○	○	—	—
(18)	○	○	○	○	○	○	○	○	○	○	○	—	—	—
20	○	○	○	○	○	○	○	○	○	○	○	—	—	—
25	○	○	○	○	○	○	○	○	○	○	○	—	—	—
32	○	○	○	○	○	○	○	○	○	—	—	—	—	—
40	○	○	○	○	○	○	○	○	○	—	—	—	—	—
50	○	○	○	○	○	○	○	○	—	—	—	—	—	—
65	○	○	○	○	○	○	○	○	—	—	—	—	—	—
80	○	○	○	○	○	○	○	—	—	—	—	—	—	—
100	○	○	○	○	○	○	—	—	—	—	—	—	—	—
125	○	○	○	○	○	○	—	—	—	—	—	—	—	—
150	○	○	○	○	○	○	—	—	—	—	—	—	—	—
(175)	○	○	○	○	○	○	—	—	—	—	—	—	—	—
200	○	○	○	○	○	○	—	—	—	—	—	—	—	—
250	○	○	○	○	○	○	—	—	—	—	—	—	—	—
300	○	○	○	○	○	○	—	—	—	—	—	—	—	—
350	○	○	○	○	○	—	—	—	—	—	—	—	—	—
400	○	○	○	○	○	—	—	—	—	—	—	—	—	—
450	○	○	○	○	○	—	—	—	—	—	—	—	—	—

续表

公称尺寸 DN	设计压力 P_s/MPa													
	0.6	1.0	1.6	2.0	2.5	4.0	5.0	6.3	10.0	15.0	20.0	25.0	32.0	35.0
500	○	○	○	○	○	—	—	—	—	—	—	—	—	—
600	○	○	○	○	—	—	—	—	—	—	—	—	—	—
700	○	○	○	—	—	—	—	—	—	—	—	—	—	—
800	○	○	○	—	—	—	—	—	—	—	—	—	—	—

注："○"表示软管的常用规格，括号内尺寸不推荐使用。

软管分为 A、B 两个类别。A 类软管：设计压力 $P_s \geqslant 0.1$MPa（表压），工作介质为气体、液化气体、蒸汽或者可燃、易爆、有毒、有腐蚀性，最高工作温度高于或者等于标准沸点的液体，且公称直径 DN>25mm 的软管。其他软管为 B 类软管。

软管的静态弯曲试验和动态弯曲试验应按标准 GB/T 14525 进行，最少动态弯曲次数和最小弯曲半径见表 9-3-114。

软管最小爆破压力应符合 GB/T 14525 中表 10 的规定；网套的爆破压力按 GB/T 14525 中附录 B 进行校核。

表 9-3-114　　不同规格波纹软管最小弯曲半径和弯曲次数

公称尺寸 DN	最少弯曲次数/次														最小弯曲半径/mm	
	设计压力 P_s/MPa														静态	动态
	0.6	1.0	1.5	2.0	2.5	4.0	5.0	6.3	10.0	15.0	20.0	25.0	32.0	35.0	R_1	R_4
4	50000	50000	50000	50000	50000	15000	15000	15000	15000	8000	8000	8000	8000	8000	35	80
6	50000	50000	50000	50000	50000	15000	15000	15000	15000	8000	8000	8000			50	110
8	50000	50000	50000	50000	50000	15000	15000	15000	15000	8000	8000	8000			65	145
10	50000	50000	50000	50000	50000	15000	15000	15000	15000	8000	8000	8000			80	180
(12)	50000	50000	50000	50000	50000	15000	15000	15000	15000	8000	8000	8000			95	215
15	50000	50000	50000	50000	50000	15000	15000	15000	8000	8000	8000	8000			120	270
(18)	50000	50000	50000	50000	50000	15000	15000	15000	8000	8000	8000				145	325
20	50000	50000	50000	50000	50000	15000	15000	15000	8000	8000	8000				160	360
25	50000	50000	50000	50000	50000	15000	15000	15000	8000	8000					175	400
32	50000	50000	50000	50000	50000	15000	8000	8000	8000	8000					225	510
40	50000	50000	50000	50000	50000	15000	8000	8000	8000	8000					280	640
50	50000	50000	50000	50000	50000	15000	8000	8000	8000						350	800
65	50000	50000	15000	15000	15000	15000	8000	8000	8000						390	845
80	50000	50000	15000	15000	15000	8000	8000	8000							480	1000
100	4000	4000	4000	4000	4000	4000									600	1200
125	4000	4000	4000	4000	4000	4000									750	1500
150	4000	4000	4000	4000	4000	4000									900	1800
(175)	4000	4000	4000	4000	4000	4000									1000	2000
200	4000	4000	4000	4000	4000	4000										
250	4000	4000	4000	4000	4000	4000									1250	2500
300	4000	4000	4000	4000	4000	4000									1500	3000
350	2000	2000	2000	2000	2000										1750	3500
400	2000	2000	2000	2000	2000										2000	4000
450	2000	2000	2000	2000	2000										2250	4500
500	2000	2000	2000	2000	2000										2500	5000
600	2000	2000	2000	2000											3000	6000
700	2000	2000	2000												3500	7000
800	2000	2000	2000												4000	8000

注：括号内的公称尺寸不推荐采用。

7.5.2 生活饮用水管道用波纹金属软管（摘自 GB/T 41486—2022）

生活饮用水管道用波纹金属软管指的是：生活饮用水管道系统中为补偿位移、安装偏差、地面沉降、吸收振动及降低噪声所采用的波纹金属软管，其公称尺寸范围为 DN50～DN400，工作温度不大于 80℃，设计压力不大于 1.6MPa。直径小于 DN50 的生活饮用水管道可以参照执行。图 9-3-42 是带法兰盘接头的饮用水波纹管软管示意图。

表 9-3-115　饮用水波纹软管常见产品规格　mm

公称尺寸 DN	软管长度
50、65、80、100、125、150、200、250、300、350、400	500、800、1000、1200、1500、2000、2500、3000、4000、5000

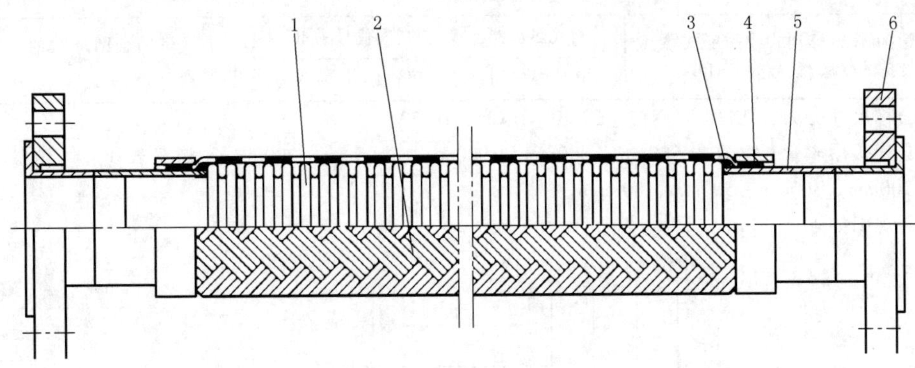

图 9-3-42　饮用水软管

1—波纹管；2—网套；3—颈环；4—环；5—接管；6—法兰

标记规则：

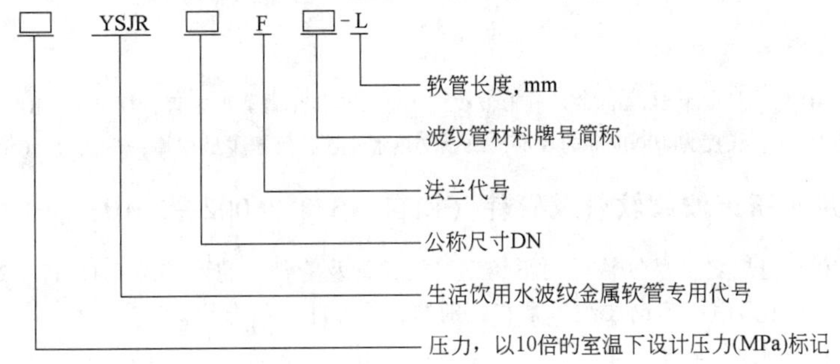

标记示例

示例 1：

室温下设计压力为 1.0MPa，公称尺寸为 DN100、法兰连接，波纹管材料为 316L、长度为 1500mm 的生活饮用水管道用波纹金属管。标记为：10YSJR100F316L-1500。

示例 2：

室温下设计压力为 1.6MPa，公称尺寸为 DN200、法兰连接，波纹管材料为 304、长度为 2000mm 的生活饮用水管道用波纹金属管。标记为：16YSJR200F304-2000。

7.5.3 燃气用具连接用不锈钢波纹软管（摘自 GB/T 41317—2022）

GB/T 41317—2022《燃气用具连接用不锈钢波纹软管》自 2022 年 10 月 1 日起实施。该标准是在行业标准 CJ/T 197—2010《燃气用具连接用不锈钢波纹软管》的基础上制定的国家标准。原行业标准 CJ/T 197—2010 规定的燃气用具连接用不锈钢波纹软管的范围只适用于固定安装的燃气灶具、燃气热水器和燃气表等的普通型波纹软管，未包含可用于移动式燃气燃烧器具和燃气设备的超柔型波纹软管。GB/T 41317—2022 则全面涵盖燃气用具连接用不锈钢波纹软管的类型；同时规定了燃气用具连接用不锈钢波纹软管是两端设有连接燃气用具及管道的螺纹接头，有固定长度的不锈钢制波纹被覆管。

与燃气灶具、燃气热水器或燃气表的连接应采用密封垫片密封，连接燃气灶具或燃气热水器的软管接头螺纹应符合 GB/T 7307—2001 的规定，连接燃气表的软管接头螺纹要满足 GB/T 196—2003 的规定。

与燃气管道或管道附件连接，当采用螺纹密封时，应符合 GB/T 7306.1—2000 或 GB/T 7306.2—2000 中的规定，当采用密封垫片密封时，应符合 GB/T 7307—2001 的规定。

燃气用具连接用不锈钢波纹软管可以按连接特性、软管用途、软管波纹形状等分类，见表 9-3-116。

表 9-3-116　　燃气用具连接用不锈钢波纹软管分类

按软管连接特性分类	按软管用途分类	按软管波纹形状分类
普通型软管:仅连接固定式燃气器具或燃气设备的软管,代号为 RLB	燃气灶具连接用软管,代号为 Z	波纹成螺旋状的螺旋形波纹管,代号为 L
	燃气表连接用软管,代号为 B	
超柔型软管:可连接移动式或固定式燃气器具或燃气设备的软管,代号为 CRLB	燃气热水器连接用软管,代号为 R	波纹呈闭合圆环状的环形波纹管,代号为 H
	其他燃气用具连接用软管,代号为 Q	

软管按公称尺寸分为：DN10、DN15、DN20、DN25、DN32。

燃气灶具连接用软管长度宜为 500mm、800mm、1000mm、1500mm、2000mm；燃气表和燃气热水器连接用软管长度宜为 200mm、300mm、500mm、800mm。

型号编制规则如下：

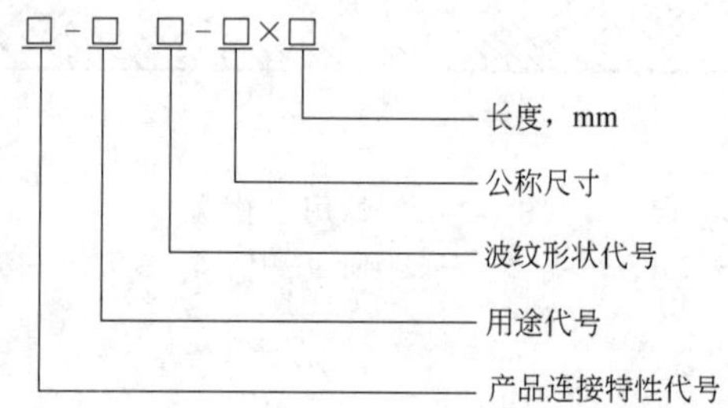

标记示例

示例 1：公称尺寸为 DN15，长度为 500mm 的螺旋形波纹燃气灶具连接用普通型软管，标记为：RLB-ZL-15×500。

示例 2：公称尺寸为 DN10，长度为 1000mm 的环形波纹燃气热水器连接用超柔型软管，标记为：CRLB-RH-10×1000。

7.5.4　燃气输送用不锈钢波纹软管及管件（摘自 GB/T 26002—2010）

GB/T 26002—2010 专门规定了燃气输送用不锈钢波纹软管及管件，它和 GB/T 41317—2022 规定的带覆盖层的两端带螺纹结构的燃气灶具用不锈钢波纹管是有区别的，故在此专门介绍。

（1）燃气输送用不锈钢波纹软管

1）燃气输送用不锈钢波纹软管主要适用于燃气输送行业，如天然气、液化气、煤制气等地下管道或地面装置的连接。

2）燃气输送用不锈钢波纹软管主要起到连接作用，可以保护管道，在压力变化时柔性伸缩，从而增加其使用寿命。

3）燃气输送用不锈钢波纹软管表面为银白色，表面光滑，弯曲半径较小，安装方便。

4）燃气输送用不锈钢波纹软管长度不确定，两头也不带固定用的螺纹接头。

型号表示：

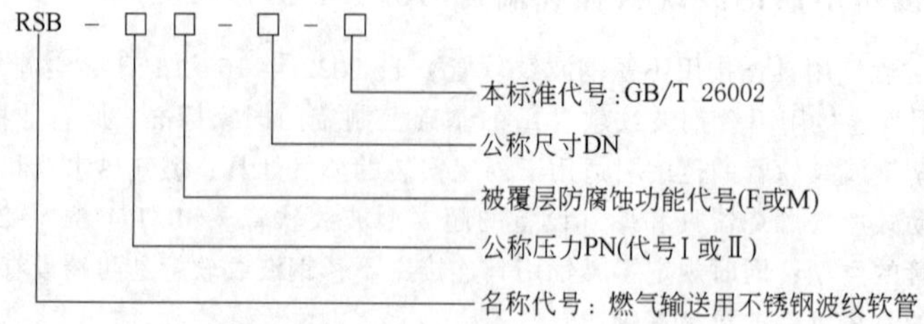

标记示例

公称直径 DN15，公称压力 PN0.2（Ⅰ型），带普通被覆层的非埋地燃气输送用不锈钢波纹软管，标记为：RSB-IF-15-GB/T 26002。

表 9-3-117　软管外形尺寸及管件连接螺纹　mm

公称尺寸 DN	钢带厚度		最小内径 d_i	最大外径 d_o	不同被覆层厚度时的最大外径 D_o			管连接件螺纹
	Ⅰ型管	Ⅱ型管			0.75	1.0	3.0	
10	0.25	0.20	9.5	16.0	18.0	18.5	22.5	R(Rp、Rc)3/8 R(Rp、Rc)½
13	0.25	0.20	12.5	17.0	19.0	19.5	23.5	R(Rp、Rc)½
15	0.25	0.20	14.5	21.0	23.0	23.5	27.5	R(Rp、Rc)½
20	0.25	0.20	19.5	26.0	28.0	28.5	32.5	R(Rp、Rc)¾
25	0.30	0.25	24.5	33.0	35.0	35.6	39.5	R(Rp、Rc)1
32	0.30	0.25	31.5	41.0	43.0	43.5	47.5	R(Rp、Rc)1¼
40	0.30	0.30	39.0	50.0	52.0	52.5	56.5	R(Rp、Rc)1½
50	0.30	0.30	49.0	60.0	62.0	62.5	66.5	R(Rp、Rc)2

（2）可与燃气输送用不锈钢波纹管和外供燃气管道现场安装的管件

管件按功能分为代号为 X 的带泄漏检测功能的管件和无代号的不带泄漏检测功能的管件。按外部型式分为 S 型（直通）、L 型（弯头）和 T 型（三通），其型号表示如下。

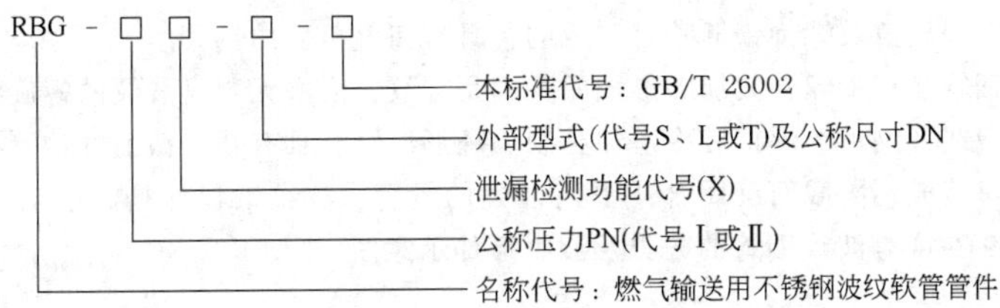

标记示例

示例 1：软管直通管件，公称压力 PN0.2，一端接公称尺寸 DN15 的软管，另一端接公称尺寸 DN15 的镀锌钢管，带泄漏检测功能，标记为：RBG-ⅠX-S15×15-GB/T 26002。

示例 2：软管弯头管件，公称压力 PN0.01，两端均接公称尺寸 DN40 的软管，带泄漏检测功能，标记为：RBG-ⅡX-L40×40-GB/T 26002。

7.5.5　不锈钢波纹管接头制作方法

需要现场制作波纹管接头的流程如图 9-3-43 所示。需要特别注意的是，在把切割下来的波纹管放入打波器前一定要先装上锁紧螺母（用这种方法制作的波纹管，其管路压力不得大于 0.6MPa）。

1）准备不锈钢波纹管制作的相关工具，包括扳手、小型电动切割机（或切刀）、紧固连接件（螺杆、螺母、密封圈、垫片等）。

2）不锈钢波纹管切割。使用电动切割机将波纹管按相应尺寸切断并清除切口毛刺，如图 9-3-43（a）所示。

3）从切断处套上锁紧螺母，如图 9-3-43（b）所示。

4）将套上锁紧螺母的波纹管放入打波器的卡槽内，以 2 个波纹外露为宜，如图 9-3-43（c）所示。

5）用铁锤敲击打波器顶杆，把打波器卡槽内的不锈钢波纹管压平，如图 9-3-43（d）、（e）所示。

6）把波纹管专用可折叠挡圈卡在被打平的波纹和螺母之间，如图 9-3-43（f）所示，接头制作完成。

7）波纹管和其他管件（一般为外丝接头）连接时，把螺母推到和挡圈接触的位置，在锁紧螺母内放入密封圈或垫片，把锁紧螺母和外丝接头拧紧即可。

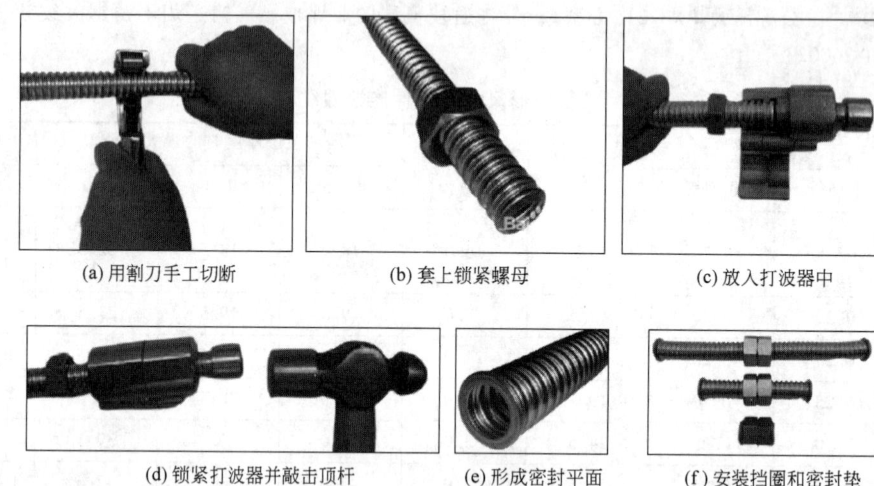

(a) 用割刀手工切断　(b) 套上锁紧螺母　(c) 放入打波器中

(d) 锁紧打波器并敲击顶杆　(e) 形成密封平面　(f) 安装挡圈和密封垫

图 9-3-43　不锈钢波纹管接头制作过程

7.6　冷弯波纹钢管（摘自 GB/T 34567—2017）

7.6.1　术语和定义

螺旋波纹钢管是钢带经轧波及螺旋锁缝咬合制成的，具有完整截面的钢管。

螺旋外波内平波纹钢管是钢带经轧波加工形成的外部是螺纹、内壁无明显波纹的螺旋波纹钢管。

环形波纹钢管是钢板或者钢带经焊接后冷弯加工制成环形波纹、具有圆形截面的钢管；拼装波纹钢管是由波纹钢板件通过高强螺栓拼装成不同截面（闭合或不闭合）的钢管；波纹钢板件是波纹钢板经弧形加工制成的具有一定曲率的板件。图 9-3-44 是波纹钢管的分类及波纹板件示意图。

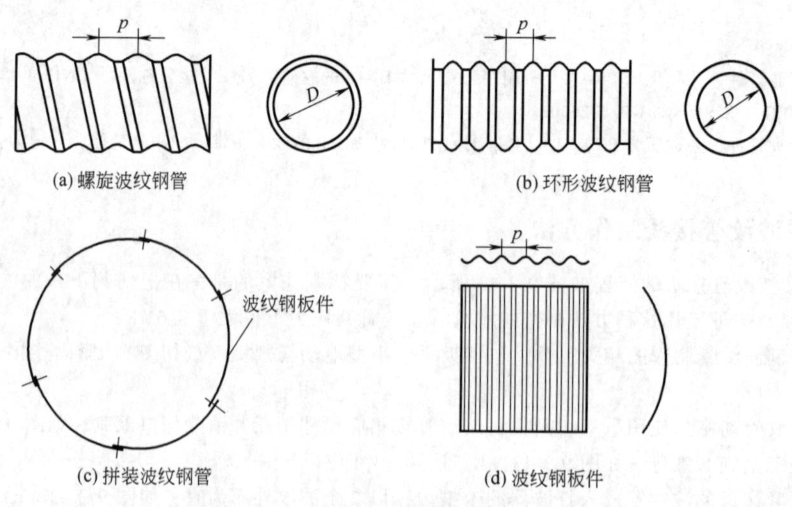

(a) 螺旋波纹钢管　(b) 环形波纹钢管

(c) 拼装波纹钢管　(d) 波纹钢板件

图 9-3-44　波纹钢管及波纹板件示意图

7.6.2　波纹钢管的规格型号和尺寸要求

（1）螺旋波纹钢管、环形波纹钢管和拼装波纹钢管

表 9-3-118　　螺旋波纹钢管、环形波纹钢管和拼装波纹钢管的规格　　mm

波形代号	波形参数 $p\times d$	螺旋波纹钢管		环形波纹钢管		拼装波纹钢管	
		直径范围	壁厚范围	直径范围	壁厚范围	直径范围	壁厚范围
A	38×6.5	100~300	1.0~1.6	—	—	—	—
B	68×13	300~2400	1.3~4.2	—	—	600~2400	1.6~5.0
C	75×25	900~3600	1.6~4.2	—	—	1000~3000	2.0~5.0
D	125×25	900~3600	1.6~4.2	500~1250	2.5~5.0	—	—
E	190×19	400~2600	1.6~2.8	—	—	—	—
F	150×50	2000~3600	1.6~4.2	1250~3000	3.0~6.5	1500~12000	2.0~10.0
G	200×55	—	—	1250~3000	3.0~6.5	1500~10000	2.0~88.0
H	230×64	—	—	—	—	2500~13000	3.0~7.0
I	300×110	—	—	—	—	4000~12000	4.0~10.0
J	380×140	—	—	—	—	6000~16000	5.0~10.0
K	400×150	—	—	—	—	8000~20000	5.0~8.0

注：1. 钢板材质、板厚、端头螺栓数量应通过设计计算选取。

2. p 为波距；d 为波高。

(2) 波纹钢管的尺寸允许偏差

表 9-3-119　　波纹钢管的尺寸允许偏差　　mm

序号	项目			允许偏差
1	钢板厚度 T(含镀锌层厚度)			下偏差:0
2	波距	浅波形	38×6.5	±1.5
			68×13	±3
			75×25	±3
			125×25	±3
		中波形		±3
		深波形		±3
		大波形		±3
3	波深	浅波形	38×6.5	-0.5~1.5
			68×13	-1~3
			75×25	-1~3
			125×25	-1~3
		中波形		-2~3
		深波形		±3
		大波形		±3
4	190×19	肋宽		±2
		肋深		0~+2
		肋间距		±3
5	直径 D 或内跨度 S、高度 H	≤1000		±3%
		>1000		±2%
6	波纹钢板件孔中心到板边长度			0~+5
7	管箍间搭接长度			±5

螺旋波纹钢板钢管

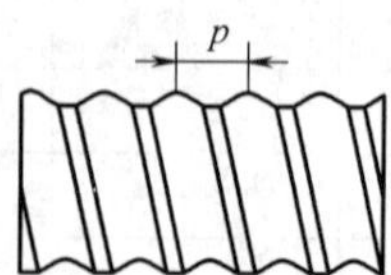

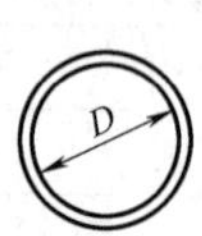

表 9-3-120

mm

规格代号	直径 D	螺旋波纹钢板钢管规格						面积 /m^2
		38×6.5	68×13	75×25	125×25	150×50	190×19	
D100	100	√						0.008
D200	200	√						0.031
D300	300	√	√					0.071
D400	400		√				√	0.126
D500	500		√				√	0.196
D600	600		√				√	0.283
D700	700		√				√	0.385
D800	800		√				√	0.503
D900	900		√	√	√		√	0.636
D1000	1000		√	√	√		√	0.785
D1200	1200		√	√	√		√	1.131
D1400	1400		√	√	√		√	1.539
D1500	1500		√	√	√		√	1.767
D1600	1600		√	√	√		√	2.011
D1800	1800		√	√	√		√	2.545
D2000	2000		√	√	√	√	√	3.142
D2200	2200		√	√	√	√	√	3.801
D2400	2400		√	√	√	√	√	4.524
D2600	2600			√	√	√	√	5.307
D2700	2700			√	√	√		5.726
D3000	3000			√	√	√		7.069
D3300	3300			√	√	√		8.553
D3600	3600			√	√	√		10.179

环形波纹钢板钢管

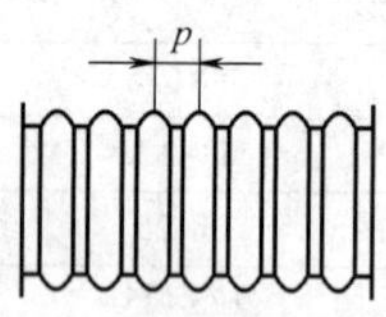

表 9-3-121

mm

规格代号	直径 D	螺旋波纹钢板钢管规格			面积 /m^2
		125×25	150×50	200×55	
D500	500	√			0.196
D600	600	√			0.283
D700	700	√			0.385
D750	750	√			0.440
D1000	1000	√			0.785
D1250	1250	√	√	√	1.230
D1500	1500		√	√	1.767
D2000	2000		√	√	3.142
D2500	2500		√	√	4.910
D3000	3000		√	√	7.069

7.7 波纹管应用实例

7.7.1 作为测控元件应用实例

图 9-3-45 是一些波纹管作为测控元件的应用实例。

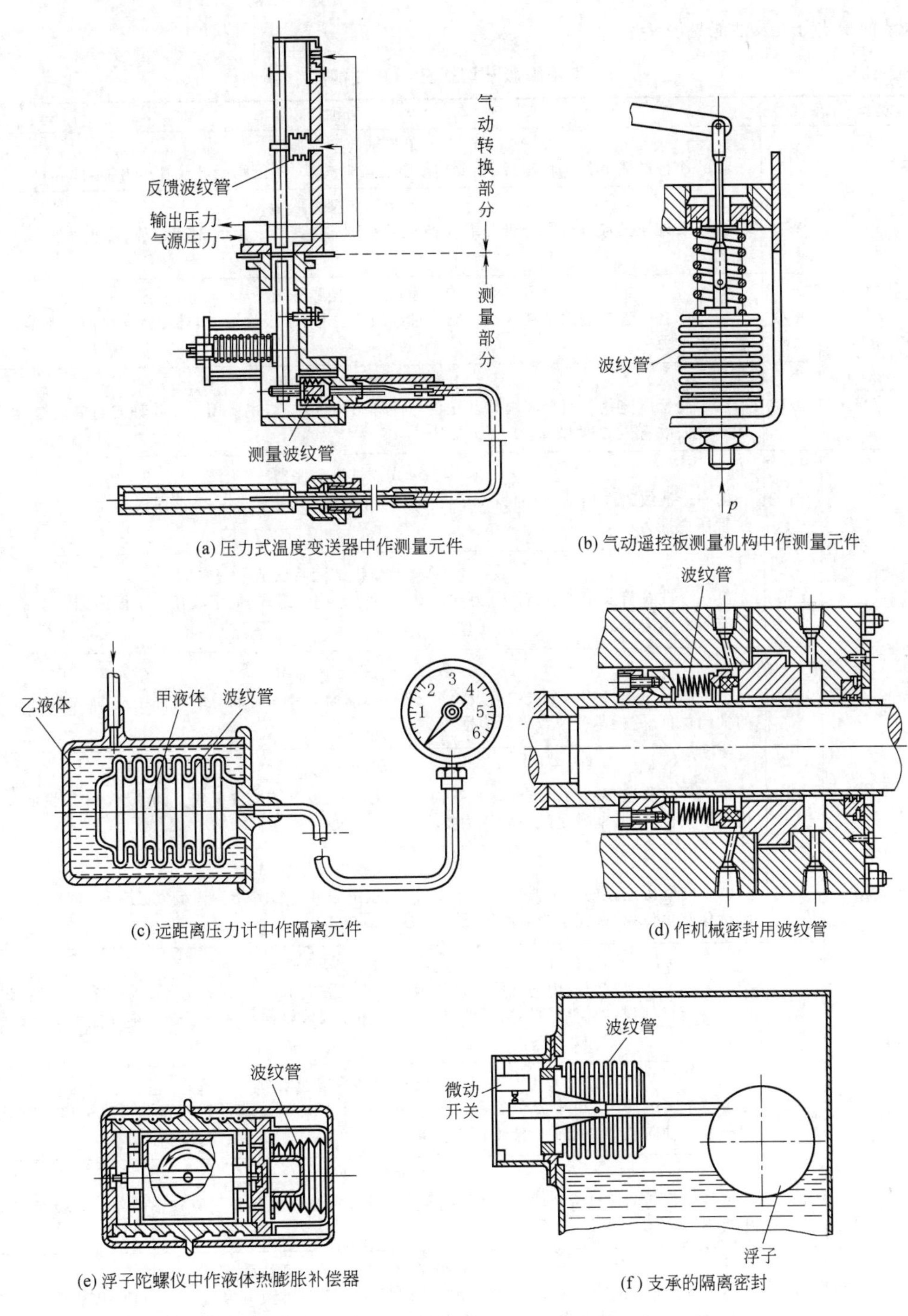

(a) 压力式温度变送器中作测量元件

(b) 气动遥控板测量机构中作测量元件

(c) 远距离压力计中作隔离元件

(d) 作机械密封用波纹管

(e) 浮子陀螺仪中作液体热膨胀补偿器

(f) 支承的隔离密封

图 9-3-45　作为测控元件的波纹管的应用实例

7.7.2 作为膨胀节应用实例

由金属波纹管制作而成的膨胀节应遵循如下国家标准：《金属波纹管膨胀节通用技术条件》GB/T 12777—2019、《金属波纹管膨胀节选用、安装、使用维护技术规范》GB/T 35979—2018、《压力管道用金属波纹管膨胀节》GB/T 35990—2018。

由一个或几个波纹管及结构件组成，用来吸收由于热胀冷缩等原因引起的管道和（或）设备尺寸变化的装置称为膨胀节。

膨胀节的型式分类及性能见表 9-3-122。

表 9-3-122 常用膨胀节型式分类及性能

序号	类型	代号	名称
1	无约束型	DZ	单式轴向型膨胀节 由一个波纹管和结构件组成,主要用于吸收轴向位移,不能承受波纹管压力推力
2		WZ	外压轴向型膨胀节 由承受外压的波纹管及外管和端环结构件组成,主要用于吸收轴向位移,不能承受波纹管压力推力
3		FZ	复式自由型膨胀节 由中间管所连接的两个波纹管及结构件组成,主要用于吸收轴向与横向组合位移,不能承受波纹管压力推力
4		FZB	比例连杆复式自由型膨胀节 由中间管所连接的两个波纹管及比例连杆等结构件组成,主要用于吸收轴向与横向组合位移,不能承受波纹管压力推力
5	约束型	DJ	单式铰链型膨胀节 由一个波纹管及销轴、铰链板和立板等结构件组成,只能吸收一个平面内的角位移,并能承受波纹管压力推力
6		DW	单式万向铰链型膨胀节 由一个波纹管及销轴、铰链板、万向环和立板等结构件组成,能吸收任一平面内的角位移,并能承受波纹管压力推力
7		FL	复式拉杆型膨胀节 由中间管所连接的两个波纹管及拉杆、端板和球面与锥面垫圈等结构件组成,能吸收任一平面内的横向位移,并能承受波纹管压力推力
8		FJ	复式铰链型膨胀节 由中间管所连接的两个波纹管及销轴、铰链板和立板等结构件组成,只能吸收一个平面内的横向位移及角位移,并能承受波纹管压力推力
9		FW	复式万向铰链型膨胀节 由中间管所连接的两个波纹管及十字销轴、铰链板和立板等结构件组成,能吸收任意平面内的横向位移及角位移,并能承受波纹管压力推力
10		WP	弯管压力平衡型膨胀节 由一个工作波纹管或中间管所连接的两个工作波纹管和一个平衡波纹管及弯头或三通、封头、拉杆、端板和球面与锥面垫圈等结构件组成,主要用于吸收轴向和横向组合位移并能平衡波纹管压力推力
11		ZP	直管压力平衡型膨胀节 由位于两端的两个工作波纹管和位于中间的一个平衡波纹管及拉杆和端板等结构件组成,主要用于吸收轴向位移并能平衡波纹管压力推力
12		PP	旁通直管压力平衡型膨胀节 由两个相同的波纹管及端环、封头、外管等结构件组成,主要用于吸收轴向位移并能平衡波纹管压力推力
13		FJP	复式铰链直管压力平衡型膨胀节 由位于两端的两个工作波纹管和位于中间的一个平衡波纹管及销轴、铰链板和立板等结构件组成,主要用于吸收轴向位移和一个平面内的横向位移并能平衡波纹管压力推力

续表

序号	类型	代号	名称
14	约束型	FWP	复式万向铰链直管压力平衡型膨胀节 由位于两端的两个工作波纹管和位于中间的一个平衡波纹管及销轴、铰链板、万向环和立板等结构件组成,主要用于吸收轴向位移和任一平面内的横向位移并能平衡波纹管压力推力
15		WZP	外压直管压力平衡型膨胀节 由两个承受外压的工作波纹管和一个承受外压的平衡波纹管及管端、接管、外管、端环组件等结构件组成,主要用于吸收轴向位移并能平衡波纹管压力推力

7.7.3 作为液体输送应用实例

不锈钢波纹管可以加装各种接头形成不锈钢软管，安装在饮用水输送管路系统用来输送冷热水，也可以安装在城市煤气输送系统供煤气和液化石油气输送用。不锈钢波纹管的长度可以根据需要现场切割并添加接头（低压供水系统，公称压力<0.6MPa）。

不锈钢波纹管由于其容易弯曲盘绕，比表面积大于同直径的不锈钢管（或铜管），近年来常用来制作液-液介质的盘管换热器或水箱。图 9-3-46 和图 9-3-47 是不锈钢波纹管的几种应用实例。

(a) 双盘管波纹管换热水箱　(b) 波纹管盘管换热器

(c) 波纹管软管

图 9-3-46　不锈钢波纹管应用实例（一）

(a) 无接头波纹管软管

(b) 法兰盘接头带护套波纹管软管

图 9-3-47　不锈钢波纹管应用实例（二）

7.7.4 波纹管在联轴器上的应用

波纹管联轴器是用外形呈波纹状的薄壁管（波纹管）直接与两半联轴器焊接或粘接来传递运动的。这种联轴器的结构简单，外形尺寸小，加工与安装方便，传动精度高，主要用于要求结构紧凑、传动精度较高的小功率精密机械和控制机构中。图 9-3-48 是两种形式的波纹管联轴器照片和结构。

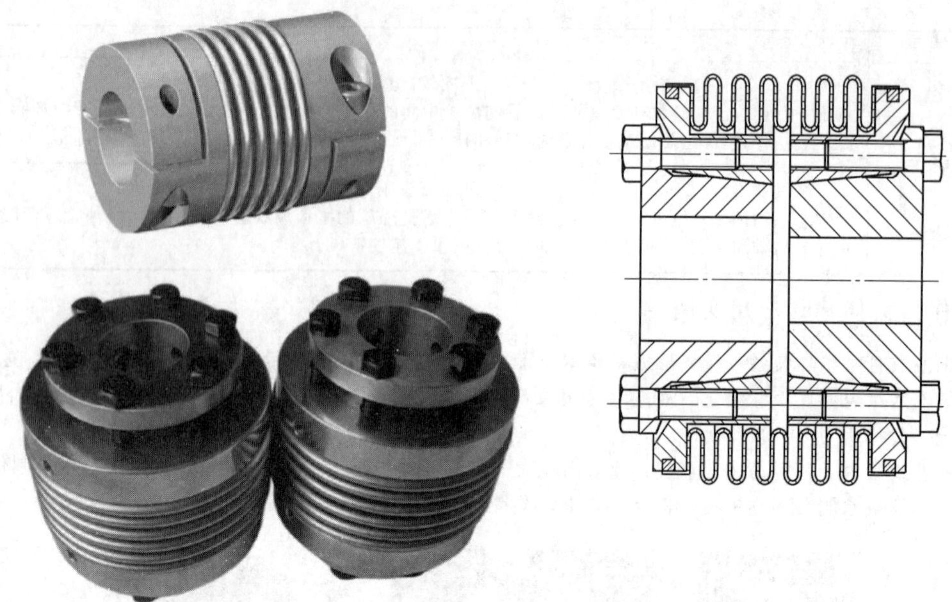

图 9-3-48　两种形式的波纹管联轴器照片和结构

8　塑料管材管件

8.1　塑料管道系统

塑料管道系统的管材和管件分为热塑性和热固性两大类。热固性塑料是以热固性树脂为主要成分，配合以各种必要的添加剂通过交联固化过程成形成制品的塑料，在制造或成型过程的前期为液态，固化后就不熔，也不能再次热熔或软化。常见的热固性塑料有酚醛塑料、环氧塑料、氨基塑料、不饱和聚酯、醇酸塑料等。热固性塑料又分甲醛交联型和其他交联型两种类型。

热塑性塑料是具有加热软化、冷却硬化特性的塑料，以热塑性塑料为材料而制成的管制品统称为热塑性塑料管材。主要的热塑性塑料管材有聚乙烯（PE）管材、聚丙烯（PP）管材、聚丁烯（PB）管材、聚苯乙烯（PS）管材等。

表 9-3-123　　塑料管道系统常用国家标准

序号	国标号	国标名称	备注
1	GB/T 18998.1—2022	工业用氯化聚氯乙烯(PVC-C)管道系统 第1部分:总则	
2	GB/T 18998.2—2022	工业用氯化聚氯乙烯(PVC-C)管道系统 第2部分:管材	d_n=20~225mm
3	GB/T 18998.3—2022	工业用氯化聚氯乙烯(PVC-C)管道系统 第3部分:管件	
4	GB/T 18993.1—2020	冷热水用氯化聚氯乙烯(PVC-C)管道系统 第1部分:总则	
5	GB/T 18993.2—2020	冷热水用氯化聚氯乙烯(PVC-C)管道系统 第2部分:管材	d_n=20~160mm
6	GB/T 18993.3—2020	冷热水用氯化聚氯乙烯(PVC-C)管道系统 第3部分:管件	
7	GB/T 24452—2009	建筑物内排污、废水(高、低温)用氯化聚氯乙烯(PVC-C)管材和管件	d_n=32~160mm
8	GB/T 10002.1—2023	给水用硬聚氯乙烯(PVC-U)管材	d_n=20~1200mm,水温不超过45℃,一般用于压力输水和饮用水输配

续表

序号	国标号	国标名称	备注
9	GB/T 10002.2—2003	给水用硬聚氯乙烯(PVC-U)管件	已作废,但无新版本
10	GB/T 10002.3—2011	给水用用硬聚氯乙烯(PVC-U)阀门	水温低于45℃
11	GB/T 16800—2008	排水用芯层发泡硬聚氯乙烯(PVC-U)管材	d_n=40~500mm,无压排水用
12	GB/T 4219.1—2008	工业用硬聚氯乙烯(PVC-U)管道系统 第1部分:管材	d_n=16~400mm,-5~45℃
13	GB/T 4219.2—2015	工业用硬聚氯乙烯(PVC-U)管道系统 第2部分:管件	-5~45℃
14	GB/T 5836.1—2018	建筑排水用硬聚氯乙烯(PVC-U)管材	d_n=32~315mm
15	GB/T 5836.2——2018	建筑排水用硬聚氯乙烯(PVC-U)管件	
16	GB/T 33608—2017	建筑排水用硬聚氯乙烯(PVC-U)结构壁管材	
17	GB/T 18477.1—2007	埋地排水用硬聚氯乙烯(PVC-U)结构壁管道系统第1部分 双壁波纹管材	d_n=100~1000mm,用于无压排水、电缆套管
18	GB/T 18477.2—2011	埋地排水用硬聚氯乙烯(PVC-U)结构壁管道系统第2部分 加筋管材	PN≤0.2MPa,DN≤300mm
19	GB/T 20221—2006	无压埋地排污、排水用硬聚氯乙烯(PVC-U)管材	d_n=110~1000mm,无压排水排污
20	GB/T 13664—2006	低压输水灌溉用硬聚氯乙烯(PVC-U)管材	d_n=75~315mm,公称压力≤0.4MPa
21	GB/T 41422—2022	压力输水用取向硬聚氯乙烯(PVC-O)管材和连接件	d_n=63~1000mm,公称压力≤2.5MPa、水温不超过45℃
22	GB/T 32018.1—2015	给水用抗冲改性聚氯乙烯(PVC-M)管道系统 第1部分:管材	d_n=63~800mm,水温不超过45℃
23	GB/T 32018.2—2015	给水用抗冲改性聚氯乙烯(PVC-M)管道系统 第2部分:管件	
24	GB/T 18991—2003	冷热水系统用热塑性塑料管材和管件	
25	GB/T 13663.1—2017	给水用聚乙烯(PE)管道系统 第1部分:总则	
26	GB/T 13663.2—2018	给水用聚乙烯(PE)管道系统 第2部分:管材	d_n=16~2500mm、水温不超过45℃,最大工作压力≤2.0MPa
27	GB/T 13663.3—2018	给水用聚乙烯(PE)管道系统 第3部分:管件	
28	GB/T 15558.1—2023	燃气用埋地聚乙烯(PE)管道系统 第1部分:总则	d_n=16~800mm,适用于PE100和PE80级混配料制造的PE管材
29	GB/T 15558.2—2023	燃气用埋地聚乙烯(PE)管道系统 第2部分 管材	
30	GB/T 15558.3—2023	燃气用埋地聚乙烯(PE)管道系统 第3部分 管件	
31	GB/T 19472.1—2019	埋地用聚乙烯(PE)结构壁管道系统 第1部分:聚乙烯双壁波纹管材	使用温度低于45℃的埋地排水、排污和通信护套管
32	GB/T 19472.2—2017	埋地用聚乙烯(PE)结构壁管道系统 第2部分:聚乙烯缠绕结构壁管材	
33	GB/T 40967—2021	核电厂用聚乙烯(PE)管材及管件	
34	GB/T 24456—2009	高密度聚乙烯硅芯管	
35	GB/T 18992.1—2003	冷热水用交联聚乙烯(PE-X)管道系统 第1部分:总则	
36	GB/T 18992.2—2003	冷热水用交联聚乙烯(PE-X)管道系统 第2部分:管材	
37	GB/T 22051—2008	交联聚乙烯(PE-X)管用滑紧卡套冷扩式管件	
38	GB/T 28799.1—2020	冷热水用耐热聚乙烯(PE-RT)管道系统 第1部分:总则	
39	GB/T 28799.2—2020	冷热水用耐热聚乙烯(PE-RT)管道系统 第2部分:管材	
40	GB/T 28799.3—2020	冷热水用耐热聚乙烯(PE-RT)管道系统 第3部分:管件	
41	GB/T 28799.5—2020	冷热水用耐热聚乙烯(PE-RT)管道系统 第5部分:系统适用性	
42	GB/T 19809—2005	塑料管材和管件 聚乙烯(PE)管材/管材或管材/管件热熔对接组件的制备	
43	GB/T 32434—2015	塑料管材和管件 燃气和给水输配系统用聚乙烯(PE)管材及管件的热熔对接程序	

续表

序号	国标号	国标名称	备注
44	GB/T 18742.1—2017	冷热水用聚丙烯管道系统 第1部分:总则	
45	GB/T 18742.2—2017	冷热水用聚丙烯管道系统 第2部分:管材	
46	GB/T 18742.3—2017	冷热水用聚丙烯管道系统 第3部分:管件	
47	GB/T 35451.1—2017	埋地排水排污用聚丙烯(PP)结构壁管道系统 第1部分:聚丙烯双壁波纹管材	
48	GB/T 35451.2—2018	埋地排水排污用聚丙烯(PP)结构壁管道系统 第2部分:聚丙烯缠绕壁管材	
49	GB/T 19473.1—2020	冷热水用聚丁烯(PB)管道系统 第1部分:总则	
50	GB/T 19473.2—2020	冷热水用聚丁烯(PB)管道系统 第2部分:管材	
51	GB/T 19473.3—2020	冷热水用聚丁烯(PB)管道系统 第3部分:管件	
52	GB/T 19473.5—2020	冷热水用聚丁烯(PB)管道系统 第5部分:系统适用性	
53	GB/T 4217—2008	流体输送用热塑性塑料管材 公称外径和公称压力	
54	GB/T 19278—2018	热塑性塑料管材、管件与阀门通用术语及其定义	
55	GB/T 18991—2003	冷热水系统用热塑性塑料管材和管件	
56	GB/T 41494—2022	铝合金衬塑复合管材与管件	
57	GB/T 10798—2001	热塑性塑料管材通用壁厚表	
58	GB/T 20207.1—2006	丙烯腈—丁二烯—苯乙烯(ABS)压力管道系统 第1部分:管材	
59	GB/T 20207.2—2006	丙烯腈—丁二烯—苯乙烯(ABS)压力管道系统 第2部分:管件	

表 9-3-124　　塑料管道分类

分类方法	分类结果
树脂类型和加工方法分类	热塑性管道
	热固性管道
按用途分类(有压无压)	供水管(冷热水)
	排水水管
	地埋管
	排污管
	电缆套管
	排气管
按管材截面形状及表面光滑情况分类	(1)平滑管　指管材的内外壁都光滑的一类管材,常见的管材都属于这一类 (2)螺纹管　指管材的外壁光滑而内壁带有螺纹的一类管材。主要用于下水管,可使下水形成螺旋状,有效地降低噪声 (3)波纹管　指管材的内外壁都不光滑的一类管材。这类管材的优点为可随意弯曲,在拐弯处可节省弯头,常用于建筑墙内穿线管。用HDPE制成的波纹管具有力学性能优良、耐环境应力开裂性好、耐热应力开裂性好、耐化学腐蚀性好及不易渗透等优点,可节省40%原料,可用于输送煤气、上下水等 (4)缠绕管　指管材的内外壁都不光滑的一类管材,但与波纹管的成型方法不同
按层数分类	(1)单层管　指用同一材料制成具有单层结构的一类管材,如PVC及HDPE管等 (2)复合管　指用相同或不同材料制成的具有多层结构的一类管材,如铝塑复合管、钢塑复合管、纤维增强管、钢丝增强管及钢带增强波纹管等 铝塑复合管和钢塑复合管为20世纪90年代开发的新型管材,它兼有金属和塑料的双重优点,即金属的强度、抗静电性、阻燃性等和塑料的耐腐蚀性、保温性、长寿性等 纤维增强管和钢丝增强管为在塑料材料内加入高强纤维或钢丝材料制成 钢带增强波纹管既具有刚性较大、高抗冲、高抗压、高强度等特点,又具有塑料的耐腐蚀性和柔韧性

表 9-3-125　　　　塑料管道连接方法

序号	连接方法	说明	说明及适用对象
1	机械连接	通过机械方式使连接的部件间实现密封、耐压和/或传递轴向载荷的连接方式(螺纹连接、法兰连接、卡压连接等)	所有管材
2	弹性承插连接	依靠弹性元件的压缩弹性变形实现承口与插口间密封的连接方式	PVC 类管道
3	粘接	使用粘合剂(或溶剂)使相互粘合的表面彼此附着,实现密封、耐压和传递轴向载荷的连接方式	PVC 类管道
4	热熔连接	利用专用的加热器具熔化待连接表面,并将其压合(或插合)熔接为一体的连接方式	PE 类、PP 类、PB 类
5	电熔连接	通过向预置于连接面的电加热元件输入电能,实现将管道部件熔接为一体的连接方式	PE 类、PP 类、PB 类
6	热熔对接	利用加热板加热管材或部件插口的端面(或斜切平面),使其对正、熔融、压紧直至熔接成一体的连接方式	PE 类、PP 类、PB 类
7	热熔承插连接	使用专用加热工具使承口与插口的配合表面熔接成一体的连接方式	PE 类、PP 类、PB 类

8.2　热塑性塑料管道的公称外径、公称压力和壁厚

公称外径 d_n 是管材或管件插口外径的规定数值，单位为 mm，在热塑性塑料管材系统中，它适用于除法兰和用螺纹尺寸表示的部件外的所有热塑性塑料管道系统部件。为便于参考，其数值都采用整数。

公称压力 PN 与管道系统部件的力学性能相关，是用于参考的标识。它选自 GB/T 321 中 R10 系列的便于使用的数字。

表 9-3-126　　　　塑料管材公称外径允许值（摘自 GB/T 4217—2008）

公称外径系列						
2.5	10	40	125	250	500	1000
3	12	50	140	280	560	1200
4	16	63	160	315	630	1400
5	20	75	180	355	710	1600
6	25	90	200	400	800	1800
8	32	110	225	450	900	2000

表 9-3-127　　　　塑料管材公称压力级别（摘自 GB/T 4217—2008）

PN	p_{pms}		PN	p_{pms}	
	MPa	bar		MPa	bar
1	0.1	1	6.3	0.63	6.3
2.5	0.25	2.5	8	0.8	8
3.2	0.32	3.2	10	1.0	10
4	0.4	4	12.5	1.25	12.5
5	0.5	5	16	1.6	16
6	0.6	6	20	2.0	20

管道的公称压力（PN）指管道输送 20℃水时的最大工作压力，当输水温度不同时，管道的最大工作压力会变化，一般用折减系数来修正最大工作压力。表 9-3-128 是塑料管道的温度折减系数。

表 9-3-128　　　　塑料管道的温度折减系数

温度/℃	折减系数 f_t	最大工作压力 FN
$0<t\leqslant25$	1	FN
$25<t\leqslant35$	0.8	0.8FN
$35<t\leqslant45$	0.63	0.63FN

表 9-3-129　最大许用压力为 0.6MPa 的塑料管材系列壁厚（摘自 GB/T 10798—2001） mm

公称外径 d_n	管系列 S(标准尺寸比 SDR)										
	4.2 (9.4)	5.3 (11.6)	6.7 (14.4)	8.3 (17.6)	10.5 (22)	13.3 (27.6)	16.7 (34.4)	(18.7) (38.4)	20.8 (42.6)	23.3 (47.6)	26.7 (54.4)
2.5	—	—	—	—	—	—	—	—	—	—	—
3	—	—	—	—	—	—	—	—	—	—	—
4	0.5	—	—	—	—	—	—	—	—	—	—
5	0.6	0.5	—	—	—	—	—	—	—	—	—
6	0.7	0.6	0.7	—	—	—	—	—	—	—	—
8	0.9	0.7	0.6	0.5	—	—	—	—	—	—	—
10	1.1	0.9	0.7	0.6	0.5	—	—	—	—	—	—
12	1.3	1.1	0.9	0.8	0.6	0.5	—	—	—	—	—
16	1.8	1.4	1.2	1.0	0.8	0.6	0.5	0.5	—	—	—
20	2.2	1.8	1.4	1.2	1.0	0.8	0.6	0.6	0.5	0.5	—
25	2.7	2.2	1.8	1.5	1.2	0.9	0.8	0.7	0.6	0.6	0.5
32	3.5	2.8	2.3	1.9	1.5	1.2	1.0	0.9	0.8	0.7	0.6
40	4.3	3.5	2.8	2.3	1.9	1.5	1.2	1.1	1.0	0.9	0.8
50	5.4	4.4	3.5	2.9	2.3	1.9	1.5	1.3	1.2	1.1	1.0
63	6.8	5.5	4.4	3.6	2.9	2.3	1.9	1.7	1.5	1.4	1.2
75	8.1	6.6	5.3	4.3	3.5	2.8	2.2	2.0	1.8	1.6	1.4
90	9.7	7.9	6.3	5.1	4.1	3.3	2.7	2.4	2.2	1.9	1.77
110	11.8	9.6	7.7	6.3	5.0	4.0	3.2	2.9	2.6	2.4	2.1
125	13.4	10.9	8.8	7.1	5.7	4.6	3.7	3.3	3.0	2.7	2.3
140	15.0	12.2	9.8	8.0	6.4	5.1	4.1	3.7	3.3	3.0	2.6
160	17.2	14.0	11.2	9.1	7.3	5.8	4.7	4.2	3.8	3.4	3.0
180	19.3	15.7	12.6	10.2	8.2	5.6	5.3	4.7	4.3	3.8	3.4
200	21.5	17.4	14.0	11.4	9.1	7.3	5.9	5.3	4.7	4.2	3.7
225	24.2	19.6	15.7	12.8	10.3	8.2	6.6	5.9	5.3	4.8	4.2
250	26.8	21.8	17.5	14.2	11.4	9.1	7.3	6.6	5.9	5.3	4.6
280	30.0	24.4	19.6	15.9	12.8	10.2	8.2	7.3	6.6	5.9	5.2
315	33.8	27.4	22.0	17.9	14.4	11.4	9.2	8.3	7.4	6.7	5.8
355	38.1	30.9	24.8	20.1	16.2	12.9	10.4	9.3	8.4	7.5	6.6
400	42.9	34.8	28.0	22.7	18.2	14.5	11.7	10.5	9.4	8.4	7.4
450	48.3	39.2	31.4	25.5	20.5	16.3	13.2	11.8	10.6	9.5	8.3
500	53.6	43.5	34.9	28.3	22.8	18.1	14.6	13.1	11.8	10.5	9.2
560	60.0	48.7	39.1	31.7	25.5	20.3	16.4	14.7	13.2	11.8	10.4
630	—	54.8	44.0	35.7	28.7	22.8	18.4	16.5	14.8	13.3	11.6
710	—	—	49.6	40.2	32.3	25.7	20.7	18.6	16.7	14.9	13.1
800	—	—	55.9	45.3	36.4	29.0	23.3	20.9	18.8	16.8	14.8
900	—	—	—	51.0	41.0	32.6	26.3	23.5	21.1	18.9	16.6
1000	—	—	—	56.6	45.5	36.2	29.2	26.1	23.5	21.0	18.4
1200	—	—	—	—	54.6	43.4	35.0	31.3	28.2	25.2	22.1
1400	—	—	—	—	—	50.6	40.8	36.6	32.9	29.4	25.8
1600	—	—	—	—	—	57.9	46.6	41.8	37.5	33.6	29.5
1800	—	—	—	—	—	—	52.5	47.0	42.2	37.8	33.2
2000	—	—	—	—	—	—	58.3	52.2	46.9	42.0	36.9

8.3 聚氯乙烯类塑料管道（PVC 系列）

表 9-3-130　PVC 系列塑料管道规格尺寸（摘自 GB/T 18998.2—2022、GB/T 18993.2—2020）　mm

公称外径 d_n	平均外径 d_{em}		公称壁厚 e_n						
			工业用管 S 系列 GB/T 18998.2—2022				冷热水用管 S 系列 GB/T 18993.2—2020		
	≥	≤	S10 (SDR21)	S6.3 (SDR13.6)	S5 (SDR11)	S4 (SDR9)	S6.3	S5	S4
20	20.0	20.2	2.0*	2.0*	2.0*	2.3	2.0	2.0	2.3
25	25.0	25.2	2.0*	2.0*	2.3	2.8	2.0	2.3	2.8
32	32.0	32.2	2.0*	2.4	2.9	3.6	2.4	2.9	3.6
40	40.0	40.2	2.0*	3.0	3.7	4.5	3.0	3.7	4.5
50	50.0	50.2	2.4	3.7	4.6	5.6	3.7	4.6	5.6
63	63.0	63.3	3.0	4.7	5.8	7.1	4.7	5.8	7.1
75	75.0	75.3	3.6	5.6	6.8	8.4	5.6	6.8	8.4
90	90.0	90.3	4.3	6.7	8.2	10.1	6.7	8.2	10.1
110	110.0	110.4	5.3	8.1	10.0	12.3	8.1	10.0	12.3
125	125.0	125.4	6.0	9.2	11.4	14.0	9.2	11.4	14.0
140	140.0	140.5	6.7	10.3	12.7	15.7	10.3	12.7	15.7
160	160.0	160.5	7.7	11.8	14.6	17.9	11.8	14.6	17.9
180	180.0	180.6	8,6	13.3	—	—	—	—	—
200	200.0	200.6	9.6	14.7	—	—	—	—	—
225	225.0	225.7	10.8	16.6	—	—	—	—	—

注：* 是为了保证刚度而把壁厚增加到 2.0mm。

给水硬聚氯乙烯（PVC-C）系列塑料管道（摘自 GB/T 10002.1—2006）

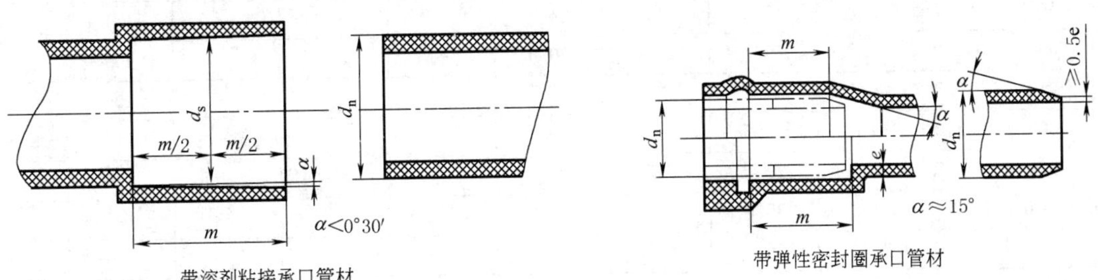

带溶剂粘接承口管材　　带弹性密封圈承口管材

表 9-3-131　**规格尺寸（一）**　mm

公称外径 d_n	平均外径 d_{em}		公称壁厚 e_n							承插口最小深度	
	≥	≤	S16 SDR33 PN0.63	S12.5 SDR26 PN0.8	S10 SDR21 PN1.0	S8 SDR17 PN1.25	S6.3 SDR13.6 PN1.6	S5 SDR11 PN2.0	S4 SDR9 PN2.5	弹性密封圈承口 m_{min}	溶剂粘接承口 m_{min}
20	20.0	20.3	—	—	—	—	—	2.0	2.3	—	16.0
25	25.0	25.3	—	—	—	—	2.0	2.3	2.8	—	18.5
32	32.0	32.3	—	—	—	2.0	2.4	2.9	3.6	—	22.0
40	40.0	40.3	—	—	2.0	2.4	3.0	3.7	4.5	—	26.0
50	50.0	50.3	—	2.0	2.4	3.0	3.7	4.6	5.6	56	31.0

续表

公称外径 d_n	平均外径 d_{em}		公称壁厚 e_n							承插口最小深度	
	≥	≤	S16 SDR33 PN0.63	S12.5 SDR26 PN0.8	S10 SDR21 PN1.0	S8 SDR17 PN1.25	S6.3 SDR13.6 PN1.6	S5 SDR11 PN2.0	S4 SDR9 PN2.5	弹性密封圈承口 m_{min}	溶剂粘接承口 m_{min}
63	63.0	63.3	2.0	2.5	3.0	3.8	4.7	5.8	7.1	58	37.5
75	75.0	75.3	2.3	2.9	3.6	4.5	5.6	6.9	8.4	60	43.5
90	90.0	90.3	2.8	3.5	4.3	5.4	6.7	8.2	10.1	61	51.0

表 9-3-132　　　　规格尺寸（二）　　　　mm

公称外径 d_n	平均外径 d_{em}		公称壁厚 e_n							承插口最小深度	
	≥	≤	S20 SDR44 PN0.63	S16 SDR33 PN0.8	S12.5 SDR26 PN1.0	S10 SDR21 PN1.25	S8 SDR17 PN1.6	S6.3 SDR13.6 PN2.0	S5 SDR11 PN2.5	弹性密封圈承口 m_{min}	溶剂粘接承口 m_{min}
110	110.0	110.4	2.7	3.4	4.2	5.3	6.6	8.1	10.0	64	61.0
125	125.0	125.4	3.1	3.9	4.8	6.0	7.4	9.2	11.4	66	68.5
140	140.0	140.5	3.5	4.3	5.4	6.7	8.3	10.3	12.7	68	76.0
160	160.0	160.5	4.0	4.9	6.2	7.7	9.5	11.8	14.6	71	86.0
180	180.0	180.6	4.4	5.5	6.9	8.6	10.7	13.8	16.4	73	96.0
200	200.0	200.6	4.9	6.2	7.7	9.6	11.9	14.7	18.2	75	106.0
225	225.0	225.7	5.5	6.9	8.6	10.8	13.4	16.6	—	78	118.5
250	250.0	250.8	6.2	7.7	9.6	11.9	14.8	18.4	—	81	131.0
280	280.0	280.9	6.9	8.6	10.7	13.4	16.6	20.6	—	85	146.0
315	315.0	316.0	7.7	9.7	12.1	15.0	18.7	23.2	—	88	163.5
355	355.0	356.1	8,7	10.9	13.6	16.9	21.1	26.1	—	90	183.5
400	400.0	401.2	9.8	12.3	15.3	19.1	23.7	29.4	—	92	206.0
450	450.0	451.4	11.0	13.8	17.2	21.5	26.7	33.1	—	95	—
500	500.0	501.5	12.3	15.3	19.1	23.9	29.7	36.8	—	97	—
560	560.0	561.7	13.7	17.2	21.4	26.7	—	—	—	101	—
630	630.0	631.9	15.4	19.3	24.1	30.0	—	—	—	105	—
710	710.0	712.0	17.4	21.8	27.2	—	—	—	—	109	—
800	800.0	802.0	19.6	24.5	30.6	—	—	—	—	114	—
900	900.0	902.0	22.0	27.6	34.4	—	—	—	—	119	—
1000	1000.0	1002.0	24.5	30.6	38.2	—	—	—	—	125	—
1200	1200.0	1202.1	29.4	36.7	45.9					136	—

建筑排水用硬聚氯乙烯（PVC-U）管材（摘自 GB/T 5836.1—2018）

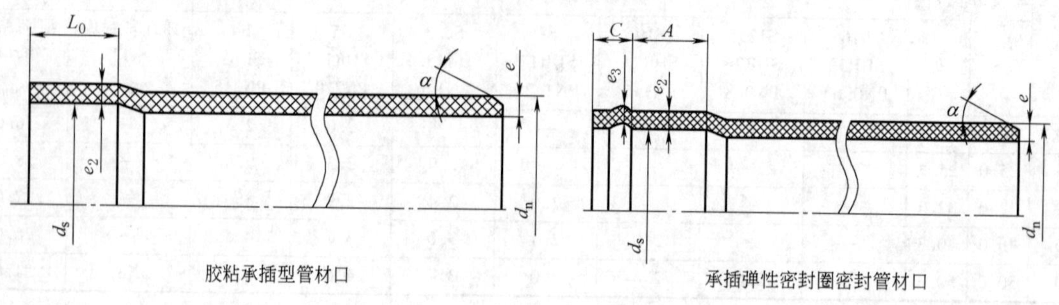

胶粘承插型管材口　　　　承插弹性密封圈密封管材口

表 9-3-133

mm

公称外径 d_n	平均外径 d_e		壁厚		管材承口尺寸			
					胶黏性承口		弹性密封圈承口	
	⩾	⩽	公称壁厚 e_n	允许偏差	最小平均内径 $d_{sm,min}$	最小承口深度 $L_{o,min}$	最小平均内径 $d_{sm,min}$	最小结合长度 A_{min}
32	32.0	32.2	2.0	+0.4 0	32.1	22	32.3	16
40	40.0	40.2	2.0	+0.4 0	40.1	25	40.3	18
50	50.0	50.2	2.0	+0.4 0	50.1	25	50.3	20
75	75.0	75.3	2.3	+0.4 0	75.2	40	75.4	25
90	90.0	90.3	3.0	+0.5 0	90.2	46	90.4	28
110	110.0	110.3	3.2	+0.6 0	110.2	48	110.4	32
125	125.0	125.3	3.2	+0.6 0	125.2	51	125.4	35
160	160.0	160.4	4.0	+0.6 0	160.3	58	160.5	42
200	200.0	200.5	4.9	+0.7 0	200.4	60	200.6	50
250	250.0	250.5	6.2	+0.8 0	250.4	60	250.8	55
315	315.0	315.6	7.7	+1.0 0	315.5	60	316.0	62

8.4 聚乙烯类塑料管道（PE 系列）

聚乙烯管是以聚乙烯（PE）混配料为原料，经挤出成型的塑料管材，主要用来输送温度不超过 45℃，最大工作压力不超过 2MPa 的水和饮用水。管材和管件之间可以采用热熔连接、电熔连接。

通过交联工艺形成的交联聚乙烯管（PE-X 系列），管材按交联工艺不同分为过氧化物交联聚乙烯（PE-Xa），硅烷交联聚乙烯（PE-Xb）管材、电子束交联聚乙烯（PE-Xc）管材和偶氮交联聚乙烯（PE-Xd）管材。管材和管件之间只能采用机械连接。交联聚乙烯管在不同条件下的使用时间见表 9-3-134。

PE-RT 为耐热聚乙烯管。在同样的工作压力下，PE-RT 管能承受更高的温度。表 9-3-135 是 PE-RT 管在不同使用条件下的工作时间。PE-RT 管有Ⅰ型和Ⅱ型之分，PE-RT Ⅱ型管材包括温泉管道和集中供暖管网用 PE-RTⅡ型管材和除温泉管道和集中供暖管网之外的 PE-RT Ⅱ型管材。管材和管件之间可以采用热熔连接、电熔连接。

表 9-3-134 交联聚乙烯管（PE-X）在不同条件下的使用时间（摘自 GB/T 18992.1—2003）

使用条件级别	设计温度 T_D/℃	T_D 下的使用时间/年	最高设计温度 T_{max}/℃	T_{max} 下的使用时间/年	故障温度 T_{mal}/℃	T_{mal} 下的使用时间/h	典型应用范围
1	60	49	80	1	95	100	供应热水（60℃）
2	70	49	80	1	95	100	供应热水（70℃）
4	20	2.5	70	2.5	100	100	地板采暖和低温散热器采暖
	40	20					
	60	25					

续表

使用条件级别	设计温度 T_D/℃	T_D 下的使用时间/年	最高设计温度 T_{max}/℃	T_{max} 下的使用时间/年	故障温度 T_{mal}/℃	T_{mal} 下的使用时间/h	典型应用范围
5	20	14	90	1	100	100	高温散热器采暖
	60	25					
	80	10					

注：1. 当 T_D、T_{max} 和 T_{mal} 超出本表给出的值时，不能用本表。

2. 所有级别的管道均应同时满足在20℃和1.0MPa条件下输送冷水，达到50年寿命，所有加热系统的介质只能是水或经过处理的水。

3. 在具体使用时，还应考虑0.4MPa、0.6MPa、0.8MPa、1.0MPa不同的设计压力。

4. 对于任何一个级别，当设计温度不止一个时，时间应当累加处理（例如：对于级别5，50年使用寿命是指下述温度下使用时间的累加：在20℃下使用14年，60℃下使用25年，80℃下使用10年，90℃下使用1年，可能出现的故障温度100℃下使用100h）。

表 9-3-135　　PE-RT 管在不同使用条件下的工作时间

使用条件级别	设计温度 T_D/℃	T_D 下的使用时间/年	最高设计温度 T_{max}/℃	T_{max} 下的使用时间/年	故障温度 T_{mal}/℃	T_{mal} 下的使用时间/h	典型应用范围
1	60	49	80	1	95	100	供应热水(60℃)
2	70	49	80	1	95	100	供应热水(70℃)
3	20	0.5	50	4.5	65	100	低温地板/辐射采暖
	30	20					
	40	25					
4	20	2.5	70	2.5	100	100	低温底板采暖或低温散热器采暖
	40	20					
	60	25					
5	20	14	90	1	100	100	高温散热器采暖
	60	25					
	80	10					

注：1. 当 T_D、T_{max} 和 T_{mal} 超出本表给出的值时，不能用本表。

2. 所有级别的管道均应同时满足在20℃和1.0MPa条件下输送冷水，达到50年寿命，所有加热系统的介质只能是水或经过处理的水。

3. 对于任何一个级别，当设计温度不止一个时，时间应当累加处理（例如：对于级加5，50年使用寿命是指下述温度下使用时间的累加：在20℃下使用14年，60℃下使用25年，80℃下使用10年，90℃下使用1年，可能出现的故障温度100℃下使用100h）。

表 9-3-136　　PE-X 管和 PE-RT 管的 S 系列

设计压力/MPa	管系列S														
	PE-X 管(σ_D/MPa)					PE-RT 管-Ⅰ型(σ_D/MPa)					PE-RT 管-Ⅱ型(σ_D/MPa)				
	级别1 3.85	级别2 3.54	级别3	级别4 4.00	级别5 3.24	级别1 3.29	级别2 2.68	级别3 4.65	级别4 3.25	级别5 2.38	级别1 3.70	级别2 3.53	级别3 5.31	级别4 3.55	级别5 3.02
0.4	6.3	6.3	—	6.3	6.3	10	10	10	10	10	5	5	5	5	5
0.6	6.3	5	—	6.3	5	8	8	10	6.3	6.3	5	5	5	5	5
0.8	4	4	—	5	4	6.3	6.3	8	5	5	4	4	5	4	3.2
1.0	3.2	3.2	—	4	3.2	5	5	6.3	4	4	3.2	3.2	5	3.2	2.5

表 9-3-137　给水用聚乙烯（PE）管道系统管材规格尺寸（摘自 GB/T 13663.2—2018）　mm

分组	公称外径 d_n	平均外径 d_{em}		公称壁厚 e_n							
		min	max	S4 SDR9	S5 SDR11	S6.3 SDR13.6	S8 SDR17	S10 SDR21	S12.5 SDR26	S16 SDR33	S20 SDR41
				PE80 级公称压力/MPa							
				1.6	1.25	1.0	0.8	0.6	0.5	0.4	0.32
				PE100 级公称压力/MPa							
				2.0	1.6	1.25	1.0	0.8	0.6	0.5	0.4
1	16	16.0	16.3	2.3	—	—	—	—	—	—	—
	20	20.0	20.3	2.3	2.3	—	—	—	—	—	—
	25	25.0	25.3	3.0	2.3	2.3	—	—	—	—	—
	32	32.0	32.3	3.6	3.0	2.4	2.3	—	—	—	—
	40	40.0	40.4	4.5	3.7	3.0	2.4	2.3	—	—	—
	50	50.0	50.4	5.6	4.6	3.7	3.0	3.4	2.3	—	—
	63	63.0	63.4	7,1	5.8	4.7	3.8	3.0	2.5	—	—
2	75	75.0	75.5	8.4	6.8	5.6	4.5	3.6	2.9	—	—
	90	90.0	90.6	10.1	8.2	6.7	5.4	4.3	3.5	—	—
	110	110.0	110.7	12.3	10.0	8.1	6.6	5.3	4.2	—	—
	125	125.0	125.8	14.0	11.4	9.2	7.4	6.0	4.8	—	—
	140	140.0	140.9	15.7	12.7	10.3	8.3	6.7	5.4	—	—
	160	160.0	161.0	17.9	14.6	11.8	9.5	7.7	6.2	—	—
	180	180.0	181.1	20.1	16.4	13.3	10.7	8.6	6.9	—	—
	200	200.0	201.2	22.4	18.2	14.7	11.9	9.6	7.7	—	—
	225	225.0	226.4	25.2	20.5	16.6	13.4	10.8	8.6	—	—
3	250	250.0	251.5	27.9	22.7	18.4	14.8	11.9	9.6	—	—
	280	280.0	281.7	31.3	25.4	20.6	16.6	13.4	10.7	—	—
	315	315.0	316.9	35.2	28.6	23.2	18.7	15.0	12.1	9.7	7.7
	355	355.0	357.2	39.7	32.2	26.0	21.1	16.9	13.6	10.9	8.7
	400	400.0	402.4	44.7	36.3	29.4	23.7	19.1	15.3	12.3	9.8
	450	450.0	452.7	50.3	40.9	33.1	26.7	21.5	17.2	13.8	11.0
	500	500.0	503.0	55.8	45.4	36.8	29.7	23.9	19.1	15.3	12.3
	560	560.0	563.4	62.5	50.8	41.2	33.2	26.7	21.4	17.2	13.7
	630	630.0	633.8	70.3	57.2	46.3	37.4	30.0	24.1	19.3	15.4
4	710	710.0	716.4	79.3	64.5	52.2	42.1	33.9	27.2	21.8	17.4
	800	800.0	807.2	89.3	72.6	58.8	47.4	38.1	30.6	24.5	19.6
	900	900.0	908.1	—	81.7	66.2	53.3	42.9	34.4	27.6	22.0
	1000	1000.0	1009.0	—	90.2	72.5	59.3	47.7	38.2	30.6	24.5
	1200	1200.0	1210.8	—	—	88.2	67.9	57.2	45.9	36.7	29.4
	1400	1400.0	1412.6	—	—	102.9	82.4	66.7	53.5	42.9	34.3
	1600	1600.0	1614.4	—	—	117.6	94.1	76.2	61.2	49.0	39.2
5	1800	1800.0	1816.2	—	—	—	105.9	85.7	69.1	54.5	43.8
	2000	2000.0	2018.0	—	—	—	117.6	95.2	76.9	60.6	48.8
	2250	2250.0	2270.3	—	—	—	—	107.2	86.0	70.0	55.0
	2500	2500.0	2522.5	—	—	—	—	119.1	95.6	77.7	61.2

表 9-3-138　交联聚乙烯（PE-X）管道系统管材规格尺寸（摘自 GB/T 18992.2—2003）　mm

分组	公称外径 d_n	平均外径 d_{em}		公称壁厚 e_n			
				管系列 S			
		min	max	S6.3	S5	S4	S3.2
1	16	16.0	16.3	1.8[①]	1.8[①]	1.8	2.2
	20	20.0	20.3	1.9[①]	1.9	2.3	2.8
	25	25.0	25.3	1.9	2.3	2.8	3.5

续表

分组	公称外径 d_n	平均外径 d_{em}		公称壁厚 e_n			
				管系列 S			
		min	max	S6.3	S5	S4	S3.2
1	32	32.0	32.3	2.4	2.9	3.6	4.4
	40	40.0	40.4	3.0	3.7	4.5	5.5
	50	50.0	50.5	3.7	4.6	5.6	6.9
	63	63.0	63.6	4.7	5.8	7.1	8.6
2	75	75.0	75.7	5.6	6.8	8.4	10.3
	90	90.0	90.9	6.7	8.2	10.1	12.3
	110	110.0	111.0	8.1	10.0	12.3	15.1
	125	125.0	126.2	9.2	11.4	14.0	17.1
	140	140.0	141.3	10.3	12.7	15.7	19.2
	160	160.0	161.5	11.8	14.6	17.9	21.9

① 考虑到刚性与连接的要求，该厚度不按管系列结算。

表 9-3-139　耐热聚乙烯（PE-RT）管道系统管材规格尺寸（摘自 GB/T 28799.2—2020）　mm

分组	公称外径 d_n	平均外径 d_{em}		公称壁厚 e_n			
				管系列 S/标准尺寸比			
		min	max	S5/SDR 11	S4/SDR 9	S3.2/SDR 7.4	S2.5/SDR 6
1	8	8.0	8.3	1.0	1.0	1.1	1.4
	10	10.0	10.3	1.0	1.2	1.4	1.7
	12	12.0	12.3	1.3	1.4	1.7	2.0
	16	16.0	16.3	1.5	1.8	2.2	2.7
	20	20.0	20.3	1.9	2.3	2.8	3.4
	25	25.0	25.3	2.3	2.8	3.5	4.2
	32	32.0	32.3	2.9	3.6	4.4	5.4
	40	40.0	40.4	3.7	4.5	5.5	6.7
	50	50.0	50.5	4.6	5.6	6.9	8.3
	63	63.0	63.6	5.8	7.1	8.6	10.5
2	75	75.0	75.7	6.8	8.4	10.2	12.5
	90	90.0	90.9	8.2	10.1	12.3	15.0
	110	110.0	111.0	10.0	12.3	15.1	18.3
	125	125.0	126.2	11.4	14.0	17.1	20.8
	140	140.0	141.3	12.7	15.7	19.2	23.3
	160	160.0	161.5	14.6	17.9	21.9	26.6
	180	180.0	181.7	16.4	20.1	24.6	29.9
	200	200.0	201.8	18.2	22.4	27.4	33.2
	225	225.0	227.1	20.5	25.2	30.8	37.4
	250	250.0	252.3	22.7	27.9	34.2	41.5
3	280	280.0	282.6	25.4	31.3	38.3	46.5
	315	315.0	317.9	28.6	35.2	43.1	52.3
	355	355.0	358.2	32.2	39.7	48.5	59.0
	400	400.0	403.6	36.3	44.7	—	—
	450	450.0	454.1	40.9	50.3	—	—

8.5　聚乙烯类塑料管件（PE 系列）（摘自 GB/T 13663.3—2018）

根据聚乙烯混合料的不同，聚乙烯管道管材和管件的连接方式也不同，PE-X 管材和管件之间只能采用挤压式机械连接，普通 PE 管和 PE-RT 管可以采用热熔连接或电熔连接。

PE 类管件分为四种类型，分别是：熔接连接类管件、构造焊制类管件、机械连接类管件（$d_n \leqslant 63$mm）和法兰连接类管件。交联聚乙烯（PE-X）管件采用卡箍式管件或 GB/T 22051—2008《交联聚乙烯（PE-X）管用滑紧卡套冷扩式管件》规定的卡套冷扩式管件，表 9-3-140 是交联聚乙烯管用滑紧卡套冷扩式管件尺寸规格。图 9-3-49 是几种常见 PE-X 管用滑紧卡套冷扩式管件。

交联聚乙烯管用滑紧卡套冷扩式管件（摘自 GB/T 22051—2008）

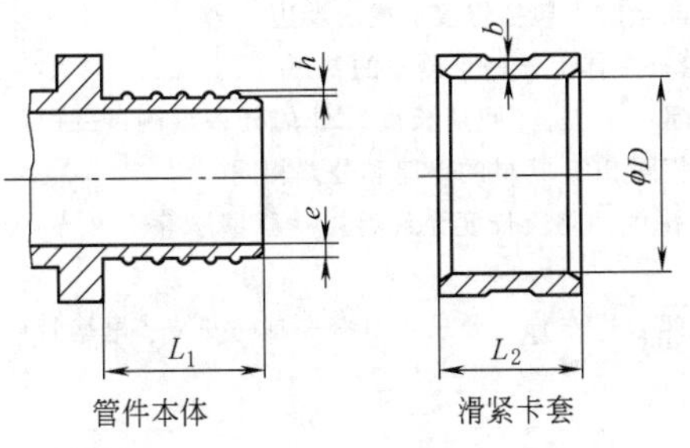

管件本体　　滑紧卡套

原理：将管材冷扩后套在管件本体上带环形筋的连接部位，再将卡套滑动至管件本体上的连接部位，实现密封和紧固

安装方法：

(1) 将卡套滑入管材一定距离（防止给扩管造成影响）

(2) 用扩管器冷扩管材端口，保证管材正好套到管件上

(3) 将扩口后的管材插到管件本体根部（最后一个环形筋被盖住）

(4) 用专用工具将卡套压入冷扩的管材和管件本体一端，直到卡套端部和本体根部完全接触

表 9-3-140　　mm

配套管公称外径	管件本体						滑紧卡套	
	最小壁厚	最小筋高	筋数量	最小长度	卡套内径 D		最小壁厚	最小长度
	e_{min}	h_{min}		L_{1min}	基本尺寸	公差	b_{min}	L_{2min}
12	0.9	0.40	4	15.00	12.30	±0.05	1.33	15.00
16	1.45	0.40	4	15.00	16.35		1.33	15.00
20	1.50	0.50	4	15.00	20.35		1.83	15.00
25	1.65	0.60	5	21.00	25.40		2.30	21.00
32	1.70	0.65	5	24.00	32.40	+0.1 −0.05	2.30	24.00
40	1.85	0.70	5	24.00	40.50		3.25	24.00
50	3.05	0.70	6	27.00	50.60	±0.05	4.20	27.00
63	3.65	0.70	6	27.00	63.70		5.15	27.00
75	5.20	1.00	7	40.00	76.00	+0.2 0	5.50	40.00

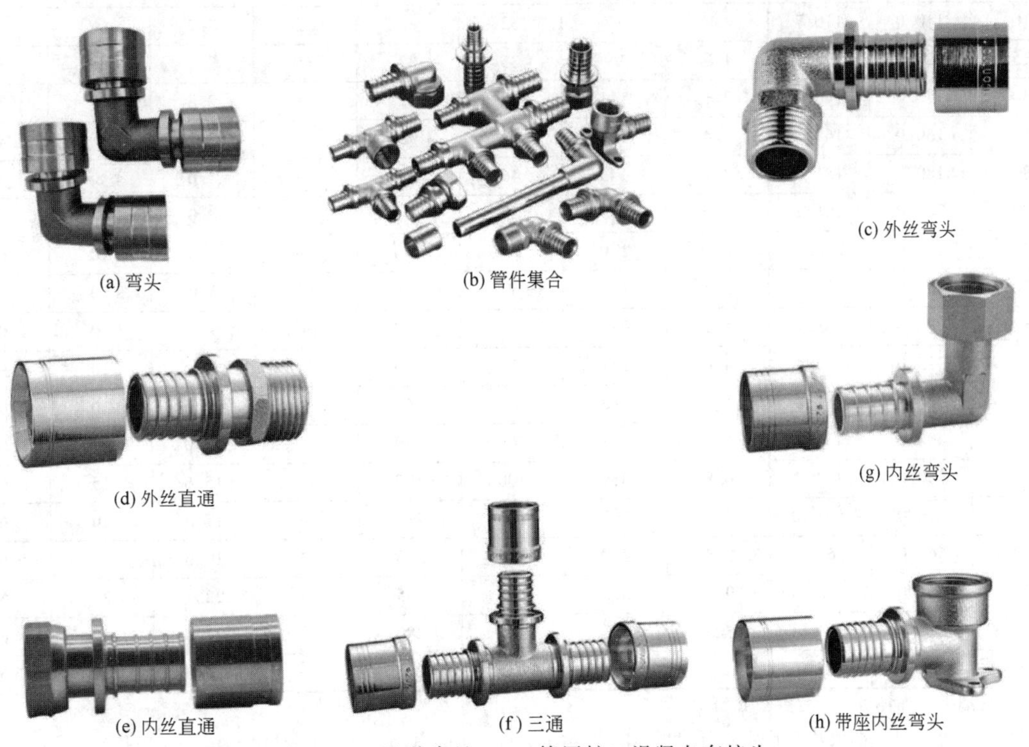
(a) 弯头　(b) 管件集合　(c) 外丝弯头　(d) 外丝直通　(g) 内丝弯头　(e) 内丝直通　(f) 三通　(h) 带座内丝弯头

图 9-3-49　几种常见 PE-X 管用扩口滑紧卡套接头

PE/PE-RT 管件插口端

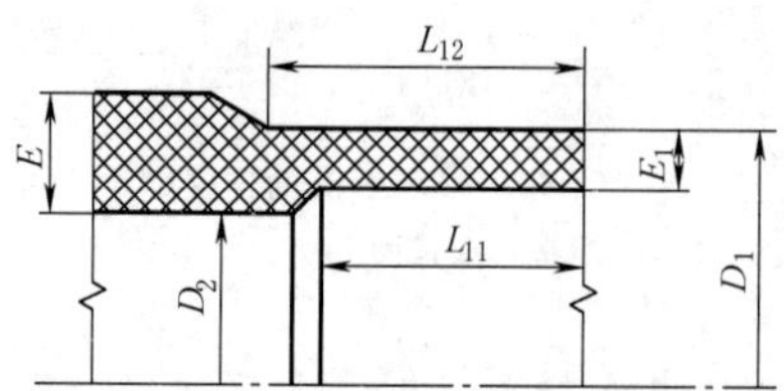

D_1—熔接段的平均外径，在距离端口不大于 L_{12}（管状长度）、平行于该端口平面的任一截面处测量

D_2—管件的最小通径，测量时不包括焊接形成的卷边（若有）

E—管件主体壁厚，在管件主体上任一点测量的壁厚

E_1—在距离插入端口不超过于 L_{11}（回切长度）处的任一点测量的熔接面的壁厚，并且要与相同 SDR 管材的壁厚和公差相同

L_{11}—熔接段的回切长度，即热熔对接或重新熔接所必需的插口端的初始深度，此段长度允许熔接一段壁厚等于 E_1 的管段来实现

L_{12}—熔接段的管状长度，即熔接端的初始长度，应满足以下各种操（或组合操作）的要求：对接夹具的安装、电熔管件的装配、热熔承插管件的装配和机械刮刀的使用

表 9-3-141

mm

插口公称外径	熔接端的平均外径 $D_1$①		电熔熔接和热熔对接				承插熔接	仅对于热熔对接		
			不圆度	最小通径	回切长度	管状长度	管状长度②	不圆度	回切长度	常规管状长度
d_n	min	max	max	D_2	$L_{11,\min}$	$L_{12,\min}$	$L_{12,\min}$	max	$L_{11,\min}$	$L_{12,\min}$
20	20.0	20.3	0.3	13	25	41	11	—	—	—
25	25.0	25.5	0.4	18	25	41	12.5	—	—	—
32	32.0	32.3	0.5	25	25	44	14.6	—	—	—
40	40.0	40.4	0.6	31	25	49	17	—	—	—
50	50.0	50.4	0.8	39	25	55	20	—	—	—
63	63.0	63.4	0.9	49	25	63	24	1.5	5	16
75	75.0	75.5	1.2	59	25	70	25	1.6	6	19
90	90.0	90.6	1.4	71	28	79	28	1.8	6	22
110	110.0	110.7	1.7	87	32	82	32	2.2	8	28
125	125.0	125.8	1.9	99	35	87	35	2.5	8	32
140	140.0	140.9	2.1	111	38	92	—	2.8	8	35
160	160.0	161.0	2.4	127	42	98	—	3.2	8	40
180	180.0	181.1	2.7	143	46	105	—	3.6	8	50
200	200.0	201.2	3.0	159	50	112	—	4.0	8	55
225	225.0	226.4	3.4	179	55	120	—	4.5	10	60
250	250.0	251.5	3.8	199	60	129	—	5.0	10	70
280	280.0	281.7	4.2	223	75	139	—	9.8	10	80
315	315.0	316.9	4.8	251	75	150	—	11.1	10	90
355	355.0	357.2	5.4	283	75	164	—	12.5	10	95
400	400.0	402.4	6.0	319	75	179	—	14.0	10	60
450	450.0	452.7	6.8	359	100	195	—	15.6	15	60
500	500.0	503.0	7.5	399	100	212	—	17.5	20	60
560	560.0	563.4	8.4	447	100	235	—	19.6	20	60
630	630.0	633.8	9.5	503	100	255	—	22.1	20	60
710	710.0	714.9	10.6	567	125	280	—	24.8	20	60
800	800.0	805.0	12.0	639	125	280	—	28.0	20	60

① 熔接端平均外径 $D_{1,\max}$ 按等级 B 给出。

② L_{12}（电熔管件）的值基于下列公式给出：对于 $d_n \leqslant 90$，$L_{12}=0.6d_n+25$；对于 $d_n \geqslant 110$，$L_{12}=d_n/3+45$。

PE/PE-RT 电熔承口端

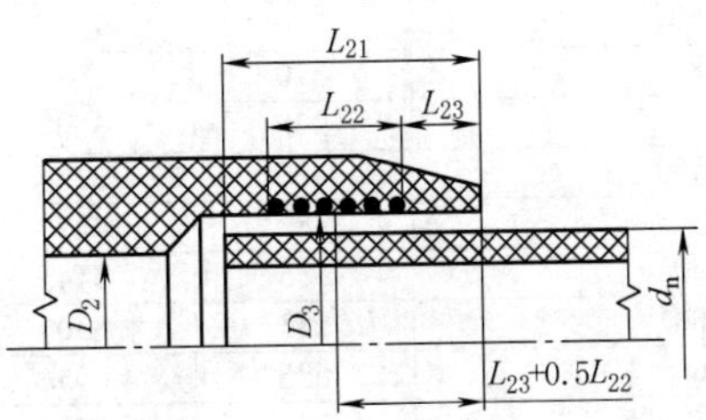

D_2—管件的最小通径

D_3—距口部端面 $L_{23}+0.5L_{22}$ 处测量的熔融区的平均内径

L_{21}—管材或管件插口端的插入深度，在有限位挡块的情况下，它为端口到限位挡块的距离；在没有限位挡块的情况下，它不大于管件总长的一半

L_{22}—承口内部的熔接区长度，即熔接区的标称长度

L_{23}—管口端部与熔接区开始处之间的距离，即管件承口口部非加热段长度，$L_{23}\geqslant 5$mm

表 9-3-142

mm

管件承口端公称直径 d_n	平均内径 D_3	插入深度			熔接区长度 $L_{22,min}$
		$L_{21,max}$		$L_{21,max}$	
	max	电流调节性	电压调节性		
20	20.6	20	25	41	10
25	25.6	20	25	41	10
32	32.9	20	25	44	10
40	41.0	20	25	49	10
50	51.1	20	28	55	10
63	64.1	23	31	63	11
75	76.3	25	35	70	12
90	91.5	28	40	79	13
110	111.6	32	53	82	15
125	126.7	35	58	87	16
140	141.7	38	62	92	18
160	162.1	42	68	98	20
180	182.1	46	74	105	21
200	202.1	50	80	112	23
225	227.6	55	88	120	26
250	252.6	73	95	129	33
280	282.9	81	104	139	35
315	318.3	89	115	150	39
355	—	99	127	164	42
400	—	110	140	179	47
450	—	122	155	195	51
500	—	135	170	212	56
560	—	147	188	235	61
630	—	161	209	255	67
710	—	177	220	280	74
800	—	193	230	300	82

注：当管件承口端公称直径≥355mm 时，平均内径由供需双方商定。

PE/PE-RT 法兰型管件

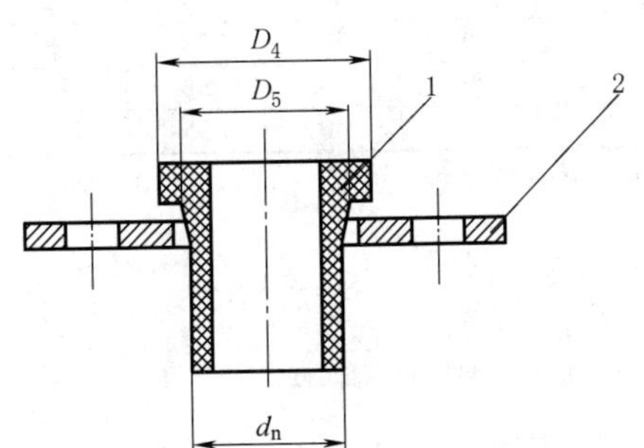

1—聚乙烯（PE）法兰连接类管件

2—金属法兰盘

D_4—聚乙烯（PE）法兰连接类管件头部的公称直径

D_5—聚乙烯（PE）法兰连接类管件柄（颈）部的公称直径

d_n—相连管材的公称尺寸（外径）或承口的公称直径（内径）

表 9-3-143

mm

管材和插口端公称外径 d_n	D_4(min)	D_5	管材和插口端公称外径 d_n	D_4(min)	D_5
20	45	27	250	320	285
25	58	33	280	320	291
32	68	40	315	370	335
40	78	50	355	430	375
50	88	61	400	482	427
63	102	75	450	585	514
75	122	89	500	585	530
90	138	105	560	685	615
110	158	125	630	685	642
125	158	132	710	800	737
140	188	155	800	905	840
160	212	175	900	1005	944
180	212	180	1000	1110	10447
200	268	232	1200	1330	1245
225	268	235			

PE 系列热熔承插管件

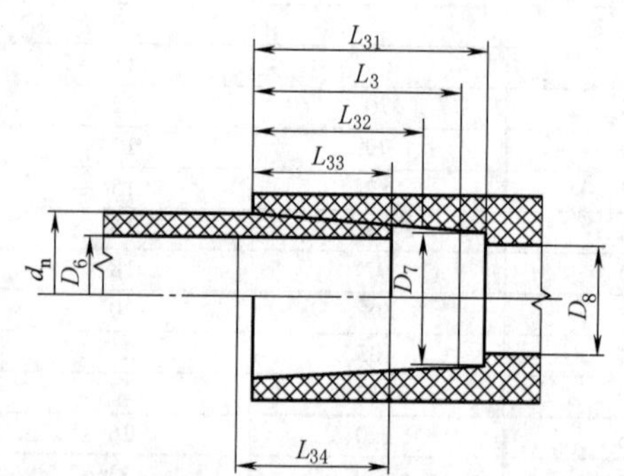

D_6—承口口部平均内径，即等于承口内表面与其端面相交圆的平均内径

D_7—承口根部平均内径，即距承口距离为 L_3 的、平行于端口平面的圆环界面的平均直径

D_8—最小通径

d_n—与管件相连的管材的公称外径

L_3—承口参考长度

L_{31}—从承口端面到其根部台阶处的承口实际长度，由制造商标称

L_{32}—管件的加热长度，即加热工具插入的长度，由制造商标称

L_{33}—插入深度，即经加热的管子端部插入承口的长度

L_{34}—管子加热端的长度，即管子插口端部进入加热工具的长度

表 9-3-144

承口公称直径	承口平均内径				最大不圆度	最小通径	承口参考长度	承口加热长度①		承口加热长度②	
	口部 D_6		根部 D_7				L_3	L_{32}		L_{33}	
d_n	min	max	min	max	max	D_8	min	min	max	min	max
16	15.2	15.5	15.1	15.4	0.4	9	13.3	10.8	13.3	9.8	12.3
20	19.2	19.5	19.0	19.3	0.4	13	14.5	12.0	14.5	11.0	13.5
25	24.1	24.5	23.9	24.3	0.4	18	16.0	13.5	16.0	12.5	15.0
32	31.1	31.5	30.9	31.3	0.5	25	18.1	15.6	18.1	14.6	17.1
40	39.0	39.4	38.8	39.2	0.5	31	20.5	18.0	20.5	17.0	19.5
50	48.9	49.4	48.7	49.2	0.6	39	23.5	21.0	23.5	20.0	22.5
63	62.0	62.4	61.6	62.1	0.6	49	27.4	24.9	27.4	23.9	26.4
75	74.3	74.8	73.0	73.5	0.7	59	30	26	30	25	29
90	89.3	89.9	87.9	88.5	1.0	71	33	29	33	28	32
110	109.4	110.0	107.7	108.3	1.0	87	37	33	37	32	36
125	124.4	125.0	122.6	123.2	1.0	99	40	36	40	35	39

① $d_n \leqslant 63$mm 的管件，$L_{32,min}=(L_{3,min}-2.5)$，$L_{32,max}=L_{3,min}$；$75mm \leqslant d_n \leqslant 125$mm 的管件，$L_{32,min}=(L_{3,min}-4)$，$L_{32,max}=L_{3,min}$。

② $d_n \leqslant 63$mm 的管件，$L_{33,min}=(L_{3,min}-3.5)$，$L_{33,max}=(L_{3,min}-1)$；$75mm \leqslant d_n \leqslant 125$mm 的管件，$L_{33,min}=(L_{3,min}-5)$，$L_{33,max}=(L_{3,min}-1)$。

注：热熔承插管件宜适用于 $d_n \leqslant 63$mm 的管件连接；$75mm \leqslant d_n \leqslant 125$mm 时，由用户和制造商协商确定。

鉴于篇幅限制，其他类型的聚乙烯（PE/PE-RT）管件不再列出，请查阅国标 GB/T 13663.3—2018。

8.6 聚丙烯类塑料管道（PP 系列）

聚丙烯类管材按聚丙烯混配料分为 β 晶型 PP-H、PP-B、PP-R、β 晶型 PP-RCT 等 4 种管材，按管系列分为 S6.3、S5、S4、S3.2、S2.5、S2 等六个系列，管系列 S 值与最大允许工作压力（20℃、50 年）的关系见表 9-3-145。管材按不同材料、使用条件级别和设计压力对应的 S 值见表 9-3-146。

表 9-3-145　PP 系列管系列 S 与最大允许工作压力在（20℃、50 年）条件下的关系

总使用系数 C	最大允许工作压力/MPa					
	S6.3	S5	S4	S3.2	S2.5	S2
1.25	1.0	1.25	1.6	2.0	2.5	3.2
1.5	0.8	1.0	1.25	1.6	2.0	2.5

表 9-3-146　不同材料和使用条件管材的 S 值

级别	设计应力 σ_D /MPa	管材类别	不同条件下的 S 值 设计压力/MPa			
			0.4	0.6	0.8	1.0
级别 1	2.88	β 晶型 PP-H	5	4	3.2	2.5
	1.66	PP-B	4	2.5	2	—
	3.02	PP-R	5	5	33.2	2.5
	3.64	β 晶型 PP-RCT	6.3	5	4	3.2
级别 2	1.99	β 晶型 PP-H	5	3.2	2.5	2
	1.19	PP-B	2.5	2	—	—
	2.12	PP-R	5	3.2	2.5	2
	3.40	β 晶型 PP-RCT	6.3	5	4	3.2
级别 4	3.23	β 晶型 PP-H	5	5	4	3.2
	1.94	PP-B	4	3.2	2	2
	3.29	PP-R	5	5	4	3.2
	3.67	β 晶型 PP-RCT	6.3	5	4	3.2
级别 5	1.82	β 晶型 PP-H	4	2.5	2	—
	1.19	PP-B	2.5	2	—	—
	1.89	PP-R	4	3.2	2	—
	2.92	β 晶型 PP-RCT	5	4	3.2	2.5

表 9-3-147　PP 管在不同使用条件下的工作时间（摘自 GB/T 18742.1—2017）

使用条件级别	设计温度 T_D/℃	T_D 下的使用时间/年	最高设计温度 T_{max}/℃	T_{max} 下的使用时间/年	故障温度 T_{mal}/℃	T_{mal} 下的使用时间/h	典型应用范围
1①	60	49	80	1	95	100	供应热水(60℃)
2①	70	49	80	1	95	100	供应热水(70℃)
4②	20	2.5	70	2.5	100	100	地板采暖或低温散热器采暖
	40	20					
	60	25					
5②	20	14	90	1	100	100	高温散热器采暖
	60	25					
	80	10					

① 可根据使用情况，优先选用级别 1 或级别 2。

② 对于任何一个级别，当设计温度不止一个时，时间应当累加处理（例如：对于级别 5，50 年使用寿命是指下述温度下使用时间的累加：在 20℃下使用 14 年，60℃下使用 25 年，80℃下使用 10 年，90℃下使用 1 年，可能出现的故障温度 100℃下使用 100h）。

注：1. 当 T_D、T_{max} 和 T_{mal} 超出本表给出的值时，不能用本表。

2. GB/T 18991—2003 中给出了级别 3（低温地板采暖），但不适用于本表。

表 9-3-148　**PP 管系列规格型号**（摘自 GB/T 18742.2—2017）　mm

分组	公称外径 d_n	平均外径 d_{em}		公称壁厚 e_n					
				管系列 S					
		≥	≤	S6.3①	S5	S4	S3.2	S2.5	S2
1	16	16.0	16.3	—	—	2.0	2.2	2.7	3.3
	20	20.0	20.3	—	2.0	2.3	2.8	3.4	4.1
	25	25.0	25.3	2.0	2.3	2.8	3.5	4.2	5.1
	32	32.0	32.3	2.4	2.9	3.6	4.4	5.4	6.5
	40	40.0	40.4	3.0	3.7	4.5	5.5	6.7	8.1
	50	50.0	50.5	3.7	4.6	5.6	6.9	8.3	10.1
	63	63.0	63.6	4.7	5.8	7.1	8.6	10.5	12.7
2	75	75.0	75.7	5.6	6.8	8.4	10.2	12.5	15.1
	90	90.0	90.9	6.7	8.2	10.1	12.3	15.0	18.1
	110	110.0	111.0	8.1	10.0	12.3	15.1	18.3	22.1
	125	125.0	126.2	9.2	11.4	14.0	17.1	20.8	25.1
	140	140.0	141.3	10.3	12.7	15.7	19.2	23.3	28.1
	160	160.0	161.5	11.8	14.6	17.9	21.9	26.6	32.1
	180	180.0	181.7	13.3	16.4	20.1	24.6	29.9	36.1
	200	200.0	201.8	14.7	18.2	22.4	27.4	33.2	40.1

① 仅适用于 β 晶型 PP-RCT 管材，粗线框内尺寸是为保证刚度而设计的。

注：阻隔层和粘接层总壁厚应不大于 0.4mm。

表 9-3-149　**管材的静液压强度**（无破裂、无渗漏，摘自 GB/T 18472.2-2017）**核查**

试验温度/℃	试验时间/h	静液压应力/MPa			
		材料			
		β 晶型 PP-H	PP-B	PP-R	β 晶型 PP-RCT
20	1	21.0	16.0	16.0	15.0
90	22	5.1	3.5	4.3	4.2
	165	4.2	3.0	3.8	4.0
	1000	3.6	2.6	3.5	3.8
110	8760	1.9	1.4	1.9	2.6

表 9-3-150　**管材与管件连接后的内压试验压力强度**（无破裂、无渗漏，摘自 GB/T 18472.2—2017）

管系列 S	内压压力/MPa			
	材料			
	β 晶型 PP-H	PP-B	PP-R	β 晶型 PP-RCT
6.3	—	—	—	0.60
5	0.72	0.52	0.70	0.76
4	0.90	0.65	0.88	0.95
3.2	1.13	0.81	1.09	1.19
2.5	1.44	1.04	1.40	1.52
2	1.80	1.30	1.75	1.90

注：95℃，1000h 无破裂、无渗漏。

表 9-3-151　**管材与管件连接后的热循环试验预应力**（无破裂、无渗漏，摘自 GB/T 18472.2—2017）

试验条件	预应力/MPa			
每个循环至少 30min，最高温度和最低温度各至少 15min	材料			
	β 晶型 PP-H	PP-B	PP-R	β 晶型 PP-RCT
	3.8	3.0	2.4	2.7

注：最高温度 95℃，最低温度 20℃，试验压力 1.0MPa，5000 次循环无破裂、无渗漏。

8.7 聚丙烯（PP）管件

聚丙烯类管件按聚丙烯混配料分为β晶型PP-H、PP-B、PP-R、β晶型PP-RCT等4种，管件和管材一样按管系列分为S6.3、S5、S4、S3.2、S2.5、S2等六个系列。所有管件都是热熔连接，按照熔接方式的不同分为热熔承插连接管件和电熔连接管件。热熔承插管件规格型号见表9-3-152，电容连接管件尺寸规格型号见表9-3-153。

热熔承插管件

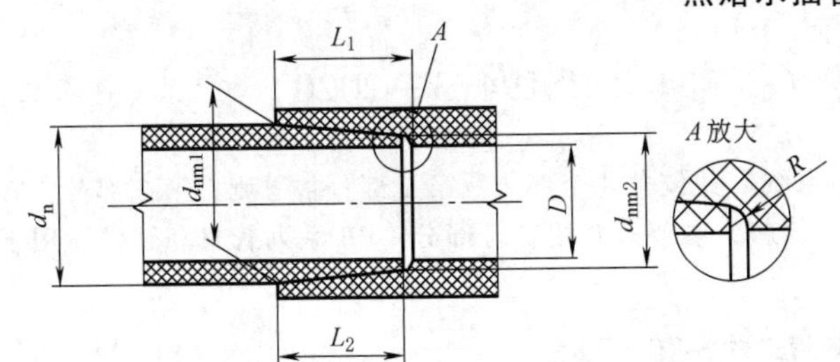

d_n—与管件相连的管材的公称外径
d_{nm1}—承口口部平均内径
d_{nm2}—承口根部平均内径
D—最小通径
L_1—承口深度
L_2—承插深度
R—允许的最大根半径

表 9-3-152

mm

公称外径 d_n	承口的平均内径				最大不圆度	最小通径 D	承口深度 L_1	承插深度 L_2
	口部 d_{nm1}		根部 d_{nm2}					
	min	max	min	max				
16	15.0	15.5	14.8	15.3	0.4	9	13.3	9.8
20	19.0	19.5	18.8	19.3	0.4	13	14.5	11.0
25	23.8	24.4	23.5	24.1	0.4	18	16.0	12.5
32	30.7	31.3	30.4	31.0	0.5	25	18.1	14.6
40	38.7	39.3	38.3	38.9	0.5	31	20.5	17.0
50	48.7	49.3	48.3	48.9	0.6	39	23.5	20.0
63	61.6	62.2	61.1	61.7	0.6	49	27.4	23.9
75	73.2	74.0	71.9	72.7	1.0	58.2	31.0	27.5
90	87.8	88.8	86.4	87.4	1.0	69.8	35.5	32.0
110	107.3	108.5	105.8	106.8	1.0	85.4	41.5	38.0
125	122.4	124.6	121.5	123.0	1.2	99.7	46.5	43.0

注：管件的公称外径 d_n 指与其相连的管材的公称外径。

电熔连接管件

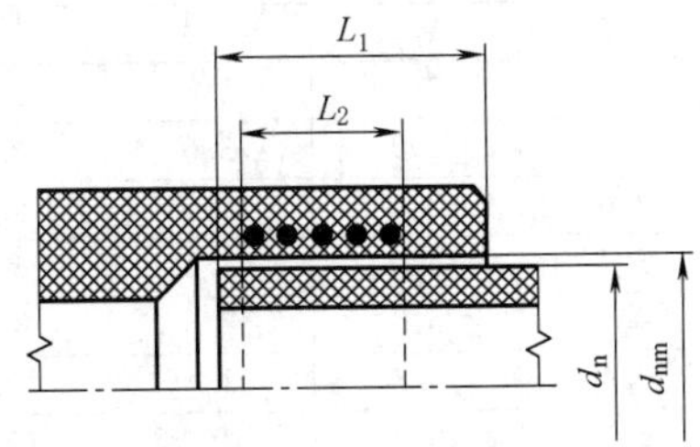

d_n—与管件相连的管材的公称外径；
d_{nm}—熔合段内径；
L_1—插入长度；
L_2—熔合段长度。

表 9-3-153

mm

公称外径 d_n	熔合段内径 d_{nm}	熔合段长度 L_2	插入长度 L_1	
			min	max
16	15.0	14.8	13.3	9.8
20	19.0	18.8	14.5	11.0
25	23.8	23.5	16.0	12.5
32	30.7	30.4	18.1	14.6
40	38.7	38.3	20.5	17.0
50	48.7	48.3	23.5	20.0
63	61.6	61.1	27.4	23.9
75	73.2	71.9	31.0	27.5

续表

公称外径 d_n	熔合段内径 d_{nm}	熔合段长度 L_2	插入长度 L_1	
			min	max
90	87.8	86.4	35.5	32.0
110	107.3	105.8	41.5	38.0
125	122.4	121.5	46.5	43.0
160	160.4			

8.8 冷热水用聚丁烯（PB）塑料管道（摘自 GB/T 19473—2020）

GB/T 19473—2020《冷热水用聚丁烯（PB）管道系统》共包含 4 个部分：第 1 部分：总则；第 2 部分：管材；第 3 部分：管件；第 5 部分：系统适用性。为节约篇幅，本节只介绍管材部分。PB 系列管材和管件适用于建筑冷热水系统，包括饮用水和采暖等管道系统。

表 9-3-154　　PB 系列管道的 S 值

管材		管系列 S									
	管道种类	PB-H 管（σ_D/MPa）					PB-R 管（σ_D/MPa）				
	级别	级别 1	级别 2	级别 3	级别 4	级别 5	级别 1	级别 2	级别 3	级别 4	级别 5
	设计应力 σ_D/MPa	5.72	5.04	7.83	5.46	4.30	5.16	5.12	7.81	4.33	4.13
设计压力/MPa	0.4	10	10	10	10	10	10	10	10	10	10
	0.6	8	8	10	8	6.3	8	8	10	6.3	6.3
	0.8	6.3	6.3	8	6.3	5	6.3	6.3	8	5	5
	1.0	5	5	6.3	5	4	5	5	6.3	4	4

表 9-3-155　　PB 系列塑料管道规格尺寸

管件分组	公称外径 d_n	平均外径 d_{em}		公称壁厚 e_n 管系列					
		≥	≤	S10	S8	S6.3	S5	S4	S3.2
1	8	8.0	8.3	1.0	1.0	1.0	1.0	1.0	1.1
	10	10.0	10.3	1.0	1.0	1.0	1.0	1.2	1.4
	12	12.0	12.3	1.3	1.3	1.3	1.3	1.4	1.7
	16	16.0	16.3	1.3	1.3	1.3	1.5	1.8	2.2
	20	20.0	20.3	1.3	1.3	1.5	1.9	2.3	2.8
	25	25.0	25.3	1.3	1.5	1.9	2.3	2.8	3.5
	32	32.0	32.3	1.6	1.9	2.4	2.9	3.6	4.4
	40	40.0	40.4	1.9	2.4	3.0	3.7	4.5	5.5
	50	50.0	50.5	2.4	3.0	3.7	4.6	5.6	6.9
	63	63.0	63.6	3.0	3.8	4.7	5.8	7.1	8.6
2	75	75.0	75.7	3.6	4.5	5.6	6.8	8.4	10.3
	90	90.0	90.9	4.3	5.4	6.7	8.2	10.1	12.3
	110	110.0	111.0	5.3	6.6	8.1	10.0	12.3	15.1
	125	125.0	126.2	6.0	7.4	9.2	11.4	14.0	17.1
	140	140.0	141.3	6.7	8.3	10.3	12.7	15.7	19.2
	160	160.0	161.5	7.7	9.5	11.8	14.6	17.9	21.9
	180	180.0	181.7	8.6	10.7	13.3	16.4	20.1	24.6
	200	200.0	201.8	9.6	11.9	14.7	18.2	22.4	27.4
	225	225.0	227.1	10.8	13.4	16.6	20.5	25.2	30.8
	250	250.0	252.3	11.9	14.8	18.4	22.7	27.9	34.2

注：直管长度一般为 4m 或 6m，盘管长度一般为 100m、200m 或 300m，也可以由供需双方协商确定。管材长度不应有负偏差。

按照聚丁烯混配料类型，PB 系列管件分为 PB-H 和 PB-R 两种管件。按连接方式的不同，管件分为：热熔连接管件、电熔管件和机械连接管件。其中，热熔连接管件又分为热熔承插连接管件和热熔对接连接管件。热熔承插连接管件的型式和尺寸应符合表 9-3-156 的规定，电熔连接管件尺寸规格型号应符合表 9-3-157 的规定。

热熔承插（PB）管件

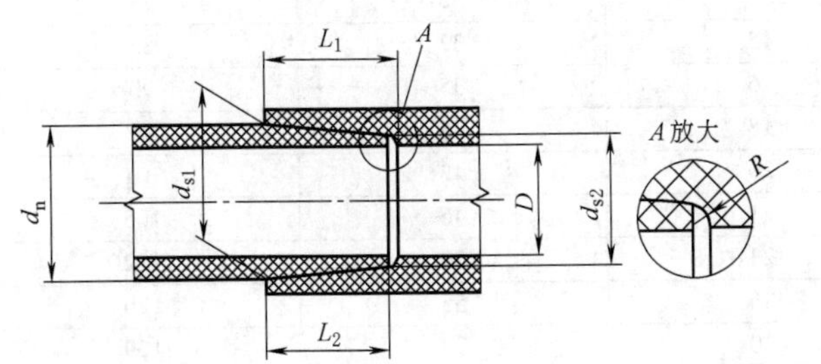

d_n—与管件相连的管材的公称外径
d_{s1}—承口口部内径
d_{s2}—承口根部内径
D—通径
L_1—承口深度
L_2—承插深度
R—承口根部圆角过渡

表 9-3-156 规格型号 mm

公称外径 d_n	承口的平均内径				最大不圆度	通径 D	承口深度 L_1	承插深度 L_2
	口部 d_{s1}		根部 d_{s2}					
	min	max	min	max	≤	≥	min	min
16	15.0	15.5	14.8	15.3	0.6	9.0	13.0	9.5
20	19.0	19.5	18.8	19.3	0.6	13.0	14.5	11.0
25	23.8	24.4	23.5	24.1	0.7	18.0	16.0	12.5
32	30.7	31.3	30.4	31.0	0.7	25.0	18.0	14.5
40	38.7	39.3	38.3	38.9	0.7	31.0	20.5	17.0
50	48.7	49.3	48.3	48.9	0.8	39.0	23.5	20.0
63	61.6	62.2	61.1	61.7	0.8	49.0	27.5	24.0
75	73.2	74.0	71.9	72.7	1.0	58.2	31.0	27.5
90	87.8	88.8	86.4	87.4	1.2	69.8	35.5	32.0
110	107.3	108.5	105.8	106.8	1.4	85.4	41.5	38.0
125	122.4	124.6	121.5	123.0	1.4	99.7	46.0	42.5
140	137.2	139.5	135.6	137.5	1.4	111.4	50.5	47.2
160	156.8	159.5	155.4	157.2	1.4	127.3	56.5	53.0

注：管件的公称外径 d_n 指与其相连的管材的公称外径。

电熔连接（PB）管件

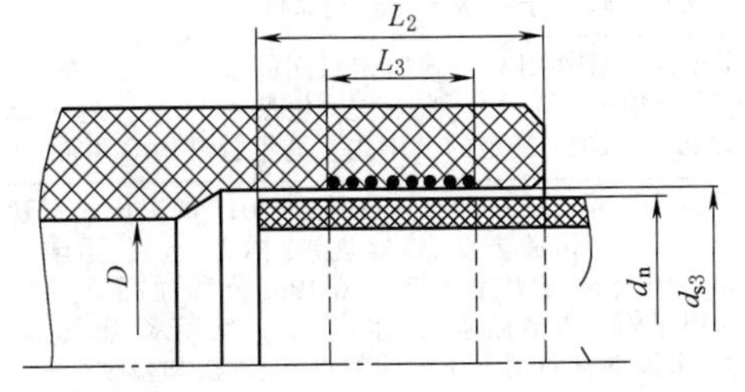

D—通径
d_n—与管件相连的管材的公称外径
d_{s3}—熔融区内径
L_2—承插深度
L_3—熔区长度

表 9-3-157 mm

公称外径 d_n	熔融区平均内径 $d_{s3,min}$	熔区长度 $L_{3,min}$	插入长度 L_2	
			min	max
16	16.1	10	20	35
20	20.1	10	20	37
25	25.1	10	20	40
32	32.1	10	20	44
40	40.1	10	20	49
50	50.1	10	20	55

续表

公称外径 d_n	熔融区平均内径 $d_{s3,min}$	熔区长度 $L_{3,min}$	插入长度 L_2	
			min	max
63	63.2	11	23	63
75	75.2	12	25	70
90	90.2	13	28	79
110	110.3	15	32	85
125	125.3	16	35	90
140	140.3	18	38	95
160	160.4	20	42	101
180	180.4	21	46	105
200	200.4	23	50	112
225	225.5	26	55	120
250	250.5	30	73	129

注：管件的公称外径 d_n 指与其相连的管材的公称外径。

9　卡压式管件及卡压管件用管道

以带有特种密封圈的承口管件连接管道、用专用工具压紧管口而起密封和紧固作用的管路连接方式称为卡压式连接。表 9-3-158 是目前常用的卡压式连接国家标准。

表 9-3-158　　常用卡压式连接国家标准

序号	国标号	国标名称	内容及说明
1	GB/T 27891—2011	碳钢卡压式管件	规定了与薄壁碳钢管连接的碳钢卡压式管件术语、分类与标记、要求、试验方法、检验规则、标志、包装、运输和贮存。适用于压力不大于 1.6MPa、公称尺寸不大于 DN100 的消防管路和介质温度不大于 110℃的供热、空气和燃气等钢管管路用管件的设计、制造和验收
2	GB/T 19228.1—2011	不锈钢卡压式管件组件　第 1 部分:卡压式管件	规定了不锈钢卡压式管件的分类和标记、型式与尺寸、技术要求、试验、检验、包装、运输和储存等。适用于压力不大于 PN16、公称尺寸不大于 DN100 的饮用净水、生活饮用水、冷水、热水、海水、燃气、医用气体等不锈钢管路用卡压式管件的设计、制造和验收
3	GB/T 19228.2—2011	不锈钢卡压式管件组件　第 2 部分:连接用薄壁不锈钢管	规定了不锈钢卡压式管件连接用薄壁不锈钢焊接钢管的订货内容、尺寸与公差、重量、技术要求、检验、标记与标志以及包装和储运。适用于供水工业管道系统
4	GB/T 19228.3—2012	不锈钢卡压式管件组件　第 3 部分:O 形橡胶密封圈	规定了卡压式管件用 O 形橡胶密封圈的型式与尺寸系列、要求、试验与检验、检验规则、标志、包装和储运。适用于 GB/T 19228.1—2021 规定的卡压式不锈钢管件用 O 形圈
5	GB/T 11618.2—2008	铜管接头 第 2 部分:卡压式管件	规定了铜管尺寸连接按 GB/T 18033—2017 的卡压式铜管管件的分类、要求、试验方法、检验规则、标志、包装、运输和贮存。适用于公称压力不大于 1.6MPa、公称通径不大于 DN100 的用于输送生活用水(冷水、热水)、饮用水、燃气、医用气体、海水等铜管路用卡压管件的设计、制造和验收
6	GB/T 22755—2008	卡压式铜管路连接件	规定了供水管道(包括饮用水)用卡压式铜管路连接件的术语和定义、分类、要求、试验方法、检验规则及标志、包装、运输、储存。适用于公称压力不大于 1.0MPa、介质温度不大于 90℃的交联聚乙烯(PE-X、PE-RT)管用卡压式铜管路连接件
7	GB/T 33926—2017	不锈钢环压式管件	适用于公称尺寸不大于 DN150、公称压力不大于 PN25 的饮用净水、生活饮用水、冷水、热水、海水和消防;公称压力不大于 PN16 的医用气体、负压、压缩空气、虹吸排水和公称压力不大于 PN4 的燃气等不锈钢管道连接用环压式管件的设计、制造和验收

9.1 碳钢卡压式管件（摘自 GB/T 27891—2011）

碳钢卡压式管件及管件连接用钢管的材料牌号为 GB/T 700—2006 规定的 Q215A 或 Q235A，密封圈的材料为氯化丁基橡胶、三元乙丙橡胶、氟橡胶、丁腈橡胶等；管件表面应平滑，无滴瘤、粗糙和锌刺，无起皮、无漏镀，无残留的溶剂渣，在可能影响热浸镀锌工件的使用或耐腐蚀性能的部位不应有锌瘤和锌灰。

9.1.1 管件的标记

管件的型号表示方法如下

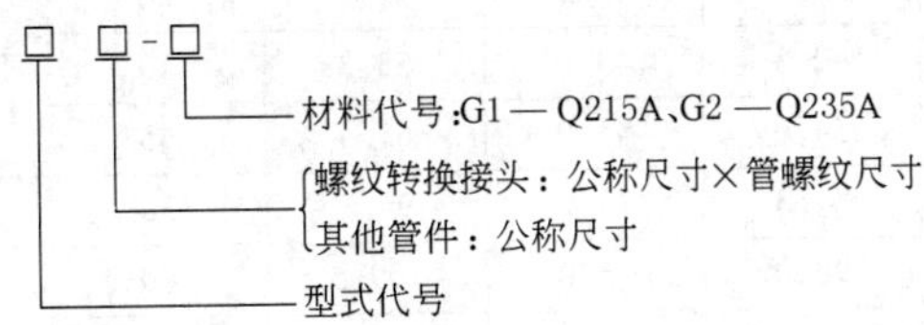

标记示例

示例 1：公称尺寸 DN20，材料为 Q235A 的等径接头标记为：
管件 GB/T 27891—2011 SC20-G2

示例 2：公称尺寸 DN×DN_1为 40×25，材料为 Q235A 的异径三通标记为：
管件 GB/T 27891—2011 RT40×25-G2

示例 3：公称尺寸 DN40，管螺纹尺寸为 R11/2，材料为 Q215A 的外螺纹转换接头标记为：
管件 GB/T 27891—2011 ETC40×R11/2-G1

9.1.2 碳钢卡压式管件的种类、形式及代号

表 9-3-159

种类		形式	代号	公称尺寸 DN 范围	公称压力 PN	设计压力 P/MPa
等径	三通	—	ST	15～100	16	1.6
异径			RT	20×15～100×80		
45°弯头		A 型	A 45E	15～100		
		B 型	B 45E	15～100		
90°弯头		A 型	A 90E	15～100		
		B 型	B 90E	15～100		
等径	接头	—	SC	15～100		
异径		B 型	RC	20×15～100×80		
管帽		—	CAP	15～100		
内螺纹转换接头			FTC	15～50		
外螺纹转换接头			ETC	15～50		

注：A 型管件接口两端均为承口，B 型管件接口一端为承口，另一端为插口。

9.1.3 管件承口与配套钢管基本尺寸

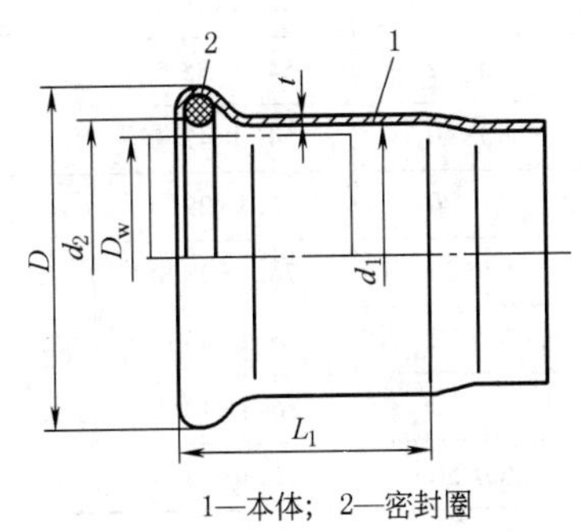

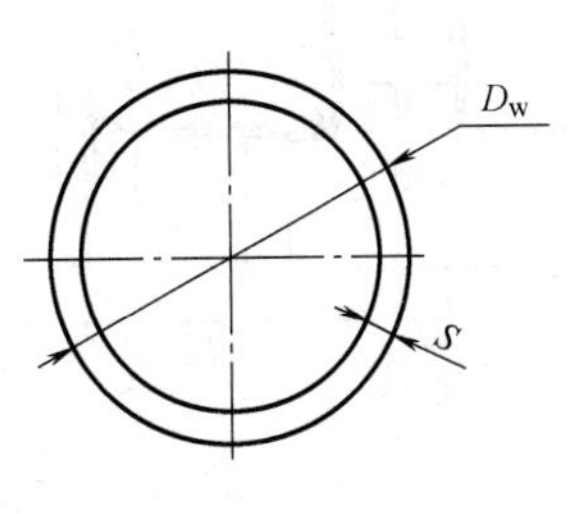

1—本体；2—密封圈

第9篇

表 9-3-160

mm

管件承口							配套钢管		
公称尺寸 DN	管外径 D_w	壁厚 t	承口内径 d_1	承口端内径 d_2	承口端外径 D	承口长度 L_1	壁厚 S	外径允许偏差	壁厚允许偏差
15	15.0	1.5	15.3	15.9	23.2	20	1.2	±0.10	±0.12
	18.0		18.3	18.9	26.2				
20	22.0		22.3	23.0	31.6	21	1.5	±0.11	±0.15
25	28.0		28.3	28.9	37.2	23		±0.14	
32	35.0		35.5	36.5	44.3	26		±0.18	
40	42.0		42.5	43.0	53.3	30		±0.21	
50	54.0		54.6	55.0	65.4	35		±0.27	
65	76.1	2.0	77.3	78.0	94.7	53	2.0	±0.30	±0.20
80	88.9		90.0	91.0	109.5	60		±0.38	
100	108.0		109.5	111.0	133.8	75		±0.54	

9.1.4 常见卡压式管件的规格型号及尺寸

表 9-3-161 等径三通和异径三通的基本尺寸

mm

等径三通			
公称尺寸 DN	管外径 D_w	长度 L	高度 H
15	15.0	64	39
	18.0	68	42
20	22.0	74	45
25	28.0	84	52
32	35.0	100	58
40	42.0	112	63
50	54.0	138	78
65	76.1	230	106
80	88.9	260	123
100	108.0	310	146

异径三通			
公称尺寸 DN×DN1	管外径 $D_w \times D_{w1}$	长度 L	高度 H
20×15	20.0×15.0	74	43
	20.0×18.0		45
25×15	28.0×15.0	84	45
	28.0×18.0		
25×20	28.0×22.0	84	47
32×15	35.0×15.0	100	49
	35.0×18.0		50
32×20	35.0×22.0	100	51
32×25	35.0×28.0		52
40×20	42.0×22.0	114	53
40×25	42.0×28.0		56
40×32	42.0×35.0		61
50×20	54.0×22.0	138	59
50×25	54.0×28.0		64
50×32	54.0×35.0		67
50×40	54.0×42.0		70
65×20	76.1×22.0	230	73
65×25	76.1×28.0		73
65×32	76.1×35.0		77
65×40	76.1×42.0		80
65×50	76.1×54.0		85

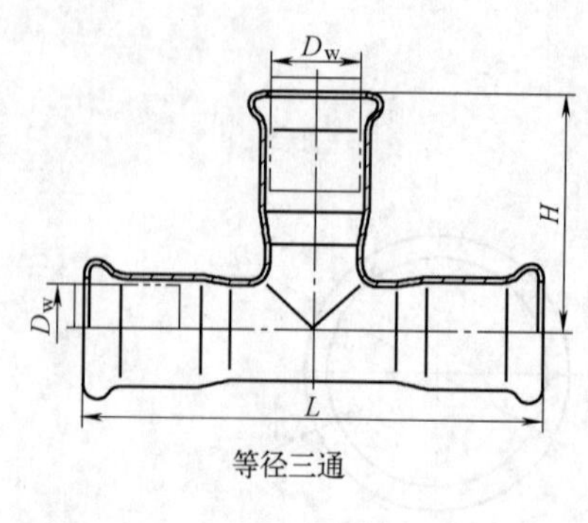

等径三通

续表

等径三通				异径三通			
公称尺寸 DN	管外径 D_w	长度 L	高度 H	公称尺寸 DN×DN1	管外径 $D_w \times D_{w1}$	长度 L	高度 H
				80×20	88.9×22.0	260	83
				80×25	88.9×28.0		81
				80×32	88.9×35.0		84
				80×40	88.9×42.0		88
				80×50	88.9×54.0		91
				80×65	88.9×76.1		110
				100×20	108.0×22.0	310	100
				100×25	108.0×28.0		102
				100×32	108.0×35.0		105
				100×40	108.0×42.0		105
				100×50	108.0×54.0		105
				100×65	108.0×76.1		123
				100×80	108.0×88.9		134

异径三通

45°弯头和90°弯头

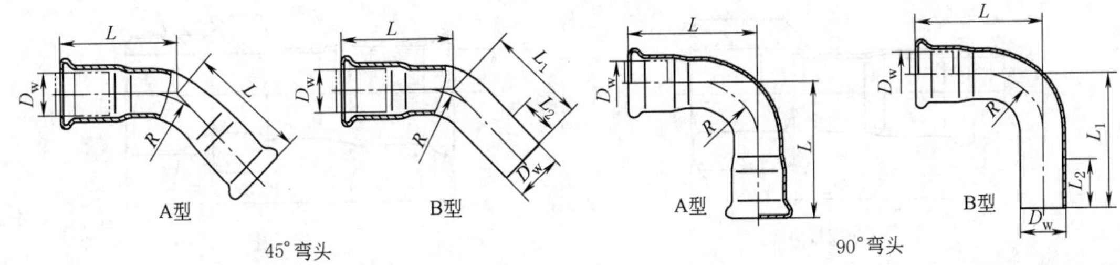

45°弯头　　90°弯头

表 9-3-162　　mm

公称尺寸 DN	管外径 D_w	45°弯头			90°弯头		
		L	L_1	L_2	L	L_1	L_2
15	15.0	36	41	19	49	55	20
	18.0	37	42	22	53	59	22
20	22.0	42	48	23	61	67	23
25	28.0	48	54	25	72	78	25
32	35.0	55	81	29	86	130	29
40	42.0	65	99	33	112	176	33
50	54.0	78	127	38	138	211	38
65	76.1	180	188	57	190	247	57
80	88.9	211	225	64	220	292	64
100	108.0	258	275	79	260	358	79

等径接头和管帽

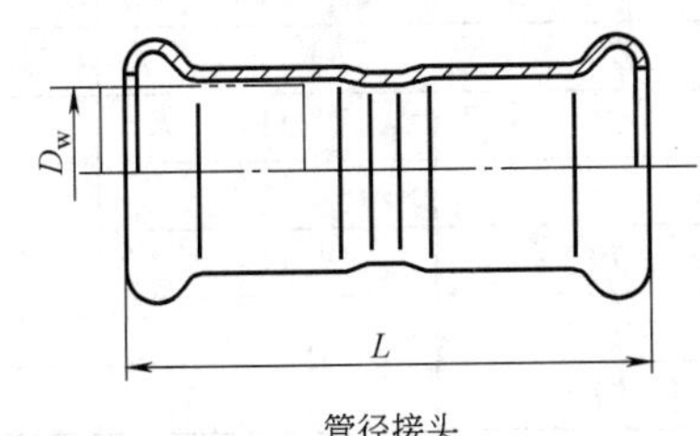

管径接头

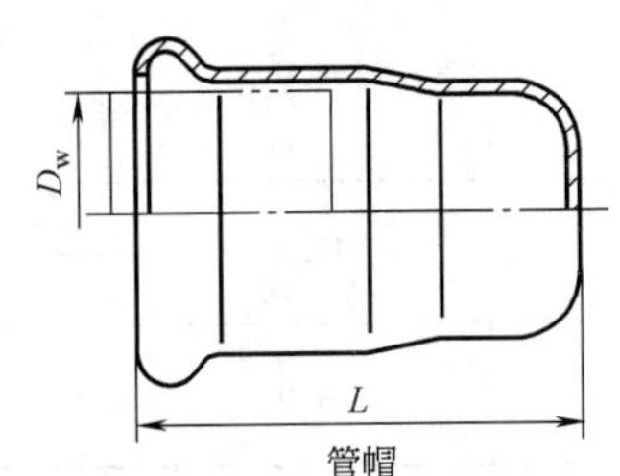

管帽

表 9-3-163

mm

公称尺寸 DN	管外径 D_w	L	
		等径接头	管帽
15	15.0	48	29
	18.0	48	31
20	22.0	50	33
25	28.0	54	35
32	35.0	62	41
40	42.0	71	48
50	54.0	83	56
65	76.1	141	94
80	88.9	162	104
100	108.0	194	125

内外螺纹接头

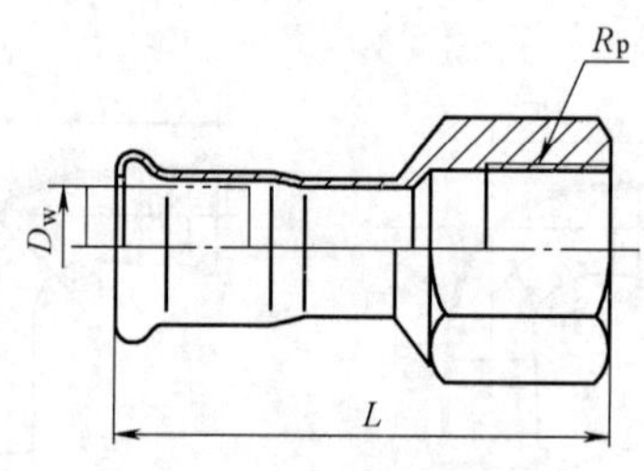

内螺纹接头

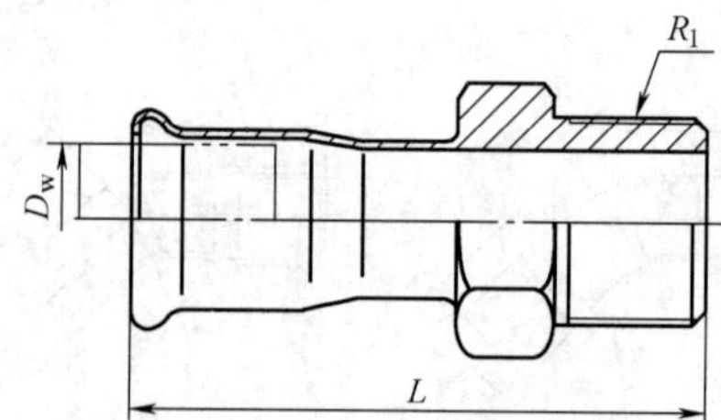

外螺纹接头

表 9-3-164

公称尺寸 DN /mm	管外径 D_w /mm	内螺纹接头		外螺纹接头	
		管螺纹 Rp/(″)	L/mm	管螺纹 R_1/(″)	L/mm
15	15.0	½	59	½	53
	15.0	¾	62	¾	57
	18.0	½	69	½	53
	18.0	¾	62	¾	57
20	22.0	½	60	½	54
		¾	62	¾	58
		1	66	1	58
25	28.0	¾	63	¾	61
		1	69	1	64
		1¼	71	1¼	68
32	35.0	1	67	1	72
		1¼	75	1¼	72
		1½	75	1½	73
40	42.0	1¼	71	1¼	73
		1½	79	1½	77
50	54.0	1½	77	1½	83
		2	97	2	89

异径接头

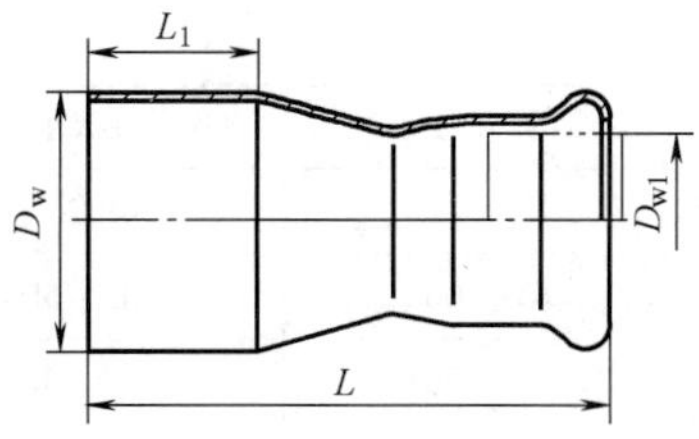

表 9-3-165

mm

公称尺寸 DN×DN1	管外径 $D_w \times D_{w1}$	总长度 L	大径长度 L_1
20×15	20.0×15.0	59	24
	20.0×18.0	57	
25×15	28.0×15.0	66	25
	28.0×18.0	64	
25×20	28.0×22.0	59	
32×15	35.0×15.0	73	29
	35.0×18.0	71	
32×20	35.0×22.0	71	
32×25	35.0×28.0	68	
40×15	42.0×18.0	80	33
40×20	42.0×22.0	79	
40×25	42.0×28.0	79	
40×32	42.0×35.0	72	
50×15	54.0×18.0	97	38
50×25	54.0×28.0	95	
50×32	54.0×35.0	95	
50×40	54.0×42.0	89	
65×50	76.1×54.0	147	57
80×50	88.9×54.0	163	64
80×65	88.9×76.1	160	
100×50	108.0×54.0	172	79
100×65	108.0×76.1	184	
100×80	108.0×88.9	204	

9.2 不锈钢卡压式管件与薄壁不锈钢管（摘自 GB/T 19228.1—2011）

不锈钢卡压式管件的承口端部连接方式有 D 型和 S 型两种，D 型为管件承口端部无延伸直段的卡压连接，S 型为管件承口端部有延伸直段的卡压连接。不锈钢卡压式管件的常用材料及执行标准见表 9-3-166，不锈钢卡压式管件要满足图 9-3-56 的规定。

表 9-3-166　　卡压式不锈钢管及管件材料代号

序号	统一数字代号	新牌号	旧牌号	适用范围
1	S30408	06Cr19Ni10	0Cr18Ni9	饮用水(净水)、空气、医用气体、冷热水管道
2	S30403	022Cr19Ni10	00Cr19Ni10	饮用水(净水)、冷热水管道
3	S31608	06Cr17Ni12Mo2	0Cr17Ni12Mo2	耐蚀性比 06Cr19Ni10 高的场合
4	S31603	022Cr17Ni12Mo2	00Cr17Ni14Mo2	耐蚀性比 06Cr17Ni12Mo2 高的场合
5	S11972	019Cr19Mo2NbTi	00Cr18Mo2	介质中含较高氯离子的使用环境

注：1. 采用挤压成型时，应符合 GB/T 19228.2 的规定。

2. 采用钢带冲压成型时，应符合 GB/T 4237 的规定。

3. 采用不锈钢铸造时，应符合 GB/T 21007 的规定。

9.2.1 不锈钢卡压式管件的种类、形式及代号

表 9-3-167

种类		形式	代号	钢管外径系列及公称尺寸 DN 范围		承口端部连接形式		公称压力 PN	设计压力 P/MPa
				Ⅰ系列	Ⅱ系列				
等径	三通	—	T(S)	10~100	15~50	D 型	S 型	16	1.6
异径	三通	—	T(R)	20×15~100×80	20×15~50×40				
45°弯头		A 型	45E-A	10~100	15~50				
45°弯头		B 型	45E-B	10~100	15~50				
90°弯头		A 型	90E-A	10~100	15~50				
90°弯头		B 型	90E-B	10~100	15~50				
等径	三通	—	C(S)	10~100	15~50				
异径	三通	A 型	C(R)-A	20×15~100×80	20×15~50×40				
异径	三通	B 型	C(R)-B	20×15~100×80	20×15~50×40				
管帽		—	CAP	10~100	15~50				
内螺纹转换接头		—	ITC	15~50	15~50				
外螺纹转换接头		—	ETC	15~80	15~50				

注：A 型管件接口两端均为承口，B 型管件接口一端为承口，另一端为插口（直管）。

9.2.2 与卡压式管件配合的薄壁不锈钢管

表 9-3-168 mm

公称尺寸 DN	不锈钢管外径 Ⅰ系列	不锈钢管外径 Ⅱ系列	外径允许偏差 C	壁厚 S S_1	壁厚 S S_2	壁厚允许偏差	标记方法与标记示例
10	12.7	—	±0.1	0.8	0.6	±10%S	□□□□ 标准编号 材料牌号(06Cr19Ni10)或代号(S30408) 管子外径×壁厚 产品名称或代号 示例 1:公称尺寸为 DN50,外径为 50.8mm,壁厚为 1.2mm,材料为 06Cr19Ni10 的不锈钢卡压管件用薄壁不锈钢管,标记为: 不锈钢管 50.8×1.2 06Cr19Ni1 GB/T 19228.2—2011
15	16	15.9	±0.1	1.0	0.8		
	18						
20	20	22.2	±0.11	1.2	1.0		
	22						
25	25.4	28.6	±0.14	1.2	1.0		
	28						
32	32	34	±0.17	1.5	1.2		
	35						
40	40	42.7	±0.21	1.5	1.2		
	42						
50	50.8	48.6	±0.26	1.5	1.2		
	54						
60	60.3	—	±0.32	1.5	1.5		
	63.5						
65	76.1	—	±0.32	2.0	1.5		
80	88.9	—	±0.44	2.0	—		
100	101.6		±0.54	2.0	—		
	108						

注：优先选用Ⅰ系列。

第9篇

9.2.3 不锈钢卡压式管件的承口形式和尺寸

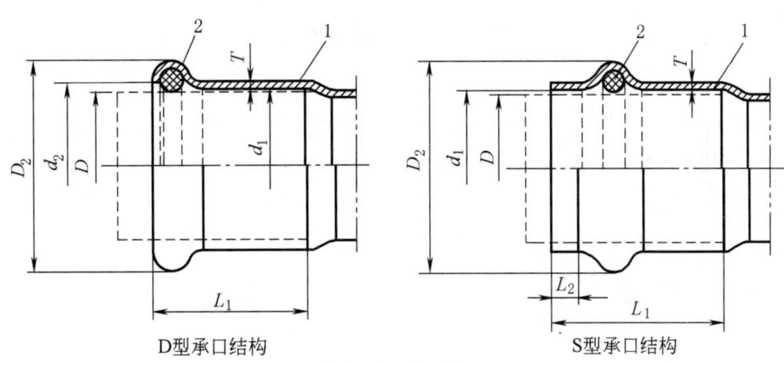

D型承口结构　　S型承口结构

1—本体；2—密封圈

表 9-3-169　　D 型不锈钢卡压式管件承口的基本尺寸　　mm

公称尺寸 DN	钢管外径 D		管件壁厚 T		承口内径 d_1		承口端内径 d_2		承口端外径 D_2		承口长度 L_1	
	Ⅰ系列	Ⅱ系列	Ⅰ系列	Ⅱ系列	Ⅰ系列	Ⅱ系列	Ⅰ系列	Ⅱ系列	Ⅰ系列	Ⅱ系列	Ⅰ系列	Ⅱ系列
10	—	12.7	—	0.6	—	$12.8^{+0.4}_{0}$	—	13.3±0.3	—	18.2±0.3	—	21±3
15	18	15.9	1.2	0.6	$18.2^{+0.5}_{0}$	$16.1^{+0.4}_{0}$	18.9±0.4	16.6±0.3	26.2±0.4	22.2±0.3	20±3	21±3
20	22	22.2	1.2	0.8	$22.2^{+0.5}_{0}$	$22.3^{+0.5}_{0}$	23.0±0.4	22.8±0.3	31.6±0.4	30.1±0.3	21±3	24±3
25	28	28.6	1.2	0.8	$28.2^{+0.5}_{0}$	$28.7^{+0.4}_{0}$	28.9±0.4	29.2±0.3	37.2±0.4	36.4±0.3	23±3	24±3
32	35	34.0	1.2	1.0	$35.3^{+0.8}_{0}$	$34.34^{+0.6}_{0}$	36.5±0.6	36.6±0.4	44.3±0.6	45.4±0.4	26±4	39±4
40	42	42.7	1.2	1.0	$42.3^{+0.8}_{0}$	$43.0^{+0.5}_{0}$	43±0.6	46.0±0.4	53.3±0.6	56.2±0.4	30±4	47±4
50	54	48.6	1.2	1.0	$54.5^{+0.8}_{0}$	$49.0^{+0.6}_{0}$	55.0±0.6	52.4±0.4	65.4±0.6	63.2±0.4	35±4	52±4
60	—	60.3	—	1.3	—	$61.0^{+1.0}_{0}$	—	64.3±0.5	—	77.3±0.5	—	52±4
65	76.1	—	1.5	—	$76.7^{+1.5}_{0}$	—	78.0±1.0	—	94.7±1.0	—	53±5	—
80	88.9	—	1.5	—	$89.5^{+1.5}_{0}$	—	91.0±1.0	—	109.5±1.0	—	60±5	—
100	108.0	—	1.5	—	$108.2^{+1.5}_{0}$	—	111.0±1.0	—	132.8±1.0	—	75±5	—

表 9-3-170　　S 型不锈钢卡压式管件承口的基本尺寸　　mm

公称尺寸 DN	管子外径 D		管件壁厚 T	承口内径 d_1		承口端外径 D_2		承口长度 L_1
	Ⅰ系列	Ⅱ系列		Ⅰ系列	Ⅱ系列	Ⅰ系列	Ⅱ系列	
10	12.7	—	0.6	$12.8^{+0.2}_{0}$	—	18.2±0.2	—	18±2
15	16	(15.9)	0.6	$16.2^{+0.3}_{0}$	$16.1^{+0.3}_{0}$	22.2±0.2	22.2±0.3	23±3
20	20	22.2	0.8	$20.2^{+0.3}_{0}$	$22.3^{+0.3}_{0}$	27.9±0.2	30.1±0.3	26±3
25	25.4	28.6	0.8	$25.6^{+0.3}_{0}$	$28.7^{+0.3}_{0}$	33.8±0.2	36.4±0.3	32±3
32	32	34	1.0	$32.3^{+0.4}_{0}$	$34.3^{+0.4}_{0}$	44.0±0.3	45.4±0.4	38±3
40	40	42.7	1.0	$40.3^{+0.4}_{0}$	43.1^{+0}_{0}	53.5±0.3	56.2±0.4	46±4
50	50.8	—	1.0	$51.2^{+0.6}_{0}$	—	66.5±0.3	—	56±4
60	63.5	—	1.3	$63.9^{+0.6}_{0}$	—	79.3±0.3	—	58±4
65	76.1	—	1.5	$76.7^{+1.2}_{0}$	—	94.7±0.8	—	60±5
80	88.9	—	1.5	$89.5^{+1.2}_{0}$	—	109.5±0.8	—	70±5
100	101.6	—	1.5	$102.2^{+1.2}_{0}$	—	126.4±0.8	—	82±5

注：推荐优先选用Ⅰ系列，带括号尺寸不推荐使用。

9.2.4 常见不锈钢卡压式管件的规格型号及尺寸

不锈钢卡压式管件管帽

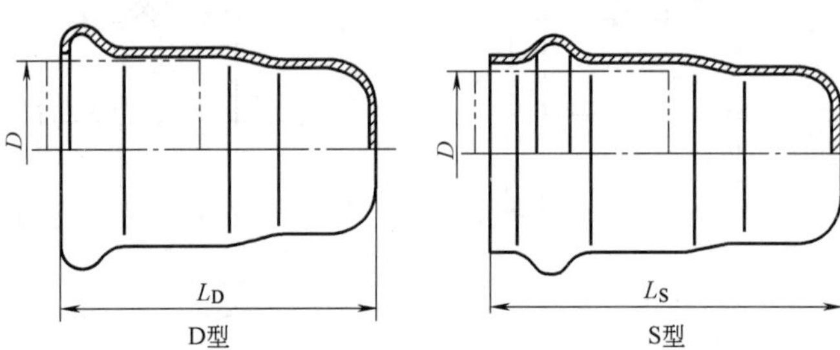

表 9-3-171

mm

公称尺寸 DN	D 型				S 型		
	管子外径 D		长度 L_D		管子外径 D		长度 L_D
	Ⅰ系列	Ⅱ系列	Ⅰ系列	Ⅱ系列	Ⅰ系列	Ⅱ系列	
10	—	12.7	—	30±3	12.7	—	31±2
15	18	15.9	31±3	31±3	16	15.9	34±2
20	22	22.2	33±3	42±3	20	22.2	40±2
25	28	28.6	35±3	44±3	25.4	28.6	46±2
32	35	34.0	41±4	85±4	32	34	55±3
40	42	42.7	48±4	93±4	40	42.7	67±3
50	54	48.6	65±4	98±4	50.8	—	77±3
60	—	60.3	—	84±4	63.5	—	92±5
65	76.1	—	94±5	—	76.1	—	103±5
80	88.9	—	104±5	—	88.9	—	120±5
100	108.0	—	125±5	—	101.6	—	126±5

不锈钢卡压式管件等径接头

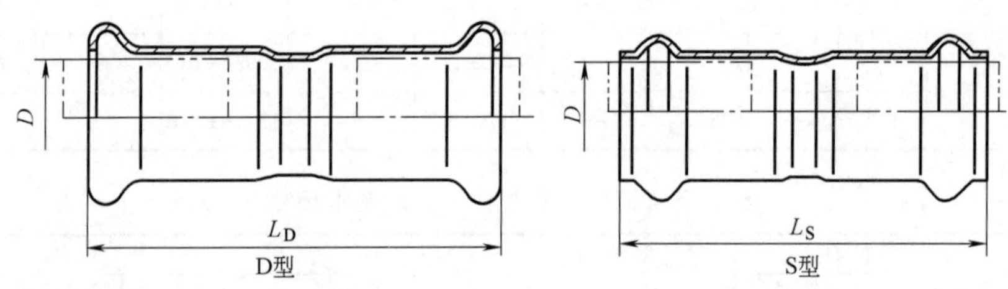

表 9-3-172

mm

公称尺寸 DN	D 型				S 型		
	管子外径 D		长度 L_D		管子外径 D		长度 L_D
	Ⅰ系列	Ⅱ系列	Ⅰ系列	Ⅱ系列	Ⅰ系列	Ⅱ系列	
10	—	12.7	—	53±3	12.7	—	60±3
15	18	15.9	48±3	53±3	16	15.9	61±3
20	22	22.2	50±3	60±3	20	22.2	66±3
25	28	28.6	54±3	60±3	25.4	28.6	82±3
32	35	34.0	62±4	100±4	32	34	96±3
40	42	42.7	71±4	116±4	40	42.7	116±4
50	54	48.6	83±4	126±4	50.8	—	136±4
60	—	60.3	—	130±4	63.5	—	152±4
65	76.1	—	141±5	—	76.1	—	158±4
80	88.9	—	162±5	—	88.9	—	165±5
100	108.0	—	194±5	—	101.6	—	190±5

不锈钢卡压式管件等径三通

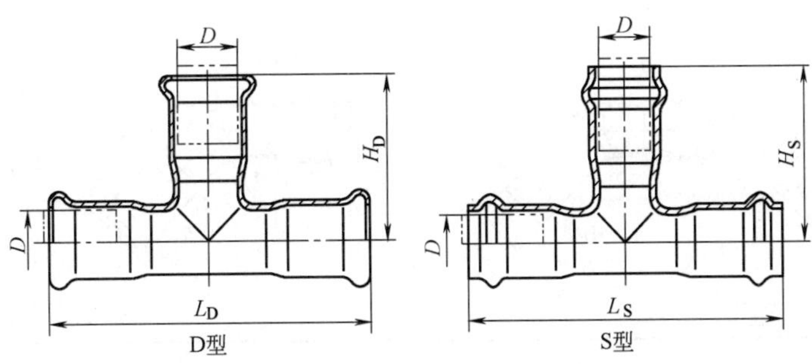

表 9-3-173

mm

公称尺寸 DN	D 型						S 型			
	管子外径 D		长度 L_D		高度 H_D		管子外径 D		长度 L_S	高度 H_S
	Ⅰ系列	Ⅱ系列	Ⅰ系列	Ⅱ系列	Ⅰ系列	Ⅱ系列	Ⅰ系列	Ⅱ系列		
10	—	12.7	—	76±3	—	38±3	12.7	—	76±3	38±3
15	18	15.9	68±3	76±3	42±3	38±3	16	15.9	78±3	39±3
20	22	22.2	74±3	92±3	45±3	46±3	20	22.2	94±4	46±4
25	28	28.6	84±3	102±3	52±3	51±3	25.4	28.6	115±4	56±4
32	35	34.0	100±4	136±4	58±4	68±4	32	34	136±4	68±4
40	42	42.7	114±4	161±4	63±4	80±4	40	42.7	168±4	82±4
50	54	48.6	138±4	177±4	78±4	88±4	50.8	—	198±4	97±4
60	—	60.3	—	192±4	—	96±4	63.5	—	220±5	114±5
65	76.1	—	230±5	—	106±5		76.1	—	237±5	120±5
80	88.9	—	260±5	—	123±5		88.9	—	263±8	130±8
100	108.0	—	310±5	—	146±5		101.6	—	304±8	151±8

不锈钢卡压式管件 90°弯头

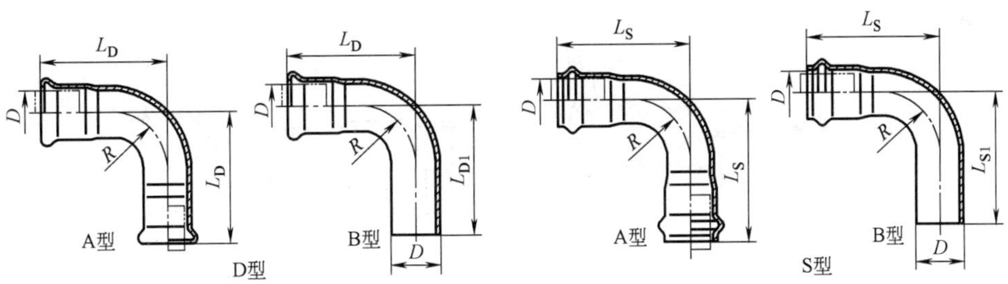

表 9-3-174

mm

公称尺寸 DN	D 型						S 型			
	管子外径 D		长度 L_D		高度 L_{D1}		管子外径 D		长度 L_s	高度 L_{s1}
	Ⅰ系列	Ⅱ系列	Ⅰ系列	Ⅱ系列	Ⅰ系列	Ⅱ系列	Ⅰ系列	Ⅱ系列		
10	—	12.7	—	45±3	—	80±3	12.7	—	48±3	62±3
15	18	15.9	53±3	48±3	59±3	120±3	16	15.9	49±3	79±3
20	22	22.2	61±3	58±3	67±3	127±3	20	22.2	62±3	98±3
25	28	28.6	72±3	66±3	78±3	135±3	25.4	28.6	76±3	117±3
32	35	34.0	86±4	91±4	120±4	241±4	32	34	87±4	138±4
40	42	42.7	112±4	110±4	140±4	252±4	40	42.7	108±4	171±4
50	54	48.6	138±4	122±4	165±4	259±4	50.8	—	129±4	202±4
60	—	60.3	—	135±4	—	200±4	63.5	—	160±5	234±5
65	76.1	—	190±5	—	247±5		76.1	—	163±5	248±5
80	88.9	—	220±5	—	292±5		88.9	—	191±5	285±5
100	108.0	—	260±5	—	358±5		101.6	—	220±5	303±5

不锈钢卡压式管件45°弯头

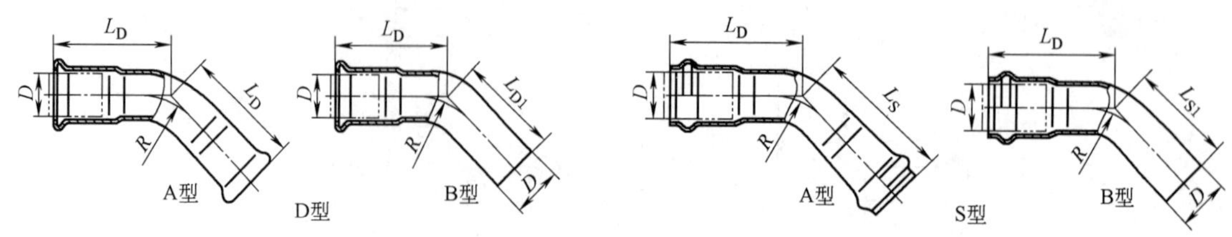

表 9-3-175

mm

公称尺寸 DN	D型						S型			
	管子外径 D		长度 L_D		高度 L_{D1}		管子外径 D		长度 L_s	高度 L_{s1}
	Ⅰ系列	Ⅱ系列	Ⅰ系列	Ⅱ系列	Ⅰ系列	Ⅱ系列	Ⅰ系列	Ⅱ系列		
10	—	12.7	—	34±3	—	75±3	12.7	—	33±3	62±3
15	18	15.9	37±3	36±3	42±3	113±3	16	15.9	35±3	65±3
20	22	22.2	42±3	42±3	48±3	116±3	20	22.2	41±3	79±3
25	28	28.6	48±3	46±3	54±3	120±3	25.4	28.6	51±3	96±3
32	35	34.0	55±4	66±4	81±4	217±4	32	34	60±4	118±4
40	42	42.7	65±4	78±4	99±4	22±4	40	42.7	74±4	139±4
50	54	48.6	78±4	87±4	127±4	225±4	50.8	—	88±4	163±4
60	—	60.3	—	91±4	—	150±4	63.5	—	108±5	183±5
65	76.1	—	123±5	—	188±5		76.1	—	113±5	197±5
80	88.9	—	141±5	—	225±5		88.9	—	122±8	214±5
100	108.0	—	166±5	—	275±5		101.6	—	140±8	247±5

不锈钢卡压式管件内螺纹转换接头

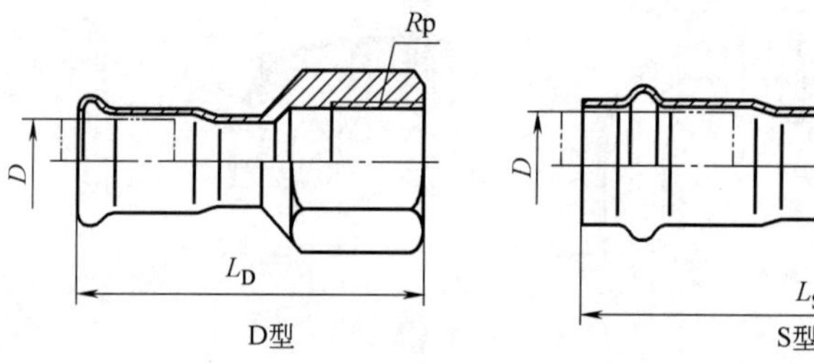

表 9-3-176

公称尺寸 DN /mm	管螺纹 Rp/(″)	D型				S型		
		管子外径 D/mm		长度 L_D/mm		管子外径 D/mm		长度 L_s/mm
		Ⅰ系列	Ⅱ系列	Ⅰ系列	Ⅱ系列	Ⅰ系列	Ⅱ系列	
10	½	—	12.7	—	48±3	12.7	—	48±2
15	½	18	15.9	59±3	48±3	16	15.9	49±2
	¾			62±3	—	—	—	—
20	½	22	22.2	60±3	51±3	20	22.2	53±3
	¾			62±3	52±3			55±3
	1			66±3	—			58±3
25	¾	28	28.6	63±3	51±3	25.4	28.6	66±3
	1			69±3	52±3			68±3
	1¼			71±3	56±3			72±3

续表

公称尺寸 DN /mm	管螺纹 Rp/(″)	D 型				S 型		
		管子外径 D/mm		长度 L_D/mm		管子外径 D/mm		长度 L_s/mm
		Ⅰ系列	Ⅱ系列	Ⅰ系列	Ⅱ系列	Ⅰ系列	Ⅱ系列	
32	1	35	34	67±3	76±3	32	34	76±3
	1¼			75±4	79±3			78±3
	1½			75±4	—			83±3
40	1¼	42	42.7	71±4	85±3	40	42.7	90±3
	1½			79±4	89±3		—	92±3
50	1½	54	48.6	77±4	94±3	50.8	—	106±3
	2			97±4	98±3		—	108±3

不锈钢卡压式管件外螺纹转换接头

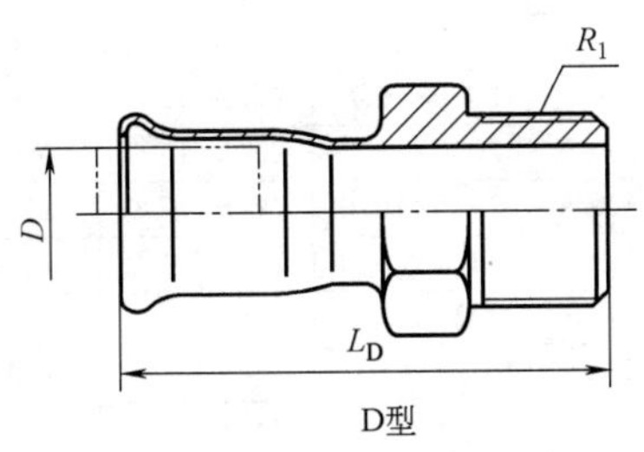

D型

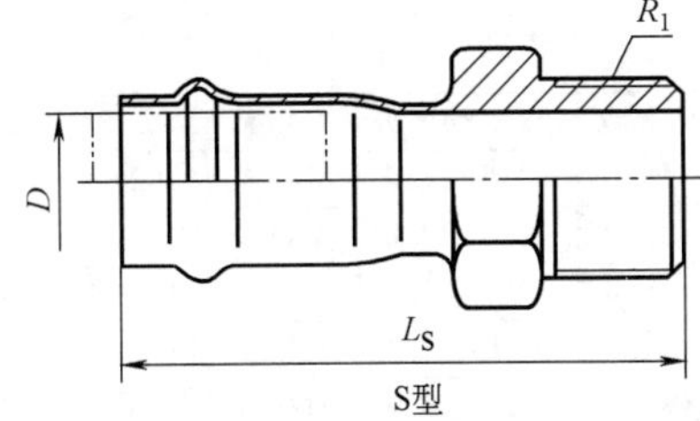

S型

表 9-3-177

公称尺寸 DN /mm	管螺纹 Rp/(″)	D 型				S 型		
		管子外径 D/mm		长度 L_D/mm		管子外径 D/mm		长度 L_s/mm
		Ⅰ系列	Ⅱ系列	Ⅰ系列	Ⅱ系列	Ⅰ系列	Ⅱ系列	
10	½	—	12.7	—	52±3	12.7	—	55±3
15	½	18	15.9	53±3	53±3	16	15.9	57±3
	¾			57±3	55±3	—	—	—
20	½	22	22.2	54±3	56±3	20	22.2	61±3
	¾			58±3	57±3			64±3
	1			61±3	—			68±3
25	¾	28	28.6	61±3	—	25.4	28.6	71±3
	1			64±3	62±3			74±3
	1¼			68±4	—			78±3
32	1	35	34	68±4	82±4	32	34	90±4
	1¼			72±4	86±4			101±4
	1½			73±4	—			105±4
40	1¼	42	42.7	73±4	94±4	40	42.7	103±4
	1½			77±4	96±4			111±4
50	1½	54	48.6	89±4	101±4	50.8	—	104±4
	2			90±4	105±4			129±4
60	2½	—	60.3	—	111±5		—	—
65	2½	76.1	—	117±5	—		—	—
80	3	88.9	—	128±5	—		—	—

不锈钢异径三通

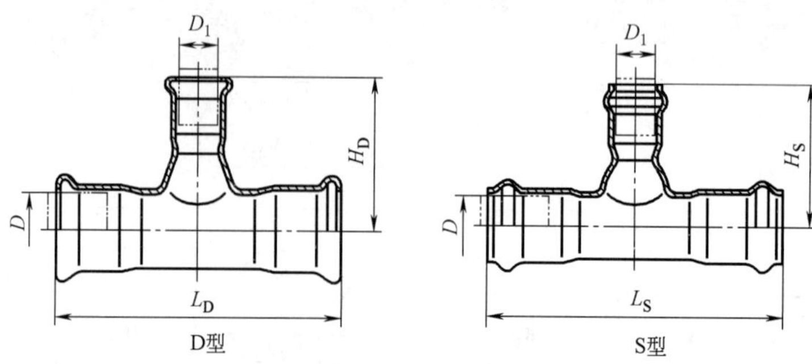

D型　　S型

表 9-3-178

mm

公称尺寸 $DN \times DN_1$	D 型异径三通 管外径 $D \times D_1$ Ⅰ系列	D 型 管外径 $D \times D_1$ Ⅱ系列	长度 L_D Ⅰ系列	长度 L_D Ⅱ系列	高度 H_D Ⅰ系列	高度 H_D Ⅱ系列	S 型异径三通 管外径 $D \times D_1$ Ⅰ系列	S 型 管外径 $D \times D_1$ Ⅱ系列	长度 L_S	高度 H_S
15×10	—	15.9×12.7	—	76±3	—	40±3	16.0×12.7	—	78±3	38±2
20×10	—						20.0×12.7	22.2×12.7	94±4	42±2
20×15	22.0×18.0	22.2×15.9	74±3	92±3	45±3	48±3	20.0×16.0	22.2×15.9	94±4	46±3
25×15	28.0×18.0	28.6×15.9	84±3	102±3	45±3	52±3	25.4×16.0	28.6×15.9	115±4	50±3
25×20	28.0×22.0	28.6×22.2	84±3	102±3	47±3	50±3	25.4×20.0	28.6×22.2	115±4	51±2
32×15	35.0×18.0	34.0×15.9	100±4	136±4	50±3	54±3	32×16.0	34×15.9	136±4	53±2
32×20	35.0×22.0	34.0×22.2	100±4	136±4	51±3	52±3	32×20.0	34×22.2	136±4	56±2
32×25	35.0×28.0	34.0×28.6	100±4	136±4	52±3	61±3	32×25.4	34×28.6	136±4	65±2
40×15	42.0×18.0	42.7×15.9	114±4	161±4	53±3	58±3	40×16	42.7×15.9	168±4	59±3
40×20	42.0×22.0	42.7×22.2	114±4	161±4	53±3	56±3	40×20	42.7×22.2	168±4	62±3
40×25	42.0×28.0	42.7×28.6	114±4	161±4	56±3	56±3	40×25.4	42.7×28.6	168±4	71±3
40×32	42.0×35.0	42.7×34.0	114±4	161±4	61±4	90±4	40×32	42.7×34.0	168±4	78±3
50×15	54.0×18.0	48.6×15.9	138±4	177±4	59±3	61±4	50.8×16	—	198±4	67±3
50×20	54.0×22.0	48.6×22.2	138±4	177±4	59±3	59±3	50.8×20	—	198±4	68±3
50×25	54.0×28.0	48.6×28.6	138±4	177±4	64±4	69±4	50.8×25.4	—	198±4	71±3
50×32	54.0×35.0	48.6×34.0	138±4	177±4	67±4	76±4	50.8×32	—	198±4	73±3
50×40	54.0×42.0	48.6×42.7	138±4	177±4	70±4	99±4	50.8×40	—	198±4	75±3
60×32	—						63.5×34	—	220±5	84±5
60×40	—						63.5×42.7	—	220±5	94±5
60×50	—	60.3×48.6	—	192±5	—	95±4	63.5×50.8	—	220±5	101±5
65×20	76.1×22.0	—	230±5	—	73±3	—				
65×25	76.1×28.0	—	230±5	—	73±3	—	—			
65×32	76.1×35.0	—	230±5	—	78±4	—	—			
65×40	76.1×42.0	—	230±5	—	81±4	—	76.1×40.0	—	237±5	102±5
65×50	76.1×54.0	—	230±5	—	85±4	—	76.1×50.8	—	237±5	113±5
65×60	—						76.1×63.5	—	237±5	124±5
80×40	88.9×42.0	—	260±5	—	88±4	—	—			
80×50	88.9×54.0	—	260±5	—	91±4	—	88.9×40.0	—	263±8	119±8
80×60	—						88.9×63.5	—	263±8	129±8
80×65	88.9×76.1	—	260±5	—	116±5	—	—			
80×75	—						88.9×76.1	—	263±8	131±8
100×50	108.0×54.0	—	310±5	—	105±5	—	101.6×50.8	—	304±8	124±8
100×60	—	—	—	—	—	—	101.6×63.5	—	304±8	127±8
100×65	108.0×76.1	—	310±5	—	126±5	—	—			
100×75	—						101.6×76.1	—	304±8	129±8
100×80	108.0×88.9	—	310±5	—	136±5	—	101.6×88.9	—	304±8	141±8

第9篇

不锈钢异径接头

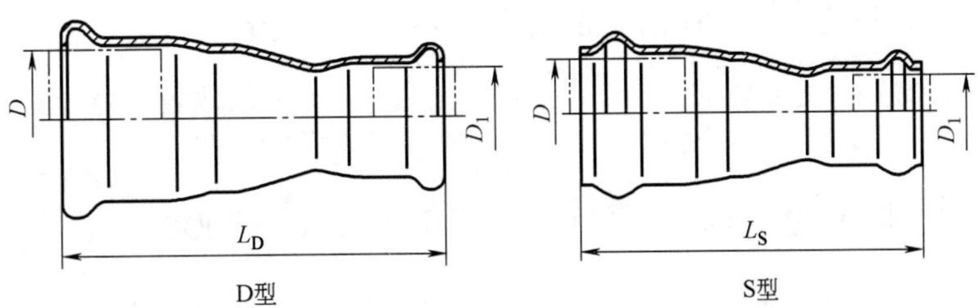

表 9-3-179

mm

公称尺寸 DN×DN$_1$	D 型异径接头				S 型异径接头		
	管外径 $D×D_1$		总长度 L_D		管外径 $D×D_1$		总长度 L_S
	Ⅰ系列	Ⅱ系列	Ⅰ系列	Ⅱ系列	Ⅰ系列	Ⅱ系列	
15×10	—	15.9×12.7	—	52±3	16×12.7	—	62±3
20×15	20.0×18.0	22.2×15.9	57±3	60±3	20.0×16.0	22.2×15.9	67±3
25×15	28.0×18.0	28.6×15.9	64±3	75±3	25.4×16.0	28.×15.9	77±3
25×20	28.0×22.0	28.6×22.2	59±3	64±3	25.4×20.0	28.6×22.2	81±3
32×15	35.0×18.0	34.0×15.9	71±4	109±4	—		
32×20	35.0×22.0	34.0×22.2	71±4	103±4	32.0×20.0	34.0×22.2	90±3
32×25	35.0×28.0	34.0×28.6	68±4	90±4	32.0×25.4	34.0×28.6	94±3
40×20	42.0×22.0	42.7×22.2	88±4	134±4	—		
40×25	42.0×28.0	42.7×28.6	79±4	121±4	40.0×25.4	42.7×28.6	115±5
40×32	42.0×35.0	42.7×34.0	72±4	122±4	40.0×32.0	42.7×34.0	114±5
50×25	54.0×28.0	48.6×28.6	102±4	131±4	50.8×25.4	—	134±5
50×32	54.0×35.0	48.6×34.0	95±4	138±4	50.8×32.0	—	136±5
50×40	54.0×42.0	48.6×42.7	89±4	133±4	50.8×40.0	—	138±5
60×32	—				63.5×32.0	—	157±5
60×50	—	60.3×48.6	—	144±5	—		
65×50	76.1×54.0	—	147±5	—	76.1×50.8	—	168±5
65×60	—				76.1×63.5	—	161±5
80×50	88.9×54.0	—	163±5	—	—		
80×60	—				88.9×63.5	—	184±8
80×65	88.9×76.1	—	160±5	—	—		
80×75	—				88.9×76.1	—	189±8
100×50	108.0×54.0	—	172±5	—	—		
100×65	108.0×76.1	—	184±5	—	—		
100×75	—				101.6×76.1	—	206±8
100×80	108.0×88.9	—	204±5	—	101.6×88.9	—	214±8

9.2.5 不锈钢卡压式管件的标记方法

产品标记由产品代号、连接方式、公称尺寸×管子外径（或公称尺寸×管螺纹尺寸）、材料代号和标准编号组成。

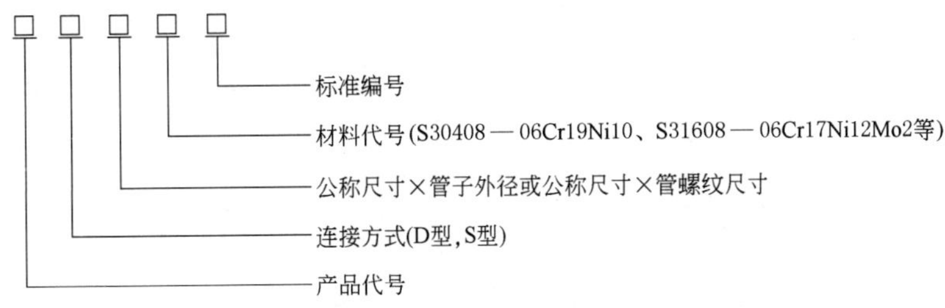

标记示例

示例 1：公称尺寸 DN 20，连接钢管外径为 22.2mm、材料为 06Cr19Ni10 的 D 型不锈钢等径接头，标记为：

管件 C（S)-D DN 20×22.2 S30408 GB/T 19228.1—2011

示例 2：公称尺寸 DN 32×DN_1 20，材料为 06Cr17Ni12Mo2 的 S 型不锈钢异径三通，标记为：

管件 T（R)-S DN 32×DN_1 20 S31608 GB/T 19228.1—2011

示例 3：公称尺寸 DN 40，管螺纹为 $R_1$11/2、材料为 022Cr17Ni12Mo2 的 S 型不锈钢外螺纹转换接头，标记为：

管件 ETC-S DN40×$R_1$11/2 S31603 GB/T 19228.1—2011

9.3 铜管接头之卡压式管件（摘自 GB/T 11618.2—2008）

铜管接头卡压式管件按钮管材料分为两个系列。Ⅰ系列参照德国 DVGW W534 标准，Ⅱ系列参照日本 JCDA0004 标准。铜管卡压式管件的种类、型式、代号和基本参数见表 9-3-180。

表 9-3-180　　铜管卡压式管件的种类、型式、代号和基本参数

种类		型式	代号	管子外径系列及公称尺寸 DN 范围		公称压力 PN
				Ⅰ系列	Ⅱ系列	
等径	三通	—	ST	15~100	15~50	1.6
异径			RT	20×15~100×80	20×15~50×40	
45°弯头		A 型	A 45E	15~100	15~50	
		B 型	B 45E	15~100	15~50	
90°弯头		A 型	A 90E	15~100	15~50	
		B 型	B 90E	15~100	15~50	
等径	接头	—	SC	15~100	15~50	
异径		—	RC	20×15~100×80	20×15~50×40	
管帽		—	CAP	15~100	15~50	
内螺纹转换接头			FTC	15~50	15~50	
外螺纹转换接头			ETC	15~80	15~50	

注：A 型管件接口两端均为承口，B 型管件接口一端为承口，另一端为插口。

Ⅰ、Ⅱ系列铜管卡压式管件承口

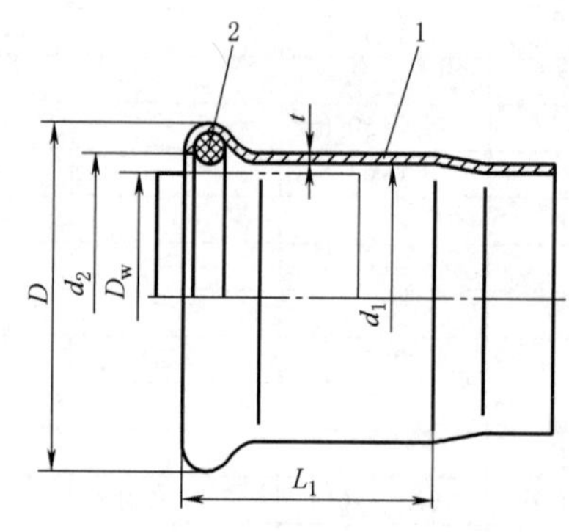

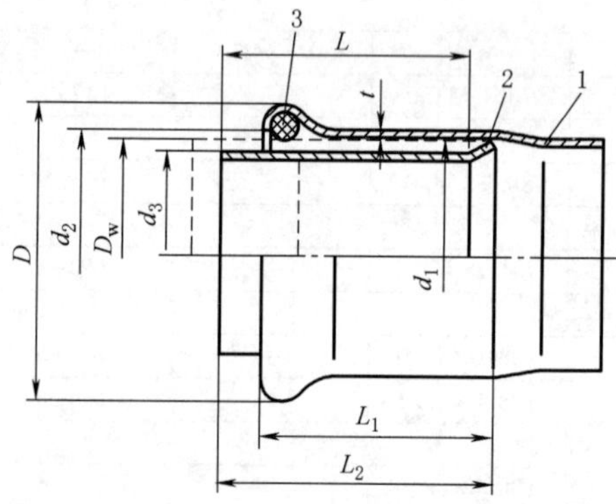

1—本体；2—内衬；3—密封圈

表 9-3-181

mm

公称尺寸 DN	管子外径 D_W		管件壁厚 t ≥		承口内径 d_1		承口端内径 d_2		承口端外径 D		承口长度 L_1		内衬外径 d_3	插入深度 L	内衬长度 L_2
	Ⅰ系列	Ⅱ系列	Ⅰ系列	Ⅱ系列	Ⅰ系列	Ⅱ系列	Ⅰ系列	Ⅱ系列	Ⅰ系列	Ⅱ系列	Ⅰ系列	Ⅱ系列			
15	15.0		1.5		15.3		15.9		23.2		20		13.3	17	22
	18.0		1.5		18.3		18.9		26.2		20		16.3	17	22
20	22.0		1.5		22.3		23.0		31.6		21		19.9	18	23
25	28.0		1.5		28.3		28.9		37.2		23		25.9	20	25
32	35.0		1.5		35.5		36.5		44.3		26		32.1	22	29
40	42.0		1.5		42.5		43.0		53.3		30		39.1	24	33
50	54.0		1.5		54.6		55.0		65.4		35		51.0	31	38
65	76.1	—	2.0	—	77.3	—	78.0	—	94.7	—	53	—	—	—	—
80	88.9	—	2.0	—	90.0	—	91.0	—	109.5	—	60	—	—	—	—
100	108.0	—	2.0	—	109.5	—	111.0	—	133.8	—	75	—	—	—	—

Ⅰ、Ⅱ系列铜管接头卡压式等径三通

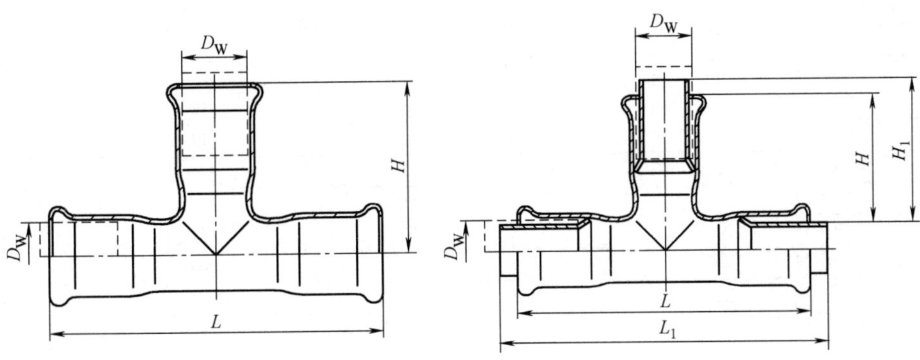

表 9-3-182　　mm

公称尺寸 DN	共同项目尺寸						Ⅱ系列独有项目尺寸	
	管子外径 D_W		长度 L		高度 H		长度 L_1	高度 H_1
	Ⅰ系列	Ⅱ系列	Ⅰ系列	Ⅱ系列	Ⅰ系列	Ⅱ系列		
15	15.0		64		39		68	41
	18.0		68		42		72	44
20	22.0		74		45		78	47
25	28.0		84		52		88	54
32	35.0		100		58		106	61
40	42.0		112		63		118	66
50	54.0		138		78		144	81
65	76.1	—	230	—	106	—	—	
80	88.9	—	260	—	123	—	—	
100	108.0	—	310	—	146	—	—	

Ⅰ、Ⅱ系列铜管接头卡压式异径三通

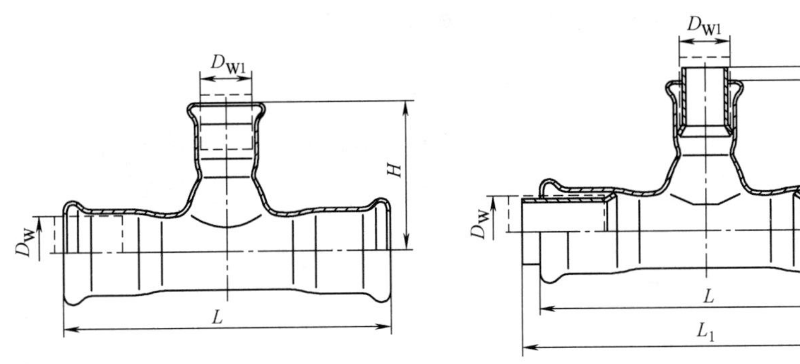

表 9-3-183　　的基本尺寸　　mm

公称尺寸 $DN \times DN_1$	共同项目尺寸			Ⅱ系列独有项目尺寸	
	管子外径 $D_W \times D_{W1}$	长度 L	高度 H	长度 L_1	高度 H_1
20×15	22.0×15.0	74	43	78	45
	22.0×18.0		45	78	47
25×15	28.0×15.0	84	45	88	47
	28.0×18.0		45	88	47
25×20	28.0×22.0		47	88	49

续表

公称尺寸 DN×DN$_1$	共同项目尺寸			Ⅱ系列独有项目尺寸	
	管子外径 $D_W \times D_{W1}$	长度 L	高度 H	长度 L_1	高度 H_1
32×15	35.0×15.0	100	49	104	51
	35.0×18.0		50	106	52
32×20	35.0×22.0		51	106	53
32×25	35.0×28.0		52	106	54
40×20	42.0×22.0	114	53	120	55
40×25	42.0×28.0		56	120	58
40×32	42.0×35.0		61	120	64
50×20	54.0×22.0	138	56	144	58
50×25	54.0×28.0		64	144	66
50×32	54.0×32.0		67	144	70
50×40	54.0×42.0		70	144	73
65×20	76.1×22.0	230	73	无Ⅱ系列规格产品	
65×25	76.1×28.0		73		
65×32	76.1×32.0		77		
65×40	76.1×42.0		80		
65×50	76.1×54.0		85		
80×20	88.9×22.0	260	83		
80×25	88.9×28.0		81		
80×32	88.9×32.0		84		
80×40	88.9×42.0		88		
80×50	88.9×54.0		91		
80×65	88.9×76.1		110		
100×20	108.0×22.0	310	100		
100×25	108.0×28.0		102		
100×32	108.0×32.0		105		
100×40	108.0×42.0		105		
100×50	108.0×54.0		105		
100×65	108.0×76.1		123		
100×80	108.0×88.9		134		

铜管接头卡压式管件 90°弯头

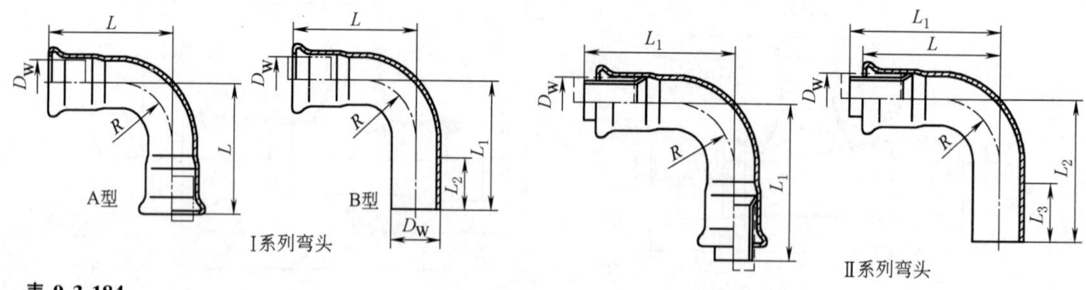

表 9-3-184

mm

公称尺寸 DN	Ⅰ系列				Ⅱ系列				
	管子外径 D_W	长度 L	L_1	L_2	管子外径 D_W	长度 L	长度 L_1	长度 L_2	长度 L_3
15	15.0	49	55	20	15.0	49	51	55	20
	18.0	53	59	22	18.0	53	55	59	22
20	22.0	61	67	23	22.0	61	63	67	22
25	28.0	72	78	25	28.0	72	74	78	24
32	35.0	86	130	29	35.0	86	89	130	28

续表

公称尺寸 DN	Ⅰ系列				Ⅱ系列				
	管子外径 D_W	长度 L	L_1	L_2	管子外径 D_W	长度 L	长度 L_1	长度 L_2	长度 L_3
40	42.0	112	176	33	42.0	112	115	176	31
50	54.0	138	211	38	54.0	138	141	211	36
65	76.1	235	247	57	—				
80	88.9	277	292	64					
100	108.0	341	358	79					

铜管接头卡压式管件45°弯头

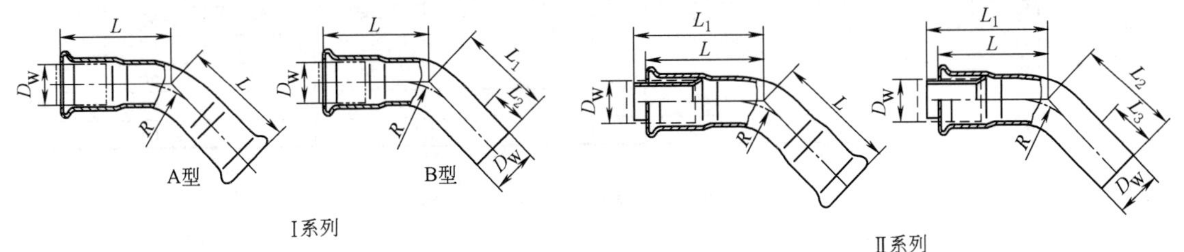

表 9-3-185 mm

公称尺寸 DN	Ⅰ系列				Ⅱ系列				
	管子外径 D_W	长度 L	L_1	L_2	管子外径 D_W	长度 L	长度 L_1	长度 L_2	长度 L_3
15	15.0	36	41	19	15.0	36	37	41	20
	18.0	37	42	22	18.0	37	38	42	21
20	22.0	42	48	23	22.0	42	44	48	22
25	28.0	48	54	25	28.0	48	52	54	24
32	35.0	72	81	29	35.0	72	75	81	28
40	42.0	89	99	33	42.0	89	92	99	31
50	54.0	115	127	38	54.0	115	118	127	36
65	76.1	180	188	57	—				
80	88.9	211	225	64					
100	108.0	258	275	79					

铜管接头卡压式管件内螺纹转换接头

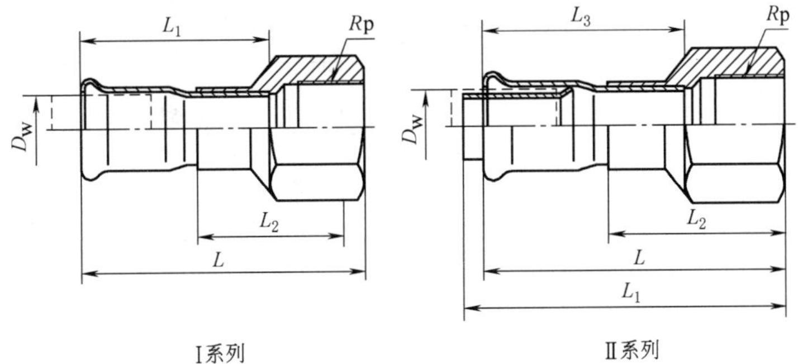

表 9-3-186

公称尺寸 DN/mm	管螺纹 Rp/(″)	Ⅰ系列				Ⅱ系列				
		管子外径 D_W/mm	L/mm	L_1/mm	L_2/mm	管子外径 D_W/mm	L/mm	L_1/mm	L_2/mm	L_3/mm
15	½	15.0	59	36	34	15.0	59	61	34	36
	¾		62	36	37		62	64	37	36
	½	18.0	69	47	35	18.0	69	71	33	47
	¾		62	33	39		62	64	39	33

续表

公称尺寸 DN/mm	管螺纹 Rp/(")	Ⅰ系列				Ⅱ系列				
		管子外径 D_W/mm	L/mm	L_1/mm	L_2/mm	管子外径 D_W/mm	L/mm	L_1/mm	L_2/mm	L_3/mm
20	½	22.0	60	40	35	22.0	60	62	35	40
	¾		62	37	39		62	64	39	37
	1		66	38	40		66	68	40	38
25	¾	28.0	63	38	42	28.0	63	65	42	38
	1		69	41	43		69	71	43	41
	1¼		71	43	45		71	73	45	43
32	1	35.0	67	45	48	35.0	67	70	48	45
	1¼		75	47	50		75	78	50	47
	1½		75	47	52		75	78	52	47
40	1¼	42.0	71	41	54	42.0	71	74	54	41
	1½		79	51	56		79	82	56	51
50	1½	54.0	77	49	61	54.0	77	80	61	49
	2		79	68	64		79	100	64	68

铜管接头卡压式管件外螺纹转接头

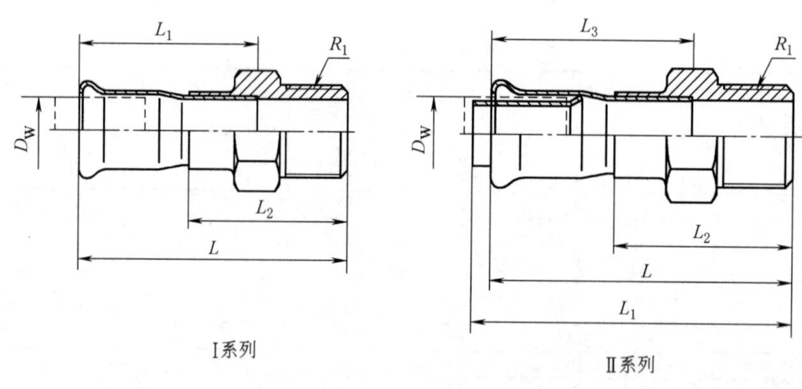

Ⅰ系列　　Ⅱ系列

表 9-3-187

公称尺寸 DN/mm	管螺纹 Rp/(")	Ⅰ系列				Ⅱ系列				
		管子外径 D_W/mm	L/mm	L_1/mm	L_2/mm	管子外径 D_W/mm	L/mm	L_1/mm	L_2/mm	L_3/mm
15	½	15.0	53	26	38	15.0	53	55	38	26
	¾		57	30	38		57	59	38	30
	½	18.0	53	28	38	18.0	53	55	38	28
	¾		57	32	38		57	59	38	32
20	½	22.0	54	28	42	22.0	54	56	42	28
	¾		58	32	42		58	60	42	32
	1		61	39	38		61	63	38	39
25	¾	28.0	61	42	38	28.0	61	63	38	42
	1		64	42	41		64	66	41	42
	1¼		68	44	43		68	70	43	44
32	1	35.0	68	46	45	35.0	68	71	45	46
	1¼		72	48	47		72	75	47	48
	1½		73	49	47		73	76	41	49
40	1¼	42.0	73	59	41	42.0	73	76	41	59
	1½		77	53	51		77	80	51	53
50	1½	54.0	89	72	49	54.0	89	92	49	72
	2		83	47	68		83	86	68	47
65	2?	76.1	123	86	70	—				
80	3	88.8	137	98	73